天人感應總部

總論部

題解

《易・序卦》 有天地，然後有萬物。有萬物，然後有男女。有男女，然後有夫婦。有夫婦，然後有父子。有父子，然後有君臣。有君臣，然後有上下。有上下，然後禮義有所錯。〔三國魏・王弼注〕：言《咸卦》之義也。凡《序卦》所明，非《易》之緼也，蓋因卦之次，託以明義。《咸》柔上而剛下，感應以相與，夫婦之象，莫美乎斯。人倫之道，莫大乎夫婦。故夫子殷勤深述其義，以崇人倫之始而不係之於《離》也。先儒以《乾》至《離》爲上經天道也，《咸》至《未濟》爲下經人事也。夫《易》六畫成卦，三材必備，錯綜天人，以效變化，豈有天道人事偏於上下哉？

元・陳師凱《書蔡氏傳旁通》卷四中 天有五行，散爲五氣：順則時若，逆則恒若；人有五事，具爲五德：修則徵休，過則徵咎。天人相應，理氣存焉。

論説

南朝梁・蕭子顯《南齊書》卷一二《天文志上》 史臣曰：日月代照，實重天行。上交下蝕，同度相掩。案舊説曰「日有五蝕」，謂起上下左右中央是也。交會舊術，日蝕不從東始，以月從其西，東行及日。於交中，交從外入内者，先會後交，虧西南角；先交後會，虧西北角；交從内出者，先會後交，虧西北角；先交後會，虧西南角。日正在交中者，則虧於西，故不嘗蝕東也。若日中有虧，名爲(西)〔黑〕子，不名爲蝕也。漢尚書令黄香曰：「日蝕皆從西，月蝕皆從東，無上下中央者。」《春秋》魯桓三年日蝕，貫中下上竟黑。疑者以爲日月正等，月何得小而見日中。鄭玄云：「月正掩日，日光從四邊出，故言從中起也。」王逸以爲「月若掩日，當蝕日西，月行既疾，須臾應過西崖既，復次食東崖，今察日蝕西崖缺，而光已復，過東崖而獨不掩」。逸之此意，實爲巨疑。先儒難「月以望蝕，去日極遠，誰蝕月乎？」説者稱「日有暗氣，天有虚道，常與日衡相對，月行在虚道中，則爲氣所弇，故月爲蝕也。雖時加夜半，日月當子午，正隔於地，猶爲暗氣所蝕，以天體大而地形小故也。暗虚之氣，如以鏡在日下，其光耀魄，乃見於陰中，常與日衡相對，故當星星亡，當月月蝕。」今問之曰：「星月同體，俱兆日耀，當月之蝕，星不必亡。若更有所當，星未嘗蝕，同禀異虧，其故何也？」答曰：「月爲陰主，以當陽位，體敵勢交，自招盈損。星雖同類，而精景陋狹，小毁皆亡，無有受蝕之地，纖光可滿，亦不與弦望同形。」又難曰：「日之夜蝕，驗於夜星之亡，晝蝕既盡，晝星何故反不見？」答之曰：「夫言光有所衝，則有不衝之光矣；言有所當，亦有所不當矣。夜食度遠，與所當而同没；晝食度近，由非衝而得明。」又問：「太白經天，實緣遠日。今度近更明，於何取喻？」答曰：「向論二蝕之體，周衝不同，經與不經，自由星遲疾，難蝕引經，恐未得也。」

唐・房玄齡等《晉書》卷一一《天文志上》 昔在庖犧，觀象察法，以通神明之德，以類天地之情，可以藏往知來，開物成務。故《易》曰：「天垂象，見吉凶，聖人象之。」此則觀乎天文以示變者也。《尚書》曰：「天聰明，自我人聰明。」此則觀乎人文以成化者也。是故政教兆於人理，祥變應乎天文，得失雖微，罔不昭著。然則三皇邁德，七曜順軌，日月無薄蝕之變，星辰靡錯亂之妖。黄帝創受《河圖》，始明休咎，故其《星傳》尚有存焉。降在高陽，乃命南正重司天，北正黎司地。爰洎帝嚳，亦式序三辰。唐虞則羲和繼軌，有夏則昆吾紹德。年代緜邈，文籍靡傳。至于殷之巫咸，周之史佚，格言遺記，于今不朽。其諸侯之史，則魯有梓慎，晉有卜偃，鄭有裨竈，宋有子韋，齊有甘德，楚有唐昧，趙有尹皐，魏有石申夫，皆掌著天文，各論圖驗。其巫咸、甘、石之説，後代所宗。暴秦燔書，六經殘滅，天官星占，存而不毁。及漢景武之際，司馬談父子繼爲史官，著《天官書》，以明天人之道。其後中壘校尉劉向，廣《洪範》災條，作皇極論，以參往之行事。及班固叙漢史，馬續述《天文》，而蔡邕、譙周各有撰録，司馬彪採之，以繼前志。今詳衆説，以著于篇。

宋・歐陽修《新五代史》卷五九《司天考二》 昔孔子作《春秋》而天人備。

予述本紀，書人而不書天。予何敢異於聖人哉！其文雖異，其意一也。

自堯、舜、三代以來，莫不稱天以舉事，孔子删《詩》、《書》不去也。蓋聖人不絶天於人，亦不以天參人。絶天於人則天道廢，以天參人則人事惑，故常存而不究也。《春秋》雖書日食、星變之類，孔子未嘗道其所以然者，故其弟子之徒，莫得有所述於後世也。

然則天果與於人乎？果不與乎？曰：天，吾不知，質諸聖人之言可也。《易》曰：「天道虧盈而益謙，地道變盈而流謙，鬼神害盈而福謙，人道惡盈而好謙。」此聖人極論天人之際，最詳而明者也。其於天地鬼神，以不可知爲言；其可知者，人而已。夫日中則昃，盛衰必復。天，吾不知，吾見其虧益於物者矣。草木之成者，變而衰落之；物之下者，進而流行之。地，吾不知，吾見其變流於物者矣。人之貪滿者多禍，其守約者多福。鬼神，吾不知，吾見人之禍福者矣。天地鬼神，不可知其心，則因其著於物者以測之。故據其迹之可見者以爲言，曰虧益，曰變流，曰害福。若人，則可知者，故直言其情曰好惡。其知與不知，異辭也，參而會之，與人無以異也。其果與於人乎，不與於人乎，則所不知也。以其不可知，故常尊而遠之；以其與人無所異也，則修吾人事而已。人事者，天意也。《書》曰：「天視自我民視，天聽自我民聽。」未有人心悦於下，而天意怒於上者；未有人理逆於下，而天道順於上者。

然則王者君天下，子生民，布德行政，以順人心，是之謂奉天。至於三辰五星常動而不息，不能無盈縮差忒之變，而占之有中有不中，不可以爲常者，有司之事也。本紀所述人君行事詳矣，其興亡治亂可以見。至於三辰五星逆順變見，有司之所占者，故以其官誌之，以備司天之所考。

嗚呼，聖人既没而異端起。自秦、漢以來，學者惑於災異矣；天文五行之説，不勝其繁也。予之所述，不得不異乎《春秋》也，考者可以知焉。

明・宋濂等《元史》卷五〇《五行志一》 人與天地，參爲三極，災祥之興，各以類至。天之五運，地之五材，其用不窮，其初一陰陽耳，陰陽一太極耳。而人之生也，全付畀有之，具爲五性，著爲五事，又著爲五德。修之則吉，不修則凶，吉則致福焉，不吉則致極焉。徵之於天，吉則休徵之所應也，不吉則咎徵之所應也。天地之氣，無感不應，天地之氣應，亦無物不感，而況天子建中和之極，身爲神人之主，而心範圍天地之妙，其精神常與造化相流通，若桴鼓然。故軒轅氏治五氣，高陽氏建五官，夏后氏修六府，自身而推之於國，莫不有政焉。其後箕子因之，以衍九疇，其言天人之際備矣。漢儒不明其大要，如夏侯勝、劉向父子，競以災異言之，班固以來采爲五行志，又不考求向之論著本於伏生。生之大傳言：「六沴作見，若是共禦，五福乃降；若不共禦，六極其下。禹乃共辟厥德，爰用五事，建用王極。」後世君不建極，臣不加省，顧乃執其類而求之，惑矣。否則判而二焉，如宋儒王安石之論，亦過也。天人感應之機，豈易言哉！故無變而無不修省者，上也；因變而克自修省者，次之；災變既形，修之而莫知所以修，省之而莫知所以省，又次之；其下者，災變並至，敗亡隨之，訖莫修省者，刑戮之民是已。歷考往古存亡之故，不越是數者。

清・南懷仁《妄占辯》 辯光先輩天文虚罔之用

光先《不得已》之書，自爲知象緯之理者，不過誦念占書所載之吉凶而已。又光先之輩因知數星之名而熟念數象之占，並其《乾象圖》、《天文主管》、《精義賦》等書，則誇許爲知天文之學。然究其虚妄之談，大褻辱天文之高名也。

夫天顯異象，舉目可見。如異氣、彗孛、地震等天地之變，誰人不覺？誰不會念占書所載之災乎？若因會念此等占書自爲知天文，則因會念字彙海篇文字音聲之跡，亦將謂能作文章乎？且天文尊貴高大之名，與天之明光高大相等。天文實理及天上難測之妙皆係無窮，豈可以小術之虚名而蒙混實理之奥妙乎？今畧舉天文實學之總根，以明顯無知者之虚妄焉。

其一者，測天之高、地之厚、日月五星之大小遠近行動及四時節氣定序，又測七政各列本天與各天有上下層次，及遠近相距一定之度。列宿諸行之細微各有本道，而諸道各有南北不同之兩極。又本道所行與地近遠并最低最高者各有定期，更皆有本體大小一定之度分，亦有遲疾順逆諸行之不同，亦有留而不行之定目，推測此等所以然之理，皆係天文之本學也。

夫天文由日月交食之所測，能推知大地爲圓而不方之形，及地影至天高遠若干，并日月距地近遠幾何，各有本體大小之比例等理。

其二者，能製造各種測天儀器，令與天上各曜本道本極及經緯諸道密合，東西南北各向安對之法與本天之各向絲毫不錯。其用法之廣大等項總而言之，令日月五緯周天星宿各照其天上遠近之相距出入本地平上下，旋轉于渾球之一圜，與本天無異。

其三者，洞曉測天諸儀象變通之法。如將天體圓球之形約歸于平面之形而製造各種簡平儀，黄赤各道、南北星圖。將周天星宿鋪置分列于平面之圖，

各照其東西南北經緯之度分，均照其相連之本象正對合于天。又將天體球上黄赤各道並地平子午各圈相交之圓形變通長圓，或徑直、或橢圓等形之線，照平度理勢所須者，而令日月及諸星在平儀黄赤各道之線上下旋動出入本地平，如在天體之圓球上無異，并於天上本行動之度數時刻符合。此等皆係天文本分之切學。

其四者，凡通徹天上各星之行動，而明天文測天之道理者，亦自能隨處隨時創立測天諸法。照儀象大小變通之理，能將無邊際廣大之天，約歸于寸具之細微。并借日月諸星，或光道、或表影以發顯渾天之行動。如周年節氣度、日出入時刻、晝夜長短、日月星晷、更點之時刻等，實可爲用曆簡畧之法焉。

其五者，凡係天地之變，並分别天象是異常非異常。又推知諸象之所以然：如空際異彩之色，并風雨雷電霜雹霧及冷熱等情之緣由，測驗海潮與夫月行相連。如此大端，種種實理事務，皆屬天文推測而定。

總而言之，《新法曆書》之中，《測量全義》十卷，《恒星曆指》八卷，《測食及測約説》四卷，《儀象志》十六卷，《欽定新曆》、《比例尺解》等書，皆天文之特務切要之學也。豈徒舉目觀天而誦念占書并《天文主管》等書之無據乎？且占家凡言天象之所主，其中多無憑據而終歸于虚妄者有數端，實理可證，計開于左。

一、辯天上從來無此象而占家以爲已有經驗之象。

占家書上多有紀録天象，以爲其占有經驗之實據，然從來天上無此象并其象屬不能有之事物，全係占家平空造作，因其所占之效驗盡屬虚罔可知也。玆擇數端于後。

一論日曰：日隕于地，天子國亡。如占驗云：晉愍帝建興二年正月辛未辰時，日隕于地云云。

夫日體比天下萬國爲大數百倍者，以交食之理指之如指掌。然今設令依其胡説日隕于地，則天下萬國何以容載？豈不全滅此世界乎？

一論月曰：人君有道、人臣奉法，則月依度；人臣竊權，則月行失度。

夫日月有一定不移之度，因而曆法能預推之。設令君臣亂政，月因之亂行，則曆法無從預推。月行之定度因無從可預推，君臣之亂政故也。又依此論，則月曆合天與否，由君臣亂政與否而定，併無必需他理之細微以脩正其曆矣。

一總叙論五星曰：凡五星見伏、留行、遲速、逆順應曆數爲得行；違理錯度、失路贏縮則爲亂行。

夫五星在天上，從來無錯亂行之理。其見伏、留行、遲速、逆順、贏縮等項，悉係其自然之行動也，皆以正曆之法可預推而定。設令錯度亂行，則曆之預推無從可定。且凡曆數不合于五星天上諸行，則曆數錯，非五星行錯也。此等顛倒之語，猶如説「我筭不錯，惟天行錯」，「我筭是，天行不是」，有此理乎？

一分論五星曰：土、歲、火等星各食月之時，則占云云。所謂食者，乃遮掩之謂也。如月食日，因月體遮日光之故耳。其星在下者能遮掩其上者，因而有食之名，其星在上者從無遮掩而食其在下之理。今依從來所測驗之，則月體在諸星最下，而土、（水）〔木〕、火諸星在其上高遠數千萬里，豈可以爲遮月體而食乎？

又曰土、木、火、金、水五星各見月中之時則占曰云云。夫月體因在諸星之下最近于地故，較諸星見大。然據曆法天文諸家從來測驗，五星距地甚遠甚高之處，則其體較月體有數十倍之大。日月五星距地近遠、其體大小之測法及實據，詳載于《交食》、《月離》並《五星曆指》等《新法》之書。今依占家之書，既有五星見在月之中，則月體大、五星小也，其説與諸名家從來所測驗正相反矣。其謂土、木等星見在月之中，譬如謂大房見在小房之中，大山見在小山之内，不大可笑乎？

此等冒昧之極，係占書第一册數百分之一，其餘九册共四十八卷内諸如此類，又曷可勝指乎？然光先與占家以爲其占驗之據，或可欺誑市井愚民，以售其吉凶趨避之術，豈能混亂知曆者乎？

二、辯其象原無主管之實能，而占家以爲實能主管之象。

凡謂主管者，必有主管之實能，而後謂之主管也。其主管之實能者，即施其致效之實能也。然施其致效之能力原爲作者之能力耳。今占書内多有象之主管，而其象原無致效之實能，故其所謂主管者，原非實能之主管也。

夫占書與《天文主管》等書所載天象之主管，大槩不過主管之比理及比理之象而已。其因象所立言、所定之宜忌，大槩爲比言、爲宜忌之比意。如《觀象玩占》論太陽曰：日者衆陽之宗，人君之象。光明外發，魄體内全匿精揚輝，圓而常滿，人君之體也。晝夜有節，循度有常。春生夏長，秋收冬藏，人君之政也。星月禀（具）〔其〕光，辰宿宣其氣，生靈仰其照，葵藿慕其恩，人君之德也。此等之言，明屬比言比意。

夫交食之時，國家所行救護之禮，亦此之比意耳。《書經・胤征》註解有云：「古者日食則伐鼓以救之，庶人奔走于下以助救。」《周禮》「庭氏救日之弓

矢」云云。夫日者，人君之象也。日食者，人君災害之象也。日食時所行伐鼓、奔走、射箭等禮，即人君及國家或將來遇害，則現在諸臣表其有救護之實誠心也。其向天叩拜焚香者，即照古禮求上帝救護人君之誠意也。豈有古人既知天爲無量之高、無窮之遠，以伐鼓、射箭等，謂其鼓響及射之箭果能到天上而救太陽乎？但光先之輩，凡天上見交食，則以爲天下有危險事情，而救護之禮實能挽回轉移然。國家有定例，京師無食，雖外省見食，不行救護之禮。依光先之輩，若外省果有可怕險危，豈可不應行其禮以救護之歟？假如因京師無賊，雖外省有賊，則京師不發兵戡亂以救護，有此理乎？由此可知，凡如此者，皆係比象之意而已。

凡比理之象，任憑內外受變動，與其所比之物自不能施動變，並不能加減其吉凶，因無施効之實能故也。假如惡人謀害人者比之於虎狼，倘虎狼或病或死，則謂惡人亦因之或病或死，無是理也。又如畫工繪人容，其所繪之容若改變其色、或損壞其形，則謂本人之形容亦因之變色壞形，可乎？今《乾象圖》等書所謂「狼星者盜賊之象也，凡狼星變色則盜賊橫行」等語，如此之言，即如言虎狼者乃爲惡人之象，凡虎狼變毛色則惡人橫行，有此理乎？惟作所以然與其效皆有固然之相連，則所以然改變時，而其效亦因之而改變矣。如太陽與其所生之光有固然相連之理，故太陽當變時其光因之而變也。又凡有光色之物必發其光色之形像至於人目，因而人目發相應之見用也。其形像與本物、又其見用與本像各有固然之相連，故其光色之物凡有改變，則其所發之形像併眼目因本像所發之見用者，亦必有改變矣。

古者論星，多以朝廷之尊位及其宮殿，并其宮殿內外所用之事物取定其名字，而以其星座定爲人君及宮殿等物之比象，以表恭敬之意。其因比象之理，凡所占與君臣國家關係事務者，即借天象以爲警戒修省，望人君自思密察。此等奏聞所占之事務，現在於天下果有與否耳？猶如說此非臣等之言，乃上天之所告焉。

凡此等諸星名字及比象，全由人自意而定，原無其星本性之所有也。蓋凡物因性本然所具之情力，不拘何國何時，皆隨其本物，如影隨形，如烟隨火，如光隨太陽是也，不拘何國，一見其影、其烟、其光，即莫不因之而推知其相應之形、之火、之太陽也。今天下各國莫不見日月五星及諸星之光體，但因之而推知其爲中國之人君及其宮殿之比象者，不但外國全無，即中國除占家之外，亦全無之也。可見其比象非由其星之本然，惟由中國內占家自意所定者耳。然占家自意，不能變動天上之星，以致施其所占之効。則其自意所定之比象，愈不能變動本星以致施其効明矣。

綜述

漢・班固《漢書》卷二六《天文志》 凡天文在圖籍昭昭可知者，經星常宿中外官凡百一十八名，積數七百八十三星，皆有州國官宮物類之象。其伏見蚤晚，邪正存亡，虛實闊陿，及五星所行，合散犯守，陵歷鬭食，彗孛飛流，日月薄食，暈適背穴，抱珥虹蜺，迅雷風祅，怪雲變氣：此皆陰陽之精，其本在地，而上發于天者也。政失於此，則變見於彼，猶景之象形，鄉之應聲。是以明君覩之而寤，飭身正事，思其咎謝，則禍除而福至，自然之符也。

南朝宋・范曄《後漢書》卷二〇《天文志上》 《易》曰：「天垂象，聖人則之。庖犧氏之王天下，仰則觀象於天，俯則觀法於地。」觀象於天，謂日月星辰。觀法於地，謂水土州分。形成於下，象見于上。故曰天者北辰星，合元垂燿建帝形，運機授度張百精。三階九列，二十七大夫，八十一元士，斗、衡、太微、攝提之屬百二十官，二十八宿各布列，下應十二子。天地設位，星辰之象備矣。

三皇邁化，協神醇朴，謂五星如連珠，日月若合璧。化由自然，民不犯慝。至於書契之興，五帝是作。軒轅始受《河圖鬭苞授》，規日月星辰之象，故星官之書自黃帝始。至高陽氏，使南正重司天，北正黎司地。唐、虞之時羲仲、和仲，夏有昆吾，湯則巫咸，周之史佚、萇弘，宋之子韋，楚之唐蔑，魯之梓慎，鄭之裨竈，魏石申夫，齊國甘公，皆掌天文之官。仰占俯視，以佐時政，步變擿微，通洞密至，採禍福之原，覩成敗之勢。秦燔《詩》、《書》，以愚百姓，六經典籍，殘爲灰炭，星官之書，全而不毀。故《秦史》書始皇之時，彗孛大角，大角以亡，有大星與小星鬭于宮中，是其廢亡之徵。至漢興，景、武之際，司馬談，談子遷，以世黎氏之後，爲太史令，遷著《史記》，作《天官書》。成帝時，中壘校尉劉向，廣《洪範》災條

作五紀皇極之論，以參往行之事。孝明帝使班固敘《漢書》，而馬續述《天文志》。今紹《漢書》作《天文志》，起王莽居攝元年，迄孝獻帝建安二十五年，二百一十五載。言其時星辰之變，表象之應，以顯天戒，明王事焉。

南朝梁·沈約《宋書》卷二三《天文志一》 凡天文經星，常宿中外宫，前史已詳。今惟記魏文帝黄初以來星變爲《天文志》，以續司馬彪云。

南朝梁·蕭子顯《南齊書》卷一二《天文志上》 《易》曰：「聖人仰觀象於天，俯觀法於地。」天文之事，其來已久。太祖革命受終，膺集期運。宋昇明三年，太史令將作匠陳文建陳天文，奏曰：「自孝建元年至昇明三年，日蝕有十，虧上有七。占曰『有亡國失君之象』。一曰『國命絶，主危亡』。孝建元年至昇明三年，太白經天五。占曰『天下革，民更王，異姓興』。孝建元年至昇明三年，月犯房心四，太白犯房心五。占曰『其國有喪，宋當之』。孝建元年至永光元年，奔星出入紫宫有四。占曰『國去其君，有空國徙王』。大明二年至元徽四年，天再裂。占曰『陽不足，白虹貫日，人君惡之』。孝建二年至大明五年，月入太微。泰豫元年至昇明三年，月又入太微。孝建元年至元徽二年，太白入太微各八，熒惑入太微六。占曰『七曜行不軌道，危亡之象。貴人失權勢，主亦衰，當有王入爲主』。孝建二年至昇明二年，太白、熒惑經羽林各三。占曰『國殘更世』。孝建二年四月十三日，熒惑守南斗，成句己。占曰『天下易正更元』。孝建三年十二月一日，填星、熒惑、辰星合于南斗。占曰『改立王公』。大明二年十二月二十六日，太白犯填星于斗。六年十一月十五日，太白、填星合于危。占曰『天子失土』。景和元年十月八日，熒惑守太微，成句己。占曰『王者惡之，主命無期，有徙主，若主王，天下更紀』。泰始三年正月十七日，白氣見西南，東西半天，名曰長庚。六年九月二十七日，白氣又見東南長二丈，竝形狀長大，猛過彗星。占曰『除舊布新易主之象，遠期一紀』。至昇明三年，一紀訖。泰始四年四月二十四日，太白犯填星于胃。占曰『主命惡之』。泰始七年六月十七日，太白、歲星、填星合于東井。占曰『改立王公』。元徽四年至昇明二年三月，日有頻食。占曰『社稷將亡，王者惡之』。元徽四年十月十日，填星守太微宫，逆從行，歷四年。占曰『有亡君之戒，易世立王』。元徽五年七月一日，熒惑、太白、辰星合于翼。占曰『改立王公』。昇明二年六月二十日，歲星守斗建。陰陽終始之門，大赦昇平之所起，律歷七政之本源，德星守之，天下更年，五禮更興，多暴貴者。昇明二年十月一日，熒惑守輿鬼。三年正月七日，熒惑守兩戒閒，成句己。占曰『尊者失朝，必有亡國去王』。昇明三年正月十八日，辰星孟效西方。占曰『天下更王』。昇明三年四月，歲星在虚危，徘徊玄枵之野，則齊國有福厚，爲受慶之符。」今所記三辰七曜之變，起建元訖于隆昌，以續宋史。建武世太史奏事，明帝不欲使天變外傳，並祕而不出，自此闕焉。

南朝梁·蕭子顯《南齊書》卷一三《天文志下》 史臣曰：天文設象，宜備内外兩宫，但災之所躔，不必遍行景緯，五星精晷與二曜而爲七，妖祥是主，曆數攸司，蓋有殊於列宿也。若北辰不移，據在杠軸，衆星動流，實繫天體，五星從伏，非關二義，故徐顯思以五星爲非星，虞喜論之詳矣。

南朝梁·蕭子顯《南齊書》卷一八《祥瑞志》 天符瑞命，遐哉邈矣。靈篇祕圖，固以藴金匱而充石室，炳《契決》、陳《緯候》者，方策未書。啓覺天人之期，扶奬帝王之運，三五聖業，神明大寶，二謀協贊，罔不由兹。夫流火赤雀，實紀周祚，雕雲素靈，發祥漢氏，光武中興，皇符爲盛，魏膺當塗之讖，晉有石瑞之文，史筆所詳，亦唯舊矣。齊氏受命，事殷前典。黄門郎蘇偘撰《聖皇瑞應記》，永明中庾温撰《瑞應圖》，其餘衆品，史注所載。今詳録去取，以爲志云。

《老子河洛讖》曰：「年曆七七水滅緒，風雲俱起龍麟舉。」宋水德王，義熙十四年，元熙二年，永初三年，景平一年，元嘉三十年，孝建三年，大明八年，永光一年，泰始七年，泰豫一年，元徽四年，昇明三年，凡七十七年，故曰七七也。《易》曰：「雲從龍，風從虎。」關尹云：「龍不知其乘風雲而上天也。」

北齊·魏收《魏書》卷一〇五之一《天象志一》 夫在天成象，聖人是觀，日月五星，象之著者，變常舛度，徵咎隨焉。然則明晦暈蝕，疾餘犯守，飛流欻起，彗孛不恒，或皇靈降臨，示譴以戒下，或王化有虧，感達於天路。《易》稱「天垂象，見吉凶」，「觀乎天文，以察時變」；《書》曰「曆象日月星辰，敬授民時」。是故有國有家者之所祇畏也。百王興廢之驗，萬國禍福之來，兆勤雖微，罔不必至，著於前載，不可得而備舉也。班史以日暈五星之屬列《天文志》，薄蝕彗孛之比入《五行説》。七曜一也，而分爲二《志》，故陸機云學者所疑也。今以在天諸異咸入天象，其應徵符合，隨而條載，無所顯驗則闕之云。

北齊·魏收《魏書》卷一一二上《靈徵志上》 帝王者，配德天地，協契陰陽，發號施令，動關幽顯。是以克躬修政，畏天敬神，雖休勿休，而不敢怠也。化之所感，其徵必至，善惡之來，報應如響。斯蓋神祇眷顧，告示禍福，人主所以仰瞻俯察，戒德慎行，弭譴咎，致休禎，圓首之類，咸納於仁壽。然則治世之符，亂邦

之孽，隨方而作，厥迹不同，眇自百王，不可得而勝數矣。今録皇始之後災祥小大，總爲《靈徵志》。

唐・房玄齡等《晉書》卷一一《天文志上》　天文經星

《洪範傳》曰：「清而明者，天之體也。天忽變色，是謂易常。天裂，陽不足，是謂臣强。天裂見人，兵起國亡。天鳴有聲，至尊憂且驚。皆亂國之所生也。」

馬續云：「天文在圖籍昭昭可知者，經星常宿中外官凡一百一十八名，積數七百八十三，皆有州國官宮物類之象。」

張衡云：「文曜麗乎天，其動者有七，日月五星是也。日者，陽精之宗；月者，陰精之宗；五星，五行之精。衆星列布，體生於地，精成於天，列居錯峙，各有攸屬。在野象物，在朝象官，在人象事。其以神著，有五列焉，是爲三十五名。一居中央，謂之北斗。四布於方各七，爲二十八舍。日月運行，曆示吉凶，五緯躔次，用告禍福。中外之官，常明者百有二十四，可名者三百二十，爲星二千五百，微星之數蓋萬有一千五百二十。庶物蠢蠢，咸得繫命。不然，何以總而理諸？」後武帝時，太史令陳卓總甘、石、巫咸三家所著星圖，大凡二百八十三官，一千四百六十四星，以爲定紀。今略其昭昭者，以備天官云。

中宫

北極五星，鉤陳六星，皆在紫宫中。北極，北辰最尊者也，其紐星，天之樞也。天運無窮，三光迭耀，而極星不移，故曰「居其所而衆星共之」。第一星主月，太子也。第二星主日，帝王也；亦太乙之坐，謂最赤明者也。第三星主五星，庶子也。中星不明，主不用事；右星不明，太子憂。鉤陳，後宫也，大帝之正妃也，大帝之常居也。北四星曰女御宫，八十一御妻之象也。鉤陳口中一星曰天皇大帝，其神曰耀魄寶，主御羣靈，執萬神圖。抱北極四星曰四輔，所以輔佐北極而出度授政也。大帝上九星曰華蓋，所以覆蔽大帝之坐也。蓋下九星曰杠，蓋之柄也。華蓋下五星曰五帝内坐，設叙順帝所居也。客星犯紫宫中坐，大臣犯主。華蓋杠旁六星曰六甲，可以分陰陽而配節候，故在帝旁，所以布政教而授農時也。極東一星曰柱下史，主記過；左右史，此之象也。柱史北一星曰女史，婦人之微者，主傳漏，故漢有侍史。傳舍九星在華蓋上，近河，賓客之館，主胡人入中國。客星守之，備姦使，亦曰胡兵起。傳舍南河中五星曰造父，御官也，一曰司馬，或曰伯樂。星亡，馬大貴。其西河中九星如鉤狀，曰鉤星，直則地動。天一星在紫宫門右星南，天帝之神也，主戰鬭，知人吉凶者也。太一星在天一南，相近，亦天帝神也，主使十六神，知風雨水旱、兵革饑饉、疾疫災害所在之國也。

紫宫垣十五星，其西蕃七，東蕃八，在北斗北。一曰紫微，大帝之坐也，天子之常居也，主命主度也。一曰長垣，一曰天營，一曰旗星，爲蕃衛，備蕃臣也。宫闕兵起，旗星直，天子出，自將宫中兵。東垣下五星曰天柱，建政教，懸圖法。門内東南維五星曰尚書，主納言，夙夜諮謀；龍作納言，此之象也。尚書西二星曰陰德、陽德，主周急振無。宫門左星内二星曰大理，主平刑斷獄也。門外六星曰天牀，主寢舍，解息燕休。西南角外二星曰内廚，主六宫之内飲食，主后妃夫人與太子宴飲。東北維外六星曰天廚，主盛饌。

北斗七星在太微北，七政之樞機，陰陽之元本也。故運乎天中，而臨制四方，以建四時，而均五行也。魁四星爲琁璣，杓三星爲玉衡。又曰，斗爲人君之象，號令之主也。又爲帝車，取乎運動之義也。又魁第一星曰天樞，二曰琁，三曰璣，四曰權，五曰玉衡，六曰開陽，七曰摇光；一至四爲魁，五至七爲杓。樞爲天，琁爲地，璣爲人，權爲時，玉衡爲音，開陽爲律，摇光爲星。石氏云：「第一曰正星，主陽德，天子之象也。二曰法星，主陰刑，女主之位也。三曰令星，主中禍。四曰伐星，主天理，伐無道。五曰殺星，主中央，助四旁，殺有罪。六曰危星，主天倉五穀。七曰部星，亦曰應星，主兵。」又云：「一主天，二主地，三主火，四主水，五主土，六主木，七主金。」又曰：「一主秦，二主楚，三主梁，四主吴，五主燕，六主趙，七主齊。」

魁中四星爲貴人之牢，曰天理也。輔星傅乎開陽，所以佐斗成功，丞相之象也。七政星明，其國昌；輔星明，則臣强。杓南三星及魁第一星西三星皆曰三公，主宣德化，調七政，和陰陽之官也。

六昌六星，在北斗魁前，天之六府也，主集計天道。一曰上將，大將軍建威武。二曰次將，尚書正左右。三曰貴相，太常理文緒。四曰司禄、司中，司隸賞功進。五曰司命、司怪，太史主滅咎。六曰司寇，大理佐理寶。所謂一者，起北斗魁前近内階者也。明潤，大小齊，天瑞臻。

文昌北六星曰内階，天皇之階也。相一星在北斗南。相者，總領百司而掌邦教，以佐帝王安邦國，集衆事也。其星明，吉。太陽守一星，在相西，大將大臣之象也，主戒不虞，設武備。西北四星曰勢。勢，腐刑人也。天牢六星，在北斗魁下，貴人之牢也。

太微，天子庭也，五帝之坐也，十二諸侯府也。其外蕃，九卿也。一曰太微爲衡。衡，主平也。又爲天庭，理法平辭，監升授德，列宿受符，諸神考節，舒情稽疑也。南蕃中二星間曰端門。東曰左執法，廷尉之象也。西曰右執法，御史大夫之象也。執法，所以舉刺凶姦者也。左執法之東，左掖門也。右執法之西，右掖門也。東蕃四星，南第一星曰上相，其北，東太陽門也；第二星曰次相，其北，中華東門也；第三星曰次將，其北，東太陰門也；第四星曰上將：所謂四輔也。西蕃四星，南第一星曰上將，其北，西太陽門也；第二星曰次將，其北，中華西門也；第三星曰次相，其北，西太陰門也；第四星曰上相：亦曰四輔也。東西蕃有芒及動摇者，諸侯謀天子也。執法移，刑罰尤急。月、五星入太微，軌道，吉。其所犯中坐，成刑。

其西南角外三星曰明堂，天子布政之宫。明堂西三星曰靈臺，觀臺也，主觀雲物，察符瑞，候災變也。左執法東北一星曰謁者，主贊賓客也。謁者東北三星曰三公内坐，朝會之所居也。三公北三星曰九卿内坐，主治萬事。九卿西五星曰内五諸侯，内侍天子，不之國也。辟雍之禮得，則太微、諸侯明。

黄帝坐在太微中，含樞紐之神也。天子動得天度，止得地意，從容中道，則太微五帝坐明以光。黄帝坐不明，人主求賢士以輔法，不然則奪勢。四帝星夾黄帝坐，東方蒼帝，靈威仰之神也；南方赤帝，赤熛怒之神也；西方白帝，白招矩之神也；北方黑帝，叶光紀之神也。

五帝坐北一星曰太子，帝儲也。太子北一星曰從官，侍臣也。帝坐東北一星曰幸臣。屏四星在端門之内，近右執法。屏，所以壅蔽帝庭也。執法主刺舉；臣尊敬君上，則星光明潤澤。郎位十五星在帝坐東北，一曰依烏郎府也。周官之元士，漢官之光禄、中散、諫議、議郎、三署郎中，是其職也。郎，主守衛也。其星不具，后妃死，幸臣誅。星明大及客星入之，大臣爲亂。郎將在郎位北，主閲具，所以爲武備也。武賁一星，在太微西蕃北，下台南，静室旄頭之騎官也。常陳七星，如畢狀，在帝坐北，天子宿衛武賁之士，以設强禦也。星摇動，天子自出，明則武兵用，微則兵弱。

三台六星，兩兩而居，起文昌，列抵太微。一曰天柱，三公之位也。在人曰三公，在天曰三台，主開德宣符也。西近文昌二星曰上台，爲司命，主壽。次二星曰中台，爲司中，主宗室。東二星曰下台，爲司禄，主兵，所以昭德塞違也。又曰三台爲天階，太一躡以上下。一曰泰階。上階，上星爲天子，下星爲女主；中階，上星爲諸侯三公，下星爲卿大夫；下階，上星爲士，下星爲庶人：所以和陰陽而理萬物也。君臣和集，如其常度，有變則占其人。

南四星曰内平，近職執法平罪之官也。中台之北一星曰太尊，貴戚也。

攝提六星，直斗杓之南，主建時節，伺機祥。攝提爲楯，以夾擁帝座也，主九卿。明大，三公恣。客星入之，聖人受制。西三星曰周鼎，主流亡。大角在攝提間。大角者，天王座也。又爲天棟，正經紀也。北三星曰帝席，主宴獻酬酢。北三星曰梗河，天矛也。一曰天鋒，主胡兵。又爲喪，故其變動應以兵喪也。星亡，其國有兵謀。其北一星曰招摇，一曰矛楯；其北一星曰玄戈，皆主胡兵，占與梗河略相類也。招摇與北斗杓間曰天庫。星去其所，則有庫開之祥也。招摇欲與棟星、梗河、北斗相應，則胡兵當來受命於中國。玄戈又主北夷，客星守之，胡大敗。天槍三星，在北斗杓東，一曰天鉞，天之武備也。故在紫宫之左，所以禦難也。女牀三星，在紀星北，後宫御也，主女事。天棓五星，在女牀北，天子先驅也，主分争與刑罰，藏兵亦所以禦難也。槍、棓，皆以備非常也；一星不具，其國兵起。東七星曰扶筐，盛桑之器，主勸蠶也。七公七星，在招摇東，天之相也，三公之象也，主七政。貫索九星在其前，賤人之牢也。一曰連索，一曰連營，一曰天牢，主法律，禁暴强也。牢口一星爲門，欲其開也。九星皆明，天下獄煩；七星見，小赦；六星、五星，大赦。動則斧鑕用，中空則更元。《漢志》云十五星。天紀九星，在貫索東，九卿也，主萬事之紀，理怨訟也。明則天下多辭訟；亡則政理壞，國紀亂；散絶則地震山崩。織女三星，在天紀東端，天女也，主果蓏絲帛珍寶也。王者至孝，神祇咸喜，則織女星俱明，天下和平。大星怒角，布帛貴。東足四星曰漸臺，臨水之臺也，主晷漏律吕之事。西足五星曰輦道，王者嬉游之道也，漢輦道通南北宫，其象也。

左右角間二星曰平道之官。平道西一星曰進賢，主卿相舉逸才。亢。東咸、西咸各四星，在房心北，日月五星之道也。房之户，所以防淫佚也。星明則吉；月、五星犯守之，有陰謀。鍵閉一星，在房東北，近鉤鈐，主關籥。

天市垣二十二星，在房心東北，主權衡，主聚衆。一曰天旗庭，主斬戮之事也。市中星衆潤澤，則歲實。熒惑守之，戮不忠之臣。彗星除之，爲徙市易都。客星入之，兵大起；出之，有貴喪。

帝坐一星，在天市中候星西，天庭也。光而潤則天子吉，威令行。候一星，在帝坐東北，主伺陰陽也。明大，輔臣强，四夷開；候細微，則國安；亡則主失

位；移則不安。宦者四星，在帝坐西南，侍主刑餘之人也。星微，吉；非其常，宦者有憂。宗正二星，在帝坐東南，宗大夫也，彗星守之，若失色，宗正有事；客星守之，更號令也。宗人四星，在宗正東，主録親疏享祀。族人有序，則如綺文而明正。動則天子親屬有變，客星守之，貴人死。宗星二，在候星東，宗室之象，帝輔血脉之臣也。客星守之，宗支不和。

天江四星，在尾北，主太陰。江星不具，天下津河關道不通。明若動摇，大水出，大兵起；參差則馬貴。熒惑守之，有立王。客星入之，河津絶。

天籥八星在南斗柄西，主關閉。建星六星在南斗北，亦曰天旗，天之都關也。爲謀事，爲天鼓，爲天馬。南二星，天庫也。中央二星，市也，鈇鑕也。上二星，旗跗也。斗建之間，三光道也。星動則衆勞。月暈之，蛟龍見，牛馬疫。月、五星犯之，大臣相譖有謀，亦爲關梁不通，有大水。東南四星曰狗國，主鮮卑、烏丸、沃且。熒惑守之，外夷爲變。狗國北二星曰天雞，主候時。天弁九星，在建星北，市官之長也，以知市珍也。星欲明，吉。彗星犯守之，糴貴，囚徒起兵。

河鼓三星，旗九星，在牽牛北，天鼓也，主軍鼓，主鈇鉞。一曰三武，主天子三將軍；中央大星爲大將軍，左星爲左將軍，右星爲右將軍。左星，南星也，所以備關梁而距難也，設守阻險，知謀徵也。旗即天鼓之旗，所以爲旌表也。左旗九星，在鼓左旁。鼓欲正直而明，色黄光澤，將吉；不正，爲兵憂也。星怒，馬貴。動則兵起，曲則將失計奪勢。旗星差戾，亂相陵。旗端四星南北列，曰天桴，鼓桴也。星不明，漏刻失時。前近河鼓，若桴鼓相直，皆爲桴鼓用。

離珠五星，在須女北，須女之藏府，女子之星也。天津九星，横河中，一曰天漢，一曰天江，主四瀆津梁，所以度神通四方也。一星不備，津關道不通。

螣蛇二十二星，在營室北，天蛇也，主水蟲。王良五星，在奎北，居河中，天子奉車御官也。其四星曰天駟，旁一星曰王良，亦曰天馬。其星動，爲策馬，車騎滿野。亦曰梁，爲天橋，主禦風雨水道，故或占車騎，或占津梁。客星守之，橋不通道。前一星曰策星，王良之御策也，主天子之僕，在王良旁。若移在馬後，是謂策馬，則車騎滿野。閣道六星，在王良前，飛道也。從紫宫至河，神所乘也，一曰，閣道星，天子游別宫之道也。傅路一星，在閣道南，旁別道也。東壁北十星曰天廐，主馬之官，若今驛亭也，主傳令置驛，逐漏馳騖，謂其行急疾，與晷漏競馳也。

天將軍十二星，在婁北，主武兵。中央大星，天之大將也。南一星曰軍南門，主誰何出入。太陵八星在胃北，亦曰積京，主大喪也。積京中星衆，則諸侯有喪，民多疾，兵起。太陵中一星曰積尸，明則死人如山。北九星曰天船，一曰舟星，所以濟不通也。中一星曰積水，候水災。昴西二星曰天街，三光之道，主伺候關梁中外之境。卷舌六星，在昴北，主口語，以知佞讒也。曲，吉；直而動，天下有口舌之害。中一星曰天讒，主巫醫。

五車五星，三柱九星，在畢北。五車者，五帝車舍也，五帝坐也，主天子五兵，一曰主五穀豐秏。西北大星曰天庫，主太白，主秦。次東北星曰獄，主辰星，主燕趙。次東星曰天倉，主歲星，主魯衛。次東南星曰司空，主填星，主楚。次西南星曰卿星，主熒惑，主魏。五星有變，皆以其所主占之。三柱一曰三泉。天子得靈臺之禮，則五車、三柱均明有常。其中五星曰天潢。天潢南三星曰咸池，魚囿也。月、五星入天潢，兵起，道不通，天下亂。

五車南六星曰諸王，察諸侯存亡。其西八星曰八穀，主候歲。八穀一星亡，一穀不登。天關一星，在五車南，亦曰天門，日月之所行也，主邊事，主關閉。芒角，有兵。五星守之，貴人多死。

東井鉞前四星曰司怪，主候天地日月星辰變異及鳥獸草木之妖，明主聞災，修德保福也。司怪西北九星曰坐旗，君臣設位之表也。坐旗西四星曰天高，臺榭之高，主遠望氣象。天高西一星曰天河，主察山林妖變。南河、北河各三星，夾東井。一曰天高，天之關門也，主關梁。南河曰南戍，一曰南宫，一曰陽門，一曰越門，一曰權星，主火。北河曰北戍，一曰北宫，一曰陰門，一曰胡門，一曰衡星，主水。兩河戍間，日月五星之常道也。河戍動摇，中國兵起。南河南三星曰闕丘，主宫門外象魏也。五諸侯五星，在東井北，主刺舉，戒不虞。又曰理陰陽，察得失。亦曰主帝心。一曰帝師，二曰帝友，三曰三公，四曰博士，五曰太史，此五者常爲帝定疑議。星明大潤澤，則天下大治；芒角，則禍在中。五諸侯南三星曰天樽，主盛饘粥以給貧餒。積水一星，在北河西北，水河也，所以供酒食之正也。積薪一星在積水東北，供庖廚之正也。水位四星，在積薪東，主水衡。客星若水火守犯之，百川流溢。

軒轅十七星，在七星北。軒轅，黄帝之神，黄龍之體也；后妃之主，士職也。一曰東陵，一曰權星，主雷雨之神。南大星，女主也。次北一星，夫人也，屏也，上將也。次北一星，妃也，次將也。其次諸星，皆次妃之屬也。女主南小星，女御也。左一星少民，后宗也。右一星大民，太后宗也。欲其色黄小而明也。軒

轅右角南三星曰酒旗，酒官之旗也，主宴饗飲食。五星守酒旗，天下大酺，有酒肉財物，賜若爵宗室。酒旗南三星曰天相，丞相之象也。軒轅西四星曰爟，爟者，烽火之爟也，邊亭之警候。

爟北四星曰内平，平罪之官，明刑罰。少微四星在太微西，士大夫之位也。一名處士，亦天子副主，或曰博士官，一曰主衛掖門。南第一星處士，第二星議士，第三星博士，第四星大夫。明大而黄，則賢士舉也。月、五星犯守之，處士、女主憂，宰相易。南四星曰長垣，主界域及胡夷。熒惑入之，胡入中國；太白入之，九卿謀。

二十八舍

東方。角二星爲天關，其間天門也，其内天庭也。故黄道經其中，七曜之所行也。左角爲天田，爲理，主刑；其南爲太陽道。右角爲將，主兵；其北爲太陰道。蓋天之三門，猶房之四表。其星明大，王道太平，賢者在朝；動摇移徙，王者行。

亢四星，天子之内朝也，總攝天下奏事，聽訟理獄録功者也。一曰疏廟，主疾疫。星明大，輔納忠，天下寧。

氐四星，王者之宿宫，后妃之府，休解之房。前二星，適也；後二星，妾也。後二星大，則臣奉度。

房四星，爲明堂，天子布政之宫也，亦四輔也。天第一星，上將也；次，次將也；次，次相也；上星，上相也。南二星君位，北二星夫人位。又爲四表，中間爲天衢，爲天關，黄道之所經也。南間曰陽環，其南曰太陽；北間曰陰間，其北曰太陰。七曜由乎天衢，則天下平和；由陽道則旱喪；由陰道則水兵。亦曰天駟，爲天馬，主車駕。南星曰左驂，次左服，次右服，次右驂。亦曰天廄，又主開閉，爲畜藏之所由也。房星明，則王者明；驂星大，則兵起；星離，民流。又北二小星曰鉤鈐，房之鈐鍵，天之管籥，主閉鍵天心也。明而近房，天下同心。房鉤鈐間有星及疏坼，則地動河清。

心三星，天王正位也。中星曰明堂，天子位，爲大辰，主天下之賞罰。天下變動，心星見祥。星明大，天下同。前星爲太子，後星爲庶子。心星直，則王失勢。

尾九星，後宫之場，妃后之府。上第一星，后也；次三星，夫人；次星，嬪妾。第三星傍一星名曰神宫，解衣之内室。尾亦爲九子，星色欲均明，大小相承，則後宫有叙，多子孫。

箕四星，亦後宫妃后之府。亦曰天津，一曰天雞，主八風。凡日月宿在箕、東壁、翼、軫者風起。又主口舌，主客蠻夷胡貉；故蠻胡將動，先表箕焉。

北方。南斗六星，天廟也，丞相太宰之位，主褒賢進士，禀授爵禄。又主兵，一曰天機。南二星魁，天梁也。中央二星，天相也。北二星，天府庭也，亦爲壽命之期也。將有天子之事，占於斗。斗星盛明，王道平和，爵禄行。

牽牛六星，天之關梁，主犧牲事。其北二星，一曰即路，一曰聚火。又曰，上一星主道路，次二星主關梁，次三星主南越。摇動變色則占之。星明大，王道昌，關梁通。

須女四星，天少府也。須，賤妾之稱，婦職之卑者也，主布帛裁製嫁娶。

虚二星，冢宰之官也，主北方邑居廟堂祭祀祝禱事，又主死喪哭泣。

危三星，主天府天市架屋；餘同虚占。墳墓四星，屬危之下，主死喪哭泣，爲墳墓也。

營室二星，天子之宫也，一曰玄宫，一曰清廟，又爲軍糧之府及土功事。星明，國昌；小不明，祠祀鬼神不享。離宫六星，天子之别宫，主隱藏休息之所。

東壁二星，主文章，天下圖書之祕府也。星明，王者興，道術行，國多君子；星失色，大小不同，王者好武，經士不用，圖書隱；星動，則有土功。

西方。奎十六星，天之武庫也。一曰天豕，亦曰封豕。主以兵禁暴，又主溝瀆。西南大星，所謂天豕目，亦曰大將，欲其明。

婁三星，爲天獄，主苑牧犧牲，供給郊祀。

胃三星，天之廚藏，主倉廩，五穀府也，明則和平。

昴七星，天之耳目也，主西方，主獄事。又爲旄頭，胡星也。昴畢間爲天街，天子出，旄頭罕畢以前驅，此其義也。黄道之所經也。昴明，則天下牢獄平。昴六星皆明，與大星等，大水。七星皆黄，兵大起。一星亡，爲兵喪；摇動，有大臣下獄，及有白衣之會。大而數盡動若跳躍者，胡兵大起。

畢八星，主邊兵，主弋獵。其大星曰天高，一曰邊將，主四夷之尉也。星明大，則遠夷來貢，天下安；失色，則邊兵亂。附耳一星，在畢下，主聽得失，伺愆邪，察不祥。星盛，則中國微，有盜賊，邊候驚，外國反；移動，佞讒行。月入畢，多雨。

觜觿三星，爲三軍之候，行軍之藏府，主葆旅，收斂萬物。明則軍儲盈，將

得勢。

參十星，一曰參伐，一曰大辰，一曰天市，一曰鈇鉞，主斬刈。又爲天獄，主殺伐。又主權衡，所以平理也。又主邊城，爲九譯，故不欲其動也。參，白獸之體。其中三星横列，三將也。東北曰左肩，主左將；西北曰右肩，主右將；東南曰左足，主後將軍；西南曰右足，主偏將軍。故黄帝占參應七將。中央三小星曰伐，天之都尉也，主胡、鮮卑、戎、狄之國，故不欲明。七將皆明大，天下兵精也。王道缺則芒角張。伐星明與參等，大臣皆謀，兵起。參星失色，軍散敗。參芒角動摇，邊候有急，兵起，有斬伐之事。參星移，客伐主。參左足入玉井中，兵大起，秦大水，若有喪，山石爲怪。參星差戾，王臣貳。

南方。東井八星，天之南門，黄道所經，天之亭候，主水衡事，法令所取平也。王者用法平，則井星明而端列。鉞一星，附井之前，主伺淫奢而斬之。故不欲其明，明與井齊，則用鉞於大臣。月宿井，有風雨。

輿鬼五星，天目也，主視，明察姦謀。東北星主積馬，東南星主積兵，西南星主積布帛，西北星主積金玉，隨變占之。中央星爲積尸，主死喪祠祀。一曰鈇鑕，主誅斬。鬼星明，大穀成；不明，百姓散。鑕欲其忽忽不明，明則兵起，大臣誅。

柳八星，天之廚宰也，主尚食，和滋味，又主雷雨。

七星七星，一名天都，主衣裳文繡，又主急兵盜賊。故星明王道昌；闇則賢良不處，天下空。

張六星，主珍寶、宗廟所用及衣服，又主天廚飲食賞賚之事。星明則王者行五禮，得天之中。

翼二十二星，天之樂府，主俳倡戲樂，又主夷狄遠客、負海之賓。星明大，禮樂興，四夷賓。動則蠻夷使來，離徙則天子舉兵。

軫四星，主冢宰，輔臣也；主車騎，主載任。有軍出入，皆占於軫。又主風，主死喪。軫星明，則車駕備；動則車駕用。轄星傅軫兩傍，主王侯，左轄爲王者同姓，右轄爲異姓。星明，兵大起。遠軫，凶。轄舉，南蠻侵。長沙一星，在軫之中，主壽命。明則主壽長，子孫昌。又曰，車無轄，國有憂；軫就聚，兵大起。

星官在二十八宿之外者

庫樓十星，六大星爲庫，南四星爲樓，在角南。一曰天庫，兵車之府也。旁十五星三三而聚者，柱也。中央四小星，衡也，主陳兵。東北二星曰陽門，主守隘塞也。南門二星，在庫樓南，天之外門也，主守兵。平星二星，在庫樓北，平天下之法獄事，廷尉之象也。天門二星，在平星北。

亢南七星曰折威，主斬殺。頓頑二星，在折威東南，主考囚情狀，察詐僞也。

騎官二十七星，在氐南，若天子武賁，主宿衛。東端一星騎陣將軍，騎將也。南三星車騎，車騎之將也。陣車三星，在騎官東北，革車也。

積卒十二星，在房心南，主爲衛也。他星守之，近臣誅。從官二星，在積卒西北。

龜五星，在尾南，主卜以占吉凶。傅説一星，在尾後。傅説主章祝，巫官也。魚一星，在尾後河中，主陰事，知雲雨之期也。

杵三星，在箕南，杵給庖舂。客星入杵臼，天下有急。糠星在箕舌前杵西北。

鼈十四星，在南斗南。鼈爲水蟲，歸太陰。有星守之，白衣會，主有水令。

農丈人一星，在南斗西南，老農主穡也。狗二星，在南斗魁前，主吠守。

天田九星，在牛南。羅堰九星，在牽牛東，岠馬也，以壅蓄水潦，灌溉溝渠也。九坎九星，在牽牛南。坎，溝渠也，所以導達泉源，疏盈瀉溢，通溝洫也。九坎間十星曰天池，一曰三池，一曰天海，主灌溉田疇事。

虚南二星曰哭，哭東二星曰泣，泣、哭皆近墳墓。泣南十三星曰天壘城，如貫索狀，主北夷丁零、匈奴。南二星曰蓋屋，治宫室之官也。其南四星曰虚梁，園陵寢廟之所也。

羽林四十五星，在營室南，一曰天軍，主軍騎，又主翼王也。壘壁陣十二星，在羽林北，羽林之垣壘也，主軍衛爲營壅也。五星有在天軍中者，皆爲兵起，熒惑、太白、辰星尤甚。北落師門一星，在羽林西南。北者，宿在北方也；落，天之藩落也；師，衆也；師門，猶軍門也。長安城北門曰北落門，以象此也。主非常以候兵。有星守之，虜入塞中，兵起。其西北有十星，曰天錢。北落西南一星曰天綱，主武帳。北落東南九星曰八魁，主張禽獸。

天倉六星，在婁南，倉穀所藏也。南四星曰天庾，積廚粟之所也。

天囷十三星，在胃南。囷，倉廩之屬也，主給御糧也。

天廩四星在昴南，一曰天廥，主蓄黍稷以供饗祀；《春秋》所謂御廩，此之象也。天苑十六星，在昴畢南，天子之苑囿，養獸之所也。苑南十三星曰天園，植

果菜之所也。

畢附耳南八星曰天節，主使臣之所持者也。天節下九星曰九州殊口，曉方俗之官，通重譯者也。

參旗九星在參西，一曰天旗，一曰天弓，主司弓弩之張，候變禦難。玉井四星，在參左足下，主水漿以給廚。西南九星曰九游，天子之旗也。玉井東南四星曰軍井，行軍之井也。軍井未達，將不言渴，名取此也。軍市十三星在參東南，天軍貿易之市，使有無通也。野雞一星，主變怪，在軍市中。軍市西南二星曰丈人，丈人東二星曰子，子東二星曰孫。

東井西南四星曰水府，主水之官也。東井南垣之東四星曰四瀆，江、河、淮、濟之精也。狼一星，在東井東南。狼爲野將，主侵掠。色有常，不欲動也。北七星曰天狗，主守財。弧九星，在狼東南，天弓也，主備盜賊，常向於狼。弧矢動移不如常者，多盜賊，胡兵大起。狼弧張，害及胡，天下乖亂。又曰，天弓張，天下盡兵。弧南六星爲天社，昔共工氏之子句龍，能平水土，故祀以配社，其精爲星。老人一星，在弧南，一曰南極，常以秋分之旦見于丙，春分之夕而没于丁。見則治平，主壽昌，常以秋分候之南郊。

柳南六星曰外廚。廚南一星曰天紀，主禽獸之齒。

稷五星，在七星南。稷，農正也，取乎百穀之長以爲號也。

張南十四星曰天廟，天子之祖廟也。客星守之，祠官有憂。

翼南五星曰東區，蠻夷星也。

軫南三十二星曰器府，樂器之府也。青丘七星，在軫東南，蠻夷之國號也。青丘西四星曰土司空，主界域，亦曰司徒。土司空北二星曰軍門，主營候彪尾威旗。

唐·魏徵等《隋書》卷一九《天文志上》 若夫法紫微以居中，擬明堂而布政，依分野而命國，體衆星而効官，動必順時，教不違物，故能成變化之道，合陰陽之妙。爰在庖犧，仰觀俯察，謂以天之七曜、二十八星，周於穹圓之度，以麗十二位也。在天成象，示見吉凶。五緯入房，啓姬王之肇跡，長星孛斗，鑒宋人之首亂，天意人事，同乎影響。自夷王下堂而見諸侯，赧王登臺而避責，《記》曰「天子微，諸侯僭」，於是師兵吞滅，僵仆原野。秦氏以戰國之餘，怙茲凶暴，小星交鬭，長彗橫天。漢高祖驅駕英雄，墾除災害，五精從歲，七重暈畢，含樞曾緬，道不虛行。自西京創制，多歷年載。世祖中興，當塗馭物，金行水德，祇奉靈命，玄兆著明，天人不遠。昔者榮河獻籙，温洛呈圖，六爻摛範，三光宛備，則星官之書，自黄帝始。高陽氏使南正重司天，北正黎司地，帝堯乃命羲、和，欽若昊天。夏有昆吾，殷有巫咸，周之史佚，宋之子韋，魯之梓慎，鄭之裨竈，魏有石氏，齊有甘公，皆能言天文，察微變者也。漢之傳天數者，則有唐都、李尋之倫。光武時，則有蘇伯況、郎雅光，並能參伍天文，發揚善道，補益當時，監垂來世。而河、洛圖緯，雖有星占星官之名，未能盡列。

後漢張衡爲太史令，鑄渾天儀，總序經星，謂之《靈憲》。其大略曰：「星也者，體生於地，精發於天。紫宫爲帝皇之居，太微爲五帝之坐，在野象物，在朝象官。居其中央，謂之北斗，動係於占，實司王命。四布於方，爲二十八星，日月運行，歷示休咎。五緯經次，用彰禍福，則上天之心，於是見矣。中外之官，常明者百有二十，可名者三百二十，爲星二千五百；微星之數萬一千五百二十。庶物蠢動，咸得繫命。」而衡所鑄之圖，遇亂堙滅，星官名數，今亦不存。三國時，吴太史令陳卓，始列甘氏、石氏、巫咸三家星官，著於圖録。并注占贊，總有二百五十四官，一千二百八十三星，并二十八宿及輔官附坐一百八十二星，總二百八十三官，一千五百六十五星。宋元嘉中，太史令錢樂之所鑄渾天銅儀，以朱黑白三色，用殊三家，而合陳卓之數。

高祖平陳，得善天官者周墳，并得宋氏渾儀之器。乃命庾季才等，參校周、齊、梁、陳及祖暅、孫僧化官私舊圖，刊其大小，正彼踈密，依準三家星位，以爲蓋圖。旁摛始分，甄表常度，并具赤黄二道，内外兩規。懸象著明，纏離攸次，星之隱顯，天漢昭回，宛若穹蒼，將爲正範。以墳爲太史令。墳博考經書，勤於教習，自此太史觀生，始能識天官。煬帝又遣宫人四十人，就太史局，别詔袁充，教以星氣，業成者進内，以參占驗云。

史臣於觀臺訪渾儀，見元魏太史令晁崇所造者，以鐵爲之，其規有六。其外四規常定，一象地形，二象赤道，其餘象二極。其内二規，可以運轉，用合八尺之管，以窺星度。周武帝平齊所得。隋開皇三年，新都初成，以置諸觀臺之上。大唐因而用焉。

馬遷《天官書》及班氏所載，妖星暈珥，雲氣虹霓，存其大綱，未能備舉。自後史官，更無紀録。《春秋傳》曰：「公既視朔遂登觀臺，凡分至啓閉，必書雲物。」神道司存，安可誣也！今略舉其形名占驗，次之經星之末云。

又 經星中宫

北極五星，鉤陳六星，皆在紫宮中。北極，辰也。其紐星，天之樞也。天運無窮，三光迭耀，而極星不移。故曰：「居其所而衆星共之。」賈逵、張衡、蔡邕、王蕃、陸績，皆以北極紐星爲樞，是不動處也。祖暅以儀準候不動處，在紐星之末，猶一度有餘。北極大星，太一之坐也。第一星主月，太子也。第二星主日，帝王也。第三星主五星，庶子也。所謂第二星者，最赤明者也。北極五星，最爲尊也。中星不明，主不用事。右星不明，太子憂。鉤陳，後宮也，太帝之正妃也，太帝之坐也。北四星曰女御宮，八十一御妻之象也。鉤陳口中一星，曰天皇太帝。其神曰耀魄寶，主御羣靈，秉萬神圖。抱極樞四星曰四輔，所以輔佐北極，而出度授政也。太帝上九星曰華蓋，蓋所以覆蔽太帝之坐也。又九星直，曰杠。蓋下五星曰五帝内坐，設叙順帝所居也。客犯紫宮中坐，大臣犯主。華蓋杠旁六星曰六甲，可以分陰陽而紀節候，故在帝旁，所以布政教而授人時也。極東一星曰柱下史，主記過。古者有左右史，此之象也。柱史北一星曰女史，婦人之微者，主傳漏。故漢有侍史。傳舍九星在華蓋上，近河，賓客之館，主胡人入中國。客星守之，備姦使，亦曰胡兵起。傳舍南河中五星曰造父，御官也，一曰司馬，或曰伯樂。星亡，馬大貴。西河中九星如鉤狀，曰鉤星，伸則地動。天一一星，在紫宮門右星南，天帝之神也，主戰鬬，知人吉凶者也。太一一星，在天一南，相近，亦天帝神也，主使十六神，知風雨水旱，兵革饑饉，疾疫災害所生之國也。

紫宮垣十五星，其西蕃七，東蕃八，在北斗北。一曰紫微，太帝之坐也，天子之常居也，主命，主度也。一曰長垣，一曰天營，一曰旗星，爲蕃衞，備蕃臣也。宮闕兵起，旗星直，天子出，自將宮中兵。東垣下五星曰天柱，建政教，懸圖法之所也。常以朔望日懸禁令於天柱，以示百司。《周禮》以正歲之月，懸法象魏，此之類也。門内東南維五星曰尚書，主納言，夙夜諮謀，龍作納言，此之象也。尚書西二星曰陰德、陽德，主周急振無。宮門左星内二星曰大理，主平刑斷獄也。門外六星曰天牀，主寢舍，解息燕休。西南角外二星曰内厨，主六宮之飲食，主后夫人與太子宴飲。東北維外六星曰天厨，主盛饌。

北斗七星，輔一星在太微北，七政之樞機，陰陽之元本也。故運乎天中，而臨制四方，以建四時，而均五行也。魁四星爲琁璣，杓三星爲玉衡。又象號令之主，又爲帝車，取乎運動之義也。又魁第一星曰天樞，二曰琁，三曰璣，四曰權，五曰玉衡，六曰開陽，七曰摇光。一至四爲魁，五至七爲杓。樞爲天，琁爲地，璣爲人，權爲時，玉衡爲音，開陽爲律，摇光爲星。石氏云：「第一曰正星，主陽德，天子之象也。二曰法星，主陰刑，女主之位也。三曰令星，主禍害也。四曰伐星，主天理，伐無道。五曰殺星，主中央，助四旁，殺有罪。六曰危星，主天倉五穀。七曰部星，亦曰應星，主兵。」又云：「一主天，二主地，三主火，四主水，五主土，六主木，七主金。」又曰：「一主秦，二主楚，三主梁，四主吴，五主趙，六主燕，七主齊。」

魁中四星，爲貴人之牢，曰天理也。輔星傅乎開陽，所以佐斗成功也。又曰：「主危正，矯不平。」又曰：「丞相之象也。」七政星明，其國昌。不明，國殃。斗旁欲多星則安，斗中少星則人恐上，天下多訟法者。無星二十日。有輔星明而斗不明，臣强主弱。斗明輔不明，主强臣弱也。杓南三星及魁第一星，皆曰三公，宣德化，調七政，和陰陽之官也。

文昌六星，在北斗魁前，天之六府也，主集計天道。一曰上將，大將建威武。二曰次將，尚書正左右。三曰貴相，太常理文緒。四曰司禄、司中，司隸賞功進。五曰司命、司怪，太史主滅咎。六曰司寇，大理佐理寶。所謂一者，起北斗魁前，近内階者也。明潤，大小齊，天瑞臻。

文昌北六星曰内階，天皇之陛也。相一星在北斗南。相者總領百司而掌邦教，以佐帝王安邦國，集衆事也。其明吉。太陽守一星，在相西，大將大臣之象也，主戒不虞，設武備也。非其常，兵起。西北四星曰勢。勢，腐刑人也。天牢六星在北斗魁下，貴人之牢也，主愆過，禁暴淫。

太微，天子庭也，五帝之坐也，亦十二諸侯府也。其外蕃，九卿也。一曰太微爲衡。衡，主平也。又爲天庭，理法平辭，監升授德，列宿受符，諸神考節，舒情稽疑也。南蕃中二星間曰端門。東曰左執法，廷尉之象也。西曰右執法，御史大夫之象也。執法，所以舉刺凶姦者也。左執法之東，左掖門也。右執法之西，右掖門也。東蕃四星，南第一〔星〕曰上相，其北東太陽門也。第二星曰次相，其北中華東門也。第三星曰次將，其北東太陰門也。第四星曰上將。所謂四輔也。西蕃四星：南第一星曰上將，其北西太陽門也。第二星曰次將，其北中華西門也。第三〔星〕曰次相，其北西太陰門也。第四星曰上相。亦四輔也。東西蕃有芒及摇動者，諸侯謀天子也。執法移則刑罰尤急。月、五星所犯中坐，成刑。月、五星入太微軌道，吉。

西南角外三星曰明堂，天子布政之宮也。明堂西三星曰靈臺，觀臺也。主觀雲物，察符瑞，候災變也。左執法東北一星曰謁者，主贊賓客也。謁者東北三

星曰三公內坐，朝會之所居也。三公北三星曰九卿內坐，主治萬事。九卿西五星曰內五諸侯，內侍天子，不之國者也。辟雍之禮得，則太微諸侯明。

黃帝坐一星，在太微中，含樞紐之神也。天子動得天度，止得地意，從容中道，則太微五帝坐明，坐以光。黃帝坐不明，人主求賢士以輔法，不然則奪勢。又曰太微五坐小弱青黑，天子國亡。四帝坐四星，四星夾黃帝坐。東方星，蒼帝靈威仰之神也。南方星，赤帝熛怒之神也。西方星，白帝招距之神也。北方星，黑帝叶光紀之神也。

五帝坐北一星曰太子，帝儲也。太子北一星曰從官，侍臣也。帝坐東北一星曰幸臣。屏四星在端門之內，近右執法。屏所以壅蔽帝庭也。執法主刺舉，臣尊敬君上，則星光明潤澤。郎位十五星，在帝坐東北，一曰依烏，郎位也。周官之元士，漢官之光祿、中散、諫議、議郎、三署郎中，是其職也。或曰今之尚書也。郎位主衛守也。其星明，大臣有劫主。又曰，客犯上。其星不具，后死，幸臣誅。客星入之，大臣爲亂。郎將一星在郎位北，主閱具，所以爲武備也。武賁一星，在太微西蕃北，下台南，静室旄頭之騎官也。常陳七星，如畢狀，在帝坐北，天子宿衛武賁之士，以設强毅也。星摇動，天子自出，明則武兵用，微則武兵弱。

三台六星，兩兩而居，起文昌，列招摇，太微。一曰天柱，三公之位也。在天曰三台，主開德宣符也。西近文昌二星曰上台，爲司命，主壽。次二星曰中台，爲司中，主宗。東二星曰下台，爲司祿，主兵，所以昭德塞違也。又曰三台爲天階，太一躡以上下。一曰泰階，上星爲天子，下星爲女主；中階，上星爲諸侯三公，下星爲卿大夫；下階，上星爲士，下星爲庶人。所以和陰陽而理萬物也。其星有變，各以所主占人。君臣和集，如其常度。

南四星曰內平，近職執法平罪之官也。中台之北一星曰大尊，貴戚也。下台南一星曰武賁，衛官也。

攝提六星，直斗杓之南，主建時節，伺禨祥。攝提爲楯，以夾擁帝席也，主九卿。明大三公恣，客星入之，聖人受制。西三星曰周鼎，主流亡。大角一星，在攝提間。大角者，天王座也。又爲天棟，正經紀。北三星曰帝席，主宴獻酬酢。梗河三星，在大角北。梗河者，天矛也。一曰天鋒，主胡兵。又爲喪，故其變動應以兵喪也。星亡，其國有兵謀。招摇一星在其北，一曰矛楯，主胡兵。占與梗河略相類也。招摇與北斗杓間曰天庫。星去其所，則有庫開之祥也。招摇欲與棟星、梗河、北斗相應，則胡常來受命於中國。招摇明而不正，胡不受命。玄戈二星，在招摇北。玄戈所主，與招摇同。或云主北夷。客星守之，胡大敗。天槍三星，在北斗杓東。一曰天鉞，天之武備也。故在紫宫之左，所以禦難也。女牀三星，在其北，後宫御也，主女事。天棓五星，在女牀北，天子先驅也，主忿争與刑罰，藏兵，亦所以禦難也。槍棓皆以備非常也。一星不具，國兵起。

東七星曰扶筐，盛桑之器，主勸蠶也。七公七星，在招摇東，天之相也，三公之象，主七政。貫索九星在其前，賤人之牢也。一曰連索，一曰連營，一曰天牢，主法律，禁暴强也。牢口一星爲門，欲其開也。九星皆明，天下獄煩。七星見，小赦，五星，大赦。動則斧鑕用，中空則更元。《漢志》云十五星。天紀九星，在貫索東，九卿也。九河主萬事之紀，理怨訟也。明則天下多辭訟，亡則政理壞，國紀亂，散絶則地震山崩。織女三星，在天紀東端，天女也，主果蓏絲帛珍寶也。王者至孝，神祇咸喜，則織女星俱明，天下和平。大星怒角，布帛貴。東足四星曰漸臺，臨水之臺也。主晷漏律吕之事。西之五星曰輦道，王者嬉遊之道也，漢輦道通南、北宫象也。

左右角間二星曰平道之官。平道西一星曰進賢，主卿相舉逸才。角北二星曰天田。亢北六星曰亢池。亢，舟航也；池，水也。主送往迎來。氐北一星曰天乳，主甘露。房中道一星曰歲守之，陰陽平。房西二星南北列，曰天福，主乘輿之官，若《禮》巾車、公車之政。主祠事。東咸、西咸各四星，在房心北，日月五星之道也。房之户，所以防淫佚也。星明則吉，暗則凶。月、五星犯守之，有陰謀。東咸西三星，南北列，曰罰星，主受金贖。鍵閉一星，在房東北，近鉤鈐，主關籥。

天市垣二十二星，在房心東北，主權衡，主聚衆。一曰天旗庭，主斬戮之事也。市中星衆潤澤則歲實，星稀則歲虚。熒惑守之，戮不忠之臣。又曰，若怒角守之，戮者臣殺主。彗星除之，爲徙市易都。客星入之，兵大起，出之有貴喪。市中六星臨箕，曰市樓市府也，主市價律度。其陽爲金錢，其陰爲珠玉。變見，各以所主占之。北四星曰天斛，主量者也。斛西北二星曰列肆，主寶玉之貨。市門左星內二星曰車肆，主衆賈之區。

帝坐一星，在天市中，候星西，天庭也。光而潤則天子吉，威令行。微小凶，大小當之。候一星，在帝坐東北，主伺陰陽也。明大輔臣强，四夷開。候細微則國安，亡則主失位，移則主不安。宦者四星，在帝坐西南，侍主刑餘之人也。星

微則吉，明則凶，非其常，宦者有憂。斗五星，在宦者南，主平量。仰則天下斗斛不平，覆則歲穰。宗正二星，在帝坐東南，宗大夫也。彗星守之，若失色，宗正有事。客星守動，則天子親屬有變。客星守之，貴人死。宗星二，在候星東，宗室之象，帝輔血脉之臣也。客星守之，宗人不和。東北二星曰帛度，東北二星曰屠肆，各主其事。

天江四星在尾北，主太陰。江星不具，天下津河關道不通。明若動搖，大水出，大兵起。參差則馬貴。熒惑守之，有立王。客星入之，河津絶。

天籥八星，在南斗杓西，主關閉。建星六星，在南斗北，亦曰天旗，天之都關也。爲謀事，爲天鼓，爲天馬。南二星，天庫也。中央二星，市也，鈇鑕也。上二星，旗跗也。斗建之間，三光道也。星動則人勞。月暈之，蛟龍見，牛馬疫。月、五星犯之，大臣相譖，臣謀主；亦爲關梁不通，有大水。東南四星曰狗國，主鮮卑、烏丸、沃且。熒惑守之，外夷爲變。太白逆守之，其國亂。客星犯守之，有大盜，其王且來。狗國北二星曰天雞，主候時。天弁九星在建星北，市管之長也。主列肆闤闠，若市籍之事，以知市珍也。星欲明，吉。彗星犯守之，糴貴，囚徒起兵。

河鼓三星，旗九星，在牽牛北，天鼓也，主軍鼓，主鈇鉞。一曰三武，主天子三將軍。中央大星爲大將軍，左星爲左將軍，右星爲右將軍。左星，南星也，所以備關梁而距難也，設守阻險，知謀徵也。旗即天鼓之旗，所以爲旌表也。左旗九星，在鼓左旁。鼓欲正直而明，色黃光澤，將吉；不正，爲兵憂也。星怒馬貴，動則兵起，曲則將失計奪勢。旗星戾，亂相陵。旗端四星南北列，曰天桴。桴，鼓桴也。星不明，漏刻失時。前近河鼓，若桴鼓相直，皆爲桴鼓用。

離珠五星，在須女北，須女之藏府也，女子之星也。星非故，後宮亂。客星犯之，後宮凶。虛北二星曰司命，北二星曰司禄，又北二星曰司危，又北二星曰司非。司命主舉過行罰，滅不祥。司禄增年延德，故在六宗北。犯司危，主驕佚亡下。司非以法多就私。瓠瓜五星，在離珠北，主陰謀，主後宮，主果食。明則歲熟，微則歲惡，后失勢。非其故，則山搖，谷多水。旁五星曰敗瓜，主種。天津九星，梁，所以度神通四方也。一星不備，津關道不通。星明動則兵起如流沙，死人亂麻。微而參差，則馬貴若死。星亡，若從河水爲害，或曰水賊稱王也。東近河邊七星曰車府，主車之官也。車府東南五星曰人星，主静衆庶，柔遠能邇。一曰臥星，主防淫。其南三星内析，東南四星曰杵臼，主給軍糧。客星入之，兵起，天下聚米。天津北四星如衡狀，曰奚仲，古車正也。

騰蛇二十二星，在營室北，天蛇星主水蟲。星明則不安，客星守之，水雨爲災，水物不收。王良五星，在奎北，居河中，天子奉車御官也。其四星曰天駟，旁一星曰王良，亦曰天馬。其星動，爲策馬，車騎滿野。亦曰王良梁，爲天橋，主御風雨水道，故或占津梁。其星移，有兵，亦曰馬病。客星守之，橋不通。前一星曰策，王良之御策也，主天子僕，在王良旁。若移在馬後，是謂策馬，則車騎滿野。閣道六星，在王良前，飛道也。從紫宮至河，神所乘也。一曰閣道，主道里，天子遊別宮之道也。亦曰閣道，所以扞難滅咎也。一曰王良旗，一曰紫宮旗，亦所以爲旌表，而不欲其動搖。旗星者，兵所用也。傅路一星，在閣道南，旁別道也。備閣道之敗，復而乘之也。一曰太僕，主禦風雨，亦遊從之義也。東壁北十星曰天廐，主馬之官，若今驛亭也，主傳令置驛，逐漏馳騖，謂其行急疾，與晷漏競馳。

天將軍十二星，在婁北，主武兵。中央大星，天之大將也。外小星，吏士也。大將星搖，兵起，大將出。小星不具，兵發。南一星曰軍南門，主誰何出入。太陵八星，在胃北。陵者，墓也。太陵卷舌之口曰積京，主大喪也。積京中星絶，則諸侯有喪，民多疾，兵起，粟聚。少則粟散。星守之，有土功。太陵中一星曰積尸，明則死人如山。天船九星，在太陵北，居河中。一曰舟星，主度，所以濟不通也，亦主水旱。不在漢中，津河不通。中四星欲其均明，即天下大安。不則兵若喪。客彗星出入之，爲大水，有兵。中一星曰積水，候水災。昴西二星曰天街，三光之道，主伺候關梁中外之境。天街西一星曰月。卷舌六星在北，主口語，以知佞讒也。曲者吉，直而動，天下有口舌之害。中一星曰天讒，主巫醫。

五車五星，三柱九星，在畢北。五車者，五帝車舍也，五帝坐也，主天子五兵，一曰主五穀豐耗。西北大星曰天庫，主太白，主秦。次東北星曰獄，主辰星，主燕、趙。次東星曰天倉，主歲星，主魯、衛。次東南星曰司空，主填星，主楚。次西南星曰卿星，主熒惑，主魏。五星有變，皆以其所主而占之。三柱，一曰三泉，一曰休，一曰旗。五車星欲均明，闊狹有常也。天子得靈臺之禮，則五車、三柱均明。中有五星曰天潢。天潢南三星曰咸池，魚囿也。月、五星入天潢，兵起，道不通，天下亂，易政。咸池明，有龍墮死，猛獸及狼害人，若兵起。

五車南六星曰諸王，察諸侯存亡。西五星曰厲石，金若客星守之，兵動。北八星曰八穀，主候歲。八穀一星亡，一穀不登。天關一星，在五車南，亦曰天門，

日月所行也，主邊事，主開閉。芒角，有兵。五星守之，貴人多死。

東井鉞前四星曰司怪，主候天地日月星辰變異，及鳥獸草木之妖，明主聞災，修德保福也。司怪西北九星曰坐旗，君臣設位之表也。坐旗西四星曰天高，臺榭之高，主遠望氣象。天高西一星曰天河，主察山林妖變。南河、北河各三星，夾東井。一曰天高天之闕門，主關梁。南河曰南戍，一曰南宫，一曰陽門，一曰越門，一曰權星，主火。北河一曰北戍，一曰北宫，一曰陰門，一曰胡門，一曰衡星，主水。兩河戍間，日月五星之常道也。河戍動摇，中國兵起。南河三星曰闕丘，主宫門外象魏也。五諸侯五星，在東井北，主刺舉，戒不虞。又曰理陰陽，察得失。亦曰主帝心。一曰帝師，二曰帝友，三曰三公，四曰博士，五曰太史。此五者常爲帝定疑議。星明大潤澤，則天下大治，角則禍在中。五諸侯南三星曰天樽，主盛饘粥，以給酒食之正也。積薪一星，在積水東，供給庖廚之正也。水位四星，在東井東，主水衡。客星若水火守犯之，百川流溢。

軒轅十七星，在七星北。軒轅，黄帝之神，黄龍之體也。后妃之主，士職也。一曰東陵，一曰權星，主雷雨之神。南大星，女主也。次北一星，妃也。次，將軍也。其次諸星，皆次妃之屬也。女主南小星，女御也。左一星少民，少后宗也。右一星大民，太后宗也。欲其色黄小而明也。軒轅右角南三星曰酒旗，酒官之旗也，主饗宴飲食。五星守酒旗，天下大酺，有酒肉財物，賜若爵宗室。酒旗南二星曰天相，丞相之象也。軒轅西四星曰爟，爟者烽火之爟也，邊亭之警候。

爟北四星曰内平。少微四星，在太微西，士大夫之位也。一名處士，亦天子副主，或曰博士官。一曰主衞掖門。南第一星處士，第二星議士，第三星博士，第四星大夫。明大而黄，則賢士舉也。月、五星犯守之，處士、女主憂，宰相易。南四星曰長垣，主界域及胡夷。熒惑入之，胡入中國。太白入之，九卿謀。

唐・魏徵等《隋書》卷二〇《天文志中》　二十八舍

東方。角二星，爲天闕，其間天門也，其内天庭也。故黄道經其中，七曜之所行也。左角爲天田，爲理，主刑，其南爲太陽道。右角爲將，主兵，其北爲太陰道。蓋天之三門，猶房之四表。其星明大，王道太平，賢者在朝。動摇移徙，王者行。

亢四星，天子之内朝也。總攝天下奏事，聽訟理獄録功者也。一曰疏廟，主疾疫。星明大，輔納忠，天下寧，人無疾疫。動則多疾。

氐四星，王者之宿宫，后妃之府，休解之房。前二星適也，後二星妾也。將有徭役之事，氐先動。星明大則臣奉度，人無勞。

房四星爲明堂，天子布政之宫也，亦四輔也。下第一星，上將也；次，次將也；次，次相也；上星，上相也。南二星君位，北二星夫人位。又爲四表，中間爲天衢之大道，爲天闕，黄道之所經也。南間曰陽環，其南曰太陽。北間曰陰間，其北曰太陰。七曜由乎天衢，則天下平和。由陽道則主旱喪，由陰道則主水兵。亦曰天駟，爲天馬，主車駕。南星曰左驂，次左服，次右服，次右驂。亦曰天廐，又主開閉，爲畜藏之所由也。房星明則王者明。驂星大則兵起，星離則人流。又北二小星曰鉤鈐，房之鈐鍵，天之管籥，主閉藏，鍵天心也。王者孝則鉤鈐明。近房，天下同心，遠則天下不和，王者絶後。房鉤鈐間有星及疎坼，則地動河清。

心三星，天王正位也。中星曰明堂，天子位，爲大辰，主天下之賞罰。天下變動，心星見祥。星明大，天下同，暗則主暗。前星爲太子，其星不明，太子不得代。後星爲庶子，後星明，庶子代。心星變黑，大人有憂。直則王失勢，動則國有憂急，角摇則有兵，離則人流。

尾九星，後宫之場，妃后之府。上第一星，后也；次三星，夫人；次星，嬪妾。第三星傍一星，名曰神宫，解衣之内室。尾亦爲九子。星色欲均明，大小相承，則後宫有叙，多子孫。星微細暗，后有憂疾。疎遠，后失勢。動摇則君臣不和，天下亂。就聚則大水。

箕四星，亦後宫妃后之府。亦曰天津，一曰天雞。主八風，凡日月宿在箕、東壁、翼、軫者，風起。又主口舌，主客蠻夷胡貉，故蠻胡將動，先表箕焉。星大明直則穀熟，内外有差。就聚細微，天下憂。動則蠻夷有使來。離徙則人流動，不出三日，大風。

北方。南斗六星，天廟也，丞相太宰之位，主褒賢進士，稟授爵禄，又主兵。一曰天機。南二星魁，天梁也。中央二星，天相也。北二星杓，天府庭也，亦爲天子壽命之期也。將有天子之事，占於斗。斗星盛明，王道平和，爵禄行。芒角動摇，天子愁，兵起移徙，其臣逐。

牽牛六星，天之關梁，主犧牲事。其北二星，一曰即路，一曰聚火。又曰，上一星主道路，次二星主關梁，次三星主南越。摇動變色則占之。星明大，王道昌，關梁通，牛貴。怒則馬貴。不明失常，穀不登。細則牛賤。中星移上下，牛多死。小星亡，牛多疫。又曰，牽牛星動爲牛災。

須女四星，天之少府也。須，賤妾之稱，婦職之卑者也，主布帛裁製嫁娶。星明，天下豐，女功昌，國充富。小暗則國藏虛。動則有嫁娶出納裁製之事。

虛二星，冢宰之官也。主北方，主邑居廟堂祭祀祝禱事，又主死喪哭泣。

危三星，主天府天庫架屋，餘同虛占。星不明，客有誅。動則王者作宮殿，有土功。墳墓四星，屬危之下，主死喪哭泣，爲墳墓也。星不明，天下旱。動則有喪。

營室二星，天子之宮也。一曰玄宮，一曰清廟，又爲軍糧之府，及土功事。星明國昌，小不明，祠祀鬼神不享，國家多疾。動則有土功，兵出野。離宮六星，天子之別宮，主隱藏休息之所。

東壁二星，主文章，天下圖書之秘府也，主土功。星明，王者興，道術行，國多君子。星失色，大小不同，王者好武，經士不用，圖書隱。星動則有土功。離徙就聚，爲田宅事。

西方。奎十六星，天之武庫也。一曰天豕，亦曰封豕。主以兵禁暴，又主溝瀆。西南大星，所謂天豕目，亦曰大將，欲其明。若帝淫佚，政不平，則奎有角。角動則有兵，不出年中，或有溝瀆之事。又曰，奎中星明，水大出。

婁三星，爲天獄，主苑牧犧牲，供給郊祀，亦爲興兵聚衆。星明，天下平和，郊祀大享，多子孫。動則有聚衆。星直則有執主之命者。就聚，國不安。

胃三星，天之厨藏，主倉廩五穀府也。明則和平倉實，動則有輸運事，就聚則穀貴人流。

昴七星，天之耳目也，主西方，主獄事。又爲旄頭，胡星也。又主喪。昴畢間爲天街，天子出，旄頭罕畢以前驅，此其義也。黄道之所經也。昴明則天下牢獄平。昴六星皆明，與大星等，大水。七星黄，兵大起。一星亡，爲兵喪。摇動，有大臣下獄，及白衣之會。大而數盡動，若跳躍者，胡兵大起。一星獨跳躍，餘不動者，胡欲犯邊境也。

畢八星，主邊兵，主弋獵。其大星曰天高，一曰邊將，主四夷之尉也。星明大則遠夷來貢，天下安。失色則邊亂。一星亡，爲兵喪。動摇，邊城兵起，有讒臣。離徙，天下獄亂。就聚，法令酷。附耳一星在畢下，主聽得失，伺愆邪，察不祥。星盛則中國微，有盜賊，邊候驚，外國反，鬭兵連年。若移動，佞讒行，兵大起，邊尤甚。月入畢，多雨。

觜觿三星，爲三軍之候，行軍之藏府，主葆旅，收斂萬物。明則軍儲盈，將得勢。動而明，盜賊羣行，葆旅起。動移，將有逐者。

參十星，一曰參伐，一曰大辰，一曰天市，一曰鈇鉞，主斬刈。又爲天獄，主殺伐。又主權衡，所以平理也。又主邊城，爲九譯，故不欲其動也。參，白獸之體。其中三星橫列，三將也。東北曰左肩，主左將。西北曰右肩，主右將。東南曰左足，主後將軍。西南曰右足，主偏將軍。故《黄帝占》參應七將。中央三小星曰伐，天之都尉也，主胡、鮮卑、戎狄之國，故不欲明。七將皆明大，天下兵精也。王道缺則芒角張。伐星明與參等，大臣皆謀，兵起。參星失色，軍散。參芒角動摇，邊候有急，天下兵起。又曰，有斬伐之事。參星移，客伐主。參左足入玉井中，兵大起，秦大水，若有喪，山石爲怪。參星差戾，王臣貳。

南方。東井八星，天之南門，黄道所經，天之亭候。主水衡事，法令所取平也。王者用法平，則井星明而端列。鉞一星，附井之前，主伺淫奢而斬之。故不欲其明。明與井齊，則用鉞，大臣有斬者，以欲殺也。月宿井，有風雨。

輿鬼五星，天目也，主視，明察姦謀。東北星主積馬，東南星主積兵，西南星主積布帛，西北星主積金玉，隨變占之。中央爲積尸，主死喪祠祀。一曰鈇質，主誅斬。鬼星明大，穀成。不明，人散。動而光，上賦斂重，徭役多。星徙，人愁，政令急。鬼質欲其忽忽不明則安，明則兵起，大臣誅。

柳八星，天之厨宰也，主尚食，和滋味，又主雷雨，若女主驕奢。一曰天相，一曰天庫，一曰注，又主木功。星明，大臣重慎，國安，厨食具。注舉首，王命興，輔佐出。星直，天下謀伐其主。星就聚，兵滿國門。

七星七星，一名天都，主衣裳文繡，又主急兵，守盜賊。故欲明。星明，王道昌，闇則賢良不處，天下空，天子疾。動則兵起，離則易政。

張六星，主珍寶，宗廟所用及衣服，又主天厨，飲食賞賚之事。星明則王者行五禮，得天之中。動則賞賚，離徙天下有逆人，就聚有兵。

翼二十二星，天之樂府，主俳倡戲樂，又主夷狄遠客，負海之賓。星明大，禮樂興，四夷賓。動則蠻夷使來，離徙則天子舉兵。

軫四星，主冢宰輔臣也，主車騎，主載任。有軍出入，皆占於軫。又主風，主死喪。軫星明，則車駕備。動則車騎用。離徙，天子憂。就聚，兵大起。轄星，傅軫兩傍，主王侯。左轄爲王者同姓，右轄爲異姓。星明，兵大起。遠軫凶。軫轄舉，南蠻侵。車無轄，國主憂。長沙一星，在軫之中，主壽命。明則主壽長，子孫昌。

右四方二十八宿并輔官一百八十二星。

星官在二十八宿之外者

庫樓十星，其六大星爲庫，南四星爲樓，在角南。一曰天庫，兵車之府也。旁十五星，三三而聚者，柱也。中央四小星，衡也。主陳兵。又曰，天庫空則兵四合。東北二星曰陽門，主守隘塞也。南門二星在庫樓南，天之外門也。主守兵。平星二星，在庫樓北，平天下之法獄事，廷尉之象也。天門二星，在平星北。

亢南七星曰折威，主斬殺。頓頑二星，在折威東南，主考囚情狀，察詐僞也。

騎官二十七星，在氐南，若天子武賁，主宿衛。東端一星，騎陣將軍，騎將也。南三星車騎，車騎之將也。陣車三星，在騎官東北，革車也。

積卒十二星，在房心南，主爲衛也。他星守之，近臣誅。從官二星，在積卒西北。

龜五星，在尾南，主卜，以占吉凶。傅説一星，在尾後。傅説主章祝巫官也。章，請號之聲也。主王后之内祭祀，以祈子孫，廣求胤嗣。《詩》云：「克禋克祀，以弗無子。」此之象也。星明大，王者多子孫。魚一星，在尾後河中，主陰事，知雲雨之期也。星不明，則魚多亡，若魚少。動摇則大水暴出。出漢中，則大魚多死。

杵三星，在箕南，杵給庖舂。客星入杵臼，天下有急。糠一星，在箕舌前，杵西北。

鼈十四星，在南斗南。鼈爲水蟲，歸太陰。有星守之，白衣會，主有水令。農丈人一星，在南斗西南，老農主稼穡也。狗二星，在南斗魁前，主吠守。

天田九星，在牛南。羅堰九星，在牽牛東，岠馬也，以壅畜水潦，灌溉溝渠也。九坎九星，在牽牛南。坎，溝渠也，所以導達泉源，疏瀉盈溢，通溝洫也。九坎間十星曰天池，一曰三池，一曰天海，主灌溉事。九坎東列星：北一星曰齊，齊北二星曰趙，趙北一星曰鄭，鄭北一星曰越，越東二星曰周，周東南北列二星曰秦，秦南二星曰代，代西一星曰晉，晉北一星曰韓，韓北一星曰魏，魏西一星曰楚，楚南一星曰燕。其星有變，各以其國。秦、代東三星南北列，曰離瑜。離圭衣也，瑜玉飾，皆婦人之服星也。

虚南二星曰哭，哭東二星曰泣，泣哭皆近墳墓。泣南十三星，曰天壘城，如貫索狀，主北夷丁零、匈奴。敗臼四星，在虚危南，知凶災。他星守之，飢兵起。

危南二星曰蓋屋，主治宫室之官也。虚梁四星，在蓋屋南，主園陵寢廟。非人所處，故曰虚梁。

室南六星曰雷電。室西南二星曰土功吏，主司過度。

壁南二星曰土公，土公西南五星曰礔礰，礔礰南四星曰雲雨，皆在壘壁北。

羽林四十五星，在營室南。一曰天軍，主軍騎，又主翼王也。壘壁陣十二星，在羽林北，羽林之垣壘也，主軍位，爲營壅也。五星有在天軍中者，皆爲兵起，熒惑、太白、辰星尤甚。北落師門一星，在羽林南。北者，宿在北方也。落，天之蕃落也。師，衆也。師門猶軍門也。長安城北門曰北落門，以象北也。主非常，以候兵。有星守之，虜入塞中，兵起。北落西北有十星，曰天錢。北落西南一星，曰天綱，主武帳。北落東南九星，曰八魁，主張禽獸。客星入之，多盜賊。八魁西北三星曰鈇質，一曰鈇鉞。有星入之，皆爲大臣誅。

奎南七星曰外屏。外屏南七星曰天溷，厠也。屏所以障之也。天溷南一星曰土司空，主水土之事故，又知禍殃也。客星入之，多土功，天下大疾。

婁東五星曰左更，山虞也，主澤藪竹木之屬，亦主仁智。婁西五星曰右更，牧師也，主養牛馬之屬，亦主禮義。二更，秦爵名也。天倉六星，在婁南，倉穀所藏也。星黄而大，歲熟。西南四星曰天庾，積厨粟之所也。

天囷十三星在胃南。囷，倉廩之屬也，主給御糧也。星見則囷倉實，不見即虚。

天廩四星在昴南，一曰天廥，主畜黍稷，以供饗祀，《春秋》所謂御廩，此之象也。天苑十六星，在昴畢南，天子之苑囿，養禽獸之所也，主馬牛羊。星明則牛馬盈，希則死。苑西六星曰芻藁，以供牛馬之食也。一曰天積，天子之藏府也。星盛則歲豐穰，希則貨財散。苑南十三星曰天園，植果菜之所也。

畢附耳南八星，曰天節，主使臣之所持者也。天節下九星，曰九州殊口，曉方俗之官，通重譯者也。畢柄西五星曰天陰。

參旗九星在參西，一曰天旗，一曰天弓，主司弓弩之張，候變禦難。玉井四星，在參左足下，主水漿，以給厨。西南九星曰九游，天子之旗也。玉井東南四星曰軍井，行軍之井也。軍井未達，將不言渴，名取此也。屏二星在玉井南，屏爲屏風。客星入之，四足蟲大疾。天厠四星，在屏東，溷也，主觀天下疾病。天矢一星在厠南，色黄則吉，他色皆凶。軍市十三星，在參東南，天軍貿易之市，使有無通也。野雞一星，主變怪，在軍市中。軍市西南二星曰丈人，丈人東二星曰子，子東二星曰孫。

東井西南四星曰水府，主水之官也。東井南垣之東四星，曰四瀆，江、河、淮、濟之精也。狼一星，在東井東南。狼爲野將，主侵掠。色有常，不欲變動也。角而變色動摇，盜賊萌，胡兵起，人相食。躁則人主不静，不居其宫，馳騁天下。北七星曰天狗，主守財。弧九星在狼東南，天弓也，主備盜賊，常向於狼。弧矢動移，不如常者，多盜賊，胡兵大起。狼弧張，害及胡，天下乖亂。又曰，天弓張，天下盡兵，主與臣相謀。弧南六星爲天社。昔共工氏之子句龍，能平水土，故祀以配社，其精爲星。老人一星在弧南，一曰南極。常以秋分之旦見于丙，春分之夕而没于丁。見則化平，主壽昌，亡則君危代天。常以秋分候之南郊。

柳南六星曰外厨。厨南一星曰天紀，主禽獸之齒。

稷五星在七星南。稷，農正也。取乎百穀之長，以爲號也。

張南十四星曰天廟，天子之祖廟也。客星守之，祠官有憂。

翼南五星曰東區，蠻夷星也。

軫南三十二星曰器府，樂器之府也。青丘七星在軫東南，蠻夷之國號也。青丘西四星曰土司空，主界域，亦曰司徒。土司空北二星曰軍門，主營候豹尾威旗。

自攝提至此，大凡二百五十四官，一千二百八十三星。并二十八宿輔官，名曰經星常宿。遠近有度，小大有差。苟或失常，實表災異。

天漢，起東方，經尾箕之間，謂之漢津。乃分爲二道，其南經傳説、魚、天龠、天弁、河鼓，其北經龜，貫箕下，次絡南斗魁、左旗，至天津下而合南道。乃西南行，又分夾匏瓜，絡人星、杵、造父、騰蛇、王良，傳路、閣道北端、太陵、天船、卷舌而南行，絡五車，經北河之南，入東井水位而東南行，絡南河、闕丘、天狗、天紀、天稷，在七星南而没。

唐・李淳風《乙巳占》卷一　天占第三

淳風按：自《黄帝占》已後，向數十家，其間或真或僞，不可悉從。今畧取其理當者，删而次比，以著于篇。其間亦有出自經傳子史，但有關涉，理可存者，並不棄之。今録古占書目於此，以表其人。自入占已後，並不復具記名氏，非敢隱之，並爲是幼小所習誦，前後錯亂，恐失本真故耳。

《黄帝》、《巫咸》、《石氏》、《甘氏》、劉向《洪範》、《五行大傳》、《五經緯圖》、《天鏡占》、《白虎通占》、《海中占》、京房《易祅占》、《易傳對異占》、《陳卓占》、《郄萌占》、《韓楊占》、祖暅《天文録占》、孫僧化《大象集占》、劉表《荆州占》、《列宿占》、《五官占》、《易緯》、《春秋佐易期占》、《尚書緯》、《詩緯》、《禮緯》、張衡《靈憲》。

夫天地者，萬物之父母也。覆載有養，左右無方。況人稟最靈之性，君爲率上之宗，天見人君得失之跡也，必報吉凶，故隨其所在，以見變異。天有災變者，所以譴告人君覺悟之，令其悔過，慎思慮也。行有玷缺，氣逆干天，精氣感出，變見以誡之。若天忽變色，是謂易常，四夷來侵，不出八年，有兵戰。若陽不足，臣盛將害君上，則天裂。

按：馬續《天文志》云：孝惠二年，天開東北，廣十丈，長二十餘丈。天裂，陽不足；地震，陰有餘，皆下盛將害上之變。當時吕氏臨朝干位，卒有兵亂，此其驗也。若天分裂，作亂之君無道之臣欲裂國，其下之主當之。若天開見光，流血滂滂；天裂見人，兵起國亡；天鳴有聲，至尊憂而且驚。劉向曰：春秋之前，天鳴地坼，災異並臻，其主不知驚懼修德，上帝降災，禍變必極，皆亂國之所生也。

凡國亂，五星化下爲之祅，而降之自天。是故歲星降爲貴臣，熒惑降爲童兒嬉戲歌謡，填星降爲老人媍女，太白降爲壯夫處于林麓，辰星降爲婦女，或變化無所不爲，以見異而告之也。凡天雨雜物，其類甚多。若雨禽獸，是謂不祥，不出三年，其下兵興。天雨蟲，人君不親骨肉而親他人，與倮蟲同類，故蟲從天墜地，骨肉去也。不救，兵大起。其救也，立王公，率同姓諸侯，無偏黨側，災消。

後晉・劉昫等《舊唐書》卷三五《天文志上》　《易》曰：「觀乎天文以察時變。」是故古之哲王，法垂象以施化，考庶徵以致理，以授人時，以考物紀，脩其德以順其度，改其過以慎其災，去危而就安，轉禍而爲福者也。夫其五緯七紀之名數，中官外官之位次，凌歷犯守之所主，飛流彗孛之所應，前史載之備矣。

宋・歐陽修等《新唐書》卷三一《天文志一》　昔者，堯命羲、和，出納日月，考星中以正四時。至舜，則曰「在璿璣玉衡，以齊七政」而已。雖二典質略，存其大法，亦由古者天人之際，推候占測，爲術猶簡。至於後世，其法漸密者，必積衆人之智，然後能極其精微哉。蓋自三代以來詳矣。詩人所記，婚禮、土功，必候天星。而《春秋》書日食、星變，《傳》載諸國所占次舍、伏見、逆順。至於《周禮》測景求中、分星辨國、妖祥察候，皆可推考，而獨無所謂璿璣玉衡者，豈其不用於三代耶？抑其法制遂亡，而不可復得耶？不然，二物者，莫知其爲何器也。至漢以後，表測景晷，以正地中，分列境界，上當星次，皆略依古。而又作儀以候天地，而渾天、周髀、宣夜之説，至於星經、曆法，皆出於數術之學。唐興，太史李淳

風、浮圖二行，尤稱精博，後世未能過也。故採其要説，以著于篇。至於天象變見所以譴告人君者，皆有司所宜謹記也。

宋・薛居正等《舊五代史》卷一三九《天文志》　日食

梁太祖乾化元年正月丙戌朔，日有蝕之。時言事諸臣多引漢高祖末年日蝕於歲首，太祖甚惡之，於是素服避正殿，百官各守本司。是日，有司奏：「雲初陰晦，事同不蝕。」百僚奉表稱賀。【略】

唐莊宗同光三年四月癸亥朔，時有司奏：「日蝕在卯，主歲大旱。」【略】

三年二月丁丑朔，日食。其日陰雲不見，百官稱賀。

長興元年六月癸巳朔，日食。其日陰冥不見，至夕大雨。

二年十一月甲申朔，先是，司天奏：「朔日合蝕二分，伏緣所蝕微少，太陽光影相鑠，伏恐不辨虧闕，請其日不入閤，百官守司。」從之。

晉高祖天福二年正月乙卯，先是，司天奏：「正月二日，太陽虧蝕，宜避正殿，開諸營門，蓋藏兵器，半月不宜用軍。」是日太陽虧，十分內食三分，在尾宿十七度。日出東方，以帶蝕三分，漸生，至卯時復滿。

三年正月戊申朔，司天先奏，其日日蝕。至是日不蝕，內外稱賀。

四年七月庚子朔，時中書門下奏：「謹按舊禮：日有變，天子素服避正殿，太史以所司救日於社，陳五兵、五鼓、五麾，東戟西矛，南弩北楯，中央置鼓，服從其位，百職廢務，素服守司，重列于庭，每等異位，向日而立，明復而止。今所司法物，咸不能具，去歲正旦日蝕，唯謹藏兵仗，皇帝避正殿素食，百官守司。今且欲依近禮施行。」從之。

七年四月甲寅朔，是日百官守司，太陽不蝕，上表稱賀。【略】

月食

梁太祖開平四年十二月十四日夜，先是，司天奏：「是日月食，不宜用兵。」時王景仁方總大軍北伐，追之不及。至五年正月二日，果爲後唐莊宗大敗於柏鄉。【略】

五星淩犯

乾化二年五月壬戌，熒惑犯心大星，去心四度，順行。占曰：「心爲帝王之星。」其年六月五日，帝崩。

唐莊宗同光二年八月戊子，熒惑犯星。

三年三月丙申，熒惑犯上相。四月甲申，熒惑犯左執法。六月丙寅，歲犯右執法。九月己亥，熒惑在江東犯第一星。

明宗天成元年八月癸卯，太白犯心大星。辛亥，熒惑犯上將。九月庚午，熒惑犯右執法。己卯，熒惑犯左執法。十月戊子，熒惑犯上相。十二月，熒惑犯氐。

二年正月甲戌，熒惑、歲相犯。二月辛卯，熒惑犯鍵閉。三月，熒惑犯上相。六月辛丑，熒惑犯房。九月壬子，歲犯房。【略】

流星

周顯德元年正月庚寅，子夜後，東北有大星墜，有聲如雷，牛馬震駭，六街鼓人方寐而驚，以爲曉鼓，乃齊伐鼓以應之，至曙方知之。三月，高平之役，戰之前夕，有大流星如日，流行數丈，墜於賊營之所。

雲氣

梁開平二年三月丁丑夜，月有蒼白暈，又有白氣如人形十餘，皆東向，出於暈內。九月乙酉，平旦，西方有氣如人形甚衆，皆若俯伏之狀，經刻乃散。

唐同光二年，日有背氣，凡十二。

三年九月丁未夜，遍天陰雲，北方有聲如雷，四面雞雉皆雊，俗謂之「天狗落」。是歲，日有背氣，凡十三。是月，司天監奏：「自七月三日陰雲大雨，至九月十八日後方晴，三辰行度災祥，數日不見。」閏十二月庚午，日有黑氣，似日，交相錯磨，測在室十度。

天成二年十二月壬辰，西南有赤氣，如火燄燄，約二千里。占者云：「不出二年，其下當有大兵。」

長興三年六月，司天監奏：「自月初至月終，每夜陰雲蔽天，不辨星月。」

應順元年四月九日，白虹貫日，是時閔帝遇害。

晉天福初，高祖將建義於太原，日傍多有五色雲，如蓮芰之狀。

宋・歐陽修《新五代史》卷五九《司天考二》　五代亂世，文字不完，而史官所記亦有詳略，其日、月、五星之變，大者如此。至於氣祲之象，出没銷散不常，尤難占據。而五代之際，日有冠珥、環暈、纓紐、負抱、戴履、背氣，十日之中常七八，其繁不可以勝書，而背氣尤多。天福八年正月丙戌，黄霧四塞。九年正月乙未，大霧中二白虹相偶。四月庚戌，大霧中有蒼白二虹。廣順元年十一月甲子，白虹竟天。此其尤異者也。至於吴火出楊林江水中、閩天雨豆之類，皆非中國耳目所及者，不可得而悉書矣。

元・脱脱等《宋史》卷四八《天文志一》 夫不言而信，天之道也。天於人君有告戒之道焉，示之以象而已。故自上古以來，天文有世掌之官，唐虞羲、和，夏昆吾，商巫咸，周史佚、甘德、石申之流。居是官者，專察天象之常變，而述天心告戒之意，進言於其君，以致交脩之儆焉。《易》曰「天垂象，見吉凶，聖人則之」，又曰「觀乎天文，以察時變」是也。然考《堯典》，中星不過正人時以興民事。夏仲康之世，《胤征》之篇：「乃季秋月朔，辰弗集于房。」然後日食之變昉見於《書》。觀其數羲、和以「俶擾天紀」、「昏迷天象」之罪而討之，則知先王克謹天戒，所以責成於司天之官者，豈輕任哉！

箕子《洪範》論休咎之徵曰：「王省惟歲，卿士惟月，師尹惟日。」「庶民惟星，星有好風，星有好雨。」《禮記》言體信達順之效，則以天降膏露先之。至於周《詩》，屢言天變，所謂「旻天疾威，敷于下土」，又所謂「雨無其極，傷我稼穡」「正月繁霜，我心憂傷」，以及「彼月而微，此日而微」、「爗爗震電，不寧不令」。孔子删《詩》而存之，以示戒也。他日約魯史而作《春秋》，則日食、星變屢書而不爲煩。聖人以天道戒謹後世之旨，昭然可覩矣。於是司馬遷《史記》而下，歷代皆志天文。第以羲、和既遠，官乏世掌，賴世以有專門之學焉。【略】

今東都舊史所書天文禎祥、日月薄蝕、五緯凌犯、彗孛飛流、暈珥虹霓、精祲雲氣等事，其言時日災祥之應，分野休咎之别，視南渡後史有詳略焉。蓋東都之日，海内爲一人，君遇變脩德，無或他諉。南渡土宇分裂，太史所上必謹星野之書；且君臣恐懼脩省之餘，故於天文休咎之應有不容不縷述而申言之者，是亦時勢使然，未可以言星翁、日官之術有精粗敬怠之不同也。今合累朝史臣所録爲一志，而取歐陽脩《新唐書》、《五代史記》爲法，凡徵驗之説有涉於傅會，咸削而不書，歸於傳信而已矣。

元・脱脱等《宋史》卷四九《天文志二》 紫微垣

紫微垣東蕃八星，西蕃七星，在北斗北，左右環列，翊衛之象也。一曰大帝之坐，天子之常居也，主命、主度也。東蕃近閶闔門第一星爲左樞，第二星爲上宰，三星曰少宰，四星曰上弼，一曰上輔。五星爲少弼，一曰少輔。六星爲上衛，七星爲少衛，八星爲少丞。或曰上丞。其西蕃近閶闔門第一星爲右樞，第二星爲少尉，第三星爲上輔，第四星爲少輔，第五星爲上衛，第六星爲少衛，第七星爲上丞。其占，欲均明，大小有常，則内輔盛；垣直，天子自將出征；門開，兵起宫垣。兩蕃正南開如門，曰閶闔。有流星自門出四野者，當有中使御命，視其所往分野論之；不依門出入者，外蕃國使也。太陰、歲星犯紫微垣，有喪。太白、辰星犯之，改世。熒惑守宫，君失位。客星守，有不臣，國易政。國皇星，兵。彗星犯，有異王立。流星犯之，爲兵、喪，水旱不調。使星入北方，兵起。石氏云東西兩蕃總十六星，西蕃亦八星：一右樞，二上尉，三少尉，四上輔，五少輔，六上衛，七少衛，八少丞。上宰一星，上輔二星，三公也。少宰一星，少輔二星，三孤也。此三公、三孤在朝者也。左右樞、上少丞，疑丞輔弼，四鄰之謂也。尉二星，衛四星，六軍大副尉，四衛將軍也。

北極五星在紫微宫中，北辰最尊者也，其紐星爲天樞，天運無窮，三光迭耀，而極星不移，故曰「居其所而衆星共之」。樞星在天心，四方去極各九十一度。賈逵、張衡、蔡邕、王蕃、陸績皆以北極紐星之樞，是不動處。在紐星末猶一度有餘。今清臺則去極四度半。第一星主月，太子也；二星主日，帝王也，亦太一之坐，謂最赤明者也；第三星主五行，庶子也。《乾象新星書》曰：「第三星主五行，第四星主諸王，第五星爲後宫。」閎云：「北極五星，初一曰帝，次二曰后，次三曰妃，次四曰太子，次五曰庶子。」四曰太子者，最赤明者也。後四星勾曲以抱之者，帝星也。太公望以爲北辰，以爲耀魄寶，以爲帝極者是也。或以勾陳口中一星爲耀魄寶者，非是。北極中星不明，主不用事；右星不明，太子憂；左星不明，庶子憂；明大動摇，主好出游；色青微者，凶。客星入，爲兵、喪。彗入，爲易位。流星入，兵起地動。

北斗七星在太微北，杓攜龍角，衡殷南斗，魁枕參首，是爲帝車，運於中央，臨制四海，以建四時、均五行、移節度、定諸紀，乃七政之樞機，陰陽之元本也。魁第一星曰天樞，正星，主天，又曰樞爲天，主陽德，天子象。其分爲秦，《漢志》主徐州。《天象占》曰：「天子不恭宗廟，不敬鬼神，則不明，變色。」二曰璇，法星，主地，又曰璇爲地，主陰刑，女主象。其分爲楚，《漢志》主益州。《天象占》曰：「若廣營宫室，妄鑿山陵，則不明，變色。」三曰璣，爲人，主火，爲令星，主中禍。其分爲梁，《漢志》主冀州。若王者不恤民，驟征役，則不明，變色。四曰權，爲時，主水，爲伐星，主天理，伐無道。其分爲吳，《漢志》主荆州。若號令不順四時，則不明，變色。五曰玉衡，爲音，主土，爲殺星，主中央，助四方，殺有罪。其分爲燕，《漢志》主兖州。若廢正樂，務淫聲，則不明，變色。六曰闓陽，爲律，主木，爲危星，主天倉、五穀。其分爲趙，《漢志》主揚州。若不勸農桑，峻刑法，退賢能，則不明，變色。七曰摇光，爲星，主金，爲部星，爲應星，主兵。其分爲齊，《漢志》主豫州。王者聚金寶，不修德，則不明，變色。又曰一至四爲魁，魁爲璇璣；五至七爲杓，杓爲玉衡：是爲七政，星明其國昌。第八曰弼星，在第七星

右，不見，《漢志》主幽州。第九曰輔星，在第六星左，常見，《晉志》，輔星傅乎闓陽，所以佐斗成功，丞相之象也。其色在春青黄，在夏赤黄，秋爲白黄，冬爲黑黄。變常則國有兵殃，明則臣强。斗旁欲多星則安，斗中星少則人恐。太陰犯之，爲兵、喪、大赦。白暈貫三星，王者惡之。星孛于北斗，主危。彗星犯，爲易主。流星犯，主客兵。客星犯，爲兵。五星犯之，國亂易主。

按北斗與輔星爲八，而《漢志》云九星，武密及楊維德皆采用之。《史記・索隱》云：「北斗星間相去各九千里。其二陰星不見者，相去八千里。」而丹元子《步天歌》亦云九星，《漢書》必有所本矣。

勾陳六星，在紫宫中，五帝之後宫也，太帝之正妃也，大帝之帝居也。《樂緯》曰：「主後宫。」巫咸曰：「主天子護軍。」《荆州占》：「主大司馬。」或曰主六軍將軍。或曰主三公、三師，爲萬物之母。六星比陳，象六宫之化，其端大星曰元始，餘星乘之曰庶妾，在北極配六輔。甘氏曰：勾陳在辰極左，是爲鉤陳衛六軍將軍。或以爲後宫，非是。勾陳口中一星爲陽德，天皇大帝内坐。或即以爲天皇大帝，非是。其占，色不欲甚明，明即女主惡之。星盛，則輔强；主不用諫，佞人在側，則不見。客星入之，色蒼白，將有憂；白，爲立將；赤黑，將死。客星出而色赤，戰有功；守之，後宫有女使欲謀。彗星犯之，後宫有謀，近臣憂。流星入，爲迫主。青氣入，大將憂。

天皇大帝一星，在勾陳口中，其神曰耀魄寶，主御羣靈，執萬神圖，大人之象也。客星犯之，爲除舊布新。彗、孛犯，大臣叛。流星犯，國有憂。雲氣入之，潤澤，吉。黄白氣入，連大帝坐，臣獻美女；出天皇上者，改立王。

四輔四星，又名四弼，在極星側，是曰帝之四鄰，所以輔佐北極，而出度授政也。去極星各四度。閎云：「四輔一名中斗。」或以爲後宫，非是。武密曰：「光浮而動，凶；明小，吉；暗，則不理。」客星犯之，大臣憂。彗、孛犯，權臣死。流星犯，大臣黜。黄白氣入，四輔有喜。白氣入，相失位。

五帝内坐五星，在華蓋下，設叙順，帝所居也。色正，吉；變色，爲災。客星犯紫宫中坐，占爲大臣犯主。彗、孛犯之，民饑，大臣憂，三年有兵起。流星犯，爲兵起，臣叛；出，爲有誅戮。雲氣入，色黄，太子即位，期六十日；赤黄，人君有異。

六甲六星，在華蓋杠旁，主分陰陽，配節候，故在帝旁，所以布政教，授農時也。明，則陰陽和；不明，則寒暑易節；星亡，水旱不時。客星犯之，色赤，爲旱；黑，爲水；白，則人多疫。彗、孛犯，女主出政令。流星犯，爲水旱，術士誅。雲氣犯，色黄，術士興。蒼白，史官受爵。

柱史一星，在北極東，主記過，左右史之象。一云在天柱前，司上帝之言動。星明，爲史官得人；不明，反是。客星犯之，史官有黜者。彗、孛犯，太子憂，若百官黜。流星犯，君有咎。雲氣犯，色黄，史有爵禄。蒼白氣入，左右史死。

女史一星，在柱史北，婦人之微者，主傳漏。

天柱五星，在東垣下，一云在五帝左稍前，主建政教。一曰法五行，主晦朔、晝夜之職。明正，則吉，人安，陰陽調；不然，則司歷過。客星犯之，國中有賊。彗、孛犯，宗廟不安，君憂。一曰三公當之。雲氣赤黄，君喜；黑，三公死。

御女四星，在大帝北，一云在勾陳腹，一云在帝坐東北，御妻之象也。星明，多内寵。客星犯之，後宫有謀，一云自戮。孛、彗犯，後宫有誅。流星犯，後宫有出者，一云外國進美女。雲氣化黄，爲後宫有子喜；蒼白，多病。

尚書五星，在紫微東蕃内，大理東北，《晉志》在東南維，一云在天柱右稍前，主納言，夙夜咨謀，龍作納言之象。彗、孛犯之，官有叛，或太子憂。流星若出，則尚書出使；犯之，諫官黜，八坐憂。雲氣入，黄，爲喜；黄而赤，尚書出鎮；黑，尚書有坐罪者。

大理二星，在宫門左，一云在尚書前，主平刑斷獄。明，則刑憲平；不明，則獄有冤酷。客星犯之，貴臣下獄；色黄，赦；白，受戮；赤黄，無罪；守之，則刑獄冤滯，或刑官有黜。彗犯，獄官憂；流星，占同。雲氣入，黄白，爲赦；黑，法官黜。

陰德二星，巫咸圖有之，在尚書西，甘氏云：「陰德外坐在尚書右，陽德外坐在陰德右，太陰太陽入垣翊衛也。」《天官書》則以「前列直斗口三星，隨北耑鋭，若見若不見，曰陰德。」謂施德不欲人知也。主周急振撫。明，則立太子，或女主治天下。客星犯之，爲旱、饑；守之，發粟振給。彗、孛犯，後宫有逆謀。流星犯，君令不行。雲氣入，黄，爲喜；青黑，爲憂。

天牀六星，在紫微垣南門外，主寢舍解息燕休。一曰在二樞之間，備幸之所也。陶隱居云：「傾則天王失位。」客星入宫中，有刺客，或内侍憂。彗、孛犯之，主憂，大臣失位。流星犯，后妃叛，女主立，或人君易位。雲氣入，色黄，天子得美女，後宫喜有子；蒼白，主不安，青黑，憂；白，凶。

華蓋七星，杠九星如蓋有柄下垂，以覆大帝之坐也，在紫微宫臨勾陳之上。

正，吉；傾，則凶。客星犯之，王室有憂，兵起。彗、孛犯，兵起，國易政。流星犯，兵起宮内，以赦解之；貫華蓋，三公災。雲氣入，黃白，主喜；赤黃，侯王喜。

傳舍九星，在華蓋上，近河，賓客之館，主北使入中國。客星犯，邦有憂；一曰客星守之，備姦使；亦曰北地兵起。彗、孛犯，守之，亦爲北兵。黑雲氣入，北兵侵中國。

八穀八星，在華蓋西，五車北，一曰在諸王西。武密曰：「主候歲豐儉，一稻、二黍、三大麥、四小麥、五大豆、六小豆、七粟、八麻。」甘氏曰：「八穀在宮北門之右，司親耕，司候歲，司尚食。」星明，吉；一星亡，一穀不登；八星不見，大饑。客星入，穀貴。彗星入，爲水。黑雲氣犯之，八穀不收。

内階六星，在文昌東北，天皇之階也。一曰上帝幸文館之内階也。明，吉；傾動，憂。彗、孛、客、流星犯之，人君遜避之象。

文昌六星，在北斗魁前，紫微垣西，天之六府也，主集計天道。一曰上將、大將軍，建威武；二曰次將、尚書，正左右；三曰貴相、大常，理文緒；四曰司禄、司中、司隸，賞功進；五曰司命、司怪、太史，主滅咎；六曰司寇、大理，佐理寶。所謂一者，起北斗魁前近内階者也。明潤色黃，大小齊，天瑞臻，四海安；青黑微細，則多所殘害；動摇，三公黜。月暈其宿，大赦。歲星守之，兵起。熒惑守之，將凶。太白守入，兵興。填星守，國安。客星守，大臣叛。彗、孛犯，大亂。流星犯，宮内亂。

三公三星，在北斗杓南，及魁第一星西，一云在斗柄東，爲太尉、司徒、司空之象。在魁西者名三師，占與三公同，皆主宣德化，調七政，和陰陽之官也。移徙，不吉；居常，則安；一星亡，天下危；二星亡，天下亂；三星不見，天下不治。客星犯，三公憂。彗、孛及流星犯之，三公死。

天牢六星，在北斗魁下，貴人之牢也，主繩愆禁暴。甘氏云：「賤人之牢也。」月暈入，多盜。熒惑犯之，民相食，國有敗兵。太白、歲星守，國多犯法。客星、彗星犯之，三公下獄，或將相憂。流星犯之，有赦宥之令。

勢四星，在太陽守西北，一曰在璣星北。勢，腐形人也，主助宣王命，内常侍官也。以不明爲吉，明則閹人擅權。

天理四星，在北斗魁中，貴人之牢也。星不欲明，其中有星則貴人下獄。客星犯，多獄。彗、孛犯之，國危。赤雲氣犯之，兵大起，將相行兵。

相一星，在北斗第四星南，總百司，集衆事，掌邦典，以佐帝王。一曰在中斗文昌之南，在朝少師行大宰者。明，吉；暗，凶；亡，則相黜。

太陽守一星，在相星西北，斗第三星西南，大將大臣之象，主設武備以戒不虞。一曰在下台北，太尉官也，在朝少傅行大司馬者。明，吉；暗，凶。客、彗、孛犯之，爲易政，將相憂，兵亂。雲氣入，黃，爲喜；蒼白，將死；赤，大臣憂。

内廚二星，在紫微垣西南外，主六宮之内飲食，及后妃夫人與太子燕飲。彗、孛或流星犯之，飲食有毒。

天廚六星，在扶筐北，一曰在東北維外，主盛饌，今光禄廚也。星亡，則饑；不見，爲凶。客星、流星犯之，亦爲饑。

天一一星，在紫微宮門右星南，天帝之神也，主戰鬭，知吉凶。明，則陰陽和，萬物盛，人君吉；亡，則天下亂。客星犯，五穀貴。彗、孛犯之，臣叛。流星犯，兵起，民流。雲氣犯，黃，君臣和；黑，宰相黜。

太一一星，在天一南相近一度，亦天帝神也，主使十六神，知風雨、水旱、兵革、饑饉、疾疫、災害所在之國也。明，吉；暗，凶；離位，有水旱。客星犯，兵起，民流，火災，水旱，饑饉。彗、孛犯，兵、喪。流星犯，宰相、史官黜。雲氣犯，黃白，百官受賜；赤爲旱、兵；蒼白，民多疫。

天槍三星，在北斗杓東。一曰天鉞，天之武備也，故在紫微宮左右，所以禦難也。明，吉；暗、小，兵敗；芒角動，兵起。客星、彗星、流星犯，皆爲兵、饑。

天棓五星，在女牀北，天子先驅也，主分争與刑罰藏兵，亦所以禦難，備非常也。一星不具，其國兵起；明，有憂；細微，吉。客星入，兵、喪。彗星守，兵起。流星犯，諸侯多争。雲氣犯，蒼白、黑，爲凶。

天戈一星，又名玄戈，在招摇北，主北方。芒角、動摇，則北兵起。客星守之，北兵敗。彗、孛、流星犯之，占同。雲氣犯，黑，爲北兵退；蒼白，北人病。

太尊一星，在中台北，貴戚也。不見，爲憂。客、彗、流星犯之，並爲貴戚將敗之徵。

按《步天歌》載，中宮紫微垣經星常宿可名者三十五坐，積數一百六十有四。而《晉志》所載太尊、天戈、天槍、天棓皆屬太微垣，八穀八星在天市垣，與《步天歌》不同。

太微垣

太微垣十星，《漢志》曰：「南宮朱鳥，權、衡。」《晉志》曰：「天子庭也，五帝之坐也，十二諸侯之府也。其外蕃，九卿也。一曰太微爲衡，衡主平也；又爲天

庭，理法平辭，監升授德，列宿受符，諸神考節，舒情稽疑也。南蕃中二星間曰端門。東曰左執法，廷尉之象。西曰右執法，御史大夫之象。執法所以舉刺凶邪。左執法東，左掖門也。右執法西，右掖門也。東蕃四星：南第一曰上相，其北東太陽門也；第二曰次相，其北中華東門也；第三曰次將，其北東太陰門也；第四曰上將，所謂四輔也。西蕃四星：南第一曰上將，其北西太陽門也；第二曰次將，其北中華西門也；第三曰次相，其北西太陰門也；第四曰上相，亦曰四輔也。」《漢志》：「環衞十二星，蕃臣：西，將；東，相；南四星，執法；中，端門；左右，掖門。」《乾象新書》：十星，東西各五，在翼、軫北。其西蕃北星爲上相，南門右星爲右執法。東西蕃有芒及動摇者，諸侯謀上。執法移，刑罰尤急。月、五星，入太微軌道，吉；其所犯中坐，成刑。月犯太微垣，輔臣惡之，又君弱臣强，四方兵不制；犯執法，《海中占》云：「將相有免者，期三年。」月入東西門、左右掖門，而南出端門，有叛臣，君憂；入西門，出東門，君憂，大臣假主威。月中犯乘守四輔，爲臣失禮，輔臣有誅。月暈，天子以兵自衞。一月三暈太微，有赦。月食太微，大臣憂，王者惡之。歲星入，有赦；犯之，執法臣有憂；入東門，天下有急兵；守之，將、相、執法憲臣死；入端門，守天庭，大禍至；入南門，出東門，旱；入南門，逆出西門，國有喪；逆行入東門，出西門，國破亡。填星、熒惑犯之，逆行入，爲兵、喪；犯上將，上將憂；守端門，國破亡，或三公謀上，有戮臣；犯西上將，天子戰于野，上相死；入太微，色白無芒，天下饑；退行不正，有大獄；犯太微門，左右將死；入天庭在屏星南，出左掖門左將死，右掖門右將死，直出端門無咎；入太微，凌犯、留止，爲兵，入二十日廷尉當之，留天庭十日有赦；犯太微東南陬，歲饑，執法大臣憂；犯上相，大臣死。填星犯入太微，有德令，女主執政。若逆行執法，守之，有憂；守太微，國破；守西蕃，王者憂。太白犯入太微，爲兵，大臣相殺；留守，有兵、喪；與填星犯太微中，王者惡之；入右掖門，從端門出，貴人奪勢；晝見太微，國有兵、喪。月掩太白于端門，外國受兵。辰星犯太微，天子當之，有内亂；入天庭，後宫憂，大水；守左右執法，入，兵起，有赦；入西門，後宫災，大水；入西門，出東門，爲兵、喪、水災。客星犯入太微，色黄白，天子喜；出入端門，國有憂；左掖門，旱；右掖門，國亂；出天庭，有苛令，兵起；入太微三十日，有赦；犯四輔，輔臣凶。彗星犯太微，天下易；出太微，宫中憂，火災；犯執法，執法者黜；犯天庭，王者有立；孛于翼，近太微上將，爲兵、喪；孛于西蕃，主革命；孛五帝，亡國殺君。流星出太微，大臣有外事；出南門甚衆，貴人有死者；縱横太微宫，主弱臣强；由端門入翼，光照地有聲，有立主。雲氣出入，色微青，君失位。青白黑雲氣入左右掖〔門〕，爲喪；出，無咎。赤氣入東掖門，内起兵。黄白雲氣入太微垣，人主喜，年壽長。入左右掖門，天子有德令。黑及蒼白氣入，天子憂，出則無咎。黑氣如蛇入垣門，有喪。

内五帝坐五星，内一星在太微中，黄帝坐，含樞紐之神也。天子動得天度，止得地意，從容中道則明以光，不明則人主當求賢以輔法；不則奪勢。四帝星夾黄帝坐，四方各去二度。東方，蒼帝靈威仰之神也。南方，赤帝赤熛怒之神也。西方，白帝白招拒之神也。北方，黑帝叶光紀之神也。黄帝坐明，天子壽，威令行；小，則反是，勢在臣下；若亡，大人當之。月出坐北，禍大；出坐南，禍小；出近之，大臣誅，或饑；犯黄帝坐，有亂臣。抵帝坐，有土功事。月暈帝坐，有赦。《海中占》：月犯帝坐，人主惡之。五星守黄帝坐，大人憂。熒惑、太白入，有强臣。歲星犯，有非其主立。熒惑犯，兵亂；入天庭，至帝坐，有赦。太白入之，兵在宫中。填逆行，守黄帝坐，亡君之戒。五星入，色白，爲亂。客星色黄白抵帝坐，臣獻美女。彗星入，宫亂；抵帝坐，或如粉絮，兵、喪並起。流星犯之，大臣憂；抵四帝坐，輔臣憂，人多死。蒼白氣抵帝坐，天子有喪；青赤，近臣欲謀其主；黄白，天子有子孫喜。月犯四帝，天下有喪，諸侯有憂。五星犯四帝，爲憂。

太子一星，在帝坐北，帝儲也。儲有德，則星明潤。雲氣入，黄爲喜，黑爲憂。太白、熒惑、客星、流星守犯，皆爲憂。一云金、火守之，或入，太子不廢則爲篡逆之事。

内五諸侯五星，在九卿西，内侍天子，不之國也。《乾象新書》：在郎位南，辟雍禮得，則星明；亡，則諸侯黜。

從官一星，在太子北，侍臣也。以不見爲安，一曰不見則帝不安，如常則吉。

幸臣一星，在帝坐東北，常侍太子，以暗爲吉。《新書》：在太子東，青赤氣入之，近臣謀君不成。

内屏四星，在端門内，近右執法。屏者所以擁蔽帝庭也。

左右執法各一星，在端門兩旁，左爲廷尉之象，右爲御史大夫之象，主舉刺凶姦。君臣有禮，則光明潤澤。《乾象新書》：在中台南，明，則法令平。月、五星及客星犯守，則君臣失禮，輔臣黜。熒惑、太白入，爲兵。流星犯之，尚書憂。

郎位十五星，在帝坐東北，一曰依烏郎府也。周之元士，漢之光禄、中散、諫議、議郎、郎中是其職，主衞守也。其星不具，后妃災，幸臣誅。星明大，或客星入之，大臣爲亂，元士憂。彗、孛犯，郎官失勢。彗星、枉矢出其次，郎佐謀叛。熒惑守之，兵、喪。赤氣入，兵起；黄白，吉；黑，凶。

郎將一星，在郎位北，主閲具，以爲武備也。若今之左右中郎將。《新書》曰：在太微垣東北。明，大臣叛。客星犯守，郎將誅。黄白氣入，則受賜。流星犯，將軍憂。

常陳七星，如畢狀，在帝坐北，天子宿衞虎賁之士，以設强禦也。星摇動，天子自出將；明，則武兵用；微，則弱。客星犯，王者行誅。

九卿三星，在三公北，主治萬事，今九卿之象也。《乾象新書》：在内五諸侯南，占與天紀同。

三公三星，在謁者東北，内坐朝會之所居也。《乾象新書》：在九卿南，其占與紫微垣三公同。

謁者一星，在左執法東北，主贊賓客，辨疑惑。《乾象新書》：在太微垣門内，左執法北。明盛，則四夷朝貢。

三台六星，兩兩而居，起文昌，列抵太微。一曰天柱，三公之位也。在人曰三公，在天曰三台，主開德宣符。西近文昌二星，曰上台，爲司命，主壽；次二星曰中台，爲司中，主宗室；東二星曰下台，爲司禄，主兵：所以昭德塞違也。又曰三台爲天階，太一躡以上下。一曰泰階，上階上星爲天子，下星爲女主；中階上星爲諸侯三公，下星爲卿大夫；下階上星爲士，下星爲庶人：所以和陰陽而理萬物也。又曰：上台上星主兖、豫，下星主荆、揚；中台上星主梁、雍，下星主冀；下台上星主青，下星主徐。人主好兵，則上階上星疏而色赤。修宫廣囿，肆聲色，則上階合而横。君弱則上階迫而色暗。公侯皆叛，率部動兵，則中階上星赤。外夷來侵，邊國騷動，則中階下星疏而横，色白。卿大夫廢正向邪，則中階下星疏而色赤。民不從令，犯刑爲盜，則下階下星色黑。去本就末，奢侈相尚，則下階上星闊而横，色白。君臣有道，賦省刑清，則上階爲之戚。諸侯貢聘，公卿盡忠，則中階爲之比。庶人奉化，徭役有叙，則下階爲之密。若主奢欲，數奪民時，則上階爲之奪。諸侯僭强，公卿專貪，則中階爲之疏。士庶逐末，豪傑相凌，則下階爲之闊。三階平，則陰陽和，風雨時，穀豐世泰；不平，則反是。三台色明齊等，君臣和而政令行；微細，反是。一曰天柱不見，王者惡之。司命星亡，春不得耕。司中不具，夏不得耨。司禄不具，秋不得穫。一曰三台色青，天下疾；赤，爲兵；黄潤，爲德；白，爲喪；黑，爲憂。月入，君憂，臣亂，公族叛。月入而暈，三公下獄。客星入之，貴臣賜爵邑；出而色蒼，臣奪爵；守之，大臣黜，或貴臣多病。彗星犯，三公黜。流星入，天下兵將憂；抵中台，將相憂，人主惡之。雲氣入，蒼白，民多傷；黄白潤澤，民安君喜；黄，將相喜；赤，爲憂；青黑，憂在三公；蒼白，三公黜。

按上台二星在柳北，其北星入柳六度。中台二星其北入張二度。下台二星在太微垣西蕃北，其北星入翼二度。武密書：三台屬鬼，又屬柳、屬張。《乾象新書》：上台屬柳，中台屬張，下台屬翼。

長垣四星，在少微星南，主界域，及北方。熒惑入之，北人入中國。太白入，九卿謀，邊將叛。彗、孛犯之，北地不安。流星入，北方兵起，將入中國。

少微四星，在太微西，士大夫之位也。一名處士，亦天子副主，或曰博士官，一曰主衞掖門。南第一星處士，第二星議士，第三星博士，第四星大夫。明大而黄，則賢士舉。月五星犯守之處士，女主憂，宰相易。歲犯，小人用，忠臣危。火犯，賢德退。土犯，宰相易，女主憂。金犯，大臣誅，又曰以所居主占之。客星、孛星犯之，王者憂，姦臣衆。彗星犯，功臣有罪，一曰法令臣誅。流星出，賢良進，道術用。雲氣入，色蒼白，賢士憂，大臣黜。

靈臺三星，在明堂西，神之精明曰靈，四方而高曰臺，主觀雲物，察符瑞，候災變也。武密曰：與司怪占同。

虎賁一星，在下台星南，一曰在太微西蕃北，下台南，静室旄頭之騎官也。明，則臣順，與車騎星同占。

明堂三星，在太微西南角外，天子布政之宫。明吉，暗凶。五星、客星及彗犯之，主不安其宫。

右上元太微宫常星一十九坐，積數七十有八，而《晉志》所載，少微、長垣各四星，屬天市垣，與《步天歌》不同。

天市垣

天市垣二十二星，在氐、房、心、尾、箕、斗内宫之内。東蕃十一星：南一曰宋，二曰南海，三曰燕，四曰東海，五曰徐，六曰吴越，七曰齊，八曰中山，九曰九河，十曰趙，十一曰魏。西蕃十一星：南一曰韓，二曰楚，三曰梁，四曰巴，五曰蜀，六曰秦，七曰周，八曰鄭，九曰晉，十曰河間，十一曰河中。象天王在上，諸侯

朝王，王出臯門大朝會，西方諸侯在應門左，東方諸侯在應門右。其率諸侯幸都市也亦然。一曰在房、心東北，主權衡，主聚衆。又曰天旗庭，主斬戮事。《乾象新書》曰：市中星衆潤澤，則歲實。熒惑守之，戮不忠之臣。彗星掃之，爲徙市易都。客星入，爲兵起；出，爲貴喪。《天文録》曰：天子之市，天下所會也。星明大，則市吏急，商人無利；小，則反是；忽然不明，糴貴；中多小星，則民富。月入天市，易政更弊，近臣有抵罪，兵起。月守其中，女主憂，大臣災。五星入，將相憂，五官災；守之，主市驚更弊。又曰：五星入，兵起。熒惑守，大饑，火災。或芒角色赤如血，市臣叛。填星守，糴貴。太白入，起兵，糴貴。辰星守，蠻夷君死。客星守，度量不平；星色白，市亂；出天市，有喪。彗星守，穀貴；出天市，豪傑起，徙易市都；掃帝坐，出天市，除舊布新。流星入，色蒼白，物貴；赤，火災，民疫。一曰出天市，爲外兵。雲氣入，色蒼白，民多疾；蒼黑，物貴；出，物賤；黄白，物賤；黑，爲嗇夫死。

帝坐一星，在天市中，天皇大帝外坐也。光而潤澤，主吉，威令行；微小，大人憂。月犯之，人主憂。五星犯，臣謀主，下有叛；熒惑，尤甚。客星入，色赤，有兵；守之，大臣爲亂。彗、孛犯，人民亂，宫廟徙。流星犯，諸侯兵起，臣謀主，貴人更令。

候一星，在帝坐東北，候，一作后。主伺陰陽也。明大，輔臣强；細微，國安；亡，則主失位；移，則不安居。太陰犯之，輔臣憂。客、彗守之，輔臣黜。孛犯，臣謀叛。

宦者四星，在帝坐西南侍，主刑餘之臣也。星微，吉；失常，宦者有憂。

斗五星，在宦者南，主平量。《乾象新書》：在帝坐西，覆則歲熟，仰則荒。客、彗犯，爲饑。

斛四星，在斗南，主度量、分銖、算數。其星不明，凶；亡，則年饑。一曰在市樓北，名天斛。

列肆二星在斛西北，主貨金、玉、珠、璣。

屠肆二星，在帛度東北，主屠宰、烹殺。《乾象新書》：在天市垣内十五度。

車肆二星，在天市門中，主百貨。星不明，則車蓋盡行；明，則吉。客星、彗星守之，天下兵車盡發。《乾象新書》：在天市垣南門偏東。

宗正二星，在帝坐東南，宗大夫也。武密曰：主司宗得失之官。《乾象新書》：在宗人西。彗星守之，若失色，宗正有事。客星守之，更號令也；犯之，主不親宗廟。星孛，其分宗正黜。

宗人四星，在宗正東，主録親疏享祀。宗族有序，則星如綺文而明正；動，則天子親屬有變。客星守之，貴人死。

宗星二星，在候星東，宗室之象，帝輔血脈之臣。《乾象新書》：在宗人北。客星守之，宗支不和；暗，則宗支弱。

帛度二星，在宗星東北，主度量買賣平貨易者。《乾象新書》：在屠肆南。星明大，尺量平，商人不欺。客星、彗星守之，絲綿大貴。

市樓六星，在天市中，臨箕星之上，市府也，主市賈律度。其陽爲金錢，陰爲珠玉，變見各以其所占之。《乾象新書》：主闤闠，度律制令，在天市中。星明，吉；暗，則市吏不理。彗星、客星守之，市門多閉。

七公七星，在招摇東，爲天相，三公之象也，主七政。明，則輔佐强；大而動，爲兵；齊政，則國法平；戾，則獄多囚；連貫索，則世亂；入河中，糴貴，民饑。太白守之，天下亂，兵起。客星守，歲饑，主危。流星出，其分主將黜。

貫索九星，在七公星前，賤人之牢也。一曰連索，一曰連營，一曰天牢，主法律，禦强暴。牢口一星爲門，欲其開也。星在天市垣北。星皆明，天下獄繁；七星見，小赦；五星、六星，大赦；動，則斧鑕用；中空，改元。石申曰：一星亡，則有賜爵；三星亡，大赦，遠期八十日；入河中，爲饑；中星衆，則囚多。辰星犯之，主水，米貴。彗星出，其分中外豪傑起。客星入，有枉死者；色黄，諸侯獻地；青，爲憂；赤，爲兵；白，乃爲吉。流星入，女主憂，或赦；出，則貴女死。雲氣入，色蒼白，天子亡地；青，兵起；黑，獄多枉死；白，天子喜。

天紀九星，在貫索東，九卿之象，萬事綱紀，主獄訟。星明，則天下多訟；亡，則政理壞，國紀亂；散絶，則地震山崩；與女牀合，則君失禮，女謁行。客星守之，主危，民饑。客星犯，諸侯舉兵。彗、孛犯之，地震。客星、彗星合守，天下獄訟不理。

女牀三星，在天紀北，後宫御女侍從官也，主女事。明，則宫人恣；舍，則妾代女主；不動，則吉；不見，女子多疾。客星、彗星守之，宫人謀上。客星入，女子憂，後宫恣動，女謁行。雲氣出，色黄，後宫有福；白，爲喪；黑，凶；青，女多疾。

右天市垣常星可名者一十七坐，積數八十有八。而市樓、天斛、列肆、車肆、斗、帛度、屠肆等星，《晉志》皆不載，《隋志》有之，屬天市垣，與《步天歌》合。又

貫索、七公、女牀、天紀，《晉志》屬太微垣。按《乾象新書》：天紀在天市垣北，女牀屬箕宿，貫索屬房宿，七公屬氐宿。武密以七公屬房，又屬尾；貫索屬房，又屬氐、屬心；女牀屬於尾、箕。説皆不同。

元・脱脱等《宋史》卷五〇《天文志三》 二十八舍上

東方

角宿二星，爲天關，其間天門也，其内天庭也。故黄道經其中，七曜之所行也。左角爲天田，爲理，主刑。其南爲太陽道。右角爲將，主兵。其北爲太陰道。蓋天之三門，猶房之四表。星明大，吉，王道太平，賢者在朝；動摇、移徙，王者行；左角赤明，獄平；暗而微小，王道失。陶隱居曰：「左角天津，右角天門，中爲天關。」日食角宿，王者惡之；暈于角内，有陰謀，陰國用兵得地，又主大赦。月犯角，大臣憂獄事，法官憂黜，又占憂在宫中。月暈，其分兵起；右角，右將災；左，亦然，或曰主水；色黄，有大赦。月暈三重，入天門及兩角，兵起，將失利。歲星犯，爲饑。熒惑犯之，國衰，兵敗；犯左角，有赦；右角，兵起；守之，讒臣進，政事急；居陽，有喜。填星犯角爲喪，一曰兵起。太白犯角，羣臣有異謀。辰星犯，爲小兵；守之，大水。客星犯，兵起，五穀傷；守左角，色赤，爲旱；守右角，大水。彗星犯之，色白，爲兵；赤，所指破軍；出角，天下兵亂。星孛于角，白，爲兵；赤，軍敗；入天市，兵、喪。流星犯之，外國使來；入犯左角，兵起。雲氣黄白入右角，得地；赤入左，有兵；入右，戰勝；黑白氣入于右，兵將敗。

按漢永元銅儀，以角爲十三度；而唐開元游儀，角二星十二度。舊經去極九十一度，今測九十三度半。距星正當赤道，其黄道在赤道南，不經角中；今測角在赤道南二度半，黄道復經角中，即與天象合。景祐測驗，角二星十二度，距南星去極九十七度，在赤道外六度，與《乾象新書》合，今從《新書》爲正。

南門二星，在庫樓南，天之外門也，主守兵禁。星明，則遠方來貢；暗，則夷叛；中有小星，兵動。客、彗守之，兵起。

庫樓十星，六大星庫也，南四星樓也，在角宿南。一曰天庫，兵車之府也。旁十五星，三三而聚者柱也，中央四小星衡也。芒角，兵起；星亡，臣下逆；動，則將行；實，爲吉；虚，乃凶。歲星犯之，主兵。熒惑犯之，爲兵、旱。月入庫樓，爲兵。彗、孛入，兵，饑。客星入，夷兵起。流星入，兵盡出。赤雲氣入，内外不安。天庫生角，有兵。

平星二星，在庫樓北，角南，主平天下法獄，廷尉之象。正，則獄訟平；月暈，獄官憂。熒惑犯之，兵起，有赦。彗星犯，政不行，執法者黜。

平道二星，在角宿間，主平道之官。武密曰：「天子八達之衢，主轜軾。」明正，吉；動摇，法駕有虞。歲星守之，天下治。熒惑、太白守，爲亂。客星守，車駕出行。流星守，去賢用姦。

天田二星，在角北，主畿内封域。武密曰：「天子籍田也。」歲星守之，穀稔。熒惑守之，爲旱。太白守，穀傷。辰星守，爲水災。客星守，旱，蝗。

天門二星，在平星北。武密云：「在左角南，朝聘待客之所。」星明，萬方歸化；暗，則外兵至。月暈其外，兵起。熒惑入，關梁不通；守之，失禮。太白守，有伏兵。客星犯，有謀上者。

進賢一星，在平道西，主卿相舉逸材。明，則賢人用；暗，則邪臣進。太陰、歲星犯之，大臣死。熒惑犯，爲喪，賢人隱。太白犯之，賢者退。歲星、太白、填星、辰星合守之，其占爲天子求賢。黄白紫氣貫之，草澤賢人出。

周鼎三星，在角宿上，主流亡。星明，國安；不見，則運不昌；動摇，國將移。《乾象新書》引郟鄏定鼎事，以周衰秦無道鼎淪泗水，其精上爲星。李太異曰：「商巫咸《星圖》已有周鼎，蓋在秦前數百年矣。」

按《步天歌》，庫樓十星，柱十五星，衡四星，平星、平道、天田、天門各二星，進賢一星，周鼎三星，俱屬角宿。而《晉志》以左角爲天田，别不載天田二星，《隋志》有之。平道、進賢、周鼎《晉志》皆屬太微垣，庫樓并衡星、柱星、南門、天門、平星皆在二十八宿之外。唐武密及景祐書乃與《步天歌》合。

亢宿四星，爲天子内朝，總攝天下奏事。聽訟、理獄、録功。一曰疏廟，主疾疫。星明大，輔忠民安；動，則多疾。爲天子正坐，爲天符。秋分不見，則穀傷糴貴。太陽犯之，諸侯謀國，君憂。日暈，其分大臣凶，多雨，民饑，疫。月犯之，君憂或大臣當之；左爲水，右爲兵。月暈，其分先起兵者勝；在冬，大人憂。歲星犯之，有赦，穀有成；守之，有兵，人多病；留三十日以上，有赦；又曰：「犯則逆臣爲亂。」熒惑犯，居陽，爲喜；陰，爲憂；有芒角，大人惡之；守之久，民憂，多雨水，又爲兵。填星犯，穀傷，民亡；逆行，女專政，逆臣爲謀；守之，有兵。太白犯之，國亡，民災；逆行，爲兵亂；有芒角，貴臣戮；守之，有水旱災，或爲喪。辰星犯之，爲水，又爲大兵；守之，米貴，民疾，歲旱，盜起，民相惡。客星犯，國不安；色赤爲兵、旱，黄爲土功；青黑，使者憂；守之穀傷，一云有赦

令；黑，民流。彗犯，國災；出，則有水、兵、疫、臣叛；白，爲喪。孛星犯，國危，爲水，爲兵；入，則民流；出，則其國饑。流星入，外國使來，穀熟；出，爲天子遣使，赦令出。李淳風曰：「流星入亢，幸臣死。」雲氣犯之，色蒼，民疫；白，爲土功；黑，水；赤，兵。一云白，民虐疾；黃，土功。

右亢宿四星，漢永元銅儀十度，唐開元游儀九度。舊去極八十九度，今亢九十一度半。景祐測驗，亢九度，距南第二星去極九十五度。

大角一星，在攝提間，天王坐也。又爲天棟，正經紀也。光明潤澤，爲吉；青，爲憂；赤，爲兵；白，爲喪；黑，爲疾；色黃而静，民安；動，則人主好游。月犯之，大臣憂，王者惡之。月暈，其分人主有服。五星犯之，臣謀主，有兵。太白守之，爲兵。彗星出，其分主更改，或爲兵。天子失仁則守之。孛星犯，爲兵；守之，主憂。客星犯守，臣謀上；出，則人主受制。流星入，王者惡之；犯之，邊兵起。雲氣青，主憂；白，爲喪；黃氣出，有喜。

折威七星，在亢南，主斬殺，斷軍獄。月犯之，天子憂。五星犯，將軍叛。彗、孛犯，邊將死。雲氣犯，蒼白，兵亂；赤，臣叛主；黃白，爲和親；出，則有赦；黑氣入，人主惡之。

攝提六星，左右各三，直斗杓南，主建時節，伺禨祥。其星爲楯，以夾擁帝坐，主九卿。星明大，三公恣，主弱；色温不明，天下安；近大角，近戚有謀。太陰入，主受制。月食，其分主惡之。熒惑、太白守，起兵，天下更主。彗、孛入，主自將兵；出，主受制。流星入，有兵；出，有使者出；犯之，公卿不安。雲氣入，赤，爲兵，九卿憂；色黃，喜；黑，大臣戮。

陽門二星，在庫樓東北，主守隘塞，禦外寇。五星入，五兵藏。彗星守之，外夷犯塞，兵起。赤雲氣入，主用兵。

頓頑二星，在折威東南，主考囚情狀，察詐僞也。星明，無咎；暗，則刑濫。彗星犯之，貴人下獄。

按《步天歌》，大角一星，折威七星，左右攝提總六星，頓頑、陽門各二星，俱屬角宿。而《晉志》以大角、攝提屬太微垣，折威、頓頑在二十八宿之外。陽門則見於《隋志》，而《晉史》不載。武密書以攝提、折威、陽門皆屬角、亢。《乾象新書》以右攝提屬角，左攝提屬亢，餘與武密書同。景祐測驗，乃以大角、攝提、頓頑、陽門皆屬於亢，其說不同。

氐宿四星，爲天子舍室，后妃之府，休解之房。前二星適也，後二星妾也。又爲天根，主疫。後二星大，則臣奉度，主安；小，則臣失勢；動，則徭役起。日食，其分卿相有讒諛，一曰王者后妃惡之，大臣憂。日暈，女主恣，一曰國有憂，日下興師。月食其宿，大臣凶，后妃惡之，一曰糴貴。月暈，大將凶，人疫；在冬，爲水，主危，以赦解之。月犯，左右郎將有誅，一曰有兵、盜。犯右星，主水；掩之，有陰謀，將軍當之。歲星犯，有赦，或立后；守之，地動，年豐；逆行，爲兵。熒惑犯之，臣僭上，一云將軍憂；守，有赦。填星犯，左右郎將有誅；守之，有赦；色黃，后喜，或册太子；留舍，天下有兵；齊明，赦。太白犯之，郎將誅；入，其分疾疫；或云犯之，拜將；乘右星，水災。辰星犯，貴臣暴憂；守之，爲水，爲旱，爲兵；入守，貴人有獄；乘左星，天子自將。客星犯，牛馬貴；色黃白，爲喜，有赦，或曰邊兵起，後宫亂；五十日不去，有刺客。彗星犯，有大赦，糴貴；滅之，大疫；入，有小兵，一云主不安。孛星犯，糴貴；出，則有赦；入，爲小兵；或云犯之，臣干主。流星犯，秘閣官有事；在冬夏，爲水、旱；《乙巳占》，後宫有喜；色赤黑，後宫不安。雲氣入，黃爲土功；黑主水；赤爲兵；蒼白爲疾疫；白，後宫憂。

按漢永元銅儀，氐宿十六度，去極九十四度。景祐測驗與《乾象新書》皆九十八度。

天乳一星，在氐東北，當赤道中。明，則甘露降。彗、客入，天雨。

將軍一星，騎將也，在騎官東南，總領車騎軍將、部陣行列。色動摇，兵外行。太白、熒惑、客星犯之，大兵出，天下亂。

招摇一星，在梗河北，主北兵。芒角、變動，則兵大行；明，則兵起；若與棟星、梗河、北斗相直，則北方當來受命中國。又占：動，則近臣恣；離次，則庫兵發；色青，爲憂；白，爲君怒；赤，爲兵；黑，爲軍破；黃，則天下安。彗星犯，北邊兵動；出，其分夷兵大起。孛犯，蠻夷亂。客星出，蠻夷來貢，一云北地有兵、喪。流星出，有兵。雲氣犯，色黃白，相死；赤，爲内兵亂；色黃，兵罷；白，大人憂。

帝席三星，在大角北，主宴獻酬酢。星明，王公災；暗，天下安；星亡，大人失位；動摇，主危。彗犯，主憂，有亂兵。客星犯，主危。

亢池六星，在亢宿北。亢，舟也；池，水也。主渡水，往來送迎。微細，凶；散，則天下不通；移徙不居其度中，則宗廟有怪。五星犯之，川溢。客星犯，水，蟲多死。武密云：「主斷軍獄，掌棄市殺戮。」與舊史異說。

騎官二十七星，在氐南，天子虎賁也，主宿衛。星衆，天下安；稀，則騎士叛；不見，兵起。五星犯，爲兵。客星守之，將出有憂，士卒發。流星入，兵起；色蒼白，將死。

梗河三星，在帝席北，天矛也，一曰天鋒，主北邊兵，又主喪，故其變動應以兵、喪。星亡，國有兵謀。彗星犯之，北兵敗。客星入，兵出，陰陽不和。一云北兵侵中國。流星出，爲兵。赤雲氣犯，兵敗；蒼白，將死。

車騎三星，在騎官南，總車騎將，主部陣行列。變色動摇，則兵行。太白、熒惑、客星犯之，大兵出，天下亂。

陣車三星，在氐南，一云在騎官東北，革車也。太白、熒惑守之，主車騎滿野，内兵無禁。

天輻二星，在房西斜列，主乘輿，若《周官》巾車官也。近尾，天下有福。五星、客、彗犯之，則輦轂有變。一作天福。

按《步天歌》已上諸星俱屬氐宿。《乾象新書》以帝席屬角，亢池屬亢；武密與《步天歌》合，皆屬氐，而以梗河屬亢。《占天録》又以陣車屬於亢，《乾象新書》屬氐，餘皆與《步天歌》合。

房宿四星，爲明堂，天子布政之宫也，亦四輔也。下第一星，上將也；次，次將也；次，次相也；上星，上相也。南二星君位，北二星夫人位。又爲四表，中爲天衢，爲天關，黄道之所經也。南間曰陽環，其南曰太陽；北間曰陰環，其北曰太陰。七曜由乎天衢，則天下和平；由陽道，則旱、喪；由陰道，則水、兵。亦曰天駟，爲天馬，主車駕。南星曰左驂，次左服，次右服，次右驂。亦曰天厩，又主開閉，爲畜藏之所由。星明，則王者明；驂星大，則兵起；星離，則民流；左驂、服亡，則東南方不可舉兵；右亡，則西北不可舉兵。日食，其分爲兵，大臣專權。日暈，亦爲兵，君臣失政，女主憂。月食其宿，大臣憂。又爲王者昏，大臣專政。月暈，爲兵；三宿，主赦，及五舍不出百日赦。太陰犯陽道，爲旱；陰道，爲雨；中道，歲稔，又占上將誅。當天門、天駟，穀熟。歲星犯之，更政令，又爲兵，爲饑，民流；守之，大赦，天下和平，一云良馬出。熒惑犯，馬貴，人主憂；色青，爲喪；赤，爲兵；黑，將相災；白芒，火災；守之，有赦令；十日勾己者，臣叛。填星犯之，女主憂；勾己，相有誅；守之，土功興，一曰旱、兵，一曰有赦令。太白犯，四邊合從；守之，爲土功；出入，霜雨不時。辰星犯，有殃；守之，水災，一云北兵起，將軍爲亂。客星犯，歷陽道爲旱；陰道，爲水，國空，民饑；色白，有攻戰；入，爲糴貴。彗星犯，國危，人亂，其分惡之。孛星犯，有兵，民饑，國災。流星犯之，在春夏，爲土功；秋冬，相憂；入，有喪。《乙巳占》：出其分天子恤民，下德令。雲氣入，赤黄，吉；如人形，后有子；色赤，宫亂；蒼白氣出，將相憂。

按漢永元銅儀，唐開元游儀，房宿五度。舊去極百八度，今百十度半。景祐測驗，房距南第二星去極百十五度，在赤道外二十三度。《乾象新書》在赤道外二十四度。

鍵閉一星，在房東北，主關籥。明，吉；暗，則宫門不禁。月犯之，大臣憂，火災。歲星守之，王不宜出。填星占同。太白犯，將相憂。熒惑犯，主憂。彗星、客星守之，道路阻，兵起，云兵滿野。

鉤鈐二星，在房北，房之鈐鍵，天之管籥。王者至孝則明；又曰明而近房，天下同心。房、鉤鈐間有星及疎拆，則地動，河清。月犯之，大人憂，車駕行。月食，其分將軍死。歲星守之，爲饑；去其宿三寸，王失政，近臣起亂。熒惑守之有德令。太白守，喉舌憂。填星守，王失土。彗星犯，宫庭失業。客星、流星犯，王有奔馬之敗。

東咸西咸各四星，東咸在心北，西咸在房西北，日、月、五星之道也。爲房之户，以防淫泆也。明，則信吉。東咸近鉤鈐，有讒臣入。西咸近上及動，有知星者入。月、五星犯之，有陰謀，又爲女主失禮，民饑。熒惑犯之，臣謀上。與太白同犯，兵起。歲星、填星犯之，有陰謀。流星犯，后妃恣，王有憂。客星犯，主失禮，后妃恣。

罰三星，在東、西咸正南，主受金罰贖。曲而斜列，則刑罰不中。彗星、客星犯之，國無政令，憂多，枉法。

日一星，在房宿南，太陽之精，主昭明令德。明大，則君有德令。月犯之，下謀上。歲星守，王得忠臣，陰陽和，四夷賓，五穀豐。太白、熒惑犯之，主有憂。客星、彗星犯之，主失位。

從官二星，在房宿西南，主疾病巫醫。明大，則巫者擅權。彗、孛犯之，巫臣作亂。雲氣犯，黑，爲巫臣戮；黄，創受爵。

按《步天歌》以上諸星俱屬在房。日一星，《晉》、《隋志》皆不載，以他書考之，雖在房宿南，實入氐十二度半。武密書及《乾象新書》惟以東咸屬心，西咸屬房，與《步天歌》不同，餘皆脗合。

心宿三星，天王正位也。中星曰明堂，天子位，爲大辰，主天下之賞罰；前星爲太子；後星爲庶子。星直，則王失勢。明大，天下同心；天下變動，心星見祥；搖動，則兵離民流。日食，其分刑罰不中，將相疑，民饑，兵、喪。日暈，王者憂之。月食其宿，王者惡之，三公憂，下有喪。月暈，爲旱，穀貴，蟲生，將凶。與五星合，大凶。太陰犯之，大臣憂；犯中央及前後星，主惡之；出心大星北，國旱；出南，君憂，兵起。歲星犯之，有慶賀事，穀豐，華夷奉化；色不明，有喪，旱。熒惑犯之，大臣憂；貫心，爲饑；與太白俱守，爲喪。又曰熒惑居其陽，爲喜；陰，爲憂。又曰守之，主易政；犯，爲民流，大臣惡之；守星南，爲水；北，爲旱；逆行，大臣亂。填星犯之，大臣喜，穀豐；守之，有土功；留舍三十日有赦；居久，人主賢；中犯明堂，火災；逆行，女主干政。太白犯，糴貴，將軍憂，有水災，不出一年有大兵；舍之，色不明，爲喪；逆行環繞，大人惡之。辰星犯明堂，則大臣當之，在陽爲燕，在陰爲塞北，不則地動、大雨；守之，爲水，爲盜。客星犯之，爲旱；守之，爲火災；舍之，則糴貴，民饑。彗星犯之，大臣相疑；守之而出，爲蝗、饑，又曰爲兵。星孛，其分有兵、喪，民流。流星犯，臣叛；入之，外國使來；色青，爲兵，爲憂；黃，有土功；黑，爲凶。雲氣入，色黃，子孫喜；白，亂臣在側；黑，太子有罪。

按漢永元銅儀，唐開元游儀，心三星皆五度，去極百八度。景祐測驗，心三星五度，距西第一星去極百十四度。

積卒十二星，在房西南，五營軍士之象，主衛士掃除不祥。星小，爲吉；明，則有兵；一星亡，兵少出；二星亡，兵半出；三星亡，兵盡出。五星守之，兵起；不則近臣誅。彗星、客星守之，禁兵大出，天子自將。雲氣犯之，青赤，爲大臣持政，欲論兵事。

按《步天歌》，積卒十二星屬心，《晉志》在二十八宿之外，唐武密書與《步天歌》合。《乾象新書》乃以積卒屬房宿爲不同，今兩存其說。

尾宿九星，爲天子後宮，亦主后妃之位。上第一星，后也；次三星，夫人；次星嬪，妾也。亦爲九子。均明，大小相承，則後宮有序，子孫蕃昌。明，則后有喜，穀熟；不明，則后有憂，穀荒。日食，其分將有疾，在燕風沙，兵、喪，後宮有憂，人君戒出。日暈，女主喪，將相憂。月食，其分貴臣犯刑，後宮有憂。月暈，有疫，大赦，將相憂，其分有水災，后妃憂。太陰犯之，臣不和，將有憂。歲星犯，穀貴；入之，妾爲嫡，臣專政；守之，旱，火災。熒惑犯之，有兵；留二十日，水災；留三月，客兵聚；入之，人相食，又云宮內亂。填星犯之，色黃，后妃喜；入，爲兵、饑、盜賊；逆行，妾爲女主；守之而有芒角，更姓易政。太白犯入，大臣起兵；久留，爲水災；出、入、舍、守，糴貴，兵起，後宮憂；失行，軍破城亡。辰星犯守，爲水災，民疾，後宮有罪者，兵起；入，則萬物不成，民疫。客星犯入，宮人惡之；守之，賤女暴貴；出，則爲風，爲水，後宮惡之，兵罷，民饑多死。彗星犯，后惑主，宮人出，兵起，宮門多土功；出入，貴臣誅，有水災。孛犯，多土功，大臣誅；守之，宮人出；出，爲大水，民饑。流星入犯，色青，舊臣歸；在春夏，後宮有口舌；秋冬，賢良用事；出，則後宮喜，有子孫；色白，後宮妾死；出入，風雨時，穀熟；入，后族進祿；青黑，則后妃喪。雲氣入，色青，外國來降；出，則臣有亂。赤氣入，有使來言兵。黑氣入，有諸侯客來。

按漢永元銅儀，尾宿十八度，唐開元游儀同。舊去極百二十度，一云百四十度；今百二十四度。景祐測驗，亦十八度，距西行從西第二星去極百二十八度，在赤道外二十二度。《乾象新書》二十七度。

神宮一星，在尾宿第三星旁，解衣之內室也。

天江四星，在尾宿北，主太陰。明動，爲水，兵起；星不具，則津梁不通；參差，馬貴。月犯，爲兵，爲臣彊，河津不通。熒惑犯，大旱；守之，有立主。太白犯，暴水。彗星犯，爲大兵。客星入，河津不通。流星犯，爲水，爲饑。赤雲氣犯，車騎出；青，爲多水；黃白，天子用事，兵起；入，則兵罷。

傅說一星，在尾後河中，主章祝官也，一曰後宮女巫也，司天王之內祭祀，以祈子孫。明大，則吉，王者多子孫，輔佐出；不明，則天下多禱祠；亡，則社稷無主；入尾下，多祝詛。《左氏傳》「天策焞焞」，即此星也。彗星、客星守之，天子不享宗廟。赤雲氣入，巫祝官有誅者。

魚一星，在尾後河中，主陰事，知雲雨之期。明大，則河海水出；不明，則陰陽和，多魚；亡，則魚少；動搖，則大水暴出；出，則河大魚多死。月暈或犯之，則旱，魚死。熒惑犯其陽，爲旱；陰，爲水。填星守之，爲旱。赤雲氣犯出，兵起，將憂；入，兵罷；黃白氣出，兵起。

龜五星，在尾南，主卜，以占吉凶。星明，君臣和；不明，則上下乖。熒惑犯，爲旱；守，爲火。客星入，爲水憂。流星出，色赤黃，爲兵；青黑，爲水，各以其國言之。赤雲氣出，卜祝官憂。

按神宮、傅說、魚各一星，天江四星，龜五星，《步天歌》與他書皆屬尾。而

《晉志》列天江於天市垣，以傳説、魚、龜在二十八宿之外，其説不同。

箕宿四星，爲後宫妃后之府，亦曰天津，一曰天鷄，主八風，又主口舌，主蠻夷。星明大，穀熟；不正，爲兵；離徙，天下不安；中星衆亦然，糴貴。凡日月宿在箕、壁、翼、軫者，皆爲風起；舌動，三日有大風。日犯或食其宿，將疾，佞臣害忠良，皇后憂，大風沙。日暈，國有妖言。月食，爲風，爲水、旱，爲饑，后惡之。月暈，爲風，穀貴，大將易，又王者納后。月犯，多風，糴貴，爲旱，女主憂，君將死，后宫干政。歲星入，宫内口舌，歲熟；在箕南，爲旱；在北，爲有年；守之，多惡風，穀貴，民饑死。熒惑犯，地動；入，爲旱；出，則有赦；久守，爲水；逆行，諸侯相謀，人主惡之。填星犯，女主憂；久留，有赦；守之，后喜，有土功；色黄光潤，則太后喜；又占：守，有水；守九十日，人流，兵起，蝗。太白犯，女主喜；入，則有赦；出，爲土功，糴貴；守之，爲旱，爲風，民疾；出入留箕，五穀不登，多蝗。辰星犯，有赦；守，則爲旱；動摇、色青，臣自戮，又占爲水溢、旱、火災、穀不成。客星入犯，有土功，宫女不安，民流；守之，爲饑；色赤，爲兵；守其北，小熟；東，大熟；南，小饑；西，大饑；出，其分民饑，大臣有棄者；一云守之，秋冬水災。彗星犯守，東夷自滅；出，則爲旱，爲兵，北方亂。孛犯，爲外夷亂，糴貴；守之，外夷災；出，爲穀貴，民死，流亡；春夏犯之，金玉貴；秋冬，土功興；入，則多風雨；色黄，外夷來貢。雲氣出，色蒼白，國災除；入，則蠻夷來見；出而色黄，有使者；出箕口，斂，爲雨；開，爲多風少雨。

按漢永元銅儀，箕宿十度，唐開元游儀十一度。舊去極百十八度，今百二十度。景祐測驗，箕四星十度，距西北第一星去極百二十三度。

糠一星，在箕舌前，杵西北。明，則豐熟；暗，則民饑，流亡。

杵三星在箕南，主給庖舂。動，則人失釜甑；縱，則豐；横，則大饑；亡，則歲荒；移徙，則人失業。熒惑守，民流。客星犯守，歲饑。彗、孛犯，天下有急兵。

按《晉志》，糠一星、杵三星在二十八宿之外。《乾象新書》與《步天歌》皆屬箕宿。

北方

南斗六星，天之賞禄府，主天子壽算，爲宰相爵禄之位，傳曰天廟也。丞相太宰之位，褒賢進士，稟受爵禄，又主兵。一曰天機。南二星魁，天梁也。中央二星，天相也。北二星，天府廷也。又謂南星者，魁星也；北星，杓也，第一星曰北亭，一曰天開，一曰鈇鑕。石申曰：「魁第一主吴，二會稽，三丹陽，四豫章，五廬江，六九江。」星明盛，則王道和平，帝王長齡，將相同心；不明，則大小失次；芒角、動摇，國失忠臣，兵起，民愁。日食在斗，將相憂，兵起，皇后災，吴分有兵。日暈，宰相憂，宗廟不安。月食，其分國饑，小兵，后、夫人憂。月暈，大將死，五穀不生。月犯，將臣黜，風雨不時，大臣誅；一歲三入，大赦；又占：入，爲女主憂，趙、魏有兵；色惡，相死。歲星犯，有赦；久守，水災，穀貴；守及百日，兵用，大臣死。熒惑犯，有赦，破軍殺將，火災；入二十日，糴貴；四十日，有德令；守之，爲兵、盜；久守，災甚；出斗上行，天下憂；不行，臣憂；入，内外有謀；守七日，太子疾。填星犯，爲亂；入，則失地；逆行，地動；出、入、留二十日，有大喪；守之，大臣叛；又占：逆行，先水後旱；守之，國多義士。太白犯之，有兵，臣叛；留守之，破軍殺將；與火俱入，白爍，臣子爲逆；久，則禍大。辰星犯，水，穀不成，有兵；守之，兵、喪。客星犯，兵起，國亂；入，則諸侯相攻，多盜，大旱，宫廟火，穀貴；七日不去，有赦。彗星犯，國主憂；出，則其分有謀，又爲水災，宫中火，下謀上，有亂兵；入，則爲火，大臣叛。孛犯入，下謀上，有亂兵；出，則爲兵，爲疾，國憂。流星入，蠻夷來貢；犯之，宰相憂，在春天子壽，夏爲水，秋則相黜，冬大臣逆；色赤而出斗者，大臣死。雲氣入，蒼白，多風；赤，旱；出，有兵起，宫廟火；入，有雨赤氣，兵；黑，主病。

按漢永元銅儀，斗二十四度四分度之一；唐開元游儀，二十六度。去極百十六度，今百十九度。景祐測驗，亦二十六度，距魁第四星去極百二十二度。

鼈十四星，在南斗南，主水族，不居漢中，川有易者。熒惑守之，爲旱。辰星守，爲火。客星守，爲水。流星出，色青黑，爲水；黄，爲旱。雲氣占同。一曰有星守之，白衣會，主有水。

天淵十星，一曰天池，一曰天泉，一曰天海，在鼈星東南九坎間，又名太陰，主灌溉溝渠。五星守之，大水，河決。熒惑入，爲旱。客星入，海魚出。彗星守之，川溢傷人。

狗二星，在南斗魁前，主吠守，以不居常處爲災。熒惑犯之，爲旱。客星入，多土功，北邊饑；守之，守禦之臣作亂。

建六星，在南斗魁東北，臨黄道，一曰天旗，天之都關。爲謀事，爲天鼓，爲天馬。南二星，天庫也。中二星，市也，鈇鑕也。上二星，爲旗跗。斗建之間，三光道也，主司七曜行度得失，十一月甲子天正冬至，大曆所起宿也。星動，人勞

役。月犯之，臣更天子法；掩之，有降兵。月食，其分皇后娣姪當黜。月暈，大將死，五穀不成，蛟龍見，牛馬疫。月與五星犯之；大臣相譖有謀，亦爲關梁不通，大水。歲星守，爲旱，糴貴，死者衆，諸侯有謀；入，則有兵。熒惑守之，臣有黜者，諸侯有謀，糴貴；入，則關梁不通，馬貴；守旗跗三十日，有兵。填星守之，王者有謀。太白守，外國使來。辰星守，爲水災，米貴，多病。彗、孛、客星犯之，王失道，忠臣黜。客星守之，道路不通，多盜。流星入，下有謀；色赤，昌。

天弁九星，弁一作辨。在建星北，市官之長，主列肆、闤闠、市籍之事，以知市珍也。明盛，則萬物昌；不明及彗、客犯之，糴貴；久守之，囚徒起兵。

天鷄二星，在牛西，一在狗國北，主異鳥，一曰主候時。熒惑舍之，爲旱，鷄多夜鳴。太白、熒惑犯之，爲兵。填星犯之，民流亡。客星犯，水旱失時；入，爲大水。

狗國四星，在建星東南，主三韓、鮮卑、烏桓、玁狁、沃且之屬。星不具，天下有盜；不明，則安；明，則邊寇起。月犯之，烏桓、鮮卑國亂。熒惑守之，外夷兵起。太白守之，鮮卑受攻。客星守，其王來中國。

天籥八星，在南斗杓第二星西，主開閉門户。明，則吉；不備，則關籥無禁。客星、彗星守之，關梁閉塞。

農丈人一星，在南斗西南，老農主稼穡者，又主先農、農正官。星明，歲豐；暗，則民失業；移徙，歲饑。客星、彗星守之，民失耕，歲荒。

按《步天歌》已上諸星皆屬南斗。《晉志》以狗國、天鷄、天弁、天籥、建星皆屬天市垣，餘在二十八宿之外。《乾象新書》以天籥、農丈人屬箕，武密又以天籥屬尾，互有不同。

牛宿六星，天之關梁，主犧牲事。其北二星，一曰即路，一曰聚火。又曰上一星主道路，次二星主關梁，次三星主南越。明大，則王道昌，關梁通，牛貴；怒，則馬貴；動，則牛災，多死；始出而色黄，大豆賤；赤，則豆有蟲；青，則大豆貴；星直，糴賤；曲，則貴。日食，其分兵起；暈，爲陰國憂，兵起。月食，有兵；暈，爲水災，女子貴，五穀不成，牛多暴死，小兒多疾。月暈在冬三月，百四十日外有赦；暈中央大星，大將被戮。月犯之，有水，牛多死，其國有憂。歲星入犯，則諸侯失期；留守，則牛多疫，五穀傷；在牛東，不利小兒；西，主風雪；北，爲民流；逆行，宫中有火；居三十日至九十日，天下和平，道德明正。熒惑犯之，諸侯多疾，臣謀主；守，則穀不成，兵起；入或出守斗南，赦。填星犯之，有土功；守之，雨雪，民人、牛馬病。太白犯之，諸侯不通；守，則國有兵起；入，則爲兵謀，人多死。辰星犯，敗軍移將，臣謀主。客星犯守之，牛馬貴，越地起兵；出，牛多死，地動，馬貴。彗星犯之，吴分兵起；出，爲糴貴，牛死。孛犯，改元易號，糴貴，牛多死，吴、越兵起，下當有自立者。流星犯之，王欲改事；春夏，穀熟；秋冬，穀貴；色黑，牛馬昌，關梁入貢。雲氣蒼白横貫，有兵、喪；赤，亦爲兵；黄白氣入，牛蕃息；黑，則牛死。

按漢永元銅儀，以牽牛爲七度；唐開元游儀，八度。舊去極百六度，今百四度。景祐測驗，牛六星八度，距中央大星去極百十度半。

天田九星，在斗南，一曰在牛東南，天子畿内之田。其占與角北天田同。客星犯之，天下憂。彗、孛犯守之，農夫失業。

河鼓三星，在牽牛西北，主天鼓，蓋天子及將軍鼓也。一曰三武，主天子三將軍，中央大星爲大將軍，左星爲左將軍，右星爲右將軍。左星南星也，所以備關梁而拒難也，設守險阻，知謀徵也。鼓欲正直而明，色黄光澤，將吉；不正，爲兵、憂；星怒，則馬貴；動，則兵起；曲，則將失計奪勢；有芒角，將軍凶猛象也；動摇，差度亂，兵起。月犯之，軍敗亡。五星犯之，兵起。彗星、客星犯，將軍被戮。流星犯，諸侯作亂。黄白雲氣入之，天子喜；赤，爲兵起；出，則戰勝；黑，爲將死。青氣入之，將憂；出，則禍除。

左旗九星，在河鼓左旁，右旗九星在牽牛北、河鼓西南，天之鼓旗旌表也。主聲音、設險、知敵謀。旗星明大，將吉。五星犯守，兵起。

織女三星，在天市垣東北，一曰在天紀東，天女也，主果蓏、絲帛、珍寶。王者至孝，神祇咸喜，則星俱明，天下和平；星怒而角，布帛貴。陶隱居曰：「常以十月朔至六七日晨見東方。」色赤精明者，女工善；星亡，兵起，女子爲候。織女足常向扶筐，則吉；不向，則絲綿大貴。月暈，其分兵起。熒惑守之，公主憂，絲帛貴，兵起。彗星犯，后族憂。星孛，則有女喪。客星入，色青，爲饑；赤，爲兵；黄，爲旱；白，爲喪；黑，爲水。流星入，有水、盜，女主憂。雲氣入，蒼白，女子憂；赤，則爲女子兵死；色黄，女有進者。

漸臺四星，在織女東南，臨水之臺也，主晷漏、律吕事。明，則陰陽調，而律吕和；不明，則常漏不定。客星、彗星犯之，陰陽反戾。

輦道五星，在織女西，主王者游嬉之道。漢輦道通南北宫，其象也。太白、熒惑守之，御路兵起。

九坎九星，在牽牛南，主溝渠、導引泉源、疏瀉盈溢，又主水旱。星明，爲水災；微小，吉。月暈，爲水；五星犯之，水溢。客星入，天下憂。雲氣入，青，爲旱；黑，爲水溢。

羅堰三星，在牽牛東，拒馬也，主隄塘，壅蓄水源以灌溉也。星明大，則水泛溢。

天桴四星，在牽牛東北横列，一曰在左旗端，鼓桴也，主漏刻。暗，則刻漏失時。武密曰：「主桴鼓之用。」動摇，則軍鼓用；前近河鼓，若桴鼓相直，皆爲桴鼓用。太白、熒惑守之，兵鼓起。客星犯之，主刻漏失時。

按《步天歌》，已上諸星俱屬牛宿。《晉志》以織女、漸臺、輦道皆屬太微垣，以河鼓、左旗、右旗、天桴屬天市垣，餘在二十八宿之外。武密以左旗屬箕屬斗，右旗亦屬斗，漸臺屬斗，又屬牛，餘與《步天歌》同。《乾象新書》則又以左旗、織女、漸臺、輦道、九坎皆屬於斗。

須女四星，天之少府，賤妾之稱，婦職之卑者也，主布帛裁製，嫁娶。星明，天下豐，女巧，國富；小而不明，反是。日食在女，戒在巫祝、后妃禱祠，又占越分饑，后妃疾。日暈，後宫及女主憂。月食，爲兵、旱，國有憂。月暈，有兵謀不成；兩重三重，女主死。月犯之，有女惑，有兵不戰而降，又曰將軍死。歲星犯之，后妃喜，外國進女；守之，多水，國饑，喪，糴貴，民大災。熒惑犯之，大臣、皇后憂，布帛貴，民大災；守之，士人不安，五穀不熟，民疾，有女喪，又爲兵；入，則糴貴；逆行犯守，大臣憂；居陽，喜；陰，爲憂。填星犯守，有苛政，山水出，壞民舍，女謁行，后專政，多妖女；留五十日，民流亡。太白犯之，布帛貴，兵起，天下多寡女；留守，有女喪，軍發。辰星犯，國饑，民疾；守之，天下水，有赦，南地火，北地水，又兵起，布帛貴。客星犯，兵起，女人爲亂；守之，宫人憂，諸侯有兵，江淮不通，糴貴。彗星犯，兵起，女爲亂；出，爲兵亂，有水災，米鹽貴。星孛，其分兵起，女爲亂，有奇女來進；出入，國有憂，王者惡之。流星犯，天子納美女，又曰有貴女下獄；抵須女，女主死。《乙巳占》：出入而色黄潤，立妃后；赤，白，爲後宫妾死。雲氣入，黄白，有嫁女事；白，爲女多病；黑，爲女多死；赤，則婦人多兵死者。

按漢永元銅儀，以須女爲十一度。景祐測驗，十二度，距西南星去極百五度，在赤道外十四度。

十二國十六星，在牛女南，近九坎，各分土居列國之象。九坎之東一星曰齊，齊北二星曰趙，趙北一星曰鄭，鄭北一星曰越，越東二星曰周，周東南北列二星曰秦，秦南二星曰代，代西一星曰晉，晉北一星曰韓，韓北一星曰魏，魏西一星曰楚，楚南一星曰燕，有變動各以其國占之。陶隱居曰：「越星在婺女南，鄭一星在越北，趙二星在鄭南，周二星在越東，楚一星在魏西南，燕一星在楚南，韓一星在晉北，晉一星在代北，代二星在秦南，齊一星在燕東。」

離珠五星，在須女北，須女之藏府，女子之星也。又曰主天子旒珠，后、夫人環佩。去陽，旱；去陰，潦。客星犯之，後宫有憂。

奚仲四星，在天津北，主帝車之官。凡太白、熒惑守之，爲兵祥。

天津九星，在虚宿北，横河中，一曰天漢，一曰天江，主四瀆津梁，所以度神通四方也。一星不備，津梁不通；明，則兵起；參差，馬貴；大，則水災；移，則水溢。彗、孛犯之，津敗，道路有賊。客星犯，橋梁不修；守之，水道不通，船貴。流星出，必有使出，隨分野占之。赤雲氣入，爲旱；黄白，天子有德令；黑，爲大水；色蒼，爲水，爲憂；出，則禍除。

敗瓜五星，在匏瓜星南，主修瓜果之職，與匏瓜同占。

匏瓜五星一作瓠瓜。在離珠北，天子果園也，其西觜星主後宫。不明，則后失勢；不具或動摇，爲盜；光明，則歲豐；暗，則果實不登。彗、孛犯之，近臣僭，有戮死者。客星守之，魚鹽貴，山谷多水；犯之，有游兵不戰。蒼白雲氣入之，果不可食；青，爲天子攻城邑；黄，則天子賜諸侯果；黑，爲天子食果而致疾。

扶筐七星，爲盛桑之器，主勸蠶也，一曰供奉后與夫人之親蠶。明，吉；暗，凶；移徙，即女工失業。彗星犯，將叛。流星犯，絲綿大貴。

按《步天歌》，已上諸星俱屬須女，而十二國及奚仲、匏瓜、敗瓜等星，《晉志》不載，《隋志》有之。《晉志》又以離珠、天津屬天市垣，扶筐屬太微垣。《乾象新書》以周、越、齊、趙屬牛，秦、代、韓、魏、燕、晉、楚、鄭屬女。武密以離珠、匏瓜屬牛又屬女，以奚仲屬危。《乾象新書》以離珠、匏瓜屬牛，敗瓜屬斗又屬牛，以天津西一星屬斗，中屬牛，東五星屬女。

虚宿二星，爲虚堂，冢宰之官也，主死喪哭泣，又主北方邑居、廟堂祭祀祝禱事。宋均曰：「危上一星高，旁兩星下，似蓋屋也。」蓋屋之下，中無人，但空虚似乎殯宫，主哭泣也。明，則天下安；不明，爲旱；欹斜上下不正，享祀不恭；動，將有喪。日食其分，其邦有喪。日暈，民饑，后妃多喪。月食，主刀劍官有憂，國

有喪。月暈，有兵謀，風起則不成，又爲民饑。月犯之，宗廟兵動，又國憂，將死。歲星犯，民饑；守之，失色，天王改服；與填星同守，水旱不時。熒惑犯之，流血滿野；守之，爲旱，民饑，軍叛；入，爲火災，功成見逐；或勾己，大人戰不利。填星犯之，有急令；行疾，有客兵；入，則有赦，穀不成，人不安；守之，風雨不時，爲旱，米貴，大人欲危宗廟，有客兵。太白犯，下多孤寡，兵，喪；出，則政急；守之，臣叛君；入，則大臣下獄。辰星犯，春秋有水；守之，亦爲水災，在東爲春水，南爲夏水，西爲秋水，北冬有雷雨，水。客星犯，糴貴；守之，兵起，近期一年，遠則二年，有哭泣事；出，爲兵，喪。彗星犯之，國凶，有叛臣；出，爲野戰流血；出入，有兵起，芒燄所指國必亡。星孛其宿，有哭泣事；出，則爲野戰流血，國有叛臣。流星犯，光潤出入，則冢宰受賞，有赦令；色黑，大臣死；入而色青，有哭泣事；黄白，有受賜者；出，則貴人求醫藥。雲氣黄入，爲喜；蒼，爲哭；赤，火；黑，水；白，有幣客來。

按漢永元銅儀，以虚爲十度，唐開元游儀同。舊去極百四度，今百一度。景祐測驗，距南星去極百三度，在赤道外十二度。

司命二星，在虚北，主舉過、行罰、滅不祥，又主死亡。逢星出司命，王者憂疾，一曰宜防祅惑。

司禄二星，在司命北，主增年延德，又主掌功賞、食料、官爵。

司危二星，在司禄北，主矯失正下，又主樓閣臺榭、死喪、流亡。

司非二星，在司危北，主司候内外，察愆尤，主過失。《乾象新書》：命、禄、危、非八星主天子已下壽命、爵禄、安危、是非之事。明大，爲災；居常，爲吉。

哭二星，在虚南，主哭泣、死喪。月、五星、彗、孛犯之，爲喪。

泣二星在哭星東，與哭同占。

天壘城十三星，在泣南，圜如大錢，形若貫索，主鬼方、北邊丁零類，所以候興敗存亡。熒惑入守，夷人犯塞。客星入，北方侵。赤雲氣掩之，北方驚滅，有疾疫。

離瑜三星，在十二國東，《乾象新書》：在天壘城南。離，圭衣也；瑜，玉飾；皆婦人見舅姑衣服也。微，則後宫儉約；明，則婦人奢縱。客星、彗星入之，後宫無禁。

敗臼四星，在虚、危南，兩兩相對，主敗亡、災害。石申曰：「一星不具，民賣甑釜；不見，民去其鄉。」五星入，除舊布新。客星、彗星犯之，民饑，流亡。黑氣入，主憂。

按《步天歌》，已上諸星俱屬虚宿。司命、司禄、司危、司非、離瑜、敗臼，《晉志》不載，《隋志》有之。《乾象新書》以司命、司禄、司危、司非屬須女；泣星、敗臼屬危。武密書與《步天歌》合。

危宿三星，在天津東南，爲天子宗廟祭祀，又爲天子土功，又主天府、天市、架屋、受藏之事。不明，客有誅，土功興；動或暗，營宫室，有兵事。日食，陵廟摧，有大喪，有叛臣。日暈，有喪。月食，大臣憂，有喪，宫殿圮。月暈，有兵、喪，先用兵者敗。月犯之，宫殿陷，臣叛主，來歲糴貴，有大喪。歲星犯守，爲兵，役徭，多土功，有哭泣事，又多盜。熒惑犯之，有赦；守之，人多疾，兵動，諸侯謀叛，宫中火災；守上星人民死，中星諸侯死，下星大臣死，各期百日十日；守三十日，東兵起，歲旱，近臣叛；入，爲兵，有變更之令。填星守之，爲旱，民疾，土功興，國大戰，犯之，皇后憂，兵，喪；出入、留、舍，國亡地，有流血；入，則大亂，賊臣起。太白犯之爲兵，一曰無兵兵起，有兵兵罷，五穀不成，多火災；守之，將憂，又爲旱，爲火；舍之，有急事。辰星犯之，大臣誅，法官憂，國多災；守之，臣下叛，一云皇后疾，兵、喪起。客星犯，有哭泣，一曰多雨水，穀不收；入之，有土功，或三日有赦；出，則多雨水，五穀不登；守之，國敗，民饑。彗星犯之，下有叛臣兵起；出，則將軍出國，易政，大水，民饑。孛犯，國有叛者兵起。流星犯之，春夏爲水災，秋冬爲口舌；入，則下謀上；抵危，北地交兵。《乙巳占》：流星出入色黄潤，人民安，穀熟，土功興；色黑，爲水，大臣災。雲氣入，蒼白，爲土功；青，爲國憂；黑，爲水，爲喪；赤，爲火；白，爲憂，爲兵；黄出入，爲喜。

按漢永元銅儀，以危爲十六度；唐開元游儀，十七度。舊去極九十七度，距南星去極九十八度，在赤道外七度。

虚梁四星，在危宿南，主園陵寢廟、禱祝。非人所處，故曰虚梁。一曰宫宅屋幃帳寢。太白、熒惑犯之，爲兵。彗、孛犯，兵起，宗廟改易。

天錢十星，在北落師門西北，主錢帛所聚，爲軍府藏。明，則庫盈；暗，爲虚。太白、熒惑守之，盜起。彗、孛犯之，庫藏有賊。

墳墓四星，在危南，主山陵、悲慘、死喪、哭泣。大曰墳，小曰墓。五星守犯，爲人主哭泣之事。

杵三星，在人星東，一云臼星北，主春軍糧。不具，則民賣甑釜。

臼四星，在杵星下，一云危東。杵臼不明，則民饑；星衆，則歲樂；疏，爲饑；動摇，亦爲饑；杵直下對臼，則吉；不相當，則軍糧絶；縱，則吉；横，則荒；又臼星覆，歲饑；仰，則歲熟。彗星犯之，民饑，兵起，天下急。客星守之，天下聚會米粟。

蓋屋二星，在危宿南九度，主治宫室。五星犯之，兵起。彗、孛犯守，兵災尤甚。

造父五星，在傳舍南，一曰在螣蛇北，御官也。一曰司馬，或曰伯樂，主御營馬廄、馬乘、轡勒。移處，兵起，馬貴；星亡，馬大貴。彗、客入之，僕御謀主，有斬死者，一曰兵起；守之，兵動，廄馬出。

人五星，在虚北，車府東，如人形，一曰主萬民，柔遠能邇；又曰臥星，主夜行，以防淫人。星亡，則有詐作詔者，又爲婦人之亂；星不具，王子有憂。客、彗守犯，人多疾疫。

車府七星，在天津東，近河，東西列，主車府之官，又主賓客之館。星光明，潤澤，必有外賓，車駕華潔。熒惑守之，兵動。彗、客犯之，兵車出。

鈎九星，在造父西河中，如鈎狀。星直，則地動；他星守，占同。一曰主輦輿、服飾。明，則服飾正。

按《步天歌》，已上諸星俱屬危宿。《晉志》不載人星、車府，《隋志》有之。杵、臼星，《晉〔志〕》、《隋志》皆無。造父、鈎星，《晉志》屬紫薇垣，蓋屋、虚梁、天錢在二十八宿外。《乾象新書》以車府西四星屬虚，東三星屬危。武密書以造父屬危又屬室，餘皆與《步天歌》合。按《乾象新書》又有天綱一星在危宿南，入危八度，去極百三十二度，在赤道外四十一度。《晉〔志〕》、《隋志》及諸家星書皆不載，止載危、室二宿間與北落師門相近者。近世天文乃載此一星，在鬼、柳間，與外廚、天紀相近。然《新書》兩天綱雖同在危度，其説不同，今姑附于此。

營室二星，天子之宫，一曰玄宫，一曰清廟，又爲軍糧之府，主土功事。一曰室一星爲天子宫，一星爲太廟，爲王者三軍之廪，故置羽林以衛；又爲離宫閣道，故有離宫六星在其側。一曰定室，《詩曰》「定之方中」也。星明，國昌；不明而小，祠祀鬼神不享；動，則有土功事；不具，憂子孫；無芒、不動，天下安。日食在室，國君憂，王者將兵，一曰軍絶糧，士卒亡。日暈，國憂，女主憂黜。月食，其分有土功，歲饑。月暈，爲水，爲火，爲風。月犯之，爲土功，有哭泣事。歲星犯之，有急而爲兵；入，天子有赦，爵禄及下；舍室東，民多死；舍北，民憂；又曰守之，宫中多火災，主不安，民疫。熒惑犯，歲不登；守之，有小災，爲旱，爲火，糴貴；逆行守之，臣謀叛；入，則創改宫室；成勾已者，主失宫。填星犯，爲兵；守之，天下不安，人主徙宫，后、夫人憂，關梁不通，貴人多死；久守，大人惡之，以赦解，吉；逆行，女主出入恣；留六十日，土功興。太白犯五寸許，天子政令不行；守，則兵大忌之，以赦令解；一曰太子、后妃有謀；若乘守勾已、逆行往來，主廢后妃，有大喪，宫人恣；去室一尺，威令不行；留六十日，將死；入，則有暴兵。辰星犯之，爲水；入，則后有憂，諸侯發動於西北。客星犯入，天子有兵事，軍饑，將離，外兵來；出於室，兵先起者敗。彗星出，占同；或犯之，則弱不能戰；出入犯之，則先起兵者勝，一曰出室爲大水。孛犯或出入，先起兵者勝；出，有小災，後宫亂。武密曰：「孛出，其分有兵、喪；道藏所載，室專主兵。」流星犯，軍乏糧，在春夏將軍貶，秋冬水溢。《乙巳占》曰：「流星出入色黄潤，軍糧豐，五穀成，國安民樂。」雲氣入，黄，爲土功；蒼白，大人惡之；赤，爲兵，民疫；黑，則大人憂。

按漢永元銅儀，營室十八度；唐開元游儀，十六度。舊去極八十五度。景祐測驗，室十六度，距南星去極八十五度，在赤道外六度。

雷電六星，在室南，明動，則雷電作。

離宫六星，兩兩相對爲一坐，夾附室宿上星，天子之别宫也，主隱藏止息之所。動摇，爲土功；不具，天子憂。太白、熒惑入，兵起；犯或勾已環繞，爲后妃咎。彗星犯之，有修除之事。

壘壁陣十二星，一作壁壘。在羽林北，羽林之垣壘，主天軍營。星明，國安；移動，兵起；不見，兵盡出，將死。五星入犯，皆主兵。太白、辰星，尤甚。客星入，兵大起，將吏憂。流星入南，色青，后憂；入北，諸侯憂；色赤黑，入東，后有謀；入西，太子憂；黄白，爲吉。

螣蛇二十二星，在室宿北，主水蟲，居河濱。明而微，國安；移向南，則旱；向北，大水。彗、孛犯之，水道不通。客星犯，水物不成。

土功吏二星，在壁宿南，一曰在危東北，主營造宫室，起土之官。動摇，則版築事起。

北落師門一星，在羽林軍南。北宿在北方，落者天軍之藩落也，師門猶軍門。長安城北門曰「北落門」，象此也。主非常以候兵。星明大，安；微小、芒角，有大兵起。歲星犯之，吉。熒惑入，兵弱不可用。客星犯之，光芒相及，爲

兵，大將死；守之，邊人入塞。流星出而色黃，天子使出；入，則天子喜；出而色赤，或犯之，皆爲兵起。雲氣入，蒼白，爲疾疫；赤，爲兵；黄白，喜；黑雲氣入，邊將死。

八魁九星，在北落東南，主捕張禽獸之官也。客、彗入，多盗賊，兵起。太白、熒惑入守，占同。

天綱一星，在北落西南，一曰在危南，主武帳宫舍，天子游獵所會。客、彗入，爲兵起，一云義兵。

羽林軍四十五星，三三而聚散，出壘壁之南，一曰在營室之南，東西布列，北第一行主天軍，軍騎翼衛之象。星衆，則國安；稀，則兵動；羽林中無星，則兵盡出，天下亂。月犯之，兵起。歲星入，諸侯悉發兵，臣下謀叛，必敗伏誅。太白入，兵起。填星入，大水。五星入，爲兵。熒惑、太白經過，天子以兵自守。熒惑入而芒赤，興兵者亡。客星入，色黄白，爲喜；赤，爲臣叛。流星入南，色青，后有疾；入北，諸侯憂；入東而赤黑，后有謀；入西，太子憂。雲氣蒼白入南，后有憂；北，諸侯憂；黑，太子、諸侯忌之；出，則禍除；黄白，吉。

斧鉞三星，在北落師門東，芟刈之具也，主斬芻稾以飼牛馬。明，則牛馬肥腯；動摇而暗，或不見，牛馬死。《隋志》、《通志》皆在八魁西北，主行誅、拒難、斬伐姦謀。明大，用兵將憂；暗，則不用；移動，兵起。月入，大臣誅。歲星犯，相誅。熒惑犯，大臣戮。填星入，大臣憂。太白入，將誅。客、彗犯，斧鉞用；又占：客犯，外兵被擒，士卒死傷，外國降；色青，憂；赤，兵；黄白，吉。

按《步天歌》已上諸星皆屬營室。雷電、土功吏、斧鉞，《晉志》皆不載，《隋志》有之。壘壁陣、北落師門、天綱、羽林軍，《晉志》在二十八宿外，螣蛇屬天市垣。武密書以螣蛇屬營室，又屬壁宿。《乾象新書》以西十六星屬尾、屬危，東六星屬室；羽林軍西六星屬危，東三十九星屬室；以天綱屬危，斧鉞屬奎。《通占録》又以斧鉞屬壁、屬奎，説皆不同。

壁宿二星，主文章，天下圖書之秘府。明大，則王者興，道術行，國多君子；星失色，大小不同，王者好武，經術不用，圖書廢；星動，則有土功。日食于壁，陽消陰壞，男女多傷，國不用賢。日暈，名士憂。月食，其分大臣憂，文章士廢，民多疫。月暈，爲風，水，其分有憂。月犯之，國有憂，爲饑，衛地有兵。歲星犯之，水傷五穀；久守或凌犯，勾已，有兵起。熒惑犯之，衛地憂；守之，國旱，民饑，賢不用；一占：王有大災。填星犯守，圖書興，國王壽，天下豐，國有賢；一占：物不成，民多病；逆行成勾已者，有土功；六十日，天下立王。太白犯之一二寸許，則諸侯用命；守之，文武並用，一曰有軍不戰，一曰有兵、喪，一曰水災，多風雨；一曰犯之，多火災。辰星犯，國有蓋藏保守之事，王者刑法急；守之，近臣憂，一曰其分有喪，有兵，姦臣有謀；逆行守之，橋梁不通。客星犯之，文章士死，一曰有喪；入，爲土功，有水；守之，歲多風雨；舍，則牛馬多死。彗星犯之，爲兵，爲火，一曰大水，民流。孛犯，爲兵，有火水災。流星犯，文章廢；《乙巳占》曰：「若色黄白，天下文章士用。」赤雲氣入之，爲兵；黑，其下國破；黄，則外國貢獻，一曰天下有烈士立。

按漢永元銅儀，東壁二星九度。舊去極八十六度。景祐測驗，壁二星九度，距南星去極八十五度。

天廐十星，在東壁之北，主馬之官，若今驛亭也，主傳令置驛，逐漏馳騖，謂其急疾與晷漏競馳也。月犯之，兵馬歸。彗星入，馬廐火。客星入，馬出行。流星入，天下有驚。

霹靂五星，在雲雨北，一曰在雷電南，一曰在土功西，主陽氣大盛，擊碎萬物。與五星合，有霹靂之應。

雲雨四星在雷電東，一云在霹靂南，主雨澤，成萬物。星明，則多雨水。辰星守之，有大水；一占：主陰謀殺事，孳生萬物。

鈇鑕五星，在天倉西南，刈具也，主斬芻飼牛馬。明，則牛馬肥；微暗，則牛馬饑餓。

按《步天歌》，壁宿下有鈇鑕五星，《晉〔志〕》、《隋志》皆不載。《隋志》八魁西北三星曰鈇鑕，又曰鈇鉞，其占與《步天歌》室宿内斧鉞略同，恐即是此誤重出之。霹靂五星、雲雨四星，《晉志》無之，《隋志》有之。武密書以雲雨屬室宿，天廐十星《晉志》屬天市垣，其説皆不同。

元·脱脱等《宋史》卷五一《天文志四》 二十八舍下

西方

奎宿十六星，天之武庫，一曰天豕，一曰封豕，主以兵禁暴，又主溝瀆。西南大星曰天豕目，亦曰大將。明動，則兵、水大出。日食，魯國凶，邊兵起及水旱。日暈，爲兵，爲火。月食，聚斂之臣有憂。月暈，兵敗，糴貴，將戮，人疾疫。月犯之，其分亂。歲星犯之，近臣爲逆；守之，蟲爲災，人飢，盜起，多獄訟；久守，北兵降；色潤澤，大熟；守二十日以上，兵起魯地；逆行守之，君好兵，民流亡。

熒惑犯之，環繞三十日以上，將相凶，大水，民流；守二十日以上，魯地有兵；動搖、進退，有赦；舍，歲大熟；留，臣下專權，多獄訟；守百日以上，多盜。填星入犯，吴、越有兵，一曰齊、魯，一曰兵、喪；守之，有貴女執政；出入，水泉溢。太白犯之，大水，有兵，霜殺物；入，則外兵入國；晝見，將相死。辰星犯之，江河決，有兵，爲旱，爲火。守之，王者憂，兵、旱。客星犯之，有溝瀆事；守，則王者有憂，軍敗，賊臣在側；入之，破軍殺將；舍留不去，人飢；出，則爲謀臣惑天子。彗犯，爲飢，爲兵、喪；出，則有水災。星孛之，其下兵出，民飢，國無繼嗣；出，則西北有兵起。流星入犯之，有溝瀆事，破軍殺將。《乙巳占》：流星出入，色黄白光潤，文昌武偃；赤如火光作聲，爲弓弩用；一曰入則有聚衆事。赤雲氣入犯，爲兵；黄，爲天子喜；黑，則大人有憂。

按漢永元銅儀，以奎爲十七度；唐開元游儀，十六度。舊去極七十六度，景祐測驗同。

天溷七星，在外屏南，主天廁養豬之所，一曰天之廁溷也。暗，則人不安，移徙，則憂。

土司空一星，在奎南，一曰天倉，主土事。凡營城邑、浚溝洫、修隄防，則議其利，建其功，四方小大功課，歲盡則奏其殿最而行賞罰。星大、色黄，則天下安。五星犯之，男女不得耕織。彗、客犯之，水旱，民流，兵大起，土功興。客星守之，有土功、哭泣事。黄雲氣入，土功興，移京邑。

策一星，在王良北，天子僕也，主執策御。流星、彗、孛、客星犯之，皆爲大兵起，天子自將于野；近之，下有謀亂者。

附路一星，附一作傅，在閣道南旁，别道也。一曰在王良東，主太僕，主禦風雨。芒角，則車騎在野；星亡，有道路之變；不具，則兵起。太白、熒惑入，兵起。彗、孛犯之，道路不通。客星入，馬賤。蒼白雲氣入，太僕有憂；赤，爲太僕誅；黄白，太僕受賜；黑，爲太僕死。

閣道六星，在王良前，飛道也，從紫宫至河神所乘也。一曰主輦閣之道，天子游别宫之道也。星不見，則輦閣不通；動搖，則宫掖有兵。彗、孛、客星犯之，主不安國，有喪。白雲氣入，有急事；黑，主有疾；黄，則天子有喜。

王良五星，在奎北，居河中，天子奉軍御官也。其四星曰天駟，旁一星曰王良，亦曰天馬星，動則車騎滿野。一曰爲天橋，主禦風雨、水道。星不具，或客星守之，津梁不通。與閣道近，有江河之變。星明，馬賤；暗，則馬災。太白、熒惑入守，爲兵。彗、客犯之，爲兵、喪，天下橋梁不通。流星犯，大兵將出。青雲氣入犯之，王良奉車憂墜車。雲氣赤，王良有斧鑕憂。

外屏七星，在奎南，主障蔽臭穢。

軍南門，在天大將軍南，天大將軍之南門也。主誰何出入。星不明，外國叛；動搖，則兵起；明，則遠方來貢。

按《步天歌》以上諸星俱屬奎宿。以《晉志》考之，王良、附路、閣道、軍南門、策星，俱在天市垣，别無外屏、天溷、土司空等星，《隋志》有之。而武密以王良、外屏、天溷皆屬于壁，或以外屏又屬奎。《乾象新書》以王良西一星屬壁，東四星屬奎，外屏西一星屬壁，東六星屬奎，與《步天歌》各有不合。

婁三星，爲天獄，主苑牧犧牲，供給郊祀，亦爲興兵聚衆。明大，則賦斂以時。星直，則有執主命者；就聚，國不安。日食于婁，宰相、大人當之，郊祀神不享。日暈，有兵，大人多死。月食，其分后妃憂，民飢。月暈，在春百八十日有赦，又爲糴貴，三日内雨解之。月犯，多畋獵，其分憂，將死，民流，一曰多寃獄。歲星犯之，牛多死，米賤，有赦；守之，國安，一曰民多疫，六畜貴，有兵自罷。熒惑犯守，爲旱，爲火，穀貴；又曰守二十日以上，大臣死。星動，人多死；若逆行入成勾己者，國廩災。填星犯之，天子戒邊境，不可遠行，將兵凶；守之，穀豐；民樂；若逆行，女謁行；留舍于婁，外國兵來。太白犯之，有聚衆事；守之，期三十日有兵，民飢。辰星犯之，刑罰急，多水旱，大臣憂，王者以赦除之；守而芒角、動搖、色赤黑者，臣下起兵。客星犯，爲大兵；守之，五穀不成，又曰臣惑主，專政，歲多獄訟；環繞三日，大赦。彗星犯之，民飢死；出，則先旱後水，穀大貴，六畜疾，倉庫空，又曰國有大兵。星孛，其分爲兵，爲饑。流星出犯之，有法令清獄。青赤雲氣入，爲兵、喪；黑，爲大水。

按漢永元銅儀，以婁爲十二度；唐開元游儀，十三度。舊去極八十度。景祐測驗，婁宿十二度，距中央大星去極八十度，在赤道内十一度。

天倉六星，在婁宿南，倉穀所藏也，待邦之用。星近而數，則歲熟粟聚；遠而疏，則反是。月犯之，主發粟。五星犯，兵起，歲饑，倉粟出。熒惑、太白合守，軍破將死。熒惑入，軍轉粟千里；近之，天下旱。太白犯之，外國人相食，兵起西北。辰星守之，大水。客、彗犯之，五穀不成。客星入，歲饑糴貴。流星入，色赤，爲兵；犯之，粟以兵出；色黄白，歲大稔。蒼白雲氣入，歲饑；赤，爲兵、旱，倉稟災；黄白，歲大熟。

右更五星，在婁西，秦爵名，主牧師官，亦主禮義。星不具，天下道不通。太白、熒惑犯守，山澤兵起。

左更五星，在婁東，亦秦爵名，山虞之官，主山澤林藪竹木蔬菜之屬，亦主仁智。占同右更。

天大將軍十一星，在婁北，主武兵。中央大星，天之大將也；外小星，吏士也。動搖，則兵起，大將出；小星動搖，或不具，亦爲兵；旗直揚者，隨所擊勝。五星犯守，大將憂。客星守之，大將不安，軍吏以飢敗。流星入，大將憂。蒼白雲氣犯之，兵多疾；赤，爲軍出。

天庾四星，在天倉東南，主露積。占與天倉同。

按《晉志》天倉、天庾在二十八宿之外，天大將軍屬天市垣，左更、右更惟《隋志》有之。《乾象新書》以天倉屬奎。武密亦以屬奎，又屬婁。《步天歌》皆屬婁宿。

胃宿三星，天之廚藏，主倉稟，五穀府也。明，則天下和平，倉廩實，民安；動，則輸運；暗，則倉空；就聚，則穀貴、民流；中星衆，穀聚；星小，穀散；芒，則有兵。日食，大臣誅，一曰乏食，其分多疾，穀不實，又曰有委輸事。日暈，穀不熟。月食，王后有憂，將亡，亦爲饑，郊祀有咎。月暈，兵先動者敗，妊婦多死，又曰國主死，天多雨，或山崩，有破軍。歲星在暈內，天子有德令。月暈在四孟之月，有赦。熒惑在暈中，爲兵。月犯之，鄰國有暴兵，天下饑，外國憂，穀不實，民多疾；變色，將軍凶。歲星犯之，大人憂，兵起；守，則國昌；入，則國令變更，天下獄空；若逆行，五穀不成，國無積蓄。熒惑犯之，兵亂，倉粟出，貴人憂；守之，旱饑，民疫，客軍大敗；入，則改法令，牢獄空；進退環繞勾己、凌犯及百日以上，天下倉庫並空，兵起。填星犯之，大臣爲亂；守之，無蓄積，有德令，歲穀大貴；若逆行守勾已者，有兵；色赤，兵起流血；青，則有德令。辰星犯，其分不寧；守之，有兵，國有立侯，巫咸曰：「爲旱，穀不成，有急兵」；又逆行守之，倉空，水災。客星犯之，王者憂，倉廩用；退行入，則有赦；守之，强臣凌國，穀不熟；乘之，爲火；舍而不去，人饑；出，其分君有憂。彗星犯之，兵動，臣叛，有水災，穀不登。星孛，其分兵起，王者惡之。流星犯之，倉庫空；色赤，爲火災。蒼白雲氣出入犯之，以喪糴粟事；黑，爲倉穀敗腐；青黑，爲兵；黄白，倉實。

按漢永元銅儀，胃宿十五度；景祐測驗，十四度。

天囷十三星，如乙形，在胃南，倉廩之屬，主給御廩粢盛。星明，則豐稔；暗，則饑。月犯之，有移粟事。五星犯之，食庫空虛。客、彗入，倉庫憂，水火焚溺。青白雲氣入，歲饑，民流亡。

大陵八星，在胃北，亦曰積京，主大喪也。中星繁，諸侯喪，民疫，兵起。月犯之，爲兵，爲水、旱，天下有喪。月暈前足，大赦。五星入，爲水、旱、兵、喪。熒惑守之，天下有喪。客、彗入，民疫。流星出犯之，其下有積尸。蒼白雲氣犯之，天下兵、喪；赤，則人多戰死。

積尸一星，在大陵中。明，則有大喪，死人如山。月犯之，有叛臣。五星犯之，天下大疾。客、彗犯，有大喪。蒼色雲氣入犯之，人多死；黑，爲疫。

天船九星，在大陵北，河之中，天之船也，主通濟利涉。石申曰：「不在漢中，津河不通。」明，則天下安；不明及移徙，天下兵、喪。月犯之，百川流溢，津梁不通。五星犯之，水溢，民移居。彗星犯之，爲大水。客星犯，爲水，爲兵。青雲氣入，天子憂，不可御船；赤，爲兵、船用；黄白，天子喜。

天廩四星，在昴宿南，一曰天廥，主蓄黍稷，以供享祀。《春秋》所謂御廩，此之象也。又主賞功，掌九穀之要。明，則國實歲豐；移，則國虛，黑而希，則粟腐敗。月犯之，穀貴。五星犯之，歲饑。客星犯，倉庫空虛。流星入，色青爲憂；赤，爲旱，爲火；黄白，天下熟。青雲氣入，蝗，饑，民流；赤，爲旱；黑，爲水；黄，則歲稔。

積水一星，在天船中，候水災也。明動上行，舟船用。熒惑犯，有水。

按《晉志》大陵、積尸、天船、積水俱屬天市垣，天囷、天廩在二十八宿之外。武密以天囷、大陵屬婁，又屬胃；天船屬胃，又屬昴。《乾象新書》天囷五星屬婁，餘星屬胃，大陵西三星屬婁，東五星屬胃，與《步天歌》互有不同。

昴宿七星，天之耳目也，主西方及獄事。又爲旄頭，北星也，又主喪。昴、畢間爲天街，天子出，旄頭、罕畢以前驅，此其義也。黄道所經。明，則天下牢獄平；六星皆明與大星等，爲大水。七星皆黄，兵大起。一星亡，爲兵、喪。動搖，有大臣下獄及有白衣之會。大而數盡動，若跳躍者，北兵大起。一星獨跳躍而動，北兵欲犯邊。日食，王者疾，宗姓自立，又占邊兵起。日暈，陰國失地，北主憂，趙地凶，又云大饑。月食，大臣誅，女主憂，爲饑，邊兵起，將死，北地叛。月歲三暈，弓弩貴，民饑，暈在正月上旬，有赦；犯之，爲饑，北主憂，天子破北兵；變色，民流，國亡，下有暴兵，有赦；出昴北，天下有福；乘之，法令峻，大

水，穀不登。歲星犯之，獄空；乘之，陰國有兵，北主憂；守之，王急刑罰，獄空，一曰臣下獄有解者；守其北，有德令，又曰水物不成；久守，大臣坐法，民饑；留守，破軍殺將。熒惑犯守，爲兵，爲旱、饑；守東，齊、楚、越地有兵；守南，荊、楚有兵；西，則兵起秦、鄭；北，則兵起燕、趙，又爲貴人多死，北地不寧；入則有喜，有赦，天下無兵；守而環繞勾己，爲赦；久守，糴貴。填星犯，或出入守之，北地爲亂，有土功，五穀不成，水火爲災，民疫，又爲女主失勢；入，則地動水溢，宗廟壞；留，則大將出征。太白入犯之，大赦；在東，六畜傷；在西，六月有兵；又曰守之，北兵動，將下獄；晝見，邊兵起；出、入、留、舍，在南爲男喪，北爲女喪。辰星犯，北主憂；守之，穀不成，民饑；久守，爲水，爲兵。客星犯，貴人有急，北兵大敗，讒人在內；守之，臣叛主，兵起；入，則其分有喪。彗星犯之，大臣爲亂；出，則邊兵起，有赦。星孛，其分臣下亂，有邊兵，大臣誅。流星出入犯之，夷兵起。《乙巳占》：「流星入，北方來朝；出，則天子有赦令恤民。」蒼赤雲氣犯之，民疫；黑，則北主憂；青，爲水，爲兵；青白，人多喪；黃，則有喜。

按漢永元銅儀，昴宿十二度；唐開元游儀，十一度。舊去極七十四度。景祐測驗，昴宿十一度，距西南星去極七十一度。

芻稾六星，在天苑西，一曰在天囷南，主積稾之屬。一曰天積，天子之藏府。星明，則芻稾貴；星盛，則百庫之藏存；無星，則百庫之藏散。月犯之，財寶出。辰星、熒惑犯之，芻稾有焚溺之患。赤雲氣犯之，爲火；黃，爲喜。

天陰五星，主從天子弋獵之臣。不明，爲吉；明，則禁言泄。

天河一星，一作天阿。在天廩星北。《晉志》：在天高星西，主察山林妖變。五星、客、彗犯之，主妖言滿路。

卷舌六星，在昴北，主樞機智謀，一曰主口語，以知讒佞。曲而静，則賢人升；直而動，多讒人，兵起，天下有口舌之害。徙出漢外，則天下多妄說。星繁，人多死。月犯之，天下多喪。五星犯，佞人在側。彗、客犯之，侍臣憂。

天苑十六星，在昴畢南，如環狀，天子養禽獸之苑。明，則禽獸牛馬盈；不明，則多瘠死；不具，有斬刈事。五星犯之，兵起。客、彗犯，爲兵，獸多死。流星入，色黑，禽獸多死；黃，則蕃息。《雲氣占》同。

天讒一星，在卷舌中，主巫醫。暗，爲吉；明盛，人君納佞言。

月一星，在昴宿東南，蟾蜍也，主日月之應，女主臣下之象，又主死喪之事。明大，則女主大專。太白、熒惑守之，臣下起兵爲亂。彗、客犯之，大臣黜，女主憂。

礪石四星，在五車星西，主百工磨礪鋒刃，亦主候伺。明，則兵起；常，則吉。熒惑入，邊兵起；守之，諸侯發兵。客星守之，爲兵。

按《晉志》，天河、卷舌、天讒俱屬天市垣，天苑在二十八宿之外，芻稾、天陰、月、礪石，《晉志》不載，《隋史》有之。武密又以芻稾屬胃，卷舌屬胃，又屬昴。《乾象新書》以芻稾屬婁，卷舌西三星屬胃，東三星屬昴，天苑西八星屬胃，南八星屬昴。《步天歌》以上諸星皆屬昴宿，互有不合。

畢宿八星，主邊兵弋獵。其大星曰天高，一曰邊將，主四夷之尉也。《天官書》曰：「畢爲罕車。」明大，則遠人來朝，天下安；失色，邊兵亂；一星亡，爲兵、喪；動摇，則邊兵起；移徙，天下獄亂；就聚，則法令酷。日食，邊王死，軍自殺其主，遠國有謀亂。日暈，有邊兵；不則北主憂，又占有風雨。月食，有赦，趙分有兵，或趙君憂。月暈，兵亂，饑，喪；暈三重，邊有叛者，七日内風雨解之，又爲陰國有憂，天下赦。犯畢大星，下犯上，大將死，陰國憂；入畢口，多雨；穿畢，歲饑，盜起；失行，離于畢，則雨；居中，女主憂；又曰犯北，則陰國憂；南，則陽國憂。歲星犯之，冬多風雨，又曰爲水；入畢口，邊兵起，民飢，有赦；守三十日，客兵起；出陽，爲旱；陰，爲水。熒惑犯右角，大戰；左角，小戰；入，則邊兵憂；守之，爲饑，有赦；成勾己環繞，大赦；一曰入畢中，有兵兵罷；又曰守之，有畋獵事，北主憂，天下道路不通；入畢口，有赦；逆行至昴，爲死喪；已去還守，貴臣憂；舍畢口，趙國憂。填星犯之，兵起西北，不戰；守之，兵有降軍，有赦，一曰土功徭役煩，兵起；入，則地震水溢；守畢口，大人當之；出、入、留、舍，其野兵起，客軍死。太白犯右角，戰敗，將死；入畢口，將相爲亂，大赦，國易政令，諸侯起兵，爲水，五穀不成；貫畢，倉廩空，四國兵起。辰星犯之，邊地災；入畢口，國易政；守之，水溢，民病，物不成，邊兵起；守畢口，人爲亂。客星犯之，大人憂，無兵兵起，有兵兵罷；入，則多獄事；守之，爲饑，邊兵起；出，爲車馬急行。彗星犯之，北地爲亂，人民憂。星孛，其分土功興，多徭役。色蒼，爲饑，破軍；黃，則女爲亂；白，爲兵、喪；黑，爲水。流星犯之，邊兵大戰；色赤貫之，戎兵大至；入而復出，爲赦；入而黃白有光，外人入貢。蒼白雲氣入，歲不收；赤，爲兵、旱，爲火；黃白，天子有喜。

按漢永元銅儀，畢十六度。舊去極七十八度。景祐測驗，畢宿十七度，距畢

口北星去極七十七度。

天節八星，在畢、附耳南，主使臣持節宣威四方。明大，則使忠；不明，則奉使無狀。熒惑守之，臣有謀逆，或使臣死。太白守之，大將出。客、彗犯之，法令不行。客星守，持節臣有憂。

九州殊口九星，在天節南下，曉方俗之官，通重譯者也。常以十一月候之。亡一星，一國憂；二星以上，天下亂，兵起。太白、熒惑守之，亦爲兵。客星入，民憂，水負海，國不安，有兵。

附耳一星，在畢下，主聽得失，伺愆邪，察不祥也。星盛，則中國微，有盜賊，邊候警，外國反。動摇，則讒臣在君側。歲星犯之，爲兵，將相喪。太白犯之，佞臣在側。

九斿九星，在玉井西南，一曰在九州殊口東，南北列，主天下兵旗，又曰天子之旗也。太白、熒惑犯之，兵騎滿野。客星犯，諸侯兵起，禽獸多疾。

天街二星，在昴、畢間，一曰在畢宿北，爲陰陽之所分。《大象占》：近月星西，街南爲華夏，街北爲外邦。又曰三光之道，主伺候關梁中外之境。明，則王道正。月犯天街中，爲中平，天下安寧；街外，爲漏泄，讒夫當事，民不得志；不由天街，主政令不行。月暈其宿，關梁不通。熒惑守之，道路絶；久守，國絶禮。歲星居之，色赤爲殃，或大旱。太白守之，兵塞道路，六夷旄頭滅，一曰民飢。

天高四星，在坐旗西，《乾象新書》：在畢口東北。臺榭之高，主望八方雲霧氛氣，今仰觀臺也。不見，爲官失禮；守常，則吉；微暗，陰陽不和。月、五星犯之，則水旱不時；乘之，外臣誅。月暈，不出六月有喪。熒惑入十日，爲小赦；留三十日，大赦。客、彗守之，大旱。蒼白雲氣犯，亦然。

諸王六星，在五車南，主察諸侯存亡。明，則下附上；不明，則下叛；不見，宗廟危，四方兵起。熒惑入之，諸王妃恣，爲下所謀；守之，下不信上。太白、熒惑犯，諸王當之，一曰宗臣憂。客、彗守，諸侯黜。

五車五星、三柱九星，在畢宿北，五帝坐也，又五帝之車舍也。主天子五兵，又主五穀豐耗。一車主蕡麻，一車主麥，一車主豆，一車主黍，一車主稻米。西北大星曰天庫，主太白，秦分及雍州，主豆。東北一星曰天獄，主辰星，燕、趙分及幽、冀，主稻。東南一星曰天倉，主歲星，魯分徐州，衛分并州，主麻。次東南一星曰司空，主填星，楚分荆州，主黍粟。次西南一星曰卿，主熒惑，魏分益州，主麥。《天文録》曰：「太白，其神令尉；辰星，其神風伯；歲星，其神雨師；熒惑，其神豐隆；填星，其神雷公。此五車有變，各以所主占之。」三柱，一曰天淵，一曰天休，一曰天旂，欲其均明闊狹有常，星繁，則兵大起。石申曰：「天庫星中河而見，天下多死人，河津絶。」又曰：「天子得靈臺之禮，則五車、三柱均明有常。」天旂星不見，則大風折木；天休動，則四國叛。一柱出，或不見，兵半出；三柱盡出，及不見，兵亦盡出。柱外出一月，穀貴三倍；出二月、三月，以次貴；外出不盡兩間，主大水。月犯天庫，兵起，道不通；犯天淵，貴人死，臣踰主。月暈，女主惡之；在正月，爲赦；暈一車，赦小罪；五車俱暈，赦殊罪；四、七、十月暈之，爲水；暈十一、十二月，穀貴。五星犯，爲旱，喪；犯庫星，爲兵起。歲星入之，糴貴。熒惑入之，爲火，或與歲星占同。填星入天庫，爲兵，爲喪；舍中央，爲大旱，燕、代之地當之；舍東北，畜蕃，帛賤；舍西北，天下安。太白入之，兵大起；守五車，中國兵所向慴伏；舍西北，爲疾疫，牛馬死，應酒泉分。辰星入舍爲水；犯之，兵以水潦起。客星犯，則人勞；庚寅日候近之，爲金車，主兵；甲寅日候近之，爲木車，主槽增價；戊寅日候近之，爲土車，主土功；丙寅日候近之，爲火車，主旱；壬寅日候近之，爲水車，主水溢；入之，色青爲憂，赤爲兵；守天淵，有大水；守天休，左爲兵，右爲喪；黄爲吉。彗、孛犯之，兵起，民流。流星入，甲子日，主粟；丙午日，主麥；戊寅日，主豆；庚申日，主蕡；壬戌日，主黍：各以其日占之，而粟麥等價增。白雲氣入，民不安；赤，爲兵起。

天潢五星，在五車中。主河梁津渡。星不見，則津梁不通。月入天潢，兵起。五星失度，留守之，皆爲兵。熒惑、填星入之，爲大旱，爲火。熒惑舍之，牛馬疫，爲兵。辰星出天潢，有赦。客星入，爲兵；留守，則有水害。蒼白或黑雲氣入，爲喪；赤，爲兵；黄白，則天子有喜。

咸池三星，在天潢南，主陂澤池沼魚鼈鳧鴈。明大，則龍見，虎狼爲害；星不具，河道不通。月入，爲暴兵。五星入，爲兵，爲旱，失忠臣，君易政；守之，爲饑，爲兵。客星入，天下大水。流星入，爲喪；出，則兵起。雲氣入，色蒼白，魚多死；赤，爲旱；白，爲神魚見；黑，爲大水。

參旗九星，一曰天旗，一曰天弓，司弓弩，候變禦難。星如弓張，則兵起；明，則邊寇動；暗，爲吉。又曰天弓不具，天下有兵。五星犯之，兵起。熒惑守之，下謀上，諸侯起兵；一曰有邊兵。太白守之，兵亂。客星守，天下憂。流星入，北地兵起。雲氣犯之，色青，入自西北，兵來，期三年。

天關一星，在五車南，亦曰天門，日月之所行，主邊方，主關閉。星芒角，爲兵；不與五車合，大將出。月歲三暈，有赦；犯之，有亂臣更法。五星守之，貴人多死。歲星、熒惑守之，臣謀主，爲水，爲饑。太白、熒惑守之，大赦，關梁有兵。太白入，則大亂。填星守，王者壅蔽；犯之，臣謀主。太白失行，兵起。客星犯之，民多疾，關市不通；又曰諸侯不通，民相攻。客星入，多盜。流星犯之，天下有急，關梁不通，民憂，多盜。黄雲氣犯，四方入貢。

天園十三星，在天苑南，植菜果之處。曲而鈎，菜果熟。白雲氣犯之，兵起。

按《步天歌》以上諸星皆屬畢宿。武密書以天節屬昴，參旗、天關、五車、三柱皆屬觜，與《步天歌》不同。《乾象新書》以天節、參旗皆屬畢；天園西八星屬昴，東五星亦屬畢；五車北西南三大星屬畢，東二星及三柱屬參。説皆不同，今皆存之。

觜觿三星，爲三軍之候，行軍之藏府，葆旅收，斂萬物。明，則軍糧足，將得勢；動，則盜賊行，葆旅起；暗，則不可用兵。日食，臣犯主，戒在將臣。暈及三重，其下穀不登，民疫；五重，大赦，期六十日。月食，爲旱，大將憂，有叛主者。正月月暈，有赦，外軍不勝，大將憂，偏裨有死者。歲星犯之，其分兵起；守，則農夫失業，后有憂，丁壯多暴死，下有叛者，民多疾疫；入，則多盜，天時不和；國君誅伐不當，則逆行。熒惑犯之，其分有叛者，爲旱，爲火，爲兵起，爲糴貴；與觜觿合，趙分相憂；入，則其下有兵。填星入犯，爲兵，爲土功，其分失地；女主恣，則填星逆行而色黄。太白犯之，兵起；守之，其分易令，大臣叛，物不成，民疫。辰星犯之，不可舉兵；一曰趙地水，有叛者；守之，趙分饑。客星出入其宿，青爲憂，赤爲兵，黑爲水，白爲喪，黄白爲吉。彗星犯之，兵起；出入其分，失地，民流。星孛之，爲兵亂，軍破，其色與客星同占。流星入犯之，有叛者，有破軍。雲氣犯之，赤，爲兵；蒼白，爲兵、憂；黑，趙地大人有憂；色黄，有神寶入。

按漢永元銅儀、唐開元游儀，皆以觜觿爲三度。舊去極八十四度。景祐測驗，觜宿三星一度，距西南星去極八十四度，在赤道内七度。

坐旗九星，在司怪西北，君臣設位之表也。星明，則國有禮。司怪四星，在井鉞星前，主候天地、日月，星辰變異，鳥獸、草木之妖，明主聞災，修德保福。星不成行列，宫中及天下多怪。

按《步天歌》，坐旗、司怪俱屬觜宿，武密書及《乾象新書》皆屬于參。

參宿十星，一曰參伐，一曰天市，一曰大辰，一曰鈇鉞，主斬刈萬物，以助陰氣；又爲天獄，主殺，秉威行罰也；又主權衡，所以平理也；又主邊城，爲九譯，故不欲其動。參爲白虎之體，其中三星横列者，三將也；東北曰左肩，主左將；西北曰右肩，主右將；東南曰左足，主後將軍；西南曰右足，主偏將軍。參應七將，中央三小星曰伐，天之都尉，主鮮卑外國，不欲其明。七將皆明大，天下兵精；王道缺，則芒角張；伐星明與參等，大臣有謀，兵起；失色，軍散敗；芒角、動，邊有急，兵起，有斬伐之事。星移，客伐主；肩細微，天下兵弱；左足入玉井中，兵起，秦有大水，有喪，山石爲怪；星差戾，王臣貳；左股星亡，東南不可舉兵；右股，則主西北。又曰參足移北爲進，將出有功；徙南爲退，將軍失勢；三星疏，法令急。日食，大臣憂，臣下相殘，陰國强。日暈，有來和親者，一曰大饑。月食其度，爲兵，臣下有謀，貴臣誅，其分大饑，外兵大將死，天下更令。月暈，將死，人殃亂，戰不利。月犯，貴臣憂，兵起，民飢；犯參伐，偏將死。歲星犯之，水旱不時，大疫，爲饑；守之，兵起，民疫；入，則天下更政。熒惑犯之，爲兵，爲内亂，秦、燕地凶；守之，爲旱，爲兵，四方不寧；逆行入，則大饑。填星犯之，有叛臣；守之，其下國亡，姦臣謀逆，一云有喪，后、夫人當之；逆行留守，兵起。太白犯之，天下發兵；守之，大人爲亂，國易政，邊民大戰。辰星犯之，爲水，爲兵，貴臣黜。辰星與參出西方，爲旱，大臣誅；逆守之，兵起。客星入犯之，國内有斬刈事；守之，邊州失地；環繞者，邊將有斬刈事。彗星犯之，邊兵敗，君亡，遠期三年；貫之，色白，爲兵、喪。星孛于參，君臣俱憂，國兵敗。流星入犯之，先起兵者亡。《乙巳占》曰：「流星出而光潤，邊安，有赦，獄空。」青雲氣入犯之，天子起邊城；蒼白，爲臣亂；赤，爲内兵；黄色潤澤，大將受賜；黑，爲水災，大臣憂。白雲氣出貫之，將死，天子疾。

按漢永元銅儀，參八度。舊去極九十四度。景祐測驗，參宿十星十度，右足入畢十三度。

玉井四星，在參左足下，主水泉，以給庖廚。動揺，爲憂。客星入，爲水，爲喪國失地；出，則國得地，一云將出。流星入，爲大水。雲氣入而色青，井水不可食。

屏二星，一作天屏，在玉井南，一云在參右足。星不具，人多疾。不明，大人寢疾。星亡，王多病。月、五星犯之，爲水。客星出于屏，亦爲大人有疾。彗星犯之，水旱不時。

軍井四星，在玉井東南，軍營之井，主給師，濟疲乏。月犯，芻稾財寶出。熒

惑入，爲水，兵多死。太白入，兵動，民不安。客星入，憂水害。

廁四星，在屏星東，一曰在參右脚南，主溷。色黄，爲吉，歲豐；青黑，人主腰下有疾。星不具，則貴人多病。客星入，爲穀貴。彗、孛入，歲饑。青雲氣入，爲兵；黑，爲憂；黄，則天子有喜。

天屎一星，在天廁南。色黄，則年豐。凡變色，爲蝗，爲水旱，爲霜殺物。常以秋分候之。星亡不見，天下荒；星微，民多流。

按《步天歌》，玉井、軍井、廁各四星，屏二星，天屎一星，俱屬參宿。《晉志》玉井在參左足，武密書屬觜，《乾象新書》屬畢；軍井，《晉志》在玉井南，武密亦屬觜，《乾象新書》亦屬畢，唐開元游儀在玉井東南；屏、廁、天屎，《晉志》皆不載，《隋志》屏在玉井南，開元游儀在觜，《隋志》廁在屏東，屎在廁南，《乾象新書》皆屬參；與《步天歌》互有不合。

南方

東井八星，天之南門，黄道所經，七曜常行其中，爲天之亭候，主水衡事，法令所取平也。武密占曰：井中爲三光正道，五緯留守若經之，皆爲天下無道。不欲明，明則大水。又占曰：用法平，井宿明。鉞一星，附井宿前，主伺奢淫而斬之；明大與井宿齊，則用鉞於大臣。月宿，其分有風雨。日食，秦地旱，民流，有不臣者；暈，則多風雨；有青赤氣在日，爲冠，天子立侯王。月食，有内亂，大臣黜，后不安，五穀不登，分有兵、喪。月暈，爲旱，爲兵，爲民流，國有憂，一曰有赦；陰陽不和則暈，暈及三重，在三月爲大水，在十二月日壬癸爲大赦。月犯之，將死于兵，水官黜，刑不平；犯井鉞，大臣誅，有水事。歲星犯之，王急法，多獄訟，水溢，將軍惡之；犯井鉞，近臣爲亂，兵起；逆行入井，川流壅塞。熒惑犯之，兵先起者殃，又曰天子以水敗；入守經旬，下有兵，貴人不安；守三十日，成勾己，角動，色赤黑，貴人當之，百川溢，兵起。填星入犯之，兵起東北，大臣憂；入井鉞，王者惡之；在觜而去東井，其下亡地。太白犯之，咎在將；久守，其分君失政，臣爲亂。辰星犯之，星進則兵進，退則兵退，刑法平，又曰北兵起，歲惡。芒角，動摇，色赤黑，爲水，爲兵起。客星犯之，穀不登，大臣誅，有土功，小兒妖言。彗星犯之，民譏言，國失政，一曰大臣誅，其分兵災。流星犯之，在春夏則秦地謀叛，在秋冬則宫中有憂。《乙巳占》：流星色黄潤，國安；赤黑，秦分民流，水災。蒼黑雲氣入犯之，民有疾疫；黄白潤澤，有客來言水澤事。黑氣入，爲大水。常以正月朔日入時候之。井宿上有雲，歲多水潦。

按漢永元銅儀，井宿三十度；唐開元游儀，三十三度。去極七十度。景祐測驗，亦三十三度，距西北星去極六十九度。

五諸侯五星，在東井北，主斷疑，刺舉，戒不虞，理陰陽，察得失，亦曰主帝心。一曰帝師，二曰帝友，三曰三公，四曰博士，五曰太史，五者常爲帝定疑議。星明大、潤澤，則天下治。五禮備，則光明，不相侵陵；暗，則貴人謀上；芒角，禍在中。歲星犯之，兵起三年。熒惑犯之，大臣叛不成。太白犯之，諸侯興兵亡國；經天書見，則諸侯受誅。客星犯，王室亂，諸侯亡地，秦國殃；守之，諸侯親屬失位。彗、孛犯之，執法臣誅，又曰貴臣當之，期一年。雲氣犯之，色蒼白，諸侯有喪；不，則臣有誅戮。

積水一星，在北河西北，所以供酒食之正也。不見，爲災。歲星犯之，水物不成，魚鹽貴，民飢。熒惑犯之，爲兵，爲水。辰星犯之，爲水、旱。客星犯之，兵起，大水，大臣憂，期一年。蒼白雲氣入犯之，天下有水。

積薪一星，在積水東北，供庖廚之正也。星不明，五穀不登。熒惑犯之，爲旱，爲兵，爲火災。客星守之，薪貴。赤雲氣入犯之，爲火災。

南河三星，與北河夾東井，一曰天之關門也，主關梁。南河曰南戍，一曰南宫，一曰陽門，一曰越門，一曰權星，主火。兩河戍間，日、月、五星之常道也。河戍動摇，中國兵起。河星不具，則路不通，水泛溢。月出入兩河間中道，民安，歲美，無兵；出中道之南，君惡之，大臣不附。星明，爲吉；昏昧動摇，則邊兵起，遠人叛，主憂。月犯之，爲中邦憂，一曰爲兵，爲喪，爲旱，爲疫；行西南，爲兵、旱；入南戍，則民疫；暈，則爲土功；乘之，四方兵起；經南戍南，則爲刑罰失。歲星犯之，北主憂。熒惑犯兩河，爲兵；守三十日以上，川溢；守南河，穀不登，女主憂；守南戍西，果不成；在東，則有攻戰。填星乘南河，爲旱，民憂；守之，爲兵，道不通。太白舍三十日，川溢；一曰有姦謀；守兩河，爲兵起。客星守之，爲旱，爲疫。彗、孛出，爲兵；守，爲旱。流星出，爲兵、喪，邊戍有憂。蒼白雲氣入之，河道不通；出而色赤，天子兵向諸侯。黄氣入之，有德令；出，爲災。

北河亦三星，北河曰北戍，一曰北宫，一曰陰門，一曰胡門，一曰衡星，主水。五星出、入、留、守之爲兵起；犯之，爲女喪；乘之，爲北主憂。歲星入北戍，大臣誅。熒惑從西入北戍，六十日有喪；從東入，九十日有兵；一曰出北戍北守之，邊將有不請于上，而用兵外國者勝。填星守之，兵起，六十日内有赦，一曰有土功；若守戍西，五穀不實。太白舍北戍，三十日爲女喪，有内謀；守陰門，不

出百日天下兵悉起。辰星守之，外兵起，邊臣有謀；留止，則兵起四方。客星入犯之，有喪於外，姦人在中；入自東，兵起，期九十日；入自西，有喪，期六十日；守之，爲大水。流星經兩河間，天下有難；入，爲北兵入中國，關梁不通。雲氣蒼白入犯之，邊有兵，疾疫，又爲北主憂。

四瀆四星，在東井南垣之東，江、河、淮、濟之精也。明大，則百川決。水位四星，在積薪東，一曰在東井東北，主水衡。歲星犯之，爲大水；一曰出南，爲旱。熒惑守之，田不治。客星犯之，水道不通，伏兵在水中；一曰客星若水、火，守犯之，百川流溢。彗、孛出，爲大水，爲兵，穀不成。流星入之，天下有水，穀敗民飢。赤雲氣入，爲旱、饑。

天罇三星，在五諸侯南，一曰在東井北，罇器也，主盛饘粥，以給貧餒。明，爲豐；暗，則歲惡。

闕丘二星，在南河南，天子雙闕，諸侯兩觀也。太白、熒惑守之，兵戰闕下。

軍市十三星，狀如天錢，天軍貿易之市，有無相通也。中星衆，則軍餘糧；小，則軍飢。月入，爲兵起，主不安。五星守之，軍糧絶。客星入，有刺客起，將離卒亡。流星出，爲大將出。

野雞一星，在軍市中，主變怪。出市外，天下有兵。守静，爲吉；芒角，爲凶。

狼一星，在東井東南，爲野將，主侵掠。色有常，不欲動也。芒角、動摇，則兵起；明盛，兵器貴；移位，人相食；色黄白，爲凶；赤，爲兵。月犯之，有兵不戰，一曰有水事。月食在狼，外國有謀。五星犯之，兵大起，多盜。彗、孛犯之，盜起。客星守之，色黄潤，爲喜；黑，則有憂。赤雲氣入，有兵。

弧矢九星，在狼星東南，天弓也，主行陰謀以備盜，常屬矢以向狼。武密曰：「天弓張，則北兵起。」又曰：「天下盡兵。」動摇明大，則多盜；矢不直狼，爲多盜；引滿，則天下盡爲盜。月入弧矢，臣逾主。月暈其宿，兵大起。客星入，南夷來降；若舍，其分秋雨雪，穀不成；守之，外夷飢；出入之，爲兵出入。流星入，北兵起，屠城殺將。赤雲氣入之，民驚，一曰北兵入中國。

老人一星，在弧矢南，一名南極。常以秋分之旦見于内，候之南郊，春分之夕没于丁。見，則治平，天子壽昌；不見，則兵起，歲荒，君憂。客星入，爲民疫，一曰兵起，老者憂。流星犯之，老人多疾，一曰兵起。白雲氣入之，國當絶。

丈人二星，在軍市西南，主壽考，悼耄矜寡，以哀窮人。星亡，人臣不得自通。

子二星，在丈人東，主侍丈人側。不見，爲災。

孫二星，在子星東，以天孫侍丈人側，相扶而居以孝愛。不見，爲災；居常，爲無咎。

水府四星，在東井西南，水官也，主隄塘、道路、梁溝，以設隄防之備。熒惑入之，有謀臣。辰星入，爲水。客星入，天下大水。流星入，色青，主所之邑大水；赤，爲旱。

按《步天歌》，自五諸侯至水府常星一十八坐，俱屬東井。武密書以丈人二星，子、孫各一星屬牛宿。《乾象新書》以丈人與子屬參，孫屬井；又以水府四星亦屬參。武密以水府屬井。餘皆與《步天歌》合。

輿鬼五星，主觀察姦謀，天目也。東北星主積馬，東南星主積兵，西南星主積布帛，西北星主積金玉，隨變占之。中央星爲積尸，主死喪祠祀；一曰鈇鑕，主誅斬。星明大，穀不成；不明，民散。鑕欲其忽忽不明，明則兵起，大臣誅；動而光，賦重役煩，民懷嗟怨。日食，國不安，有大喪，貴人憂。暈，則其分有兵，大臣有誅廢者。月食，貴臣、皇后憂，期一年。暈，爲旱，爲赦。月犯之，秦分君憂，一曰軍將死，貴臣、女主憂，民疫。歲星犯之，穀傷民飢，君不聽事；犯鬼鑕，執法臣誅。熒惑犯之，忠臣誅，一曰兵起，后失勢；入，則后及相憂，一曰賊在君側，有兵、喪；勾己，國有赦；留守十日，諸侯當之；二十日，太子當之；勾己環繞，天子失廟。填星犯之，大臣、女主憂；守之，憂在後宫，爲旱，爲土功；入鑕，王者惡之；犯積尸，在陽爲君，在陰爲后，左爲太子，右爲貴臣，隨所守惡之。太白入犯之，爲兵，亂臣在内，一曰將有誅；貫之而怒，下有叛臣；久守之，下有兵，爲旱，爲火，萬物不成。辰星犯之，五穀不登；守，爲有喪，憂在貴人。客星犯之，國有自立者敗，一曰多土功；入之，有詛盟祠鬼事。彗星犯之，兵起，國不安。星孛，其下有喪，兵起，宜修德禳之。流星犯鬼鑕，有戮死者；入，則四國來貢。白雲氣入，有疾疫；黑，后有憂；赤，爲旱；黄，爲土功；入犯積尸，貴臣有憂；青，爲病。

按漢永元銅儀，輿鬼四度。舊去極六十八度。景祐測驗，輿鬼三度，距西南星去極六十八度。

爟四星，在鬼宿西北，一曰在軒轅西，主烽火，備邊亭之警急。以不明爲安，明大則邊有警。赤雲氣入，天下烽火皆動。

天狗七星，在狼星北，主守財。動移，爲兵，爲饑，多寇盜，有亂兵。填星守之，人相食。客、彗守之，則羣盜起。

外廚六星，爲天子之外廚，主烹宰，以供宗廟。占與天廚同。

積尸氣一星，在鬼宿中，孛孛然入鬼一度半，去極六十九度，在赤道內二十二度，主死喪祠祀。

天紀一星，在外廚南，主禽獸之齒。太白、熒惑守犯之，禽獸死，民不安。客星守之，則政隳。

天社六星，在弧矢南。昔共工氏之勾龍能平水土，故祀之以配社，其精上爲星。明，則社稷安；不明、動摇，則下謀上。太白、熒惑犯之，社稷不安。客星入，有祀事于國內；出，則有祀事于國外。

按《晉志》，爟四星屬天市垣，天狗七星在七星北。武密以天狗屬牛宿，又屬輿鬼，《乾象新書》屬井。外廚六星，《晉志》在柳宿南，武密書亦屬柳，《乾象新書》與《步天歌》皆屬輿鬼。天紀一星，武密書及《乾象新書》皆屬柳，惟《步天歌》屬鬼宿。天社六星，武密書屬井，又屬鬼。《乾象新書》以西一星屬井，中一星屬鬼，末一星屬柳。今從《步天歌》以諸星俱屬輿鬼，而備存衆説。

柳宿八星，天之廚宰也，主尚食，和滋味，又主雷雨。《爾雅》曰：「咮，謂之柳；柳，鶉火也。」又主木功。一曰天庫，又爲鳥喙，主草木。明，則大臣謹重，國家廚食具；開張，則人飢死；亡，則都邑振動；直，則爲兵。日食，宫室不安，王者惡之，廚官、橋道、隄防有憂。日暈，飛鳥多死，五穀不成，三抱而戴者，君有喜。月食，宫室不安，大臣憂。月暈，林苑有兵，天下有土功，廚獄官憂，又爲兵，爲饑，爲旱、疫。歲星犯之，國多義兵。熒惑犯之，色赤而芒角，其下君死，一曰宫中憂火災；守之，有兵，逆臣在側；逆行守之，王不寧。填星犯守，君臣和，天下喜；石申曰：「天子戒飲食之官。」出、入、留、舍，有急令。太白犯之，有急兵。逆行勾己，臣謀主；晝見，爲兵。辰星犯之，民相仇，歲旱，君戒在酒食。客星犯之，咎在周國；守，則布帛、魚鹽貴。色蒼白，殺邊地諸侯。彗星犯之，大臣誅，爲兵，爲喪。星孛于柳，南夷叛，甘德曰：「爲兵，爲喪。」流星出犯之，周分憂；色黄，爲喜；入，則王者內有火災；《乙巳占》：「出，則宗廟有喜，賢人用；入，爲天廚官有憂，木功廢。」赤雲氣入，爲火；黄，爲赦；黄白，爲天子有喜，起宫室。

按漢永元銅儀，以柳爲十四度；唐開元游儀十五度。舊去極七十七度。景祐測驗，柳八星一十五度，距西頭第三星去極八十三度。

酒旗三星，在軒轅右角南，酒官之旗也，主宴享飲食。星不具，則天下有大喪，帝王宴飲，沉昏非禮，以酒亡國；明，則宴樂謹。五星守之，天下大酺，有酒肉賜宗室。熒惑犯之，飲食失度。太白犯之，三公九卿有謀。客、彗犯，主以酒過爲相所害。赤雲氣入，君以酒失。

按《晉志》，酒旗在天市垣。《步天歌》，以酒旗屬柳宿。以《通占鏡》考之，亦屬柳，又屬七星。《乾象新書》亦屬七星，與《步天歌》不同，今並存之。

七星七星，一名天都，主衣裳文繡，又主急兵。故星明，王道昌；暗，則賢良去，天下空；動，則兵起；離，則易政。蓋天曰：七星爲朱雀頸。頸者，文明之粹，羽儀所承。日食其宿，主不安，刑在門户之神，又曰文章士受誅，其分兵起，臣爲亂。日暈，周邦君憂；青色抱而順，在兵爲東軍吉。月食，后及大臣有憂，又爲歲饑，民流，其國更政。暈，其地旱，獄官凶。歲星犯之，王憂兵，五穀多傷。熒惑犯之，橋梁不通；逆行，則地動爲火災；出、入、留、舍，其國失地，水決。填星犯守，世治平，王道興，后、夫人喜。太白犯之，兵暴起，大臣爲亂；經天，防詐僞。辰星犯之，賊臣在側；守，則其分有憂，萬物不成，兵從中起，貴臣有罪，民疫流亡。客星犯之，爲兵，《荆州占》云：「河水決，民流。」彗犯，有亂兵起，貴臣戮；武密曰：「彗星出七星，狀如杵，爲兵。」星孛于星，有亂兵起宫殿，貴臣戮，大臣相譖。流星犯之，爲兵、憂；又曰：入，則有急使來，《乙巳占》：「流星入，庫官有喜，錦繡進，女工用。」蒼白雲氣入，貴人憂；出，則天子用急使。赤入，爲兵；黑，爲賢士死；黄，則遠人來貢；白，爲天子遣使賜諸侯帛。

按景祐測驗，七星七度，距大星去極九十七度。

軒轅十七星，在七星北，后妃之主，士職也。一曰東陵，一曰權星，主雷雨之神。南大星，女主也；次北一星，夫人也，屏也，上將也；次北一星，妃也，次將也；其次諸星，皆次妃之屬也。女主南小星，女御也；左一星少民，后宗也；右一星大民，太后宗也。欲其色黄小而明。武密曰：「后妃後宫之象，陰陽交合，感爲雷，激爲電，和爲雨，怒爲風，亂爲霧，凝爲霜，散爲露，聚爲雲氣，立爲虹蜺，離爲背璚，分爲抱珥，此二十四變皆權主之。」微細，則皇后不安；黑，則憂在大人；移徙，則民流；東西角大張而振，后族敗。月入之，女主失勢，或火災；犯左右角，大臣以罪免；中犯乘守大民，爲饑，太后宗有罪；守少民，小有饑，女主失勢；守御女，有憂。月暈，女主有喪。月、五星凌犯、環繞、乘守，皆爲女主有

禍。月食，女主憂。歲星犯之，女主失勢，一曰大臣當之；乘守大民，爲大饑，太后宗黜；中犯乘守少民，爲小饑，後宮有黜者。熒惑犯守勾己，后妃離德；犯御女，天子僕妾憂；犯大民、少民，憂在后宗；守之，宮中有戮者。填星行其中，女主失勢，有喪。太白犯之，皇后失勢。客星犯之，近臣謀滅宗族。彗、孛犯，女主爲寇，一曰兵起。流星入之，後宮多讒亂；《乙巳占》：「流星出之，后有中使出。」一曰天子有子孫喜。

天稷五星，在七星南，農正也，取百穀之長以爲號。明，則歲豐；暗，或不具爲饑；移徙，天下荒歉。客星入之，有祠事于內；出，有祠事于國外。

天相三星，在七星北，一曰在酒旗南，丞相大臣之象。武密曰：「占與相星同。」五星犯守之，后妃、將相憂。彗、客犯之，大臣誅。雲氣入，黃，爲大臣喜；黑，爲將疾。

內平四星，在三台南，一曰在中台南，執法平罪之官。明，則刑罰平。

按軒轅十七星，《晉志》在七星北，而列于天市垣；武密以軒轅屬七星，又屬柳；《乾象新書》以西八星屬柳，中屬七星，末屬張。天稷五星，《晉志》在七星南；武密亦以天稷屬七星，又屬柳；《乾象新書》以西二星屬柳，餘屬七星。天相三星，《晉志》在天市垣，武密書屬七星，《乾象新書》屬軫宿。內平四星，《晉志》在天市垣，武密書屬柳，《乾象新書》屬張，《步天歌》屬七星。諸說皆不同，今並存之。

張宿六星，主珍寶、宗廟所用及衣服，又主天廚飲食、賞賚之事。明，則王行五禮，得天之中；動，則賞賚不明，王者子孫多疾；移徙，則天下有逆；就聚，則有兵。日食，爲王者失禮，掌御饌者憂，甘德曰：「后失勢，貴臣憂，期七十日。」暈及有黃氣抱日，主功臣效忠，又曰：「財寶大臣黜，將相憂。」月食，其分饑，臣失勢，皇后有憂。暈，爲水災，陳卓曰：「五穀、魚鹽貴。」巫咸曰：「后妃惡之，宮中疫。」月犯之，將相死，其國憂。歲星入犯之，天子有慶賀事；守之，國大豐，君臣同心；三十日不出，天下安寧，其國升平。熒惑犯之，功臣當封；入，則爲兵起；又曰色如四時休王，其分貴人安，社稷無虞；又曰熒惑春守，諸侯叛；逆行守之，爲地動，爲火災，又曰將軍驚，土功作，又曰會則不可用兵。填星犯之，爲女主飲宴過度，或宮女失禮；入，爲兵；出，則其分失地；守之，有土功。太白犯之，國憂；守之，其國兵謀不成，石申曰「國易政」；舍留，其國兵起。辰星犯守，五穀不成，兵起，大水，貴臣負國，民疫，多訟；芒角，臣傷其君；入，爲火災；出，則有叛臣。客星犯之，天子以酒爲憂；守之，周、楚之國有隱士出；入于張，兵起國饑；舍留不去，前將軍有謀，又曰利先起兵。彗星犯之，國用兵，民亡；守，爲兵；出，爲旱；又曰犯守，君欲移徙宮殿。星孛于張，爲民流，爲兵大起。《乙巳占》：「流星出入，宗社昌，有赦令，下臣入賀。」蒼白雲氣入之，庭中觴客有憂；黃白，天子因喜賜客；黑，爲其分水災；色赤，天子將用兵。

按漢永元銅儀，張宿十七度；唐開元游儀，十八度。舊去極九十七度。景祐測驗，張十八度，距西第二星去極一百三度。

天廟十四星，在張宿南，天子祖廟也。明，則吉；微細，其所有兵，軍食不通。客星中犯之，有白衣會，兵起，又曰祠官有憂。武密曰：「與虛梁同占。」

按天廟十四星，《晉志》雖列于二十八宿之外，而亦曰在張宿南，與《隋志》所載同，兼與《步天歌》合。

翼宿二十二星，天之樂府，主俳倡戲樂，又主外夷遠客、負海之賓。星明大，禮樂興，四國賓；動搖，則蠻夷使來；離徙，天子將舉兵。日食，王者失禮，忠臣見譖，爲旱災。暈，爲樂官黜；上有抱氣三，敵心欲和。月食，亦爲忠臣見譖，飛蟲多死，北方有兵，女主惡之，石申曰：「大臣有謀。」月犯之，國憂，其分有兵，大將亡，女主惡之。歲星犯，五穀爲風所傷；守之，王道具，將相忠，文術用；逆行入之，君好畋獵。熒惑犯之，其分民饑，臣下不從命，邊兵起；出、入、留、舍，爲兵；守之，佞臣爲亂。填星犯之，大臣憂；守之，主聖臣賢，歲豐，后有喜；出、入、留、舍，兵起；逆行，則女主失政。太白入，或犯之，皆爲兵起；出、入、留、舍，大風水災，其分君不安；舍左，爲旱；守犯、勾己、凌突，則大臣專君令。辰星凌抵，下臣爲亂伏誅；守之，旱，饑，民流，龍蛇見；守其中，兵大起；同見西方，大臣憂。客星入犯之，國有兵，大臣憂，一曰負海國有使來；守之，爲兵起。彗星犯之，大臣憂，國有兵、喪。星孛于翼，亦爲大臣憂，其分失禮樂；出，則其地有謀，下有兵、喪；芒所指，有降人。流星犯之，亦爲憂在大臣；出，則其下有兵；入，爲貴臣囚繫，《乙巳占》曰：「流星入，天下賢士入見，南夷來貢，國有賢臣。」赤雲氣出入，有暴兵；黃而潤澤，諸侯來貢；黑，爲國憂。

按漢永元銅儀，翼宿十九度；唐開元游儀，十八度。舊去極九十七度。景祐測驗，翼宿一十八度，距中行西第二星去極百四度。

東甌五星，在翼南，蠻夷星也。《天文録》曰：「東甌，東越也，今永嘉郡永寧縣是也。」芒角、動搖，則蠻夷叛。太白、熒惑守之，其地有兵。

按東甌五星，《晉志》在二十八宿之外，《乾象新書》屬張宿；武密書屬翼宿，與《步天歌》合。

軫宿四星，主冢宰、輔臣，主車騎，主載任。有軍出入，皆占于軫。又主風，占死喪。明大，則車駕備；移徙，天子有憂；就聚，則兵起。轄二星，傅軫兩旁，主王侯，左轄爲王者同姓，右轄爲異姓。星明，兵大起；遠軫，凶；轄舉，南蠻侵；車無轄，國有憂。日食，憂在將相，戒車駕之官，一曰后不安。暈而生背氣，其下兵起，城拔，視背所向擊之勝，又曰王者惡之。月食，后及大臣憂。月暈，有兵，歲旱，多大風。歲星犯之，爲火災，爲民疫，大臣憂，主庫者有罪；入，則其國將死；守之，國有喪，七日不移，有赦，又曰君有憂。熒惑犯之，有亂兵；入軫，將軍爲亂，水傷稼，民多妖言；逆行，爲火，爲兵。填星犯之，爲兵，爲土功；入，則兵敗；逆行，女主憂；出、入、舍、留，六十日兵起，大旱。太白犯之，爲兵起，得地；入，爲兵；守之，亡地，將憂；起左角，逆行至軫，失地；經天，則兵滿野。辰星犯之，民疫，大臣憂，中國有貴喪；守之，大水；入，則天下以火爲憂，一曰國有喪。客星犯之，爲兵，爲喪；入，則有土功，糴貴，諸侯使來；出，則君使諸侯；守之，邊兵起，民飢；守轄，軍吏憂。彗星犯之，爲兵，爲喪；色赤，爲君失道，又曰天子起兵，王公廢黜。星孛于軫，亦爲兵、喪，又曰下謀上，主憂。流星犯之，有兵起，亦有喪，不出一年，庫藏空；春夏犯之，爲皮革用；秋冬，爲水旱不調。

按漢永元銅儀，以軫宿爲十八度。舊去極九十八度。景祐測驗，亦十八度，去極一百度。

長沙一星，在軫宿中，入軫二度，去極百五度，主壽命。明，則君壽長，子孫昌。

青丘七星，在軫東南，蠻夷之國號。星明，則夷兵盛；動摇，夷兵爲亂；守常，則吉。

軍門二星，在青丘西，一曰在土司空北，天子六宫之門，主誓候，設豹尾旗，與南門同占。星非其故，及客星犯之，皆爲道不通。

器府三十二星，在軫宿南，樂器之府也。明，則八音和，君臣平；不明，則反是。客、彗犯之，樂官誅。赤雲氣掩之，天下音樂廢。

土司空四星，在青丘西，主界域，亦曰司徒。均明，則天下豐；微暗，則稼穡不登。太白、熒惑犯之，男女廢耕桑。客、彗犯之，爲兵起，民流。

按《步天歌》，以左轄右轄二星、長沙一星、軍門二星、土司空四星、青丘七星、器府三十二星俱屬軫宿；《晉志》惟轄星、長沙附于軫，餘在二十八宿之外；《乾象新書》以軍門、器府、土司空屬翼，青丘屬軫；武密書以軍門屬翼，餘皆屬軫。今從《步天歌》，而附見諸家之説。

元·脱脱等《金史》卷二〇《天文志》 自伏羲仰觀俯察，黄帝迎日推策，重黎序天地，堯曆象日月星辰，舜齊七政，周武王訪箕子，陳《洪範》，協五紀，而觀天之道備矣。《易》曰：「天垂象見吉凶，聖人象之。」故孔子因魯史作《春秋》，於日星風雨霜雹雷霆皆書變而不書常，所以明天道、驗人事也。秦漢而下，治日患少，陰陽愆違，天象錯迕，無代無之。金百有十九年，而日食四十二，星辰風雨霜雹雷霆之變不知其幾。金九主，莫賢於世宗，二十九年之間，猶日食者十有一，日珥虹貫者四五。然終金之世，慶雲環日者三，皆見於世宗之世。

羲、和之後，漢有司馬，唐有袁、李，皆世掌天官，故其説詳。且六合爲一，推步之術不見異同。金、宋角立，兩國置曆，法有差殊，而日官之選亦有精粗之異。今奉詔作《金史》，於志天文，各因其舊，特以《春秋》爲準云。

明·宋濂等《元史》卷四八《天文志一》 司天之説尚矣，《易》曰「天垂象，見吉凶，聖人象之」。又曰「觀乎天文以察時變」。自古有國家者，未有不致謹於斯者也。是故堯命羲、和，曆象日月星辰，舜在璿璣、玉衡，以齊七政，天文於是有測驗之器焉。然古之爲其法者三家：曰周髀，曰宣夜，曰渾天。周髀、宣夜先絶，而渾天之學至秦亦無傳，漢洛下閎始得其術，作渾儀以測天。厥後歷世遞相沿襲，其有得有失，則由乎其人智術之淺深，未易遽數也。

宋自靖康之亂，儀象之器盡歸于金。元興，定鼎于燕，其初襲用金舊，而規環不協，難復施用。於是太史郭守敬者，出其所創簡儀、仰儀及諸儀表，皆臻於精妙，卓見絶識，蓋有古人所未及者。其説以謂：昔人以管窺天，宿度餘分約爲太半少，未得其的。乃用二線推測，於餘分纖微皆有可考。而又當時四海測景之所凡二十有七，東極高麗，西至滇池，南踰朱崖，北盡鐵勒，是亦古人之所未及爲者也。自是八十年間，司天之官遵而用之，靡有差忒。而凡日月薄食、五緯凌犯、彗孛飛流、暈珥虹霓、精祲雲氣等事，其係於天文占候者，具有簡册存焉。

若昔司馬遷作《天官書》，班固、范曄作《天文志》，其於星辰名號、分野次舍、推步候驗之際詳矣。及晉、隋二《志》，實唐李淳風撰，於夫二十八宿之躔度，二

曜五緯之次舍，時日災祥之應，分野休咎之別，號極詳備，後有作者，無以尚之矣。是以歐陽脩志《唐書·天文》，先述法象之具，次紀日月食、五星淩犯及星變之異；而凡前史所已載者，皆略不復道。而近代史官志《宋·天文》者，則首載儀象諸篇；志《金·天文》者，則唯録日月五星之變。誠以璣衡之制載於《書》，日星、風雨、霜雹、雷霆之災異載於《春秋》，慎而書之，非史氏之法當然，固所以求合於聖人之經者也。今故據其事例，作《元·天文志》。

清·呂吴調陽《釋天》　其列舍主占及雜星名。有取於辰次者，如胃，爲天倉，其南衆星曰廥積，稾秫之積也。天廩、天庾、天囷、天倉，皆其類也。昴爲白衣會，金之色也。卷舌、天讒，酉四爲口也。九州殊口，主傳譯也。伐爲斬艾事，申主刑也。觜爲虎首，西方之首也。南北河，近河也。積水、積薪，近井也。天罇，水府、水位亦然。四瀆、闕丘，河中也。闕，掘也；丘，洲也。爟在未也，未二爲火也。鬼爲鬼祠事，積數六十也。柳，主草木，積數三八也。張爲聲師，主樂。其數七，爲離目，星形象聲也。天相，聲之相也。軫爲車，主風，巽位也。長沙，主壽命，連壽星也。大角，天王，帝廷攝提，建時節辰也。左角，天田，仲春昏見，主春耕也。右角，天門，辰極出治之門也。亢主疾，氐主疫，壽之事也。亢爲疏廟，東方疏達之廟也。騎官近房，房爲駟也。鈎鈐、鍵閉，房所有事也。鈎鈐屈戌，鍵管籥也。罰糾淫泆也。箕爲敖客曰口舌，積數四十二，火也。敖通囂此，與熒惑爲童謠，意同糠所簸揚也。天籥，所以量也。天江，臨漢津也。狗，艮位也。天雞，丑也。鼓爲將鼓，將所主也。桴以擊鼓，旗鼓類也。羅堰、九坎，北方水也。離珠、離瑜，女之飾也。瓠瓜，以八月初中，剥瓜之時也。墳墓、虚粱，近虚也。哭泣，虚墓之事也。危爲蓋屋象也。鞫，圓而黄似菊，以九月初昏中，今天錢也。司空，土公有事於營室也。營室爲清廟，北方穆清之廟也。室南爲壘，積土石以築也。爲羽林築室之衆也。爲北落以成室也。西北爲杵所用築也。有取於秝首加臨者，如昴爲胡星，畢爲邊兵，昴畢間曰天街。其陰陰國，其陽陽國，加子北方也。畢爲雨，師爲濁，子坎位也。畢旁星附耳，坎爲耳也。天節、九斿、參旗、軍井、軍市，邊兵所有事也。廁矢屏加亥也。此與天溷義同。七星爲員官，主急事。張主觴客。翼主遠客，加申、酉。西方爲賓也，急事、賓客、皈關及傳遽之事。張爲歌工，故主觴客。翼象飛集，故主遠客也。心爲明堂，加午也。南門，明堂之門也。箕爲風師，加巳、巽也。雷、電、雲、雨，加寅也。陽氣所從作也。此皆帝嚳所序者也。其有仍包羲之舊者，若奎爲封，豕爲溝瀆亥也。溷屏在豕下也，左右更因溷名也。古謂更衣非官名也。天阿在陵下。阿，曲陵也。觜主葆旅事。酉，正秋也，葆收也。旅，廬於田也。天闕，卯酉爲陰陽之門户也。司怪，闕吏，主知異言、異服也。鉞與質，皆主斬斷。弧主禁槖。申爲刑也。天狼，賊也。柳爲鳥味，主尚食。味，所以食也。酒旗、外廚，近柳也。張嗉爲廚，故味爲外廚。七星頸爲鳥帑，主衣裳、文繡。頸，文明之盛也。靈臺在南郊，以觀雲物也。明堂亦居午也。陣車、天輻、庫樓，在氐南也。氐，古爲軫也。東，西咸，辰也。辰爲北極出治之地，象王者，所以感人心而成天下之務也。尾爲九子，古房也，卯也。厥有神宫，主妃嬪御叙之事。傳説，后宫之女巫也，主求子。箕斗間爲漢津，曰農丈人，曰天黿。寅主春作，爲長子，爲首也。黿，元也，其首厲。天淵，黿所居也。天弁，首所載也。螣蛇在子，元武所交也。凡此，皆因時揆象，以命以占，有一定之理，無一定之象也。至於中官之星，本諸始元，天體所加，太陽所躔，定象定位而命之者，則萬世不易焉。蓋始元日躔七星三度，加地上之寅二度。斗、軒轅、太微俱在北，天市在西北，天漢環拱在南，當天之頂，華蓋在紫宫。閶門中臨午。今之閶門，實後户也。加子天牀在焉。閶門之前爲閣道，絶漢而右達於離宫，其前曰軍南門，旁曰附路，天帝所出往也。曰策司，帝車之駕税也。天廐，所以圉馬。婁爲聚衆，主牧事。天苑，則牧地也。芻槀、鈇質，近天苑也。閣道西天津，河津也。輦道，以達於津也。東天五潢曰咸池，加辰也，與東西咸義同。華蓋後五帝坐，贊天帝理萬物也。帝坐近天樞，後象王者，深居而理也。謂之太一，太一非在垣外也。勾陳，象天子之宿衛也。六甲在東，主授民時也。招摇、玄戈、天槍、天棓，帝宫之外衛也。木工縣墨曰微。太微在北方，天帝之後庭也，爲衡。軒轅在其右，爲權象也。軒車轅前高也。太微在其後，爲輿，亦象也。古人謂始爲權輿，取諸此也。三階下接太微，而達於丑寅之間，象拾級上出也。軒轅角同太陽歲星，加寅，曰司民，生民之始也。其上六星曰文昌，象子初生也。文，即民也。昌，叫也。司中、司命，民之所由生也。司禄，民所以養也。人星在其沖，其下亦曰司禄，司命，義相因也。軒轅爲女后，内平神宫，勢在丑、寅之間也。天市加戌，象前朝後市也。市者，旗中四星，今斗。兩星與列肆，非旗間通謂之市也。市，旗旌也，所以令市也。月星始元太陰所在也。天記主知禽獸齒歲所值也。始元織女，當赤極爲經緯之中，故織女之名生焉。織者，女之事也。漸臺，漚湅纍治之所也。扶筐，盛布帛也。女牀，織女之牀也。丈人、孫子，居子位也。斗爲天綱，統四方，分陰陽，建四時，均

五行，移節度，定諸紀也。此亦皆伏羲所名也。若夫因策星而有王良、造父，因輦道而有奚仲，因月星而有日，因壘壁而有天壘城，有十二國、有軍陣師門、有鉞，因杵有臼，因杵臼而有敗臼，因五潢而有天船，積水及其他踵事增華者，皆後人所益也。

紀事

晉·陳壽《三國志》卷二《魏志·文帝紀》 漢帝以衆望在魏，乃召羣公卿士，告祠高廟。使兼御史大夫張音持節奉璽綬禪位，册曰：「咨爾魏王：昔者帝堯禪位於虞舜，舜亦以命禹，天命不于常，惟歸有德。漢道陵遲，世失其序，降及朕躬，大亂茲昏，羣兇肆逆，宇内顛覆。賴武王神武，拯茲難於四方，惟清區夏，以保綏我宗廟，豈予一人獲乂，俾九服實受其賜。今王欽承前緒，光于乃德，恢文武之大業，昭爾考之弘烈。皇靈降瑞，人神告徵，誕惟亮采，師錫朕命，僉曰爾度克協于虞舜，用率我唐典，敬遜爾位。於戲！天之曆數在爾躬，允執其中，天禄永終；君其祗順大禮，饗茲萬國，以肅承天命。」

裴松之注引《獻帝傳》：今漢室衰，自安、和、沖、質以來，國統屢絶，桓、靈荒淫，禄去公室，此乃天命去就，非一朝一夕，其所由來久矣。殿下踐阼，至德廣被，格于上下，天人感應，符瑞並臻，考之舊史，未有若今日之盛。夫大人者，先天而天弗違，後天而奉天時，天時已至而猶謙讓者，舜、禹所不爲也，故生民蒙救濟之惠，羣類受育長之施。

南朝梁·蕭子顯《南齊書》卷一三《天文志下》 永元三年夜，天開黄色明照，須臾有物絳色如小甕，漸漸大如倉廩，聲隆隆如雷，墜太湖中，野雉皆雊，世人呼爲「木殃」。史臣案《春秋緯》「天狗如大奔星，有聲，望之如火，見則四方相射」。《漢史》云：「西北有三大星，如日狀，名曰天狗。天狗出則人相食。」《天官》云：「天狗狀如大鏡星。」又云：「如大流星，色黄，有聲。其止地類狗所墜。望之如火光，炎炎衝天。其上鋭，其下圓，如數頃田。見則流血千里，破軍殺將。」《漢史》又云：「照明下爲天狗，所下兵起血流。」昭明，星也。《洛書》云：「昭明見而霸者出。」《運斗樞》云：「昭明有芒角，兵徵也。」《河圖》云：「太白散爲天狗。」《漢史》又云：「有星出，其狀赤白有光，即爲天狗，其下小無足，所下國易政。」衆説不同，未詳孰是。推亂亡之運，此其必天狗乎。

南朝梁·蕭子顯《南齊書》卷一八《祥瑞志》 武進縣彭山，舊塋在焉。其山崗阜相屬數百里，上有五色雲氣，有龍出焉。宋明帝惡之，遣相墓工高靈文占視，靈文先與世祖善，還，詭荅云：「不過方伯。」退謂世祖曰：「貴不可言。」帝意不已，遣人於墓左右校獵，以大鐵釘長五六尺釘墓四維，以爲厭勝。太祖後改樹表柱，柱忽龍鳴，響震山谷，父老咸志之云。【略】

元徽四年，太祖從南郊，望氣者陳安寶見太祖身上黄紫氣屬天，安寶謂親人王洪範曰：「我少來未嘗見軍上有如此氣也。」

太祖年十七，萬乘青龍西行逐日，日將薄山乃止，覺而恐懼，家人問占者，云「至貴之象也」。蘇侃云：「青，木色。日暮者，宋氏末運也。」

元·脱脱等《宋史》卷四二四《徐元杰傳》 徐元杰字仁伯，信州上饒人。【略】時天久不雨，轉對，極論《洪範》天人感應之理及古今遇災修省之實，辭益忠懇。

著録

宋·王應麟《玉海》卷三 《晉天文集占》、《天官星占》、《天文要集》

《隋志》：《天文集占》十卷，晉太史令陳卓定《梁》「百卷」。《唐志》「七卷」。又《天官星占》十卷。陳卓撰。《梁》「《天官星占》二十卷，吴襲撰」。《四方星占》一卷，《五星占》一卷。並陳卓撰。《天文要集》四十卷，晉太史令韓楊撰。《後漢·天文志》注并《乾象新書》引韓楊占。《郎顗傳》注并《御覽》引《天文要集》。《文選》注引《天官星占》曰匏瓜一名天雞，南斗主爵禄。《史記索隱》姚氏案《天官占》。【略】

《梁天文録》

《隋志》：梁奉朝請祖暅，天監中受詔集古天官及圖緯舊説，撰《天文録》三

十卷，《唐志》、《崇文目》同。《國史天文録經要訣》一卷，鈔祖恒書。《御覽》引《天文録》平星、魚星格擇之占象，《新書》亦引之。【略】

《周靈臺秘苑》、《隋垂象志》、《觀臺飛候》

元魏高允集天文災異，依《洪範傳》、《天文志》爲八篇；周太史令庾季才撰《靈臺秘苑》一百二十卷，《隋志》「一百十五卷」，《唐志》「一百二十卷」。隋高祖令季才與其子質撰《垂象志》一百四十二卷，占驗益備。《隋志》「一百四十八卷」。劉祐著《觀臺飛候》六卷、《元象要記》五卷。《唐志》：元魏孫僧化等《星占》三十三卷，史崇《十二次二十八宿星占》十二卷。《崇文目》有《康氏天文總論》十二卷，《乾象新書》引《天文總論》。徐承嗣《星書要畧》六卷，陳卓《星述》一卷，《天象應驗録》二十卷。

唐二十家天文

《志》子録十曰：天文始於趙嬰、甄鸞注《周髀》，終於李淳風《乙巳占》。二十家，三十部，三百六卷。若趙嬰、甄鸞、李淳風之注釋《周髀》，張衡、王蕃之《靈憲》、《渾天》，姚信、虞喜之《昕天》、《安天》，則儀象之書也。若石氏、甘氏之讚法，劉表、劉叡、陳卓、孫僧化、史崇之《星占》，則星占之書也。若劉叡、陳卓《集占》，韓楊《要集》，吴雲《雜占》，庾季才《祕苑》，祖氏之《録》，高文洪之《圖》，則天文之書也。星圖則有《孝經内記》、《周易分野》及二十八宿度數之論。雜占則有《黄道晷景》、《玄機内事》、《五星兵法》及《乙巳占》。其不著録者六家，一百七十五卷。有淳風《天文大象》、《秘奥法象》、《太白會運》之書，武密《通占》，悉達《占經》。董和、徐昇有論有圖，李播、王希明有賦有歌。自淳風《天文占》至丹元子《步天歌》不著録。《六典祕書》四部十一曰：天文《周髀》等九十七部，六百七十卷。《隋志》「六百七十五卷」。靈臺郎凡占天文日月薄蝕、五星陵犯，有甘、石、巫咸三家。中外官占，瑞祅星氣，有諸家雜占。天文生不得讖占書。太史令每季録災祥送中書、門下，入《起居注》，歲終總録送史館。《崇文總目》：天文占書五十一部，百九十七卷。自荆州、劉、石、甘、巫占至《乾象新書》，中興自十六家，九十九卷。【略】

《唐法象志》、《乾坤秘奥》、《天文占》、《泰乾秘要》、《乙巳占》

《天文志》：貞觀中，李淳風撰《法象志》，因《漢書》十二次度數始以唐州縣配焉。《會要》：貞觀七年三月十六日，癸巳。直太史局將仕郎李淳風鑄渾天黄道儀成，因撰《法象志》七卷。論前代渾儀得失之差。開元十三年，一行疏曰：近秘閣郎中李淳風著《法象志》，備象黄道渾儀法，以玉衡旋規别帶日道，傍引二百四十九交以推月道，用法煩雜，其術竟寢傳。淳風貞觀初直太史局，制渾天儀，詆摭前世得失，著《法象書》七篇。上之擢承務郎，遷太常博士。《藝文志》「天文類」：李淳風《釋周髀》二卷，又《乙巳占》十二卷，《崇文目》：《乙巳占》十卷。《天文占》一卷，《大象天文》卷，《乾坤祕奥》七卷，《法象志》七卷，《太白會運逆兆通代記圖》一卷。淳風與袁天綱集。《傳》：淳風撰《麟德曆》、《興章文物志》、《乙巳占》等書，注《五曹》、《孫子》等。「神仙類」：李淳風注《泰乾祕要》三卷。《崇文目》「道書類」。《書目》：《乾坤秘奥》一卷，太史令淳風撰，自「乾災」至「錯紀」凡三十五篇。《崇文目》「七卷」，《國史志》「七卷」。《乙巳占》十卷，貞觀中太史令李淳風撰，始於「天象」，終於「風氣」，序云「五十卷」，今合爲十卷。

《唐開元占經》

《藝文志》：《大唐開元占經》一百一十卷，瞿曇悉達集。《國史志》「四卷」，《崇文目》「三卷」。武密《古今通占鏡》三十卷。《崇文目》同，集黄帝、巫咸、石、甘、梓氏以下自古占驗等書，具述天文吉凶之應。《乾象新書》引武密占。

《唐通乾論》

《藝文志》：董和《通乾論》十五卷。本名純，避章武諱改，善曆算。裴胄節度荆南，第之，著是書。《國史》補「裴胄問董生」見「中星」。

《唐天文經》

《會要》：開元七年，罽賓遣使獻《天文經》。《乾象新書》嘗引之。

《隋志》：《婆羅門天文經》二十一卷，《婆羅門捨仙人所説》。《竭伽仙人天文説》三十卷。

《唐太一金鏡式經》見「五行類」。

《書目》：《唐太一金鏡式經》十卷，開元中王希明撰，凡十篇。《六典·太卜令》：凡式占，辨三式之同異，雷公、太一、六壬。注《周禮》「太史抱天時」，鄭司農云「抱式以知天時」。今其局以楓木爲天，棗心爲地，刻十二神，下布十二辰。《史記·日者傳》「旋式正棊」，《漢·藝文志》「五行」有《羨明式法》二十卷、《羨門式》二十卷。《吴志》：劉子仁尤明太乙，推演其事，窮盡要妙，著書百餘篇。餘見《景祐三式太一福應集要》并《紹興太一總纑》。【略】

《唐造化權輿》

《藝文志》「小説家」：趙自勔《造化權輿》六卷。《崇文目》同。《中興書目》：唐天寶中，豐王府法曹參軍趙自勔撰，上述太極、天地、山岳、七曜、五行、陰陽之

所始，中述人靈動用之所由，下述萬物變化、鬼神之所出。

魏景初中，下邳醒威年十八而著《渾輿經》，依道以見意。《隋志》「道家」：梁有《渾輿經》一卷。《唐志》「神仙家」：一卷。【略】

《唐天文篇》

《書目》：《長短經天文篇》一卷，唐趙蕤撰。《乾象新書》嘗引之。

《志》「雜家」：趙蕤《長短要術》十卷。開元中召之，不赴。

《唐九曜占書》

見《渾天圖》。《通志》：《九星行度歌》一卷，《九星長定曆》一卷，《九曜星羅立成曆》一卷。【略】

《景祐乾象新書》

御製序曰：粤若欽崇上帝，寅奉明威，莫不觀乎天文，以察時變。是以帝堯稽古，恭日月以授時；虞舜誕敷，處璿璣而齊政。故曰「天垂象，見吉凶，聖人則之」。繇是謹而行之者，吉以之從；怠而棄之者，變由是應。未有人事得於下，而天時告於上也。書契所載，丹青炳然。

古之善言天者，凡有三家。存於世者，今惟一二。蓋天、宣夜之學，名存而實亡；渾天之儀，事彰而驗寡。後有作者，脈散岐分，緗素委闐，昏明交錯。故禆竈有焉知之誚，仲尼惑不雨之言。推曆者歲久而積差，占象者天遠而難必。候氣者休祥之靡效，眡祲者煇監之不昭。迭授未工，仰觀奚審？布於衆説，殆若空言。朕千載膺期，萬機多暇。屬旰朝之適寢，或乙夜以觀書。間因圖緯之文，默究天人之學。雖五兵不試，靡煩風角之占；而三象騰煇，可通神明之德。遂眇覿邃古，總覺羣編。而史傳之中，星文兼載；陰陽之説，疇人曠官。乃命太子洗馬兼司天春官正、權同判監楊惟德，春官正王立，翰林天文李自正、何湛等，於資善堂將歷代諸家天文占書，并自春秋至五代已來史書，採摭撰集。又遣内侍任永亮、鄧保信、皇甫繼和、周惟德等，總其工程庀事，數月書成。

夫兩儀之形，天地定位，有周天之軌度，量去斗之遠近。天之數三百六十度爲之經，地之形八十有一州環其海，故爲天占、地占各一卷。曜之二暉，陰陽交會，陽有璚珥暈蝕之異，陰有侵掩側匿之祥，故爲太陽、太陰占，各上下二卷。麗天之照，環極著明，在朝象官，在野象物，然去極入度躔次有倫，故爲周天星座去極入宿度一卷。羲馭望舒，主晝與夜。以中星而定節序，揆七曜而明分野。土圭測其寒暑，金虬準其時刻。故爲晷景晝夜刻中星七曜行數分野一卷。五星所在，禍福隨之。一舍或差，淩犯攸屬。故爲歲星、熒惑、填星、太白、辰星之占各一卷。太微爲五帝之廷，紫垣居大帝之座，分南北之位，有東西之蕃。安静則福生，侵犯則譴告。故爲紫微垣、太微垣、天市垣占各一卷。二十八舍主十二州，綴於天輪，以應下土。故爲角亢至翼軫凡二十八宿爲之占，其七卷。宿離之見，附於四方；物色之客，主於一事。故爲東、北、西、南雜座之占四卷。前述五星止於槩舉，采之衆論，各有一長，謂之總占，以備廣覽。故爲五星總占一卷。彗孛之起，同災異形；長短之間，見此應彼。故爲彗星孛星占一卷。格澤景星之屬爲瑞，蚩尤枉矢之類爲妖，復有客星具於載籍。故爲瑞星妖星客星占一卷。流星之名，爲天之使。大小之變，遲速是占。故爲流星占一卷。凡三十卷。至景祐元年七月五日編成，因命曰「景祐乾象新書」。惟德等遷秩。其間占候之微，觀驗之妙，行度之精密，祥變之盈虚，莫不備舉。其綱各明，其正文不繁而易曉。理有貫而有規，置之几輿之間，坐明天地之大，古所謂不窺(闚)〔牖〕而知天道，其兹之謂乎？庶甘公、石氏之書，潛而復耀；唐都、落下之曆，舉而可行。故朕所裁成，誼無遺畧。庶幾垂後，以示方來。遠謝漢皇，臨白虎而稱制；近追唐帝，冠天文而作序。將謹歲月首之以篇。時景祐元年七月五日序。初命惟德等以周天星宿度分及占測之術，纂而爲書，至是上之。甲寅，以權判司天監楊惟德爲殿中丞，少監何湛爲冬官正，以新書成也。【略】

《寶元天人祥異書》

寶元二年十一月癸巳，以皇子生燕宗室於太清樓，讀三朝寶訓，賜御詩。又出《寶元天人祥異書》御撰。示輔臣。其書蓋上集天地、辰緯、雲氣雜占凡七百五十六，離分三十門爲十卷。【略】

《元豐天文書》

《長編》兼《會要》：元豐六年六月十四日戊午，編修《天文書》。所上所修《天文書》十六卷，乞本監收掌，仍頒降天文院。從之。時陳襄總其事，歐陽發刊修。

《國朝天文書》

《會要》：建炎三年三月二日，詔《紀元曆經》等書有收藏者令送太史局。《紀元曆經》本立成二册，《崇天曆經》本立成一册，《大宋天文書》并目録一十六册，《景祐乾象占》三十册，《乙巳(古)〔占〕》十册，《乙巳畧例》十二册，《古今通占》三十册，《天文總論》一十二册，《風角集》一册，《地理新書》一十册，《運氣纂》一册，《洪範政鑒》一十三册。景德二年，龍圖閣、天文閣總二千五百六十一卷，天文二百

二十八卷，占書五百一十卷。《崇文總目》天文占書五十一部、百九十七卷，始於劉、石、甘、巫占，終於《乾象新書》。

《紹興乾象通鑑》

紹興元年三月十八日，詔《乾象通鑑》與舊書參用。先是，御前降《乾象通鑑》一百卷付太史局，命依經改正訛舛。《繫年録》：初，河間府進士李季集天文諸書，號《乾象通鑑》。建炎四年六月癸酉，命婺州給札上之。紹興元年三月甲寅，詔與舊書參用。天文官吴師彦等頗摘其訛謬。二年七月壬寅復置翰林天文局。

太宗雍熙中，詔司天監占候，依經貞吉凶，隱情不言，必劾以罪。端拱二年，趙普爲相，因星變言司天諂諛，請詰其情。建炎元年五月乙未，詔天文休咎，令太史局依經奏聞。紹興三年七月己未，詔太史高每月具天文、風雲、氣候、日月交蝕等事，實封報秘書省。

淳熙十年，上憂熒惑嘗入斗。李燾言，天道遠，惟正人事可以弭災。類次漢元鼎至宣和四十五事以進。鄒淮集《考異天文書》二十五卷。《崇文目》：《天文總論》十二卷，《乾象秘訣》一卷，《乾象占》一卷。

《紹興太一總鑑》又見「藝術類」

紹興九年十一月壬辰，魏申進《太一總鑑》一百卷，分二十四門。上曰：申所論該博，雖祕府所藏，亦未之見，可與循資。仍賜錢五百緡。

建炎三年閏八月二十六日，上曰：近者太白先犯前星，次逼明堂，相距只一舍半，朕甚懼之。大抵災異譴告，乃天心之愛。人君謂之天子，如父子也。父之告戒，乃所以愛其子。父之於子，見其過失則告戒之。及其恐懼悛改，則益愛也。及次日觀太白，則已順行徑過矣。四年五月十二日，謂輔臣曰：有白氣起紫微，因誦《晉天文志》占驗之狀，當思應天之實。【略】

《紹興天經》

三十年三月七日，同州進士王及甫上《天經》二十册。類集。古今言天者，極爲該備。秘省看詳，其人洞曉星曆，詔令與特奏名試。【略】

《星書要畧》

《國史志》：徐承嗣《星書要畧》六卷，徐彦卿《證應集》三卷，《宿曜度分城名録》一卷，《元象應驗録》二十卷。

清・黄虞稷《千頃堂書目》卷一三　《明清類天文分野書》二十四卷。洪武十七年閏十月命羣臣編輯。書成，賜燕、周、齊、楚等六王。其書以十二分野星次分配天下郡縣，又于郡縣之下詳載古今沿革之由。

《天元玉曆祥異賦》七卷。洪熙元年正月，仁宗初行是書以示侍臣曰：天道人事，未有判爲二道，有動于此即應于彼。此書言簡理當，左右輔臣亦宜知之。因親製序，頒賜諸公卿。

《觀象玩占》十卷。不知撰人，一本，四十九卷。

李泰補、岳熙載注《天文精義賦》五卷。

劉基《天文秘畧》一卷。

葉子奇《玄理》一卷。

楊廉《星畧》一卷。

張玄《革象新書》。

又《天文六壬圖説》。

程廷策《星官筆記》。

王應電《天文會通》一卷。

周述學《神道大編象宗圖》。字繼志，山陰人。精心術數，嘗入胡宗憲幕，佐平倭有功。《神道大編》凡十餘卷，今存者僅十一二而已。

又《周雲淵文選》六卷。

又《乾坤體義》。

又《天文圖學》一卷。

吴琉《天文要義》。

袁祥《彗星占驗》。

鍾繼元《渾象析觀》。字仁卿，桐鄉人。嘉靖壬戌進士，湖廣僉事。

范守已《天官舉正》六卷。

陸侹《天文地理星度分野集要》四卷。

王臣夔《測候圖説》一卷。

黄履康《管窺畧》三卷。

黄鍾和《天文星象攷》一卷。自稱清源山人。

尹遂祈《天文備攷》。字鏡陽，東莞人，萬曆辛丑進士，同安令，以抗直去官，通陰陽術數之學。

又《璣衡要旨》。

又《天元玉策解》。

楊惟休《天文書》四卷。

陳鍾盛《天文月鏡》。字懷我，臨川人。萬曆己未進士，山東副使。

趙宧光《九圜史》一卷。

余文龍《祥異圖説》七卷。字起潛，福建古田人。萬曆辛丑進士，贛州知府，左遷真定同知。

又《史異編》十七卷。【略】

王應遴《乾象圖説》一卷。山陰人。崇禎中官大理寺評事，詔勅房辦事、中書舍人。

又《中星圖》一卷。

陳胤昌《天文地理圖説》。字克彝，丹徒人。崇禎中與徐光啓論曆法，又爲張國維修《吴中水利書》。

又《天文躔次》。

又《歲時占驗》。

李元庚《乾象圖説》一卷。

陳藎謨《象林》一卷。

宋應昌《春秋繁露禱雨法》一卷。

《圖注天文祥異賦》十卷。以下不知撰人。

《天文玉曆璇璣經》五卷。

《天文鬼科竅》一卷。

《天元玉曆森羅記》十二卷。

《經史言天録》二十六卷。

《天文玉瑞圖説》。

《分野指掌》。

《十一曜躔度》。

《九賢秘典兵政通書》。

《欽天監職掌》。

《嘉隆天象録》四十五卷。

《天文必用》。

《璇璣類聚》。【略】

《風雲寶鑑》。

《天文占驗》二卷。

顔茂猷《天道管窺》。

馬承勳《風纂》十二卷。萬曆初蠡縣人，首卷爲占例，餘則以日辰支干爲序以驗風角。

魏濬《緯談》。

吴雲《天文志襍占》一卷。

《物象通占》十卷。

《白猿經》一卷。

《注釋風雨賦》一卷。

錢春《五行類應》八卷。

《五行類事占徵驗》九卷。

《觀乾識變》六卷。

清・紀昀等《四庫全書總目》卷一〇七《天文算法類存目》《星經》二卷兩江總督採進本

不著撰人名氏。晁公武《讀書志》載《甘石星經》一卷，註曰「漢甘公石申撰，以日月、五星、三垣、二十八舍恒星圖象次舍，有占訣以候休咎」。《隋書・經籍志》：「《石氏星簿經讚》一卷、《星經》二卷、《甘氏四七法》一卷。」是書卷數雖與《隋志》合而多舉隋唐州名，必非秦漢間書也。所載星象今亦殘闕不全，不足以備考驗。【略】

《星象考》一卷編修程晉芳家藏本

原本題宋鄒淮撰，後有魏了翁跋，稱淮以進士提領造曆所演算曆書，其所撰載如此云云。考陳振孫《書録解題》載《天文考異》二十五卷，昭武布衣鄒淮撰。大抵襲《景祐新書》之舊。淮後入太史局。今此書僅四頁，似從《天文考異》中録出而别題此名。又《書録解題》既稱淮爲昭武布衣，而了翁跋又稱爲進士，亦相牴牾，殆書賈所僞託也。

《天文精義賦》四卷浙江范懋柱家天一閣藏本

舊題《管勾天文》，岳熙載撰并集註，而不著其時代。案註中多引《宋史・天文志》，當爲元末人。考元太史院有管、勾二員，秩從九品，而《曆志》載郭守敬會南北日官考論曆法，有岳鉉之名，或即其家子孫也。其書皆論推測占驗之術，而以韻語儷之。首天體，次分野，次太陽、太陰，次概舉七政，及於恒星，而以凌抵、鬪食之説附於其末，大都摭拾史傳，不能有所發明。錢曾《讀書敏求記》載熙載

尚有《天文占書類要註》四卷，今未見。

《緯譚》一卷福建巡撫採進本

明魏濬撰。濬有《易義古象通》，已著録。此書首題曰《拙存齋筆録》，而子目則曰《緯譚》，蓋其劄記之一種也。首論太一三式源委，次括元，次太陽斗建，陰陽南北，次干支納卦，次干支内藏，次五行十二變，次六合取義。皆引援質證，斷以己意。中極詆利瑪竇《天論》爲荒唐，末又附記萬曆、天啓時推步之謬，凡十三事。然觀其以朔方、交趾北極出地論中國據地之大小，則知度而不知里。又謂交趾二月初三日日未昏而新月乃在天心，與夫夜觀北極在子分者，則其國當居正中，實非深知曆法者也。

《宣夜經》無卷數。江蘇巡撫採進本

明柯仲炯撰，仲炯始末未詳。是書前有崇禎元年自序，謂宣夜本諸帝堯，即羲和所授，其後失傳，因作此以復其舊。且歷詆丹元子、李淳風、僧一行等之變更古法，其説絶無根據。又分中宫宣夜、南宫宣夜、東宫宣夜、北宫宣夜、西宫宣夜諸名，尤爲荒誕。至於每星之下，必引經文以釋之，若河鼓謂之牽牛，證以執牛耳；雞二星證以《春官》雞人夜呼旦，亦類皆割裂經傳，以助其無稽之談也。

【略】

《蓋載圖憲》一卷編修勵守謙家藏本

明許胥臣撰。胥臣有《禹貢廣覽》，已著録。是書以天圖爲蓋，地圖爲載。大意以天文藉圖不藉書，其所録圖一十有七。曰「金儀」，乃子午、地平、黄赤道所由分也。曰「日出日入遠近」，乃南海、北海、應天、順天、嶽臺、平陽之同異也。曰「紫微垣見界諸星」，曰「黄赤道見界諸星」，曰「二十八宿占度」，曰「赤道北見界諸星」，曰「赤道南見界諸星」，曰「黄道北見界諸星」，曰「黄道南見界諸星」，擬《堯典》四仲中星，附萬曆四仲中星。其餘則各案垣次爲圖，而以《步天歌》分綴於下。末繪《地輿全圖》，皆案度計宫。然其天圖皆出於湯若望，自有《崇禎新法曆書》，亦無庸復載。其地圖則蠡分疆界，多失其實，亦無可採焉。

《天官翼》無卷數。浙江巡撫採進本

明董説撰。説有《易發》，已著録。是編以章蔀紀元、元會運世立論，謂曆數出於卦爻，頗譏漢《太初》、《三統》之失。所列《恒星過宫》、《年干入卦》二表，以星次遞相排比。至帝堯甲子適值張、心、昴、虚居四仲之中，與《堯典》中星相合，遂據以爲上遡下推之證。然天形轉運，積歲恒差，始自秒分，漸移度數，其遷流之故甚微。算家測驗星躔，隨時修改，尚往往有過踈過密之虞，不能與天行相應。説作是書，不著步算贏縮之法，但以長曆遞推，恐未免刻舟求劍也。

清·紀昀等《四庫全書總目》卷一〇八《術數類一》 《太玄經》十卷編修勵守謙家藏本

漢揚雄撰，晉范望註。《漢書·藝文志》稱揚雄所序三十八篇，《太玄》十九。其本傳則稱《太玄》「三方、九州、二十七部、八十一家、二百四十三表、七百二十九贊，分爲三卷，曰一、二、三，與《太初曆》相應」。又稱「有《首》、《衝》、《錯》、《測》、《攡》、《瑩》、《數》、《文》、《掜》、《圖》、《告》十一篇，皆以解剥《玄》體，離散其文，章句尚不存焉」，與《藝文志》十九篇之説已相違異。桓譚《新論》則稱《太玄經》三篇，《傳》十二篇，合之乃十五篇，較本傳又多一篇。案阮孝緒稱《太玄經》九卷，雄自作章句。《隋志》亦載雄《太玄經章句》九卷。疑《漢志》所云十九篇，乃合其《章句》言之。今《章句》已佚，故篇數有異。至桓譚《新論》則世無傳本，惟諸書遞相援引，或譌十一爲十二耳。以今本校之，其篇名篇數一一與本傳皆合，固未嘗有脱佚也。註其書者，自漢以來惟宋衷、陸績最著。至晉范望，乃因二家之註勒爲一編。雄書本擬《易》而作，以《家》準《卦》，以《首》準《彖》，以《贊》準《爻》，以《測》準《象》，以《文》準《文言》，以《攡》、《瑩》、《掜》、《圖》、《告》準《繫詞》，以《數》準《説卦》，以《衝》準《序卦》，以《錯》準《雜卦》，全仿《周易》。古本經傳各自爲篇，望作註時。析《玄首》一篇，分冠八十一家之前。析《玄測》一篇，分繫七百二十九贊之下，始變其舊，至今仍之。其書《唐藝文志》作十二卷，《文獻通考》則作十卷，均名曰《太玄經註》。此本十卷，與《通考》合，而卷端標題則稱「晉范望字叔明解贊」。考《玄測》第一條下有附「註曰」，此是宋、陸二家所註，即非范望註也。蓋范望採此註意，自經解贊。儒有近習，罔知本末，妄將此註升於「測曰」之上，以雜范註，混亂義訓。今依范望正本，移於「測曰」之下，免誤學者。已下七百二十九測，註竝同云云。考望自序，亦稱因陸君爲本，録宋所長，捐其所短，并《首》一卷本經之上，散《測》一卷註文之中，訓理其義，以測爲據。然則望所自註特其贊詞，其他文則酌取二家之舊，故獨以解贊爲文。今概稱望註，要其終而目之耳。卷端列陸績《述玄》一篇，據陳振孫《書録解題》，爲范本所舊有。又列王涯《説玄》五篇，又列《釋文》一卷，則不知何人附入。其《太玄圖》旁、范望序末及《玄首》、《玄測》之首尾，凡附記九條，卷末又有一跋，均不署名氏。考序後附記，稱「近時林瑀」。瑀與賈昌朝同時，則此九條當出北宋人手。又王涯《説

玄》之末附題一行云「右迪功郎充兩浙東路提舉茶鹽司幹辦公事張實校勘」，則附記或出於實歟？其《釋文》一卷亦不著名氏。考鄭樵《通志》「《太玄經釋文》一卷」亦林瑀撰，疑實刊是書時，併以涯之《説》、瑀之《釋文》冠於編首也。

《太玄本旨》九卷江蘇巡撫採進本

明葉子奇撰。子奇字世杰，號静齋，龍泉人，明初以薦官巴陵主簿。揚雄以《玄》擬《易》，卷首所列舊圖具七十二候。晁説之《易元星紀譜》亦以星候爲機括，子奇獨謂《太玄》附會律曆節候而强其合，不無臆見。歷舉所求而未通者八條，以明未足盡易之旨。而又稱其能自成一家之學，在兩漢不可多得，因别爲詮釋，以正宋、陸舊註之謬，蓋亦如説《易》之家，廢象數而言義理也。考《太玄》大意，雖不盡涉乎飛伏互應，與焦、京之説有别。然《漢書》雄本傳稱《元首》四重者非卦也，數也。其用自天元推一晝一夜陰陽數度律曆之紀，九九大運與天終始，與《太初曆》相應，亦有顓頊之曆焉。漢儒所述，其説至明。子奇必以爲不協律曆，其説殊戾。然《玄》文艱澀，子奇能循文闡發，使讀者易明，亦有一節之可取。數百年來，註是書者寥寥，存以備一家可也。

《玄包》五卷，附《玄包數總義》二卷浙江汪啓淑家藏本

北周衛元嵩撰。唐蘇源明傳，李江註。宋韋漢卿釋音，其《總義》二卷則張行成所補撰也。楊楫嘗序其書云：元嵩，益州成都人，明陰陽曆算，獻策後周，賜爵持節蜀郡公。胡應麟《四部正譌》則云：「元嵩，後周人，所撰述有《齊三教論》七卷，見鄭樵《通志》。又《隋志》釋氏類稱蜀郡沙門衛元嵩上書，言僧徒猥濫，周武帝下詔一切廢毀，即其人也。楊楫本序頗與《隋志》合，序稱元嵩有傳，考《北史》無之，楊氏誤也。」案應麟謂元嵩先爲沙門，所考較楫爲詳。然《北史》載元嵩《藝術傳》中，應麟求之於專傳不見其名，遂以爲《北史》不載，則楫不誤而應麟反誤。至《崇文總目》以爲唐人，《通志》、《通考》竝因之，則疎舛更甚矣。唐釋道宣《廣宏明集》於元嵩深有詆詞，蓋以澄汰僧徒，故緇流積恨。然温大雅《創業起居注》載元嵩造謡讖，裴寂等引之以勸進，則亦妖妄之徒也。是書體例近《太玄》，序次則用《歸藏》，首《坤》而繼以《乾》、《兑》、《艮》、《離》、《坎》、《巽》、《震》卦，凡七變合本卦，其成八八六十四，自繫以辭，文多詰屈。又好用僻字，難以猝讀。及究其傳註音釋，乃别無奥義，以艱深而文淺易，不過效《太玄》之顰。宋紹興中，臨邛張行成以蘇、李二氏徒言其理未知其數，復徧採易説以通其旨，著爲《總義》。元嵩書《唐志》作十卷，今本五卷，其或併或佚，蓋不可考。楊楫序稱，大觀庚寅，前進士張昇景初攜《玄包》見遺，曰自後周歷隋唐，迄今五百餘載，世莫得聞。頃因楊公玄素内翰傳祕閣本，俾鋟版以傳。然此書《唐志》、《崇文總目》竝著録，何以云五百餘年世莫得聞？王世貞疑爲依託，似非無見。今術數家從無用以占卜者，徒以流傳既久，姑録存之。行成書《玉海》作二卷，與今本合。與《玄包》本别著録。然考昇子張洸跋，已稱以行成《疏義》與臨邛韋漢卿《釋音》合爲一編，則二書之併，其來已久。毛晉刊版蓋有所本，今亦仍之。其《釋音》漏題漢卿名，則晉之疎耳。

《潛虚》一卷，附《潛虚發微論》一卷浙江巡撫採進本

宋司馬光撰。光有《温公易説》，已著録，是編乃擬《太玄》而作。晁公武《讀書志》曰：此書以五行爲本，五行相乘爲二十五，兩之爲五十。首有氣、體、性、名、行、樂、解七圖，然其辭有闕者，蓋未成也。其手寫草稾一通，今在子建姪房。朱子跋張氏《潛虚圖》亦曰：范仲彪炳文家多藏司馬文正公遺墨，嘗示予《潛虚》别本，則其所闕之文甚多。問之，云温公晚著此書，未竟而薨，故所傳止此。近見泉州所刻，乃無一字之闕，始復驚疑。讀至數行，乃釋然曰：「此贋本也。」其説與公武合，此本首尾完具，當即朱子所謂泉州本，非光之舊。又公武言氣、體、性、名、行、樂、解七圖，熊朋來則言《潛虚》有氣圖，其次體圖，其次性圖，其次名圖，其次行圖，其次命圖，其目凡六。而張氏或言八圖者，行圖中有變圖、解圖也。是命圖爲後人所補。公武言「五行相乘爲二十五，兩之爲五十」，而今本實五十五行，是其中五行亦後人所補，不止增其文句已也。吴師道《禮部集》有此書後序，稱初得《潛虚》全本，又得孫氏闕本，續又得許氏闕本，歸以參校，用朱子法，非其舊者，悉以朱圖别之，然其本今亦不傳。林希逸嘗作《潛虚精語》一卷，今尚載《鬳齋》十一稾中，凡所存者皆闕本之語，而續者不載，尚可略見大概。然於闕本中亦不全取，究無以知某條爲贋本，蓋世無原書久矣，姑以源出於光而存之耳。陳淳譏其所謂虚者，不免於老氏之歸。要其吉臧平否凶之占，以氣之過不及爲斷，亦不失乎聖賢之旨也。張敦實論凡十篇，據吴師道後序，則元時已附刻於後，今亦併存。敦實，婺源人，官左朝奉郎監察御史，其始末無考。考《太玄經》末有「右迪功郎充浙江提舉監茶司幹辦公事張實校勘」字，疑即一人。或南宋避寧宗諱，重刻《太玄經》時删去敦字歟？是不可得而詳矣。

《皇極經世書》十二卷通行本

宋邵子撰。據晁説之所作《李之才傳》，邵子數學本於之才，之才本於穆修，

修本於种放，放本陳摶。蓋其術本自道家而來，當之才初見邵子於百泉，即授以義理、物理、性命之學。《皇極經世》蓋即所謂物理之學也。其書以元經會，以會經運，以運經世。起於堯帝甲辰，至後周顯德六年己未，凡興亡治亂之蹟，皆以卦象推之。厥後王湜作《易學》，祝泌作《皇極經世解起數訣》，張行成作《皇極經世索隱》，各傳其學。《朱子語録》嘗謂「自《易》以後，無人做得一物如此整齊，包括得盡」。又謂「康節《易》看了，都看别人的不得」，其推之甚至。然《語録》又謂《易》是卜筮之書，《皇極經世》是推步之書。《經世》以十二辟卦管十二會，綳定時節，卻就中推吉凶消長，與《易》自不相干。又謂康節自是「易外别傳」。蔡季通之《數學》亦傳邵氏者也，而其子沈作《洪範皇極内篇》，則曰以數爲象則畸零而無用，《太玄》是也。以象爲數則多耦而難通《經世》是也。是朱子師弟於此書亦在然疑之間矣。明何瑭議其天以日月星辰變爲寒暑晝夜，地以水火土石變爲風雨露雷，涉於牽强。又議其乾不爲天而爲日，離不爲日而爲星，坤反爲水，坎反爲土，與伏羲之卦象大異。至近時黄宗炎、朱彝尊攻之尤力。夫以邵子之占驗如神，則此書似乎可信，而此書之取象配數，又往往實不可解。據王湜《易學》所言，則此書實不盡出於邵子，流傳既久，疑以傳疑可矣。至所云「學以人事爲大」，又云「治生於亂，亂生於治，聖人貴未然之防，是謂《易》之大綱」，則粹然儒者之言，非術數家所能及。斯所以得列於周、程、張、朱閒歟？

《皇極經世索隱》二卷《永樂大典》本

宋張行成撰。行成字文饒，一作子饒，臨邛人，始末不甚可考。其進所著《易説》七種表，稱自成都府路提轄司幹辦公事匃祠而歸。《玉海》稱乾道二年六月以行成進易可採，除直徽猷閣。汪應辰《玉山集》有論鄧深按知潼川府張行成狀。殆由直閣出守歟？此編即所進七書之一。朱彝尊《經義考》註云「未見」。今見《永樂大典》中者，别載序文、總要及機要二圖，而所解《觀物》諸篇乃散綴於邵伯温解各段之下，蓋割裂分附，殊失其舊。今摘録叙次，以還其原第，遂復爲完書。邵子數學源出陳摶，於羲、文、周、孔之易理截然異途，故嘗以其術授程子，而程子不受。朱子亦稱爲「易外别傳」，非專門研究其説者不能得其端緒。儒者或引其書以解《易》，或引《易》以解其書，適以相淆，不足以相發明也。行成於邵子之學用力頗深，以伯温之解於象數未詳，復爲推衍其意義，故曰索隱。《宋史·藝文志》作一卷，考行成進書原表自稱二卷，《宋史》顯爲字誤。今以原表爲據，釐爲二卷云。

《皇極經世觀物外篇衍義》九卷《永樂大典》本

宋張行成撰。是書專明《皇極經世·外篇》之義，亦所進七易之一也。《皇極經世·内篇》前四卷，推元會運世之序，後四卷辨聲音律吕之微。《外篇》則比物引類，以發揮其藴奥。行成以《内篇》理深而數略，《外篇》數詳而理顯，學先天者當自《外篇》始，因補闕正誤，使其文以類相從，而推繹其旨，以成是編。上三篇皆言數，中三篇皆言象，下三篇皆言理。皆行成以意更定，非復舊第。然自明以來刻本率以《外篇》居前，題爲「内篇」，未免舛互失序。賴行成此本，尚可正俗刻之譌。且原書由雜纂而成，本無義例，行成區分排比，使端緒易尋，亦頗有條理。雖乾坤闔闢，變化無窮，行成依據舊圖，循文生義，於造化自然之妙未必能窺。至於邵氏一家之學，則可謂心知其意矣。魏了翁嘗稱其能得易數之詳，而書不盡傳，則宋代已不免散佚。朱彝尊《經義考》但載《皇極經世索隱》而不及此書，則沈湮已久。惟《永樂大典》所載尚爲完本，今據原目，仍釐爲九卷，著於録。

【略】

《天原發微》五卷兩淮鹽政採進本

宋鮑雲龍撰。雲龍字景翔，歙縣人，景定中鄉貢進士，入元不仕以終。是書以秦漢以來言天者或拘於數術，或淪於空虚，致天人之故鬱而不明，因取《易》中諸大節目，博考詳究，先列諸儒之説於前，而以己見辨論其下，擬《易大傳》天數二十有五，立目二十五篇。曰《太極》，以明道體。曰《動静》，以明道用。曰《静動》，以明用本於體。曰《辨方》，言一歲運行，必胎坎位。曰《元渾》，言萬物終始總攝天行。曰《分二》，言動静初分。曰《衍五》，言陰陽再分。曰《觀象》，言四象生兩儀之故。曰《太陽》，曰《太陰》，曰《少陽》，曰《少陰》，以日月星辰分配。用邵子之説，與《大傳旨》異。曰《天樞》，言北辰。曰《歲會》，言十二次。曰《司氣》，言七十二候。曰《卦氣》，言焦京學爲《太玄》所出。曰《盈縮》，言置閏。曰《象數》，言圖書。曰《先後》，言先、後天。曰《左右》，言左旋右旋。曰《二中》，言五六爲天地中。曰《陽復》，言復爲天心。曰《數原》，言萬變不出一理。曰《鬼神》，言後世所謂鬼神多非其正。曰《變化》，言天有天之變化，人有人之變化，而以朱子主敬之説終之。其中或泛濫象數，多取揚雄舊説，不免稍近於雜。要其條縷分明，於數學亦可云貫通矣。元元貞間，鄭昭祖刊行其書，方回、戴表元皆有序。至於明初，其族人鮑寧，本趙汸之説，附入辨正百餘條，剖析異同，多所推闡。又作篇目名義，及採雲龍與方回問答之語，爲《節要》一卷冠之於首，蓋亦能

發明雲龍之學者。然於原文頗有所删改，非復元貞刊本之舊矣。【略】

《三易洞璣》十六卷福建巡撫採進本

明黄道周撰。道周有《易象正》，已著録。是編蓋約天文曆數歸之於《易》。其曰「三易」者，謂伏羲之《易》、文王之《易》、孔子之《易》也。曰「洞璣」者，璣衡，古人測天之器，謂以《易》測天，毫忽不爽也。一、二、三卷爲《伏羲經緯》上、中、下，即陳、邵所傳之《先天圖》。四、五、六卷爲《文圖經緯》上、中、下，即《周易》上、下經次序。七、八、九卷爲《孔圖經緯》上、中、下，即《説卦傳》出震齊巽之方位。十卷十一二卷爲《雜圖經緯》上、中、下，則《雜卦傳》之義。十三卷爲《餘圖總緯》，則因《周官》太卜而及於占夢之六夢，眂祲之十煇，以及後世奇門太乙之術。十四、十五、十六卷爲《貞圖經緯》上、中、下，與《雜圖》相準，有衡、有倚、有環。衡者平也，倚者立也，環者圖也。其自述曰：夫子有言，書不盡言，言不盡意。凡《易》之言語文字，僅修辭尚玩之一端。即焦、京、管、郭幽發微中，取驗不過一時，揲扐不過數策，聖人之不爲此鑽仰亦已明矣。舍此二條，夫子所謂三極竝立，窮變極賾，範圍曲成，與天地相似者，果爲何物？蓋天、地、人之象數皆具於物，布而爲曆，次而爲律，統而爲《易》。去其圖著，别其虚實，以爲《春秋》、《詩》。又以孟子所言千歲之日，至五百興王爲七十二相承之曆，故是書之作，意欲網羅古今，囊括三才，盡入其中。雖其失者時時流於禨祥、入於駁雜，然易道廣大，不泥於數而亦不離於數，不滯於一端而亦不遺於一端。縱横推之，各有其理。唐李鼎祚《周易集解》序云：鄭多參天象，王全釋人事。天道難明，人事易習，易之爲道，豈偏滯於天人哉，故道周此書，乍觀似屬創獲，然鄭康成解《隨》之「初九」云：震爲大塗，又爲日門，當春分陰陽之所交。此道周言歲氣之所本也，故云晷益則日損，晷損則日益。康成解《比》之「初六」云：有孚盈缶，爻辰在未，上值東井，井之水人所汲，故用缶。此道周言星名之所本也。故云《坤》爲箕、《復》爲尾，斗之翕舌則爲《噬嗑》，牛之任重致遠則爲《隨》。卦氣值日始於京房，充之則爲元會之運。推策定曆，詳於一行，衍之則爲章蔀之紀。推其源流，各有端緒。史稱其殁後家人得其小册，自推終於丙戌年六十二，則其於藏往知來之道，蓋非徒託空言者。然旁見側出，究自爲一家之學。以爲經之正義則不可，退而列諸術數，從其類也。【略】

《靈臺祕苑》十五卷浙江鮑士恭家藏本

北周太史中大夫、新野庾季才原撰，而宋人所重修也。季才之書見於《隋志》者一百十五卷，《周書》季才本傳又作一百十卷，此爲北宋時奉敕删訂之本，祇存十五卷。目録後題「編修官」：司天監丞管勾測驗、渾儀刻漏于大吉；「編修官」：司天中官正、權判司天監丁洵同；「看詳官」：奉議郎、輕車都尉歐陽發；「看詳官」：翰林學士、承議郎、知制誥、權判尚書、吏部判集賢院提舉、司天監公事、上騎都尉王安禮」諸臣銜名。案：發字伯和，修之長子，史稱其天文地理靡不悉究，官至殿中丞，而不言其嘗爲此書。安禮字和甫，安石之弟，其爲翰林學士在元豐初，乃未改官制以前，故太史局猶稱司天監。《宋史・藝文志》有安禮所撰《天文書》十六卷，殆以其研究是術，故俾司看詳歟。錢曾《讀書敏求記》載有是書之目，稱其考核精確，非聊爾成書者。朱彝尊跋則謂季才完書必多奥義，諸人芟削，僅摘十一，若作酒醴去其漿而糟醨在矣。今觀所輯，首以《步天歌》及圖，次釋星驗，次分野土圭，次風雷雲氣之占，次取日月五星三垣列宿，遂次詳註。大抵頗涉占驗之説，不盡可憑。又篤信分野次舍，以州郡强爲分析，亦失之穿鑿附會。然其所條列，首尾詳貫，亦尚能成一家之言。宋世司天臺所修各書如《乾象新書》、《大宋天文書》、《天經》、《星史》等類見於《文獻通考》者，今俱佚弗傳，惟蘇頌《儀象法要》與此本僅存。一則詳渾儀測驗之製，一則誌日官占候之方。雖禨祥小術，不足言觀文察變之道，顧《隋志》所載天象諸書，今無一存。此書既據季才所撰爲藍本，則周以前之古帙尚藉以略見大凡，存爲考證之資，亦無不可也。

《唐開元占經》一百二十卷浙江巡撫採進本

唐瞿曇悉達撰。《唐書・藝文志》載一百十卷。《玉海》引《唐志》亦同，又註云《國史志》四卷，《崇文目》三卷。此本一百二十卷，與諸書所載不符，當屬後人分卷之異。自一卷「天占」至一百十卷「星圖」，均占天象。自一百十一卷「八穀占」至一百二十卷「龍魚蟲蛇占」均占物異。或一百十卷以前爲悉達原書，故與《唐志》及《玉海》卷數相符，其後十卷，後人以雜占增附之歟？卷首標銜，悉達曾官太史監事。考《玉海》，開元六年詔瞿曇悉達譯《九執曆》，則悉達之爲太史監當在開元初。卷首又標奉敕撰，而奉敕與成書年月皆無可考。惟其中載歷代曆法止於唐《麟德曆》，且云「李淳風見行《麟德曆》」。考唐一行以開元九年奉詔創《大衍曆》，以開元十七年頒之，其時麟德曆遂不行。此書仍云「見行《麟德曆》」，知其成於開元十七年以前矣。所言占驗之法，大抵術家之異學，本不足存。惟其中卷一百四一百五全載《麟德》、《九執》二曆，《九執曆》不載於《唐志》，他書亦

不過標撮大旨。此書所載全法具著，爲近世推步家所不及窺。又《玉海》載《九執曆》以開元二年二月朔爲曆首，今考此書明云「今起明慶二年丁巳歲案改顯慶爲明慶蓋避中宗諱。二月一日以爲曆首」，亦足以訂《玉海》所傳之誤。至《麟德曆》雖載《唐志》，而以此書校之，多有異同。若推入蝕限術、月食所在辰術、日月蝕分術諸類，《唐志》俱未之載。又此書載章歲、章月、半總、章閏、閏分、曆周、月法、弦法、氣法、曆法諸名，與《新唐書》所載全不合。其相合者惟辰率、總法等目。蓋悉達所據當爲《麟德曆》見行本《唐志》遠出其後，不無傳聞異詞。是又可訂史傳之譌，有裨於考證不少矣。又徵引古籍，極爲浩博。如《隋志》所稱「緯書八十一篇」，此書尚存其七八，尤爲罕觀。然則其術可廢，其書則有可採也。卷首有萬曆丁巳張一熙識語，謂是書歷唐迄明約數百年，始得之挹元道人。鈎沈起滯非偶然已。

清·紀昀等《四庫全書總目》卷一一〇《術數類存目》　《乙巳占略例》十五卷兩淮鹽政採進本

舊本題唐李淳風撰，皆雜占天文、雲氣、風雨竝及分野星象之説。案淳風有《乙巳占》十卷蓋以貞觀十九年乙巳，在上元甲子中，書作於是時，故以爲名。《唐志》、《宋志》所載卷數竝同，惟《宋志》别出有《乙巳指占圖經》三卷，不言何人所撰，而無此書。尤袤《遂初堂書目》焦竑《國史經籍志》亦僅載《乙巳占》，不云别有《略例》。檢《永樂大典》，絶無一字之徵引，可知明以前無此書矣。錢曾《述古堂書目》始以《乙巳占》、《乙巳略例》二書竝列，而又不言其所自來。考朱彝尊《曝書亭集》有《乙巳占跋》，是其書近時尚存，今特偶未之見耳。彝尊所論分野，以此本相較，皆參錯不合。且所占至於天寶九載，其非淳風所作甚明。書中援引亦多龐雜無緒，疑後人取《開元占經》與《乙巳占》之文參互成書而别題此名，託之淳風也。

《玉曆通政經》二卷浙江巡撫採進本

舊本題唐李淳風撰。《歷代史志》及諸家書目皆不載，惟陳振孫《書録解題》有之，卷數與今本合，蓋南宋人所依託也。天文占驗多不足憑，此書不過採摭唐以前各史《天文》、《五行》諸志，略損益之，即真出淳風，亦無可取，況僞本乎。

《觀象玩占》五十卷浙江吴玉墀家藏本

舊本題唐李淳風撰。凡日月、五緯、經星雲漢、彗孛、客流、雜氣，以及山川、陸澤、城郭、宫室、營壘、戰陣皆著於占，而陰晴、風雨、雹露、霜霧咸附録焉。於日月之交會，五星之退留，今所預爲推步，歲有常經者，亦往往斷以占候。即日月所不至、五星所不經者，亦虚陳其象，殊不足憑。考《舊唐書·經籍志》有淳風《乙巳占》十卷，《皇極曆》一卷，《河西甲寅元曆》一卷，《緝古算術》四卷，《綴術》五卷。《新唐書·藝文志》有淳風《註周髀》二卷、《註五經算術》二卷、《註張邱建算術經》三卷，《註海島算經》一卷，《註五曹》、《孫子》等算經二十卷，《註甄鸞孫子算經》三卷，《天文占》一卷，《大象元文》一卷，《乾坤祕奥》七卷，《法象志》七卷，《太白通運逆兆通代記圖》一卷。《宋史·藝文志》有淳風《太陽太陰賦》一卷，《日月氣象圖》五卷，《上象二十八宿纂要訣》一卷，《日行黄道圖》一卷，《九州格子圖》一卷。陳振孫《書録解題》有淳風《玉曆通政經》三卷。尤袤《遂初堂書目》有淳風《運元方道》，不載卷數。錢曾《讀書敏求記》有淳風《天文占書類要》四卷，《乾坤變異録》四卷。夫古書日亡而日少，淳風之書獨愈遠而愈增，其爲術家依託，大概可見矣。【略】

《通占大象曆星經》六卷浙江范懋柱家天一閣藏本

不著撰人名氏。首題原闕文一張，書末亦有脱佚，每卷第一行有薑七、薑八等字，用千字文記數，蓋《道藏》殘本也。大抵每星爲圖，而附以占説。有宋、汴、蔡、幽諸州名，似是唐人之詞。始於紫微垣之四輔，由角、亢歷二十八舍，至壁宿而止。然多舛誤，次第亦顛倒不倫，蓋已爲傳鈔者所竄亂矣。

《天文鬼料竅》無卷數。兩江總督採進本

不著撰人名氏。考鄭樵《通志》，稱《步天歌》只傳靈臺，不傳人間，術家祕之，名曰「鬼料竅」，即《步天歌》也。而錢曾《讀書敏求記》稱《天文機要鬼料竅》十卷，前半詳解丹元子之説，後則兼採衆論，附列諸圖，而終以汪默《渾天註疏》、張素宗《渾象圖説》。合二説觀之，蓋《步天歌》稱《鬼料竅》，特轉相珍祕之隱語，而未嘗竟改書名。後人因樵此言，遂輯《鬼料竅》一書，而摭《步天歌》於其内。以實而論，則《鬼料竅》該《步天歌》，《步天歌》不該《鬼料竅》。以名而論，則《步天歌》兼《鬼料竅》，《鬼料竅》不兼《步天歌》也。此本所載，與《步天歌》多有異同，所註占語亦多冗濫。又不載汪、張二家之書，已非錢曾之所見。蓋儒者講求古義，務得源流，稍篤實者皆不敢竄亂舊文，方技家一知半解，則必以新説相附益。此不知何人所改，而仍冒原名耳。

《天文主管》一卷浙江范懋柱家天一閣藏本

首題明昌元年司天臺少監、賜紫金魚袋、臣武亢重行校正，蓋金章宗時經進

之書。案《金史・百官志》，司天少監秩從六品，而武亢姓名不見於紀傳。惟王鶚《汝南遺事》曰：哀宗天興二年，右丞仲德奏，前司天臺管勾武禎男亢原註曰：徐州人氏。習父之業，精於占候。上遣人召之，既至，與語大悦，即命爲司天長行。亢數言災咎，動合上意。是年九月，敵人圍蔡，亢預奏十二月初三日攻城，及期果然。上復問何日當解，亢曰：直至明年正月十三日，城下無一人一騎。明年正月城陷，十三日撤營去。其數精妙如此云云。則亢乃哀宗末人，不應章宗時已爲司天臺少監校正此書，疑其出於託名，故時代舛異也。其書諸家皆未著録，惟晁氏《寶文堂書目》有之。所載恒星及五星次舍占説，皆頗明晰，而繪圖舛錯者多。末附《周天立象賦》及《五星休咎賦》各一篇，題曰「李淳風撰」，其詞亦不類唐人。錢曾《讀書敏求記》有明李泰《天文主管釋義》三卷，稱依丹元子《步天歌》分布垣舍之星爲主，當即詮釋此書而作。然不言及此書，殆曾偶未之見耶？【略】

《天文祕略》無卷數。浙江吴玉墀家藏本

舊本題新安胡氏撰，不著名字。其書雜採占候之説，而附以《步天歌》所陳測驗，大抵牽引傅會，純駁溷淆，不出術士之技。前有劉基序，當爲元末明初之人。然詞旨膚淺，基集亦不載，殆妄人所依託也。

《清類天文分野之書》二十四卷兩江總督採進本

明劉基撰。基有《國初禮賢録》，已著録。此書乃洪武中奉敕所作。案：星士之説本於《周禮・保章氏》，而其占錯見《左氏傳》中。其法以國分配。漢、晉諸《志》少變其例，以州郡分配。以天之廣大而僅取中國輿地分析隷屬，本不足信。基作此書，更以一州一縣推測躔度，剖析毫釐，尤不免於破碎。特其不載占驗，爲差勝術家附會之説。然既不占驗，何用更測分野？於理均屬難通。蓋附會相沿，雖以基之學識，亦不能盡破拘墟之見也。【略】

《象緯全書》無卷數。兩淮鹽政採進本

不著撰人名氏。觀卷末自跋，蓋明萬曆中人。跋稱監臺疇人子弟，分科各習一藝，算者昧於象占，占者不達數意，須用象數相參，考其同異。則亦司天之官也。其書前列七政二十八宿變異，及風角、星氣諸術，分類頗詳。然大抵雜引諸占書，參以史事，無所考正。末爲太陽行度立成諸表，蓋即所謂象數相參者。然言象者逾十之九，言數者不及十之一也。【略】

《星占》三卷浙江巡撫採進本

明劉孔昭撰。案《明史・功臣世表》，孔昭，劉基十三世孫，天啓三年襲封誠意伯。是書因基所撰《在齊餘政》爲之註釋。其一卷論恒星，繪三垣二十八宿星座形式於前，附《步天歌》於後，於諸星悉加占語，類皆勦襲舊文，稍爲損益。二卷論日月、五星、飛流、彗孛、天形怪異，以及分野宿次，言月蝕不及日食。三卷論陰晴風雨占候，亦皆雜採《觀象玩占》、《天元玉曆》諸書無所發明考證。惟所載《測天賦》較《觀象玩占》所載之本頗有條理。而孔昭之註則仍不免於支蔓，疑其本別有所受，爲熟於干支宮卦者所訂也。末列雨師、雷煞、金虎、火鈐、太乙、天罡訪察使者諸名，全採道家之説。又附日月、星象、雲氣諸圖，亦占書之陳迹，均無足採。【略】

《海上占候》一卷浙江范懋柱家天一閣藏本

不著撰人名氏。所記潮汐、風雨、晴晦、日月、虹霧之類，皆有定驗。乃爲泛海占視者而設，故以海上爲名。

《軍占雜事》一卷浙江范懋柱家天一閣藏本

不著撰人名氏。所載亦多行兵占候之法。其書前半已有闕佚，而後半別題神武金鑑，自相舛異，蓋斷爛不完之本也。

《占候書》十卷浙江范懋柱家天一閣藏本

不著撰人名氏。首列《步天歌》，系以星象各圖。次即詳載諸占法，每一占爲一圖，而以占驗附於下。所引不出史志及京房《易傳》、《乙巳占》諸書。大抵附會穿鑿，殊爲猥雜。

《天文諸占》一卷浙江范懋柱家天一閣藏本

不著撰人名氏，亦莫詳時代。書中雜占半出鈔襲，半出臆斷。如所註日影一則，謂用竿八尺立於地中，以度其影，每於當節之日午時測影之長短，以定豐歉、疾疫、人畜天傷。不知太陽、太陰午正高度隨時隨地在在不同，豈能限以成法，泛言占驗？又其註月影一則，謂正月元宵夜月到午中，立七尺竿子以度其影，八尺水澇，六尺歲稔，一尺饑疫云云。是竝不知日月之度數而妄陳休咎，不亦傎乎？

《天文大成管窺輯要》八十卷浙江范懋柱家天一閣藏本

國朝黄鼎撰。鼎字玉耳，六安人。明末以諸生從軍，積功至總兵官。入國朝，官至提督。是書乃其晚年所集，以古今天文占候分門編録，大學士范文程序之。大旨主災祥而不主推步，繁稱博引，多參以迂怪荒唐之説。

藝文

漢·班固《西都賦》 漢之西都，在於雍州，實曰長安。左據函谷、二崤之阻，表以太華、終南之山。右界褒斜、隴首之險，帶以洪河、涇、渭之川。衆流之隈，汧湧其西。華實之毛，則九州之上腴焉；防禦之阻，則天下之奥區焉。是故横被六合，三成帝畿，周以龍興，秦以虎視。及至大漢受命而都之也，仰寤東井之精，俯協《河圖》之靈，奉春建策，留侯演成，天人合應，以發皇明，乃眷西顧，實惟作京。

雜録

晉·張華《博物志》卷三 舊説云天河與海通。近世有人居海渚者，年年八月有浮槎去來，不失期。人有奇志，立飛閣於槎上，多齎糧，乘槎而去。十餘日中，猶觀星月日辰，自後芒芒忽忽，亦不覺晝夜。去十餘日，奄至一處，有城郭狀屋舍甚嚴，遥望宫中多織婦，見一丈夫牽牛渚次飲之。牽牛人乃驚，問曰：「何由至此？」此人見説來意，并問此是何處。答曰：「君還至蜀郡，訪嚴君平則知之。」竟不上岸，因還如期。後至蜀問君平，曰：「某年月日，有客星犯牽牛宿。」計年月，正是此人到天河時也。

陰陽五行部

題解

明·宋濂等《元史》卷五〇《五行志一》 五行，一曰水。潤下，水之性也。失其性爲沴，時則霧水暴出，百川逆溢，壞鄉邑，溺人民，及凡霜雹之變，是爲水不潤下。其徵恒寒，其色黑，是爲黑眚黑祥。【略】

五行，二曰火。炎上，火之性也。失其性爲沴。董仲舒云：「陽失節，則火災出。」於是而濫炎妄起，災宗廟，燒宫館，雖興師衆弗能救也。是爲火不炎上。其徵恒燠，其色赤，是爲赤眚赤祥。【略】

五行，三曰木。曲直，木之性也。失其性爲沴，故生不暢茂，爲變異者有之，是爲木不曲直。其徵恒雨，其色青，是爲青眚青祥。【略】

五行，四曰金。從革，金之性也。失其性爲沴，時則冶鑄不成，變異者有之，是爲金不從革。金石同類，故古者以類附見。其徵恒暘，其色白，是爲白眚白祥。【略】

五行，五曰土。土，中央生萬物者也，而莫重於稼穡。土氣不養，則稼穡不成，金木水火沴之，衝氣爲異，爲地震，爲天雨土。其徵恒風，其色黃，是爲黃眚黃祥。

論說

漢·班固《漢書》卷二六《天文志》 凡五星，歲與填合則爲内亂，與辰合則爲變謀而更事，與熒惑合則爲饑，爲旱，與太白合則爲白衣之會，爲水。太白在南，歲在北，名曰（牡）〔牝〕牡，年穀大孰。太白在北，歲在南，年或有或亡。熒惑與太白合則爲喪，不可舉事用兵；與填合則爲憂，主孽卿；與辰合則爲北軍，用兵舉事大敗。填與辰合則將有覆軍下師；與太白合則爲疾，爲内兵。辰與太白合則爲變謀，爲兵憂。凡歲、熒惑、填、太白四星與辰鬭，皆爲戰，兵不在外，皆爲内亂。一曰，火與水合爲淬，與金合爲鑠，不可舉事用兵。土與金合國亡地，與木合則國饑，與水合爲雍沮，不可舉事用兵。木與金合鬭，國有内亂。同舍爲合，相陵爲鬭。二星相近者其殃大，二星相遠者殃無傷也，從七寸以内必之。

凡月食五星，其國（必）〔皆〕亡：歲以饑，熒惑以亂，填以殺，太白彊國以戰，辰以女亂。月食大角，王者惡之。

凡五星所聚宿，其國王天下：從歲以義，從熒惑以禮，從填以重，從太白以兵，從辰以法。以法者，以法致天下也。三星若合，是謂驚立絶行，其國外内有兵與喪，民人乏饑，改立王公。四星若合，是謂大湯，其國兵喪並起，君子憂，小人流。五星若合，是謂易行：有德受慶，改立王者，掩有四方，子孫蕃昌；亡德受罰，離其國家，滅其宗廟，百姓離去，被滿四方。五星皆大，其事亦大；皆小，其事亦小也。

凡五星色：皆圜，白爲喪爲旱，赤中不平爲兵，青爲憂爲水，黑爲疾爲多死，黃吉；皆角，赤犯我城，黃地之争，白哭泣之聲，青有兵憂，黑水。五星同色，天下偃兵，百姓安寧，歌舞以行，不見災疾，五穀蕃昌。

凡五星，歲，緩則不行，急則過分，逆則占。熒惑，緩則不出，急則不入，違道則占。填，緩則不建，急則過舍，逆則占。太白，緩則不出，急則不入，逆則占。辰，緩則不出，急則不入，非時則占。五星不失行，則年穀豐昌。【略】

凡五星，早出爲贏，贏爲客；晚出爲縮，縮爲主人。五星贏縮，必有天應見杓。

太歲在寅曰攝提格。歲星正月晨出東方，石氏曰名監德，在斗、牽牛。失次，杓，早水，晚旱。甘氏在建星、婺女。《太初曆》在營室、東壁。

在卯曰單閼。二月出，石氏曰名降入，在婺女、虛、危。甘氏在虛、危。失次，杓，有水災。《太初》在奎、婁。

在辰曰執徐。三月出，石氏曰名青章，在營室、東壁。失次，杓，早旱，晚水。甘氏同。《太初》在胃、昴。

在巳曰大荒落。四月出，石氏曰名路踵，在奎、婁。甘氏同。《太初》在參、罰。

在午曰敦牂。五月出，石氏曰名啓明，在胃、昴、畢。失次，杓，早旱，晚水。甘氏同。《太初》在東井、輿鬼。

在未曰協洽。六月出，石氏曰名長烈，在觜觿、參。甘氏在參、罰。《太初》在注、張、七星。

在申曰涒灘。七月出，石氏曰名天晉，在東井、輿鬼。甘氏在弧。《太初》在翼、軫。

在酉曰作詻。八月出，石氏曰名長壬，在柳、七星、張。失次，杓，有女喪、民疾。甘氏在注、張。失次，杓，有火。《太初》在角、亢。

在戌曰掩茂。九月出，石氏曰名天睢，在翼、軫。失次，杓，水。甘氏在七星、翼。《太初》在氐、房、心。

在亥曰大淵獻。十月出，石氏曰名天皇，在角、亢始。甘氏在軫、角、亢。《太初》在尾、箕。

在子曰困敦。十一月出，石氏曰名天宗，在氐、房始。甘氏同。《太初》在建星、牽牛。

在丑曰赤奮若。十二月出，石氏曰名天昊，在尾、箕。甘氏在心、尾。《太初》在婺女、虚、危。

甘氏、《太初曆》所以不同者，以星贏縮在前，各録後所見也。其四星亦略如此。

古曆五星之推，亡逆行者，至甘氏、石氏經，以熒惑、太白爲有逆行。夫曆者，正行也。

古人有言曰：「天下太平，五星循度，亡有逆行。日不食朔，月不食望。」夏氏日月傳曰：「日月食盡，主位也；不盡，臣位也。」《星傳》曰：「日者德也，月者刑也，故曰日食修德，月食修刑。」然而曆紀推月食，與二星之逆亡異。熒惑主內亂，太白主兵，月主刑。自周室衰，亂臣賊子師旅數起，刑罰失中，雖其亡亂臣賊子師旅之變，內臣猶不治，四夷猶不服，兵革猶不寢，刑罰猶不錯，故二星與月爲之失度，三變常見；及有亂臣賊子伏尸流血之兵，大變乃出。甘、石氏見其常然，因以爲紀，皆非正行也。《詩》云：「彼月而食，則惟其常；此日而食，于何不臧？」《詩傳》曰：「月食非常也，比之日食猶常也，日食則不臧矣。」謂之小變，可也；謂之正行，非也。故熒惑必行十六舍，去日遠而顓恣。太白出西方，進在日前，氣盛乃逆行。及月必食於望，亦誅盛也。

唐·房玄齡等《晉書》卷一二《天文志中》 歲星曰東方春木，於人，五常，仁也；五事，貌也。仁虧貌失，逆春令，傷木氣，則罰見歲星。歲星盈縮，以其舍命國。其所居久，其國有德厚，五穀豐昌，不可伐。其對爲衝，歲乃有殃。歲星安靜中度，吉。盈縮失次，其國有變，不可舉事用兵。又曰，人主之象也，色欲明，光色潤澤，德合同。又曰，進退如度，姦邪息；變色亂行，主無福。又主福，主大司農，主齊吴，主司天下諸侯人君之過，主歲五穀。赤而角，其國昌；赤黃而沈，其野大穰。

熒惑曰南方夏火，禮也，視也。禮虧視失，逆夏令，傷火氣，罰見熒惑。熒惑法使行無常，出則有兵，入則兵散。以舍命國，爲亂爲賊，爲疾爲喪，爲饑爲兵，所居國受殃。環繞鉤己，芒角動摇，變色，乍前乍後，乍左乍右，其爲殃愈甚。其南丈夫、北女子喪。周旋止息，乃爲死喪；寇亂其野，亡地。其失行而速，兵聚其下，順之戰勝。又曰，熒惑主大鴻臚，主死喪，主司空。又爲司馬，主楚吴越以南；又司天下羣臣之過，司驕奢亡亂妖孽，主歲成敗。

又曰，熒惑不動，兵不戰，有誅將。其出色赤怒，逆行成鉤己，戰凶，有圍軍；鉤己，有芒角如鋒刃，人主無出宮，下有伏兵；芒大則人衆怒。又爲理，外則理兵，內則理政，爲天子之理也。故曰，雖有明天子，必視熒惑所在。其入守犯太微、軒轅、營室、房、心，主命惡之。

填星曰中央季夏土，信也，思心也。仁義禮智，以信爲主，貌言視聽，以心爲正，故四星皆失，填乃爲之動。動而盈，侯王不寧。縮，有軍不復。所居之宿，國吉，得地及女子，有福，不可伐；去之，失地，若有女憂。居宿久，國福厚；易則薄。失次而上二三宿曰盈，有主命不成，不乃大水。失次而下曰縮，后戚，其歲不復，不乃天裂若地動。一曰，填爲黃帝之德，女主之象，主德厚安危存亡之機，司天下女主之過。又曰，天子之星也。天子失信，則填星大動。

太白曰西方秋金，義也，言也。義虧言失，逆秋令，傷金氣，罰見太白。太白進退以候兵，高埤遲速，静躁見伏，用兵皆象之，吉。其出西方，失行，夷狄敗；出東方，失行，中國敗。未盡期日，過參天，病其對國。若經天，天下革，民更王，是謂亂紀，人衆流亡。晝見，與日爭明，强國弱，小國强，女主昌。又曰，太白主大臣，其號上公也，大司馬位謹候此。

辰星曰北方冬水，智也，聽也。智虧聽失，逆冬令，傷水氣，罰見辰星。辰星見，則主刑，主廷尉，主燕趙，又爲燕、趙、代以北；宰相之象。亦爲殺伐之氣，戰鬭之象。又曰，軍於野，辰星爲偏將之象，無軍爲刑事。和陰陽，應效不效，其時不和。出失其時，寒暑失其節，邦當大饑。當出不出，是謂擊卒，兵大起。在於房心間，地動。亦曰，辰星出入躁疾，常主夷狄。又曰，蠻夷之星也，亦主刑法之得失。色黄而小，地大動。光明與月相逮，其國大水。【略】

《河圖》云：歲星之精，流爲天棓、天槍、天猾、天衝、國皇、反登、蒼彗。熒惑散爲昭旦、蚩尤之旗、昭明、司危、天欃、赤彗。

填星散爲五殘、獄漢、大賁、昭星、紬流、旬始、蚩尤、虹蜺、擊咎、黄彗。

太白散爲天杵、天柎、伏靈、大敗、司姦、天狗、天殘、卒起、白彗。

辰星散爲枉矢、破女、拂樞、滅寶、繞綎、驚理、大奮祀、黑彗。

五色之彗，各有長短，曲折應象。

漢京房著《風角書》有《集星章》，所載妖星皆見於月旁，互有五色方雲，以五寅日見，各有五星所生云：

天槍、天根、天荆、真若、天榬、天樓、天垣，皆歲星所生也。見以甲寅，其星咸有兩青方在其旁。

天陰、晉若、官張、天惑、天崔、赤若、蚩尤，皆熒惑之所生也。出在丙寅日，有兩赤方在其旁。

天上、天伐、從星、天樞、天翟、天沸、荆彗，皆填星所生也。出在戊寅日，有兩黄方在其旁。

若星、帚星、若彗、竹彗、牆星、榬星、白藿，皆太白之所生也。出在庚寅日，有兩白方在其旁。

天美、天欃、天杜、天麻、天林、天蒿、端下，皆辰星之所生也。出以壬寅日，有兩黑方在其旁。

已前三十五星，即五行氣所生，皆出於月左右方氣之中，各以其所生星將出不出日數期候之。當其未出之前而見，見則有水旱，兵喪，饑亂；所指亡國，失地，王死，破軍，殺將。

唐・房玄齡等《晉書》卷二七《五行志上》 《經》曰：「五行：一曰水，二曰火，三曰木，四曰金，五曰土。水曰潤下，火曰炎上，木曰曲直，金曰從革，土爰稼穡。」

《傳》曰：「田獵不宿，飲食不享，出入不節，奪農時及有姦謀，則木不曲直。」

說曰：木，東方也。於《易》，地上之木爲《觀》。於王事，威儀容貌亦可觀者也。故行步有佩玉之度，登車有和鸞之節，三驅之制，飲食有享獻之禮，出入有名，使人以時，務在勸農桑，謀在安百姓，如此，則木得其性矣。若乃田獵馳騁，不反宫室；飲食沈湎，不顧法度；妄興徭役，以奪農時；作爲姦詐，以傷人財，則木失其性矣。蓋工匠之爲輪矢者多傷敗，及木爲變怪，是爲不曲直。【略】

《傳》曰：「棄法律，逐功臣，殺太子，以妾爲妻，則火不炎上。」

說曰：火，南方，揚光煇爲明者也。其於王者，南面嚮明而治。《書》云：「知人則哲，能官人。」故堯舜舉羣賢而命之朝，遠四佞而放諸埜。孔子曰：「浸潤之譖，膚受之愬，不行焉，可謂明矣。」賢佞分别，官人有序，帥由舊章，敬重功勳，殊别嫡庶，如此則火得其性矣。若乃信道不篤，或燿虚僞，讒夫昌，邪勝正，則火失其性矣。自上而降，及濫炎妄起，焚宗廟，燒宫館，雖興師衆，不能救也，是爲火不炎上。【略】

《傳》曰：「修宫室，飾臺榭，内淫亂，犯親戚，侮父兄，則稼穡不成。」

說曰：土，中央，生萬物者也。其於王者，爲内事，宫室、夫婦、親屬，亦相生者也。古者天子諸侯，宫廟大小高卑有制，后夫人媵妾多少有度，九族親疏長幼有序。孔子曰：「禮，與其奢也，寧儉。」故禹卑宫室，文王刑于寡妻，此聖人之所以昭教化也。如此，則土得其性矣。若乃奢淫驕慢，則土失其性。亡水旱之災而草木百穀不熟，是爲稼穡不成。【略】

《傳》曰：「好戰攻，輕百姓，飾城郭，侵邊境，則金不從革。」

說曰：金，西方，萬物既成，殺氣之始也。故立秋而鷹隼擊，秋分而微霜降。其於王事，出軍行師，把旄杖鉞，誓士衆，抗威武，所以征叛逆，止暴亂也。《詩》云：「有虔秉鉞，如火烈烈。」又曰：「載戢干戈，載櫜弓矢。」動静應宜，説以犯難，人忘其死，金得其性矣。若乃貪慾恣睢，務立威勝，不重人命，則金失其性。蓋工冶鑄金鐵，冰滯涸堅，不成者衆，乃爲變怪，是爲金不從革。【略】

《傳》曰：「簡宗廟，不禱祠，廢祭祀，逆天時，則水不潤下。」

說曰：水，北方，終藏萬物者也。其於人道，命終而形藏，精神放越。聖人爲之宗廟，以收魂氣，春秋祭祀，以終孝道。王者即位，必郊祀天地，禱祈神祇，望秩山川，懷柔百神，亡不宗事。慎其齋戒，致其嚴敬，是故鬼神歆饗，多獲福助。此聖王所以順事陰氣，和神人也。及至發號施令，亦奉天時。十二月咸得

其氣，則陰陽調而終始成。如此，則水得其性矣。若迺不敬鬼神，政令逆時，水失其性。霧水暴出，百川逆溢，壞鄉邑，溺人民，及淫雨傷稼穡，是爲水不潤下。

京房《易傳》曰：「顓事者加，誅罰絶理，厥災水。其水也，雨，殺人，以隕霜，大風天黄。饑而不損，兹謂泰，厥大水，水殺人。避遏有德，兹謂狂，厥水，水流殺人也。已水則地生蟲。歸獄不解，兹謂追非，厥水寒，殺人。追誅不解，兹謂不理，厥水五穀不收。大敗不解，兹謂皆陰，厥水流入國邑，隕霜殺穀。」董仲舒曰：「交兵結讎，伏尸流血，百姓愁怨，陰氣盛，故大水也。」【略】

《經》曰：「庶用五事：一曰貌，二曰言，三曰視，四曰聽，五曰思。貌曰恭，言曰從，視曰明，聽曰聰，思曰睿。恭作肅，從作乂，明作哲，聰作謀，睿作聖。休徵：曰肅，時雨若；乂，時暘若；哲，時燠若；謀，時寒若；聖，時風若。咎徵：曰狂，恒雨若；僭，恒暘若；豫，恒燠若；急，恒寒若；霿，恒風若。」

《傳》曰：「貌之不恭，是謂不肅，厥咎狂，厥罰恒雨，厥極惡。時則有服妖，時則有龜孽，時則有雞禍，時則有下體生上之痾，時則有青眚青祥。惟金沴木。」

說曰：凡草木之類謂之妖。妖猶夭胎，言尚微也。蟲豸之類謂之孽。孽則芽孽矣。及六畜，謂之禍，言其著也。及人，謂之痾。痾，病貌也，言浸深也。甚則有異物生，謂之眚；自外來，謂之祥。祥，猶禎也。氣相傷，謂之沴。沴猶臨莅，不和意也。每一事云「時則」以絶之，言非必俱至，或有或亡，或在前或在後。孝武時，夏侯始昌通五經，善推《五行傳》，以傳族子夏侯勝，下及許商，皆以教所賢弟子。其傳與劉向同，惟劉歆傳獨異。貌之不恭，是謂不肅。肅，敬也。内曰恭，外曰敬。人君行己，體貌不恭，怠慢驕蹇，則不能敬萬事，失則狂易，故其咎狂也。上慢下暴，則陰氣勝，故其罰常雨也。水傷百穀，衣食不足，則姦宄並作，故其極惡也。一曰，人多被刑，或形貌醜惡，亦是也。風俗狂慢，變節易度，則爲剽輕奇怪之服，故有服妖。水類動，故有龜孽。於《易》，《巽》爲雞。雞有冠、距，文武之貌。而不爲威，貌氣毁，故有雞禍。一曰，水歲多雞死及爲怪，亦是也。上失威儀，則有强臣害君上者，故有下體生於上之痾。木色青，故有青眚青祥。凡貌傷者病木氣，木氣病則金沴之，衝氣相通也。於《易》，《震》在東方，爲春爲木；《兑》在西方，爲秋爲金；《離》在南方，爲夏爲火；《坎》在北方，爲冬爲水。春與秋日夜分，寒暑平，是以金木之氣易以相變，故貌傷則致秋陰常雨，言傷則致春陽常旱也。至於冬夏，日夜相反，寒暑殊絶，水火之氣不得相并，故視傷常燠，聽傷常寒者，其氣然也。逆之，其極曰惡；順之，其福曰攸好德。劉歆《貌

傳》曰有鱗蟲之孽，羊禍，鼻痾。説以爲於天文東方辰爲龍星，故爲鱗蟲。於《易》，《兑》爲羊，木爲金所病，故致羊禍，與常雨同應。此説非是。春與秋氣陰陽相敵，木病金盛，故能相并，惟此一事耳。禍與妖痾祥眚同類，不得獨異。

綜述

漢・司馬遷《史記》卷二七《天官書》 察日、月之行，以揆歲星順逆。曰東方木，主春，日甲、乙。義失者，罰出歲星。【略】

察剛氣以處熒惑。曰南方火，主夏，日丙、丁。禮失，罰出熒惑，熒惑失行是也。【略】

歷斗之會以定填星之位。曰中央土，主季夏，日戊、己，黄帝，主德，女主象也。【略】

察日行以處位太白。曰西方，秋，（司兵月行及天矢）日庚、辛，主殺。殺失者，罰出太白。太白失行，以其舍命國。【略】

察日辰之會，以治辰星之位。曰北方水，太陰之精，主冬，日壬、癸。刑失者，罰出辰星，以其宿命國。

漢・班固《漢書》卷二六《天文志》 歲星曰東方春木，於人五常仁也，五事貌也。仁虧貌失，逆春令，傷木氣，罰見歲星。【略】

熒惑曰南方夏火，禮也，視也。禮虧視失，逆夏令，傷火氣，罰見熒惑。【略】

太白曰西方秋金，義也，言也。義虧言失，逆秋令，傷金氣，罰見太白。【略】

辰星曰北方冬水，知也，聽也。知虧聽失，逆冬令，傷水氣，罰見辰星。【略】

填星曰中央季夏土，信也，思心也。仁義禮智以信爲主，貌言視聽以心爲正，故四星皆失，填星乃爲之動。填星所居，國吉。

漢・班固《漢書》卷二七上《五行志上》 《易》曰：「天垂象，見吉凶，聖人象之；河出圖，雒出書，聖人則之。」劉歆以爲虙羲氏繼天而王，受《河圖》，則而畫之，八卦是也；禹治洪水，賜《雒書》，法而陳之，《洪範》是也。聖人行其道而寶

其真。降及于殷，箕子在父師位而典之。周既克殷，以箕子歸，武王親虚己而問焉。故經曰：「惟十有三祀，王訪于箕子，王乃言曰：『烏嘑，箕子！惟天陰騭下民，相協厥居，我不知其彝倫逌敘。』箕子乃言曰：『我聞在昔，鯀陻洪水，汩陳其五行，帝乃震怒，弗畀《洪範》九疇，彝倫逌斁。鯀則殛死，禹乃嗣興，天乃錫禹《洪範》九疇，彝倫逌叙。』」此武王問《雒書》於箕子，箕子對禹得《雒書》之意也。

「初一曰五行；次二曰羞用五事；次三曰農用八政；次四曰叶用五紀；次五曰建用皇極；次六曰艾用三德；次七曰明用稽疑；次八曰念用庶徵；次九曰嚮用五福，畏用六極。」凡此六十五字，皆《雒書》本文，所謂天乃錫禹大法九章常事所次者也。以爲《河圖》、《雒書》相爲經緯，八卦、九章相爲表裏。昔殷道弛，文王演《周易》；周道敝，孔子述《春秋》。則乾坤之陰陽，效《洪範》之咎徵，天人之道粲然著矣。

漢興，承秦滅學之後，景、武之世，董仲舒治《公羊春秋》，始推陰陽，爲儒者宗。宣、元之後，劉向治《穀梁春秋》，數其旤福，傳以《洪範》，與仲舒錯。至向子歆治《左氏傳》，其《春秋》意亦已乖矣；言《五行傳》，又頗不同。是以攬仲舒，別向、歆，傳載眭孟、夏侯勝、京房、谷永、李尋之徒所陳行事，訖於王莽，舉十二世，以傳《春秋》，著於篇。

漢・班固《漢書》卷二七下之上《五行志下之上》 傳曰：「皇之不極，是謂不建，厥咎眊，厥罰恒陰，厥極弱。時則有射妖，時則有龍蛇之孽，時則有馬禍，時則有下人伐上之痾，時則有日月亂行，星辰逆行。」

「皇之不極，是謂不建」，皇，君也。極，中；建，立也。人君貌言視聽思心五事皆失，不得其中，則不能立萬事，失在眊悖，故其咎眊也。王者自下承天理物。雲起於山，而彌於天；天氣亂，故其罰常陰也。一曰，上失中，則下彊盛而蔽君明也。《易》曰「亢龍有悔，貴而亡位，高而亡民，賢人在下位而亡輔」，如此，則君有南面之尊，而亡一人之助，故其極弱也。盛陽動進輕疾。禮，春而大射，以順陽氣。上微弱則下奮動，故有射妖。《易》曰「雲從龍」，又曰「龍蛇之蟄，以存身也。」陰氣動，故有龍蛇之孽。於《易》，乾爲君爲馬，馬任用而彊力，君氣毁，故有馬禍。一曰，馬多死及爲怪，亦是也。君亂且弱，人之所叛，天之所去，不有明王之誅，則有篡弑之禍，故有下人伐上之痾。凡君道傷者病天氣，不言五行沴天，而曰「日月亂行，星辰逆行」者，爲若下不敢沴天，猶春秋曰「王師敗績于貿戎」，不言敗之者，以自敗爲文，尊尊之意也。劉歆皇極傳曰有下體生上之痾。說以爲下人伐上，天誅已成，不得復爲痾云。皇極之常陰，劉向以爲《春秋》亡其應。一曰，久陰不雨是也。劉歆以爲自屬常陰。

南朝宋・范曄《後漢書》卷一三《五行志一》 《五行傳》說及其占應，《漢書・五行志》録之詳矣。故泰山太守應劭、給事中董巴、散騎常侍譙周並撰建武以來災異。今合而論之，以續前志云。

《五行傳》曰：「田獵不宿，飲食不享，出入不節，奪民農時，及有姦謀，則木不曲直。」謂木失其性而爲災也。又曰：「貌之不恭，是謂不肅。厥咎狂，厥罰恒雨，厥極惡。時則有服妖，時則有龜孽，時則有雞禍，時則有下體生上之痾，時則有青眚、青祥，惟金沴木。」說云：氣之相傷謂之沴。

唐・房玄齡等《晉書》卷一二《天文志中》 凡五星有色，大小不同，各依其行而順時應節。色變有類，凡青皆比參左肩，赤比心大星，黄比參右肩，白比狼星，黑比奎大星。不失本色而應其四時者，吉；色害其行，凶。

凡五星所出所行所直之辰，其國爲得位。得位者，歲星以德，熒惑有禮，填星有福，太白兵强，辰星陰陽和。所行所直之辰，順其色而有角者勝，其色害者敗。居實，有德也；居虚，無德也。色勝位，行勝色，行得盡勝之。營室爲清廟，歲星廟也。心爲明堂，熒惑廟也。南斗爲文太室，填星廟也。亢爲疏廟，太白廟也。七星爲員宫，辰星廟也。五星行至其廟，謹候其命。

凡五星盈縮失位，其精降于地爲人。歲星降爲貴臣；熒惑降爲童兒，歌謡嬉戲；填星降爲老人婦女；太白降爲壯夫，處於林麓；辰星降爲婦人。吉凶之應，隨其象告。

凡五星，木與土合，爲内亂，饑；與水合，爲變謀而更事；與火合，爲饑，爲旱；與金合，爲白衣之會，合鬭，國有内亂，野有破軍，爲水。太白在南，歲星在北，名曰牝牡，年穀大熟。太白在北，歲星在南，年或有或無。火與金合，爲爍，爲喪，不可舉事用兵。從軍，爲軍憂；離之，軍却。出太白陰，分宅；出其陽，偏將戰。與土合，爲憂，主孽卿。與水合，爲北軍，用兵舉事大敗。一曰，火與水合，爲焠，不可舉事用兵。土與水合，爲壅沮，不可舉事用兵，有覆軍下師。一曰，爲變謀更事，必爲旱。與金合，爲疾，爲白衣會，爲内兵，國亡地。與木合，國饑。水與金合，爲變謀，爲兵憂。入太白中而上出，破軍殺將，客勝；下出，客亡地。視旗所指，以命破軍。環繞太白，若與鬭，大戰，客勝。凡木、火、土、金與水鬭，皆爲戰。兵不在

外，皆爲内亂。凡同舍爲合，相陵爲鬬。二星相近，其殃大；相遠，毋傷，七寸以内必之。

凡月蝕五星，其國皆亡。歲以饑，熒惑以亂，填以殺，太白以强國戰，辰以女亂。

凡五星入月，歲，其野有逐相；太白，將僇。

凡五星所聚，其國王，天下從。歲以義從，熒惑以禮從，填以重從，太白以兵從，辰以法從，各以其事致天下也。三星若合，是謂驚立絶行，其國外内有兵與喪，百姓饑乏，改立侯王。四星若合，是謂大陽，其國兵喪並起，君子憂，小人流。五星若合，是謂易行，有德承慶，改立王者，奄有四方，子孫蕃昌；亡德受殃，離其國家，滅其宗廟，百姓離去，被滿四方。五星皆大，其事亦大；皆小，事亦小。

凡五星色，皆圜，白爲喪，爲旱；赤中不平，爲兵；青爲憂，爲水；黑爲疾疫，爲多死；黄爲吉。皆角，赤，犯我城；黄，地之争；白，哭泣聲；青，有兵憂；黑，有水。五星同色，天下偃兵，百姓安寧，歌舞以行，不見災疾，五穀蕃昌。

凡五星，歲，政緩則不行，急則過分，逆則占。熒惑，緩則不出，急則不入，違道則占。填，緩則不還，急則過舍，逆則占。太白，緩則不出，急則不入，逆則占。辰，緩則不出，急則不入，非時則占。五星不失行，則年穀豐昌。

凡五星分天之中，積于東方，中國利；積于西方，外國用兵者利。辰星不出，太白爲客；其出，太白爲主。出而與太白不相從，及各出一方，爲格，野雖有軍，不戰。

凡五星見伏、留行、逆順、遲速應曆度者，爲得其行，政合于常；違曆錯度，而失路盈縮者，爲亂行。亂行則爲天矢彗孛，而有亡國革政、兵饑喪亂之禍云。

唐·房玄齡等《晉書》卷二七《五行志上》 大帝王者，配德天地，叶契陰陽，發號施令，動關幽顯，休咎之徵，隨感而作，故《書》曰：「惠迪吉，從逆凶，惟影響。」昔伏羲氏繼天而王，受《河圖》，則而畫之，八卦是也。禹治洪水，賜《洛書》，法而陳之，《洪範》是也。聖人行其道，寶其真，自天祐之，吉無不利。三五已降，各有司存。爰及殷之箕子，在父師之位，典斯大範。周既克殷，以箕子歸，武王虚己而問焉。箕子對以禹所得《雒書》，授之以垂訓。然則《河圖》、《雒書》相爲經緯，八卦、九章更爲表裏。殷道絶，文王演《周易》；周道弊，孔子述《春秋》。奉乾坤之陰陽，效洪範之休咎，天人之道粲然著矣。

漢興，承秦滅學之後，文帝時，虙生創紀《大傳》，其言五行庶徵備矣。後景武之際，董仲舒治《公羊春秋》，始推陰陽，爲儒者之宗。宣元之間，劉向治《穀梁春秋》，數其禍福，傳以《洪範》，與仲舒多所不同。至向子歆治《左氏傳》，其言春秋及五行，又甚乖異。班固據《大傳》，采仲舒、劉向、劉歆著《五行志》，而傳載眭孟、夏侯勝、京房、谷永、李尋之徒所陳行事，訖于王莽，博通祥變，以傅《春秋》。

綜而爲言，凡有三術。其一曰，君治以道，臣輔克忠，萬物咸遂其性，則和氣應，休徵效，國以安。二曰，君違其道，小人在位，衆庶失常，則乖氣應，咎徵效，國以亡。三曰，人君大臣見災異，退而自省，責躬修德，共禦補過，則消禍而福至。此其大略也。輒舉斯例，錯綜時變，婉而成章，有足觀者。及司馬彪纂光武之後以究漢事，災眚之説不越前規。今採黄初以降言祥異者，著于此篇。

唐·魏徵等《隋書》卷二一《天文志下》 十煇

《周禮》，眡祲氏掌十煇之法，以觀妖祥，辨吉凶。一曰祲，謂陰陽五色之氣，祲淫相侵。或曰，抱珥背璚之屬，如虹而短是也。二曰象，謂雲如氣，成形象，雲如赤烏，夾日以飛之類是也。三曰鑴，日旁氣刺日，形如童子所佩之鑴也。四曰監，謂雲氣臨在日上也。五曰闇，謂日月蝕，或日光暗也。六曰瞢，謂瞢瞢不光明也。七曰彌，謂白虹彌天而貫日也。八曰序，謂氣若山而在日上。或曰，冠珥背璚，重疊次序，在于日旁也。九曰隮，謂暈氣也。或曰，虹也。《詩》所謂「朝隮于西」者也。十曰想，謂氣五色，有形想也；青饑，赤兵，白喪，黑憂，黄熟。或曰，想，思也，赤氣爲人獸之形，可思而知其吉凶。自周已降，術士間出。今採其著者而言之。

日，君乘土而王，其政太平，則日五色。又曰，或黑或青或黄，師破。又曰，遊氣蔽天，日月失色，皆是風雨之候也。若天氣清静，無諸遊氣，日月不明，乃爲失色。或天氣下降，地氣未升，厚則日紫，薄則日赤，若於夜則月白，皆將雨也。或天氣未降，地氣上升，厚則日黄，薄則日白，若於夜則月赤，將旱且風。亦爲日月暈之候，雨少而多陰。或天氣已降，地氣又升，上下未交則日青，若於夜則月綠色，將寒候也。或天地氣雖交而未密，則日黑，若於夜則月青，將雨不雨，變爲雺霧，暈背虹蜺。又曰，沉陰，日月俱無光，晝不見日，夜不見星，皆有雲鄣之，兩敵相當，陰相圖議也。日曚曚光，士卒内亂。日薄赤，見日中烏，將軍出，旌旗舉，此不祥，必有敗亡。又曰，數日俱出若鬭，天下兵大戰。日鬭下有拔城。

日戴者，形如直狀，其上微起，在日上爲戴。戴者德也，國有喜也。一云，立日上爲戴。青赤氣抱在日上，小者爲冠，國有喜事。青赤氣小，而交於日下，爲

纓。青赤氣小而圓，一二在日下左右者，爲紐。青赤氣如小半暈狀，在日上爲負。負者得地爲喜。又曰，青赤氣長而斜倚日傍爲戟。青赤氣圓而小，在日左右，爲珥。黄白者有喜。又曰，有軍。日有一珥爲喜，在日西，西軍戰勝，在日東，東軍戰勝。南北亦如之。無軍而珥，爲拜將。又日旁如半環，向日爲抱。青赤氣如月初生，背日者爲背。又曰，背氣青赤而曲，外向爲叛象，分爲反城。璚者如帶，璚在日四方。青赤氣長，而立日旁，爲直。日旁有一直，敵在一旁欲自立。從直所擊者勝。日旁有二直三抱，欲自立者不成。順抱擊者勝，殺將。氣形三抱，在日四方，爲提。青赤氣横在日上下爲格。氣如半暈，在日下爲承。承者，臣承君也。又曰，日下有黄氣三重若抱，名曰承福，人主有吉喜，且得地。青白氣如履，在日下者爲履。日旁抱五重，戰順抱者勝。日一抱一背爲破走。抱者，順氣也，背者，逆氣也。兩軍相當，順抱擊逆者勝，故曰破走。日抱且兩珥，一虹貫抱，至日，順虹擊者勝。日重抱，内有璚，順抱擊者勝；亦曰軍内有欲反者。日重抱，左右二珥，有白虹貫抱，順抱擊勝，得二將。有三虹，得三將。日抱黄白潤澤，内赤外青，天子有喜，有和親來降者。軍不戰，敵降，軍罷。色青，將喜；赤，將兵争；白，將有喪；黑，將死。日重抱且背，順抱擊者勝，得地，若有罷師。日重抱，抱内外有璚，兩珥，順抱擊者勝，破軍，軍中不和，不相信。日旁有氣，圓而周帀，内赤而外青，名爲暈。日暈者，軍營之象。周環帀日無厚薄，敵與軍勢齊等。若無軍在外，天子失御，民多叛。日軍有五色，有喜。不得五色，有憂。

凡占兩軍相當，必謹審日月暈氣，知其所起，留止遠近，應與不應，疾遲大小，厚薄長短，抱背爲多少，有無實虚久亟，密疏澤枯。相應等者勢等。近勝遠，疾勝遲，大勝小，厚勝薄，長勝短，抱勝背，多勝少，有勝無，實勝虚，久勝亟，密勝疏，澤勝枯。重背大破，重抱爲和親，抱多親者益多，背爲不和。分離相去，背於内者離於内，背於外者離於外也。

凡占分離相去，赤内青外，以和相去；青内赤外，以惡相去。日暈明久，内赤外青，外人勝；内青外赤，内人勝；内黄外青黑，内人勝；外黄内青黑，外人勝；外白内青，外人勝；内白外青，内人勝；内黄外青，外人勝；内青外黄，内人勝。日暈周帀，東北偏厚，厚爲軍福，在東北戰勝，西南戰敗。日暈，黄白，不鬭兵未解；青黑，和解分地；色黄，土功動，人不安；日色黑，有水，陰國盛。日暈七日無風雨，兵大作，不可起，衆大敗。不及日蝕，日暈而明，天下有兵，兵罷；無兵，兵起不戰。日暈始起，前滅而後成者，後成面勝。日暈有兵在外者，主人不勝。日暈，内赤外青，羣臣親外；外赤内青，羣臣親内其身，身外其心。日有朝夕暈，是謂失地，主人必敗。

日暈而珥，主有謀，軍在外，外軍有悔。日暈抱珥上，將軍易。日暈而珥如井幹者，國亡，有大兵交。日暈上西，將軍易，兩敵相當。日暈兩珥，平等俱起而色同，軍勢等，色厚潤澤者賀喜。日暈有直珥爲破軍，貫至日爲殺將。日暈員且戴，國有喜，戰從戴所擊者勝，得地。日暈而珥背左右，如大車輞者，兵起，其國亡城，兵滿野而城復歸。

日暈，暈内有珥一抱，所謂圍城者在内，内人則勝。日暈有重抱，後有背，戰順抱者勝，得地有軍。日暈有一抱，抱爲順，貫暈内，在日西，西軍勝，有軍。

日暈有一背，背爲逆，在日西，東軍勝。餘方放此。日暈而背，兵起，其分，失城。日暈有背，背爲逆，有降叛者，有反城。在日東，東有叛。餘方放此。日暈背氣在暈内，此爲不和，分離相去。其色青外赤内，節臣受王命有所之。日暈上下有兩背，無兵兵起，有兵兵入。日暈四背在暈内，名曰不和，有内亂。日暈而四背如大車輞者四提，設其國衆在外，有反臣。日暈四提，必有大將出亡者。日暈有四背璚，其背端盡出暈者，反從内起。

日暈而兩珥在外，有聚雲在内與外，不出三日，城圍出戰。日暈有背珥直，而有虹貫之者，順虹擊之，大勝得地。日暈，有白虹貫暈至日，從虹所指戰勝，破軍殺將。日暈，有虹貫暈，不至日，戰從貫所擊之勝，得小將。日暈，有一虹貫暈内，順虹擊者勝，殺將。日暈，二白虹貫暈，有戰，客勝。日重暈，有四五白虹氣，從内出外，以此圍城，主人勝，城不拔。

又日重暈，攻城圍邑不拔。日暈二重，其外清内濁不散，軍會聚。日暈三重，有拔城。日交暈無厚薄，交争，力勢均厚者勝。日交暈，人主左右有争者，兵在外戰。日在暈上，軍罷。交暈貫日，天下有破軍死將。日交暈而争者先衰，不勝即兩敵相向。交暈至日月，順以戰勝，殺將。一法日在上者勝。日有交者，赤青如暈狀，或如合背，或正直交者，偏交也，兩氣相交也，或相貫穿，或相向，或相背也。交主内亂，軍内不和。日交暈如連環，爲兩軍兵起，君争地。日有三暈，軍分爲三。日方暈而上下聚二背，將敗人亡。日暈若井垣，若車輪，二國皆兵亡。又曰，有軍。

日暈不帀，半暈在東，東軍勝，在西，西軍勝。南北亦如之。日暈如車輪半，

軍在外者罷。日半暈東向者，西夷羌胡來入國。半暈西向者，東夷人欲反入國。半暈北向者，南夷人欲反入國。半暈南向者，北夷人欲反入國。

又曰，軍在外，月暈師上，其將戰必勝。月暈黄色，將軍益秩禄，得位。月暈有兩珥，白虹貫之，天下大戰。月暈而珥，兵從珥攻擊者利。月暈有蜺雲，乘之以戰，從蜺所往者大勝。月暈，虹蜺直指暈至月者，破軍殺將。

唐·李淳風《乙巳占》卷一 日占第四

夫日者，天之所布，以照察于下而垂示法則也。日爲太陽之精，積而成象人君。仰爲光明外發，魄體内全，匿精揚輝，圓而常滿，此人君之體也。晝夜有節，循度有常，春生夏養，秋收冬藏，人君之政也。星月禀其光，辰宿宣其氣，生靈仰其照，葵藿慕其思，此人君之德也。是以日生道德，養生福祐仁恩。若人君有瑕，必露其慝，以告示焉。夫日之體象周徑之數，余别驗之，著于《曆象志》，此非所須，故不録之也。日行于天，一晝一夜行一度。日出地上謂之晝，日没地下謂之夜，一晝一夜謂之一日。日者實也，言光明盛實也。日之光，後不可名狀，假甲子乙丑以異之焉。其行於天，去極近，日長而暑；去極遠，日短而寒；去二極中，暄涼等，晝夜停。故聖人作曆，以推步焉，序之以四時，分之以八卦，正之以中氣，變之以節候，爲二十四氣焉。【略】

候影法：先定南北，使正樹八尺表爲勾，臥股一丈四尺。按其曆氣，日中視影與曆合則吉，不合則凶。日影，中年短于氣曆舊影，則爲日行上道；與曆同，爲行中道；長于舊影爲行下道。行上道太平，行中道昇平，行下道爲霸世也。

候氣法：截十二竹及銅爲律管，口徑三分，各如其長短。埋于室中，實地依十二辰次之，上與地平，以葭莩灰實律中，以羅縠覆上。律氣至，吹灰動縠，小動爲和，大動爲君弱臣强，不動爲君嚴暴之應也。

其律聲有清濁，吹之以聽其音，以知世之和與不和。是故西戎猶解聽律音以辨國中，國有聖人，有聖人則東風應乎律矣。又詩序稱：聲成文謂之音。世有治亂，音有哀樂，人君宰相須深察之。律應早晚，和與不和，迺史官之要事也，皆係之於日行，故録附於此，以示一隅。今史官傅仁均、薛頤等，並不考用影律，尸素之流也。

京房曰：日月行房乘三道，太平行上道，昇平行中道，霸世行下道。日不可視，以宿度影晷推之可知，影短則行上道矣。列宿當有道之國，日月過則光明，人君吉昌，民人安寧。日或黑或赤或黄，有軍軍破，無軍喪侯王。若人君不聞道德，其臣亂國背上，則日赤。

劉向《洪範五行傳》曰：漢成帝河平九年正月二日朝，日出如血無光，漏上四刻五刻，乃頻有光，照地赤黄，食後乃復。是時成帝無道德，後宫趙氏亂於内，外家王氏擅權，遂至國亡也。若臣逆君法，日赤如火，其國遂矣，國亡也。若臣逆君法，日赤如火者，其國内亂。

若陰沉日月無光，晝不見日，夜不見星，皆有雲障之而不雨，此爲君臣俱有陰謀，兩敵相當，陰相圖議。

若晝陰，夜月出，君謀臣。

若夜陰，晝日出，臣謀君。

若日濛濛，並無光，士卒内亂。

日出一竿無光曜者，其月有三死，若有憂。若人君宰相不從四時行令，刑罰不時，大臣奸謀，離賢蔽能，則日月無光而見瑕謫，不改其行，其國五穀不成，六畜不生，人民上下縱横，盜賊並起。

日出無光曜者，主病，一曰：主有負於臣，百姓有怨心。

日失色，所臨之國不昌。

日晝昏，行人無影，至暮不止者，上刑下急，民不聊生。不出一年，必有大水，下田不收。

日晝昏，烏鳥羣鳴，國失政，臣持政。

日無雲不見光，比三日，爲大喪，必有滅國。日中烏見，主不明，爲政亂，其分國有白衣會，大旱。三足烏出在日外，天下大國受殃，戴麻森森，哭聲吟吟。日光明盛，萬物不得視其體，猶人君之尊，權勢不可窺踰。今日無光，人皆見其體貌，將有伺察神物者焉，人君失其威柄之象，特宜修德政以禳之。日中有火光氣現者，其國君左右大臣欲反。夫祭天不順，兹謂逆祀。日中有黑子、黑雲，若青若黄赤，乍二乍三，天子崩。按《晉中興書》云：昇平三年十月丙午，日中有黑子，大如鷄子，俄而孝宗崩。晉太和四年十月乙未，日中有黑子如李。至八年十一月己酉，天子廢爲海西公。若日足白者，有破軍敗將，諸侯王退敗。日足白者，日影屬地而純白也。日上有黄芒，天下攻戰。日消小，所當國君死。日中分，其國亡。日夜半見，天下不安，是謂陰明，天下大兵，洪水流行。日再出再没，國亡君死，有兵，主降於臣，天下亡。日出非其所，天子失國，政令不行。兩日並出，諸侯有謀，是謂滅亡。天下用兵，無道者亡。兩日並照，

是謂陽明。假主抗衡，天下有兩王並争。衆日並見，天下裂分，百官各設，法令不一。王者並出，言天子多也。《汲冢書》曰：甲居於河曲，天有祆孽。十日並出，日象似日形耳，非正如日也。兩軍相當，數日並出，當分營以應之。日鬬者，日中三足烏見，常在日出至食時候之，或離而復合，白日與黑日鬬，其國相攻，天下有兵，不出三年，天下大饑。日鬬之時，或有五色仰珥之狀，爲行隊而相追淩突，皆爲天子失國，爲軍兵滿野。日病主病，日赤黃是也。日死主死，日赤紫色是也。月並出，中國有兩主立。日月並見，是謂滅亡。天下兵起，國將亡。日月並見，相去數寸，臣下作亂，滅其國主也。日月大星，並出晝見，是謂争明，大國弱，小國强，有立侯王。日月星俱見有者，天子不能禁制臣下，政令不行，大國亡。日入月中，不出九十日，兵大起，易法令，金鐵貴三倍。一旬而正，主病，不則將軍去，后死。日見月中，人主死。朔日日赤是也。月與日並照，日中光不盛，后妃持政。

日月旁氣占第五

淳風按：夫氣者，萬物之象，日月光明照之使見。是故天地之性，人最爲貴，其所應感亦大矣。人有憂樂喜怒誠詐之心，則氣隨心而見，日月照之以形其象，或運數當有，斯氣感占召，人事與之相應，理若循環矣。風雨氣見於日月之傍，三日内有大風，遠至七日，内大雨久霪者爲災，無此風雨之應也。七日内無風雨之應，乃可論災祥耳。一曰冠氣，青赤色立在日月之上，冠帶之象也。天子當立侯王，封建親戚，授之茅土以爲蕃屏。白則有喪，赤則有兵。二曰戴氣，青赤色横在日月之上，而小隆起，其分當有益土進爵推戴之象，亦爲福祐之象。黑則有病，青則多憂。五色鮮明黃潤爲吉，此純赤、純黑、純白、純青爲凶色也。三曰珥氣，青赤短小，在日月之傍，纓珥之象也。其色黃白，女主有喜。日朝有珥，國主有進幸之事。其不可行，女主戒之。純白爲喪，間赤爲兵，間青爲疾，間黑爲水，間黃爲喜。他皆倣此。有軍而珥爲喜，兩軍相當，軍欲和解，所臨者喜。在日西，西軍勝；在日東，東軍勝。南北亦然，敗處可知也。無軍而珥，爲拜將。日有四珥，天子立侯王，有子孫之喜，期不出三年。日有六珥，其分有喪，若有赤雲掩日，下有亡國。四曰抱氣，青赤而曲，向日抱扶。抱，向就之象也。日月傍有抱，鄰國臣佐來降，亦有子孫之喜，臣下忠誠以輔主上之象也。五曰背氣，青赤而曲，向外爲背，背叛乖逆之象。其分有反城叛將，邊將欲去，善防之。六曰玦氣，青赤曲，向外中，有横枝似山字，玦傷之象也。君臣不和，上下傷玦。七曰直氣，青赤色，一丈餘，正立日月之傍，兩軍相當，所臨者敗，有軍必戰。八曰交氣，青赤色，狀如兩直相交，淫悖之象也。其分有自立者。常以九月上旬兩日候之，日月傍有交赤雲，其下有兵。人生有淫悖之行，則有此氣。九月提氣，日月四傍有赤雲曲向，名曰四提。提似珥而曲，不出其年，兵起，王者死，赤爲亡地，有自立者。一云氣形如三角，在日四方，爲提。十曰纓紐承履，氣青赤色，在日下。上曲爲纓，下直立爲履。在日下兩邊，交曲而雙垂爲紐，皆喜氣也。人君將有納女寵之象也。氣如半暈，在日下爲承。承者，臣承君也，爲君臣相承有喜。青赤氣横直在日上下者爲格。格者，格鬬之象也。日冠而珥，君有私事，在珥之所處，處東在東。他皆倣此。日戴而珥，天子有喜賀子孫之事。抱爲和親，日多抱珥，則國中懽喜而和洽。若一抱兩背而玦，是謂大疫。軍衆在外，將有反者。日有背玦，四直交在其中，臣欲爲邪。有芒刺，中青外赤，爲逆，外青無芒，爲謀。此數見，國家凶，抱而且背，不和之象。順逆相參，明者勝，抱明久順勝。他皆倣此。凡有抱者以攻戰，從抱擊之者勝，芒外刺者中人勝，芒内刺者外人勝，皆以象類爲法也。十一曰暈氣，暈周而匝，中赤外青，軍營之象也。對敵有暈，厚而鮮明久留者勝，在東東勝，他倣此。無軍在外而有此氣，天子失御，人民多叛。日月皆暈，共戰不合，兵罷。日以庚子暈，有赦令。日有青暈，不出旬日有大風，糴貴，人民多爲病凶。日有黑暈，災在用事之臣。日暈七日無風雨，兵大作。不可起兵，衆大敗。日暈而珥，宫中多事，後宫忿争。七日不雨，蓄察宫中。日暈而珥，立侯王，人有謀。軍在外，外軍有悔。日暈且珥如井幹，國亡以兵亂大戰。一珥爲一國兵戰，二珥爲二國兵戰，以珥爲數。日暈珥，貴人有罷，國有謀反，亦爲拜將。十二曰負氣，負氣者，青赤如小半暈狀而在日上則爲負，負者得地，爲喜。日重暈四負，殃大，如内亂，三日兩，不占。戟氣者，青赤氣長而斜倚日傍爲戰，弋戟相傷之象。日暈且有冠，且有戴，天下立侯王。若自立者，其分必有益土。日暈而有戴，若拜謁，立諸侯，德令矣。日暈有抱，抱爲順，日月之傍，王者有喜，子孫吉昌，政合行。兩軍相當，有抱者勝。日暈抱珥，上將易。日暈而背，兵起其分，失城背焉，逆有降反城。背在東，東有叛；在西，西有叛。他倣此。蓋兩軍相當，背所在方敗，無背者勝。背者逆也。日暈中有璚爲不順，與背同。人臣不忠，爲外其心，君臣乖離。其國兵起，若有逃臣。日暈而玦，兩軍相當，所臨者敗。内外同，軍玦戰。日暈而有直氣在兩傍，其國有自立諸

侯王者，封賞左右。兩軍相當，有直者勝。日暈四提，必有大將出亡。日暈而有背，抱珥直而虹貫之，宜從虹而擊之。日暈有背者，有軍不合戰，將有叛。內外同，在內爲內，在外爲外。兩軍相當，日暈而冠珥及纓者，軍和解。抱戴者有喜。日月無精光，青赤暈，虹蜺背玦在心度中，是謂大盪。兵喪並起，當以赦除之咎。日暈而珥，有雲穿之者，天下名士死。日暈而兩珥右外，有聚雲在中與外，不出三日，城圍出戰。日月暈，仰視之，須臾當有雲氣從旁入者，急隨雲以攻之，大勝。日暈，有聚雲不出者，兵起三日，內城受圍。日暈，而白雲如車蓋臨日上，城降得地。日暈再重，有德之君得天下，其分有攻戰。日暈色青再重，外戚、親屬在內爲亂，王者有憂，有亡地。日暈三重，諸侯王反，天下受兵，期三年有攻戰。日暈四重，滅。有野有反相，亡國死王。日暈五重，是謂陰謀。女主喪，其年饑。天下有兵，其地破亡。日暈六重，國失政，兵起國喪。日暈七重，中國弱，戎狄强，有急使至。日暈八重，士人亂，天子傷。日暈九重，天下亡。日暈十重，天下大亡，各以其日所在辰、星宿、國分占之。日暈再重而有兩珥，白虹貫之，天子有憂，大戰流血，橫屍遍野。日暈三重而珥，其國有兵，亡其市邑，有相叛。日交暈，立大夫爲將軍。交暈無厚薄，交争力勢均，厚者勝。交暈，居上者勝。交暈而珥，天下兵起，有兵者罷，暈而不匝者敗。有暈在東，東軍勝。兩半暈相向者，風殘五穀。日交暈，貫日，天下有破軍死將。日暈有一抱一背，兩軍相當，從抱擊背者勝。暈不匝空而軍敗。有赤氣如布掩日，爲大戰。日月傍有懸鍾，如人臥其下，有死將。日傍有黑氣，如龍銜日，及如人背日，大將欲反。伏虎守日，大將軍反。四虹貫日，有人謀亂，氣赤尤甚。赤雲如人頭懸鏡，皆兵起流血之象。白虹貫日，虹蜺連結，展轉刺日，並后族悉黜，天子外戰，若兵威內奪。赤暈有一虹，所在將死。日月始出，有黑雲貫之，或一或二或三，不出三日，必有暴雨。有赤雲如杵，長七八尺，撞入日月，所宿國主死。日月中有人者，臣害主，兩主争。

日蝕占第六

夫日依常度，蝕者，月來掩之也，臣下蔽君之象。日行遲，一日行一度，一月行二十九度餘；月行疾，二十七日半一周天，二十九日餘而追及日。及日之時，與日同道，而在于內映日，故蝕其象。大臣與君同道，逼迫其主，而掩其明。又爲臣下蔽上之象，人君當防慎權臣內戚在左右擅威者。其蝕雖依常度，而災害在於國君大臣。或人疑之，以爲日月之虧蝕，可以算理推窮，皆先期知之。蝕分多少時節，早晚所起，皆如符契左右，此豈天災之意耶？夫月毁於天，魚腦減於泉，月豈爲螺蚌之災而毁其體乎？但陰陽之氣迭相感應自然耳。東風至而酒湛溢，東風非故爲溢酒而來至也，風逼至而酒適溢耳，此豈不相感應者歟？若然，油水之類也。東風至，油水不溢而酒獨溢，猶天災見，有德之君修德而無咎，暴亂之王行酷而招災，豈不然也？陽燧之取火，方諸之取水，皆以象占之也。陽燧方諸銅蛤之類，將凡鏡往求而不得者，爲無其象而不占也。災之所起，起於昏亂之所，無災非朔而蝕者，名爲薄蝕。凡薄蝕者，人君誅之不以理，賊臣漸舉兵而起，北陰氣盛，掩薄日光也。陰盛侵陽，臣淩其君，其分君凶，不出三年。無道之國，日月過之而薄蝕。兵之所攻，國家壞亡，必有喪禍。裴子曰：夫日者君也，月者臣也，一歲十二會，君臣相見之象。君有失德，臣下專之，故有日蝕之咎，故伐鼓，用幣，責上卿，是其禮退臣道也。以知君臣忠，天下太平，雖交而不能蝕，蝕即有凶，臣下縱權篡逆，兵革水旱之應兆耳。日者陽精之明，曜魄之寶，其氣布德而生，生在地曰德，德者生之類也。德傷則亡，故日蝕，必有亡國死君之災。日蝕則失德之國亡，日蝕，則王者修德。修德之禮重于責躬，是故禹湯罪己，其興也勃焉。日薄蝕，色赤黃，不出三年，日時所當之國有喪。一曰日始出而蝕，是謂無明，齊越之國受兵亡地。凡日蝕者，則有兵有喪。失地國亡，皆以日蝕時早晚、分宿、日辰占之。日午時已後蝕者，有兵，兵罷不起。日蝕從上起，君失道而亡，從旁起，內亂兵大起，更立天子。日蝕從下起，女主自恣，臣下興師動衆失律，將軍當之。日蝕少半，諸侯大臣亡國失地相逐。蝕半，有大喪亡國。蝕大半，災重，天下之主當之。蝕盡，亡天下，奪國，臣弒君，子弒父，不出三年。日蝕見星，臣殺其君，天下分裂。日蝕而暈傍珥，白雲來去掩映，天下大亂，大兵起。臣殺君，君失位。日蝕陰侵陽，君位凶，羣兵動，宜施恩賞。日蝕而傍有似白兔、白鹿守之者，民爲亂，臣逆君，不出其年，其分兵起。凡日蝕之時，或有雲氣風冥暈珥，似有羣鳥守日，名曰天雞，后妃謀易主位，奪其君，數視動静，欲行其志。日蝕大風地鳴，四方雲者，宰相專權謀反之象。地震裂，日色昧而寒乃蝕者，四方正伯專誅，恣行殺逆。日蝕而大寒，又在於平旦，中國大飢餓，賊盜起，夷狄動，諸侯亂。日蝕星墜而復上，君將被殺，下將窮竭，賦歛重數之應。日月俱蝕，國亡。日者，人主之象，故王者道德不施，則日爲之變。薄蝕無光，日以春蝕，大凶，有大喪，女主亡；夏蝕

無光，諸侯死；秋蝕，兵戰，主人死；冬蝕，有喪，多病而疫。　凡四時以王日蝕者，主死；以相日蝕者，國相死；以囚死日蝕者，臣殺君；休廢日蝕者，多病疫。日以正月蝕，人多病；二月蝕，多喪；三月蝕，大水；四月五月蝕，大旱，民大飢；六月蝕，六畜死；七月蝕者，歲惡，秦國惡之；八月蝕者，兵起；九月蝕者，女工貴；十月蝕者，六畜貴；十一月十二月蝕者，糴貴，牛死于燕國。其日之甲乙，一如畧例中。　蝕列宿占：日在角蝕，將吏耕田臣有憂爲司農之官者，國四門閉，其國凶；月同。　日在亢蝕，朝廷之臣有謀叛；日在氐蝕，天子病崩，卿相讒諛，君殺無辜，王后惡之；日在房而蝕，王者憂疾病有亂，又大臣專權；月同。日在心而蝕，君臣不相信，政令失儀度，准繩變其宜；日在尾蝕，將有疫，後宮中小凶；日在箕蝕，將有疾風飛砂，發屋折木，戒之於出入；日在斗蝕，將相憂，國飢兵起；月同。　日在井蝕，其國反叛兵起，戒在后夫人祠禱之咎；日在女蝕，戒在巫祝后妃禱祠；日在虛蝕，其邦有崩亡，天下改服；月同。日在危蝕，有大喪，君臣改服；日在室蝕，人君出入無禁，好女色，外戚專權；日在壁蝕，則陽消陰壞，男女多傷敗其人道，王者失孝敬，下從師友，虧文章，損德教，學禮廢矣；日在奎蝕，魯國凶，邦不安，慎在人主、邊境、廄庫；日在婁蝕，戒在聚斂之臣；日在胃蝕，委輸國有乏食之憂；日在昴蝕，大臣厄在獄，王者有疾，戒在主，獄有犯誤天子者；日在畢蝕，將有邊將亡，人主有弋獵之咎；日在觜蝕，大將謀議，戒在將兵之臣；日在參蝕，戒在將帥；日在井蝕，秦邦不臣，畫謀不成，大旱，人流亡；日在鬼蝕，其國君不安；日在柳蝕，厨官門户橋道之臣有憂；日在七星蝕，橋門臣憂黜；日在張蝕，山澤汙池之官有憂；日在翼蝕，王者退太常，以法官代之，有德令則蝕不爲害，其歲旱，亦爲王者失祀，宗廟不親，戒在主車駕之官；日在軫蝕，貴臣亡，后不安。月同。

凡日蝕者，皆着赤幘以助陽也。日將蝕，天子素服，避正殿，内外嚴警，太史靈臺伺日，有變，便伐鼓，聞鼓音作，侍臣皆着赤幘，帶劍以助陽，順之也。

唐・李淳風《乙巳占》卷二　月占第七

夫月者，太陰之精，積而成象，魄質含影，禀日之光，以明照夜，佐修陰道。以之配日，女主之象也。以之比德，刑罰之義也。列之朝廷，諸侯大臣之數也。是以近日則光斂，猶臣近君卑而屈也；遠日則光滿，爲其守道循法，蒙君榮華而體勢申也。當日則蝕，猶臣僭君道，而禍至於覆滅。盈極必缺，示其不可久盈也。月，闕也，陰道、臣道、妻道，不可使盈，理當恒闕也。其行速，臣下之道也。行有弦望晦朔，遲疾陰陽，政刑之等威也。【略】

又有陰陽行，上元之初，合朔已後，月則出日道外，行陽道，經十三日半强，則又入日道内，越黄道，行陰道，又十三日半强，而出黄道之外矣。當越道之處，名曰交道。大凡二十七日强而一出一入兩過，交於黄道。黄道，日道也。月不行日道者，猶臣不可與君同名器矣。在黄道内外極遠之時出入各六度矣，朔日與同度之時，月在交道内，而當交則蝕矣。不當交則不蝕，此猶臣與君相遇，同道擅權而掩蔽君矣。望日加時，月在交道上過，則日蝕；不當交道上過，則不蝕矣。其推求法術，並著在《曆象志》、《乙巳元經》，事煩不能具録，略表綱紀焉。夫月之行也，每朔禀先於日，漸舒其照，遠而益明，行於列宿，不巡光道。舒而還斂，屈體戢光，盈而不僭，以至於晦，此順理之常也。猶大臣諸侯禀承君命，教令節度，巡行萬國，照察百揆，而無僭亂擅權之心。有功歸主，不自矜伐，退以報君焉。　烏兔抗衡，光盛威重，數盈理極，危亡之災，一時頓盡，遂使太陽奪其光華，闇虛虧其體質，小僭則小虧，大驕則大虧，此理數之當然也。是以明王在上，月行依道。主不明，臣執勢，則月行失道。大臣用事，背公向私，兵刑失理，則月行乍南乍北。女主外戚擅權，則或進或退朏朒，皆君臣德刑不正之咎也。有不如常，隨其事占其吉凶。月行疾則君刑緩，行遲則君刑急。月之與日，遲疾勢殊，而事勢異也。劉向曰：是故人君，月有變，則省刑薄斂以修德，恩從肆赦，故春秋有眚災肆赦之義矣。　月若變色，將有災殃。青爲飢而憂，赤爲争與兵，黄爲德與喜，白爲旱與喪，黑爲水，人病且死。月若晝明者，月爲臣，日爲君，臣以明續君，當在其時，不可與君争力競能。晝明者，此奸邪並作，不效，則失其行而必毁矣。其救也，出退强臣，斷絶奸佞，近忠直，親賢良，則月得其行，不專明矣。是故人君宰相不從四時行令，刑罰不中，大臣奸謀，黜賢蔽能，則日月無光而見瑕謫矣。不救其行，五穀不成，六畜不産，人民上下不從，盜賊並起。月出非其所，行非其路，皆女主失行，奸通内外陰謀，小國兵强，中國民飢，下欲僭權矣。月生正偃，天下有兵，合無兵，人主凶。月行急，未當中而中，未當望而望，皆爲急。兵大戰，軍破將死，大臣執政逼君，主將有女主擅權，天下亂，易宗廟。月未當缺而缺，大臣滅，女主黜，諸侯世家絶。月再中，帝王窮。月當出而不出，有陰謀，有死王，天下亂。月未當上弦而弦，國兵起；未當下弦而弦，臣下多奸詐。當盈而不盈，君侵臣，則大旱之災。未當盈而盈，臣欺君，有兵。月初生而盛，女主持政。大月八日，小月七日，昏中過度，有兵事，如不及度，喪事。

月生五日，而昏中已後盛，君無威德，佞臣執權柄，民背君，尊其臣。　月前望西缺，後望東缺，名反月，臣不奉法制度，侵奪主勢，無救，爲涌水，兵起。其救也，止刑罰，誅奸猾，任賢而稽疑，定謀事成，則月變不爲傷之也。　月當晦而不盡，所宿國亡地。　月大而體小者旱，有氣色非常，皆爲皇后陰謀事。　月始生有黑雲貫月名激雲，或一或二或三四，不出三日有暴雨。　月上月初生小而形廣大者，有水災。　月生刺，是謂賊臣生中國。　月生牙齒，女主后妃有黄芒，君福昌，皇后喜。　月生爪牙，人主賞罰不行。一占云：人君左右，宜防刺客。亂，天下兵起。　月望而月中蟾光不見者，所宿之國山川大水，城陷民流，亦爲女主宫中不安。　月分爲兩道，無道之君失天下。　月墜於天，有道之臣月出復没，天下亂。　兩月並出相重，急兵至。　三月並見，其分亡。　月出子地中，庶民出爲王。　兩月並出，天下治兵，異姓大臣争朝勢爲害，王者選有立諸侯，而女主有競。　月重出，皆爲暴兵殘害，天下亂首，將有亡天下之象也。余於大業九能授之。年在江都，時年十三，寓遊彼土。正月内，因送孝于城東。是時正月二十七日，旦起，東方有二月，見之相去二尺許，分明在箕斗之間，衆懼見之。俄而玄感於黎陽起逆，朱燮、管崇又殘賊於江南，天下因此遂兵賊相掠，至於滅亡，此尤大効也。　東方小月承大月，小國毁，大國伐之爲主。凶在西方。小月承大月，小邑勝，大月承小月，大邑勝。　月兩弦中間，光盛而多衆，或二或三，或四或五，乃至十月並見，皆爲天下分裂，天子政在諸侯，諸侯自立。諸月傍氣象，皆與日占大同。

月與五星相干犯占第八

凡五星及列宿與月相蝕相薄，皆凶。　歲星蝕月，有大喪，女主死，臣弑君，易主。　熒惑蝕月，讒臣貴，後宫女有害主者。　填星蝕月，女主凶，當有黜者，有喪。　太白蝕月，易大將，將死。　辰星蝕月，有大水。　五星入月中，其分野有逐君，大臣賊主。　月蝕五星，若舍皆其分，有災。　月凌歲星，年多盗賊，刑獄煩。　月與歲星同光，即有饑亡。土同。　月與歲星同宿，其年疫疾。　月與熒惑相犯，戰勝之國大將死，天下有女主之憂。　月與熒惑同光，内亂且饑。　月吞滅熒惑，國敗。　月犯填星，女主敗喪。魏青龍二年十月乙丑，月犯填星。三年正月，太后郭氏崩。晉安帝隆安四年正月乙亥，填在牽牛，月頻犯之。七月壬子，皇太后李氏崩。　填星入月，不出四旬，有土功事。若犯，貴人絶無後。　太白入月，中不見星者，臣殺主。　月蝕太白，國君亡，臣弑主。　月犯太白，將有兩心。　戴太白，有卒兵，月生三日，刺太白之陽，陽國大邑勝，小邑損。　月刺太白之陰，兵在外者未及入，在内者不及出。　月與太白合宿，太子死。　太白在西方始見，在月北爲得行，在月南爲失行，西方先起兵者敗。　太白與月相去三尺，有憂軍；與月相去二尺，有憂城；與月相去一尺，有拔城。　太白入月中不出，客將死；出者，主人將死。　無軍，大將當之。　太白出東方，在月南，中國勝。在月北，中國敗。出西方，在月北，負海國勝；在月南，負海國敗。　金火與月相近，其間六寸，天下有兵；間一尺，天下憂；尺五已來，無害。　太白出西方似月，三日候之，與月並出。間容一指，軍在外，期十日，有破軍死將，客勝。　容二指，期十五日，有破軍死將，主人小勝。　容三指，期二日，有破軍將死，客軍大勝，主人亡地。　容四指，期二十五日，客軍入境，主人不勝。　容五指，期三十日，軍陣不戰。　太白以月未盡一日，晨出東方，與月併出，候之以指。容一指，十日，有破軍死將，主人不勝。　容二指，十五日，客大破，主人得地。　容三指，期二十日，有破軍死將，主者亡地。　容四指，期二十五日，客軍大敗。　容五指，期三十日，軍陣不戰金同。　月犯辰星，辰星入月中，有水行事起，不出三旬，内有匿謀，春夏大水。　晉孝武太元十三年十一月戊子，辰星入月在危，是時濤水入石頭，春大雪，牛馬疾疫，穀貴，不出百日也。

月干犯列宿占第九

角：月犯角，天子大人惡之，大人有憂獄事，天下大凶。　犯左右角，大戰，大臣當之，有憂喪。　兩軍相當，犯左角，大戰將死，右角，廷尉死。　月在角中行，爲出天門中道，百姓安寧，歲美無兵。　出右角，北胡王死，天下多雨。　行中道之南，南君惡之，大臣不輔。　亢：月犯亢，其國將死。　月蝕亢，大人多死疫癘，在朝廷之臣爲始。　月在亢，有變，王者布政失理，宜省刑罰。　氐：月犯氐，天下兵起。　晉孝武太元三年二月癸亥，月入氐，大將軍韋楷率兵襲汝南，符堅及子等十餘萬人寇襄陽。　是年大兵。　月蝕氐，及犯在氐，有變，皆爲宫中陰謀，大人女主，宿止不安，刑政失理，天下飢亂，兵寇賊起。　房：月犯蝕房上將，上將誅。犯蝕次將，次將誅。　上相、次相亦然。　月行房南一丈，多暴獄，大旱。　出房北一丈，兵起天子旁，有亂臣。　歲有大水，七月期。　月行天駟中，經歲安寧，五穀熟。　月行太陽，天下亂，民事失，民啼哭，陽道未窮而死。　月行太陰，天下兵起，陰道未窮而作。　月出中道，天下和平，利以稱兵。　月變於房，名寶出，駟駕滿野，將不安，失時令。　心：月犯心，主命惡之，其宫内亂，臣有逆者，月犯心中，人王

遇害，有大賊，國人亂。月乘心，其國相死。出心太北，國旱，宗廟災。出心太南，君憂，且有兵起。月變于心，人主有憂，兵在外，大將易。無兵，太子事，亦爲天子計失於刑罰。　尾：月犯尾，貴戚有誅者，其國將軍死。月在尾，后宮有爭，人君子孫不吉。　箕：月入箕，糴大貴，天下旱，飢死過半，人君號令，傷於酷暴，百姓失所。月在箕，後宮政教失，女主乖怨，有暴風。失行於箕者，大風。南斗：月行於南斗，大臣誅，大將及近臣去，將軍死，女主凶。《宋書·志》稱：晉哀帝興寧三年七月庚戌，月犯斗。來年五月戊寅，皇后庾氏崩。安帝義熙元年三月己巳，月掩斗第五星，至八月丙戌，頻掩之。是年三月始興太守徐道覆反。四月，盧循起湘中。五月，循破劉稷。京畿自是大臣多戮死也。月入斗魁，大人憂，太子辱，宫中有賊。月一歲三入南斗，有德令，有兵起。月在斗有變，易相，爵禄失，大臣有憂刑戮，及將相非理食禄，更易天子法令者。月乘斗，色惡，蒼芒，丞相死。月宿斗，爲風雨。月蝕斗，羣臣憂國亂。　牽牛：月犯牛，牛疫，牛馬羊暴貴，犧牲之官有憂，將軍奔，道路關梁阻，天下有詐，穀大貴，大國有憂，將軍死，一曰牛多病。月在牛有變，關梁閉塞，將有農令犧牲之事，四足虫疾矣。月乘牛，有大水，人相棄於道。須女：月犯女，女子凶，憂疾患女惑之事，其國有憂，將軍死。晉孝武大元二年八月戊辰，月入女。八月，征西將軍桓豁卒。十月乙未，犯女，壬寅，尚書令王彪之卒也。有改易高下貴賤，女工興，有女令。月在女有變，有兵不戰而降。又曰嫁女娶婦之事亦爲女，主布帛。　虛：月犯虛，天下大虛，虛邑復盛，天下政亂，國有憂，將軍死，百姓飢，哭泣不已，有陵廟事也。月蝕虛危，人多去其室，有大戰。月變於虛，有土功在外，軍人飢。　危：月蝕危，不有崩主，必有大臣喪，天下改服，將有墳墓哭泣之事。月犯危，治臺樓蓋屋者多，天下亂，將軍死。月在危有變，將有哭泣死喪，墳墓蓋屋動衆之事。　室：月犯蝕室，及在室有變，國亂有憂，將亡地失。若宗廟毁，將相有死者，王者自將兵，宿在離宮，不安正寢，宜修文德，設武備，振軍旅以應之。　東壁：月犯蝕東壁及在壁有變，大人爲亂，人民多死，兵在外，軍人大驚，近臣去，將軍死，軍糧絶，將軍有謀，將有府庫土功之事。月宿壁，不雨則風。斗同。　蝕壁，有開閉之事，大臣戮，有文章者執。　奎：月犯奎，若在奎有變，大人亂，大臣凶，人多死憂，將軍有謀，有溝瀆女子之事。月犯奎大星，乳婦多死，邊民不安，有大水。月蝕奎，大將軍戰死。　婁：月犯蝕變於婁，有兵在外，不戰而和，有聚斂之事，多有蒐狩弋獵之事，民多獄怨，國君納女，遊獵無度，大人憂，將軍死。　胃：月犯蝕變于胃，其國有憂，將軍死，鄰國有暴兵，天下穀無實，有倉廩賦斂之事，小國兵起不戰，有霜，以夷狄爲憂，民多病。昴：月犯蝕變于昴，天子破匈奴，有白衣會，貴臣有憂，民離散，去其鄉，獄訟煩苛，無辜獲罪。檀道鸞《晉陽秋》云：孝武帝寧康元年正月丁未，月掩昴，七月己亥大司馬桓温薨。安帝義熙五年二月甲子，月犯昴，九月又犯昴，閏月丁酉又犯之，是年宋高祖討鮮卑。十月翌主爲其子所殺，六年鮮卑滅胡也。月行犯昴，北有赤白雲緣月，兵入匈奴有得地；赤白雲不緣月，兵入不得地。月乘昴，天下法峻，水滿野，穀不收。月行觸昴，匈奴受兵。月蝕昴，諸侯黜門户，大臣有事。月入昴，赦；月出昴，天下有福，大臣匿其罪。月入昴中，胡王死，理官有憂。月蝕昴，貴臣誅，貴女失勢月變於昴，兵在外絶食。月犯昴，將軍死，胡不安，或背叛，月行一歲不出昴畢間，來年有兵。　畢：月犯畢，出其北陰，國有憂。月入畢中，將軍死，不則有邊兵，期十月。月犯畢，天子用法誅罰急。若蝕畢，賊臣誅，貴人多死，兵革起。畢星見月中，女君當死，有德令。晉孝武大元五年五月庚子，月奄畢，六月丁卯又奄畢，進入畢口。九月癸未，皇后王氏崩。月失行，合陽風，合陰雨。月失行離畢則雨。月犯畢大星，下犯上，臣殺主，大將死。月變于畢，有邊兵之急，邊將刑。　觜觿：月犯觜，小戰，吏多死道路者，或背叛。月變于觜，刑罰之事，將相有殃。月犯蝕皆同占。　參：月犯蝕參，貴臣誅，赤地千里，其國大饑，人民相食。月變于參，百姓葆旅。月犯左肩，左將戰死；犯右肩，右將死。月犯蝕參伐星，戰，小將死。月宿參伐爲風雨，月蝕參伐兵起。　東井：月犯井，將軍死。晉孝武大元元年五月戊午，十二月乙卯，月奄東井。六年二月壬子，建威將軍桓副薨。七月甲辰，將軍王邵薨。月犯井左右星，女主憂。魏齊王嘉平三年四月戊寅，月犯井，七月皇后甄氏崩。月犯井，人主有憂，大水。若水官有黜者，其國有憂，平準水衡之官，刑政不平矣。月蝕井，大臣有謀，皇后不安，五穀不登。月蝕井，内亂之災，以日占其國也。月犯井鉞星，爲内亂兵起，破軍殺將，城陷血流。《宋志》云：魏正始四年十月、十一月，月犯井鉞，是月司馬懿討諸葛恪，恪棄城走。晉穆帝永和十二年六月己未，月犯井鉞，桓温破姚襄于伊水，北定周地。十二月稾城陷，執段龕三十餘人。凡月干犯井鉞，秉質，斧鉞用之象。月犯井鉞，大臣誅，斧鉞用。月變于井，以色占。黑，大水，他倣此。　輿鬼：月入鬼，人主憂。晉咸康七年八月辛丑，月犯鬼。來年癸巳，成帝崩，財寶出。月犯鬼質，秦邦君憂，大臣誅。魏嘉平二年十月犯鬼，三年五月王陵反，楚王虎等誅之。月蝕鬼，貴臣女主憂，天下不安，有大喪，謀臣糾彈之官凶。《宋志》云：魏齊王正始二年九月癸酉，月犯鬼西北星，主金玉。三年二月丁未，又犯西南星，主布帛。占曰：

有錢令，大臣憂。三年二月，太尉滿寵薨。青龍二年三月辛卯，月犯鬼。占曰：民多疾疫。是年夏大疫。

柳：月犯柳，木工興，名未被伐，又有土功事。月蝕柳，王者疾，不安宮室，百姓貴人以言語坐罪，大臣憂，其地有禍。　七星：月犯蝕七星，兵在外戰，皇后、大臣有暴憂，有誅，國大惡。下蝕列宿同。月犯七星，輕車戰，國相更政之。　張：月蝕張，貴臣失勢，后有憂，君有賜。下蝕列宿同。　翼：月蝕翼，忠臣見譖言，政事亡，飛蟲多死，將軍亡，北夷有兵，女主凶。月變于翼，其國有飛鳥喜，若有獸鳥者。　軫：月宿軫，則多風。月蝕軫，則貴臣亡，后不安。月犯軫，有凶喪，車騎出，兵車用，期一年。

月干犯中外官占第十

《海中占》曰：月入攝提，聖人受制，謀臣在側。此亦非月行所及，但古人有此占，又爲災，或行越變常，以至于此也。月犯蝕大角，强國亡，戰不勝，大人憂患，有大喪。

大角貫月，天子惡之。　月犯織女，女主有憂。　月犯鈎鈐，駟馬駕，將有行。

月犯東西咸，主因淫致禍，有陰謀。　犯於東咸，必有敗。晉武孝大元二十一年四月，月犯東咸，吴郡内使王欽發人誡嚴，吴興諸郡響應爲賊。　月犯天江，大水，關梁塞。　月犯乘天市，粟貴，有更弊之令，大將死，或易政。　月入天市及有變於市中者，女主憂，將相有戮於市者，近臣有罪。　月犯帝座宗星，人主有憂。　月犯宦者，侍臣誅。　月犯侯星，侯有憂。　月犯建星，大臣相譖死。按魏陳留王景元元年二月，月犯建星，是後鍾、鄧相譖，以至夷滅。　月變子建星，有亂臣更天子之法令者。一曰近臣大將死，易將相。　月犯天弁，天下粟貴，一犯一貴。　月犯河鼓，犯左，左將死；犯右，右將死。所中者誅，有軍敗亡。　月犯乘大陵，天下盡喪服。星衆，兵革起，死人如丘山；星稀則無。　月乘犯卷舌，天下多喪。　月乘天尸者，亂臣在内。　月犯五車，兵起趣駕。　月入五車，天庫兵起，道路阻。一云天下兵起。劉向五星同占。　月犯天關，有亂臣更天子之法，主關津者有罪，王者憂。　月犯南河戒，爲中邦凶。北河戒，四方兵起，有喪，大旱，百姓病疫，刑法峻暴，誅伐不當。　月犯北河之中，冠帶國兵起，道阻塞，人君失道，淫女子，金錢貪色奢侈。　月行南戒之南，兵旱並起，男子多喪。　月行北戒之北，兵水並起，女子多喪。　月犯五諸侯，諸侯誅。宋孝武大明三年四月，月犯五諸侯，時竟陵王誕反，沈慶之攻敗也。　月入軒轅中犯乘之，有逆賊，女主憂，若火災。　月犯軒轅左右角，臣有誅。　乘大民星，大饑，太后宗有誅者，若有罪。　犯其端，臣子反，有亂臣，臣子失勢，其所中者，以官名之。　犯乘少民星，小饑小流，皇后宗有誅，若有罪。　犯御女，御女有憂，御僕死。　月犯大星，女主當之。晉安帝元興三年四月甲午，月奄軒轅第二星。明年七月戊申，永安皇后何氏崩。孝武太元五年七月庚子，月犯軒轅大星。九月癸未，皇后王氏崩。　月犯少微，處士有憂。《續晉陽秋》云：會稽謝敷，字慶緒，隱若邦山，初月犯少微，時戴逵名著於敷，時人憂之。俄而敷死，會稽嘲吴人曰：吴中高士，便是求死不得也。　月犯少微，女主憂，宰相易，而憂史官黜。　月犯少微南一星，處士憂；第一星，義士憂；第三星，博士憂；第四星，大夫憂。　月行太微中，皆爲大臣有憂，大臣死。　月所犯者，天子誅之。亦曰后族擅威，凶。　月入太微中，若流星縱横徑行太微中者，主弱臣强，諸侯、四夷兵不制。行不端，心不正。心不正，有邪欲不受命，有奸人在王庭，四夷難信。　月干犯太微庭，出其門爲使。　月貫太微中而東出，大臣出、王侯入爲主。出其中門，臣不臣。　月入太微，有喪。《宋書志》云：晉穆帝昇平五年五月壬寅，月犯太微，是月丁巳穆帝崩。安帝義熙十四年五月庚子，又犯太微，九月丁巳，又入太微，是年十二月戊寅，安帝崩。　月行左右執法，大臣憂，相係而死，免者少。　月出東掖門，爲相受命東南出，德事也；出西掖門，爲將受令西南出，刑事也。土同。　月出太微中華東西門，若左右掖門而出端門者，皆爲必有度。五星同。　月入太微西門，出東門，人君不安，大臣假主之威，不從王命。　月犯干太微庭，臣殺主，宜求賢人。　入中華西門，出中華東門，皆爲臣出令。　入太陰西門，出太陽東門，皆爲大亂有喪，苦大水。　月入西門，犯天庭，出端門，皆爲大臣伐主。《宋志》：晉恭帝元熙元年正月丙午，三月壬寅，五月丙申，七月乙卯，月皆犯太微，二年六月三日，帝遜位宋高祖。　月行犯黄帝座，大人憂，天下存亡半，有亂臣，主惡之，臣子反，政大易。　月犯四帝座，天下亡。　月出黄帝座，北禍大，出南，禍小，皆爲下謀上。　月犯太微，乘四輔，大臣誅。　月行犯乘守内屏星，皆爲君臣失禮，而輔臣有誅者，若免罷。　月入咸池，天下大亂，人君死，易政。　月入三台，君有大憂患，敗在臣下。　月入三台，大臣爲天子，公侯共殺君。　月入庫樓，天下兵並起。　月宿羽林，軍兵大起。　月犯乘北落，皆爲天下兵大起。　月入天倉，主財寶出，憂臣在内，天下有兵起。　月犯天倉，有移穀。　月入天市，軍起。　月行弧矢，臣逾主。　月變於狼星，陳兵不戰。一曰兵起小戰，有水事。　甘氏云：月在天理，臣當坐欲反者而入獄。一曰君大憂。　月乘天高，將死，臣有誅。　月入咸池，暴兵起。　月入天潢中者，皆爲兵起。道路阻，天下亂，易政。一曰貴人多死。　月犯乘天潢，二

十日兵起。　月不從天街者，皆爲政令不行，不出其年有兵。　月行天街中，天下寧，百姓順。　月行天街外，百姓凶。　月行折威中，天子亡威。　月行入哭星，有大喪，主崩。　月乘鍵閉星，大人憂，大臣誅，天子不敬，天火害於宗廟，王者不宜出宮，天子崩。　月入天積，即蒭藁也。財寶出，主憂臣在內。　月行天廐星間，爲兵歸。　月行天廐，主上不安。　月行天淵中，臣逾主。　月入中犯乘鈇鑕，皆爲鈇鑕用。

月暈占第十一

月暈者，謂之逡巡也。人君乘土而王，其政失平，則月多暈而圓。　月暈，受衡之國不安。　月暈，臣下專權之象。四孟月七日，四仲月八日，四季月九日，皆夜當月暈。暈若不以其日，不出三日，有暴風甚雨。　月暈，聞皆爲其君背約。　月暈，東向者敗五木，西向者且雨而風，害五穀。北向者爲水，南向者旱風。　月暈明者，王自將兵。　月暈七日，無雨大風，兵大作，若土功起。　月暈多直，爲兵，曲吏逆，則爲雨。　月暈黃色，將軍益秩。　候月暈，常以十二月八日。　暈再重，有大風，兵起，災在內，女親用事。　暈再重，赤雲遶之如杵，有軍在外，萬人死其下。　月南北有半暈兩重，月北有青雲五衡，闢不通。　月暈三重，天下大亂，必有拒城。　月暈四重，天下易王，漢高帝七年，月暈參畢七重。占曰：昴畢間，天街也。街北，胡也。街南，中國也。昴爲匈奴，參爲趙，畢爲邊兵。是歲高帝自將兵擊匈奴。至平城，爲冒頓單于所圍，七日乃解。　暈八重，天下有亡國。　暈九重、暈十重，天下更王。　月色黃白交暈一黃二赤，所宿其國受咎。　月交暈赤有光，其國不出三年遇兵。　月色黃白交暈，所宿之國受其殃。　月暈環如兩軍，兵起軍事爭。　月暈如連環，有白虹干暈，不及月，女貴人有陰謀亂，有白衣會，宮中多怪。　月暈而冠，天子大喜，或大風。　月暈而珥，歲平國安。　又曰國有女喪。　月暈而珥，攻擊者勝利。　月暈一珥，所在國失地。　月暈，先起者有喜。　月抱珥在暈外赤，外人勝。　月有兩暈不合，其月水；四背，有謀不成。五月中有九暈以上，道路大有熱死者。　月暈一重，下缺不合，上有冠帶，有兩珥，白暈連環貫珥，接北斗，國有大兵，大戰流血，其分亡地。　月以正月三日暈，所宿國小熟；一日二日，必有土功。　五日暈，大熟。　上旬一暈，樹木蟲；二暈，禾穀蟲；三暈，震雷；十日暈，天下更王；六日、八日、九日暈，天下有國亡。正月中有九暈以上，道多饑死人。

月暈五星及列宿中外官占第十二

凡月暈五星，星色不明主人勝，星色明客勝。　暈木，人主病，不然大水，五暈，人主有疾喪。　暈木，天下有女子之憂，糴貴，三重，相死。　暈木，其國主不安。　暈火，女主凶，若有死亡，所守國主當之。　熒惑在暈中，色惡不明，客兵敗。　暈火，兵在野大戰，無兵大旱，兵起。　暈土，所宿國有福德，填星色不明主人勝。　暈三重，相死，天下土動功，兵起女主憂。　暈土，其國女主失勢，有土功事。　暈金，其國受兵戰不勝，主人敗。　暈金而星月合，其主死境外。　暈水再合再解，其國敗主死。　月暈辰星，色不明，主人勝；明，客勝。　暈水，角亢間二星如連環，有大臣謀。　春夏暈水，民病寒熱；在秋冬，憂兵起，不即大水，主死，若大憂。　冬暈水，主命惡之。　凡月，春暈木，夏暈火，秋暈金，冬暈水，四季暈土。而其星惡之，皆爲其國之分，主死國亂，大凶。　角：月暈左角，軍道阻塞，大臣誅，獄官刑，左將有殃。　月暈右角，右將有殃，鱗角多死害，太尉士卒刑死。　月暈兩角，大水。　色黃白，王者大喜，當有令德；無德令，則天子以軍兵自守，其國不安，有兵兵罷，無兵兵起，將憂。　月行角間，暈再重，連環圍北斗，有大臣誅。　甲乙爲春，丙丁爲夏，庚辛爲秋，以四時期之。　凡占災祥皆此例。　月暈角亢，先起兵者有喜，勝。　亢：月暈亢，君有兵革之事，有兵兵罷，無兵後八十日兵起。　月在秋三暈，大臣死，兵大戰水中。　再暈，大雪雨水，民移千里，有德令解之。不爾，王自將兵。　氐：月暈氐，大將凶，水蟲死，與歲星同合在氐而暈，不出四十日，有德令。　房：月暈房心，國有兵在廟堂。勾五宿，大赦，勾三宿，小赦。　月暈房及箕，大風動地。　心：月暈心，大旱。與五星合暈，王者大憂及大災，兵起，國易相。　月暈心尾，無骨四足蟲爲害，易政，山崩，麥貴。　尾：月暈尾箕，分有疾凶，或益地百里，民多病寒熱，風大至，大水。　箕：月暈箕斗，兵從東北方來勝，從西南方來不勝。　箕斗者，天子冠服，在斗罷，在箕外戰。　月暈箕斗，五穀不成，易大將。　南斗：月暈斗，大臣免，大將刑。　牽牛：月暈牛，小兒多死，軍暴將死。　月暈牛，女子女貴，牛多暴死。　須女：月暈女，兵進而不鬭，寡婦多死。　虛：月暈虛危，兵革，離宗廟。　危：月暈危，兵，軍敗，有喪，天下哭。　室，月暈室，蠻夷來貢。　壁：月暈室壁，風起，大水至，寡婦小兒多死。　奎：月暈奎，兵大敗，有兵令，米貴，不出年，有祅星流。　婁：月暈婁，五日之內不雨，宰相相疑，然後事解。　胃：月暈胃三重，歲星在其中，天下有德令，有兵不戰，妊女多死。　昴：月以正月上旬，暈昴畢參伐，有赦。　月一歲三暈昴，來年大赦，弓弩貴。

畢：月暈畢中，人主坐之。　月三暈畢，天下中外有兵，有大赦。　觜：月以正月暈觜參，赦。　月暈觜，道路多死人而無首，大將死，女子疾，弓弩貴。　參：月暈伐，將軍死，貴人有誅。　四月暈參井，淩霜至。　月以十二月、正月暈伐，十四日而暈參，爲大人憂。　月暈參，有軍不勝。　月以正月暈伐二夜，不出三旬，兵起。　東井：月暈井鬼，其年不收，旱。　三月，月暈井，大水。　鬼：月暈鬼，黍貴三倍。　月夏三暈鬼，大雨，五穀不成，皆在月初。　月以正月上旬暈鬼，赦。　柳：月暈柳，林木苑谷，各有兵戰。　月暈柳三日，大臣死，有水，民愁。　七星：月暈七星，民多大傷，物再繁榮。　張：月暈張，飛鳥死，海鳥出，其地旱，大人憂，人相食。　翼：月暈翼，士卒多遁走。　一曰士卒大聚大戰，民去室宅。　軫：月暈軫角，大赦，饑，以二月暈軫角，至五月大赦。　暈中外宫占。　月暈攝提，火在暈中，天下大兵，横行不禁，諸侯分政，天下亂，内有興兵與上争立者，以其時赦。　暈織女，兵滿天下。　暈天市，有兵。　暈建星之口，有德令。　暈大陵前足，赦死罪，後足，赦小罪。　暈五車一星，赦小罪。　暈五星并畢昴大陵，必大赦。　暈庫一柱，兵少出；二柱，兵半出；三柱，兵盡出，兵在外。　暈一柱，兵少罷；暈二柱，兵半罷；暈三柱，兵盡罷。　月一歲三暈天闕，其年赦。　暈南北河戒，有土功。　暈軒轅，有女喪，有小赦。　暈太微庭，天子發軍自衛。　三暈之，天子自臨兵以行，有急謀在軍中，天子忌之。　暈五帝座，有赦令。　暈文昌有赦。　暈天牢，天下大敗，多盗賊。　連環及北斗，天下大亂，國有喪，民徙千里，有拔城者。　暈魚星，凶。　暈弧狼，兵起。　天狗，多暴風。　暈天闕，門梁閉。　暈天高，不出六月，必有大喪，以日占邦。　暈貫索，不出四月有殃，内禍匿謀之事。　暈天街，關梁阻塞。　暈客星，在月北，北國勝；在南，南國勝。　暈天，下無雲，有流星過月下，若過月上，其國有喜。一曰兵出，流星横度暈中者，諸侯皇后有亡失國者。　月無精光，青赤暈，及虹蜺背璚蝕心度中，是爲大盪，兵喪並起，王者以德除咎。　暈有雲貫，暈輝約月，不出其年，所直國有喪。

月蝕占第十三

月生三日無魄，其月必蝕。《易緯·萌氣樞》曰：候月盡蝕，視水中不見影者盡蝕。　凡月蝕，其鄉有拔邑大戰之事。　凡師出門而蝕，當其國之野，大敗軍死。　月蝕三日内，有雨，事解，吉。　月蝕以旦相及，太子當之；以夕，君當之。　月蝕起南方，男子惡之；起北方，女子惡之；起東方，少者惡之；起西方，老者惡之。　月蝕盡，光耀亡，君之殃。　蝕不盡，光輝散，臣之憂。　月蝕中分，不出五年，國有憂兵，其分軍亡。　月蝕而鬭且暈，國君惡之。　有軍必戰，無軍兵起。　兩月並蝕，天下大亂。　月蝕，有氣從外來入月中，主人凶。　從中出外，客凶。　氣從南行，南軍凶；北行，北軍凶。　東西亦然。　軍在外而月蝕，將環其國，戰不勝。　月生三日而蝕，是謂大殃，國有喪。　十日至十四日而蝕，天下兵起。　十五日而蝕，國破滅亡。　春蝕，歲惡，將死，有憂。　夏蝕，大旱。　秋蝕，兵起。　冬蝕，其國有兵喪。　冬以其日辰占邦野：月以甲乙蝕，年多魚禾麥傷。　丙丁蝕，年豐收。　戊已蝕，無耕下田，凶。　庚辛蝕，高田不收。　壬癸蝕，歲和。　月蝕辰巳，地來年麥傷。　蝕午未，秋稼凶。

月蝕五星及列宿中外官占第十四

月行與木同宿而蝕，民相食，粟貴，農官憂。　月行與火同宿而蝕，天下破亡，有憂。　月行與土同宿而蝕，國以飢亡。　月行與金同宿而蝕，强國戰勝亡城，大將有兩心。　月行與水同宿而蝕，其國有女亂而國亡。　月蝕列宿。　月在角亢蝕，刑法官當黜，將吏有憂，國門四閉，其邦凶。　月在亢中蝕，君有憂。　月蝕氐中，天子疾崩，大臣死，后惡之，公卿大夫有憂。日同。　月在房蝕，王者有憂，昏亂，大臣專政，有憂病。日同。　月在心蝕，王者惡之，太子、庶子及三公憂。　月在尾箕蝕，君族有刑，若御妾有坐，后主憂，御車乘人當黜。　月在箕蝕，爲車騎發。　月在斗蝕，將相有憂飢亡。日占兵起，餘同。　月在牛蝕，其國叛兵起。日同。　月在女蝕，邦有女主憂，天下女工廢。　月在虚蝕，邦有崩喪，天下改服。　月在危蝕，不有崩喪，必有大臣薨，天下改服，刀劍之官憂，衣履金玉之人有黜。　月在室蝕，爲士衆乏糧食。　月在東壁蝕，陰道毁傷，不能化生，有黜削之罪，大臣有戮，文章者執。　月在奎蝕，聚斂之臣有黜者。　月在婁蝕，皇后犯逆。　月在胃蝕，王者食大絶。　或云大將亡軍，委輸之臣有罪，皇后憂。　月在昴蝕，大臣誅，貴女失勢。與前蝕二十八宿同。　月在畢蝕，有邊使者凶若邊臣誅。　月在觜參蝕，旱，貴臣誅。　月在觜參蝕，主兵之臣當黜。　月在井蝕，主水官、五祀之官有憂，大臣誅，皇后不安，穀不登。　月在鬼蝕，貴人失勢，臣有憂，天下不安。　月在柳蝕，大臣憂黜。　月在七星蝕，正陽虧太陰，皇后貴臣暴誅，國大飢。　月在張蝕，貴人失勢，皇后憂，與蝕鬼同占。　月在翼蝕，忠臣見譖言，清正者亡。與上二十八宿同。　月在軫蝕，貴臣亡，皇后不安。日同，又與上二十八宿同占。　月犯蝕占：月在建星中蝕，后妃姪

娣有當黜者。　月入太微中，若流星縱横經行太微中者，主弱臣强，諸侯四夷，兵不制，行不端，心不正。心不正，有邪欲，不受命，有奸在主庭，四夷難信。月數入太微，有喪。　按《宋志》：晉穆帝昇平五年五月壬寅，月犯太微，是月穆帝崩。　安帝義熙十四年五月庚子，又犯太微，九月丁巳，又入太微，是年十二月，安帝崩。　月出東掖門，爲相受命，東南出，爲德事。　月出西掖門，爲將受令，西南出，刑事。　月犯鬼質，邦君憂，大臣誅。　魏嘉平二年十月，月犯鬼。三年五月，王陵楚王彪等誅。　凡月干鉞乘鑕，斧鉞用。　月乘天尸，亂臣在內。　晉義興五年二月甲子，月犯昴，九月壬寅，鮮卑滅。　月行犯昴，北有赤白雲緣月，兵入匈奴，有得地。　月乘昴，天下法峻，水滿野，穀不收。　月行觸昴，匈奴受兵。　月犯昴，諸侯黜，門房中有事，月入昴，赦。

唐・李淳風《乙巳占》卷四　五星占第二十二

夫形器著於下，精象係於上，所以通山澤之氣，引性命之情，近取諸身，耳目爲肝腎之用，鼻口實心腹之資，故情欲暢於性靈，神道宣於視聽，彼此響應，豈不然歟？是以聖人體而名之，垂教後世，授之以職位，分之以國野，象之事物，効之以吉凶，雖變化萬殊，誰能越此，將來事業，可得而理焉。《易》曰：在天成象，在地成形，變化見矣，此之謂也。　但去聖久遠，通人間作，名數多少，或有不同，今惣列之。　取其理當者，以著於篇；浮華之流，刪而不録矣。　凡五星之行也，象人君次叙，不敢干犯亂常，越次當位矣。　猶如月有弦望晦朔星有合見留逆。　是故歲星、填星、熒惑晨見於日，後行逆于日。　當其平旦之時，欲至於午上便留，留而平旦過午返則逆。　逆行行至于夕時，又欲當午上則後更留，留而午則又順行。行極而伏與日合，則同宿共度而受命于日，更晨見于東方，此皆不敢以昏旦之時，當於午縱任行歷，故遲凝留焉。　至於金、水二星，則又甚耳。　晨見東方平旦，當丙已之地，便速行以追日，及之，伏，伏與日合，合後出於西方，速行，昏時至丁未之地，即遲行，待日而又伏焉，此則日與五星，皆不敢以昏旦當午而盛。　故《易》曰：日中則昃，月盈則蝕，天地盈虚，與時消息。　是則正南方者，君人之所面向也，故莫敢輕焉。【略】

星官占第二十三

夫五星者，昊天上帝之五使，禀神受命，各司下土，雖幽潛深遠，罔不知悉。故或有福德祐助，或有禍罰威刑，或順軌而守常，或錯亂以顯異，芒角變動，光色盛衰，居留干犯，勾己掩滅，所以告示者，蓋非一途矣。　凡五星，各有常色，各有本體。　至如歲星色青，熒惑色赤，如大角，如參左肩，是其常色。　填星色黃，太白色白，如五車大星有光。　辰星色黑，如奎大星。

凡五星，色青員爲饑而憂，赤員多旱而争，黃員女主喜，白員爲喪與兵，黑員水而病。

凡五星，黃角土地之争，赤角犯誤城，白角爲兵，青角爲憂，黑角死喪。

凡五星，五色變常者，青爲憂，赤爲争旱，黃爲喜，白爲兵，黑爲喪病。

夫五星係八卦：填星係于坤艮，故其行最遲，象地之與山不可移易。　不易者，女人之德也。

歲星係于震巽。　巽象草木之生動而遲也，又似風雷有時而作耳。　雷震百里，風爲號令。　而震動者，人君之象也，故象主德焉。

熒惑係于離。　離，火也。　凡物之恒動不静者，火也。　火能照明糾察，燔燒穢積，故蕩除暴。　故熒惑，行疾於水，而象禮官，察獄以罰萬物。　《易》曰：相見乎離，大人以繼明照于四方。故主禮察焉。

太白係于乾，爲天體行健不息，故金行最急。《易》曰：悦乎兑，戰乎乾。　故主兵，兵又須有威，故主威。　兑爲悦，言以悦使人，以威臨物，乾兑之道也。　故太白主兵焉。

辰星係于坎，坎爲水者，晝夜常流，無有休息。　故水行亦速，與金相似。　坎爲水，爲陰，爲盜，爲刑。　刑盜於險，司獄之官也，故其坎所主於刑焉。

凡五星之入列宿與中外官，其占大同。　但當以理消息其吉凶，不可一一具陳也。

凡月之行也，每去五星十度內，必疾行向之。　若道內外則屈，屈迴就之。　過之則遲行，留止不速去。

又辰星欲見，有時依度合見而入氣差。　伏者，去之十八度內，有星者見，無星則不見。　此皆相從就之大例也，並著在曆術之中，其日蝕交分亦然。　其五行代王，四序不一，各於其時而爲主焉。　及其司過見罰，降福呈祥，則大小異其貌，休王殊其色。　或光潤明净，或微細芒角，犯有少異，即可消息占之，不必要待其間有闕蝕掩犯也。

四時之色，春青，夏赤，秋白，冬黑，四季黃。　占於列國也，則明勝暗，喜勝怒。　其憂喜之色，則以同前。

凡五星之內，有三星已上同宿，爲合。　凡聚合之宿，相生則吉事興，相克則

凶事起。宿之行性，並於當方爲定，兼之宿占，而察其事焉。二星明，相和大吉，相剋大凶。福德先至爲吉，刑禍先至爲凶。刑禍先去爲吉，福德先去爲凶。一吉一凶，兩事俱發，但當脩德以備之。二星已上聚合，皆爲改革政令。三星若合，是謂驚，改立侯王。四星若合，是爲大盪，其國兵喪並起，君子憂，小人流。五星若合，是謂易行，改立王者，掩有四方，子孫蕃昌，亡德受殃，（滅）〔滅〕其宗廟，百姓離去，被滿四方。五星大，事大；小，事小。

歲星占第二十四

歲星，一名攝提。東方木德，靈威仰之使，蒼龍之精也。其性仁，其事□，其時春，其日甲乙，其辰寅卯，其音角，其數八，其帝太昊，其神勾芒，其蟲鱗，其味酸，其臭羶。卦在震巽，人主之象。主道德之事，故人君仁也。其常體大而清明潤澤，所在之宿國分大吉。

《易傳》曰：帝王人君行道德，德至仁和，則歲星明大潤澤；明大潤澤，則人君昌壽，民富樂，中國安，四夷服。人君行酷虐殘暴，則歲星時時暗小微昧，微昧則國亡君死。是故星明則主明，星暗則主暗。人君從諫，則歲星如度，人君聽諛佞，拒忠諫，則歲星亂行。故歲星變色亂行，人君無福；進退如度，則奸邪止息。猶如木之曲直，從繩則正；人君性習，從諫則聖矣。人君令合於時，則歲星光喜，年穀登；人君暴怒失其理，則歲星有芒角而怒矣。歲星怒則兵起，有所攻伐矣。歲星所在之分，不可攻之，攻之則反受其殃矣。秦之將亡也，歲星聚於東井。東井，秦之分野，秦政殘暴失政，歲星仁和之理違。歲星貌恭，恭作肅，不肅之道，拒諫信讒，是故二世君終於屠滅。漢高之入秦也，脩德布政仁和，約法三章，與民更始，除秦暴酷，故秦人欣戴焉，卒入三秦之漢中而基王業也。項羽後入，焚燒宮室，殘暴楚毒，失仁之福，卒於敗亡。是故人君順其時，處其分，宜布其德，而脩其政也。

歲星所在處有仁德者，天之所祐也。不可攻，攻之必受其殃。利以稱兵，所向必剋也。歲星木精，其時春也。人君春時，當順少陽德令。天子率百官，制法度，當布德和令，施惠下及兆民，無有不當。順天象，授民時，祈嘉穀，教新卒，布農合，修封疆，相地宜，以導民，躬必親之。命賜司典，止殘伐，毋覆巢，毋殺胎夭飛鳥，毋麛卵，毋聚大衆，毋置城郭，掩骼埋胔，不稱兵，兵戎不起，不可以從我始，毋逆天之道，毋絕地之理，毋亂人之紀。仲春養幼少，存孤獨，省囹圄，去桎梏，毋肆掠，止獄訟，同律度，正權量，無作大事以妨農事，無竭川澤，無漉陂池，無焚山林，命出而不納。天子布德行惠，發倉廪，賜貧窮，賑乏絕，開府庫，出穀帛，賜天下，勉諸侯，聘名士，禮賢者，止弋獵，無悖於時，無淫巧以蕩上心，則歲星無變而降福矣。失令非時，行夏令，則熒惑之氣干，則星變赤芒角，國大旱，煖氣早來，蟲螟爲害食，人民疾疫，時雨降，山陵不收，風雨不時，草木早落，邦時有恐，中國寇戎來征。行秋令，則太白之氣干之，星白無光，寒氣大至，民大疫，飄風暴雨（聰）〔總〕至，藜莠蓬蒿並興，天多陰沉，霪雨早降。行冬令，則辰星氣干之，星變黑小，水潦爲敗，雪霜大至，首種不入，陽不收，麥不熟，民多相掠，寒氣時發，草木皆肅，國有大水。歲星爲仁，貌曰曲直象木。可操曲直。木曰貌，貌，容儀也；貌曰恭，恭，儼恪也；恭作肅，肅，敬也。肅時雨若，狂恒雨若，是故人君貌恭心肅，則歲星光明盛大，無盈縮，儼而行中道，降福德而示吉祥。時雨降，人君壽，百穀成，天下安而民樂矣。若人君酷亂恣情，則讒臣湊，變怒芒角，錯逆降示，應恒雨淫注，人君不昌，百穀不成，庶事不寧，天下有兵。夫歲星色澤微暗，進退失度，爲姦邪並興，人君無福，有芒角者戰勝。武密曰：順角指所戰勝，逆者凶，順行不可逆戰，逆行不可背之以戰凶。

歲星與月相掩食，國有大喪，女主大臣亡。

歲星與熒惑合鬭，殺大將；與太白合鬭，有大兵；與太白相犯，有兵大戰。

金在木南，南國敗；在木，北國敗。木乘金，偏將死；木與金合鬭，大將死。

歲星先至，諸星從之者，其國分人君吉，以仁德威天下矣。應留不留，其國亡；應去不去，其國昌。

歲星主齊魯，青、徐州。色白有喪，黑有病，赤有兵起，黃有喜。

歲星平見，入冬至初者，減八日，後六日損七日，以次六日損一日，畢於大寒四十五日。凡損十六日盡即平行，自入立春十一日加一日，畢於雨水，因入春分，均加四日，清明穀雨，均加五日。自入立夏，畢於大暑，均加六日，自入立秋，初日加六日，加後十日減五日，畢於秋分。自入寒露已後，六日減一日，畢於立冬。自入小雪，畢於大雪，均減八日。餘爲定見日，初見去日十四度。

歲星入列宿占第二十五

角：歲星犯左角，天下之道皆阻塞。　犯右角，天下更王，使絕滅。　守留角中，五穀成熟，留之一百日，兵起。　木犯守角，王者大赦，忠臣用。　木乘左角，法官誅。　木乘右角，大將軍死。　木逆行於角，人主出入不時，若有急事，千里之行。　凡木犯守乘左角七日已上，天下大赦；守右角，賢士用，期七

十日。

亢：歲星犯亢，天子坐之，則敗於君。　木數入亢，其國疾疫。　木經亢，韓鄭有兵。　木守亢，小兵。　木逆行守亢，爲中國兵。　木犯守亢逆行，失國，其明色，大政不用。

氐：木犯氐，國無儲。　木舍守氐，其國歲熟，賤人有疾。　木乘氐之右星，天下有大水大兵。　木乘氐左星，天子有自將兵於野。　木出入舍氐者，天庫之星也。其國有急令，其歲太平，環而守之，其國以兵致天下。氐爲嬖妾有喜者，若與月合在氐而暈，不出四十日有德令。　木守氐，王者立后，期十八日。　木犯逆行守氐，國大飢，人民流亡，亦爲人多病。

房：木入房十日成勾己者，爲天子惡之，以赦解之。　金水同占。　又曰：爲皇后夫人喪，謂房東行復還返也。　木舍房氐，氐色不明，有喪。　又曰大水。　木守房，爲大人憂，以赦解之。　木犯房，將相有憂。　木舍房，人主喜，其將相大吉。

心：木近心，七日以内有暴貴者，遠不出百八十日。　木經心，清明列照，天下内奉王化，帝必延年。　木乘心，其國相死。　木居守心，王者行天心，陰陽和，天下大豐，五穀成熟，有慶賜，賢士用，皆有德令。　木犯乘守心，大人凶。　木中犯乘淩太子位，太子憂；犯少子位，少子憂。

尾：木入尾者，易后太子者；后族有升顯者，不出百八十日。　木守尾，民人爲憂，大臣作亂者，若反逆，從大將家起，若中有讒諛者，期二十日，若卿出當之。　木乘犯尾，早穀大貴，人人相食。　木守尾三十日，王者立貴后夫人。　若生太子，欲封寵后族，人主以嬪爲后。

箕：木入箕，天下兵亂，箕中有一星，民莫處其室。　箕，木在箕南旱，在箕北有水。其年木入箕踵者，歲熟之象也。　木入箕中，行疾，中有口舌相讒事，期五十日，若百三十日。　木守犯出箕，多惡風，穀大貴，天下大旱，飢死過半，民相食。

斗：木犯南斗，爲有赦。　木乘淩南斗，有大臣反伏誅者。　木入南斗中，死者甚衆。　木經南斗魁，失道者死。　木經南斗，吴國福，歲大熟。　木入南斗，若留守十，所居之國當誅。

牛：木犯牽牛，越獻金銀。　木居牽牛，三十日至九十日，天下和平，道德明，四夷朝中國。　木入牽牛，農人死於野，陰陽不和，五穀多傷。　木犯牛，留守之，爲□有破軍殺將，牛多死。

女：木入須女，有進美女者，大人慶，若宜女喜，立后，拜太子，期四十日，若九十日，宫人有受賜者。　木守須女逆行，其君廢農桑。　木守須女，米一斗三百，民有自賣者，多火災。　木逆行留守，淩犯須女，天子及大臣有疾，必有苛政，布帛貴賤不時。

虚：木入虚，天下大虚。　木經虚，齊國多憂。　木守虚，七日已上，盡三十日，王者起宗廟，脩陵冢，有白衣之會，不出九十日。　木入守虚，留守之。二十日不下，有立諸侯；六十日不下，國有死將；百日不下，改年號，大臣戮死，期二年。　木犯虚而守之，王者以凶改服，有白衣之會，不出六十日，天下大飢，人民流千里，君臣離散。

危：木舍危南，雨血膏王室。　木守危，三十日若二十日，諸侯天子更宫室，民多土功，有哭泣之事。　又爲多盜賊，民相惡之。

室：木犯營室。　犯陽，爲陽有急；犯陰，爲陰有急。　木入營室而人主有賞賜之事，天下當有受賜爵禄者。　木處營室東壁，赦，其去陽之陰，天下喜，牢獄虚。　木守營室，民疾病，有德者得地，歸與民爵。

壁：木居東壁，五穀以水傷。　木守壁，天下大赦。　王者有堯舜之治，四海同心。　木犯壁，天下兵起，一曰狄兵起。

奎：木入奎，其年五穀以蟲爲害。　居其南，糴賤，牛馬繒帛皆賤。　居其西，糴物貴，人不安。　木處奎中，小赦。　木守奎北，狄來降。　木逆行入奎而守之，其君好攻戰，兵甲不息，人民流亡，不安其居。

婁：木入婁，國有聚，人主喪，期一年。　木守婁，王者承天位，天下安寧，有慶賀，有兵罷。　木逆行守婁，其君牢吏斷獄不用，不以時，民多怨訟，若有赦令。

胃：木犯胃，爲天下五穀無實以爲災。　木經胄、昴、畢，趙水澇，魚行人道。　木守胃，國以無義失幣，有水旱事。　木守胃，王者順天德，中畿國昌。

昴：木乘昴，若出北者，爲陰國有憂，若胡王死。　木守昴東，糴大貴，三月後守北，其歲有德令。　木守昴，王者有德令。　昴者，天之内室，歲星近之，下獄之臣有解者，不出四十日。　木守昴畢，東行至天高，復反至五車，爲邊兵，一曰爲赦令。　木守昴，入守天獄，天下獄虚。　木乘守昴若出北者，爲陰國有憂，胡王死。土水同占。

畢：木犯畢，出其北，陰國有憂；出其南，爲陽國有憂。　木入畢口中，邊有兵。　木出畢陽則旱，出畢陰則水爲災，政令不行。　木處畢北，其年有赦令，有別離之國，奪地之君。一曰歲水。　處畢南，有土功，男子多疾疫，歲旱，晚水；處東，多暴雨，金器刀劍貴。　木守畢口，國大赦，王賜夷狄，若有功德令。一曰糴大貴。　木犯附耳，兵起。若將相喪憂，不即死退。

觜：木犯觜觿，其國兵起，君誅罰不當。

木守觜觿，君臣和同。　木犯守觜觿，不出一旬，必有覘候之事，農夫不耕，天子皇后俱憂，期甲辰日。

參：木犯參，水旱，穀不收。　木處參東，若處伐東，東多流人，多暴雨；處參北，若伐北，多衝水。　木處參，天下農夫不耕。

有赤星出參中，邊有兵起。　木入若守伐，天下有兵。

井：木入東井，主秦國，留守之，以仁致天下。　木犯東井，人主有行仇水之事，大將惡之，其國內亂，有兵起。　木犯井鉞，刑罰用，兵起。　木乘守東井，人主有法令水衡之事，逆臣爲亂，將軍死，人君有憂。

鬼：木犯鬼鑕，人君有憂，斧鑕用，大臣誅。　木入鬼，留十日已上，令散於諸侯，期六十日，若十月。　木逆行抵輿鬼中央者，其君主之。　木守鬼，爲大人有祭祀之事。　木守鬼，出於左右，貴親坐之。　木守輿鬼西南，爲秦漢有反臣，以赦令解之。　木干犯守天尸，國有喪。天尸，鬼中粉白者是。

柳：木犯柳者，有木功事，若名木見伐者。　木經柳，國多義兵。　木守柳，貴臣得地，有德令，不出九十日。　木逆守柳，爲反臣，中外兵起，以德令解之。

星：木入七星，有君置太子者。　木留七星，爲天下大憂。　木守七星，多火災，旱，萬物五穀不成，有兵飢。　木入若守七星，盜賊有兵。

張：木入張，旱，多火災，萬物百穀不成。　木逆行張，其君用樂淫泆。　木處張西，歲大水；東，爲大旱。　木守張，天子有慶賀事。　木守張十日，其歲大豐，五穀成；三十日不下，天下安寧；守之留百日，其主昇平，君臣同心。　木逆行守張，人民疾疫，多心腹病。　木犯張，若守之，王者政事，若有千里之行。

翼：木入翼，人多死流亡，五穀傷於風，期一歲中。　木出入留舍翼，荆楚有急，歲多大蟲，六十日不下，小人失功。　木守翼，王者應天，又方術之士大用，翼輔正政，天下符瑞，不出九十日。　木守翼，主聖，天下和，五穀登，人民樂，禮義興。

軫：木入軫中，伺其出日而數之。期二十日。皆爲兵發，伺始入處數之，率一日，期十日，軍罷。二十八宿中外官，同有此占。　木逆行至軫，及守之，其國有喪，人君改服，天下更主之令，期二年，王者以赦除害。　一日所舍七日不移，有殺君者。　木逆行至軫，及守之，其國有喪人君者。　木在軫，王者憂疾病，若有喪，不出九十日，改服，王者脩宗廟，赦三萬里內，災消。　木處軫東，糴貴。　木處軫西，有女喪，若有水。　木守軫南，六畜及車貴。　木守軫北，爲多疾病。

五星干犯中官占第二十六

五星犯攝提，臣謀其君。若主出之，有兵起，期一年。　五星犯守大角，臣謀主，有兵起，人主憂，王者戒慎左右，不出八十日，遠期一年。　五星入市中，將凶。一曰五官有憂，一曰赦。　五星犯帝座，爲臣謀主，有逆亂事。　五星犯守東西咸，爲臣有不從令，有陰謀。　五星犯天江，天下水，若入之，大水滿城郭，人民飢，去其鄉。　五星干犯五車，大旱，若喪。犯庫星，兵起北方、西方。犯倉，穀貴，有水。　木入五車，兵大起，五穀不成。　木入建星，諸侯有謀，入關者，期六十日，若百五十日。　五星犯建星，大臣相諧。　五星犯離珠，宮中有爭，若有亂宮者，若宮人有罪黜者。　五星入天市，將軍興軍者吉。　五星守犯天關，道路絕，天下相疑，爲有關梁之令。　木守天關，有兵起，期三年。　木行南河戒中，爲四方兵起，百姓疾病。　木乘南河戒中，出南河，爲中關兵起。　歲星乘北河戒中，若出北河戒北，爲胡王死。　五星出北河戒北，若乘北河戒，爲女喪。　五星中犯乘守五諸侯，諸侯死，期三年。　五星入五諸侯，伺其日出而數之，皆二十日兵發，伺始入處，率百日，期十日軍罷。　《巫咸占》曰：五星入二十八宿宮，中外宮同。　五星犯守積水，其國有水災，物不成，魚鹽貴。　一曰：水潦爲敗，糴大貴，民飢，期三年。　五星犯守積薪，天下大旱，五穀不登，人民飢。　五星犯守水位，天下以水爲害，津梁阻塞。一曰：大水入城郭，傷入，民皆走，期二年。　五星守酒旗，則天下大酺，賜爵宗室。　木在軒轅中，有女子反謀君者。　木行犯守軒轅，女主失勢。一曰：大臣當之，若有黜者，期二年。　木中犯乘守軒轅，太民星大飢，大流皇太后宗。　木乘犯守軒轅，少民星小飢，小流皇后宗。有誅者，若有罪戮。　木入少微君，當有求賢佐，不求賢佐，則失威奪勢。　木犯守少微，名士有憂，卒，王者任用小人，忠臣被害，有死者。

五星入天庭，色白潤澤，期百八十日，有大赦。五星東行入太微庭，歲不登，人民飢，遲出東門，天下有急兵。若守之，將相大臣御史有死者。若入端門守庭，大禍至。入南門，出東門，國大旱。入南門，逆行出西門，國有大水；逆行入東門，出西門，大國破亡。若順入西門蓄而留不出，楚國凶殃。五星若從右入太微，主有大憂，有赦。犯將相，執法大臣有憂，執法者誅。金火尤甚。五星入太微中華東西門，若左右掖門，而出端門者，必有反臣。五星犯黄帝座，改易主，天下亂，存亡半。木逆來犯帝座，其色白者，有赦。歲星守黄帝座，大人憂。五星犯守四帝座，臣謀主，去之，去一尺，事不成。五星中犯乘守四帝座，辟君也。星中犯乘四帝座，天下半亡。五星守内屏星，君臣失禮，下而謀上。一曰：大臣有戮死者。

五星干犯外官占第二十七

歲星犯平星，凶。木守平星，執政臣憂，若有罪誅者，期一年。五星入羽林，有兵起，若逆行變色，成勾己，天下大兵，關梁阻塞，不出其年。木守入羽林，諸侯悉發兵，强臣謀主，王者有憂，期三年。五星犯天廩，天下亂，大飢，粟散出其年。五星守參旗，兵大起，弓弩用，大將出行。一曰弓矢貴。

唐・李淳風《乙巳占》卷五 熒惑占第二十八

熒惑，一名罰星。南方火德，朱雀之精，赤熛怒之使也。其性禮，其事視察，其時夏，其日丙丁，其辰巳午，其音徵，其數七，其帝炎帝，其神祝融，其蟲羽，其味苦，其臭焦，其卦離。主視明罰禍福之所在，熒惑伺察而行殃罰。《易》曰：相見乎離。又曰：重明以麗，大人以繼明照乎四方。主逆，共主災旱，主察獄，主死喪。爲禮，以爲理官，刺舉糾察，以明姦凶所在，而垂示應變。爲人君，常以夏時修熒惑之政，則君正臣忠，父慈子孝，咸得其理，不失禮節矣。熒惑之政者，人君命大臣，三公贊傑俊，遂賢良，舉長大，行爵出禄，必當其位；斷薄刑，決小罪，出輕繫，寬重囚，益其食，祈祀山川，雩請穀實，則熒惑順軌而無變異。其國有禮，咸得其宜，炎氣長物，以成百實。若人君興土功，合諸侯，起兵動衆，舉大事以摇養氣，壞隳我衆，伐大樹，失農時，燒燔布暴，芟刈草木，用火於南方，則熒惑怒而芒角變常，行度錯逆。大臣反，國相誅，人君憂。天殃罰之，民不昌，穀不成，萬物不長，兵旱災火並起。人君以夏行秋令，則太白之氣干之，色白而昧，若雨數至，水滂，五穀不滋，四鄙入堡，草木零落，菓實早成，民多疾疫，孕女多災，有大喪。以夏行春令，則歲星之氣干之，色青而變，人君有憂，蝗蟲爲災，暴氣未格，秀草不實，五穀晚熟，百螣時起，其國乃饑，穀實鮮落，民乃遷移。以夏行冬令，則辰星之氣干之，色黑而怒，年兵起。壁：熒惑入壁中三月，衛國君死，入五月，相死，不死走出。二十八宿同有此占。火守壁，爲天下兵起。一曰狄起。木同。火入壁留守之，有土功。奎：熒惑入奎中，人多疾。火入奎中三月，魯主死；入旬，相死。不死相走。二十八宿同占。火入奎環繞之三十日，相死；三月不行，其國王死，不死走出，期三年。火守奎，移動進退，爲赦。又曰：天下大水，民多死。火守奎二十日已上，大臣有謀國，有兵。若有死王，加兵於魯國之地，期一年。婁：熒惑入婁而守之，天下有聚衆，兵大起，車騎用，必有死君走相，天下不熟，民饑，非一國。若山林有大盜，道路阻塞，期一年，遠二年。火入婁，成勾己，國有焚燒倉庫府庫之事。若逆行至奎，大兵起，臣謀，將軍爲亂，期不出年。火守婁，卒人病，大小金银貴。火入守婁，其國坐之。一曰：守三十日，其國君有憂。胃：熒惑入胃二十日，天下有兵敵，倉廩粟出。火守胃，其年旱饑，民多疫，王者行仁則吉，此火尅金，以禮教義天下，無咎。火入胃而守之，三十日不下，趙地大急，人民半死，大兵起，客軍敗，主人勝，期不出一年。火入若守胃東出，民擾。昴：熒惑犯昴，若入之，胡人聚中國，匈奴大出，四夷兵起，國有憂。火入昴，天下不安，兵起，有兵，兵亦罷。四月、五月，大赦。近期十五日，遠期三十日赦。又曰：不可爲客。一曰：貴人多戮死者。火守昴，無罪者誅。火守昴，胡人不寧。火入昴，已去復還守之，有臣爲天子破軍匈奴者，期三年。火犯昴，胡民疾病。一曰：有赦，獄訟疑，出囚。畢：熒惑犯畢右角，大戰；犯右畢角，小戰。凡五星犯畢，有邊兵，刑罰用。火入畢中，國君自衛守。火入畢，將相憂。一曰：國相死。火入畢口，有大赦令，期十五日。若三十日，將相憂。若其國有白衣徒聚，期不出一年。火逆行畢至昴，期爲死喪寇亂。火逆守畢，兵大起，馬頓其蹄，牛運其角，婦兒碌碌，無所止屬，萬民去其處，饑於菽粟，人人相食。若其國政不安。其留二十日已上，當有掠者，期七十日，趙地凶也。火犯附耳，爲兵起，若將相有喪憂，不即免退。觜：熒惑犯觜，其國兵起，天下動移。火與觜合，趙相死。火守觜，將軍及天下之軍破，牛馬有急行。火守觜，國易政，天下多不孝，父子相鬬，鐵器貴。火犯守嘴，野多反者，鈇鉞用。參：熒惑犯參，有將反者，兵火連，四方相射，王者不安，轉徙宫室。火舍伐，不出三旬，大赦。火守參，以四月守火入參，金錢發。火與鍾龍並見參中，天子秉

政，有戮死臣。　井：熒惑犯井，小有兵，羣臣有以家事坐罪者。　火以春入井，赦。　火入井，兵起，若旱，其國亂。有兵兵止，無兵兵起，大臣當之。　火出北河戒至井，干一星，將軍有野死不葬者；干二星中，幸臣有市死者。　火守井，大人憂。　火入井，留守井中，天子有火災。　火干犯乘守，鉞用，爲其國內亂兵起。金同。　一曰：執法者誅之。　鬼：熒惑犯輿鬼，皇后憂失勢，其執法者戮。　火入鬼，有兵喪，金玉用，有大赦，及留守之，物貴，天下大疫，其留二十日已上，兵大起，多戰死者，爲宗廟神明事。若民多痢疾，若有女喪，期十日。　火入鬼，火賊在大人之側。　火守鬼東北，男子兵相殺；守東南，萬民多死；守西北，爲戎兵反逆兵事；守西南，人君惡之。秦漢有反臣兵事，以赦令解之。王同。　火出入鬼，守成勾己，尊者失宗廟，期六十日，若百八十日。　火經鬼中，犯乘積尸，兵在西北，有没軍死將，又留守之，天子有喪，期以十二月。從西來入守之，下賤多死，有土功事，有德令。　柳：熒惑犯柳，有木功事，若名木見伐者。五星占同。　火入柳，諸侯有慶賀之事，天下大樂。　火守柳，有兵，逆臣在側，天下旱，多火災，萬物五穀不成，糴大貴也。　火犯守柳，有遵主爲非，亂其國事，若天子以飲食爲害，不安社稷。　七星：熒惑入七星，君有置太子者。　火入留舍七星，國失地，天下大亂，若臣下衣服失度。　火守七星，有兵，若聚車騎。又曰：社稷傾亡，宮中生荆棘。　又曰：治宮室之事。　火守七星三十日，其君憂。　火守七星，爲臣，中外兵，以德令解之。　張：熒惑入張，大亂兵起，六月干之，國空。　火逆犯乘張，大亂兵起。　火與張合，所在之國不可舉事用兵，必受其殃。《漢志》云：水合於危同，又水合於斗同。　火守張，法大將有千里驚，大水，五穀貴。一曰：有土功，作役不時，百姓怨謗。　火守張，兵起，女主用事，宮中生荆棘。　火非其次守張，當去不去，其絶大赤，其國舉兵，從留得其次，不爲災殃。　火犯張，若守之，天下有兵，宮門當閉，天子有急，女子不安，五穀不成，人民大饑。一曰：火居張，人絶糧。　翼：熒惑犯入翼，車騎無極，四海大兵，民當何息？萬民若饑，當何所食？　火逆行翼，不出其年，有軍起，天下大憂。　火守翼，若大旱，魚鹽五穀貴，萬物不成。　火逆行翼，歲饑，民流千里，有亡國，蛇龍見。　軫：熒惑入軫中四月，楚王死，八旬日，相見，不死走出。二十八宿同占。　火入軫，兵盜。　一云水旱爲害，人民擾動，妖言無實，國政數改，士卒勞苦。　火出軫南，民多病；出其北，民多死。　火守兩角間，若至軫道，絶出其南，多病；出其北，多死；出其陰，陰伐利，戰勝；出其陽，陽伐利，戰勝。　火以十月守軫，三十日車騎發，若居軫中心，天下人盡給軍事，無得居家者。　火守軫，旱，水枯阻塞，國多火災，萬物五穀不成。　火干犯軫，大臣戮死。

熒惑干犯中外官占第三十

熒惑入五車中，大旱。　一曰：留不去，旱。　火入五車中，必赦。　一云行令法。　火犯守五諸侯，大臣有謀反者不成。武德二年冬，火入五諸侯，懷恩王謀反伏誅也。　火守天江，赤地千里，民人流亡。　火行南河界中若守，一曰：守南界，爲主旱。　火行南河界中，若留止者，爲西方兵起，百姓疾病。木同占。　火入若舍北河界，天下有覆囚移繫。　一曰大臣誅。　火守積水，兵起，國有水憂。　火守積薪，旱，多災。　火犯軒轅，御女、天子僕死。　火干犯，女主當之。　守軒轅五日，兵起。　火守軒轅，宮中有誅者，期百二十日內。　火犯少微，賢士有讓善者。　火犯少微，人君當求賢德，不則失威奪權勢。　火入太微，天下不安。　火犯太微門右，大將軍死；門左，小將軍死。木同。　大臣有憂，執法者誅。　火犯太微東南垣星，天下大饑，近期一年，遠五年。火常以十月、十一月入太微天庭，受制而出行列宿，伺無道之國，罰無道之君，失禮之臣。　若干犯左相，左相誅；犯右相，右相誅。　守宮三旬，必有赦，期六十日。　火入太微天庭，色白潤澤，期一百八十日有赦。　火入帝座，其色白者爲有赦。五星同占。　火觸犯黄帝座，主亡。

填星占第三十一

填星，一名地侯，中央土德，勾陳之精，舍樞紐之使也。其性信而聖，其事思而睿，其時四季，其日戊己，其辰辰戌丑未，其音宫，其數五，其帝黄帝，其神后土，其蟲倮，其味甘，其臭香，其卦坤艮。填星爲女主之象，坤之氣也。言福佑信順，所在之國大吉之，爲聚衆土功，所在之分，成國君而兵强。土主四季，人君之象，無所不去，故於四時行令，必信而順，以爲四行之綱維，猶如地之紀持，以配天成功也。人君象地之載不可動，苗稼可收斂蓄積，子以成，百穀以養，則填星黄明光潤而大。履道不越，以降人君，百禄萬福，慶順之徵焉。　填星所處，君聖臣忠，民信物順，則填星光明盛大。祥風至，以出動萬物，人君昌，其國興。人君若不思慮政道，教令不信，以權詐威物，則填星降之不詳，變色微小，其國不昌，大風暴起，傷損百物。猶周公居東，成王不信，而大風拔木，邦人斯恐，若此之變也。　填星主福德，爲女主，所在之國有福，不可攻伐之，稱兵動衆。　填星黄潤，女主喜。　芒角者，有土功聚衆事。　色白，女主退亡喪。　黑色，人君暗，國

敗。赤色，有兵。土與木合，爲覆軍殺將，合戰鬭，兵内亂。土木合，其邦饑，戰不勝，亡地，所去之分失地，所入之分得地，益主食。隋二世大業十三年丁丑，林鍾御律，攝提地候，依于參晉。我大唐時，爰發義旗，肇基王業，遂尅平宇内，方舉乾維，再育蒼生，更懸日月。曆數鍾於中運，符瑞感於黄神，聖德溢於百王，奇功邁於上古，此則參爲唐晉之分。有患死喪，草木枯落，後乃大水敗其城郭，雹凍傷穀，道路阻塞，暴兵來至。人君失時令，則熒惑錯亂逆行。乘淩守犯，芒角動揺，勾己環繞，無所不爲。或下化爲人，童子妖言並作，惑亂人民，人君憂之，宜修德以謝其災。熒惑，火星也。火性災上，而爲禮察觀政焉。人君視正，明察教令，決斷清審，則分别賢愚，政理明哲，以應天心，則熒惑明而小，光而不怒，炎暑之氣，長養萬物，百殃息矣。人君若佚豫驕怠，獄訟不正，賢人在野，小人在位，視聽不明，賢愚莫辨，則熒惑大而明，怒而芒角，以告罰焉，則炎旱疾疫，非時失宜，反罰俱作矣。是故熒惑所在，伺察入君，國分主者得失，以罰之也。其示罰，災旱凶禍並至，怒動芒角，爲大兵起，盜賊不止，國將死亡。熒惑小而赤，主兵罷，行成勾己，戰，凶，國有軍。火始出色赤而芒角，軍在外戰，無兵兵起，隨芒所指，破軍殺將之象也。火芒角，火盛大動摇者，利爲客，攻擊有威。火不動，兵戰凶，有誅將。火留三日已上，大將死；留五日，軍敗亡地，留十日，君死國亡之象也。火去復逆行其宿，有破軍死將，亡國死王者。火所留逆之國，起兵戰鬭，殺將亂軍，亡國破家，父子相去，至於流血，謂順度所留也，其越度留者益甚。火所乘淩守犯宿，其國必當死亡。凡用兵戰者，宜背熒惑。如熒惑行在鶉火之次，宜背午以戰，及以月將加時，背勝光而戰，大勝。火犯木土，爲大戰；太白傳之，亡偏將；熒惑環太白，偏將死；與太白相逆而鬭，破軍殺將。熒惑入太白中上出，破軍殺將，客勝。金火相犯大戰，金在南，南邦敗，在北，北國敗。所鬭之野，破軍殺將。火所在，不利先起。火所行之處留守之，皆爲大禍，君死國亡。若其君修德，則不爲咎而加福矣。猶宋景公熒惑守心，景公出三善言，熒惑退三舍，而延二十一年矣。是故人君視熒惑之所在，而修德以禳之矣。月與火相犯，貴人死。凡火行復跡，名曰燒跡。大凶旱饑，兵敗國亡。

【略】

熒惑入列宿占第二十九

角：熒惑犯左右角，大人憂。一曰有兵，大臣爲亂。火入左角，有大赦；入右角，兵起。火守左角，左將憂；入右角，右將憂。火守天門，主絶嗣。火成勾己環繞角，有芒如鋒刃，天子失位。亢：熒惑入亢，有芒角犯淩之，當有白衣之會。火入亢天子庭，有兵水災。火守亢，成勾己，而環繞之三十日，天子自將兵，國易政。火逆行守亢，爲中兵。火犯亢者，臣亂，多疾疫。氐：熒惑入氐，一名天子宫也。天子失其宫。火入氐，留守二十日不下，當有賊臣在内下反者；三十日不下，其國兵起，人主當之。凡氐爲天子宫，罰星入之，宫中不祥之應，所守之國其君死。火逆行氐，失地。一曰多火災。火守氐成勾己者，大人憂，天子惡之。一云：赦，期六月。火逆行入氐，大臣謀反，以其事成。房：熒惑星干犯淩房，國君有憂，色青憂喪，赤憂兵，積尸成山，黑有將相誅，白芒角火災。金同占。房四星，股肱將相位也，五星犯之，將相有憂。火入房三道，天子有子。火入房，馬貴；出房，馬賤。火行房南，旱，若守之，爲喪；行房北爲水，若守之，爲兵。火出中道留也，天子有喪，期三月、四月，天下大赦。火犯房鈎鈐，王者憂。金同。火逆行至鈎鈐，王者憂。火逆行至鈎鈐，天子侍臣俱亡。心：熒惑犯心，戰不勝，外國大將鬭死。一曰主亡。火犯心，天子王者絶嗣。火犯太子，太子不利；犯庶子，庶子不利。土同占。火舍心，大人振旅，天下兵；若色不明，有喪。金同占。火守心，大人易政，主去其宫。火逆行而西守心二十日，大臣爲亂。火逆行守心，泣哭吟吟，王命惡之，國有大喪，易政。火守心；哭聲吟吟。金水同。《漢書・天文志》：高祖十二年春，熒惑守心，宫車晏駕。尾：熒惑在尾，與辰星相近，天下牢開，大赦。火留尾箕，臣下淫亂。火守尾，歲多妖祥，皇后恐。又曰：人民爲變，國易政，兵始動，人君有憂，大臣作亂者，若從大將家起。五星同占。火犯守尾，妾爲夫人，女主后妃惡之。土同。火守天江，赤地千里，人民流亡。箕：熒惑入箕，穀大貴，天下大旱、飢，死。火出天梁，守箕，大赦。火守箕，燕主有疾。一曰憂内變。火守箕，人主惡之。火入箕中，若守之，天下兵起，吏人相攻，士卒牛死，人民流亡，不居其鄉，其國失地。斗：熒惑犯入斗，爲有赦。五星同占。火犯斗，破軍殺將。火犯斗，且有反臣，道路阻塞，丞相有事。火入向斗，三月吴王死，二月皇后死，一月相死，不死走出。火入斗，大臣之國内外謀，大亂。火入斗中，國有大亂，兵大起。火入斗口中，大臣反被誅，若相出走。火守斗，赦。一曰二十人大赦。火守斗，留二十日已上，宰相出走，既已去之，復還居之，宰相死。火入斗，若守之，所守之國當誅。木同。其地有亂君。火入斗，晨出東方，因留守，其國絶。火守斗，爲亂爲賊，

爲喪爲兵，守之久，其國絶嗣。《漢書·天文志》云：孝武元鼎中，熒惑守斗，其後越相呂嘉殺其王及太后，漢兵誅之，滅其國也。　牛：熒惑入牛中，四月，越王死，糴大貴。　火守牛，民餓，有自賣者，多火災。　火守牛，有犧牲之事，有反逆者從中起，有走軍死將，期一年。　火犯牛，留守之，有破軍殺將。金犯牛同。　女：熒惑入女中一旬，王后死，布帛貴，天子内美女。不然，兵甲起。　火守女，皇后病疾，宮中有火災。　火留逆行犯守乘淩須女，天子及大臣有憂，必有號令。　虛：熒惑入虛中三月，齊王死；八旬，相死，不死走出。　火入虛，天下有變，諸侯有死者，有罷軍破將，天下更政令，期一年。　火舍虛，天子喜，賜諸侯。又曰：舍天府門中央，天下赦。　火守虛，赤地千里，人相食，將軍兵發，天下更令。　火入虛之而犯之，天子自將兵，流血滿野，必有亡國死王，期一年。　危：熒惑入危，大赦天下，賊臣起。　火舍天府下，天子賜諸侯王；舍門中央，天下赦。　火出入留舍危，其國繕城郭而起兵。　火守危，大臣爲亂，大國有憂，人民爲憂，國易政，不出其年，天下疾死者不葬。　火入危守之，諸侯王謀大兵起，天下有憂。若土功。守上星，爲人民死。　守中星，諸侯死。　守下星，大臣死。期一百八十日。　室：熒惑犯室，以賤人爲役。　火入室，大臣匿謀，齊國有兵，諸侯人民多死，歲不收，期十日。　火逆行室，環繞之，三十日，有破國，六十日不下，有崩主，若太子死，期一年。中二年，遠三年。　火逆行經犯室，臣謀兵起。　火入室中，天子宮也。　留二十日已上，天子惡之，期不出十月中，經云：大臣伐主。　火守室，天子爲軍自守者，有水災，糴貴。又曰：守三日，王者崩，及立主。　火入室，守天宮四十日，天子轉粟千里，各虛其舍。　火守室離宮正東爲父，守正西爲母，守正北爲妻，守正南爲子，守正舍星爲身，其言赫赫，其國離易，近期三年，遠期五。填主福聖之徵，感天順民，在於斯矣。

【略】填星行無遲疾，以象女主持綱紀，不輕變異，遲行以象人君，不可輕違也。

填星入列宿占第三十二

角：填星犯左角，大戰。一曰將軍死。　土守左角天門，多貴人死。　土守右角，天子好遊獵，國亡。　土守角，爲水，有兵災。　土留兩角間，軍興國庭，闕梁阻塞。　亢：填星犯亢，廷臣爲亂，諸侯當有失國者。　土逆行亢，女主治政。一曰：從倚亢前，女主非其人，若賤女暴貴。　土守亢，五穀傷，人流亡。　土守亢，四海且安，君貴禮義。　土守犯亢，逆行不順，失其色，大臣不用。　氐：填星逆行氐，女主不當居宮。　土犯氐左星，左中郎誅死，犯右星，右中郎誅死，期三年。　守氐星，后有拜賀太子。一曰：賤人女有暴貴者，若有土功之事。　土守氐，有赦令。　土守氐，即歲安。色赤，有分裂地之君，四夷不服，天下大疫。　土守氐，天下必有亡國死亡。　(户)〔房〕：填星犯守房，成勾已，天下相誅，夫人喪。　土入房三道，爲天子有子。火同。　土守房左右，去復還，庶子秉國。　土守房，國有女主喜，大赦，其國有兵發，有反逆臣，大人喪，天下易政令。　土守鈎鈐，王者失天下。　土犯鍵閉，王者不宜守宮下殿。魏齊王正始九年七月癸丑，土犯鍵閉，明年，車駕謁陵，司馬懿奏誅曹爽等，天子野宿，於是失勢矣。　心：填星犯心，王者絶嗣，犯太子，太子不利，犯庶子，庶子不利。火同。　土在心，人主貴清虛。　土守心，其國相死。　土守心，人主任賢。　土犯乘淩心，天下大赦。　土中犯乘淩心太子位，太子憂；犯少子位，少子憂。五星同占。　(王)〔土〕守心，義士多烈節，庸夫立義也。　土守心，太子反。　土守心，太子庶子出。色光明赤黄，吉，有賜賀之事。　土逆守心成勾已，若環繞之，其國内亂，天子惡之，以赦解之，期六月。　尾：填星逆行入尾箕，妾爲女主。若星黄，后有喜，若立后。　土守尾，芒角動，更姓易政，天下不安，其國兵起。　土犯守尾，爲夫人女主妃后惡之。　箕：填星犯箕，女主有憂，爲天下大赦。一曰大亂。　土守箕，后妃貴人大喜，若立王。一曰淩發，後宮有亂。　土出入箕留守之，九十日，人民流亡，兵大起，期一年。　土守箕，多雨蟲，必有空國死王，客水至，小兵。　斗：填星亂行入斗，且失地，使之不然，無淫於樂，無見諸侯，客無所出遊，如此即止。又曰：入天庫，以喪起兵國中。　土逆行斗，地動。　土犯斗，先水後旱，若守之一旬，名水有溢者。不然，則有暴水出。　土守斗，國多義士。　土守斗，大臣逆，奸民賊子欲殺其主。又曰：在陽，田宅賤；在陰，田宅貴。　牛：填星逆行牛，女主爲姦爲賊。　土乘牛，爲人相棄於道。　土守牛，諸侯多忠烈，大赦，天下有急。　土守牛南，爲天子憂；守牛北，爲美人憂。　土守天關，氣洩，貴人多死。　土守犯牛，土功事。　女：填星入女，有女喜。　土犯乘女，人民相惡，有女喪。　土宿女逆行，變色不安明，女主不親幸。　土守女，多妖□女，朝臣幸上。　土逆行留守淩女，天子大臣必有變令苛政。　虛：填星入舍虛中，有赦德令，大人憂，天下大虛。　土守虛，天下亂，政治急。　王出。　入留舍虛之中，且有急令，行未當至而至，有客兵，不過五日而去；當至不至，其國且用兵。一云兵起。　土守虛之中，水且爲急，進而守之，有客兵，斧鉞將用。　土入虛，犯守之，當有急令。星行疾而

入，必有客兵，斧鉞用，不出其年。　危：填星入危，天下大亂，若賊臣起。　土出入留舍危，其國破亡失地，必有流血，其國空虛，有死王，期二年。　土守危，天子弋獵，天下儉。土入危留守之，其國破亡，有流血，將軍戰死，亡地五百里，必有徙王，期三年。土守墳墓，爲人主有哭泣之聲。　室：填星居室，關梁阻塞，出入操持節，貴人多死。　土犯室，犯陽，爲陽有急，犯陰，爲陰有急。　土宿室而逆行，女子自恣。　土守室，色黄白，女有分離賜邑而去者。　土守室南，主賜金寶。　土守室，爲大人惡之，以赦解之。一曰太后夫一憂。　壁：填星逆行壁，女主干治。　土守壁，遠國獻珍寶。　土逆行壁，成勾己，其國必有大兵、土功之事，期六月。不下，天子有立王。　奎：填星入奎，以喪起兵。一曰國有水事。　土潤出奎，有善令。　變色入其奎，有僞令來者，若出奎，有迫令出使者。　土逆行奎，女主爲賤。　土守奎，天子誡在邊境，不可遠行，將兵出。　婁：填星入婁，五穀豐熟，人民息，天下安。　土入留舍婁，天下且起兵。一曰外國兵來入。　土逆行守婁，三十日不下，女主出入不時，女主謁行。　若守之九十日不下，有奸臣謀主。　土出入婁，六十日不下，用兵三年，至十日，小旱，秋有兵，禾稼不成，歲有霜。　胃：填星犯胃，臣爲亂。　土在胃陽，女主不用事；居其陰，女主死。　土出入留舍胃，九十日不下，客軍大敗，天下小憂，兵不用。　土守胃，歲穀大貴，動摇天下有兵。　土逆守胃，若成勾己，天下有兵。六十日不下，土卒大飢，軍大敗，九十日不下，鄰國有暴兵來伐中國，期不出一年。　土犯守胃，天下倉有繕者，當有憂殃罰。　昴：填星入昴，胡人爲亂，若胡王死，將軍出兵，當有流血，兵起東北，不出其年。　土逆行入昴，女主飲食過度。　土守昴，天下民貧，人不得飽。　土守昴，皇后憂失勢，王者以赦除咎。土守犯昴，天下有福。　土中犯乘昴，若北者爲陰國有憂，若胡王死。木水同。又曰：兵北征胡。又曰：爲白衣之會。　出其北，爲儉有憂。　畢：填星出其北，爲陰國有憂。　土入畢口，大人當之。　土守畢，人君爲下所制，政令不行。土守畢，邊有軍降，王侯受賀，若有大赦。　土犯附耳，兵起，有將相喪憂，不即免退。火同占。　觜：填星犯觜，其國兵起，天下動移。　土入觜，其國兵起，天下國中有兵。　土守觜，國有謀反者，四方容動侵地，君王崇禮以制義，則國安，天下寧。金同占。　土守觜，所出之宿，其國亡地；所入之宿，其國得地。參：填星犯參，國有反者。　土逆行，若留止衡中者，爲兵革起。　土守參，天下有大喪。　土守參，大人出使，天下治城，奸臣謀主，有外兵。　土守參，爲后夫人當之。行陰，爲水災，五穀不成。　井：填星入井，大人憂之。行陰，爲大水，五穀不成。　土當在觜而去居井，亡地。　土入留舍井，三十日不行，水且大出，流殺人民。　土守井，爲旱，赤地千里，不出九十日，有赦。　土犯守井鉞，大臣誅，斧鉞用，有兵起。五星同。　土入井鉞，王者惡之。　鬼：填星犯鬼，其人君有戮死者。五星同。　土犯天尸，皇后憂失勢。　土入斧鉞，王者惡之。　土舍鬼中央，赦。　土守鬼西南，爲秦漢有反臣，以赦令解之。　土入若守鬼，爲王者憂，財寶出，亂臣在内。　若大臣誅，有干鉞乘鑕者，人君憂，金玉用，人民多疾。　南入爲男，北入爲女人，西入爲老，東入爲丁壯。　木倍貴。　土干犯守天尸，隨所守，王者惡之，不出七十日，其天下國大喪，陽爲人君，陰爲皇后，左爲太子，右爲貴臣。　柳：填星入柳，若不以正道而入之，其國有旱，不則有火災。　若逆行入之，地大動，山崩。　土出入留舍柳，有急令，三十日。　土守柳，天子誡飲食，食官欲殺主。　土星守柳，爲反臣中兵也。當以德令解之。水同。土守柳，女主敬祭祀。一曰多水災。　七星：填星出入留守七星，其國五穀大貴，守五十日不下，有兵起，負海國大敗。　土守七星，有遷王。一曰有立后。張：填星入張，天下大道去，阻關梁，宗室惶惶。　土留舍張，爲陰陽盡，民流千里，魚鱉死於陰道，民憂疾賊。　土守出入留舍張，車盡出，其秋冬仲月土功事大起。　土守張三日，其事徵；守之三十日，其事大。其國諸侯謀慮，大臣伏法死。　土守張，多盜賊，人民相惡，兵起。　土守張，兵大起。一曰有土功事。翼：填星逆行翼，女主亂朝。　土守翼，有反臣中兵也。柳同。　若有土功事。土守翼，王者承德，君臣賢明，六合門同氣，天下和平，禮樂大興。　若守一年，十年豐。一曰女有喜者。　土守翼，后夫人有喜。火占同。　軫：填星入軫中，候出日而數之，期二十日，爲兵發，伺始入處而數之，率一日期十日，軍罷。　土出入留舍軫，六十日不下，必有大旱六月。一曰不出三年，河海盡空。　土守軫，土功大起，國有白衣之會，必有亡地千里，不出其年。　土出入軫，若守之，兵大起，有憂，江河當竭，天下大旱，禾稼死傷，人民大飢，期二年。　填星子犯軫，國有死喪，人主惡之。

填星干犯中外宮占第三十三

填星入天庫，以喪起兵國中。　土乘南河界，若出南，爲中國。　土守南河，蠻夷兵起，邊界有憂，若有旱災，入民憂飢。土入軒轅子犯，女主失勢，有憂喪，地裂，大臣有放逐者，五官有不治者，色悴，爲憂爲病，其所在子犯乘守者，有

誅若有罪。　土守軒轅，天下大赦。　土守軒轅，天下大亂，後宮破散，改政易王，人主以赦除咎，期三年。　土入干犯守少微，爲宰相易。　又曰爲女主有憂。不同。　土入干犯乘守少微，爲五官亂，宰相有憂。水同。　土犯太微，女主持政，大夫執綱。　土出東掖門，爲相受命，東南出，德令事也；出西掖門，爲將受令，西南出，刑罰事。月同。　期以春夏，入西掖門，出東門，皆爲人君不安，欲求賢佐。　入中華西門，出中華東門，爲臣出令。　入太陰西門，出太陰東門，皆爲天下大亂，有喪，若大水。月同。　土守太微宮五帝座，必有破國易世立王，土入太微，干犯黄帝座，女主執政，用威勢。　土犯天街，中外不通，四夷爲寇。

唐・李淳風《乙巳占》卷六　太白占第三十四

太白，一名天相，一名太正，一名太皐，一名明星，一曰長庚。西方金德，白虎之精，白招矩之使也。　其性義，其事言，其時秋，其日庚辛，其辰辛酉，其帝少昊，其神蓐收，其蟲毛，其音商，其味辛，其臭腥，其卦乾兑。　《易》曰：説言乎兑，戰乎乾。　是故太白主兵，爲大將，爲威勢，爲斷割，爲殺害，故用兵必占。　太白體大而色白，光明而潤澤，所在之分，兵强國昌；　體小而昧，軍敗亡國。　太白主秋，人君當秋之時，順太白以施政則吉，逆之則凶。　是故可以秋日賞軍帥武人於朝，命將選士厲兵，簡練俊傑，專任有功，以征不義，誅伐暴慢，而明好惡，以伏遠方，完城郭，修器械卒乘，校田獵，習五戎，三令五申，以圖軍事，則太白光而潤大，順行軌道，其國兵强主昌。　太白之見也，以其時修法制，繕囹圄，具桎梏，禁奸邪，務執縛，察獄刑，戮罪過，斬殺必當，無留有罪，不留無式。　枉撓不當，人君大臣受其咎；　施制合時，則太白伏見以時，進退如度，稱兵及伐必尅，四夷賓服。　又於秋時，人君當審法度，養衰老，受几杖，築城修垣，完囷倉，務收歛，納蓄積，無出宿藏，無列土授封以傷秋收之氣，太白喜而光澤，國民强矣。　凡舉大事，無逆天數，必順時因類，則太白降之威，而奸盜自息，而戎狄賓服矣。　天數建時，政不以類，則太白經天晝見，國易政，四夷内侵，中國亂，失道者亂亡矣。若以秋時行冬令，則辰星之氣干之，太白色黑而芒角，陰氣大勝，戎兵來，風災起，多盜賊，邊境不寧，地震坼，而國有大喪重獄。　以秋時行春令，則歲星之氣干於太白，青而昧，小國旱，君有大憂，陽氣遲，五穀無實，雨不降，歲旱，不榮不時矣。　若秋行夏令，則熒惑之氣干於太白，色赤怒而兵起，國多火災，寒熱不節，民多瘧疾，蟄蟲不藏矣。　若行令得以其時，白色而光潤，無錯逆矣，而兵强可以攻守矣。　太白從軌修度先時者，國有應變多擁之將，從革而應機改易也。

太白主義人斷獄，治軍旅境以使民，倉廪盈實，則太白明静而國治也。　若獄訟不理，戈獵非時，政教逆天，太白芒角動摇，而盜賊羣行，兵騎滿野，攻守不息矣，兵旱並起。　夫秋主義，義者理財正辭，禁民爲非者也。　凡用兵之要，必占太白，以金精大將之位，兵之象。　太白出入，兵順之吉，逆之凶。　太白出高，用兵，深入吉，淺入凶，先起勝。　太白出下，淺入吉，深入凶，後起吉。　太白晝見，有兵兵罷，無兵兵起，不出六十日。　出東方，始見爲德，月未盡三日，在月南得行，在月北失行，是謂反生，不有破軍，必有屠城，北國當之。　太白出東方，月盡三日，太白在月北，負海國不勝；　在月南，中國勝，在月北，中邦敗。　太白失行南，謂金入火，有兵罷。　太白出西方，爲刑。　月生三日，太白在月北，負海戰勝；在月南，負海戰敗。　太白與月相夾，有兵。　容三指，有兵憂；　容二指，有憂城，有偏將之戰。　太白與月出，城守者援城。　太白與列宿相犯，爲小戰；與五星相犯，爲大戰。　太白出南，南邦敗；　出北，北邦敗。　金出東方，爲德事。用兵，左迎之吉，右背之凶。　太白出西方，爲刑舉事用兵，右迎之吉，左背之凶。　太白守斗七日，夷狄侵。　太白入羽林，軍兵起。　太白蝕昴畢，胡可滅。　太白光影，戰不勝，將軍死。　太白變色，隨方向所在戰勝，色青，東方勝也。　太白入月，四日候之，其傍有小星附出。　若去尺餘至二尺，客軍大敗。　有死將，軍在外；　傍有小星，去之一尺，軍罷。　太白色白而角，文也，不可以戰，金色赤而角，武，可以戰也。　太白與木合光，戰。　太白應出不出，應入不入，此謂失色，不有破軍，必有死將，所受之邦，不可以戰。　不當出而出，未當入而入，天下兵起，有敗國受者，不可戰。　太白始入，入十四日而復出，軍戰死，入七日而復出，相死也。　太白始出小後大，兵强。　太白，有兵戰吉，不戰凶，順而擊之吉，逆之凶。　太白行遲，用兵遲吉疾凶；　行疾，用兵疾吉遲凶。　太白出則兵出，入則内兵，戰有勝。　用兵象太白吉，逆之凶。　赤而戰，白而角爲喪。太白在東方，與月並出，准之指間。　容一指，期入十日，有軍，軍破將死，主人不勝；　容二指，期十二日，軍大敗，主人亡地；　容三指，期十六日，破軍死將，王者亡地；　容四指，期二十五日，客軍大敗；　容五指，期三十日，軍陣不戰。　太白夕出西方，月始出三日，與月並出，其間容一指，軍在外，期十日，有破軍將死，客勝；　容二指，期十五日，有破軍死將，主人勝；　容三指，期二十日，有破軍死將，客軍大勝，主人亡地；　容四指，期二十五日，客入境，主人不勝；　容五指，期三十日，軍陣不戰，並出者占，不並出者不占。　太白一東一西，害侯王；　一南一北，

兵乃伏。　太白犯房，戴麻森森；犯畢角二宿，戰流血；犯左角，左將死；犯右角，右將死。　太白在填星北，天子失土。　五星及太白守畢中，國亂，大人當之，國易政。　太白、熒惑、辰星，守心，哭聲吟吟。　太白人月中不出，客將死。太白入月中，而星見者，臣殺主。　月蝕太白，國君戮臣殺主。　太白經天，不出三年，必有大喪，大臣有殃，軍事。　太白出，辰星不出太白，爲客善，主人雖兵强不戰。　辰星出，即以太白爲主人，有主無憂兵戰。　金水俱出東方，東方國勝，西方國大敗。　辰守太白不去，大將死，辰星居太白前，二日軍罷。　辰星出太白，小戰；南三尺，軍約大戰。　太白進，則兵進。　辰星太白俱出西方，西方國勝，東方國敗，各出一方爲格，有兵不戰。　辰星太白俱出而合宿，乃戰。　異宿者，兩軍雖近不戰。　太白出未高，敵深入者可敵，去勿追。　太白出高，敵深入境，勿與戰，去亦勿追。　太白入西方，未出東方，東方、南方起兵者勝，得地。其後主敗將死。　太白入東方，未出西方，北方兵起者，身死亡地。　太白主秦國，主雍涼二州。　太白大，秦晉國與王者兵强得地，王天下。　太白赤角則兵戰，白角兵起，黑角兵罷，青角憂。　太白圓有喪，芒角，隋芒所指，兵之所起。太白晝見，爲兵喪，爲不臣更王。　强國弱，弱國强。　太白晝見，亦爲大秦國强，各以其宿占，其國有兵。　太白犯五星，有大兵；犯列宿，爲小兵。　太白犯熒惑，爲大戰。　太白在南，南國敗；在北，北國敗。　魏青龍二年五月丁亥，太白晝見，積三十餘日，以晷度推之，非秦、魏，則楚也。　是時諸侯使諸葛亮據渭南，與司馬懿相持，孫權寇合肥，又遣陸機孫皓等入淮。　帝親東征，蜀本秦地，則爲秦魏及楚兵俱起。　月與太白相犯，人君死，又爲兵。　太白當見不見，是謂失舍。不有破軍，必有死王篡其國。　《宋志》云：晉咸寧四年，太白應見不見，至青龍五年十一月，羊祐伐吴，太白始夕見西方，而卒滅吴。　當見不見之應。

太白入列宿占第三十五

角：太白犯左角，大戰，不勝，將軍死。　金守角一尺，十六日，太子驕溢，國都圍，大人自將兵於野，民多疾疫。　金守角爲兵。　其守色黄，大臣益地，色赤，臣欲反其主。　金逆行左角間，有刺客，天子慎之。　金守左角，羣臣有謀不成，有其家坐罪。　亢：金入亢，中國有兵，若行疾犯淩而有芒角，朝廷貴臣有戮者，一百日，遠八月。　金星數入亢，其國疾疫。　金守角亢，爲兵，大人自將兵於野。　金守亢，收斂用兵，以備北方。　金逆行犯亢，爲兵逆臣亂，人君有憂。　氐：太白犯氐左星，左中郎將誅死；犯右星，右中郎將誅死，期三年。　又云：五星犯左右星數。金同用。　金入氐，天下大疫。一曰有兵。　金守五星同守之，加兵其國。　房：金入房成勾，爲天子忌之，赦解之。　金刺房心，皆正，不失儀，失則爲變。　金犯淩房，國君有憂，色青，憂喪；色赤，憂兵，積尸成山；色赤黑，有將相誅；色赤芒角，大喪。一云五星同占。　金守房，國大喪，大臣有戮死者，爲良馬出廐，臣益君命，臣脅君，天下易主。　大人喪，有反臣，大臣當之。　金逆行守房，羣臣戴麻鏘鏘。　金犯守房。爲天下相誅。　犯守鈎鈐者憂。心：金守心三寸以内，帝統於兵，將軍亡。五星同占。　金中犯乘淩心太子位，太子憂；犯少子位，少子憂。　金守心，天下大怪，金逆行守心，環繞成勾己，爲大人忌，以赦解之。　金中犯乘守心，爲大戰不勝，將軍鬬死。　金犯守心，兵起，國相爲亂。一曰：大臣當之。　尾：金犯尾，人民憂，國易政。　金守尾，宫入有罪者爲亂，多水災，五穀不成。　金出入留守尾，兵起於野，士將滿道，不行，國乏糧。　金留守尾，犯乘淩尾，皇后有珠玉簪珥惑天子者，讒諛大起，后相貴臣誅，宫人出走，兵起宫門。　箕：金犯箕，女主有喜。　金守箕，大人位久守，多土功事，多疾疫，天下有兵。　若動，天下有兵動，天下無所定計。斗：金犯舍南斗七寸，陰乘陽，小人在位。　入斗，將軍戮死，國易政，期三年。　將相有黜者。一曰：有被殺者。　亦爲天下受爵禄，期六十日，若九十日。　金犯守斗，國有兵事，大臣有反者誅。　金犯斗留守之，破軍殺將。　牛：金入牛，爲天下牛車有急行。　金入牛，留守之，大人憂死，將軍失其衆，關梁阻塞，民饑，有自賣者。　金守牛，兵革並起，期六十日。　又曰：妖言無已。　金犯守牛，國有大兵，將軍爲亂，大人憂，國易政。　金犯牽牛，留守之，爲有破軍殺將。女：金犯須女，布帛貴，軍起。　金去須女一尺而守之，天下多寡女。　金出入留舍須女，棺槨貴，其國有兵。　金守須女，王者發帛絲綿，庫藏珍寶出。　金守若入須女中，幸臣與女亂。　太白守須女，妃謀主，兵發内起。　金入須女留守，有女喪，大臣謀主。　金逆行留守犯淩須女，天子及大臣有疾，女有政令。虚：金入虚，不出九十日，有大赦天下。　金入虚，國多孤寡。　危：金守危，去之一尺，諸侯無忠者，以讒言相謗，若有黜者。　金入危，犯守之，爲天下有急事，兵大起，國有憂，兵有加，齊國亡城。　營室：金去營室一尺守之，威令不行。　金入室犯之，天下兵滿野，人主威令不行，六十日不下，將軍死亡。　金守營室，天子及妃后與臣謀，兵起於内。　金守室，爲大忌，以赦解之。　壁：金去東壁一尺，諸侯用命。　金守壁，右武並行，衛士用兵，大人當之。　金守

東壁，天下有軍不戰，大臣嚮正。　金犯守壁，且有兵喪。　奎：金入奎中，大水横流，不出百日。　金守奎，兵起出。一曰：聖人出；一曰：徭役大起，國有匿謀，不過歲中；又曰：大軍戰死，若戮死，期九十日，國有流民；又曰：赦，爲王者憂，大人當之。　金犯守奎，外兵來入國。若出奎一尺，四夷共理中國，期四年。　婁：金順行入婁，子歸其母，政令和平，國有喜。　金去婁一尺，爵禄貴。　金出金婁，天下起兵，秦國以發兵加於魯之城。　金守犯婁，赤色，其鄉吉，將軍和平，天下有喜。　胃：金犯胃，色赤，五十日不下，其國大敗，有亡主，期不出年。　金入胃二十日，兵起流血，五十日不下，兵見，百里流血，後月赦，色赤如火，兵起流血。一曰：青黄，有德令。　金逆行守胃，成勾己，其君死，大臣有誅。若去一尺，燕趙大飢，人相食，百八十日。　昴：金犯昴，旱，天暑，兵起，近期一年，遠期五年。　金入昴，天下擾，兵大起，期五十日。　金入昴中，大赦，近期十五日，遠三十日。　金行疾，期近；金行遲，期遠。入昴，大憂，國易政，兵大起，有流血千里，主命惡之，不出其年。　金守昴，四夷有兵事。　金逆行守昴，入下擾之，民多有下獄者。一曰：大臣有獄死。　金入昴，若出昴北，若犯乘守，胡王死。　畢：金犯畢出北，陰國有憂。　金犯畢口，大兵起，邊兵敗，一歲罷。亦刑罰事。　金犯畢右角，胡兵大戰。　金入畢口中，有女喪。一曰：將當之，君有大憂，大人惡之。　金在東方，入畢口，車馬貴，易政。　金守畢，勞其兵，亂。　金犯守畢附耳，國讒亂，佞臣在主側，以畋獵惑主者，若相有善。　觜：金守觜觿，其國兵起，天子動移，大臣當之，國易政，兵起，斧鉞用，期九十日。　金守觜，當温反寒，當寒反温，當雨反晴，當晴反雨。四方客兵動，侵地，爲君崇禮制義，則安國。　金居觜，君臣和同。　金守觜，萬物不成。一曰：民多疾，大變。　金守觜，天下兵起，人民相謀。　參：金犯參，兵將行。金犯參右肩，有大戰，右將憂，犯守左肩，亦有戰，左將憂，若大臣當之，將軍死。金逆留止中衡，兵革起。　金守參，有兵，天子之軍破，牛馬有急行。　金守參，有赤星出中，邊有兵。　金犯守參伐，大臣爲亂，車騎發令，皆兵起急。　井：金犯東井，人主浮船，五星同占。　金犯東井，將軍惡之。　金入井中，大人衛守，國君失政，大臣爲亂，兵大起。　金犯中乘守東井，爲其國内亂兵起，井鉞干之，兵起，斧鉞用。　鬼：金犯鬼質，將戮。　金入鬼，爲罪斬大臣，兵起，主旱。金入鬼，亂臣在内，有屠城。出入留舍鬼，五十日不下，民疫死而不赦。　金行守鬼，成勾己，若環繞之，國有死王，大臣有戮，王者不行，人民死者大半。　金久守鬼，病在女主，其留二十日以上，有喪，期八月。　柳：金入柳，兵大起，有益地者。　金逆行入柳，成勾己，下刑上，臣謀主，入有怨仇，多暴死。　金抵柳一尺，國有忠臣，專命無患。　金犯守柳，主有急兵。若有變更之命，下淩上，君弱臣强，奸臣賊子謀殺其主。　金守柳，大將軍出。　星：金犯七星，爲臣亂。金入七星，有君置太子者。　金經七星，民非吾民。一曰：當有詐爲王者。金守七星，二十日已上，急兵事。　金守七星，二十日已上，至三十日，大將出。張：金乘犯張，三日已上至七日，將軍内反，賊臣在側。　金守張，其國有兵，謀不成，天子以空發兵。　金守張，爲反臣，中外兵，以德令解之。五星同占。　金犯張，兵革滿野，天下易政。　金犯守張，下淩上，君弱臣强，奸臣賊子，謀殺其主。翼：太白入翼，天下兵塞。　金守翼，爲萬物不成，人民流亡。　守翼三日已上，爲大亂，有大風。　軫：金犯軫，其國兵起，得地。　金出入留舍軫二合，爲楚府庭。　太白，秦國之星也，主之。　金行軫，客來過楚矣。　金守軫，兵大起，有亡地千里，恐有喪兵，謀欲有人伐上者。　入軫中，兵起，國易政。　及有自來諸侯王受命於王者，男子有封爵之慶。　士卒有征伐之役，諸侯應之，魏以位禪。　晉時太白入軫，及留度進退於午之間二十餘日。　晉伐吴之年，太白入軫。　金入守軫，兵大起，國易政，亡地千里。　若有大喪，士卒有遠征之役，吴楚當憂兵，期三年。

太白入中外宮占第三十六

金入五車，留不去，秦國金玉貴。一曰：兵大起。一曰：萬人已上入國，以宿占其國。　金乘守天庫，中國兵所向，無不勝。　有自來王，將其人民中國，國有大喜。　金守南河，天下難起，道塞。　金犯五諸侯，興兵者亡國。　金犯南河戒，邊兵，臣有謀，若兵起，夷狄君憂，若毀亡。　金犯軒轅御女，天子僕死。金入軒轅中，犯乘守之，有逆賊，若大災。　犯軒轅大星，女主憂。　金出東井，犯必有白龍出左右。　金入少微，君當求賢佐，則失威奪勢。　太白犯少微，名士有憂，王者任用小人，忠臣被害者死。　金犯太微，立受事期，命奪號滅衛爲期。　金犯左右執法，執法者誅，若有罪。　金以庚子順入太微天庭中，天子所使也；不以庚子日，非天子之使。　金當太微門，爲受制，左執法爲受事，右執法當爲受事，守太微門三日已下，爲受制，三日已上，爲亂、爲賊、爲饑。　金入太微宮，抵黄帝座，有兵在中，五星觸坐，君賊死。

辰星占第三十七

辰星，一名安調，二名細極，三名熊星，四名鈎星，五名司農，六名兔星。　北

方水德，玄武之精，叶光紀之使也，其性智，其事聽，其時冬，其日壬癸，其辰亥子，其帝顓頊，其神玄冥，其蟲甲，其音羽，其數六，其味鹹，其卦次，爲月，爲刑獄、險阻，故辰星主刑獄。所在之宿，欲其小而明則吉，而刑息獄静，百姓安。若大而光明，則刑亂獄興，人民險害，有阻守之象。辰星所在，其國有權智，用兵爲主。

人君當以冬時，修辰星之政，恤孤獨，察阿黨，謹蓋藏，修積聚，培城郭，戒門閭，慎管籥，固封疆，備邊境，防要害，慎關梁，不爲淫佚，命將帥講武，射御角力，節事省己，則辰星順度。人君若淫佚非道，縱姿外戚，不禁近習，不恒獄刑，起衆發徵，開泄藏氣，則辰星失行，伏見不常，伏見而有芒角矣，則民疾疫隨之，以喪亡，國不昌。

人君以冬時行春令，則歲星之氣干之，辰星色青，君憂刑獄動，生死不當，地凍不密，氣泄，人流亡。來春蝗蟲爲災，水泉竭，民多疥癘胎夭，多痼疾，斷官凶；以爲冬行夏令，則熒惑之氣干之，辰星色赤而小昧，刑禍並起，兵旱，國多暴風，冬不雪不寒，氣霧冥昧，雷發聲矣；以冬行秋令，則太白之氣干之，辰星色白，則威刑並作，獄訟軍旅，同時而興，霜雪不時，小兵起地，侵四鄙入堡矣。

令逆時，則辰星不軌，錯逆動行，降之以刑誅，大臣刑戮作矣。

命得時，則智慮聽審，刑戮當其儀，允則辰星明光，小國順道降治矣。

自辰星降之以治矣，民静而國安，軍威而邊固，無危難，人君聽察是非，獲詔矣。

若君聽讒言，任佞，刑戮無辜，獄訟停滯，其儀不當，則辰星垂芒，氣暈不明，天降刑戮，人亂矣，國者不昌。

若用兵，辰星出東方，色白即勝，外邦敗；出西方色赤，西方勝，中國敗，無兵。

辰星色黄，有福。

辰星有角，小戰。

辰星色黑三芒，有罷兵，天下無兵。辰星太白出西方，水居金星前滅，日在酉北，陰邦有兵，謀以戰，主人勝；在西南，陽有兵，謀在外戰，客勝。

辰星與太白在西南，南方事；在西北，北方事；正在酉，陰國事；正在卯，陽國事。

辰星與宿星合，爲亡地。

五星與辰星合，爲將死；水土合，爲覆軍，軍合鬬，爲戰無兵，内亂。水出東方，大而白，天下有兵、有水，水金俱出東方，皆赤而角，中邦敗，負海國勝。水入月中，人主敗戰、亡地。

金水旗出，破軍殺將，客勝。視旗所指，以命破軍，水環繞太白，若與鬬戰，客勝，主人吏死。水遇金間可成劍，小戰客勝。太白去三尺，軍急約戰。水色黑三芒，天子有兵，一時再見，則有軍在外有罷。

水在金北出，利主人；出金南，利客。

辰星水性，平而且智，故主刑獄焉。

辰星伏而不見經時，斷獄者失理矣，人君察之。

辰星伏見以時，斷獄平矣。

辰星怒芒角，有暴獄，不則水損城郭，傷嘉苗。

辰星入列宿占第三十八

角：水乘左角爲旱，乘右角爲水。一曰：爲水、兵戰。

水守角，王者刑罰急。

水守角，大水滂滂，人民往來，舟船相望。

留兩角間，關梁阻塞，軍有興國庭者，邊戍阻塞。

亢：水入亢，其國病疫。

水守亢者，國有憂，天下大亂。

水守亢，逆行不順，其色明大，政未行。

水逆行守，爲中兵。一云：五星守亢爲中兵。

氐：水入氐，貴臣暴憂，法官有獄事。

水乘氐右星，天下有大水大兵；乘氐右星，天子有自將兵於野外。

房：水入房十日，成勾己，爲大人惡之，以赦解之。

水守房，天下水火起，不則有兵。

水守房，爲胡兵發。

水守房，有白衣之會。

心：水守心，以水滅火，三日不去，主服藥酒，忠臣相戮，山川大潰，水溢滂滂。

水守心，大水滂滂，天下失綱。

水守心，爲火，時多盜賊，人民相惡。

水守心，天下大敗，易主姓氏。

水守心，大臣戮主。

水逆留犯守乘淩心，王者起，内賊亂，臣下有謀易位天子者，權宗室得勢大臣。

尾：水入尾，天下大水，江河決溢，魚鹽貴三倍。

水入尾天江，天下水。

水守尾箕，後宫有省罷者。一曰：後宫有罪者。

水守尾，大饑，人相食，民異其國，君子賣子，妃后亂。

箕：水入箕，天下大赦。

水入箕，大人當之。

水守箕，若動角芒，貴者有棄，自相滅。

水守箕，七日以内禍災起，若有疾風解之，消。

南門：水入南斗中，大臣誅。一曰：不用兵衆而有天下。

水守斗，有兵，赤而角，天下敗；白而大，裂地，相賄賂爲利；異而小，其國亡。

水守斗，有兵，易政改朔。

水留南斗，所守之國當誅。

牽牛：水入牛，五穀不成。

水守牛，水涌爲敗久，牛多死。

水守牛，臣謀其上。

水常以冬朝於牛，當朝不朝，名曰失律；二時不朝，名曰失政；三時不朝，名曰五穀不登。

女：水入須女守之，其國當娶婦嫁女事，若他國來進女者。

水守女，爲萬物不行。

水守女，爲后夫人有變，妾立。

水守女，女主御世，天下大赦，其國水，國大亂。

虛：水犯虛，其邦多水災。

水守虛，政令急，天下大亂，天下虛，大人憂。

水守虛，若角動青色，臣有欺君者，有兵喪於國内。

水守虛，有女災，丁壯行徭，妻子獨居，萬民坐虛。

危：水守入危，奸臣謀。

水守危，有大水，有大喪。

水守危，皇后憂疾，兵喪並起。

營室：水入營室，天下大兵乘水，欲攻王侯之國，不出百二十日。

水守室，天下諸侯發動於西北。

東壁：水犯東壁，王者刑急法深，朝廷憂愁，國有蓋藏保守之事。

水守壁，兵革起，入壁守之，奸臣有謀。

奎：水入奎，有決泄之事，名水有絶者。

水守奎，外國之王入御中道。

水守

奎，天下多災爲旱，萬物五穀不成，有兵災。　水守奎，王者憂，大人當之。　婁：水守婁，若角動赤黑色，臣有争色而起兵者。　水守婁，多水災；水守婁，外國之主入御中。　水入婁犯守之，王者刑法急，大臣當誅，必有下獄者。　胃：水犯胃，天下穀無實，以爲饑憂。　一曰爲亂。　水守胃，且有急令。　一曰國主當之。　水逆行胃，天下有兵，倉庫空虚。　水星犯胃，國安寧。　昴：水乘昴，且有亡國，有謀主之變。　若行其北，西夷有毒霜早降，歲有疾癘。　水犯昴乘之，兵起，爲民害。　水乘昴，若出北者，爲陰國有憂，若胡王死。　水入昴中，有三丈水，留二十日，若六十日。　守昴中，國開門，有大客，國政大危，易政令，若自來。　水守昴畢，東南行至天街，及至五車，爲邊兵發，有赦。　畢：水犯畢，出其北陰國有憂；出南，南國有憂。　水入畢口，各伺其出日而數之。　期二十日，爲兵發始入處，率一日期十日，爲軍罷。　水入畢口，邊有兵。　一曰：其國易政。　水出畢陽則旱，出畢陰則水，爲政令不行。　水守畢，山水潰，河大溢，潦大至。　水犯附耳，兵起，若將相有喪憂也，不即免退。　觜：水入觜中，伺其出日而數之。　期二十日，兵發，伺始入之處，率一日期十日，罷軍。　水入觜，子歸其母，君臣和同。　水守觜，爲萬物不成。　一曰：旱，五穀不成，大人憂。　又曰：不出百日，天下大饑。　水守觜，多水災。　水犯觜，不可動衆行兵。　一曰：有反臣，不出百日，天下水，趙國尤甚。　參：水犯參，貴臣强。　水守參，天子不可以兵動衆，國必有反臣。　水守伐，星移南，胡入塞，星移北，胡出塞。　水宿參，若宿伐，爲有反臣。　水守參，有赤星守參中，邊有兵。　東井：水入東井，若星進，兵進。　水守井，爲水災。　水守井，若角動，色赤黑，爲水起兵，色黄潤澤，天子善令。　若色變者，大人憂，天下有名水絶，所爲絶者，逆行而入之。　水守東井，胡兵起，五穀霜損，其國尤甚，歲大惡。　守鉞，大臣誅，斧鉞用，省兵起。　水受期不東井，朝輿鬼，五穀不登。　輿鬼：水犯輿鬼，有兵。　一曰：犯天質，兵起。　水犯天尸，貴臣有罪；犯四星，天子當之，水守鬼，大人不祭祀之事。　柳：水入天庫，以水起兵。　水入柳，天下米貴，馬貴，先潦後旱。　水守柳，即歲不收。　水守柳，爲反臣，中外兵，以德令解之。　水守柳，貴臣得地，後有德令，不出九十日。　七星：水守犯七星，有君置太子者。　水留七星，爲天下大憂之，中兵。　水犯七星，即兵内亂起。　若守二十日已上，有水。　水守七星，貴人有罪，若法官有憂也。　水守犯七星，三月已上，賊臣在側，若叛臣，皆九十日應。　張：水守張，天下水兵起。　水守張，若角動，有臣傷其君；色赤，有兵出。　水守張，爲反臣，中外以兵，德令解，謂赦令也。　水入張，若守，水入火，爲逆理犯上，天下不安，下謀上，多鬭訟，若多疾。　翼：水入翼中，兵大起。　水守翼，水入火，逆理，貴有憂，若大臣戮，又水旱之災。　星入其度，當位者退之，以消天意，王者以赦除咎。　水守翼，大水，兵起。　色白，京師兵起；色黄，事成；色青，黑死事。　軫：水入軫中，爲火起。　水守軫，天下大變，貴人多死。　一曰：國有喪。　水守軫，萬物五穀不成。　水守軫，爲反，中外兵，以德令解之。　水守軫，戚臣凶。

辰星入中外官占第三十九

水星入五車，則水開。　水人五車乘犯守之，庫以潦，兵起。　水守南河戒，兵起，蠻夷兵，邊城或憂，若有旱災，人民饑。　又曰：留南河南戒中，爲兵起西方，水行南戒中，若留中守南戒，爲旱。　一曰，爲姬疾病。　水行犯守軒轅，女主失勢。　一曰：大臣當之，若有黜者，期三年。　水中犯乘軒轅太民星，大饑，大流太后宗，有誅者，若□有罪。　中犯乘守少民星，小饑，小流后宗，有誅者，若有罪。　水入乘犯少微，宰相易。　一曰：主有憂。

唐・瞿曇悉達《開元占經》卷五　日光明

劉向《洪範傳》曰：日者，昭明之大表，光景之大紀，羣陽之精，衆貴之象也。故曰其氣布德，而主在地。日德者，生之類也。故日出而天下光明，日入而天下冥晦。

日變色

《禮斗威儀》曰：日青中黄外，是爲一不可。日者，黄中爲主，應行君仁，黄中而青外，君禮，黄中而赤外，君義，黄中而黑外，君智，五色積聚，明照四方矣。今反青中而黄外，是位次倒置。黄爲外奪，故爲一不可矣。赤，君喜怒無常。輕殺不辜無罪，不事天地，忽于鬼神，天則雨土，常熱，日蝕無光，地動，雷下降。赤者，火。火死爲土。禮失其政，天雨土也。南方者，火。故常熱也，南方爲離，離爲日，故日蝕無光。火滅灰爲土，故地動。雷者，土氣所爲，故雷下降也。下者，雷電折擊下殺人民也。其時不救，兵從外來爲害，戮而不葬。日赤中黄外，是爲二不可。白，君亂，無威，臣獨逆理而不能誅。白者，變爲白。白係西方之色也，萬物衰老之處也，故爲君德衰亂，亂臣專其威，無禮，君衰亂，于政事不能誅也。賢者不得爲輔朝中，因女而進者衆。隆山數崩，時大旱，河海不流，虎狼害人。其民好賕，吏並爲奸。兵數十起千里之内。其時不救，及其年中亡。當誅臣逆，理進者，以禁絶災害。因女進者時日以救則災及其年。日白

中黃外，是爲三不可也。黑，賤人爲君，婦人輕賢佞諂，候間得親，將小臣所私及危其身。色變爲黑者，闇。故賤人爲君。黑，陰色，故婦人持政，輕誅賢，黑者，水流行無所不及，隨器方員。以喻佞人隨君方圓，故候間得親私者，竊也。小人將盜竊其位，及其身。時則常雨不休，水則海潰河溢，民多溺水死，乘舟者多。蛇入都邑，雞雉同宿。好婦人者，必用其言，欲廢嫡立庶，故蛇入都邑，雉從雞宿，蛇雉有文章在野，喻同政賢從欲代其位。故《易萌氣樞》曰：繼體不改，號令不行，羣下争利，君弱臣强。選舉失，暴風發屋折木爲咎。則有蛇入都邑，雉從雞宿也。婦人多重死，胎子不就。用婦人言，欲專其政，轉相嫉害也。其時不救，患在門内。當遠婦人，復進賢也。其日黑中黃外，是爲四不可也。《春秋潛潭巴》曰：箕主正月，日色如青赤者，昧瞑玄黃，亭亭奪光，旬望以上。七月朔日日蝕，近侯輔臣反。其正月地動摇，官兵大擾。《春秋潛潭巴》曰：房主二月，日色如正月旬望以上。八月二日日蝕，南夷北狄侵中國。流星數出，天下旱，三年兵來。二月天雨血，後九十日名水決，天下多謅臣，朝廷女黨悖，天子備玩好之喜，且以此逢害。《春秋潛潭巴》曰：角主三月，日色如正月望旬以上，五月大霧，九月朔日日蝕，十月有兵倉皇其來。三月彗星如房，后百二十日，名山崩。熒惑守心其效也。故日者，天子之象，君父夫兄之類，中國之應也。夫明主之踐位，羣賢履職，天下和平，黎民康寧，則日麗其精明，揚其光耀。《黃帝占》曰：有道之國，日月過之即明，人君吉昌，人民安寧。《尚書考靈曜》曰：五政不失，日月光明。五政，謂四時及季夏之政也。《尚書考靈曜》曰：日照四極九光。東日日中，南日日永，西日宵中，北日日短。光照四十四萬六千里。《禮斗威儀》曰：君乘土而王，其日太平，則日五色無主。宋均曰：包五行之色，不主于一也。《禮緯含文嘉》曰：君政尊而制命，日月貞明。《春秋感精符》曰：王者之明，以日爲契。日明則道正，暗昧不明則道亂。各以其類占，天子常戒以自勵。《孝經古秘》曰：日光明海内，樂無怨心，陰陽調，年命長，民人以康。《孝經内記》曰：日和五色，君有德。京房《易傳》曰：日者，衆陽之精，内明玄黃，五色無主。以象人君，光照無主，不可以色名也。京房《易傳》曰：聖主在上，則日五色備。京氏曰：日大光，天下和平，上下俱昌，延年益壽世無極。《孫氏應瑞圖》曰：人君不假臣下以柄權，則日月揚光。又曰：王者動不失時，日揚光。王充《論衡》曰：王者道至于天，則日揚大光。

【略】《春秋潛潭巴》曰：軫主四月，日色白丹如黃丹，青比梅葉，芄蘭無色，旬朔以上，十一月朔日日蝕。天子誅于强臣。百二十日五山亡。一曰君死不葬。吴楚以東十國稱王，天子繼絶，諸侯多亡，豪杰縱横。《春秋潛潭巴》曰：張主五月，日色如正月旬望以上，十一月朔晦日日蝕。南夷爲亂，後九十日地嘔血，兵禍並起，逆爲天上百二十日，五星從熒惑，聚中國，四夷争起，妻妾哭于宫，天子滅于國。其五月，彗星五芒出于斗極，九虹見交，與日並立，天子亡，諸侯自君，上滅庶雄，制命兵雷令。《春秋潛潭巴》曰：東井主六月，日色赤如赬旬望以上，十月朔日日蝕。四方射主，武將威兵。後九十日國大亂。其六月天鳴地坼，三公九卿皆反，各自立爲君。勝者稱王，非天命也。《春秋潛潭巴》曰：氐主七月，日色青赤若昧瞑，亭亭奪光，旬望以上，正月朔日日蝕。後七十日，山冢絶崩，百川沸騰，大臣皆用，禄在名公。百二十日，高峯爲谷，深谷爲陵，天下昏亂，羣小執綱，以方爲圓，以欺爲忠，帝人失勢，俛從風靡，天子大弱。可防而消。《春秋潛潭巴》曰：昴主八月，日色如正月旬望以上，三月朔日日蝕。妻后殺主，後百二十日，地必大動，天下起兵，害誅王。其來八月殞石，五六月，天下謀殺其王。易于卿，大雨壤波流翔，主失伍姓，不亡。期百二十日斗星消。易姓起，至期而無徵，天子繕三王之政、五帝之功，以立中興。《春秋潛潭巴》曰：奎主九月，日色如正月青黑不明旬望以上，來歲天雨蝗，五月殞霜，京師中三月晦日日蝕。天子以色，后妃黨横。其來九月，虎入邦，雉羣翔，巢國中。天子好野遊，主人去，外人昌，吴楚以南滅，兵亂以興。《春秋潛潭巴》曰：東壁主十月，日色如黑文網網然，四月朔日日蝕。後七十日蛇羣入市，雉死廟堂之中，主失國，野鳥跦跦，或致鸜鵒。君王危，天下驚，隣國入，主出，臣下逐上。其類令天子備，司禍爲福。《春秋潛潭巴》曰：虚主十一月，日色如緑綈旬望以上，十日天雨堵，宋均曰：堵當作赭，赤色土也。五月朔日日蝕。大臣殺主。七十日大霜，天下無所措，不出，民或藏匿，走入宫，主驚去國，天下瓦解，禮義消爍，中國夷狄。其來七月，出兵大合，屠君誅父，無服之屬，九族之親，君臣易位。《春秋潛潭巴》曰：斗主十二月，日色如灰如塗如虹如合瓜旬望以上，六月朔晦二日日蝕，九十日日魄。大臣專國，代其君爲王，天子廢斥，强侯執命，夷狄内侵，中國百年上無天子，下無方伯，衆狼爲政。後二百二十日虎哭地陷，天雨沙，山躍石。其來六月，天子弱，大臣爲主。《春秋感精符》曰：君營于邪，輔宰不納，奢大縱盜，快意所欲，民不聊生，則遊氣蔽日，日青黃白黑。《春秋感精符》曰：主弱則日色赤如灰，王淪濘則日流血。又曰：大臣擅命，妻專盜成，黨女妃，虚賦歛，殘賊，則日爲青黃。又曰：君不聽明，無知德，爲臣下所侵，則日光青赤，後大

旱，地動摇。　又曰：日青赤黄白黑乍連，于氣茫茫，不可以類推象，度三十日以往，蝕無期，此至亂，故比年日蝕。　又曰：夷狄並侵，兵將用，則日紫。　又曰：日色赤如灰，主以急見伐。　《春秋緯》曰：日黄濁布散，必有后黨孽。　《孝經契》曰：日和五色，明照四方。黄白失信，赤青奪明，黑多暴害，乖離失信則慢。　《孝經左契》曰：日變有五色，蒼色見于百姓也。　京氏曰：察天不順，厥異日赤，其中有黑。　京氏曰：日變色，青爲饑與憂，赤爲争與兵，黄爲德與善，白爲旱與喪。黑爲水，民半死。　又曰：日赤如赭布如灰，不出其歲，有大將死于野。　又曰：日有黑光，不出六十日，有大水傷五穀空屋，所見之國，糴貴十倍，二旬乃止。　京氏曰：《救黄經》云，賢者之言，行之而蔽，其人有以其美自揚，厥異日色黄。黄者，中和色，喻美行也。人君内有賢臣，卒得其位，保其社稷。人君自知非其德行所能設稱揚，其人則復矣。　《赦赤經》云：人君不學，道無以教，下發號令，動害百姓，日應之而赤，人君聽用仁賢，尊之如賓客，避寢思道，則復矣。　《救黑經》云：臣不能進諫其君，怨下見百姓，故日黑，人主當憂勞求賢，罷左右强臣，則黑除矣。　《救白經》云：人君軟弱，海内咸貧，日白六旬，不可復變；未滿六旬，求任賢臣，抗武揚威，誅罰爲非，則復矣。　《夏氏圖》曰：日暈黄濁黑，動摇爲風雨，其不動摇，憂病暴怨。　《荆州占》曰：日始出一竿，赤如血，有死王，以宿占國。　又曰：日赤如血，其國君死；赤始末赭，將軍戰死于野。按王隱《晉書》曰：東海王越自陽成帥，甲士四萬，京邑多徙次許昌，以鳴崇爲兵，司馬越領豫州牧。三月四日，日有赤散流，其光若血下流，其光之所照皆赤，日中有若飛鵠者七八十。九日，越薨于項也。　《孝經内記》曰：主不敬天地，犯名山大川，則日色青白黄黑。　甘氏曰：日或黑青黄，師破喪侯王。　京氏曰：日者，太陽之精，萌于東，盛于南，其色赤。今乃青，青，東方少陽色也。謂人君微弱，國無賢輔，則致此災。不救，日蝕爲災；其救也，率股肱，正台輔，任忠直，報功能，立將軍，修城郭。　京房《易傳》曰：人君不聞道德，其亂國背上則日赤。按《洪範》曰：漢成帝河平元年正月壬寅朔，日月俱在營室，日赤。二月十二日癸未日朔，日又赤，其夜月赤。十三日甲申，日出赤如血，無光。漏上四刻半乃頗有光照地，赤黄，食時後乃復。是時帝無道德，后宮趙氏亂内，外宗王氏擅朝，逐主亡國之應。　京房《易傳》曰：上微弱無法制，則日白六十日，萬物無霜而死。　又曰：臣下無智勇，天下自征伐，則日白體動而寒。　又曰：人君弱而能任其事，謂不亡，則日白。　又曰：人君公行慾過不自改，則日黑，大風起。天無雲而日光掩也。　京房曰：日有青光，不出二旬，大風，糴貴，斗米二千，一歲五見，糴倍，十見以上，民多疾疫，不出一年。　京氏曰：日青君弱亡君無知也，黄間若不與也，黑慈。闕甘氏曰：臣逆君法，日赤如火，其國必亂。　《荆州占》曰：日色赤而三日不復，則霧而昏。晝昏，此人君無德故也。　又曰：日色赤黄，其月旱。　又曰：有黄光照下國，有土水若流血，名王死之。有白光，破國，主憂喪。有青色，國實倉。有赤光，流血滂滂。有黑光，多死兵。以上日色之變。　乍赤乍白各十日，臣有伏兵，欲謀君。　又曰：日色如紫，名爲日死，王者惡之。

日戴光

《太公兵法》曰：日戴，天下大凶，期不出三年。

日無光

《太公陰祕》曰：君不明，臣不忠，故日無光，月不明，見變不救，殃禍生，臣欲反，主失名。安百姓，用賢人，弱者扶，則無害。　又曰：凡四時受王之日，日月當清明，五星順度，潤澤有光。凡此君臣和同。或晝不見日，夜不見月，五星失度，陰蔽日光，亂風連日，此國君迷荒，不順時令，疾病蟲霜，忠臣受誅，讒言者昌，兵火欲起，民人惶惶，盜賊滿道，死者不葬。　《黄帝用兵要法》曰：沈陰日月俱無光，晝不見日，夜不見月星，皆有雲障之而不雨，此爲君臣俱有陰謀，兩敵相圖謀也。若晝陰夜月出，君謀臣，夜陰晝日出，臣謀君，下逆上。　又曰：日濛濛無光，士卒内亂。　《河圖帝覽嬉》曰：日月不光，有亡國死王，期不出五年。　《春秋感精符》曰：三失陽事，則日無光。　《春秋感精符》曰：君行内虚外，有肅敬布政修度之名。苟無至誠，爲下犯冒，晚晚不驚則日光冥冥，鬱怏不清，其後水數淫，雨霧霜屢臻。　《春秋感精符》曰：日無光，主主勢奪，羣臣盜讒蔽行。按《洪範日月》曰：漢元帝永光元年四月，日色青白，無影，日中時影無光。是夏寒。至九月乃有光。是時宦者弘恭、石顯等倚勢，讒賊忠良，上弱不明不義不達之應也。　《春秋感精符》曰：妻黨翔，羣臣恣横，則日黄無光。翔横言從盜也。黄，地色，妻象也。恣奸謀，故先見于天，使日黄至于無光澤也。　偏任權柄，大臣擅法，則日青黑。日爲君，月爲臣，月生于水，水色青，母子助，故二氣並見。　子黨犯命，權威宮國，則遊氣蔽日，日赤鬱怏無色。日色赤，子生于父，父子同氣。今赤氣蔽日，子奸父之象也。　九十日，日黄則日中無影，其時叛作，璚珥數出，黄雲入國，妻黨翔應。　青則寒霜虐雹，偏任氣應。　赤則日闟湛陰霧集。霧集，猶霧冥也。子犯命應。　《春秋感精符》曰：日久不明，天子蔽塞，各以其類，自勑以消之。　《春秋孔演圖》曰：騏驎鬭

兮日無光。　《春秋緯》曰：日光亡，諸侯叛。三十日不光，羣禍起。　《孝經内記圖》曰：日無故過中時無光，人君不明，天下有雨，主兵。　甘氏曰：日出一年而無光耀其月，有王死。一曰王有憂。　《孝經内記圖》曰：王驕慢，日月失明。　《孝經内記圖》曰：月出東方二竿，亭亭無光，爲日病；未入二竿，亭亭無光，爲日死。日死，君死；日病，君病。　甘氏曰：見一日爲十日，見二日爲一月，見一月爲一歲，不出其年，兵起。按韋昭曰：日下無光，謂唯質見耳。　《荆州占》曰：日始出二竿未入二竿，其色赤而無光，其分主凶。必有兵喪，春則爲旱，災在六月。　《太公兵法》曰：日未入兩竿而無光曜，其月必主死。一曰主憂。　京氏曰：日未入二竿，亭亭無光，所舍國君死，日出三日無光，國乃不昌。　甘氏曰：日出旦無光，陽見德也。日旦而無明，入而無光，此謂陽見刑也。　甘氏曰：人君宰相不從四時行令，刑罰不明，大臣奸謀，離賢蔽能，則日月無光。見瑕適不改其行，其國五穀不成，六畜不生，人民上下縱横，賊盗並起。　甘氏曰：日出無光曜者，主病。一曰主有負于臣，百姓有冤心。　甘氏曰：日失色，所臨之國不昌。　京房《易妖占》曰：君不明，日不光。　京氏曰：天下雲盡赤，日不光三十日者，有大兵，王者亡。五十日者，兵且作，大饑，民亡。七十日者，有大殃，亡主，兵作，大饑。九十日者，社稷亡。百二十日者，邑墟亡。　京氏曰：日月大無光，國無王，民不安，天下有兵。　京氏曰：日失光明，主令不行，民饑流亡。　京氏曰：日無故久無光，天下不彰，社稷隳亡。　京氏曰：日月皆無光，則淵涸山崩，王者惡之。　董仲舒《災異占》曰：日無故白無光，其主不死，國乃不昌。青無光，天下人民相食，主去。日赤無光，天下兵起，大旱。日黄無光，天下主失德，名山崩，地動。日黑無光，臣下爲政。　《氣經》曰：日光赤氣見，爲賊者，皆君左右大臣也。　京房《易妖占》曰：日赤無光，君凶也。

唐·瞿曇悉達《開元占經》卷六　日晝昏

《春秋感精符》曰：日者，陽之精，曜魄光明，所以察下。夫以照滅晝晦，甚所懼也。　《春秋緯》曰：后族專權，謀爲國害，則日晝昏。　京氏曰：奸臣盛，日晝昏。　《春秋運斗樞》曰：日晝昏之異，臣爲政，莫制持，專權跋扈，陰騙舒。　《雜罪級》曰：日晝昏，不言擅畔。　石氏曰：日晝昏，行人無影，到暮不止，刑急，民無聊生，不出二年，大水下，田不收。　甘氏曰：日晝昏，烏羣鳴，天下國家分析，臣持政，期不出五年中。　甘氏曰：日無故晝昏到暮，不出一年，大水。　京房《別對災異》曰：國有讒佞，朝有殘臣，則日無光，暗冥不明。　《易》曰：日中見斗，日中星見，明其冥也。故貶之爲暮也。其救也，遠佞諂，近忠直，修經典，閉私道，則日光明。　《洪範傳》曰：日正晝而冥晦者，陰反爲陽，臣反制君也。　《孝經雌雄圖》曰：子日晝冥者，水溢山崩，水灌涼州，凶在武都、酒泉。丑日晝冥者，鬼山崩，水出灌兖州，凶在濟陰、任城。　寅日晝冥者，虎山崩，水灌徐州，凶在下邳、琅琊。　卯日晝冥者，水山崩，一曰風山，水灌青州，凶在平原齊國。　辰日晝冥者，風山崩，水出灌揚州，凶在豫章廬江。　巳日晝冥者，龍山崩，一曰水山崩，水灌豫州，凶在淮揚、汝南會國。一曰凶在淮揚、南昌。午日晝冥者，水山崩，一曰上山，水灌幽州，凶在日南、蒼梧。一曰水灌青州，凶在平原齊國。　未日晝冥者，土山崩，一曰水山，水出灌荆州，凶在南陽。　申日晝冥者，石山崩，水灌益州，凶在蜀郡、廣漢。　酉日晝冥者，鉄山崩，水灌并州，凶在河内、五原。　戌日晝冥者，氣山崩，水灌雍州，凶在河内、太原。一曰凶在河内、京兆。　亥日晝冥者，岑山崩，水灌冀州，凶在趙國清河。一曰水灌兖州人民也。

日無雲而不見

《河圖》曰：天無雲，日不見，三日爲大喪，必有滅國。　甘氏曰：八月朔日，日不見，正月酉日，日不見，主死。　《春秋漢含孳》曰：日不出，懦下。不出，謂日當出不出，君懦畏羣下也。則就陰位。燕自(闕)　《春秋緯》曰：沈日不出，則爲天下冥冥，俱溺絶。

日中烏見

《洛書》曰：日中有烏見，名曰陰德。不出六十日，兵出，從其所向，伐之勝。若有國，主死。按《抱朴子》曰：吴赤烏十三年，日中烏見三足，然魏蜀不見，孫權死。　京氏曰：日中有烏見，主失明，爲政者亂。　《黄帝》曰：日中三足烏見者，其所居分野，有白衣會，大旱赤地。三足烏出住日外者，天下大國受其災，戴麻森森，哭聲吟吟。　《太公陰祕》曰：日中烏見者，君咎，雙烏見者，將相逆。入鬭者，主出走。烏動者，大饑，水旱不時，人民流在他鄉。救之法，實倉庫，舉賢士，遠佞邪，察后宫，任有道，赦不從，則災消矣。　《孝經内記圖》曰：日無暈而烏見，所宿之國亡絶。王隱《晉書》惠紀曰：元康六年六月，日中若飛燕者，積數日，後有愍懷太子事。

《日傍氣圖》曰：日中烏見，其國君死，期三年。　《荆州占》曰：常以月十四日，候日中有氣如飛鳥，其地無居者。　京房《災異》曰：日月薄赤見日中烏，將軍出旌舉此，不祥必亡。

日中有雜雲氣

《黃帝占》曰：日中有火光氣見者，其國左右大臣欲反。《春秋潛潭巴》曰：君德鷹揚，君臣和德道慶，則日含王字。日中有王字者，君德象，日光所照無不及也。石氏曰：日中有立人之象，君慎左右急。《荊州占》曰：日中有人行者，臣害主，而主争客勝。有三人，天絶主人必更。《雜雲氣占》曰：青氣入日，狀如兩烏，重立日中，從日出至食時不罷，日無精光，夷人爲主，正治失位，河水逆流。京房曰：祭天不順，兹謂逆日，中有黑子。中有黑者，陰也。皆日出入時也。又曰：臣不掩君惡，令下見于百姓，百姓惡君，則日變。《文命鈎》曰：偏任權柄，大臣擅法，則有青黑子。《甘氏占》曰：日青赤掩月，不有戰必有亡國。《京房占》曰：日中有黑雲，若赤、若青、若黄，乍五、乍十、乍三十，天子崩。按《晉中興書》曰：升平三年十月丙午，日中有黑子如卵，少時而孝宗崩。太和四年十月乙未，日中有黑子，明年海西公廢。《太公陰祕》曰：日中有黑氣，若一若二至四五者，此陽中伏陰，君害臣。上出者，臣謀君；旁出者，君謀臣；不出者，宫女有憂。昏見在臣，晨見在君。救之法：輕刑罰，赦無罪，節威權，安百姓，貸不足，則災消矣。又曰：日中有黑氣者，一若二至四五者，教令不行，三公爲亂，爵賞不平。不救者，臣誅君，子謀父。救之法：任賢直，信道德，退貪邪，輕刑罰，察奏糾，思刑戮，則無害。又曰：日中有黑氣，見君有過而臣不掩，故日不明。見變不救者，主有憂。救之法：承順天地，申用明堂，則無害矣。《洪範五行傳》曰：人君有過，故不循天治，則日黑居側，大如彈丸。《荊州占》曰：日中有黑氣大如桃李者，臣蔽主明。按何法盛曰：太興四年三月癸未，日中有黑子。永昌元年十月辛卯，日中有黑子。是時中宗寵幸劉隗，擅作威福，殊傷君道。王敦因之，托晉陽之舉兵，逼都輦，禍及忠賢，故日有瑕也。寧康元年十月己酉，日中有黑子如李。二年三月庚寅，日又有黑子如雞卵二枚。十一月己巳日，又有黑子大如雞子。是時帝已長，而康獻皇后以從嫂臨朝，實傷君道，故日有瑕。太元十三年二月庚子，日有黑子大如李。十四年二月辛卯，日中又有黑子。二十年十一月辛卯，日中又有黑子。是時會稽王以母弟專政，故日有瑕。京氏曰：日有白雲貫天，下有白徒之衆。三年至其黑雲，天下有謀不成。京氏曰：候日無色，其中有赤氣，大如瓜踊躍，爲人君絶命。京房《妖占》曰：赤雲貫日者，狀如建鼓，此謂守威，有扈下，此云啓之所攻也。《荊州占》曰：赤雲貫日如建鼓，三年不雨。

日生牙齒足

《春秋感精符》曰：夷狄並侵，戰兵將用，則日垂牙舉足。其發，必子輔政擅威福。郗萌曰：日有齒足，則其國謀反。甘氏曰：日足白，有破諸侯王。石氏曰：日有白足，有戰者破罷，敗將軍死。《洛書》曰：日始見赤足，主坐急見伐，名臣反輔相奪。《春秋感精符》曰：日赤足，主顛躓破殺，王使並相伐。《春秋緯漢含孳》曰：日赤足，君赤走，足爲火。又曰：有赤足數十下江下地，則君必出走。《春秋考異郵》曰：日赤足，有興兵者；日白足，殺諸王侯。按宋均註曰：足動也，喻臣也。日色赤而爲足，是臣下奪主勢而興兵也。白金氣，故殺大臣也。《河圖》曰：日兩足，庶雄起。

日有彗芒

《孝經雌雄圖》曰：日彗者，君有火德，天下大豐。高宗曰：日上芒如烽火，國主失土。《春秋緯漢含孳》曰：日垂芒，戰争。謂芒角則戰也。《洛書》曰：日有氣而芒，色黄白潤澤，是爲陰光。天子有喜，小有德令赦。夏氏曰：上黄白芒，君福昌；不得正色，王有憂。

日刺

《孝經雌雄圖》曰：日刺者，爲有氣刺日中也。謂下賤度上，心知其是非如豫行之也。一年有殃臣之犯上也。日大色黄，最所極甚，則衆陰惡氣。近傍則賤度上心。爲刺在左，爲欲諫惡；在右，爲欲立王；在上，爲欲撫主；在下，爲欲易君。若此之變，君急責躬自悔，考過執事，慎其是非，以洽王治也。又曰：日刺甲乙，父子求惡也。日刺丙丁，君臣相疑，改政教也。日刺戊己，后妃有意害君左右。日刺庚辛，將欲(闕)日刺壬癸，宦者有傷。

日大小

《春秋漢含孳》曰：日大則(闕)處(闕)消，日小則奪大，日大于常則無光，君無羽翼也。日小于常則奪威勢也。《春秋緯》曰：日大則(闕)獨立勢不出，日小則以漸侵(闕)石氏曰：日消小者，所當國(闕)京氏曰：日小，主(闕)賞賜不當。《春秋緯》曰：赤帝之滅，日消小。

日分毁

《孝經内記圖》曰：日分割，君失亡。《春秋合誠圖》曰：君蔽臣專，則日出乃毁。《春秋漢含孳》曰：日毁則國毁。謂日分四五分，則國分也。京氏

曰：日中分，不出五年國亡。《孝經雌雄圖》曰：日中分，天下分爲二。京氏曰：露奪日光，日中破，軍滅國。一曰，陰勝陽，臣勝君，兩敵相當。《洛書》曰：賢人失位，讒進忠退，政煩民擾，則日分爲兩，無救，從王民叛。《荆氏氣占》曰：日中分爲兩，國主死。分爲兩，見有烏居其中争，主死。《荆州占》曰：日中分爲兩，所舍國亡。按《孝經内説圖》曰：當紂之時，六月壬子，分爲兩日，破爲兩已上者，主盡。《荆州占》曰：日分爲兩以上，有從王。《春秋感精符》曰：羣臣争則日裂，主偏任則日裂爲五。《春秋緯》曰：日毁爲五，帝將煞漸起偏任。《孝經内記》曰：日毁爲五，此謂帝失天下，戮于中也。《河圖》曰：日割，國分。《春秋緯》曰：日裂，主誅，臣争。《尚書中候》曰：夏桀無道，殺關龍逢，滅皇圖，壞亂曆綱，殘賊天下，賢人逃，日傷。《春秋緯》曰：日壞者，(闕)京氏曰：日無半則國破亡，兩敵相當。《荆州占》曰：常以正月三日盡八日觀日光，無環者，天下有兵喪。《春秋緯》曰：日之穿，可貫杌。音脱。

日夜出

《河圖》曰：日夜出，是謂陰明，割剖國分。按《墨子》曰：昔三苗大亂，天命殛之，日爲夜出。隨巢子曰：三苗大亂，妖日宵出。《春秋感精符》曰：王(闕)則日夜出。《尚書金櫃》曰：日夜出者，紀綱滅，大臣專政，作威奪權。無救，大臣賊其主，奪其邦。其救也，親仁賢，退驕佞，填四時，布恩惠，赦天下，則日夜出，不爲傷也。《易緯》曰：日夜出，隱謀，合國雄逃亡，從處易主。《孝經内記圖》曰：日夜出，明臣賊其主，奪其家。一曰兵起，天下饑。再出，三年君死國亡。京氏曰：日夜出，是謂陰反陽。不出二年，天下見大兵。不出一年，有大水在所見處之國，天下不安。又曰：日暮而出，是謂陰重，天下見兵。京氏曰：日出于夕，人君不祥，社稷亡。郗萌曰：日夜出，是謂陰明，有國者亡。兵起，天下饑，以日命其國。郗萌曰：日夜出，照見角宿，妾黨縱横，四夷侵犯，十二諸侯攻伐，敗亡。(闕)《荆州占》曰：日宵出是謂明絶(闕)内伐不昌，不出三年，有(闕)《荆州占》曰：日夜出，北斗見，天下兵悉起。《荆州占》曰：日夜出，不出二年，天下有兵。水、兵出，在所見國。按韋昭《洞記》曰：漢武三年四月，有物如日夜出。三年春，河水溢于平原，大饑，人相食，閩越圍東甌，遣嚴助救之，閩越走。

日當出不出當入不入

《春秋緯漢含孳》曰：日當出不出，懦下，當入不入，(闕)

日再出再中

石氏曰：日再出爲滲光，其國君死，有兵起。《春秋漢含孳》曰：日復中，支庶起。京氏曰：日再中，帝王。窮按《帝王郊祭志》：文帝時，新垣平上言曰：日再中，居頃之，日却復中，乃更以十七年爲元年。

日出復入日入復出

京氏曰：日出復入，日入復出，主降臣。又曰：日出復下，日入復高，日入復見爲還，天下大亂，期三年。《荆州占》曰：日出又還，不出三年，天下大亂。所謂反者，君不秉其柄，舍法度，用私意，不任官職，而好自治，則日反。日還者，爲日出而復下，下而復高。無救，當爲大亂，不軌皆叛，不從其勅。正心固一，修古道，守法正，無忒業，則日還，不爲傷也。《春秋感精符》曰：主驚懼，則日入復出。京氏曰：日暮入復出，天下亡。《春秋漢含孳》曰：日躍則畏後，文景移位，支庶起。躍，謂日暮當下入，入更躍，此畏後權。文景者，日反也。《春秋緯》曰：躍如則曲從，天下駭擾，無君桀。《孝經》曰：日已入而光復照，兵起。

日墜日流

《洛書》曰：日從天墜，有道之君正天下，無道之君走。《春秋漢含孳》曰：日流則提擊。流謂纍如赤珠數十在日下，此則君兵提擊東西也。《春秋緯》曰：日流則君王滅，以沈湎並奪。

日出異方

京氏曰：日出于午，天子失國。京氏曰：日出于巳，天子失明，令不行。《河圖》曰：日出西方，以母制。

日並出

《春秋運斗樞》曰：主弱，公侯狡猾，起莫能匡，則日並照。《河圖》曰：日不照，月不消，山吐泉，火燒林。又曰：兩日照，天下民饑。《春秋潛潭巴》曰：兩日並出，地裂，水不流。《詩緯》：推度災，逆天地，絶人倫，則二日出相争。京氏曰：兩日並出，是謂諸侯有謀，自底滅亡，天下兵興，無道之臣舉兵亡。又曰：兩日並出，天下争王。《孝經緯》曰：夏時兩日並出。讖曰：桀無道，兩日照，夷山亡，龍逢誅，人民散，郊社墟。《博物志》曰：桀時，費昌之河上見二日。在東者焰焰將起，在西者沈沈將滅，若疾雷之聲。問於馮夷曰：何者爲夏，何者爲殷？夷曰：西日爲夏，東日爲殷，桀將亡乎！于是費昌歸，徙其族于東，歸商也。京氏曰：兩日並出，是謂並明，假主争明，天下有兩主。

京氏曰：日並出，無道之臣爲君爭功德。先舉兵者昌，後舉兵者亡。 《荊州占》曰：兩日並出以上，是謂亂明。亂明出，天下大亂。家有親親欲同謀上皆成形。不出三年，五穀大貴，一石值千錢，國大饑。 《荊州占》曰：兩日以上出，天下有災，夏以兩日亡。 《尚書考靈曜》曰：（闕）帝之亡，三日並照。《晉陽春秋》曰：建武元年，三日並出，觀臺令史諫章曰：天下其三分乎！ 巫咸曰：三日並見于房心下，不出一年，天下治有裂地爲三州者。 京氏曰：三日並出，大臣爭奪王政。 又曰：三日並出，不出三旬，諸侯爭爲王。 《孝經内記》曰：三日並出者，國君必亡，其位有人在前后宮中同人君即亡也。 《荊州占》曰：三日並出，其國有滅，諸侯有亡，地空邑，河水大出。不則其年大兵，并大喪。 《春秋緯》曰：三日並出，天子黜。 又曰：數日並出，兩主爭。 《京房占》曰：二日三日四日五日並出，此謂爭明。天下兵作，亦主三四五六主立。按《國志》曰：建興四年二月，江東初聞愍帝凶問，羣臣並見五日，一日正中央，餘在四邊。夏侯族曰：天下多天子，何所怪也。 《汲冢書》曰：胤甲居西河，天有孽，十日並出。 《淮南子》曰：堯之時，十日並出，焦禾稼草木，民無所食。堯使羿射之，中其九烏，皆死，墜其翼。

日重累

《孝經雌雄圖》曰：日重累甲乙，皇太子重殃。 丙丁，大臣折傷。 戊己，后妃失御，爲祟是也。 庚辛，將卒軍，奸大行也。 壬癸，君政暮露而下不掩救也，變變悉悉見見者亡滅之事，惟有賢君良臣，除大惡，革僞朝，定尊卑。如此，則消却變衆害伏也。

日鬬鬬而暈蝕

《黄帝》曰：凡日鬬，以日中三足烏見爲正日鬬也。常以日出食時候，若三足烏不見者，不爲鬬也。 京氏曰：兩日鬬，天下爭，三日鬬法如雞鬬相搏，當視先滅以決其事。 《金櫃》曰：日鬬者，人君内無聰明，邪臣爭權。日鬬者無精，衆人見烏其中，無救，期六十六日，王者亡其土地。其捄，闢四門，來仁賢，授爵分職，循名責躬，則鬬不爲傷。 《海中占》曰：日鬬月蝕，主病脹偏枯口舌咽喉心腹。 京氏曰：日鬬，常以日出至食時以鬬，鬬後烏見六十日，王者亡地；若烏不見，不爲鬬。凡日鬬，不及三年，下有拔城，大戰，齊燕多水。 京氏曰：日赤黑比鬬者，其國分。不出三年中，食人，大小民饑亡。 京氏曰：日鬬，黄者爲中勝，中國强；青者爲左勝，左國强；白爲右勝，右國强；赤爲前勝，前國强；黑者爲後勝，後國强，不勝者將有殃。 京房《對災異》曰：日鬬，或赤或白，或蒼或黄，虎入邦。此謂守邑破亡，周君以此亡。 又曰：數日俱出若鬬，天下兵大戰。 石氏曰：白日與黑日鬬，其國相攻，天下有兵。不出三年，大饑。 《春秋緯》曰：赤日相盪血滂滂，君臣無道行縱横。 京氏曰：日鬬有變暈日蝕。君死。日皆傷兵起。 吕氏曰：亂國之主，衆莫親，邪氣蓋積，則蝕鬬。按《尚書璇璣鈐》曰：桀時有日鬬蝕。《太公金櫃》曰：三苗時，有日鬬也。

日以十二辰鬬

《孝經雌雄圖》曰：子日日鬬者，李氏欲爲天子。 《魏氏圖》曰：子日日鬬者，李氏、竇氏欲爲天子。 《孝經雌雄圖》曰：丑日日鬬者，趙氏欲爲天子。 《魏氏圖》曰：丑日日鬬者，趙氏欲爲天子。 《雌雄圖》曰：寅日日鬬者，姚氏欲爲天子。 《魏氏圖》曰：寅日日鬬者，鄧氏、尚氏欲爲天子。 《雌雄圖》曰：卯日日鬬者，張氏欲爲天子。 《魏氏圖》曰：卯日日鬬者，衛氏、張氏欲爲天子。 《雌雄圖》曰：辰日日鬬者，邊氏欲爲天子。 《魏氏圖》曰：辰日日鬬者，陶氏、但氏欲爲天子。 《雌雄圖》曰：巳日日鬬者，步氏欲爲天子。 《魏氏圖》曰：巳日日鬬者，宗氏、上氏欲爲天子。 《雌雄圖》曰：午日日鬬者，劉氏欲爲天子。 《魏氏圖》曰：午日日鬬者，馬氏、郭氏欲爲天子。 《孝經雌雄圖》曰：未日日鬬者，朱氏、霍氏欲爲天子。 《魏氏圖》曰：未日日鬬者，（闕）欲爲天子。 《孝經雌雄圖》曰：申日日鬬者，陳氏欲爲天子。 《魏氏圖》曰：申日日鬬者，侯氏、陳氏欲爲天子。 《孝經雌雄圖》曰：酉日日鬬者，（闕）欲爲天子。 《魏氏圖》曰：酉日日鬬者，周氏欲爲天子。 《孝經雌雄圖》曰：戌日日鬬者，閻氏欲爲天子。 《魏氏圖》曰：戌日日鬬者，孔氏、劉氏欲爲天子。 《孝經雌雄圖》曰：亥日日鬬者，秦氏欲爲天子。 《魏氏圖》曰：亥日日鬬者，秦氏、尹氏欲爲天子。

日月並出

《春秋感精符》曰：后妃專，則日與月並照。 《春秋考異郵》曰：日月並照，出數月俱行，或小或大，滿不消，其下必有煞君滅邦，女主持政，大夫亂綱，夷狄内侵，天下咸兵。 京氏曰：日月並出，爲并明，天下有兩主立。 京氏曰：《氣占》云：日月並俱出，君臣爭明。 京氏曰：日月並出，兵在内。 京氏曰：日月兩見，是（闕）皆有兵饑。 京氏曰：日月並出，相去二寸，臣下作亂，滅其主。 《魏氏圖》曰：日月並見者，君爲臣，臣爲君，其世亂，民相殘。 《孝經

内記圖》曰：日月兩見，十日不雨，兵在内起及外。《荆州占》曰：日月並出，是謂滅亡，天下有國者亡。《洪範五行傳》曰：吴之亡也，日月並出，其后越滅吴。臣欺其君，夷狄侵中國。《荆州占》曰：日月並見，是謂争光，大國弱小國，不出三年，兵起，歲惡，風雨不時。《荆州占》曰：日月並出，是謂死喪，吏人會聚，以下淩上。魏氏曰：日月並晝見者，君弱臣强，以臣伐君，謀爲天子。

日月與大星並見

《洛書》曰：日月大星並出晝見，是謂争明。大國弱，小國强，有立侯王者。

日入月中月入日中

《春秋感精符》曰：君亡失陽事，日月相干。石氏曰：日入月中並不出，九十日兵大起。《易令》曰：日入月中，鐵貴三倍，二旬而止。石氏曰：日入月中，女主病。不則將軍司馬吉。一曰：日在月中，后死。《荆州占》曰：日見月中者，不出三年人主亡，月入日中亦然。《孝經内記圖》曰：月入日中，臣賊其主，奪其家。石氏曰：月入日中，光不滅，后妃持政。

唐·瞿曇悉達《開元占經》卷七　日冠

石氏曰：有氣青赤，立在日上，名爲冠。王朔曰：日冠者，聞也。冠者，如半暈也。法當在日上。如淳曰：日氣在日上爲冠。魏氏曰：冠者，君有私事，在南宫中。《高宗占》曰：日冠者，有喜氣從冠外入，從中出有喜。喜氣者，謂王相氣潤澤也。甘氏曰：日冠，天子立侯王，不出三年。《孝經雌雄圖》曰：日冠，謂臣權在君上也。不損，至于進所愛。復不損，害忠良；復不損，專主威；復不損，邪行私；復不損，王政衰；復不損，謀爲非。冠也，謂不以禮自治也。上不知也。《孝經内記》曰：日上冠者，君與兄弟姊妹私通。《孝經雌雄圖》曰：日冠甲乙，天子欲養仇。丙丁，君臣相反覆，下逆上，上不能止息也。戊己，妻黨貴寵極也。庚辛，將帥僭號，欲爲奸賊也。壬癸，寒賤暴貴。

日戴

石氏曰：氣在日上，名爲戴。又曰：戴之色青赤。王朔曰：日戴者，形如直狀，其上微起，在日上爲戴。戴者，德也，國有喜也。如淳曰：氣在日上爲戴。《高宗占》曰：重戴天子有喜，得地，若有所立。

日珥

石氏曰：日兩傍有氣，短小，中赤外青，名爲珥。《釋名》曰：日珥者，在日兩傍之名也。珥言似耳，在兩傍也。如淳曰：氣在日傍，直對爲珥。王朔曰：珥，耳也。珥者，仁也。珥者，近臣也。珥者，親近之人也。珥者，當如珥也。甘氏曰：珥，朝有耳。純白色爲喪，間赤爲兵，間青爲疾，間黑爲水，間黄爲喜。甘氏曰：日朝有珥，國有行進之事，其不行凶，能戎。《荆氏占》曰：日夕有珥，赤黑白，有大客。董仲舒曰：日交速而珥，兵大出。《荆州占》曰：日交珥象，一方衆兵皆起，軍在外者罷。《孝經内紀》曰：日珥赤，兵；白，喪；青，憂；黑，死；黄，有喜。不出三年。《孝經内記》曰：日珥，人主有喜，爲拜將軍，若有子孫。一曰有風。郗萌曰：日珥，人主有喜，兵在外亦有喜。《洛書》曰：日珥而張者，即人主有憂，欲聽欲外。《荆州占》曰：日珥北方以及三方，必有疾雷。石氏曰：有軍日有一珥爲喜。在日西，西軍戰勝，東軍戰敗；在日東，東軍勝，西軍敗。南北亦然。無軍而珥爲拜將。《孝經雌雄圖》曰：日左珥者，君有陰事，與傍妻爲奸，在西宫中欲立。《摘亡辟》曰：日有赤黑珥，夷人起兵，外降附之。《孝經雌雄圖》曰：右珥者，君有重宫婦人陰事私發。夏氏曰：日左右有黄白珥，君下赦。京氏曰：日以春有二珥，人君聽事。王朔曰：日珥等，兩軍相當，無相奈何。《摘王辟》曰：日有兩珥，無封侯。桀恐，還自伐。京氏曰：日兩珥，且有大使。一日兩珥，焰焰如光，爲人君有喜。《洛書》曰：日兩珥，中赤外青，色黄白潤澤，天子喜。《洛書》曰：珥中有赤雲貫日，有名之人死。京氏曰：日有三珥，人君有女子憂。《孝經内記圖》曰：珥有四，天子大喜。石氏曰：日有四珥，天子拜將，太子立王侯。甘氏曰：日四珥，天子有子孫喜，期不出三年。京氏曰：日出四珥，將軍亡。日入四珥，有大兵。京氏曰：日朝五珥，國憂兵起。夕珥臨日兩傍，必有大客來言北方之事。甘氏曰：日有六珥，命曰大提。六十日分，有喪。若赤雲掩日，下有亡國。

日抱

如淳註《漢書》曰：氣如半環，向日爲抱。蔡伯喈曰：氣見于日傍，内曲向日爲抱。京氏曰：氣青外赤内，曲向日月爲抱，兩軍相當，順抱者勝。王朔曰：氣向日暈狀而短則爲抱。抱者，苞也。苞者，附也。抱者，近臣也。抱者，和親也。按其色占之，抱黄白潤澤，法有赦。京氏曰：氣向日月爲抱。抱多者，來親附者衆多也。孫氏《瑞應圖》曰：君賢得土地，則有黄抱。京氏曰：氣抱日爲和親，見者，其臣欲親。石氏曰：日抱，鄰國臣佐來降。

曰：抱，氣青赤在日月傍，爲其分若王者，有子孫之喜。《孝經援神契》曰：黄氣抱日，輔臣納忠。《孝經内記圖》曰：日光潤澤有抱，國昌。《洛書》曰：日抱，黄白潤澤，中赤外青，天子有喜。有和親來降者。軍不戰，敵降軍罷。色青，將喜；赤將兵爭；白，將喪；黑，將死。《高宗占》曰：抱傍有黄氣如人像，人主有賢佐，匡天下。夏氏曰：日有兩齊等以戰抱，先衰者敗。《高宗占》曰：日傍氣圖日有兩抱，外欲自親者，人主有喜。夏氏曰：日傍有氣抱，戰勝，無軍，有欲和親者。《高宗日傍氣圖》曰：日有三抱，天子喜，天下和平。色赤黄白，皆吉，若有親者。《孝經内記》曰：日四傍各有重抱，四方附信也。《高宗占日傍氣圖》曰：日四抱，天子有喜，皆將相向主，若有來和親者。《夏氏日暈圖》曰：日傍抱五重，再戰順，抱者勝也。

日背

京氏曰：日中赤外青，曲向外，名爲背。蔡伯喈曰：氣見于日傍外曲，曰背。石氏曰：背，氣青赤而曲外向，爲叛象，其分臣反。石氏曰：日背，有反臣，若邊將去，善防之。夏氏曰：日背，背者，大夫卿欲爲主。《孝經内記》曰：日兩背，有反者。《孝經内記》曰：日四背，有兵兵罷，無兵兵起，以宿分占之。《太公兵法》曰：日四背，見軍在外，有反者。《摘亡辟》曰：日四背，天下駭擾，大將起，在中野。《春秋感精符》曰：日背出，天下分裂，臣子得志，主上弱。《春秋考異郵》曰：諸侯謀反，五背刺日。

日璚

石氏曰：氣青赤曲向外，中有一横、狀如帶鉤，名爲璚。如淳曰：日刺日曰璚。璚，決，傷也。孟康曰：璚者，日將蝕先有異氣也。王朔曰：日璚，璚者，決也。璚者，臣下走也。璚者，臣下急也。形如背狀微小而鉤，則爲璚。璚者，譎也，爲乖離也。夏氏曰：日傍有青璚，大臣有去者。不去，有德令也。《孝經雌雄圖》曰：日璚者，此變最劇，敗傷君者也。致滅上有之徵，禍從君不禁下，起在左右；禍從臣詐主，在上；禍從妃后，在下。禍從臣專政，從爲自用，横。爲暴多，有奸臣，通。《春秋考異郵》曰：臣謀反，璚刺日。《孝經内記圖》曰：日傍一璚，萬人死其下。夏氏曰：日四璚，有兵兵罷，無兵兵起。（闕）《春秋感精符》曰：日四璚並立，政不一。按《五行傳》曰：日傍有氣，皆爲晉國之將亡。四璚刺日，而後三卿分晉，以滅其祀。《春秋感精符》曰：日九璚，後起之人並出。《春秋吕氏》曰：人主自恣，不修古王道，逆天暴物，妖禍起，地曜日璚，日反光。地曜，璚氣上刺，反光日景，見南又上。光盛，無能見其輪體；及至反光午上，體見光微，没時却忽時暫明，亦如燈將盡，而光忽暫明熾。自古以來，將亡之國，必生暴君虐主。其君必天蕩其志，使窮極驕盈，而神照如來，故以反光深誡之也。

日直

石氏曰：日直，色赤丈餘，正立日月之傍，名爲直。其分有自立者。夏氏曰：日直，直者，正直。在日上下左右，主直臣自立也。直在下，光色潤澤，有立侯王者。夏氏曰：日有黄直，君立臣；青赤直，臣自立。《夏氏日暈圖》曰：日傍有一直，色黄白潤澤，有立侯王。《洛書》曰：有一傍直，一方欲自立侯王；有二傍直，二方欲自立；三傍直，三方欲自立；四傍直，四方皆欲自立侯王。《孝經内記》曰：日傍有一直，蔽在一傍欲自立，從直所擊者勝。《孝經内記》曰：日傍有兩直，其色潤澤，有侯王立。《夏氏日暈圖》曰：日傍有二直，欲自立者，其色中赤外青不成。《高宗日傍氣圖》曰：日有二重直，在左右謀，欲自立。《洛書》曰：日四直者，是謂四强。色黄白潤澤，天子有喜，安足無兵，國多幸，臣使王。色青，天子有憂；赤，有兵；白，民多喪；黑，主死國分。

日交

王朔曰：日有交。交者，青赤如暈狀，或如合背，或正直交者，偏交者，兩氣相交也。或相貫穿，或相背交，主内亂，軍中不和。石氏曰：日交，人受淫勃之氣。京氏曰：偏交在日傍，從交在日傍交，所擊者勝。甘氏曰：常以九月上景候日傍交赤雲，其下有兵。

日提

《夏氏日暈圖》曰：日傍有赤雲，曲如車蓋映日，名曰扶提。不出其年，有自立者，以日宿占之。《荆州占》曰：日傍有白雲，曲而向日，其一者居東方，其一者居西方，名曰提。不出其年，中有自立者。《孝經内記》曰：日有赤雲，如車輪或二或四，按，圖有二雲，或背日，或向日，當如車蓋，不應如車輪，字之誤也。其背向外提，外臣背其主。期六月一提，不出六年，王者亡地。其曲向日，爲内臣背其主。二提，期三十日至。四提，期六十日至。《孝經内記》曰：日傍有赤雲如車輪，四曲向日，名曰兵提。不出其年，有自立者，以宿占之。甘氏曰：日四傍有赤雲，曲而向日，名曰四提。《荆州占》曰：提，猶耳也。不出其年中，兵起，王者死。一曰：亡地，有自立者。《孝經内記》曰：日四提，不出二年，大有兵，大將出亡。五穀貴，價一倍。三十日至，大雨不止。京氏曰：四提，不

出二年,有大兵,有大饑。《高宗》曰:日六提,國君當之,宜防。京氏曰:日六提,天子亡,布貴,天下亂,五十日至。董仲舒曰:殷時有雲居日左右,曲布向日,名曰日提。占曰:不出六年,天子不利,必有立者。高宗感之修德,昌祚數百年。可謂災消而福生也。

日格

甘氏曰:有青氣横在日上下者,爲格也。格者,格鬬之象也。

日履紐纓

《洛書》曰:日下有赤黑青氣,是謂履。氣交日下將纓,或曰紐也。天子有喜,有臣反從外來者。所以然者,日,天子之象也。黑,水之精也。赤臨,是謂水火相薄。故言天子喜。水者陷,故言有臣從外來反。

日承

夏氏曰:承者,氣如半暈在日下,則名爲承。承者,臣承君也。爲君臣相承,有吉。《高宗日傍氣圖》曰:日下有黃氣三重若抱,名曰承。福,人主有吉,喜且得地。

雜冠戴紐珥抱背玦直虹刺

《洪範傳》曰:日抱珥重光,以見吉祥,君獲賀,福禄並降。夏氏曰:日冠而珥,人主有喜。且有所立,期不出年中。《洛書》曰:日平曉冠,有兩珥,色黃白潤澤,天子有喜,聽言立王。色青,憂;白,喪;黑,死。所以然者,平曉至食時爲王,兩珥有所聽,黃白兩設爲有喜立。王朔曰:日冠,當有兩珥,甚吉。魏氏曰:日冠右珥者,邦東有善人出,得位。《孝經雌雄圖》曰:日冠左珥者,君爲婦母私相知。《孝經内記》曰:日左珥冠者,君東宮私婦女之事。石氏曰:日冠右珥者,邦南善人欲爲政位。魏氏曰:日冠左右珥者,君與羣女婦姊妹私相通。《孝經内記》曰:日冠左右珥者,天下有喜。魏氏曰:日冠纓上下者,邦南北有善人出爲政。《孝經雌雄圖》曰:日紐冠者,君兄弟婦女私相知,奸淫也。《洛書》曰:日戴而冠不中日者,名爲婦,一名離疎。中赤外蒼,色黃且潤澤,天子有臣暴幸者,色青以音幸;色赤,以兵幸;白與黑者,主失用。所以然者,日,天子之象也。色黃白潤澤,是謂附,故言天子有喜。不中日,故言附。上有戴,故言有暴幸。陰陽不和,故言失用。《高宗日傍氣圖》曰:日戴珥,人主有喜,天下和平有所立。《高宗日傍氣圖》曰:日重戴,左右珥,天子有喜,得地,若有所立。《洛書》曰:日兩珥,有直出珥中,中赤外青,色皆黃白潤澤,天子有珠寶喜,立王侯。所以然者,日,天子之象。珠者,陰之榮也。直者,輔也。黃白潤澤,故言天子有喜寶直,有立侯。青,有憂;赤,有兵;白,有喪。黑者,水也。《孝經内記圖》曰:日出而珥戴,天子有德令。一曰有賀喜。《孝經雌雄圖》曰:日四傍有四珥,珥外左右有二抱者,子孫昌。司馬遷《天官書》曰:日抱且戴。喜。《孝經援神契》曰:王者德至于天,則日抱戴。京氏曰:日抱一背爲破走。抱者,順氣也。背者,逆氣也。兩軍相當,順抱擊逆者勝,故言破走。《洛書》曰:日抱有一珥,色皆白潤澤,中赤外青,平晚至食時見,天子有喜。日中至日入,色蒼白爲憂。爲有人從外來者,有喜事者,不可信也。《高宗》曰:日抱兩珥,下有黃氣如月,名曰遺德,有太子喜。無氣,天子喜。《高宗》曰:日重抱在左右,人主有喜。《高宗日傍氣圖》曰:日有重抱兩珥,人主有喜。夏氏曰:日重抱中有璚,順抱擊者勝。軍中有欲反者。又曰:重抱且背,順抱擊者勝。得地,并有罷師。《洛書》曰:三抱重有兩珥正方,色皆黃白潤澤,天子有喜,是謂大和。抱者,親和之象也。珥方者,兵之象也。《春秋渾付》曰:人主修名無誠,言外方語。内懷負心,驕蹇自恣,不謁忠稱孝,毁所增,日背璚青赤不明。《洛書》曰:日背而内璚色中黑,故言水。主大臣反,故言天子有憂。外赤中黑,故言有水火相伐,反臣從中起,天子死。京氏曰:日背璚在日之南及其三方者,其國有反臣。《易緯》曰:日背璚重累,小人畧地,大人争時。京氏曰:日月皆璚,其國有反者。《洛罪級》曰:日背璚不言内乖惡。《摘亡辟》曰:日背璚井出,顛倒相貫屈,天子滅,下作禍。《春秋緯》曰:桀之世,有后通族擅權,背璚刺日,垂其耀光,有此則亡引也。《春秋感精符》曰:君臣乖錯不和,則日背璚。《高宗日傍氣圖》曰:日傍有一直,赤氣如鱗在上,近臣欲自立也。《高宗日傍氣圖》曰:日有二背一直,大臣謀欲自立也。甘氏曰:日四璚,是謂大役。軍衆在外有反者。《孝經内記》曰:日有四背璚,無軍在外而見,天下兵起;軍在外,天下兵盡罷。《春秋感精符》曰:日四背璚,臣射主。《孝經内記》曰:日四背璚,氣如大車隨者四,人主不安,大國不出一年。大車貫二背,有反臣,三月大雨下。《春秋緯》曰:日有四背璚,其國内亂,有兵起,若有背叛。魏氏曰:日傍有二直三抱,有自立者,不成。順抱擊者勝,殺將。魏氏曰:日纓左珥,後宮出位喜。《孝經雌雄圖》曰:日冠紐左珥者,君與舅母私相通。《孝經雌雄圖》曰:日冠紐左右珥,天下有吉喜,五逆皆除。《日暈圖》曰:日冠纓左旄

者，後宮有喜。《日暈圖》曰：日冠纓右珥，後宮出位有喜。又曰：日暈冠纓，左右眊，天下大喜，除刑。《孝經雌雄圖》曰：日紐左珥者，爲兄弟私相知。《孝經內記》曰：日冠鈕者，君與青衣私相愛，欲成立爲妻，已在宫也。甘氏曰：日戴珥，天子有賀喜。抱以爲和親，抱亦親多，抱珥見數，國家懽喜而和。甘氏曰：日戴且珥，天子有子孫昌。期不出其年。夏氏曰：日戴而珥，有令德。夏氏曰：日重抱，抱中外有璚而珥，順抱擊者勝。破軍，軍中不和，不相信。《孝經內記》曰：日傍有重抱，其一傍有抱，抱后有背戴，順抱者勝。《高宗日傍氣圖》曰：日有一抱、一直、一珥，人主有喜，且有所立。吕氏曰：日背璚四直交在中，臣欲爲邪。色青中赤外、有芒刺則爲逆。其色赤中青外、無芒刺爲謀。若數見，則國家凶。向日爲抱，背日爲背。背且抱，有欲爲者，順勝逆，明勝枯，久勝疾。若有白虹以攻戰，從抱擊之者勝。芒外者，中人勝。芒內者，外人勝。皆以象類爲法。《孝經雌雄圖》曰：日上有冠三重，日下有虹下行，正直長丈，不出一年，立故貴人。絶後者，其年小熟小賤，歲有兵，一年中天下不安。夏氏曰：日抱且兩珥，一虹貫抱中日，順虹擊者勝，殺將。夏氏曰：日抱兩珥且璚，二虹貫抱中日，順虹擊者勝。二將有相去。夏氏曰：日重抱有三白虹貫抱中日，順虹擊者破軍將。二虹殺大將，一虹殺偏將。魏氏曰：日重抱左右二眊有白紅虹貫抱，順擊勝，得二將。有三虹得三將。《高宗日傍氣圖》曰：日一背一直、有赤氣如捲，近臣欲自立。二背一直，大臣欲自立。《孝經雌雄圖》曰：日刺冠重累並出邊見者，是臣弑君、子弑父之變也。不可不審察也。見于東方，父子自爲之；見于南方，君臣爲之；見于西方，親戚將卒爲之。變在君者，多赤；變在臣者，多青；變在邊夷者，多黑。自天生大賊，五色錯亂。

唐·瞿曇悉達《開元占經》卷八　日暈

石氏曰：日傍有氣，圓而周匝，內赤外青，名爲暈。夏氏曰：日暈者，運也。如淳曰：暈，日運也。暈者，屯也。暈者，圍也。一説暈者，軍營衛氣也。蔡伯喈曰：氣見於日傍四周爲暈。《方言》曰：日暈爲蹕。蹕，營衛君也。《爾雅》曰：弇日爲蔽雲。郭璞曰：即暈氣五色覆日者也。《釋名》曰：暈，卷也。氣在外卷結也。《春秋感精符》曰：一失陽事則日暈。石氏曰：日暈者，軍營之象。周環匝日，無厚薄，敵與軍勢齊等。若無軍在外，天子失御，民多反叛。班固《天文志》曰：兩軍相當，日暈，等力均也。甘氏曰：日月皆暈，共戰不合若兵罷。《洛書》曰：日出而暈，必有取主，不乃有師破。石氏曰：日以庚子暈，有赦令。《河圖帝覽嬉》曰：正月日暈，兵春起，不勝。《河圖帝覽嬉》曰：日以正月若五月中有九暈以上，道上有熱死將，一曰多死人。《荆州占》曰：日有朝夕之暈，是謂失地，主人必敗。《荆州占》曰：日三暈，軍分爲三。夏氏曰：《日暈圖》云：日暈潤黄濁黑，摇爲風雨且惡；不動摇，有憂病。不則有暴惡令。《太公陰祕》曰：日暈明分中赤外青，外人勝；中青外赤，中人勝。中黄外青黑，中人勝；外黄中青黑，外人勝。外白內青，外人勝；內白外青，中人勝。中黄外青，外人勝；中青外黄，內人勝。《太公陰祕》曰：日暈黄白，不鬭，兵未解。青黑，和解分地。色黄，土功動，民不安。色黑，有水，陰國盛。色白，有喪。色青，爲疾病。色赤，大旱，流血千里。京氏曰：日暈，有兵在外者，主人不勝，宜客。《太公兵法》曰：日暈始起，前滅後匝，而後成者後面勝。《太公兵法》曰：日暈周匝，東北偏厚，厚爲福。東，軍在東北戰。《孝經內記》曰：日暈而明，天下有兵兵罷，無兵兵起。不戰。西南，戰敗。《洛書摘亡辟》曰：日暈明，人主有陰伏之謀。京氏曰：日暈若井垣，若車輪，二國皆兵亡。石氏曰：日有青暈，不出旬，有大風，糴貴十倍，人民多疾病，凶。《河圖帝覽嬉》曰：日暈中赤外青，羣臣親外，赤中青，羣臣內其身，外其心。石氏曰：日有黑暈，災在用事臣。《高宗日傍氣圖》曰：日暈蒼黑，女主有憂。京氏曰：日有黄暈一重，人主有喜。《洛書》曰：日有青圍之，謂之青暈。不出二旬，大寒，糴大貴，外長三錢。一歲五見，糴五倍；六見，糴六倍不止。不出一年，民相食，多疾疫，在所見之國。《禮斗威儀》曰：君乘木而王，其政昇平，則日黄中而青暈。《洛書》曰：日有黑圍之候，不出六十日，有大水，傷五穀，敗人室宅，所見之國，糴貴十倍，三旬止。一歲十見此者，四海有役，窮民不得守其鄉，死不收藏。《禮斗威儀》曰：君乘水而王，其政昇平，則日黄中而黑暈。《孝經內記》曰：日有白圍之候，一本日白暈，不出九十日，有大暴兵，粟大貴三倍，歲多暴風，春雪霜，民多病，亡野，犬多狂，所見之國尤多，其君不安。《禮斗威儀》曰：君乘金而王，其政象平，則日黄中而白暈。宋均曰：象者，取象，于鏡見儀表端正。《洛書》曰：日有赤圍之候，不出終食，必有大雨，雷霹靂殺乎爲人民者，天下不同，獨以所見爲然。必有大暑，道無行人。圍候者，日與辰星俱失度。不出旬日，圍候數如此者，不便貴人。一歲數有圍候，歲十餘，王者不安，大臣坐事。不出二年中，天子亡，細布貴。後一年，蠶不爲

縑，絮四倍。萬民大寒，見此之戒。《禮斗威儀》曰：君乘火而王，其政頌平，則日黄中而赤暈。《孝經内記》曰：日有黄圍之候，風雨農田治。一歲數見，且大安。所見之國，吉，不出三年。《孝經内記》曰：日暈亡日，無雨，大風，起兵若土功，各當其星占。凡日月傍有異氣抱珥，强帶，虹蜺，背，璚，纓，紐，格，履之屬，三日内有大風。二日内有大雨，災解不占。甘氏曰：日暈七日無風雨，兵大作，不可起，衆大敗。不乃月蝕。

日方暈連環暈

《高宗日傍氣圖》曰：日方暈而上下聚二背，將敗民散。又曰：日暈方如井幹，天下不和。《荆州占》曰：日暈連如環，爲兩軍兵起，君争地。《高宗日傍氣圖》曰：日暈環而聚，君死。四邊亞出也。

日暈而珥

京氏曰：日暈而珥，宫中多事，后宫分争。七日不雨，審察中。甘氏曰：日暈而珥，主有謀。軍在外，外軍有侮。《荆州占》曰：日暈而珥，天下有立侯王。《荆州占》曰：日暈而珥，于暈上，將軍易。甘氏曰：日暈而珥，如井幹者，國亡以亂，有大兵反。又曰：日暈而珥，合在軍中，一珥一國，二珥二國，三珥三國，同攻是國也。甘氏曰：日暈而珥，聚在傍，貴人有罷者。《太公兵法》曰：日暈而珥，主有謀。十日不雨，兵起。石氏曰：日暈而珥，合國有謀反。《日暈圖》曰：日暈右珥者，王侯有喜，人君有私，事在后宫。《洛書》曰：兩敵相當，日暈兩珥平等俱起而色同，軍無相奈何。色厚潤者，賀喜。又曰：日暈兩珥，君有喜。一曰衆在外，有大事。石氏曰：春暈有四珥，人主更令。

日暈而負

夏氏曰：日負，負者，青赤如半暈狀，以着暈上，則爲負。負者，位也。得地爲喜。京氏曰：日暈重有四負，殃，大國亂。若三日大雨，不占。《孝經内記圖》曰：日暈負且戴，國有喜。戰，從戴所擊者勝，得地。

日暈而冠戴珥抱背璚直提虹蜺雲氣

《孝經内記》曰：日暈且冠戴，又有反照于日，上有戴赤青長四五尺，左右上下有氣各一丈許，不出九十日，有立侯王。不出百日，有大赦。糴貴十倍，大豆尤甚。石氏曰：日暈且冠且戴，天下有立侯王，若自立者分必益土。石氏曰：日暈且冠，王者有拜謁。若立諸侯，德令四方，天下大赦。《孝經内記圖》曰：日暈有冠，兩珥有纓，貫珥中下交日下，天下有名之臣死。不出三十日，有赦。《太公兵法》曰：日暈冠三珥，天子有喜。或爲大赦，或拜大將軍。高宗曰：日暈冠珥紐，人主有喜慶，且有所立，不出年中。京氏曰：日暈戴抱珥，其色皆赤内青外清明，即國家有吉賀喜。《洛書》曰：日暈且戴而暈，兩有氣皆如珥形，中赤外青，是謂珙璧。一名霧成。色皆黄白潤澤，有獻璧玉寶瑶器者，天子有喜。所以然者，日，天子象也。璧玉者，陰之榮也。黄白潤澤，故言天子有喜。夏氏曰：日暈而珥，外有一抱，所圍城者，在外，外人勝。《孝經内記》曰：日暈，暈中有珥一抱，所謂圍城者，在中，中人勝。《高宗日傍氣圖》曰：日暈珥兩抱，天子且有慶。一抱，喜至。氣黄白赤，皆吉也。《荆州占》曰：日暈而珥背，左右如大車輪，兵起，其國亡城，兵滿野而城復歸。京氏曰：日暈有四珥，各四背璚，期六十日，羣臣有異謀者，有急事，閉關不行，使天下更命。三日雨，不占。四背，白氣干之其端，青赤，是妃與臣下共弑其君。夏氏曰：有軍，日暈有一抱，抱爲順貫暈中，在日西，西軍大勝，東軍大敗。中赤外青，若在日東，東軍大勝，西軍大敗。南北亦然。石氏曰：日暈有抱，抱爲順，在日月之傍，王者有喜，子孫吉昌，政令行。《洛書》曰：凡占，兩軍相當，必謹審日月之暈氣。知其所起止、遠近，應與不應，遲疾大小，厚薄長短，抱背爲多少，有無實虚，久亟，密疎，澤枯相應日等，無相奈何，故曰近勝遠，疾勝遲，大勝小，厚勝薄，長勝短，抱勝背，多勝少，有勝無，實勝虚，久勝亟，密勝疎，澤勝枯。重抱大勝無抱也。抱爲和親，抱多，親者益多。背爲不和，分離相去。背于中者離于中，背于外者離于外也。凡分離相去之相親疎。赤中外青，以和相去；青中外赤，以惡相去。《太公兵法》曰：日暈抱珥，喜氣；日暈黄者，主人有喜。《太公陰秘》曰：日一暈一抱一背爲不和。信者更逆，不信者順。夏氏曰：《日暈圖》云，暈有重抱後有偝，戰，順抱者勝，得地。高宗曰：日暈兩抱，天子有喜，天下和平。色赤黄白，皆吉，有和親。《高宗日傍氣圖》曰：日暈四抱，天子有喜，將相治端，皆向主者，來和親。甘氏曰：日暈抱珥，上將軍易。京氏曰：日暈背氣有暈中，此爲不和，分離相去。其色青外中赤，忠臣受命，主有所之。兩軍相當，中人軍欲降叛于外也。董仲舒曰：日暈而背，君臣俱危，主失節。《太公陰祕》曰：日暈有背，大臣有叛者。或曰左右欲有走。石氏曰：日暈而背，兵起，其分失城。石氏曰：日暈有背，背爲逆，有降叛，有反城。在日東，東有叛；在日西，西有叛，南北亦如之。《高宗日傍氣圖》曰：

日暈一背，臣弑主。按《中興書》曰：隆安元年十二月壬辰，日暈有背璚。是後帝不親萬幾，會稽世子元顯專行威罰。義熙六年五月丙子，日暈有背璚，是時盧循逼京都，戰于郊也。石氏曰：有軍，日暈有一背，背爲逆。在日西，東軍大勝，西軍大敗。若在日東，西軍大戰，東軍敗。南北亦然。《孝經内記圖》曰：日暈上下有兩背，無兵兵起，有兵兵入。魏氏曰：日暈四背在暈内，名曰不和，有内亂，離于中。《夏氏日暈圖》曰：日暈，暈中有兩背兩璚，又半暈臨日，反臣起，中不成。《孝經内記圖》曰：日暈外四背璚，所謂離于外者，外臣有離去者。《孝經内記》曰：日暈中有四背璚，其背端盡出暈者，反役内起。京氏曰：日暈而背四，如大車者四提設，其國衆在外，有反臣。《高宗日傍氣圖》曰：日暈一背麗陣貫之，大臣欲犯其主。《孝經内記圖》曰：日暈有璚，裂地立王。石氏曰：日暈中有璚氣，璚爲不順，與背同。人臣不忠而外其心，君臣乖離，其國兵起，若有逃臣。京氏曰：日暈直氣貫暈中白其色，將失。順其氣攻，破軍。高宗曰：日暈清明一傍直，有立侯王。其色青外赤内潤澤者，上所立也。石氏曰：日暈有直氣在兩傍，其國有自立者，若立諸侯。一曰王者封賞左右。《魏氏圖》曰：日暈有二直，欲自立者，明者立。若黑，不明者死。《魏氏圖》曰：日暈有一直一背，欲自立；二直二背，欲自立；有三直三背，欲自立；有四直四背，皆欲自立也。赤中青外，不成。夏氏曰：日暈有直珥，爲破軍。貫日中，爲殺將。《高宗日傍氣圖》曰：日暈兩直一背，有反臣。石氏曰：日暈四提，必有大將出亡者。京氏曰：日暈而且冠三重，日下有虹行，正長數丈，不出其年有反者，貴人絶後，有兵饑。按司馬彪《續漢書》曰：光武建武七年四月丙寅日，而日有暈，虹貫暈在畢八度。畢，邊兵，秋隗囂反侵安定。《荆州占》曰：日暈而珥，赤虹貫直，其國分者受其害。石氏曰：日暈有抱背珥直而有虹貫之者，順虹擊之大勝，得地。《玄冥》曰：日月暈背彗孛虹蜺在箕，兵起後宫。《玄冥》曰：日月暈虹蜺彗孛在尾，兵起於宫，將交走，期百八十日。石氏曰：日月無精，光青赤，暈蜺背璚在心度中，是謂大盪，兵喪並起，王者以赦降外。京氏曰：凡日出虹暈，主分地。日入虹暈，諸侯分地。黑者，以兵分地。白者，以喪分地也。《荆州占》曰：日暈而白虹，奸。而屬域之東，東斥地；域之南，南斥地；域之西，西斥地；域之北，北斥地。四方皆紆，而四方斥地。是謂人主驕溢，期不出五年。夏氏曰：日暈二，白虹貫暈，有客戰勝。《孝經内記》曰：日暈，有虹貫暈中，順虹擊者勝，殺將。甘氏曰：日暈而珥，有雲穿之者，天下名士死。《高宗日傍氣圖》曰：日暈兩珥，而下有黄雲，人主有喜，期百二十日，遠年中。甘氏曰：日暈而兩珥在外，有聚雲在中與外，不出三日，城圍出戰。《春秋感精符》曰：日一暈兩珥，有立雲貫日出，國多妖孽。《洛書·摘亡辟》曰：日暈而兩珥立雲貫之，國有大疾。《春秋緯》曰：日暈有兩珥，黄雲貫之，不出三月，貴人有死者。《黄帝兵法》曰：日月暈，仰視之，須臾忽有雲氣從傍入者，急隨雲以攻之，大勝。《太公陰祕》曰：日暈，有五色雲如杵貫日，從外入，外人歸勝。從内出，内人勝。欲知姓字，白者商，赤者徵，青者角，黑者羽，黄者宫。《太公陰祕》曰：日暈，有衆雲在左右，色黄白，吉；青白，兵行；黑白，内亂；青赤，和解；青黑，流血。俱明者，未解。兵不歸，明者勝。甘氏曰：日暈，有聚雲不去者，兵起。甘氏曰：日暈，有聚雲外入，不出三日，國城圍。夏氏曰：日暈，有雲氣從暈外入者，兵得入。雲氣從中出者，兵從中出。《孝經内記》曰：日暈，有青雲三從外貫暈，戰，客勝。夏氏曰：貫日，以日宿占之。夏氏曰：日暈，有青氣從中四出，有圍城，城中勝。有直交三，有欲自立不成。《夏氏日暈圖》曰：日暈，有青雲從外四貫暈，有圍城，外勝中。《高宗日傍氣圖》曰：日暈，下有青雲如死虹屬暈，大將死亡。《五音候》曰：日暈，合氣如人在暈中，偕日者，臣叛，不脱。日暈不合，叛者得脱。《孝經内記圖》曰：日有白氣從外向内刺，外人勝，圍城城拔。《孝經内記圖》曰：日暈有白氣從内向外刺，中人勝，圍城城不拔。石氏曰：日暈，有白雲如車蓋臨上，城降，得地。高宗曰：日暈，有赤氣如戟臨之，其國兵起。《高宗日傍氣圖》曰：日暈，傍有赤氣，如節如旗狀在外，名曰蚩尤之旗。兵從内起。《孝經内記圖》曰：日暈，赤氣貫中屬日，臣賊主，赤甚者爲用兵，不甚者爲用藥。陰者不發，人莫知之。《高宗日傍氣圖》曰：日暈，有黄氣承之，得地，不出年中。《夏氏日暈圖》曰：日暈，有虹貫暈，不中日，戰從貫所擊之，勝，得小將。《夏氏日暈圖》曰：日暈，有白虹貫，從虹所擊，戰勝，破軍殺將。《魏氏圖》曰：日暈，有白虹七貫暈，以圍城，主人勝，城不拔。《孝經内記》曰：日暈，有氣如牛入居暈，不出三日，寇入城。京氏曰：日暈不合，有雲如牛，在暈外來入暈中，臣不服。京氏曰：日暈，有氣如毛羽，臨日不去，國有大兵憂。高宗曰：日暈，有四鋭氣如峯四，出國，君亡。高宗曰：日暈，有錦文氣潤色從外入者，有文書，喜至，從中出者，王使出喜事也。枯乾不明者，舉事憂。王朔曰：日暈，有錦文之氣在暈中，君欲遣使，文書大行。日暈，有錦文之氣在暈外，外文書來。《五音

候》曰：日暈，氣如人，在暈中向日，中人受令，在暈外向日，外人受令。一曰：使臣還。得其正色，有喜。不得王氣，有憂。《五音候》曰：日暈，氣如臥人，在暈上，其下破敗。《五音候》曰：臥人氣在暈中，君有憂，臣暴死。又曰：日暈臥人，氣在暈外，臣有憂，憂主死。

日重暈

魏氏曰：日重暈，中赤外青，有臣謀邪，不成。夏氏曰：日重暈，攻城圍邑不拔。重暈，天下有立侯王，不乃拔城。京氏曰：日重暈，有德之君得天下。石氏曰：日暈再重，其分戰有功。《河圖帝覽嬉》曰：日暈二重，其外青，中濁不散。《孝經内記》曰：日有青暈二重者，其災在春，内女親用事。甲乙暈者，所見之國，彫殺草木五穀。不出六十日，中有兵起所見之處者。用事弱亂，故日暈青。三年乃止。石氏曰：日有青暈再重，主后親戚在内爲亂。王者有憂。案《洪範五行傳》曰：周幽之敗也，日暈再重，中暈赤，外暈青，一黑盡上下通在日中。是歲有幽王之敗。《孝經内記》曰：日有黑暈二重，其災在冬月。

唐·瞿曇悉達《開元占經》卷九　候日蝕一

京房《日蝕占》曰：日之將蝕也，五龍先見於日傍。青龍見於日左，以春蝕；赤龍見於日上，以夏蝕；黃龍見於日中央，以六月蝕；白龍見於日右，以秋蝕；黑龍見於日下，以冬蝕。欲候此龍見日蝕法，當以五寅日候之。春以甲寅，夏以丙寅，六月下旬以戊寅，秋以庚寅，冬以壬寅，此所謂五寅也。置盆水庭中，平旦至暮視之，則龍見。欲知何月，孟月以孟，仲月以仲，季月以季。欲知何日蝕，龍以上旬見，日以朔蝕；龍以下旬見，日以晦蝕。龍以日出見，以日出蝕；龍以日中見，以日中蝕；龍以晡時見，日以晡時蝕；龍以日入見，日以日入蝕。《春秋合誠圖》曰：日之將蝕，陽微陰漸，其城君蔽臣恣，下壅塞，九引先出，日乃毁息。陽，日也，君也。陰，月也。漸猶入也。君微弱，故陰氣入日，是主闇蔽，臣下壅塞，君恩化使不施行也。九引先出，卒蝕日也。日將蝕破滅，必先氣引出見祥也。常經以效類垂萌，法至尊，陽精魄。常經垂萌上十二月所祭者也，故冬至夏至，入陽氣，陰注布貞，以精明魄，權成其尊也。《春秋感精符》曰：日將蝕，必先青黃不卒，至漸消也。日光沉掩，皆月所掩毁傷。雌爲政，伐其雄。京氏曰：日失魄者，將蝕；月失魄者，水。所謂失者，日光精移處，若有兩日也。《尚書璇璣鈐》曰：北斗第一星率色數赤不明，七日内日蝕。《春秋感精符》曰：日紫色出二十日以上則蝕，既禍必合。石氏曰：日月以二月八月出房南，過其度其衝日月以晦蝕；出房北，過其度其衝日月以朔蝕。郗萌曰：辰星受制，不見輿鬼，乃日蝕。郗萌曰：歲星辰星逆乘張左右角，皆爲日蝕。國有大變。《荆州占》曰：諸日變皆旬望以上，旬十日、望十五日其衝月皆應，當蝕乃災成，正月日色變來七月日蝕是也。韓楊曰：熒惑南去列星間，從四舍以上，期百二十日日蝕。

候日夜蝕二

《易萌氣樞》曰：日夜蝕者，火中無影，言日當夜蝕。建八尺竹，視其下無影，蝕不可見，故以表候之耳。曰所以夜蝕者，人君諱其過，臣下强，君不能制。見臣之惡，反以爲善；見臣邪僻，反以爲正直，故日夜蝕。陰過盛，陽道微。日夜蝕者，謀臣誅。

日薄蝕三

《河圖帝覽嬉》曰：日月赤黃無光，命曰薄破毁傷，命曰蝕。孟康子曰：日月無光，日薄。京房《易傳》曰：日月不交而蝕，日薄。韋昭曰：月氣往迫之，爲薄。京房《易傳》曰：蝕皆於晦朔。有不於晦朔者，名曰薄。此人君誅不以理，賊臣漸舉兵而起。雖非日月同宿，時陰氣盛，猶掩薄日光也。《釋名》曰：日月虧，日蝕稍侵，虧如蟲食草木也。按謝承《後漢書》曰：江夏黃琬七歲，祖瓊爲魏郡太守，梁太后詔問其日蝕之狀，未能對。琬跪而曰：何不言日蝕之餘，如月之初。《穀梁傳》曰：日有蝕之，吐者外壤，蝕者内壤，闕然不見其壤，有食之者也。《毛詩》曰：彼月而食，則惟其常，此日而食，于何不臧。《春秋考異郵》曰：麟龍鬭則日月蝕。按《淮南鴻烈》曰：麒麟鬭，日月蝕也。《五經通義》曰：日蝕者，月往蔽之，君臣反，不以道故蝕。《春秋漢含孳》曰：臣子謀日乃蝕。案檀道鸞《晉陽秋》曰：孝武太元元年十月辛亥，日有蝕之，時有張五虎、路六根等謀反，諸葛侃誘斬之，滅其凶黨。《春秋運斗樞》曰：人主自恣，不循古，逆天暴物，禍起，則日蝕。《禮斗威儀》曰：君喜怒無常，輕殺不辜，戮無罪，慢天地，忽鬼神，則日蝕。《淮南子》曰：君失其行，日薄蝕無光。京房《易説》曰：下侵上則日蝕。《河圖帝覽嬉》曰：日蝕，所宿國主疾，貴人死。用兵者從蝕之面攻城取地。《河圖》曰：日三蝕，三雄謀；日四蝕，四夷謀。《春秋感精符》曰：再失陽事，則日蝕讁見。《春秋感精符》曰：日蝕有三法，一曰妃黨恣，邪臣在側，日黃無澤，則日以晦蝕，其發必於眩惑；二曰偏任權并，大臣擅法，則日青黑，以二日蝕，其發必於酷毒；三曰宗黨犯命，威權害國，則日赤，鬱快無光色，則日以朔蝕，其發必於嫌隙。班固《天文志》曰：古人有言曰，天下太平，五星循度，無

有逆行者，日不蝕朔，月不蝕望。《洪範傳》曰：日蝕必以朔，非朔爲薄。蝕，陰盛侵陽。其君凶，不出三年。日蝕，皆蝕合朔，不當蝕晦。蝕晦者，陽行遲，陰行疾，君舒臣驕之異也。京房《易傳》曰：人君謀罰不理，臣下將起，則日蝕，不以朔晦。《春秋感精符》曰：日之蝕，國絶也。《春秋緯》曰：君不聰聽，無知德威，令不嚴，舒懦，爲臣下所侵，則日光青赤，其後久旱，地動摇宫，陰氣盛，下臣太恣横，陽精挑奪，日行失度，不得則日月薄于晦，陽爲臣所悦，故以晦日蝕之。失，後也。案《洪範天文日月度占》曰：春秋魯昭公二十四年夏五月乙未朔，日有蝕之。周之五月建辰，今之三月也。魯趙分也，魯太師梓慎曰：將水。叔孫昭子曰：旱也。夫日過春分而陽猶不勝陰，能無旱乎？是秋魯大旱。凡二至二分日，有蝕之，不爲水災，大旱而已也。《易萌氣樞》曰：昭明蔽塞，政在臣下，親戚干朝，君不覺悟，即雜氣失，以星奔、日蝕爲咎。案《洪範五行傳》曰：漢成帝建始三年冬十二月戊申朔，日有食之，其夜未央殿地震，日在須女九度，占：在皇后貴妾。其後皇后廢，趙飛燕姊妹亂宫，皇子死，王氏專權。《易通卦驗》曰：日蝕則害命，王道傾側，故日蝕則正人主之過。《詩推度災》曰：日蝕君傷。按檀道鸞《晉陽秋》曰：孝武大元二十年三月庚辰，日有食之。二十一年九月庚申，帝崩。《詩含神霧》曰：日之蝕，帝消。案袁宏《漢紀》曰：安帝永初五年正月庚辰朔，日有蝕之。本志以爲正旦，王者聽朝之日也。鄧太后攝政，天子守虛位，不得行其號令，蓋陽不克之象也。《晉中興書》曰：成帝咸和六年三月壬戌朔，日有食之。是時顯宗已長，幸司徒第，猶出入見王導夫人曹氏，如子弟之禮。以人君而敬人臣之妻，有虧君德。九年十月乙未朔，日有食之，是時顯宗冠，當親萬幾，而委政大臣，君道有虧也。《春秋潛潭巴》曰：凡日蝕之敗，或地嘔血，或天雨蝗，烏旁蜚，龍羣鬭，長人入宫，虎哭雉巢，列宿滅，皆禍敗顯然之徵也。《春秋潛潭巴》曰：日蝕之後，必有亡國弑君，奔走乖離，相誅專政，擁主滅兵車，天下昏亂，邦多郵。按《洪範天文志日月變占》曰：春秋魯昭公十五年夏六月丁巳朔，日有食之，晉魯分也。後二年，晉昭公九年，六卿專晉，三家擅魯，魯昭公奔之應也。《洪範五行傳》曰：漢高帝三年冬十一月癸卯晦，日有食之，吴齊分也。後二年，齊韓信徙封楚王，三年廢爲侯，而誅之應也。《晉中興書》曰：太和三年三月丁巳，日有食之。五年七月癸酉，日有食之。皆海西被廢之應也。《宋書·天文志》曰：晉元帝太興元年四月丁丑朔，日有食之。明帝大寧三年十一月癸巳朔，日有蝕之，在斗。斗，吴分也。其後蘇峻作逆。安帝元興二年四月癸巳朔，日有食之。其冬桓玄篡位。《春秋合誠圖》曰：日蝕之，主見賊。《春秋保乾圖》曰：日蝕，主行蔽，明壅塞，改身修政，乃黜不法。又曰，日蝕治亂。《春秋公羊傳》曰：日蝕，皆臣弑君、子弑父、夷狄侵中國之異。按《洪範天文志日月變占》曰：春秋魯莊公十八年春三月，日有食之，衛齊分也。後狄人滅衛，齊桓公救而封之應也。二十六年冬十二月癸亥朔，日有食之，燕分也。其後山戎侵燕，齊桓救燕，北至孤竹，平山戎之應也。三十年九月庚午朔，日有食之，楚之分也。其後楚世子商臣殺其君父之應也。魯文公元年春二月癸亥朔，日有食之，齊分也。後十一年間狄三侵齊。十四年昭公卒，其弟公子商人殺其君兄子而自立，四年齊人殺之，大亂之應。十五年六月辛丑朔，日有食之，晉分也。此正陽純乾之月，陰氣未起而能侵陽，其災最重。明年晉趙穿殺其君靈公，而周匡王崩之應也。魯襄公二十一年秋九月庚戌朔，日有食之，楚分也。後十二年楚公子圍殺其君兄而自立之應也。韋昭《漢紀》曰：光武十七年二月，日有食之，二十年五月，朔虜數犯土黨、銅鞮、右扶風。二十一年，匈奴大入上谷郡之應是也。《洛書》曰：日蝕復生者，日光復故也。從日蝕生地擊敵破之。《荆州占》曰：日蝕之下有破國，大戰，將軍死，有賊兵。按《洪範天文日月變占》曰：魯成公十六年六月丙寅朔，日有食之，晉分也。是月魯侯伐鄭，戰于鄢陵，楚師大敗，恭王傷目，將軍子反死之。晉侯時豫而驕，多殺大臣。明年，晉大夫欒書、中行偃遂殺厲公、大亂之應也。《洛書》曰：日蝕不祥，善惡各爲其國。按《左氏傳》曰：昭公七年夏四月甲辰朔，日有食之。晉侯問于士文伯曰，誰將當日食？對曰：魯衛惡之，衛大魯小。公曰：何故？對曰，去衛地如魯地。杜注曰：衛地，豕韋也。魯地，降婁也。日食自於豕韋之末，及降婁之始乃息，故禍在衛大，在魯小也。《傳》曰：于是有災，魯實受之，其大咎，其衛君乎，魯將工卿。注曰：八月衛侯卒。十一月季孫宿卒。又《洪範天文日月變占》曰：魯僖公五年秋九月戊申朔，日有食之，楚周之分也。其後楚莊王觀兵于周疆，有問鼎之應。《洪範五行傳》曰：漢高帝三年冬十月甲戌晦，日有食之，燕吴越分也。後二年燕王臧荼反誅，復以盧綰爲燕王，亦反誅，南越王趙佗自立稱帝之應也。《洛書》曰：日月蝕，當用兵擊之，君安。日月蝕，不可出軍。日蝕之歲，不可出軍。月蝕之月，不可出軍。甘氏曰：無道之國，日月過之薄蝕。兵之所攻，國家亡，又以有喪。甘氏曰：日，陽精之明耀魄寶，其氣布德，而至生本在地，曰德。德者，生之類也。德傷則亡，故日蝕，必有國災。日蝕則失德之國亡。日蝕，修德。甘氏曰：日薄色赤黄，其月旱。京房《妖占》曰：日蝕，無道之君當之。京氏曰：外交之蝕，蝕旦不虧，虧而地猶明，是外謀也。京氏曰：專政之蝕，日明缺至，陽雖侵，光猶明，是司馬舉兵欲起。京氏曰：日蝕，諸侯相侵。白青明，君弱。京氏曰：日蝕，國有兵。大戰，從西方來勝。京氏曰：日蝕王爲君，蝕相爲臣，蝕囚爲罪人，蝕死爲夷狄，蝕休爲民。有兵，其兵從陰所來。日蝕後必通水，在陰所來。在於三年之内。又必有火燒屋。按韋昭《洞紀》曰：漢和帝永元二年二月日食。三年左校尉耿夔等征匈奴，戰破之。安帝元初三年日蝕，京師旱。武陵蠻夷

燒官寺。桓帝永康元年日食，渤海水溢殺人。十二月丁丑帝崩。孫盛《晉陽秋》曰：武帝太康七年正月甲寅朔，日有食之，乙卯又食。詔曰：邦之不臧，實在朕躬，公卿大臣，極言其失。太尉亮、司徒舒、司空瓘上言曰：三朔之始，日有食之，蓋陽節過而堅冰未消。謹按《經》義曰：君道也，父道也，夫道也，君子道也，陽勝陰，陽氣之常。今冰不消，陰氣盛。陰盛者，臣擅主權也，孝道不修也，後宮過度，小人在位也。後八年正月戊申朔，日又食。太熙元年而武帝崩之應也。　劉向《洪範傳》曰：日之爲異，莫重於蝕。故《春秋》日蝕則書之也。日蝕者，下淩上、臣侵君之象也。日蝕數者，其亂衆。稀者，亂亦稀。《洪範傳》曰：人君失序，享國不明，臣下務亂，羣陰蔽陽，則日月薄蝕。汶闇暗昧，若蝕從中起，背璚縱横，則亂交争，兵革並行。《史記·天官書》曰：諸侯作亂，日蝕盡時。　夏氏曰：日蝕，出軍軍折，傷後疾病。《荊州占》曰：日蝕當其國，君王死。按韋昭《洞紀》曰：周平王五十一年日食，三月平王崩。《洪範天文志日月變占》曰：高帝九年六月乙未晦日，日有食之，周秦分也。是時漢都長安都東及洛陽爲畿内，明年四月高帝崩。　韋昭《洞紀》曰：漢文帝二年十一月晦，日食。帝引咎責躬，舉直言，省傜費，闢籍田，除誹謗妖言之罪。文帝後四年四月晦，日食。七年六月己亥帝崩。哀帝元壽元年正月辛丑朔，日有食之，不盡如鉤，明年哀帝崩。《晉中興書》曰：愍帝建興五年十一月先晦二日丙子，日有食之。十二月愍皇帝崩于虜庭。咸康八年正月乙未朔，日有食之。京都大雨，郡國以聞，是謂三朝，王者惡之。六月而顯宗廟。升平四年八月辛丑朔，日有食之。畿既在角，爲天門，人主惡之，明年孝宗崩也。《洛書》曰：日蝕，從所蝕利擊敵也。　王朔曰：日蝕，兩敵相當，即從蝕所擊之，大勝殺將。

日蝕早晚所主四

甘氏曰：日出至早食時蝕爲齊，食時至昃中食爲楚，昃中至日中蝕爲周，日中至日昳蝕爲秦，日昳至日晡蝕爲魏，晡時至日夕蝕爲燕，日夕至日入蝕爲代。皆爲不出三年，當之者國有喪。　甘氏曰：日始出而蝕，是謂無明，齊越受兵。一曰亡地。　京氏曰：日始出而蝕，是謂棄光，齊楚亡。　甘氏曰：日中而蝕，荊魏受兵。一曰亡地。《太公兵法》曰：日中蝕，海内兵大起，王公憂。　石氏曰：日晡蝕，兵將罷，兵不起。　甘氏曰：日將入而蝕，大人出兵，趙燕當之，近期三月，遠期三年。《魏氏圖》曰：日入而蝕，是謂勝明，大人出兵，起當之。

日蝕從上起五

《春秋感精符》曰：日以上蝕者，子爲害。　甘氏曰：凡日蝕則有兵。日蝕從上，失於道，君當之。　京氏曰：日蝕上者，君爲其僞佞人而安用之故。尊卑失禮，責於尊者，故天見亡君之象。　京房《易傳》曰：凡日蝕從上，失臣。　郗萌曰：日蝕上皆爲責在君，其色青則弱於任善，生怨患。赤則君無禮，不好學。黃則君欺其下，掩臣美。白則弱於誅惡，生仇讎。黑則簡宗廟鬼神。

日蝕從中起六

甘氏曰：日蝕從中央起，内亂，兵大起，更立太子。　京氏曰：日蝕内者，君即朝臨政，厲心爲治，不疑臣下。臣下以邪亂君政。故天見亡臣之象，故臣當之。　京氏曰：日蝕從中，中青赤外黃，國亡。又曰中人爲亂。　郗萌曰：日蝕中，皆爲内有伏謀。青則謀者止，赤則謀其事，黃則謀成者受誅，白則事覺，黑則逆謀成其事。《洪範》曰：日蝕貫日中央，上下竟而黑，臣弑君，從中成之刑也。《荊州占》曰：凡日蝕從中者，人君有娶於同姓。《荊州占》曰：日蝕從中央始，國君遇賊。《荊州占》曰：日蝕從中起，君受兵。一曰所宿國有兵。一曰臣謀君。《荊州占》曰：日蝕中央空，主死，期三年。應以善事，則消災。

日蝕從下起七

甘氏曰：日蝕從下者，王室女淫自恣，此臣下當有動，師衆行軍。又曰，失於事，將當之。《春秋感精符》曰：日蝕從下起，妻害急。　京氏曰：日蝕從下起，失民。人君疑於賢者爲不肖，不用其政教，故天見亡民之象也。以人君尊，天將亡君，必先喪其民。蝕者，侵削之意也。　京氏曰：日蝕從下起，多死。一曰下人爲寇。　郗萌曰：日蝕下皆爲責在民。青則民相譖，後有疾疫蟲災。赤則衆庶上僭，强乘弱，後有旱災。黃則失民，飭宮室争土疆，後有土功，皆奪主光，減年筭。白則民相賊害，後有小兵。黑則小民多怨，後有水災。期三年也。

日蝕後左右起周蝕四傍八

京氏曰：日蝕光清無雲，三日乃蝕。蝕已，天鳴，蝕左右，此臣與君争美，尸大功。日，君也。所以有功者，我心，心生慕意，起之蝕也。後九年，臣謀君，六年成。　京氏曰：日蝕左，爲噬嗑，火燒民。　京氏曰：日蝕從傍起者，爲兵。從其方起，黎庶爲亂。　郗萌曰：日蝕左，皆爲責在臣。青則臣專恩，赤則臣無禮於君，黃則臣侵君上，白則臣專法，黑則欺君失臣。　京氏曰：日蝕從右傍者，君親作惑，道虎狼之行。　京氏曰：日蝕右，皆爲貰，火燒諸侯，必有異災起。　郗萌曰：日蝕右，皆爲責在臣。青則佐公作惡，赤則佐公作福，黃則放其

君，白則佐公作刑，黑則臣作威。《天鏡》曰：日蝕從右傍者，淫女暴，爲主君當暴。治丘塚，傷害人民，百姓怨。甘氏曰：日蝕從傍起，失於令，相當之。《河圖》曰：日青黑以傍蝕之，臣之害。按《洪範日月變占》曰：漢武元狩元年五月乙巳晦，日有蝕之，從傍左。明年丞相公孫弘薨之應。《春秋感精符》曰：日蝕傍者，臣欲作禍之應。殺君亡國，四夷入侵，遠期二十七年，中期二十九月，近期九月。郗萌曰：日月蝕皆爲責在妃。青則女疾，衆妾欺君，奪主榮，恣害争寵内患。赤則右夫人乘君損主。白則衆妾怨妬。黑則君内消將絶嗣，卑妾得志，滅君德，失夫人。《荆州占》曰：日蝕四傍缺，諸侯王有死者，期在三年中。

日蝕中分日蝕不盡日蝕三毀三復九

京房《易傳》曰：諸侯越職征伐，與上分威，則日蝕中分。《荆州占》曰：日蝕中分，五年其國亡。一曰二年亡。《荆州占》曰：日蝕，有亡其國者。少半蝕少半亡，半蝕半亡。甘氏曰：日蝕過半，必有亡國，期一年。甘氏曰：日蝕不盡，有失地。一曰强國有逐相。京氏曰：日蝕不盡，相有出走者，期八十日。董仲舒曰：諸侯不承天子命，自相侵伐，則日蝕三毀三復。此仲舒《日異對》也。

日蝕既十

《河圖》曰：日蝕盡者，王位也。不盡者，大臣位也。近期三月，遠期三年。《春秋感精符》曰：日蝕既，則破陰謀，黜豪傑，備邊輔，王易號，失天下，外填寇，内填下。《春秋感精符》曰：君行無常，公輔不德，夷强狄侵，萬事錯，則日蝕既。《孝經内記》曰：日朔蝕既，天絶。晦蝕既，地絶。先晦蝕既，人絶。石氏曰：日蝕盡，其國大人亡；不盡，相去。京房《易傳》曰：亡師，茲謂不禦，厥異日蝕，其蝕既也。京房《易傳》曰：君臣不通，茲謂亡，厥蝕三既。京房《易傳》曰：弑君獲位，茲謂逆，厥蝕既，先風雨折木，日赤。京氏曰：日蝕地坼。董仲舒《災異對》曰：前事已大，後事將至者又大，則日蝕既。董仲舒《災異對》曰：人君自專禄，不封賜功臣，則日蝕既而黑光反外照。董仲舒《災異對》曰：亂臣賊子欲作逆，弑君竊位，則日蝕既，先風折樹。人君妬賢嫉能，臣下謀上，則日蝕既。先雨雹，殺走獸。《洛書》曰：日蝕盡伐者謂既也。伐者，人君死，子代之，或臣篡殺。不盡者，日虧缺也。按《洪範天文日月變占》曰：春秋魯襄公二十四年七月甲子朔，日有食之，既。既，盡也。秦晉分也。後十二月秦景公卒，其弟車自晉復于秦之應也。漢惠帝七年夏五月丁卯先晦一日，日有食之，既。既，盡也。亦周秦分野，陰匿始起而犯盛，其年八月惠帝崩。呂后七年春正月己丑晦，日有食之，既。既，盡也。在營室九度，爲宮室中。呂后曰：此爲我也。明年呂后崩應也。甘氏曰：日蝕盡，天下大凶，有亡國。一曰必更王，人主死。近期二年。不盡，有失地者。京房《易傳》曰：君誅殺失理，臣下有叛心，則日蝕盡而光散。又曰：君臣見災不改行，國將亡，則日蝕三盡也。京房《妖占》曰：日蝕盡，臣欲殺主。一曰歲有夷王起。一曰有喪。按韋昭《洞紀》曰：周桓王十一年七月日食既，十三年壬辰陳桓公鮑卒，弟佗殺兄子代立也。京房《災異對》曰：日蝕盡，無光露者，亡其邑。京氏曰：日蝕盡，日官不見直，日者其國有喪。《荆州占》曰：日蝕盡光，此謂帝之殃。三年之間，有國必亡。

日蝕變色十一

京房《易傳》曰：凡日蝕，其質赤黄，黑而漸之者，明臣侵君也。日質赤黄而黑貫其中者，此人君無威勢不行，爲臣下所輕，故臣謀欲逐其君，居其劇也。黄尚有中和之色也，故其咎也必覺，謀不行，君誅臣。當誅而不誅，則君必失其位。京氏《易傳》曰：日蝕赤質而黑漸之者，此人君誅，衆失理，民持兵去之，其咎欲殺。京氏《易傳》曰：日蝕赤質青黑漸之者，爲三公誅，衆失理，民亦持兵去，順受命征無道(闕)黑而貫其中，臣欲殺其君。不改，期在九年，必殺矣。京房《易傳》曰：臣有伏兵、將欲殺其君者，日變白。咎十日而去，則日蝕矣。白青者弱，赤者無知也。强臣所緣，上下必由此矣。黄赤者，非臣所緣爲也。京氏曰：日蝕，日光明先青赤白黑而蝕。蝕，黑貫白中，日明，此聖德之臣行兵，誅伐小人；左右，不義之臣擅誅小人，天子所謂無命而征，與弑君同之蝕也。後五年殺。京房《易傳》曰：酒無節，茲謂荒。厥蝕乍青乍黑，乍赤乍白。京氏曰：日青並蝕，惟命是争，誅。京氏曰：日赤並蝕，自殺。京氏曰：日黄並蝕，其下得土。京氏曰：日黑並蝕，自殺。《易傳》曰：諸侯逆叛，更立法度，則蝕。失光晻晻月形見也。

日蝕而珥有雲衝之十二

京房《妖占》曰：以甲乙有二珥而蝕，東西南北有白雲衝之，天下有兵。京氏曰：日以甲乙有四珥而蝕，有白雲衝出四角，青雲交貫中央，天下有兵。京氏《妖占》曰：日以丙丁二珥而蝕，有黑雲衝出東南西北，天下有兵。京氏

《妖占》曰：日以丙丁有四珥而蝕，下有黑雲衝出，天下有大水。　京房《妖占》曰：日以戊己有二珥而蝕，上有青雲衝出東南西北，人主有喪。　京房《妖占》曰：日以戊己有四珥而蝕，有青雲衝，天下兵行。　京房《妖占》曰：日以庚辛二珥而蝕，從下始又有赤雲衝出東南西北，三邑兵作。　京氏《易占》曰：日以庚辛有四珥而蝕，從上始有赤雲出西方，天下有亂王。　京氏《妖占》曰：日以壬癸有二珥而蝕，有黃雲衝出，邑有土功事。　京房《妖占》曰：日以壬癸有四珥而蝕，有黃雲衝出，天子亡。　京氏曰：日四珥蝕，從上而下，天子起兵，；從下而上，天子有大喪。　京氏曰：日以春二珥而蝕，從下始大半，邑有死主。　京房《妖占》曰：日以春三珥而蝕，從上始大半，天下邑有小兵，重以喪。　京氏《妖占》曰：日以春四珥而蝕，從下始大半，天下凶。

日蝕而暈珥彗虹蜺十三

《河圖》曰：日蝕而交暈貫日中，兩軍爭，後者勝，將死之。　《荊州占》曰：日蝕，其所從爲側，日蝕從中起而暈，其分必亡國。　京氏《妖占》曰：日以春暈三珥，而蝕從上始，天下有兵。　京氏《妖占》曰：日以春暈四珥，而蝕從下始，天下有大喪。　《洛書》曰：日蝕，下有氣如彗星，諸侯失國，天子有憂。不改，不出十二年。　甘氏曰：日蝕有如虹在日上者，比近臣謀上，政不明不能見，不出五年。　京氏曰：日蝕，轉爲五色而蝕，白虹見日傍光揜揜，此嫡讓庶之蝕也。後三年尊坐無處。

日蝕而有雲氣在日傍十四

京氏曰：日蝕，有雲如坐人，於上者主安，居下臣安。　《洛書》曰：日蝕，有黃雲，中有伏龍，周室以興，文王受命。　《洛書》曰：日蝕而傍有白虎守之，大臣謀，死其君主，不出三月，一曰三年。　石氏曰：日蝕如白虎守日者，人君九族有伏謀，亂君政以自成。不救，不出五年，當有謀臣。　甘氏曰：日蝕有如白兔守日者，民當謀舉兵威亂三州，其先見變。不改，不出其年，兵行。　京氏曰：日蝕有如兔守日，政令不由君，或君不用賢，澤不下施，則高岸爲谷，深谷爲陵，發於衝。　石氏曰：日蝕有兔守之，民爲亂，臣逆君。不出其年，分兵起。甘氏曰：日蝕，有如羣鳥。《太公兵法》曰：兩鳥夾日名爲天雞守日。人君妻家謀奪君，慮先數，視君動静，欲行其志，天先見變戒之。《天鏡》曰：日蝕有鳥夾之，君當司謀防之急。

日蝕而地鳴震裂十五

京房《易傳》曰：内臣外向，茲謂背厥蝕。蝕已巳，且而地中鳴。　京氏曰：日蝕，盛中時黑乃蝕之，從内(闕)地中鳴，此京師諸侯叛，羣下與外土諸侯交亂法度之蝕，後人君亡國，臣伏其殃。　京氏曰：日蝕，先地中鳴乃蝕。蝕左右居雲中，四方無雲，先大風三日，此宰相專公謀反之蝕也。後三年邪人謀反。京房《易傳》曰：臣欲居主位，茲謂不和，厥蝕白青，四方赤。已蝕，地震。　京房《易傳》曰：人君荒酒無節，則日蝕乍青乍黑乍赤，明日大雨發濛而寒，地震動，宫中有水。　京氏曰：日蝕後霿霿不解，地必震，不過旬中。　京氏曰：諸侯更制，茲謂叛，厥蝕三蝕三復，已而風地動。　京氏曰：專制之蝕，光散左右冠三蝕三復，已而風，明日地必動。是謂諸侯專制之變也。後九年殺。　京氏曰：日蝕地震，一曰震裂。日白若中分日(闕)然見而寒乃蝕，左右發四正，此方伯征誅過職，威權上侵之蝕。二年殺。

日蝕而寒風雨雹雷十六

京房《易傳》曰：同姓上侵，茲謂誣君，厥蝕四方有雲，中央無雲，其日大風。京氏曰：親伐之蝕，日體而寒時明，是不和，自舉兵。　京氏曰：日蝕其質黃者，陽覺悟也。寒後九十日，必有誅者。　京氏曰：日食已而寒，飢，陰疾，多喪。【略】　京氏曰：日食先猋風三日乃食，蝕左右四方，並有雲濁，中央無雲，其日大寒發於風，此同姓諸侯侵蝕也。後九年殺。　京氏《易傳》曰：宰相大臣因專權日蝕，先大風，日食時日居雲中，四方無雲也(闕)。　京氏曰：日食猋風雨七日，折木，乃蝕既，此臣剥其君之蝕也。　五年，五穀化爲蟲。　京氏曰：日蝕爲亂爲兵。已蝕而風，是謂兵起；已蝕而雨，是爲分殃；已蝕而霧，羣豪聚；已蝕而飛鳥，不復其鄉。　京氏曰：君疾善下謀下，茲謂亂，厥蝕既，先雨雹殺走獸。赤質黃貫其中，此君不肯用賢而任小人政教，君必逐。　京氏曰：縱欲茲謂不明，厥蝕先大雨三日，雨降而寒既蝕。　京氏曰：日蝕而雷，國亡。

日蝕而星墜蝕盡晦而星見十七

京氏曰：日蝕，星墜復上，此賦斂重數下竭之蝕。　九年殺。(闕)京房《易傳》曰：人君貪殘重賦，日蝕而星墜前而下也。【略】

日與月俱蝕十八

《洛書》曰：日月俱蝕，有亡國。　月先即陰國當之，日先即陽國當之。　蝕陽男主受之。蝕陰女主受之。　魏氏曰：日月俱蝕，國亡。　一月三蝕，主亡。

《春秋左氏傳》曰：魯昭公二十一年，秋七月壬午朔，日有蝕之，公問梓慎曰：是何物也？禍福何爲？對曰：二至、二分，日有蝕之，不爲災。日月之行也，分，同道也；至，相過也。其他月則爲災。陽不克也，故常爲水。　甘氏曰：日者，人主之象。故王者服道不道，施德不德，日爲之變。見道不明德，薄日爲之。無光無德，日乃盡蝕。　春蝕，大凶。又曰國有女喪。夏蝕，無年。又曰諸侯王多死者。秋蝕，有兵戰勝。又曰主死。冬蝕，有喪。一曰相死。　甘氏曰：春丙丁、夏庚辛、秋壬癸、冬甲乙日蝕者，皆相死。諸蝕三日有雨，解之。　甘氏曰：春以庚辛、夏壬癸、秋丙丁、冬戊己日蝕，皆臣弑君也。一曰以德令除咎。　京氏曰：日冬蝕相死，不即有逐。　《荆州占》曰：日夏蝕，陽爲南國，陰爲北國，是爲禍國。

日十二月蝕二

京房《易傳》曰：正月日蝕，大臣出走。不然，大臣一人死。　石氏曰：正月日蝕，不見光，人多疾。　陳卓曰：正月日蝕，齊大凶，五穀貴。　京房《易傳》曰：二月日蝕，人主夫人死。不然大旱。　石氏曰：二月日蝕不見光，人多喪。　陳卓曰：二月日蝕，魯大凶，豆貴牛死。　京房《易傳》曰：三月日蝕，有欲反者，近期三月，遠期三年。　石氏曰：三月日蝕，不見光，水大出。　陳卓曰：三月日蝕，楚大凶，絲綿布帛貴。　京氏《易傳》曰：四月日蝕，人主有過，臣有憂。　石氏曰：四月日蝕，不見光，天下大旱。　陳卓曰：四月日蝕，宋大凶，牛食貴，六畜死。　京氏《易傳》曰：五月日蝕，諸侯多死，期三年。　石氏曰：五月日蝕，不見光，大旱民飢。　陳卓曰：五月日蝕，梁大凶，牛死畜貴。　京房《易傳》曰：六月日蝕，人主有謀，外國侵，土地分。　石氏曰：六月日蝕，不見光，六畜貴。　陳卓曰：六月日蝕，沛大凶，稻米穀粟貴。　京房《易傳》曰：七月日蝕，有反者從内起，期三年。　石氏曰：七月日蝕，不見光，其歲惡。又曰秦國惡之。　陳卓曰：七月日蝕，陳大凶，繒大貴。　京房《易傳》曰：八月日蝕，大水敗城郭，天下更始，期三年。　石氏曰：八月日蝕，不見光，兵大起。　陳卓曰：八月日蝕，鄭大凶，兵起，兵革金貴。　京氏《易傳》曰：九月日蝕，外主欲自立不成，期一年。　石氏曰：九月日蝕，不見光，布帛貴。又曰衛國大惡。　陳卓曰：九月日蝕，韓大凶，衣鹽貴。　京氏《易傳》曰：十月日蝕，奸臣在朝，二人親，一人遠，陵君君走。　石氏曰：十月日蝕，不見光，六畜貴。又曰魏國魚鹽貴。　陳卓曰：十月日蝕，秦大凶，魚鹽貴。　京房《易傳》曰：十一月日蝕，王者亡地，子弑父。　石氏曰：十一月日蝕，不見光，魚鹽貴。又曰趙國大惡。　陳卓曰：十一月日蝕，燕大凶，魚鹽貴。　京氏《易傳》曰：十二月日蝕，天下有兵，大臣欲自立不成，夫人弑君也。　石氏曰：十二月日蝕，不見光，穀粟貴。又曰燕國牛死。　陳卓曰：十二月日蝕，趙大凶，帛貴。　京房《易傳》曰：日以十二月正月蝕，破爲兩以上，王者盡走。

日六甲蝕三

甘氏曰：甲乙日蝕，東夷侵；丙丁日蝕，南夷侵。　《春秋潛潭巴》曰：甲子日蝕，有兵狄强起。　京氏曰：甲子日蝕，北夷欲殺，中臣有謀。不者，大水在東方。　《春秋潛潭巴》曰：乙丑日蝕，大旱，大夫執綱。　京房曰：乙丑日蝕，諸侯之臣欲弑其君。在西北兵行不勝。後有小兵。五穀頗蟲傷。　《春秋潛潭巴》曰：丙寅日蝕，蟲，久旱，多水徵。　京氏曰：丙寅日蝕，司徒欲弑君，後有小旱在東南。　《春秋潛潭巴》曰：丁卯日蝕，旱，有兵。　京房曰：丁卯日蝕，諸侯欲弑君。在北方，後有蝗蟲之殃。　《春秋潛潭巴》曰：戊辰日蝕，地動陰强。　京房曰：戊辰日蝕，同姓近臣欲殺君，後有地動，變在東南。　《春秋潛潭巴》曰：己巳日蝕，地動，火災數降。　京房曰：己巳日蝕，婚家欲弑君，後有諸侯謀兵在西南。　《春秋潛潭巴》曰：庚午日蝕，後火燒後宫，有兵行。　京房曰：庚午日蝕，司徒欲弑其主，兵必行，後有大旱在南方。　《春秋潛潭巴》曰：辛未日蝕，大水湯湯。　京氏曰：辛未日蝕，司空欲弑君，後有大蟲在東方。　《春秋潛潭巴》曰：壬申日蝕，水盛，陽潰，陰欲朔。　京氏曰：壬申日蝕，諸侯相弑，在東北方，後有小兵寇盜並行。　《春秋潛潭巴》曰：癸酉日蝕，連陰不解，淫雨數出，有兵。　京房曰：癸酉日蝕，上强天下謀兵，不出其年，大兵行，始于西方。　《春秋潛潭巴》曰：甲戌日蝕，草木不滋，王令不行。　京房曰：甲戌日蝕，近臣欲弑君，反爲戮辱。後有小旱在西南。　《春秋潛潭巴》曰：乙亥日蝕，陽不明，冬無冰。　京房曰：乙亥日蝕，子欲弑父，身獲虜，後有陰雨。一曰日蝕陰，天下大亂。　《春秋潛潭巴》曰：丙子日蝕，五月大霜。　京房曰：丙子日蝕，諸侯欲相弑，兵必行，在東後有大水。　《春秋潛潭巴》曰：丁丑日蝕，誅三公。　京氏曰：丁丑日蝕，諸侯近臣欲弑其君，在西北方後有小兵。　《春秋潛潭巴》曰：戊寅日蝕，天下大風，無園菓。　京氏曰：戊寅日蝕，異姓近臣欲弑其君，後歲旱，土沸騰。　《春秋潛潭巴》曰：己卯日蝕，地賊起，砂石踊，以有壅。　京氏曰：己卯日蝕，東夷欲殺，後有大蟲。　《春秋潛潭巴》

曰：庚辰日蝕，彗星東出，有寇兵。　京氏曰：庚辰日蝕，君易賢以剛，卒以自傷。後有水在東北。　《春秋潛潭巴》曰：辛巳日蝕，妃謀王子，用兵。　京房曰：辛巳日蝕，諸侯外親欲弑其君，兵行暴。至期，衝兵起西北。　《春秋潛潭巴》曰：壬午日蝕，久雨旬望。　京氏曰：壬午日蝕，三公與諸侯相賊，弱其君王，天應而蝕。三公失國，後旱且水。　《春秋潛潭巴》曰：癸未日蝕，仁義不明。　京氏曰：癸未日蝕，諸侯上侵下臣，欲弑其君，在東北後有小蟲。　《春秋潛潭巴》曰：甲申日日蝕，蟲，四月大霜。　京房曰：甲申日蝕，司馬大夫欲弑君，後有小水在晉。　《春秋潛潭巴》曰：乙酉日蝕，仁義不明，賢人消。　京氏曰：乙酉日蝕，君弱臣强，司馬將兵，反征其主。　《春秋潛潭巴》曰：丙戌日蝕，臣憎主，獄不理，多冤訟。　京氏曰：丙戌日蝕，同姓近臣欲弑其君，後有大旱，火從天墮。　《春秋潛潭巴》曰：丁亥日蝕，匿謀滿王室。　京氏曰：丁亥日蝕，君臣無别，司馬牧民，司徒將兵，後有蟲在西北方。　《春秋潛潭巴》曰：戊子日蝕，宫室内淫，必惑雄。　京房曰：戊子日蝕，妻欲害夫，九族夷滅，後有大水在東方。　《春秋潛潭巴》曰：己丑日蝕，臣伐其主，天下皆亡。　京房曰：己丑日蝕，婚家欲弑，後有小兵在西方。　《春秋潛潭巴》曰：庚寅日蝕，誅相，大水，多死傷。　京房曰：庚寅日蝕，臣欲將兵，誅過職身，被刑殺後，有小旱在東南方。　《春秋潛潭巴》曰：辛卯日蝕，臣伐其主。　京氏曰：辛卯日蝕，天子微弱，諸侯誅，兵欲弑其主，卒反得其殃。後有小蟲在東方。　《春秋潛潭巴》曰：壬辰日蝕，河決海溢，久霜連陰。　京氏曰：壬辰日蝕，諸侯欲弑其君，當誅。日復蝕之，後有大水在東方。　《春秋潛潭巴》曰：癸巳日蝕，在陽位者權不行。　京氏曰：癸巳日蝕，諸侯隔絶轉相伐，兵稍出。　《春秋潛潭巴》曰：甲午日蝕，大蟲螟蝗興，主貪暴，民流亡。　京房曰：甲午日蝕，南夷欲弑其君，後有大旱。　《春秋潛潭巴》曰：乙未日蝕，天下多邪氣，鬱鬱蒼蒼。　京氏曰：乙未日蝕，君責衆庶暴虐，黎民背叛。後有地動。　《春秋潛潭巴》曰：丙申日蝕，諸侯相攻。　京氏曰：丙申日蝕，君暴死，臣下横恣，上下相賊，後有大水。　《春秋潛潭巴》曰：丁酉日蝕，侯侵王。　京房曰：丁酉日蝕，諸侯之臣欲弑其主，身反獲傷。後有大兵起西北。　《春秋潛潭巴》曰：戊戌日蝕，有殃主后死，天下諒陰。　京氏曰：戊戌日蝕，婚家欲弑，後有旱馬驂運。　《春秋潛潭巴》曰：己亥日蝕，小人用事。　京氏曰：己亥日蝕，主弱，小人持政，慾心成，天應日蝕，誡使精。　《春秋潛潭巴》曰：庚子日蝕，君疑其男。　京氏曰：庚子日蝕，庶子欲弑嫡，卒不得。守臣征伐。後有大水。　《春秋潛潭巴》曰：辛丑日蝕，主疑三公。　京氏曰：辛丑日蝕，賢者離散，小人盛，常欲弑主。　《春秋潛潭巴》曰：壬寅日蝕，天下苦兵，大臣横。　京房曰：壬寅日蝕，諸侯欲弑主，反亡其國，在東南。後有小旱在東南。　《春秋潛潭巴》曰：癸卯日蝕，羣鳥翔，禽入國，外伐内，主危亡。　京氏曰：癸卯日蝕，諸侯非其天子，不順司徒亡國。後有大蟲。　《春秋潛潭巴》曰：甲辰日蝕，四騎脅。　京房曰：甲辰日蝕，王后爵命絶，後有水。　《春秋潛潭巴》曰：乙巳日蝕，東國發兵。　京氏曰：乙巳日蝕，諸侯上侵以自益，近臣盜竊以爲積，天子不知，日爲之蝕。　《春秋潛潭巴》曰：丙午日蝕者，民多流亡。　京房曰：丙午日蝕，親戚争嗣，同姓欲弑其主，後有大旱在南方。　《春秋潛潭巴》曰：丁未日蝕，王者崩。　京氏曰：丁未日蝕，執政欲弑，司徒不肖。後有蟲，地震動。　《春秋潛潭巴》曰：戊申日蝕，地動摇宫，外侵兵强。　京房曰：戊申日蝕，臣欲弑君，意在王位，後必有小水。　《春秋潛潭巴》曰：己酉日蝕，妃死，子不葬，以内亂相怨疑。　京房曰：己酉日蝕，西夷欲弑君，後有大兵，必西行。　《春秋潛潭巴》曰：庚戌日蝕，臣相侵。　京氏曰：庚戌日蝕，司馬之卿欲殺，有小旱。　《春秋潛潭巴》曰：辛亥日蝕，子爲雄。　京房曰：辛亥日蝕，司馬之大夫欲弑君，反受其殃。後有蟲害。　《春秋潛潭巴》曰：壬子日蝕，女謀王。　京氏曰：壬子日蝕，諸侯同姓任政者欲弑其君，大夫害。　《春秋潛潭巴》曰：癸丑日蝕，水湯湯。　京氏曰：癸丑日蝕，寇盜行，兵恐，君王目爲不明。　《春秋潛潭巴》曰：甲寅日蝕，雷擊殺人，骨肉争功。　京氏曰：甲寅日蝕，同姓大臣欲弑其君，後有旱。　《春秋潛潭巴》曰：乙卯日蝕，雷不行，霜不行殺草，長人入宫。　京氏曰：乙卯日蝕，必有專政欲殺，不出三年，身被其誅，後有大蟲。　《春秋潛潭巴》曰：丙辰日蝕，山水淫淫。　京氏曰：丙辰日蝕，帝命之極，武王乃得。　《春秋潛潭巴》曰：丁巳日蝕，下有聚兵。　京房曰：丁巳日蝕，天乃去惡依聖人，後有小兵。　《春秋潛潭巴》曰：戊午日蝕，久旱，穀不傷。　京氏曰：戊午日蝕，有婚家執政，賊由妻始，後有旱。　《春秋潛潭巴》曰：己未日蝕，失名王。　京氏曰：己未日蝕，臣不安居，羣陰謀欲侵，後地大動。　《春秋潛潭巴》曰：庚申日蝕，夷狄内攘。　京氏曰：庚申日蝕，骨肉相賊，後有水。　《春秋潛潭巴》曰：辛酉日蝕，女謁且興。　京氏曰：辛酉日蝕，昆弟相殺，更有國家，後有兵大行，三年不息。　《春秋潛潭巴》曰：壬戌日蝕，羣山崩。　京房曰：壬戌日蝕，諸

侯欲殺，在西南。《春秋潛潭巴》曰：癸亥日蝕，大人崩。京氏曰：癸亥日蝕，天下命終極，聖人更起，不可救止。後大雨水。

日十二辰蝕四

《春秋感精符》曰：日蝕寅卯辰，木域，招謀者司徒也。日蝕巳午未，火域，招謀者太子也。日蝕申酉戌，金域，招謀者司馬也。日蝕亥子丑，水域，招謀者司空也。按：端謀人卒難別，故以時粗畧其官位。南方，陽精也，爲君。君域有異，雖子屬也。《孝經雌雄圖》曰：子日日蝕者，燕國王死，期在五月、十一月。丑日日蝕，趙國王死，期在六月、十二月。寅日日蝕者，齊國王死，期在七月正月。卯日日蝕者，魯國王死，期在八月、二月。辰日日蝕者，楚國王死，期在九月、三月。魏氏曰：越王死。巳日日蝕者，宋國王死，期在十月、四月。午日日蝕者，梁國王死，期在五月、十一月。未日日蝕者，沛國王死，期在六月、十二月。申日日蝕者，陳國王死，期在七月、正月。酉日日蝕者，鄭國王死，期在八月、二月。魏氏曰：吴國王死。戌日日蝕者，韓衛王死，期在九月、三月。亥日日蝕者，秦魏王死，期在十月、四月。

日在東方七宿蝕五

《黄帝占》曰：日入角而蝕，將吏有憂，國門四闢，其邦凶。甘氏曰：日在角亢而蝕，戒之在於耕田之臣。京氏曰：日蝕角中，其國不安。一曰貴臣有憂。一曰主農之官憂。《春秋感精符》曰：日蝕亢中，其邦君有憂。石氏曰：日蝕亢中，其謀在朝廷之臣有罪者。《黄帝占》曰：日月蝕氐中，天子疾崩。石氏曰：日蝕氐中，卿相讒諛，人君滅無辜。甘氏曰：日在氐房而蝕，戒之在三公九卿大夫，且有相譖誤主，上使過刑，殺不辜者。甘氏曰：日蝕氐中，大官惡之。一曰右宫惡之。王者復以赦除之。《雒書説徵示》曰：淫色信讒，日以蝕房參。石氏曰：日入房而蝕，王者有憂昏亂。大臣專權，必有憂病。郗萌曰：日在房心而蝕，公卿大夫有黜者。《春秋感精符》曰：日在心而蝕，兵喪並起。甘氏曰：日在心而蝕，王者臣下相疑，不相信也。甘氏曰：日入心而蝕，政令失儀，禮度失繩，則爲變甚。一曰君臣不相信，有疑惑。《海中占》曰：日蝕心度，兵喪並廢。王者以赦除咎。《春秋感精符》曰：日蝕尾箕中，尊后有憂。甘氏曰：日在尾箕而蝕，將有疾風，飛車發屋折木，戒之於出入。

日在北方七宿蝕六

《春秋感精符》曰：日蝕入斗，將相有憂，其國飢凶，一曰兵大起。甘氏曰：日入斗度而蝕，其國反叛兵起。甘氏曰：日在牛而蝕，戒之在右夫人姪婦，且有祠禮，求幸于主者。《春秋感精符》曰：日蝕須女，邦有女主憂，天下女工不爲。甘氏曰：日在須女而蝕，戒之宫中，且有使巫祝禱祀以求貴幸者，戒之在於巫祝。《黄帝占》曰：日蝕虚中，其邦有崩喪，天下改服。期九十日。甘氏曰：日在虚危蝕，戒之在於主市租税及繒帛刀劒金玉之臣。如少府是也。甘氏曰：日蝕危，必有兵喪，大臣薨，天下改服。《黄帝占》曰：日在營室離宫而蝕，出入無近妃色，趣任輔，成功業。《春秋感精符》曰：日蝕營室，王者自將兵，天下擾動。甘氏曰：日在營室東壁而蝕，則陽消微，男道施而不能泄，陰道壞而不能化，故多有傷者敗。石氏曰：日在東壁而蝕，王者不從師友，失忠孝，故曰虧，文章圖書不用。

日在西方七宿蝕七

《春秋感精符》曰：日蝕奎，南邦不寧，有白衣之會。石氏曰：日蝕奎，魯國凶邦，君不安。甘氏曰：日在奎婁而蝕，慎之在主邊境廐庫之臣。一曰慎在邊境得意之臣。《春秋感精符》曰：日蝕婁，則王者郊祠不時，天下不和，神靈不享，小臣不忠，責在大臣。甘氏曰：日在婁而蝕，戒之在聚斂之臣。《黄帝占》曰：日在胃而蝕，王者食大絶或亡，主委輸之臣有黜者。《春秋感精符》曰：日蝕胃，國王奉修宗廟，敬祀神靈，則害消。石氏曰：日蝕胃，國有憂，大臣誅。一曰主修郊廟，奉皇天，其咎消。甘氏曰：日在胃而蝕，戒之在主委輸之臣。如今大司農是也。《春秋感精符》曰：日蝕昴，王宗謀國，同姓自立。石氏曰：日蝕昴，臣厄囹圄者解。石氏曰：日蝕昴，王者有疾。甘氏曰：日在昴畢而蝕，戒之在衆，主獄之臣有亂天子者。《春秋感精符》曰：日蝕畢邊王死，邊軍自殺其將，若軍校尉誅，遠國謀亂。石氏曰：日蝕畢，天下主獄之臣有當黜者。《春秋感精符》曰：日蝕觜，臣殺主，慎之。石氏曰：日蝕觜，大將謀議。甘氏曰：日在觜參伐而蝕，戒之在將兵之臣。如今諸將軍校尉執金吾是也。《春秋感精符》曰：日蝕參，大臣有憂之，臣自相戮，以外勝内，遠國强。王者修身則日蝕不爲災。甘氏曰：日在參伐而蝕，戒之在將帥之臣。

日在南方七宿蝕八

甘氏曰：日蝕東井，秦邦不臣。蝕不盡，謀不成。天下大旱，民流千里。

甘氏曰：日在東井輿鬼蝕，戒之在供養之臣。　陳卓曰：日蝕東井，其國内亂苛法。盛懸《象説》曰：晉咸和二年五月甲申朔，日有蝕之，在東井。女主之象，明年皇太后以憂逼崩。　《春秋感精符》曰：日蝕輿鬼，其國君不寧，臣下易服。一曰秦君當之，一曰皇后貴臣。　甘氏曰：日蝕輿鬼，其國君不安，近期一年，遠期三年。《春秋感精符》曰：日蝕柳，王者以疾，不安宫室。　石氏曰：日蝕柳，君厨官憂。　甘氏曰：日在柳七星而蝕，戒之在門户道橋之臣。若今衛尉是也。　《春秋感精符》曰：日蝕柳七星，虧正陽，王者不賜衣裳。承天郊，退太常，放在獄則無咎。　石氏曰：日蝕柳七星，橋門之臣有黜者。　《春秋感精符》曰：日蝕張，王者失禮，宗廟不親。急退太常，以廷尉代之。不者不安。期在十二月與五月。　甘氏曰：日在注張而蝕，戒之在主山澤汙池之臣。如今水衡也。　《黄帝占》曰：日蝕翼，王者退太常，以法官代之。有德則日蝕不爲害，其歲旱。　石氏曰：日蝕翼者，王者失禮，宗廟不親。　甘氏曰：日蝕翼者，忠臣見譖言，正者亡，不出其年。　甘氏曰：日在翼軫而蝕，戒之在主車駕之臣。如今太僕奉車騎馬是也。　《河圖聖洽符》曰：日蝕軫，國有喪。以赦除其咎。　甘氏曰：日蝕軫，貴臣亡。一曰后不安，期百八十日。　《海中占》曰：日蝕軫，王侯壽絶。王者以赦除咎則安。一曰其國有憂，必有喪事。

救日蝕九

《春秋感精符》曰：救日蝕，天子南面，秉圖書，察九野。萌生者絶，始正本案類。勑下聞異，郡官修政，招賢進士。獨絶其萌，所以防塞之者。故日蝕大水，則鼓用牲于社。言社者，陰之主。朱絲縈社，鳴鼓脅之也。按《左氏傳》曰：莊公二十五年六月辛未朔，日有食之。鼓用牲于社，非常也。惟正月之朔，日有食之，于是乎用幣于社，伐鼓于朝。秋大水，鼓用牲于門，亦非常也。凡天災有幣無牲。文公十五年六月辛丑朔，日有蝕之，天子不舉伐鼓于社，諸侯用幣于社，伐鼓于朝，以昭事神訓民，事君示有等威，古之道也。　《春秋感精符》曰：消變之道，案明壇南郊，日之將蝕漸青黑，謹遣大將三公，如變所感之過以告天曰：天子臣某，謹承皇戒，退避正居，思行督誤。陽精有幣，已政類，素正事，去非釋苛，禁不敢直命，遣臣欽喻已絶國害之，謫近以緒，盡力宣文，思維表道。願得修政以奉宗祖，追往翼今，勉開嘉紀，縱大揚精，以興日寶，歸報天子，三日就宫，遣使詔諸侯問過，舉名士察奸理冤，督教化不宣者。審以勑身務佐爲行，天子吉。　《春秋感精符》曰：朔日蝕，正臣陰退后妃以内過省己。蝕二日者，王侯蕃黜州輔以暴恣自改。晦日蝕者，正近臣退素食。　《周禮・地官司徒》曰：救日蝕，則詔王鼓。鄭玄曰：救日月食，王必親擊鼓。　《禮記・昏義》曰：男教不修，陽事不得，謫見于天，日爲之蝕。是故日蝕則天子素服，修六官之職，蕩天下陽事。鄭玄曰：謫之言責也。　《穀梁傳》曰：日有食之，鼓用牲于社。鼓，禮也。用牲，非禮也。天子救日蝕，置五麾，陳五兵五鼓。諸侯置三麾，陳三兵三鼓。大夫擊門，士擊柝。言救日降殺多少之禮也。門取開闔，有陰陽之道。柝，春粢盛之具，亦有上下陰陽之道也。　《星傳》曰：日者德，月者刑。日蝕修德。月蝕修刑。　《洪範天文》曰：凡日蝕，改行修德，即災消除。不改，應在三年。三年不改，至六年。六年不改，至九年。九年而災成。　司馬彪《五行志》曰：君道有虧，爲陰所乘。故日蝕者，陽不克也。人君改修德其事，則咎害除。　《京氏對災異》曰：人君驕溢，專明爲陰所侵，則有日蝕之災，不救之，必有篡臣之萌。其救也，君懷謙虚，下賢受諫。位有德，禄有智，日蝕災消也。　京氏曰：日蝕既下，謀上救也。設七事，正圖書，修經術，改惡爲，化己隨賢，則國家安，社稷寧。　董仲舒《災異對》曰：日蝕者，陰氣盛湓，漸奪君明，治道有失，臣專君政，出入爲奸，則治道在上德不宣，下民常怨。當應析寵臣之勢，減玉食之權，無忽諫言，大惡在於任賢，則災害不生也。　董仲舒曰：日蝕者，邪臣蔽主之治，不有反臣，必有亡國。退臣絶陰，止權平衡，以德消則無害。《荆州占》曰：日蝕，審所始蝕之鄉及星之野以名之。當者之國，吉凶在焉。是故聖主見變則改身修行，親賢問老，與共憂之，則患可止而福可致。故曰，有福將來受之以危，則福爲禍；將受之以德，則禍反爲福。輒禳祠之，去禍致福也。　虞贊《決疑》曰：凡救日蝕者，皆着幘以助，陽日將蝕，天子素服避正殿，内外嚴警，太史靈臺伺日有變，便伐鼓。聞鼓音，侍臣皆赤幘帶劒，則災異消。

唐・瞿曇悉達《開元占經》卷一一　月行陰陽四

《京氏對災異》曰：人君好用佞邪，朝無忠臣，則月失其行。　班固《天文志》曰：月失節度，而妄行出陽道，則旱，風出陰道，則陰雨。　京房《妖占》曰：月行南爲旱，行北爲水，當道天門駟之間，天下大安，五穀大得，人主延年益壽。《河圖帝覽嬉》曰：月行一歲，不三出昴畢間，來年有兵。　郗萌曰：月不道東西咸，必有賊。　京房《易飛侯》曰：月入八日北向，陰國亡地。月不盡八日北向，陽國亡地。

月光明五

《易萌氣樞》曰：臣道修則月明有光。《高宗占》曰：月出如盛，天下且有主治也。《尚書緯考靈曜》曰：五政不失，日月光明。五政，謂四時及夏季之政也。《禮緯含文嘉》曰：君道尊而制命，即日月精明。《黃帝占》曰：有道之國，日月過之即明。人君吉昌，人民安樂。孫氏《瑞應圖》曰：人君不假臣下以權，則日月揚光。甘氏曰：月經心清明，烈照天王内明，必有延慶。

月變色六

《河圖帝覽嬉》曰：月光如張炬火，所宿其國立，王亦立上卿。京氏《妖占》曰：月變色青爲飢與疫，赤爲争與兵，黃爲德與喜，白爲旱與喪，黑爲水，民半死。《京房占》曰：君幼弱，月青色。京房《易飛候》曰：月生八日當玄兔色，上旬糴貴。無則上旬糴賤。不盡八日色，下旬糴貴。無則豐而下旬賤。《荆州占》曰：月赤如赭，大將死於野。又曰：月赤如血，有死王。以宿占國。《荆州占》曰：月生而色黃，主人受其殃。月二十八日其色黃，攻地，入，客受殃。《河圖帝覽嬉》曰：月入而黃，主人受殃，出而黃赤，客受其讁。赤三日不復，主人戰，不勝。《河圖帝覽嬉》曰：月生三日，其中縵縵如絲布狀，其野虚兵在内盡出在外，主人不勝。

月光盛七

《郗萌占》曰：月初生盛，女主持政。京氏《易飛候》曰：月之光如張芒，所宿之國立君。三齊所宿之國立將軍上卿。《荆州占》曰：月上弦已後盛，君無戕德，臣執權柄，人背君，尊其臣。

月無光八

《太公陰秘》曰：君不明，臣不忠，故月無光。月不明，見變；變不救，殃禍生。臣欲反，主失名。其救也，安百姓，用賢人。弱者扶，無則害。《黃帝占用兵要訣》曰：沉陰日月俱無光，晝不見日，夜不見月，星皆有雲障之而不雨，此爲君臣俱有陰謀，兩敵相當，陰相圖議也。若晝陰夜月出，君謀臣，夜陰晝日出，臣謀君，下逆上也。甘氏曰：人君宰相不從四時行令，刑罰不時，大臣奸謀，離賢蔽能，即日月無光見瑕讁。不救，其國五穀不成，六畜不生，人民上下不從，盜賊並起。《河圖帝覽嬉》曰：日月無光，有亡國死王。期不出五年。《孝經内記圖》曰：主驕慢，日月失明。《京氏占》曰：月大無光，國無王，民不安，天下有兵。《京氏占》曰：月昏無光，則淵涸山崩，王者惡之。《河圖帝覽嬉》曰：月大無光，主死士戰不勝。《高宗占》曰：月大無光，城不降；月小無光，城降。京氏《妖占》曰：月無光，臣下作亂，教令不行，民飢國亡。京氏《易飛候》曰：月不光，貴人死。《荆州占》曰：月生無光，下有死王。京房《易飛候》曰：月生無光，君子徒凶。

月兔不見九

《河圖帝覽嬉》曰：月中無兔蟾蜍，天下無官。《荆州占》曰：月中兔蟾蜍不見，天下失女主。一曰宫女不安。《河圖》曰：蟾蜍去月，天下大亂。《黃帝占》曰：月望而月中蟾蜍不見者，月所宿之國，山崩大水，城陷，民流亡。亦爲失主，宫中必不安。

月中有離雲氣十

《荆州占》曰：有雲如杆，長七尺銜月，所宿國主君將死。京房《易飛候》曰：白雲如杵，長七尺銜月，所宿之國人主死。杵柄中月，王后死。入月中，王后當之。月戴珥，主人來疾。《河圖帝覽嬉》曰：月始出時，有雲居其中，如禽獸狀，其名曰綦婁。甲乙見東方受之，丙丁見南方受之，戊己見中央受之，庚辛見西方受之，壬癸見北方受之。受者受其害。《荆州占》曰：月下有氣如人相隨者，是謂惡成。侯王有坐之者，有分國。《荆州占》曰：月中有雲如人行者，臣害主。兩主争，客勝。有三人，天維絶，主人必更。《河圖帝覽嬉》曰：月旁有白雲大如杵者，三抵月，期六十日外，有戰，破軍死將。《荆州占》曰：月始出有黑雲貫月，名曰激雲。不出三日，異雨有害人者，客且至。《河圖帝覽嬉》曰：月旁多赤雲如人頭，大戰。多白爲風，黑爲雨。《荆州占》曰：有赤雲黑雲交臨月，當其國亡軍。《河圖帝覽嬉》曰：月旁有白雲一、黑雲二、蒼雲一，其大如厚布抵貫月，圍城拔邑。《高宗占》曰：青雲挾月，是謂賊害。王受其殃，歲爲五穀不熟。赤雲挾月，是謂仇賊。黃雲挾月，女主有戮死者，期不出三十日。白雲挾月，其國君遇賊。黑雲挾月，陰雨踰時。《荆州占》曰：月中有黑氣大如桃若李，臣有蔽主明者。京氏《易傳》曰：有黑雲狀如羣羊豕，如飛鳥，如鳴雞，在月及月旁，三日五日不雨，匈奴兵起。京房《易傳》曰：赤氣覆月如血光，大旱，人民飢千里。《荆州占》曰：常以十四日夜候月中有氣如飛鳥，其野無居者。《尚書金櫃》曰：視不明，聽不聰，則雲氣五色蔽日月之明。無救則羣臣謀殺，關梁不通。其救，闢四門，求仁賢。《春秋感精符》曰：諸氣之出，皆歷日月旁，天子國君之害也，期如日蝕遠近之符。《荆州占》曰：凡諸氣日月有變，不出兩日大雨，吉。不雨，皆凶。小雨無益。

月生牙齒爪足十一

《河圖》曰：月生齒，主見欺。（闕）《春秋文曜鉤》曰：趙有君尹吏，日月生齒在畢宿，主見欺。《大星占》曰：子殺父，臣刺君，期歲二月，有兵患。宋均注曰：月，太陰之精也，屬水。水生于金，畢，金精也。水齒之，臣子殺逆之象也。畢又爲邊兵，畢主八月，其冲則二月。兵患於此發也。《荆州占》曰：月生齒，人主有賊臣，王者偏左右。（闕）徐廣《曆記》曰：隆安五年三月甲子，月生齒在斗。占曰：月生齒，人主有賊臣，羣下相賊。（闕）《春秋感精符》曰：月生齒，妻妾黜外。垂牙，主威歇。《考異郵》曰：諸侯謀叛，則月生爪牙。《荆州占》曰：月生爪牙，國君遇賊。又曰：月爪所指，四方煩苦，有土功事。《洛書》曰：陪臣執命，王公望風，其將叛謀，公卿羣下並附，諸侯歸心，則月舉足垂牙。《河圖秘徵》曰：帝淫泆，政不平，則月生足。《春秋緯》曰：生足，君有過，后族擅權。月生足芒，有此類，則亡國也。《荆州占》曰：月生牙齒，天子有賊臣，羣下自殘害。郗萌曰：月生爪牙，主賞罰不行，偏任，兵起。招賢明，奪强國兵勢則已。《海中占》曰：月生爪牙，人主偏，左右遇賊。有刺客，各在中分。

月生角芒刺十二

《春秋運斗樞》曰：后族擅權，月生芒。《洛書摘芒辟》曰：月盈而生芒，后黨成輩，且害其主。《春秋運斗樞》曰：月垂芒，國亂，憂在公，禍大作，兵敗北。夏氏曰：月上有黄芒，君福昌。一曰皇后有喜。《荆州占》曰：月生角，天下兵，國將受殃。《河圖帝覽嬉》曰：月生四日，月兩角刺如矛狀，其野有弑其君者，且廢之。其上角大者，君上勝；其下角大者，臣下勝。《荆州占》曰：月生刺在一日，是謂賊。賊生中國。月二日生刺，是謂隱。其女子卒，有陰疾。月三日生刺，是謂内傷大陽，是謂天芒。月四日生刺，是謂不明，是謂蔽光，月五日生刺，是謂音蕩，當有訛言者。月六日生刺，是謂内虚，是謂去邑。月七日生刺，是謂有剥，其地弱。月八日生刺，是謂割地有分民其當者名曰禽獲陽平。月九日生刺，其地民飢，民以食弱，其世以兵行。月十日生刺，陰始盛，主女子執朝政。月十一日生刺，是謂憂土居，老幼穴處。月十二日生刺，其地有以陰死者。月十三日生刺，是謂始强得地。月十四日生刺，是謂不利，其女君傷下。月十五日生刺，是謂盛强，其强地多兵。月十六日生刺，是謂内弱，大臣弑其主。月十七日生刺，是謂威法，主有流兵。月十八日生刺，是謂君瘟死。月十九日生刺，是謂陽衰陰治，女子執事。月二十日生刺，是謂地有土功。月二十一日生刺，是謂千里外聚，其都有土功。月二十二日生刺，是謂始衰，貴人多死者。月二十三日生刺，是謂陰盛，女子爲王。月二十四日生刺，是謂中有大謀。月二十五日生刺，是謂隱蔽，是謂佚殃。月二十六日生刺，是謂感多，憂在内謀。月二十七日生刺，是謂大飢。月二十八日生刺，是謂竟城數政。月二十九日生刺，是謂内亂，是謂自伐。

月大小十三

《荆州占》曰：月初生小而形廣大者，月有水災。《海中占》曰：月大而體小者，旱。有氣色非常，皆爲皇后陰謀事。

月分毁及墜下流十四

京氏《易妖占》曰：月毁爲三四五六見，天下亂。《荆州占》曰：月分爲兩，國無道，君失天下。《河圖占》曰：地淪月散，必有立王。京氏《易妖占》曰：月自天墜，有道之臣亡。京房《易妖占》曰：月出地中，庶民爲王公。

月晝見十五

《易緯辨終篇》曰：月晝見，隱謀合國雄逃。京房曰：月晝見，必有亡國。京氏《對災異》曰：月晝明，奸邪並作；專明，擅君之朝。京房《對災異》曰：月若晝明者，月爲臣，日爲君，臣以明續君，黨當在其時，不可與君用力含穢以舒刑。今晝明者，奸邪並作，專明，擅君之朝。不救，則失其行而毁矣。其救也，出退强臣，斷奸佞，近直臣，親賢良，則月得其行，不可專明矣。《洛書》曰：月與大星並出晝見，是謂争明。大國弱，小國强，有立侯王者。

月當盈不盈十六

石氏曰：月當盈不盈，君侵臣。不則有旱災。

月當朔而不朔晦不盡十七

《荆州占》曰：月當朔而不朔，國有大喪。月當晦而不盡，所宿國亡地。

月當弦不弦不當弦而弦十八

《荆州占》曰：月生六日而弦，大臣爲政，不用主命。《荆州占》曰：月生七日而弦，主人勝，客不勝，主人將死。《荆州占》曰：月未當弦而弦，是謂兵起。當弦不弦，國有大兵。《郗萌占》曰：不當上弦而弦，國兵起。《荆州占》曰：未當下弦而弦，臣下多奸。《荆州占》曰：月生八日而弦，天下大安。八日而不弦，攻人城者不勝。《河圖帝覽嬉》曰：月十日不弦，以戰不勝，主將死。當弦弦也，是謂大安。

月當望不望未當望而望十九

《荆州占》曰：月十四日而望，主更令，期一年。十五日而望，主安久長，天下和，人民歌樂以行。《河圖帝覽嬉》曰：月未當望而望，是謂趣兵以攻人城者大昌。當望不望，以攻人城者有殃。所宿之國亡地。《荆州占》曰：月十六日而望，主不昌，更立公王，期十年。此謂不依曆數而望，他皆倣此。《易萌氣樞》曰：月當滿不滿，君侵臣。當毁不毁，臣陵君。君侵臣則大旱之災，臣陵君則有兵水之難。大進月盈則有人君之憂，縮則有臣下之害。《郗萌占》曰：月行急，未當中而中，未當望而望，皆爲急兵大戰。軍破將死，大臣執政逼君，女主將有擅權，天下亂，易宗廟。

月當毁不毁未當缺而缺二十

《春秋漢含孳》曰：妻怨成無詘制之者，則月滿不虧，有女妃虐。宋均曰：不虧，不缺也。虐，若趙飛燕妒殺皇子。《荆州占》曰：月當毁不毁，陰事無形。《黄帝占》曰：月未當缺而缺，大臣滅女主，黜諸侯世家絶。

月當出不出出而復没二十一

《京房占》曰：月當出而不出，有陰謀，有死王，天下亂。《郗萌占》曰：月生七日見者，天下有兵；十日見者，有大兵；十二日至十六日而後見者，天下有滅國。《海中占》曰：月出復没，天下亂。

月再中反缺二十二

京氏曰：月再中，帝王窮。《荆州占》曰：月望前西缺、望後東缺，名曰反月。臣下不奉法制度，侵奪主勢。無救，爲涌水兵起其衝。其救也，正刑罰，誅奸猾，任賢而稽疑，定謀事成，即月變爲復矣。

月失行及偃仰二十三

《郗萌占》曰：月出非其所行、非其路，皆女主失行，奸通内外，陰國兵强，中國人飢，下欲僭權。《海中占》曰：月生正偃，天下有兵合無兵，主人凶。京房《易飛侯》曰：正月有偃月，必有喜。

月出異方二十四

《黄帝》曰：月始生見南方而蝕者，糴大貴。《荆州占》曰：月始生天中者，上謀下，其事不成。

月並出及重累二十五

京房《易傳》曰：君弱而婦强，爲陰所乘，則月並出。京氏曰：月並出爲并明，天下有兩王立。又云：相去二寸，臣作亂，滅其主。《春秋運斗樞》曰：主勢奪於后族，羣妃之黨横僭爲害，則月盈並若兩月連出。妃黨交萌若炤，同力排滅王公。郗萌曰：月並出相重，當有急兵至。《荆州占》曰：三月並見，其分有立諸侯，而亡女主。有競兩月並出，天下治兵，異姓大臣爭朝勢爲害。王者選能授之。月重出，皆爲異兵殘害，爲天下亂首，將有亡天下之象。案漢成帝建始元年八月戊午晨漏未盡二刻，兩月重見。京氏《易傳》曰：君弱婦强，爲陰所乘，則兩月並見。其後趙飛燕爲皇后，姊娣專寵，殺害皇子，成帝不能禁，後皆誅滅之應也。又按，故太史令李淳風云：隋大業九年正月二十七日曉起，東方有二月見，相去二尺許，在箕斗之間。衆俱見之。俄而楊玄感于黎陽起逆，朱燮、管宗義殘賊江南，天下因此遂兵賊相繼，至于滅亡。此尤效。《海中占》曰：月兩弦中間，月光盛而衆多，或二三、或四五，及至十月並見，皆爲天下分裂，天子失政，政在諸侯自立。諸月傍氣象，皆與日占大同。《春秋潛潭巴》曰：十月並出，不必争强猾出。宋均曰：月爲大臣，今如是，大臣必多争，並爲奸稱疾也。《郗萌占》曰：東方小月承大月，小國毁。大月承小月，大國伐之爲主客。在西方小月承大月，小邑勝。大月承小月，大邑勝。《春秋運斗樞》曰：小月承大月，羣姦在宫。當此之時，主若贅旒。宋均注曰：喻見制在下也。大月承小月，近臣起，讒人横。陪臣執命，三公望風。宋均曰：望風者，望陪臣風而事之也。

唐・瞿曇悉達《開元占經》卷一二　月冠珥戴一

《黄帝占》曰：月珥而冠者，天子大喜。或大風。《荆州占》曰：月珥且戴，不出百日，主有喜。《帝覽嬉》曰：月珥，期六十日兵起。京房《易傳》曰：月珥，期三十日兵起。《帝覽嬉》曰：月不暈而珥，人主有喜。兵在外，亦有喜。《荆州占》曰：月昏而珥者，兵半起。夜過半珥者，邊地恐。《春秋運斗樞》曰：主排公侯狡猾，起尊能主則月珥兩。《帝覽嬉》曰：月珥青，憂色。赤，兵起。黄，喜也。白，喪也。黑，失國。期皆不出三年。《高宗占》曰：月兩珥，十日雨。三珥，國喜。四珥，女主喪。又曰，人主諸侯立。《荆州占》曰：月珥，大水。又曰：月四提，天子無妻，若國有喪。月六提，天子遊天下。提猶珥也。《荆州占》曰：月珥且戴，不出百日，有大喜。

月背璚二

《春秋緯感精符》曰：背璚以外圍月者，臣弛縱叛逆，欲相殘賊，不和之氣也。天子偏左右。《帝覽嬉》曰：月不暈有四璚，臣有謀，不成。京房《易

傳》曰：月背璚，其國有反者。劉向《鴻範傳》曰：月背璚，臣欲爲邪也。其色青中赤外有芒刺，則爲逆。其色赤中青外無芒刺，爲謀。此數見，即國凶。且背且抱，爲不和，有欲爲忠，有欲爲逆者也。

月與五星合宿同光芒相陵三

《荆州占》曰：月與歲星光明相逮，飢三年，糴貴，民流亡。巫咸曰：歲星與月同光，以其月月蝕，且以飢亡。一曰國以女樂亡。《海中占》曰：月與歲星同光，即有飢亡。《黄帝占》曰：月陵歲星，年多盜賊，刑獄煩。京房《易傳》曰：月與熒惑會宿，國王死。《海中占》曰：月與熒惑合，其國太子死，貴人復傷，凶。不可有爲，若有內兵。《荆州占》曰：月與五星熒惑合，光芒刺相及，其國有內亂，兵三年。又曰，其國太子死，期三年。巫咸曰：月與熒惑同光，以其月月蝕，內有亂臣，且以飢亡。《荆州占》曰：月與填星合，芒刺相及，其國飢。巫咸曰：月與填星同光，以其月月蝕，且有以徭徙亡者。京房《易傳》曰：月與太白會宿，太子死。《荆州占》曰：月與太白聚合宿，其國立太子，期不出一年。《荆州占》曰：月與太白合，其下兵大起。巫咸曰：太白與月同光，其月月蝕，且以兵亡。《荆州占》曰：月與太白皆出，城守爲賣城，聖主明王急便守城。《河圖帝覽嬉》曰：月與太白相過，月出其南，陽國受兵，月出其北，陰國受兵。《海中占》曰：太白出月右，陰國有謀，出左，陽國有謀。月挾太白，諸侯將相謀不軌。太白出月下芒相耀，尹死民飢。《荆州占》曰：月戴太白，卒兵，期五日。《巫咸占》曰：月不盡三日候太白出東方，在月南，中國勝。在月北，中國不勝。《巫咸占》曰：月入月三日，太白出西方，在月南，皆海國敗。在月北，皆海國勝。《荆州占》曰：月入月三日，太白失行，而月在北，太白在南，秦戰不勝。《荆州占》曰：秋冬入月三日，太白出西方，居月北者，君强。月南，君弱。《荆州占》曰：入月三日，月刺太白陽，大邑拔小邑驅掠。刺太白陰，兵在外者不及入，在內者不及出。南方爲陽，北方爲陰。《巫咸占》曰：辰星與月同光，其月月蝕，且以女樂亡。《荆州占》曰：辰星與月光相逮，其國水。《海中占》曰：月與辰星相遇所合宿，雨水敗。《帝覽嬉》曰：月與辰星合宿，其國亡地，君王死。《荆州占》曰：月與辰星合，所宿之國兵起。

月與五星相犯蝕四

《巫咸占》曰：五星入月中，人主死。不出，臣死，非將即相也。近期一年，遠期三年。《帝覽嬉》曰：月犯五星，粟貴。二犯之，數貴。《海中占》曰：月貫五星，天子坐之。《郗萌占》曰：金火與月相近，其間六寸，天下有兵。間尺，天下憂兵。五尺，無害。《荆州占》曰：五星入月中，其野有逐君，大臣賊主。月蝕五星若薄若舍，皆其分有災。《河圖帝覽嬉》曰：歲星入月中，其國有逐相。《春秋緯文曜鉤》曰：歲星入月中，以妃黨之譖去。《黄帝占》曰：歲星入月中，不出一旬，天下有大災，人君不平。天星墜若雨霧，不出一年，糴什長八，不出二年，天下亡徙爲亂，若有野兵。《海中占》曰：歲星蝕月，有大喪，女主死，臣弒君易位。《荆州占》曰：歲星入月中，大臣賊其主。《荆州占》曰：月犯歲星，其國民飢死。一曰主死，期三年。按大興四年十二月丁亥，犯歲星在房，占曰：其國兵飢，民流亡。永昌元年，王敦率江荆之衆來攻京都，六軍敗績，不能有以拒戰。于是殺護軍將軍周顗、尚書令刁協、驃騎將軍戴淵。又鎮北將軍劉隗出奔。四月又殺湘州刺史譙王丞、鎮南將軍甘卓。閏十二月，元帝崩。《荆州占》曰：月犯歲星，其國疾。《春秋緯元命包》曰：歲星逆犯月，法令散。《河圖帝覽嬉》曰：月犯歲星，其國飢，一年二年乘之，主死。《荆州占》曰：月乘歲星，相死。《帝覽嬉》曰：月貫歲星，有流民。不出十二年，國飢亡。司馬遷《天官書》曰：月蝕歲星，其宿地飢若亡。《帝覽嬉》曰：月蝕歲星，其鄉大戰，大拔邑。按，晉建興三年正月乙卯，月掩歲星在參，益州分也。六月，鎮西將軍、益州刺史周撫薨。十月，梁州刺史入益州以叛，朱序率衆助刺史周楚討平之。《荆州占》曰：月蝕歲星，邦主無人，人相食。《荆州占》曰：月吞歲星，其國十二歲而敗。《河圖帝覽嬉》曰：熒惑入月中，憂在宮中，非賊乃盜也。有亂臣死，相若有戮者。按《洪範傳》：漢宣帝地節元年正月戊午夜，月食，熒惑左角亢。亢爲朝廷憂。在殿内非其賊有盜，有内亂，讒臣在傍。故將軍霍光妻與其子及昆弟諸婿爲侍中諸曹，九卿太守皆謀反伏誅。又晉太元十二年二月戊申，熒惑入月。占曰：有亂臣死相，若有戮者。一曰女親爲政。是時瑯琊王輔政，王妃從兄國寶以姻昵受寵。又陳郡袁悦私媚苟進，交通主相，扇揚朋黨。十三年殺悦，是時主相有隙，亂階興矣。《海中占》曰：熒惑入月中，臣以戰不勝，內臣死。《荆州占》曰：火星入月中，臣賊其主。《黄帝占》曰：熒惑蝕月，讒臣貴，後宮有害女主者。《海中占》曰：熒惑入月中，及近月七寸之內，主人惡之。一曰，讒臣在傍，主用邪。巫咸曰：熒惑居河若守之，月數出其間，百日兵多移。巫咸曰：熒惑犯月，戰，小吏死。《帝覽嬉》曰：月犯熒惑，國内降，貴人兵死。京氏《妖占》曰：月犯熒惑，天下有女主憂。《荆州占》曰：月戰勝之國，大將

鬬而死。《帝覽嬉》曰：熒惑貫月，陰國可伐，期不出三年，其國亂，貴人兵死。近期不出五年，其國受兵。遠期不出十年，而以兵亂亡也。《海中占》曰：熒惑觸月，上角爲相，下角爲將，中央爲主。司馬遷《天官書》曰：月蝕熒惑，其宿地亂。《海中占》曰：月蝕熒惑，有白衣之事。又曰其國内敗，五年大兵。《荆州占》曰：月蝕熒惑，有死相。《荆州占》曰：月蝕火星，天下滅亡，期九年。《帝覽嬉》曰：月蝕熒惑其國以兵起，飢，又以亂亡。月以旦相及太子當。晦以君當之。劉向《洪範五行傳》曰：月蝕熒惑在角亢，憂在中宮，非賊而盜也。有内亂。一曰：有死相若戮者，貴人兵死，讒臣在旁。《荆州占》曰：月毁熒惑，急在臣下。《黄帝占》曰：月吞火，賊滅國。《荆州占》曰：月咽熒惑，其師破敗。《河圖帝覽嬉》曰：填星入月中，臣賊其主。《黄帝占》曰：填星入月中，不出四旬，有土功事，若貴人絶嗣，不出其年，王者當之。《郗萌占》曰：填星蝕月，女主凶，當黜者有喪。《河圖帝覽嬉》曰：月犯填星，爲亡地。期不出十年，其國以飢亡。一曰天下且有大喪。按《洪範傳》：漢成帝建始元年十一月乙卯，月蝕填星在輿鬼西北八九尺，其占爲飢，民流千里。後十五年，民人飢，函谷關逐食。《荆州占》曰：月犯填星，其國貴人兵死，天下亂。一曰：主死，先舉事者敗，若天下有大風。巫咸曰：月犯填星，女主敗。按魏青龍二年十月乙丑，月犯填星。三年丙寅正月，太后郭氏無疾乃忽崩。《河圖帝覽嬉》曰：月乘填星，地動，不乃天裂。《河圖帝覽嬉》曰：填星貫月，國内亂。期不出五年而亡。《河圖帝覽嬉》曰：月蝕填星，女主死。其國以伐亡，若以殺亡。司馬遷《天官書》曰：月蝕填星，其宿地下犯上。班固《天文志》曰：月蝕填星，民流千里。《荆州占》曰：月蝕填星，國女亂。《巫咸占》曰：月不盡。三日候太白出東方，與月并准之，其間容一指，則八月有破軍死將，主人不勝。容二指，期十三日，客軍不破，主人亡地。容三指，期二十日，有破軍死將，主人亡地。容四指，期八十日，客大敗。容五指，期三十日，軍起而不戰。巫咸曰：入月三日候太白與并准之，其間容一指，軍在外，期十日有破軍死將，客勝。容二指，期十五日，破軍死將，主人勝。容三指，期十八日，有破軍死將，客軍大勝，主人亡地。容四指，期二十五日，客軍入境，主人不勝。容五指，期三十日，軍陣不戰。《荆州占》曰：太白與月光并，軍大戰。相去一寸，有拔城。二寸，有憂城。三寸，有憂軍。《郗萌占》曰：太白與月相去三寸，天子罷相。《巫咸占》曰：太白與月相近五寸，天下有憂兵。間五尺，天下無害。《荆州占》曰：太白東方始出爲低，在月南爲得，行在月北爲失行。其與月相過失行，月不盡一日二月，二日三月，三日四月，四日五月，五日六月，六日七月，七日八月，八日九月，而起兵。《荆州占》曰：太白在西方以始入爲低，在月北爲得，行在月南爲失行。其與月相過失行，月生一日二月，二日三月，三日四月，四日五月，五日六月，六日七月，七日八月，八日九月，而起兵。《荆州占》曰：太白入月中不出，客將死。出者，主人將死。無軍大將當之。《帝覽嬉》曰：太白入月中，將軍戮死。一曰臣謀主不成，皆不出三年。又曰必有内惡，戰不勝，亡地。《海中占》曰：太白入月中，有殺。不及九年，國以兵亡。郗萌曰：太白入月中，國失政，大人爲亂，期三年。一曰大人當之。《荆州占》曰：太白入月中，無軍大將當之，兵死，期四十日。又軍出，主人將死。《河圖帝覽嬉》曰：月弦太白入月中，侯多死者。《荆州占》曰：太白入月中，其國有分國立王。《郗萌占》曰：西方先起軍者，即太白與月相去三尺，有憂軍，相去二尺，有憂城；相去一尺，有拔城。《郗萌占》曰：月犯太白，將有兩心。戴太白，有卒兵。《帝覽嬉》曰：月犯太白，强侯作難，國戰不勝，人君死，亡國。按《宋書・天文志》青龍二年十一月戊寅，月犯太白。占曰：人君死，爲兵。景初元年七月，公孫淵叛。三年正月，遣司馬懿討之。三年正月，明帝崩。《荆州占》曰：月犯太白，强侯死。又曰大將有兩心。又曰太白與月相犯，國多寇盜。《帝覽嬉》曰：太白與月貫，期不出三年，國大危，戰敗，亡地。以女亂亡，期不出六年。《帝覽嬉》曰：月蝕太白，强國以飢亡，不必九年，以城亡。司馬遷《天官書》曰：月蝕太白，强國以戰敗。班固《天文志》曰：月蝕太白，其國以戰亡。《郗萌占》曰：月蝕太白，其年臣弑主，勝臣亦死。《荆州占》曰：月蝕太白，民靡散。按晉興寧三年十月丙戌夜，月掩太白，在須女。占曰：天下民靡散。郗萌曰：太白蝕月，易大將，刑死。《海中占》曰：太白居月中無光，名曰月蝕太白。臣弑其主，勝，皆期三年。崔鴻《春秋燕録》曰：正始三年秋八月，太白入月中。冬十月戊辰，雲臨東堂。幸臣雜班姚仁懷劒執袋而入，稱有所啓，劒擊雲，雲以反拒仁，仁進而殺。《帝覽嬉》曰：辰星入月中，賊臣欲殺主，不出三年，必有内惡，戰不勝，亡地。《黄帝占》曰：辰星入月中，不出三旬，内有匿謀，春夏有大水，秋冬有大雪，牛馬疾疫，穀貴。按《晉陽秋考》曰：太元十三年十一月戊子，辰星入月，在晉。濤水入石頭。春大水，冬大雪，牛馬死，穀踊貴，不出百日。《荆州占》曰：辰星入月，刑事起。《荆州占》曰：辰星入月中復出，君死。入不出，君臣皆死。《帝覽嬉》曰：月犯辰星，兵大起，上卿死。一曰廷尉

有憂，期不出三年。　京房《妖占》曰：月犯辰星，天下大水。　《海中占》曰：辰星貫月，不出四年，有殃内禍匿謀。　《荆州占》曰：辰星貫月，國以女子内亂，期六年。　《巫咸占》曰：辰星與月薄，所舍之宿其主死，其國亡。　《帝覽嬉》曰：月蝕辰星，其國以女亂亡。若水飢，期不出三年。又曰兵未起而飢，所當之國起兵，戰不勝。　京房《易傳》曰：月蝕辰星，其國女以戰。　《郗萌占》曰：辰星蝕月，大水。

唐・瞿曇悉達《開元占經》卷一三　月與列星相犯

郗萌曰：月宿東壁、營室、奎、婁、胃，皆主水。以此星雨者則衝月雨。水甚則水甚，雨澤入地一寸，至其報月立水七寸，其潢流絶車轍，谿谷溢。　又占曰：月宿觜、參、井、鬼、柳，皆主旱。以此星雨者則衝月旱。雨甚者大旱，雨微者小旱。　《帝覽嬉》曰：月犯列宿，其國有憂。　又曰：列星貫月，陰國可伐也。期不出五年，其國受兵。不出十年，中國有内亂，大危。　甘氏曰：月蝕列宿，其國憂。星滅，天下有亡國。星復見，亡國復立，兵起大勝。　《高宗占》曰：星入月中，將有大兵。　《海中占》曰：星入月中，其國君有憂。一曰不出三年，臣勝其主。　京房《易傳》曰：星入月中，大臣謀伐其主，主令不行。　《荆州占》曰：星入月中，其國有喪。又曰有破軍。　又占曰：月未中而星入之，有賊人爲攻者，在東方。文者長，武者亡。月過中而星入之，有賊人爲攻者，在西方，武者長，文者亡。　《帝覽嬉》曰：星出月陰，負海國有勝。星出月下芒角相歷者，君死人飢。　甘氏曰：月犯列星，其國憂，若受兵殃。　《荆州占》曰：月犯所宿之星，其國有軍將死。　京氏《妖占》曰：星與月同光，臣不作亂則人民非上。　《荆州占》曰：月蝕列星不見者，其國亡。星還復見者，國復立。又占曰：星蝕月，其國相死。　京氏《妖占》曰：月中有星，天下有賊。星多者賊多。　《荆州占》曰：列星居月中無光，其國以飢亡。

月犯東方七宿

月犯角一

石氏曰：月犯左角，大人憂，期六月。一曰大臣憂喪。　《海中占》曰：月犯角，其國有憂。　《河圖帝覽嬉》曰：月犯左角，左將戰死，期不出三年。犯右角，右將戰死。　《荆州占》曰：月犯左角，大臣誅，天下決水，大獄。犯右角，兵起。　《河圖帝覽嬉》曰：月乘左角，法官誅。乘右角，兵起。　《海中占》曰：月出角南，國家多暴，獄治，病驕恣。　《荆州占》曰：月出左角南三尺，多獄。五尺以上至丈所，天子明威。　又占曰：月乘右角，后族家及將相有坐法死者。郗萌曰：月乘左角爲旱，右角爲水。　又曰：犯左角，左將軍死之。一曰天下有兵。　按魏正始七年七月丁丑，月犯左角。占曰：月犯左角，天下有兵，左將軍死。到嘉平元年正月甲午，大將軍曹爽誅，時太傅舞陽侯屯兵浮橋，積二年七月。咸熙二年閏月庚子，月犯左角，到太始四年十月，荆州刺史上言，吴遣使持節施績領三萬人圍軨鄉。右丞相萬彧領萬五千人圍直城，大將軍丁奉徇壽春，義陽王率諸軍徇壽春，兵起之應也。　郗萌曰：月貫左角，三年太子死。　又占曰：月蝕角，大人憂，期三年。一曰有獄事，都尉死。一曰天下大凶。　《巫咸占》曰：月蝕角，天子憂。牢獄空，用赦當之，期九十日。　《荆州占》曰：月蝕角，三年更赦。　《河圖帝覽嬉》曰：角星貫月，三年國君死。　《郗萌占》曰：左角入月中，不出其年，强國有喪。右角入月中，其君死，期三年。

月犯亢二

《河圖帝覽嬉》曰：月犯亢，兵起，期不出三年。　《黄帝占》曰：月犯亢，將軍亡其鼓，其國將死。　《海中占》曰：月犯亢，亡地，其國有憂。　《荆州占》曰：月犯亢，朝臣有事。　郗萌曰：月乘亢左星爲水，右星爲大兵。　案魏正始九年正月辛亥，月犯亢南星，占曰兵起。一曰將軍死。到嘉平元年正月，廢大將軍曹爽等，十六日誅爽。時太傅勒兵浮橋，積一年。魏嘉平三年五月甲寅，月犯亢距星。到七月太尉王淩誅。到四年三月鎮東將軍諸葛恪上言，賊朱異蟻聚，即誅截，死者三萬餘人，積十一月始應。

月犯氐三

韓楊曰：月入氐，天下兵起。　《河圖帝覽嬉》曰：月犯氐，其國有軍將死。一曰將當之。　《荆州占》曰：月犯氐，其國有軍。一曰其國有憂。　《海中占》曰：月犯氐左星，郎中左將誅死；犯右星，郎中右將誅死，皆期三年。　《荆州占》曰：月乘氐右星，天下有大兵，天子自將兵於野。　按魏嘉平三年四月戊子，月犯氐東北星，占曰將軍死。五年二月癸丑，後將軍兖州刺史黄華薨。　《海中占》曰：月蝕氐，氐星翳，一將死之，國有誅者。

月犯房四

《帝覽嬉》曰：月行中道，是謂安寧，天下和平。舉兵不吉，欲被其刑。逆天之道，辱以無名。　又曰：月宿天廐中央，一軍罷歸，期不過三十日。　《郗萌占》曰：月當天門駟之間，五穀大得，人主益壽。　《河圖帝覽嬉》曰：月行陽環，多小暴事。　又曰：月縮天廐左間，將軍論老弱分歸，期不過三十日。　又曰：月

行陽裏，治驕恣多暴獄，及驚駭内亂。又曰：月行四表之南陽，人且錯，禍不可克。又曰：冬三月月出房南，近小旱，遠大旱，期在衡。去房三尺曰近，五尺曰遠。《郗萌占》曰：月宿房南，粟不美，稻不實。又曰：正月十九日候月出房南，有兵，女主喪。《荆州占》曰：月出四表以南，人君有憂。《河圖帝覽嬉》曰：月行太陽，天下亂，人民啼哭，及天下大荒，禍不可禁，天下有兩心。又曰：月行陰間，多陰事小起。又曰：月宿天廐右間，將軍伐，期不過三十日。郗萌曰：月出陽間，黍稷不爲菽美。《河圖帝覽嬉》曰：月行陰裏，權衡不得，兵革時作，邊境不休。又曰：月行四表之北陰，人將革，禍不可克。又曰：冬三月月出房北，近小水，遠大水，期在衡。郗萌曰：月行四表之北，水旱不時，民皆流食。《荆州占》曰：月行房北，帝有亂臣。《河圖帝覽嬉》曰：月行太陰，天下兵悉起，及内淫流食。《荆州占》曰：月行太陰，民流亡。《河圖帝覽嬉》曰：月犯房星，四足之蟲多死，期不出一年。《海中占》曰：房上第一星，上相。次星，次相。下第一星，上將。次星，次將也。按晉咸康二年正月辛亥，月犯房南第二星，占曰：將相有憂。五年七月丞相王導，八月太尉郗鑒，六年正月征西大將軍庾亮並薨也。《荆州占》曰：月犯房爲死亡，近之爲辱將相，期三年。按魏景初元年二月乙酉，月犯房第二星。房四星，股肱臣、將相位也。占曰：將相有憂，若死亡。到十二月，司空陳羣薨。到三年七月，司徒陳矯薨。積一年六月。《黄帝占》曰：月犯上將，上將誅。犯次將，次將誅。犯次相，次相誅。犯上相，上相誅。《河圖帝覽嬉》曰：月犯房心，天下有殃，主有憂。《郗萌占》曰：月犯房，有亂臣，期不出三年。臣伐其主，天下有亡國。陳卓曰：月犯房，有兵。又曰天下有殃，主憂。郗萌曰：月乘房滅左右官爲有誅。伏甲者陳兵在宗廟中。天子不可出宫下堂。又曰多暴事。《河圖帝覽嬉》曰：月行房心間，其旁有紅雲，一諸侯、一王死。郗萌曰：月乘鈎鈐，大人憂火令。《荆州占》曰：月有中犯陵房星者，國君憂。色青，憂喪；赤，憂積尸成山；黑，有將相誅；白芒角，大哭。郗萌曰：月有中犯乘守房，左驂左服，皆爲夫人死，所中相誅。又曰：月犯乘鈎鈐，大臣有誤，天子不尊事天者，致火災於宗廟。天子崩，王者不宜出宫下殿，有謀匿於宗廟中者。一曰犯鈎鈐，駟馬駕，將有行。按魏正始六年十二月己巳，月犯鈎鈐。占曰：王者憂。一曰有火災。到七年二月熒乘黄廐，署屋延燒。又魏青龍三年十二月戊辰，月犯鈎鈐，王者憂。到景初二年十二月，明帝崩。積三年十一月。又案魏正始六年十二月己巳，月犯鈎鈐。占曰：五星犯鈎鈐，皆主王者憂。一曰有火災。到七年二月熒乘黄廐，延燒西掖門。到嘉平二年七月壬戌，皇后甄氏崩。積三年七月應。又案魏時火犯鈎鈐，皆爲后崩也。郗萌曰：月守房，皆爲人君無道。又曰皆爲天下諸侯謀相吞，道不同。又曰皆爲胡發兵。

月犯心五

班固《天文志》曰：月犯心，其國有憂，若有大喪。《摘亡辟》曰：六月辛酉，月犯心，亡君之戒也。郗萌曰：月犯明堂星，大人憂。《海中占》曰：月犯心中央星，人主惡之。犯其前星，太子惡之，及失位。犯其後星，庶子惡之。皆應以善事。郗萌曰：月行出心以南，在外大將易。一曰無兵，太子事。陳卓曰：月行宿心而霧，山崩谷塞。一曰水深。《石氏占》曰：月乘心，其國相死。月北出，其國旱，宗廟有焚者。月南出，其將相有起兵。《荆州占》曰：月犯乘心，大人凶，天下大旱，萬民災傷。近期三年，遠九年。《石氏占》曰：月合心星，其君死。又曰：犯大星，主遇賊害，國人爲亂。又占曰：月犯心大星，女執行。又曰太子不立。郗萌曰：月犯心星，臣弑君。又曰滅其君，三年有憂賊臣。《海中占》曰：月犯心，有亂臣，天下有亡國。蝕心，國内亂，有大賊。《河圖帝覽嬉》曰：月犯心，亂臣在旁，伐國。期不出三年，其下有亡國。又民伐其主應之。以善事已殃除。《海中占》曰：月犯心中央星，人主敗，國有賊人爲亂。按魏甘露二年六月己酉，月犯心中央大星。景元元年五月，高貴鄉公敗。郗萌曰：月貫心，其國亂，臣弑君。《石氏占》曰：月貫心，其國政亂。《海中占》曰：月貫心，一年國君死。不則臣伐主。《黄帝占》曰：月貫心星，三年國内亂。按漢孝成帝陽朔元年七月壬子，月犯心星。占曰：其國憂，若有喪。房心爲宋，今爲楚地。十月辛未，楚王芳薨。積四月應。又按王莽地皇元年正月，月犯心前星，爲太子，是歲後莽殺太子臨之。黄初四年十二月丙子，月犯心大星。占曰：犯心國憂，若有喪。七年五月丁巳，文帝崩。積二年六月。魏景初二年閏九月癸丑，月犯心大星。占曰：月犯中央星，其國有憂，若有大喪。到三年十二月，明帝崩。積一年四月。

月犯尾六

《河圖帝覽嬉》曰：月犯尾，君臣不和。郗萌曰：月犯尾，貴戚有誅者，其國有軍將死。又曰：在尾宿，有變，後宫不安，妃后争人君子孫。不吉，在宫中矣。

月犯箕七

石氏曰：月干犯箕度，君臣不和。《含文嘉》曰：月至箕則風揚。《春

秋緯考異郵》曰：月失行，離於箕者風。《春秋緯潛潭巴》曰：月入箕中，其國有憂。《黄帝占》曰：月入箕，糴大貴。郗萌曰：月入箕，天下大亂，有兵，國君死之。又曰：必赦。月在箕，踵，期三十日，在口，期六十日。《河圖帝覽嬉》曰：月犯箕，有客讒人者。《海中占》曰：月犯箕，女主有憂。郗萌曰：月犯箕，其國有軍將死。按魏嘉平五年六月十二日庚辰，月犯箕。占曰：軍將死。到正元元年正月乙丑，鎮東將軍毋丘儉反，正月甲辰斬儉，積一年九月。又按魏甘露元年八月七日辛亥，月犯箕東北星。占曰：犯箕東北星，軍將死。到二年五月，征東大將軍諸葛誕謀叛，不就，後殺揚州刺史樂綝。積十月。

月犯北方七宿

月犯南斗一

郗萌曰：月宿南斗，風。一曰雨。又曰：月入南斗魁中，大人憂。一曰太子殃。又曰宫中有自賊者，期三十日。《荆州占》曰：月入南斗，兵起有憂，不出三年。京氏曰：月以子丑申入南斗，後百八十二日赦，無餘囚。陳卓曰：月犯入南斗魁，天下大赦。一曰兵起。按晋成帝咸和六年正月丙辰，月入南斗。占曰：有兵。一曰有大赦。是月石勒殺掠婁、武進二縣，於是遣戍中州。明年湖賊又掠南沙海虞民，是年正月大赦。伐淮南，討襄陽，平之。又咸和八年三月己巳，月入南斗，與六年占同。其年七月，石勒死。彭彪以譙石生，以長安郭權以泰州並歸順。於是遣督護喬球率衆救彪，彪敗，球退。又石季龍、石斌攻滅生、權。咸康元年正月大赦。《黄帝占》曰：月以十月至四月入南斗中，天下大赦。近期六十日，中期六月，遠期一年。郗萌曰：月一歲三入南斗口者，其歲有赦。《河圖帝覽嬉》曰：月犯南斗，大臣及將去。《郗萌占》曰：月犯南斗魁，女主當之，不出三年。《荆州占》曰：月犯南斗，將軍死。陳卓曰：月犯南斗，風雨不時，大臣誅，不出三年。郗萌曰：月乘南斗，色惡蒼蒼，丞相死。又占曰：月變於南斗，亂臣有更天子之法令者。《荆州占》曰：月變於南斗，易相，近臣死。

月犯牽牛二

《河圖帝覽嬉》曰：月犯牽牛，將軍奔，天下牛多死。郗萌曰：月犯牽牛，其國有憂，將軍亡旗鼓。一曰有軍將死。陳卓曰：月犯牽牛星，道路不通，牛馬暴貴，天下有大誅，邦穀大貴。又曰：月犯牽牛，軍亡。犯河鼓，戰。郗萌曰：月乘牽牛，天下有大水起。又占曰：月變於牽牛，犧牲事也。又曰四足之蟲疾。《荆州占》曰：月行犯若暈牽牛，天下馬多疾死。

月犯女三

《河圖帝覽嬉》曰：月犯須女，天下多女患。陳卓曰：月犯須女，將軍死，其國有憂。《郗萌占》曰：月變於須女，有兵不戰而降。又曰有嫁女娶婦之事。陳卓曰：月宿須女，霧，大人死。一曰蟄蟲死。

月犯虚四

《河圖帝覽嬉》曰：月犯虚，空邑復起。郗萌曰：月犯虚，天下亂政，天下大虚。其國有憂，軍將死，有哭泣之事。又占曰：月變於虚，有土功事。又曰在外軍大飢。

月犯危五

郗萌曰：月行若犯危，有哭泣之事。《河圖帝覽嬉》曰：月犯危，治樓室屋者多。《海中占》曰：月犯危，其國有憂。郗萌曰：月犯危，有軍將死。陳卓曰：月行所宿危而霧，兵起，士卒多死。《荆州占》曰：月有入危者，大亂。天下大亂也。

月犯室六

《河圖帝覽嬉》曰：月犯營室，以亂，若亡地及宗廟毀，若起室者。《海中占》曰：月犯營室，其國有憂。郗萌曰：月犯營室，有宰相死。《荆州占》曰：月犯營室，兵起。郗萌曰：月變於營室，大臣爲亂，兵在外，軍人見棄敗。

月犯壁七

郗萌曰：月宿東壁，不雨則風。《河圖帝覽嬉》曰：月犯東壁，大亂，人民多死。《海中占》曰：月犯東壁，其國有憂。郗萌曰：月犯東壁，兵在外，軍將死。一曰有土功事。郗萌曰：月變於東壁，兵在外，軍人大驚，近臣去。《海中占》曰：月蝕東壁，其國有閉門事。《石氏占》曰：月蝕東壁，大臣戮亡，有文章者被執。

月犯西方七宿

月犯奎一

郗萌曰：月入天庫，天下有兵起。《河圖帝覽嬉》曰：月犯奎，大亂，人多死者。郗萌曰：月犯奎，邊兵不安。又曰有大水，亂人多死。又占曰：月犯若暈奎，其國大人有憂。又占曰：月蝕奎，星大將戰死，軍乏食。《海中占》曰：月蝕奎星，必有大戰，軍乏食。郗萌曰：月變於奎，有溝瀆事。一曰

女子事。　東卓曰：月宿奎而霧，有妖星見。或曰妖死。一曰：十日妖見君車。

月犯婁二

《河圖帝覽嬉》曰：月犯婁，多淫獵。　《海中占》曰：月犯婁，國有憂。　《郗萌占》曰：月犯婁，軍將死，民多移徙。又曰獄多冤死。　陳卓曰：月犯乘婁，國君好愛婦女，遊獵無度。　《黄帝》曰：月變於婁，有兵在外，不戰而和。　陳卓曰：月行宿婁而霧，多有人死復生者。　《海中占》曰：月蝕婁星，軍不戰，在外罷。

月犯胃三

《河圖帝覽嬉》曰：月犯胃，倉庫散，若有令。一曰其國有變。　《荆州占》曰：月犯胃，倉粟散。　《海中占》曰：月犯胃，其國有憂。　郗萌曰：月犯胃，隣國有暴兵伐中國。一曰有軍將死。又曰：以夷爲憂，天下國無實。　《海中占》曰：月犯乘胃，小國起兵，倉庫虚。一曰軍不戰，民多病傷，有令。　《陳卓占》曰：月宿胃而霧，死於孕，孝婦謀死。

月犯昴四

石氏曰：月入昴中，胡王死。　《河圖帝覽嬉》曰：月犯昴，天子破匈奴，不出五年中，若有白衣會。　《荆州占》曰：月犯昴，以粟米爲賤。　《河圖帝覽嬉》曰：月行犯昴北，有赤白雲緣月，兵入匈奴地，有得。赤白雲不緣月，兵入無得，期不出三年。　《黄帝占》曰：月乘昴，貴人有憂。　郗萌曰：月乘昴，天下用法峻。一曰水滿野，五穀不收。　又占曰：月合昴，有赦。　又占曰：月行觸昴，匈奴擾擾。　又曰：月生於昴，天下有赦。　《黄帝占》曰：月變於昴，兵在外食絶。　郗萌曰：月變於昴，國有喪。　《石氏占》曰：月蝕昴，貴臣誅，貴女失勢。　《海中占》曰：月蝕昴，諸侯黜門户，臣有事，天下飢。　石氏曰：月出昴北，天下有福。一曰胡王死。　郗萌曰：月犯昴，其國有憂，將軍死。一曰胡不安。按魏正始元年四月二十七日戊午，月犯昴東頭第一星。其年十月庚寅，月犯昴北第四星，占曰：月犯昴，胡不安，將軍死。到二年六月，征西將軍趙儼上言，鮮卑大人阿妙兒等殺掠敦煌，太守王延等將兵斬首千一百級。冬十月，又討斬阿妙兒，虜首千級。三年正月，又斬鮮卑大師首六百級，討鮮卑，斬首千餘級，八月丁巳，輕車將軍特進王忠薨，積三年四月應。

月犯畢五

《詩》曰：月離於畢，俾滂沱矣。謂大雨也。　《春秋緯考異郵》曰：月失行，離於畢，則雨。　蔡氏《月令章句》曰：月離者，所歷也。　班固《天文志》曰：月入畢則多雨。　郗萌曰：月入畢，其國君大憂。又曰：兵起，期一年。先起兵者有破亡。又曰：與兩股齊，近期二十日，遠期六十日，有將死。　劉向《洪範傳》曰：月入畢中，將若相有一家事坐罪者。近期百二十日，遠期十月。一曰國有反臣。　《郗萌占》曰：月犯畢，兵革起。一曰有女喪。一曰女主當之。按魏太和四年二月丁未，月加午在畢大星四寸。其五年十二月丁未，月犯畢赤星。占曰：下犯上，貴人諸侯當之。又曰有大赦。其五年三月，蜀劉升爲丞相，諸葛亮將五萬人入天水，攻將軍賈魏，副車騎將軍舒等三萬餘人討之，斬首三萬餘人，投降者萬餘人。七月乙酉，大赦。六年正月甲戌，皇女泰薨。上及羣臣皆爲之服。五月甲戌，皇太子殿下薨。十一月壬寅，吴越賊將周賀於東萊牟平之内恣殺掠，與青州刺史程喜戰，射殺周賀，斬首四千餘級，又生擒八千餘人，青龍元年八月己未，大赦。二年三月庚寅，故漢帝山陽公崩。以天子禮葬之，謚曰獻帝。積三年六月應也。　郗萌曰：月入畢，有拘主。近期百日，中期十月，遠期一歲。又曰：小人自立。一曰小人罔上。一曰將相驚。又曰大赦，期三月。一曰在畢口，期六十日赦。在踵，期三十日。又曰有土功。又曰有以弋獵事惑其君者。　石氏曰：月居畢中，不出其年，女君死。　《河圖帝覽嬉》曰：月犯畢，天子用法以誅罰急。貴人有死者。　京氏《妖占》曰：月犯畢，天下有變令。　《黄帝占》曰：月犯畢，出其北，陰國有憂。　《海中占》曰：月犯畢南，陽國有憂。一曰賊臣誅，不然，邊有兵。　郗萌曰：月行犯畢赤星，臣弑主。一曰乘畢赤星，將死。　又占曰：月犯蝕畢，有小疾。　又曰：合畢，天下有赦。合其陰，水；合其陽，風。又曰月變於畢，邊境有事。　《黄帝占》曰：月蝕畢，使邊者凶。　《郗萌占》曰：月蝕畢，諸侯相謀。　又曰：月入畢中而暈，人主生。一曰人主伐。　又占曰：月入畢而聖人生。一曰人主伐。　《荆州占》曰：月蝕畢中星居月中，不出其年，女主當之。　《石氏占》曰：月蝕畢星中，有土功事。一曰女主有憂，大臣繫囚者。一曰：天下兵起，是謂小人國。　陳卓曰：月行宿濁而霧，君使有道死於諸侯者。一曰諸侯之使有道死者。濁者畢也。　《陳卓占》曰：月犯附耳，兵起。若將相有喪憂。不即免退。

月犯觜六

《河圖帝覽嬉》曰：月犯觜觿，小將有死者。　《海中占》曰：月犯觜觿，小戰。又曰小將吏多死。　郗萌曰：月犯觜觿，武將皆叛。　《荆州占》曰：月犯

觜觽，道多死人。

月犯參七

郗萌曰：月宿參若宿伐，皆爲風雨。《河圖帝覽嬉》曰：月犯參伐，有兵事競城堡。《海中占》曰：月犯參，其國有憂。又曰國有兵事。郗萌曰：月犯參，有軍將死。《海中占》曰：月犯參右肩，右將戰死；犯左肩，左將戰死。郗萌曰：月犯右股，大將戰死。犯赤星，將誅。石氏曰：月犯乘參右股，五穀熟。《黄帝占》曰：月蝕參，貴臣誅，赤地千里。其國大飢，人民相食。京房《易傳》曰：月蝕參，天下有小兵。《陳卓占》曰：月蝕參，兵起，戰從蝕所勝。《海中占》曰：月蝕參伐，兵大起。

月犯南方七宿

月犯井一

《郗萌占》曰：月宿東井，雨，不雨則風。《河圖帝覽嬉》曰：月入東井，諸侯貴人多死。《荆州占》曰：月入東井，有兵。《河圖帝覽嬉》曰：月犯入東井中，其國君有憂。《黄帝占》曰：月犯東井，有水事，若水令。《郗萌占》曰：月犯東井，軍將死。按魏青龍三年十二月己丑，月犯東井北轅西第一星。占曰：月犯東井，將死。一曰國内有憂。一曰有水令。到十二月乙卯，右將軍朱蓋薨。四年十二月癸巳，司空潁陰侯陳羣薨。又景初元年九月壬申，詔曰今年雨過差，冀兖徐豫四州特劇，遇水溺没死者，所在開倉救濟。庚辰，皇后毛氏崩。積二年十一月應。正始五年十一月庚子，鎮北將軍吕昭薨。六月癸酉，月犯東井南轅西頭第二星，占曰：月犯東井，將死。到七年十一月犯東井距星。積二年。魏嘉平三年四月戊寅，月犯東井南轅西頭第二星。占曰：月犯東井，將死。一曰有憂。到七月壬戌，甄皇后崩，太尉王陵誅。積四年。《黄帝占》曰：月蝕東井，大臣有謀，皇后不安，五穀不登。陳卓曰：月行宿東井而霧，有水患。《河圖帝覽嬉》曰：月犯鉞，大臣誅。郗萌曰：月中犯乘鉞，兵起，斧鉞用。又曰：月中犯乘鉞，若蝕鉞，爲内亂。按魏正始四年十月七日、十一月十四日，月犯乘守鉞，兵起。一曰斧鉞用。是月太傅舞陽侯上言，吴將諸葛恪屯據，遣衆軍討恪，恪棄城奔走。投水死者萬計。到五年三月己卯，大將曹爽率衆軍西征蜀，積六月應。又按魏嘉平五年月暈犯鉞，兵起。一曰光禄大夫張緝皆誅。九月車騎將軍郭淮上言，姜維等攻隴西，斬首萬餘人。積十月應。

月犯鬼二

《郗萌占》曰：月犯輿鬼，有軍將死。陳卓曰：月行宿輿鬼而霧，軍戰，主人敗。又占曰：月犯乘天尸，亂臣在内。郗萌曰：月有入輿鬼者，皆爲財寶出。《河圖帝覽嬉》曰：月犯鬼，大臣有誅。一曰國有憂。陳卓曰：月犯鬼天尸，國君有憂，大亂，大臣誅。又曰：月入輿鬼乘質者，君貴人憂，金玉用，人民多病。從南入爲男，從北入爲女，從西入爲老，棺木倍貴。按魏青龍二年二月辛卯，月犯輿鬼中史星。其年十二月甲子，復犯輿鬼，爲天鑕，主斬殺。占曰：民多病，大臣憂。又曰：國有憂。三年正月辛巳，自冬涉春，節氣不和，因下詔曰：連年疫疾，彫傷人民。二月丁巳，文德皇后崩。四年五月乙卯，司徒樂平侯董昭薨。三年三月應。魏正始二年九月癸酉，月犯鬼西北星，主金玉。三年二月丁未，月犯鬼西南星，主布帛。占曰：大臣憂。一曰有錢金。到八月丁巳，輕車將特進王忠薨。至四年甲子上加服元，賜諸侯王公公卿校將軍以下錢各有差。一年五月應。又魏嘉平二年十月丙申，月犯鬼距星。五年三月一日，月犯鬼距星。如占。六年七月甄皇后崩。太尉王淩、楚王彪有謀，妻子五歲以下皆誅。積十月應。陳卓曰：月蝕輿鬼，貴臣皇后有憂，天下不安。近期一年，遠期三年。

月犯柳三

郗萌曰：月入天庫，天下有起土。《河圖帝覽嬉》曰：月犯柳，有木功事。又占曰：月犯柳，其國有憂。又曰有軍將死。石氏曰：月犯乘柳，工匠興。陳卓曰：月行宿柳而霧，民多陰内之病。又鳥多死。《石氏占》曰：月蝕柳，王者以病不安宫室。《黄帝占》曰：月蝕柳，大臣憂。

月犯七星四

《河圖帝覽嬉》曰：月犯七星，兵在外戰。《海中占》曰：月犯七星，輕車戰。《郗萌占》曰：月犯七星，掌食臣有誅者。國有憂，將軍死。《黄帝占》曰：月行宿七星而霧，民分。《郗萌占》曰：月犯七星，臣爲亂。《石氏占》曰：月蝕七星，君后大臣有暴憂。國大飢。《海中占》曰：月蝕七星，國相更政。

月犯張五

《河圖帝覽嬉》曰：月犯張，有饗客。郗萌曰：月犯張，將相死，其國有憂。《黄帝占》曰：月蝕張，貴臣失勢，皇后有憂，期七十日。陳卓曰：月宿張而霧，天子惡之。

月犯翼六

《河圖帝覽嬉》曰：月犯翼，飛蟲多死。《海中占》曰：月犯翼，其國有憂。一曰相傳令。一曰外夷有兵。郗萌曰：月犯翼，有軍將死。若北夷有兵。又曰：月犯翼，女主惡之。《黄帝占》曰：月蝕翼，忠臣見譖言，正事者亡，不

出其年。　陳卓曰：月行宿翼而霧，后惡之。

月犯軫七

《海中占》曰：月犯軫，兵車用。近期二年，遠期三年。　《郗萌占》曰：月宿軫，風。又曰月犯軫，其國有憂。一曰兵車出，近期一年，遠三年中。　班固《天文志》曰：月入軫則多風。　《黄帝占》曰：月蝕軫，貴人亡。皇后不安。期有八十日者。

唐・瞿曇悉達《開元占經》卷一四　月犯石氏中官一

《海中占》曰：月入攝提，聖人受制。一曰謀臣在側。　《郗萌占》曰：月犯蝕大角，强國亡，戰不勝。一曰大人憂之，期三年。一曰大角貫月，天子惡之。陳卓曰：月犯大角，天下疾。又曰有水災。一曰月蝕大角，天子死，期十三年中。　郗萌曰：月犯天牢，以獄不平。貫索之別名。　郗萌曰：月犯織女，女主有誅。一曰人主有誅死。　石氏曰：月犯守東西咸，女主因淫致禍，有陰謀。不通東咸，必有賊。按晉孝武帝大元二十一年四月，月犯東咸，吴郡内史欽發人戒嚴，吴興諸郡響應爲賊也。　石氏曰：月入天市中，大將死，或易政。　《黄帝占》曰：月入天市，有更幣之令。　《海中占》曰：月入天市中，近臣有抵罪者。　《帝覽嬉》曰：月行入天市，及有變留其中，女主憂，將若相有戮死於市者。　郗萌曰：月犯乘天市，粟貴。　石氏曰：月犯候星，有憂。　石氏曰：月犯帝座宗星，人主有憂。　石氏曰：月犯宦者，侍人誅。　石氏曰：月犯天江，大水，關梁塞。　陳卓曰：月犯建星，有臣相譖。按《宋書・天文志》曰：魏陳留王景元元年二月，月犯建星，後鍾會、鄧艾破蜀。會譖艾，遂皆夷滅。　郗萌曰：月變於建星，有亂臣更天子之法令者。一曰易將相，近臣多死。按晉咸康三年九月戊子，月犯建星。占曰：易相。一曰大將死。五年，丞相王導薨。庚戌，代輔以太尉郗鑒，征西大將軍庾亮並死也。　《黄帝占》曰：月犯天弁，粟貴。一犯一貴，數犯數貴。　《黄帝占》曰：月犯河鼓左星，左將死；右星，右將死。一曰所中者誅。一曰有軍敗，亡其大將，有兵起。　《河圖占》曰：月乘大陵天下盡喪星，衆兵革起，死人如丘山。星希則無。　石氏曰：月乘卷舌，天下多喪。　《黄帝占》曰：月入五車天庫，兵起，道不通。按《宋書・天文志》曰：宋武大明七年十二月，月犯五車。後二年帝后崩。大臣將相誅滅，皇子被害，皇后崩。四方兵起，遣諸軍鋒外討之。　石氏曰：月犯五車，兵起趁駕。　《帝覽嬉》曰：月行天淵中，臣踰主。　《黄帝占》曰：月行天淵中，若犯之，貴人死。　《黄帝占》曰：月犯天關，有亂臣更天子之法。主關津者有罪，王者憂。　《黄帝占》曰：月出天門中道，百姓安寧，歲美無兵。　《帝覽嬉》曰：月乘天高，將死，外臣有誅者。　石氏曰：月出天門中道之南，君惡之。大臣不附。　郗萌曰：月犯南河戍，爲中邦凶。　石氏曰：月行南河戍中，四方兵起，有喪，若大旱，百姓數病。　《帝覽嬉》曰：月行南河之南，兵旱並起，男子喪乃始。　劉向《洪範傳》曰：月入南河戍門，民疾疫。　《黄帝占》曰：月出天門中道之北，胡主死，天下多死。　石氏曰：月行北河戍之間冠帶，國兵盡起，道不通。　《帝覽嬉》曰：月行北河之北，兵水並起，女子喪乃始。　郗萌曰：月經南戍之南，刑法峻暴，誅伐不當。經北戍之北，以女金錢奢侈，貪色失治道。皆近期三年，中期六年，遠期九年而災至。　石氏曰：月犯五諸侯，諸侯誅。按《宋書・天文志》曰：宋孝武大明三年四月，月犯五諸侯，時竟陵王誕反，遣沈慶之領羽林兵戰屬城。　《帝覽嬉》曰：月入軒轅，有亂臣，期不出三年。　《帝覽嬉》曰：月行軒轅中，女主失勢。其所中以官名名之。一曰五官有不治者。　《海中占》曰：月犯軒轅大星，女主當之。按晉安帝元興三年四月甲午，月掩軒轅第二星。明年七月，永安皇后崩。　又按晉孝武大元五年七月庚子，月犯軒轅大星。九月癸未，皇后王氏崩。《帝覽嬉》曰：月犯軒轅左右角，臣有誅者。　《帝覽嬉》曰：月犯女御星，女御有憂。　郗萌曰：月犯御星，御僕死。　石氏曰：月中犯乘軒轅大星，民大飢大流。太后宗有誅者，若有罪。中犯乘少星，民小飢小流。皇后宗有誅者，若有罪。　郗萌曰：月乘軒轅端，臣子反，其事成。　《荆州占》曰：月乘軒轅端，女主有散死亡去者。　郗萌曰：月蝕軒轅，女主有憂，以官名名之。　石氏曰：月入軒轅中犯乘守之，有逆賊，有火災。　《巫咸占》曰：月犯少微，處士有憂。按《續晉陽秋》曰：會稽謝敷李慶緒隱若耶山，初月犯少微，時戴逵名著於敷，時人憂之，俄而敷死。會稽嘲曰：吴中高士，便是求死不得也。　《黄帝占》曰：月入中犯乘少微，女主憂。一曰宰相易。　《荆州占》曰：月犯少微南第一星，諸處士憂。犯第二星，諸儀士憂。犯第三星，諸博士憂。犯第四星，諸大夫憂，易史官黜。　石氏曰：月入中犯乘守少微，皆爲五官亂，宰相憂。　《荆州占》曰：道太微，爲宫中逆亂，政不行。又曰：月行太微中，貴者失勢，必奪權勢，所中成刑，以官命之。《黄帝占》曰：月行入太微中，皆爲大臣有憂。一曰大臣死。　郗萌曰：月入太微中，君弱臣强，四夷兵不制，有奸人來聽伺主之庭者。又曰有喪。　《荆州占》曰：月入太微庭中東出，大臣出令如主。入中華西門出右掖門，必有反臣。《海中占》曰：月犯南門左右扉，將相

有免墮者。期不出三年。左右扉者，執法也。石氏曰：月入太微庭所中犯乘守者，皆爲天子所誅，若有罪者。《帝覽嬉》曰：月入太微庭所中犯乘守者，各以其官名之。《春秋緯合誠圖》曰：入華闕門者，皆爲臣弑君之候也。《荆州占》曰：月入天子宫者，爲大臣者死。《帝覽嬉》曰：月入太微而出端門者，臣不臣。石氏曰：月入太微中乘東西門若左右掖門，而南出端門者，皆爲必有反臣。又曰：入西門出東門，皆爲人君不安，欲求賢佐。入中華西門出中華東門，皆爲臣出令。入太陰西門出太陰東門，皆爲天下大亂有喪，若大水。郗萌曰：月入西門而折出右掖門，皆爲大臣假主之威，而不從主命。月入西門犯天庭，出端門，皆爲大臣代主。按《宋志》晋恭帝元熙元年正月丙午三月壬寅，五月丙申，七月己卯，皆月犯太微。二年六月三日，帝遜位于宋。《黄帝占》曰：月行入及留太微中，爲大臣有憂。石氏曰：月出東掖門，爲將受命東南。出西掖門，爲將受命西南。《荆州占》曰：東南爲德事，西南爲刑事，期以春夏。《荆州占》曰：月中犯乘守四輔，爲臣失禮，輔臣有誅者。《帝覽嬉》曰：月行犯左右執法，皆爲大臣有憂。《春秋緯文曜鉤》曰：月入太微軌道者，司出門守，皆爲天子所誅。《帝覽嬉》曰：月出黄帝座之北，禍之大。出其南，禍之小。若近之，大臣謀亂，禍不成。石氏曰：月犯黄帝座，大人憂。其中黄帝座，大人易，天下亂。《帝覽嬉》曰：月犯黄帝座，天下大亂，存亡半。《海中占》曰：月犯黄帝座，有亂臣，人主惡之。郗萌曰：月犯黄帝座，臣子反弑其主，事成。郗萌曰：月抵黄帝座，有土功事。《黄帝占》曰：月犯四帝座，天下有喪。石氏曰：月犯四帝座，若乘之，君憂。《荆州占》曰：月犯四帝座，諸侯凶。甘氏曰：月中犯乘守四帝座，天下亡。石氏曰：月中犯乘守屏星者，爲君臣失禮，而輔臣有誅者，若免罷去。《孝經内記》曰：月入三台中，君有大憂患，敗在臣下。《黄帝占》曰：月入三台，大臣爲天子，公族共弑君。

月犯石氏外官二

郗萌曰：月入庫樓，天下有兵起。郗萌曰：月宿羽林中，兵大起。石氏曰：月犯乘，若中北落，皆爲天下兵大起。石氏曰：月入天倉，主財寶出，憂臣在内，天下有兵。石氏曰：月犯天倉，有移五穀。石氏曰：月入天倉市，兵起。《郗萌占》曰：月行弧宿，臣逾主。《郗萌占》曰：月變於狼，陣兵不戰。一曰兵起如小戰。一曰有水事。

月犯甘氏中官三

石氏曰：月在天理，臣當坐欲反者而入獄。一曰君有大憂。《帝覽嬉》曰：月乘天高，將死，外臣有誅者。《黄帝占》曰：月入五潢中者，皆爲兵起，軍道不通，天下大亂，易政。一曰貴人死。《黄帝占》曰：月中犯乘守五潢，皆期二十日兵起。郗萌曰：月入咸池，暴兵起，期四十日。郗萌曰：月入咸池，有迷惑人主者。《荆州占》曰：月入咸池，天下大亂，人君死，易政。以入日占國。郗萌曰：月有不從天街者，皆爲政令不行，不出其年，有兵。又曰：行天街中，天下寧，百姓順。一曰行天街外，百姓凶。

月犯甘氏外官四

《郗萌占》曰：月行折威中，天子亡。《甘氏占》曰：月入哭星，女主崩。《黄帝占》曰：月入天積，即蓊藁也。財寶出，主憂臣在内。

月犯巫咸中外官五

《郗萌占》曰：月乘鍵閉星，大人憂。《郗萌占》曰：月犯乘鍵閉星，大臣大誤，天子不尊事天神，致火災於宗廟。天子崩。一曰：王者不宜出宫下殿，有偃兵於宗廟者。《黄帝占》曰：月行天淵中，若犯之，貴人死。一曰臣逾主。石氏曰：月犯鈇鑕，有戮臣。《黄帝占》曰：月入鈇鑕者，爲大臣誅。《郗萌占》曰：月中犯乘守鈇鑕者，爲鈇鑕用。一曰兵將有憂。《石氏占》曰：月行天廐，星開，爲兵歸。月行天廐，上不安。

唐・瞿曇悉達《開元占經》卷一五　月暈一

《石氏占》曰：月傍有氣，圓而周匝，黄白，名爲暈。巫咸曰：月之暈者，臣專權之象。《石氏占》曰：月暈受衡，所在之國安。甘氏曰：月暈，戰兵不合，若軍罷。《甘氏占》曰：日月皆暈，戰兵不合。謂晝有日暈，夜有月暈也。京房《易傳》曰：凡月暈，七日無雨，大風，兵作，土功起。《高宗占》曰：月暈，明王自將兵。《荆州占》曰：月暈，赤有光，主起兵，城降。《帝覽嬉》曰：月暈，兵春起，不勝。《荆州占》曰：月終歲不暈，天下和親。《荆州占》曰：四孟月之七日、四仲月之八日、四季月之九日，皆當月暈。暈不以其日，不出三日，有暴風甚雨。石氏曰：月以正月一日二日暈，必有土功。《荆州占》曰：月春二暈者，其民好鬬，不有從民。歲必大惡，不出一年糧貴。《石氏占》曰：正月上旬，一暈樹木蟲，二暈禾穀蟲，三暈震雷。《荆州占》曰：一月五六七八九暈，天下有亡地者。十一暈，天下更政。《帝覽嬉》曰：五月中九暈以上者，道上有熱死者。《荆州占》曰：月暈四仲月之八日、四季月之九日，三日不雨，皆

爲月蝕。《河圖帝覽嬉》曰：月暈中赤外青，羣臣親內。外赤中青，羣臣內其身，外其心。《荆州占》曰：正月九日、十六日夜月暈者，其五月有令。十日暈者，三月有令。十一日暈者，其月大旱。十二日、十五日暈者，飛蟲多死。二十三日、二十四日暈者，五穀不成。二十五日、二十六日暈者，女枲貴。《荆州占》曰：月以庚戌暈，有救，以遲疾爲期。謂暈疾亦疾，暈遲亦遲。《荆州占》曰：月正月甲乙日暈者，木貴，民人多病。丙丁日月暈者，旱，金錢輕。戊己日月暈者歲美，小旱，田宅貴。庚辛日暈，赦。壬癸日暈者，多水。《高宗八節月暈占》曰：月以立春四十六日內暈者，赤，有兵。黑，多水，蟲爲災，逆賊生。民生子多怪。月以春分四十六日內暈者，赤，爲兵。黄白，憂多蟲。月以立夏四十六日內暈者，赤，少水。白，旱萬物不出者死，人民流亡。月以夏至四十六日內暈者，赤，小水。黄白，萬物化爲白耳。月以立秋四十六日內暈者，赤小白，明日甚雨出。黄，羽異身傷害五穀之心。謂螟螣之類也。月以秋分四十六日內暈者，赤少黄白，大雷發，折木殺人。月以立冬四十六日內暈者，赤重如蓋狀，明日甚霧。黑，多冰霜，春多風。月以冬至四十六日內暈，赤大白，春多風殺人。京房《易傳》曰：正月三暈，所宿國小飢。五暈，大飢。

月重暈二

《石氏占》曰：月以十二月八日暈再重，大有風，兵起。三重，天下兵，大亂。《石氏占》曰：月暈再重，天下大風起。《帝覽嬉》曰：月暈三重，其外青中濁，不散，軍會聚。《荆州占》曰：月暈四重，以有亡國死王者。五重，其國女主死。七重，天下易主，八重，天下有亡國。漢高祖七年月暈圍參昴七重，占曰：畢昴間，天街也，街北胡，街南中國，昴爲匈奴，參爲趙，畢爲邊兵。是歲高祖爲冒頓單于所圍。《荆州占》曰：月暈三重，赤雲貫之，其國破喪。巫咸曰：月五月中暈，有九重以上，道路大有熱死者。《高宗占》曰：月暈十重，天下更王。京房《易傳》曰：月暈十二重，天下半亡。《帝覽嬉》曰：月暈再，重倍在外，私成於外。倍在內，私成於內。

月交暈三

《帝覽嬉》曰：月色黄白交暈，一黄一赤，所守之國受兵。《高宗占》曰：月交暈赤有光，其國不出二年遇兵。《石氏占》曰：月交暈貫月，有事，從貫擊者勝，殺將。有珥，有喜。

月連環暈四

《荆州占》曰：月暈連如環，爲兩軍兵起，君爭地。《石氏占》曰：月暈一重，下缺不合，上有冠戴，傍有兩珥，白暈連環貫珥接北斗，國有大兵，大戰，流血，其地紛紜。不出一年，憂。《石氏占》曰：月暈如連環重暈北斗魁前第一第二星，大臣下獄，流移一千里。又曰：暈輔星，大臣下獄。《荆州占》曰：月暈如連環，有白虹干暈，不及月，女貴人有陰謀亂。

月暈五星五

歲星

《甘氏占》曰：月暈歲星，色不明，主人勝客；明，客勝主人。巫咸曰：月暈歲星，其國主死。《荆州占》曰：月暈歲星，糴貴，石千文，民相食。《海中占》曰：月暈歲星，其主病。重暈，囚死，或大水。五暈，人主有病喪。《高宗占》曰：月暈歲星三復之，相出走，戰不勝，所宿國飢。《荆州占》曰：月暈歲星三復之，人相擊，客不勝，所擊主人勝。五復之，國女主死。《帝覽嬉》曰：月暈四重華五復之，所宿其國主死。三復之，黜相。一曰客畔之，不合所攻，主人勝。《帝覽嬉》曰：月暈回留歲星，所守之國歲大熟。石氏曰：歲星與月合在氐而暈，不出四十日，有德令。

熒惑

《巫咸占》曰：月暈熒惑星，女主有憂，若有死亡。《巫咸占》曰：月暈熒惑星，其國主亡。《荆州占》曰：月暈熒惑，有兵在野，大戰歸，其國亡。《荆州占》曰：月暈赤星熒惑，三月兵起。《海中占》曰：月暈熒惑三復之，國貴人憂。《荆州占》曰：月暈熒惑三復之，相死。《海中占》曰：月暈熒惑五復之，主出走。《荆州占》曰：月暈熒惑五復之，主死。《帝覽嬉》曰：月暈回熒惑，所守之國亡。又客兵入境，爲寇掠。《帝覽嬉》曰：月暈回熒惑，其色惡不明，客敗。其色明如角，則客勝。郗萌曰：月暈胃熒惑在其中，天下有兵發于魏國。不出一年大赦。

填星

《甘氏占》曰：月暈填星，色不明，主人勝客；明，客勝主人。《巫咸占》曰：月暈填星，其國主死。一曰旱。《高宗占》曰：月暈填星，所在之國兵起，戰不勝。《海中占》曰：月暈填星，相死，若皇后死。不則亡地。《荆州占》曰：月暈填星，五合五解，所宿國主當之。《帝覽嬉》曰：月暈回填星，所宿之國有德。《帝覽嬉》曰：月暈回填星三復之，相死，天下土盡動大起，邑屋大

壞，女主有憂。五復之，主死。

太白

《甘氏占》曰：月暈太白，色不明，主人勝客；明，客勝主人。《巫咸占》曰：月暈太白，其國主死。《荊州占》曰：月暈太白與月合，其主死境外。《荊州占》曰：月暈太白入暈，其色惡不明，則客敗。其色明而有角，客勝。其色如暈與月合，人主憂從中宮起。《海中占》曰：月暈太白五復之，主死。《荊州占》曰：月暈太白五復之，其國女主死。《帝覽嬉》曰：月暈太白，當其野者國受兵，戰不勝。又曰，所守之國兵起。《帝覽嬉》曰：月暈太白三復之，所宿國將若相死之。一曰客攻不合，所攻主客。

辰星

《甘氏占》曰：月暈辰星，色不明，主人勝客；明，客勝主人。巫咸曰：月暈辰星，再合再解，其國敗，不出其年。巫咸曰：月暈辰星，其國主死。《荊州占》曰：月暈辰星，其國以水亡。又曰秋兵起。《海中占》曰：月暈辰星，在春大旱，在夏主死。在秋大水，在冬大喪。《荊州占》曰：月暈辰星，再合再解，所宿之國飢敗，期一年。《高宗占》曰：月暈辰星三復之，國以水亡。《荊州占》曰：月暈辰星五復之，其國女主死。《帝覽嬉》曰：月暈圍辰星，所守之國有大水。《帝覽嬉》曰：月暈回辰星，春夏，民疾寒熱；秋，兵起及水；冬，主死，若有水憂。《荊州占》曰：月暈辰星、角亢回二重如連環，不出三年，大臣大謀若誅。

月暈列宿同占六

郗萌曰：月以正月十二月暈角、亢、氐、房、心五星者，大赦。暈四星者，小赦。《巫咸占》曰：月暈角亢氐，蟲多死，天下士卒死。陳卓曰：月暈角亢，大將軍有憂。《帝覽嬉》曰：月暈回角亢，蟲多死。石氏曰：月暈氐房心，有德令。郗萌曰：月暈氐房心，其地有役。石氏曰：月暈房心，帝國有兵廟堂。句氐宿，大赦。句三宿，小赦五百里以下。句二宿，赦百里内。石氏曰：月暈房箕，風地動。石氏曰：月暈心尾亢，骨蟲爲害。一曰四足蟲。一曰：不出其年，易政，山崩，出五十里外。石氏曰：月以十一月暈心尾，麥有價。《荊州占》曰：月暈尾箕，分有疾凶。石氏曰：月暈箕斗，兵從東方北方來者勝，從南方來者不勝。《帝覽嬉》曰：正月月暈回箕斗，五穀不成。巫咸曰：月暈圍斗，五穀不成，大將易。《帝覽嬉》曰：月暈牽牛須女，女子功絲枲皆貴。一曰牛多暴死。郗萌曰：月暈虛危，有兵謀不成，風起。又曰有喪。石氏曰：月暈虛危，兵革離動宗廟。《荊州占》曰：月暈營室東壁，其地有謀不成。一曰風起。一曰大水且至。又曰寡婦嬰兒多死。《帝覽嬉》曰：月暈營室東壁，有大土功。郗萌曰：月暈奎婁，其地大病。一曰水蟲多死。《帝覽嬉》曰：月暈胃昴，民多腹之疾。郗萌曰：月暈胃昴畢，有慶，上賜下者。一曰有德令。無令，則有兵起。郗萌曰：月暈昴及畢，比有反者。郗萌曰：月暈昴畢參，赦者有善令，期六十日。又曰，不出三年人主憂，若有賜令。郗萌曰：月以太歲所在辰暈畢與五車，及一星小赦，二星次赦，三星及五星大赦。郗萌曰：月以十一月暈五車及昴參，其星皆入暈中，有大赦。其不盡入，有小赦。期在來年五月中。石氏曰：以正月上旬月暈昴畢參，伐有赦令。《帝覽嬉》曰：月暈回畢參，觿矢弓弩貴。石氏曰：月暈參井，冰霜數至。巫咸曰：月暈圍井鬼，其年不和。一曰旱。京房《易傳》曰：月暈翼軫，軍在外戰，亡其偏將。郗萌曰：月暈軫角，先起兵者不勝。重開吉，重發兵者兵死。巫咸曰：月暈軫角，赦期百二十日。一曰：以四孟月暈軫角，皆爲赦。

月暈東方七宿

月暈角一

《石氏占》曰：月暈左角，有軍，軍道不通。石氏曰：月暈右角，大將軍有病。歲徧民飢。角鱗蟲多死。《黄帝占》曰：月暈圍兩角，大水，期一年。《石氏占》曰：月角中而暈，王者喜。石氏曰：月暈左右角，大赦。暈一角，小赦。甲乙爲春，丙丁爲夏，庚辛爲秋，壬癸爲冬。巫咸曰：月暈角亢，有角蟲多死，天下士卒死。及角中央，王自將兵，不行百里，士遁亡軍，道不通。及右角，害大尉。及左角，獄大亂。《後魏書》曰：天興五年十月戊申，暈左角。時帝討姚興弟平於乾辟，克之。太史令姚崇奏，角蟲野死，上慮牛疾，乃命減諸輜重。甲戌，車駕北引，牛大疾，死者十八。自宫車所馭巨犗數百，同日斃於路側，尾相屬，亦多死之徵也。《海中占》曰：月暈角亢，歲民饑。陳卓曰：月暈角，大將有殃。郗萌曰：月暈角，有兵，百日罷。無兵，後百日起。又曰，先起兵者不勝。又曰：暈右角，右將軍有殃；暈左角，左將軍有殃。又曰暈右角，臣倍主；暈左角，大臣謀。期三年。暈天門，十月十二月諸侯有不通者。又曰，乘若暈角，爲水。又曰多風雨。《荊州占》曰：月暈圍左右角，天下有大兵；天子爲軍自守。左右動搖，非常，人

主憂臣弑君。《荆州占》曰：月以正月暈角，公子死。一曰將軍死，歲飢。又曰：以正月十七日月暈於角，天下赦。正月戊己暈左角，有喪。《河圖帝覽嬉》曰：月行天門暈三重、天清浄，關梁不通。應之以善事。晉咸和三年，月暈左角，有赤白珥，禮約以問戴洋。洋曰：壹門當大戰，有賊亂。洋字國流，吴國人，頗識天文陰陽之數。約爲豫州，洋爲督護。約本胡後，洋遍遊公侯之門，莫不説重其所占候，並多神驗。事見晉史也。甘氏曰：月入角而暈，大赦。不則日蝕，所蝕之宿其邦不安。《帝覽嬉》曰：月暈左角，天子爲軍自守。暈兩角，有軍，軍道不通，大龍見。

月暈亢二

石氏曰：月暈圍亢，君有兵革之事。期三十日，遠三月。石氏曰：月以秋一日三暈亢，大臣有死者。兵大戰水中，期三十八日。再暈，大雨雪水。郗萌曰：月暈亢，有兵，八十日罷；無兵，後八十日兵起。秋三月，再暈亢，民移千里。三暈亢，有赦令。秋一月再暈亢，必冬雷而水。三暈亢，大臣有死者。一曰大戰。三冬暈亢，年有所不安，以赦解之。《荆州占》曰：月暈圍亢，王者自將兵，不過百里。期一月，遠三月。《帝覽嬉》曰：月暈亢，主自將兵，不行百里。《海中占》曰：月暈角亢，歲凶民飢。《石氏占》曰：月暈亢者，角蟲多死。

月暈氐三

《郗萌占》曰：月暈氐，人多疾。以十一月十二月暈左，天子有不安，以赦解之。郗萌曰：月暈圍氐，不出四十日，有治道之事。《河圖帝覽嬉》曰：月暈氐，大將誅，若水蟲多死。

月暈房四

《河圖帝覽嬉》曰：月暈房，行三軍而戰。郗萌曰：月暈房，太子座之。若財寶出，若穀貴。又曰：月以三冬暈房，天子有所不安，以赦解之。《荆州占》曰：月暈圍房，四方兵起，野有露骨不葬。《荆州占》曰：月暈圍房心，其地大疫，水蟲多死。《易緯是類謀》曰：月珥指房，四方煩，若以土之功。

月暈心五

石氏曰：月暈心，大戰，山崩谷塞，水出五十里。一曰火。《海中占》曰：月暈圍心，人主有殃。又曰大旱。《荆州占》曰：月暈心，主憂。一曰將死。又曰軍進。又曰：有兵，三十日罷。無兵，三十日兵起。又曰：月以正月暈心，蠶不爲繭。圍心，將易，有主死。又曰赤地千地。石氏曰：月暈心，穀大貴。《帝覽嬉》曰：月暈心，不出其年，大失火。郗萌曰：月暈心，三日不陰不雨，不出三日有大喪。又曰：三日不風雨，不出三十日有奇令。石氏曰：月一歲再暈圍心，有大旱及大火。其將舉兵起，若國易相，期三年。郗萌曰：月暈心五重，其國女主死。再重，爲有大喜。《海中占》曰：月暈圍心，中有赤雲若白雲大如杵而貫月，大人當之，不然兵起。郗萌曰：月暈心三重，赤雲貫之，此謂之守國破喪，戮侯王。

月暈尾六

《東觀占》曰：月暈尾，有益地者百里以上。又曰民多病寒熱，又曰風大至若水。石氏曰：月暈尾，益地。郗萌曰：月暈天司空，其歲不登，有大水在東方。又曰不出其年有赦。《荆州占》曰：月暈圍尾，有益地者百里以上。又曰民病寒熱。又曰大風至。

月暈箕七

石氏曰：月暈箕，五穀以風傷。郗萌曰：月暈司空，不出百里，必有守，倉求食者以千數。《荆州占》曰：月暈箕，大風發屋，有坐口舌死者。北夷穀貴，燕趙大飢。《荆州占》曰：月暈箕，歲星在其中，王者娉皇后，貴妾不出，百八十日。

月暈北方七宿八

月暈斗一

郗萌曰：月暈南斗，大將死，民流千里，馬牛大病。陳卓曰：月暈南斗，大臣免，大將爲亂，五穀不成。《河圖帝覽嬉》曰：月暈南斗，大將出。

月暈牛二

郗萌曰：月暈乘牽牛，五穀不成。《黄帝占》曰：月暈牛，有軍曝血，將死。《黄帝占》曰：月暈牛，小兒多死，牛疫死。一曰馬多疫死。《荆州占》曰：月暈牛，牛羊貴。

月暈女三

《河圖帝覽嬉》曰：月暈須女，必有軍曝血，將死。郗萌曰：月暈須女，寡婦多疾，有兵謀，謀不成，風起。石氏曰：月暈圍須女，兵進而不鬬。一曰：兵不戰而降，寡婦多死，有兵謀，謀不成，風起。《荆州占》曰：月暈須女，布帛倍價。《河圖帝覽嬉》曰：月暈須女，兵起不鬬。一曰民多去室宅。一曰絲貴。

月暈虚四

《黄帝占》曰：月暈虚，兵起大戰。　《郗萌占》曰：月暈虚，民飢，有哭泣，螯蟲死。一曰飛蟲多死。又曰兵起，有土功事。　《荆州占》曰：月暈虚，有白衣聚。遠期百八十日。又曰宗廟動兵。　《帝覽嬉》曰：月暈虚，民多去室宅者。

月暈危五

《黄帝占》曰：月暈危，有兵。一曰軍敗。　郗萌曰：月暈危，其國主死，民多疾死，有兵謀不成。　《荆州占》曰：月暈危，有亂謀，天下擾，民無所措。《帝覽嬉》曰：月暈危，軍所止，民多去宅者。　郗萌曰：月正月暈危，民去室宅。

月暈室六

《海中占》曰：月暈室，大城圍屠。　郗萌曰：月暈營室，爲宫敗。又曰有蠻夷來。《荆州占》曰：月常以四月七月十月候月，月暈玄宫，不出六十日，必有妄言驚聚百姓者。不然不出九十日，天下有急事。　《帝覽嬉》曰：月暈室，有喪。

月暈壁七

《海中占》曰：月暈東壁，有大土功事。　《黄帝》曰：月暈於東壁，軍人敗。郗萌曰：月暈壁，民流亡。一曰見大龍。一曰婦兒多死者。　《荆州占》曰：月暈壁，大亂。又曰，月暈壁三重，國動兵不戰，不出一年。　《帝覽嬉》曰：月暈壁見龍，大敗。

月暈西方七宿九

月暈奎一

郗萌曰：月暈奎，妖星出，大將戰死。　巫咸曰：月暈奎，米貴。　《荆州占》曰：月暈奎，兵大敗，士卒亡，魯國亡。　石氏曰：月暈奎，兵大敗。一曰有兵令。一曰不出十日妖星見。　《荆州占》曰：月暈奎婁，絮大貴。

月暈婁二

郗萌曰：月暈婁，大人憂。一曰大人死。一曰：蠶多死，糴苦絮貴。　四孟之月暈，赦。　《荆州占》曰：月暈婁，五日之内不雨，宰相疑默事解。　郗萌曰：月暈婁盡圍三星，赦。若歲星守婁在暈中，大赦，期九十日。　《河圖帝覽嬉》曰：月暈回婁，君和解。

月暈胃三

郗萌曰：月暈胃，其國主死。天多陰雨，姙婦多死。一曰山崩。又曰：盡圍三星，赦。　《荆州占》曰：月暈圍胃，兵起其國，戰不勝，有破軍。一曰：不戰，山崩。若軍大歸，穀大貴。　郗萌曰：月以四孟之月三四暈胃，赦。　《荆州占》曰：月暈圍胃，兵不戰。一曰姙女多死。　《河圖帝覽嬉》曰：月暈回胃，兵不戰。

月暈昴四

《荆州占》曰：月暈昴，其國主死。一曰貴人多死。一曰有兵若暴令，近期三十日，遠百里，坐流言者。又曰：不出其年，天下有變。又曰：水，無收。糴貴。民離其鄉。又曰：有腹病，畜産多死。　《荆州占》曰：月暈昴，天下飢。京氏曰：月以九月十二月十三日暈昴及五車，天下赦。　郗萌曰：月暈昴，以甲午、乙未及戊巳，必大赦，期三日。戊巳，期六十日。　郗萌曰：月暈昴，盡得七星，三月小赦。　石氏曰：月暈昴，天下飢。一曰貴人多死。一曰糴貴。郗萌曰：月暈昴三重，不出五十日赦。巫咸曰：月暈昴，食大絶。一曰兔多死。　石氏曰：月一歲三圍昴，來年天下大赦。若弓絮貴。　《郗萌占》曰：月暈昴，民憂疾。又曰：一歲一暈，小赦。再暈，中赦。三暈，大赦。期並不出其年。

月暈畢五

郗萌曰：月暈畢，無德令則民憂兵。又曰五穀大賤。　《荆州占》曰：月暈畢，大赦，期三十日。　《郗萌占》曰：月入畢中而暈，人主坐之。一曰人主代。京房《對災異占》曰：月三暈畢，天下中外俱赦。　《郗萌占》曰：月暈從畢兩角前圍之，不及本一星，主四月赦。

月暈觜六

《荆州占》曰：月以正月暈觜觿，大赦。　郗萌曰：月暈觜觿，有德令，女子多疾。　《荆州占》曰：月暈觜觿，大赦，期三十日。　《河圖帝覽嬉》曰：月回觜觿，道多死人，大將死。一曰弓弩貴。

月暈參七

郗萌曰：月暈參，不出歲中，天下亂。其國戰兵弱，地裂，人主有殃。　《荆州占》曰：月暈參，其國客軍大恐，戰不勝。　郗萌曰：月暈參頭，赦期二十日。一曰暈二星，小赦。暈三星，大赦。衝爲期。　石氏曰：月暈伐，將軍死，貴人有誅者。　京房《易飛候》曰：月暈參，其有兵則戰無師。是年三操土功事。

郗萌曰：月暈伐，大人多死。　石氏曰：月暈參，軍不勝。軍匝有雲潰暈，兵大起，在外大戰。　《荆州占》曰：月暈伐，二百一十日有兵若赦，有善令，不出五日雨。　郗萌曰：月以正月十一月十二月暈參，其歲惡，虎狼羣出，害人民。《甘氏占》曰：月以正月暈伐二夜，不出三旬兵起。

月暈南方七宿

月暈井一

《海中占》曰：月暈東井，胡兵起。　郗萌曰：月暈東井，天下有兵。　郗萌曰：月暈東井，王者出遊，來年大旱。又曰，後六月丙辰，大赦。　《荆州占》曰：月暈東井，陰陽不和。又曰：月暈圍東井，四夷求和。　郗萌曰：月以十二月壬癸暈東井，大赦。　《巫咸占》曰：三月暈東井，大水流。

月暈鬼二

石氏曰：月暈鬼，黍貴三倍。　甘氏曰：月夏三暈鬼，大雨，五穀不成。郗萌曰：月以正月上旬暈鬼，赦，期三十日。　《海中占》曰：月暈鬼，大旱。《荆州占》曰：月暈鬼，陣不戰。　郗萌曰：月以一月再暈鬼，多死人。　郗萌曰：月以夏三月暈鬼，一曰大霧。一曰大雹，大霜。一曰大雪。一曰大雨水。一曰大蟲。一曰大火。又曰：二暈，小水；一暈，爲寒。　郗萌曰：月以夏一月一暈鬼爲寒，再暈小水，三暈大水。　郗萌曰：月以四月七月十月暈輿鬼，中出氣東行者，皆爲老公多死。南行者，皆爲丁壯多死。西行者，皆爲老嫗多死。北行者，皆爲少年多死。皆期九十日。

月暈柳三

石氏曰：月暈柳，秋木鬱，若有兵戰。　《巫咸占》曰：月暈柳，三日有赦，大臣有死者。兵不戰，有水，民移。　郗萌曰：月暈柳，有獄事。若其地旱，民多疾死。又曰：月暈注，其地有禍，其歲中人多死者，老小哭泣道路。若飛蟲多死。又曰穀貴人相食。又曰圍注，不出三十日，有野兵圍城。注即柳之別名。《巫咸占》曰：月暈柳，有野兵。　郗萌曰：月以正月十月暈柳頭，赦，期三十日。

月暈星四

郗萌曰：月暈七星，有獄事，其地有禍若旱。一曰輕車戰。　《河圖帝覽嬉》曰：月暈七星，輕兵戰，若飛蟲多死。　《石氏占》曰：月以七月暈七星。月暈七星，民多夭傷，物再榮。

月暈張五

《黄帝占》曰：月暈張，天下大水。　《黄帝占》曰：月暈張，飛鳥死。一曰海鳥亡。　郗萌曰：月暈張，其地旱。若大人憂。一曰人相食。　《荆州占》曰：月暈張，大水，魚行人道。　陳卓曰：月暈張，五穀貴，若鹽貴。　《帝覽嬉》曰：月圍張，飛蟲多死。一曰，獄罪人民不定。

月暈翼六

郗萌曰：月暈犯翼，女主惡。　《黄帝占》曰：月暈翼，士卒多遁走。一曰士卒大聚。　陳卓曰：月暈翼，士卒大盜。一曰卒勝大盜。一曰士卒勝。一曰春赦。一曰亡其將。　郗萌曰：月暈翼，春有赦。又曰旱，若大風傷。　《荆州占》曰：月暈翼，兵起天下，庫兵出。一曰有軍軍罷。　《巫咸占》曰：月暈翼，大戰，民去室宅。　郗萌曰：月以二月暈翼，至五月赦。又曰：月暈翼，有車馳人走之事。貴人多反者。

月暈軫七

《春秋緯考異郵》曰：月暈軫，諸侯滅兵。　《黄帝占》曰：月暈軫，大將軍戰死。一曰亡其將。一曰罷軍無軍。　郗萌曰：月暈軫，兵起，先起兵者不勝。若大風傷歲。　陳卓曰：月暈軫，歲小旱。　《荆州占》曰：月一月而三暈軫，天下無懸車繫馬。　郗萌曰：月以正月暈軫，公子死。又曰：大飢，車貴。以二月暈軫，至五月赦。以四月暈軫，有德令。以十二月暈軫，庫無懸車，廄無繫馬。一曰有軍則罷。

唐・瞿曇悉達《開元占經》卷一六　月暈石氏中官一

郗萌曰：月暈攝提，大角在暈中，天下兵横行不禁，諸侯分政，天下大亂。内興兵與上爭立者。以其時赦。　《黄帝占》曰：月暈大角，人君侯王親戚憂服。　郗萌曰：月暈大角，國家亡地。　郗萌曰：月以正月三暈，天牢大赦。一曰天下大敗，多盜。貫索別名。　《石氏占》曰：月暈織女，兵滿天下。　《郗萌占》曰：月暈天市，有兵。　郗萌曰：月暈津星，大將死。五穀不成，民流千里，牛馬大疫。　《荆州占》曰：月暈津星，蛟龍見。　郗萌曰：月暈津星之口，不出二旬，天下大赦。　郗萌曰：月暈津星，有亂臣更天子之法令者。　《荆州占》曰：月暈津星，天下大亂亡。　陳卓曰：月暈河鼓，大將出，將失計。　《荆州占》曰：月暈圍大陵前足，赦死罪；圍後足，赦小罪。　郗萌曰：月暈五車，其國女主惡之。　石氏曰：月暈五車圍一星，赦小罪；圍二星三星四星，赦次

罪；圍五星，赦死罪。并暈畢昴大陵，必大赦。《巫咸占》曰：月暈五車一柱，兵少出圍；二柱，兵半出圍；三柱，兵盡出，兵在外。暈一柱，兵少罷；二柱，兵半罷；三柱，兵盡罷。郗萌曰：月暈五車，不及獄星，無赦。又曰：月以正月暈五車圍五星，有德令。以四月七月十月暈五車，有水，陰雨五十日。以十一月暈五車，五穀貴。又曰：以十二月暈五車，期四月有德令。郗萌曰：月一歲三暈天關，其年赦。又曰：月暈天關，不出六月有大喪。以其日占國，暈天關，民多疾。南北河之別名。《荊州占》曰：月行宿天門，暈三重，氣青，關梁不通。《帝覽嬉》曰：月暈南北河戍，有雲貫之，起兵者勝。郗萌曰：月暈南北河戍，有土功。《黃帝占》曰：月暈軒轅，有女喪。《荊州占》曰：月暈軒轅，不出其月，有客米。京房曰：庚子夜月暈軒轅，後甲子有大赦。郗萌曰：月暈圍軒轅，不出五十日，天下小赦。《荊州占》曰：月暈天庭，天子以兵自衛。《巫咸占》曰：月暈太微庭，天子發軍自衛，不入將軍之軍。又曰：一二三軍庭，人主自衛。郗萌曰：月三暈紫微，赦。石氏曰：月暈太微宫，天子以兵自守。三軍之，天子自臨兵行。甘氏曰：月一月三暈，圍太微庭天子座，發軍謀在軍中。一曰天子亡也，以大赦解之。《京房占》曰：月以庚子夜暈太微，至後甲子，有赦令。郗萌曰：月暈黃帝座，有赦令。郗萌曰：月暈文昌，赦。《荊州占》曰：月以正月三暈，天牢大赦。《巫咸占》曰：月暈連環及北斗，天下大亂，國喪，民徙千里。不則有流亡拔城反地者，不出二年。《黃帝占》曰：月暈北斗，有喪，流民千里，糴貴，兵聚。甲乙，期百二十日。丙丁，期八十日。戊己，期六十日。庚辛，期四十日。壬癸，期二十日。皆行矣。一曰，兵大起，有益地者。一曰天下火，兵大起。《郗萌占》曰：月暈北斗再重如連環狀，不出三年，大臣有誅者。又曰：暈北斗，有大喪，赦天下。按魏黃初四年十一月十七日有此，到七年五月文帝崩，明帝即位，大赦天下。陳卓曰：月暈北斗太微大角各得一星，兵大動，天下亂。不然，即水入城，傷人民，期三十日。夏氏曰：暈如連環，重暈北斗魁前第一星、第二星，大臣下獄，流移二千里。又曰：暈輔星，大臣下獄。石氏曰：月暈一重，下缺不合，上有冠戴，旁有兩珥，白暈連環貫珥接北斗，國有大兵，大戰流血，其分亡地，不出一年。

月暈石氏外官二

石氏曰：月暈平星，凶。又曰：月暈魚星，凶。石氏曰：月暈九次，凶。郗萌曰曰：月以四月七月十月暈弧，兵起。《荊州占》曰：月暈狼星，狗多暴死。

月暈甘氏中官三

《荊州占》曰：月宿天門，暈三重，氣青，關梁不通。郗萌曰：月暈天高，不出六月，必有大喪，以其日占邦。石氏曰：月暈月星，不出四年，有殃内禍匿謀。郗萌曰：月暈天街，關梁不通。

月暈而珥冠戴抱背抉直虹蜺雲氣四

《帝覽嬉》曰：月暈而珥，歲爲平安。《帝覽嬉》曰：暈而兩珥，先起兵者有喜。《帝覽嬉》曰：月有雲暈不合，外有四倍璚，外有謀不成。甘氏曰：月暈有虹背蜺，亂起，期百八十日。《帝覽嬉》曰：月暈蜺雲，乘之以戰，從蜺所往者大勝。石氏曰：月暈無精光青赤暈虹蜺背璚，是謂大盪，兵喪並起，王者以赦除。《高宗占》曰：月暈有雲加之，兵入境，所宿國主有喪。《帝覽嬉》曰：月暈有雲貫暈，左右吏死。京房《易傳》曰：月暈有雲貫暈，不期年所值國有喪。《荊州占》曰：月暈有雲横貫之，起兵者勝。《帝覽嬉》曰：月暈有雲大如厚布，四貫暈通月，不出其年主人憂。《帝覽嬉》曰：月暈有雲如厚布，若三若四貫暈抵月，以戰勿當，當者破。《帝覽嬉》曰：月暈赤雲大如杵，有軍在外，萬人死其下。《荊州占》曰：月暈有白雲出其中，東西竟天，萬民受賜。《帝覽嬉》曰：月有白雲貫暈，其雲大如杵，一端抵月，月之所直者，不出年中，國主女喪。《高宗占》曰：月暈，多白氣從外入，攻城城拔，得大將。多白氣從中出，主人勝。《帝覽嬉》曰：月暈，有白氣廣可二三尺，而抵月在東方，名嬰兒。攻人地者亡其師。卓氏曰：月暈，有雲貫暈約月，不出其年，所直國有喪。《荊州占》曰：月暈，有白雲一、黑雲二，如布抵暈，有國城拔邑，將死。《帝覽嬉》曰：月暈，有青雲刺月，是謂賊害。主受其殃，爲歲五穀不熟。有赤雲刺月，是謂仇賊。有黃雲圍月，有女主戮死者。期不出四十日。有白雲刺月，其國君遇賊。有黑雲貫月，乍一乍二乍三，其名曰衡雲。所宿國主死，若將軍死。

月暈有流星出入月暈中五

《荊州占》曰：月暈，有流星出其中，其國貴人有出走者。流星入其中，有大使入者。《帝覽嬉》曰：月暈，有流星横貫月度暈中者，諸侯皇后有亡失國者。又曰：流星貫暈不中月，出月右如建鼓，右吏死。出月左，左吏死。《帝覽嬉》曰：天下無雲，有流星過月下若月上，其國有喜。一曰兵出。《荊州占》曰：

月暈，有流星從中出，其色蒼，其國憂。若赤，拔城。黄，益地。白，來年穀熟。黑，軍敗。《帝覽嬉》曰：月暈，有星出，中國貴人有出走者。有星從外入暈中，其國有大夫入者。

月暈客星六

《帝覽嬉》曰：月暈客星，所宿之國憂。《石氏占》曰：月暈客星，星在月北，北國勝。星在月南，南國勝。他方準此。

唐·瞿曇悉達《開元占經》卷一七 候月蝕一

京氏曰：月生三日無光魄，其必蝕。京房《易飛候》曰：孟月六日而暈月蝕，仲月七日暈月蝕，季月八日暈其月蝕。《易緯萌氣樞》曰：候月盡蝕，視水中不見影者，月盡蝕。

月薄蝕二

《帝覽嬉》曰：月赤黄無光曰薄，毁傷曰蝕。皆不祥，善惡各有爲其國。京房《易傳》曰：日月不交而蝕，曰薄。孟康曰：日月無光曰薄。《易·豐卦》曰：月盈則食。《釋名》曰：日月虧曰蝕。稍侵虧，如蟲食草木葉也。《詩》曰：彼月而食，則惟其常。此日而食，于何不藏。班固《天文志》曰：古人有言曰，天下太平，五星循度，無有逆行者，日不蝕朔，月不蝕望。王充《論衡》曰：王者有至德之萌，日月無朔望之異。異謂蝕之。《京氏占》曰：月與日相衝，分天下之半。循於黄道，烏兔相沖，光盛威重，數盈理極，危亡之災，一時頓盡。遂使太陽奪其光華，闇虚虧其體質。小濳則小虧，大驕則大滅。此理數之常然也。《洛書》曰：日月蝕，當用兵擊之。若安居，日月蝕，不可出軍。日蝕之歲，不可出軍。月蝕之月，不可出軍。甘氏曰：無道之國，日月過之薄蝕。兵之所攻，國家壞亡。又以有喪。《洪範傳》曰：人君失序，國不明，臣下瞀亂，羣陰蔽陽，則日月薄蝕，闇昧無光，四方踏起，背璚縱横，賊亂交争，兵革並行。《春秋緯考異郵》曰：麟龍鬬，日月蝕。按《淮南鴻烈》曰：麒麟鬬，則日月蝕之。《河圖帝覽嬉》曰：月薄，所宿國主疾。《春秋緯感精符》曰：臣下大恣横，則日月薄於晦。《石氏占》曰：月蝕，其鄉有拔邑，大戰。《石氏占》曰：師出門而月蝕，當其國之野大敗。一曰軍死而後生。《石氏占》曰：月蝕三日有雨，事解不占。一云七日。其雨及雪，必須普霈，如微不解。《雒書雒罪級》曰：月蝕既，不吉，刑法失命。《荊州占》曰：謀臣以直死，月爲之數蝕。《帝覽嬉》曰：月蝕，所宿國貴人死。用兵者從月蝕之面攻城取地。日亦然。《荊州占》曰：日月蝕，當其國君王死。又攻戰，從蝕所擊之者勝。《尚書緯刑德放》曰：當赦而不赦，月爲之蝕。董仲舒《對災異》曰：臣行刑罰，執法不得其中，怨氣盛，并濫及良善，則月蝕。《河圖帝覽嬉》曰：月蝕，所宿國貴人死。又曰：其鄉有拔邑，大戰。《易緯通卦驗》曰：月蝕則糴貴。故月蝕則正臣下之刑。《詩緯推度災》曰：月蝕，大臣刑。京房《災異對》曰：月蝕者，人君行適過時，專受所致也。不救，則致水害壞城。《荊州占》曰：月蝕，則失刑之國當之。京房《易候》曰：月蝕，失刑，所宿之國當之。《帝覽嬉》曰：兵常在内而月蝕，其國受殃。又曰：兵未起而月蝕，所當之國起兵，戰不勝。京房《易飛候》曰：月當交而蝕，君子道長，小人道消。夏氏曰：月蝕出軍，軍折傷，後有失。《帝覽嬉》曰：月滿而蝕，兩軍相當，必戰。無軍，兵必出，將死於野。

月蝕早晚三

《帝覽嬉》曰：月蝕以晨相及，太子當之。以夕，君當之。

月蝕所起方四

《荊州占》曰：月蝕起南方，男子惡之。起北方，女子惡之。起東方，少者惡之。起西方，老者惡之。《帝覽嬉》曰：月未望而蝕，從上始而盡，無光，天子坐之。《帝覽嬉》曰：月蝕東方，其月中有惡風。月蝕西方，主人爲客。《帝覽嬉》曰：月蝕從上始，謂之失道，國君當之。從下始，謂之失法，將軍當之。從傍始，謂之失令，相當之。又曰：從上始爲君親，從下始爲赤子蝕，其陰爲女蝕。

月蝕既及中分五

《帝覽嬉》曰：月蝕盡，女主當之。《荊州占》曰：月盡蝕，當其下者，君死。一曰有死相。《河圖帝覽嬉》曰：有軍在外而月蝕盡者，軍罷帥。《荊州占》曰：月蝕盡，有大戰，軍破將死，拔邑亡地。蝕不盡，軍破將不死。京房《妖占》曰：以十五日蝕而盡，此謂毁亡，其君有喪若水。京房《易飛候》曰：月蝕盡，則有亡國。不盡，有失地。《荊州占》曰：月蝕盡，大人憂。又曰糴貴。又曰豪族滅，勢家絶。石氏曰：月蝕不盡，光耀散，臣之象。石氏曰：月蝕盡，光耀亡，君之殃。《刑德放》曰：五刑當輕，反重虐酷，忽月蝕消既，行失繩墨，大水淫，枯旱。其救之也，惟敬五刑，以成三德。石氏曰：月蝕中分，不出五年，國有憂，兵敗軍亡。

月蝕變色六

《荆州占》曰：月蝕青色，人民多死者，五穀有傷，糴且大貴。望以下賤，皆不出一年，各爲其國災。月蝕赤色者，君爲客，不出其年。月蝕黄色者，不出其年，有立諸侯爲國者。月蝕白色，其國失地，若有喪。《荆州占》曰：月蝕盡者，糴貴，各爲國。月已蝕而青者，爲憂。月已蝕而赤者，爲兵。月已蝕而黄者，爲財。月已蝕而白者，爲喪。月已蝕而黑者，爲水。蕭子顯《齊書》曰：永泰元年正月乙亥，月蝕色赤如血。二日而大司馬王敬則舉兵反。

月蝕而暈鬭月並蝕七

京房《易飛候》曰：月暈蝕殃祥，得其日者吉，得其時者凶。　石氏曰：月蝕而暈，其國君主惡之。《荆州占》曰：月暈而蝕，人相食。　石氏曰：月鬭薄而蝕，有軍必戰，無兵兵起。　石氏曰：兩月並蝕，天下大亂。

月蝕雲氣入月中又有風雨八

《荆州占》曰：月蝕，有氣從外來，入月中，主人凶。氣從中出，客凶。氣南行，南軍凶。北東西者亦然。

月一月再蝕九

《帝覽嬉》曰：軍在外，一月而再蝕，將還兵。其國戰不勝。

月未望而蝕十

石氏曰：月生三日而蝕盡，是謂大殃，國有喪。　甘氏曰：月生十日至十四日而蝕，天下兵起。如望在十四，依垣占。　石氏曰：十五日而蝕，國破滅亡。如望在十五，亦然。

月四時蝕十一

京氏曰：月春蝕，歲惡，將軍死。一曰有憂。夏蝕，旱，憂穀。秋蝕，羌兵起。冬蝕，其國飢，有女喪。　京房《易候》曰：月春蝕，有憂。夏蝕，有兵起，民無有一月糧，糴貴。《荆州占》曰：孟春月蝕，賤人當之。仲春蝕，貴人當之。季春蝕，人主當之。《帝覽嬉》曰：月春蝕東方，王死之。夏蝕南方，王死之季夏蝕中央，王死之。秋蝕西方，王死之。冬蝕北方，王死之。國以謀亡。《荆州占》曰：月夏蝕南方，歲飢。秋蝕西方，兵起。

月十二月蝕十二

《荆州占》曰：正月蝕，有災異蟲。一曰燕受災，期在七月之後。《帝覽嬉》曰：正月月蝕，賤人病，糴石二千。二月月蝕，貴人病，糴石二千。三月月蝕，人主當之，糴石四千。四月月蝕，人主當之。五月月蝕，年飢。六月月蝕，赤地千里。七月月蝕，有兵。八月月蝕，兵罷。九月月蝕，年飢。一曰有戰。十月月蝕，藏穀。一曰起軍。十一月月蝕，有喪，兵圍城，破軍殺將。十二月月蝕不盡，是謂當其數，不占。《荆州占》曰：正月月蝕，歲災。上旬蝕，旱。中旬蝕，蟲。下旬蝕，賤人死。《荆州占》曰：十二月月蝕，吴國受災，期六月。一曰有流民。盡，乃以日辰占其野。《荆州占》曰：十二月月蝕，來年國有大事，小兵起。

月十干蝕十三

《洛書》曰：月以甲乙日蝕，年多魚。丙丁日蝕，年飢。一曰年穀收。戊己日蝕，無耕下田。庚辛日蝕，高田不入凶。壬癸蝕，其歲和美。　司馬遷《天官書》曰：月蝕甲乙，四海之外，不占。丙丁，淮海岱也。戊己，中州河濟也。庚辛，華山以南。壬癸，恒山以北。月蝕，皆將軍當之。

月東南西南方蝕十四

《荆州占》曰：蝕辰巳地，來年麥傷春蟲。蝕午未地，禾稼少實，麥夏傷。

月行五星暈而蝕十五

甘氏曰：月行宿歲星而蝕，民相食。粟石千文，司農憂。《荆州占》曰：月暈歲星而蝕，天下大戰。　甘氏曰：月行宿熒惑而蝕，天下破亡，有憂，期不出三年。《荆州占》曰：月犯熒惑暈而蝕，天下破亡失地，大將有憂，期不出三年。《帝覽嬉》曰：月犯熒惑暈而蝕，天下破軍亡地，大將有憂。蝕盡者，主位也。不盡者，大臣位也。近期三月，遠期三年。　甘氏曰：月行宿填星而蝕，其國以伐饑亡。《巫咸占》曰：月當填星而蝕，其國有土功之事。　甘氏曰：月行宿太白而蝕，强國戰不勝，亡城，大將有兩心，不出三年。《荆州占》曰：月宿太白暈而蝕，其國有强兵，若戰而亡。　甘氏曰：月行宿辰星而蝕，其國有女亂而亡國，期三年若五年。

月在東方七宿而蝕十六

石氏曰：月蝕在角亢，刑法之臣有當黜者。《黄帝占》曰：月入角而蝕，將吏有憂，國門四閉，其邦凶。　陳卓曰：月蝕於角，其君死。　甘氏曰：月在亢中蝕，其君邦有憂。《黄帝占》曰：蝕在氐中，天子憂疾。一曰妃后憂疾。石氏曰：月在氐中蝕，大臣死，后惡之。一曰后宫惡之。王者復禮以赦，除之。《荆州占》曰：在氐房蝕，主治耕之臣當有黜者。　石氏曰：月在房而蝕，公卿大夫有憂，當有黜者。　石氏曰：月在房蝕，王者有憂，皆亂。大臣專政，必有

憂病。　京氏《妖占》曰：月蝕于房，天子有喪。　郗萌曰：月蝕房心間，人主有兵害。　石氏曰：月在心蝕，人主惡之。太子庶子有憂，三公有死者。　郗萌曰：月蝕心，臣伐主，內亂。　《荆州占》曰：月在心蝕，三公諸侯有當黜者。甘氏曰：月蝕尾箕，后族有刑罪，若御妾有坐者，后有憂。　石氏曰：月在尾箕而蝕，主御者及樂人有當黜者。　郗氏曰：月蝕於箕爲風。一曰車騎發。　陳卓曰：月宿箕而蝕，人相食。

月在北方七宿而蝕十七

甘氏曰：月在南斗而蝕，將相有憂，飢凶。　甘氏曰：月入牽牛度而蝕，其國叛兵起。　甘氏曰：月在須女而蝕，邦有女主憂，天下女功廢。　郗萌曰：月在須女而蝕，宫中有巫呪詛禱祝以求幸，有當黜者。　《黄帝占》曰：月蝕在虚而蝕，邦有崩喪，天下改服，期九十日。　郗萌曰：月蝕虚危，民多去其室。一曰大戰。　郗萌曰：月在虚危而蝕，主刀劍衣履金玉之臣有當黜者。　甘氏曰：月蝕危，不有崩喪，必有大臣薨，天下改服。　石氏曰：月在危而蝕，刀劍之官憂。一曰：月在虚危而蝕，戒在衣履金玉之臣有黜者。一曰必有驚恐之事。　石氏曰：月蝕危，不有病主必有大喪，天下改服。　甘氏曰：月在營室而蝕，爲軍族士衆之潰。　石氏曰：月蝕營室，大軍絶糧。　郗萌曰：月在營室而蝕，陰道毁，不能化生，有黜削之罪。　《玄冥占》曰：月在東壁而蝕，大臣有戮，文章者執。

月在西方七宿而蝕十八

石氏曰：月在奎而蝕，有大臣憂削凶，期九十日。　石氏曰：月食奎度中，魯國凶。一曰邦君不安，白衣之會。　《郗萌占》曰：月在奎而蝕，主邊兵之臣有當黜者。　《海中占》曰：月蝕於奎，大將軍有謀。　石氏曰：月在奎婁而蝕，主聚斂之臣有黜者。　甘氏曰：月蝕婁，皇后犯危，大臣受誅。　《海中占》曰：月蝕婁，其國有王事。　郗萌曰：月宿婁而蝕，人相食。　《黄帝占》曰：月在胃而蝕，王者相吞食，大邑亡主，大將亡軍。一曰委輸之臣有罪。　甘氏曰：月在胃而蝕，皇后有憂。一曰虐吏憂。　郗萌曰：月在胃而蝕，人相食。石氏曰：月在昴而蝕，大臣貴，女失職。　郗萌曰：月在昴而蝕，人相食。　郗萌曰：月在昴畢而蝕，天下聚。又曰主獄之臣有黜者。　甘氏曰：月蝕在畢，有邊使者凶，若邊國有臣誅。不出一年。　京房《妖占》曰：月蝕於畢，天下有小兵。　郗萌曰：月宿畢而蝕，人相食。　郗萌曰：月在觜參而蝕，主兵之臣當黜之。　甘氏曰：月在觜蝕，主殺臣。　石氏曰：月在參而蝕，旱，赤地千里，人民飢。　甘氏曰：月在參而蝕，貴臣誅，大飢，人相食。一曰貴臣謀。《海中占》曰：月蝕於參，兵在外，大將死。其國有憂，天下更令。

月在南方七宿而蝕十九

石氏曰：月在井鬼而蝕，主人主五祠之官憂。　甘氏曰：月在東井而蝕，大臣誅。一曰：大臣謀，皇后不安。五穀不登。　陳卓曰：月在東井而蝕，其國內亂。　甘氏曰：月在輿鬼而蝕，廢貴臣，后有憂，天下不安。期一年，遠三年。　石氏曰：月在柳而蝕，大臣有黜者。　甘氏曰：月在柳而蝕，主虞水官有當黜者。　郗萌曰：月宿注而蝕，人相食。注者，柳之别名。　甘氏曰：月在七星而蝕，正陽虧太陰星，大臣有暴誅，國大飢。又曰主詞事者憂黜。　郗萌曰：月在七星而蝕，主道橋門户之臣有當黜者。　甘氏曰：月在張而蝕，貴人失勢，皇后有憂，期七十日。　郗萌曰：月在張而蝕，人相食。　甘氏曰：月在張而蝕，水衡虞人當有黜者。　甘氏曰：月在翼而蝕，忠臣見譖言，清正者亡，不出其年。　郗萌曰：月在翼而蝕，主車駕之臣有黜者。　甘氏曰：月在軫而蝕，貴臣亡。一曰后不安，期百八十日。　郗萌曰：月在軫而蝕，車騎發。

月犯石氏中官而蝕二十

《荆州占》曰：月在建而蝕，后妃姪娣有當黜者。　石氏曰：月在太微而蝕，有破國易王。

月在石氏外官而蝕二十一

石氏曰：月在弧狼而蝕，主供養之官當黜者。一曰食者亡。

救月蝕二十二

《海中占》曰：月蝕，王者以救除咎則安。又曰：月蝕，清刑明罰勑法。《周禮地官司徒》曰：救月蝕則詔王鼓。鄭玄曰：救日月食，王者必親擊鼓。　《禮記婚義》曰：婦教不修，陰事不得，謫見於天，月爲之食。是故月蝕則后素服而修六宫之職，蕩天下之陰事。　《星傳》曰：月者，刑也。月蝕脩刑。鄭玄曰：救月蝕，王必親擊鼓也。

唐・瞿曇悉達《開元占經》卷一八　五星所主一

《春秋緯》曰：天有五帝、五星爲之使。　《荆州占》曰：五星者，五行之精也。五帝之子，天之使者。行於列舍，以司無道之國。王者施恩布德，正直清虚，則五星順度，出入應時，天下安寧，禍亂不生。人君無德，信姦佞，退忠良，遠

君子，近小人，則五星逆行變色，出入不時，揚芒角怒，變爲妖星。彗孛、茀掃，天狗、枉矢，天槍、天棓，攙雲、格澤。山崩地振，川竭雨血。衆妖所出，天下大亂。主死國滅，不可救也。餘殃不盡，爲飢、旱、疾疫。甘氏曰：五星主兵，太白爲主。五星主穀，歲星爲主。五星主旱，熒惑爲主。五星主土，填星爲主。五星主水，辰星爲主。五星：木土以逆行爲凶，火以鈎已爲凶，金以出入不時爲凶，水以不効爲凶，五凶並見，其年必惡。巫咸曰：五星者，五勝也。十二辰、二十八宿，舍於刑德。日爲朱鳥，月爲玄武，房心爲青龍，參爲白虎，常每向北斗、太一。審能知此，萬事盡畢五星、二十八舍。以王時則王者之事也，以相時則卿相之事，以囚時則囚徒之事也，以廢時則萬民之事也。五星各受制而司無道之國。故審五星逆順，變色留守，觀其喜怒變色所加宿之左右前後，遠近疏數，害剋陰陽，及見五氣相賊，王者而救之，轉禍爲福，宗廟可得而保，社稷可得而有。石氏《五星讚》曰：五星更出司不祥，應節守道不爲殃。月滿不入其事興，過時不出陰謀行。以星所守占其方，芒角變動非其常。審察五色別青黃，各以事類知其殃。

五星行度盈縮失行二

石氏曰：五星不失行，則年穀豐昌。《黄帝占》曰：有道之國，五星過之不失其行，則人君吉昌，萬民安寧。又曰：出中道，天下太平；出陽道，旱；出陰道，多雨水。《動聲儀》曰：五音和，則五星如度。陳卓曰：五星出陰道，多陰謀。石氏曰：五星分天之中，積于東方，中國大利。積于西方，負海之國用兵者利。《春秋緯》曰：五星早出，爲盈盈者爲客。晚出，爲縮縮者爲主人。禍發其衝。《考靈曜》曰：天失日月，遺其珠囊。珠，五星也。遺囊者，盈縮失度也。《黄帝占》曰：五星不出兩河間，必有不道之臣。一曰必有道不通。《春秋緯》曰：君臣有謀，心憒未言。精象動於物，五星錯於官。郗萌曰：五星不行天門天闕間，皆爲有喪。五星不道東西咸，皆爲必有賊。五星行往天闕，不出其年有兵。五星皆逆行，主且乘法，臣且謀其主。石氏曰：五星行二十八舍星七寸内者及宿者，其國君死。五星舍二十八宿，王者誅，除其國。五星犯合宿中閒星，其坐者在國中。犯南爲男，犯北爲女，東爲少，西爲老。五星逆行去宿，雖非七寸内而守之者，其國君被誅刑死。順而留之，疾病死。郗萌曰：五星並出，皆逆行，不出其年，天下遣五將，期五十日。巫咸曰：五星受制而出司無道之國。變色而逆行，犯度列宿及中官留守二十日以上，皆臣殺。滿六十日以上，王者殺。則彗茀出，所過之鄉，其下有亂兵。故世亂感則天文變，下侵上則五星逆。五星逆守列宿，若已去之，還復居之，繞環成勾已，乍大乍小，乍明乍晦，是謂絶紀，其禍愈甚。《海中占》曰：五星不當歷列宿，絶列星，有分國，貴人有獄。抵列舍，其國有喪。以五色占其吉凶，黄爲喜，赤爲兵，白爲喪，蒼爲憂，黑爲水。董仲舒曰：五星失行度者，臣非其人，賢、不肖並立，臣亂於下則星錯於上，進賢退不肖以救之。《黄帝占》曰：五星逆行變色，出入不時，則王者宜變俗更行，起毁宗廟。立無後，賑貧窮，恤孤害，寬刑罰，賞有功，舉名士，禮賢者，順天道四時，發藏財物，虚府庫，薄賦斂，則日月五星、妖孽虹彗不爲禍害矣。郗萌曰：五星有逆行及變色，若非其常則以聞於上，各以其事脩其政。

五星喜怒芒角變色冠珥三

甘氏曰：凡五星同色，天下偃兵，百姓安寧，歌舞以行，不見疾病，五穀大昌。巫咸曰：五星起怒，犯淩留守列舍，察其守犯，審其始留之日，觀其時氣有與五星相賊者，以決其事。視其色變，以知吉凶之情。又別其光芒所指，以知兵起所加之鄉。芒多而短者，謀而未成。芒少而長者，其謀已成。其氣專而上行，芒從一至四，是謂道極芒。或指西，或指東，或指其南，或指其北。四芒已具，其下必有亡國之主。芒過四以上，未可救也。凡五星之起怒，芒角四達，其形未變，是謂誡兵。其星形變而鋭上向下，大小狀如拔劍，是謂成形，不可救復。急堅甲勵兵，以待不祥。《海中占》曰：五星有三角者，兵息。有五角者，則兵行。以角多戰也。甘氏曰：五星反羽，其下之國不可久處。反羽者，光芒上大下小，狀如反羽也。郗萌曰：五星之常行，刑即乘芒，上鋭下大，色如其常。及其逆行，而反芒上向，狀如反羽。《黄帝占》曰：無道之國，五星過之即鬬，狀如故炭，争流而去，熒惑太白，還而不離，妖星數見，徘徊不去，如此者兵之所攻，國家滅亡，又以有喪。《考靈耀》曰：五政俱失，五星色明，年穀不登。石氏曰：熒惑色黑，填星色青，太白色赤，辰星色黄，歲星色白者，必敗。熒惑爲火災，填星爲土功，太白爲兵災，辰星爲大水。甘氏曰：五星日月争光，臣有無道，與其主争者。巫咸曰：吉凶憂患，各比色變言之。將有兵，金星變，將有水，水星變。明主聖王候而司之，轉禍爲福，使災不來。巫咸曰：五星變色，進退，逆順，喜怒，皆與時氣相應。至其象也，審明金不可以怒火之鄉，木不可以怒金之鄉，水不可以怒土之鄉，火不可以怒水之鄉，土不可以怒木之鄉。逆

順進退，左右前後，五星皆同法。　《天官書》曰：五星色白圜爲喪旱，赤圜則中不平、爲兵；青圜爲憂水，黑圜爲疾多死，黄圜則吉。　五星色，赤角犯我城，黄角地之争，白角哭泣之聲，青角有兵憂，黑角則水。　巫咸曰：二十八舍，各有國分，水旱之災皆相應。故旱之歲，其國火星赤，水星黑。　五星守二十八宿，各以其色占，以其害爲禍敗。　歲星守木星，其色白必敗。熒惑守火星，其色黑必敗。填星守土星，其色青必敗。太白守金星，其色赤必敗，辰星守水星，其色黄必敗。　郗萌曰：五星變色者，太史公以闢於上，上乃以修其身，平政決獄，寬刑罰，薄賦斂，去關市之税，廢關津之禁，以利宣天地之氣，則以次行。　《孝經右祕》曰：五星冠珥，臣下逐。

五星所守列宿中外官四

甘氏曰：五星犯列宿，若入其國，官有殃。　巫咸曰：五星守木星，有木異；守火星，有火異；守土星，有土異；守金星，有金異，屠城；守水星，有水異。　二十八宿中外官者，各有金木水火土氣，五星守之。禍敗皆不相賊害爲吉凶，以官名其事。　歲星守木星，熒惑守火星，填星守土星，太白守金星，辰星守水星，是爲五重守，并氣之象也。法曰：并氣者，是謂重施。過節則民多疾疫，五穀不成，災害並生。一曰天下旱，萬物不成。　歲星守火，熒惑守土，填星守金，太白守水，辰星守木，是謂五星守其子，陽不施之象。陽氣不足，故多水災，五穀不成。　歲星守土，熒惑守金，填星守水，太白守木，辰星守火，是謂守所勝，下之象也。法曰：賦斂衆多，徭役繁數，下民屈竭，莫之能供，故下皆惡其上，則强淩弱，衆暴寡，故盜賊衆多，兵革並起。一曰人民相惡。　歲星守金，熒惑守水，填星守木，太白守火，辰星守土，是謂守所不勝，上之象也。法曰：民臣隆盛，侵淩其上，君弱臣强，故姦臣賊子，謀殺其主。　歲星守水，熒惑守木，填星守火，太白守土，辰星守金，是謂五星守其母，陰氣不成之象。法曰：氣不足，故旱，多火災，五穀不成。一曰萬物不成。

唐·瞿曇悉達《開元占經》卷一九　五星相犯一

《易坤靈圖》曰：王者有至德之萌，則五星若連珠。鄭玄曰：謂聚一舍，以德得天下之象也。　郗萌曰：五星俱見，兵布野，期不出三年。　《春秋緯》曰：帝有過失，既已命絶於天，則五星聚攝提，反衡亂不禁。　五星聚，天子窮。　《荆州占》曰：五星并聚，篡弑成。　《含神霧》曰：五緯合，王更紀。　《海中占》曰：五星若合，是謂易行。有德受慶，改立天子，乃奄有四方，子孫蕃昌。無德受罰，離其國家，滅其宗廟，百姓離去滿四方。　五星皆大，其事亦大。五星皆小，其事亦小。周將代殷，五星聚于房。齊桓將霸，五星聚于箕。漢高祖入秦，五星聚東井。齊則永終侯伯，本無更紀之事。是五星之聚，有不易行者矣。　《洛書雒罪級》曰：五星一合，不言聖起，合有謨。　《考異郵》曰：五星聚于一宿，天下兵起。　《荆州占》曰：五星合於一舍，其國主應縮，有德者昌，無德者亡，受其凶殃。　五星皆聚於一舍，填星在其中，天下興兵。　《詩緯》曰：五緯聚房，爲義者受福，行惡者亡。《帝王世紀》曰：文王在豐，九州諸侯咸至，五星聚於房。　《海中占》曰：五星合亢，爲五穀頻不成。　郗萌曰：五星聚於虚，天下之君必有盟者。二星則二國君，五星則五國君，皆相見。　《考靈曜》曰：帝起受終，五緯合軫。　《河圖》曰：歲星帥五緯聚房，青帝起。　石氏曰：歲星所在，五星皆從而聚于一舍，其下之國可以義致天下。　《荆州占》曰：歲星與火土金水五合同舍，相去三尺以外、七尺以内，相守十日以上至四十日，天下兩主争國，大帝易跡。近期三年，遠七年。　《運斗樞》曰：歲星帥五精聚于東方七宿，蒼帝以仁良温讓起，皆以所舍占國。　《春秋緯》曰：五精入牛，從歲星聚，用兵遏亂，以義得天下。班固《天文志》曰：漢高元年，有五星聚于東井，歷推之從歲星也。此高皇帝受命之符，故客謂張耳曰：東井，秦地。漢王入秦，五星從歲星聚，當以義取天下。秦王子嬰降于軹道。漢王以屬吏曰：寶器婦女(任)〔亡〕所取。閉宫封門，還軍次于灞上，以候諸侯，與人民約法三章，人無不歸心者，可謂能行義矣。李奇注曰：歲星得其正度，其四星隨此常正行，故曰從也。孟康注曰：歲星先至，先至爲主也。《洪範天文星辰變占》曰：客有齊人甘文卿者，善天文，後五年，高帝遂定天下。　《石氏》曰：熒惑所在，五星皆從而聚于一舍，其下之國可以禮致天下。　《運斗樞》曰：熒惑帥五精聚於南方七宿，赤帝以寬明多智略起。《黄帝》曰：填星與五星俱聚一舍而填星亡焉，所舍之國亡。　填星在焉，大如狼星而黄，天下之兵雖合，其國不亡。　《運斗樞》曰：填星帥五精聚于中央，黄帝以重厚賢聖起。　石氏曰：填星所在，五星皆從而聚于一舍，其下之國可以重德致天下。　太白所在，五星皆從而聚于一舍，其下之國可以兵致天下。　《天官書》曰：太白與五星相犯，大戰。　出其南，南國敗，出其北，北國敗。　行疾武，不行文。　《運斗樞》曰：太白帥五精聚於西方七宿，白帝以勇武誠信多節義起。《河圖》曰：太白帥五緯聚參，白帝起。　辰精帥五精聚于北方七宿，黑帝以清平静潔通明起。　《春秋緯》曰：五星從辰星聚北方七宿，黑帝起，以宿占國。《河圖》曰：辰星帥五緯聚營室，黑帝起。　石氏曰：辰星所在，五星皆從而聚

于一舍，其下之國可以法致天下。《考異郵》曰：四表戒，五星薄，天下分爭，甲兵作。《郗萌》曰：五星一相抵觸，軍半破。再相抵觸，軍大破。五精星相薄，天下大戰。相去二三尺，破軍殺將，流血滂滂，天下飢荒。《春秋緯》曰：五星錯鬬，臣挾兵，上下相持。《合誠圖》曰：五星鬬，天子去。一曰國昏亂，憂在公侯。甘氏曰：歲星、熒惑、填、太白四星與辰星鬬，皆爲戰。兵不在外，皆爲在内。郗萌曰：五星鬬，相貫抵觸，光耀相及，有兵大戰，覆軍殺將。《荆州占》曰：五星合鬬，人走馬馳，九州鼎沸，棄其妻兒，五郡無主，夷狄爲君。五星相與合鬬，及列宿乘淩抵觸磨靡，及入貫刺犯守勾己環繞，所在之國皆有兵喪滅國之殃。石氏曰：五星主司人君諸侯大臣之過。五星合鬬者，皆爲謀反，大臣當有誅者。

四星相犯二

《漢天文志》曰：四星若合，是爲大湯。晉灼曰：湯猶盪滌也。其君兵喪並起，君子憂，小人流。按《宋書》曰：始興九年，歲、填、熒惑、太白聚東井。後歷五年，至晉義熙十三年，相國劉裕入關，擒姚泓於長安，而秦亡。《荆州占》曰：四星若合於一舍，其國當王，有德者繁昌，保有宗廟。無德者喪。按《宋書·天文志》曰：晉孝懷帝永嘉六年七月，熒惑、歲星、填星、太白聚牛女之間，徘徊進退。是後兩郡傾覆，而元帝中興揚土，是其應也。安帝義熙三年二月癸亥，熒惑填星、太白、辰星聚于奎婁，從填星也。奎婁，魯分。是時慕容超僭號於齊，侵掠徐兗，連歲寇掠，至于淮泗。姚興譙縱僭號秦蜀，盧循及魏南北交侵，五年，高祖北殄鮮卑。九年又聚東井，秦分。十三年，高宗定關中，縱脩羣凶之徒皆已剪滅。于是天人歸望，建國舊條。元熙二年受終納禪，皆其徵也。漢平帝元始四年，星聚柳張，各五日。柳張，三河分。後有王莽、赤眉之亂，而光武興復于洛。晉懷帝永嘉六年，四星聚牛女。後劉聰、石勒之亂，而元帝興復揚土。漢獻帝初平元年，四星聚心箕尾心豫州分。後有董卓李霍暴亂，黄巾赤眉之憂，而魏武迎帝都許，遂以兗豫定京。建安二十二年，四星又聚。二十五年而魏文受禪，此爲四星二聚而易行矣。檀道鸞《晉陽秋》曰：孝武太元十九年十月癸酉，太白填星熒惑，辰星合于氐。二十一年九月庚申，帝崩。《荆州占》曰：四星合鬬，閉其關梁，女子運倉，天下半亡。《文耀鉤》曰：歲星與三星鬬，九州謀王。郗萌曰：歲星、熒惑，陽也。太白、辰星，陰也。陽主中邦，陰主外邦。陽與陰合，中外邦相連以兵。陽與陽合，兵謀在國。陰與陰合，兵謀在外邦。熒惑在未申間，太白亦出西。其出也，必有令。四星俱出，令大；二星俱出，令小。不然者，必有賞賜之事。《荆州占》曰：歲星與太白熒惑辰星同合，相去三尺以外，留守七日以上至二十日，天下兵起，國主絕嗣。天下三主鼎足，俱用兵，必有滅國，親戚内自相賊，九州謀殺作兵，社稷危亡，宗廟毁滅，期百八十日，殘戮九年乃更始。其守七寸以内，芒角七日以上至四十日，天下滅亡，人民殄盡，行將易紀，宫殿飛流，期一年，災十年。火起爲飛，水涌爲流。石氏曰：熒惑與歲星、填星、太白會成勾己，光不相及，主以攻者。不救，亂，三王、九侯、二十一名臣爭爲主，更相殘賊。

三星相犯三

《海中占》曰：三星合，其國外有兵喪，人民數改立侯王。按班固《天文志》曰：孝文後六年四月乙巳，水木火三合于東井。是歲誅反者周殷長安市。其七年六月文帝崩。孝景元年七月乙丑，金木水三合於張。其二年三月，立皇子爲王，淮陽汝南河間臨江長沙廣川也。班固《天文志》曰：三星若合，是謂驚位，是謂絶行。宋均曰：有兵喪，故曰驚位。改立，故曰絶行。外有兵與喪，立王。按成帝河平二年十月下旬，填星在東井軒轅南端大星尺餘，歲星在其西北尺所，熒惑在其西北二尺所，皆從西方來，填星貫輿鬼，先到歲星，次熒惑，亦貫輿鬼。十一月上旬，歲星、熒惑西去，填星皆西北逆行，其年十一月丁巳，夜郎王歆大逆不道，牂牁太守立捕殺歆，三年九月甲戌，東郡莊平男子侯丹辟兄弟五人羣黨爲盗，攻燔宫寺，縛縣長吏、盗取印綬，自稱將軍。三月辛卯，左將軍千秋卒，右將軍史丹爲左將軍。四年四月戊申，梁王賀薨。司馬彪《天文志》曰：孝獻建安十八年秋，歲星、填星、熒惑俱入太微，逆行，皆守帝座百餘日。占曰：三星入太微，人主改政。二十五年正月，魏文帝受禪。《荆州占》曰：三星合於一舍，其國可復。脩德者强，無德者受殃。三星合鬬，天下動。《海中占》曰：熒惑、填星、辰星近角合鬬，女子爲天下害，大臣殺主。郗萌曰：歲星與熒惑、太白鬬，殺大將。近環之貫之，殺邊將。又歲星與熒惑填星相合，與參會一舍，君子過也。有亂相，爲水爲旱，爲飢爲土功。熒惑與歲星若與辰星舍尾，皆爲用事者當之。天下開牢大赦。太白與木星、填星合，其國謀，兵起不戰。《荆州占》曰：歲星與太白、填星同舍，相去三尺以外，國有女喪，有白衣會。用兵不戰。相去七寸以内，名曰交芒，將軍與皇后爲姦，謀殺其君。相守七日以至四十日，必成刑，期百八十日。國主應以善令，則無咎。歲星與熒惑、填星同間，相去三尺以外，各留七日以上至二十日，天下兵起，五穀大貴，人民相食，國分土地。其相去七寸以内，名曰交芒，天下大叛，弑君父，妻去其夫，期百八十日。太白與歲星、填星色赤，爲兵。黄爲旱，蒼爲春多死亡。歲星、熒惑、太白三星合于一舍，其國大亂。若相去二尺至三尺，守之七日已上至二十日，天下皆兵。填星與太白俱

入熒惑中，天下且有大謀兵。　木、金、火三星合鬬，其分國絶嗣，三王鼎足而居，必有亡國，内親相賊，九州作亂，社稷滅亡。期百八十日，遠一年。　太白與熒惑、辰星春鬬，其歲旱。夏鬬，不出三年主易。秋鬬，不留，其年兵起。冬鬬，不出三年有女喪。　司馬彪《天文志》曰：填星與太白、辰星合宿，爲國亡地，戰不勝。　火、金、水俱在斗，有戮將若死相。熒惑、太白、辰星俱在東井，内外有兵。　木、金、水三星合軫，爲白衣會也。

二星相犯四

《天文志》曰：二星合，有小兵，小人愁，人君憂。　《海中占》曰：二星相近者，其殃大。相遠者，其殃小，無傷。《荊州占》曰：二星若合，其國有兵，改立侯王。有德者興，無德者亡。

唐·瞿曇悉達《開元占經》卷二〇　歲星與熒惑相犯一

郗萌曰：歲星、熒惑，陽也。太白、辰星，陰也。陰主外邦，陽主中邦。陽與陰合，中外邦相連。以兵，陽與陽合，兵謀在國。陰與陰合，兵謀在外邦。　甘氏曰：歲星干熒惑爲地動。　熒惑干木星，蟄蟲冬出，動雷，旱行，禾不成。《荊州占》曰：熒惑犯歲星爲戰。按《宋書·天文志》曰：晉大安三年正月，熒惑犯歲星。七月衛將軍陳眕率衆奉帝伐成都，六軍敗績，眕擅兵逼乘輿。九月壬戌，又攻成都于鄴，鄴潰，成都由是衰亡。帝遷洛，張方又脅如長安也。　《荊州占》曰：熒惑犯歲星，冬雷鳴，蟄蟲行，人民驚恐。　又曰：熒惑當出不出，謂之潛行。見而近歲星出其北，天下有急。　出其南，有謀在中。　又曰：歲星與熒惑接芒於西方，諸侯君臣有憂，其明年春害農時。　與歲星會於東方，日爲之食，不出二年，宰相亂，人主之計不定，乍退乍進。　不出三年，大兵起。　歲星與熒惑同舍，相去三尺以内，相守七日以上至四十日，其國有反臣，五穀傷，百姓不安，期一年。　《天官書》曰：木火合，爲旱爲飢。　戰，北軍困。　歲星與熒惑合柳，歲星色赤，兵起。　黄白，五穀傷。　黑爲憂。　青而角，亦有兵起。　期三十日，遠期六十日。　歲星與熒惑合相守，國君大憂。　近期二年，遠期三年而發。　歲星與熒惑合於宿之陽，母子同鄉，其國寧。　合於宿之陰，有兵起。　歲星與熒惑合相守，其國凶消。　十日以上，大人作亂，期三年。　木與火合，大臣匿謀有反者。　若主亡地，其國水。　司馬彪《天文志》曰：歲星與熒惑合於虚，爲喪。　石氏曰：熒惑與攝提再合宿，相不死，出走。　《海中占》曰：熒惑與木星合，爲内亂，大臣謀主。　《荊州占》曰：熒惑與歲星合，大臣匿謀，行疾，兵從之戰不勝。　熒惑與歲星合同相守，其分走，期三年。　熒惑與攝提再合，有走主，謂東行合西行又合，不出二年。司馬彪《天文志》曰：熒惑犯歲星，爲姦臣謀，大將戮。　石氏曰：熒惑與歲星合，其國若水。　熒惑與歲星聚於一舍，熒惑在歲星之上，名曰子母同光，其國日以大强。　留百日，其國且重德致天下。　在下亦然。　《海中占》曰：熒惑木星鬬，有夷狄之害，有殺大將。　《天官書》曰：歲星與火合鬬者，大臣弑其君，子弑其父。　《荊州占》曰：熒惑與歲星鬬，其名曰讒星。　不出其年，强國有易相。又曰爲内亂。　《文耀鈎》曰：熒惑與木鬬，夷狄肆害。　《荊州占》曰：熒惑、歲星合鬬於夏，兵飢並起，其分相凶。　不可舉兵，殃大將。　一曰有病君。　歲星食熒惑，不出三年而國亡。　《海中占》曰：熒惑貫歲星，殺小將。　石氏曰：熒惑與歲星相拂，天下有争言。　《漢天文志》曰：熒惑與木鬬，有病君，民飢歲惡。　《荊州占》曰：熒惑守歲星，大赦。

歲星與填星相犯二

石氏曰：地侯雌雄，所出之宿，國亡地。　所入之宿，國得地。　地侯爲雌，歲星爲雄。　郗萌曰：填星干木星，野有兵相攻。　填星所在，歲星從之，伐者利。　《荊州占》曰：歲星所在，填星從之，伐者不利。　又曰：歲星土星皆出東方，夕入西方，百九十日皆正中者，兵發東方國勝。　當入不入，反東行九十日正中者，當發兵主死，人民流亡。　《文曜鈎》曰：填星與木星合，則變謀更事，主且失勢。　石氏曰：地侯與攝提所合之宿，大戰不勝，亡地主死。　甘氏曰：歲星土星合，則爲内亂。　按《宋書·天文志》曰：晉光熙元年九月，填星犯歲星。是時司馬越專權，終以無禮。晉簡文帝咸安二年正月己酉，歲星犯填星在須女。七月，帝疾甚，詔桓温曰：少子可輔則輔之，不可輔君自取之。顔侍中王坦之毁手詔，改使爲王導輔政故事，温聞之大怒，將誅坦之等，内亂之應也。安帝義熙七年丁卯，歲星犯填星在參邊，時朱齡石尅蜀，蜀民人尋反，又討滅之。　郗萌曰：歲星與填星合於張者，則太陽晝。　太陽晝者，天必有變。　不傷爲政者，則害于民。　又曰：井泉高而平原出雲，歲不調和，貴人多内亂，有大水。　又曰：天下易令，民流千里，魚鱉死于陸道，民憂盗賊。　又曰：歲星與土星合，不過十日離，十日不離，天禍且降。　不義者乃合之，其禍甚久。　《天官書》曰：填星與木合，亂饑生，勿用戰必敗。　《荊州占》曰：歲星與填星同舍，相去三尺以内、相守二十日以上至百九十二日，其國更主立王，天下大争，大臣相殘，王者易統，天下存亡半。　其守夕逆行而復相守，以所近之宿位當之。　相守一年，期三年。　歲星填星合，以合日占其國，色蒼爲水，

赤爲兵，黃爲旱，白爲喪。　歲星與填星合，其國熟。若主吏死。　填星與歲星合相犯，爲内亂，不可舉用兵。　土在木下，利爲主人。土在木上，利爲客。　六十日不下，其國凶，失地。　填星與歲星合一舍，歲星在下，填星在上，名曰雌雄間。客軍大破，主人勝。在下六十日，不下，必有空邦徙主。　填星爲雌，歲星爲雄。　填星與歲星合，爲飢爲旱爲兵。　填星與歲星合，有軍在外，戰不勝，失地。巫咸曰：填星與歲星鬬，不出其年，王者亡地，將軍死之。　《荆州占》曰：歲星與填星鬬，此謂離德。不出三月，必有亡國。　歲星逢填星曰鬬，先作事者敗，兵起必受其殃。　歲星填星數合鬬，使客接道，冠蓋相望，其下國哭泣。　期不出六十日。　歲星填星鬬，其色青爲喪，赤爲兵，白爲旱，黑爲水潦。　填星與歲星合鬬，有軍必戰，無軍起兵。　土木交行，必有破傷。

歲星與太白相犯三

巫咸曰：太白犯木星爲飢，期三年。　按《宋書·天文志》曰：晉孝武太元十年十二月己丑，太白犯歲星。是時河朔未一，連兵在外，冬大飢之應。　《荆州占》曰：太白犯歲星，爲旱爲兵。　若環繞與之并光，有兵戰，破軍殺將。　石氏曰：太白與歲星相犯而有滅者，諸侯相滅，所宿之國受之。　甘氏曰：歲星干金星，軍再死再生，殺大將。　《荆州占》曰：太白入木星次中，君賊死。　《海中占》曰：太白出歲星北，客利。　歲星出太白北，主人利。　《荆州占》曰：太白環繞歲星，有亡主。　甘氏曰：太白與歲星並，太白在南，歲星在北，名曰牝牡相承，五穀成熟。太白在北，歲星在南，年或有或無，歲不熟，飢。　晉灼曰：歲星，陽。太白，陰。故曰牝牡。又曰：太白在歲星南，以兵飢。在歲星北，以水飢，一曰有亡國。　又曰：歲星太白相去尺，若不能，天下有兵。不出四旬中戰。　色青則東方勝，赤則南方勝，黃即中央勝，白則西方勝，黑則北方勝。　歲星所在，太白從之，伐者利，有功。　太白所在，歲星從之，伐者不利，無功。　歲星與太白相遇，有兵兵罷。　太白與歲星過木金也，命曰伐，其野戰。　入太白中次中，大將必死。　太白歲星俱出東方，若并入西方，王者亡地。　《洪範傳》曰：金木舍於觜，爲白衣之會。　《黃帝占》曰：歲星與太白合，爲飢爲疾，爲内兵。　《文耀鈎》曰：太白與木合光，大戰不勝，兵雖起不成。　《天官書》曰：不鬬合相毁，野有破城。　《荆州占》曰：歲星太白合光，所合之野謀兵。　其相環也，乍居西乍居東，有逐相，兵起不戰。　又曰：歲星犯太白爲誅，死外將軍，慎之。　無將軍，不出四十日，拜將軍，期九十日。　歲星與太白同光，殺大將。　相去一尺，天下治兵。　不出四十日。

石氏曰：太白與歲星合于一舍，西方凶。　歲星出左，有年。　出右，無年。　合之日以知五穀之有無。陳卓曰：甲乙爲麥，丙丁爲黍，戊己爲粟，庚辛爲稻，壬癸爲荳。　巫咸曰：太白與木星合，有白衣之會，爲水。　《荆州占》曰：歲星與太白合爲喪。歲星與太白同舍，相去三尺以内，七寸以外，金木不當同舍七日以上，王者誅將軍。其歲星往犯太白，爲誅死，國有將軍慎之。　乘犯於外官之中，則外將軍慎之，乘犯於内官之中，内將軍慎之。　其國無將軍而犯太白，不出四十日拜將。　期九十日。　歲星與太白合於東方，名曰牝牡。　歲星在北，太白在南，陰陽和爲年豐。　太白歲星合於西方，木在金位，命曰伐，其國凶，爲白衣之會。　木在金北，年不熟。　歲星與太白合，其分兵起。　按《宋書·天文志》曰：魏明帝太和四年十一月壬戌，太白犯歲星。五年三月，諸葛亮以大衆寇天水，遣大將軍司馬懿拒退之。　晉元帝大興元年八月乙未，太白又犯歲星。三年六月丙辰，太白與歲星合。永昌元年三月，王敦率江荆之衆來次京都，大軍拒戰，敗績，于是殺護軍將軍周顗，尚書令刁協，驃騎將軍戴淵。又鎮北將軍劉隗出奔。四月又殺湘州刺史譙王承，鎮南將軍甘卓。　《晉陽秋》曰：孝武寧康二年二月丙申，太白犯歲星。太元元年九月，元帥苻堅屠涼州。擄刺史西平侯張天錫。冬十月，車騎桓伊遣軍汎舟淮泗以救涼州，又發二州員吏移積，流民悉置淮南。太元五年辛卯，歲星與太白相犯於東井。十二月元帥苻堅圍襄陽。　《荆州占》曰：太白居歲星南，南國敗。居歲星北，北國敗。　歲星出，隨太白於西方相遠，天下無兵。　太白與歲星合，未至太白從歲星疾，主人急，憂失城。　歲星從太白疾，客急。　太白與歲星合，其國有謀兵。　一曰：金木合於一舍，其分有蝗。　太白與木星會，相去五尺，戰。　三尺，有破軍。　二尺，拔國。　光芒相及，大亂，其分民飢兵起。　司馬彪《天文志》曰：歲星與太白鬬，其野有破軍，國有内亂。　《荆州占》曰：歲星與太白鬬西方，八日兵起。　不則八歲兵起，有流血其下。　《黃帝占》曰：太白與歲星鬬，强國易相。　石氏曰：太白與歲星鬬，所在之國有内亂。　《文耀鈎》曰：太白與歲星鬬，將軍殺。　若軍在外，破軍殺將。有夷狄害。　巫咸曰：太白與歲星鬬，名雄，無戈兵。　太白與木星合鬬，兵在外爲亂。　《荆州占》曰：太白與歲星鬬，相亂，有滅諸侯，人民離其鄉。　一曰民多死者。　歲星逢太白曰鬬，有土功，歲旱，天下大飢。　先舉兵不勝，必受其殃。　太白與歲星合鬬於東方，有兵。　于外必有戰。　鬬於西方，必有亡國死王，白衣之會。

歲星與辰星相犯四

司馬彪《天文志》曰：辰星犯歲星，爲兵。　《荆州占》曰：辰星與歲星合而

犯之，爲隕霜。若合而鬭，其國亂。　歲星與辰星合，相去七寸而交芒，相接七日以上至二十日，天下民流，水泉涌出。期三年。一曰有女喪。　郗萌曰：歲星干辰星，冬泄疾。　《荆州占》曰：歲星掩辰星，客將死，期不出其年。　《黄帝占》曰：歲星與辰星合，則爲變謀而更事，國多水，民飢。　《荆州占》曰：歲星與辰星合舍，相去三尺相守七日以上，其國君臣俱和，道德相生。期百八十日，有衣榮。　歲星與辰星合，先起兵者凶，後起兵者吉。　辰星與歲星合，其分有水，兵飢並起。　甘氏曰：歲星與辰星合鬭，軍在外，則有戰兵，兵不在外，爲内亂。　郗萌曰：歲星辰星鬭滅之，殺大將，薄之貫之，殺偏將。　《荆州占》曰：歲星與免星鬭，將軍死，期一年。

唐·瞿曇悉達《開元占經》卷二一　熒惑與填星相犯一

巫咸曰：熒惑犯填星，兵大起。按《宋書·天文志》曰：晉穆帝升平二年八月戊午，熒惑犯填星，三年十月，諸葛攸舟軍入河，敗績。　《荆州占》曰：熒惑與填星合而犯，大將軍爲亂。若守之，女主凶。期三年。　司馬彪《天文志》曰：熒惑犯填星，大人忌。　《春秋緯》曰：熒惑干填星，大旱。　《荆州占》曰：熒惑入填星中，將軍爲亂。　《文耀鈎》曰：主喜，不失政，則熒惑與填星相扶。　《荆州占》曰：熒惑去填星而復歸環繞之，不出六年，中國亡主。又曰爲獄事。　石氏曰：熒惑與填星會，主走出。　巫咸曰：熒惑與土合，是謂内亂。　班固《天文志》曰：土與水合，爲壅沮。晉灼曰：水性壅而溺土，故曰壅沮。一曰壅填也。不可舉事用兵。又曰國亡地。　郗萌曰：熒惑與填星合，其國争者坐之。又曰：熒惑與填星環繞之，不出三年，天子失位。又曰熒惑與填星合，女子坐之。　《文耀鈎》曰：填星與火合，則大旱，陽行害。又曰火與土合，憂主孽祥。　石氏曰：填星與火合，大人惡之。　《海中占》曰：填星與熒惑合，女子爲天下害。　郗萌曰：填星與熒惑合，爲禍喪，其國不可舉事，用兵必受其殃。按司馬彪《天文志》曰：孝順帝漢安二年六月乙丑，熒惑光芒犯填星。明年八月，孝順帝崩。孝冲即位，明年正月又崩。　《荆州占》曰：填星與熒惑合，土在火上，他兵加之，必有尅。土在火下，各不動者，名曰子母同光，其國得地猛强。若同上下，民有逆心，其分兵起更王。　石氏曰：地侯與熒惑所合宿，戰不勝，國飢。按《宋書·天文志》曰：宋武大明五年正月，火土同在須女。占曰：女主惡之。三月，孝穆皇后崩。此其應也。　石氏曰：熒惑從填星聚于一舍，名曰大陽。其下國且有重德致天下，期在十年。　《文耀鈎》曰：熒惑與土鬭，則子弟亂。　巫咸曰：填星與熒惑鬭，不出其年，有亡國。　郗萌曰：熒惑與土合鬭，兵起。近期十五日，中期三十日，遠期六十日。　《荆州占》曰：填星與熒惑合鬭，必有叛臣爲亂，有兵起。期不出二年。又曰：熒惑與填星鬭，不出三年，有亡國。　又曰：熒惑與填星鬭，王者亡地，將軍死之。　又曰：填星與熒惑合相守，主以孽爲憂，其下国失地，若有圍邑。又曰：熒惑與填星相守，爲憂喪。　石氏曰：熒惑守填星，旱。一曰兵大起。

熒惑與太白相犯二

《荆州占》曰：熒惑與太白相犯，大戰。太白在熒惑南，南國敗，在熒惑北，北國敗。　《文耀鈎》曰：熒惑從太白，軍憂。離之，軍却。出太白之陰，有分軍。出其陽，有偏將之戰。當其行太白，逮之，破軍殺將。　《荆州占》曰：熒惑太白相犯，爲兵喪，爲逆謀。　甘氏曰：熒惑干太白，草木傷華，妨政。　石氏曰：熒惑與太白會爲鑠。　《荆州占》曰：太白熒惑合，去之一尺，曰鑠。其下之國不可舉，事用兵，必受其殃。　《荆州占》曰：熒惑入太白，將軍戮。　《海中占》曰：與熒惑合，金從火，有兵罷。火從金，兵大起。按張璠《漢紀》曰：初王師敗於河陽，欲浮河東下，太史令王立曰：春太白犯填星于斗，過天津熒惑又逆行，守北河不犯也。由是遂渡北河，將自軹關東出，立又謂宋開、鄧艾曰：太白守天關與熒惑會，金火交。代金，革之象也，漢祚終矣。晉魏必有興者。後立數言于帝曰：天命有去就，五行不常旺。代火者，土也。承漢者，魏也。能安天下者，曹姓，惟委任曹氏而已。公聞之，語立曰：知公忠于朝廷，然天道深遠，幸勿多言。　《荆州占》曰：太白與熒惑遇，是謂金入火。有兵兵罷，國安無禍。　《海中占》曰：熒惑太白合，野有破軍將死。按班固《天文志》曰：孝景後元年五月壬午，火金會合于輿鬼之東北，不至柳，出輿鬼北，可五寸。丙戌，地大動，鈴鈴然。民大疫死，棺貴，至秋止。　司馬彪《天文志》曰：孝殤延平元年正月丁酉，金火在婁，金火合，大人憂。是歲八月辛亥，孝殤帝崩。　《荆州占》曰：熒惑與太白合，主人兵不勝。又曰：所合國野有殃。二旬四五日，兵過其野。三旬四五日，兵宿其野。三月不去，其國亡。　又曰：熒惑與太白合同舍，其分有兵戰。相離則軍離。按檀道鸞《晉陽秋》曰：孝武寧康二年十一月癸酉，太白掩熒惑在營室。時桓石虔破氏賊姚萇於盩江。　又曰：熒惑秋與太白合，其國不可以舉兵，反受其殃。　《黄帝占》曰：熒惑太白俱入斗，不出其年，國亂有憂。又曰：熒惑入東井，太白隨之，兵喪並起。　郗萌曰：熒惑入東井，太白隨之，將若相死。一曰君死，又曰糴貴。　《荆州占》曰：熒惑入東井，太白隨之，道上多死人。　陳卓曰：熒惑入東井，太白隨之，百川皆溢。　韓楊曰：熒惑太白接，皆赤而芒，三十日舍天

津，關河不渡，諸侯不通，其君死之。　石氏曰：熒惑與太白相隨西行，熒惑舍天門西，太白舍天門中，一曰舍天津，人主無出國門。　《荆州占》曰：太白從熒惑聚于一舍，熒惑在上，名曰乘太白。其歲多，兵不用，其國將以武致天下。逆行，兵起。　石氏曰：熒惑太白所守之宿在東方，女勝男。　《海中占》曰：熒惑太白中上出，破軍殺將。客勝。　《荆州占》曰：熒惑入太白中，五十日將死。又曰：熒惑與太白相入，入而不出，其國亂有憂。　又曰：熒惑出太白之左，左軍戰，左將勝，出其右，右軍戰，右將勝。又曰：出太白之左，小戰。出太白右，去之三尺，軍小敗。　《黄帝兵法》曰：熒惑出太白之陰，若不有分軍，必有他急，分大軍也。　《荆州占》曰：熒惑所在，太白從之，伐不利，無功。太白所在，熒惑從之，伐者利，有功。　石氏曰：熒惑往從太白，聚於一舍，太白爲失明，熒惑赤色而光環繞太白，所守之國大兵起。　《荆州占》曰：太白與熒惑遇，是謂金入火。有兵罷，無徭役。又曰：太白在熒惑之上，所聚之國且以義致天下。若在左右，名曰秋兵，其國必大敗。　又曰：熒惑在太白前後左右，成戰，客勝。又曰：太白出熒惑之東，不出三月兵起。又曰：太白居熒惑之後而相及，破軍殺將。　又曰：太白上居熒惑上，復下居熒惑下，有反者。　《宋武兵法》曰：太白熒惑，一南一北，爲死喪。　郗萌曰：太白乘熒惑，軍敗。隨熒惑，軍憂。又曰：熒惑太白合，而太白起角芒而光，居熒惑之上，其國且有用兵，三十日不去，天下三年兵起。六十日不去，下有空國死主。　《荆州占》曰：太白與熒惑相留十日，如去，有兵大戰。其不滿十日，有兵而不戰。期不出一年中。　又曰：熒惑環太白，大將死。　《文耀鈎》曰：熒惑方行，太白環之，破軍殺將。石氏曰：熒惑薄太白，亡偏將。　《荆州占》曰：熒惑從太白下，上抵太白不入，軍急不戰。又曰：熒惑正抵太白不去，客將死。　又曰：熒惑摩太白下，破軍，主將死。　又曰：熒惑摩太白，有數萬人戰，軍敗，人主死。　又曰：太白貫熒惑，亡偏將。　《春秋緯》曰：熒惑與太白相逢而鬬，勝太白，破軍殺將。熒惑破，人主弱名聞海内。　《文耀鈎》曰：熒惑與金鬬，陰不制。又曰：有戰兵，兵不在外，爲在内。按《宋書·天文志》曰：晉惠帝永寧二年十月，熒惑太白鬬于虚危。十二月，熒惑就太白于營室。初齊王冏定京都，因留輔政，遂專傲無君。是月成都河間長沙王討之，冏又交戰，攻焚宫闕，冏兵敗夷滅，又殺其兄上將軍實以下二十餘人也。　巫咸曰：太白與熒惑鬬，不出其年兵起。　又曰：太白與熒惑春鬬，歲旱。夏鬬，不出其年，易相。秋鬬，不出其年兵起。冬鬬，不出二年有喪。　《荆州占》曰：熒惑與太白相過而鬬，不勝有憂。　又曰：太白與熒惑鬬，大將戰死。　又曰：熒惑與太白鬬，諸侯王有喪，若離國，若多口舌，有内疾，人民尚伐好戰，殺大將，歲大飢。　又曰：熒惑與太白鬬，不出三年易相。　又曰：春太白與熒惑鬬，亡君之戒也。夏鬬，不出三年，名山破。冬鬬，不出其年有大喪。一曰女喪。　郗萌曰：熒惑守太白北，太子終，若皇子終。守其南，嬖人死，若季子死。居東西亦然，若相死。皆期三月。　《荆州占》曰：太白與熒惑相守，其間容斧，血滿其野。其間容矛，有血流。久相守，血盈滿。

熒惑與辰星相犯三

劉向《洪範傳》曰：火水合於斗，不可舉事，用兵必受其殃。按《洪範天文星辰變占》曰：漢景帝初元年十一月，熒惑與辰星合于斗。後三年吳王濞變，七國同舉兵反。漢太尉周亞夫敗之。　《荆州占》曰：熒惑與辰星秋合，有兵。冬合，有喪。　又曰：熒惑與免星合東方，免星白而火，兵在外削地爲和。又曰：熒惑與辰星合，大水。交行，其國不可以先起兵。合於東方，臣謀其主。合於西方，不出九十日，其國宫中有事。　又曰：熒惑與辰星合於尾箕，其國大臣凶。春夏爲兵。秋冬爲喪凶。　郗萌曰：熒惑與辰星在尾箕相近，天下將大赦。　又曰：熒惑與辰星處虚北，冬雷雨水流。忌甲子。　石氏曰：熒惑與辰星合爲水，必飢，舉事用兵有内亂。　又曰：熒惑與辰星相去三尺，大人當之。一曰天下大赦。又曰：免星與熒惑會冬爲刑，他時爲淬。晉灼曰：火入水，故曰淬也。其下之國不可舉事，用兵必受其殃。《天官書》曰：爲喪。甘氏曰：免星干火星，雨雹。上即妨太子嬖人，下即妨太尉司馬。　《荆州占》曰：辰星與熒惑合而相守，水火亂行，國有兵喪，若不有兵。疾疫流行。按班固《天文志》曰：孝景五年四月乙巳，水火合於參。其年四月，梁孝王死。　《荆州占》曰：免星與熒惑合，其國大旱，赤地千里。又爲飢。將行舉事，大敗，有覆軍殺將。　陳卓曰：免星與熒惑合，其國主出走。　又曰：熒惑所在，辰星從之，伐者利，有功，辰星所在，熒惑從之，伐者不利。　又曰：熒惑與辰星相過，是謂不祥。不可用兵，命曰自伐。一曰：野有兵不戰，兵在外亦罷。　《文耀鈎》曰：辰星抵觸熒惑，展轉復離而合，河漂山，天雨蛤，國主哭於宫。　《荆州占》曰：熒惑薄辰星，抵之貫之，殺偏將。　《文耀鈎》曰：熒惑與水鬬，則以暴敗。　班固《天文志》曰：火與水合爲北軍角。《荆州占》曰：火與水合鬬，女子爲天下害。　又曰：熒惑與辰星鬬，相毀敗也，則有外兵。不即内亂其國。鬬東方，臣伐主。鬬西方，期九十日强國宫中有亂。

又曰：熒惑與辰星鬬，辰星滅，將死。又曰：熒惑與辰星合鬬，其國内亂，有兵起，其分凶。

唐·瞿曇悉達《開元占經》卷二二 填星與太白相犯一

石氏曰：太白干填星，敗殃，五穀不熟，惟饑之亡。《文耀鉤》曰：填星與金合，則爲白衣會。《春秋緯》曰：填星與金合，爲水。石氏曰：地侯與太白合，所合之宿國亡地。《荆州占》曰：填星與太白合，太白在填星南，名曰牝牡，年穀熟。在填星北，歲偏無饑。又曰：填星與太白合一舍，太白在上，填星在下，名曰并光，逆也，不出三年，有兵民流。又曰：填星與太白合在金，北去之七寸，母子同光，義讓而行，年穀登，人主壽。又曰：填星與太白合相守，爲兵饑疾疫。不出三年，下有流民。石氏曰：填星與太白俱入營室中，天下且有謀兵。郗萌曰：填星與太白合斗，光芒相接，相爲亂。甘氏曰：太白與填星合，爲疾爲内兵。案《宋書·天文志》曰：晉惠帝光熙元年十二月癸未，太白犯填星。是後河間王爲東海王越所殺。明年正月，東海王越殺諸葛玫等。五月汲桑破馮嵩，殺東燕王。八月苟晞大破汲桑。穆帝永和十二年七月丁卯，太白犯填星，在柳七度。其年八月，桓温破姚襄於伊水，定周之地。《荆州占》曰：太白與填星合，填星色蒼，爲春多死。赤，爲兵。黄，爲旱。又曰：太白在填星北一尺，女主不用事。在填星南一尺，女主死。又曰：太白環繞填星，將治兵，必增土。焦延壽曰：填星與太白俱出，國得地。《荆州占》曰：填星太白相近，數十日間不相去，有奸太后者。《文曜鉤》曰：主任恣則太白觸填星。《荆州占》曰：填星干太白，水草木死。《文曜鉤》曰：太白觸填星，發大兵相殘賊。巫咸曰：太白與填星鬬，期九十日其君憂，王者亡地。若有兵與喪，更立王公。《荆州占》曰：填星與太白合鬬，臣謀主，有兵起，其國失地。

填星與辰星相犯二

《荆州占》曰：填星干辰星，冬虹雷行，夏寒雨雹隕霜。甘氏曰：水干土，夏寒而雨雪，妨女主。《荆州占》曰：辰星犯填星，夏多寒霜，秋多淫雨，女主見放。一曰女主有憂。石氏曰：地侯與免星合於東方，免星色白而大，天下有兵於外。裂地相賂爲和。《五行傳》曰：漢文帝後七年十一月戊戌，填星辰星合於危，齊分。占曰：爲壅沮，若得水爲懷，所當之國，不可舉事，用兵必受其殃，將有覆軍。後三年，齊王舉兵應吴楚，吴楚敗而自殺之應也。《天官書》曰：土與水合爲壅鬬。有覆軍，其國不可舉事。出，亡地。入，得地。謂所出宿所入宿也。又曰：土與水合，則變謀而更事。《文曜鉤》曰：免星與填星合，内亂，饑，勿用戰。石氏曰：涣星與填星合爲壅沮。所當之國不可舉事。用兵必受其殃。甘氏曰：免星與填星合，有敗軍死將。《海中占》曰：辰星與填星合在虚中，秋水出。案檀道鸞《晉陽秋》曰：孝武太元五年七月丙子，辰星犯填星。冬十月，丹陽平陵義興水災。六年六月，揚荆州江大水。郗萌曰：辰星與填星合，有陰謀者。又曰：辰星與填星合虚中，齊國地動。《荆州占》曰：辰星出而與填星會，主令不行。石氏曰：辰星 填星會者，國有土功田役，非法奸臣所爲，誅之吉。郗萌曰：填星所在辰星從之，伐者不利。《荆州占》曰：辰星所在，填星從之，伐者利，有功。又曰：填星與辰星爲雌雄，俱入之宿，其國得地。俱出之宿，其國失地。《黄帝占》曰：填星與涣星鬬東方，臣伐君，鬬西方，期九十日，强國宫中有亂事。《荆州占》曰：填星與辰星合鬬，軍在外，必戰。無軍，爲内亂。又曰：辰星與填星合鬬，其國有兵水。土相從，關梁不通，其分亂。

太白與辰星相犯三

石氏曰：太白干辰星，西方有人，東方大虚，有殃及匹夫。甘氏曰：辰星干太白，魚不爲化。《荆州占》曰：太白出東方，辰星出其下，謂在太白東方。太白出西方，辰星出其後，謂在太白西方。太白辰星，以初出爲先後。又曰：太白出東方，辰星亦出東方，太白先出，辰星後出，辰星上過太白而去，臣倍其主者，不出其年。又曰：太白辰星同日出於東方，東方有兵。同日出於西方，西方有兵。《天官書》曰：辰星不出，太白爲客。其出，太白爲主人。《荆州占》曰：太白辰星更迭出入，以爲主客。太白出而辰星不出，太白爲客。辰星出而太白不出，辰星爲客。而金水俱不出，熒惑爲客，無主人。有兵雖盛，不合戰。《黄帝兵法》曰：太白與辰星俱出東方，西方國大敗，俱出西方，東方國大敗。若客主人俱出，軍在東方，東方軍敗，在西方，西方軍敗。言其表面軍也。在表者不善不獲，己軍堅守可也。石氏曰：辰星與太白俱出東方，皆赤而角，倍海國大敗，中國大勝。其與太白俱出西方，皆赤而角，中國大敗，倍海國大勝。倍海國，夷狄也。一曰：皆黑色，水國利。《荆州占》曰：太白辰星俱出東方，俱出西方，客主相見，有軍必戰，無軍起軍。又曰：太白出辰星右，走居太白前，主人小利。逐入之，主大利。太白出辰星左，走居太白前，客小利。逐入之，客大利。留，有兵兵罷。又曰：太白出辰星北，客利。辰星出太白北，主大利。并

出東方，利以西伐。并出西方，利以東伐。又曰：太白出辰星，居其後二十日，兵起。辰星居其前十五日，兵罷。居其右去之三尺，有軍必戰，客將死。居其左，兵(闕)一人吏死。又曰：辰星居太白前，則兵罷。居後，則兵起。居陽，則利客。居陰，則利主人。石氏曰：辰星居太白前旬三日，軍罷。出太白後，兵起。《荆州占》曰：太白與辰星遇，太白避之，主人畏客。又曰天下有兵。太白在東方，辰星居其前而不去，十五日若二十日而入，陰兵滅，不大戰。辰星去，兵罷。又曰天下有兵。辰星在西方，居太白之前，十五日若二十日而入，陽兵滅，客去。又曰：天下無兵，辰星太白俱出西方，辰星居太白之前，相近間可椷劍。蘇林曰：椷音函，函，容也。其間可容一劍也。在西北，陰國有兵謀。在西南，陽國有兵謀。其不相近，兵官有滅者。郗萌曰：太白辰星在西北，北國之事也。在西南，南國之事也。正在西，則中國之事也。正在卯，則陽國之事也。《荆州占》曰：有軍，太白辰星俱出一方，同面異宿，客主人來會，敵軍雖近勢未戰。宿乃逐不同，合各自罷。又曰：有軍，太白出東方，辰星出西方，若太白出西方，辰星出東方，格野雖有兵，軍不戰。石氏曰：辰星出而與太白不相從，雖有軍不戰。《海中占》曰：辰星與太白合東方，天下兵大起，盛而不戰。裂地相賂爲利。甘氏曰：辰星與太白合，爲變謀，爲兵憂。班固《天文志》曰：孝景元年正月癸酉，金水合於婺女。其三年，吴、楚、膠西、膠東、菑川、濟南、趙七國反，軍敗散走。又《宋書・天文志》曰：孝武大明三年四月，金水合於西方。時竟陵王謀反，遣羽林軍攻戰，其應也。《荆州占》曰：太白與辰星相去二尺若一尺，破軍殺將。其從前大病，從旁小病。與太白相薄，戰，其先起兵凶。又曰：辰星與太白不相近三四尺於東方，辰星二十日不入，至三十日，東南國有兵不戰，期至春夏有兵。又曰：辰星與太白不相近於西方，二十日至三十日辰星不及入西方，北國有兵。又曰：辰星與太白相近三尺四尺於西方，二十日至三十日，軍戰。辰星相遠，不戰。郗萌曰：辰星隨太白於西方，天下無兵兵起。期六月。天下有兵客利。相去間可四尺，客兵愈相遠不戰。兵軍未解，辰星退而罷。郗萌曰：太白與辰星合，邊有兵。司馬彪《天文志》曰：孝殤元興元年閏七月辛亥，水金二星合於一舍。其年遼東貊人反，抄六縣。發上谷、漁陽、右北平、遼西、馬桓討之。石氏曰：太白辰星聚於一舍，天下小旱。其下之國必以重德致天下。守之三十日不去，其草木皆傷，五穀滅亡。陳卓曰：太白與辰星舍箕，用事者坐之。《洪範傳》曰：金水合婺女，有變謀，爲兵憂。《二十八宿山經注》曰：太白辰星同守昴，不出百日，趙君爲人所囚，大臣相戮。《荆州占》曰：太白與辰星合，太白爲主人，辰星爲客，則有兵戰，客勝。若辰星環繞太白，大戰，主人偏將死。抵太白，主人大將死。又曰：太白出，辰星從之急，相去一尺，兵起，大戰。光芒相及若摩之，其下有數萬人戰，客勝，主人軍敗。又曰：辰星隨太白於西方，環繞居抵太白，居西北，則陰國起兵。居西南，則陽國起兵。期六月。兵在外，則戰，客利。石氏曰：辰星來抵太白，不去，將死，正旗所出，破軍殺將，客勝。《天官書》曰：不出，客亡地也。視旗所指，以命破軍。又曰：辰星摩太白左，大戰，主人與吏死。摩太白右，萬人戰，主人勝。《文曜鈎》曰：辰星摩太白入，相傾。宗伯曰：摩，謂光相及也。傾，壞敗也。巫咸曰：太白與浼星鬭，不出其年，國臣反。《天官書》曰：太白與辰星鬭，必有大戰，客勝，主人與吏死。《荆州占》曰：太白與辰星合鬭，有軍在外，大戰流血。兵在外則有内亂。《春秋緯》曰：辰星圍太白若與鬭，大戰。過太白間可容劍，小戰。出太白右，軍急。青角，兵憂。黑角，水流。甘氏曰：辰星與太白合鬭，亢旱。《荆州占》曰：辰星與太白相逢而鬭，辰星不勝，燕趙代有憂。又曰：辰星與太白鬭，其分有反臣。期不出三年。又曰：辰星與太白鬭，太白分散，客軍勝，秦國有憂。若辰星分散，主人軍勝，燕代有憂。又曰：太白環繞辰星，若與太白抵觸一尺容劍，破軍殺將，主人勝。石氏曰：免星入太白中，五日而出，反入而上出，破軍殺將，客勝。下出，客亡地三百里。《荆州占》曰：辰星入太白中復出，人君死。又曰：太白守辰星，其國君死。又曰：辰星從太白相守，其間可椷劍，有數萬人戰其下。

唐・瞿曇悉達《開元占經》卷二三　歲星名主一

石氏曰：歲星，他名曰攝提。一名重華。一名應星。一名經星。《天官書》曰：歲星，一名紀星。又曰：歲星，廟也。《春秋緯》曰：春精靈威仰神爲歲星體，東方青龍之宿。石氏曰：歲星，木之精也。位在東方，青帝之子，歲行一次，十二年一周天，與太歲相應，故曰歲星。人主之象，主仁、主義、主德，主大司農，主次相。其國吴齊，主春日甲乙，其辰寅卯，所在之邦有福。石氏曰：歲星，主顔貌怒喜，意所欲施行。《合誠圖》曰：歲星主含德。《洪範五行傳》曰：歲星者，於五常爲仁，恩德孝慈，於五事爲貌，威儀舉動。仁虧貌失，逆春令則歲星爲災。案班固《天文志》曰：逆春令，傷木氣。則罰見歲星。雖主福德，見惡逆則怒，爲殃更重。《淮南子》曰：東方木也。木入地而生也。其神太皞，

天神五帝，太皡主東方。其佐勾芒，執規而治春。規者圓也。其神爲歲星，其獸爲青龍，其音角，其日甲乙。《荆州占》曰：歲星、主春，農官也。其神上爲歲星，主東維。又曰主歲五穀。又曰：歲星，主司天下諸侯人君之過。《天鏡》曰：歲星，主春。蒼帝之子，爲天布德。石氏曰：歲星所在之國不可伐，可以伐人。甘氏曰：邦將有福，歲星留居之。《淮南子》曰：歲星之所居，五穀豐昌，其對爲衝，歲乃有殃。《荆州占》曰：歲星所居之宿，其國樂，所去宿，其國饑。又曰：所從，野有慶。所去，起兵。又曰：歲星居次順常，其國不可以加兵。可以伐無道之國，伐之必剋。又曰：歲星所留之舍，其國五穀成熟。石氏曰：歲星，君之象也。《石氏讚》曰：歲星，象主，色欲明潤。

歲星行度二

《洪範五行傳》曰：歲星以上元甲子歲十一月甲子朔旦冬至夜半甲子時，與日月五星俱起於牛前五度，順二十八宿右行，十二歲而一周天。案曆法：歲星一見三百六十三日而伏，三十五日一千三百三十分日之一千一百六十二奇四十五復見如初，一終三百九十八日二千三百四十分日之一千一百六十二奇四十五。衆家之説皆云十二年而一周天，准此微爲疎矣。《河圖雒書》曰：歲星日行十二分度之一，十二歲而周天，出東方以晨，入西方以昏。甘氏曰：歲星凡十二歲而周，皆三百七十日而夕，入於西方。三十日復晨出於東方。視其進退左右，以占其妖祥。甘氏曰：歲星所居處，安静中度，吉。《天官書》曰：歲星出東行十二度，百日而止，反逆行八度，百日復東行。巫咸曰：歲星受制，則行柔惠，進羣賢，封有功，出財貨，行賑貸，禁開闔，通障塞，無伐木。《尚書緯》曰：時五紀氣在於春紀，可以觀農桑，禁斬伐，以安國家。如是，則歲星得度，五穀滋矣。政失於春，星不居其常。《樂動聲儀》曰：角音和調，則歲星常應。太歲月建以見，則發明至爲兵備。發明，金精，鳥也。金既剋木，又兵象也。《荆州占》曰：歲星居舍，進退如度，其國有福，王者吉，姦邪息。又曰：人君治急，歲星行疾，緩者行遲。刻者行陰道，寬者行陽道，和者行中道。行陽道者旱，行陰道者水，行中道者，陰陽調和。又曰：歲星行正，則王者心正，行邪，則人主心邪。行正者，行黄道也，行邪者，失黄道也。又曰：君行寬則歲星行陽道，多旱。王者外其心，憂在邊臣，封寵無功之人。甘氏曰：凡歲星所在，不可伐。假令歲星在寅，則其歲不可東北征。利西南，西南無年，有亂民，是爲歲星之衝，常受其凶也。十二歲皆放此。《荆州占》曰：歲星，歲行一次，居二十八宿，與太歲應。十二歲而周天。太陰居維辰，歲星居維宿二，太陰居仲辰，歲星居仲宿三。《淮南子》曰：太陰在四仲，則歲星守三宿。太陰，謂太歲也。四仲，子午卯酉也。假令歲陰在卯，星守須女虚危，故曰三宿也。太陰在四鉤，歲星行二宿。四鉤，謂丑寅爲一鉤，辰巳爲一鉤，未申爲一鉤，戌亥爲一鉤。假令歲陰在寅，歲星在斗牛，故曰二宿也。案晉灼曰：太陰在四孟四季，則歲行二宿也。二八十六，三四十二，故十二歲而行二十八宿。日行十二分度之一，歲行三十度十六分度之七。十二歲而周。《春秋緯》曰：太陰在亥，歲星居角亢。太陰在子，歲星居氐房心。太陰在丑，歲星居尾箕。太陰在寅，歲星居斗牽牛。太陰在卯，歲星居須女虚危。太陰在辰，歲星居營室東壁。太陰在巳，歲星居奎婁。太陰在午，歲星居胃昴畢。太陰在未，歲星居觜參伐。太陰在申，歲星居東井輿鬼。太陰在酉，歲星居柳九星張。太陰在戌，歲星居翼軫。運之常也。甘氏曰：歲星處一國是司歲十二，名攝提格之歲。案李巡曰：言萬物承陽而起，故曰攝提格。格，起也。孫炎曰：陽攝持提攜萬物，使上至。攝提格在寅，歲星在丑，以正月與建斗、牽牛、婺女，案《天官書》與斗牽牛，石氏曰在斗牛。《太初曆》曰在營室東壁。《淮南鴻烈解》曰：太陽在寅，歲名攝提格。其雄爲星舍斗牽牛。許慎注曰：太陰在天，爲雄。歲星在地，爲太陰。晨出於東方，爲日，十二月。案《淮南鴻烈解》曰：以十二月與之晨出東方，東井輿鬼爲對。許慎注曰：東井輿鬼在未，斗牽牛在丑，故爲對也。夕入於西方，其名曰監德，其狀蒼蒼若有光。其國有德，乃熟黍稷。其國無德，甲兵惻惻。其失次，將有天應，見於輿鬼。《天官書》曰：應見杓。其歲早水而晚旱。案《淮南鴻烈解》曰：攝提格之歲，早水晚旱，稻疾蠶不登。菽麥昌，民食四升。甘氏曰：單閼之歲，案李巡曰：日在卯，言陽氣推萬物而起，故曰單閼。單，盡也。閼，止也。孫炎曰：本單作殫，釋曰殫，猶申也。閼壅之物於此盡申也。攝提格在卯，歲星在子，與虚，危《天官書》曰：與婺女虚危。《漢書・天文志》曰：《太初曆》在奎婁。晨出夕入，《淮南子》曰：歲星舍婺女虚危，以十二月與之晨出東方，柳七星張翼對也。其狀甚大有光，若有小赤星附於其側，是謂同盟兩國，或昌或亡，死者不在其鄉。其失次見於張，其名曰降入。周王受其殃。國斯反服，甲兵惻惻，其歲大水。《淮南子》曰：單閼之歲，歲和菽惡，蠶昌。民食五升。甘氏曰：執徐之歲，案李巡曰：言蟄之物，皆敷舒而出，故曰執徐。執，蟄也。徐，舒也。孫炎曰：勾者畢達。蟄伏之物盡敷舒也。攝提在辰，歲星在亥，與營、室、東壁。《天官書》曰：以三月與營室東壁。《天文志》曰：《太初曆》在胃昴。晨出夕入，《淮南子》曰：歲星合營室東壁，以正月與之晨出東方，翼軫爲對。其名爲搏穀。《天官書》曰：青章，甚章也。其國有德，必數其狀。其

失次見於軫，石氏曰：失次杓。其名曰青章。其國不利，治兵將有大喪。其歲早旱而晚水。《淮南子》曰：執徐之歲，早旱晚水，小饑，蠶開麥熟，民食三升。甘氏曰：大荒落之歲，李巡曰：言萬物皆熾茂而大出，霍然落落，故曰荒落。孫炎曰：物長大荒蕪落莫者也。攝提在巳，歲星在戌，與奎、婁、胃《天官書》曰：以四月與奎婁胃。《漢天文志》曰：《太初曆》在伐也。晨出夕伏，《淮南子》曰：歲星舍奎婁，以二月之晨出東方角亢爲對也其名曰路嶂。《天官書》謂之跰踵。其狀熊色有光，其國兵，其君增地。其失次見於亢，其名曰清明。其下出賊死主。是歲不可西北征，利東南。東南無軍，有亂民，將有兵作，於其旁執殺其主。《淮南子》曰：大荒落之歲，有小兵，蠶登，麥昌，菽疾，民食二升也。甘氏曰：敦牂之歲，太陰在午，歲名欃槍。郭璞曰敦牂。《淮南子》注曰：則郎切。李巡曰：言萬物皆茂狀，猗移其枝，故曰敦牂。敦，茂也。牂，狀也。孫炎曰：萬物茂狀也。攝提在午，歲星在酉，與畢、昴《天官書》曰：以五月與胃昴畢。《天文志》曰：《太初曆》在井輿鬼也。晨出夕入。《淮南子》曰：歲星舍胃昴，以三月與之晨出東方，氐房心爲對。其名曰啓明。《天官書》曰：開明。一曰天津。石氏曰名磬明。其狀熊，若有光。天下偃兵，唯利二立王，不利治兵。其失次見於房，石氏曰失次杓。其名曰不祥。孽及殷王，禍及四鄉。其歲早旱晚水。《淮南子》曰：欃槍之歲，歲大旱，蠶登稻疾，菽麥昌。禾爲，民食二升。甘氏曰：協洽之歲，李巡曰：在未，言陰陽欲和，萬物和合，故曰協洽，和也。孫炎曰：物生和洽，含英秀也。攝提在未，歲星在申，與觜觿、參伐《天官書》曰：以六月與觜觿參。《天文志》曰：在張七星。晨出夕入。《淮南子》曰：歲星舍觜觿。參，以四月與之晨出東方，尾箕爲對。其名曰張列。《天官書》曰：長列。其狀昭昭若有光，其色若赤，無有他祥。唯利行兵，征於四方，仇人不敢治民。其失次見于箕，其名曰不疑。小民有子，持頭相期。《淮南子》曰：協洽之歲，有小兵，蠶登稻昌，菽麥不爲，民食三升。甘氏曰：涒灘之歲郭璞曰：涒音湯昆切，灘音湯干切。李巡曰：言萬物皆脩其精氣，故曰涒灘。孫炎曰：涒灘，物吐秀傾垂之貌也。攝提在申，歲星在未，與東井、輿鬼《天官書》曰：以七月與東井輿鬼。《漢天文志》曰：《太初曆》在翼軫也。晨出夕入。《淮南子》曰：歲星舍東井輿鬼，以五月與之晨出東方。斗牽牛爲對，其名曰大晉。其狀昭昭，白色有光。有國其亡，亦不在其鄉。其失次見於牽牛，其名曰小章。不利治兵，其國有誅，必害其王，歲小水雨。《淮南子》曰：涒灘之歲，歲和，小雨行，蠶登，菽麥昌，民食三升。甘氏曰：作愕之歲，《淮南子》曰：作愕或作噩。孫炎曰：愕音咢。李巡曰：在酉言萬物墜落，故曰作愕作索也。愕，茂也。孫炎曰：作愕者，物落而枝起之貌。攝提在酉，歲星在午，與柳、七星、張《淮南子》曰：歲星在柳七星張。《天官書》曰：以八月與柳七星張。《漢天文志》曰：《太初曆》在亢。晨出夕入，以六月與之晨出東方，須女虛危爲對也。其名爲長王。其狀作有芒，有國其昌，書有四方享獻之祥。其失次見於虛，《天官書》曰：應見危。石氏曰：失次杓。其名曰大章。有旱而昌，或爲之殃，必在其鄉。其歲有火，有女喪民疾。《淮南子》曰：作愕之歲，有大兵，民疾，蠶不登，菽麥無穗，民食五升也。甘氏曰：閹茂之歲，李巡曰：言萬物皆蔽冒，故曰閹茂。閹蔽也。茂，冒也。孫炎曰：霜閹茂物，使俱落也。攝提在戌，歲星在巳，與翼軫。《天官書》曰：以九月與翼軫。《漢天文志》曰：《太初曆》在氐房心也。晨出夕入。《淮南子》曰：歲星舍翼軫，以九月與之晨出東方，營室壁爲對。其名爲天睢。其狀白色大明，其色若青，國有大疾。其失次見於東壁，石氏曰：失次杓。其國士卿相謫，民人各直刺無有仇謫，鬼神書壁，其名曰天侈。其歲有小水，有女喪。《淮南子》曰：閹茂之歲，小熟，有兵，蠶不登，麥不爲，菽昌，民食七升。甘氏曰：大淵獻之歲，李巡曰：言萬物落於亥，大小深藏屈近陽，故曰淵獻。淵藏也。獻，近也。孫炎曰：獻萬物於大深，謂蓋藏也。攝提在亥，歲星在辰，與軫、角、亢《天官書》曰：以十月與角亢。《漢天文志》曰：《太初曆》在尾箕。晨出夕入，《淮南子》曰：歲星舍角亢，以十月與之晨出東方，奎婁爲對也。其名爲大皇。《天官書》曰大章。其狀色玄青，天下不寧，有歸爲政，星若耀而陰出，是謂正平。利起軍旅，其帥必武，有德將四國，海内盡服。其失次見於婁，其名屏營。天下盡驚。《淮南子》曰：大淵獻之歲，有大兵，大熟，蠶蓄，菽麥不蟊賊，民食三升。甘氏曰：困敦之歲。郭璞曰：敦音頓。李巡曰：在子，言陽氣皆混，萬物芽孽，故曰困敦。孫炎曰：困敦，混沌也。萬物初萌，混沌於黄泉之下。攝提在子，歲星在卯，與氐、房《天官書》曰：以十一月與氐房心。《漢天文志》曰：《太初曆》在建星牽牛。晨出夕入，《淮南子》曰：歲星舍氐房心，以九月與之晨出東方。胃昴畢爲對也。其名爲天泉。其狀玄色甚明。江池其昌，不利起兵。其失次見於昴，其名曰赤章。其國有喪，不在其王，有水而昌。《淮南子》曰：困敦之歲，大霧起，大水出，蠶登稻疾，菽麥昌，民食三升也。甘氏曰：赤奮若之歲，李巡曰：言陽氣奮迅萬物而起，不若其性故曰赤。奮若，陽也。奮，迅也。若，順也。孫炎曰：物萌色赤，奮動順其性，而氣始芽也。攝提在丑，歲星在寅，與心、尾、箕《天官書》曰：以十二月與尾箕。《漢天文志》曰：《太初曆》在婺女虛危。又曰：甘氏、《太初曆》所以不同者，以星盈縮在前，後所見也。其四星亦各如此者也。晨出夕入。《淮南子》曰：歲星舍尾箕，以十月與之晨出東方，觜觿參爲對。其名爲天昊。黯然黑色甚明，侯王有慶。其失次見於參，其名洋，有國其虛，其歲早水。《淮南子》曰：赤奮若之歲，有小兵，早水，蠶

不出，稻小疾，菽不爲，麥昌，民食三升。

歲星相王休囚死三

石氏曰：歲星之相也，從立冬冬至盡，其色精明無芒角。　甘氏曰：歲星之王也，立春至春之盡，其色比左角大而蒼，有精光而内實，仲春時有芒角。歲星之休也，從立夏至仲夏無，光明而赤黄。　歲星之囚也，從仲夏至夏之盡，及四季王時，其色當青黑，止而不行。　歲星之死也，從立秋至秋之盡，其色黑而細小不明。此歲星之常也，天下大昌。　當其相也而有王色，主弱臣强。有休色，相免。有囚色，相囚。有死色，相死。所留之舍，其國大强。行中度，天下和。其休，相有逆謀不成。　當其王而有相色，主弱臣强。有休色，人主有疾病之憂。有囚色，大赦。有死色，有大喪。其進舍也，有德令。其退舍也，有還令。其所守之舍，其下有逆德。　當其休也，而有王色，所居之舍，其國受兵。有相色，其國大臣誅傷。有囚色，草木傷。有死色，禾豆不入，稻芋半傷。　當其囚也而有王色，政令不行，下反其上，主聽不聰。有相色，臣下專政，六月下霜。有休色，所謀不成。有死色，誅故貴公卿。所居之舍，其國有禍喪。　當其死也而有王色，則秋榮華。有相色，枯木復生。有休色，有土功。有囚色，有大喪。

《荊州占》曰：歲星王時，當有芒角。若無芒角者王者，無威，勢在臣下。

歲星變色芒角四

甘氏曰：候歲星以春甲乙，此王氣，當如其常色，變則失所也。　甘氏曰：歲星如左角之狀，其色蒼，十二芒，蒼比伐左肩，赤比心，黄比(闕)大角，黑比奎大星。　巫咸曰：歲星色青白如灰，主有憂，期五月。兵獄大起。青多爲獄，白多爲兵，青白等，兵獄並起。　《海中占》曰：歲星色黄，得地。　焦貢曰：歲星主歲。色黄澤，有年。赤而黑，無年。　《天官書》曰：歲星色黄赤而沉，所居野大穰。　《荊州占》曰：君有德，則歲星潤澤光明。君無德，則歲星細小不明。歲星黄赤潤澤，立竿見影，大熟，人主有喜。歲星始正月受歲。色赤黄潤，所居之野大穰。其色黄白，有爵禄之賞也。色正白，人主死，草野素服。諸侯皆戒，當有兵謀不成。白色而圓，瘁而不光，期三十日有喪。　歲星色青白，是其常色。赤則主有憂，色黄有喜，色白爲旱、喪，色黑多疾病。一有水災歲星色青黑，期六十日有喪。　歲星色黄白，歲穰。　歲星色青圓爲憂，赤圓、黑圓、病。不出三十五日，大喪改服。　歲星在春，其色當蒼黄而光潤澤。其變而白，秋有喪。變而赤者，夏有兵。　歲星赤黄而動，期九十日，兵若喪。色赤黑，侯王憂。歲星失色而黄，女后持政，期百八十日。失色而青黑，不出百八十日，有大喪。

《黄帝占》曰：歲星在東方之宿，色當青。色白而角，有怒。色赤，有兵。色黑，有喪。色黄白，歲大熟。　歲星在北方之宿，色當黑，色白而角，有兵。色青，有憂。色白，有怒。色黄白，歲大熟。　歲星在西方之宿，色當白。色赤而角，皆爲有兵。青爲憂，黑爲喪，赤有怒色，黄白歲大熟。　歲星在南方之宿，色當赤。色白而有角，兵。青有憂，若怒。色黑，有喜。色黄白，歲大熟。　《文曜鉤》曰：歲星色赤有角，所居之國昌，人主以武强。戰，無芒角，不勝。色赤黄，以反德豐穰，君臣和合。色青白而赤燿，其國有乖離之謀，大臣發計，主有憂懼。

《鉤命決》曰：天子失和則黄龍不見，歲星五角。　巫咸曰：歲星赤黄角，國有喜。　《海中占》曰：歲星色蒼黄，吉。赤芒澤，有子孫喜，立王。黄，得地。白，有兵。黑，有德令。　《荊州占》曰：歲星東行前芒短者，欲留之象。不出七日留。正見南方，芒指卯酉子午者，此王者正也。指西維者，不正也。　歲星西行前芒短者，欲留。不出三日留。　歲星失色，白耀耀圓而揚赤芒，王者誅大臣，期九十日。　歲星色青而角，有水功事。　歲星色赤角，則犯我城。　歲星角，人主有怒。　歲星一角七寸外射者，大使大臣出，期九十日。三角，兵誅，期六十日。　歲星三角芒，傷近臣，誅内將相，期百八十日。　歲星五角，王者自出將兵，期百八十日。歲星留不行而芒角有長者，是星欲行，候隨芒角所指，如是從之。其芒南者，星入外宿，王者欲遣大使之邊國，期九十日。芒北入中宿者，是王者在外欲還也，不出四十日。芒在東者，欲順行也，不出七日行。是天子欲出，不過五十日則王者出宫。其芒在西者，欲逆行也，不出七十日逆行。不出四十日，王者誅大臣。　歲星芒邪角不正，則王者心不正。外邪以應外臣，内邪以應后夫人。　歲星有芒無角，則王者心平，天下安寧，期百八十日。　歲星變色，人主有怒。若有芒角，黑，有水。青角，有兵。白角，死喪。若無芒角，有軍，戰不勝。　歲星七角又芒者，王者與四方戰，期不出一年。　歲星九角又芒者，殺賢人，誅邊將，期一年。　石氏曰：歲星色白角，哭泣之聲。　歲星，木用事，王東方。無芒角，是王者内弱，威不使臣也。五寸以内曰芒。五寸以上至九寸曰角。　《天官書》曰：歲星角迎角，而戰者不勝。

歲星盈縮失行五

《五行傳》曰：歲星超舍而前爲盈，退舍而後爲縮。盈，其國有兵，縮，其國有憂。　《荊州占》曰：歲星超舍而前，過其所當舍，而宿以上一舍兩舍三舍，謂

之羸。侯王不寧，不乃天裂，不乃地動。歲星退舍而後以一舍二舍三舍，謂之縮。侯王有戚，其所去宿國有憂。三年有兵，若山崩地動。《雒書雒罪汲》曰：歲星當居不居，未當去而去，不言，主酷暴。《詩緯》曰：歲星無光，進退無常，此仁道失類之應。《文曜鈎》曰：歲星所居久，其國有德厚，人主有福，不可加以兵。石氏曰：歲星主仁。仁失者罰出，變見於歲星。歲星盈縮，故曰罰出。此失政也。言歲星所以盈縮之宿，乃以仁失，逆春氣之所致也。以其宿，命其國。聖人觀歲星所盈縮之宿，以知仁失之國也。石氏曰：其國失義失春政，則歲星羸縮。羸則其下之國有兵，不居復。縮則其下之國有憂，其將死國傾敗。又曰：歲星當居而不居，未當去而去，若居之又南北東西翔之，摇動不留，名曰六排。皆陰驚其陽，臣下勝其主人，主有大憂，三公之禍。相以所之宿名其官，不舍者儒强邦，去之者孌妃雄，動摇者勢不亡，期在衡。案《左傳》曰：魯襄公二十八年，梓慎曰：今兹宋鄭其飢乎！杜預注曰：梓慎，魯大夫也。傳曰：歲在星紀，而淫于玄枵。注曰：歲，歲星也。星紀在丑，斗牛之次，玄枵在子，虚危之次，明年當在玄枵，今已在玄枵，淫行失次也。傳曰：蛇乘龍。注曰：蛇，玄武之宿，虚危之星。龍，歲星，木也。木爲青龍，失次出虚危，下爲蛇所乘也。傳曰：龍，宋鄭之星也。注曰：歲星本位在東方，東方房心爲宋，角亢爲鄭，故以龍爲宋鄭之星。傳曰：宋鄭必饑，玄枵虚中也。注曰：玄枵三宿，虚星在其中也。傳曰：玄枵耗名也。土虚而民耗，不饑何爲？鄭裨竈曰：今兹王及楚子皆將死，歲星棄其次，而旅於明年之次，以害鳥帑，周楚惡之。注曰：旅，客處也。歲星棄星紀之次，客在玄枵，歲星所在其國有福。失次於此，禍衝在南，南爲朱鳥，鳥尾曰帑。鶉火鶉尾，周楚之分。故周王楚子受其咎。經曰：十有二月甲寅，天王崩。乙未楚子昭卒。徃年宋鄭皆饑。則梓慎之占，各有其驗也。又曰：歲星去其舍之他舍，所去失地，所之得地。歲星所居而徙摇前後左右，人主不安。歲星不得其宿，其國必亡君。又曰：歲星修仁，順則喜，逆則怒。甘氏曰：歲星所處而不處，其國乃亡。既已處之又東西去之，其國凶。不可舉事用兵。歲星出入不當其次，有天妖見其衝，所去國凶，所之國昌。《荆州占》曰：歲星當出不出而去其次，凶。《淮南子》曰：歲星當居而不居，越而之他處，主死國亡。京氏曰：樂不興，則歲失行。人君不行仁恩，破胎傷孕，春殺無辜，則星失度。不救，則弟殺兄，臣弑君。班固曰：政緩則歲不行，急則過分，逆則占。郗萌曰：歲星當移而不移，民有憂，諸侯四流。行不用其道，則凶。《荆州占》曰：歲星當居而不居，其國失地。未當居而居，其國得地。期九十日。歲星當居其國之宿而終宿不居，其野亡。歲星未當居而居之，當去而不去，既已去復還居之，皆爲有福。歲星行不至所當舍之宿，其國凶。又曰不行其宿，其國必亡君。歲星居之安，國安。居之不安，國不安。歲星一東一西，害侯王，人主不安。一南一北，害於黍稷，侯王憂。移而北，旱。移而南，大水。又曰南北爲貴賤，東西爲妖祥。《鴻範傳》曰：佃獵不當，飲食不享，出入不時，及有姦謀，則歲星逆行變色。《春秋緯》曰：好害盛德，則歲星逆行。春政亂者，奪民時，獵野獸，則歲星逆行。石氏曰：歲星順行列宿者，天德喜也。所守犯，中外官皆吉。有暴貴者。星逆行不欲犯列宿，中外官者皆誅。歲星逆行，其國不可以興兵。星順，兵宜進，星逆，兵宜退。巫咸曰：歲星亂行，五穀不實，草木秋英。《天鏡》曰：歲星逆行不軌，爲殃賊。焦氏曰：歲星逆三月二月有害。乃行三舍以上，則爲害。郗萌曰：歲星之行，當遲而疾，失一次以上至二次，則人主驚走，社稷危亡，天下兵起，民去其土，死者如丘陵。《荆州占》曰：歲星犯守錯逆，其國殃咎。若守之滿六十日，災必應。歲星變色亂行，主無福。案《宋書·天文志》曰：晉簡文咸安二年五月，歲星形色如太白，占曰：進退如度，姦邪息。變色亂行，主無福。歲星自於仲夏當細小而明，此其失常也。又爲臣强。七月帝疾甚，詔桓温曰：少子可輔者輔之，如不可輔君自取之。賴侍中王坦之毁手詔，使如王尊輔政事。温間之大怒，將誅坦之等。是月帝崩。王者不行春令，興土功，作宫室，築城隍，治溝瀆，而奪民時，百姓怨嗟，則歲星盈當縮，順而逆，水旱不時。當出不出，變爲妖彗，所見之邦，大兵起，國破主亡。王者行義，起宗廟，立無後，賑貧窮，存孤寡，省刑獄，賞有功，舉隱伏，禮賢良，發庫藏，罷徭役，寬賦斂，則星順度無咎矣。人君宰相之治也，春不勸農民耕種，通溝渠，治城郭，而奪民時，百姓怨謗，則歲星盈縮，逆行變色，而天雨不時，有大旱與水。其無救，即天棓出。出則殃起，主農官及用事者憂。君行急則歲星行陰道，行陰道多水潦。王者内其心，恩在親戚，功臣不録。歲星行疾而遲，不及其次至二次，人主闇昏，國絶嗣，女后持政，大夫不服，民賊不禁。歲星逆行變色，其國逐功臣，殺太子，人主以妾爲妻，内亂親戚。歲星逆行，不可以戰，凶。其所去國，五穀皆貴。君治逆則歲星逆。逆行入陰道者，内事逆。逆行入陽道者，外事逆。君治逆不止，則星逆行不止。《海中占》曰：主好陰謀，侵淩諸侯，急兵革，則歲星逆行。

歲星晝見六

甘氏曰：歲星晝見，臣謀其主，國相有憂及死。有白衣事。《宋書·天文志》曰：晉惠帝永寧二年四月癸酉，歲星晝見。占曰：爲臣强。初齊王冏定京都，因留輔政，遂

專倣無君。十二月成都河間長沙王乂討之，交戰及焚宮闕，國兵敗，夷滅之，殺其兄上軍將軍寔以下二十餘人。《晉陽秋》曰：孝武太元十一年六月甲午，歲星晝見在胃，占曰：魯有兵，臣强。十二月，慕容釗寇河東，崔遼使子寇陳穎，朱序遣討之，釗走渡河。

歲星變異大小七

《龍魚河圖》曰：夫歲星主德慶，其神下爲大乙之神。　巫咸曰：歲星下爲壯男，止於田野。　《漢武故事》曰：西王母遣使謂上曰：求仙而先殺戮，吾與帝絶矣，又致三桃，食此可得極壽。使至之日，東方朔死，上疑之，問使者曰：朔是木帝精爲歲星，下遊人中，以觀天下，非陛下臣也。上厚葬之。一本云：朔死，乘雲飛去。仰望大霧，望之不知所在。朔在漢朝，天上無歲星。　《二十八宿山經注》曰：歲星爲四彗，出於奎婁，則邦豐熟和平。　《考靈耀》曰：政失於春，歲星滿偃，不居其常。　石氏曰：歲星，德也，人主之象。其角反動，乍小乍大，若色數變，人主有怒。又《天官書》曰：人主有憂。　巫咸曰：歲星大其常，且賦斂不常，民饑。　歲星小，民且多疾，牛馬疫死。　《天官書》曰：歲星大即爲嘉。　《荆州占》曰：歲星始出大而日愈小者，所居之國耗。　歲星始出小而日愈大者，所居之國利。　歲星行宿大而明内實，天下安寧。　小而内虚，其國不安，主有憂。

歲星流與列星鬬八

甘氏曰：歲星流，主死失地。　巫咸曰：歲星沉浮，國亡，有土功争。又曰有憂。沉數日不見，國亡。乍見乍不見，國憂喪。　《天官書》曰：歲星出如浮而沉，其國有土功。如沉而浮，其野亡。浮者見之，沉者伏之。　《荆州占》曰：歲星變色，逆行相淩而鬬，舍合留舍環守，其國無道。

歲星穰氣自暈九

《黄帝占》曰：歲星生氣而爲青穰者，明日大寒小雨。見此者，蕢魚鹽貴，不出三旬。　《孝經内記》曰：歲星生氣爲青穰者，明日大寒小雨。見此者魚鹽大貴，不出三旬。皆可再倍，貴不過二十日止。所見之國，傷苗少實，天下有一歲十饑見者。不出其年，富民從其故鄉。王者不安，大臣坐事。不出二年，天下無布，練貴，縑絮四倍，萬民大寒。　郗萌曰：歲星出穰長三尺，三日雨。若不雨，大霧。　甘氏曰：歲星自暈，有喪。

唐・瞿曇悉達《開元占經》卷二四　歲星犯東方七宿

歲星犯角一

石氏曰：歲星犯左角，天下之道皆不通。犯右角，天下王使絶滅。　《荆州占》曰：歲星犯角，天下有兵，將相有憂。犯右角，右將憂。　石氏曰：歲星入角，天下有兵。其行疾，六十日。行遲，百二十日。遠百八十日。　《黄帝占》曰：歲星出中道，天下太平。出陽道，旱。出陰道，多雨。　陳卓曰：歲星出陰道，多陰謀。　甘氏曰：歲星逆行入角，人主出入不時。若有急事千里之行。一曰女子多死。　《孝經右秘》曰：歲星在角，天下大病。　石氏曰：歲星乘左角，法官誅。乘右角，大將軍死。　郗萌曰：歲星乘左角爲旱。乘右角爲水爲兵。　《荆州占》曰：歲星乘右角，爲后族家若將相有坐法死者。　郗萌曰：歲星居角，歲大熟。　又占曰：歲星守角爲中兵，留兩角間，關梁不通，軍有興。國廷邊城境不通。　石氏曰：歲星出入，留舍角。角爲天田，歲星來入守之，其國五穀大熟，絲綿爲平民大樂。守之百日不下，國有兵。　又占曰：歲星守角中，五穀成熟，歲平安樂。守之百日，兵起。　又占曰：歲星守右角十六日，君命衆子。　又占曰：歲星守左角七日朝，去國有憂。去一尺七寸，天下同心。　甘氏曰：歲星守角，王者大赦，忠臣用。　《海中占》曰：歲星守左右角，其色黄白，小旱，民小厲。其逆行即旱，其還立雨，糴如故。　又占曰：歲星犯左右角，逆行爲旱，五穀不收。　又占曰：歲星守角一南一北，宜黍與稷。　郗萌曰：歲星守左右角，赦。一曰守十餘日，有赦不盡。　又占曰：歲星守角處其北，五穀不收。　又占曰：歲星守角，政事急，有千里之行。　又占曰：歲星守角，爲兵，傷大臣。　《荆州占》曰：歲星守右角，有大德令，期八十日。　又占曰：歲星守右角處其北，五穀半收。守左角處其南，及守天田，有大水，五穀不成，大饑，人相食。　石氏曰：歲星犯乘守左角七日以上，天下大赦。守右角，賢士用。期七十日。　郗萌曰：歲星逆乘陵左右角，其爲日蝕。國有憂。　又占曰：歲星犯天庭，臣爲亂。　又占曰：歲星守犯陵右角，爲禍咎。　又占曰：歲星舍若食角，女子多死。

歲星犯亢二

石氏曰：歲星犯亢天子之座，則敗於君。　又曰：歲星數入亢，其國疾疫。　巫咸曰：歲星入亢，歲有旱，絲綿貴。若守之三十日以上，有兵起。其年饑，人相食。　郗萌曰：歲星入亢行疾，國君受吊。有大飛蟲驚動人心，期在百五十日。其行遲，至難。期二百五十日中。　又占曰：歲星逆行亢，其君不親政事，

朝廷多非其人。　石氏曰：歲星經亢朝，鄭國有兵。　《春秋圖》曰：歲星之亢，其年大熟，絲絮大貴。　郗萌曰：歲星入亢，或東或西，去亢一尺若三尺，地大動。期戊己食時。　陳卓曰：歲星乘亢右星，穀物有不成者，爲大兵。　郗萌曰：歲星逆乘滅亢右星，爲大人憂逆。乘滅左星，天下有奇令。　又占曰：歲星舍亢，爲歲小有水。《黄帝占》曰：歲星舍亢南，地動。　郗萌曰：歲星出入留舍亢，六十日不下，十月有兵。進來守之，兵不用。國有名者死。退而守之，有客外來者，期十月。　又占曰：歲星有留廷中，爲天下憂。　石氏曰：歲星守亢，年大熟，天下有大令，國有忠臣。若守之去一尺七寸，星隕。　又占曰：歲星守亢，下田豐，魚十倍。　又占曰：歲星守亢處其南，其歲地動。處其東，狗生妖。處其北，米大貴，人多徙。處其西，馬生妖。守東，羊生妖，若狗生妖也。　又占曰：歲星守亢，有小兵。　《海中占》曰：歲星守亢，爲地動。　又占曰：歲星守亢北，貴人多移徙，貴人爲妖祥多疾。一曰大人流亡。　又占曰：歲星守亢，王者有德令，禾稼熟。　又曰：封侯有小疾，國君受吊。飛蟲六畜生非其類爲妖。有小賊，民多流亡。期百五十日若一年。　又曰：居亢，歲旱。　郗萌曰：歲星守亢，天子大令國用忠臣。其守七日以上至四十日，國徵大賢，王者更政號，期百五十日。一曰大赦，使行九州。　陳卓曰：歲星犯天府，邊臣爲亂。　郗萌曰：歲星守亢左星，爲燋旱不生。一曰多蟲蝗。守右星，五穀以水傷敗。一曰有大兵，百二十日。　又曰：歲星守亢十日而去，國大豐穰，庫倉餘。《黄帝占》曰：歲星逆行守亢爲中兵。　甘氏曰：歲星犯守亢，逆行，失其明色，王不用事。

歲星犯氐三

石氏曰：歲星犯氐，國無儲。　《荆州占》曰：歲星犯氐左星，左中郎將誅死。犯右星，右中郎將誅死。皆期三年。　郗萌曰：歲星入氐，不出其年有赦。　又占曰：歲星逆行氐，其君治宫室過制度。　《黄帝占》曰：歲星之氐，其歲熟，賤人有病。　郗萌曰：歲星乘氐之右星，天下有大水大兵。乘氐之左星，天子有自將兵於野。《海中占》曰：歲星居氐，五穀以旱傷。　郗萌曰：歲星處氐西，歲多饑傷。北，有小賊，貴人多徙，牛多死，其肉殺人。南，馬多死，民多寒熱疾。　石氏曰：歲星出入留舍氐者，天庫之星也。其國有急令，其歲則太平。還而守之，其國以兵致天下。　又占曰：歲星守氐，孽妾有憙者。　若與月合在氐而暈，不出四十日有德令。　又占曰：歲星守氐，王者立后，期八十日。　甘氏曰：歲星守氐，君有喜，若拜后，不出九十日。又曰皇后喜。　巫咸曰：歲星守氐，國大饑，人民流亡。　又占曰：歲星守氐，爲民多疾病。　郗萌曰：歲星守氐南，其年地動。　又占曰：歲星守氐逆行，其君不居其宫。《荆州占》曰：歲星守氐，諸侯人君有來入宫者。其行疾，期六十日。其行遲，百二十日。案《宋書·天文志》曰：宋後廢帝元徽三年十月丙戌，歲星入氐。五年七月，廢帝隕，安成王入纂皇統。後三年齊受禪。　又占曰：歲星守氐，爲后夫人憂。謂東行反還，去兩星二尺，期一百二十日。去兩星一尺期六十日。與兩星齊，期二十日。以赦解之。陳卓曰：歲星守氐，五穀蟲蝗，萬物不成。　《海中占》曰：歲星守犯氐，成鈎已環繞之，其國饑，人君失時，政令不行。

歲星犯房四

石氏曰：歲星犯房，太子之身居其所，避之九十日。　郗萌曰：歲星入房三道，爲天子有子。　又占曰：歲星入房十日成鈎已者，爲天子惡之。以赦解之。又曰：爲后夫人喪，過房東行復還反也。　又占曰：歲星入房，更令。期百二十日。　《荆州占》曰：歲星入房，五穀豐，治太平，民無疾殃，有德令。期四月。　郗萌曰：歲星居房南，歲多旱，五穀以旱傷。居房北，多水，五穀以水傷。又曰：在房北，爲大水，其國舟楫相望。　又占曰：歲星處房南，民多寒熱病。處房北，牛多死，其肉殺人。東，馬多死。西，饑傷。　黄帝占曰：歲星舍房，玄色不明，有喪。又曰大水。　郗萌曰：歲星與房合，兵戰滿野。又曰有白衣之會。《荆州占》曰：歲星中犯陵房，國君憂。色青，憂喪。色赤，憂兵，積尸成山。色黑，有將相誅。色白，有芒角，大哭。　《黄帝占》曰：歲星守房七日不出，有崩王。十五日不出，兵大起。　石氏曰：歲星守房，有白衣會，發男也。又占曰：歲星守房，其國多禍殃。吏民相傷，大臣將滿道而行。　又占曰：歲星守房，爲大人憂。以赦解之。　又占曰：歲星守房在南，牛馬無羈縻。　又占曰：歲星守房，五穀豐熟。　甘氏曰：歲星守房，天下和平。　《海中占》曰：歲星守房，他國有獻馬者，魚鹽十倍。　郗萌曰：歲星守房天倉，倉虚空。又占曰：歲星守房，爲人主無下堂。　又占曰：歲星守房，爲天下諸侯相謀慮，道不通。　又占曰：歲星守房，爲邊兵發。　又占曰：歲星守房，爲大饑，人相食，死者不葬。　又占曰：歲星守房，大赦。案《宋書·天文志》曰：魏景元四年十月，歲星守房。占曰：將相有憂。明年正月，大尉鄧艾、司徒鍾會並誅滅。特赦益土。咸熙二年秋，又大赦。　《荆州占》曰：歲星守房，王者心平，百姓得情。　《荆州占》

曰：歲星守房，有反臣，大人喪，天下易王。《黄帝占》曰：歲星行房南，若犯守之，爲大旱。行房北犯守之，爲大水。《東官候》曰：歲星犯守房，去復還，色不明，成鈎己，國有喪，白衣之會。郗萌曰：歲星中犯，乘守房右驂若右服，其大人死所中，將相誅。案司馬彪《天文志》曰：孝明永平十六年正月丁丑，歲星犯房右驂北第一星，不見。辛巳乃見。房右驂爲貴臣，歲星犯之，見誅。是後司徒邵穆與阜陵王延交通逆謀，自殺。郗萌曰：歲星逆留犯守乘陵房左右驂，主崩，臣有陰謀。逆行乘陵中道，天子失位而亡。順行乘陵中道，天下平和。又占曰：歲星不入房中正道，其君不居明堂。一曰不敬明堂。韓陽曰：歲星犯房鈎鈐，王者憂。郗萌曰：歲星犯乘鈎鈐，大臣有誤，天子不尊事天者，致火災於宗廟中。王者不宜出宫下殿，有謀匿於宗廟中者。《海中占》曰：歲星守鈎鈐，天下饑三年。《荆州占》曰：歲星守鈎鈐，去之三寸，王者失政，宫門不開，近臣起亂。

歲星犯心五

石氏曰：歲星近心七寸以内，有暴貴者。不出百八十日。《仰觀占》曰：歲星犯心，所當之國戰不勝。一曰將軍鬭死。《海中占》曰：歲星犯心天子星，王者絶嗣。犯太子，太子不利。犯庶子，庶子不利。石氏曰：歲星經心，清明烈照，天下内奉明王，帝必延年。《黄帝占》曰：歲星至心，正不失道，天下和平。軌道失綱，災變生。《東官候》曰：歲犯，犯庶子星，庶子有憂，不出百八十日。郗萌曰：歲星不入明堂正道，其君不敬明堂。一曰不居明堂。郗萌曰：歲星入心，天下諸侯有慶賞之事，期九十日。《荆州占》曰：歲星入角守氐之心，滿二十日以上，期不出一年之中，且有立王。其所行者無不利也。行疾則治肅，行遲則失職。石氏曰：歲星乘心北，其國旱，室廟有焚者。南出行疾，有兵起。石氏曰：歲星乘心，其國相死。《海中占》曰：歲星居心，多旱，五穀以旱傷。又占曰：歲星合心，玄色不明，有喪。《齊伯五星占》曰：歲星出入，留舍心之上，春夏糴貴，秋冬平價。二十日不下，冬兵大起，負海大敗。六十日不下，天下有急令。《春秋緯》曰：歲星守心，天子有慶賜。《援神契》曰：歲星守心，年穀豐。石氏曰：歲星守心，王者得天心，陰陽和，天下大豐，五穀成熟。有慶賜，賢士用，皆有令德。巫咸曰：歲星守心，有火異。又占曰：歲星守心，萬物五穀不成。吴楚其齊倍。郗萌曰：歲星守天司空，貴人多病死。又占曰：歲星守天司空，土功起。又占曰：歲星守心東，馬多死，其肉殺人。守心西，萬物不成，多饑傷。守心南，多寒熱病。守心北，牛多死，其肉殺人。《荆州占》曰：歲星守心，七日以上至七十二日，名曰母覆其子。陰陽和平，王者得天心。忠士皆用，四夷服，天下安。《黄帝占》曰：歲星逆行，守心環繞成鈎己，爲大人忌之，期六月。故赦以解之。甘氏曰：歲星犯守心内，禮臣欲謀主。若旱，有土功。春夏糴貴，秋冬糴賤。若守之六十日不下，有急令。石氏曰：歲星犯乘守心，大凶。郗萌曰：歲星犯乘守心明堂，爲大人憂。近期十月，遠期三年。又占曰：歲星犯乘守心明堂，爲内亂，臣欲殺主，有亡國。近期一年二年三年，遠期二十八年。又占曰：歲星犯乘守太子星者，太子憂，不死則去。又占曰：歲星犯乘守太子星，女主勢行。石氏曰：歲星中犯乘太子位，太子憂。犯少子位，少子憂。又占曰：歲星中犯乘守心明堂，在陽爲燕，在陰爲外。巫咸曰：歲星中犯乘守心明堂，爲大戰不勝，將軍鬭死。郗萌曰：歲星中犯乘守心明堂，爲萬民備火。近期一年，中期三年，遠期九年。一曰天下旱。又占曰：歲星犯乘心明堂，大臣當之。《海中占》曰：歲星留逆犯守乘陵心者，王宫内賊亂，臣下有謀易主者。天子權在宗家得勢大臣。

歲星犯尾六

石氏曰：歲星入尾，天下諸侯有慶賀之事，期九十日。巫咸曰：歲星入尾，王者賜后宫，立太子。若后族有陞顯者。不出百八十日。《東官候》曰：歲星入尾，妾爲嫡，臣專政賣權，災爲起。郗萌曰：歲星逆行而宿尾，天子淫佚。又占曰：歲星處尾旁，旱、水。又占曰：歲星合尾，處其東，冬龍馬多死。處其北，牛多死，肉殺人。處其西，傷穀。處其南，民多寒熱，政急。《海中占》曰：歲星出入，留舍尾五十日不下，天下一國有大臣亡者。《齊伯五星占》曰：歲星出入，留舍尾。尾者，燕之星也。其國則以義致天下。三十日不下，大亂。《河圖》曰：歲星守尾三十日，有逆殺上者，兵起車馳。甘氏曰：歲星守尾，人民爲變，大臣作亂，有反逆從大將家起，若中有讒諛臣。期二十日。若卿當之。又占曰：歲星守尾，穀大貴，人民歸食。又占曰：歲星守尾三十日，王者立貴后夫人，若生太子，欲封寵后族。郗萌曰：歲星守尾，爲用事者當之。天下牢開大赦。巫咸曰：歲星守尾，旱。郗萌曰：歲星守尾成鈎己，夫人女君死亡。《玄冥占》曰：歲星守尾，王者賜后宫，立太子。甘氏曰：歲星入尾而守之，人主以嬪爲后，政在臣下。期四十日。郗萌曰：歲星犯守尾，爲女主、夫人、妃后惡之。又占曰：歲星留逆，犯守乘陵尾，皇后有珠

玉簪珥惑天子者，誣讒大起，后相貴臣誅，宫人出走，兵起宫門。

歲星犯箕七

《春秋緯》曰：歲星犯箕中，天下大亂，兵大起。　郗萌曰：歲星犯箕，女主宫人有憂。　郗萌曰：歲星犯箕，爲天下大赦。　石氏曰：歲星入箕，天下大亂。其中有一星，民莫處其室養者。星在箕南，旱。在北，有水。箕踵者，歲熟。巫咸曰：歲星入箕中，伺其出日而數之，皆如期二十日兵發。伺始入處數之，率一日期十日軍罷。　郗萌曰：歲星入箕，糴價三倍。　又占曰：歲星入箕中行，病。宫中有口舌相讒事。期五十日，若百二十日。《荆州占》曰：歲星入箕，盗大起，多鬬死者，歲不熟。　石氏曰：歲星出箕，穀大貴，天下大旱，饑死過半。　郗萌曰：歲星逆行入箕中，其君淫佚。《春秋圖》曰：歲星之箕，年多風。　郗萌曰：歲星出入留舍箕，箕者，燕之星也，歲星守之，其國以武致天下。六十日不下，其燕且有爲致天下也。　又曰：歲星居箕，多旱。《春秋緯》曰：歲星守天司空，歲水。　甘氏曰：歲星守箕，多惡風，有旱災，其國大饑，人相食。　郗萌曰：歲星守箕東，歲熟。南，小穰熟。北，大穰。西，饑。郗萌曰：歲星守箕，貴人多死病。　又占曰：歲星守箕，爲其歲水。　又占曰：歲星守箕，則多土功。　又占曰：歲星守司空，大臣衛守。《東官候》曰：歲星留守箕七日以上，去之七尺以内，貴女有尊進者。

唐·瞿曇悉達《開元占經》卷二五　歲星犯北方七宿

歲星犯南斗一

石氏曰：歲星犯南斗，爲赦。《北官候》曰：歲星逆行犯南斗，其君賞賜非其人。《海中占》曰：歲星入南斗中，死者甚衆。　郗萌曰：歲星入南斗，天下受爵禄，近期六十日，遠期百二十日。《荆州占》曰：歲星入南斗中，水不可當。　陳卓曰：歲星入南斗魁中，有殃。一曰歲旱。一曰：斗爲宰相，歲星入斗，留二十日以上，卿相有憂。太后惡之。　又曰：逆行入斗中，必有亡國死王。《北官候》曰：歲入南斗，必有受禄增爵者。　石氏曰：歲星經南斗，吴國稻粱大熟。《春秋緯》曰：歲星入南斗，五穀絲麻價平。《海中占》曰：歲星居南斗，五穀以旱傷。　郗萌曰：歲星居南斗河戍間，道不通。　又曰：歲星處南斗北，不利兒子。處斗西，歲多饑傷，民多死。處斗南，多病寒熱。　又曰：歲星處南斗北，歲早水晚旱。《北官候》曰：歲星處南斗西，虎狼入國。一曰：民多死。處南斗南，多亡狗。　郗萌曰：歲星處南斗，旗不用，衆有天下。《荆州占》曰：歲星入南斗，二十日以上至二百四十日，主者用德，忠臣升位。　郗萌曰：歲星舍南斗，處其北，牛多死，其肉殺人。處其東，馬多死。又曰：歲星出入留舍南斗，六十日不下，天下大流亡。退而守之，其國有兵，客大破。《考異郵》曰：歲星守南斗，君臣乖倍。　石氏曰：歲星守南斗魁，失道者死。　又曰：歲星守南斗，天下大饑，人相食。《荆州占》曰：歲星守南斗，君臣俱明，天下更年，五禮更興。《感精符》曰：歲星逆行入南斗守魁中，大臣、國相逆，天下叛離不同心，君臣不和順。行而守南斗，既去而復還居之，不久易其色常光明，天下同心，君臣和義。《北官候》曰：歲星逆行守南斗，其國且有兵。一曰有軍來者。一曰客軍大敗。　郗萌曰：歲星舍木退而守南斗，其國且有兵，客軍大敗。牽牛，爲木星也。　巫咸曰：歲星入南斗者，留守斗，所守之國當誅。《春秋圖》曰：歲星犯南斗而守之，大臣逆謀，其國有兵，年大饑，人相食，歲大惡。　郗萌曰：歲星犯南斗，百日兵用，大臣死。　陳卓曰：歲星犯守南斗，有赦。

歲星犯牽牛二

郗萌曰：歲星入牽牛，爲天下牛車有行。　又曰：歲星入牽牛，諸侯有失期者。《荆州占》曰：歲星入牽牛，歲多水，虎狼害人，民人凍死，臣謀其主，民饑，貴人多死，小兒多死。　石氏曰：歲星行牽牛，越貢獻金銀。　郗萌曰：歲星逆行牽牛，其君不愛親戚。《春秋圖》曰：歲星之牽牛，筋皮革大貴。《玉曆》曰：歲星之牽牛，歲水，民饑，有自賣者。　郗萌曰：歲星乘牽牛，爲天下有大水。　郗萌曰：歲星乘牽牛，爲人相棄於道。　又占曰：歲星居牽牛，多旱。一曰居牽牛南三尺，旱。《海中占》曰：歲星舍牽牛，殺虎狼入國。一曰守牛西，虎狼多入邑中者。　郗萌曰：歲星出入留舍牽牛，三十日不下，天下大臣且有死者，致於鈇鉞之中。九十日不下，大將出，客兵來。期不出三年。《孝經章句》曰：歲星守天關，在其北，民流死。在西，民以風災死，若虎狼入國。在其南，狗多狂亡。在其東，不利嬰兒。　石氏曰：歲星守牽牛，三十日至九十日，天下和平，道德明，四夷朝中國。　又曰：歲星守牽牛，農人死於野，陰陽不和。巫咸曰：歲星守牽牛，馬五穀多傷。《海中占》曰：歲星守牽牛，臣謀君，糴貴，三月乃復。　郗萌曰：歲星守牽牛，爲穀貴。　又曰：歲星守牽牛東，春牛大癘。一曰居南。夏牛大癘。　陳卓曰：歲星守牽牛南，五穀以水傷。守牛東，萬物不成，饑民流亡，六畜若牛多死病，大臣有謀事。守牛北，民寒凍死。守

牛西，地氣發泄，歲多水。《文曜鈎》曰：歲星犯守牽牛，大臣謀其主，大人有戮死者。火犯衆，火宫火大起，道路不通。甘氏曰：歲星犯牽牛留守之，爲破軍殺將。陳卓曰：歲星犯牽牛，貴人多喪，諸侯失明。

歲星犯須女三

甘氏曰：歲星入須女，有進美女者，大人有慶，若有女喜，立后拜太子。期三十日，若九十日，宫人有受賜者。《北宫候》曰：歲星入須女，諸侯有賀天子以美女。期三十日，若九十日。石氏曰：歲星經須女，越貢獻金銀。郗萌曰：歲星居須女，宫中有水災。一曰五穀有水傷。《玄冥占》曰：歲星居須女，歲多水。《荆州占》曰：歲星留須女二十日，布帛大貴，期四十日。巫咸曰：歲星宿須女而逆行，其君不務農桑令。《黄帝占》曰：歲星出入，留舍須女而守犯，至三十日不下，小人有慶。五十日不下，更立侯王。六十日不下，兵起於野。冬入在春也。郗萌曰：歲星出入留舍須女，不出二年，天下用兵。《黄帝占》曰：歲星守須女，糴石三百，民有自賣者。《春秋圖》曰：歲星守須女，絲麻大貴。石氏曰：歲星守須女，國邑饑。一曰有喪。一曰大水，且主有女喪。郗萌曰：歲星舍須女東，不利兒子。舍其南，多亡狗，狗多嗥。舍其西，虎狼入邑，民多風雷死。舍其北，多寒凍死。一曰多鼠。巫咸曰：歲星守須女，三日以上，至二十日，去之一尺。《荆州占》曰去之三尺。以外，王者欲發財寶，若發女工伎，不出七十日。巫咸曰：歲星守須女，爲萬物不成。又曰：歲星守須女，寡婦多死。一曰大人有慶。《海中占》曰：歲星守須女，有嫁娶布帛之事。郗萌曰：歲星守須女，爲后夫人有變。一曰妾爲主。又曰：歲星守須女，穀不熟。《玄冥占》曰：歲星守須女，國大饑。陳卓曰：歲星逆行，留犯守陵女，天子及大臣有疾，女有奇政令。

歲星犯虚四

甘氏曰：歲星入虚，天下大虚。巫咸曰：歲星入虚中，伺其出日而數之，二十日皆爲兵發，伺始入處之，率一日期十日，軍罷。郗萌曰：歲星入虚，爲天下大亂，政急，大人憂，有德令。《荆州占》曰：歲星入虚百二十日已上，有功臣封立侯國邑。其犯乘守，其東西南北，宰相有重誅者，必有德令。郗萌曰：歲星逆行虚，其君簡祭祀。石氏曰：歲星經虚，齊國多美女。《春秋圖》曰：歲星之虚，五穀大熟。郗萌曰：歲星居虚，歲多水，五穀以水傷。又曰：歲星出入，留舍虚一歲乃下，更元年。《齊伯五星占》曰：歲星出入，留舍虚十日不下，天下苦。《孝經章句》曰：歲星守虚在東，民多暴死。守其北，不占。在其西，其歲少雨。在其南，王者宫中有憂，宰相之家坐棄市。石氏曰：歲星守虚七日已上，盡三十日，王者起宗廟修陵，家有白衣之會，不出九十日。甘氏曰：歲星失色守虚，天子改服，不出六十日。郗萌曰：歲星守虚，天下兵大起。又曰：歲星守虚，君將離散，其卒多死亡。又曰：歲星守虚，食貴，民自賣。又曰：歲星守虚三月已上，有裂土受爵者。巫咸曰：歲星入虚，留守之二十日不下，有立諸侯。六十日不下，國有死亡。百日不下，改年號，大臣戮死。期二年。《海中占》曰：歲星犯虚而守之，王者以凶改服，有白衣之會。不出六十日，天下饑。又民流千里，君臣離散。《宋書・天文志》曰：晉惠帝永寧元年七月，歲星守虚危。二年十二月，成都河間長沙王又討齊王冏，交戰攻焚宫闕。冏兵敗，夷滅。又殺其兄上將軍寔以下二十餘人。大安二年，成都改長沙。於是公私饑困，百姓力屈。

歲星犯危五

郗萌曰：歲星入危，政在臣下，期在四十日中。《荆州占》曰：歲星入危三月以上，有受爵土者。又曰：歲星入危，天下大亂，若賊臣起。《春秋圖》曰：歲星之危，民不寧處。石氏曰：歲星舍危南，雨血膏王室。郗萌曰：歲星出入留舍危六十日不下，國君死之。石氏曰：歲星守危，三月若二十日，諸侯兵起。甘氏曰：歲星守危，立諸侯，天子更宫室，民多土功，若有哭泣事。又曰：歲星守危，民不寧。巫咸曰：歲星守危，徭役煩，賦斂衆，下屈竭，莫能俱不惡其上，强淩弱，兵起。又曰：歲星守危，爲多盗賊，人民相惡。《海中占》曰：歲星守危，國有兵憂。一曰兵並起。郗萌曰：歲星守危，多雨，爲來歲損。又曰：歲星守危，爲大人蓋屋事。郗萌曰：歲星守危，處其東，民多饑死。《玉曆》曰：歲星守危七日以上，去之四尺外，則王者治宗廟，高宫闕，不出四十日。郗萌曰：歲星守危，其君簡祭祀。《玄冥占》曰：歲星入危，守之百日不下，穀貴。《玄冥占》曰：歲星入危，守之三十日不下，諸侯兵起。六十日不下，其國亡。百日不下，穀貴，客軍將死。郗萌曰：歲星守墳墓，爲人主有哭泣之聲。

歲星犯營室六

石氏曰：歲星犯營室，犯陽爲陽有急，犯陰爲陰有急。郗萌曰：歲星犯營室，有土功之事。《黄帝占》曰：歲星入營室，過而去，人主有慶賜之事，天

下當有受爵禄者。　郗萌曰：歲星逆行營室，其君用兵不時。一曰其君不還。《春秋圖》曰：歲星之營室，田宅大賤。　郗萌曰：歲星處營室東壁，半赦。其去陽之陰，天下喜，牢中虚。　又曰：歲星處營室東壁北入月不移，有兵。七十日罷。　又曰：歲星處營室東，食貴。處南，春食賤。處西南，馬牛賤。　《海中占》曰：歲星舍營室東，民多徙去。處其北，民有憂。　《北官候》曰：歲星宿營室，不順正道，其君吏不選者。　郗萌曰：歲星出入留舍營室八十日不下，其地半動。九十日不下，有急令。一曰大將出。　《齊伯五星占》曰：歲星出入留舍營室，主危。　又曰：歲星守之，其國有急令。　《春秋緯》曰：歲星守營室，天下皆以饑爲憂。　《春秋緯》曰：歲星守營室，其國有急令。　《孝經内記》曰：歲星守營室，在其東，有喜事，期四十日應。在其北，民憂，期三十日。在其西，期四月五月糴貴，及黍貴十倍，有銅弊之事。在其南不占。　石氏曰：歲星守營室，人君施不加親戚，宫中有火災。人君不安。　巫咸曰：歲星守營室，爲民多病疾。　《海中占》曰：歲星守營室三日以上，王者去正殿，居省室，布恩德，赦有罪，則無咎。　郗萌曰：歲星守營室，爲土功事，糴貴。　又曰：歲星守營室南，有遷王。一曰立后。　又曰：歲星守營室，爲大人忌。以赦令解之。又曰：歲星守營室，爲宫中女有夭死者。　又曰：歲星守營室中，爲后夫人憂。《玄冥占》曰：歲星守營室，其年國有得地。　《帝覽嬉》曰：歲星近守營室三日以上，王者避正殿，入省室。二十日以上至七十日，王者自整三軍禦賊，天下兵車行。　石氏曰：歲星犯守營室，君有德者得地歸，與民爵。　郗萌曰：歲星犯守營室，宫中有夭死，大人皆有土功之事。　《荆州占》曰：歲星犯守營室，爲女有宗廟事，以赦解之。

歲星犯東壁七

《北官候》曰：歲星入東壁三月，天下男子有慶賀，君受爵禄。　郗萌曰：歲星逆行東壁，其君決獄不以時，赦令不明。　石氏曰：歲星居東壁，五穀以水傷。　《春秋圖》曰：歲星舍東壁，人心不寧。　郗萌曰：歲星舍東壁北，民憂，期二十五日。　又曰：歲星出入留舍東壁五十日不下，大人當之。九十日不下，土功大起。百日不下，國空，有徙王。　又曰：歲星出入留舍東壁，人民流亡，不歸其鄉。三十日不下，五穀貴。　甘氏曰：歲星守東壁，王者有堯舜之治，四海同心。　郗萌曰：歲星守東壁，人君施不加親戚。宫中有火災，人君不安。　又曰：歲星守東壁，諸侯相謀。　又曰：歲星守東壁，爲大人衛守。又曰：歲星守東壁，爲天下兵起。一曰秋兵起。　又曰：歲星守東壁，爲有土功事。　又曰：歲星守東壁，爲歲多晚水。　《荆州占》曰：歲星守東壁，去之九寸，守四十日至百四十日，王者好文章，天下舉用文士，不出百八十日。　陳卓曰：歲星守東壁，天下大赦。　《玄冥占》曰：歲星守東壁，天下大興。有聖主朝廷羣臣，天下同心。　《河圖》曰：歲星逆行，守東壁若成勾己，其君教令不明，人心不寧。木能害土故也。

唐·瞿曇悉達《開元占經》卷二六　歲星犯西方七宿

歲星犯奎一

郗萌曰：歲星入奎，其年五穀以蟲爲害。居其南，春糴賤，牛馬繒帛皆賤。居其西，糴貴，凡物皆貴，民不安。　《海中占》曰：歲星潤澤出奎，有善令。變色入奎，有僞令來者。若出奎，有僞令，出使者。　《帝覽嬉》曰：歲星之奎，有喜慶之事，若有赦令。　石氏曰：歲星居奎，五穀以水傷。處奎中，有土功之事。　郗萌曰：歲星處奎中，有白衣之會。　《海中占》曰：歲星處奎中，小赦。《帝覽嬉》曰：歲星舍奎南，牛馬繒布帛賤。舍其北，八月兵起。七十二日罷，或至三歲乃罷。　《海中占》曰：歲星舍奎處其南，春食賤。處其東，糴乍賤乍貴，民移徙不安。處其西，四月五月食貴。處其北，民憂。　《齊伯五星占》曰：歲星出入留舍奎，有小旱，晚多水雨。居左右者，不占。其中者，外客軍且來矣。《黄帝占》曰：歲星守奎北，夷來降。　《洛書》曰：歲星守奎三十日，天下道興符明。　《洛書》曰：歲星守奎，五穀成熟。　石氏曰：歲星守奎，大饑。　甘氏曰：歲星守奎，其國道興。王者至仁行，忠臣並進，天下三年而平。　《海中占》曰：歲星守奎，執法吏多死。　《海中占》曰：歲星守奎逆行，旱，五穀耗。其順行，色潤澤，即歲大熟。　《海中占》曰：歲星守奎南，馬賤。一曰牛賤。郗萌曰：歲星守天庫，多獄貴人。　又曰：歲星守天庫，以饑起兵，若有客軍。又曰：歲星守奎，爲有溝瀆事。一曰有水事。　《荆州占》曰：歲星守奎，王者憂之。一曰大人當之。　又曰：歲星逆行守奎，女子多死。　《河圖》曰：歲星入奎中而守之，國有匿謀，有兵起，人主有憂，若大臣當之。　甘氏曰：歲星逆行入奎而守之，其君好攻戰，兵甲不息，人民流亡，不安其居。

歲星犯婁二

《荆州占》曰：歲星入婁，國有聚人，若有喪，期一年。　《海中占》曰：歲星入居婁中，小赦。　《春秋圖》曰：歲星之婁，牛馬大賤。　郗萌曰：歲星居婁，

五穀以水傷，歲多水。《海中占》曰：歲星處婁南，春食賤，牛馬繒帛賤。處其北，八月兵起，七十二日罷。遠期三年。郗萌曰：歲星處婁北，有奪地之君。處東，金器貴。《海中占》曰：歲星舍婁胃，去婁舍奎，有赦。《河圖聖治符》曰：歲星守婁，天下赦。石氏曰：歲星守婁二十日不下，天下平。九十日不下，國有兵，穀貴。甘氏曰：歲星守婁，王者承天得度，天下安平。巫咸曰：歲星守婁，王者承天位，天下安寧，有慶賀，有兵罷。司馬彪曰：歲星守婁，爲兵，爲匿謀。《海中占》曰：歲星守婁中又暈之，大赦，期九十日。巫咸曰：歲星守婁，民多疾疫。郗萌曰：歲星守婁，有土功之事。一曰大熱。又曰：歲星守婁，歲多獄貴人。又曰：歲星守婁，有死君，歲大饑。又曰：歲星守婁，有白衣之會。《荆州占》曰：歲星守婁東，有徙民。守其北，有兵。守其西，不占。守其陰，牢空，天下有慶賀。又曰：歲星守婁，有德令，牛馬多死，苑囿空虛。《玄冥占》曰：歲星守婁，去之五尺以外，守之十五日以上至三十日，王者出祀四海山川百神。不出九十日。《西官候》曰：歲星守婁南，春糴賤，牛馬又賤。皆在歲月中。守其東，一貴一賤。守其中，有白衣之會。又有小赦。《玄冥占》曰：歲星守婁，六畜大貴，其國尤甚。《海中占》曰：歲星逆行，守婁甚，其君牢吏獄斷不以時，人多怨訟，若有赦令。《感精符》曰：歲星入婁犯守之，有白衣衆聚。三十日不下，其國有兵。九十日不下，必有大喪，期三年。

歲星犯胃三

郗萌曰：歲星犯胃，爲天下穀不實，以食爲憂。石氏曰：歲星經胃昴畢，趙水滂，魚行人道。《春秋圖》曰：歲星之胃，其年早霜。又曰：歲星處胃北，八月兵起，七十二日罷，遠三年。郗萌曰：歲星守胃中，有白衣之會。處其南，男子疾。一曰牛馬賤。處其東，民移徙不定，若食貴。又曰：歲星舍胃，是謂去陽之陰，有喜，牢空。《荆州占》曰：歲星宿之逆行胃，其君不愛五穀。《齊伯五星占》曰：歲星入留守胃，國家即妄動土功事，不祥。小人且亡。絲綿布帛有急令。郗萌曰：歲星出入留舍胃，兵起不用。一曰大人有憂。一曰十月小旱。《巫咸占》曰：歲星守胃，爲兵災，萬物不成。《黄帝占》曰：歲星守胃，國以無義失幣，有水旱事。甘氏曰：歲星守胃，王者順天德，中饑國昌。《海中占》曰：歲星守胃，歲大熱，一曰五穀大熟。郗萌曰：歲星守胃，趙兵伐中國。《荆州占》曰：歲星守胃，三尺以外，守入二十日，王者開倉廪，大賦天下轉運，不出百八十日。《甄曜度》曰：歲星入胃犯守之，國有更令，大人有憂。若有禍殃，必有土功。郗萌曰：歲星犯守胃，鄰國有暴兵伐中國者。《荆州占》曰：歲星犯胃，國有變更之令，期四月。又曰：天下獄空。陳卓曰：歲星犯守胃，天下無人。

歲星犯昴四

《甄曜度》曰：歲星入昴，胡兵入國，有土功，若有赦令。郗萌曰：歲星入昴，天下有白衣之會。期六十日，遠百二十日。郗萌曰：歲星入昴中，小赦。《西官候》曰：歲星入昴，爲金寶貴。《春秋圖》曰：歲星之昴，棺木大貴。郗萌曰：歲星乘昴若出北者，爲陰國有憂。若外王死。郗萌曰：歲星居昴畢間，赤色，大旱。一曰其國有大殃。又曰：歲星處昴南，男子病，歲早旱水晚。處昴北，多暴雨。處昴東，徙民。又曰：歲星留之逆行昴，其君殺不辜。《荆州占》曰：歲星舍昴處南，有土功，民多口舌。郗萌曰：歲星入留舍昴，五十日不下，必有死君，期三歲。若有死將，期四月。又曰：歲星出入，留舍昴，其年早霜。《齊伯五星占》曰：歲星出入，留舍昴，胡人以出，其國無兵，禾豆耗，布帛貴。《黄帝占》曰：歲星守昴東，糴大貴。三月復守北，其國有德令。《孝經章句》曰：歲星守昴，在其南，糴一貴一賤，其月土功，有死君，變其政。在其東，金器刀劍貴。在其北，有别離之國，奪地之君，若死。在其西，不占。甘氏曰：歲星守昴，王者有德令。昴者，天之囚室。歲星近之，下獄之臣皆有解者，不出四十日。巫咸曰：歲星守昴，大饑，爲萬物不成。又曰：歲星守昴，大旱，多火災，若有兵。《海中占》曰：歲星守昴，天倉實。郗萌曰：歲星守昴，夷狄勝中國。又曰：歲星守昴北，多暴雨。又曰：歲星守昴東，行至天高，復反至五車，邊兵發。一曰爲赦令。石氏曰：歲星入，若守天獄，天下獄虚。河圖曰：歲星犯守昴，大臣有坐法死者。津關吏憂，人民饑，多食草實。郗萌曰：歲星中犯乘守昴，爲兵北征於狄。一曰近臣爲亂。一曰白衣之會。甘氏曰：歲星守昴，王者失禮，陷於刑。大赦除咎。郗萌曰：歲星中犯乘守昴，天下有福。一曰近臣爲亂。

歲星犯畢五

《黄帝占》曰：歲星犯畢，出其北爲陰國有憂，出其南爲陽國有憂。《聖治符》曰：歲星入畢口，將相憂，大人當之。期不出百八十日。石氏曰：歲星入畢中，邊有兵。巫咸曰：歲星入畢中，各伺其出日而數之，期二十日，爲兵發。

伺始入處之，率一日期十日，爲軍罷。　郗萌曰：歲星入畢，爲其國易主。　又曰：歲星入畢中，邊有憂兵。　《西官候》曰：歲星入畢中，八十日若有百四十日，人君謀，兵大起。　石氏曰：歲星出畢陽則旱，出畢陰則水。爲政令不行。郗萌曰：歲星逆行畢，其君畋獵不時，若徙倚不明，其君不敬祠。　《春秋圖》曰：歲星之畢，有德令。　郗萌曰：歲星居畢昴間，色赤，大旱，國有大殃。在王。一曰在民。　又曰：歲星處畢北，其歲有赦令。有别離之國，奪地之君。一曰：歲星處畢南，有土功，男子多疾，早旱晚水。處畢東，多暴雨，金器刀劍貴。　又曰：歲星出入留舍畢二十日，其國有以武致天下。絲絮布帛大貴，兩百斤千。　《荆州占》曰：歲星出入留舍畢三十日不下，人民流亡，不反故鄉。《春秋圖》曰：歲星守畢，王者出遊獵，不出四十日，兵車行。　石氏曰：歲星守畢中，國大赦。王賜夷狄，若有德令。一曰糴大貴。　巫咸曰：歲星守畢，爲大旱，多水災。　郗萌曰：歲星守畢，萬物不成，國以饑亡。　《玉曆》曰：歲星入畢，留守之三十日不下，人君有謀，大兵起，有攻戰。客軍敗，人民流亡，不反其鄉，期一年。　陳卓曰：歲星犯守畢，年穀小豐。　《西官候》曰：歲星犯守畢，軍亂國，有赦令。王者有賜，夷狄若有謀兵。期八十日若二百四十日。　陳卓曰：歲星犯畢附耳，兵起，若將相有喪憂也。若不即免退。

歲星犯觜觿六

石氏曰：歲星犯觜觿，萬物不成。　石氏曰：歲星犯觜觿，其國兵起，天下動移。　郗萌曰：歲星入觜觿中，伺其出日而數之，期二十日兵發。伺始入處之，率一日期十日，軍罷。　郗萌曰：歲星入觜觿，五穀更貴更賤，歲一旱一水。天氣不和調。一曰有兵。　郗萌曰：歲星入觜觿，多盜賊。　又曰：歲星逆行觜觿，其國君誅罰不當。　《春秋圖》曰：歲星之觜觿，兵器大貴。　《洪範傳》曰：歲星舍觜觿，爲白衣之會。　郗萌曰：歲星入留觜觿，六十日不下，禾豆半傷。九十日不下，侯王見功。　又曰：歲星出入留舍觜觿二百日不下，客軍大敗，主人大勝。一曰山林空。　石氏曰：歲星守觜觿三日以上，王者大將軍出兵在道。　石氏曰：歲星守觜觿，國有反者，民疫，天下大饑。　又曰：歲星守觜觿，西方客動侵地，欲爲君主，崇禮以制義則國安。　又曰：歲星守觜觿，君臣和同。　《荆州占》曰：歲星守觜觿，妖怪起，丁壯多暴死。　《玄冥占》曰：歲星守觜觿，大臣且亡。魏時，木守觜觿，後諸葛公亡。　《齊伯五星占》曰：歲星守觜觿六十日，五穀傷。九十日兵起。　石氏曰：歲星犯守觜觿，不出一旬，民病瘧。　《海中占》曰：歲星犯守觜觿，不出一旬，必有偵候之事。農夫不耕，天子皇后俱崩，期甲辰日。　《玉曆》曰：歲星犯守觜觿，三十日，五穀傷，其國大饑，民多餓。天下大疫，農夫不耕，婦女不績。

歲星犯參七

石氏曰：歲星犯參，水旱不時。　《聖洽符》曰：歲星入參，天子更布政，宰相不安，期六月。　郗萌曰：歲星逆行參，其君誅罰不當。　又曰：歲星逆行若留上衡中，爲兵革起。　《黄帝占》曰：歲星處參東若處伐東，多走民，多暴雨。處參西若處伐西，多流民從東方來。處參北若伐北，衡水。　郗萌曰：歲星處參南若處伐南，爲易君。一曰大人多寒熱之疾。處參北，國有易相。處參東若伐東，晚稼不成。處參西若伐西，産子者多死。一曰老人多死。　《荆州占》曰：歲星處參所近者，是王者欲封爲遠國君也。期一年。　郗萌曰：歲星宿參若宿伐者，爲有反臣中兵也。　《荆州占》曰：歲星入參七日以上至七十日，王者欲出之他國，不出百八十日。　石氏曰：歲星守參，國有反者，五穀更貴。　又曰：歲星守參，天下農夫不耕。　又曰：歲星守參，有赤星出參中，邊有兵。　甘氏曰：歲星守參，其歲大疫，王者恐疫。木入金，其君危。　《荆州占》曰：歲星守參，多雨，歲惡。　巫咸曰：歲星守參，萬物不成，民大饑。　《海中占》曰：歲星守參，多盜賊，高田貴，下田賤，其年樹木多爛。　郗萌曰：歲星守參，晚稼不成。　《海中占》曰：歲星守參，后夫人當之。一曰天下有兵驚。一曰旱，人民多病。　《春秋圖》曰：歲星入參犯守之，其國以兵致天下。退而守之，士卒有驚。若離散，五穀貴。一曰水火爲敗。　郗萌曰：歲星入參守伐，天下有兵驚，不足，傷民。天下受兵事。

唐・瞿曇悉達《天元占經》二七　歲星犯南方七宿

歲星犯東井占

《黄帝占》曰：歲星入東井，軍在外，歲星進兵退，歲星退兵進。　郗萌曰：歲星入東井一南一北，侯王憂。又曰害於黍稷。《黄帝占》曰：歲星入東井，留二十日以上，易正朔。又曰：天下有土功、川瀆之事。期十月，若十一月。又曰：居其東，五穀不成。居其南，國君病，諸侯多死。居其西者，及兒子多死。居其北，有改令。《黄帝占》曰：歲星出入，留舍東井三十日，天下一國有水者。陳卓曰：歲星在東井，兵起。近期一年，遠五年。《黄帝占》曰：歲星中犯東井，人君有戮者。　陳卓曰：歲星犯守東井，王者法令急，多獄事。其年大水，民

饑，天下改令。郗萌曰：歲星中犯乘東井，其國内外有兵起。案孝武帝政和二年四月乙卯，歲星在東井。占曰：兵起，近期一年，遠五年。到三年正月，匈奴入五原酒泉，殺兩都尉。三月遣將軍廣利七萬人出五原，御史大夫高成將兵三萬人出河西，重合保馬通將四萬騎出酒泉，與虜戰，多斬首。廣利敗匈奴，積三年。又案，魏甘露三年三月庚子，歲星順行犯東井距星。占曰：兵起。到景元元年己丑，太后令曰：昔日立東海王子髦，悖逆不道，自陷大禍，以民禮葬之。京師嚴兵，積二年三月。《荆州占》曰：歲星去東井七寸，七日以上至一百五十日，則王者用法，大臣修度，天下和平。石氏曰：歲星守東井，河溢。甘氏曰：歲星守東井，法令急，多獄事，其年大赦。《黄帝占》曰：歲星守東井，歲大饑，人民疾病。《黄帝占》曰：歲星守東井南，男子多寒熱病。郗萌曰：歲星守東井，大人多病，若有喪。守其北，多暴雨。又曰：歲星守東井，若將相死。一曰君死。又曰糴貴。石氏曰：歲星守東井，旱。《荆州占》曰：歲星守東井，道上多死人。《黄帝占》曰：歲星守東井，水。郗萌曰：歲星守東井，百物五穀不成。久守之，金錢易。陳卓曰：歲星守東井，百川皆溢。郗萌曰：歲星入，若守東井，有土功事。又曰：歲星入犯乘守東井，留三日以上，其歲諸侯當之。《感精符》曰：五精入東井，從歲星聚，殺白而發黄，神奉絶用，兵卒亂。以義得天下。石氏曰：歲星逆行東井，有兵。一曰：歲星守東井，有兵。案《宋書·天文志》曰：晉永興二年九月，歲星守東井。占曰：有兵。井，又秦分也。是年荀晞破公師蕃，張方破范陽王虓，關西諸將攻河間王顒，顒奔走，東海王迎殺之。郗萌曰：歲星逆行東井，其君出入不時。陳卓曰：歲星逆行東井，山川壅寒。又曰：歲星中犯乘守東井若鉞，人君有戮死者。又曰：歲星環繞鉞，諸侯誅。一曰赦。案魏武帝甘露二年八月壬午，歲星犯鉞。其年九月庚寅，歲星逆行井鉞。到三年征東將軍諸葛誕誅，積六月應。《黄帝占》曰：歲星入鉞，大臣誅。一曰歲星入鉞，賢相死。郗萌曰：歲星干鉞者，爲斧鉞用。又曰：歲星中犯乘守鉞，其國内亂兵起。

歲星犯輿鬼二

郗萌曰：歲星入輿鬼，相誅。巫咸曰：歲星入輿鬼，爲十日以上，金錢大散於諸侯。期六十日，若十月。石氏曰：木入輿鬼，大臣誅。一曰亂臣在内。案漢孝武帝後元二年十月戊午，歲星在輿鬼中，占曰：大臣有誅者。一曰有金錢之賜令，近期一年，遠五年。到昭帝始元二年二月，賜諸侯王列侯，進宗室金錢各有差。七月，賜天下民牛酒。到四年六月，復賜丞相以下至郎吏錢帛各有差。廷尉李种有罪棄市。在期内如占説。又案漢宣帝元康二年六月，歲星入輿鬼。到四年三月乃出。占曰：歲星入輿鬼滿數十日，金錢帛之施諸侯。一曰大臣誅。一曰歲樂，糴石三四十錢。一曰有大喪，近期一年，遠五年。其月詔賜天下將吏二千石、諸宗室高年錢帛，男子爵，女子牛酒，是比年豐，穀石五錢。大司馬衛將軍張安世薨。到神爵二年，司隸尉蓋寬饒有罪自殺。又案魏甘露四年四月甲申，木犯輿鬼東南星，東南星主兵。占曰：木入輿鬼，大臣有誅者，金錢之令。到景元元年五月，尚書王經伏誅。到六月當逆鄉公即位，賜天下民爵，積一年二月也。石氏曰：木犯守鬼，積尸，邦有兵。犯南星，王有疾崩，若戮死者。近布帛，發布帛。近金錢，發金錢。近馬發馬。近兵發兵。七寸以内爲近，其守之三日以上，所發明審也。又曰：歲星逆行，出鬼陽，男坐之。陰，女坐之。出鬼左，貴女坐之。右，爲貴人坐之。抵其中央，君坐之。郗萌曰：歲星去五諸侯入輿鬼，諸侯世子有疾死者，期六十日。去天高入輿鬼，不出百二十日，大人惡之。石氏曰：歲星出入留舍輿鬼五十日不下，有大喪。六十日不下，國相不明。百日不下，民半死。郗萌曰：歲星舍輿鬼東北，麻豆成，稻不成。舍東南，豆麥熟，有渴死人。舍西南，萬民多喪。舍西北，黍稷成，麥不成，早蠶不熟，晚蠶熟。舍中，歲樂，石三四錢。

《黄帝占》曰：歲星處輿鬼南，有易君。處其北，國易相。處其西，殺老人。一曰殺姙子者。甘氏曰：歲星犯輿鬼，人君必有所戮。巫咸曰：歲星守輿鬼，天子賜諸侯金錢。郗萌曰：歲星守輿鬼，五穀多傷，民以饑死者無數。又曰多狂病死者。《海中占》曰：歲星守輿鬼角動，有殺主者。色黑，誅死不成。石氏曰：歲星犯天尸，國有兵，王者病疾。一曰人君有戮死者。《海中占》曰：木守鬼，出其北，旱。出其南，雨水，五穀熟。郗萌曰：歲星逆行輿鬼，其君不聽明，用財奢浮過度，治衰。《荆州占》曰：歲星逆行輿鬼，其君不聽於事。《荆州占》曰：歲星入輿鬼，財寶出。《荆州占》曰：歲星入輿鬼，亂臣在内，有屠城。郗萌曰：歲星乘質，鈇鉞用。《荆州占》曰：歲星乘質，君貴人憂，金玉用。人民多疾。從南入爲男，從北入爲女，從西入爲老人。從東入爲丁壯。若棺木倍價。司馬彪《天文志》曰：歲星入輿鬼，爲死喪。《荆州占》曰：歲星干犯守輿鬼者，皆爲天下有大喪。陽爲后，左爲天子，右爲貴臣。又隨所守主物王者發之。不出七十日。石氏曰：歲星守輿鬼，爲大人有祭祀事。郗萌曰：歲星守輿鬼，大人以命終。又曰：歲星守輿鬼西南，皆爲秦漢有反臣。以赦解之。

歲星犯柳三

郗萌曰：歲星入天庫，以饑起兵。一曰五穀收入。石氏曰：歲星入柳，諸

侯有慶賀，天下安寧，五穀豐熟。不出其年，民人歌舞而行。又曰：歲星處柳東，晚稺不成。處其南，有易君。處其西，殺老人。一曰殺姙子。一曰民疾。處其北，貴人徙。一曰國易相。又曰：歲星處柳南，地必動。處其西，民疾。歲大水。一曰大人坐。甘氏曰：歲星守柳，貴臣得地，有德令。不出九十日。石氏曰：歲星守柳，人饑。巫咸曰：歲星守柳，多水災，萬物五穀不成。郗萌曰：歲星守柳，多獄。不然獄空。又曰：守天相，政事急，民有千里之行。陳卓曰：歲星逆行柳陰，女主坐之。逆行柳中，其君坐之。若逆行柳陽，男坐之。若逆行柳左右，坐貴親。郗萌曰：歲星與柳合同光，其國將大强。《荆州占》曰：歲星與熒惑合柳，歲星色赤，兵起。黄白，五穀傷。黑爲憂。青而角赤，兵起。近期三十日，遠六十日。郗萌曰：歲星守柳，有反臣。中，兵也。《海中占》曰：歲星居柳，歲和熟。又曰：歲星出入留舍柳九十日不下，將軍出。又曰：歲星逆行柳，其君不敬祭祀。

歲星犯七星四

《荆州占》曰：歲星入七星，五穀多傷，天下盜賊起。期一年。陳卓曰：歲星出入留舍七星，其國有以義致天下。郗萌曰：歲星居七星，歲和同。又曰：歲星處七星，民疾。處其西，歲水。陳卓曰：歲星犯七星，天子憂兵，功臣受封。甘氏曰：歲星守七星，皇天以祐王者，其邦獲五福九十年。陳卓曰：歲星與七星同光者，以粟當錢。巫咸曰：歲星守七星，旱，多火災。萬物五穀不成，有兵饑。《海中占》曰：木犯七星，使者滿道。子弑父，臣弑主。《荆州占》曰：歲星犯七星，王者敬天，宗廟有禮，天下和平。郗萌曰：歲星逆行七星，其君衣服不法。《荆州占》曰：歲星逆行七星，處其南，地伏動。處其西，大人坐之。處其北，貴人徙。《黄帝占》曰：木犯七星，逆臣爲亂。郗萌曰：歲星逆行七星，地動。《黄帝占》曰：木守七星，爲反臣也。一曰夏物不成。石氏曰：木守七星，有兵。郗萌曰：歲星守七星，反臣中兵也。甘氏曰：歲星入七星，有君置太子者。郗萌曰：歲星留守七星，天下大憂。憂中央。

歲星犯張五

石氏曰：歲星入張，天子有慶賀之事。天下大樂，穀大豐。《荆州占》曰：歲星入張，不出一年，天子有慶賀之事，天下大樂。巫咸曰：歲星入張星，多火災，萬物五穀不成。郗萌曰：歲星出入留張舍三十日不下，有兵。六十日不下，更立侯王。石氏曰：歲星守張，民人病疫。一曰其歲民多心腹疾。郗萌曰：歲星居張，歲和熟。甘氏曰：歲星守張，其國大豐。守之一年，七年昇平，君臣同心。又曰：歲星處張南，地必動，若六畜貴。處張西，其歲水。《荆州占》曰：歲星守張四十日至百二十日，陰陽和，羣臣忠良，王者吉。郗萌曰：歲星守張，政事急，民有千里之行。一曰貴人死。《荆州占》曰：歲星逆行張，其君衣服不法。郗萌曰：歲星逆行張，其君用樂淫佚。又曰：歲星守張，有反臣中兵也。《荆州占》曰：歲星與填星合於張，歲不和，貴人多内喪。一曰大水六年。郗萌曰：歲星與填星合於張，天下有變，不傷爲政者則害於民。一曰：民憂盜賊，若功臣受封。又曰：後且大旱。《荆州占》曰：歲星與填合守張，天下易令，民流千里。

歲星犯翼六

石氏曰：歲星入翼，五穀風傷，期一年。郗萌曰：歲星出入留舍翼六十日不下，地亡六十里。石氏曰：歲星出入留舍翼，且有急事徵召。郗萌曰：歲星居翼，歲和熟。石氏曰：歲星守翼，有兵，若大水。一曰川枯不通。甘氏曰：歲星守翼，聖臣代主。《荆州占》曰：歲星守翼，王道大興。王者得天心，將相忠良。不出九十日，文術大用。郗萌曰：歲星守翼南，六畜貴。《海中占》曰：歲星守翼，處其東，魚鹽凡器貴。處其南，車貴。處其西，不占。處其北，五穀不成。郗萌曰：歲星逆行翼，其君用樂淫泆。若失火。甘氏曰：歲星入翼，有海客。郗萌曰：歲星入翼，四海有急，國憂。石氏曰：歲星守翼，萬物不成。石氏曰：歲星守翼，人民流亡。

歲星犯軫七

郗萌曰：歲星入軫，天下多喪。《荆州占》曰：歲星入軫，邦有將死。期六年。陳卓曰：歲星入軫，兵大起。《荆州占》曰：歲星在軫，王者憂疾，不出九十日。巫咸曰：歲星入軫中，伺其出而數之，期二十日爲兵發。伺始入處之，率一日期十日軍罷。郗萌曰：歲星舍軫，七日不移，赦。《黄帝占》曰：歲星處軫東，糴貴。處軫西，有女喪，有水。《海中占》曰：歲星犯守軫，天子養孤老不平，大臣背叛，師旅起，車騎盡發。《荆州占》曰：歲星干犯守軫，大臣戮死。甘氏曰：歲星守軫，國主疾。王者修宗廟，赦三百里内，則災消。巫咸曰：歲星守軫，民多疾病。《海中占》曰：歲星守軫，主庫者有罪。郗萌曰：歲星守軫，有土功事，若旱，萬物不成，民饑。《黄帝占》曰：歲星守軫南，六畜皆貴。郗萌曰：歲星守軫北，五穀不成。《荆州占》曰：歲星逆行軫，失火。郗萌曰：歲

星逆行軫，其君持喪服不謹，若貴親坐之。又曰：木守軫，川楫不通也。

唐·瞿曇悉達《開元占經》卷二八　歲星犯石氏中官

歲星犯攝提一

《海中占》曰：歲星犯攝提，臣謀其君。若主出走，有兵起，期一年。

歲星犯大角二

《海中占》曰：歲星守大角，臣謀主者。有兵起，人主憂，王者戒慎左右。期不出百八十日，遠一年。

歲星犯梗河三

巫咸曰：歲星守梗河，國有謀兵，四夷兵起，來侵中國，邊境有憂。

歲星犯招摇四

《聖洽符》曰：歲星犯招摇，邊兵大起，敵人爲寇。若守之，敵人敗，敵人死。期不出二年。《荊州占》曰：歲星入招摇，兵起，馬多死。

歲星犯玄戈五

《聖洽符》曰：歲星守犯玄戈，邊兵大起，突厥爲寇。若守之，突厥敗，若其主死。期不出三年。

歲星犯天槍六

巫咸曰：歲星犯守天槍星，邊夷兵起，機槍大用，防戍有憂。若誅邊臣，期不出年。

歲星犯天棓七

巫咸曰：歲星守天棓，邊夷兵起，機槍大用，防戍有憂。若誅邊臣。期不出年。

歲星犯女牀八

《荊州占》曰：歲星犯女牀，凶。甘氏曰：歲星守女牀，兵起宫中，若妃后暴誅者。期百八十日，遠一年。

歲星犯七公九

《黄帝占》曰：歲星守七公，爲民饑，君不安。石氏曰：歲星犯守七公，輔臣有謀，議臣相疑。若有誅者，主人有憂。

歲星犯貫索十

巫咸曰：歲星犯守貫索，天下亂，兵大起。有獄事，貴人有死者。石氏曰：歲星入天牢中犯乘守者，以獄爲亂，多不平。

歲星犯天紀十一

《文曜鈎》曰：歲星犯守天紀，倖臣執權，有兵起，王者有憂。

歲星犯織女十二

《黄帝占》曰：歲星守織女，天下有女憂，有兵起，不出其年。

歲星犯天市十三

郗萌曰：歲星入天市中，五官有憂。一曰赦。巫咸曰：歲星入天市，諸侯有戮者，將相凶。期百八十日，若一年。郗萌曰：歲星入天市，諸侯有戮者。一曰弊易。《海中占》曰：歲星入天市，五官有憂，若市驚。一曰易市。石氏曰：歲星守天市，諸侯相謀，若國有兵憂。郗萌曰：歲星守天市，五穀大貴。

歲星犯帝座十四

石氏曰：歲星犯帝座，爲臣謀主，有逆亂事。《玄冥》曰：歲星犯帝座，爲臣謀主，天下亂。兵大起，不出年。

歲星犯候星十五

《海中占》曰：歲星犯守候星，陰陽不和，五穀傷，人大饑，有兵起。

歲星犯宦者十六

甘氏曰：歲星犯宦者，左右輔臣誅，若戮死。期不出年。

歲星犯宗正十七

石氏曰：歲星犯守宗正，左右羣臣多死。若更政令，人主有憂。

歲星犯宗人十八

石氏曰：歲星犯守宗人，親族貴人有憂，若有死者。一曰人主親宗有離絶者。

歲星犯宗星十九

甘氏曰：歲星犯守宗星，宗室之臣有分離者。

歲星犯東西咸二十

石氏曰：歲星犯守東西咸，爲有臣不從令，有陰謀。

歲星犯天江二十一

巫咸曰：歲星犯守天江，下有水。若入之，大水齊城郭。人民饑亡，去其鄉。

歲星犯建星二十二

陳卓曰：歲星入建星，臣相譖。石氏曰：歲星入建星，諸侯有謀人關者。

期六十日，若百五十日。《文曜鈎》曰：歲星守建星，關梁不通，天下大饑，人相食，期二年。石氏曰：歲星守建星，糴貴，人相食。《海中占》曰：歲星守建星，旱，死者甚衆，民大耗。郗萌曰：歲星守建星，天下多暴貴，一曰牛貴。郗萌曰：歲星守建星，天下之人有相食者以百數。一歲不發，三年乃發。三年不發，六年乃發。六年不發，九年乃發。郡國有坐之。又占曰：歲星守建星，爲臣謀其主。又占曰：歲星守建星，地氣泄，貴人多死。又占曰：歲星守建星，歲水民饑，有自賣者。

歲星犯天弁二十三

甘氏曰：歲星犯天弁若守之，則囚徒兵起，一曰五穀不成，糴大貴，人民饑。

歲星犯河鼓二十四

《齊伯五星占》曰：歲星犯河鼓，大將若左右將有誅者。若守之，將有罪。以五色占之。石氏曰：歲星入守河鼓，諸侯之將出大兵起。旗鼓用，人主憂，期一年。

歲星犯離珠二十五

石氏曰：歲星犯離珠，宫中有事，若有亂宫者，若宫中人有罪黜者。

歲星犯匏瓜二十六

《聖洽符》曰：歲星守犯匏瓜，天下有憂，若有遊兵。各菓貴。一曰魚鹽貴，價十倍，不出其年。

歲星犯天津二十七

《海中占》曰：歲星犯天津，關道絶不通。有兵起，若關吏有憂。郗萌曰：歲星守天津者，皆革也。

歲星犯螣蛇二十八

甘氏曰：歲星守螣蛇，天子前驅凶。若奸臣有誅，前驅爲害。

歲星犯王良二十九

石氏曰：歲星守王良，爲有兵。《齊伯五星占》曰：歲星犯守王良，天下有兵，諸侯放，强臣謀主，期不出年。

歲星犯閣道三十

石氏曰：歲星犯閣道絶漢者，爲九州異政，各主其王，天下有兵，期二年。

歲星犯附路三十一

石氏曰：歲星守附路，大僕乃罪，若有誅。一曰馬多死，道無乘馬者。

歲星犯天大將軍三十二

郗萌曰：歲星入天將軍者，吉。石氏曰：歲星守犯天將軍，爲大將死若誅。

歲星犯大陵三十三

石氏曰：歲星入大陵，國有大喪，大臣有誅，若戮死，人民死者大半，皆不出其年。《荆州占》曰：歲星乘大陵，天下盡喪，死人如岳。

歲星犯天船三十四

郗萌曰：歲星守天船，皆革也。《聖洽符》曰：歲星入守天船，兵大起，舟船用，有亡國，期不出年。

歲星犯卷舌三十五

石氏曰：歲星乘卷舌，天下多喪。又占曰：歲星入守卷舌，有佞臣謀其君，以口舌爲害，人主有憂。

歲星犯五車三十六

石氏曰：歲星犯五車，大旱，若有喪。一曰犯庫星，兵起北方，若西方。犯倉星，穀貴，若有水。《海中占》曰：歲星入五車，兵大起，車騎行。五穀不成，天下民饑，若軍絶糧。郗萌曰：歲星入五車向其傍，糴石三百。當其門，糴石五百。入其中，糴千錢。《荆州占》曰：歲星入五車天庫，天下兵起。一曰若有水。《孝經右祕》曰：歲星入五車，王義絶，亂帝家。石氏曰：歲星中犯乘五車，若入天庫，以饑起兵。《荆州占》曰：歲星入五車，中犯乘守天庫星，水饑兵起。

歲星犯天關三十七

石氏曰：歲星守天關，臣謀主，若大臣有不道者，有兵起，期二年。郗萌曰：星守天關，爲貴人多死。《海中占》曰：歲星守犯天關，道絶，天下相疑，有關梁之令。案《宋書·天文志》曰：晋康帝建元元年，歲星犯天關。安西將軍庾翼與兄冰書曰：歲星犯天關，占云：關梁當澁塞。比來江東無他故，江道亦不艱，而石虎頻年閉關。夫關閉不通信使，此復是天公憒憒，無皂白之徵。石氏曰：歲星守天關，歲水民饑，有自賣者。郗萌曰：歲星行不從天關，不出其年有兵。

歲星犯南河北河戍三十八

石氏曰：歲星行南河戍中，爲四方兵起，百姓疾病。《黄帝占》曰：歲星乘南河戍，若出南河南爲中。石氏曰：歲星守南河，蠻夷兵起，邊戍有憂，若有旱

災，人民饑。郗萌曰：歲星守天高，天下赦。歲星逆行天高，其君齋戒不謹。《黃帝占》曰：歲星若留止守南河戍，爲百姓疾病。一曰爲旱。歲星行南河戍中，若留止南河戍，皆爲喪。歲星出北河，若乘北河戍，爲女喪。《黃帝占》曰：歲星乘北河戍，若出北河戍北，外國王死。《玄冥占》曰：歲星守北河，朔方兵動。若守之三十日不下，北兵敗，若北主死。天下大水，人民饑，期不出二年。巫咸曰：歲星守北河，大臣有憂，若邊臣有罪，若有戮死者。郗萌曰：歲星經南河之南，刑法復暴，誅伐不當。經北戍之北，以女子金錢，貪色奢侈失治道。近期三年，中期六年，遠期九年而災至。《黃帝占》曰：歲星出北河戍間，若留守北，若居南戍間，若守兩間，爲天下有難起，道不通。《荊州占》曰：歲星守兩河間，天下乖離，道路不通。郗萌曰：歲星有不行入天關間，爲喪。

歲星犯五諸侯三十九

石氏曰：歲星犯五諸侯，若守之，兵大起，將士出，諸侯有憂，若有死者。巫咸曰：歲星入五諸侯，伺其出日而數之，若二十日兵發，伺始入處之，率一日期十日，軍罷。《玄冥占》曰：歲星守北諸侯，臣有謀主者，若議臣不忠，若有罪黜，期一年。石氏曰：歲星中犯乘守五諸侯，兵死，期三年。郗萌曰：歲星中犯乘守五諸侯，爲所中乘守者誅，若有殃，期三年兵發。

歲星犯積水四十

巫咸曰：歲星犯守積水，其國有水災，物不成，魚鹽貴。一曰以水爲敗，糴大貴，人民饑。期二年。

歲星犯積薪四十一

甘氏曰：歲星守積薪，天下大旱，五穀不登，人民饑亡。

歲星犯水位四十二

郗萌曰：歲星犯水位，大水。一曰出其南，大旱。石氏曰：歲星犯守水位，天下以水爲害，津關不通。一曰大水入城郭，傷人民。皆不出其年。

歲星犯軒轅四十三

郗萌曰：歲星出東陵，有青龍出左右若宮中者。石氏曰：歲星在軒轅中，有以女子請人君者。《黃帝占》曰：歲星行軒轅中犯女主，女主失勢。失勢者，憂喪也。列大夫有放逐者，五官有不治者。色悴爲憂爲疾，其所中犯乘守者誅，若有罪。歲星中犯女主者，皆爲女主當之。其守犯女主，女主有憂。案《宋書·天文志》曰：宋元嘉十四年七月辛卯，歲星入軒轅。其後皇后袁氏崩。《荊州占》曰：歲星守軒轅，女后有以子諍者。巫咸曰：歲星行犯守軒轅，女主失政，若失勢。一曰大臣當之。若有黜者。期二年。《玉曆》曰：歲星犯守軒轅，女主有憂，其君失政，威令不行，後宮不安，期一年。司馬彪《天文志》曰：孝桓延熹七年八月庚申，歲星犯軒轅大星。八年二月，癸亥，皇后鄧氏坐執左道廢，遷於祠宮，死。石氏曰：歲星入軒轅中犯乘守之，有逆賊有火災。歲星犯乘守軒轅太民星，大饑大流，太后宗有誅者，若有罪。中犯乘守少民星，小饑小流，皇后宗有誅者，若有罪。《荊州占》曰：歲星中犯乘守軒轅左右角，皆爲大臣當之。

歲星犯少微四十四

石氏曰：歲星入少微，君當求賢佐。不求賢佐，則失威奪勢矣。歲星犯守少微，名士有憂，王者任用小人，忠臣被害，有死者。《黃帝占》曰：歲星入犯乘守少微，宰相易。歲星入中犯乘守少微，女主憂。石氏曰：歲星入中犯乘守少微，五官亂，宰相有憂。

歲星犯太微四十五

《帝覽嬉》曰：歲星行犯太微左右執法，爲大臣有憂。郗萌曰：歲星犯左右執法，執法者誅，若有罪。班固《天文志》曰：哀帝元壽元年十一月，歲星入太微，逆行干右執法。二年十月戊寅，高安侯董賢免大司馬位，歸第自殺。司馬彪《天文志》曰：孝桓延熹九年十月癸酉，歲星犯左執法。十一月戊午，歲星入犯左執法。其九年十一月，荊州刺史李隗等皆棄市。至永康元年十二月，太傅陳蕃、大將軍竇武等皆枉死也。《荊州占》曰：歲星道從太微西蕃北南方星間入，致南蕃東方星間，南出道中西蕃，直坐入者非道也。歲星以壬子日慎入太微天廷中，天子所使也。不以壬子日入非天子使。郗萌曰：歲星當太微門爲受制，當左執法爲受事左執法，當右執法受事右執法。守太微門三日以下爲受制，三日以上爲兵，爲賊，爲亂，爲饑。《荊州占》曰：歲星出東掖門爲相受命，東南出德事也。出西掖門爲將受命，西南出刑事也。期以春夏。《齊伯占》曰：歲星入太微執道而出，王者有福，諸侯有受賜爵封者。《黃帝占》曰：歲星入天廷，色白潤澤，爲期百八十日有穀。歲星東行入太微廷，中出東門，天下有急兵。若守，將相御史大臣有死者。若入端門守廷，大禍至。入南門出東門，國大旱。若入南門逆行出西門，有大水。逆入東門出西門，大國破亡。若順入西蕃而留不去，楚國凶殃。《合誠圖》曰：歲星入華闕門者，爲臣殺之候之。石氏曰：歲星入太微中華東西門，若左右掖門而南出端門者，必有反臣。歲星入太微西門出東門，爲人君不安，欲求賢佐。有入中華西

門出中華東門，爲臣出令。有入太陰西門出太陰東門，爲天下大亂，有喪，若大水。郗萌曰：歲星入太微西門，犯天廷，出端門，皆爲大臣伐主。入西門而初出右掖門，皆爲大臣假主之威，而不從主命。歲星入西華門出端門，爲臣詐稱詔。《荆州占》曰：歲星入太陰西門若端門出東門，貴者奪威勢。歲星與五星俱會太微宮中，成勾己而光不相及者，三王九侯亡。一曰名臣爭爲主，更相殘賊。歲星入太微天廷出端門，臣不臣。歲星入太微宮，爲天下大驚。一曰有兵。歲星入天廷，國不安其宮。司馬彪《天文志》曰：歲星入太微，人主改政。巫咸曰：歲星逆行入太微天廷中，爲大臣有誅，若諸侯戮死，期二年。石氏曰：歲星逆行太微之中，及出入左右掖門，爲有逆謀，天子有命將征伐之事。一曰大赦可以解其患。歲星逆行入太陽東門，若入中華門，人主改政非次，天下不安。郗萌曰：歲星逆行入左掖門，爲臣刼其主。有入東華門至黄帝座出西門，爲臣欲謀主不成。《玉曆》曰：歲星逆行入太微，强臣淩主，諸侯兵起。《荆州占》曰：歲星主東方，南逆行入太微，東南隅星之北，爲南方。入二星之北爲東方。《黄帝占》曰：歲星留於太微，守三十日以上，爲必有兵革，天下大赦。《荆州占》曰：歲星入太微，從右二十日以上，人主大不安，有大憂。《案宋書·天文志》曰：魏黄初五年，歲星入太微，逆行積百四十九日乃出，至七年五月，文帝崩。明帝即位，大赦天下。《荆州占》曰：歲星入太微從右入七日以上，爲人主憂。司馬彪《天文志》曰：孝桓延熹九年正月壬辰，歲星入太微中，五十八日出端門，永康元年十二月丁丑，桓帝崩。歲星道南蕃入，留止南門，爲大臣有憂。歲星留太微廷中，爲天下大憂。中央留十日以上，皆爲天下有亡徒爲兵者。陳卓曰：歲星入太微犯左右執法，將相執法者有憂，若死亡。近期一年，遠五年。《荆州占》曰：歲星入太微天廷，所中犯乘守者殺，若有罪，各以守官名之。歲星食太微東西蕃，四輔臣有誅者，若君臣失禮。

歲星犯黄帝座四十六

石氏曰：歲星犯黄帝座，改正易王，天下亂，存亡半。又占曰：歲星逆來犯黄帝座，王者惡之，禍成矣。期三年。郗萌曰：歲星干犯黄帝座，非其主立，天下不安。《荆州占》曰：歲星入黄帝座，其色白者，爲有赦。又占曰：歲星逆行入太微天廷中，爲諸侯將有戮上者。至黄帝座而成，不至黄帝座而還，有謀不成。以其入日占國。又占曰：歲星中黄帝座，爲大人易，天下大亂。又占曰：歲星觸黄帝座，主賊。《黄帝占》曰：守黄帝座，大人憂。

歲星犯四帝四十七

石氏曰：歲星犯守四帝，臣謀主。去之一尺，事不成。《玉曆》曰：歲星入太微犯四帝辟，憂君也。甘氏曰：歲星中犯乘守四帝座，天下亡。

歲星犯屏星四十八

甘氏曰：歲星犯守屏星，君臣失禮，下而謀上。一曰大臣有戮死者。石氏曰：歲星中犯乘守屏星，爲君臣失禮，而輔臣有誅者，若免罷去。

歲星犯郎位四十九

甘氏曰：歲星犯守郎位，輔臣有謀。左右宿衛者爲亂，王者宜備之。

歲星犯郎將五十

巫咸曰：歲星犯守郎將，命曰陵，陵則將有誅，若將憂。一曰大臣爲亂，誡慎左右。《荆州占》曰：歲星犯乘守郎將，且有以符節爲姦者。又占曰：歲星中犯乘守郎將，必有不還之使。

歲星犯常陳五十一

甘氏曰：歲星犯守常陳，守衛有謀，兵起宫中，天子自出行誅。期百八十日，遠一年。

歲星犯三台五十二

《玉曆》曰：歲星入犯上台司命，近臣有罪，若有誅。一曰近臣有逃走者。以五色占，色黄，當日無故；青黑，憂死喪，期一年。郗萌曰：歲星犯守上台，改年易紀，大尉死。不則天子惡之。中台，司徒病。下台，司空。期百日，若七十日丙子日。《文曜鈎》曰：歲星犯守中台司中，奸臣有謀，若誅者，中公當之。巫咸曰：歲星犯守下台司禄，近臣有罪，若出走。黑，死者。

歲星犯相星五十三

石氏曰：歲星犯相星，輔臣凶。

歲星犯太陽守五十四

甘氏曰：歲星犯守太陽守，大臣戮死，若有誅謀，不出年。

歲星犯天牢五十五

《海中占》曰：歲星犯守天牢，王者以獄爲弊，貴人多繫者。

歲星犯文昌五十六

石氏曰：歲星入文昌，天下兵起，其君不安，若有走主。

歲星犯北斗五十七

《聖洽符》曰：歲星入北斗口中，天下大亂，改政易王，國有大喪，期三年。巫咸曰：歲星入北斗。若守之，貴臣受殃。郗萌曰：歲星入守北斗，貴人有繫。《荆州占》曰：歲星守北斗，天子惡之。《荆州占》曰：歲星守北斗，不出一年，其歲大水。一曰大赦。

歲星犯紫微宫五十八

《海中占》曰：歲星入長垣，天子以兵自衛，强臣凌主。一曰叛臣被誅，若戮死。期不出百八十日。《玄冥占》曰：歲星入紫微宫，奸臣有謀，兵起宫中，天下亂，人主憂。期二年。巫咸曰：歲星守紫微宫，民莫處其室宅，流移去其鄉。

歲星犯北極鈎陳五十九

石氏曰：歲星犯守北極主星，必有大喪，若有反臣。《玉曆》曰：歲星犯守太子星，太子憂，若有罪。犯守庶子，庶子憂，若有罪。《荆州占》曰：歲星中犯乘守北極主星，爲大人憂。《黄帝占》曰：歲星犯守鈎陳，後宫亂，兵起宫中。倖臣謀，主者憂。

歲星犯天一六十

石氏曰：歲星犯守天一，倖臣有謀，人主憂。

歲星犯太一六十一

石氏曰：歲星犯守太一，倖臣有謀，有兵起，人主憂。

唐·瞿曇悉達《開元占經》卷二九　歲星犯石氏外官一

歲星犯庫樓一

《黄帝占》曰：歲星犯庫樓，兵出。一曰民饑，舉兵。巫咸曰：歲星入庫樓，其國以饑起兵，若有旱災，期不出年。

歲星犯南門二

《荆州占》曰：歲星守南門，王者出畋獵，不出三十日。石氏曰：歲星犯守南門，夷兵起，若路不通。

歲星犯平星三

石氏曰：歲星犯平星凶。甘氏曰：歲星守平星，執政臣憂，若有罪誅者。期一年。

歲星犯騎官四

甘氏曰：歲星犯守騎官，有兵起，馬多發，若多死。

歲星犯積卒五

石氏曰：歲星入積卒，若守之，兵大起，士卒大行，若多死，期二年。

歲星犯龜星六

《海中占》曰：歲星犯龜星，天下有水旱之災。守陽則旱，守陰則水。

歲星犯守傳説七

石氏曰：歲星犯守傳説，王者簡宗廟，廢五祀，後宫凶。一曰有絶嗣。期不出三年。

歲星犯魚星八

甘氏曰：歲星犯守魚星之陽，爲大旱，魚行人道。犯守魚星之陰，爲大水，魚鹽貴。

歲星犯杵星九

《海中占》曰：歲星入杵星，若守之，天下有急發米之事，不出其年。

歲星犯鼈星十

《黄帝占》曰：歲星守鼈星，爲有白衣之會。石氏曰：歲星守鼈星，有白衣，若聚衆，若大水。巫咸曰：歲星守鼈星，國有水旱之災。守陽則旱，守陰則水。

歲星犯九坎十一

石氏曰：歲星守九坎，天下旱，名水不水，五穀不登，人民大饑。一曰：之陰，大水；之陽，大旱。

歲星犯敗臼十二

石氏曰：歲星守敗臼，民不安其室，憂失其釜甑，若流移去其鄉。

歲星犯羽林十三

《海中占》曰：歲星入守羽林，有兵起。若有逆行，變色成鈎己，天下大兵，關梁不通，不出其年。郗萌曰：歲星入守羽林，有反臣，中兵起也。《玄冥占》曰：歲星入守羽林，諸侯悉發兵，强臣謀主，王者憂，期二年。案《宋大文志》曰：晋安帝義熙五年五月戊戌，歲星入羽林。是年四月高祖討鮮卑，西虜攻安定，姚略自以大衆救之。六年二月鮮卑滅。石氏曰：歲星入天軍，諸侯悉發甲兵。一曰興兵者吉。郗萌曰：歲星犯守天軍，爲兵起，有破軍死將。

歲星犯北落十四

石氏曰：歲星與北落相貫抵觸，光芒相及，有兵大戰，破軍殺將，伏屍流血，不可當也。期百八十日，若一年。又守北落亦爲兵起。

歲星犯土司空十五

《海中占》曰：歲星守土司空，其國以土起兵，若有土功之事，天下旱。郗萌曰：歲星守土司空，多土功事。

歲星犯天倉十六

《黄帝占》曰：歲星入天倉中，主財寶出，主憂。亂臣在内，天下有兵，而倉庫之户俱開，主人勝客，客事不成。期二十日中而發。巫咸曰：歲星入天倉若守之，天下有轉粟之事，歲惡民饑。《齊伯占》曰：歲星守天倉，諸侯有發粟之事，兵起。星若當户守之，將受命不爲主用。

歲星犯天囷十七

石氏曰：歲星入天囷，天下兵起，囷倉儲積之物皆發用。一曰：御物多有出者，庫藏空虚。期二年。

歲星犯天廪十八

石氏曰：歲星犯守天廪，天下亂，大饑，粟散出。甘氏曰：歲星入守天廪，天下有兵，歲大饑，倉粟散出，不出其年。

歲星犯天苑十九

甘氏曰：歲星入守天苑，牛羊禽獸多疾疫。若守之二十日，兵起，馬多死，其國憂。

歲星犯參旗二十

《海中占》曰：歲星守參旗，兵大起，弓弩用，士將出行。一曰弓弩貴。

歲星犯玉井二十一

《黄帝占》曰：歲星入玉井，爲强國失地。其出之，强國得地。巫咸曰：歲星入玉井，國有水憂，若以爲水敗，水物不成，期不出年。

歲星犯天屏二十二

甘氏曰：歲星入守天屏星，諸侯有謀，若大臣有戮死者。

歲星犯天厠二十三

《黄帝占》曰：歲星入守天厠，爲大臣有戮者。《甄耀度》曰：歲星入守天厠星，天下大饑，人相食，死者大半。期二年。

歲星犯軍市二十四

石氏曰：歲星入守軍市，兵大起，大將出，若以饑兵起。

歲星犯野鷄二十五

甘氏曰：歲星入犯守野鷄，其國凶。必有死將，軍營敗，兵士散走。

歲星犯狼星二十六

郗萌曰：歲星守犯狼星，大人免。石氏曰：歲星入守犯狼星，野獸死。《荆州占》曰：歲星守犯狼星，大將出行，其國有兵。一曰有死將。《玉曆》曰：歲星犯守狼星，大將出，天下多兵。盗賊起，人主憂。

歲星犯弧星二十七

《荆州占》曰：歲星守弧，貴人多死，若將當貴人伐。《荆州占》曰：歲星守弧，大將有千里之行，國驚。

歲星犯天稷二十八

《海中占》曰：歲星犯守天稷，有旱災，五穀不登，歲大饑。一曰五穀出。

歲星犯甘氏外官二

歲星犯四輔一

《荆州占》曰：歲星中犯乘守四輔星，君臣失禮。輔臣有誅者。

歲星犯日星二

《荆州占》曰：歲星守日星，王者得忠臣，陰陽平。守之二十日至四十日不去，王者與天同心，四夷和平，五穀大豐。

歲星犯天田三

《荆氏占》曰：歲星守天田，五穀豐，不出年中。

歲星犯平道四

甘氏曰：歲星守平道，天下治，隱士外。不出一年。

歲星犯酒旗五

《荆州占》曰：歲星守酒旗，天下大酺，有酒肉、財物賜，若爵宗室。

歲星犯天高六

《黄帝占》曰：歲星逆行天高，其君齋戒不謹。一曰守天高，赦。

歲星守天潢七

《黄帝占》曰：歲星入天潢，爲天下大亂易政。一曰貴人死。《黄帝占》曰：歲星入天潢，爲運道不通，兵起。郗萌曰：歲星失度，入天潢中，爲人主以水爲害，若以井爲害。以見入之日占其國及與其官。《黄帝占》曰：歲星中犯乘守天潢，期二十日兵起。

歲星犯咸池

甘氏曰：歲星入咸池，有兵喪，天子且以火敗，失忠臣，若旱。一曰：大水，道不通，貴人死。以入日占國。郗萌曰：歲星入咸池。爲有以迷惑人主者。一曰大旱，歲饑。郗萌曰：歲星入咸池北，大水出，咸池南，旱。《荆州占》曰：歲星入咸池，天下大亂，人君死，易政。以入日占其國。

歲星犯天街九

郗萌曰：歲星當天街，爲諸侯自立爲王。一曰大水。郗萌曰：歲星留止逆行天街中，爲兵革起。石氏曰：歲星犯守天街，及徘徊亂行，主弱臣强，道隔絶，天下不通。郗萌曰：歲星不從天街，爲政令不行。不出其年有兵。

歲星犯甘氏外官三

歲星犯哭泣一

甘氏曰：歲星犯哭泣，有大喪。案《宋天文志》曰：孝武太元二年一年六月辛巳，歲星犯哭泣星。占曰：有哭泣事。是年九月，孝武帝崩。

歲星犯鈇鑕二

《荆州占》曰：歲星犯天鈇鑕，五日以上，臣有謀。又曰：歲星犯鈇鑕，誅國相。郗萌曰：歲星中犯乘守鈇鑕，爲鈇鑕用。一曰兵將有憂。

歲星犯芻藁三

《黄帝占》曰：歲星入天積中，主財寶出，憂臣在内。天積，芻藁也。

歲星犯軍井四

《荆州占》曰：歲星入軍井三日以上，其歲大水。

歲星犯天狗五

《荆州占》曰：歲星入天狗北，夷大饑來歸，隣國多土功。

歲星犯天廟六

《黄帝占》曰：歲星入天廟若守，皆爲廟事。一曰爲凶憂。《荆州占》曰：歲星入天廟，有廟殘之事。吏不去，死。

歲星犯巫咸外官四

歲星犯土司空一

《荆州占》曰：歲星守入土司空，有土徭之事。

歲星犯鍵閉二

《荆州占》曰：歲星犯守乘鍵閉星，大臣有誤天子尊事天者。天子不宜出宫下殿，有匿兵於宗廟中者。《荆州占》曰：歲星守鍵閉，王者出國，不出七十日。

歲星犯天淵三

郗萌曰：歲星守天淵，海水出，江河決溢，若海魚出。

歲星犯天廐五

《荆州占》曰：歲星入天廐中，十日以上，馬有食變。《黄帝占》曰：歲星守天廐，爲災之事，人主以馬爲憂。不則馬死。

唐・瞿曇悉達《開元占經》卷三〇　熒惑名主一

《黄帝占》曰：熒惑，一曰赤星。《廣雅・釋天篇》曰：熒惑，一曰罰星。或曰執法。《荆州占》曰：熒惑居東爲懸息，西方爲天理，南方爲熒惑。其行無常，司無道之國。吴龔《天官書》曰：熒惑，火之精。其位在南方，赤帝之子，方伯之象也。爲天候，主歲成敗，司察妖孽。東西南北無有常。出則有兵，入則兵散。周旋止息，乃爲死喪。《詩緯含神霧》曰：熒惑司實。《春秋緯》曰：熒惑主候守。《春秋緯》曰：熒惑主禮，成天意。禮失則妾爲妻，支爲嗣。精感類應，則熒惑逆見變怪。石氏曰：熒惑主憂，主南維，主於火日，主丙丁，主禮。禮失者罰出，熒惑之逆行是也。此失夏政也。以其所守之舍命其國。石氏曰：熒惑者，天子之禮也。東西南北無有常，五月而出。石氏曰：熒惑主大鴻臚，主死喪。巫咸曰：熒惑者，太白之雄也，五星之伯也。其色赤勝太白。巫咸曰：熒惑，主憂患過惡。禍福所由坐也。《洪範五行傳》曰：熒惑於五常爲禮，辨上下之節。於五事爲視，明察善惡之事也。禮虧視失逆夏令，則熒惑爲旱災，爲饑、爲疾、爲亂、爲死喪、爲賊、爲妖言，大恠也。班固《天文志》曰：逆夏令，傷火氣，罰見熒惑。《淮南天文間詁鴻烈》曰：南方，火也。其帝祝融，其佐朱明，執衡而治夏。衡，平也。其神爲熒惑，其獸爲朱雀，其音徵，其日丙丁。又曰：出入無常，辨其變其色，時見時匿。班固《天文志》曰：熒惑，天子理也。故曰，雖有明天子，必視熒惑所在。郗萌曰：熒惑爲司馬。《荆州占》曰：熒惑火之精，其神上爲熒惑，其國荆楚。又曰：主吴越以南。《荆州占》曰：熒惑，天一，候者。司萬物之變。《荆州占》曰：熒惑，上承天一，下主司天下人臣之過。司驕司奢，司禍司賊，司饑司荒，司死司喪，司正司直，司兵司亂，司惑，災殃無不主之。《荆州占》曰：王者禮義，熒惑不留。其國凶殃，熒惑罰之。韓楊曰：熒惑之爲言熒惑，以像讒賊進退無常，不可爲極。韓楊曰：熒惑，火行之星。其理也，主諸侯。韓楊曰：熒惑爲天一候。犯逆留，隱其雷鳴，臣子主，社稷傾，五精并聚弑

成刑，出西反明，主不熒，受命興起，天下平。變色失行，所留者亡，所抵有兵。韓楊曰：熒惑，修禮順則喜，逆則怒。石氏曰：熒惑躁急促疾，主南方，從巳至未。南方，夏氣所治位也。盛陽在上，微陰在下，尊卑承養，物禮也。言失夏政，封錫逆天，則熒惑有變。韓楊曰：熒惑入列宿，其國有殃。韓楊曰：熒惑所止，爲其國君死。《海中占》曰：熒惑，法使，行無常。

熒惑行度二

《洪範五行傳》曰：熒惑以上元甲子歲十一月甲子朔旦冬至夜半甲子時，與五星俱起於牛前五度，順行二十八宿，右旋二歲，一周天也。案曆法，熒惑一終七百七十九日一千三百四十分日之一千二百二十奇六十二歲强一周天。《樂動聲儀》曰：徵音和調，則熒惑日行四十二分度之一。伏五月得其度，不反明，從海則動應致焦明，至則有雨，備以樂和之。《春秋文耀鉤》曰：熒惑東行急一日行一度半，其行東西南北疾，兵各聚其下，主以煩穢，若自恣招禍。謀用戰，順之勝，逆之敗。石氏曰：熒惑行率變百五十六日而行八十三度。舊《四分》及《景初》象家准法皆同。甘氏曰：熒惑之東行也，急則一日一夜行七寸半。其益此則行疾。疾則兵聚於東方，熒惑之西行疾，則兵聚於西方。其南其北爲有死喪，其南丈夫之喪，其北女子之喪。甘氏曰：熒惑法東方，修緯及常十六舍而止，逆行西運動以成章，舍一舍半。巫咸曰：熒惑休入常，不得過五月而出，遠八月而出。受制則舉賢良，賞有功，主封侯，出財貨，行賑貸。《荊州占》曰：熒惑日行一尺以上，期五月至十五月而廢。五寸以上，期十五月至二十五月而廢。三寸以上，期二十五月至三十月而廢。一寸以上期三十月至五十月廢。諸廢期月或皆爲日。《荊州占》曰：熒惑順行，而其國有道。又曰：熒惑出東方行順，即其國吉。《尚書緯》曰：氣在初夏，其紀熒惑，是謂發氣之陽。可以毁消金銅，與氣同光，使民備火，皆清室堂。是謂敬天之明，必勿行武。與季夏相輔，初是夏之時衣赤，與季夏同期。如是，則熒惑順行，甘雨時矣。

熒惑王相休囚死三

甘氏曰：熒惑之相也，從立春至春之盡，其色則當精明，無角芒。《甘氏占》曰：熒惑之王也，從立夏以至夏之盡，其色如赤，則當比心大星而精明。仲夏之時有芒角。甘氏曰：熒惑之休也，從仲夏以至夏之盡，及四季王時其色則當無精明，黑黃。甘氏曰：熒惑之囚也，從立秋以至秋之盡，其色則當青白，止不行。甘氏曰：熒惑之死也，從立冬以至冬之盡，其色則當細小黃黑而不明。此熒惑色之常也，其色和經，天下和平。甘氏曰：當其相也而有王色，所居之國受殃。有休色，讒臣誅，國相免。有囚色，國有捕囚，及於將相。有死色，大臣誅傷。其留守也，其國兵起。其進舍也，有蟲蝗，五穀傷。其退守也，赤地千里。甘氏曰：當其王也而有相色，蔽主聰。有休色，政令不行。有囚色，讒臣用事，王路不通。有死色，則有大喪。其留守也，不可舉事用兵。其進舍也，其國不祥。其退舍也，有旱殃。甘氏曰：當有休色而有王色，所居之舍，其國受禍。有相色，國亂，百官不從。有囚色，有小兵。有死色，盜賊横行，訛言廟堂有火災。所居之舍，其國受殃。其進舍也，災傷。其退舍也，利舌危。甘氏曰：當其囚也而有王色，大臣逃亡。有相色，臣下毁傷。有休色，使者冠蓋相望。有死色，白衣成行，丁男從，獨有老公。所守之舍，道路不通。其進舍也，兵殃。其退舍也，談言詾詾。甘氏曰：當其死色而有王(也)〔色〕，宗廟不享。有相色，大臣攝行。有休色，是謂不祥，宗廟失火，邊有侵地。有囚色，丁壯多死以兵。所留舍，其國君遂亡，開其府庫，出其甲兵，四十餘日破亡。其進舍也，數多微風。其退舍也，流水蕩蕩。

熒惑光色芒角四

甘氏曰：候熒惑以夏丙丁，此王氣當如其常色，變則失所也。郗萌曰：熒惑色變，一見一伏，求之所不可得。奎之目，辰之心，參之右肩，龍之左角，畢之右股，此五星也。類此色，即熒惑也。《荊州占》曰：熒惑色，以畢右星爲正。一曰比心中央星。《推度災》曰：熒惑黑圓，爲水喪。《春秋緯》曰：主亂虚而侵殺，則熒惑光益大。甘氏曰：熒惑色赤黃色，發疾。黑青，發難。黃若赤，一歲內發。白色，期二年。青色，期三年。黑色，期四年至五年。以星行尺寸深淺爲廣大小期應。《荊州占》曰：熒惑一赤一黃，王公有禍。士女降候，星若無光，先起兵者必敗。巫咸曰：熒惑如炬，火亡人怒，君子洙洙，小人搶搶，不有亂臣則有大喪。亡期其使，吏欺其主。使之不殺，哀孤恤寡則止。《海中占》曰：熒惑色赤，國有憂厚。白則國有憂薄。蒼即天下多喪，其國尤甚。郗萌曰：熒惑之常，色赤而黃有喪，期六十日。又曰：熒惑色赤光而澤也，期不出二年，兵喪並起。郗萌曰：熒惑出色黃，所居宿有土功事。郗萌曰：熒惑夏三月出南方，色赤而逆行，乃有害萌，火光之妖且見。觀之有德，而降之以福。觀之逆德，而降之以禍。凡降禍，流水湯湯。乃爲之祠於祝融及南海之神。春見爲之修德，賞有功，論有勞，還有善，任有能。夏見爲之寬政令，薄賦斂，賜爵禄，行賞罰，視以

佐陽德。大暑乃至，時雨乃行，百姓乃豐，五穀乃登。甘雨和風，乃至草木。以時零落，民不夭疾，帝乃延壽。是謂德。秋見爲之脩吉，初逐有罪，誅有過。冬見爲之開閉大赦。此四者，所以應天之明神也。《荊州占》曰：熒惑出，色赤怒。逆行爲兵，成鈎以戰凶。有圍軍。《荊州占》曰：熒惑色大而盛，先起者亡，後起者昌。《荊州占》曰：熒惑色赤，爲大兵旱，秋有火災。《荊州占》曰：熒惑色變爲黄，有德。《荊州占》曰：熒惑秋出，色黄，兵而和。《荊州占》曰：熒惑色黄白，不出其年喪起。《荊州占》曰：熒惑色黑圜，爲疾爲喪。《荊州占》曰：熒惑色白，爲饑爲兵。《荊州占》曰：熒惑春色赤，百姓有憂。冬色白，大臣多辱。《荊州占》曰：熒惑白圜而光，其野病旱。《荊州占》曰：熒惑色變正白者，冬有喪。色變而赤者，秋有兵。《荊州占》曰：熒惑失色，有兵從之，人主憂。《荊州占》曰：熒惑黄而不明，即變其色。時不昌，春不生，夏不榮，秋不實，冬不藏。四時皆變其色，不出其年，君主有以女樂亡者。《荊州占》曰：熒惑如炬火，有亂臣，亡期使，吏欺其主，少勝長，下勝上，婦勝姑，子勝父，君令不行。《荊州占》曰：熒惑色青圓，爲水，爲憂，爲饑。一曰色青者多雨。《荊州占》曰：熒惑色蒼黑，蒼多黑少，有喪。倉少黑多，有水。蒼黑，喪水並起。皆期六十日，或三年。《荊州占》曰：熒惑出而色正黑，所守國有水殃，期六十日。《詩緯》曰：賢者退，小人進，而讒言侈，陰賊行，而天下昏，熒惑數出，干主位。赤而芒，爲火兵。黑而圓，爲水喪。止舍爲其邦，疾則事急，留則殃重。《春秋緯》曰：熒惑主怒則角擾動，及繞圜之若芒，前後左右，主令無常，各以其類，亂虛而侵殺，則光爲火。甘氏曰：熒惑色赤而芒角，其怒也昭昭然，明大則軍戰，其國亦戰。甘氏曰：熒惑芒名正旗。旗所指，破軍殺將。正旗而伐之大勝。郗萌曰：熒惑環繞宿，其長戮，其同光，死其光，若外附不同光，主出走。赤芒，南方國利之。白芒，西方國利之。黑芒，北方國利之。青芒，東方國利之。黄芒，中國利之。又占曰：熒惑色正黑多芒，所居之野有妖惑者。司馬遷《天官書》曰：熒惑白角，有哭泣之聲。《荊州占》曰：熒惑色正白無芒，所居多有女喪。色正白而多芒，所居宿有男喪。《荊州占》曰：熒惑始出，蒼多芒，所居宿其國有妖而饑。又占曰：熒惑始出，色赤而芒，軍在外，大戰。無軍，起。又占曰：熒惑出，色黄多芒，所居宿其國有憂主，期百二十日。又占曰：熒惑生芒，爲主憂。又占曰：角則兵起。又占曰：熒惑成鈎已繞環，有芒角如鋒刃，人主無出宮下殿，有伏兵。又占曰：熒惑角則生怒。又占曰：熒惑出而有角，行疾用武，行遲用文。又占曰：熒惑色青而角，來年之春，草木五穀肅。一曰色青而角，有兵憂。

熒惑盈縮失行五

韓楊曰：熒惑出列宿之南爲孽，出列宿之北，復入爲盈，逆爲縮。如是者，其下必有伏尸腐肉。甘氏曰：熒惑，政緩則不出，急則不入，違道則占。《尚書緯》曰：政失於夏，則熒惑逆行。《什圖徵》曰：聖王正律曆，不正則熒惑出入無常，占爲大凶。《春秋緯》曰：熒惑，主有謀氣，事未施行則見怡，其妖祥反道二舍以上，居之三月，有淫佚。五月，受夷狄之兵，王以讒言致非祥。七月，半亡地。九月，大半亡地，因與宿俱入俱出，國絶祀。《文耀鈎》曰：熒惑留其宿陰四旬，太子死。三旬，重臣消。《鈎命決》曰：天子失義不德，則白虎不出，熒惑逆行。石氏曰：其國失禮，失夏政，則熒惑逆行。熒惑所留久也，三年而發，亡五百里。其中也，三百里，其殺也，四百里。居其陰，萬家邑拔，千家邑驅掠。居其陽，萬家邑驅掠，千家邑拔。遠去而復還，居之甚憂隘。其從陰之陽，亡地三百里。《荊州占》二百里。從陽之陰，亡地二百里。《荊州占》百里三百里。從前之後，亡地二百里。從後之前，亡地三百里。留其前六日不從，主首子死。留其陰旬二日嬖人死。留其前一月季子死。《荊州占》太子死。留其後二月《荊州占》二日。不從，王后死。《荊州占》季子死。留其後二旬，相死留。其陰五月，《荊州占》一日。上卿死。《荊州占》王后死。其前二旬，《荊州占》一日。太子死。巫咸曰：熒惑出東方若西方，留遲者，天祟也。强國之王死之，又曰：留一月以上，爲憂，爲喪，爲饑，爲兵。熒惑之行東西南北，名曰失行。主用事必且失其位。使之不然，殺不孝者以當失行，如此則止。熒惑東行疾，名曰狡。狡者止，相且死。西行疾，名曰猶。猶者起，且有死將。南行疾，名曰讒，《荊州占》曰：變其常南行客三舍，名曰讒。讒且有男喪。北行疾，名曰賊，賊且有女喪。熒惑静居不行，名曰朁，且有殃。熒惑南去列宿間，客三舍，期百二十日倍之，君不治，政在臣下使之然。不然，遷不治，復宛宛，止姦詐，如此則止。京房《妖占》曰：君多虛飾，則熒惑失道。郗萌曰：主行重賦斂、奪民時、大宫室、高臺榭事，則熒惑逆行，霜露肅殺五穀，民多病，温疫擾軫。熒惑從北徃南，是謂持水入於火。不出三年，國有大喪，亂兵起南方。熒惑妄行，一東一西，一南一北，主有吉凶。赤爲兵，白爲喪，黄爲喜，青爲憂，黑爲水。《元命包》曰：妾爲妻，支爲嗣，精感類應，則熒惑逆行變怪。郗萌曰：熒惑逆行變色，人主簡宗廟，去禱祠，廢祭祀，逆天時，變妾爲妻。熒惑逆行變色，爲棄法律，殺太子，逐功臣。熒惑出而逆行變色，以内淫亂，犯親戚。

熒惑而逆留守宿者，所主貨物皆貴。熒惑以庚辛日留，天下有大喪，有兵。班固《天文志》曰：熒惑所守，爲亂賊喪兵。守之久，其國絶嗣。《荆州占》曰：王者不順禮遺德，不求賢舉隱，驕慢自恣，不順五常，耽於女色，妻妾爲政，邪臣在位，殺戮無辜，陵弱暴强，星則爲之逆行，出不以時，變爲妖彗，蚩尤之旗，格澤之氣，起兵大戰，主死將亡，伏尸流血。王者行禮，起宗廟，禮山川，存孤恤寡，薄賦輕傜，星順度，可以除咎。《荆州占》曰：熒惑變色失行，所留者亡，所抵者兵。熒惑逆行變色，人君宰相之治，推擇不以德。賢聖隱蔽而不肖者，進遠忠臣而近讒諛。一曰：人君宰相之治，驕恣，不從五行，妻不政，賢者伏匿，讒臣亂治，逐功臣，誅不辜，即熒惑逆行變色。熒惑變其常，東行客三舍，名曰縮星。縮星出，有死相。熒惑變其常，西行客三舍，名曰馳星。馳星出，有死將。韓楊曰：東行疾名曰馳星，有死將。熒惑變其常，南行客三舍，名曰讒星。讒星出，有男喪。熒惑變其常，北行客三舍，名曰賊星。賊星出，賊將起。又爲旱。熒惑逆行，色赤而怒，有兵。熒惑逆行，環繞屈曲成鈎已至三舍，名山崩，大川竭。若守之三日不下，其分國亡，有大喪。熒惑逆行至五舍，大臣謀反諸侯王也。熒惑逆行，必有破軍死將，國君若寄生。又曰：夷將爲王，敢誅者昌，不敢誅者亡。當此之時，趣立九侯置三王，取與必當，無逆天殃。熒惑當出不出，天下有兵，民流亡。當入不入，所在其國有殃。熒惑往來，疾者期不過九十日，遲者不過三年。熒惑留二十日乃占，熒惑不動，兵不戰，有誅將。熒惑逆行二舍半，有火災。一曰有女喪。一曰爲大水。熒惑、太白東西南北行之，而復居其處，天下爲四國謀者，其行也，同時馳。熒惑出東方，其行順則其國不凶。其逆行一舍，其國有兵，戰破亡地。其色悴小，其國君有憂。熒惑行失度而妄出宿間，天下作兵。熒惑東則兵東，西則兵西，南則兵南，北則兵北。熒惑東西，害侯王一南一北，爲死喪。熒惑失行西北，是謂水利於火，有兵兵罷，天下大旱。存孤老，廩鰥寡，天下親附，則熒惑順度。熒惑春夏而失道南行疾，爲旱，爲兵，在陽國。秋冬而失道北行疾，爲火入水，必有破軍殺將。甘氏曰：熒惑出入，進退以戰，背之大勝，迎之大敗。《荆州占》曰：熒惑順宿南行疾，有男喪。又曰讒人將起。順宿北行疾，有女喪，賊將起。熒惑正乘列舍，守之十日以上，其分内亂。二十日以上，相走。六十日，主死。九十日，殃及子孫。熒惑止留三日以上，國則憂，相不死出走，十日以上，主大憂。一月至三月，三月至六月，殃及子孫。去之丈，傷五穀。去之七尺，傷人民。去之四五尺，傷吏。去之二三尺，傷卿相。去之一尺，傷主。熒惑出西方若東方甚疾，至宿留二十日以上，及爲留，即去之若復反其所留之宿，其君當之。《海中占》曰：國君死。之所宿者，天子惡之。四孟之月，侯王受之。四仲之月，大臣受之。四季之月，小臣受之。熒惑順行，留守宿二十日以上，與逆行不滿十日等。順行留守三十日以上，與逆行留守宿十五日等。順行留守宿四十日，與逆行留守宿二十日等。順行留守百日，與逆行五十日等。熒惑所守，其國宰相死。熒惑與宿星舍守之。其國大人死。守之久，五年而發者，亡地五百里。期二年而發者，亡地二百里。期一年而發者，亡地百里。熒惑所守之分，其國凶。守之速，殃小。守之久，殃大。去而復還守之，或前或後，或左或右，殃殊重，不可救，國破主死，流血城市。熒惑逆行守星者，爲饑。即其年旱饑也。復還順行黄色，而至羅爲反賊。韓楊曰：熒惑東西南北疾，謀用戰。順之勝，逆之敗。《漢天文志》曰：熒惑順宿東行疾，則兵聚於東方。西行疾，則兵聚於西方。韓楊曰：熒惑乍東乍西受者，國大憂。居之久者，三歲中，二歲近，一歲殃至。熒惑逆而西行，則不殺。爲王敢誅者昌，不敢誅者亡。當此之時，趣立九侯，置三王，取與必當，無逆天殃。熒惑出於北方，不出其年起兵。熒惑還北方，其兵不還，有憂。熒惑春出南方，有喪。不然當小旱饑。熒惑春出於南方，羣君有憂。熒惑凡行二十八宿，已去復還反，其國君死之。熒惑正乘其國之宿星留三日，以戰大將死。留五日，君破亡地。留十日，其君死國無兵。而熒惑正乘其宿星留十日内，亂起。絶宿星從南之北，從北之南，其國貧。一曰所居久者，其野有兵。《荆州占》曰：熒惑所居久者，其野有兵。入其星三日，其野有憂。過三日，其憂大。韓楊曰：熒惑常行，其留不行，從宿居入宿又守之，其國當舉兵戰鬬，殺將亂事，家室破殘，父子相扶於流亡。又曰：熒惑行絶道，正乘宿留二十日以上至五十日，破軍殺將。熒惑之行無常，東行守宿十日爲留其環所久宿者，殃其國，宰相死。熒惑東行四十日，行三舍以上，謹守其反日不行，日數之百八十日，女孽出。班固《天文志》曰：熒惑逆行一舍二舍，爲不祥。韓楊曰：熒惑西行，行三舍以上，謹守其反日數之百八十日，兵起。不然，天妖出。韓楊曰：熒惑逆行而留，其國逆凶。順行而留，其國順凶。石氏曰：熒惑逆行還復故道，名曰燒跡，其災重。

熒惑晝見反明六

甘氏曰：熒惑晝見，臣謀主。韓楊曰：熒惑出西方而逆行，是爲反明。天下更王國憂。受者亡其南。若北，爲死喪。南，爲丈夫。北，爲女子。《洛書》

曰：熒惑反明，邦命更王。熒惑反明，相掠所滅。熒惑反明，不言紀更。《尚書緯》曰：熒惑反明，白帝亡。《春秋緯》曰：赤帝之世，有過則熒惑出，寇守見，萌以淫亂。失時則反明，有此類則亡引也。《文耀鉤》曰：熒惑反明，主以悖更，殘物之過亡，天下更紀，易其主。《元命包》曰：殷紂無道，熒惑反明。宋均注曰：反出西方也。《天官書》曰：熒惑反明，主命惡之。《荆州占》曰：熒惑反明，怒氣結。韓楊曰：熒惑所止舍而數之七舍，而數爲日七月，而入於西方伏行五舍，爲日五日而復出於東方，其反出西方，是謂反明。天下更政，所宿其國伐。熒惑入西方，反出爲反明。天下更王。熒惑有三反明，三吐舌，以戚咎殺太子，以妾爲妻。京氏曰：禮經不用，熒惑反明。

熒惑變異吐舌七

《龍魚河圖》曰：夫熒惑主司非，其精下爲風伯之神。巫咸曰：熒惑下爲童男，止於都市。《搜神記》曰：吴地草創之，信不堅固，邊屯守將，質其兩女子，名曰保質。童子少年，以類相與嬉遊者，日有十數。鳳皇三年三月，有一異兒，長四尺餘，年可六七歲，衣青，來從羣戲。諸兒莫之識也。皆問：爾誰家兒，今日忽來？答曰：見爾羣戲樂，故來耳。詳而視之，眼有光芒，焰焰若火。諸兒畏之，重問其故。兒乃答曰：爾惡我乎？我乃熒惑星也。將有一言告爾，天下歸司馬氏。諸兒大驚。或走告大人。馳往觀之。兒曰：爾舍去乎！竦身而躍，即已化矣。仰而視之，若引疋練以登天。大人來，有猶及見焉。飄飄漸高，有頃而没。時吴政峻急，莫敢害也。後五年而蜀亡，六年而晉興。至是而吴滅於司馬氏矣。一書云：熒惑卒不見，下地爲人，衣韋衣，若白衣，乃使民多妖言。京房《對災異》曰：熒惑作變爲華州，人君之禍也。弟於東，骨肉欲暮。近北，邊國謀入。於西，則兵大起，蠻貊戰。入斗，則大臣叛。住東西，萬民病。不救之，則致日食既，下謀上。其救也。設七政，争正圖書，修經術，改惡爲善，則安矣。《運斗樞》曰：人君政亂，朝多讒臣，則熒惑吐舌。京氏曰：人君無禮法，輕薄房室，外行慢易，遇下不理，賦斂奪民時，則熒惑失度，吐舌爲變。逆度作怪，以誡人君。不救，則大旱，中火燔宫殿。其救也，追功禄爵，位賢德，養幼孤，廩鰥寡，則熒惑還度，天心得矣。韓楊曰：熒惑吐舌，狀如星也。其舌上則主憂，下則民愁。《運斗樞》曰：陽越度，陰失符，則熒惑生足。宋均曰：陽，君也。陰，臣也。石氏曰：熒惑生足，故主殃，新主易。巫咸曰：熒惑大而赤，東西南北行，非常也。一曰有謀兵起。熒惑失其常，吏且棄其法，諸侯亂其政。《荆州占》曰：熒惑始出大而日愈小者，其國不利。始出小而日愈大者，其國利。熒惑赤角，卒多不出，秋兵起。又曰：熒惑赤大，昭然而芒，其野有兵。熒惑大而赤角，有兵，兵出有功。戰，客利。背之者大勝，逆之者大敗。熒惑色赤大而角，軍大驚。巫咸曰：熒惑，小名曰進賊。萬物相暴從爲賊，不有死王，必有滅國。使之不然，哀老弱，憐孤寡。郗萌曰：熒惑出東方，反行以西，有小星擊之即去，所宿之國受兵。《荆州占》曰：兩敵相當，熒惑當其日而大，以其大之日利，當其日而小，以其小之日不利。上旬爲陽國，中旬爲中國，下旬爲陰國。星大赤則兵出有功，小赤則無功。皆以其日占國。熒惑貫小星，殺小將。熒惑之陰，有小星去四寸以内，諸侯陰謀。熒惑之陽，有小星去四寸以内，諸侯有小兵。熒惑之傍，有小星兩，其一在南，一在北，皆四寸以内，諸侯從。熒惑之傍有小星兩，其一在東，一在西，皆四寸以内，諸侯横。熒惑小而赤角，兵出無功。

熒惑躍而沉浮與列星鬬八

《荆州占》曰：熒惑躍而沉浮，主用心悼憒。熒惑守列舍，浮跳不安，人主心邪無剛政。韓楊曰：熒惑有宿星鬬，不出三年，臣背其主。熒惑變色，逆行相凌而鬬會舍還，其國無道。若與宿同光，國君出走。

熒惑穰氣暈彗九

《黄帝占》曰：熒惑生氣，如爲赤穰者，明日大暑，至夕時而大雨。熒惑出，穰氣長一丈，有百日旱。《孝經内記》曰：熒惑黑赤氣爲赤穰者，不出五月有賊，三十日有兵，五十日旱，魚鹽貴二倍自止。甘氏曰：兩軍相當，而雲掩熒惑，必有覆軍，若將死。其出入進退以戰，背之大勝，迎之大敗。郗萌曰：兩軍相當，雲厚掩熒惑，必有逐軍。巫咸曰：熒惑白暈，大臣背其主。其角也，兵氣。赤色也，國有憂。郗萌曰：熒惑出彗東南維，其下受亡地，不出三年。

唐·瞿曇悉達《開元占經》卷三一　熒惑犯東方七宿

熒惑犯角一

《荆州占》曰：熒惑犯左角，都尉死之。《陳卓占》曰：熒惑犯角，赦期一月。石氏曰：熒惑犯左右角，大人憂。一曰有兵，大臣爲亂。甘氏曰：熒惑入左角，有大赦。入右角，兵大起。《黄帝占》曰：熒惑出角中道，天下太平。出陽道，旱。陰道，多雨。陳卓曰：熒惑出角陰道，多陰謀。郗萌曰：熒惑出入天門間，宫門移。又占曰：熒惑逆行角，失火。《荆州占》曰：熒惑逆行角中成勾已，若環繞之，人主憂，有兵喪，若關梁不通，期六月。郗萌曰：熒惑起角，刺如

鋒刃，經角間，三十日而三留之，人主無下殿出宮，廊廟間有伏陣兵。又曰：熒惑赤色光芒，居天門中三十日，天下有大徵發，男年十五至耄老，三年乃止。或曰三月。郗萌曰：熒惑起芒角赤色而光，守天門中二十日，饑。一曰小旱。又曰：熒惑遇兩角，多雨。《荆州占》曰：熒惑成鉤己，環繞角有芒如鋒刃，天子失位。郗萌曰：熒惑乘左角，爲旱。乘右角，爲兵爲水。又曰：乘陵左右角者，爲日蝕。國有大變。石氏曰：熒惑乘右角，后族家若將相有坐法死者。又占曰：熒惑與角合，韓相出走。《河圖》曰：熒惑居角陽，其國有喜。居陰，有憂。郗萌曰：熒惑居角亢間及太微宮，臣有請兵於天子者。若去復還居角亢之間，天子聽之，兵且起。又占曰：熒惑大反行留角，國受殃及加兵。又曰：色黑爲疾爲死，青爲水爲饑。又占曰：熒惑反行，留角三十日，萬家邑拔，千家邑虜。既居之南北去之，其邑不可用兵。進爲兵，退爲喪。《荆州占》曰：熒惑行廷中不止，有大獄。巫咸曰：熒惑舍天門，人主絶祀。郗萌曰：熒惑舍天門中，大赦。又曰：入天門，出復反之，天下大亂。守反者，事大。《春秋文曜鉤》曰：奪民時，熒惑守左角。《海中占》曰：熒惑守左角，有喪。色白爲兵，黄爲土功，赤爲旱，青憂，黑死。郗萌曰：熒惑守左角，臣謀其主。《荆州占》曰：熒惑守左角，兵起，將軍死之。期六十日，若六月。又曰縑繒倍價。《黄帝占》曰：熒惑守右角，有兵起。期三月，將死。又占曰：熒惑守左右角，左右校尉，都尉若相當之。或戮死。又占曰：熒惑守兩角間若軫，道絶不通。出其陰，陰伐利，戰勝，取其將。又占曰：熒惑守角三十日，其后憂。又占曰：熒惑守角，出其南，多病。出其北，多死。行右，中國有殃。行左，負海國有殃。又占曰：熒惑貫，若守左右角，大戰。《洛書》曰：熒惑守角，下士逆謀，兵乃出。《春秋緯》曰：熒惑守角，若反行留角，二十日，相死。石氏曰：熒惑守天門中二十日，國有大喪，若大臣受誅。期一年。又占曰：熒惑守左角，左將軍憂；守右角，右將軍憂。去復還守之，二十日，將軍戮死。又占曰：熒惑居守角，三月有殃，五月受兵，七月其野亡。又占曰：熒惑守角，覇者争土，農者争犂。聖人出，二十日大貴。又占曰：熒惑入天門，已去復反守天門，關梁不通。進以善事則亡。甘氏曰：熒惑守角，忠臣誅，國政危。又占曰：熒惑守左角，廷尉有憂；守右角，太尉有憂。《海中占》曰：熒惑守左右角，其色黄白，小旱，民小厲。又占曰：熒惑守左右角，逆行爲旱，還立雨，爲五穀不收。又占曰：熒惑守角，貴人子有繫者，去獄之天牢。貴人子赦。又占曰：熒惑起芒角，赤色而光，久守天門，王者絶嗣。各以占其國。郗萌曰：熒惑守左角若右角，去復還之，天子行誅伐，期年中。又占曰：熒惑守左角，左將軍；右角，右將軍；守角前，前將軍；守角後，後將軍；一周五將軍發。又占曰：熒惑守角，讒臣欲進，政事急，有千里之行。又曰：將軍有亂，有兵兵罷。又曰大旱。又曰：熒惑守角爲中兵大臣，留兩角間，將興國廷開梁邊境不通。又占曰：熒惑守東關，赦，期一月。《荆州占》曰：熒惑守天陳，大饑，太后族人有受誅者。又曰：以夏三月中守角，若出角入角，中外不通。《二十八宿山經注》曰：熒惑守角亢，其色赤，不出三年則韓國王死。《黄帝占》曰：熒惑守角，西爲父母，後爲妻，前爲子，東爲身，如此者臣弑君。近一年，中二年，遠五年。石氏曰：熒惑守犯凌左角，爲禍咎。

熒惑犯亢三

《黄帝占》曰：熒惑入亢，有芒角犯凌之，當有白衣之會，糴大貴。郗萌曰：熒惑入亢，天子廷有兵有水。《東宫候》曰：熒惑入右亢，謂北星也。天下有白衣之期，五穀不熟。石氏曰：熒惑數入亢，其國疾病疫。郗萌曰：熒惑入亢，成鉤己環繞之，有亡國，必有臣謀。主案《宋書·天文志》曰：魏嘉平三年十月癸未，熒惑犯亢南星。正元三年二月，李豐等謀亂誅。石氏曰：熒惑十二月入龍宿，成鉤己，若環繞之，天子失廷。《荆州占》曰：熒惑逆行亢，主成咸非其人。陳卓曰：熒惑乘亢右星，爲大兵，爲水，爲穀貴。郗萌曰：熒惑乘滅亢左星，爲大人憂。乘右星，爲天下奇令。《春秋緯》曰：熒惑與亢合，主命凶。《河圖》曰：熒惑居亢陽，其國有喜，居陰，有憂。《荆州占》曰：熒惑留亢，天子惡之。郗萌曰：熒惑留廷中，爲天下大憂。或曰：爲燋旱，物不生。多蟲蝗起。又占曰：熒惑舍亢，爲歲有小水。《黄帝占》曰：熒惑以八月守亢，兩將相當。在東南，期一歲。石氏曰：期歲中。又曰：平地出水，橋梁不通，河内將相憂。甘氏曰：熒惑守亢，天下大樂，民得封爵，期不出年。甘氏曰：熒惑守亢東，天下州戰。守西，木菓不實。又占曰：熒惑守亢，五穀不熟，民死之。又曰：守疎廟，有土事。又守天門，有憂。巫咸曰：熒惑守亢，小臣爲亂，臣疾疫。又曰：兵大起，天下旱，萬物不成。《海中占》曰：熒惑守亢，天下有白衣之會。天子易政，道路不通。《海中占》曰：熒惑守亢，成鉤己而環繞之，三十日，天子自將兵，國易主。郗萌曰：熒惑守亢，環繞之成鉤己，天子惡之。期六月，若十月。又占曰：熒惑守亢，大將有喜。守亢左，左將軍有喜。又占曰：熒惑守亢，五穀以水傷敗。又占曰：熒惑守亢，爲天下大旱，多火災，逆行爲失火。《黄帝占》曰：熒惑守

亢，西爲父母，後爲妻，前爲子，東爲身。如此者，臣弑主。近一年，中二年，遠五年。郗萌曰：熒惑守亢，貴人病亡。一曰留十日，后忌。又占曰：熒惑守亢，天子有祠廟之事。又曰天下病頭。《荆州占》曰：熒惑色黑守亢，旬日水萬里不測，二旬有没王，三旬澤海。又曰赦。《東官候》曰：熒惑守亢，國糴貴。芒角犯淩，有白衣之衆，暴聚麻麥，載倍價。又占曰：熒惑守亢，大人憂之，若水船急，若民憂，非一國也，政危。守之，三十日，民多疾。又占曰：熒惑入守亢，天子有所治宗廟之事，赦解之。《黄帝占》曰：熒惑逆行守亢，爲中兵。郗萌曰：熒惑乘若守亢左星爲水。乘右星，爲大兵，爲有收繫者。甘氏曰：熒惑犯守亢逆行不順，失其明色，大政不用。郗萌曰：熒惑犯守亢，天下病頭。《東官候》曰：熒惑犯守亢二十日而去，五穀不登，大人憂，亂臣在朝，忠臣不進。

熒惑犯氐三

《荆州占》曰：熒惑犯氐左星，左中郎將誅死；右星，右中郎將誅死；皆期三年。甘氏曰：熒惑入天子宫，天子失其宫。郗萌曰：熒惑守亢，還入氐中，三十日，大人當之。其遠氐者，將大病。在氐南行，國有小喪。在其陽者男，在其陰者女。甘氏曰：熒惑入氐，留守二十日不下，當有賊臣在内，下有反者。案班固《天文志》曰：孝宣地節元年正月辛酉，熒惑入氐。其四年，將軍霍禹、范明友及奉車霍山諸昆弟嬪婚爲侍中。諸曹九卿郡守皆謀反伏誅，其應也。三十日不下，其國兵起，人主當之。氐爲天子之宫，罰星入之，不祥之徵。所守之國，其君死之。石氏曰：熒惑入氐，留二十日，有一國之君繫饑死，若毒死者。郗萌曰：熒惑入天門，至氐前進退，人主無出廊廟間，無出國，無之遠宫，其間有伏陣之兵。《荆州占》曰：熒惑入氐，宿留之二十日，大發卒戰。近期三十日，中期六十日，遠期百日。又占曰：熒惑以戊辰歲鈎己入氐，犯西南東北星，光合者，到己巳歲，大將軍誅，大赦天下。又占曰：熒惑出東方，若西方，留氐者，天子宫也，去復還居之，天子坐之。巫咸曰：熒惑逆行氐，失火。一曰守氐，多火災。《荆州占》曰：熒惑逆行氐，地動。郗萌曰：熒惑乘氐之左星，天子自將兵於野。一曰天下有大水，大兵。又占曰：熒惑出入留舍氐五十日不下，天下大疾。一曰二十日不下，五月有病。《荆州占》曰：熒惑出入留舍氐十日，其君當之。《黄帝占》曰：熒惑守氐，成鈎己者，大人憂。甘氏曰：赦，期六日。石氏曰：熒惑守氐，大人憂，若强國當之，若主有繫者餓而死，若近臣憂，非一國也，政不安。一曰天下有兵。一曰大國憂。《春秋緯文曜鉤》曰：熒惑守氐，去一旬復還，有大兵起。二月有亡地。又占曰熒惑逆行守氐，大臣謀反，其事成。甘氏曰：熒惑守氐，大臣相譖，主大戰。巫咸曰：熒惑守氐君有疾，有兵起，所守國其君惡之。案《宋書·天文志》曰：武帝永初二年六月乙酉，熒惑犯氐，景平元年，廬陵王義真廢，王領豫州也。《海中占》曰：熒惑守氐，國亂，有反臣，近臣有憂，有兵，期六月。不出六十日，赦，不遍天下。歲春旱晚水，不出其年，人相食。《黄帝占》曰：熒惑出氐，復還守之，强國之君惡之。郗萌曰：熒惑守氐，地震動。又曰有土功事。又曰：守二十日，相見，親近戮死者。西北之夷來。又曰：守氐，色黑，國家有小喪。《荆州占》曰：熒惑守氐，天子惡之。案《宋書·天文志》曰：武帝永初二年六月乙酉，熒惑犯氐。三年五月宫車晏駕。郗萌曰：熒惑守氐，西爲父母，後爲妻，前爲子，東爲身。如此者臣弑君。近期一年，中二年，遠五年。《荆州占》曰：熒惑守氐成鈎己者，强國之君死之，王者憂。貴人有饑死，因繫者。謂東行反之還去兩星二尺期百二十日，去兩星齊，期二十日，以赦解之。又占曰：熒惑守氐，去復反守之，其色黄白，與兩星齊，期十日，去兩星尺，期六十日，有赦。又占曰：熒惑色赤若黄，以九月守氐，六十日，有奪地死王。期一年。

熒惑犯房四

《洛書》曰：熒惑犯房，亡君之夷。《文曜鉤》曰：熒惑犯房宿，將軍爲亂，王者惡之。《荆州占》曰：熒惑守犯淩房，國君憂。色青憂喪，赤憂兵，積尸成山。黑，右將相誅。白芒角，大哭。司馬彪《天文志》曰：孝和永元五年九月，火犯房北第一星，爲相。六年正月司徒丁鴻薨。《宋書·天文志》曰：魏明帝太和五年五月，熒惑犯房。占曰：房四星，股肱將相位也。五月星犯守之，將相有憂。七月車騎將軍張郃追諸葛亮，爲亮所害。十二月太尉華歆死。晉成帝咸康八年六月，熒惑犯房上第二星。占曰：次相憂。建元二年，車騎將軍江州刺史庚冰薨。是時驃騎將軍何充居内，冰爲次相也。郗萌曰：熒惑入房，天子之宫，大臣有反者，天子憂。期六月。又曰：有白衣之會。又占曰：熒惑入房，天下有喪。又占曰：熒惑入房三道，爲天子有子。石氏曰：熒惑入房，馬貴。出房，馬賤。郗萌曰：熒惑出房北，主也。出其南，諸臣也。處之，憂甚。行，除憂無故。《海中占》曰：熒惑行房南，旱；若守之，爲喪。行房北，爲水；若守之，爲兵。郗萌曰：熒惑逆行房，失火，若地動。《春秋演孔圖》曰：堯恒視熒惑所在，在房，則改法斸令。宋均曰：房爲天子明堂，政教有門，故改法斸令也。又占：曰熒惑磨心環房，不留正舍，往來彷徉，人主無下殿遠宫，闕

有伏兵。《洛書》曰：熒惑鈎己房，主命凶。《玉曆》曰：熒惑逆行房成鈎己，大人憂，臣弑其君，凶。郗萌曰：期不出六十日也。下有反者，大兵起。《文曜鈎》曰：熒惑與房合，車馳人走。宋均曰：熒惑與房合，爲諸侯所逐也。郗萌曰：熒惑與太白合房，哭泣者多，堂空。甘氏曰：熒惑貫房中央，天下無兵。出房南，爲男憂；出其北，女憂。郗萌曰：熒惑入房，留二十日，主出走。留十五日，主戰。近期三十日，遠三月。石氏曰：熒惑出中道留也，天下有夷。期三月。四月，天下大赦。《荆州占》曰：熒惑出入房中道，良馬用，天下兵滿野。將相爲盜，大臣有憂。《黄帝占》曰：熒惑守房，十日不去，山崩。又占曰：熒惑守房，大臣爲亂，王圍於野，天下作兵，五年而止。石氏曰：熒惑守房，天下更政。《黄帝占》曰：熒惑守房，有兵與喪。居之三月，其邦有殃，五月受兵，十月其野亡。又占曰：熒惑守房，貴人疾。又占曰：熒惑守房，三日五日，天子車駕有驚。又占曰：熒惑行房南犯守之，爲大旱。行北犯守，爲大水在宋地。又占曰：熒惑守房，入之成鈎己，天子失宫，期六十日。《春秋緯說題辭》曰：房心，木位。熒惑守之，燒弑陽類，相滅子代位。石氏曰：熒惑守房，火近於木，子火滅其母。十日不去，國有喪。郗萌曰：有崩主。十五日不去，兵大起。二十日不去，臣弑君，子殺父。郗萌曰：臣叛其君、子去其父也。民去邦邑，陰陽相克，天下大動。期不出一年。石氏曰：熒惑守房，爲大饑，人相食，死者不葬。又占曰：熒惑守房，爲良馬出廐。又占曰：熒惑守房左，絲絮貴。其守陰間星，將有喜。郗萌曰：熒惑逆而西行，守房十日成鈎己，大臣弑其主，期不出六十日。石氏曰：熒惑行，不出房中央，其年有氏守房，王者惡之，天下更政易王，若將反，逆者從近君起，以赦令觧之。甘氏曰：熒惑守房，去復還成鈎己，若環繞之，國有崩喪戴麻，天下將大亂，諸侯起霸，天子失其宫。期六月。巫咸曰：熒惑守房，多水災。《海中占》曰：熒惑守房三日，鬼火夜行，人民大恐，多死喪。郗萌曰：熒惑以九月守房，車騎蓋野，期後年，父子盡給軍事，無得留家者。又占曰：熒惑守房，土功興。留三十日，地大動，大兵起。又占曰：熒惑守房心，赦成鈎己者，水。成己者，火。又占曰：熒惑守房間直心而留守房，天下大亂，東方大得，西方大失。又占曰：熒惑守房北，燕趙負殃，守中央，魯衛負殃。又占曰：熒惑守房，爲胡兵發。《荆州占》曰：熒惑守房，期一年，大臣盜國寶，大兵起於后宗。其芒角犯凌，留三十日以上，大臣凶。一曰秦燕趙大凶。《二十八宿山經注》曰：房心星宿闇黑，熒惑守之，二百日止則音聲萬民相聲大水，魚鹽五穀貴，百姓愁苦。郗萌曰：熒惑犯中乘守房，左驂左服，爲君死所中，將誅。有中犯乘守房右驂右服，爲夫人死所中，相誅。又占曰：熒惑留逆犯守乘凌房左右驂，主崩，臣有陰謀。逆徃乘凌中道，天子失位而亡。順行乘凌中道，天下和平。韓楊曰：熒惑犯房鈎鈐，王者憂。案《宋書・天文志》曰：晉穆帝升平三年三月乙酉，熒惑逆行犯鈎鈐。五年穆帝崩。檀道鸞《晉陽秋》曰：孝武大元十九年十一月甲申，熒惑犯鈎鈐。二十一年九月庚申，帝崩。《宋書・天文志》曰：宋武大明二年十一月庚戌，熒惑犯房及鈎鈐。壬子又犯鈎鈐。占曰：有兵。其年索虜寇歷下，遣羽林軍討破之。郗萌曰：熒惑犯乘鈎鈐，大臣有誤，天子不尊事天者，致火災於宗廟。王者不宜出宫下殿，有謀匿於宗廟中者。石氏曰：熒惑逆行至鈎鈐，天子侍臣俱亡。《春秋緯》曰：出行不節，則熒惑守房鈎鈐。劉向《洪範》曰：鈎鈐，天子御也。熒惑守之，不大僕則奉車，不黜則死。《洪範》曰：漢宣帝本始元年，熒惑守房。其後六年，奉車都尉霍山舉家謀反，誅滅。郗萌曰：熒惑守鈎鈐，大赦，若有德令。

熒惑犯心五

《黄帝占》曰：熒惑犯心，戰不勝，國大將鬬死。一曰主亡。《海中占》曰：熒惑犯心，天子王者絶嗣。犯太子，太子不得代。犯庶子，庶子不利。又占曰：熒惑犯心，必有饑餓而死者。郗萌曰：熒惑犯心，有謀臣，不即有死王。《文曜鈎》曰：熒惑入心前後星，相戮中野。郗萌曰：熒惑入心，大臣有反者，天子憂之，期六月。《黄帝占》曰：熒惑經心，清明烈照，天下内奉王，帝必延年。郗萌曰：熒惑入角道，逆行進退，欲留氐亢，因復少進，繞心與房，不留止舍，徃來彷徉，可三十日。又曰：因以東西有憂，南北有喪。《春秋演孔圖》曰：熒惑在心，則縞素麻衣。宋均曰：熒惑在心，海内之殃。海内亡主，故素縞麻衣。郗萌曰：熒惑迴心，若去之復還，反之二日，大赦。石氏曰：熒惑乘心，其國相死。又占曰：熒惑犯蝕乘心右星，太子有憂，若不立。一曰不死即去。《洛書》曰：熒惑居心陽，其國有喜。居陰，有憂。郗萌曰：熒惑入心，留二十日，主病。三十日，疾困。群臣亦然。陳卓曰：熒惑留心，近臣爲亂。石氏曰：熒惑舍心，貴人振旅，天下大兵。若色玄不明，喪。司馬彪《天文志》曰：金火俱在心，爲大喪。《黄帝占》曰：熒惑宿心色青，有喪。色赤，有兵。宿心東，爲齊越。西，爲秦鄭。甘氏曰：秦魏爲中。南，荆宋。北，衛趙。甘氏曰：燕趙中，爲魏魯。《文曜鈎》曰：熒惑與心合，主死，不死，出走。又曰易帝。郗萌曰：熒惑起角芒如劍刃，經兩角間進退不留止，磨心以行，有伏陣兵。甘氏曰：熒惑貫心，天下民饑。

郗萌曰：熒惑與心鬬，天下暴喪，期三年。《洛書》曰：熒惑守心成鉤已，不言王命凶。《春秋緯》曰：熒惑守心，海内哭。案班固《天文志》曰：漢高帝十二年春，熒惑守心。四月宫車晏駕。韋昭曰：凡初崩爲晏駕者，臣子之心猶謂宫車當駕而出也。《宋書·天文志》曰：晉武帝太康八年三月，熒惑守心。永熙元年四月乙酉，武帝薨。光熙元年九月丁未，熒惑守心。十一月，惠帝崩。石氏曰：熒惑守心，大人易政，主去其宫。案《史記》曰：宋景公時，熒惑守心。子韋曰：禍當君。雖然，可移於宰相。公曰：相，吾之股肱，所與治國家。曰：可移於民。公曰：民死，寡人將誰爲君？子韋曰：可移於歲饑。公曰：歲饑民困，民誰以我爲君？子韋曰：天居高而聽卑，君有至德之言，天必三賞君。熒惑果徙三舍，行七星。星當一年，君壽延二十一年。《海中占》曰：火守心色赤，有兵，臣謀其主。黑，主死。白，謀臣有賜爵者。青，大人有憂。石氏曰：熒惑守心，天子走，失位。入心，必見血，其國庫兵出，天下士半死，五月大旱。二十日不下，天子有令有憂，布大貴。《雒書雒罪級》曰：熒惑守心，必有逆臣起。石氏曰：熒惑守心，時王將軍爲亂。甘氏曰：熒惑守心，大臣爲變，謀其主，諸侯皆起。又占曰：熒惑守心，成鉤已及環繞之天子失其宫，期六月。巫咸曰：熒惑守心，萬物不成，土功興。一曰歲水。《海中占》曰：熒惑守心，天下大吟。居之三月，有殃。五月，受兵。十月，其野亡。石氏曰：熒惑守心，成鉤已，期三月，大臣反，攻戰，不將軍死。《海中占》曰：熒惑守心南，爲水，北，爲旱。又占曰：熒惑守心，民流亡。郗萌曰：熒惑守心南，有小男喪。守北，有小女喪。又曰：以十月守心北，不出其歲，國有大喪。以十月守心，期六十日，有辱主。一曰皆起兵。又占曰：熒惑守心爲侵陽，守心上下星，名倖臣驂乘者有事。《黄帝占》曰：熒惑守心，大人惡之。郗萌曰：熒惑守心，有反者，從太子起。一曰九卿爲害。又曰大國兵四起，天子軍破。又曰二十日相死。又曰守心留十日，后死。又曰守心三十日，有女喪。郗萌曰：熒惑守心房間，三十日，地動。又占曰：熒惑守心，有反者，從宗家。案《宋書·天文志》曰：晉元康九年六月，熒惑守心，八月入羽林。後二年趙王廢，惠帝爲太上皇。俄而三王起兵討趙王倫。倫悉起中軍兵，相拒累月也。《荆州占》曰：熒惑守心色黑，有兵必敗。陳卓曰：熒惑守心，期三十日，彗星出王都西南指。《玄冥占》曰：熒惑守心爲饑。案袁宏《漢紀》曰：安帝永初元年五月戊寅，熒惑逆行守心。三年三月，京都饑，入相食。《春秋緯説題辭》曰：熒惑守心，主死，天下大潰。《黄帝占》曰：熒惑逆行而西守心二十日，大臣爲亂。袁宏《漢紀》曰：安帝永初元年五月戊寅，熒惑逆行守心。司空周章謀誅。鄧隲兄弟廢太后及上，立平原王爲帝。事發覺，自殺。石氏曰：熒惑逆行守心，哭泣涔涔，主命惡之。國有大喪與兵。案司馬彪《天文志》曰：孝靈中平三年四月，熒惑逆行守心。後三年而靈帝崩。國易政 。郗萌曰：熒惑逆行守心，旱，失火。陳卓曰：熒惑逆而行心，地震。《黄帝占》曰：熒惑逆行守心，環繞成鉤已，皆爲大人忌。期六月。以赦解之。石氏曰：熒惑逆行守心中央大星，有白衣之會。巫咸曰：熒惑中犯乘守心明堂，大臣當之。在陽爲燕，在陰爲胡。一曰有火異。郗萌曰：熒惑中犯乘守心明堂，爲萬民備火。近期一年，中期三年，遠期九年。一曰旱。又占曰：熒惑中犯乘守，庶子女主勢行 。又占曰：熒惑中犯乘守蝕心右星，爲庶子有憂，若死。又占曰：熒惑中犯乘守太子星，天心明堂星，有大喪。又曰：中國有小憂。一曰宋憂。又曰：中犯乘守太子星，天下大赦。又占曰：熒惑中犯乘守心明堂成鉤已，爲大人憂。近期十月，遠期三年。以赦令。解之。《海中占》曰：熒惑留逆犯守乘淩心星，王者宫中亂，臣下有謀易立天子者，權在宗家得勢大臣。

熒惑犯尾六

《文曜鉤》曰：熒惑入尾三月，客兵聚。郗萌曰：熒惑入尾，宫中有讒諛之臣。又占曰：熒惑入尾箕，九州當之。甲乙日入，東方有咎；丙丁日入，南方有咎；戊己日入，中央有咎；庚辛日入，西方有咎；壬癸日入，北方有咎。《荆州占》曰：熒惑入尾，縑帛貴。將相、人民離其城郭。《東官候》曰：熒惑入尾，後宫有憂，后惡之。一曰倖臣亂宫。郗萌曰：熒惑逆行尾者，失火。一曰大水。《荆州占》曰：熒惑逆行尾，其君淫泆。郗萌曰：熒惑在尾，與辰星相近，天下牢開，大赦。《文曜鉤》曰：熒惑繞尾踟蹰，則以妾爲妻。《荆州占》曰：熒惑入尾犯乘之，天下有戰兵。《河圖》曰：熒惑居尾陽，其國有喜。居陰，有憂。《黄帝占》曰：熒惑留尾箕，臣下淫亂。郗萌曰：熒惑舍司空三十日，馬多死。一曰牛多死。一曰蒭大貴。《齊伯》曰：熒惑出入留舍尾，其國且無人，兵雖起不用，吉，其國繕城郭。石氏曰：熒惑守尾，歲多妖祥。甘氏曰：熒惑守尾，皇后恐。又曰：人民爲變，國易政，兵始動。巫咸曰：熒惑守尾，天下大饑，人相食。一曰留十日，后忌。巫咸曰：熒惑守尾，下凌上，君弱臣强，姦臣賊子謀弑其主，人民多死喪。又曰后宫干政。又曰：以十月守尾中央，六十日，天下發兵車騎。行守端，三十日，發士卒。又占曰：熒惑守尾，人君爲憂，大臣作亂者，

反逆從大將家起，期二十日。郗萌曰：熒惑入守尾，天下稱兵。又占曰：熒惑守尾，二十日，宮中匿謀，嬪妾有讒后者。一曰滿二日，光明相及，爲女主。《荆州占》曰：熒惑守九江，赤地千里，人民流亡，穀貴三倍，藥草再倍，布貴。臣有毒弑其君，大臣反。守尾宮中，匿謀，后妾相妬，三公九卿姦，大將有反。《玄冥占》曰：熒惑守尾，後宮有相害者，期百二十日。又曰熒惑守尾，舟船相望。郗萌曰：熒惑守尾箕，九卿當之，期二十日。《春秋緯》曰：熒惑逆行守尾，久者，有兵起，車騎聚於道。大臣宮人爲亂，國易政。郗萌曰：熒惑犯守尾，爲女主夫人妃后惡之。又占曰：熒惑留逆犯守乘凌尾，皇后有以珠玉簪珥惑天子者。誣讒大起，后相貴臣誅，宮人出走，兵起宮門。

熒惑犯箕七

《春秋緯》曰：熒惑犯箕，女主宮人有憂。郗萌曰：熒惑犯箕，天下國相擊，男不得耕，女不得織，牛馬大死。《春秋緯》曰：熒惑入箕，主失位。又曰天下大亂，兵起。案《宋書·天文志》曰：晉永康元年八月，熒惑入箕。明年趙王篡位，改元年，尋爲大兵所滅。石氏曰：熒惑入箕，箕中一星，民莫處其室養者。星在箕南，旱；在箕北，有年；在箕踵者，歲熟。巫咸曰：熒惑入箕中，伺其出日而數之，期二十日，兵發。伺始入處之，率一日期十日，軍罷。《荆州占》曰：熒惑入箕，盜大起，多鬬死者，歲不熟。又占曰：熒惑入箕，后族有口舌事。期六月。入箕中，倉粟出。石氏曰：熒惑出箕，穀大貴，天下大旱，饑死。郗萌曰：熒惑出天梁守箕，大赦。又占曰：熒惑逆行箕，失火，諸侯相謀。《春秋圖》曰：熒惑之箕，有小赦。郗萌曰：熒惑舍箕，用事者坐之。又占曰：熒惑舍司，空三十日，牛車大出，馬牛大死，芻大貴。又曰：留守箕，後宮干政，若有憂。又曰臣下淫亂。又占曰：熒惑出入留舍箕，天下有兵事，君臣屬騎相連，吏民相攻。其國失地二百里。又曰禾豆不成。《黄帝占》曰：熒惑守箕左，歲惡，天下勞。又占曰：熒惑守箕，燕王有疾。一曰内變。《文曜鈎》曰：熒惑守箕，主恐。又曰人民饑糟糠。又曰其國更市。又占曰：熒惑守箕，天下分離，臣子謀，咎在人主自恣。《孝經緯》曰：熒惑守箕，多土功事。小旱，雨澤霜露不時，歲爲中。《荆州占》曰：熒惑十月守箕，天下大赦。守箕前，其國惡。守後，糴貴三倍。石氏曰：熒惑守箕，主惡。《海中占》曰：熒惑守箕，大旱。《海中占》曰：熒惑以十月守箕，名曰火入水。萬民饑死，穀價五倍，天下大赦。郗萌曰：熒惑守箕，貴臣亂其國，主有淫事。一曰攻急。又占曰：熒惑守箕，貴人多病死。一曰主恐。又曰地動。守三月，彗星出。又占曰：熒惑守箕，歲水。又占曰：熒惑守箕若留止箕口中，兵起，有兵罷。《荆州占》曰：熒惑守箕，有大淫事，九卿當之。若狐貉有憂。《黄帝占》曰：熒惑入箕中守之，天下兵起，吏民相攻，士卒半死，人民流亡，不居其鄉，其國失地。巫咸曰：熒惑入箕，去復還守之，貴臣有誅亂主者，國有土功之急，貴人多死。大水萬里，澤爲海，橋梁不通。郗萌曰：熒惑入箕中，若守箕，宮中口舌之事，倉穀出，三月六月。又占曰：熒惑入箕，去復還守之，天下饑，期不出三年中。《荆州占》曰：熒惑入箕守之，若犯乘箕，牛馬多疾，北夷來降。

唐·瞿曇悉達《開元占經》卷三二　熒惑犯北方七宿

熒惑犯南斗

石氏曰：熒惑犯南斗，爲赦。又曰破軍殺將。《海中占》曰：熒惑犯南斗，且有反臣，道路不通，丞相有事。案司馬彪《天文志》曰：孝順永和二年八月庚子，熒惑犯南斗。明年五月，吳郡太守羊珎等起兵反，殺吏民，燒宮室。太守王衡拒，殺珎等。又江賊蔡伯流等數百人攻廬陵九江，燒滅城郭，殺都尉。《聖洽符》曰：熒惑入南斗口，將相有謀反者。石氏曰：熒惑入南斗，三月，吳王死。二月，王后死。一月，相死，不死出走。又曰：大國之臣外内謀，大亂。案《宋書·天文志》曰：吳王赤烏十三年五月，熒惑北至，逆行入南斗，犯魁第二星而東。大元二月權薨。是時王陵謀立楚王彪。晉太安二年正月，熒惑入南斗。七月右衛將軍陳眕率衆奉帝伐成都。王大軍敗績，兵逼乘輿。九月，王又攻成都王於鄴，鄴兵潰，成都由是衰亡。帝還洛，張方又脅如長安。時天下盜賊群起，張昌尤甚。甘氏曰：熒惑入南斗中，國大亂，兵大起。司馬彪《天文志》曰：孝順嘉平元年十月，熒惑入南斗中。其十一月，會稽賊許昭聚衆，自稱大將軍，昭父坐爲越王，攻破郡縣也。熒惑入南斗口中，大臣反，被誅者，若將相出走。郗萌曰：熒惑入南斗，國饑。熒惑入南斗口中，立太子。期不出百二十日。熒惑入南斗，天下受爵祿，期六十日，若九十日。熒惑逆行，三芒入斗口中，必有亡國死王。《玉曆》曰：逆行角入斗口中，必有大喪。郗萌曰：熒惑行南斗，有土功事。《海中占》曰：熒惑逆行南斗，怒動大明，天下大驚。郗萌曰：熒惑過南斗，出斗上行疾，天子憂。出斗下行疾，臣有憂。《春秋緯》曰：熒惑入南斗，先潦後大旱。郗萌曰：熒惑留南斗，無功者賞。甘氏曰：熒惑舍南斗之西，木菓不實。《海中占》曰：熒惑舍南斗，環繞成鈎己，太尉、上卿、宰相死。郗萌曰：熒惑舍南斗之東，天下大戰。一曰守三十日，其君憂。《玉曆》曰：熒惑出入，留舍斗魁之中五

日不下，天下有兵將軍，國易政改元，不出一年有兵事。《黄帝占》曰：熒惑守南斗百日，五穀出，婦女轉漕。若有諸侯客來見天子者。熒惑守南斗，糴貴。又曰：七日以上，太子疾。十二日以上，庶子當之。又曰：去復還守之，吴越有憂，期不出三年。《河圖》曰：熒惑守南斗，宰相坐之，有兵罷。熒惑逆行守南斗，山崩。又曰兵車合，國君爲帥。石氏曰：熒惑守南斗，百二日，大赦。巫咸曰：熒惑入南斗，若留守，所守之國當誅。《五行傳》曰：熒惑與斗晨出東方，因留守斗，其國絶嗣。《漢書》景帝元年七月丙戌，熒惑在斗，晨出東方，留守斗。後三年吴王濞率七國舉反，漢太尉周亞夫敗之滅國之應。熒惑守南斗，爲亂，爲賊，爲喪，爲兵。守之久，其國絶嗣。漢武帝元鼎中，熒惑守南斗。是時南越王趙嬰齊將入朝漢，其相吕嘉不願内屬，乃殺其王及王太后，舉兵反。漢遣六將軍將兵誅之，遂滅其國，置交州爲七郡也。《海中占》曰：熒惑守南斗，旱，多火災。郗萌曰：熒惑守南斗，留二十日，大人憂。守三十日，有德令。郗萌曰：熒惑以十月守南斗，三十日，民介胄。不出一百日，其國有亡兵。熒惑守南斗，有内變，期一年。熒惑守南斗，地動。嬰兒多疾死，關梁不通。留二十日以上出復，大人憂，期五月。陳卓曰：熒惑守南斗，五穀不成，期百二十日。又曰熒惑守南斗，且有廢臣，天下大亂，道路不通。一曰上官吏死。

熒惑犯牽牛二

郗萌曰：熒惑犯牽牛，其國之君必有外其大臣。陳卓曰：熒惑犯牽牛，臣謀主。石氏曰：熒惑入牽牛中四月，越主死。巫咸曰：熒惑入牽牛，糴大貴。《二十八宿山經注》曰：熒惑入留牽牛，三日不出，越王爲强兵所逐。陳卓曰：熒惑入牽牛三月若四月，齊王死。一曰晉主當之。郗萌曰：熒惑乘牽牛，爲天下有大水起穀，貴人相棄於道。《挺輔占》曰：牽牛爲令天下者，熒惑居陽則喜，居陰則憂。《海中占》曰：熒惑出入，留舍牽牛，春旱秋水。一曰關梁不通。《齊伯》曰：熒惑出入留舍牽牛，三十日不下，薪蒿有急，牛且大貴。進行十度以上至三十度，不出百六十日，容兵來。《黄帝占》曰：熒惑守牽牛，民爲亂，貴人多死。石氏曰：熒惑守牽牛，民餓，有自賣者。巫咸曰：熒惑守牽牛，爲多火災。又曰牛大疫，多有死者，災非一國。牛貴十倍。石氏曰三倍，道無行牛。一曰當有税牛之役。《海中占》曰：熒惑守牽牛，爲旱。熒惑守牽牛，有急行。又曰歲多雨露。郗萌曰：熒惑十月守牽牛，不十日，兵大起。熒惑守牽牛，若有穀畜産事。熒惑守牽牛，有犧牲之事。有反逆者從中起，有走軍死將，期一年。案《宋書·天文志》曰：晉成帝咸康元年六月乙亥，火犯牽牛中央星。建元二年，征西將軍庾亮薨。《荆州占》曰：熒惑守牽牛，三十日以上，人相食。《北官候》曰：熒惑守牽牛，二十日以上，有反逆者，牛車用。期四十日，若七十日。《聖洽符》曰：熒惑入守牽牛，歲大水，津河不通，五穀大傷，其歲不中。郗萌曰：熒惑入牽牛中，出守牽牛之南，有大赦。期二十日。《荆州占》曰：熒惑以春二月三月留牽牛相守者，蒭蒿貴，至八月止。又占曰：熒惑犯守牽牛大星，臣謀主，諸侯將兵，大人憂之。其國亂，人民饑，甘氏曰：熒惑犯牽牛留守之，有破軍殺將。《海中占》曰：熒惑犯守牽牛，諸侯多疾。

熒惑犯須女三

《帝覽嬉》曰：熒惑犯須女，若守之三十日不下，女主有病者，若府藏中有甲兵。十日不下，主后有死者，期百八十日。石氏曰：熒惑入須女，中旬，主后死。郗萌曰：熒惑入須女，留二十日，爲天子受女之慶。近期三十日，遠期四月。熒惑入須女，糴貴，石三百。人有自賣不出，縣邑有死者。熒惑入守，妃貴人，女子多死者。《荆州占》曰：熒惑入須女，布帛貴，天子内美女。不然甲兵起。郗萌曰：熒惑出須女中，主也。出須女兩傍，諸臣也。留，爲憂。《春秋緯》曰：熒惑之須女，上求女。郗萌曰：熒惑在須女，逆行至牛，復還女，倏去倏還，爲千里無稼穡。《河圖》曰：熒惑居須女陽，有喜；居陰，有憂。郗萌曰：熒惑舍須女，蠶不得。熒惑出入，留舍須女五十日不下，天下人民大恐。其國開庫出兵，加於吴越城。熒惑留須女，有反逆者徙女者諸夫人家起。《齊伯》曰：熒惑出入，留須女十日不下，刀劍大貴。《黄帝占》曰：熒惑以十二月守須女之西南，姦人入邑。守其北百日，有諸侯嫁女絶國者。《黄帝占》曰：熒惑守須女，皇后疾，宫中有火災。《文曜鈎》曰：熒惑守須女，人主以媵爲后，以妾爲妻，若有獻女者。甘氏曰：熒惑守須女，王者發布帛。守二十日，絲綿布帛大貴。陳卓曰：熒惑守須女，大人不安，王穀不登，民多病疾。甘氏曰：熒惑守須女，國饑，糴貴，民有自賣者。巫咸曰：熒惑守須女，邦有女子喪，主后也。又曰宫女有憂，牛角大貴。郗萌曰：熒惑守須女，后夫人有憂，大人不安。熒惑守須女，女子爲天下政。一曰女子爲亂，法令更。行疾，無憂。國有嫁女娶婦事。臣下衣服奢侈。守三十日，其君憂。熒惑守須女北，國大水，人民處木上。《荆州占》曰：熒惑守須女，色青，有女喪，宫女有憂。黑，女多死。黄白，吉。《海中占》曰：熒惑犯守須女，多妖祥，大臣當之。《荆州占》曰：熒惑守犯乘須女，二十

日，大人婦女有反逆者，從女起，若有女喪。其年糴三倍，人民多死。陳卓曰：熒惑留逆犯守乘凌須女，天子及大臣有變，必有奇令。

熒惑犯虛四

《黃帝占》曰：熒惑入虛東，一曰居其左右，君恐失火。《荊州占》曰：君有大事。《文曜鈎》曰：熒惑入虛，咎在毀傷。石氏曰：熒惑入虛中三月，齊王死。入旬，相死；不死，出走。巫咸曰：熒惑入虛中，伺其出日而數之，期三十日爲兵發。伺始入處之變一日期十日，軍罷。郗萌曰：熒惑入虛，逐功臣。一曰牛車貴。《荊州占》曰：熒惑入虛，天下有變，諸侯有死者，有罷軍破將。天下更政令，期一年。陳卓曰：熒惑在虛東，東藩旱。在虛南，楚地旱。在虛西，廬江旱。在虛北，遼東遼西旱。郗萌曰：熒惑入虛成鈎己，天下大亂，政急，大人憂，以戰不勝。一曰有德令。《春秋緯》曰：熒惑留虛，有以喪徭。郗萌曰：熒惑留虛，群臣不尊敬祭祀，女主不謹。熒惑留虛三十日，其君臣憂。熒惑舍天府，天下喜賜諸侯王。又曰舍天府門中央，天下赦。《齊伯》曰：熒惑出入，留舍虛之間，憂在齊，其國治城郭，兵來。期不出十年中敗。《黃帝占》曰：熒惑守虛，赤地千里，人相食。熒惑守虛，大臣爲亂，百姓多疾。《聖洽符》曰：熒惑守虛，百二十日以上，諸侯增土地，將有慶賜爵封者。《春秋圖》曰：熒惑守虛，五穀大貴，吏民死鮮。石氏曰：熒惑守虛，將軍及兵發起，天下更令。《晏子春秋》曰：熒惑守虛，期年不去。公問晏子曰：孰當之？晏子曰：齊當之。公不悦，曰：天下大國十二，齊何以獨當之？晏子曰：虛，齊分野。且天下之殃，固於當强，爲善不用，出政不行，賢人使遠，讒人反昌，百姓疾怨，是以列舍無次，熒惑逆行。公曰：可去乎？對曰：出寃聚之獄，使反田矣；散百官之財，施之民矣；賑孤寡而敬老人。若能是者，惡可去，何獨孽乎？公曰：善。行之三日，而熒惑遷。郗萌曰：熒惑守虛危，有土功事。九十日，天下亂，歲大饑。甘氏曰：熒惑守危，以人民爲變，天下大水。郗萌曰：熒惑守危，以民流多死。一曰女子多死。《玉曆》曰：熒惑守危，以水火入，多疾疫。若有土功，修治陵廟，期不出年。《黃帝占》曰：熒惑入虛而犯守之，天子自將兵，流血滿野，必有死國死王。期三年。郗萌曰：熒惑犯守虛，有土功之事。一曰合於虛，土功當舉。石氏曰：熒惑犯守虛，天下有變更令者，百姓多疾，歲旱不熟，赤地千里，穀糴踴貴，菽粟三倍。《荊州占》曰：十倍。

熒惑犯危五

《荊州占》曰：熒惑犯危，天下大亂。《黃帝占》曰：熒惑入危，大赦天下。石氏曰：熒惑入危，賊臣起。熒惑入危中，三月，齊王死。不死出走。郗萌曰：熒惑入危中，天下有變更之令。又曰：入天府，天子臨府事。《黃帝占》曰：熒惑入危，越地亡。郗萌曰：熒惑逆行危，其君簡祭祀。熒惑入危，留之以過復還留之，大人當之。熒惑留危，群臣不敬宗祀。熒惑舍天府，天子賜諸侯王。舍門中，天下赦。熒惑出入，留舍危，其國繕城郭而起兵。巫咸曰：熒惑出入，留舍危，國中大亂，吏民相攻。熒惑守危，大國有憂，人民爲變，國易政，不出其年。天下大疾，死者不葬。熒惑守危，國爲政者急。《黃帝占》曰：熒惑守危，大臣爲亂。《文曜鈎》曰：熒惑守危，民多疾疫，歲旱不熟，天下大饑。兵起。《海中占》曰：熒惑守危，春旱，秋多水災。郗萌曰：熒惑守危，大人變常。熒惑守危，賓客有事死。熒惑守危，宮地震裂。熒惑守危，爲大人蓋屋事。《荊州占》曰：熒惑守危，南方有兵，諸侯有死者，庫室有繕者。陳卓曰：熒惑守危，宮多火災。《北官候》曰：熒惑守危，有土功，饑兵起，諸侯相謀。石氏曰：熒惑守危，守之三十日不下，有立宮廟哭泣之事。六十日不下，國易政。《荊州占》曰：熒惑入危，乘守二十日，若九十日，東方兵起，國有死者。歲旱不熟，糴十倍，民食草木，嫁妻賣子，牛羊倍價。熒惑乘危，天下大亂。《北官候》曰：熒惑入危，留守三十日，若九十日，天下易政，咎以入日占。《黃帝占》曰：熒惑入危，諸侯王謀，大兵起，天下易變。若有土功。守上星，爲人民死。守中星，諸侯死。守下星，大臣死。期百八十日。郗萌曰：熒惑守墳墓，爲人主有哭泣聲。

熒惑犯營室六

郗萌曰：熒惑犯營室者，犯陽爲陽有急，犯陰爲陰有急。石氏曰：熒惑犯營室，以賤人爲後。熒惑入營室中，入三月，衛君死。入五月，相死。不死，出走。《荊州占》曰：熒惑犯乘營室，諸侯相攻大戰，糴倍。甘氏曰：熒惑入營室，大臣匿謀。巫咸曰：熒惑入營室，臣伐主。一曰有兵兵罷。郗萌曰：熒惑入營室壁中，有惡謀。熒惑入營室中，賊臣起，非盜乃客，期六十日。《荊州占》曰：熒惑入營室，齊國有兵，諸侯若民多死，歲不收，期十月。《聖洽符》曰：熒惑逆行營室，成鈎己，天子失宮殿，大臣爲亂，兵大起。石氏曰：熒惑逆行營室，環繞之三十日，有破國。六十日不下，有崩王，吳太子死。期一年，中二年，遠三年。石氏曰：熒惑逆行，經犯營室，臣謀兵起。《河圖》曰：熒惑居營室，兩軍相據當相和；不相和，有殃罰。《荊州占》曰：熒惑經營室中，諸侯兵相謀。《洛

書》曰：熒惑入營室留守之大人有憂，臣有陰，欲殺主者，後宮有大變，期不出年。《黄帝占》曰：熒惑入營室中，天子宫也，留二十日已上，天子惡之。郗萌曰：天子失位也。期不出十月中，其經之，大臣伐主。《海中占》曰：熒惑入營室，留二十日，天子死。守其南，皇后死。郗萌曰忌。守其西，太子死。郗萌曰忌。守其北，爲諸侯有死者。郗萌曰：熒惑留營室六月，大人憂，期百日。陳卓曰：熒惑留營室，后死。一曰臣下欲爲賊。《北官候》曰：熒惑舍營室，大人死。復居久者，三年禍發。中二年，近一年。居其陰，萬家邑拔，千家邑敗掠。居其陽，千家邑拔，萬家邑亡。郗萌曰：熒惑出入，留舍營室中，有客來欲見君者。其歲多土功。《河圖》曰：熒惑守營室，火起，後宫有變。赤色怒，赤而環之成鈎己，乃有咎。不然無咎，必察喜怒，以決吉凶。《元命包》曰：熒惑守營室，群妃鬬。《文曜鈎》曰：熒惑守營室，專於妻妃。石氏曰：熒惑守營室，天子爲軍，自守王者。有水災，糴貴。又曰：守三月，王者崩，及立王。甘氏曰：熒惑守營室，客燒主人，將軍凶。不有誅，必有逆兵。主將去之，有禍。又曰人民爲變。守之三十日以上，天子死。巫咸曰：熒惑守營室，旱，五穀不成多火災。《海中占》曰：熒惑守營室，人民疾疫，多死亡。郗萌曰：熒惑守營室，人君攻宫室爲土功事。又曰：以正月守營室，三月若五月，有大旱之災，天下大饑。石氏曰：營惑入，若守天宫四十日，諸侯轉粟，千里各虚。《文曜鈎》曰：熒惑入守犯營室，以内淫近色，及天殃，皆不以命終，王者惡之。郗萌曰：熒惑犯守營室中，皆有土功事。《黄帝占》曰：熒惑守離宫正東爲父，守正西爲母，守正北爲妻，守正南爲子，守舍星爲身。其焰赫赫，其國離易。期三年，遠五年，兵起。

熒惑犯東壁七

《春秋圖》曰：熒惑入東壁，百九十日，且服勞。《文曜鈎》曰：熒惑入東壁，大臣爲謀，人主自將兵，賊臣内起，天子以兵自守。石氏曰：熒惑入東壁中三月，衛君死。入五月，相死；不死，出走。甘氏曰：熒惑入東壁，有匿謀。郗萌曰：熒惑入東壁，九州當之。甲乙日入，東方有咎。丙丁日入，南方有咎。戊己日入，中央有咎。庚辛日入，西方有咎。壬癸日入，北方有咎。熒惑入東壁，民疾。《荆州占》曰：熒惑入東壁，大臣有謀殺者。《北官候》曰：熒惑入東壁，天下以食爲憂。《海中占》曰：赤星入營室東壁，大臣凌主。《河圖》曰：熒惑入東壁，兩軍相據，當相和。不相和，有殃罰。郗萌曰：熒惑出入，留舍東壁三十日不下，五穀貴，民流亡，不居其鄉。六十日不下，兵至其國。《黄帝占》曰：熒惑守東壁，言政事者誅。術士不相隱藏，内外相譖，以相勝正。三軍亦大起兵。巫咸曰：熒惑入東壁，歲不熟，萬物不成。《海中占》曰：熒惑守室壁，宫失火。一曰旱，五穀不成。一曰兵民多死。郗萌曰：熒惑守東壁，爲天下兵起。一曰伏兵起。又曰爲大人衛守。又爲多水，若歲晚水，或西方有憂。熒惑守東壁三十日，其君憂。二十日，大赦。熒惑守東壁，爲有土功事。熒惑守東壁，其光潤澤，大吉。熒惑守東壁三十日不下，三年兵起。《荆州占》曰：熒惑守東壁，人主自將兵，糴石至千。又曰文章者傷。郗萌曰：熒惑守東壁，諸侯相謀。陳卓曰：熒惑守東壁，王者大災。《北官候》曰：熒惑守東壁，守其南，主后死。守其西，天子死。守其北，諸侯死。守其東，大人自將兵。熒惑守東壁，臣下不明。巫咸曰：熒惑入東壁留守之，有土功。郗萌曰：熒惑留守東壁，臣下弄法。二十日以上，賊臣起，期十月。《荆州占》曰：熒惑逆行，守乘壁，女主自恐。一曰民多疾。《齊伯》曰：熒惑逆行，守東壁，成鈎己，有大兵加於衛，其國無以待之。若三月不下，衛王死。不則出走。

唐・瞿曇悉達《開元占經》卷三三　熒惑犯西方七宿

熒惑犯奎一

《黄帝占》曰：熒惑入奎中，民多疾。又曰亂臣弑其主。《文曜鈎》曰：熒惑入奎，主偏阿，誅不決。石氏曰：熒惑入奎中三月，魯主死及國相死。不死，出走。《北官候》曰：熒惑入奎，成勾己及環繞之，天子災宫殿，期六月。《海中占》曰：熒惑潤澤出奎，有喜令。其變色入奎，有僞令來者。若出奎，有僞令，出使者。巫咸曰：熒惑從婁，逆行至奎，有兵起。甘氏曰：熒惑入奎，環繞之三十日，相死。三月不行，其國王死。不死，出走。期三年。石氏曰：熒惑入奎，留二十日以上，大臣有匿謀，若國有伏賊。期八十日，若九月。郗萌曰：熒惑留奎，臣下專權。一曰霸者争立。《孝經章句》曰：熒惑舍奎，有兵起。其民有自賣於縣邑者。歲爲下。《齊伯》曰：熒惑出入留舍奎，天下且有争言者，不且有伏士出者。其國兵至，加於魯之城，其國無以得之。《黄帝占》曰：熒惑守奎，農夫不得耕。《春秋圖》曰：熒惑守奎，天下有叛者。《感精符》曰：熒惑守奎庫，兵當起，車騎用，國有死君，歲多獄事。石氏曰：熒惑守奎，兵起，北夷侵邊。一曰粟有補於民。甘氏曰：熒惑至奎，其國相譖，天下懷憂，父子不相信，君隔臣蔽。又曰民多疾。熒惑守奎，摇動進退，爲赦。又曰天下有水，民多死。巫咸曰：熒惑守奎，天下大水。《海中占》曰：熒惑守奎，其國坐之。三十日不下，

其君憂。郗萌曰：熒惑守奎，多獄，關梁不通。又曰女淫。熒惑以二月守奎百日，多出盜。又曰女子多乳死者。熒惑守奎，爲溝瀆事。一曰有水事。《荆州占》曰：熒惑守奎，爲王者憂。一曰大人當之。熒惑守奎，兵起，車騎滿野，貴人多病，若有死者，菽粟貴。一曰歲大熟。《西官候》曰：熒惑守奎二十日以上，大臣有謀。國有兵，若有死王兵加於魯國之地，期一年。熒惑守奎，其國諸貴爲孽，國有大賊，謀在近臣。近期三月，遠期九月。熒惑守奎，兵官當之，期百二十日。又曰：熒惑以二月守奎，多盜賊，來二千石。多調役之事。石氏曰：熒惑守奎，色正明，留二十日以上，下有兵。《荆州占》曰：熒惑逆行守奎，女子多暴死。

熒惑犯婁二

石氏曰：熒惑入婁中三月，魯主死。入旬，相死。不死，出走。熒惑入婁而守之，天下有聚衆，兵大起，車騎用。必有死君走相。天下不熟，飢非一國。若山林有大盜，路不通。期一年，遠二年。甘氏曰：熒惑入婁，國有兵，人民多死。《荆州占》曰：熒惑入婁，天下有聚衆。近期四十日，遠期二百四十日，兵大起，車騎用。《西官候》曰：熒惑起芒角，而入婁國，且有焚燒倉庫之災。石氏曰：熒惑逆行，入婁成勾已，國有焚燒倉廩庫之災。若逆行至奎，大兵起，臣謀君，將軍爲亂。期不出年。《荆州占》曰：熒惑留婁，獄多奸。郗萌曰：熒惑出入留舍婁中守之，色赤而光明，胡人爲凶。《齊伯五星占》曰：熒惑出入留舍婁，其國必有名者死。石氏曰：熒惑守婁，即庫兵動，民多死。熒惑守婁，爲有白衣之會。甘氏曰：熒惑守婁，有大臣不當其位，損常制亂政者。又曰有水殃，民多疾。巫咸曰：熒惑守婁中，民病，大水，金銀貴。熒惑守婁，旱爲多，火災，五穀貴。郗萌曰：熒惑守婁，有兵，北夷侵邊，道不通。又曰：關梁不通。霸者爭立。又曰大赦天下。又曰北主死。又曰牛多死，牛大貴。熒惑以二月守婁百日，多山盜。一曰女多乳死。熒惑守婁之南，大赦。《荆州占》曰：熒惑守婁，歲大飢，若收財物。陳卓曰：熒惑守婁二十日以上，宮中大臣死，期八十日。《玉曆》曰：熒惑守奎婁，有名人死，民多疾。《百二十占》曰：熒惑守婁，車騎發，有死軍。一曰貴人當獄事。《海中占》曰：熒惑入若守婁，天子受賀。期三十日，遠八月。郗萌曰：熒惑入守婁，其國坐之。一曰守三十日，其君憂。

熒惑犯胃三

郗萌曰：熒惑犯胃，爲天下穀無實，以食爲憂。熒惑犯胃，爲國有暴兵伐中國者。石氏曰：熒惑入胃，主死。入三旬，王后死。甘氏曰：熒惑入胃二十日，天下有兵亂，倉粟出。郗萌曰：熒惑入天府，法令更。《荆州占》曰：熒惑入胃，國有匿謀，其事不行。熒惑以三月入胃，進退犯凌百日以上，天下倉廩不實，國有大兵，流血千里。《二十八宿山經》曰：熒惑黄黑，繞環胃昴畢，憂，多疾死。《春秋圖》曰：熒惑之胃，賤人當有封者。石氏曰：熒惑舍於胃，天下大飢，有轉粟之令。《黄帝占》曰：熒惑守胃，糴大貴。《河圖》曰：熒惑守胃，其年旱，飢民多疫疾，倉粟大出。《文曜鈎》曰：熒惑守胃，其國貴人戮死，賤人當貴。一曰大人有入牢獄者。石氏曰：熒惑守胃，其年旱，飢民多疾。王者行仁，則大吉。甘氏曰：王者行仁，則熒惑去也。以火尅金，以仁教義，天下無咎。熒惑守胃，天下藏府有火災。甘氏曰：熒惑守胃，有水殃。《海中占》曰：熒惑守胃三十日，其君憂。郗萌曰：熒惑守胃，大臣不愛百姓。一曰牢獄空。《荆州占》曰：熒惑守胃，銅貴。《西官候》曰：熒惑守胃，若其中星衆者，則粟聚。星少，粟散。石氏曰：熒惑入胃而守之三十日不下，趙地大急，人民半死。大兵起，客軍敗，主人勝。期不出一年。巫咸曰：熒惑入，若守胃東出，民擾。郗萌曰：熒惑入若守胃，牛疾。熒惑入，若守胃，若天倉，四十日，旱。陳卓曰：熒惑入犯守胃，貴人有死者，若貴人子繫獄。《聖治符》曰：熒惑逆行守胃，天下有急兵，人民飢，倉廩用，有賦斂之憂。若有火災。

熒惑犯昴四

巫咸曰：熒惑犯昴，若入之中，國有邊警，匈奴大出，四夷兵起，國有憂。案《晉書·天文志》曰：晉成帝咸和六年十一月，熒惑守胃昴。八年七月，石勒死，石虎自立，多所殘滅。是時雖勒虎僭號，而其強常占昴，不關太微、紫微宮。《文曜鈎》曰：棄法律，熒惑入昴。石氏曰：熒惑入昴，天子有急令。郗萌曰：熒惑入昴，天下大安無兵，有兵亦罷。四月五月，大赦。近期十五日，遠期三十日赦。又曰不可爲害。一曰貴人多戮死。巫咸曰：熒惑入昴畢中，一入一出，即有大兵，可立而待。郗萌曰：熒惑逆行，入昴成勾已，天下大赦，期八十日。《洛書》曰：熒惑入昴二十日不下，國有大衆，甲兵大起，將軍有出者。巫咸曰：期六十日，遠六月。歲大旱，人飢。《海中占》曰：熒惑入昴留二十日以上，牛馬多疾。郗萌曰：熒惑留昴，典吏多爲奸者。甘氏曰：熒惑舍昴，天下多大賊。郗萌曰：熒惑舍昴，天下多賦斂。巫咸曰：熒惑出入留舍昴，赤色而光，因犯以行，邊地多警。不出三月，軍起，在其西北八百里。《齊伯占》曰：熒惑出入留舍犯昴，多有立屋室，且

有兵。《黃帝占》曰：熒惑以春三月守昴，夏旱。夏守，秋旱。秋守，冬旱。冬守，春旱。熒惑守天，獄赦。《河圖》曰：君苛政擾，民苦其誅，愁氣布，則熒惑守昴，六月大怪。《孝經章句》曰：熒惑守昴，天下多獄，其政煩，雨澤不時，歲爲中。巫咸曰：火犯守昴，西夷兵起。甘氏曰：熒惑守昴，無罪者誅。案《石虎列傳》曰：十一年冬，熒惑守昴，五十餘日不移。太史令趙攬奏，昴，趙分也。熒惑舍留分，其王惡之。宜以朝廷寵貴大臣姓王者當之。虎於是假以他罪，誅中書監王浚，欲以消咎。於是議者進以宋景三吐仁君之言，熒惑退舍，夫修短分定，命不可延，而殺人求福，不亦悖乎！巫咸曰：熒惑守昴，天下多火災，萬物不成，人民疾，多死。《海中占》曰：熒惑守昴，邊境不寧。熒惑守昴，憂在大人。郗萌曰：熒惑守昴，大人爲亂，天下謀主，大將出反，國政不安。一曰多獄事，大將有囚者。又曰地裂山崩。又曰：守一二日，相死，火。以夏三月守昴，至秋，糴貴。熒惑守昴，男子有急。一曰女子有急。熒惑守昴，當有津河發事。熒惑以二月守昴，百日，其國有流民。《荆州占》曰：熒惑守昴東，齊越負兵。守其南，荆宋負兵。守其西，秦鄭負兵。守其北，燕趙負兵。熒惑守昴星，色大而黃，馬牛貴。《西官候》曰：熒惑守昴，兔多死。春三月旱，牛馬皆死。熒惑守昴，大將有外出者，若憂旱。野有流血，大將死，士卒病。《百二十占》曰：熒惑守昴，且有急令，諸侯謀，道不通，陽爲中國，陰爲四夷，若陰國有憂。石氏曰：熒惑若以三月守昴，皆百二十日，其國有白衣之聚。巫咸曰：熒惑守昴，以去後反守之，有臣爲天子破匈奴者。期三年。《荆州占》曰：熒惑若守昴北，主哭厥王死。《宋書・天文志》曰：晉成帝咸和八年七月，火入昴，是月石勒死。《春秋圖》曰：熒惑經昴畢之間，而守之三十日不出，即馬踴其足，群兇相續，婦兒哀哭，無所止屬，民食不足，人相食。《西官候》曰：熒惑犯守昴中，民疾病。一曰赦獄，訟疑，出囚。郗萌曰：熒惑中犯乘守昴，兵北征匈奴。又曰爲天下有禍。一曰逆臣爲亂。

熒惑犯畢五

《黃帝占》曰：熒惑犯畢右角，大戰。犯畢左角，小戰。熒惑犯畢，出其北，爲陰國有憂，出其南，陽國有憂。《海中占》曰：熒惑犯畢，國有畋獵之事。《黃帝占》曰：熒惑入畢中，國君有衛守。《文曜鈎》曰：熒惑入畢而出之，有赦令。一曰有德令，爵禄之事。期一百八十日。巫咸曰：熒惑入畢，將相憂。一曰國相亂。熒惑入畢中，各伺其出日而數之，二日期二十日爲兵發。伺如入處之，率一日期十日，軍罷。郗萌曰：熒惑入畢中，有女主喪。熒惑入畢中，有大赦令。期十五日，若三十日，將若相憂，若其國有白衣之聚，期不出一年。熒惑入畢，爲憂兵，其國易主。《玉曆》曰：熒惑入畢，將相有咎。郗萌曰：熒惑出畢中央，主也；出旁，臣也。其行徐憂，其行疾無故。石氏曰：熒惑出畢陽則旱，出陰則水，爲政令不行。《五行傳》曰：熒惑行畢至昴，爲死喪。案漢文帝七年，熒惑東行，行畢陽還畢東北西而逆行，至昴南而東行。後四年，趙王與七國謀反，比連匈奴，誅死之應。《河圖》曰：熒惑在畢。畢，天空也。不可爲人客，爲人客者，殃罰。《春秋緯》曰：熒惑之畢，有德令。郗萌曰：熒惑與畢合并光，主必亡。熒惑留畢昴間，天下道路塞，關梁不通。熒惑入畢中留二十日以上，兵起。期四十日，若三月。《西官候》曰：熒惑留畢，臣獵不當。甘氏曰：熒惑舍畢，其國多枉刑。郗萌曰：熒惑舍畢口六十日，貴人誅死。一曰貴臣有夷族者。一曰貴臣有餓死者。熒惑舍畢之口，其國滅無後。熒惑舍畢，輔太子奉蕃國。熒惑入舍畢，邊有兵。熒惑出入舍留畢左右，明年小旱。又曰，明年天下有失地之君。《齊伯》曰：熒惑出留舍畢中，軍起三年，若居其左右，兵起其野，禾豆不入，歲小旱，必有失土之君。《春秋緯》曰：熒惑守畢口，即馬馳人走，天下有急兵，國有敗傷，人民流亡。《文曜鈎》曰：畋獵不時，熒惑逆守畢。《甄曜度》曰：熒惑守畢，將相有憂，白衣之會。郗萌曰：期在歲中。案《宋書・天文志》曰：熒惑守畢，占曰：萬民飢，後大官多喪，公主薨亡，天子舉哀相繼，歲大旱，民飢。石氏曰：熒惑守畢，天子虐，國多枉刑。甘氏曰：熒惑守畢，邊兵大驚，侵凌中國，倉穀出。又曰敵兵起。郗萌曰：熒惑守畢，不出二十日若三十日，大赦。一曰：成勾己，赦。一曰環繞之，赦。熒惑守畢，有亡國。又曰天下多盜。一曰：大帥將兵，期二十日，邑驅掠。熒惑守畢太歲子午卯酉，有兵。熒惑守畢，三十日，其君憂。若以四月守畢踵，大人憂之。石氏曰：熒惑守畢，有大兵大師爲亂。郗萌曰：熒惑以四月守畢百日，匈奴有降王。三十日，男子有賁爵命，若有赦令。熒惑入畢，已去復還守之，諸侯、女子、貴臣有誅者。期不出三年。《荆州占》曰：熒惑守畢，有走君。熒惑守畢踵，人民駭走，去家千里，兒婦啼哭。無所觸抵留一月，大兵。連薄留二月，二年戰。留三月，三年戰。三月以上，易政。熒惑入畢，去復還守之，有吏臣爲天子破匈奴者。期三年。熒惑逆守畢，兵大起，馬頓蹄，牛運其角。婦兒碌碌，無所止屬，萬民去其處。飢於菽粟，人相食。若其國正不安。其留二十日以上，貴人當有掠者。期七十日，越地凶。《河圖》曰：熒惑入畢，留守之六十日不下，有女主之喪。大臣諸侯相謀，邊兵起，若有戰，期一年。陳卓曰：熒惑

犯附耳，爲兵起，若將相有喪憂。不即免退。

熒惑犯觜觿六

石氏曰：熒惑犯觜觿，其國兵起，天下動移。甘氏曰：熒惑入觜中，天下有善政。郗萌曰：熒惑入觜觿中，伺其出日而數之，期二十日兵發。伺始入處之，率一日期十日，軍罷。甘氏曰：熒惑出觜觿間，天下亂。西方大得，東方大失。《西官候》曰：東方吉，西方凶。《春秋圖》曰：熒惑之觜觿，大臣且有憂。石氏曰：熒惑以觜觿合，趙相死。郗萌曰：熒惑以觜觿合無光，主必亡。《荊州占》曰：熒惑留觜觿，誅罷不行。熒惑出入留舍觜觿，君臣將兵。《黃帝占》曰：熒惑守觜觿，將軍反，天子之軍破，牛馬有急行。《黃帝占》曰：熒惑守觜觿參，國有喪，期六十日。若糴貴。《文曜鈎》曰：逐功臣，熒惑守觜參。石氏曰：熒惑守觜觿，西方客動侵地，欲爲君王。崇禮以制義，則國安。一曰西羌兵起。熒惑守觜觿，君臣和同。甘氏曰：熒惑守觜觿，萬物不生，天下愁悲。巫咸曰：熒惑守觜觿，旱多、火災，五穀不成，天子不可動兵。巫咸曰：熒惑守觜觿，有石墮其野者。一曰有怪石。以入日占何國。熒惑守觜觿，穀貴。入之，石二百。不入，石一百。《海中占》曰：熒惑守觜觿，其國有憂。郗萌曰：熒惑守觜觿參，棄法律。又曰小民多傷。熒惑犯守觜觿，不出三十日，有兵。熒惑守觜觿，國易政，天下多不孝子，父子相鬬，鐵器貴。一曰禾貴。《西官候》曰：熒惑守虎首一日爲十日以上，天下兵起，斧鉞用。《齊伯》曰：熒惑守觜觿，害國之君，將兵入於秦之域矣。六畜大疫，山谷盡空。《春秋圖》曰：熒惑守觜觿，有兵起，將爲亂，若有急令。天下斧鉞大用，不出百八十日。《黃帝占》曰：熒惑犯觜觿，野多反者，斧鉞用。郗萌曰：熒惑犯觜觿，而守之六十日，其國有喪，大臣有誅被逐者。萬物不生，天下飢，穀大貴。

熒惑犯參七

《黃帝占》曰：熒惑犯參，有大將反者，兵大連，精四方相射，王者不安，轉徙宮室。石氏曰：熒惑犯參左肩，大戰。星角明大，天下之兵卒起而强。微細，天下兵弱。《説題辭》曰：熒惑入參，主威下國廢。《文曜鈎》曰：熒惑入伐，有兵戰。守之五日以上，大將死。郗萌曰：熒惑入參若伐，天子憂市。一曰君國失市。《春秋緯》曰：熒惑逆入參成勾已，天下大亂，天子失度，大人憂。若環繞之，主命惡，若有大喪。期一年，遠三年。《荊州占》曰：熒惑逆入參，必有一國之君餓若戮死者。《春秋圖》曰：熒惑之參，將有憂。郗萌曰：熒惑南至參，將必有下獄者。甘氏曰：熒惑舍伐，不出三旬，大赦。郗萌曰：熒惑宿參若伐，直橫者，爲有反臣中兵。熒惑入參一月，相死。二月，后死。三月，君死。《西官候》曰：熒惑入參，留二十日以上，兵戰出。期七十二日，若十月。若有喪，小兒多傷。郗萌曰：熒惑逆行，若留止衡中，爲兵軍起。熒惑出入留舍參中，天子宮中兵起。《黃帝占》曰：熒惑守參，多霜雹。《河圖》曰：熒惑以四月守參，其國兵起。兵起宮中，戰有功，若封侯者。五月守之，大人有憂下獄者。《孝經章句》曰：熒惑守參，兵大殺，千里之行，淮主亦驚。牛馬多死。雨澤不時，歲爲下。石氏曰：熒惑守參，大將軍反，天子之軍破，牛馬急行。麥大貴，人相食。甘氏曰：熒惑守參，王者不安，徙宮室。巫咸曰：熒惑守參，有怪石墮其野。以入內占。熒惑守參，旱多火災，萬物五穀不成，其國有憂。《海中占》曰：熒惑守伐，五日，人主死。郗萌曰：熒惑守參足下，五日，糴暴賤。二十日以上，糴大賤。三十日，有赦。一曰四月守參，三十日，赦。熒惑守參，爲大人當之。《荊州占》曰：熒惑以四月守參，天下金貴。郗萌曰：熒惑守伐，百二十日，成勾已，若環繞之，大人惡之，若有憂。期六月。《荊州占》曰：熒惑守參白虎，兵起，鈇鉞用。陳卓曰：火守伐，天下更正朔。《西官候》曰：火守伐，燕王當死。其留二十日以上，大人惡之。期六十日，若秦地凶。甘氏曰：熒惑守參，有赤星出參中，邊有兵。石氏曰：熒惑以四月守參，火入舍，金錢發。熒惑入參守之二十日以上，兵起於野。將軍出戰，有死將。石隕其野，多反者。熒惑與龍星並見參中，天子更政，有戮死臣。熒惑與彗星若妖星見參伐，天子更政。熒惑與彗星妖星，一名望能。郗萌曰：熒惑經參能見參伐，大國君爲臣所謀。熒惑與彗星見參，大國君不吉。

唐・瞿曇悉達《開元占經》卷三四　熒惑犯南方七宿

熒惑犯東井一

《黃帝占》曰：熒惑犯東井，小有兵。案《宋書・天文志》曰：安帝義熙九年二月丙午，熒惑填星皆犯東井，十三年三月，索頭大衆緣河爲寇，高祖討之，奔退，其別帥跋嵩交戰，大破之，嵩殲焉。復攻關中，八月擒宏也。陳卓曰：熒惑犯東井，羣臣有以家事坐罪者。案《宋書・天文志》曰：魏高貴鄉公正元二年十二月戊午，熒惑犯東井北轅西頭第一星。甘露元年，諸葛誕族滅。宋孝武大明二年三月辛未，熒惑入東井。其年四月，海陵王休茂爲雍州刺史。五年，休茂反，誅。《黃帝占》曰：熒惑以春入東井，有赦。《文曜鈎》曰：熒惑入東井，失道行陽，天下大旱，有火災，若內亂。期不出三年。石氏

曰：熒惑入東井，兵起，若旱。其國亂，有兵兵止，無兵兵起，大臣當之。案《宋書·天文志》曰：晉成帝咸康元年八月戊戌，熒惑入東井。是年夏，發衆列戍，加王遵司馬，以備胡賊也。熒惑入東井，必先軍起役有令。熒惑角氣行疾入東井十日，相死。三十日，主終。后命惡之。《黄帝占》曰：熒惑入東井，牛大疫，兵器鉞大貴。石氏曰：熒惑入東井中，海水出，水暴下。甘氏曰：熒惑入東井，有逃主。又曰：四百人，貴一人。巫咸曰：熒惑入東井，中國有遁主。熒惑入東井，貴人不安其位，一國大旱。郗萌曰：熒惑入東井，國失火。案《漢書·天文志》曰：景帝四年七月癸未，火入東井行陰。後二年，有栗氏事。後未央東闕火災。《洪範天文星辰夏·占》曰：未央門火災。熒惑入東井，太白隨之，糴貴，道上多死人。熒惑入東井，先起兵者，大將戮死。期六十日。熒惑逆行東井，貴人死傷，若失火。《海中占》曰：熒惑入東井，角動，赤黑色，大人當之。以水起兵。其環繞之，事必成。其留二十日，色赤黄，大人增地。黑，憂，奪地。司馬彪《天文志》曰：熒惑入東井口中，大臣有誅者。石氏曰：熒惑正過東井中南出者，天下有易王業者。《黄帝占》曰：熒惑過東井上二丈者，軍將必當去，其兵歸，必有病事。《海中占》曰：熒惑去北戍，至東井，干一星，將軍有野死不葬者。干二星，中倖臣有市死者。北戍者，北河也。《春秋圖》曰：熒惑之東井，有從白衣之封爲侯者。《海中占》曰：熒惑在東井北戍，去戍三丈，當復發千人以上。去戍二丈，復發萬人。去戍一丈，門開，道無行人。若其留戍下，六十日，天下大赦。晉灼曰：熒惑留東井中三十日，天下大水，人主以身游水。熒惑西方守東井輿鬼，去復還反之，强國君忌之。《海中占》曰：熒惑入東井留三十日以上，既去復還居之，若環繞成勾己者，國君有憂。若重，有喪。期九十日，若一年。郗萌曰：熒惑出入留舍東井，三十日不下，必有破國死王。《河圖》曰：熒惑在西方若東方，守東井，有男喪。石氏曰：熒惑以十二月守東井，且憂火。熒惑守東井，名水有絶者。大魚死，國大旱。熒惑守東井如炬火，兵起。甘氏曰：熒惑守東井，貴相戮。熒惑以五月守東井，六十日，江海決，溢水出。巫咸曰：熒惑守東井間，有逐王。郗萌曰：熒惑守東井，爲萬物不成。久守之，金錢易。熒惑守東井南，主后死。守其西，太子死。守其北，諸侯有死者。熒惑守日月之門，國内亂，以其日占國。熒惑守東井，大人憂。案《宋書·天文志》曰：晉元帝大興三年十月乙亥，熒惑在東井。永熙元年十二月，元帝崩。陳卓曰：熒惑守東井，天下不安。郗萌曰：熒惑守東井，天子爲軍自守。熒惑守東井，百川溢。《黄帝占》曰：熒惑入東井，留守井中，天子有火災。《感精符》曰：熒惑逆行，守東井成勾己，天子坐之，天下兵起。守之二十日以上，相惡之。四十日以上，人主當之。先起殃，後起昌。《甄曜度》曰：熒惑入東井而守之二十日以上，其國有大兵起，有大喪。三十日不下，有逃走相，破軍殺將，其國失地。不出期年，遠二年。石氏曰：熒惑入若守東井，河決有水令。熒惑入若守東井二十日以上，宫中以火爲敗，若内亂，臣當之。郗萌曰：熒惑入若守東井，爲土功事。熒惑犯乘守入東井中，以日占，臨其時者，辱也。留三日以上占，其大臣當之。期三月，若一年，二年，三年，遠五年。《洛書》曰：熒惑守鉞，兵大起，臣謀主，斧鉞用，將相有戮死者。案《宋書·天文志》曰：魏高貴鄉公甘露元年七月乙卯，熒惑犯井鉞。三年，諸葛誕夷滅。《晉陽秋》曰：安帝隆安元年八月乙巳，熒惑守井鉞。二年八月，以譙王尚之弟兄之爲振威將軍，守蕪湖，以備庾楷等。由是内外騷動。王恭慮禍難復，密要殷仲堪、桓玄同會京師。玄等皆嚮，遣石顯仲堪在蕪湖，朝廷震駭。石氏曰：熒惑犯守鉞，大臣有誅，斧鉞用，有兵起。一曰：執法者誅，不出其年。郗萌曰：熒惑中犯乘守鉞，斧鉞用，爲其國内亂兵起。一曰執法者誅。

熒惑犯輿鬼二

《黄帝占》曰：熒惑犯輿鬼，皇后憂失勢。《帝覽嬉》曰：熒惑犯輿鬼，爲國有憂，大臣誅。案，司馬彪《天文志》曰：孝明永平十三年閏月丁亥，火犯輿鬼。其十二月，楚王英與顔忠等造作妖書謀反。英自殺，忠等皆伏誅。甘氏曰：熒惑犯輿鬼，執法者戮。司馬《天文志》曰：延禧七年八月庚戌，熒惑犯鬼質星。八年二月，太僕南鄉侯左勝以罪賜死，弟中常侍上蔡侯綰等自殺。宗親侍中比陽侯鄧康、河南尹鄧萬等皆繫，萬等死，康等免官。桂陽太守任胤等背散走，皆棄市。九年七月乙未，熒惑行鬼中犯質星。十一月，太原太守劉瓆、南陽太守成瑨皆坐殺無罪。尚書郎孟瑺坐受金漏言，皆棄市。永康元年十二月，桓帝崩。《荆州占》曰：熒惑犯輿鬼，忠臣戮死，皆不出一年中。甘氏曰：熒惑入輿鬼，犯積尸，天下兵起，大戰流血，有没軍死將。《宋書·天文志》曰：晉安帝義熙十四年七月甲辰，熒惑犯輿鬼。占曰：秦有兵。十五年，西虜寇長安。雍州刺史朱齡石諸軍陷没。三十日不下，國有大喪，人民流亡死者大半。期三年。《黄帝占》曰：熒惑入輿鬼，有兵喪，金玉用，有大赦。及留守之，物貴，天下大疾疫。其留二十日以上，兵大起，多戰死者。爲宗廟神明事，若民多疴疾，若有女喪。期十月。司馬《天文志》曰：孝桓建和元年八月壬寅，熒惑犯輿鬼質。和平元年十二月甲寅，梁太后崩。《宋書·天文志》曰：晉成帝咸和九年三月己酉，熒惑入輿鬼。占曰：兵在西北，有没軍死將。四月鎮西將軍郭權始以秦州歸從，尋爲石斌所滅，徙其衆於青徐。《春秋緯》曰：

熒惑入輿鬼，主以內亂淫泆。《孝經章句》曰：熒惑入輿鬼，主坐之。司馬《天文志》曰：孝質本初元年三月癸丑，熒惑入輿鬼。閏月一日，孝質帝爲梁冀鴆而崩。石氏曰：熒惑入輿鬼，中旬，主后死。七日，相死。四月，主死。熒惑入輿鬼，斧鑕用。其星視動頡頡然，是謂王府國家不安。故則物不欲聚也。皆以入日命其國。巫咸曰：熒惑入輿鬼，將相有誅者。《宋書·天文志》曰：晉成帝咸和九年三月己亥，熒惑入輿鬼，犯積尸。四月，鎮西將軍雍州刺史郭權始以秦州歸從，(守)〔尋〕爲石虎所滅，(從)〔徙〕其衆於青徐也。劉向《洪範》曰：熒惑入輿鬼，大賊在大人之側。《宋書·天文志》曰：晉安帝元興元年七月戊寅，熒惑在東井，又犯輿鬼積尸。二年桓玄簒位，遷帝於潯陽。《海中占》曰：熒惑入輿鬼中央星可四五日，大人當之。郗萌曰：熒惑入輿鬼，爲大人卒事，以命終也。熒惑守柳入輿鬼，人相食。《荊州占》曰：熒惑入輿鬼，爲亂臣在內，有屠城。陳卓曰：熒惑入輿鬼，有金錢令。宋《天文志》曰：明帝泰始三年六月，熒惑犯輿鬼。九月，以皇后六宮衣服金釵雜物賜北征將士也。有火災。《齊伯》曰：熒惑入鬼中，大臣有誅，兵大起，白骨滿野。《五行傳》曰：漢宣帝本始四年，熒惑入與鬼天質。後三年，霍氏謀反之應也。郗萌曰：熒惑留輿鬼，臣下不明。《南官候》曰：熒惑留輿鬼，君臣疾病。逆行，失火，女主用財大奢過度。郗萌曰：熒惑舍輿鬼中十餘日，出輿鬼又舍南河，二十日三十日，因南行，國有小男喪。正月初見者，七月吉。凶發正月七月，孟長男坐之。九月初見者，三月吉。凶發九月三月，季少男坐之。熒惑舍輿鬼中央十餘日，出輿鬼又舍北河，二十日三十日北行，邦有小女喪。十月初見者，四月吉。凶發十月四月，孟長女坐之。十二月初見者，六月吉。凶發六月十二月，季少女坐之。熒惑舍輿鬼中，三十日至五十日，天下有大喪。十一月見，五月應之。他放此。熒惑舍輿鬼中央，多霜露，風雨不時。熒惑舍輿鬼西北，婦人多姙子而死者。舍中央，小兒多死。一曰：萬民多病頭目痛。舍東北，長年多死。一曰必有流水。舍東南，老人多死。《齊伯》曰：熒惑出入留舍輿鬼，五十日不去，國傷水，邑空。《黄帝占》曰：熒惑守輿鬼，女主病。留十日，諸侯王夫人當之。留二十日，太子夫人當之。東去，病在孔竅不利。南去，在頭。西去，病在手足。北去，病在陰。熒惑守輿鬼東南七日，少年病。守十日，老人病。熒惑守輿鬼中央，大人憂。石氏曰：熒惑守輿鬼，貴相戮。熒惑守輿鬼，大人有祭祀之事。巫咸曰：熒惑守輿鬼，有兵兵罷。多水災，萬物五穀不成。熒惑守輿鬼，人君貴人憂，鈇鉞用。郗萌曰：熒惑守輿鬼，去復還居之，大國君不吉。《海中占》曰：熒惑守輿鬼，出其南，水。出其北，旱。巫咸曰：守北水，守南旱。郗萌曰：熒惑守輿鬼，執法吏有過罪者。一曰：主死，民多疾喪，棺木、蔴布貴。一曰牛馬貴。熒惑守輿鬼東北，男子兵相殺。守東南，萬民多死。守西北，爲戎皆反逆叛兵。軍守西南，人君惡之，秦漢有反臣兵事。以赦令解之。熒惑守輿鬼，在南，有男喪。在北，有女喪。熒惑守輿鬼，有土功事，若有德令。熒惑守輿鬼北七十日，女子病。守南七十日，男子疾。熒惑經歷輿鬼中，東行還守西北角，有逐王來降，其後匈奴大敗北地。班固《天文志》曰：熒惑守輿鬼，爲火變有喪。漢孝武六年，熒惑守輿鬼。其歲高園有火災，竇太后崩。《荊州占》曰：熒惑守輿鬼東北星，棺木貴。守東南星，五穀貴。守西南星，金錢貴。守西北星，鐵器魚鹽皆百倍。《玉曆》曰：熒惑守輿鬼，秦有疾病，金玉貴。石氏曰：熒惑守輿鬼，必大赦。期六十日。入鬼已去復還守之，大赦。熒惑出西方若東方，出入輿鬼守，成勾已，尊者失宗廟。期六十日，若百八十日。《春秋緯》曰：熒惑逆行守輿鬼，成勾已，王者惡之，兵起，財帛金錢散，將軍有戰死者，若有火災，期不出年。郗萌曰：熒惑入輿鬼，去復還守之，期不出三年中。熒惑入若守輿鬼，爲多憂，財空出。亂臣在內，若大臣謀，有干鉞。乘質者，君人憂，金玉用，民多疾。從南入爲男，北入爲女，西入爲老，東入爲丁壯。《河圖》曰：熒惑入輿鬼犯守之，天下白徒聚，土功興。《荊州占》曰：熒惑干犯守輿鬼，隨所守物，王者發之。不出七十日，天下有大喪。陽爲人君，陰爲皇后，左爲太子，右爲貴臣。《荊州占》曰：熒惑經輿鬼，中犯乘積尸者，兵在西北，有没軍死將。久留守之，天子有喪。其以十二月入守之，下賊多死，有土功事，有德令。

熒惑犯柳三

《河圖》曰：熒惑犯柳，當有謀臣不從王命。石氏曰：熒惑犯柳，有木功事，若名木見伐者。郗萌曰：熒惑犯注，色赤三芒，天下有亡王，若死將。《黄帝占》曰：熒惑入注，大人禦守。《甄曜度》曰：熒惑入注而去之，天下安，大歸其鄉，有兵兵止，萬民安樂，貴人吉，安其社稷。以六月守注，百二十日，其國人飢旱。巫咸曰：熒惑入柳，諸侯有慶賀之事，天下大樂。郗萌曰：熒惑入柳，國有觴客之事。一日五日，宮中觴。《南官候》曰：熒惑入柳，麻貴，在後年。又曰：入注，天下安。郗萌曰：熒惑逆行柳，失火。《春秋圖》曰：熒惑之柳，天下憂四夷。郗萌曰：熒惑入注，留二十日以上，有負海之客。《荊州占》曰：

熒惑留柳，供養者非其人。郗萌曰：熒惑以三月舍注，下芒赤色怒，左右倚兩傍，冬，地大動，民大恐，兵大起。三年乃止。《春秋圖》曰：熒惑出入留舍柳三十日不下，天下有急令，天子大憂，將有誅者。其國之中必有敗，土功事大起。郗萌曰：熒惑出入留舍柳，將有訛言者，其國必敗。《黄帝占》曰：熒惑守柳，侯王不寧。《文曜鈎》曰：熒惑六月守柳，其國失地，人民以飢流亡。石氏曰：熒惑守柳，有兵，逆臣在側。石氏曰：熒惑守柳，爲反臣中外兵。以赦令解之。熒惑守柳，天下旱，多火災，萬物五穀不成，糴大貴。巫咸曰：熒惑守柳，天下大旱，羊貴。郗萌曰：熒惑守注三十日以上，萬家邑拔，千家邑擄。退居之南北去之，其邑不可舉事用兵，反受其殃。郗萌曰：熒惑守注，官有治宫之事，民多疾疫。一曰宫有大火。熒惑守柳南，聖人在南國。《荆州占》曰：熒惑迫守柳，宫門閉。陳卓曰：熒惑守注三十日，其君憂。《百二十占》曰：熒惑守柳，讒臣亂，若有兵。《黄帝占》曰：熒惑犯守柳，有導主爲非，亂其國事者。若天子以飲食爲害，不安社稷。

熒惑犯七星四

郗萌曰：熒惑犯七星，臣爲亂。《南宫候》曰：熒惑犯近七星三日以上，所近犯者誅。《文曜鈎》曰：并味沉湎，熒惑入注侯星。宋均曰：注侯七星也。甘氏曰：熒惑入七星，必有君置太子者。巫咸曰：熒惑入七星，必有觴客事。郗萌曰：熒惑留七星，爲天下大憂，憂中央。《聖洽符》曰：熒惑舍七星，人民趣舍，安桑蠶，寧其土。郗萌曰：熒惑出入留舍七星，國失地，天下大亂，若臣下衣服失度。齊伯曰：熒惑出入留舍七星，周國多男女喪，失城，有水，天下決江。歲多土功，大亂，更爲元年。郗萌曰：熒惑逆行七星，地動，若失火。石氏曰：熒惑與七星合，國君惡之。郗萌曰：熒惑與七星合光，大人必有疾者。《黄帝占》曰：熒惑守七星，有兵，若獵車騎。又曰，社稷傾亡，宫中生荆棘。又曰治宫室之事。《黄帝占》曰：熒惑守七星四十日，其君憂。《河圖》曰：熒惑守七星，二陽同居，其歲枯旱，五穀不成。若守之百日，三年不雨。王者退火官伐之，則災消。郗萌曰：熒惑守七星，爲反臣中兵也。《甄曜度》曰：熒惑守七星，民有憂，萬物不成，天下有水。石氏曰：熒惑守七星，地動。巫咸曰：熒惑守七星，白魚貴。《海中占》曰：熒惑守七星，人主有憂，津橋不通。郗萌曰：熒惑守七星三旬以上，大凶，天下有憂，期一年。熒惑守七星，曝巫於市，金鼓不行，百鬼不饗。熒惑守七星，爲臣中外兵。以德令解，謂赦令也。熒惑守七星，爲國有大徭，民苦。《南官候》曰：熒惑守天都，民有憂，大水爲災。《感精符》曰：熒惑入七星，若犯守之，人主有憂，大臣有誅，必有大客貴人有繫者。若守五十日，民多死。不出其年，人主行急令。郗萌曰：熒惑入若守七星，有觴客之事。《南官候》曰：熒惑入若守七星，大人有疾者，若國有徭。

熒惑犯張五

石氏曰：熒惑入張，大亂兵起，六月干之國空。巫咸曰：熒惑入張，國有觴客之事。郗萌曰：熒惑入張，貴人安其社稷，其歲男子小憂。熒惑出張，中旱。陳卓曰：熒惑出張，種大貴。郗萌曰：熒惑逆行張，地動，若失火。陳卓曰：熒惑逆行張，功臣當之。石氏曰：熒惑逆行乘張，大亂，兵起。《春秋圖》曰：熒惑之張，天下霜。巫咸曰：熒惑之張，三十日不下，其君憂，有兵起。石氏曰：熒惑與張星會，所在之國不可舉事用兵，必受其殃。《河圖》曰：熒惑居張，絶糧道。郗萌曰：熒惑留張，臣下衣服失度。《黄帝占》曰：熒惑守張，大將有千里驚，大水，五穀貴。一曰：土功作，役不時，百姓怨謗。《春秋緯》曰：殘陰，則熒惑守張。《考異郵》曰：熒惑守張，諸侯謀反。《孝經章句》曰：熒惑守張，政不平，民多訴訟，黄葭貴，雨澤不時，谷水不通，歲爲下。石氏曰：熒惑守張，天下必有歸兵。一曰鳳凰下。以其守日占之，知何國火。主禮故也。熒惑守張，五穀貴，大人不恤政事，危急，民飢，有千里行者。郗萌曰：熒惑守張者，爲有臣中兵也。石氏曰：熒惑守張，兵起，女主用事，宫中生荆棘。熒惑守張，天下大飢，國倉空。巫咸曰：守張，國必有大客遠來者。甘氏曰：熒惑非其次守張，當去不去，其色大赤，其國舉兵。從留得其次，不爲災殃。《海中占》曰：熒惑守張，功臣當有封者。郗萌曰：熒惑守張，天子有兵事。熒惑以六月守張，六十日，歲穰熟，其歲民有慶賜之事。熒惑守張，國治宗廟，期二十日。熒惑守張，爲反臣中外兵，以德令解，謂赦令也。《南官候》曰：熒惑入張而守之，天下大亂，大人憂，兵大起，若有急弓甲聚其地，其將亡。《海中占》曰：熒惑犯張若守之，天下有兵，宫門當閉。男子有急，女子不安。五穀不成，民大飢。一曰：火居張，人絶糧。《荆州占》曰：熒惑犯若守張，宫門當閉，大將被甲兵。

熒惑犯翼六

《荆州占》曰：熒惑犯入翼，車騎無極，四海大兵，民當何所息？萬民飢愁，當何所食？石氏曰：熒惑入翼，四月，楚主死。旬，相死。不死出走。郗萌曰：熒惑入翼，四海有急，國憂。陳卓曰：熒惑入翼中，將軍爲亂。《南官候》

曰：熒惑入翼，魚鹽貴，水蟲倍價。郗萌曰：熒惑逆行翼，不出其年，大軍起，天下大憂。《荆州占》曰：熒惑逆行翼，邪臣亂朝廷，忠臣不可以進。熒惑逆行翼，失火。郗萌曰：熒惑入翼，留二十日以上，大人有病。一曰守三十日，其君憂。熒惑入翼，留二十日以上，國有白服之朝。期百三十日中，若人有病，若國大傜，民苦以勞。《南宫候》曰：熒惑留翼，臣下淫佚逆行。色赤，失火。一曰大亂，臣亂朝廷。郗萌曰：熒惑出入留舍翼，使者有急事，兵起不用於外地。逆行之，不出九年，必有軍起。天下亡矣。《甄曜度》曰：熒惑守翼，王者微弱，臣不順命，若大人有病，天下有憂。《孝經章句》曰：熒惑守翼，先水後旱，布縷大貴，人病頭首，雨澤不時。石氏曰：熒惑守翼，若大旱，魚鹽五穀貴，萬物不成。熒惑守翼，天下修兵。甘氏曰：熒惑守翼，王者軟弱，臣不從令。忠心奉天，則熒惑退。郗萌曰：熒惑守翼，爲反臣，中外兵，以德令解，謂赦令也。陳卓曰：熒惑守翼，川谷不通，多盜賊，人民相惡。《玉曆》曰：熒惑守翼，有急事，若大風。《南宫候》曰：熒惑守翼，歲飢，民流千里，有亡國。穀貴，蛇龍見。熒惑守翼，佞臣亂政，其歲多風雨，車騎聚，天下大飢。熒惑以十月守翼，五十日，甲兵卒，車騎軍，屯輕將，行五十日而罷。卒有功而錫金者。《百二十占》曰：熒惑守翼，大旱。色赤，亂且至，人民流。一曰有海國客獻神鳥也。《感精符》曰：熒惑逆行守翼，邪臣爲亂，忠臣不立。不出其年，兵大起，王者憂也。《文曜鈎》曰：熒惑犯翼，若守之，天下大亂，車騎無極，大兵起四海，匈匈然於無命。

熒惑犯軫七

《春秋緯》曰：熒惑入軫中，兵大起。石氏曰：熒惑入軫中，四月，楚主死。入旬，相死。不死出走。甘氏曰：熒惑入軫，有負海客。巫咸曰：熒惑入軫中，伺其出日而數之，期二十日皆爲兵發。伺始入處之，率一日期十日，軍罷。郗萌曰：熒惑入軫，大水，田宅貴，若車貴。陳卓曰：熒惑入軫，國有大喪，若將軍死。《南宫候》曰：熒惑入軫，兵益，水旱爲害，人民擾動，妖言無實，國政數改，士卒勞苦。石氏曰：熒惑出軫南，民多病。出其北，民多死。郗萌曰：熒惑出軫陰，兵。出軫陽，乍西乍東，遠去之游，其國小憂。去而復還，其國大憂。近期一年，中期二年，遠期三年。熒惑行軫左，負海國有殃；行軫右，中國有殃。石氏曰：熒惑逆行軫，失火。《文曜鈎》曰：熒惑逆行至軫，名曰逕天。其下之國，當有敗者。大將有憂，士卒擾動，人民苦役，多有死者。郗萌曰：熒惑守兩角間，若至軫，道絶不通。出其南，多病。出北，多死。出其陰，陰伐利，戰勝取將。出其陽，陽伐利，戰勝取將。《河圖》曰：熒惑在軫，不可爲人客，爲人客者，有殃罰當死。石氏曰：熒惑與軫合而并光，主必亡。巫咸曰：熒惑守軫，旱，川枯不通，國多火災，萬物五穀不成。郗萌曰：熒惑與軫鬬，諸侯當有奪地者。《黄帝占》曰：熒惑以十月守軫，三十日，車騎發。其居軫中也，天下盡給軍事，無得居家者。《春秋圖》曰：熒惑守軫繞環，及已去復還守之，成勾己，天下兵潰起，主命惡之，大臣欲謀其君，大人有憂，不出年。石氏曰：熒惑守軫，青絳帛枲其物皆貴。其國有兵之災。石氏曰：熒惑守軫，有兵。天子車駕凶，若有病，若大臣戮死。郗萌曰：熒惑守軫，兵戰，將有功。期不出三年。熒惑守軫，爲反臣中外兵，以德令解，謂赦令也。一曰水。《荆州占》曰：熒惑守軫，將軍大敗。《河圖》曰：熒惑入軫若守之，其國有喪，將軍爲亂，兵革大起，人主惡之，必有亡國，期不出二年。王者以赦除咎，則災消。《南宫候》曰：熒惑干犯軫，大臣戮死。

唐·瞿曇悉達《開元占經》卷三五　熒惑犯石氏中官上

熒惑犯攝提一

《洛書》曰：熒惑入攝提鈎己，帝必亡。《百二十占》曰：熒惑入攝提，兵聚一國，若大臣有誅，人主憂，期百八十日。巫咸曰：熒惑入若犯攝提，坐大臣成刑。石氏曰：熒惑出若入攝提，大臣誅，兵滿野。《黄帝占》曰：熒惑與攝提合，相走去。郗萌曰：熒惑守左攝提，左校兵作；右攝提，右校兵作。

熒惑犯大角二

郗萌曰：熒惑舍大角東西，必有立侯。《海中占》曰：熒惑守大角，臣謀主者，有兵起急，人主憂，王者誡慎左右。期不出百八十日，遠一年。郗萌曰：熒惑守大角，有亡國。一曰守三日，天下大哭。《玄冥》曰：熒惑犯守大角，臣謀君，子謀父，天下兵起，王者惡之。若有大喪。近期一年，中二年，遠三年。

熒惑犯梗河三

巫咸曰：熒惑犯守梗河，國有謀兵，四夷兵起，來侵中國，邊境有憂。

熒惑犯招摇四

《聖洽符》曰：熒惑犯招摇，邊兵大起，敵人爲寇。若守之，敵人敗，若敵主死，不出二年。《荆州占》曰：熒惑入犯招摇，回紇兵起，侵犯中國。若防守之，兵自退。主其國有憂，期三年。又占曰：熒惑入若守招摇，旗幟起。又占曰：熒惑守歷招摇星者，遠夷有内相殺者，若邊將有不請於上而誅夷狄者。

熒惑犯玄戈五

《春秋緯》曰：熒惑守玄戈之陽，以左右占其方，合則主居滕宮，天下有議，女令橫行。石氏曰：熒惑守玄戈，亂於邑。《春秋緯》曰：熒惑逆行守玄戈，以妾爲妻。《聖洽符》曰：熒惑犯守玄戈，邊兵大起，敵人爲患。若守之，敵人敗，若敵王死，期不出二年。

熒惑犯天槍六

巫咸曰：熒惑守天槍，邊夷兵起，機槍大用，防戍有憂，若誅邊臣，期不出年。《荆州占》曰：熒惑守天槍，多梟民。一曰鈇鉞大用。

熒惑犯天棓七

《黄帝占》曰：熒惑犯天棓，兵四起。巫咸曰：熒惑犯天棓，邊夷兵起，機槍大用，防戍有憂，若誅邊臣，期不出年。

熒惑犯女牀八

《荆州占》曰：熒惑犯牀，凶。又曰：熒惑守女牀，後宫姦謀。甘氏曰：熒惑犯守女牀，兵起宫中，若妃后有暴誅者。期百八十日，遠一年。

熒惑犯七公九

石氏曰：熒惑犯七公，群臣有疑議。《黄帝占》曰：熒惑守七公，爲民飢，君子安。石氏曰：熒惑守七公，有亂疾之事。石氏曰：熒惑犯七公，輔臣有議，臣相疑，若有誅者，人主有憂。《玄冥占》曰：熒惑犯守七公，天下亂，有兵起，大臣當國，有憂。

熒惑犯貫索十

石氏曰：熒惑入天牢，中犯乘守者，以獄爲亂，多不平。《荆州占》曰：熒惑入天牢，天下有賊。又占曰：熒惑入天牢，大水。期一年。一曰旱，期一年。一曰歲飢，人相食。《黄帝占》曰：熒惑入天牢，赦。其守天牢二十日，赦。以丑未日候之。《荆州占》曰：熒惑舍貫索，有國滅，無後。又占曰：熒惑干貫索，天下赦。守二十日，小赦。三十日，大赦。《洛書》曰：熒惑守天牢，獄寃囚多。《荆州占》曰：熒惑守天牢，名水有絶者，若大魚死。又占曰：熒惑守天牢，十月，大赦。遠期八十日。巫咸曰：熒惑守貫索，天下亂兵大起，多有獄事，人有死者。

熒惑犯天紀十一

石氏曰：熒惑犯天紀，天下國相攻。郗萌曰：熒惑舍天紀星西，人相食。東，五穀不實。北，木菓實。南，天下州戰。巫咸曰：熒惑守天紀，天下國相繫。石氏曰：熒惑守天紀，君不安，有飢民。《文曜鈎》曰：熒惑守天紀，倖臣執權，有兵起，王者有憂。甘氏曰：熒惑犯守天紀，天下亂，山崩地動，人主不安，有亡國，期二年。

熒惑犯織女十二

《黄帝占》曰：熒惑入織女，兵起，十年乃解北方。又占曰：熒惑入織女，人主政一家族之。一曰政一國族之。郗萌曰：熒惑入東橋，二十日，兵起。《玉曆》曰：熒惑入織女，天下有女喪，産乳多死。一曰絲綿布帛大貴。《黄帝占》曰：熒惑犯守織女，天下有女憂，有兵起急，不出其年。《海中占》曰：熒惑入犯守織女，有大兵起，十年乃罷。若貴女有憂。

熒惑犯天市垣十三

《黄帝占》曰：熒惑入天市成鈎己，反環繞之，天下惡。期十月。石氏曰：熒惑入天市，都邑有兵。甘氏曰：熒惑入天市，幣亂，人民憂。一曰錢幣亂。《海中占》曰：熒惑入天市，天子失廷，期六月。郗萌曰：熒惑入天市，名曰受。穀糴大貴。又占曰：熒惑入天市中，爲將凶。一曰五官有憂。一曰赦。《荆州占》曰：熒惑入天市之中，大飢。《玉曆》曰：熒惑入天市中，爲將相凶，有戮死者。石氏曰：熒惑入天市中而出市外，死罪復生。郗萌曰：熒惑出入天旗，大將斬。又占曰：火居天市，有金錢之徵。《黄帝占》曰：熒惑入若經天市，市驚亂，人民有憂。郗萌曰：熒惑當天市門而止，糴貴再倍。若入市門中，糴五倍。更入廷而守之，糴貴十倍，人民大飢。又占曰：熒惑居天市，民訟。石氏曰：熒惑起角，芒長，色如雞，血三十日舍天市，臣謀其主。《黄帝占》曰：熒惑守天市，天下兵起。劉向《洪範傳》曰：熒惑守天市，必戮臣不忠者。郗萌曰：熒惑守天市垣，若入之，皆爲辟亂。若天下名市移，及失火。若有暴買立市。皆大臣坐之。《玄冥占》曰：熒惑守天市垣，若入之，皆爲天下亂，名人受誅，人主憂，期一年。郗萌曰：熒惑入若守天市，必有大臣戮。郗萌曰：熒惑入若守天市，皆爲更幣。一曰幣易。

熒惑犯帝座十四

石氏曰：熒惑犯帝座，有逆亂事。《玄冥占》曰：熒惑犯帝座，爲臣謀主，天下亂，兵大起，急，不出年。石氏曰：熒惑犯天廷，兵大起，有自立主者，若有徒王。期百八十日，若一年。

熒惑犯候星十五

《聖洽符》曰：熒惑守候星，天下飢，兵革起，國有憂，期二年。《海中占》曰：熒惑犯守候星，陰陽不和，五穀傷，人大飢，有兵起。

熒惑犯宦者十六

甘氏曰：熒惑犯守宦者，左右輔臣有誅，若戮死。期不出年。

熒惑犯斗星十七

郗萌曰：熒惑守市斗，糴石五百。守斗中，糴石千。石氏曰：熒惑守斗，斗斛之事，倉吏不平。

熒惑犯宗正十八

石氏曰：熒惑犯守宗正，左右羣臣多死，若更政令。人主有憂。

熒惑犯宗人十九

石氏曰：熒惑犯宗人，親族貴人有憂，若有死者。一曰人親宗有離絶者。

熒惑犯宗星二十

甘氏曰：熒惑犯宗星，宗室之臣有分離者。《玄冥占》曰：熒惑觸抵宗星，宗中倖臣有誅者，期二年。

熒惑犯東西咸二十一

陳卓曰：熒惑犯東西咸，當去不去，賊臣有謀，不出一年。石氏曰：熒惑守東西咸，先樂後憂。又占曰：熒惑守咸星，女主憂誅，若貴女有戮死，期二年。郗萌曰：熒惑守東西咸，大戰。《荆州占》曰：熒惑守東西咸，憂兵。石氏曰：熒惑守犯東西咸者，爲有臣不從令，有陰謀。

熒惑犯天江二十二

石氏曰：熒惑守天江，必有立王。一曰賊起水中。案韋昭《洞記》曰：漢靈帝中平三年，熒惑守天江。江夏兵過南陽反，殺太守岑頡，太尉張延克也。巫咸曰：熒惑犯守天江，天下有水。若入之，大水齊城郭，人民飢，亡去其鄉。案《宋書·天文志》曰：晉穆帝升平三年七月乙酉，熒惑犯天江。四年五月，天下大水。

熒惑犯建星二十三

《聖洽符》曰：熒惑犯建星，臣謀其主，若大臣不親其君。上下相疑，有兵起，王者有憂。郗萌曰：熒惑犯建星，嬰兒多死，大臣相譖。《黄帝占》曰：熒惑入建星，人臣有走者。甘氏曰：熒惑入建星，津河水大若出，關梁不通。郗萌曰：熒惑入建星，人主謀，兵罷。出建星，軍乃戰。石氏曰：熒惑入建星，留二十日已上，諸侯謀反。期百二十日。甘氏曰：熒惑舍建星，有置主。郗萌曰：熒惑舍建星，馬大貴。《荆州占》曰：熒惑舍建星，人民起蠶桑以作婦，各安其土，天下大樂。《黄帝占》曰：熒惑色青，守建星北，天下有辱王。西去，天下有女主治者。又占曰：熒惑守建星，三十日，天下有水。石氏曰：熒惑守建星，三十日，色赤，大旱，赤地千里，民流滿道。星色青黑，則有女君憂。郗萌曰：熒惑守建星，宰相坐之。又占曰：熒惑守旗附，三十日，兵起。又占曰：熒惑守建星，地氣泄，貴人多死。《荆州占》曰：熒惑守建星，歲水，民飢，有自賣者。《玄冥占》曰：熒惑守建星，諸侯有謀，若大臣有戮死者。期百八十日。

熒惑犯天弁二十四

甘氏曰：熒惑犯天弁，若守之，則囚徒起兵。一曰五穀不成，糴大貴，人民飢。

熒惑犯河鼓二十五

巫咸曰：熒惑犯河鼓，大將死。犯左右將，左右將死。《黄帝占》曰：熒惑守河鼓，軍食絶。《文曜鉤》曰：熒惑守河鼓，三十日，大將出，必有戰。守左將，左將憂。守右將，右將憂。去疾，軍罷疾；去遲，軍罷遲。期不出年。郗萌曰：熒惑居河鼓中，若守之，日因數出入其間，百日兵大起。

熒惑犯離珠二十六

石氏曰：熒惑犯離珠，宫中有事，若亂宫者，若宫人有罪黜者。《海中占》曰：熒惑犯離珠，宫人有憂，若兵起宫中，若有誅，期二年。《黄帝占》曰：熒惑守離珠，有憂。行徐，憂甚；行疾，無故。

熒惑犯匏瓜二十七

郗萌曰：熒惑入匏瓜中，人主攻一邑殘之。星出匏瓜，天下有遊兵，不戰。甘氏曰：熒惑守匏瓜，二十日，狗羣嗥，雞夜鳴，天下盡驚。若有兵。期百八十日，若一年。《聖洽符》曰：熒惑犯守匏瓜，天下有憂，若有遊兵，名菓貴。一曰：魚鹽貴，價十倍。不出期年。

熒惑犯天津二十八

《海中占》曰：熒惑犯天津，關道絶不通。有兵起，若關吏有憂。郗萌曰：熒惑犯天津，五日，國相出走。又占曰：熒惑入漢中，大亂，大旱，大殘。以其所近舍四方中央，死而不葬，易世立王。郗萌曰：熒惑入漢中，爲將相貴人有渡

江事。一曰貴人溺死。又占曰：熒惑色青若蒼，二十日舍天津中，必有亡海失江。天下備道路，脩橋梁。又占曰：熒惑赤芒而守天津，三十日，關梁不通，不可以渡。人主有憂，若諸侯兵起，有亡國。期一年，遲二年。石氏曰：熒惑守天津，兵船大貴。《聖洽符》曰：熒惑入天津，去復還守之，津道不通，諸侯起兵，天下亂。期三年。

熒惑犯螣蛇二十九

石氏曰：熒惑犯螣蛇，魚鹽貴。甘氏曰：熒惑守螣蛇，天子前驅凶。若姦臣有謀，前驅爲害。《海中占》曰：熒惑入守螣蛇，天子憂，前驅爲害，若因水爲敗，期不出年。

熒惑犯王良三十

巫咸曰：熒惑入王良，人主墮墜，以車爲敗，馬多死，關道不通。郗萌曰：熒惑入王良，車騎貴。又占曰：熒惑入天橋，赦。又占曰：熒惑舍王良，地動。石氏曰：熒惑三十日舍王良，將亡。一曰將士皆亡，車騎行。《文曜鉤》曰：熒惑守王良，津橋不可渡，并諸侯不通。守之三十日，大兵起，車騎行，期二年。《春秋緯》曰：熒惑守王良，兵馬起。郗萌曰：熒惑守王良，天下大水，道不通。郗萌曰：熒惑守天馬，天子馬多死者。《齊伯占》曰：熒惑守王良，天下有兵，諸侯相攻，强臣謀主，期不出年。

熒惑犯閣道三十一

巫咸曰：熒惑守閣道，閣道中有伏兵，臣有謀主者，若宮中兵起。期百八十日，若一年。《荆州占》曰：熒惑守閣道，中有伏兵，人主當藏房户，或備女兵。石氏曰：熒惑犯守閣道而絶漢者，爲九州異政，各主其王，天下有兵，期二年。

熒惑犯附路三十二

石氏曰：熒惑守附路，太僕有罪，若有誅。一曰馬多死，道無乘馬者。

熒惑犯天大將軍三十三

郗萌曰：熒惑入天大將軍，興軍者吉。《荆州占》曰：熒惑舍天大將軍，有陰謀。石氏曰：熒惑守天大將軍，軍吏不安，飢爲敗。巫咸曰：熒惑守天大將軍，三十日，天下有兵，大將出行。期一年。《荆州占》曰：熒惑守天大將軍，兵大起，將軍行。石氏曰：熒惑守犯天大將軍，爲大將死，若誅。

熒惑犯大陵三十四

石氏曰：熒惑入大陵，國有大喪，大臣誅若戮，死者大半，皆不出年。《荆州占》曰：熒惑入大陵，女主宗室有誅者。又占曰：熒惑入大陵，天下盡喪，死人如丘山。《玉曆》曰：熒惑入守大陵，天子崩，若倖臣有死者，大人當之，期二年。

熒惑犯天船三十五

巫咸曰：熒惑入天船，諸侯有自立者，有兵起，若關津不通，人主憂。郗萌曰：熒惑守天船，不出三年，樓船大作，五穀大貴。《玄冥占》曰：熒惑守天船，天下有兵，若有喪。守之三十日，有亡國。《聖洽符》曰：熒惑入守天船，兵大起，舟楫用，有亡國。期不出年。

熒惑犯卷舌三十六

郗萌曰：熒惑入卷舌，國有佞臣謀其君，以口舌爲害人，主有憂。石氏曰：熒惑乘卷舌，天下多喪。《春秋緯》曰：熒惑守卷舌，天下多亂謀，國君以口舌之害起寇。石氏曰：熒惑守卷舌，有讒言亂主明，口舌作。《文曜鉤》曰：熒惑入卷舌，若守之，天下大旱，有兵起，讒臣亂主，其國有憂，期不出年。

熒惑犯五車三十七

石氏曰：熒惑犯五車，大旱，若有喪。一曰犯庫星，兵起西北方，若西方。《海中占》曰：熒惑入五車，兵大起，車騎行。五穀不成，天下民飢，若軍絶糧。巫咸曰：熒惑入五車，天下亂，大兵起。其國大旱，人民飢亡，若有赦。期百八十日。郗萌曰：熒惑入五車，大旱。以所近占四方中央。又占曰：熒惑入五車，赦。必先軍起，後有令。又占曰：熒惑以春入五車，赦。韓楊曰：熒惑出入五車，貴人溺死。郗萌曰：熒惑至五車，兵在外者有功，得地五百里。《黄帝占》曰：熒惑過畢口，直五車一月，兵連戰一歲；留二月，兵連戰二歲；留三月，兵連戰三歲。若其留土車，兵在外有小功，得地百五十里。留水車，當以水爲難。郗萌曰：熒惑出五車東，東西留二十日以上，卿死之。去之復還，其國君死之。有大赦。又占曰：熒惑舍五車西南，萬民多死。《黄帝占》曰：熒惑守五車星，五穀大貴，人相食。郗萌曰：熒惑守五車，必易帝王。天下有以車之名爲官者，大敗。有車器之怪。又占曰：熒惑守五車格休留十日，有大喪。又占曰：熒惑守五車二十日，有喪。以入日占何國。又占曰：熒惑守五車格休，右軍大發。一曰大赦。《黄帝占》曰：熒惑入五車中，犯乘守天倉星下轉，菽粟大貴。又占曰：熒惑入五車中，犯乘守天倉星，以食起兵。《荆州占》曰：熒

惑入五車中，犯乘守天庫星，兵起，亂十年。

熒惑犯天關三十八

《海中占》曰：熒惑出入天關左右，必有置立關塞之事。一曰必有逆兵不順者。石氏曰：熒惑守天關，道路不通，多盜賊，弟攻兄，子攻父，臣攻君。郗萌曰：熒惑守天關，大臣有不道者。又占曰：熒惑守天關，二十日若四十日，天下大赦。又占曰：熒惑守天關，必有一國之王不朝者，車有急行。《荆州占》曰：熒惑守天關，爲有兵，關梁不通。《玄冥占》曰：熒惑守天關，若以七月十月守之，二十日若三十日，必有大赦，期不出年。《帝覽嬉》曰：熒惑逆行守天關，車騎有急，行兵大起，士卒滿野，期九十日。《雒書摘亡辟》曰：熒惑逆行守天關，東方兵起。《荆州占》曰：熒惑入天關，留止守焉，不出百日，天下兵悉起。州州戰。《海中占》曰：熒惑守犯天關，道絶，天下相疑，有關梁之令。郗萌曰：熒惑行，不從天關，不出其年，有兵。

熒惑犯南北河戍三十九

《黄帝占》曰：熒惑行南河戍中，若留止守南河戍，爲旱。石氏曰：熒惑行南河戍中，若留止者，爲四方兵起，百姓疾病。郗萌曰：熒惑行南河戍中，若留止守南河戍，皆爲兵。又占曰：熒惑經南河戍之南，行法峻暴，誅罰不當。經北河戍之北，以女子、金錢、貪色、奢侈失治道。近期三年，中期六年，遠期九年而災至。《荆州占》曰：熒惑中犯乘守南河戍，天下兵盡起。《荆州占》曰：熒惑乘南河戍，若出南河，爲中國兵。又占曰：熒惑舍南河戍，二十日若三十日，國有男喪。《海中占》曰：熒惑舍南闕下，飢。《黄帝占》曰：熒惑蝕南河戍西星，有兵。蝕南河戍東星，天下州戰。巫咸曰：熒惑守南河戍之西星，木菓不實。郗萌曰：熒惑守南河戍間，大國君重，不吉，子代。又占曰：熒惑守南河戍，女主憂，若多旱災。石氏曰：熒惑守南河，蠻夷兵起，邊戍有憂，若有旱災，人民飢。《玉曆》曰：熒惑守南河戍，以火爲害，一曰邊寇入境。《文曜鈎》曰：熒惑逆行，犯守南河，有男主之喪。若犯守北河，有女主之喪。守二十日，以吉成凶。《荆州占》曰：熒惑中犯乘守南戍，天下兵盡起。一曰家相擊。一曰州戰。一曰飢。郗萌曰：熒惑入北河戍，從西入，六十日，有喪。從東入，五十日，有兵。《荆州占》曰：熒惑入北河守戍西，留止焉不出，即天下兵悉起。《荆州占》曰：熒惑入北河戍，大臣有盜賊者。郗萌曰：熒惑北至北戍，去北戍三丈，當復發千人以上；去北戍二丈，復萬人以上；去北戍一丈，城閉，道無人行。又占曰：熒惑守北河戍環繞之，主突厥主死。《黄帝占》曰：熒惑入若舍北河戍，天下有覆獄移擊。一曰大臣誅。郗萌曰：熒惑舍北河戍，三十日，有女喪。《文曜鈎》曰：熒惑守北河，邊兵大起，來侵境。若守之二十日，其國有憂。郗萌曰：熒惑守北戍間，大國女主重，不吉。又占曰：熒惑失度，守陰門若陽門，皆爲諸侯奸。《荆州占》曰：熒惑守北河戍，有兵兵罷，無兵兵起。一曰水。《玄冥占》曰：熒惑守北河，三十日不下，天下大水，人民飢。期不出年，若二年。郗萌曰：熒惑出北河戍北，若守北河戍環繞之，邊境將帥有不請於上而伐夷狄之君者，勝之。巫咸曰：熒惑守若舍北河戍之西星，人相食。蝕北戍之東星，五穀無實。《黄帝占》曰：熒惑留止守北河戍，不出百日，天下兵悉起。又占曰：熒惑守若蝕北戍之東星，有兵。郗萌曰：熒惑守輿鬼，逆行守北河，有女子喪。又占曰：熒惑舍兩河中，留二十日，關河不渡，諸侯不通。《黄帝占》曰：熒惑守南北河，三十日，諸川皆溢。《文曜鈎》曰：熒惑守兩河，兵起，天下困悲。司馬遷《天官書》曰：熒惑守南北河，穀不登。郗萌曰：熒惑守兩河戍間，百日，天下中隔不通。《荆州占》曰：熒惑守兩河間，天下乖離，道路不通。石氏曰：熒惑久守天闕門，主絶祀，以入日占國。郗萌曰：熒惑守天闕門中，三十日，有大喪。又占曰：熒惑守日月之門，國内亂。以其日占國。又占曰：熒惑入天高，先軍起，後有赦。又占曰：熒惑守衡星，大國女主有憂。《黄帝占》曰：熒惑入天高中，留二十日，小赦。三十日，大赦。郗萌曰：熒惑不行天門天闕門，爲有喪。又占曰：熒惑逆行天高中，必有破軍死將，亡國去王。

熒惑犯五諸侯四十

巫咸曰：熒惑入五諸侯，伺其出日而數之，皆二十日兵發。伺始入處之，率一日期十日，軍罷。《文曜鈎》曰：主軟弱憒愚，則熒惑守五諸侯。郗萌曰：熒惑守五諸侯，諸侯有奪地斬死者。石氏曰：熒惑犯五諸侯若守之，兵大起，將士出，諸侯有憂，若有兵死者。期三年。案《宋書·天文志》曰：晋太興三年十二月己亥，熒惑居五諸侯南，踟躕留止三十日。永昌元年三月，王敦攻京師，六軍敗績，于是殺周顗、刁協、戴淵等。《海中占》曰：熒惑犯五諸侯，其國有兵，車騎出行。若貴臣有殃，若有死者。《玉曆》曰：熒惑逆行，犯守五諸侯，秦國不以興兵，先起亡，後起昌。郗萌曰：熒惑中犯乘守五諸侯，爲所中犯乘守者，誅，若有殃。期三年，兵發。

唐·瞿曇悉達《開元占經》卷三六　熒惑犯石氏中官下

熒惑犯積水四十一

巫咸曰：熒惑入積水，大臣誅。　熒惑守積水，有大名水出，出入定有水兵。　甘氏曰：熒惑守積水，兵起，國有水災。　《荆州占》曰：熒惑入積水，若守之，大水，兵起。　巫咸曰：熒惑犯守積水，水物不成，魚鹽貴。一曰以水爲敗，糴大貴，民飢。期二年。

熒惑犯積薪四十二

巫咸曰：熒惑守積薪，大旱。江河易道，若火事。　石氏曰：熒惑守積薪，大旱，爲火事，庖官以火爲憂。　郗萌曰：熒惑守積薪，多火災，若火事。旱，兵起。　甘氏曰：熒惑犯守積薪，天下大旱，五穀不登，民飢亡。

熒惑犯水位四十三

《荆州占》曰：熒惑守水位，下田不治。　石氏曰：熒惑犯守水位，天下以水爲害，津關不通。一曰大水入城郭，傷人民，皆不出二年。

熒惑犯軒轅四十四

《荆州占》曰：熒惑犯軒轅，女御天子，僕死。　熒惑犯軒轅，所中以官名名之，皆成刑。黄帝曰：成刑者憂喪。　《文曜鈎》曰：熒惑入軒轅，主以后妃黨之過亡。一曰用事女當惑之。又曰曰有白衣兵，期在百三十日中。　《荆州占》曰：熒惑入軒轅中其端門中而東，大臣出令。　《雒書》曰：熒惑犯若勾己軒轅，妃后内亂。　《文曜鈎》曰：熒惑展轉軒轅中，遠后愛媵。　《春秋緯》曰：專於妻妃，則熒惑展轉軒轅中。　《黄帝占》曰：熒惑行軒轅中犯女主，女主失勢。失勢者，憂喪也。列大夫有放逐者，五官有不法者。色悴爲憂爲疾，其所中犯乘守者，誅若有罪。　《黄帝占》曰：熒惑中女御，爲女主當之。　石氏曰：熒惑在軒轅中，有女子謀人君者。　郗萌曰：熒惑留軒轅，率留一日爲十日久，以率推之，其在軒轅四方中央各爲其方。　《黄帝占》曰：熒惑守軒轅，期五月兵起。《元命包》曰：熒惑守軒轅，貴妾争。　《春秋緯》曰：熒惑守貴房側，主亂於色。石氏曰：熒惑守軒轅，宫中有放者。期百二十日内赦。　《海中占》曰：熒惑守軒轅十五日以上，大兵起，宫人不安，天下亂，國易政。期三年。　郗萌曰：熒惑守軒轅，女主惡之。《宋天文志》曰：前廢帝永光元年九月丁酉，熒惑入軒轅，在女主大星北。明年昭太后崩也。　熒惑守軒轅，天下有慶賀事，赦類也。《晉陽秋》曰：孝武寧康元年七月乙未，火犯軒轅大星。二年正月癸未，大赦天下。　《荆州占》曰：熒惑守犯軒轅，地動。又曰御女有誅者。　石氏曰：熒惑守軒轅，守衛有誅者。《河圖》曰：熒惑入軒轅中，復還守，應以善事則已。　《文曜鈎》曰：熒惑逆行守軒轅，大星環繞之若成勾己，天下大亂，后妃當誅，宫破主亡，易其王。期百八十日，遠一年。　巫咸曰：熒惑行犯守軒轅，女主失政，若失勢。一曰大臣當之。若有黜者。期二年。　《荆州占》曰：熒惑犯乘守軒轅，主命惡之。　石氏曰：熒惑入軒轅中乘守之，有逆賊，若火災。　熒惑中犯乘守軒轅太民星，大飢大流，皇太后族有誅者，若有罪。中犯乘守少民星，小飢小流，皇后之族有誅者，若有罪。

熒惑犯少微四十五

郗萌曰：熒惑犯少微，賢士有讓善者。　石氏曰：熒惑入少微，君當求賢佐。不求賢佐，則失威嚴奪勢矣。　石氏曰：熒惑犯守少微，名士有憂，王者任用小人，忠臣被害有死者。　《黄帝占》曰：熒惑入犯乘守少微，宰相易。　熒惑中犯乘守少微，女主憂。　石氏曰：熒惑入中犯乘守少微，五官亂，宰相有憂。

熒惑犯太微四十六

郗萌曰：熒惑犯太微，天下不安。《宋書·天文志》曰：明帝泰始二年四月壬午，熒惑入太微犯右執法。其年四方反叛，内兵大出，六師親戒。昭太后崩，撫軍將軍殷孝祖爲南賊所殺。尚書右僕射蔡興宗以熒惑犯右執法自解，不許。後失淮北四川地，彭城、兖州並爲虜所没。　《帝覽嬉》曰：熒惑行犯太微左右執法，大臣有憂。《宋書·天文志》曰：晉成帝咸康四年五月戊戌，熒惑犯右執法。五年七月庚申，丞相王導薨。　武帝永初三年九月癸卯，熒惑經太微，犯右執法。己未犯左執法。元嘉三年，徐羡之及傳亮、謝晦悉誅。十六年九月熒惑犯右執法，明年大將軍義康出徙豫章，誅其黨。《晉陽秋》曰：太元十二年五月丙午，熒惑出端門犯左執法。十三年正月丙午，左將軍謝玄薨。戊辰，冠軍將軍桓石虎薨。　巫咸曰：熒惑犯太微門右，大將死。門左，小將死。《晉陽秋》曰：孝武寧康元年九月癸巳，火入太微掩西蕃上將。二年正月己酉，北中郎將徐兖二州刺史刁彝薨。　《宋書·天文志》曰：晉成帝咸康六年三月甲寅，熒惑順行犯上將星。四月丁丑，又犯右執法。是時何充爲執法，有讜命避其咎。明年求爲中書令。建元二年庚冰死，皆大將執政之應也。是歲正月，征西將軍庚亮薨。穆帝升平四年八月丙辰，熒惑犯太微西上將星。五年正月，北中郎將郗曇薨。宋前廢帝永光元年，熒惑入太微犯西上將星。其年太宰江夏王義恭、尚書令柳元景、僕射顔師伯等並誅。太尉沈慶之薨。廬陵王敬先、南平王敬猷、南康侯敬淵並賜死。　司馬彪《天文志》曰：孝桓延熹八年五月壬午，熒惑入太微犯右執法。九年九月辛亥，熒惑入

太微西門，積五十八日。九年十一月，太原守劉瓚、荊州刺史李隗等皆棄市。永康元年十二月，太傅陳蕃、大將軍竇武、尚書令尹勳、黄門令山水等皆枉死。　鄐萌曰：熒惑犯左右執法，左右執法者誅，若有罪。　陳卓曰：熒惑犯太微東南陬星，天下大飢。近期一年，遠期五年。《荊州占》曰：熒惑道從太微西蕃北南方星間，入到南蕃東方星間，出道中西蕃直出入者，非道也。　甘氏曰：熒惑常以十月十一月入太微天庭受制，而出行列宿，司無道之國，罰無道之君、失禮之臣。若犯左相，左相誅；犯右相，右相誅。守宫三旬，必有赦，期六十日。　《玄冥占》曰：熒惑常以十月丙子入太微宫，七日受制，而出行列宿，司無道之國，七日以上，成災如占。《文曜鈎》曰：熒惑以戊子日順入太微庭中，受使於天子，不爲咎；非其日，災殃如占。　鄐萌曰：熒惑當太微門爲受制，當左執法爲受事左執法，當右執法爲受事右執法。守太微門三日以下爲受制。三日以上，爲兵，爲賊，爲亂飢。《荊州占》曰：熒惑出東掖門，爲相受命東南出德事也。出西掖門，爲將受命西南出刑事也。期以春夏。　《黄帝占》曰：熒惑入天庭，色白潤澤，爲期百八十日，有赦。　《帝覽嬉》曰：熒惑入太微而出端門者，臣不臣。司馬彪《天文志》曰：孝桓永壽元年八月己巳，熒惑入守太微，二十一日出端門，爲亂臣，是時梁氏專政。　《聖洽符》曰：熒惑入太微天庭中央，帝族相攻伐，天子憂。若守端門，臣謀弑君。若留止門外，大臣戮死。　熒惑入太微庭中，天倉閉，婦女不得食，天下飢荒。鄐萌曰：熒惑入天庭，在屏南出門扉左，左將死。出門扉右，右將死。直出，無爲。　《合誠圖》曰：熒惑入華闕門，臣殺之候也。　熒惑入庭中，臣多逆不軌。司馬《天文志》曰：孝靈光和五年四月，熒惑在太微中守屏，占曰：熒惑入太微，爲亂臣 。是時中常侍趙忠、張讓、郭勝、孫璋等並姦亂也。　石氏曰：熒惑入太微中華東西門，若左右掖門，而南出端門者，爲必有反臣。　熒惑入太微西門，出東門，臣謀其主，人君不安，欲求賢佐。有入中華西門，出中華東門，爲臣出令。有入太陰西門，出太陰東門，爲天下大亂，有喪，若水大。　熒惑若入中華西門，天子憂之。若出中華東門，天下大亂，兵大起。期不出二年。　甘氏曰：熒惑出太微天庭中，有立王，若徙王。　鄐萌曰：熒惑出天庭中，當道而爲勾己天庭，天下更紀。《宋天文志》曰：晉安帝義熙十四年十月癸巳，熒惑入太微，犯西蕃上將，仍順行至左掖門，留二十日，乃逆行。元熙元年三月五日，出西蕃上將西三尺許，又從還入太微，時填星在太微，繞填星成勾己。其年四月二十七日丙戌，從端門出。占曰：熒惑、填星勾己天庭，天下更紀。二年六月，晉帝遜位，高祖入宫也。　鄐萌曰：熒惑入太微西門，犯天庭，出端門，爲臣伐主。入西門而折出右掖門，爲大臣假主之威，而不從主命。熒惑入西華門，出端門，爲臣詐稱詔。熒惑入太微端門，出東門，爲貴者奪威勢。《荊州占》曰：熒惑出太微南門，執法用大事。出左掖門，大臣誅。司馬彪《天文志》曰：孝安延光二年八月己亥，熒惑出太微端門。是時大將軍耿寶、中常侍江京等譖太子乳母王男、廚監邴吉等，殺之，徙其父母妻子日南也。九月丁酉，廢太子爲濟陰王。　《荊州占》曰：熒惑入太微宫，爲天下驚。一曰有兵。　熒惑入天庭，國不安其宫。　熒惑入太微庭中，主命無期。　熒惑入天庭，君子惡之。　又曰大臣死。　熒惑入太微，色白無芒，天下大亂。一曰天下大飢。　《黄帝占》曰：熒惑東行入太微庭，出東門，天下有急兵。《宋書・天文志》曰：安帝義熙十年五月癸卯，熒惑順行入太微，十一年林邑寇交州，刺史杜慧度距戰於九真，大敗之。　若守，將相丞御史大臣有死者。　若入端門守天庭，大禍至。入南門出東門，國大旱。若入南逆行出西南門，有大水。逆行入東門出西門，大國破亡。若順入西蕃而留不去，楚國凶殃。　巫咸曰：熒惑逆行入太微天庭中，爲大臣有誅，若諸侯戮死，期二年。　石氏曰：熒惑逆行太微之中，及出左右掖門者，有逆謀，天子有命將征伐之事。一曰大赦可以解其患。　鄐萌曰：熒惑逆行入左掖門，爲臣刼其主。《宋書・天文志》曰：晉安帝元興三年正月戊戌，熒惑逆行犯太微西垣。占曰：天子戰於野，上相死。是年二月丙辰，殺桓玄等，桓循刼帝如江陵。　《荊州占》曰：熒惑逆行入太微天庭中，爲諸侯將有殺上者。至黄座而成，不至黄座而還，有謀不成。以其日入占國。　熒惑逆行天庭中不止，有大獄。　鄐萌曰：熒惑入太微宫中，至屏而留，有兵在中。　鄐萌曰：熒惑入天庭中，留十日以上，赦。　《荊州占》曰：熒惑道南蕃入留止南門，爲大臣有憂。司馬彪《天文志》曰：光武中元二年八月丁巳，火犯太微西南角星，相去二寸，太微西南星爲將相。後太尉趙熹、李訢等免官。　熒惑入太微，若從右入七日以上，爲人主有憂。司馬彪《天文志》曰：孝桓永康元年正月庚寅，熒惑逆行入太微東門，留百日出端門。其年十二月丁丑，桓帝崩。《宋書・天文志》曰：晉簡文咸安元年十二月辛卯，熒惑逆行入太微，二年三月不退。是時帝憂桓玄之逼，常懷憂慘。十二月帝崩也。　熒惑入天庭中，二十日以上，廷尉坐之，期六月。　熒惑留太微庭中，爲天下大憂。中央留十日以上，爲天下有亡徒爲兵者。　《黄帝占》曰：熒惑守太微垣門外之左，廷尉有事。守門外之右，丞相御史有事。　熒惑守端門中二十日，臣謀反，主出走，期不出百二十日。《宋書・天文志》曰：晉海西公太和六年閏月，熒惑守端門，十一月桓玄廢帝。　甘氏曰：熒惑守角亢，反守太微，臣有謀兵於天子者。　《春

秋緯》曰：熒惑守太微，王者惡之。　郗萌曰：熒惑守太微，諸侯及三公謀其上，鈇鑕用，必有斬臣。又曰女主不吉。《宋書・天文志》曰：晉元康三年四月，熒惑守太微六十日，後賈后陷殺太子，而趙王廢后，又殺之。斬張華、裴頠，遂篡位廢帝，爲太上皇。天下從此搆亂連禍也。　《玄冥占》曰：熒惑入太微，無所犯守，順度而行，出左右掖門，所之野，天子謀之。　《黄帝占》曰：熒惑干太微，留守三日以上，爲必有兵革，天下赦。　《合誠圖》曰：熒惑入太微陵犯留止，後三年，必有喪。　《荆州占》曰：熒惑入太微天庭所犯乘守者，若有罪，各以守官名之。　熒惑食太微東西蕃四輔，輔臣有誅者。

熒惑犯黄帝座四十七

石氏曰：熒惑犯黄帝座，改政易王，天下亂，存亡半。　甘氏曰：熒惑入中華門犯帝座，天下亂，賊臣害主破宫，期九十日。　《荆州占》曰：熒惑犯黄帝座，大臣戮死。　《玉曆》曰：熒惑入太陰西門，犯黄帝座，天子宫破，國滅絶嗣，不出二年。　甘氏曰：熒惑中黄帝座，臣殺其主。　《雒罪級》曰：熒惑入黄帝座，不吉。强臣弑主。　甘氏曰：熒惑入黄帝座，大人戮死，朝廷有哭。　郗萌曰：熒惑入天庭直出期十日，入蕃期二十日，去出尺，期十日，有赦。　《荆州占》曰：熒惑入帝座，其色白者，爲有赦。　熒惑入天庭至黄帝座，有赦。　《荆州占》曰：熒惑出黄帝座北，諸侯徙，天子辱。若中黄帝座，爲大人傷。　甘氏曰：熒惑近黄帝座，大臣謀爲亂，不成。　熒惑觸黄帝座，主亡。　《黄帝占》曰：熒惑守黄帝座，爲大人憂。

熒惑犯四帝四十八

《玉曆》曰：熒惑入太微，犯四帝，臣有謀，若被誅。　石氏曰：熒惑犯守四帝，臣謀主。去之一尺，事不成。　石氏曰：熒惑犯乘守四帝坐，辟憂。辟，君也。　甘氏曰：熒惑中犯乘守四帝坐，天下亡。

熒惑犯屏星四十九

郗萌曰：熒惑入太微宫中，至屏而留，爲有兵在中。《宋書・天文志》曰：宋明帝泰始二年正月甲午，熒惑逆行在屏而南，其年四方反叛，内兵大出，六卿親戎。　甘氏曰：熒惑犯守屏星，君臣失禮，下謀上。一曰大臣有戮死者。　石氏曰：熒惑中犯乘守屏星，爲君臣失禮，而輔臣有誅者，若免罷去。

熒惑犯郎位五十

甘氏曰：熒惑犯守郎位，輔臣有誅，左右宿衛者爲亂，王者宜備之。

熒惑犯郎將五十一

巫咸曰：熒惑守郎將，曰淩淩。則將有誅，若將有憂。一曰大臣爲亂，戒慎左右。　《荆州占》曰：熒惑犯乘守郎將，且有以符節爲姦者。　熒惑中犯乘守郎將，必有不還之使。

熒惑犯常陳五十二

甘氏曰：熒惑犯守常陳，守衛有謀，兵起宫中，天子自出行誅。期百八十日，遠一年。

熒惑犯三台五十三

《玉曆》曰：熒惑入犯上台司命，近臣有罪，若有誅。一曰：近臣有逃去者。以五色占，黄白，無故；青黑，憂死喪。期一年。　郗萌曰：熒惑犯守上台，宫中禁門燔，太尉病，天子惡之。犯守中台司徒，公族皇后忌。犯守下台司空，爲庶人。皆期百七十二日。　《文曜鈎》曰：熒惑犯守中台司中，姦臣有謀，若有誅者，中公當之。　巫咸曰：熒惑犯守下台司禄，近臣有罪，若出走。色黑者死。　《黄帝占》曰：熒惑守三台，三十日，天下大亂，兵起宫中，大臣戮死。若守三台間，尤甚急。期百八十日。　郗萌曰：熒惑守三台，三日以上，三公有戮死者。　熒惑守三能之中央，百二十日，三公皆謀害國。　熒惑入天柱，天下有慶賀之事。　熒惑居天柱，兵起，三年乃止。　熒惑留繫天柱，地大動，兵大起。《春秋緯》曰：天下奮擊，臣子相譖，三公專恣，則熒惑流而觸能。

熒惑犯相星五十四

石氏曰：熒惑犯相星，輔臣凶。　熒惑守相星三十日，大臣爲亂，天下兵起，人主有憂。

熒惑犯太陽守五十五

石氏曰：熒惑犯守太陽守，執御臣憂，内將軍有死者。期九十日。　甘氏曰：熒惑犯守太陽守，大臣戮死，若有誅。期不出年。

熒惑犯天牢五十六

《荆州占》曰：熒惑入天獄，貴人多枉死者。　石氏曰：熒惑入天牢，若守之二十日，名人有繫者。一曰若有赦，期不出百八十日。　《海中占》曰：熒惑犯守天牢，王者以獄爲蔽。一曰貴臣多下獄。若有叛臣篡獄殺君。不出二年。

熒惑犯文昌宫五十七

《黄帝占》曰：熒惑入文昌宫，庭中有兵，天下有耗，土空民飢。　《春秋緯》

曰：熒惑入文昌庭，守之二十日以上，必有兵，君不康。　石氏曰：熒惑入文昌，天下大亂，王者憂亡，期一年。　《荆州占》曰：熒惑守文昌，天下大亂，不出其年。　郗萌曰：熒惑入司命，近臣有抵罪者。　熒惑三十日舍司禄，民大疾。舍司命，小童疾。

熒惑犯北斗五十八

郗萌曰：熒惑入北斗魁，天下多獄，廷尉坐之。　熒惑入守北斗，貴人有繫者。　甘氏曰：熒惑守北斗，天下大亂，諸侯皆起兵，王者有憂。　郗萌曰：熒惑守北斗，有移徙民，宫宅賤。　《玉曆》曰：熒惑守衡星，有女喪，若貴女有殃。有兵兵罷，無兵兵起。　《雄圖三光占》曰：熒惑入北斗魁中而守之十日，天下大亂，易其王，天子死，五都亡。期二年，遠三年。　《春秋緯》曰：熒惑入北斗杓頭，爲政令猶豫。　《海中占》曰：熒惑抵北斗杓頭星，女主政令猶豫，若女主用事。期一年。　《齊伯》曰：熒惑舍北斗西，人相食。舍其東，五穀無實。舍其南，菓無實。舍其北而之東，天下大兵戰。　郗萌曰：熒惑繫輔星，有死相，若夷之。　巫咸曰：熒惑與北斗鬬，有徙王移都，邑宫室破壞，人民去其鄉。不出年。

熒惑犯紫微宫五十九

石氏曰：熒惑入紫微宫中，大臣有謀，兵起宫中，天下大亂。　人民傍徨，背棄其鄉，逃走四方。期不出二年，遠三年。　《荆州占》曰：熒惑入紫微宫，天下邑裂，大夫多死者。一爲天下有亡國，天下無人。一曰帝有亂臣。一曰天下大亂。又曰從陰入，有死王。　《帝覽嬉》曰：熒惑守紫微宫中，天下諸侯伐其主，主以驕暴失帝位。　巫咸曰：熒惑守紫微宫，民莫處其家宅，流移去其鄉。《荆州占》曰：内亂。《宋書·天文志》曰：晉孝懷永嘉三年正月庚子，熒惑犯紫微，占曰：當有野死之王，又爲火燒宫。是時太史令高堂冲奏，乘輿宜遷幸，不然必無洛陽。後帝崩於平陽。

熒惑犯北極鈎陳六十

《黄帝占》曰：熒惑入紫宫，犯北極中央大星，爲不道臣弑其君，子害其父，賊臣破國，天下大亂，期不出九十日。　《春秋緯》曰：熒惑犯北極左星，支爲嗣。　郗萌曰：熒惑犯北極中央大星，帝有亂臣。應以善事已。　巫咸曰：火入北極，天下亂兵大起，聚於一國。若出之疾，兵還罷。　《荆州占》曰：火入天樞，國家有變。一爲天下之兵聚一國。　《雄圖三光占》曰：火入北極，天子憂。若犯抵之，天子死，後宫亂，不出三年。　《黄帝占》曰：火出天樞，兵盛於四野。《荆州占》曰：火舍天樞下三月，芒赤色怒，地大動，民大恐，兵起不已，三年乃止。　甘氏曰：火犯北極若守之，大臣謀主。若耀刺北極，爲殺太子，期百二十日。《荆州占》曰：火守天樞，大人憂。一曰天子女多死。　郗萌曰：火犯太子星，太子憂死。犯庶子星，庶子憂死。一曰中犯北極星，主有大憂。一爲有大喪。一爲有反相。　《荆州占》曰：火守鈎陳，人主憂。　黄帝曰：火犯鈎陳，後宫亂兵起，宫中倖臣謀主，王者有憂。

熒惑犯天一六十一

石氏曰：火犯天一，倖臣有謀，有兵起，人主憂。　《齊伯》曰：火守天一，臣弑其主，餘殃爲水災。

熒惑犯太一六十二

石氏曰：火犯守太一，倖臣有謀，有兵起，人主憂。

唐·瞿曇悉達《開元占經》卷三七　熒惑犯石氏外官一

熒惑犯庫樓一

《黄帝占》曰：熒惑犯天庫，兵車出庫，所指兵往也。　石氏曰：熒惑入天庫，有兵火。守庫，兵起，亂十年。　郗萌曰：熒惑入天庫，騎官兵起，期三年中。一曰：天下有驚，若歲旱。　又占曰：熒惑赤色角三芒，三十日舍天庫，國有急，五諸侯悉發甲兵。　《玄冥》曰：熒惑守庫樓，兵車大出。守之一月，兵亂十年乃罷。　《海中占》曰：熒惑逆行守天庫，兵起未罷。若順行，乃罷。以其遠近東西南北其日占之。

熒惑犯南門二

郗萌曰：熒惑，天候也，主發兵。常舍於南門，其出色赤白而大，東西南北非其常，謀國兵起。其入則兵入。其所行而留止，兵隨而攻之。　又占曰：熒惑居處無常，入時不得求之南門中。　石氏曰：熒惑若守南門，兵車大起。又占曰：熒惑入守南門，天下戰其北也。　又占曰：熒惑犯南門，邊夷兵起，若道路不通。

熒惑犯平星三

石氏曰：熒惑守平星，兵起，且以亂亡。　又占曰：熒惑犯平星，凶。　甘氏曰：熒惑守平星，執政臣憂，若有罪誅者。期一年。　又占曰：熒惑守平星有獄，出疑囚。

熒惑犯騎官四

石氏曰：熒惑入騎官，若守之，兵大起，車騎用，將軍出，若騎士憂。郗萌曰：熒惑守騎官，不出二十日，赦天下。甘氏曰：熒惑守騎官，有兵馬多發，若多死。

熒惑犯積卒五

石氏曰：熒惑入積卒，若守之，兵大起，士卒大行，若多死，期二年。《玄冥占》曰：熒惑犯守積卒，主失位，天下亂，兵大起，期百二十日。石氏曰：熒惑犯守積卒，主失位，天下凶。

熒惑犯龜星六

甘氏曰：熒惑守龜星，天下大水。去之疾則旱，萬物不成，人民飢。石氏曰：熒惑守龜星，兵起，兵在外。再守龜，兵罷。又占曰：熒惑守龜星，有白衣聚，以入日占何國。《海中占》曰：熒惑犯守龜星，天下有水旱之災，守陽則旱，守陰則水。

熒惑犯傳説七

石氏曰：熒惑犯守傳説，王者簡宗廟，廢五祀，後宮凶。一曰有絶嗣君。期不出二年。

熒惑犯魚星八

石氏曰：熒惑守魚星，在其陽，旱；在其陰，水。巫咸曰：熒惑守魚星，火暴出，天下旱，五穀不成，人民大飢。期不出年。甘氏曰：熒惑犯守魚星之陽，爲大旱，魚行人道。之陰，爲大水，魚鹽貴。

熒惑犯杵星九

《玉曆》曰：熒惑守杵星，國有急兵，有賦米之事，若有軍糧之急。《海中占》曰：熒惑入杵星，若守之，天下有急發米之事，不出其年。

熒惑犯鼈星十

郗萌曰：熒惑入鼈星，天下大水，去則旱。《黄帝占》曰：熒惑守鼈星，爲有白衣之會。巫咸曰：熒惑守鼈星，國有水旱之災。守陽則旱，守陰則水。《玄冥占》曰：熒惑入守鼈星，王者有易，水，若大旱，魚行人道。

熒惑犯九坎十一

石氏曰：熒惑守九坎，天下旱，名水不流。五穀不成，人民大飢。一曰：之陽，大旱；之陰，有水。甘氏曰：熒惑守九坎，其國大旱，若大火之變。期百八十日。石氏曰：熒惑犯守九坎，凶。

熒惑犯敗臼十二

石氏曰：熒惑守敗臼，民不安其室，憂失其釜甑，若流移去其鄉。又占曰：熒惑守敗臼，飢喪。

熒惑犯羽林十三

《荆州占》曰：熒惑入羽林之宫，二十日，天子當之。郗萌曰：熒惑經過羽林中，天子爲軍自守。《荆州占》曰：熒惑舍羽林之宫，兵大起。《黄帝占》曰：熒惑守羽林，大赦。石氏曰：熒惑守羽林，馬有行，期三十日。又占曰：熒惑芒角赤色，守天軍三十日，大國有急，諸侯悉發兵甲。一曰興兵者亡。又占曰：熒惑守羽林，兵起，期六十日。火經羽林，臣欲弒主。《宋書·天文志》曰：晉孝武太元元年九月，熒惑犯哭泣星入羽林，占曰：中軍兵起。三年六月，熒惑又守羽林，占曰：禁兵起。四年六月，兖州刺史謝安、謝玄擊氐賊，大破之，餘燼皆走。十四年十二月，熒惑入羽林。十五年，翟遼據司兖，衆軍屢討弗克。鮮卑又跨略并冀。安帝義熙四年十月戊子，熒惑入羽林。五年，高祖討鮮卑。是後南北軍旅運轉不息。宋文帝元嘉十三年十二月戊子，熒惑入羽林。後三年，廢大將軍彭城王義康及其黨與。犯所收掩，皆羽林兵出也。《聖洽符》曰：熒惑入羽林，守之二十日以上，臣欲弒主，大人當之，期九十日。案《荆州占》曰：漢二年，熒惑入羽林起角三芒，守之三十日，國有負兵，秦以之亡也。《海中占》曰：熒惑入守羽林，有兵起。若逆行變色成勾己，天下大兵，關梁不通，急不出其年。郗萌曰：熒惑入守羽林，有叛臣中兵也。《元命苞》曰：熒惑守羽林若壘城，謀在司馬，將軍爲亂。《荆州占》曰：熒惑入天軍，凶。又占曰：熒惑入天軍，兵敗不可用，國更殘也。郗萌曰：熒惑犯守天陣，爲兵起，有破軍死將。甘氏曰：熒惑入壘壁陣，在司馬内，將軍爲亂，宫中兵起。郗萌曰：熒惑入壘城，有兵起。

熒惑犯北落師門十四

石氏曰：熒惑守北落師門，爲兵大起。舍軍門，兵起。《玄冥占》曰：熒惑入守北落師門，兵大起，將軍出境，士卒大行。石氏曰：熒惑與北落師門，相貫抵觸，光芒相及，有兵大戰，破軍殺將，伏尸流血，不可當也。期百八十日，若一年。

熒惑犯土司空十五

《海中占》曰：熒惑守土司空，其國以土起兵，若有土功之事，天下旱。郗

萌曰：熒惑守土司空，備大臣。

熒惑犯天倉十六

《黄帝占》曰：熒惑入天倉中，主財寶出，主憂。臣在内，天下有兵，而倉庫之户開，主人勝客，客事不成。期二十日中而發。　石氏曰：熒惑出入天倉，天下穀聚一邦。　郗萌曰：熒惑近天倉，天下大旱，天下轉粟。期其年中。一曰期三年。一曰千倉敗，天下飢。《春秋圖》曰：熒惑經天倉，去而不守，其歲惡，糴大貴，倉大出。　石氏曰：熒惑守天倉三十日，有轉粟之事。《黄帝占》曰：熒惑守天倉，天下轉粟，千里糴貴。《海中占》曰：熒惑守天倉，天下有兵，若有出粟。　郗萌曰：熒惑守天倉，已去復反，天下大饑，人相食，不出五年。《玄冥占》曰：熒惑逆行守天倉，天下大饑，人相食。期二年，遠三年。

熒惑犯天囷十七

石氏曰：熒惑入天囷，天下兵起，國倉儲積之物皆發出。一曰：御物多有出者，庫藏空虚。期二年。　郗萌曰：熒惑守天囷二十日，粟出，布於民，歲大飢。案《宋書·天文志》曰：晉孝武太元二十年六月，熒惑入天囷。隆安九年，王恭舉兵，朝廷殺之，及王國寶王緒。是後連歲水旱，人民大飢也。《玉曆》曰：熒惑守天囷，兵起。王者財寶皆出用，庫藏中虚耗。人主不安，其國有憂。期百八十日，遠一年。

熒惑犯天廩十八

《黄帝占》曰：熒惑守天廩，有兵起，天下粟聚於一國，若有運粟之事。甘氏曰：熒惑入守天廩，天下有兵，歲大飢。倉粟散出，不出其年。　石氏曰：熒惑犯守天廩，天下亂，粟散出。

熒惑犯天苑十九

巫咸曰：熒惑入天苑，天下以馬起兵。若守之，牛馬禽獸多死。　石氏曰：熒惑入守天苑，牛馬羊禽獸多疾疫。若守之二十日，天下兵起，馬多死，其國憂。

熒惑犯參旗二十

石氏曰：熒惑入參旗，邊縣兵起。　石氏曰：熒惑守天弓，天下亂，兵大起，人民驚恐，其國憂。若三十日守之，必有國亡。　陳卓曰：熒惑守參旗，下謀上。　郗萌曰：熒惑守參旗，兵大起，弓弩用，士將出行。一曰弓矢貴。

熒惑犯玉井二十一

《黄帝占》曰：熒惑入玉井，爲强國失地。其出之，强國得地。　巫咸曰：熒惑入玉井，國有水憂，若以水爲敗，水物不成，期不出年。《荆州占》曰：熒惑守玉井，多大水，有溺死者。《齊伯五星占》曰：熒惑守玉井，天下大水，溝瀆溢流，殺人民。期百八十日。

熒惑犯屏星二十二

郗萌曰：熒惑留舍屏星，三日，民疾疫。　石氏曰：熒惑守屏星，二十日，臣謀主，若貴臣有誅，若戮死，期一年。甘氏曰：熒惑守天屏，二十日，國移。又占曰：熒惑入守屏星，諸侯有謀，若大臣戮死者。

熒惑犯天厠二十三

《黄帝占》曰：熒惑守天厠，國移，若易名。　石氏曰：熒惑守厠中，有賊兵。　郗萌曰：熒惑守天厠，糴貴。　又占曰：熒惑守厠矢矢圊之間，有伏謀反，貴人驚於圊厠。《甄曜度》曰：熒惑入守厠星，天下大飢，人相食，死者大半。期二年。　甘氏曰：熒惑入守厠星，有謀臣在厠中，王者警備之。

熒惑犯天矢二十四

《海中占》曰：熒惑守矢星，天下旱，五穀不成。人民大飢，多疾死，期不出年。《荆州占》曰：熒惑守矢星，貴人有疾。

熒惑犯軍市二十五

《荆州占》曰：熒惑入守軍市，兵大起，將軍出，若以飢兵起。《雄圖三光》曰：熒惑入軍市，若守之，軍大飢，將離散，士卒亡。期不出年。

熒惑犯野鷄二十六

甘氏曰：熒惑入犯守野鷄，其國凶。必有死將，軍營敗，兵士散走。

熒惑犯狼星二十七

《春秋緯》曰：熒惑守狼弧，諸侯相攻。《海中占》曰：熒惑守狼星，四夷兵起，來侵中國。弓矢大貴，王者有憂。一曰夷將有死者。　郗萌曰：熒惑守狼弧，小有憂，其成鈎已若環繞之，大人憂，期六月。又占曰：熒惑守狼弧，狄自反其主。　郗萌曰：熒惑守狼，有小令，出大水。《荆州占》曰：熒惑守狼，天下發兵。一曰其國有兵。　又占曰：熒惑守狼星，狗大貴，不即多死。狼，天狗也。　石氏曰：熒惑入守狼，野獸死。　甘氏曰：熒惑犯守狼星，將軍出，有千里之行，天下皆兵。盜賊縱横，若有死將，期二年。

熒惑犯弧星二十八

巫咸曰：熒惑守弧星，兵大起，將軍出行，弓弩大貴。國多盜賊，民不安。期百八十日，遠一年。　郗萌曰：熒惑守弧星，人民飢，食茹，粟穀大貴。　又占曰：熒惑以五月守弧星，六十日，其邦有兵戰。　《荆州占》曰：熒惑守弧星，貴人多死，若將當伐貴人。　又占曰：熒惑守弧星，大將有千里之行，國政驚。一曰車騎兵出。

熒惑犯天稷二十九

《海中占》曰：熒惑犯守天稷，有旱災，五穀不登，歲大飢饉。一曰五穀散出。

熒惑犯甘氏中官二

熒惑犯四輔一

《荆州占》曰：熒惑犯四輔星，君臣失禮，輔臣有誅。

熒惑犯五帝内座二

《荆州占》曰：熒惑入紫微宫中，犯五帝内座，大臣弑主。

熒惑犯造父三

郗萌曰：熒惑入造父中，車馬貴。　又占曰：熒惑舍造父，水大出。　《黄帝占》曰：熒惑守造父，材官騎士出，馬動兵起。

熒惑犯杵臼四

郗萌曰：熒惑守杵臼星，國有春米軍旅之事。　又占曰：熒惑守天杵，即大溝瀆多水。

熒惑犯司命五

郗萌曰：熒惑守司命，多暴死者。司命主百鬼，與輿鬼同候。

熒惑犯天雞六

郗萌曰：熒惑舍天雞，三十日，旱。又曰雞夜鳴，天下盡驚。

熒惑犯市樓七

郗萌曰：熒惑犯市樓，天下易弊。　又占曰：熒惑乘市樓，天下有所發，期不出三年。

熒惑犯日星八

郗萌曰：熒惑犯日星，爲大戰。

熒惑犯亢池九

郗萌曰：熒惑犯亢池，海大魚死。

熒惑犯天田十

郗萌曰：熒惑守天田，五穀不成，黍貴。　《荆州占》曰：熒惑守天田，旱。又占曰：熒惑守天田，人主犯禮，有災。

熒惑犯天門十一

《荆州占》曰：熒惑入天門，去復還，關梁不通。　又占曰：熒惑舍天門，進退前後，凶。兵大起。熒惑守天門，國絶祀，各以其日占。

熒惑犯平道十二

甘氏曰：熒惑入守平道，天下兵亂。

熒惑犯進賢十三

《宋書・天文志》曰：宋孝武孝建元年十月乙丑，熒惑犯進賢星，時吏部尚書謝莊表解職。

熒惑犯酒旗十四

《春秋文曜鉤》曰：飲食失度，熒惑徘徊酒旗。　《荆州占》曰：熒惑守酒旗，天下大酺，有酒肉財物賜，若爵宗室。

熒惑犯諸王十五

《春秋緯》曰：熒惑入諸王星，主以妃黨縱恣，爲天下所誅。　又占曰：熒惑入諸王星，下不信上，王者微。

熒惑犯天高十六

郗萌曰：熒惑入天高，先軍起，後有赦。　《荆州占》曰：熒惑入天高，有奇令。又曰：入天高中十日成鈎已，有贖罪之令。　《荆州占》曰：熒惑入天高，留二十日，小赦。三十日，大赦。　郗萌曰：熒惑逆行天高中，必有破軍死將，亡國去王。　《蓬萊占》曰：熒惑守左高，反者不勝。守右高，反者勝。

熒惑犯礪石十七

郗萌曰：熒惑入礪石，邊卒兵起。　《黄帝占》曰：熒惑舍礪石，二十日，諸侯開庫發兵。

熒惑犯積尸十八

甘氏曰：熒惑守積尸，大人當之。

熒惑犯五潢十九

《黄帝占》曰：熒惑入五潢，爲天下大亂，易政。一曰貴人死。　郗萌曰：熒惑舍五潢，有兵，車騎行。　《黄帝占》曰：熒惑入五潢，爲運道不通，兵起。

郗萌曰：熒惑舍五潢，牛馬多疾死，腐爛道傍。　巫咸曰：熒惑入五潢中，大亂，大旱，大殘。以其近占四方。殃死而不葬，易世立王。　陳卓曰：熒惑守五潢，賊起水中。一曰有淫雨。《黄帝占》曰：熒惑中犯乘守五潢，期二十日，兵起。

熒惑犯咸池二十

《黄帝占》曰：熒惑入咸池中，天下大旱。　甘氏曰：熒惑入咸池，因行其中不止，是謂致兵。諸侯兵起，天下亂。　甘氏曰：熒惑入咸池，有兵喪，天子且以大敗失忠臣，若旱。一曰：大水，道不通，貴人死。以入日占國。　郗萌曰：熒惑入咸池，爲有以迷惑人主者。一曰地動山摇。

熒惑犯天街二十一

郗萌曰：熒惑舍天街中央，大赦。一曰當天街，爲諸侯自立爲王。一曰大水。　熒惑留止若逆行天街中，爲兵革起。熒惑不從天街者，爲政令不行，不出其年，有兵。《文曜鈎》曰：熒惑守天街，政塞姦出，上下相疑，四方隔絶無通時。　郗萌曰：熒惑犯天街，國絶祀，以入日占國。　石氏曰：熒惑犯守天街，及徘徊亂行，主弱臣强，道路隔絶，天下不通。

熒惑犯甘氏外官三

熒惑犯狗星一

郗萌曰：熒惑舍狗星，三十日，旱。又曰：狗星嘷，天下人盡驚。

熒惑犯狗國二

《荆州占》曰：熒惑守狗國，外夷爲變。

熒惑犯哭星三

《晉陽秋》曰：孝武太元元年九月癸亥，熒惑犯哭星。二年八月，征西大將軍桓豁薨。十月，尚書令王彪之薨。

熒惑入八魁四

《荆州占》曰：熒惑守八魁，兵大起。

熒惑犯鈇鑕五

《荆州占》曰：熒惑犯鈇鑕，五月以上，臣有謀者。　石氏曰：熒惑入鈇鑕，若其星動摇，鈇鑕用。　郗萌曰：熒惑犯乘守鈇鑕，爲鈇鑕用，將有憂。

熒惑犯天庚六

郗萌曰：熒惑入天庚中，大旱，粟貴發用。

熒惑犯芻藁七

《黄帝占》曰：熒惑入芻藁中，主財寶出，亂臣在内。

熒惑犯九州殊口八

《荆州占》曰：熒惑守九州殊口，九州兵起。

熒惑犯天節九

《荆州占》曰：熒惑守天節，持節臣有姦謀，若使臣死。

熒惑犯九游十

石氏曰：熒惑守九游，日食星墜，天下大亂。若入九游，兵起。

熒惑犯軍井十一

《荆州占》曰：熒惑入軍井，三日以上，其歲大水。

熒惑犯水府十二

《荆州占》曰：熒惑入水府，有謀臣。一曰：逆行水府，天下大水。　郗萌曰：熒惑守水府，天下洪水。

熒惑犯天狗十三

《荆州占》曰：熒惑入天狗，兵謀北夷，大飢來歸，鄰國多土功。若守之，爲兵謀。

熒惑犯天廟十四

黄帝曰：熒惑入天廟，若守，爲廟有事。一曰爲凶憂。　《荆州占》曰：熒惑入天廟，有廟殘之事。吏不去則死。

熒惑犯巫咸中外官四

熒惑犯長垣一

郗萌曰：熒惑入長垣，敵人入中國。出長垣則出。　《玉曆》曰：熒惑入長垣若守之，匈奴入漢國，敵人四夷若皆出，期一年。

熒惑犯土司空二

《荆州占》曰：熒惑守土司空，有兵。又曰守入土司空，有土徭之事。

熒惑犯鍵閉三

郗萌曰：熒惑犯乘鍵閉星，大臣有謀，天子不尊事天者，致火災於宗廟。王者不宜出宫下殿，有匿兵於宗廟中者。　《宋書》云：晉穆帝升平三年正月壬辰，熒惑犯鍵閉，占曰：人主憂。五年正月，穆帝崩。

熒惑犯天柱四

《荆州占》曰：熒惑守天柱，兵鼓起。

熒惑犯天淵五

《荆州占》曰：熒惑入天淵，大旱，山焦枯。若守之，海水出，江河決溢，若海魚出。

熒惑犯鈇鑕六

《黄帝占》曰：熒惑入鈇鑕，爲大臣誅。《推度覽》曰：大臣戮亡，熒惑環鈇鑕。《荆州占》曰：火犯鈇鑕，兵起。

熒惑犯天廐七

《荆州占》曰：熒惑入天廐，十日以上，廐馬有食變。石氏曰：熒惑出入天廐，天下廐有憂，長吏敗。若干天廐，兵起。《黄帝占》曰：守天廐，爲廐災之事。人主以馬爲憂。不即馬疾。郗萌曰：熒惑守天廐三十日，騎馬出。

唐・瞿曇悉達《開元占經》卷三八　填星名主一

石氏曰：填星，其神雷公，決星名曰卿魄。《荆州占》曰：填星常晨出東方，夕伏西方，其行歲填一宿，故名填星。石氏曰：填星主季夏，主中央，主土。於日主戊己。是謂黄帝之子，主德。女主之象。宜受而不受者，爲失填，其下之國可伐也。德者，不可伐也。其一名地侯。案《服食經》曰：雄黄，填星之精也。《淮南子》曰：中央，土也。其帝黄帝，其佐后土，執繩而制四方。繩，直也。其神爲填星，其獸黄龍，其音宫，其日戊己。《春秋緯》曰：填星主德。德失，則宫室高，臺榭繁，故填星縮。火燒門動，則水決，江河破，凶。《文曜鈎》曰：填星主德，以正常德，失則罰出填星二十四徵，以效存亡。《合誠圖》曰：填星，主正紀綱。甘氏曰：填星主太常，主周梁。《海中占》曰：周、梁，中國也。邦有德，填星當也。巫咸曰：填星之德厚，安危存亡之機。填星所宿者，其國安，大人有喜，增土。《五行傳》曰：填星於五常爲信，言行不二。於五事爲思，心寬容受諫。若五常五事皆失，填星爲變動，爲土功，爲女主，爲山崩，爲地動。吴龔《天官星占》曰：填星所居國有德，不可以兵加也。班固《天文志》曰：填星者，信也，思也。仁義禮智，以信爲主。貌言視聽，以心爲正。故四星皆失，填星迺爲之動。郗萌曰：填星主祭祀鬼神宫及太常。《荆州占》曰：填星，土之精，主四季。填星主司天下女主之過。女主邪，填星邪；女主正，填星正。石氏曰：填星正女主，正紀綱。

填星行度二

《五行傳》曰：填星以上元甲子歲十一月朔旦冬至夜半甲子時，與日月五星俱起於牛前五度，順行二十八宿，右旋，歲一宿，二十八宿而周天。案曆法，填星一年平行十二度十一萬六千四百三十二分度之四萬六千二百七十一，二十九年百六十八日千九百七十六分日之十一百三十七而周天。是三百八十三年而十三周天。《淮南子》曰：填星以甲寅元始建斗，寅元始，曆起之年也。建斗，填星起於斗也。日行二十八分度之一，歲行十二度百一十二分度之五，二十八歲而周天。《春秋緯》曰：填星出百二十日，反逆西行百二十日，東行見三百三十日而入，入三十日復出東方，運之常也。守度持節爲紀綱，順之吉，逆之凶。《荆州占》曰：填星出東方三百三十日，而夕伏西方三十日，而復晨見東方。《尚書緯》曰：氣在於季夏，其紀填星，是謂大静。無立兵，立兵命曰犯命。奪人一畝，償以千里。殺，人不當償。以長子不可起土功，是謂犯天之常，滅德之光。可以居正殿安處，舉有道之人，與之慮國，人以順式時，利以布大德，脩禮義。不可以行武事。可以赦罪人，與德相應。其禮衣黄。是謂順陰陽，奉天之常也。如是則填星得度，其地無災。《動聲儀》曰：宫音和調，填星如度。不逆，則鳳凰至。巫咸曰：填星受制，則養老存鰥寡，行饘粥，施恩澤，事賓客。郗萌曰：填星用事，務招録賢聖，擇廉平，勸民耕農，實倉庫，治城郭，通溝渠，奉天祠，修治社稷，數問牢獄，察勉失職，務安百姓。如是，則填星不盈縮，不逆行變色。《荆州占》曰：填星順行而明，其國有厚德。填星行中道，陰陽和調。皇甫謐《年歷》曰：甘、石《太初曆》所以記星出不同者，以星盈縮在前，各録後所見也。填星之精，凡六十三變。

填星相王休囚死三

《荆州占》曰：填星之相也，從立夏至仲夏時，其色大如精明，無芒角。填星，土也，位在中央，王於四季。其星從孟夏至仲夏時，色當赤而微小。及季夏王時，其色比北極中央大星赤黄，而光明有芒角。填星之休也，從孟秋至仲秋時，色黑而細小無精光。季秋時，其色當比奎大星黄白，而光明有芒。填星之囚也，從立冬至仲冬，其色青而細小，赤黑止而不行。甘氏云：如小不明也。至季冬王時，色當比左角青黄，而光明有芒。填星之死也，從立春至仲春，其色白而細小不明。至季春時色當比參左肩而黄白，光明有芒。甘氏曰：當其相也而有王色，主弱，女主用事。有休色，有土功。有囚色，女主不昌。有死色，貴人多喪。所留守舍，其國有女徵。其進舍也，及退舍，皆爲土功憂事。當其王也

而有相色，則女主宗强。有休色，政在公卿。有囚色，女主不昌。有死色，女主族，不祥。其所留之舍，有德厚。其進舍也，其國得土。其退舍也，則失土。當其休也而有王色，臣下縱横。有相色，女主請謁行。有囚色，女主宗族有誅傷。當死色，重有女喪。所留之舍，其國民流亡。其進舍也，及退舍，其國受殃。當其囚也而有王色，有政令四時不和，多風雨災，五穀不成，盜賊起野，多囚人。有相色，臣下爲謀，謀及司空。有休色，女主與妾訟。有死色，國有土功。所留之舍，其國是當。其進舍也，絶嗣復興。其退舍也，有哭音。當其死也而有王色，下勝上，枯木復生，臣專政。有相色，地泄其藏，從地中出。有休色，五穀暴貴，人臣散亡。有囚色，必有霜雹。所留之舍尤凶。其進舍也，地動，若有蛇怪。其守舍也，有移徙澤。

填星光色芒角四

甘氏曰：候填星以季夏戊己，此王氣色當如其常，色變則失所也。　郗萌曰：填星色有常，黄比參右肩。　《荆州占》曰：填星常色如北極明星，赤比角星，黑比奎明星。　《黄帝占》曰：填星色白多爲獄。一曰有素服，天下不安。　填星色黄而光輝，輝大，更宫室，有土功事。　填星色黄大無光，女主得意。一曰女主年中有忿争。　《禮記威儀》曰：君乘土而王，其政太平，則填星黄而暉多。　《詩緯》曰：填星華，此奢侈不節，王政之失。　《海中占》曰：填星光明，歲熟。其所守國安，大人有喜，增地。　郗萌曰：填星赤華也，期九十日兵起。　填星春色蒼，歲善，大熟。　填星色青黄，其國有憂。　填星赤色光而澤也，不出其年，兵起。　填星色赤，飢，期三年。色青黄，有憂。色青白，期不出五月，兵若獄大起。青多爲兵；白多爲獄；青白等，兵獄並起。色青黑，六十六日，有喪。皆所在之宿名其國。　《天官書》曰：填星色青圓，憂病。一曰憂水。青角，有兵憂。　填星色白圓，有喪。若星赤圓，有兵。黄圓則吉。　《荆州占》曰：填星居之分久而光明，人主吉昌。　填星色春青、夏赤、秋白、冬黑，色順四時，其國强，女主昌。　填星色黑圓，多疾若水。黑而小，國有死王。赤爲兵，白爲喪，黄則吉。　填星色黑黄圓，女主吉，有喜。赤圓，女主凶。　填星色黄潤澤，即國有慶。　《海中占》曰：填星色白芒澤，有子孫喜，立王。　郗萌曰：填星赤有芒，其野謀兵。　《荆州占》曰：填星芒邪亂失色，女主心不正。　填星色赤芒，有兵若火。　填星三黄芒，女主盛，其國强。三黑芒，其國亡。　《天官書》曰：填星兩黑角，水。青角，憂有兵。白角，哭泣之聲。赤角，犯我城。黄角，地之争。　《荆州占》曰：填星七角又有芒，女主專政妄誅。　填星出其角，爲旱。　填星在四方宿當如其方色，吉。失色而角青，爲憂。赤爲旱，白爲兵，黑有死喪。　填星失色五角，即有戰。若色黄而有九芒，有大水，不乃天裂地動。　填星黑角則水，赤角有兵若旱，黄角有土功事。

填星盈縮失行五

甘氏曰：填星失次，而上二舍三舍，是謂大盈。有王命不成，不乃大水。失次而下二舍，是謂縮。女后有戚。其歲不復，不乃天裂若地動。　甘氏曰：填星緩則不逮，急當過舍，逆則占。　班固《天文志》曰：填星盈，爲主不寧。縮，有軍不復。　《荆州占》曰：填星退舍爲縮，所次之國凶。　《黄帝占》曰：填星見東方，一歲行二舍，吏民相將至退地，諸侯有失邑者。　填星西行一舍以上，吏棄法令，民棄其君，子去其父，離其鄉里，渡於河海，動地而起矣。　填星逆行，天下更王。　《洛書》曰：填星盈縮，下士逆謀，兵乃生。　填星盈縮，地動摇宫，有此類則亡引也。　填星盈縮，九州騷動，四方相賊。　《潢舍孳》曰：陽弱臣逆，則填星盈縮。陽者，君也。王者禮義德殺刑盡失，填星乃動而盈。王者以貪擾不寧，大水出。　《文耀鈎》曰：填星南西行，爲畋獵恣。南西者，南多西少也。　《論語讖》曰：填星盈動，國門闔。　石氏曰：填星失次，進則亡地，退則有喪。　填星所居久者，其國有德厚，不可以軍如所居易者。徐廣曰：易猶輕速也。國其德薄，可侵以土地。　填星所居之國，吉。未當居而居之，已去而復還居之，其國得地，不乃得女。當居不安，既已居之又東西去之，國失土，不乃失女。不可舉事用兵，不有土事，若女子之憂，其國可伐。居之久，福禄厚。居之易，福禄薄。　巫咸曰：填星盈，失次退地。白，有喪。角，爲争。大，爲得地。小，爲失地。　填星之居宿國，五歲若六歲四歲，其君强固安。其所去者，其君憂也。　填星亂行，人主且失地。使之不然，無淫亂於樂，無見諸侯客，無出遊。如是則止。　《海中占》曰：填星去宿，天子不立后。去宿南數十尺，女主不用事，若大水。去其宿北數十尺，女主當之，若大旱。　主好畋獵，走狗馳馬。出入不時，賜與不當，則填星失宿。民多病，歲多大風，黍稷無實。　京房曰：人君内無仁義，外多華飾，則填星失度，東西叛逆。不救，必憂霜雪。其救也，治社稷明堂，近方直，親厚重之人，災消矣。《荆州占》曰：不救，有雷雹山崩地坼之災也。　郗萌曰：人君宰相簡鬼神，廢禱祀，毁宗廟社稷，即填星逆行，色變地動。　填星逆行，有白衣之會。逆行一舍，爲水。　填星超舍而前，東行一歲二舍，諸侯

有歸國者。　填星逆行二舍，有兵，六十日大赦。　填星逆行三舍，爲政者死。以季夏戊子日候填星，其色變，行不如常，行失也。　淮南子曰：填星歲填一宿，當居而不居，其國亡地。未當居而居之，其國增地，歲熟。　《荊州占》曰：人君宰相大臣治宮室，爲臺榭，内淫泆，夫婦無别，淫女用事，褻羣神而簡宗廟，則填星逆行變色，殃至地動。無救，則枉矢出，民疫飢。女主淫泆者，填星逆行入陰。外淫泆者，逆行入陽。逆行入陰，旱。入陽，水。逆行十五度以上，女主坐亡之。　填星逆行不軌，爲殃爲賊。　填星盈出，其色蒼白，喪。　王者德重，填星居之。女主德薄，填星離宿。一曰當居不居，其國以水亡。　填星應居之而去，其分飢荒，流滿四方。若居之而不安，不可興土功，不可舉大衆。　填星亂行，王者無德，女主不仁，淫放外遊，出入無度，此惡之所致。人君修德以禳之，則可無咎。　填星行舍居其南居其北，若去之疾，其分不可用兵，必受殃。若居之而去，更反守之分，增地。　填星離宿一丈之陽，女主不用事。去宿一丈之陰，女主死。　填星行順道，陰陽和若。不順道去舍南北若一丈，女主不治。一曰王者不立后。　填星失次，上及二舍，大水。出上三舍，則天裂地陷。　逆一舍已上，吏擊人，民棄妻子，去其邑。星東行二舍分，失地。星若亂行，人主失土。無淫放，無出遊，無興宮室，則可以免。　填星行失次，逆一舍至二舍，其國飢荒，人民流亡去其鄉。　填星主土，以填四方。其行於列客所干年不入。填星出北方宿中，舉兵者不利。出東方，利用兵，國强。出南方宿下，有兵者，亡地。出西方宿，兵起。　填星逆行入陰，内事逆；行入陽，外事逆。

填星晝見經天六

甘氏曰：填星晝見，臣謀君，女主憂，上相死。　填星經天而逆行，天下更政，地大動。　巫咸曰：填星不經天，經天更封。　《荊州占》曰：填星起左角逆行至軫，是經天。其下國當者，亡地，戰不勝。

填星變異生足大小傍有小星七

《龍魚河圖》曰：夫填星，主得土之慶。其星下爲虚星之神。　巫咸曰：填星下爲杜嫗，止於空城。《黄石公三略》曰：初，張良遇神老於路，則脱履，命良取之。良跪而進之，老曰：年少可教。與良三期而後付三略焉。良受書，老告之曰：後穀城見有黄石，乃是吾也。遂號曰黄石焉。然則黄石，填星之精。黄者，填之色也。石者，星之質也。填爲土德，漢爲火行，子以王事告其母也。神老、杜嫗同故。備其説。　《荊州占》曰：填星失色生足，女主退，若被罪。　《黄帝占》曰：填星大如狼星而黄，天下之兵雖會，其國不亡。　填星始出大而日愈小，所在國不利；始出小而日愈大，所在國利。　巫咸曰：填星大，人主將昌地廣民。人惶惶繫心而行，不憂其家，乃憂其王。　《易緯》曰：土令廢，填消食於戊己，以春月。　巫咸曰：填星小，人主有憂，使之不然，無聽鼓鐘之音，民人有罪者釋之，如是則止。不者，民多死，有土功，失地。　《荊州占》曰：填星細微，女主失勢。　《黄帝占》曰：填星旁有小星守填星，臣欲弑主。小星入填星中，事立決。小星去，臣利。　填星往復小星，主得臣。見東方，東方有之；見西方，西方有之；見南方，南方有之；見北方，北方有之。皆以所在之宿名其國。

填星流動與列星鬬八

《雒書》曰：填星動溢，地侯之災，山崩裂。　填星動盛，不吉，天下亂畔。《元命包》曰：填星動，則水決江，海破山，命曰地侯躍。天雨絲絲，僞言咄咀，民作船，主急去，地吐泉，魚銜苑。宋均曰：一作鼉。《晉陽秋》曰：孝武大元三年七月乙亥，填星摇。三年六月大水。　《春秋緯》曰：黄星動，海水浮，三公及左右謀。《鈎命決》曰：天水失信則玄龜不見，填星大動。　石氏曰：禮德義刑殺盡失，則填星爲之動。　填星動摇離舍，使者交接道路。　《荊州占》曰：填星動，女主有怒，若有怨。　郗萌曰：填星變色，逆行相凌而鬬，會客環守，其國無道。《荊州占》曰：填星與列舍鬬，不出其年，分亡地死將。

填星穰氣暈彗九

《洛書》曰：黄帝起，填星珥魚。氣如魚形，在填星旁。　《黄帝占》曰：填星旁有雲如狗狀，有土功，期一月。　《孝經内記》曰：填星生氣而爲黄穰者，明日大温，旦霧夕雨。見此者，不出五日，五穀賤，所見之國尤甚。不出三旬中，民多疾病亦死。　《荊州占》曰：填星出穰氣長四丈。一曰雨土。　巫咸曰：填星白暈，有土功，有喪。　郗萌曰：填星出彗，所居下國受兵亡地。不出一年。

唐・瞿曇悉達《開元占經》卷三九　填星犯東方七宿

填星犯角一

《黄帝占》曰：填星犯左角，大戰。一曰軍死。　郗萌曰：填星入角亢，去左角三尺若一尺，與角並出，左角一寸，期丙丁日中地動。《春秋圖》曰：填星逆行角中，王后有異喜。　郗萌曰：填星逆行角，女主出入不時。　石氏曰：填星在左角失行至房，侯王、皇帝出入不時，王者有所誅。　《春秋圖》曰：填星之角，天下有徙家爲二千石者。　《荊州占》曰：填星起右角之左角，尉理受執。

填星乘右角，后族家若將相有坐法死者。　郗萌曰：填星乘右角，爲旱。乘左角，爲水爲兵。　填星留西角間，軍興，國廷間邊境不通。　填星逆乘凌左右角，其爲日食，國有大變。　填星出入天門中，兵在外罷。　填星宿角不明者，女主少子。　《孝經緯》曰：帝誠孝，填角并。　《黄帝占》曰：填星出中道，天下太平。出陽道，旱。陰道，多雨。　陳卓曰：填星出陰道，多陰謀。　《荆州占》曰：填星出入留舍角，六十日不下，天下多暴獄。七十日不下，天下有急令。八十日不下，一國有急事。　石氏曰：填星守角，萬物不成。　填星守左角，天門多直人。　填星守右角，天子好遊獵，國亡。　填星守天門，中國弱，四夷侵。　甘氏曰：填星守角星，后有喜。　巫咸曰：填星守角，爲水爲兵。　《海中占》曰：填星守角，五穀多傷，人民流亡。　填星守左角右角，其色潤澤，即歲大熟。其逆行從一宿得二宿，穀貴一倍。從二宿得三宿，三倍。其還，立賤。　填星左右角其色黄，小旱，民小厲。其逆行，即旱。其退，立雨。　郗萌曰：填星守角，將有憂。一曰有土功之事。　填星守左角，更政令。填星守角，爲中兵大臣也。《玉曆》曰：填星守角，天子微弱，賢人爲輔臣。　郗萌曰：填星出角若守角，兵起西方。　甘氏曰：填星犯守角，强臣不伏，若更政令。　郗萌曰：填星守犯凌石角，爲有禍咎。

填星犯亢二

郗萌曰：填星犯亢，廷臣爲亂，諸侯當有失國者。石氏曰：填星數入亢，其國疾疫。　甘氏曰：填星逆行亢，女主治政。一曰：徙倚亢前後，女主非其人，若賤人女暴貴。　郗萌曰：填星逆行亢，女主干朝事。　《荆州占》曰：填星倚亢前後，春夏爲火，秋冬爲水。　《春秋圖》曰：填星之亢，天下有大喪。　郗萌曰：填星合亢，爲歲小有水。　填星乘滅亢右星，爲大人憂，爲天下有奇令。填星出入留舍亢，其國以歲致天下。一曰有失地之君，天下憂。　《齊伯》曰：填星出入留舍亢，其國有兵起，菓實大賤，賤人之女暴貴。　《春秋圖》曰：填星守亢，去一尺若七尺，四夷附中國。　石氏曰：填星守亢，五穀傷，民流亡。填星守亢，四海且安居，貴禮義。　填星守亢，色青，有兵。黄，有土功。白義。黑，客事。　甘氏曰：填星守亢，旱，有土功。天下必有得地之君，其國以歲致天下。　巫咸曰：填星守亢，爲土功。又曰：旱，傷在南方，萬物不成，多火災，民疾疫，有中兵。　《海中占》曰：填星守亢北，水在北方。　郗萌曰：填星守亢，人民田宅賤。一曰人民大亡，五穀以水傷敗。　填星守亢，爲燋旱，不生草。一曰多蟲蝗。　《黄帝占》曰：填星逆行守亢，爲中兵。　《聖洽符》曰：填星入守亢，爲民多疫，物不成，五穀傷，民流亡。　郗萌曰：填星乘亢右星，爲水；乘左星，爲大兵，穀貴。　填星乘若守亢右星，爲水，若糴大貴；乘左星，爲兵。《海中占》曰：填星守若舍亢，爲五穀頗不成。　甘氏曰：填星犯守亢，逆行不順，失明，其邑大政不用。

填星犯氐三

《荆州占》曰：填星犯氐左星，左中郎將誅死。犯右星，右中郎將誅死。期三年。　陳卓曰：填星入氐中，期三十日彗星出王邑，西南指。　郗萌曰：填星逆行氐，女主不居宫。　《春秋圖》曰：填星入氐，果實大賤，賤人女暴貴。郗萌曰：填星徙倚前後於氐，女主非其人。　填星乘氐之右星，天下有大水。乘氐之左星，天子自將兵於野。　填星出入留舍氐，天下用兵。期不出四年，更立侯王。　填星出入留舍氐，必有亡地者。　《黄帝占》曰：填星守氐，皇后有拜賀太子。一曰賤人女有暴貴者，若有土功之事。　黄星守氐，有赦令。　石氏曰：填星守氐，有德令。　填星守氐，即歲安。色赤，有分土裂地之君，四夷不服，天下大疫。　填星守氐，國有大賢。　填星守氐，有土功之事。　填星守氐，田宅大貴。一曰有赦。　甘氏曰：填星守大星，皇后有賀。　郗萌曰：填星守氐，太子有智慧，九州清。　填星守氐，天下必有亡國死王。　《荆州占》曰：填星守氐，爲后夫人憂。謂東行反還，去氐兩星二尺，期百二十日；去兩星尺，期六十日；與兩星齊，期二十日，以赦解之。　《荆州占》曰：填星守氐，姦臣有謀。　《二十八宿山經注》曰：填星色青守氐，四十日，鄭國王死，更立人君。　《海中占》曰：填星入守氐，必有亡城者。天下用兵，期不出三年，更立侯王。八十日不下，野有萬人之衆。

填星犯房四

石氏曰：填星犯房，天下相誅。　《荆州占》曰：填星犯房，右服爲秦魏，左服爲楚，右驂爲齊，左驂爲趙。　郗萌曰：填星犯房成勾己，爲后夫人喪。　填星入房三道，爲天子有子。　填星入房十日成勾己者，天子惡之。以赦解之。《聖洽符》曰：填星逆行房、成勾己，女主自恣，若淫泆。　石氏曰：填星到房心，皆正不失儀，失儀則爲變。　填星在右角，失行至房，侯王、皇帝出入不時，王者有所誅。　《春秋圖》曰：填星之房，倉穀豐。　《援神契》曰：填星舍房，符命道興。　石氏曰：填星舍房，更起土功，宫室數移，多殃禍。　填星守房

左，二國交易。守房右，世多鰥寡人。守房左右去復還，庶子乘國。應去而守房，其國有殃。甘氏曰：填星守房，國有女主喜。巫咸曰：填星守房，有獻馬者，若有土功事，起宮室者。填星守房，貴人多死者。填星守房，地動，多旱，民疾疫。一曰民多疫。《海中占》曰：填星守房，爲土功。郗萌曰：填星守房，大赦，其國有兵。一曰人主無下堂。又爲天下諸侯相謀慮，道不通。又爲敵兵發。一云，南爲旱，北爲水，並在宋地。填星守房，爲大飢，人相食，死者不葬。《荆州占》曰：填星守房，有反逆臣，大人喪，天下易主。《宋書·天文志》曰：晉光熙元年九月己亥，填星守房心，占曰：土守房，多禍喪。守心，國内亂，天下赦。是時司馬越專權。十一月，惠帝崩，懷帝即位，大赦天下。《黄帝占》曰：填星行房南若守之，爲大旱。行房北犯守之，爲大水。郗萌曰：填星逆行守房，女主出入自恣。一曰女主干政。《荆州占》曰：填星入房留居之，有失國君。進而守之，其國有兵。退而守之，其國有慶。填星中犯凌房，國君憂。色青，憂喪。色赤，憂兵，積尸成山。色黑，有將相誅。色白有芒角，大哭。《海中占》曰：填星入房若犯之，有失地君，其國有兵，若女主憂。郗萌曰：填星中犯乘守房左驂若左服，皆爲其君死所中，將誅。填星中犯乘守右驂若右服，皆爲大人死所中，相誅。陳卓曰：填星中犯乘守房南二星，君死。北二星，大人死。郗萌曰：填星留逆犯守乘房左右驂，主崩，臣有陰謀。逆行乘凌中道，太子失位而亡。順行乘凌中道，天下和平。韓楊曰：填星犯鈎鈐，王者憂。郗萌曰：填星犯乘鈎鈐，大臣有謀。天子不尊事天者，致火災於宗廟。王者不宜出宫下殿，有謀匿於廟中者。《黄帝占》曰：填星守鈎鈐，王者失天下。

填星犯心五

《海中占》曰：填星犯天王，王者絶嗣。犯太子，太子不得代。犯庶子，庶子不利。郗萌曰：填星入心，大臣有喜。填星逆行心，女主怨望。一曰女主干政。《黄帝占》曰：填星至房心，皆正不失其道，天下和平。軌道失繩，災變。填星經心，清明列照，天下内奉明王，帝必延年。填星之心，主贊明，其國安泰，人主有增地，天下太平，天子有慶。郗萌曰：填星在心，多雨澤，歲熟。巫咸曰：填星在心，主人親賢。石氏曰：填星乘心，其國相死。《黄帝占》曰：填星居心，人主任賢。《聖洽符》曰：填星犯乘心，爲内亂。臣欲弑主，有失地君。近期十月，中期一年，遠期二年。《荆州占》曰：填星犯乘心，大人凶。近期三年，遠期九年。郗萌曰：填星中犯乘凌心，天下大赦。石氏曰：填星中犯乘凌，太子位，太子憂；少子位，少子憂。填星犯食心左星，爲天子因後有憂。《海中占》曰：填星出入留舍心，二十日不下，且有急令。三十日不下，有名人死者。四十日不下，其國大空，民亡，去其室堂。《感精符》曰：填星守心，爲旱，若有火災。石氏曰：填星守心，萬物不成。一曰義士多烈節，庸夫立義。填星守心色黄，無故青黑，旱飢死。甘氏曰：填星守心，聖主，天下太平。若天子有慶。巫咸曰：填星守心，其國内亂，若有土功事。一曰民多疾病。又云有火。郗萌曰：填星守心，國安，大人有喜，增地，一云太子反。陳卓曰：填星守心，太子庶子凶。色光明黄，吉，有慶賜之事。甘氏曰：填星逆行守心成勾己，若環繞之，其國内亂，天子惡之。赦，解之。期六月。郗萌曰：填星犯乘守心明堂，爲内亂，臣欲弑主，有亡國。近期十月，中期一年，遠期三年。又曰大臣當之。填星犯乘太子者，太子憂，不死則去。犯乘守明堂，大人憂。近期十月，遠三年。郗萌曰：填星犯乘守心右星，爲庶子憂。《東官候》曰：填星犯乘心明堂，萬民備火。巫咸曰：填星中犯乘守心明堂，爲戰不勝，將軍鬬死。郗萌曰：填星中犯乘守明堂，爲旱，若備火。石氏曰：填星中犯守明堂，大臣當之。在陽爲燕，在陰爲越。《海中占》曰：填星留逆犯守乘凌心，王者宫内戰亂，臣下有謀，易立天子，權在宗家，得勢大臣。

填星犯尾六

《黄帝占》曰：填星逆行入尾箕，妾爲女主。若星色黄，后宫有喜，若立后。《渾儀》曰：填星出入尾，必有大將出征，魚鹽大貴。填星與火入尾，縑布大貴，則將相人民去其城郭。填星宿尾逆行而變色，女多進者。郗萌曰：填星出入留舍尾，魚鹽貴至六倍。《齊伯》曰：填星出入留舍尾，必有大將出者，而加於齊矣。其國無以持之。石氏曰：填星守尾，禽獸多，暴百姓。填星守尾若角動，更姓易政，天下不安其處。巫咸曰：填星守尾，兵起。《海中占》曰：填星守尾，高田不得食，下田荒，人民飢。郗萌曰：填星守尾，大臣誅。《玄冥占》曰：填星守尾，后貴人有喜，若立后。石氏曰：填星犯尾，有兵起，國多盜賊。一曰天下旱，人民飢。郗萌曰：填星犯守尾，爲夫人女主后妃惡之。填星留逆犯守乘陵尾，皇后有以珠玉簪珥惑天子者。巫讒大起，后相貴臣誅，宫人出走，兵起宫門。

填星犯箕七

《春秋緯》曰：填星犯箕，若入宮中，天下大亂，兵大起。　郗萌曰：填星犯箕，女主有憂。一曰爲天下大赦。又曰大亂。　巫咸曰：填星入箕中，伺其出而數之，如期二十日兵發。伺始入而處之，率一日期十日，軍罷。　《荆州占》曰：填星入箕，盗大起，多鬬死者，歲不熟。　石氏曰：填星入箕，天下大亂。其中有一星，民莫處其室養者。星在箕南，旱。在箕北，有風。在箕踵，歲熟。不者不熟。　《百二十占》曰：填星之箕，丘陵且發。　郗萌曰：填星舍箕，用事坐之。　石氏曰：填星出箕，穀大貴，天下旱，飢死過半。　郗萌曰：填星出入流舍箕，年多蟲蝗。　石氏曰：填星守箕，后貴人大喜，若立后。　一曰王者陵發。　填星守箕，后有亂。　填星守箕若角動色黑，有土功。其色青，有兩軍相當，先起兵者敗，中起兵者昌，後起兵者亡。　巫咸曰：填星守箕，有水災，兵起，五穀萬物不成。　《海中占》曰：填星守箕，有大喪，有土功事。　郗萌曰：填星守箕，爲其歲水。　《玄冥》曰：填星依度之箕，歲大熟。　《玉曆》曰：填星守箕，人主有謀。二十日不下，兵大起，若有水災。　《東官候》曰：填星出入箕，留守之九十日，民人流亡，兵大起，期一年。多雨蟲，必有空國死王，谷水至，小人專政矣。　《海中占》曰：填星出入舍守箕，兵大起。

唐・瞿曇悉達《開元占經》卷四〇　填星犯北方七宿

填星犯南斗一

石氏曰：填星犯南斗，爲大赦。　郗萌曰：填星犯行入南斗，且失地。使之不然，無淫於樂，無見諸侯客，無出遊，如此即止。又曰：入庫以喪，起兵國中。　填星入南斗，天下受爵禄。期六十日，若九十日。　陳卓曰：填星出南斗，兵起四方，若西南。　郗萌曰：填星逆行南斗，地動。《宋書・天文志》曰：晋孝懷永嘉三年，填星久守南斗，其年地動。　填星逆行南斗，女主賞賜不當。　《黄帝占》曰：填星守南斗，先水後旱。若守之一旬，名水有溢者。不然，則有暴水出。郗萌曰：填星居南斗河戍間，道不通。　《北官侯》曰：填星處南斗，不用衆，有天下。　填星與太白舍南斗，抵斗若兩大，宰相爲亂。　郗萌曰：填星出入留舍南斗之間，二十日不下，有大喪。　《齊伯》曰：填星出入留舍南斗，二十日不下，有喜。三十日不下，民人無事。五十日不下，彗星出。六十日不下，民人憂。九十日不下，天下用兵。　《春秋緯》曰：填星守斗，王者封賞諸侯，若上官吏有受賜者。　石氏曰：填星守斗，國多義士。　郗萌曰：填星守南斗，地裂。一曰山崩。天子失制，天下大赦。　《荆州占》曰：填星守斗，大臣逆，姦民賊子欲殺其主。又曰在陽，田宅賤；在陰，田宅貴。　石氏曰：填星逆行守斗，女主賞淫泆。一曰姦臣賊子欲謀君。　巫咸曰：填星失次守斗，所守之國當誅。《聖洽符》曰：填星入斗口而守之，人民有背主者，天下壅蔽。在陽，爲天子。在陰，爲諸侯。期不出一年。　郗萌曰：填星不入南斗道，女主嫡子不代。

填星犯牽牛二

郗萌曰：填星入牽牛，爲天下牛車有行。一曰有盗賊。　陳卓曰：填星逆行牽牛，女主爲姦爲賊。　《春秋圖》曰：填星之牛，天下求皮革筋角。　郗萌曰：填星乘牽牛，爲天下有大水起，又爲人相乘於道。　填星出入留舍牽牛，有失地之君。　《春秋圖》曰：填星守牛二十日不下，大人有疾，牛馬多疫疾而死。石氏曰：填星守牽牛，諸侯多忠烈。　一曰大赦，天下有急。　守牛南，爲天子；牛北，爲吴。　郗萌曰：填星守牽牛，貴人憂。　《海中占》曰：填星守牽牛，爲牛多疾。一曰兵起，凶，關東憂雨雪，大人疾，民人疫。　郗萌曰：填星守牽牛，爲穀貴。又曰：山崩地裂，冬雷，疾病，姦臣賊子謀弑其主，有急令。　一曰涌水出。陳卓曰：填星守牛，鹽貴。　石氏曰：填星犯守牛，有土功事。　甘氏曰：填星犯牛留守之，爲破軍殺將。

填星犯須女三

《荆州占》曰：填星入須女，天子有大喜。　陳卓曰：填星逆行須女，主不親事。　《荆州占》曰：填星犯乘須女，人民相惡，有女喪。　郗萌曰：填星守須女，逆行色不明，女主不親桑。　《齊伯》曰：填星出入留舍須女，其國得以强，且以武致天下。三十日不下，國有失地之君。五十日不下，且有亡王走王，民人歸其故鄉。　《春秋緯》曰：填星守須女，后宮有喜。賤女暴貴，若后宮專政，女謁横行。　石氏曰：填星守須女，多姣女，朝臣幸。　巫咸曰：填星守須女，世多姣好。一曰貴女與賤人交。　《海中占》曰：填星守須女陰，山水出，廬宅壞，天下多土功事。　郗萌曰：填星守須女，爲大水且至。　陳卓曰：填星逆行留犯守淩須女，天子及大臣有變，必有奇政令。

填星犯虚四

巫咸曰：填星入虚中，伺其出日而數之，期二十日爲兵發。伺始入處之，率一日軍罷。　郗萌曰：填星入虚，有德令。大人憂，天下大虚，天下亂政急。填星逆行虚危，其時天下宗廟及諸侯血食，有官者盡罷。　《荆州占》曰：填星逆行虚，君臣不尊敬祭祀，女主不謹。　《春秋圖》曰：填星之虚，有大憂。　郗

萌曰：填星舍天府門中央，赦。　填星出入留舍虚中，且有急令行。未當至而至，有客兵，不過五日而去。當至不至，其國且用兵。《文曜鈎》曰：填星守虚，土壅水，有土功事。若宫女有死亡之憂。　石氏曰：填星守虚之中，水且爲急。進而守之，有客兵，斧鑕將用。一曰：世俗遊讒，高談雅論。　巫咸曰：填星守虚，宫人多有病瘧死者。若水雨不時，天下大旱，多風，粟貴。一曰有兵災。爲水災，萬物不成，穀敗。《海中占》曰：填星守虚，人民不安，多妖言。　郗萌曰：填星守虚，大臣有欲危宗廟者。　填星守天府，必有亡國死主。又曰天下賜喜。　石氏曰：填星逆行守虚，其君簡祭祠。《海中占》曰：填星入虚犯守之，當有急令。星行疾而入，必有客兵，斧鑕用，不出其年。

填星犯危五

《荆州占》曰：填星入危，天下大亂，若賊臣死。　郗萌曰：填星逆行危，女主事先人不謹。一曰齋戒不謹。《春秋圖》曰：填星之危，黍大熟，民有憂。填星出入留舍危，其國破亡矣。必有流血，國空虚，有死王。期二年。一曰中外有急。未當至而至，國有客兵，不出五日而去。當去而不去，其國且用兵。《河圖》曰：填星守危，去之一尺，皇后有憂，若貴女有死者。《文曜鈎》曰：填星守危，人民有憂。　石氏曰：填星守犯若角動，色黄黑，以興功構架屋事。一曰天下弋獵，事在天子。《海中占》曰：填星守犯，兵起南方。一曰：野物入國庫，人君戮，有土功。爲旱，五穀不實，民人不安寧，民流亡，且有疾。　郗萌曰：填星守危，爲大人蓋屋事。一曰民多兵。《荆州占》曰：填星守危，民多病癰疽者，小有兵。　郗萌曰：填星逆行守危，其君簡祭祀。　甘氏曰：填星犯守危，皇后憂疾，兵喪并發。國且有大戰，工匠大用。《海中占》曰：填星入危留守之，其國破亡，有流血，將軍戰死，亡地五百里，必有徙王，期三年。　郗萌曰：填星守墳墓，爲人主有哭泣之聲。

填星犯營室六

石氏曰：填星犯營室，犯陽爲陽有急，犯陰爲陰有急。《荆州占》曰：填星犯營室，宫中有變，土功事興。《春秋圖》曰：填星之室，田宅大貴。　巫咸曰：填星居營室，關梁不通，出入操持符節，貴人多死。　郗萌曰：填星宿室而逆行，則女子自恣。《北官候》曰：填星出入留舍營室中，六十日不下，土功事大起。《河圖》曰：填星守營室，邦君有喜，賜其爵禄，有封土者。　石氏曰：填星守營室東壁，天下不安，百姓易處，人主徙宫，有工匠之事。一曰：守室色黄白，宫女有分離賜邑而去者。　甘氏曰：填星守營室，國有軍，若有爵封增國。《海中占》曰：填星守營室南，則主賜金錢。　郗萌曰：填星守營室，爲大人忌。以赦令解之。一曰后夫人憂。《齊伯》曰：填星守營室，三十日不下，土功大起，王者作宫室。　郗萌曰：填星犯守營室，宫中有夭死，大人皆有土功之事。《荆州占》曰：填星犯守室，爲女有宗廟事，以赦解之。《春秋圖》曰：填星逆行留守室，天下不寧，貴族不相信，親戚離；公侯不相敬，下欲謀上。

填星犯東壁七

郗萌曰：填星逆行東壁，女主干治。《春秋圖》曰：填星之東壁，民大煩。郗萌曰：填星出入留舍東壁，九十日不下，帝王且有起。一曰有徙王。一曰必有喪兵。　石氏曰：填星守東壁，遠國獻珍寶。　巫咸曰：民多疾。　郗萌曰：填星守東壁，爲大人衛守，又有土功之事。又爲天下兵起。一曰狄兵起，又爲多水。一曰歲晚水。一曰：圖書興，文章進，士用人主之廷。天下大豐，人民順。《百二十占》曰：填星守壁，且有易市。《聖洽符》曰：填星入壁而守之，歲大旱，民多病，萬物不成。　甘氏曰：填星逆行，守東壁成勾己，其國必有大兵政之事。六十日不下，有立王。　郗萌曰：填星逆行守東壁，旱，民多病，萬物不成。一曰女主自恣。

唐·瞿曇悉達《開元占經》卷四一　填星犯西方七宿

填星犯奎宿一

郗萌曰：填星入奎，以喪起兵。一曰國有水事。《海中占》曰：填星潤澤出奎，有善令。其變色入奎，有僞令來者。若出奎，有僞令出使者。　郗萌曰：填星逆行奎，女主爲賊。若舍奎，四夷皆服，來朝中國。《荆州占》曰：填星舍奎，國有德令。　石氏曰：填星出入留舍奎，大水，不通行。《黄帝占》曰：填星出奎，女主攝政，國有女喜，若有女貴。　郗萌曰：填星出奎，兵起東方。《荆州占》曰：填星出入留舍奎，其國大亂，更爲元年。《黄帝占》曰：填星守奎，有名者死。　石氏曰：填星守奎，天子戒在邊境，不可遠將兵，凶。　郗萌曰：填星宿奎，地動。　石氏曰：填星守奎，色黄黑，有土功之事。　巫咸曰：填星守奎，有兵災，萬物不成。《荆州占》曰：填星守奎，王者憂之。一曰大人當之。

填星犯婁二

《海中占》曰：填星之婁，五穀豐熟，人民息，天下安。　填星出入留舍婁，天下且起兵。一曰外國兵來入邊。　陳卓曰：填星守婁，有亡國者。　石氏曰：填星守婁，天下國土同心，天子優賞賢士。　郗萌曰：填星守婁者，皆爲有白衣之會。一曰天子或在邊境，不可遠將兵，凶。　《荆州占》曰：填星守婁逆不去，有姦臣謀主。　巫咸曰：填星逆行守婁，三十日不下，女主出入不時，女主謁行。若守之久，九十日不下，有姦臣謀主。　《荆州占》曰：填星出入守婁，六十日不下，用兵，三年。至十月小旱，秋有兵，禾稼不成，歲有小霜。

填星犯胃三

石氏曰：填星犯胃，臣爲亂。　郗萌曰：填星在胃陽，女主不用事。居其陰，女主死。　又曰：犯胃，爲天下穀無實，以食爲憂。　石氏曰：填星之胃，天下有德令，當有封爵者。　郗萌曰：填星出入留舍胃，九十日不下，客軍大敗，天下小憂，兵不用。　填星舍胃，開倉廪，賜貧窮。　石氏曰：填星守胃白帝，金人將來獻騶驥。一曰歲穀大貴。動摇，有兵。　填星守胃赤黄，天子自將兵甲而出，其國以亡。　填星守胃，天子無蓄積。一曰有德令。　巫咸曰：填星守胃，多水災。又爲兵災，萬物不成。　《玉曆》曰：填星逆行守胃若成勾己，天下有兵。六十日不下，士卒大飢，軍大敗。九十日不下，鄰國有暴兵來伐中國，期不出年。　巫咸曰：填星犯守胃，天下倉有繕者，當有殃罰。

填星犯昴四

《聖洽符》曰：填星入昴，敵人爲亂，若其王死。將軍出兵，當有流血。兵起東北，不出其年。　郗萌曰：土星入昴中，地動，水溢，宗廟壞。　填星逆行昴，女主飲食過度。　石氏曰：填星守昴，天下人民貧不得飽，又爲民多疾。一曰多火災爲旱。　甘氏曰：皇后憂失勢，王者以赦除咎。　石氏曰：守昴，有土功。　巫咸曰：填星守昴，萬物五穀不成。　石氏曰：填星出入守昴，外人多爲亂。一歲不下，大將出兵，三年乃止。　守西北方，百里流血。　《玉曆》曰：填星犯守昴，居其南，男子多死；居其北，有女喪；居其東，六畜死；居其西，兵起，國有憂。　郗萌曰：填星中犯守昴，天下有福。一曰：土星居北，爲國家憂，若北主死。又曰兵北征於狄。一曰爲白衣之會。

填星犯畢五

《黄帝占》曰：填星犯畢出其北，陰國有憂。　郗萌曰：填星犯畢，有兵謀，期八十日，若八月。　巫咸曰：填星入畢中，伺其入日而數之，期二十日爲兵發。伺始入處之，率一日期十日，爲兵罷。　郗萌曰：填星入畢者，爲其國易王。若入畢口中，大人當之。又曰：地大動，水溢。　又曰：入畢中，爲憂，有兵。若出奎入畢，大亂。若舍畢口，諸侯夷滅。一曰大人當之，兵起。一曰不戰。　填星出入留舍畢中，八十日不下，兵起居野而不用，客軍死之。若守畢口，君禦守。　石氏曰：填星守畢，人君爲下所制，赦令不行。　甘氏曰：填星守畢，邊有軍者降，王侯受賀，若有大戰。《宋書・天文志》曰：晋安帝義熙六年九月丁丑，填星犯畢。九年三月，林邑王范明達將萬餘人入寇，九真太守杜慧度拒破之。朱齡石滅蜀。　巫咸曰：填星守畢，徭役賦斂煩衆，卑者竭，尊者盈。下惡其上。强凌弱，兵並起。　郗萌曰：土星逆行畢，女主數遊弋獵不當。　陳卓曰：填星守附耳，兵起，若將相有憂，若喪。不即免退。

填星犯觜觿六

石氏曰：填星犯觜觿，其國兵起，天下動移。　郗萌曰：土星守觜觿，民人數亡。　《黄帝占》曰：填星入觜觿中，有兵。　郗萌曰：填星入觜中，伺其出日而數之，期二十日兵發。伺始入處之，率一日期十日兵罷。　石氏曰：填星守觜，國有叛者。　巫咸曰：有兵災，爲水，萬物五穀不成。　石氏曰：民流不安，去其國宅。一曰君和同。又曰西方客動侵地，君王崇禮以制義，則國安。《黄帝占》曰：土星犯守觜，國有土功事。　甘氏曰：土守觜，天下安寧。　巫咸曰：有兵災，爲水。一曰爲萬物不成，五穀不盈。　郗萌曰：女主喜怒不常。土星逆行觜參。　《荆州占》曰：填星守觜觿，所出之宿，其國亡地。所入之宿，其國得也。

填星犯參七

石氏曰：填星犯參，國有叛者。　郗萌曰：填星逆行，若留止衡中者，爲兵革起。　《西官候》曰：填星舍參，國有行城，郭兵備。　郗萌曰：土宿參伐，高田賤，下田貴。　石氏曰：填星守參，天下有大喪。　填星犯守參，大臣有出國使者。　又曰：守參有赤星出參中，邊有兵。　甘氏曰：填星守參，大人出使，天下治城，姦臣謀主，有外兵。《海中占》曰：土星守參，軍破國亡。　郗萌曰：填星守參，若角動赤黑色，觸破參中央星，臣子弑其君父。　填星守參，爲后夫人當之。

唐・瞿曇悉達《開元占經》卷四二　填星犯南方七宿

填星犯東井一

郗萌曰：填星出東井，兵起東北。《黃帝占》曰：填星入東井，有賜爵祿事。石氏曰：填星入東井，大人憂。《宋書·天文志》曰：青龍三年七月己丑，填星犯東井距星，四年三月癸卯，在參又還犯之。景元初年九月，皇后毛氏崩。三年正月，明帝崩。《荊州占》曰：填星入東井，天下無主。《五行傳》曰：填星當在觜參，而去東井，亡地。《漢天文志》曰：景帝中元元年，土星當在觜參，而居東井。觜參，梁分也。後四年梁孝王死，景帝以其子爲王也。甘氏曰：填星守東井，其歲五穀不登。石氏曰：填星宿東井逆行，女主齋戒不謹敬。若出入留舍東井，三十日不下，水且大出，流殺人。郗萌曰：填星守東井，民多疾。《黃帝占》曰：填星守東井，爲水災。或犯守在東井，守其陽，旱。守其陰，水。若國君受誅，以其留守日占國。石氏曰：填星守東井，爲旱，赤地千里。不出九十日，有赦。郗萌曰：土星守東井，爲土功事。甘氏曰：填星守東井，大壅水。石氏曰：填星出入留舍東井，六十日不下，兵起，必有破國死王。填星守井鉞，大臣有誅，斧鉞用，若兵起。《宋書·天文志》曰：魏明帝青龍三年六月丁未，填星犯井鉞，四年閏月乙巳，復犯井鉞。景初元年，公孫淵叛，司馬懿討滅之。晉穆帝永和十年正月癸酉，填星掩鉞星。十二年十一月齊城陷，執段龕，殺三千餘人。安帝義熙八年十二月癸卯，填星犯井鉞。九年三月，誅諸葛長民，西虜正橫安定，咸尅之。《黃帝占》曰：填星入井鉞，王者惡之。一曰大臣誅。郗萌曰：填星犯鉞，人君有戮死者。

填星犯輿鬼二

甘氏曰：填星犯輿鬼，人君必有所戮。《黃帝占》曰：填星犯鬼鑕，人君有戮死者。甘氏曰：填星犯天尸，皇后憂失勢。《黃帝占》曰：填星入輿鬼，有兵。石氏曰：填星入輿鬼，大臣有誅者。郗萌曰：填星入輿鬼中央，天下有疫。守西南星，西南病。守東南星，東南病。守東北星，東北病。守西北星，西北病。填星入鈇鑕，王者惡之。《荊州占》曰：填星入輿鬼，國有戮死者。一曰戮王。《南官候》曰：填星入鬼王者，戮大臣，若將相，若九親臣當之。司馬彪《天文志》曰：填星入輿鬼，國有大喪。《南官候》曰：填星入輿鬼，君謀其臣。《黃帝占》曰：填星逆行犯輿鬼，女主用財奢淫過度。若女主貴親有憂。郗萌曰：填星舍輿鬼中央，赦。《南官候》曰：填星出入留舍輿鬼，五十日不下，必有大疾，大旱。棺木貴，絲綿布亦貴。《海中占》曰：填星守輿鬼，出其東，水。出其北，旱。石氏曰：填星守輿鬼，大人憂，宗廟改。一曰主死。又爲大人有祭祀之事。巫咸曰：填星守輿鬼，後宮有憂。若旱，萬物不成。有土功事。郗萌曰：填星守輿鬼，天下賜喜。石氏曰：填星守輿鬼色黃潤，大人增地。不則太子當之。郗萌曰：填星守輿鬼西南，爲秦漢有叛臣。以赦令解之。《百二十占》曰：填星守輿鬼，大人當之。《宋書·天文志》曰：晉安帝義熙十年七月庚辰，填星犯輿鬼，遂守之。九月又犯鬼。十四年，高祖還彭城，受宋公。明年安帝崩，母弟瑯琊王踐祚，是曰恭帝也。填星入若守輿鬼，爲主憂，財寶出。亂臣在內，若大臣誅，有干鉞乘鑕者。君貴人憂，金玉用。民多疾。南入爲男，北入爲女，西入爲老人，東入爲丁壯。棺木倍價。《荊州占》曰：填星守天尸，隨所守，主者廢之。不出七十日，其天下國有大喪。陽爲人君，陰爲皇后，左爲太子，右爲貴臣。

填星犯柳三

甘氏曰：填星犯柳，若不以正道而入之，其國有旱。不則有大災。若逆行入之，地大動，名山崩。《荊州占》曰：填星入注，貴人有喜。石氏曰：填星犯柳，有木功事，若名木見伐者。若宿柳，不旱即水。郗萌曰：填星出入留舍柳，有急令，丹青貴。石氏曰：填星守柳，天子戒飲食，食官欲殺主。甘氏曰：填星守柳，君臣和同，天下道興。郗萌曰：填星守柳，萬物五穀不成，大飢，民多疾疫。一曰爲叛臣中兵也。以德令解之。《海中占》曰：填星守柳，宮中大亂，以相驚，若有土功事。郗萌曰：填星守柳，女主不敬祭祀，一曰多水災。

填星犯七星四

甘氏曰：填星入七星，爲人君有事，置太子。填星出入留舍七星，其國五穀大貴。守五十日不下，有兵起，倍海國大敗。郗萌曰：填星留七星者，天下大憂，憂中央。填星宿七星不入其道，水。一曰旱。《黃帝占》曰：填星守七星，王道興，天下治。又曰大人有喜。郗萌曰：填星守七星，人主出不還。一曰有德令。石氏曰：填星守七星，有遷王。一曰有立后。郗萌曰：填星守七星，爲叛臣中兵也。以德令解之。填星守七星，人主出必不還。必有立后徙王。一曰有赦。若逆行七星，女主衣服不法。

填星犯張五

《黃帝占》曰：填星入張，天下大通，去關梁，宗室煌煌。郗萌曰：填星出張東舍二尺以上，國失地。填星出張，兵起北方。巫咸曰：填星在張，天下

安，關梁通。　石氏曰：填星留舍張，陰陽不和，民流千里，魚鱉死陸道，民憂疾賊。　郗萌曰：填星出入留舍張，兵甲盡出。其秋冬仲月，土功事大起。　甘氏曰：填星守張，天下大通，去關梁。一曰：天下和平，宮女有大喜。　郗萌曰：填星守張，有叛臣中兵。　巫咸曰：填星守張三日，其事微。守之三十日，其事巨。大國諸侯謀慮，大臣伏法死。　填星守張，多盜賊，人民相惡，兵並起。《南宫候》曰：填星守張，兵大起。一曰有土功。　石氏曰：逆行張，女主亂朝。郗萌曰：女主飲食過度。

填星犯翼六

《黄帝占》曰：填星逆行翼，女主亂朝。　填星在翼，大臣誅。　石氏曰：填星守翼，有叛臣中兵也。若有土功事。一曰萬物不成。　郗萌曰：填星守翼，有兵。　甘氏曰：填星守翼，王者承德，君臣賢明，六合同風，天下和平，禮樂大興。若守一年，豐。一曰女主有喜者。　巫咸曰：填星守翼，多水災，五穀不成。　《南宫候》曰：填星守翼，后夫人有喜。

填星犯軫七

巫咸曰：填星入軫中，伺其出日而數之，期二十日爲兵發。伺始入處之，率一日期十日軍罷。　郗萌曰：填星逆行軫，女主持喪不謹。　填星出入留舍軫，六十日不下，必有大旱六月。一曰不出年，河海盡空。一曰不出三年，必有大喪。　石氏曰：填星守軫中，兵大起。　甘氏曰：填星守軫，土功大起，國有白衣之會，必有亡地，不出其年。　《荆州占》曰：填星守軫，后有憂。　《齊伯》曰：填星入軫若守之，兵大起，有憂國。河當竭，天下大旱，禾稼死傷，人民大飢，期二年。　石氏曰：填星逆行軫，女主貴親坐之。　郗萌曰：填星起左角逆行至軫，其下國戰不勝。

唐・瞿曇悉達《開元占經》卷四三　填星犯石氏中官

填星犯大角一

《海中占》曰：填星犯守大角，臣謀主者，有兵起，人主憂，王者戒慎左右。期不出百八十日，遠一年。

填星犯梗河二

巫咸曰：填星犯守梗河，國有謀心，四夷兵起，來侵中國，邊境有憂。

填星犯招搖三

《聖洽符》曰：填星犯招搖，兵大起，敵人爲寇。若守之，敵人敗，若其王死。期不出二年。　《荆州占》曰：填星守招搖，旗幟廢不用。

填星犯玄戈四

《聖洽符》曰：填星犯守玄戈，邊兵大起，敵人爲寇。若守之，敵人敗，若其王死。期不出二年。

填星犯天槍五

巫咸曰：填星守天槍，邊夷兵起，機槍大用，防戍有憂，若誅邊臣，期不出年。

填星犯天棓六

巫咸曰：填星犯守天棓，邊夷兵，機槍大用，防戍憂，若誅邊臣，期不出年。

填星犯女牀七

《荆州占》曰：填星犯女牀，凶。　甘氏曰：填星犯守女牀，兵起宫中，若后妃有暴誅者。期百八十日，遠一年。

填星犯七公八

石氏曰：填星犯七公，羣公有疑議。　《黄帝占》曰：填星守七公，爲飢民，君不安。　石氏曰：填星守七公，輔臣相疑，若有誅者，人主有憂。

填星犯貫索九

石氏曰：填星入貫索中犯乘守者，以獄爲亂，多不平。　巫咸曰：填星守犯貫索，天下亂兵大起，多獄事，貴人有死者。

填星犯天紀十

《文曜鈎》曰：填星犯守天紀，倖臣執權，有兵起，王者有憂。

填星犯織女十一

《黄帝占》曰：填星犯守織女，天下有女憂，有兵起，不出其年。

填星犯天市十二

石氏曰：填星入天市，將相凶，糴大貴。若女主有憂。又曰：填星入天市中，相不死，使於皇道。　郗萌曰：填星入若守天市，糴大賤。一曰大貴。　又占曰：填星入天市中，王宫有憂。一曰赦。　石氏曰：填星守天市，有訟事。入市，必有戮主。留百日，失大將。　又占曰：填星逆行入天市，驚。一曰將相凶。

填星犯帝座十三

《玄冥占》曰：填星犯帝座，爲臣謀主，天下亂兵大起，不出年。

填星犯候星十四

《海中占》曰：填星守候星，陰陽不和，五穀傷，人大飢，有兵起。

填星犯宗正十六

甘氏曰：填星犯守宦者，左右輔臣有誅戮者，期不出年。

填星犯宗正十六

石氏曰：填星犯守宗正，左右羣臣多死，若更政令，人主有憂。

填星犯宗人十七

石氏曰：填星犯宗人，親族貴人有憂，若有死者。一曰人主宗親有離絶者。

填星犯宗星十八

甘氏曰：填星犯守宗星，宗室之臣有分離者。

填星犯東西咸十九

石氏曰：填星守犯東西咸，爲臣不從令，有陰謀。

填星犯天江二十

巫咸曰：填星犯守天江，天下有水。若入之，大水齊城郭損，民飢亡，去其鄉。

填星犯建星二十一

《陳卓占》曰：填星犯建星，大臣相譖。甘氏曰：填星守建星，女主有謀，兵起宫中，女主有黜者。期不出年中。《海中占》曰：填星守建星，田宅大貴。一曰在陽賤，在陰貴。

填星犯天弁二十二

甘氏曰：填星犯天弁若守之，則囚徒起兵。一曰五穀不成，粟大貴，民飢。

填星犯河鼓二十三

《海中占》曰：填星入河鼓，大將有受賜地者。期百八十日，遠一年。《黄帝占》曰：填星中犯河鼓，大將若左右將有誅。其犯守之，爲誅若有罪。以五色占之。

填星犯離珠二十四

石氏曰：填星犯離珠，宫中有事，若有亂宫者，若宫人有罪黜者。

填星犯匏瓜二十五

《聖洽符》曰：填星犯守匏瓜，天下有憂，若有搶兵，各菓貴。一曰魚鹽貴價十倍，不出其年。

填星犯天津二十六

郗萌曰：填星犯天津，關道絶不通，有兵起，若關吏有憂。若守，有兵革。《黄帝占》曰：填星出天津中，天下大水有溢者，若天下有急。

填星犯螣蛇二十七

甘氏曰：填星守螣蛇，天子前驅凶，若奸臣有謀，前驅爲害。

填星犯王良二十八

石氏曰：填星守王良，爲有兵。《齊伯》曰：填星守犯王良，天下有兵，諸侯相攻，强臣謀主。期不出年。

填星犯閣道二十九

石氏曰：填星犯守閣道而絶漢者，爲九州異政，各主其土，天下有兵，期二年。

填星犯附路三十

石氏曰：填星守附路，大僕有罪，若誅。一曰馬多死道，無乘馬者。

填星犯天大將軍三十一

郗萌曰：填星入天大將軍，興軍者吉。石氏曰：填星犯守天大將軍，爲大將困，若有死者。

填星犯大陵三十二

石氏曰：填星入大陵，國有大喪，大臣有誅，若戮死，人民死者大半，皆不出其年。

填星犯卷舌三十四

石氏曰：填星乘卷舌，天下多喪。又占曰：填星入守卷舌，國有佞臣謀其君，以口卷舌爲人主有憂。

填星犯五車三十五

石氏曰：填星犯五車，大旱，若有喪。一曰犯庫星，兵起北方，若西方。犯倉星，穀貴，若有水。《海中占》曰：填星入五車，兵大起，車騎行。五穀不成，天下民飢，若軍絶糧。郗萌曰：填星守天庫，以喪，起兵國中。又占曰：填星舍五車中央，大旱。又多蟲，在燕、代。又占曰：填星舍五車東北，六畜蕃息，繒帛大賤。一曰天下多凶，舍東南，高田收，下田不收。又萬民多疾，無死者，民反壽。舍西南，布若棺槨並貴。舍西北，天下安寧。又占曰：填星守昴，東行至天高復反五車，爲邊兵發，有赦令。

填星守天關三十六

石氏曰：填星行天關中，每至柳楊當去不去，徘徊亂行，光色盛怒，見其妖祥，中國隔絶，道路不通。　郗萌曰：填星守天關，貴人多死。　巫咸曰：填星守天關，王者壅蔽，信使不達，若關梁不通。　郗萌曰：填星行不從天關，不出其年，有兵。

填星犯南北河三十七

《黄帝占》曰：填星乘南河戍，若出南河南，爲中國。　石氏曰：填星守南河，蠻夷兵起，邊城有憂，若旱災，人民飢。　《黄帝占》曰：填星行南河戍中，若留止守之，爲旱。一曰爲有疾在民。　郗萌曰：填星行南河戍中，若留止守之，爲有喪。　《黄帝占》曰：填星出北河戍北，若乘之，爲王死。　郗萌曰：填星出北河戍北，若乘之，爲有女喪。　又占曰：填星守北河戍西，五穀無實。　又占曰：填星失度，守陰門若陽門，皆爲諸侯奸。　《玄冥占》曰：北主死，天下大水，人民飢，期不出二年之内。　郗萌曰：填星經南河戍之南，刑法峻暴，誅伐不當。經北河戍之北，以女子、金錢，貪色奢侈，失治道。期三年。　又占曰：填星守南北河戍，賜爵禄，不出六十日有赦。一曰有土功事。　《黄帝占》曰：填星出北河戍間，若留守北戍，若居南河戍間，若守南戍，爲天下有難起，道路不通。

填星犯五諸侯三十八

石氏曰：填星犯五諸侯，若守之，兵大起，將士出，諸侯有死者。　巫咸曰：填星入五諸侯，伺其出日而數之，二十日兵發。伺其入處之，率一日期十日軍罷。　石氏曰：填星中犯乘守五諸侯，兵死，期三年。　郗萌曰：填星中犯乘守五諸侯，爲所中乘守者，諸侯有殃，期三年，兵發。

填星犯積水三十九

巫咸曰：填星犯守積水，其國有水災，萬物不成，魚鹽貴。　一曰：以水爲敗，糴大貴，人民飢。期二年。

填星犯積薪四十

甘氏曰：填星守積薪，天下旱，五穀不登，人民飢亡。

填星犯水位四十一

石氏曰：填星守犯水位，天下以水爲害，津關不通。　一曰：大水入城郭，傷人民。不出二年。

填星犯軒轅四十二

《黄帝占》曰：填星行軒轅中，犯女主，女主失勢。失勢者，憂喪也。　列大夫有放逐者。　五官有治者，色悴，爲憂爲疾。　其所中犯乘守者，誅若有罪。　石氏曰：填星在軒轅中，有以女子謀人君者。　又占曰：填星守軒轅，天下大赦。　甘氏曰：填星守軒轅，天下大亂，後宫破散，改政易王。人主以赦除咎，期三年。　《黄帝占》曰：填星守犯女主，女主當之。中犯女主，女主憂。　巫咸曰：填星行犯守軒轅，女主失政，若失賊。一曰大臣當之，若有黜者。期二年。《宋書·天文志》曰：晉穆帝升平二年十二月辛卯，填星犯軒轅大星。三年十月，豫州刺史謝萬入朝，衆潰而歸，除名爲民。十一月，司徒會稽王以二鎮敗，求自貶三等也。　石氏曰：填星中犯乘守軒轅大民星，大飢大流，太后宗有誅者若有罪。中犯乘守少民，星小飢小流，皇后宗有誅者若有罪。　石氏曰：填星入軒轅中犯乘守之，有逆賊，若火災。

填星犯少微四十三

石氏曰：填星入少微，君當求賢佐。不求賢佐，則失威奪勢矣。　石氏曰：填星犯守少微，名士有憂，王者任用小人，忠臣被害有死者。　《黄帝占》曰：填星入中犯乘守少微，爲宰相易。又曰爲女主有憂。　石氏曰：填星入中犯乘守少微，爲五官亂，宰相有憂。

填星犯太微四十四

陳卓曰：填星犯太微，女主持政，大夫執綱。　《荆州占》曰：填星入太微軌道，吉。軌道者，入西門出東門，若左右掖門，行不留也。不軌道者，謂有所犯守也。　石氏曰：填星出東掖門，爲相受命東南出，德事也。出西掖門，爲將受命西南出，刑事也。期以春夏。　《荆州占》曰：填星入太微宫，皆爲天子大驚。一曰有兵。又曰入天庭，不安。　《黄帝占》曰：填星入天庭，色白潤澤，爲期百八十日有赦。　《荆州占》曰：填星道西番入留止南門者，皆爲大臣有憂。　石氏曰：填星入太微，中華東西門，若左右掖門，而南出端門者，爲有大臣叛。　郗萌曰：填星入太微，有德令。　石氏曰：填星入西門出東門，皆爲人君不安，欲求賢佐。入中華西門出中華門間，爲臣出令。入太陰西門出太陰東門，皆爲天下大亂，有喪若大水。　《春秋緯合誠圖》曰：填星入中華闕門者，爲臣弑主之候。　《黄帝占》曰：填星東行入太微廷，出東門，天下有兵急。若守，將相丞、御史大臣有死者。若入端門守廷，大禍至。入南門出東門，國大旱。若入南

門南行出西門，國有大水。逆行入東門出西門，大國破亡。若順入西蕃而留不去，楚國凶殃。　郗萌曰：填星入西門，犯天庭，出端門，皆爲大臣伐主。入西門西，折出右掖門，皆爲大臣假主之威，而不從主命。　石氏曰：填星逆行太微之中，及出門左右掖門者，有逆謀，天子有命將征伐之事。一曰：大赦可以解其患也。　郗萌曰：填星當左右執法，爲受事。守太微門三日已下，爲受制。三日以上，爲兵、爲賊、爲亂、爲飢。　《荆州占》曰：填星中犯左右執法，執法者誅，若有罪。　《荆州占》曰：填星入太微，從右入七日以上，皆爲人主憂。　巫咸曰：填星逆行入太微天庭中，爲大臣有誅，若諸侯戮死，期二年。　郗萌曰：填星入西華門，出端門，皆爲臣詐稱詔。　石氏曰：填星入太微廷所中犯乘守者，皆爲天子所誅若有罪。　石氏曰：填星守太微宮，必有破國，易世改王。案《宋書・天文志》曰：晉安帝義熙十四年八月癸酉，填星入太微，中犯右執法，因留太微，積二百餘日乃去。是年高祖受宋公。恭帝元年七月受宋王。二年三月庚午填星犯太微，六月晉帝遜位，高祖入宮。　《荆州占》曰：填星有留太微廷中，皆爲天下大憂。中央留十日以上，皆爲天下有亡徒爲兵者。　《黄帝占》曰：填星干太微，留守三十日以上，必爲有革，天下大赦。　郗萌曰：填星逆行入左掖門，皆爲臣刼其主。又入東門至黄帝座，出西門，皆爲臣欲弑主不成。　陳卓曰：填星逆行執法四輔，若還繞守之，所守者，有憂，若死亡。近期一年，遠期五年。

填星犯黄帝座四十五

石氏曰：填星犯黄帝座，改政易王，天下亂，存亡半，期三年。　石氏曰：填星入太微干黄帝座，其女主執政，用威勢。　《荆州占》曰：填星入黄帝座，其色白者，爲有赦。　又占曰：填星觸黄帝座星，賊死。　《黄帝占》曰：填星守黄帝座，爲人主憂。　《荆州占》曰：填星逆行入太微天廷中者，爲諸侯將有弑主者。至黄帝座而成，不至黄帝座而還，有謀不成。以其入日占國。　《雒書摘亡辟》曰：填星逆守黄帝座，亡君之戒。

填星犯四帝座四十六

石氏曰：填星犯守四帝座，臣謀主。去之一尺，事不成。　又占曰：填星中犯乘守四帝座，辟憂。　甘氏曰：填星中犯乘守四帝座，天下亡。

填星犯屏星四十七

甘氏曰：填星犯守屏星，君臣失禮，謀上。一曰大臣有戮死者。　石氏曰：填星中犯乘守屏星，爲君臣失禮，而輔臣有誅者，若免罷去。

填星犯郎位四十八

甘氏曰：填星犯守郎位，輔臣有謀，左右宿衛者爲亂，王者宜備之。

填星犯郎將四十九

巫咸曰：填星犯守郎將者，命曰凌凌。則將有誅，若將憂。一曰大臣爲亂，戒慎左右。　《荆州占》曰：填星中犯乘守郎將，必有不還之使。

填星犯常陳五十

甘氏曰：填星犯守常陳，守衛有謀，近起宮中，天子自出行誅。期百八十日，遠一年。

填星犯三台五十一

《玉曆》曰：填星入犯上台司命，近臣有罪，若有誅。一曰近臣有逃走者。以五色占，黄白無咎。青黑，憂死喪。期一年。　巫咸曰：填星犯守下台司禄，近臣有罪，若出走。色黑者死。

填星犯相星五十二

石氏曰：填星犯相星，輔臣凶。

填星犯太陽守五十三

甘氏曰：填星守犯太陽守，大臣戮死，若有誅。期不出年。

填星犯天牢五十四

《海中占》曰：填星犯天牢，王者以獄爲弊，貴人多有繫者。

填星犯文昌五十五

石氏曰：填星入文昌，天下兵起，其臣不安，若有走主。　《荆州占》曰：填星入文昌，國安。

填星犯北斗五十六

郗萌曰：填星入守北斗中，貴人繫。

填星犯紫宫五十七

巫咸曰：填星守紫宫，民莫處其室宅，流移亡其鄉。　又占曰：填星入紫宮，王者益地，天下有喜。一曰主敬妃后。　又占曰：填星入紫宮中若守之，女主用事，誅大臣。期六十日有赦。

填星犯北極五十八

《甄曜度》曰：填星乘守中犯北極主星，有大喪。若犯妃后星，女主有殃。一曰大人當之。　《黄帝占》曰：填星犯守鈎陳，後宮亂，兵起宮中倖臣，王

者憂。

填星犯天一五十九

石氏曰：填星犯天一，倖臣有謀，有兵起，人主憂。

填星犯太一六十

石氏曰：填星守太一，倖臣有謀，兵起，人主憂。

唐·瞿曇悉達《開元占經》卷四四　填星犯石氏外官一

填星犯庫樓一

郗萌曰：填星入庫樓，兵出。　又占曰：填星入天庫，以舉兵大吉。

填星犯南門二

石氏曰：填星犯守南門，邊兵起，若道路不通。

填星犯平星三

石氏曰：填星犯平星，凶。　甘氏曰：填星犯平星，執政臣憂，若有罪誅者，期一年。

填星犯騎官四

甘氏曰：填星犯守騎官，有兵起，馬多發，若多死。

填星犯積卒五

石氏曰：填星入積卒，官守之，兵大起，士卒大行，若多死。期二年。

填星犯龜星六

《海中占》曰：填星犯守龜星，天下有水旱之災。守陽則旱，守陰則水。

填星犯傳説七

石氏曰：填星犯守傳説，王者宗廟廢五祀，後宫凶。一曰有絶嗣君，期不出二年。

填星犯魚星八

石氏曰：填星犯守魚星，凶。　甘氏曰：填星守魚星之陽，爲大旱，魚行人道。守陰，爲大水，魚鹽貴。

填星犯杵星九

《海中占》曰：填星入杵星，若守之，天下有急發米之事，不出其年。

填星犯鼈星十

《黄帝占》曰：填星守鼈星，爲有白衣之會。　巫咸曰：填星守鼈星，國有水旱之災，守陽則旱，守陰則水。

填星犯九坎十一

石氏曰：填星守九坎，天下旱，河水不流，五穀不登，人民大飢。一曰之陽，大旱；之陰，有水。

填星犯敗臼十二

郗萌曰：填星守敗臼，民不安其室，憂失其釜甑，若流移去其鄉。

填星犯羽林十三

郗萌曰：填星入羽林，爲叛臣中兵也。　《海中占》曰：填星入守羽林，有兵起。若逆行變色成勾己，天下大兵，關梁不通，不出其年。　石氏曰：填星入天軍，以喪，兵起。　郗萌曰：填星犯守天軍，爲兵起，有破軍死將。

填星犯北落師門十四

石氏曰：填星守北落師門，爲兵起。　又占曰：填星與北落師門相貫抵觸，光芒相及，有兵大戰，破軍殺將，伏尸流血，不可當也。期百八十日，若一年。

填星犯土司空十五

《海中占》曰：填星守土司空，其國以土起兵，若有土功之事，天下旱。

填星犯天倉十六

《黄帝占》曰：填星入天倉户中，主財寶出，君憂臣在内，天下有兵，而倉庫之户俱開，主人勝，客事不成。期二十日中而發。　《荆州占》曰：填星守天倉，天下飢，粟出。

填星犯天囷十七

石氏曰：填星入天囷，天下兵起，囷倉儲積之物皆發用。一曰御物多有出者，庫倉空。期二年。

填星犯天廩十八

石氏曰：填星守天廩，天下大亂。　又占曰：填星入守天廩，天下有兵，歲大飢，倉粟散，不出其年。　又占曰：填星犯守天廩，天下亂，粟散，不出年。

填星犯天苑十九

石氏曰：填星入守天苑，牛羊禽獸多疾疫。若守之二十日，天下兵起，馬多死，其國憂。

填星犯參旗二十

《海中占》曰：填星守參旗，兵大起，弓弩用，士將出行。一曰弓矢貴。

填星犯玉井二十一

《黄帝占》曰：填星入玉井，强國失地。其出之，强國得地。　巫咸曰：填星入玉井，國有水憂，若以水爲敗，水物不成，期不出年。

填星犯屏星二十二

甘氏曰：填星入屏，諸侯有謀，若大臣有戰死者。一爲疫。

填星犯厠星二十三

《黄帝占》曰：填星守天厠，爲大臣有戮。

填星犯軍市二十四

石氏曰：填星入守軍市，兵大起，將軍出，若以飢兵起。

填星犯野雞二十五

甘氏曰：填星入軍市，犯守野雞，其國凶。必有死將，軍營敗，兵士散走。

填星犯狼星二十六

石氏曰：填星守狼星，野獸死。　《荆州占》曰：填星守犯狼星，大將出行，其國有兵。一曰有死將。

填星犯甘氏中官二

填星犯四輔一

《荆州占》曰：填星犯乘守四輔星，君臣失禮，輔臣有誅者。

填星犯酒旗二

《荆州占》曰：填星守酒旗，天下大酺，有酒肉，財物賜，若爵宗室。

填星犯天高三

《荆州占》曰：填星守天高，有大赦。

填星犯天潢四

《黄帝占》曰：填星入天潢，兵起，運道不通。　《黄帝占》曰：填星入天潢，爲天下大亂，易政。一曰貴人死。　巫咸曰：填星出入天潢中，大亂，大旱，民死不葬，改世易主。以所入占四方中央。　郗萌曰：填星失度留潢中，爲人主以水爲害，若以井爲害。以入日占其國。　《黄帝占》曰：填星中犯乘守天潢，期二十日兵起。

填星犯咸池五

甘氏曰：填星入咸池，有兵喪，天子且以火爲敗，失忠臣。若旱。一曰：大水，道不通，貴人死。以入日占國。　郗萌曰：填星入咸池，女子爲亂，若迷惑人主者。

填星犯天街六

郗萌曰：填星當天街，爲諸侯自立爲王。一曰大水。　石氏曰：填星犯天街，徘徊亂行，主弱臣强，道路隔，令不行。不出其年有兵。　又占曰：填星留止若逆行天街中者，皆爲兵革起。

填星犯甘氏外官三

填星犯鈇鑕一

《荆州占》曰：填星犯鈇鑕，五日以上，臣有謀者。　郗萌曰：填星乘守鈇鑕，爲鈇鑕用。一曰將有憂。

填星犯蒭藁二

《黄帝占》曰：填星入蒭藁中，主財寶出，憂臣在内。

填星犯軍井三

郗萌曰：填星入軍井三日以上，其歲大水，國多土功。

填星犯水府四

郗萌曰：填星守水府，天下洪水。

填星犯天廟五

《黄帝占》曰：填星入天廟若守，爲廟有事。一曰爲凶憂。　《荆州占》曰：填星入天廟若守，有廟殘之事。不去則死。

填星犯巫咸中外官四

填星犯土司空一

《荆州占》曰：填星守入土司空，有土徭之事。

填星犯鍵閉二

郗萌曰：填星犯守鍵閉星，大臣有誤天子不尊事天者。天子不宜出宫下殿，有匿兵於宗廟中者。案《宋書・天文志》曰：魏齊王正始九年七月癸丑，填星犯鍵閉。明年車駕謁陵，司馬懿奏誅曹爽等。天子野宿。是其失勢之驗也。

填星犯天淵三

《荆州占》曰：填星守天淵，海水出，江海決溢，若海魚出。

填星犯鈇鑕四

《荆州占》曰：填星犯鈇鑕，誅諸侯。　《黄帝占》曰：填星入鈇鑕，爲大臣誅。　《荆州占》曰：填星犯守鈇鑕，兵起。

填星犯天廐五

《荆州占》曰：填星入天廐十日以上，廐馬有食變。　《黄帝占》曰：填星守天廐，爲有災事。天子以馬爲憂，不即馬疾。

唐・瞿曇悉達《開元占經》卷四五　太白名主一

石氏曰：太白者，大而能白，故曰太白。一曰殷星，一曰大正，一曰營星，一曰明星，一曰觀星，一曰大衣，一曰大威，一曰太皞，一曰終星，一曰大相，一曰大囂，一曰爽星，一曰太皓，一曰序星。上公之神，出東方爲明星。　《荆州占》曰：出東方爲啓明。　郭璞曰：太白晨見東方，爲啓明。　《爾雅》曰：明星謂之啓明。　《詩》曰：東有啓明，西有長庚。　鄭玄曰：既入謂明星，爲長庚。《荆州占》曰：太白出東北爲觀星，出東方若東南爲明星，出西方爲太白也。吴龔《天官星占》曰：太一位在西方，白帝之子，大將之象。一名天相，一名大臣，一名太皓。　石氏曰：太白主秋，主西維，主金，主兵，於日主庚辛。主殺，殺失者罰出太白。太白之失行，是失秋政者也，以其舍命國。　甘氏曰：太白主大將，主秦鄭。　巫咸曰：太白主兵革誅伐，正刑法。　《五行傳》曰：太白者，西方金精也。於五常爲義，舉動得宜；於五事爲言，號令民從。義虧言失，逆秋令，則太白爲變動，爲兵，爲殺。　班固《天文志》曰：逆秋令，傷金氣，罰見太白。　石氏曰：太白司兵喪，奸凶不時禁不祥，或出東方，或出西方。　《荆州占》曰：太白出東方，色黄而明，旱，黄而不明，此常色也。　太白出西方，其高而色正白旱，若色青白，此其正色也。　即變其常，以五色占。

太白行度二

《洪範傳》曰：太白以上元甲子歲十一月甲子朔旦冬至夜半甲子時，與日月五星俱起於牛前五度，順行二十八宿，右遊一歲而周天。案曆法，太白一終凡五百八十三日一千三百四十分日之一千二百二十九奇，九星行過一周天二百一十八度一千二百一十九奇，是二百六十七年而百六十七終也，星平行日行一度一周天也。　石氏曰：太白出東方，高三舍，命曰明星，柔；上又高三舍，命曰大囂，剛。其出東方也，行星九舍，爲百二十日而反。反又百二十日，行星九舍入。又伏行百二十三日，行星十二舍。昏出西方也，高三舍，命曰太白，柔；上又三舍，命曰大囂，剛。其出西方也，行星九舍，爲百二十三日而反。反又百二十日，行星九舍而入。入又伏行星二舍，爲日十五日。晨東方出營室入角，出角入畢，出畢入箕，出箕入柳，出柳入營室。其出西方也，出營室入角，盡如出東方之數。　甘氏曰：太白以攝提格之歲正月與營室晨出於東方亢氐，出東方爲日八歲二百二十二日，而復與營室晨出於東方。太白之居左也，其恒二百三十日，其遲也二百四十日，其居右也順行二百四十日，其速二百三十日，從左過右也，其又百三十日，其速九十日，而見從右過左也，其又三十日，其速十日，而見從右適左，其又三十日，其速十日而見。　《荆州占》曰：太白凡見東方二百三十日，而伏不見四十六日，名少罰。太白與歲星爲雄雌，出於東方西方。高三舍爲太白，柔，又高三舍爲太白，剛，用兵象也。剛則入地深吉淺凶，柔則入地淺吉深凶。　石氏曰：太白出百二十日乃極，乃極退也。未滿此日便至極疾也。東方以辰巳爲極，西方以申未爲極。　太白出以辰戌，入以丑未，出入必以風。太白當期而出，其國昌。《荆州占》曰：太白出入如度，天下昌。　石氏曰：太白出則出兵，入則入兵，戰則有勝。用兵象太白吉，反之凶。　《荆州占》曰：太白已入而未出，先起兵者國破亡，禍及一世。　石氏曰：太白，兵象也，行疾用兵疾吉，遲凶，行遲用兵遲吉，疾凶。　太白行疾，前用兵者善。行遲，後用兵者善。太白所居久，其鄉利，所居易，其鄉凶。　太白出高，用兵深吉淺凶，出卑，淺吉深凶。　《荆州占》曰：太白之出西方也，在西南則爲楚，在西北則爲秦、齊、燕。　石氏曰：太白出西方出酉秦勝楚，出申楚勝秦。　《荆州占》曰：太白出入西方，其國伐，宋勝韓，韓勝趙，趙勝魏。　石氏曰：太白伏外，有軍則罷，將起兵則止，國勿攻戰。太白進退，主候兵。　《荆州占》曰：太白所抵之國凶。　石氏曰：太白不見，不宜出軍。若有客來挑，軍可應。先動破軍殺將，必有積尸。　太白出所直之辰，從其色而角勝，其色害者敗。　太白所直之辰，其直之者國爲得位，得位者戰勝。　太白出東方也爲德，舉事左之近之吉，右之背之凶。　太白出西方也爲刑，舉事右之背之吉，左之近之凶。　太白入東方未出西方，其六十五日爲陽，其六十五日爲陰，以此時出兵，雖勝有殃，得地必復歸之。陽爲中國，陰爲負海國。　巫咸曰：太白受制，則脩城郭，繕藩垣，審羣禁，節兵甲，敬百官，誅不法。　太白入西方未出東方，其十五日爲陽，其十五日爲陰，名曰行天命，以此時出兵，其國亡。　《荆州占》曰：太白出西方，常出申酉之間，失行而北走，是謂反坐，有破軍有屠城在北方。　《天官書》曰：太白出卯南，南方勝北方；出卯北，北方勝南方；正在卯，東國勝。　出西北，北方勝南方；出西南，南方勝北方；正在西，西國勝。　《荆州占》曰：太白遠日爲兵深，其將强；近日爲兵淺，其將弱。　太白伏也，出兵有殃。　《魏武帝兵法》曰：太白已出高，賊深入人境，可擊，必勝；去勿追，雖見其利，必有後害。　《荆州占》曰：太白以仲冬出

東方，若西方，以伐利。　太白始出東南維，在日月之陽，陽國之將傷，在其陰利；始出東北維，在日月之陰，陰國凶，在陽吉。　出西南維，在日月之陽，陽國凶，在其陰吉。　出西北維，在日月之陰，陰國之將傷，在其陽利。　又曰：出日北維，匈奴有兵相攻。　《荆州占》曰：太白出西方，上行不至未而反，陰國强，陽國敗，戰不勝。　太白出見西方，上至未，將横行，大强備四方。　又曰：出西方上至未，有覇，一曰陰國覇。　太白出西方，上不得過申至之地，大臣有憂，一曰將奪君位。　南至未丁之地，大將有憂，羣臣獄，人主治獄。　太白始出東方，西方之國不可以舉兵。　始出西方，東方之國不可以舉兵。　破軍殺將，其國大破敗。　辰星不出，太白獨出，東方有德令。　獨出西方，正在酉，西方兵起不戰。　獨出戌，敵兵起不戰。　太白入東方，未出西方，西方北方以舉兵，身死國亡。　太白入西方，未出東方，東方南方以舉兵，雖勝得地，復歸之，主不血食，殃及三世，將死。　凡出軍在外，必視太白。　太白西，與之西；東，與之東；短，與之短；長，與之長；陰，與之陰；陽，與之陽；翕，與之翕；張，與之張。　善馭其道以戰，大勝。　當前戰者，軍破將死。　太白在陽，陽國利，其以陽時出於陽，重利，在行不失，中國勝。　太白在陰，陰國利，其以陰時出於陰，重利。

太白王相休囚死三

《荆州占》曰：太白之相也，從季夏至夏盡，及四季王時，其色黄白，精明無芒。　太白之王也，從立秋至秋之盡，其色比狼星而光明，仲秋之時有芒角。　太白之囚也，從立春以至春之盡，其色青黄而無光明。　太白之休也，從立冬以至冬之盡，其色不精明而無光。　太白之死也，從立夏以至夏之盡，其色赤黑，細小而不明。　甘氏曰：當其相也而有王色，主弱將强；有休色，將不兵；有囚色，將誅不成；有死色，將誅傷。所留之舍，其國兵；其進舍也，是趣兵；其退舍也，兵出不成。　當其王也而有相色，主弱將權勢縱横天下，有謀專行君事；有囚色，所囚者有罷徒之令；有死色，大將死，不葬所留之舍，其國兵起；其進舍也，其下之國兵歸之；其退舍也，兵弱不用。　當其休也而有王色，野多賊兵；有相色，野多兵入，人民亂未央；有囚色，攻牢墓，囚人勢横；有死色，從軍死，不葬其所守之舍，有逐將死王；其進舍也，武吏縱横，文吏爲虎狼，天下大赦。　當其囚也而有王色，大將反成；有相色，下犯其上；有休色，野多暴兵，盜賊並起；有死色，妖言多不祥，所留之舍不可舉事用兵；其進舍也，歲多雹霜，萬物不成；其退舍也，秋冬無霜雪。　當其死也而有王色，流水湯湯；有相色，野火煌煌；有休色，金幣不行；有囚色，國多虎狼；其留守也，野獸食人；其進舍也，白刃鏘鏘；其退舍也，兵不成行。

太白光色芒角四

《荆州占》曰：秋三月，太白出西方，色當白而不白，逆行，必有金石之妖。且見隕星墜爲石，石之所下寇至，其野凶，山崩地裂，出水，無火而金自燔，天雨血，高臺自壓。見此二者，國有大喪，及爲祠禱，收西海之神命，及爲役命，兵令勤事，試車馬，警邊境，脩邊地。　甘氏曰：候太白以秋庚辛，此王，氣色當如其常，色變則失所也。　石氏曰：太白赤比心，黄比參，右肩蒼比參，左肩黑比天豕之右目。　《荆州占》曰：太白赤比心，白比狼星、織女星，黄比左角。　班固《天文志》曰：黄比參左肩，青比參右肩，黑比右角。　《天官書》曰：黑奎，大星也，此太白之常色也。　一書云青比左角也。　石氏曰：太白色猛赤，次白而蒼，若悴而不光，是謂失色，雖得地位，擊之必克。　其大而圓，黄而澤，可以爲好事。其圓大怒而赤，天下兵降而不戰。　太白色白圓明潤，吉；黄圓，和；黑圓，憂；青圓，小憂。　《荆州占》曰：太白青圓爲水。　巫咸曰：太白赤，東西南北行，非常色，此有謀國兵起。　太白失色，國失兵將亡。　太白光明見影，歲熟戰勝。　《海中占》曰：太白光明見影，戰當太白者，將軍增爵，主增壽。　郗萌曰：太白當效而出，色黄爲土中央，利有土功事，有軍。　一曰有德令，其國利。　太白光如張蓋，所在之國有立王。　揚光見影，歲大熟。　太白色圓而悴，期不出六十日有大畏。　太白色黄黑，軍在外者罷，有謀者以雨厭之。　《荆州占》曰：太白始出色黄，其國吉；赤，有兵而不傷其國；色白，歲熟；色黑，有水。　太白始生，未可擊；色隆，未可擊；色衰，未可擊；色死，急擊勿置，不急擊，客將爲主人。　太白其狀炎然而上，則有兵大起；下則有天狗，所下其野流血；出無時則易其政。　太白色正蒼，有兵；青有憂。　太白色蒼黑，期六十日有水，若喪。　黑多爲水，蒼黑等水兵並起。　太白蒼白而静，天下厭兵。　太白色蒼白，期不出六十日中有喪若憂。　太白始出色白，其國歲熟。　又曰秦利。　太白色黑芒澤，有子孫喜立王。　太白色赤白而潤，有喜。　太白始出色黄，其國吉；黄白和同；色赤，來年有兵戰勝。　又曰楚利。　又曰：始出色赤而淳，得地。　巫咸曰：太白色黑，秋水尚可，春破師。　《海中占》曰：太白色赤淳，得食；白淳，有喜；蒼憂；蒼黑爲死。　《荆州占》曰：太白色白而無角，將不勝。　巫咸曰：太白色黄有角，其國疫。　又色白旱。　《荆州占》曰：太白色黑，燕利。

《甘氏占》曰：太白色白，五芒出，早爲月食，晚爲彗星及天矢，將發於無道之國。郗萌曰：太白常形，行則垂芒，上鋭下大，色如常止。《荆州》曰：太白蒼芒，有喪憂。　甘氏曰：太白獨行，赤則武也，可以戰；白而芒則文也，不可以戰。若行疾者，武也；不行者，文也。　《海中占》曰：太白十二芒鉤，不可以戰。京氏曰：尚書微則太白垂芒。　《荆州》曰：太白見一芒，兵起不用；見二芒，戰攻；見三芒，天下皆兵起；見四芒，諸侯死境；見五芒，天下更制王國。一曰立邦。　太白十芒皆鈎，不戰而受地。　太白所在之鄉，視芒而日增長，如行過維，此大人之氣也，不可不備。　石氏曰：太白青角，有木事，黑角有水事，白角有喪，赤角有戰。　石氏曰：太白赤角，用兵敢戰，吉，不敢戰，凶。　順角所指擊之吉，逆之凶。　《荆州占》曰：太白大王，光有角，將暴虐爲民賤，所往者民苦之，所去者民不治。　巫咸曰：太白赤而有角，將勝，赤而無角，將不勝。　《荆州占》曰：太白四角者赦。　《海中占》曰：太白有五角，立將帥，六角有取國地，七角伐王。　《荆州》曰：太白過宿有角長，取地長，角短，取地短。　太白過宿有角外指，其國得地，內指其國失地，期一年。　太白居實，有德；居虛，無德。行勝也，晉灼曰：太白行得度，勝有色也。　色勝位，有位勝無位，有色勝無色，行得盡勝之。晉灼曰：行應天度，雖有色得位，行盡勝之。行重而色位輕。《星經》得字作德。出於辰之南，鄭得位。行不失，勝；行失，敗。色黃而赤，大而角，勝；蒼，小，敗。出於辰卯間，宋得位。行不失，勝；行失，敗。色黃而赤，大而角，勝；黑，小，敗。出於寅卯間，衛得位。行不失，勝；行失，敗。色黃大而角，勝；蒼，小，敗。出於寅之北，趙得位。行不失，勝；行失，敗。色黃而華，大而角，勝；蒼，不，敗。出于午未間，吴越得位。行不失，勝；行失，敗。色蒼廉赤，大而角，勝；黃，小，不勝，廉亦敗。出於申之南，楚得位。行不失，勝；行失，敗。色赤，大而角，勝；赤，小，敗。出於申酉間，漢得位。行不失，勝；行失，敗。色大而角，勝；赤，小，敗。出於酉戌間，齊得位。行不失，勝；行失，敗。色蒼，大而角，勝；白，小，敗。出於戌之北，燕得位。行不失，勝；行失，敗。色黑，大而角，勝；黃，小，敗。　班固《天文志》曰：太白所直之辰，其國爲得位。得位者戰勝。所有之辰順，其色白，角者勝，其色害者敗。晉灼曰：鄭色黃而赤蒼，小，敗。宋色黃而赤黑，小，敗。楚色赤黑，小，敗。燕色黑黃，小，敗。皆大角勝。　《荆州占》曰：太白之色赤也，將者勝；其白，無角，不勝。　其剛也，破軍殺將；其柔也，勝不殺將。　太白赤而角者，武也，戰，不戰凶。　太白之色赤澤而有角，命曰大旗，旗長取地長，旗短取地短。　《文曜鈎》曰：太白青角，棺槨貴。　《荆州占》曰：太白黃而角，有土功。　色白而角，文，不可以戰。一曰：哭泣之聲。　色黑而角，大水，有兵在外戰吉，不戰凶。　《元命包》曰：太白高下進退應兵，名舒疾。　左右角曜，兵官驚，慎武將，斥武臣。

唐·瞿曇悉達《開元占經》卷四六　太白盈縮失行一

石氏曰：日方南，太白居其南，日方北，太白居其北，曰盈，侯王不寧，用兵進吉退凶。日方南，太白居其北，日方北，太白居其南，曰縮，侯王憂，用兵退吉進凶，遲吉疾凶。日方南謂夏至後也，日方北謂冬至後也。　《元命包》曰：太白嬴則將相謀，太白縮則后族患，圓而不行，我侍爲君。　《荆州占》曰：太白出於巳，殺大將；出於未，陽國傷。　《春秋緯文耀鈎》曰：太白躍沉浮，主代提，天下更紀，世有名師。宋均曰：主德不一，則攝提代移更紀，授有令名、能爲天下師表者也。　《荆州占》曰：太白見東方，上至巳，皆更政，出西方，順行過巳，不及午，有霸國；及午，陰國令天下。案：班固《天文志》曰：三年秋，太白出西方，有光幾中，乍北乍南，過期乃入。是時項羽爲楚王，而漢已定三秦，與相距滎陽。幾中，是秦地戰將勝，而漢國將興也。晉灼注曰：幾中，近踰未地也。　郗萌曰：太白出戌入未，是謂犯地，行刑絶天維，國大小暴兵，將多傷。　《荆州占》曰：太白行小失道，其將爲奸；行大失道，其將爲大奸，其國將坐之。逆行尤甚。　石氏曰：其國失殺秋政，則太白失行。　巫咸曰：太白出西方失道，有過八月不盡，九月至一日，期三月。　又占曰：太白失行而南，是謂金入火，有兵兵罷，不出三年，國有男喪，若有兵。《魏武帝兵法》曰：不有破軍，必有屠城，北國當之。　《荆州占》曰：太白失行而北，金入水，災大兵起。案《宋書·天文志》曰：晉惠帝光熙元年四月，太白失行，自翼入尾箕。占曰：太白失行而北，是謂反生，不有破軍，必有屠城。五月汲桑攻鄴，魏郡太守馬嵩出戰，大敗，桑遂害。東燕王騰殺萬餘人，焚燒魏時宫室皆盡也。　《荆州占》曰：太白出至其國之日而獨不見，其兵弱，若有此，可擊，必能得其將。　《荆州占》曰：太白出東方，失行而北，中國敗；失行而南，倍海國敗。　石氏曰：太白出西方失行，倍海之國敗。《天文志》曰：夷狄敗，其出東方失行，中國敗。　《荆州占》曰：太白有不見三日，有亡國敗師。　又占曰：太白一南一北，九侯皆伏。　又占曰：太白一東一西，害於侯王。謂有免侯王也。　又占曰：太白在東方，以始出爲位，在月南爲得行，在月北爲失行，不有破軍，必有屠城。　與月相過失行，月不盡一日，二月二日，三月三日，四月四日，五月五日，六月六日，七月七日，八月八

日，九月九日而兵起。　《荊州占》曰：太白出西方，下行一舍如下，北兵將當有戮者。　郗萌曰：太白出東方，若西方過營室，强國君有興者；不及營室而反，還入，强國有敗者。　《海中占》曰：主好聽讒，廢直大臣，女子爲政，刑法誅殺不以道理，則太白逆行，天鳴地坼，歲多暴風大水，庶民負子而逃，孕多死，麥豆不收。　劉向《洪範》曰：好戰功，輕百姓，飾城郭，侵邊境，是謂不艾，厥極憂，時生蝨，則太白變色逆行。　郗萌曰：太白逆行變色，簡宗廟，廢禱祀，去祭祀，逆天行。　《荊州占》曰：太白逆行失常，有兵革。　又占曰：王者失於秋政，則太白逆行，變色揚芒，與他星舍鬬，環繞犯乘，變爲妖星彗掃，其害庭國破主死，天下皆兵。王者修德赦罪，存孤恤寡，薄賦省徭，可省無咎。　《荊州占》曰：太白始出逆行，不可以逆戰，大凶，敗亡。　《荊州占》曰：太白出東方，逆行，不至巳而返，陽國强，陰國敗，戰不勝。一曰陽國有興者。　《荊州占》曰：太白東方逆行，過巳不至午，有霸國；及午，陽國令天下。一曰陽國霸。　石氏曰：太白出西方，逆行至四正，西方之國吉；出東方逆行至四正，東方之國吉。《文曜鈎》曰：太白當出不出，陰匿留，主沉湎，大臣有謀。　石氏曰：太白當出不出，當入不入，是謂失舍，不有破軍，必有死王亡國。案《天官書》曰：必有國君之墓。又《宋書・天文志》曰：晉武帝咸寧四年九月，太白當見不見，是時羊祜表請伐吴，上許之。五年十一月兵出，太白始夕見西方。太康元年三月，大破吴軍，孫皓面縛請死，吴國遂亡，應之。　《荊州占》曰：太白未當入而入，天下聚糧。　石氏曰：太白當出而不出，當入而不入，天下偃兵，兵在外而入。《荊州》曰：有軍則罷。　《文曜鈎》曰：太白不當出而出，主躁臣熾，軍破主死，兵馬滋。　《荊州占》曰：太白當出而出，外有急兵。出南方南方急，出北方北方急。　石氏曰：太白出東方，爲東方，入爲北方；出西方，爲西方，入爲南方。又曰：所居久，其國利。　《荊州占》曰：居宿如度，其鄉利；易，其鄉凶。蘇林注《漢書・天文志》曰：疾，過也。一説易鄉而出入。晉灼曰：上言易而出，易言疾過，是。　甘氏曰：太白政緩則不出，急則不入，逆則凶。　又占曰：太白未及其時而出，不及其時而入，天下舉兵，所當國亡。以時出而不出，時未入而入，天下偃兵，野有兵者，所當之國大凶。　巫咸曰：太白可出不出，國且有謀；可入不入，國有置兵；當入不入，過二十日天下有兵事。　又占曰：太白可入不入，國且置侯；未可入而入，野有寇。　又占曰：太白出西方，黄昏而出，陰國之兵强。　《天官書》曰：太白暮食而出，小弱；夜半而出，中弱；雞鳴而出，大弱，是陰陷於陽。　巫咸曰：太白在東方，平旦而出東方，南方以舉兵，天下不能當；平明而出東方，陽國之兵强；雞鳴而出，其國大弱；黄昏而出，中弱，是謂陽陷於陰。　石氏曰：太白未當出而出，當入而不入，天下起兵，有破國。　巫咸曰：太白未當出東方而出東方，色黄白，名曰重華。吏民讙譁，事擾不治，民不得耕織，或騷動不得食。使之無然，聽訟得其理則止。非重華色而重華，人民作，爲不祥。　巫咸曰：太白未可下而下東方，色黄而不明，名曰少歲。少歲亂行，人民驚惶於野，若牧牛羊。使之不然，斷執死罪以下釋之，如此則止。非少歲色而少歲，其歲飢，百鬼不享。　巫咸曰：太白未可出西方而出西方，色白者，名曰太白。有聚卒。使之不然，止工作，無聚衆，縱市三旬，以當有卒聚，如此則止。非太白，色而太白，有兵。　巫咸曰：太白未可出而出，國且有謀，過二十日，天下有兵事。　巫咸曰：太白未可下而下西方，色青白，名曰白肖。白肖亂行，且有甲兵搶攘，民惶惶，徭役以行，百神不享。使之無然，死人於市者勿葬，吏民三月帶劒佩刀操兵以當有兵，如此則止。非白肖色而白肖，有喪。　《海中占》曰：太白出，不上不下，留桑榆門，晉灼曰：行遲而下也。病其下國。巫咸曰：兵其下國。　班固《天文志》曰：太白上而疾，未盡期日，過參天晉灼曰：參天者，三分天過其一，此戌酉之間也。病其對國。　《荊州占》曰：太白出王羸，百六十日而上過參天，主尊令行，民治，無盜賊，少徭賦。　《荊州占》曰：太白出上，百六十日不能參天，主卑令不行，民亂，多盜賊，倍徭賦。　又占曰：太白未滿日參天，其國亡。　又占曰：太白以其時出陽，四十日不動，先起兵者不利。　甘氏曰：邦將亂謀，太白往守之。《荊州占》曰：太白夕出西方，其旦昏當午，道無行人，其下之國兵起不利，期六月。　《荊州占》曰：太白夕出西方，其昏正月而還，有失地之君，期九十日。石氏曰：太白已出三日而復微入，三日乃復盛出，是謂懦而伏，其下之國有軍，其衆敗，其將死。　石氏曰：太白入三日而復微出，三日乃復盛入，其下國有憂，其師有糧遺人食，有兵革遺人用之，士卒雖衆，將軍爲人所虜。班固《天文志》云：其下之國憂師，師雖衆，敵人食其糧，用其兵，虜其帥。　《文曜鈎》曰：太白已入三日復出，師憂將慮，主大遇。宋均曰：大遇如衛卜追敵師，有夫出征而喪其雄，遇獲敵將也。遇或爲愚。　《荊州占》曰：太白已出三日而復入，《天文志》曰：復，微也。入三日而復出，《天文志》曰：復，盛也。是謂逆伏，其下之國有敗軍死將，不出其年。今日入明日出，其君死之。　《荊州占》曰：太白出西方，三日而反入，其將軍虜。石氏曰：太白入七日復出，相死；入十日復出，將軍戰死；入又復出，人君死。

《荆州占》曰：太白不滿其日數入，入而復出，入一日十日而兵死，入五日五十日而兵死，入十日百日而兵死。當其日以命其國。《荆州占》曰：太白已出，高二三丈，乍入乍見，如此三日四日，不過五日，必有大戰。《兵勢要秘術》曰：太白出三日而復入，入三日乃出，其國有軍敗，所謂出國。若是己國戒勿動，有挑戰勿應之，雖戒勿動，密嚴可也。軍出乃爲動耳。《文曜鈎》曰：陰卑俯，軍相圖，先戰敗，將見誅。又曰：上復下，下復上，將反，天下駭擾。《荆州占》曰：太白不出一年，强國之君當之；不出二年，强國之君死之。

太白經天晝見三

石氏曰：太白不經天，若經天，天下革政，民更主，是謂亂紀，人民流亡。孟康曰：謂出東入西，出西入東也。太白陰星，出東當伏東，出西當伏西，過午爲經天。晉灼曰：陽也，日出則星亡，晝上午上爲經天也。石氏曰：太白經天見午上，秦國王，天下大亂。《荆州占》曰：太白晝見於午，名曰經天，是謂亂紀，天下亂，改政易王，人民流亡，棄其子，去其鄉里。案：《宋書·天文志》曰：宋後廢帝元徽五年五月戊申，太白晝見午上，光明異常。宋順帝昇明元年九月丁亥，太白在翼晝見經天。占曰更姓。後一年，齊受禪之驗。《荆州占》曰：太白夕見過午，亦曰經天，有連頭斬死人，陰國兵强，王天下，女主用事，陽國不利。《春秋元命包》曰：殺失則攻戰刑，故太白逆經天，屠君父，外夷征。京房《對災異》曰：人君薄恩無義，懦弱不勝任，則太白失度經天，則變不救，則四邊大動，蠻貊侵也。《春秋文曜鈎》曰：太白經天，主失樞。《春秋緯》曰：彗守角，太白經天，金精之國虚，謀殺作兵。《春秋漢含孳》曰：陽弱臣逆，則太白經天。陽弱，君宗弱，不堪爲主也。《孝經鈎命訣》曰：天子失兵，則太白經天。《雒書雒罪級》曰：太白經天，不日桀侯代政。巫咸曰：太白晝見而經天争明，而兵起，天下驚，强國弱，女主有名。《天官書》曰：太白晝見經天，强國弱，弱國强，女主昌也。巫咸曰：太白當户，期百八十日蚩尤出，兵且起，大將在野。巫咸曰：太白上中天，下有一主之命。又占曰：太白不當中而中，孟月見之，侯王當之；仲月見之，大將軍當之；季月見之，小民當之。又占曰：太白不當過中，是謂絶綱，四國兵起。《春秋緯運斗樞》曰：太白赤芒，世有過，爲大臣三公所乘，則太白經天，有此類，則亡引也。《荆州占》曰：太白經天，海内悲泣，九州摇動，奮兵負糧。《春秋緯考異郵》曰：陪臣行毒，諸謁向尊，則太白經天，主命凶。《荆州占》曰：太白再經天，一入中宫，天下更王，國破主絶，期不出三年。案班固《天文志》曰：秦二世即位，太白再經天，因以張楚並興，兵相跆藉，秦遂以亡。蘇林曰：跆音臺，登躡也，或作蹈。《荆州占》曰：太白晨出東方，過食時而明，有兵，期四十日。若至日中而明，兵起將行，期三月。《荆州占》曰：太白晨出東方，而中乃明，亡地之君在東方，若東北方，期六十日。又占曰：太白見東方，上至午，將奪君。又曰：陽國王當位者受之。又占曰：太白見東方，至丙巳之間，小將死；過午有起霸者。《荆州占》曰：太白出高，至巳午之間，士卒勞，有不利軍者，難以得功也。又占曰：太白出西方，上至未，陰國有霸者；若過未及午，陰國王令天下。一曰至午者，陰國王者當其位者受之。陳卓曰：太白從西方若東方上至午，皆爲有兵。《荆州占》曰：太白上至午未間，天下易王，陽國兵强，當其位者受之。又占曰：太白始出辰巳間，爲荆楚，正巳，殺大將；出午，天下有亡國；出午未間，天下亡，王者昌。《荆州占》曰：太白晝見，與日争光，是謂經天，大亂十年，人民流亡，去其鄉，女主昌，執政。近日，國必有喪；日中而見，事必然。司馬彪《天文志》曰：太白晝見經天，爲兵喪，在大人。案檀道鸞《晉陽秋》曰：孝武太元三年九月，太白晝見在角。五年九月癸未，皇后王氏崩。十二年六月癸卯，太白晝見經天在柳。十月庚午，太白晝見在斗。十三年正月，内左將軍康樂公謝玄薨。十四年妖賊鄧黎稱號於皇丘，劉牢之滅之。甘氏曰：太白晝見，天子有喪，天下更王大亂，是謂經天，有亡國，百姓皆流亡。案司馬彪《天文志》曰：孝安永初元年六月辛丑，太白晝見經天，延光元年三月癸巳，鄧太后崩。孝順永和五年四月戊午，太白晝見，其六年，大將軍梁商薨，九江丹陽賊周生、馬勉等起兵，攻没郡縣，梁氏又專權於漢廷中。孝順漢安二年正月己亥，太白晝見，七月甲申，太白晝見，明年順帝崩，孝冲即位，明年正月又崩。韋昭《洞紀》曰：桓帝元嘉元年二月，太白晝見，永興元年二月，太白晝見，其年夏月，河水温漂殺人，百姓飢窮，流移道路數十萬户。《宋書·天文志》曰：魏黄初四年六月甲申，太白晝見，五年十月乙卯，太白又晝見，時孫權受魏爵號，而稱兵拒守。七年五月，文帝崩。八月，吴圍江夏，寇襄陽，魏江夏太守文聘固守得全，將軍司馬懿救襄陽，斬吴將張霸。晉惠永康元年三月，太白晝見，占曰爲不臣。晉孝武太元七年十一月，太白晝見在斗中，八年四月甲子，太白又晝見在參，九年六月，皇太后褚氏崩也。《荆州占》曰：太白晝見，名曰昭明，强國弱，弱國霸，兵大起，期不出年。案《宋書·天文志》曰：晉孝武太元七年十一月，太白晝見在斗。八年四月甲子，太白又晝見在參。是月桓冲征沔，漢楊亮伐蜀，並拔城略地。八月，苻堅自將兵，號百萬。九月攻没壽陽。十月，劉牢之破堅將梁成，斬之，殺獲萬餘人，謝玄等又破堅於肥水，斬其弟融，堅大衆奔潰。九年八月，謝玄出屯彭城，經略中州。十年八月，苻堅爲其將姚萇所殺。十一年二月戊申，太白又晝見在東井。十二年，慕容垂寇東阿，翟遼寇

河上，姚萇假號安定，苻登自立隴上，呂光竊據涼。十二年十月庚午，太白晝見又在斗，自是慕容垂、翟遼、姚萇、苻登、慕容永並阻兵爭强。十四年正月，彭城妖賊又稱號於皇丘，劉牢之攻破滅之。三月，張道破合鄉，圍太山，向欽之擊走之。是年翟遼又攻滎陽，侵略陳項。于時政事多弊，治道陵遲也。　巫咸曰：太白晝見，是謂陰明，來年强國有喪。宋孝武太元二十年七月，太白晝見在太微，二十一年三月，太白連晝見在羽林，二十一年七月，武帝崩。司馬彪《天文志》曰：太白晝見，爲强臣爭。《宋書·天文志》曰：魏明帝青龍三年十月壬申，太白晝見在尾，歷二百餘日恒見；占曰：尾爲燕，燕臣强，有兵。四年三月己巳，太白與月俱在丙，晝見，積二百八十餘日。是時公孫淵自立爲燕王，署置百官，發兵距司馬懿，討滅之。韋昭《洞記》曰：漢安帝永初二年正月，太白晝見，漢陵河陽失，殺三千五百七十人。五月旱。三年，京師人相食。司馬彪《天文志》曰：孝順永和三年三月壬子，太白晝見，六月丙午，太白晝見，八月乙卯，太白晝見，閏月乙卯，太白晝見。太白將軍之官，又爲西州，晝見陰盛，與君爭明。此時將軍梁商父子乘勢，故太白常晝見。

太白變異大小傍有小星四

巫咸曰：太白下爲壯，公止於山林。案《風俗通》云：東方朔者，太白星精，黃帝時爲風后，堯時爲務成子，周時爲老聃，在越爲范蠡，在齊爲鴟夷，言其神聖，能興王覇之業，變化無常。《列仙傳》及《漢武故事》並云朔是歲星精。應劭云是太白精。　《荆州占》曰：太白赤圓大而光，期不出九十日大兵起。　石氏曰：太白圓大怒而赤，天下有兵，盛而不戰。　巫咸曰：太白出而大，兵革將興，旌旗相望，兩敵相當，大將行。　甘氏曰：太白獨行，赤，則十五日戰，從芒之所指而擊者勝。　《荆州占》曰：太白大而芒角，色青白若芙蓉，置竿有影，歲大熟，主壽，將益禄，以戰勝，守固。　《荆州占》曰：太白當效而出，色白，西方利。　《荆州占》曰：太白當效而出，色黑，北方利。　又占曰：太白當效而出，色赤，爲兵不足傷，南方利。　《荆州占》曰：太白色白，又曰白甚，春有喪。　又占曰：太白始出，赤而大，其年有兵。　又占曰：太白色赤，有憂。　又曰：其色赤，國失兵將死。　甘氏曰：太白始出大而後小，其國兵弱；始出小而後大，其國兵强。　《荆州占》曰：太白出小而後大，大兵起，東方爲陽國，西方爲陰國。　又曰：始出微細不明，後大而光者，戰，兵初弱後勝。　《荆州占》曰：太白始出大而後小，出東方爲陽國，出西方爲陰國。　又曰：始出大而生光，後小不明，戰，兵初勝後亡。　巫咸曰：太白出小，有城其將不能守，有兵而不戰。　又占曰：太白微小不明，天下盜賊多。不明亮者，所居之國尤甚。　《荆州占》曰：太白小，色黑角短，歲熟。一曰飢旱，主卑將軍辱，戰不勝。　石氏曰：太白小，以角動兵起。　郗萌曰：太白小以角動，不出三年，中央兵起。　巫咸曰：太白出西方，小而圓，《荆州占》曰：或小而高。敢戰吉，不敢戰凶。西方北方以舉兵，天下不能當。黃昏出，陰國之兵强。　巫咸曰：太白傍有小星數寸若尺，期八日，邊城有功。　《荆州占》曰：太白色赤小以動，天下出兵，大將失地以歸之，兵起。　巫咸曰：太白夕出西方，以八月四日候之，傍有小星附之，若去之尺餘至二尺，客軍大敗，有死將軍在外。傍有小星去之尺，軍罷。

太白流動與列星鬬五

郗萌曰：太白流，國有兵，將死。　石氏曰：太白動搖，進退左右，用兵吉，静凶；太白圍以静，用兵静吉躁凶。　《荆州占》曰：太白大而角，搖居不安，東西南北乍上乍下，如欲驚者，其年有喪，大小必至。　郗萌曰：太白與宿星鬬，不出一年，有失國之君，將失位。　《荆州》曰：太白與列星鬬，兵弱，爲客者利。

太白穰氣暈彗六

《黃帝占》曰：太白生爲氣而白穰，明日大風發屋折木，道上無灰，不出五日粟大貴五倍，不出年中有兵，歲多大霧，傷五穀，婦人多災，傷其子者，不過十月而止。　《黃帝占》曰：太白生穰氣，長三丈若六丈，大風雨，兵起，所指處天下民主俱驚。丈或作尺。　《孝經右祕》曰：太白垂冠，天下亂，臣下叛。　甘氏曰：太白之爲雲，如林如杖如杵，皆兵喪，俱起，期二月。　巫咸曰：太白白暈，天下赦，有喪有喜，不出二十日，且失國失兵。　郗萌曰：太白出彗西南維，中國民受兵亡地，不出二年。　石氏曰：太白出箒西北維，胡狄受兵，不出一年亡地。

石氏曰：太白出箒西南維，候中國民爲多受兵亡地，不過一年。

唐·瞿曇悉達《開元占經》卷四七　太白犯東方七宿

太白犯角宿一

《黃帝占》曰：太白犯左角，大戰不勝，將軍死。　《海中占》曰：太白犯右角，將軍有憂，若兵起。一曰有旱災。　石氏曰：太白入左角，天子憂，諸侯用事。

太白逆行左角間，有刺客，天子明慎之。　《黃帝占》曰：太白乘左角，羣臣有謀不成，其以家坐罪。案《宋書·天文志》曰：魏嘉平五年六月戊午，太白犯角。正元元年，李豐等謀亂，悉誅之。　郗萌曰：太白乘左角，爲水、兵。　石氏曰：太白乘左角，天子遊獵，冬吉。　太白俠左角，大臣退，國亡。　郗萌曰：太白犯守

角，道路不通。《黃帝占》曰：太白守右角，五穀不成，歲大水。　石氏曰：守左角上，臣陵其主；守左角下，奴婢大賤。　太白守左角上一尺，邊境不寧，二尺憂，百姓亡其俗。一曰七寸國危亡也。　太白守左角下芒成，民不民，主不主。　太白守左角芒不成，兵不用；芒成，所向無前。　太白守左角去復還，臣欲爲亂。　太白守左角，爲填星所干，國有忠將。又曰：太白守左角，爲歲星所干，福德。又曰：太白守左角，爲辰星所干，龍下淵池。又曰：太白守左角，爲天狗所干，六畜蕃息。　石氏曰：太白守左角，爲枉矢所干，四夷有弓矢事。石氏曰：太白守左角，爲孛星所干，皇后有子。又曰：太白守左角，爲彗星所干，皇后有知臣心。又曰：太白守左角，爲流星所干，國少好妻。又曰：太白守左角，爲鈎陳所干，大厨賜食。皆謂太白守左角也。　太白守右角一尺十六日，太子驕溢。　太白守右角，鄭多佞臣，國君親小人。　巫咸曰：太白守角，國都圍。一曰大人自將兵於野，民多疾疫。　《海中占》曰：太白守左角右角，其色黃白，小旱，民小厲。其逆行即旱，其還立雨，糴如故。　郗萌曰：太白守角三十日，大赦。《海中占》曰：太白守角，爲兵西北行。其色黃，大臣增地；赤色，臣欲反其主。　太白犯守左角，大人自將兵於野，臣有謀主者。　巫咸曰：太白犯守左右角，居熒惑之後，及而共犯之，有大戰，破軍殺將。若犯守左右角，熒惑從之，所犯不成。　郗萌曰：太白入角亢間，有貴客來。

太白犯亢二

《黃帝占》曰：太白入亢中，國有兵。若行疾犯陵而有芒角，朝廷貴臣有戮者，期百日，遠八月。　石氏曰：太白數入亢，其國疾病。　《海中占》曰：太白入亢，有喪。　陳卓曰：太白犯天府，廷臣爲亂。　郗萌曰：太白出入留舍亢，鄭國多亡民，更爲無年，五穀不成。一曰五穀多霜死。　《黃帝占》曰：太白守亢爲兵，大人自將兵於野。　石氏曰：太白守亢，收斂國兵，以備北方。案《宋書·天文志》曰：宋明帝泰始五年十月丙申，太白犯亢，時淮北地常緣淮立重戍，以備防北虜也。　郗萌曰：太白乘亢，左星爲水，右星爲火爲兵，有奇令，有收族者。　巫咸曰：太白守亢，國君有憂，其下有水。　《荊州占》曰：太白守亢，有奸吏，有兵，牛馬用，行宿北兵，期六十日。　郗萌曰：太白守亢，爲焦旱不生。一曰多蟲蝗，一曰大旱，牛馬用。　太白守亢，有亡國，天下不通，人君憂水。又曰五穀以水傷。　《東官候》曰：太白守亢，兵行疾，有芒角犯陵，期百日，行遲，期八月。《黃帝》曰：太白逆行守亢，爲兵。　甘氏曰：太白守犯亢，逆行不順，失其明色，大政不用。

太白犯氐三

《荊州占》曰：太白犯氐左星，左中郎將誅死，犯右星，右中郎將誅死，皆期三年。　石氏曰：太白入氐，天下大役。一曰有兵。　《荊州占》曰：太白入氐，芒角犯陵，王者亡地，有大兵，期四月。　郗萌曰：太白乘氐之左星，天子有子，兵將於野。乘氐之右星，天下大水、大兵。　石氏曰：太白臨氐，霜雨不時。《黃帝占》曰：太白守氐，國君有憂變，北君失邑。　石氏曰：太白守氐，天下大役，無兵兵起，有兵兵罷。　《荊州占》曰：太白守氐，國有喪，君大哭。　甘氏曰：太白守氐，與兩星齊，將軍受賀，大臣受拜，遠人蒙恩。又曰：期十日而赦。巫咸曰：太白守氐，國有大憂，王者失地。　《海中占》曰：太白守氐，有兵不行，在西南。　石氏曰：太白入氐守之，兵加其國。　郗萌曰：太白入氐守之，春糴大貴。案《宋書·天文志》曰：明帝泰始二年十月辛巳，太白入氐，其年春，彭城穀貴民飢。　石氏曰：太白入氐犯守之，其國大亂，大人有憂，君失地，糴大貴。　《荊州占》曰：太白守氐房，大飢，六畜多死。

太白犯房四

《援神契》曰：太白合表，四夷合從，合表爲行中道也。　郗萌曰：太白入房，十日成勾己，爲天子忌之，以赦解之。　《文曜鈎》曰：太白入房，天子以微誅。　郗萌曰：太白逆行犯房，成勾己，爲大人憂，以赦解之。　石氏曰：太白到房心，皆正不失儀，失則爲變。　《荊州占》曰：太白守犯陵房，國君有憂。色青憂喪；色赤憂兵，積尸成山；色黑有將相誅；色赤有芒角，大喪。　《黃帝占》曰：太白守房，國有大喪，大臣有戰死者。案《宋書·天文志》曰：宋孝武大明八年十月，太白守房，丹陽尹顔師伯、豫章王子尚並誅。明年昭太后崩。　又曰：太白守房南，天子有良友輔，亦爲旱；守房北，天子有良友，亦爲水。　石氏曰：太白守房，爲良馬出廐；太白守房左，去還復，太子去復還，其國多廢立天子；守房右，去復還。又曰：太白守房，臣盜君命。　甘氏曰：太白守房，臣脅君。又曰：太白守房，兵車滿野，中國有殃，貴女用事，王者失位，期二年。　巫咸曰：太白守房，國有變令，兵四起，大臣當之，國相爲亂。又曰：旱多火災，萬物五穀不成。　郗萌曰：太白守房，爲人主無下堂。又曰有奸謀。　《荊州占》曰：太白守房，國易政。又曰：守天馬，天子馬多死。又曰：太白守房，天下易王，大人有憂，反逆臣。案《宋書·天文志》曰：晉安帝元興二年八月癸丑，太白犯房北第二星，十

二月桓玄篡位，遷帝於潯陽。又宋後廢帝元徽三年八月己巳，太白犯房北頭第二星，四年七月，建平王據京口反。時廢主凶暴無度，五年七月殞。　郗萌曰：太白辰星守房，土功大起，布臬大貴，將相失位。　《荆州占》曰：太白守房，六畜多死。《宋書·天文志》曰：宋明帝泰始二年十一月癸巳，太白犯房，明年牛多死者，詔大官停宰牛。　《考異郵》曰：太白犯房，王失德。　韓揚曰：太白犯房，大臣當之。晉成帝咸康四年九月，太白犯房上相，五年七月庚申，相王遵薨。　石氏曰：太白逆行守房，羣臣戴麻鏘鏘。　《黄帝占》曰：太白行房南，若犯守之，爲大旱；行房北，犯守之，爲大水。郗萌曰：太白出入房，霜雨不時，人飢於食，牛馬多死。　石氏曰：太白犯守房，爲天下相誅。　《海中占》曰：太白入鈎鈐，王室大亂。　《文曜鈎》曰：太白入鈎鈐，主德移。　石氏曰：太白犯房鈎鈐，王者憂。

太白犯心五

《海中占》曰：太白入心，有白衣之衆，又爲喪。　甘氏曰：太白犯心三寸以内，帝怯於兵，將軍亡，劍戟上殿，羣臣巡走。　《海中占》曰：太白犯心，天子立后絶嗣。犯太子，太子不得代。犯庶子，庶子不利。　石氏曰：太白經心，清明烈照，天下内奉明王，帝必延年。　郗萌曰：太白犯食心左星，爲太子有憂，若立。　《荆州占》曰：太子不死則去。一曰女主失勢。　《荆州占》曰：太白犯守心，君后走藏。　郗萌曰：太白犯守心，糴貴。　石氏曰：太白舍心，玄色不明，有喪。　太白中犯乘陵守心，太子位太子憂，小子位小子憂。　《摘亡辟》曰：太白守心，大山崩，後九年大飢。　《黄帝占》曰：太白守心，天下有大怪，國有大喪。一曰天下有大蟲。　巫咸曰：太白守心，君弱臣强，姦臣賊子謀殺其主。　石氏曰：太白守心，兵騎滿野，爲中國殃。有軍在外，客軍大敗。其年飢，蝗蟲，敗殺。一曰哭聲吟吟，戴麻鏘鏘。　《海中占》曰：太白守心，不出一年，有大兵，多禍殃，在貴人傍。　巫咸曰：太白守心，有火異。　郗萌曰：太白守心，國王有死者。又曰：有姦謀。又曰：天子亡，敗物。　《黄帝占》曰：太白逆行守心，哭者吟吟，戴麻鏘鏘，有大喪，若大臣當之，近期一年，中二年，遠三年。　《黄帝占》曰：太白逆行守心，環繞成勾已，爲大人忌，故赦以解之，期六月。　郗萌曰：太白退守心，客軍大飢。　巫咸曰：太白中犯乘守心，爲戰不勝，將軍鬭死。　郗萌曰：太白中犯乘守心明堂，爲萬民備火，近期一年，中期三年，遠期九年。一曰爲旱。又曰兵戈四起，國相爲亂。一曰大臣當之。　案：後漢孝靈帝中平六年八月丙寅，太白犯心前星，戊辰犯心中大星。其日未暝四刻，大將軍何進于省中爲諸黄門所殺。己巳，車騎將軍何苗爲進部曲吳匡所殺。　又曰：太白出入留舍心三十日不下，國兵大起，在八月九月。

太白犯尾六

石氏曰：太白犯尾，人民爲變，國易政。　甘氏曰：太白守尾，宫人有罪者。　巫咸曰：太白守尾，有亂，多火災，五穀不成。　郗萌曰：太白守尾，天下大蟲，軍無糧，大將鏘鏘，滿道不行。又曰：守尾近，女主去；遠，女主廢。巫咸曰：太白守尾，人民爲變，國易主，不然皇后去，若太后去。一曰宫人死之。郗萌曰：太白抵司空出入，君惡之。　《東官候》曰：太白守若入尾，兵大起，民多妖言，期三年。　巫咸曰：太白出入留守尾，兵起於野，將士滿道不行。所謂不行，國乏粮。　郗萌曰：太白出入留舍尾，春糴貴。一曰更爲無年。　太白留逆犯守乘凌尾，皇后有珠玉簪珥惑天子者，誣讒大起，后相貴人誅，宫人出走，兵起宫門。

太白犯箕七

石氏曰：太白犯箕，天下大飢。　郗萌曰：太白犯箕，女民莫處其室養者。星在箕南，旱，在箕北，有軍。　巫咸曰：太白入箕中，伺其出日而數之，皆期二十日，兵發；伺始入處之，率一日軍罷。　《荆州占》曰：太白入箕中，人主自備，下有兵。　郗萌曰：太白在箕中，天下州戰，若入箕中，有赦。　甘氏曰：太白出入留舍箕五日不下，天下大恐，其時多蟲，五穀不熟，燕國且以義致天下，若有赦。　《黄帝占》曰：太白守箕，大人衛守。　巫咸曰：太白守箕，多土功事。一曰民疾疫。　《海中占》曰：太白守箕，天下有兵。若角動，天下無所定。郗萌曰：太白守箕，歲水，萬物不成，糴貴，德令不行。又曰：守箕口，執政者爲亂。　《東官候》曰：太白守箕，兵起一歲，國增地，必得國。　石氏曰：太白逆行守箕，成勾已，兵起，大臣爲亂，天下有憂，王當之，期一年。　郗萌曰：榥箕出入，人君惡之。一曰更政。　太白與熒惑相隨而變熒惑，舍天門，凶。　太白舍天津中，人主無出門，若之遠宫。

唐·瞿曇悉達《開元占經》卷四八　太白犯北方七宿

太白犯南斗一

石氏曰：太白犯南斗，爲赦。　案《宋書·天文志》曰：晉康帝建元二年閏月乙酉，太白犯南斗，九月康帝崩，太子立，大赦。《晉陽秋》曰：孝武帝寧康二年九月甲子，太白犯斗第五星，三月丁未，大赦天下也。　石氏曰：太白去南斗七寸，陰乘陽，小人在位。

巫咸曰：太白入南斗中，國更政令。石氏曰：太白入斗，大人禦守，有兵兵罷，將軍爲亂。守魁，二十日大赦。甘氏曰：太白入南斗，將軍戮死，國易政，期三年。司馬彪《天文志》曰：永元五年五月九日，金入南斗魁中，爲大將軍死。至六年十二月，車騎將軍鄧鴻坐追虜失利，下獄死。《海中占》曰：太白入南斗，將相有黜者。一曰有被殺者。司馬彪《天文志》曰：孝安延光四年九月甲子，太白入南斗口中，侍中黄門孫程等合謀，追尉衛顯等立太子保爲天子，是爲孝順帝。郗萌曰：太白入南斗，不出三十日，有大兵，丞相死。又曰：入斗，外國使來見主，出斗，主遣使至外國，皆期三十日。太白入南斗，留舍斗中，十日不下，匈奴入於所守之國，進者必有兵，退者家久長。太白入南斗，天下受爵禄，期六十日若九十日。《宋書·天文志》曰：晉穆帝升平四年九月壬午，太白入南斗口，犯第四星，五年五月，哀帝立，大赦，賜爵禄。《荆州》曰：太白星入南斗中，將軍戮辱，不出三十日，有赦，去復還，將死之。《文曜鈎》曰：太白守南斗，威爍。陳卓曰：太白入南斗，有喪。一曰君死，不則病。《宋書·天文志》曰：晉穆帝升平四年九月壬午，太白入南斗口，犯第四星，五年五月，穆帝崩。郗萌曰：太白居南斗河戍間，道不通。《黄帝占》曰：太白守斗，大人當之，國易政。甘氏曰：太白失次守斗，所守者誅。巫咸曰：太白守南斗，執政爲變。太白留守斗，所守之國當誅。太白犯守南斗，國有兵事，大臣有反者，有名之人誅。《宋書·天文志》曰：吴太平元年九月壬辰，太白犯南斗。其明年，諸葛誕反。又明年，孫綝廢亮。晉元帝大興元年七月，太白犯南斗。三年九月，太白又犯南斗。永昌元年三月，王敦率江荆之衆來攻京都，六軍拒戰，敗績，於是殺護軍將軍周顗、尚書令刁協、驃騎將軍戴淵等。石氏曰：太白犯斗，留守之，破軍殺將。

太白犯牽牛二

《海中占》曰：太白入牽牛，爲天下牛車有急行。郗萌曰：太白入牽牛，留守之，大臣爲亂。陳卓曰：太白入牽牛，留守之，大人死，將軍失其衆，關梁不通，民飢，有自賣者。石氏曰：太白去牽牛一尺，六畜貴。《海中占》曰：太白提牽牛出入，萬物死。太白出入留舍牽牛，三十日不下，牛大貴。《荆州占》曰：太白出入留舍牽牛，五十日不下，軍出至越城下。《黄帝占》曰：太白守牽牛，吴越兵起，牛多死。十日不下，牛大貴。《宋書·天文志》曰：宋前廢帝永光元年正月丁酉，太白掩牽牛。明年，廣州刺史袁曇遠等反。《海中占》曰：太白犯守牽牛，諸侯不通。陳卓曰：太白犯守牽牛，將軍凶。石氏曰：太白守天鼓，有急令。《海中占》曰：太白守天閑，二十日，大赦。石氏曰：太白守牛北，人民流死；在其西，虎狼入邑；在其南，多亡狗；在其東，小兒多死。巫咸曰：太白守牽牛，爲五穀不成。《海中占》曰：太白守牽牛，其國兵起，期六十日。又曰：妖言無已。《荆州占》曰：太白守牽牛，有兵謀萬人，多死。《海中占》曰：太白守牽牛，爲犧牲牛疾疫。甘氏曰：太白犯守牽牛，國有大兵，將軍爲亂，大人憂，國易政。太白犯牽牛，留守之，爲有破軍殺將。

太白犯須女三

陳卓曰：太白犯須女，布帛貴，軍起。《玉曆》曰：太白去須女一尺而守之，一夫十婦，天下女多男少。齊伯曰：太白出入留舍須女，其國棺貴。三十日不下，國有兵。石氏曰：太白守須女，王者發布帛絲，庫藏珍寶出。石氏曰：太白守若入須女中，倖臣與女亂，妃黨謀王。太白守須女，爲有女喪。巫咸曰：太白守須女，爲萬物不成。《海中占》曰：太白守須女，兵起鏘鏘；東北行，有嫁女娶婦之事。郗萌曰：太白守須女，爲后夫人有變。一曰妾爲主。《百二十占》曰：太白守須女，妃謀主，兵發於內。《荆州占》曰：太白守須女，天下多寡女。《北官候》曰：太白入須女留守，有女喪，大臣謀主。陳卓曰：太白逆行，留守犯陵須女，天子及大臣有疾，女有奇政令。

太白犯虛四

《文曜鈎》曰：太白入虛，天子以微誅。巫咸曰：太白入虛中，伺其出日而數之，期二十日爲兵發，伺始入處。《海中占》曰：太白入虛不出，九十日，有大赦遍天下，天下欲從。太白提虛出入，大臣謀主，政急。郗萌曰：太白提虛出入，大臣多就詔獄者。又曰多土功，民流亡。石氏曰：太白去虛一尺，稻粱貴十倍。郗萌曰：太白出入留舍虛，五十日不下，其國若有疾事。石氏曰：太白守虛，國多孤寡。甘氏曰：太白守虛，毋覆其子，太子承號之衆，當封賞拜賜者。巫咸曰：太白守虛，爲民多疾疫。一曰天下大亂，一曰萬物不成。又曰：太白守虛，有兵兵罷。又曰：太白守虛，天子將兵，流血滿野，農人荷戟。一曰有兵災。《荆州占》曰：太白芒角守虛，大臣謀君。《海中占》曰：太白守虛，兵起東北，敵人出楚，吴亦然。郗萌曰：太白在虛中爲彗，如劒形，虛國發兵。

太白犯危五

《北官候》曰：太白入危，有兵兵罷，無兵兵起，多火災。一曰旱，五穀不成。郗萌曰：太白提天府出入，大臣謀主，政急。石氏曰：太白守危，去之一尺，

諸侯無忠者，以讒言相謗，若有黜者。　郗萌曰：太白守危，賓客有以事死。甘氏曰：太白守危，將軍凶，去公門災消，國有憂。　《荆州占》曰：太白守危，民多瘡疸之病。　《百二十占》曰：太白犯守危，大臣爲亂，天下有兵。　《玄冥占》曰：太白入危犯守之，天下有急事，兵大起，國有憂，有兵加於齊國之城。郗萌曰：太白與危鬪不出，其年國有反臣。　太白守墳墓，爲人主有哭泣之聲。

太白犯營室六

郗萌曰：太白犯營室陽，陽有急，犯陰，陰有急。　太白晨出東方，上至營室而反還，復入東方，其出西方，若出東方過營室，强國君有興者，不及營室而反，强國有敗者。　石氏曰：太白去營室一尺，威令不行。　甘氏曰：太白入營室犯之，天下兵滿野，人主威令不行。六十日不下，將軍死之。　齊伯曰：太白出入留舍營室，五十日不下，衛國將困。一歲不去，將軍死之。　石氏曰：太白守營室，太子及妃后與臣謀，兵起於內。　郗萌曰：太白守營室，君有殃。石氏曰：太白守營室，有兵罷，國士安。　郗萌曰：太白守營室東壁中，期六十日，天下金賤。　甘氏曰：太白守營室，天下軍起，兵甲滿野，大兵乘水欲攻王侯之國，不出四十日。　《荆州占》曰：太白守營室，天下更令，有破軍，期二月若百二十日。　郗萌曰：太白守營室，爲大人忌，以赦令解之。　《北官候》曰：太白入營室而守之，太子及妃后俱謀，兵起於宫中，期百八十日。

太白犯東壁七

郗萌曰：太白出入留舍東壁，五十日不下，大人當之。　石氏曰：太白去東壁一尺，諸侯用命。　《黄帝占》曰：太白守東壁，文武并行，術士用兵，大人當之，其國亡。　石氏曰：太白守東壁，爲有兵災。　甘氏曰：太白守東壁，天下有軍不戰。　巫咸曰：太白守東壁，旱，多火災。　郗萌曰：太白守東壁，爲天下兵起。一曰狄兵起。　《百二十占》曰：太白守犯東壁，且有兵喪。　石氏曰：太白犯守東壁，天下有兵不戰。　石氏曰：太白守東壁，兵發於內，太子及妃后與人民謀。

唐・瞿曇悉達《開元占經》卷四九　太白犯西方七宿

太白犯奎一

《荆州占》曰：太白入奎中，大水横流，不出百八十日。　郗萌曰：太白入天庫，兵起西方。　《海中占》曰：太白出奎，起兵於國外。　太白潤澤出奎，有善令；變色入奎，有僞令來者；若出奎，有僞令出使者。　石氏曰：太白守奎，外夷入。　《海中占》曰：太白守奎，出復入，糴貴，人流，食貴。　石氏曰：太白守奎，五十日不下，大水，有兵且戰。一歲不下，三歲有兵。　甘氏曰：太白守奎，大霜。　《海中占》曰：太白守奎，以水起兵國中。　巫咸曰：太白守奎，萬物不成，民疾病。　《海中占》曰：太白守奎，兵起凶。一曰聖人出，一曰徭大起。　郗萌曰：太白守奎，有匿謀，不過歲中。又曰大將軍戰死若戮死，期九十日，國有流民。又曰赦。　《荆州占》曰：太白守奎，爲王者憂。一曰大人當之。《玉曆》曰：太白入奎，若守之，水泉湧出。五十日不下，秦且開庫發兵加魯城，有兵戰，國多流民。　石氏曰：太白守奎，外國兵來入，有軍不戰。一曰水潦爲害，傷五穀。　甘氏曰：太白犯守奎，外兵來入國。若去奎一尺，四夷共治中國，期二年。　《文曜鈎》曰：太白垂芒守奎，天下柝擊。

太白犯婁二

郗萌曰：太白犯婁，有衆聚發事。　《玉曆》曰：太白順行之婁，子離其母，其政和平，國有喜。　石氏曰：太白經婁，四夷還去。　太白去婁一尺，爵禄貴。　太白出入留舍婁，外國兵來入。　齊伯曰：太白出入留舍婁，天下大兵起，秦國以發兵，必有兵加於魯之城。　《黄帝占》曰：太白守婁，小旱，萬物不成。　郗萌曰：太白守婁，有兵，期四十日。又曰有大令。　石氏曰：太白守婁，赦。　甘氏曰：太白守婁，子守其母，天子至孝，將有德。　《荆州占》曰：太白守婁，爲聚衆兵起，三軍行，天下多飢，豕大貴。　石氏曰：太白守犯婁，其鄉吉，天下和平，將軍有喜。

太白犯胃三

甘氏曰：太白犯胃，色赤，五十日不下，其國大敗，有亡主，期不出年。《海中占》曰：太白入胃中守之，有喪。　《黄帝占》曰：太白守胃二十日，兵大起，流血。　石氏曰：太白守胃五十日，兵大起，其鄉有轉穀百里，百姓飢，國大亂。　甘氏曰：太白守胃，大臣執忠，天子奉其祀，四海安寧。　巫咸曰：太白守胃，民疾病若流亡。一曰民小流。又曰：太白守胃，爲有兵災，萬物不成。郗萌曰：太白出入留舍胃五十日不下，天下大亂，百姓饑，其國必敗。　《海中占》曰：太白守胃，有德令，兵革不用，有兵兵不用。　陳卓曰：太白犯守胃，將爲亂國，以無義亡。　《太公决事》曰：太白守胃，五十日不下，兵見，百里流血，後月赦。　郗萌曰：太白守胃，有仁令。一曰天下大赦。　《西官候》曰：太白守胃，色赤如火，兵起見血流。一曰青黄有德令。　《文曜鈎》曰：太白貫胃，倉

廩虛，邊兵結，四夷侵，禍謀成。《黃帝占》曰：太白逆行守胃，成勾己，其國君死，大臣有誅。若去之一尺，燕趙大饑，人相食，期百八十日。《孝經右祕》曰：歲將大惡，金加胃。

太白犯昴四

《文曜鉤》曰：太白入昴，天子以歲誅。陳卓曰：太白犯昴，旱，大暑。《宋書・天文志》曰：晉成帝咸康元年二月己亥，太白犯昴，六月旱。陳卓曰：太白犯昴，兵起，近期一年，遠期五年。《宋書・天文志》曰：晉成帝咸康元年二月己亥，太白犯昴。四月石虎偵騎至歷陽，朝廷慮其哨衆復至，加司徒王導大司馬，治兵動衆，又遣慈湖、牛渚、鹿湖三戍，五月乃罷。是時湖賊又圍襄陽，庾亮拒而退之。石氏曰：太白入昴，天下擾，兵大起，期五十日。《宋書・天文志》曰：晉惠帝大安二年，太白入昴。是年冬，成都、河間攻洛陽。二年正月，東海王越執長沙王乂，張方反。晉康帝建元二年正月壬午，太白又入昴。是年石虎殺其太子邃及其妻子徒屬二百餘人，又遣將劉寧寇没狄道，又使將張舉將萬人屯荆東以備慕容皝。郗萌曰：太白入昴中，大赦，近期十五日，遠期三十日。太白行疾期近，行遲期遠。又占曰：太白入昴中，大赦，期九十日。《玉曆》曰：太白入昴中，大憂，國易政，有流血千里，主命惡之，不出其年。石氏曰：太白去昴一尺，賤人貴。郗萌曰：太白奔昴若出北者，爲陰國有憂。《黃帝占》曰：太白犯昴，若舍昴，留四五日不去，即大臣有死者。又占曰：太白出入留舍在昴北，有女喪；在昴南，有男喪。又占曰：太白守昴，四夷有兵事。司馬彪《天文志》曰：孝章帝建初元年正月丁巳，太白在昴西一尺。昴爲邊兵，是時蠻夷陳縱等叛漢。《春秋元命苞》曰：太白守昴，政絶。石氏曰：太白守昴，兵從門闖入，人主出走。一曰胡兵入，且亡國，若有謀主之變。居其北則四夷有毒，霜早降，歲有疾癘。一曰胡不安，期六十日，當有自來王。甘氏曰：太白守昴，將軍下獄。《海中占》曰：太白守昴，將軍有聚衆。石氏曰：太白守昴，有更令，若有大赦，期百八十日。巫咸曰：太白守昴，國易政，大人當之。巫咸曰：太白逆行守昴，擾有兵起，民多有恨獄者。一曰大臣有獄死。又占曰：太白入昴，若居昴北，若犯乘守，北主死。郗萌曰：太白與昴鬭，不出其年，有反臣。又占曰：太白中犯乘守昴，爲兵北征於邊。《荆州占》曰：太白犯乘守昴，有角，兵大起天下，流血千里，民多疾。

太白犯畢五

《黃帝占》曰：太白犯畢出北，陽國有憂。石氏曰：太白犯畢左角，大戰不勝，將軍死。《太公決事占》曰：太白犯畢口，大兵起。一歲罷。《西官候》曰：太白犯畢右角，敵兵大戰。按司馬彪《天文志》曰：孝明永平十六年四月癸未，太白犯畢。畢爲邊兵，後北匈奴入雲中，至咸陽，使者高弘發三郡兵追討，屼所得，太僕蔡彤坐不進下獄。石氏曰：太白入畢口中，爲大人當之，國危。石氏曰：太白入畢口，有女喪。《西官候》曰：期百二十日，遠期十月。一曰將相當之，若有憂，大人惡之。《天文志》曰：孝安永初三年五月丙寅，太白入畢口中。延光元年三月癸巳，鄧太后崩，五月庚辰，太后兄車騎將軍鄧騭等七侯皆免官自殺之驗也。石氏曰：太白入昴，近陽星，大將出征立功，有光榮。石氏曰：太白入畢口，與兩股齊，期四十日，兵起；入直一星，期十日兵起；守之五日，期三日兵起，若有人以獵惑人君者也。郗萌曰：太白出入留舍畢不下，一國有憂，兵起北方。出入留舍六十日不下，天下有立王。百日不下，不越四年中王侯有大喪。巫咸曰：太白入畢中，各伺其出日而數之，期二十日爲兵發。伺始入處之，率一日期十日爲軍罷。郗萌曰：太白入畢口不出，民人走，有狄奪國。又曰大赦。近期十五日，遠期三十日。太白行疾期近，行遲期遠。《西官候》曰：太白入畢，人主守衛，將相有亂者，人主當之。犯左角，大兵戰，左右將死。乘陵其上，邊將軍死。《太公決事占》曰：太白出東方入畢口，車馬貴，易政。石氏曰：太白出畢陽則旱，出畢陰，則爲政令不行。石氏曰：太白出畢一尺，國豐。《西官候》曰：太白抵天都尉出入，天下有兵驚，民離，主亦驚。《文曜鉤》曰：太白貫畢，倉廩虛，邊兵繕，四夷侵，禍謀成。《石氏占》曰：太白守畢傍，有兵。石氏曰：太白守畢，天子虛，國多枉刑。甘氏曰：太白守畢，大將有功，大臣使出。巫咸曰：太白守畢，諸侯兵起，一歲罷。又曰爲水，萬物五穀不成。《西官候》曰：太白守畢柄，有兵，邑益强。一曰大臣出使。又曰太白入畢守之，將軍謀反，大將出從，竟立功名，國易政，期不出二年。《玄冥占》曰：太白入畢而守之，將軍爲亂，國君守衛，大臣當之，改朔易令。郗萌曰：太白犯守畢，有大兵，民多死。郗萌曰：太白犯守畢，有急令。一曰相死，邊境不安。《黃帝占》曰：太白犯守畢左股，邊夷兵起，左將軍戰死。若犯守右股，右將軍戰死。不出其年。《海中占》曰：太白犯守附耳，國有讒亂之臣在主側，以畋獵惑主者，若相有喜。陳卓曰：太白犯附耳，兵將相憂喪也，若不即免退。

太白犯觜觿六

石氏曰：太白犯觜觿，萬物不成。石氏曰：太白犯觜觿，其國兵起，天下

移動。　甘氏曰：太白犯觜觿，大臣爲亂，大臣當之，國易政，兵起，鈇鉞用，期九十日。　郗萌曰：太白入觜觿中，有兵。　郗萌曰：太白出入留守觜觿，地數裂，兵且起，大人當之。　《黄帝占》曰：太白守觜觿，時節不調，當温反寒，當寒反温，當雨反晴，當晴反雨。　石氏曰：太白守觜觿，不出三十日，有將軍叛，天子之軍破，牛馬有急行。　石氏曰：太白守觜觿，西方客動，侵地欲爲，君王崇禮以制義則國安。　《荆州占》曰：太白守觜觿，天下兵。　石氏曰：太白守觜觿，君臣和同。　甘氏曰：太白守觜觿，四夷和合，天下咸寧。　巫咸曰：太白守觜觿，爲萬物不成。一曰民多疫，大臣有變。　《西官候》曰：太白犯守觜觿，天下兵起，人民相謀。

太白犯參七

《太公決事占》曰：太白犯參左股，戰大勝。　郗萌曰：太白犯參右股，戰不勝，將軍死。　《海中占》曰：犯參，有大兵將行。　《西官候》曰：太白犯參右肩，有戰，右將憂；犯守左肩，亦有戰，左將憂。若大臣當之，將軍有死者。《荆州占》曰：太白抵參出入，天下驚；抵天都尉出入，天下發兵。　石氏曰：太白逆行，若留止衡中，兵革起。　《荆州占》曰：太白宿參，若宿伐，爲反臣中兵也。　齊伯曰：太白出入留舍參，名將死，天下大亂，兵起而不用，人民流亡，不居其鄉，不出年山谷亦空。　石氏曰：太白守參，有兵，天子之軍破，牛馬有急行。　巫咸曰：太白守參，大臣爲變。　石氏曰：太白守參，有赤星出中，邊有兵。　郗萌曰：太白守參，天下不安，國大危大憂，若糴貴。　甘氏曰：太白守參，將軍出外降，邊兵大戰。　巫咸曰：太白守參，國有反臣。　《海中占》曰：太白守參，若大水在西方。　石氏曰：太白守犯參伐，大臣爲亂，車騎人皆急，兵起。　郗萌曰：太白守伐，衛尉若國將當之，期五月。

唐·瞿曇悉達《開元占經》卷五〇　太白犯南方七宿

太白犯東井一

《海中占》曰：太白犯東井，人主浮船。　石氏曰：太白犯東井，將軍惡之。宋檀道鸞《晋陽秋》曰：孝武太元五年五月丁酉，太白犯東井。八月己巳，領軍將軍新除太常韓伯卒，安帝元年三月丙辰，太白犯東井，後將軍王國寶於獄賜死，又左將軍王緒斬於市也。石氏曰：太白入東井中，大人衛守，國君失政，大臣爲亂，兵大起。案《晋書·天文志》曰：晋永康二年二月，太白出西方，逆行入東井，是時齊王冏起兵討趙王倫，倫滅冏，擁兵不朝，專權淫侈，明年誅死。車頻《秦書》曰：符生壽光三年二月，太白犯東井，太史奏曰：必有暴兵。生曰：星入井者，必將渴耳，何怪也。時長安謡曰：百里望空城，蔚蔚一何青，瞎兒不知法，仰目不見星。其年符法殺生而堅代立，是其應也。　郗萌曰：太白入東井中，先起兵者大敗，天下大水。《宋書·天文志》曰：晋穆帝昇平三年六月，太白犯東井，四年五月，天下大水之驗也。　郗萌曰：太白出東方，入咸池東，下行入東井，下不忠，有謀上者。　《荆州占》曰：太白入東井，將軍有戮死者。　《玉曆》曰：太白入東井，失道行陽，先起者亡，後發者昌。　郗萌曰：太白入東井出入，諸侯兵驚，政急民流。　《南官侯》曰：太白入東井，留二十日以上，天下更政，若六畜疾。　又曰：兵大起，天下易正朔。謂留井中。　《黄帝占》曰：太白入東井，爲水。　石氏曰：太白守東井，爲旱。　石氏曰：太白守東井，十日不下，大臣坐之；三十日不下，神水出，歲多土功。　郗萌曰：太白守東井，一東一西，一南一北，男子不得耕，女子不得織。　巫咸曰：太白守東井，邑君失政，大人當之，大臣爲盜，有誅者。　又占曰：太白守東井，爲萬物不成，若失火。　郗萌曰：太白守東井，兵起東南。　石氏曰：太白入若守東井中，大臣爲盜。　郗萌曰：太白犯乘守井鉞，爲其國内亂兵起。　《黄帝占》曰：太白入犯井鉞，爲臣誅。　郗萌曰：太白入若犯鉞，將誅。　石氏曰：太白犯守鉞，有兵起，不出其年。

太白犯輿鬼二

甘氏曰：太白犯輿鬼，質將戮。司馬彪《天文志》曰：孝安永初三年六月癸酉，太白入輿鬼，爲將凶。後中郎將任尚坐臧侵，其年檻車徵棄市也。　《荆州占》曰：太白入輿鬼，將誅。　陳卓曰：太白入輿鬼，兵革起。　石氏曰：太白犯天尸，將軍有憂，其主廢。　齊伯曰：太白犯入輿鬼，以罪斬大臣。案司馬彪《天文志》曰：孝桓延熹八年五月癸酉、六月壬戌，太白行入輿鬼。九年十一月，太原郡守劉瓆等坐殺無辜，荆州刺史李隗爲賊所拘，皆棄市。永康元年十二月，大將軍竇武、尚書令尹勳、黄門令山冰等皆枉死也。若五十日不下，且有大喪。　石氏曰：太白入輿鬼，西北婦人多兵死。郗萌曰：太白入輿鬼，爲大人卒事，以命終。案司馬彪《天文志》曰：孝質本初元年四月辛巳，太白入輿鬼，閏月一日，孝質帝爲梁冀所鴆之驗。　《郗萌占》曰：太白入輿鬼，歲惡，婦人多懷子而死者。　《荆州占》曰：太白入輿鬼，亂臣在内，有屠城。案檀道鸞《晋陽秋》曰：孝武太元二年四月戊戌，太白入輿鬼。四年二月，襄陽城陷。四月，魏興城崩。五月，彭超攻陷盱眙城。　《南官侯》曰：太白入輿鬼，犯積尸，國有大喪，大兵起，將軍有戰，人多死，白骨滿野，無有葬者，期二年。　郗萌曰：太白舍輿

鬼東北，天下多梟死者。一曰有兵。　郗萌曰：太白舍輿鬼中央，左右羣臣有伏劍若吞藥而死者。　郗萌曰：太白出入留舍輿鬼，五十日不下，民大疾死而不收。案《宋書・天文志》曰：孝武孝建三年四月戊戌，太白犯輿鬼，明年夏，京邑疾疫。明帝泰始四年六月壬寅，太白又犯輿鬼，其年普天下大半疾疫也。　《南官候》曰：太白出入留舍輿鬼，五十日不下，國兵起，開庫發卒。　石氏曰：太白守輿鬼，有兵災，若旱，多火災，萬物五穀不成。　郗萌曰：太白守輿鬼傍，萬民當之。　石氏曰：太白守輿鬼，大人有祭祀之事。《海中占》曰：太白守輿鬼，出其南，水；出其北，旱。　《南官候》曰：太白久守輿鬼，病在女主。其留二十日以上，有喪，期八月。　《玉曆》曰：太白行守輿鬼，成勾己，若環繞之，國有死王，大臣有戮者。五十日不下，人民死者大半。　郗萌占曰：太白入若守輿鬼，爲主憂，財寶出，亂臣在內，若大臣謀，有千鉞棄質者，君貴人憂，金玉用，民多疾。　南入爲男，北入爲女，西入爲老人，東入爲丁壯。　棺木倍貴。　《荆州占》曰：太白干犯守輿鬼，隨所守王者發之，不出七十日，其下國有大喪，陽爲人君，陰爲皇后，左爲太子，右爲貴臣。　郗萌曰：太白輿鬼鬬，不出其年，有反臣。

太白犯柳三

《南官候》曰：太白犯柳，有木功事，若名木見伐者。　郗萌曰：太白入柳天庫，兵起西北方。又曰大人守禦。《南官候》曰：太白入注，兵大起，有益地者。《海中占》曰：太白逆行入柳，成鈎己，下刑上，臣謀主，民有怨仇，多暴死。　《春秋文曜鈎》曰：殘百姓，誅名臣，則太白入柳。　石氏曰：太白去柳一尺，國有專臣，專命無忌。　《荆州占》曰：太白提天相出入，有陰謀。　《南官候》曰：太白逆乘注，下刑上，民多怨仇暴死者。　又占曰：太白抵柳出入，陰謀其主，諸侯應其急。　甘氏曰：太白守柳，將軍受賀，王者封臣。　石氏曰：太白守柳，戰大勝，大得也。　《海中占》曰：太白守柳，兵大起，一歲罷。若小旱，傷五穀。　《南官候》曰：太白守柳，爲反臣，中外兵，以德令解之。《南官候》曰：太白守柳，兵起，一歲大益也。　郗萌曰：太白守柳，敵不安。齊伯曰：太白守柳，秦兵且至，無王者。　巫咸曰：太白犯守注，有急兵，若有變更之令，下陵上，君弱臣强，奸臣賊子謀殺其主。　郗萌曰：太白守柳，人民多狂。　《荆州占》曰：太白迫守柳，大將軍出。

太白犯七星四

郗萌曰：太白犯七星，臣爲亂。　甘氏曰：太白入七星，有君置太子者。郗萌曰：太白出七星，太子且立。　石氏曰：太白去七星一尺，國致七十二人。郗萌曰：太白提天都出入，歲旱惡。　《荆州占》曰：太白經七星，民非吾民。一曰當有詐爲王者。　郗萌曰：太白犯守七星，兵大起，曝巫移市。　又占曰：太白留七星中央，爲天下大憂。　齊伯曰：太白出入留舍七星，三十日不下，兵且起；六十日不下，必有破國亡王死將；八十日不下，三年兵起，期在春。一曰有急令，期不出年。　《黄帝占》曰：太白守七星，不出二十日有兵。　又占曰：太白守七星二十日以上，有急兵。　石氏曰：太白守七星，兵渡津橋者大凶。　甘氏曰：太白守七星，將軍納忠，國君有德。　巫咸曰：太白守七星，兵大起，又爲水，萬物五穀不成。　郗萌曰：太白守七星，國失政，大人當之。郗萌曰：太白守七星，戰大勝，天子益地。　《荆州占》曰：太白守七星，七日以上至三十日，大將軍出。　又占曰：太白守七星，車騎滿野。又曰行天都，王者有憂。　《南官候》曰：太白守七星，爲反臣，中外兵，以德令解之。

太白犯張五

《春秋文曜鈎》曰：太白入張，天子以微誅。　巫咸曰：太白乘犯張，三日以上至七日，將軍内反，賊臣在側。　郗萌曰：太白提張出入，相自擅，陰謀其主。　《荆州占》曰：太白提張出入，諸侯應其急。　石氏曰：太白守張，春旱。郗萌曰：太白出入留舍張，兵起於其國。　甘氏曰：太白守張，其國有兵，謀不成，天下以空，發兵。一曰兵起不行。　巫咸曰：太白守張，必有大水，多水災，萬物五穀不成，民憂食。　《南官候》曰：太白守張，爲反臣，中外兵，以德令解之。　《百二十占》曰：太白守張，先旱後水。　石氏曰：太白犯守張，兵革滿四野，必有亡國，天下易政。　巫咸曰：太白守張，下凌上，君弱臣强，奸臣賊子謀殺其主。　郗萌曰：太白犯守張，人民多狂。

太白犯翼六

《荆州占》曰：太白入翼，天下兵塞。　郗萌曰：太白出入留舍翼，大風將至。一曰其國不平，若大水出。　《海中占》曰：太白去翼一尺，翼，陽也，太白，金，陰也，陰來附陽，秦朝楚。　郗萌曰：太白舍翼，有客。一曰舍左翼旱。《黄帝占》曰：太白舍右翼，兵起。　郗萌曰：太白犯守翼，其國失地。　石氏曰：太白守翼，爲萬物不成，人民流亡。　石氏曰：太白守翼，三日以上，大臣不臣。一曰大臣爲亂。　巫咸曰：太白守翼，有反臣中兵也。　郗萌曰：太白守翼，四夷兵大起，五穀傷風，民多疫。　《玉曆》曰：太白守翼，有急事，若有大

風。　齊伯曰：太白守翼，臣不承令，人主有憂。　《百二十占》曰：太白守翼，有兵在西方。　《黃帝占》曰：太白守翼，易代，臣行主命。

太白犯軫七

石氏曰：太白守軫，其國兵起得地。　《海中占》曰：太白犯軫，將軍爲亂，其國兵起，臣欲謀君，賊人謀貴人，兵死。一曰：去之一尺，天下大飢，期不出百八十日。　巫咸曰：太白入軫中，伺其出日而數之，期二十日，爲兵發。伺始入處之率一日期十日，軍罷。　《黃帝占》曰：太白犯守軫，兵起西方。　郗萌曰：太白出入留舍軫，軫分爲楚府廷，太白，秦國之星也，主金，行軫，客兵來過楚矣，必有死主。　《黃帝占》曰：太白守軫，將軍爲亂，車騎出。　甘氏曰：太白守軫，將軍有憂。　《海中占》曰：太白守軫，兵車四夷，兵大起。　《南官候》曰：太白守軫，兵大起，有亡地千里，恐有大喪。　又占曰：太白守軫，兵謀欲起，人有代上之符。入軫中，兵起，國易政，及有自來侯王受命於王者。男子有功，封爵之慶，士卒有遠征之役，諸侯應之。魏以位禪晉，時太白入軫中，及留度進過於午之間二十餘日。晉代吴之二年，太白入軫。　《荆州占》曰：太白守軫，將軍有疾。　《玄冥占》曰：太白入守軫中央，兵起，國易政，亡地千里，若有大喪，士卒有遠征之役，吴楚當受其兵，期二年。　郗萌曰：太白起左角，逆行至軫，國亡地。

唐・瞿曇悉達《開元占經》卷五一　太白犯石氏中宫

太白犯攝提一

《聖洽符》曰：太白入犯攝提，兵起滿野，强臣謀主，若守衛臣有謀，期二年。

太白犯大角二

郗萌曰：太白守大角，兵大用，有國亡。　《荆州占》曰：太白守大角，兵大動。　《文曜鈎》曰：太白守犯大角，天下亂，大兵起，强臣謀主，若貴人被戮，期一年。　《海中占》曰：太白犯守大角，臣謀主，有兵起，人主憂，王者戒慎左右，期不出百八十日，遠一年。

太白犯梗河三

巫咸曰：太白犯守梗河，國有謀兵，四夷兵起來侵中國，邊境有憂。

太白犯招摇四

《聖洽符》曰：太白犯招摇，邊兵大起，敵人爲寇。若守之，敵兵敗，若其王死，期不出三年。　《荆州占》曰：太白守招摇，旗幟起。　甘氏曰：太白入守招摇，天下兵大起，非一國，遠夷爲亂，欲侵中國，人主有憂，期一年。

太白犯玄戈五

《聖洽符》曰：太白犯守玄戈，爲邊兵大起，敵人爲寇。若守之，敵人敗，若其王死，期不出二年。

太白犯天槍六

巫咸曰：太白犯守天槍，邊兵起，槍大用，防戍有憂，若誅邊臣，期不出年。

太白犯天棓七

巫咸曰：太白犯守天棓，邊夷起，機棓大用，防戍有憂，若誅邊臣，期不出年。

太白犯女(妝)〔牀〕八

《荆州占》曰：太白犯女牀凶。若守女牀，官有變害，若被誅。　甘氏曰：太白守犯女牀，兵起，宫中若后有誅，期百八十日，遠一年。

太白犯七公九

石氏曰：太白犯七公，羣臣有誅。　《黃帝占》曰：太白守七公，爲飢，君不安。　石氏曰：太白犯守七公，輔臣有誅，議臣相疑，若有誅者，人主有憂。　甘氏曰：太白犯守七公，兵革大起，大臣有誅，若有戮死者，期不出年。

太白犯貫索十

巫咸曰：太白犯守貫索，天下亂兵起，多有獄事，貴人有死者。　石氏曰：太白入貫索中犯乘守，以獄爲亂。　《玄冥占》曰：太白犯守天牢，以獄起兵，大人憂。

太白犯天紀十一

《荆州占》曰：太白守天紀，有兵亂。　石氏曰：太白守天紀，倖臣執權，有兵起，王者有憂。若犯守，大臣爲亂，兵起宫中，若有大旱之災，人民大飢。

太白犯織女十二

巫咸曰：太白守織女，后有誅者。　《黃帝占》曰：太白犯守織女，天下有女憂，有兵起，不出其年。

太白犯天市垣十三

《海中占》曰：太白入天市，國有謀兵，將相有戮死者，期百八十日。　郗萌曰：太白入天市中，五官有憂。一曰將有憂。一曰大臣戮，若糴貴。　《文曜鈎》曰：太白入居守天市中，驚，國有謀兵，鈇鉞用，兵大起，期不出三年。　巫

咸曰：太白入天市而守之，相坐之，有兵起，貴人有憂，若誅，期二年。郗萌曰：太白入若守天市，諸侯貴人必有戮者。一曰更幣。

太白犯帝座十四

《海中占》曰：太白犯帝座，大臣爲亂，强臣謀主，有兵，期不出年。石氏曰：太白守犯帝座，有逆亂事。

太白犯候星十五

石氏曰：太白犯守候星，諸侯起兵，有千里之行，政令急，民多苦。《海中占》曰：太白犯守候星，陰陽不和，五穀傷，人民大飢，有兵起。

太白犯宦者十六

石氏曰：太白守宦者，凶。甘氏曰：太白犯宦者，左右輔臣有謀，若戮死，期不出年。

太白犯斗星十七

石氏曰：太白守斗星者，凶。

太白犯宗正十八

石氏曰：太白守宗正，左右羣臣多死者，若更政令，人主有憂。

太白犯宗人十九

石氏曰：太白犯宗人，親族貴人憂，若有死者。一曰主親有離絶。

太白犯宗星二十

甘氏曰：太白犯守宗星，宗室之臣有分離者。《玄冥占》曰：太白觸抵宗星，倖臣有誅者，期二年。

太白犯東西咸二十一

石氏曰：太白守東西咸，女主憂，誅，若貴女有戮死，期二年。《荆州占》曰：太白守東西咸，憂兵起。石氏曰：太白守犯東西咸者，爲臣不從令，有陰私。

太白犯天江二十二

陳卓曰：太白守天江，暴水爲害，不出其年。巫氏曰：太白犯守天江，天下有水。若入之，水齊城郭，人飢，亡去其鄉。《宋書·天文志》曰：晋穆帝永和十一年八月己未，太白犯天江，占曰河津不通。昇平元年，慕容儁遂據臨漳，有幽、并、青、冀之地，緣河諸將漸奔散，津河隔絶矣。

太白犯建星二十三

陳卓曰：太白犯建星，大臣相譖。郗萌曰：太白入建星，外國使來見主。出建星，主遣使至國，期皆三十日。《黄帝占》曰：太白守建星，滿二十日，必大赦。巫咸曰：太白入建星，若守之，兵起，關道不通，若有外國使來者，期一年。

太白犯天弁二十四

甘氏曰：太白犯天弁，若守之，則囚徒兵起。一曰五穀不成，糴大貴，人民飢。

太白犯河鼓二十五

《黄帝占》曰：太白犯河鼓，大將若左右將有誅者，若有罪，以五色占之。石氏曰：太白入河鼓，兵大起，大將出。若守之，所犯之將誅，期二年。郗萌曰：太白守河鼓，兵起，期六十日。

太白犯離珠二十六

石氏曰：太白犯離珠，宫中有事，若有亂宫者，宫人有罪黜者。巫咸曰：太白犯離珠，有兵起後宫，凶，女主有憂。

太白犯匏瓜二十七

《玄冥占》曰：太白守瓠瓜，人主誅邑族，若有兵。一曰王者以菓賜諸侯。《聖洽符》曰：太白犯守瓠瓜，天下有憂，若有遊兵，名菓貴。一曰魚鹽貴，價十倍，不出其年。

太白犯天津二十八

《海中占》曰：太白犯天津，關道絶不通，有兵起，若關吏憂。《文曜鈎》曰：太白入天津，兵起，大亂，以其所近四方中央死而葬，易政立王。齊伯曰：太白守天津，兵起，有亡國，期一年，遠二年。石氏曰：太白有赤芒而守天津三十日，關道不度，人主有憂，若諸侯。

太白犯螣蛇二十九

甘氏曰：太白守螣蛇，天子前駈凶，奸臣有謀，前駈爲害。《玄冥占》曰：太白守螣蛇，諸侯若先駈者。一曰以水爲災，水物不成。

太白犯王良三十

《帝覽嬉》曰：太白入王良，人主以車爲弊，馬多死，關津不通，國有憂。石氏曰：太白守王良，爲兵。《海中占》曰：太白守王良三十日，大將亡。一曰主將皆大亡，兵起，車騎行，期百八十日，遠一年。郗萌曰：太白守天馬，天

子馬多死者。　齊伯曰：太白犯守王良，天下有兵，諸侯相恐，强臣謀主，期不出年。

太白犯閣道三十一

石氏曰：太白守閣道而絶漢者，爲九州異政，各主其王，天下有兵，期二年。　齊伯曰：太白守閣道，天子禦難，御道塞，臣謀君。一曰宫人有謀，戒慎女兵。

太白犯附路三十二

石氏曰：太白守附路，太僕有罪，若有誅。一曰馬多死，道無乘馬者。

太白犯天將軍三十三

郗萌曰：太白入將軍，興軍吉。《荆州占》曰：太白乘犯天將軍，將軍以兵事誅。又曰：太白守天將軍，兵大起，將軍行。《文曜鈎》曰：太白入守天將軍，大將有憂，若兵起。一曰以飢爲敗，人民憂。　石氏曰：太白犯守天將軍，爲大將誅，若有死者。

太白犯大陵三十四

石氏曰：太白入大陵，國有大喪，大臣有誅，若戮死，人民死者大半，皆不出其年。《荆州占》曰：太白乘大陵，天下盡大喪，死人如岳。　甘氏曰：太白犯守大陵，其國有喪，大人憂，若有土功墳陵之事，期百八十日。

太白犯天船三十五

郗萌曰：太白守天船，大人當之，天下赦。《聖洽符》曰：太白入守天船，兵起，舟船用，有亡國，期不出年。《海中占》曰：太白入守天船，國有喪，貴臣有戮，期二年。

太白犯卷舌三十六

《海中占》曰：太白犯卷舌，有奸亂之變。若入之，臣有妄言於君者，若讒臣謀君，以口舌起兵而亂國者，期百二十日若一年。　石氏曰：太白乘卷舌，天下多喪。若入之，有佞臣謀其君，以口舌爲害，人主有憂。

太白犯五車三十七

石氏曰：太白犯五車，大旱，若有喪，兵起，車騎行，五穀不成，天下民飢，君絶糧。犯倉星，穀貴，若有水。一云若入而中犯乘庫星，兵起北方若西北方。　郗萌曰：太白入五車，留不去，秦國金玉貴。一曰兵大起，百萬人以上，入日占其國。《荆州占》曰：太白入五車天庫，天下大兵起。《文曜鈎》曰：太白入經五車，四猾起。《百二十占》曰：太白入五車，若犯天潢，有大水，五穀不成，糴大貴，期不出年。　郗萌曰：太白入五車留不去，即有兵春見。若舍其西北，多死人，馬牛多疾疫，在酒泉燉煌方。舍東北，糴石五百。《黄帝占》曰：太白守五車，四夷人相食，三歲不復其亂。　郗萌曰：太白守五車，有大兵，不出九十日而至矣。《黄帝占》曰：太白乘守天庫，四夷兵起，必有死王。　郗萌曰：太白乘守天庫，中國兵所向無不服，有自來之將，其民入中國，國有大喜。

太白犯天關三十八

《荆州占》曰：太白出入天關，萬人多死。　石氏曰：太白行天關中，每至柳楊當去，不去徘徊亂行，光色隆怒，見其妖祥，中國隔絶，道路不通。《河圖》曰：太白提天關，關梁所出入，貴人多死。《海中占》曰：地氣泄，生相害，萬物大傷。《海中占》曰：太白守天關，二十日，大赦。一云臣誅，主歲水。一曰守之二十日，兵甲鏘鏘，以水行。　郗萌曰：太白守天關，大臣反。《宋書・天文志》曰：晉簡文咸安二年五月丁未，太白犯天關，占曰兵起。六月庚午，入康城。　一曰爲地氣泄，貴人多死。《西官候》曰：太白守天關，兵大起，關道不通，人民相恐。《海中占》曰：太白守犯天關，道絶，天下相疑，有關梁之令。　郗萌曰：太白行不從天關，不出其年有兵。

太白犯南北河三十九

《黄帝占》曰：太白乘南河戍者，出南河，爲中國兵起。　石氏曰：太白行南河戍中，若留止，爲西方兵起，百姓疾。　郗萌曰：太白舍河戍三十日，國有男喪。《黄帝占》曰：太白舍南河戍間，天下難起，道不通。　石氏曰：太白守南河戍，蠻夷兵起，邊戍有憂，若有旱災，人民飢。《海中占》曰：太白守南河戍，邊臣有謀。郗萌曰：有奸謀也。　若諸侯兵起，君憂，若敗亡。《黄帝占》曰：太白留止守南河戍，爲百姓病。若行其中，或留止守之，爲旱，有喪。　郗萌曰：太白行南河戍，若留止守之，爲有喪；在北河戍下，中國有兵，所向者勝。《黄帝占》曰：太白乘北河戍，若出北河北，皆爲胡王死。若留北河戍下三十日，必有自來主將其民降中國。其留過三十日，四夷大亂。太白從南來，南方當之，從北方來，北方當之。　郗萌曰：太白舍北河戍三十日，有女喪。　甘氏曰：太白守北河戍，邊戍有謀，若有兵起，關梁不通，人主有憂，期一年。　郗萌曰：太白守北河戍，有内謀。一曰有白衣之會。又曰四夷相伐。《荆州占》曰：太白留止守北河中，兵起，道不通。《玄冥占》曰：太白守北河戍，胡夷兵動，若守之三十日不下，胡人敗，若胡王死，天下大水，人民，飢期不出年，若二年。

石氏曰：太白入北河戍中而留止，不出百日，天下兵悉起，兵戰秋冬，臨衝革也，春夏德也。　郗萌曰：太白經南河戍之南，刑法峻暴，誅伐不當，經北河戍之北，女子金錢貪色奢佞失治道，皆期三年，中期六年，遠期九年，而災至；居南北河戍中，若守之百日，兵大起。　《荆州占》曰：太白守兩河間，天下乖離，道路不通。若在陽門中，天下並戰。　郗萌曰：太白在陽門中，旱；入天高中，有奇令。若失度守陰門若陽門，爲諸侯奸。入天高成勾己，天下有憂。　《黄帝占》曰：太白留守陰門，不出百日，天下兵悉起。若以四月從東方來，入天高，留三十日，天下民受賜；留五十日，兵起宫中。　郗萌曰：太白不行天門天闕，爲國有喪。太白與熒惑俱在帝闕中，則有大事分國。

太白犯五諸侯四十

石氏曰：太白犯五諸侯，若守之，兵大起，將士出，諸侯有憂，若有死。《宋書·天文志》曰：晋安帝義熙六年三月，太白犯五諸侯。是年三月，始興太守徐道覆反，江州刺史何無忌討之，大敗於豫章，無忌死之。四月，盧循寇湘中，攻巴陵。五月，循等大破豫州刺史劉敬宣僅以身免。八年六月，臨川烈武王道規薨，時爲豫州。九月，兗州刺史劉蕃伏誅。　巫咸曰：太白犯五諸侯，有兵起，大將出，若大臣有誅，若有戮死。如入五諸侯，伺其出日而數之，期二十日，兵發；伺始入日而處之，率一日爲十日，而軍罷。　《文曜鈎》曰：太白守五諸侯，四猾起，兵官亂。　《荆州占》曰：太白守五諸侯，兵起。　郗萌曰：太白犯乘守五諸侯，爲所中死，乘守者誅，若有殃，期三年，兵發。　石氏曰：太白中犯乘守五諸侯，諸侯兵死，期三年。

太白犯積水四十一

巫咸曰：太白犯守積水，其國有水災，水物不成，魚鹽貴。一曰：以水爲敗，糴大貴，人民飢，期二年。

太白犯積薪四十二

甘氏曰：太白犯守積薪，天下大旱，五穀不登，人民飢亡。

太白犯水位四十三

石氏曰：太白犯守水位，天下以水爲害，津關不通。一曰：大水入城郭，傷人民，期不出二年。

太白犯軒轅四十四

《荆州占》曰：太白犯軒轅，女御、天子僕死。　《文曜鈎》曰：太白入軒轅，四猾起。　石氏曰：太白入軒轅中，犯乘之，有逆賊，若火災。　《黄帝占》曰：太白出東陵，必有白龍出左右宫。若行軒轅中，犯女主，女主失勢，憂喪也，列大夫有放逐者，五官有不治者。色悴，爲憂爲疾。其所中犯乘守者，誅若有罪。　《荆州占》曰：太白行軒轅端，貫出其中，而東大臣出令。　石氏曰：太白在軒轅中，有以女請人君者。　《黄帝占》曰：太白中女主，女主當之。其守犯女主，女主有憂。《宋書·天文志》曰：魏青龍四年七月七日甲寅，太白犯軒轅大星。景初元年，皇后毛氏崩。晋成帝咸康六年六月七日，太白犯軒轅大星。七年三月，皇后杜氏崩。安帝義熙六年八月壬午，太白犯軒轅大星。七年八月，皇后王氏崩。宋文帝元嘉十六年八月朔日犯軒轅，明年，皇后袁氏崩。　《聖洽符》曰：太白守軒轅，兵大起，憂宫中，若有女喪。各以其所犯占之，期一年。　《帝覽嬉》曰：太白守軒轅大星，若環繞之，皇后有急，若憂誅。一曰天下易王，女主有殃。　《荆州占》曰：太白守軒轅，女御有誅者。　巫咸曰：太白行犯守軒轅，女主失政，若失勢。一曰大臣當之，若有黜者，期二年。司馬彪《天文志》曰：光武建武九年七月乙卯，金星犯軒轅大星，十月己丑又犯之。軒轅者，後宫之官，大星者，後宫之皇后，金犯之，爲失勢。是時郭后已失勢見踈，後廢爲中山太后。孝和元年四月乙酉，金星犯軒轅東北二尺，四年，竇氏被誅，太后失勢。孝桓永壽二年八月戊午，太白犯軒轅，大星爲皇后。後二年四月，懿獻后以憂死。　《荆州占》曰：太白中犯守軒轅左角，爲大臣當之。

太白犯少微四十五

石氏曰：太白入少微，君當求賢佐，不求賢佐則失奪勢。　太白犯守少微，名士有憂，王者任用小人，忠臣被害，有死者。　《黄帝占》曰：太白入中犯乘少微，爲宰相易，女主有憂。　石氏曰：太白入中犯乘守少微，爲五官亂，宰相憂。

太白犯太微四十六

《春秋緯》曰：太白犯太微，主受期命，奪號滅衝爲期。《宋書·天文志》曰：晋愍帝建武元年六月丁卯，太白犯太微，占曰王者惡之。七月，愍帝崩于寇廷也。　《帝覽嬉》曰：太白行犯太微左右執法，爲大臣有憂。司馬彪《天文志》曰：孝安元初元年閏月己未，太白犯太微左執法。建光元年五月，太后兄車騎將軍騭等七侯皆免官自殺。《宋書·天文志》曰：晋成帝咸康四年九月，太白犯左執法。五年七月庚申，丞相王導薨。安帝義熙六年九月甲寅，太白犯左執法。八年九月，兗州刺史劉蕃、尚書僕射謝琨伏誅也。　石氏曰：太白入太微庭所中犯乘守者，爲天子所誅若有罪。　郗萌曰：太白犯天府，庭臣爲亂。　太白犯左右執法，左右執法者誅若有罪。　《荆州占》曰：太白道從太微西蕃北南方星間入到南蕃東方星間南出，道也，中西蕃直坐

入者，非道也。　太白以庚子日順入太微天庭中，天子所使也；不以庚子日，非天子使。　太白入太微軌道吉。軌道者，入西門出東門，若左右掖門，行不留也。不軌道者，謂有所犯守也。　郗萌曰：太白當太微門爲受制，當在左執法受事。左右執法守太微門三日以下，爲受制，三日以上，爲兵，爲賊，爲亂，爲飢。石氏曰：太白出東掖門，爲相受命東南出，德事也；出西掖門，爲將受命西南出，刑事也。期以春夏。　太白入太微出左掖門，大將軍出東南伐；出右掖門，大將軍出西南伐，皆不出其年。　《黄帝占》曰：太白入天庭，色白潤澤，爲期百八十日有赦。　《帝覽嬉》曰：太白入太微而出端門，臣不臣。　《雒書》曰：太白入左右掖門，出太陽東門，强臣暴誅。若入端門庭守十日，臣欲害君，期不十日。　《春秋圖》曰：太白入西華門，出東華門，大臣作亂，謀其主，若諸侯不從王命，期百八十日若一年。　石氏曰：太白入太微庭中華東西門若左掖門，而南出端門者，爲必有反臣。　太白入西出東門，皆爲人君不安，欲求賢佐。　有入中西華門出中華東門，爲臣有不令。有入太陰西門出太陰東門，皆爲天下大亂，有喪，若大水。　甘氏曰：太白入太陰西門出東門，天下大亂，主死破宮，若有大水，期一年。　司馬彪《天文志》曰：王莽地皇四年秋，太白在太微中，燭地如月光。太白爲兵，太微爲天庭，太白嬴而北入太微，是兵將入天子庭也。是時王莽遣二公之兵至昆陽，已爲光武所破。莽又拜九人爲將軍，至華陰，皆爲漢將劉畢、李崧所破，進攻京師。十月戊申，漢兵自宣平城門入。二月己酉，城中少年子弟數千人起兵攻莽，商人杜昊殺莽漸臺之上，校尉公賓斬莽首，大兵蹈公庭之中，仍以更始入長安，居前殿，皆以火入宮庭者。　郗萌曰：太白入太微西門，犯天庭，出端門，爲大臣伐主。入西門而折出右掖門，爲大臣假主之威而不從主命。　太白入西華門出端門東門，詐稱詔。　太白入太微西門，若入端門出東門，爲貴者奪勢。　太白入太微中，臣相殺，國有憂。　《荆州占》曰：太白主西方北方，入太微西南陽星之南爲西方，入二星之北爲北方，皆臣殺主之候也。　犯帝座星，臣勝，不犯不勝，視其所止留之宿國，以知其所誅。《荆州占》曰：太白入太微西蕃第一星，行至東蕃第一星東下去太微者，天子之庭也，太白行其中，宮門當閉，大將軍被甲，守兵大臣伏誅，左右有罪者。　司馬彪《天文志》曰：孝靈帝建寧元年六月，太白在西方，入太微，犯西蕃南頭星。其年八月，太傅陳蕃、大將軍竇武謀，欲盡誅諸宦者。其年九月辛亥，中常侍曹節、長樂五官史朱瑀覺之，先矯制殺蕃等，家屬徙日南。　《荆州占》曰：太白入太微宮，爲天下驚，一曰有兵。太白入天庭，國不安其宮。　太白入太微中，近臣起兵；入庭中，丞相御史誅。

《北官候》曰：太白入太微天庭，天子自將兵，大臣謀立，若有誅者。　《黄帝占》曰：太白東行入太微庭中，出東門，天下有急兵，若守將相丞相御史大臣有死者；若入端門守庭，大禍至；入南門出東門，國大旱；入南門逆行出西門，國有大水；逆入東門出西門，大國破亡；若順入西蕃而留不去，楚國凶殃。　巫咸曰：太白逆行入太陽東門，出西門，有反臣欲伐其主，期九十日。　太白逆行入太微天庭中，爲大臣有誅，若諸侯戮死，期二年。　石氏曰：太白逆行入左掖門，爲臣刼其主。　太白逆行於太微之中，及出左右掖門，爲有逆謀，天子有命將征伐之事。一曰大赦可以解其患。　《荆州占》曰：太白逆行入太微天庭中，爲諸侯將有殺者。若至黄帝座而謀成，不至黄帝座而還，有謀不成，以其入日占國。　《玉曆》曰：太白逆行入太微，强臣凌主，天下大亂，諸侯皆兵强。　太白留太微庭中，天下大憂；中央留十日以上，爲天下亡，徒爲兵者。　太白道南蕃入，留止南門，爲大臣有憂。司馬彪《天文志》曰：太白嬴而北入太微，大兵將入天子之庭，出太微宮中，有兵。　《荆州占》曰：太白從右入七日以上，爲主有憂。　《感精符》曰：太白入端門而守之，大臣謀叛，將軍伐主，外臣陵内，天下大亂，期二年。《黄帝占》曰：太白干太微，留守二十日以上，爲必有兵革，天下大赦。　《春秋緯》曰：太白入太微庭，其陵犯留焉三十日，必有喪。　《荆州占》曰：太白入太微天庭中，犯乘守者，殺若有罪，各以守宦名名之。《宋書·天文志》曰：晉惠帝大安二年秋，太白守太微，成都、河間攻洛陽。三年正月，東海王越執長沙王乂，張方又殺之。

太白食若中犯乘守太微東西蕃四輔，爲君失禮，輔臣有誅者。

太白犯黄帝座四十七

石氏曰：太白犯黄帝座，改政易主，天下亂，存亡半。　《雒書罪級》曰：太白入黄帝座，强臣殺主。　《荆州占》曰：太白入黄帝座，其色白者爲有赦。太白入太微宮中，至黄帝座，有兵在中。　郗萌曰：太白抵黄帝座，爲有土功事。　《荆州占》曰：太白觸黄帝座，君死。　《黄帝占》曰：太白守黄帝座，爲大人憂。　《海中占》曰：太白守端門，若至帝座星南，禍小；若犯黄帝座，臣弑主，天下大亂，不出年。

太白犯四帝座四十八

石氏曰：太白犯四帝座，臣謀主，去之一尺，事不成。　甘氏曰：太白中犯乘守四帝座，天下亡。　《玉曆》曰：太白犯四帝座，臣謀主，若被誅。　石氏曰：太白中犯乘守四帝座，辟君憂也。

太白犯屏星四十九

郗萌曰：太白入太微宮中，至屏而留，爲有兵在中。　甘氏曰：太白犯守屏星，君臣失禮，下而謀上。一曰大臣有戮死者。　石氏曰：太白犯乘守屏星，君臣失禮，而輔臣有誅者，若免罷去。

太白犯郎位五十

甘氏曰：太白犯守郎位，輔臣有誅，左右宿衛爲亂，王者有備。

太白犯郎將五十一

巫咸曰：太白犯守郎將，命曰陵陵，則將有誅者，將憂。　《荆州占》曰：太白犯乘牛郎，將有以符節奸者。一曰必有不還使。　太白中犯乘守郎將，名曰陵節，郎誅。一曰大臣爲亂，誡左右。

太白犯常陳五十二

甘氏曰：太白犯常陳，守衛有謀，兵起宮中，天子自出行誅，期百八十日，遠一年。

太白犯三台五十三

《玉曆》曰：太白入犯上台司命，近臣有罰，若有誅。一曰近臣有逃走者。以五色占，色黄白當無故，青黑憂死，期一年。　《文曜鉤》曰：太白犯守中台司中，奸臣有誅，若有誅者，中公當之。　巫咸曰：太白犯守下台司禄，近臣有罪，若出走，色黑者死。　郗萌曰：太白犯守上台，大尉自將兵，在宮中大戰交刃，流血滂沱，貴人多死，期在七月；守中台，司徒反；守下台，司空反。　《荆州占》曰：太白守三台，天下驅掠，兵聚一隅。　太白舍天柱下，地大動，民恐，臣以謀主。　石氏曰：太白擊天柱，地大動，兵大起。

太白犯相星五十四

石氏曰：太白犯相星，輔臣凶。　太白守相星三十日，大臣爲亂，天下兵起，人主有憂。

太白犯太陽守五十五

石氏曰：太白犯太陽守，執御臣憂，内將軍有死者，期九十日。　甘氏曰：太白犯守太陽守，大臣戮死，若有誅，期不出年。

太白犯天牢五十六

石氏曰：太白犯天牢，王者以獄爲弊，貴人多有斬者。一曰若有赦，期不出百八十日。太白入天牢犯守者，以獄爲亂。

太白犯文昌宫五十七

石氏曰：太白入文昌，天下兵起，其君不安，若有走主。　《春秋緯》曰：太白入文昌，三軍反，兵滿都，以弱亡。

太白入北斗五十八

《玄冥占》曰：太白入北斗魁中，强臣奪主位，天子棄宮走，天下大亂，更政易王，期不出三年。　《甄曜度》曰：太白守北斗，入主御守，兵罷國亂。一曰執政令吏憂。以五色占之。　石氏曰：太白入守北斗，執政大臣有憂，若被誅。　郗萌曰：太白入守北斗，貴人有擊者。

太白犯紫微宫五十九

巫咸曰：太白守紫微宫，民莫處其室宅，流移去其鄉。

太白犯北極鉤陳六十

《聖治符》曰：太白入紫微宫中，犯北極，臣害其主，天下大亂，兵走四塞，易主，期百八十日，遠一年。　《黄帝占》曰：太白犯守北極主星，有大喪，大臣有誅。若抵之，兵喪並起。　《文曜鉤》曰：太白犯守太子庶子星，各以所守有罪若死。　《荆州占》曰：太白犯乘守北極主星者，爲大人憂。一曰有喪。一曰爲有反者。　太白三月舍樞星下，芒赤色，怒，兵起。　《黄帝占》曰：太白犯守鉤陳，後宮亂，兵起宮中倖臣謀主，有憂。

太白犯天一六十一

石氏曰：太白犯天一，倖臣有謀，兵起，人主憂。

太白犯太一六十二

石氏曰：太白犯太一，倖臣有謀，有兵起，人主有憂。

唐·瞿曇悉達《開元占經》卷五二　太白犯石氏外官一

太白犯庫樓一

郗萌曰：太白入庫樓三日，兵起尤甚。一曰兵起西北方。若舍之三十日，諸侯兵悉發，大將出。　《玉曆》曰：太白守庫樓，兵起，將軍出，車騎徧野。

太白犯南門二

石氏曰：太白犯守南門，邊夷兵起，若道路不通。

太白犯平星三

石氏曰：太白犯平星，凶。　《文曜鉤》曰：太白歷平星，主命傾。　甘氏曰：太白守平星，執政臣憂，若有罪誅，期一年。

太白犯騎官四

甘氏曰：太白犯守騎官，有兵起，馬多發，若多死。　石氏曰：太白入騎官，若守之，兵大起，車騎用，將軍出，若騎士憂。　郗萌曰：太白入守騎官，不出二十日，赦天下。

太白犯積卒五

石氏曰：太白入積卒，若守之，兵大起，士卒大行，若多死，期二年。　《玄冥占》曰：太白犯守積卒，主失位，天下亂，兵大起，期百二十日。

太白犯鼈星六

《黃帝占》曰：太白守鼈星，爲有白衣之會。　巫咸曰：太白犯守鼈星，天下有水旱之災，守陽則旱，守陰則水。

太白犯九坎七

石氏曰：太白守九坎，天下旱，名水不流，五穀不登，人民大飢。一曰之陽大旱，之陰有水。又曰犯守九坎，凶。

太白犯敗臼八

石氏曰：太白守敗臼，民不安其室，失其釜甑，若流移去其鄉。

太白犯羽林九

郗萌曰：太白入羽林，有反臣中兵也。《宋書・天文志》曰：宋明帝泰始元年十二月己巳，太白入羽林，占曰兵動。明年，羽林兵出，誅太宰江夏王義恭、尚書令柳元景、僕射顔師伯等。明年，會稽太守尋陽王子房、廣州刺史袁曇遠、雍州刺史袁顗、青州刺史沈文秀並反。　太白經過羽林中，天子爲軍自守。　《黃帝占》曰：太白守羽林，兵起，期六十日。　石氏曰：太白守羽林，爲有馬行，期三十日。　《甄曜度》曰：太白入守羽林，兵大起，大將軍出行，臣謀其主，若有喪，期二年。　《海中占》曰：太白入守羽林，有兵起。若逆行變色成勾己，天下大兵，關梁不通，不出其年。《荆州占》曰：太白入天軍，大將軍在外。　石氏曰：太白入天軍中，爲兵起。一曰入天軍留守，若變色逆行成勾己，爲兵起急。　郗萌占曰：太白犯天軍，爲兵起，有破軍死將。　太白入天壘，天下有兵，期二十日，若百二十日。　石氏曰：太白入守壘壁陣，天下兵起，左右倖臣爲亂，期四十日，若百二十日。

太白犯北落十

石氏曰：太白入守北落，亦爲兵，大合軍門。　《海中占》曰：太白守北落，天下有兵，夷狄入塞來侵中國，將士出。　石氏曰：太白與北落相貫抵觸，有光芒相及，爲兵戰，覆軍殺將，伏尸流血，不可當也，期百八十日若一年。

太白犯土司空十一

《聖洽符》曰：太白守土司空，邦君有死者。　《海中占》曰：太白守土司空，其國以土起兵，若有土功之事，天下旱。　石氏曰：太白守土司空，有兵喪，天下憂水。

太白犯天倉十二

《黃帝占》曰：太白入天倉中，主財寶出，主憂臣在內，天下有兵，而倉庫之户俱開，主人勝，客事不成，期二十日而發。　《荆州占》曰：太白守天倉，天下飢，粟出。　齊伯曰：太白守天倉，諸侯有發粟之事，有兵起。星若當户守之，將受命，不爲主用。　石氏曰：太白入守天倉，有兵起，食粟散出。一曰年穀不登，人民飢。　郗萌曰：太白中犯乘守天倉，四夷人相食，期三歲，兵起西方若北方。

太白犯天囷十三

石氏曰：太白入天囷，天下兵起，囷倉儲積之物發用。一曰御物多有出者，庫藏空虛，期二年。　《海中占》曰：太白入天囷，天下兵起，諸侯謀，囷倉庫藏有破者。《宋書・天文志》曰：晉孝武大元二年四月壬申，太白入天囷，占曰爲飢。隆安元年，王恭舉兵脅朝廷，内外戒嚴，出國寶以謝之。又水旱，民飢。

太白犯天廩十四

石氏曰：太白守天廩，天下大飢。　甘氏曰：太白入守天廩，天下有兵，歲大飢，倉粟散，不出其年。　《玉曆》曰：太白入守天廩，兵起滿野，天下粟出給軍糧。一曰糴貴。　石氏曰：太白犯守天廩，天下亂，粟散出。

太白犯天苑十五

《荆州占》曰：太白入天苑，出兵犯外夷。　《荆州占》曰：太白守天苑，兵起馬死。　石氏曰：太白入守天苑，牛羊禽獸多疾疫。若守之二十日，天下兵起，馬多死，其國憂。漢班固《天文志》曰：漢孝武元鼎五年，太白入天苑，占曰將以馬起兵也。一曰馬將以軍而死耗。其後以天馬故誅，大宛馬大死於軍。　《玄冥占》曰：太白入守天苑，邊境兵起，王者出兵征外夷，天下馬發。

太白犯參旗十六

《文曜鈎》曰：太白守參旗，九州騷動，天下皆兵，弓不下弦，矢不舍筈，其國不寧，王者有憂。　《海中占》曰：太白守參旗，兵大起，弓弩用，將士出行。一

曰弓矢貴。

太白犯玉井十七

《黄帝占》曰：太白入玉井，爲强國失地；其出之，强國得地。　巫咸曰：太白入玉井，國有水憂，若以水爲敗，水物爲不成，期不出年。　《感精符》曰：太白入守，玉井水兵大起，若以水爲變，魚鹽十倍。

太白犯屏星十八

甘氏曰：太白入屏星，爲大臣戮若疾。　《玄冥占》曰：太白入守屏星，諸侯有謀，若大臣有戮死者。

太白犯天厠十九

《黄帝占》曰：太白守天厠，爲大臣戮者。　郗萌曰：太白守厠星，國多疾疫，兵飢並起，人主有憂。　《甄曜度》曰：太白入守天厠，天下大飢，人相食，死者大半，期二年。

太白犯天矢二十

《帝覽嬉》曰：太白守天矢，貴人多有疾而病死者。一曰民多以飢死。

太白犯軍市二十一

《荆州占》曰：太白守軍市，以飢兵起。　石氏曰：太白入守軍市，兵大起，大將軍出，若以飢兵起。一曰天下亂，四夷兵起，道路不通。一曰大軍飢，絶其糧，兵士逃亡，期二年。

太白犯野鷄二十二

甘氏曰：太白入軍市，犯守野雞，其國凶，有死，將軍營敗，兵士散。

太白犯狼星二十三

《感精符》曰：太白守狼星，車騎出滿野。守二十日，將相有死者。　石氏曰：太白守狼星，野獸死。　郗萌曰：太白提狼星而出入守之，車騎兵出，大將有千里之行。　《荆州占》曰：太白守狼，敵兵起。　太白犯守狼星，大將出行，其國有兵。一曰有兵將死。　齊伯曰：太白犯守狼星，兵大起，士卒行，天下凶，諸侯相攻，多賊盜。《宋書・天文志》曰：晉惠帝永興二年四月丙子，太白犯狼星。是年苟晞破公師藩，張方破莊陽王虓，關西諸將攻河間王顒，顒奔走，東海王逐而殺之也。

太白犯弧星二十四

《荆州占》曰：太白守弧星，弓弩矢貴，大將軍有千里之行，民多死者。

《玄冥占》曰：太白守弧星，臣有謀主者，庫兵盡用，關梁四塞，津道不通，期二年。

太白犯稷星二十五

《海中占》曰：太白犯天稷，有旱災，五穀不登，歲大飢，五穀散出。

太白犯甘氏中官二

太白犯四輔一

《荆州占》曰：太白犯乘守四輔星，君臣失禮，輔臣有誅者。

太白犯天厨二

《荆州占》曰：太白犯天厨，大官事誅。　石氏曰：太白守天厨，大官吏死。

太白犯鼓旗三

石氏曰：太白守鼓旗，兵革起。

太白犯天田四

《文曜鈎》曰：發大兵相殘賊，則太白入天田。　《荆州占》曰：太白守天田，五穀傷。

太白犯天門五

《荆州占》曰：太白舍天門中，人主無出邦門之遠，宫廊廣門，大有伏兵。

太白犯平道六

甘氏曰：太白入守平道，天下兵亂。

太白犯酒旗七

《文曜鈎》曰：太白犯酒旗，三公九卿謀。　《荆州占》曰：太白守酒旗，天下大酺，有酒肉財物，若爵宗室。

太白犯天高八

黄帝曰：太白以四月從東方來，入天高，留三十日，民受賜；留五十日，兵起宫中。　郗萌曰：太白入天高成勾己，天下有憂。　太白舍天高中，有奇令。

太白犯礪石九

《荆州占》曰：太白守礪石，兵起，以入日占國。

太白犯積尸十

石氏曰：太白守積尸，大人當之。

太白犯天潢十一

《黄帝》曰：太白入天潢中，天下大亂，易政。一曰貴人死。　又曰兵起軍起，道不通。　郗萌曰：太白失度，留天潢，爲人主憂，以水爲害，若以井爲害，以入

日占其國。

太白犯咸池十二

《黄帝》曰：太白入咸池中，犯乘守之，有喪。　《春秋緯》曰：太白入咸池，天下亂，易政，人君惡之。　石氏曰：君死，皆以入日占其國。　甘氏曰：太白入咸池，有兵喪，天子且以大敗，失忠臣，若旱。一曰大水，道不通，貴人死，以入日占國。　石氏曰：太白入天井，大臣爲亂，國家易政令。　郗萌曰：太白入咸池中，犯乘守之，若糴貴。一曰爲有迷惑人主者。　《荆州占》曰：太白中犯乘守咸池，大兵起百萬人以上。

太白犯天街十三

郗萌曰：太白當天街，爲諸侯自立爲王。一曰大水。若留止逆行其中，爲兵革起。　《荆州占》曰：太白守天街，兵塞道。　《文曜鉤》曰：太白犯守天街，徘徊亂行，主弱臣强，道路絶，天下不通。　《荆州占》曰：太白不行天街，爲政令不行，不出其年有兵。

太白犯甘氏外官三

太白犯狗星一

石氏曰：太白守狗星，守衛之臣作亂。

太白犯狗國二

《荆州占》曰：太白順行守狗國，出兵討鮮卑、烏丸；逆守之，其國爲亂。

太白犯天田三

郗萌曰：太白提天田出入，大水。一曰五穀霜死。

太白犯哭泣四

《宋書・天文志》曰：晉孝武太元四年十一月，太白犯哭星，占曰天子有哭泣事。九月癸未，皇后王氏崩。　孝武大明三年十月，太白犯哭泣，後六宫多喪，公主薨，天子舉哀，歲大旱，民飢。

太白犯八魁五

《荆州占》曰：太白守八魁，兵大起。

太白犯鈇鑕六

《荆州占》曰：太白犯鈇鑕五日以上，臣有謀主者。　太白犯鈇鑕，誅執法之官。　郗萌曰：太白犯乘鈇鑕，爲鈇鑕用。一曰將有憂。

太白犯蒭藁七

《黄帝》曰：太白入蒭藁中，主寶出，憂臣在内。

太白犯九州殊口八

《荆州占》曰：太白守九州殊口，九州兵起。

太白犯天節九

《荆州占》曰：太白守天節，大將以兵出。

太白犯軍井十

《荆州占》曰：太白入軍井三日以上，其歲大水。

太白犯天狗十一

《荆州占》曰：太白入天狗，北夷大飢來歸，鄰國多土功。

太白犯天紀十二

《荆州占》曰：太白守天紀，天下兵悉起。

太白犯天廟十三

《黄帝》曰：太白入天廟，若守之，爲廟有事。一曰爲凶憂。又曰太白入守天廟，有廟殘之事，更不去死。

太白犯巫咸外官四

太白犯長垣一

《感精符》曰：太白入長垣，三公九卿謀主，兵大起，天下亂，王者有憂。

太白犯土司空二

《荆州占》曰：太白出入土司空，有大徭之事。

太白犯鍵閉三

郗萌曰：太白犯乘鍵閉星，大臣有悮，天子不尊事天者，致大災於宗廟，天子崩。一曰王者不宜出宫下殿，有匿兵於宗廟中者。

太白犯天桴四

《荆州占》曰：太白守天桴，兵鼓起。

太白犯天淵五

《荆州占》曰：太白守天淵，海水出，江河決，若海魚出。

太白犯斧鑕六

郗萌曰：太白中犯乘守斧鑕，爲斧鑕用。一曰兵將有憂。　黄帝曰：太白入斧鑕，爲大臣用。　《荆州占》曰：太白犯守斧鑕，兵起。　郗萌曰：太白入斧鑕，大將誅。　《荆州占》曰：太白犯斧鑕，誅執法之臣。

太白犯天廐七

《荆州占》曰：太白入天廐十日以上，廐馬有食變。　太白守天廐，爲廐災之事，人主以馬爲憂，不則馬疾。　郗萌曰：太白守天廐三十日，騎馬出。

唐・瞿曇悉達《開元占經》卷五三　辰星名主一

郗萌曰：辰星七名：小武星，天免，安周，細爽星，能星，鈎星。　《荆州占》曰：辰星一曰句星，一曰鼎星，一曰小霜，一曰音黄，一曰歲咸、吴龍。　《天官星占》曰：辰星，北方之位，黑帝之子，宰相之象，一名安調，一名細極，一名能星，一名鈎星，一名伺星。　辰主德，常行四仲。　張揖《廣雅・釋天篇》曰謂之爨星。《鴻範五行傳》曰：辰星者，北方水精也，於五常爲智，揚攉貪道，於五事爲聽，不惑是非。　智虧聽失，逆冬令，則辰星爲變怪，爲水災，爲四時不和。　班固《天文志》曰：逆冬令，傷水氣，則罰見辰星。　《淮南子》曰：北方，水也，其帝顓頊，其佐玄冥，執權而治冬。　其神爲辰星，其獸玄武，其音羽，其日壬癸。　《荆州占》曰：辰星色□，太陰之精，黑帝之子，立冬主北維，其國燕趙，於日壬癸，其位卿相。　又曰人君之象，天子執政主刑，刑失者罰出辰星之易是也。　《合誠圖》曰：星主正常。　巫咸曰：辰星主調和陰陽，節四時，効其萬物。　辰星脩順之則喜，逆之則怒。　班固《天文志》曰：辰星，殺伐之氣，鬬之象也。　《五行志》曰：辰星爲蠻夷。　《荆州占》曰：辰星主内謀，天下有急，一時憂出。　辰星主刑罰，王者殺無辜，好暴逆，簡宗廟，重徭役，逆天時，則辰星伏而不效。　主恩寛，赦有罪，輕徭役賦斂，賑貧窮，調陰陽，和四時，則星效於四仲，天下和平，災害不生。　《荆州占》曰：辰星主刑獄法官及廷尉，人君宰相之治，重刑罰，惰法令，殺無罪，戮不辜，弃正法，貨賂上流，則辰星不效，度不時節，法官憂。　《荆州占》曰：有軍於野，辰星爲偏將之象；無軍於野，辰星爲刑事之象。　辰星主德，燕趙代以北，宰相之象。　石氏讃曰：辰星效四時，和陰陽。

辰星行度二

《洪範五行傳》曰：辰星以上元甲子歲十一月甲子朔旦冬至夜半甲子時，與日月五星俱起牽牛前五度，右行迅疾，常與日月相隨，見於四仲，以正四時，歲一周天。　案曆法，辰星夕見西方，三十日而伏，二十二日而晨見東方而伏，伏入三十三日一千五百四十分日之一千一百六十八奇六十六，復夕見西方如初，一終凡一百一十五日一千一百七十八奇六十六。　星行度數亦如之。　是七十七年而二百四十九終也。　星平行日一度一年周天。　舊説皆云辰星效四仲，以爲謬矣。　丞相之象，一歲一周，出以四仲，天下和平，不出四仲，災變生，人民大飢，穀不榮，陰陽錯亂，國家傾，冬温夏寒，害傷人。《洛書》曰：春分二日，辰星在奎，晨見東方，十八日而晨入東方。　夏至二日，辰星在井，晨見東方，十八日而晨入東方。　秋分二日，辰星在氐，昏出西方，十九日而昏入西方。　冬至二日，辰星在女，昏出西方，十九日而昏入西方。　《春秋緯》曰：辰星出四仲爲初紀，春分夕出，夏至夕出，秋分夕出，冬至晨出，其出常自辰戌入丑未。　《淮南子》曰：辰星正四時，常以二月春分效奎婁。　效，見也。　以五月夏至效東井輿鬼，以八月秋分效角亢，以十一月冬至效斗牛，出以辰戌，入以丑未。　出二旬而復入，晨候之東方，夕候之西方。　石氏曰：辰星仲春春分暮出奎、胃東五舍爲齊，仲夏夏至暮出東井、輿鬼、柳東七舍爲楚，仲秋秋分暮出角、亢、氐、房東四舍爲漢中，仲冬冬至晨出東方與尾、箕、斗、牛俱出西方爲中國。　甘氏曰：辰星是正四時，春分效婁，夏至效輿鬼，秋分效亢，冬至效牽牛。其出東方也，行星四舍，爲日四十八日其數，二十日而反入於東方。　其出西方也，行星四舍，四十八日其數，二十日而反入于西方。　皇甫謐《年曆》曰：辰星春分立卯之月，夕效於奎婁；　宋均曰：常以二月春分見婁。　夏至立午之月，夕效於東井；秋分立酉之月，夕效於角亢；　宋均曰：見角、亢。　冬至立子之月，晨效於斗牛。　出以辰戌，入以丑未。　宋均曰：二旬入。晨候之東，夕候之西。　其星將出，必先陰風，辰之情也。　巫咸曰：辰星出四仲，以正四時；出孟，天下大亂更王。　出四季，彗星出，有敗國。　一曰諸侯不反命。　班固《天文志》曰：漢高之時，辰星出四孟，後二年漢滅楚也。　《尚書緯》曰：文政失於冬，辰星不效其節。　《孝經援神契》曰：辰星出仲，德和柔。　巫咸曰：辰星出，常不見山海，且有聚卒。　辰星受制則閉門閣，無通客，斷罰殺，當罪節闗梁，禁流從。　郗萌曰：太白不出，辰星獨出，西方兵起不戰。　辰星入，兵罷。　《荆州占》曰：太白不出，辰星獨出東方，天下有兵罷，無兵有德令。

辰星相王休囚死三

《荆州占》曰：辰星之相也，從立秋以至秋之盡，其色即當精明，無芒角，不摇光。　辰星之王也，從立冬以至冬之盡，其色則當比奎大星，而青白有精光。冬至之時有芒角。　辰星之休也，從立春以至春之盡，其色則當無精光，微小而蒼黄。　辰星之囚也，從立夏以至夏之盡，其色即當赤黑而不明。　辰星之死也，從仲夏以至夏之盡及四季，其色則當赤細小微不明。　又辰星之死也，從仲夏以至夏之盡及四季不行，有囚色，秋不下霜，有死色，禾稼不成，雷電不藏。　其留

守也，其國破亡。其進舍也，與五星舍其下，有殃。其退舍也，五星及之，不可舉事用兵。　甘氏曰：當其王也而有相色，大臣專政，令不行。有休色，冬不冰。有囚色，冬無霜雪。有死色，冬有霧，日不明，雷電行。其留守也，其國不祥。其進舍也，與五星合，天下有謀。其退舍也，五星及之，不可舉事用兵。　當其休也而有王色，是謂不祥，人主弊，臣下縱横。有相色，將相君臣不和。有囚色，夏不雨，天旱。有死色，六月大疫，傷貴人，有土功。其留守也，其國多小兒喪。其進舍也，五星合其下，有水災。其退舍也，五星及之，不可舉事用兵。　當其囚也而有王色，則夏雨雪霜，螯虫生，雷雹行。有相色，秋有暴兵。有休色，流水湯湯。有死色，有暴獄，大臣受殃。其進舍也，與五星合，有德令。其退舍也，五星及之，其下之國不可舉事用兵。　當其死也而有王色，貴人疾疫。有相色，臣下疾疫。有休色，庶人疫。有囚色，大旱。其進舍也，與五星合，其年不登，政令重，使者相望。其退舍也，五星及之，其下之國有兵不成。

五星光色芒角四

甘氏曰：候辰星以冬壬癸，此王氣，色當如其常色，變則失所也。　《荆州占》曰：辰星色比織女大星，爲正色，青比左角，赤比參右肩，黑比亢，比辰星之常色也。　《禮斗威儀》曰：居水而王，辰星揚光。　《春秋緯》曰：辰星之効也，其色春青黄，夏赤白若赤黄，秋青白，國有德令。冬黄而不明皆無傷也，則變厥也。其時不昌，辰星當効而出，色白爲旱，黄爲福，又爲五穀熟。赤爲兵，黑爲水，青爲疫。　石氏曰：其國失刑失冬政，則辰星易色。　辰星在東方，其色赤，中國勝。其出西方而赤，倍海國勝。天下無兵於外，而赤則兵起。　辰星其色黄而小，出而易處，天下之災變而不義美矣。　辰星之制也，仲夏五月而出，則當赤黑色，今反青黑，其時多水。晚出爲箒星，必有空國。　巫咸曰：辰星四時皆變其色，不出其年，君以女憂亡。一曰以女樂亡。　《荆州占》曰：辰星正旗而出，破軍殺將。視旗所指，順而擊之，大勝。　石氏曰：辰星芒角爲毀，則君蔽，期九年，奸興，三九二十七年，亂不禁。

辰星盈縮失行五

《春秋緯》曰：辰星其時宜効而不効，爲失律，天下有兵不出，兵在外不戰。辰星三時不出，兵甲大起；四時不出，天下更政。　《元命包》曰：刑失則簡宗廟，廢祭祀，故辰星不以時出，當寒反温，四時錯政。　《春秋緯》曰：辰星失其時而出，當寒反温，當温反寒，政反清濁同倫也。　《考靈曜》曰：政失於冬，辰星不効其鄉。　《孝經鈎命》曰：失信則辰星縮，天下大水，歲不豐熟。　石氏曰：辰星當出而不出，謂之擊卒，伏而待，兵大起，豪傑發。　甘氏曰：辰星政緩則不出，急則不入，非時則占。　邦將大飢，辰星出不以時。　巫咸曰：辰星一時不出，其時不和，兵起。二時不出，二時不和。一曰名水大出。三時不出，三時不和，兵甲大起。四時不出，天下大飢，有決水流殺人民。一曰有孛星出於東方。　辰星春不見，期百八十日，大風發屋折木，秋不實，不見婁，長稼傷，乃見彗星。　辰星夏不見，期百六十日旱，冬則不藏，不見輿鬼，中稼傷，乃見月食。　辰星秋不見，期百八十日有兵，不見亢，穉稼傷。　辰星冬不見，期百八十日陰雨，六十日有流民，夏則不長。不見牽牛，民大流。　辰星上出四孟，天下亂。一曰天下更王。　《洪範五行傳》曰：辰星出孟，易王之表也。漢高三年，辰星出四孟，後二年，漢滅楚也。　辰星一時而再見，兵起。其行右，兵右行，行左，兵左行，有兵兵罷。一曰辰星一時再出，色赤而角，不出其年中而兵起。　辰星亂行，流水湯湯，兵革搶搶。使之不殺，治溝渠，通水道，如此則止。　辰星出天南，大潦；出北，大旱。　《海中占》曰：辰星出四孟，爲月食；出四季，彗星。　主好破壞名山，壅塞大川，通谷名水，則辰星不出，歲大旱，草木不長，禽獸牛馬不蕃，五穀不滋，民多病體癰疽。　辰星逆行一舍，以其時水出。　京房《對災異》曰：人君内無仁義，外多華飾，則辰星失度。不救，必有逆主之謀。其救也，明刑慎罰，審法心中，無縱功，治城郭，可以聘士來賢，廣恩行惠，則災消矣。　《荆州占》曰：辰星出不待其時，當水反旱，當旱反水。　辰星不以時効者，用刑罰不中。　辰星一時不効，其時不和。二時不効，風雨不適。三時不効，水旱不調。四時不効，王者憂綱紀，天下飢荒，人民流亡，去其鄉。　辰星不効四仲，則春多苦雨，夏多淒風，當温反寒，當寒反温，陰陽不和，五穀不成。辰星出四季，有破軍。　巫咸曰：辰星出四季，敗國。　《荆州占》曰：辰星春不見，期百日，必有暴風疾雨而傷苗稼。夏不見，爲旱飢，期九十日，有流民。秋不見，期六十日，大水。冬不見，五穀不藏，人民流亡。四時俱不見，河海決波。仲女爲妖，彗見於二十八宿，各以其舍命其國。　辰星縮，天子失卒，臣害作。辰星亂行，甲兵鏘鏘。上見四孟，改政易王。見於四仲，陰陽和，五穀成；下見四季，寇賊相望，政失綱。　辰星變色而逆，其國殃。留守環繞不去，其國大凶，無道。　水星一南一北，害於禾稷，侯王有憂。　辰星行諸列宿，失道乘陽，爲水，乘陰爲旱。　石氏曰：辰星出孟月，天子尊師習兵，有殺謀。　郗萌曰：辰星

出西丁未間，天下大旱，赤地千里。

辰星晝見經天六

石氏曰：辰星晝見，其國不亡則大亂。　《荆州占》曰：辰星經天，凶。

辰星變異生足大七

《龍魚河圖》曰：天辰之氣主司災，其精下爲先農之神。　巫咸曰：辰星下爲女子，止於都津。　石氏曰：辰星之爲雲如曲流，水災，期四月。　《春秋緯》曰：辰星生足，故主走，新主入。　石氏曰：辰星始出東方而大，天下有兵。巫咸曰：辰星失其常，賊人且昌，社稷傾亡，事行脩鼓革，男女更治，事不治。《荆州占》曰：辰星出東方，白而大，有兵於外解。色黄，國有福，五穀熟。色赤，旱，爲兵。色黑，爲水。青爲憂，白喪。　巫咸曰：辰星小而失常，主近無益之臣妾，内亂兵起。　《天官書》曰：辰星黄而小，出而易處，天下之文變而不善矣。　巫咸曰：辰星小而動，兵小起，大動，兵大起。　《文曜鈎》曰：辰星小而色黄，地大動。　《荆州占》曰：辰星始出東方，小而不明，天子有無益事。　辰星小而色黄，當雨反旱，當旱反雨。

辰星流與列宿合鬬八

巫咸曰：辰星流，君臣倍，有反事。一曰流若明明信有事。　石氏曰：辰星流出，天下有大水，太子御史諸官多死。　《荆州占》曰：辰星與宿合東方，臣伐主。　巫咸曰：辰星與宿合若鬬西方，期六月，强國宫中有事。　班固《天文志》曰：辰星與他星遇而鬬。晉灼曰：妖星，彗孛之屬也。　一曰五星，天下大亂，出於房心間，地動。

辰星禳氣暈彗九

《黄帝占》曰：辰星生氣而爲黑禳，明日大霧，暮時大雨，不出六十日，所在宿獨大水。　《孝經内記》曰：辰星生氣而爲黑禳者，不出六十日，牛馬羊皆貴三倍。　《荆州占》曰：辰星出禳氣一丈，大水。　《孝經右秘》曰：辰星冠珥，帝不明，三月之中，正陽滅弱，下力强，陰制政，反蔽陽，佞人出，世有兵。　辰星冠珥，王失土。　巫咸曰：辰星白暈邊，有兵；有失色，兵，其國凶。　辰星白暈邊，有水兵，患三年乃止。　郗萌曰：辰星出彗東北，不出三月，兵聚其下。司馬彪《天文志》曰：光武建武三十年閏月甲午，水在東井二十度，生白氣，東南指，焰長五尺，爲彗，東北行至紫宫西藩上，白氣爲喪，有焰作彗。彗，所以除穢。紫宫，天子之宫。彗加其蕃，除宫之象。後三年，光武崩。

唐・瞿曇悉達《開元占經》五四　辰星犯東方七宿

辰星犯角一

《黄帝占》曰：辰星出中道，天下太平，出陽道，旱，出陰道，多雨，多陰謀。乘左角爲旱，乘右角爲水，兵小戰。　乘右角，將相若后家族有坐法死者。　近角合鬬，女子爲天下害，大臣殺主。　留兩角間，關梁不通，軍有釁國庭，邊境不通。　守角王者，刑罰急，國有帝者，天下大亂。又爲水災。一曰多水災，一曰五穀不成。又曰水滂滂，民往來舟船相望。　守左右角，黑爲水，赤爲旱，青爲憂，白爲喪。　守角中央，爲大臣憂。

辰星犯亢二

辰星舍亢，歲小水，燋旱不至。　辰星數入亢，其國疫病。　乘亢左星，萬物不成，五穀貴。　乘右星，爲大兵，有奇令。　乘若守亢左星爲水，乘右星爲大兵，爲有擊者，逆乘滅右星，爲大人憂。　守亢，多盜賊，兵並起，人民相惡。逆行守亢，爲中央。　入亢而犯守之，名曰陰閉三光，大水滂滂，無有立牆。

辰星犯氐三

辰星入氐犯守，貴臣暴，憂法官，有獄事。　乘氐右星，天下有大水、大兵，天子有自將兵於野。　守氐其下七日，有水；守十八日，有兵大起，遠九十日。守氐，多惡風，天下大旱，穀不成，天下大疫，國易政。　守氐，爲多水災。

辰星犯房四

郗萌曰：辰星入房三道，爲天子有子。　入房十日成勾己，爲天子忌之，以赦解之。　守房，人民多暴死者。又爲良馬出廐，或有暴誅，大臣相害乖，天下道不通。一曰天下水起，不則有兵。　守鈎鈐，地裂若山崩。　辰星犯守房，馬大貴，若大赦。　入守房心間，地動。　守房，爲人主無下堂。又曰東去而復還，成勾己，爲后夫人有喪。一曰爲大飢，人相食，死者不葬。又曰守南以水起兵。　守房，爲天下諸侯相謀慮，道不通。一曰天下易王，大人喪，有反逆臣。逆行守房心，天子被藥酒死。一曰宫人食糟糠。　犯房，穀大貴，大飢。犯若守房，有白衣之會。一曰爲天下相誅。若犯左右驂，大人中，相誅。　犯房，奸臣有謀。　辰星留逆犯守乘陵房左右驂，若左右服，皆爲主崩，臣有謀，陰所中，將謀。　逆行乘陵中道，天子失位而亡；順行乘陵中道，天下和平。　辰星犯乘鈎

鈐，大臣有悮，天子不尊事天者，致大災於宗廟，王者不宜出宮下殿，有謀匿於宮廟中者。　犯鉤鈐，王者憂。　中犯乘陵房星者，國君憂。　色青憂喪，赤憂積尸成山，黑有將相誅，白芒角大哭。

辰星犯心五

辰星犯天子，王者絶嗣；犯太子，不得代；犯庶子，庶子不利。　辰星經心，清明烈照，天下内奉明王，帝必延年。　合心玄色不明，有喪。　守心，以水滅火，三日不去，主服女藥，大臣相戮，山川大潰，水溢滂滂。　一曰大人以外兵死。　色黄增地，色白有義於天下。　一曰陰侵於陽，臣謀其主。　又曰天下大敗易王。　一曰大臣弒主。　逆行守房心，天子被藥酒死。　一曰宮人食糟糠。　辰星中犯乘守心明堂，大人憂，大臣當之，在陽爲燕，在陰爲胡，期十月，遠三年。　辰星逆行犯心明堂，環繞成勾己，爲大人憂，期六月，若遠三年，赦以解之。　辰星中犯乘守心明堂，皆爲内亂，臣欲殺主，有亡國，近期十月，中期一年，遠期二十八年。　又曰大臣當之。　留逆犯守乘陵心星者，宮内賊亂臣，下有謀易王權，在宗家及得勢大臣。

辰星犯尾六

辰星入尾，天下大水，江河決溢，魚鹽貴三倍。　辰星入九江，天下多水。　守尾者，爲大人女君惡之。　辰星守尾，大飢，人相食，民異其國，君子賣衣，小人賣子，妃后亂。　守尾，執政得事。　又曰，以水起兵，其年必成。　一曰疾病。　守尾、箕，後宮有省者。　一曰後宮有罪廢者。　守尾，爲用事者當之，天下牢開大赦。　一曰天下大水，萬物不成，民多疾疫。　留逆犯守乘陵尾，皇后以珠玉簪珥惑天子者，誣讒大起，后相貴臣誅，宮人出走，兵起宮門。

辰星犯箕七

辰星犯箕，河水大溢。　若入箕中，伺其出日而數之，皆期三十日，兵發。　伺始入處之，率一日期十日軍罷。　若入箕，天下大赦。　一曰牢開。　一曰大人當之。　守箕，皆爲其歲水。　一曰皆爲女主憂。　合箕，用事者坐之。　出箕，穀大貴，天下大旱，飢死過半。　守箕中，國有大兵，執政者當之。　若守之七日以内，禍災起，若有疾風解之。　守箕，若角動色黑，貴者有棄損自戮死。　守箕，歲大旱，多大災，萬物不成。

唐·瞿曇悉達《開元占經》卷五五　辰星犯北方七宿

辰星犯南斗一

石氏曰：辰星犯南斗，爲赦。　巫咸曰：辰星入南斗口中，大臣誅。　一曰不用衆而有天下。　郗萌曰：辰星入南斗，天下受爵禄，期六十日若九十日。　《文曜鉤》曰：辰星之南斗，天下大水，五穀傷，人民飢。　辰星居南斗河戍間，道不通。　《黄帝占》曰：辰星守斗，有兵。　赤而角，天下敗，白而大，裂地相賂爲和。　黑而小，其國亡。　石氏曰：辰星守南斗，在北民凍死，在西虎狼多入邑，在南狗多死，在東女子多死。　劉向《洪範傳》曰：辰星守南斗，不可舉事用兵，必受其殃。　甘氏曰：辰星守南斗，若角動色青黑，萬民大死，橋梁不通，天下水起。　辰星失次守南斗，所守者誅。　郗萌曰：守南斗，有兵，易正朔。　陳卓曰：辰星守南斗，萬物不成，五穀傷。　石氏曰：辰星犯南斗留守之，破軍殺將。　司馬彪《天文志》曰：辰星犯南斗，有戮將，若有死相。

辰星犯牽牛二

郗萌曰：辰星乘牽牛，爲人相弃於道。　陳卓曰：辰星乘牽牛，穀貴，天下大水。　巫咸曰：辰星守牽牛，爲五穀不成。　《感精符》曰：辰星守牽牛，國以水爲敗，犧牲疫牛多死。　《春秋緯》曰：辰星守牽牛，牛先賤後貴。　石氏曰：辰星守牽牛，水涌爲敗，大牛多死。　辰星守牽牛，民有自賣者，歲多水災，萬物不成，五穀傷。　一曰地氣泄，貴人多死。　甘氏曰：辰星守牽牛，有犧牲之事，若使人以四足虫爲虎來者，色青有病，色黑有死喪。　《海中占》曰：辰星守牽牛，歲多水，民歸兵陵，齊、燕尤甚。　郗萌曰：辰星守牽牛，民人死喪。　一曰穀貴，民多流亡。　《荆州占》曰：辰星守牽牛，關梁不通。　陳卓曰：辰星守牽牛，臣謀其主。　甘氏曰：辰星犯牽牛留守之，爲有破軍殺將。　陳卓曰：辰星犯守牽牛，涌水出。　《北官候》曰：辰常以冬朝牽牛，當朝不朝，名曰失律；二時不朝，名曰失政；三時不朝，五穀不登。　郗萌曰：辰星急過牽牛，一度過，水一動；二度過，水二動；三度過，水三動；四度過，水四動；五度過，水小出；六度過，水大出，地爲之動。

辰星犯須女三

《黄帝占》曰：辰星守須女，其國當有娶婦嫁女之事，若他國來貢女者。　一曰兵起，大臣當之。　石氏曰：辰星守須女，爲有女喪。　巫咸曰：辰星守須女，爲萬物不成。　《海中占》曰：天下水雨無濟者，至關東盡然。　郗萌曰：爲后夫人有變，妾爲主。　一曰爲大水且至。　若守須女南，其地數被火；守其北，數被水。　石氏曰：辰星犯守須女，女主御世，天下大赦，其國驚水，國大亂。

《荆州占》曰：天下多寡女，若子死，繒帛貴。　陳卓曰：天下有雨災，萬物不成，國飢，民多疾。　陳卓曰：辰星逆行留犯守陵須女，天子及大臣有變，必有奇政令。

辰星犯虚四

《洛書》曰：辰星犯虚，大臣爲謀，主有兵起，其國必敗。　甘氏曰：辰星犯虚，其邦多水災。　《洛書》曰：辰星入虚，有兵起。　《文曜鈎》曰：辰星躍入虚，得所欲。　巫咸曰：辰星入虚中，伺其出日而數之，期二十日，爲兵發，伺始入處之，率一日期十日軍罷。　郗萌曰：辰星入虚，爲有德。　《春秋緯》曰：辰星之虚，兵起，大水出。　郗萌曰：辰星在虚東，春水；虚南，夏水；虚西，秋水；虚北，冬雷雨水。　《黄帝占》曰：辰星守虚，雨水常降流溢滂，其國失綱，人民流亡。　石氏曰：辰星守虚，國内亂。　一曰政急，天下大亂，天下虚，大人憂。　甘氏曰：辰星守虚若角動，青色，臣有欺君者，有兵有喪於國内。　《海中占》曰：辰星守虚，有兵災，丁壯行徭，妻子獨居，萬室虚。　一曰春旱秋水，五穀不成。　郗萌曰：辰星守虚，有武臣誅，國必亡。　一曰中山水出，人民無所居，從山而處，災生，日並見。　《荆州占》曰：辰星犯乘虚，若冬守其陽，色赤黄，旱，萬物不成，亂兵起。

辰星犯危五

《荆州占》曰：辰星犯入危，奸臣謀主。　一曰天下大亂，若賊臣起。　巫咸曰：辰星之危，霖雨百日，其國大水，五穀不成，人民飢。　石氏曰：辰星守危，糴大貴，天下起兵，兵大發。　辰星去危，客水滅名宫；若守危，大水，有大喪。　甘氏曰：辰星守危，大臣有戮，刑法官有憂。　一曰皇后憂病，兵喪並起。　《海中占》曰：辰星守危，天下兵大發。　郗萌曰：其國破危。　一曰爲大人蓋屋事。　若逆行守危，其君簡祭祀。　陳卓曰：辰星犯守危，國多水災。　郗萌曰：辰星守墳墓，爲人主有哭泣之事。

辰星犯營室六

郗萌曰：辰星犯營室，爲土功事。　犯陽陽有急，犯陰陰有急。　《黄帝占》曰：辰星入營室，天下兵乘水欲攻王侯之國，不出百二十日。　《春秋圖》曰：辰星之營室，天下徭役，民不寧其處。　甘氏曰：辰星守營室，其色青，宫中女多有死者，大人憂，一旬三月相近，三旬五月國君死。　巫咸曰：辰星守營室，多水災，五穀不成。　郗萌曰：徭役起。　一曰后夫人憂，有大喪。　一曰守營室東壁北，關梁不通。　又曰守營室爲大人忌，以赦令解之。　《玄冥》曰：辰星守營室，大兵乘船，大水欲入侯王之國，不出四十日。　《百二十占》曰：天下諸侯發動於西北。　《聖洽符》曰：犯守營室中，女有天死者，大人有土功之事。

辰星犯東壁七

陳卓曰：辰星犯東壁，王者刑急法深，朝廷憂愁，國有蓋藏保守之事。　《春秋圖》曰：辰星之東壁，天下和平。　石氏曰：守東壁，國有大喪。　一曰大水。　又曰兵革起。　郗萌曰：辰星守東壁，爲大人衛守。　一曰爲天下兵起。　又曰秋兵起，亦云有土功事。　又曰爲多水。　一曰歲晚水。　《春秋圖》曰：辰星入東壁而守之，奸臣有謀。　《玉曆》曰：逆行守東壁，大水出，橋梁不通，舟船用，民大飢。

唐・瞿曇悉達《開元占經》卷五六　辰星犯西方七宿

辰星犯奎一

石氏曰：辰星入奎，有決漏之事，名水有絶。　《海中占》曰：辰星潤澤出奎，有差令；變色入奎，有爲令來者；出奎，有爲令出使者。　《春秋圖》曰：辰星之奎，天下賤人出貴女。　《黄帝占》曰：辰星守奎，奸臣賊子謀弑其主。　《河圖》曰：有大水之災。　又曰大臣下獄。　《聖洽符》曰：有溝瀆之事於國外。　石氏曰：外國之王入御中國。　一云天下多愁。　一曰山水潰出。　巫咸曰：多火災，爲旱，萬物不成，有兵災。　郗萌曰：有水事。　《荆州占》曰：王者憂之，大人當之。

辰星犯婁二

《聖洽符》曰：辰星之婁，其國任能，賢人當用，良才得達。　甘氏曰：辰星守婁，若角動，赤黑色，臣有争禄而起兵者。　巫咸曰：多火災。　郗萌曰：爲白衣之會。　又曰：外國之主入御中國。　《天文志》曰：辰星守婁，爲兵，爲匿謀。　郗萌曰：有兵兵罷，無兵兵起。　《荆州占》曰：有兵，犧牲多死。　陳卓曰：多水災，萬物五穀不成。　《百二十占》曰：且有水出。　陳卓曰：犯守婁，刑罰劇急。　《洛書》曰：逆行守婁，歲有水，若有蝗蟲，犧牲多死，萬物不成。　甘氏曰：辰星入婁，犯守之，王者刑法急，大臣當誅，必有下獄者。

辰星犯胃三

郗萌曰：辰星犯胃，天下穀無實，以飢爲憂。　一曰爲亂。　《春秋圖》曰：辰星之胃，布帛賤。　《黄帝》曰：辰星守胃，且有兵令。　一曰國主當之。　《黄

帝》曰：有兵，國以無義失弊。又曰大飢失政。一曰有陰兵，夷狄勝中國。甘氏曰：辰星守胃，若角動，色赤白，以水兵起，無名而窮。又曰有立侯王，若旱，五穀不成。巫咸曰：辰星守胃，多火災，爲旱，萬物不成，有兵。《海中占》曰：民人大飢，亂。《荆州占》曰：逆行守胃，天下有兵，倉穀空虚。《雌雄圖三光占》云：辰星犯胃，母子同死，國立後王，且有急令，國主當之。陳卓曰：若犯守胃，國主不寧。《荆州占》曰：辰星守胃，穀貴，傷火災。

辰星犯昴四

石氏曰：辰星犯乘昴，且有亡國，有謀主之變。若行其北，西夷有毒霜旱降，歲有疾癘。《荆州占》曰：辰星犯乘昴，夷狄之兵起爲民害。郗萌曰：辰星乘昴，若出北者，爲陰國有憂，若北主死。郗萌曰：入昴中，有三丈之水，五穀不成，大飢。《春秋圖》曰：辰星之昴，民且從之陵。石氏曰：辰星留二十日若六十日守昴中，國開門，有大客，國政大危，易政令，若自來之王。《黄帝占》曰：辰星守昴，兵起破散，民流亡。《洛書》曰：大水決溢，爲民害，傷五穀。石氏曰：夷狄勝中國，若五穀不成，民大飢。甘氏曰：守昴若角動，其謀者在北方，大將之家，外戚之親，以星入日占期。甘氏曰：辰星守昴，執法臣誅。郗萌曰：天下失綱，有兵。一曰起中野。又曰多水災。又曰守畢昴，東行至天高，復反至五車，爲邊兵發，有赦。《感精符》曰：逆行守昴，有兵，大臣有坐法死者。一曰寃獄失理。《荆州占》曰：逆行守昴，環繞兵起。郗萌曰：犯若守昴，爲白衣之會。《雌雄圖三光占》曰：犯守昴，夷狄之兵起，國失政，一曰有陰兵。郗萌曰：中犯乘守昴，爲兵北征。

辰星犯畢五

《黄帝占》曰：辰星犯畢，出其北，爲陰國有憂；出其南，陽國有憂。郗萌曰：辰星犯畢，若入之，兵起於外，狄有憂。《荆州占》曰：犯乘畢，邊兵起。巫咸曰：入畢中，各伺其出日而數之，期二十日爲兵發，伺始入處之，率一日期十日爲軍罷。《海中占》曰：入畢中，有兵。一曰歲熟。郗萌曰：有憂。一曰其國易主。石氏曰：出畢陽則旱，出畢陰則水，爲政令不行。《春秋圖》曰：辰星之畢，有大赦。《黄帝占》曰：辰星守畢，山崩民流。《聖洽符》曰：川河大盛，民多死亡。《春秋圖》曰：子歸母，天下安寧，若有赦。巫咸曰：辰星守畢邊，有以水起兵者。石氏曰：山水潰，河大溢，潦大至。甘氏曰：辰星守畢，民多疾病死亡。巫咸曰：有水災，萬物不成。郗萌曰：野人爲亂。陳卓曰：犯附耳爲兵起，若將相有喪憂也，不則免退。郗萌曰：守畢，急謀兵，期八十日若八月。

辰星犯觜觿六

石氏曰：辰星犯觜，其國兵起，天下動移。《荆州占》曰：犯乘觜，憂水兵之災。郗萌曰：入觜中，伺其出日而數之，期二十日兵發，伺始入處之，率一日期十日軍罷。石氏曰：守觜西方，客動侵地，欲爲君王，崇禮以制義，則國安。甘氏曰：守觜，子歸母，君臣和同。巫咸曰：爲萬物不成。一曰旱，五穀不成，大人憂。又曰不出百日，天下大飢。巫咸曰：多火災。《海中占》曰：守觜中，有兵。郗萌曰：守觜，萬物五穀不成。一曰天子不可動衆行兵。又曰有反臣，不出百日，天下水，趙國尤甚。

辰星犯參七

甘氏曰：辰星犯乘參，貴臣黜。《荆州占》曰：國有水兵。《春秋圖》曰：之參，兵大起。巫咸曰：留止衡，兵革起；守參，貴臣黜。郗萌曰：逆行若留止衡中，爲兵革起。《黄帝占》曰：辰星守伐星移南，敵入塞；星移北，敵出塞。石氏曰：守參，且有水兵。一曰有反者，國有憂。班固《天文志》曰：辰星與參出南方，爲旱，若大臣誅。石氏曰：守參，天子不可以將兵動衆，國有反臣。一曰有赦。若出參中邊，有兵。巫咸曰：水災，萬物不成。《海中占》曰：守伐，衛尉當之。郗萌曰：守參若守伐，爲有反臣中兵。一曰爲后夫人當之。一曰内亂。《春秋圖》曰：逆行守參，邊將有憂。一曰外夷動。《聖洽符》曰：入參，犯守之，不出其年，有兵起，若拔邑，先起兵者破亡，後起兵者昌。

唐・瞿曇悉達《開元占經》卷五七　辰星犯南方七宿

辰星犯東井一

《文曜鈎》曰：辰星入東井，蠻夷君憂有死者，若邊兵起，期不出年。郗萌曰：辰星入東井，軍在外，星進兵退，星退兵進。《河圖》曰：辰星出入東井，有暴兵，馬當貴。《荆州占》曰：辰星出入東井，有亂臣。《黄帝》曰：辰星守東井，爲水。《天文志》曰：光武建武三十年閏月甲午，水在東井二十度。生白氣，東南指，焰長五尺，爲彗，東北行至紫宫西藩上，五月甲子不見，凡見三十一日。水常以夏至後效東井，閏月在四月，尚未當見而見，是躁而進也。東井爲水，衡水出之爲大水。是歲五月及明年，郡國大水，壞城郭，傷禾稼，殺人民也。《感精符》曰：辰星守東井，去之七寸，七

日已上至十五日，王者誅大臣，期不出百八十日。　石氏曰：守東井，其年早旱晚水。一曰天下大水。又曰法臣相戮。一曰入其中，王者易更政。　甘氏曰：守東井，若角動色赤黑，以水起兵。　色黄潤澤，天子有善令。若色變，大人憂，天下有名水絶。所謂絶者，逆行而入之。　郗萌曰：辰星久守東井，爲金錢易萬物，五穀不成。一曰守東井，胡兵起，五穀霜死，其國尤甚，歲大惡。　辰星入犯乘守東井，三日以上，蠻夷君當之死，期三月，若一年二年三年。　石氏曰：犯東井，守錢大臣誅，鈇鉞用，有兵起。　《荆州占》曰：守東井，道上多死人。陳卓曰：守東井，百川皆溢。

辰星犯輿鬼二

《河圖》曰：辰星犯輿鬼，爲國有憂，大臣誅。　石氏曰：有兵。一曰犯天質，兵起。　郗萌曰：犯輿鬼，亂臣在内。　黄帝曰：犯輿鬼質，執法者誅。《南官候》曰：犯天尸，貴臣有罪，犯四星，天子發之。　郗萌曰：入犯輿鬼，執法者有戮死，若兵起，將軍有憂，人多死。　《甄曜度》曰：入輿鬼，犯積尸，大臣有誅，斧鑕用，貴人有犯罪者，若戮死。　郗萌曰：辰星入輿鬼，爲大人卒事以命終。《荆州占》曰：亂臣在内，有屠滅。　《天文志》曰：爲死喪。一曰大臣有死。　陳卓曰：蠻夷之君有誅。　《春秋圖》曰：辰之鬼，天下有疫病。　郗萌曰：守輿鬼，月食，若五穀不成。　《春秋圖》曰：民多病，歲大惡，人飢亡。一曰君有戮死者。　《春秋緯》曰：守犯輿鬼，金錢發用，民多痛耳目。　石氏曰：守輿鬼，有兵死者。一曰王者崩。一曰大人有祭祀之事。《海中占》曰：守輿鬼，出其南，水；出其北，旱。　郗萌曰：守輿鬼，三月，后夫人疾；二十日，太子、夫人疾；十日，諸國王夫人病。　守輿鬼西南，爲秦漢有反臣兵事，以赦令解之。　守輿鬼質星，鈇鉞用。　守輿鬼，有喪，右爲主人，左爲客。一云五月大水，蝗蟲。　《海中占》曰：守入鬼，大人憂。　郗萌曰：入若守輿鬼，爲主憂，財寶出，若大臣有謀。　乘質者，君貴人憂，金玉用，民疾。　南入爲男，北入爲女，西入爲老，東入爲壯。　棺木貴。　《荆州占》曰：干犯守輿鬼，隨所守，王者發之，不出七十日，天下有喪，陽爲人君，陰爲皇后，左爲太子，右爲貴臣。《天文志》曰：孝順漢安二年七月甲申，辰星犯輿鬼。明年八月，順帝崩。孝沖即位，明年正月崩。

辰星犯柳三

石氏曰：辰星犯柳，有木功事，若名木見伐者。　《海中占》曰：入天庫，以水起。　《荆州占》曰：入注，下刑上，子訟父，民多仇，粟貴，大旱，馬貴。《春秋圖》曰：辰星之柳，天下米貴馬貴，先潦後旱。　《黄帝占》曰：歲不收。　甘氏曰：王者賜客，若國有貴客。　郗萌曰：爲反臣，中外兵，以德令解之。一曰舟船相望，在於北方。若處其陽，大旱，又死喪；處其陰，大水，爲災傷。　《玄冥占》曰：貴臣得地，後有德令，不出九十日。　郗萌曰：辰星守柳，注藥在酒食中，忌不可食之。

辰星犯七星四

郗萌曰：辰星犯七星，臣爲亂。　甘氏曰：入七星，有君置太子者。　《春秋圖》曰：辰星之七星，天下勞，多流亡。　郗萌曰：留七星，爲天下大憂。憂中兵也。　石氏曰：守七星，民多疾。一曰民流千里。又曰兵内起。若守二十日以上，有水。　甘氏曰：守七星，若角動，天下有兵，三年乃解。又曰萬物不成。《海中占》曰：大臣凶，貴人有罪，若法官有憂。　郗萌曰：爲反臣，中外兵，以德令解之。一曰大水爲災。此《荆州占》也。　巫咸曰：犯七星三日以上，賊臣在側，若有叛臣，皆九十日應之，以善令則無咎。

辰星犯張五

《春秋圖》曰：辰星之張，有賢人在下，當爲卿相。　石氏曰：守張，天下大水，兵起。若守而角動，有臣傷其君。色赤，有兵出，其君傷，諸侯之臣起於宫中，從庖厨奉牢之間是也。其色黑，食中有藥，不可食，大人有憂。　甘氏曰：守張，貴臣專國，天下不寧。　巫咸曰：萬物五穀不成。　郗萌曰：爲反臣，中外兵，以德令解之。謂赦令也。　又曰：夏麥不收，大飢。一曰民多喪病。又多鬭訟。　《南官候》曰：天下大飢。　《百二十占》曰：且有更令。　郗萌曰：入張，若守之，水入火，爲逆理犯上，天下不安，下謀上，多鬭訟，若多疾。

辰星犯翼六

《玉曆》曰：辰星入翼中，兵大起。　《春秋圖》曰：辰星之翼，有賢在民間當用。　石氏曰：守翼，水入火，逆理，貴臣有憂，若大臣有戮。又曰：水旱之災，星入其度，當位者退之以消天怒，王者以赦除咎。又曰：守翼爲萬物不成。一曰爲人民流亡。又曰鹽鐵大貴四倍，牛馬行。　甘氏曰：守翼，大水，兵起。色白，京師起；色黄，事成；色青黑，死事。　巫咸曰：爲旱。　《海中占》曰：有兵災，若大水，在北方，五穀不成。　郗萌曰：多火災。一曰火在北方。又曰爲反臣，中外兵，以德解之。　《荆州占》曰：近臣爲有亡國，飢歲，民流千里，若

地龍見。　陳卓曰：王者有疾，期不出年中。　《二十八宿山經注》曰：辰星一年不出，出于翼軫，主死。　《玄冥占》曰：守翼，若有誅者。　《玉曆》曰：有急事，若有大風。　陳卓曰：犯守翼，天下大荒。　班固《天文志》曰：辰星與翼見西方，大臣誅。

辰星犯軫七

石氏曰：辰星入軫中，爲大兵起。　巫咸曰：伺其出日而數之，期二十日爲兵發，伺始入處之，率一日期十日軍罷。　《黄帝占》曰：守軫，天下大疾，貴者多死。一曰國有喪。　《天文志》曰：守犯軫，爲白衣之會。　石氏曰：守軫，萬物五穀不成。　郗萌曰：守軫，爲反臣，中外兵，以德令解之。又曰：執法貴臣凶，車騎用。　《玉曆》曰：天下疾疫，人多死。其死災，多在北方。《南宫候》曰：戚臣凶。　《甄曜度》曰：入軫及守犯之，有兵，必大戰，有破軍殺將於其野，人心驚駭。守過二十日以上，光明色大，有數十萬人戰，流血積尸殃，不則大水，有山河崩決，百姓流波之災，五穀傷敗，人民飢死，期二年。

唐・瞿曇悉達《開元占經》卷五八　辰星犯石氏中官

辰星犯大角一

《海中占》曰：辰星守大角，臣謀主，有兵起，人主憂，王者戒慎左右，期不出百八十日，遠一年。

辰星犯梗河二

巫咸曰：辰星守梗河，國有謀兵，四夷兵起，來侵中國，邊境有憂。

辰星犯招摇三

《聖洽符》曰：辰星犯招摇，邊兵大起，四夷爲寇。若守之，夷人敗，若夷主死，期不出二年。

辰星犯玄戈四

《聖洽符》曰：辰星犯玄戈，邊兵大起，侵掠爲寇。若守之，夷主死，期不出三年。

辰星犯天槍五

辰星犯天槍，夷兵起，機槍大用，防戍有憂，若誅邊臣，期不出年。

辰星犯天棓六

巫咸曰：辰星犯天棓，夷兵起，機槍大用，防戍有憂，若誅邊臣，期不出年。

辰星犯女牀七

《荆州占》曰：辰星犯女牀，凶。　甘氏曰：犯守女牀，兵起宫中，若后妃有暴誅者，期百八十日，遠一年。

辰星犯七公八

《黄帝占》曰：辰星守七公，爲饑，民居不安。　石氏曰：犯守七公，輔臣有謀，議臣相疑，若人主有憂。

辰星犯貫索九

《荆州占》曰：辰星入天牢，天下有賊。又曰水，期一年。一曰旱，期一年。又曰歲饑，人相食。一曰大赦，期百二十日。　巫咸曰：犯守貫索，天下兵大起，多有獄事，貴人有死者。　石氏曰：入天牢中，犯乘守者，以獄多爲亂，不出年。

辰星犯天紀十

《文曜鈎》曰：辰星犯守天紀，倖臣執權，有兵，王者有憂。

辰星犯織女十一

《黄帝占》曰：辰星犯守織女，天下有女憂，兵起，不出其年。

辰星犯天市垣十二

石氏曰：辰星入天市，大臣有誅。　郗萌曰：辰星入天市中，皆爲將相凶。一曰五官有憂。一曰赦。又曰辰星入若守天市，蠻夷之君戮。又曰爲驚。一曰更市。

辰星犯帝座十三

石氏曰：辰星犯帝座，爲臣謀主，有逆亂事。　《玄冥占》曰：爲臣謀主，天下亂，兵大起，不出年。

辰星犯候星十四

《海中占》曰：辰星犯守候星，陰陽不和，五穀傷，人民大饑，有兵起。

辰星犯宦者十五

甘氏曰：辰星犯宦者，輔臣有誅，若戮死，期不出年。

辰星犯宗正十六

石氏曰：辰星犯守宗正，左右羣臣多死，若更政令，人主有憂。

辰星犯宗人十七

石氏曰：辰星犯宗人，親族貴人有憂，若有死者。一曰人主親宗有離絶者。

辰星犯宗星十八

甘氏曰：辰星犯宗星，宗室之人有分離者。

辰星犯東西咸十九

石氏曰：辰星犯東西咸，爲臣不從令，有陰謀。

辰星犯天江二十

《黄帝占》曰：辰星入天江，大水，决城郭。　陳卓曰：暴水爲害，不出其年。　巫咸曰：犯守天江，天下有水；若入之，大水齊城郭，人民饑，去其鄉。

辰星犯建星二十一

陳卓曰：辰星犯建星，大臣相譖。　《百二十占》曰：辰星出建星中，國有水旱，五穀不成，人民饑，不出年。　郗萌曰：守建星，地氣泄，貴人多死。　一曰臣謀其主。　《荆州占》曰：犯建星，歲水，人饑，有自賣者。

辰生犯天弁二十二

甘氏曰：辰星犯天弁，若守之，則囚徒起兵。　一曰五穀不成，糴大貴，人民饑。

辰星犯河鼓二十三

齊伯曰：辰星犯河鼓，大將若左右將將有誅，若守之將有罪，以五色占之。

甘氏曰：辰星入河鼓，大將出，用兵。

辰星犯離珠二十四

石氏曰：辰星犯離珠，宫中有事，若有亂宫者，若宫人有罪黜者。

辰星犯匏瓜二十五

辰星犯匏瓜三十日，狗夜嗥，雞鳴，天下盡驚。　《聖洽符》曰：犯守匏瓜，天下有憂，若有遊兵，名果貴。　一曰魚鹽貴十倍，不出其年。

辰星犯天津二十六

《海中占》曰：辰星犯天津，關道不通，有兵起，若關吏有憂。　郗萌曰：守天津，兵革起。

辰星犯螣蛇二十七

甘氏曰：辰星守螣蛇，天子前驅凶，若姦臣有謀，前驅爲害。

辰星犯王良二十八

石氏曰：辰星守王良，爲有兵。　齊伯曰：辰星犯守王良，天下有兵，諸侯相攻，彊臣謀主，期不出年。

辰星犯閣道二十九

石氏曰：辰星犯閣道絶漢者，爲九州異政，各主其主，天下有兵，期二年。

辰星犯附路三十

石氏曰：辰星守附路，太僕有罪，若有誅。一曰馬多死，道無乘者。

辰星犯天將軍三十一

郗萌曰：辰星入天將軍，興軍者吉。　石氏曰：守天將軍，爲大將軍死若誅。

辰星犯大陵三十二

石氏曰：辰星入大陵，國有大喪，大臣有誅若戮死，人民死者大半，不出其年。　《荆州占》曰：辰星入大陵積尸，天下盡喪，死人如丘山。　星衆兵起，星稀無兵。

辰星犯天船三十三

郗萌曰：辰星守天船，革也。　《聖洽符》曰：入天船或守之，兵大起，舟船用，有亡國，期不出年。

辰星犯卷舌三十四

石氏曰：辰星乘卷舌，天下多喪。又曰：守卷舌，國有佞臣謀其君，以口舌爲害，人主有憂。

辰星犯五車三十五

石氏曰：辰星犯五車，大旱，若有喪。一曰犯庫星，兵起北方若西方。　犯倉星，穀貴，若有水。　《元命包》曰：入五車，則水開。班固《天文志》曰：大水。《海中占》曰：兵大起，車騎行，五穀不成，天下民饑，若軍絶糧。　《黄帝占》曰：入五車中，犯乘守天庫，以水潦起兵。

辰星犯天關三十六

石氏曰：辰星行天關中，每至抑揚當去不去，徘徊亂行，光色隆怒，見其妖祥，中國隔絶，道路不通。　《文曜鈎》曰：守天關，天下大水，津梁不通，人民饑，有自賣，期一年。　石氏曰：行天關，爲臣謀主。　郗萌曰：辰星守天關者，皆爲貴人多死。　《海中占》曰：辰星守犯天關，道絶，天下相疑，關梁之令。

辰星犯南北河三十七

《黄帝占》曰：辰星乘南河戍，若出南，皆爲中國。　石氏曰：守南河，蠻夷兵起，邊戍有憂，若有旱災，人民饑。又曰：留守南戍，中方兵起。　《黄帝占》曰：辰星出北河戍間，若留守北戍，若居南戍間，若守兩戍間，爲天下有難起，道

不通。《荆州占》曰：守兩河戍間，天下乖離。郗萌曰：失度守陰門若陽門，爲諸侯姦。又曰：不行天門天關間，爲喪。

辰星犯五諸侯三十八

石氏曰：辰星犯五諸侯，若守之，兵大起，將士出，諸侯有憂，若有死者。巫咸曰：辰星入五諸侯，伺其出之日而數之，二十日兵起發，伺始入處之，率一日軍罷。石氏曰：守犯乘守五諸侯，諸侯兵死，期三年。

辰星犯積水三十九

石氏曰：辰星守積水，旱。巫咸曰：犯守積水，其國有水災，水物不成，魚鹽貴。一曰以水爲敗，糴大貴，人民饑，期二年。

辰星犯積薪四十

甘氏曰：辰星犯守積薪，天下大旱，五穀不登，人民饑亡。

辰星犯水位四十一

石氏曰：辰星犯守水位，天下以水爲害，津關不通。一曰大水入城郭，浸傷人民，皆不出二年。

辰星犯軒轅四十二

《黄帝占》曰：辰星行軒轅中，犯女主，女主失勢，憂喪也。《宋書・天文志》曰：晉穆帝升平四年六月辛亥，辰星犯軒轅。五年五月，帝崩，哀帝立，褚后失勢。孝武太元五年七月丙子，辰星犯軒轅，占曰女主當之。九月癸未，皇后王氏崩。安帝隆安三年五月辛未，辰星犯軒轅大星。四年七月，太皇后李氏崩也。列大夫有放逐者，五官不治。色悴，爲憂、爲疾。其所中犯乘守者，若有罪。石氏曰：辰星在軒轅中，有以女子請人君者。巫咸曰：辰星行犯守軒轅，女主失勢。一曰大人當之，若有黜者，期二年。石氏曰：入軒轅中犯乘守之，有逆賊，若火災。又曰犯守軒轅太民星，大流，太后宗有誅者，若有罪；中犯乘守小民星，小饑小流，皇后宗有誅者，若有罪。

辰星犯少微四十三

石氏曰：辰星入少微，君當求賢佐，不求賢佐則失威奪勢者矣。又曰：犯守少微，名士有憂，王者任用小人，忠臣被害有死。又曰：五官亂，宰相易，有兵憂矣。石氏曰：辰星入中，犯乘守少微，宰相易。一曰女主憂，不出其年。《帝覽嬉》曰：行犯左右執法，爲大臣有憂。郗萌曰：犯左右執法，執法者誅，若有罪。又曰：犯天庭，臣爲亂。

辰星犯太微四十四

《荆州占》曰：辰星道從太微西藩北南方星間入到南方東方星間，南出道中西藩直坐入者，非道也。《春秋圖》曰：辰星若以立秋後七十二日得壬子入太微朝見，當此之時，陰氣隆盛，陽氣潛藏，不欲穿池決溝渠，犯之冬雷。《荆州占》曰：辰星以壬子日順入太微，天子所使也；不以壬子日，非天子使也。郗萌曰：辰星當太微門爲受制，當左執法爲受事左執法，當右執法爲受事右執法。守太微門三日以下爲受制，三日以上爲兵，爲賊，爲亂，爲饑。《荆州占》曰：辰星出東掖門爲相受命東南出，德事也；出西掖門爲將受事西南出，刑事也，期以春秋。《黄帝占》曰：辰星入天庭，色白潤澤，爲期百八十日有赦。巫咸曰：辰星入太陰門西，出太陰門東，後宫破，若有大水，期百二十日。《合誠圖》曰：辰星入華闕門，爲臣弑之候也。石氏曰：辰星入太微中華東西門若左右掖門而南出端門，必有反臣；若入西門出東，爲人君不安，欲求賢佐；有入中華西門出中華東門，爲臣出令；入太陰西出太陰東門，爲天下大亂，有喪若大水。郗萌曰：入太微西門，犯天庭，出端門，爲大臣伐主；入西門，折出右掖門，爲大臣假主之威而不從主命；入西華門南出端門，爲臣詐稱詔；入太微，若入端門出東門，貴者奪勢。《荆州占》曰：辰星入太微宫，天下有聖女子出燕、代，若有大水，傷人民，期三十日。《天文志》曰：孝桓永壽元年七月己未，辰星入太微中，八十日去，出左掖門。是歲洛水溢至津門，南陽大水。《荆州占》曰：辰星入太微天庭，出端門，臣不臣；入太微宫，爲天下大驚。一曰有兵。又曰：入天庭，國不安其宫。又曰：辰星見太微，天子當之。陳卓曰：辰星入太微天子之宫，羣臣相殺。《宋書・天文志》曰：晉永寧元年七月，辰星入太微。初，齊王冏定京都，因留輔政，遂專權無君。是月成都王穎、河間王顒、長沙王乂討之，冏、乂交戰，攻焚宫闕。冏兵敗夷滅，乂殺其兄上將軍寔以下二十餘人。大安二年，成都攻長沙，於是公私飢困，百姓力屈也。齊伯曰：辰星入左右掖門而東出，天下有憂；若入端門而守天庭，强臣奪主位。《黄帝占》曰：辰星東行入太微庭，出東門，天下有急兵，若守將相丞相御史大臣有死者；若入端門守庭，大禍至；入南門出東門，國大旱；若入南門逆行出西門，國大亂；逆行入東門出西門，大國破亡；若順入西藩而不留去，楚國凶殃。巫咸曰：辰星逆行入太微天庭中，爲大臣有誅，若諸侯戮死，期二年。石氏曰：辰星逆行於太微中及出左右掖門者，有逆謀，天子有命將征伐之事。一曰大赦可以解其患也。

辰星犯黃帝座四十五

石氏曰：辰星犯黃帝座，改政易王，天下亂，存亡半。

辰星犯四帝四十六

甘氏曰：辰星犯乘守四帝座，天下亡。又曰臣謀主，去之一尺，事不成。

辰星犯屏星四十七

甘氏曰：辰星犯守屏星，君臣失禮，下謀上。

辰星犯郎位四十八

甘氏曰：辰星犯守郎位，輔臣有謀，左右宿衛者爲亂，王者宜備之。

唐・瞿曇悉達《開元占經》卷五九　辰星犯石氏外官一

辰星犯庫樓一

郗萌曰：辰星入庫樓，以水起兵，亦大水。　《荆州占》曰：入天庫，鈇鉞用，大臣誅。

辰星犯南門二

石氏曰：辰星犯守南門，邊夷兵起，若道路不通。

辰星犯平星三

石氏曰：辰星犯平星，凶。　甘氏曰：犯守平星，執政臣憂，若有罪誅者，期一年。

辰星犯騎官四

甘氏曰：辰星犯守騎官，有兵起，馬多發，若多死。

辰星犯積卒五

石氏曰：辰星入積卒，若守之，兵大起，士卒大行，若多死，期二年。　《玄冥占》曰：犯積卒，主失位，天下亂兵大起，期百八十日。

辰星犯龜星六

《海中占》曰：辰星犯守龜星，天下有水旱之災。守陽即旱，守陰即水。

辰星犯傳説七

石氏曰：辰星犯守傳説，王者簡宗廟，廢五祀，後宫凶。一曰有絶嗣君。期不出二年。

辰星犯魚星八

石氏曰：辰星犯守魚星，凶。　甘氏曰：犯守魚星之陽，爲大旱，魚行人道；之陰，爲大水，魚鹽貴。

辰星犯杵星九

《海中占》曰：辰星入杵星，若守之，天下有急發之事，不出其年。

辰星犯鼈星十

《黃帝占》曰：辰星守鼈星，有白衣之會。　巫咸曰：國有水旱之災。守陽則旱，守陰則水。

辰星犯九坎十一

石氏曰：辰星守九坎，天下旱，名水不流，五穀不登，人民大饑。一曰之陽大旱，之陰大水。　石氏曰：犯守九坎，凶。

辰星犯敗臼十二

石氏曰：辰星守敗臼，民不安其室，憂失其釜甑，若流移去其鄉。

辰星犯羽林十三

郗萌曰：辰星入羽林，有反臣中兵。　巫咸曰：入羽林，天下兵起，四夷入國，人主憂。一曰其國以水爲憂。　《荆州占》曰：熒惑與辰星俱入天庫，軍凶，若有水災。　郗萌曰：犯守天陣，爲兵起，有破軍死將。　《海中占》曰：入犯守羽林，有兵起；若逆行變色成勾己，天下大兵，關梁不通，不出其年。

辰星犯北落十四

石氏曰：辰星守北落，亦爲兵大合，女子兵起。若與北落相貫抵觸，光相及，有兵大戰，破軍將殺，伏尸流血，不可當也。期百八十日若一年。　甘氏曰：守北落，斧鑕用，大臣有誅。期不出年。

辰星犯土司空十五

《海中占》曰：辰星守土司空，其國以土起兵，若有土功之事，天下旱。

辰星犯天倉十六

齊伯曰：辰星守天倉，諸侯有發粟之事，有兵起。星若當户守之，將受命不爲主用。　《荆州占》曰：辰星入天倉中，主財寶出，主憂亂臣；在内，天下有兵，而倉庫之户俱開，主人勝，客事不成。期二十日中而發。　郗萌曰：入若天倉，爲粟發用。　黃帝曰：守天倉，大水。　《荆州占》曰：守天倉，天下饑，粟出。

辰星犯天囷十七

石氏曰：辰星入天囷，天下兵起，囷倉儲積之物皆發用。一曰御物多有出者，庫藏空虚。期二年。

辰星犯天廩十八

石氏曰：辰星犯天廩，天下亂，粟散出。一曰天下大饑。

辰星犯天苑十九

石氏曰：辰星入天苑，牛羊禽獸多疾疫。若守之二十日，天下兵起，馬多死，其國憂。

辰星犯參旗二十

《海中占》曰：辰星守參旗，兵大起，弓弩用，士將出行。一曰弓矢貴。

辰星犯玉井二十一

《黄帝占》曰：辰星入玉井，爲彊國失地；其出之，彊國得地。　巫咸曰：辰星入玉井，國有大水憂，若以水爲敗，水物不成，期不出年。

辰星犯屏星二十二

甘氏曰：辰星入守屏星，諸使有謀，若大臣有戮死者。　甘氏曰：入天屏，爲大臣戮若疫。

辰星犯厠星二十三

《黄帝占》曰：辰星守厠，爲大臣有戮者。　《甄曜度》曰：入守厠星，天下大饑，人民相食，死者大半，期二年。

辰星犯軍市二十四

石氏曰：辰星入守軍市，兵大起，大將軍出，若以饑兵起。

辰星犯野雞二十五

甘氏曰：辰星入犯守野雞，其國凶，必有死將，軍營敗，兵士散走。

辰星犯狼星二十六

石氏曰：辰星入守狼星，野獸死。　《聖洽符》曰：辰星犯守狼星，天下多姦盗，有兵起，其國以水爲憂。　《荆州占》曰：守狼星，大將出，其國有兵。一曰死將。

辰星犯狐星二十七

《荆州占》曰：辰星守狐星，大將有千里之行，國政驚。

辰星犯稷星二十八

《海中占》曰：辰星守天稷，有旱災，五穀不登，歲大饑。一曰五穀散出。

辰星犯甘氏中官二

辰星犯四輔一

《荆州占》曰：辰星中犯乘守四輔星，君臣失禮，輔臣有誅者。

辰星犯平道二

甘氏曰：辰星入守平道，天下兵亂。

辰星犯酒旗三

《荆州占》曰：辰星守酒旗，天下大酺，有酒肉財物賜，若爵宗室。

辰星犯天高四

郗萌曰：辰星舍入天高，有奇令。

辰星犯積尸五

石氏曰：辰星守積尸，大人當之。

辰星犯天潢六

《黄帝占》曰：辰星入天潢中者，爲起軍，道不通，天下大亂，國易政。一曰貴人死。若中犯乘守之，皆期二十日，兵起。　郗萌曰：辰星失度，留天潢中，爲人主以水爲害，若以井爲害。以日入占其國。若出乘天潢，赦，期百二十日内。

辰星犯咸池七

郗萌曰：辰星入咸池，爲有迷惑人主者。　《荆州占》曰：若入咸池，天下大亂，人君死，易政，以入日占國。　甘氏曰：有兵喪，天子且以大敗失忠臣，若旱。一曰大水，道不通，貴人死，以入日占國。　《文曜鉤》曰：大水。　郗萌曰：大人憂。若出乘之，赦，期百二十日内。

辰星犯天街八

郗萌曰：辰星不從天街者，爲政令不行，不出其年有兵。當天街者，爲諸侯自立爲王。一曰大水。若留止逆行天街中，爲兵革起。　石氏曰：犯守天街，徘徊亂行，主弱臣彊，道路隔絶，天下不通。

辰星犯甘氏外官三

辰星犯八魁一

《荆州占》曰：辰星犯守八魁，兵大起。

辰星犯鈇鑕二

《荆州占》曰：辰星犯守鈇鑕，兵起。　黄帝曰：入鈇鑕，爲大臣誅。

辰星犯蒭藁三

《黄帝占》曰：辰星入蒭藁中，主財寶出，憂臣在内。

辰星犯九州殊口四

《荆州占》曰：守九州殊口，九州兵起。

辰星犯軍井五

《荆州占》曰：辰星入軍井三日以上，其歲大水。

辰星犯水府六

《荆州占》曰：辰星守水府，臣謀主；入之，水流入邑。

辰星犯天狗七

《荆州占》曰：入天狗北，夷大饑來，鄰國多土功。若守之，爲兵謀。

辰星犯天廟八

《黄帝占》曰：入若守之，爲廟有事。一曰爲凶憂。　《荆州占》曰：爲有廟殘之事，吏不去則死。

辰星犯巫咸中外官四

辰星犯土司空一

《荆州占》曰：守入土司空，有土徭之事。一曰守之有兵。

辰星犯鍵閉二

郗萌曰：犯乘大臣有謀，天子不尊事，王者不宜出宫下殿，有匿兵於宗廟中者。

辰星犯天泉三

《荆州占》曰：守之海水出，江河決溢，若海魚出。

辰星犯鈇鑕四

《荆州占》曰：犯之五日以上，臣有謀者。　郗萌曰：犯守爲鈇鑕用。一曰兵將有憂。

辰星犯天廐五

《荆州占》曰：入之十日以上，廐馬有食變。　郗萌曰：守之三十日，騎馬出。　黄帝曰：守之爲災廐之事，人主以馬爲憂，不即爲疾。

唐·李鳳《天文要録》卷四《日占》　太初既闢而亢宿始，故冬至十二月甲子夜半朔旦，二耀五精俱起牽牛之初度亢經而於東運行也。《定象紀》云：日者爲大陽之精，天子之象也。《懸總紀》云：日爲陽離，以其南面當陽之位也。陽以一起，故日行一度。陽成於三，故有三足烏。陽運以一爲法。《東晉紀》云：日者爲天目，光照逮於地。天尊之精，人君之爲寶宫也。日者，德也。政治變於下，日運於上，故日蝕脩德者。君無德者，其臣亂國，則日薄無光失度，陰侵陽，臣掩君之象，有亡國也。《三靈紀》云：日於度不運而二夕一舍，乍無影舍環、乍黑氣雲奄陵、乍到暮不止者，陰陽不調，五臣謀其主，天下奸兵並起。《定象紀》云：日蝕者皆以朔晦。若不朔晦蝕，人君刑罰以不正理，上刑急於下故也。《七耀内紀》云：日行有三道，五星隨所行也。房星中道爲黄道。南三尺爲小陽道，亦南三尺爲大陽道；北三尺爲小陰道，亦北三尺爲大陰道。賈逵云：七耀之行正道東宿兩角間，行亢外四尺、氐外房中央、心内六尺、尾内十八尺、箕内十二尺、箕内十二尺。北宿斗柄一尺，行牛上間女外四尺、虚外六尺、危外十三尺、室外十六尺、壁外五尺。西宿奎外十三尺，行婁外九尺、胃外十一尺、昴外五尺、畢左角觜内八尺、參内十八尺。南宿井口，行鬼外十四尺、柳内九尺、七星内十五尺、張内十八尺、翼内十六尺、（弥）〔軫〕内十三尺。凡房星之三門者，天之爲順表而占七耀之出入正道也。《懸總紀》曰：夏至日在東井廿五度，去周極六十七度，近極，故影短。冬至日在斗廿一度四分度之一，去周極一百十五度，遠極，故影長。春分日在奎十四度，去極九十度；秋分日在角四度，去極中，故影長短同之也。《定象紀》曰：秋分後、春分前日行速，春分後、秋分前日行遲。故速爲進綱，遲爲退紀。故綱紀難知，以晷決之昏明，中星以考遲速。是以寒暑過節，則天下爲災也。《東晉紀》云：日乘縮道則短，爲兵、水。乘盈道則長，爲旱、喪也。《黄帝斗靈符》云：立春寅正月節，前後各七日，日在危十一度，日出乙入庚，昏畢中，明尾中。日無光，蒼亦乍一夕乍，其邦天子有憂，臣陵君。啓蟄寅月中，前後各七日，日在室八度，日出乙北入庚北，昏參中，明箕中，日無光，蒼亭薄乍，經三辰，其分野君兵衛出入不節，四邊儲兵，期半周。

雨水卯二月，節前後各七日，日在壁廿度，日出卯南入酉南，昏井中，明箕中。日無光，青白乍，四夷内侵，欲謀其君，天下大旱。春分卯月中，前後各七日，日在奎十四度，日出卯入酉，昏柳中，明斗中。日無光，黄乍佃薄，經五辰，臣逆洋謀，君不出三年。清明辰三月節，前後各七日，日在胃一度，日出卯北入酉北，昏星中，明斗中日。無光，赤黑薄信，經二辰，其分野多水、山崩、民人飢亡，不出九十日。

穀雨辰月中，前後各七日，日在昴二度，日出甲南入辛酉，昏翼中，明斗中。日無光，紫薄乍，女主私與耶臣通，期一年。

立夏巳四月節，前後各七日，日在畢六度，日出甲入辛，昏軫中，明女中。日無光，蒼赤白乍薄，登不止一旬已上，其國大旱，天子兵將强臣欲謀其君，期二年。

小滿巳月中，前後各七日，日在參三度，日出甲北入辛北，昏角中，明虚中。日無光照，三日不明，女主謀其陽，後官有私姦通，不出二年。

芒種午五月節，前後各七日，日在井九度，日出寅南入戌南，昏氐房中，明虚中。日無光，蒼赤，亭陵一夕不明，南夷亂，中國地動兵起，不出三年。

夏至午月中，前後各七日，日在井廿五度，日出寅入戌，昏尾中，明危中。日無光耀，七日已上，其分野大動兵起，大戰血流，期一年。

小暑未六月節，前後各七日，日在柳三度，日出寅南入戌南，昏尾箕中，明室中。日無光曚曚，五日已上，其國下臣起逆兵，地裂，不出三年。

大暑未月中，前後各七日，日在星三度，日出甲北入辛北，昏箕中，明奎中。日無光，薄弊，乍一旬已上，其分野君急病，奸臣内起，期二年。

立秋申七月節，前後各七日。日在張十度，日出甲入辛，昏斗中，明胃中。日無光，蒼赤，一夕，其國山崩，多水，盗賊起，期二年。

處暑申月中，前後各七日，日在翼八度，日出甲南入辛南，昏斗中，明昴中。日無光，經三辰，其分野君臣不和，期半周。

白露酉八月節，前後各七日，日在軫五度，日出卯北入酉北，昏斗，明參中。日無光，經五辰，地動，六畜大驚，后堂有憂，期二年。

秋分酉月中，前後各七日。日在角四度，日出卯入酉，昏女中，明井中。日無光，經廿日已上，不明，天下法令不行，君臣不平。

寒露戌九月節，前後各七日，日在亢七度，日出卯南入酉南，昏虚中，明柳中。日無光，蒼弊薄，來年大蝗，五穀不收，夏霜，布、帛、絲大貴。

霜降戌月中，前後各七日，日氐十三度，日出乙北入庚北，昏虚中，明星中。日無光，三日已上，其分野君臣争德，不出一年。

立冬亥十月節，前後各七日，日在尾三度，日出乙入庚，昏危中，明張中。日無光，玄薄迫乍，經六辰，其分野君憂，兵四方起，民流亡，期三年。

小雪亥月中，前後各七日，日在尾十八度，日出乙南入庚南，昏室中，明翼中。日無光，始亂系弊薄散，今乍不明，其國亡逆，臣走，不出三年。

大雪子十一月節，前後各七日，日在斗四度，日出辰北入申北，昏室中，明角中。日無光，蒼如系迴，乍七日已上，迫奄，大兵盡起，不戰罷，不出三年。

冬至子月中，前後各七日，日在斗廿一度，日出辰入申，昏壁中，明亢中。日無光，白玄，乍經二辰，君臣淫亂行，兵起，不出二年。

小寒丑十二月節，前後各七日，日在女二度，日出辰北入申北，昏奎婁中，明房星中。日無光，始(灰)[如]粉，五穀不收，君弱臣强。

大寒丑月中，前後各七日，日在虚五度，日出乙南入庚南，昏昴中，明房中。日無光，廿日已上，不明，天下諸侯四方流亡。

右廿四氣日行無光，《黄帝斗靈符》占。

日與歲星出，經一夕一運，大臣詿君，不出半周。

日與熒惑出，經二運一夕，其國詣逆暴兵，不出三年。

日與鎮星出，經五辰見乍，下臣殺其君，期一年。

日與太白出，經一夕二運，女主與逆臣讀天子，不出一年。

日與辰星出，三日已上，並見女，后有喪，天子以印逆大驚，諸侯失位，期半周。

日月五星並出，與日相去三尺已上，經三四五辰，天下群臣皆同殺謀其天子，不出五年。

右五星與日出，《懸總紀》占。

日在角蝕三分之二，天下禍，兵並起，逆臣罰其君爲天子。明年惠帝崩。

日在亢蝕，其色薄，迫二分之一，君臣内亂，不出五年。

日在氐蝕五分之二，天下五穀不收，道路民人多飢死，不出二年。

日在房蝕，從離陽起，大臣誕君謀將殺，期半周。

日在心蝕，盡冥，經六辰，陰陽不調，君臣相謀，貴人有喪，萬民流亡。

日在尾蝕，從坎起，其色亭亭冥，經五辰，光耀不見，大國兵歸，將軍戰，北狄來。是時，邊衣姚襄苻生牙相呑噬，朝廷憂勞，征伐不止。

日在箕蝕五分之一，四宿日光薄，經二夕，天下賢臣於蕃國走逃，期半周。

右東方七宿日行蝕，《勑鳳符表》占。

日在斗蝕，從兑起盡，經七辰，其國大旱，五穀燋，萬民飢，君臣道路候，期三年。

日在牛蝕，天下乳婦多死，貴人病，不出半周。

日在女蝕，有大表，女主與臣争地，不出三年。

日在虛蝕，五國兵歸，侵内失地，不出五年。

日在危蝕，四夷侵，内民亡，不出二年。

日在室蝕，將軍舉兵誅君，不出九十日。

日在壁，天下有喪，大將争國界，期半周。

右北方七宿日行蝕，《勑鳳符表》占。

日在奎蝕三分之二，君宫殿入四兵將，破，期二年。

日在婁蝕，大臣執政，君命不聽，邊將死。

日在胃蝕六分之二，其國立王侯改政，不出五年。

日在昴蝕，其色黄，薄乍，兵盡起，大戰，不出九十日。

日在畢蝕，經七辰，光不見，大旱，女主有喪，賊臣謀君。

日在觜蝕，左右五雲，天下失養甚之，君臣失脩，五都大飢。

日在參蝕，山崩，道路不通，期半周。

右西方七宿日行蝕，《勑鳳符表》占。

日在井蝕，其色赤蒼，乍光照，經三辰，不視四海容歸。

日在鬼蝕，君宫殿淫亂，君臣争德，不出三年。

日在柳蝕，其分野兵戰將負，期半年。

日在星蝕，春大旱，夏多水，秋五穀不實，冬天下有喪。

日在張蝕，天子有疾病，不出半周。

日在翼蝕，不出八十日，兵起，大臣負死。

日在軫蝕，民立王，天下大亂，期五年。

右南方七宿日行蝕，《勑鳳符表》占。

正月日蝕，大陽弱，臣强奪君政也。

二月日蝕，其國民人多疾疫，大旱，有奸臣，欲殺其君。

三月日蝕，有兵，民流亡，諸侯謀其君爲天子。

四月日蝕，人君有憂，穀不熟，臣害主。

五月日蝕，大臣謀變，内外大亂，不出三年。

六月日蝕，君謀外臣失地，期八十日。

七月日蝕，有變臣從宫中起謀，誅其君。

八月日蝕，多水，天下更易王，南夷侵内，中國大亂，不出二年。

九月日蝕，將軍疾病，穀不收，其分民飢。

十月日蝕，其國相死，奸臣在内謀君。

十一月日蝕，人君疾病，失地，子殺父，大亂，期三年。

十二月日蝕，大臣自立，失人殺天子，不出九十日。

右十二月日蝕失度，《東晉紀》占。

子日蝕燕分，丑日蝕趙分，寅日齊分，卯日魯分，辰日魏分，巳日宋分，午日韓分，未日沛分，申日陳分，酉日鄭分，戌日韓分，亥日燕分，此十二辰日蝕盡冥，其國君受殃，内亂，可以加兵。

右十二辰蝕冥，《東晉紀》占。

日春以甲乙蝕，有四珥，天下兵喪並起。以丙丁蝕，有兩珥，賢臣背其君。以戊己蝕，小人執政。以庚辛蝕，太子死。以壬癸蝕，諸侯多變，謀天子。

日夏以甲乙蝕，父子不和。以丙丁蝕，有三四珥，其國大旱。以戊己蝕，多水，女主有喪。以庚辛蝕，侯王死。以壬癸蝕，女婦多死。

日季以甲乙蝕，其國大蝗，穀不生。以丙丁蝕，大臣陵君。以戊己蝕，有四珥，天下五兵起，四夷狄侵内。以庚辛蝕，牛馬多死，以壬癸蝕，多水，道路不通。

秋以甲乙蝕，無光，五陣將軍誅其君。以丙丁蝕，内亂。以戊己蝕，奸刀起。以庚辛蝕，有三四珥，天下多盜賊。以壬癸蝕，二兵侵内。日冬以甲乙蝕，其國有急兵。以丙丁蝕，關門不通。以戊己蝕，大將陣破。以庚辛蝕，有兩珥，其國有兵喪。以壬癸蝕，奸臣於蕃國遁逃。凡日春蝕，多災。夏蝕，五穀不登。秋蝕，亡國。冬蝕大喪。

右以干失度日蝕五牒《東晉紀》占。

日春以甲乙，暈蒼，四五珥蝕，其國更令，兵起，亡地。若日登奄者，天下大擾。若珥從下始蝕，兩國有强兵。若四珥蝕，從上始，天子有將兵。若暈蒼而蝕，從上始，天下有兵革。

日夏以丙丁暈赤，四珥蝕，天下大旱，兵盡起季。以戊己暈黄，五六有珥蝕，其分野君崩。若蝕中見兩鳥相逆，將軍大戰。

日秋以庚辛暈白，三珥蝕，多雨風，五穀不收。

日冬以壬癸暈黑，五珥蝕，天下君臣不和，百姓飢死。

日出蝕，從早旦至日中，是謂掩明，兵殃。

日從日中至日入蝕，晝冥，其國失地三百里，期五年。

日色變白赤，乍一旬蝕，乍奄薄亭，此陰盛侵陽，有逆兵，不出三年。

日蝕從離蝕，陽國有殃，從坎蝕，陰國有兵殃，不出二年。

日蝕從震盡，經七辰，其國有逆女謀陽，並喪起，從兑蝕，兵革起。

日蝕中分，其國失地，將死，中國受兵殃。

日居亭，其國有王争地。

日從上蝕，天子死。從傍蝕，失法令。從下蝕，大將死。從中蝕，其國内亂。

日蝕，從四傍，侯王有死者，不出三年。

日蝕而白，菟守之民作奸，亂三州，臣謀逆君，不出半周。

日蝕盡始鈎至暮不生，其國亡，諸侯亂，民分散，期二年。

右十六牒，《易偉緯敷》占。

子日日鬭李氏，丑日燕趙氏，寅日鄧常氏，卯日張衛氏，辰日閻氏，巳日宗宋敷王氏，午日陳侯氏，未日霍氏，申日陳侯氏，酉日鄭薰氏，戌日鄧孔氏，亥日秦尹氏。日鬭皆有謀逆，兵起，其國内亂，並可加兵也。

右十二辰日鬭，《東晉紀》占。

日月俱並見暈，其國天子呑血，小人謀其君，將軍争國，忠臣（道）〔遁〕也。

日暈三重，有二珥，其國亡地。

日暈蒼黑，女主有憂，天下不和。

日暈有白虹貫暈中，軍破將死。

日暈明油，天下無兵殃，有兩直，有及臣，期一年。

日暈半環，臣謀君命不行，三公（點）〔黜〕。

日暈有珥二，國王歸，有喜王。

日暈有抱，一直二珥，人主宫室中有淫意。

日暈貫白，從内外出，賊臣在内；從外入内，賊臣在外；明盛，奸臣迫君，賢士任政。

日暈有背，大臣有走左右逃。

日暈黄白黑，將軍和軍解分地。

日暈黄，土功動，民不安，暈黑，水；暈多，喪；日暈赤，旱，流血。

日暈有五色雲，如道貫白外，邊將誅其君。

日暈有聚雲，左右色黄白蒼，其國兵連。

日暈有儵制日，臣謀反破軍；貫日中，大將所殺。

日暈，中黄外蒼，客勝；外黄内蒼，主人勝。

日暈，明分中外黑，客勝；内黑外赤，主人勝。

日暈中後蒼氣，有降人；下有赤抱，有降人，大將失也。

日暈，三四七虵狀，貫曰，客軍圍城，可屠，隨所者戰勝。若日樓閣，不出三年，天子失地。

日暈五重，其國飢。

日暈四重，有物狀如牛，不出一旬，賊兵入境，流血。

日暈再重，白虹貫，君道失明。

日暈三重，色闇黄，霧四塞，不出三年，下臣有拔城，大戰。

日暈五重，白虹貫日，不出一年，惠帝崩。

日暈有背僑，是後不親萬機，會稽王世子無顯，專行威罰。

右廿六牒，《易緯河圖》占。

日有四珥，經一夕暮入，其國大將死。

日有五珥四面，其王者失地。

日有四珥二背，其國有急事，關閉不通。

日有三珥一背，風雨傷五穀，民人飢。

日有五珥，不出百廿日，宗分野兵起。

日有七珥，賊臣謀邊境，不出半周。

日有六珥三背，天下盜賊起留家有。

日有五珥二背，其年雨風暴起，傷穀。

右八牒，《京氏河圖》占。

常以九月上丙日候日傍有交赤雲，其方有兵；掩日，其國失境，三公戰也。

日傍赤雲至日中旋轉，李氏謀逆，變内外，大戰。

日傍有赤雲，曲而向日，有自立者。

日傍白黑雲，貫日一夕，女主有喪，不出一年。

日傍有赤雲如席，使日過時，萬人死其下。

日傍有雲如懸鍾，其下有死時。

日傍有赤雲如蜘蛛，不出三月，兵起。

日傍色白，乍與焉日鬭，其國被攻，不出三年。

日傍蒼雲狀如青龍，貫日下，其國亡民，且散亂。

日傍黄雲狀如牛，貫日下，其國内亂，殺千餘人。

日傍白雲狀如虎，貫日下，大臣以毒酒謀君。
日傍黑雲狀如龜，貫日下，大臣失地有變者。
日傍赤雲狀如花，得貫日，其君賊死。
日傍赤雲伏掩日至未，不出一年，其君亡。
日傍赤雲如虹，與日俱出至申，其國大臣與王侯淫通。
日傍有一背，從抱，戰大勝；所背，戰大負。
右十六牒《河圖災異》占。
日傍有赤氣如席，其國多疾病，民人死。
日傍蒼氣狀如人，至日中貫日迴，天子以淫亂失界。
日傍黑氣貫日，狀如船，天下有驚兵。
日傍白氣貫日，曲至未不解，君軍破，客勝。
赤氣狀如火，迴日傍，大臣變其君。
白氣入日傍，經二運五夕，客軍大勝，主人失地。
黑氣日傍，旋至日中，主人軍負，客軍勝，民人多死。
蒼氣貫日傍至申，客軍大破，流血，將死。
黄氣日傍，旋迴至未，主人大勝，客軍大亡。
五色氣冠日從卯至酉，君失正理，民人飢死。
日中有黑氣，二人不順，玆謂逆，厥異。
日中有黑子，黑者，陰也，臣不掩君惡，令下見百姓，惡君則有此變。
日中有黑氣，臣有蔽主明君。
黄黑氣掩日，所照皆黄陰，氣盛掩日光，女后有喪。
右十四牒《易偉河圖災異》占。
日虹貫日，蒼黄暈五(里)〔重〕，近臣爲亂，天下有兵，國破亡。
日散光如血下流，所照皆赤，諸侯有變者，期二年。
日中有黑子，其國帝親録，因從京都，禍及忠臣。
白虹貫日，史官不見，桂陽大守以印逆死。
白虹貫日，自後(庚)〔庚〕氏專政，由后族而貴，婦人擅國之義，故頻年虹貫日。
日中有黑子，不出三年，夏帝崩。
日中有黑子，大如雞卵，不出一年，武帝崩。

白虹貫日，其國京都人破，王后死。
白氣貫日，東西有虹，直珥，大臣戮其君。
日在東井，有白虹十餘丈在南，干日災秦分野亡。
日出黄白雲氣貫日，其國有喪黑，民人移邑，臣遣其國。
日五色雲氣貫迴日左右二丈，流星入日下，强兵侵；從坎起，大戰，流血。
日出虹暈，其國君分地；其色黑，以兵分地。
日暈赤，白黑赤虹貫暈，賊臣誅其君。
右十四牒《京氏易緯災異》占。
五虹貫日，天下横兵起，大戰，君宫殿呑血，將死。
七虹貫日，至慕入，五王争國，内外呑血。
三虹迴日，四夷衛城，民人多死。
五色虹蜺貫日至午，其國有逆兵，從旁起戰。
四虹出於四面，經一夕，其國於四方兵起，大將死。
赤虹日竝出，其國下臣欲殺其君，不出半周。
日有赤足，將軍宜舉兵；白足，諸侯軍破，將死；蒼足，五龍出，臣江河君，臣與争境；黄足，天下泉躍出，萬民飢，五穀不收；黑足，天下民人飢，貴人多死。
日無光照，陰乍從十日至廿日不明，其國哭泣聲不息，軍大敗，君臣作淫亂。
右十牒《河圖東晉災異》占。
烏五日不見，天下奄闇，乍傍人面不視，其國天子誖天理，失光度，百姓田農桑不養，脩刑罰不理，萬民飢，君臣多失位。
陽七日不視，天下君臣失泣令，道路不行，天裂，衆禽獸四方散走墜，萬民家滅，不出七年。
日出艮丑入坤未，君臣亡國，萬民人失道路，不出五年。晉大庚十一年，大歲在庚戌，正月朔辛酉，日出海中，則朔三日。癸亥，大赦，改爲大熙。元年四月廿七日，世祖武皇崩。永喜七年，大歲在癸酉，日出艮北；四月廿七日，孝懷於安宫；五月十八日，朔，瑯琊王改爲建興。元年，李縣皇帝西朝太守爲石勒所殺。
永昌元年，大歲在壬午，日出則入未，正月一日大赦，政爲元年。十二月十一日，帝崩耶。日出則入，大寧三年，大歲在乙酉，九月廿一日，明帝崩，天下君

臣失禮。

日以暮入而復更出，不祥，天下多亡。

日夜出，高三丈，中有赤青珥，其國三分，大戰，將吞血，多亡。

日出五六丈，衆星如常，經三辰，視陰之精，强臣與天子爭地。

日出復入，日復出其邦，天子殺廿臣，天下逆亡。

日中分，其邦失地千里，不出五年。

日無烏，十日已上，大陽之精失位，其國君之德衰，陽國亡。

日赤烏鬪者，其國不出三年大飢，兵亡。

日蒼赤，兩分並出，大臣於太子謀毒酒，不出一年。

日出三丈，九破墜天子於宮，四兵起戰殺君，大地裂動，山崩，人民四面走亡。

日出五雲，如愛雲狀覆日，左右賢臣歸，不出一年。

日出，左右虹蜺並見，其君國亡，女主私與臣通鄰國逃遁，期半周。

日出無光，黑雲狀覆日，經一夕，則光耀見陽，臣與陰爭謀君，不出七年。

日三爭分出：建興五年，大歲在丁丑，三月九日，拜晉安王，辛卯，大赦，爲建武，九年，皇晉瑯琊王，初度江右烝相位也。

日夜出，月光弊闇，其國謀合理雄逃亡，更易王。

日入月中，非蝕，謂逆變君賊，其臣有殺；月入日中，非犯，其光奄不見，女后治政，天子易位。

日虧出，多霧，四夷内侵，可民哭泣不息。

日破爲兩已上者，王畢走亡。

日過日中無光，君不忠，天下有兩王。

日中而不運，經二辰，天子有逆令，臣不行，宮中有賊。

日無光，如火赤耀，君絶命位，不出一年。

日出亭運，無光，其分野君亡，兵起。

日薄運，其光視日中則奄，將軍舉奸兵戰，吞血。

日薄掃乍，其色紫，爲蝕，赤變乍，其臣不明謀君。

右廿八牒，《三靈紀》占。

日出至巳，則色闇薄，經三辰，君宮室燔天火，不出半周。

日出赤薄無光，謨謨溜溜，其君諫臣不同。

日濛無光，將軍宜脩法度，内行陰以穰之，卒，有内變者。

日出上有蒼雲氣，不可出軍；日下，宜出軍。

日月無光，從平旦至日中連日，君與臣内亂。

日出其色白，喪赤，兵旱；青，病死；黑，水；黄，飢。

日中有飛燕者，數月乃清，王隱以爲愍懷度死之徵。

日出至未奄，一夕而蝕，天子有殺者；從坎起，戰，不出三年。

日中烏見，其君有咎殃，期八十日。

日中雙烏見，相逆，軍大鬪；相去，其君走；烏者，飢，水旱不時，天下貴人多止。

右十牒，《易緯河圖災異》占。

唐・李鳳《天文要録》卷五《月占》　大初既闢而（無）〔亢〕宿始，故冬至十一月甲子夜半朔旦，二耀五精俱起牽牛之初度，亢經而於東運行也。《定象紀》曰：月者，爲大陰之精，女主之象也。以之比德刑罰之義，列之朝廷，諸侯、大臣之類也。《懸總紀》曰：月爲坎，以其北面居太陰之位也。陰以二起，故月一運一夕行十三度。陰氣之盛精也，月蝕脩刑也。齊甘德曰：君虧臣缺，月去日一舍乃生，至望始盛，盛則還虧，蓋臣無盈滿之誡也。大陰之精明者，月是也。《三靈紀》曰：陰陽既有，而生萬物。星、月者，有體而無光，日脩天體而耀之，然後生明。日耀月側則生耀，其半則耀，耀其全則望，當日衝光所不周。有天如日者爲闇虛，當月則月蝕，當星則星亡，日夜蝕則衆星不見，無已耀故也。月在日前，日推而耀之，故《易》云：日月相推而明生焉。月者，三五盈而則三五闕，故爲人臣之象也。晉卜偃曰：陰儀之盈縮會舍散之精者，是月也。齊甘德曰：月行有八道，出入於黄道，交日月合用，在交十五度以内者，日蝕，交上者，蝕既望，在交十五度以内者，月蝕，在交上者，蝕亦既後。漢賈逵云：日月之蝕分，以奇季十八分而日蝕，以奄奇十七分而月蝕。李鳳云：日者，以黄奇總分而蝕；月者，以赤交奇分而蝕。《（之）〔定〕象紀》云：日月蝕分者，五家之曆，細決其分奇度之也。陳卓曰：冬至晝極短，從坎陽在子，日出辰巽，入于坤申照，三不覆九，日見少，故寒。夏至晝極長，從離陰在子，日出寅艮，入于戌乾，故暑。月與日合爲一月，日復日爲一日，日復星爲一歲。《東晉紀》曰：月有九行者，玄道二出黄道北，赤道二出黄道南，白道二出黄道西，青道二出黄道東。立春二分，東從青道，立秋二分，西從白道，立冬二至，北從玄道，立夏二至，南

從赤道。然明之一決於房中央爲黄道，北三尺爲小陰道，北亦三尺爲大陰道，南三尺爲小陽道，南亦三尺爲大陽道。行中道天下安寧，行陽道出房南爲旱喪，行陰道出房北爲陰雨、兵亂。凡赤青出陽道，白玄出陰道。魏石申夫曰：月色變，進退失道，大臣用事，兵刑失理，將有殃。月晝明，（奸）〔姦〕耶並作，君臣爭明，女主失行，陰國兵强，中國民飢，天下謀僭。數月重見，國以亂亡。故月蝕者，陽侵陰，臣有咎，其爲災應於衝月也。凡天有十二次，日月之所躔也。地有十三分，王侯之所國也。《易緯》曰：推廿四氣之影盈縮，竪八尺之表，於日中視其晷，晷如度者，則其歲五穀昌；晷不知度，則歲不登，民人多疾疫、飢亡。占萬事，一不失。

立春寅正月節，影長一丈五寸二分小分三。不至兵起；若過，天下飢，有喪疾疫。

立秋申七月節，影長四尺五寸七分小分三。不至，人民多癘疾咽腫；若過，暴風災起。

啓蟄寅大簇，影長九尺五寸三分小分二。不至，旱，麦貴；若過，多疾病，兵起。

處暑申夷，則影長五尺五寸六分小分四。不至，淫泆起，有狂命；若過，旱，草木不生。

雨水卯二月節，影長八尺五寸四分小分一。不至，稚禾不成，老人多病；若過，多水疸腔腫。

白露酉八月節，影長六尺五寸五分小分五。不至，多痤疽；若過，臣謀主。

春分卯夾鍾，影長七尺五寸五分。不至，五穀不收，先旱後水；若過，有喪。

秋分酉南吕，影長七尺五寸五分。不至，民人多噸疾温病；若過，飢起。

清明辰三月節，影長六尺五寸五分小分五。不至，豆叔不成，多疾病；若過，大風地動。

寒露戌九月節，影長八尺五寸四分小分一。不至，稚禾不成，六畜傷；若過，有殃，女主憂。

穀雨辰沽洗，影長五尺五寸六分小分四。不至，稻不成，老公死，多温病；若過，大旱，民飢。

霜降戌無射，影長九尺五寸三分小分二。不至，人大疱，温病，大風；若過，民流亡。

立夏巳四節，影長四尺五寸七分小分三。不至，五穀傷；若過，后王有憂。

立冬亥十月節，影長一丈五寸二分小分三。不至，人多飢；若過，多水，道路不通。

小滿巳中吕，影長三尺五寸八分小分二。不至，多大霜，有喪；若過，大旱，絲綿貴。

小雪亥應鍾，影長一丈一尺五寸一分小分四。不至，五穀傷；若過，天下兵革連。

芒種午五月節，影長二尺五寸九分小分一。不至，人有狂命，多瘧疾；若過，民飢。

大雪子十一月節，影長一丈二尺五寸小分五。不至，多虫蝗，大水；若過，天下兵盡行。

夏至午蕤賓，影長一尺六寸。不至，其國有大喪殃，旱，草木不生；若過，有喪。

冬至子黄鍾，影長一丈三尺五寸。不至，大旱，多温病，萬物傷；若過，天子與臣戰。

小暑未六月節，影長二尺五寸九分小分一。不至，兵作，人多腹病；若過，將軍逆謀。

小寒丑十二月節，影長一丈二尺五寸小分五。不至，先旱後水；若過，君臣不和。

大暑未林鍾，影長三尺五寸八分小分二。不至，人有疾病；若過，兵革起。

大寒丑大吕，影長一丈一尺五寸一分小分四。不至，先旱後水；若過，女主國亡。

凡右廿四氣之損益九寸九分二之一。冬至爲損益之始也。

立春節，月無光，奄亭三夕，兵甲起，民多死，於震外卦多，盗賊起。

啓蟄節中，月無光，色黑奄乍，經六辰，外臣（姧）〔姦〕，與君戰，期二年。

雨水節中，月無光，經三辰，其國耗，百姓走亡，不出一年。

春分中，月無光，經七辰，君臣不和，争明，期半周。

清明節，月無光，經一夕，入光，多水，後火災起，於巽卦起，不出八十日。

穀雨中，月無光青乍，經五辰，則外國兵侵内，期七十日。

立夏節，月無光，經八辰，其國君有憂，期一年。

小滿中，月無光，先水後旱，民流亡，期二年。

芒種節，月無光，經六日，已上，大旱，女主出暴令，於離卦，臣謀君。

夏至中，月無光，經五日已上，民多疾病。飢亡，穀貴，不出三年。

小暑節，月無光，其分六畜多傷亡。

大暑中，月無光，經七日，已上，其國有大喪，更王，諸侯大亂。

立秋節，月無光，民飢多死，五穀不收，不出二年。

處暑中，月無光，客軍歸，兵動，不出半周。

白露節，月無光，其分民疾病，積尸，期一年。

秋分中，月無光，經三日，萬人死，期一年。

寒露節，月無光，經六日，天下大戰，期六十日。

霜降中，月無光，四夷破内，君臣失地。

立冬節，月無光，六畜貴，女主有喪。

小雪中，月無光，其分有憂，貴人多死。

大雪節，月無光，經六辰，諸侯將謀其女后。

冬至中，月無光，天下相攻，大臣有變者，不出一年。

小寒節，月無光，五穀貴，女宫有憂。

大寒中，月無光，其分女后死，臣謀外，期九十日。

右廿四氣月行失光，《黄帝斗曆紀》占。

占五星

《東晉紀》曰：五星在月中。月有光，星無光，名曰月蝕星；星有光，月無光，名曰星蝕月。凡月蝕星者，星不見。

兩體相著爲薄。所謂名宿者，七寸之内也。

月蝕五星，若五星入月中，若月與五星合，天下有災殃起，期遠三年。

巫咸曰：月蝕五星，其國亡，民人背其君。歲星，多飢；熒惑，有亂；填星，以殺；太白，國以戰；辰星，多女亂。

《海中》曰：五星入月中而出，其君死；不出，君臣死，大將相攻擊；若月貫五星，天子以生發死；若月蝕犯列星，其國亡，兵起，諸侯多被兵殃，天下民人憂；若列星貫月，陰國可伐，不出三年，其國内亂，大將死；若星入月中，其國君有憂，臣勝其君，令不行。

甘德曰：月暈五星，其國君死；其五星色不明，主人勝客；其色明，客勝主人。

占歲星

石申曰：月與歲星並出，經三宿五運，天下立侯王；湏迴，天下大飢，貴女失位。

巫咸曰：月蝕歲星，萬民流亡，不出三年。

公連曰：月蝕吞歲星，一夕七運，犯登，君臣相攻擊，女主有病。

紫辨曰：月暈歲星，天子病，侯王失位，不出三年。

黄帝曰：月暈歲星，三四五重，其主囚坐死，其分野多水，女后有憂。

甘氏曰：月犯歲星在角二度，經五十日，天子失位，民飢，不出三年。

巫咸曰：月乘犯歲星在房，其國兵飢，人民流亡。

應邵曰：月合歲星，暈二重，百姓流亡。

《東晉紀》曰：月紀吞歲星在井十一度，不(生)〔出〕二年，秦民飢流亡，兵革並連起。

萇弘曰：月奄亭歲星，其國飢亡。

卜偃曰：月吞乘歲星，一夕五運，在房，不出三年，豫州刺史謝万敗。

陳卓曰：月犯合歲星，又奄陵歲星，失度在心，其天子宫在賊誅謀其君，不出三年。

《荆州》曰：月奄亭歲星在尾，其國飢，有變者，萬〔民〕飢，人死亡。

卑竈曰：月奄陵歲星在左角，天下兵起。

班固曰：月犯蝕歲星，人民多死，王侯謀其君，不出二年。

《懸總紀》曰：月吞奇歲星，經七日，不出一旬，宣帝崩。

《荆州》曰：月犯歲星，其年虫蝗，五穀不生。

郗萌曰：月暈歲星三重，即蝕，其國相死，盜賊起。

陳卓曰：月暈芒角，其兵喪並連，民人飢，邑移。

占熒惑

黄帝曰：月與熒惑並出，陽國大旱，五穀燋，赤地千里。

石申夫曰：月蝕熒惑，其國内亂，五穀不熟，民流亡，不出二年。

甘氏曰：月暈熒惑蝕犯，天下破亡，失地大半，將軍有擾，不出三年。

巫咸曰：月暈熒惑二重，其色不明，客敗；色明，主人負，客勝。

郗萌曰：月暈熒惑，陽國兵起，所守之國亡，不出二年。

陳卓曰：月犯熒惑，內亂，貴人多死，西分大飢。
方朔曰：月會熒惑，宿經三辰，其國王死。
公連曰：月暈熒惑五重，其國賢人有擾主走亡，不出五年。
《荆州》曰：月呑熒惑，其國敗亡地。
陳卓曰：月犯奄熒惑芒，其君失坐，太子死，貴人傷，内兵起。
玄龍曰：月宿熒惑環陵，女主死，五穀不生，人相食。
卜偃曰：月犯熒惑，貴人死，二年四月，司徒韓暨薨。
卑竈曰：月犯陵熒惑，其國有飢，臣死。
梓慎曰：月奄熒惑在參，其國内亂，不出五年，魏地多亡滅。
陳卓曰：月呑蝕熒惑，其國内亂，相死，若有戮者，女親爲敗。
《東晉紀》曰：月顛弊則明帝崩。

占鎮星

石申曰：月與填星並出，中國兵弱，女主死，不出一年。
甘氏曰：月犯填星，其國飢亡，有喪，臣强女主弱。
巫咸曰：月乘填星，地動天裂，天子以逆爲理，期一年。
郗萌曰：月蝕填星，女主病，民流亡，不出三年。
《荆州》曰：月暈填星三重，其國相死，天下土動山崩，兵水起，女后有擾；若五重，君臣俱死，不出五年。
韓楊曰：月暈填星，所守之國有德。
《海中》曰：月犯蝕填星，下賤陵上，期六十日。
公連曰：月呑奄填星，經三辰，大將戰，呑血，失地。
紫辨曰：月犯亭宿填星，其國德臣死，太子病。
卜偃曰：月犯填星，不出二年，天子崩。
海中曰：月奄犯填星在軫宿，其國有喪。
卑竈曰：月犯蝕填星在牽牛，吴越有兵喪，女主憂。
挺生曰：月奄犯填星，其國亡，貴人死，天下有大喪。
《東晉紀》曰：月登奇填星，堯帝崩。

占太白

甘氏曰：月與太白並出，陽國擾兵，聖王更易令，不出二年。
石申曰：月與太白相合宿芒，其國立太子，女主死，不出一年。
巫咸曰：月與太白始出，太白居月中，無光，名曰月蝕太白，其往國之君死，期九十日；若太白有光明，名曰太白蝕月，其國臣試其主，不出三年。
應邵曰：月與太白相去三寸，天子相罷黜，期七十日。
黄帝曰：月犯太白，强國戰負，其主死，不出二年。
方朔曰：月蝕太白，强軍以戰亡，大將試其君，勝逐，臣死，君失地。
京房曰：月暈蝕太白，將軍在兩心，女后有喪，不出一年。
《易緯》曰：月乘太白，其國率多戰死，天下始兵。
郗萌曰：月呑太白，其國受兵殃，不出半周。
陳卓曰：月暈太白二重，色白光明，主人利色；不明，客負。
海中曰：月暈太白蝕，經五辰，其國有奸臣，大將謀其主，不出七十日。
甘德曰：月犯太白，人君死，兵起，趙地有兵，朝不安。
郗萌曰：月奄太白在須女，天下靡散，不出三年，衛地有兵。
《東晉紀》曰：月房靈太白，其國兵飢，人民流亡，魏王崩。

占辰星

巫咸曰：月與辰星並出，陰國兵弱負，期八十日。
甘氏曰：月蝕辰星，其國以女亂亡，飢、水災並起，不出三年。
《海中》曰：月犯辰星，其國有擾，兵起，不出三年。
郗萌曰：月與辰星合犯，其國亡地，貴女死，不出九十日。
陳卓曰：月暈辰星，春憂，民疾疫，寒熱秋冬，兵起，多水，不出二年。
紫辨曰：月暈辰星，所守之國多水災。
公連曰：月暈辰星四重，其國以水傷五穀，並水兵起，期八十日。
《荆州》曰：月暈辰星再重，其國軍破，將死，亡地，相死。
《海中》曰：月犯蝕辰星暈，臣試主，天下大戰，分亡失國。
陳卓曰：月犯呑辰星，大臣試其君，諸侯失位。
《春秋緯》曰：月暈辰星三重，二夕一運，女主亂（攻）〔政〕，賢臣退。
公連曰：月奄辰星，皇后有喪，大臣誅太子，不出二年。
《東晉紀》曰：月暗光辰，星經五辰，穆帝崩。
《懸總紀》曰：月蝕辰五星，經五辰已上，其國滅亡；五星入月，經三辰，其分野有大兵，相多死。
正月日蝕，有虫災，賊盜起，五木貴，陽臣誅君。

二月日蝕，貴人多疾病，六畜多傷，期八十日。
三月日蝕，綿大貴，君臣有擾，不出二年。
四月日蝕，女主有憂，五穀不登，牛馬貴，期二年。
五月日蝕，女后有疾病，亡地，先旱後水，穀不收。
六月日蝕，赤地千里，五穀不登，諸侯多死。
七月日蝕，兵横行，繒帛貴，不出一年。
八月日蝕，軍在外者罷，金兵貴，不出半周。
九月日蝕，軍大戰，麻、麥、鹽貴，主侯失位。
十月日蝕，兵起，鹽貴，粟麥不生。
十一月日蝕，女后有喪，兵起，民飢，旱，牛多死，鹽貴，關不通。
十二月日蝕，多水，兵起，牛羊貴，王侯多死。
右十二月蝕，《易京分野災》占。

月出蝕，角行，大旱，五穀爲收，天下大亂。
月出蝕，氐行，從地中自水躍，國流亡，受殃，不出二年。
月出蝕，房行，山崩，道橋不通，萬民多亂走；若月表弊，女主任胎壞；若月闇入，天下大旱；若湏暉，天下有喜事。
月出蝕，心行，其國大戰，血流，女主有喪。
月出蝕，尾行，天下飢，草木不生，六畜多死。
月出蝕，箕行，天下大旱。風，乳婦多死，不出二年。
右東方七宿月失度行蝕，石申占。

月出蝕，斗行，遠兵歸，兩軍相對戰，期三年。
月出蝕，牛行，四夷來侵内，將軍死，天地。
月出蝕，女行，五兵並起，君與臣大戰，秋多水，山崩。
月出蝕，晉行，女主國亡，水傷宫室，不出四年。
月出蝕，危行，太千欲謀其臣，將死。
月出蝕，室行，其分野山燒枯、海渴、江河絶，天下有急兵。
月出蝕，壁行，賢臣誕，君於蕃國走，軍在外，兵戰。
右北方七宿月失度行蝕，石申占。

月出蝕，奎行，君失勢，奪其臣，五穀不收，不出三年。
月出蝕，婁行，群臣争明，其國多疾，民死。
月出蝕，胃行，大臣檀命，奸臣謀君。
月出蝕昴行，主弱臣强，民飢亡。
月出蝕，畢行，君驚，臣欲謀后，皇與臣淫亂通。
月出蝕，觜行，主淪漫，六畜多死，不出半周。
月出蝕，參行，天下諸侯争位，男女多走亡，不出一年。
右西方七宿月失度行蝕，石申占。

月出蝕，井行，其主德耗，赤地千里。
月出蝕，鬼行，天下萬民於道路多飢死，貴人病，不出三年。
月出蝕，柳行，天下禾稼燋，草木枯，道路不通。
月出蝕，星行，天下有兩主，女后奸謀，外淫臣亂。
月出蝕，張行，其臣争明，天下兵作，立五六，女主私奸通臣。
月出蝕，翼行，天裂，陽不足，皆臣下君上爲變，兵亂起。
月出蝕，軫行，秋兵起，民飢，地大動，大風發，諸侯争位。
右南方七宿月失度行蝕，石申占。

月春以甲乙日三四珥蝕，五穀不熟；以丙丁日二珥蝕，諸侯死；以戊己日五珥蝕，大臣試其君；以庚辛日三珥蝕，三公誅女主；以壬癸日蝕，河海多魚，陰臣作奸。

月夏以甲乙日三珥蝕，君有憂；以丙丁日四五珥蝕，主失德，令有誅臣；以戊己日五珥蝕，陽臣弱陰强；以庚辛日三珥背蝕，貴人失門；以壬癸日三背蝕，外將侵内。月四季以甲乙日七珥蝕，暴風雨，道路不通；以丙丁日五珥背蝕，秋兵起，冬地動；以戊己日六珥背蝕，陰臣强陽君相攻擊；以庚辛日五珥背蝕，其國易政；以壬癸日七背珥蝕，五將出戰益地。

月秋以甲乙日蝕，天子病發；以丙丁日五背三珥蝕，大將受誅；以戊己日二背三珥蝕，胡王死；以庚辛日八珥蝕，人君去功臣逆，内亂起；以壬癸日四珥二背蝕，民飢，貴人死。

月冬以甲乙日六背蝕，天下有兵起，賢臣多死；以丙丁日七珥蝕，五將誅；以戊己日四背二珥蝕，大臣失位；以庚辛日七背二珥蝕，諸侯國亡；以壬癸日二珥、九珥蝕，大雨，道路不通，女主近臣謀私，交必兵行，誅其主。

月春以甲乙日東方蝕，大將軍死，惡風起，不出半周。
月夏以丙丁日南方蝕，百姓哭泣不息，其君亡，不出一年。

月四季以戊己日從季蝕，女主黜忠臣，期二年。

月秋以庚辛日西方蝕，大兵起，諸侯殺父，期八十日。

月冬以壬癸日北方蝕，人君絶副，客軍利，天下飛鳥驚怯，不出一年。

月春以甲乙暈二重蝕，五臣入宮，大戰，流血；若月調雲，大國亡，小國益地；以丙丁暈五重蝕，民弑其主；以戊己暈三重蝕，女主有逆心；以庚辛暈再重蝕，太子死；以壬癸暈四重蝕，有背，大臣弑其君。

月夏以甲乙暈五重蝕，其國有急兵；以丙丁暈三重蝕，其主必國之亡地；以戊己暈七重蝕，不出一年，其國内亂失地；以庚辛暈二重蝕，女后有喪；以壬癸暈五重蝕，大旱，民飢。

月四季以甲乙暈有背珥蝕，天子有喪；以丙丁暈再重有珥蝕，南方民飢，多亡；以戊己暈蝕有三珥，胡王死，民流亡；以庚辛暈四重有珥，西方兵起，將死，以壬癸暈再重蝕，三公妻與臣通，相戰，三公殺。

月秋以甲乙暈四重蝕，客軍大敗；以丙丁暈再重蝕，民多疾病；以戊己暈五重蝕，女主死；以庚辛暈七重蝕，女主任胎傷；以壬癸暈三重蝕，邊軍强内弱。

月冬以甲乙暈八重蝕，其國滅亡；以丙丁暈四重蝕，匈奴侵内；以戊己暈三重蝕，智臣死，以庚辛暈再重蝕，太子死；以壬癸暈四重，經五辰，女主奸通淫。

右十五牒，《懸總災異》占。

《易緯》曰：月蝕而有氣，從震卦來，入月中，君有憂；氣從中央來，出離卦行，軍大敗；從坎卦來，入震卦，其國多水，道、橋不見。

京氏曰：月從平旦至日入蝕，君臣失理。

《河圖》曰：月未滿蝕，天下舉兵；若月三日滿而蝕，女主水走，戰將死，王者失地；若月一二八十五日蝕，其君亡；若三五六日蝕，天下大亂。

《海中》曰：月生五日蝕，將軍背君命，大戰，流血，主大負，失宮。

郗萌曰：月半月蝕，其國軍三分，大敗；若月半蝕，有死將。

《河圖》曰：月生六七日蝕，天下逆，内亂，大戰。

《易緯》曰：月生三日蝕，后王更易，政暴令出。

京房易曰：月生朔二日蝕，七日至不見，君臣亡，天下無君。

《河圖》曰：月蝕宿，其下大戰；若日月竝蝕，君臣並大戰，臣負。

郗萌曰：月蝕光從坎，陰國大負凶；先從離蝕，陽國大勝，昌益地。

石申曰：月生五日至八日而蝕，天下有理兵。

巫咸曰：月未盈而蝕，天下有喪，女后胎傷。

甘氏曰：月盈而蝕，皆盡冥，其君宮中奸兵起，若蝕從上起，君失道；若蝕從下始，將軍兵亡。

《河圖》曰：月朔十一日蝕，黄帝兵符決要，先舉兵，負，後舉兵，大勝。

《易緯》曰：月生未滿蝕盡，經五辰，天子失位；不盡者，臣失位。

《京房易》曰：月未滿而從下蝕，其君兵作，必戰，失地，不出二年。

郗萌曰：月生十九日蝕，無光，天子悖臣，不出一年。

《海中》曰：月蝕中央，其君有憂，天下客軍大勝，益地。

甘氏曰：月生滿而從上蝕，其陰臣逆，君誅，不出三年。

《荆州》曰：月一月兩蝕，是謂陰盛陽衰，人主犯四時，興土功，其國有喪。

《春秋緯》曰：月十一日盈，別十二日虧，是謂陰道失四時，君臣兵喪並連起，不出三年。

公連曰：月五月三蝕，是謂堯帝亡德，則天下萬民哭，地裂有聲，不出七年，則堯崩。

《東晉紀》曰：月一年七蝕，陰國强自移，天下國三四五分立，小人爲王，期十二年；若星月亡不明，天下君弱，臣有勢。

《三靈紀》曰：月朔以九日蝕，陰陽不和，雨、旱，冬夏不調，萬民大愁苦，所蝕國必有賣地者，不出三年。

《九州分野星圖》曰：月蝕盡，三日不見，君臣迷惑，天下亂哭，萬民亡家走，不出五年。

《黄帝秘決》曰：兩軍相對，日月蝕者，從蝕所起，攻之勝；君在東從西往，在西從東往。凡月春蝕，東將憂；夏蝕，南君亡；秋蝕，西兵起；冬蝕，北有謀；兵在外而蝕，客軍利。

凡月蝕者，大陰之盈而則消象也，故月蝕應曆不占。

《東晉紀》曰：月始出離卦，黄帝與蚩尤戰，大負，先舉兵，負，後舉兵，勝。

甘氏曰：月出坎卦，陽國亡地，將軍在外戰，陰國兵强，不出三年。

巫咸曰：月始生從東方，天下有兵，内亂，不出五年。

甘氏曰：月始生從南方，則入南方，天下有逆臣，圍城邑，大戰。

石中夫曰：月始生如上弦，陰國臣强兵，陽國大弱，失地，三軍死亡。

《河圖》曰：月從一日至三日，正偃中衡必，其分野有死將軍，兵在外戰。

《易緯》曰：月生三日，無魄，兵在内外，主人不勝。

《京房易》曰：月朔三日，後見，在君有憂。

郗萌曰：月朔四日，後見，君女宫有喪，不出七十日。

公連曰：月朔至七八日，不見，天下兵盡起。

黄帝曰：月朔十二日至十六日，乃見，天下有滅國。

《勑鳳紀》曰：月至十五日則不見亡，經三日，其君失位，國亡逆，女執政。

郗萌曰：大月未滿八日，小月七日未滿，昏中，陽國失地，臣誅其主，强兵居失法，豪傑起，天子以不義失國，不出七年。

《河圖》曰：月未應中而中，天下有急兵，内亂起。

《海中》曰：月四日中，陽國失地，臣殺其君，爲王，不出三年。

《易緯》曰：月生三四日而中，天下有急兵，上謀下，有敗軍，將死於野。

《春秋緯》曰：月生而五日中，兵大起，在外，大戰。

《三靈紀》曰：月生十九日望，君脩緩不行，急兵入邦境，大戰。

京房曰：月十二而中，下謀上，奸兵侵内，不出二年。

《易緯》曰：月生十三日而中，上謀下不成，四夷侵内。

《河圖》曰：月生十五日中，天火燒萬物，下賤謀上，將失位，女后有喪。

黄帝曰：月生三日至七日而弦，其主軍大勝。

應邵曰：月生十一日弦，主人勝，不可攻；大月八日弦，主人勝，不可攻；未當弦而弦，當弦不弦，並有大兵；應弦不弦，攻城不尅；十日不弦，主人將死，客勝，所宿國兵弱。

《河圖》曰：月不逮弦望，出入失度，行陰陽盈縮，失道象也。君臣犯，非以刑罰不理，則月萬象，災令應之也。

《九州分野星圖》曰：月生八日而盈，天下君臣門滅亡，不出七年。

公連曰：月生五日弦，三臣誅，女主有逆兵，不出五年。

紫辨曰：月生望未滿，其分亡地；當望滿不滿，君侵臣；當毁不毁，臣陵君。君侵臣，有旱災；臣陵君，有兵，水，不出三年。

《洪範傳》曰：月未望而望，爲行疾；當望不望，爲行遲。晦而見西方謂之眺，朔而見東方謂之側匿。側匿則侯王其肅，眺則王侯其舒，皆主不昌，並有兵也。攻人之地大凶。

甘氏曰：月生八日而盈，攻人地勝。大進日盈，日盈大退。縮盈則君有憂，縮則臣有宿害。月未盛缺，缺在西，已盛而缺，缺在東，是謂月反，爲臣奪勢，有水災，兵起。

京氏曰：星月星體者，侯王謀其天子。

《東晉紀》曰：月生九日，望，不出二年，漢軍大敗，民人於四方散亡。

《勑鳳符表》曰：月生三日中，三公欲殺其女后，不出半周。

《定象紀》曰：月生十一日，盈，不出二年，周軍大敗，諸侯於四面散亡。

《懸總紀》曰：月生廿日，爲盈，則五日不見，天下大亂，死人如山罡，不出七年。

萇弘曰：月性生偃繩，爲軍戰敗；無軍，其君耗。

郗萌曰：月生朔二日中，不出三年，周武王崩，天下大亂，民飢滅。

海中（下闕）

《易緯》曰：月生五日中，其國太子登位，天下大憙。

京房曰：月生三日而立，有侯王軍在野，客勝，無軍，有客來，内亂人。

《河圖》曰：月未盡，三日而盡，不見，其君亡位。

《荆州》曰：月生五日亡，乃不見，天下飢，民人多死。

公連曰：月生七日亡，則奸臣與主戰，大勝，益地。

郗萌曰：月生無光，薄乍則至弦不見，君臣失四行，陰陽不調，五穀不收，不出三年。

《河圖》曰：月生未滿則亡，至三五不見，其分野大戰亡，君犯逆，臣走亡遁。

《七曜内紀》曰：月生廿日，在西方，其象如弦，兩國滅，世主不安，政亂，不出七年，不可政，其所宿必受殃也。

方朔曰：月生至十五日，無光，薄，女主奸，與外通，期六十日。

卑竈曰：月生十日，望滿，其分野女主德令急出，君益地。

紫辨曰：月生廿一日，望，陰臣與女主奸謀其君，以毒酒，不出二年。

卜偃曰：月色赤如赭，大將戰死於野。

《河圖》曰：月色白，無光，臣下仰，亂民流亡，國起兵。

《懸總紀》曰：月中無兔，經五日，其君亡急，爽女主，不出三年。

《易續》曰：月中蟾蠩去月，經三辰，天下道俱有逆事，臣勉君戰，不出三年。

《春秋緯》曰：月出則入，天下大旱，草木枯死，百穀不登，禽獸死，萬民飢亡。

《京房易傳》曰：月大而無光至，死戰不勝，城降，臣下亂，生命不行，人民飢。

《三靈紀》曰：月生無光，薄乍，從三日至子十五日，天子妻宫通奸淫外臣。

黄帝曰：月小而無光耀，除兵專來，不出一年。

石申曰：月色白，乍暗，臣肆兵，君戰，亂民流亡，不出三年。

甘德曰：月生則盈，經二辰則入，天下大亂，大國失地，不出七年。

巫咸曰：月生五六日，盈，臣逆謀妃后，天地不調，女主失勢。

河圖曰：月生無光，二日如上弦，視則入，君黜臣，妻通奸。

《五靈紀》曰：月生以十日，午未盈，臣不奨，君奸兵非邑，不出一年。

《春秋緯》曰：月生經一月，盈滿乍入，其國聖女出，更易王，天下萬民豐，不出十二年。

《定象紀》曰：月生至下弦半月，天下大亂，女后失國政。

《東晉紀》曰：月生不逮下弦則亡，管政臣降，諸侯爲天子，期六十日。

《勑鳳符表》曰：月夫道離生而入坎，帝堯后妃命亡之表，不出二年，后崩。

《東(靈)[晉]紀》曰：月生兑則入巽，黄帝后姤則於鳳山葬，不出三年。

石申曰：星入月爲兑變，天子有逆心殺臣，兑上諸侯誅，天子兑弊，三公有殺。

《九州分野星圖》曰：三半月竝出，不出五年，堯妃后崩。

《東晉紀》曰：月生以望，而月傍上下左右十人聚守，五色雲，四面四旋，不出七年，堯帝治天下，萬民安豐，象瑞也。

《河圖》曰：月生至弦而則入，女主槭功臣，天子脩理失道，内亂。

《定象紀》曰：月生左右，如仙人象，天下賢臣登山，君臣失理，萬民覯養非平。

《河圖》曰：月生爪牙，諸侯謀反。

《河圖》曰：月生鋒，天下逆兵並起；若上鋒内回，主主人利；下鋒内回，客利。

《易緯》曰：月生交龍，無光，經一夕五運，天下臣競，主兵弱。

京氏曰：月生羊鳥，無光耀，經一辰，則明光，生其國且奸兵起戰，主大勝。

《海中》曰：月生於左右藏馬，而五色雲覆於四面，兩國兵盡奔來，大戰，主人負，客勝。

《荆州》曰：月生三四日未滿，而鳳龍之象於四，而覆白雲，天下君臣絶理，女主私淫亂，與臣通，不出二年。

石申曰：月生半石，而赤雲覆於三面，海内大戰，流血，期一年。

公連曰：月齒，有賊有目，有逆臣謀其君，伏兵在坎；若萺，女后有逆謀。

《河圖》曰：月生兩鋒，見者有並理，天下有兵，有謀逆，上鋒，大君勝，下鋒，大臣勝。

《東晉紀》曰：月北頭，陰國益地，陽國失地，不出二年。

《三靈紀》曰：月生於北面，其方國女主大戰益地，不出三年。

紫辨曰：月生半過則亡，天子德衰。

《海中》曰：月生經四辰，其色白黑，亭薄乍，天下淫亂興。

石申曰：月生色蒼，經六辰，陽國地亡，不出一年。

京氏曰：月生色黄，經一夕，中國臣逆謀主，百姓飢，多水。

《易緯》曰：月生色赤，薄亭油乍，經三辰，大將盗謀其君；若闇亡，諸侯失國，大臣相誅。

《春秋緯》曰：月生色白，登變乍，經三日，於四面五雲曲乍，下臣試其君。

京氏曰：月生色黑白，乍經五日已上，賢臣有訧，君遣大臣。

《春秋緯》曰：月散，必有立王，陰精駭擾，欲爲王。

《河圖》曰：月毁，爲五帝失天下。

京氏曰：月破爲兩，若三四，大臣登王位。

易京氏曰：月分爲兩，其君無道，失天下；若月中分，其國亡。

《易緯》曰：兩三月竝蝕，天下大禍，殃亂起，小國毁，大國伐，天子争國。

《懸總紀》曰：月失道，臣誅罰擧亂，下欺上，上不明，以戰殺決理以應之。

《河圖》曰：月傍在蒼雲貫月，君百姓不養，臣令不行；若席，暴兵内侵。

《易緯》曰：月傍在黄雲，貫迴於四面，暴兵入宫室，下臣罰君。

班固曰：月傍在赤雲，回月四面，天下大戰，血流，死人如亂庶，民飢，大旱。

《京房易》曰：月傍在白雲氣轉迴，乍經二辰，大國兵入境，大戰，客軍負。

郗萌曰：月傍在黑雲，覆於四方，經五夕，其分君詭，下臣，臣變誖君；若資，天下不明，有大臣兩心。

《東晉紀》曰：五色雲氣貫月，經三四日，天下君臣三地百姓自移其家走亡。

《河圖》曰：月暈，有流星出月暈中，其國貴人有出走者；流星入暈中，有大使入者。

郗萌曰：月暈，有流星横貫月度暈者，諸侯有國亡者。

《七曜》曰：月暈，有流星貫暈，出月右，大臣謀女主，右吏死；出月左，左吏死。

《河圖》曰：月暈鬭，其君倚約；白雲入暈，有喪；赤雲貫暈，兵大戰。

郗萌曰：月暈有珥，赤，兵；白，喪；青，憂；黑，失國；黄，憙。

《七曜内紀》曰：五月中有九暈以上者，道上有勢，將死，道路多死人。

《易緯》曰：月暈有雲，大如布，四貫通月，不出其年，主人有憂；暈赤，雲大如杵，有軍外，萬人死。

《易緯》曰：月暈，有白雲氣，其國有喪；若虹蜺貫暈，將大勝，民飢；若暈五重，貴人多飢；暈十二重，天下半亡；七重暈，三公欲謀其君。

《東晉紀》曰：月暈八重，有四珥，天下有逆女；暈無雲，有流星過月下，若過月上，其國有憙令。

《海中》曰：星出月陰，其國有勝；星出月下芒，君死，民飢。

《河圖》曰：使星入月中，女主病；流星入月中，天子有擾，大臣謀伐其君，君令不行。

《東晉紀》曰：客星犯月，女主有憂，與外臣作奸。

《海中》曰：彗星流星入月中，星無光，不出一年，國亡；若星出，其國滅亡。

《勑鳳符表》曰：月至望入半月之象，經五辰，不出三年，夏禹崩。

《懸總紀》曰：月至四日不見，不出二年，殷湯崩。

《定象紀》曰：月覆五色虹蜺，而經一日，不出六十日，秦武帝崩。

《五靈紀》曰：月至十五日如半月，則不出三月，魏大祖武帝崩。

《三靈紀》曰：月一日生如半月，則天下大亂，不出九十日，顓頊帝崩。

《河圖表紀》曰：月五色，光暈七重，經三辰，不出七日，則堯帝崩。

《西晉紀》曰：孝王三年六月，月三蝕，雪雨雷不節，臣陰謀變國亡，則十一年孝王死。

《九州分野星圖》曰：月十日不視，則不出一年，顓王死。

《懸總紀》曰：月一日不視，不出二年，周滅，則秦興。

《金海總紀》曰：月九日不見，其國地動、山崩，雷，不出七年，漢高祖死。

《易緯決象》曰：月七日不見，不出五年，漢帝皇后崩。

《定象紀》曰：魏文帝黄初四年十一月月暈北斗，占曰：有大喪，赦天下。七年五月，帝崩，帝即位，大赦天下。

《東晉紀》曰：大和四年潤月乙亥月暈，後有白暈貫月北，暈斗柄三星，六年，桓帝崩。

《懸總紀》曰：月暈三重，有六珥，一夕七運，不出九十日，安帝死。

《西晉紀》曰：月薄環暈九重，不出三年，殺太子，其女后以庶子爲王。

《東晉紀》曰：月二月不見，不出五年，秦始皇帝崩。

《九州分野星圖》曰：天一夕不運轉者，陰盈滿而静調伏，陽不動運，陰勝，故妃后强勢，天子坐弱，陽國滅亡之象也。

天裂見光，赤，血流，天子呑血。

天裂百丈，見鳥、牛、馬之象，其君不安，國衰亡，於四方兵起。

天裂見廣五十丈，見人象，奸賊起，君官。

天裂廣廿丈餘，經五辰，其中赤如火，不出二年，大臣誅天子，女后逆變，殺將軍，兵誅，民人飢死，天下大動，國亡，有陰奸，兵起。

天裂有音聲，百姓家亡，哭泣不息，君德亡，陽國有亂。

天裂西北，天子弱，妃后專制。天中裂爲二，有聲如雷，三君道虧而臣下專僭之象。

天夜中裂，廣三四丈，有聲如雷，野雉皆驚鳴，是後哀帝荒疾，海西失德，皇太后臨朝，太宗總萬機，桓温專推，威振内外，陰内外道微也。

天鳴東南，有聲如風，水相薄，人主憂。

天鳴東南，萬姓勞飲，妖天鳴，是安帝唯反政而兵革歲動，象勤勞也。

天裂鳴，經六辰，辰百丈，天下大驚，則天火下燔，天子宫滅。

天鳴有聲，經一旬，不出二年，其國亡，地大動，山崩。

唐・李鳳《天文要録》卷一〇《辰星占》 辰星，北坎之位也，主水之精也。黑帝子也，於五常智也，五通聽也，主冬壬癸也。《懸總紀》曰：辰星，人君之象也，主大陰之精也，主刑司災變殺伐也，主女后之象也，主大陰奸謀行也，主陰匿逆也，主私之門也。《東晉紀》曰：辰星，主義智也，主陰陽之始位也，主萬物之萌牙門也。《七曜内紀》曰：辰星，主陰理之道也。《勑鳳符表》曰：辰星，主龜

公，將軍象也。主兵甲之府也。《武靈紀》曰：辰星，安坎宿名曰鏡星，主太子施脩也。安震宿名曰地辰，主王非違行也。安離宿名曰辰星，主火兵候也。安兑宿名曰解象，主父子行也。安中宫名曰正辰，主飢不行也。《東晉紀》曰：辰星，於東宿三舍失度，名曰天辰，於南宿守羸名曰安調，於西宿犯縮名曰細來，於北宿留舍名曰能星，中央入名曰小正。辰星於四季羸縮，乍失度，乍見名曰釣星。《西晉符表》曰：辰星爲水，水者，唯也。以其性平可爲准則，故以水訓准也。辰星者，智之決，是故道興於仁，立於禮，定於成智，故聖人以信智而識陰陽之理也。魏石申曰：辰星出以四仲，天下大平；於四仲不效，天下不祥，萬民飢，穀不收，陰陽錯亂，國家傾衰，冬温夏寒，失節大惡也，君臣不和也。《五靈紀》曰：大極元首十一月甲子冬至夜半朔，旦，五精與日月俱在斗之廿二度，初經伏於日下伏矣。辰星，春分二日在登宿，晨見東方，十八日而晨入東方；夏至二日，辰星在軫宿，晨見東方，十八日而晨入東方；秋分二日，辰星在氐宿，昏出西方，十八日而昏入西方；冬至二日，辰星在女宿，昏出西方，十九日而昏入西方。《七曜内紀》曰：辰星出四仲爲物紀，其出入常出辰戌、入丑未也。辰星一日行一度三分度之一周。應邵曰：辰星一日行一度四分度之二。齊甘德曰：辰星一日行一度七分度之三。殷巫咸曰：王者冬失政，則歲大旱，草木不長，禽獸不蕃，五穀不滋，民多癰疽，天下不祥。閉閣無通客，節開梁，禁外從，塞大川，簡宗廟，廢祠，破名山，是謂失政也。冬政不失，則辰星順度，色黄，羽音和調，五穀豐熟。無發冬氣，無害水道，無罪不辜，無棄正法，則辰星放其鄉，是謂不失也。

辰星在角一度失度，逆行，經五十日，其國祭天不順，兹逆兵大戰，臣伐其主，不出三年。

辰星在亢二度失度，暈青赤，貫白虹，内臣爲亂，亡地，不出一年。

辰星在氐十一度失度，疾行，經七十日，諸侯争爲帝，天下三公戰，不出三年。

辰星在房四度失度，暈二重，經三日，天下有立侯王，不出一年。

辰星在心一度失度，留不行，二旬，其國貴人死，天子有賊臣，不出一年。

辰星在尾七度失度，遲行三舍，而則暈三重，其分飢人流，兵革連起，不出二年。

辰星在箕三度失度，疾行，未入度則犯五車，又還退入北斗魁，經七十日，臣有亂相，死女，親爲敗，不出二年。

右東方蒼龍七宿辰星失度，《勑鳳紀》占。

辰星在南斗五度失度，留不行，經二月，其臣欲賊主，不出三年。

辰星在牛七度失度，逆行，經五十八日，君之宫中在賊臣内亂，不出三年。

辰星在須女三度失度，經二月，其度不順而逆行，黜臣謀外境，擊其天子，不出一年。

辰星在虚五度失度，暈二重，疾行，其邦飢民散，四方走亡，不出二年。

辰星在危一度失度，暈貫天狗，經五辰，其分大飢，人相食，不出三年。

辰星在室三度失度，逆疾行三舍羸，其分邊有兵且飢，不出一年。

辰星在壁二度失度，留不行，八十日，其分天子死，不出一年。

右北方玄武七宿辰星失度《勑鳳紀》占。

辰星在奎三度失度，暈五珥，經三日，天下有大喪，大將軍自死，不出一年。

辰星在婁二度失度，暈二珥，其年大兵戰，大將軍距退，期一年。

辰星在胃五度失度，暈三重，經二日，天子黜大臣，後近小人，期二年。

辰星在昴五度失度，天下有大喪，後六軍敗，不出二年。

辰星在畢六度失度，其國兵飢，人流亡，不出一年。

辰星在觜一度失度，暈貫流星，其邦城之敗，百姓萬飢、流亡，不出三年。

辰星在參三度失度，暈，逆行，經六十日，其國君死，有兵，百姓不安，不出二年。

右西方白獸七宿辰星失度，《勑鳳紀》占。

辰星在井五度失度，逆行，經七十日，女后有喪。

辰星在鬼二度失度，暈二珥，經五日，其分兵起，飢，不出三年。

辰星在柳九度失度，其色白赤大，逆行，經六十日，兵甲起，臣伐謀其天子，則專制上流。

辰星在七星一度失度，逆行，經八十日，君與石李王戰，北伐，没秋界，不出一年。

辰星在張八度失度，疾行，經七十日，大臣有匿謀，大亂，不出三年。

辰星在翼二度失度，逆行，經一年，於度不入，而又入文昌中，其分兵、飢並連起，不出一年。

辰星在軫二度失度，暈而後入羽林中，經二月，天下内外亂，諸侯伐誅桓氏，

期三年。

右南方朱雀七宿辰星失度，《劾鳳紀》占。

辰星之王也，從立冬以至冬之盡，其色則當比奎大星，而青白有精光，當其以節效也，有角芒。

辰星之相也，從立秋以至秋之盡，其色則精明，無角芒，不摇光。

辰星之休也，從立春以至春之盡，其色則當無精光，微小而蒼黄。

辰星之囚也，從立夏以至仲夏之盡，其色則當赤黑而不明，君失勢。

辰星之死也，從仲夏以至夏之盡，及四季王時，其色則當青赤，細小昧不明，此辰星五色之常也。

辰星之休也，仲春二月而出，即當大倉黑色，而光今反大青者，天下且有一國二主。

辰星之制也，仲夏五月而出，則當赤黑色，今反青黑，其時多水，晚出冪星，必有其國空。

辰星之小王也，仲秋八月而出，則當台而員，今反黑，而員起，角三芒，謂之子母鬭，其國滅亡。

辰星之王也，仲冬十一月而出，則當大而黑精光，今反赤員，而光生芒角，其年則旱，五穀不收。

辰星王候四時，故曰辰時也，君内無仁義，必有逆之主，謀其救也。

辰星常行四仲，滿廿日，未當出，天下大水；當出而不出，天下大旱，其色黄，五穀熟，色白則謀，色青則大臣擾。

辰星當出不出，未當出而出，其國温反寒，其節不得，天下君臣不安，百姓巡亡。

辰星一時再出，而其色赤，角不出，其年兵起；若其色白而角芒，六十日不出，其國有大喪；若色蒼白，而不出六十日，有喪；若色黑蒼，其國兵、喪並連起。

辰星出當一時不出，四時不和，天下大飢。

辰星四時不出，易寒暑錯，天下君臣失理。

辰星出當不出三四時，其國之天子命失政，五穀不登，四時不調，天下大飢。

右十六牒，魏石申、殷巫咸占。

辰星出早，爲月蝕，大臣誅其天子；出晚，天子殺大臣。

辰星出四仲，而則出四孟失度，天下大亂，更王；出四季，其國有破壞，諸侯不返命。

辰星春不見，百廿日不出，大風，五穀破壞，不實。

辰星夏不見，不出六十日，大旱。

辰星秋不見，百廿日不出，有大兵連起。

辰星冬不見，百廿日，大雨，多水，道路不行。

辰星三時不出，經三辰，君臣不和，暴兵甲大起；若四時不出，其分大飢。

辰星登出四孟，天下大亂；若未當出四仲，於四面大兵起；出四季，民飢，旱，水。

辰星逆行一舍，其國大水，期以其時。

辰星亂行，水傷民，兵革起。

辰星下出而色亡不大，於四海卒兵聚，期九十日。

辰星始出東方，大而其色白，有兵外謀奸，若其星小，近臣天子之妾與通，内亂。

辰星出南方，大而其色赤，光去地六丈，兵起。

辰星出南方，其色赤，經三日，則大臣與三公爲謀，欲其君無益。

辰星出丙丁未間，天下大旱，赤地千里。

辰星一南一北，害黍稷，侯王有擾。

辰星其赤光大，經五十日，社稷不脩，男女淫泆，内亂且起。

右十六牒，齊甘德七曜占。

辰星逆行晝見，其國大亂，失地。

辰星遲行縮，天子失臣害作，期七十日。

辰星始出東方，逆行失度，其狀小不明，天子之無忠臣、近小人爲政。

辰星出，其色如織女，其君臣爲正也。

辰星出而小數動，其國大兵起，大驚，期三年。

辰星有三五角，則兵連暴戰，期一年。

辰星失四時之色，失度行，君行不理，百姓哭啼不息，君臣以女樂失地。

辰星出西方，色赤，外國勝，主人負，期二年。

辰星出東方，反出西方，天下有交變，兵起，期二年。

辰星失色，逆行失度，其國兵有擾，期一年。

辰星色變，逆行，相陵而會合，留舍還守，其分國君臣失道。

辰星出，不常王相色，其色青、赤、黑、白、黄者，其國兵飢，旱、喪、水、盜賊、哭泣。

辰星小有角芒，其邦多盜賊，不出三年。

辰星生足，故主走，斬易王。

辰星出，色黑三芒，天下暴兵連。

辰星晝見，其國不亡，則大亂。

右十六牒，殷巫咸、齊甘德《海中》占。

辰星失度，晝見於離算，經乍已表，經二月，出逆，天子滅文武，期九年。

辰星逆行失度，於兑晝見詛奇，乍入天菀嘖亭，奸臣並贅，期八十日。

辰星迭度，留晝見，經三日，其國女后諏臣，政匿内亂，黜賢臣。

辰星晝見，經一旬，至午則不見，天下諸侯争位，奸内開諸侯負，期八十日。

辰星至未晝見，外臣閲君，作奸毒，不出一年。

辰星至巳晝見，則鬮亭乍至未，天下政諸臣並出，侯王兇兵侵内，期卅日。

辰星自暈，三珥貫月暈，經七辰，小人覿。天子在傍，近臣謀匿悃，期一月。

辰星失度，暈五車二星，經三辰，内外臣讀其天子，謀作並起。

辰星逆行失度暈，經一日，則不出三日，大雨，道路破壞，五穀亡流。

辰星逆行，色皓，亭乍暈，經三日，四夷並歸來，燒其宫室，五穀傷，失地。

辰星與月暈，經三辰，謊兵入界，大戰。

辰星暈三重，貫流星，經一日，入四面暴兵薦，諸侯以武逃，誅其天子之紀宫，期三年。

辰星暈四重，貫天狗，經五辰，其邦内外大荒，民四方走亡，期一年。

辰星暈三重，失度逆行，經五日，其分女后任遥傷，天下大赦，期三月。

辰星暈半月，經二辰，天子之宫内淫泆慢，期二月。

右十五牒，《懸總符表》占。

辰星入月中，臣欲殺其主，不出三年，必有飢，内亂，亡地。

辰星入月中，不出一旬，君臣俱自死。

辰星入月中，不出三旬，其國内有慝謀，春夏大水，秋冬大雪，牛馬疫，五穀貴。

辰星入月中，其色亡，不出三日，其國女后自死，期五日。

辰星與月相薄，所會之宿主死。

辰星與月同光，月蝕星，其國女主以淫泆亡國，期二年。

辰星光明與月相逮，其國以水地破壞，期一年。

辰星蝕月，其國相死，期五十日。

辰星貫月，經二日，其國主死，以女内亂，不出三年。

辰星貫月，其國有殃禍慝謀，不出三年。

右十牒，《殷巫咸七曜》占。

五星所聚之宿，是謂易行改立王者，掩有天下。凡相薄，天下分争，兵甲作。武王伐紂，五星聚於房星。

辰星五星皆從而聚于一舍，其下國以明法致天下，期三年。

歲星、熒惑、（慎）〔填〕星、太白四星與辰星鬭，皆爲戰、内亂。

辰星與歲星鬭，滅之，殺大將軍；專之，殺徧將軍。

辰星與歲星合，其國大水，民飢死。

辰星干歲星會，霜雨雪，期一年。

辰星與歲星會，逆臣不順誅逐，期二年。

辰星犯歲星，經四辰，逆臣誅臣，期二年。

辰星守歲星，經二月，其於朝廷殺臣，期一年。

辰星與歲星相陵，其國女主病，天下大赦，期一月。

辰星與歲星合鬭，經一月，其國戰，將軍死，期三月。

右十一牒，（濟）齊甘德《河圖》占。

辰星與熒惑合北面，將軍兵舉，大敗；若鬭合，則有戰兵内亂。

辰星與熒惑犯守，其主人兵不勝；若熒惑從辰星，伐者不利；若填星從者，伐擊有功利，期二年。

辰星與熒惑合舍，其國不可用，舉兵必受殃。

辰星與熒惑合，天下赤地千里，將連行。

辰星與熒惑相陵，不節，雹雨，其臣妨太子，期三月。

辰星會熒惑，經七十日，不止，失度逆行，其國有逆，女主謀燒宫室，期二旬。

辰星觸熒惑，展轉離復合，其主哭，於宫有喪，期八十日。

辰星與熒惑失度，留不行，廿日，其分暴兵發，斷王道，期二月。

辰星三舍熒惑，而復逆行失度，天下不通，内亂，期一年。

辰星暈熒惑，而經一日，其分大飢，人相食，百姓流亡，大臣薨，期三月。

辰星暈熒惑，貫二流星，經一日，諸侯戮强國，兵起，諸侯争權，大夫擾，不出一年。

辰星相陵熒惑，經廿五日，其分君臣相戰，道不通，期三月。

右十二牒，周應邵、《海中》占。

辰星與填星會，經三日，不可舉兵，反受殃，其臣主命不脩。

辰星與填星合東方，辰星色白大，天下有兵，地裂，期一年。

辰星與填星合鬭，則有戰兵，内亂，期八十日。

辰星與填星合，將軍死，飢，期一年。

辰星守犯填星，夏寒雪雨，女淫奸並連，陰陽失節，君臣不平。

辰星逐填星會者，其國有土功，田役非法，奸臣所爲誅也。

辰星與填星合居，經二旬，其國陰有謀者，不出一年。

辰星暈填星，貫流星，經三日，其君失勢，臣强。

辰星暈三重填星，其分貴臣獄死，不出一年。

辰星失度與填星相舍，色黄赤乍，經二月，逆兵入其邦，天子薨，期二年。

辰星貫流星，填星相犯，經一旬，女后有擾，不出三年。

右十一牒，《春秋緯》、《海中》占。

辰星出太白左，利客；出右，利主；辰歷太白，主人勝；俱出西辰，在太白前，西北國謀兵；出在東辰，在太白前，兵止；居後，兵起。

辰星出太白北，小戰；出南三尺，有數萬人大戰，主人不利。

太白出辰星北，客利；出其南，主利；辰星居太白左，相去三尺，若相摩近者，必大戰，萬人已上，主人將死；居其後廿日，兵起；居其十五日，兵罷。

太白、辰星俱見一方，相去四尺，客兵益。辰庢太白，主人將死；征旗出，其分有破軍，視旗祈指辰。辰圜太白，客勝；入太白而出，主人將薨；辰星出，則辰星爲客；不出，則太白爲客；太白、辰星俱不出，則熒惑爲客；辰出，則太白爲主人。

太白辰星俱出西，利以伐東；俱出東，利以伐西。

辰星與太白合，經二辰，主人兵不勝。

辰星出太白，相去二尺，急約戰，期一年。

辰星隨太白，於天下有兵，不戰，期一年。

辰星守太白，陽國兵起，期一年。

辰星居太白，於西方繞環，若抵太白居西北，陰國兵起，期六月。

辰星繞太白與相鬭，其國大戰，客勝，主人死。

辰星居太白，經三旬，兵起，不出一年。

辰星守太白，其邦主人薨，不出三年。

辰星與太白不相抵，野雖有兵，不戰，將薨，期一年。

辰星出太白右，青角，兵憂；黑角，水流；摩太白右上相，色黄，而地大動；出而易處，天下交變而不吉。

辰星與太白合爲變爲内兵憂；合鬭，即有戰兵，兵不在外爲亂。

辰星與太白相逢而鬭，其國有擾，期三月。

辰星與太白合，東方色白，天下兵大戰，期一年。

右十六牒，魏石申、《海中》占。

辰星流入大微中，經廿日，君不明，臣不忠，百姓（傍）〔謗〕，君臣不息。

客星守辰星，經八十日，宮中内亂，流血，大臣流千里。

客星犯辰星，入流星，經三辰，天下萬民飢死，期一年。

客星其色赤大，守犯辰星，經五年，辰星失度，四面兵歸來侵内，大戰，不出三年。

白彗星守辰星，經三月，不出三年，前漢高帝滅。

五色彗星在辰星旁三尺，經一月，不出七年，秦襄王滅。

大流星貫辰星，經三日，不出五年，周武王滅。

辰星出壤氣一丈，有喪；三丈，不出三百日，大雨水破壞道，王者不安，大有擾。

辰星生氣而爲黑壞，明日大霧，暮時大雨，若不雨，不出六十日。

辰星與太白不相近三四尺於東方，辰星廿日不入，至卅日入東南，國有兵，期二年。

辰星與太白不相近三四尺於西方，辰星廿日不入，至卅日入西北，國有兵不戰，期至秋冬，有兵。

辰星與太白相近而三四尺，經二月，將軍大戰，流血，期二年。

辰星與他星會，其光相薄，其分爲害，其光不逮，不害。

辰星與宿星合東方，臣伐其主；若鬭者，强國中有事暴兵戰，期六十日。

辰星與宿星同，相抵而散之，所在國將軍死敗。
辰星入水星，天下大水，多死，積尸，不出八十日。
辰星出與他星過而鬬，天下大亂，期九十日。
辰星與他星抵而没，其色不見，流星反，天下内亂，期七十日。大水，道路不通。
辰星暈邊有兵，其色失者，其國有擾，水。
辰星之爲雲狀，如流曲，其國有水災，期四月。
辰星之精散，枉矢流將。大而赤屈而長一□，所抵之處，天下恐所刑，喪、亂，有積兵起，衆人亡。
五色之彗，各有長短曲折應象。此一行，無他本。
右廿九牒，《懸總紀》、《鄭卑竈》，魏石申占。
枉矢芒，臣不忠，民不安，衆敵伐其國東西，五穀不收，貴人多死。
破女見，君臣謀逆，諸侯相攻擊。
拂樞動，亂悖無調時，主制持。滅寶主伐擊，相爭。繞綖主亂孽。
驚理主相屠；大奮主國安、天下昌。
黑彗主大賊、水害亡。
五彗星出於五面，五國民人飢，君亡，諸侯逃遁。

元・脱脱等《宋史》卷五二《天文志五》 七曜

日爲太陽之精，君之象，日行一度，一年一周天。日月行有道之國，則光明。君道至大，則日色光明；動不失時，則日揚光。至德之萌，日月如連璧。君臣有道，則日含「王」字；君亮天工，則日備五色；有聖人起，則日再中。人君有德，日有四彗，光芒四出；日有二彗，一年再赦。

《周禮》視祲掌十煇之法：一曰祲，陰陽五色之氣，浸淫相侵；二曰象，雲氣成形象；三曰鑴，日旁氣刺日；四曰監，雲氣臨日上；五曰闇，謂蝕及日光脱；六曰瞢，不光明；七曰彌，白虹貫日；八曰序，謂氣若山而在日上，及冠珥背璚重疊次序在于日旁；九曰隮，謂暈及虹也；十曰想，五色有形想。

凡黄氣環在日左右爲抱氣；居日上爲戴氣，爲冠氣；居日下爲承氣，爲履氣；居日下左右爲紐氣，爲纓氣。抱氣則輔臣忠，餘皆爲喜，爲得地，吉。

一珥在日西則西軍勝，在東則東軍勝，南北亦然；無兵，亦有拜將。兩珥氣圜而小在日左右，主民壽考。三珥色黄白，女主喜；純白，爲喪；赤，爲兵；青，爲疾；黑，爲水。四珥主立侯王，有子孫喜。

日有黄芒，君福昌；多黄輝，王政太平。日無光，爲兵、喪，又爲臣有陰謀。日旁雲氣白如席，兵衆戰死；黑，有叛臣；如蛇貫之而青，穀多傷；白，爲兵；赤，其下有叛；黄，臣下交兵；黑，爲水。日始出，黑雲氣貫之，三日有暴雨。青雲在上下，可出兵。有赤氣如死蛇，爲饑，爲疫。雜氣刺日皆爲兵。

日暈，七日内無風雨，亦爲兵；甲乙，憂火；丙丁，臣下忠；戊己，后族盛；庚辛，將利；壬癸，臣專政。半暈，相有謀；黄，則吉；黑，爲災。暈再重，歲豐；色青，爲兵，穀貴，赤，蝗爲災。三重，兵起。四重，臣叛。五重，兵、饑。六重，兵、喪。七重，天下亡。

日並出，諸侯有謀，無道用兵者亡。日鬬，爲兵寇。日隕，下失政。日中見飛燕，下有廢主。日中黑子，臣蔽主明。日晝昏，臣蔽君之明，有簒弑。赤如血，君喪臣叛。日夜出，兵起，下陵上，大水。日光四散，君失明。白虹貫日，近臣亂，諸侯叛。日赤如火，君亡。日生牙，下有賊臣。

日食爲陰蔽陽，食既則大臣憂，臣叛主，兵起。日食在正旦，王者惡之。日珥，甲乙，日有二珥四珥而食，白雲中出，主兵；丙丁，黑雲；天下疫；戊己，青雲，兵、喪；庚辛，赤雲，天下有少主；壬癸，黄雲，有土功。

日食在甲乙日，主四海之外，不占；丙丁，江、淮、海、岱也；戊己，中州河、濟也；庚辛，華山以西；壬癸，常山以北。各以其下所主當之。寅卯辰木，招謀者司徒也。巳午未火，招謀者太子也。申酉戌金，司馬也。亥子丑水，司空也。

月爲太陰之精，女主之象，一月一周天。君明，則依度；臣專，則失道。或大臣用事，兵刑失理，則乍南乍北；或女主外戚專權，則或進或退。月變色，爲殃；青，饑；赤，兵、旱；黄，喜；黑，水。晝明，則姦邪作。月旁瑞氣，一珥，五穀登；兩珥，外兵勝；四珥及生戴氣，君喜國安。終歲不暈，天下偃兵。

晦而明見西方，曰朏；朔而明見東方，曰仄匿。朏則政緩，仄匿則政急。六日而弦，臣專政。七日而弦，主勝客。八日而弦，天下安。十日不弦，將死，戰不勝。

兩月並見，兵起，國亂，水溢。星入月中，亡國破將。白暈貫之，下有廢主。白虹貫之，爲大兵起。生齒，則下有叛臣。生足，則后族專政。

月珥背璚，暈而珥，六十日兵起；珥青，憂；赤，兵；白，喪；黑，國亡；黄，

喜。有背璚，臣下弛縱，欲相殘賊，不和之氣。暈三重，兵起；四重，國亡；五重，女主憂；六重，國失政；七重，下易主；八重，亡國；九重，兵起亡地；十重，天下更始。

月食，從上始則君失道，從旁始爲相失令，從下始爲將失法。歲星犯之，兵、饑，民流。熒惑犯之，大將死，有叛臣，民饑。填星犯之，人臣弑主；合，國饑。月食填星，民流；一曰月犯填，女主憂，民流。太白犯，出月右爲陰國有謀，左爲陽國有謀；出月下君死，民流。月戴太白，起兵；入月，將死；與太白會，太子危。辰星犯之，天下水。月食辰，水，饑。辰入月，臣叛主。彗星入，或犯之，兵期十二年，大饑；貫月，臣叛主。流星犯之，有兵；入無光，有亡國；在月上下，國將亂。月犯列星，其國受兵。星食月，國相死。星見月中，主憂。

凡月之行，歷二十有九日五十三分而與日相會，是謂合朔。當朔日之交，月行黃道而日爲月所揜，則日食，是爲陰勝陽，其變重，自古聖人畏之。若日月同度于朔，月行不入黃道，則雖會而不食。月之行在望與日對衝，月入于闇虛之内，則月爲之食，是爲陽勝陰，其變輕。昔朱熹謂月食終亦爲災，陰若退避，則不至相敵而食。所謂闇虛，蓋日火外明，其對必有闇氣，大小與日體同。此日月交會薄食之大略也。日食修德，月食修刑，自昔人主遇災而懼，側身修行者，此也。

歲星爲東方，爲春，爲木。於人五常，仁也；五事，貌也。超舍而前爲贏，退舍爲縮。色光明潤，君壽民富。又主福，主大司農，主五穀。石申曰：歲星所在，國不可伐，如歲在卯，不可東征。甘德曰：所去，國凶；所之，國吉；退行，爲凶災。主泰山、徐青兗及角、亢、氐、房、心、尾、箕。君命不順，則歲星退行；入陰爲内事，入陽爲外事；行陰道爲水，行陽道爲旱。星大，則喜；小，則牛馬多死，疾疫。初見小而日益大，所居國利。初出大而日小，國耗。《荆州占》：歲星色黑，爲喪；黃，則歲豐；白，爲兵；青，多獄；君暴，則色赤。熒惑相犯，爲大戰；相去方寸爲犯，戰，客勝。食火，國亡。邊侵曰食。守之爲賊。居之不去爲守。觸火，則國亂。兩體俱動而直曰觸。合鬭，爲饑、旱。離復合，合復離曰鬭。填星相犯，退，犯填，太子叛。當東反西曰退。與填星合，爲内亂，民饑。芒角相及同光曰合。守填星，其下城敗。太白相犯，大臣黜，女主喪。觸太白，則四邊來侵。守太白，爲四序不調。合鬭，則大將死。辰星相犯，太子憂。觸辰，主憂；守，憂賊。合，則君臣和。晝見，則臣强。他星犯之，主不安。客星犯守，主憂。流星犯之，色蒼黑，大農死；赤，爲饑疫；黃，則歲豐。抵之，臣叛主。

熒惑爲南方，爲夏，爲火。於人五常，禮也；五事，視也。晋灼曰：「常以十月入太微，受制而出，行列宿，司無道，出入無常。」二歲一周天。出，則有兵；入，則兵散。逆行一舍二舍，爲不祥，所舍國爲亂、賊、疾、喪、饑、兵。或環遶勾巳，芒角、動摇、變色，乍前乍後，爲殃愈甚。退行一舍，天下有火災；五舍，大臣叛。《星經》曰：「主霍山、揚荆交州，又主輿鬼、柳、七星。」又主大鴻臚，又曰主司空，爲司馬，主楚、吴、越以南，司天下羣臣之過失。東行，則兵聚東方；西行，則兵聚西方。天下安，則行疾。與歲星相犯，主册太子，有赦。觸歲星，有子；守之，太子危。填星相犯，兵大起。入填星，將爲亂；觸之，有刀兵；守之，有内賊，太子危。與太白相犯，主亡，兵起；守北，太子憂；南，庶子憂。環遶，偏將死。與辰星相犯，兵敗。與辰星相會，爲旱，秋爲兵，冬爲喪；守之，太子憂，有赦。他星相犯，兵起。祅星犯之，爲兵，爲火。

填星爲中央，爲季夏，爲土。於人五常，信也；五事，思也。常以甲辰元始之歲填行一宿，二十八歲而一周天。四星皆失，填爲之動。所居，國吉，女子有福，不可伐。去之，失地。天子失信，則填大動。盈則超舍，以德盈則加福，刑盈則不復；縮則退舍不及常，德縮則迫慼，刑縮則不育。《星經》曰：「主嵩山、豫州，又主東井。」行中道，則陰陽和調。退行一舍，爲水；二舍，海溢河決。經天退行，天下更政，地動。巫咸曰：光明，歲熟。大明，主昌。小暗，主憂。春青，女主喜。春色蒼，歲大熟；色赤，饑。有芒，兵。與歲星相犯相鬭，爲内亂；合，則野有兵。熒惑相犯，爲兵、喪；合，則爲兵，爲内亂，大人忌之。太白相犯，爲内兵，有大戰，一曰王者失地。合於太微，國有大兵，一曰國亡。辰星犯，爲兵，爲旱。祅星犯，下臣謀上。流星犯，則民多事。與月相犯，有兵。

太白爲西方，爲秋，爲金。於人五常，義也；五事，言也。常以正月甲寅與火晨出東方，二百四十日而入。入四十日又出西方，二百四十日而入。入三十五日而復出東方。出以寅戌，入以丑未也。一年一周天。日方南太白居其南，日方北太白居其北，爲贏，侯王不寧，用兵進吉退凶。日方南太白居其北，日方北太白居其南，爲縮，侯王有憂，用兵退吉進凶。《星經》曰：『主華陰山、梁雍益州，又主奎、婁、胃、昴、畢、觜、參。』出西方，失行，外國敗。出東方，失行，中國敗。若經天，天下革，民更主，是謂亂紀，人衆流亡。晝見，與日争明，强國弱，

女主昌，又曰主大臣。巫咸曰：光明見影，戰勝，歲熟。狀炎然而上，兵起。光如張蓋，下有立王。凡與歲星相犯，兵敗失地。犯熒惑，客敗主勝。犯填星，太子不安，失地。犯辰星，主兵。入月，主死，其下兵。犯月角，兵起，在左則中國勝，在右則外國勝。當見不見，失地破軍。他星犯，其事急。祅星犯，邊城有戰。客星犯，主兵將死。凡太白至午位，避日而伏，若行至未，即爲經天，其災異重也。

辰星爲北方，爲冬，爲水。於人五常，智也；五事，聽也。常以二月春分見奎、婁，五月夏至見東井，八月秋分見角、亢，十一月冬至見牽牛。出以辰戌，入以丑未，二旬而入。晨候之東方，夕候之西方也。一年一周天。出早爲月食，晚爲彗星及天祅。一時不出，其時不和。四時不出，天下大饑。《星經》曰：「主常山、冀并幽州，又主斗、牛、女、虛、危、室、壁。」又曰主燕、趙代，主廷尉，以比宰相之象。石申曰：色黄，五穀熟；黑，爲水；蒼白，爲喪。凡與歲星相犯，皇后有謀。熒惑犯，妨太子。填星犯，兵敗；太白亦然。芒角相及同光曰合，他星光曜相逮爲害。客星、太陰、流星相犯，主内患。

凡五星：歲星色青，比參左肩；熒惑色赤，比心大星；填星色黄，比參右肩；太白色白，比狼星；辰星色黑，比奎大星。得其常色而應四時則吉，變常爲凶。

木與土合爲内亂，饑；與水合爲變謀而更事；與火合爲饑，爲旱；與金合爲白衣之會，合鬬，國有内亂，野有破軍，爲水。太白在南，歲星在北，名曰牝牡，年穀大熟。太白在北，歲星在南，其年或有或無。火與金合爲爍，爲喪，不可舉事用兵，從軍爲軍憂；離之，軍却。出太白陰，分地；出其陽，偏將戰。與土合爲憂，主孽卿。與水合爲北軍，用兵舉事大敗。一曰，火與水合爲焠，不可舉事用兵。土與水合爲壅沮，不可舉事用兵，有覆軍。一曰，爲變謀更事，必爲旱。與金合爲疾，爲白衣會，爲内兵，國亡地。與木合國饑。水與金合爲變謀，爲兵、憂。

木、火、土、金與水鬬，皆爲戰，兵不在外，皆爲内亂。

三星合，是謂驚立絶行，其國外内有兵與喪，百姓饑乏，改立侯王。四星合，是謂大湯，其國兵、喪並起，君子憂，小人流。五星若合，是謂易行，有德受慶，改立王者，奄有四方，子孫蕃昌；亡德受殃，離其國家，滅其宗廟，百姓離去，被滿四方。五星皆大，其事亦大；皆小，事亦小。五星俱見，其年必惡。

凡五星與列宿相去方寸爲犯，居之不去爲守，兩體俱動而直曰觸，離復合、合復離曰鬬，當東反西曰退，芒角相及同舍曰舍。

凡五星東行爲順，西行曰逆，順則疾，逆則遲，通而率之，終於東行。不東不西曰留，與日相近而不見曰伏，伏與日同度曰合。

凡金、水二星，行速而不經天，自始與日合後，行速而先日，夕見西方。去日前稍遠，夕時欲近南方則漸遲，遲極則留，留而近日，則逆行而合日；在于日後，晨見東方。逆極則留，留而後遲，遲極去日稍遠，旦時欲近南方，則速行以追日，晨伏于東方，復與日合度。此五星合見、遲疾、順逆、留行之大端也。

凡五星之行，古法周天之數，如歲星謂十二年一周天，乃約數耳。晉灼謂太歲在四仲則行三宿，在四孟、四季則行二宿，故十二年而行周二十八宿。其説亦非。夫二十八宿，度有廣狹，而歲星之行自有盈縮，豈得以十二年一周無差忒乎？唐一行始言歲星自商、周迄春秋季年，率百二十餘年而超一次，因以爲常。以春秋亂世則其行速，時平則其行遲，其説尤迂。既乃爲後率前率之術以求之，則其説自悖矣。今紹興曆法，歲星每年行一百四十五分，是每年行一次之外有餘一分，積一百四十四年剩一次矣。然則先儒之説，安可信乎？餘四星之行，固無逆順，中間亦豈無差忒？一行不復詳言，蓋亦知之矣。

清・南懷仁《妄占辯》 四辯因古者所遺定各日名字之占

凡民曆内每日下所列支干、五星、二十八宿、黑道等字樣者，不過由人自意所定爲本日不同之名字，並與本日之天行絲毫無涉也。如康熙九年正月初一日下所列之「己丑火參建」等名字，其意若曰本日稱謂己丑日、火星日、參宿日、建日而已。此日之四名字與本日太陽、火星及參宿天上之行動實無相關。蓋本日太陽在子宫初度，有一定出入時刻，因而有一定晝夜長短，年年如一。然先後諸年正月初一日下另有别名字相配之序，照曆本内每年所列各項之輪流不同矣。

支干等字自無能力，惟由人列定。

凡此等名字輪流之序，非由星宿之性情，皆由人自意之排列而定，故不能因之而推知物性之變動，緣其于本日之自然絲毫不能加減故也。蓋凡由物性者，各處如一。如光由太陽之性，故凡見太陽之地莫不見其光也。今正月初一日支干星宿等名字惟中國有之，天下萬國全無可見，非由本性情，惟由人定而已。然人之力量不能變動物性，並不能加減于其自然之情，則其所定之名字愈不能變動加減明矣。如正月初一日太陽有一定出入晝夜長短時刻，又本日或冷熱乾湿等情之力量既不能變動加減之，則其所定本日之名字愈不能變動加減明矣。假如因庚戌日地震、兵起，又因甲子日地震推占兵止，是猶因庚戌日冬至推夜加長一刻，因甲子日冬至推夜減短一刻，可乎？由此而推，凡所謂支干等名字之中有

屬火屬水等情者，非其所對之日并其所表指之物本然屬水火諸情之謂，不過由人自意所定之屬向，以便選擇日期等項。而故占説甲子之日有雨、乙丑日有風等，是無知之占也。如此之類，皆無施效之實力，不待辯而自明矣。

紀事

唐・房玄齡等《晉書》卷一三《天文志下》 永寧元年，自正月至于閏月，五星互經天，縱横無常。《星傳》曰：「日陽，君道也；星陰，臣道也。日出則星亡，臣不得專也。晝而星見午上者爲經天，其占『爲不臣，爲更王』。」今五星悉經天，天變所未有也。石氏説曰：「辰星晝見，其國不亡則大亂。」是後，台鼎方伯，互執大權，二帝流亡，遂至六夷更王，迭據華夏，亦載籍所未有也。其四月，歲星晝見。五月，太白晝見。占同前。七月，歲星守虚危。占曰：「木守虚危，有兵憂。虚危，齊分。」一曰：「守虚，饑；守危，徭役煩多，下屈竭。」辰星入太微，占曰「爲内亂」，一曰「羣臣相殺」。太白守右掖門，占曰：「爲兵，爲亂，爲賊。」八月戊午，填星犯左執法，又犯上相，占曰「上相憂」。熒惑守昴，占曰「趙魏有災」。辰星守輿鬼，占曰「秦有災」。九月丁未，月犯左角。占曰：「人主憂。」一曰：「左衛將軍死，天下有兵。」二年四月癸酉，歲星晝見。占曰：「爲臣强。」初，齊王冏定京都，因留輔政，遂專慠無君。是月，成都、河間檄長沙王乂討之。冏、乂交戰，攻焚宫闕，冏兵敗，夷滅。又殺其兄上軍將軍寔以下二十餘人。太安二年，成都攻長沙，於是公私饑困，百姓力屈。

唐・房玄齡等《晉書》卷二七《五行志上》 吴孫晧時，常歲無水旱，苗稼豐美而實不成，百姓以飢，闔境皆然，連歲不已。吴人以爲傷露，非也。案劉向《春秋説》曰「水旱當書，不書水旱而曰大無麥禾者，土氣不養，稼穡不成」，此其義也。晧初遷都武昌，尋還建鄴，又起新館，綴飾珠玉，壯麗過甚，破壞諸營，增廣苑囿，犯暑妨農，官私疲怠。《月令》，季夏不可以興土功，晧皆冒之。此修宫室飾臺榭之罰也。

唐・房玄齡等《晉書》卷二八《五行志中》 魏明帝青龍三年正月乙亥，隕石于壽光。案《左氏傳》「隕石，星也」，劉歆説曰：「庶衆惟星隕于宋者，象宋襄公將得諸侯而不終也。」秦始皇時有隕石，班固以爲：「石，陰類也。又白祥，臣將危君。」是後宣帝得政云。

圖表

明・佚名《天元玉曆祥異賦》

黄氣潤於日上占

朱文公曰：黄氣潤於日上，宫中有喜。《宋志》曰：人主宫中有喜，則其上有黄氣雲潤澤也。

青雲澤於西北占

朱文公曰：青雲澤於西北，國舉賢良。《宋志》曰：舉賢良於國，則有青雲澤西北也。

若黃雲守日占

朱文公曰：外國入貢也，若黃雲守日而立。

《宋志》曰：外國入貢，則有黃雲守日。

如龍鳳抱日占

朱文公曰：天下歸心也，如龍鳳抱日而翔。

《宋志》曰：君聖臣賢，天下順心，則氣如龍鳳，龜鶴形圓而抱之也。

但見日久不明占

朱文公曰：但見日久不明，上下蔽塞。《宋志》曰：日久不明，上下蔽塞，羣臣恣而專刑。

若過中光暗占

朱文公曰：若過中時光暗，德政不明。《宋志》曰：日過中時無光，德政不明也。

日未入而無光占

朱文公曰：日未出而無光，爲喪之異。《宋志》曰：日未入，停停無光，曰日死，又曰朔日。日紫色氣，占爲喪事，亦爲侯王死。

日已出而光暗占

朱文公曰：日已出而光暗，主病之徵。《宋志》曰：日出二竿，停停無光，曰日病，又曰黃色無光，爲王侯病，又曰主上病。

日色赤如赭占

朱文公曰：色赤如赭將死，民怨而天下旱。《宋志》曰：日出如火，或光如赭色，大將軍戰死。武密曰：主負於臣，百姓怨，而天下旱。

日色赤如血占

朱文公曰：色赤如血，有喪，臣叛，而盜賊生。《宋志》曰：日赤如血，其下有喪，及臣反，國亂、災癘、盜賊並起。

雲全無而光暗占

朱文公曰：雲全無而光暗者，臣叛。《宋志》曰：日當晝無雲，而光暗，是謂晝昏陰反陽，臣叛君，奸臣盛，法令不行。又爲殺戮、死亡之兆。落似殺氣寒濁者，大咎。又曰其下分土，三日内有雨，不占。

雲盡赤而光暗占

朱文公曰：雲盡赤，而光暗者，兵興。《宋志》曰：天下雲盡赤，日色無光者，兵興。

日中分再出再沒占

朱文公曰：日中分再出再沒，皆爲亡土。《宋志》曰：日中分，或出非其所，再出再沒，皆主其下亡土。

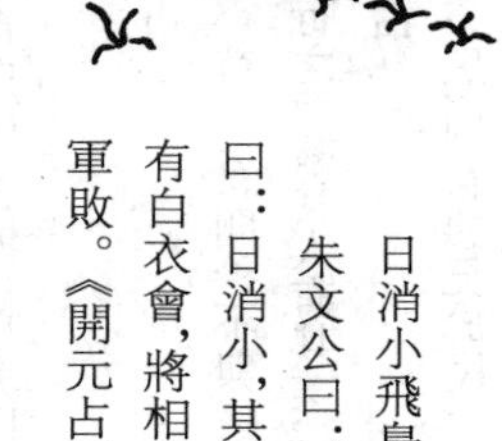

日消小飛鳥飛燕占

朱文公曰：日消小，飛鳥飛燕，並主君凶。《宋志》曰：日消小，其下君長凶。日中烏見，主不明，爲政亂。有白衣會，將相出，旌旗舉，其下國分凶。落，出軍遇之將軍敗。《開元占》曰：日消小，則奪威勢也。

日隕則爲鼎立占

朱文公曰：日隕則爲鼎立，爲失政。《宋志》曰：日隕地，其下失政。《古今占》曰：日隕地，天下鼎立也。

日鬥則爲兩競占

朱文公曰：日鬥則爲兩競，而爲夷兵。《宋志》曰：日鬥者，別有假象，共日體相淩，離而復合，合而復離，日魄先光，乍明乍暗，或烏體俱見，在於食時之前，晡晚以後者，爲日鬥，鬥者兩侵之象，天子惡之。

星月晝見占

朱文公曰：星月晝見，則爲争明，小國强而大國弱。《宋志》曰：日月與天星並晝見，是謂争明，大國弱而小國强，有立王侯。日無光，而星月有光者，國危，主天下不安，及天下不能正。

飛流犯日占

朱文公曰：飛流犯日，則爲改政，民流疫，而王者崩。《宋志》曰：飛流犯日，映日而前鋭後方，災及臣，宮不安，天下振動。落日無光者，民疫死。

祅日宵出占

朱文公曰：祅日宵出兮，紀綱大滅。《宋志》曰：日夜出，名曰陰明，天下兵起，下臣凌上，洪水流行，日月並夜見，天下分離。《當書金櫃》曰：日夜出者，紀綱滅，大臣專政，威權削奪。《開元占》曰：三苗大亂，天命殛之。

衆日並出占

朱文公曰：衆日並出，天下分争。《宋志》曰：兩日並出，天下用兵，無道者亡，是謂陽明，假主抗衡並争，則其下國亂。三日並出，不過三旬，諸侯争。衆日並出，天下分落，兩軍相當。數日並出，有大戰拔城。當分營以應之。

當書冥晦占

朱文公曰：又有當書冥晦者，陰反爲陽，而臣將制主。《宋志》曰：日書昏行人無影，到暮不止者，爲刑急。又曰不出一年有大水。書昏而群鳥亂，先分土。

日中黑氣占

朱文公曰：日中黑氣者，臣不掩惡，而百姓惡君。《宋志》曰：日中黑氣者，祭天不順之異也。黑氣者，亦爲日薄皆陰也，落乍三乍五，則臣有謀反。又曰：臣敝主，日中黑氣不明所致也。

黑子落有黑色占

朱文公曰：黑子落有黑色，乍三乍五，臣謀君，落，臣亂，爵賞不平。太公曰：日中有黑氣落一二三四五者，教令不明，三公爲亂，爵賞不平。

齒足俱見占

朱文公曰：齒足俱見，兵敗而將軍死。《宋志》曰：雲間日影屬地者，爲足赤者，有舉兵；白，有敗將破軍。日有齒足，其下叛。（春秋感精）《春秋感精符》曰：夷狄並侵，戰兵用將，則垂牙舉足。

日月並出占

朱文公曰：日月並出，臣叛而夷狄侵。《宋志》曰：日月並出，國分兵起。落，相去數寸，臣叛而謀上。又曰：日月並照，日光不盛，月光獨盛，皆爲后妃擅權。又曰：日月並晝見，兵起臣叛。日月並出，其後越滅，吴臣欺君，夷狄侵中國也。

則日應之而赤占

朱文公曰：號令害民，則日應之而赤。《宋志》曰：日之色赤，則君無智。京房曰：發號施令，動害百姓，則日應之而赤矣。

則日色白而青占

朱文公曰：君弱下貧，則日色白而青。《宋志》曰：日之色青白，則君弱。京房曰：人君軟弱，海内皆貧，則日色青而白。

日之色黄占

朱文公曰：黄，則君聞善不與。《宋志》曰：日之色黄，君聞善不與。京房曰：賢者之言行之而蔽其人有其美，以自有揚厥功，日色白黄也。

日之色黑占

朱文公曰：黑，則君惡見於民。《宋志》曰：日之色黑，則君惡於民。京房曰：臣不能進諫於君，怒惡百姓，則日色黑也。

【略】

氣黑如龍啣日占

朱文公曰：黑如龍啣日，而臣叛。《宋志》曰：黑如龍啣日，有臣叛也。《乾象新書》曰：日傍氣如龍啣日，下有叛臣。

氣青如龍守日占

朱文公曰：青如龍守日，而臣謀。《宋志》曰：青如龍守日，臣有謀，亦戒飲膳，扶日亦如之也。《乾象新書》曰：氣如青龍守日，宜戒飲膳，下有謀。

則黑氣如人在日中或日背臥占

朱文公曰：臣將叛，則黑氣如人在日中，或如背臥。《宋志》曰：日中有雲如人，或黑氣如人背臥日傍者，皆有叛臣。

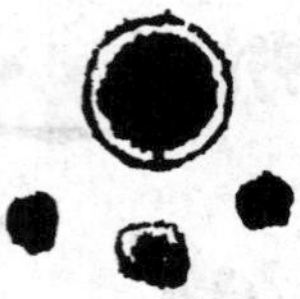

則赤雲如輪在日側占

朱文公曰：兵欲起，則赤雲如輪在日側，亦似相扶。《宋志》曰：赤雲扶日或曲，如輪在日傍，名曰扶，皆爲兵起失地。《乾象新書》曰：日傍氣如車輪，名曰提，其下有兵亡地。

則日下雲如虎躅占

朱文公曰：將叛，則日下雲如虎躅。《宋志》曰：雲如虎躅在日下者，大將叛。

則日旁氣如冬株占

朱文公曰：兵起，則日傍氣如冬株。《宋志》曰：氣如冬株在日旁者，兵起客勝。一曰冬株又爲冬樹。《乾象新書》曰：日下氣如冬樹者，兵起客勝。

氣如人持如人牽日占

朱文公曰：如人持，如人牽，在日下，臣將叛去。《乾象新書》曰：日下氣如人牽日，其下有叛。

氣若青馬青鳥向日下占

朱文公曰：若青馬、青鳥向日下，主有憂虞。《宋志》曰：雲如青赤馬向日下，或兩青鳥相向在日下者，人主有慮。

如車馬走日下占

朱文公曰：如車馬走日下者，軍破。《宋志》曰：氣漠漠如車馬馳走之狀在日下者，有破軍。一曰有反者披甲而走。

如斧鉞在日旁占

朱文公曰：如斧鉞在日旁者，君憂。《乾象新書》曰：日旁氣如斧，君失禮致憂。

赤雲如杵衝日占

朱文公曰：赤雲如杵以衝截其野，萬人死，而君惡。《宋志》曰：赤雲截日大如杵，軍在外，萬人死，又曰來衝者君惡之。

或如血以覆日占

朱文公曰：或如血以覆蔽，其下千里旱，而民流。《宋志》曰：赤血覆日，如血光者，大旱，民流千里。

氣掩日而如席如布占

朱文公曰：大戰之氣掩日，而如席、如布。《宋志》曰：氣如布席掩日，兩軍相當，其下大戰，若色白在日傍，尤甚，萬人死。

如馬如牛守日占

朱文公曰：兵傷之象，守日，而如馬如牛。《宋志》曰：赤氣如馬守日，戰則兵喪。一曰，兵則連綿。又曰，赤氣如牛守日，其下有兵。色赤扶日，亦如之也。

日下氣如人垂衣占

朱文公曰：日下氣如人垂衣，天子之候。《宋志》曰：凡人垂衣在日下，爲天子之氣。

日出雲如張蓋占

朱文公曰：日出雲，如車張蓋，雨澤之由。《宋志》曰：日始出有雲，如車張蓋，則必雨也。

日上下青氣來居占

朱文公曰：日上下青氣來居，出軍乃吉。《宋志》曰：青氣在日上下者，吉，可以出軍。

日出入黑氣横貫日占

朱文公曰：日出，入黑雲横貫，望雨須周。《宋志》曰：日出或入，黑雲横貫之，不出三日有暴雨。日始出而隔之，其下有兵，有雨解之。

氣直立於日旁占

朱文公曰：氣直立於日旁，宫中争門。《宋志》曰：日旁有氣直立，或貫日，宫中有争門也。

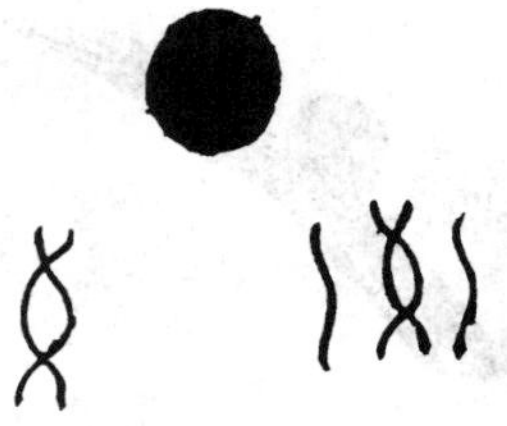

或相交於日側占

朱文公曰：或相交於日側，其下賊憂。《宋志》曰：氣如交蛇在日旁者，其下有賊。

如人頭居日之傍占

朱文公曰：如人頭居日之傍，兵戰流血。《宋志》曰：氣如人頭，旌旗在日傍，爲兵戰。《甘德》曰：日傍氣如人頭，流血之象。

若死蛇在日下占

朱文公曰：若死蛇在日之下，飢疫多愁。《宋志》曰：赤氣如死蛇在日下者，大飢疫。

左右如鳥占

朱文公曰：左右如鳥而色赤者，君憂之咎。《宋志》曰：赤雲如鳥夾日而飛，主君憂。

上下似龍占

朱文公曰：上下似龍而色黑者，風雨之咎。《宋志》曰：雲如龍而黑，在日上下，主風雨之候也。

氣映日如旌旗占

朱文公曰：氣映日如旌旗，爲兵流血。《乾象新書》曰：日傍氣如旌旗，有兵流血。

雲夾日如掃者占

朱文公曰：雲夾日如掃，後起無尤。《宋志》曰：赤雲如掃，夾日兩頭，鋭在日傍，不利先舉兵。

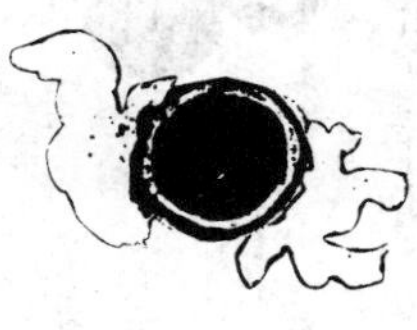

二白雲扶日占

朱文公曰：二白雲扶日，國憂兵起。《宋志》曰：白雲廣二尺在，日左右，其分兵起，國憂也。

三赤鳥啄日占

朱文公曰：三赤鳥啄日，必有戈矛。《宋志》曰：雲如赤鳥有三者啄日，必有兵起。

雲如雞在日上占

朱文公曰：雲如雞臨於日上，兵喪並起。《宋志》曰：赤雲如雄雞在日上，不出三月有兵喪。

氣如箭射向日下占

朱文公曰：氣如箭射向日下，軍出三秋。《宋志》曰：氣如箭射向日下者，不出三月軍出，又曰三年。

伏虎守日占

朱文公曰：伏虎守日，將軍謀亂。《乾坤寶典》曰：日旁氣如伏虎守日，大將謀變。

曲雲向日占

朱文公曰：曲雲向日也，自立爲侯。《宋志》曰：赤雲向日，不出三年有自立者。

氣青黃赤白刺日占

朱文公曰：氣青黃赤白刺日，甲兵哭淚。《宋志》曰：赤白青黃氣刺日，其分兵喪。

雲如虹與日俱出占

朱文公曰：雲如虹，與日俱出，國分兵憂。《宋志》曰：赤雲如虹與日俱出，所臨國分有兵憂。

日未出赤雲在上占

朱文公曰：日未出，赤雲在上，佞臣在側。《宋志》曰：日未出而赤雲見日上，君側有佞臣。

氣相交穿貫其日占

朱文公曰：氣相交穿貫其日，將不和睦。《宋志》曰：氣相交穿貫日傍者，將不和，有背主者。又曰：在其下，君長凶。

氣如虹貫日占

朱文公曰：氣如虹，貫日，當占其色。《宋志》曰：氣如虹貫日，青則疾疫，五穀傷。

氣如赤蛇貫日占

《宋志》曰：氣如赤蛇貫日，則有叛臣。

氣如黃蛇貫日占

《宋志》曰：氣如黃蛇貫日，則爲交兵也。

氣如白蛇貫日占

《宋志》曰：日傍氣如白蛇貫日，則爲兵起。

氣如黑蛇貫日占

《宋志》曰：日傍氣如黑蛇貫日，即多雨水。

形曲向日者爲抱占

朱文公曰：形曲向日者爲抱，爲子喜，而爲臣忠。《宋志》曰：氣黃曲向者爲抱，當有子孫喜，臣下忠，鄰國來降。《晉志》曰：日旁氣如半環向日，爲抱。《乙巳占》曰：若兩軍相當，則爲和解也。

形曲背日爲背占

朱文公曰：形曲背日，爲背，爲臣反，而爲叛逆。《宋志》曰：形曲向外，則爲背，背叛乖逆之象。亦其下有叛者。

圓而小者爲珥占

朱文公曰：圓而小者爲珥，所臨者喜。《宋志》曰：氣圓小在日旁，爲珥，所臨者喜。王朔曰：珥者，耳也，珥爲近臣也，又親近人也，當如耳也。

長而立者爲直占

朱文公曰：長而立者爲直，下有自立。《宋志》曰：長丈餘直立日旁，爲直氣，則下有自立者。《乙巳》曰：其分有自立王者。

日傍一珥占

朱文公曰：一珥爲拜將，而爲攻戰。《宋志》曰：一珥者氣在日旁左者或右者爲喜，兩軍相當欲和解，所在分無軍爲拜將也。

日旁兩珥占

朱文公曰：兩珥爲壽考，而爲勢一。《宋志》曰：兩珥者，氣圓而小，在日左右，主民壽考，珥常扶日，民不失天常。王朔曰：日珥等，兩軍相當，無相奈何也。

日傍三珥占

朱文公曰：三珥爲喜也，驗之女后。《宋志》曰：三珥而其色黃者，女后有喜，白爲喪，赤兵，青疫，黑水。

日旁四珥占

朱文公曰：四珥爲慶也，應於子息。《宋志》曰：天子有子孫之夢，或立王侯。

日有五珥占

京房曰：日朝五珥，國憂，兵起；夕珥，必有大客。

日有六珥占

《甘氏》曰：日有六珥，今曰大提，其分有喪。

類兩直而相交占

朱文公曰：類兩直而相交者，爲交淫悖內亂。《宋志》曰：狀類兩直相交，淫悖內亂之象。《乙巳占》曰：人主有淫悖之行，則有此氣。《開元占》曰：交者，青赤如暈狀，或如合背，或正直交也。

形如背而中起者玦占

朱文公曰：形如背而中起者，爲玦，玦傷戰北。《宋志》曰：形如背，肢體類山字，則爲玦，見則君不和，上下玦傷。《乙巳占》曰：兩軍相當，所臨者敗，有軍必戰。

直橫於日上下曰格占

朱文公曰：直橫於日上下曰格，格則爲鬥。《宋志》曰：氣青赤橫在日上下者，爲格，格鬥之象。

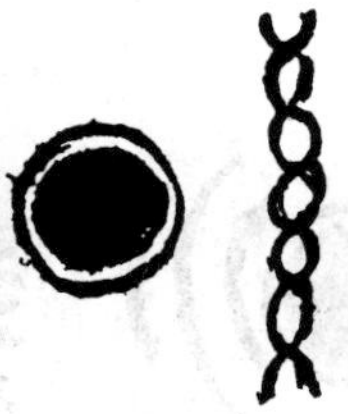

文曲於日左右爲紐占

朱文公曰：文曲於日左右，爲紐紐，則爲喜。《宋志》曰：氣小而圓在日下左右爲紐氣，又云曲雙垂背爲紐氣。紐氣者，喜也。《乾坤寶典》曰：人君有納寵進幸之象也。

氣小在日下而向上者爲纓占

朱文公曰：氣小在日下而向上者，爲纓，得地之歡。《宋志》曰：氣小在日下而曲向上者，爲纓氣，爲得地之喜也。

日上有戴氣占

朱文公曰：形直在日上而微起者，爲戴，有推戴之德。《宋志》曰：氣橫在日上形直，而其上微起者，爲戴戴者，德也，而推戴福祐之象，主國有喜，人君有至德，於天有之。

日下承氣占

朱文公曰：承者，向於日下，喜且得地。《宋志》曰：氣赤小如半暈狀，仰在日下，爲臣承君也。又曰日下黃氣三重，若抱日，承人主，有喜，且得地也。《乾坤寶曲》曰：不出期年，將帥有攻城得地。

日上冠氣占

朱文公曰：冠者抱於日上，封建親戚。《宋志》曰：氣抱在日上者，爲冠氣，主冠帶之象，當立侯王封，建親戚，國當有喜。《天文録》曰：氣小者爲冠。

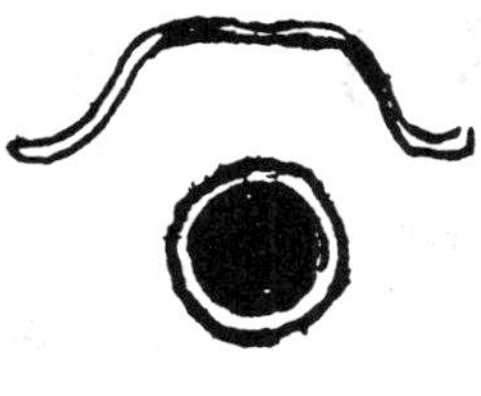

日上負氣占

朱文公曰：開闢土地兮，日上氣彎而如負。《宋志》曰：氣赤如半暈狀在日上，爲負氣，爲得地之喜。又曰：日未出而日上有黄氣如半暈，名曰負氣，人君有德令。

日下履氣占

朱文公曰：内外安寧也，日下氣立而如履。《宋志》曰：氣如履，或直立在日下，皆爲履氣，主安寧内外也。

日旁戟氣占

朱文公曰：長而斜倚日傍，則爲戟，戈戟相傷。《宋志》曰：斜倚日旁爲戈戟，主兵刀相加，或其分有戰争。

日旁提氣占

朱文公曰：赤而曲在日旁，則爲提，地亡，兵起。《宋志》曰：氣如赤雲類珥而長爲提氣，有兵亡地。《晉志》曰：氣形三角在日四旁，爲提。一曰日旁氣如車輪。

雜氣刺日占

《乾象新書》曰：青黄亦白氣刺日，其下有兵喪。

日旁重抱兩珥占

朱文公曰：重抱兩珥兮，人主喜。《開元占》曰：日旁重抱兩珥，人主有喜。

日旁四珥兩抱占

朱文公曰：四珥兩抱兮，子孫昌。《開元占》曰：日旁四珥左右兩抱，子孫昌。

三抱兩珥占

朱文公曰：三抱兩珥，是爲大和而吉慶。《開元占》曰：三抱重有兩珥，色黄白，潤澤，天子有喜，是爲大和。

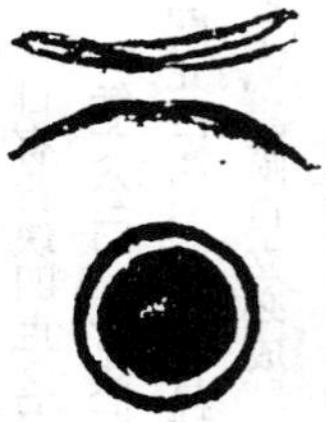

日上一抱一背占

朱文公曰：一抱一背，名爲破走，而非張。《宋志》曰：一抱一背，爲破走。抱者，順氣也；背者，逆氣也。兩軍相當，順抱擊逆者勝，故言破走。《開元占》曰：有欲有逆，有欲者，爲忠矣。

日有背氣占

朱文公曰：背而玦者，大臣反叛。《開元占》曰：日背而玦，大臣反叛，天子有憂。

冠珥占

朱文公曰：冠而珥者，人主吉祥。《開元占》曰：冠而珥，人主有喜，且有所自立。

戴珥並出占

朱文公曰：戴珥並出者，天子有子孫之夢。《開元占》曰：戴而珥，天子有子孫之喜。一曰人主喜，天下和平。

日有冠纓俱見占

朱文公曰：冠纓俱見，善人出南北之鄉。《開元占》曰：冠纓上下，南北有善人出其位也。

日有冠紐兩珥占

朱文公曰：叛逆背除，冠紐兩珥。《開元占》曰：冠紐左右兩珥，天下有善人，而逆者除之。

日有抱珥重光占

朱文公曰：福禄並降，抱珥重光。《開元占》曰：抱珥重光，以見吉祥，福禄並降。

日有二背一直占

朱文公曰：二背一直，大臣謀，欲自立。《開元占》曰：日有二背一直者，大臣謀反，欲自立也。

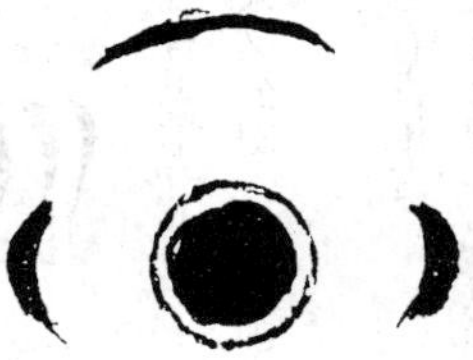

日有一抱兩珥占

朱文公曰：一抱兩珥，至尊有喜，且爲常。《開元占》曰：一抱兩珥，天子有喜，下有黄氣如月，太子有喜。

日有戴氣占

朱文公曰：是知戴而冠，至尊有喜。《開元占》曰：戴而冠，色黄白潤澤，天子有喜。

日有珥而戴占

朱文公曰：珥而戴，天下和平。《開元占》曰：珥而戴者，人主有喜，天下和平。

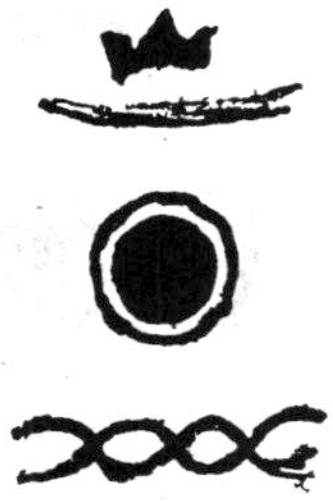

日上下有冠紐占

朱文公曰：君親私奸臣，則日冠而紐。《開元占》曰：冠紐者，君兄婦私相和奸臣也。又曰君欲自立青衣爲妻。

日下有纓珥占

朱文公曰：后宮將有喜事，則珥而纓。《開元占》曰：纓而珥，后宮有喜。

日有冠珥占

朱文公曰：冠珥而背玦，雜行於中，主將亂國。《開元占》曰：日有背玦而冠珥，氣雜於中，主將亂國，天子有憂。

日有背玦四直之占

朱文公曰：背玦而四直交於內，臣欲邪行。直少背多，謀欲自立者必矣。《開元占》曰：日有背玦四直交於中，臣邪爲。《宋志》曰：背者，送氣也。背多直少，謀國自立必成。

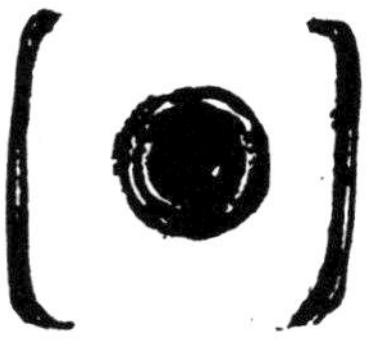

日有抱氣占

朱文公曰：抱多直少，欲自立者無成。《宋志》曰：抱者，順氣也。抱多直少，謀國立爲不成。兩軍相當，自旁雜見，有抱者宜從抱而擊，無抱者當順虹而戰。

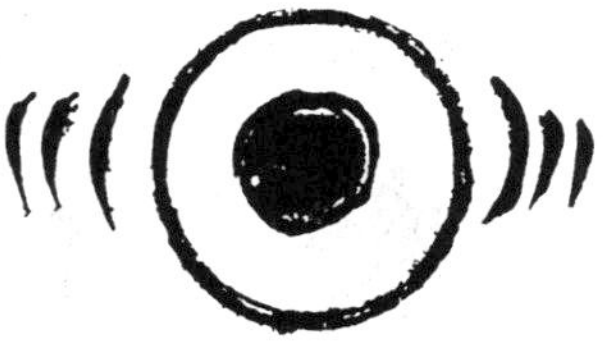

日暈有抱珥提氣占

朱文公曰：安居而日暈也，多主風雨。對敵而日暈也，尤主軍營。《宋志》曰：日暈，氣也。類有多天地相交而不密，未成風雨，當爲暈，亦軍營之象也。其別有抱珥雲氣提虹之貫屬，尤主軍事。《乾坤寶典》曰：暈而周匝，軍威之象也。

日有黑暈占

朱文公曰：色黑則穀傷、大水。《開元占》曰：日有黑暈，主災，在用事之臣。

日有青暈占

朱文公曰：色青，則糴貴，大風。《開元占》曰：日有青暈，不出旬日有大風，糴貴，人多疾。

日有赤暈占

朱文公曰：色赤則暑雨霹靂。《開元占》曰：日有赤暈，必有大雨雷電霹靂雨雹，或大暑。《隋書》曰：日暈內赤外青，群臣親。

日有白暈占

朱文公曰：色白，則當有暴兵。《開元占》曰：日有白暈，則當有暴兵起。

日有黃暈占

朱文公曰：黃暈，人君有喜，亦爲時雨農功。《開元占》曰：日有黃暈，人主有喜，一日風雨，時田苗見，大安也。《隋書》曰：日有黃暈色，土功，動人不安。

日有半暈占

朱文公曰：半暈所在之方，其軍戰勝。《宋志》曰：暈而不匝，半暈所在之方，其軍戰勝。又曰：半暈而向四方對，所向之方，夷狄入中國。《古今通占》曰：日暈不匝，作雨，抱者凶。

半暈如鼎蓋占

朱文公曰：日上如鼎之蓋，有欲和親。《宋志》曰：半暈在日上如鼎蓋，有欲和親，一曰有兵。

半暈再重占

朱文公曰：半暈再重，國民蕃息。《宋志》曰：半暈在重，國民蕃息，歲大稔也。

日有兩半暈占

朱文公曰：兩半相向，天下大風。《宋志》曰：日暈兩半者，有大風起。《隋書》曰：半暈南向者，北夷人欲反中國。

日暈如井垣車輪占

朱文公曰：暈井垣車輪，兩敵因兵以亡國。《宋志》曰：暈如井垣車輪，二國以兵亡。《隋書》曰：日暈如車輪，在日左右，兵起，城破。

方暈如井幹占

朱文公曰：方暈如井幹，天下不和，有大兵。《宋志》曰：暈方如井幹者，天下不和，一曰有大兵起。《隋書》曰：日暈如井幹者，國亡，有大兵。

日暈上下有二背占

朱文公曰：方暈聚二背於上下，人亡，將敗。《宋志》曰：方暈上下聚二背，將背人亡。《隋書》曰：日暈上下有兩背，無兵兵起，有兵兵敗。

日有交暈占

朱文公曰：交暈如連環而貫日，兵起相爭。《宋志》曰：交暈則爲兩軍兵起爭地，落貫日則其下有敗兵。《隋書》曰：日有交暈厚，人主左右有爭者。

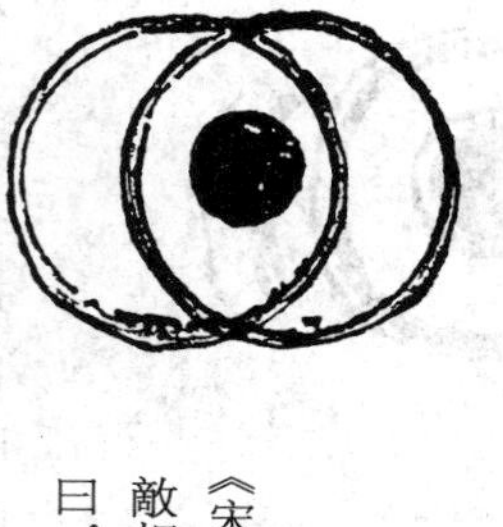

日暈交如連環占

朱文公曰：日暈如連環貫日入，兩軍相爭。《宋志》曰：暈如連環者則爲兵起爭地。日月則兩敵相向，順以戰勝。貫日，有軍敗，將死。《隋書》曰：暈連環者，爲兩軍兵起爭地。

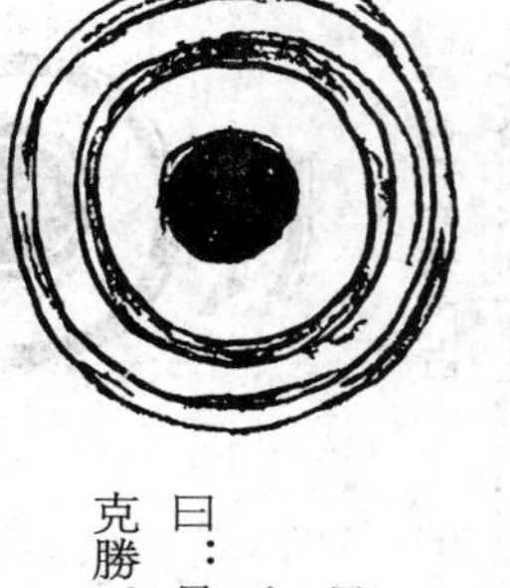

日暈兩重占

朱文公曰：暈再重，則人君有德。《宋志》曰：暈在重，人君有德，又曰立侯王，一曰攻城不克勝。

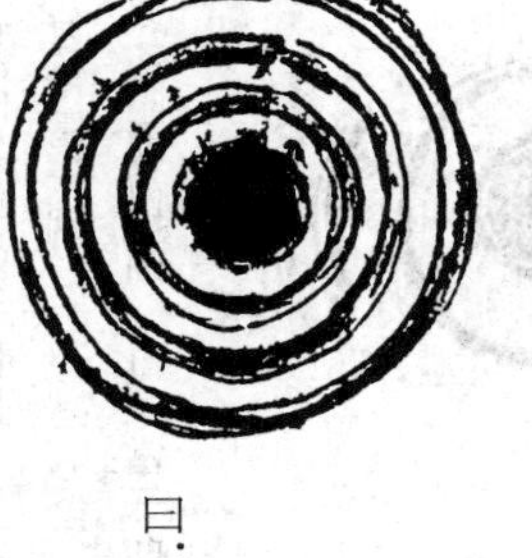

日暈三重占

朱文公曰：日暈三重，四野有兵戎。《宋志》曰：暈三重，兵起穀傷。赤雲貫之，其下有失地。

日暈四重占

朱文公曰：暈四重，軍敗於野，其下有叛臣。

《宋志》曰：日暈四重，有軍於野敗，無軍於野其下有叛臣。

日暈五重占

朱文公曰：日暈五重者，則后宮有憂。《宋志》曰：暈五重，女后有憂，一曰有兵，民飢。

日暈六重占

朱文公曰：日暈六重則失政。《宋志》曰：暈六重，其下失政，兵喪。

日暈七重占

朱文公曰：日暈七重者，國弱。《宋志》曰：暈七重，中國弱，夷狄盛，一曰主更王。

日暈八重占

朱文公曰：日暈八重，民亂。《宋志》曰：暈八重，民亂，軍憂。

日暈九重占

朱文公曰：日暈九重，其歲荒擾。《宋志》曰：暈九重，歲荒，夷狄侵邊。

日暈十重占

朱文公曰：日暈十重，主大亂。《宋志》曰：暈十重者，天下大亂。

日暈在卯辰巳上占

朱文公曰：日暈卯辰巳方，月内多雨。《乙巳畧例》曰：日暈在卯辰巳方，天子憂民，月内多雨。

日暈未申酉方占

《乙巳畧例》曰：日暈未申酉方，君后憂，多雨水。

日暈當午圓占

《乙巳畧例》曰：日暈當午而圓者，天下安，萬物賤。

日暈有抱珥占

朱文公曰：其別有抱珥之屬，尤生軍兵之事。《宋志》曰：言之屬，此非止抱珥之類。

日暈抱珥在暈内占

朱文公曰：抱珥在暈内，圍城則城内勝。《宋志》曰：暈内有抱珥，圍城者軍内人勝。

抱珥在暈外占

朱文公曰：抱珥在暈外，攻城有外人利。《宋志》曰：暈外有一抱一珥，外人勝。

暈有直珥貫日占

朱文公曰：暈而直珥，爲軍破。《宋志》曰：暈直珥，爲軍破；貫日者，爲殺將。

日暈有一抱一背占

朱文公曰：暈而抱背，爲敗亡。《宋志》曰：暈有一抱一背，爲破軍、敗亡，又爲不和。《晉書》曰：日旁一抱一背爲破。抱者，順氣也。背者，逆氣也。兩軍相當，順抱擊逆者勝，故破走。

日暈有玦占

朱文公曰：日暈有玦，裂土而立王。

日暈上下有負氣占

朱文公曰：日暈且負，得地而爲喜。《開元占》曰：暈負者赤青，爲半暈狀而暈者，上也。負者，位也。爲得地爲喜。

日暈兩珥虹貫占

朱文公曰：暈兩珥而虹貫之，而得將軍。《宋志》曰：暈兩珥而虹貫之，得二將，三虹得三將。

日暈兩珥兩重雲貫之占

朱文公曰：暈兩珥，兩重雲貫之，年多病疫。《宋志》曰：暈兩珥，雲貫之，主病。

日暈四背在暈內占

朱文公曰：暈四背，則爲內亂而爲反臣。《宋志》曰：四背在暈內，名曰不和，有內亂。又曰暈而四背如輪者，其國家重，在外則有反目。《隋書》曰：日暈四背在內，名曰不和，有內亂者。

日暈有二背氣占

朱文公曰：暈二背，則無兵起而有兵入。《宋志》曰：暈上下有二背，無兵兵起，有兵兵入。《隋書》曰：日暈上下有兩背者，無兵兵起，有兵兵敗。

日暈有抱珥背氣白虹貫占

朱文公曰：暈有抱珥虹背玦，皆宜順其抱而擊。《宋志》曰：暈而抱，且兩珥至日，而一虹貫之，有玦重抱兩珥，與抱珥而白虹貫之，五者皆順抱擊之勝。

日暈兩抱占

朱文公曰：暈兩抱，天下和平。《開元占》曰：日暈兩抱，天下和平，亦爲天子有喜。

重暈背玦占

朱文公曰：重暈背玦，叛從中起。《開元占》曰：重暈有背玦，叛從中起，不成。

半暈有一背一玦占

朱文公曰：半暈背玦，臣謀不成。《宋志》曰：半暈有一背一玦，或暈而兩旁不合，皆爲臣有謀不成。

日暈一冠一紐一珥占

朱文公曰：暈一冠一紐一珥，主有喜，且有所立。《開元占》曰：日暈冠紐珥，人主有喜慶，且有所立。

日暈四珥四背四玦占

朱文公曰：暈四珥四背四玦，臣有謀，夷關不行。《開元占》曰：日暈四珥四背四玦，臣有謀，有急事，關閉不行，使天下更令，三日內有雨即解。

負氣在暈上占

朱文公曰：暈而負氣著暈上負，爲喜，亦爲得地。《開元占》曰：赤青如半暈著暈上，爲喜，亦爲得地也。

日暈有背珥直虹貫占

朱文公曰：暈有背珥直而虹，宜並順虹所指攻。《宋志》曰：暈有背珥直而虹貫之，或暈而貫之，至日或不至日，順虹所指從所擊之勝。

日暈四抱占

朱文公曰：暈四抱，天子有喜。《開元占》曰：暈四抱，天子有喜，天下和平。色赤黄白，吉，和親事。

白虹貫日占

朱文公曰：暈而白虹貫日體，近臣亂，諸侯不忠。《宋志》曰：暈而白虹貫日，近臣爲亂，下則諸侯有叛者。又曰：重暈而白虹貫日，圍城則客勝。《隋書》曰：日暈有白虹貫之，順虹擊之勝。

日暈有珥占

朱文公曰：有軍暈而珥，外軍悔。無軍暈而珥，宮中忿爭。《宋志》曰：暈而珥，宮中忿爭，在春則天子更令。又曰：臣有謀。軍在外，外軍有悔也。

暈日暈月占

朱文公曰：暈日暈月，戰謀不決而戰兵不合。《開元占》曰：日月皆暈，戰兵不合，謂晝則日有暈，夜則月有暈也。

月墜於地占

朱文公曰：月墜於地者，大臣亡，國有憂。

日暈有抱氣占

朱文公曰：暈有抱，抱所臨其軍戰勝。《宋志》曰：暈有一抱，抱爲臨，順暈在日西，西軍戰勝；在日東，東軍戰勝。四方亦如之。

日暈有一背氣占

朱文公曰：暈有背，背所在必有反城。《宋志》曰：暈有一背，有叛臣、有反者，在東東叛，三方亦如之。又曰：暈而背，兵起，其分失城。

日蝕有大風占

朱文公曰：日蝕大風，則宰相專權。《宋志》曰：日蝕有大風、四方有雲者，宰相專權，欲叛。

日蝕有地動大寒占

朱文公曰：辰而大寒，則夷狄兵至。《宋志》曰：日食地動，色味而寒，公候專恣。大寒，夷狄兵動。

日蝕有氣如虹霓在日上占

朱文公曰：臣不進忠，則氣若虹蜺而或有黑雲。《宋志》曰：日蝕，有妖氣如虹蜺在日上者，近臣犯上。又曰：四邊有黑雲者，臣不進忠。

日蝕有暈如鳥夾日占

朱文公曰：后妃有謀，氣如暈而夾日。《宋志》曰：日蝕，氣如暈夷日，名曰天雞守日，或有暈有珥，皆爲妃后有謀事。

日蝕有雲氣如白兔守日占

朱文公曰：日蝕，氣如白兔守日不移者，民叛兵興。《宋志》曰：日蝕，有氣如白兔守日者，民叛而兵起。

日蝕有兩珥四珥占

朱文公曰：日蝕，兩珥、四珥而白雲中出者，以日占事。《宋志》曰：日蝕，有兩珥、四珥或白雲中出，甲乙日，天下有兵；丙丁日，天下疫；戊己日，有兵喪；庚辛日，下迫上；壬癸日，土工興。

月大而光占

朱文公曰：月者，闕也，爲陰，土臣。《宋志》曰：月者，太陰之精。闕者，盈極必缺也。其體主夜，爲陰、爲后、爲臣、爲妻妾、爲水。《京房易傳》曰：天下和平，上下俱昌，則月大而光。

朔而月見東方占

朱文公曰：朔而月見於東方，人君嚴肅。《宋志》曰：朔而月見東方，是在日後，爲太遲，曰朒，人君嚴肅，臣下危懼之象。《京房易傳》曰：朔而月見東方，謂之反，反則候王嚴肅。劉向以爲反者不進之意，君嚴肅則臣恐懼，故日行疾月行進不散，迫近君也。候王縮朒不任事，故月行遲也。

晦而月見西方占

朱文公曰：晦而月見於兑，臣下驕盈。《宋志》曰：晦而月見西方，是在日前，爲太疾，田朓，人君舒緩、臣下驕盈專權之象。《京房易傳》曰：晦而月見西方，謂之朓，則候王舒緩。劉向曰：朓者，疾也。在君舒緩，在臣驕慢，故日行遲月行疾。謂侯王專恣、臣下俱急，故月行疾也。

月行九道於中道占

朱文公曰：行陰道則陰雨，行陽道則旱風。《宋志》曰：明王在位，則月行依九道，月上下皆明。

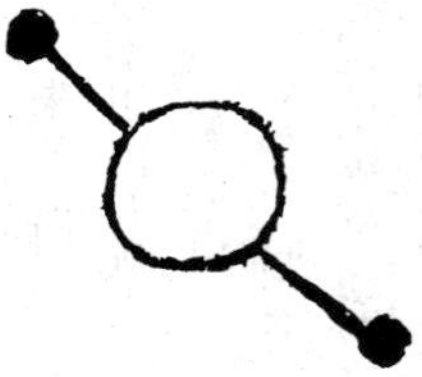

月進退不常占

朱文公曰：進退不常也，臣后專政。《宋志》曰：臣及女后外戚專權，則月多失道，遲疾進退不常，故日月有變，人主當賜赦寬刑血獄可解也。

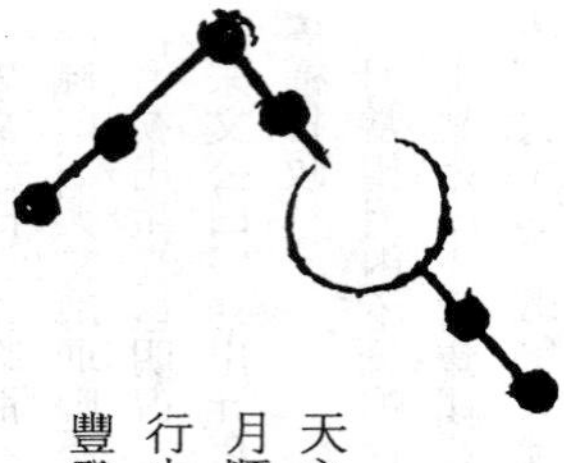

月行中道占

朱文公曰：行於中道者，天下安甯。《景祐占》曰：天之三門猶方之四表。中吴曰天街，天之中道，天門也。月順軌道由乎天街，則天下和平。《河圖帝覽嬉》曰：月行中道，是謂安甯，天下和平。京房曰：天下大安，五穀豐登，人主益壽，則月行天之門也。

月有黄芒或戴氣占

朱文公曰：君后有福，黄芒或戴。《宋志》曰：君道福昌，后妃有喜，則月有黄芒，或有戴氣。夏氏曰：君有福昌，后妃有喜，月上有黄芒。《荆州占》曰：月有戴氣，不出一百日，人君有喜。

正月偃形占

朱文公曰：國有喜慶，正月偃形。《宋志》曰：國有喜，則正月爲偃形。《京房非候》曰：正月爲偃形，其下國有喜。

月變青色占

朱文公曰：月若變色青者，飢憂。《宋志》曰：色青，爲憂爲飢。《晉書》曰：月變色，將有殃。《符應圖》曰：君乘木德而王天下，其政頌平，則月色青而明。

月赤色而明占

朱文公曰：赤，則爲亂爲旱。《符瑞圖》曰：君乘大德而王天下，其政頌平，則其月色赤而明。

月色黄而明占

朱文公曰：黄潤，爲德爲榮。《宋志》曰：黄色，爲有喜爲德。《符瑞圖》曰：君乘土德而王天下，其政頌平，則月色黄而明。

月白色而明占

朱文公曰：白，爲喪爲兵。《符瑞圖》曰：君乘金德而王天下，其政頌平，則月白色而明。

月黑色而明占

朱文公曰：黑，爲水而爲病。《宋志》曰：月黑色，爲水，爲病。《符瑞圖》曰：君乘水德而王天下，故政頌平，則月色黑而明。

月變色失行占

朱文公曰：朝無忠臣，月變色。小人用事，月失行。《宋志》曰：朝無忠臣而小人用事，則月變色失行。《晉書》曰：月變色失行，陰國强、中國弱。

月望前西缺望後東缺占

朱文公曰：望前西缺，望後東缺，名曰反月。臣不〔東〕〔奉〕法，侵奪主勢，兵起其衝。《宋志》曰：名曰反月，其下臣不〔東〕〔奉〕法，侵奪主勢，無救則爲災。《景祐占》曰：正刑罰，誅姦猾，正賢良，去稽疑，則月變，不爲傷也。

月未當望而望占

朱文公曰：未當望而望，則有更令，攻人地者大吉。《宋志》曰：月未當望而望者，則有更令，攻人者大吉。《河圖帝覽嬉》曰：月未當望而望者，是謂俱兵，攻他人地者大昌。

月當望而不望占

朱文公曰：當望而不望，則主不昌，攻人地者有殃。《宋志》曰：月當望而不望者，人主不昌，攻城不克。《河圖帝覽嬉》曰：月當望而不望者，攻他人地者殃，所在宿下國亡。

月未缺而缺占

朱文公曰：未當缺而當缺，臣后退黜。《宋志》曰：未當缺而缺，女后大臣退黜。李淳風曰：未當缺而缺者，女主憂，大臣黜。

月當毀而不毀占

朱文公曰：當毀而不毀，兵不波揚。《宋志》曰：當毀而不毀者，臣凌君，則有兵水之難。

月大盈占

朱文公曰：大盈，則人君憂戚。

月大縮占

朱文公曰：大縮，則臣下不祥。

月當出而不出占

朱文公曰：當出而不出，陰謀默默。《宋志》曰：當出不出，有陰謀，其下國亂。李淳風曰：月當出而不出，有陰謀，其下國亂。

月當晦而不晦占

朱文公曰：當晦而不晦，失地惶惶。《宋志》曰：當晦而不晦者，其分亡地。李淳風曰：月當晦而晦不盡者，所宿國亡地。

月初出生光盛明占

朱文公曰：初出光色盛明，女后專權其政。《宋志》曰：月初出盛明者，女后專權特政。

月當望月内不見蟾蜍占

朱文公曰：當望，蟾蜍不見，大水，城陷流亡。《宋志》曰：望而月中蟾蜍不見者，其分大水，城陷民流，宫中不安。《吴文總論》曰：月中不見蟾蜍者，所在宿國大水，城陷民流。

月望無光占

朱文公曰：月無光，則下有死亡，臣不忠，教令廢亂。《宋志》曰：君不明，臣不忠，則月無光。

月晝明占

朱文公曰：月晝明，則奸臣專政，中國兵飢，陰國兵强。《宋志》曰：月晝明者，奸臣專政，續君之明，陰國兵强，中國飢，天下謀僭。

月傍生齒占

朱文公曰：臣下相殘，月傍生齒。《宋志》曰：月若生齒，有賊臣，羣下相殘。一云王者當備左右。

月底垂芒占

朱文公曰：國家昏流，月底垂芒。

月爲二道占

朱文公曰：分爲二道也，禍生僭逆。

月毀數段占

朱文公曰：毀爲數段也，天下分張。《宋志》曰：毀爲兩段，將相有謀。三段四段者，天下分張。

月赤如赭占

朱文公曰：月赤如赭兮，大將死於野。《宋志》曰：月赤如赭兮，大將死。色如火，死於野。《天文總論》曰：月赤如赭，大戰，將死於野。

月墜於地占

朱文公曰：月自天墜兮，大臣亡，國憂。《宋志》曰：月自天入地，大臣亡，國憂。《京房占》曰：月自天墜，有道之臣亡。

月角有一星占

朱文公曰：月角各有一星，有軍在外而賊至。

兩月並見占

朱文公曰：兩月並見，君弱，陰盛而乘陽。《宋志》曰：兩月並見者，其下兵起，國亂，地陷水涌。《天文總論》曰：兩月並見，兵起國亂。

數月並見占

朱文公曰：數月並見，君弱，陰盛而乘陽。《宋志》曰：三月四月以至數月並見，其下異姓大臣争爲破亡。《京房》曰：《易經》：婦厲，月幾望，君子征凶。言君弱而婦乘政，則數月並見。《晉書》曰：數月重見，國以亂亡。

月見日中占

朱文公曰：月見日中，其下失土。《宋志》曰：日中而月見光，其下失土。

大星入月占

朱文公曰：大星入月，野有兵喪。《京房》曰：月中有星，天下有賊，星多主

賊多。故月行有變，人主當賜赦、寬刑、恤獄也。《宋志》曰：大星如月中，其下有喪，亡地。

雲如禽獸在月傍占

朱文公曰：雲如禽獸在旁，所主之方受害。《宋志》曰：月如出時有雲居其中，似禽獸狀，名曰白纂，所見之日德王之方受其害，甲乙日在東方受其害。餘皆倣此。

月下有雲氣如人隨占

朱文公曰：氣如人隨，月下所當之者侯王。《宋志》曰：月下有氣如人相隨，是謂惡城，其分侯王當之。《荆州占》曰：月下氣如人相隨者，是謂惡城，其分侯王有憂。

月中有氣如人行占

朱文公曰：其中有如人行，相争客勝。《宋志》曰：若其中如人行，兩相争則客勝。

月旁有雲白如杵占

朱文公曰：其旁如杵抵月，將死軍亡。《宋志》曰：月下有氣如人相隨，月旁白雲大如杵抵月，有戰，軍破將死。《河圖帝覽嬉》曰：月旁雲白如杵，有大戰，破軍將死。

月旁赤雲如人頭占

朱文公曰：雲若人頭在旁，赤戰，白兵，黑雨。《宋志》曰：若月傍多雲如人頭，占其色赤爲大戰，白馬多兵，黑多爲雨，一曰白多爲風。《河圖帝覽嬉》曰：月旁赤雲如人頭，其下大戰。

黑雲來刺月占

朱文公曰：或有雲氣來刺月，黑爲雨。《宋志》曰：黑色則爲雨，踰將也。《高宗占》曰：黑雲刺月，陰雨踰時。

赤雲來刺月占

朱文公曰：雲氣或有來刺，赤戰。《宋志》曰：月旁有雲刺之，赤則敵軍相攻。《高宗占》曰：赤雲刺月，是謂仇賊。

青雲來刺月占

《宋志》曰：月旁有雲刺之，色青則爲賊害君長，五穀不熟。《高宗占》曰：青雲刺月，是謂賊害，王受其殃。

黃雲來刺月占

朱文公曰：月旁有雲刺之，色黃，女后有憂。《宋志》曰：黃雲刺月，女主憂。

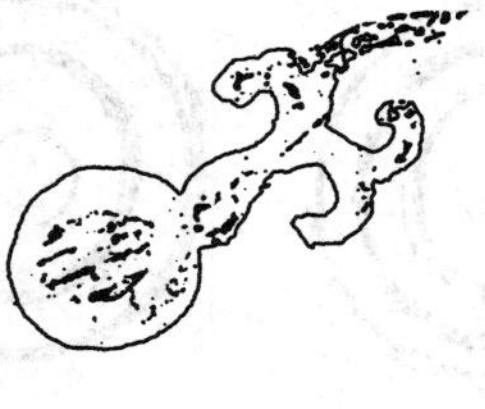

白雲來刺月占

朱文公曰：雲氣或有刺，白爲喪。《宋志》曰：月旁有雲刺之，色白，則其下軍亡。《高宗占》曰：白雲刺月，其下軍亡。

雲氣鳴雞飛鳥群羊群豕占

朱文公曰：黑氣如鳴雞、飛鳥、群羊、群豕，不雨則匈奴兵起。《開元占》曰：有黑雲如羣羊、群豕、飛鳥、鳴雞，在月旁，如三五日不雨，匈奴兵起。

一白三蒼二黑雲貫月占

朱文公曰：雲生月側，一白三蒼二黑貫月，則圍邑城降。《宋志》曰：月旁有一白三蒼二黑雲，其大如席，抵月或貫月，圍色則拔城。

月不暈而有珥占

朱文公曰：珥，占其色青憂，赤兵，黃喜，白喪，黑凶。《宋志》曰：月不暈而珥，人主喜，兵在外有喜。一曰有珥，占其色青憂，赤兵，黃喜，白喪，黑雨，人主國凶。兩珥，十日內有雨也。

昏時月生珥占

朱文公曰：昏時月珥，國有半喜。《宋志》曰：昏而珥，國有半喜。

夜三更月生珥占

朱文公曰：夜半而珥，邊地有大驚。《宋志》曰：夜半而珥，邊地有恐怖。

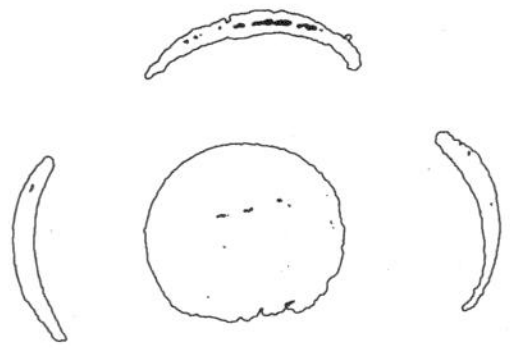

三珥忽見占

朱文公曰：三珥忽見，國有將至。《宋志》曰：月有三珥，主國喜。

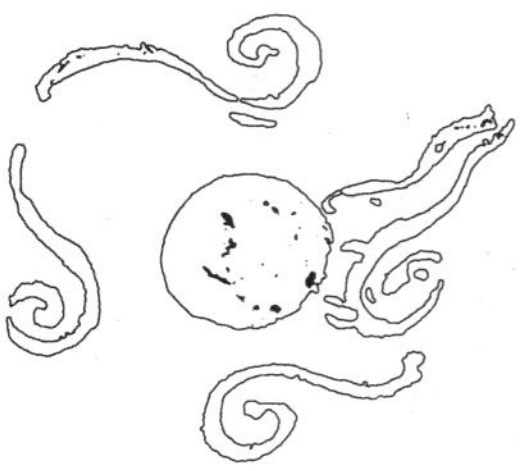

月有四提占

朱文公曰：四提，天子無后。《宋志》曰：月有四提，無后，其下憂。

月不暈而有玦占

朱文公曰：四玦俱出，臣謀不成。《宋志》曰：不暈而有四玦，臣下有謀不成。

月生四珥占

朱文公曰：四珥，女子憂生。《宋志》曰：四珥，女子憂，不則人主立侯王，又曰國安、君有喜。《高宗占》曰：月有四珥，其下國安康，喜。

月有兩珥占

朱文公曰：兩珥無虹，爲風爲雨。白虹貫珥，爲戰爲兵。《宋志》曰：有兩珥，十日有雨。珥而白虹貫之，天下大戰。《河圖帝覽嬉》曰：月有兩珥，而下國喜，軍在外勝。

珥而戴占

朱文公曰：珥而戴，國有喜慶。《宋志》曰：珥且戴，不出一百日主有喜。

背氣而玦占

朱文公曰：背而玦，國有反城。《宋志》曰：不暈而有背玦，臣下弛縱，將欲自殘，備左右吉。《京房》曰：月背玦，其國有反者。

月旁有抱背二氣占

朱文公曰：且抱且背，有欲爲逆而有欲爲忠。《開元占》曰：月旁氣且抱且背，爲不和之象。

月暈衡國占

朱文公曰：月暈，萬衡國不安。無風雨，臣下專權。《宋志》曰：月暈者，臣下專權之象。萬衡之國不安，或七日内有風雨即解。《乙巳占》曰：月暈圓，萬衡之國不安。

月終歲無暈占

朱文公曰：天下偃兵，終歲無暈。《宋志》曰：終歲無暈，天下偃兵，鄰國永和。

月暈兩重占

朱文公曰：大風將至，月暈重圓。《宋志》曰：月暈再重，大風起。若有背氣在外者，私於外；背氣在内者，私於内也。《河圖帝覽嬉》曰：月暈重重，大風，兵。

月暈三重占

朱文公曰：月暈三重，有失地，受兵之嘆。《宋志》曰：月暈三重，天下受兵，若有赤雲貫之，其下亡地。

月暈四重占

朱文公曰：暈四重，有死王亡國之僭。《河圖帝覽嬉》曰：月暈四重，有亡國死王。

月暈五重占

朱文公曰：暈五重，則女后之憂。

月暈六重占

朱文公曰：暈六重，則政教之失。《宋志》曰：暈六重，其分失政。

月暈七重占

朱文公曰：暈七重，當易主。《宋志》曰：七重，其下凶，當易主。

月暈八重占

《宋志》曰：暈八重，亡國，死王。

月暈九重占

朱文公曰：暈九重，有失地，受兵之嘆。《宋志》曰：九重者，其下兵起，流血亡地。

月暈十重占

朱文公曰：暈十重，乃更元。《宋志》曰：十重者，有大變，一曰天下更王。

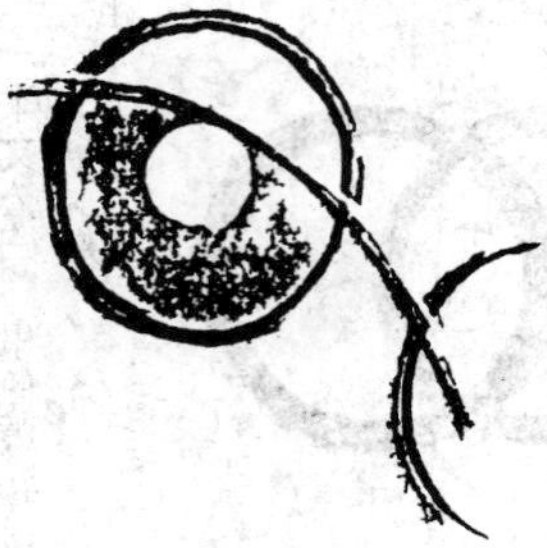

月暈有虹霓背玦度暈占

朱文公曰：虹霓背玦度暈中，兵喪之象。《宋志》曰：月暈而無精光，虹霓背玦度暈中，是謂大盪，其下兵喪。石中曰：暈青赤，月無精光，兵喪並起，王者宜以赦除咎。《隋書》曰：月暈，有霓雲乘之，以戰從所往者，大勝。

三四雲抵貫月占

朱文公曰：若三若四雲抵月，以戰勿當。《宋志》曰：暈而青雲，若三若四貫抵月，以戰勿當，而必破。

月暈不合占

朱文公曰：有背玦而暈不合，謀叛自敗。《宋志》曰：暈不合外有背玦者，有謀不成。《高宗占》曰：月暈不合者，外者有謀不成。

月暈有虹霓直指月占

朱文公曰：有暈氣而虹指月，將殺軍傷。《宋志》曰：暈虹霓指月者，破軍殺將。《隋書》曰：月暈虹霓直指暈至月者，破軍殺將。

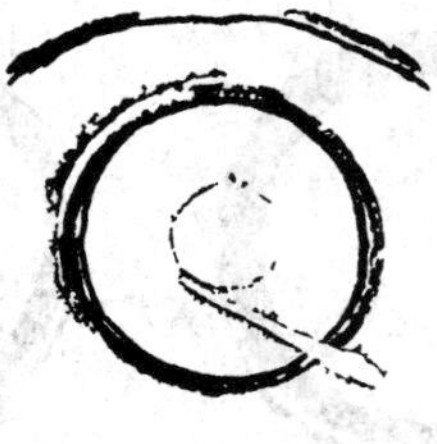

白氣從外入從內出暈占

朱文公曰：暈而白氣從外入，拔城得將。暈而白氣從中出，圍城自殃。《宋志》曰：白氣自外入，外勝。白氣從中出，內勝。

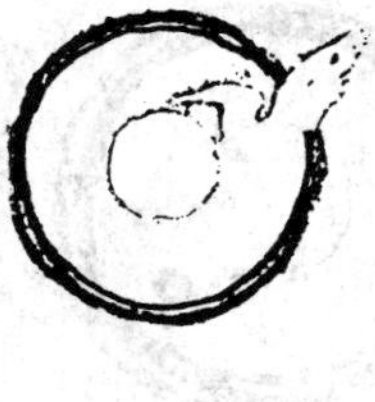

有雲來貫暈占

朱文公曰：雲來貫暈，左右吏死。《宋志》曰：暈而有雲橫貫之，先起兵者勝。

白虹貫月占

朱文公曰：白虹貫月，臣亂於主。《宋志》曰：白虹貫月，其下有亂。《晉書》曰：雲貫月，其下有廢主，主者惡之。

月暈連環占

朱文公曰：后有陰謀，暈連環，白虹干暈。《宋志》曰：人有陰謀，白虹貫月，大兵將起，軍戰於野。《乙巳占例》曰：月暈如連環，天下不安，后妃有陰謀。

月有交暈占

朱文公曰：下遭兵革，暈交貫而色赤有光。《宋志》曰：交暈，色赤，不出三年有兵。《高宗占》曰：月有交暈，赤色，其國不出一年遇兵起。

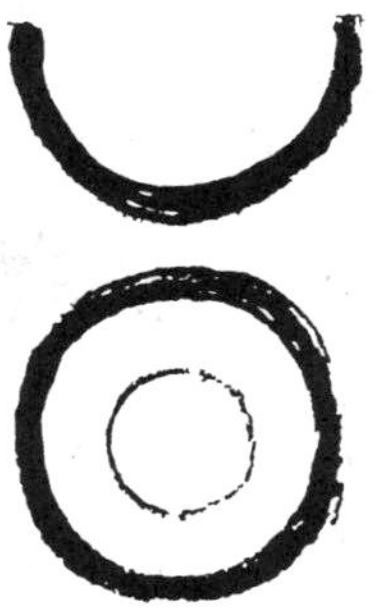

月暈有背氣占

朱文公曰：暈而背起，臨者敗。《宋志》曰：暈有背氣，所臨者敗。

月暈有珥占

朱文公曰：暈而珥，時歲平康。《宋志》曰：有軍月暈而珥，從珥擊之利。無軍月暈而珥，期六十日兵起，五穀豐登，歲平康。

月暈黃色占

朱文公曰：暈色黃，將軍益禄。暈有光，主有來降。《宋志》曰：軍在外，暈臨軍上戰必勝。

月有二暈相連如珥環占

朱文公曰：二暈相連而如環，兩國交兵而争地。《開元占》曰：月暈如連珥環，爲兩軍必勝，兵起争地，五色尤甚。

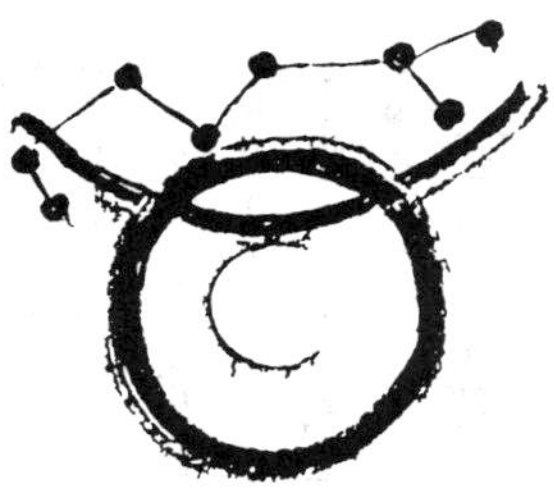

月暈連環及北斗占

朱文公曰：連環及斗，天下兵火而大亂，拔城。《開元占》曰：月暈連環及北斗，天下大亂，國喪，民流千里，下則有拔城反城，一曰天下兵火大起。

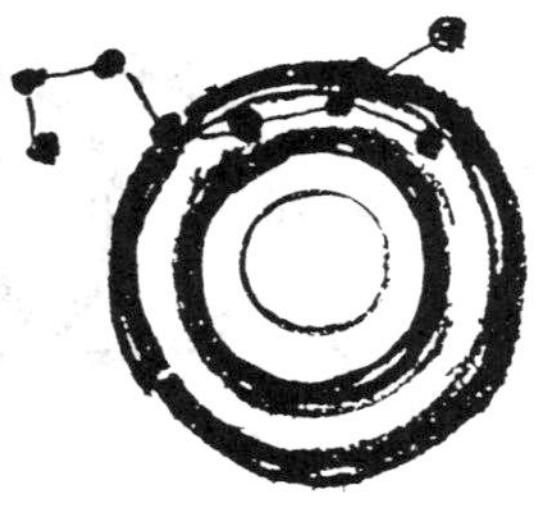

重暈於北斗魁占

朱文公曰：重暈於魁，大臣下獄而流移千里。《開元占》曰：月暈連環重暈北斗魁前一星第二星，大臣下獄，流移千里。

月暈火星占

朱文公曰：暈熒惑，則大戰，后憂。《宋志》曰：月暈熒惑，女主憂，兵在野。無兵，大旱，兵起之兆。

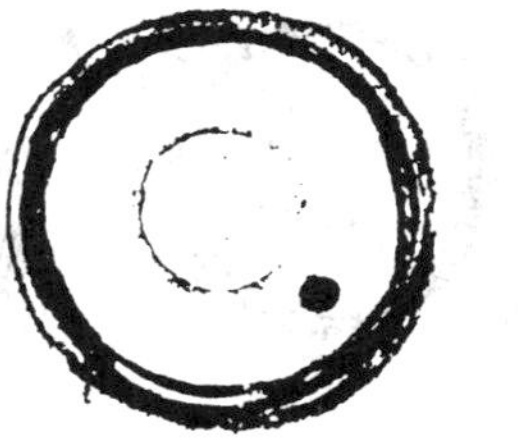

月暈歲星占

朱文公曰：暈歲則主病，糴貴。《宋志》曰：月暈歲星，其下主病，糴貴。若與月合在氐而暈，期四旬，有德令。

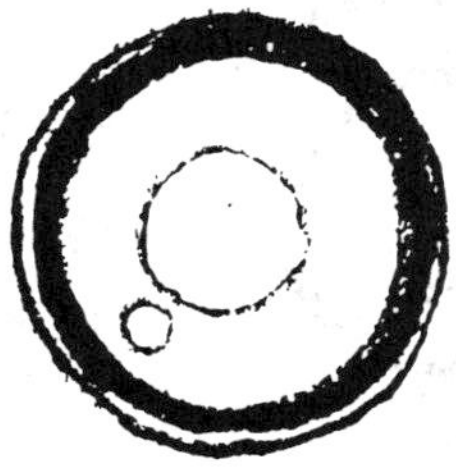

月暈金星占

朱文公曰：暈太白，則其野受兵。《宋志》曰：月暈太白，兵戰不勝。星入暈中，星色不明，而有角客勝。

月暈辰星占

朱文公曰：暈辰星，則其下多水。《宋志》曰：月暈辰星，有水。春夏，民病寒熱，兵起。冬主憂，春大旱，在夏主死，秋大水，冬大喪。月暈五星，若春木夏火秋金冬水四季土，皆爲其下兵亂。五星相近或聚一舍，暈盡及之，其下軍惡之。

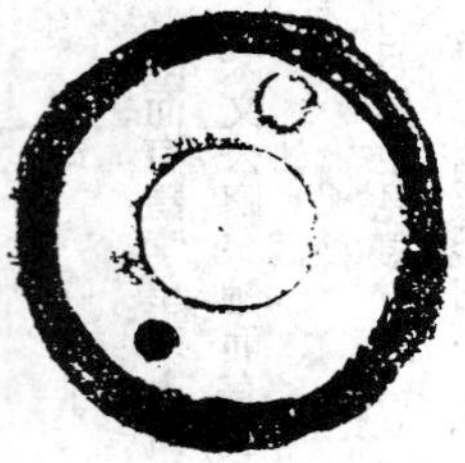

月暈填星占

朱文公曰：暈填星，則兵起於所在之方。《宋志》曰：暈填星，所在之分兵起不勝，相死則亡地，又曰后有憂。

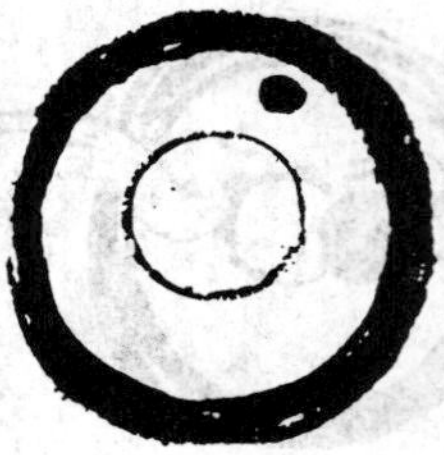

月暈客星占

朱文公曰：暈客星，則憂及於所臨之國。《荆州占》曰：月暈客星，所臨宿之國有憂。又曰星在月北，北國勝，他地方亦如之。

流星出入月暈占

朱文公曰：流星入暈則大使來，流星出暈則貴人出。《宋志》曰：月暈而流星出暈中，其分貴人出。又曰：國有憂，色赤拔城，黄益地，白年熟，黑敗軍，入暈中有大使人。

月暈歲星而蝕占

朱文公曰：暈歲而蝕，天下大戰。《宋志》曰：月蝕而暈及歲星者，天下大戰。

月暈填星而蝕占

朱文公曰：暈填星而蝕，天下兵興。《宋志》曰：月蝕而暈及土星，乃土工興也。

月暈金水星而食占

朱文公曰：暈金水而食，大水、兵喪。《宋志》曰：暈金則爲兵强，暈水則爲死喪。若月食而暈及太白者，爲兵寇，大將有二心。合辰星而暈者，有死喪。

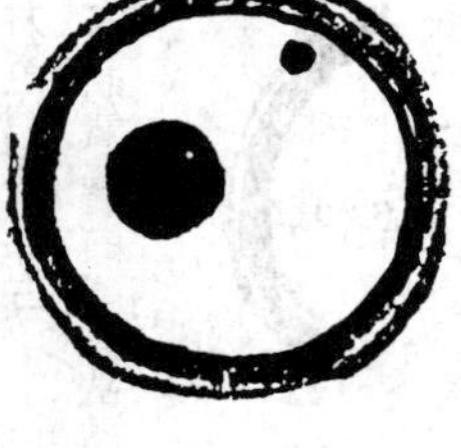

月暈熒惑星而食占

朱文公曰：暈熒惑而食，敗軍亡地。《宋志》曰：月暈火星而食，則其下破軍亡地，無兵則兵起。

月食而鬥占

朱文公曰：月食而鬥，有軍必戰。《宋志》曰：月食而鬥，有軍必戰，隨所食者戰利。食而妖，月出門入，飢相食，主凶。

月食而暈占

朱文公曰：月食而暈，其國君凶。石申曰：月食而暈，其國君主惡之。

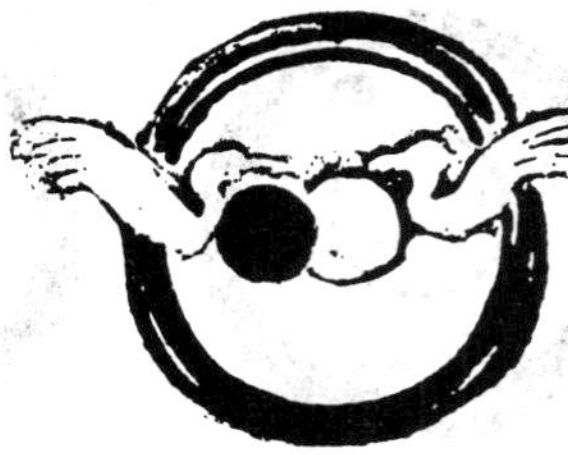

月食有氣出入占

朱文公曰：蝕而氣入暈者，宜爲主。蝕而氣出暈者，不利攻城。《宋志》曰：蝕而有氣出入，從外入主憂，從中出客憂，若氣從南行者南軍憂，三方亦如之。

蝕而有彗孛星來入占

朱文公曰：蝕而有彗孛星來入，當有哭泣。《宋志》曰：蝕而有彗星入，其下有喪。

月始生見東方占

《天文總論》曰：月始生而見東方者，天下交兵。

月始生見南方占

《天文總論》曰：月始生見南方者，米大貴在其月。

月始生上大占

《天文總論》曰：月始生出而上大者，上旬米貴。

月始生下大占

《天文總論》曰：月始生出而下大者，下旬月米貴。

月未上弦而上弦占

李淳風曰：月未當上弦而上弦，其下國有兵。

月未下弦而下弦占

李淳風曰：月未當下弦而下弦，其下國有奸臣。

月當盡而不盡占

《荆州占》曰：月當盡而不盡者，其分國亡。

月當滿而不滿占

《易萌氣樞》曰：月當滿而不滿者，君侵臣則有火旱之災。

月半暈向東方占

《乙巳占》曰：月暈向東者，風敗五穀。

月半暈向北方占

《乙巳占》曰：月暈向北者，爲水。

月半暈向南方占

《乙巳占》曰：月暈向南者，旱風。

月半暈向西方占

《乙巳占》曰：月暈向西者，風雨害穀。

月犯五星占

朱文公曰：將有災眚，月犯五星。《宋志》曰：人君將有災眚，則月與五星相犯。

月犯歲星占

朱文公曰：犯歲，則飢荒而流落。《宋志》曰：月犯歲星，其分飢荒而民流移，亦爲邊兵。

月與歲星相乘占

朱文公曰：乘之則相死而拔城。《宋志》曰：歲星與月相乘，有拔城而相死。

月食歲星占

朱文公曰：月食歲星，乃將相侯王之戮死。《宋志》曰：月與歲星相淩犯而歲星入月中，月掩歲星不見爲月食歲星，人臣城主，一云其分有逐相。

歲星食月占

朱文公曰：歲星食月，爲君長女后之憂微。《宋志》曰：月淩犯於歲星，歲星入月中而見星爲歲星食月，臣下叛或有死，又曰有易主。

月淩歲星側占

朱文公曰：多盜賊，刑獄極繁，月淩歲星側。《宋志》曰：月淩犯歲星之側，則多盜賊，刑獄極繁也。

歲星入月中占

朱文公曰：有逐相，人臣賊主，歲入月中。《宋志》曰：歲星入月中，其分有逐相，人臣賊主。

月與火星相近占

朱文公曰：月與火星相極，其宿國兵將起。《宋志》曰：月與熒惑相近，其分兵起，又曰貴人死。

月犯火星占

朱文公曰：犯之，貴人出而有兵。《宋志》曰：月犯熒惑，以戰，小吏死。亦曰貴人出，有兵。一曰戰勝之國大將死。

月嚙火星占

朱文公曰：嚙之，則其師破而敗北。《宋志》曰：熒惑犯月而嚙之，有軍敗而北。

火星食月占

朱文公曰：火食月，則讒臣貴而後宮憂。《宋志》曰：熒惑入月中而見星爲火食月，讒臣進用，後宮有憂。

月食火星占

朱文公曰：月食火，則其地亂而白衣會。《宋志》曰：熒惑入月中而星不見爲月食火，其分兵擾，有白衣之事。

火星順行入月占

朱文公曰：憂在宮中，非賊乃盜者，火順行而入焉。《宋志》曰：火星順行入月中者，憂在宮中，非賊乃盜也。有亂臣，國相死，若爲兵死喪，以戰不勝。一曰臣叛其主也。

火星逆行入月占

朱文公曰：人主惡之，讒臣用事者，因逆犯而入矣。《宋志》曰：火星逆行而入月中，讒臣用事也。及相犯七寸之内者，人主惡之。

月犯土星占

朱文公曰：月犯土，主後宮災，下欲犯上。《宋志》曰：月犯土星，其宿國下犯上，又曰臣民有叛者。亦曰其國貴人，兵死，天下亂，有大風，有亡地，有大喪。

土星入月中占

朱文公曰：土入月中，有土工，臣將戮主。月食土，其國亡城，以殺以伐。《宋志》曰：土星入月中而星不見，月食土星，女主死，其國以殺以伐而亡國，民流千里。

土星食月占

朱文公曰：土食月，女主之凶也，有喪有黜。《宋志》曰：填星入月中而見星曰土星食月，女主凶，不喪則黜。

月犯金星占

朱文公曰：月犯金，强侯作讐。《宋志》曰：月犯太白，强侯作讐，國兵戰不勝，天下靡散。

金星貫月占

朱文公曰：金貫月，國有大兵。《宋志》曰：太白貫月，不出三年國有大兵，戰不勝，亡地。

月食金星占

朱文公曰：月食金，强國君憂，臣弒主，其臣亦死。《宋志》曰：太白入月中而不見星名曰月食金，强國君憂。又曰强以戰敗，亦爲臣弒主，臣亦死，强國以戰而國亡。

金星入月占

朱文公曰：金入月，大人爲亂，將軍死，臣謀不成。《宋志》曰：太白入月中而有光見星名曰金入月，必有内患，戰不勝，國失政，大人爲亂，將戮死，亦爲刑理失中，自毁其法也。

月戴金星占

朱文公曰：月戴金星，國有悴卒之軍旅。《宋志》曰：月在金星下如頂戴爲月戴金，有悴卒，一曰有卒兵。

金星食月占

朱文公曰：太白食月，臣有篡弒之禍心。《宋志》曰：金居月中而有光明見星名曰太白食月，臣叛主，一曰臣弒主。

月犯水星占

朱文公曰：太陰犯水，爲兵起而上卿亡。《宋志》曰：月犯辰星，兵起，上卿亡，或廷尉憂，一曰天下有大水。

水星入月占

朱文公曰：水入月，曰中有水刑而臣叛主。《宋志》曰：水星入月中，有水刑事，一曰臣欲叛主。

水星食月占

朱文公曰：水食於月，大水洪流。《宋志》曰：水星入月中而見星爲水食月，天下民大憂。

月食水星占

朱文公曰：月食於辰，女憂，亡國。《宋志》曰：辰星入月中而不見星名曰月食，其分有憂。一云以女亂，國亡，其分水飢。一曰其國女戰。又曰無兵而食所當之國，兵起，戰不勝。

彗星貫月占

朱文公曰：彗貫月則臣謀君，彗入月則兵大起。《宋志》曰：彗星入月中，期十二年，大飢。若食之若貫之，爲臣叛。《荆州占》曰：彗星入月而月無光，有亡國。星入月，亡國復其主。彗星在月上，兵起、將死、四夷來侵。

流星衝月占

朱文公曰：流星衝月，則大臣凶。《宋志》曰：流星衝月及兩貫月，大臣凶。若衝而透過爲貫月，爲災尤甚，亦爲太子有咎。

奔星入月占

朱文公曰：奔星入月，則君失地。《宋志》曰：奔星入月，其下有謀。又曰若無光則將戮。流星入月，女主有疾，有削。土星大則爲兵、爲喪。

木星在春季占

朱文公曰：歲星爲福，其占在春。《宋志》曰：歲星乃少陽發揮之宫，居正卯，與太歲爲表衷，名曰歲星，主福德東方，故春占之。

木星在春變色白無光占

朱文公曰：白無光，風雨總至。《宋志》曰：春行秋令則歲星變色而無光，人有大疫，颷風暴雨總至。至藜莠蓬蒿並興，國當火水寒氣總至。寇戎來征，天多陰沉，淫雨大降，兵革並起也。

木星

木星在春變色赤占

朱文公曰：赤有角，旱暖早臻。《宋志》曰：春行夏令則星變赤而有芒角，雨水不時，草木早落，國將有恐大旱，暖氣早來，蟲螟爲害，人多疫癘，時雨不降，小麥不收。

木星在春變色黑占

朱文公曰：色黑，有非時之冷。《宋志》曰：春行冬令則星乃變黑，而水滂

爲災，雪霜大降，首種不成，陽氣不勝，民多相掠，寒氣時發，草木皆肅。

木星在春青色占

朱文公曰：色青，爲應候之温。《宋志》曰：色青爲應候之温，如是本色，其體潤澤有芒氣，皆爲福慶。

木星初出小而後大占

朱文公曰：初出小而日益大，國利之本。《宋志》曰：初出小而日益大，所居國利。

木星初出大而後小占

朱文公曰：初出大而日漸小，國耗之因。

木星無其舍而所去占

朱文公曰：去其舍而所去之國爲兵，爲飢，失地之害。之他舍而所之之地爲慶，爲樂，得地之忻。《宋志》曰：歲星去舍而之他舍，所去之國爲兵、爲飢、爲凶，爲失地，所居之國爲慶、爲樂、爲昌、爲得地。

木星未當居而居占

朱文公曰：未當居而居，當去而不去者，皆爲福慶。《宋志》曰：若未當居而居，當去而不去，既已去之復還而居之，皆爲有福。

木星未當去而去占

朱文公曰：未當去而去，當居而不居者，其國凶屯。《宋志》曰：當居而不居，未當去而去，既不居之又復去之，在左右摇，其國凶。石申曰：其國人主憂也。《左傳》曰：魯哀公二十八年，歲之在星紀而經於玄枵。梓慎曰：今兹宋鄭皆飢，歲在星紀而經於玄枵，爲蛇乘龍。龍，宋、鄭之星也，宋鄭必飢。玄枵，虚中也。枵，耗名也。土虚而民耗不飢，何爲？鄭裨竈曰：今兹周王及楚子皆將死，歲星棄其次而旅於明年之次，以害鳥帑，周楚惡之。冬十二月甲寅，周王崩，乙未，楚子昭卒，宋、鄭皆飢，則梓慎、裨竈之占各有驗也。

木星所衝之方占

朱文公曰：所衝之方乃有殃咎，所在之國可以伐人。《宋志》曰：盈縮以其舍分，所在國有厚德也。五穀豐昌，人不可伐，可以伐人。其對爲衝，乃有殃。

木星自暈占

朱文公曰：若自暈則爲喪事。甘德曰：木星自生暈者，則有喪事。

木星晝見與日争光占

朱文公曰：其晝見則爲强臣。《傳》曰：晝見爲强臣，占曰歲星晝見，與日争光，文弱武强。

木星

火星在夏季占

朱文公曰：熒惑主罰，於時爲夏。《宋志》曰：熒惑乃火之精爲視，且以審理之道必有審於視聽，不法皆自熒惑變生，聖人因而名之熒惑。一曰罰星，主糾察，南方，屬火，故夏占之。

火星在夏變色青占

朱文公曰：色青而變者，暴風損苗。《宋志》曰：夏行春令則星色青而變，蝗蟲爲災，暴風來格，秀草不實，五穀晚熟，百蟲時起，其國乃亂。

火星在夏變色白占

朱文公曰：色白而昧者，苦雨傷稼。《宋志》曰：夏行秋令則其星色白而昧，苦雨數來，五穀不榮，草木零落，果實早成，民殃於疫。

火星在夏變色黑占

朱文公曰：色黑則雹凍變生。《宋志》曰：夏行冬令則其黑，色黑而芒，草木星枯，水敗城廓，雹凍，傷五穀，暴兵來。

火星在夏旺色赤占

朱文公曰：色赤則赫曦施化。《宋志》曰：色赤則赫曦施化，其本體旺者皆爲福昌。

火星在夏赤而炬火占

朱文公曰：赤如炬火，兵喪，因亂臣小人而生。《開元占》曰：熒惑色赤如炬火，小人欃槍，不有亂臣則有大喪，兵大起，先起者亡，後起者昌。

火星在夏失度吐舌占

朱文公曰：失度吐舌，旱火從後宫殿高臺而發。《開元占》曰：熒惑失度或吐舌，所以戒人君也。不救則大旱，失火燔燒宫殿。追功禄能，爵賢任德，養幼孤，恤鰥寡，則熒惑還度而天心得矣。

火星在夏季逆行二舍餘占

朱文公曰：逆行二舍之餘，或火焚，或有女災。《開元占》曰：熒惑逆行二

舍半，有火災，一曰有女災，一曰有大水。

火星留以庚辛之日占

朱文公曰：留以庚辛之日，有大喪，有戰伐。《開元占》曰：熒惑若以庚辛之日留者，天下有大喪及有兵。

火星晝見自暈占

朱文公曰：晝見自暈，臣謀於叛君王。《開元占》曰：晝見，臣謀主。自暈，大臣背其主。

火星勾己還繞逆行占

朱文公曰：燒跡成勾，大凶，旱，飢，兵迫。《天文廣要》曰：火星逆行若復跡名燒跡，大凶，旱，飢，兵敗，國亡。若不復跡名曰勾己，亦爲凶甚。

火星在夏季若反明占

朱文公曰：若反明者，爲備，爲主惡。《宋志》曰：若反明則爲水備而雨至。《天官書》曰：火星當出東方，其出西方曰反明，主者惡之。《開元占》曰：火出西方逆行是謂反明，又曰入西方反出爲反明，天下更主。

火星光芒如正旗占

朱文公曰：有正旗也，爲軍破將殺。《開元占》曰：熒惑芒爲正旗，所指有破軍殺將。順正旗而伐之，大勝。

火星當出不出占

朱文公曰：當出不出，所宿國民流、兵、疫。《開元占》曰：當出不出，天下有兵，民多流亡。

火星當入不入占

朱文公曰：當入不入，所在宿其國有殃。《開元占》曰：當入不入，國有殃。

土星在夏季占

朱文公曰：填星主德，占爲夏季，迹陳於外而兆發於中。居四方之中，戊己之位，萬物因之以生，四氣據之而例，故星之名曰填。主德厚安危存亡之機，以其屬土之行，而動静吉凶占於夏季。

土星在夏季變色白占

朱文公曰：變白則水澇不收。《宋志》曰：夏季行秋令則填星乃變白，主兵，濕水澇，禾稼不熟，乃多女災之應。

土星在夏季行春令占

朱文公曰：變青則國多風雨。《宋志》曰：夏行春令則其星變，色青無芒角，五穀實，鮮落，故多風，人乃遷徙。

土星在夏季行冬令占

朱文公曰：色黑，爲風寒不時。《宋志》曰：夏季行冬令則其星變，色黑，風寒不時，鷹隼早鷙，四鄙入堡。

土色在夏季旺色黄占

朱文公曰：色黄，爲溽蒸當位。《宋志》曰：皆爲福慶。

土星四季失色占

朱文公曰：春不青，夏不赤，秋不白，冬不黑，並爲女后有憂。《宋志》曰：失色而角，爲憂。

土星四季旺占

朱文公曰：春色青，夏色赤，秋色白，冬色黑，皆爲女主有喜。《宋志》曰：依時則女后喜。

土星白而潤芒占

朱文公曰：白而潤芒角，子孫立王之慶。《宋志》曰：潤白而芒角，有子孫立王之慶。

土星在夏季色黄大無光占

朱文公曰：黄而光耀，更宫室，土工之行。《宋志》曰：若土星色黄而光耀，更宫室，土功興。又曰黄色無光，女后恣，又爲忿争之事。

土星自生暈占

朱文公曰：如自暈，亦爲土功。《宋志》曰：自暈，爲土功。

土星生芒角占

朱文公曰：若芒角，則有争地。《宋志》曰：若芒角，則有争地或旱。

土星色白素占

朱文公曰：色白，則素服將集。《宋志》曰：色白者，有素服，天下不安。

土星色黄珥魚占

朱文公曰：餌魚，則黄帝將起。《宋志》曰：黄帝則起，填星餌魚，謂氣如魚形在填星旁也。

金星在秋季占

朱文公曰：太白兵候占之素秋，帝王生成，故爲之將，觀象察法，因以爲名。

《宋志》曰：太白其位，當有少陰用事之際，萬物成實之秋，帝王故爲之將者，大將軍之麾。白者，金精之色，觀象察法，因此爲名太白，進退以候兵，高卑遲速，靜躁見伏，用兵皆象之吉，故以秋占。

金星在秋季行春令占

朱文公曰：青而昧者，陽氣復退。《宋志》曰：秋行春令則其星色青而昧，陽氣復還，五穀無實，秋雨不降，草木不榮，煖風未至，人氣懈惰。

金星在秋季行冬令占

朱文公曰：黑而角者，雷乃先收。《宋志》曰：秋行冬令則其色黑，大而芒角，陰氣大盛，介蟲敗穀，戎兵乃來，風災數起，收雷先行，國多盜賊，邊境不甯，土地多裂。

金星在秋季行夏令占

朱文公曰：色赤則其國旱煖。《宋志》曰：秋行夏令則其星色赤而怒，國多火災，寒熱不節，其國乃旱，蟄蟲不藏，五穀復生，其國大水，冬藏殃敗矣。

金星在秋季旺色占

朱文公曰：色白則其令蕭颸。《宋志》曰：秋季色旺，體大色白，則其令蕭颸如是色也，故占之吉。

金星初出大而後小占

朱文公曰：初出大而後小者，兵弱之愁。《宋志》曰：初出大而後小者，兵弱而愁；初出小而後大者，兵强有喜。

金星失行占

朱文公曰：失行在東，中國北敗之兆；失行在西，夷狄北敗之由。《宋志》曰：其出而失行西方，夷狄敗走。失行東方，中國敗出。卯酉南，南勝出。卯酉北，北勝。正在卯，東國利。正在酉，西國利。其出四維東南西北，若在日月之陽，陽國凶；在其陰，吉。東北則匈奴有兵相攻。《荆州占》曰：太白出西方，常在申酉之間。失行而在北，謂及生，不有破軍，必有屠城之驗。

金星當入不入當出不出占

朱文公曰：失舍則爲破軍而亡國。《宋志》曰：當出不出，當入不入，是謂失舍，爲敗兵亡地。傳曰：不有破軍，必有亡國。占曰：當出不出，當入不入，天下偃兵在外。而未當出而出、未當入而入，天下兵起，亡地。一曰天下兵起，有破軍。

金星經天巳午未位占

朱文公曰：經天則爲革命而民流。《天文志》曰：太白少陰曰弱，不得專行，故以巳未位至界。昏欲至未而遲，且欲至巳則疾。不合在午見，見則經天。若經天，天下變，是謂亂紀，人衆流亡，天下兵革。《晉書》曰：太白經天，天下革，民更主。晉灼曰：日，陽也。日出後則星亡，晝見午上爲經天。

金星行盈縮歷占

朱文公曰：行縮，后族之患；行盈，將相之謀。《宋志》曰：夏至後日方南而居其南，冬至後日方北而居其北，日盈，侯王不甯，用兵進吉退凶。日方南而居其北，日方北而居其南，日縮，侯王有憂，用兵進吉退凶。出黄北，伏兵起。《元命包》曰：盈則將謀，縮則后族患。

金星出高深占

朱文公曰：出高，深入乃吉；出卑，賤入無憂。《宋志》曰：出高，用兵深吉淺凶；出卑，用兵淺吉深凶。

金星行疾行遲占

朱文公曰：行疾則速戰，行遲則可留。《宋志》曰：用兵之時，以象之行，疾則疾行，遲則遲行，有角敢戰則吉。動摇，躁則躁，靜則靜，順角所指者吉，反之皆凶。

金星出西方占

朱文公曰：出西方爲刑，右之背之而得吉。《宋志》曰：出西方爲刑，舉事右之背之吉。

金星出東方占

朱文公曰：出東方爲德，左之迎之而獲休。《宋志》曰：出東方爲德，左之迎之吉，反之皆凶。

金星自生暈占

朱文公曰：自暈則天下大赦，爲有兵而有喜。《開元占》曰：自暈則天下大赦，有兵則喜。

金星 太陽

金星晝見與争光占

朱文公曰：晝見則兵喪並起，爲强后而强侯。《宋志》曰：晝見與日争光，强國弱，小國强，女后昌。司馬彪曰爲强臣。《荆州占》曰：兵大起。

金星光明上下占

朱文公曰：焱然而上，兵起滿野。焱然而下，流血盈溝。《宋志》曰：其狀焱然而上，有大兵起。焱然而下，當有天狗，所下其野流血。

金星光明見影占

朱文公曰：光明見影者，歲豐，戰勝。體小而昧者，國敗，君憂。《宋志》曰：若光明見影者，戰勝。體小而昧者，軍敗國憂。

水星在冬季旺占

朱文公曰：辰星執刑，於時爲冬。《宋志》曰：辰星乃水之精，其位當子，得太陰之氣而四象之終，《易》有幽明之説。原始返終，即其義也，故冬占之。

水星在冬季行春令占

朱文公曰：色青則凍閉不密。《宋志》曰：冬行春令則其星色青，凍氣不密，地氣上泄，民多流亡，蟲蝗爲敗，水泉咸竭，人多疥癘，胎妖多傷，國多痼病。

水星在冬季行夏令占

朱文公曰：色赤則流水不氷。《宋志》曰：冬行夏令則其星色赤而昧，國多暴風，方冬不寒，蟄蟲復出，其國乃旱，氛氣寒，雷乃發聲，水潦爲敗，時雪不降，凍水消釋。

水星在冬季行秋令占

朱文公曰：色白則氷雪雜下。《宋志》曰：冬行秋令則其色白，大而不明，霜雪不時，小兵時起，地土侵削，氷雪雜下，瓜瓠不成，國有大兵，白露早降，介蟲爲妖，四鄙入堡。

水星在冬季旺占

朱文公曰：色黑則寒氣嚴凝。有軍於野占爲偏將；無軍於野，占爲法刑。《宋志》曰：水星於冬旺，黑色。如是色也，主吉。有軍於野，辰星爲偏將之象；無軍於野，辰爲法刑之象。

水星不以時而出占

朱文公曰：不效之國水旱，刑政俱失，所在之分有權智爲主用兵。《宋志》曰：若刑政失簡，宗廟廢祀，不以時而出，當寒反温，當温反寒。《荆州占》曰：刑罰不中，辰星不以時出，當水反旱，當旱反水，所在之分有權智者爲主用兵。

水星當入不入占

朱文公曰：當入不入，號令廢而法律失。《宋志》曰：當入不入，爲失法律。

水星當出不出占

朱文公曰：當出不出，兵大起而豪傑興。《宋志》曰：當出不出，謂之擊，卒兵大起，一云而豪傑發。

水星 金星

水星與金星各在一方占

朱文公曰：與太白各在一方，不戰之象。《宋志》曰：辰星出東方太白出西方，辰星出西方太白出東方，爲格對或出。與太白不相從，野雖有軍，不戰。

水星來抵金星占

朱文公曰：抵太白，太白不去，將死之徵。《宋志》曰：辰星來抵太白，太白不出，將死正旗。上出，破軍殺將，客勝。不出，客敗，視所指以命破軍。

金星環繞水星占

朱文公曰：若環繞，若兑過函劒，若摩太白之右，爲客勝，爲主人吏死，爲數萬人事。《宋志》曰：辰星環繞太白，若與鬬大戰，客勝。兑過太白，間可函劒，小戰客勝。兑過，去也，辰星去與太白間可容一劒也。若居太白前，軍立；居太白前出太白左，小戰；摩太白右，數萬人戰，主人吏死。摩者，光明相反，傾壞，敗傷也。

水星出東方色赤占

朱文公曰：在東而赤者，中國勝；在西而赤者，外國享。無兵於野而赤，兵將起而欲征。《宋志》曰：若出東方，大而白，有兵於外兵解當。在東方而赤，中國勝；在西方而赤，外國利。又曰：無兵在外而赤，兵起。其與太白俱出，皆赤而角，若出東方中國勝，出西方外國勝。

水星經天晝見占

朱文公曰：晝見則其國大亂，經天則天下大凶。《宋志》曰：晝見則其國必亡，大亂；若經天則大凶，天下易主。

又　木星火星相近占

朱文公曰：木火相近，爲戰，旱、飢。《宋志》曰：木火合，爲旱，爲飢，以戰則北軍困。一云大臣匿謀，下有反者，必主亡地。又曰爲内亂。一云相犯爲大戰。

木星蝕掩火星占

朱文公曰：蝕而掩，國亡君惡。《宋志》曰：歲星與熒惑食而相掩，人主惡之，一云三年國亡。

木星火星合而鬥占

朱文公曰：合而鬥，殺將憂賊。《宋志》曰：木火合而爲鬥，爲旱，爲飢。又曰子憂父，國憂賊。

火星觸木星占

朱文公曰：火觸木，子孫之慶。《宋志》曰：火觸木，有子孫之慶，天下受福。

木星觸火星占

朱文公曰：木觸火，國亂，憂疾。《宋志》曰：木觸火，國亂，民疾病。

木星土星合犯占

朱文公曰：木土合犯，有兵戰敵，亦爲謀更代之事，又爲飢内亂之異。《宋志》曰：木土合，野有兵相攻。又曰土木合，有謀更代事，上勢自弱。又曰戰必敗，亦爲飢。又曰爲内亂、民飢。

木星與金星合而交鬥占

朱文公曰：合而交鬥兮，軍破將死而内亂。《宋志》曰：木金合鬥，國有内亂，大將死野，有破軍，又爲水。

木星與金星環繞占

朱文公曰：合而環繞兮，軍破、逐相而亡國。《宋志》曰：木與金而環繞，乍東乍西者，逐相。一云金環繞木，其下破軍殺將、亡國。

木星與金星合鬥占

朱文公曰：合鬥於東，外有兵戰；合鬥於西，内有死王。《宋志》曰：木金合鬥，有白衣之會。

木星與水星合占

朱文公曰：歲與辰合，内兵來戰，有兵不利先起，亦爲變謀更事。《宋志》曰：木與水合，内兵有戰，又爲變謀更事。又曰：國有水災，人民流亡。

歲星與辰星相犯占

朱文公曰：相犯爲兵興，守之憂賊至。《宋志》曰：歲星與辰星相犯，太子憂。一云相犯爲兵，若守之有賊至。

火星與土星合占

朱文公曰：熒惑合，慎爲憂禍喪，亦爲大人惡之，又爲舉事之殃。《宋志》曰：火與土合爲憂，又曰：爲禍喪。其國不可舉事，用兵必受其殃。又爲兵亂，爲旱爲喪。

火星犯土星占

朱文公曰：犯之，旱亂大戰，或爲女子之當。《宋志》曰：熒惑干填星，大旱。合而犯之，將軍爲亂。又曰犯之旱、大戰，或爲女子當之。一云大人惡之。

火星犯金星占

朱文公曰：火犯金，兵起而主凶。《洪範傳》曰：火犯金，人主亡，天下憂，兵起。

金星犯火星占

朱文公曰：金犯火，逆謀而主病。《宋志》曰：金與火相犯，其下爲大戰。太白所在之方，其分軍敗。

熒惑與太白犯而或鬥戰占

朱文公曰：大戰殺將兮，犯而或鬥。《宋志》曰：熒惑與太白鬥，諸侯王相有喪，若離國，多盜賊。若戰殺大將，歲飢。

金星與火星相守占

朱文公曰：流血盈野兮，守而不動。《宋志》曰：金火相守，其間容斧，血流其野。客，野有流血。久守，血流滿野。

水星火星相近占

朱文公曰：水火相近，不宜用兵。《宋志》曰：野有兵不戰，兵在外亦罷。

木星金星南北同度占

朱文公曰：歲白同處，軍戰將死。《宋志》曰：歲星與太白合，大亂。有軍相戰，大將死。一云爲白衣會，爲水，爲飢、爲疾、爲亂、爲喪。一云金星在南，其年穀熟；金星在北，歲偏無成。一曰歲星與太白合，光甚，野有謀兵亂。

木星與金星相犯占

朱文公曰：木星相犯，臣黜女喪。《宋志》曰：歲星犯太白，草木再死再生；太白犯歲星，天下有賊或民飢。

火星觸水星占

朱文公曰：火觸水，僭叛世亂；水觸火，主哭於宮。《宋志》曰：火觸水，僭叛。一曰有異姓主。水觸火，主哭泣於宮，太子不安。

熒惑與辰星相合占

朱文公曰：若合，則赤地千里。《宋志》曰：熒惑與辰星合爲飢，將出軍行大敗，有覆軍殺將，在秋爲兵，在冬爲喪。又曰爲淬，不可舉事用兵，反受其殃。有軍不利先起，爲主者勝。入水，故曰淬。

火星守水星占

朱文公曰：相守，則儲憂、赦行。《宋志》曰：火守水，太子憂，有赦。

土星與金星合占

朱文公曰：土金合矣，其國亡地，爲白衣而爲疾，若爲內兵而爲水。《宋志》曰：土與金合，其國亡地，又爲內兵而爲疾。相近數寸間，女后憂。土金合，則爲疾爲內兵，若爲白衣，又爲水。

土星與金星合於太微占

朱文公曰：國有大兵，則合於太微。《宋志》曰：土金合於太微，國有大兵。

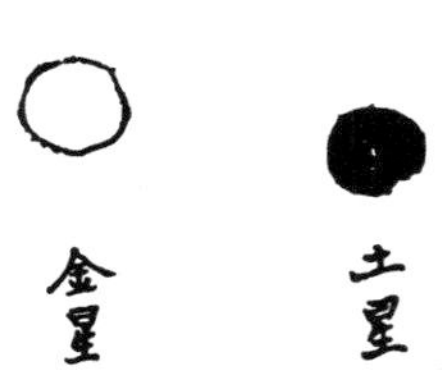

土金星俱入營室相守占

朱文公曰：天下兵謀，則合於營室。《宋志》曰：土金俱入營室相守，爲兵爲疫。

金星干土星占

朱文公曰：金干土，五穀不熟。《宋志》曰：金干土，爲敗殃，惟飢之亡。

金星犯土星占

朱文公曰：金犯土，太子不利。《宋志》曰：金犯土，太子有憂。

土星與水星合爲壅阻占

朱文公曰：土水合處，則爲壅阻，不可用兵舉事。或爲更事變謀，戰之客敗，或有陰謀。《宋志》曰：土與水合，不可舉兵。入兵得地，出兵無地。又曰：土與水合，爲壅阻。水性壅而潛土，故曰壅阻。主令不行，所在之分不可舉兵，用兵必受其殃，破軍殺將，出兵亡地，入兵得地，若戰敗。一曰謀變更事，爲飢爲

旱，又曰：亡國失地，有陰謀。若合虛中，齊國地動，秋水出。

金星相留犯水星占

朱文公曰：國有憂懼，金水相留。金犯水，國家不安之候；水犯金，將相傾敗之由。《宋志》曰：辰星犯太白，相傾敗之由。一曰摩太白國傾危。

水星環繞或鬥金星占

朱文公曰：環繞或鬥，或大亂而爲内亂。《宋志》曰：辰星與太白環繞或鬥，客勝。一云兵在外，則有内亂。

金星與水星相合占

朱文公曰：相合，若旗爲變謀，而爲兵憂。《宋志》曰：辰星合金爲變謀，若旗爲兵憂。一云太白爲主，辰星爲客，則有兵戰勝。

辰星入太白而上出占

朱文公曰：辰星入太白而上出爲主者破軍殺將。《宋志》曰：辰星入太白而上出客敗，破軍亡地，殺將，爲主者不利。

辰星入太白下出占

朱文公曰：辰星入太白而下出爲客者亡地多愁。《宋志》曰：辰星入太白而下出客敗，破軍亡地。

二星同度占

朱文公曰：二星同度，遠則毋傷。《天文占》曰：二星相近，其殃大。相去遠，則毋傷。七寸以内，必占之。

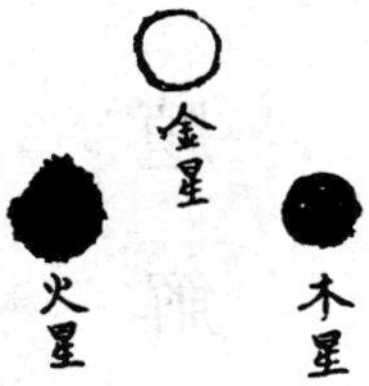

三星若聚占

朱文公曰：三星若聚，改立侯王。《宋志》曰：三星若合，是爲驚立絶行，其分國内外有兵喪，改立侯王。

四星若合占

朱文公曰：四星若合，是爲大盪，閉其關渠而兵喪並起。《宋志》曰：四星若合，是謂大盪，其下兵喪並起，闗閉盪條也。

五星若合占

朱文公曰：五星若合，是謂易行，有惠受慶，而亡德受殃。《宋志》曰：五星若合，是謂易行，有惠受慶，子孫蕃昌，亡德受殃。《天官書》曰：五行合，改立大人，奄有四方。

分野部

題解

《周禮》卷六《春官宗伯下・保章氏》 以星土辨九州之地所封，封域皆有分星，以觀妖祥。

《吕氏春秋》卷一三《有始覽》 天有九野，地有九州，土有九山，山有九塞，澤有九藪，風有八等，水有六川。何謂九野？中央曰鈞天，其星角、亢、氐。東方曰蒼天，其星房、心、尾。東北曰變天，其星箕、斗、牽牛。北方曰玄天，其星婺女、虚、危、營室。西北曰幽天，其星東壁、奎、婁。西方曰顥天，其星胃、昴、畢。西南曰朱天，其星觜巂、參、東井。南方曰炎天，其星輿鬼、柳、七星。東南曰陽天，其星張、翼、軫。

論説

漢・班固《漢書》卷二六《天文志》 角、亢、氐，沇州。房、心，豫州。尾、箕，幽州。斗，江、湖。牽牛、婺女，揚州。虚、危，青州。營室、東壁，并州。奎、婁、胃，徐州。昴、畢，冀州。觜觿、參，益州。東井、輿鬼，雍州。柳、七星、張，三河。翼、軫，荆州。

甲乙，海外，日月不占。丙丁，江、淮、海、岱。戊己，中州河、濟。庚辛，華山以西。壬癸，常山以北。一曰，甲齊，乙東夷，丙楚，丁南夷，戊魏，己韓，庚秦，辛西夷，壬燕，趙，癸北夷。子周，丑翟，寅趙，卯鄭，辰邯鄲，巳衛，午秦，未中山，申齊，西魯，戌吴、越，亥燕、代。

秦之疆，候太白，占狼、弧。吴、楚之疆，候熒惑，占鳥衡。燕、齊之疆，候辰星，占虚、危。宋、鄭之疆，候歲星，占房、心。晉之疆，亦候辰星，占參、罰。及秦并吞三晉、燕、代，自河、山以南者中國。中國於四海内則在東南，爲陽，陽則日、歲星、熒惑、填星，占於街南，畢主之。其西北則胡、貉、月氏旃裘引弓之民，爲陰，陰則月、太白、辰星，占於街北，昴主之。故中國山川東北流，其維，首在隴、蜀，尾没於勃海碣石。是以秦、晉好用兵，復占太白。太白主中國，而胡、貉數侵掠，獨占辰星。辰星出入趮疾，常主夷狄，其大經也。

唐・房玄齡等《晉書》卷一一《天文志上》 十二次度數

十二次。班固取《三統曆》十二次配十二野，其言最詳。又有費直説《周易》、蔡邕《月令章句》，所言頗有先後。魏太史令陳卓更言郡國所入宿度，今附而次之。

自軫十二度至氐四度爲壽星，於辰在辰，鄭之分野，屬兖州。費直周易分野，壽星起軫七度。蔡邕月令章句，壽星起軫六度。

自氐五度至尾九度爲大火，於辰在卯，宋之分野，屬豫州。費直，起氐十一度。蔡邕，起亢八度。

自尾十度至南斗十一度爲析木，於辰在寅，燕之分野，屬幽州。費直，起尾九度。蔡邕，起尾四度。

自南斗十二度至須女七度爲星紀，於辰在丑，吴越之分野，屬揚州。費直，起斗十度。蔡邕，起斗六度。

自須女八度至危十五度爲玄枵，於辰在子，齊之分野，屬青州。費直，起女六度。蔡邕，起女二度。

自危十六度至奎四度爲諏訾，於辰在亥，衛之分野，屬并州。費直，起危十四度。蔡邕，起危十度。

自奎五度至胃六度爲降婁，於辰在戌，魯之分野，屬徐州。費直，起奎二度。蔡邕，起奎八度。

自胃七度至畢十一度爲大梁，於辰在酉，趙之分野，屬冀州。費直，起婁十度。蔡邕，起胃一度。

自畢十二度至東井十五度爲實沈，於辰在申，魏之分野，屬益州。費直，起畢九度。蔡邕，起畢六度。

自東井十六度至柳八度爲鶉首，於辰在未，秦之分野，屬雍州。費直，起井十二度。蔡邕，起井十度。

自柳九度至張十六度爲鶉火，於辰在午，周之分野，屬三河。費直，起柳五度。蔡邕，起柳三度。

自張十七度至軫十一度爲鶉尾，於辰在巳，楚之分野，屬荆州。費直，起張十三度。蔡邕，起張十二度。

唐・房玄齡等《晉書》卷一一《天文志上》 州郡躔次 陳卓、范蠡、鬼谷先生、張良、諸葛亮、譙周、京房、張衡並云：

角、亢、氐，鄭，兖州：

東郡入角一度。　東平、任城、山陽入角六度。

泰山入角十二度。　濟北、陳留入亢五度。

濟陰入氐二度。　東平入氐七度。

房、心，宋，豫州：

潁川入房一度。　汝南入房二度。

沛郡入房四度。　梁國入房五度。

淮陽入心一度。　魯國入心三度。

楚國入房四度。

尾、箕，燕，幽州：

涼州入箕中十度。　上谷入尾一度。

漁陽入尾三度。　右北平入尾七度。

西河、上郡、北地、遼西東入尾十度。　涿郡入尾十六度。

渤海入箕一度。　樂浪入箕三度。

玄菟入箕六度。　廣陽入箕九度。

斗、牽牛、須女，吳、越，揚州：

九江入斗一度。　廬江入斗六度。

豫章入斗十度。　丹陽入斗十六度。

會稽入牛一度。　臨淮入牛四度。

廣陵入牛八度。　泗水入女一度。

六安入女六度。

虛、危，齊，青州：

齊國入虛六度。　北海入虛九度。

濟南入危一度。　樂安入危四度。

東萊入危九度。　平原入危十一度。

菑川入危十四度。

營室、東壁，衛，并州：

安定入營室一度。　天水入營室八度。

隴西入營室四度。　酒泉入營室十一度。

張掖入營室十二度。　武都入東壁一度。

金城入東壁四度。　武威入東壁六度。

敦煌入東壁八度。

奎、婁、胃，魯，徐州：

東海入奎一度。　琅邪入奎六度。

高密入婁一度。　城陽入婁九度。

膠東入胃一度。

昴、畢，趙，冀州：

魏郡入昴一度。　鉅鹿入昴三度。

常山入昴五度。　廣平入昴七度。

中山入昴一度。　清河入昴九度。

信都入畢三度。　趙郡入畢八度。

安平入畢四度。　河間入畢十度。

真定入畢十三度。

觜、參，魏，益州：

廣漢入觜一度。　越巂入觜三度。

蜀郡入參一度。　犍爲入參三度。

牂柯入參五度。　巴郡入參八度。

漢中入參九度。　益州入參七度。

東井、輿鬼，秦，雍州：

雲中入東井一度。　定襄入東井八度。

雁門入東井十六度。　代郡入東井二十八度。

太原入東井二十九度。　上黨入輿鬼二度。

柳、七星、張，周，三輔：

弘農入柳一度。　河南入七星三度。

河東入張一度。　河内入張九度。

翼、軫，楚，荆州：

南陽入翼六度。　南郡入翼十度。

江夏入翼十二度。　零陵入軫十一度。

桂陽入軫六度。　武陵入軫十度。

長沙入軫十六度。

唐·李淳風《乙巳占》卷三　分野第十五

謹按：在天二十八宿，分爲十二次，在地十二辰，配屬十二國。至于九州分野，各有攸係，上下相應，故可得占而識焉。州郡國邑之號，並劉向所分，載于《漢書·地理志》。其疆境交錯，地勢寬窄，或有未同，多因春秋已後，戰國所據，取其地名國號而分配焉。星次度數，亦有進退，衆氏經文，莫審厥由。按列國地名，三代同目，地勢不改，人遽遷移，古往今來，封爵遞襲，上係星野，沿而未殊。自秦燔簡策，書史缺殘，時有片言，理無全據，雖欲考定，敢不闕疑。唯有《二十八宿山經》載其宿、山所在，各於其國分。星宿有變，則應乎其山，所處國分有異，其山亦上感星象。又其宿星辰，常居其山，而上伺察焉。上下遞相感應，以成譴告之理。或人疑之，以爲不爾，乃因以張華劍事而論之。張華昔見斗牛之間有異氣，知是神劍之精，遂按地分求之，果得寶劍。夫劍，一利器耳，尚能應見于天，況乎人物精靈，山川迂鬱，性情至理，大于劍乎？今輒列古十二次國號星度，以爲紀綱焉。其諸家星次度數不同者，乃别考論著于《曆象志》云。

角、亢，鄭之分野。自軫十二度至氐四度，於辰在辰，爲壽星。三月之時，萬物始建于地，春氣布養，各盡其性，不罹天夭，故曰壽星。《爾雅》曰：壽星，角、亢也。《史記·天官書》曰：角、亢、氐，兖州也。今之南陽郡，秦置潁川、定陵、襄城、潁陽、潁陰、長社、陽翟、郟鄏。八縣也。潁川，秦置之也。東接汝南，西接弘農，得新安、宜陽，二縣也，屬弘農郡，漢武帝置之。皆韓之分也。《韓世家》曰：韓氏，姬之苗裔也。韓武子事晉，得封于韓。武子曾孫獻子以韓爲氏，居于平陽。子宣子徙居州地。玄孫康子與趙、魏共滅智伯，分其地。康子五世孫哀侯滅鄭，因都于鄭，凡二十一世也。《詩風》：陳鄭之國，與韓同星分。《陳世家》曰：陳本太昊之墟也。周武王尅殷，乃復求舜後，得媯滿，封之于陳，以奉舜祀，爲胡公。胡公至湣侯二十三世，爲楚所滅。《詩》云：坎其擊鼓。淮陽之國，陳縣郡也。鄭國，今河南之新鄭是也。新鄭，縣也。河南郡，秦三川郡，漢高帝改名。本高辛氏之火正祝融之墟也。重黎亦爲帝二縣也。及成皐、滎陽，潁川之嵩陽、陽城，皆鄭之分。《鄭世家》曰：周宣王立二十二年，初封庶弟友于鄭，是爲桓王，居號成皐。後犬戎弑宣公，其子武公居《溱渭》，二十二世韓滅也，屬兖州。《尚書·禹貢》曰：濟河惟兖州。《周官》云：河東曰：兖州。《爾雅》云：濟河間曰兖州，自河東至濟也。《未央分野》由鄭潁川。從滎陽南至梁山，東至龍山，爲潁川也。氐、房、心，宋之分野。自氐五度至尾九度，于辰在卯，爲大火。東方爲木，心星在卯，火在木心，故曰大火。《爾雅》曰：大火謂之辰。火，辰，房、心、尾也。《史記·天官書》曰：房、心，豫州。《世語》曰：參辰，亦曰參商，謂參與心星也。已釋于魏次注中。今之沛梁，秦碭郡，漢高帝爲梁國也。楚，漢高帝置楚國，宣帝以爲彭城郡也。山陽郡，漢景帝分梁國置之。東平，漢景帝分梁國，置齊東國，宣帝改爲東平國者也。濟陽，漢景帝分梁國爲濟陽國。及東郡之須昌、壽張，二縣也。壽張本名壽梁，漢光武避叔諱。改爲壽張。皆宋之分野。周封微子于宋，今之睢陽是也。睢陽縣，屬梁國。周武王封紂庶兄微子于宋，以奉殷祀也。本陶唐氏之火正，閼伯之墟也。閼地，高辛氏之長子也。房，商丘也。濟陰、定陶，定陶，縣也，屬濟陰國。《詩風》：曹國是也，周武王封弟叔振鐸于曹，定陶縣是。屬豫州。《尚書·禹貢》曰：荆河惟豫州。《周官》曰：河南曰豫州。《爾雅》云：河南曰豫州。注云：自河南至漢也。《未央分野》曰：宋治下蔡、淮陽，從南恒至齊濮水、沛郡、濟陽、太行、東海。今爲梁國是也。尾、箕，燕之分野。自尾十度至斗十一度，于辰在寅，爲析木。尾，東方木宿之末；斗，北方水宿之初，次在其間，隔别水木，故曰析木。《爾雅》曰：析木謂之津，箕斗之間，漢津也。《史記·天官書》曰：箕，幽州也。周武王定殷，封邵公于燕，其後三十六世，與六國並稱王。王易水也。東有漁陽、右北平，遼東、遼西、上谷、代郡、鴈門。七郡，並秦置也。南得涿郡之易、容城、范陽、北新城、固安、涿縣、良鄉、新昌。八縣也。涿郡，秦置之。及渤海之安次、安次，縣也。渤海，漢高帝置之。樂浪、玄菟，朝鮮，三郡並漢武帝置之。皆燕之分也，屬幽州。《燕世家》曰：周分冀州置幽州。《周官》曰：東北曰幽州。《爾雅》曰：幽州。注云：自易水至北狄。《未央分野》曰：燕治薊，南至積石，東至海，西恒山。今爲上谷、漁陽、右北平、遼東、西至涿郡也。

斗、牛，吴越之分野。自斗十二度至女七度，于辰在丑，爲星紀。星紀者，言其統紀萬物。十二月之位，萬物之所終始，故曰星紀。《爾雅》曰：星紀，斗牛也。《史記·天官書》曰：斗者，江湖。牽牛，婺女，揚州。高誘注：《呂氏春秋》云：斗，吴也；

牛，趙也。今之會稽、九江、二郡秦置。丹陽、秦爲鄣郡，漢武改爲丹陽。豫章、漢高帝置。廬江、漢武帝置。廣陵、六安、漢武帝改江都國爲廣陵國，分衡山立六安，置國。臨淮，漢武帝置。皆吴之分也。《吴世家》曰：吴太伯，周大王之長子也。與弟仲雍，讓國于季曆，奔荆蠻之地，斷髮文身，荆蠻義之，從而歸之，自號勾吴。周武王尅殷，求太伯、仲雍之後，得雍曾孫周章，封之于吴也。今之蒼梧、鬱林、合浦、交趾、九真、日南、南海，皆越之分也。《越世家》曰：越之先，夏后帝少康之庶子，封于會稽，號曰無餘，以奉禹之祀。十有餘世，微弱爲民，禹祀中絶。千餘載後，有子生而能言，曰：我無餘之苗末也。越人尊以爲君，號曰無餘王也。後至允常，越復興焉，並屬揚州。《尚書·禹貢》曰：淮海惟揚州。《周官》曰：東南曰揚州。《爾雅》曰：江南曰揚州。注云：自江至南海。《未央分野》曰：吴越，北至大江，南至衡山，東至海，西至洞庭。

女、虛，齊之分野。自女八度至危十五度，于辰在子，爲玄枵也。玄者，黑也，北方之色；枵者，耗也。十一月之時，陽氣在下，陰氣在上，萬物幽死，未有生者，天地空虛，故曰玄枵。玄枵，黄帝之適子也。顓頊墟。顓頊，黄帝之孫，昌僕之子也。《爾雅》曰：玄枵，虛也，顓頊之墟也。《史記·天官書》曰：虛、危，青州也。東萊、郡，漢高帝置之。瑯琊、郡，秦置之。高密、漢宣帝改膠西國爲高密國。膠東，南有淄川、郡，漢高帝置也。城陽，漢文帝分齊國，立城陽國。北有千乘。漢高帝立爲國。得清河巳南渤海、樂城、重合、陽信，西有濟南、漢文帝分齊國，立濟南國。平原，漢高帝置。皆齊之分也。《齊世家》曰：齊太公望，佐周武王而伐紂，紂亡，乃封太公於齊，武王崩，成王立，周命齊東至于海，西至于河南，南至于穆陵，北至于無棣，而都營丘也，屬青州。《尚書·禹貢》曰：海岱惟青州。《周官》曰：正東曰青州。《爾雅》曰：濟曰營州。注云：自岱東至海，即青州也。《未央分野》曰：齊治營丘，北至燕，西至九河，南至淄水，東至海矣。

危、室、壁，衛之分野。自危十六度至奎四度，于辰在亥，爲娵訾。娵訾者，言歎貌也。十月之時，陰氣始盛，陽氣伏藏，萬物失養育之氣，故曰哀愁而歎，悲嫌于無陽。《爾雅》曰：娵訾之口，營室東壁也。娵訾，古諸侯也。帝嚳取娵訾氏女，生摯。摯，堯兄也。一曰豕韋。豕韋，夏后御龍氏之國也。春秋蔡侯之所封。《左傳》曰：萇弘對周景王曰：蔡侯殺其君之歲，歲在豕韋。《史記·天官書》曰：營室、東壁，并州也。今之東郡、秦置。魏郡漢高帝置。黎陽、河内、郡，漢高置也。本殷之舊都，周既尅殷，分其畿内爲三國，《詩風》：邶、鄘、衛國是也。野王、朝歌，皆衛之分也。衛本國既爲狄人所滅，文公徙封于楚丘。後三十餘年，子成公遷于帝丘。今濮陽是也。屬并州。周分冀州，置并州。《周官》曰：正北曰并州。所部郡縣，并州凡九郡，悉在燕、趙、秦次中，未詳之。《未央分野》曰：衛治濮陽，其地從三州。巳東至沛，今爲東郡也。奎、婁，魯之分野。自奎五度至胃六度，于辰在戌，爲降婁。降，下也；婁，曲也。陰生于午，與陽俱行。至八月，陽遂下。九月陽，剥卦用事。陽將剥盡，陰在上，萬物枯落，捲縮而死，故曰降婁。《爾雅》曰：降婁，奎婁也。《史記·天官書》曰：奎、婁、胃，徐州。《未央分野》曰：魯星得奎婁也。東至東海，郡，漢高置。西有泗水，泗水之國也。漢武帝分東海郡立。至淮，得臨淮之下〔相〕、睢陵、取慮，皆魯分也。周成王以少昊之墟曲阜，封周公子伯禽爲魯侯，以爲周公主也。《魯世家》曰：周武王尅殷，封弟周公旦于少昊之墟。周公留佐武王，不就封。武王崩，成王命周公子伯禽代居魯，是爲魯公也。屬徐州。《尚書·禹貢》曰：海岱及淮惟徐州。《爾雅》曰：濟東曰徐州。注云：自濟東至海也。周繼殷，罷徐以合青。漢武帝復置徐州。《未央分野》曰：魯東至海，西至營丘，北至代，南至淮也。

胃、昴，趙之分野。自胃七度至畢十一度，于辰在酉，爲大梁。梁，强也。八月之時，白露始降，萬物于是堅成而强大，故曰大梁。《爾雅》曰：大梁，昴也。《史記·天官書》曰：昴、畢、冀州。《淮南子天文訓》曰：胄昴畢，魏也。《未央分野》曰：趙星得觜參也。趙本晉地，分晉得趙國。漢高帝以邯鄲郡爲趙國。北有信都、國，漢高帝立也。真定、國，漢武帝置之。常山、郡，漢高帝置。本國山爲名，曰恒山郡。漢文帝諱恒，改曰常山郡也。中山。漢景帝以郡爲國也。又得涿郡之高陽、鄚、州鄉三縣。涿郡漢高帝置之也。東有廣平、國，漢武帝置之。鉅鹿、郡，秦置之。清河、郡，漢高帝置之。河間、國，漢文帝分趙國也。又得渤海之東平舒、中武邑、文安、萊州、成平、章武。六縣也，漢高帝置之。河巳北也，南至浮水，水名，作漳水也。繁陽、内黄、斥丘，三縣，屬魏郡，漢高帝置也。西有太原、郡，秦置也。定襄郡、漢高帝置。雲中、秦置。五原、秦九原郡，漢武帝改名也。朔方、漢武帝置。上黨。秦置。上黨，本韓之别郡也。遠韓近趙，後卒降趙，趙皆得之。自趙後九世稱侯。四世敬侯徙都邯鄲。後三世有武靈王，五世爲秦所滅。《趙世家》曰：趙氏之先，帝顓頊之苗裔，伯益之後也。又虞舜妻之姚姓之女，賜姓嬴氏。歷夏殷周，世爲諸侯。後造父爲周穆王御，西巡狩，見西王母，樂之忘歸。而徐偃王反，穆王日馳千里，還攻徐偃王，大破之，乃賜造父以趙。趙城由此爲趙氏。屬冀州。《尚書·禹貢》曰：冀州既載壺口，治梁及岐。《周官》曰：河内曰冀州。《爾雅》曰：兩河間曰冀州。注云：自東河至西河。《未央

分野》曰：趙治邯鄲，北至常山、代郡、河間。畢、觜、參，晉魏之分野。自畢十二度至井十五度，于辰在申，爲實沈，言七月之時，萬物極盛，陰氣沉重，降實萬物，故曰實沈。高辛氏有二子，伯曰閼伯，季曰實沈者，不相能，后帝不臧，遷閼伯于商丘，主辰，商人是因，故辰爲商星。遷實沈于大夏，主參，唐人是因，故參爲唐星。至周武王感靈夢而生叔虞，成王時，唐有亂，周公滅唐，成王因戲而封叔虞于唐，河汾以東方百里，太原郡之晉陽縣是也。叔虞卒，子燮立，是爲晉侯。故參爲晉也。實沈，參之神也，因名實沈焉。後武侯與趙、韓滅晉，分其地，故參爲魏之分野。《史記・天官書》曰：觜觿。參，益州也。《淮南子・天文訓》曰：觜觿、參，趙也。鄭玄注《周禮・保章氏》職曰：實沈，晉也。《未央分野》曰：晉魏星得畢昴畢。

自高陵縣也，屬左馮翊。巳東，盡河東。郡，秦置也。河内，漢高帝置。南有陳留，郡，漢武帝置也。汝南之邵陵、新汲，秦置。及西華、長平、潁川之舞陽、郾、許、隱陵，河南開封、中牟、陽武、酸棗、捲，酸棗縣屬陳留，則爲重見之也。皆魏之分也。《魏世家》曰：魏之先，畢公高之後也，與周同姓。武王之伐紂，而高封于畢，是氏焉，長安縣西北是也。其後絶封爲庶人，或在中國，或在夷狄。復封其苗裔曰畢萬，事晉獻公。獻公之十六年，趙夙爲御，畢萬爲右，以伐霍耿魏，滅之。獻公以魏封畢萬。魏，今河東郡，即河北縣是也。萬孫悼子徙治霍。霍，平陽郡之永安縣是也。悼子子昭子徙治安邑，河東安邑縣是也。昭子孫獻子，與趙、韓共誅祁羊舌氏，盡取其地。獻子曾孫桓子，與趙襄子、韓康子共滅智伯，分其地。桓子之孫曰文侯，時魏爲强大。周威烈王二十二年，賜命爲諸侯。子武侯，十一年與趙、韓滅晉，三分其地。故參爲魏之次野者，屬益州。漢武帝改梁州爲益州，非魏地也。益州地盡在秦楚次中，以魏爲益州，未詳其旨。《未央分野》曰：晉治太原，後魏巳西至定襄清河之水，今爲河内、上黨、雲中也。

井、鬼，秦之分野。自井十六度至柳八度，于辰在未，爲鶉首。南方七宿，其形象鳥，以井爲冠，以柳爲口，鶉鳥首頭也，故曰鶉首。鶉首，星名也，井、鬼、柳，朱鳥首宿也。故曰鶉首。《史記・天官書》曰：東井與鬼，雍州也。自弘農故關以西，故關，函谷關也。弘農郡，漢武帝置。京兆、扶風、馮翊，並秦内史，漢武帝分爲三輔。北地、上郡，二郡，秦置。西河、安定、天水，三郡，漢武帝置。隴西，秦置。南有巴郡、蜀郡、二郡，秦置。廣漢，漢高帝置。犍爲，漢武帝置。武都，西有金城、武威，本休屠王置也。張掖，本昆邪王所置也。酒泉、燉煌，燉煌本屬酒泉，武帝置之也。又西南有牂牁，漢武帝置。越嶲、益州，皆其屬焉，三郡，並漢武帝開置。皆秦之分也。《秦世家》曰：秦之先曰非子者，與趙同姓，伯益之十六世孫也。周孝王養馬甚息，孝王封爲附庸，邑之于秦，號曰秦嬴。今天水之隴西縣秦亭即其地也。秦嬴曾孫曰秦仲，周宣王使伐西戎，西戎殺之。宣王後命仲之子莊公者，與四弟伐西戎，破之，賜仲大駱之地，于是居于犬丘，扶風之槐里縣是也。屬雍州。《尚書・禹貢》曰：黑水西河惟雍州。《周官》曰：正西曰雍州，漢武帝改爲涼州。《爾雅》云：河西曰雍州。注云：自河西至黑水也。《未央分野》曰：秦治雍州，後治宜陽，又治咸陽，今爲長安。此地從華山西至流沙，今爲三輔。巴蜀、漢中、隴西、北地、上郡是也。

柳、七星、張，周之分野。自柳九度至張十六度，于辰在午，爲鶉火。南方爲火，言五月之時，陽氣始盛，火星昏中，在七星朱鳥之處，故曰鶉火。《爾雅》曰：柳，鶉火也。柳、七星、張，南方之中宿也。故曰火。《周禮》曰：鳥旟七斿，以象鶉火。《史記・天官書》云：柳、七星、張，三河也。今之河南、洛陽、穀城、平陰、偃師、鞏縣、緱氏，七縣，屬河南郡。並周之分野。《周本紀》曰：周之先曰弃，弃生有神怪，長好稼穡，爲舜播植百穀，舜封之于邰，扶風之釐縣是也。號曰后稷，姓爲姬氏。曾孫公劉，子慶節，立國于邠，扶風之漆縣，後十世孫曰太王，爲狄所侵，遷于邠，度漆沮，踰梁山，邑于岐下，扶風之美陽是也。太王孫文王，有聖德，周室方隆，徙都于酆，酆在京兆之杜縣是也。文王子武王，滅商，徙都于鎬，鎬在京兆之長安縣是也。武王子成王營雒邑，都河南是也。或云成王居雒邑，六世孫懿王，遷大丘也，屬三河。河南、河内、河東三郡是也。按周之將士，唯河南一郡，故以爲國。周分野，其河内、河東，乃在魏次中，未詳。周之分野稱三河之謂矣。《未央分野》曰：洛陽西至華山，東至滎澤、少室，北至河南，南至漢水，今爲河南陳留是也。

翼、軫，楚之分野。自張十七度至軫十一度，于辰在巳，爲鶉尾。南方朱鳥七宿，以軫爲尾，故曰鶉尾。《周禮・月令》曰：鶉尾，一名鳥帑。《史記・天官書》曰：翼軫，荆州也。今之南郡、秦置。江陵、江夏，漢高帝置。零陵，郡，漢武帝置之。桂陽、武陵，二郡，漢高帝置。長沙，郡，秦爲郡，漢高帝改爲國。汲、漢中，秦置。汝南，漢高帝置。皆楚之分也。周成王時，封文王先師鬻熊之曾孫繹于荆蠻，爲楚子，居丹陽。後十餘世至熊通，號武王，浸以强大。後五世至莊王，惣帥諸侯，觀兵周室，并吞江漢之間，内滅陳魯之國。後十餘世，有頃王東徙于陳焉。《楚世家》曰：鬻熊，祝融之苗裔也。姓芊氏，居丹陽，今南郡枝江縣是也。武王子文王始都郢，江陵是也。莊王曾孫昭王，爲吳所破，吳兵入郢。昭王出奔隨，使楚大夫申包胥請救于秦，秦乃救楚，大敗吳師。闔廬弟夫概，返吳自立爲王，闔廬聞之班師，昭王乃得返國，更都于鄀。鄀，南郡鄀縣是也。屬荆州。《尚書・禹貢》曰：荆

及衡陽惟荆州。《周官》曰：正南曰荆州。《爾雅》曰：漢南曰荆州，自漢南至衡山之陽。《未央分野》曰：楚治郢，南至九江，北至積水，東至海，西至魚腹山，今爲淮南、汝陽、廬江、豫章、長沙、南海，故楚治南郢者也。《周禮・大司徒》職云：以土圭之法，辯十有二土之名，以相民宅而知利害。鄭玄云：十二土分野十二邦，上繫十二次焉。《保章氏》云：星辯九州之地，所封之域，皆有分星，以視祆祥。馬融云：星，土也，星所主也。《土地傳》曰：參主晉，商主大火也。辯，別也。封，界也，封域一國也。分星自斗十二度，謂之星紀之次、吴越之分野之類也。馮相氏掌十有二歲、十有二月、十有二辰、二十八宿之位，辨其序事，以會天位。位，大歲。歲星與日月同次之月，斗在建之辰。

《詩緯・推度災》：鄁國，結蝓之宿。宋均曰：謂營室星。

鄘國，天漢之宿。天津也。　衛國，天宿斗衡。國分所宜。

王國，天宿箕斗。　鄭國，天宿斗衡。

魏國，天宿牽牛。　唐國，天宿奎、婁。

秦國，天宿白虎，氣生玄武。　陳國，天宿大角。

鄶國，天宿招摇。　曹國，天宿張弧。

右已上《詩緯》所載國次星野，與《淮南子》等不同。

《史記・天官書》：

角、亢、氐，兖州。　房、心，豫州。　尾、箕，幽州。

斗，江湖。　牛、女，揚州。　虚、危，青州。

室、壁，并州。　奎、婁、胃，徐州。　昴、畢，冀州。

觜、參，益州。　井、鬼，雍州。　柳、七星、張，三河。

翼、軫，荆州。　七星爲員官，辰星廟，蠻夷星也。

又曰：二十八舍，主十二州。斗乘兼之，所從來久矣。　秦之疆，候在太白，占于辰弧。　吴楚之疆，候在熒惑，占于衡星。　燕齊之疆，候在辰星，占于虚、尾。　宋鄭之疆，候在歲星，占于房、心。　晉之疆，亦候在填星，占于參。秦井三晉已後，占更不同，山河以南爲中國，占于天街南，畢主之；其西北則胡貊月氏，占于街北，昴主之。《淮南子》及《山海經》並云：地之所載，六合之間，四海之内。照之以日月，紀之以星辰，要之以太歲。淮南所分十二國分，同石氏。《春秋内事》曰：天有十二次，日月之所躔；地有十二分，王侯之所國也。　圖緯降象，《河圖》云：天中極星，下屬地中崑崙之墟。　陽盛于已，立東太微。天庭五帝圖，中和美玉在巳。　崑崙南東方五千里，名神州。　中有五山地祇圖，隔以阻塞，帝王居之。　東岳太山，角、亢、房之根，上爲天門明堂。　邠之隘，上爲扶桑，曰所陳；　宣陸之阻，上爲吴泉，或曰虞泉。月所登。　阿阮之隘，上爲陽谷，五星以陳；　方域之險，上爲咸池。　四殺歛之阻，上爲女紀。　今訾之塞，上爲緱星；　井陘之險，上爲魁首。　勾拒之阻，上五合五紐爲都星；　居庸之隘，上爲極紫宫之户。　有已上九塞之星精，上著于天。　倉絡山，天運攝提精。　山戎代闕，天提高星精。　王屋，天資華蓋精。　握彌首山，天維輔星精。　山戎足，天街北界之精。　岐山，天維房星之精。　太行，附路之精。　岳陽，天提紀漢之精。　孟堪，地閏河鼓之精，燕齊之維。

右已上九山，稟大宿之精。

河導崑崙山，名地首，上爲權勢星。　東流千里，至規其山，名地契，上爲距樓星。　北流千里，至積石山，名地肩，上爲別符星。　邠南千里，入隴首山間，抵龍門首，名地根，上爲宫室星。　龍門，上爲王良星，爲天橋。　神馬出河躍。南流千里，抵龍首，至卷重山，名地咽，上爲卷舌星。　東流貫砥柱，觸閼流山，名地喉，上爲樞星，以運七政。　西距卷重山千里，東至維會，名地神遣，上爲紀星；東流至大岯山，名地肱，上爲輔星。　東流過絳水千里，至大陸，名地腹幹，上爲虚星。　右已上黄河九曲上爲星。　洛涇之起，西維南嶓冢山，上爲狼星。漾水出端，東流過武關山南，上爲天高星。　漢水東流至岳首，北至荆山爲地雌，上爲軒轅星。　大別山爲地里，上爲庭蓄星。　三危山，上爲天苑星。　岐山爲地乳，上爲天廪星。　岷山之地爲井絡，上爲天井星。　岷江九折，上爲太微庭。　九江北，東出南流，上爲東蕃。　兖州濟汶，上爲天津。　桐柏山爲地穴，維尾爲地腹，上爲太微帝座、三能、斗、軒轅，淮源出之。　岱岳表出鈎鈐。鳥鼠同穴山，地之幹，上爲奄畢星。　熊耳山，地之門也，上爲畢。　附耳星，洛水出其間，東北過五湖山，至于陪尾。　東北入中提山。　五靈山，上爲五諸侯。陪尾山爲軒轅。　中提山，上爲三台。

《洛書》分二十八宿于左：

岍，角。　岐，亢。　荆山，氐。　壺口，房。　雷首，心。　太岳，尾。砥柱，箕。　析成，斗。　王屋，牛。　太行，須女。　恒山，虚。　碣石，危。西傾，室。　朱圉，壁。　鳥鼠，奎。　太華，婁。

熊耳，胃。　外方，昴。　桐柏，畢。　陪尾，觜。　嶓冢，參。　荆山，東井。　内方，輿鬼。　大別，柳。　岷山，七星。　衡山，張。　九江，翼。　敷

淺，原軫。

右已上《洛書》，以禹貢山川配二十八宿。

陳卓分野：

角、亢、氐，鄭，兖州。　東郡，入角一度。　東平、任城、山陰、入角六度。　泰山，入角十二度。　濟北、陳留，入亢五度。　濟陰，入氐二度。　東平，入氐七度。

房、心，宋，豫州。　潁川，入房一度。　汝南，入房二度。　沛郡，入房四度。　梁國，入房五度。　淮陽，入心一度。　魯國，人心三度。

尾、箕，燕，幽州。　上谷，入尾一度。　漁陽，入尾三度。　右北平，入尾七度。　西河、上郡、北地。　遼西、遼東，入尾十度。　涿郡，入尾十六度。　渤海，入箕一度。　樂浪，入箕三度。　玄菟，入箕六度。　廣陽，入箕九度。

斗、牛、女，吴越，揚州。　九江，入斗一度。　廬江，入斗六度。　豫章，入斗十度。　丹陽，入斗十六度。　會稽，入牛一度。　臨淮，入牛四度。　廣陵，入牛八度。　泗水，入牛一度。　六安，入牛六度。

虚、危，齊，青州。　齊國，入虚六度。　北海，入虚九度。　濟南，入危一度。　樂安，入危四度。　東萊，入危一度。　平原，入危十一度。　淄川，入危十四度。

室、壁，衛，并州。　安定，入室一度。　天水，入室八度。　隴西，入室四度。　酒泉，入室十一度。　張掖，入室十二度。　武都，入壁一度。　金城，入壁四度。　武威，入壁六度。　燉煌，入壁八度。

奎、婁、胃，徐州。　東海，入奎一度。　瑯琊，入奎六度。　高密，入婁一度。　陽城，入婁九度。　膠東，入胃一度。

昴、畢，趙，冀州。　魏郡，入昴一度。　鉅鹿，入昴三度。　常山，入昴五度。　廣平，入昴七度。　中山，入昴八度。　清河，入昴九度。　信都，入昴三度。　趙郡，入畢八度。　安平，入畢四度。　河間，入畢十度。　真定，入畢十三度。

觜、參，魏，益州。　廣漢，入觜一度。　越巂，入觜二度。　蜀郡，入參一度。　犍爲，入參三度。　牂牁，入參五度。　巴郡，入參六度。　益州，入參七度。　漢中，入參九度。

井、鬼，秦，雍州。　雲中，入井一度。　定襄，入井八度。　鴈門，入井十六度。　代郡，入井十八度。　太原，入井二十九度。　上黨，入鬼二度。

柳、七星、張，三河。　弘農，入柳一度。　河南，入七星三度。　河東，入張一度。　河内，入張九度。

翼、軫，楚，荆州。　南陽，入翼六度。　南郡，入翼十度。　江夏，入翼十二度。　零陵，入軫一度。　桂陽，入軫六度。　武陵，入軫十一度。　長沙，入軫十六度。

《漢志》十二次。　費直《周易》分野。　蔡邕《月令章句》分野。　未央《太一飛符九宫》分野。十二次名。　費直。　蔡邕。　未央。　分野。

星紀，起斗十二度，自斗十度，自斗六度，吴越。　玄枵，起女八度，自女六度，自女二度，齊。　娵訾，起危十六度，自危十四度，自尾十度，衛。　降婁，起奎五度，自奎二度，自壁八度，魯。　大梁，起胃七度，自胃四度，自胃一度，趙。　實沈，起畢十二度，自畢九度。自畢六度，晉。　鶉首，起井十六度，自井十二度，自井十度，秦。　鶉尾，起張十八度，自張十三度，自張十二度，楚。　後次鶉火，起柳九度，自柳五度，自柳三度，周。　前壽星，起軫十二度，自軫七度，自軫六度，鄭。　大火，起氐五度，自氐十一度，自亢八度，宋。　析木，起尾十度，自尾九度，自尾四度，燕。

《漢書・律曆志》云：六物者，歲時日月星辰也。辰者，日月之會，而斗建所指也。玉衡杓，建天之綱也，日月初躔之星紀也。是以斗牛繫丑次，名紀下繫地，野分當吴越。　費直，字長翁，東萊人。仕前漢爲單父令，能治《易》，撰《章句》，著筮占，所論天地義理，多有疏潤。言分野郡縣，與子政畧同。説星分，皆壽星之次四十二度，大火之次三十二度，餘次並三十度。不均之義，未能詳也。蔡邕《月令章句》云：周天三百六十五度四分度之一，爲十二次，日月之所躔。地有十二分，王侯之所國也。每次三十度三十二分度之十四，至其初爲節，至其中爲氣。　未央，不知何許人也。漢孝安時爲千乘都尉，長于陰陽氣數之術。元初二年，上書言太乙九宫事。御有詔詰問，未央各以理對。制示太史，下章蘭臺石室，賜未央金百斤，增位二等，拜爲弘農太守。其言分野，簡畧未可詳也。所屬星國名，與石氏頗同。《宋書(麻)〔曆〕志》云：太子旅賁中郎將戴法興議云：祖冲之造(麻)〔曆〕，歲别有差，則今之壽星，乃周之鶉尾。誣天背地，乃至於斯。冲之對曰：次隨方名，義合宿體，分至雖改，而厥位不遷。豈謂龍火，質處金水，亂列名號，乖舛之義，抑未詳究。　《天文録》云：天次十二分者，辯吉凶之所在，明兆應之攸歸。《周禮》以土圭之法定十有二壤，故馮相氏掌四七之

位，以會天位。保章氏辯九州之分，以別祆祥，是以明王觀象而設教，覩變而修德。故能先天而天不違，後天而奉天時者也。自重黎之後，宜有其書，文紀絶滅，世莫得聞。今所行十二次者，漢光禄大夫劉向之所撰也，班固列爲《漢志》，羣氏莫不宗焉。而言詞簡畧，學者多疑，輒載其本文，而爲之注。因漢地理，覆其同異，蓋言次名之攸出，列國之興喪，都鄙之遷革，郡邑之所繼耳。乃若天以陽動，地以陰凝，變主於上，祥應於下。北方之宿，返主吴越，火午之辰，更在周邦。且天度均列，而分野殊形。一次所主，或綿亘萬里，跨涉數州，或止在闤内，不布一郡。而靈感遥通，有若影響。故非末學，未能詳之。

按，星官有《二十八宿山經》，其山各在十二次之分。分野有災，則宿與山相感，而見祥異。至如《石氏星經》配宿屬國，皆以星斷，不計度距。《漢地理志》及蔡邕《月令章句》，皆以二十四氣日度所宿以分野。一設此法，莫能改張。而費直及未央，世不施用。且海内之廣，仰係天宿，州國郡縣，皇王代殊，星辰兆未萌之前，人事興布置之後。秦漢郡縣遠應天文，晉趙都邑交錯非一。昔周祖后稷，創國斄邠，爲狄所侵，仍居岐下。而《國語》云：武王伐殷，歲在鶉火。歲之所在，則我有周分野。今周之分隸在豫州，酆鎬舊都，翻當秦宿，應以理實，事恐難詳。至如熒惑守心，宋景攘其災咎，實沉爲祟，晉侯受其斃殃，此則天道影響，似逐人情，據其事驗，時以相應。今輒集星次如前，以存異説，州國分屬，義非所詳也。　或人問曰：天高不極，地厚無窮。凡在生靈，咸蒙覆載，而上分辰宿，下列侯王，分野獨擅於中華，星次不霑於荒服。至於蠻夷君長，狄戎虜酋豪，更禀英奇，並資山岳，豈容變化應驗全無，豈日月私照，意所未詳。冀爾達人，以祛所惑。淳風答之曰：昔者周公，列聖之宗也。挾輔成王，定鼎河洛，辯方正位，處厥土中。都之以陰陽，隔之以寒暑，以爲四交之中，當二儀之正，是以建國焉。故知華夏者，道德、禮樂、忠信之秀氣也。故聖人處焉，君子生焉。彼四夷者，北狄沍寒，穹廬野牧；南蠻水族，暑濕鬱蒸；東夷穴處，寄託海隅；西戎氈裘，爰居瀚海。莫不殘暴狼戾，鳥語獸音，炎涼氣偏，風土憤薄，人面獸心，宴安鴆毒，以此而況，豈得與中夏皆同日而言哉？故孔子曰：夷狄之有君，不如諸夏之亡，此之謂也。是故越裳重譯，匈奴稽顙，肅慎獻矢，西戎聽律，莫不航海梯山，遠方致貢，人畜内首，殊類宅心。以此而言，四夷宗中國之驗也。故孔子曰：爲政以德，譬如北辰居其所，而衆星拱之。又且聖人觀象，分配國野，或取水土所生，或視風氣所宜，因係之以成形象之應。故昴爲旄頭被髮之象，青丘蠻夷文身之國，梗河胡騎負戈之俗。胡人事天，以昴星爲主；越人伺察，以斗牛辨祥。秦人占狼弧，齊觀虚危，各是其國，自所宗奉，是以聖人因其情性所感而屬，豈越理苟且而傅會者哉？

占例第十六

按：景緯垂髮，妖孛示應，深淺之迹既殊，利害之差不一。先哲考驗多有異同，得失混淆，是非重疊，不爲體例，學者致疑。今輒録薄蝕守犯，逆順鬬凌，以次相從列之云爾。日月則有蝕，有薄，有鬬，有昏，有冥。星月同光，星月相蝕。列宿五緯，則有變動。芒角喜怒，大小存亡，列坐官位，則有疏拆舍集；五緯祆客，則有逆順遲疾。平行出入，合會聚從，離徙盈縮，金宿，居。留經守天中乘犯，侵凌抵觸，經麻貫刺，磨靡掩鬬，周環繞戴，勾巳牝牡焉。　日月兩體相掩映，從一邊起漸侵，或多或少，此爲蝕也。猶似蟲蝕葉之狀。　日被月蝕，陰侵陽，下凌上，咎在君王。蝕少半災輕，蝕大半災重。蝕既，亡國殺君之象。　月蝕者，被日映而損光明，咎在女王。破大軍，殺大將。蝕少半災輕，大半災重。蝕既，諸侯大臣亡國破家，女主黜退。有交爲蝕，朔望依度是也。無交爲薄，或近望朔。陰氣侵迫，黄赤無光，匿氣薄日也。　日薄爲下凌上，强臣以迫其主，而奪其威權之象也。災輕於日蝕。　月蝕薄，爲女主憂，大臣失其所理，蔽退之象。《志》云：凡軍行而遇日月薄，當收軍。不爾，有謀反。　日月鬬者，别有假象，其日體相凌，離而復合，合而復離。日月失光，乍明乍闇，或烏體具見，在乎食時已前。晚晡巳復者爲鬬，鬬者，兩競之象，天子失據，四夷迭侵，兵賊俱起，擊賊將興之象。　或有五色，色無主數十日，似日象爲陣而來，災日者，大凶災重，亡國殺君之象。此災尤於日蝕。晝昏者，日無雲而光闇；　夜冥者，月無雲而影滅。昏冥者，人君不明，昏耗之象。法令不行，又是將有殺戮、死亡之兆，若雜以殺氣寒濁者，大咎。昏三日内雨，不占。　星月同光者，星月相近，俱明盛也，臣下明盛之象。亦爲大臣争競，與主争明之象。　星月相蝕者，月與五星列宿諸星相遇，月掩星，星不見，爲月蝕星。星見，爲星蝕月。星蝕月者，國君、女主將有被其臣下殺之象也。亦爲自亡有喪。　月蝕星者，爲殺戮將相諸侯之象。右屬日月變者，形色異常改易之象。　動者，光體摇動，興作不安之象。　芒者，光曜生鋒芒刺，殺害之象。　角者，頭角長大於芒，興立誅伐之象。　喜者，光色潤澤和順，德賞慶悦之象。　怒者，光芒盛，色重大不潤，亹逆則伐鬬異之象。大者，大於其本體。吉星大者吉，凶星大者凶，以分位斷之。大者興建開拓之

象。　小者，小於本體。　吉星則凶，凶星則吉，以分位斷之。　小者亡敗蹴退之象。　存者，守常得正之象。　亡者，失其所在，滅亡之象。　疏拆者，相離失其常體，散壞之象。　合聚者，將近而聚，蹴迫之象。　逆者，當東反西，當西反東，違逆常度，暴逆之象。　順者，循其常度，與曆數相應，守常和順之象。　凡七曜皆逆天東行，以日爲主。　故五星皆以東行爲順，西行爲逆。　又有留有伏，各如其曆術之數，失常則逆，循度爲順，吉。　多以東行爲順，西行爲逆，今古則亦參用之矣。　遲者，不及其常度，和緩之象。　疾者，行過其度，迫速之象。　凡五緯之行，各有疾有遲，如其曆數。　故木一歲行一次，土三年行一次，金、水並一年而一周。　或過或不及，此則是其大分之遲疾。　歲星，近日則遲，遠日則疾；熒惑，近日則疾，遠日則遲。　填星之行，自見至留逆復順，恒各平行，無有益遲益疾。　太白、辰星，晨見，初則遲而後疾，疾則伏；夕見，初則疾而漸遲，遲則伏。　此則五星當分遲疾大量也。　平行者，石氏以一日行一尺五寸爲平行，一尺二寸爲遲，今則不然，皆以度其數格之爲遲疾，故不須占其平行，平行猶常也。　韓公賓以五星遠日則疾，近日則遲。　此亦未爲通論，故不取焉。　出者，未當去也，屬乎福德之兆。　福德出，則失善之象。　入者，不應來而來也，屬乎祅禍之兆。　祅禍入，則亡亂之象。　若其常行，初至其分，禍祅在其間，同體失色爲入；過其坐位，離其宿分爲出。　福入刑出則吉。　德出福入，此其常也。　故論出入者，有此六途。　合者，二星相逮，同處一宿之中。　和順而合則吉，乖逆而合則凶。　會者，一逆一順，一遲一疾，相逢而在宿中爲會，德會則福興，刑會則禍起。　聚者，自三星已上爲聚。　聚者，集會之象。　福集則吉，刑集則凶。　從者，遲疾次第相及於一處也，次序從就之象。　德先至則吉，刑先至則凶。　離者，雖同宿而兵度，而南北乖隔不和之象。　從者雖同在宿分，不相停待，離越移避，相背之象。　右占以爲相近爲就聚，相遠爲離。　則屬乎列宿星官。　盈者，超舍大進，過其所常。　德盈則加福，刑盈則加禍。　縮者，退舍不及其常。　德縮則迫蹴，刑縮則善育。　舍者，經其宿度而行爲舍，舍其宿而遲也。　宿者，經其舍而過，徑去不遲之謂也。　居者，福德之星在其宿位，光色潤澤而遲爲居，喜福降臨之象。　留者，刑禍祅異在其宿位，久住非益之稱，興作勃亂之象。　又五星依曆，木、火、土晨見中而留，留極而逆，逆極昏中而留，留而又順，此五星之留也。　留者，住而不移之稱也。　福德則爲居之而留，刑禍則作動，伺察政治之象。　經天者，謂太白昏旦當午而見也。　諸星昏當午，皆留而逆。　太白與辰星，昏欲至未則遲，旦欲至午則疾。　昏旦不合，在午而見，南見則爲經天兵盛威重，改易自任，不由常數之象。　守者，留住也，附近列星爲害之象。　中者，謂星行東西相當，中傷之象。　謂相尅者也，和則不然。　乘者，自上而下，臨迫之象。　乘者，駕御壓伏之象也。《春秋傳》云：蛇乘龍是也。　犯者，月及五星同在列宿之位，光輝自下迫上，侵犯之象。　七寸以下爲犯，月與太白一尺爲犯。　侵者越理而進，以大迫小，自上逼下，漸損害之象。　凌者，以小而逼大，自下而犯上，直往而凌，凌小辱大之象。　抵者，一動一靜，直相至。　觸者，兩俱動，而直相觸。　經者，在其中過無所犯。　歷者，以次相及，而過經歷。　貫者，直經中過。　刺者，傍過光芒刺之。　磨者，傍過而相切逼之。　靡者，傍逼過而有間之。　掩者，覆蔽而滅之。　鬬者，二體往返，離而復合。　同者，二體各一，不辨其形。　環者，星行繞一周。　繞者，環而不周。　戴者，月在星下，若似頂戴之象。　勾者，一往一返，如勾之狀。　已者，往而返，返而又往，再勾如已狀。　牝牡者，五行相克如夫妻。　夫在陽，婦在陰，爲牝牡也。

右爲五星月祅變行占。

日辰占第十七

日爲君，月爲后，五星主官，二十八宿各屬分野。　主職有常，列坐三百，各司其位，具知當條。　然災祥發見，國俗不同，事藉日辰，以辨其所居，以知其分次，是以有歲，有月，有日，有時，有所，各占其分。

歲在甲，爲齊。　乙爲海外東夷。　丙爲楚。　丁爲江淮、南蠻、海岱。　戊爲韓、魏、中州、河濟。　己爲韓、魏。　庚爲秦。　辛爲華山已西，爲西夷之國。　壬爲燕、趙、魏。　癸，爲常山已北，北夷、燕、趙之國。　子爲周。　丑爲翟、魏，亦主遼東。　寅爲楚、趙。　卯爲鄭。　辰爲晉、邯鄲、趙國。　巳爲衛。　午爲秦。　未爲中山、梁、宋。　申爲齊、晉、魏。　酉，爲魯。　戌爲趙，爲吴，爲越。　亥爲燕、代。　歲月日時，及見災所在之地，皆同用之。　假令丙辰年七月丁卯日午時，災見於未地，太歲在丙辰。丙爲楚，辰爲晉。　七月申，申爲晉、魏。　丁卯日，丁爲江淮、南蠻。卯爲鄭。　午時，午爲秦。　災見未地，未爲中山、梁、宋。　即是其地各有災也。《尚書·洪範》云：王者惟歲。　王者即占於楚、晉有爲災也。　卿士惟月，七月即占於晉、魏爲有災。　師尹惟日，丁即爲江淮、南蠻，卯爲鄭國等有災。　他皆倣此。　此即梓慎、裨竈占異而俱驗也。　按《春秋》，魯昭公十年春正月戊子，祅星出於婺女，見於申維。　女屬齊，申爲晉分。　梓慎見

祅星出，知晉侯以戊子日亡。所以知者何？齊逢音龐公死時亦有此星見。推以方之，知晉平公將死。梓慎，魯大夫也。襄公二十八年，歲星失次，淫於玄枵中五度，在虚，以爲蛇乘龍。是歲星行虚下，故曰蛇乘龍。龍爲壽星，宋、鄭之分。梓慎見蛇乘龍，以爲宋、鄭將飢，裨竈以爲周王及楚子皆死，以虚宿衝午，午爲張、翼，周、楚之分，故二人占不同而皆驗。

占期第十八

凡福德之祥，應以王時，在乎合月。歲星爲福德有吉祥，其常期于春，以二月見祥，應在九月，期日以甲乙。他皆倣此。若爲不吉之祥，應在秋，及五月見災祥，應在十一月，五月災見，此刑破之下也。期日以庚辛。他皆倣此。木、火、土三星，期五行休王，四月不一，各於其時而爲主焉。及其司遇見罰，降福呈祥，別大小，異其類，休王殊其色，或光潤明淨，或微暗芒角，犯有少異，即可消息占之，不必待鬪蝕掩犯耳。如木、火、土者，有吉祥則常期本月，本期春色。若王時見祥，期會合月。如三月祥，應在九月是也。其日若是甲乙，應期寅卯。餘准此。火正丁夏，土王季夏。若以五月見祥，即期六月，午與未合。若戊己日見，即辰戌丑未日應期也。木若見凶祥，即見秋應。如二月，應在八月，卯衝酉也，及十一月，卯刑子也。木星變，以庚辛日事發，火即以壬癸日，倣此。金、水二星，即以殺月殺日，時期遠近。若申子辰，殺在未，刑亦如常也。猶如大業三年，長星竟天，至十三年，然後易政之弊應之也。凡論兵者以殺，論誅戮以刑，論德以德，論死生亦爾。其古占所載，今列如左。

巫咸曰：五星之合，金星以金日，木星以木日，水星以水日，火星以火日，土星以土日。星月期十二辰，候其災變，以期殺時。甲乙日應在金，丙丁日應在水，戊己日應在木，庚辛日應在火，壬癸日應在土。五星皆伺此法。巫咸曰：歲星主木，日以甲乙。熒惑主火，日以丙丁。填星主土，日以戊己。太白主金，日以庚辛。辰星主水，日以壬癸。二十八宿以十二辰。木應在金，火應在水，土應在木，故木期十二日十二月，火期四十日四十月，土期二十八日二十八月，金期八日八月，水期十日十月。巫咸曰：五星守二十八舍，左爲春應，右爲秋應，前爲夏應，後爲冬應。其法隨氣所在，制前後也。石氏曰：凡五星行犯列舍，前爲春應，後爲秋應，左爲冬應，右爲夏應，假令春以東爲前，西爲後，北爲左，南爲右；夏以南爲前，北爲後，東爲左，西爲右；秋以西爲前，東爲後，南爲左，北爲右；冬以北爲前，南爲後，西爲左，東爲右。宋均曰：災祥見皆在衝月。假令見在正月，則應在七月；見在七月，則應在來年正月。他皆倣此。《荆州占》曰：甲乙日有變，期一百二十日。丙丁日有變，期八十日。戊己日有變，期六十日。庚辛日有變，期四十日。壬癸日有變，期二十日。甲乙爲春，丙丁爲夏，庚辛爲秋，壬癸爲冬，以四時期之，凡占災祥，皆以此例也。

修德第十九

夫修德者，變惡從善，改亂爲治之謂也。上天垂象，見其吉凶，譴告之義。人君見機變，齊戒洗心，脩政以道，順天之教也。夫人君順天者，子從父之教也。見災而不脩德者，逆父之命也。順天爲明君，順父爲孝子。故孔子曰：昔者明王事父孝，故事天明；王事母孝，故事地察。天地明察，神明彰矣。《易》曰：大人者，與天地合其德，與日月合其明，與四時合其序，與鬼神合其吉凶。此順天地而化也。先天而天不違，後天而奉天時。天且不違，而況於人乎？況於鬼神乎？此大人至德，同乎天也。是故人君力行守道，見德遷善，大人順天之化而臨照萬方，故物莫之違。及其行不符道，理不合義，則示之以災，教之從善不息，補過自新，故盛德必昌也。《書》曰：惟聖人罔念作狂，惟狂克念作聖。此之謂也。蓋善不積不足以成名，惡不積不足以滅身。惡雖小，不可不去，善雖小，不可不爲。子曰：積善之家，必有餘慶，積不善之家，必有餘殃。非一朝一夕之故，其所由來者漸矣。此言善惡之積起於毫末，而成丘山。故曰：日變脩德，禮重責躬；月變眚刑，恩從肆赦；星變結和，義敦鄰睦。是以明君宰相，隨變而改，積善以應天也。《易》曰：君子見機而作，不俟終日。此言脩德之急也。是故有變，脩其政而理其事焉，何暇待於終日哉？上自天子，下及黎庶，蟲魚草木，咸係天象，垂見變異，罔不悉焉。譴告之理多方，從善之途非一，以善爲德，以虐爲凶。故《書》曰：德無常師，善無常主，協于克一，此之謂矣。唯爾在位，咸司厥職，罔或淫僻，以召天災。治亂之緒，得失之經，事匪一途，萬機並作。故曰：月災眚，五星時合，變易之象，感召之應。咸具本篇，以爲常則。故每占下云：脩德以禳之也。脩德同於君臣，非獨在乎上位矣。按劉向、京房對災異多云：人君賦斂重數，徭役煩多，黜退忠良，進用讒佞，驕奢淫泆，荒于禽色，酣酒嗜音，彫墻峻宇，誅戮直諫，殘害無辜，聽邪言，不遵正道，疎絶宗戚，異姓擅，權無知小人，作威作福，則天降災祥，以示其變，望其脩德以攘之也。不脩德以救，則天裂地動，日月薄蝕，五星錯度，四序愆期，雲霧昏冥，風寒慘裂，兵飢疾疫，水旱過差，遂至亡國喪身，無所不有。其救之也，君治以道，臣諫以忠，進用賢良，

退黜讒佞，恤刑緩獄，存孤育寡，薄賦寬徭，矜贍無告，散後宮積曠之女，配天下鰥獨之男，齊七政於天象，順四時以布令，輿人之誦必聽，芻蕘之言勿棄，行東帛，以賁丘園，進安車以搜巖穴，然後廣建賢戚，蕃屏皇家，盤石維城，本枝百世，然則此災可消也，國可保也，身可安也。頌太平者，將比肩於市里矣。擊壤行歌者，豈一老夫哉！余今署具大綱而已，豈能詳之者矣。

唐·瞿曇悉達《開元占經》卷六四　分野署例

宿次分野一

角、亢，鄭之分野。自軫十二度至氐四度，於辰在辰，爲壽星。三月之時，萬物始達於地，春氣布養，萬物各盡於其天性，不罹天夭，故曰壽星。《爾雅》曰：壽星，角、亢也。鄭玄注《月令》曰：仲秋者，日月會於壽星。一名庫營。皇甫謐曰：壽星一名天庫，一名天翼，一名天正。《天官書》曰：角、亢、氐，兖州。《淮南子》曰：角，亢，鄭也。費直《周易分野》曰：自軫七度至氐十一度爲壽星。蔡伯喈《月令章句》曰：自軫六度至亢八度謂之壽星之次，未之分野，曰鄭星得角、亢也。潁川之文城、定陵、襄城、潁陽、潁陰、長社、陽翟、郟、八縣。潁川郡，秦置。東接汝南，西接弘農，特得新安、宜陽。二縣屬弘農郡，漢武帝置。皆韓之分野。《韓世家》曰：韓氏姬之苗裔也。韓武子事晉，得封於韓也。《詩風》：陳、鄭之國與韓同星分也。《陳世家》曰：陳本太昊之虛也。周武王克殷，求舜後，得嬀滿，封之於陳，以奉舜祀，爲胡公。淮陽國之陳縣，則其地也。鄭國，今河南之新鄭是也。新鄭縣也。河南郡，秦三川郡也，漢高帝改名焉。本高辛氏之火正祝融之虛。重黎爲帝嚳高辛氏居火正，甚有功，能光融天下，帝嚳命曰祝融。祝，大也，融，明也。及成皋、滎陽，二縣也，屬河南郡户也。潁川之嵩〔陽〕、陽城，二縣也。皆鄭之分也，《鄭世家》曰：周宣王封庶弟友於鄭，是爲桓公也。屬兖州。《尚書·禹貢》曰：濟河惟兖州。《周官》曰：河東曰兖州。《未央分野》曰：鄭治潁川，從滎陽南至梁山，東至龍山，今爲潁川。氐、房、心，宋之分野。自氐五度至尾九度，於辰在卯，爲大火。東方爲木，心星在卯，火出木心，故曰大火。《爾雅》曰：火，辰，房、心、尾也。大火謂之辰也。《語》曰參辰，亦曰參商，謂參星與心星也。已釋於魏次注中。鄭玄注《禮記·月令》曰：季秋者，日月會於大火，斗建戌之辰也。《周禮》曰：大火一名咮，一名天馬。皇甫謐曰：大火一名天相，一名天府。《天官書》曰：房、心，豫州。《淮南子》曰：氐、房、心，宋也。費直曰：自氐十一度至尾八度，爲大火。蔡氏曰：自亢八度至尾四度，謂之大火之次。《未央分野》曰：宋星得房、心，今爲梁也。梁，秦碭郡，漢高帝改爲梁國也。楚，漢高帝置楚，宣帝以爲彭城郡也。山陽郡，漢景帝分梁國置。東平，漢景帝分梁國置濟東國，宣帝改爲東平國也。濟陰，漢景帝分梁國爲濟陰國。東郡之須昌、壽張，二縣也，壽張本名壽良，漢光武避叔諱，改爲壽張也。皆宋之分野。周封微子於宋，今之睢陽是也。睢陽縣屬梁國，周成王封紂庶兄微子於宋，以奉殷祀。本陶唐火正閼伯之虛也。閼伯，高辛氏之長子也，居商丘也。濟陰、定陶，定陶，縣也，屬濟陰國。《詩風》：曹國是也，周武王封弟叔振鐸於曹，定陶縣是也。屬豫州。《尚書·禹貢》：荆河惟豫州。《周官》：河南曰豫州。《未央分野》曰：宋治下蔡，淮陽從南恒至濟漢水、沛郡、濟陽、太行、東海，今爲梁也。尾、箕，燕之分野。自尾十度至南斗十一度，於辰在寅，爲析木。尾，東方木宿之末；斗，北方水宿之初，次在其間，隔别水木，故曰析木。《爾雅》曰：析木謂之津，箕斗之間漢津也。鄭玄注《月令》曰：孟冬者，日月會於析木而斗建亥之辰也。《周禮》曰：析木之津，一名天昭，一名漢津。皇甫謐曰：析木一名天丞相，一名天司空，一名天家子，一名天津。《天官書》曰：尾、箕，幽州。《淮南子》曰：尾、箕，燕也。費直曰：自尾九度至南斗九度，爲析木之津。蔡氏曰：自尾四度至南斗六度，謂之析木之次。《未央》曰：燕星得尾、箕也。周武王定殷，封召公於燕，其後三十六世，與六國竝稱王。王，易王也。東有漁陽、右北平、遼東、遼西，西有上谷、代郡，六郡竝秦置。鴈門，郡，秦置。南得涿郡之易、容城、范陽、北新城、固安、涿縣、良鄉、新昌，八縣也，涿郡秦置。勃海之安次，安次縣也，勃海，漢高帝置。皆燕之分也，屬幽州。周分冀州置幽州。《周官》曰：東北曰幽州。《爾雅》曰：燕，幽州。《未央》曰：幽州治薊，南至積石，東至恒山，今爲上谷、漁陽、右北平、遼東、遼西、涿郡也。南斗、牽牛，吴越之分野。自南斗十二度至須女七度，於辰在丑，爲星紀。星紀者，言其統紀萬物。十二月之位，萬物之所終始，故曰星紀也。皇甫謐《年曆》曰：星紀，一名天津，一名天府，一名天苟，一名天雞。《天官書》曰：斗，江湖，牽牛、婺女，柳州。《淮南子》曰：斗，吴越也。高誘注《吕氏春秋》曰：斗，吴也，牛，越也。費直曰：自南斗十度至須女五度爲星紀。蔡氏《月令章句》曰：自南斗六度至須女二度，謂之星紀之次。《未央》曰：吴越星得牛、斗。今之會稽、九江，二郡秦置。丹陽，秦爲漳郡，漢武改爲丹陽。豫章，漢高帝置。廬江，漢文帝分淮南置。廣陵、六安，漢武帝改江都國爲廣陵國，分衡山立六安國也。臨淮，郡，漢武帝置也。皆吴之分也。《史記·吴世家》曰：吴太伯，周太王之長子也，與弟仲雍讓國於季歷，奔荆蠻之地，斷髮文身。荆蠻義而歸之，自號句吴國。武王克殷，求太伯、仲雍之後，得仲雍曾孫周章，封之於吴也。今之蒼梧、鬱林、合浦、交趾、九真、日南、南海，皆越之分也。《越世家》曰：越之先，夏少康之庶子，封會稽，曰無余，以奉禹祀。十有餘世，微弱爲民，禹祀中絶，千有餘載，後有子生而能言：我無余之苗裔也。越人尊以爲君，號曰無余王也。至孫允常，越復興焉。竝屬揚州。《禹貢》曰：淮海惟揚州。《周官》曰：東南曰揚州。《未央》曰：吴越北至大江，南至〔衡〕山，東至

海，西至洞庭。須女、虛，齊之分野。自須女八度至危十五度，於辰在子，爲玄枵也。玄者黑，北方之色，枵者耗也。十一月之時，陽氣在下，陰氣在上，萬物幽死，未有生者，天地空虛，故曰玄枵也。鄭玄注《月令》曰：季冬者，日月會於玄枵，斗建丑之辰也。《周禮》曰：玄枵一名天一，顓頊之虛。皇甫謐曰：玄枵一名婺女，一名少府，一名河鼓，一名天機。《天官書》曰：虛、危，青州。《淮南子》曰：虛、危，齊也。費直曰：自須女六度至危十三度爲玄枵。蔡氏曰：自須女二度至危十度，謂之玄枵之次。《未央》曰：齊星得虛、危。東有菑川，漢文帝分齊國爲菑川國。東萊，郡，漢高帝置。琅邪，郡，秦置。高密，漢宣帝改膠西國爲高密國。膠東，漢高帝分齊爲膠東國。南有太山，郡，漢高帝置。城陽，漢文帝分齊國立城陽國。北有千乘，漢高帝立爲國。得清河以南，勃海之高樂、高城、重合、陽信，西有濟南、漢文帝分齊國立濟南國。平原，漢高帝置。皆齊之分也。《齊世家》曰：齊太公望佐周武王，而王乃封太公於齊。武王崩，成王命齊國東至於海，西至於河，南至於穆陵，北至於無棣，而都營丘也。屬青州。《禹貢》：海岱惟青州。《周官》曰：東曰青州。《爾雅》曰：齊曰營州，則青州也。《未央》曰：齊治營丘，北至燕，西至九河，南至菑水，東至海。危、室、壁，衛之分野。自危十六度至奎四度，於辰在亥，爲諏訾。諏訾，歎息也。十月之時，陰氣始盛，陽氣伏藏，萬物失藏養育之氣，故哀愁而歎，悲嫌無陽，故曰諏訾。諏訾者，古諸侯也。帝嚳娶諏訾氏女，生摯，摯，堯兄也。《爾雅》曰：諏訾曰營室，東壁也。一曰豕韋夏氏之御龍氏國也。《左傳》曰：萇弘對周景王曰：蔡侯弑其君之歲，歲在豕韋也。鄭玄注《月令》曰：孟春者，日月會於諏訾，而斗建寅之辰也。《周禮》曰：諏訾一名豕韋，一名顓頊，一名諏訾，一名天府，一名北陵，一名卿中。《天官書》曰：營室、東壁，并州。《淮南子》曰：營室，東壁也。費直曰：自危十四度至奎一度爲諏訾。蔡氏曰：自危十度至東壁八度謂之豕韋之次。《未央》曰：衛星得營室，東壁也。今東郡，秦置。魏郡，漢高帝置之。黎陽、河内郡、漢高帝置，本殷之舊都，周既克殷，分其畿内爲三國。《詩風》：邶鄘，衛國是也。野王、朝歌，皆衛之分也。衛爲翟人所滅，文公徙封楚丘，後三十年，子成公遷於帝丘，今濮陽是也，屬并州。周分冀州置并州。《周官》曰：正北曰并州。今分野無并州所部郡縣，并州凡九郡，悉在燕趙秦次中，未詳也。《未央》曰：衛置濮陽，其地從王水以東至沛，今爲東郡也。奎、婁，魯之分野，自奎五度至胃六度，於辰在戌，爲降婁。降，下；婁，曲也。陰生於午，與陽俱行，至八月陽遂下，九月陽微，剥卦用事，陽將剥盡，陽在上，萬物枯落，捲縮而死，故曰降婁。《爾雅》曰：降婁，奎、婁也。鄭玄注《月令》曰：仲春者，日月會於降婁，而斗建卯之辰也。《周禮》曰：降婁一名清明。皇甫謐曰：降婁一名天官。《天官書》曰：降婁，魯，徐州。《淮南子》曰：奎、婁，魯也。費直曰：自奎二度至胃三度，謂之降婁之次。《未央》曰：魯星得奎、婁。東至東海，郡，漢高置。南有泗水，泗水國，漢武帝分東海郡立也。至淮，得臨淮之下相、睢陵、取慮，皆魯之分也。周成王以少昊之虛曲阜封周公子伯禽爲魯侯，以爲周公主也。《魯世家》曰：周武王尅殷，封弟周公旦於少昊之虛。周公佐武王，不就封。武王崩，成王命周公子伯禽代居國，是爲魯公也。屬徐州。《禹貢》曰：海岱及淮，惟徐州。《爾雅》曰：齊東曰徐州，而周罷徐合青，漢武復置徐州。《未央》曰：東至温水，西至滎陽，北至代，南至江。胃、昴，趙之分野。自胃七度至畢十一度，於辰在西，爲大梁。梁，强也。八月之時，白露始降，萬物於是堅成而强，故曰大梁。《爾雅》曰：大梁，昴也。鄭玄注《月令》曰：季春日月會於大梁，斗建辰之辰也。注《周禮》曰：大梁一名大陽，一名西陵。皇甫謐曰：大梁一名耕田，一名天倉，一名天獄，一名大軍，一名偏將軍。《天官書》曰：昴、畢，冀州。《淮南子》曰：昴、畢，魏也。費直曰：自胃四度至畢八度爲大梁。蔡氏曰：自胃一度至畢二度爲大梁之次。《未央》曰：趙星得參伐也。趙本晉地，分晉得趙國。漢高帝以邯鄲郡爲趙國。北有信都、漢高帝立。真定、國，漢武帝立。常山，郡，漢高帝置，本因山爲名。恒山郡，漢文帝諱恒，故改曰常山也。又得涿郡之高陽、鄚、州鄉，三縣也。涿郡，漢高帝立。東有廣平、國，漢武帝立。鉅鹿、郡，漢高帝置。清河，國，漢文帝分趙國立。又得勃海之東平舒、中武邑、文安、東州、城平、章武，六縣也，漢置河以北也。南至浮水，水名，一作漳水。繁陽、内黄、斥丘，三縣屬魏郡，高帝置。西有太原、郡，秦置。定襄、郡，漢高置。雲中、秦置。五原、秦九原郡，漢武帝改。朔方、漢武帝開置。上黨，秦置。本韓之别郡，遠韓近趙，後卒降趙，皆得之自趙夙。後九世稱侯。四世敬侯徙都邯鄲。後三世，有武靈王，五世爲秦所滅。《趙世家》曰：趙氏之先，帝顓頊之苗裔，伯益之後也。又虞舜妻之姚姓之女，賜姓嬴氏，歷夏殷，世爲諸侯。後造父爲周穆王御而西巡狩，而偃王反，穆王日馳千里，還攻徐，破之，乃賜造父趙城，由此爲趙氏。屬冀州。《禹貢》曰：冀州既載壺口，治梁及岐。《周官》曰：河内曰冀州。《未央》曰：趙治邯鄲，北至常山、代郡。畢、觜、參，魏之分野。自畢十二度至東井十五度，於辰在申，爲實沈。言七月之時，萬物極茂，陰氣沈重，降實萬物，故曰實沈。高辛氏有二子，伯曰閼伯，季曰實沈，而不相能。后帝不臧，遷閼伯於商丘，主辰，商人是因，故爲商星。遷實沈於大夏，主參，唐人是因，故參爲唐星。至周武王感靈夢而生叔虞，成王時唐有亂，周公滅唐，成王因戲而封虞於唐，河汾之東方百里，太原郡之晉陽縣是也。實沈，參之辰也，因名次焉。鄭玄注《禮記·月令》曰：孟夏者，日月會於實沈，斗建巳之辰。《周禮》曰：實沈一名不疑。皇甫謐曰：實沈一名大唐，一名中尉，一名天路，一名天溝，一名天京，一名旄頭。《天官書》曰：觜觿、參，益州。《淮南子》曰：觜觿、參，趙也。鄭玄注《周禮·保章氏》曰：實沈，晉也。費直曰：自畢九度至東井十一度爲實沈。蔡氏曰：自畢六度

至東井十度爲實沈之次。《未央》曰：魏星得胃、昴、畢也。自高陵縣也，屬益州。以東，盡河東、郡，秦置。河内，漢高帝置。南有陳留，郡，漢武帝置。汝南之邵陵、濦强、新汲，秦置。及西華、長平，潁川之舞陽、郾、許、鄢陵，河南之開封、中牟、陽武、酸棗，酸棗縣屬陳留縣，則爲重見也。皆魏之分也。《魏世家》曰：畢公高之後也，與周同姓。高佐周武王，得封於畢，更爲畢氏，後封其苗裔曰畢萬，事晉獻公，從伐霍耿魏，滅之。獻公以魏封萬。魏，河東郡之永安縣是也。武子子悼子徙治霍。霍，平陽郡之永安縣是也。悼子子昭子徙安邑，河東之安邑縣是。昭子孫獻子與趙鞅共謀祁羊舌氏，分其地。獻子曾孫桓子與趙韓滅智伯。桓子孫文侯時，魏爲强大。周烈王賜命爲諸侯。文侯子武侯與趙韓滅晉，分其地，故參爲魏之分野也。屬益州。漢武帝改梁州爲益州，非魏地。益州地盡在秦楚次中，爲甚畧，未詳其旨。《未央》曰：晉治太原，從魏以西至襄治之，今爲河東、河内、上黨、雲中。東井、輿鬼，秦之分野，自東井十六度至柳八度，於辰在未，爲鶉首。南方七宿，其形象鳥，以井爲冠，以柳爲口，鶉鳥也。首頭也，故曰鶉首。《爾雅》曰：味謂之柳。鄭玄注《禮記・月令》曰：仲夏者，日月會於鶉首，斗建午之辰也。《周禮》曰：鶉首一名小章。皇甫謐曰：鶉首一名天禄，一名天子市，一名白虎將，一名斧鉞。《天官書》曰：東井、輿鬼，雍州。《淮南子》曰：東井、輿鬼，秦也。費直曰：自東井十二度至柳四度，爲鶉首。蔡氏曰：自東井十度至柳四度，謂之鶉首。《未央》曰：秦星得東井、輿鬼也。自弘農故關以西，故關，古函谷關也。弘農郡，漢武帝置。京兆、扶風、馮翊，竝秦内史，漢武帝分爲三輔。北地、上郡，二郡，秦置。西河、安定、天水，三郡，漢武帝置。隴西，秦置。南有巴郡，蜀郡，二郡秦置。廣漢，漢置。犍爲，漢武帝置。武都，西北有金城，漢置。武威、本休屠王地也。張掖，本昆耶王地。酒泉、燉煌，燉煌本屬酒泉，漢武帝置。又西有牂牁、越嶲，益州，皆秦也，三郡竝漢武帝開置。秦之分也。《秦世家》曰：秦之先曰非子，與趙同姓，伯益之十六世孫也，爲周孝王養馬甚息，孝王封爲附庸，邑之于秦，號曰秦嬴。天水之隴縣則其地也。秦嬴曾孫曰秦仲，周宣王使伐西戎，爲戎所殺。宣王復命仲子莊公與四弟伐戎，破之，賜仲大駱之地，於是居於犬丘，扶風之槐里縣是也。屬雍州。《禹貢》曰：黑水西河，惟雍州。《周官》曰：正西曰雍州，漢武帝改爲涼州。《未央》曰：秦治櫟陽，又治咸陽，今爲長安。此地，從華山西至隨流沙，今爲三輔，巴蜀、漢中、隴西、北地、上郡也。柳、七星、張，周之分野。自柳九度至張十七度，於辰在午，爲鶉火。南方爲火，言五月之時，陽氣始隆，火星昏中，在七星朱鳥之處，故曰鶉火。《爾雅》曰：柳，鶉火也。柳、七星、張，南方之中宿也。故曰火。《周禮》曰：鳥輿七游象以鶉火也。鄭玄注《禮記・月令》曰：季夏者，日月會於鶉火，斗建未之辰也。《周禮》曰：天井一名致方。注《天官書》曰：七星、張，三河。《淮南子》曰：七星、張，周也。費直曰：自柳五度至張十二度爲鶉火。蔡氏曰：自柳三度至張十二度，謂之鶉火之次。《未央》曰：周星得柳、七星、張。今之河南、雒陽、谷城、平陽、偃師、鞏、緱氏，此七縣屬河南郡。竝周分也，《周世家》曰：周之先曰棄，棄生有神怪，長好稼穡，爲舜播植百穀，舜封之於邰，扶風是也。號曰后稷，姓爲姬氏。曾孫公劉，國於邠，扶風是也。十世孫曰太王，爲狄所侵，遷於岐，扶風之美陽是也。太王孫文王，有聖德，周室方隆，徙都於酆。酆在京兆之杜縣。文王子武王滅商，徙都於鎬。鎬在京兆之長安縣。武王子成王營雒邑。都河南，郡之河南縣是也。或云成王居雒邑，六世孫懿王遷大丘也。屬三河。河南、河内、河東三郡是也。案周之將亡，惟河南一郡，故以爲周分野。其河内、河東乃在魏次中，未詳。周分野稱三河之謂矣。《未央》曰：周治洛陽，西至華山，東至滎澤、少室，北至河，南至濮水，今爲河東陳留。翼、軫，楚分野。自張十八度至軫十一度，於辰在巳，爲鶉尾。南方朱雀七宿以軫爲尾，故曰鶉尾。鄭玄注《禮記・月令》曰：孟秋者，日月會於鶉尾，斗建申之辰。《周禮》曰：鶉尾一名鳥帑。皇甫謐曰：鶉尾一名鳥注，一名天根，一名旄，一名樹。《天官書》曰：翼、軫，荆州。《淮南子》曰：翼，楚也。費直曰：自張十三度至軫六度，爲鶉尾。蔡氏曰：自翼十二度至軫六度，爲鶉尾之次。《未央》曰：楚星得翼、軫也。今之南郡、秦置。江陵、江陵即南郡所部縣，即重見矣。江夏、漢高帝置。零陵、郡，漢武帝置。桂陽、武陵、二郡漢高帝置。長沙，郡，秦爲郡，漢高帝改爲國。及江中、秦置。汝南，漢高帝置。皆楚之分也。周成王先師鬻熊之曾孫熊繹於荆蠻爲楚子，居丹陽。後十餘世，至熊通，號武王，浸以强大。後五世，有莊王，并有江漢之間，吞陳、蔡，縣申、息，服隨、唐。後十世，頃王徙於東焉。《楚世家》曰：鬻熊，祝融之苗裔也，姓芊氏。丹陽，今南郡之枝江縣是也。武〔王〕子文王都於郢，江陵是也。莊王曾孫昭王爲吴所破，吴兵入郢，昭王奔隨，楚大夫申包胥求救於秦，秦乃救楚，大敗吴師。闔廬弟夫槩王反，自立爲王。闔廬班師，昭王乃得反國，更都於郡，南郡鄭縣是也。屬荆州。《禹貢》曰：荆及衡陽惟荆州。《周官》曰：正南曰荆州。《未央》曰：楚治，南至九江，北至淮水，東至海，西至魚腹山，今爲淮陽、汝陽、廬江、長沙、南海，故楚治南郢也。

月所主國二

《荆州占》曰：正月周，二月徐，三月荆，四月鄭，五月晉，六月衛，七月秦，八月宋，九月齊，十月魯，十一月吴越，十二月燕趙。

日辰占邦三

石氏曰：甲爲齊，乙爲東海，司馬遷、班固竝以甲乙日月不占。晉灼注曰：海外遠甲乙日時，故不占之。丙爲楚，丁爲南蠻，司馬遷、班固竝以丙丁爲江淮、海岱。戊爲魏，一云戊爲韓。司馬遷、班固竝以戊巳爲中州、河濟也。己爲韓，一云己爲魏。庚爲秦，辛

爲西夷，司馬遷、班固竝以庚辛爲華〔山〕以西。壬爲燕，司馬遷、班固竝以壬爲趙，《淮南子》壬爲衛。癸爲北夷。司馬遷、班固竝以壬癸爲常山北，《淮南子》癸爲趙。石氏曰：子爲周，丑爲翟，一云丑魏翟梁。寅爲趙，《淮南子》、《荆州占》並以寅爲楚。卯爲鄭，辰爲晉，班固、劉表、韓揚並以辰爲邯鄲，一云辰爲趙也。巳爲衛，午爲秦，未爲中山，一云宋。申爲齊，一云申爲晉、魏，《荆州占》申爲晉。酉爲魯，戌爲趙，班固云：戌爲趙。荆州云：戌爲吴。亥爲燕。

災變期應四

巫咸曰：五星之合，金星以金日，木星以木日，水星以水日，火星以火日，土星以土日。月期十二辰。候其災之變，以其殺時。甲乙日應在金，丙丁日應在水，戊己日應在木，庚辛日應在火，壬癸日應在土。五星皆同法也。歲星主木也，日以甲乙；熒惑火也，日以丙丁；填星土也，日以戊己；太白金也，日以庚辛；辰星水也，日以壬癸。二十八舍以十二子，故金應在火，木應在金，水應在土，火應在水，土應在木。故木期十二日，十二月，十二歲；火期四十三日，四十三月，四十三歲；土期二十八日，二十八月，二十八歲；金期八日，八月，八歲；水期十日，十月，十歲。又曰：五星守二十八舍，左爲春應，右爲秋應，前爲夏應，後爲冬應。其法隨氣所制前後。石氏曰：凡五星行犯列舍，前爲春應，後爲秋應，左爲冬應，右爲夏應。假令春以東爲前，西爲後，北爲左，南爲右；夏以南爲前，北爲後，東爲左，西爲右；秋以西爲前，東爲後，南爲左，北爲右；冬以北爲前，南爲後，西爲左，東爲右。宋均曰：災祥見在正月，則應在七月；災祥見在二月，則應在八月；災祥見在三月，則應在九月；災祥見在四月，則應在十月；災祥見在五月，則應在十一月；災祥見在六月，則應在十二月；災祥見在七月，則應在來年正月；災祥見在八月，則應在來年二月；災祥見在九月，則應在來年三月；災祥見在十月，則應在來年四月；災祥見在十一月，則應在來年五月；災祥見在十二月，則應在來年六月。《荆州占》曰：甲乙日有變，期百二十日；丙丁日有變，期八十日；戊己日有變，期六十日；庚辛日有變，期四十日；壬癸日有變，期二十日。

順逆畧例五

巫咸曰：五星之行，東行爲順，西行爲逆。韓公賓注《靈憲》曰：當東反西則逆。石氏曰：日行五寸一尺爲平行。日行一寸二寸爲遲。甘氏曰：逆日遲。韓公賓注《靈憲》曰：五星之行，近日則遲。石氏曰：日行一度爲疾。韓公賓曰：五星之行，遠日則速。石氏曰：未應去而去爲出，未當來而來爲入。甘氏曰：同形爲入。日月五星與宿星同舍爲合。石氏曰：芒角相及，同光爲合。巫咸曰：諸舍精相沓爲合。《荆州占》曰：相去一尺内爲合。孟康曰：合，同舍也。石氏曰：星光曜相逮爲合。郗萌曰：留三日爲合。孟康曰：舍，宿也，入宿度爲舍。甘氏曰：共行在一宿爲舍。石氏曰：行度所居爲舍。甘氏曰：〔闕〕爲宿。石氏曰：留二十日以上爲宿，宿猶守也。甘氏曰：行所當至，過二十一日，色潤澤爲居。石氏曰：以度至而不去爲居。石氏曰：不東不西爲留。郗萌曰：住不移爲留。石氏曰：居之不去爲守。甘氏曰：徘徊不去其度爲守。《文耀鈎》曰：留不去爲守。郗萌曰：二十日以上爲守。東西正當爲中。甘氏曰：在上而下爲乘。石氏曰：五星入度，經過宿星，光耀犯之爲犯。郗萌曰：五星所犯木、火、土、水，同度去之七寸爲犯，太白一尺以内爲犯。韋昭曰：自下往觸之爲犯。甘氏曰：未當入度經入爲侵。甘氏曰：在下犯上爲陵。石氏曰：在上犯下爲陵。郗萌曰：星圍宿周迴一匝爲環。不周曰繞。石氏曰：東西爲勾。甘氏曰：去而復還爲勾。郗萌曰：星行如勾爲勾。石氏曰：南北爲己。甘氏曰：再勾爲己。郗萌曰：星行如己字爲己。石氏曰：西入東出爲貫。甘氏曰：在下相侵爲貫，在傍爲刺。郗萌曰：直至爲抵，星相觸而止爲觸。甘氏曰：相切爲磨。石氏曰：相至爲磨。甘氏曰：去之寸爲靡，星相滅爲抵。巫咸曰：兩體相著爲薄。甘氏曰：不於晦朔者爲薄。雖非日月同宿，陰氣隆奄者爲薄日光也。石氏曰：不交而食曰薄。《帝覽嬉》曰：赤黄無光爲薄。孟康曰：日月無光曰薄。京房曰：日月赤黄爲薄。韋昭曰：氣往迫之爲薄。石氏曰：相陵爲鬬。甘氏曰：倚視離而復合，合復離爲鬬。韋昭曰：星相擊爲鬬。郗萌曰：邊侵爲食。京氏曰：相侵之食，日體三毁三復，行異處，是爲相侵食也，三分日取一也。韋昭曰：虧毁曰食。石氏曰：光五寸以内爲芒。巫咸曰：光一尺以内爲角，歲星七寸以上謂之角。郗萌曰：色非其常爲變，光耀摇豔爲動。甘氏曰：潤澤和順爲喜。石氏曰：五星光芒隆，謂之怒。郗萌曰：壯大色强爲怒。石氏曰：超舍而前謂之嬴。《七曜》曰：超舍而前，過其所當舍之宿，以上一舍二舍三舍，謂之嬴。《易·萌氣樞》曰：大進曰嬴。班固曰：出爲嬴。石氏曰：退舍而復爲縮。《七曜》曰：退舍以下一舍二舍三舍，謂之縮。《易·萌氣樞》曰：大退曰縮。班固

曰：晚出爲縮。　甘氏曰：相近爲就聚。　甘氏曰：相遠爲離徙。　石氏曰：星月相近俱隆明爲同光。　巫咸曰：凡五星入月中，星不見爲月食星，星見爲星食月。

唐·瞿曇悉達《開元占經》卷九五　角宿雲氣干犯占

雲氣如刀劍，出兩角間，有陰謀，天子無出殿庭，期不出三十日。　青氣入角，天子有疾，出之禍除。　赤氣入左角兵起，右角國兵驚，戰不利。　赤氣入角而波揚者，有火災。　如行者，將奔命。　赤氣從兩角過入亢，有過兵。　赤氣從北斗直過兩角間迴，有過兵。　白氣出入兩角，戰不勝。　白氣從兩角過入亢者，有過客。　蒼氣入左角，有兵兵敗。　蒼雲氣出右角，兵在外者，戰有憂。　蒼白雲氣出入兩角，兵有大敗。　黑雲氣出入兩角，用兵偏將敗，有水災。　黑氣從兩角過入亢，有過兵。　黃氣入兩角間，天子有祠祀事。　黃白氣潤澤入角，王者得地。

亢宿雲氣干犯占

雲氣青色入亢，人疫。　出氐入亢，人君有疾。　黑雲氣入亢，有水災。　一曰有使出外，言水事。《荆州占》曰：人多瘧疾。　黑氣出氐入亢，君有疾死。　赤雲氣入亢，廊廟間有陳兵。　赤而揚波，大人憂，大疫。　黃白雲氣入亢，有治事。　白雲氣入亢，有土功，人疾病。

氐宿雲氣干犯占

雲氣入氐，黃白色，有土功。　黑色，大水。　赤有内兵。　蒼白色，疫疹大行。　白色，天下疫久不散，宫中有女喪。　黑氣入氐，房間，天子遣使於諸侯，有口令。

房宿雲氣干犯占

雲氣入房，赤黃潤澤，名寶入；出房，國寶有出者。　黃雲氣入房，外國入貢。　黑雲氣出房，宫中有憂。　黑氣入房，諸侯有使來，言口令之事，且有大水。　赤雲氣入房，宫中内亂，大兵起。　赤雲狀如人，入房，后有娠，不然姦事起。　赤雲氣如波揚，入房，宫中火災，兵起廟廷，人主杌棿不安。　紅雲氣入房，諸侯王有死者，期三年。　蒼白雲氣入房，將相憂。　白氣如大道，入房，委蛇入漢，國有大水，兵起宫中，人民流亡，飢死路旁，屍骸不收。不過二年，帝王崩，婦女傭客不還。　雲氣如帶，經兩角間，入房，關門閉，再經之，兵起；三經之，天下不通。

心宿雲氣干犯占

雲氣出心，青色，天子使人於諸侯。　赤色有兵將出。　赤黃氣出心，王就國。　黑雲氣入心，天子憂，入左星庶子憂；入右星太子憂。一曰黑氣入心右星，庶子受賜禄。　白氣入心，天子左右臣作亂，兵起。　白氣入心左星，太子受賜。　赤氣入心，有立王。　赤氣出心南行，天子左右有亡去者。　赤雲氣鋒鋭正刺心，天子憂。　蒼白氣入心中星，天子憂。　黃氣入心，天子有子孫喜；入右星，太子喜。　黃白雲氣潤澤如匹布，正抵心下，外國有來歸者。　雲氣狀如彗箒，色赤如血，入心，天子遇賊；出心，天子有殺伐。若出遠則穀貴，殺伐人於千里之外。

尾宿雲氣干犯占

青雲氣入尾，故臣有來歸者；出尾，臣有死者。　白氣入尾，故臣有謀來歸而受誅者。　黑氣入尾，故臣有來歸骸骨者。　赤黃氣入尾，有使來言兵事。　黑氣出尾，人民流亡。　青氣出尾，臣作亂。　赤黃氣出尾，君遣使于諸侯言兵事。

箕宿雲氣干犯占

黃白雲氣入箕，蠻夷有使來。　黃雲氣入箕，有獻美女者。變而色黑，道死不至；色蒼，道上爲風所覆。　蒼白雲氣入箕，其國有災；出之，災除。　黃白雲氣出箕，天子使者出。一曰宫中美人有出者。　赤雲氣出箕，兵出；入之兵入。

斗宿雲氣干犯占

蒼白雲氣入南斗，多大風。　赤雲氣入斗，兵起；如波揚，大旱，多大災。　黃白雲氣入斗，諸侯來見天子，不則有使者來貢。　黑氣入斗，宗廟中有大憂。　赤氣入南斗，外兵入；出斗，内兵出。　黃白氣出斗，天子使人於諸侯。　赤氣入北斗，還向南斗，不出一年，其下有流血，將死營空，客勝主人。

牛宿雲氣干犯占

蒼白雲氣入牛，牛多死；出之，則災消。　蒼白雲氣横貫牛宿，有兵喪，除舊布新。　黃白雲氣入牛，牛蕃息。一曰諸侯有以四足蟲入貢者。　黑雲氣入牛，天下牛多死。　赤雲氣入牛，牛馬多以漕輓死者；出之，則兵出。　赤雲氣如波揚，入牛，有兵大戰，牛馬大損。白氣入牛，有兵喪。

虹出牽牛之度，有崩城，期二年。

女宿雲氣干犯占

雲氣黃白色入女，國有嫁娶事。　蒼白雲氣入女，天下女子多疾病；出之，則災消。　赤雲氣入女，婦人多産死者。一曰多兵死。　白氣入女，女子多疾疫。　黑氣入女，天下多女子之喪。　黃雲氣出入須女，天下女子多喜事。

虚宿雲氣干犯占

雲氣入虚，蒼白色，有哭泣；出之，禍除。　黃雲氣入虚，天子以喜起廟祀祠。　黃白雲氣入虚，亨氣也，天子敬祀宗廟。　赤雲氣入虚，有火災，一曰有兵在廟中；出虚，有兵廟外。　白氣入虚，有無幣之客來；出虚，有使出外。黑氣入虚，有水災。一曰廟圮。　雲氣如立虹，出虚，天下大虚，多火災。

危宿雲氣干犯占

蒼白雲氣入危，天子大造宮室。　青氣入危，國憂，有損屋。　赤雲氣入危，有土功蓋屋之事大作。一曰宮中有兵憂。　赤氣出危，以火發屋。一曰有火災。　黑氣出危，北鄉大水，人流亡；東鄉其國君死，百草不實；西鄉人主憂，死喪；南鄉有疾疫。期不出其年，遠明年。　黑氣入危，自北來大水，西來死君，東來稻粟不實，南來有兵，皆不出一年。　白氣出入危，其國有兵。　黃雲氣出入危，皆爲土功興。一曰黃氣出危，國有喜。　白氣及黑氣入危者，皆有死喪哭泣事。　青黑氣出入危，皆有水災。

室宿雲氣干犯占

黃雲氣入室，有土功事。　蒼白雲氣入室，大人憂喪。　黃白雲氣潤澤入室，諸侯有使來；若出室，天子有使出外，皆言宗廟之事。　赤氣入室，有兵。赤雲氣如大道，來室上下，人主不可出宮，有逆臣，有疾病，不出三年，其土大飢。有軍在外，則有大戰，流血暴尸。　赤氣如波揚，入室，兵入宮，有亡國。　黑氣入室，大人有死喪。　青氣入室，其國憂。　雜氣入室，人多暴死。　有氣明潤光澤，如日月之彩，出入室中，男子之祥。　黃氣光明潤澤，出入室，國有喜。

壁宿雲氣干犯占

蒼白雲氣入壁，大人憂，死喪；出之，禍除。　赤雲氣入壁，有兵。　赤雲氣入壁，如波揚，兵火並起，大臣有燒死者。　赤氣從西壁入東壁，兵氣也，天子手殺其臣。　黑氣入壁，有破國亡主。一曰有大水。　黃雲氣入壁，天子裂土建侯。　陳卓曰烈士出。　青雲氣入壁，有兵起。　黃白雲氣入壁，外國入貢。一曰天子立廟，期一年。

奎宿雲氣干犯占

蒼白雲氣出奎，有兵；入奎，天下婦人多災。　赤雲氣入奎，有兵入；出之，兵出。一曰有疾病。　赤氣入奎，有僞使。一曰有無所受命而來者。　赤氣出奎，有詐出使者。　黃雲氣入奎中，有貢珠玉珍寶者。一曰天子納后夫人。黃氣出奎，璽寶有出者。一曰有出宮人，不則后妃有黜者。　赤氣入奎，天下婦人多血疾。　黑氣入奎，有疾疫，三日夜不出，大人憂之；出則禍除。

婁宿雲氣干犯占

青黑雲氣入婁，有兵疫；出之，則禍除。　白氣入婁，人民受賜。　黃氣入婁，貴人受賜。　黑氣入婁，有水，有白衣之會。　黑氣出婁，紛紛如轉蓬，始至大人食中毒。一曰大水且至。　赤雲氣如劍鋒，入婁，宗廟苑牧中兵起。　青氣入婁，有兵憂。

胃宿雲氣干犯占

蒼白雲氣入胃，國以喪糴粟。　青黑氣出胃，兵起。　赤雲氣出胃，以兵出粟。　黑氣入胃，倉粟敗腐。　蒼白氣出胃，以喪出粟。　黑氣如轉蓬，出胃，大人食中毒死，且有大水。　黃白雲氣明澤入胃，大人入國，倉庫充實；出之，有出粟賑民之事。　赤雲氣入胃，以兵糴粟。

昴宿雲氣干卯占

蒼白雲氣入昴，人疾疫多死，妖言大起；出則禍除。　黑氣入昴，北地災。蒼赤雲氣入昴，人疾疫，多妖言，不則龍見。　赤雲氣入昴，有軍令，白衣將兵。一曰天子自將，民聚鼓下。　赤氣出昴，軍在野處。　青黑氣出昴，有兵，且有大水。　黃白氣潤澤入昴，天子白衣會；出昴，白衣會罷。　昴黑有珥，兵息。

畢宿雲氣干犯占

蒼白雲氣入畢，歲不收；出則禍除。　赤雲氣入畢，兵起。　赤氣如波揚，大旱，有火災。　黃白氣入畢，其歲美；出畢則授民田。一曰黃氣帶白入畢，天子有太子喜，兵在外者解。一曰其歲有大人生。　黃白氣出畢，有拜將。　赤氣出畢，將軍兵出。　黑氣入畢，相亂政，將死。　白氣入畢，相死；出則禍除。赤氣入附耳，兵起；出之，將軍兵出。　蒼白氣入附耳，將軍死。　黃白氣入附耳，天下無兵，安。　黃白氣出附耳，有拜將。　黑氣入附耳，將死。

觜宿雲氣干犯占

蒼白雲氣入觜，天子有葆旅之事；出之則禍除。　赤雲氣入觜，兵起。赤氣如揚波，入觜中，兵入國，火隨之；出觜，則兵隨之出。　黃白氣潤澤入觜，

有神寶入。一曰有負寶玉來獻天子者。　白氣入觜，民食葆旅。　白氣出觜，有葆旅之事於國外。　黑氣入觜，大人憂，邊將戮，趙地有災；出之，禍除。黃雲氣出觜，國兵隨之出；入觜，國兵入。

參宿雲氣干犯占

蒼白雲氣入參，臣爲亂。　蒼白氣出參伐而環繞，天子自將兵巡邊。　蒼白雲氣入伐，大將憂，有斬刈之事。　蒼白氣出伐，以白衣行斬刈事。　蒼氣入參，邊境有憂。　赤雲氣入參，内兵起，將軍爲亂誅。　赤雲氣如波揚，入參，邊城倉庫焚。　赤氣出參中央，邊有大兵。　赤氣入伐，有斬刈，將軍憂。　黑氣入參，大水，將軍死。　氣鋭如鋒，大人當之。　黑氣出參，有兵，有水災，將軍憂。黑氣出伐，以水伐國。　白氣入參，天下用兵。　一曰天子有陰病。　黃白氣入參，大將受賜。　黃氣出伐，將軍戰勝。

井宿雲氣干犯占

青雲氣出井，大如井口，上拂參而行入河中，大水没城郭，期二十日，遠三十日。　蒼白氣出井，有水令；入井，民大疫。　黑氣入井，民疾病，多死喪，天下大水，道無行車。　黃白雲氣入井，有客來言水澤事。　赤雲氣入井，大水，不則疾疫，亦爲旱。　蒼白雲氣入井，有喪，女主惡之。　白氣入井，大雨水。赤氣入井，有兵。一曰水賊起。　赤氣入井，天子以水行兵。　黃氣出井，天子以澤泉之利養民。　恒以正月朔夜候東井中，或上下有雲氣潤澤，則其歲多潦。

鬼宿雲氣干犯占

黑氣入鬼，大人皇后皆有憂。　白氣入鬼，人疾病。　赤雲氣入鬼，大旱，有火災。　黃氣入鬼，有土功。

柳宿雲氣干犯占

赤雲氣入柳，有火災；出柳，大旱。　黃雲氣入柳，期五十日有赦。一曰黃氣入柳，天子造宮室，土木大興。　黃氣出，有赦。　黑氣入柳，天子宮廟木腐敗。黑氣如鋒刃刺柳，三夜不散，大人憂。　白氣出柳，國有憂，兵出。　白氣入柳，天子造宮室。　蒼白氣入柳，有憂。　黃白氣出柳，天子出美木作室；入柳，得美木。

星宿雲氣干犯占

蒼白雲氣入七星，大人憂。　蒼白雲氣出七星，天子有急使出。　其氣回曲而不正，有亡臣。　赤雲氣入七星中，兵氣也，若有客來，必有兵隨之。　赤雲氣如波揚，入七星中，火氣也，宮中有火災。四曲五曲，后妃惡之。赤氣出七星，天子使出，亦有兵隨之出。　黃氣彷彿入七星，外有貢獻。　黃氣出七星，天子有賜於諸侯。　氣見而大風隨之者，有赦。　黃白氣潤澤入七星，遠人來貢。黑氣入七星，賢人多死；出之，禍除。　白氣入七星，國有死喪。　雲如蜚鳥啄七星，大人有憂。

張宿雲氣干犯占

蒼白雲氣入張，庭中觴客，有憂變；出之，禍除。　赤雲氣出入張，天子用兵賜物。　白氣入張，大客有憂。　黃氣潤澤入張，天子因喜賜客。　黃白氣出張，天子命使，賜諸侯。　赤黃氣入張，有憂；出張，天子用兵。　黑氣入張，徘徊而散，其分有水災。　黑氣入張而轉繞之，或如刀劍刺之，天子防客。　赤雲氣如揚波，入張，天子宮中大哭。

翼宿雲氣干犯占

赤雲氣入翼，有暴客入國境。　赤氣出翼，其國兵出，隨氣所之。　蒼白氣入翼，太常之官憂之。　黃氣潤澤入翼，諸侯來貢物。　黃氣出翼，天子遣使於諸侯。　黃白氣入翼，外國入貢。一曰白氣若黑氣入翼，正抵其星，三夜不去，宗廟有憂，大人恐，兵大起。

軫宿雲氣干犯占

蒼白雲氣入軫，王者不可行幸宮觀；出之，其禍除。　蒼雲圍軫，亡國之戒。　黃白雲氣潤澤入軫，諸侯入貢，以車爲幣；出軫，天子以車賜諸侯。　赤雲氣入軫，兵從中起。　赤雲氣如波揚，入軫，車庫火災，兵且起，有大喪。　赤氣出軫，將出兵行。　白氣入軫，有大喪。　黑氣入軫，大人憂。　黑氣如鼠入軫中，天子有墜車墮馬落床之厄。　黑氣四散入軫，及回繞之，天下大水，車不用。

唐・李鳳《天文要録》卷一一《角占》　角星

主角星，亢宿首也。蒼龍第一宿也。主兩儀之象也。主角二星角者誠也，主天霤之門也，主七政之運也，主蒼龍之頭也。其色左蒼右黃也，體象不齊也。魏石申曰：角二星十二度，距總表去周極九十度，左表黃道外在半度。角二星之間爲天門，開布陽道。故置南門以舒紀也。殷巫咸曰：角主天闕，其間天門，其内天庭，左紀爲天門，爲理，南三度爲太陽道也。右紀爲天田，爲大將，北三度爲太陰道也。周應邵曰：左角爲天首，爲尉。主兵武一名，維首一名，天陳一

名，天相右角爲天庭，爲獄，主刑一名，隱元藏始一名。開表鄭卑竈曰：角者自周極利去八十八度半，爲陽明，黄道經其間，七曜之所行也。主金官也。晉卜偃曰：左角爲陽理，主天子之政門也。右角爲陰理，主女，主陰陽之順道，三光之出門也。蓋天之三門猶房四表也。萬理之所由禍福之源始也。故三光執道從之則吉，還僻抵觸則凶。齊甘德曰：角二星主萬理之首也。故聖人仰則觀象於天。初左角爲紀首也。左爲陽門，主順表，右爲陰門，主君臣。故曰左角總表右角紀表也。魯梓慎曰：角二星春三月一運一夕，名曰離角。夏三月七運二夕名曰總角。秋三月二運三夕名曰角亭。冬三月六運七夕名曰角門。故角者一運一夕乍以三遁三統運迴。俱其色象失四節而運旋者，王者失四時之政，萬民遁匿，天下不平，君臣不安寧也。陳卓曰：東郡入角一度，東平、任城、山陰入角六度，秦山入角十二度。魏石申曰：自軫十二度至氐四度爲壽星，於辰在辰鄭之分野。齊甘公曰：自角一度至氐四度爲壽星。殷巫咸曰：自軫七度氐四度爲壽星。鄭卑竈曰：自軫六度至氐四度爲壽星。

占角星

黄電曰：日月五星出入中道，天下太平。出陽，多旱出。

石申曰：左角色光明大經一旬，天子之宫有憙。右角色黑青乍經一月，天子之宫有奸人。若左右光明大經二旬，天下太平，五穀爲熟也。

祖暅曰：角星明光大，其分君臣和調，隱遁賢士歸，百姓息安。

巫咸曰：角星失亡色，而經三月，陰道懷歟，而百姓食血水，不出一年。

甘德曰：角星動摇失正，移徙位經一月，君刑誅不理，出入失時，内外在奸臣侯，不出三年。

卑竈曰：角星左内動摇五六寸，其分兵起，右外動摇五六寸，邊兵起，不出一年。

萇弘曰：二角其色不明，奄弊經五十日，其分野有兵，期二年。

郗萌曰：右角色明，君治刑誅治獄理平。左角赤明，有兵，於巽起期三月。

韓楊曰：左右角動摇經二月，天子有憂，臣殺君，期二年。

黄電曰：角星其色白赤經一月，其國大將軍謀義，期八十日。若其星微小不明，君之失勢，期一年。

陳卓曰：角星其象微小，正輔不言，德令君臣相誅，不出三年。

《海中》曰：左角三日不見，下臣謀上臣，殺主，不出二年。

班固曰：右角經一旬不見，女主不明，臣謀主，内亂，不出一年。

尹宰曰：角二星一旬不見，堯帝崩則位授舜，不出七年。

《荆州》曰：角星至午而則不見，經五辰，其國大臣死，不出一年。

京氏曰：角星動摇經二旬，其色變黑白，其分亡地，不出三年。

錢樂曰：右角流入大帝，貫經二辰，不出五年，舜帝崩。

《河圖》曰：左角亡色，不見一年，周武王滅，不出三年。

《春秋緯》曰：角星其色黑赤，變乍經三月，女主有喪，不出一年。

《七曜》曰：角星色赤大半蝕經六日，大雨多水，西方兵交，有臣大戰死，不出一月。

《東晉紀》曰：角二星正位指東西經一旬，其分野萬人死，忠臣干主，不出三年。

《豐緯》曰：角星正位指南北，其微小而經五日，其國不出三日，賊臣入堺，誅流血。

《懸總紀》曰：左角芒角生而經七日，左大將死，不出一月。

《勑鳳符表》曰：右角星二重暈而經三日，其分野山崩地裂，田不收，不出二年。

陽登曰：角二星暈三重一運一夕，下臣謀殺君，不出二年。

《易緯》曰：角暈五重貫流星，三運三夕，大國王死。更王不出三年。

陳卓曰：左角暈五色而五運五夕，女后逆印天子，不出一年。

石申曰：左角暈經五辰，則女后印淫逆天子，不出三日。

甘氏曰：右角暈三重五運五夕，天子妾與大將奸逆印天子，期一旬。

巫咸曰：角暈而經三日，其國夷歸，欺其君臣失地，不出一年。

黄帝曰：角二星暈七重貫彗星左角，后堂淫亂發，天下旱飢，大臣死，不出一年。

《勑鳳符》曰：角星暈二重貫彗星，其國立諸侯而五穀成，邊境有兵，期一年。

玄龍曰：紀首暈二重守客星，經一旬離之，臣誅天子，不出一年。

班固曰：紀表暈四重，經一月守留客星，其色赤白乍，其分天子殺誅諸侯，期一旬。

卑竈曰：天陳其色黑青乍，暈一重一運一夕，左將吞食天子，不出一年。

韓楊曰：天相其色變暈經三辰，其分女后吞食妾子；若色青白變乍經三運三夕，還妾子吞食女后，不出五日。

應邵曰：藏始暈色止而經一夕，則天子有薨，期一月。

石申曰：角二星晝至午見，天子宫大振動摇，且婬亂起。

《河圖》曰：開表暈經六十日，其分更王有喪，不出一年。

占月行

《懸總紀》曰：月蝕吞左角，將軍戰死，期廿日。

《勑鳳符表》曰：月蝕右角其色亡，不出三日，天下諸侯與君争位，期一年。

《七曜》曰：半月蝕犯左角，其分君擾，不出八十日。右角經三辰不出，且內亂更政，不出二月。

《易緯》曰：左角星貫月三日不出，其國有喪。

《總災》曰：右角入月中，不出七日，陽國有喪，女后立天子。

玄龍曰：月犯左右角，大臣死，貴人有擾，不出一年。

《春秋緯》曰：月犯守右角，其國大臣有變，不出五十日。

《含紀》曰：月犯右角，左將軍大戰薨，不出三年。

司馬曰：月犯左角，其國太子死。若犯右角，右將戰死，不出一年。

《荆州》曰：月犯左角，大臣誅君，天下決大獄。若犯右角，兵起，不出二年。

《帝覽嬉》曰：月乘左角，法官誅。乘右角，兵起，期一年。

巫咸曰：月出左角而南相去至一丈所，其分天子之令明威逮民。若五尺以上，大旱，期七月。

韓楊曰：月暈軫角，公子孔。暈左角，大臣謀主，不出三年。

《海中》曰：月乘暈角，其國大水風雨。

京氏曰：月暈角亢，其歲偏，民飢牛多死，天下卒士。

黄帝曰：月犯左角，經三辰，左總位大臣誅，謀天子，期三年。

石申曰：月乘左角，經二運二夕，戚臣侵律，黜天子其臣，期二年。

《懸總紀》曰：月蝕左角，經一運一夕，天下雨大，兵並出，期一年。

巫咸曰：月蝕右角，經卿象位，争小人，不出九十日。

甘德曰：月犯右角，經一運一夕，於四面大兵連右將軍誅，諸侯大勝，期三年。

《荆州》曰：月乘右角，經一旬，右將軍謀天子，大兵起，將戰負，不出二年。

《海中》曰：月犯乘兩角，其國貴人有擾，期二年。

應邵曰：左角貫月，經一旬不出，其分野君死，期一年。

郗萌曰：月貫右角經三運三夕，不出三年，其分君死更政。

《荆州》曰：左角入月經五辰，其分野有喪，期一周。

卑竈曰：月入右角經一旬，右大臣印天子，期一月。

卜偃曰：月合兩角，其色亡，其分太子自殉，期二旬。

陳卓曰：月暈左角經一運一夕，天下兵大愕。

祖暅曰：月暈右角，右將軍有侚殃，期一年。

巫咸曰：月暈角亢，天下卒士死，王自將遂走亡，軍道不通，大亂，不出二年。

《海中》曰：月暈角亢，其分野民飢，角蟲多死，期一年。

京氏曰：月暈兩角，大將軍戰死，期二年。

《帝覽嬉》曰：月暈角亢間，再重狀如環連，大將軍與大臣相戰，而大將負，不出一年。

黄帝曰：月暈三重兩角，天下作臣誅天子太悃，不出二年。其分大水，道路不通。

郗萌曰：月暈再天陳經三日，大臣謀諸侯，先兵不勝，不出一年。

《荆州》曰：月暈左角經一運一夕，左大臣謀天子，不出十月。

《帝覽嬉》曰：月暈天陳，公子死，民飢，女后有喪，不出二年。

巫咸曰：月暈左角有赤白珥，坎亭將軍大戰闞梁，期二年。

《荆州》曰：月暈辰星角亢間，再重狀如連環，大臣有謀君，誅天子，不出三年。

甘氏曰：月暈左角，其分野君自以軍害。若暈兩角，有軍，道路不通，不出二年。

石申曰：月暈右角，右大將軍自死，不出一旬。

甘氏曰：月暈左右角，天下兵連而天子爲軍自守。

左右動摇，其臣殺君，不出二年。

正月暈左角再重陽，國大旱，調官將相印天子。

二月暈兩角一重陰，國大水，女后與內臣作奸。

三月暈右角三重，天下悖，諸侯侵律慢天子，不出二年。

四月暈兩角再重經一運一夕，女后失地，與臣相謨天子，期一周。

五月暈右角三重，其暈色青赤白，交一運一夕暮終，君臣失明，執政諸侯以諫，行不出三年。

六月暈左角，其色白黑交赤，氣貫，大臣與女后謨謀天子。

七月暈角亭門，貫白天狗經五辰，北亭將軍遡劉城而與諸侯迫印天子。

八月暈兩角間二重入赤青氣，經三辰，諸侯争爲帝，明年大臣誅，其諸侯更王。

九月暈右角，其色黑入五色氣，經二辰圍，天下有大喜，百姓昌。

十月暈右角三重，左角色亡不見，經六辰，天下作兵甲更政。

十一月暈兩角，貫二大流左右，其分野五穀不登，百姓走亡。

十二月暈右角二重，貫彗星經一旬，其女后及大臣囚獄，遂殺李檀。

右十二月暈角，《懸總符表》占。

占五星

黄帝曰：月五星乘犯兩角，其國大將軍薨，期一年。

郗萌曰：月五星守乘兩角，其國大旱水，期九十日。

《勑鳳符表》曰：月蝕左角經三日，其國大臣印吞天子，期一周。

石申曰：月蝕左角，其國内亂相死若戮者，貴人死，期一終。

甘德曰：月蝕左角，讒臣在傍，君印逆大臣，期二年。

巫咸曰：五星犯兩角，其國臣與君内亂不息亭，期一終。

郗萌曰：五星陵舍兩角經一旬，失度逆行，其色變黑赤，其國有勉臣不協天子，期八十日。

卑竈曰：五星守兩角，逆行失度，其國大旱，立諸侯穀傷，期一終。

郗萌曰：五星守左角經五十日，中國兵强，關梁不通。

《海中》曰：離星中星坎星屬兩角合鬬，女后天下爲破，大臣殺天子，不出二年。

占歲星

《勑鳳符表》曰：歲星犯左角，經七運七夕，其分野民飢大病，期半周。

《懸總紀》曰：歲星犯右角，經二運二夕，天下諸侯强。

占熒惑

陳卓曰：熒惑犯入左角，兵起相死，期八十日。

《荆州》曰：熒惑貫犯守兩角，其國大戰，國亡將死。

甘氏曰：熒惑守角，忠臣受誅，讒臣欲進。守左角在喪，右角有兵。

《海中》曰：熒惑守兩角，左右將軍校尉相戮死，其分貴人子有繫者，期九十日。

郗萌曰：熒惑守右角，讒臣誕天子，將軍内亂，還天子誅大將勝，期半周。

《荆州》曰：熒惑守天相經一旬，其國大飢，太后有受誅者。若夏三月熒惑守左角，其國内外不通，大戰，期一年。

黄帝曰：熒惑居角成鈎已若繞環，貴人擾，期六月。

萇弘曰：熒惑成鈎已繞環，角有芒如鋒刃，天子失地，期九十日。

甘氏曰：熒惑守左角，經一旬不出，其色亡。右將軍死，不出一年。

黄帝曰：熒惑守右角，暈二重經一運一夕，其分野有兵，期卅日。

《海中》曰：熒惑守左角，經二運二夕，天下五兵並連，期一年。

郗萌曰：熒惑守兩角，下臣誅其君，五穀不收，不出二年。

《荆州》曰：熒惑守犯左角，其色白黄黑變乍經廿日，其分野將軍受讒不警，君兵强。

應邵曰：熒惑守合右角，其色變逆行留廿日，其國受殃。若色黑，爲疾死。青爲水災，飢。

甘氏曰：熒惑入天門，不出三日，天下火災並連起。已去復反，守之，關梁不通。

巫咸曰：熒惑舍天相經七日，其人君絶杞大神，其國五穀傷，雨霜不節。

《海中》曰：熒惑守舍天陳經二旬已上，其國有喪，期一年。

郗萌曰：熒惑舍居天門中，大赦。入天門出復反之，天下内亂守。留三月已上者，兵動摇。熒惑起角刺如劒刀，經角間卅日而三由之，人君無天下，殿無出宫，廊間有伏陳兵。又熒惑赤色光芒，居天門中卅日，天下有大微發男。年十五至免老三年，乃心或曰。三月熒惑起芒角，赤色，而光守天門中廿日，其分人民飢干。又熒惑、太白俱入天陳，熒惑舍天相，其國兵連。

《河圖》曰：角者，趙，熒惑居陽，其國有憙。居陰，其分有擾。

黄帝曰：熒惑入角，出其南，多病；出其北，多死。行右，中國有殃；行左角，海國有殃。又守角，西爲父母，後爲妻，前爲子，東爲身。如此者，臣殺其主，期二年。

郗萌曰：熒惑過兩角離坎，其分野多雨，道路不通，期九十日。

占填星

黄帝曰：填星犯左角經二月，其分野大戰，將軍死，期一年。

石氏曰：填星守左角經一月，其國穀不成，人民飢走亡。

陳卓曰：填星乘左角，其國爲旱；乘右角，大將、相有坐法薨者，期二年。

郗萌曰：填星犯右角經一旬，其國大臣强君弱小，小人執政，期二年。

巫咸曰：填星守右角，天下大水，有兵災並連，期九十日。

《海中》曰：填星犯守兩角，其分野穀傷，民流亡，期八十日。

郗萌曰：填星出角間，守經一月，其邦諸侯兑方兵起，大擊伐，不出一年。

《春秋緯》曰：填星居舍兩角，其色不明者，女后立太子爲天子，期一年。諸侯大臣俱大戰。

《荆州》曰：填星出入舍留經二月，天下多暴獄，有急令，期八十日。

《七曜》曰：填星逆行角留不行七十日，其女主出入不時，作奸不出一旬。

郗萌曰：填星入左角三尺，經三日，則地動，期一旬，其君失地。

《荆州》曰：填星出天相中，其國在外兵臣謀其天子，期七月。

司馬曰：填星起右角之左角，尉理受執。

《海中》曰：填星守犯兩角，經五運五夕，客星並守角，其分野小人與諸侯印逆，天子誅四面，期二年。

陳卓曰：填星舍左角，經七運七夕，又逆行失度，留不行五十日，趠甥兵歸誑其天子，期一年。

甘氏曰：填星合居右角，經七十日，其分野女后誅天子之非理律令。葛領都尉臣與女主相攻君，期二年。

《西晉紀》曰：填星貫左角經八十日，天下諸侯燒亡天子之憲，小人更政，期三年。

黄帝曰：填星乘守右角，經六十日，留不行，則出兩角間彗星，其分野裂地動，夏雪，五穀傷，人民大愕，飢亡積尸，天子宫室飢死，唐襄陽臣受誅，期五年。

《周圖變》曰：填星犯吞右角，色亡不見，經一旬，天子通其臣妻，私臣印逆。天子西都會尉贅兵於官，尉亭野勉，天子戰勝，期三年。

《總災》曰：填星在房三度而流入左角，貫角經一運一夕，女后匿走，天下大愕驚，四面兵起，覓真都尉官。地落而女后殉浮，不出三□，其天子與臣於亭野相戰，臣負，期九十日。

卑竈曰：填星守留左角經八十日，五龍見憂，則秋分天子有喪，期一年。

占太白

黄帝曰：太白犯左角，其分野右將軍與君戰，將死，期二年。

石申曰：太白犯右角，經六十日不出，留不行又六十日，天子、諸侯憤，國臣相攻，不出二年。

甘氏曰：太白乘左角，經八十日，其分野之大臣讀，天子諰憲馳，外州誅其君，不出三年。

巫咸曰：太白乘右角，經五十日，其天子出入趬，民不試謗其君。

郗萌曰：熒惑居右角，太白在後，及而犯之，破軍殺將，道路不通，期九十日。

黄帝曰：太白乘左角，群臣有謀不成，以家坐罪，不出二年。

《海中》曰：太白乘右角，其分野外兵並連起，不出一年。

巫咸曰：太白守左角，經七十日，其國都移徙，不出三年。

畢竈曰：太白守左角七日已上，大人自將軍之兵於野大戰，民多疾疫。守右角，其分野五穀不收，大水，不出二年。

《海中》曰：太白守右角，其分兵西北連。色黄，大臣益地。色赤，臣欲反其主。

郗萌曰：太白守左角，其分大赦，不出一年。

《荆州》曰：太白入角亢間，有貴客來歸，期九十日。

《春秋緯》曰：太白犯守兩角經七十日，君弱臣强，將兵變征其主，不出二年。

《勑鳳符表》曰：太白守居兩角間，經五十日，又太白失度逆行至氐，經卅日留不行，天下萬姓不安，兵革歲動，衆庶勤勞也。

《懸總紀》曰：太白暈兩角，守犯經八十日，天下諸侯與臣相攻，不出三年。

《内紀圖》曰：太白居舍兩角，失度逆行至亢五度，留不行七十日，君失德，女后死，其臣失地，不出二年。

《海中》曰：太白守左角，其色黄而經九十日，又逆行失度，在軫留一旬，君臣不和，天下諸侯争位，百姓飢，大水，傷穀，不出一年。

占辰星

黄帝曰：辰星守兩角，其色黑爲水，赤爲旱，青爲憂，白爲喪。

石申曰：辰星守左角爲水，穀傷，不出一年。

甘德曰：辰星守右角爲旱，天下民飢病。

巫咸曰：辰星乘右角，將相若后家族有坐法死者，戰，不出二年。

卜偃曰：辰星守左角，其分野萬物不成，君臣相攻，不出九十日。

班固曰：辰星守犯右角，天子刑罰急憲，不出八十日。

陳卓曰：辰星守右角，其色白，其分有喪，民飢死，積尸，不出一年。

韓楊曰：辰星犯守兩角，經二運二夕，其分地動。而出彗星西南，明年魏帝崩，則天下大旱水，民走四面，不出一年。

祖暅曰：辰星乘居左角，經九十日，留不行，逆失度至翼，經一旬，則太安二年八月庚午，天中裂爲兩，有聲如雷三，君道虧而臣下專僭之象。是日，長沙王奉帝出，拒成都、河間二王。後成都、河間、東海又迭專威命，是其應也。又明年，其分大戰流血，靈尉都明臣死，天下民飢，惑不安。

《懸總紀》曰：辰星乘守兩角，經三年失度，天下君臣欲分離，陰陽亂之象也。明年正月八日戊子，武王帝崩。

《勅鳳符表》曰：辰星舍左角經三月，則暈貫大流星，經三運三夕，其分野不順，四時相交錯，其君臣内亂，大戰流血。期年，四夷來歸，戰攻失地。

《河圖龍表》曰：辰星合舍兩角，經五十日失度，其分奸臣謀君，擅權立威，女后失位，妾子争位，不出三年。

玄龍曰：辰星犯守右角，與客星色角亡，客星色赤明大，經五十日，其國大將軍失魄，讒臣濁賢人，小人在位，諸侯衆争位，不出三年。

《海中》曰：角東亭入大流星經三辰，則女后淫泆，天子與臣擊伐，其臣流千里，小人爲政，不出五年。

京氏曰：左角貫流星經一夕，明日大風，其天子宫室及百姓之生草破壞。秋分大水，穀溺不收。

《荆州》曰：角星犯客星經二月，奸臣以兵候君在傍悉，不出一年。

尹宰曰：角二星其位亂分而亡色，經五十日，其分下有拔城，大戰，期一年。

唐昧曰：左角星貫流星經一旬，黜臣在堺誅君，不出二年。

萇弘曰：右角貫流星，其國諸侯死，不出一年。

郗萌曰：角星貫白天狗經一月，其國君無强兵，臣(試)〔弑〕君，不出二年。

黄帝曰：左角其色亡經三日，女后有喪，不出一年。

石申曰：右角其色亡經一月，其分野王死，諸侯争臣，期三年。

巫咸曰：角星流入北斗貫魁，經五辰，女主與内宫臣奸。天下穀傷，讒小人於朝憑兇，期三年不息。

占彗星

陳卓曰：右角貫青彗星，歲星爲變，天下法令不行，君臣犯奸非，失四節，天下旱，病飢並起。

郗萌曰：角兩星間出彗星長八尺，天下更政。

韓楊曰：出彗星角后堂，恣外連禍，期一年。

陳卓曰：出彗星角間，天子立諸侯，大臣黜，其歲穀貴，多疾疫。

甘德曰：彗孛客星干犯兩角星間，其色白者軍起不戰，大邦有喪。若色赤，戰，所指必有破軍侵城，不出二年。

卜偃曰：白彗星貫左角，經二運二夕，其君道失明，期一年。

《海中》曰：赤彗星入兩角經五十日，其光甚赤如血，其國受兵殃，君臣相戰，百姓飢死，期二年。

京氏曰：黑彗孛長六七尺守兩角間，經三月，其邦近臣爲亂，諸侯有變者，期三年。

《河圖》曰：兩彗星刺兩角之間，出經七十日，其國者受祥，天下有兵，破亡其地，期一年。

《懸總表》曰：彗孛守角之鬲報經八十日，其國百姓飢，草氣汲吞死，積尸，期二年。

唐昧曰：角星暈而兩彗星貫暈，經九十日，其國草木不生，穀絶，不出三年。

《荆州》曰：彗星入右角旁，守經八十日，天下兵兇，民流亡，旱飢，不出二年。

《春秋緯》曰：彗星其三色而守右角，經二月，天下不安，君臣相滅，亡地，不出五年。

《七曜》曰：軀彗守兩角，經二月，天子宫堂淫泆，内亂並起，天火下殿燒亡，不出三年。

《内紀星圖》曰：彗星守右角經一月，又守房經一旬，天下百姓死亡，道路飛鳥滿積尸，貴人多死，不出三年。

占客星

卑竈曰：客星入角經三日，其國五穀傷，民飢，不出二年。

郗萌曰：客星守左角，其國有賊臣從外入，大臣有亂，不出一年。

石申曰：客星入左角經三日，吏有來繫者，出獄吏有易者。入右角，兵吏有易者。其色赤，皆以兵傷；色黑將死，期八十日。

《荆州》曰：客星入左角經一旬，兵吏有攻者。若色黄，戰；黑，將死，不出一年。

萇弘曰：客星入左角，其色白，其國有咎囚獄者。若入右角，尉有憙，期一年。

郗萌曰：客星出亢入兩角間，其君有使諸侯，有口令，期二年。

黄帝曰：客星入兩角間經五十日，其國有兵，不出八十日。

《春秋緯》曰：客星色赤留守兩角間，其邦有兵，國門閉，人主有殃，期七十日。

《海中》曰：客星色赤入右角，其吏亭官有兵。若出左角，將兵戰流血，期一年。

卜偃曰：客星犯守左右角，其國大旱，五穀不登，民貪，期一年。

陳卓曰：客星舍角經一日，天下有陷地，期二年。

《誠圖》曰：客星守左角經一旬，又入舍左角，有兵，民飢，匈奴歸兵起。若逆守左角，五穀貴。守右角，其分多暴雹事，期九十日。

石申曰：客星守兩角間，經七十日，天下大赦，不出卅日。守百日，天下中隔不通。入天庭十日，天下大亂。

班固曰：客星守兩角間，其分奸人在宫中謀君，期八十日。

甘德曰：客星出右角，色黄白，其分兵驚。若色黑青，戰不勝，期一年。

《河圖》曰：客星出與角相近迫三四尺，其象長如蛇，赤如血，經五日，其國兵動，國亡，期三年。

郗萌曰：客星大如鋒矢，色赤如雞血，就左右角，其分暴兵賊戰，期一年。

《論讖》曰：客星色赤出右角，將，有攻吏者，其國有驚。若其星不摇散，戰勝，期七月。

黄帝曰：客星色赤留兩角間，國門閉，食絶積尸，期二年。

巫咸曰：客星從兩角間過入亢中，其國旦有過兵，期三月。

《荆州》曰：客星色赤出兩角間，其國有恐民人驚。若經兩角間，其傍軍道塞，期二年。

《海中》曰：客星色黄出兩角間，有貴客來其國，之見君廟，期八月。

郗萌曰：客星色黄出留天門中，天下兵連起，不出一年。

《七曜》曰：客星色赤出角亢間，其國邑有兵圍，期二年。

甘氏曰：客星色赤天若白，出角亢間，其國有盜賊，期二年。

神公曰：使星色赤大而出左角，暈貫經一旬，大將死，其分内亂，不出三年。

《懸總符》曰：天槍出兩角經二月，其君以大便病死。

錢樂曰：流星色黄白入角亢間，貴人客來，見其君廟，期二年。

占客氣

郗萌曰：左角入蒼黑氣，兵敗。則出右角，將戰有援。若蒼氣入兩角間，天子疾，期一年。

尹宰曰：赤氣入右角，其國有兵。則出右角，國兵驚戰勝，以火兵敗，期七十日。

韓楊曰：赤氣從北斗直過兩角間者，有過兵，期三日。

祖暅曰：赤氣從兩角過入亢，其國有過兵。若色白，有過客。若黑，有過喪。

陳卓曰：黄氣直入兩角間，天子祠神。若黄白氣潤澤入右角，其國益地，不出八十日。

班固曰：白氣入右角，女后有喪，期一年。

《海中》曰：黑氣出右角，其分戰負，不出七十日。

《荆州》曰：五色氣入左角，迴旋經三日不止，天子女后俱有憙，期七日。若其色青黑白經一日則亡，其分暴穀傷，兵革連，期一年。

京氏曰：赤青氣如暈狀兩角，迴轉經一夜，其分穀不收，人民大疾，期三月。

《河圖》曰：蒼赤氣兩角間繞旋經一夕，陽臣有陰謀，不出三年。

唐・李鳳《天文要録》卷一四《房占》 房星

主房者，蒼龍第四宿也，天子之明堂也，故天子居青陽，而承天時行庶政也。青陽者，諸明堂也。《勑鳳符表》曰：房者，蒼龍之腹也，主少陽之位也。萌春，春主東，東屬木，木色青，故爲少陽也，大火之次也。房者，候天地之道德，天下之奏上庭也。魏石申曰：房四星，鈎鈐二星，五度，距金離第二。紀表，去周極

八十度；奇光，黃道外在一度半經。大房者，爲天子明堂政教首，故置騎官以自衛守。殷巫咸曰：房者，天子之布政之官也，四星總　四輔也。下第一星，上將也；次，次將也；上星，上相也，主宿衛也。南二星，君位也；北二星，天人位也。甘德曰：房者，天子之四表，三門也。三光大中道，□天開也。極七十九度大，黃道外□度，中央一間謂天衛也，黃道所經也。離一間曰陽環；陽環離三尺曰陽裏；陽裏之離三尺爲大陽也。中道之坎一間曰陰間；陰間之坎三尺曰陰裏；陰裏坎三尺爲大陰也，故七曜軌道由乎天衛，則天下和平；由乎陽道則爲旱喪也；由乎陰道則爲兵、水。周應邵曰：房者爲仲天，主四仲之位也。一名天府，一名天庫，一名天蒼，一名天廐。主財寶也，主天市也，主天馬也，主車駕也。上陵下留，七表道也。鄭卑竈曰：房者爲天駟，其離一星，曰左驂。晉卜偃曰：房者爲三庭四光也。下一星爲奇表，初一表也；二星爲端門，尺表也；三星爲三理也；四星爲奇光。上星之間謂陰光，主居之象也。次星間謂理門，爲后妃也；次星間謂武亭，爲相也；次星謂閉楴於離方中，謂開逆萬神之爲亢首也。《東晉紀》曰：房第一星間，月道也；第二星間，日道也；第三星間，五紀道也，故謂三門也。《西晉紀》曰：房第一星，其色黑，第二星色黃，第三星色白，第四星赤爲常色也，故房以四紀占萬事也。黃帝《三靈紀》曰：房離一星爲隱泆天子之妻房也，故妻失議，隱星失位也。坎二星爲採門天後宫也。春三月，五運五夕指逆，名曰奔門；夏三月七運七夕指逆，名曰爰表；秋三月六運六夕指逆，名曰順光；冬三月一運一夕指逆，名曰登門。魏石申曰：鈎鈐二星者，房之鈐鍵也，天之管籥也。主藏内寶器，故二星者以閉房也。主藏過，主解殃也，主天心也，主將兵之象也。《勑鳳紀》曰：鈎鈐者，爲天守主印鎰，主候后妃德也，主天下之三災守衛也，一名鈎候。陳卓曰：潁川入房一度，汝南入房二度，沛郡入房四度，爲宋之分野也。

占房星

黃帝曰：房四星皆吞色明暉大，經一旬，王者得忠臣，天下藝道昌。左驂星大光明，經又一旬，天下兵盡連陳，期七十日。

郗萌曰：房右驂明大暉，右服亡者，震離兩方，不可舉兵；左服亡，兑方不可舉兵；中服，不具夏不得織；下服，不具秋不得袄。房心不見，帝元教令。

甘氏曰：房星動外，財寶出；動内，則財寶入。

郗萌曰：房星離從，有流民出，蝗起。

《懸總紀》曰：上將三日不見，諸侯替厄，天下大愕驚，不出二年。若房星半守女宫，有賊臣。

《勑鳳紀》曰：上相亡逆不見，天子吞逆大臣，不出三年。

《東晉紀》曰：天庫不明暉，經二月，女主有印士，天子更政，期一年。

黃帝《二靈紀》曰：房星色黃白變交，大如太白，經二旬，管臣策，諸侯忠明，期一年。

石申曰：房星其狀不正失位，經散交，而經五運五夕，大陽弱，封人絶，强臣變行刑，不出三年。

卑竈曰：房第一星，五日不見，其分野大臣暴薨。

卜偃曰：房第二星，一旬不見，居客星，諸侯之國亡，期三年。

陳卓曰：房第三星亡，七日不見，雉臣印逆天子，勇士並連起誅四方，不出年。

甘德曰：房第四星，一年不見，秦襄王滅，不出三年。

《神公紀》曰：房四星，半周不見，不出三年，前漢高帝滅。

《龍宫》曰：房色青赤暈，經一旬不止，不出三年，堯位授舜。

《勑鳳紀》曰：房星上將暈再重，五運五夕，不出七年，周武王滅。

《懸總紀》曰：上將暈，七運七夕，其色大暉，不出六年，周王崩。

卑竈曰：房四星晝見，天下大憙，期四月。

萇弘曰：房星暈，鈎鈐三重，六運六夕，其分野王者失勢，亡國，不出三年。

《海中》曰：房星暈七重，有珥背，其分野后妃淫泆死，諸侯印封，天子相攻，不出三年。

占鈎鈐

黃帝曰：鈎鈐明大暉，經一旬，天子孝令享昌豐。

《禮緯》曰：鈎鈐明暉經六十日已上，其分野昆弟有親之恩，則鈎鈐不離房，法令寬。

《易緯》曰：鈎鈐星開去房三丈，其分野王者失議。

郗萌曰：鈎鈐星去房四丈，外兵暴來相攻。近守，經一旬，天下同心。若五六丈遠，天下不和，王者絶後，宗廟毁，天子亡宫。凡去房王者，政急；近房王者，政緩。

《春秋・元命〔苞〕》曰：鈎鈐三日不見，其分野大臣内亂，天子以弱亡，諸侯

誅四方，期三年。

黄雹曰：鉤鈐房相去踈遠，色亡不暉，其分野急兵令，關梁閉，大戰，不出二年。

《懸總紀》曰：鉤鈐主印鎰，其色赤，亡不明，暈再重房王相，大臣盜印，天子封奏，燒亡四方走，不出一年。

《勑鳳紀》曰：鉤鈐不明，色亡不見，白氣交，一運一夕，女主心有濁，奸通小人，不出半周。

占月行

黄帝《三靈紀》曰：鉤鈐暈一重，一運一夕，天子妾子暴死，期七日。

石申曰：鉤鈐二星一旬不見，天子、后妃匿摩作奸淫，期半周。

甘德曰：鉤鈐一星亡，不見六十日，其天子、太子牀印逆大臣，期半周。

黄帝曰：常以十一月、十二月、正月候月出房離，近，小旱；遠，大旱。出房坎，近，小水；遠，大水。三尺曰近，五又曰遠，期在衝月也。

石申曰：正月九日候月出房離，有兵。月以十月、十一月、十二月暈房，天子有所不安，以赦解。

巫咸曰：月出四表，以離王者，有擾，期六十日。

《帝覽嬉》曰：月行太陽，天下大亂，人民啼哭，大臣有兩心。

《春秋緯》曰：月四紀行中道，天下和平安寧。

《禮緯》曰：月宿天廐中央，大將軍歸來，期六十日。

陳卓曰：月觸天門駟之間，經七日，其分野穀熟，王者益地。

《河圖紀》曰：月行陽環，暴兵來，不出一年。

萇弘曰：月宿天廐左間，將軍卒士弱，期二旬。

應邵曰：月行陽裏，其國大愕，驚内亂，多暴獄，期半周。

京氏曰：月春三月入天廐中，一運一夕，諸侯失命，不出三年。

《七曜》曰：月夏三月入天府中，色亡不見，后、皇死，期一旬中。

《荆州》曰：月秋三月入天蒼，賢臣自經死，不出半周。

《海中》曰：月冬三月入天庫中，百姓多飢死，不出二年。

韓楊曰：月行陰道間，其分野黍稷不收。

卑竈曰：月行陰裏，出陽裏，其分兵甲起，不出一年。

梓慎曰：月行四表之坎，大水旱，民流亡，其分野飢，徙邑去，走亡，不出二年。若順表，其國有德令。

《海中》曰：月行大陰，民流亡，天下兵患起，内淫泆，流大臣千里，不出三年。

石申曰：月犯房四表坎，帝有亂臣，多死，期一年。

郗萌曰：月犯房，近臣戮，主將印逆大臣。

黄帝曰：月犯上將，諸侯誅天子，不出二年。

甘德曰：月犯房心，天下有殆，殃王者有擾，期二年。

應邵曰：月蝕房心，一運一夕，諸侯飢死。

陳卓曰：月犯房鉤鈐，其君宫傍奸臣，儲兵伐其主，則天下亡國。

班固曰：月乘守左右，大將軍有謀伏甲者，陳兵宗廟中，天子不可出其外，期六十日。

《易緯》曰：月暈房再重，三將軍齒兵，先大兵連，不出二年。

《帝覽(喜)〔嬉〕》曰：月暈房一重，太子坐之。若財寶出，其分穀貴。

子韋曰：月暈圍房四表，其分野大兵起，野有路骨不葬，期二年。若妖象，民謀其君。

錢樂曰：月暈房心一星，貫大流星，其分野勇士多死，期一年。

甘德曰：月暈房有珥，指房四方，有暴擾土功事。

《帝覽(喜)〔嬉〕》曰：月行出房心間，其旁有虹雲，諸侯死。

石申曰：月暈乘鉤鈐，暈再重，其分國多盜賊大起，期半周。

李房曰：月暈奇表，有珥背，管臣於蕃國走匿摩，期二年。

《周圖變》曰：月暈房四星，貫天狗，一運一夕，諸侯法令下，大臣黜，讒諸侯。

《懸總紀》曰：月暈房上將，六運六夕，熒臣急薨，不出二年。

《神公紀》曰：月暈上相再重，有二珥，小人設兵，謂其君，不出二年。

李鳳《鏡》曰：月暈房四表三重，而一運一夕，蝕遺如鈎，天下大飢，有兵喪並連，期九十日。

《玄龍紀》曰：月暈房奇光犯守，貫大流星，三運三夕，其分后妃自死，五將謀其居，期七十日。

正月暈上相，民大飢，不出八十日。

二月暈上將，其分野大臣有喪。

三月暈四紀，貫太白，六運六夕，其分野兵大驚，期八十日。

四月暈房一星，二運二夕，其分野民流亡。

五月暈，諸侯多死，期九十日。

六月暈天廐，雪下殺人，民疾疫起。

七月暈四表鈎鈐，一運一夕，立侯王，印逆大臣，期一年。

八月暈天蒼，色赤蒼，貫天狗，其下有喪，兵並連，期二年。

九月暈天庫，女主匿走，期半周。

十月暈天府，貫熒惑，其國相薨，期一旬。

十一月暈鈎鈐再重，諸侯疾疫，兵起，期八十日。

十二月暈四表，其分野君薨，皆宫室火所燒亡，期九十日。

右十二月暈房，《勑鳳符表》占。

占五星

《東晉紀》曰：六暉犯守陵四表，其分野天子不息。色青白，兵喪；色赤黑，大將軍自率卒士誅其君，期五十日。若角芒大，其分野人民泣不安，期半周。

《勑鳳紀》曰：六暉犯守乘陵四表，其分野大臣有謬君命，不警閭，期一年。若八退，大臣誅其君。

《西晉紀》曰：月五星犯守四紀鈎鈐，經二月，大臣作奸，有天子不宜，火災出宗廟，後宫有謀匿，臣候天子出入，期二年。若怒，臣有勢執政。

《周圖變》曰：五星守上將，諸侯相謀，慮通不同，其分野入君失殿，期半周。

石申曰：五星逆行守舍上相，大臣有變謀，貴人薨，更王，期二年。若鬭亭，天下不平，七臣謀其君。

郗萌曰：五星留逆行犯守乘陵四表，其分野天子死，大臣有陰謀。逆行失度，乘陵中道，天子失勢而亡。順行乘陵中道，天下和安。

甘德曰：五星出天廐中，其分野出神馬，天下太平，五穀熟。

郗萌曰：歲星、熒惑、太白、辰星守四表，皆天下大飢，人相食死，積尸不葬。

卜偃曰：五星入房，一旬不見，成鈎己者，天子有疾，以赦解，期一年。若變行，天子有擾。

玄龍曰：熒惑、填星、太白成鈎己房，貴人后夫人有喪，期三年。若入迴，天下大驚，民走亡。

韓楊曰：五星犯房鈎鈐，王者有憂，后皇胎壞病，天下大赦，期半周。

《論讖》曰：五星守犯四表，經六十日已上，謂亭留，王者出入不時，上下不和。

《春秋緯》曰：五星含留七十日已上，强臣奪君政，期八十日。

《懸總紀》曰：太白、填星入留，逆行失度，忠臣黜，兵革起，不出一年。

占歲星

《三靈紀》曰：歲星守四表，經三月，天子聽讒言而戮忠臣，期七十日。

黄帝曰：歲星入犯四表，遂光暉色亡不明，經一旬，更王，不出一年。

石申曰：歲星守入天府，經八十日，君玄玄不明，大臣水槊傷，不出秋分。

巫咸曰：歲星合舍居天蒼，經五十日，大將戰戮，諸侯大臣印逆天子，有喪，期九十日。

黄帝曰：歲星暈房奇光，一運一夕，其分野有喪，兵並連，不出一旬。

甘氏曰：歲星守天庫，經一旬，其分野多禍殃，民相傷，大臣將並連行。

卜偃曰：歲星犯守端門，經二月，其分野大風，霹靂爲災，殺人，不出一年。

卑竈曰：歲星暈奇表，二運二夕，其分野秋不收，民飢，不出二年。

萇弘曰：歲星犯守天廐，逆行失度，天下大飢；積尸，民迷惑，走亡。

應邵曰：歲星暈房上將，一運一夕，其分野女后視誅，不出半周。

梓慎曰：歲星犯舍天蒼，大臣誅小人，期九十日。

子韋曰：歲星入房上相，不出一旬，色亡，其天子明堂在奸臣，期二月。

錢樂曰：歲星居舍奇表，經七十日不動，其分野槊傷寒熱病，多水災，卒死完食人殺，不出二年。

唐昧曰：歲星守犯奇光逆行，天下女后驚愕，大臣懲君，不出二年。

尹宰曰：歲星暈犯鈎鈐，六運六夕，其分野貴人飢死，不出三年。

郗萌曰：歲星去房四表三寸，留不行五十日，天子失勢，其君亭門不開，大臣內亂，遂臣見誅，期四十日。

《勑鳳表》曰：歲星暈四表，六運六夕，人君陰行不明，政有衍，大臣不恶，不出半周。

《懸總紀》曰：歲星暈上相，一運一夕，太子死，立侯王，不出三年。

《三靈紀》曰：歲星暈四表鈎鈐，二運二夕，歲星色亡不明，后女玄玄奸惟，諸侯捧毒天子，期一旬。

《總災紀》曰：歲星暈房星，貫赤交白氣迴轉，三運三夕，雷霆擊宗廟，女后

戮明臣，期三月。

《東晉紀》曰：歲星失度，留房六十日，其分野失地大惛，期八十日。

占熒惑

李房曰：熒惑入奇表，經七十日，留，不行，其分野失地，大將戮天子，有白衣之會，不出一年。

黃帝曰：熒惑守奇光。其分野有大臣變，天下兵連起，左將軍爲盜大臣，期半周。

石申曰：熒惑出入天府中，其分野后妃不慺，印逆天子，期八十日。

甘德曰：熒惑入房心間留，經六十日，地裂，大兵喪並起，期七十日。

郗萌曰：熒惑入天庫中，女主有喪，諸侯多薨，不出一年。

司馬曰：熒惑守犯天蒼中，其分野君臣不明正，民飢積尸，期二年。

《西晉紀》曰：熒惑犯房中道，且有兵起。出房離，貴人憂；出坎，女人爲過，咎在女親；出右驂旁，大臣謀謨；出左驂旁，天子失印封，期九十日。

《神公紀》曰：熒惑守房，陽有憙，陰有憂，期一年。

《總災紀》曰：熒惑犯房，經七十日留，其分野大風，其君失戒慑，奸臣印封君，期二年。

玄龍曰：熒惑犯房上將將，諸侯與天子相攻，内亂，期三年。

郗萌曰：熒惑犯乘守房上相、右驂、左驂，其分野天子暴薨。房中道犯乘守右驂右服，夫人死。

《易緯》曰：熒惑與房合，車騎出戰，殺諸侯，不出一年。

《周圖變》曰：熒惑與太白合犯房四表，其分野民大哭，君之明堂失政，期九十日。

《春秋元命〔苞〕》曰：熒惑入房守留經七十日，其分君與諸侯戰，失地千里，期七十日。

登龍曰：熒惑守房留，其分野天子失位，期一年。

甘德曰：熒惑守天厩，逆行失度，天子車馬有敗，貴人病，期一年。

《公連紀》曰：熒惑犯天庫，經七日，其分野諸侯起霸，多水災，不出三年。

紫辨曰：熒惑舍居房，經五十日，其分野大亂，天子圍於野，天下作兵甲，期五年。

黃帝曰：熒惑守留房天蒼，其國山崩，内兵起，大臣誡其君，天下大愕動，期一年。

《海中》曰：熒惑守房三日，民大恐，多惡賊，則女主有喪。

郗萌曰：熒惑守房四表，其分野大亂，震方得穀，兑方火失，兵喪並連。

《勑鳳紀》曰：熒惑犯乘奇光不止，其國父子軍盡起，民失門，期二年。

《懸總紀》曰：熒惑乘房星退，逆行失度，與客星並居舍，其國大臣盜印及寶，奸兵在後宫。

《總災紀》曰：熒惑守房天蒼間，相去二寸，入客星犯陵，其國天子之妾后有咎謬，暴死，期半周。

《荆州》曰：熒惑陵守居房上相，其國宗廟天火下燒，亡離，臣代天子相滅，期九十日。

《河圖紀》曰：熒惑守房心間，地動，兵連於後堂，不出半周。

石申曰：熒惑守房心，留，失度一月已上，天子有擾凶。其怒芒角犯陵，有大兵攻，期九十日。

班固曰：熒惑逆行失度房上將，其分野火兵並起，不出二年。

卑竈曰：熒惑守犯房，成鈎己，及繞繯之，天子失宫，期六月。

卜偃曰：熒惑、太白鈎己房四表，大臣不諗君命，不出一年。

巫咸曰：熒惑犯守上相，經七十日，又成鈎己，繞繯之，其國大臣奸印則死，期一旬。

石申曰：熒惑逆行，而守犯房，經一旬已上，成鈎己，諸侯則天子，不出二月。

甘氏曰：熒惑成鈎己房繯，失度留舍，其國天子之宫殿壞毁，諸侯旁在伏兵戮君，期一月。

巫咸曰：熒惑留逆房失度，經六十日，暈鈎鈐，一運一夕，守留不行，天子黜大臣及諸侯，近小人執政，不出三年。

郗萌曰：熒惑守鈎鈐，經一旬，色赤大暉，其國大赦，若有德令。

黃帝曰：熒惑暈房，一運一夕，陽臣與陰同印逆天子，期九十日。

卑竈曰：熒惑暈四表，而六運六夕，其國就淫泆，亡國，不出五年。

《勑鳳紀》曰：熒惑暈房再重，其國天子有喪，諸侯相戰，期九十日。

《懸總紀》曰：熒惑暈房鈎鈐三重，一運一夕，其國之天子宫徙移，奸設兵相攻，不出三年。

《東晉紀》曰：熒惑羸而房留廿日，天下婦女多死不葬，道路不行，不出五年。

《西晉紀》曰：熒惑縮房逆行，色亡，微小不明，其國太子與大臣之妻私奸通。

《教鳳紀》曰：熒惑流而貫房上相，一運一夕，小又惡戮天子，期三日發，坎臣謀。

《西晉紀》曰：熒惑守暈房三重，至午則亡，天子陰陽逆天地，變天火下，不出一年。

黄帝《三靈紀》曰：熒惑暈半月房，竝貫大流星，一運一夕，其國大地動，經一運一夕，則宫室壞墮，百姓屋破崩，六畜大驚死走亡，天下大國亡滅，民飢，積尸不葬，期五年。

占填星

《教鳳紀》曰：填星入房上將，留，不出，相去三寸，其國女主毒印天子，期一旬。

《總災紀》曰：填星守房上相逆，經六十日，色變微小，羸天子，諏大臣，諸侯印逆大臣，不出二年。

黄帝曰：填星入房四天府，留廿日，其國女后暴死。

石申曰：填星乘合房，貴人死，期一年。

甘氏曰：填星失度，自南三度至房，其國天子誅，諸侯地大勝，益地。

卜偃曰：填星留舍房，經一旬，其國失地，期九十日。

卑竈曰：填星犯守天蒼，其分野女主有擾，不出一年。

萇弘曰：填星犯乘守房離二星，天子死；坎二星，女后死，期六十日。

應邵曰：填星犯右服左服，其分野有擾喪，期三年。

石申曰：填星守房，經四十日，其分野更政，天子宫室移禍殃。

錢樂曰：填星犯守羸而房，其國地裂，大旱，民飢，疾疫並連。

尹宰曰：填星乘舍天厩，經三月，其國大將謀謨其君，不出二年。

《海中》曰：填星逆行守房，其分野兵起，粟貴，不出一年。

《荆州》曰：填星守留房，其國天子有賀慶，期一旬。

郗萌曰：填星逆行房失度，留廿日，其分野女主出入自恣，作奸政，大臣殲，不出半周。

陳卓曰：填星守鈎鈐，天子失位，諸臣有擾，期一年。

韓楊曰：填星入房中留，不出廿日，其國在耶臣不直言天子之讀憲，不出二年。

祖暅曰：填星犯守房逆行，暈，貫客星，悠臣議諸侯，不出一年。

巫咸曰：填星暈房四表鈎鈐，貫流星，一運一夕，其分野就謀變，而詛對天子，其内宫大驚愕，期八十日。

《春秋元命苞》曰：填星入房，留廿日，暈再重，貫白赤青氣交迴，其國忠臣管政，期九十日。

黄帝曰：填星暈上將，其國良馬多死，諸侯失門，不出二年。

石申曰：填星暈上相，一運一夕，天下五穀不成，不出一年。

甘德曰：填星暈四表四重，一運一夕，國家卿民蕃國匿，不出九十日。

巫咸曰：填星暈房一星再重，大臣與女主通私，期一旬。

陳卓曰：填星暈房三星，一運一夕，貫流星，其分臣嘿欺天子，期八十日。

《懸總紀》曰：填星失度犯房星，天子刑斬不以理，受讒而狂誅切，其國三災並連，不出三年。

《教鳳紀》曰：填星暈房三重，而有珥，其國冬霹靂，無風雨，其國君臣以不正直犯四節，大兵起戰，不出五年，失地千里。

占太白

黄帝《三靈紀》曰：太白守犯上將，經六十日，天子淫亂起，不出一年。

石申曰：太白合陵四表，四夷相誅失地，不出二年。

甘德曰：太白入房，經一旬，太白色亡微小，其國天子失勢，期九十日。若進表，其分野民人亡飢。

巫咸曰：太白羸房，留六十日，其國夏霜雨，五穀傷，民飢，牛馬多死。

陳卓曰：太白守上相，經七日，其分野大臣脅天子，期七十日。

《荆州》曰：太白犯舍房四表，其國有變臣，内亂，大旱，多火災，五穀不成。

卑竈曰：太白乘守天厩，經二月，天子失位更政。

《海中》曰：太白居舍房星，其國有大喪，大臣戮死者，不出一年。

《河圖》曰：太白乘守陵房星，其分野有奸臣謀，女主管政，期八十日。

班固曰：太白守犯房四表鈎鈐，經七十日，其國易政，良馬多死。

《荆州》曰：太白、辰星守房，土功起，布枲大貴，將軍及大臣失位，不出

三年。

萇弘曰：太白守入鈎鈐，其天子失德行，不出一年。

卑竈曰：太白犯居合房，天子宫内亂大起，不出半周。

祖暅曰：太白暈房星，逆留廿日，其分野諸侯與天子大戰，不出三年。

韓楊曰：太白犯暈房星，其國有女主喪，不出二年。

陳卓曰：太白暈房縮，天下暴水，粟傷，期秋分。

班固曰：太白暈房星，有珥背，其分野人民流亡，期二年。

巫咸曰：太白暈四表，經一運一夕，其分野頭僧管政，不出三年。

《七曜紀》曰：太白暈房二星，經一運一夕，其天子戮諸侯，不出二年。

《春秋緯》曰：太白暈房三重，其天子車牛急奔，不出二年。

占辰星

黄帝曰：辰星入房，經一旬，君有累，不出一年。

石申曰：辰星犯房，其國有殃咎。

甘氏曰：辰星守房，有暴誅，大臣相害，不出二年。

巫咸曰：辰星守民袚，温死者相望，馬大貴，期六十日。

陳卓曰：辰星乘陵房星，左將軍内亂，不出一年。

卑竈曰：辰星犯舍房四表，其分野有奸臣，有謀。

萇弘曰：辰星犯乘守上相，其國粟大貴，民飢，期八十日。

《文燿鈎》曰：辰星守房心間，經六十日，地裂大水。

郗萌曰：辰星守陵天廐、鈎鈐，地裂山崩，大風，水傷粟，不實，不出秋分。

《荆州》曰：辰星乘犯四表，經二旬，色黑白，微小，封臣失位，期一旬。

石申曰：辰星暈上將，貫流星，一運一夕，其分野兵革行，期一年。

《三靈紀》曰：辰星暈四表，鈎鈐再重，其分野逆人將從内戚起，不出半周。

《勑鳳紀》曰：辰星暈奇表，其守城民分散，亡，不出三年。

《懸總紀》曰：辰星暈奇光，經一運一夕，不出一年，其國内戰流血，期一月。

《總災紀》曰：辰星暈犯房，其分賢臣隱匿，近臣賊其君，不出一年。

占彗孛

《東晉紀》曰：蒼彗孛出奇表旁，勇士吞食，天下君臣不息，民多，期三年。

黄帝曰：彗星出奇光三尺，四夷來相攻，城絶道飢，群臣失地，期八十日。

石申曰：彗星出房四表中，其分野大飢，有兵擅興在道旁，牟戟在野，戰鬭不止，蜚蟲橫下，期三年。

甘德曰：彗貫房後百廿日，火災，山崩，民迷惑，四方走亡，期三年。

巫咸曰：彗星守房心間，天下有喪君亡，不出二年。

《春秋緯紀圖》曰：彗星孛於房，赤帝之後受命，天子有亡國，民飢，不出一年。

《考異郵》曰：彗孛貫房，天子宫室内亂，淫泆並起，期九十日。

《尚書中候摘雒戎》曰：彗孛出四表，四邦災視，不出八十日。

《懸總紀》曰：彗孛出天廐中，其國天火下，兵起，不出二年。

《勑鳳紀》曰：彗星長一丈，貫奇光，經六十日，其國天子無病薨，民飢流亡，期一年。

李房曰：彗星貫天蒼中，其分野有大兵屠裂，不出三年。

甘德曰：白彗孛長二丈，出四表中，經七十日，其分野君臣吞血，不出半周。

李公連曰：彗星守房，經一月，勞臣天子不恭，淫泆起，其雉不兢，期二年。

《勑鳳表》曰：白彗星貫房日道，經二月，其分野戮殺，天火下燒萬物，天下分裂，不出五年。

占客星

黄帝《三靈紀》曰：蒼彗孛與客星干犯房初表，其國邑空，兵連，民飢，骨肉相殘，不出九十日。

石申曰：彗孛客干犯鈎鈐，天子宫内亂，父子無禮，期二年。

《春秋緯》曰：客星入奇光中，經八十日，人民大飢，糴大貴，不出二年。

郗萌曰：客星入房亭，留六十日，其國大將暴死，不出後年。

《公連紀》曰：客星入房，有大臣殺其君，不出一年。

韓楊曰：客星入天府，有變臣更之命急。入天廐之中經三日，天下有大赦。

郗萌曰：客星入左右服，急有來獻馬者。若出左右服，君人使諸侯以馬爲幣。入中道，牛馬大貴，期三年。

卑竈曰：客星守房，天下有德令，期十一月。

《懸總表》曰：客星色照光守奇表，經八十日，其國女后有喪，不出二年。

《勑鳳表》曰：客星舍居房，左右群有奪地者，其天子吞毒死，不出一年。

郗萌曰：客星色赤，大如熒惑，犯房留六十日，其國大將軍□。

班固曰：客星在四表之離，大旱，高田不登。

《河圖》曰：客守房中道，留六十日，近臣謀其主暴死，不出一年。

《荆州》曰：客星色蒼，出右驂，入則左驂，留二月，色白變乍，貫流星，女后急走匿，印逆天子，期九十日。

應邵曰：客星色赤就房表，其分野貴馬出；入房心間，出名寶者，不出二年。

萇弘曰：客星色白，入房奇表，留六十日，其國横兵並連起，四方相攻，近臣戰死，期九十日。

石申曰：客星入房，輸食有入者；出房，輸食有出者，不出八十日。

《海中》曰：客星犯鈎鈐，其主有犇馬之敗，不出三年。

《西晉紀》曰：客星白赤，狀如太白，貫房經七十日，其國有逆兵四方起，不出一年。

公連曰：客星守犯四表，色蒼赤，貫白虹，天下不安，君臣殲賢隱匿，期一年。

《海中》曰：客星蝕奇表亡，不見三日，女后與諸侯淫奸謀主，期一旬。

陳卓曰：客星守陵房中道間留，經廿日，其分野三公默毁，期七十日。

占流星

黄帝曰：流星入房中，奸臣殺主，輔臣印逆天子，其災中國起。

《海中》曰：流星絶鈎鈐，其主犇馬之敗，不出一年。

《勑鳳符表》曰：太流星長一丈，色赤，大入四表中，一運□夕，不出三年，其君亡國。

《總災紀》曰：流星甚大，光長二丈，跡絶乍入天廐貫，不出九年，其國内外殺君，災兵流血，從朝廷起。

《懸總紀》曰：流星貫房，色赤青，交經六十日，其國諸侯與婦女謀害國，期二年。

占客氣

郗萌曰：虹雲與月俱出房心間，諸侯王死，不出三年。

石申曰：白氣迴轉四表，經一運一夕，其天子宫以兵衛，奸臣候出入，期一旬。

《懸總紀》曰：赤白氣入房四表迴曲，其宫旁在伏兵，不出一月。

郗萌曰：有氣經兩角間入房，其邦門閉，再經之而信，三經之而成兵。赤氣入房宫中，其分有亂臣，不出四月。

萇弘曰：黑氣入房，經一旬，曲其天子宫火燒。出房，其分野兵連。

卑竈曰：赤黄氣入房，潤澤，其國寶入；其氣出房，其國出寶，期二年。

卜偃曰：黑氣出房中，其天子宫有咎憂，期一年。

應邵曰：黑赤氣貫兩角間入房，其國諸侯有使來者，言命之事，大水，不出二年。

《懸總表》曰：五色氣貫四表鈎鈐迴，經一運一夕，其國内亂，主不安，政亂。

《勑鳳紀》曰：白氣赤虹交房四表，經三日，其國天子宫且淫泆，内亂起，不出一年。

唐・李鳳《天文要録》卷一六《尾占》 尾星

主尾者，蒼龍第六宿也，天子之鬲床坐也，主九表之庭也，蒼龍之胥也。《勑鳳符表》曰：尾者，主九晉政奏場也，主陽九，主陰九，主九卿，主九州，主九德，主九尾，主九房。《東晉紀》曰：尾第一星，主天子之遊亭也；第二星，主后妃隱息也；第三星，主太子之位也；第四星，主大臣；第五星，主仁；第六星，主義；第七星，主禮；第八星，主智；第九星，主信。《懸總紀》曰：尾者，主九通，主九目，主九財，主九門，主九子，主九江，主九道。第一〔星〕后妃也，第三星夫人也，第五星嬪妾也。第三星旁一星相去一寸，名曰神宫，解衣之内室，説虞之堂也。魏石申曰：尾九星，十八度，距初表第二星，去周極一百廿度，黄道外在十四度半經。尾者，爲天子之后宫，故置傳説衍子孫。殷巫咸曰：尾去極一百廿三度，黄道外在十六度。弱尾爲后妃之有也，主天藏，主財寶納，主相衛候。一名神尾，主高門，主九紀。《五靈紀》曰：第一星色蒼，爲木王；第二星色赤，爲火王；第三星色黄，爲土王；第四星色白，爲金王；第五星色黑，爲水王；第六星爲日王，主陽光，色明也；第七星爲月王，主陰藏，色白；第八星天子之宫室也，色黑；第九星爲后府也，色黄。鄭卑竈曰：尾者爲天子之避門，以節納宫也，故君臣不和，則占於尾。一名天廁，一名天矢，一名天司空，一名天狗，主水官也。《西晉紀》曰：尾九星，春三月鬲薄失位，一運一變，名曰尾逆；夏三月油順失位，七運一變，名曰九門；秋三月逆陽逆陰失位，名曰陰門；冬三月迴逆失位，名曰登九。《三靈符表》曰：尾九星不常失狀當中，而鬲登天下亡滅尾，其狀如尾，故曰尾。尾者，麻也，言物始起，據陰角動出靡靡相從也。陳卓曰：七曜尾内信亭旁十八尺行欒州，自尾十度至南斗十一度爲析木，於辰在寅，燕

分野也。析木起尾九度。《荆州》曰：析木起尾四度，上谷入尾一度，涼陽入尾三度，右北平入尾七度，涿郡入尾十六度，西河、上郡、北地、遼西、遼東入尾十度。

占尾星

《三靈紀》曰：尾星其色明大暉，而后皇有憙。

《勑鳳符表》曰：尾星其色不明暉，微細小者，后皇有憂，期六十日。

石申曰：尾星色欲灼明，大小相承，則后宫有叙，多子孫。

《懸總紀》曰：尾星色明光，其國五穀大熟，民不煩擾；其星不明，五穀大傷。

石申曰：尾星流遠，皇后失勢。

甘德曰：尾星動者，君臣不和，必有事。

黄帝曰：尾星騰躍不絶，不居其所，天下大亂。

郗萌曰：尾星就聚，天下大水。

《公連紀》曰：尾星三日不見，君失位，兵行，不出三年。

紫辨曰：尾星色赤黑，不明，民流亡。

《懸總紀》曰：天廁五星，七日不見，大臣弑。

《東晉紀》曰：尾第七星，一旬不見，其國兩主争國，期九十日。

《西晉紀》曰：尾第二星，七日不見，其國有反臣，主病，民飢，期六十日。

《誠圖帝》曰：尾星鬲宿色亡，廿日不見，其分野民亡，有暴死者。

李房曰：尾第六星，三日不見，大國客來，不出一年。

玄龍曰：尾星登准色變指逆，七運一變，其國民不息，君臣内亂。

李鳳《鏡》曰：尾星變登離住指逆，民流亡，其國空君，相臣有兵，不出三年。

《勑鳳符表》曰：尾星犯鬲，天下女主治其政，期九十日。

《懸總紀》曰：尾星失位，第八星不見一旬，其國民驚兵君亂亡，不出二年。

《七曜内紀》曰：尾星失位指逆，天下無鼻足，三將諏天子，不出三年。

石申曰：尾九星晝見，後宫有變者。

萇弘曰：尾星暈再重，其分野且有暴兵行。

應邵曰：尾暈七重，赤青白，經七運一變，天下無耳，其君誖中國，期八十日。

卑竈曰：尾星明暉大，而暈有背珥，其君失謀亡墜，期二年。

《河圖紀》曰：尾星暈五重，堯帝應天符授，不出九十日。

《荆州》曰：尾暈一重，陰臣謀謨君，期三年。

卜偃曰：尾星暈，七運七夕，其國有大疾，不出二年。

占月行

黄帝曰：月犯守尾，經六十日，天下諸侯離居坐，不出二年。

石申曰：月守犯陵尾，其君見賊，不出一年。

甘德曰：月犯蝕尾，經一運一夕，其國有喪，不出三年。

《河圖》曰：月犯尾，君臣不和。

郗萌曰：月犯尾，貴戚有誅者，其國有將軍死。

《荆州》曰：月犯吞尾第三星，其君大亂，民散亡。

石申曰：月逆吞尾第二星，后妃失勢，不出二年。

巫咸曰：月蝕尾第七星，女主失位，不出三年。

《海中》曰：月逆鬲尾第五星，其分野且内亂，君死。

錢樂曰：月暈蝕尾，其君疾，經三周，天下大赦，不出二年。

韓楊曰：月暈尾，其國穀不登，大水。

石申曰：月暈尾，益地。

《荆州》曰：月暈國尾，有盜地者百里以上，民多病寒熱，期九十日。

《春秋緯》曰：月暈尾第六星，其君不安，火兵行，不出二年。

陳卓曰：月暈尾第一星，其國天子失位，其令不行。

萇弘曰：月暈尾第三星，色明暉，而不出三年，有大殃，民流亡，期七十日。

郗萌曰：月暈尾九星，七運七夕，其君處以兵攻大破傷，以守國破亡，期八十日。

卑竈曰：月暈尾第八星鬲犯，其國民流亡，更王。

《懸總紀》曰：月暈尾第五星，其君有惡疾，期二年。

《勑鳳符表》曰：月暈尾九星，一運一夕，民絶食，君見賊戮於臣，期二年。

正月暈尾第三星，其邦易王，期八十日。

二月暈尾九星，其君不安，兵甲作不息。

三月暈尾第七星再重，有赤青珥，其分野水絶飢死。

四月暈尾第八、九星，五穀半熟半傷。

五月暈尾頭亭三重，經三日，不出七年，大旱，五月種穀絶。

六月暈尾四、五星再重，五雲繞，不出廿日，魏桓公帝時黄星之嵩，天下莫敵，不出七年，牛詠歌如人，桓公聞其音召而用之。

七月暈尾箕再重，有背珥，不出三年，燕王崩。

八月暈尾九星四重，其邦大小不通，民飢，貴人多死。

九月暈尾三星，有背三，其邦失，主弱，群臣奪主，令不行。

十月暈尾再重，七變鬲犯，經七日，天下無目耳。

十一月半月暈尾一重，其邦君不□社稷，迴風大發，道路不行。

十二月暈尾頭亭五重，其色□，不出三年，其分野白馬化爲黑，君乘大安，天下大豐昌。

右十二月暈尾，《勑鳳符表》占。

占五星

《勑鳳符表》曰：五星留尾，經七十日，其國諸侯謀君，期九十日。

《懸總紀》曰：五星逆犯守尾，小人謀君，大臣與相讃，期二年。

《三靈紀》曰：五星陵乘尾者，君弱，民多死，五穀傷，期九十日。

郗萌曰：五星留逆犯守乘陵尾星者，皇后有以珠玉簪珥惑天子者，誣讒大起，后相貴臣誅，宫人出走，兵起宫門。

班固曰：五星守尾者，皆爲大人女君惡之，不出一年。

《荆州》曰：五星逆行尾，其君淫泆，期二年。

《河圖》曰：熒惑與歲星若與辰星合尾，皆爲用事者當之，天下牢關大赦。

《荆州》曰：熒惑、填星入尾，練布大貴，將相人民離其城郭。

巫咸曰：五星犯留守尾第六星鬲，留登失位逆行，天子失明臣，天下諸侯争位，期二年。

甘德曰：五星犯留陵乘尾九星，經卅日已上，其國有耶女，五年不出，亡遷土，其國空，民亡。

卜偃曰：五星合尾逆行，觸失度尾第七星，其國夷狄且來侵堺，期八十日。

占歲星

《勑鳳符表》曰：歲星入鬲尾留，逆行，其分野不出千日，暴兵移其國。

《懸總紀》曰：歲星犯守尾，經六十日逆行，妙鬲留，女后匿隱於蕃國，期一年。

黄帝曰：歲星入尾，政在臣下，期卅日。

《荆州》曰：歲星入守，妾爲適，臣專政賣權，災爲起。

《海中》曰：歲星出入，留舍尾五十日不下，天下七國有大臣亡者。

郗萌曰：出入留尾，其邦以義致天下。

石申曰：歲星舍居尾，其西傷穀；其南民多病寒熱，政急，期二年。

甘德曰：歲星居舍尾，西多食傷；其東馬多死；其北牛多死，旱水。

巫咸曰：歲星守犯乘尾，王者立太子，賜后宫。

《七曜内紀》曰：歲星犯守舍尾，其國旱，萬物不收，火災並起。

《荆州》曰：歲星守陵乘舍尾，經一月，王者立貴后夫人，妾有産子男者，欲封寵。后族有逆殺上者，兵起，車騎出，王者沈后，旁女族外顯，不出百八十日。

郗萌曰：歲星守尾，成鈎已，夫人女君死亡。

黄帝曰：歲星犯守入吞尾，其國内外亂，走亡，期九十日。

石申曰：歲星吞蝕尾，經二旬，逆行失度，其國太子暴死，期二年。

甘德曰：歲星蝕逆失度尾，五帝兵强自守，五將失地。

巫咸曰：歲星乘居舍尾第五星，王道絶，人君有分地居，不出三年。

卜偃曰：歲星舍鬲犯，經七十日，謂都尉臣與天子大戰流血，期八十日。

卑竈曰：歲星鬲官逆行指兑，大將軍死，五穀傷，期八十日。

萇弘曰：歲星犯留尾第二星，經廿日，其國亂臣弑君，大臣相殺，流血滂滂，不出五年。

應邵曰：歲星犯、留守舍尾，其國天將軍印逆，大臣妻死。

梓慎曰：歲星暈，尾再重，經七運七夕，女子管天下政，期六十日。

子韋曰：歲星暈，尾七重，赤白，天下大將並起，誅天子，民失家。

錢樂曰：歲星暈，蝕尾，色亡不見三日，天下迴風大發，而五穀不收，城外大臣攻擊，期六十日。

唐昧曰：歲星暈，尾三重，其君且亡地，期二年。

占熒惑

《勑鳳符表》曰：熒惑入尾州鬲蝕，臣殺其天子，小人有變，期二年。

黄帝曰：熒惑犯神尾，經留，經廿日已上，又逆行失度，於順度不入，經七日，天下有二主争國，期五年。

《懸總紀》曰：熒惑入守尾第三星，不出廿日，色亡不明暉，大臣弑其天子於東都，守尉、潦官、大臣□以士謀君，期八十日。

《總災紀》曰：熒惑守留九日，經八十日，帝遜位禪宗，期二年。

甘文卿曰：熒惑入尾第一星，留，不出廿日，三將軍並誅。其天子青龍二年二月己未大兵起，大戰，戮官長魏東陵於野竹。

巫咸曰：熒惑入尾第四星，經七十日，是諸登逆天下，諸侯失道，期三年。

石申曰：熒惑入尾頭星，天下諸侯國藏兵，期三年。

卜偃曰：熒惑留尾第七星公門，經廿日，又逆行廿日失度入大微右執，留廿日，是謂領率則魏東比諸侯謨戮其君，期一年。

卑竈曰：熒惑入貫尾第六鬲星，經一旬，不出三月，蕃兵盡凶反，期一年。

萇弘曰：熒惑入犯尾第一星，經一旬，其天子宫室有讒誅之臣，小人齒外兵，期二年。

郗萌曰：熒惑入尾第九星，經一旬，又留舍，經廿日，其分野七月大旱，有秋分大水傷生實，期一年。

《荆州》曰：熒惑入尾犯乘之，天下戰流血，民還呑，期二年。

《海中》曰：熒惑舍居尾第二星，經六十日，其分野牛馬自死，期九十日。

黄帝曰：熒惑留守尾箕，下臣淫亂弑君，期一年。

甘文卿曰：熒惑乘尾第五星，陵經一旬，宫人相宫，女主恐小人爲變動，政兵更王，期九十日。

京房曰：熒惑留守，經卅日，女主任胎有憂，天下大飢，人相食。

班固曰：熒惑留犯陵尾第八星，貫流星，天下有逆反者，從大將軍安坐起，期半周。

郗萌曰：熒惑入守犯留尾九星，經九十日，每星色變，小人陵上，君弱臣勉，奸臣賊子謀戮其主，后宫干政，期八十日。

《陳卓》曰：熒惑守九江，經一年，色亡不光，其分野大旱，赤地千里，民道死不葬，五穀三倍，期三年。

《荆州》曰：熒惑守犯入留九子第六星，經三月，奸臣有毒藥殺天子，大臣妻有憂，期八十日。

《總災紀》曰：熒惑守尾第一星，經半周，其國天子宫内有匿謀，女主妾相讒妬，三公九卿有奸，淫泆並連。

郗萌曰：熒惑守第九[星]，經二旬，后宫失火，九卿有憂。

韓楊曰：熒惑守犯留尾第六星，經一旬，其國天子妾爲毒酒，期三月。

《文燿鉤》曰：熒惑守尾鬲星繞繯，經一旬，其分野塌道絶，期二年。

《河圖》曰：熒惑守留尾第八星，經七十日，天子車駕折。

應邵曰：熒惑暈，尾九星三重，色青赤，震離，大臣獻天子玉寶，天下大赦，期八十日。

黄帝曰：熒惑暈尾，五重五色，一運一夕，終天下大喜，天子堂府興昌，天下大赦，人民豐，得進退，期五年。

石申曰：熒惑暈，尾四重，有背珥，天子妻任胎壞，天下大赦，后堂失印弊，期八十日。

占填星

《勑鳳符表》曰：填星留尾第二星，經二月，成都攻長沙，於是公私飢困，百姓力屈，期九十日。

《總災紀》曰：填星留守尾第九星，經廿日，其宫室空，期八十日。

《懸總紀》曰：填星犯尾第五星，經廿日，三王據國政攝，不出五年。

石申曰：填星鬲博守九江，經半周，諸侯以毒酒捧天子，不出一年。

《河圖》曰：填星留犯陵尾第七星，三臣失門流千里，不出半周。

郗萌曰：填星逆行尾箕，妾爲后妃；留尾箕，逆失度，色亡，天子妻黜，期一旬。

玄龍曰：填星乘陵尾，經八十日，奔兵侵内，穀倉火所燒，期八十日。

《海中》曰：填星入留舍尾，經廿日已上，其分野出大將軍者，不出半周。

郗萌曰：填星留舍尾、陵尾，大臣誅諸侯，不出一年。

甘文卿曰：填星守尾第六星，經卅日，其國貴人有喜，天子立后皇，不出半周。

巫咸曰：填星守犯九江，經七十日，其國五穀不得，民飢。

《荆州》曰：填星守留九子，經二月，其分野大旱，盜賊並起，富門倉空，不出三年。

《公連紀》曰：填星守犯留尾，逆行失度。又尾第三星入，不出五十日，相去一尺，其色同與尾，其國女主攝五德據天下。

神公曰：填星暈尾九星，大臣失位流千里，期半周。

《東晉紀》曰：填星暈尾第六星，貫流星，一運七處，其分野民覓君臣，篡卒士，不出二年。

紫辨曰：填星暈尾再重，蝕，一運一夕，三陽臣殺君，期六十日。

《誠圖》曰：填星暈尾四重，暮終，其分野大寒、大暑、大風、大雨，君失節，期一年。

占太白

《懸總紀》曰：太白入尾第二星，經六十日，其分野大臣專權，終以無禮破滅，内亂之應也。

《總災紀》曰：太白守乘尾第八星，不出三年，東海王越殺諸葛政。

《東晉紀》曰：太白守犯尾第一星，經一旬，其分野管雉大臣殺君，期廿日。

石申曰：太白犯守尾，民謀變，國易政，不出二年。

郗萌曰：太白出入，留舍尾第七星，天下糴大貴，更爲元年。

甘德曰：太白守犯尾第五星，天子失勢，勉臣來攻擊，期半周。

《荆州》曰：太白犯留尾第三星，經廿日，其分野民狂病，兵甲作，期八十日。

巫咸曰：太白守留尾，相去一尺，其分野后皇失床印，宫人多死，期九十日。

《海中》曰：太白入守，居舍尾，經一旬，其國以水兵大戰，不出二年。

《勅鳳紀》曰：太白乘居舍守尾第五星，天子妻且黜，民飢，軍糧絶，道死。

《懸總紀》曰：太白守尾，經廿日，宫内有罪者必殺，期一旬。

郗萌曰：太白守犯尾，經七十日，天下大蟲，軍無糧，大兵將將，滿道不行。

近，女主〔去〕，遠，女主廢，期半周。

李房仙曰：太白守(舍居)〔居舍〕尾第一星，經八十日，不動避名野，萬餘家流亡，期五年。

《七燿内紀》曰：太白暈尾九星三重，七運七夕，其分野出大火，而千餘家燒亡。明年王者亡地，不出三年，顯王崩。

《易緯紀表》曰：太白暈尾五色，不出三年，石季龍將劉寧寇没狄道。

《周圖變》曰：太白暈尾第六星，一運一夕，不出半周，石季龍薨。

《公連表》曰：太白暈尾七星，七變一運，其國大臣有匿謀，不出半周。

紫辨曰：太白暈尾第四星，一運一夕，其分野大飢，不出七月，伐涼州破地。

占辰星

《懸總紀》曰：辰星入尾第三星，經五十日，天下紀典更政，不出二年。

《勅鳳符》曰：辰星守入尾二星，桓玄篡位，不出三年，劉裕盡誅桓氏。

黄帝曰：辰星守留尾，經卅日，其分野有五主爭國，不出三年。

甘文卿曰：辰星守尾，其分野若宫有囚罪者，不出半周。

石申曰：辰星守留犯舍尾，經一月，天子穀倉雷霆燒亡，不出二年。

巫咸曰：辰星守犯尾第七星，天下水，萬物傷，民失家，飢死如足，疾疫並連，期一年。

《東晉紀》曰：辰星犯留尾第九星，經六十日，其邦失封臣，小人執政，期五年。

《海中》曰：辰星入留尾第八星，經五十日，后皇管政，讒妾並連，大臣隱匿，不出五年。

陳卓曰：辰星入舍乘陵尾九江，經八十日，色亡，逆行失度，九卿流五百里，諸侯管政，期九十日。

卑竈曰：辰星合陵守犯鬲薄尾第五星，經八十日，愍帝宫天火下燒亡，明年大旱，五穀不登，飢。

卜偃曰：辰星暈尾第六星五重，天下大亂，迷惑九將軍出誅四方，不出四年，大保武陵王導薨。

應邵曰：辰星暈尾九星三重，有珥，七運七夕，不出二年，魏元帝崩。

萇弘曰：辰星暈尾，三運一變，鬲理經一旬，不出九年，漢武帝崩。

占彗孛

《勅鳳符表》曰：彗星入天子，經三月，君臣替軌，民大飢，不出九年，群臣交兵流血。

《懸總紀》曰：彗星出后妃，經一月，秋分大水，穀實不取，明年后皇以印逆謀，薨。

黄帝曰：彗星貫太子，經八十日，其國九卿外内大亂，惡疾並起，不出二年。

石申曰：蒼彗星貫大臣，經廿日，其分七氏滅亡，不出三年。

甘德曰：白赤彗星入守仁星，經一旬，其邦移徙王都，不出九年。

班固曰：彗星守貫義禮，經七十日，晉恭帝不出八年崩。

石申曰：彗星孛干守尾，后有以珠玉簪珥惑天子者，讒謡大起，后相貴臣誅，宫人出走，起宫門，歲多土功近，期百八十日。

陳卓曰：彗星出尾，大水，天下大飢。

祖暅曰：彗星入尾第九則出第一天子，留廿日，前漢孝平帝不出三年崩，不出七年，民大飢，道路多死。

卑竈曰：彗星入尾三星留，不出五十日，女主以印奄毒御天子，謀謨與臣淫作奸。

占客星

《東晉紀》曰：客星入出天子，其邦有大喪，明年漢帝崩。

《西晉紀》曰：客星出入守留后妃、太子，經五十日，奸臣欲殺其主，不出三年内亂。

石申曰：客星貫仁義禮旁，近相去一寸，守留經一年，其邦有亂臣死相。若有戮者，女親爲敗，天下亂，期三年。

陳卓曰：客星彗孛出尾，其分野兵革罷弊，天下大飢，君子賣衣，小人賣妻，其歲大風大雨。

《河圖篇》曰：客星入天司空，其分野移徙，邑多土功，水，不出二年。

《荆州》曰：客星入九江，留，不出卅日，大國分兩争諸侯，期五年。

黄帝曰：客星入神尾，經三月，其分飢，人相食，多死者。貫天狗，北夷來陵，北夷大飢。

郗萌曰：客星入九江，經八十日，天下大振四方，男不耕，女不得織，不出三年。

《荆州》曰：客星守九江，經廿五日，其邦諸侯有客來使者。客星從尾第三星旁出，其君使諸侯來，不出半周。

《春秋緯》曰：客星入尾第六星，經一月，天下靡散，其災應楊州，不出三年，洛陽没後楊。

尹宰曰：客星犯鬲留尾第五星，經六十日，不出七年，哀帝崩。

《海中》曰：客星留陵舍居尾九星，經一旬，不出五年，穆帝崩。

陳卓曰：客星守尾，近相去寸，留廿日，色赤大，民多流亡，不出一年，天下貴名客使來。

《荆州》曰：客星入尾留，不出一旬，色赤黄，其天子有慶賀；色青，女主事；黑，有喪。

石申曰：客星色蒼，入尾頭亭留，其天子受客珍寶。色蒼，出尾第三星，君賊臣，有亡者，宫内人逃，不出半周。

郗萌曰：客星色蒼，守尾，其歲熟。

錢樂曰：客星色赤，入尾第三星，留五十日，其后宫有與近臣奸，戮死於宫中者，期三年。

卑竈曰：客星色黑，入尾，經二旬，其分君死，趙地有兵，胡不安，不出四年。

郗萌曰：客星色白，入尾箕間，經七十日，邊境儲兵於野鬲相攻，將軍薨。

《七曜内紀》曰：客星色赤白，乍留守尾第三星，經六十日，其君刑理失中，息毁其法，兵飢並連，人民流亡，期九十日。

玄龍曰：客星入尾第九星，經廿日，其國之法不明，不出三年，惠帝崩。

《東晉紀》曰：客星入神尾留，不行五十日，不出半周，其分野貴人多死。

《總灾〔紀〕》曰：客星暈，尾九星一重，一運一夕，小人謀殺其主，不出一年。

神公曰：客星暈，尾三重，七變七運，不出五年，魏明帝崩。

《懸總紀》曰：客星暈，蝕尾第一星，不出三年，其邦立侯王管政。

占流星

李鳳《鏡》曰：赤大流星入尾第二星，留廿日，其邦天子憂財寶，内宫且驚，期半周。

《三靈紀》曰：流星甚大，色赤白青交乍，貫尾五星，七運七夕不止，不出五年，明帝即位，大赦天下。

《勑鳳紀》曰：流星大如斗，出尾箕間指離入器府中，不出三年，天子黜，其後劉裕代。

《總災紀》曰：流星出尾仁星間，入騎官中，不出八年，魏文帝崩。

《公連紀》曰：流星入尾第五星留，不出三日，不出三月，孝懷帝崩。

郗萌曰：大流星貫尾第一星，一運一夕，宫中且口古婦女，私謀害國，不出半周。

石申曰：蒼赤流星出尾箕間，指兑入昴中，其邦小人讒后皇，期半周。

甘氏曰：流星入尾八星則出，而入積卒中，其邦女主出入不時，后堂有伏兵，期八十日。

巫咸曰：流星暈尾，一運七變，其邦且海大戰，流血，失地三百里。

卑竈曰：流星出尾，宫中且病驚，天下大赦，期九十日。

占客氣

《三靈紀》曰：蒼氣奔入尾繞，經三日，其邦天子馬折體傷壞，四方大愕驚，期六十日。

《河圖》文帝曰：赤白氣出尾箕間，徒宫中暴令下，諸侯且失門。

應劭曰：黄青氣入尾中繞，天無雲清，一運一表，終天子、太子以勉，兵相攻死。

郗萌曰：蒼氣入尾君，故臣有來功身者；出尾，臣有亡者。

《論讖》曰：赤黑氣入尾中，諸侯王客有來使者，兵事也。出尾，君往使諸侯用兵事也。

《海中》曰：赤黑白氣入尾，其邦有兵。

郗萌曰：白氣入尾，經三日，天無雲，獨天下貴臣客使來，期半周。

《周圖變》曰：黑氣入尾中，王侯客來。出尾，臣有亡死，期八十日。

卜偃曰：五色氣入尾繞，經三日，后皇任眙聖子。

萇弘曰：青赤白氣入尾繞乍，一運一夕，允臣匿隱，期七十日。

《懸總紀》曰：青赤黑〔氣〕暈尾九星繞，而一運一夕，不出八十日，漢武帝崩。

陳卓曰：五色氣暈尾箕，不出三年，周公授玄龜青喙赤文似字，以天子致德，大赦天下。

唐・李鳳《天文要録》卷一七《箕占》　箕星

主箕者，蒼龍第七宿也，天子之息亭庭也，后妃後宫之府也。《勑鳳符表》曰：箕者，主八風之門也，主君誓咎視候也。左二星主陳兵之庭也，右二星主候進退道也。《懸總紀》曰：箕星者，主高貴人，主臣謀變上。震離星名曰經奇，主喪車。金火星名曰周后，主言語通也。金水星名曰風伯，主邑守。震坎星名曰雲經，主船路也。魏石申曰：箕四星，十一度，距金水星，去周極一百十七度半，經黄道外在四度半經弱。箕星者，主謀變慎也，主讒賊，主胡客庭也，主蠻夷，一名天市，一名天鷄。殷巫咸曰：箕星主蒼龍之脚也，主七紀，主天子，后妃之遊床也，主封息之府也。《三靈紀》曰：箕者，主四目，主四耳，主財髙之府藏，主象德脩也，一名金鷄，一名風發，主萬耆也。《總災紀》曰：箕星者，主四調發生也，主電、雷，主閉開也。《東晉紀》曰：箕星者，謂漢理，一曰天㜮，故箕、壁、翼、軫四宿者，主風。起曰：一曰天司空，一曰天官，助陽長氣養，故曰箕。《西晉紀》曰：占三災七陳之象，候視箕星之變色。鄭卑竈曰：箕星失坐舉兵退，故秦以好占習諶詣觀高帝亡德。天之星雖多邐，猶占箕星萬一不失。晉李武曰：箕星，春三月失坐指逆，色不明，三將軍德滅。夏三月失狀光奄指逆亂，名曰初亡，主玄藏包也。秋三月失位指離，名曰表亂。冬三月失坐而如房星狀，二運二夕，名曰狼門。《周武帝紀曆》曰：箕星一名箕國，蒼龍之末宿也。堯帝時，箕國皆聚一處，相去寸，經七日，堯帝則得赤龍負圖至，應文典備爲德也。不出九年，堯崩，四海以八音而感也。陳卓曰：七曜箕内十二尺行涼州，八箕中勃海八箕一度，樂浪八箕三度，玄兔八箕六度，廣陽八箕九度，燕之分野也。

占箕星

李仙武曰：箕星表理明暉而大齊四星，其分野草木茂盛，人君當因此時而增係可長高之物，天下大豐。

《勑鳳符表》曰：箕星失坐床之狀而經一旬，其君討刑不理，穀不實，其分野内外出入不時。

《懸總紀》曰：箕星不明暉而三運八變乍不光大，功臣賞小，其臣不欣悦，作奸，期二年。

玄龍曰：箕星色青赤而經七十日失象，其君勞臣不護，無功賞爵禄，天無雲雨，八風發，宫殿壞毁，逆災起，不出三年。

《東晉紀》曰：箕星以季官年，三月官撩，一星失位不見八變七運，則堯帝大愕驚，天下大赦，專正身帝，百姓爲蠶農驚，是謂當時逆變。

《西晉紀》曰：箕、金、火星一歲不見春，君脩餝宫室，起土伐木爲德，妨禁百姓蠶農務，是謂逆時，天下百姓哭聲不息，蓄堺匿弊。

石申曰：箕星動摇經一旬，大風發，蠻夷來。箕后星動摇經七日已上，不出二旬，自坎震大風發。

黄帝曰：箕星位不正員財不齊者，其分野後宫有火驚且發有兵，期二月。

郗萌曰：天市不明正曲色黑，天下不安。若箕旁多星聚，色明，四運三變，天下安樂，百姓盛，期一年。

甘文卿曰：箕星明暉大，穀熟，其分無盗賊。箕星不明，五穀大傷。就聚細微，天下憂食。

郗萌曰：箕星位離徙，天下不安，人民移徙，不出七年。

《總災表》曰：金鷄二星二年不見，不出九年，殷湯失坐床，其分野大旱，天下大赦。

《公連物理論》曰：天市至中而則不見，經七日，其分野民不得休息，都邑包君奪，時無耕勤，天下飢死，如罡不葬，不出二年。

李仙武曰：風發失位不見，經七日，諸侯謀君，后皇失坐，印逆。

石申曰：箕四星晝見，其分野兵起，天子官敗壞，期九十日。

皁竈曰：天司空不見，蠻夷一歲重來，北方失地三百里。

卜偃曰：天鷄亭登不明，太子自經死，期六十日。

萇弘曰：后皇光明大，經一旬，從蕃國貴人使來入堺，其分野大欣悦，授天子珍寶，不出三年。

占月行

《東晉紀》曰：月犯息亭，秋穀不實，冬多水。

李房曰：月鬲留箕，不光奄，蝕吞遺如鈎，其國分四相攻戰，諸侯多薨，明年多疾疫。

黄帝《四靈符》曰：月蝕金鷄，諸侯迎逆后皇，有旁横刀，不出五十日。

石申曰：月守吞一運七變，色薄，婦人失勢，與小人通辭，不出三月。

應邵曰：月吞箕國后，天下有讒臣，多口舌，其君有憂，不出八十日。

《河圖》曰：月留蝕箕后，宫有咎，戮於市人。

郗萌曰：月失行道而入箕中，其分野内亂，大臣擊君，期九十日。

《荆州》曰：月犯天市經一運八變，諸侯有客讒人者雜大貴，女主有疾病，期一年。

《海中》曰：月守留天鷄，其國北血，將軍薨。

巫咸曰：月舍居金鷄，女主有欣悦，天下大赦，慶賀賜，明年后堂作奸，相攻流血。

甘德曰：月犯入箕星登息，色亡不明，是謂迴亡，天下君臣不和，令不行。

石申曰：月暈天市，其國五穀傷，民倉不實，飢薨。

郗萌曰：月暈天司空再重，有背，大風發，屋有坐口舌死者，北夷穀貴，大飢。

《荆州》曰：月暈箕星貫歲星，一運一夕，君皇嫉妾自經死，不出一年。

石申曰：月暈箕斗一重，從震坎來而戰者勝，從離兑來而戰不勝。

《河圖》曰：月回箕斗，其分野五穀不登，大將易位。

《春秋緯》曰：月失行離於箕行，天下風，糴貴。

《總災紀》曰：月暈風星貫流星，小人執政，黜大臣，君不安，期一年。

紫辨曰：月暈箕星三重，赤、青、白，天子以食樂崩。

《勑鳳符表》曰：月暈金鷄四重，青、赤、黄、黑，有珥，左右功臣失封禄，其位争小，人君堂藝不行。

《周圖變》曰：月暈箕二星，民無故自經死，多不葬。

《七曜内紀》曰：月暈箕一星，一運五變，君宫殿中在奸，女子盜其君印，期一年。

陳卓曰：月暈天司空犯吞，外將軍侵内相攻戮，失堺三百里，不出三年。

正月暈經奇，天下社稷亡燒，君失位。

二月暈風伯，其國人君消政暴，不出三年，有兵奪。

三月暈雲經，明年春山崩，有伐城者，期九十日。

四月暈金鷄，七運七鬲，色黑亡不明，夏山崩，天下多水，其君失節。

五月暈天市，各山崩，其分野大飢，貴人多死。

六月暈天司空，七變，鬲犯不見，君臣争政，女戚謀其足，大戰。

七月暈箕二星五重，天下大喜，大赦，不出二年。

八月暈箕四星再重，其國兵革行，民飢亡。

九月暈天鷄七重，貫五色雲，七變六交鬲淡回，不出八年，漢武帝崩。

十月暈箕星，八運一變，諸侯與君争國堺，不出三年。

十一月暈箕星，迴繞貫青赤雲，其分野流血，侯不不次，父子失道。

十二月暈箕星，其如血，一運一夕，指逆，人君位絶副天下且無壬位。

右十二月暈箕，《勑鳳符表》占。

占五星

《東晉紀》曰：五星出入箕中，女主執政，不出五年。

《勑鳳符表》曰：五星入箕不出，經七十日，其國君德動，黜忠臣，倭人用。

《總災紀》曰：五星聚箕中，相去一尺，經六十日，不出七年，惠帝崩，山崩，天下五穀傷，大旱。

陳卓曰：五星入箕中，其國諸侯多薨，期一年。

郗萌曰：五星守犯箕，女主爲病，大赦，不出二年。

《荆州》曰：五星犯箕，經一旬已上，外臣與女主謀變戮君，不出九十日。

京氏曰：五星守鬲奄不動，經八十日，其國三公外謀，有逆兵起，不出五年。

皁竈曰：五星離犯箕星，經七鬲八變，其國不出五年，相謀逆，兵行，女主有咎。

石申曰：五星上官，箕二星乍色變，經五十日，其國天子黜故臣近新臣，天

下印逆，諸侯有憂，不出三年。

《荆州》曰：歲星、熒惑入箕，爲盜賊大起，鬬死者，穀不實。

甘氏曰：五星會居箕，天子失坐床，大愕走，期十日。

郗萌曰：熒惑、太白色赤芒，舍居大津問，河不度，諸侯不通。

班固曰：熒惑與辰星相近近箕，相去寸，天下窂開大赦，期一年。

萇弘曰：太白與辰星舍留居箕，天子失坐，命謀大臣用事者，不出一年。

巫咸曰：五星避奄箕星，經八十日，色亡，不一月，不出八年，殷湯失坐登墜。

《總災紀》曰：五星陵留表奄象箕三星，經卌日，不出九年，顓頊帝崩。

卜偃曰：五星詘留箕星，經廿日，不出三年，秦武帝崩，天下百姓飢，三將争國，諸侯失足坐、四面走亡。

占歲星

《西晉紀》曰：歲星入貫吞陵箕，輔臣執政，不出二年；兵，不出三年。

神公曰：歲星鬲達箕經五十日，小人逆謀謨君交。

郗萌曰：歲星入箕，糴賈三倍。

陳卓曰：歲星亡逆箕中，其行度宫中有口舌事，譏諸侯，期二月。

《東晉紀》曰：歲星犯守箕左二星，經七變七鬲，天下内亂，有謀，横兵起。

《勑鳳紀》曰：歲星陵舍箕西南，其分野五穀無實，民飢。

郗萌曰：歲星出入留舍箕，其國以武致天下，不出六十日，且小人僞君致多旱，貴人多死。

《公連紀》曰：歲星相陵乘箕星，經一月，其君堂淫泆發，期八十日。

玄龍曰：歲星乘合箕星，經七十日，逆行失度，君任用女人箕〔管〕政，大臣與謀，四方民戮天子，不出五年。

石申曰：歲星犯守箕星，經三月不動，君失忠臣，小人爲僞，天下兵革連行，不出三年。

甘文卿曰：歲星守舍天鷄，經六十日，其分野東北地裂，六畜大驚死。

黄帝曰：歲星入舍金鷄，經七十日，不順度留，勞臣無故自經死，明年大水，旱。

巫咸曰：歲星居舍箕，經一月則暈三重，貫天狗，其分野賢人失坐，世主失勢，不出八十日。

卑竈曰：歲星乘守箕星，七運三變，君宫殿中大傷毁，不出半周。

萇弘曰：歲星暈天市三重，色青赤，天下女主執政，内亂替大臣天下。

《海中》曰：歲星乘暈箕星四重，其國不出五年，大水，失地五百里，民流亡散。

《荆州》曰：歲星暈天司空，有背珥，赤雲交，其國邊有急令，戎馬興武功，四夷來侵國，不出三年。

應邵曰：歲星暈箕星五重，鬲登色亡，女后管政，不出五年，其國亡。

占熒惑

《東晉紀》曰：熒惑犯乘箕，經五十日，君有政興且將發，不出七年，移其國。

《春秋緯》曰：熒惑入箕，經七旬不動，其君失安坐，期八十日。

黄帝曰：熒惑居舍天鷄，經一旬，貴人爲變，以毒兵相攻擊。

石申曰：熒惑守金鷄，經八十日，天子封功亂援無功臣，小人謀戮君，期九十日。

郗萌曰：熒惑犯守合箕，天下男女田農蠶不得，大飢散亡，不出三年。

《河圖》曰：熒惑出八留舍天鷄，經一旬中，其國士卒半死，君臣萬騎連兵，吏民相攻，失地，民人流亡，禾豆不實。

甘文卿曰：熒惑舍居鬲留箕，經七十日，其君不保宫殿，不出一年。

巫咸曰：熒惑入箕不出，經六十日，天下民失宅走亡，不出七年。

郗萌曰：熒惑留守箕星，經三月，其國兩分，大戰流血，不出九年。

《荆州》曰：熒惑入留箕，七鬲七登乘守，經九十日，漢武帝失足坐，不出三百日，民飢流亡，道路多死者。

卜偃曰：熒惑入守箕，七運七隔，色不明，后妃安床不明，貴人有謀亂，天子發任，天下大赦，期二年。

《荆州》曰：熒惑陵舍箕，經五十日，其分野大水，萬里爲海，橋梁不通。

郗萌曰：熒惑入箕，色亡吞，經二旬復還守之，天下民人大飢，不出三年。

萇弘曰：熒惑億留金鷄，八變一運，君不安，臣强，諸侯作奸，婦人女謀害國，期五年。

應邵曰：熒惑入箕復守犯，其國多疫，北夷狄來降。

韓揚曰：熒惑守舍天市，六國容來，牛車騎馬多出及馬牛大死，復留箕，後宫中淫亂發，女主印逆死，不出一年。

石申曰：熒惑合守箕，相去二寸，經七十日，不出九年，其國内外殺謀君，交兵流血從宫中起。

《文燿(鈎)〔鉤〕》曰：熒惑守箕，天下紛擊，臣子謀，天下藏兵，人民相食糟糠，更政易。

黄帝曰：熒惑守合箕經七十日，色吞飢不見，燕王有疾，其分野大旱，政急，貴人多死，明年地動，三月出彗星，不出三年，高祖崩，民人四方亂亡。

甘德曰：熒惑守犯居陵箕星，經八十日已上，其國邑有賊盜，不出半周。

巫咸曰：熒惑犯陵箕，色亡不見，其分野有淫泆事，内變，九卿當之，不出二年。

《三靈紀》曰：熒惑守犯箕星，經五年，天下地分薨裂，逆兵起，蕃國將暴，内相攻擊，男女山野走散，匿弊，天下大愕，君臣相戰，亡國，不出九年。

《西晉紀》曰：熒惑守合居箕星，小人陵上，貴人失床留門，不出三年。

《荆州》曰：熒惑犯入箕星，經十月，天下大赦；守箕前後星，五穀大貴，不出一年。

郗萌曰：熒惑逆行箕失度，經六十日，諸侯相謀，火兵起，燒穀食，期半周。

京房曰：熒惑暈箕四星再重赤白，君與上下俱賊相無德，小人失進退，骨作奸謀，不出五年。

《春秋緯》曰：熒惑暈箕星五色，八運二變，其國有遠賊來爲害，有大喪，不出三年。

占填星

《勑鳳符表》曰：填星守箕星亡登，經五十日，其國大將争國，不出三年。

《懸總紀》曰：填星犯留箕星，經七運七夕，横兵大起相戰，不出半周。

《東總紀》曰：填星犯守金鷄，經三月，大臣以狂病薨，不出一年。

卑竈曰：填星出入留舍箕星，經一月，其國太子印逆，大將殺，期八十日。

萇弘曰：填星鬲奄留箕，經五十日已上，天火下燒，人及牛馬死，不出半周。

《海中》曰：填星出入箕星，兵起，有水災，多蟲蝗，不出半周。

《荆州》曰：填星出入守犯箕星，經九十日已上，民流亡，國邑空，更王。

石申曰：填星守犯箕舌，貴人大憙立后皇，王者陵發，不出五年。

巫咸曰：填星舍居留箕星，經七十日，其國多水災，萬物不成，五穀不實，有喪土功事，其君謀大臣，不出三年。

卜偃曰：填星守犯箕左右二星經八十日，復逆行犯守經一月，周武帝時，天火燒殺萬物，天下分裂不相屬，不出五年。

黄帝曰：填星暈箕星四重，經七變七登樓，其國有天兵屠裂，不出半周。

神公曰：填星犯舍天市，九登一運，天下有相吞滅者無目耳，不出三年。

班固《天文志》曰：填星守留箕星，色青，赤白變，經五月，天下不安，君不得臣變競，期九十日。

應邵曰：填星暈蝕吞箕星，經一運一夕，指逆失坐，不出四年，天火燒宗廟，此君失天神敬，内淫泆亂發故。

巫咸曰：填星暈留金鷄經三日，貫流星經七日，不出三年，君宫殿作奸淫，蕃邊臣與女主通，不出五年。

陳卓曰：填星暈箕四星四重，一運一夕，後宫以兵衛，女主失床坐，期六十日。

占太白

《勑鳳符表》曰：太白入金鷄坐中，其君失位亭，不出半周。

郗萌曰：太白居箕星中，天下州大戰，後有大赦，不出三年。

《懸總紀》曰：太白守犯箕星一運，傍臥經六十日，天下毒水起，吞食民反，六畜多死。

《總災紀》曰：太白守留天司空經三月，不出五年，周文王崩。

《蓋天論》曰：太白運登箕星舌留廿日，天下井水竭亡，明年大風發，壞毀宫室，草木枯墜亡，不出三年。

《渾天論》曰：太白周鬲箕二星經五十日，不出九十日，大風發，天火下燒後宫，諸侯争，四方相攻擊，明年七月，秦武帝崩。

《荆州》曰：太白入箕星，其君自備下有兵。

石申曰：太白犯天市，天下民大飢，期三年。

郗萌曰：太白出入留舍箕星，五穀不下，多蟲蝗，不出一年。

《東晉紀》曰：太白犯守天司空經一旬，天下半得半不得，不出三年。

甘文卿曰：太白與熒惑舍天津中經二月，太子各母出遠門，堺匿奄自經死。

郗萌曰：太白提登箕星經七變，人君有喪更故，不出八十日。

李房曰：太白出留箕星經旬已上，邊將候君，宫有伏兵從坎起追，不出三月。

巫咸曰：太白守入箕星，民多疾疫、飢死，期半周。
黄帝曰：太白犯留舍陵金鷄七運八夕，貴人以兵術守，天下有兵，期半周。
玄龍曰：太白入留守風發，經五十日，其分野萬物多壞毀，土功起，糴貴。
《西晉紀》曰：太白舍居留犯鬲暉箕星，經二年不動，復退逆行失度，其分野君失道，三公黜，期九十日。
《三靈紀》曰：太白色赤，光角大，犯守箕四星，色壬不見，經一旬，其分野夜鬼哭出，井中虹蜺，災民分離已，其君失地千里。
郗萌曰：太白犯守箕口，執政者爲内亂，旱，大風，民人有非謗者，不出半周。
陳卓曰：太白犯舍合箕舌，其分野益地，有德令，期九十日。
《總災表》曰：太白暈箕四星再重赤白，天下争土，諸侯大起。
李房曰：太白暈蝕吞箕、金、火星，三日不出，宗廟大愕驚，宫中女多死。
《公連紀》曰：太白暈蝕箕、金星，經一運一夕不見，君淫亂起，君起與臣相殺，期八十日。
《易緯》曰：太白暈箕星四重，不出七年，高祖印逆，崩。

占辰星

黄帝曰：辰星守箕星經七運，經三月，其分野貴人多死〔期〕半周。
《勑鳳符表》曰：辰星犯守留箕星，其分野婦女多死不葬，不出一年。
《三靈紀》曰：辰星出入留箕舌經三旬，其國河水天溢，期秋分。
郗萌曰：辰星舍居箕星，經七十日，其分野兵起，君以妾爲政，大臣謀内亂，期七十日。
石申曰：辰星舍居箕，其分野兵起，后奴婢爲民，秋分大水滂滂。
巫咸曰：辰星犯舍乘箕星，多火災，五穀不實。
郗萌曰：辰星犯留守舍箕星，國中有火兵，執政者當之，不出二年。
李房曰：辰星出入犯守箕星經五十日，三將軍並起，大戰，國亡失地。
黄帝曰：辰星犯舍乘守箕二星經旬，七日以内禍災起，若有疾風，解之。
《懸總紀》曰：辰星暈箕舌，不出一年，有逆臣；歲中，外敗城廓。
《東晉紀》曰：辰星暈箕四星黑白，一運一夕，守留六十日，貫彗星復經五十日，天子與后妃俱自經死，兩喪車並連。
《西晉紀》曰：辰星暈守箕星經二旬，其分野地動，大水，山崩，逆，橋梁不通，不出一年。
《周圖官》曰：辰星暈箕四星，不出八年，晉恭帝印逆，崩。
巫咸曰：辰星暈雲經七變，赤黑三重有背，其君兄弟分離，大戰。
甘德曰：辰星暈箕星三重，君弱臣强，諸侯失地。
公連曰：辰星暈蝕箕四星，不出二年，臣殺君争國。

占彗星

黄帝曰：彗孛出箕中經三月，其主襄走不安，民飢，不出三年。
《懸總待紀》曰：彗星守箕上第一〔星〕經六十日，君被殃，人民流亡，不出七年，國大驚，失地五百里。
《總災紀》曰：彗星貫箕金離經五十日，不出三年，有喪，國内亂且起。
石申曰：彗孛暈箕四星經七日，其天子宫中淫亂，起謀大臣，后皇有咎。
《海中》曰：彗星出箕，五穀大貴，天下大旱，人民飢死，不出一年。
《長武表》曰：彗星出箕亭旁經三月，四夷狄來大戰，明年民飢。
巫咸曰：白彗星守箕經二月，其國穀不實，諸侯與天子攻擊，二方兵甲大起。
皐竈曰：青赤長十餘，彗星貫金鷄，經十月，君無德，臣作奸，小人讒多，五穀不收，於四方蟲蝗起，大飢，旱水，不出九年。
萇弘曰：白彗星長丈出箕舌，入黿星中，其國三丈將出，謀天子相攻擊，期八月。

占客星

《三靈紀》曰：客星守箕西南屏星，經一月，若宫殿中有暴喪婦女，明年七月交兵流血。
《海中》曰：客星、彗星出箕中，天下大飢，大臣有見棄損者，不出一年。
巫咸曰：客星入箕中，經二旬，其國諸侯争地，北夷大飢，不出二年。
甘德曰：客星入箕舌，不出一旬，守留，天下亂，多薨，期九十日，明年白骨千里。
石申曰：客星入箕第二星犯陵，不出八十日，其國大風，暴雨，宫女有怨，民多流亡，期三年。
《河圖》曰：客星守留入箕鬲星，經七變七上，色不明者，后堂有亂，大臣侵堺，不出二年。

《荆州》曰：客星入鬲登天市，經歲，其國大飢，人民相食，棺木用實三倍，君子賣衣，小人賣妻，牛馬多死，葧角貴，後宫有讒言咒咀者，西北夷狄來降。

黄帝曰：客星狀如雲，色黄，名曰土星。守箕星回經一旬，諸侯失地五百里，不出一年。

石申曰：客星入天司空中，經三月，四方民人田農蠶不得。

郗萌曰：客星入，色赤蒼暉而不移，一年，其分野且無君，小人管政，内亂。

巫咸曰：客星色白，星光暉狀大如太白，守犯箕星，經二月，其分野宫人出己，期半周。

《勑鳳符表》曰：客星刺，指逆，印守金鷄，經五十日，大將與大臣相告誣以罪，期半周。

《荆州》曰：客星出天市中，大風，宫室壞毁，不出一年。

《七曜内紀》曰：客星舍居箕星，經七十日，諸侯國大水，道路不通，期九十日。

甘德曰：客星守陵守箕二星，其分野民大飢，不出二年。

卑竈曰：客星守天津，經旬中，天下半熟半不熟。

郗萌曰：客星色蒼守犯天市，經八十日，大旱，五穀傷風。

《懸總紀》曰：客星色赤，出入箕中留經一旬，其國内亂，大國更市。

《總災紀》曰：客星五色變，入金鷄中不移五十日，大國使來，期九十日。

占流星

《五靈紀》曰：天狗貫箕星七運八鬲，有大喪，期八十日。

公連曰：大流星犯貫吞箕、金、火星，經六十日不移，君鐘殺自鳴，三將並來相攻，不出七年。

石申曰：流星貫箕星，君門傾不安，后宫大驚。

黄帝曰：赤蒼交流星出，從箕中入積卒中，君親戚起國，城郭暴相攻。

甘德曰：蒼流長十餘丈回箕四星，七運七夕，箕星色亡不明，不出三年，有大兵離亭懸近，臣於城郭中起，國門户閉不通。

陳卓曰：流星入箕中不移三日，其分野以水爲害，期秋分。

《海中》曰：流星出，從箕中入房，曰道，强兵暴内國界來，大戰，期六十日。

占客氣

應邵曰：氣入繞箕星離息經旬不動，人君德用讒人，四方蟲蝗生，歲穀不實。

郗萌曰：白蒼赤氣出入箕中，一運一夕，且天子後堂淫泆起。

石申曰：黄白氣入箕中繞，其分野暴，婦女有喪。

郗萌曰：蒼白氣出入箕中，其國災殃除。

甘氏曰：白、蒼、赤氣入出箕中，四夷狄客來見，有美女喜；色蒼爲風，黑死亡。

公連曰：黄、白、青、黑氣繞箕星經一旬，内亂流亡，期半周。

郗萌曰：黄氣出箕中，天子有使者出，以美女享客來，期一年。

《河圖》曰：五色氣繞回箕四星，經三日，天下有大喜賀慶事，不出半周。

陳卓曰：赤白氣入箕星中，君有咎，女主有憂。

《荆州》曰：氣出箕星入騎官中，其國且火驚起，期六十日。

唐・李鳳《天文要録》卷二〇《湏女占》 湏女

主湏女者，玄武第三宿也，天子之居處也，陰發而生所也，主出記時候也。女者，猶交合也。《東晉紀》曰：湏女者，陰陽之會離道也，主四德之首也，主貞女之象也，陰陽之萌始觸亭門也。《勑鳳符表》曰：湏女者，大陰之鬲樓也，主四目，主女重閉開門也，主機物，主婦官系臬也。《懸總紀》曰：湏女者，主愛慈，主女功奄紀顯也。魏石申曰：湏女四星十二度，距西南去周極一百六度，在黄道内七度太，主布帛財制理，故置離珠爲藏府也。殷巫咸曰：湏女者，去周極百四度太，在黄道内六道半經弱，主珍寶所藏也，天子之休息道也，萬物助生□也。甘德曰：源女者，人天少府也，爲寶倉也，主麻也，主財藏也，主布裁製嫁娶。鄭卑竈曰：湏女者，賤妾之稱，婦職之卑也。一名務女，一曰臨官，主女財急織。一名務咸，一名女郎。周應邵曰：湏女東南星曰客，東北星曰登星，西南星曰女舌，西北星曰伴女。常以夏昏西北星□一辰運，故曰亡女。晉卜偃曰：湏女者，主七亭之府也。《勑鳳表》之門一星指逆失位，名曰：逆女，伴奇端一星指逆運登，名曰：孌女。春三月色白赤發殺色青黑乍，天下愬浡。憂三月五運七變色壬，天下祐臣多死，宫中巫祝咒禱祠以求幸，有當黜者。《易緯》曰：湏女者，主九德出入候節色也，指逆失位，其分野五穀不保，君臣失勢，四方骰壬象紀也。《七曜内紀》曰：湏女者，主分倚也，三光女外四尺行青明。自湏女八度至(色)〔危〕十五度爲玄枵，於辰在子，齊分野也。陳卓曰：玄枵起女六度。韓楊曰：玄枵起女二度。《東晉紀》曰：泗水入女一度，六安入女六度。《蓋天論》曰：自

須女五度至于辟二度謂漢紀，萬物之進退庭也。

占須女

《懸總紀》曰：須女色象不齊宜高者，天下諸侯争地堺，不出五年。

《三靈紀》曰：須女象三變，明微細小經一旬，其國三王辛國，不出半周。

黄帝曰：須女色象不平，傾息不暉，經歲，不出五年，其國有五逆兵。

巫咸曰：須女四星象體羸高不明，不出二年，武官謀成。

甘德曰：須女二星不見，經歲，其分野坎方有三逆臣弑其君，不出三年。

石申曰：須女三星不見一旬，其歲，陰陽不和，春雪，夏大風發，草木枯，五穀不保。

《五靈紀》曰：須女息迴不節而色赤黑，經歲，其分野有惡兵於離方起。

陳卓曰：須女一星不見，其分野女主有姖亭奸臣，不出二年。

卜偃曰：須女四星主表節，色黑黄變薄乍，經三月，小人與内臣同謀，弑其君。

卑竈曰：須女二星不明暉，經歲，天子失發官，不出三年。

萇弘曰：須女四星七日不見，堯帝協四面於官尉，都涼大戰，不出二年。

應邵曰：須女不暉經三日，四夷役内，臣不侑君，不出三年。

郗萌曰：須女二星廿日不見，女主出入不明，姬堂有憂。

公連曰：須女色壬高八日不見，其國失地五百里。

《易緯》（公）〔曰〕：須女四星色象不齊而逆登迴，不出四年，諸侯國壬，三狩並起。

《荆州》曰：須女色不明者，其分野有大喪，不出半周。

《海中》曰：須女色黑赤，東南星青乍羸息者大，國大飢，民流亡。

《東晉紀》曰：須女色不明壬運不息，其國百姓多死亡。

《蓋天論》曰：須女迴亘不間而經歲，其分野諸侯與小人同欲殺其君，不出一年。

《西晉紀》曰：須女失位縮經息指逆，不出三年，其國女主有喪。

《九州紀》曰：須女色觀登不明，經二辰，大臣君。

《渾天論》曰：須女北運之初女主武女色不明，經歲，指逆，兑方臣欲變敗宮室，不出一年。

紫辨曰：須女色明變薄經歲，南方益地，北方失地，將薨。

石申曰：須女四星晝見，其分野大飢。

李房曰：須女四星色明大暉光而天下有賢女生，不出二年。

占月行

《懸總紀》曰：月暈須女，賈婦多疾死，其分野大臣謀不成，牛馬多死亡。

《七曜内紀》曰：月犯須女，其國節婦薨，諸侯謀君。

梓慎曰：月暈吞須女，其國不出三年，百姓無所居，空邑。

卑竈曰：月蝕須女，其分野賤人執政，尉門兵盡起。

卜偃曰：月蝕須女經五辰不出，其國民大飢。

班固曰：月暈犯東南須女，三君失印床無勢。

李房曰：月暈須女經七運高息者，其高迴外臣與内臣大戰，不出三年。

陳卓曰：月暈犯須女經七運高息者，其國城下拔而掃兵，有反臣，不出一年。

黄帝曰：月暈守須女經六辰，不出三年，主死。

石申曰：月暈蝕須女，其國死，自經死多者，骨不葬。

巫咸曰：月犯留須女一運七變，其國有惛死者。

甘文卿曰：月犯左女官，陰臣謀不成，諸侯僞君。

《勑鳳符表》曰：月犯右司女，奸臣使來試其國，不出三年。

《懸總紀》曰：月乘須女，强兵莅國邑，期八十日。

《東晉紀》曰：月蝕暈須女經五辰，其國執亭臣狂天子，不出五年。

《蓋天論》曰：月暈須女三運二夕，不出二年，其國主逡。

玄龍曰：月暈蝕乘須女經二運一夕，小人管政吞天下，不出三年。

《三靈紀》曰：月暈犯須女，其國女主與臣争，期八十日。

梓慎曰：月暈須女二星，其分野暴兵起，不出三年。

正月暈須女再重，從外國兵來，侵内，民流亡。

二月暈須女四星五重，其國有喪。

三月暈須女登逆運息者，天下大地動。

四月暈須女三重，一運一夕，女主有喪。

五月暈須女二星二重有左珥，其分野有火災。

六月暈須女五重有背虹，陽國大兵起，失地千里。

七月暈須女一星色亭迴達，不出三年，其分野飢。

八月暈蝕須女，其歲飛蟲多死。
九月暈須女一運七登指逆，其山崩地裂。
十月暈須女有珥背，其歲冬，流大臣千里。
十一月暈須女二星有白虹貫，不出一年，其國内亂。
十二月暈須女五運鬲夕者，夏霜降，五穀傷，實不保。
右十二月暈須女，《勑鳳符表》占。

占五星
《東晉紀》曰：五星犯乘須女，其國臣强君弱，大將仵捐，期九十日。
《勑鳳符表》曰：五星聚須女，不出七年，大國亡。
《懸總紀》曰：五星乘陵須女，其國勞臣失家，期七十日。
玄龍曰：五星出入須女不息，其國北民大飢，貴人多死。
《海中》曰：五星逆行須女陵舍不止，一運三變，其國小人昌，君子王位，不出二年。
梓慎曰：五星羸縮須女七運一變，諸侯謀君，女主外走亡，不出三年。
卜偃曰：五星須女逆行失度，吞蝕二運一夕，天子飢死，期廿日。
陳卓曰：五星留逆行須女，其分野有喪，不出半周。
卑竈曰：五星犯守乘陵須女，其分野天子與大臣有變，必有奇令。
郗萌曰：五星有守須女，其分野大水且至。
石申曰：歲星、熒惑、太白有守犯須女，其國有女主喪。
巫咸曰：歲星、太白、辰星有守須女，其分野萬物不保舌，夫人有變而妾爲主。
《鴻範傳》曰：太白、辰星合犯須女，其國小人有變，謀兵起，不出二年。

占歲星

黄帝曰：歲星犯須女，經七運一夕，其分野女至衍有奸，印逆天子。
巫咸曰：歲星守陵須女經旬已上，不出三年，天子出賣買令，民有憂。
《公連記》曰：歲星陵鬲女郎經二運一夕，色蒼蒼，其國有白衣之會。
紫辨曰：歲星守陵舍務滅，經五辰則還逆行留犯，其國小人政貴，道路塞，期五十日。
李房曰：歲星舍居羸女郎，經八十日，其國大旱，草木不生，君失位，不出二年。
《七曜内紀》曰：歲星犯守合不息女郎，經歲，君兵大强，諸侯弱。
紫辨曰：歲星犯息亭須女，經一旬，其國有賢臣據天下。
郗萌曰：歲星出入須女，諸侯有賀天子以美女，期九十日。
《西晉紀》曰：歲星留舍居須女，不出二年，天下兵用，更立侯王。
《海中》曰：歲星舍居須女，經七運一夕，其國東方不利。
梓慎曰：歲星舍陵守須女，經七十日，其國大風雷，民多寒(陳)〔凍〕死。
卑竈曰：歲星居舍縮須女，其分野有水災，五穀傷。
甘氏曰：歲星守犯須女，經九十日，其國女主有憙，立太子。
京房曰：歲星羸犯須女，經五十日，其國多火災，民飢。
班固曰：歲星守犯陵須女，七運鬲登者，其分野有婚姻令，布帛大貴，乳多死，五穀傷。
陳卓曰：歲星犯吞須女，光芒逮亡薄，經六十日，其國天子有擾，諸侯武走亡。
郗萌曰：歲星守須女，經八十日，逆行，其國田農棄不務，君臣失節。
應邵曰：歲星犯須女鬲蝕，經廿日已上，相逮二尺，王者發紀失次財寶亡，不出九十日。
萇弘曰：歲星留令須女，經七變一夕，其國出王女據吞天下，期半周。
《懸總符表》曰：歲星逆行留暈須女三重，經五辰，君聾有晰，大臣迫君。
《勑鳳紀》曰：歲星逆行失度，須女色青赤黑，後六十日大風，雨雪，道橋不通。
《荆州》曰：歲星犯留須女，經七十日，三王争地，大臣走亡，不出三年。
《海中》曰：歲星犯守陵須女二星，經八十日，君將有兩心。
韓楊曰：歲星留須女七變鬲薄，山崩地動不息，女主有喪，明年春大旱，五穀不下。
《九州》曰：歲星出入須女色變，天子出入失時，民産不行務。

占熒惑

《勑鳳符表》曰：熒惑入犯須女，經七十日，君不明，國將亡。
石申曰：熒惑犯入留須女，經一旬，女主有喪，不出三年。
挺生曰：熒惑入犯守須女，經七十日、群臣謀君。
郗萌曰：熒惑守須女，經八十日，其國糴大貴，縣邑死者。留廿日，天子受

女子之慶，期九十日。

《易緯》曰：熒惑守留須女，經九十日，賢臣且遁謀女主，不出三年。

陳卓曰：熒惑留守須女，經五十日，其分野布帛貴，天子内美女宫中且内亂，不出半周。

石申曰：熒惑留守陵須女，經五運六鬲者，不出一年，天子有走亡，失宫室。

《三靈紀》曰：熒惑守羸須女，經九十日度不下，其國有兵，城守民分離，期六十日。

黄帝曰：熒惑出入留舍居女郎，經五十日，其開庫出兵逐諸侯大戰，多妖祥，大臣印之，不出二年。

石申曰：熒惑失度留須女，其國三公有叛背者，不出半周。

甘文卿曰：熒惑留須女，經六十日，其國東西有賊臣謀君。

巫咸曰：熒惑留守須女，經八十日，大臣與諸侯相攻擊。

《荆州》曰：熒惑守犯乘須女，經卌日，大人婦女有反逆者，從女宫起適爲妾，妾爲妻，其歲糴三倍，民人多飢死。

《海中》曰：熒惑入守須女，經一月，其國多盜賊，道路不通，期九十日。

卑竈曰：熒惑犯守陵須女，經八十日，不出五年，其分野亡。

應邵曰：熒惑守入須女逆行失度，其國大旱，明年帝崩，蠶不得。

萇弘曰：熒惑守陵乘須女，其國且破失堺。

卜偃曰：熒惑犯鬲須女，經六十日，不出三年，燕王死。

《周圖變》曰：熒惑犯登須女，其國陽有憙，陰有擾。

郗萌曰：熒惑留陵須女，大臣有忤逆兵，女主與諸侯大戰，不出五年。

尹宰曰：熒惑守陵舍乘須女，經歲不下，其國皇后疾，貴人有變，宫中有火災，其歲系帛麻大貴。

唐昧曰：熒惑守居須女，經八十日，天下政不平，女子爲亂，法令更行，國家大飢，政急，乳多死，不出二年。

陳卓曰：熒惑羸須女還留，逆行失度，貴人不安，天下五穀不保，多疾疫。

《渾天論》曰：熒惑留陵薄迴須女不息，經歲，北方大飢，西方兵起，南方大旱，東方大風，五穀不登。

《九州分野星圖》曰：熒惑留陵合須女，經歲，使臣與天子大戰，流血。

黄帝曰：熒惑以十二月守須女南、西，其國多奸人。

郗萌曰：熒惑守須女北，其國多水，不出一年。

李長武曰：熒惑守留舍須女，逆行失度，色赤白，變亦還犯，經二月，諸侯有嫁女絶國者，不出二年。

《荆州》曰：熒惑守陵須女，色青，女主有喪；黑，乳多死；黄，吉。

五殘曰：熒惑入守須女，逆行至牛，復還留犯，天下民流亡，不出三年。

《易緯》曰：熒惑暈須女再重，有背，二運三登，其國失境，諸侯與天子相攻擊。

占填星

《東晉紀》曰：填星入須女中，經七十日，女主奸犯謀變，不出半周。

尹宰曰：填星犯守須女，經三月，陰臣與諸侯謀天子。

《蓋天論》曰：填星守犯陵須女，經八運七變，其國淫亂起。

《荆州》曰：填星入守須女，經九十日，天子女有喜。

李長武曰：填星守犯留須女，經八十日，其國之民無所歸也。

《春秋緯》曰：填星犯須女，其國大旱，穀絶亡。

郗萌曰：填星出入留舍須女之中，其國兵强且以武德致天下。

班固曰：填星守陵鬲須女，色黑赤，經三月，其國蝗蟲多，女主社稷不倨。

《誠圖》曰：填星犯守留息迴須女，經七十日，君有咎，大臣奸起，不出二年。

《五靈紀》曰：填星鬲犯守須女，經七運一夕，妻通會不息，諸侯設兵，天下大亂。

《荆州》曰：填星犯乘須女，人民相惡，其分有女喪，期五十日。

郗萌曰：填星守須女逆行，其國失地，君且走亡，民流他邦。

石申曰：填星守須女，經一月一運二變，武德臣謀，君走亡，后專政。

甘德曰：填星守犯不息須女，經五十日，后宫有變者，從下賊起，流血，期八十日。

《海中》曰：填星守須女，色赤青，經七十日不下，其國山崩、水出、宅壞，天下多土功事。

《易緯》曰：填星守犯須女逆行，色變，鬲還入牛不明，其國女后與親族謀天子，印逆，期三年。

祖暅曰：填星犯守留乘須女，經歲，其邦有伏兵，五穀不政。

公連曰：填星留須女不出，經三月，謂息留天子之是床不明，臣黜，不出

二年。

玄龍曰：填星色赤青，犯須女，經八十日，其分野有奸臣。

梓慎曰：填星暈須女再重，大將軍詭天子。

卜偃曰：填星守須女逆行指逆，經五十日，將軍與小人侵内。

萇弘曰：填星暈息迴須女，其邦令不明，大臣謀外，諸侯謀内，期三年。

占太白

《西晉紀》曰：太白入須女，色奄鬲，君失坐床，兵起，不出三年。

玄龍曰：太白犯守須女，經五十日，人君淫亂，相（試）〔弑〕。

《勑鳳符表》曰：太白犯留鬲流女，其邦有賊，旦起。

郗萌曰：太白出入須女，經卅日不下，其邦有兵。

《懸總紀》曰：太白犯守臨官，經八十日，其分野大臣謀君。

《三靈國表》曰：太白入守女郎，經九十日，臣伐君管政，不出二年。

石申曰：太白守入須女，勞臣與女主内記，妃黨謀主，兵發於内，大相攻擊，期百廿日。

甘文卿曰：太白犯留須女，經歲不下，南方大將發戰，布帛府藏寶敗，五穀貴。

巫咸曰：太白守須女一運七夕，其分野系帛大貴，歲不下，南方大將發戰布。

陳卓曰：太白犯舍乘須女，經歲，天下兵興，大將薨，國亡，民分散其邑，不出三年。

卜偃曰：太白守會乘須女，其邦五穀不保，淫佚大起，國民飢多死，天下多寡女。

《海中》曰：太白守須女，經七十日一運二夕，兵起，有嫁女之事，不出三年。

公連曰：太白犯鬲須女，經六十日，大臣飢死，期五十日。

《七曜内紀》曰：太白舍居須女，經歲，不出五年，地動，道路塞不通。

李房曰：太白色赤大暉，須女逆行失度，四方有兵起，女主印發崩。

梓慎曰：太白吞蝕須女，經三日，其分野多盜賊，老人多道死。

卜偃曰：太白陵須女，色赤而芒角光，天下大有喜事，西官有武臣，不出三年。

班固曰：太白暈吞須女，五十日不見，中國大飢，民失門，不出三年，有大災矣。

《河圖》曰：太白暈須女，其分野兵革起，期九十日。

《易緯》曰：太白暈須女吞登，色白青，貫客星，不出三年，其邦王道絶，人君地有分散，民大還。

皐竈曰：太白暈須女，其國春雪雨、夏雹降。

梓慎曰：太白暈須女，其國夏、秋穀不收。

《懸總紀》曰：太白犯守須女，經卅日逆行，諸侯逼天子，忠臣不邇君。

《勑鳳符表》曰：太白芒角須女，火光逮天奄象不見，經歲，其歲西州見白龍，明年春二月，李帝崩。

《東晉紀》曰：太白暈須女，諸侯與大將謀内，臣印逆誅，不出三年。

占辰星

黄帝曰：辰星守犯須女，經八十日，其國道壞轉，臣薨。

玄龍曰：辰星守須女，經七十日，其邦大旱。

《勑鳳符表》曰：辰星犯乘須女，經五十日，女主疾，天下大赦。

《總災紀》曰：辰星犯乘須女，七變二夕，其分野土功興，人民病。

陳卓曰：辰星犯守須女，國飢民多病。

《東晉紀》曰：辰星舍居陵須女經歲，其分野内亂，諸侯流千里，不出二年。

石申曰：辰星守陵須女，主御世，國大亂，天下大赦。

《海中》曰：辰星守留須女，天下多水，不出一年。

紫辨曰：辰星留乘須女，經卅日，忠臣謀悖迫君，不出半周。

公連曰：辰星陵舍居須女，其分野火兵並起，期九十日。

甘氏曰：辰星犯陵合須女，經五十日，其邦大驚，水起，民流亡，貴人當南方兵起。

郗萌曰：辰星會羸須女，七變五夕，其分野有邪臣侵内親族，期九十日。

《（萌）〔荆〕州》曰：辰星留守乘不息須女經五月，九州大愕，女子多死，繒帛貴。

李房曰：辰星乘須女逆行，其君以水德據吞天下。

郗萌曰：辰星守須女，南方火災起，北方被水災，不出半周。

《西晉紀》曰：辰星暈須女，七變鬲留，天下萬物不登，國亡，期三年。

梓慎曰：辰星暈須女，經三日，大將軍伐東方，地益，不出二年。

卜偃曰：辰星暈須女五重，其國出賢壬，天下大昌，不出五年。

紫辨曰：辰星暈須女三重，其分野出隱士，管攻恊，萬國微，天下大豐。

占彗孛

《勑鳳符表》曰：彗孛星犯須女，經一旬，其邦多水，胡秋來侵内，期九十日。

玄龍曰：彗星長一丈，色赤黑，交而貫須女，不出二年，軍入城大戰。

石申曰：彗星犯干須女，經六十日，天子呵憲，大將印發黜西北，國大飢。

陳卓曰：彗星白赤交而長數丈，出須女中，其分野天子以女印亡，有水災，糴大貴。

甘德曰：彗孛星干犯須女，其邦東北大兵起，女主爲亂，期三年，退女主所親，天下安寧。

《東晉紀》曰：彗星色象甚大，長十丈足疏絶貫須女，其色亡薄而經七十日，不出五年，國滅亡，民飢散亡。

梓慎曰：彗星蒼赤光暉而貫須女西南星，經六十日，不出三年，君失位，立太子，百姓四面散亡，飢死。

卜偃曰：彗星守留須女，經三月七運八夕，乍天下諸侯飢死，北南分以水傷穀。

卑竈曰：彗星長五丈，入貫須女北西，經三日，則亡天子宫且内亂，女主謀毒藥印逆大臣，期七十日。

萇弘曰：彗星犯留須女，經歲，九州大飢，民流亡。

《懸總紀》曰：彗孛出入須女不息，天下諸侯不倚天子，私謀謀謨呑君，不出三年。

《七曜内紀》曰：彗星色蒼白、長三丈，貫須女，經八十日，女主以悖謀天子，不出五年。

《三靈紀》曰：彗星長四丈，貫入須女，經廿日，其分野君飢死，百姓分散，不出三年。

司馬曰：彗孛容觸陵貫須女，經三月，其國大將誅四方，諸侯相攻戰，失地五百里。

石申曰：彗星入須女則出，指東入騎宫中，不出二年，天子崩，民飢死。

占客星

《三靈紀》曰：客彗孛犯須女，經五十日，其分野急主死，不出三年。

石申曰：客星入須女中，經七十日，不出其年，有女喪，易主。

甘德曰：客星入須女第三星中，不出廿日，其國且有反者從西方起，戮東方，不出一年。

巫咸曰：客星犯干須女，經七運一夕，其分女主且疾，天下大赦。

《西晉紀》曰：客星色赤大守須女，經廿日，大臣姦君從離起，期一年。

陳卓曰：客星色黑白，交而犯守須女第三星，經日，其邦非風且發傷穀。

卜偃曰：客星犯出須女中，經六十日，大臣謀君呑促，不出三年。

萇弘曰：客星色赤蒼乍犯留須女，其國地動，期一年。

梓慎曰：客星守須女北東星，經卅日，其邦小人讒大臣，不出半周。

卑竈曰：客星入守須女中，不出五十日，女主房床作奸婚，不出七十日。

應邵曰：客星色蒼大如歲星，守留女郎，經歲，不出八年，堯帝失位，坎離大旱，諸侯謀悖意。

神公曰：客星乘女郎，色赤黑變交而經一月，其國以食樂國亡。

公連曰：客星貫臨官，經歲，魏帝失位。

《河圖》曰：客星入須女中留守，經七十日，熒惑姫織謀印女主。

班固曰：客星入須女中，經六十日，諸侯有憂，期廿日。

卜偃曰：客星犯登，須女失位，其國君失床，官走亡。

《勑鳳紀》曰：客星色赤大而入須女中，迴運不息鬲，經六十日，君臣争地，西北兵革起。

《總災紀》曰：客星貫須女，一運二夕，其分野於河入千人死。

郗萌曰：客星入須女邊足，經七十日，九州客來有賀意。

《五靈紀》曰：客星入鬲女官經旬，官内暴疾起。

五殘曰：客星入女臨中，經二旬，宫門閉不通，女主且作奸。

占流星

《易緯》曰：流星入女官中，且天子宫大驚。

玄龍曰：流星犯須女，其天子門閉，炬宫視節婦。

黃帝曰：流星入須女中留三日，天子出入，仇伺在傍謀悄。

石申曰：大流星貫須女，二運一夕，以毒食大臣暴薨，不出三年。

巫咸曰：流星甚大而色赤，光逮地長十餘丈入須女中，則指入斗魁中，不出一年，季太子以兵殺。

《勑鳳符表》曰：流星色白蒼芬芬貫須女，其國女主以淫泆死。

《懸總紀》曰：流星入須女中留六十日，不出三年，漢武帝崩。

公連曰：流星犯留須女中經七十日，兵起，西北多水，不出三年。

石申曰：流星出入須女中，其邦下臣黜，天子訶。

紫辨曰：流星入須女中經七十日，地動，(星)〔皇〕后病薨。

《東晉紀》曰：五殘貫須女留，不出三年，其國大戰流血，期九十日。

應邵曰：大流〔星〕色白入須女中經三日，不出一年，周武王死，明年大旱，五穀傷。

《荆州》曰：大流星反登貫須女，其分野女后薨，期九十日。

《河圖》曰：流星天衝貫須女，其邦大雨，宮内登流，大驚。

李房曰：使星入須女中，其分且水驚。

梓慎曰：流星使星並入須女中，兩國使來，期八十日。

占客氣

昆吾曰：蒼白氣入須女中，君發坐且大愕。

《九州紀》曰：黄赤氣入運須女，太子病疫薨。

挺生曰：赤黑氣入須女中，一運七夕，不出一年，後漢獻帝崩。

《周圖變》曰：白黑氣迴入須女中，不出三日，大風。

郗萌曰：黄氣入須女中繞七運，大將謀女主。

卑竈曰：赤氣入須女中，陰國臣暴自經死。

梓慎曰：蒼氣女郎中留三日，其君宮殿且火災起。

卜偃曰：黑氣入須女中，一運一鬲，其邦交兵，大將連。

《七曜内紀》曰：黄黑氣入須女留繞，經七運交變，宮中且讒言起。

唐・李鳳《天文要録》卷二四《東辟占》　辟星

主東辟者，玄龜第七宿也，陰陽之贊通道也，主天子之秘藏府也。《東晉紀》曰：東辟者，主萬物之門也，主初紀末之宿也，主陳行候也，主誅討攻士也。《勑鳳符表》曰：東辟，玄龜之末宿也，主七光之量度道也，陰氣之贊門也，主奇終之初也，主日月之宿鬲也。魏石申曰：東辟二星九度，距南星，去周極八十八度，在黄道内十一度半經太。東辟者，主文章天下圖書之祕府，故置壘辟陳以衛後也，主陳領率士也。殷巫咸曰：東辟者，去極八十六度少，在黄道内十度半經弱。辟者，主萬物犯法壁士卿，主文武，主士功。一名觀辟，一名理辟，爲土之官也。營室、東辟同連也。齊文卿曰：東辟二星去極八十五度，在黄道内十二度少。東辟者，動辟也，言物始萌出根牙，故曰動辟也。鄭卑竈曰：東辟宿位乾乾，爲士章圖書之象也，言物萌成列行，故主文章也。魯梓慎曰：東辟，左星色蒼，右星色白也，其星失色，大小不齊，王者好武，不用圖書也。晉陳卓曰：東辟主君德候也，一名武辟，一名好調也。春指逆運夕，天子失位；夏逆夕登，后王失勢；秋運不齊指逆，大臣奪勢；冬指逆，(逆)大將失節兵。七曜辟外十三尺，行衛之分野也。周應邵曰：諏訾起辟八度，武都入辟一度，金城，入辟四度，武威入辟六度，敦煌入辟八度。

占東辟

《五靈紀》曰：東辟二星，其色象明暉，大王者德興脩政術，國多賢士，民得進退，九州協護。

石申曰：東辟失位指逆，大臣謀君，小人、大臣奪勢執政。

甘德曰：東辟色不明，細微經二旬，其以不節爲樂，大旱，傷五穀，不出二年。

巫咸曰：東辟登運失位，十日不見，大將不助，其天子以勉兵返君，不出三年。

黄帝曰：東辟失色登運，大小不同，天下進愚臣執政，不好圖書，賢士隱遁。

《海中》曰：東辟七變運夕失位，經六辰，下臣反，强兵謀誅其天子，不出二年。

陳卓曰：東辟動摇色亡，繞赤氣，經七運一夕，天下有土功事，多疾疫，貴人死，夏霜降，五穀傷。

郗萌曰：東辟離徙，作治田就聚，以田宅爲憂。

韓楊曰：東辟左星廿日不見，其國道中有兵，君宮室且虚，期一年。

陳卓曰：東辟右星一旬不見，天下民狂，疾病死，以水傷穀。

御寓曰：東辟色不明，交鬲乍，經六十日，其國君失理，不出半周，大疫，旱，民飢。

昆吾曰：東辟不見，其國大旱，赤地千里，無草生。

紹德曰：東辟色蒼，動摇不止，其分野，有疾病。

子韋曰：東辟失位，七夕一運，其邑墜亡，民分散，臣亂。

錢樂曰：東辟運夕，經五辰，天子有喪，民流亡。

仙房曰：東辟暈光暉大，天子女后生聖太子。
卑竈曰：東辟晝至午見震方，臣謀君，譙明年春，多疾疫。
長武曰：東辟暈運鬲，九州有飢，民多死。
唐昧曰：東辟暈再重，四夷狄侵内，北方大旱，河水絶，不出一年。
尹宰曰：東辟暈營室三重，東夷客來，有賀之事。
梓慎曰：東辟暈薄鬲，諸侯國亡，女主失地，不出三年。
挺生曰：東辟暈，大臣有喪，且下臣執政，期九十日。

占月行

《懸總紀》曰：月犯東辟，臣欲變主，期八十日。
石申曰：月守乘東辟呑蝕，外臣欲悖謀與小人同印發相攻擊，期七十日。
甘氏曰：月乘陵東辟，其分野立侯王，不出三年。
巫咸曰：月犯東辟，女主權，大臣姦，期一旬。
紫辨曰：月犯東辟，運蝕不息，背臣害君，從西方起，君弱臣兵强返。
公連曰：月蝕呑東辟夕登運鬲，貪臣刑罰，君窖珍寶，諸侯還誅臣，期九十日。
郗萌曰：宿東辟，則雨風不時，五穀不生。
玄龍曰：月犯東辟，其國臣與大將内亂，民多死。
《三靈紀》曰：犯陵東辟，其分野内外有强軍，大將戰死，有土功事。
《海中》曰：月蝕陵東辟，其國有憂，門閉事，大臣戮亡，有文章執者，不出一年。
卜偃曰：月色薄鬲，犯東辟，弱兵在外，君軍將大驚逐歸擊，期九十日。
郗萌曰：月鬲蝕東辟，其分野民流亡，大亂，有土功起事，不出二年。
祖暅曰：月犯東辟，環登，諸侯以樂失位，期八十日。
正月暈東辟三重，其國兵動不戰，不出一年。
二月暈東辟，其國見赤龍，有賀之事，大赦天下。
三月暈東辟，其分野以火兵大起。
四月暈東辟，鬲運，三諸侯謀天子。
五月暈東辟，小人猶兵，據印逆天子。
六月暈東辟，夕運蝕，天子於四方出入不節。
七月暈東辟，女后以水毒印死，期六十日。
八月暈東辟，下臣與讒人謀大臣。
九月暈東辟，其國夏雪雨，高二尺，不出二年，孔子死。
十月暈東辟，色薄不明，宮中民謀女主，期五十日。
十一月暈東辟，西方有兵，南方大旱，東方多疾疫，北方多水傷穀。
十二月暈東辟再重，不出七年，光武帝崩。
右十二月暈東辟《勑鳳符表》占。

占五星

《東晉紀》曰：五星聚東辟，經三辰，不出三年，其國大戰。諸侯國亡流血，五都呑血，大臣流千里外，不出七年。
《懸總紀》曰：五星犯守留陵東辟，其國内外出賊，臣相攻擊，期九十日。
《五靈紀》曰：五星乘舍居東辟，經七十日，其國有憂，三王争地，期八十日。
黄帝曰：五星入留合東辟，經歲，四夷狄來傷地，大戰、流血，天子爲將誅四方，主人勝客負。
石申曰：五星入留陵鬲東辟中，其國君亡。
巫咸曰：五星入守留東辟中，經八十日，以酒毒天子崩，及太子死，期卅日。
梓慎曰：五星犯逆行東辟、失度，其國强臣黜，任賢臣，不出半周。
郗萌曰：歲星、熒惑有守東辟，皆爲天下兵起，多水。
《海中》曰：熒惑、填星、太白有守東辟，皆爲土功事。
卜偃曰：熒惑、太白有守東辟，皆爲大人衛守。
萇弘曰：五星犯舍東辟，女主有喪，期二年。

占歲星

《勑鳳符表》曰：歲星入守東辟，呑鬲，天下外内兵盡起，誅四方，民流亡，不出三年。
黄帝曰：歲星守留東辟，經六十日，不出三年，鄰國客來，民不安飢。
石申曰：歲星犯陵蝕呑東辟，經五十日，天下雹雨，天下飢民死，不出二年。
公連曰：歲星守陵舍居東辟，經九十日，其國有急，逆臣將從親戚起，相攻擊。
玄龍曰：歲星犯留東辟，經廿日，其邑大旱，君且亡地。
文卿曰：歲星守留東辟，經八十日，人君出入不時作非違，民飢不安。
祖暅曰：歲星犯鬲東辟，經卅日，其國内兵起，君婦女謀淫兵，不出一年。

段憬曰：歲星守陵乘東辟，女主有喪，不出三年。

巫咸曰：歲星犯陵合乘東辟，經九十日，不出二年。奏國有兵憂，敗失地。

郗萌曰：歲星出入留舍東辟，人民流亡，不歸其鄉。經年，五穀貴，必有土功之令，天下有空國從王者。

《海中》曰：歲星舍東辟，北民憂，期二旬。

石申曰：歲星舍居東辟，五穀以水傷，期九十日。

文卿曰：歲星守東辟，天下大興，王者有堯舜之治，朝廷四海同心，天下和平。

挺生曰：歲星守東辟，諸侯相謀，天下大赦。

《荆州》曰：歲星守東辟，去之九寸，守經百卌日，王者好文章，天下舉用文士，不出百八十日。

應邵曰：歲星逆行東辟，其君決獄不以時，教令不明，臣不護其君。

萇弘曰：歲星暈東辟三重，不出三日，大雨，道路不通。

陳卓曰：歲星暈東辟吞鬲，經五十日，天子不明，天下有兩王立。

梓慎曰：歲星暈貫東辟，吞運亭經歲，其國君軍破，將軍死。

占熒惑

《三靈紀》曰：熒惑守東辟，經八十日，不出三年，國亡。

石申曰：熒惑入東辟中，三月衛君死，入五日相死。

公連曰：熒惑守入東辟中，臣賊君，奪其家，不出三年。

文卿曰：熒惑入東辟，有匿謀。

郗萌曰：熒惑守犯東辟，有四方，有殃咎，其君宫失火，民多疾疫。

韓楊曰：熒惑入犯東辟，大將軍死，大旱。

陳卓曰：熒惑入乘陵東辟，大臣有謀戮者，期九十日。

卜偃曰：熒惑乘陵犯守，經八十日，其國更立，五王争國，不出三年。

郗萌曰：熒惑出入留舍東辟，經百廿日，其國五穀貴，民流亡，不居其鄉，不出二年。

紫辨曰：熒惑鬲運東辟亭薄，經五十日，天子失明，政令不行，且失國。

《河圖表紀》曰：熒惑舍居東辟，兩軍相據，當相和不相和，有殃罰。

卑竈曰：熒惑留守東辟，經八十日，天子不祥，社稷亡，臣賊其主，不出一年。

郗萌曰：熒惑留守陵東辟，經二旬，賊臣起謀君，期十月。

長武曰：熒惑犯留鬲運東辟，君宫以婬恣，四時之令不行，天下風爲雨雷不節，五穀傷。

文卿曰：熒惑守東辟，君政者滅，術士不顯，内外相讃，以邪勝正，五穀不熟，萬物不登。

黄帝曰：熒惑守乘犯陵東辟，天子嫡與同姓諸侯妻以逐夫以强而奪夫之治，期百廿日。

梓慎曰：熒惑守東辟，經九十日，天子發軍自守，兵必大起，不出三年。

《海中》曰：熒惑犯留東辟，其國春大旱，諸侯相謀，期八十日。

《荆州》曰：熒惑入東辟，人主自將兵，糴分至千文章者，傷有大災，不出二年。

玄龍曰：熒惑守犯留舍東辟，經六十日，諸侯内亂，期三年。

郗萌曰：熒惑守鬲運東辟，其光潤澤，天下大豐。

陳卓曰：熒惑逆行守東辟，女主以婬樂自恣，明年大旱，民多疾疫死。

黄帝曰：熒惑暈東辟，天子大亂，以婬泆失地，期九十日。

石申曰：熒惑暈東辟再重，其國大將執政，黜大臣。

梓慎曰：熒惑暈東辟三重，小人印逆天子死。

巫咸曰：熒惑暈東辟，其國太子以女樂死，上下大驚，天下民人失淫之聲，不出一年。

占填星

《西晉紀》曰：填星犯守東辟，經八十日，天下大亂，女宫失坐床，不出三年。

黄帝曰：填星守留東辟，經廿日已上，女后有喪。

石申曰：填星鬲薄留東辟，經六十日，三公失位，大臣謀女后，不出一年。

甘德曰：填星入舍居東辟，經卅日，天子車出入不時，臣謀伺側，期九十日。

巫咸曰：填星乘贏縮東辟中，國兵相勉，返流血，期二年。

卜偃曰：填星入東辟，皇后有喪，不出半周。

卑竈曰：填星逆行東辟，失度留，經九十日，侯王執政，臣謀印逆死。

玄龍曰：填星入舍居東辟，其國五穀不收，民四方亡散。

陳卓曰：填星乘合陵東辟失度，諸侯國亡，中國益地，期五年。

《懸總紀》曰：填星守東辟，大將謀諸侯國。

《三靈紀》曰：填星犯鬲登東辟，逆行失度，女主有喪。明年，地動山崩，以水五穀傷，天下飢，貴人多死。

郗萌曰：填星出入留舍東辟，經九十日，不下帝王，起徙王必有兵，土功起。

《荆州》曰：填星舍東辟，文章士進用。

焦貢曰：填星守東辟，圖書興國，主延壽，天下豐年。

巫咸曰：填星守東辟，萬物不成，民多疾。

郗萌曰：填星逆行東辟，女主干治。

《東晉紀》曰：填星鬲守東辟，經六十日，其國民飢，冬地動，明年多水，天子有喪。

《三靈紀》曰：填星犯乘陵留東辟，經一年，天下大動，有陰謀，兵起，百姓失，其主亡。

《易緯》曰：填星暈運夕東辟，經九十日，其國女主有喪，君臣懷憂，不出三年。

《内紀》曰：填星暈東辟再重，有珥，冬雷，地動主失地，不出二百日。

卑竈曰：填星暈東辟，七夕八變，經八十日，夏地動，民流東西失家，不出三年。

孫化曰：填星暈吞東辟，必其國有兵，天下有大喪，不出二年。

占太白

《懸總紀》曰：太白入東辟，君頻其政不脩行。

《東晉紀》曰：太白守東辟，二王争地，諸侯國亡，不出三年。

黄帝曰：太白犯守東辟，經卌日，天子失明，政令不行。

石申曰：太白色芒角暉東辟，經一旬，其天子御堂爲樂，有喜賀之事，不出二年。

郗萌曰：太白出入留舍東辟，經五十日，其國貴人有憂。

陳卓曰：太白守陵犯東辟，其分野有喪，不出二年。

甘氏曰：太白守鬲薄東辟，天下有軍不戰大臣嚮。

巫咸曰：太白犯陵東辟，經廿日，其分野大旱，多火災。

《荆州》曰：太白守運東辟，經五十日，武事行，術士用兵。

方朔曰：太白入東辟留，不出廿日，臣賊其君，不出三年。

焦貢曰：太白入犯東辟，經五十日，后王有他心與臣通。

京房曰：太白犯留陵東辟，經九十日不下，其國皇后專政爲太亂，期二年。

《荆州》曰：太白陵乘東辟，經卌日，天子以婬泆失國，期三年。

《海中》曰：太白亭運留東辟，經歲，其國三公專執政，民不安，不出半周。

陳卓曰：太白觸犯東辟，君失德，大臣亡坐，期七十日。

《五靈紀》曰：太白鬲運留東辟，經百廿日，大將内作亂悖，道路不通，期七十日。

《九州》曰：分野星圖曰：太白運芒鬲留東辟，經六十日，其分野之后，王不承其君命，失坐床，不出一年。

梓愼曰：太白舍居贏東辟，經歲，三國大臣同與戮誅中國君，不出三年。

卜偃曰：太白入守犯東辟，經〔歲〕，天子有喪，不出一年。

《海中》曰：太白暈東辟，逆行其國，婦女多死，期三月。

孫化曰：太白出入留陵薄東辟，經八十日，其國后王以花餝爲德，民飢，九穀不登，不出三年。

郗萌曰：太白暈逆行東辟，其天子猶同姓專政，黜徹臣，謀君，小人謀讒進，不出三年。

黄帝曰：太白暈留東辟，其國侯王執政，天下民不安，賞無功，不出二年。

占辰星

《三靈紀》曰：辰星入東辟留，經廿五日，其國女主有病，大赦天下，期八十日。

《懸總紀》曰：辰星犯守東辟，經七十日，大將軍强振兵誅其君，期半周。

黄帝曰：辰星守陵東辟，經旬，小人管政，民哭泣之聲不息，其國大旱，穀傷。

石申曰：辰星犯鬲運東辟，后王以安樂爲政，民不安，五穀不收。

甘德曰：辰星陵合東辟，經三旬，北方多水，南方大旱，東方有兵，西方有喪，天下不和，民不安。

巫咸曰：辰星犯陵東辟，逆行失度，諸侯失坐床走亡，不出二年。

梓愼曰：辰星色赤大暉如熒惑之狀，守東辟，經五十日，北夷以珍寶獻天子，有賀賞者，不出一年。

卑竈曰：辰星鬲色薄東辟，經三月，太子以食印逆死，期二月。

石申曰：辰星守東辟，有大喪，兵革起。

文卿曰：辰星守陵東辟，王者急刑法深，朝廷有憂。

陳卓曰：辰星守留東辟，其國有蓋藏保守之事。

《荆州》曰：辰星逆行守東辟，大水，橋梁不通。

萇弘曰：辰星犯留東辟，經七十日，天下大飢，民流亡，不出二年。

玄龍曰：辰星留亭東辟，經五十日，不出三年，其國民飢，不出一年。

陳卓曰：辰星運夕留東辟，經五十日，陽國内亂，諸侯有憂。

《海中》曰：辰星守乘東辟，其國秋多寒，民病癘，期一月。

萇弘曰：辰星暈逆行東辟，民人懷愁不息，不出二年。

梓慎曰：辰星留守東辟，經六十日，逆行失度，其分野大飢，民失門，貴人多死。

卑竈曰：辰星暈東辟貫天狗，其下血流，大旱，赤地千里，民多妖言。

錢樂曰：辰星暈東辟，登夕逆行復留，經九十日，其國内外亂，走亡，兵甲並起，關不通，不出一年。

占彗孛

《敇鳳符表》曰：彗孛入東辟，經八十日，太子失位，諸侯飢死，不出一年。

石申曰：彗星入犯貫東辟，左星七運，不出二年，其國大臣謀變，誅其君，民飢死，西方多疫疾。

文卿曰：蒼彗星繞東辟，其國女主管政，兵革起，王道絶，失地千里。

巫咸曰：白彗星貫東辟，右星八變五運，百姓不安，其國亡地，不出三年。

公連曰：黑赤彗星入犯留東辟，經七月，其國君寶倉燒，天火下亡。

祖暅曰：黄彗星入留東辟間，經歲，天下君臣自爲將，戰誅四方國，地動山崩，道不通，小人作奸，大人多憂，不出三年。

卑竈曰：彗星長二丈入貫東辟，不出四年，其分必有殃，用兵。

《荆州》曰：彗星出東辟，大水，民人流於道中，明年春有喪。

石申曰：彗孛干犯東辟，其國兵起，火災朝堂四門，兵流天下隔，不出三年，乃安寧解。

郗萌曰：彗孛氣入東辟，其國人民多疾疫死亡。

陳卓曰：五色彗星繞運東辟，七運，黄帝治天下，諸侯國協歸。

占客星

《三靈紀》曰：客星彗孛貫留東辟，不出一年，必有夷狄侵内，大臣城誅戮大將。

黄帝曰：客星入犯東辟，天下有喪，人主立宗廟，多土功，西方大水，津梁不通。

石申曰：客星入守東辟留，經六十日，大臣誅大將，諸侯相謀，牛馬多死。

《荆州》曰：客星犯留東辟右星，天子有慶，河津之事，明年諸侯於四方舉兵伐中國。

卜偃曰：客星守色黄東辟，經八十日，女后後宫多口舌。

應邵曰：客星、使星入守東辟，並經二月，其君後堂失火，大臣暴死。

公連曰：客星守留東辟，邊國有言政事者，以外清内。

郗萌曰：客星犯東辟運薄，其歲，惡風雨，多水，民去下田治溝瀆。

玄龍曰：客星色赤白，入守鬲東辟，經一年不下，幸臣有以女子惑天子者，命在后族管政，大臣萬民不安；其居政令煩且數易，群臣慝謀上者，食中有毒，天下摇動。在西方，在穀食，大出，糴貴，民以食爲憂。

卑竈曰：奇星守犯東辟，天子自爲將誅大臣，諸侯復謀君，小人讒進，内外大亂，不出二年。

長武曰：客星色赤大光守東辟左星，經三月，后王任身聖太子。

梓慎曰：客星出東辟中，而入營室中，飛鳥災聚於宫中，奸婦侵内，大驚。

黄帝曰：客星入東辟中，不下，經九十日，北夷來大戰，女主印逆死，不出三年。

紫辨曰：客星蒼白入守東辟中，經七十日，其國内外滿野獸災怪，卜人大貴，天子且失德。

挺生曰：客星暈東辟，八夕鬲運，經一年，不出三年，漢高祖崩。

《春秋元命苞》曰：客星天杵並守東辟，經三日，天子子及女主並崩喪，車連行，期一旬，明年春民飢死亡。

《易緯》曰：客星入留鬲運迫東辟，經五十日，其國貴女死，大赦天下。

班固曰：客星暈東辟，繞一運二夕，諸侯之國失地，不出一年。

占流星

《東晉紀》曰：流星入東辟中，女主有喪。

石申曰：司危出東辟間，其下流血，天下大戰。

巫咸曰：流星長二丈入東辟左星，傍貫七運一夕，天子避徙宫殿，期一月。

甘氏曰：流星入東辟留，二日不下，繞貫，城軍大戰死，城拔將死。

《荆州》曰：流星干犯東辟，文章者死。

郗萌曰：使星徒而辟起入東辟，君用勞臣，小黜，期二月。

《河圖》曰：天讒入東辟中，不出三年，其國破，流血。

《懸總紀》曰：流星長三四丈赤光入留東辟、西辟間，不出三年，殷湯宫火燒亡，更宫。

《西晉紀》曰：流星足絶乍長二丈入東辟中，其國五都之中起婬亂，道中相攻擊。

黄帝曰：流星長三尺已上，赤大光入留東辟間，天子宫且起淫奸，宫人多所殺，流五百里。

占客氣

《懸總紀》曰：黄氣入繞東辟、西辟間，七運一夕，其國后王德昌，豐民得進退，天下安寧。

《東晉紀》曰：蒼赤如雲狀入東辟中，其君殿傍在伏兵，期一旬。

黄帝曰：白黑氣入東辟，復繞西辟，女主有憙，從坎方起。

《荆州》曰：白赤氣入繞旋東辟右星，太子暴死，期一月。

陳卓曰：蒼白氣入東辟中，天人有喪。

《海中》曰：黑氣出東辟中，有兵憂。

郗萌曰：赤氣從西辟入東辟，天子自手死，其臣氣波有憂，民有燒死者。

梓慎曰：黄黑氣入東辟間，天下立侯，王益地。

皐竈曰：黑赤氣入繞東辟，其國破，更王。

《易緯》曰：五色氣入繞西辟、東辟，天子宫中有賀賞憙事，諸侯登位，小人豐昌。

卜偃曰：蒼氣如瓮入東辟中，天下不和，君臣争地。

《荆州》曰：白氣入東辟中暈繞，女主病，大赦。

《海中》曰：白赤黑氣，如席狀入東辟繞女后，後宫在伏兵，謀其君，不出一年。

石申曰：白氣如雲狀繞東辟，七運，其國賢臣死，不出半周。

唐・李鳳《天文要録》卷二六《婁占》 婁星

主婁者，白獸第二宿也，陰陽之正道也。《勑鳳符表》曰：婁者，主七曜之交會門也，主三光之府也。魏石申曰：婁三星，十二度，距中央星，去周極八十度，在黄道内十一度半經太。婁者，主犧牧給享祀，故置天倉以養之。殷巫咸曰：婁三星，去極七十八度半經太，在黄道内十度半經弱。婁，主萬物掩撿收藏須春榮，主五穀。一曰天獄，主犧牧犧牲、供給郊祀也，主興兵聚衆。齊文卿曰：婁星者，宿在戌，謂九月將春分日，宿在婁之時，蟄蟲莫不啓户，向陽而出亦婁之也。鄭皐竈曰：婁者，去來也。言物相呼入苞，物有先後，相招來也。魯梓慎曰：婁者，謂天窂，主武目，主兵亭，主士卒，主戰鬬，主日宿。在婁，主大將謀，主大兵，主辰不過謀。一名領土，一名婁門，主戰鬬門也。晉陳卓曰：婁者，主君臣之表候也。指南方逆運息，主謀逆。指西方逆八變一運，主君殺臣表也。於北東指逆離運諸侯，主謀。其象體不常，一運二夕，天下不平。《七曜内紀》曰：七步者，婁外九尺，行魯之分野也。高蜜婁一度，陽城入婁九度。

占婁星

《三靈紀》曰：婁三星，象暉明大，天下大豐，萬民得進退，九州協興昌。

《勑鳳符表》曰：婁失位亡，封臣誅天子，不出三年。

《懸總紀》曰：婁不明潤澤奄亡，經歲，民改朝君，諸侯誣天子，不出三年。

《東晉紀》曰：婁星指逆失位不常，經九十日，諸侯逐迫天子，民逃，不出二年。

紫辨曰：婁星色蒼黄乍，經五十日，其國女后有慘惻，期半周。

黄帝曰：婁星指逆南卦亭息，天下大戰，國亡，期九十日。

石申曰：婁星色白黑，亡不明，經一旬，女后作奸淫，外通謀天子。

巫咸曰：婁星一年不見，其國女后任胎，大臣子誼，不誡其天子。

文卿曰：婁星二星半歲隱不親，護臣死，天下恊，小人不懱。

玄龍曰：婁一星三月不視，左大將暴死。

皐竈曰：婁三星不明奄，經歲，堯帝后妃暴有病，天下大赦，不出三年。

梓慎曰：婁星亡不視，諸侯妻死，宫女多病疫，期二月。

文卿曰：婁星明，王者郊祀，大亨，多子孫，臣多忠。

《海中》曰：婁星象明暉，天子孝，則婁星明大，天下和平。

挺生曰：婁星不明，大小失色，天子脩五祀。

陳卓曰：婁星動，有聚衆之事。

郗萌曰：婁星象直，有執主之命者，就取國大不安。

《海中》曰：婁星晝見，逆臣印吞天子，欲變。

占月行

《五靈紀》曰：月乘犯婁亭星，下臣欲犯君，不出一年。

黄帝曰：月守淩婁初奇，其國女多死，期六十日。

石申曰：月犯乘鬲婁，女主盟死，不出二年。

巫咸曰：月犯鬲婁一星，留運夕。外臣侵内，都尉大將强，内臣弱。

文卿曰：月犯陵婁，留一夕二運，君宫殿强兵自守，不解，八十日。

公連曰：月乘合婁，息迴一夕，鬲婁，民驚，糴大貴，諸侯有喪，不出一年。

玄龍曰：月舍居婁，大將誅，女主失地，不出三年。

紫辨曰：月色薄迴陵婁三夕鬲，其國五家器自動，君徙都，期三年。

萇弘曰：月鬲蝕婁，君門不入五穀，且愕走。

應邵曰：月入婁中，經五辰，諸侯失令，國且失地，不出半周。

《河圖》曰：月犯婁，死死者，下臣失邑。

郗萌曰：月犯入，大將軍死，民多移徙，獄多冤死。

挺生曰：月犯鬲婁星，其國奸盜且起，不出一年。

陳卓曰：月犯乘婁，國君好婦女，失地。

《海中》曰：月蝕婁，大將軍不戰在外，罷。

尹宰曰：月蝕入薄鬲婁，女主有喪，臣謀不成。

黄帝曰：月變息於婁，其國有兵，在外不戰，和。

長武曰：月吞蝕運印婁星，君暴誓，百姓流，不出三年。

卑竈曰：月入合婁星，陰臣變，而逐其君，期九十日。

郗萌曰：月暈婁，大人死，蠶多傷，糴大貴，大赦天下。

卜偃曰：月入合居婁星，不出一年九月，女主兵起，誅大將，婦人内亂，燒宫室。

錢樂曰：月色變光，薄息婁竟，其國君且疾，大風起，霧多，人血不視，多死者。

正月暈婁，一夕二運，君好淫泆，民返君。

二月暈婁，歲大旱，五穀不收。

三月暈婁二星，小人謀奸，女主社稷不闓。

四月暈婁，蟲蝗起，五穀傷，不出半周。

五月暈婁，天子有喪，赤地千里。

六月暈婁，盜賊多起，疾疫起，民多死。

七月暈婁，女后有喪，諸侯多死。

八月暈婁，大臣有憂，西云兵起，敗。

九月暈婁，諸侯大飢，流亡。

十月暈婁，小臣强，舉兵誅君。

十一月暈婁，諸侯國亡，失地。

十二月暈婁，女后專政，四面兵起。

右十二月暈婁，《敕鳳符表》占。

占五星

《三靈紀》曰：五星犯守婁，經歲，協國不順，天子遷返鬬争地，不出三年。

《敕鳳符表》曰：五星聚婁，不出九年，光武帝崩，民流亡，飢死。

黄帝曰：五星守淩乘婁，經五月，天下火災起，大臣多死，賢臣逃遁。

石申曰：五星舍居淩婁星，經三月，其國旱，臣誠君民流亡。

《懸總紀》曰：五星犯入吞婁，經一旬，四夷犯内侵，陰臣謀侯君。

郗萌曰：五星有守婁者，其國有白衣之會。

司馬曰：歲星、太白、辰星會舍婁，兵起，爲匿謀君。

梓慎曰：五星鬲陵婁，經五十日，女后争位，誅大臣，不出三年。

卑竈曰：五星與婁相鬬合陵，經八十日，不出三年，魏惠帝崩。

公連曰：五星入舍婁運鬲，諸侯以淫亂國亡。

玄龍曰：五星表蝕婁，經七十日，天下大亂，小人争地，臣伐君坐。

文卿曰：五星羸縮婁，已鉤成不息，大將吞天下，不出三年。

巫咸曰：五星守犯舍婁鬲蝕，大臣遣君誣女主，陰臣伐陽臣，上下失次，其君失勢。

韓楊曰：五星鬲薄婁鬲，天下君與大臣争國，從外起相攻擊，期三年。

占歲星

《敕鳳符表》曰：歲星守婁，經九十日，小國伐大國，□□失地，民流亡，不出三年。

黄帝曰：歲星犯留婁，經八十日，天火下燒宫殿，君出入不節，法令不明。

《三靈紀》曰：歲星舍居婁星，經六十日，其歲暴風起，穀不保，君德損衰。

石申曰：歲星守留婁星，女主有疾，任胎壞死，期三月。

《荆州》曰：歲星入婁，其國有喪，聚兵，期一年。

巫咸曰：歲星舍居婁，以水之五穀傷，大赦天下。

《海中》曰：歲星處婁東，糴貴；處南，食賤，牛馬、繒帛賤；處北，有奪地之君。

文卿曰：歲星守留婁，王者敬天得度，天下太平。

卑竈曰：歲星守犯留淩婁，民多疾疫，六玄大貴。

郗萌曰：歲星留鬲婁，天子有喪，民大飢，多獄，貴人有土功之事。

萇弘曰：歲星守淩犯吞蝕婁，民驚兵，君内亂亡。

《荆州》曰：歲星守犯婁，有德令，牛馬多死，苑囿空虚。若五尺以外，十五日以上，至卅日，天子出祀四海山川百神，不出十日。

《海中》曰：歲星守婁，北兵起，期二年。

《勅鳳符表》曰：歲星舍居留鬲婁，經五十日，其分野君與大臣相戰，期八十日。

《荆州》曰：歲星守入留婁，經七十日，若守婁有從，民守其北，有兵守其西。不占守陰，穿空，天下有慶賀。

郗萌曰：歲星逆行婁，其君決獄，不以時。

陳卓曰：歲星出入留婁，經八十日，兵革起，誅大將，三面。

黄帝曰：歲星鬲留合乘婁，客兵大飢，民流亡，期九十日。

石申曰：歲星守會婁，其國五穀不成，女后有憂，期二年。

紫辨曰：歲星吞婁，經六十日留，大臣殺君，伏兵在側候，期半周。

祖暅曰：歲星入留息合婁，經旬以上，女主治其政，國家不平。

梓愼曰：歲星暈婁二夕一運，天下民不倨，天子救臣廷，起相憒。

卑竈曰：歲星暈乍婁再重，君聽讒，大臣流千里外，諸侯譙迫民裂協，期二年。

占熒惑

《懸總紀》曰：熒惑守婁星，經五十日，宫中女子以詛自死，期旬中。

黄帝曰：熒惑守舍居婁，小人謗天子所譙，期一年。

石申曰：熒惑反明婁，鬲息運犯淩，大臣訪諏大將，且内亂，期九十日。

文卿曰：熒惑守犯留婁星，暴兵行，大將戰死。

巫咸曰：熒惑入犯婁星，其國有兵，不强十人，當百人。

紫辨曰：熒惑乘合婁，臣謀君，期一旬。

萇弘曰：熒惑運鬲婁，左臣印逆，天子大戰，勝。

公連曰：熒惑守淩舍居婁，天子失謀，大臣勝，期一年。

石申曰：熒惑入婁中〔經〕三月，魯主死，民流亡。

荆州曰：熒惑犯乘婁，經二月，其國有兵，民多死者，天下有聚衆，期半周。

陳卓曰：熒惑合淩婁，其分野兵大起，車騎用，歲大熟。

《海中》曰：熒惑入守婁星，天子受賀憙，大赦天下，期九十日。

郗萌曰：熒惑出入留，舍婁中守之，色赤而光，胡人爲亂。

《荆州》曰：熒惑留乘婁，獄多奸，賊聚，民多死，兵動，期八十日。

甘德曰：熒惑守婁，有臣不當，其位損，常制亂政者，有水殃民，多疾疫。

巫咸曰：熒惑入犯婁，其分野大旱，多火災，五穀貴。

梓愼曰：熒惑犯乘婁，經五十日，其國有兵連，北夷侵邊，道不通，霸者争位，大赦，胡王死，牛馬多死，糴貴。

卜偃曰：熒惑守留息運婁，經九十日，宫中盗賊有。

《荆州》曰：熒惑守留鬲婁，其國大飢，財物敗。

卑竈曰：〔缺〕多乳死。

黄帝曰：熒惑守陵運鬲婁，萬民失家，期一年。

石申曰：熒惑入鬲婁中，春霜多雨，傷穀不生。

紫辨曰：熒惑留婁，經歲，三陰臣逆謀天子，期九月。

萇弘曰：熒惑出入婁中，留經六十日已上，大將有憂，西方有飢，北方大旱。

應邵曰：熒惑守乘婁，色薄，經三月，女子多死，其宫中讒口起，詛死者。

仙房曰：熒惑暈婁逆行失度，諸侯國離居。

玄龍曰：熒惑暈婁星運鬲，天子有喪，東方有兵革起，夏雪雨，五穀傷。

公連曰：熒惑暈婁星，太子死，護臣有憂。

挺生曰：熒惑暈婁三重，地動有喪，以水傷五穀，期八十日。

占填星

《三靈紀》曰：填星守婁星，君聽讒言，大旱，合不明，賢士黜，不出三年。

《勅鳳符表》曰：填星犯鬲婁，經歲，不出三年。安帝死。

《懸總紀》曰：填星犯婁星，經五十已上，君行陰道，合不明，政都急。

《東晉紀》曰：填星守鬲乘婁，臣不忠，君失行。

《九州分野星圖》曰：填星乘淩婁，經歲，雪夏，下邪臣謀君。

《西晉紀》曰：填星羸婁，經八十日，其國毒蟲食五穀，多蝗蟲生。

方朔曰：填星入陵舍居婁星，女后失坐床自死，期廿日。

焦貢曰：填星羸婁留，不下七十日，不出二年，成帝崩。

班固曰：填星乘合觸婁，逆行，貴人多死，風雨不節。

《易緯紀》曰：填星舍居留婁星，經卅日，大將訪大臣，訿咎，期廿日。

《春秋緯》曰：填星鬲留婁，客軍暴起，趙侵内，失地。

《七曜内紀》曰：填星守犯鬲息婁，天子失威儀，不出三年。

《河圖》曰：填星縮婁，留乘逆行失度，后妃失宫徙都，期九十日。

方朔曰：填星守犯婁，經三月，奸臣失位，不出一年。

《荆州》曰：填星出入守婁，經六十日不下，秋有兵，大旱，禾稼不成。

《海中》曰：填星犯守婁，五穀豐，人民息，天下安平。

郗萌曰：填星守婁星，天子惑在邊境，不可遠行，大將軍兵候。

陳卓曰：填星守陵婁，經七十日。其國且亡，君失床坐。

《西晉紀》曰：填星守留婁，逆行不去。有奸臣謀主。

《荆州》曰：填星逆行婁，留經八十日，天子出入不時，女主請謁行。

《三靈紀》曰：填星暈婁三重，女后婬亂，以讒口解。

孫化曰：填星暈婁運夕，諸侯謀逃，期半周。

梓慎曰：填星暈婁星，太子印發死，宫中多賊盜内侵。

卑竈曰：填星暈婁，逆行守，女主謀逆，天子印逆，期九十日。

占太白

《懸總紀》曰：太白守婁星，經歲，君失時，民分散，離家逃遁。

《河圖》曰：太白犯婁星，留經三月，神龍見都色，五穀不登，不出三年。堯帝崩，九州大驚，諸侯走亡，三年大旱，民飢死如亂麻，不葬。

《春秋緯紀》曰：太白乘陵婁星，客弑主人，奪地。

京房曰：太白舍居婁星，陽臣訪謀君，專政宣，期五十日。

《五靈紀》曰：太白乘會犯鬲婁，臣謀君，隱士多遁，期八十日。

陳卓曰：太白守犯婁，逆行失度。執法臣謀君，不出三年。

郗萌曰：太白舍居婁，逆行留，女主誅大將軍，不出二年。

石申曰：太白出入留舍婁，天下且大兵起，外國兵來，相攻擊，不出一年。

黄帝曰：太白乘犯陵婁星，經八十日，其國君失道，好逆謀，賢臣遁逃，天下五穀不生，君臣失門。

石申曰：太白犯守婁星，其鄉吉，天下和平，將軍有憙，大赦。

郗萌曰：太白犯婁，有衆聚發事。

文卿曰：太白守犯乘婁，天子至孝，將軍有德。

《海中》曰：太白守婁星，其國小旱，萬物不成。

陳卓曰：太白犯吞婁星，其國有喪兵。

《荆州》曰：太白守陵婁星，兵聚，三軍連行，天下多飢，糴大貴，卒士多飢死道中，不葬，期五年。

黄帝曰：太白息暈運婁星，小人背君，勞臣顛弱。

石申曰：太白留犯婁星，經八十日，其國君亡，小人多起，隱士歸躍，相攻擊。

公連曰：太白芒角婁，暈再重，天子得賢臣，天下平。

玄龍曰：太白吞蝕婁星，其君視賊内亂。

文卿曰：太白甚大光芒角婁，守經五十日，九州大憙，天下恊安寧。

祖暅曰：太白守陵留婁星，諸侯失坍，下民飢死不葬。

段憬曰：太白守運婁，經廿日，其國更王，不出二年。

巫咸曰：太白犯合乘婁，大臣不聽其君命，法令不行。

挺生曰：太白出入婁，留經卅日，其國中馬多死，肉食人死，女婦多死。

紫辨曰：太白入吞婁，一夕二運，天下不通，諸侯與天子戰，流血，不出三年。

萇弘曰：太白運薄婁星，其國有賊臣，君無子。

應邵曰：太白觸犯婁星，經一旬，其國有大亂，誅四方，革甲連行。

卜偃曰：太白暈婁星，其女主亡社稷，民離城郭，有大殃，不出三年。

韓楊曰：太白入犯，吞蝕婁暈，其國以毒藥吞謀，天下臣不忠君，好婬亂。

陳卓曰：太白暈婁星五重，君益地，大將有賀喜。

占辰星

《懸總紀》曰：辰星守婁星，有火兵連燒宫殿，亡社稷。

《勑鳳符表》曰：辰星守犯婁星，其國有大賊兵，君相謀，不出二年。

《三靈紀》曰：辰星留乘婁星，其君宮不安，暴兵來，不出二年。

《東晉紀》曰：辰星守淩婁星，經五十日。君用兵旱，行兩軍，分爲害，期九十日。

陳卓曰：辰星犯守婁，刑罰刻急。

石申曰：辰星守婁，多火災。

甘氏曰：辰星犯乘婁星，大臣誅天子，以赦除咎。

郗萌曰：辰星入守留婁星，其國有兵兵罷，無兵兵起，外國之主人誅中國。

《荆州》曰：辰星入守婁中，犧牲多死，水災起，萬物五穀大傷。

文卿曰：辰星鬲薄留婁星中，其國無令不行，有喪鬼神驚，主大亂。

卑竈曰：辰星留舍居婁，客軍大勝，主人負，失地，不出二年。

梓慎曰：辰星乘淩婁，一夕運，其邦有惡疾，民散亡。春旱，五穀不下，女主有喪。

紫辨曰：辰星淩犯觸婁，鄰國兵暴誅天子，大將戰死。

萇弘曰：辰星乘合婁星，其國民不食穀，不出二年。

方朔曰：辰星運出婁星，下淩上，奸人在宮中謀誅天子，不出三年。

班固曰：辰星犯陵合婁星，經六十日，小人欲謀其君，期一年。

《海中》曰：辰星乘舍居婁經旬，民自相攻擊，流血道中，多死，不出一年。

《三靈紀》曰：辰星入出婁中，留經九十日，其國有大事，民絶食，賢者不通。

《春秋緯》曰：辰星運夕暈婁星，經八十日，地動，水大出，道路不通。明年春，懷帝崩。

《河圖》曰：辰星暈婁星，其君有喪，臣失位，期二年。

《易緯》曰：辰星暈逆行婁留，人君令不行，女主有喪，後堂亡，不出三年。

《内紀星圖》曰：辰星暈婁，女主呵大臣，近小人，三犯並起，傷國政，不出二年。

《海中》曰：辰星迴運暈婁，其國五穀不生，絲麻大人多死，不出二年。

占彗星

《勑鳳符表》曰：彗孛出婁星中，經七十日。將軍有謀主人者，期一年。

《東晉紀》曰：蒼赤彗星出婁中，天下五穀不收，君臣飢死，民分離，不出二年。

《五靈紀》曰：黄白彗孛星出婁，初表星傍留五十日，其邦大臣與君争權，相攻擊。以水出崩，傷穀，期九十日。

《三靈紀》曰：白黄彗星貫婁星，留六十日，南方大兵起，大旱千里。

《懸總紀》曰：彗星長一丈，入貫婁星，留廿日，大將謀君，則殺。

陳卓曰：彗星出婁中，先旱後水，粲大貴，六畜多疾。

黄帝曰：彗星長五尺，入婁中，王侯執政，天子印逆死。

甘氏曰：彗星干犯婁，其國有兵，四時絶祠。

陳卓曰：彗星守貫婁，大臣奪君位，期一年。

《西晉紀》曰：彗星貫婁星，天下大水，民流於道。

《春秋緯》曰：掃星出婁，大臣謀君，女主失安床。

梓慎曰：孛掃星出婁，諸侯失國，赤地千里，女婦飢死。

公連曰：彗星貫婁星，火災起，小人執政，據天下民，讒口起，蠶不成僧，絲帛大貴。

玄龍曰：彗星黑赤，交長一文餘出婁中，不出五年，孝武帝崩。

卜偃曰：蒼赤白彗星長五六尺，貫婁星，大臣謀變，諸侯同印逆君，不出二年。

子緯曰：彗孛星出婁初表中，天子崩，萬民哭泣不息，不出二年。

應邵曰：彗星出婁胃間，小臣誅諸侯國，大勝益地，期三年。

占客星

《西晉紀》曰：客星守入婁，其國且失地，諸侯有疾病，不出三年。

黄帝曰：客星入婁中，留經五十日，大臣印逆天子，不出三年。

石申曰：客星入婁，外夷兵起，有聚衆之事，糴大貴，不出一年。

《荆州》曰：客星象光大，守婁星，其國大旱，赤地千里，有火災。其國燔燒，金銀用倉庫亡，天下人民多疾病。

郗萌曰：客星入婁中，經五十日，天下有大赦，期七十日。

陳卓曰：客星出婁，邊城將軍和軍罷，不出一年。

挺生曰：客星犯守婁，天下欲分社稷並立者，牛馬大貴，有白衣之會。

梓慎曰：客星守婁，胡人内亂，天下有客欲分奪王國者，邊境侵地，不出三年。

郗萌曰：客星出婁中，大臣有惑天子奪主之權者，歲多獄，布帛絲大貴，西方大兵起，大戰。

《勅鳳符表》曰：客星色蒼黄，守婁留經歲，大國客來誅，天子失國民，且分離邑里，期三年。

黄帝曰：客星色白赤，交而守犯留婁星，經三月，天下且有作兵者，君不安。

石申曰：客星小微細守婁星，奸人在宫中，期一年。

甘氏曰：赤客星細小，入婁中不動，女主後宫在奸臣，國通淫，不出二年。

巫咸曰：黄小微細客星守婁右星，經歲，女后與大臣淫通任胎，期九十日。

占流星

方朔曰：流星入婁中，諸侯有疾病，期旬中。

卜偃曰：大流星入守婁中，天子宫且大驚，飛鳥死，有殃咎。

梓慎曰：流星甚大，長一丈，貫婁星，其國女婦有狂病，大赦。

尹宰曰：黄蒼流星出婁中，他國客暴入境。

唐昧曰：赤白交使星入婁中，且兵驚市亂，民不安。

長武曰：流星長三丈，貫婁，下臣欲誅其天子，不出一年。

公連曰：國皇出婁中，天下民飢，有喪。

玄龍曰：赤白流星貫婁星間，經三日，天子車馬大驚死，邑里牛馬狂横走亡。

郗萌曰：赤星出婁中，其國大風且起，折宫室壞垣，期九十日。

《海中》曰：流星出婁入胃中，於河中流多死者，期八十日。

萇弘曰：流星入婁，飢亡。不視一夕二運，天子以菓食死，期旬中。

占客氣

黄帝曰：蒼白氣入婁中，諸侯國且以樂詠亡。

石申曰：赤白青氣入，旋貫婁交，其國女主有喪。

郗萌曰：黄白氣入婁，人民受賀。若黑氣入婁中，多水災，道路不行。

梓慎曰：五色氣入運婁，天下有貴客，期九十日。

唐·李鳳《天文要録》卷二八《昴占》 昴星

主昴星者，白獸第四宿也。《勅鳳符表》曰：昴星者，主西方，仲宿也，主道鏡之門也，主天之耳目也，主天子之德豐也，主三災初起門也。《東晉紀》曰：昴星者，主七十行也，主玄亭之垣也，主白獸之象也，主大將府侯門也。《懸總紀》曰：昴七星，主后妃之目也，主遠望也。東北首一星，失位女后亡，德民管姬宫也。魏石申曰：昴七星，十一度，距西南第一星，去周極七十四度，在黄道内三度半經。昴主獄事，典治囚，故置卷古以慎疑，主德行政門也。殷巫咸曰：昴星主教道，故曰君臣門也。去極七十三度半，在黄道内四度少。昴者，西陸也，主聽視也，主天子施行，主諸侯者耳目也，主婬泆，主謀逆，故曰天獄也。齊文卿曰：昴星者，主重喪視守也，主兵甲之道也，胡星陰之象也。昴中明星，名曰藁星。其星明，則天子安寧；不明，天下多三災並起。晉陳卓曰：昴者，爲旄旄頭頭者，天子執罕畢前駈者之所冠也。晉武帝嘗問侍臣，旄頭何義。彭權對曰：秦國有奇怪，觸山截木無不崩潰，唯畏旄頭，故使虎士服之，則秦制也。張華曰：臣謂杜士之恕髮躍衝冠，義在於此案。二説唯殊，同取威雄之象也。主兵喪昴畢間者，天街也，七步所經也。順吉逆凶，猶角之天門，房之四表也。鄭卑竈曰：昴星者，老也，留也，萬物成就留門也。陰收物聚留侍時，各言其名，序而因之，其氣擾相侍，胷性窮情得象獄辭也。故主獄事刑疑徒輕，故應慎也。《三靈紀》曰：昴署者，天下大下大將軍也。第一奇率，不視三運，天下不平。第二躍星，不視，大國失地。第三星觀，表秋分，不視，諸侯國亡。第四表信，不視，君失德令。第五甘星，不視，女主失勢。第六鏡奇，不視，三王争國。第七半星，不視，大臣争國。《内紀》曰：七光昴外十五尺，行趙之分野也。《西晉紀》曰：鉅鹿入昴三度，常山入昴五度，廣平入昴七度，清河入昴九度，魏郡入昴一度。

占昴星

《九州分野星圖》曰：昴星薄，經六十日，天下宏憒賤陵貴，君臣失理，期三年。

《東晉紀》曰：昴星明大如參，右肩，經歲，不出二年，魯昭公登位。

黄帝曰：昴星明大耀，逮傍星，天下獄牢平，無盜賊。

石申曰：昴星光逮三宿，諸侯之國豐，有賢臣。

文卿曰：昴星不明，則天下犯逆謀奸起，不出一年。

巫咸曰：昴星明大如畢赤星狀，天子有憙，民安寧。不明，諸侯失門，民人飢。

公連曰：昴星變動摇，初表星不視，經五十日，三公失家，天下大憒，民人烈。

玄龍曰：昴星運薄經旬，其分野五穀不登，不出二年。

郗萌曰：昴星皆明，與大星等者，天下水滿耗起。

祖晅曰：昴七星皆黄變大光，經五辰，七臣謀逆，奸誅天子，期一旬。

紫辨曰：昴星赤青光，動摇，不出五日，大風雨雷電，道塞，人不通，三連官車騎盡起。
應邵曰：昴星者，亡經歲。天下兵喪並起，不出五年。
甘氏曰：昴星動摇，有大臣下獄，有白衣之會。
卜偃曰：昴星大光而動摇，胡兵盡起，中郎尉大將出戰，大勝，不出半周。
梓慎曰：昴一星大耀跳，餘皆不動者，胡欲侵邊境，期年中。
萇弘曰：昴六星不視經歲，大國亡小國豐，不出五年。
仙房曰：昴星不視經一旬，不出三年，宋景帝失勢。
長武曰：昴星夕犯運鬲正不明，經旬，三臣吞天下，絶亡君子孫。
紫辨曰：昴星指逆失位，女主婬亂不息。
卑竈曰：昴星秋分失位指逆，奸臣吞亡君，期旬中。
黄帝曰：昴星至午不進留，經三辰猶視，天子之宫中侯出入，有兵，期三辰。
陳卓曰：昴二星經歲不視，失節，不出三年，曹武皇帝崩，五年大旱，民亡散。
尹宰曰：昴七星明大而晝見，其分野天子與諸侯同誅大臣，期百廿日。
卜偃曰：昴星晝見至午，經二辰，不出半周，齊桓公死。

占月行

《東晉紀》曰：月入昴星中，不出一年，胡王死。
石申曰：月出昴星北鬲薄，天下有福臣，期一年。
文卿曰：月犯昴星，五穀不收，民大死，不出一年。
巫咸曰：月入犯昴中，經三辰運鬲，天下兵器大作，道中多死人，不出二年。
《河圖》曰：月犯昴星，天子破匈奴，不出五年。
郗萌曰：月運夕昴星，其分野有烈，大將軍死，君不安，民失家，期百八十日。
黄帝曰：月犯出昴中，天下以五穀兵起，三臣争地。
《荆州》曰：月犯昴星，以粟米爲賊。
公連曰：月入昴中，經六辰不出，女主安坐；入，兵印逆大驚，期旬中。
玄龍曰：月入昴登夕，經四辰，諸侯暴，印逆女后，不出旬中。
《河圖》曰：月行犯昴星北亭，有赤白雲運轉月，大將兵起，匈奴内侵，失地。
黄帝曰：月乘陵昴，其國君有憂，天下用法峻，水滿國，五穀不收。
梓慎曰：月乘犯昴星，民多腹疾，婦女多死，大赦天下，不出二年。
郗萌曰：月行觸昴星，匈奴有擾，不出二年。
石申曰：月蝕昴星，大臣誅，貴女失勢。
《海中》曰：月入昴中，經五辰，諸侯黜門户，臣有烈民，人飢。
卑竈曰：月生於昴，天下大赦，後年大兵在外，食絶，民多死。
卜偃曰：月行陵運登昴星，天下貴人多死，小人管政，讒起，不出三年。
郗萌曰：月暈昴星，其分野君死，天下有兵，暴令。起水無收，糴貴，民離其鄉，六畜生多死，小人多變謀，不出一年。
梓慎曰：月暈昴三重，不出五十日，大赦。
郗萌曰：月暈昴星，民多疾，期一年。
應邵曰：月暈昴星再重，不出一年，漢宣帝崩，大赦天下。
正月暈昴再重，其國女后多疾，貴人死。
二月暈昴星三重，運夕，大將軍吞天子，期秋分不出。
三月暈昴星運迴，經三辰，太子有喪，期九十日。
四月暈昴星四重，有珥，天下豐，諸侯國益地。
五月暈昴星，經半運，女主管政，期百廿日。
六月暈昴星，赤白雲運轉，經五辰，三大將謀内，小人謀外，期百六十日。
七月暈昴星亡，不視。天子失位，期一年。
八月暈昴星五重，五國王來，有賀喜，期分失珍寶，期三年。
九月暈昴星，蒼雲貫昴中，天子得賢臣，女后得節婦，期百九十日。
十月暈昴畢二重，小人擾印君。
十一月暈昴，其國五穀大貴十倍。
十二月暈昴星再重運夕，經六辰，天子自賣實物，臣遣主，期一年。
右十二月暈昴星，《勑鳳符表》占。

占五星

《懸總紀》曰：五星犯鬲昴星，經歲，其分野多盜賊，奸臣誅君，内亂不息，不出四年。
《勑鳳符表》曰：五星入守運昴，經七十日，天子有喪，諸侯之國失地，不出三年。
《西晉紀》曰：五星運犯守昴星，四夷侵内失地，天下兵盡起，大將戰死，流

血，不出三年。

郗萌曰：五星有中犯乘昴，皆爲胡王死，有白衣之會。

陳卓曰：五星指昴畢之間，經五十日出，五將軍誅，天下流血如河水，不出七年。

《五靈紀》曰：五星猶守昴畢之間，天下臣道天子，民人歸君，諸侯國亡，不出二年。

郗萌曰：歲星、熒惑、填星中犯乘守昴，皆爲天下有福豐，後年大旱，奸臣爲亂，不出三年。

《三靈紀》曰：五星指留守昴畢之間，經九十日不下，君國亡，臣遁逃，鄰國謀變，不出五年。

《東晉紀》曰：太白、辰星、填星守陵乘昴星，經百廿日，不出三年，高祖以印發戰，流血。不出半周，其分有喪。二年，大旱民飢。

文卿曰：歲星、辰〔星〕犯守昴星，天下有逆臣誅國，民分散，諸侯遁逃，失地千里，期百四十日。

黄帝曰：辰星、熒惑犯蝕吞鬲昴，經歲，天下三災並起，民流亡，貴賤失理，不出七年。

石申曰：填星、太白、熒惑守乘陵昴星，其國無目耳鼻，民人失門，赤地千里，奸毒並起，誅君，不出五年。

巫咸曰：五星暈昴星運薄，經旬，大臣與女主奸通誅君，宮中大愕，走亡。

公連曰：五星守昴星，四面逆行失度，九州大飢，君臣喪並出，諸侯國滅，不出七年。

占歲星

《勑鳳符表》曰：歲星犯守昴，其分野敗亡失地，不出三年。

黄帝曰：歲星入鬲蝕昴星中，民人飢，地動山崩，道路不通，期半周。

《五靈紀》曰：歲星守犯亭薄昴星，經九十日，大將軍死，太子殺大臣，期半周。

郗萌曰：歲星入昴中留，經七十日，其分野以女爲亂，大臣疾，有小赦，期八十日。

陳卓曰：歲星出入留舍昴，經五十日不下，必有死者，期三年。

《海中》曰：歲星吞昴星，將軍死，其年旱霜，五穀傷。

石申曰：歲星入守犯天獄，天下獄虛。

黄帝曰：歲星處昴東，金器刀劍貴，五月糴貴，民多徙邑，期二年。

《西晉紀》曰：歲星處昴南，有土功，歲早旱，晚水，男子疾疫，不出一年。

挺生曰：歲星犯鬲蝕昴星，女后有喪，更政。

《勑鳳符表》曰：歲星入守舍昴星，大臣與大將戰，臣勝，殺將流血，期廿日。

《荆州》曰：歲星處昴西，糴一貴一賤，其月有土功。

黄帝曰：歲星處昴北，有別離之國，奪地死者。

陳卓曰：歲星守陵乘昴，經五十日，其分有亡地，期一年。

郗萌曰：歲星舍居昴畢南，有死者，期三年。

萇弘曰：歲星已表運鬲昴，其分野内亂相死，期九十日。

玄龍曰：歲星陵乘觸昴，經八十日，西國民大飢，流亡，期百廿日。

公連曰：歲星守陵合昴，女主有災兵，不出二年。

郗萌曰：歲星居昴畢之間，色赤，其國有殃，大旱。

甘德曰：歲星守合昴，天子失禮，附於刑大赦，除咎，期八十日。

巫咸曰：歲星鬲留犯昴星，不出一年，哀帝逆死，明年秋多水災，萬物不成，民大飢。

錢樂曰：歲星守留昴，經百廿日，小人吞天子，諸侯失地，不出三年。

郗萌曰：歲星息運昴星，經一旬已上，夷狄戰勝，中國敗，失地。

《荆州》曰：歲星運鬲昴留，經廿日，天子有責令，大臣厄獄者皆解，不出半周。

梓慎曰：歲星守留昴，經六十日，大臣有坐法死者，津關吏憂，民人食草實，多飢死。

石申曰：歲星犯乘昴星東，其國穀大貴，期三月。

黄帝曰：歲星守留居昴北，其國多暴雨，道不通，不出一年。

郗萌曰：歲星逆行昴，其君殺不辜，不出半周。

《五靈紀》曰：歲星入留昴，經百廿日。其后王與大臣誅，天子妄戮，不出一年。

卜偃曰：歲星入乘贏昴，妾誅，嫡印逆死，臣有兩心。

卑竈曰：歲星贏縮昴，天下民誅君，大將遣，天子遁歸，不出三年。

紫辨曰：歲星運犯留昴星，經九十日。不出三年，周武王死，明年春多水

災，五穀不下。

梓慎曰：歲星暈昴星貫流星，女后作奸，心通諸侯，期七十日。

卑竈曰：歲星暈昴再重，天子妾與大將婬奸，誅天子，不出二年。

占熒惑

《懸總紀》曰：熒惑守留昴星，大將有謀，兵强，女主亂政，不出一年。

黄帝曰：熒惑守犯陵昴星，天子不明，小人奸。

《五靈紀》曰：熒惑犯鬲留昴星，經七十日，臣弑主，不出三年。

石申曰：熒惑入犯昴，天子有急令。經旬入，韓王死；從其南入，魏王死。

巫咸曰：熒惑犯陵留昴星，其國匈奴來侵内，大戰流血，不出二年。

《春秋緯》曰：熒惑留亭昴星，經百日，其國君臣俱死，棄法律，不出三年。

方朔曰：熒惑入留蝕昴中，下賤戮君，不出二年。

郗萌曰：熒惑入犯守昴星，天下大安寧，無兵，天下大赦，無罪人解。

陳卓曰：熒惑入運乘昴中，其國貴人多戮死者。

《河圖》曰：熒惑守犯乘昴星，大將戰死，諸侯執政，不出一年。

巫咸曰：熒惑出入留舍昴，光明，胡人爲亂，不出三月。

甘德曰：熒惑入昴，已去復反守之，有臣爲天子破匈奴者，期三年。

班固曰：熒惑乘陵留昴星，經五十日，天子自大戰失國，不出二年。

京房曰：熒惑入留鬲薄昴，大臣賊天子，不出半周。

《海中》曰：熒惑入舍居昴，經六十日已上，其國多疾疫，其國有聚人，不出半周。

《荆州》曰：熒惑入留鬲昴，其國北方兵甲起，大將軍有出者，不出二年。

《易緯》曰：熒惑乘陵犯昴星，經六十日，陰國暴可伐，不出三年。

梓慎曰：熒惑乘陵犯昴星，經歲，其分軍破，客歸逐，不出二年。

《内紀星圖》曰：熒惑入留息運昴，經六十日，其國侯王亡，不出一年。

《荆州》曰：熒惑入守昴，北胡夷狄王死。

紫辨曰：熒惑舍居昴，小人賊大臣，不出一年。

《三靈紀》曰：熒惑入留陵犯昴中，其國南有兵，急立可侍，不出廿日。

甘德曰：熒惑舍居乘守昴，經廿日。其國多盜賊，候宫中，天下多賦斂，民飢於無粟，人相食。

郗萌曰：熒惑留守昴，典獄吏多爲奸者，四夷邊兵起，不出二年。

黄帝曰：熒惑犯陵昴，經五十日，運調息運，女主兵起，戮諸侯妻，不出百日。

石申曰：熒惑犯觸留昴，天子誅無罪者，其國不安，天下多水災，五穀不收，民人疾多死，君臣不和，不出三年。

郗萌曰：熒惑鬲薄留昴星中，經八十日，大人爲内亂天下，主大將出走，國亡，民不安，多獄事，大臣有囚者，地動山崩，相死，期三年。

公連曰：熒惑入守昴，女后失位，不出一年。

玄龍曰：熒惑犯昴星不下，士卒兵起，戮天子，不出二年。

甘氏曰：熒惑鬲蝕昴星，其國生蟲蝗，五穀傷。

祖暅曰：熒惑吞蝕昴星，天子以火兵誅鄰國，不出三年。

段憬曰：熒惑守犯昴星，經九十日，其國小人流千里。

巫咸曰：熒惑運薄鬪昴星，臣誑譙天子，不出一年。

挺生曰：熒惑以春三月守犯昴，其分夏大旱，秋多水，五穀半得半不得，明年春旱，穀不下。

紫辨曰：熒惑守昴東，齊越負兵；守其南，荆宋負兵；守其北，燕負兵；守其西，秦鄭負兵。

萇弘曰：熒惑以夏三月守昴，秋分糴大貴，多水災。

應邵曰：熒惑守陵留鬲昴，其國更王，不出一年。

卜偃曰：熒惑陵犯留昴，其國夫婦失節，流千里，不出二年。

韓楊曰：熒惑守昴繞環成鉤己，大赦天下。

郗萌曰：熒惑守犯昴星，其色大黄，其國牛馬貴。

陳卓曰：熒惑入昴中不下，經廿日，民人憑，大臣遣天子。

子韋曰：熒惑犯守昴星，經百九十日，大將不協，天子戮女主，不出半周。

錢樂曰：熒惑暈昴星再重，有冠珥，大臣賣五穀，糴大貴，民飢，西方有兵，不出半周。

仙房曰：熒惑暈昴星四重，其國大將失道，兵亡，不出三年。

卑竈曰：熒惑暈蝕貫昴星，天子妻姬有奸象，期旬。

梓慎曰：熒惑暈昴星，貴人有喪，女后任胎有病。

占填星

《東晉紀》曰：填星守昴星，女主印逆戮天子，不出三年。

黄帝曰：填星犯昴星，其國女主有咎，黜天子，期九十日。

石申曰：填星陵乘昴星，天下兵甲起，諸侯失國，不出二年。

巫咸曰：填星鬲陵留昴星中，陰國失地千里，不出三年。

公連曰：填星入出昴星中，大將以兵自死，不出一年。

玄龍曰：填星入犯守昴星，經八十日。其國女主以嫉戮妾，不出二年。

卑竈曰：填星入守昴星，經五十日。宫女作奸心，遁逃，不出半周。

梓慎曰：填星犯鬲運昴星，經七十日，姬官作毒奸，女主死，不出一年。

郗萌曰：填星入昴星中，地動水溢，宗廟壞，不出一年。

石申曰：填星入守舍昴，胡人爲亂。

紫辨曰：填星入守留昴中，其國西北六百里有流血，期一年。大將出兵起，不出三年。

萇弘曰：填星出昴星守東方，兵起，流血，不出一年。

應邵曰：填星守留鬲薄昴星，其國王侯失勢，天子以赦除咎，不出三年。

巫咸曰：填星鬲運犯昴，經六十日，萬物五穀不成，多火災，民多疾病。

郗萌曰：填星逆行昴星，女主興政，若飲食過，不出半周。

梓慎曰：填星暈昴星，女主有憙事，期百廿日。

陳卓曰：填星暈昴星再重，有背，天子宫失道，女主亡安床。

應邵曰：填星暈昴星，二臣誅天子争國，不出三年。

公連曰：填星暈蝕昴星，天下民人飢，道中多死人。

占太白

《勑鳳符表》曰：太白守陵昴星，經五十日，四夷内侵，失地，不出一年。

石申曰：太白犯鬲昴星，其國侯王有咎，印逆死，不出半周。

《五靈紀》曰：太白犯運昴星，大將軍失國堺，不出五年。

巫咸曰：太白芒角多聚耀，逮昴星亡經旬，大國王來，有賀慶，期百九十日。

《文燿(鈎)〔鉤〕》曰：太白入昴，天子以微誅。

郗萌曰：太白留出入舍昴南，有男喪；在昴北，有女喪；在昴東，六畜大傷；在昴西，六月有兵起。

公連曰：太白守合乘昴星中，其分君死，期一周。

玄龍曰：太白犯居陵昴星，小臣戮主，不出半周。

黄帝曰：太白舍居昴，留經一旬不去，大臣有死者，不出一周。

司馬彪《天文表》曰：太白犯昴，大人當之，兵起，期三年。

陳卓曰：太白犯守昴畢，其歲大暑，多疾疫。

梓慎曰：太白犯陵乘昴星，天下五木起戮，天子亡國，小人謀大臣，不出三年。

《荆州》曰：太白息犯留胡星，女后失太子，大赦，以水亡。若有角，兵起，天下流血千里，民多疾病。

卜偃曰：太白芒留昴星，諸侯誅天子，民飢。

卑竈曰：太白星三寸變昴，天下有逆臣戮君。

郗萌曰：太白與昴鬭，不出其年，國有變臣迫逐君。

石申曰：太白守昴，胡兵入，從闕門入，天子走，其分民不安，鄰王自來，期六十日。

陳卓曰：太白守留昴星，女主詆，大將逐戮，不出一年。

甘德曰：太白守陵芒角昴，將軍囚獄下，更政施。

卑竈曰：太白乘觸合昴星，四夷來，有兵起事，天下有聚衆，期三年。

《荆州》曰：太白逆行守昴星，天下擾，兵大起，政易。

卜偃曰：太白與昴卑登，天下不和，民流亡，不出一年。

《春秋緯》曰：太白暈昴星，有背，女主有喪，諸侯争國，不出三年。

萇弘曰：太白暈芒角逮昴星，大國失地千里，不出二年。

應邵曰：太白暈昴三重有珥，天子以婬泆失地，不出三年。

梓慎曰：太白暈昴星，貫赤青雲二運一夕，天下大愕，三王並起，誅四方，不出三年。

《三靈紀》曰：太白暈觀對昴，其國大臣詛死，期百日。

《河圖帝紀》曰：太白暈昴青赤黄，天子生聖太子，期一年。

占辰星

《懸總紀》曰：辰星犯守昴星，經九十日，小人誣，天子遁逃，謀變，不出一年。

《荆州》曰：辰星犯乘昴，夷狄之兵起，爲民害，不出二年。

石申曰：辰星守鬲昴星，四夷狄内侵，大勝，五穀不成，民大飢，不出百九十日。

《五靈紀》曰：辰星乘守昴星，色青，經七十日留，天下多盜賊，富家貨拓，不

出半周。

甘德曰：辰星犯陵昴星，執法臣誅天子，兵起軍破，散民流亡，天下失綱。

《荆州》曰：辰星逆行守昴星，大臣有坐法死者，期八十日。

陳卓曰：辰星守留昴，經百八十日，復逆行纏繞，獄法理，不出三年。

卜偃曰：辰星守昴運薄，其國大水決溢爲害。

梓慎曰：辰星鬲運昴，經五十日，宰臣失令印發死，期九十日。

卑竈曰：辰星乘陵昴星，逆行失度，勢臣遣國，謀外變，不出二年。

萇弘曰：辰星陵犯昴，經七十日，女后有喪，不出一年。

應邵曰：辰星息運舍居昴，不出三年，天子有喪，更政。

紫辨曰：辰星吞蝕昴留坎方，臣吞天子，玄后有咎，期六十日。

公連曰：辰星暈昴貫大流星，不出二年，楚昭王死。明年夏大旱，民飢，五穀不登。

玄龍曰：辰星暈昴畢，其國强臣失位，小人進位。

《河圖紀》曰：辰星暉昴，大臣死，秋多水，地動，出彗星。觜中。明年春，齊桓公以食樂失珍寶，五穀無實，民飢分散。

長武曰：辰星暈昴再重，女主自經死，太子印逆誅大臣，不出半周。

占彗孛

《勑鳳符表》曰：彗星出昴中，諸侯飢死，春地動，多水，穀不收三年，民飢死。

《東晉紀》曰：蒼彗星貫昴星，秋地動，地坼千里，不出三年，漢武帝崩。

《五靈紀》曰：彗孛出昴畢之間，經六十日，其國貴人入水死，五穀不生，道中多死。不出三年，天子有喪，諸侯執政大臣流千里。

郗萌曰：彗星出昴，色赤，邊有大兵謀變，天子有擾。

甘氏曰：彗孛干犯昴度，大臣亂國，兵大驚，期一年。

《春秋緯》曰：彗孛出昴畢間，大國王死。

黄帝曰：黄彗星貫昴，天下有大赦，天子有憙，不出一年。

石申曰：彗星長一丈，貫昴畢之間，賢臣謀君，小人作奸，民逃散，期一年。

卑竈曰：白彗星長六尺已上，貫昴星，不出三年，堯帝崩，明年諸侯國失地，民大飢。

公連曰：彗孛出昴畢之間，經歲，天子與女后俱死，不出三年。

玄龍曰：白彗星出昴之傍，經百日，不出五年，殷湯死。

萇弘曰：彗星長三丈，貫昴畢之間，經一旬，其國大將戮天子，民人三年飢，貴人多道中死。

巫咸曰：彗星長九尺余，赤白青交出昴中，經五辰則亡，其君宫中有伏兵戮君，從女床起，大驚，期一旬。

占客星

《西晉紀》曰：客星入昴星留，經廿日，其國且有兵驚，小子多死。

《三靈紀》曰：客星守昴星留，經旬，諸侯國使來，有憙事。

《懸總紀》曰：客星色赤大，守昴星，民多疾疫，不出半周。

郗萌曰：客星入昴留，天下有喪，不出一年。

《荆州》曰：客星入昴中，有德令，水泉出，民去平土，就兵邑。

石申曰：客星出入昴中，其國大夫暴死，不出一年。

卑竈曰：客星守留昴星，有白衣之會，有客來，期九十日。

梓慎曰：客星色赤白，出昴中，急法有宫中刑罰暴起，五穀大貴。

郗萌曰：客星色白青，守昴星，其國兵甲起，器刀劍貴。

石申曰：客星出昴留，經廿日，衆滿野非喪則會也。

挺生曰：客星從昴陰出，其君有走，期八十日。

《荆州》曰：客星犯守昴星，讒諫賊臣在内，諸侯謀上，白衣徒聚謀慮。

郗萌曰：客星舍居留昴不去，天下國多盜賊並起，君紀嗣同姓有起入爲主者。

梓慎曰：客星守留，萬民亂不安，有证稱王命者，不出百八十日。

郗萌曰：客星守犯鬲息昴星中，讒臣有蔽主德者，有謀以藥罔上者，從囚有取兵弩攻詔牢者。

尹宰曰：客星狀填星守昴星，經六十日，其國多囚獄，不出三年。

卜偃曰：獄漢出昴星，天下兵不息，不出二年。

陳卓曰：大敗出昴中，其國大兵起，誅天子，期三年。

占流星

《三靈紀》曰：流星入昴星中留，經八十日，天下且驚大兵起，後宫有奸，期五十日。

石申曰：流星色赤青，交入昴星中，其國貴人有繫囚者，不出八十日。

《懸總紀》曰：流星長一丈，出入昴中，天子有疾病，大赦，期六十日。

黄帝曰：流星入昴星中，諸侯有死，不出一年。

梓慎曰：流星長八尺餘，入昴星，且三公伐主，期一旬。

卑竈曰：流星黄，長一丈余，將軍在外謀君，不出一年。

應邵曰：流星出昴中，其國且失地。

陳卓曰：流星犯貫昴星，經三日，天子且以毒食暴死，不出旬中。

公連曰：流星長三丈餘入昴星，天子宫有火驚，女主有喪，期五十日。

玄龍曰：流星赤大，光逮地，入昴畢中，其國貴人多病，民飢死，小人誅謗天子，期七十日。

占客氣

《東晉紀》曰：蒼氣入昴星，宫中多疾疫。

《三靈紀》曰：白黑氣貫入昴星，後宫有憂，不出八十日。

黄帝曰：黄蒼氣入昴星中，大將且飢。

石申曰：蒼白氣赤貫運昴，其國糴貴五月。

郗萌曰：蒼白氣入昴，民多疾疫，天子有喪，受其國禍殃。

陳卓曰：青黑氣出昴中，其國有兵。

卑竈曰：赤氣入昴，天子白衣將兵民聚。鼓下出昴，軍有野狗。

挺生曰：黄白氣潤澤入昴中，天子白衣之會；出昴，會罷。

郗萌曰：黑氣貫入昴一夕二運，其國多水，道路不通。明年春地動，毒水傷五穀。

《河圖》曰：黑赤白氣，天無雲，有赤蜺蟯昴畢，從昴東北角西行，臣主相謀伐，不出一年。

巫咸曰：赤白青黄氣入迴運昴，其國女主婬樂，失珍寶，期一年。

《春秋緯》曰：五色氣入貫昴星，天下有憙，不出半周。

甘氏曰：蒼氣虹蜺貫昴，經一旬，大臣戮君，期八十日。

唐・李鳳《天文要録》卷二九《畢占》　畢星

主畢者，白獸第五宿也，陰陽之者門也。《勑鳳符表》曰：畢者，主遠兵候也，主武德之發門也，主天子服堂也，主大將兵肆攢正道也。《東晉紀》曰：畢者，主八龍之目也，主軍藏府也，主邊城守衛也，主天下之怪咎也。魏石申曰：畢八星附耳一星，十六度，距左股第一星，去周極七十六度，在黄道外一度半經弱。畢者，主邊兵，所以備夷狄謀，故置天弓以射之。王者執前駈，即其象也。殷巫咸曰：畢星去極七十三度弱，在黄道外二度半弱。畢爲天衛，主外兵備，主邊武士知暴横。附耳移動摇佞，讒起。其大星謂天高，主邊將軍，主四夷之慰□也，故濁謂畢，蓋其異名也。鄭卑竈曰：畢者，主晉門也。有捄天畢載施之行，此謂也。一名囚車，今掩箢者，謂畢亦其義，故主弋獵。魯梓慎曰：畢者，主外邦兵候，猶漢西域都戈校尉之官也。一名車强，一名風門，一名光畢。畢者，止也。陰氣起，萬物畢老，故謂畢也。曰宿在畢，萬物出皆盡已也。晉陳卓曰：畢者，爲雨師宿，移入中者水之所生也，爲水官也，故畢爲雨師也。周萇弘曰：畢者，天子之表府也。其大星主婬亂候士也，畢宿位值金方之至也。左隱星主后妃亭門也，右隔星者，主妾子床候也。坎畢星不備者，天下婬泆多亂，君臣之失正理也。《内紀星圖》曰：附耳一星者，在畢下，主天下之主聽得失，所以司信候耶，察不祥也。一名附天，一名附候，主君中候也，故謂附天，主奸臣衛也，爲木官也。晉紫辨曰：畢者，七孿之贊道也。平城、鴈門、伐地，畢之分野，故趙邊地也。《三靈紀》曰：畢三夕二運指逆失位，其君失德。春三月運登，指逆至午環夕，其國失道理，天下謀悖變。夏鬲息指未，諸侯國亡。秋夕運指申失位，大臣奪勢。冬指逆失位，大將謀天下，内亂且起。益州自畢十二度至東井十五度，爲實沈，於辰在申，魏分野也。七步畢在角殷，行實沈起畢九度。《内紀》曰：實沈起畢六度，信都入畢三度，趙郡入畢八度，安平入畢四度，河間入畢十度，真定入畢十二度，中山入畢一度。

占畢星

《勑鳳符表》曰：畢八星不明微細，經旬，賢臣避位，進小人，不出二年。

《三靈紀》曰：畢初亭不明，君政庭不正，大臣争地，期八十日。

黄帝曰：畢玄陵光不明，國家民人不安，背逃其國，不出二年。

石申曰：畢星不明昧，經旬，其國賊役不息，多死，五采之大貴，期百廿日。

巫咸曰：畢陵奇，一旬不視，大臣與女后作奸淫。

文卿曰：畢亭駈，一歲不視，三公印逆，天子遁亡，期三年。

《懸總紀》曰：畢大星一歲不視，其天子失目，精印發死。

《東晉紀》曰：畢第四星不明細小，經二旬，侯王返訪，天子争國，不出一年。紫辨曰：畢星色蒼黑變不明，經六十日，其天子宫中有奸人候戮君，期百卅日。

文卿曰：畢星明光，則遠夷來貢奇物，期九十日。
《春秋緯元命苞》曰：畢星光大色度和同，天下太平，君臣之德盛。
郗萌曰：畢星明大，天下民人安，邊兵息也。
陳卓曰：畢星失色，則邊亂，下國不寧。
挺生曰：畢星不明，天下謀逆内亂。
祖暅曰：畢一星亡不視，天下有兵喪並起。
黄帝曰：畢三星不視，經一旬，其國背畔，畢星燿芒。
公連曰：畢星動摇，邊城兵起。
郗萌曰：畢星動摇，其國有讒臣。
梓慎曰：畢八星離位移徙，天下獄大亂；其星就猶，法令大酷，民息。
萇弘曰：畢第三星色蒼，經歲，宫人以毒藥御天子印，發殺，不出半周。
應邵曰：畢第五星色赤，經一旬，女宫有喪，期百日。
卜偃曰：畢大星經六十日不視，天子有疾，大赦天下。
韓楊曰：畢八星秋分不視，天下大戰流血，宫中婬亂死，不出二年。
巫咸曰：畢星色赤黑白蒼，經六辰二夕一運，其國賢臣有喪，民哭泣聲不息，不出三年。
《懸總紀》曰：畢八星晝見至未，天子有背其國，遁逃亡。
班固曰：畢星晝見，天下有喪車。
《海中》曰：畢星暈二夕一運，其國有賢臣，天下政正平。
《九州分野星圖》曰：畢暈鬲薄不昧，其君非分争地。
《易緯》曰：畢三重暈有珥，四夷來貢，大將誅四面，大勝益地。

占附耳

《西晉紀》曰：附耳一星不視，天子失相，女后德損。
黄帝曰：附耳明光大，經旬，女后任胎聖太子，不出三月，則懷胎。
石申曰：附耳不視，經歲，天下無目耳足。
文卿曰：附耳明光大，經歲，天下五穀成熟，民人得豐安寧。
《元命苞》曰：附耳賊中國微，邊侯驚，外國反鬬連。
《論讖》曰：附耳明，盗賊合也。
《雒書》曰：附耳角動，不言讒賊將起。
石申曰：附耳移動摇，倍讒行。
司馬曰：附耳動摇，有讒亂臣在側，及有田獵之事。
郗萌曰：附耳入畢中，爲兵革，入深兵。大動摇，兵起，邊兵尤甚。
卑竈曰：附耳色赤經旬，市中大驚，兵起多死。
梓慎曰：附耳三年不視，堯帝崩。
卜偃曰：附耳蒼不明，經六十日，女后有擾。
《三靈紀》曰：天附耳一年不視，天下大飢，貴人多死。
《五靈紀》曰：附耳失位離移相一丈餘，經六十日，天子之妻相離，哭泣不息。
《東晉紀》曰：天附耳二歲不視，漢武帝妻有擾，印逆死。
黄帝曰：附耳不視一旬，大將失兵器，戮天子大將軍，天下五穀大貴。

占月行

《勑鳳符表》曰：月犯畢大星留，經一辰，天下風雨失節，九穀不登，民飢多死。
黄帝曰：月守陵畢八星，其國河水暴出，牛馬多流死道路，魚多死，期九十日。
石申曰：月乘陵畢星，小人誅天子，不出一年。
巫咸曰：月入犯畢中留，經一運二夕，賢臣死，女后執政，大赦天下，期百廿日。
黄帝曰：月犯畢二夕息運色薄，其臣不行天子之令，期六十日。
《春秋緯》曰：月失離千畢，則大雨。
公連曰：月入犯畢，其國君印發有憂，兵起，期一周。
郗萌曰：月入畢中光，起兵有破亡；若與兩股齊，近期廿日，遠期六十日，將有死。
玄龍曰：月犯鬲畢左尾，宫室有火燒，期八十日。
《鴻範傳》曰：月入畢中，將若相有以家事坐罪者，近期百廿日。
梓慎曰：月犯畢第三星，其國有反臣小人自立陵上，大將相驚，期一周。
卑竈曰：月入畢口鬲陵，一周不經，女后有喪，土功起。
《河圖紀》曰：月犯畢狼亭，天子用法誅罰急，貴人有死者，天下有變令。
《勑鳳符表》曰：月犯運畢，其國民大飢，不出三年。
黄帝曰：月犯乘陵畢，出其北，陰國有擾，陽國大旱，傷穀。

卜偃曰：月亭蝕畢，一夕三運，女主失國政，不出二年。

《海中》曰：月犯畢南，陽國有擾，賊臣誅君，邊將起，期二年。

萇弘曰：月犯畢赤星，臣戮主，大將死。赤星大星也。

郗萌曰：月行犯運蝕鬲畢，其國多疾疫，邊將謀君，不出三年。

挺生曰：月蝕鬲一夕畢，諸侯謀大臣，五穀大貴，不出一年。

唐昧曰：月合乘陵畢，女主有疾，大赦。合陰多水；合陵陽多風，邊境有誅事。

《荆州》曰：月陵蝕畢第六星，一夕，諸侯失國，期三年。

陳卓曰：月行宿濁而霧，其使有道死於諸侯者。

正月暈畢，無德令，則民憂兵連，五穀大賤。

二月暈畢，天下大赦，人主坐床死，期半周。

三月暈畢從畢，兩角前圍之不及本一星，四月大赦天下。

四月暈畢二重，女后有兩心，謀其天子，不出五年。

五月暈畢觜參，天下弩貴，車騎並連。

六月暈畢七重，漢爲置頓所國於平城，七日乃解，故畢言邊兵也。

七月暈畢三重，天下奸臣起，誅天子流血。

八月暈畢再重，二夕一運，天下人民内亂，國君死。

九月暈畢五重，有背青赤，天下和平，民人安寧。

十月暈畢星，有兵，外臣誅君，期百廿日。

十一月暈畢運蝕，經三辰，天下有亡國。

十二月暈畢，諸侯多飢死，不出一周。

右十二月暈畢，《勑鳳符表》占。

占五星

《三靈紀》曰：月五星有犯附耳者，鬲蝕一夕登運，天下兵盡連，大將有喪憂，民人走亡。

陳卓曰：五星犯鬲畢，三公死，弱國兵强，大臣戮天子，期百廿日。

黄帝曰：五星猶畢，經一旬，不出三年，魏文帝死，民流亡。

石申曰：五星犯守陵畢，經七十日，天下大旱，赤地千里。

郗萌曰：五星入畢者，皆其國易君更政。

巫咸曰：五星有入畢中，其國兵起，期二旬。

卜偃曰：五星有犯畢者，出其北，陰國失地，多水，期九十日。

尹宰曰：五星犯守陵畢，經五十日，天下出奸臣，吞天下，君臣不明，期一周。

郗萌曰：五星出畢南，陽國有憂，三臣争地，期八十日。

挺生曰：歲星、填星、太白入畢口中者，其國貴人死。

甘德曰：五星陵鬲畢蝕，經三月，九州飢，大旱，赤地千里。

卑竈曰：辰星、熒惑、太白犯鬲運畢星，天下諸侯之國亡，民人散亂。

梓慎曰：五星守乘贏畢，其大功臣死，明年騎兵起。

紹德曰：五星離犯吞畢，其國有兵喪，四方多水畔，布大貴。

韓楊曰：歲星、太白入犯畢口，留經三旬，女主有咎，後宫不明，姦起。

祖晅曰：填星、熒惑守畢，留經二月，大將遁逃，謀變，誅諸侯國，不出一周。

《河圖・晉武帝篇》曰：五星聚畢，經歲，皆失度逆行，不出五年，天子崩，萬民失進退，大旱，飢並起。

《春秋緯表傳》曰：五星守畢留經歲，天下大亂，君臣失節，諸侯亡國，不出三年。

占歲星

《三靈紀》曰：歲星犯畢，經歲不下，國家忿，忠臣執政，期五年。

黄帝曰：歲星守畢九十日，其國百姓多死，不出二年。

石申曰：歲星入畢口中，邊國有兵。

巫咸曰：歲星守留畢，不出三年，周文王死。

郗萌曰：歲星入鬲運畢，天下邑有死王，四方兵革連。

陳卓曰：歲星乘陵畢星，經九十日，天下有繫主走亡。

梓慎曰：歲星犯陵畢，經六十日已上，其國有女主喪，天子之兵連行。

郗萌曰：歲星入留畢，人君謀兵，期九十日。

長武曰：歲星出入留舍畢，經三旬，客軍敗，主人吏勝。

《荆州》曰：歲星吞畢留經廿日已上，其分野人民流亡，不反故鄉。

甘德曰：歲星乘合畢，天子有大疾病，大赦天下。

祖晅曰：歲星處畢東，金器刀劍貴。處北，多暴雨。處南，有土功事，男子多病。

韓楊曰：歲星舍居乘畢星，其分野歲早旱晚水。處畢北，有別離奪地之國，

多水，道路不通。

挺生曰：歲星乘陵畐畢，陽國有失地憂。

陳卓曰：歲星犯守畢，其國五穀小豐。

應邵曰：歲星守留畢，經六十日，中國大赦，王賜夷狄。

卜偃曰：歲星運陵畢，經八十日，天下三分之一飢民死。

巫咸曰：歲星陵乘畢，經五十日，大旱多火災，萬物不成，糴大貴，民飢亡，不出三年。

萇弘曰：歲星乘犯畢經旬，及逆行失度，其國高田不成，流潰，東西大飢。

紫辨曰：歲星入守運息畢，天下百川盡涌，五穀不登，期百八十日。

公連曰：歲星息陵畢，經卅日，逆行失度，其國東南五穀傷，蝗蟲、大風、水害，人民疾疫。

錢樂曰：歲星吞蝕畢大星，其國西南五穀傷，兵革興，大破，期百廿日。

《海中》曰：歲星入運亭畢，王者出入遊獵失節，兵奸起，印逆天子。

《荆州》曰：歲星犯蝕畢離星，王者之兵東行，誅諸侯之國。

郗萌曰：歲星逆行畢，若徙倚不明，其君不敬祠，兵。逆行失度，其女后奉天不闇，君臣田獵不節。

《勑鳳符表》曰：歲星畐薄蝕畢大星，民小飢，貴人多死，奸賊滿國。

《懸總紀》曰：歲星亭蝕留畢中，其分野暴兵起，牛馬大疫。

《東晉紀》曰：歲星暈畢再重，不出四年。孝昭帝崩，明年大旱，赤地千里，穀無實。

《三靈紀》曰：歲星暈畢三重，諸侯多死，民失門，逆臣執政。

《五靈紀》曰：歲星暈畢五重，不出二年，晉景帝崩。

黄帝曰：歲星暈畢，有赤青雲，經五辰，天子之宫中作奸婬逆。

梓慎曰：歲星暈畢運息，經一旬，女后有喪。

卑竈曰：歲星暈畢，天子有喪，太子哭泣，期百廿日。

占熒惑

《勑鳳符表》曰：熒惑犯守畢，其分野相死，期五十日。

黄帝曰：熒惑守留畢口中，宫人有咎，流千里。

石申曰：熒惑道向畢失度，天下民不順，其君走亡，不出五年。

文卿曰：熒惑入守畢中，經歲，諸侯之國亡，天下大風起，傷五穀，期百廿日。

卜偃曰：熒惑入犯畢，經五十日，其大臣死，民走亡。

長武曰：熒惑守陵畢中，大將死，其國内亂，有憂，期二年。

玄龍曰：熒惑乘陵畢，經六十日，天下兵革起行，期半周。

萇弘曰：熒惑守運畢星，大臣與諸侯争地，宫中有奸臣，不出三年。

黄帝曰：熒惑守犯陵畢中，其國君自衛守邊，有兵政，民不安，女后有喪，大赦天下，期一周。

挺生曰：熒惑犯乘觸畢中，三兵並起，誅諸侯國，失地千里。

郗萌曰：熒惑入畢中，留廿日已上，兵起，期九十日。

《荆州》曰：熒惑入守留畢中，其國有白衣之聚，期一周。

韓楊曰：熒惑犯乘運畐畢，經七十日，其國有重兵起，戮大將，子孫流千里外。

尹宰曰：熒惑出入留舍畢口中，其國軍起，三年乃止。出入留舍畢左右，明年天下必有失地之君，小旱，期三年。

郗萌曰：熒惑入畢已去，復還守之，諸侯女子貴臣有誅者，不出三年。

《荆州》曰：熒惑守犯畢，經九十日，有吏臣爲天子破匈奴者，期三年。

甘德曰：熒惑舍畢，其國多枉刑。

石申曰：熒惑守犯畢，經五十日，臣戮其君，不出一周。

應邵曰：熒惑犯運蝕畢星，其國大將死，輔太皇子奉蕃國。

萇弘曰：熒惑舍居畢之口，其邦滅，貴臣夷族，大人有飢死者。

《河圖》曰：熒惑在畢，爲主人客者有殃罰，女主亡。

黄帝曰：熒惑犯守畢，右角大戰；犯左角小戰。

紫辨曰：熒惑守畢，有大兵大將爲亂，邊兵大驚，侵乘中國，倉穀出，胡王死，大師將兵，期廿日。

郗萌曰：熒惑犯守合乘畢，天下多盜賊，兵大潰，邑駈掠，萬民空虚，飢於菽粟，人相食，不出三年。

卑竈曰：熒惑舍居犯畢口中，經八十日，有亡國走君。

卜偃曰：熒惑守畢，留經七十日已上，貴人有擾。

文卿曰：熒惑守犯畢，經五十日，天下男子有賜爵之德令，不出一周。

公連曰：熒惑守畢，經百日，匈奴有下王，九十日。

黃帝曰：熒惑守犯畢踵，大人憂。守畢口，兵大起，爲在趙地凶。

《荆州》曰：熒惑守運鬲薄畢，民人駭走，去家千里，兒婦啼，器無所觸。桓留一月，大兵連薄。留二月，二年戰。留三月，三年戰。三月已上，有易政。

《春秋緯》曰：熒惑逆行畢失度，田獵不時，囚事。

《荆州》曰：熒惑守犯畢，留九十日，兵起，馬慎其蹄，牛運其角，婦兒祿祿無止屬。

郗萌曰：熒惑守畢成鈎己環繞之，大赦。

黃帝曰：熒惑運經鬲畢，一夕三運，經歲，天子自印逆死，不出一周。

《三靈紀》曰：熒惑乘陵鬲畢，經二月，二臣爭國，誅天子，期百六十日。

卑竈曰：熒惑上漫畢行，天下君臣失道，下賤執政。

梓慎曰：熒惑暈畢離行，相去三尺，其國女主有喪，宫女執政，不出三年。

卜偃曰：熒惑暈畢再重，一運三夕，大臣謀女主，陽臣弱，陰臣强。

紫辨曰：熒惑暈畢三重，其國春大旱，秋多水，五穀不登。

占填星

《五靈紀》曰：填星守畢，經六十日，西方國可伐，必大勝。

石申曰：填星犯鬲畢大星，大臣謀成，大勝，期九十日。

巫咸曰：填星乘陵畢，四夷内侵，女后有喪。

郗萌曰：填星入畢中，地大動，水溢。入畢口中，其國大臣當之。

甘氏曰：填星犯守畢，其分軍大破，失地，期百六十日。

玄龍曰：填星出入留舍畢中，經九十日，其國大兵起，居野而不用，客將軍死，期三月。

陳卓曰：填星守運畢留，逆行失度，兄戮弟，下淩上，大將凶，率兵誅四面。

郗萌曰：填星舍畢口，諸侯有夷滅者，不出一周。

《荆州》曰：填星犯運留畢，其邦失君，兵起於而不戰。

梓慎曰：填星守乘陵畢第六星，經五十日，其邦賊臣謀女主，期半周。

石申曰：填星守畢，人君爲下所制，政令不行，有土功事。

甘氏曰：填星守鬲，逆行畢邊，有軍破者，降王公受賀。

陳卓曰：填星犯守畢，傜役煩賦斂衆，下屈鴆，莫能供下，惡其上强陵，弱兵並起。

郗萌曰：填星守畢口，其君禦守。

卑竈曰：填星守犯乘畢，周遊左右，大赦天下。

昆吾曰：填星出奎守畢，其分大亂起，民流亡。

郗萌曰：填星逆行畢失度，其國女主數遊遨弋獵不當，奸保臣謀内，小人吞政殿，不出三年。

紫辨曰：填星坎行畢失度，人君失門，民人不兢其主，期一周。

公連曰：填星三寸變留畢，經五十日，民侵太子宫，期九十日。

《海中》曰：填星入乘羸畢，經歲，其邦貴人多軍，出戰必勝。

萇弘曰：填星乘犯陵畢，經七十日，女后以印發死，期三年。

梓慎曰：填星暈畢再重，其國中馬多死，婦女狂病，道中死，不出一年。

巫咸曰：填星暈畢，其邦五穀多傷，秋地動山崩，大河絶塞，明年天子有喪，更王。

應邵曰：填星早登畢，經一夕二運，女主有奸通外，期八十日。

《紉鳳符表》曰：填星暈畢有保冠，色赤蒼，大國失地，民半亡，不出三年。

《東晉紀》曰：填星暈畢三重，赤白蒼，天下有大喜事，大赦，空獄囚，不出二年。

占太白

《西晉紀》曰：太白入守畢，經廿日，且大將軍有疾，期三旬。

黃帝曰：太白守犯乘畢，經八十日，其邦有喪，不出一年。

石申曰：太白入畢口中，國易政，有女主喪，期一周。

《河圖紀》曰：太白合奄畢星而經旬，其邦大亂，大侯王誅天子，不出三年。

巫咸曰：太白鬲蝕守留畢，經六十日，客軍騎馬多死，民飢，不出二年。

陳卓曰：太白守乘畢，天下之侯王争國，將相爲亂，衛守。

郗萌曰：太白犯陵運夕畢，經歲，馬馳人走，有狄奪國，天子有疾，大赦，不出三旬。

《海中》曰：太白陵亭犯留畢，星疾行遲行，入畢口中，其分大兵起，流血，大臣與將攻擊，期百廿日。

《春秋緯》曰：太白出入留舍居畢，其邦王侯有喪，期三年。

《文燿鈎》曰：太白貫運畢，其邦倉廩虚，邊兵繕，四夷侵，禍謀成，不出一周。

班固曰：太白犯守畢大星，經九十日，其邦女主失位，立三公争地，期八

十日。

石申曰：太白犯畢右角，大戰不勝，將軍死，胡兵起，大戰流血，不出三年。

甘德曰：太白芒犯畢，其邦大臣毀壞后堂，戮天子，期九十日。

《三靈紀》曰：太白乘陵畢，經百廿日，邊大將與王侯相攻擊，將負死。

梓慎曰：太白合乘畢，天下有咎臣相死，邊境民人不息，虛國多狂刑。

孫化曰：太白乘觸畢，經五十日，大將軍有功，大臣使出賀慶，天下有賜爵者，不出二年。

《易緯》曰：太白犯守運夕，不止畢者，諸侯國兵起，歲不登，多水災，萬物五穀不成，民人多飢死，人主有憂。

《九州分野星圖》曰：太白夕鬲守留畢，天子國亡民分散，不出三年。

黃帝曰：太白守留畢口大星，其邦大臣失家，坐小人有賜，令期三年。

郗萌曰：太白入犯畢柄，其國地大益，王侯執政。

《海中》曰：太白犯守附耳，其國有讒言內亂，佞臣在主側，以田獵惑主者，若相有憙。

《懸總紀》曰：太白陵薄畢暈，九州大飢，貴人多死。

《東晉紀》曰：太白犯守附耳暈，三公失位，女主有疾，不出三年。

《五靈紀》曰：太白亭薄附耳右，臣印逆，逆死，期八十日。

黃帝曰：太白犯吞附耳，經旬，小人戮天子，女后坐床死，不出二年。

卑竈曰：太白犯守蝕附耳，經廿日，宮女多死，以毒酒狂病起，期百廿日。

京房曰：太白守留附耳，經八十日，女后有任胎病，宮人作奸，期八十日。

方朔曰：太白暈畢附耳，天下五穀豐，絲帛麻大貴，期三年。

焦貢曰：太白暈畢再重，陽國爭地，三公失妻妾。

卑竈曰：太白暈畢五重，一夕五運，天下有大瑞，天子有憙事，大赦，萬民安寧。

梓慎曰：太白暈勝舍居畢，其國有火驚，暴兵納宮中，不出一周。

占辰星

《東晉紀》曰：辰星入守畢，諸侯有疾多死，大人遁逃，期六十日。

石申曰：辰星犯鬲畢大星，經九十日，其分野必亡地，不出三年。

《海中》曰：辰星入畢中，有兵大將與大臣相攻擊，不出半周。

《荊州》曰：辰星犯乘畢，兵起，誅夷狄，期八十日。

《敕鳳符表》曰：辰星守乘畢，經五十日，女主以毒酒印逆大臣，不出百廿日。

石氏曰：辰星守畢，出水潰河大溢，民多病，不出一年。

甘德曰：辰星守畢，天下安寧。

巫咸曰：辰星犯留運息畢邊，邦以水起兵者，五穀不成，山崩，民流亡，野人爲亂。

黃帝曰：辰星乘陵畢，經九十日，大將軍有兩心。

公連曰：辰星守留畢中，經二旬不下運薄，其國民人分離徙移，不出三年。

玄龍曰：辰星反鬲犯舍畢，經歲，女主有喪，明年春水，夏霜雨。

甘文卿曰：辰星合乘畢第七星，經六十日，其分野冬地動裂三百里，明年孝文帝死。

紫辨曰：辰星舍居畢運交，經卅日，諸侯遊息而戮謀天子，不出半周。

萇弘曰：辰星乘陵薄亭畢不明，經七十日，天下內亂民多死，中馬大貴，粟倉盡空，期百廿日。

卑竈曰：辰星暈畢附耳，宮中以婬泆爲亂，且流血，期一旬。

卜偃曰：辰星暈畢有保冠，色青赤，天子失宮殿，徙移後宮，大赦。

應邵曰：辰星暈畢再重，一夕五運，其國在賢臣，不出一年。

仙房《天文志》曰：辰星暈蝕吞畢，色奄亡，經一旬，不出三年，黃帝崩。

占彗孛

《敕鳳符表》曰：彗星貫畢，經歲，不出七年，六國滅，天下大亂，民流亡，穀倉空，期二年。

黃帝曰：白彗星長五丈，貫畢中，經一旬，其邦太子以萬人兵誅四面，戰，失地千里，諸侯爭國，民人飢死道中不葬，不出五年。

石申曰：彗孛干犯畢留不下，經六十日，五將軍出吞天下，王者自將出大戰勝，殺五將軍，子孫流千里外。明年春地動山崩，道路不通，秋有大喪。

《荊州》曰：彗星犯畢，必有死大夫數萬人。

甘氏曰：彗孛干犯畢，胡爲寇，中國亡，期三年。

陳卓曰：黃彗星出畢中，其邦有賢女主執政，令平天下協，萬民護閭，不出三年。

長武曰：彗星貫畢，經三旬，邊軍大戰，流血，將死，不出一年。

黄帝曰：彗孛守畢柄，侯邑益地。守畢口中，其邦相爲亂，邑易政，邑君若大臣當之，期二年。

郗萌曰：彗星出於畢觜，小而長，狀如直竿，其上有星累累然，此爲兵變。

梓愼曰：彗星蒼赤，貫畢，經六十日，夏霜，秋雪，五穀傷。明年，民飢死，四面兵起，不出一周。

萇弘曰：赤彗星長一丈，其邦有喪，失地，不出二年。

韓楊曰：彗星貫畢，暈三重，不出二年，魏明帝崩。

卜偃曰：彗孛犯陵畢，女主以妾内亂，印逆死。侯王爭國，小人讒起，不出三年。

卑竈(四)〔曰〕：蒼彗星出畢中，百姓有寃心，貴人飢死。

占客星

黄帝曰：照明星出而入畢中，有屠國，不出半周。

《勑鳳符表》曰：客星赤犯畢，留經六十日，三州臣謀逆天子，不出一周。

石申曰：客星入畢，人主獵，有以獵惑人主者。

卜偃曰：客星貫畢，四旁侯王爭地，不出一年。

《荆州》曰：客星入畢口，四夷兵起，並爲盜賊。

郗萌曰：客星入畢口中守留，經六十日，其邦有急兵連，大將誅四方，天子走亡。

陳卓曰：客星犯守乘畢，其邦大臣有誅者，河海盈溢，民多流亡，讒臣弊主之德。

《三靈紀》曰：客星蒼陵守畢大星，其邦且飢，糴大貴。

甘德曰：客星入守吞蝕畢外，邊國稱王，詐來不可信，外臣謀叛與近臣通奸。

黄帝曰：客星運息畢口，歲不登，民人大飢。

《五靈紀》曰：客星吞蝕畢第五星，其邦多奸謀，天子絶嗣無後，后族有攻者，風雨不時，五穀貴，有土功事。

《荆州》曰：客星入畢留，經八十日，大將出，大戰燒宫室亡滅。

郗萌曰：黄星入畢，經三夕，其邦大臣死；經九十日，女后死，不出二年。

陳卓曰：客星守留畢，經八十日，不出一年，武帝崩。

《海中》曰：赤客星守附耳，有邊兵尤甚，諸侯印逆謀太子。

《懸總紀》曰：天衝守畢，不出三月，侯王謀天子，期九十日。

公連曰：天賦犯守畢，經九十日，小人戮君，不出半周。

卑竈曰：旬始守畢，天下有德，女吞國，大將出誅邊地，不出三年。

挺生曰：大賁守畢，不出三年，夏禹死。

尹宰曰：奇星入畢，其邦市大亂，多死者，期八十日。

唐昧曰：使星出畢口中，天子宫女婦且死，期廿日。

占流星

《懸總紀》曰：流星入畢中，宫中多乳死，小女腫病興，期八十日。

《荆州》曰：流星入畢，其君有憂，先起兵者破亡，若有逐相，以其入日占國。

黄帝曰：流星入畢中，而復出其星，大赦天下。

石申曰：流星入畢，三公自將而大戰，邊城破亡。

郗萌曰：奔星以己巳日流，而守留參之間，其國流亡民，期卅日。

《三靈紀》曰：大流星長一丈餘，赤黄光逮地入畢中，不出二年，堯帝失坐安帝，三年大旱，民飢流血。

《勑鳳符表》曰：流星蒼白交而入畢中，下臣爭地，誅謀君，不出半周。

《東晉紀》曰：流星白赤足尾絶乍散亡光，光逮地入畢觜中，其國宰臣吞天下，謀誅伐中國，不出三年。

黄帝曰：大流星出畢傍入參中，其下兵起，不出三年，國亡民多飢。

石申曰：流星貫畢留，經一旬，不出三月，晉武帝死，大風起。明年，楚受兵殃，天下立兩王爭國。

卑竈曰：流星貫畢，女主通外，宫人讒起，小人流千里。

占客氣

《東晉紀》曰：白赤氣入運畢，不出一旬，君有疾驚。

郗萌曰：蒼白氣入畢，歲不收；出畢，禍除。

陳卓曰：赤黑氣運畢入，其邦兵驚起，鼓吹起，大旱，火災起。

《海中》曰：黄白氣入畢中，其歲大人必有生者，天下有憙；出畢，天子出田饗民。

卜偃曰：蒼白氣入附耳，大將有擾；出附耳，大臣有憂。

甘德曰：赤氣入附耳，兵起内亂；出附耳，大將出，大戰流血。

郗萌曰：黄白入附耳，其邦且無兵；出附耳，乃立大將，期八十日。

梓慎曰：黑氣入附耳，將軍死，期七十日。

卑竈曰：五色氣貫畢八星，經三夕六運，天下有貴女后，民人安寧，五穀成熟。

黃帝曰：白黑氣貫畢，經一夕五運，三公登位，諸侯有喜。

應邵曰：蒼黃赤氣運息畢附耳，其邦出貴珍寶，大赦天下，萬民賀慶，有喜事，期九十日。

石申曰：五色氣貫畢附耳運，經五日，不出旬，堯帝登位。

唐・李鳳《天文要録》卷三〇《觜觿占》 觜觿

主觜觿者，白獸第六宿也，天子之武門也。《東晉紀》曰：觜觿者，主三軍之候也，主居納之道也，主營宰將也。《懸總紀》曰：觜觿主繫者，主君臣之罪咎候也。故春不殺，則三陽得耀，天下和平也。暴罰戮失罪，天下有逆謀起。魏石氏曰：觜觿三星二度，距參前左足，觜兑星去周極八十四度，在黃道外十一度半經，觜主保收斂秋，故置參伐以相助。殷巫咸曰：觜者，去極八十二度半經，在黃道外十度半經太。觜者，主三軍兵行之藏府也。故其星明暉，三軍儲盈，將得勢也。齊文卿曰：觜者，主天下萬物之收藏也，主陳武之肆也，主軍罪訟告也，主三節之出入道也。晉陳卓曰：觜者，鳥獸頭上毛，宿值申，陰氣起水始生物飛，皆自觜觿强也。主三表之象也，主武帝將軍，一名保理，一名管門，一名觜門，主兵軍。晉公連曰：觜者，主玄門也。春指逆失表，天下不平；夏失位色奄運，君臣不安；秋指逆登飛，萬民坐動；冬指逆失色，不見女主，通外奸。漢玄龍曰：七曜觜内八尺，行魏之分野也。廣漢入觜一度，越巂入觜三度。

占觜星

《勑鳳符表》曰：觜觿三星，其色暉耀明，經歲，天下有五將軍護君民，人豐兵强，大勝。

甘氏曰：觜星大光則國盈，軍有副儲，大將得勢；不明細微，天下軍將不乎大負失地。

石申曰：觜星明暉動揺，其國盜賊群行害民，人葆旅起。

郗萌曰：觜星動揺移徙失位，大將有逐訪者，期一旬。

《海中》曰：觜星近參左肱，臣謀其君，若執主之命，奪主之威。近右肱，大臣謀伐其君，若有大命。

卑竈曰：觜星不明運夕奄，經廿日，小人攱鼓君争位，不出半周。

梓慎曰：觜一星從參相去五度指逆，色薄夕運，天下小人吞誕其君，讒父子，失禮節，不出三年。

《三靈紀》曰：觜一星不視經旬，天子有女后憂，宫大驚，天下大赦。

《五靈紀》曰：觜星不視經歲，三兵入其國，大戰流血，民人登位，貴人多死，壬道中死，不葬，期三年。

黃帝曰：觜二星不視，經二月不出，三州有内亂，匈奴内侵，地失三百里。

陳卓曰：觜星不明奄，而經二旬，諸侯争位，大臣遁逃，謀其國，失地千里。

《西晉紀》：觜右星色赤大，經旬，太子且有憙事，登位。

《九州分野星圖》曰：觜三星不視，經旬，於海中大戰流血，民三客軍大賜，主人失堺。

祖暅曰：觜星色蒼不明，天子之妾有奸，心通外，期七十日。

卜偃曰：觜星右一星色黃，天下有女后慶賀事。

班固曰：觜赤白青，經二旬，妻有三夫作奸心，不出三年。

《河圖》曰：觜星運薄，經九十日，天下五穀貴，不出二年。

《海中》曰：觜星不視，君臣不明，大將有兩心，不出一年。

《春秋緯》曰：觜星指逆，經旬，三主争國，大將軍戰死，期百廿日。

卜偃曰：觜星晝見，京都人相害後卒，王變，不出半周。

卑竈曰：觜暈再重，女主有喪，三公流千里，不出三年。

梓慎曰：觜星暈參伐，不出三年，天下有大喪，兵起流血。

占月行

《三靈紀》曰：月犯觜星，大將有喪，小人與貴人戰，失地。

黃帝曰：月犯觜星，運夕經二辰，王者不敬宗廟，廣大風且起，傷五穀。

方朔曰：月入鬲觜星中，武兵盡起，民飢死，不出一年。

梓慎曰：月犯乘陵觜星，其國作兵器，貴人大連，邊臣有奸心。

《河圖帝紀》曰：月犯觜星，小將戰，有死者。

《荆州》曰：月犯觜，其國道中多死人，武將倍畔。

石申曰：月同光觜星，運夕陽國亡，不出一周。

甘氏曰：月犯乘觜星，經三運，其國勞臣遂。

萇弘曰：月乘蝕吞觜星，大將譙誕，天子在側，不出半周。

應邵曰：月暉觜星，外國王來憑天子闇怯協，期百六十日。

卑竈曰：月鬲留觜，經四辰，其邦大臣心不僭懱，不出二年。
巫咸曰：月入鬲觜中運亭，經六辰，女后有喪，絲綿麻大貴，民人走亡，大人飢賣珍寶。
紫辨曰：月行觜中一運鬲息，天下道塞不通，三公謀變逐促戮，不出二年。
陳卓曰：月入陵犯觜，其國武官有死者，大將印逆死。
正月暈觜再重，大赦，有德令。
二月暈赤觜，其邦女子多疾，多死人，不出二年。
三月暈觜星貫流星，其邦君以賂物印逆死。
四月暈觜二運一夕，民人變，兵謀主，期一年。
五月暈觜蝕呑無光，天子自大將出戰流血，諸侯之國滅，期百六十日。
六月暈觜參貫大流星，長十餘丈，不出三年，廿諸侯戮。
七月暈觜參伐三重，有蒼赤雲，不出七年，其邦萬人死，國遂衰亡。
八月暈觜參，天下五穀無實，夏暴風傷萬物。
九月暈觜，有蓬星如粉絮，必有亂臣戰死。
十月暈觜參，有赤白氣貫，一夕三運，其邦朝廷殺諸侯，不出三年。
十一月暈觜五重，有五色雲運亭，經七辰，其邦有聖德王，天下太平，萬民安樂，外國王來相恊，期三年。
十二月暈觜，夏地動，大水出，山崩道塞，民流亡，不出五年。
右十二月暈觜，《勑鳳符表》占。

占五星

《東晉紀》曰：五星犯守觜星，其邦大將謀義兵。
《勑鳳符表》曰：五星犯守觜星，經六十日，小臣迴返，君争位，多獄囚人。
郗萌曰：五星入觜中，兵起，率士大戰，期一旬。
黄帝曰：五星猶觜星側，留一旬，不出五年，魏堺大戰失地，諸侯多戮，民分離。
卑竈曰：五星舍居觜，經三日，天下大驚，海兵起，大戰船貴，不出二年。
梓愼曰：歲星、辰星聚觜門側，經二旬，其邦勇士戮大臣，不出一年。
公連曰：太白、熒惑、填星守陵犯乘觜呑，女主有任胎壞死，大赦天下，四方大驚，三兵起。
巫咸曰：辰星、填星守觜，其邦粟豆大貴，民人多疾疫死。
甘德曰：太白、填星逆行留觜，經一旬，大將軍戮天子於野亭，宫有伏兵儲候，不出半周。
石申曰：五星聚觜參間，經三月，不出二年，三公於市戮貴臣，獄囚死。
陳卓曰：太白、歲星猶觜參之中，內有喪，外有兵，其災有吴越。

占歲星

《懸總紀》曰：歲星犯鬲觜，經九十日，京都大飢，人相食，百姓流亡，不出二年。
《五靈紀》曰：歲星守鬲觜星，經五十日，强國發兵，諸侯争權，大夫憂，不出七年，夏禹帝崩。
《三靈紀》曰：歲星犯乘觜星，經五十日，不出半周，朝廷發兵表以誅王巫，賢臣戮都尉之亭。
《蓋天論》曰：歲星守乘觜參伐，經歲，其邦君失勢，禍亂成。
《勑鳳符表》曰：歲星出入觜中，其邦賊臣侵君門，不出一年。
郗萌曰：歲星入觜中，多盜賊，天氣不和，先大旱，後多水，五穀更貴、更賤。
《海中》曰：歲星出入留舍居觜中，經六十日不下，禾豆半傷；經九十日不下，侯王見攻；經三百日不下，客軍大敗主人，吏勝，不出五年。
《荆州》曰：歲星犯守乘陵觜參，經廿日，天子皇后俱崩，期甲辰日，必有俱之事，農夫不耕。
石申曰：歲星守觜，其邦有變者，天下大飢，民大憂，守經旬，大將軍出兵在道，丁杜多暴死。
郗萌曰：歲星表登觜星，天下有逆臣，內亂不息，其君誅伐不理當。
黄帝曰：歲星迴登觜參之間，天下兵喪並起，貴人多死亡。
梓愼曰：歲星呑觜星，經三日，奸女在宫中與大臣同心獻毒酒天子，不出五日。
卜偃曰：歲星棄陵觜留，經廿日，侯主有喪，女婦印逆死。
尹宰曰：歲星守觜漠星，經一旬，不出一年，魏破萬人死。
玄龍曰：歲星呑蝕觜角，經七十日，太子以强兵誅天下，期三年。
巫咸曰：歲星守陵觜星，經卅日，其國半分失地，不出五年。
石申曰：歲星運薄觜門，經歲，賢臣奪其君位，不出二年。
甘文卿曰：歲星入守留觜，經九十日，中國內亂，天子凶當。

公連曰：歲星逆行觜夕奄，經廿日已上，陽國誅陰國，大將戰死。
玄龍曰：歲星入觜中留，經百廿日，不出二年，舜帝崩。
卑竈曰：歲星暈觜參再重，有蒼赤雲，兩將軍出，誅其君，不出半周。
梓慎曰：歲星暈呑觜，經三運一夕，不出二年，齊越受兵災失地。
卜偃曰：歲星暈觜三重，不出三年，楚燕受兵災，國亡民分散。
陳卓曰：歲星暈觜參，而二夕一薄，其國有大喪，五穀貴。
《海中》曰：歲星暈觜，有背冠，天下多乳死，女主有憂，後宮奸人起。
《荆州》曰：歲星暈觜參，而有赤白雲，經一運，其邦車馬大貴。
應邵曰：歲星暈觜參伐再重，有蒼白黃雲氣，經三玄一運，其邦有賢女主，天下太平，宮中有憙事，大赦獄囚，多空虛，不出三年。

占熒惑

《東晉紀》曰：熒惑犯入觜觽，經五十日，其邦有喪，女主多疾病，大赦天下，不出一年。
《勑鳳符表》曰：熒惑守觜，經六十日，不出五年，惠帝印發死。
《懸總紀》曰：熒惑入留觜中，經七十日，不出一年，穆帝死。
《三靈紀》曰：熒惑乘陵觜，天下多水，五穀流亡，不出半周。
黃帝曰：熒惑乘舍觜星，經五十日，其邦宰臣不昧，其君失位。
石申曰：熒惑入觜中，其邦有兵革，期九十日。
甘氏曰：熒惑入犯觜，天下有好法令，君臣和。
郗萌曰：熒惑出觜參間，天下大亂，西方益地，東方失地，君臣將兵，不出二年。
《荆州》曰：熒惑留觜，經廿日已上，其君誅伐大將，法令不行，相輔多遁逃死。
《五靈紀》曰：熒惑守觜，逆行失度，其分野，臣失勢，期六十日。
郗萌曰：熒惑合乘觜，經旬，其主光令不行，必失國。
韓楊曰：熒惑守陵觜，經二旬，逆行守參，其分野，勇臣謀天下，期百六十日。
黃帝曰：熒惑犯守觜，其邦宰臣多變者，鈇鉞用。
文卿曰：熒惑守乘陵觜星，萬物不生，天下哭泣，悲不息。
卑竈曰：熒惑入留觜星中，經八十日，其邦食紀貴，人多飢，期三月。
巫咸曰：熒惑入守觜，其分大旱，多火災，五穀不登，天子不可兵動。
黃帝曰：熒惑乘合觜，其邦大將軍及天子之軍破，牛馬有急行，民人有憂。
郗萌曰：熒惑留舍居觜星，其分野更政，多不孝父子，相鬬器鐵，及五木貴。
《春秋緯》曰：熒惑入守觽觜參星，其國有遂，功臣從呑石墮，其野有怪在，以入日占河分野。
《易緯》曰：熒惑守乘陵觜，其邦有喪，糴大貴，大臣棄法令，民人多傷。
公連曰：熒惑伏經留觜戢，諸侯戮謀君，不出一周。
梓慎曰：熒惑變退觜星，經八十日，不出一年，安帝薨。明年秋，食貴。
卜偃曰：熒惑守留觜繞環，天下有逆，子戮父，不出三年。
錢樂曰：熒惑暈觜三重，不出三年，魏文帝薨。
萇弘曰：熒惑暈再重，不出一年，武帝崩。
應邵曰：熒惑暈觜呑蝕，經百日，五諸侯出争國堺，期八十日。
紫辨曰：熒惑暈守觜，經九十日不下，宮中有逆臣戮君，期二月。
《海中》曰：熒惑守陵暈觜星，其分野民人食絶，諸侯多飢死，期七十日。

占填星

《勑鳳符表》曰：填星犯入觜星中，經五十日，其邦作兵甲誅四面，不出九十(年)〔日〕。
黃帝曰：填星守陵觜星，經廿日，徹臣訪大將，有訧詛印發死，不出三年。
石申曰：填星入犯觜中，經六十日，其分有兵喪。
郗萌曰：填星出入留舍觜，其分民人多死，亡地，不出二年。
文卿曰：填星守陵觜星，其君以將兵國有變者，土功事起。
陳卓曰：填星入觜中，天下安寧。
巫咸曰：填星守犯觜星，萬物五穀不收。
挺生曰：填星守陵乘觜星，其國女主憙怒不當。
焦貢曰：填星守觽觜星，經百廿日，大臣諏女主印發，戮女后，不出二年。
班固曰：填星運行觜中，女后奸，逆謀起，不出半周。
《西晉紀》曰：填星步暗留觜星中，其分朝廷興兵殺王侯。
《九州分野星圖》曰：填星呑蝕守觜星，其邦有逆，大將戰流血，不出三年。
方朔曰：填星守乘觜門，經七十日，其分有喪民，多飢死，五穀不收。
《荆州》曰：填星暈觜參，天下有亡國，諸侯多歸來。

《海中》曰：填星暈觜參再重有珥，天下大風，萬物傷，雷雹不止，不出二年。

《春秋表緯傳》曰：填星入守觜星，其盜賊殺王侯。

《易緯》曰：填星乘陵觜中，經歲，吳越大兵起，民人飢死，三公侵內。

孫化曰：填星暈觜參，二夕五運，天子以狂病印逆死於野宮中。

《三靈紀》曰：填星暈觜參五重，天下有憙出瑞表，堯帝封國。

《懸總紀》曰：填星暈觜參，天下有兵盡，秋分多水，傷穀床，女后有病，大赦天下。

黃帝曰：填星暈觜參，有赤白雲貫迴，經一夕三運，大將殺於市，不出半周。

石申曰：填星色鬲觜星中，經廿日，君失位，其分禍亂成矣。

文卿曰：填星出入觜中，留疾遲，經三辰五運，諸侯爭權，大夫不止。

占太白

《懸總紀》曰：太白入觜中，天下不和，民人徙移，其邑遁逃。

《五靈紀》曰：太白犯守觜中，其邦大臣法令不脩，誕君，期百八十日。

黃帝曰：太白入留觜中，經歲，其邦無有髪人管筆，不出三年。

石申曰：太白陵鬲犯觜中，女后私戮大臣，不出半周。

《河圖表紀》曰：太白守陵觜芒角多，天下有德令，君臣和，萬物昌盛，民人豐。

《易緯》曰：太白出入鬲薄觜星，女后以詛蕘，生貴人多死，不出三年。

郗萌曰：太白入觜中，其邦有兵驚，期九十日。

黃帝曰：太白出留舍觜，其分兵且起，地數裂，多水，不□□□。

石申曰：太白守鬲運觜中，經八十日，其國有兵，將軍變，君軍破，牛馬有急行。

文卿曰：太白入觜中，經三辰，四夷和來，九州安寧。

巫咸曰：太白守鬲蝕舍觜中，其邦大臣爲變，萬物五穀不成，民多疾。

公連曰：太白信夕觜星及信亭，經歲芒角，天子自以將兵誅天下，戰流血，三年大旱，五穀不生枯死亡，民人多飢死。

玄龍曰：太白守犯觜，一夕三運，其邦失節，時不調，寒温變，雨晴失時。不出三年，其國大臣與太子大戰於尉都京，流血殺萬餘人。

《東晉紀》曰：太白登上觜星，則君臣相攻擊，不出一年。

郗萌曰：太白入犯舍觜中，大將兵行鈇鉞用，民人相謀，大臣奸逆。

《勑鳳符表》曰：太白觸乘陵觜參中，其國更易政，期九十日。

黃帝曰：太白犯守觜星，經七十日，三王出爭國，不出二年。

陳卓曰：太白運亭觜星中，女后有喪，不出一年。

《海中》曰：太白守運觜星，經八十日，不出三年，愍帝印發死。

《荆州》曰：太白吞蝕觜星，經三日，色亡不視，天子有喪，女主以自印逆死。

卑竈曰：太白犯乘陵觜星，諸侯亡國，不出三年。

公連曰：太白鬲蝕觜星，經八十日，其國有大臣喪，期百六十日。

玄龍曰：太白守乘蝕觜門，經歲不下，魯受兵災，不出三年，有喪。

紫辨曰：太白犯陵觜星，經一旬，其色亡薄，經五運六夕，逆小人殺謀君，在則從兑卦起，不出半周。

挺生曰：太白暈觜星三重，貫流星二夕五運，其君殺賢臣以讒言，不出一周。

梓慎曰：太白暈觜參七重，經三運一夕，不出七年，堯帝爲天子，天下太平。

《河圖龍帝紀》曰：太白暈觜參，芒角多聚耀奄觜參，其國天子失位，爭三公，不出五年。

占辰星

《懸總紀》曰：辰星守舍觜星，經八十日，小國王來誅大國，大勝，大國失地，不出一周。

黃帝曰：辰星犯陵觜星，四夷來爭堺，傷五穀。

石申曰：辰星變上觜星，天下有兩主，期三百日。

文卿曰：辰星守鬲觜星中，女后與大臣通奸。

巫咸曰：辰星度弊觜參，君臣失勢，民執筆，不出三年。

公連曰：辰星舍府觜中，侯王暴，以兵戰死。

郗萌曰：辰星入守觜中，其分有兵起，先舉大勝，後舉大負失國，不出三年。

玄龍曰：辰星守犯乘觜星，其分野暴風起，萬物傷，期九十日。

挺生曰：辰星守犯觜，其君不可兵舉，有變臣側者，不出半周。

梓慎曰：辰星犯乘陵觜星，其國多火兵災，萬物五穀不登，貴人有憂。

文卿曰：辰星守觜，有黃白雲一夕二運，其國君臣萬民和同，天下昌豐。

卑竈曰：辰星宿迴觜星，其國多乳婦死，不出半周。

卜偃曰：辰星入鬲觜門，經九十日，有名賢臣死，不出三年。

長武曰：辰星乘合居觜星，大將不倨，其君謀慆慣，不出二年。
錢樂曰：辰星鬲運觜星，天下有大喪，諸侯爭國，不出二年。
子韋曰：辰星暈觜乘再重，天子妻妾有憂，不出半周，魏明帝薨。
應邵曰：辰星暈蝕觜，星象不視，女主奸犯通外。
韓楊曰：辰星暈觜流星，不半周大赦。
陳卓曰：辰星暈觜逆行失度，其邦秋多水，五穀不收。明年，民人多飢，田農耕不得。
尹宰曰：辰星暈觜星參，右足有珥，北赤白黑，其國君臣相疑，朝廷不安，不出三年。

占彗孛

《勑鳳符表》曰：蒼彗星入觜中，其國有兵喪，五穀以水傷。明年，民人飢，多疾疫。
《三靈紀》曰：彗孛貫觜中，其邦有變臣，天下百姓不息，關梁不通，不出二年。
黃帝曰：白彗星長三四丈貫參觜間中，不出一周，天下子失位，太子登位，期百廿日。
《鴻範傳》曰：彗星見觜觿，必有破國亂君伏死其辜者。
文卿曰：彗星干犯觜，其邦兵起，天下動移，期二年。
巫咸曰：赤白彗孛貫觜星，[缺]之，民飢，五穀不收。
皐竈曰：彗星長四丈甚赤大，貫觜門，宫中且奸臣起，吞印其天子，期九十日。
梓慎曰：黄赤彗孛貫守觜星，不出一年，成帝死。明年，暴風傷五穀。
卜偃曰：彗星守犯觜，經六十日，不出二年，哀帝以印逆死，女后執政。不出三年，太尉賢相戮，女主登位。

占客星

《懸總紀》曰：客星赤大入守觜，經八十日，大臣謀天子，與外臣同侯以兵，期一旬。
《荆州》曰：客星、彗星干犯觜，其國破亡。
黃帝曰：客星入觜，車馬有急，期九十日。
郗萌曰：客星入守犯觜，經百廿日，其宫有臣殺其主，有喪，食大貴。
文卿曰：客星守觜西，客動侵土。欲爲君王者，崇禮以制義，則國安。
《五靈(妃)〔紀〕》曰：客星蒼赤交守犯觜，經八十日，不出二年，孝武帝崩。
梓慎曰：司奸星守觜，經七十日，其邦女主以毒酒印謀大將軍。
卜偃曰：大責星犯守觜，經五十日，天下有勇士謀天子、誅大臣，不出三年。
《荆州》曰：客星入留觜，其色蒼，兵；赤，喪；黄白，有憙；黑，有疾疫，多水災，穀貴十倍。
挺生曰：奇星入觜中，其色赤白，其邦忠臣與外臣謀殺天子，不出五十日。
陳卓曰：客星色白赤犯守觜星，經八十日，宫中女后有疾，大赦。
《海中》曰：使星入觜參之間，其國無髮人與大將謀君，期九十日。
公連曰：蓬星〔入〕觜中，其國有亂臣，大戰流血，不出三年。
玄龍曰：便星入觜中，宫中小女暴死，期一旬中。
紫辨曰：奇星入觜留，經歲，不出五年，憶帝死，民分離徙邑。
萇弘曰：客星如熒惑象守觜，天下大動，兵且起，於市戮大臣，子孫流千里，不出一年。
黃帝曰：客星出觜中，山崩地動，多水，道路不通，期八月。
石申曰：客星入觜中，大將爲疾病，不出一旬。

占流星

《東晉紀》曰：流星入觜星，大臣誅謀三公，不出二月。
黃帝曰：大流星犯入觜星，諸侯有疾，期八十日。
石申曰：赤大流星貫觜星，宫中且有奸人。
巫咸曰：流星長一丈餘，如火光逮地入觜參之中，天下流血，王侯失勢。
《荆州》曰：流星干犯觜星，其邦破亡，不出二年。
文卿曰：飛星貫觜左星守留，經一夕二運，熒惑爲變，天下火兵起，燒天子宫室。
皐竈曰：星流星出入觜中，其君且失堺。
梓慎曰：流星出觜，其天子於井池中有死者，期三日。
公連曰：流星貫觜參之間，經六十日，下賤殺女主，期一旬。
玄龍曰：流星長三四尺入觜門中，三臣有喪。
卜偃曰：流星長一丈如瓮光入觜參之間，不出一旬，暴風雨傷五穀，多水，六畜流亡。

占客氣

《懸總紀》曰：黄氣入觜中，三公有憙事。

郗萌曰：蒼白氣入觜中，天子有葆旅之憂；氣出觜，其禍除。

石申曰：赤白氣入觜中，兵起；其氣破，寶燒；氣上出觜，兵隨。

陳卓曰：黄白氣潤澤入觜中，有神寶入，天子有憙；出觜，天子亦憙。

《海中》曰：黑白氣入觜中，其國王侯有疾，軍敗，大將有憂。

郗萌曰：赤黑氣貫觜中，侯王謀大將，不出半周。

卑竈曰：白黑赤氣入觜中，三公誅謀太子，暴勇士大起。

萇弘曰：五色氣貫觜參，一夕三運，女后以德政，天下豐昌，不二年。

紫辨曰：黑蒼氣迴觜參，一夕一運，其宫之側有伏，侯天子。

《三靈紀》曰：飛氣急急入觜中，宫中且火驚起。

黄帝曰：黑氣迴觜參，一夕五運，諸侯之國使來貢珍寶，期百廿日。

唐・李鳳《天文要録》卷三一《參占》 參星

主參星者，白獸第七宿也。陰陽之移門也，主大事動發道也。《勑鳳符表》曰：參七星，主七曜之象也。伐三星五藏也，主正理之義也，主萬物摇動也。《東晉紀》曰：參十星，主陰動末宿也，主天下王少陰氣息也，主奸謀□□也，主五紀之贊門也，主萬力發門也。魏石申曰：參十星，九度，距中央第一星，去周極九十四度，在黄道外廿二度半經太。參者，主斬萬物，助陰氣滋，故置王井以陰廚，主天獄，主殺兵也。殷巫咸曰：參十星，去極九十三度太，在黄道外□□□度半經，主參伐斬收，主曜傷九州合謀自白央。齊文卿曰：參伐，白獸之體也，其中三星横列爲三將也。東北謂左肩，主左將；西北謂右肩，主右將；東南謂左足，主將軍；西南謂右足，主偏將。黄帝曰：參星，應七將，中三星謂代天之都尉也，主胡鮮戎狄之國，故不欲明也。鄭卑竈曰：參伐，謂太辰，一曰天市，一曰鈇鉞，主斬艾秉威行罰也，主權衡所以平理也，主邊城九驛，故不欲其動也。魯梓慎曰：參者，主七表也，天下奸度也，主天子之兵藏也。參者，慘也，孟秋之始宿也。是時陰氣起，萬物愁燥也。晉陳卓曰：參十星，左二星爲天子之正堂也。□□□，女后之爲後宫也。中央三星，君臣之爲政罰行庭也。伐三星，主三目，三星移出東方。參者，爾也，故謂參辰。參者，□法度正其分，上合於天心，下考於情性；伐之爲言罰也。罪章惡出而後罪之，故其斬伐殺也。晉□□□〔公連曰〕：參者，陰氣盈縮始道也，故置玉井以閏之，王金石也。水生於中，故以閏之也。參星春者，奄德指逆，天下無君臣之理。夏運息，不視，天下女主失坐床。秋德夕指逆，天子失位，大臣亡勢。冬指逆不視，九州之民亡。故視參星占天下之萬事。七曜參内十八尺，行魏之分野，〔蜀〕郡入參一度，犍爲入參三度，牂柯入參五度，巴郡入參八度，漢中入參〔五〕〔九〕度，益州入參七度。

占參星

《東晉紀》曰：參星不明，經五十日，君臣失德，民人道其邦逃亡。

黄帝曰：七將皆明大，□□精兵也。王道缺則兵宿盛明芒角張。

《勑鳳符表》曰：參星不明暉，經一旬，宫内盟連鬼所殺，其臣與下賤同欲謀女主。

郗萌曰：參星明者，大將執奪主威，天下變易。

陳卓曰：參星明動摇，天下兵革大起，斬艾行，不出二年。

《内紀》曰：參星左二星，一旬不視，其國以淫亂大戰，流血，千人殺尉都□，不出三年。

石申曰：伐三星，明與參等者，大臣謀去其君；伐星大光明，兵起。

京房曰：參星指逆運，不明，大臣爲疾，大將有喪。

黄帝曰：參星失色運，其邦軍敗散，民人飢死。

《荆州》曰：參左肩細微，天下兵弱，主人負。

《春秋緯》曰：參星息運不明，天子暴死，不出半周。

文卿曰：參左股星一旬不視，則震離不可舉兵；右股一旬不視，則兑坎不可舉兵。

《三靈紀》曰：參星不具，經二旬，大將軍有兩心，亡地。

紫辨曰：伐星有芒角，諸侯之寇排門閤。

玄龍曰：參星有芒角，動摇，邊候有急，天下兵盡連。

甘氏曰：參伐動，有斬。

《懸總紀》曰：參星失位，將軍失節，破敗。

郗萌曰：參星移客，伐主人；參四足有進者，將軍出；有退者，將無功失勢。進者，謂移北也；退者，謂移南也。參星離處，大將逐；就聚，大將誅。伐三星，相去疏，則法命緩；□□□，法令急。

《荆州》曰：參左足入玉井中，兵大起，秦分大水，若有喪，山石爲怪。

黄帝曰：參星差戾不如常，王臣不忠，外其心。

石申曰：參中星差南，胡人入塞；復正明，胡人出，差北，胡人北。
陳卓曰：參星左一星□□□□，其分野民人驚，糴貴，道中多死。
公連曰：參右足不視，經六十日，不出二年，懷帝死。復年其國五家器自動，其君失位，民徙邑，期二年。
卑竈曰：參星右足□□□，經歲不視，其國七年大旱，五穀，五將軍出，大戰。
祖暅曰：參、伐皆不視三日，其邦聖王失勢，期旬中。
唐昧曰：參星左足色黑，經一旬，大臣有兩心，與諸侯同謀君，期半周。
《五靈紀》曰：參、伐動搖，色赤，一夕二運，宫中有敗兵，期八十日。
《勑鳳符表》曰：參星中三星一旬不視，不出半周，堯帝崩。
《懸總紀》曰：參、伐色蒼黄動摇，諸侯國失地，女主有怨。
黄帝曰：參星運薄不視，其國女后以德命國亡，不出一周。
石申曰：參星晝見至午，天下有逆女，讒言起，期八十日。
甘德曰：參、伐暈三[重]，一夕三運，大國使諸侯來。明年春，地動，天下山崩石流，民人多死。
梓慎曰：參星不明細微，經百日，君協小人，民人内憤惱起，上下失禮節也。

占月行

《西晋紀》曰：月入參□足，經一運，其國小人奸謀起，吞天子，期一周。
黄帝曰：月犯參星，女主謀外，成，期九十日。
郗萌曰：月宿參，若宿伐，皆爲風雨。
《河圖帝》曰：月犯參、伐，其分有兵事，競城保。
《海中》曰：月入乘參，其國將軍死，有憂。
《三靈紀》曰：月乘參左足，其分野奸兵起；犯右肩，右將軍戰死；犯左肩，左將軍死；犯大戰右股，流血；犯赤星，將誅。
石申曰：月犯乘參右股，五穀熟。
《五靈紀》曰：月入參鏡，其國女子兵起。
《東晋紀》曰：月陵亭參離星，天子用妻迷惑，政亂亡國。
黄帝曰：月蝕參運鬲，貴臣誅，赤地千里，其國大飢，人相食。
《京房易傳》曰：月蝕參左肩，天下有兵戰罷。
陳卓曰：月蝕參，其分兵起戰，從食所勝。
《海中》曰：月蝕參、伐，兵大起。
《荆州》曰：月變薄參、伐，其國内女子有疾。
郗萌曰：月犯乘運行參右足，其國春霜露多，夏大旱。
方朔曰：月入參兑星薄蝕，其國民無所歸，期半周。
焦貢曰：月犯乘參、伐中，其國生蟲蝗，穀不實，不出一周。
郗萌曰：月暈參，不出歲中，天下亂戰，其國兵弱，地削，人主有殃。
《三靈紀》曰：常以正月八日夜候月。月在參星南者，大旱；在西者，大水、小蟲；在北者，大惡，有災；在東者，其年好豐。
《荆州》曰：月暈參，其國客軍大恐，戰，主人不勝。
郗萌曰：月暈參頭，赦，期廿日；暈二星，小赦；暈三星，大赦；衝爲期也。
班固曰：月暈觜、參，女子多疾，五潢有德命。
《海中》曰：月暈參，弓弩貴，其國戰。
《荆州》曰：月暈昴、參，以有放貫中星出者，國内亂，有走王。
石申曰：月暈伐，將軍死，貴人有誅者，多死。
《河圖》曰：月暈參、伐再重，百六十日，有大兵，天下命不行。
梓慎曰：月鬲入參、伐，其國民管執，背其君，期八十日。
正月暈參、伐，一夕二運，不出卅日，兵起。
二月暈參右肩，天下牛馬狂，害人民。
三月暈參左肩，其國毒風，傷五穀。
四月暈參、伐三重，天子弱，臣强，讒起。
五月暈參六星，其國女主死，不葬。
六月暈參、伐四重，有五色雲，天下大赦，君臣有德令。
七月暈參伐，有背冠珥，其國大臣戮誅君。
八月暈參、伐再重，秋多水，其君宫殿破，流亡。
九月暈參、伐，臣不受其君命，法令不明，有兩心。
十月暈參、伐二重青赤，民人大飢，夏雪雨，四夷内侵。
十一月暈參、伐一歲再，大兵起，道關塞。
十二月暈參星，其國大將出入失時，候其君。
右十二月暈參，《勑鳳符表》占。

占五星

《懸總紀》曰：五星守參左肩，經卅日，民人大飢，草木不生。
黄帝曰：五星犯乘參、伐，經六十日，陰國誅陽國，不出三年。
郗萌曰：五星有宿參、伐，其國有變臣，期百八十日。
文卿曰：五星贏縮參、伐，陰臣謀不成，大將不怯天子。
巫咸曰：五星乘陵參、伐，經八十日，復鬲留逆行，天下上下不和，民人飢。
郗萌曰：歲星、填星、辰星守參者，后、夫人有喪；熒惑、太白守參者，貴人有喪。
《海中》曰：五星逆行參失度，留止衡中者，有兵革起。
公連曰：歲星、熒惑犯參右肩，臣欲殺君，其將有圍城下，拔而歸，期百八十日。
玄龍曰：五星猶參左肩，留經一旬，不出七年，黄帝尅蚩尤。
石申曰：太白、填星乘舍居參、伐中，不出三年，孝懷帝印發死。
甘德曰：辰星、填星入留參中小星，天下大戰，主人失地，三良争國，期七年。
韓楊曰：五星暈參、觜，經二運八夕，大國失地，海中大戰，流血。

占歲星

《東晉紀》曰：歲星芒角參、伐，耀而經一旬，其國之東方生聖人，期三百日。
黄帝曰：歲星守參左肩，經八十日，其國有忠臣，百姓不安。
石申曰：歲星犯陵參、伐，經百廿日，諸侯謀天子，從兑宫起，相攻擊，期一年。
《荆州》曰：歲星入參，天下更市政；入七日已上，及經一旬，王者欲出，他國入伐，天下更其布疋，期九十日。
陳卓曰：歲星出入留舍參，其國以兵致天下，百姓不息。
卑竈曰：歲星合乘參右肩，經七十日，賤人爲政，貴人黜，諸侯内憒起。
郗萌曰：歲星入留守參、伐，天下有兵，驚不足傷民。
梓慎曰：歲星色亡，薄參、伐留守，經百卅日，三公管政，大臣黜遁，期八十日。
黄帝曰：歲星處參、伐東，其分多雨，晚稼不成，民飢；處參、伐角，易君，大人多疾，男子多寒熱之病；處參、伐西，民人多流亡，産子者，若老人多死；處參、伐北，其國易相。
長武曰：歲星乘陵參右足，經七十日，民無所居，道中息，行不止。
萇弘曰：歲星留犯合參、觜之間，其國近臣通女主，期八十日。
《荆州》曰：歲星守舍居參、伐，其邦歲多水，五穀無實，王者欲封爲連國君，期一年。
石申曰：歲星犯留參，水、旱，其國爲害敗。
卜偃曰：歲星守參、伐，其國有變者，五穀更貴，多疾疫，天子恐疾病，萬物不成，民大飢。
《海中》曰：歲星留舍居參、伐，經五十日，其分野多盜賊，高田貴，下田賤，樹木多爛，士卒不安，憂。
應邵曰：歲星亂分參、伐，留經一旬已上，天子車馬驚，臣謀奸君，不出三年。
紫辨曰：歲星破觸參、伐，大將圍城，大戰，諸侯來，益地，不出五年。
尹宰曰：歲星守留參左肩，經八十日，其國夏雪雨，天下五穀枯死，人民飢死，天子婬泆起，令不行，出入失節，民奪田農。
錢樂曰：歲星暈參、觜再重，天下大赦，獄囚空。
陳卓曰：歲星留觸舍居參、伐，西方國兵强，三公有德令。
《海中》曰：歲星守暈參，一夕三運，後宫有伏兵，候天子，不出半周。
《荆州》曰：歲星暈參、觜三重，其國有喪，兵革起，女主管筆。
文卿曰：歲星吞蝕參左肩，經五運七夕，天下有奸臣誅其君，百姓不安。
卑竈曰：歲星芒角逮參、伐，留經五十日，宫中有火驚，王侯盜印其君，不出半周。
梓慎曰：歲星鬲亭參、伐，運夕，女主與大臣同盜印，天子欲他國變遁，不出三年。
祖暅曰：歲星以正月暈參、伐四重，不出一年七月，唐堯有疾，大赦天下，獄囚空。
公連曰：歲星以八月暈參、觜再重，其邦女主有喪，不出二年，舜帝失勢。

占熒惑

《西晉紀》曰：熒惑守犯參右肩，經六十日，其國哭泣聲不息，臣背其君，王侯淫奸起。
《五靈紀》曰：熒惑入參第二星，經七十日不下，軍破敗，大將逐所殺，期百

六十日。

黄帝曰：熒惑犯鬲參星，天下民失門，不出三年。

《春秋緯》曰：熒惑入參，主威亡，下國廢。

郗萌曰：熒惑入守參，經卅日，相死；經六十日，女后有喪；經九十日，天子有喪。入守參伐中，其國君失印。

公連曰：熒惑出入留舍參、伐，天子宫中奸兵起。

石申曰：熒惑守留入參，經五十日已上，其國强兵出戰，期百廿日。

文卿曰：熒惑乘陵合參左右肩，經八十日，秦國失地，燕王死，大赦。

巫咸曰：熒惑守犯南參，大將必有下獄者，梁王死；犯右股，大戰，期九十日。

石申曰：熒惑舉參、伐薄鬲守，經九十日，趙主死，大將軍變，天子之軍破，牛馬有急行，麥大貴，人相食，君不安宫室，期百九十日。

巫咸曰：熒惑犯淩乘參、伐，大旱，多火災，萬物五穀不登，民不安，多霜雹。

《荆州》曰：熒惑守淩乘天白獸，兵起，鈇鉞用。

卜偃曰：熒惑入留參右肩，經六十日，其國百殃起，天下貴人及百姓不安。

郗萌曰：熒惑守犯參右足，經一旬已上，糴暴賤；二旬已上，糴大賤。

陳卓曰：熒惑守淩參、伐，天下更爲元年，貴人多死。

卑竈曰：熒惑破觸犯參中小三皇，天下金銀大貴，宫中戰，有大功封侯者，後破衛王死。

梓慎曰：熒惑宫守參、伐，留經五十日，其國大臣吞血，三公争國，不出三年。

《荆州》曰：熒惑逆行入守參，必天子飢，女后有喪，期九十日。

黄帝曰：熒惑入天市成鉤已及環繞之，經百廿日，天下有惡令，臣不行，天子失政庭。

石申曰：熒惑與彗星並見參、伐中，天下更政，大國失地，百姓分亂流亡，不出三年。

《三靈紀》曰：熒惑犯守觸參、伐，經八十日，三臣出争，國君失勢，不出二年。

《懸總紀》曰：熒惑破國淩參伐，經九十日，其國暴水，飢，五穀貴。

《東晉紀》曰：熒惑暈參、觜再重，其分野多疾疫，民半死，期一周。

萇弘曰：熒惑蝕吞參左足，三日不出，大雨，民流亡，大風起，草木枯死。

紫辨曰：熒惑暈參、觜五重，其分野多孝子、忠臣，天下豐昌。

仙房曰：熒惑暈吞參、伐，其國失地，高田不收。

錢樂曰：熒惑暈左肩，宫中有奸人從女坐起，不出半周。

挺生曰：熒惑乘合居參、伐，經歲，不出一年，舜帝以印發死。

占填星

《勑鳳符表》曰：填星出入參中，經旬，天子宫中有逆臣出入，從下賤起，以讒解，流千里外。

黄帝曰：填星入守參、伐中，經百廿日，小人執筆，賢臣四方逃遁，不出三年。

郗萌曰：填星宿參、伐，高田賤，下田貴，三理之兵起，誅四方，期九十日。

石申曰：填星犯參，經七十日，天子不以將兵，國有變者。

郗萌曰：填星乘犯參，奸臣謀主。

巫咸曰：填星犯守參，經五十日，大臣有出國使者，軍破國亡。

紫辨曰：填星入守淩參左肩，經八十日，萬民大愁，貴人賣地，期九十日。

萇弘曰：填星犯淩乘參右足，天下民人無糧，其倉空。

卜偃曰：填星舍居觸參、伐，經百廿日，其國民亡，風雨不時，多疾疫。

韓楊曰：填星乘破觸參、伐，經五十日，大旱，民流亡，五穀不收。

陳卓曰：填星守合第二星，經百日，其國多温病，大旱，民多妖言。

文卿曰：填星舍羸參、伐，經五十日，任婦多死，西方急陣，兵相攻擊，大將死。

巫咸曰：填星暈參、觜，天下横兵起，傷五穀，失地。

卑竈曰：填星暈參、伐三重，其國亡地，絲、綿、麻、子大貴，不出半周。

梓慎曰：填星暈參觜五重，有冠，女主有德令，天下大赦，君臣和，九州協，不出三年。

公連曰：填星暈參七星，二運五夕，其國大有喪夏，大風起，五穀枯死。

卑竈曰：填星暈參、伐，五夕鬲留，其君亡國，奸臣奪政，期三年。

應邵曰：填星暈參，觜，有赤蒼雲，其邦有逆，女主殺其天子，期九十日。

占太白

《懸總紀》曰：太白守犯參、伐，經卅日已上，其邦有土功動，民不安，内外爲

亂，期三年。

黄帝曰：太白犯守留參左肩，大將軍誅謀天子，内憒不止，不出二年。

《荊州》曰：太白提參出入，天下驚；提天尉出入，天下發兵。

郗萌曰：太白出入留舍參，天下大亂，民人流亡。

《三靈紀》曰：太白犯守參經，有大兵，大戰，負，將軍死，失地，民流散。

石申曰：太白守參，有兵，天子之軍破，牛馬有急行。

甘德曰：太白入守參右肩，將軍出外，降邊兵，大戰。

巫咸曰：太白乘淩舍參左肩，經八十日，大臣爲變，天下不安，國大危，貴人有憂，糴貴。

《海中》曰：太白守參、伐，大水，在西方，衛尉將死，期半周。

黄帝曰：太白乘合參、伐中，經五十日已上，其分野有他女耶，奇君失地，不出二年。

石申曰：太白觸居破參右足伐，其國有喪，女主有憂。

公連曰：太白鬲蝕參中小星，經八十日不下，諸侯爭國，下賤執政。

玄龍曰：太白芒角指參、伐，經一旬，宫中多賊人，婦女遁逃，不出二年。

文卿曰：太白運呑參南星，經一旬，君失勢，禍起四面。

祖晅曰：太白觸合陵參北星，天下多水，女宫婬泆起。

段憬曰：太白鬪陵參西星，王侯謀戮其天子，期百八十日。

巫咸曰：太白犯乘芒角參、伐，其國有兵喪，五穀不收。

挺生曰：太白入守留參右角，經歲不下，魏軍破，諸侯多死亡，期五年。

紫辨曰：太白暈參、觜，經一旬，不出五年，禹帝崩。

應邵曰：太白暈參、伐再重，貫流星，其國遂衰亡，侯王爭地，天下有兩主，期五年。

卜偃曰：太白暈參、伐，有蒼黄赤雲，運夕，經三日，下賤謀主，戮萬民。

陳卓曰：太白暈參、伐三重，王侯呑天下，妾子執政，不出二年。

萇弘曰：太白暈參、觜，貫彗星，經五夕一運，不出二年，殷湯崩，大旱，貴人飢、走亡。

《海中》曰：太白暈參、伐，以九月地動，多水，山崩，女主有喪。明年五穀不登，萬民逃遁。

占辰星

《東晉紀》曰：辰星守參左足，見西方，大旱，大臣誅天子，不出三年。

《勑鳳符表》曰：辰星入犯呑參、伐，經一旬，百姓亡死。

《荊州》曰：辰星犯乘參，其國有水、兵。

石申曰：辰星守參，天子不可以動兵，國有反者，貴臣出戰，多水災，萬物五穀不成。

郗萌曰：辰星乘陵參右肩，其國内亂，期八十日。

《海中》曰：辰星守參、伐，衛尉死，不出半周。

黄帝曰：辰星守參、伐，移南，胡入移塞；星移北，胡出塞。

《荊州》曰：辰星逆守參，外夷動，邊將有憂。

陳卓曰：辰星乘陵舍居參、伐，經六十日，其君無道，法令不行，期九十日。

公連曰：辰星犯鬲留參、伐，經八十日，其國大飢，百姓流亡，不出三年。

玄龍曰：辰星運守留參左肩，經六十日，客運破，主人勝，先舉大勝。

紫辨曰：辰星觸破犯參左肩，運夕，經百廿日，强臣任賢士，小人讒起。

卑竈曰：辰星守留參、伐，天下有喪，地動，多水，期九十日。

梓慎曰：辰星犯陵合參星，經七十日，兵起，水，臣與大將相攻擊，期三年。

長武曰：辰星暈參右，經三運一夕，女主有喪。

卜偃曰：辰星暈參、伐再重，不出二年，周文王印發死。

《河圖》曰：辰星暈參、觜，三公爭國，戮天子，不出半周。

黄帝曰：辰星暈參、觜三重，不出二年，孝文帝死，大赦天下。

占彗星

《懸總紀》曰：蒼彗星入參左足，天下五穀不成。

黄帝曰：彗星出參、伐，天子更政。

公連曰：蒼彗星出參左肩，有兵城守，民分散，不出二年。

玄龍曰：彗星長一丈餘，貫參中五藏，其國三公有叛背者，民飢。

《荊州》曰：彗星孛入參，經二旬，其年兵起，不戰罷。

石申曰：彗星孛干犯參，邊兵大敗，其運亡，期二年。

《海中》曰：彗星出於參、東井之間，上枉殺伐長吏。

巫咸曰：白彗星守參右肩，經七十日，不出二年，孔子死，復年天下内亂，諸侯失國。

甘德曰：黄彗星長五尺，貫參右足，經九十日，其邦女后以讒言殺大臣，不

出一年。

卑竈曰：彗星長九尺餘，貫參、伐之間，經百廿日，不出二年，漢高祖死，後年，三良爭國，秋多水，傷五穀。

梓愼曰：彗星色赤大，守參左肩，經九十日，有五逆臣吞國家，戮王位，不出五年。

陳卓曰：飛彗星入伐星留十旬，宮中有婬逆犯事。

占客星

《西晉紀》曰：蒼客星守參左肩，經五十日，武官謀天子，期半周。

夏氏曰：客星入參，五穀貴。

郗萌曰：客星入參、伐，經一旬，宮中有自者，入其陽爲男，入其陰爲女，皆期三旬。

尹宰曰：客星犯參五藏，經七十日，大將有逆心。

挺生曰：客星天掊守參左足，諸侯有憂，民道中多死。

郗萌曰：客星出鈇鉞，兵出；入鈇鉞，兵入，大臣有憂。

《荆州》曰：奇星出參東南，大將死，民多疾病，地亡。

陳卓曰：客星入守伐星，其國且小人執政，期九十日。

郗萌曰：天賤、奇星守參左右肩，經六十日，有兵，大臣有執主之命者，讒臣以女子惑天子，大旱，五穀貴，老人多死，馬貴。守伐，誅大臣。

《五靈紀》曰：客星白大犯參五藏，天子不通，期三年。

《荆州》曰：客星出參而環繞之，邊城兵起。

卜偃曰：使星入參左足，君臣且驚。

郗萌曰：客星守參，更易君；色蒼，小憙；赤爲亡；黄爲易位；白爲喪；黑爲憂，水。

巫咸曰：使星入參中央星，色青黑，懸令有罪；色白，懸令有賜，若伐。

石申曰：赤星出參中央星，邊國有兵，懸令自將；其星出，而國散，邊城圍而壞。

郗萌曰：有星入伐，有斬艾之事於國內；若出伐，有斬艾之事於國外；色赤，行兵斬艾；色白，衣斬艾；色黄，爲土功；白，喪；黑爲水。

《三靈紀》曰：客星赤大，光逮參、伐，經一旬，女后生聖太子。

《勑鳳符表》曰：客星守伐星，經一旬，色黑微細，女后任胎大臣子，期九十日。

《懸總紀》曰：使星急急入參、伐中留，宮中有奸女盜印其主，不出三年。

黄帝曰：國皇守參東南星，經歲，小國奪大國地，三公相攻擊，期三年。

占流星

黄帝曰：流星入參中，兵起，先舉破軍，有國城，客負，期半周。

石申曰：大流星入參左肩，左大將兵舉，米賤。

郗萌曰：流星出參右足，其國粟米賤。

陳卓曰：流星色赤，從東方來，至伐而止，有來兵大敗吾軍。

郗萌曰：流星出南門以刺參，不出七年，一國王兼有天下。

《尚書緯》曰：流星出參中，白帝之亡，枉矢射參；天子失義，則枉矢射參。

《勑鳳符表》曰：流星長一丈餘，赤黄光，光入參、伐中，不出五年，三國失地，天子有喪。

卑竈曰：流星白蒼入參中，宮室天火驚起，期一周。

梓愼曰：流星長八尺入參中央，則出入南門，於宮中入暴兵，戰，流血，千人死。

公連曰：流星長三四尺，入參右足，大臣暴爲變，誅天子猶親族，不出一年。

玄龍曰：流星赤長十丈，貫參左肩，留經三日，其天子妾逃遁，不出一旬。

紫辨曰：大流星出參星中，入天極中，内臣戮天子、王侯及諸侯，百人死，不出一周。

占客氣

黄帝曰：蒼白氣入參中央星，三公遁奄亡，不出半周。

郗萌曰：蒼氣入參，邊城燒及倉，失火。

《海中》曰：蒼白氣入參，馬爲亂；出，若環繞參，天子起邊城。

陳卓曰：蒼赤氣入參、伐中，大將憂斬艾事；出參、伐，以白衣斬艾伐。

卑竈曰：赤黑氣入參、伐中，其國内兵起，大臣爲亂，戮死；出參中央，邊城有兵，懸令自將；入伐中，大將憂斬艾事。

郗萌曰：黄白氣潤澤，入伐中，將受賜；出伐，將戰，大勝。

梓愼曰：黑氣入參中，正鋭大人憂；出參中，多水憂，將死亡；出伐中，以水斬艾伐。

長武曰：白赤黑氣運夕，參、伐、觜暈，其國且内亂，女主有喪。

《東晉紀》曰：五色氣入參、伐、觜運鬲，其國有貴女主，宫中大盛，賀慶不息。

《三靈紀》曰：黑、黄、白氣暈參、伐、觜，一運二夕，小人以讒言殺大臣，不出二年。

唐・李鳳《天文要録》卷三三《輿鬼占》 輿鬼

主輿鬼者，朱鳥第二宿也，陰陽之相交道也。《東晉紀》曰：輿鬼四星主四坐之象也，主天目也，主天下之徹理正也，主君臣之宰宣事也。《勑鳳符表》曰：輿鬼者，主天子之禁政道也。左漢星爲天子坐也，右奇星爲女后坐也，西南一星爲大臣坐也，西北一星爲大將坐也。中央積尸氣，謂□□□，天下之開閉也。積尸明光暉，見天下有聖王也。《三靈紀》曰：輿鬼星坐登而運者，天子行儉，宜順時不逆，生氣是使萬物萌芽安也，故輿鬼坐順而不移，人君順時氣養歡也。魏石申曰：輿鬼四星，積尸一星四度，距西南星，去周極六十八度，在黄道内。輿鬼主視聽察奸謀，故置五諸侯以刺之。殷巫咸曰：輿鬼西北亭星，去極六十六度半經太，在黄道内半經太。輿鬼，主視奸非明也，從陰至陽不失帝。東北星主天女，主積馬也，東南星天子主積兵也，西南星主大臣積布，西北星主大將金玉，隨變而占也。齊甘德曰：輿鬼五星去極六十九度，在黄道内太。中央星爲天屍，主死喪事也，主祠祀也。積屍色白如粉絮，故謂積屍氣也，主鐵質也，主誅斬，故不欲明，明則兵起，大臣誅也，輿歸也。晉陳卓曰：陽氣在上，陰氣始歸於下，故謂輿鬼。周應邵曰：輿鬼移五辰，天下有亡國。春運指逆，諸侯國亡；夏夕表指逆，侯王元□；□□〔秋指〕逆移五辰，女主失位；冬指逆，移六辰，三王争地。朱鳥之頭目，故謂視察也。【略】《内紀星圖》曰：七步輿鬼外十四尺行秦之分野也。上黨入輿鬼二度。

占輿鬼

《三靈紀》曰：輿鬼明運耀天下，九穀成熟百姓豐。

黄帝曰：輿鬼不明暉一夕鬲蝕者，諸侯謀悖其天子，不出一周。

《五靈紀》曰：輿鬼四星，皆色赤大光芒角，其國若有交兵，從親戚起，急其城郭，關門可閉，期九十日。

石申曰：輿鬼動揺，其色僮僮諻之，若有光，賦斂重數，傜役繁多，萬民悲怨大散，不出五年。

甘德曰：輿鬼星移徙，民大愁，政令急。

甘德曰：輿鬼色蒼動揺，其國多水，秦分野尤甚。

陳卓曰：輿鬼急明運，其分兵起鈇鉞，且用大臣誅。

黄帝曰：輿鬼左一星一旬不視，諸侯誅大臣，不出三年。

《渾天論》曰：輿鬼運登色不明，經三旬，其天子聽讒人，誅大將。

公連曰：輿鬼鬲夕不視，天下失地，有暴喪，期百八十日。

玄龍曰：輿鬼色蒼赤白，經六十日，其國女后交兵見血，不出二年。

紫辨曰：輿鬼二星不視，天子宫庭三公退，期一周。

韓楊曰：輿鬼西南不視，經八十日不出，二年國武以即逆死。

應邵曰：輿鬼、天尸皆不視，經歲，天下興兵，有女主喪，不出三年。

卜偃曰：輿鬼運蝕不視，宫中有逆臣失政，其令不行，返天下。

卑竈曰：輿鬼、積尸一歲不見，天下赤地千里，九穀不登，民人飢，貴人失，門外夷内傷，不出三年。

梓慎曰：輿鬼指逆失位，移一辰，天下有兩女主争地，大臣與王相攻擊，期五年。

《勑鳳符表》曰：輿鬼其色亡不明，細微小，經八十日，天子易位，立太子，逆人將從内戚起，戰流血。

《懸總紀》曰：輿鬼運迫失位，其國賢臣遁匿，近臣爲賊，絶人道，期五年。

《東晉紀》曰：輿鬼晝見至巳，大將軍出戮賢臣，吞印君，不出三年。

《三靈紀》曰：唐堯帝時，輿鬼至未晝見，經二辰明暉，不出六年，胡亭野大戰見血，諸侯多死。復不出二年，唐堯崩。

《河圖紀》曰：輿鬼暈二夕七運，其國近臣欲逆，交兵見血宫中，期半周。

《三靈紀》曰：輿鬼暈，天子疾，老者多死，五穀大貴，不出二年。

黄帝曰：輿鬼暈，赤白大如熒惑，一運三夕，百姓受愁苦，大臣謀逆政，期一年。

占月行

《三靈紀》曰：月守輿鬼，其國忠臣不明，奸臣並進，不出半周。

石申曰：月守陵輿鬼，雨風失節，民多疾疫，期百八十日。

《五靈紀》曰：月乘合輿鬼，二夕五運，其君刑民不理，邪臣謀陰，期九十日。

黄帝曰：月舍居輿鬼，經一運三度，君臣和親，誅諸侯之國，期二年。

《勑鳳符表》曰：月合犯鬲輿鬼東南星，三夕五運，弟誡兄，臣誅君，女婦任

胎傷孕，不出一年。

巫咸曰：月犯觸輿鬼運息，色鬲薄，其國五穀多傷，期一年。

《懸總紀》曰：月入輿鬼東北星，其國大旱，君宮殿失禮養，期二年。

文卿曰：月入犯輿鬼西南星，一夕五運，萬物不成，兵甲並起，開都不通。

郗萌曰：月犯輿鬼，其國將軍死，大赦，期一周。

陳卓曰：月蝕輿鬼，貴臣后皇有喪，民人不息，期六年。

郗萌曰：月入輿鬼見暈，天子財寶有憂。

《荆州》曰：月犯乘宿輿鬼，將軍與客大戰，主人負敗失地。

郗萌曰：月奄填星在輿鬼，秦有兵，九州分野星。

《圖》曰：月會犯輿鬼，一夕三鬲，其軍不戰，陳兵降。

公連曰：月以四月七月暈輿鬼，輿鬼中出氣，東行者老公多死；西行者老嫗多死；南行者丁年多死；北行少年多死，皆期九十日。一月二暈輿鬼，人多死，多寒。夏三暈輿鬼，其歲惡風，發大霧、大雪、大霜。

夏三月一暈輿鬼，爲寒；再暈，爲小水；月暈井鬼，大旱。

陳卓曰：月犯乘天尸，臣在内，期九十日。

正月暈輿鬼，大旱有放，期百廿日。

二月暈輿鬼，其君秋令不行四方；大動，蠻狛侵境，期八十日。

三月暈輿鬼吞蝕，其國有逆主刑罰，求賢士遁匿，不出五年。

四月暈輿鬼，其君失信行奸，令民流亡，天下有雪震、山崩、地拆，期三年。

五月暈輿鬼三重，忠臣失道，明堂之禮失節，期九十日。

六月暈輿鬼再重，多疾疫，死人如山，其道路往來不得，不出二年。

七月暈輿鬼有冠珥，二夕二運，女主後宮失勢，大臣誅，期百六十日。

八月暈輿鬼有背運夕，后妃防鬼女之别，正夫婦之道也，期二年。

九月暈輿鬼有運吞，經一夕，奸邪臣專朝廷，近忠賢臣黜，期八十日。

十月暈輿鬼吞迴，二夕一運，天子用邪佞，朝無忠臣，君臣争明，天下五穀蟲蝗，不出一周。

十一月暈輿鬼合犯，民人不安，天子當悔咎訙，期百廿日。

十二月暈輿鬼，下賤謀上，民人不息，天下大旱，秋穀不收。

右十二月暈輿鬼，《勑鳳符表》占。

占五星

《河圖表紀》曰：五星入輿鬼，奸臣專，争天子位，宮殿戰見血，期百九十日。

黄帝曰：五星守入輿鬼，經五十日不下，賢臣誅天子，國家失正理，鄰國兵强，諸侯多死，期二年。

郗萌曰：月、五星有入輿鬼者，皆爲財寶出。

陳卓曰：五星入犯輿鬼，逆亂臣在城内。

《三靈紀》曰：五星有犯輿鬼，經七十日，萬姓勞厥妖，兵革大動。

石申曰：五星守輿鬼，經五十日，女主吞侯王，不出半周。

巫咸曰：五星犯守輿鬼，經八十日，其邦諸侯多飢死，不出二年。

甘德曰：五星入鬲輿鬼，經六十日，天子有喪，不出三年。

《河圖紀》曰：月、熒惑、太白、辰星犯守輿鬼，其國有憂，大臣誅。

《荆州》曰：五星守息輿鬼，其君金玉用，有憂。民人多疾，從南入爲男；從北入爲女；從西入爲老人；從東入爲十牲。若棺木倍貴。

司馬曰：五星入乘輿鬼中，有喪，期九十日。

紫辨曰：熒惑、太白入守鬲輿鬼，經廿日，其君有病，大赦天下，期百廿日。

《荆州》曰：五星干犯守輿鬼，天下有喪，陽爲君，陰爲女后，左爲太子，右爲貴臣，隨所守主物，王者發之，不出七十日。

石申曰：五星守犯鬲輿鬼，大人有祭祀事，土功起。

方朔曰：五星聚輿鬼息鬲，經一夕三運，不出七年，魏文帝崩，天下見血，大人以命終，亂臣在内。

郗萌曰：五星守乘合輿鬼西南，秦漢有變臣，以赦解，期百六十日。

《海中》曰：五星守陵輿鬼，出其南，多旱；出北，水，天下飢，不出三年。

《懸總紀》曰：太白、辰星猶輿鬼，一運五夕，其國有喪，女主印發死。

《春秋表傳》曰：五星暈輿鬼，三公争國，民人多飢，不出二年。

卑竈曰：歲星、填星犯乘輿鬼，君臣相疑，君殺臣，不出半周。

梓慎曰：辰星、熒惑守輿鬼，逆行失度，其國先旱後水多，五穀傷。

占歲星

《三靈紀》曰：歲星吞輿鬼，不明，經六十日，天下諸侯有兩心，臣謀君，暴風雨不節，天下不和。

石申曰：歲星犯輿鬼，三公失地三百里，期八十日。

《五靈紀》曰：歲星入守輿鬼，經六十日，天下大動而兵革起，大臣相誅。

郗萌曰：歲星入輿鬼，相誅。

巫咸曰：歲星留陵輿鬼，經二旬，金錢大散於諸侯。期六十日。

黃帝曰：歲星守犯輿鬼，其國有大喪，期百八十日。

《勑鳳符表》曰：歲星犯鬲輿鬼，經歲，其邦五穀不登。

郗萌曰：歲星去，五諸侯子有疾死，期六十日。去天高入輿鬼，貴人有憂；不出百廿日。

石申曰：歲星出入留舍輿鬼，經五十日，有喪，大臣不明，民人半死。

巫咸曰：歲星犯息輿鬼，經九十日，邊臣謀君，不出二年。

文卿曰：歲星舍居輿鬼，經九十日，大將戮君，不出三年。

《九州分野星圖》曰：歲星舍居乘輿鬼，經百廿日，大臣失地，不出五年。

公連曰：歲星犯運輿鬼，經九十日，大臣有伏兵，期八十日。

郗萌曰：歲星舍輿鬼東北，麻豆賤，稻不收；舍東南，豆麥熟，有鳴死人；舍西南，萬民多喪；舍西北，黍稷賤，麥不收，旱蠶不就，勉蠶就；舍中央，歲樂，糴石三四錢。

黃帝曰：歲星處輿鬼南，有易君；處其北，國易相；處其西，殺老人及任子者，期百六十日。

甘德曰：歲星犯輿鬼，人君必有所戮。

郗萌曰：歲星犯留輿鬼，五穀多傷，民飢，死者多狂疾死者，不出半周。

《渾天論》曰：歲星留鬲守輿鬼，經五十日，女主自印死，期百日。

《海中》曰：歲星守輿鬼，角動，有殺主者；色黑，誅死不成。

萇弘曰：歲星逆行輿鬼，失度留，其君失勢，度自死。

陳卓曰：歲星留乘輿鬼，其邦民多姦妨其君，期八十日。

郗萌曰：歲星逆行輿鬼，其君不聽明治衰。

《荆州》曰：歲星歷鉞、質，天下流行暴骨蔣蔣。

卜偃曰：歲星守輿鬼，多狂死，五穀傷，天子賜諸侯金玉錢。

公連曰：歲星守犯輿鬼，天下貴人多死，女婦以寒爲病，不出二年。

玄龍曰：歲星犯天尸，其國有兵，王者疾，有戮死者，不出一年。

京房曰：歲星陵乘吞鬲輿鬼，春地裂，太臣下變逆，四夷交兵。

卑竈曰：歲星守留息運輿鬼，后黨戮主，期百五十日。

應邵曰：歲星暈輿鬼，其國大蟲蝗，夏霜雨。

韓楊曰：歲星入留輿鬼，天子以印逆戮諸侯，不出三年。

班固曰：歲星吞輿鬼西南星，經旬，宮人印其天子，期三月。

《東晉紀》曰：歲星鬲歷輿鬼經七十日，天下大旱。

《河圖》曰：歲星暈輿鬼，二夕四運，陰臣祚其君，期九十日。

《易緯》曰：歲星暈輿鬼三重，九夷來侵內，失地千里，民多分散，不出五年。

占熒惑

《勑鳳符表》曰：熒惑守輿鬼中央，大人憂，期百二十日。

石申曰：熒惑入輿鬼中，經旬，女后死；經七日，大臣死；經四月，天子有喪。

《三靈紀》曰：熒惑守犯輿鬼，客將相有來者，期半周。

《春秋緯》曰：熒惑入鬲留輿鬼，主以淫樂失其功臣，大賊在側，民人相食，兵喪並起。

陳卓曰：熒惑入守息運輿鬼，經八十日，其邦有火災，期二年。

郗萌曰：熒惑入輿鬼，已去復運守，其國大赦，獄囚解之，不出一年。

《荆州》曰：熒惑以十二月從西方來，入輿鬼中守，天下百徒聚，土功興，期三年。

卑竈曰：熒惑守柳入鬼，大人憂。熒惑過，北夷來。至輿鬼留三日，大人病；留十日，諸國王病；留廿日，天子病。熒惑南去，病在頭；西去，病手足；東去，病在中，孔穿不利；北去，病陰。

石申曰：熒惑出入留舍輿鬼，經五十日不下，其邦多病，民人半死。

尹宰曰：熒惑犯留合輿鬼，大臣不忠有兩心。

黃帝曰：熒惑留舍居輿鬼，經卅日已上，其國侯王兵起，戰多死者，期九十日。

郗萌曰：熒惑舍居乘輿鬼中央，多霜露，風雨不時，萬民多病，頭目痛，小兒多死。

陳卓曰：熒惑守輿鬼西，入其中央，有大喪，白衣聚，女主病。

挺生曰：熒惑守陵輿鬼西，傷老人，守西經十日，老人病；守東，傷年少，守七日，少年病；守鬼南，有男喪；守鬼東北經七十日，女子疾。熒惑守舍輿鬼西北，婦人多懷子而死；舍中央，小兒多死，曾民多病頭目；守東北，萬民多死；舍東北，必有流水；守北，水多；守南，大旱。

甘文卿曰：熒惑犯輿鬼，執法者戮，皇后憂失勢。

巫咸曰：熒惑守留輿鬼，有兵水災，萬物五穀不登，大將軍死，馬牛貴，其君有憂，期三年。

《荆州》曰：熒惑守乘輿鬼，其國太子以印逆爲憂，經廿日已上，兵起，棺、柳、麻、布大貴。

卜偃曰：熒惑守合輿鬼，經八十日不下，女后爲病，出入不時，諸侯王夫人死。

方朔曰：熒惑入輿鬼，成鈎己，環繞之，天子失廟，大將死，金錢分散。

公連曰：熒惑乘陵輿鬼，經五十日，其邦大將且交兵，戰益地。

《東晉紀》曰：熒惑守留鬼中，經九十日，其邦天子失太子，不出三年。

《勑鳳符表》曰：熒惑守舍輿鬼中，經歲，其國天子宫萬民死，見血，期五年。

《河圖》曰：熒惑暈輿鬼再重，忠臣背其主，小人管政。

《懸總紀》曰：熒惑暈鬼、柳、北夷，一運二夕，不出三年，其國有自立王。

仙房曰：熒惑暈輿鬼呑蝕，賢臣戮君，不出半周。

甘氏曰：熒惑犯天尸，有鈇鉞之誅。

《荆州》曰：熒惑經輿鬼中，犯乘積尸，兵在西北，有没軍將死。

長武曰：熒惑暈輿鬼，經一運五夕，其邦法令不明，女主失德。

陳卓曰：熒惑暈輿鬼、柳一夕，其邦且有喜。

《海中》曰：熒惑呑輿鬼暈，女主呵大臣，不出一年。

占填星

《三靈紀》曰：填星守輿鬼，經旬，女主有兩心。

黄帝曰：填星犯鬲輿鬼息運，宫中有火驚動，期六十。

石申曰：填星呑輿鬼運鬲，諸侯之國失地，民飢，不出三年。

巫咸曰：填星入輿鬼，大臣與侯王相攻擊。

文卿曰：填星守陵輿鬼，經六十日，大將有誅者，期九十日。

黄帝曰：填星犯留輿鬼，其國有兵戮王，女主死。

郗萌曰：填星出入留舍輿鬼，經五十日不下，其分民人多疾死，棺木、絲帛大貴，赦，期百六十日。

甘氏曰：填星犯輿鬼，其邦君必有所戮，宗廟改，不出二年。

巫咸曰：填星守鬲輿鬼，後宫有憂；旱，萬物不成，有土功事。

公連曰：填星犯輿鬼質，人君有戮死者，期百廿日。

玄龍曰：填星守鬲輿鬼，女后奸通，不出一年。

郗萌曰：填星守輿鬼，經八十日，天下賜喜；守四星，其方有疾疫。

萇弘曰：填星逆行輿鬼，女主用財奢淫過度。

郗萌曰：填星入鈇鑕，王者惡之。

甘氏曰：填星犯天尸，女后以印發爲憂，失勢。

《五靈紀》曰：填星呑運輿鬼，女后以奸心謀其君。

卑竈曰：填星犯乘輿鬼，經百六十日，其邦之營君拔城，民大亂，不出三年。

方朔曰：填星歷運輿鬼，大將顚，卒士不振。

《懸總紀》曰：填星守留輿鬼，經五十日，侯王權天子，期二年。

《九州紀》曰：填星守乘合輿鬼，經九十日，大將軍内憒不憑，其率士君大勝，不出半周。

梓慎曰：填星入犯輿鬼，其國輔臣死，期八十日。

巫咸曰：填星鬲薄輿鬼，女主據天下政，不正，民大飢亡。

石申曰：填星運鬲輿鬼，其分大飢，民流亡，不出二年。

文卿曰：填星暈輿鬼再重，女主有喪，不半周。

卜偃曰：填星暈輿鬼有冠珥，其國春水多，夏雪，五穀不收。

《河圖》曰：填星暈輿鬼、柳，一運二夕，千里外客來，女主有喜。

《東晉紀》曰：填星暈輿鬼四重，不出半周，八月有兵誅，見血失地。

占太白

《五靈紀》曰：太白守輿鬼，經八十日，三國客來相攻擊，見血，宫中大驚，期一年。

黄帝曰：太白犯鬲輿鬼，道路多死者，弓弩貴。

石申曰：太白留鬲輿鬼，其分大旱，五穀傷。

甘文卿曰：太白乘合輿鬼，兵器貴，民大飢，其分野戰不息。

巫咸曰：太白舍居輿鬼，經旬，有逆臣謀其主，期百六十日。

韓楊曰：太白陵守輿鬼，其國飛鳥多死，道中多飢人，期九十日。

卜偃曰：太白舍守輿鬼，人民走亡。

《荆州》曰：太白入輿鬼，其邦大將誅，兵革起，西北婦人多兵死。

陳卓曰：太白出入留舍輿鬼，經七十日，其分兵起，民人大疾，死而不葬。

郗萌曰：太白犯留輿鬼，其分歲不登，天下多懷任子而死者。

挺生曰：太白舍居贏縮輿鬼中央，左右群臣有伏劍若吞藥而死者，期半周。

石申曰：太白舍芒角輿鬼東北，天下多梟死者。

梓慎曰：太白舍守輿鬼，疾在女主，多火災爲旱。舍東南，婦人多狂巔疾；舍西南，左右群臣必有暴死者；舍西北，其歲惡。

甘氏曰：太白犯輿鬼，大將戮，期百六十日。

郗萌曰：太白與輿鬼鬭，不出一年，有變臣。

巫咸曰：太白守陵輿鬼，有兵災。若旱，多火災，萬物五穀不成，有大喪。

卑竈曰：太白守乘輿鬼，大將所殺，士率民以軍死者，百遺一人，女主爲疾，期半周。

韓楊曰：太白犯鬲蝕輿鬼，宰臣誅者發，大兵相殘賊，期一年。

《文燿〔鈎〕》曰：太白守鈇鑕，三公據，天子誅，不出二年。

郗萌曰：太白守天尸，以赦解之。

《三靈紀》曰：太白守亭、芒角黄、輿鬼，其天子有德令，天下大赦，萬民有憙，期半周。

《懸總紀》曰：太白入守吞輿鬼，不視，經七夕五運，其分多盜賊，民多死，内亂不息，期二年。

《勑鳳符表》曰：太白色赤輿鬼，經八十日，其國貴客來，爭其君令，期一年。

《東晉紀》曰：太白吞蝕輿鬼東北星，經一旬不視；女主有兩心，侯王謀天子，期二年。

焦貢曰：太白流入輿鬼，留八十日，不出一年，夏禹崩，三王爭地。

梓慎曰：太白暈輿鬼，大臣與天子大戰，宫中見血，臣勝，不出三年。

班固曰：太白暈輿鬼再重，其分民飢，有喪，春地裂，秋多水。

卑竈曰：太白暈輿鬼，有赤雲，東南大將以兵侵内地，謀其君，不出一年。

占辰星

《五靈紀》曰：辰星守犯輿鬼，女主以淫泆行政，不正，有爭令者，不出二年。

陳卓曰：辰星入輿鬼，蠻夷之君有誅者，大臣死，不出三年。

黄帝曰：辰星守陵輿鬼，經七十日，其國法王死，天下政行不理。

石申曰：辰星犯輿鬼，有兵，執法者戮，不出半周。

甘德曰：辰星吞蝕輿鬼，諸侯失地。

《海中》曰：辰星守入輿鬼，貴人有慘，期百八十日。

郗萌曰：辰星守輿鬼，經旬，后夫人病；經廿日，太子夫人疾；經七日，諸侯王夫人疾。有喪，右爲主人，左爲客。經五月，多水蝗蟲，民人耳目爲病。

卜偃曰：辰星犯鬲交輿鬼，亂臣在内，五穀不登。

方朔曰：辰星犯鈇鉞，宰臣誅兵起。

京房曰：辰星守乘輿鬼東北，陰國臣爭國，侯王死，不出二年。

《易緯》曰：辰星蝕輿鬼東南，天子有喪，不出一年。

紫辨曰：辰星運薄輿，天下失道，君臣無勢。

《渾天論》曰：辰星犯乘鬲留輿鬼西北，經卅日，其國市之令不明，民人分離，三王與臣爭國，不出三年。

應邵曰：辰星舍居輿鬼，兵馬大動起，期百廿日。

公連曰：辰星入留輿鬼，經八十日，逆行守井。復經八十日，天下兵盡起，將軍相攻擊，大國威，不出七年。

萇弘曰：辰星吞蝕輿鬼，經一夕五運，女主有喪，秋多水，冬地動有音，明年春多水，道路不通，有喪。

巫咸曰：辰星合乘破輿鬼，其國多疾疫興，兵革起。

《河圖》曰：辰星暈輿鬼、柳，不出一年，周武王死，明年女主以印發，自死。

卑竈曰：辰星暈輿鬼，一夕二運，大臣失位，期半周。

《東晉紀》曰：辰星暈輿鬼，太子以印逆，自死。

占彗星

《懸總紀》曰：黄彗星出輿鬼中央，天子之德盛，萬民豐。

黄帝曰：蒼彗星貫輿鬼，天下更易王，百姓飢亡。

石申曰：赤黑彗星入犯輿鬼，經六十日，其國大川絶魚多死，地裂多水，有喪民飢散。

甘氏曰：彗星貫輿鬼、柳間，指東，不出三年，周滅秦起，民飢，暴風，天下霧；經旬，明年秦軍破失地。

巫咸曰：白彗星入輿鬼，其分有喪兵、地動。

《荆州》曰：彗星出輿鬼，女主有喪，民人疾疫死者半，棺木貴。

卑竈曰：彗孛干犯輿鬼，大兵橫連，行期一年，天子以赦除咎過。

《勑鳳符表》曰：五色彗星出井、鬼間，經七十日，天下出賢女，后修政，萬民

安寧，九夷協來，不出五年。

《東晉紀》曰：黑彗星貫輿鬼，經六十日，不出五年，唐堯死。復年，春暴風，萬物傷。

占客星

《懸總紀》曰：客星守輿鬼，天下且不和。

石申曰：客星入輿鬼，有咒盟鬼神於國内；出輿鬼，有咒盟鬼神於國外。

甘氏曰：客星入輿鬼，鈇鉞用，大臣誅，有軍大人憂。

《荆州》曰：客星入輿鬼，留卅日已上，天下金玉用，易錢。

巫咸曰：客星犯輿鬼，其國有非次自立者，必敗亡。

《荆州》曰：客星干犯守輿鬼，天下有大喪，陽爲君，陰爲后，左爲天子，右爲貴臣，隨所守主者發之，不出七十日。

黄帝曰：客星守若出入輿鬼東，丁年多死；守若出入其南，男子多死；守若出入其西，老人多死；守若出入其北，女子多死。天子有慘，多土功事，男耕不得，女織不得，馬牛貴。

《荆州》曰：客星守輿鬼東北星，棺木貴；守東南星，五穀貴；守西南星，金錢貴；守西北星，鐵器、魚鹽百倍。

郗萌曰：客星入天金玉府中，經三日，一堺之有赦。

夏氏曰：客星入天尸，帝王亡，天下多疾病。

《東晉紀》曰：客星赤，犯運輿鬼，其臣有喪服之憂。

公連曰：客星白守輿鬼，其國有兵城守，民且分離。

玄龍曰：客星入乘輿鬼，留不行，四夷暴來，攻城絶道，期二年。

《河圖》曰：客星大如歲星，吞輿鬼，大將軍削地奪國。

《易緯》曰：客星入輿鬼，宫中有且驚。

孫化曰：奇星守輿鬼，經歲，天子且愁苦，萬民逆於天政。

班固曰：使星入輿鬼中，其國賢臣死。

《河圖》曰：客星暈輿鬼，朝廷有邪臣，言不直，期百廿日。

占流星

《五靈紀》曰：赤大流星觸輿鬼，佞人且管政，不出半周。

黄帝曰：流星長二丈，赤蒼，交而貫輿鬼，功臣失禄，太子且爲疾。

石申曰：流星長一丈餘，入輿鬼中，大臣嘿欺其天子。

巫咸曰：流星入輿鬼則出，貫柳，女主不明，後宫通奸。

甘氏曰：流星色蒼赤，乍長二丈如瓮，貫輿鬼，大臣死，女后爲疾，大赦。

郗萌曰：奔星抵質輿鬼，貴人有戮者。若有光如火散，且行輿鬼上，大臣得賜，期六月。

《三靈紀》曰：白流星貫輿鬼，天下地動山崩，有大喪。

占客氣

《勑鳳符表》曰：蒼氣貫迴輿鬼，大將不兩心。

黄帝曰：白黑交氣迴運輿鬼、柳，其分且飢，暴風。

石申曰：白赤氣入輿鬼，大臣有兩心。

甘氏曰：黄黑氣入輿鬼，臣且謀君，不成。

巫咸曰：白黄氣入貫輿鬼，女后有憂。

郗萌曰：白氣入輿鬼，有疾憂。黑氣，貴人有憂。氣有光如火散，且見廟上，大德賜，期九十日。

《河圖》曰：五色氣入貫輿鬼，女后有憙事，賜天下萬民。

後晉·劉昫等《舊唐書》卷三五《天文志上》 游儀初成，太史所測二十八宿等與經同異狀：

角二星，十二度，赤道黄道度與古同。舊經去極九十一度，今則九十三度半。《星經》云：「角去極九十一度，距星正當赤道，其黄道在赤道南，不經角中。」今測角在赤道南二度半，黄道復經角中，即與天象符合。

亢四星，九度。舊去極八十九度，今九十一度半。

氐四星，十六度。舊去極九十四度，今九十八度。

房四星，五度。舊去極一百八度，今一百一十度半。

心三星，五度。舊去極一百八度，今一百一十一度。

尾九星，十八度。舊去極一百二十度，一云一百四十一度，今一百二十四度。

箕四星，十一度。舊去極一百一十八度，今一百二十度。

南斗六星，二十六度。舊去極一百一十六度，今一百一十九度。

牽牛六星，八度。舊去極一百六度，今一百四度。

須女四星，十二度。舊去極一百度，今一百一度。

虚二星，十度。舊去極一百四度，今一百一度。北星舊圖入虚宿，今測在須

女九度。

危三星，十七度。舊去極九十七度，今九十七度。北星舊圖入危宿，今測在虛六度半。

室二星，十六度。舊去極八十五度，今八十三度。

東壁二星，九度。舊去極八十六度，今八十四度。

奎十六星，十六度。舊去極七十六度，一云七十度，今七十三度。東壁九度，奎十六度，此錯以奎西大星爲距，即損壁二度，加奎二度，今取西南大星爲距，即奎、壁各不失本度。

婁三星，十三度。舊去極八十度，今七十七度。

胃三星，十四度。

昴七星，十一度。舊去極七十四度，今七十二度。

畢八星，十七度。舊去極七十八度，今七十六度。

觜觿三度，舊去極八十四度，今八十二度。畢赤道與黃道度同。觜赤道二度，黃道三度。其二宿俱當黃道斜虛。畢有十六度，尚與赤道度同。觜總二度，黃道損加一度，此即承前有誤。今測畢有十七度半，觜觿半度，並依天正。

參十星，舊去極九十四度，今九十二度。

東井八星，三十三度。舊去極七十度，今六十八度。

輿鬼五星，舊去極六十八度，今古同也。

柳八星，十五度。舊去極七十七度，一云七十九度，今八十度半。柳，合用西頭第三星爲距，比來錯取第四星，今依第三星爲正。

七星十度，舊去極九十一度，一云九十三度，今九十三度半。

張六星，十八度。舊去極九十七度，今一百度。張六星，中央四星爲朱鳥嗉，外二星爲翼。比來不取膺前爲距，錯取翼星，即張加二度半，七星欠二度半。今依本經爲定。

翼二十二星，十八度。舊去極九十七度，今一百三度。

軫四星，十七度。舊去極九十八度，今一百度。

後晉・劉昫等《舊唐書》卷三六《天文志下》 天文之爲十二次，所以辨析天體，紀綱辰象，上以考七曜之宿度，下以配萬方之分野，仰觀變謫，而驗之於郡國也。《傳》曰：「歲在星紀，而淫于玄枵。」「姜氏、任氏，實守其地。」及七國交爭，善星者有甘德、石申，更配十二分野，故有周、秦、齊、楚、韓、趙、燕、魏、宋、衛、魯、鄭、吳、越等國。張衡、蔡邕，又以漢郡配焉。自此因循，但守其舊文，無所變革。且懸象在上，終天不易，而郡國沿革，名稱屢遷，遂令後學難爲憑準。貞觀中，李淳風撰《法象志》，始以唐之州縣配焉。至開元初，沙門一行又增損其書，更爲詳密。既事包今古，與舊有異同，頗裨後學，故録其文著于篇。并配武德以來交蝕淺深及注蝕不虧，以紀日月之變云爾。

須女、虛、危，玄枵之次。子初起女五度，二千三百七十四分，秒四少。中虛九度，終危十二度。其分野：自濟北郡東踰濟水，涉平陰，至于山茌，漢太山郡山茌縣，屬齊州西南之界。東南及高密，漢高密國，今在密州北界。自此以上，玄枵之分。東盡東萊之地，漢之東萊郡及膠東國，今爲萊州、登州也。又得漢之北海、千乘、淄川、濟南、齊郡今爲淄、青、齊等州，及濟州東界。及平原、渤海，盡九河故道之南，濱于碣石。今爲德州、棣州、滄州共北界。自九河故道之北，屬析木分也。

營室、東壁，陬訾之次。亥初起危十三度，二千九百二十六分太。中室十二度，五百五十分，秒二十一半。終奎一度。其分野：自王屋、太行而東，盡漢河内之地，今爲懷州、洺、衛州之西境。北負漳、鄴，東及館陶、聊城，漢地自黎陽、内黃及鄴，魏，武安，東至館陶、元城，皆屬魏郡；自頓邱、三城、武陽，東至聊城，皆屬東郡。今爲相、魏、衛州。東盡漢東郡之地，漢東郡，清河，西南至白馬、濮陽，東至東河，須昌，濱濟，至于鄆城。今爲滑州、濮州、鄆州。其須昌、濟東之地，屬降婁，非豕韋也。

奎、婁及胃，降婁之次。戌初起奎二度，一千二百一十七分，秒十七少。中婁一度，一千八百八十三〔分〕。終胃三度。其分野：南屆鉅野，東達梁父，以負東海。又東至于呂梁，乃東南抵淮水，而東盡于徐夷之地，東爲降婁之次。得漢東平、魯國。漢東平國在任城，平陸，今在兖州。奎爲大澤，在陬訾之下流，濱于淮、泗，東北負山，爲婁、胃之墟。蓋中國膏腴之地，百穀之所阜也。胃星得馬牧之氣，與冀之北土同占。

昴、畢，大梁之次。酉初起胃四度，二千五百四十九分，秒八太。中昴六度，一百七十四分半。終畢九度。其分野：自魏郡濁漳之北，得漢之趙國、廣平、鉅鹿、常山，東及清河、信都，北據中山、真定。今爲洺、趙、邢、恒、定、冀、貝、深八州。又分相、魏，博之北界，與瀛州之西，全趙之分。又北盡漢代郡、鴈門、雲中、定襄之地，與北方羣狄之國，皆大梁分也。

觜觿、參伐，實沈之次也。申初起畢十度，八百四十一分，十五太。中參七度，一千五百二十六〔分〕，終井十一度。其分野：得漢河東郡，今爲蒲、絳、晉州，又得澤

州及慈州界也。及上黨，今爲澤、潞、儀、沁也。太原，今爲并、汾州。盡西河之地。今爲隰州、石州、嵐州，西涉河，得銀州以北也。又西河戎狄之國，皆實沈分也。今河東郡永樂、芮城、河北縣及河曲豐、勝、夏州，皆爲實沈之次，東井之分也。參伐爲戎索，爲武政，故殷河東，盡大夏之墟。上黨次居下流，與趙、魏相接，爲觜觽之分。

東井、輿鬼，鶉首之次也。未初起井十二度，二千一百七十二(秒)〔分〕，十五太。中井二十七度，二千八百二十八分，秒一半。終柳六度。其分野：自漢之三輔及北地、上郡、安定，西自隴坻至河西，西南盡巴、蜀、漢中之地，及西南夷犍爲、越巂、益州郡，極南河之表，東至牂柯，皆鶉首分也。鶉首之分，得《禹貢》雍、梁二州，其郡縣易知，故不詳載。狼星分野在江、河上源之西，弧矢、犬、雞皆徼外之象。今之西羌、吐蕃、吐谷渾及西南徼外夷，皆狼星之象。

柳、星、張，鶉火之次。午初起柳七度，四百六十四〔分〕，秒七少。中七星七度，一千一百三〔分〕。終張十四度。其分野：北自滎澤、滎陽，並京、索，暨山南，得新鄭、密縣，至於方陽。方陽之南得漢之潁川郡陽翟、崇高、郟城、襄城，南盡鄴縣。今爲鄧、汝、唐、仙四州界。又漢南陽郡，北自宛、葉，南盡漢東申、隨之地，大抵以淮源桐柏、東陽爲限。今之唐州、隨州屬鶉火，申州屬壽星。又自洛邑負河之南，西及函谷南紀，達武當、漢水之陰，盡弘農郡。漢弘農盧氏、陝縣，今爲虢、陝二州。上洛、商洛爲商州。丹水爲均州。宜陽、沔池、新安、陸渾，今屬洛州。古成周、虢、鄭、管、鄶、東虢、密、滑、焦、唐、申、鄧，皆鶉火分也，及祝融氏之都。新鄭爲祝融氏之墟，屬鶉火。其東鄙則入壽星。舊説皆在函谷，非也。柳、星、輿鬼之東，又接漢源，故殷商、洛之陽，接南河之上流。七星上係軒轅，得土行之正位，中岳象也，故爲河南之分。張星直河南漢東，與鶉尾同占。

翼、軫，鶉尾之次。巳初起張十五度，一千七百九十五〔分〕，秒二十二少。中翼十二度，二千四百六十一〔分〕，秒八半。終軫九度。其分野：自房陵、白帝而東，盡漢之南郡、南郡：巫縣，今在夔州。秭歸在西，夷陵在峽州。襄、夔、郢、申在襄、郢界，餘爲荆州。江夏，江夏：竟陵今爲復州，安、鄂、蘄、沔、黄五州，皆漢江夏界。東達廬江南郡。漢廬江之尋陽，今在江州，於山河之像，宜屬鶉尾也。濱彭蠡之西，得漢長沙、武陵、桂陽、零陵郡。零陵今爲道州、永州。桂陽今爲郴州。大抵自沅、湘上流，西通黔安之左，皆楚之分也。又逾南紀，盡鬱林、合浦之地。鬱林縣今在貴州。定林縣今在廉州。合浦縣今爲桂州。今自富、昭、蒙、龔、繡、容、白、罕八州以西，皆屬鶉尾之墟也。荆、楚、鄖、鄀、羅、權、巴、夔與南方蠻貊，殷河南之南。其中一星主長沙國，逾嶺徼而南，皆甌東、青丘之分。今安南諸州，在雲漢上源之東，宜屬鶉火。

角、亢，壽星之次。辰初起軫十度，八十七〔分〕，秒十四半。中角八度，七百五十〔分〕，秒三十。終氐一度。其分野：自原武、管城，濱河、濟之南，東至封丘、陳留，盡陳、蔡、汝南之地，逾淮源至于弋陽，漢陳留郡，自封丘、陳留已東，皆入大火之分。漢汝南，今爲豫州。西華、南頓、項城縣今爲陳州。汝陰縣今在潁州。弋陽縣在光州。西涉南陽郡，至于桐柏，又東北抵嵩之東陽。漢南陽郡春陵、湖陽、蔡陽，後分爲春陵郡，後魏以爲南荆州，今有舊義陽郡，在申國之東界，今爲申州。按中國地絡，在南北河之間，故申、隨、光三州，皆屬《禹貢》豫州之分，宜屬鶉火、壽星。非南方負海之地。古陳、蔡、隨、許，皆屬壽星分也。氐星涉壽星之次，故其分野殷雒邑衆山之東，與亳土相接。

氐、房、心，大火之次也。卯初起氐二度，一千四百一十九分，秒五太。中房二度，二千八百五分，秒一半。終尾六度。其分野：得漢之陳留縣，自雍丘、襄邑、小黄而東，循濟陰，界于齊、魯，右泗水，達於吕梁，乃東南抵淮，西南接太昊之墟，盡濟陰、山陽、楚國、豐、沛之地。濟陰郡之定陶、冤句、乘氏，今在東郡。大抵曹、宋、徐、亳及鄆州西界，皆屬大火分。自商、亳以負北河，陽氣之所升也，爲心分。自豐、沛以負南河，陽氣之所布也，爲房分。故其下流皆與尾星同占，西接陳、鄭，爲氐星之分。

尾、箕，析木之次也。寅初起尾七度，二千七百五十分，秒二十一少。中箕星五度，三百七十分，秒六十七。終斗八度。其分野：自渤海、九河之北，盡河間、涿郡、廣陽國，漢渤海郡浮陽，今爲清池縣，屬滄州。涿郡之饒陽，今屬瀛州。涿縣、良鄉與廣陽國薊縣，今在幽州。及上谷、漁陽、右北平、遼東，樂浪、玄菟，漁陽在幽州。右北平在白狼無終縣，隋代爲漁陽郡，古孤竹國，後置北平郡，今爲平州。遼東在無慮縣，即《周禮》醫無閭山。樂浪在朝鮮縣，玄菟在高句驪縣，今皆在東夷也。古之北燕、孤竹、無終及東方九夷之國，皆析木之分也。尾得雲漢之末流，北紀之所窮也。箕與南斗相近，故其分野在吴、越之東。

南斗、牽牛，星紀之次也。丑初起斗九度，一千四十二十分，秒二太。中斗二十四度，一千一百分，秒八半。終女四度。其分野：自廬江、九江，負淮水之南，盡臨淮、廣陵，至于東海，廬、壽、和、濠、揚，皆屬星紀也。又逾南河，得漢丹陽、會稽、豫章郡，西濱彭蠡，南涉越州，盡蒼梧、南海。又逾嶺表，自韶、廣、封、梧、藤、羅、雷州，南及珠崖自北以東爲星紀，其西皆屬鶉尾之次。古吴、越及東南百越之國，皆星紀分也。南斗在雲漢之下流，當淮、海之間，爲吴分。牽牛去南河寖遠，故其分野自豫章

東達會稽，南逾嶺徼，爲越分。島夷蠻貊之人，聲教之所不洎，皆係于狗國。李淳風刊定《隋志》，郡國頗爲詳悉，所注郡邑多依用。其後州縣又隸管屬不同，但據山河以分耳。

宋・歐陽修等《新唐書》卷三一《天文志一》 初，貞觀中，淳風撰《法象志》，因《漢書》十二次度數，始以唐之州縣配焉。而一行以爲，天下山河之象存乎兩戒。北戒，自三危、積石，負終南地絡之陰，東及太華，逾河，並雷首、厎柱、王屋、太行，北抵常山之右，乃東循塞垣，至濊貊、朝鮮，是謂北紀，所以限戎狄也。南戒，自岷山、嶓冢，負地絡之陽，東及太華，連商山、熊耳、外方、桐柏，自上洛南逾江、漢，攜武當、荆山，至于衡陽，乃東循嶺徼，達東甌、閩中，是謂南紀，所以限蠻夷也。故《星傳》謂北戒爲「胡門」，南戒爲「越門」。

河源自北紀之首，循雍州北徼，達華陰，而與地絡相會，並行而東，至太行之曲，分而東流，與涇、渭、濟瀆相爲表裏，謂之「北河」。江源自南紀之首，循梁州南徼，達華陽，而與地絡相會，並行而東，及荆山之陽，分而東流，與漢水、淮瀆相爲表裏，謂之「南河」。

故於天象，則弘農分陝爲兩河之會，五服諸侯在焉。自陝而西爲秦、涼，北紀山河之曲爲晉、代，南紀山河之曲爲巴、蜀，皆負險用武之國也。自陝而東，三川、中岳爲成周；西距外方、大伾，北至于濟，南至于淮，東達鉅野，爲宋、鄭、陳、蔡；河内及濟水之陽爲鄁、衛；漢東濱淮水之陰爲申、隨。皆四戰用文之國也。北紀之東，至北河之北，爲邢、趙。南紀之東，至南河之南，爲荆、楚。自北河下流，南距岱山爲三齊，夾右碣石爲北燕。自南河下流，北距岱山爲鄒、魯，南涉江、淮爲吴、越。皆負海之國，貨殖之所阜也。自河源循塞垣北，東及海，爲戎狄。自江源循嶺徼南，東及海，爲蠻越。觀兩河之象，與雲漢之所始終，而分野可知矣。

於《易》，五月一陰生，而雲漢潛萌于天稷之下，進及井、鉞間，得坤維之氣，陰始達於地上，而雲漢上升，始交於列宿，七緯之氣通矣。東井據百川上流，故鶉首爲秦、蜀墟，得兩戒山河之首。雲漢達坤維右而漸升，始居列宿上，觜觿、參、伐皆直天關表而在河陰，故實沈下流得大梁，距河稍遠，涉陰亦深。故其分野，自漳濱却負恒山，居北紀衆山之東南，外接髦頭地，皆河外陰國也。十月陰氣進踰乾維，始上達于天，雲漢至營室、東壁間，升氣悉究，與内規相接。故自南正達於西正，得雲漢升氣，爲山河上流；自北正達于東正，得雲漢降氣，爲山河下流。陬訾在雲漢升降中，居水行正位，故其分野當中州河、濟間。且王良、閣道由紫垣絶漢抵營室，上帝離宫也，内接成周、河内，皆豕韋分。十一月一陽生；而雲漢漸降，退及艮維，始下接于地，至斗、建間，復與列舍氣通，於《易》，天地始交，泰象也。踰析木津，陰氣益降，進及大辰，升陽之氣究，而雲漢沈潛於東正之中，故《易》，雷出地曰豫，龍出泉爲解，皆房、心象也。星紀得雲漢下流，百川歸焉，析木爲雲漢末派，山河極焉。故其分野，自南河下流，窮南紀之曲，東南負海，爲星紀；自北河末派，窮北紀之曲，東北負海，爲析木。負海者，以其雲漢之陰也。唯陬訾内接紫宫，在王畿河、濟間。降婁、玄枵與山河首尾相遠，鄰顓頊之墟，故爲中州負海之國也。其地當南河之北、北河之南，界以岱宗，至于東海。自鶉首踰河，戒東曰鶉火，得重離正位，軒轅之祇在焉。其分野，自河、華之交，東接祝融之墟，北負河，南及漢，蓋寒燠之所均也。自析木紀天漢而南，曰大火，得明堂升氣，天市之都在焉。其分野，自鉅野岱宗，西至陳留，北負河、濟，南及淮，皆和氣之所布也。陽氣自明堂漸升，達于龍角，曰壽星。龍角謂之天關，於《易》，氣以陽決陰，夬象也。升陽進踰天關，得純乾之位，故鶉尾直建巳之月，内列太微，爲天廷。其分野，自南河以負海，亦純陽地也。壽星在天關内，故其分野，在商、亳西南，淮水之陰，北連太室之東，自陽城際之，亦巽維地也。

夫雲漢自坤抵艮爲地紀，北斗自乾攜巽爲天綱，其分野與帝車相直，皆五帝墟也。究咸池之政而在乾維内者，降婁也，故爲少昊之墟。叶北宫之政而在乾維外者，陬訾也，故爲顓頊之墟。成攝提之政而在巽維内者，壽星也，故爲太昊之墟。布太微之政，而在巽維外者，鶉尾也，故爲列山氏之墟。得四海中承太階之政者，軒轅也，故爲有熊氏之墟。木、金得天地之微氣，其神治於季月；水、火得天地之章氣，其神治於孟月。故章道存乎至，微道存乎終，皆陰陽變化之際也。若微者沈潛而不及，章者高明而過亢，皆非上帝之居也。

斗杓謂之外廷，陽精之所布也。斗魁謂之會府，陽精之所復也。杓以治外，故鶉尾爲南方負海之國。魁以治内，故陬訾爲中州四戰之國。其餘列舍，在雲漢之陰者八，爲負海之國。在雲漢之陽者四，爲四戰之國。降婁、玄枵以負東海，其神主於岱宗，歲星位焉。星紀、鶉尾以負南海，其神主於衡山，熒惑位焉。鶉首、實沈以負西海，其神主於華山，太白位焉。大梁、析木以負北海，其神主於恒山，辰星位焉。鶉火、大火、壽星、豕韋爲中州，其神主於嵩丘，鎮星位焉。

近代諸儒言星土者，或以州，或以國。虞、夏、秦、漢，郡國廢置不同。周之興也，王畿千里。及其衰也，僅得河南七縣。今又天下一統，而直以鶉火爲周

分，則疆埸外矣。七國之初，天下地形雌韓而雄魏。魏地西距高陵，盡河東、河內，北固漳、鄴，東分梁、宋，至於汝南。韓據全鄭之地，南盡潁川、南陽，西達虢略，距函谷，固宜陽，北連上地，皆綿亘數州，相錯如繡。考雲漢山河之象，多者或至十餘宿。其後魏徙大梁，則西河合於東井；秦拔宜陽，而上黨入於輿鬼。方戰國未滅時，星家之言，屢有明效。今則同在畿甸之中矣。而或者猶據《漢書·地理志》推之，是守甘、石遺術，而不知變通之數也。

又古之辰次與節氣相係，各據當時曆數，與歲差遷徙不同。今更以七宿之中分四象中位，自上元之首，以度數紀之，而著其分野，其州縣雖改隸不同，但據山河以分爾。

須女、虛、危，玄枵也。初須女五度，餘二千三百七十四，秒四少。中虛九度。終危十二度。其分野，自濟北東踰濟水，涉平陰，至于山茌，循岱岳衆山之陰，東南及高密，又東盡萊夷之地，得漢北海、千乘、淄川、濟南、齊郡及平原、渤海、九河故道之南，濱于碣石。古齊、紀、祝、淳于、萊、譚、寒及斟尋，有過、有鬲、蒲姑氏之國，其地得陬訾之下流，自濟東達于河外，故其象著爲天津，絶雲漢之陽。凡司人之星與羣臣之録，皆主虛、危，故岱宗爲十二諸侯受命府。又下流得婺女，當九河末派，比于星紀，與吴、越同占。

營室、東壁，陬訾也。初危十三度，餘二千九百二十六，秒一太。中營室十二度。終奎一度。自王屋、太行而東，得漢河內，至北紀之東隅，北負漳、鄴，東及館陶、聊城，又自河、濟之交，涉滎波，濱濟水而東，得東郡之地，古邶、鄘、衛、凡、胙、邘、雍、共、微、觀、南燕、昆吾、豕韋之國。自閣道、王良至東壁，在豕韋，爲上流。當河內及漳、鄴之南，得山河之會，爲離宮。又循河、濟而東接玄枵爲營室之分。

奎、婁，降婁也。初奎二度，餘千二百一十七，秒十七少。中婁一度。終胃三度。自蛇丘、肥成，南屆鉅野，東達梁父，循岱岳衆山之陽，以負東海。又濱泗水，經方輿、沛、留、彭城，東至于吕梁，乃東南抵淮，並淮水而東，盡徐夷之地，得漢東平、魯國、琅邪、東海、泗水、城陽，古魯、薛、邾、莒、小邾、徐、郯、鄫、鄅、邳、邿、任、宿、須句、顓臾、牟、遂、鑄夷、介、根牟及大庭氏之國。奎爲大澤，在陬訾下流，當鉅野之東陽，至于淮、泗。婁、胃之墟，東北負山，蓋中國膏腴地，百穀之所阜也。胃得馬牧之氣，與冀之北土同占。

胃、昴、畢，大梁也。初胃四度，餘二千五百四十九，秒八太。中昴六度。終畢九度。自魏郡濁漳之北，得漢趙國、廣平、鉅鹿、常山，東及清河、信都，北據中山、真定，全趙之分。又北逾衆山，盡代郡、鴈門、雲中、定襄之地，與北方羣狄之國。北紀之東陽，表裏山河，以蕃屏中國，爲畢分。循北河之表，西盡塞垣，皆髦頭故地，爲昴分。冀之北土，馬牧之所蕃庶，故天苑之象存焉。

觜觿、參、伐，實沈也。初畢十度，餘八百四十一，秒四之一。中參七度。終東井十一度。自漢之河東及上黨、太原，盡西河之地，古晉、魏、虞、唐、耿、楊、霍、冀、黎、郇與西河戎狄之國。西河之濱，所以設險限秦、晉，故其地上應天闕：其南曲之陰，在晉地，衆山之陽，南曲之陽，在秦地，衆山之陰，陰陽之氣并，故與東井通。河東永樂、芮城、河北縣及河曲豐、勝、夏州，皆東井之分。參、伐爲戎索，爲武政，當河東，盡大夏之墟。上黨次居下流，與趙、魏接，爲觜觿之分。

東井、輿鬼，鶉首也。初東井十二度，餘二千一百七十二，秒十五太。中東井二十七度。終柳六度。自漢三輔及北地、上郡、安定，西自隴坻至河右，西南盡巴、蜀、漢中之地，及西南夷犍爲、越巂、益州郡，極南河之表，東至牂柯，古秦、梁、豳、芮、豐、畢、駘杠、有扈、密須、庸、蜀、羌、髳之國。東井居兩河之陰，自山河上流，當地絡之西北。輿鬼居兩河之陽，自漢中東盡華陽，與鶉火相接，當地絡之東南。鶉首之外，雲漢潛流而未達，故狼星在江、河上源之西，弧矢、犬、雞皆徼外之備也。西羌、吐蕃、吐谷渾及西南徼外夷人，皆占狼星。

柳、七星、張，鶉火也。初柳七度，餘四百六十四，秒七少。中七星七度。終張十四度。北自滎澤、滎陽，並京、索，暨山南，得新鄭、密縣，至外方東隅，斜至方城，抵桐柏，北自宛、葉，南暨漢東，盡漢南陽之地。又自雒邑負北河之南，西及函谷，逾南紀，達武當、漢水之陰，盡弘農郡，以淮源、桐柏、東陽爲限，而申州屬壽星，古成周、虢、鄭、管、鄶、東虢、密、滑、焦、唐、隨、申、鄧及祝融氏之都。新鄭爲軒轅、祝融之墟，其東鄙則入壽星。柳，在輿鬼東，又接漢源，當商、洛之陽，接南河上流。七星係軒轅，得土行正位，中岳象也，河南之分。張，直南陽、漢東，與鶉尾同占。

翼、軫，鶉尾也。初張十五度，餘千七百九十五，秒二十二太。中翼十二度。終軫九度。自房陵、白帝而東，盡漢之南郡、江夏，東達廬江南部，濱彭蠡之西，得長沙、武陵，又逾南紀，盡鬱林、合浦之地，自沅、湘上流，西達黔安之左，皆全楚之分。自富、昭、象、龔、繡、容、白、廉州已西，亦鶉尾之墟。古荆、楚、鄖、鄀、羅、權、巴、夔與南方蠻貊之國。翼與咮張同象，當南河之北，軫在天關之外，當

南河之南，其中一星主長沙，逾嶺徼而南，爲東甌、青丘之分。安南諸州在雲漢上源之東陽，宜屬鶉火。而柳、七星、張皆當中州，不得連負海之地，故麗于鶉尾。

角、亢，壽星也。初軫十度，餘八十七，秒十四少。中角八度。終氐一度。自原武、管城，濱河、濟之南，東至封丘、陳留，盡陳、蔡、汝南之地，逾淮源至于弋陽，西涉南陽郡至于桐柏，又東北抵嵩之東陽，中國地絡在南北河之間，首自西傾，極于陪尾，故隨、申、光皆豫州之分，宜屬鶉火，古陳、蔡、許、息、江、黄、道、柏、沈、賴、蓼、須頓、胡、防、弦、厲之國。氐涉壽星，當洛邑衆山之東，與亳土相接，次南直潁水之間，曰太昊之墟，爲亢分。又南涉淮，氣連鶉尾，在成周之東陽，爲角分。

氐、房、心，大火也。初氐二度，餘千四百一十九，秒五太。中房二度。終尾六度。自雍丘、襄邑、小黄而東，循濟陰，界于齊、魯，右泗水，達于吕梁，乃東南接太昊之墟，盡漢濟陰、山陽、楚國、豐、沛之地，古宋、曹、郕、滕、茅、郜、蕭、葛、向城、偪陽、申父之國。商、亳負北河，陽氣之所升也，爲心分。豐、沛負南河，陽氣之所布也，爲房分。其下流與尾同占，西接陳、鄭，爲氐分。

尾、箕，析木津也。初尾七度，餘二千七百五十，秒二十一少。中箕五度。終南斗八度。自渤海、九河之北，得漢河間、涿郡、廣陽及上谷、漁陽、右北平、遼西、遼東、樂浪、玄菟，古北燕、孤竹、無終、九夷之國。尾得雲漢之末派，龜、魚麗焉，當九河之下流，濱于渤碣，皆北紀之所窮也。箕與南斗相近，爲遼水之陽，盡朝鮮三韓之地，在吴、越東。

南斗、牽牛，星紀也。初南斗九度，餘千四十二，秒十二太。中南斗二十四度。終女四度。自廬江、九江，負淮水南，盡臨淮、廣陵，至于東海，又逾南河，得漢丹楊、會稽、豫章，西濱彭蠡，南涉越門，迄蒼梧、南海，逾嶺表，自韶、廣以西，珠崖以東，爲星紀之分也。古吴、越、羣舒、廬、桐、六、蓼及東南百越之國。南斗在雲漢下流，當淮、海間，爲吴分。牽牛去南河寖遠，自豫章迄會稽，南逾嶺徼，爲越分。島夷蠻貊之人，聲教所不暨，皆係于狗國云。

清・南懷仁《妄占辯》 三辯分野之占

凡所謂分野者，亦惟由人自意而定。蓋天之周圍分三百六十度，而天下周圍相應之，大地亦分三百六十度。今中國于天上相應之地約包涵二十度，其餘三百四十度皆分于外方諸國。又天之照臨與其施(施)〔效〕皆隨天之轉動，然天之轉動不但相對于中國之二十度，還與外國三百四十度相對也。其三百四十度之外國，亦均分天之照臨天之施效也。因此可見，中國之二十度所包涵全天三百六十度之分者，皆由人自意而定，非由天地之理所必分應也。故分野與比象皆無施效之實能，則因之而占其實效者，皆係空虚無實理之占也。

清・李林松《星土釋》卷首 恭録康熙六十年上諭：古人以天市垣爲中國分野，朕始疑其説。細玩天球合以地圖，中國去赤道二十度至四十度。在穀雨、立夏、小滿三節氣上，天市垣亦去赤道二十度，恰與中國對照，始知古人分野之説确有所據。此又書之不可信而可信者也。

又康熙五十年上諭：天上度數俱與地之寬大脗合，以周尺算之天上一度即有地下二百五十里，以今時尺算之，天上一度即有地二百里。古來繪輿圖者，俱不依照天上度數以推地里遠近，故多差誤。朕前特差能算善畫之人將東北一帶山川地理俱照天上度數推算，詳加繪圖視之。【略】

又康熙五十五年上諭：地理上應天文。中國山脈皆由崑崙而來，彼地四面有江，土人呼崑崙爲枯隴。推算天象，中國與瀚海俱在赤道四十五度之西，四十五度之南。水皆向南而東，流四十五度之北，俱向北流，此皆天文地理相合處也。

綜述

漢・班固《漢書》卷二八下《地理志下》 秦地，於天官東井、輿鬼之分野也。其界自弘農故關以西，京兆、扶風、馮翊、北地、上郡、西河、安定、天水、隴西，南有巴、蜀、廣漢、犍爲、武都，西有金城、武威、張掖、酒泉、敦煌，又西南有牂柯、越巂、益州，皆宜屬焉。【略】

魏地，觜觿、參之分野也。其界自高陵以東，盡河東、河内，南有陳留及汝南之召陵、鄢彊、新汲、西華、長平，潁川之舞陽、郾、許、傿陵，河南之開封、中牟、陽武、酸棗、卷，皆魏分也。【略】

周地，柳、七星、張之分野也。今之河南雒陽、穀城、平陰、偃師、鞏、緱氏，是其分也。【略】

韓地，角、亢、氐之分野也。韓分晉得南陽郡及潁川之父城、定陵、襄城、潁陽、潁陰、長社、陽翟、郟，東接汝南，西接弘農得新安、宜陽，皆韓分也。及《詩・風》陳、鄭之國，與韓同星分焉。【略】

自東井六度至亢六度，謂之壽星之次，鄭之分野，與韓同分。

趙地，昴、畢之分野。趙分晉，得趙國。北有信都、真定、常山、中山，又得涿郡之高陽、鄚、州鄉；東有廣平、鉅鹿、清河、河間，又得渤海郡之東平舒、中邑、文安、東州、成平、章武，河以北也；南至浮水、繁陽、内黄、斥丘；西有太原、定襄、雲中、五原、上黨。上黨，本韓之別郡也，遠韓近趙，後卒降趙，皆趙分也。【略】

燕地，尾、箕分野也。武王定殷，封召公於燕，其後三十六世與六國俱稱王。東有漁陽、右北平、遼西、遼東，西有上谷、代郡、雁門，南得涿郡之易、容城、範陽、北新城、故安、涿縣、良鄉、新昌，及勃海之安次，皆燕分也。樂浪、玄菟，亦宜屬焉。【略】

齊地，虚、危之分野也。東有甾川、東萊、琅邪、高密、膠東，南有泰山、城陽，北有千乘，清河以南，勃海之高樂、高城、重合、陽信，西有濟南、平原，皆齊分也。【略】

魯地，奎、婁之分野也。東至東海，南有泗水，至淮，得臨淮之下相、睢陵、僮、取慮，皆魯分也。【略】周公始封，太公問：「何以治魯？」周公曰：「尊尊而親親。」太公曰：「後世浸弱矣。」故魯自文公以後，禄去公室，政在大夫，季氏逐昭公，陵夷微弱，三十四世而爲楚所滅。然本大國，故自爲分野。【略】

宋地，房、心之分野也。今之沛、梁、楚、山陽、濟陰、東平及東郡之須昌、壽張，皆宋分也。【略】《春秋經》曰「圍宋彭城」。宋雖滅，本大國，故自爲分野。【略】

衛地，營室、東壁之分野也。今之東郡及魏郡黎陽，河内之野王、朝歌，皆衛分也。【略】始皇既並天下，猶獨置衛君，二世時乃廢爲庶人。凡四十世，九百年，最後絶，故獨爲分野。【略】

楚地，翼、軫之分野也。今之南郡、江夏、零陵、桂陽、武陵、長沙及漢中、汝南郡，盡楚分也。【略】

吴地，斗分野也。今之會稽、九江、丹陽、豫章、廬江、廣陵、六安、臨淮郡，盡吴分也。【略】

粤地，牽牛、婺女之分野也。今之蒼梧、鬱林、合浦、交、止、九真、南海、日南，皆粤分也。

漢・袁康《越絶書》卷一二《外傳記軍氣》 舉兵無擊大歲上物，卯也。始出各利，以其四時制日，是之謂也。

韓故治，今京兆郡，角、亢也。

鄭故治，角、亢也。

燕故治，今上漁陽、右北平、遼東、莫郡，尾、箕也。

越故治，今大越山陰，南斗也。

吴故治西江都，牛、須女也。

齊故治臨菑，今濟北、平原、北海郡、菑川、遼東、城陽，虚、危也。

衛故治濮陽，今廣陽、韓郡，營室、壁也。

魯故治太山、東温、周固水，今魏東，奎、婁也。

梁故治，今濟陰、山陽、濟北、東郡，畢也。

晉故治，今代郡、常山、中山、河間、廣平郡，觜也。

秦故治雍，今内史也，巴郡、漢中、隴西、定襄、太原、安邑，東井也。

周故治雒，今河南郡，柳、七星、張也。

楚故治郢，今南郡、南陽、汝南、淮陽、六安、九江、廬江、豫章、長沙，翼、軫也。

趙故治邯鄲，今遼東、隴西、北地、上郡、鴈門、北郡、清河，參也。

紀事

南朝宋・范曄《後漢書》卷八二《董扶傳》 董扶字茂安，廣漢綿竹人也。少遊太學，與鄉人任安齊名，俱事同郡楊厚，學圖讖。【略】

靈帝時，大將軍何進薦扶，征拜侍中，甚見器重。扶私謂太常劉焉曰：「京師將亂，益州分野有天子氣。」焉信之，遂求出爲益州牧，扶亦爲蜀郡屬國都尉，相與入蜀。去後一歲，帝崩，天下大亂，乃去官還家。年八十二卒。

後劉備稱天子於蜀，皆如扶言。蜀丞相諸葛亮問廣漢秦密，董扶及任安所長。密曰：「董扶褒秋毫之善，貶纖介之惡。任安記人之善，忘人之過」云。

南朝梁·蕭子顯《南齊書》卷三三《王僧虔傳》　僧虔頗解星文，夜坐見豫章分野當有事故。時僧虔子慈爲豫章内史，慮其有公事。少時，僧虔薨，慈棄郡奔赴。僧虔時年六十。

北齊·魏收《魏書》卷七九《鹿悆傳》　有綜軍主蕫桃來與悆語曰：「君年已長宿，又充今使，良有所達。元法僧魏之微子，拔城歸梁，梁主待物有道。」乃舉手上指：「今歲星在斗。斗，吴之分野。君何爲不歸梁國，我令君富貴。」悆答曰：「君徒知其一，未知其二。法僧者，莒僕之流，而梁納之，無乃有愧於季孫也？今月建鶉首，斗牛受破，歲星木也，逆而克之。君吴國敗喪不久，且衣錦夜遊，有識不許。」

唐·房玄齡等《晉書》卷九五《戴洋傳》　南中郎將桓宣以洋爲參軍，將隨宣往襄陽，太尉陶侃留之住武昌。時侃謀北伐，洋曰：「前年十一月熒惑守胃、昴，至今年四月，積五百餘日。昴，趙之分野，石勒遂死。熒惑以七月退，從畢右順行入黄道，未及天關，以八月二十二日復逆行還鉤，繞畢向昴。昴、畢爲邊兵，主胡夷，故置天弓以射之。熒惑逆行，司無德之國，石勒死是也。勒之餘燼，以自殘害。今年官與太歲、太陰三合癸巳，癸爲北方，北方當受災。歲、鎮二星共合翼軫，從子及巳，徘徊六年。荆楚之分，歲、鎮所守，其下國昌，豈非功德之徵也！今年六月，鎮星前角、亢。角、亢，鄭之分。歲星移入房，太白在心。心，房，宋分。順之者昌，逆之者亡。石季龍若興兵東南，此其死會也。官若應天伐刑，徑據宋、鄭，則無敵矣。若天與不取，反受其咎。」侃志在中原，聞而大喜。會病篤，不果行。

侃薨，征西將軍庾亮代鎮武昌，復引洋問氣候。洋曰：「天有白氣，喪必東行，不過數年必應。」尋有大鹿向西城門，洋曰：「野獸向城，主人將去。」城東家夜半望見城内有數炬火，從城上出，如大車狀，白布幔覆，與火俱出城東北行，至江乃滅。洋聞而歎曰：「此與前白氣同。」時亮欲西鎮石城，或問洋：「此西足當欲東不？」洋曰：「不當也。」咸康三年，洋言於亮曰：「武昌土地有山無林，政可圖始，不可居終。山作八字，數不及九。昔吴用壬寅來上，創立宫城，至己酉，還下秣陵。陶公亦涉八年。土地盛衰有數，人心去就有期，不可移也。公宜更擇吉處，武昌不可久住。」五年，亮令毛寶屯邾城。九月，洋言於亮曰：「毛豫州今年受死問。昨朝大霧晏風，當有怨賊報仇，攻圍諸侯，誠宜遠偵邏。」寶問當在何時，答曰：「五十日内。」其夕，又曰：「九月建戌，朱雀飛驚，征軍還歸，乘戴火光，天示有信，災發東房，葉落歸本，慮有後患。」明日，又曰：「昨夜火殃，非國福，今年架屋，致使君病，可因燒屋，移家南渡，無嫌也。」寶即遣兒婦還武昌。尋傳賊當來攻城，洋曰：「十月丁亥夜半時得賊問，幹爲君，支爲臣，丁爲征西府，亥爲邾城，功曹爲賊神，加子時十月水王木相，王相氣合，賊必來。寅數七，子數九，賊高可九千人，下可七千人。從魁爲貴人加丁，下克上，有空亡之事，不敢進武昌也。」賊果陷邾城而去。亮問洋曰：「故當不失石城否？」洋曰：「賊從安陸向石城，逆太白，當伐身，無所慮。」亮曰：「天何以利胡而病我？」洋曰：「天符有吉凶，土地有盛衰，今年害氣三合己亥，己爲天下，亥爲戎胡，季龍亦當受死。今乃不憂賊，但憂公病耳。」亮曰：「何方救我疾？」洋曰：「荆州受兵，江州受災，公可去此二州。」亮曰：「如此，當有解不？」洋曰：「恨晚，猶差不也。」亮竟不能解二州，遂至大困。洋曰：「昔蘇峻時，公於白石祠中祈福，許賽其牛，至今未解，故爲此鬼所考。」亮曰：「有之，君是神人也。」或問洋曰：「庾公可得幾時？」洋曰：「見明年。」時亮已不識人，咸以爲妄，果至正月一日而薨。

唐·房玄齡等《晉書》卷九五《鳩摩羅什傳》　有頃，羅什母辭龜兹王往天竺，留羅什住，謂之曰：「方等深教，不可思議，傳之東土，惟爾之力。但於汝無利，其可如何？」什曰：「必使大化流傳，雖苦而無恨。」母至天竺，道成，進登第三果。西域諸國咸伏羅什神俊，每至講說，諸王皆長跪坐側，令羅什踐而登焉。苻堅聞之，密有迎羅什之意。會太史奏云：「有星見外國分野，當有大智入輔中國。」堅曰：「朕聞西域有鳩摩羅什，將非此邪？」乃遣驍騎將軍吕光等率兵七萬，西伐龜兹，謂光曰：「若獲羅什，即馳驛送之。」

唐·房玄齡等《晉書》卷一一二《苻生載記》　僞中書監胡文、中書令王魚言於生曰：「比頻有客星孛於大角，熒惑入於東井。大角爲帝坐，東井秦之分野，於占，不出三年，國有大喪，大臣戮死。願陛下遠追周文，修德以禳之，惠和群臣，以成康哉之美。」生曰：「皇后與朕對臨天下，亦足發塞大喪之變。毛太傅、梁車騎、梁僕射受遺輔政，可謂大臣也。」於是殺其妻梁氏及太傅毛貴，車騎、尚

書令梁楞，左僕射梁安。

唐・房玄齡等《晉書》卷一二二《呂光載記》 光散騎常侍、太常郭黁明天文，善占候，謂王詳曰：「於天文，涼之分野將有大兵。主上老病，太子沖暗，纂等凶武，一旦不諱，必有難作。以吾二人久居内要，常有不善之言，恐禍及人，深宜慮之。田胡王氣乞機部衆最强，二苑之人多其故衆。吾今與公唱義，推機爲主，則二苑之衆盡我有也。克城之後，徐更圖之。」詳以爲然。夜燒光洪範門，二苑之衆皆附之，詳爲内應。事發，光誅之。黁遂據東苑以叛。

唐・房玄齡等《晉書》卷一二七《慕容德載記》 德猶豫未決。沙門郎公素知占候，德因訪其所適。郎曰：「敬覽三策，潘尚書之議可謂興邦之術矣。今歲初，長星起於奎、婁，遂掃虚、危，而虚、危，齊之分野，除舊佈新之象。宜先定舊魯，巡撫琅邪，待秋風戒節，然後北圍臨齊，天之道也。」德大悦，引師而南，兖州北鄙諸縣悉降，置守宰以撫之。存問高年，軍無私掠，百姓安之，牛酒屬路。

藝文

南朝梁・蕭統《文選》卷一一漢・王延壽《魯靈光殿賦》 乃立靈光之秘殿，配紫微而爲輔。承明堂於少陽，昭列顯於奎之分野。

南朝梁・蕭統《文選》卷三漢・張衡《東京賦》 我世祖忿之，乃龍飛白水，鳳翔參墟。授鉞四七，共工是除。

南朝梁・蕭統《文選》卷一五漢・張衡《思玄賦》 景三慮以營國兮，熒惑次於他辰。

南朝梁・蕭統《文選》卷四晉・左思《蜀都賦》 有西蜀公子者言於東吳王孫曰：蓋聞天以日月爲綱，地以四海爲紀。九土星分，萬國錯跱。崤函有帝皇之宅，河洛爲王者之里。

南朝梁・蕭統《文選》卷五晉・左思《吳都賦》 東吳王孫囅然而咍曰：夫上圖景宿，辯於天文者也；下料物土，析星曆於地理者也。【略】故其經略，上當星紀，拓土畫疆。卓犖兼并，包括干越，跨躡蠻荆。婺女寄其曜，翼、軫寓其精。

南朝梁・蕭統《文選》卷六晉・左思《魏都賦》 夫泰極剖判，造化權輿。體兼晝夜，理包清濁。流而爲江海，結而爲山嶽。列宿分其野，荒裔帶其隅。

南朝梁・蕭統《文選》卷二〇晉・陸機《皇太子宴玄圃宣猷堂有令賦詩》 三正迭紹，洪聖啓運。自昔哲王，先天而順。羣辟崇替，降及近古。黄暉既渝，素靈承祜。乃眷斯顧，祚之宅土。

南朝梁・蕭統《文選》卷二八晉・謝靈運《會吟行》 列宿炳天文，負海横地理。

南朝梁・蕭統《文選》卷五四南朝梁・劉孝標《辨命論》 斯則邪正由於人，吉凶在乎命。或以鬼神害盈，皇天輔德。故宋公一言，法星三徙；殷帝自翦，千里來雲。

南朝陳・徐陵《玉臺新咏》卷七南朝梁・蕭統《蜀國弦歌》 銅梁望絶國，劒道望中區。通星上分野，作固爲下都。

北周・庾信《庾子山集》卷一《哀江南賦》 落帆黄鶴之浦，藏船鸚鵡之洲。路已分於湘漢，星猶看於斗牛。【略】況以沴氣朝浮，妖精夜隕。赤烏則三朝夾日，蒼雲則七重圍軫。【略】惜天下之一家，遭東南之反氣；以鶉首而賜秦，天何爲而此醉！

北周・庾信《庾子山集》卷八《賀平鄴都表》 二十八宿，止餘吳越一星；千二百國，裁漏麟洲小水。

唐・王勃《王子安集》卷五《滕王閣詩序》 豫章故郡，洪都新府。星分翼軫，地接衡廬。襟三江而帶五湖，控蠻荆而引甌越。物華天寶，龍光射牛斗之墟；人傑地靈，徐孺下陳蕃之榻。雄州霧列，俊彩星馳。

唐・李白《李太白集》卷三《蜀道難》 青泥何盤盤，百步九折縈岩巒。捫參歷井仰脅息，以手撫膺坐長嘆。

唐・李白《李太白集》卷二六《代壽山答孟少府移文書》 僕包大塊之氣，生洪荒之間。連翼軫之分野，控荆衡之遠勢。盤薄萬古，邈然星河。

雜録

唐·房玄齡等《晉書》卷三六《張華傳》 華聞豫章人雷焕妙達緯象，乃要焕宿，屏人曰：「可共尋天文，知將來吉凶。」因登樓仰觀，焕曰：「僕察之久矣，惟斗、牛之間頗有異氣。」華曰：「是何祥也？」焕曰：「寶劍之精，上徹於天耳。」華曰：「君言得之。吾少時有相者言，吾年出六十，位登三事，當得寶劍佩之。斯言豈效與！」因問曰：「在何郡？」焕曰：「在豫章豐城。」華曰：「欲屈君爲宰，密共尋之，可乎？」焕許之。華大喜，即補焕爲豐城令。焕到縣，掘獄屋基，入地四丈餘，得一石函，光氣非常，中有雙劍，並刻題，一曰龍泉，一曰太阿。其夕，斗、牛間氣不復見焉。

明·羅貫中《三國志通俗演義》卷二三 此時後主酒色昏迷，不能決論。譙周出班奏曰：「臣夜觀天文，見西蜀分野將星暗而不明。今大將軍又欲出師，此行甚是不利，階下可降詔止之。」

災祥部

論説

唐·房玄齡等《晉書》卷一二《天文志中》 雜星氣

圖緯舊説，及漢末劉表爲荆州牧，命武陵太守劉叡集天文衆占，名《荆州占》。其雜星之體，有瑞星，有妖星，有客星，有流星，有瑞氣，有妖氣，有日月傍氣，皆略其名狀，舉其占驗，次之於此云。

瑞星

一曰景星，如半月，生於晦朔，助月爲明。或曰，星大而中空。或曰，有三星，在赤方氣，與青方氣相連，黄星在赤方氣中，亦名德星。

二曰周伯星，黄色，煌煌然，所見之國大昌。

三曰含譽，光耀似彗，喜則含譽射。

四曰格澤，如炎火，下大上兑，色黄白，起地而上。見則不種而獲，有土功，有大客。

妖星

一曰彗星，所謂掃星。本類星，末類彗，小者數寸，長或竟天。見則兵起，大水。主掃除，除舊布新。有五色，各依五行本精所主。史臣案：彗體無光，傅日而爲光，故夕見則東指，晨見則西指。在日南北，皆隨日光而指。頓挫其芒，或長或短，光芒所及則爲災。

二曰孛星，彗之屬也。偏指曰彗，芒氣四出曰孛。孛者，孛孛然非常，惡氣之所生也。内不有大亂，則外有大兵，天下合謀，闇蔽不明，有所傷害。晏子曰：「君若不改，孛星將出，彗星何懼乎！」由是言之，災甚於彗。

三曰天棓，一名覺星。本類星，末鋭長四丈。或出東北方西方，主奮争。

四曰天槍。其出不過三月，必有破國亂君，伏死其辜。殃之不盡，當爲旱飢暴疾。

五曰天欃。石氏曰：雲如牛狀。甘氏：本類星，末鋭。巫咸曰：彗星出西方，長可二三丈，主捕制。

六曰蚩尤旗，類彗而後曲，象旗。或曰赤雲獨見；或曰其色黄上白下；或曰，若植雚而長，名曰蚩尤之旗；或曰如箕，可長二丈，末有星。主伐枉逆，主惑亂，所見之方下有兵，兵大起；不然，有喪。

七曰天衝，出如人，蒼衣赤頭，不動。見則臣謀主，武卒發，天子亡。

八曰國皇，大而赤，類南極老人星。或曰去地一二丈，如炬火，主内寇内難。或曰其下起兵，兵强。或曰外内有兵喪。

九曰昭明，象如太白，光芒，不行。或曰大而白，無角，乍上乍下。一曰赤彗分爲昭明，昭明滅光，以爲起霸起德之徵，所起國兵多變。一曰大人凶，兵大起。

十曰司危，如太白，有目。或曰出正西，西方之野星，去地可六丈，大而白。或曰大而有毛，兩角。或曰類太白，數動，察之而赤，爲乖争之徵，主擊强兵。見則主失法，豪傑起，天子以不義失國，有聲之臣行主德。

十一曰天讒，彗出西北，狀如劍，長四五丈。或曰如鉤，長四丈。或曰狀白小，數動，主殺罰。出則其國内亂，其下相讒，爲飢兵，赤地千里，枯骨藉藉。

十二曰五殘，一名五鋒，出正東，東方之星。狀類辰，可去地六七丈。或曰蒼彗散爲五殘，如辰星，出角。或曰星表有氣如暈，有毛。或曰大而赤，數動，察之而青。主乖亡；爲五分，毁敗之徵，亦爲備急兵。見則主誅，政在伯，野亂成有急兵，有喪，不利衝。

十三曰六賊，見出正南，南方之星。去地可六丈，大而赤，動有光。或曰形如彗。五殘、六賊出，禍合天下，逆侵闕樞；其下有兵，衝不利。

十四曰獄漢，一名咸漢，出正北，北方之野星，去地可六丈，大而赤，數動，察之中青。或曰赤表，下有三彗從横。主逐王，主刺王。出則陰精横，兵起其下。又爲喪，動則諸侯驚。

十五曰旬始，出北斗旁，如雄雞。其怒，有青黑，象伏鼈。或曰怒，雌也，主争兵。又曰黄彗分爲旬始，爲立主之題，主亂，主招横。見則臣亂兵作，諸侯虐期十年，聖人起伐，羣猾横恣。或曰出則諸侯雄鳴。

十六曰天鋒，彗象矛鋒。天下從横，則天鋒星見。

十七曰燭星，如太白。其出也不行，見則不久而滅。或曰主星上有三彗上出，所出城邑亂，有大盗不成，又以五色占。

十八曰蓬星，大如二斗器，色白，一名王星。狀如夜火之光，多至四五，少一二。一曰蓬星在西南，長數丈，左右兑。出而易處。星見，不出三年，有亂臣戮死。又曰所出大水大旱，五穀不收，人相食。

十九曰辰庚，如一匹布著天。見則兵起。

二十曰四填，星出四隅，去地六丈餘，或曰可四丈。或曰星大而赤，去地二丈，常以夜半時出。見，十月而兵起，皆爲兵起其下。

二十一曰地維藏光，出四隅。或曰大而赤，去地二三丈，如月始出。見則下有亂，亂者亡，有德者昌。【略】

客星

張衡曰：「老子四星及周伯、王蓬絮、芮各一，錯乎五緯之間。其見無期，其行無度。」《荆州占》云：「老子星色淳白，然所見之國，爲饑爲凶，爲善爲惡，爲喜爲怒。周伯星黄色煌煌，所至之國大昌。蓬絮星色青而熒熒然，所至之國風雨不節，焦旱，物不生，五穀不登，多蝗蟲。」又云：「東南有三星出，名曰盗星，出則天下有大盗。西南有三大星出，名曰種陵，出則天下穀貴十倍。西北三大星出而白，名曰天狗，出則人相食，大凶。東北有三大星出，名曰女帛，見則有大喪。」

【略】

雲氣

瑞氣：一曰慶雲。若煙非煙，若雲非雲，郁郁紛紛，蕭索輪囷，是謂慶雲，亦曰景雲。此喜氣也，太平之應。二曰歸邪。如星非星，如雲非雲。或曰，星有兩赤彗上向，有蓋，下連星。見，必有歸國者。三曰昌光，赤，如龍狀；聖人起，帝受終，則見。

妖氣：一曰虹蜺，日旁氣也，斗之亂精。主惑心，主内淫，主臣謀君，天子詘，后妃顓，妻不一。二曰牂雲，如狗，赤色，長尾；爲亂君，爲兵喪。

唐·魏徵等《隋書》卷二〇《天文志中》 瑞星

一曰景星，如半月，生於晦朔，助月爲明。或曰星大而中空。或曰有三星，在赤方氣，與青方氣相連。黄星在赤方氣中，亦名德星。二曰周伯星，黄色煌煌然，所見之國大昌。三曰含譽，光耀似彗，喜則含譽射。

星雜變

一曰星晝見。若星與日並出，名曰嫁女。星與日争光，武且弱，文且强，女子爲王，在邑爲喪，在野爲兵。又曰，臣有姦心，上不明，臣下從横，大水浩洋。又曰，星晝見，虹不滅，臣人生明，星奪日光，天下有立王。二曰恒星不見。恒星者，在位人君之類。不見者，象諸侯之背畔，不佐王者奉順法度，無君之象也。又曰，恒星不見，主不嚴，法度消。又曰，天子失政，諸侯横暴。又曰，常星列宿不見，象中國諸侯微滅也。三曰星鬥，星鬥天下大亂。四曰星摇，星摇人衆將勞。五曰星隕。大星隕下，陽失其位，災害之萌也。又曰，衆星墜，人失其所也。凡星所墜，國易政。又曰，星墜，當其下有戰場，天下亂，期三年。又曰，奔星之所墜，其下有兵，列宿之所墜，滅家邦，衆星之所墜，衆庶亡。又曰，填星墜，海水泆，黄星符。三曰拂樞。拂樞動亂，駭擾無調時。又曰，拂樞主制時。四曰滅寶。滅寶起，相得之。又曰，滅寶主伐之。五曰繞廷。繞廷主亂孽。六曰驚理。驚理主相署。七曰大奮祀。大奮祀主招邪。或曰，大奮祀出，主安之。太陰之精，玄武七宿之域，有謀反，若恣虐爲害，主失冬政者，期如上占，禍亦應之。又曰，五精潛潭，皆以類逆所犯，行失時指，下臣承類者，乘而害之，皆滅亡之徵也。入天子宿，主滅，諸侯五百謀。

雜妖

一曰天鋒。天鋒，彗象矛鋒者也，主從横。天下從横，則天鋒星見。

二曰燭星，狀如太白，其出也不行，見則不久而滅。或曰，主星上有三彗上出。燭星所出邑反。又曰，燭星所燭者城邑亂。又曰，燭星所出，有大盗不成。

三曰蓬星，一名王星，狀如夜火之光，多即至四五，少即一二。亦曰，蓬星在西南，修數丈，左右鋭，出而易處。又曰，有星，其色黄白，方不過三尺，名曰蓬星。又曰，蓬星狀如粉絮，見則天下道術士當有出者，布衣之士貴，天下太平，五穀成。又曰，蓬星出北斗，諸侯有奪地，以地亡，有兵起。星所居者，期不出三年。又曰，蓬星出太微中，天子立王。

四曰長庚，狀如一匹布著天。見則兵起。

五曰四填，星出四隅，去地六丈餘。或曰，四填去地可四丈。或曰，四填星大而赤，去地二丈，當以夜半時出。四填星見，十月而兵起。又曰，四填星見四隅，皆爲兵起其下。

六曰地維臧光。地維臧光者，五行之氣，出於四季土之氣也。又曰，有星出，大而赤，去地二三丈，如月，始出謂之地維臧光。四隅有星，望之可去地四丈，而赤黄摇動，其類填星，是謂中央之野星，出於四隅，名曰地維臧光。出東北隅，天下大水。出東南隅，天下大旱。出西南隅，則有兵起。出西北隅，則天下

亂，兵大起。又曰，地維臧光見，下有亂者亡，有德者昌。

七曰女帛。女帛者，五星氣合變，出東北，水木氣合也。又曰，東北有星，長三丈而出，名曰女帛，見則天下兵起，若有大喪。又東北有大星出，名曰女帛，見則天下有大喪。

八曰盜星。盜星者，五星氣合之變，出東南，火木氣合也。又曰，東南有星，長三丈而出，名曰盜星，見則天下有大盜，多寇賊。

九曰積陵。積陵者，五星氣合之變，出西北，金水氣合也。又曰，西南有星，長三丈，名曰積陵，見則天下隕霜，兵大起，五穀不成，人飢。

十曰端星。端星者，五星氣合之變，出與金木水火，合於四隅。又四隅有星，大而赤，察之中黃，數動，長可四丈。此土之氣，效於四季，名曰四隅端星，所出，兵大起。

十一曰昏昌。有星出西北，氣青赤以環之；中赤外青，名曰昏昌，見則天下兵起，國易政。先起者昌，後起者亡。高十丈，亂一年。高二十丈，亂二年。高三十丈，亂三年。

十二曰莘星。有星出西北，狀如有環二，名山勤。一星見則諸侯有失地，西北國。

十三曰白星。有如星非星，狀如削瓜，有勝兵，名曰白星。白星出，爲男喪。

十四曰菟昌。西北菟昌之星，有赤青環之，有殃，有青爲水。此星見，則天下改易。

十五曰格澤，狀如炎火。又曰，格澤星也，上黃下白，從地而上，下大上鋭，見則不種而獲。又曰，不有土功，必有大客鄰國來者，期一年、二年。又曰，格澤氣赤如火，炎炎中天，上下同色，東西絙天，若於南北，長可四五里。此熒惑之變，見則兵起，其下伏尸流血，期三年。

十六曰歸邪，狀如星非星，如雲非雲。或曰，有兩赤彗上向，上有蓋狀如氣，下連星。或曰，見必有歸國者。

十七曰濛星，夜有赤氣如牙旗，長短四面，西南最多。又曰刀星，亂之象。又曰，偏天薄雲，四方生赤黃氣，長三尺，乍見乍没，尋皆消滅。又曰，刀星見，天下有兵，戰鬥流血。或曰，偏天薄雲，四方合有八氣，蒼白色，長三尺，乍見乍没。

漢京房著《風角書》，有《集星章》，所載妖星，皆見於月旁，互有五色方雲，以五寅日見，各五星所生云。

天槍星生箕宿中，天根星生尾宿中，天荆星生心宿中，真若星生房宿中，天猿星生氐宿中，天樓星生亢宿中，天垣星生左角宿中，皆歲星所生也。見以甲寅日，其星咸有兩青方在其旁。

天陰星生軫宿中，晉若星在翼宿中，官張星生張宿中，天惑星生七宿中，天雀星生柳宿中，赤若星生鬼宿中，蚩尤星生井宿中，皆熒惑之所生也。出在丙寅日，有兩赤方在其旁。

天上、天伐、從星、天樞、天翟、天沸、荆彗，皆鎮星之所生也。出在戊寅日，有兩黃方在其旁。

若星生參宿中，帚星生觜宿中，若彗星生畢宿中，竹彗星生昴宿中，牆星生胃宿中，榱星生婁宿中，白雚星生奎宿中，皆太白之所生也。出在庚寅日，有兩白方在其旁。

天美星生壁宿中，天毚星生室宿中，天杜星生危宿中，天麻星生虚宿中，天林星生女宿中，天高星生牛宿中，端下星生斗宿中，皆辰星之所生也。出以壬寅日，有兩黑方在其旁。

已前三十五星，即五行氣所生，皆出月左右方氣之中，各以其所生星將出不出日數期候之。當其未出之前而見，見則有水旱兵喪饑亂，所指亡國失地，王死破軍殺將。

客星

客星者，周伯、老子、王蓬絮、國皇、温星，凡五星，皆客星也。行諸列舍，十二國分野，各在其所臨之邦，所守之宿，以占吉凶。周伯，大而色黃，煌煌然。見，其國兵起，若有喪，天下饑，衆庶流亡去其鄉。瑞星中名狀與此同，而占異。老子，明大，色白，淳淳然。所出之國，爲饑，爲凶，爲善，爲惡，爲喜，爲怒。常出見則兵大起，人主有憂。王者以赦除咎則災消。王蓬絮，狀如粉絮，拂拂然。見則其國兵起，若有喪，白衣之會，其邦饑亡。又曰，王蓬絮，星色青而熒熒然。所見之國，風雨不如節，焦旱，物不生，五穀不成登，蝗蟲多。國皇星，出而大，其色黃白，望之有芒角。見則兵起，國多變，若有水饑，人主惡之，衆庶多疾。温星，色白而大，狀如風動摇，常出四隅。出東南，天下有兵，將軍出於野。出東北，當有千里暴兵。出西北，亦如之。出西南，其國兵喪並起，若有大水，人飢。又曰，温星出東南，爲大將軍服屈不能發者。出於東北，暴骸三千里。出西亦然。

凡客星見其分，若留止，即以其色占吉凶。星大事大，星小事小。星色黃得

地，色白有喪，色青有憂，色黑有死，色赤有兵，各以五色占之，皆不出三年。又曰，客星入列宿中外官者，各以其所出部舍官名爲其事。所之者爲其謀，其下之國，皆受其禍。以所守之舍爲其期，以五氣相賊者爲其使。

流星

流星，天使也。自上而降曰流，自下而升曰飛。大者曰奔，奔亦流星也。星大者使大，星小者使小。聲隆隆者，怒之象也。行疾者期速，行遲者期遲。大而無光者，衆人之事。小而光者，貴人之事。大而光者，其人貴且衆也。乍明乍滅者，賊敗成也。前大後小者，恐憂也。前小後大者，喜事也。蛇行者，姦事也。往疾者，往而不返也。長者，其事長久也。短者，事疾也。奔星所墜，其下有兵。無風雲，有流星見，良久間乃入，爲大風發屋折木。小流星百數，四面行者，庶人流移之象。流星異狀，名占不同。今略古書及《荊州占》所載云。

流星之尾，長二三丈，暉然有光竟天，其色白者，主使也，色赤者，將軍使也。流星有光，其色黄白者，從天墜有音，如炬熛火下地，野雉盡鳴，斯天保也。所墜國安有喜，若水。流星其色青赤，名曰地雁，其所墜者起兵。流星有光青赤，其長二三丈，名曰天雁，軍之精華也。其國起兵，將軍當從星所之。流星暉然有光，白，長竟天者，人主之星也，主將相軍從星所之。凡星如甕者，爲發謀起事。大如桃者爲使事。流星大如缶，其光赤黑，有喙者，名曰梁星，其所墜之鄉有兵，君失地。

飛星大如缶若甕，後皎然白，前卑後高，此謂頓頑，其所從者多死亡，削邑而不戰。有飛星大如缶若甕，後皎然白，前卑後高，摇頭，乍上乍下，此謂降石，所下民食不足。飛星大如缶若甕，後皎然白，星滅後，白者曲環如車輪，此謂解銜。其國人相斬爲爵禄，此謂自相齧食。有飛星大如缶若甕，其後皎然白，長數丈，星滅後，白者化爲雲流下，名曰大滑，所下有流血積骨。有飛星大如缶若甕，後皎白，縵縵然長可十餘丈而委曲，名曰天刑，一曰天飾，將軍均封疆。

天狗，狀如大奔星，色黄有聲，其止地類狗，所墜，望之如火光，炎炎衝天，其上鋭，其下圓，如數頃田處。或曰，星有毛，旁有短彗，下有狗形者。或曰，星出，其狀赤白有光，下即爲天狗。一曰，流星有光，見人面，墜無音，若有足者，名曰天狗。其色白，其中黄，黄如遺火狀。主候兵討賊，見則四方相射，千里破軍殺將。或曰，五將鬥，人相食，所往之鄉有流血。其君失地，兵大起，國易政，戒守禦。餘占同前。營頭，有雲如壞山墮，所謂營頭之星。所墮，其下覆軍，流血千里。亦曰，流星晝隕名營頭。

雲氣

瑞氣

一曰慶雲，若煙非煙，若雲非雲，郁郁紛紛，蕭索輪囷，是謂慶雲，亦曰景雲。此喜氣也，太平之應。一曰昌光，赤如龍狀。聖人起，帝受終則見。

妖氣

一曰虹蜺，日旁氣也。斗之亂精，主惑心，主内淫，主臣謀君，天子詘后妃，顓妻不一。二曰牂雲，如狗，赤色長尾，爲亂君，爲兵喪。

唐・魏徵等《隋書》卷二一《天文志下》 雜氣

天子氣，内赤外黄正四方，所發之處，當有王者。若天子欲有遊往處，其地亦先發此氣。或如城門，隱隱在氣霧中，恒帶殺氣森森然，或如華蓋在氣霧中，或有五色，多在晨昏見。或如千石倉在霧中，恒帶殺氣，或如高樓在霧氣中，或如山鎮。蒼帝起，青雲扶日。赤帝起，赤雲扶日。黄帝起，黄雲扶日。白帝起，白雲扶日。黑帝起，黑雲扶日。或曰氣象青衣人，無手，在日西，天子之氣也。敵上氣如龍馬，或雜色鬱鬱衝天者，此帝王之氣，不可擊。若在吾軍，戰必大勝。凡天子之氣，皆多上達於天，以王相日見。

凡猛將之氣，如龍。兩軍相當，若氣發其上，則其將猛鋭。或如虎，在殺氣中。猛將欲行動，亦先發此氣；若無行動，亦有暴兵起。或如火煙之狀，或白如粉沸，或如火光之狀，夜照人，或白而赤氣繞之，或如山林竹木，或紫黑如門上樓，或上黑下赤，狀似黑旌，或如張弩，或如埃塵，頭鋭而卑，本大而高。兩軍相當，敵軍上氣如囷倉，正白，見日逾明，或青白如膏，將勇。大戰氣發，漸漸如雲，變作此形，將有深謀。

凡氣上與天連，軍中有貞將，或云賢將。

凡軍勝氣，如堤如坂，前後磨地，此軍士衆强盛，不可擊。軍上氣如火光，將軍勇，士卒猛，好擊戰，不可擊。軍上氣如山堤，山上若林木，將士驍勇。軍上氣如埃塵粉沸，其色黄白，旌旗無風而颺，揮揮指敵，此軍必勝。敵上有白氣粉沸如樓，繞以赤氣者，兵鋭。營上氣黄白色，重厚潤澤者，勿與戰。兩敵相當，有氣如人，持斧向敵，戰必大勝。兩敵相當，上有氣如蛇，舉首向敵者戰勝。敵上氣如一匹帛者，此雍軍之氣，不可攻。望敵上氣如覆舟，雲如牽牛，有白氣出，似旌幟，在軍上，有雲如門雞，赤白相隨，在氣中，或發黄氣，皆將士精勇，不可擊。軍

營上有赤黃氣，上達於天，亦不可攻。

凡軍營上五色氣，上與天連，此天應之軍，不可擊。其氣上小下大，其軍日增益士卒。軍上氣如堤，以覆其軍上，前赤後白，此勝氣。若覆吾軍，急往擊之，大勝。天氣銳，黃白團團而潤澤者，敵將勇猛，且士卒能强戰，不可擊。雲如日月而赤氣繞之，如日月暈狀有光者，所見之地大勝，不可攻。

凡雲氣，有獸居上者勝。軍上有氣如塵埃，前下後高者，將士精鋭。敵上氣如乳武豹伏者，難攻。軍上恒有氣者，其軍難攻。軍上雲如華蓋者，勿往與戰。雲如旌旗，如蜂向人者，勿與戰。兩軍相當，敵上有雲如飛鳥，徘徊其上，或來而高者，兵精鋭，不可擊。軍上雲如馬，頭低尾仰，勿與戰。軍上雲如狗形，勿與戰。望四方有氣如赤烏，在烏氣中，如烏人在赤氣中，如赤杵在烏氣中，如人十十五五，或如旌旗，在烏氣中，有赤氣在前者，敵人精悍，不可當。敵上有雲如山，不可説。有雲如引素，如陣前鋭，或一或四，黑色有陰謀，赤色饑，青色兵有反，黃色急去。

凡氣，上黃下白，名曰善氣。所臨之軍，欲求和退。若氣出北方，求退向北，其衆死散。向東則不可信，終能爲害。向南將死。敵上氣囚廢枯散，或如馬肝色，如死灰色，或類偃蓋，或類偃魚，皆爲將敗。軍上氣，乍見乍不見，如霧起，此衰氣，可擊。上大下小，士卒日減。

凡軍營上，十日無氣發，則軍必勝。而有赤白氣，乍出即滅，外聲欲戰，其實欲退散。黑氣如壞山墮軍上者，名曰營頭之氣，其軍必敗。軍上氣昏發連夜，夜照人，則軍士散亂。軍上氣半而絶，一敗，再絶再敗，三絶三敗。在東發白氣者，災深。軍上氣中有黑雲如牛形，或如猪形者，此是瓦解之氣，軍必敗。敵上氣如粉如塵者，勃勃如煙，或五色雜亂，或東西南北不定者，其軍欲敗。軍上氣如羣羊羣猪在氣中，此衰氣，擊之必勝。軍上有赤氣，炎降於天，則將死，士衆亂。赤光從天流下入軍，軍亂將死。彼軍上有蒼氣，須臾散去，擊之必勝。在我軍上，須自堅守。軍有黑氣如牛形，或如馬形，從氣霧中下，漸漸入軍，名曰天狗下食血，則軍破。軍上氣或如羣鳥亂飛，或如懸衣，如人相隨，或紛紛如轉蓬，或如揚灰，或雲如卷席，如匹布亂穰者，皆爲敗徵。氣乍見乍没，乍聚乍散，如霧之始起，爲敗氣。氣如繫牛，如人臥，如敗車，如雙蛇，如飛鳥，如決堤垣，如壞屋，如人相指，如人無頭，如驚鹿相逐，如兩雞相向，皆爲敗氣。

凡降人氣，如人十十五五，皆叉手低頭。又云，如人叉手相向。白氣如羣鳥，趨入屯營，連結百餘里不絶，而能徘徊，須臾不見者，當有他國來降。氣如黑山，以黃爲緣者，欲降服。敵上氣青而高漸黑者，將欲死散。軍上氣如燔生草之煙，前雖鋭，後必退。黑氣臨營，或聚或散，如鳥將宿，敵人畏我，心意不定，終必逃背，逼之大勝。

凡白氣從城中南北出者，不可攻，城不可屠。城中有黑雲如星，名曰軍精，急解圍去，有突兵出，客敗。城上白氣如旌旗，或青雲臨城，有喜慶。黃雲臨城，有大喜慶，青色從中南北出者，城不可攻。或氣如青色，如牛頭觸人者，城不可屠。城中氣出東方，其色黃，此太一。城白氣從中出，青氣從城北入，反向還者，軍不得入。攻城圍邑，過旬雷雨者，爲城有輔，疾去之，勿攻。城上氣如煙火，主人欲出戰。其氣無極者，不可攻。城上氣如雙蛇者，難攻。赤氣如杵形，從城中向外者，內兵突出，主人戰勝。城上有雲，分爲兩彗狀，攻不可得。赤氣在城上，黃氣四面繞之，城中大將死，城降。城上赤氣如飛鳥，如敗車，及無雲氣，士卒必散。城營中有赤黑氣，如貍皮斑及赤者，並亡。城上氣上赤而下白色，或城中氣聚如樓，出見於外，城皆可屠。城營上有雲，如衆人頭，赤色，下多死喪流血。城上氣如灰，城可屠。氣出而北，城可尅。其氣出復入，城中人欲逃亡。其氣出而覆其軍，軍必病。氣出而高，無所止，用日久長。有白氣如蛇來指城，可急攻。白氣從城指營，宜急固守。攻城若雨霧日死風至，兵勝。日色無光爲日死。雲氣如雄雉臨城，其下必有降者。濛氛圍城而入城者，外勝，得入。有雲如立人五枚，或如三牛，邊城圍。

凡軍上有黑氣，渾渾圓長，赤氣在其中，其下必有伏兵。白氣粉沸起，如樓狀，其下必有藏兵萬人，皆不可輕擊。伏兵之氣，如幢節狀，在烏雲中，或如赤杵在烏雲中，或如烏人在赤雲中。

凡暴兵氣，白如瓜蔓連結，部隊相逐，須臾罷而復出，至八九來而不斷，急賊卒至，宜防固之。白氣如仙人衣，千萬連結，部隊相逐，罷而復興，如是八九者，當有千里兵來，視所起備之。黑雲從敵上來，之我軍上，欲襲我。敵人告發，宜備不宜戰。壬子日，候四望無雲，獨見赤雲如旌旗，其下有兵起。若偏四方者，天下盡有兵。若四望無雲，獨見黑雲極天，天下兵大起。半天，半起。三日內有雨，災解。敵欲來者，其氣上有雲，下有氛雰，中天而下，敵必至。雲氣如旌旗，賊兵暴起。暴兵氣，如人持刀楯，雲如人，赤色，所臨城邑，有卒兵至，驚怖，須臾去。赤氣如人持節，兵來未息。雲如方虹，有暴兵。赤雲如火者，所向兵至。天

有白氣，狀如匹布，經丑未者，天下多兵。

凡戰氣，青白如膏，將勇。大戰氣，如人無頭，如死人臥。敵上氣如丹蛇，赤氣隨之，必大戰，殺將。四望無雲，見赤氣如狗入營，其下有流血。

凡連陰十日，晝不見日，夜不見月，亂風四起，欲雨而無雨，名曰蒙，臣謀君。故曰，久陰不雨臣謀主。霧氣若晝若夜，其色青黄，更相掩冒，乍合乍散，臣謀君，逆者喪。山中冬霧十日不解者，欲崩之候。視四方常有大雲，五色具者，其下有賢人隱也。青雲潤澤蔽日，在西北爲舉賢良。雲氣如亂穰，大風將至，視所從來避之。雲甚潤而厚，大雨必暴至。四始之日，有黑雲氣如陣，厚重大者，多雨。氣若霧非霧，衣冠不雨而濡，見則其城帶甲而趣。日出没時，有雲横截之，白者喪，烏者驚。三日内雨者各解。有黑氣入營者，兵相殘。有赤青氣入營者，兵弱。有雲如蛟龍，所見處將軍失魄。有雲如鵠尾，來蔭國上，三日亡。有雲如日月暈，赤色，其國凶。青白色，有大水。有雲狀如龍行，國有大水，人流亡。有雲赤黄色，四塞終日，竟夜照地者，大臣縱恣。有雲如氣，昧而濁，賢人去，小人在位。

凡白虹者，百殃之本，衆亂所基。霧者，衆邪之氣，陰來冒陽。

凡遇四方盛氣，無向之戰。甲乙日青氣在東方，丙丁日赤氣在南方，庚辛日白氣在西方，壬癸日黑氣在北方，戊巳日黄氣在中央。四季戰當此日氣，背之吉。日中有黑氣，君有小過而臣不諫，又掩君惡而揚君善，故日中有黑氣不明也。

凡白虹霧，姦臣謀君，擅權立威。晝霧夜明，臣志得申，夜霧晝明，臣志不申。霧終日終時，君有憂。色黄小雨。白言兵喪，青言疾，黑有暴水，赤有兵喪，黄言土功，或有大風。

凡夜霧，白虹見，臣有憂。晝霧白虹見，君有憂。虹頭尾至地，流血之象。

凡霧氣不順四時，逆相交錯，微風小雨，爲陰陽氣亂之象。從寅至辰巳上，周而復始，爲逆者不成。積日不解，晝夜昏暗，天下欲分離。

凡霧四合，有虹各見其方，隨四時色吉，非時色凶。氣色青黄，更相掩覆，乍合乍散，臣欲謀君，爲逆者不成，自亡。

凡霧氣四方俱起，百步不見人，名曰晝昏，不有破國，必有滅門。

凡天地四方昏濛若下塵，十日五日以上，或一日，或一時，雨不霑衣而有土，名曰霾。故曰，天地霾，君臣乖，大旱。

凡海傍蜃氣象樓臺，廣野氣成宫闕。北夷之氣如牛羊羣畜穹閭，南夷之氣類舟船幡旗。自華以南，氣下黑上赤。嵩高、三河之郊，氣正赤。恒山之北，氣青。勃、碣、海、岱之間，氣皆正黑。江、湖之間，氣皆白。東海氣如圓簦。附漢、河水，氣如引布。江、漢氣勁如杼。濟水氣如黑㹠。滑水氣如狼白尾。淮南氣如帛。少室氣如白兔青尾。恒山氣如黑牛青尾。東夷氣如樹，西夷氣如室屋，南夷氣如閣臺，或類舟船。陣雲如立垣，杼軸雲類軸摶，兩端鋭。杓雲如繩，居前亘天，其半半天，其蛪者類闕旗，故鉤雲勾曲。諸此雲見，以五色占而澤摶密。其見，動人及有兵，必起合鬥。其直，雲氣如三匹帛，廣前鋭後，大軍行氣也。韓雲如布，趙雲如牛，楚雲如日，宋雲如車，魯雲如馬，衛雲如犬，周雲如車輪，秦雲如行人，魏雲如鼠，鄭、齊雲如絳衣，越雲如龍，蜀雲如囷。車氣乍高乍下，往往而聚。騎氣卑而布。卒氣摶。前卑後高者疾，前方而高，後鋭而卑者却。其氣平者其行徐。前高後卑者，不止而返。校騎之氣正蒼黑，長數百丈。遊兵之氣如彗掃，一云長數百丈，無根本。喜氣上黄下白，怒氣上下赤，憂氣上下黑，土功氣黄白，徙氣白。

凡候氣之法，氣初出時，若雲非雲，若霧非霧，髣髴若可見。初出森森然，在桑榆上，高五六尺者，是千五百里外。平視則千里，舉目望則五百里。仰瞻中天，則百里内。平望桑榆間二千里，登高而望，下屬地者，三千里。

凡欲知我軍氣，常以甲巳日及庚、子、辰、戌、午、未、亥日，及八月十八日，去軍十里許，登高望之可見，依别記占之。百人以上皆有氣。

凡占災異，先推九宫分野，六壬日月，不應陰霧風雨而陰霧者，乃可占。對敵而坐，氣來甚卑下，其陰覆人，上掩溝蓋道者，是大賊必至。敵在東，日出候。在南，日中候。在西，日入候。在北，夜半候。王相色吉，囚死色凶。

凡軍上氣，高勝下，厚勝薄，實勝虚，長勝短，澤勝枯。我軍在西，賊軍在東，氣西厚東薄，西長東短，西高東下，西澤東枯，則知我軍必勝。

凡氣初出，似甑上氣，勃勃上升。氣積爲霧，霧爲陰，陰氣結爲虹蜺，暈珥之屬。

凡氣不積不結，散漫一方，不能爲災。必須和雜殺氣，森森然疾起，乃可論占。軍上氣安則軍安，氣不安則軍不安。氣南北則軍南北，氣東西則軍亦東西。氣散則爲軍破敗。

候氣，常以平旦、下晡、日出没時處氣，以見知大。占期内有大風雨久陰，則

災不成。故風以散之，陰以諫之，雲以幡之，雨以厭之。

唐・李淳風《乙巳占》卷七　流星犯日月占第四十一

流星映日而赤色，向日流者，天下不安，帝王易位，人主崩亡，百姓逃竄，九州荒蕪。流星映日，前鋭後方者，王者被大臣殺，後宮大亂，天下振動，日月無光，人民大疫，天下半死。　流星前赤後白，夕見者，大臣欲謀國，陰發使。　流星晝見，竟天明者，陰有謀臣，欲奪國政，誅殺賢良，遠期一年，中期二百日，下期一百日，必然也。　流星夕墜，光燿天者，所墜分野有大兵起。一云：有霸王，土流血，爲災。一云：所墜分野，大疫爲災。　流星六七，一時晝墜地，其分王者死。一云：被迫殺。一云：其分大亂，流血爲災。一云：赤旱千里，百泉枯涸，王者受戮。　流星晝落作聲，野雉皆鳴，羣鳥盡驚者，所墜之分，主大兵起，大戰流血，積骨如山，血流溝壑，王者大憂，遠期三年，中期一年，近期百日。流星赫奕翳日者，王者被殺，期一百日，無光者，期十日。　流星入漢，八角散者，帝王欲發大使，慰宣四方。一云：八道賊起，欲散他邑。一云：欲有卿相，走投外國。　流星衝月，大臣有事，陟貶之兆，遠則一百日，近十日。　流星衝月透者，大臣被殺，王者受戮，太子王也。　流星白色衝月者，皇后憂；赤色衝月者，皇后病。一云：後宮口舌大起，王者大怒。　流星蔽月光者，欲有大使至他國，宣揚帝德。　流星雙貫月者，宰相將被殺，大兵起，公卿受死。　流星五色映天，奪月光者，帝有大使發。　流星赤光，前方後鋭映天者，公卿宰相謀國，陰兵起，王者失邦，天下荒亂。　流星四面，一時刺月，臣殺其君，子殺其父，大兵起。一云：四方有使還，使叛心離上。

流星與五星相犯占第四十二

凡五星自流者，所主之分國荒，人民相殘，帝王奔走徙野，必有敗國。其五星若流於有福之鄉，聖人見矣。流於無福之鄉，將受其辱，主受其殃，破國滅亡，天地翻改，不可不察。　流星與歲星鬥光却偃者，其分君被使辱，使受其戮。一云：使半路被殺。一云：國君振雄，鄰國悉辱。　流星赤，直繞刺木，其分使被戮。一云：病死。　流星黄潤行緩，頭尾直，端去木一二寸滅。此分君有福，隣國來賓，主霸國，此名霸王之使也。　流星衝火者，其分君有福；光影熒惑者，國有大使至。此雄猛之使也，必有奸淫之意，審宜察之。　流星穿火過，火無光，其分君死國荒。　流星與土相犯者，外國有奸人入國。一云：夷狄來賓。　流星來抵土星，其土星光潤，其分君有福，國昌主霸，邦寧。　流星犯太白，太白無光，將帥有憂。一云：大將死，軍大敗。　流星光潤，前後光鋭，穿太白，帝王德令行，邦寧兵强，大將還。　流星犯辰星，帝王霸，德令施四方，水官憂。一云：大水至。　辰星被流星奪其光者，外有使欲行直言。一云：使迴振德。

流星入列宿占第四十三

流星入左角，兵吏有來繫者。色赤以兵，色黄土功，色黑死凶。　青憂，白義繫也。　流星入兩角間，天子使出也。　流星抵角，角不動，臣欲殺主，主戮死也。　流星入亢中，宰臣有自死，期一年。色黑出亢，愛臣有口舌事，自然期一百八十日，或一年。　流星入氐，兵起，若國有大水。一云：國相疾。　出亢入氐中，人民相食，有疾病帶而下。　流星抵氐，國多怨女。

流星入房，不出其年，國有大喪。虵曲入房，臣殺主代王，輔臣亡，王者以赦除災。年中消，民怨大，入憂。臣欲伐主，兵大起宫中，不出一年，遠二年。　犯乘明堂，皆爲大人憂，爲内亂，近期十月，遠三年。　犯乘太子，太子憂；庶子，庶子憂；明堂，君子死。

流星入心，不出其年，國有大喪，一曰：臣殺主。期不出三年。入心，有使來者。色赤以兵，黄土功，白義，青憂，黑凶。　流星出心，大臣出使，以五色占之。入心，遠國使來，星大爲大國，小爲小國使也。

流星入尾，色青黑，臣有歸者及逃走者。　流星出箕，宫人有出者；出入箕，大臣有棄捐。　流星入斗，有使來入國者。色赤兵，黄土功，白言義，青言憂，黑死。出斗，大臣有使者，以五色占之。

流星入牛，大將出，期一百八十日。入牛，客有四足蟲爲幣來者，色青道病，色黑道死，不至。　流星色赤入天鼓，受命於主；出天鼓，將出受命。星之所之，以占四方。

流星入女，天下不納女者，出女；女御有使者，干女。貴女有獄，期一百八十日。抵女，女主有事於君，有流死者，期不出一年。

流星入虚，色青，哭泣之事。色黄若白，有受賜者。　奔星以乙丑日流入女虚危之間，有流入出虚，臣有出使者。入危，小人乘君子位。

流星入危，天下不寧，其國憂，下欲謀上，期百八十日，遠一年。入危，以人爲幣之危右，以兵爲幣之危左。　色青以水爲幣，白以四足蟲爲幣，黄以貝爲幣。　流星交對抵危，中國與北狄交兵也。

流星入室，有使來者，亦主兵。黄土功，青客凶，黑客死，白義。出室，人主去其國，若有内亂，兵起宫中，王者有憂；出室，有使出。以五色占之。大奔星色赤，流抵室，其國凶，貴人有死者。上旬見，老年，來月上旬死；中旬見，爲中年，來月中旬死；下旬見，爲盛壯，來月下旬死。

流星干犯壁，大國分兵；犯壁，文章士死；使星從西壁入東壁，人主用故臣；抵東壁，婦人憂。

流星入奎，有破軍殺將，有溝瀆之事於國内；出奎，溝瀆之事於國外。

流星入婁，有聚衆之事於國内。一曰：有白衣會，爲大亂，期三年；出婁，有聚衆之事於國外；抵婁，貴賤相謀，不暇食。

流星入胃，保倉之事於其國内；出胃，於其國外。

流星入昴，四夷交兵，白衣會，若貴人有急下獄；出昴，兵衆滿野，若他國有使至，期一百日，遠一年入；胡兵起，一年，遠二年。

流星干犯畢，邊軍大戰；入畢口而復出，其星小，小赦；大，大赦。

流星干犯觜觿，其國兵起破亡；入觜口中者，天子出使也，外宿中來，則外國使也。三十丈至百丈，將軍使；十丈至二十丈，小使。皆不出一年。出觜口，有葆旅之事於國外。一曰兵罷。

流星入參，衡右之事於國内，色青黑，不出其年兵起。出南門以刺參，不出十年，若六年，有一國王兼天下。南門，南井也。使星守參左，五穀貴；守右，五穀熟。

流星干犯東井，大臣誅，其國有兵，期一百八十日；入井，有水令而來，其國分亡。　流星入井，其國若以水亡，其分人饑，期三年。出井，有水事於國。一名曰水有絶者。　流星入鬼，中國與南蠻同，四夷來貢，一曰有宗廟祠祀事。奔流星入鬼，質大臣有戮死者。

流星干犯柳，周國亡，期九十日。入柳，名木有來者；若出之，名木有出者。

流星干犯星，國有兵，不出一百八十日；入星，客有急事來使者；若出星，王者以急事出使，期一百八十日，若一年入星。一曰：天下更令，有徙人，期三年，以有急來使於諸侯也。

流星入張，諸侯有誅者，若人君使人於諸侯。一曰天下更令，有移徙，期三年。出張，諸侯有受賜者。

流星干犯翼，國用大兵，大臣有憂，遠期一百八十日。入翼，其國用兵，大臣有憂；若抵翼，天子下尊諸侯，期半年。出翼，滿國受賜恩者。

流星入軫，兵喪並起，近期半年，遠一年。國車爲幣，王者應之以善之令，即無咎；出軫，臣有出使者，以車爲幣，入長沙，天子有逃，王無居憂也。

又，流星入犯角，口舌。帝王起止行事抑挫者，春犯疾疫，夏犯口舌，女子妖言，秋犯死喪，冬犯賢良用事。

流星犯亢，府車憂。春夏犯，大妖言，王者憂；秋犯，其分疫；冬犯，盜賊起，水災。

流星犯氐，祕閣官有事。春秋犯，其有貶職者；冬夏犯，雨旱。

流星犯衝房，大兵起。一云大水災。春夏犯，土官憂；秋冬犯，人大饑，太宰反。

流星犯心，其星動，主有憂，春夏火災，秋冬犯衝中星者，天子有人行直言，天子夏國。

流星犯衝尾，后妃有貶黜。春夏犯，后宫口舌起；秋冬犯，賢良用事，妖言被誅，佞者受誅。

流星犯箕，春夏犯，金玉貴；秋冬犯，土功興，王者大作宫殿，峻城隍。

流星犯斗，宰相有憂；春犯，天子夭壽；夏犯，水災；秋犯，宰相黜陟者；冬犯，斗魁大臣逆。流星犯牛，王欲改事出，春犯，五穀熟；秋冬犯，五穀貴。一云水災。

流星犯女，布帛貴。春夏犯，大雨滂；秋冬犯，繒絮貴，天下蠶不收。

流星犯虚，天下哭泣。春夏犯，廟官憂；秋冬犯，天子將兵出野。

流星犯危，祭祀事動。春夏犯，水災，溝洫浚；秋冬犯，口舌大起，毁者辱。犯墳墓，塚官有事。

流星犯室，軍事乏糧。夏犯，將帥出；秋冬犯，水溢決，土功興。

流星犯壁，賢良受用。春夏犯，文章者用。秋冬犯，道術興行。

流星犯奎，武庫用事。春夏犯，金革興；秋冬犯，百川溢，水災。

流星犯婁，五祀官用事。春夏犯，園囿興作；秋冬犯，犧牲貴。　流星使數犯人，多死。

流星犯胃，主倉廩大出。春夏犯，穀大貴；秋冬犯，倉廩空，五穀菽麥大貴，人民相食。

流星光流入昴胡，王死。春夏犯，其分君昌邦；秋冬犯，有赦期一月。

流星犯畢，邊兵大起。春夏犯，流血爲災；秋冬犯，大災，魚行人道。　流星犯觜，君王欲行斬殺事。春夏犯，多雨；秋冬犯口者，大風大雨，人民多病。

流星犯參，邊兵大起。春夏犯，名將死；秋冬犯，猛將受用。　流星犯玉井者，天下大兵，流血成川。

流星大光，犯衡東井，有大使至，主大憂。春夏犯，秦地亂。一云：主百川溢。秋冬犯，宫中憂，人多死，魚鹽賤。

流星犯鬼，帝王威政，斬奸謀。春夏犯，政事不明；秋冬犯，積尸，天子多疾病。

流星長數丈入柳者，王者有火災。春夏犯，帝王必發急使；秋冬犯者，后室口舌起，内有奸私事。

流星雙入星，五穀不熟。春夏犯第三星，兵大起；秋冬犯衡，水災，王者之憂。

流星犯張，厨官有事。一云：病。春夏四季災，五穀不登；冬犯，魚行人道中，鹽大貴。

流星犯翼，主昌邦。春犯宫憂；秋犯，土功用事；冬從上。

流星犯軫，庫藏空。春夏犯，革皮用事，秋冬犯，水旱不調。

流星犯中外官占第四十四

流星入攝提，外國以兵爲使來者。若有急走，王者以兵出使。觸破大角，兵衆四合有急；又刺大角，主失位。入干天市，色蒼白，萬物貴；赤必有火災，人多病。　抵帝席，諸侯兵起，臣謀主，若貴人更改大令，期三年。　入抵東西咸，妃后出入不得時；徭役自恣；一曰：女主亂宫，王者憂，期一年，遠三年。　入建星，天下謀，色赤者昌。　入天江，有大水，河海溢，人民饑。　入離珠，兵起宫中，有憂有罪者。　入天大將軍，大將驚出。　出五車，色白，諸侯以車爲憂；色黄，受賀；色赤，主兵，車騎滿野；青黑，主死。各以其日辰占之。　抵天關，天下有急兵，關道有阻，若多盗賊，人民憂，期半年，遠一年。　入南河，有喪兵起，防戍有憂。一曰：爲旱、兵。　入北河，胡兵起，來入中國，若關梁阻塞。　入五諸侯，諸侯有大喪。以星所入日占其國，出諸侯，諸侯有反者。其星中散絶，諸侯坐其咎殃。　入抵積水有大水，舟船用，人大饑。　抵積薪，爲憂，若厨官有罪者。　入水位，天下有水，河溢流，天下五穀不生，人流天饑，期三年。　流星散出軒轅間，女子多讒亂。　流星大如甕，出大陵西，下必有積尸。

入抵少微，賢良集道，術士用。一曰：能人多來者，不出其年。　入太微，有兵起。外國以急有使來。不出其年。　流星入太微，東西門大兵起，大臣爲亂，貴人多死，若有謀，近期一年，中二年，遠三年。　出太微，端門天子之使出。各以其野命其國，期不出二年。　入太微，犯黄帝座，大人易，東西犯者皆死士。抵帝座，天下亂，臣戮主，國移政，期不出三年。　流星犯四帝座，輔臣有誅，執政者憂，貴人多死，期三年。　抵屏星，尚書有憂，若有死者，期半年，遠一年。流星犯入太微，使還。　流星犯内屏星，王者大憂。　犯郎位，所主大臣憂。犯内五諸侯，宰相被辱。　犯郎位，主者被黜貶。　犯三公内坐，相憂。　犯九卿内座，王者大憂。一云病疾。　流星犯衡左右攝提者，公卿不安改動者。犯衡大角，大使出，王道正，帝道昌，人樂。　犯梗河，王者不安。　犯天市垣，王者憂。　犯衡貫索，人饑疾病，王者大憂。　犯衡螣蛇，水蟲受戮，口舌大起。一云魚鹽大貴，一云龍見。　犯衡東西，咸大水，百川決溢。　犯河鼓，天下雷，非時鳴，水蟲死。　犯衡天棓，兵革興，盗賊大起。　犯建星，王道平寧。　犯衡閣道，帝王欲使出。　犯衡大陵，塚官憂。　犯卷舌，多讒諛。　犯衡五車，水旱不調，人君憂。一云五諸侯憂。　犯衡天船，天下水災，魚行入道。　犯衡匏瓜，天下不安。　犯衡織女，主不寧，諸侯大憂。　犯天津，水災。　犯漸臺，宫殿火災。一云帝出走。　犯左右，更太史失錯。　犯衡輦道，帝王出獵。　流星者，帝之使也。　入太微宫及諸内座，爲使還；出諸内座，爲使出外也。　流星衡紫微宫垣者，使還來見，期三日内。　衡入勾陳者，還見天子，不出七日、三日。　犯華蓋者，還使有功慶。　出華蓋内，使發，不過三日。　犯五帝内座，邊兵出，帝有大使出。一云：大將軍出。　流星入五帝内座，使還見主。　犯六甲，賢良見用。　犯北斗，兵大起，還迴，使者奏事，内亂爲災。　犯大理，貴人入獄；獄官憂。　入北極者，内使出。　衡天皇大帝，人主有憂。　衡文昌，公卿有大憂。一云文書事。　犯太陽守，外國有使至。　犯天槍，王者憂，兵革起。　犯天床，謀兵動，王者憂。　犯四輔，帝王被迫。　犯三公，宰相憂。一云被免。　犯天相，王者憂。　犯内階，使者至。一云陰謀事。　犯天理，帝王欲振威，諸侯者殂。　犯柱史，柱史大憂。　犯女史，史官憂。　犯衡入天柱，主憂，有大使還。　衡出天柱者，帝發大使出，振威天下。　流星入平星，執令臣有憂。　若有罪；出平星，臣有黜，期半年。　犯庫樓，主者大憂。一云兵起。犯衡鰲星，水蟲死，魚大貴。　犯天淵，天下水，江海溢，百川決溢。　犯衡天

雞，兵起方霸。　犯羽林軍，大軍散。一云：大兵起，主憂將帥。　犯天倉，倉廩出，五穀大貴，人民大饑，主憂。　犯天屎，人民多病。　犯衡軍市，人大饑。　犯土司空，天下兵大動，人民饑，男不得耕，女不得織，荒亂災起。　犯衡弧星，夷狄大起，兵大動，流血爲災。　犯衡九坎，主者大憂，王憂，后病。　衡壘壁陣，犯土公，所主憂受辱。　入羽林軍，兵大起，士卒發，將軍有出者，期三年。犯衡南極丈人，天下人民歌樂，風雨順時，帝王清泰，諸侯慶賀，國昌。

唐・李淳風《乙巳占》卷八　候氣占第五十一

赤黃氣出紫微宮天皇大帝星上，有立王。　赤氣潤澤，入紫微宮天皇星上，如刀劍，天子有喜，皇后懷孕事。　赤黃氣出紫微宮中東西蕃星，天子用錢賜諸侯王。又云兵起。　赤氣出紫微宮中鈎陳星上，兵起。　黃白氣潤澤，如刀劍形，入紫微宮守御女星上，天子有男喜事。　黃白氣正圓如杯椀，入紫微宮中，有立侯王。一云：天子有璧玉事。　黃白氣入紫微宮中，有立侯王。　白氣如龍如鳳，或類獸飛鳥，入紫微宮，皆神氣，客喜。　黃白如杯椀，正圓，入紫宮，幸臣有奉獻美食。　蒼白氣入紫微宮，其禍除；或入長垣，胡人兵起。　蒼白氣入勾陳中，大司馬戮死。　赤氣出勾陳中，大將戰有功。　白氣入勾陳中，天子立宗廟事。　黃白氣出勾陳中，兵在外告罷事。　黃白氣入勾陳中，將不戰。　黑氣入勾陳中，大司馬軍中死事。　黑氣入勾陳中，其禍除。　蒼黑氣入北斗魁中，貴臣下獄事。　蒼白黑氣出北斗魁中，大臣禁者其禍除。　赤氣入北斗魁中，大臣斧鑕斬者。　黃氣入北斗魁中，天子出惡令。　黃白氣入北斗魁中，天子左右幸臣有囚者，遇德令。　黃白氣入北半魁中，集輔星，相有喜。　赤氣集輔星，相有斧鑕之誅。　黃白氣集輔星，相憂。　蒼白氣出東西掖門，天子憂喪事；出太微中，其禍除。　黃白氣潤澤，入太微中，天子有喜事。　赤黃氣入太微，天子用錢賜王。　赤黃氣如箕箒，出太微中，天子用錢賜美女。　赤氣如杯椀，正圓，光明，出太微中，天子用璧賜諸侯。　氣上赤下白，大如井口，從外入，歷太微庭者，邪臣氣；其氣直者，貴臣氣；出東掖門者，兵起，將受命。　赤氣出太微中，兵起，一曰立王。　赤氣入東西掖門，內亂兵起。　人主且有喜事，天必應之以雲光影。　黃白出宮上，若旗有光，人主有大喜，延年益壽。　赤黃氣入太微，潤澤如箕箒，婦女喜。　黃白氣如杯椀，入太微，天子有璧玉喜。　黃白氣類走獸飛鳥，入太微皆，神氣，客喜。　黃白氣入太微東西掖門，天子喜，獻見戰。　黃白氣如杯椀，正圓，入太微，有獻美女者。　黃白氣太微中，有立王。　赤黑氣如虵蚨及龍形，在太微庭中宮闕上者，白衣之會，其同章環太微，天庭而入，殺，主有喪，此氣皆奸臣讒賊之氣。　黃白氣出東西掖門，天子出德令。一曰：雲如鳥口在太微，中有人爲外應。　黑氣入東西掖門，大人憂。　蒼白氣如走獸，入太微坐傍，天子傍有反者。　蒼白氣如走獸，入太微坐傍，有反者。　蒼白氣如走獸，入抵太微坐，天子有憂。　蒼白氣入抵太微坐，天子喪事。　赤青氣出五帝座，出南者，不出九十日，人君失其宮，天下不安。　赤氣直指太微座，諸侯內亂。　青氣赤氣出五帝下，入幸臣中，不出六十日，近臣欲有謀其君者，氣不明者不成，其明者死亡，天下大亂。　黃氣出太子座，不出六十日，太子即位。　黑氣抵太微座左右，諸侯死。　蒼白氣入郎位中，兵起。　赤氣出郎位，多用兵，遠出行。　黃氣潤澤，入郎位，中郎位受賜。　黑氣入郎位，多有死者。　蒼白氣入天棓，有喪。　蒼白黑氣出天棓，其禍除。　赤氣入天棓，兵起，大將戮死。　黑氣入天棓，大人憂。　黃氣入玄牀，後宮有子喜。　白氣，有喪。　黑氣出女牀，後宮有死者。　青氣，後宮病。　青白氣出貫索中，其禍除。　赤氣入貫索中，有內亂兵起。　黃白氣入貫索中，天子喜。　黃氣入貫索中，大人惡之。　蒼白黑氣出天市，其禍除，萬物賤。　赤氣入天市，有斧鑕之事。　赤氣入天市，有火憂。　赤氣入天市，五兵器大貴。　赤氣入天市中，有斧鑕之事。　赤氣入天市，兵弩貴。　黃白氣長二尺，如繒布，常集天市，有神奇物者，天子有喜。　蒼白氣入南斗，多大風。　赤氣入北斗，兵起。及宗廟有火，憂大旱。　黑氣入北斗，天子使諸侯。　歲星出芒氣，長三丈，三日雨，王者不安。　熒惑出芒氣，長一丈，百日旱。　填星出芒氣，長四丈，有土功事。　太白出芒氣，長三丈，至六丈，大風雨起，所指處。　辰星出芒氣，長一丈，大水。

雲占第五十二

雲如疋布而行，若南，若東，若北，若西，郡上者，其君有憂，必有精以去。　四望無雲，獨見赤雲如立虵，其下有流血出戰。　四望無雲，獨見赤雲如覆船，亦其下有戰。　赤雲氣如光影見者，臣叛，不過三年。　赤雲氣，主兵將死，客勝主人敗。　赤氣覆日如血光，大旱，人民饑千里。　黑氣如大道，一條至長明，不見頭尾東西者，不過三朔，大赦天下。　黑氣如羣羊猪魚，四夷不順。　黑氣如斗如羣馬虵變化，爲疾疫人，民亡，不宜乳婦，夷兵欲欺中國，宜遣伺候，讒言爲惡。　雲如一疋布，竟天，天下兵起。　四望無雲，獨見黑雲極天，兵大起。　雲半天，兵起天溝，不出三日，大雨，雨後不占。　四望無雲，見赤雲如燭火，其下戰，流血死。

日濛濛無光，士卒内亂，將軍循法度，察有功以自明，及有内發，止嚴刑而伺，姦人謀議。天陰沉不降雨，晝不見日，夜不見星月，三日已上，陰謀起，將慎左右及敵使；陰五日至七日，有陰謀蔽，將奪其權，此有簒殺事。天陰，日月俱無光，晝不見日，夜不見星，有雲障之而不雨，此爲君臣俱有陰謀，兩敵相當，陰相圖議；若晝陰夜月出，君謀臣；若夜陰晝日出，臣謀君。白氣如帶一道，竟天，有暴兵；白虵出，長盡天，必有暴兵流血；白虵夜出，其年兵起。濛霧者，邪氣陰來衝陽；奸臣謀其君。在天爲濛，在人爲霧，日月不見爲濛，前後人不見爲霧。濛者，氣也。臣以爲非法，亂君政。霧從夜半至，日中不解遂止，爲君不悟，臣行邪政於百姓。過日中而似雨，臣强；夜濛晝明，臣謀君；晝濛夜明，臣得志。黄雲霧蔽北斗，明日雨。赤雲掩北斗，明日大熱殺人。白雲掩北斗，不過三日雨。青雲掩北斗，立雨；天下無雲，晴，北斗上中下獨有雲，後五日大雨。

唐・李淳風《乙巳占》卷九 帝王氣象占第五十三

凡天子氣，内赤外黄，正四方所發之處，當有王者。若天子欲有遊往處，其地亦先發此氣，遠近數里，如法計之。吉凶以日辰相尅相生決期，亦如支干數法。天子氣如城門，隱隱在氣霧中，恒帶殺氣森森然。天子氣如華蓋，在氣霧中，或有五色，又多在晨昏見。天子氣如千石倉，在氣霧中。凡王者氣發，常以王相日多，與時及日辰相生，其法並在畧例中。天子氣五色如山鎮。天子氣如高樓，在霧中。《洛書》云：蒼帝起，青雲扶日；赤帝起，赤雲扶日；黄帝起，黄雲扶日；白帝起，白雲扶日；黑帝起，黑雲扶日。又云：氣象青衣人垂手，在日西，天干之氣。敵上氣如龍馬，雜色鬱鬱衝天者，此皆帝王之氣，不可擊。若在吾軍，戰必大勝。范增云：漢祖氣皆爲龍虎，或五彩，此天子之氣也。又云：吾使人望沛公，其氣衝天，五色相摎，或似人，此非人臣之氣也。又云：氣如皷鳳大人，有五彩其形，隨王時發者，皆天子之氣，多上達於天。

將軍氣象占第五十四

將軍之氣如龍，兩軍相當，若發其上，則其將猛鋭如虎，在殺氣中。猛將欲行動，先發此氣；若無行動，亦有暴兵起，吉凶以日辰決之。猛將氣如火煙狀。猛將氣白，赤氣繞之。猛將氣如山林竹木。猛將氣紫黑如門樓，或上黑下赤，似黑旗。猛將氣如張弩。猛將氣如塵埃，頭鋭而卑，本大而高。兩軍相當，敵軍上氣如囷倉，正白，見日益明者，猛將氣，不可擊。敵上氣黄白而轉澤者，將有盛德，不可擊。氣青白而高，將勇大戰；前白後青而高，將弱士勇；前大後小，將怯不明。敵上氣黑中赤氣在前者，將精悍不可當。敵上氣青而疎散者，將怯弱。軍上氣發，漸漸如雲，變作山形者，將有深謀，不可擊。若在吾軍，速戰大勝。敵上氣如交虵向人，此猛將氣，不可當；若在吾軍，戰必大勝。凡赤氣上與天連，軍中有名將。一云賢將。

軍勝氣象占第五十五

凡氣上與天連，此軍士衆强盛，不可擊。若在吾軍，可戰，必勝。軍上氣如火光，將軍勇，士卒猛，不可擊。在吾軍，速戰大勝。軍上氣如山堤，山上若林木，將士驍勇，不可與戰。若在吾軍，戰必大勝。軍上氣如埃塵粉沸，其色黄白，如旌旗無風而颺，揮勢指敵，我軍欲勝，可急擊之。有雲如三疋帛，廣前後大，大軍行氣也。兩軍相當，敵上白氣粉沸如樓，緣以赤氣者，兵鋭，不可擊在吾軍，戰必大勝。營上氣黄白，色厚潤重者，勿與戰。兩軍相當，有氣如人持斧外向敵，戰必大勝。兩軍相當，上有氣如虵，舉首向敵者，戰勝。敵上氣如疋帛者，此權軍之氣，不可攻。若在吾軍上，戰必大勝。敵上有雲如牽牛，不可擊。遥望軍上雲如門雞，赤白相隨在軍中，得天助，不可擊也。敵上發黄氣，將士精勇，不可擊。若在吾軍，可用戰。軍營上有赤黄氣，上達於天，亦不可攻。凡軍營上有五色氣，上與天連，此天應之軍，不可擊。其氣上小下大，其軍士日增，益士卒。其軍上氣似堤，以覆其軍上，前後白，此勝。若覆吾軍者，急往，擊之大勝。夫氣鋭，色黄白，團而澤者，敵將勇猛，且士卒能强戰，不可擊。雲如日月，而赤氣繞之，似日月暈狀有光者，所見之地大勝，不可攻。敵上有氣或雲，及在中天而及軍上有常，此氣不變者，堅固難攻。凡雲氣似虎居上者，勝。軍上氣如塵埃前後高者，將士精鋭，不可擊。敵上氣如乳虎者，難攻。軍上常有氣，者其兵難攻。軍上雲如華蓋，勿往與戰。有雲狀如鳥飛去，所見國戰勝。雲如旌旗如鋒向人者，勿與戰。兩軍相當，敵上有氣如飛鳥，徘徊在其上，或來而高者，兵精鋭，不可擊。夜黑氣出，上有赤氣，臨我軍上，敵强我弱，弱能破强，小能擊大，大戰大勝，小戰小勝。軍上雲如牛馬，頭低尾仰者，勿與戰。軍上雲如杵形，勿戰。望四方有赤氣如鳥，在鳥氣中如黑人，在赤氣中如赤杵，在鳥氣中或如人十十五五，及狀如旌旗在鳥氣中，有赤氣在前者，敵人精悍，不可當。敵上有雲如山，兵可託。有雲長如引素，前後鋭，或一或四，黑色有陰謀，青色兵，赤色有反，黄色急去。日暈，有雲

氣入暈中者，隨所入擊之，勝。　有暈有抱，所臨者勝。　日暈相交，居上者勝。　虹直指，順之而擊，可勝。　暈有抱有虹，順抱者勝。　日旁半暈，兩頭尖有，戰者，隨所指擊之。

軍敗氣象占第五十六

有氣上黄下白，名曰善氣，所臨之軍，欲求和退。向北，其衆死散；向東，則不可信，衆能爲害；向南，將死。　敵上氣囚廢枯散，如馬肝色，或如死灰色，或類偃蓋，或類偃魚，皆爲將敗。　敵上氣乍見乍聚乍散，如霧始起，此敗氣，可擊。　上大下小，士卒日減。　凡軍營上十日無氣發，此軍必敗。　而有赤白氣乍出，即滅，外聲欲戰，其實或退散。　黑氣如壞山墮軍上者，名曰營頭之氣，其軍必敗。　軍上氣如火光夜照人，軍士散亂。　軍上氣出而半絶者，欲敗漸盡者走。　一絶一敗，再絶再敗，三絶三敗。　在東發白氣者，災深。　軍上氣如羊形，或如猪形，此是瓦解之氣，軍必敗。　敵上有氣如雙虵，疾往攻之，大勝。　軍上有氣，中似雙虵守日，急往擊之，勿疑，必大勝。　軍上氣如粉如塵，勃勃如煙，軍欲敗。　軍上氣五色雜亂，東西南北不定者，其軍欲敗。　軍上氣如羣猪在氣中，此衰氣，擊之大勝。　軍上有赤氣，炎降於天，士衆亂，將死。　赤氣如火光從天來，流下入軍，軍亂將死。　彼軍上有蒼蒼氣，須臾散，擊之必勝。　在我軍上，須自堅守。　軍上有黑氣如牛形，或如馬形，從氣霧中下漸漸入軍，名曰天狗下食血，則軍散敗。　敵上氣如羣鳥亂飛，衰氣也。伐之，則我軍勝。　望彼軍上氣如懸衣，如人相隨，擊之可得。　望彼軍上氣紛紛如轉蓬者，急擊之。　望彼軍上氣色如揚灰，敵欲退去。　氣蒼黑亂者，士卒饑。　兩軍相去十里外，望彼軍上氣高，而前後白青散者，此敗軍之氣，擊之可得。　雲如覆船車蓋者，其軍必敗。　雲氣如人頭臨軍營中，戰不勝，流血積溝渠。　敵上雲如羣羊，如驚鹿，必退走，急擊之。　雲如捲席，如疋帛亂穰者，皆爲敗。可攻而擒之。　雲氣蓋道，蔽蒙晝冥者，飯不暇釋，炊不及熟，急去也。　有雲如雞兔臨營者，軍敗走。　軍上氣黑而卑如樓狀，軍移必敗。　敵上氣如卧人無手足，或似車徊亂不起者，敗如擊牛，凶敗氣。　敵上氣如雙虵，如飛鳥，如決堤垣，如壞屋，如人相指，如人無頭，如驚鹿相隨逐，如人兩相向，皆爲將敗之氣。　凡降人氣，如人皆叉手低頭。又云：　如人叉手相向。　白氣如羣趨入長營，連繫結百餘里不絶，而徘徊須臾，氣如黑山，以黄雲爲緣者，欲降服之象也。　敵上氣青而漸黑者，將欲死。　雲氣如人頭者，是將軍失兵衆。　散軍之氣，如燔生草之煙，前雖鋭，後必退，得歲月便擊之必勝。　黑氣臨營，或聚或散，如鳥將宿，敵人畏我，心意不定，終必逃背，逼之大勝；若在我軍，善須安撫。　日暈，有氣如死虵屬暈者，將軍死，兩軍相當，不利先舉。　日傍有赤雲如懸鐘，其下有死將。　日暈四方均等，爲力停；有缺薄徵細，所臨者敗。　日月暈有背氣所臨者，敗。　軍上有白虹及蜺屈者，敗。　軍上有白虹及蜺入營者，敗。　日暈氣後至先去者，敗。　凡日月暈與氣，以先有者爲發，以先去者爲敗。軍上有日旁虹蜺及犯逆之，戰者敗。　日暈有四缺，在外軍盡散敗。

城勝氣象占第五十七

白氣從城中南北出者，兵不可攻城，不可屠城。中有黑雲如星，名曰軍精，急解圍去者，有突兵出，客敗。　城上白氣如旌旗者，勝。若赤界，其兵精鋭不可當。　赤雲臨城，有大喜慶。　黄雲臨城，有大喜慶。　青雲從軍城中南北出者，城不可攻。　青色如牛頭觸人者，城不可攻。　城中有氣出東，其光黄，此天守城，不可伐，伐者死。　白氣從中出，青氣從北入及返迴還者，軍不得入城。　諸攻城圍邑，過旬不雷不雨者，爲城有輔，疾去之，勿攻。　城壘氣出於外如火煙者，主人欲出戰；其氣無極者，不可攻。　城上氣如雙虵者，難攻；若前高後卑者，攻之可拔；後高前卑者，不可攻。　赤氣如杵形，從城中出向外者，内兵突出，主人勝。　城上有雲分爲兩彗狀，攻不可得。　其城上氣不見於外者，不可攻。　有赤氣從城上出者，兵内勝，宜備之。　凡攻城，有諸氣從城出入吾軍上者，敵家氣也，濛氣繞城不入者，外兵不得入。　日暈，有白虹貫日，其城可攻拔。　日暈，有青氣從中起四出者，圍中勝。

屠城氣象占第五十八

赤氣在城上，黄氣四面繞之，城中大將死，城降。　城上赤氣如飛鳥，城可攻，急擊之，則破走。　城上有赤氣如破車，城可攻。　城上無雲氣，士卒必敗散。　城營中有赤氣，狀如狸皮斑及正赤者，並破亡，將敗。　城上氣如死灰色及上下出者，城可攻。　一云攻城圍邑，其氣如滅氣出而覆其一軍上者，多病，城可屠；氣出復入者，人欲逃背。　攻城圍邑，城上氣聚如樓見外者，攻之可得。　望城中氣，起而正上赤，可屠。　城營上有雲如衆人頭赤色下，多流血死喪。　攻城圍邑，其上氣色如灰，一云灰，城可屠。　氣出南北，城可尅；其氣出復入城中，人欲逃背；其氣出而東，城可攻；其氣出而西，城可降；其氣出而復其軍上者，士多病；其氣出而高無所止，用日久長。　有氣從城外者，兵欲盜攻。　攻

城，黑雲臨城者，積土固險之象。黑水之氣，城池之稱。我據城，敵不能爲我攻，故不可攻。又曰：審應而無攻知，難而自止，因可用智不敗。　有白氣如虵，來止敵城上者，急攻之，小緩則失；從其城來指我營者，宜急固守。　凡攻城，有白氣繞城而入城者，隨所入，急攻之，小緩則失；從其城來指我營者，宜急固守。　攻城，若不雨，濛霧，日死；風至，兵勝。日色無光爲日死。　雲氣如雄雉臨陣，其下必有降者。　濛雲圍城而入城者，外勝，得入。　有雲如立人五枚或如三牛邊，城圍。　城上有蛟頭白，内降，城可攻。　若有屈虹從外入城中，三日内，城可屠。　日重暈而有白虹貫日，圍城客勝。

伏兵氣象占第五十九

軍上有黑氣，渾渾圓長，赤氣在其中，其下必有伏兵，不可擊。　軍當欲戰，或長相守者。望彼軍上白氣粉沸，起如樓狀，其下必有藏兵萬人，不可輕擊。　軍行近山林坑谷之間，當善防之，既是伏兵之地，而上有氣者不疑。　雲紛紛綿綿相絞，及似蒿草數尺，車騎爲伏兵。　雲如布席之狀，及似蒿草尺許，此以步卒爲伏兵。　伏兵之氣，如幢節狀在烏雲中，或如赤杵在烏雲中，或如烏人在赤雲中。　黑氣出營南，賊逃吾，復有伏兵，謹候察之，有覆之無遺。　兩軍相當，赤氣者伏兵之氣。　若前有赤氣，前有伏兵；後有赤氣，後有伏兵；左右亦如之。察審則知伏兵所在。　軍上有氣烏色，中有赤氣，必有伏兵，不可攻；前有烏氣，後有白氣，必有伏兵，不可攻。　有雲如山，兵在外，有伏兵。

暴兵氣象占第六十

白氣如瓜蔓連結，部隊相逐，須臾罷而復出，至八九而來不斷，急賊卒至，宜防固之。　白氣如仙人衣，千萬連結，部隊相逐，罷而復興，如是者，當有千里兵來，所起備之。　黑氣敵上來，之我軍上，欲襲我，敵人吉，宜備不宜戰；敵迴，從而擊之，必得小勝。　天色蒼茫而有此氣，依日支干數，内無風雨，則所發之方必有暴兵。日克時則凶，時克日自消散。此氣所發之方，當有使人告急，一人來則氣一條，二人來則氣二條，三人來則氣三條；若散滿一方，則有衆來。　期至依支干數，數内有風雨則伏。　壬子日，候四望無雲，獨見赤雲如旌旗，其下有兵起。　若遍四方者，天下盡有兵。　若四望無雲，獨見黑雲，極天天下兵大起。　雲半天，兵半起。名天溝，三日内有雨，災解。　敵欲來者，其氣上有雲，下亦有雲，其下敵必至。　雲氣如旌旗，賊兵暴起。　暴兵起如虎。　雲氣行人，必有暴兵。　色白而悴者，是暴兵起。　氣如人持刀盾，有雲如坐人，赤色，所臨城邑有卒兵至，驚怖須臾去。　赤氣如人持節，兵未息。　雲如赤虹，有暴兵。　白虹出長盡，有暴兵流血。　有雲如人行止不崩，有暴兵。　赤雲如火者，所向兵至。　天有兵氣狀如疋布，經丑未者，天下多兵，赤者尤甚。　有雲如胡人列陣，天下兵起。　天有白氣，廣六丈，東西氣竟天者，兵起。青者，有大喪。　白氣如帶道竟天，有暴兵。　有雲如疋布竟天，天下兵起。　有雲如疋布持捧，兵起民流。　有雲如豹，四五枚相聚，國兵起。　四方清霽，獨有赤雲赫然者，所見之地有兵起。

戰陣氣象占第六十一

氣青白，白高，將勇大戰。氣如人無頭，如死人臥，敵上氣如丹蛇，赤氣隨之，必大戰敗將。　四望無雲，獨見赤氣如狗入營，其下有流血。　四望無雲，獨見赤雲如立虵，其下有流血，出戰。　四望無雲，獨見赤雲如覆船者，其下有戰。　初出軍日，天氣昏漠，雲氣陰沉寒克者必戰。若清陽温和，風塵不動者，不見敵亦不戰。　有青氣見軍之王相上者，當戌交戰，不見者不戰。　若白虹若赤屈虹，見城上，其下必大戰流血。赤氣屈旋停住者，其下有兵血流。　白氣如車入北斗中轉移者，下有流血，大將死。雲如耕壠者，兵必大戰驚。　日傍氣或相交貫穿，或相背，主中不和。　日有白氣若虹交見者，從上擊下勝，無軍而見者，下必流血。兩軍相當，必交戰。　有白江列四五六見者，亦爲大戰。　日旁有一缺，萬人死其下。　兩軍相當，不利先舉。　月初滿而蝕有軍必戰。日月有赤雲截之如大杵，軍在外，萬人死其下。兩軍相當，不利先舉。

圖謀氣象占第六十二

白氣羣行，徘徊結陣來者，爲他國人來欲圖人，不可應。視其所往，隨而擊之可得。　日月濛濛無光，士卒内亂，將軍循法度，察有功以自明。及有兵内發，止嚴利，而伺姦人謀議。　天陰沉不降雨，晝不見日，夜不見星月，三日已上，陰謀也。將慎左右及敵使。　五日至七日，有謀蔽，將奪其權，此其篡殺事。連陰十日，亂風四起，欲雨而不雨，名曰濛，臣謀君。故曰久陰不雨，臣謀主。天陰沉，日月俱無光，晝不見日，夜不見星月，皆有雲障之而不雨，此爲君臣俱有陰謀。兩敵相當，陰相圖議事，若晝陰夜月出，君謀臣；夜陰晝日出，臣謀君。黑氣如幢，出於營中，上黑下黄，敵欲來求戰，而無成實，言信相反，同奸於我。謀將軍之事，通言九日之内必覺，備之吉。　黑氣臨我軍，如車輪行，敵人謀亂我國臣與同勾引小臣，君行罰吉。　黑氣遊行，中含五色，臨我軍上，敵必謀合

諸侯而伐吾國，諸侯反謀，軍自敗。

吉凶氣象占第六十三

慶雲，赤紫色，如煙非煙，如雲非雲，郁郁紛紛，蕭索輪囷，是謂慶雲，亦曰景雲。見者國有慶。雲含五色，潤澤和緩，見於城上，景雲也。一曰慶雲。非氣非煙，五色氛氳，一曰卿雲。景雲者，太平之應也。五色爲慶雲，三色爲矞雲，一云外赤内青爲矞。雲赤如龍狀，名曰昌光，帝王起則見。如星非星，如雲非雲，或曰星有雨。赤彗上似蓋，下連星，名曰歸邪。歸邪見，必有歸國者。日暈黄色及抱珥直光，履黄色，皆吉慶之事。京房《易飛候》曰：視四方常有大雲，五色具而不雨者，其下有賢人隱。青雲潤澤蔽日，在西北，爲舉賢良。黑氣如大道一條，至四五不明，不見頭尾東西者，不過三朔，大赦天下。赤氣如散蓋覆軍上，千里内戰，有慶。千里外，有憂。黄氣臨營，西向東向，戰並凶，北向吉。赤氣隨日出，軍行有憂。隨日没，外告急者。或曰：天下檄告敵。或徵不行，凶。赤氣漫漫血色者，流血之象。赤氣如火影見者，臣叛其君，不過三朔。赤氣如龍蛇，在山頭住，又如夜光者，臣離其君，國主不安，爲客君所傷，人民流移，遠其鄉里。赤氣覆日而光，大旱，人民饑千里。何知賊得否？赤氣行，黑氣隨。赤氣滅，爲賊可得。若獨行無黑氣隨者，賊不可得。黑氣如死人頭，在營上，敵人有所獻，且求降，許之。不許必戰，功雖成，士卒多死。黑氣如牛頭，龍、馬，虵變化，疾病，人民流亡，不宜乳婦，夷兵咸欲欺中國，宜遣伺候，讒言爲惡。新出軍行師，假令向東伐，而有白雲從西來，因隨而擊之勝。若有赤雲東來逆軍者，敵勝。我軍當敗，急且屯守，他方倣此。黑氣如積土，在我軍上，敵來襲我，我必堅守經月。敵心離，離而後戰，必大勝。若對敵在東方，白雲東去，而有雲又東來，相逆，須臾過者，雲已去而有風隨之，所望龍虎之狀，若在我軍，皆大勝。雖從雲而風逆者，亦不可戰。若有雲氣横來者，兩軍不合，急先伏止，不爾，有遁將。黑氣遊行，中含黄氣，在我軍者，急令舉兵。不速戰，士卒懼，人有逃心，罷軍吉。兩軍相當，彼軍上有氣赤，上如疋布，廣長數十丈，其下色黄白，必有背叛之軍，昏見在臣佐，夜見在兵，宜備之。凡被圍，平目視圍上氣，鬱鬱如火，光芒勢翕然者，其方救至，無者無救。軍行，有白氣如虹者，軍大驚，宜備之。若黑雲南北陣，國將有憂。不然，有大水爲害。白雲白氣極天南北陣，有憂。黑雲東西陣，君有憂。若天氣蒼茫而東西極天，移日不動者，爲憂深。此氣以戊己日出爲災。日入，有青氣東西極天，支干數内無風雨，不出三年，將有大喪。赤雲臨圍上東西陣，國且負兵。三霧，秋以庚辛申酉日，氣色白，東行利爲客，先舉兵勝，後舉兵敗。二霧，夏以丙丁巳午日，色赤黄，氣西行，爲利客，主人凶。四霧，冬以壬癸亥子日，氣青黑，氣南行，興軍動衆。五霧，四季月以戊己辰戌丑未日，氣黄色，行向北，利客，主人内亂。一霧，春以甲乙寅卯日，氣青，出東方向季者，客勝。山中冬霧，十日不解者，欲崩之候。雲如疋帛而行，若西南，若邑郡者，其君有憂。雲氣如亂壤，大風將至，視從來避之，雲甚潤而厚，大雨必暴至。四始之日，有黑氣如陣，厚重大而多雨氣，若霧非霧，衣冠而濡，見則其城帶甲而趨。日出没時，有雲横截之，白者喪，黑者驚，三日内雨者，咎解。雲氣如雄兔，臨軍營中，軍士死亡。天有青氣入營者，兵弱驚。天有赤色入營者，兵暴驚。天有黄氣入營者，兵和解。天有白氣入營者，兵强。天有黑氣入營者，士卒疾病。一云：兵相殘，急移營。有雲如蛟龍，所見處，將軍失魄。有雲如鵠尾，來蔭圍上，三日亡。有雲如日月暈，赤色，其國凶；青白色，有大水。有雲狀如龍行，國大水流亡。有雲赤黄色，四塞終日竟夜照地者，大臣縱恣。有雲如氣昧而濁，賢人去，小人在位。凡遇四方盛氣，無向之戰。甲乙日青氣在東方，丙丁日赤氣在南方，庚辛日白氣在西方，壬癸日黑氣在北方，戊己日黄氣在中央。四季日戰，當此日吉，逆之必敗。甲乙日平旦，所向有白雲，不可攻。丙丁日所向有烏雲，皆爲城堅，不可攻。他倣此。赤氣如火者，叛其君。赤氣加西方者，客勝。加北方者，客敗。加東方，和解不鬥。加南方者，軍還天下安，無兵。他倣此。凡天見五色雲氣，望東西南北，至子午卯酉，若百步千步，一丈十丈，一尺長，數百丈，如車道長百十丈，日辰相克者，大鬥。不相克者，寄居憂除。王氣所臨，有天命；爲兵强。相氣所臨，爲戰勝，將吏有功。死氣所臨，死喪疾病，饑饉破敗。囚氣所臨，爲被圍降，敗。休氣所臨，爲兵罷無功，士卒亡散。日中有黑氣，君有小過，而臣不掩君惡，不揚君善，故日中有黑氣，不明是也。凡白虹者，衆亂之首，百殃之本。霧者，百邪之氣，陰來冒陽，奸臣謀主，擅權立威。在天爲濛，在地爲霧。日月不見爲濛，前後人不相見爲霧。象志氣也，晝霧夜明，臣志得伸。夜霧晝明，臣志不伸。一云：君政邪人，覆主上臣，謀冒其君，覆之氣也，臣以非政，亂君政。霧從夜半至日中不解，遂止於濛，君不悟臣，行姦政於百姓。過日中似雨，臣强，無所避。濛日見，邪人欺君，有救，則明政令，審取順信臣而無害。霧終日終時，有君憂。色黄，

小雨；白，主兵喪。青，疫病；黑，主暴水；赤，有兵喪旱；黄，主土功，或有大風。　凡夜霧，白虹見，臣有憂。　晝霧，白虹見，君有憂。　虹頭屈至地，流血之象。　白虹氣出，其年兵起。　凡霧氣，不順四時，逆相交錯，微風小雨，爲陰陽氣亂之象。從寅至辰巳上，周而復始，逆者不成，積日不解，晝夜昏暗，天下欲分離。　凡霧四合，有虹見其方，隨四時色吉，非時色凶。　凡霧氣若晝若夜，其色青黄，更相掩覆，乍合乍散，臣欲謀君，爲逆者，不成自亡。　凡霧氣四方俱起，百步不見人，名曰晝昏。不有破國，必有滅門。　凡天地四方昏濛若下塵，十日已上，或一月日，或一時，不霑衣而有土名，曰霾。故語曰：天地霾，君臣乖，不大旱，外人來。

九十異氣象占第六十四

《史記》曰：故候息耗者，入國邑，視封疆田疇之整，城郭屋室門户之潤澤，次至車服畜産之精華。實息者吉，虚耗者凶。然則天地之間，無不有氣色者也。故積錢實，瓦石古墟，市獄戰場，皆有其氣。今轉次之云爾。

海旁蜃氣象樓臺。　廣野氣成宫闕。　自華山已南，氣上黑下赤。　嵩高三河之郊，氣正赤。　恒山北氣青。　渤海之間氣正黑。　江淮之間氣皆白。東海氣如圓燈。　漢水氣如引布。　江漢氣勁如杼。　濟水氣如黑豘。　渭水氣如白狼白尾。　淮南氣如帛。　少室氣如白兔青白尾。　恒山之氣如黑牛有尾。　東海氣如樹。　西夷氣如室屋。　南夷氣如樓閣或類舟船幡旗。北夷氣如牛羊羣畜宫闕。　黑氣如羣羊，如猪魚，爲六夷不順。　陣雲如互恒，杼雲類杼。　軸雲類軸，摶兩端鋭。　柄雲如繩，居前旦天山，其半半天者類門旗，故白雲勾曲。　諸此雲見，以五色占，而渾轉密，其見動人，及有兵起合鬬。其真雲氣，如三疋帛廣，前鋭後大，將軍行氣也。　千歲黿，上有白雲。　韓雲如布，周雲如車輪，秦雲如行人，衛雲如犬，魏雪如鼠，齊雲如絳衣，越雲如龍，蜀雲如困。　車氣，乍高乍下，往往而聚。　騎氣，卑而布。　卒氣，轉前高後卑者，不止而返。　校騎之氣，正蒼黑，長數百丈。　遊兵之氣，如彗掃。　喜氣，上黄下白。　怒氣，上黄下赤。　憂氣，上下黑。　土功氣，黄白徒氣白。　凡候雲之法，氣初出時，若雲非雲，若霧非霧，彷佛若可見。　初出森森然，在桑榆上，高五六尺者，是千五百里外，平視則千里，舉目望則五百里，仰瞻中天百里内，平望桑榆間二千里，登高山而望四下屬地者三千里。　凡欲知吾軍，常以甲己日及庚子戊午未亥日，八月十八日，去軍十里，登高望之可見。　依別記占之，百人已上，皆有氣。　凡占災異，先推九官分野，六壬日月，不應陰霧風雨者，乃可占。　對敵，有雲來甚卑，掩溝蓋道，是大賊必至，食不及飽，急起嚴備之。　敵在東，日出候。　在南，日中候。　在西，日入候。　在北，夜半候。　凡氣在王相色，吉。在囚死色，凶。　凡軍上氣，高勝下，厚勝薄，實勝虚，長勝短，澤勝枯。　凡氣，欲似甑上氣，勃勃上昇，積爲霧，霧爲陰，陰氣結爲虹蜺、暈珥之屬。　凡氣不積不結，散漫一方，不能災，必須和雜殺氣，森森然疾，乃可論占。軍上氣安則軍安，氣不安則軍不安，氣南則軍南，氣北則軍北，氣東則軍東，氣西則軍西，氣散則軍破散。　候氣，常以平旦、下晡、日出没時處氣見以知。　夫占之期内，有大風雨，久陰，則災不成。　故風以散之，陰以疎之，雲以藏之，雨以解之。

雲氣入列宿占第六十五

角宿：有雲狀如刀劍。角間有憂，陰謀起，天子下殿。　有雲蒼色入左角，兵散。出右角，戰有憂。

亢宿：有雲入亢，人民疾疫。　有氣入亢出氐，君主疾。

氐宿：有蒼白雲入氐，天下大疫疹流行。　有黑雲入氐，水災。

房宿：有赤雲狀人入房，后有娠；不然，姦事起。　有氣入房，宫中大兵起，名曰内亂。

心宿：有青雲出心，天子使諸侯將出。　有白氣入心左星，太子受賜。黑氣入心右星，庶子受賜禄。　蒼白氣入心中星，天子有憂。

尾宿：蒼氣入尾，故臣有來歸身者。出尾，臣有死者。　白雲入尾，君故臣有來者。

箕宿：蒼氣出箕，國災除。又曰：入箕，四夷來見。　黄雲入箕，有蠻夷來貢。

斗宿：蒼白雲氣入南斗者多風。　赤氣入斗，兵起。

牛宿：虹雲出牽牛之度，必有崩城，期二年。　蒼雲入牛，牛多疾。

女宿：赤雲入須女，婦人多以兵死。　白氣入女，女多疾疫。

虚宿：蒼雲入虚，哭泣在内。出虚，禍除福興。　黄氣入虚，天子以喜，起廟祠祀。

危宿：蒼白若赤雲入危，有上功，蓋屋大作之事。　蒼氣入危，中國憂損屋。

室宿：蒼白雲入室，大人喪之憂。入壁同。　氣潤澤如日月見室，男子之祥。

壁宿：赤雲入壁，有兵起。　黑氣入壁，有破王。

奎宿：赤雲入奎，有兵若疾病。

婁宿：白氣入婁，人民受賞。　黃氣入婁，貴人受賜。

胃宿：蒼白氣入胃，以喪糴粟。　黑氣入胃，囷倉敗穀腐。

昴宿：蒼赤雲入昴，人民多疾疫。妖言大起，不然龍見。

畢宿：蒼白雲入畢，歲不收。出畢，口其禍除。　又曰：赤雲入畢，兵起、大旱、火災。白氣入畢口中，其歲大人必有生者。

觜宿：黃雲入觜，兵隨之出。　黑氣入觜，大人憂。

參宿：蒼雲入參，有火災。　赤氣入參，內有兵起。

井宿：黃氣白入井，有客來賓。池澤水事興。　赤雲入井，大水，不然有疾病。

鬼宿：白雲入鬼，有疾病憂。　黑氣入鬼：大人憂。觜同。

柳宿：赤雲入柳者，有失火之憂。出柳者，大旱。　黃雲入柳中，五十日赦。

星宿：蒼白雲入七星，大人憂。赤氣入七星，四曲五曲不正者，有亡臣。

張宿：白雲入張，大客有憂。　赤氣入張，天子用兵，賜物。　黃白氣潤入張，天子因喜賜。客出張，天子使信物賜諸侯。　黃赤氣入張，憂。　出張，天子用兵。

翼宿：黑氣入翼，政短。翼星有氣，三夜不去，大人憂，兵大起，車騎滿野。

軫宿：蒼雲圍軫，亡國之戒。　蒼白氣入軫，王大幸觀。出軫，其禍除。黑氣如鼠，入軫正中，大人墮車憂，或落牀。　黃白雲出軫，天子用車爲幣，賜諸侯王。

雲氣入中宫占第六十六

赤黃氣出紫宮，有立王。　赤黃氣出紫宮中，天子用錢物賜諸侯王。　赤雲氣直入紫宮中，兵大起內亂，有立王。　赤氣出紫宮中，兵起。　赤黃氣潤澤，入紫宮中，天子有嘉劍。　黃白氣潤澤如刀劍，入紫宮中，天子有男喜。　黃白氣入紫宮中，有立侯王。　黃白氣正圓如杯椀，入紫宮中，幸臣有奉獻美女者。入太微同占。　蒼白氣出紫宮，其禍除起，或入長垣，胡人起。　蒼白氣出天極中，其禍除。　蒼白氣入勾陳中，大司馬憂喪。　黑氣入勾陳中，大司馬戮死。　赤氣入勾陳中，內亂。　赤氣出勾陳中，大戰將有功。　黃白氣入勾陳中，將大戰。　白氣入勾陳中，天子立宗廟。　黑氣出勾陳中，其禍除。　赤氣入北斗，兵起，及宫廟有火憂，大旱。　赤氣入北斗中，還勾陳南斗，不過一年有流血，兵將死，客勝主。　黃白氣入北斗，天子使諸侯。　雲氣五色直入北斗，天子必立。天子遠二年，近百日。　蒼黑氣入北斗魁中，貴臣死獄中。　蒼白氣出北斗魁中，其禍除。　赤氣入北斗魁中，將斧鎖斬者。　黃氣出北斗魁中，天子出惡令。　黃白氣出北斗魁中，天子左右幸臣有囚者，蒙德令。　蒼白氣入北斗，多大風。　黃雲蔽北斗，明日雨。　赤雲掩北斗，明日大熱殺人。　白雲掩北斗，不過三日雨。　青雲掩北斗，五日雨。　天下晴，北斗上下獨有雲，後五日內必大雨。　黃白氣集輔星，相有喜。　白氣集輔星，相有憂。　赤氣集輔星，相有斧鑕之事。　赤雲入攝提，九卿憂。　黃雲入攝提，九卿有賞。　赤氣入攝提，戈盾用事。　青雲一道，如千尋槍竿而衝大角過者，殿梁棟折。　黑氣出梗河，兵大戰。　蒼白氣出招摇，三夜不去，大人憂。　黃氣出女牀，後宮有子喜。　白氣，有喪。　黑氣出女牀，後宮有死者。　青氣，有病。　蒼白氣入天棓，有喪。　蒼白黑氣出天棓中，其禍除。　青氣入天棓，有喪。　出天棓，有禍。　赤氣出天棓，兵大起。　戮死，黑氣入天棓，大人憂。　蒼白氣出貫索中，其禍除。　蒼白雲氣入貫索中，天子憂，亡地。　赤氣入貫索中，有內兵起。　黃氣入貫索中，天子喜。　蒼白氣入織女，主憂病。　蒼白氣出天市，其禍除，萬物賤。　蒼黑氣入天市中，萬物賤。　赤氣入天帝中，兵弩貴。　赤氣出天市中，兵大貴。　黃白氣長如二疋繒布，常集天市中，神奇物出，天子有喜。　赤氣出天江，車騎將軍出。　蒼白氣出河鼓，中將有憂。　黑氣入匏瓜，天子食菓爲害。　蒼白氣入天津中，君有水憂。　蒼黑氣入王良奉，車憂。　蒼白氣入附路，太僕憂。　客氣出天船中，不出一年，有自立者。　蒼白雲氣入三台，人民多喪。　白雲大圍長二三丈，出天牢中，貴人及人親屬必斬死。　赤氣入天理中，兵大起。　赤氣出東西掖門者，起兵將受令。　赤氣入東西掖門內，亂兵起。　人主旦有吉事，天必應以雲光影。　黃白氣入東西掖門，天子有喜。　黃白氣出東西門，天子出德令。　一曰：雲如爲口在太微中，有人爲外應者。　黑氣入東西掖門，大人憂。　蒼白氣出東西掖門，天子憂，喪事。　出太微中，其禍除。　蒼白氣如人反，走獸入太微坐旁，有反者。　蒼白氣如走獸入抵太微帝座星，天子有憂。　蒼白氣入抵太微及帝座，天下有喪事。　赤黃氣潤澤，入太微中，天子有喜事。　赤黃氣潤澤如箕箒，入太微中，婦女有喜事。　赤黃氣如箕箒，出太微中，天子

用錢物賜美女。　赤黃氣入太微中，天子用錢賜諸侯王。　赤氣出太微，兵起。一曰，有立王。　赤氣如杯椀正圓，出太微中，天子用璧賜諸侯王。　赤氣直指太微坐左右，諸侯且內亂。　黃白氣出太微中，有立王。　黃白氣如赤黑氣，蛟虵及龍形，在太微庭宮闕上，有白衣之會。　其同章環太微天庭而主殺主喪。　此氣皆亂臣讒賊之氣。　黃白雲氣出宮上，若旗有光，人主有喜，延年益壽。　有青白氣出五帝座，徑出南門者，不出九十日，人君失其官，天下不安。　赤氣出五帝座，下至入幸臣中者，不出六十日，近臣有欲謀其君者。　氣不成，不明形者，死亡，天下大亂。　青白氣出幸臣入五帝座，臣中正欲論兵事發。入積卒同占。　氣上赤下白，大如井口，從外入壓太微庭者，邪臣。　氣直者，貴臣之氣。　太微中有雲如鳥，諸侯反。　有來誅天子，內連謀。　黃氣出太子坐上，入五帝座者，不出六十日，太子即位。　黑氣抵太微坐左右，諸臣死。　蒼白氣入郎位中，兵起。　赤氣出郎位，多用兵，遠出行。　黃白氣潤澤入郎位，中郎受賜。　黑氣入郎位，郎多死者。

雲氣入外官占第六十七

赤氣直如千尋槍竿衝庫樓，天子自將兵，兵大動，武庫官憂，內外不安。赤氣入魚星，車騎滿野，軍大動，將軍憂。　蒼白氣入羽林軍，直南出，後有憂。赤白氣入龜，巫卜官憂。　赤黑氣入鱉魚，白衣之會，天下易政。　赤氣入傳說，祝官憂。　赤氣入北落師門中，兵起。　蒼黑氣入天倉，歲不熟。　青白氣入天囷，歲饑。　蒼白氣入騎官，將死。　赤氣入敗臼，人主凶。　青氣入天廩，飛蝗生。　赤氣入天苑中，牛馬多傷。　赤氣出參旗，不出一年，西胡來，欲盜中國。若侵地，不出三年，天下煩擾，百姓多憂。　蒼白氣入天廁中，天子有陰病。青赤氣入積卒中，正臣欲論兵事發。　赤氣入天潢中，兵大起。　蒼白氣入咸池中，水蟲多死。　蒼白氣入折威中，大臣作逆內亂，兵大起，天子失勢。　赤雲氣入天積中，有火憂。　蒭蕘一名天積。　歲星起，出喪氣，長三丈，三日雨，王者不安，大擾。　熒惑出喪氣，長一丈，百日旱。　填星出喪氣，長四丈，有土功，多雨。　太白出喪氣，長三丈，至六丈，多風雨，兵大起所指處。　辰星出喪氣長一丈，大水。　氣象昇沉，表吉凶之得失。　青氣白黑犯官坐而入，占善察焉。　豫曉祆變，括量銓度，唯氣幽深，窮之更堅，鑽之更邃，諸隱辭占決，並在畧例中。　若志士研精，須得指圖者也。　僕尋之白，首粗得其門，後世學人觀此意也。

唐・瞿曇悉達《開元占經》卷七一　流星占一

流星名狀一

《河圖》曰：諸流星，皆鉤陳之精，天一之御也。　流星大如缶若瓮。行絕跡，名曰飛星。其跡著天，名曰流星。　孟康曰：流星。光相連也，大如瓜桃，名曰使星，飛星主謀事。流星主兵事，使星主行事，以所出入宿占之。自上而降曰流，自下而升曰飛。　《爾雅》曰：奔星謂之彴約流星大而疾曰奔。郭璞曰：彴而約，流星別名也。　《石氏》曰：流星如缶瓮，初直後白，其前分爲兩，是爲使星，所之國受福。　《帝覽嬉》曰：流星夜見，光望之有尾，離離如貫珠，名曰天狗，從所下，兵大起，王者徙都邑，期三年。　《巫咸》曰：流星有光，見面墜地，若不至地，望之有足名，曰天狗，所往之鄉有戰流血，其君失地，期不出三年，災應。又曰：大流星墮，破如金散，而有音聲，野雉盡呴，名曰天狗，其所之地必有戰流血。　班固《天文志》曰：流星有聲，止地類狗墮，望如火光，炎炎中天。《天官書》曰：衝天其下圜照數頃處，上銳有黃色，名曰天狗，見則兵起千里，破軍殺將。一曰狀如大鏡。　《玄冥占》曰：流星夜見，頭足如奮火，名曰天狗，其所下有兵起，必有戰期二年。　《黃帝占》曰：流星大如瓮，頭大尾小，長可三四尺，其後形迹皎然，赤白色，名曰天棓，見則其國兵起流血，有死將，期一年，遠三年。　《雒書》曰：飛星大如缶瓮，而行絕迹，色如烟火墮，名曰天保。此星所往者，其分受福有利，若有吉事，期不出年。　《文耀鉤》曰：流星有光，夜見墻垣而有聲者，野雞盡呴，名天保，所止之野大兵起。　《荆州占》曰：流星有光，黃白，從天墮，有音如炬烟火下地，雞盡鳴，名天保也，所墜國安，有喜若水。　《石氏》曰：流星如缶瓮，其後縵縵白亘天，王者吏均封疆。　《荆州占》曰：將軍均封疆。　《海中占》曰：流星有聲如雷，其音止地，野雞盡呴，名曰天鼓，其所止國，兵大起，必有戰，僵尸滿野，期三年。　《巫咸》曰：流星有光，青赤，其長二三丈，名曰天鴈，將軍之精也，其國起兵，將軍當從星所之。　《荆州占》曰：流星，其色青，名曰地鴈，其所墜者起兵。　《聖洽符》曰：流星大如瓮，其光赤黑有喙者，名曰頓頑，見則其國有兵，有失地，君期二年。　《荆州占》曰：飛星大如缶若瓮，後皎然白，前卑後高，此謂頓頑，其所從者多死亡，削邑而不戰。　《聖洽符》曰：飛星如瓮。　《荆州占》曰：大而赤若瓮，後皎然白，長可一丈。　《荆州占》云：長數丈，其星滅，化爲雲，周流天下，名曰浩滑。《荆州占》曰：名曰大滑。　《海中占》曰：名曰否顛，見則其國必有大戰，流血

積骨，期一年，遠二年。　齊伯曰：飛星如瓮。《荆州占》曰：如缶若瓮，其後皎然白，前卑後高，名曰浩亢。《荆州占》云：名曰降石，摇頭，乍上乍下，大饑，人相食。《荆州占》曰：人食不足，期三年。《荆州占》曰：飛星大如缶若瓮，後皎然白，星滅後白者曲環如車輪，此謂解衔，其國人相斬，爲爵禄，此謂自相齧食。《荆州占》曰：流星大如缶，其光赤黑有喙者，名曰梁星，其所墜之鄉有兵，君失地。《太公陰秘》曰：凡出軍擊賊，見大流星，所指向者，將之用兵，順之行則勝。又曰：流星下入軍，營必空，主將無功，避之則吉。《推度災》曰：奔星所墜，其下有兵。《文耀鉤》曰：流星前如缶盆，後皎然白，其欲入時施施如金散，此謂使星，其所入宿受福，期一年，遠二年。《春秋緯》曰：大奔星，有聲，望之如火光，見則破軍，四方相射。案：《續漢書》曰：靈帝中平二年，邊章韓遂將數萬騎寇三輔。五月夜，有流星如火光，長十餘丈，照章遂營中，驢馬盡鳴。賊以爲不祥，欲走。董卓聞之喜，明日併兵俱攻，大破之，斬首數千級，章遂敗走。《魏志》曰：司馬宣王圍公孫文懿，夜有大流星，長數十丈，從首山東北墮襄平城東南，及文懿走，當流星處斬之。又近驗前代，邊將敗績，多有奔星墜其營中。《石氏》曰：流星落落，如遺大光，其下有戰傷。又曰：赤流星，其後圓如輪，所之國有兵，其將有他意。《甘氏》曰：流星色黄，其後如一疋帛練，所之國增地有喜，期一百八十日。班固《天文志》曰：漢孝昭始元中，流星下燕萬載宫極東去。李奇曰：極，屋梁也，三輔間名爲極。或曰極，棟也，尋棟東去也。延篤謂之堂前欄楯也。法曰國恐有誅，其後左將軍與長公主燕刺王謀作亂，咸伏其罪。《荆州占》曰：大流星赤光照地，流而東，吴越部兵；一書云齊地部兵。流而南，楚宋部兵；流而西，秦鄭部兵；流而北，燕趙部兵。案：《宋・天文志》曰：晉孝懷永嘉元年九月辛卯，有大流星自西南流於東北，小者如斗相隨，天盡赤，聲如雷。是年五月，汲桑殺東燕王勝，遂據河北。十一月始遣和郁爲征北將軍，鎮鄴西，田甄等大破汲桑，斬於樂陵，於是以甄爲汲郡太守。弟蘭鉅鹿太守。小星相隨，小將副帥之象也。司馬越忿魏郡以東，平原以南，皆黨於桑，悉以賞甄等，於是侵掠桑地。有聲如雷，忿怒之象也。《荆州占》曰：流星耀然有光，色白長竟天者，人主之星也。星之所往，人主從之，人主不從，即將軍若相從之。星如瓮者，爲發謀起；事大如桃者，爲使事也。《荆州占》曰：流星之尾長二三丈，耀然有光竟天，其色白者，主使也；其色赤者，將軍使也。案：司馬彪《天文志》曰：光武中元二年十月戊子，大流星從西南東北行，如雷。是時使中郎將竇固、楊虚侯馬武、楊鄉侯王賞將兵征西羌。《宋・天文志》曰：晉海西公太和四年十月壬申，大流星下，有聲如雷，明年，遣使免袁真爲庶人。桓温征壽春，真病死，息瑾代之，求救於苻堅，温破堅軍。六年，壽春城陷如雷，將士怒之象也。《荆州占》曰：小流星從敵軍上來，徐至吾軍上而入，有間謀者，且來間吾軍。又流星前赤後青黑者，客軍敗死。又流星夜見光，尾長如厚布，色蒼白，爲使；赤，有兵；黑，死喪。又流星甚大，其光照地，色青赤，流四旁，若有赤光，人饑，五穀不藏。又無風雲，有流星見，久食間乃入，爲大風，發屋折木。《玉曆》曰：流星出都邑中，王者有憂，欲去都邑，及有叛者，期不出二年。《宋書・志》曰：蜀後主建興二年，諸葛亮帥大衆伐魏，屯於渭南，有長星赤而芒角，自東北西南投亮營，三投再還，往大還小，占曰：兩軍相當。有大流星東走軍上及墜軍中者，皆破敗之徵也。九月，亮卒於軍，焚營而退，羣師交惡，多相誅戮。宋幽川王《幽明録》曰：陳郡袁真在豫州，送妓女阿薛、阿郭、阿馬三人與桓宣武，至經時，二人共出庭前觀，望見一流星直墜盆水中，薛郭二人更以瓢酌取，皆不得，阿馬最後，取星正入瓢中，便飲之，即覺有娠，遂生桓玄。

流星四面交行二

《考異郵》曰：陪臣專行，請謁至尊，衆星數流，主命凶。《海中占》曰：流星紛紛，交行耀目，人君自貴，視臣如草土，臣欲有離散之象也，期不出二年。班固《天文志》曰：孝昭元平元年二月，有大流星如月，衆星隨而西行。大如月，大臣之象也，衆星隨之，衆人皆隨從大臣之象也，此大臣欲行權以安社稷。其四月，昌邑王賀行淫僻，立二十七日，大將軍霍光白皇太后廢賀。韋昭《洞記》曰：四月癸未，昭帝崩。司馬彪《天文志》曰：流星百數，四面行者，庶人移徙之象。案：《宋・天文志》曰：宋明帝大始二年三月乙未，有流星大小西行，不可勝數，至曉乃息。占曰：人流之象。其年淮北、四州地彭城兖州並爲虜所没，人流之象。《黄帝占》曰：大流星出行，衆星紛紛從之而流，期不出三年，王者徙都邑，去其宫殿。又曰：星數流者，天下不安，急使絡驛之象也。《石氏》曰：流星紛紛交行，移時不止，天下大饑，兵起，人民流亡，各去其鄉，期不出三年。司馬彪《天文志》曰：光武建武十二年正月己未，小流星百枚以上，或西北，或正北，或正東，或東北，二夜止。六月戊寅，流星百枚以上，四面行。小星者，庶人之類；流行者，移徙之象。於時西討公孫述，北征虜羯，匈奴侵邊，漢遣將軍馬武等屯下曲陽，臨呼沱以備胡。匈奴入河東，中國未安，米穀荒貴，人或流散。後三年，吴漢等從鴈門、代郡、上谷、關西使人六萬餘，置常關居庸關以東，以避胡寇。《宋書・天文志》曰：晉孝懷永嘉元年十二月丁亥，流星震散。案：劉向説天官列宿，

在位之象，衆小星無名者，庶人之類，此百官庶人將流散之象也。其後天下大亂，百官萬人流移轉死矣。驗近事，中宗朝，衛王重俊與李多祚等欲舉兵誅鋤干紀者武三思等，於時先夜有流星，繽紛交亂，不可勝記。向晚有大流星百數，皆有尾迹，紛馳漸下向西南。及至王與左右將軍等奔退，多向西南，衛王亦殞身於西南方有鄠之野。又驗景龍二年六月癸未夜，有流星無數，四方奔墮，繽繽紛紛，不可勝記，多出虚危河鼓天津貫索織女羽林王良閣道。又先天二年六月庚戌，夜有流星無數，皆向北及西北流，從羽林飛入紫微宫者甚衆，亦出河鼓織女等坐，後皆朝有變故。因羽林兵誅岑羲等賊，干戈垂於紫宫，鋒鏑流於絳闕，羣小流移，急使駱驛。又驗其月丙辰夜，小流星四面交流極多，不可勝記，所流者不過二尺。後果京兆醴泉坊人遞相訛恐，多棄己宅，散走他里，經宿而止。凡小流星者，庶人之象，交流者，驚馳之應也。

《荆州占》曰：流星以人定至夜半見者，期歲數；夜半至雞鳴見者，期月數；雞鳴至平明見者，期日數。《石氏》曰：流星見甲子旬爲東方，丙子旬爲南，方庚子旬爲西方，壬子旬爲北方，戊子旬爲中方。司馬彪《天文志》曰：流星者，貴使也，星大者使大，星小者使小。聲隆隆者，怒之象也。行疾者期疾，行遲者期遲也。《天文志》曰：景元四年六月，大流星二，並如斗，西方分流南北，光炤地，隆隆有聲。占曰：流星爲貴使，星大者使大。是年鍾、鄧克蜀，二星蓋二帥之象。二帥相背，又分流南北之，應鍾會既叛，三軍憤怒。隆隆有聲，兵將怒之象也。《荆州占》曰：流星大，無光者，衆人之事也。小而光者，貴人之事也。大而光者，其貴人且衆。乍明乍滅者，敗謀也。前大後小者，憂恐也。前小後大者，喜事也。虵行者，奸事也。往疾者，往而不反也。長者，其事長久也。短者，其事疾也。

流星晝行三

《黄帝占》曰：流星名曰營頭，營頭所之，下流血滂沱，赤地三千里。若過四關，天下道不通。期不出三年。司馬《天文志》曰：王莽地皇四年六月，莽使司徒王尋、司空王邑將兵，號百萬衆，驅犀象虎狼，放之道路，晝有雲氣如壞山，墜其軍上，人皆似壓，所爲營頭之星也。是時光武將兵數千人赴昆陽，奔擊二公兵，并力猋發，號呼聲動天地，虎狼豹驚怪散。會天大風，飛屋瓦，雨如注水，二公兵亂敗，自相賊殺者數萬人，競赴滍水死者委積，滍水爲之不流。殺司徒王尋，軍人皆散走歸本郡，王邑還長安，莽敗，俱誅死。晉大安二年十一月辛巳，有星晝隕中天北，下有聲如雷。明年，劉淵、石勒攻掠并州，多所殘滅。王浚起燕代，百姓塗地。《洛書摘亡辟》曰：流星晝行，亡君之誡。《甘氏》曰：星晝行名曰營首，營首所在，有流血滂沱，則天下不通。一日大旱，赤地千里。所謂晝行者，日未入也。《巫咸》曰：流星晝行，名曰争明，其分有兵，國破君亡，期一年，遠三年。《京房》曰：星晝行，唯百姓不安。《荆州占》曰：暮若晝有流星甚大而長，兵從之，其後散無功。又曰：流星晝見，墜邑都中，有王來入都邑者。《玉曆》曰：流星晝行，下都邑中，赤，不出二年，外國相有來者。色白，臣謀主不成，戮死。班固《天文志》曰：成帝元延元年四月丁酉，日晡時，天清晏。殷殷如雷聲，有流星頭大如缶，長十餘丈，皎然赤白色，從日下東南去四面，或如大盆，或如雞子，耀耀如雨下，至昏止。郡國皆言星隕。春秋星隕如雨，王者失勢，諸侯起霸之異也。其後王莽遂專國政。王氏之興，萌於是也。是時已有星隕之變，後王莽遂簒國。

流星犯日四

《荆州占》曰：奔星入日中，有臣欲謀其主。凡流星貫日不中者，臣謀主，事不成而戮死也。

流星犯月五

《河圖》曰：天無雲，有流星過月下若月上，其國有喜。《洛書》曰：流星入月中，不出三年，人主憂。《海中占》曰：流星入月中，星無光，不出其年，亡國；星出，亡國復立。《海中占》曰：使星入月中，女主疾。《荆州占》曰：流星入月中，無光，四夷侵中國，不出十月。又奔星入月中，有臣謀其君。又使星入月中，有君失地者。又曰：使星入月中，無光，將軍戮，期十年。

流星犯五星六

郗萌曰：流星抵歲星，大臣弑主。一曰相戮死。又云：流星抵歲星，歲星没不見，流星反爲歲星，人主死，相出走。《荆州占》曰：使星入歲星，色蒼黑，則大農相國死；赤，歲大病，天下饑；黄白，饑；青，足食。又流星抵熒惑，天子將大行，國旱饑。又使星入熒惑，國多讒臣，天子備火。《黄帝》曰：流星抵填星，后忌之。郗萌曰：流星抵太白，有喜令。《天官書》曰：流星抵太白，没不見，流星反爲太白，更國政令，將戮死，有内兵。又云：流星抵辰星，辰星没不見，流星反爲辰星，國大亂。

唐・瞿曇悉達《開元占經》卷七二　流星犯東方七宿一

流星犯角一

《石氏》曰：流星入在角，兵吏有見繫者。色赤以兵繫，色黄以土功繫，色白以義繫，色黑凶死，色青以憂黜。《黄帝》曰：流星入角，宫中有事，貴人多

死。一曰臣謀主而戮死，不出一年。　郗萌曰：流星色赤如缶，入兩角間而止，有來言兵事者。星前赤後黑，軍敗將死，以四方知所從來者。　又曰：流星色黄若白，入角亢間，有貴客來見君廟者。　《荆州占》曰：流星色白入兩角間，有諸侯客來者，諸侯有口令。　石氏曰：流星從他宿入角，有鄰邦之使者。又曰：流星入角間，關梁不通，有軍，邊境不通。　《甘氏》曰：流星出兩角間，天子大使出。　郗萌曰：流星色黄，出右角而東極望，人主有出遊者也。　又曰：使星出入天門間，宫移矣。　《荆州占》曰：流星色青，出左角而東，軍憂而兵敗績。黑而光出在南，邦多疾病，若死亡。　石氏曰：流星抵右角星，后終無子。　《黄帝》曰：流星抵角，角不動，臣欲弑其主而戮死。　郗萌曰：流星抵角，角不動而散，散而復合，不出其，年其國宫中有大事，貴人多死者。　又曰：流星比於右角，流而東，軍無戰功，二國終相和也。

流星犯亢二

《石氏》曰：流星入亢，主宗廟事，有使者受命於廟。色赤言兵，黄言土，白言義，青言憂，黑言死。　《海中占》曰：流星入亢中，幸臣有自殺者，期一年。郗萌曰：流星色黄若白，入角亢間，有貴客來見君廟者。　又曰：流星色黑出亢，憂，臣以口舌事自殺，期一月，若一年。　《石氏》曰：流星出亢，使臣出。以五色占之，國多兵也。

流星犯氐三

《黄帝》曰：流星入氐，兵起，若國有大水。　《石氏》曰：流星入氐，國相疾。　流星出亢入氐中，人相食，有病從帶以下。　《甘氏》曰：流星入氐，主有疾。一曰國亡。　《石氏》曰：流星抵氐，國多淫女。

流星犯房四

《石氏》曰：流星入房，不出其年，主國有大喪。　《甘氏》曰：流星蚍曲入房，臣殺主代王，輔臣亡，王者以赦除災，年中銷。　郗萌曰：流星入房，王者殺忠臣，輔弼者亡，人主以赦除咎，期二年。　流星出左服若右服，君使之諸侯，以馬爲幣。　《石氏》曰：流星在房，國貴人多死。　流星抵房，遠鄉貢異獸班頭馬，其國君亡。　《海中占》曰：流星絶鈎鈐，主有奔馬則敗。

流星犯心五

《石氏》曰：流星犯心，大人憂，臣欲伐主，兵大起宫中，不出一年，遠二年。郗萌曰：流星犯乘明堂星，皆爲大人憂，爲内亂，欲伐君，近期十月，遠期三年。犯乘守太子星，太子憂；犯乘守庶子星，庶子有憂。　《荆州占》曰：流星犯乘明堂，若不死則去。　《黄帝》曰：流星入心，不出其年，國有大喪。一曰弑主，期不出三年。　又曰：使星出房，大如鷄，色赤如血，入心，人主遇賊。其出心也行道遠，人主賊人於千里之外。　郗萌曰：流星入心，不出其年，臣弑其主，不成戮死。　又流星入心，不出其年，大臣相賊。　《巫咸》曰：流星入心，有使來者，赤色言兵，黄言土，白言義，青言憂，黑言凶。出心，大臣出使，以五色占之。　《石氏》曰：流星出入心，遠國使來，星大大國使，星小小國使。　又流星起心南行，越君死。　郗萌曰：流星起心，至北斗，趙君死。　流星抵心，不出一年，國有大喪。　使星入天子宫，留十月，有來聘。

流星犯尾六

《聖洽符》曰：流星入尾，妃后有憂，若有黜者。一曰賊人女當有暴貴者。又流星入尾，前青而後白，人主死。從酉至黄昏，期六十日，將軍行；從夕至人定，期九十日，將軍行。　《石氏》曰：流星入尾，色青黑，故臣有敗身者；流星出尾，色青黑，臣有逃者。

流星犯箕七

《巫咸》曰：流星入箕，宫人有來者，及有獻女者。《甘伯》曰：期一年。《百二十占》：流星入箕，客有來者。　《巫咸》曰：流星出箕，宫人有出者。《甘伯》曰：期一年。　《百二十占》：流星出箕，大臣有棄捐者。

流星犯北方七宿二

流星犯南斗一

《感精符》曰：流星入南斗，有使來入國者，色赤兵，黄土，白義，青憂，黑死。《海中占》曰：流星入南斗，當有隣國使來，不出百八十日。　《二十八宿山經》云：有流星入斗散絶，穀貴，四年之中，異姓爲主，人民勞。　《石氏》曰：流星出南斗，大臣有出使者，以五色占之。　郗萌曰：流星從南斗走北斗，其國有赦令，期在正月二月中。

流星犯牽牛一

《荆州占》曰：流星干牽牛，大將出，期八十日。　《文耀鈎》曰：流星入牽牛，當有隣國使者來，不出百八十日。　郗萌曰：流星入牽牛，客有四足蟲爲幣來者，色青道病，色黑道死不至。　《荆州占》曰：流星色赤入天皷，將受命於主；出天皷，將出如星所之，以占四方。　《百二十占》：流星出牽牛還，使

出也，期百八十日，遠一年。《宋·天文志》曰：晉安帝隆安五年二月甲寅，流星色赤，衆多西行，經牽牛虛危天津閣道，貫太微紫宮，占曰：星者庶民類，衆多西行，民將西流之象，經行天子廷，主弱臣强，諸侯兵不制。五年三月，孫恩攻高雅之。五月侵吴郡，内史袁崧出戰，爲賊所殺。六月孫恩至京口，高雅之擊破之，恩進軍蒲州，於是内外戒嚴，營陣屯守栅，斷淮口。十月，司馬元顯大治水軍，將以伐桓玄。元興元年，孫恩在臨海，人衆餓死散亡，恩亦投水死，吴郡、吴興户口减半，又流奔而西者不可計。十月，桓玄遣將擊劉軌，破走之。二年，玄篡位，遷帝尋陽。

流星犯須女三

《石氏》曰：流星入須女，天子有納美女者。若出須女，女御有使者。干須女，貴女下獄，期百八十日。《文耀鉤》曰：流星抵須女，女主有逆謀，於君有戮死者，期不出一年，遠二年。

流星犯虛四

《文耀鉤》曰：流星入虛，人主大憂，臣下相賊，拔邑若國亡，期三年。《石氏》曰：流星入虛，色青，哭泣事；色黄白，有來受賜者。郗萌曰：奔星以乙丑日流入須女虛危之間，爲民流，占曰：流星色赤若蒼黑，入虛危，有拔邑。又流星數從虛危中出者，貴人往求醫藥。《石氏》曰：流星出虛，臣有出使者。

流星犯危五

《石氏》曰：流星入危，小人乘君子位。《甘氏》曰：流星入危，天下不安，期一年。《巫咸》曰：流星入危，天下不安，其國有憂，下欲謀上，期百八十日，遠一年。《百二十占》曰：流星入危，蓋屋之事；出危，發屋之事。色赤火發，色黑水發，色青憂發，色黄以好發。《石氏》曰：流星入危中，若從危出，不出一年，大水，萬民饑，賣畜生財物，不能自食。郗萌曰：流星入危，色赤，以人爲幣；之危右，以兵爲幣；之危左，色青以圭爲幣；白，以四足蟲爲幣；黄，以貝爲幣。《石氏》曰：流星抵危，色赤，爲兵，期一年；黄土功，白喪，期一年，黑死，有分國。又云：流星成對抵危，中國與北狄交兵。

流星犯營室六

《帝覽嬉》曰：流星入營室，其君淫泆，宫中有憂，若有變事。郗萌曰：奔星以冬至前後三日入營室中，國有急事。《石氏》曰：流星入營室，有使者來，赤言兵，黄土，白義，青客凶，黑客死。《黄帝》曰：流星一曰奔星，出營室，人主去其國，若有内亂，兵起宫中，王者有憂。郗萌曰：流星出營室，有使，以五色占之。《石氏》曰：流星同上。《北官候》曰：大奔星色赤，流抵營室，有凶，其國貴人有死者。上旬見爲老年，來月上旬死；中旬見爲中年，來月中旬死；下旬見爲盛壯，來月下旬死。

流星犯東壁七

《石氏》曰：流星干東壁，大國分兵。《荆州占》曰：流星犯東壁，能文章者死。《石氏》曰：流星出入東壁，主文章者有憂。又曰：入之，有祭廟之事。郗萌曰：使星從西壁出入東壁，人主用故臣。營室一名西壁。《石氏》曰：流星抵東壁，有大臣往使四夷。

流星犯西方七宿三

流星犯奎一

郗萌曰：流星入奎，有破軍死將。《甄曜度》曰：流星入奎，有溝瀆之事，若有使來之國者，使出之他國，不出百八十日，當以衝日爲期。劉曇曰：流星流入奎，有溝瀆之事於國内；出奎，有溝瀆之事於國外。《宋書·天文志》曰：晉成帝咸康三年六月辛未，有流星大如二斗魁，色青赤，耀地出奎中，没婁北，占曰：爲民飢，五穀不藏。是月大旱。又，宋文帝元嘉七年十二月丙戌，有流星頭如瓮，尾長二十餘丈，大如數十斛船，色赤，有光耀人面，從天船西行，經奎北大星南過至東壁止，其年索虜寇青州，殺刺史，掠居民，遣征南大將軍檀道濟討伐，經宿乃敗。

流星犯婁二

《石氏》曰：流星入婁，有聚衆之事於國内。一曰白衣之會，大人爲亂，期三年。《百二十占》曰：流星入婁，有聚衆之事。《流星占》云：流星抵婁，貴賤相謀。

流星犯胃三

《聖治符》曰：流星入胃，有穀粟之税入，若出之，則有出粟。《石氏》曰：流星入胃，保倉之事入於其國内；流星出胃，保倉之事出於其國外。

流星犯昴四

《文耀鉤》曰：流星入昴，四夷交兵，白衣之會，若貴人有急下獄，期三年；若出昴，士衆滿野，若他國有使至，期百八十日，遠一年。《石氏》曰：流星入

昴，貴人有繫囚者。《論語讖》曰：堯率舜等遊於首山，觀於河，有五老遊於河渚。一老曰：河圖將來告帝期。二老曰：河圖將來告帝謀。三老曰：河圖將來告帝書。四老曰：河圖將來告帝圖。五老曰：河圖將來告帝符。龍銜玉苞，金泥玉檢封盛書。五老飛爲流星，上入昴。《甄曜度》曰：流星出昴，胡兵起，士衆滿野，若邊國有死王，期一年，遠二年。韓楊曰：流星成對抵昴，中國與四夷交兵。

流星犯畢五

《荆州占》曰：流星干犯畢，邊兵大戰。《黄帝》曰：流星入畢中而復不出，其星小小赦，其星大大赦。《海中占》曰：流星入畢，其君有大憂，先起兵者兵破亡，若有逐相，以其入日占，期百八十日，遠一年。郗萌曰：奔星以己巳日流而之參濁，其國有流民。濁謂畢也。《西官候》曰：流星入畢，貴人有囚係者。《百二十占》曰：流星入畢，有兵革之謀，出畢，有畋獵之事。《石氏》曰：流星出畢，邊軍大戰，貴人多有繫囚者。

流星犯觜六

《荆州占》曰：流星干犯觜，其國兵起破亡。《石氏》曰：流星入觜，太子使也，外宿中來則外也。四十丈至一百丈，將軍使，十丈至三十丈，小使者，皆不出一年。流星入觜中，有師旅之事於國内。《荆州占》曰：流星入觜中，大臣有倍其主者。《玄冥占》曰：流星入觜中，大臣叛主，大兵聚，車馬將急行，人主有憂，期百八十日，若一年。《百二十占》曰：流星出觜，有師旅之事於國外。一曰兵罷也。

流星犯參七

《流星占》曰：使星色赤若蒼黑，於參傍行，人死於中央，縣令死。《黄帝占》曰：流星入參，不出其年，兵起，先起者破。一曰客軍破。案：《續漢書·天文志》曰：孝和永元元年正月辛亥，有流星起參，長四丈，有光色黄白。二月流星起天棓東北，行三丈，所滅色青白。壬申夜，有流星起太微東蕃，長三丈。三月丙辰，流星起天津。壬戌，有流星起天將軍，東北行。參爲邊兵，天棓爲兵，太微、天廷，天津爲水，天將軍爲兵，流星起之，皆爲兵。其年六月，遣車騎將軍竇憲等出朔方，日逐王等，八十一部降，凡三十餘萬人，追單于至西海。是歲七月，又雨水漂人民，是其應也。《聖洽符》曰：流星入參中，不出其年，國有破軍。《文耀鉤》曰：流星入參，有兵起，客軍破；若出參，中國之米粟大賤。一曰先起兵者亡，後起兵者昌，期二年。《石氏》曰：流星入參，國内均衡石之事。色青黑，不出其年，兵起。郗萌曰：流星赤，之參正星，若之伐正星，出右以兵爲幣，之左以人爲幣，之右以金帛爲幣。一曰兵，一曰幣。《文耀鉤》曰：流星出參，象弓矢，兵大起。郗萌曰：流星色赤，從東方來，至伐而止，此來兵大敗吾軍也。奔星以己巳日流而之參濁之間，其國有流民。流星出南門以刺參，不出十六年，有一國王兼有天下。南門，東井也。流星出參，國粟米賤。《石氏》曰：流星出參，有均衡石之事於國外。《黄帝》曰：使星守參右，穀貴；參左，五穀賤。

流星犯南方七宿四

流星犯東井一

《荆州占》曰：流星干犯東井，大臣謀其國，有兵，期百八十日也。《石氏》曰：流星入東井，其國君死。《甘氏》曰：流星入東井，有水令，從來者其分國亡。《巫咸》曰：流星入東井，其國若以水亡，其分民饑，期三年。郗萌曰：流星入東井，水與城等。《百二十占》曰：流星入東井，有水事於國中。《黄帝占》曰：流星出柳入東井，人主浮舟。郗萌曰：流星出入東井，所之國大水。《百二十占》曰：流星出東井，有水事於國外。一曰水有絶者。

流星犯輿鬼二

《感精符》曰：流星犯輿鬼，中國與南蠻通，四夷來貢。一曰有宗廟祠祀事。《百二十占》曰：流星入輿鬼，有祠事於國内。《五星總占》曰：流星交抵輿鬼，中國與南蠻交兵。郗萌曰：奔流星抵輿鬼，貴人有戮死。又占曰：奔星有光如火散，且行輿鬼上，大臣得賜，期六月。

流星犯柳三

《荆州占》曰：流星干犯柳，周國當之，期九十日。《聖洽符》曰：流星入柳，名木有來者；若出，名木有出者。《百二十占》曰：流星抵柳，名山林有國受伐者。

流星犯七星四

郗萌曰：流星干七星，國有兵，不出百八十日。《黄帝》曰：流星入七星，客有以急使來者；若出之，王者有吉事出使，期百八十日，若一年。《宋書·天文志》曰：流星大如斗，出柳北行，尾十餘丈，入紫宮，没尾後，餘光良久乃滅，占曰：天下凶，有兵喪，天子惡之。武帝、文穆后相繼崩。

流星犯張五

《石氏》曰：流星入張，有使來納幣者。又云：諸侯有謀者，若有人君使人於諸侯。一曰天下有遷徙之民，期三年。郗萌曰：流星入張，諸侯有來賜吾君近臣者；出張，君賜諸侯臣。《石氏》曰：流星出張，諸侯有受賜者。

流星犯翼六

《荊州占》曰：流星干犯翼，國君大臣有憂，遠期百八十日。《黄帝》曰：流星入翼，貴人有繫者。《石氏》曰：流星入翼，倍海國有來使者，以神鳥爲貢，色黄，無故青道病死，黑死不至。《海中占》曰：流星入翼，其國用兵，大臣有憂；若抵翼，天下尊諸侯，期百八十日。《玉曆》曰：一年。《石氏》曰：流星出翼，倍海國受賜。流星抵左翼，天下尊諸侯。《宋書・天文》曰：晉孝武太元六年十月乙卯，有奔星東南，經翼軫，聲如雷。《星説》曰：光迹相連曰流，絶迹而去曰奔。案：占楚地有兵，軍破民流。十二月，苻堅荊州刺史梁成，襄陽太守閻震，率衆伐竟陵，桓石虔擊，大破之，生擒震，斬首七千，生獲萬人。聲如雷，將帥怒之象也。七年九月朱，綽擊襄陽，拔將六百餘家而還。

流星犯軫七

《黄帝》曰：流星入軫，兵喪並起，國以車爲幣，王者能以善令則無咎，期三年。《石氏》曰：流星入軫，有來使者。一曰爲貴人多繫者。流星出軫，臣有出使者，以車爲幣。郗萌曰：流星入長沙，天下逃亡無處者。

唐・瞿曇悉達《開元占經》卷七三 流星犯攝提一

《黄帝占》曰：流星入攝提，外國當以兵爲使來者，若有急；流星出之，王者以兵出使，各以五色占。

流星犯大角二

《黄帝》曰：流星抵破大角，兵大起，四塞有急。若刺大角過，王者失位，期三年。《石氏》曰：流星抵大角，有兵起，大將出，人主憂，期百八十日。流星觸破大角，四兵合有急；刺大角，主失位，裂之尤甚。流星發大角，盛光明耀，大將出；破大角，亡不吉。

流星犯梗河三

陳卓曰：流星入梗河，王者誅夷國，不出三年。《玉曆》曰：流星入犯梗河，王者誅四夷，若邊兵起。一曰蠻王死，期一年，遠二年。

流星犯招摇四

《黄帝》曰：流星起招摇，其所向者兵在焉。又曰：賊寇大敗。《石氏》曰：流星入抵招摇，四夷兵來，邊兵大敗，若王敗，敵有憂，期一年。

流星犯玄弋五

《聖洽符》曰：流星入抵玄弋，夷欲入中國，戰大敗，流星所抵兵從來，期不出二年。

流星犯天槍六

齊伯曰：流星入天槍，外夷來侵，防戍有急者，邊境憂。

流星犯天棓七

《甄曜度》曰：流星入天棓，兵大起；五丈長，國有兵，王者憂，期二年。陳卓曰：流星入天棓，諸侯多訟地者，部分不均平也；出四夷安。

流星犯女牀八

《海中占》曰：流星入女牀，後宫有憂，貴女當有暴誅者，期百八十日。

流星犯七公九

《玄冥》曰：流星入七公，人主信讒佞，誅忠直，諫者凶，人起兵，義人入獄，期一年。《石氏》曰：流星經七公，當有兵將出。《文曜鉤》曰：流星入抵七公，有兵起，大將出。一曰：輔臣有誅，不出二年。

流星犯貫索十

《巫咸》曰：流星入貫索，天下有獄事，多有死者。一曰臣有入獄者，期一年。案：《異苑》曰：田鎮之夜傍階墀走，忽值流星入貫索，天獄也。舊傳若見此者必致死兵，要應披頭仰瞻，須星出則無禍矣。鎮懼，潛語其婦，散髮屋上。兄宵起，見上有物，謂是怪鳥，引弓射之，應絃而墜，乃其弟也。陳卓曰：流星入貫索中，女主死，若有兵。又曰：使星入天牢，有赦。案：檀道鸞《晉陽秋》曰：孝武大元三年三月庚辰夜，流星大如三斗器，尾長三丈，從七公西行至招摇，須臾轉還東行，至貫索而没。六月，苻堅遣其子丕等十萬餘人五道寇襄陽。四年正月辛酉，大赦天下。《春秋緯》曰：大流星赤黄出貫索中者，怪獲死者，女子也。《石氏》曰：大奔星赤黄出貫索中，其國貴女有死者。《荊州占》曰：流星絶連貫索，國城屠。

流星犯天紀十一

《黄帝占》曰：流星入天紀，大臣爲亂，兵起宫中，妃后有出者，期二年。

流星犯織女十二

《石氏》曰：流星入織女，貴女有憂，若有白衣女來者。一曰：后族當有出

者，期不出百八十日，遠則一年。　司馬彪《天文志》曰：　孝明永平七年正月戊子，流星大如杯，從織女西行，照地。織女，天之貴女，流星出之，女主憂。其月癸卯，光烈皇后崩。　《巫咸》曰：　流星入織女，有使從諸侯所來者，出織女，有使之諸侯。　韓楊曰：　流星入織女，有白衣女子會，其出也，賊將出。　《石氏》曰：　流星出入織女，有大水。　《黄帝》曰：　流星出織女，有白衣會，爲賊兵吏凶淫内。　《宋書・天文志》曰：　穆帝永和十年四月癸未，流星大如斗，色赤黄，出織女，没造父，有聲如雷，占曰：　燕齊有兵，民流。　昇平元年，慕容儁遂據臨漳，盡有幽并青冀之地，緣河諸將漸奔散，河津隔絶矣。

流星犯天市十三

《石氏》曰：　流星入天市，色蒼白，萬物貴，赤必大災，民多疾。　又云：　大臣有罪戮於市者，若市吏有憂者。　《巫咸》曰：　流星入天市，亂度量不平，執命者死。　郗萌曰：　流星入天市而出，死罪復生。　《玉曆》曰：　流星入天市，若有死罪當戮，入市而得免者，不出二年。　司馬彪《天文志》曰：　孝明永平元年四月丁酉，流星大如斗，起天市樓西南行，光照地。流星爲使，天市爲外兵，西南行爲西南夷。是時益州發兵擊姑復，蠻夷大牟替陵斬首，傳詣雒陽。

流星犯帝座十四

《甘氏》曰：　流星抵帝座，諸侯兵起，臣謀主，若貴人變，更政，期三年。

流星犯候十五

《聖洽符》曰：　流星抵候星，有兵起，近臣相攻，夷狄内侵，王者有憂。

流星犯宦者十六

齊伯曰：　流星入宦者左右，臣不寧若有憂。　一曰當有被黜者，期一年。

流星犯斗星十七

郗萌曰：　流星抵斗星，權量不平，市吏有憂。　一曰五穀貴，斗不用事。

流星犯宗正十八

《海中占》曰：　流星入宗正左右，貴臣多死，若帝宗后族有黜者，期百八十日，遠一年。

流星犯宗人十九

《甄曜度》曰：　流星入宗人，親戚臣爲亂，若宗中有變事，親戚離別，期不出年。

流星犯宗星二十

玄冥曰：　流星抵宗星，王者宗族不相親，宗室相疑，以親爲疎。

流星犯東咸二十一

《黄帝》曰：　流星入抵東咸，后出入不得時，淫泆自恣。　一曰：　女主亂宫，王者憂，期一年，遠二年。

流星犯天江二十二

《石氏》曰：　流星入天江，有大水，河海溢，人民饑。

流星犯建星二十三

《玉曆》曰：　流星入建星，關道不通，若有使來者。　一曰兵起四塞，民多盜賊，不出三年。　陳卓曰：　流星入建星，天下謀亂。　赤者昌。

流星犯天弁二十四

《甘氏》曰：　流星入天弁，糴大貴，人民饑。　若抵犯之，有兵起，將士行，期二年。

流星犯河鼓二十五

《海中占》曰：　流星入河鼓，有兵起，大將出。若抵之，有死將，隨其所犯將當之。期一年，遠二年。大星爲大將，小星爲小將。　郗萌曰：　使星入河鼓，大將亡其旗鼓。　《石氏》曰：　流星出河鼓，兵出；入河鼓，兵入。又曰：　流星入河鼓，所入將驚死；出河鼓，所出將廢。　《宋書・天文志》曰：　宋明帝太始二年六月己卯，竟夜有流星百餘，西南行，有一大如甌，尾大，餘黑色，從河鼓出，南行至尾没。占曰：　天下鼓出，其年四方反叛，内兵出，大帥親戎。

流星犯離珠二十六

《聖洽符》曰：　流星入離珠，兵宫中起，其宫人有罪及誅者。

流星犯匏瓜二十七

齊伯曰：　流星入匏瓜，天下有憂，若有獻菓者，中有藥不可食，防備之，期百八十日。　《甄曜度》曰：　流星出匏瓜，食官有憂。　一曰魚鹽價千倍。

流星犯天津二十八

《帝覽嬉》曰：　流星入漢中而不出，士卒不可以涉；星若絶漢，即可涉。三日内雨則不吉。　《石氏》曰：　流星入天津，必有大使隨星所之，期一年。　《海中占》曰：　流星入天津，水道不通，梁塞，若津渡有憂。　《石氏》曰：　流星出北斗，人主使於諸侯。　郗萌曰：　流星入漢中，不出，軍不可渡水，先渡者不還。又曰：　使星入河津，有大衆行者。　《荆州占》曰：　流星入漢中，貴人有戮

死者，若溺死。

流星犯騰蛇二十九

《玄冥》曰：流星入騰蛇，雨水爲害，魚鹽貴，水物不成，期不出年。

流星犯王良三十

《文曜鉤》曰：流星入王良，天下有急，關津不通，有兵起，及牛馬多死。陳卓曰：流星入王良，天下兵盡起。

流星犯閣道三十一

《巫咸》曰：流星入閣道，王者有憂，左右有謀，道中有伏兵，若道不通，期百十日，遠一年。

流星犯附路三十二

《帝覽嬉》曰：流星抵附路，太僕有憂，若馬多死，若馬大出，期二年。

流星犯天將軍三十三

黄帝曰：流星入天將軍，大將出，士卒用；若抵犯之，將有憂，星所之，兵所來，期三年。《石氏》曰：流星入天將軍，大將驚出。案：司馬彪《天文志》曰：孝和永元元年正月辛卯，有流星起參，長四丈，有光，色黄白。二月，流星起天棓，東北行三丈，所滅，色青白。壬申夜，有流星起太微東蕃，長三丈。三月丙辰，流星起天津。壬戌，有流星起天將軍，東北行。參爲邊兵，天棓爲兵，太微爲天庭，天津爲水，天將軍爲兵，流星起之，爲兵。其六月，漢車騎將軍竇憲、執金吾耿秉、度遼將軍鄧鴻出朔方，並進兵臨私渠北鞮海，斬虜首萬餘級，獲生口牛馬羊百萬頭，日逐王等八十一部降，凡三十餘萬人追單于至西海。是歲七月，又雨水漂人民也。

流星犯大陵三十四

《石氏》曰：流星入大陵，有土功事，墳陵之役，若抵之，國有大喪，大人當之，期不出三年。

流星犯天船三十五

《玉曆》曰：流星入天船，天下大水，舟船用，若津道不通，有急事。

流星犯卷舌三十六

《甘氏》曰：流星入卷舌，有讒言亂主者，若有口舌於君，幸臣有憂。

流星犯五車三十七

《黄帝》曰：流星入五車，天下兵，車騎發，先起者昌。若抵之，其所主五穀貴。期二年，遠三年。郗萌曰：流星入五車，以甲子日中粟車，期三十日粟貴；丙午日中麥車，期二十日麥貴；戊寅日中豆車，期二十七日豆貴；庚申日中蕡車，期二十日蕡貴；壬戌日中黍車，期十日黍貴。以月所見流星之處，則縣邑之市爲貴矣。《石氏》曰：流星出五車，色白，諸侯以兵爲憂；色黄，受賀；色赤，寇兵，車騎滿野；青黑，多死者。各以其日占。

流星犯天關三十八

《石氏》曰：流星入抵天關，天下有急兵，關道不通，若多盜賊，人民憂，期百八十日，遠一年。

流星犯南河三十九

《巫咸》曰：流星犯南河，蠻兵起，防戍有憂。一曰：流星入南河，爲旱爲兵。《宋・天文志》曰：宋武大明八年四月，有流星大如五斗甌，赤色，有光照面，尾長一丈餘，從參北出東行直下，經東井過南河没。占曰：民饑，吴越有兵。明年，四方賊起，王師水陸征伐，義興吴陵大戰，殺傷千計。

流星犯北河四十

《巫咸》曰：流星入北河，胡兵起，來入中國，若關梁不通。一曰：流星入北河，爲水爲饑，皆期二年。《黄帝》曰：流星絶兩河間，天下大難，路不通。《石氏》曰：南河北河有流星，絶兩河戍間，有客抵之，天下大亂，親戚不恤。

流星犯五諸侯四十一

《石氏》曰：流星出五諸侯，有大喪，以星所入曰占其國。《玉曆》曰：流星入五諸侯，輔臣有憂，若有黜者。一曰諸侯兵有謀主，期不出年。《石氏》曰：赤流星出，諸侯有叛者。其中星散絶，諸侯坐其殃咎。

流星犯積水四十二

《甘氏》曰：流星入抵積水，有大水，舟船用，民大饑。

流星犯積薪四十三

《聖洽符》曰：流星抵積薪，天下以薪蘗爲憂，若厨官有罪者。

流星犯水位四十四

齊伯曰：流星入水位，天下有水，河海溢流，五穀不成，流民大饑，期三年。

流星犯軒轅四十五

《甄曜度》曰：流星入軒轅，后妃有亂，女主有逆謀，天子宜防之，期三年。郗萌曰：流星散入軒轅間，女主宫多讒亂。《荆州占》曰：流星大如瓮，出東

陵西下，必有積血。

流星犯少微四十六

郗萌曰：流星入抵少微，賢良集，道術出。一曰能人多來者。

唐・瞿曇悉達《開元占經》卷七四　流星犯石氏中官

流星犯太微一

《黄帝》曰：奔星入太微中，其國有亂。《海中占》曰：流星入太微，有兵起，外國當以兵至，及有使來者，不出其年。郗萌曰：使星入天官，留十日，有叛者。《荆州占》曰：奔星入太微，宫内有亂，近西相也，近東將也。《石氏》曰：奔星入太微天庭，避之吉，不避者危死。所謂避者，從左來，避之右；右來，避之左。《黄帝》曰：流星出太微東門，大兵起，大臣爲亂，貴人多死者，若有謀。近期一年，中二年，遠三年。流星出太微，大臣有外事，以所之野命其方。《石氏》曰：奔星出太微中，有立王，若從王。流星出太微南門，其衆貴臣有死者。《海中占》曰：流星出太微端門，天子之使出，各以所之野命其國，期不出年。《荆州占》曰：流星出太微天庭之門者，天子使也，以所之野命。其東西南北星來者，使復命。奔星出太微中，國失君。《玉曆》曰：流星出太微天庭，天下兵起，將士大出，王者有憂。期三年災必應。《石氏》曰：流星出太微天庭，大將出。《荆州占》曰：流星大而赤，數出入天宫庭，如浮船狀，有賊臣在傍，人主備，不可出遊。《荆州占》曰：流星縱横經行太微中，主弱臣强，四夷不制，期三月。《石氏》曰：流星犯抵左右執法，東相西將，各以所犯皆當誅，以其入日命其國。皆不出三年。

流星犯黄帝座二

《石氏》曰：流星入太微，犯黄帝座，大人易其東西，犯者皆死亡。《黄帝》曰：流星入太微，抵於帝座，天下亂臣弑主，國易政，期不出三年。

流星犯四帝座三

《巫咸》曰：流星入太微，犯四帝座，輔臣有誅，執法者憂，貴人多死，期二年。

流星犯屏星四

《玄冥占》曰：流星抵屏星，尚書有憂，若有死者，期百八十日，遠一年。

流星犯郎位五

《巫咸》曰：流星入抵郎位。守衛之臣有誅，若左右爲亂，若戮有死者。期一年，遠二年。

流星犯郎將六

齊伯曰：流星抵郎將，則將有誅，若大臣爲亂，王者戒慎左右，不出其年。

流星犯常陳七

《甄曜度》曰：流星入守常陳，衛人有罪者誅，人主憂，期百八十日，遠一年。

流星犯三台八

《海中占》曰：流星入上台司命，大臣有罪，若有死；流星出之，近臣有出者，期二年。《玄冥占》曰：流星入中台司中，奸臣來近主者；流星出中台，奸臣有出者。《甘氏》曰：流星入下台司禄，大臣有賜爵封者；流星出之，臣有罪出走，色黑死，皆期二年。《黄帝》曰：流星走三台者，大將出。《辯終備》曰：奔星入三能，天下感，兵禍聚隅。感，動也。

流星犯相星九

《文曜鉤》曰：流星抵相星，大兵起，大將出，輔相有變。

流星犯太陽守十

《巫咸》曰：流星抵太陽守，有兵起，將軍出，期三年。

流星犯天牢十一

《黄帝占》曰：流星入天牢，貴人有繫者，若多下獄，人民多有罪。期不出年。《黄帝》曰：常以丑未日候，流星入天牢者，有赦。《荆州占》曰：流星出紫宫，奔走入天牢，天子以赦解之。《黄帝》曰：天牢中有一使星出者，小赦；二星出，赦在關内；三星出，赦天下。《荆州占》曰：流星入貴人之天牢，太僕名臣有繫者。其色黄白無故，青憂，黑凶，赤，以金煞之日出，赦獄中，繫者出。

流星犯文昌十二

《黄帝》曰：流星若奔星入文昌宫，其國有亂。《石氏》曰：流星入文昌，其國失政，宫庭有兵若内亂，期二年。奔星出文昌，宫内亂。《荆州占》曰：奔星出文昌宫，國去其君。一曰國失君。班固《天文志》曰：孝成帝建始元年九月戊子，有流星出文昌，白色，光燭地，長可四丈，大一圍，動摇如龍蛇形。有頃，長可五六丈，四圍所屈折委曲，貫紫宫西北，斗西北子亥間，後屈如環，北方不合，留一刻。所占曰：文昌爲上將貴相。是時帝舅王鳳爲大將軍，其後宣

帝舅子王商爲丞相，皆貴臣任政。鳳妬商，譖而罷之，商自殺，屬親皆廢黜。司馬彪《天文志》曰：孝靈二年四月，有流星出文昌，入紫宫，蛇行，有尾無目，赤色，有光炤垣墻。占曰：文昌主上將貴相。後六年，司徒劉郃爲中常侍曹節所譖，下獄死。

流星犯北斗十三

《黄帝》曰：大流星入北斗，天下亂，大發兵，將軍出。期六月，若一年。案：司馬彪《天文志》曰：光武建武十年三月癸卯，流星如月，從太微出，入北斗魁第六星，色白，傍有小星射者千餘枚，滅則有聲如雷，食頃止。是時光武帝使吴漢發卒三萬人擊蜀成帝公孫述。十二年十一月，護軍高午刺述，洞胷死，屠蜀城，滅述妻子宗族。孝靈光和元年四月癸丑，流星犯軒轅第二星，東北行，入北斗魁中。至中平元年，黄巾賊起，上遣中郎將皇甫嵩等征之，斬首千餘萬級。《石氏》曰：流星入北斗魁中，失名人。流星夜有光，入北斗，大臣有繫者，以五色占之。郗萌曰：大流星色青，入北斗魁中，大臣有繫者，有憂也。大流星入北斗魁中失明者，繫者斬死。案：班固《天文志》曰：成帝綏和元年正月辛未，有流星從東南入北斗，長數十丈，二刻所止。其年十一月庚子，定陵侯淳於長坐執左道，下獄死。郗萌曰：奔星入北斗中，中國使匈奴。案：班固《天文志》曰：成帝陽朔四年閏月庚午，飛星大如缶，西南入北斗下。明年鴻嘉元年正月，匈奴單于離陶莫皐死，五月甲午，遣中郎將楊興使吊。《荆州占》曰：大流星入北斗魁中，大臣背叛。流星使星入北斗魁中，臣有繫者，星出繫者出。大流星入北斗魁中，貴人囚，青黑憂，赤黑死，赤兵死。郗萌曰：流星入應星中，天下有赦。《石氏》曰：流星出北斗，人主使人於諸侯。色黄白，有賀事，青黑，有憂事，赤，有兵，期二年。《石氏》曰：流星出北斗魁中，人主左右有繫死者。流星出北斗魁中，若東西不出，期年兵起。流星出北斗魁中，大將軍出，以星出日占知所之。郗萌曰：大流星出北斗後，尾長數丈，將出。流星黄白出北斗魁中，有赦令。《荆州占》曰：大流星出北斗魁中，不出其年，兵起，占星所之者。使星出北斗，東行，齊趙負兵。《玉曆》云：齊魯鄭。出北斗南行，荆魏負兵。《玉曆》云：爲荆州楚韓。出北斗西行，秦鄭負兵。《玉曆》云：秦晉魏。出北斗北行，楚趙負兵。《玉曆》云：燕趙，皆不出三年。《玄冥》曰：流星出部星，天子伐諸侯，天下將太平，期二年。京房曰：流星於北斗傍，明如炬火，長六七丈，一本云：六七尺。如繒布，賊臣專制天下，期三年。郗萌曰：流星從南斗至北斗者，赦令，期正月二月。《荆州占》曰：使星守北斗，天下亂。郗萌曰：大流星拂北斗廡，不出其年，有戮死臣，期三年。奔星以冬至前後十日之内擊北斗柄，天子當之，期六十日。郗萌曰：大流星抵北斗柄破之，大臣有憂，期六月。流星抵北斗，天下大發兵。使星抵北斗東行，不出其年，臣有戮死者。《荆州占》曰：流星不入北斗魁中，居其傍，貴人有避宫者。《黄帝》曰：流星抵正星，大人遇賊憂。流星出正星，執政者易，期一年。《甘氏》曰：大流星抵法星左右，其有光者，男君疾；無光者，女主疾。若出法星，兵起，若有變事，期一年，遠二年。《荆州占》曰：流星抵法星，法星色青，三日有兵，期不出四月；色青白，九月有兵，期不出十月而起，期以春也。不出月大變，變易國名。《聖洽符》曰：流星抵令星，有兵起，天下不安；若出令星，王者使諸侯，行令四方。齊伯曰：流星抵伐星，蠻夷以水兵來入國。若出伐星，天子出使於蠻夷，蠻夷和。若抵破伐星，人多死，期一年。遠二年。《石氏》曰：流星抵殺星，無光，五日君疾；有光，十日女主死。《甘氏》曰：流星抵危星，五穀不成，人君有憂；若出危星，天子出行令。《荆州占》曰：流星多，抵危星，其色赤，有兵，期一歲，黄有土功事，白有喪，期一歲，黑有分國。危星不明，流星數抵之，五穀不成，國相去，君有憂。郗萌曰：大流星數抵部星，王者忌之。《荆州占》曰：流星抵部星，色赤，有大憂，若有士封爵，列侯有令，若兵器有怪，黄有喜。《石氏》曰：流星入輔星，相官不洽，天子制之。星出輔星，相免若死。

流星犯紫宫十四

《黄帝》曰：流星入紫宫，有大喪，大兵起，將軍有戮死者。期三年。案：司馬彪《天文志》曰：孝章建初二年九月甲寅，流星過紫宫，長數丈，散爲三，滅。後四年六月癸丑，明德皇后崩。孝和永元七年正月丁未，有流星起天津，入紫宫中，滅，色青黄，有光。十二月己卯，流星起文昌，入紫宫，後竇太后崩，隴西羌反。《宋・天文志》曰：宋前廢帝永光元年六月壬午，有流星前赤後白，入紫宫。明年，會稽太守尋陽王子房、廣州刺史袁曇遠、雍州刺史袁顗、青州刺史沈文秀並叛，昭太后崩。明年，太始二年三月甲寅，流星從五車出，至紫宫西藩没。其年四方反叛，内兵大出，六師親戎，昭太后崩，大將殷孝祖爲南賊所殺也。《石氏》曰：流星入紫宫，主憂，天下多死者，臣犯主。又曰：入紫宫，使者憂。又曰：入紫宫，使者復命。名曰使星，諸侯有來使者。班固《天文志》曰：孝昭元平元年三月丙戌，流星出翼軫東北，干太微紫宫，始出小，且入大，有光入，有聲如雷，三鳴止。占曰：流星入紫宫，天下大凶。其年四月癸未，宫

車晏駕。《荆州占》曰：流星入紫宫，水旱不調。案：韋昭《洞紀》曰：漢靈帝嘉平二年，有流星出文昌，入紫宫。六月，北海水溢，司空楊賜免也。《荆州占》曰：奔星入紫宫中，大亂。一曰爲其國有亂。其出也，國去其君。案《中興書》曰：安帝隆安五年三月甲寅，有流星赤色，衆多西行，歷牽牛、虚、危、天津、閣道、貫索、太微、紫宫，桓玄簒位之應。《荆州占》曰：使星入紫宫，匈奴起兵。陳卓曰：奔星入紫宫，天下大亂，若有奇令。《石氏》曰：流星出紫宫，天子之急使也。青憂，赤有兵，黄有土功，白有喪，一曰義，黑有水事，皆以所之分野命其國。星復入者，使復命也，不出其年。《海中占》曰：流星出紫宫，人主宫殿空，若有徙王，不則出走。期三年。《荆州占》曰：流星出紫宫中，奔入天牢中，天子以赦應之。《宋書·天文志》曰：宋文帝元嘉二十年二月二十四日乙未，流星大如桃，出天津，入紫宫，須臾，有細流星或五或三相續，又有一大流星從紫宫出，入北斗魁，須臾又有一大流星出貫索中，經天市，諸流星並向西北行，至曉不可稱數。《流星占》並云：天子之使。又曰：庶民惟星，星流民散之象。至二十七年，索虜破青冀徐兗豫六州，民死大半。《荆州中》曰：使星出入紫宫，有空國，王徙。

流星犯北極十五

《黄帝》曰：使星色白，入北極，天下兵聚。一曰國有大變，若有稱兵。《石氏》曰：流星入北辰，天下道塞；出北辰，天下安。焦延壽曰：流星入北辰，兵大起。《黄帝》曰：流星出北辰，地動。《石氏》曰：使星出北，極兵在外者罷，若兵聚外境。期不出年。《荆州占》曰：使星色赤出北極，兵罷於外。《石氏》曰：當以戊日占，有流星出北辰，天子德令安天下。《黄帝》曰：流星抵北極，國有大喪，天下兵起，非一國，將軍戰死，若大臣破戮。期不出三年。《石氏》曰：流星抵北極而止，色前赤後白，有來言兵事者。成前白後黄，人主立太子，有裂地者。色赤而前黄鋭，有來吾國而死者。色白而前後皆鋭，有來言開關而和者，若兵罷四方皆然。《甘氏》曰：流星入鉤陳，必有迫劫主者，若臣謀其主，若兵起宫中，期二年。

流星犯天一太一十六

《聖洽符》曰：流星犯抵天一太一者，五穀成熟，人民安樂，天下太平，鄰國寧。

唐·瞿曇悉達《開元占經》卷七五　流星犯石氏外官一

流星犯庫樓一

《黄帝》曰：流星入庫樓，庫兵發用事，車騎出；流星出之，兵大起，隨星所之，兵所從往。期三年。郗萌曰：流星出天庫，所之邑受兵。使星出入天庫樓，天下空虚，兵盡出。

流星犯南門二

《石氏》曰：流星入南門，西夷兵起，關道不通，國有憂。《荆州占》曰：流星入南門甚衆，大臣有外事。

流星犯平星三

《玉曆》曰：流星入平星，執令臣有憂若有罪；星若出之，臣有黜者，期百八十日。

流星犯騎官四

《甘氏》曰：流星入騎官，有兵起，騎士將出有憂，若馬多死，期一年。遠二年。《石氏》曰：流星抵騎官，兵起，星所止知之。

流星犯積卒五

《聖洽符》曰：流星入積卒，兵士大行，若將死。一曰近臣有誅者，期不出二年。案《晉陽秋》曰：大元元年三月丁巳，流星大如斗椀，赤色，尾長二丈，起心星南五丈，經積卒。九月，秦王苻堅屠涼州，虜刺史張天錫，車騎桓冲屯軍淮泗。

流星犯龜星六

齊伯曰：流星入龜星，天下有水，珠玉貴；流星出之，天下大旱，五穀貴，期不出年。郗萌曰：流星出龜星，色青黑，所之國大水；赤黄，所之國大旱。

流星犯傳説七

《甄曜度》曰：流星抵傳説，王者有子孫之憂，若出之宫中，有子孫之喜，期不出百八十日。

流星犯魚星八

《海中占》曰：流星抵魚星，天下水，魚鹽貴，星若出之，天下旱，魚行人道。

流星犯杵星九

《玄冥》曰：流星入杵星，五穀大貴，其歲杵不用事。

流星犯鼈星十

《文曜鉤》曰：流星入鼈星，國有大水，色赤出鼈，其國大旱。郗萌曰：大流星出鼈星，色青黑爲大水，赤黄爲大旱，視其所之以命邑。

流星犯九坎十一

《巫咸》曰：流星入九坎，有水旱之變，從南入則大旱，從北入則大水。

流星犯敗臼十二

《帝覽嬉》曰：流星入敗臼，天下有急發米粟之事，杵臼用，期一年。

流星犯羽林十三

《黄帝》曰：流星入羽林，兵大起，士卒發用，將軍有出者。期三年。《石氏》曰：流星色赤，入大牢東，君起兵；入其西，太子起兵；入其北，諸侯起；兵出大牢，兵隨所之。流星色赤，入天軍之南，天子死；入其西，太子死；入其北，諸侯多死。流星色黄白，入天軍之西，天子立太子；入其中，天子立侯王，不則受賜。流星色白，入天軍之南，后憂疾；入其北，諸侯憂疾。《春秋緯》曰：使星出入羽林，兵起。

流星犯北落十四

《石氏》曰：流星抵北落，天下有兵，北夷寇虜入塞，大將出，鈇鑕用，期百八十日，遠一年若二年。

流星犯土司空十五

《玉曆》曰：流星抵土司空，其國有兵，土功起；若抵破司空，國有喪，期三年。

流星犯天倉十六

《石氏》曰：流星色赤，入天倉中，兵内起；其犯破天倉，旱若火起，出天倉，粟以兵出。流星色黄白，入天倉中，歲饑；出入天倉，歲大饑，出穀。《甘氏》曰：流星入天倉，天下饑，穀散出，若發粟於民，有轉穀之事。

流星犯天囷十七

《聖洽符》曰：流星入天囷，有兵起，穀當出，有軍糧之急。期百八十日若一年。

流星犯天廪十八

齊伯曰：流星入天廪，其國大饑，五穀不成，人民饑死，米粟當有出廪者，期不出二年。

流星犯天苑十九

《甄曜度》曰：流星入天苑，有兵起，馬出行若多死。一曰禽獸多死。《石氏》曰：流星色赤，入天苑中，牛馬多傷；出天苑中，牛馬多以兵事出者。流星色黄，入天苑中，牛馬野禽獸蕃息。流星色蒼白黑，入天苑中，牛馬野禽獸多死；出天苑，牛馬以全出者。流星入天苑，馬之事，出天苑，名馬出幣，入四足獸有幣者。流星入天苑，名馬有入者；出天苑，名馬有出者。

流星犯參旗二十

《海中占》曰：流星入參旗，兵大起，弓弩用；流星出之，將軍出，兵士行。期二年。郗萌曰：使星出入天弓，匈奴兵起。

流星犯玉井二十一

《黄帝》曰：流星入玉井中，皆爲强國失地；出玉井，强國得地。郗萌曰：有大流星循伐以下入玉井中，不出其年，水與城等。以星小大遲疾占之。《玄冥》曰：流星入玉井，國以水爲憂，若疾，國失地；若出之，大水溢流，有溺死者。期不出二年。《荆州占》曰：流星出玉井，將出。

流星犯屏星二十二

《文曜鉤》曰：流星入屏星，執法臣有戮死者，人民多疾，若有死，不出其年。

流星犯厠星二十三

《巫咸》曰：流星入厠星，天下大饑，人相食。一曰若大水，陷厠中，有謀兵。

流星犯天矢二十四

《石氏》曰：流星抵天矢，入民多疾，若多死，天下饑。流星色黄吉，青白多疾，黑多饑。

流星犯軍市二十五

《玉曆》曰：流星入軍市，兵大起，大將出，軍饑，絶糧，市散。期二年。

流星犯野雞二十六

《甘氏》曰：流星入軍市，抵野雞，將離散，士卒死亡，先起兵者殃。期三年。

流星犯狼星二十七

《黄帝》曰：流星抵破狼星，秦國有殃，先起兵者亡，期一年。遠二年。《石氏》曰：流星抵狼星，其國兵大起，大將有千里之行，將軍有死者。

流星犯弧星二十八

齊伯曰：流星入弧星，天下兵起，諸侯相攻，弓弩用，車騎出。一曰弓矢貴，秦負兵。期不出百八十日，遠一年。司馬彪《天文志》曰：光武建武十一

年十二月己亥，大流星如缶，出柳，西南行，入弧且滅，分爲千餘，如遺火狀。須臾，有聲，隱隱如雷，柳爲周，弧爲秦蜀，大流星出柳入弧者，是大使從周入蜀。時光武使大司馬吴漢發南陽，三萬人乘船泝江而上，擊蜀成帝公孫述。又命將軍成等平武都邑郡。十二年二月，吴漢又擊述大司馬謝豐，斬首五千餘級。十一月丁丑，漢護軍高午刺述洞胷，其夜死。明日漢入屠蜀城，誅述大將公孫晃等，所殺數萬人，滅述妻子宗族萬餘人。

流星犯老人星二十九

《荆州占》曰：使星出入老人星，老人有疾憂。《海中占》曰：流星抵老人，天下多病，老人不安。一曰大兵起，老者行。

老星犯天稷三十

《玄冥》曰：流星入天稷，五穀散出，穀不熟，天下饑，人民流亡，去其鄉。

流星犯甘氏中官二

流星犯天理一

《荆州占》曰：流星入天理，貴人之牢，太僕名臣有繫者也。青憂，赤以金殺之，黄白無故，黑凶。流星出魁中，赦繫獄者，天理也。

流星犯咸池二

《黄帝》曰：流星出咸池中，星所之者兵起。《石氏》曰：流星入咸池，大水。郗萌曰：使星舍咸池，有喪。

流星犯甘氏外官三

流星犯哭星一

《黄帝》曰：出入哭星，有哭泣事。

流星犯水府二

郗萌曰：有大流星，赤黄色，出水府，所之邑大旱。郗萌曰：有大流星，青色，出水府，所之邑大水。

流星犯巫咸中外官四

流星犯長垣一

《帝覽嬉》曰：流星入長垣中，匈奴兵起，來侵中國，人主有憂。《荆州占》曰：使星入長垣，匈奴起兵。

流星犯天淵二

郗萌曰：大流星色青黑，出天淵，所之邑大水。大流星色赤黄，出天淵，所之邑大旱。

流星犯天廐三

陳卓曰：使星出入天廐，天下有驚。

唐・瞿曇悉達《開元占經》卷七六　雜星占

星晝見一

《甘氏》曰：星與日並出，名曰女嫁。星與日争光，武且弱，文且强，女子爲主而昌。在邑爲喪，野爲兵。《辨終備》曰：星晝見，虹不藏，臣人生海失常，主淫於色酒湎沉，慎失職，出遊遨。《甘氏》曰：明星奪日光，天下有立王。《吕氏春秋》曰：武王勝殷，將二虜而問焉，曰：若國有妖乎？二虜對曰：國有妖，星晝見。《甘氏》曰：星無故常晝見者，名女王，不出三年，大水浩洋，若有女王立。京氏曰：晝星見，人臣有奸心，上不明，臣下縱横修撰。《孝經雌雄圖》曰：一星晝見者，君子失國亡道，入邊爲虜。《魏氏圖》曰：一星晝見者，君子失國亡世，當敗必死。《雌雄圖》曰：二星晝見者，皇后失勢，以刑死。一曰公亡，刑則失度，爲羌狄所賊。又曰：有白衣問，詐在宫中。《魏氏圖》曰：三星晝見者，君有亡邦憂，羌人入界，欲爲天子。一曰臣有憂，其世絶。又曰：參與辰俱見，天下有兵，二邦相攻血流。《孝經内記》曰：三星在日上下者，外人欲殺，奸在後宫。又曰：三星在日左右者，臣欲殺君，與將軍共爲一心。《雌雄圖》曰：三星晝見者，臣有大憂，公卿爲夷狄賊所害。又曰：四星及五星晝見者，王侯爲外界人所殺。一曰君弟有死憂。《内記》曰：四星在日上下者，王侯欲伐國政之憂。《魏氏圖》曰：北斗晝見者，君死亡，絶後嗣也。

恒星不見二

楊泉《物理論》曰：凡無名之星，一見一不見，唯二十八宿度數有常，故曰恒星。《左氏傳》曰：魯莊公七年四月辛卯夜，恒星不見。恒，常也，謂常見之星也。辛卯四月五日夜，月光尚微，蓋時無雲，日光不以昏没也。夜中星隕如雨。如，而也，夜半乃有雲，星落而且如雨，其數多也，皆記異也。日光不匿，恒星不見，云夜中者，以水漏也。《傳》曰：恒星不見，夜明也，星隕如雨，與雨偕也。偕，俱也。《穀梁傳》曰：常星者，在位人君之類。不見者，無君之象也。《公羊傳》曰：恒星布列四方，助天爲光明，諸侯之象。不見者，象諸侯之背叛，不佐王者奉順法度。《春秋緯》曰：恒星不見，言周制絶滅，衆燿隕亂。《運斗樞》曰：蒼帝行失，

則列星滅。《雒罪級》曰：恒星不見，主嚴法度消。《助佐期》曰：列星不見，精無耀，天子失政，諸侯横暴。董仲舒曰：常星二十八舍，人君之象也。衆星者，萬民之類也。列宿不見，象諸侯微也。許慎曰：衆星者，庶民之象也，與列宿俱亡，中國微滅也。鄭玄曰：恒星謂列舍，特天子之正也。不見者，諸侯乘天子禮義法度。又夜明象諸侯概然將强大也。《河圖舍占篇》曰：將失政不法，則星亡。【略】

星鬥占三

《吕氏春秋》曰：至亂之化，有星鬥。班固《天文志》曰：辰星與他星相遇而鬥，天下大亂。

衆星摇動四

《洪範天文星變占》曰：漢武元光中，天星盡摇，上問候星，對曰：星摇，民勞也。後征伐四夷，百姓勞於兵革也。

星隕占五

京房《易傳》曰：星者，陰精也，五行之形，其體在下，精燿在天，百官之本，各因其原。星飛反行，萬民不安。太星隕下，陽失其位，災害之萌也。其救也，人君當悔過反政，克己責躬，省傜役，安國封侯，以寧民爲先，則宿正矣。《洪範傳》曰：星者，在位人君之類也；隕者，衆其隕墜失其所也。夜中然後隕者，言不得終其性命，中道而敗。或曰：象其叛也。夜中然後反者，言當以中和之道反之也。天變所以語人也，防惡遠非，隕卑有微將以安之也。班固《天文志》曰：夜中星隕者，爲中國也。《鹽鐵論》曰：常星猶公卿也，衆星猶萬民也。列星正則衆星齊，常星亂則衆星墜。《感精符》曰：天下無法度，莫能相治，患禍並見，四夷爲邪，則星隕，皆失其正，異姓起，行貪奢，强國并兼，民流彼邦，此王者失執，諸侯起霸之異。董仲舒曰：星隕者，君主太盛，臣下墜落之象也。省刑，罪無加賢臣以救之。《洛書》曰：衆星隕不言，侯伯伐王。《天鏡》曰：國易主，則星墜，國有大凶，其主亡，則衆星墜。董仲舒曰：衆星墜，民失其所也。《荆州占》曰：星墜，當其下有戰場，天下亂。期三年。《推度災》曰：奔星之所墜，其下有兵；列宿之所墜，滅家邦；衆星之所墜，萬民亡。《運期授》曰：黄帝亡也，黄星墜。《文曜鉤》曰：鎮星墜，海水溢。《考異郵》曰：黄星騁，海水躍。《運斗樞》曰：黄星墜，海水傾。《淮南子》曰：奔星墜而渤海決。許慎曰：奔星，流星也。《天官書》曰：宋襄公時，隕如雨。杜預《春秋》曰：如，而也。星落而且雨也。天子微，諸侯力政，五伯代興，更爲民主，自是之後，衆暴寡，大并小，並爲戰國。京房曰：星以春三月墜，歲凶不登；其二月，大殃；秋三月墜，兵起；八月大殃。《左傳》曰：星隕如雨，與雨偕也。《洪範》曰：此象天子微弱，民將去土，諸侯起霸，終於微滅之應也。《潛潭巴》曰：星隕如雨，厥民叛，下有專討歸衆。京房曰：人君不仁，傷胎孕，殺無辜，則歲星失度。星隕如雨不收，則弟殺兄，臣誅君。其救也，内慈仁敬讓，外慮恩施惠，無犯四時，歲星承度，隕星上覆列宿。又曰：君不任賢，厥妖天雨星也。《漢書》曰：成帝永始二年二月癸未夜過中，星隕如雨，長一二丈，繹繹未至地滅，至雞鳴止。谷永對曰：日月星辰，燭臨下土，其有食隕之異。即遐邇幽隱，靡不咸覩。星附麗於天，猶庶民附麗王者，君失道也，綱紀廢頽，下將畔去，故星畔天而隕，以見其象。《春秋》記異，星隕最大，自魯莊公已未，於今再爲見。臣聞三代所以喪亡者，繇婦人羣小沉湎於酒。《書》云：乃用其婦人之言，四方之多罪逋逃，是信是使。《詩》云：赫赫宗周，褒姒滅之。顛覆厥德，荒湛於酒。及秦所以二世而亡者，養生太奢，奉終太厚。方今國家兼而有之，社稷宗廟之大憂也。《天鏡》曰：星墜爲石，天下兵起，流血萬里。又曰：國有兵凶，則星墜爲鳥獸。京房曰：天下將亡，則星墜爲飛蟲。又曰：歲大饑大殃，則星墜爲粟豆。又曰：天下大兵，則星墜爲金鐵。《天鏡》曰：天下有水，則星墜爲水。又曰：國有大饑，有兵流血，則星墜爲土。又曰：國主亡，有兵，則星墜爲草木。又曰：兵起國主亡，則星墜爲沙。京房曰：星墜爲人而言者，善惡如其言。又曰：國有大喪，則星墜爲龍。《河圖》曰：將失政不法，石墜星亡。《援神契》曰：星墜石墜，大人憂。京房曰：星墮化爲石，臣下倍主，主妄行。又曰：兵將作，妖星隕爲石。《天官書》曰：星墜地則石也。河濟之間，時有墜星。《左傳》曰：僖十六年春，隕石於宋五，隕星也。周内史叔興聘於宋，宋襄公問曰：「是何祥也？吉凶焉在？」對曰：「今兹魯多大喪，明年齊有亂，君將得諸侯而不終。」退而告人曰：「君失問，是陰陽之事，非吉凶所生也。吉凶由人，吾不敢逆君故也。」《洪範占》曰：明年齊桓公卒，五子争國，宋公伐齊行霸。後六年，爲楚所敗，不終之應也。《抱朴子外圖》曰：隕星者其精耀，非隕其質也。隕石於宋五，非星也。俗人視天上惟有日月與星，計言從天上墮，惟當是此三物，而日月常在，故謂墮者必是星耳。天或雨血、雨魚、雨灰、雨草木、雨兵、雨石、雨穀，如此是天降怪異，無所不

有。春秋時隕石所謂雨石者也，何必星乎？或四方高山之石，飛行爲怪，墜之於地耳，其妖大甚，不可悉載。《史記》：秦始皇三十六年，有墜星下東郡，至地爲石，黔首或刻其石，云始皇死而地分。始皇問之，遣御史逐問莫服，盡取石旁舍人誅之，燔其石。《洪範占》曰：是歲始皇崩，三年而秦滅亡。《趙書》曰：石勒時，有星隕魏郡鄴縣東北六十里。初，有黑黄雲如幕長，數十疋交錯，音聲如雷，墜地熱氣如火，塵起連天。時左右有私鋤者，皆震疊。塵止經視之，土猶帶熱。求覓見，有一石方一尺，青色而輕，擊之聲如磬。未幾石勒死，虎殺其子而自立。

唐・瞿曇悉達《開元占經》卷七八　客星犯角一

《甘氏》曰：客星干犯兩角間，白者軍起不戰，邦有大喪；其色赤，戰所指，必有破軍侵城。期七十日或三年。《石氏》曰：他星入左角，兵吏有來擊者，色赤皆以兵擊，黄皆以土訟，白皆以義，黑皆以死，青皆以憂。《巫咸》曰：客星入左角，獄多死囚。《荆州占》曰：黄星若白星入左角，裏有受咎者。又曰獄官吉。入右角，尉有喜。《荆州占》曰：赤星入左角，兵吏有攻者也，黄訟土事，白以好訟，青以憂訟，黑以死訟。《石氏》曰：白星入右角，兵吏有易者，青以憂去，黄以好去，白以義去，黑以死去。《海中占》曰：赤星入右角，兵吏有置兵軍受命者。夏氏曰：客星入角，五穀傷，蝗蟲生。郗萌曰：黑星入右角，兵吏有以喪置兵者，色黄若白，以好置兵，青以憂置兵。又曰：客星入角，將相后族家有收戮者。《石氏》曰：赤星從兩角間過，不入亢中，有兵，色白有過客，色黑有過喪。郗萌曰：有星出亢入兩角間，君有使，諸侯有口令。色赤言兵，黄言土，白言義，青言憂，黑言凶。《石氏》曰：他星出左角，獄吏易者，色赤以兵，色黄以好去，色白以義去，色黑以死，色青爲憂。郗萌曰：有星出左角，與星相迫，大如缶，赤如血，其名爲禍星，三日三夜不入，命曰動兵，三年而國亡，以其日占之。又曰：黄白星出左角，獄嗇夫受梃。色青有大憂，色黑有死者。《石氏》曰：有星出右角，有驚將，色赤將不勝，青憂，黄將去，白不戰，黑將死。《海中占》曰：大赤星出右角，國門有出兵，左角國入兵。郗萌曰：黄星出右角，國有驚，一云兵驚。不戰受地。星白者不戰而進，色黑青者戰不勝凶。《荆州占》曰：赤星出右角，郗萌曰：出右角入左角也。將有攻吏者，國有驚。其星不摇散不統絶，戰勝。《巫咸》曰：客星出角，臣謀其主，賊從外來，天下大亂，將相將有誅者。《海中占》曰：赤星出角亢間，國邑有圍者。郗萌曰：大赤星若白星出角亢，國有大盜，黄星出北，止天門中，天下兵在外者罷，客星出角，兵大起。期不出二年。《荆州占》曰：赤星出兩角間，國有恐，人民驚。又曰：經兩角間，軍道塞。《二十八宿山經注》曰：有客星如半席，出於角亢，則其年韓土有死兵，公使大臣謀死，多災殃。郗萌曰：赤星經兩角間，國門閉，可以觀邑門之閉開也。星白，軍在外道塞。赤星從兩角間過，不入亢中，有過兵。黄白星數就右角若左角，兵使有受地者。赤星大如鋒矢，赤如雞血，數就右角若左角，兵使遇賊。《黄帝占》曰：大黄星之兩角間，有貴客來見，君廟將有事。《海中占》曰：黄星起右角之左角，尉理受執。《黄帝》曰：赤星止兩角間，國門閉，其食道絶。陳卓曰：客星舍角，天下有陷地。郗萌曰：客星入舍右角，小人有兵多恐，兵起不用。《石氏》曰：客星守左角，色赤，天下大旱，五穀不成。郗萌曰：客星守左角，獄吏多冤。《石氏》曰：客星守右角，有大水。《巫咸》曰：客星守右角，一曰色赤。多暴虐事。郗萌曰：客星守南角間赦，一云黄星守兩角間。不盡出。期不出四十日。班固《天文志》云：客星守兩角間，姦人在宫庭。《黄帝占》曰：大客星守角白，天下中隔不通。《石氏》曰：客星守角，强臣寵取國勢；他星守角，獄多訟。《巫咸》曰：客星守角，五穀不登，大旱，不生草木。郗萌曰：守角，臣謀其主。一曰賊臣從外入。又客星守角，大旱，五穀不熟，燋旱不生。一曰色赤守角，有兵。又客星守角，天庭大臣有亂者，凶。一曰入天庭，十日天下大亂。又客星逆行守左角，穀貴。《荆州占》曰：客星犯守角，大旱，五穀不登，富人貧。又赤星留守兩角間，有兵，國閉，青有大獄事，白有義來者，黄有土功，黑有凶，人主有殃。

客星犯亢二

《甘氏》曰：客星干犯亢，中國不安，兵起政亂。期一年。《石氏》曰：有星出入角間，入亢，色赤，有過兵，白有過客，黑有過喪。《海中占》曰：客星數入亢，國疾疫，出亢疾已。夏氏曰：客星入亢，人流亡。郗萌曰：客星入亢天庭十日，天下大亂。又客星入亢，有小旱，期三十日。又曰旱。又曰有小水，八穀水傷。又曰五穀不登，爲後年。一書云：五穀豐，人有禮讓。又曰：客星入亢，兵戰，士卒行，不出九年。又曰天下大亂。《荆州占》曰：客星入亢中，天下有德令。色白期秋，赤期夏，黄期六十日，黑期百二十日。又有星出氐入亢中而散，人主有病，從帶而上。《東官候》曰：赤星入亢，有宗廟事。

色黑廟中有喪，色青見血，白有兵，女主有喪。《百二十占》曰：他星入亢，有來使者受命於廟，色赤言兵，黄言土，白言義，青言憂，黑言憂客。《石氏》曰：有星出亢，有出使者，以色占，赤言兵，黄言土，白言義，青使者憂，黑使者凶，一曰多兵。郗萌曰：有星暴出亢，愛臣以口舌事自殺。期一月若一年。又黄星白星出廟以北，中人有受賜者。又黑星出廟北而南入廟，女主有客事者，有廟之事。又客星出入亢，五穀不登，爲後年。《石氏》曰：有星經兩角間入亢，諸侯客有來者，廟將有事，有口令。《海中占》曰：大赤星從角就亢，人主遇賊。郗萌曰：客星與亢合，相爲亂，國易政。《黄帝》曰：赤星集亢氐間，廊廟間有陳兵。《海中占》曰：客星出亢，若守之，其國大旱，五穀傷，貴人去其鄉，人民流亡。若芒角變色，地動爲害。期三年。《黄帝》曰：客星守亢，國臣不祥。《巫咸》曰：客星守亢，有德令。郗萌曰：客星守亢，天下通臣有謀其主者，軍敗不成。多蟲蝗，糴貴絲貴，有奇令。又客星守亢，下田傷。《東官侯》曰：客星守亢，則五穀頻不成，糴貴。《荆州占》曰：客星留守亢，色赤旱，青黄人去其鄉，黄無他害，黑人民流徙，貴人憂。芒角變色，地動摇宮。《海中占》曰：客星犯守，國多妖祥。

客星犯氐三

《甘氏》曰：客星干入氐中，後宫有亂，暴兵動，期百八十日，遠三年。《黄帝》曰：有客星入氐，色白即將嗇夫受賜，色黄遷，色青黑，不死則凶。又客星入氐，日食地震，糴貴，石百五十，有奇令。一云：糴石千五百，穀爲玉。《石氏》曰：客星入氐，棺槨貴。《甘氏》曰：客星入氐，《文曜鉤》云守氐。邊邦有獻女者。《海中占》曰：大赤星入氐，卒大出。郗萌曰：客星數入氐，有疾。一云没巴。數出，疾已。陳卓曰：客星入氐，兵從邊起，若後宫亂，暴兵動，五穀不成。《荆州占》曰：客星入氐，麥麻羊貴。《黄帝》曰：客星出氐，一云入氐。色黄白，與兩星齊，期十日而赦，去兩星二尺，期百日有赦。《黄帝》曰：有星出氐，若有疾於國外。《文曜鉤》曰：客星出氐，人主憂病。一曰有德令，若邊國有獻女者。郗萌曰：有星入氐中而散，人主有疾，從帶下而上。《荆州占》曰：有星入氐中，人主有疾，從帶而下。《石氏》曰：客星起氐中，天子不安，宫移徙，女失坐。郗萌曰：客星乘氐下星，馬牛大貴。《黄帝》曰：客星逆行，入貫氐中央，日月薄食。郗萌曰：客星逆入貫氐中，大人奪執失威，大臣乘國之權。又客星逆乘滅氐，有土功事。《黄帝》曰：有星守氐，色黑，大水，其國有復王。白，廊廟有憂。黄有喜。赤有兵，在廟中，近臣謀弑貴人。《文曜鉤》曰：客星守氐，人主憂帶下病。《石氏》曰：客星守氐，有謀臣欲危其主。《巫咸》曰：客星守氐，兵起國亡，天下受圖而俱起亡軍。《海中占》曰：客星守氐，有德令。郗萌曰：客星守氐，天下中外不通，馬不急行，國易政。案：《後魏志・武紀》曰：桓帝時有黄星見於楚宋之分，遼東殷馗善天文，言後五十歲當有真人起豐沛間，其鋒不可當。至五十年而太祖破袁紹，天下莫敵。《荆州占》曰：客星守氐，木器布帛倍價。郗萌曰：客星逆守乘滅氐，諸侯王坐法者，誅絶無後。

客星犯房四

《河圖》曰：客星干房，失春政，不法。《甘氏》曰：客星干犯房，王國空，兵起，人饑，骨肉相殘。《黄帝》曰：客星入房，糴石千錢，人多餓死相食，多移去其田宅。皆期後年。《石氏》曰：客星入房，輸食有入者；出房，輸食有出者。赤星入房，國名寶用，龍馬貴。客星入房，諸侯有獻馬者，糴大貴。郗萌曰：赤星就房，國圍。又曰：入房馬貴，出房，名寶有出者。客星入左服若右服，其有來獻馬者，出左右服，人君使諸侯以馬爲幣。客星入房，有大臣弑其君者。又曰：入天府，天下有變更之令，若有急令。客星入天廄之中，滿三日而去，有赦。《荆州占》曰：白星入房下北門，有攻戰，排門者，在於近臣。期百二十日。客星入天府，有德令。一曰有賊人，一曰有兵發，一曰天下且有大喪。韓揚曰：白星入房，赦。《黄帝》曰：客星出，《玉曆》云：出若守之。在陽爲旱爲喪爲饑，在陰爲兵爲水，亦爲饑。班固《天文志》曰：漢孝武元光元年六月，客星見於房，二年十一月，單于將十萬騎入武州，漢遣兵三十萬以待之。郗萌曰：客星出房，近臣謀主若暴死，期一年。又有星出房左爲父，次爲太子，出房右爲母，次爲長女。《荆州占》曰：青星出右驂若左驂而散，人主爲牛犇敗。郗萌曰：客星在表之北，多水，去下田，耕高田；在表之南，多旱，去高田，耕下田。客星在中道，天下太和，馬貴，一曰牛貴。客星舍房左右，羣臣有奪地者。又曰吞藥死者。《石氏》曰：客星守房，左驂馬貴。客星守房，宫有謀臣，臣欲無其主。《巫咸》曰：客星守房，糴貴。郗萌曰：客房，天下有急令，且恐，治馳道。又曰馬疾，一曰人主以馬爲憂。《海中占》曰：客星犯鉤鈐，主有犇馬之敗。《石氏》曰：客星犯鉤鈐，王宫大亂，不出三年。

客星犯心五

《石氏》曰：有星入心，諸侯有來使者；星出心，君使人於諸侯。色赤言兵也，色黄言土功，色白言義，色青言使者憂，色黑言客凶。《甘氏》曰：赤星入心留迴之，天子不有喪當兵死。《夏氏》曰：客星入心，有德令。郗萌曰：客星入天子之宫，十日成勾已，天下有大赦。客星入太子宫，太子益官。一本云太子不得代。黑星出房而入心，近臣謀主，若暴死。期一月中。客星入心，丞相憂疾。又曰大赦，期三月。赤星入心右星，太子有兵；入心左星，庶子有兵。青黑星入心右星，太子有憂若有罪；入左星，庶子有憂若有罪。黄白星入心右星，太子受賜；入左星，庶子受賜。《甘氏》曰：客星出心，天下大旱，兵起滿野，車騎用，國易政，期三年。郗萌曰：客星出心中央星以南若左右，有抵罪而走者，黄白無故，青憂，黑死，赤以兵隨之。又曰：心上有一星，去心一尺所，有中謀下，有星去心一尺所，有外謀，星多謀多，星少謀少，謀多者謂人多也。上下俱星，中外俱有謀，星遠人遠，星近人近，近期百日，中期在衝月，遠期在一年中。《荆州占》曰：以四月五月在心尾間，至七月八月，大蟲從東南來。《黄帝》曰：有星大如疋，布貫尾判心下星，諸侯有來附兵於君者。郗萌曰：客星舍心，兵起。客星逆乘滅心，有謀易君者，宫内有亂謀，權在宗家，得執大臣。《黄帝》曰：客星守心，不過三旬有善令。赤星大如鋒矢，赤如雞血，入守心，人主遇賊。其出心也，行道甚遠，人主戮於千里之外。《聖治符》曰：客星守心，五十日不去，兵大起，國有喪，人民以饑亡，糴貴十倍，期不出百八十日，遠一年。《巫咸》曰：客星守心，糴貴人饑，兵臣謀，有奸臣；成勾已，有德令。期三月十月，稷、布大貴。郗萌曰：客星守心，有大土功，有大喪，大人當之。又曰人疾。客星守心中央星，大人憂，守太子，太子得立；守庶子，庶子誅。客星守心，赤爲亡兵，青黑爲憂。客星守心，二十日，穀大貴。《荆州占》曰：赤星守心，大軍兵滿野，車騎用，布帛貴，娼女運穀，三年易改。《雜候集》曰：他星守心，其國亡，邑有善令。《天旬占》曰：客星守心，蜚蝗大起，糴大貴十倍，萬人饑，流亡在道，下有謀反逆者。《石氏》曰：客星犯守心，宫鐘大鳴，劒戟大横，大臣相疑，天下兵起心變。期急，近期七日，中期七十日，遠期百八十日。《荆州占》曰：客星犯乘守心者，大旱，天下備火，近期十日，遠期三年。

客星犯尾六

《黄帝》曰：客星入尾，歲饑，人相食，多死者。《聖治符》曰：客星入尾，大水，其入之順行，有德，逆行凶。《石氏》曰：客星入尾，北夷大饑，來降。客星入尾，人多移徙。又曰：入天司空，多土功事，有尾之禽大貴，天下大水。黑星若蒼星入尾，故臣有來使者。白星入尾箕，邊城將侯司空死之。客星入尾，皇后有以珠玉簪珥惑天子者。客星入尾，多風。一曰水祥，一曰雨降。客星入尾，宫人惡之。《荆州占》曰：客星入尾，天下大振，一東一西，一南一北，男不得耕，女不得織。

客星犯箕七

《黄帝占》曰：客星守箕，多土功事。又曰：守箕北小熟，守箕東大熟，守箕南小饑，守箕西大饑。《石氏》曰：客星守箕，天下饑，色赤則爲兵。郗萌曰：客星入箕，民流亡；若出箕，宫人出。《荆州占》曰：客星入箕，多風暴雨，宫女不安，或外國有使來。一曰官木用。武密曰：客星入箕，則有風雨。《天文總論》曰：客星入箕，有土功事，守箕則秋冬水災。《天文録》曰：客星出於箕，民饑，大臣有見棄者；入箕，北夷饑。

唐・瞿曇悉達《開元占經》卷七九　客星犯南斗一

《甘氏》曰：客星干犯南斗度，其國必亂，兵大起，期一年。陳卓曰：客星干犯南斗，王者疾病，臣謀其君，子謀其父，弟謀其兄，是謂無理，諸侯不通，天下易政。期百八十日，遠不出一年。《黄帝》曰：客星入南斗中三尺，三日不去，城郭閉，道不通，貴人坐之。又曰：入鈇鉞，外兵擒，士卒殺傷其將，外國來降。《北官候》曰：國來而不降。《河圖》曰：有星入南斗，有君來見吾君者。《聖治符》曰：小赤星氣交入南斗建中，此揚見精者，宫人子方生，非其子也。《石氏》曰：有星入南斗，諸侯客有來見天子者，出斗，天子使人之諸侯。色青皆言憂，赤皆言兵，黄皆言土，白皆言義，黑皆言凶。客星入南斗中三日三夜，天下有赦，期三月。《巫咸》曰：客星入南斗，諸侯不通天子，且有舉兵伐父者，弟攻其兄。夏氏曰：客星入南斗，諸侯相攻伐。郗萌曰：客星入南斗，多盗賊。以十一月四月入斗中，天下赦無餘因。期六十日，遠期六月。陳卓曰：客星入南斗中，穀不登，人相攻。《石氏》曰：客星出南斗，兵革大起，有大水，天下饑，人相食。一曰關梁不通。期二年。《宋書・天文志》曰：晉孝武太元二年三月，客星在南斗，至六月乃没，占曰有兵，一曰有赦。是後雍、兖、冀常有兵役。十二月正月大赦，八月又赦。郗萌曰：赤白星暴出南斗魁前，

宮室兵起。中魁神，將軍坐之，戮死。《帝覽嬉》曰：客星居南斗，道不通。《黄帝》曰：客星守南斗，五穀登，賤，貴於後冬。《文耀鉤》曰：客星守南斗五十日，大臣有謀，兵大起，國易政，王者有憂。期三年。《黄帝》曰：客星守南斗，其君不親信其臣，有兵興。《石氏》曰：客星守南斗，天下有喜福，五穀熟。郗萌曰：客星守南斗，諸侯謀王者，役軍人皆走。又曰大旱，宫廟有火之憂，人多疾疫。又曰：客星守南斗，天下易政。一曰兵官憂。一曰以水饑。班固《天文志》曰：元帝初元元年四月，客星大如瓜，色青白，在南斗第二星東，可四尺。其五月，渤海水大溢。《荆州占》曰：客星守天庫，兵革起。

客星犯牽牛二

陳卓曰：客星犯牽牛，有犧牲之事。《石氏》曰：客星中犯牽牛，吴越兵自立，三年而滅，期不出一年，遠三年中。《彗要占》曰：客星干犯牽牛，中國起兵。《黄帝》曰：客星入牽牛，諸侯有兵。又曰：入天鼓，外國來降。郗萌曰：客星入牽牛，大臣外交諸侯。赤黄白，成；青黑，敗。又曰：有星入牽牛，諸侯客有來以四足蟲爲幣者。出牽牛，君使之諸侯，以四足蟲爲幣。色青皆道疾，黑死不至。《荆州占》曰：客星入牽牛，有兵發而行。《甘氏》曰：客星出牽牛，有兵起，大將出，若關梁不通，若地大動，馬牛貴三倍。期二年。《巫咸》曰：客星出牽牛，其國兵起，大將出，若關梁不通，多死，期不出一年。陳卓曰：客星出牽牛，兵北行。郗萌曰：客星舍牽牛，臣謀其主，五穀不登。《續漢書・天文志》曰：孝明永平九年正月戊申，客星出牽牛，長八尺，歷建星，至房南滅，見五十日。牽牛主吴越，房心爲宋，後廣陵王荆與沈涼楚王英顔忠各謀逆，事覺，皆自殺。廣陵屬吴，彭城古宋地。《石氏》曰：守牽牛，越有善象獻中國。《甘氏》曰：赤星守牽牛，人民爲亂。郗萌曰：客星守牽牛，王者外其大臣。又曰：客星守若入牽牛，盜賊在江海，歲多水。案：司馬彪《天文志》曰：孝順永建六年十二月壬申，客星芒氣長二尺餘，西南指，色蒼白，在牽牛六度。後一年，會稽海賊曾於等殺長吏，拘奪吏民，揚州六郡逆賊章何等犯四十九縣，大攻吏人也。《地軸占》曰：客星守牽牛，地大動。《海中占》曰：客星出入守牽牛，馬貴，價三倍。

客星犯須女三

陳卓曰：客星干犯須女，隣國有以奇女來進侍者，妾近爲后。《石氏》曰：客星入須女，諸侯有進女侍者。陳卓曰：客星入須女，麻貴，諸侯有兵，江淮道路不通。郗萌曰：客星入須女，留不去，天下諸侯王有不通者。一曰父子不通。《荆州占》曰：客星入須女，有嫁女娶婦事，多絲帛，絮貴。《帝覽嬉》曰：客星出須女，宫人有謀，女主憂，兵起宫門，若貴人有死。期一年，遠二年。《石氏》曰：客星出須女，有嫁女事，黄白吉，青黑凶，赤憂。郗萌曰：客星暴出須女，女主戮罪，期一年。又客星舍須女，留不去，有奇令。《百二十占》云：他星出須女，御女有出者。《黄帝》曰：赤星守須女，女子之喪。《孝經内記》曰：客星守須女，有奇女降，絲絮布帛貴。《甘氏》曰：赤星守須女，人民爲亂。《甘氏》曰：客星守須女南，有獻女，賤女暴貴。郗萌曰：客星守須女，女子亂其國，亡其政。赤星守須女，有急兵食，貴人自賣者。一去女妾爲妻。陳卓曰：客星守須女，糴貴。《北官侯》曰：青星入須女，多以兵事死者。《百二十占》云：他星入須女，守之，天下有内美女者。《荆州占》曰：有黑星出須女，有喪。

客星犯虚四

郗萌曰：客星干犯虚中，哭泣之事，有井田之法，改制之事。《黄帝》曰：客星入虚，有軍在外大饑，將離散，卒死亡，天下有大令。《石氏》曰：客星虚中，主出將。有二客星，天下無處主。客星入虚中，色赤，有遊客入國。色黄白吉，色青黑有凶事。郗萌曰：客星入虚，種貴，糴大貴。又曰：天府有德，令期十一月。客星入虚中三日，環之，有赦，期七十日。客星入虚，大人當之。客星入虚危，色赤，有贄客來者；色白，有無幣客來者。赤星入虚，糴貴，人有自賣者。《荆州占》曰：客星入虚，天下大亂，政急，大人憂，其國饑。《百二十占》曰：他星入虚危，青若黑，有以喪事使者。《石氏》曰：有星入虚危，色青黑，有哭泣之事。客星出虚，大臣爲亂，兵大起，國有喪，天下有哭泣之事，期三年。案：司馬彪《天文志》曰：孝安永初三年十一月甲午，客星見西方，色蒼白，在虚危南，至胃昴。至建光元年三月癸巳，鄧太后崩。郗萌曰：客星入虚，君使人之諸侯，赤無幣，青黑有告喪者。客星出入虚，天子自將兵於野。客星舍天府，天下有急行，期十月。《石氏》曰：夏三月視虚中，有奇星一，在虚，邦不居；其處有奇星二，將死；有奇星三，相死；有奇星四，將軍敗；有奇星五，大凶。司馬彪《天文志》曰：客星在虚危爲喪。《孝經章句》曰：客星守虚，臣亂其上而不知。又曰：國君死，或有德令。《甘氏》曰：客星守，其國兵。《玉曆》曰：客星守虚，三十日不去，其國君死，若大臣有戮，兵喪並

起。期百八十日，遠一年。《百二十占》云：他星守虛，有謀。《巫咸》曰：客星出虛而守之，其國君死，若大臣有戮，期百八十日，遠一年。《石氏》曰：客星犯守虛，近一年，遠二年，當有哭泣之事。郗萌曰：國有哭臨之事。陳卓曰：客星犯守虛，天下有謀。

客星犯危五

郗萌曰：客星犯危，國有哭泣之事。案：《宋書・天文志》曰：魏明帝景初二年十月癸巳，客星見危，逆行，在離宮北，螣蛇南，三年正月，明帝崩。一曰多雨水，五穀不收，人相食於道。《荊州占》曰：客星入危，有土功，王者築宮室，不出一年大水，不出三年大飢，萬人無食。《百二十占》曰：他星入危，有蓋屋之事，色赤大變，青憂。《甘氏》曰：客星出危，大臣被刑，法官有憂，國多水災，有土功，王者築宮室，期不出年。《甘氏》曰：赤星出危，以火廢國。郗萌曰：客星出危中，大水。一曰大饑。《甘氏》曰：客星守危，王者遷都，其國更立侯王。郗萌曰：客星守危，天下必有易政更令。客星守危，人主失勢奪土，强臣專國，命在台族。又曰：具有大風，有所危敗。又曰：不出三年，王者蓋屋治宮，天下匠工起，多土功。又曰人流亡。郗萌曰：客星守危，國政危。《巫咸》曰：客星入守危，糴大貴，不出三年。《荊州占》曰：客星守危，若彗星干之，王侯有薨者，王改服，不出百八十日。《黃帝占》曰：以日入命其國。《黃帝》曰：客星入守危若出危，大饑，人食，貴爲後年。郗萌曰：客星守墳墓，人主有哭泣之聲。

客星犯營室六

郗萌曰：客星犯營室，國且有宗廟哭泣事。《黃帝》曰：奇星入營室中者，天子有憂。《河圖》曰：客星入營室，順行有德，逆行凶。《聖洽符》曰：黑星起廟南，入廟北，女主有死者，死者廢廟之事。若出廟以北行，中人有鴆死者，或曰廟祭之事。黑星出月入廟，人主有藥死，不然有藥人主者。《巫咸》曰：客星入營室，天下有兵。又曰：人民流食千里。《海中占》曰：客星入營室，有軍，軍中大饑，將離散，士卒死亡。郗萌曰：客星入營室，外夷兵起，貸倉多饑死者。客星入營室，邊外起兵，此爲外夷之事。客星入營室，國亂，去其主。奇星入營室，不盜即賊，大亂。又曰：無兵兵起，有兵兵罷，星大軍皆大，星小軍皆小。黑星起廟北而南入，女主惡之。客星從東壁入西壁，廟若城郭有起者。赤星入廟，人臣謀主。《荊州占》曰：他星入營室，諸侯有來使者，出營室，君使人之諸侯。色赤皆言兵，白皆言義，黃皆言土，青皆有憂，黑皆凶。又奇星入營室，有陰雨，垣墻無立者。又黑星出入廟，廟上有死者，不死者見血。起廟北而南入，女主有死者，有廟廢之事。《聖洽符》曰：白星出廟正南，廷有兵。或曰赤亦然。客星出營室，國有土功，人大饑，大臣爲亂，兵大起，士卒亡。齊伯曰：期一年，不二年。《春秋緯》曰：星赤黃出營室中，名曰怪獲，主奇去其國，貴人有死者。上旬見，其年髮半白，來月上旬死；中旬見，其年鬢白，來月中旬死；偏任后雄烈之毒也；下旬見，其年盛壯；來月下旬死，將用事，毒害流。郗萌曰：客星出西壁若東壁，城郭有壞者。赤星出廟上正南抵庭，有兵作，廟上有兵。白星出廟以北，中人有受賜者。《黃帝》曰：赤星從東壁之西壁，臣有戮其主。《聖洽符》曰：赤星在營室，有死者，不死者見血。郗萌曰：客星舍營室，其國且作宗廟，多土功事。留不去，匈奴有兵來。《石氏》曰：客星守離宮，兵起，人君有憂。一曰有急。《甘氏》曰：客星守營室，有軍者客降，主得人地。郗萌曰：客星守營室，亂出其城郭之事。有奇星守東壁，天子爲軍自守。一曰天下搖動，在四方。《黃帝》曰：客星入若守東壁，諸侯相謀。郗萌曰：客星入若守東壁，天下且有大喪，白衣滿野。

唐・瞿曇悉達《開元占經》卷八〇　客星犯奎一

《石氏》曰：客星犯奎，國有溝瀆之事。《黃帝》曰：客星犯入奎，破軍殺將。《甄耀度》曰：客星亂芒而角入奎，有破軍殺將，王者有憂，人主當之，期三年。石氏曰：客星入奎，外夷起兵，麻枲貴。《甘氏》曰：客星入奎，强國奪地，變争兵起，白衣自立，擾中國。郗萌曰：客星入奎，刀劍布帛貴。赤星入奎，兵起，期十年。一曰出奎國兵出，一曰數入奎國兵聚。客星入奎，西夷有兵來到而還。客星入奎，諸山水澮。《荊州》曰：客星入奎，邊兵大動，土功大起。陳卓曰：客星入奎，武庫之臣且有罪。《西官候》曰：客星入奎，赤，邊兵大動；黑，天下溝渠之事；黃，土功大起。《石氏》曰：有星入奎，有無所受命而來使者。《荊州》曰：有星入奎，有陂瀆之事於國中；出奎，有陂瀆之事於國外。黃星入奎，宮有土功事，宮中有變。《西官候》曰：赤星入奎，兵聚，有敗軍。《巫咸》曰：客星出奎，邊兵大起，白衣立爲王，刀劍大。出奎，國兵出；入奎，國兵聚。《荊州》曰：星赤黑出奎，有敗軍。《西官候》曰：赤星出奎，外夷動兵。《石氏》曰：有星出奎，有無受命矯使者。

《巫咸》曰：赤星逆行，從婁至奎，有兵。郗萌曰：客星舍奎，留不去，飢。一曰繒帛貴。《黄帝》曰：赤星守奎，糴賤。郗萌曰：客星守奎，糴賤，賊臣在側，其事敗。又曰謀臣有巧僞惑天子者。一曰國以佞亡。又客星守奎，天下修兵，臣有國者。客者守奎，有殺霜不時下者。一曰牛疾疫。一曰六畜貴。《荆州》曰：客星守奎，王者憂，大人當之。又曰魯國起兵。《玄冥占》曰：客星守奎，强國争起兵，有白衣自立動國。

客星犯婁二

《石氏》曰：客星干犯婁，國有大兵，四時紀祠。婁主苑牧給享，祠天以奉宗考，王者以承天。諸占遠不出三年。《黄帝》曰：客星入婁，糴大貴，在後年。《石氏》曰：客星入婁，外夷兵起，有聚衆之事。郗萌曰：客星入婁中三日，環之，天下有赦贖作，期七十日。赤星入婁，兵起，期十年。《荆州》曰：客星入婁，旱千里，有火災，其國燔燒，金銀用，倉庫虚，天下人民多疾病。《百二十占》：他星入婁，有聚衆於國内。《石氏》曰：客星出於婁，邊城和。《荆州》曰：客星出婁，有罷衆之令。《西官候》曰：有星出婁，有白服衆事。《百二十占》：他星出婁，有罷衆於國外。《石氏》曰：客星守婁，人民亂。一曰有聚衆之事。郗萌曰：客星守婁，天下大虚，臣有惑天子奪主之權者，歳多獄訟，布帛貴。又曰：有從諸侯來附其君，不成。一曰多獄訟。又曰：客星入若守婁，其國且燔燒困倉。《海中占》：客星出婁而守之，天下欲有分奪國者。一曰客欲奪王國，邊境侵地，期一年，遠二年。郗萌曰：客星守犯婁，天下欲分社稷者，白衣自立者，牛馬貴。一曰有白衣之聚。

客星犯胃三

《石氏》曰：客星干犯胃，五穀不成，倉庫空虚。《海中占》：客星犯胃，有軍發之事。陳卓曰：客星犯胃，倉粟用。《石氏》曰：有星入胃，有葆食之事入，出胃，葆食之事出者。又曰：客星入胃，王者有倉之事，其有出胃中，有出穀粟事。郗萌曰：客星入胃中，三日一環之，期七十日，赦。又曰：五穀大貴，天下無聚物。《荆州》曰：有星入胃，王者有廪倉之事。《百二十占》：客星入胃，飲食之事入；出之，飲食之事出。《黄帝》曰：客星出胃入廂，人主食藥死。一曰有藥人主者。《荆州》曰：客星出胃，有出穀粟事。《玄冥占》曰：客星出胃，王者備四夷，强臣陵國，有大兵，天下發粟，金銅之事。期百八十日，遠年。《孝經章句》：赤星守胃，國無事。《甘氏》曰：客星守胃，强臣陵國。郗萌曰：客星守胃，留不去，天下飢。《荆州》曰：客星守胃，天下有發粟事，金銅貴。郗萌曰：有星入若守胃，有奇令。又曰：客星乘滅若守胃，國官之倉有大兵，焚燒其倉。

客星犯昴四

《黄帝占》：客星入天獄中二月，天下有赦，期五月。《石氏》曰：客星入昴，有白衣之會於國内。又曰貴人有繫囚者。昴濁之間，天街也，若客星守之，天下有謀慮。郗萌曰：客星入昴，天下且有大喪。又曰：衆獄，且妄殺不辜以誤主上。客星入昴畢間，諸侯有謀上者。又曰：留三日，赦；不留有憂。客星從昴陽入，有客。《荆州》曰：客星入天獄中，有德令，水泉出，民去本土，就丘邑。《西官候》曰：客星暴出胃，入昴中，國大人暴死，期一年。《百二十占》：他星入昴，貴人有德令；若出昴，兵衆滿野。司馬彪《天文志》曰：孝明永平十四年正月戊子，客星出昴，六十日。昴主邊兵，後漢遣奉車都尉顯親侯竇固等將兵三千餘人擊匈奴。《石氏》曰：有星出昴，兵衆滿野，非喪則會也。郗萌曰：客星從昴陰出，有走主。客星居昴北，有别離之國奪地死者。客星入，若留昴，王者絶嗣，同姓有起入爲主者。客星舍昴不去，天下囚多，則盗賊並起。若留十餘日不去，回紇内相賊，國家兵起，回紇來降。有星入舍昴南，糴一貴一賤。《聖洽符》曰：他星守昴，漁獵起。《石氏》曰：客星守昴，萬民亂。《甘氏》曰：客星守昴，有詐稱王命者，不出百八十日。郗萌曰：客星守昴，讒臣有蔽主德者。又曰有謀以藥害上者。又曰囚徒有聚兵弩攻獄者。《西官候》曰：客星守昴，執法臣誅。《客星占》曰：客星守昴，朔地殃，天下多亂獄。《百二十占》：他星守昴，萬民憂。《文耀鉤》：客星出昴，若犯守之，當有詐稱王令，譎命中國，若有妄言讒諛者，必有自敗。郗萌曰：有星入守昴，金器刀劍貴。《荆州》曰：客星犯守昴，讒諛賊臣在内，諸侯謀上。一曰有白衣徒聚謀慮。

客星犯畢五

《黄帝》曰：有星入畢中而復出，其星小小赦，星大大赦。《聖洽符》曰：客星入畢，順行有德，逆行凶。《石氏》曰：客星入畢，人主獵。一曰有以獵惑人主者。一曰兵起，邊兵大動。一曰羊貴。又曰大赤星入畢口，天下大赦，期十五日。若三十日六十日，將相有大憂。郗萌曰：客星入畢，多獄事。一曰貴人有繫囚者。黄星入畢，三夜常見，相死。九十日后死，百二十日大人當

之。　客星入畢中二月，天下有赦除責，期五月。　客星入畢口，與兩股齊者，有走主。又曰：期四十日兵發，率一日而十日兵罷。其去也視其東南西北所往，及其所近宿或受兵。　客星入畢中，與兩股齊，期四十日兵發，直一星，期二十日兵發，居，期十日兵發。　《荊州》曰：客星入畢，四夷兵起，並爲盜。　《西官候》曰：客星入畢中，率一日爲十日，諸侯女主當之，君有憂，先起兵者凶。　《百二十占》：他星入畢，有兵革謀。　《春秋緯》曰：赤星出濁，大卒出。　《孝經章句》曰：客星出濁，中國人爲亂，有走君；在濁傍，有讒臣在傍者；入濁兵起。　《巫咸》曰：客星出畢，邊兵爲亂，四裔兵起，疆宇靡寧，天下飢，必有亡國，近一年，遠二年。　郗萌曰：客星出畢邊，有兵車，馬有急行。　《荊州》曰：客星出畢，人主好畋獵。　郗萌曰：客星從畢赤黑陰出，有走主。　《西官候》曰：客星居畢中，不時出，主喪。　郗萌曰：客星入畢中，留不去，馬貴，一曰牛貴。　《黃帝》曰：客星守畢，歲大饑。　《石氏》曰：客星守畢，大臣有謀者，邊有謀臣。一曰讒臣蔽主之德。　《甘氏》曰：客星守畢，外國稱王詐來，不可信；外臣謀叛，興近臣通奸。　郗萌曰：客星守畢，大臣憂，多陰謀，其事不成。一曰有土功，風雨不時，穀貴。又曰有走主。　客星飛守畢，有德令。　客星守畢，天子絕嗣無後。案《宋書·天文志》曰：晉惠帝永興元年五月，客星守畢，光熙元年，惠帝崩，終無繼嗣也。又曰：星守畢，后族可收者。一曰霜大下，一曰諸侯有謀慮，一曰溝水大出。　《荊州》曰：客星守畢，王者大將出。　《黃帝》曰：客星入若守畢，有福，有德令。　陳卓曰：客星犯守畢，大臣有誅者，無兵，兵罷。《石氏》曰：視其東西，知其往國受兵。河海盈溢，人民多流亡。　郗萌曰：客星守附耳，兵。一曰邊兵尤甚。

客星犯觜觿六

《荊州》曰：客星干犯觜觿，其國破亡。　《黃帝》曰：客星入觜觿，車馬有急，期四月五月。　郗萌曰：客星入觜觿，有大喪。　《荊州》曰：有星入觜觿，色青凶，赤有喪，黃若白吉喜，黑死，若有水災，穀糴百倍。　《黃帝》曰：赤白星入觜觿，若暴出觜，中臣與外臣謀弑其王。星遊行，先覺，不得成；不行不明，不覺。期一月。《石氏》曰：星明期三月。　《百二十占》：他星入觜觿，有葆旅之事於國內；星出觜，有葆旅之事於國外。一曰兵罷。　《巫咸》曰：客星出觜觿，國有大喪，若有侵土欲爲君王者，若有水災，穀貴，糴百倍，人多餓死，期不出三年。　陳卓曰：客星食觜觿，食大貴。　《石氏》曰：客星守觜觿，魏有良臣輔國主，在西南二千里。　《甘氏》曰：客星守觜觿，西戎動侵土，欲爲君王者，崇禮以制義則國安。　郗萌曰：客星入守觜觿，牛馬有急行。　郗萌曰：客星犯若守觜觿，其國破亡。一曰食貴，一曰有大喪。

客星犯參七

《黃帝》曰：有星入參中央，星色白，縣令有賜若伐，色青黑，縣令有罪。　《夏氏》曰：客星入參，五穀貴。　《百二十占》：他星入參，有衡石之事於國內；星出，有衡石之事於都外。色青黑，不出一年兵大起，國之邊境壞。　《石氏》曰：客星入參中，邊有暴兵起，邊地圍而壞。　郗萌曰：客星入伐，有兵，不足以傷。又曰：入天尉中十日，宮中有自殺者。入其陽爲男，入其陰爲女，皆期三十日。　郗萌曰：有星入伐，有斬刈之事於國內；若出伐，有斬刈之事於國外。色赤以兵斬刈，色白白衣斬刈。　《石氏》曰：赤星出參中央星，邊有兵，縣令自將兵。　客星出參，邊有暴兵起，邊城有圍，客車入國，若有戰，期不出二年。　郗萌曰：有星出參中者，大臣有憂。一星出則一人有憂，二星出則二人有憂，三星出則三人有憂。　客星出參，斧鉞兵出；入，斧鉞兵入。　《荊州》曰：客星出參而環繞之，邊城兵起。　《石氏》曰：赤星出參，武卒用，若守之天尉中，媵嫡相距。　客星在伐，色黑爲水。　郗萌曰：客星在伐，色黃爲土功，色白爲喪。　《甘氏》曰：客星守參，亡地。　郗萌曰：客星守參，有小兵，大臣有執主之命者，若讒臣有女子惑天子者。一曰老人多死，馬貴。　又曰：更易君，色白爲死，赤爲兵，黃爲易位，黑爲憂，蒼爲小喜。又曰旱，糴貴。　《石氏》曰：客星守參，魏多君子。　《巫咸》曰：客星入守參，諸侯國當之。　郗萌曰：客星守伐，誅大臣。

唐·瞿曇悉達《開元占經》卷八一　客星犯東井一

郗萌曰：客星犯東井，國有土功事，小兒妖言。　客星犯乘守東井，此曰國亂兵起。　《荊州》曰：客星干犯東井，其國用兵，大臣誅，期八十日。　《黃帝》曰：客星入東井，五穀不收，糴大貴。　客星出北斗入東井，有邑將治陂堤及水事。　《孝經章句》曰：客星入天渠，道塗不通，以水爲敗。　司馬彪《天文志》曰：孝安永初元年八月戊申，客星在東井弧星西南，是時羌反，斷隴道，遣帥將左右羽林北軍五校及諸郡兵征之。是歲郡國四十一郡三百一十五所雨水四瀆溢，傷秋稼，壞城郭，殺人之甚也。　《石氏》曰：有星入東井，有客以水令來者。　郗萌曰：客星出柳入井，主浮船。　又曰：入東井，君失政，臣爲

亂，大人當之，一曰宮中有大憂。《荆州》曰：客星入東井，貴人死，若有奇令，多失火，火神從天下，妖祥自地出。《西官候》曰：客星入東井，貴人有疾者。《百二十占》：他星入東井，有水事於國内。《黄帝》曰：客星出東井，宮中火起，大人爲亂，兵大起，將軍有憂，若白衣有自立者，其國必破，期三年。《百二十占》曰：他星出東井，有水事於邦外。郗萌曰：客星出東井，水潦且至。《荆州》曰：客星經絶東井，名水有絶者。《黄帝》曰：客星入東井中，留十日而成勾已，有贖罪之令，期十月。客星守東井，水。《石氏》曰：客星守東井，有旱蟲，人多疾。一曰貴人死，以其國占之。《甘氏》曰：客星守東井，有白衣自立者，其國破，不出年中。《巫咸》曰：客星留守東井四十日已上，貴人女有懷子而化爲水者。郗萌曰：客星守東井，多失火者。一曰大臣爲亂。一曰三十日已上，貴人女有懷子而死者。一曰百川皆溢。又曰天子以酒爲憂，貴人有族者。男子不得耕，女子不得織。《荆州》曰：客星守東井，貴人有疾者。《玉曆》曰：客星守東井左右，秦以饑，相有罪咎，齊以聞，梁有火災。《西官候》曰：客星守東井，色赤，宮中憂。留二十日，貴人女有死不得子者。色黑爲大水舟船事，有水令。《巫咸》曰：客星出東井而守之，宮中火起，大人爲亂，王者以舟船爲急，河海溢，土功並起，人無食，白衣有自立者，其國破，期三年。焦延壽曰：客星入越，大臣多斬者。

客星犯輿鬼二

《甘氏》曰：客星犯輿鬼，國有非次自立者，必敗亡。《石氏》曰：有星入輿鬼，有詛盟鬼神祠祀之事於國内。《南官候》曰：於國外。《夏氏》曰：客星入天尸，帝王亡，天下多病。郗萌曰：客星入天尸，民多死。一曰有大喪。客星入輿鬼，人相食。他星入輿鬼，鈇鑕用，大臣誅。客星入天尸金玉府中，三日一環之，有赦。陳卓曰：有星入輿鬼，有軍，若大人憂。《百二十占》曰：他星入輿鬼，有祀事於國内；出鬼，有祀事於國外。《巫咸》曰：客星出輿鬼，其國有喪，出南爲人君，出北爲女主，左爲太子，右爲庶子。若守四星，隨其所犯發之，期不出三年。《荆州》曰：客星入輿鬼，留三十日以上，天下金玉用，易錢。《黄帝》曰：客星守輿鬼，人君有大憂。一曰貴人有大憂。《孝經章句》曰：客星守輿鬼，在其中央，主喪亡，棺木貴，倍其價。《石氏》曰：客星守輿鬼，秦有奸臣，欲危其主。《甘氏》曰：客星守輿鬼，五十日不去，國有大喪，兵大起，將軍戰於野，多有死者，期不出一年。《巫咸》曰：客星守輿鬼南，男子多死；守北，女子多死；守西，長老貴人多死；守東北一星，棺木貴，鐵器魚鹽大貴，皆三倍。郗萌曰：客星守輿鬼，馬貴。一曰牛貴。又曰：多土功事，皆變易更政，男子不得耕，女子不得織。《荆州》曰：客星守輿鬼東北星，棺木貴；守東南星，五穀貴；守西南星，金錢貴；守西北星，鐵器魚鹽百倍。《玉曆》曰：客星守輿鬼，秦有疾。《南官候》曰：客星守輿鬼，入鈇鑕，有兵罷。客星守輿鬼，陣兵不戰。《黄帝》曰：客星出若守輿鬼西，若從西入輿鬼，老人死，出若守東，若從東入，丁少年死。《黄帝》曰：客星出若守輿鬼南，若從南入輿鬼，男子死；出若守北，若從北入，女子死。《荆州》曰：客星干犯守輿鬼，天下有大喪，陽爲君，陰爲后，左爲太子，右爲貴臣。又隨所守主。（闕）王者發之，不出七十日。

客星犯柳三

《荆州》曰：客星干犯柳，周國當之，期九十日。《黄帝》曰：客星入柳，道路不通。郗萌曰：客星入柳，兵從澤起。又曰：大師有喪，色黄有喜。《荆州》曰：客星入柳，兵大起，人大恐，布帛綿絮貴。《南官候》曰：客星入柳，有兵發行，色赤怒左右，地大動。《百二十占》曰：他星入柳，名木有來入者。《孝經章句》曰：蒼星出柳，諸侯有死者。郗萌曰：赤星出柳，執法者遇賊。蒼星出柳，殺邊諸侯。《荆州》曰：客星出柳，兵大起，諸侯有死者，其國當之。一曰有大水，人主遊船，天下大饑，人民流亡，不出年，遠二年。《百二十占》曰：他星出柳，名木有出者。郗萌曰：客星出入柳，人多移徙。又曰：出入天相，天子變更其令。柳中有奇星，臣蔽主明，有北軍之恥。客星舍柳，天下有大兵，期二月，若五月。《荆州》曰：客星經柳，山林有不伐者。《黄帝》曰：客星守柳，庫兵大發，天下人爲王者治道。《孝經章句》曰：客星守柳，庫兵發，諸侯有死者。郗萌曰：客星守柳，南宮有變。一曰牛貴。又曰羌夷起變，天下弓弩聚。《荆州》曰：客星守柳，天下絲麻羊貴。《百二十占》曰：客星守柳，大人棄其糧。郄萌曰：客星舍柳，先得地，後失之。又曰：犯守柳，王者賜邊客。

客星犯七星四

《荆州》曰：客星干犯七星，其國有大兵。不出百八十日。《石氏》曰：有星入七星，有客以急事來使者；出七星，君使人以急事出者。星色青言憂，色赤言兵，黄言土，白言義，黑皆使者凶。郗萌曰：客星入七星，有立太子者，

若有奇令。又曰：色青爲疾，白爲喪。《玉曆》曰：客星守七星，布帛麻枲貴，津梁絶。《南官候》曰：客星守天都，山水會，河水決，水且至，人流亡，去其鄉。《百二十占》曰：他星守柳，天下變更。郗萌曰：客星出入天都，人多流亡。一曰止水溢。又曰：黑星結若就七星，大人憂。司馬彪《天文志》曰：客星居七星，爲死喪。郗萌曰：客星舍七星，留不去左右，宫中以火爲憂。一本云：國家喜，天雨五穀，在宫中也。郗萌曰：客星舍天都，五穀不成。《黄帝》曰：客星守七星三十日，天下變更，水大出，道路不通。《石氏》曰：客星守七星，周有大賢。郗萌曰：客星守七星三十日，天子憂，廷中有賊，必易政。一曰有德令。又曰其國顯。一曰必有客事，有土功，菽麻不收，若小豆貴。一曰馬貴。一曰鹽貴。客星守七星，天子必易政。一曰兵大起。又曰道路多水潦。又曰溝渠道路不通。一曰水大出。《荆州》曰：客星守七星三十日，河水決，人去其鄉。《石氏》曰：客星出七星而守之，《甘氏》曰：守三十日。族欲自立，王者不親其子。客星若不時去，人主有憂，大臣有誅，期不出年。

客星犯張五

《孝經章句》曰：黄星出張中，君且獵，黑星就之，君死。《石氏》曰：有星入張，有賜客之事；出張，軍使賜諸侯。又曰：入張，國治宗廟，期二十日，國有憂，男子有急。《巫咸》曰：客星入張，人遷徙，天下變更令，糴貴。郗萌曰：客星入張，諸侯有來賜吾君近臣者；出張，賜諸臣。《荆州》曰：客星入張，政急，人民苦死邊。《春秋圖》曰：客星出張，白衣同姓有自立者，天下更令，有徙人，若使人於諸侯。郗萌曰：客星出入張，兵起，期百八十日。一曰天子改政令。客星舍張，留不去，前將軍謀，有陰兵起。《黄帝》曰：客星守張，天下人遠去。一曰人有千里之行。《孝經章句》曰：客星守張，在其中，糴石三百；遊在其旁，石百，有急令。《石氏》曰：客星守張，楚周有隱士。《海中占》：客星守張不去，滿三十日，有亡國死亡，臣殺其主，小人謀貴，禍及嗣子，期三年。郗萌曰：客星守張，小人有欺君者，禍及嗣子。又曰：先起兵者利，後起兵者不利。一曰食中有毒，隣國有來獻食物者，天子酒大出，天子以爲憂，敗。一曰客有憂。又曰弓大貴。一曰糴大貴。一曰粟貴。一曰人憂食，國大饑。《玉曆》曰：客星守張，邑多變在外。《南官候》曰：客星守張，五穀貴，有賜之事。《甘氏》曰：客星出張，若守之，白衣同姓自立者。郗萌曰：客星入若守張，有亡國死。王又曰相憂。一曰相大疾。陳卓曰：客星犯守張，天子以酒爲憂。

客星犯翼六

《荆州占》曰：客星干犯翼，國有用兵，大臣有憂，遠百八十日。《孝經章句》曰：蒼星出翼，五穀風雕。《石氏》曰：有星出翼，使人於負海之國；有星入翼，負海客有來使者。皆以鳥爲幣，色黄白無故，青道病，黑死不至。《巫咸》曰：客星出翼，將軍謀反，兵大起，必有戰，邊有大急，同姓諸侯有自立者，若大水，五穀傷，人民饑，去其鄉，期三年。《百二十占》曰：他星出翼，倍海國有受賜者。郗萌曰：客星出入翼，多風雨，河決，水且至，道路不通，一曰五穀不成，人多流亡。《孝經章句》曰：客星守翼，人多流亡，水且至，道塗不通，兵大起。《石氏》曰：客星守翼，君弱臣强，四夷王。郗萌曰：客星守翼，將軍謀反，兵大起。一曰國更其服。又曰有大令，若邊有大急。一曰有一國之戰。一曰名山有崩者。一曰五穀雨傷。一曰歲大風大水。一曰有大令。《荆州》曰：客星守翼，歲大饑。《南官候》曰：客星守翼，有自立者，同姓王侯必有權臣。客星明大守翼，大水，江河決溢，道路不通，魚龍遊於陸道。客星守翼，羽毛旗幟貴。

客星犯軫七

《海中占》：客星干犯軫，近期百八十日，遠期一年。《黄帝》曰：赤星入軫，輕車入；出軫，輕車出。《石氏》曰：有星入軫，諸侯有來使者，以車爲幣；出軫，君使人之諸侯，皆車爲幣。郗萌曰：客星入軫，有土功，若五穀大貴。《百二十占》曰：他星入軫，有使者，以車爲幣，貴人多繫者。一曰無處車繫馬，或曰野無車馬。《文耀鉤》曰：客星出軫，若有白衣自立者，大國多害，若有喪，兵革起，天下有逃主，近期不出一年，遠三年。《荆州》曰：赤星出軫，軍出。《百二十占》曰：他星出軫，有使者，以車馬爲幣，以冬三月視軫中。《黄帝》曰：赤星守軫，車馬有急行。客星守軫，車馬貴。《石氏》曰：客星守軫，川谷不通而車貴。一曰守軫轄若長沙，車官使有憂。《甘氏》曰：客星守軫，國有自立者，大國多害。郗萌曰：有星守軫，爲車事。客星守軫，兵大起，邊境尤甚。一曰名山有崩者。一曰若白黄，有外憂，蒼爲臣。一曰赤黄外憂，黑蒼讒臣。一曰有土功之事。一曰五穀大貴。《石氏》曰：客星犯守軫，天下有山崩，若水溢出之地中。郗萌曰：客星入長沙，天下無處士。一曰天下有逃王。一曰兵盡散出之。

客星犯攝提一

郗萌曰：客星入攝提座，謀臣在側，聖人受制。　郗萌曰：客星當攝提口，將受主倖，不爲主用。　郗萌曰：客星舍攝提角不去，國家有喜。一曰天下必有開倉者。《河圖聖洽符》曰：客星出攝提若守之，天下大亂，人君自將兵，君臣謀，兵起宮中，不出其年。

客星犯大角二

《甘氏》曰：客星出大角，大兵起，天下亂。若守之二十日以上，王者惡之，國易政，期三年。《海中占》曰：客星出入大角，天下亂兵大起，臣謀其主，不則天下出水，入城郭，煞人民，期百日。郗萌曰：期三十日。　郗萌曰：客星入中大角天角，天子之席有奇令。　郗萌曰：客星舍抵大角，留不去，國家有大責。《石氏》曰：他星守大角，諸侯有謀上者。　郗萌曰：客星守大角，天下有憂。　郗萌曰：客星守大角，太子耗衰。　郗萌曰：客星入座，謀臣在側，聖人受制。

客星犯梗河三

《海中占》曰：客星干犯梗河，天子慎，邊四裔不靖。《荆州占》曰：有星入天矛，天下兵起。　陳卓曰：客星入梗河，天下兵起。《石氏》曰：黄白星出天矛，天子用兵。《玉曆》曰：客星出梗河，北，兵爲亂，侵陵中國，人主有憂，期二年。按：司馬《天文志》曰：孝明帝永平四年八月辛酉，客星出梗河西北，指貫索，七十日去梗河，爲北兵至。五年十一月，北匈奴七千騎入五原塞，又入雲中，至原陽也。《石氏》曰：黄白星走天矛正中之，有軍兵罷，無軍天子有獻兵者。星赤，兵內起，大將爲亂；蒼白，將有疾，黑，將死，三夜不去，天子多戮者。《石氏》曰：客星舍梗河，主在東之君，人民相師長，强者爲虎狼，小民爲魚肉。《海中占》曰：客星舍梗河，陰陽不和，天下大風，樹木皆倒。《天官書》曰：客星守天矛若出之，北兵大動，有喪。《石氏》曰：客星出入若守梗河，朔兵大起。

客星犯招搖四

《石氏》曰：客星干犯招搖，朔兵大來，不出一年。　韓楊曰：客星入招搖，南夷王，且操奇物來降國者。《黄帝占》曰：客星出招搖，朔兵來。一曰夷狄勝，若旱多風。《石氏》曰：客星出招搖，兵革大起，朔兵爲亂，若單于死，期一年。《黄帝》曰：客星當天庫，天下兵革。《石氏》曰：客星當天庫，將受主命，不爲主用。《石氏》曰：客星走招搖，北兵來。《黄帝》曰：客星居招搖間，北兵起。　郗萌曰：客星舍匈奴星，按：招搖無匈奴之名。郗萌曰：此當以招搖主北兵，以入招搖占，中國兼録之也。人面龍身，留十餘日不去，占主內相賊，國家兵起，敵人來降。《石氏》曰：客星守招搖，北主死，其民亂。《石氏》曰：客星守招搖，蠻夷君死民亂。　班固《天文志》曰：客星守招搖，蠻夷有亂。

客星犯玄戈五

陳卓曰：客星干犯玄戈，占單于大敗，期二年。《黄帝占》曰：客星出玄戈，敵兵大敗，若有死王，期二年。《荆州占》曰：客星守玄戈，天子死。《石氏》曰：客星守玄戈，北兵來。

客星犯天槍六

郗萌曰：客星入天槍，天下有饑兵。《荆州占》曰：客星入天槍，有大戰。《石氏》曰：客星出天槍，邊外有急，機槍用，有兵起，大將出，期一年。

客星犯天棓七

《石氏》曰：客星干犯天棓，兵大起，期二年。　焦延壽曰：有星入天棓，大兵當起。《玉曆》曰：客星出天棓，兵大起，下謀上，大人有戮者，期二年。

客星犯女牀八

《石氏》曰：客星干犯女牀，貴人暴誅，期百八十日。　郗萌曰：有星入女牀，有異女來誤我王。《荆州占》曰：客星入女牀，若動摇，女有大行，若天下女子有憂。《甘氏》曰：客星出女牀，若守之，强臣執政，貴人有暴誅者，期百八十日。《荆州占》曰：客星守女牀，後宮女凶。

客星犯七公九

《河圖聖洽符》曰：客星出七公及守之，將相有憂，御臣受戮，若議人有罪，直言者凶。《黄帝占》曰：客星守七公，爲飢民，君不安。

客星犯貫索十

《石氏》曰：客星干犯貫索，不有大赦，必有大獄，民叛篡弑君，不過三年。《石氏》曰：客星入貫索，天下多死人。《石氏》曰：他星入貫索二日，有喪。《荆州占》曰：黄星入貫索，諸侯有以地坐法者。《黄帝占》曰：有星出貫索中，有赦，星大大赦，星小小赦。《荆州占》曰：客星出貫索，其國亡土邑。齊伯曰：客星入貫索，大臣有謀，下有反者，貴人多下獄。一曰守之十日，有大

赦，期一年。按：司馬彪《天文志》曰：孝明皇帝永平四年八月辛酉，客星出梗河西北，指貫索，七十日去。貫索貴人之牢，陵鄉侯梁松怨望，懸飛書誹謗朝廷，下獄死，妻子家屬徙九真也。

客星犯天紀十一

《黄帝占》曰：客星入天紀，有拘主。《黄帝占》曰：客星入天紀，諸侯舉兵，國政亂。《甄耀度》曰：客星出天紀，大臣執權兵宫中，人主有憂，若强臣相戮，期不出二年。郗萌曰：客星行紀星，有飢民，君不安。《石氏》曰：他星守紀星，君不安，有飢民。

客星犯織女十二

《石氏》曰：客星犯織女，天子女誅死。陳卓曰：客星干犯織女，后族爲亂，貴女有誅者，期三年。郗萌曰：客星入織女，爲旱。郗萌曰：客星入織女、貫索、須女者，皆等。須女主帛絮，貫索主麻縷，織女主布帛及五彩，皆貴，各守其價十日，一倍；二十日，再倍；三十日，三倍；皆以四時相執。守南南方貴，守北北方貴，守西西方貴，守東東方貴守中中貴，所守其國皆貴，其餘星皆倣此。《荆州占》曰：奇星入織女，有兵，十年乃解。一曰人主攻一家一國，若族之。《石氏》曰：赤星入織女，主攻，一國殘之。又曰：接客來，黄星入，女子受地者，黑星入，淫婦憂；青星入，以憂來者。《石氏》曰：客星入織女，有女使者，若中守乘犯之，女君誅，若有婦女之事。《石氏》曰：黑星出織女，女子多懷子死。《海中占》曰：客星出織女，若入之，后族爲亂，若誅臣。一曰貴女有誅者。各以五色占，白爲喪，赤爲兵，黑爲水，黄爲旱，青爲饑。《荆州占》曰：客星出織女，宫人逃。一書曰青星。《黄帝占》曰：客星出入織女，絲絮布帛貴，在後年。《石氏》曰：客星出入郗萌曰守。織女，有誅臣降王。郗萌曰：客星在織女下，兵起必戰，不出十日。郗萌曰：客星舍織女後宫，有以藥死者。《石氏》曰：他星守織女，女有憂，若有嫁娶之事。《石氏》曰：他星守織女，乍出乍入，前後左右回惑其色，色青爲饑，赤爲兵，黄爲旱，白爲喪，黑爲水。郗萌曰：客星守織女，山摇地動，若牛疾。《荆州占》曰：客星守織女，有女子使來者，色青憂以來，赤有奇客來，黄白宫女有喜。

客星犯天市垣十三

《文曜鈎》曰：客星入天市垣，兵大起，斧鉞用，大臣當有斬者，近期一年，遠期三年。《石氏》曰：客星入天市垣，色黑市使死。《石氏》曰：客星入天市，黄白市使憂，黑死，以日占何國。《石氏》曰：客星入天市，聚者皆起。或不得耕食，大兵横流，期三年。《石氏》曰：客星入天市，大臣誅，有戮卿。一曰有戮王，皆期一年，遠三年。按：班固《天文志》曰：孝宣地節元年七月癸酉，客星入天市，芒炎東南指，其色白。是時楚王延壽謀逆，自殺。地節二年，故將軍瞿告夫人顯，將軍霍禹，范明友、奉車霍山及諸昆弟嬪婚爲侍中，諸曹九卿郡守皆謀反，夷族，伏其辜也。郗萌曰：客星入市中，兵犯外城。郗萌曰：客星入天市中，糴石三百；居市門者石五百五十。亦曰遊市旁者石百。郗萌曰：赤星入天市，棄市滿天下。郗萌曰：黄白星入天市，嗇夫不遷即賜。郗萌曰：客星遁，或若填星所發入市中而出外，死罪復生。郗萌曰：赤星長尋集天市中，有兵。郗萌曰：青黑星出天市，嗇夫不死即免。司馬彪《天文志》曰：孝靈中平五年六月丁卯，客星如三升椀，出貫索西南南行，入天市至尾，占曰：爲貴人喪。明年四月，宫車晏駕。謝承《後漢書》曰：吴郡周敞師事京房，房爲石顯所譖繫獄，謂敞曰：吾死後三十日，客星必出天市，即吾無辜也。後果如言，敞上書陳其枉。《荆州占》曰：客星出入天市旗，兵大起，大將斬。《玄冥》曰：客星出天市，執令者死，大臣誅，有貴人多市死者，期二年。郗萌曰：客星入若守天市，執令者死。郗萌曰：太白星入若守天市，天下亂。郗萌曰：太白星入若守天市，度量不平，市亂。

客星犯帝座十四

《石氏》曰：客星干犯帝座，人民大亂官，朝徙大臣，期三年。《荆州占》曰：客星入帝座，留不去，則有貴人變更令。《荆州占》曰：赤星入帝座，朝廷有兵。《河圖帝覽嬉》曰：客星出帝座，若守之不去，則有貴人變更法令，大臣爲亂，人主不安。

客星犯天候十五

《荆州占》曰：客星入天候星，士卒罷，人有急行。《石氏》曰：客星出候星，天下亂，人民相攻，士卒出，有急行。《石氏》曰：客星守候星，候者憂。《石氏》曰：客星守候星，外客欲爲主也。《荆州占》曰：客星守候星，天下大亂。

客星犯宦者十六

《石氏》曰：客星干犯宦者，宦者滅亡。郗萌曰：客星舍宦者星，左右貴人有不長者。《玉曆》曰：客星出守宦者星，左右貴人有不廢者，不能守其

貴。一曰有讓位者。

客星犯宗人十七

《河圖聖洽符》曰：客星出宗人，帝族親多死者。一曰王者不親宗族。郗萌曰：客星舍宗人，留不去，有貴人死者。

客星犯宗正十八

《荆州占》曰：客星守宗正，更號令。《甘氏》曰：客星出宗正，守之不去，左右宗族羣臣多死，不出其年。

客星犯宗星十九

《聖洽符》曰：客星出宗星，帝族親多死者。一曰王者不親宗族。《石氏》曰：客星守宗星，宗人不和。

客星犯東西咸二十

齊伯曰：客星出東西咸，女主自恣若淫泆。一曰貴人女有憂，若有黜者，不出其年。《荆州占》曰：客星守東西咸，人主淫泆失道。

客星犯天江二十一

《黄帝占》曰：客星入天江，河津關絶，道不通。一曰河津吏有憂。《甄曜度》曰：客星出天江，有大水，河海溢，津關塞，民多饑。陳卓曰：客星干歷天江，大兵攻王國，王者以赦除之則國豐年。《黄帝占》曰：客星守天江，星一曰津河吏有憂。

客星犯建星二十二

陳卓曰：客星干犯建星，王失道，忠言者誅，賢士逃亡。《海中占》曰：客星入建星，郗萌曰守。有憙福，穀大熟。郗萌曰：客星入建星，君不親其大臣。郗萌曰：赤星入建星，人主謀兵兵罷，出建星，軍乃戰。郗萌曰：赤星入建星，津河水大出，橋梁不通。《海中占》曰：客星出建星，君不親其大臣，上下相疑，主令不行。郗萌曰：客星舍建星，留不去，即有大兵，馬大貴。郗萌曰：客星守建星，人民安。郗萌曰：客星入守建星，人臣自臨府事。

客星犯天弁二十三

《玄冥》曰：客星中而守之，天下道塞，多有盜賊，關梁不通，期二年。《文曜鈎》曰：客星出天弁，若守之，有囚徒，兵起。一曰五穀傷，大貴。

客星犯河皷二十四

《黄帝占》曰：客星入河皷，色赤，有兵，黄則天下安，蒼則不用。郗萌曰：有星入河皷，有兵，三軍出之野。郗萌曰：大星入河皷，有兵，三將軍出。郗萌曰：大星入河皷，天下皷出。郗萌曰：大赤星入河皷星，大將驚，蒼黑憂，黄更地，黑入之死。《荆州占》曰：客星入河皷，兵吏驚。《黄帝占》曰：客星出河皷，兵出，入河皷，兵入。《巫咸》曰：客星出河皷，旗皷大用，有兵起，將軍立旗幟。一曰穀貴，軍絶糧，不出其年。《石氏》曰：大赤星若出河皷，所守之國將驚，若受令出。郗萌曰：客星舍河皷中，國有鐘皷之音，若立旗幟。《石氏》曰：客星守河皷，三將軍食絶。郗萌曰：客星守河皷，將軍戰亡，有奪皷者。《荆州占》曰：客星守河皷，兵革起，旗皷用。《黄帝占》曰：客星中犯乘守河皷，所中犯者誅，若有罪。

客星犯離珠二十五

《荆州占》曰：客星犯離珠，後宫凶。《玉曆》曰：客星出離珠，若守之，後宫凶，若宫人有罪誅者，期二年。

客星犯匏瓜二十六

《石氏》曰：客星干犯匏瓜，政亂，近臣相譖，宫有戮死者，以赦除咎。《黄帝占》曰：客星入匏瓜，有大憂，若魚鹽價十倍。《石氏》曰：客星色青入匏瓜，諸侯有來獻果者，中有藥不可食。《石氏》曰：客星色赤入匏瓜，人主攻一邑，族之。《石氏》曰：客星色白入匏瓜，有喪。《石氏》曰：有星色黑入匏瓜中若外，皆爲魚鹽貴。出匏瓜，君使人賜諸侯果。《黄帝占》曰：客星色赤出匏瓜，天下有遊兵而不戰。《黄帝占》曰：客星白，一本白色青也。出匏瓜，君使人遺諸侯果。《甘氏》曰：客星出匏瓜，人主憂備毒藥，若諸侯獻果，中有藥不可食，防備之，若食憂，期三年。《黄帝占》曰：有星出入匏瓜，若在其下，皆爲食官有憂。《黄帝占》曰：客星守匏瓜，山摇。《黄帝占》曰：有星守匏瓜，有食有憂。《石氏》曰：客星守匏瓜，山谷多水。《黄帝占》曰：客星入若守匏瓜，備奸人獻食物有毒藥也。

客星犯天津二十七

《石氏》曰：客星干犯天津，賊斷王道。《黄帝占》曰：客星入天津中，若守之，津河道不通。《聖洽符》曰：客星出天津，天下關絶不通，若津吏有憂罪者。郗萌曰：客星入天津，諸侯不通，天下備道修橋梁。郗萌曰：客星入河中，貴人有溺死者。郗萌曰：客星守天津，水道不通，若船貴。一曰津河吏有憂。《荆州占》曰：客星守天津，津不可渡。《石氏》曰：他星守犯

天津，津河爲敗。

客星犯螣蛇二十八

《荆州占》曰：客星守螣蛇，水雨爲災。《石氏》曰：他星守犯螣蛇，水物不成，水蟲爲敗。

客星犯王良二十九

郗萌曰：客星入王良，將士皆亡。《甄曜度》曰：客星出王良，天下有急，關津不通，兵起，若馬多死，期二年。《石氏》曰：客星守王良，津河不通。郗萌曰：客星守王良，天下有急，馬大動，一曰疾病。郗萌曰：赤星守王良，兵起。一曰守王良，天下大水，橋梁不通。《海中占》曰：客星入王良而守之，天下兵起，車騎行，人主憂，將軍有死者，期三年。

客星犯閣道三十

陳卓曰：客星干犯閣道，王者居正殿，不私行，則災自消。《玄冥》曰：客星出閣道，有驚戒之事，若道中有伏兵，人主備左右，慎女兵。

客星犯附路三十一

陳卓曰：客星干犯附路，道不通，天下半隔，期一年。焦延壽曰：有星入附路，兵大起。郗萌曰：有星入附路，馬賤。《巫咸》曰：客星出附路，若守之，太僕有憂，若以馬罪。一曰馬當賤，期不出一年。

客星犯天將軍三十二

《河圖帝覽嬉》曰：客星出將軍，將軍有憂若黜者，若軍吏不忠有過罪者。《石氏》曰：有星守天將軍，大將軍有憂。一曰軍吏不安，以饑爲敗。

客星犯大陵三十三

《荆州占》曰：客星入大陵，若守之，君有大陵功之令。《黄帝占》曰：客星出大陵，有土功墳陵之事。若犯積尸，國有大喪，人主當之，期三年。《石氏》曰：他星若入守大陵，有土功事。

客星犯天船三十四

郗萌曰：客星入天船，水大至。《石氏》曰：客星出天船，天下大水，舟船用，若有船事，期不出年。郗萌曰：客星守天船，有兵。一曰王船有事，不出一年。

客星犯卷舌三十五

《玉曆》曰：客星出卷舌，若守之。天下有妄言惑其君者，君信讒臣，罪無辜者。按：班固《天文志》曰：元帝二年五月，客星見昴，分居卷舌東，可五尺，青白色，炎長三寸。其年十二月，鉅鹿都尉謝君男詐爲神人，論死，父免官。孟康注曰：姓謝名君，男兒也，不紀其名，直言男者也。

客星犯五車三十六

《石氏》曰：客星干犯五車，兵滿野，天下半傾，百姓徙居去其土，期三年。《黄帝占》曰：客星入五車，色黄，人主受賀，色白言義，色赤言兵，色青言憂，色黑大人當之。《海中占》曰：客星入五車，所守土穀貴。郗萌曰：客星入五車，糴倍價。一曰車倍價，皆爲後年。郗萌曰：客星入五車，爲赦。《荆州占》曰：客星入五車，人相食，若大水，溝瀆溢。《黄帝占》曰：有星出五車，色白，君使人諸侯以車爲戒；色黄受賀；赤言兵，車騎滿路；色黑多死者，以其日占期。郗萌曰：客星出五車，兵出；入五車，兵入。《玄冥》曰：客星出五車，天下兵起，車騎滿野，將相有憂，五穀大貴，人民饑，期百八十日，中一年，遠三年。郗萌曰：客星出入五車，以守五車可取者，客星出入蕡車，取蕡，出入麥車，取麥，出入豆車，取豆，出入黍粟車取黍粟，出入稻米車取稻米。出以其行爲粟。其出入中行，石二百；出入外行，石百錢。《黄帝占》曰：客星守五格休左者，軍大發；守休右留十日，天下有喪，大亂。郗萌曰：客星守五車，兵革起。《海中占》曰：客星入五車，犯守之，大人有憂，車騎發用，將軍出令，國易政，期三年。

客星犯天關三十七

《黄帝占》曰：客星入天關，諸侯不通，民多相攻，且有兵，子伐父，弟伐兄，是謂不理，各去其鄉。郗萌曰：客星入天關，民多疾病。郗萌曰：有星入天關，天下有急。一曰關市不通。《荆州占》曰：客星入天關，多盜賊，道路不通。《石氏》曰：他星入天關，兵戰不勝。《石氏》曰：客星出天關門，天下起兵不戰。《孝經章句》曰：客星守天關，羊馬牛大貴，不出三年，有德令。《荆州占》曰：客星守天關，諸侯不通，期十二日。又曰民饑，又有自賣者。

客星犯南河界三十八

《石氏》曰：客星出南河界，有男喪事於外；入南河界，有男喪事於內。《石氏》曰：客星出南河，有喪事於外，皆爲男喪。暈三重，必有降城。一曰客星干犯兩界間，天子出走，大臣執威，王者以赦除咎，羣臣尊負天子以寡。《黄帝占》曰：客星守南河界，有水。《荆州占》曰：客星守南河界，民多温病。

齊伯曰：客星出南河，若守之，蠻夷兵道不通。一曰入南河界，爲旱災，天下大饑，期二年。郗萌曰：客星行南河界中，若守之，皆爲旱。郗萌曰：客星入北河界，從東入，九十日有兵；從西入，六十日有喪。郗萌曰：客星他所來，入北河界間，諸侯有奸。《甄曜度》曰：客星出北河，朔兵動，關道塞，其國有憂。一曰入北河，爲水饑，期一年。《黄帝占》曰：北河界多客星，朔兵起。郗萌曰：北河界下多小星者，民不治，將不明，多有失職。郗萌曰：客星若赤星，守北河界，臣賊主。一曰大臣誅。《荆州占》曰：客星守北河界，后有乳疾。郗萌曰：客星見南北河界間，奸人在中。《帝覽嬉》曰：大客星居兩界間，天下有難，道在天門中，邦家不通。

客星犯五諸侯三十九

《石氏》曰：客星干犯五諸侯，王室大亂，兵起，天子宗廟不祀。《海中占》曰：客星出五諸侯，大臣有憂，若執法者有罪。一曰議臣有黜者。郗萌曰：客星守五諸侯，天下大亂。郗萌曰：客星守五諸侯，天子親屬失位，大水行，五穀大貴，天下民多死於道旁者，秦國尤甚。《荆州占》曰：客星守五諸侯，諸侯亡地。一曰諸侯有憂，秦國受重殃。

客星犯積水四十

《石氏》曰：客星干犯積水，兵起，宫門宗廟毀絶，大臣有憂。《巫咸》曰：客星出積水，天下大水，溝渠溢，有攻隄防之事，期不出年。

客星犯積薪四十一

《石氏》曰：客星干犯積薪，有亂臣在宗廟。《石氏》曰：客星出積薪，有憂，若以薪蒿之事而致罪者。

客星犯水位四十二

《石氏》曰：客星干犯水位，水道不通，伏兵在水中，以水爲害。《荆州占》曰：客星守水位而川流溢。《玉曆》曰：客星出水位，天下以水爲令，法官有憂，若臣下有謀兵起，期三年。

唐·瞿曇悉達《開元占經》卷八三　客星犯石氏中官下

客星犯軒轅四十三

《石氏》曰：客星干犯軒轅，近者誅滅宗族，王者以赦除咎。按：司馬彪《天文志》曰：孝明帝永平十四年正月戊子，客星出昴，六十日，在軒轅右角，稍滅軒轅。右角爲貴相，昴爲獄事，客星守之爲大獄。是時考楚事未竟，司徒虞延與楚王英黨與交，皆伏誅也。郗萌曰：有星入軒轅，有遠來者。郗萌曰：有星入東陵，有夷從外來降者。郗萌曰：客星入軒轅，有女子惑天子者。《荆州占》曰：客星入軒轅，美人有經死者。焦延壽曰：青黑星出入軒轅，皆爲諸夫人有子不成。司馬彪《天文志》曰：客星出軒轅，後宫失勢。郗萌曰：客星舍軒轅之旁，美人有懸死者。《荆州占》曰：客星守軒轅，獄中有女子飲藥死者。郗萌曰：客星守軒轅，女主不安。一曰有憂。《洛書甄曜度》曰：客星出軒轅，若守之，各隨其所守，后妃嬪夫人近者當之。一曰守之三日，美人有經者。按：司馬彪《天文志》曰：孝和永元十三年十一月乙丑，軒轅第四星間出客星，色青黄。軒轅爲後宫，星出之爲失勢。其十四年六月辛卯，陰皇后廢。《石氏》曰：客星出軒轅，若犯守之，發五將之兵。《石氏》曰：他星守軒轅，所起者有憂。齊伯曰：客星犯守軒轅大星，女主逆天子，若女主與傍人通，宜防之。

客星犯少微四十四

《石氏》曰：客星干犯少微，白衣聚者凶，術士不顯，智者逃亡，期三年。郗萌曰：有星入少微，奸臣亂。《石氏》曰：客星出少微，道術士用，用功者隨其能，王者用之。郗萌曰：客星守少微，處士憂。《黄帝占》曰：客星入中犯乘，守少微，宰相易。又曰女主有憂。《石氏》曰：客星入中犯乘，守少微，五官亂，宰相有憂。

客星犯太微四十五

郗萌曰：客星中犯左右執法，左右執法誅，若有罪。《黄帝占》曰：客星入端門，出西門，天下大水，民人饑。《石氏》曰：客星入端門，其國有臣謀。《石氏》曰：客星入端門，出東門，天下大旱，五穀不成。《甘氏》曰：客星入端門，仍出端門，其國有大患，天下大亂易主。以色占。出左掖門其國有憂，出東門其國旱，出左掖門其國大亂，出西門其國大水。郗萌曰：有星入端門，賊鈔主，稱王命。《石氏》曰：客星入左掖門，出右掖門，其國有喪。《石氏》曰：客星入右掖門，其國有客。《石氏》曰：客星入左右門，出東西門，國有大喪，貴臣有死者。《甘氏》曰：客星入太微右掖門，出端門，小國亡；出左掖門，其國有小事；出東門，其國大亡；仍出右掖門，其國有客，爲刑事；出西門，大國以微亡。《荆州占》曰：客星入左掖門，出端門，其國滅亡；仍出左掖門，其國大傷；出東門，其國大喪；出右掖門，其國大逆無道；出西門，其國流血百里。《石氏》曰：客星入東西門，出左右掖門，其國有兵，軍有出者，倅

臣有憂，皆不出一年。《甘氏》曰：客星入東門，出端門，其國有憂；出左掖門，其國所作不成；仍出東門，其國有臣結謀；出右掖門，其國大亡；出西門，其國有殃。《荆州占》曰：客星入東門出東門，其國有大喪。《黄帝占》曰：客星入西門出東門，其邦兵起，臣謀主；入東門出西門，大國微亡，守之不去，楚國凶殃。《甘氏》曰：客星入西門，出端門，其國大亂；出左掖門，其國不爲用；出東門，其國不祥；出右掖門，其國大敗；仍出西門，其國有兵。郗萌曰：客星入西門出端門，一書云出左掖門。其國大不熟。郗萌曰：客星入太微西門，出東門，有憂喪。郗萌曰：他星入太陰門，後宫有賊。《荆州占》曰：客星入太陰西門，出太陰東門，其國大水，天下大亂。《荆州占》曰：他星入太陰門，兵起，動天下。《荆州占》曰：客星入西門，出西門，其國有兵謀。陳卓曰：客星入干太微，帝宗后族爲亂，亡社稷。《河圖帝覽嬉》曰：客星入太微廷中，出端門，天下大亂，王者憂，國易政，期三年。按：河法盛《中興書》曰：晉安帝元興元年十月，有客星，色白如粉絮，出太微垣西，至十二月，入太微，占曰兵入天子庭。二年十二月，桓玄肆逆，放帝后於尋陽。《石氏》曰：他星入太微，色白而澤者赦。《石氏》曰：客星入太微宫二旬若三旬，有小赦，期六月。《石氏》曰：他星入四輔，臣爲亂。《海中占》曰：客星入太微中，火大起，有客賊來入國。守之十日不去，其災成，在陽爲男主，在陰爲女主，不出四十日。郗萌曰：赤黄星狀如帚，入太微，婦女喜；出太微，天子賜諸侯美女。郗萌曰：客星入天子宫，丞相憂疾。郗萌曰：客星入天子宫，十日而成鈎已，天下有大赦，奴婢下賤人妻妾長庸，期三月若六月。《荆州占》曰：客星入太微宫中一旬，宫中有自殺者，期四十日，在陽爲男，在陰爲女。陽，黄座南也，陰，黄座北也，入二旬，有赦，期六月。《荆州占》曰：青星入太微，有客來。《荆州占》曰：星正赤入太微中，兵起。陳卓曰：星正赤入太微中，廟有兵。《荆州占》曰：赤黄星潤澤入太微中，天子有喜，以其所抵，率言抵座星也，如劒者男子喜。《荆州占》曰：客星入太微庭中，有一星，天子出將兵；有二星，天下無處主；有三星，天下散亡。《荆州占》曰：客星入太微，所中乘守者有殃。《玄冥占》曰：客星入太微庭中，帝宗后族爲亂，欲謀殺主，宫門有伏兵，期三月。《天官書》曰：客星出天庭，有奇令。《荆州占》曰：赤星出庭中，有立王若徙王。又曰火起。《荆州占》曰：赤黄星出太微中，天子用金錢賜諸侯王。《荆州占》曰：星黄如獸，出太微中，天子用畜賜諸侯王。一曰氣類獸及蜚，皆客喜也。《荆州占》曰：有星如拳正圓，出太微中，天子用璧玉賜諸侯王。陳卓曰：客星出太微，有兵喪。按：《宋書·天文志》曰：魏文帝黄初三年九月甲辰，客星見太微左掖門内。十月，孫權叛命，帝自南征，前驅臨江，破其將吕范等，是後累有征。後七年五月，文帝崩。甘露四年十月丁丑，客星又見太微中，轉東南行歷軫宿，積七日滅。景元元年，高貴被害。《黄帝占》曰：凡客星出入太微，各以其日占知州國所出，皆不出百日，中一年，遠三年，災必應。《黄帝占》曰：客星出入太微，人主有憂，大臣爲謀，有反者兵起宫中。一曰執政臣有戮者，期一年。《海中占》曰：客星入太微，天下大亂，兵大起，臣謀其主，不則天下大水，入城郭，煞人民。郗萌曰：期三十日。《荆州占》曰：客星出入太微，大水入城，傷人民，期三十日。《荆州占》曰：客星舍太微宫，天下有聖女子在燕代。《荆州占》曰：客星舍太微南蕃，留不去，魯有謀者；舍西蕃，留不去，王者泄妖言在楚國。郗萌曰：客星中太微宫者，不出三十日。一本云三日也。必有大赦。《黄帝占》曰：客星守太微東蕃若西蕃將相星者，皆爲人君有憂。《石氏》曰：客星守太微宫，臣煞主。《玉曆》曰：客星出太微犯守將相，左右執法隨其所守犯皆有誅，期二年。《甘氏》曰：太微中有一客星，天子自將兵；有二客星，天下亂，民散走；有三客星，天下大亂。守之三十日，君死國亡，期三年，遠五年。

客星犯黄帝座四十六

《文曜鈎》曰：客星入太微，犯黄帝座，天子有憂，臣謀主。至座而還，謀不成，反受其殃。守犯三十日已上，臣謀成，期不出一年。《荆州占》曰：客星舍五帝座，有聖人與君並治，在蜀秦。《石氏》曰：蒼白星抵座，天子有喪憂；抵座旁，臣有反之者。按：《幽明録》曰：漢武帝常微行，過主人家，家有婢國色，帝悦焉，仍留宿，夜與婢臥。有書生亦家宿，善天文，忽見客星移掩帝座甚逼，書生大驚懼，連呼咄咄，不覺聲高。仍見一男子操刀將欲入户，聞書生聲急，謂爲己故，遂縮走，客星應時即退。帝聞其聲，異而召問之，書生具説所見，乃悟曰：「此人是婢婿，將欲肆其凶於朕。」乃召羽林，語主人曰：「朕天子也。」於是擒奴而伏誅，厚賜書生。《後漢書》曰：嚴遵字子陵，會稽餘姚人，世祖爲書生時，與遵遊學。及即位，見遵，遵長揖不拜。上留遵俱寢，遵以足加世祖。其夜客星犯天子宿，明晨太史奏其異，詔曰：「朕友人嚴遵與朕俱臥之耳。」《石氏》曰：有赤星鋭如劒，抵座星，天子以兵驚。一曰災驚。《荆州占》曰：黑星抵座左右旁，大臣有死者。《荆州占》曰：黄白星大如拳，正圓，抵座旁者，臣有

獻美人者。　郗萌曰：　黑星抵留座星者，曰天子惡之。

客星犯四帝四十七

《巫咸》曰：　客星犯四帝，輔臣有亂，若有反。　一曰若左右輔臣有謀，期百八十日。

客星犯屏星四十八

《石氏》曰：　客星有中犯乘守屏星者，爲君臣失禮，而輔臣有誅者，若免、罷去。

客星犯郎位四十九

陳卓曰：　客星干犯郎位，大臣失勢。　《黄帝占》曰：　客星入郎位，大臣爲亂。　《石氏》曰：　客星入郎位，多死者。　《荆州占》曰：　赤星入郎位，兵起，若大憂；出郎位，多用兵遠出者。　《荆州占》曰：　黑星入郎位，多有罪者。《荆州占》曰：　蒼白星入郎位，有亂者。　《荆州占》曰：　蒼白黑星出郎位，多死者。　《玉曆》曰：　客星出郎位，守衛臣有謀者，人主有憂，將相有誅者。　一曰外夷有反者，期二年。　《荆州占》曰：　客星入中郎位，大臣爲亂，戒左右。《黄帝占》曰：　客星守郎位，元士有憂。又曰名官位不死必去。　《荆州占》曰：　客星守郎位，其將憂也。

客星犯郎將五十

《黄帝占》曰：　有星入郎將，色青黑，嗇夫不死則免，黄則遷，白則受賜。《荆州占》曰：　有星入郎將，大臣亂，政不行。　《石氏》曰：　客星守郎將，大臣爲亂。　《甘氏》曰：　客星出郎將，輔臣有誅，將相有罪若有黜者，期一年。《甘氏》曰：　客星入犯，守郎將將誅。

客星犯常陳五十一

《石氏》曰：　他星犯常陳，王者誅之，近期百八十日，遠期三年。　《聖洽符》曰：　客星出常陳，守衛者有誅，若左右兵起，王者有憂，期不出年。

客星犯三台五十二

《石氏》曰：　黄白星入三能，貴人有賜爵者，蒼星出三能，貴人奪爵。　按：司馬彪《天文志》曰：　孝安永安四年六月甲子，客星大如李，蒼白，芒氣長二尺，西南指上階星，降，太尉張瑀、司空張敏皆免官也。　郗萌曰：　有星出三能，爵令行。　郗萌曰：客星舍三能，左右羣臣有不正者，露當降也。　郗萌曰：　客星舍三能，留十餘日不去，王侯有不通者，深渠當修，城郭決，此三台之過也。　《黄帝占》曰：　客星入三台，若守之，大臣多戮，若貴人多病瘧死者。　《帝覽嬉》曰：　客星出三台，若守之，主誅大臣，貴人有死者，不出百八十日。　郗萌曰：　客星守天柱，大人戒左右，趣治兵弩。　郗萌曰：　他星犯守三台，有兵喪。　一曰水爲災害。《石氏》曰：　有星入司命，色蒼，民憂喪事；白，潤澤，婦女多傷；黑，嬰兒死。《甘氏》曰：　有星入司命，近臣抵罪者，色青有憂，黄白無故，黑死。　《石氏》曰：　蒼星出司命，王者病死。　《甘氏》曰：　青若黑星入司命中，奸人有出者。《石氏》曰：　有星入司禄，大臣争榮。　《甘氏》曰：　有星入司禄，色黄若白，近臣有爵者；出司禄，色青，近臣有抵罪而走者，黑則死。

客星犯相星五十三

陳卓曰：　客星干犯相星，輔相憂，不出一年，天下變更其令，民多移徙。

客星犯天牢五十四

《黄帝占》曰：　有星入天牢，斧鑕用，諸侯有獻地者；出天牢，王賜諸侯地，色青皆以兵，黄白皆以好。一曰星出南爲獻地。　《海中占》曰：　客星入天獄，牢，必有戮卿。　《荆州占》曰：　客星入天牢，貴人有繫者，有戮君。　《荆州占》有德令。　郗萌曰：　有大星入天牢，有赦，期二十日。　郗萌曰：　客星入天曰：　客星入天牢，其國得邑土；出天牢，爲亡邑土也。　《石氏》曰：　有奇星守天牢二十日已上，天下大赦。　《石氏》曰：　客星守天牢一年，大魚死。　一曰人相食。　《荆州占》曰：　客星守天牢，鈇鉞用，以其初守日占國。　《巫咸》曰：客星出天牢，若守之，有貴臣多下獄者，期不出一年。　郗萌曰：　常以五子日候天牢中，有變星，期不出十日，赦。

客星犯文昌五十五

《石氏》曰：　客星干犯文昌，則附臣受殃，近期三年，遠期六年。　韓楊曰：　客星入文昌，有女子惑天子者。　《文曜鈎》曰：　客星出文昌，其國失政，人主有憂，臣受其殃。　《石氏》曰：　客星出文昌，其國失君政。　《石氏》曰：客星守文昌，有兵，君不安。　《黄帝占》曰：　有星入將星，色蒼，將有憂。一曰故臣有抵罪。　《黄帝占》曰：　黄星入將星，受封；黑，將死。　《黄帝占》曰：大赤星入將星，提鼓之將驚。　《黄帝占》曰：　有星入相星，色黄若白，皆爲故臣有賜爵者。　《荆州占》曰：　有星入司命中，色蒼，廷臣有憂；黄，故臣有賜爵者；白，近臣有抵罪者；黑，近臣死。　出司命，色赤，王者疾困。　《黄帝占》曰：　客星出司命、司中、司禄，近臣抵罪走者，色黄白無故，青憂黑死。　郗萌

曰：客星出司命，有加命於羣生。一曰有下命者。《石氏》曰：有星入司命中，爲内亂。《黄帝占》曰：有星入司命中，色蒼，近臣有憂。一曰近臣有棄捐者。《荆州占》曰：有星入司中，色蒼者有賊。郗萌曰：青黑星若入司中，奸人有入者；出司中，奸人有出者。《石氏》曰：有星入司禄中，色黄若白，近臣有賜爵者。郗萌曰：客星入司禄，色青黑，近臣有奪爵者。郗萌曰：客星出司禄，有下賞者。

客星犯北斗五十六

郗萌曰：客星入北斗魁上若下，色青黑，人主大憂，赤有大客，境外與中國争兵，黄白，人主有賀，期皆六十日若百二十日，人主避舍東方十日，而賜功應之。郗萌曰：有星入北斗魁中，大人有繫者。一曰人主左右有囚者，色黄白無故，色青黑有憂死，不出，色赤，斬。《荆州占》曰：有星出庭入北斗魁中，二千石有繫者，色青憂，黑死，赤有斬事。《荆州占》曰：大星入北斗，貴臣誅若繫者。《黄帝占》曰：客星出北斗魁中，天子自將兵，國憂傾危，社稷不安，民多苦，期一年。《石氏》曰：有星集北斗旁，不入北斗中，名貴人有憂，以五色占之。郗萌曰：有星出北斗魁，天下赦，星大赦大，星小赦小，期九十日當至。齊伯曰：客星出北斗旗間，兵大起，車騎行，若貴臣有誅，人主憂。旗者紫宫北斗兩間。《海中占》曰：客星出入北斗，天下大亂，兵大起，臣謀主，不則天下大水，入城郭，煞人民，期百日。郗萌曰：期三十日也。郗萌曰：有星離北斗柄中央，色青相有憂，赤者兵事，黄白有赦，若相遇賊，黑者死。《甘氏》曰：客星見北斗魁中，色赤，楚當之；青，齊當之；黄，衛當之；黑，燕當之；白，秦當之。各以五色知其分野吉凶。《荆州占》曰：有星見北斗魁中，有死者，色赤楚君當之。《荆州占》曰：變星見北斗魁中，天子當之。《石氏》曰：大星去北斗中，如赤鳥，其頭黑，天下有兵。《甄曜度》曰：客星居北斗旁，帝主有憂，若有不出者，兵大起，士卒用，各以五色占。去北斗一尺，期一年，二尺期二年。郗萌曰：客星守北斗，天下必有大事若大變。守斗後，道不通水。郗萌曰：客星守北斗七星，人君大變。一書云有憂。《荆州占》曰：有星入正星，大人遇賊；出正星，爲政者易。《荆州占》曰：有星抵正星，有客，色青，以禽獸爲幣；黄，以綾羅爲幣；赤，以錢爲幣；白，以人若兵劒爲幣；黑，以金爲幣；色白蒼，以羊爲幣。正星上左右，以馬牛魚鹽爲幣；色黑左右，以五穀爲幣。《荆州占》曰：有星出法星若入法星，主當之。郗萌曰：有星入令星，執法者死；出令星，執法者逐於諸侯。《荆州占》曰：有星入伐者，蠻夷以水兵至；出伐星，天子與蠻夷和。《荆州占》曰：有星抵伐星而舍之者，人多死。《荆州占》曰：有星抵伐星有光，女主疾；有光而環伐星，君疾。郗萌曰：有星入煞星，大臣主馬者死，期一旬；出煞星，大臣走。《荆州占》曰：有星入危星，易政；出危星，天子出令不行。《荆州占》曰：有星入部星，諸侯兵起，子攻父，弟攻兄。郗萌曰：客星入輔星，有善令。《荆州占》曰：有星入輔星，色青，相有罪若免；色赤，相受兵若將兵；黄白，相有賜若有喜；黑，相死若免。

客星犯紫微宫五十七

《玉曆》曰：客星犯紫微宫，有大喪；若守之十日已上，災必應期百二十日。按：《洪範天文星辰變占》曰：漢昭元鳳四年九月，客星在紫微宫中樞極間，後三年，昭帝崩也。《石氏》曰：客星入紫微宫，天子有急，兵起宫中，必有死王，若有逃走之主，期不出百八十日。按：班固《天文志》曰：宣帝黄龍元年三月，客星居王良東，廣可九尺，長丈餘，西指出閣道間，至紫宫。其十二月，宫車晏駕。司馬彪《天文志》曰：孝章元和元年四月丁巳，客星晨出東方，在胃八度，長三尺，歷閣道，入紫宫，留四十日滅。閣道紫宫，天子之宫也，客星犯，謂之大喪。後四年，章帝崩。《宋書·天文志》曰：晉太康元年四月，客星在紫宫，太康末，武帝耽晏遊，多疾病，是月乙酉，帝崩。永平元年，賈后誅楊駿及其黨與，皆夷三族。楊太后亦見煞。是年又誅汝南王亮、太保衛瓘、楚王偉，海西。太和四年二月，客星見紫宫西垣，至七月乃滅。六年，桓温廢帝也。《荆州占》曰：客星入紫微宫，國有大變。一曰爲兵起得地。按：班固《天文志》曰：孝昭元鳳四年九月，客星去紫微宫中樞極間，其五年六月，發三輔郡國少年濟北軍也。《荆州占》曰：赤星入紫宫，天下亂。一曰爲天下無人，其中列大夫多死罪者；入其旁，有亂臣。《荆州占》曰：黄星入紫宫，人主益地，天下有喜，期十日。《荆州占》曰：有赤星若黑星入紫宫，從其陽入，有客兵，期六十日至，從其陰入，有走王。《黄帝占》曰：客星出紫宫，天下大亂，臣煞其主，王者有憂，國有大變，期不出年。《石氏》曰：有星如拳正圓，及如獸狀，出紫宫，天子用璧玉賜諸侯王。《石氏》曰：客星守紫宫，臣煞主。《荆州占》曰：客星在旗間，車騎起。

客星犯北極勾陳五十八

《石氏》曰：客星入北極，天下道塞。《黄帝占》曰：客星出北辰，天子出德令，安天下。《黄帝占》曰：赤星出天樞，天下兵盈野，罷。郗萌曰：客

星出北極，而所之國大敗，四方皆然。《石氏》曰：他星見北極，帝王驚，宗室亂，王者修郊祀，奉宗廟，大赦天下，則災消。《荆州占》曰：客星舍極，四夷若胡王有喪。《荆州占》曰：客星守極，大臣誅。《荆州占》曰：客星一本云赤星。守天樞極，兵聚一國，有更君易幣。《石氏》曰：客星守天樞，國有大憂。《石氏》曰：客星出北辰，犯守大星，天下道塞，兵大起，臣欲謀主，兵聚一國，人主有變，期不出年。《黄帝占》曰：客星犯乘守北辰主星，大人當之。一曰有大喪。一曰有反者。《荆州占》曰：客星犯乘守太子星，太子有罪若死。《荆州占》曰：客星中犯乘守庶子星，庶子有罪若死。《石氏》曰：赤星入勾陳，兵内亂，大司馬戮死；出勾陳，大戰，有功。《石氏》曰：黑星入勾陳，大司馬溺軍中。《石氏》曰：黄白星入勾陳，將不戰，兵去外，罷。《石氏》曰：蒼白星入勾陳，大司馬有喪；出勾陳，軍破，將有憂。《荆州占》曰：赤星入勾陳，必有追劫主者。《荆州占》曰：客星入正妃，國有大憂。陳卓曰：客星入正妃，有大喪。《荆州占》曰：客星入黄龍之位，有黜妃，臣煞主。齊伯曰：客星出勾陳，國有大變，后妃有憂，若女主有黜者，不出一年。《石氏》曰：客星入勾陳，若犯之，宫中有變，臣殺其主，王者有憂。

客星犯天一太一五十九

《荆州占》曰：客星入天一座，五穀大貴。《甄曜度》曰：客星出天一太一，五穀貴，人民饑。一曰若有旱災。《黄帝占》曰：他星歷天一，則宫門閉，王者内不安，近臣亂，不出三年。

唐・瞿曇悉達《開元占經》卷八四　客星犯石氏外官

客星犯天庫樓一

《黄帝占》曰：客星入天庫，以饑兵起。《石氏》曰：客星入天庫，糴大貴，爲後年。《天官書》曰：客星入天庫，邊郡之兵起，此爲外夷之事。郗萌曰：客星犯天庫，五穀大貴；入庫中，糴石百，處其旁，石五十。郗萌曰：客星入天庫，牛馬有行。郗萌曰：客星入天庫，兵起，十年亂。《荆州占》曰：客星入天庫，有兵發行。《黄帝占》曰：客星出庫樓，兵車用，若守之，邊兵大起，庫兵出，車騎行，期二年，遠三年。《荆州占》曰：客星入若守之天庫，外夷兵起。一曰官兵憂。《黄帝占》曰：客星入若乘守天庫，兵車出用。

客星犯南門二

《石氏》曰：客星出南門，若守之，關梁塞，道路不通，人民憂。《石氏》曰：南門中有小星三芒者，則兵車出。司馬彪《天文志》曰：孝靈中平二年十月癸亥，客星出南門中，大如半筵，五色憙怒。稍小，至後年六月乃消。占曰爲兵至。六年，司隸校尉袁紹誅滅中官，大將軍部曲將吴匡攻煞車騎將軍何苗，死者合數千人。

客星犯平星三

《石氏》曰：客星出平星，賦斂之臣憂而有過罪者。若庫吏不忠，當有廢出，期不出一年。

客星犯騎官四

《石氏》曰：他星入騎官，有喜。《玉曆》曰：客星出騎官星，若守之，有兵起，將軍有出者。《石氏》曰：客星守騎官，將出有憂。《荆州占》曰：客星守騎官，士卒發用。

客星犯積卒五

《石氏》曰：他星守積卒，主兵臣誅。《石氏》曰：客星出守積卒，兵士爲亂，近臣有誅，士卒多死。

客星犯龜星六

郗萌曰：客星入龜星，小憂，無傷也。又曰天下大倉發。《甘氏》曰：客星出龜星，珠玉貴，寶物不入。若守之，君臣不和，上下乖離。

客星犯傅説七

《聖洽符》曰：客星守傅説，王者後宫少子孫，若有絶後者。

客星犯魚星八

齊伯曰：客星出魚星，鹽魚貴再倍；若守之摇動，大貴五倍。一曰有大水，期不出一年。

客星犯杵星九

《甄曜度》曰：客星出杵星而守之，天下兵起，有税米粟之事。

客星犯鱉星十

《黄帝占》曰：客星守鱉星，有白衣之會。《石氏》曰：有星入鱉星，有水令。《海中占》曰：客星出守鱉星，有白衣之衆聚，若天下有水，水物不成。期百八十日，遠一年。

客星犯九坎十一

郗萌曰：有星入九坎，天下有憂。　《玄冥》曰：客星出九坎，有水旱之災，出陽則旱，出陰則水。

客星犯敗臼十二

《文曜鉤》曰：客星守敗臼，天下兵起，有軍糧之急，米粟之憂，期二年。

《石氏》曰：他星守敗臼，以饑兵起。

客星犯羽林十三

郗萌曰：客星守羽林若天陣，兵大起。　郗萌曰：客星守天陣，將兵吏憂。　郗萌曰：赤星守羽林二十日，臣弒主。　郗萌曰：客星入壘壁，有兵。

《石氏》曰：黄白星入天軍南，天子立后。　《巫咸》曰：客星出羽林，兵大起，有亡國。若守之久，將軍有謀，主者有憂，期不出三年。

客星犯北落十四

《石氏》曰：黄白星入北落，天子有喜。　《石氏》曰：黄星出北落，天子使出。　《石氏》曰：赤星出北落，中兵起。　《石氏》曰：客星出北落，邊夷虜兵起，來入關塞，若關吏有憂。　郗萌曰：客星中犯乘守若北落星門，光芒相及者，爲兵，覆軍，煞大將。

客星犯土司空十五

《荆州占》曰：客星入土司空，多土功，男不得耕，女不得織，天下大疾。

韓楊曰：客星入土司空，有土徭之事。　《玉曆》曰：客星出土司空，外臣有憂，夷狄兵起，若土功之事，人民饑苦多病。　郗萌曰：客星守土司空宫，有土功若哭泣之事。　《石氏》曰：客星入守土司空，旱。

客星犯天倉十六

《黄帝占》曰：客星入天倉，糴石一千五百，穀如玉。　郗萌曰：客星入天倉，糴石千，歲大饑，五穀如金玉，能有穀爲君卿。　郗萌曰：客星入天倉，匈奴王且操奇物來進中國。　郗萌曰：周伯星流入天倉，糴賤，以春入夏賤，以夏入秋賤，秋入冬賤，冬入春賤。　郗萌曰：老人星流入天倉，糴大貴，春入夏貴，夏入秋貴，秋入冬貴，冬入春貴。　《石氏》曰：客星入天倉，粟發出，兵滿野，期三年。　《黄帝占》曰：客星出入天倉，有發粟之事，出之有出粟，入之有入粟，不出其年，必有兵。　郗萌曰：客星在天倉，天下貧，倉粟出。　《黄帝占》曰：客星當天倉户，將吏受主俸，不爲主用。　《石氏》曰：客星守天倉，馬大貴。　郗萌曰：客星入若守天倉，有兵，道不通。

客星犯天囷十七

郗萌曰：客星入天囷，匈奴且操奇物來進中國。　齊伯曰：客星出天囷，若守之，天下大旱，民饑，人相食。若有粟令，期二年。

客星犯天廩十八

《石氏》曰：有星入天廩中，色青，天下多憂；赤，大旱，有火；黄白，歲熟。

《甘氏》曰：客星出天廩，天下粟貴，民以饑流亡去其鄉，粟當出廩，期一年，遠二年。　《石氏》曰：客星守天廩，馬大貴。　《石氏》曰：他星犯天廩，天下亂。

郗萌曰：客星守天廩，粟發用。

客星犯天苑十九

郗萌曰：客星入天苑，畜多傷。　《荆州占》曰：客星入天苑，禽獸多死。

《玉曆》曰：客星守天苑，畜物不孳，禽獸多死，以馬起兵，邊賊入境。一曰牧馬多死。期三年。　《石氏》曰：他星犯守天苑，兵起馬死。按：司馬彪《天文志》曰：孝順陽嘉元年閏月戊子，客星氣白，廣二尺，長五尺，起天苑西南，東北指，歷天苑，抵參伐。天苑主馬牛，爲外軍，色白爲兵。是時燉煌太守徐由使疏勒王磐等二萬人入於關界，虜獲斬首三百餘級，烏桓校尉耿曅使烏桓親僕都尉戎朱魔等出塞，抄鮮卑，斬首，獲生口財物。鮮卑怨恨，抄遼東代郡，殺傷吏民。是後西戎北狄爲寇害，以馬牛起兵，馬牛亦死傷於兵中，十餘年乃息也。

客星犯參旗二十

郗萌曰：客星入天宫，天下有變，弓弩皆張。　《黄帝占》曰：星出入天弓，必有削主。　《河圖聖洽符》曰：客星出守參旗，天下兵起，大將軍行出，弓弩用，人主憂，期百八十日，遠期一年。　《石氏》曰：客星守參，負海不安，兵起。

客星犯玉井二十一

《黄帝占》曰：客星入玉井中者，皆爲强國失地；出玉井，强國得地。　郗萌曰：客星入玉井，天下有喪。　《荆州占》曰：客星出玉井，將出。　齊伯曰：客星出玉井，其軍已出爲憂，若有水敗。若入守之三日，其歲大水。

客星犯屏星二十二

《石氏》曰：客星入天屏，四足大疾。　《海中占》曰：客星出天屏，輔臣有憂，若人民多疾病，四足畜多死。　《石氏》曰：客星出入天屏，大人疾，主污辱。

郗萌曰：客星出入天屏，人民疾疫。

客星犯天厠二十三

《黄帝占》曰：客星入天厠，天下大饑，人相食，民移去，國君子賣衣，小人賣妻妾。一曰賣子而食。《黄帝占》曰：客星入天厠，主病帶下。《石氏》曰：黄白星入天厠，天子有喜，奇物見。《石氏》曰：蒼白星入天厠，天子有陰病。《石氏》曰：有星入天厠，色青有憂，赤有兵，白爲旱，黑爲凶。《石氏》曰：赤星入天厠，有内兵起。《石氏》曰：黑星入天厠，天子當之。郗萌曰：周伯星流入天厠，歲糴大賤，民有餘食，以春入夏賤，夏入秋賤，秋入冬賤，冬入春賤，終歲同焉，糴無處也。郗萌曰：老人星流入天厠，爲饑，以春入秋饑，秋入冬饑，冬入春饑。郗萌曰：客星入天厠，若有流水，水大出。《玄冥》曰：客星出有天厠，王者有憂，厠中有謀，兵若大人陷厠，宜防備之。

客星犯天矢二十四

《石氏》曰：客星出天矢而守之，天下民多病若多死。以五色占之，色黄吉，青白疾，黑死。

客星犯軍市二十五

郗萌曰：客星入軍市，大饑，將離散，士卒死亡。《荆州占》曰：他星守軍市，兵起。《玉曆》曰：客星出軍市，若入守之軍市中，人饑，將離散，士卒死亡。期一年。

客星犯狼星二十六

《石氏》曰：客星守狼弧，夷狄將來降。郗萌曰：客星守狼弧，邦失大臣，色赤者得，青黑者亡也。《荆州占》曰：客星守狼星，狗大貴。《荆州占》曰：客星守狼星，色黄潤，有大喜，黑，有大憂。《荆州占》曰：客星守狼星，有圍城之急，以入日占何國。《甘氏》曰：客星出狼星，若守之，天下起兵，多盜賊，將相多死，若有千里之行。期一年，中二年，遠三年。

客星犯弧星二十七

郗萌曰：客星入弧星，將有南夷來降中國者，亦爲蜀。《石氏》曰：他星守弧，野將死。《石氏》曰：客星守弧，主將弱。郗萌曰：客星守弧，外夷大饑。又曰有兵。若弧星張，先起兵者利，後起兵者不利。郗萌曰：客星出弧，兵出，入弧，兵入。郗萌曰：客星舍弧，秋雨，五穀不成。又曰：舍弧，左右羣臣有伺其君者。《巫咸》曰：客星出弧，若入之，其國有兵，大人驚，貴人多死，士卒出行，不出其年。

客星犯老人星二十八

《石氏》曰：他星犯老人星，天下老者憂，兵起。郗萌曰：有星入老人，爲政不和。《黄帝占》曰：客星出老人星，有兵起，老人不安，若老人者行。若守之久，命曰扶老人，其國安，老人昌。《石氏》曰：客星入若守老人星，天下民疾。一曰兵起，老人行。

客星犯天稷二十九

《石氏》曰：有星入天稷，有祀事於國内；出天稷，有祀事於國外。《海中占》曰：客星守天稷，五穀散出，其歲憂，人民饑。一曰守之久，社稷不安。

客星犯甘氏中官二

客星犯五帝内座一

郗萌曰：客星犯紫宫中帝座，大臣犯主。

客星犯天理二

《荆州占》曰：客星犯天理，天下多獄，廷尉亦坐之。郗萌曰：有星入天理，禁不明。《荆州占》曰：有星入天理，大臣有誅者。

客星犯内階三

《黄帝占》曰：客星犯守内階，奸臣在左右。

客星犯天厨四

《荆州占》曰：客星守天厨，天下大饑，人相食，若流亡去其國，君子賣衣，小人賣妻。又曰食官有食變。

客星犯策星五

陳卓曰：客星近策星，王者不出宫，下有謀亂，不過七十日。

客星犯傳舍六

《黄帝占》曰：客星守傳舍，備奸使。《雒書摘亡辭》曰：客星守傳舍，邦有憂，大使轉粟相食，天下苦。若自河之東，受劍戟之客。

客星犯造父七

郗萌曰：有星入造父，材官騎士出。郗萌曰：赤星入造父中，車馬貴。《黄帝占》曰：客星守造父，兵起。郗萌曰：客星守司馬，地大動。

客星犯人星八

焦延壽曰：有星入人星，天下有詔符傳相驚。

客星犯杵臼九

《石氏》曰：客星守杵臼，歲饑，民費其財。《黄帝占》曰：客星守杵臼，天下會聚米粟。一曰民失杵臼。《石氏》曰：有星入杵臼，天下有急。郗萌曰：有星入守杵臼，兵起人聚。

客星犯天雞十

《天官書》曰：客星入天雞，西北之夷且來下降。郗萌曰：客星守天雞，雞夜鳴，天下盡有驚。《荆州占》曰：客星守天雞，山摧，若大水。

客星犯亢池十一

郗萌曰：客星守亢池，有盜宗廟者。

客星犯天田十二

郗萌曰：客星入天田，天焦旱，五穀不登，多蟲蝗。

客星犯天門十三

郗萌曰：客星入天門，諸相有謀慮。

客星犯平道十四

郗萌曰：客星守平道，諸侯不朝，奸人横行。

客星犯酒旗十五

《春秋緯》曰：客星守酒旗，飲食失度。《荆州占》曰：客星守酒旗，天下大酺，有酒害，財物若賜爵宗室。

客星犯天高十六

《荆州占》曰：客星入天高，有奇令。又曰：入天高中十日，成勾己，有贖罪之令。郗萌曰：客星從天高陰，出有兵。一曰有走主亡臣，從陽入，有賜害之殃。一曰有客兵入者。郗萌曰：客星守天高，宫中有火憂，有火神從天下，若妖祥自地出。

客星犯礪石十七

《荆州占》曰：客星守礪石，兵動，百工用。

客星犯八穀十八

《石氏》曰：客星入八穀，天下穀大貴，以饑戰，主失位。

客星犯五潢十九

《黄帝占》曰：客星入五潢，兵起，車道不通，天下大亂。易政。一曰貴人死。郗萌曰：有星入五潢，兵大起。郗萌曰：客星留天潢中，人主以水爲害，若井爲害，以入日占國。

客星犯咸池二十

《黄帝占》曰：客星入咸池，大人憂。《荆州占》曰：客星入咸池，人君死，天下水。

客星犯天街二十一

郗萌曰：客星入天街，内有賊人。

客星犯甘氏外官三

客星犯青丘一

《荆州占》曰：客星守青丘，土官有事。

客星犯車騎二

《天官書》曰：客星入車騎星，西羌且來降。

客星犯狗國三

韓楊曰：客星入狗國，其王且操奇物來下中國。郗萌曰：客星犯守狗國，皆爲天下有大道。

客星犯天田四

郗萌曰：有星入天田，天下有變。

客星犯哭泣五

郗萌曰：守星守哭泣星，人主有哭泣之聲。

客星犯八魁六

郗萌曰：有星入八魁，天下多盜賊。

客星犯天溷七

郗萌曰：有星入天溷，上溺下蒙。

客星犯九州殊口八

郗萌曰：有星入九州殊口，九州之民憂水事。《黄帝占》曰：客星守九州口，負海國不安，兵起。郗萌曰：客星守九州口，天下凶。

客星犯天節九

郗萌曰：客星入天節，奚、契丹有憂。《荆州占》曰：客星守天節，臣有憂。

客星犯九游十

《荆州占》曰：客星守九游，憂諸侯之兵，若禽獸多疾。

客星犯軍井十一

《荆州占》曰：客星守軍井，軍以水爲憂。《黄帝占》曰：客星入守天井，大水。

客星犯水府十二

《荆州占》曰：客星守水府，江河決溢。郗萌曰：有星入水府，天下洪水。

客星犯天狗十三

《黄帝占》曰：客星入天狗，中國多大暴風雨。又曰北夷人饑來降。《荆州占》曰：客星入天狗，多土功，北夷大饑。《荆州占》曰：客星守天狗，守禦之臣作亂。

客星犯丈人十四

郗萌曰：有星入丈人，明臣不得通。

客星犯天社十五

《黄帝占》曰：有星入天社，有祠事於國内；出天社，有祠事於國外。

客星犯天紀十六

《荆州占》曰：客星守天紀，國政亂。

客星犯天廟十七

《甘氏》曰：客星犯守天廟，軍道不通。一曰有兵。又曰馬多死。《甘氏》曰：客星中犯乘守天廟，有白衣之會。《荆州占》曰：客星中犯乘守天廟，祠官有憂。

客星犯東甌十八

《甘氏》曰：客星入東甌，其王且操金玉來下中國。

客星犯巫咸中外官四

客星犯天相一

郗萌曰：客星出入天相，天子變更其令。

客星犯長垣二

郗萌曰：赤星入長垣，胡人大凶。

客星犯軍門三

《荆州占》曰：客星犯軍門，軍道大通。

客星犯陽門四

郗萌曰：有星入陽門，五兵藏。

客星犯鈎星五

《荆州占》曰：客星守鈎星，地動。

客星犯天桴六

《荆州占》曰：客星守天桴，度數改，漏刻失時。

客星犯天淵七

《荆州占》曰：客星守天淵，天下水出地動，若海魚出。一曰守三淵，水與城等。

客星犯天壘城八

郗萌曰：客星入天壘城，北夷王且操奇馬進中國。

客星犯鈇鑕九

《黄帝占》曰：客星入鈇鑕，外兵擒殺其將，士卒亂傷，外國來降。郗萌曰：有星入鈇鑕，諸侯有來獻地者；出鈇鑕，則獻地諸侯。色青皆以憂，赤皆以兵，黄皆以好。郗萌曰：客星入鈇鑕星，鈇鑕用，以日占其國。郗萌曰：客星中犯乘鈇鑕，皆爲兵將憂。

客星犯天廐十

《黄帝占》曰：有大星入天廐，馬有驚。郗萌曰：客星入天廐，不滿三日，馬爲之賤。郗萌曰：有星入天廐，廐車出行。郗萌曰：客星入天廐之中，滿三日而去，有赦。《黄帝占》曰：客星出若守天廐，有驚戒之事。

唐・瞿曇悉達《開元占經》卷八九 彗星晝見一

《彗星圖》曰：彗星晝見，所臨國下當爲河，天地合矣。按：孫盛《晉陽秋》曰：惠帝大安元年夏四月，彗星晝見，不行其占也。

彗星犯日二

《孝經雌雄圖》曰：彗在日傍，子欲殺父。又曰：四彗在日中，君有德，天下歡，以大豐盛也。《石氏》曰：彗星守日侯精星也，天下大亂，兵革大起，羣臣並謀，天子亡，期不出三年。《玉曆》曰：彗星貫日，臣殺君，子謀父，貫日過，事必然，期百日，遠一年。

彗星犯月三

《河圖聖洽符》曰：彗星入月中，必有破軍死將，兵大起，其國以火災，此三年大飢。《洛書》曰：彗星入月中，必有亡軍亡將，起以北國。《海中占》曰：彗星入月中，兵大起，有臣欲弑其君者，十二年大飢。《海中占》曰：彗

星入月中，星無光，不出其年，亡國星出，亡國復立。　《河圖》曰：　彗星角襲月，臣弒其主。按：《戰國策》曰：唐雎謂秦王曰：專諸判王僚，彗星襲月也。　《甘氏》曰：　彗星在月首，必有大兵起者，將軍死，有失地君，不出二年。　《文曜鈎》曰：　彗星之行掩月，五星拂而過，兵大起，必有戰，有死將。　臣專政，逐其主，王者憂。　期三年。　《孝經雌雄圖》曰：　彗星在月中，臣當坐君子死憂。　齊伯曰：　彗星貫月，天下有大兵，臣殺主，若女主當之。　期一年，遠二年。

彗星犯五星四

《黄帝占》曰：　彗星出入太白，長可五六丈，金火之兵大用，大戰流血，天下更政，期三年，遠五年。　《石氏》曰：　掃星出守五星，侯稱皇，天下起兵，諸侯並謀，天子亡。

彗星犯東方七宿五

角彗孛犯角

《甘氏》曰：　彗孛干犯兩角間，白者軍起不戰，邦有大喪；　其色赤，戰芒所指，必有破軍侵城，期七十日或三年。　按：《宋書・天文志》曰：　魏甘露二年十一月，彗星見角，色白。　景元元年，高貴卿公帥左右兵襲晉文王，未及戰，爲成濟所害。　哀帝興寧元年八月，有星孛於角亢，入天市。　三年正月，皇后王氏崩。　二月，哀帝崩。　三月，慕容攻洛陽，沈勁等戰死。　《石氏》曰：　彗星出角，天下大亂，更政易王，暴兵起，必有戰。　期三年，中五年，遠九年。　陳卓曰：　彗星出角，天子起兵王廷，穀大貴，大疾疫。　韓楊曰：　彗星出角，后黨恣，外連禍。　郗萌曰：　彗星出入角，長可七八尺，天下更政，金火之兵大用。

亢慧孛犯亢

《黄帝占》曰：　彗孛星干犯亢，國有昏亂，釋舊布新，易帝王。　近期百八十日，遠一年。　《甘氏》曰：　彗茀干犯亢，中國不安，兵起政亂，期一年。　《巫咸》曰：　彗星出亢，天下大飢，其國有兵，人民多疫，人相食。　期不出三年。　按：檀道鸞《晉陽秋》曰：　孝武帝寧康二年三月丙戌，彗星出氐亢，移及角軫翼張，長十丈，東北指。　十一月，天門逆賊攻郡，殺吏民。　威遠將軍桓石虔破羌賊姚萇於墊江。　三年正月丁未，八月，大赦天下。　太元二年九月，苻堅屠涼州，虜判史張天錫，車騎冲發，三州史民移，諸流民悉居淮南也。　《荆州占》曰：　彗星出亢，天子失德，天下大飢，有水兵疫。　按：《宋書・天文志》曰：　魏景元三年十一月壬寅，彗星見亢，色白，長五丈，積四十五日，滅，鍾會，鄧艾伐蜀，克之，會艾反亂。　陳卓曰：　彗星出亢，爲兵喪，五穀不成。

氐彗孛犯氐

《黄帝占》曰：　彗孛干犯氐，大臣殺其主，兵大起，更政，近期百六十，遠期一年。　陳卓曰：　彗孛干犯氐，大赦，天子失德，糴大貴。　《甘氏》曰：　彗茀干入氐中，後宫有亂，暴兵，不出百八十日，遠三年。　《黄帝占》曰：　彗星入氐房間，綺綺索索，如冬木無葉從風而倚，此星出爲兵戎，此歲星之變見，不過一年。　《石氏》曰：　彗星出氐，天子不安，有大赦，中宫有亂，暴兵起，不出百八十日。　《石氏》曰：　彗星出氐中，天下大赦；　其滅，民大疾惡，糴大貴，有兵事。　《石氏》曰：　彗星起氐中，天子不安，宫移徙，必失座。　按：《宋書・天文志》曰：　宋少帝景初元年十月戊午，有星孛干氐北，尾長三四丈，西北指，貫攝提，向大角東行，日長六七尺，十餘日滅，明年五月，徐羡之等廢帝。

房彗孛犯房

《甘氏》曰：　彗茀干犯房，王國有兵起，民飢，骨肉相殘也。　《石氏》曰：　彗茀從房出，天子絀，行爲無道，諸侯舉兵守國。　《甘氏》曰：　彗星出房，大兵起，水旱不調，人多飢死，去其宅田。　一曰人相食。　期不出二年。　郗萌曰：　彗星出房中，國大飢，有兵擅興在道旁，矛戟在野，戰鬥不止，蜚蟲横下。　陳卓曰：　彗星出房，山崩。　《尚書中侯》曰：　星孛房，四邦災。　按：《春秋》：　魯昭公十年冬，有星孛於大辰，魯大夫申須曰：　諸侯其有火災乎！　明年五月，宋衛陳鄭四國同日火。　《考異郵》曰：　彗孛貫房，王室大亂。　《荆州占》曰：　彗孛星於房，赤帝之後受命，人主凶，有亡國。　郗萌曰：　彗星如房，後百二十日火。　《甄曜度》曰：　彗星守房，天下有喪，戴麻鏘鏘，天子亡，不出其年。　《春秋緯演孔圖》曰：　彗星守房，心天下有喪。　一曰天子亡。　一曰大人憂。　《詩緯含神務》曰：　蒼之亡，彗出房。　《石氏》曰：　彗孛干犯鈎鈐，王宫大亂，不出三年。

心彗孛犯心

《堯圖變書》曰：　大辰有孛主謀見煞，必有立王，相射伐。　《春秋緯》曰：　星茀干大辰，國分爲二，大夫制君。　《春秋緯演孔圖》曰：　有星茀干大辰，受命之君大振，兵旅争於野。　《春秋緯潛潭巴》曰：　彗星賊起，入大辰，天帝謀易王。　《春秋感精符》曰：　孛星賊起，光入大辰者，將有陰謀，以邪犯正，與天子争勢居位者，大臣謀主，兩王並立，周分之異也。　《易緯》曰：　彗星守大辰，東方之疫，天子亡。　《春秋緯》曰：　彗星守大辰，天子哭。　按：《宋書・天文志》

曰：魏青龍四年十月甲申，有孛星干大辰，長三丈。景初元年，皇后毛氏崩。《皇帝占》曰：彗星出心，兵起宫中，劒戟交鋒，大臣相疑，有戮死者。近七日，中七十日，遠八十日。《春秋運斗樞》曰：孛星守心，主位分，大臣謀上，天子凶。《玄冥》曰：彗星出心，若守之，天子有喪，德令不出，蝗蟲大起，民大飢，流亡去其鄉。期一年，遠二年。司馬彪《天文志》曰：孝桓延禧四年五月辛酉，客去營室，稍順行，生芒，長五尺，所至心一轉爲彗，爲大喪。後年，鄧后以憂死也。《宋書・天文志》曰：安帝義熙十一年五月甲申，彗星出天市，掃帝位，在房心北。房心，宋之分野。占曰：得彗柄者興，除舊布新，宋興之象也。《玄冥》曰：彗星出心，若守之，大水，五穀不成。《石氏》曰：彗孛犯守心宫，鐘大鳴，劒戟交横，大臣相疑，天下兵起，心變期急。近期七日，中期七十日，遠期百八十日。

尾彗孛犯尾

《合誠圖》曰：掃出尾箕間，狀如蓬首，掃臣專權。陳卓曰：彗星出尾宿，兵革罷弊，天下大飢，君子賣衣，小人賣妻，歲多大風大雨。《海中占》曰：彗星出入尾后，相貴臣誅，兵起宫門，宫人走出，國易政。期一年，中二年，遠三年。按：《洪範天文志》曰：《星辰變占》曰：漢文后七年九月，星孛於西方，其本直，尾箕末指虚危，長丈餘，及天漢，十六日不見，後三年，吴楚七國同時皆反也。《石氏》曰：彗星孛干犯守尾后，有以珠玉簪珥惑天子者，諸讒大起，后相貴臣誅，宫人出走，兵起宫門，多士功。近期百八十日，遠一年。

箕彗孛犯箕

《石氏》曰：彗星出箕，夷狄爲亂，大兵起，天下大旱，糴貴十倍，人多餓死，死者大半，期二年。《海中占》曰：彗星出箕，天下大飢，大臣有見棄捐者。《河圖聖洽符》曰：彗星出入箕，天下大旱，穀貴，人民飢死，十有五死。《聖洽符》曰：彗星守箕，東夷下濕與水軍將爲亂。

彗孛犯北方七宿六

斗彗孛犯南斗

《甘氏》曰：彗孛干犯南斗度，其國必亂，兵大起，期一年。陳卓曰：彗茀長干犯南斗，王者病疾，臣謀其君，子謀其父，弟謀其兄，是謂無理。諸侯不通，天下易政，大亂兵起。期百八十日，遠不出一年。按《宋書・天文志》曰：晉武帝太康八年九月，星孛干南斗，長數十丈，十餘日滅。太康末，武帝耽晏遊，多病疾，是月乙西，帝崩。永平元年，賈后誅楊駿及其黨與，皆夷三族，楊太后亦殺。是年又誅汝南王亮、大保衛瓘、楚王偉，王室兵喪之應也。《春秋緯》曰：彗星出南斗，天下有勢皆謀。《孝經雌雄圖》曰：彗星出南斗中，宫中失火燒寶。《甘氏》曰：彗星出南斗，大臣謀反，兵水並起，天下亂，將軍有戰若流血。星若滅斗，其國主亡，若星明，反臣受殃。近三年，中五年，遠七年。《荆州占》曰：彗星出南斗，天下皆謀上。《石氏》曰：彗星茀於斗房，赤帝之後受令，人主凶，有亡國。

牛彗孛犯牛

《甘氏》曰：彗茀干犯牽牛，吴越兵自立，三年而滅。陳卓云：期一年，遠三年。《彗要占》曰：彗茀干犯牽牛，中國起兵。《荆州占》曰：彗入天鼓，有兵。《荆州占》曰：彗星干牽牛須女之間，狀如彗，其本有四星壘然，此星出爲兵，此辰星變見，不過一年，兵大起，國飢。《海中占》曰：彗星出牽牛，四夷兵起，邊境爲亂，來侵中國，人主有憂。期一年，中二年，遠三年。司馬彪《天文志》曰：孝章建初元年八月庚寅，彗星出天市，長二尺，所行稍入牽牛三度，積四十日稍滅，彗出。天市爲外軍，牽牛爲吴越，是時蠻夷陳縱等反，安夷長宋延爲西羌所殺，校尉馬防行車騎將軍征西羌。又阜陵王延子男魴謀反，大逆天道，得不誅，廢爲侯。陳卓曰：彗星牽牛，改元易號之象也。按：班固《天文志》曰：哀帝建平二年，彗出牽牛七十餘日。傳曰：彗所以掃舊布新也，牽牛日月五星所從起，曆數之元，三正之始，彗而出之，政更之象也。而出久者，其事大也。其六月甲子夏，賀良等建言當改元易號，增漏刻。詔書改建平二年爲大初元德元年，號曰陳聖劉太平皇帝，漏刻以百二十爲度。八月丁巳，悉復蠲除之，賀良及黨與皆伏誅流放。其後卒有王莽篡國之禍。《宋書・天文志》曰：晉惠帝永康元年十二月，彗出牽牛之西，指天市，明年，趙王篡位，改元，尋爲大兵所滅也。又曰：多兵，糴貴，牛大死。《春秋聖洽符》曰：彗星牽牛，北夷驕奢，治將爲亂。

須女彗孛犯須女

《石氏》曰：彗茀干犯須女，隣國有以奇女來侍省。《石氏》曰：彗孛干犯須女，其邦兵起，女爲亂，若妾遷爲后，王者無信，大亂，期不出三年。退女所親，天下安寧矣。《感精符》曰：彗星出須女，其國大兵起，女主爲亂，王者惡之，將軍戮死，若以戰亡。期不出三年。按：檀道鸞《晉陽秋》曰：孝武寧康二年正月丁巳，有星孛於女虚，芒長四尺，西南指。太元二年五月，苻堅遣僞帥毛當、苻寇逼西涼州，虜刺史西平公張天錫送於堅所。冬十月，車騎桓冲遣咨議參軍淮南太守劉波沈舟淮泗，乘虚設計以送涼州，又發三州官吏移救，流民悉置淮南也。《巫咸》曰：彗星出須女之間，辰星之變也。陳卓曰：彗星出須女，帝以女亡，有水災，糴大貴，鹽貴。

虚彗星孛犯虚

郗萌曰：彗星干犯虛中，有哭泣之事，牆垣無立者，有井田之法，改制之事。《荆州占》曰：彗星干犯虛，宗廟起兵。陳卓曰：彗星孛犯干虛，其國野戰流血，星芒角所指，兵所積也。《甘氏》曰：彗星孛干虛，其國亡。《帝覽嬉》曰：彗星出虛，兵大起，天子自將兵於野，大戰流血，其芒炎所指，國必亡，期三年，遠五年。《春秋緯運斗樞》曰：彗孛出虛危間，大司空行誅。郗萌曰：彗星出虛危間，天下亂。《荆州占》曰：彗星出虛危間，司空行謀。陳卓曰：彗星出虛，大水，期三年。《玉曆》曰：彗星出虛危之間，其國有叛臣，兵大起，將軍出行，國易政，期三年。按：《宋書·天文志》曰：晉惠帝永康二年四月，彗星見齊分，是時齊王冏起兵討趙王倫，倫滅冏，擁兵不朝，專權淫奢，明年誅死。宋武永初三年二月辛巳，有星孛於虛危，統河津，掃河鼓，占曰爲兵喪。五月宮車晏駕，明年遣軍救青司。二月太后蕭氏崩。

危彗孛犯危

《石氏》曰：彗孛干犯危，其國有叛者，兵起。大將軍出。《甘氏》曰：彗星出危，天下亂，司空行誅，有土功之事，兵大起，期二年。《玄冥》曰：彗星出危，其國有叛臣，兵大起，將軍出，國易政，若大水，民飢，期三年。陳卓曰：彗星出孛於危，帝必易，有大水，糴大貴。

營室彗犯室

《甘氏》曰：彗孛干犯營室，先起兵者弱，不可以戰，戰必亡地，主將必亡去之，近期百八十日，遠二年。《聖洽符》曰：彗星出營室，有大水。按：韋昭《洞紀》曰：漢成建始元年正月，有星孛於營室，三年秋，關内大水也。《聖洽符》曰：彗星出營室，天下兵大起。齊伯曰：彗星出室壁間，兵大起，若有大喪，有亡國死王，期不出三年。按：司馬《天文志》曰：孝順帝永和六年二月丁巳，彗星見東方，長六七尺，色青白，西南指營室，及墳墓星。後四年，孝順帝崩。宋《天文志》曰：宋武永初三年十一月戊午，有星孛於室壁，少帝景平元年正月乙卯，有星孛於東壁南，白色，二丈餘，拂天苑，二十日滅。是年兵救青司，二月太后蕭氏崩。《黄帝占》曰：彗星出營室，天下亂，易政。按：《宋書·天文志》曰：魏嘉平三年十一月癸亥，有星孛於營室，積九十日，正元二年二月，李豐、豐弟兖州刺史翼后父光禄大夫張緝等謀亂，皆伏誅，皇后亦廢。其九月，帝廢爲齊王，高貴鄉公代立也。郗萌曰：以五色占其吉凶。《黄帝占》曰：孛見營室中，後宮且有亂。一曰有德令。按：《洪範天文志星辰變占》曰：漢成建始元年正月，有星孛於營室，青白色，長六七丈，廣尺餘，占曰：營室爲後宮懷妊之宮，彗星加之，將害人性。其後許皇后坐祝詛廢，趙飛鷰爲皇后，弟爲昭儀，害兩皇子，卒皆伏辜，家屬徙於遼西也。郗萌曰：諸孛氣在營室，民人疾疫死亡。《河圖》曰：彗起芒，臨營室，以告咎。《荆州占》曰：彗星干守營室，則五校三軍動，兵不戰，牛馬驚，不出七十日。《石氏》曰：彗星犯守營室，先起兵者不可以戰，必亡地。期三年，遠六年。

壁彗星孛犯東壁

《石氏》曰：彗茀干犯東壁，其國起兵，火災廟堂，四門流血，天下隔。《荆州占》曰：彗孛干犯東壁，文章者死。郗萌曰：諸孛氣入東壁，人民疾疫，多死亡。《巫咸》曰：彗星出東壁，王者起兵，毁壞宗廟，四門伏兵，流血滂滂，人民偟偟，莫知其殃。近期一年，中期三年，遠五年。《荆州占》曰：彗星出東壁，大水，民流於道。

彗孛犯西方七宿七

奎彗孛犯奎

《甘氏》曰：彗星干犯奎度，其國君出戰，大飢，人相食，國無繼嗣。近期一年，遠三年。《石氏》曰：彗星出，西北舉兵伐中國，其下食石千錢，天下大水。《海中占》曰：彗星出奎，有大兵起，四夷來伐中國，郡君出戰，天下大飢，有水災。期三年，遠五年。《河圖》曰：杵彗出貫奎，庫兵悉出，禍在强侯，外夷相應首謀。期三年，遠九年。按：《宋書·天文志》曰：晉惠帝元康五年四月，有星孛於奎，到軒轅太微，經三台大陵，占曰：奎爲魯，又爲庫兵，軒轅爲後宫，太微天子廷，三台爲三公，大陵有積尸死喪之事。明年，武庫火，西羌反。後五年，司空張華遇禍，賈后廢死，魯公賈謐誅。又明年，趙王倫篡位，於是三公興兵討倫，士民戰死十餘萬人也。《荆州占》曰：彗星守奎，魯國兵起。《宋書·天文志》曰：晉成帝咸康二年正月辛巳，彗星夕見西方，在奎，占曰爲兵喪。奎又邊兵。四年，石虎伐慕容晃，不克，既退，晃追擊之，又破麻秋。時晃稱藩，邊兵之應也。

婁彗孛犯婁

《石氏》曰：彗孛干犯婁，國有大兵，四時絶祠，遠不出三年。陳卓曰：彗孛干犯婁，臣奪君位，近期一年，遠三年。《海中占》曰：彗星出婁，國有大兵，四時絶祠，有亡國，先旱後水，人民飢死，五穀大貴，糴無價，期一年，遠二年。陳卓曰：彗星出婁，六畜疫。

胃彗孛犯胃

《石氏》曰：彗茀干犯胃，五穀不成，倉庫空虛。《甘氏》曰：彗干犯胃，其國兵起，不出三年。《黄帝占》曰：彗星出胃昴之間，狀如竹竿而細，此星出爲兵戎，此太白之變見，不過一年，其國兵起，若有喪。《巫咸》曰：彗星出胃，大臣爲亂，天下兵起，五穀不升，人民飢餓，京都困倉悉皆空虛。期三年，中五年，遠七年。郗萌曰：彗星出胃昴之間，狀如竹彗，爲兵災若火。《荆州占》曰：彗星出胃昴之間，大國起兵。

昴彗孛犯昴

《甘氏》曰：彗星孛干犯昴度，大臣亂，國兵大驚，期一年。《春秋運斗樞》曰：彗星孛出昴畢間，大邦起王。《甘氏》曰：彗星出見昴，有喪。《巫咸》曰：彗星出昴，大臣爲亂，君弱臣强，邊兵大起，天子憂之，人民驚恐，國有憂主。期一年，中二年，遠三年。按：司馬彪《天文志》曰：光武建武十五年正月丁未，彗星見昴，稍西北行，入營室，犯離宫，三月乙未至東壁滅，見四十九日。彗星爲兵，又除穢，昴爲胡兵。至十一月，定襄都尉陰承反，太守隨誅之，盧芳從匈奴入居高柳，至十六年十月，芳降，上璽綬。一曰昴爲獄事，是時大司徒歐陽歙以事繫獄，踰歲死。離宫妃后之所居，彗星犯之，是除宫也。是時郭后已疏，至十七年十月，遂廢爲中山太后也。郗萌曰：彗星出昴，色赤，邊有大兵謀反，天子有憂。郗萌曰：彗星出昴，赦。

畢彗孛犯畢

《荆州占》曰：彗孛犯畢，必有死丈夫數萬人。《甘氏》曰：彗孛干犯畢，邊兵寇，中國亡。近期一年，遠期五年。《荆州占》曰：彗星干犯畢，邊軍大戰。陳卓曰：彗孛干犯畢，中原流血。《黄帝占》曰：彗星畢觜之間，小而長，狀如直竿，上有星，壘壘然，此星出爲兵戎，此鎮星之變見，不過一年，兵起宫中，女主有殃。《石氏》曰：彗星出畢，大兵起，馬貴。其星内指，邊兵勝；其星落地，兵破。《巫咸》曰：彗星出畢，突厥爲寇，亂中國，邊兵戰，有流血，若有亡主死將。期三年，遠五年。《黄帝占》曰：彗孛守畢柄，侯邑益土。守畢口中，邦相爲亂，邑易政，邑君大臣當之。《黄帝占》曰：彗星出附耳，庶雄起，陪臣反。司馬彪《天文志》曰：孝獻建安五年十月辛亥，有星孛於大梁，冀州分也。時袁紹在冀州。其年十一月，紹軍爲曹公所破。七年夏，紹死，後公遂取冀州。

觜彗星孛犯觜

《石氏》曰：彗星干犯觜觿，國兵起，天下動擾。期一年，遠三年。《荆州占》曰：彗星干犯觜觿，其國兵起破亡。《甘氏》曰：彗星出觜觿，其國兵起，有失地死王，天下民流，大臣出戰。下有亡國。期三年，遠五年。《石氏》曰：彗星出觜觿，穀大貴，大臣出戰，期七月。劉向《洪範傳》曰：彗星見觜觿，必有破國亂君，伏死其辜者。按：《漢書・天文志》曰：景帝中二年三月丁酉，彗星夜見西北，色白，長丈，在觜觿，且去益小，十五日不見。觜觿，梁也，是時梁王恐懼，伏斧鉞謝罪，然後得免也。

參彗孛犯參

《石氏》曰：彗孛干犯參，其國邊兵大敗，其君亡。近期一年，遠期三年。《黄帝占》曰：彗星出參伐，天子更政。《甘氏》曰：彗星出參，大兵蔽地，大臣謀反，后有憂，天子躬甲，斧鉞大用，兵馬馳道，弓弩恒張。期三年，遠五年。《漢書・五行志》曰：元延三年，星孛及攝提大角，從參至辰，並亡世嗣，王莽簒也。《荆州占》曰：彗出於參東井之間，上柱煞，伐長吏。《黄帝占》曰：彗星與熒惑並見於參，天子更政。一曰天子受政。《石氏》曰：彗星見參伐，大國君不吉。郗萌曰：彗茀星流入參，若出參，其年兵起。按：班固《天文志》曰：元帝初元五年四月，彗星出西北，赤黄白色，長八尺所。後數日，長丈餘，東北指參分。後二年餘，西羌反，左將軍奉世擊平之。

彗孛犯南方七宿

東井彗孛犯東井

《黄帝占》曰：彗孛干犯東井，大使出野，有兩軍相當，不出三年。《甘氏》曰：彗星干犯東井，其國兵起。按：車類《秦書》曰：苻堅九年四月，有客星出尾箕，長十餘丈，狀如彗而末曲，或名蚩尤旗，拂於東井，自夏及冬不滅。太史令張益孟光奏彗起尾箕，尾箕燕分，而拂東井，東井秦分，燕首兆亂於秦，東胡鮮卑歷世稱燕，今慕容暐父子兄弟亡處而不報，聖朝職爵鱗次，執權乘勢，馳輪躍馬，貴榮莫與爲二，宜少抑，退除其渠帥。夫蝮蛇螫手，壯夫解腕，玄象告兆，事應無差。堅不納，後慕容氏遂稱王於燕地。《荆州占》曰：彗星干犯東井，則大臣謀，其國用兵，期百八十日。《石氏》曰：彗星出東井，其國兵大起，車騎滿野，有軍大戰，將軍有死者，若大臣有誅。期三年，中六年，遠九年。《郗萌占》曰：掃出東井，上莖煞漸漸長，上白下赤，狀如矛刃，此爲兵災，乃太白之變。陳卓曰：彗星出東井，民人譌言，國政崩壞，天下大水。陳卓曰：彗在東井，大人死，見三十日；兵將當之，見五十日；相當之，時見七十日，主當之。

鬼彗孛犯輿鬼

《石氏》曰：彗孛干犯輿鬼，大兵横行。近期一年，遠三年。天子小赦除咎。《石氏》曰：彗星出輿鬼，國有大兵，戰死於野，骸骨滿坑，人民疾病，死者縱横，期不出三年。王者以赦除咎則災消矣。《石氏》曰：彗星出輿鬼，名曰喪樓，皆以赦解應之。《荆州占》曰：彗星出輿鬼，有喪。陳卓曰：彗星出輿鬼，人民疾病，死者半，棺木貴。

柳彗孛犯柳

《甘氏》曰：彗孛干犯柳，國誅大臣，兵喪並發，外臣淩主，天下傾危，期三年。按：班固《天文志》曰：孝武建元三年三月，有星孛於注張，歷太微，干紫宫，至於天漢。其後濟東、膠西、江都王皆坐法削，黜，自殺，淮南衡山謀反而誅之。《荆州占》曰：彗星干犯柳，周國當之，期九十日。《黄帝占》曰：彗星出張注之間，狀如吹之火且燃，此星出，有兵災，此熒惑之變見，一過一年，兵起國亡。《巫咸》曰：彗星出柳，國誅大臣，兵喪並起，强臣淩主，天下傾危，其國大旱，民以飢死。期三年，遠五年。陳卓曰：彗星出柳，有兵，臣淩主。大旱，穀貴。《詩緯含神務》曰：彗星守味，南夷將爲亂。按：司馬彪《天文志》曰：孝明永平八年六月壬午，長星出柳張三十七度，犯軒轅，刺天船，大陵微氣，至上階，凡五十六日。去柳周也。是歲受雨水郡十四，傷稼。

七星彗星犯七星

《甘氏》曰：彗星干犯七星，邦有亂臣，國主不定，兵起宫殿，貴臣戮，大臣相疑。近期七十日，遠期百八十日。《荆州占》曰：彗星干犯七星，其國有大兵，不出百八十日。《河圖》曰：彗孛出七星，天子與聖葉，期三年，聖人出。《甘氏》曰：彗星出七星，國有叛臣，人主不安，兵起宫中，大臣戮死，貴人當誅，若有水災，民飢。期不出三年，遠三年。按：《宋書·天志》曰：魏齊王正始六年八月戊午，彗星見七星，長二丈，色白，進至張，積二十三日滅。七年十月癸亥，又見軫，長一丈，積一百五十六日滅。九年二月，又見昴，長六尺，色青白，芒西南指。七月又見翼，長三尺，進至軫，積四十二日滅。嘉平元年，司馬懿誅曹爽兄弟，及其黨與，皆夷三族，京師嚴兵實始。前魏三年，誅楚王彪，又襲王陵於淮南，淮南，東楚也。幽魏諸王於鄴。郗萌曰：掃星出七星張之間，狀如布，從風如靡，此星爲兵戎，熒惑之變也。郗萌曰：彗星出七星張之間，狀如欻之火，且燃。爲兵，熒惑之變也。

張彗孛犯張

《甘氏》曰：彗孛干犯張，其國外内用兵，王徙宫，天下半亡。《石氏》曰：彗星出張，天下大亂，有兵，王者徙宫殿，天下半亡，人民惶惶，無有聊生。見五十日，期三年；七十日，期五年；百日，期七年；百五十日，期九年，必發。按：司馬彪《天文志》曰：王莽地皇三年十一月，有星孛於張，東南行五日不見。後一年正月，光武起兵春陵，會下鄉新市賊張卬、王常及更始兵亦至，俱攻破南陽，斬莽前隊大夫甄阜、屬正梁丘賜等，煞其士衆數萬人，更始立爲天子，至河南，都洛陽，西入長安，敗死。光武興於河北，復都洛陽。陳卓曰：彗星出張，大旱，穀石三千，粟尤甚。《宋·天文志》曰：魏明帝景初二年八月，彗孛星見張，長三尺，逆西行，三十一日滅，占曰爲兵喪。張，周分野，洛邑惡之，其十月斬公孫淵。明年正月，明帝崩。晉武帝太康二年八月，有星又孛於張。四年三月戊申，孛於西南。四年三月癸丑，齊王攸薨，四月戊寅，任城王陵薨，五月己亥，瑯琊王伷薨。十一月戊午，新都王該薨。

翼彗孛犯翼

《黄帝占》曰：彗星干翼，國用兵，大臣有憂，遠期百八十日。《甘氏》曰：彗孛干犯翼，其國有大兵，芒所指降伏。近期三年，遠期七年。《孝經鉤命決》曰：天子失禮，則孛於翼。《黄帝占》曰：彗星出翼軫之間，天下皆謀，上國有大喪，人主死亡，必有大兵，期不出三年。《春秋運斗樞》曰：孛掃出翼軫之間，天下有勢皆謀。《石氏》曰：彗星出翼，其國有喪，以水爲飢，民多流亡，視芒所指，必有降伏。期三年，遠六年。按：《宋書·天文志》曰：魏明帝太和六年十一月丙寅，有星孛於翼，近太微上將星。明年，孫權有遼東之敗。權又自向合肥新城，遣全琮攻六安，皆不克而去。又明年，諸葛亮入秦川，據渭南，司馬懿距之。孫權遣步騭、諸葛瑾等臨江夏江口，孫韶、張承等向廣陵、淮陰，權以大衆圍新城，以應亮。於是帝自東征，權及諸將乃退。太和六年十二月，陳王桓薨。青龍元年夏，北海王蕤薨。三年正月，太后郭氏崩也。郗萌曰：彗茀出翼軫之間，狀如布，從風而靡，爲兵災熒惑之變也。《石氏》曰：彗星守翼，大臣謀反，五穀貴。《甘氏》曰：彗孛干犯軫，兵喪並起。期百八十日，遠一年。按：《宋書·天文志》曰：晉武帝太始四年正月丙戌，彗星見軫，青白色。二月，皇太后王氏崩。十月，吴將施績寇江夏，或寇襄陽，後將軍田章、荆州刺史胡烈等破却之。司馬彪《天文志》曰：孝獻建安十二年十月辛卯，有星孛於鶉首，荆州分野。時荆州牧劉表專據荆州，益州從事周羣以爲荆州牧將死而失主。明年秋，表卒，子琮自代。曹公將攻荆州，琮懼，舉軍詣公降也。

彗孛犯軫

《巫咸》曰：彗星出軫，天子崩，兵喪並起，滿宮門，車馬無主，民無定君。期三年，中五年，遠九年。王者以赦除咎則消矣。

唐・瞿曇悉達《開元占經》卷九〇　彗孛犯石氏中官一

彗孛犯攝提一

《石氏》曰：彗星出攝提，天下亂，帝自將兵於野，兵起宮中，王者有憂，期不出二年。郗萌曰：彗星出攝提，主迷惑，羣下爭起。

彗孛犯大角二

齊伯曰：彗孛出大角傍，可六七丈，天下大亂，兵大起，國易政。期三年，中五年，遠七年。按：《洪範五行傳》曰：秦始皇帝三十七年五月，彗星出於大角，其長七尺，以東北入於女御，有一大星與星門於宮中三月。五月，彗星盡，大星乃亡。始皇以六月乙丑死於沙丘，及西南行至咸陽，乃禍諸子女官及九卿，皆死以兵，天下大亂，起而攻秦，遂亡。又曰：五月彗星出於鶉首十五餘日。漢三年十月，有彗星出於大角，旬餘乃入。是時項籍爲楚王，霸主諸侯，天下歸心於漢，楚將滅，故彗除位也。郗萌曰：彗星出入角，可七八丈，天下更政。《鈎命決》曰：天子失仁，則彗守大角。《黄帝》曰：彗星犯守大角，大兵起，國不安，天子失御，有亡國，更政令。《雒書説徵示》曰：彗星貫坐亂起。《荆州》曰：彗星孛大角，人主亡。

彗孛犯梗河三

《海中占》曰：彗孛干犯梗河，天子慎邊防亂中國。陳卓曰：彗孛干犯梗河，北兵爲敗。《巫咸》曰：彗星出梗河，四夷兵爲敗，中國有邊患，若守之，王者誅四夷，期三年。

彗孛犯招摇四

陳卓曰：彗孛干犯招摇，邊兵大動，期一年。《石氏》曰：彗星出招摇，突厥入寇，守之勝。黄帝攻胡，星孛招摇。《天官書》曰：漢兵伐大宛，星孛招摇也。《石氏》曰：彗星守招摇，犯北主，期出三年。班固《天文志》曰：漢孝武大初中，星孛於招摇，其後漢兵擊大宛，斬其王。

彗孛犯玄戈五

陳卓曰：彗孛干犯玄戈，主戰，單于大敗，期二年。《玉曆》曰：彗星出玄戈，北方兵起，單于大敗，其國破亡，期一年，遠三年。

彗星犯天槍六

《甘氏》曰：彗星出天槍，王者備四夷，防捍邊境，若有驚恐，人民憂。陳卓曰：彗星守天槍，鈇鉞大用，誅殺不當，多梟首之民。

彗孛犯天棓七

《聖洽符》曰：彗星出天棓，兵大起，五仗用，國有憂，期二年。陳卓曰：彗星守天棓，兵四起。

彗孛犯女牀八

《石氏》曰：彗孛干犯女牀，貴人暴誅，期百八十日。齊伯曰：彗星犯女牀，貴人有憂，若有暴誅者。一曰貴女有罪者。期百八十日，遠一年。

彗星犯七公九

《甄曜度》曰：彗星出七公，忠言者凶，議人下獄，政令不行，王者信讒，邪臣在側，其國憂敗。

彗孛犯貫索十

《春秋緯》曰：彗星出貫索，大臣憂，有反者。《海中占》曰：彗星出貫索，必有反臣殺君。若有大赦。期百日，遠一年。《孝經内記》曰：彗星在天獄，諸侯作禍。

彗孛犯紀星十一

陳卓曰：彗星犯紀星，天下國相擊，若地震。按：班固《天文志》曰：孝武建元三年四月，星孛天紀，四年十月而地震。《宋書・天文志》曰：青龍四年十一月己亥，彗星犯天紀，景初元年六月地震。《玄冥占》曰：彗星出天紀，大臣相戮，兵起宮中，主后憂若出走，期二年。

彗星犯織女十二

陳卓曰：彗孛干犯織女，后族爲亂，貴女有誅者，期三年。《文曜鈎》曰：彗星出織女，后黨爲亂，貴女有誅者，若有女變，期百八十日。按：班固《天文志》曰：孝武建元三年四月，有孛星於天紀，至織女，其後陳皇后廢。《甘氏》曰：彗星出見織女，有降主。《運斗樞》曰：彗星出織女，女主之黨反。

彗孛犯天市十三

《石氏》曰：彗孛犯天市，所犯者誅。《巫咸》曰：彗星出天市，豪傑内外俱起，執令者死，大臣有誅，期三年。司馬彪《天文志》曰：孝獻初平四年十月，孛星出兩角間，東北行，入天市中而滅，占曰：彗除天市，將徙帝，將易都。

是時上在長安，後二年東遷，明年七月至洛陽，其八月，曹公迎上都許。何法盛《中興書》曰：哀帝興寧元年八月，有星孛於亢，入天市，後有龍相誅寶之亂。車頻《秦書》：符堅建元八年五月，遣少弟陽平公融鎮鄴，停灞東，苟太后以融少子憂甚，比發，三出送之，垂半夜，竊往內，外莫知，太史令魏述夜奏天市南門內有后妃移動之像，堅撿而知之，驚曰：天道與人，何其不遠！遂重星占。

彗孛犯帝座十四

《石氏》曰：彗孛犯帝座，民人大亂，宮朝徙治，大臣不臣，期三年。《帝覽嬉》曰：彗星出帝座，大臣爲亂；守之不去，貴人有變，更政令。

彗孛犯侯星十五

《石氏》曰：彗孛干犯侯星，兵起帝宮，大國易治，期三年。若出侯星，天下亂，宗人相敗。若相攻，士卒有急行，不出其年。

彗孛犯宦者十六

《玉曆》曰：彗孛出宦者，左右貴人有罪，若刑於市者，不出二年。按：《宋書・天文志》曰：魏青龍四年十一月己亥，彗星犯宦者。劉向《五紀論》曰：宦者在天市，爲中外有兵。景初元年九月，吴將朱然圍江夏，荆州刺史胡質擊走之，二年正月，討公孫淵。

彗孛犯斗星十七

《聖洽符》曰：彗星出斗星，天下亂，民不從市，外不用事，人民飢。

彗孛犯宗正十八

《甘氏》曰：彗星出宗正，宗主有事，若左右親族有死者。期百八十日，遠一年。

彗孛犯宗人十九

齊伯曰：彗星出宗人，王者同姓臣罪，若親族有謀者，期不出一年。

彗孛犯宗星二十

《甄曜度》曰：彗星出宗星，主恩薄，以親爲疎，簡宗廟，則彗出之。《春秋緯》曰：彗星出宗星，族人反。

彗孛犯東西咸二十一

《文曜鈎》曰：彗星出東咸，女主淫泆自恣，宫門不禁，若貴女有憂。

彗孛犯天江二十二

《巫咸》曰：彗星出天江，天下大水，舟船用，五穀不登，其歲人相食，期三年。陳卓曰：彗孛干歷天江，大兵攻王國，王者以赦除之則國豐平。

彗孛犯建星二十三

陳卓曰：彗孛干犯建星，王失道，忠言者誅，賢士逃亡。《黄帝》曰：彗星出建星，道路不通，多盜賊，子攻父，弟攻兄。守之，則有大兵，將軍出行，期一年，遠三年。

彗孛犯天弁二十四

《帝覽嬉》曰：彗孛出天弁，寶玉大貴，若糴貴五倍，萬物不興，其國飢。郗萌曰：彗星入若守天弁者，皆爲囚徒起兵。

彗孛犯河鼓二十五

郗萌曰：彗星入河鼓，且有兵。《黄帝》曰：彗星出河鼓，天下兵起，大將出謀，旗鼓立。若守之，有死將。守中星，大將死，守旁兩星，小將死。期一年，中三年，遠五年。《春秋緯》曰：彗星出河鼓，鼓鳴，武士發，天子賦。

彗孛犯離珠二十六

《石氏》曰：彗孛犯離珠，後宮爲亂，若宮人有誅守之。陽爲大旱，陰爲大水，五穀不登，人民飢。

彗孛犯匏瓜二十七

《石氏》曰：彗星干犯匏瓜，政亂，近臣相譖，宮有戮死者，王者以赦除咎。《玉曆》曰：彗星出匏瓜，人主因食瓜而亡，若果中有藥害其君，若食官憂。《玉曆》曰：彗星守匏瓜，魚鹽貴十倍，果物不成。

彗孛犯天津二十八

《石氏》曰：彗星犯天津，賊斷王道。郗萌曰：彗星干犯入漢中，有亡國，當其野者變之。《甘氏》曰：彗星出天津，關津不通，若關吏有憂。若守之，天下大亂，津河隔塞，有旱災，期三年。《雒書摘亡辟》曰：彗星見漢中，亡君之戒。何法盛《中興書》曰：安帝隆安四年十一月，星孛於貫索，及天市中天津。其時元顯輔政，刑罰不中，故掃貫索；發徭無度，故掃天市；建士失節，故掃天津。天津關通萬川，利關梁也；天市貨財帛，周百姓也；貫索平察刑獄，無枉濫也。而元顯皆反之，天若曰：掃除穢惡，令改革也。顯不悛，遂致覆滅。

彗孛犯王良二十九

《運斗樞》曰：彗星出王良，好遊馳，奉車反。齊伯曰：彗星出王良，兵馬大動，車騎行，天下有急，馬多死。一曰水道不通，津開塞。期二年，遠三年。

《宋書·天文志》曰：魏陳留王咸熙二年五月，彗星見王良，丈餘，色白，東南指，積十二日滅。占曰：王良天子御駟，彗星掃之，禪代之表，除舊布新之象；白色爲喪，王良東壁宿，又并州之分野。八月晉王薨，十二月帝遜位於晉。

彗孛犯螣蛇三十

陳卓曰：彗孛干犯螣蛇，水道不通，天下隔，期二年。《聖洽符》曰：彗星出螣蛇，以水雨爲害，大水出，萬物不成，民人飢。一曰水蟲爲敗。

彗孛犯閣道三十一

陳卓曰：彗星干犯閣道，王者居正殿，不私行，則災自消。《甄曜度》曰：彗星出閣道，天下津不通，兵大起。御道有伏兵，欲謀其主，王者宜備之。

彗孛犯附路三十二

陳卓曰：彗孛干犯附路，道不通，天下半隔，期一年。《海中占》曰：彗孛出附路，天下大飢，車騎滿野，道中縱横，人主臨兵，期三年。

彗孛犯天將軍三十三

《玄冥占》曰：彗星出天將軍，兵大起，將軍出，旗陳立。若守之，大將死；若有誅，期不出二年。

彗孛犯大陵三十四

《文曜鈎》曰：彗星出大陵，國有大喪，有土功壙陵之事。若守之，天子崩。明審期不出三年，遠五年。《春秋緯》曰：彗星出大陵，天子以不慈見犯，復出之將反。

彗孛犯天船三十五

《春秋緯》曰：彗星出舟星，外夷侵。《巫咸》曰：彗星出天船，天下大水，舟船用事，若外夷來侵，水兵起，期一年。按：司馬彪《天文志》曰：漢孝明帝永平三年六月丁卯，彗星出天船北，長二尺所，稍北行，至亢南，百三十五日去。是歲，伊雒水溢到津城門，壞伊橋，郡七縣三十二皆大水。《宋書·天文志》曰：晉穆帝升平二年五月丁亥，彗星出天船，在胃宿中。四年五月，天下皆大水。

彗孛犯五車三十六

《石氏》曰：彗孛干犯五車，兵滿野，天下半傾，百姓徙居去其土，期三年。《黄帝》曰：彗星出五車，兵大起，車騎行，有攻戰，糴大貴，人民飢。彗若守之，先起兵者昌，後起兵者亡，期三年。《春秋緯》曰：彗星出五車，谷霜兵起，主賣位，天下賢名起。

彗孛犯卷舌三十七

《帝覽嬉》曰：彗孛出卷舌，人主用讒言，誅忠臣，貴人有戮死者。一曰民多言訟。不出年。《春秋緯》曰：彗星出卷舌，主以聽讒之，主遇殺，大臣反。按：《宋書·天文志》曰：宋文帝元嘉二十八年五月，彗星見卷舌，入太微，過帝座，犯上相拂屏，出端門，滅翼軫。三十年，天子巫蠱呪咀事覺，遂以殺逆害朝臣。孝建元年，荆江二州反，皆夷滅。卷舌，呪咀之象，彗之所起，是其應也。

彗孛犯天關三十八

《石氏》曰：彗星出天關，兵大起，道路不通，民多盜賊，必有關塞之事，人主有憂。《玄冥占》曰：彗星出天關而守之，天下道絶，國多盜賊，關梁不通，人主有憂。期一年，遠二年。

彗孛犯南北河戒三十九

《海中占》曰：彗星出南河，蠻越兵起，邊域有憂，若關吏有罪者。郗萌曰：彗星出天高，廟臣反，名侯王起。《海中占》曰：彗星守南河，爲大旱，出北河，夷爲亂，來侵中國。若守，胡軍敗。又曰：守北河，爲大水，期不出三年。《石氏》曰：朝鮮之伐，星拂河戒。按：班固《天文志》曰：漢武帝元封中，星孛干河戒，其後漢兵擊拔朝鮮北，爲樂浪、玄菟郡。《石氏》曰：彗孛於兩戒間，天子出走，大臣親盛亡，王者以赦咎。

彗孛犯五諸侯四十

《石氏》曰：彗孛干犯五諸侯，王室大亂，兵起，天子宫廟不祀。《春秋緯》曰：彗星出五諸侯，州牧反，九州合謀。《玉曆》曰：彗星出五諸侯，執政臣有謀，若有被戮者，貴人當之，人主有憂。期一年，遠二年。司馬彪《天文志》曰：孝獻建安十七年十二月，有星孛於五諸侯，時周羣以爲西方專據土地者皆將失亡。是時益州劉璋據益州，漢中太守張魯別據漢中，韓遂據涼州，宋建別據枹罕。明年冬，曹公遣偏將擊涼州。十九年，獲宋建，韓遂逃於羌中病死。其年秋，璋失益州。二十年秋，公攻漢中，魯降也。

彗孛犯積水四十一

《石氏》曰：彗星干犯積水，兵起宫門，宗廟毀絶，大臣有憂。

彗孛犯積薪四十二

《石氏》曰：彗孛干犯積薪，有亂臣在宗廟。

彗孛犯水位四十三

《石氏》曰：彗孛干犯水位，水道不通，伏兵在水中，以水爲害。《甘氏》曰：彗孛出水位，天下以水爲憂，有兵起，五穀不成，人民飢。

彗孛犯軒轅四十四

《石氏》曰：彗孛干犯軒轅，近臣誅，滅宗族，王者以赦除咎。《黄帝》曰：彗孛出軒轅，皇后有憂若失勢，宫人不安，人主有憂。《春秋緯》曰：彗星入軒轅，后族亂。《運斗樞》曰：彗孛出軒轅，女妃爲寇。《石氏》曰：彗星犯軒轅，天下大亂易王，以五色占期。《黄帝占》曰：彗星入軒轅，若守之，天下大亂，易王，宫門當閉，若女主死。期三年，遠五年。

彗孛犯少微四十五

《石氏》曰：彗孛干犯少微，白衣聚者凶，術士不顯，智者逃亡，期三年。《巫咸》曰：彗星出少微，多能臣有死者，若上臣有罪。一曰法令臣有誅者。《石氏》曰：彗星出少微，士夫起。《宋書·天文志》曰：魏黄初六年十月乙未，有星孛於少微，歷軒轅。占曰：孛彗爲喪，除舊布新之象。是時帝軍廣陵，辛丑，親御甲胄，跨馬觀兵。明年五月，文帝崩。

彗孛犯太微四十六

《春秋緯》曰：彗星茀干太微，天子亂。陳卓曰：彗孛干入太微，帝宗后族爲亂，亡社稷。一曰所犯者亡。《聖洽符》曰：彗星入太微庭中，臣謀主，有兵起王者災，社稷其國憂，期百八十日，遠一年。郗萌曰：赤黄星狀如帚，入太微，婦女喜心，出太微，天子賜諸侯美女。《春秋緯》曰：彗若出犯執法，御史反。《運斗樞》曰：彗孛出若干太微，法式滅，帝死於野。《春秋緯》曰：彗星出而茀太微，天下亂，不過三五，必易政，以色占期。按：司馬彪《天文志》曰：孝靈光和五年七月，彗星出下台，東南行，入太微，至太子幸臣，二十餘日而消。彗入太微，天下易主。至中平六年，宫車晏駕。孝獻建安二十三年三月，彗孛晨見東方，二十餘日，夕出西方，犯歷五車、東井、五諸侯、文昌、軒轅、后妃、太微，鋒炎指帝座。二十五年正月，魏文帝受禪。《玉曆》曰：彗星出太微，帝宗后族爲亂，大臣弑主，謀在親戚御臣，王者有憂，期三年。《石氏》曰：彗星出太微，中宫火大起，殺人。《甘氏》曰：彗星出太微天庭中，有立王若徙王。《孝經雌雄圖》曰：彗在太微，君害臣。《玉曆》曰：彗星犯太微，天子妃后去，宫人不安，女主有憂。

彗孛犯黄帝座四十七

《石氏》曰：彗孛如粉絮，入太微，犯守帝座，國有崩喪，大臣立主，《石氏》曰：王者以赦除咎。天下大亂，兵起。若犯守四帝，輔臣有誅，執政者亡，期三年。《石氏》曰：彗星如粉絮，犯座星，兵喪並起。又大彗茀干犯座星，王者亡，子孫不昌。王者循孝於天，奉宗廟郊祠，則災除。《雒書説徵示》曰：彗指帝座四旁中，大亂。《荆州占》曰：星鋭如劍，正赤直抵座星，天子驚兵。一曰驚火。又云：星如苴幕，抵座星旁，左右諸臣兵起内亂。陳卓曰：星狀如帚，正赤，抵聖座星，婦女兵。

彗孛犯屏星四十八

《玉曆》曰：彗星出屏星，守衛臣有謀若有罪，執法者當之。

彗孛犯郎位四十九

陳卓曰：彗孛干犯郎位，臣失勢。《運斗樞》曰：彗出郎位，郎官謀反，天子因官郎位所主之官也。《玉曆》曰：彗星出郎位，左右守衛爲亂，若有謀者，人主驚備之。

彗孛犯郎將五十

《玉曆》曰：彗星出郎將，大將有誅若有罪。一曰大臣爲亂，有兵起。

彗孛犯常陳五十一

《甘氏》曰：彗星出常陳，若守之，王者出，誅左右守衛之臣。一曰若防守者有死。期三年。

彗孛犯三台五十二

《黄帝》曰：彗星出上台司命，有兵起，大臣三公有自出者，若守之，貴臣有誅，上公有憂。期百八十日，遠一年。《黄帝》曰：彗星出中台司中，奸臣有謀，兵大起，貴人當出，彗若守之，中公有罪若憂，誅。《黄帝》曰：彗出下台司禄，近臣有罪若憂，死，若守之，貴人多死，下公當之，將憂，皆不出三年。《運斗樞》曰：彗星出三台西，相反；出其中，太尉反；出其東，大司馬反。按：韋昭《洞紀》曰：漢靈帝光和五年，彗星出下台。十月，太尉許盛免。《孝經内記》曰：彗在三台，臣害君者也。《宋書·天文志》曰：晉惠帝大安二年三月，彗見東方，指三公，占曰：兵喪之象。三台爲三公。是年冬，成都、河間攻洛陽。三年正月，東海王越、長沙王反，張方討之。《雌雄圖》曰：彗星出三台，有陰謀，奸軌起。一曰宫中火起。一曰臣害君，禍大起。

彗孛犯相星五十三

陳卓曰：彗孛干犯相星，輔相憂，不出一年，天下變更，其令民多移徙。

彗孛犯天牢五十四

《雌雄圖》曰：彗星出天牢，諸侯作禍，相賊害。　《荆州》曰：彗星出天牢，豪傑中外俱起。　齊伯曰：彗星出天牢，貴人多下獄者，若大臣有戮，其國亡。期百八十日，遠一年。

彗孛犯文昌五十五

《石氏》曰：彗孛干犯文昌，則輔臣受殃。近期三年，遠期六年。　《運斗樞》曰：彗星出文昌上將星，大將軍反；出次將，左右將軍反；出貴相，大司徒反；出司禄，得勢大臣反；出司命，天下有權者俱反，亂尤甚。　《合誠圖》曰：彗星出而茀文昌，天下大亂政，以色占。　《甘氏》曰：彗星出文昌，若守之，天下大亂，大臣受殃，國易政，各以五色占之。近期一年，中二年，遠三年。

彗孛犯北斗五十六

《春秋緯》曰：星茀於北斗中，有雄聖人受命天子。　《潛潭巴》曰：星孛於北斗璇璣，更授天子起走。　《感精符》曰：孛賊入北斗中者，大國結謀伐天子。運樞行之主號，諸侯争權，天下皆叛，兵合禍構，逆亂之變也。　《辨終備》曰：彗入北斗，帝宫空。　按：韋昭《洞紀》曰：頃王六年，彗星入北斗。晉趙有率諸侯平周亂，立王子班，是爲匡王。　《宋書・天文志》曰：義熙十四年五月壬子，孛於北斗魁中。癸亥，彗星出太微西柄，起上相星，下芒衡長至十餘丈，進掃北斗紫微中。占曰：彗出太微，社稷亡，天下易王。入北斗紫微，帝宫空。一曰得聖主。是年，宋高祖受宋公。恭帝元熙元年七月，晉帝遜位，高祖入宫也。　《感精符》曰：星孛入北斗，兵大起，將有以外制權、以兵爲政者。　《坤靈圖》曰：至德之萌黄星孛於北斗，必以戊巳日，其光無芒，文行無武，動事莫之敢拒者。　《漢含孳》曰：彗星入北斗，强國亂。　《鉤命決》曰：周襄王不能事其母，孛入北斗。　《甘氏》曰：彗茀流入北斗魁中，得名人；其不入北斗魁，失名人。　劉向《鴻範傳》曰：孛入於北斗，邪亂之臣將弑其君。　京房曰：星孛入北斗，則大臣叛。　郗萌曰：赤星入北斗，中國使匈奴。　《荆州占》曰：彗星流入北斗，諸侯戮。春夏期三月，秋冬期一年。　《黄帝》曰：彗星出北斗，長可八九尺，天下更政易王，暴兵卒起。期百八十日，若一年。　《春秋緯》曰：彗星出北斗九星中，九卿反，如星所主，其政毁，其人亂。　《潛潭巴》曰：彗星芒出於斗樞，天子亡，諸侯息。　《雌雄圖》曰：彗星出北斗中，宫中火起。　《石氏》曰：彗星出北斗，長可七八尺，天下大亂，國易政，有兵起。若大戰，先起者亡，中起者殃，後起者昌。期三年，中五年，遠九年。　《海中占》曰：彗星出北斗，大臣謀反，兵大起。　按：《洪範天文星象變占》曰：漢武建元三年三月，有星孛於王良，芒自太微經斗内，至天漢，其後濟東王、膠東王、江都王皆坐法削黜自殺。衡山王反，誅之也。　又曰：若入斗魁，大臣誅死，若被誅。三日乃占，春夏期三年，秋冬期一年。　《魏氏圖》曰：幕星出於斗中者，宫中失火，燒寶。　郗萌曰：彗星出北斗，長可八九丈，名曰勉功，勉功出，天下更政。　《荆州占》曰：彗星出北斗之中，反而入北斗後，將得大臣；其出北斗，亡大臣。其一西一東，害於侯公；一南一北，戒在金革；一入一贏，天下不寧。　《荆州》曰：彗星出北斗中，聖人受命。　《玄冥》曰：彗星出北斗，必有大戰流血。若入斗中，得名將；不入斗中，失名將。各以其日占知其國，不出其年。　《石氏》曰：孛星出北斗中，大臣諸侯有受地。　《巫咸》曰：彗星見於北斗，天下更政。　《洪範傳》曰：孛星見北斗中，大臣諸侯有受誅者。一曰受兵。　《甄曜度》曰：彗孛貫北斗，下有傑王，五軍合。　《演孔圖》曰：彗星守北斗，天帝謀易王。　《春秋緯》曰：彗星守北斗，强國發，諸侯争天下。　《海中占》：彗孛守北斗，强國發兵，大臣争權，大人有憂，國易其主，天下不寧。守之三日以上，大臣當誅。期三年，遠五年。　按：《左氏傳》：魯文公十四年七月，星孛於北斗，周内史叔服曰：不出七年，宋齊晉之君皆將死亂。後十六年，宋襄夫人使昭公田孟諸而弑之；十八年，齊閻職反，邴歜弑懿公於申池；宣公二年，晉趙穿弑靈公於桃園。杜預曰：史服但言事，不論其占。服虔曰：晉趙盾弑靈公也。　《春秋緯》曰：彗星出輔星，庶雄起，陪臣反。

彗孛犯紫宫五十七

《感精符》曰：星孛於紫宫，將有陰謀反者。　陳卓曰：星孛於紫宫，有大變，拔兵上殿。一曰：入紫微宫，有奇令。　《春秋緯》曰：彗星入紫微宫，其國謀反。　《黄帝》曰：彗星出而抵紫宫，天下大亂。　《荆州》曰：彗星出長垣，邊反。　又曰：彗星而抵紫宫，天下易政。　按：司馬彪《天文志》曰：孝靈中平五年二月，彗星出奎，逆行入紫微宫，復出，六十餘日乃消。占曰：天下易主。明年，宫車晏駕。　韋昭《洞紀》曰：漢黄龍元年二月，有星孛於王良閣道，入紫宫。十二月宣帝崩。　《黄帝占》曰：彗星出紫宫，入守之，宫中有

兵，天下大亂，有亡主，國易政，以五色占其國。期百八十日，中一年，遠三年。

按：司馬彪《天文志》曰：孝獻建安九年十月，有星孛於東井輿鬼，入軒轅太微。十一年正月，有星孛北斗，首入斗中，尾貫紫宮及北辰。占曰：彗掃太微紫宮，人主易位，其後魏文帝受禪。司馬彪《天文志》曰：孝章建初元年十二月戊寅，彗星出婁二度，長八九尺，稍入紫微宮中，百六十日消滅，大人忌。後四年六月癸丑，明德皇后崩。《荆州》曰：彗星守天子宫，有亂天子之政者。

彗孛犯北極鈎陳五十八

《春秋緯》曰：彗星入樞，名人起相誅，天下亂。《玄冥》曰：彗星出北辰，臣謀弒主，有自立王。彗耀刺下，爲寇害，期一年。《春秋緯》曰：彗星入樞，期八年，五霸起，帝主亡。《荆州》曰：彗星刺天樞，五精之類謀。《黄帝》曰：彗星入守北辰，除舊布新，三王立，五旗生，有端命之應，名人起兵，天下大亂，君臣相誅。期不出百八十日，中一年，遠三年。《石氏》曰：彗星出鈎陳，臣弒其主。若入守鈎陳，幸臣亂宫，若有誅者。期不出一年，遠三年。

彗孛犯天一太一五十九

《黄帝》曰：彗孛干歷天一，則宫門不閉，王者内不安，近臣亂，不出三年。

彗星犯石氏外官二

彗孛犯天庫樓一

《春秋緯》曰：彗孛出天庫樓，兵動驚主，泣血下，不聽。《石氏》曰：彗星出庫樓，天下兵起，車騎滿野，庫兵用。一曰民以飢兵起。期三年。

彗孛犯南門二

《玉曆》曰：彗星出南門，有兵起，兵器用，若道路不通。

彗孛犯平星三

齊伯曰：彗星出平星，執法臣憂，政令不行，國失綱紀。《石氏》曰：彗星平星，主以峻法爲過，海内亂。

彗孛犯騎官四

《春秋緯》曰：彗星出騎官，英雄起，天子憂。《甘氏》曰：彗星出騎官，士卒發用，兵騎出。若守之，將軍若有死者，期三年。

彗孛犯積卒五

《甄曜度》曰：彗星出積卒，爲謀星。去疾，謀不成。若守之，主將有憂。《春秋緯》曰：彗星出積卒，衛士並爲亂，禍不成。

彗孛犯龜星六

《文曜鈎》曰：彗星出龜星，珠玉有出者，寶物大貴。若守之，君臣不和，上下乖離。

彗孛犯傅説七

《春秋緯》曰：彗星出傅説，主以祠非其神，失禮，爲内外所謀，巫祝起，天下匿，讒在宫中。《石氏》曰：彗星出傅説，王者後宫少子孫。若守之，有絶祀之君。

彗孛犯魚星八

《春秋緯》曰：彗星出魚星，后黨反。《玉曆》曰：彗星出魚星，天下大水，海魚出，名水溢。若守之，天下大旱，魚行人道，不出其年。

彗孛犯杵星九

《甘氏》曰：彗星出杵星，歲大飢，有兵起，民以米粟，爲憂若絶軍糧。

彗孛犯鼈星十

《聖洽符》曰：彗星出鼈星，有大水，白衣之會，若有水令。若守之，其國大旱。

彗孛犯九坎十一

齊伯曰：彗星出九坎，有水旱之災，出南則大旱，出北則大水。

彗孛犯敗臼十二

《甄曜度》曰：彗星出敗臼，天下有急兵，當於米粟之事，國有憂，期二年。

彗孛犯羽林十三

《春秋緯》曰：彗星出，羽林軍人謀反。《海中占》曰：彗孛出，羽林兵起宫中，臣弒其主，大人被甲，有亡國。若守之三十日，國破主亡，期三年。《春秋緯》曰：彗星出壘城，校尉以反軍成。

彗孛犯北落十四

《玄冥占》曰：彗星出北落，若守之，兵起大戰，若殺大將，人主自將兵於外，四夷作亂。期三年，遠五年。

彗孛犯土司空十五

《文曜鈎》曰：彗星出土司空，兵大起，有土功事，若營室。一曰大將憂。期一年。

彗孛犯天倉十六

《巫咸》曰：彗星出天倉，兵革大起，粟大出，天下民飢，以粟爲憂，若有轉輸之事。《海中占》曰：彗星出天倉，天下粟出。若守之久，國無儲糧，人民飢。期三年。

彗孛犯天囷十七

《巫咸》曰：彗星出天囷，倉庫虚空，無儲積，有出粟，天下大饑，人民流移，期二年。

彗孛犯天廩十八

《帝覽嬉》曰：彗星出天廩，其國大饑，倉粟出廩，人飢死，其分兵起，期不出三年。

彗孛犯天苑十九

《春秋緯》曰：彗星入天苑，都護反。《黄帝》曰：彗星出天苑，兵大起，馬多發，牧畜不蕃，多有死者。一曰禽獸麞鹿多死。按：司馬彪《天文志》曰：孝安永初三年十二月乙亥，彗起天苑南，東北指，長六七丈，色倉。天苑爲外兵起，是後羌兵討賊杜季貢，又使烏丸擊鮮卑，又使中郎將任尚，護羌校尉馬賢擊虜，皆降之。

彗孛犯參旗二十

《春秋緯》曰：彗星出天弓，暴骨將死，死尸滿谿，流血千里。《石氏》曰：彗星出參旗，天下大亂，兵起，弓弩用，大將出有變。一曰弓弩大貴。期三年。

彗孛犯玉井二十一

《玉曆》曰：彗星出玉井，兵大起，强國失地。一曰彗守玉井，天下大水，河海溢流，民多没死。

彗孛犯屏星二十二

《甘氏》曰：彗星出屏星，大臣有戮，國有憂。一曰彗守屏，人民疾疫，有移國。

彗孛犯厠星二十三

《聖洽符》曰：彗孛出厠，大人有憂，若厠有謀，兵欲害主。一曰彗星入厠，天下飢，人相食。期二年。

彗孛犯矢星二十四

齊伯曰：彗星出矢星，若守之，貴人多患腹而死，若人民多死，以五色占，黄則吉，青白疾，黑死。

彗孛犯軍市二十五

《甄曜度》曰：彗孛出軍市，大兵起，軍糧絶，天下大飢，將士離散，兵多死亡，期二年。

彗孛犯野雞二十六

《海中占》曰：彗星守野鷄，大將死，軍市破，諸侯相攻，有亡國。期三年。

彗孛犯狼星二十七

《黄帝》曰：彗星出狼星，國有急兵，名將出行，將軍有憂。若守之，必有千里之行，大戰流血，死者大半。期三年，中五年，遠七年。《運斗樞》曰：彗星出狼弧，主以恣侵爲過，外夷反。

彗孛犯弧星二十八

《石氏》曰：彗星出弧星，弓矢大用，大兵起，其國亂驚，人民不寧，多盗賊。按：司馬彪《天文志》曰：孝靈光和三年冬，彗星出狼弧，東行至於張，反去。後四年，京都發兵擊黄巾賊。

彗孛犯老人星二十九

《巫咸》曰：彗星出老人，其色黄，王者昌。若守之，赤彗三芒，人主受殃，老者不康。

彗孛犯天稷三十

《海中占》：彗星出天稷，歲大飢，五穀不成，人民流亡，社稷不安。

彗星犯甘氏中官三

彗星犯天理一

《春秋緯》曰：彗星出天理，大司空斬將逐天子。

彗孛犯策星二

彗孛星近策星，王者不宜出宫，下有謀亂，不過七十日。

彗星犯造父三

陳卓曰：彗星入造父，若守之，僕御謀弑主，有斬死者，兵盡起。

彗孛犯卧星四

《春秋緯》曰：彗星出卧星，尚書反。人星一名卧星也。

彗孛犯扶筐五

陳卓曰：彗星出扶筐，將作反。

彗星犯酒旗六

《春秋緯》曰：彗星出酒旗，主以酒過爲相所害。

彗孛犯諸王七

《春秋緯》曰：彗星出諸王星，諸侯稱王皇，以南吴楚北燕趙東齊宋西秦晉。

彗孛犯怪八

《春秋緯》曰：彗星出司怪，主多妖祥，僻僞起，大臣侯王代主位。

彗星犯天高九

《春秋緯》曰：彗星出天高，廟臣反，名王起，改號。

彗孛犯天潢十

《春秋緯》曰：彗星出天潢，但聞之將反。

彗孛犯天街十一

《運斗樞》曰：彗星出天街，五侯並起，天子自理。《海中占》曰：彗星出天街，内有賊人。

彗孛犯甘氏外官四

彗孛犯鈇鑕一

《春秋緯》曰：彗星出斧，淫兵多，主以妄誅，將鑕之臣反。

彗孛犯闕丘二

《春秋緯》曰：彗星出闕丘，帝滅。

彗孛犯巫咸中外官五

彗孛犯長垣一

《甘氏》曰：彗星出長垣，大臣謀反，兵起宫中，天下有亂，亡國，人主有憂，期不出二年。《春秋緯》曰：彗星出長垣，邊反。

彗孛犯天廄二

陳卓曰：彗星出天廄，守之，天下名廄有失火者，若移徙。一曰天下廄車馬有恠。《春秋緯》曰：彗星出廄官，法令違，法度數起變，臣執主勢。

唐・瞿曇悉達《開元占經》卷九六　雲氣犯列宿占

大角

黑氣奄大角，久而不散，主命者惡之。蒼白氣入國，有大喪。黃白氣如月近大角，乍明乍暗，青雲一道，如千尋槍竿衡大角而過，天子棟樑拆。

進賢

蒼白氣入進賢，相黜，野逸憂。白氣入，賢士喪。黑氣入，賢士憂。黃氣入，賢士有恩賜。

庫樓

赤氣直如千尋槍竿衡庫樓，天子自將兵，兵大動，中外震驚，武庫官憂，天下不安。

拆威

蒼白氣入拆威中，大臣爲亂，兵起，天子失威，出之則禍除。赤氣入拆威中，大臣反，天子出將兵。黃白氣入拆威，外國有來求和親者。出拆威，天子有德令。黑氣入，天子惡之，出則禍除。

陽門

赤氣入陽門，邊兵起，有戰。

騎官

蒼白氣入騎官，騎將死。赤氣出，騎兵大出。赤氣入，騎士憂。黑氣入，軍中有疾病。

從官

黃氣入，巫醫受爵。

天江

赤氣出天江，將軍出野。青氣入天江，大水。黃白氣入天江，天子用兵，出之兵罷。

傅説

赤氣入傅説，巫祝之官受戮。

魚星

赤氣入魚星，東騎滿，軍大動，將軍憂。黃氣出魚星，天子用事起兵，入之兵罷。

龜星

赤氣入龜星，巫卜之官有誅。

鱉星

赤黑氣入鱉星，有白衣會，天下易政。

九坎

赤雲氣入九坎，天下大旱。　黑氣入，大水。

河鼓

蒼白氣入河鼓，將有憂，軍在外則天子之軍敗，將死。出之則禍除。　赤氣入河鼓，兵起，客軍入。　赤氣出河鼓，軍出，將軍戰不勝。　黄白氣入，有以衆來降者；出之，將有喜。　黑氣入將死。　青氣入，將憂。

織女

蒼白雲氣入織女，女主憂病。一曰人主憂。出則禍除。　赤氣入，有以女子故而家受誅者。　赤氣入，女子多死外兵。　黑氣入，王者爲女所害。一曰女子多病死。　白氣入，女有喪。　黄白氣入，天子以女幸一家；出之，天子外得美女。

天津

蒼白氣入天津中，君有水憂。　赤氣入，大旱。　黄氣入，天子有德令。

赤氣出，兵起。　黑氣入，大水。　天津漢中有黑氣獨居，大若席，名曰雲漢，不滿三日，遲不出五日，大雨。　黑氣狀如缸，若一疋布，維河津間，不出十日大雨。

敗臼

赤氣入敗臼，人主凶。　黑氣入，天下人災。

瓠瓜

蒼白氣入瓠瓜，瓜菓不可食；出瓠瓜，其禍除。　赤氣入，天子攻一邑，殘之。　黄白氣出，天子以菓賜諸侯。　黑氣入，天子食菓致害。

天壘城

赤氣奄入壘城，北夷驚，有疾疫。

羽林軍

蒼白氣入羽林，軍有憂。入其南，若入羽林直南出，皆爲后有憂。入其北，諸侯憂。出之則禍除。　赤氣出羽林，兵隨之，凶。　赤氣入，兵起。入其東，后起兵；入其西，太子起兵；入其北，諸侯起兵。　黄氣入，天子入軍中。　黄白氣出羽軍南，后有所獻；出其北，太子有獻。　黑氣入，兵起大戰。　入其南，天子忌之；入其西，太子忌之；入其北，諸侯憂。

北落師門

蒼白氣入北落，有疾疫。　赤氣出，兵出。　赤氣入，外兵入。　黄氣入，中使至軍，有喜。　黑氣入，將死。

螣蛇

黑氣出入天蛇，天下大水。

天廐

蒼白氣入天廐，馬有驚。

王良

蒼白氣入王良，天子憂，墜車馬，奉車憂。出之禍除。　赤氣入王良，太僕奉車誅。　赤氣中駟馬，内亂兵起。　赤氣出，車騎滿野。　黄氣入，奉車拜賜，天子有喜，諸侯有獻馬者。一曰有神馬見。　黄氣出，奉車受命行德令。一曰天子出車馬賜諸侯王。　黑氣入，奉車太僕死。

附路

蒼白氣入附路，太僕憂之；出附路，禍除。　赤氣入，太僕有鈇鉞之誅。

赤氣出，兵起。　黄白氣入太僕，拜賜出之，有德令。　黑氣入，太僕死。

閣道

白氣入閣道，有急事在内。　白氣出，人主有疾病。　黄氣入，天子有喜。

天大將軍

蒼白氣入天將軍，軍中有疾疫，兵多將死。　赤氣出，兵多出。　赤氣入，兵將皆有凶，軍在外，防客兵來。

土司空

黄雲氣入土司空，土工失作，有建國徙都之事。

天倉

蒼白氣入天倉，歲不熟。出之禍除。　赤氣入，兵内起，有火災。　赤氣出，以兵出粟。　赤氣如波揚，入之，大旱，火大起。　黄白氣入，天下大熟。

蒼黑氣入，天下不熟。

天廩

赤氣入天廩，大旱，有火災。　黑氣入廩，粟腐敗。　黄白氣入，歲豐。

黄白氣出，天子出粟賑民。　黑氣出，大水傷穀。　蒼白氣入，蟲大生。出之則禍除。　赤氣出，天子以用兵出粟。

大陵

蒼白氣入大陵，天下多死喪。　赤氣入，天下兵起，多以兵死。　黑氣入，

大疫。

積尸

黑氣入積尸，天下人大疫死。

天魟

赤氣入天魟，不出一年，有自立者。一曰不出九十日，水中兵戰。赤氣出，水兵起。蒼白氣入，有殃，天子不可乘魟。出之禍除。赤黑氣入，天子戒乘魟。黄白氣入，天子幸魟有喜，必有神狀，若光景處魟上者，青氣或黑氣，舟師勿行。

芻藁

赤雲氣入天積，積中火起。赤氣入，天子用火出散貨。黄白氣入，天子自喜，多出貨財；出之，天子有喜，出貨財。

天苑

蒼白氣入天苑，牛馬畜獸疫，出之則禍除。赤氣入，牛馬多死傷。赤氣出，牛馬以兵事出。黄白氣入，牛馬禽獸蕃息。黑氣入，牛馬死，出之禍除。

五車

蒼白氣入五車，兵大起，民流亡。赤氣入，兵起大戰。赤氣出，兵車大出。

天潢

蒼白黑氣入天潢，有死喪憂，出之則禍除。赤氣入，兵内起。赤氣出，兵出戰。赤氣出入如揚波者，兵庫焚。黄氣入若出之，天子有喜，有兵則兵罷。

咸池

蒼白氣入咸池，水蟲多死。一曰池中魚多飛亡。黑氣入，大水。赤氣出，旱。黄白氣入，天子有喜。出則有神魚見。

天關

黄氣入天關，四方來貢玉帛。

天高

白氣出天高，早霜傷稼。

參旗

赤氣出參旗，不出一年，西戎來，欲盜中國，若侵地。不出三年，天下煩擾，百姓多憂。青氣出入，同上。

天園

白氣出天園，兵起。

玉井

青氣從參下，入玉井中，不出三年，人不飲食井。黄氣入，三日不去，軍在外絶水。白氣入，兵起。赤黄氣潤澤入之，有軍來降。

屏星

黑氣入屏星，大疫。

天廁

蒼白氣入天廁，天子有陰病。青氣入内，兵起。黑氣入，天子憂。白氣入，天子有陰病。赤氣入，有兵。赤雲氣出天廁，禍除。黄白氣出入，皆爲有喜。

南北兩河

蒼白氣入兩河戒間，兵大起，道不通。出河戒，則禍除。入北河則邊兵動，又爲疾疫，夷主死。赤氣出兩河間，天子用兵於諸侯。黄白氣入河戒間，隨河行，天子出德令，天下有難，道路不通。

五諸侯

蒼白氣入五諸侯，諸侯有黜死者。

積水

蒼白氣入積水，天下水災。

積薪

赤氣入積薪，火焚積聚。

水位

黑氣入水位，大水。赤氣入，大旱。

軍市

赤氣入軍市，軍中大驚。

闕丘

赤氣入闕丘，宮中火災，天子不安其居。

狼星

赤氣入天狼，胡兵入塞，民大恐憂。

弧矢

赤氣入弧矢，天下驚恐。一曰邊陲有警。　黑氣入弧，胡中疫作。

老人

白氣奄入老人，王者國絶。

天紀

黑氣奄入天紀，禽獸大疫，六畜死耗。

爟星

赤氣入之，天下烽火舉動。

酒旗

赤氣入酒旗，天子以酒喪身。

軒轅

蒼白氣入軒轅，後宫憂，有疾疫。　赤氣入宫，憂火。

天相

黄氣入天相，相臣有喜。　黑氣入天相，相臣死，不則有疾病。　蒼白氣入，相臣憂。　赤氣入，相臣憂。　赤氣出，相出師。

器府

赤氣入器府，天下樂廢。

石氏中外官占

大理

黄雲氣入大理，刑法官有遷。《巫咸》曰有赦。　黑氣入大理，決獄不平刑受誅。

六甲

黄雲氣入六甲，術士用。　黄白氣入，太史受爵賜。　黑氣入，太史憂。

内厨

黑氣入内厨，飲食防毒。

北斗

雲氣五采入北斗，天子立太子。近期百日，遠二年。

輔星

黄白雲氣集輔星，相有喜。　赤氣入輔星，相受斧鉞之誅。　蒼白氣入輔星，相有憂。　白氣入輔星，相黜。　黑氣入輔星，相死。

天理

赤雲氣入天理，兵大起，相出師。

相星

黄白氣入天相，將相有喜。　黑氣入，將相憂死。

勢星

黄氣入勢，中官受賜。　赤氣出入，中官反。　黑氣入，中官憂。

三台

黄氣入，將相喜。　赤氣入，多敗傷。　黑氣入，三公憂，將相死。

天棓

黄氣入，天子先驅有拜賜者。　赤氣入，大人憂。

天槍

赤氣入天槍，天子驚恐。一曰失位。　蒼白氣入，兵起。

玄戈

黑氣入戈，胡兵退。　蒼白雲氣入，胡人大疫死。　赤氣出，胡兵大起。

招摇

赤氣入招摇正中，有兵内起，大將爲亂。　赤氣出於招摇，兵起大戰。　黄白氣出，天子以喜用師。

梗河

黑氣出梗河，兵起，大戰。　赤氣出梗河，國兵大出；入梗河，大戰。　蒼白氣入，將死。

貫索

蒼白氣入貫索中，天子憂，亡地。出則禍除。　赤氣入，有内亂，兵起。　赤氣出，内兵出。　黄白氣入，天子有喜。　黑氣入，大人惡之。　赤白氣入，獄多枉死者。

女床

黄氣出入女床，後宫有子喜。　白氣入，后宫有喪。　黑氣入，有死者。　青氣入，有病。　赤氣入，宫中兵起。

宦者

黄氣入，宦者受賜。　赤氣入，宦者誅。　黑氣入，宦者死。赤氣出，宦者作奸蔽主。

郎位

蒼白氣入郎位，中兵起。一曰中郎有内亂。出則禍除。赤氣入，兵起；出郎位，多用兵，遠出行。黄白氣入，中郎受賜。

靈臺

青黑氣入，有大風雨。期三日，遠七日中。黄氣入，太史喜。赤白氣入，太史有憂。

少微

蒼白氣入少微，賢士憂。一曰大臣黜。赤氣入，宰臣謀叛。

長垣

蒼白氣入長垣，胡兵起。赤氣入，胡兵入，有火災。赤氣出，邊兵起。

攝提

青雲氣入攝提，九卿有憂。黄氣入，九卿有賞。赤氣入，戈盾用事。黑氣入，大臣誅。

唐・李鳳《天文要録》卷四〇《石氏内宫占》　廿六、天弁

主天弁，天下市官之長也，以知市□也。

魏石申曰：天弁九星在建星北，天弁主列肆，闤闠若市籍之事。《勑鳳符表》曰：天弁九星，主靈集鼎官府也，主九表亭官也。

占天弁

石申曰：天弁星，明，萬物盛興；不明，天下有憂。

公連曰：天弁近建星而明，大動摇，天下有女樂見人主爲害者。《甘氏》曰：天弁二星不見，天子以婬樂失政。《巫咸》曰：天弁運亡不見，女主近臣謀交，期六十日。《東晉紀》曰：天弁九星不見一旬，三公謀外有逆臣。

占月行

《黄帝》曰：月犯天弁，其國五穀大貴。公連曰：月蝕天弁，大將謀君，不出二年。

占五星

石申曰：五星入天弁，留經廿日，其國多徒兵起，糴貴。

占歲星

《東晉紀》曰：歲星犯天弁，天下大旱。冬，地動，多水災。

占填星

《勑鳳符表》曰：填星入留天弁，天下多水，女主有喪。

占辰星

《九州分野星圖》曰：辰星入天弁，五臣争地，民流亡，大臣多死。

占客星

《黄帝》曰：客星守天弁，大臣失門，小人謀大將軍。公連曰：客星犯天弁，經七十日，逆臣交兵血流。

占流星

甘德曰：流星入天弁，中官中女愕驚，以讒囚徒，不出二年。

廿七、河鼓

主河鼓，天鼓也，主軍鼓，主鈇鉞。一名三武，主天子三將軍：中央大星爲大將軍，左〔爲呈〕〔星爲〕左將軍，右星爲右將軍。左星者南也，右星者北也，所以備關梁而距難也。魏石〔神〕〔申〕曰：河鼓三星，右旗九星，在牽牛北，河鼓、右旗，建音聲，設守阻險，知謀徵也。旗即天鼓之旗，所以爲旌表也。一名提鼓，一名天董，一名天廐，一名亢鼓，一名三鼓。爲天將軍，爲金官也。

旗，幽谷險阻，隱遁，主軍器也。《巫咸》曰：天鼓以音守聞遠知近，達志意。公連曰：河鼓者，主雹季奇之年。天鼓指逆，登位三良失家，天下大亂，君臣亡理，民散亂。《河圖表紀》曰：三武者，主天避神以節鳴。七星亡鬲韓，唯俱滅也。

占太鼓

《勑鳳符表》曰：河鼓右星不視，其國右大臣失勢。石申曰：河鼓光大、正直，天下無兵，君臣〔知〕〔和〕，百姓安息。不正，其色變，有兵憂，大將死。星怒者，馬貴。公連曰：河鼓星動，若怒，皆兵馬或大將出。三武易次，兵起。《黄帝》曰：天鼓星回，失計奪勢。甘德曰：河鼓左一星不視，經五十日，天子失位，大將與女主諍地。《巫咸》曰：旗星移，揚亂相陵。玄龍曰：三武旗星揚者，外將怒不可當，隨旗所指擊之也。郗萌曰：河鼓旗星動摇不止，其鬲登乍不明，經數辰，其宫中有奸臣。《河圖》曰：旗星不正，色變，其分野有暴兵。

方朔曰：河鼓以秋分不視，女主出入失節，民人誹謗。御寓曰：河鼓遠亭亭，位避天子，以佞不正，三公爲黜。

占月行

《黃帝》曰：月犯河鼓，大臣誅，其君□□。　《河圖表》曰：月犯鬲天鼓，將軍亡，其鼓軍敗，大將失位。

郗萌曰：月犯入天鼓，不出百廿日，兵起戟流血。　公連曰：月蝕河鼓大星，天子宮失火。

《東晉紀》曰：月犯陵河鼓左星，左將軍死；右星，右將軍死。失地千里。

《荆州》曰：月呑天鼓左星，大臣流千里。　《仙房》曰：月乘陵河鼓，一夕五運，女后有喪，大旱，五穀不成。

占五星

《黃帝》曰：五星有中河鼓，大將左右皆爲所中者誅，其犯守之也，皆爲誅。若有罪人，以五色占。

《敇鳳符表》曰：五星守呑天鼓，經八十日，天子有殃。

《懸總紀》曰：五星入鬲三武，宫中有喪，其國民失次位。

占歲星

公連曰：歲星呑河鼓大星，經七日，宫中流血，大臣誅。　《東晉紀》曰：歲星守登大鼓，三臣謀其君。　石申曰：熒惑守入三武，經三旬，大將軍出戰，天下多疾疫，軍敗亡。　郗萌曰：熒惑居舍天鼓中，若守，天下兵盡連，大將戰益地。　《黃帝》曰：熒惑守犯天鼓，大將軍兵陣戰，大將死，軍食絶，民死。公連曰：熒惑、太白周夜俱見，太白在天鼓，熒惑在天衡，兵大起，諸侯死。

《東晉紀》曰：熒惑、辰星守呑三武，不出三年，景帝有喪，冬多水。

占塡星

《黃帝》曰：塡星入亭三武，天子以樂，諸侯有賜地。　石申曰：太白、塡星、熒惑守犯天火，將軍誅，兵盡起，期二年。　《敇鳳符表》曰：塡星歲星呑蝕三武，其國有喪，女主有疾。

占辰星

《黃帝》曰：辰星入三武，大將軍有憂，將(子)〔軍〕用兵謀其君，四節失次，天下大悖，民人亡匪。　公連曰：辰星守鬲三武大星，其分野飢，兵馬多死。

占彗星

《春秋緯》曰：彗星出天鼓，旗鳴，武士發，天子爲賊。　郗萌曰：彗星入天鼓，且有兵。　《黃帝》曰：白彗星長一丈餘，貫天鼓中，天子以食死亡，三兵並起。

占客星

《東晉紀》曰：客星入三武，貴客來，有賀慶。　郗萌曰：大星入守天鼓，有兵，三將軍戰死，天下穀出。入天鼓，經三日，以馬爲賊誅。　《荆州》曰：客星入留河鼓，兵吏大驚；出河鼓，兵入。舍河鼓，中國有鐘鼓之音，若立旗識。《黃帝》曰：客星犯守天鼓大星，天子有誅者，大將有罪，三將軍食絶飢，卒士多死，兵革盡。連旗鼓，用將多戰亡。

星入留河鼓，色赤，有兵。黃，天下安。蒼，兵不用，大將有憂。　郗萌曰：客星留犯天鼓，色青，大將薨。黃，更王。黑，民人多死。若赤星入河鼓所，守之，大將驚，更令出。　玄龍曰：客星大光而入河鼓，有兵，三將軍於野戰，流血。　《東晉紀》曰：客星出入河鼓中，天下有水，五穀不收。　石申曰：客星守鬲河鼓，經廿日，大臣有喪。　《敇鳳符表》曰：客星暈天武，女后有疾疫，大赦。

占流星

《黃帝》曰：流星入三武，大臣内亂，民亡。　石申曰：流星犯貫河鼓，天下多水，道路不通。　郗萌曰：使星入三武，大將亡地。出河鼓，諸侯失地。《甘氏》曰：流星長二丈，色赤，光，退地。照而入貫三武，宫中大驚，女主以印逆死。　《七曜内紀》曰：流星出入天鼓，天子失兵庫，大將亡其鼓，有罪。

占客氣

郗萌曰：蒼白氣入河鼓中，大將有疾。出河鼓，其禍除。　玄龍曰：赤黑氣入迴鼓中，兵起，大戰。出河鼓中，大將戰，益地。　郗萌曰：黃白氣入河鼓中，天子有喜，有降者。出河鼓中，大將有疾。黑氣入河鼓，將軍死。　《東晉紀》曰：五色氣運避河鼓中，天子之車折，三公有罪。

廿八、離珠

主離珠，天子後宫也。離者，別也；珠者，玉佩之飾。御由制也。　魏石申曰：離珠五星在須女北。主離珠，須女之藏府也，女子之星也。主布帛裁制，理故置，離珠爲藏。　晉公連曰：離珠，主天子御亭宫也，主遊武守候也。殷巫咸曰：離珠者，主天宫也。十二月天子流亭，鬲流者，十二月珠之例也。鬲者，天子別宫名也，一名理珠，一名珠明。

齊甘德曰：離珠，主尊卑之義也，一名鏡理，一名率離。其色不齊等，於四時變色，以此占萬事。

占離珠

《東晉紀》曰：離珠，其色變，登不獲，後宫内亂。

《荆州》曰：離珠失位，移陽國，大旱，陰國，多水，萬物五穀不收。石申曰：離珠運避不見，其國在危，女主有喪。《甘氏》曰：離珠，都邑之星也。不見，其分野失珍寶，有臣。《巫咸》曰：珠明，三星視，三公有疾，民人流亡。

占歲星

公連曰：歲星守離，經廿日，宫中淫亂起，貴〔爲賤〕，賤爲貴。

占熒惑

石申曰：熒惑守離珠，其國有擾，天子失貴令。《巫咸》曰：熒惑失度，離珠留，經七十日，其年西方出彗星，民多飢，貴人多死。

占彗星

《勑鳳符表》曰：彗星長六尺，守貫離珠，經六十日，不出二年，漢軍大敗，諸侯多死，民人飢，地動，四夷内侵。

占客星

《荆州》曰：客星犯離珠，後宫有逆人，内亂不正。石申曰：客星入離珠，諸侯謀天子。

占飛星

《東晉紀》曰：飛星入離珠，女子多死，大將驚。

廿九、瓠瓜

主瓠瓜，天子後鬲宫也，陰謀也。魏石申曰：瓠瓜五星在離珠北，瓠瓜主伺謀忠也。《易緯》曰：苞曰瓜，合章言忠正也。謀者始也，言十二月陽陰始起，得人之正，人處天中，故曰伺謀中也。天子之菓園也，主獻食者，故有菓食之於占瓠瓜也。一名天苞，一名天雞。晉公連曰：苞瓜主遠國客也，主食也，主毒食候也。

占苞瓜

石申曰：苞瓜星明大，則歲熟；其星微細不明，則五穀不登。《黄帝》曰：苞瓜星不明，君王失勢。《巫咸》曰：苞瓜星不具，若不正、動揺，皆爲有賊，人主者若以菓實爲敗。《甘氏》曰：苞瓜星非其故，則山谷多水，山崩，道路不通。公連曰：苞瓜二星不視，陰臣謀其君陽弱，女主有喪。玄龍曰：苞瓜包變正亭，諸臣謀其天子。

占歲星

《東晉紀》曰：歲星入守瓠瓜，經七十日，小人誅其君。

占熒惑

《黄帝》曰：熒惑守入瓠瓜中，魚鹽十倍，人君失政，賊貴天下，有遊兵，不戰。

占填星

《懸總紀》曰：填星守陵天苞，其國先旱，後有水。

占辰星

《黄帝》曰：辰星守苞瓜，經三旬，六畜夜鳴，天下有盡驚。石申曰：辰星犯苞瓜，留，大臣有逆心，天子有憂。

占彗星

公連曰：彗孛犯守苞瓜，天子以奸心，大臣誅，五兵盡起。石申曰：彗孛客星干苞瓜，政亂，近臣相譖，宫有戮死者。王者以赦除咎。

占客星

《黄帝》曰：客星入苞瓜，其分野有喪。出苞瓜，食官有憂，鹽賈十倍。公連曰：客星入守苞瓜，奸人獻食物，中毒藥。石申曰：客星色青，入苞瓜，諸侯有來獻菓者，中有藥，不可食。《甘氏》曰：客星守苞瓜，山谷多水，揺動崩。《黄帝》曰：客星出苞瓜，天子以憂，遣諸侯菓。玄龍曰：客星色赤，入苞瓜，天子故三公邑之民亡。《東晉紀》曰：客星出苞瓜，天下有遊兵，大將吞血，民人罷而不戰。《西晉紀》曰：客星出守苞瓜，色白有喪。《巫咸》曰：客星守留苞瓜，色黑，其分野有水，君使人不平，民人飢。鹽〔闕〕。

占流星

《東晉紀》曰：流星出苞瓜，其國道中有兵相攻擊，石申曰：流星入苞瓜中，女主有兩心。

占客氣

郗萌曰：蒼白氣入苞瓜中，萬不可御也。出苞瓜，其福除禍敗。石申曰：赤氣入苞瓜中，天子攻一色。出苞瓜中，天子用菓賜諸侯。《甘氏》曰：蒼赤白氣迴旋苞瓜，女后有喪，朝廷且火，有驚。《巫咸》曰：黄白氣入苞瓜中，天子誅大將。公連曰：黑氣入苞瓜，天子以食菓爲害。

卅、天津

主天津，九變象也，天下之津官也。《東晉紀》曰：天津九星，主河海之領士也，主九陳之門也。魏石申曰：天津九星，在虚危北河中。天津通危窮，津、河船渡也，天子之都船也，主四瀆，主河梁，所以渡神通四方也。晉陳卓曰：天津一名天潢，一名天漢，一名天江。晉公連曰：一名橫中，一名江星，一名水玉柱，一名格星。玄龍曰：天津中有黄四星，危北，居漢，主文武通也。

占天津

《勑鳳紀》曰：天津二星不視，諸侯失國，河絶水。《荆州》曰：天江星明動，則兵起如流沙，死人如亂麻。微不明，若參差不齊，馬貴。郗萌曰：天江一星不視，天下津河關道絶不通。石申曰：天津位移，河水大溢，天津覆水滔天。《甘氏》曰：天津徙處，經三辰，五河水溢，國爲害，道路不通。

《巫咸》曰：天江胎，天下不通。天江張，天下安寧。

《黄帝》曰：天漢有變，水賊稱君。《東晉紀》曰：天津九星，於漢明帝時一歲不見，不出二年，明帝崩，五都有憂。梓慎曰：天津五星不具，經半年不出，五年，漢多水，大兵並起，大臣多吞血，民飢死。

應邵曰：天漢色變，奄亭不見，天子之宫中有變臣，從妾起。

占五星

郗萌曰：五星守犯留天津，天下兵革盡起。客水，五穀侵。

占歲星

《東晉紀》曰：歲星守留天漢，經卌日，其國以水，國破亡。

占熒惑

《勑鳳紀》曰：熒惑守天江，客暴内侵。郗萌曰：熒惑、太白、客星入漢中者，皆爲將相貴人有渡江河事。公連曰：熒惑守漢星，經三旬，必有立侯王。梓慎曰：熒惑犯天津，經一旬，其國相出走。《巫咸》曰：熒惑留舍，經廿日，關河不渡，諸侯不通。甘德曰：熒惑入天津，已去還反復守之，津梁不通，期三年。《黄帝》曰：熒惑入居天津中，大亂大旱，天下道路修，橋梁□。玄龍曰：熒惑、太白，色赤芒，經三旬，舍天津，諸侯關梁不渡。應邵曰：熒惑色蒼，舍津中，經廿日，有三海江，天下河中多死者，貴人流亡。石申曰：熒惑入天漢，天子以災敗宫室。《甘氏》曰：熒惑入鬲漢中，其國内亂大旱，四方民多死不葬，更立王，民人相食。

占填星

《東晉紀》曰：填星守天津，女后有喪。《黄帝》曰：填星犯留天津中，賊臣謀君。石申曰：填星亭舍漢星，三諸侯争地，河水爲害。《甘氏》曰：填星吞天津，女主作奸，心天下多水災。

占太白

《勑鳳符表》曰：太白吞蝕天津，大將軍有誅。

《東晉紀》曰：太白守陵天江，其國有大喪。

石申曰：太白入留天津中，女后勢，妾管政。

占辰星

《懸總紀》曰：辰星入鬲天津，大臣德貶失敗。

石申曰：辰星犯守天漢，其國以五兵爲攻，女主戮，期百九十日。

占彗星

石申曰：彗孛客星干犯天津，賊絶王道。

甘德曰：赤大彗星，長五丈，貫天津，不出三年，堯帝崩，民流亡。郗萌曰：彗星入天津中，有三國大將於野相攻擊。

占客星

《東晉紀》曰：客星犯守漢星，諸侯有喪，暴兵内侵。郗萌曰：客星入天津，諸侯不通，天下備道，修橋梁。石申曰：客星守犯天漢，漢河爲敗，貴人有河溺死者。公連曰：客星守天津，水道不通，(般)[船]貴，河吏有憂。

《荆州》曰：客星入鬲天津，津不可渡。《勑鳳紀》曰：客星守亭天江，大臣有喪。

占流星

石申曰：流星入貫江星中，女后死，宫中有火災。郗萌曰：流星入漢中不出，軍不可渡水，先渡者不還。《甘氏》曰：流星入天津，必有大使隨星所之，期一年。公連曰：飛星使星入河津中，有大衆弱者，大將死。《巫咸》曰：流星入漢星中而出，軍不可出，軍溺死。卜偃曰：流星貫天津，有逆兵，客勝。《七曜内紀》曰：流星長五丈，出天津中，宫中有喪，兵並連。

占客星

《東晉紀》曰：蒼白赤氣運亭天津中，其國大旱，四方兵連。石申曰：黑白黄氣貫天津，天子有德令，禍除。郗萌曰：赤氣入天潢中，多水，兵起。若

雲黑如伏，似船如一返布淮河，不出十日，大雨、山崩。《巫咸》曰：黑氣獨居，大如皮席，兩多水，天下水滿，民流亡。《勑鳳紀》曰：五色氣貫天江，三公有喜事。

卅一、騰蛇

主騰蛇，天蛇也，五龍之子也。魏石申曰：騰蛇廿二(日)星在營室北。騰蛇，主水蟲也，主兵甲也，主水災。一名騰散，一名迴行，一名蛇明。晉公連曰：騰蛇主天子之行非也，主心奸毒信也。

占騰蛇

《東晉紀》曰：騰蛇半見半不見九州有兵起。《五靈紀》曰：騰蛇七星不見，經歲，四夷内侵，諸侯失地，期八十日。石申曰：騰蛇明，天子不安；微細，則天子安息。移南，天下大旱，兵起；移北，多水。逆指四季，天下有喪；指四孟，君臣不和。萇弘曰：騰蛇十一星不具，萬民與臣欲殺其君，慎勿出入。錢樂曰：騰蛇光運，經七辰，天下兵甲連。

占月行

《懸總紀》曰：犯騰蛇左旁，其主不安，四夷誅。

占熒惑

石申曰：熒惑守騰蛇，穀貴，民食不得。

占填星

《九州分野星圖》曰：填星犯亭騰蛇，其歲有賊臣，火近連。

占彗孛

《易緯》曰：彗星貫騰蛇中，不出九年，其分野内外君臣交兵吞血，萬民飢。陳卓曰：彗星、孛星干犯騰蛇，水道不通，天下隔，期二年。

占客星

《三靈紀》曰：客星犯騰蛇，其國妖，有言驚。

石申曰：他星守犯騰蛇，水物不成，水蟲爲敗，多水災。《河圖紀》曰：客星赤，大光，守居騰蛇，(蛇)經五十日，四道中有大盜賊。

占流星

《五靈紀》曰：流星入騰蛇中，天子有疾，三公有喜事。《海中》曰：飛星出騰蛇，諸侯暴死。

占客氣

公連曰：白赤黑氣如雲狀，迴運騰蛇，不出三日，宮中火災起，大驚。

卅二、王良

主王良，御官也，主五表也，天子之乘車也。

《東晉紀》曰：王良五星，主五物之藏也，主天子之象鏡庭也，主道橋之渡也，爲水官。魏石申曰：王良五星在奎北河中，王良主天子之奉車御官也。陳卓曰：主王良御風雨、水道、河梁也。漢中四星謂天駟，旁一星謂王良，主天馬，一名天津，一名主濟。《三靈紀》曰：王良者，主五紀也，天下之知理逆也，主客變候也，主津水發庭也，主視大將之出入也。

占王良

《黄帝》曰：王良二星亡不見，大臣有變，期七日。石申曰：王良五星避漢中而不視，天下大亂，道橋絶，軍大亂，將所殺。《甘氏》曰：王良不其，津河道絶而軍亡，天子有兵擾。《巫咸》曰：王良漢中四星不見，經卅日，不出二年，堯帝有疾病。

《河圖表紀》曰：天駟前與閣道相近，有河江之變臣。《三靈紀》曰：王良移位則有兵，以東西南北處兵所在。石申曰：王良馬亡，天下有急兵，車騎滿野，天下大亂，將吞血。《東晉紀》曰：王良策馬皆兵候，聖雄必起，期七年。郗萌曰：王良不明，運薄，天子馬疾病。若王良向造父，馬賤。《荆州》曰：王良與馬齊，天下有急，夷來内侵，河水大出。

《定象紀》曰：王良運上者，天下骨滿野，西方軍散亡。《懸總紀》曰：王梁迴鬲，指逆失位，其分野上下禁，小人管政，女后爲黜。

占歲星

《河圖表紀》曰：歲星守留王良，國中多兵革行，五穀不成。

占熒惑

公連曰：熒惑舍居王良，秋地動，天子車馬墜，爲敗。郗萌曰：熒惑舍乘王良，天子宮中多死者。

《海中》曰：熒惑守王良，諸侯道不通，兵馬趨，車騎連行。梓慎曰：熒惑守犯王良，大將死亡，天下多水，車騎貴。方朔曰：熒惑入亭王良，天下大赦，諸侯有賀慶。

占填星

《東晉紀》曰：填星留犯王良，宮門闕，大臣不通，三公有憂。

《黄帝》曰：填星入守王良，女后有喪，河水不通。

占太白

《三靈紀》曰：太白入留芒王良，天下馬多死，民人飢，貴人賣。　陳卓曰：太白犯舍王良，天子有喪，期二年。

占彗星

《東晉紀》曰：彗星長二丈，貫王良中，不出三年，前漢景帝崩。秋多水，道路不通。《春秋緯》曰：彗星出王良，梁主好遊，馳奉車反。《勑鳳符表》曰：彗孛守王良，經七日，天子失位，女后管政。

占客星

石申曰：客星犯王良，大臣有謀，津河不通。　郗萌曰：客星入王良，大將亡，失地。《九州分野星圖》曰：客星守王良，天下有急，兵馬大將出相攻擊，流血。　韓楊雄曰：客星犯留王良，暴兵起，關門不實，人出入不便。

占流星

《東晉紀》曰：流星入亭王良，朝廷失政，君臣不和。　陳卓曰：流星入王良，天下兵盡起。　石申曰：飛星貫王良，天子之堂中且有死臣。

占客氣

郗萌曰：蒼白氣入王良中，奉車憂墜車。出王良，其禍除。赤氣入王良，奉車有鈇鑕之誅，内亂兵起出。　赤氣王良中，駟馬車騎蓋野。　黄氣入王良中，奉車拜賜，天子有喜，諸侯有獻馬者，有神馬見。　出王良，奉車行德令，出駟馬賜諸侯王。黑氣入王良中，奉車死。

《黄帝》曰：赤黑青氣迴運，經五辰，女后有賊心，謀天子。

卌三、閣道

主閣道，飛閣也，從紫宫至河神所乘也。　《東晉紀》曰：閣道主天子遊别宫之道也。名紫宫旗，主道里爲王良旗也。　魏石申曰：閣道六星在王良前。閣道，所以杵衝難、誅威咎也。　晉陳卓曰：閣道起紫宫門以大微，故謂河神所乘也，爲水害也。一名各明，一名路道，所以爲旌表而不欲其動摇也。

占閣道

紫辨曰：閣道不明，奄禹經旬，其國多囚獄，道中有奸賊。　石申曰：閣道不具則天子道津不通。　《三靈紀》曰：閣道六星不見，經廿日，九州有兵起，諸侯國亡。《甘氏》曰：旗星動摇，不如其故，旗所指者兵所起。　《巫咸》曰：閣道二星與紫宫蕃星同行，群溺河梁。若王者宫閣道，有害者。　方朔曰：閣道失位，經五辰，天子爲堂。　紫辨曰：閣道不具，道津不通，太子爲坐，期九十日。　仙房曰：閣道登運，大臣死，女主有憂。

占歲星

《東晉紀》曰：歲星守閣道，女主殺妾於市中，期八十日。　紫辨曰：歲星犯入閣道，不出七年，秦威。

占熒惑

《七曜内紀》曰：熒惑守閣道中，有伏兵，天子當藏，房户或官，備兵。　兵（闕）。　方朔曰：熒惑入亭閣道，其國民飢亡。

占辰星

紫辨曰：辰星晨守閣道同宿留，經廿日，女主以毒藥殺太子，期百九十日。公連曰：辰星犯乘閣道，諸侯謀其天子，期二年。

占彗星

陳卓曰：彗孛星干犯閣道，王者居正殿，不私行則災自消。　公連曰：彗星守貫閣道旁，妾宫有淫亂。

占客星

萇弘曰：客星守閣道，百姓走亡，道中，多死。　《黄帝》曰：客星赤，守閣道，三兵内侵，大將呑血，期三年。

占流星

應邵曰：流星入閣道，天子樓亭，以風折客，人多死。　梓慎曰：飛星入閣道，宫中有喪，三公有驚。

占客氣

紫辨曰：赤白黑氣入迴閣道，大將有喪。

卌四、附路

主附路，别道也，閣道之傷敗所乘也，主御風雨遊，從之義也。一名王濟大僕，一名伯樂，一名就父。　魏石申曰：傅路一星，在閣道旁。傅路主備敗傷，立除隔也。《東晉紀》曰：傅路主(專)(車)騎正馬也。四季之月指逆，大逆有宫中，天下不和，萬民多敗傷。

占傅路

石申曰：傅路星芒，則車騎在野。　《黄帝》曰：傅路星亡，天下道中相遇

戰，流血。　郗萌曰：傳路正，馬車騎滿野，天下大亂，期十月。馬，王良駟馬也。正馬謂移在駟馬之前。　紫辨曰：傳路星明，天子壽昌，萬民(元)〔無〕疾病之殃。　卜偃曰：傳路星不視、失位，天子失倍，百姓飢死。

占辰星

紫辨曰：辰星登傳路，其年天下多水，山崩，道路不通，五穀不登，三年，民人飢。

占彗孛

方朔曰：彗孛犯守傳路，天子失道，臣謀其主。　陳卓曰：彗孛客星干犯傳路，道天下半隔，期一年。

占客星

郗萌曰：客星入守傳路，天子馬多死，兵大起。　紫辨曰：客星犯守傳路，女后失路。　方朔曰：客星守留傳路旁，經七十日，天子有兩王争地。

占流飛

《勑鳳符表》曰：流星貫傳路，太子有喪，期九十日。　方朔曰：飛星入傳路，小人謀其女后，不出半周〔闕〕。

占客氣

《黄帝》曰：黑白氣迴鬲傳路，且有變臣。　郗萌曰：蒼白氣入傳路中，太僕有憂；出傳路，其禍除。赤氣入傳路中，太僕有鈇鑕之誅；出傳路，中兵起。石申曰：黄白黑氣入出傳路中，兵喪並起，大將暴死。

卅五、天將軍

主天將軍，武兵也。中大星，天之大將也。外衛小星，吏士。　魏石申曰：天將軍十一星，在婁北。天將軍，主武庫也，主兵甲。天將軍，天所以將率忠正之郡士而自衛者也，一名軍武，一名兵象，爲金之官也。　《東晉紀》曰：天將軍者，天之高武亭士也，主强兵也，主聽視候也。

占天將軍

紫辨曰：天將軍不見，天下無目足，五王諍國。　石申曰：天將軍動摇，兵起，大將出。小星動摇，若水具兵，發流血。　郗萌曰：天將軍旗直陽者，所指勝。所背負者，左右星。　公連曰：天將軍五星不見，大臣與大將戰，大臣勝，殺其大將，期二年。　紫辨曰：天將軍指逆旗不見，天下大亂，女多乳死，諸侯飢。

占歲星

石申曰：歲星入天將軍，五都大戰，流血，大將薨。

占熒惑

《東晉紀》曰：熒惑守犯天將軍，天下内亂，大臣多所殺。　《黄帝》曰：熒惑守天將軍，經三旬，君不安，大將飢，百姓爲敗。

占填星

《定象紀》曰：填星守留天將軍中，五大將軍出謀其天子。

占太白

紫辨曰：太白吞天將軍大星，大臣謀，其大將軍誅。

占彗孛

《東晉紀》曰：黑彗孛貫天將軍，天子以水兵相攻擊，殺其三公，民水飢亡。

占客星

石申曰：客星守天將軍，大將軍有憂，軍吏不安，以飢爲敗。　方朔曰：客星光大犯天將軍，君失位，兵革連行。

占流星

石申曰：流星入天將軍，大將大驚；出其所指，大將誅。　《甘氏》曰：天狗入將軍，天下有喪並兵行。其歲，地動，多水。

占客氣

《勑鳳紀》曰：赤白氣入迴天將軍，女宫有死者，期八十日。

卅六、大陵

主大陵，陵墓也。大陵，卷舌之口，謂積京。　石申曰：大陵八星，在胃北，大陵主崩喪也。　陳卓曰：大陵者，大者，高陵之原也；陵者，主墓也。《勑鳳紀》曰：大陵者，主廣陵天子之兵陵也，一名陵神，一名墓表。

占大陵

紫辨曰：大陵中在積尸者，墓表隨居，故大陵星繁，有喪，民多疾，四面兵起，死人如丘山。其星希，即其國無兵災。　石申曰：大陵回而向卷舌，回而南向相背爲牡牝。故積京星衆則粟聚，星少則粟散。　郗萌曰：大陵中積尸星明，則天下有喪。　方朔曰：大陵星左三星不視，天子與女后以印逆薨。錢樂曰：大陵右二星亡而不見，太子死。

占月行

《三靈紀》曰：月蝕大陵二星，諸侯有長，三臣爭地。《河圖表紀》曰：月暈大陵，天下大赦，三公失坐。《荆州》曰：月暈圍大陵前足，死罪赦；圍後足，小罪赦。

占熒惑

石申曰：熒惑守積尸，責人當之。方朔曰：熒惑守大陵右星，三公有疾，火災起。

占太白

紫辨曰：太白犯蝕大陵右一星，其分野兵甲起，民流亡。

占彗星

卜偃曰：彗星貫留大陵中，宫女多死，貴人飢，大將爲變。

占客星

石申曰：客星入守大陵，有立功事，君有大陵功之令。方朔曰：客星犯大陵中，留經廿日，不出二年，孝明帝死。

卅七、天船

主天船，九津之道也。《東晉紀》曰：天船，主九河也，一名王船。其中一星謂積水，主候水（昴）旱。西二星謂天街，三光之道也。魏石申曰：天船九星，在大陵北。河中天船，所濟不通也。其星居漢中，主渡，主水旱之事，主伺候關梁中外之境也。公連曰：天船，爲天保土之官也。

占天船

《東晉紀》曰：天船四星不見，大臣誠其君。石申曰：天船不在漢中，津河不通，川外大出。《春秋緯》曰：天船星，主渡之通絶異。其四頭常在漢中，大將以水戰不成，若有没國，水大出。郗萌曰：天船中有四星，常欲其均明，即天下大安。不明，若移處，天下有兵喪。《巫咸》曰：天船天將軍者，兵船也，主武船。若天船六星不見，天下無兵藏，萬民安息豐。《甘氏》曰：天船二星亡奄，大將死。

占歲星

玄龍曰：歲星吞蝕天船一星，天子有頭病，大赦。公連曰：歲星守天船腹，女后任胎有疾。

占熒惑

《黄帝》曰：熒惑太白入守天船船大用，有亡國，兵革起。《東晉紀》曰：熒惑守留天船船大作，五穀大貴，不出三年。《勑鳳紀》曰：熒惑守犯天船，船吏死，君有憂。

占太白

郗萌曰：太白渾出而守天船大人有憂天下罪放。《東晉紀》曰：太白犯登天船，他國使船敗，諸使來。

占辰星

紫辨曰：辰星入守天船，大臣有奸心。

占彗星

石申曰：彗星出天船，其國多水，山道崩。《春秋緯》曰：彗星出天船，外夷侵。公連曰：彗星入貫船中，大將内亂起。

占客星

郗萌曰：客星入船星中，以水敗其邑，有兵事，不出半周。公連曰：客星守天船，急客來，期百九十日。紫辨曰：客星守天船，大臣有喪。

占客氣

郗萌曰：客氣居天船中，不出一年，天下有自立者。在水船，以大山爲期中。紫辨曰：蒼白氣入天船中，有殃；出，禍除。公連曰：赤青黑白氣入天船，天子有憂，船不可御。卜偃曰：黄氣入天船中，天子船有喜事。若赤氣出天船，有兵用船行。

卅八、卷舌

主卷舌，言語也。

卷舌，知佞讒。昴星近，主議疑，故知讒佞也。一名勝舌，一名積薪。故卷舌曲如舌，即去直，天下名曰舌之害。《東晉紀》曰：卷舌，主天口傅也君臣之説告也。

占卷舌

玄龍曰：卷舌星舒張，天下以口語多死者。郗萌曰：卷舌出不居漢中，天下盡爲國口舌妄言。卷舌星繁盛，天下多口舌，多疾死，兵起，死人如山丘。若其希，則無兵。《春秋緯》曰：卷附耳摇，世方諱，佞讒用。紫辨曰：卷舌不見，天下無辨讒絶，宫人失理。

占月行

《東晉紀》曰：月乘卷舌，天下多疾。

占歲星

紫辨曰：歲星入守卷舌，天子且爲哭。　郗萌曰：歲星(天)〔入〕卷舌，賢臣失言。

占熒惑

郗萌曰：熒惑守留入卷舌，天旱兵起。　《春秋緯》曰：熒惑臨卷舌，天下多亂，謀大臣，其君以口舌之害，起寇。　石申曰：熒惑守卷舌，有讒言亂主。明者，繁口舌非。

占填星

《東晉紀》曰：填星守卷舌，女主以口舌國亡，期二年。

占太白

《春秋緯》曰：彗星出卷舌，君以聽譖之禍過誡，大臣變。

占客星

《東晉紀》曰：客星居卷舌，天下有妄言者，期八十日。　石申曰：客星入卷舌，留，小人以讒言執政，大臣爲黜。

占流星

方朔曰：流星入卷舌，大臣以口舌謀，女后死。

占客星

卜偃曰：赤白黑氣入卷舌，女主以口舌死，天下大赦。

唐·李鳳《天文要録》卷四一《石氏内宫占》　卌九、五車

主五車，五常車舍也。主軫車，五帝坐也。主天子五兵，主五穀。《東晉紀》曰：五車主五藏，主五紀，天子内庭也。魏石申曰：五車五星、三柱十四星在畢東北，五車主穀豐耗，知敗傷也。凡五車中有三柱，柱各有名。一名旗，一名柱，一名三泉。晉陳卓曰：三淵者，謂五車柱也。《黄帝》曰：五車主五龍首，主萬物議初門也，一名重華，一名減池。殷巫咸曰：五車，西北大星謂天庫，主太白，主秦分野，其神謂令尉。東北星謂獄，主辰星，主燕趙分野，其神謂風伯。東星謂天倉，主歲星，主衛魯分野，其神謂雨。東南星謂司空，主填星，主楚分野，其神謂雷公。西南星謂卿星，主熒惑，主魏分野，其神謂豐隆。皆五星有變，以其所主占之也。齊甘公曰：五車及三柱，天子之大澤，主水官也，主五亭之門也。《勑鳳符表》曰：五車主五味，主天子養庫也，主萬物牙生門也，陰陽進退道也。故金車星主萬物，動揺明則兵用，候庚寅日。水車星主船、六畜，色微明，動揺則水用，候壬寅日。木車星主才木田宅、蘆薪葵萑，色微，動揺則木用，候甲寅日。(丈)〔火〕車星主桑繒帛皮革，色赤，動揺則火用，候丙寅日。土車星主土功五穀，色赤黄，有柱動揺，土用，候戊寅日。《五靈紀》曰：五車指逆，七運八變，天下不和。五星臍對，君臣失位。紫辨曰：五車七夕六運，交鬲奄亭，天下有逆女，國亂狂，妖言並起也。

占五車

石申曰：五車星欲均明，闊夾有常。若五車明大繁衆，兵革大起。天庫星中河而見，天下有積死，人不可渡河，河不通，有伏軍。倉星不見，其刑所臨之軍必有絶食天窮而亡。

甘德曰：五車金車、木車不見，三公有謀事，殺大將軍，宫中有呑血者。

《巫咸》曰：水車、土車不見，天下大亂，多土功，水災並起。

《三靈紀》曰：五車辰星不見，經七十日，東方大旱，北方有水，山崩，五穀不登。

紫辨曰：五車皆不見，期百六十日，周武王死，五喪車，五兵並連，九州大亂，諸侯國亡。

占三柱

《易緯》曰：天子得靈臺之禮，則五車三柱均明。《春秋緯》曰：五車中三柱不具，兵革起。

郗萌曰：天旗不見，天下大風發，屋折木。

《黄帝》曰：五車三柱動揺，車騎發，不出三旬。

漢亭曰：五車休動，四夷畔。

公連曰：五車一柱出，若不見，兵少半出；二柱出，若不見，兵大半出；三柱盡出，若不見，兵盡出。柱出者，出五車外也。

石申曰：五車柱外出一月，穀貴三倍，期一歲；出二月，穀貴九倍，期二歲；出三月，穀貴九倍，期三歲。柱外出，不居兩星之間，天下大水，棺大貴。柱外出不爲天庫相近，軍出，穀貴，轉穀千里。柱倉立者出北，車轉士千里。柱倒立，戰車行。休出庫者，兵甲輕車若騎出。休出倉者，大車出，婦女輓糧。休所指者，車從之。

郗萌曰：休抵五車大星，兵起，天下先起兵勝。

卑竈曰：五車色亭薄，不明，大臣呑天下政，不出三年。

梓愼曰：五車及桎夕亭奄暗，天下有誅，臣謀其主。
韓楊曰：五車水車不見，百九十日，其分野多水，五穀傷。
長武曰：五車柱登夕不見，女后任胎壞，通外臣，不出半周。
占月行
《東晉紀》曰：月入五車天庫，大臣兵起，道絶，關門不通。
《黄帝》曰：月入呑金車，大將軍誅，其天子坐亭車折輿，期二年。
郗萌曰：月蝕木星，其歲多温病，貴人死。若月暈五車，其分野女后惡之。
石申曰：月暈五車，圍一星，赦小罪；圍二星、三四星，赦中罪；圍五星，赦死罪。
紫辨曰：月暈五車，不及獄星，鬲留不見，天下有變謀，内亂不止。
《海中》曰：月暈五車二重，其國有賢臣，出德令。以正月、四月、十月暈五車，陰雨多水，期五十日。以十一、十二月暈五車，五穀貴。
公連曰：月以十一月及昴、畢、參、伐，其星皆入暈中，有大放；其星不盡入，皆有小放。
《河圖》曰：月行天淵中，臣踰主。若犯之，貴人多死。
《勑鳳紀》曰：月暈五車三重，不出七年，前漢孝武帝登位。
《九州分野星圖》曰：月蝕令星，兵庫天火燒亡。
《定象紀》曰：月犯陵五車木星，太子有喪。
卑竈曰：月入亭水星，諸侯有逆事。
梓愼曰：月行五車中犯柱，天子失勢，女主管政。
陳卓曰：月暈五車，一夕五運，小人讒大臣。
錢樂曰：五車暈，天下陰雨，三兵並連，五穀不收。
唐昧曰：五車暈二重，太子有病，民飢亡。
占五星
《勑鳳符表》曰：五星守留五車，天下兵盡連，諸侯多死。
《荆州紀》曰：五星入五車，其分野兵起，熒惑、太白尤甚。
石申曰：五星犯五車，其分野大旱，有喪。若犯庫星，北方兵起。若犯西方、犯倉星，五穀貴，有水木。
紫辨曰：五星羸五車及留守，天下且無君，百姓分離無歸所，期五年。
郗萌曰：五星鬲留五車中，女后死，天下有太會事。
占歲星
《東晉紀》曰：歲星犯留五車，經卅日，智臣失位，内亂不止，〔期〕百九十日。
石申曰：歲星入呑五車金星，父子不和，君臣相誅。
《孝經秘》曰：歲星冠入五車，王義絶亂家。
《三靈紀》曰：歲星犯乘五車及入天庫，以飢兵暴起。
卑竈曰：歲星呑金星，大將軍呑血，期二年。
梓愼曰：歲星守鬲水星，諸侯有罪爲坐，大臣流千里。
《海中》曰：歲星（犯夕）〔夕犯〕五車水星，其國有旱災，秋多水，傷穀。
占熒惑
《黄帝》曰：熒惑入五車火星，天下大旱，赤地千里，草不生，枯死。
郗萌曰：熒惑犯守五車木星，其國中謀起。先舉兵勝，後負。大將爲病，有赦。
《三靈紀》曰：熒惑入守犯天倉，天下粟大貴，三公有奇令出。
《黄帝》曰：熒惑入五車中，犯乘守天庫星，民飢，以食兵起，期八十日。
玄龍曰：熒惑出入五車，貴人溺死，女子多以印逆死。
郗萌曰：熒惑出五車東西，留廿日以上，卿死之。去復還，其國君死。
公連曰：熒惑至五車，留不行五十日，以水爲兵戰，流民多死。
應邵曰：熒惑居舍五車，兵在外者有功益地。若舍五車西南，萬民多死。
《東晉紀》曰：熒惑守（穀）〔五〕車，五穀大貴，人相食，必易王，天下以車之名爲官者大敗。守廿日，其國有喪怪。
郗萌曰：熒惑入天淵中，大旱山燋。
《河圖表紀》曰：熒惑暈五車，天下有憙事，大赦獄空。
《春秋緯》曰：熒惑蝕天倉登迴，天子有喪，並太子薨，期一年。
卜偃曰：熒惑犯表水星，留經五十日，天火下燒其君宫殿，期半周。
占填星
《黄帝》曰：填星守留天倉，其國女主以狂病死。
石申曰：填星舍居五車西北，天下安寧，舍居東南，萬民多病，無死者。
郗萌曰：填星入天庫，以喪起兵，期二年。
公連曰：填星舍五車中央，大旱多蟲。
玄龍曰：填星舍居五車東北，六畜繁息，繒帛大賤，天下多凶。舍居東南，

高田下田不收，萬民多疾。舍居西南，布棺槨，並貴。

陳卓曰：填星犯留天庫，經七十日，天下大亂，貴人多走亡。

卜偃曰：填星運留天倉，女主有逆心，謀其天子。

《巫咸》曰：填星守陵金星，民失家亡。

《甘氏》曰：填星犯暈五車，母子相諍，太子謀，大將誅。

《黄帝》曰：填星夕呑天倉，無(毛)〔謀〕臣管政，讒臣爲退。

錢樂曰：填星逆行五車失度，大臣謀天子，與外臣同詣相誅。

占太白

《東晉紀》曰：太白入鬲五車，諸使失位。

《黄帝》曰：太白入五車中，中犯乘守天庫星，兵起兑坎方。

郗萌曰：太白入五車，兵大起百萬以上人，其國内侵流血。

公連曰：太白入五車，留不去，其分野金玉貴。

《黄帝》曰：太白乘守天庫，四夷兵，必有死王。

《九州紀》曰：太白守鬲天倉，中國兵所向無不服。有自來王將其民(人)〔入〕中國，國家有大憙。

《東晉紀》曰：太白經五車，四倄起，三公相戰。

郗萌曰：太白犯五車，有大兵，不出九十日。

玄龍曰：太白舍居五車西北，多死人，馬牛多疾病，在酒泉、(數)〔敦〕煌、朔方。舍東北，五穀大貴，萬民逃亡，縣邑空，期三年。

《五靈紀》曰：太白守五車，四夷人相食，有大兵，流血，諸侯失勢。

《定象紀》曰：太白守登五車，經七十日，其分野兄弟相殺，期三年。

《河圖表紀》曰：太白呑木星，天子誅其妻，以妾讒言，期三年。

《海中》曰：太白出入五車中，朝廷有暴兵，諫臣大起。

《荆州》曰：太白蝕水星，宫中口舌起誅。

卜偃曰：太白暈五車中，天子有喪，期半周。

占辰星

《黄帝》曰：辰星入五車，則五兵來相戰。若乘守犯天庫，以水潦起兵。

石申曰：辰星入亭天倉中，太子有憂。

《甘氏》曰：辰星守留天庫，經八十日，大將軍相戰死。

《巫咸》曰：辰星犯五車木星，留不下，經九十日，秦軍大勝，周軍負，失地將亡。

公連曰：辰星蝕登五車水星，父子相誅，奴殺其君。

占彗孛

《九州紀》曰：赤大光長五丈，彗星貫五車廿日，不出二年，李太子以發强戰死，大將呑血，民死如亂麻。

《黄帝》曰：彗孛星犯貫天庫旁，其分野民飢亡，大旱，地動，期二年。

《春秋緯》曰：彗星出五車，五穀霜，兵起，主賣位天下，賢名起。

《巫咸》曰：彗星長二丈，入五車中，暴兵來，内侵百姓，田農亂燒，火兵連起。

占客星

《黄帝》曰：客星入五車，所守車五穀貴，三公飢。

郗萌曰：客星入五車，糴倍賈，人相食，大水，溝瀆溢。

公連曰：赤星入天庫，兵起，内亂不息，期三年。

石申曰：客星入五車，其分野兵來入國。若出客星，大將以兵大戰。其色蒼黑，多死者。赤，兵車騎滿路。白，天子使諸侯以車馬戒。黄，君有憙，大赦。

《定象紀》曰：客星守五車，諸侯有兵革，起殺臣。

《黄帝》曰：常以戊戌日視五車中有奇怪星，或如旬始之狀見者，則兵起，戰當其首破死。旬始狀見妖星占。

班固曰：客星守三淵，天下大水，地動，海魚出。

郗萌曰：客星守五車，休左者軍大發守，休右留十日，天下有大喪，大赦。

《勑鳳符表》曰：五車中有客星者，民人大擾。近金車，兵大動；近水車，流水傷人；近木車，棺木大貴，死人不葬；近土車，民人流亡千里；近火車，天下大旱，赤地千里。

占流星

《黄帝》曰：流星入留五車，天下喪，車大出。以甲子日中，粟車貴；丙午日中，麥車貴；戊寅日中，豆車貴；庚申日中，蕡車貴；壬戌日中，黍車貴。皆期二旬以上。

郗萌曰：流星以子、午、申、寅、戌日及破戌日入五車中，五星各爲其所主，穀貴。子日，期三旬；午、申日，期二旬；寅、戌、破戌日期一旬。

《巫咸》曰：大流星出天洲中。色蒼黑，所之邑大水；赤黄，大旱。

《甘氏》曰：飛星入天庫中，天下有逆臣謀其女主。

石申曰：飛星犯五車，天子有喪，大臣流外國。

占客氣

《黄帝》曰：蒼白黑氣入五車中，有喪；出五車，則其禍(險)〔除〕。赤氣入五車内，兵起。赤波者，庫兵燒。赤氣出五車，兵出戰，流血。五色氣迴旋五車，天下有智臣，有德令。

《東晉紀》曰：白赤黄氣如雲狀運五車，二夕一運，其國有客軍相誅，大臣子大戰勝，益地，譖兵器，期百九十日。

四〇、天關

主天關，天門也，日月之所行也，主邊事，主關閉。魏石申曰：天關一星，在五車南，參左足北。天關一星，道乘也。齊甘氏曰：天關者天之關門也，七光之進退道也，一名關光，一名關道。殷巫咸曰：天關一星，主三公之位四孟年失位。經三辰，天下五穀盡枯死，主大臣之正理定門也。

占天關

石申曰：天關芒角，其國有兵氣，先舉兵勝，後負，吞血。

司馬遷曰：黑帝行德，天關爲之動。

《黄帝》曰：天(開)〔關〕明光動摇，君臣之心同。微細不視，天下大亂。

公連曰：天關位不居避，與五星合乘，大將被甲，國門閉，道路橋不通，期三年。

紫辨曰：天關星色明，光如熒惑，天子之妾有姦心，與諸侯私通。

卜偃曰：天關失位，太子有病，大赦。

卑竈曰：天關不明，微細亡奄，經二旬，外國大臣有死，諸侯使來。

梓慎曰：天關星不見一年，大國失地千里，民走亡。

占月行

《東晉紀》曰：月犯天關，天子失道，小人讒發，其分野多盜賊。

郗萌曰：月不出其中行者，必一國之主不朝者。一曰，有言不道者。五星不出其中，臣有不道者。日月五星行不從，天關不出，其年有兵。

玄龍曰：月一歲三暈，天關，其年大赦，空獄。

石申曰：月蝕天關，五穀不生，天下大旱，女主有喪。

紫辨曰：月暈吞天關，天子妻通外臣，有賊心。

占五星

郗萌曰：五星有守天關者，貴人多死。

《三靈紀》曰：五星亭流天關，天下兵盡起。

石申曰：歲星、熒惑守天關，臣謀其主，多水，民飢，有自賣者。

《河圖表紀》曰：歲星、辰星守犯避運天關，大臣有兵，三公相誅。

《荆州》曰：熒惑、太白守留天關，兵起，關梁不通。

《黄帝》曰：填星、太白守留天關，經八十日，大國軍亡敗。

《定象紀》曰：太白歲星登避天關，天下諸侯謀其主。

郗萌曰：熒惑、太白相從守天關，經六十日，天下大赦。

占歲星

《黄帝》曰：歲星犯鬲天關，侯臣失位，流千里。

石申曰：歲星與太白星離而登避天關，女主與大將相謀，其事不成，誅大將軍。

《甘氏》曰：歲星留天關北，夷來相戰。

《巫咸》曰：歲星逆行守天關，五臣同心謀其天子.

占熒惑

《東晉紀》曰：熒惑出入留乘天關，其君有逆心，吞大臣。

郗萌曰：熒惑出入天關左右，必有置立關之事，有逆兵。

石申曰：熒惑守留天關，一國有兩君，車騎暴行，期半周。

《甘氏》曰：熒惑蝕天關，大將軍誅其主。

《巫咸》曰：熒惑犯吞天關，奴謀其主。

《勑鳳紀》曰：熒惑守鬲天關，外臣與近臣相謀。

占填星

郗萌曰：填星守天關，王者壅弊，信不(違)〔達〕。

《黄帝》曰：填星入鬲天關，女后有喪。

石申曰：填星犯蝕天關，君臣有喪，民人哭泣不息。

《巫咸》曰：填星留亭天關，天下大旱，五穀不登。

《甘氏》曰：填星吞天關，小人謀女主。

《三靈紀》曰：填星色薄，鬲天關，女主有兩心。

占太白

《黄帝》曰：太白吞天關，諸侯將失勢，絶道，軍亡敗。
郗萌曰：太白守天關，大臣爲變。
《荆州》曰：太白出入天關，萬民多飢死。
石申曰：太白留守天關，天子妾死。
《甘氏》曰：太白守蝕天關，經五十日，三臣爲變，吞血。
《巫咸》曰：太白芒角，天關留，大將軍登位。

占辰星

《東晉紀》曰：辰星鬲留天關，天下多水，道路不通。明年，女主有喪。
石申曰：辰星逆行守天關，女主有喪。

占彗星

《敇鳳紀》曰：蒼彗星如氣狀，長二丈，迴天關，留三日，天子坐床，有兵，吞血，期七日。
石申曰：彗星入守天關，大旱，五穀傷。

占客星

《黄帝》曰：客星如天關色狀，守留六十日，其分野有暴兵，上下相戰流血，宫中大驚，天子失位。
郗萌曰：客星入天關，諸侯不通，民多相攻，且有兵起。子伐父，弟攻兄，民人多疾。
《甘氏》曰：客星入天關，天下有急兵來及，關市不通，道中多盜賊。
《巫咸》曰：客星守天關，大臣出入失節，作奸謀。
《甘氏》曰：客星犯天關，下賤陵上，其殿旁有伏兵。

占流星

《東晉紀》曰：流星停天關，大臣有喪。
石申曰：流星出天關，急兵國來。
《甘氏》曰：飛星入天關，三公有喪，期百九十日。

四一、南河北河

主南河、北河，陽紀、陰紀門也。《東晉紀》曰：南河主陽理，北河主陰理。《敇鳳符表》曰：南紀、北紀六星，主六紀，陰陽之交入門也。魏石申曰：南河、北河六星，夾東井。南河、北河，主知逆耶。南河裁也；北，北河，胡也。河謂之武也。一曰天高，天之闕門也，主關梁。南河一曰南戒，一曰南宫，一曰陽門，一曰越門，一曰權星，主火，火官也。北河一曰北戒，一曰北宫，一曰陰，一曰胡門，一曰衡星，主水，水官也。南戒之間，七光之常道也。黄帝《三靈紀》曰：南北戒，天門也。南河謂三陽之道，北河謂三陰之道。故南河一名南滅，一名陽天，一名紀陽；北河一名北咸，一名天關，一名北横。《定象紀》曰：南河、北河六星，主六陳之庭也，天之正理門也，萬物關初發門也。故三光失行，天下亡運，位占萬神象也。

占南河北河

《黄帝》曰：南河、北戒星不具者，道路不通，大水。若動摇，中國兵起。若權衡不正，則天下傾。
石申曰：南紀、北紀不見，南北兵起，大戰流血，天子縣絶亡。
《巫咸》曰：南河三星不見，經五十日，天子失位。
《甘氏》曰：北戒二星不見，經一旬，女后有喪，地動，冬多水。
公連曰：南北戒色鏡薄，不正，有大臣不和，其天子〔關〕。
紫辨曰：南北戒大小不正，民不勞其君，大將治率不明，哭職。
《河圖表紀》曰：南陽北陰，一年不視，天下大亂，民人走亡。
《西晉紀》曰：南門北門不見亡奄，經二旬，太子誅其大臣，期八十日。
《五靈紀》曰：北戒不見，天下有逆女，大水，傷穀。
《海中》曰：三光失節，南北門度登不入，天下内亂，下賤管政，直臣爲黜。

占月行

《黄帝》曰：月出天門中道，百姓安寧，其歲五穀熟，無三兵。
《五靈紀》曰：月入鬲南河、北河，女后有憂，期二年。
《河圖》曰：月乘天高，大將軍死，外臣有誅者。
石申曰：月出天門中道之南，其君惡之，大臣不順，令不行，民人遁逃。
《甘氏》曰：月行南戒中，四方兵起，有喪。若旱，百姓多病。
公連曰：月行南門之南，兵旱並起，男子有喪。
《巫咸》曰：月南入南戒間，民人多疾病，貴人多死。若月出天門道之北，胡主死，天下多水。
紫辨曰：月行北亭戒之門，冠帶國兵盡起，道不通。
方朔曰：月行北河之北，兵水並起，女子有喪。
郗萌曰：月暈天陽，不出六月，有大喪，民人多疾。

公連曰：月暈陽陰戒，有雲貫之暈，兵起，大戰，臣勝。

《海中》曰：月暈南北戒二重，三公有喪，諸侯國益地。

《荆州》曰：月行宿天門，暈三重，其氣清，關梁不通，有土功事。

《河圖表紀》曰：月犯南河，天下大旱，五穀枯。犯北河，天下多水，三臣有喪。

《三靈紀》曰：月暈陽門、陰門三重，夷狄内侵，大將失軍。

《東晉紀》曰：月暈南陽，有珥，女主有逆心，謀其天子。

《九州分野星圖》曰：月暈北門二重，大臣有喪，天下民大飢死。

《懸總紀》曰：月行南戒之間，百姓温病多起，大人多死。

《西晉紀》曰：月暈陰陽之戒四重，五穀熟，天下有賀慶事，太子登位。

占五星

《三靈紀》曰：五星奄亡南北戒，勞臣失位，大將軍殺其子。

郗萌曰：月五星經南戒之南，刑法後暴誅伐不當；經北戒之北，以女子金錢貪色奢後失治道，期三年。

石申曰：五星行南河戒中，四方兵起，流血，大將爲病。

《黄帝》曰：五星行南河戒中，留守，大旱有喪。

公連曰：五星出入留北河戒中，外臣兵起，絶道。

紫辨曰：五星出北河戒北乘，胡王死，有女喪。

郗萌曰：熒惑太白俱在帝闕中，則有大事，分國，民散亡。

卑竈曰：五星失度，守陰門陽門，諸侯有謀，天下兵起，道不通。

卜偃曰：五星入退南河，其分野有飢，兵並起。

梓慎曰：五星行留犯陵南河戒中，其國大旱，民人多疾。

占歲星

《黄帝》曰：歲星亡登南北戒留不行，九州有飢民，四方散亡。

郗萌曰：歲星守天高逆行，其君齋戒不謹，天下飢，兵喪不息。

《巫咸》曰：歲星陵薄陽，理不明，臣有兩心。

《甘氏》曰：歲星留登南陽、北門，其天子位災起，期半周。

公連曰：歲星守留南陽、北陰，五穀貴，天下大赦。

占熒惑

《黄帝》曰：熒惑入留南河，先舉兵有喜，後舉兵有憂，失地。

郗萌曰：熒惑入天高，先軍起後有赦。守南河，天下困悲，兵起，吞血。

公連曰：熒惑舍居南北戒，諸侯之國不通，天下諸川皆溢，中隔不通。

石申曰：熒惑守天闕門，主絶祀，有喪事。

郗萌曰：熒惑逆行天高中，必有破軍，死將，亡國去王。

《黄帝》曰：熒惑舍南河戒，其國有男喪，民飢。

《荆州》曰：熒惑中犯乘守南戒，天下兵盡起，穀不登。

公連曰：熒惑守南河戒，女主有憂，旱，多火災。

《巫咸》曰：熒惑守南河之西星，木菓不實，其分野有飢兵。

紫辨曰：熒惑蝕登南河戒之東星，天下州戰。

《荆州》曰：熒惑入北河戒，大臣有盜賊者。若入北河，戒經六十日，大臣有喪兵。

《黄帝》曰：熒惑入舍北河戒，天下有覆獄，移繫大臣誅，有女主喪。

《甘氏》曰：熒惑留鬲守北河戒，不出百日，兵盡起，大國女后有喪，民人相食，多水，五穀無實。

郗萌曰：熒惑守輿鬼，逆行失度；守北河，有女子喪。若環守北河戒，胡王死，邊境將帥有不請於上而伐夷狄之君者，大勝。

方朔曰：熒惑變周陽理、陰理，天下飢，天子失道理，好淫泆。

卑竈曰：熒惑吞蝕北河，女后有死，宫中有火災。

卜偃曰：熒惑入鬲南河，諸侯亡國。

韓楊曰：熒惑進退入鬲南河、北河，小臣謀其主，期百廿日。

錢樂曰：熒惑失度，北河留經卅日，大臣誑其君。

占填星

《黄帝》曰：填星守亭南門、北門，小臣讒其國。

石申曰：填星犯守南北戒，大將軍逐誅天子。

《甘氏》曰：填星乘留北河戒，女主有逆心，誅大臣。

《巫咸》曰：填星蝕南河戒，諸侯失位，三臣流千里。

郗萌曰：填星守南河戒，賜爵禄，不出六十日，大赦。五穀無實，宫女多飢，賣衣服。

公連曰：填星暈南河、北河，天子有喜，五穀豐。

占太白

《黄帝》曰：太白以四月從東方來入天高，經卅日，民受賜。留五十日，兵起宫中，大戰流血。

郗萌曰：太白入天高成鈎已，天下有憂，於海流亡有將軍。若太白守南河戒中，天下兵盡起，不出百日。若留陽門中，大旱，九州戰，有奸謀。

公連曰：太白舍居北河戒，經三旬，有女喪，中國兵所向者，大勝。

石申曰：太白留亭北河戒，經三旬，必有蕃國王來。若經六十日，留四戒，來内亂。若守陰門留，天下兵起，大將軍與諸侯相攻擊，道不通。

《甘氏》曰：太白犯留，色變北河南河，四夷來，失地，五穀傷。

《巫咸》(白)〔曰〕：太白登逈南門，賊臣有傍。

公連曰：太白守北河戒，有内謀，四夷相伐。

紫辨曰：太白留犯南河、北河，天子宫有暴，臣誅其君。

《東晉紀》曰：太白入逈南河，經七十日，大臣失家人。

《勑鳳符表》曰：太白芒角，色天光，入守南河、北河戒，天子有勢兵，大臣弱，先舉大勝。

《三靈紀》曰：太白變對天高，天下民人逃亡，關閉不通。

占辰星

郗萌曰：辰星舍居入天高中，有奇令。

石申曰：辰星舍乘南北河戒，小人讃其君。

《巫咸》曰：辰星亭薄南陽北陰，留經五十日，天子不聽其諫臣言。

挺生曰：辰星呑登陽門，經七十日，其天子失妾，大臣誅，期百六十日。

萇弘曰：辰星暈南北戒，賊臣誅其君，天下大亂。

占彗星

郗萌曰：彗星出天高，廟臣及名侯王起，改號聲。

《黄帝》曰：彗孛星貫南北戒之門，留廿日，其分野誖上下爲變，民飢。

石申曰：彗星長一丈貫北河，天下有逆女管筆，期二年。

占客星

《黄帝》曰：客星守北河戒，多水，女后有喪，胡兵暴來。

郗萌曰：客星入天官，有火憂。若入天高，經十日，成鈎已，有贖罪之令，期六十日。若見南北河戒間，奸人有宫中。若從天高陰出，有兵，走主。從陽入，有軍敗，客兵急入來。若行南河戒中守，大旱。若入北河戒，兵喪並起，臣賊其君，大臣相誅。

石申曰：客星出天關門，天下兵起不戰，道難不通。若出南河戒，有男喪；(人)〔入〕南河戒，有變内亂。

《荆州》曰：客星守南河戒，民多温病乳死。

公連曰：赤使星守北河戒，暴兵入宫中，天子呑血，期七日。

《甘氏》曰：奇星入南河戒，宫中有自死者，期半月。

《巫咸》曰：客星色赤大光，守犯南北戒之間，留一旬，天子有急病，大赦。

紫辨曰：客星舍居北門，大將失兵，大驚。

占流星

《黄帝》曰：流星絶兩河戒間，天下有大難，道隔，諸侯失國。

石申曰：飛星入北河戒，四方兵起，三公爲將相戰。

《甘氏》曰：流星出南河北河戒之間，暴兵出，大戰流血，關破，期三年。

《巫咸》曰：流星入北河戒之間，宫中有女自死者，期一旬。

占客氣

《黄帝》曰：赤白氣貫交南門、北門，天子出入失時。

郗萌曰：蒼赤白氣入南北河戒間中，兵大起，道不通；出河戒間，其禍除。若赤氣出河戒中，天子用兵向諸侯。若黄白氣入河戒間，隨河行有德令，逆河行，有客來和親者。

《東晉紀》曰：白黑氣運亭南北河戒，天下且相誅，民走亡。

四二、五諸侯

主五諸侯，天子之剌與，主戒不虞爲帝心也。一曰帝師，二曰帝友，三曰三公，四曰博士，五曰大史。東端一星齊也，西端一星秦也，其餘星皆爲諸國。故明大潤澤者吉，微細不明者凶。《東晉紀》曰：五諸侯，主剌外咎也；陰陽之理察得失，皆諸侯之職也；主五大夫之象也；主五絶之首也。魏石申曰：五諸侯五星在東井，近北河，主議疑。此五星者，爲帝定疑。南三星謂天獵，主盛德也，爲土官也。北二星謂天附，主兵候也，爲金官也。晉公連曰：五諸侯失位，逆亭逈，春一亭，夏二亭，秋三亭，冬四亭，天下大誖，君臣失勢，百姓飢，四方散亡。故占萬品，五諸侯也。

占五諸侯

石申曰：五諸侯明大光而潤澤，大小齊同者，天下豐吉，三公諸侯忠良，王

行大興，九州皆昌，其分野無盜賊。

《易緯禮觀書》曰：五禮脩備則五諸侯星正行光明，不相陵侵五木。五木應以大豊，天下大治，養不息。

郗萌曰：五諸侯微細者天下大凶，君臣及百姓不和，萬物不成。若不見者，天下貴人有謀其主者，不出三年。

《元命苞》曰：五諸侯生角，其國禍在中央。若五諸侯流四去，外故傷，天子避宫，公奔逃。

《東晉紀》曰：五諸侯三里不見，大臣譏其君行，不聽。

紫辨曰：五諸侯失位逆運，避三辰不見，諂臣執政，讒臣爲黜。

公連曰：五諸侯上二星亡奄不見，小人天子謀貶，期二年。

《巫咸》曰：五諸侯指逆一星不見，其國賊臣死，期八十日。

占月行

石申曰：月犯五諸侯，諸侯誅。

《黄帝》曰：月吞五諸侯三星，女主以印逆自死，期八十日。

《巫咸》曰：月蝕諸侯二星，太子有喪，女主並爲葬。

《甘氏》曰：月犯入五諸侯，大臣謀其大將軍，諍位。

占五星

石申曰：月五星中犯乘守五諸侯，諸侯以兵戰死，期三年。

《甘氏》曰：五星守犯鬲五諸侯，其國邑有女亂，臣奪主，令不行。

《巫咸》曰：歲星、熒惑、太白吞蝕犯諸侯，三大夫謀讀其天子，以毒酒爲樂。

公連曰：辰星、填星守留五諸侯，天子社稷不謹，民飢，五穀不成，小人奪主令。

占熒惑

《黄帝》曰：熒惑犯陵守諸侯，君不忠，臣作奸。

《文燿》曰：天子軟弱憒愚，則熒惑守五諸侯。

郗萌曰：熒惑守諸侯，諸侯有奪地斬死者。

公連曰：熒惑入留諸侯，大臣奪君令，失位。

石申曰：熒惑犯留諸侯，其國太子國破失兵。

《甘氏》曰：熒惑暈五諸侯，三公失位，帝亡勢。

《巫咸》曰：熒惑蝕五諸侯，女后有喪，民走亡。

占太白

《黄帝》曰：太白守諸侯，經廿日，天子之三太子亡，期二年。

石申曰：太白犯蝕諸侯三，兵相戰而大將死。

《文燿》曰：太白守諸侯，四猾起兵，官誟，貴人多死。

《甘氏》曰：太白吞五諸侯二星，天下大戰，失地，期二年。

占辰星

《東晉紀》曰：太白蝕吞五諸侯，經五十日，四夷來相攻擊，失地。秋多水，道不通。

石申曰：辰星犯五諸侯上一星，女后自死，太子以兵戰吞血，民人多死。

占彗星

《東晉紀》曰：彗星長五六尺，貫五諸侯，賊臣内宫中相攻擊，流血，失宫。

石申曰：白彗星入五諸侯下星，留廿日，不出二年，大水傷國，五穀不登。

占客星

《春秋緯》曰：辟之失樞，旬始出於五諸侯，天下有大災，萬物不成。

郗萌曰：客星守五諸侯，天下親屬失位，大水，五穀傷，民多死於道旁者，爲秦分野之災也。

《荆州》曰：客星守留諸侯，其分野亡地，諸侯有憂，秦之分野受重殃。

公連曰：奇星守諸侯，天下有喪。

紫辨曰：使星守諸侯，天下大誟，三公走亡。

卑竈曰：客星守五諸侯，女主以淫泆失國，寶珍物，期百九十日。

占客氣

《東晉紀》曰：赤黑白氣運亭五諸侯，宫中且有驚，天子出入不義。

《黄帝》曰：蒼白黄氣入交五諸侯，太子有疾，事以藥食爲災也。

四三、積水

主積水，水官也，候水災也，所以供給酒食之正也。

魏石申曰：積水一星在北河西北，一曰積薪。東北積水，主給酒旗也，一名積酒，一名供酒，主水滿官也，天下之主理水也。晉公連曰：積水，主天水也，主天漢也，故占兩水災於積水也。

占積水

《黃帝》曰：積水明大光經旬，天子有兩心，三公諍位，期二年。
石申曰：積水微細不明，運亡，天下滿水，道不通。
《巫咸》曰：積水不見，大臣有奸心。
《甘氏》曰：積水失位避鬲，大將有變誅。

占歲星

《東晉紀》曰：歲星守積水，女主坐床，有亂。
石申曰：歲星守亭積水，三臣走亡，期一旬。

占熒惑

《甘氏》曰：熒惑入積水，水兵起，大臣誅。若守，大水，國壞，五穀不登。
《東晉紀》曰：熒惑犯積水，有名山崩，地動。

占辰星

《東晉紀》曰：辰星守留積水，天下大旱，五穀半得。
石申曰：辰星吞積水，天子宮滿水，宮人不通。

占客星

《東晉紀》曰：客星守積水，客水滿國，傷道橋，期三月。
石申曰：奇星出積水，太子有病。

占流星

《東晉紀》曰：流星入積水，貴人於河入死。若出積水，諸侯橋破道絶，軍大敗。

四四、積薪

主積薪，供苞厨之正也，主亭樓之養也。魏石申曰：積薪一星在積水東南，主給苞。一名積信，一名苞鏡。晉公連曰：積薪一星，主公跡也，天子之表厨也。

占積薪

石薪曰：積薪星明大，則人君增庖厨；微細，吉。
《黃帝》曰：積薪星不見經歲，君臣與有奸心，百姓逃亡。
《甘氏》曰：積薪星亡奄逆失位，太子坐床，有喪。
《東晉紀》曰：歲星守積薪，天下有逆，人相詩。
《甘氏》曰：熒惑入積薪，大旱，兵起。若守庖官，以火爲憂。
《巫咸》曰：熒惑犯積薪，江河易道，有大火災事。
公連曰：熒惑留鬲積薪，天下亂，多死道中，多哭兒。

占填星

《東晉紀》曰：填星守犯積薪，其國民貪，兵弱。
《勑鳳紀》曰：填星守積薪，諸侯有喪。

占客星

《東晉紀》曰：客星入出積薪，客軍暴來，大將相攻擊。

占飛星

《東晉紀》曰：飛星入積薪，天子有病，天下大赦。

四五、水位

主水位，水衡衡平也，平猶滿也。魏石申曰：水位四星在東井東南，北列水位寫溢流，一名水成，一名水昌。晉公連曰：水位四星，主變逆伺，主水官也。

占水位

《東晉紀》曰：水位二星亡奄不見，女主於定作奸淫亂。
石申曰：水位不見，天子淫泆興，上下相亂，期三年。

占歲星

郗萌曰：歲星犯水位，多水；出其陽，大旱。
《東晉紀》曰：歲星守水位，女子多死，五木貴。

占熒惑

韓楊曰：熒惑守水位，下田不治。
《東晉紀》曰：熒惑守留水位，經八十日，天下大旱，穀枯，民飢。

占辰星

《東晉紀》曰：辰星守鬲水位二星，臣背其君，期百廿日。

占客星

《荆州》曰：客星守水位，百川溢流，大人入河死。
石申曰：客星犯乘水位，經一旬，客船沈溺，死，期半周。
《巫咸》曰：奇星入水位，大將軍之家謀奸。

占流星

《東晉〔紀〕》曰：流星入水位右旁，讒人多起。
石申曰：流星出水位，有河死者。

占飛星

《甘氏占》曰：飛星入水位，客水多，期百廿日。

唐·李鳳《天文要録》卷四三《石氏内宮占》 五十五、三台

主三台，六陽之門也，主萬物之精也，主聖智之開庭也，主逆謀候衛也。魏石申曰：三台六星，兩兩面居，起文昌，列大微。三台者，三公之位也，其星齊明，德洋溢。齊甘德曰：三善六星，主天下成敗之象也，主萬理之道也，文武之庭也。春登表名曰上奇，主天子過誤也。夏迴旋名曰中奇，主后妃姦淫也。秋陵臺名曰下奇，主大臣之賊違也。冬迴亭名曰三柱，主諸侯視咎也。殷巫咸曰：三奇者，主六絶也，主天下之正理府也。《春秋元命苞》曰：三台主明德，宣將也。西奇文信二星謂上能，爲司命，主壽。次二星謂中能，爲司中，主宗室。震方二星謂下能，爲司禄，主兵武，所以照德塞違也。《禮緯》曰：三台爲天階，太一躡以上。一曰泰階，一名天柱。《黄帝》曰：泰階，天之三階也。上階上星爲女后；中階上星爲諸侯、三公，下星爲卿、大夫；下階上星爲士，下星爲庶民。所以和陰陽而理萬物也。《論讖》曰：上階上星主(死)〔司〕像，下星主荆州；中階上星主梁、雍，下星主冀州；下階上星主青州，下星主徐州。紫辨曰：三能，其象體耀光而經三旬已上，天下君臣和，陰陽調安，五表順度，藝令正理，萬姓豐，從節昌，天下無賊盗，五穀熟。神公曰：三階，主三光之度也，六紀始門也，主六律之象也。旱名曰：三逆雨名曰德水，風名曰六象，飢名曰死門，病名曰三變，兵名曰發武。上奇左一星爲大將，中奇右一星爲鼓，下奇左一星爲旗。武士將軍視三奇吞天下食。晉公連曰：天子行暴，强刑罰，不正理，臣行不忠明，三能爲奄，表指逆亡位率運向退亡退觀亭。鄭卑竈曰：春不明，夏不運，秋不收，冬不居。天下國法占於三善，定决君臣之理，違天星雖多，聚必知視三臺之象也。《東晉紀》曰：三台於四時不齊運旋，三陽不平，三陰亡位，二儀無勢度，其分野三災並連。《九州分野星圖》曰：三台主三州分野，主天心。上階爲酒官，中階爲上官，下階爲食官，主機藏也。故三善不視，萬精滅亡。魯梓慎曰：三平之名曰戚比蜜，三傾之名曰奢流闊。秦爲强，損爲弱。强爲上，弱爲下。在上爲奢，在下爲闊。準之以全度，平之玉衡金度，玉衡缺而爲盟。金度長二尺二寸，玉衡長尺二分，廣五分半，卅二度。常以春三旦之夕，泰階北中之時，上觀三階光而不大，芒而無豔，淳淳而温，其色黄明，是謂吉昌。郭而落落者旱，清而芒者水，掩掩不明、若雲蔽之者，疫也。三階有此占者，一夕爲中歲，二夕爲下歲，三夕爲無歲也。

常以秋三旦尤晨，泰階中之時上觀，三階變見則人主所行過誤，中階變見則諸侯、公、卿、大夫驕淫不軌，下階變見則士、庶民背農向末。陳卓曰：三階大間中十六度爲平過，爲奢咸，爲損。小間中大半度爲平過，爲奢滅，爲闊也。黄吉昌，白喪，赤兵，青病。紫辨曰：三能，春五運已上爲二歲，二夕已上爲半歲；夏四運已上爲三歲，五夕已上爲二歲也。黄帝《三靈紀》曰：泰階，三瑞、四應、六符、十二辰以調陰陽，和四時、平十二節、正廿四氣。上永天地，下理人倫謂之經。伏羲以來至於黄帝，未有書文，故無紀記。黄帝起之，乃成泰階之經於五帝。帝舜乃命南史占，傳之於世，曰至三王統乘。成康至漢元年，世世相繼，故有德者爲大大平平之主，載之於經，各有年數。無德者爲不不平平之主，不可勝記也。三階平則陰陽和，風雨時，景星見，黄龍下，甘露降，醴泉出，鳳皇翔庭，麒麟在郊；朱草榮，嘉禾茂，歲殖大登，五穀豐，人民息，萬物殖。足以祉福神祇，感蒙其宜，天下平安，是謂太平也。

占三台

《勑鳳符表》曰：三奇不齊運鬲，天子亡位，期二百日。

甘德曰：三台微細不明，則大臣不和其君而治衰。

《黄帝》曰：三台不亭，薄如常色，夕表天子有訛。

《荆州》曰：三奇一星去，天下危；二星去，天下亂；三星去，天下不法。

《巫咸》曰：三能皆不見，天子有過，奸臣謀，不出三年。

石申曰：三階不見經旬，賊臣誅其君。司命一星三位，春不得耕；司中不見，夏不得耨；司禄不見，秋不得獲。

公連曰：三能星上奇色蒼爲疾，中奇色赤爲謀兵，下奇色黄潤澤爲謀德，其色黑白爲喪憂。

郗萌曰：三善色赤黄，萬民奪壯，所爲數利。

《河圖》曰：三奇色黄潤澤有光，萬民安息。

《黄帝》曰：三台其色赤白，天子剛猛好兵，滅諸侯殺嗣，百姓不罪刑誅，横兵起，讒臣、耶臣起，天下内亂不息，尊賤不肆，五穀不收。

卑竈曰：三台色白赤黑不齊，四夷狄侵邊境，内動，不臣作奸，三公、諸侯謀其天子，不出五年。

《海中》曰：三善上階不見，指逆動摇，太子有謀。

玄龍曰：中階不見經旬，天子妻有奸淫，誅其君，不出三年。

方朔曰：三台下階不見，三公私殺，天子之妾見血，期九十日。

紫辨曰：三台向退不直，則天下失計。

應邵曰：三階亡位經歲，天下國競臣起，陽九之德失五表，穀貴，逆變起，誅其君。

《甘氏》曰：三台疏相拒者，諸侯爲亂。司中行䌛若合，有大赦。司禄行者，王者有憂。

《三靈紀》曰：三階不平則陰陽不和，風雨不節，百鬼不享，災異並生，百姓不寧。

《懸總紀》曰：三階不明，奄暗不見，經百九十日，九州有兵起，諸侯國亡，三公殺，不出二年。

《東晉紀》曰：上中下階指逆去位，經五辰，宫中積尸流血，女主與臣争國，不出七年。

卜偃曰：三階運轉不如常，指震、指離、指兑，各方强兵入國，天子爲將大戰，失地千里，車騎道中多折，率士飢死。

占月行

班固曰：三台秋分不見，女主有喪，不出三年。

梓慎曰：三台動摇不正經旬，天子之宫大驚，大兵起，期八十日。

《東晉紀》曰：月貫中台，女主以印發死，奸謀於宫中起，不出七年。

《三靈紀》曰：月犯下能，天下不和，君臣相争國，期二年。

石申曰：月吞下台，三公亡位，諸侯有喪，天子失地。

占歲星

石申曰：歲星犯守上台，改年易化，大尉死，天子有喪，不出一年。

《巫咸》曰：歲星舍居中台，司徒病，三公有憂。犯守下台，司空病，諸侯死。

甘德曰：歲星留陵上台經旬，忠臣不行其君命，作奸。

公連曰：歲星吞上台下星，天子失位，不出二年。

占熒惑

《東晉紀》曰：熒惑守上台經旬，智臣亡位，不出二年。

《黄帝》曰：熒惑犯守上台，宫中熒門燔，太尉病，期七十日。

石申曰：熒惑守留三能間者，天下有急兵。

韓楊曰：熒惑舍居天柱，兵起，三年乃正，天下大亂。

郗萌曰：熒惑入天柱，天下有慶賀之事。

《春秋緯》曰：熒惑流犯三能，天下枌擊臣子謙，王公擅恣，期二年。

紫辨曰：熒惑守犯上台，宫中禁門燔，太尉病，皇后亡，執法臣死，期百八十日。

公連曰：熒惑守三能，經三旬，兵起，宫中大臣有戮死者。若經三日以上，三公有戮死者。

方朔曰：熒惑守陵三台中央，經百廿日，三公謀害國。

卑竈曰：熒惑舍乘中台，地動，内亂起，不出一年。

萇弘曰：熒惑入吞下台，天子有喪，期九十日。

占填星

石申曰：填星守留上台，經廿日，女主姦犯死，期二年。

《巫咸》曰：填星吞中台，宫中有逆女作毒藥。

甘德曰：填星入亭下台，三公失家，不出二年。

占太白

郗萌曰：太白犯守上台，太(慰)〔尉〕自將兵。兵在宫中，大戰交刀，流血滂(池)〔沱〕，貴人十二人死，期七十日。

公連曰：太白守留中台經旬，宫中有變臣，期半周。

石申曰：太白守犯下台，邊將誅其君，不出三年。

甘德曰：太白守中台，經六十日，賊臣有宫中，不出半周。

《巫咸》曰：太白吞蝕下能，臣强君弱。

《黄帝》曰：太白暈上台，運夕，女后族謀其君，不出一年。

占辰星

《三靈紀》曰：辰星守犯上台，經六十日，天子有喪，民遁亡，不出半周。

郗萌曰：辰星犯守上台，經廿日，北夷兵動，大戰。守中台，大將死。守下台，司徒死。不出百九十日。

《黄帝》曰：辰星舍居中能，秋分地動，多水，傷五穀。

石申曰：辰星蝕下台，逆行失度，賢臣亡位，百姓道中飢死。

《巫咸》曰：辰星吞上台下星，太子死，期九十日。

占彗孛

《勑鳳紀》曰：彗星貫上台，大臣不從君命，暴風傷穀。
《雒圖》曰：彗星出三台者，陰謀奸軌起，宫中火起。
《春秋緯》曰：彗星出三台西，相變；出其中，大尉變；出其東，大司馬變。
石申曰：彗星入下台，經七十日，臣與君專政，不時，風雨並起。
《荆州》曰：彗星出三台中，天子宫失火。

占客星

《東晉紀》曰：客星入上台，君臣共諍，下陵上替，君不正變。
郗萌曰：客星入三台，守之，大臣多戮死，貴人多病死者，期二年。
《黄帝》曰：客星守天柱，大人戒左右，趣治兵弩。
石申曰：奔星入三能，天下滅，兵禍並起。
《易緯》曰：客星守中台，經二旬，下欲謀其上，不出一年。
《荆州》曰：客星犯下台奸臣欲謀其君。
紫辨曰：客星舍居三能中左右，群臣治不正，三公有誤過。
郗萌曰：客星犯陵上台，經五十日，王侯有不通者，諸侯門閉，大臣戰，流血，期九十日。
公連曰：客星犯守三台，有兵喪，以水爲害。
石申曰：客星入司命，色青，民憂喪；白、黄，婦女多傷；黑，嬰兒死。若蒼黑出司命者，病死。
甘德曰：客星入司命，近臣有抵罪者。出司中，奸人有出者。入司禄，大臣争。熒若其色，黄潤澤若白，近臣有賜爵者。若出司禄，色青，近臣有抵罪而走者，黑則死。若色黑入司命，奸人入宫中。
紫辨曰：客星犯留宿上階、中階、下階，天子之藝不平，臣不從，民遣其君。

占流星

《東晉紀》曰：流星入上台間經旬，臣子與女主(俠)〔狹〕私事，不出一年。
《黄帝》曰：流星貫中台入，民不安其處。
《易緯》曰：奔星入三能，天下藏兵禍聚，隅滅動。若流星走三能，大將出。
公連曰：飛星入中台間，其國老婦多死，六畜貴，期半周。
石申曰：流星入下能中，逆入執政，人民疫疾荒。
《巫咸》曰：流星長八尺入中能，天子妾姦通死，期百九十日。
紫辨曰：流星甚大，光長一丈貫上能，大臣欺其天子，失城，人民不安，五穀不下。

占客氣

《東晉紀》曰：三能珥，主欺天，大臣變姓以爲忠。
紫辨曰：三台珥，臣殺謀主，不出三月。
《荆州》曰：蒼白氣入三台，人民多憂喪。若赤氣入三台，婦人多敗。出三台，其禍除。黄白氣潤澤入三台，安和要兵，天子有子孫之喜。
《黄帝》曰：有蓬雲，其色黄白，方不過三尺，見於三能之陽，布衣貴。
石申曰：黄黑氣貫上台，一夕二運，横兵入宫中。
公連曰：赤白青氣暈三能，二夕七運，不出半周，兵起，殺諸侯，道路不通。

五十六、相星

主相星者，總領百司，以掌邦教也。晉公連曰：帝王佐相也。《三靈紀》曰：相星，主天子之輔臣也。魏石申曰：相一星在北斗南，主集衆事，萬抗之所先回也。

占相星

《黄帝》曰：相星不見經歲，天子之輔失位。
石申曰：相星明光，輔臣忠而令行正理。不明、奄陵不見，佐相無勢，民養治不從。
《甘氏》曰：相星亡不見，天下君無輔臣。
《巫咸》曰：相星經六十日不見，君無勢臣，小人執政，期半周。

占彗孛

《東晉紀》曰：彗星長一丈，貫相星經旬，大臣死，人民飢，不出三年。
陳卓曰：彗孛犯相星，大臣憂，天下變更令，民多移徙，期半周。

占客星

《黄帝》曰：客星守相星，女子執政，天下亂。
石申曰：客星出留相星，經二旬，其國有水憂。

占流星

紫辨曰：流星入相星，臣有忽令，民人不息。
石申曰：流星入留相星旁，相去寸，海客來，其邑不安。

五十七、太陽守

主太陽守，大將大臣之象也，主戒不虞也。魏石申曰：太陽守一星，在相

星西北，主設武備。晉公連曰：太陽守，主天之府表也。

占太陽守

《東晉紀》曰：太陽守星耀大，運夕，諸侯登位，期九十日。

石申曰：太陽守不明奄亭，其國民不安，三公走亡。

《巫咸》曰：太陽守星近北斗居，七星行間以入日，辟誡亡。

陳卓曰：太陽守星非其常，天下兵起，中國不安，大臣〔闕〕。

甘德曰：太陽守失位不見，天子德衰。

皐竈曰：太陽守經歲不見，其國功臣多死，不出二年。

占彗孛

《勑鳳紀》曰：彗孛貫太陽守旁，留經旬，不出一年，孝安帝崩，民飢，以水害穀。

白客星

《東晉紀》曰：客星守太陽守，其國老女多死道中，不葬。

占流星

《黄帝》曰：流星入太陽守，女主宫有病，期半周。

五十八、天牢

主天牢，貴人之牢獄也。魏石申曰：天牢六星在北斗魁下，與貫索通。占主禁愆志也，主守將也，主天子疾病憂患。所主不同，未能求其意也。主愆過，禁暴淫也。晉公連曰：天牢主獄，亭春奄陵指逆，諸侯失愛地，君臣相道。

占天牢

《黄帝》曰：天牢二星不見，天子以酒毒死，期八十日。

石申曰：天牢星明大動摇，辟拘繫。一星明，王侯有繫者。

《巫咸》曰：天牢五星奄蝕不見經旬，三公欺其天子，以毒藥死，期七十日。

甘德曰：天牢三夕不見，宫中有火災，井竈鳴，天子爲病，大赦。

占彗孛

《東晉紀》曰：彗孛貫天牢，暴兵來相攻擊，人民以兵飢死。

《黄帝》曰：彗孛入天牢中，留經八十日，女子失國珍寶，百姓穀不下，三公走亡，地動，獄多囚。

占客星

《海中》曰：客星入天獄，有德令。

石申曰：奇星守天牢，經廿日已上，天下罪人赦。

皐竈曰：客星犯天牢獄司吏有死於河海，民多流亡。

《三靈紀》曰：客星色青入天牢口，留經七十日，女主有喪，期八十日。

占流星

《懸總紀》曰：流星長二丈，色黄赤，交入貫天牢中，貴臣失位。

石申曰：常以丑未日候流星入天牢者，必有赦。若出天牢者，獄囚多解。

公連曰：流星出入天牢中，大臣作逆心，期九十日。

占客氣

《荆州》曰：客氣大長三丈餘，出天牢中，貴人及親屬必有斬死者，天下不安，五穀貴。

石申曰：赤白黄氣入旋天牢，大臣謀，女主斬死，不出〔闕〕。

五十九、文昌

主文昌，天之六府也。魯梓慎曰：文昌，主文府也，主六卿，主集計天道。魏石申曰：文昌七星在北斗魁前。文昌，主六紀之亭也，天子禄府土官也，一名文成，一名文領。陳卓曰：文昌一曰上將，大將軍也。二次將，尚書也。三曰貴相，太常也。四曰司中，鵌也。五曰司怪，太史也。六曰大理，庭尉也。凡所謂一者，起北斗魁前近内階者也，下三星七步之爲藏府也。

《黄帝》曰：文昌第四星曰司命，第五星曰司中，第六星曰司禄。晉公連曰：文昌第一曰奇星，第二曰表星，第三信文，第四曰威武，第五曰進上，第六曰玄公，第七曰文鏡。以所主占，萬事一不失矣。

占文昌

《東晉紀》曰：奇星奄對不視，北狄内侵，五穀不登。

《黄帝》曰：文昌色淳，光明澤，萬民安；青黑、細微，其分野多所害。

紫辨曰：文昌動摇不如常，三公誅，后死。

郗萌曰：司禄色赤黄，萬民舊在所爲利。

《巫咸》曰：表星色黑，暗變不視，天子有喪兵，大臣爲變，期九十日。

甘德曰：信文不明，亡位，山水傷人，民多疾疫。

石申曰：威武亡位，貞達不登位，夏大旱，禾燋。

紫辨曰：進上還宿，其國山泉水漫，地動，人疫病。

公連曰：玄公登亡不見，雷電非時而動，擊屋室床物。

卑竈曰：文鏡草位不見，諸侯爲病，期八十日。

方朔曰：文昌六名爲登準，七名爲進鬲，七星皆不明，夕表，天下三災並起，君臣及后堂有憂，期二年。

占月行

《勑鳳紀》曰：月蝕文昌奇星，女后爲病，大臣流三百里外。

《黄帝》曰：月犯文昌，天子以兵交死，不出三年。

郗萌曰：月暈文昌，天下大赦罪人。

石申曰：月暈文昌，不出二年，魏太祖武帝有喪。

占歲星

《三靈紀》曰：歲星守文昌，君政教行，老公有賀慶事。

《黄帝》曰：歲星登對文昌之表星，天下兩喪並起，期半周。

石申曰：歲星犯文昌表星，人民不安，疫病，明年旱，五穀枯。

占熒惑

《懸總紀》曰：熒惑吞奇星，其國風雨不時，道不通，多寒病。

《春秋緯》曰：熒惑入文昌庭，守之，廿日已上，必有兵喪，君不康。

《黄帝》曰：熒惑入文昌，天下有耗，上空計最。若舍司禄，民大疾；舍司命，小童爲病。

《七曜内紀》曰：熒惑守留表星，其分内亂。若入司命，近臣有抵罪者。

公連曰：熒惑守信文，留經五十日，逆臣害國，期百六十日。

紫辨曰：熒惑暈文昌，逆風發，傷穀，不出一年。

占填星

《東晉紀》曰：填星守文成，其分五穀燋，秋多水，人民不居其處。

《黄帝》曰：填星犯文領，王者爲困病，大赦。

《七曜》曰：填星入信文，其國安寧。

卜偃曰：填星入吞奇星，其國鼓鍾不節發，宮中大驚，諸侯三公走亡，人民不息。

梓慎曰：填星留犯文昌中，經七十日，不出二年，漢軍大戰流血。

占太白

《三靈紀》曰：太白入奇星，妻子失國聖，賢臣遁亡。

《春秋緯》曰：太白犯文昌，都尉有變臣，不出半周。

黄電曰：太白吞表星，天下萬物貴，期百九十日。

石申曰：太白蝕文昌，天子誡，妻子夜臥早起。

甘氏曰：太白色赤入守文昌，其國兵革驚，車騎盡起。

《巫咸》曰：太白舍居文昌中，賢人謀君，期半周。

占辰星

《東晉紀》曰：辰星犯守文昌中，其國五丈水登傷萬物，火兵起，燒其君。

石申曰：辰星暈文昌，女后有喪，大臣以印逆死。

公連曰：辰星入文成，留經廿日，客軍大敗，主益地，不出二年。

紫辨曰：辰星色黄，入文昌，大將軍受封印。

占彗孛

《東晉紀》曰：彗星貫奇星，經五十日，奸臣有宮中，誅其君。

《春秋緯》曰：彗星出文昌奇星，大將軍爲變戰。出表星，左右將軍爲變，流血。出信文，司徒爲變，吞血。出威武，大臣得勢爲變。出進上，天下君臣俱爲變，誅。出玄公，諸侯爲變，飢死。出文鏡，三公飢死，天下大亂，易政。

《勑鳳符表》曰：白彗星長九尺，貫文昌中，封臣亡位，天子飢死，期半周。

《三靈紀》曰：彗孛出文昌中，逆女執政，人民飢死，賢臣遁隱。

石申曰：黑彗星貫文昌，大臣與諸侯謀謨其天子，不出一年。

占客星

石申曰：彗孛客星干犯戈昌，則附臣受殃，期三年。

韓楊曰：客星入文昌，客有女子或天子者。

《黄帝》曰：客星出入文昌，色青，臣有犯罪者，其君失國，不出一年。

石申曰：客星守文昌，宮中有兵，其君不安，將軍死。

甘德曰：客星色黄白，入文昌中，大臣失位，小人有賜爵者。

《荆州》曰：客星入司命，色青，近臣死；黄，功臣有封；白，近臣有罪；黑，附臣死。

紫辨曰：妖星出奇星，天子有表内亂。

公連曰：客星入信文，大臣爲黜棄，有奪位者。

卑竈曰：客星暈鬲文昌中，君臣及三公與相攻擊，法令不行，人民不安，不出三年。

占流星

《東晉紀》曰：流星入文昌，讒臣有朝廷，期八十日。

石申曰：奔星、流星入文昌，其國宮中内亂，從女后起，出文昌，其君去政。

《黄帝》曰：流星出入文昌中，大臣不正，宮中大驚，亂走，法令不定，其君去國。

《勑鳳符表》曰：飛流星入文昌亭薄，弟殺兄、父殺子，臣誅其君，不出三年。

占客氣

《三靈紀》曰：赤黑氣入文昌旋經，一夕二運，其天子宮外出死，不出一旬。

《黄帝》曰：青白赤氣入文成中，其國貴女多敗，人民多死，期八十日。

石申曰：白青黄氣，其分野乳多死。

公連曰：黄白潤澤氣入文昌中，其君有喜子孫，人民息安，歲豐熟。

卑竈曰：黄赤黑氣如雲狀，運旋文昌二夕，天下有喜，逮下賤，有賀慶，期二年。

唐・李鳳《天文要録》卷四四《石氏内宮占》 六十、北斗

主北斗者，七政之樞機，陰陽之大象也。故運轉平天之中而臨制四面，所以建四節而均五音也。魏石申曰：北斗七星，輔一星，在太微北。斗星者，通達萬精，布政度四時，故置輔星。《九州分野星圖》曰：北斗者，天帝之爲車藏也。斗魁第一曰天樞，第二曰旋星，第三曰機星，第四曰推星，第五曰玉衡，第六曰開陽，第七摇光。第一至第四爲魁，第五至第七爲杓樞也。齊文卿曰：北斗第一曰正星，主日，陽德，天子之象也。第二曰法星，主月陰德，女主之位也。第三曰令星，主熒惑禍。第四曰伐星，主辰星天理，伐無道。第五曰殺星，主填星中央，助四旁，殺有罪。第六曰苞星，主歲星天倉五穀。第七曰部星，一曰應星，主太白兵甲。《東晉紀》曰：北斗七星，主七曜之表也。初首一星謂魁，主天目；第二鳳星，主耳精；第三龜星，主鼻精；第四龍星，主口精；第五馬星，主舌精；第六羊星，主心精；第七虎星，主體精。《勑鳳符表》曰：北斗，主七龍之象也，主廿八宿之運旋也，主乾半巡半之道也，主十二辰廿四氣度位也，主三虎之盈縮正度也，主五藏七府之位也。《三靈紀》曰：北斗七星者，四海之爲開門也，主天之大紀也。正月指逆亡位，主兵，以建、通爲期。二月指逆表柱，主喪，以除爲期。三月失位指逆，主飢，以滿爲期。四月運指逆，主病，以平爲期。五月臨避指逆，主旱，以定爲期。六月府登指逆，主風，以執爲期。七月位陵指逆，主客水，以破爲期。八月横位朱位，主奸兵，以危爲期。九月指逆杓不登，主賊盗，以成爲期。十月東陵指逆，主讒臣，以收爲期。十一月運門指逆，主諫臣，以開爲期。十二月表犯運夕指逆，主淫亂，以閉爲期。《懸總紀》曰：聖人作觀於天斗星，二光五紀之正度，天下之爲表令，而議七步影，設二儀之象，故七星運遵，至趙歸不齊。七月指震，正月指離，八月指坎，二月指兑，從陽遁陰，天子不正；從陰遁陽，女主不平。陰陽共遁運，臣强君弱，女后爲忽於悲。陰於陽佃，天下不安，君臣無勢令。《東晉紀》曰：北斗指艮莅不動，君體不正，刑罰行無罪。斗星恒位避回不入，愚臣諍地，智士遁逃。紫辨曰：斗星運上不入逆，女后惡，恁其天子，以淫亂謀武兵誅。魯梓慎曰：斗星七，衡玄窮天衡指逆，大國滅亡爲期也，所主以國占，萬事一不失。《黄帝》曰：北斗第一星主秦，第二星主楚，第三星主梁，第四星主吴，第五星主趙，第六星主燕，第七星齊。《黄帝》曰：輔星主天心，主縣邑，主北斗助官，主北斗五藏。一名輔經，主王者，教德令。故輔星一夕三辰，明先人，君脩德，主令照，主上王地母。故輔一星校陵，總斗星避位運者，天子太子爲亡，百姓無君絶。《勑鳳紀》曰：王者不用仁義，輔星避位，奸臣謀其國，山崩，天下大亂。王者貪恣，開利門賈，百姓朝廷以貨財爲榮，無仁愛，則毒酒奸盗讒言並起。輔星經歲不見，君臣無勢，小人管筆，女主失國。故斗輔星不見，日月蝕吞錯亂，五星之步失度宿，列星失位，彗孛、飛流星、妖星數見，虹蜺雲災象並連視其國。《易緯》曰：輔星傳芳開陽，所以佐斗成功也。主允主揔明，主正矯不平。《荆州》曰：輔星，乘相之象也，故以斗輔星決天之正理矣。

占北斗輔星

《東晉紀》曰：北斗七星，輔一星，明光經旬，王者德至於天，治明令。

石申曰：北斗七星欲明大潤澤相類，不相類者治亂，其國昌。不明奄薄者，其國有殃，君不行政，臣有逆道。

《巫咸》曰：樞星，其色陵亂不明，光帚薄乍，經二旬，三公諸侯失禮謀逆，武君失德，逆時害謀天自恣，疾疫大起。

紫辨《春秋表録》曰：旋星不明，分亂不見，大臣與將相謀，君以逆理失德義，毒奸吏耶，發民人，背其邦，變逆並起。

公連曰：機星不明，大尉謀君，逆人論誅府命，愚與賢爲黜，天下病不息。

李朔曰：推星不明，君令無禁，誅内外，内亂，邊將兵起，誅其君，貴賤失節，下賤以讒言，教令不行。

韓楊曰：玉衡不明亡奄，一夕五運，其君以迷惑謀德，愚進任禄，賞罰賢。逆行不正，内好房泆，外謀逆政，聖臣遁逃。

陳卓曰：開陽不明巔陵，二運一夕，其君宗廟不謹，神祇不敬，百姓田農務不脩，天不應，山野伐無度，壞山絶渠，遠州不從，四夷内侵。

卑竈曰：摇光不明，其君分野不安，苦腫痂痔痛並發，四方民多死暴，水風並起。

紹德曰：天目星不明不見，奄亡五運，天子不正，名山友，鬼府不敬，土功起，壞決山陵，逆地理，不從天目，病多發。

《黄帝》曰：天耳不明，窮奄不見，經二月，君不愛百姓，五穀不生，耳病多發。

郗萌曰：鼻星不明，其色黑，奄亡不見，經旬已上，其君發號施令，不從四時，鼻病多發。

應劭曰：斗口星不明，陵亡不見，七夕二運，其君以淫泆爲樂，令不脩，民分散，口病多發。

萇弘曰：斗舌星不明，竭奄，一夕七運，其國法令弱，臣不行，忠臣不政，舌病多發。

梓慎曰：心星不明表奄，二運五夕，河伯祭失節，女后堂不正，心病多發。

祖暅曰：體星不明，一運三夕不見，賊臣謀國，體病多發。

子韋曰：北斗七星，輔星不明，位不正，奄暗不見，亡位，七夕五運，其天子之當朝府臣等不正，布施令以非爲理。及七更，尉都臣不忠，明作奸，賊謀變多起。

錢樂曰：樞星象微細經歲，逆天失度。旋星微細色變，地道失理。機星微細，人民冤結，失其所。推星微，河涸江渴，水失道。玉衡微，音節失紀。開陽微，曆律鍾吕味失理。摇光微，星辰政度失序。

石申曰：正星亡變，色赤，三公誅天子，女主有喪，客水出，期半周。

《黄帝》曰：法星亡變，色青黑黄，女主爲病，妾執政，兵病水並起，期二年。

甘氏曰：令星亡變，色青黑赤黄，兵喪，更法令，天下不安，民人飢死。

《巫咸》曰：伐星亡變，色青赤黄，多疾病，天下大赦，穀貴。

《荆州》曰：殺星亡變，色青赤白，五穀〔闕〕。

郗萌曰：危星亡變，色青赤，其國失地，兵起，有喪，期半周。

韓楊曰：應星亡變，色青赤，民有移徙，（君）黄，君益地；黑，有水。

《東晉紀》曰：北斗七星，輔一星，皆動摇，耀運夕經二旬，天下兵革盡起，君臣相攻擊，國亡，大將呑血，民人多死，期五年。

《三靈紀》曰：北斗陽星動摇，經廿日，三公后妃延堂作奸，九州多盜賊，道路邁，諸侯國亡地。

《定象紀》曰：陰星動摇，經五辰，天子無勢，卜臣迫其君，女后壞胎不度，日蝕，江河水絶，不出半周。

《河圖表紀》曰：火星動摇運變，天子滅，朝廷濡臣並爲政，期二年。

《五靈紀》曰：土星動摇變夕，賊臣諂其君，兵革連，不出三年。

《西晉紀》曰：水星動摇一夕，天下内亂，直臣執政，令立太子，不出半周。

《黄帝》曰：木星動摇運陵，陰臣謀議，其女黨□大，與將相攻擊。

《勑鳳符表》曰：金星動摇，色亡經歲，天下五兵盡起，君臣無仁義，民人大戰呑血，其國失地千里。

《春秋表緯紀》曰：斗魁星五日不見，其國佞臣誅，其后黨作群奸，以訋爲忠，朝廷閉塞。

《九州分野星圖》曰：法星一旬不視，其國飛火兵起，三公大戰流血。

《懸總紀》曰：鳳星一月不視，其天子不聽明政，以佞臣爲德，不出一年。

紫辨曰：龜星三月不見，其分野將軍不息，萬民不静，小人失命國，貞臣辭不用。

陳卓曰：北斗耳星失登，天下君臣失節。

方朔曰：龍星不見，經歲不出七年，周公以德協天下。

京氏曰：馬星亡對不見，其君不聽賢臣言，陰謀起，暴風雨失節，百姓飢，五穀大貴。

《七曜内紀》曰：羊星不見，經十二辰，君臣相忽争，惡令暴出，逆光人令。

《荆州》曰：虎星二日不見，暴兵忽來，害其君宫，賢士隱。

御寓曰：北斗七星，輔，以正月暈二重，大陽之國失政，臣强君弱，不出三年。

昆吾曰：二月暈風星，不出三年，哀帝崩，地動，多水，都尉尚書有變謀。

紹德曰：三月暈龜星四重，其國父子失禮，君臣無德令，民分散，天下多訟，以社害公。

《巫咸》曰：八月暈羊星一重，貫彗星，長丈餘，其分野大疫，民流亡，兵厚軍破，穀大貴，期二年。

挻生曰：魁星以九月暈三重，其分野夜雷，歲敗，秋分不藏，大臣有喪，女主以印逆死，不出二年。

萇弘曰：機星以十二月二夕五運，大臣噿欺其君，內亂不息，下將不制。

應劭曰：搖光以五月暈，臣閉內直言，諫臣並起，君行不明，旱雨失時，五穀不收。

梓慎曰：北斗星晝見至午者，天子與三公相爭國，不出半周。

甘德曰：月星晝見至巳，諸侯與光卿爭國，期三年。

祖暅曰：火星晝見至申者，大夫與天子爭國，期百廿日。

錢樂曰：土星晝見至未者，小人與天子爭國，不出一年。

卜偃曰：水星晝見至酉者，二千石爲天子爭國，期七年。

韓楊曰：太星晝見至午者，大臣謀其君，爲天子，不出二年。

陳卓曰：金星晝見至未，大將軍與天子相戰爭國，不出五年。

《東晉紀》曰：周武帝時，北斗七星晝見經天，不出七年，周滅亡。

《三靈紀》曰：前漢孝平帝時，北斗魁四星晝見，不出三年，帝崩。

《河圖帝紀》曰：魏元帝時，斗星晝見經天，君臣相違，誅五都尉，戰流血，不出三年。

《勑鳳符表》曰：晉大寧二年甲申，北斗七星晝見經天，君臣大驚。三年九月廿一日，明帝崩。

《定象紀》曰：晉隆安二年戊戌，斗星動搖，晝見至午爲奄，不出五年中，宋元帝崩。

公連曰：斗星晝見，陽弱陰強，天下無文法，以佞臣爲政，其分野山谷以水害，不出三年。

班固《天文志》曰：北斗旁星聚猶，則其國家安昌，百姓息。

玄龍曰：斗復精光耀經旬，天子孝行溢天應瑞，四靈俱下降，萬姓安寧。

《五靈紀》曰：斗星暈五重，明耀，而隕精並出，天下君臣和，百姓得豐，五穀登，四方國自協。

《易緯》曰：斗第三星一年不見，天下無目足，天子俱女后飢，多盜賊，三兵暴來，失地千里，期七年。

《荆州》曰：北斗中多小星，則民怨上，天下多訟法者。無星，有赦。

李房曰：北斗斗陵指逆運夕，女主不香，以毒藥謀其君，不出半周。

《黄帝》曰：輔星明，天子與轉佐出，忠臣執政。

《荆州》曰：輔星欲小小明明，相明大而明主奪政。明大與斗星合，兵起，臣強君弱；輔星不明，主強臣弱。若輔星明近，輔臣親厚；疏小，則臣微弱。

公連曰：輔星位避不見，君失助臣，大將死。若北斗三，輔臣去君。

紫辨曰：輔星不見，相死，九卿有憂，江河潰決。斗輔生角，《運斗樞》曰：輔星亡登，耶臣狹私，擅邦苻則。輔星生翼，不出三年，君誅，其臣爲天子。

郗萌曰：輔星陵奄不見，天子驚，大將謀國。若輔星合斗星，經六十日，其分兵起。延斗寸，二臣欲迫協君。遠斗五寸六寸，相不死則走。若入斗中相繫，臣有誅者。（君）輔星去斗（水）〔寸〕，相去走亡。

《東晉紀》曰：輔星一歲不見，暴風起，春秋霜，於夏雹，陰臣作奸謀，不出二年。

《三靈紀》曰：輔星避位不見，人君罰不賞，大旱，傷五穀，女宫有喪，不出二年。

《海中》曰：輔星、斗避運鬲，色亡，其國貴人多死，赤地千里。

李房曰：輔星暈鬲運夕，天子聽讒殺忠臣，不出半周。

《勑鳳符表》曰：輔星色赤變而運夕，其國有逆，令臣不行，勞臣失封。

《春秋緯》曰：輔星芒角夕表，小人謀公，結私以脅其上。

紫辨曰：斗星芒角生每星，其分野，功臣以聽讒言，自經死，天下兵革並連，諸侯三公相戰，期二年。

《勑鳳符表》曰：斗輔星不昧暗微細，經旬，生芒角，女后與三公誅其天子。

《懸總紀》曰：輔星色蒼白，變乍、不運、亭亂，天子之宫必有伏兵，殺其天子。

《定象紀》曰：常以春三月候北斗魁星，黄色、星並出，天下大赦，有喜。

郗萌曰：北斗指離不運，留二夕三運，其國五穀不熟，民大飢，兵行，不出三年。

《河圖表紀》曰：斗星指艮，不運旋、亭陵，其國兵驚，夷狄暴來內侵。

《五靈紀》曰：北斗指成鬲信不運，經三夕，小人誇其國，內外走亡，大兵並起。

占月行

《東晉紀》曰：月犯北斗、摇光，不出七年，九州大戰，將吞血，天下誖，外國軍大破。

《三靈紀》曰：月暈北斗運登，三公與天子戰争北，三公負而則吞血。

《西晉紀》曰：魏文帝黄初四年十一月，月暈北斗，有大喪，天下大赦。七年五月，帝崩。明帝即位，大赦天下。

《海中》曰：月暈北斗，有喪，則流民千里，穀貴。

《懸總紀》曰：惠帝太安二年十一月辛巳，月暈北斗魁星，不出二年，其國大臣於殺市，天下大赦。

《定象紀》曰：月犯蝕北斗，二夕七運，永昌元年三月癸巳，大亂，天子失地，朝廷邑民飢死。

《東晉紀》曰：穆帝永和八年十一月，月(量)〔暈〕北斗歲星、填星，不出二年，大臣與天子相戰血流，死人如亂麻。

郗萌曰：月暈辰星角亢間二重，如連環狀，圍北斗，不出三年，大臣有誅者。

《七曜内紀》曰：月暈北斗端一星，不出九十日，三公有誅者，天下大水，兵起。

甘德曰：月暈北斗、大微、大角，天下亂，城傷人民，不出三旬。

《河圖表紀》曰：月北斗輔星，一夕五運，民人移徙千里，天下大赦，期百六十日。

《五靈紀》曰：月暈北斗、熒惑、太白、東井，賊臣欲殺主，不出一年。

《黄帝》曰：月暈北斗端三星，貫彗星運登，不出一年，魏變爲所破死者，萬人遂衰亡。

石申曰：月暈四月北斗，天下兵起，四海有之，民飢亡，賢名者退，不逍者進，勞臣失封。

占五星

郗萌曰：五星入守北斗，貴人有繫者。

紫辨曰：歲星、填星守留北斗、摇光，其君教令，從臣下出，必有流血，歲飢。

公連曰：熒惑、太白、辰星犯陵合北斗，其國病驚牛馬禽獸，君失地，於宗廟中入犯，人燒誖，不出二年。

占歲星

《七曜内紀》曰：歲星守北斗，天下亂，天子惡，大水，大赦，不出半周。

公連曰：歲星犯北斗第三星，留經廿日，不出二年，有赤水出，司馬戮。

《黄帝》曰：歲星舍居北斗第六星，其分野有喪及民飢亡。冬地動，有音其色，有兵行。

卑竈曰：歲星犯守斗星，其國有土功起，女后有喪。

玄龍曰：歲星蝕北斗留合，天子宫中有奸，刀殺其天子，不出三年。

《西晉紀》曰：安帝隆安元年六月辛未，歲星入北斗魁中，留經旬，不出二年，有吴越有兵，三公有憂，夏地動，客水傷穀。

占熒惑

《三靈紀》曰：熒惑入北斗端留，臣有賊心刺君，與耶臣有相誅者，不出半周。

《河圖表紀》曰：熒惑犯守北斗機星經旬，太子有喪，不出二年。

《定象紀》曰：熒惑犯陵玉衡，女后有喪，不出三年。

《七曜内紀》曰：熒惑守斗星，諸侯兵起，天下大亂。

《海中》曰：熒惑守留北斗，有移徙民，其天子宫有賊盜，不出二年。

《荆州》曰：熒惑犯旋星，經六十日，君祐任小人，伐其治民，賢臣諱，期半周。

公連曰：熒惑守合玉衡，經八十日，其天子妾死不葬，兵起，則罷。

紫辨曰：熒惑乘合樞星，經七十日，太子爲政，天下大赦。

《五靈紀》曰：熒惑守心星、北斗，秦卅七年，子嬰亡。

《勑鳳紀》曰：熒惑蝕魁星，天子訐，大臣咎，期半周。

《懸總紀》曰：熒惑犯吞鼻星，大將誅其諸侯門，不出三年。

《金海總紀》曰：熒惑入口星中，留經五十日，君信讒，任之，以法誅無罪。

占填星

《黄帝》曰：填星守天頭，留經八十日，强兵内侵，三公吞血，期三年。

石申曰：填星犯舍機星，天下大旱，赤地千里，糴大貴，不出二年。

甘德曰：填星蝕玉衡，女后有喪，兵起，西方旱，北方多水，不出半周。

《巫咸》曰：填星入鬲魁星，經卅日，天子以讒言罰於庶民，暴風雨不時，期

二年。

《三靈紀》曰：填星吞令星，經一旬，下賤食其女后，不出七十日。

占太白

《東晉紀》曰：太白守天目，天下大亂，君臣山野逃亡，不出七年。

《黄帝》曰：太白犯陵鼻星，執邦臣有喪，期百九十日。

《七曜内紀》曰：太白入斗星，執國易正更令，以五色占。

《巫咸》曰：太白蝕玉衡，大臣以兵詆宫中，不出半周。

《東晉紀》曰：太白舍居口星，天下飢貴，人多死，期半周。

石申曰：太白犯留心星，三公與大臣相争地，期九十日。

甘德曰：太白入亭機星，大將軍吞血，民人飢，以水道不通，期百六十日。

占辰星

《三靈紀》曰：辰星守魁星，三臣誅其女后，不出三年。

《黄帝》曰：辰星犯吞玉衡，下臣與女主通，淫姦，不出半年。

石申曰：辰星留亭斗旋星，其天子宫有姦女，期九十日。

甘德曰：辰星留乘樞星，天子有逆，淫陽變陰逆爲樂，賢臣爲黜，期百七十日。

公連曰：辰星色黄，光入天目，留經一旬，其國聖之太子登位，大赦天下，勞臣執政，期百八十日。

郗萌曰：辰星見斗星間，地大動，山崩，水溢出，更易人民。

紫辨曰：辰星守玉衡，奸臣誰其天子争地，不出二年。

占彗孛

《東晉紀》曰：蒼彗星長二丈餘，貫天目中，經(旬)六〔旬〕，大將軍出，大戰益地，民飢死，不出五年。

《黄帝》曰：彗孛守魁星經歲，大臣誅，其國火兵起，燒穀倉，率土大飢，三公走亡，不出三年。

石申曰：彗星見玉衡旁，其國更政，有變者，兵大起，賊兵負，期一年。

《七曜内紀》曰：彗星流入北斗魁中，諸侯戮君。經九十日，天下兵盡起，臣兵强，大將兵弱，大負。

甘德曰：彗星犯斗星中，留經八十日，大臣失地。經歲，侯公失國，天下民人不安，多亡逃，不出五年。

甘氏曰：彗星貫機星間，長九丈，天下更王，女主有喪，大旱燋穀，美女多飢死，不出二年。

公連曰：彗星登噴斗樞星，大國兵起，誅小州諸侯，權貴人飢門走亡。

紫辨曰：彗星守旋星旁，相去寸已上，留經二旬，三公諸侯同誅其君，不出二年。

《維書紀》曰：彗星貫玉衡之間，其君五軍合。

《河圖表傳》曰：彗星守斗口星，强國軍發，諸侯争，天子黜，廿八年不出，山崩，天下無君，父誅子，弟殺兄，相滅，民人分離，貴人走亡，飢死如岡山。

《春秋緯》曰：彗星出斗星中，九卿爲變而害其主，政内亂，率土多死亡，不出三年。

《易緯》曰：彗星出五芒於斗極旁，天子亡位，諸侯失國，五兵盡連，不出五年。

甘氏曰：彗星長十丈餘貫斗摇光，端光起，兵亡；中起，兵有殃；後起，兵有喜，益地，將軍受封。

《巫咸》曰：彗星出北斗鼻中，夷狄大戰，名臣失位。

郗萌曰：彗星長丈餘，流入北斗魁中，經七日，其國得名人，期半周。

《雄雌圖》曰：彗星出北斗中，其天子宫中火起，不出半周。

《三靈紀》曰：黄彗星長三四丈，貫斗天目，經二旬，其國聖人登位，主易位，天下大喜，大赦，不出五年。

《五靈紀》曰：彗星赤黑，交而貫機星旁，不出五年，魏帝崩，民飢，諸侯亡位。

《勑鳳符表》曰：彗孛蒼白，見令星旁，經廿日，諸侯與〔闕〕。

公連曰：孛星於北斗，授機、授更，天起走。

梓慎曰：白彗星長六丈，貫北斗，摇光，經二旬，其國内外有兵與喪，百姓飢之，改立侯王，不出三年。

卑竈曰：彗孛長三丈，入令星經旬，其邦兵喪並起，君子憂，小人飢，失門，期九十日。

《河圖表紀》曰：彗星入法星中、東、西，國争地，天子有殃，臣謀主，民飢。

《九州分野星圖》曰：彗星守殺星，宫女以貪耶亡國，暴風雨不時，期百八十日。

李朔曰：黑彗星犯入玉衡，其國多水，道不通，百穀不登，貴人飢。

占妖星

《三靈紀》曰：天棓見樞星旁，女主以淫樂爲政，四面民亡分散，兵起，衛其國，期百九十日。

郗萌曰：旬始見機星旁，大將軍兵起，戮其君。

《敕鳳符表》曰：蠪雷出魁星中，經八十日，天子交兵，侯王吞血，不出二年。

《五靈紀》曰：星孛入干北斗，其君將死，內亂，貴人飢，不出五年。

《懸總紀》曰：國變星守北斗，天子車騎折，侯王誅，大臣都尉臣有喪，大旱，多水，民逃。

《黃帝》曰：司奸星守令星，兵大起，將有以外制權、以兵爲政者，不出半周。

石申曰：光照星犯斗極，耶臣內亂之，大將殺其君。

紫辨曰：驚理星守玉衡，君臣俱狂悖，天下飢，星穀不收，諸侯變大起，流血。

卜偃曰：紀離星入斗中，萬物不成，三災並起，期九年。

京房《災異傳》曰：漢亭星犯斗星，小人殺其君，則大臣畔。

《感精符》曰：星孛入北斗中，大賊起，大國結謀伐天子，運樞行主之號。諸侯爭權，天下倍畔，兵合稱構，遂亂之，變不出七年。

石申曰：長雲星入迴北斗殺星間，弟殺兄、父誅[子]，四夷狄內侵兵起，侯王多戰死。

郗萌曰：有赤孛星入北斗中，中國使匈奴來。出北斗，大臣諸侯有受地者。

《東晉紀》曰：登藏星守留玉衡，經歲，天子行刑罰，不愛其民，以淫臣爲政，天下大飢，穀貴。

《海中》曰：旬始犯斗口旁，三兵起，大將軍吞血，期七十日。其色蒼黑，見則內亂，諸侯悖，相攻擊。

占客星

《黃帝》曰：客星出斗中，諸侯國亡。

《七曜內紀》曰：使星守斗令星，天下兵起，君臣走亡，期百六十日。

應邵曰：客星犯北斗第二星間，其國車騎大起，內外且驚，期九十日。

萇弘曰：客星出入北斗，大將軍兵起，誅其侯王，天下悖，秋分多水，城傷民飢，不出半周。

梓慎曰：赤第星犇星守正星，其分野大旱，民飢，不出一年。

郗萌曰：客星守斗心，其國道路不通，開閉大臣爲變。

《三靈紀》曰：客星大入斗天目，經七日，貴人謀變，天子誅，有擊者，不出半周。

韓楊曰：客星守鼻星，經三日，天下有大變事，道不通，貴人多所殺，不出五年。

卑竈曰：客星色蒼赤，交而大光入正星，諸侯於市殺，大臣流千里外，其國更令。

《荆州》曰：客星色赤，守斗殺星，其國耶臣失兵器，執法者死，期百六十日。

甘德曰：客星入伐星，蠻夷以永兵至。出伐星，天子與蠻夷俱和，期七十日。

陳卓曰：客星入危星，易政；出危星，天子出，令不行其臣。不出一年。

錢樂曰：客星入部星，諸侯亡國，兵起，子攻父，弟攻兄。

郗萌曰：客星入天牢，必有戮，卿貴人有繫者，期一年。

《敕鳳符表》曰：客星大而色赤，吞正星爲喪。蒼，兵；黃，土功；白，逆武；黑，水兵。以色占。

《西晉紀》曰：客星運亭守舌星，利兵，誅其天子，不出二年。

《黃帝》曰：客星細微，守搖光，經歲，奸臣有朝廷，自離起。

萇弘曰：客星犯鬲天目，經九十日，下賤欲謀其天子。

應邵曰：客星蝕吞令星，留不下，經二旬，奸女以毒酒近天子，不出五十日。

《三靈紀》曰：客星入伐星留，色微，經旬，大將軍强兵起，誅其君。

甘德曰：客星守陵北斗魁，急兵起，道塞，期八十日。

《巫咸》曰：客卑入留危星，女主有喪，天下逆侵，君死，不出三年。

占流星

《東晉紀》曰：流星長二丈，入正星，天下有逆臣，國亂，上下失禮，不出

二年。

《黃帝》曰：大流星出北斗、法星，將軍戰。色黃白，有喜；黑，相死；赤，大將負，流血。

班固曰：大流星入鼻星，大臣有繫者，期百廿日。

石申曰：奔星入口星，侯王失位，期八十日。

郗萌曰：大流星觸北斗機星，天下大兵起，貴人有憂，期半周。

公連曰：流星入天牢中，賢臣有繫者。色青，大臣繫者有憂。出天牢中名貴人有繫者。

《七曜内紀》曰：流星入魁中，大臣背叛，若色赤，入魁中，兵史名者繫，斬死。

紫辨曰：大流星入魁中，貴人囚。變色，黑，憂；赤，兵死。期六十日。

石申曰：流星入魁中，有死者。其色赤，楚分；青，齊分；黑，燕(伐)〔代〕分；白，秦分。

甘氏曰：流星出魁中，色青，二千石有繫者，憂。黑赤，有繫死。

方朔曰：流星出魁中，不出其年，大兵起，其星往方色黃白，出魁中大赦。

《七曜内紀》曰：流星居魁旁，貴人有避官者。若使星入魁中，有繫者。出流星，繫者出放。

《三靈紀》曰：大流星蒼赤白，交而觸法星，左右有光，君爲疾。無光，女后爲病，天下兵喪並起，有大變，易國名，期半周。

《河圖表紀》曰：流星入令星，執政者以印逆死。出令星，執法者遂於諸侯。

《七曜内紀》曰：流星觸伐星，其國多死者。有光而環伐星，天子爲病，天下大赦。

《巫咸》曰：流星長二丈，出殺星間，大臣走亡。觸殺星，有光，兵喪並起，天子有憂。

《春秋緯》曰：流星入危星，天子法令不行，五穀不收，三兵暴内侵，有表民，有分國，不出三年。

《七曜内紀》曰：流星入摇光，天子政諸侯，天下有放。色赤，有憂；黃，有喜。

《京房傳》曰：流星明如炬火，長六七丈，出於玉衡旁，賤臣專制天下，期三年。

郗萌曰：使星拂北斗，東行，臣有戮死者，不出半周。

《荆州》曰：流星觸法星，色青三日，有兵驚。色白，兵起，流血，期九十日。

郗萌曰：流星數抵部星，天子忌，奸盜起，不出一年。

《九州分野星圖》曰：奇星犯樞星，大臣欲誅，有賊心，君期半周。

《勅鳳符表》曰：天狗貫正星中，其國宫中任婦多死。

《春秋緯》曰：大流星長五六丈貫令星，經三夕，諫兵暴内宫中，誅其天子，期八十日。

《東晉紀》曰：流星黃白，長二丈，入殺星中，陽臣謀君，忠臣隱逃，期九十日。

《三靈紀》曰：流星蒼赤大光，長七丈，貫魁中，經五夕，小國兵强，大國將弱，君臣俱相攻擊，吞血，期百廿日。

《金海總》曰：流星長一丈，黃光，出自出魁中，其邦聖臣執政，天下太平，五穀豐。

《西晉紀》曰：黃流星長三丈，貫危星，逆臣失國，兵大敗，民人亡，不出五年。

《懸總紀》曰：大流星入斗中，天下兵驚，諸侯車騎起，天子宫旁有伏兵爲衛，期半周。

《黃帝》曰：天震入玉衡，天下大將軍吞血，上下大戰，四夷失地。

《河圖表紀》曰：赤大光流星自魁中起，入摇光，天子入過，賤室兵所衛流血，期八十日。

《五靈紀》曰：天保流入魁中，賢女死，耶女國亡，不出二年。

《定象紀》曰：流星曲迴亭運殺星之間不出，其年大水，國亡，民流，五穀不生。

占雲氣

《黃帝》曰：虹蜺守斗，主泣血，后奔逃，强國起。

《公連秘决》曰：雲氣覆斗七星，天子不明，大將誅其君。若斗珥現，其國内將吞血，期八十日。

《荆州》曰：氣五宋直入北斗，其國立太子。若赤雲覆之，兵大起，氣多者兵大，氣少者兵少。

《三靈紀》曰：黑赤氣運北斗，耶臣内亂，起多水，期九十日。

石申曰：赤雲氣繞七星五夕，天子令不正，逆四時，五表横行，君臣俱不明，民人亡逃，不出一年。

《勑鳳符表》曰：白青赤雲氣貫繞北斗，將軍大戰死，天子有移國，更爲元年。

《九州分野星圖》曰：赤雲氣貫正星，經五夕，其國有兵，民多哭，不安，期三年。

《荆州》曰：黄雲氣加正星，其邦有兵，多土功事，侯王有憂，期二年。

《黄帝》曰：白雲氣入繞正星，大兵起，有白衣之會，將軍爲病，率戰流血，期三年。

《定象紀》曰：黑雲氣入樞星，其邦兵陳衛宫，諸侯誅其君，不出三日，大雨，道路不通。

郗萌曰：黑赤雲氣貫法星，天下有變臣，將軍更相戰死，糴大貴，期半周。

《七曜内紀》曰：青雲氣加法星，多水，兵馬貴。赤白，有兵；黄，天子爲疾，有逆令，土功事；黑，水。不出三年。

石申曰：黄雲氣貫令星，有將死，軍相對。白，更法，糴貴，喪。赤黑，天下大雨，麻墻五倍，期一年。

郗萌曰：青雲氣貫伐星，兵喪，君有憂。黄白，天下多水，有貴人獄。赤青白，有兵，武起。不出二年。

《荆州》曰：白黄雲氣貫殺星，相變，貴人疾，五采賤。黑，其國失地三百里。赤，爲兵，三公正戰死，暴兵内侵，不出二年。

《巫咸》曰：青雲氣入危星，女后有憂。黄，土功；黑，水；赤，兵；白，喪。期八十日。

卑竈曰：白黑雲氣貫運應星，民移其邑。赤，有兵；黄，益地。

京房《易傳》曰：黑雲氣狀如羊及飛鳥，入北斗七星，匈奴兵來君。天無雲，北斗中獨有雲，黑，大雨。若五色雲氣入貫北斗，天子立太子。赤雲氣，兵革行。

《三靈紀》曰：白虹氣繞貫斗七星，其國暴水，民飢，貴人疾病，不出二年。

《黄帝》曰：赤虹白雲氣貫北斗七星，小人謀其君。黑雲氣，秋多雨；黄，多寒，民温病；赤，兵，風起；黄，五穀熟。

卜偃曰：白虹貫魁中，赤虹貫摇光，經二夕，不出一年，高辛氏王天下，登位。

紫辨曰：五色虹蜺及雲氣厭運北斗，五運二夕，不出半周，虞氏登位。明年春，地動山崩，侯王多死。

《東晉紀》曰：常以正月三日夜，候北斗七星白雲氣，交散而經一辰，女主有喪。赤，男女兵驚走亡；黄，有大瑞；青，天子有喪；黑，兵水並起；白青，五穀不成。五色，天下以女后登位，大赦天下，穀熟。

《定象紀》曰：北斗七星奄雲氣而經一旬不見，女后有姦淫，與大臣通。若赤白雲氣奄亡，經二旬，臣進女退。黄白雲氣，女后以女子使通淫姦。

《西晉紀》曰：北斗女星覆青赤雲氣而經五辰不見，天無雲氣，天子於宫中有逆足，妾姦起謀嫡。青藥，不出一旬。

郗萌曰：歲星吞輔星，天子以毒酒死，自宫女起，期一旬。

公連曰：歲星逆行犯輔星，下臣誅其天子，期半年。

郗萌曰：熒惑蝕輔星，大將軍内夷境所殺。

紫辨曰：辰星乘輔星旁，相去寸，三公與女主姦通，期九十日。

《荆州》曰：青星入輔星，大臣有罪則免。赤星，其邦受兵，將戰。黄白，九卿有喜。黑，臣死。

《三靈紀》曰：天棓守輔星，后黨謀太子，期三月。

《懸總紀》曰：天震入輔星，女主以淫亂失地千里。

郗萌曰：客星入輔星，臣不行其君命。赤客星犯輔星，賢臣執政，誅愚君，不出一年。

紫辨曰：客星黑守輔星，經廿日已上，天子以奸大臣流三百里外，其妻通淫，不出二年。

方朔曰：客星守留輔星，大將軍避國，誅其天子，期半周。

梓慎曰：流星入輔星，女主逆兵起，殺大臣，不出六十日。

卑竈曰：流星出輔星旁，諸侯蕃國走趨，誅其君，不出二年。

仙房曰：流星貫輔星，天子出入不時，民巡走，期九十日。

《荆州》曰：赤氣入輔星，猶大臣有斬死者。白氣，大將死；青，女主有喪；白，相有憂；黑，天子失位。五色氣迴運輔星，天子宫有瑞喜，諸侯三公登位，封爾有賜，不出二年。

《東晉紀》曰：　黄赤氣鬲息輔星不見，經三夕，讒女誡其天子，期百廿日。

唐・李鳳《天文要録》卷四五《石氏内宫占》　六十一、紫微宫垣

主紫微宫東西蕃，天衛垣也，太帝之常爲垣也，天子之常居也。魏石申曰：紫宫垣十五星在北斗北門，備蕃臣之象也。殷巫咸曰：　紫宫左蕃，前主兵，右蕃主後兵。《東晉紀》曰：　紫宫東蕃第一星名曰頭觀，主仁施。第二星名曰慶門，主義脩。第三星名曰泮星，主惠行。第四星名曰開蕃，主逆謀。第五星名曰龍登，主田農。第六星名曰敢星，主宫殿。第七星名曰光伯，主旱飢。第八星名曰熕光，主武兵。西蕃第一星名曰信黽，主禮德。第二星名曰桐陵，主智叙。第三星名曰紫光，主信貞。第四星名曰直門，主慶愛。第五星名曰姦星，主淫亂。第六星名曰梓明，主疾病。第七星名曰守門，主風水。《七曜内紀星圖》曰：　紫宫左第一星太一，居坐也，主文。右第一星，保臣之□，主武齊。甘德曰：　紫宫左右蕃者，君臣所守庭府也，主父母之象也。左第一星謂天宗，右第一星謂長垣。《勑鳳紀》曰：　紫宫左右十五星，主天帝之垣也，主四虚之政教堂也。《懸總紀》曰：　紫宫東蕃者主禾官，右蕃者主金官，左右中星主土官也。左右之垣皆名有各所主，占萬事一不失。

占紫宫

《黄帝》曰：　紫宫左右皆明光，經歲，天下昌，聖王執政，民人豐，君臣和平。

石申曰：　紫宫左蕃奄亡不見，經旬，天子失賢臣，期三年。

文卿曰：　紫宫右蕃運亡不見，經三日，天子失聖女，大將失封，不出一年。

《荆州》曰：　紫宫左右星均明盛，萬物昌，内外輔强。

郗萌曰：　紫宫左星不盛，左分野大亂，民飢，貴人亡，妻子大逃亡。右星不盛，右分野兵起，女后有喪，民不息，貴人走亡。

公連曰：　紫宫不明夕亡，兵倉開而天子失兵器，大將相攻擊，左右卒，士大飢死，不出半周。

《巫咸》曰：　紫宫左二星不見，經七日，太子遁逃，變其國。

紫辨曰：　紫宫左五星不見，經五日，讒臣殺天子，不出二年。

方朔曰：　紫宫左四星不見，世祖光武帝不出一年死，天下民飢。

陳卓曰：　紫宫右守門不見，天子以武德殺天下，期半周。

韓楊曰：　紫宫右二星陵夕不見，大陽弱，女主執政，任小人，不出一年。

卑竈曰：　紫宫不直曲，經七日，執臣不正，與諸侯同誅其天子。

占五星

子韋曰：　五星犯守留，陵左紫宫，天下不和，民移邑，坐期一年。

萇弘曰：　歲星、辰星犯守右紫宫，小國迫大國，期半周。

《定象紀》曰：　鎮星失度，留信黽，經廿日，女后有喪，民大飢，兵革起。

錢樂曰：　熒惑守右紫宫門，其邦大臣内亂誅君。右紫宫留，下州將軍内侵，天下大亂。

石申曰：　熒惑入紫宫中，天下免，九卿多死，天下失地千里。

占彗孛

《東晉紀》曰：　彗孛長五丈，貫左蕃第二星，其國大臣破關門，相攻擊，期一年。

《黄帝》曰：　彗星出紫宫左敢星旁，天下有奇令，内大亂，更王易政。

公連曰：　彗星守留紫宫左門，天子宫亂起，三公執政，相攻擊。

《荆州》曰：　彗星蜺入紫宫左右，其國謀變。

《春秋緯》曰：　星孛干紫宫，將有陰謀變。

陳卓曰：　孛星入紫宫左第四星，天下有大變，挍兵上殿。

《甘氏》曰：　白彗星貫紫宫左中央，其邦民疫飢並起。

《巫咸》曰：　彗孛星入紫宫右姦星、女宫，有逆女呑，天子坐床，期八十日。

《海中》曰：　彗星出紫宫左梓明，其邦春大旱，五穀不下，民飢，貴人賣衣裳，東西飢，南北疫疾，三兵並起。

占客星

《黄帝》曰：　客星入左紫宫中，其國有變，臣誅主，民有憂。

《荆州》曰：　客星赤入紫宫，天下亂，胡人大死。

《七曜内紀》曰：　客星赤守紫宫右門，天子走亡，女后有變，從其陰入，大臣有表。

《甘氏》曰：　客星入紫宫左，諸侯有哭泣，期一年。

《巫咸》曰：　客星守犯紫宫，臣殺君。色黄，其邦益地，天下有喜。

公連曰：　客星犯紫宫左右，其邦左右兵喪並起。若在旗間，車騎起，不出二年。

《勑鳳紀》曰：　客星青光守紫宫，守左頭門，其國五穀不收，火兵起，燒宫室，不出一年。

《三靈紀》曰：客星色白如太白，犯留紫宮右門，其國大臣姦淫其天子妾，期一年。

《西晉紀》曰：客星守紫宮，經歲積歲，客來，天下有賀慶，期二年。

占流星

《黄帝》曰：流星入左紫宮，天下有憂喪，民人哭泣盡□。

《荆州》曰：流星入紫宮右尾門，其國有兵喪，春旱秋水，五穀不生，天子有急，使兵，東西大驚，期百九十日。

《海中》曰：使星入紫宮左，匈奴强兵起，内侵，將軍戰吞血，不出二年。

陳卓曰：奔星入紫宮，天下大亂。青言憂，赤兵，黄土功，白喪，黑水。

紫辨曰：客星入左紫宮，中開蕃，天子使歸出，天子使到，期百九十日。

《黄帝》曰：大流星狀如馬，長十餘丈，色赤乍青，乍入蕃第二星，名曰滂亭，天下大飢，民亡。

《春秋緯》曰：使星出入紫宮右，其國無兵器。

《荆州》曰：奔星出紫宮中，諸侯失地，天子避其國，期二年。

《七曜内紀》曰：國皇星入守紫宮，其國大兵起，益地。

《勑鳳紀》曰：天棓守紫宮左門，經七十日，天下有重喪，君臣相攻擊，西北三公逃亡，不出二年。

軒氏曰：晉太康二年正月朔辛丑，天星衆流入西蕃，名曰譿流，天下大亡，天子失位，小人執政。

占雲氣

《黄帝》曰：赤白雲氣狀如飛鳥紫宮左垣，天子亡子，□宮中乳母死。

郗萌曰：黑青氣入紫宮中，内亂，臣多死。

石申曰：赤氣出紫宮左門，西方兵大起，宮中大愕，有立太子，期九十日。

《荆州》曰：赤黄氣潤澤，入紫宮，天子有喜，出紫宮中，天子用金錢賜諸侯美女。白黄氣潤澤，如刀劍入紫宮，天子有男喜。；狀如帚，有婦女喜。

司馬曰：白氣出紫宮中，有喪。狀如旗，有光起，宮上天子有大喜。近年。

《三靈紀》曰：赤黑黄氣迴旋紫宮左右，其天子宮口舌多起，姦女以毒酒死，期八十日。

《懸總紀》曰：五色氣貫紫宮左右，經三夕，其邦有喜，朝廷昌，民豐。

六十二、北極鉤陳

主北極，天中最尊。君鉤陳，妃輔陳。《東晉紀》曰：北極，大元之道也，天帝之位也，主五紀之象也，其細星，天之樞也，主攉度也，太一之坐也。第一星主日，帝王也。第二星主月，太子也。第三星主五星，庶子也。《三靈紀》曰：北極五星，主五音之門也，第萬物之發元庭也。中央星名曰北辰，主靈祭。第二星名曰北君，主天奉。第三星名曰亢鏡，主進祭。第四星名曰亢宿，主陽運。第五星名曰北天，主陰運。魯梓慎曰：北極五星，主五龍，其位指四方爲順運指，逆指四方爲逆，兵名冬有異。寅日高秦，卯日光信，辰日天心，巳日降光，午日靈門，未日季明，申日德門，酉日成兵，戌日將門，亥日兵害，子日仲兵，丑日天柱。魏石申曰：北極五星、鉤陳六星在紫宮中，主天聖，主三公之法奏上府也。鉤陳，天子護陳將軍士官也，主土精，主萬物之精也。《七曜内紀》曰：鉤陳，天子大司馬，主黄龍之位也，主天子後宮。《春秋緯表》曰：太帝之正妃也。《黄帝》曰：北極五星，主五方之君。鉤陳六星，主六運也，天地之元位也，故曰中天，主五德之象也。

《東晉紀》曰：北極曰星五位亡不見，經歲，天子以逆兵殺民，不理，刑罰之令行於百姓不正，三災並起，下賤迫君，遣其邦。

《春秋緯》曰：北極明星亡不見，其邦天子亡，天下大亂，諸侯三公走亡，百姓迷惑失門。

《黄帝》曰：北極第三星不見經旬，逆臣有朝誅其君，一東一西，兵盡起。

石申曰：北極五星明耀，而二夕五運，其君之德應於天，君臣行仁義。不明奄亡經旬，君臣不明，天下耗，五穀不下。

甘德曰：北極中央不明奄亡，天子不仁，政不正。右星不明奄，太子有喪。左星不明，庶子有病。

石申曰：北極星出星登明大動摇，天子好出遊。色青微，女后好私姦。

《巫咸》曰：北極一夕二運，色亡，天子失位，内亂數起。

《三靈紀》曰：北極傾位不登，百官謀誅其君，期一周。

《勑鳳符表》曰：極星顛亡，荒鬲不見，諸侯失位，天下以飢兵起。

《懸總紀》曰：北月星耀昧位，曲而經二旬，不節雪雨，傷五穀。

《定象紀》曰：北辰自斗星相去三丈，其大星位亡，天下大亂，百姓人相(合)[食]。

《河圖表紀》曰：北極自軍經一夕二運，不出二年，堯帝時赤龍負圖至，爲

大瑞，天下大喜。

《五靈紀》曰：北極暈光三重，二夕五運，高辛氏鳳鸞有德，民養不失時。

梓慎曰：北極位間不齊，傾分而不下，賊臣謀其君，有伏兵，自坎方起，不出半周。

卑竈曰：極第五星不動，静不運，鬲亡，勇臣遁謀其天子，女后以姦心，出入不時，不出一年。

占五星

《東晉紀》曰：五星犯乘北極庶子，經二旬，君失賢臣，國亡，期八十日。

《七曜内紀》曰：五星守犯乘北極月星，太子有罪所殺。犯亭星，庶子有咎所殺，有大變臣者，不出三年。

占歲星

《三靈紀》曰：歲星守留極星左，大臣有姦心，福謀其事必成，期一年。

《勑鳳符表》曰：歲星、草星、天極進退遲，天下大亂，三公諸侯多死。

公連曰：歲星吞極理經旬，左大臣謀變，殺諸侯，期百六十日。

占熒惑

《五靈紀》曰：熒惑犯左極星，小人讒，其女后執政。守極星，大臣殺主。

《七曜内紀》曰：熒惑入天極，大國有變臣，諸侯多死。留極第三星，女主有喪，天下民飢，走亡。

郗萌曰：熒惑入紫宫中，犯守陵極中星，其國有逆變者，近臣相攻擊。

《黄帝》曰：熒惑出天樞，其國大兵盛於野，三公相攻擊，民人多死。

紫辨曰：熒惑入守極星，奸臣誅謀女主，期二年。

占填星

《三靈紀》曰：填星蝕北辰第五星，强兵入宫中，以火相攻擊。

公連曰：填星失度守極星，女主以姦淫死，宫女多乳死，期八十日。

占太白

《東晉紀》曰：太白吞極星，大臣食天子，期一月。

紫辨曰：太白守犯極二星，五大臣謀其君，猶兵，不出半周。

公連曰：太白星芒角入極星旁，經七日，太子宫集賢臣，謀其國，期三年。

《七曜》曰：太白舍居樞下芒角，赤，其國大兵起，將軍失地千里。

占辰星

郗萌曰：辰星流守北極，天子失坐床發紀死。

《黄帝》曰：辰星犯留極樞下，經二旬，東方民(夕)〔多〕飢；北方多客水，道不通；西方有病；南方大旱，穀燋。

郗萌曰：鉤陳星盛，天子輔强。小微，即輔弱。

石申曰：鉤陳星欲其光明燿美，天子在右强。其微細色黑，左右弱，天子不用諫，佞人登位。

《巫咸》曰：鉤陳星位避不見，女主有惡病。

公連曰：鉤陳第一星亡不見，兵陳庭，弱軍大破。

紫辨曰：鉤陳六星不見，經一旬，大國失地千里，三公諸侯多戰死。

卑竈曰：鉤陳不見，朝廷空，君臣不集，不出三年。

梓慎曰：鉤陳三公星亡不見，陶唐氏有兵，三臣俱戰死。

《定象紀》曰：鉤陳位去隱弊，天子之堂有逆臣。

卜偃曰：鉤陳不如常色，顛迴不見，諸侯謀姦心，與近臣，期七月。

占熒惑

《七曜内紀》曰：熒惑守鉤陳，天子有喪兵。

《黄帝》曰：熒惑吞鉤陳坐下，女主任胎壞死。

文卿曰：熒惑犯入鉤陳，弟殺兄，女主誅天子。

占填星

《東晉紀》曰：填星守鉤陳，天下悖兵多起，上下失禮，民人飢，期二年。

《黄帝》曰：填星入鉤陳中經旬，下臣陵上臣，不出二年。

占辰星

《三靈紀》曰：辰星入犯鉤陳，天下大水，傷五穀，民人門亡，貴人多死。

占彗孛

《勑鳳紀》曰：白彗星長丈餘，貫極星，經三旬，天子以暴兵殺廿大臣，民分離，逃亡。

《三靈紀》曰：彗星貫極星，其國多盜姦，貴人飢死。

郗萌曰：彗孛入樞，名人兵起相(侏)〔誅〕天下大亂。

《荆州》曰：五彗星刺天樞，天子滅六星侯，相屠。

班固曰：彗星入極星，經六十日，其國雪霜下，不節，地動山崩，有喪，不出二年。

《東晉紀》曰：彗星長五丈，貫鈎陳口中，天子無罪殺。雷霹靂，大風，雨不時，天下五穀不登。

《春秋緯》曰：彗星入天樞，五霸起，帝王亡，貴人争國，小人讒言多起。

《巫咸》曰：彗孛守鈎陳，天下大飢，土功事起，不出三年。

陳卓曰：彗星色黑，貫鈎陳門，君臣飢死，期百九十日。

皐竈曰：彗星長二丈，貫鈎陳第三星，不出三年，前漢太祖高帝崩。復年四月，雨道路不通，穀不下，秋分倉空，民飢。

韓楊曰：彗色赤，大光，貫鈎陳，不出二年，惠帝元康三年地動，女后有喪，諸侯逃亡，貴人飢。

《河圖表紀》曰：黑色，赤，交彗星，長一丈餘，貫鈎陳中，其今大旱，大將軍戰流血，期二年。

占客星

《三靈紀》曰：客星守北極，女坐有驚事，期六十日。

《黄帝》曰：客星犯北極月星，天子有疾病，大赦。

石申曰：客星見北極，帝王暴驚，宫室自亂，天下道塞。

甘文卿曰：客星入天樞中，其君有喪，小人多死。

《黄帝》曰：客星出北極辰第二星旁，其君出德令。赤客星出天樞，天下兵盈野，其國大敗，將軍死。

《巫咸》曰：客星犯守乘北君，經旬，貴人有喪，諫臣有變者，太子有咎過死。

《荆州》曰：客星舍北極，四夷來，胡王有死。若守天樞，其國兵大，猶更王，大臣誅。

公連曰：客星飛行色黑入，正妃，其國有大變，臣，女后有喪，期半周。

石申曰：客星色赤，入北極第四星，留經旬，姦刀有殿旁候其天子。

文卿曰：客星蒼微紉石離極中失星，宫女姦候女后，殺刀有宫殿東，期百六十日。

石申曰：客星色青白，入鈎陳，大司馬有喪；出鈎陳，中軍破，將軍有死。色赤，兵内亂，大司馬戮死。出赤鈎陳，將軍大戰有功。黄白星入鈎陳中，天子立大司馬，出鈎陳，將軍不戰，兵在外罷。黑星入鈎陳中，大司馬兵溺軍中。

《東晉紀》曰：客星守犯鈎陳，經六十日，其國地動山崩，民人走亡。

《勑鳳符表》曰：客星犯鈎陳，經廿日，女主自經死，宫内大驚，期七十日。

《黄帝》曰：客星入留鈎陳口中，不下三月，天子後黨有變者，期八十日。

占流星

《黄帝》曰：大流星光而入北辰府顛，大兵起。出極星，其國地動，道傷，多水。

《荆州》曰：使星色赤，出極星，兵在外罷；入極星，暴軍來内侵。

《三靈紀》曰：流星色黄白，觸日星，天子有狂病，大赦，期八十日。

《懸總紀》曰：流星前赤後白，大光而入北極中，急兵内，宫中天子愕，兵盡起戰，大將吞血，不出一年。

紫辨曰：奇星貫極星，强臣吞其國令。

皐竈曰：蓬星犯極星，經二旬，不出一年，安帝維變政而兵革動，衆庶勤勞。

梓慎曰：流星大光，貫北極樞，下賊諸侯誅其國，失地千里。

《荆州》曰：大流星入鈎陳口中，必有迫劫主者。出鈎陳中者，三公迫據其君。

《黄帝》曰：流星蒼、白、黄，交而貫鈎陳，其國君臣不悟，終至敗亡，期八十日。

公連曰：使星入鈎陳中，君弱臣强，司馬將兵變，征其主，期三年。

紫辨曰：天狗貫鈎陳，其國天子適爲庶人，妾子爲嫡子，宫中流血，男女相攻擊。

方朔曰：流星長三四丈，赤光見人面，入鈎陳中，不出五日，皇太后以憂崩，諸侯作亂。

占客氣

《東晉紀》曰：黑赤氣貫北極，二夕一運，天下且飢，貴人於市賣衣裳，期八十日。

《三靈紀》曰：赤白氣入北投第三星，旋轉經五辰，宫女多死，期半周。

《荆州》曰：蒼氣入天樞中，天子疾；出天樞，其禍除。赤氣出天樞中，兵起，車騎滿野。

石申曰：雲氣狀如飛鳥，繞旋北坎中央，其國有逆臣征君。

郗萌曰：黄白氣入天樞中，天下有喜，賜諸侯王。黑氣入極星中，貴人有

喪，期一年。

《五靈紀》曰：雲氣赤、白、青、黄，狀如人、馬、牛，繞北極五星，天無雲，經七辰，宫女呑天子以毒酒，不出一年。

卑竈曰：白黑氣入繞極星，經六辰，妾以姦淫征適宫，期百九十日。

《勑鳳表》曰：五色氣旋轉北極，經一夕，天下有聖德王，不出二年。

《三靈紀》曰：赤白青氣入鈎陳中，大臣有姦心，征其女宫。

《荆州》曰：青白氣入鈎陳中，大司馬有喪。出鈎陳，軍破，將死。赤氣入鈎陳中，内亂，大司馬戮死。出鈎陳，大戰，將軍有功。黑白氣入鈎陳中，天子立大司馬；出鈎陳，不戰。置氣入鈎陳中，大將軍溺軍中。

《黄帝》曰：白赤氣狀如人船繞鈎陳，經之辰，其下有拔城，大戰。

《懸總紀》曰：赤氣如血流照地，入鈎陳，其君失道德，亡。

六十三、天一

主天一，天帝之神也。主戰鬭，知人善惡之也，主兼神也。一名平門，一名武調。魏石申曰：天一一星在紫宫門。(在)〔左〕星南，主天奉坐也，故紫宫門，右星同度共用。《東晉紀》曰：天一星主珍寶之藏也。

占天一

石申曰：天一星欲明而有光，則陰陽和，萬物成。

《三靈紀》曰：天一星不位亡奄，天下不安以飢，兵所迫其君。

《黄帝》曰：天一星不見，經二旬，太子失坐，大臣出入作姦。

《荆州》曰：天一之坐蒼黑，亡鬲不正，女坐有病。

石申曰：天一坐亡不見，經六十日，其國亂臣起，天人去其國，蕃遁逃。

文卿曰：天一星三月不見，周武王失位，民分散，期一周。

《巫咸》曰：天一星運陵一辰避位，其君有逆女，失地，期半周。

占熒惑

石申曰：熒惑守天一，臣殺其天子。

占太白

《三靈紀》曰：太白呑蝕天一，經五辰，天子以姦兵征諸侯國，車騎盡起。

公連曰：太白守天一星，大臣殺將軍，不出二年。

占辰星

《勑鳳符表》曰：辰星守天一，五霸起，天子亡位。

占彗星

《黄帝》曰：客星彗孛干歷天一，則宫門閉，王者内不安，近臣亂，不出三年。

石申曰：彗星犯天一坐，君臣俱衛，出入不平，民飢，貴人不息。

占客星

《荆州》曰：客星入守天一坐，五穀大貴。

《黄帝》曰：客星犯天一坐，客軍退，主人軍退，期八十日。

《三靈紀》曰：客星微小守天一坐，諸侯有死，期百八十日。

《甘氏》曰：客星犯平門，君失門，臣失封，不出三年。

卑竈曰：客星色赤，大光，犯武調，太子與三公戰鬭。不息。

占流星

《東晉紀》曰：大流星長三四丈，入天一旁，不出一旬，大臣有病，大赦。

《黄帝》曰：流星入天一，三公死；出天一，諸侯死。期半周。

六十四、太一

主太一，亦天帝之神也。主使十六神，主風雨、水旱、飢饉、疫疾，災害所在之知也。魏石申曰：太一一星在天一南，相近太一，主兼神。斗爲帝，居太一。天一，君所命，故日兼神也。

占太一

《懸總紀》曰：太一坐，主天心，主田武天梁之庭也。

《黄帝》曰：太一亡位經旬，君使諸侯，道中死。

石申曰：太一星明，去不明，惡君，臣有受。

文卿曰：太一位離避不見，女黨有喪、哭，期七十日。

《春秋緯》曰：太一離位而亡，奄不出九十日，兵起，伐北方。

《荆州》曰：太一星失位，天子有所之未及，諸侯相攻擊。

公連曰：太一流而不見，女主於宫外作姦，出入不時。

占流星

紫辨曰：流星入太一，南方有變臣者，期八十日。

公連曰：柱矢守太一，經六十日，其國百姓動，兵不安，將軍不息。

卑竈曰：天震貫天一、太一間，住多，其國大飢旱，民疾疫，三將軍出，大戰流血，不出三年。

 廿九、河鼓左旗

主左旗，軍綱紀也。齊甘德曰：河鼓左旗九里在河鼓左旁，主幽谷阻險隱逃，主軍。左旗，主左將之旗也，主知勝負，主風雲候，一名天旗，一名天軍。《東晉紀》曰：河鼓右旗失位指，大將無勢，其旗所指，擊大勝。《黄帝》曰：武兵急急興，旗不動，大勝。旗動摇，色亡明(奪)將失(奪)勢。春夏，軍視左旗憂；秋冬，軍視左旗其色以變占，萬事不失一。

占月行

《甘氏》曰：月犯左旗一夕，城軍大亂，内外率士逃亡，期一旬。

《巫咸》曰：月觸犯河鼓左旗，色動摇，奄外軍急來，先戰擊大勝。

公連曰：月呑左旗奄，勇將急詣，擊其城，大勝，期百廿日。

占五星

卜偃曰：歲星熒惑守犯河鼓左旗，逆行失度，守河鼓大星，不出二旬，大將軍擊其内，有急兵合，相亂。

卑竈曰：填星、太白、辰星留守犯右旗，其國三郡民大亡，貴人失位。

梓慎曰：太白、辰星呑犯左旗三星，經旬，保宿舍左〔闕〕。

應邵曰：驚理星見左右旗間，經三日，外夷詣，歲飢，必亡位。

占客星

紫辨曰：司姦星守左旗，經六十日，青州有兵，大臣死，其郡民飢。

公連曰：客星守左旗，角鼓大興，都懸大愕，期六十日。

方朔曰：客星色赤，犯左旗，其分野有傍水，道不行，不出一年。

《海中》曰：客星入留左旗中，且宫中姦，有女子潛天子，期五十日。

仙房曰：光照星見左旗中，下賤謀其天子，貴女出入慎，北方有兵，西方飢，萬民失門。

占流星

《東晉紀》曰：流星入左旗中，其分野皷節興，諸侯車騎大敗。

公連曰：流星赤光入左旗，軍大散，關閉内，食絶，期廿日。

紫辨曰：流星出入左右旗之間，大將與三公相攻擊。

尹宰曰：軀隱星見左右旗間，不出七月，逆人將從内戚起。

占客氣

《東晉紀》曰：黑白氣迴左右旗中，國將大戰。

《甘氏》曰：赤青氣貫左旗宫中，鼓角且起，内外大愕。

《巫咸》曰：黄白氣入右旗中，大將有喜，登位。

公連曰：白赤青雲氣貫河鼓左右旗，急喪有宫中。

卅、天鷄

主天鷄，軍鷄，主萬民。《三靈紀》曰：天鷄，主天下進退，主兵武。一名金鷄，一名天鷄。齊甘德曰：天鷄二星在狗國北，天鷄伺且審夜省時，主五德，故晉武以辰卜，萬事(一)不失(一)，故曰時鷄。《勑鳳符表》曰：天鷄主天下掃，主文理，故上古人等以鷄鳴定天理。公連曰：天鷄鳴天下，鷄鳴以德養民，故誦天表謂星鷄也。

占天鷄

《甘氏》曰：天鷄一星不見，天下無臣。二星不見，君臣俱亡，民逃散。

《黄帝》曰：天鷄明光經歲見，君臣以正理教令太平，萬民豐。

《巫咸》曰：金鷄色倉，變微細不明，女堂不正位，宫女有濁心。

公連曰：星鷄不見，天下大亂，君臣俱弱。

占月行

《甘氏》曰：月入天鷄，侯王失位，君出入，奪民田農。

《東晉紀》曰：月犯金鷄，君民産業不脩，好田獵，兵革起。

占彗星

紫辨曰：白彗星出天鷄則守建星，經六十日不出，二月外夷民人相攻擊，其歲飢。

占流星

《甘氏》曰：流星入天鷄，德臣有喪。出流星，貴女有喪，不出一年。

卅一、羅偃

主羅偃，靈神之精也。齊甘德曰：羅偃三星，在牽(中)(牛)東。羅偃紫雍，激内注渠，津度同制令偏，主居起，主天使法度。一名羅門，主水官，主斬殺。一名羅殺。《九州分野星圖》曰：羅偃，天下五亭境也。春登官，夏亡位，秋進位，冬運門，常以四節候占吉凶。

占羅偃

甘德曰：羅偃明，諸侯登；奄不見，侯王有喪。左一星亡，經二旬，不出一年，周有大驚。

《巫咸》曰：羅偃三星不見，其國有水災，賊人多起。

占客星

《東晉紀》曰：客星守羅偃右星，不出二年，里邑中有諍田宅者。

《甘氏》曰：客星入守羅偃，貴人自經死，期廿日。

卅二、市樓

主市樓，天子樓市府也，天珠玉金錢府也。齊甘德曰：市樓六星在天市中，臨箕。市樓主升斛，量尺寸分銖，主律度、同制令編。市樓主外食，嗇夫主賈布司，一名市食，一名靈市。《東晉紀》曰：市樓，天之主萬物府也，主陽樓。

占市樓

《甘氏》曰：市樓不正失位，市司有死。色亡，不見市，且亂，期旬中。

郗萌曰：市樓不具者，天子幣，大亂。忽然不明，其國賦斂不息。

石申曰：市樓左三星奄陵，天子交易不理，正以食，民人憂。

公連曰：市樓春奄位，天下有狂女，市中大亂，貴人憂。

占五星

郗萌曰：歲星熒惑犯乘市樓，天下政更，侯王執筆，民人憂，天下兵興，相攻擊，不出二年。

公連曰：太白散光，並見市樓中，臣變，其令命不行，北方有大戰，誅朱，相易令，不出三年。

占客星

紫辨曰：客星守市樓，天子市易政。客來入市，期九十日。

公連曰：客星犯市樓中，侯王市中死，客軍在邊。

占流星

《甘氏》曰：流星使星入市樓中，盜賊入市，政亂，家珍寶，期八十日。

《東晉紀》曰：天狗入市樓，市司有急令施，刑罰行。

公連曰：流星貫市樓中，有市中變臣者，不出半周。

卅三、斛星

主斛，萬民律度，定市司。齊甘德曰：斛四星在市中外，南斛主衡量，外尺寸分銖，主市中掃清拾，集交易庭也。一名拾會，主養食。《東晉紀》曰：斛星主萬物，內出庭，主善惡撰庭也。

占斛星

《甘氏》曰：斛星色如常，市令不易。色明光經旬，市令易，市司移徙，期百九十日。

公連曰：斛星具不見，外量尺寸分銖，大亂，交易之令不定。

紫辨曰：斛星速速明，經六十日，市有殺者，從女宮起。

占客星

《東晉紀》曰：客星守斛星，市中有貴客謂，期一月。

占流星

公連曰：流星色赤，長一二丈，入斛星旁，富臣入市交易正理，市中有喜。出流星斛旁，市物暴出當，賈不理。

卅四、日星

主日星，天下所照也。《東晉紀》曰：日星主萬光神之首也，故日謂一耀，有三足烏，主金光齊。甘德曰：日一星在房中道日前，星照德令，燿生飛烏，一名日光，主三光也。

占日星

《甘氏》曰：日星不見，天子失位，臣亡政，天下大亂。

公連曰：日星如太白，經七日，不出二年，其國有聖王，天下太平。

紫辨曰：日星常以三奇月色變失位，三辰常所變也，不災象。以五陵月失位，天子急避宮，賊侯王從震起誅擊，期二旬。

卑竈曰：日星常以秋陵奇月，光明大見，漢武帝爲瑞，不出二年，有玄龜，大赦天下，萬民安寧。

占熒惑

郗萌曰：熒惑守犯日星，其國有大賊，父子相攻擊，不出一年。

公連曰：熒惑驚理，俱並見日星奇則犯房第一星，不出一年，秦滅，民飢，四方分散。

占辰星

卑竈曰：辰星犯日星，四夷削地，大將爲變，與天子相攻擊。

占客星

班固曰：客星守日星、房星之間，臣姦謀，內暴誅，殺其君，期一年。

石申曰：客星犯日星，留經十日，天子宮有病死者，不出半月。

占流星

《東晉紀》曰：使星流星入日星旁，客急詣獻珍寶。出日星旁者，夷來内侵，不出六十日。

《勑鳳符表》曰：司姦星見日房星旁，不出一旬，朝廷有耶臣殺忠臣，期二旬。

卅五、天乳

主天乳，太子母也。《三靈紀》曰：天乳，主黄帝乳婦，主盈損增減也。齊甘德曰：天乳一星在氐東北。天乳主甘露醴飴脯，主白帝，主萬生含食。《東晉紀》曰：天乳主軒皇府庭乳也，一名天母，一名乳官。

占天乳

《黄帝》曰：天乳失位，太子死五亭，宫有喪哭，臣不息。

紫辨曰：天乳奄亡失位，大夫欲逆乳母，交兵血，期九十日。

公連曰：天乳不見經歲，天子不明，臣家作姦犯，相攻擊。

石申曰：天乳明，大光，如熒惑，天子乳母有喜，立侯王，不出一年。

《甘氏》曰：天乳不明，色黑奄，乳婦有疾，期半月。

占客星

公連曰：客星犯天乳，客太子奪乳母，期百廿日。

紫辨曰：客星色赤，大守天乳日星之間，其國女婦多死。

占流星

《東晉紀》曰：流星貫天乳，宗廟不謹，臣武大起，宫女多死。

紫辨曰：大流星光入房星日星間，光昌天乳，封女失位。

卅六、亢池

主亢池，萬氣出入門也，主三靈之門也，天子菀池也。齊甘德曰：亢池六星在亢北，主不居換從逆家。殷巫咸曰：亢池一名女津，一名亢星，臣津之兩端也。

占亢池

《黄帝》曰：亢池色黑赤陵嘖者，天下道不通，諸侯多亡。

《甘氏》曰：亢池去位在外道，漢帝無德，侯王執政，不出一年。

公連曰：亢池細微不明，君臣不平，宗廟壞，盗賊並起，内外大驚。

仙房曰：亢池失位，女帝不忠。明，宫中多疾疫，妖言起。

占五星

《黄帝》曰：熒惑、(慎)〔填〕星守留失度亢池，不出二年，天下暴兵起，失地。

《甘氏》曰：填星、辰星暈，亢池失度，漢軍大破，侯王入河死，不出三年。

占彗孛

《勑鳳符表》曰：掃星貫亢池，其讒臣起，民飢，下臣嘿欺其天子。

公連曰：彗星入亢池，客軍道絶，封臣益地，不出二年。

占客星

紫辨曰：客星黑，細微，守亢池，其國〔有臣〕入池河死，(有臣)期一旬。

方朔曰：客星見亢池中，天子且有病，宫中有毒水，下賤盗宗廟。

占流星

京房曰：流星出入亢池中，君聽讒言伐臣，流千里，期八十日。

《春秋緯》曰：白流星辰二丈餘，貫亢池，宫中有陰謀，事不成，臣死。

《海中》曰：流星色青赤，光從亢池起，入攝提之間，諸侯以逆謀吞天下。

占客氣

《荆州》曰：客氣色青赤，入亢池，一夕二運，宫中小女暴死，期一旬。

公連曰：黑白氣迴亢池，侯王作毒水，謀天子，不出一年。

卅七、漸臺

主漸臺，四靈之集臺也，主靈樓臺也。《東晉紀》曰：萬精之集庭府也。齊甘德曰：漸臺四星在織女東足，主守漏軌律災。《九州分野星圖》曰：漸臺春指逆謂漢消，主兵；夏運衝主喪；秋失避主飢水；冬不見主賊刑。故卑竈曰：春秋謂星德萬物，出入門也。夏冬謏伏歸，二陰遁門也，常以三光三辰之象者，視漸臺旁占，一不失。

占漸臺

公連曰：漸臺左一星謂輔神，若色明大，則君臣得天心，百穀昌豐。

紫辨曰：漸臺具不見，天子樓閣折破，宫中多有死者，不出半周。

《黄帝》曰：漸臺二星失位，三公有喪，秋多水，北方民飢。

《海中》曰：漸臺色奄登昌光，其國邑小子争鬭起，樓亭登辭，天下大驚，三陰二會，有兵起。

占五星

《東晉紀》曰：歲星太白守吞漸臺，其國卅星，内有伏兵相攻擊。

公連曰：熒惑、辰星入留漸臺，經旬以上，太子有喪。廿日以上，女后有

喪，父子相攻擊，君臣争位，期百九十日。

占掃星

公連曰：掃星貫漸臺，春大旱，夏穀不生，三災並連，不出一年。

紫辨曰：彗星色黑貫漸臺，辰星爲變，天下君臣飢，水災多，民人傷害，六畜狂走，宫中淫泆起。

占流星

公連曰：流星入漸臺中，天子使諸侯爲疾，京都死，不葬，子孫絶亡。

卜偃曰：獄漢見漸臺中，大雷霹靂爲災，殺人民，不出半周。

占客氣

應邵曰：白黑氣入漸臺，急兵内宫中，姦刀有側候君出入，期半周。

子韋曰：赤黄氣迴轉漸臺，大臣有憂，退；誅外大將，期半周。

卅八、輦道

主輦道，天子之逍遥宫也，主御駕、賀賞、奉德、喜樂。齊甘德曰：輦道六星在織女西足下，主逍遥、優遊、和行。《東晉紀》曰：輦道，天子主妾房、春秋宫也。《春秋緯》曰：輦道一名妾宫，一名遊宫，主君臣德盛庭也。

占輦道

公連曰：輦道明，大君後宫正忠。不明、奄冒不見，姦淫起，通外臣。

紫辨曰：輦道失位，具不見，天子於後宫災火起，期旬中不出。

占彗星

《甘氏》曰：彗星貫逍遥宫中，有飢死者，不出二年。

紫辨曰：孛星、掃星貫輦道，經旬，奸臣有側刀武起，不出二旬。

占客星

《海中》曰：客星守輦道，賢臣詣執政，不出一年。

《荊州》曰：客星犯輦道中，勇臣誅内，期半年。

郗萌曰：客星色黑，守輦道市中，有殺女者，客馬道中多死。

占流星

公連曰：流星入輦道左右，出左右，其國左右臣誅其天子，期半年。

挺生曰：流星色白入輦道右端，吴越有暴兵，大風發，隨風逐擊，大將勝，民人多亡。

占客氣

公連曰：黑、白、赤氣迴旋輦道，客軍大敗，主人負，失地。

卅九、三公

主三公，内將軍，主天下精知。齊甘德曰：三公三星在北斗柄東南，主宣德。奏杓匡衡、巫咸，一名三臣，一名德臣，土門臣，一名三門，主納德，主運度門也。

占三公

公連曰：三公明大，天子堂有喜；不明，後宫有憂，哭臣不息。

紫辨曰：三公具不見，逆臣謀外，誅其君。

陳卓曰：三公一星不見，太子有疾，不出一月。

《荊州》曰：三公爲天目將，若失位，入杓近，經旬，大將虜兵罪，流千里。

占客星

《春秋緯》曰：客星守三公，色亡昌，宫中有愕哭聲，五殘星曰：客星環亡，三公、天子有喪。

占流星

《海中》曰：流星入三公，客諸侯内宫。出流星三公旁，入斗魁，大臣有擊者，不出六十日。

玄龍曰：流星赤，大，入三公旁，外國使來，車騎起，期七十日。

卌、周鼎

主周鼎，大賀樽也。齊甘德曰：周鼎三星在攝提西。周鼎主酒樽，德集缶，主三靈精樽。一名靈樽，主萬民之集樂，主候德庭。

占周鼎

公連曰：周鼎色不正，指位奄亡，小人讒天子，侯王執政，不出一年。

紫辨曰：周鼎不見，天子湯亭大敗，不出二年。

陳卓曰：周鼎指逆，春冒色不見，天子門不開，下臣争官庭，不出三年。

占流星

公連曰：流星入周鼎，天子兵器倉敗，後宫竈鼎壞，不出一年。

紫辨曰：白流星出周鼎旁，入右角旁，姦臣入門，謀欺其君，期九十日。

四十一、天席

主天席，幽武坐也。齊甘德曰：帝坐三星在太角北近帝坐，設席讌獻酢酬。《春〔秋〕緯》曰：大角者，天王席，爲坐候也。

占帝坐
公連曰：帝席失位，天子無勢，臣强，命不聽，令不明。
《甘氏》曰：天席二星闕亡不見，天子堂見血政，期二年。
昆吾曰：帝坐色亡冒，兵起，民流亡。
萇弘曰：帝坐色明，大宫門有喜。不明經旬，朝廷有擊者，期二年。
占五星
梓慎曰：熒惑、太白守帝坐，其國相伐，郡□□□氣負。
韓楊曰：填星、辰星犯守天席，天子有患災，徙宫，侯王候其君出入，不出二年。
占客星
公連曰：客星犯帝坐，女主有喪，期百七十日。
石申曰：客星守帝坐，謀臣在外。
占流星
紫辨曰：流星入帝坐，其國兵災起，五穀不下。
《海中》曰：流星色赤，光貫天席中，不出二年，光武帝失位。
四十二、天田
主天田，天下理刑獄也。齊甘德曰：天田二星在右角北。天田，界縣邑正耶，主部境兵候。魏石申曰：右角主衛守，爲北門將軍也。主守兵，主陰道。一名天殿，一名天衛，主三光之道也。
占天田
公連曰：天田不見，天下耶臣絶道，其國大亂，君臣失禮義。
紫辨曰：天田一星失位，經三辰，陰臣有姦，繁濁心吞天子。
占月行
卜偃曰：月犯天田，女后有喪，不出二年。
卑竈曰：月觸天田，大臣通女主，不出半周。
占五星
《東晉紀》曰：太白、填星守犯天田，君子失門。
占客星
錢樂曰：客星守天田，坎方有臣變，軍大敗。
占流星
長武曰：流星入天田旁右，大將有憂。出天田旁入房星，天子有喪，不出半年。
四十三、天門
主天門，一光道也。齊甘德曰：天門二星在左角南。天門客應對無疑，主南門守將軍，故曰天門，左角爲相輔也。
占天門
公連曰：天門二星明，諸侯登位，南離衛門有喜。
紫辨曰：天門不明，細微冒奄，門守不正，作姦犯。
《甘氏》曰：天門失位，三陽有謀事者。
占月行
《東晉紀》曰：月犯天門陽，臣與陰臣謀君，不出一年。
石申曰：月宿天門，大臣有咎誤悖，不出一月。
占五星
萇弘曰：歲星、太白守留天門，下賤陵上，民人奪地，期三年。
應邵曰：熒惑、填星守舍天門，大臣誅侯王，期一年。
占彗星
《勑鳳符表》曰：彗星貫天門、角間，君不理以貪，行刑罰，萬民分離，貴人飢亡。
占客星
公連曰：客星守天門，色蒼，大，耶女失地。
占流星
紫辨曰：白流星入天門，其天子妾有喪。
四十四、平道
主平道，三光道也。齊甘德曰：平〔道〕二星在左右角間。平道，陰道從徹賓踰，主理道逆道，主中門左右角之輔臣也，主知五表七步之順逆也。
占平道
《東晉紀》曰：平道不見，天門不明，君臣不〔知〕〔和〕。
公連曰：平道明大，則君臣法令正理，朝廷有忠臣。
《三靈紀》曰：平道不見，經一歲，不出一年，後漢光武失政，天下民人飢亡。

占月行

《勑鳳符表》曰：月犯平道，君内貪耶，百姓哭聲不息。

《五靈紀》曰：月吞平道，天下大亂，女宫有姦人，期七十日。

《定象紀》曰：月犯平道，武帝大始五年八月，吴起有兵，王死。

占五星

《河圖表紀》曰：歲星、熒惑守留平道，經七十日〔闕〕。惠帝元康元年十二月，填星、辰星守陵天平道，臣冒君，令不行。

石申曰：太白失度，犯平道、留角間，經五十日，照明見天田旁，其國天子宫見災血，君臣失道，天下有兵，破亡其地。明年，司馬越暴戮人。

占客星

陳卓曰：客星入平道，强軍内門，不出一年。

占流星

公連曰：流星長三四丈，地所照赤入平道，天下有立，王、諸侯爭爲帝。

四十五、進賢

主進賢，昌議也，主喪水祥候。齊甘德曰：進賢一星在平道西北。進賢，卿詳理序選舉。

占進賢

公連曰：進賢奄陵，其國水災起，五穀不下。

紫辨曰：進賢明，侯王爭德失封。

陳卓曰：進賢避位一辰，女主有喪，大將謀不成。

占流星

《河圖表紀》曰：流星入進賢，外國使内宫；出進賢，天子使死，不出半周。

四十六、謁者

主謁者，惠集守節也。齊甘德曰：謁者一星在左執法東北。謁者。主衛使治脩也。

占謁者

石申曰：謁者登飛，天下有慈女法登。

公連曰：謁者運掩，三公有勢爭，令更改。元年〔闕〕。

四十七、三公内坐

主三公内坐，天子遊坐。齊甘德曰：三公内坐三星，在謁者東北。三公，主文德象脩也，主五穀。《東晉紀》曰：天三公坐者，主天子後府坐也。

占三公内坐

甘文卿曰：三公内坐不見，經六十日，君遊門有伏兵，殺文武臣。

公連曰：三公内坐色明，大，有匿臣殺君。

紫辨曰：三公内坐，暈有青氣，女后後宫掩臣德，奪地。

占熒惑

公連曰：熒惑守留三公，天子宫内入姦兵，内亂，不出三年。

占客星

紫辨曰：客星犯三公内坐，其國穀不收。

占流星

公連曰：流星入三公内坐，賢臣有疾病，不出九十日。

主九卿内坐，九大夫坐列。齊甘德曰：九卿内坐三星在三公西北，主書武官也，主兵官食衛也。

占九卿内坐

公連曰：九卿内坐淩奄，大子死，左右卿夫有憂。

紫辨曰：九卿内坐不見，色奄變，經三辰，赤黑氣冒下，臣且執式，有位變者。

《海中》曰：九卿色赤，迴位運亡，女主執政，失道，不出一年。

四十九、内五諸侯

主内諸侯，内士拾行也。齊甘德曰：内五諸侯五星在九卿西北，主五陳發門也。

占内五諸侯

卜偃曰：内五諸侯失位不見，陽相謀君坐床，不出一年。

五十、太子

主太子，戈武陳府坐也。齊甘德曰：太子一星在帝坐北，主侍坐也。

占太子

公連曰：太子登陵不見，宫中有半臣伐佞人，期亡十日。

五十一、三老

主三老，壽延候德也。齊甘德曰：三老三星在内五諸侯北，主老公，一名長遠。

占三老

《三靈紀》曰：三老，天下國老，法初庭。若三老遷色失位，經旬不見，天下老公多死，勞臣失位。

五十二、從官

主從官，兵革水道也。齊甘德曰：從官一星在太子西北，主上奏門也，常陳五四者列居。

占從官

《東晉紀》曰：從官色明，大，經七日，女宮小子死，大臣嗑呈且驚。

公連曰：從官不見，臣家不正，作耶迫。

五十三、幸臣

主幸臣，衛坐。齊甘德曰：幸臣一星在帝坐東北，侍坐後，聚凡三公、九卿、謁讃、諸侯、太子、幸臣，皆無占列辭。

五十四、明堂

主明堂，教堂仁義禮信。《東晉紀》曰：明堂主圖印，府官也。齊甘德曰：明堂三星在太微西南角外。明堂，顯化崇、盡孝慈。

占明堂

紫辨曰：明堂三星不明，孝令不正，封臣不聽其天子命。

公連曰：明堂失位，天子無正令，臣遁亡。

卑竈曰：明堂不見，天下君臣法令不行，上下失禮。

占客星

長武曰：客星守明堂，客軍入國，教堂大敗。

占流星

《九州分野星圖》曰：流星入明堂，天子令不用臣。出明堂旁，忠臣背其家。

五十五、靈臺

主靈臺，天子之府台也，主孝文。齊甘德曰：靈臺三星在明堂西南。靈臺孝府，居高察微，表德嘉賓肅枵。《東晉紀》曰：靈臺主君勢，命德宣，一名雲樓。

占靈臺

紫辨曰：靈臺失位，陽臣戒女主執政，外戚有背叛之心。

公連曰：靈臺不見，天子失厚令，下誅上。

卑竈曰：靈臺冒奄，經五十日，佞人與賢争權，不出一年。

子韋曰：客星色赤，大如熒惑，守靈臺，不出一年，臣易政吐。

韓楊曰：客星犯靈臺，天下兵興，有女后喪。

占流星

《勑鳳符表》曰：大流星入靈臺中，宮女子必有諍嫉者，從女宮起喟。出靈臺旁，入太子房，陰臣争土，民哭分離，不出二年。

五十六、粱星

主粱星，强兵正息也。齊甘德曰：粱四星在太陽守西南。粱不專事，相命御之。《東晉紀》曰：粱星主天子强武府。春運嘖，主天下武動；夏表嘖，九州民人咸驚走連。

占粱星

公連曰：粱星明，光，君命府正理。不明、微細不見，法令不用，更臣易政。

占彗星

紫辨曰：黄彗星貫粱星，天下有貴臣執政，更出德令。

占客星

玄龍曰：客星犯粱星，其國邊有急令，戎馬興武，近臣爲病，不出一年。

占流星

卑竈曰：流星入粱星，有喪兵，不出半年。

五十七、内平

主内平，天子奏事。齊甘德曰：内平四星在中台南。

陳卓曰：在下台南内平，審決獻，請禮書，一名内弁，一名内司，主内外辭知也。

占内平

公連曰：内平色明，黑、白、青各變，宮中有政争，臣各爲變，不出一旬。

卜偃曰：内平逆失位，天子陰陽爲逆，好淫色，所詣顯也。

占客星

《三靈紀》曰：客星災龍見内平旁，暴兵入中宮，君臣亂迷惑。

五十八、權星

主權，海通客船脩也。《巫咸》曰：權，衡土官。齊甘德曰：權四星在軒轅尾西，權舉鉾，表遠近沈浮。

占權星

挺生曰：權星不見，五穀不登，貴人飢，不出一年。

長武曰：權星流而入軒轅中，諸侯宮中有死，不葬，期一月。

占月行

《河圖》曰：月暈權衡，天子殺將軍不伏，將軍死。

占客星

京房曰：客星守權星，客入宮中，争勢禮。

五十九、酒旗

主酒旗，天子酒庭也。齊甘德曰：酒旗三星在軒轅右角南。陳卓曰：天尊南酒旗，燕會，情志，歡娛。《春秋緯》曰：酒旗，主上尊。

占酒旗

《甘氏》曰：酒旗運夕不迴，其國將有削地憂。

公連曰：酒旗不見避位，天子誅相輔無罪，不出二旬。

紫辨曰：酒旗去位，色奄亭，燕酒會大亂，争位見血，期七十日。

占五星

《東晉紀》曰：熒惑、辰星觸守酒旗，天下有酒令，君失邑，婦婬，亂起。

石申曰：填星、辰星犯守酒〔旗〕，天下大輔有酒次賜，若爵宗室財物。守熒惑，貴人御食過分，内外大亂，酒燕臣呑血，不出一年。

占彗星

《春秋緯》曰：彗星出酒旗，天子宮以餘酒臣爲所害，見血。

公連曰：彗孛犯酒旗，宮側有酒林候天子，外臣姦刀起，門閉不通，期一旬。

占流星

梓慎曰：赤大照流星入酒旗中，大臣家酒，有憂獄囚者，期七日。

紫辨曰：流星入酒旗中，諸侯折足酒庭，大愕。

六十、天尊

主天尊，仁愛養育也。齊甘氏曰：天尊三星在東井北，天尊施愍情，育劣孤。

占天尊

昆吾曰：天尊陵哇不明，獄失囚，有交兵，不出一年。

《巫咸》曰：天尊失位，封臣位亡，其國腫病發，貴人多死。

《甘氏》曰：天尊不見，大臣誅太子，外邊姦刀起。

占流星

萇弘曰：天杵見天尊旁，經二旬，暴兵入，堺拔，相攻擊。

錢樂曰：流星赤青，大照，長二三丈，貫天尊，天子宮有暴賊，期半周。

六十一、諸王

主諸王，朝會坐也。齊甘氏曰：諸王六星在五車東南，王星咎察諸侯存亡，主葛消謀逆。《勑鳳符表》曰：諸王主衆集庭，主次萬心定府也。

占諸王

卜偃曰：諸王明揮，君德昌。色薄運。君德耗，民人田農不務，門荒。

公連曰：諸王不明，不見失位，諸侯多死，貴女背家遁亡。

《定象紀》曰：諸王七夕不見，宮内諸侯婦大亂，争位姓，不出一旬。

《甘氏》曰：熒惑、太白犯守王星，經二旬，大臣不信天子宣命，下淩上，謀變並起。

《七曜内紀》曰：熒惑、填星入守王星，女黨作悖，刀謀天子，宮中不安，五陳之府命不平。

紫辨曰：辰星與太白呑淩王星，臣軍侵内，惩女主，不出半年。

占彗星

《春秋緯》曰：彗星出王星，九州有兵起，諸侯争國，民散亂。

《勑鳳紀》曰：白彗星貫王星，臣軍大暂失地，後宮自有死亂者，期半年。

占客星

應邵曰：客星守王星，六國使一年詣。

韓楊曰：客星犯王星，姦使來誠其天子，不出二年。

占流星

陳卓曰：流星入王星，三公登位。出王星旁，諸侯失位。

六十二、司怪

主司怪，吉凶卜集得失也。《洛書》曰：天司怪主卜揆靈，出微應，主避咎召集也。齊甘德曰司怪四星在鉞前，陳卓曰在王星西。司怪誥各國無咎殃。

占司怪

《甘氏》曰：司怪細不明，臣不正明。大光經一旬，君臣和女黨有喜。

公連曰：司怪不見，大將率士不集，謀變殺將，不出二年。

郗萌曰：司怪運亡不見，後宫有火災，期七十日。

陳卓曰：司怪運迫不動，諸侯軍强，天子兵弱。

占熒惑

《東晉紀》曰：熒惑守司怪，大臣不聽，誅用坐，佞臣行政。

公連曰：白彗星入司怪旁，經二旬，下臣誡君，女后奸淫泆，期一年。

《春秋緯》曰：彗星出司怪，其國多妖祥，大臣與侯王同伐君位，大戰流血。

占流星

公連曰：流星入貫司怪，秦分野有水，傷五穀。明年，臣〔闕〕。

六十三、坐旗

主坐旗，三公議逆移遷也。齊甘德曰：坐旗九星在司怪西北。坐旗旗表，别暴别居，一名文旗。

占坐旗

李朔曰：坐旗，天府樓司也。若色赤、白、黑變，楚分野民人愁，若謂天逆君時。

紫辨曰：坐旗昧奄冒憒，臣惡誅天子。

郗萌曰：坐旗失位，大臣有悴，諸侯謀外慅，不出一年。

陳卓曰：坐旗三里不見，暴軍倚其國，伐擊大將所繫。

占客星

卑竈曰：客星守坐旗，大將謨其女黨烋，期九十日。

陳卓曰：客星犯坐旗，天子宫門見血，不出一年。

占流星

公連曰：天狗入坐旗中，忠臣死，蠢人執政，貴人多遁亡。

《河圖表紀》曰：流星入坐旗中，大臣家争位，見血，期一年。

六十四、天高

主天高，天子御亭，主客兵候，主九樓。齊甘德曰：天高四星在坐旗西北，近畢。天高看遠，九增望樓。《東晉紀》曰：天高主後亭，執遥宫也。

占天高

萇弘曰：天高明大，外國大臣歸其君，不出半年。

長武曰：天高降迫不入位，三公肇大臣率政，不出三年。

公連曰：天高色敗，冒不明，諸侯□，邊士大戰，兵□，期七十日。

占流星

《三靈紀》曰：大流星入天高旁，天子宫□貴女城，不出二年。

公連曰：小使色赤，長八尺，入天高中，天子妻任胎之有疾，大赦。

六十五、厲石

主厲石，五兵甲藏。齊甘德曰厲石五星在五車西，陳卓曰在天軍南三尺所。厲石，砬刀，百攻雜治，主利兵武甲也。

占厲石

《甘氏》曰：厲石指逆，參奄失位，宫中有詛死者，期一旬。

卜偃曰：厲石東北表伴不見，經二辰，宫女且黑田保臣，不明課姦。

《荆州》曰：厲石五星具變展不見，臣截其天子，勞不息，不出一年。

占五星

郗萌曰：歲星熒惑入守厲石，將軍争地，邊軍誅其國，期一年。

《黄帝》曰：熒惑失度，舍居厲石，經二旬，諸侯開庫，兵起，勇士謀外，不出一年。

卜偃曰：填星守厲石，强兵謀宫中，四卿並軍起，民絶糧，多死。

占彗星

卑竈曰：黑彗出厲石中，兵人吞〔血〕，天子不還，火兵起。

占客星

紫辨曰：客星色青，大，守厲石，婦女與外臣通，城郭大害。

公連曰：客星犯厲石，朝廷且争位，不出一年。

占客乘

陳卓曰：黑雲氣貫厲石，三夕二運，宫中有逆臣害，奏聞，不出七月。

六十六、八轂

主八轂，聖臣坐候。《東晉紀》曰：八轂主君德行平，爲土官也。齊甘德曰：八轂八星在五車北，八轂平量聚集王都，主候歲實得也。

占八轂

公連曰：八轂色戒白，不見，外内戒君，交兵流血，期八十日。

紫辨曰：八轂失位，民流亡，不出一年。

卑竈曰：八轂具不見，天下五穀不熟。

梓慎曰：八轂色暉嘖經旬，其國有聖德王，天下大安寧。若色顛迫不見，君有喪。

占客星

卜偃曰：客彗流出入八轂中，其國飢起，多水，民人疾疫，市令不定，不出一年。

六十七、天讒

主天讒，卷舌唾水讒，主巫醫，主卜公理武主理非行。齊甘德曰：天讒一星在卷舌中，與舌星同占。

占天讒

公連曰：天讒不見，天下無讒耶臣。

紫辨曰：天讒星明，其國理讒起。不明奄冒，非讒起。

六十八、積水

主積水，水災也。齊甘德曰：積水一星在天船中，主水司，河江水道脩也。

占積水

石申曰：積水不見，天下水飢。若色明，水大出。動搖不正，船多溺亡。

公連曰：積水色赤，兵。白，喪。青，飢。星水黄大明，天下有水德王。

占彗孛

《東晉紀》曰：彗星色赤，大光，入積水旁天船，天下水浮兵起，船作民多亡。

占客星

公連曰：客星色青守積水，經七日，不出一年，周軍大水所害死。

占流星

《海中》曰：流星入積水中，其國水浮，使急詣歸。

占客氣

《勑鳳符表》曰：白、黑、赤氣貫旋積水、天船一夕五運，其部天子海船浮，有驚風起，不出一年。

六十九、積尸

主積尸，居起象也。齊甘德曰：積尸一星在大陵中。積尸主隨居坐移，占與大陵同，石家列也。

七十、左更

主左更，萬兵亭齊。甘德曰：左更五星在婁東。左更主薪莛蓼藺草茄，主天下之百草精也，主仁智道。

占左更

《黄帝》曰：左更明，大天下賢女起，與忠臣執政。其星色不明，奄暗，經一夕，天子有喪；經二夕，女主有喪，不出一年。

《甘氏》曰：左更不見，君臣無仁愛，民人多散亡。

占彗星

紫辨曰：白彗星貫左右更，其部不時雪雨，五穀傷，貴人飢。

占流星

卑竈曰：流星入左、右更，諸侯有變，不成，期六十日。

七十一、右更

主右更，登門損益，主禮義。齊甘德曰：右更五星在婁西。右更主榮畜盈，重犢駒，主卷給道也。

占右更

石申曰：右更明暉，天下五穀熟，六畜重腹，君門昌，不出二年。

公連曰：右更不見，其部開門不通，諸侯多悖。

卑竈曰：右更不明，色冒亭，天子有憂，登門有喪兵。

尹宰曰：左、右更嘖運犯，冒色薄，奇不見，姦軍有側候其天子，先舉大負，後兵益地。

占客星

郗萌曰：客星守左、右更間，經七十日，强兵入其部，以大爲德武，不出三年。

《甘氏》曰：客星犯右更旁，大臣朝廷所害，期半周。

占流星

公連曰：黿電流入左、右更間，天下有逆，太子殺天子，從坎位起，誅，震方大敗。

七十二、軍門

主熒闕，禁兵武齊。甘德曰：軍門二星在天將軍西南。軍門主營候、禁功、御暴，主兵禁亭也。

占軍門

《甘氏》曰軍門一星不明，弓兵大敗，將死。二星不見，禁切臣不謀自死。

《巫咸》曰：軍門不見，將軍死，民多亡。

《東晉紀》曰：軍出兵禁，日夕常視候軍門星。一星不見，大將作謀。二星不見，莫軍出，有伏兵。若色明，大光，經旬夕，軍出將誅，宜〔闕〕。

仙房曰：軍門嘖冒，將子誅將，不出半年。

占客星

公連曰：客星守軍門，急兵入堺。出軍門，入天將軍，暴兵相攻擊。

占流星

郗萌曰：流星入軍門，三公軍强大，將兵弱，負失地。

七十三、天横

主天横，遠足水渕也。齊甘德曰：天横五星在五車中，天横濟渡濯高主五車，心藏輔助也。

占天横

郗萌曰：天横明，天子壽昌，萬民無疾疫之殃。

《甘氏》曰：天横參陣不見，近臣兵起與，女主誅，不出一年。

卑竈曰：天横位避，去五車動摇，好君淫泆，內不脩，民人大亡，不出二年。

公連曰：天横不見，經歲，不出二年，漢軍大敗，五保郡領多死亡。

《春秋緯》曰：天横主河梁，所以度神四方。若五星守，九州異政，名主其王。

占月行

《黄帝》曰：月犯五横中，貴人有喪，大將軍道絶不通。

方朔曰：月犯五横，兵起，天下有大亂，易政，貴人死。

占五星

郗萌曰：歲星、填星、太白、辰星失度，留天横井中，天子以水害。若井爲害。

《巫咸》曰：熒惑出天横中，大亂，旱。若舍守五横，兵車並連。

公連曰：填星、太白守入五横中，軍道不同，兵起。

紫辨曰：辰星、太白守天横，兵大起，其國失地。

占彗星

《巫咸》曰：白彗星貫天横中，其部飢起，賢臣死鬬在變臣。

占客星

卑竈曰：客星守天横，五臣謀逆政，不出三年。

占流星

梓慎曰：流星入天横中，天子宮中八奸臣，大驚走。〔流星〕出天横中（流星），大將軍以車騎連行。

占客氣

《東晉紀》曰：石家五車、甘天横、咸池同占。

郗萌曰：青、白、黑氣入五横中，喪；赤，內兵；黄、白，有喜。出五横中，大將〔闕〕。

七十四、咸池

主咸池，天子名池。齊甘德曰：咸池三星在天横南，近車柱東。咸池主波澤、鳩鵝、鷗鳥。《春秋緯》曰：咸池，（池）天横五帝東舍，一名横龍，一名五横，一名天津，一名横池，一名天大井，一名咸井，一名天渕，豐隆、大陰。大陰者，蒼龍之舍也，五帝車也。

占咸池

《黄帝》曰：咸池不見，天下旱。

紫辨曰：咸池，天子後池，臾遊國。其星不具，色薄嘖，天下津河道不通。

占月行

郗萌曰：月入咸池，其國暴兵大起，宮中大驚，天子迷惑。

《三靈紀》曰：月犯咸池，女主入河溺死。

占五星

《黄帝》曰：五星聚咸池中，不出三年，秦分野大敗，亡國。

紫辨曰：歲星入咸池，其部大旱，歲飢，多水，兵喪並起。

卜偃曰：熒惑入咸池，其天子易位，失忠臣，諸侯並起，天下亂，以火兵害宮室，地動山摇，死不葬。

郗萌曰：填星入咸池，女子大亂宮中，好淫亂。

陳卓曰：太白入咸池，臣不忠，有謀天子，女主有喪。天下易政，糴貴（後池）兵起，使者多死吞血，不出二年。

郗萌曰：辰星入咸池，天下大亂，多水，貴女有憂。

占客星

《黄帝》曰：客星守咸池，外臣誅其天子，不出三年。

占流星

郗萌曰：流星入咸池中，有喪；出咸池中，兵起。

占客氣

公連曰：青、白氣入咸池中，飛忠多死。赤，旱；黑，多水災。黄，有赦，期二年。

七十五、月星

主月，一光，妃后象也。《東晉紀》曰：月星主育長潤澤。

齊甘德曰：月一星在昴東。月星明刑光、産蟾，諸王陰德儀象也。

占月星

《甘氏》曰：月星明，大如太白，經旬，天子主聖太子，天下大安寧。

昆吾曰：月星微細，奄冒不見，佞臣争位，陰私姦起。

《海中》曰：月星光一辰見、七辰不見，賢臣出善令則死，天下民人哭臣不見。

占五星

熒惑、太白呑守月星，明臣失位，讒臣奪政，不出二年。

《黄帝》曰：填星、辰星犯入月星，又失度，迫嘖月星，女黨有横刀害其天子，不出一年。

占彗星

《東晉紀》曰：青彗星貫月星，經六十日，天下多水，宫室破，道路不通，食倉不開，貴人多飢亡。

占客流

《三靈紀》曰：客星、流星並入犯月，其部且道閉不通，客軍絶道，不出一年。

七十六、天街

主天街，土功道路精也。齊甘氏曰：天街二星在昴畢間，近月星。天街，保塞孔塗道衢，天下道亭府也。

占天街

《甘氏》曰：天街煩運，色赤白，君子失德，不出三年。

玄龍曰：天街失位一辰，女主有姦，毒變，期半周。

卑竈曰：天街不見，道路不行，關都閉，内亂。

《春秋緯》曰：天街德冒色黑，諸侯亡家，貴人倚天子，期百廿日。

占流星

卑竈曰：使流星入天街旁，道神興。出天街中，土功多起。

公連曰：流星入天街中，小女宫中死，期百廿日。

七十七、天河

主天河，雷雨水兵，主河伯精也。齊甘德曰：天河一星在天高西，近天街東。天河察近鈐尉曲陽，主河江之紀也。

占天河

《甘氏》曰：天河不見，經一歲，河水多出，天下無道橋，君不養百姓，臣强君弱，河神害其國。

紫辨曰：天河光暉，逮旁星冒經，天子有德，水泉自出，宫中大赦。

《黄帝》曰：天河登衛不明，三公誅女黨，期一年。

公連曰：天河，赤，兵。黑，水。君臣争境，不出二年。

占客星

萇弘曰：客星犯天河，下賤迫君堂。

占流星

《海中》曰：流星入貫天河，天子使者宫中死。出天河旁，諸侯使道中死，不出半周。

唐・李鳳《天文要録》卷四九《甘氏外官占》 一、青丘

主青丘，邊丘也。齊甘文卿曰：青丘七星在軫東南，主南夷蠻狛大赫，主客養朝府也。陳卓曰：青丘主邊軍進退侯象，一名青客，主設邊食亭也。公連曰：青丘五運，三公不誠，縣邑悖丘起。

占青丘

《甘氏》曰：青丘失色動揺，經旬，其國邊風雨不正，道橋大壞，不出半周。

仙房曰：青丘登暗不見，春夏大旱，百穀不下，不出一年。

尹宰曰：青丘色赤暉，經二旬，天子出入有德，外軍大起。

卜偃曰：青丘一年不見，四夷失地，夏雪雨，其分穀枯死。

占客星

卑竈曰：客星犯青丘，邊臣誅中國，不出二年。

玄龍曰：客孛守青丘，其分多疾疫，忠臣遁亡。

占流星

長武曰：大賁見青丘旁，外臣欲誅其天子，期二年。

陳卓曰：流星入青丘旁，相去二尺，不出一年，功臣有死，客軍大敗，飢。

二、折威

主折威，五兵象也。齊甘德曰：折威七星在亢南。折威斷獄，棄諸市都。

占折威

陳卓曰：折威主候盜賊，一名折斷，主殺藏也。

萇弘曰：折威位避不居，邊兵大興，將軍殺都縣野亭。

《荆州》曰：折威不見，魏軍大敗，三公多死，葛潦都尉，將失地。

《東晉紀》曰：折威色赤、白、青，動揺，外臣妻通，天子出，出半周。

占月行

郗萌曰：月宿行折威，天子亡坐，女主有喪不出七十日。

《甘氏》曰：月犯折威，臣不忠，令不行，期九十日。

占五星

《海中》曰：熒惑、辰星失度，留折威，外軍侵内，將軍死，吞血。

占客星

公連曰：客星犯折威，司馬氏有謀變者，期百六十日。

紫辨曰：客星色赤，大，守折威，其分野三公進，賢臣退遁。

占客氣

郗萌曰：青、白氣入運折威中，兵起，大臣亂，天子失威。赤氣入，暴兵大起，内外相攻擊。黃、白氣，天子有喜德令。黑氣，君有憂。

三、陳車

主陳車，兵陳率步也。齊甘德曰：陳車三星在氐南。陳車，車騎倻行畜署，主陳馬，一名騎率。

占陳車

卜偃曰：陳車不見，六畜大貴，車馬多死，不出一年。

京房曰：陳車不見，位避，天子車折足，不出六十日。

《東晉紀》曰：陳車赤大守，客星入流星，諸侯車多出，客騎亡。

四、騎陳將軍

主騎陳，將軍陳庭，主和兵急武。齊文卿曰：騎陳將軍一星在騎官中東端，主部行俠路列。

占騎陳

《甘氏》曰：騎陳色赤，陳(卓)〔車〕急敗，將死，率士走亡。

《黃帝》曰：騎陳步避，天子軍强。步迴，大臣軍强，不出三年。

石申曰：騎陳失坐外，將死，小人爲將，戰益地，諸侯多死。

公連曰：騎陳赤，大如熒惑，經七夕，胡兵詣大敗，民人亡。

五、車騎

主車騎，武集將軍也，主兵德暴，一名陳門。齊文卿曰：車騎三星在騎官南，主鼓陳連行，主候節行也。

占車騎

尹宰曰：車騎色白，大暉動揺，天子兵强，急戰大勝，益地。

紫辨曰：車騎動揺經旬，客軍鼓亡，士步走散，主軍大負。

占客星

方朔曰：客星守車騎旁，兵馬多死，客軍亡逃。

《天官書》曰：客星入車騎，西羌且來降。

占流星

公連曰：流星長二丈，入車騎，則生彗星。經二旬，爲熒惑變，東夷兵急降，相攻擊震位，民人飢，貴人多死。

六、糠星

主糠，米粟也。齊甘德曰：糠一星在箕舌前，主給犬猪，主飢饉。

占糠星

《甘氏》曰：糠星失位，六畜多飢死狂走，不出一年。

紫辨曰：糠星赤大，六畜完食，多人死，期百廿日。

七、農丈人

主先農丈人，箕大亭。齊文卿曰：先農丈人一星在南斗西南，執斗與箕。

陳卓曰：先農丈人一名野星，一名丈星，主乘藏象也，主歲實也。

占先丈人

郗萌曰：丈人位避箕東，五穀熟。西飢，南旱，北大耗。

公連曰：先農丈人侶嘖色蒼，臣不養其民，田農不脩。

紫辨曰：先農丈人入箕星，三公不忠，天下民失家。

占客星

卜偃曰：客星守先〔農丈人〕，人民欲篡君，不出半周。

八、狗星

主狗，天子内大也。齊文卿曰：狗二星在南斗魁前，主守内狹門，伏跗失。

陳卓曰：狗一名狗門，一名畜侶。

占狗星

《甘氏》曰：狗星不見，天子狗狂死，期七十日。

公連曰：狗星不明，諸侯謀君狗，大人有憂。

《海中》曰：狗星奄竟者，天下狗多死，咋人，狂走。

九、狗國

主狗國，足嘖象也。齊甘德曰：狗國四星在建星東南，主郡卑焉，丸汥沮，一名國人，主海精。《巫咸》曰：狗國逆表簿者，君臣好狗，官失政無罪，刑罰不息。

占狗國

仙武曰：狗國明光，臣令不明，後卑，亂起，不出二年。

《七曜内紀》曰：狗國復歸不迴，女親誅内，其且驚。

占流星

卑竈曰：狗國色奄，入大流星冒昧，遠國客來。

玄龍曰：流星入狗國，以君貪行政賞，無功施，民人亡離。

占客氣

韓楊曰：蒼、赤氣旋狗國，宮中無罪有所繫，臣且迷惑。

十、天田

主天田，萬物五穀也。齊文卿曰：天田九星在牽南，主本農耕器犁鋤，主九品亭。陳卓曰：天田一名田風，一名田府，主五心。

占天田

《甘氏》曰：天田七星不見，經六十日，天子以淫姦失法，期百六十日。

《春秋緯》曰：天田附光迴運，臣不忠，民人侵内，上下不和。

梓慎曰：天田色黑白，女主有疾，諸侯死。

長武曰：天田二星不具，經二年，其國民人田附不治脩，縣邑荒亡。

占五星

《東晉紀》曰：熒惑太白犯守天田，任無功勞，臣黜。

公連曰：填星犯天田，土功大起，疾疫悲不息。

占彗星

卑竈曰：黃彗星貫天田，爲填星變，天下有喜，飢兵，諸侯登位，春宮有德。

占客星

紫辨曰：客星守天田後，三公死；守前，諸侯死。

占流星

石申曰：五殘見天田中，慾臣誅宮庭，民分散。

公連曰：流星入天田，五穀實登。出天田中，穀不收。

十一、哭星

主哭，恩愛悲也。齊甘德曰：哭二星在虛南，主喪庭車葬。

占哭星

《甘氏》曰：哭不見，天下無喪戀。

紫辨曰：哭星動摇，宮中有惡喪，咎心，兵並起。

占客星

甘德曰：客星犯哭泣，諸侯多悲起，期五十日。

占流星

《黃帝》曰：流星出入哭泣間，天子有哭泣，聲不息，天下大赦。

十二、泣星

主哭泣，思悲感也。齊文卿曰：泣二星在哭南，哭泣四星同占。陳卓曰：哭泣四星一辰失位，君臣同心。失位，印逆死。

十三、蓋屋

主蓋屋，御宮輔拳也。齊文卿曰：蓋屋二星在亢南，危室梁柱株榑。陳卓曰：蓋屋，天子主後屋柱梁也。

占蓋屋

《甘氏》曰：蓋屋明大，天子宮殿新更易，民人愁苦不息。

《河圖表紀》曰：蓋屋不見，御宮大敗，座迫並起。

占流星

公連曰：流星出入蓋屋，民役不時，奪政。

卑竈曰：天震見蓋屋旁，女宮詣惻悲音，貴人兵起，大將呑血。

十四、八魁
主八魁，遠達也。齊文卿曰：八魁九星在北洛南，陷穽、棧門、揚橈。
占八魁
《甘氏》曰：八魁顛嘖，天下多姦力，道路不通。
郗萌曰：八魁昧奄不運，其國臣奪政，佞耶起。
公連曰：八魁五星步傾不運，君賞罰不平，佚勞臣。
占五星
《東晉紀》曰：熒惑、填星犯守八魁頭尾，君畜民，不脩勤。
公連曰：太白辰星陵奇八魁，天子國令不薨，耶迫起。
占妖星
《定象紀》曰：國變，見八魁旁，天下文武不行，貪濁，民飢，四方奔憎，不出三年。
《荆州》曰：彗星黑見八魁中，大臣替，女黨步，不出半周。
占客星
《海中》曰：客星守陵八魁，天下賊盜並起，君徇附不畜。
《五靈紀》曰：客彗孛見八魁中，天子樓罣不時，大臣不變其君。
占流星
《黄帝》曰：變神流星入八魁中，天子不聽其大臣奏，女后與臣作姦，保誅内坐床，不出三年。
十五、雷電
主雷電，武勇也。齊甘德曰：雷電六星在營室南，主振音，愍懃動摇，主五龍使武神也。陳卓曰：雷電主天下武神，以理殺，以節斷，主八方坐也。
占雷電
昆吾曰：雷電不動摇，天下君臣有直令。動摇不息，君臣不正，民以盜賊大亡走。
紹德曰：雷電不見，參迴乍經嘖者，大臣死，天子以印逆兵起。
《易緯》曰：雷電色掩顛，三公死，火災大起，不出一年。
占五星
《黄帝》曰：熒惑、太白觸吞雷電，諸侯與大臣讀其君，火兵誅。
占客星
《定象紀》曰：客星色黑，微細，守雷電，宮中小女死，期五十日。
十六、雲雨
主雲雨，水氣象也。甘德曰：雲雨四星在霹靂南，主興和、休祁、茂滋。
占雲雨
《甘氏》曰：雲雨位竦，封臣覓其分野，風雨不節，穀無實。
《河圖》曰：雲雨星常不明，其色白、黄，太子坐床有憂。
占流星
《五靈紀》曰：天槍見雲雨旁，爲歲星變，經旬別流而入軒亭中，天子有□痛死，天下民兵動，不出三年。
十七、霹靂
主霹靂，長拉也，主暴龍使也。齊甘德曰：霹靂五星在土功西南，主舊擊掩挹投，主遠近象也。
占霹靂
《懸總紀》曰：霹靂色亡鬲，飛兵入國堺，且戰，將見血。
《西晉紀》曰：霹靂位亡，暴臣謀其君，三公有憂。
《金海總紀》曰：霹靂不明，君伐其大將，京都令不登。
占客星
《三靈紀》曰：客星守辟心，其歲兵災起，民驚。
《東晉紀》曰：客彗貫霹靂，大臣死，秋多水，京都移徙。
占流星
《春秋緯》曰：霹靂不見，君法令不正，臣多作姦。
《勑鳳紀》曰：天杵見霹靂旁，天下兵革起，天子有喪，西方民飢。
十八、土公
主土功，撰功神賞也。齊甘文卿曰：土功二星在東辟南，主豫借往來。
占土公
《甘氏》曰：土公不見，其邦土德無勢，五采不發。
《九州紀》曰：土公理犯昧奄位，其分野城郭大破，將民亡。
十九、土公史
主土公史，設諸門。齊甘德曰：土公史二星，在營室南，主伺屏、厠設、儲右，土公同占。

占土公史

甘德曰：土公史倍上不見，諸侯女多死，土野大貴。

《七曜内紀》曰：土公史明、大，天子厠亭有姦刀。

《海中》曰：土公史具不見，經二旬，左右尉亭臣有厠府中，儲兵，不出一旬。

廿、天溷

主天溷。豕，猪也。齊甘德曰：天溷七星，在外屏南，主清屏、服作、設儲。

占天溷

《甘氏》曰：天溷明光，女主疾病，厠司不息，尉鬲有憂。

玄龍曰：天溷星色蒼不具，三星亡位，正妃、妾害其宫。

公連曰：天溷逆宿，民人食絶，不出二年。

《荆州》曰：天溷動揺，民人謀其君，臣出入門有賊刀，不出一年。

占流星

郗萌曰：使星出入天溷中，女主有服，賊興，宫中驚。

廿一、外屏

主外屏，安屏也。齊甘德曰：外屏七星在奎南，主弊權鄣安。

占外屏

班固曰：外屏動揺，明，其國興伏賊顛犯，兵大起，貴人嘖逆死。

京房曰：外屏一星亡奄，夷狄外邊，尉亭相攻擊。

紫辨曰：外屏色赤、青，登逆，貪臣謀其封邊，民大飢。

占客星

石申曰：白登見外屏旁，天子伏迴不息，三兵侵内，不出二年。

長武曰：客星守外屏，君臣無德，五穀傷。

廿二、天庫

主天庫，遠船也。齊甘德曰：天庫三星在天倉東南，主溥穀、栟茂船舟。

占天庫

《甘氏》曰：天庫不明，船司(津)〔律〕令不正，伏維不行。

方朔曰：天庫保夕不見，奸臣呑内，不出一年。

唐昧曰：天庫不見，天下大旱，穀無實。

卑竈曰：天庫德顛，色明大，耶臣專政，忠臣遁。

占五星

陳卓曰：熒惑、辰星守犯天庫，五穀不收，民人不安。

郗萌曰：太白、填星陵呑天庫，其國邑民人飢，土功多起。

韓楊曰：太白芒呑天庫，船兵大興，讒言發，臣殺。

占客星

錢樂曰：客星守天庫，貴客船詣託。

廿三、鈇鑕

主鈇鑕，顛喻也。齊甘德曰：鈇鑕五星在天倉西南，主莖斬鈎石，有饒。

占鈇鑕

子韋曰：鈇鑕亡顛，天下有狂臣呑，君之坐迫，不出二年。

祖晅曰：鈇鑕失位，賢臣退，佞臣進，朝不安，不出三年。

郗萌曰：鈇鑕位迫坐亂，迴不正，色不明，其君門斧鉞用。動揺，色不明，諸侯死，兵起，斧鉞用。

萇弘曰：鈇鑕不見，天下刑罰無令，群臣多失道，不出二年。

占月行

《黄帝》曰：月犯鈇鑕，大臣有變，與三公相誅，不出一年。

應邵曰：月呑犯鈇鑕，其邦女后有喪，期百六十日。

占五星

石申曰：熒惑、太白犯守乘鈇鑕，無罪臣所殺，期一旬。

郗萌曰：太白、填星入鈇鑕，大將軍與大臣誅，呑血，臣負，期七十日。

《天官星傳》曰：太白、填星、辰星入守陵，大臣誅，君死，天下勇將軍呑其朝府。

占彗星

梓慎曰：彗星貫鈇鑕，天子以讒妄殺其將軍，諸侯變，相攻擊，北方民飢，南方大旱。

挺生曰：彗鬼國見鈇鑕中，外臣讒内，臣專政，不出三年。

占客星

《甘氏》曰：客星入守鈇鑕星五，兵殺將軍，夷狄多亡，民呑血。

卜偃曰：客星入犯鈇鑕，色白、黄，諸侯失地。其黄變，珍寶，有喜色。赤、青，臣有憂，天子用鉞兵。

《巫咸》曰：客星犯鈇鑕，宫中賢臣死，不出二年。

占流星

卜偃曰：流星入鈇鑕中，女后且天子令不聽，不出半周。

《海中》曰：流星色赤，大光，入鈇鑕中，不出三日，大臣暴死。

廿四、芻藁

主芻藁，天下草心也。齊甘德曰：芻藁六星，在天苑西，主草服、納握、總輸。陳卓曰：芻藁一名芻登，主天草，主天子藏府也。

占芻藁

《甘氏》曰：芻藁色大明見，天下草芻賤；不見，芻大貴。

《黄帝》曰：芻藁星經歲不見，白庫之藏散出，宮府之令不正，期八十日。

郗萌曰：天積中衆星明，盛聚，萬民安寧。不見，顛竟不明，奄夕希見，宮倉空散亡，不出三年。

《七曜内紀》曰：天積一名芻藁，其中星盛明聚，運登顛陵薄呑午，經三四日，天下有貴喪，珍寶多亂亡，庫盡空，不出三年。

占月行

《黄帝》曰：月犯芻藁，邊有急兵，不出一年。

公連曰：月呑芻藁二星，大將交血，親戚起。

占五星

《東晉紀》曰：歲星、熒惑入天積中，天子出財寶，奸臣有内。

郗萌曰：熒惑、填星入天積中，其分大旱，五穀無實，粟大發用。

陳卓曰：太白、辰星守陵芻藁，其國邊賊相攻，期半周。

占客星

紫辨曰：客星色赤，守芻藁，愚臣誡其君。

郗萌曰：客星守天積，不出一年，冬有喪。

占客氣

《東晉紀》曰：青、赤氣入天積中，貴人有病，出天積中，天子兵用。黑氣入天積中，珍寶多亡。黄氣入天積中，有喜。

廿五、天園

主天園，天子奏菓，主妃后、後園也。齊甘氏曰：天園十四星，在天苑南，主菓實、菜茄，畜儲，一名園遊。

占天園

《甘氏》曰：天園迫位，天下有喪，不出半周。

郗萌曰：天園中色微細不明，天子園司不正，菓菜不熟。

公連曰：天園不見，牛馬羊多死亡，不出一年。

紫辨曰：天園失位，天子時穀，明年民大飢。

《三靈紀》曰：天園位瞻迴，一夕二運，天下有君臣變。

占月行

《東晉紀》曰：月犯天園，女后以菓毒死，不出二年。

《西晉紀》曰：月呑天園，君易其位，不出二年。

占五星

《春秋緯》曰：歲星、太白守犯天園，貴人失坐，大將耗。

卑竈曰：填星、熒惑犯陵觸天園，夷狄飢亡，失地。

占客星

《海中》曰：客星守天園，急兵内國境相攻。

公連曰：客星守犯天園，賊盗火兵起。

玄龍曰：枉矢見天園中，天下大兵起，天子失地。

占流星

《荆州》曰：流星長二三丈，赤光入天園中，宮中有賊，臣欲其天子。

廿六、九州口

主九州口，聚議謀逆也。齊甘德曰：九州口九星在天節下，主重驛獻辭。

陳卓曰：九州一名匈風，在參門。常以十一月候，一星不見，其國有兵喪。三星以上不見，天下亂，兵起。殷巫咸曰：九州口主天九卿，二星一夕爲兵。四星三夕五運，君臣相憒悖，民人飢亡。

占九州口

紫辨曰：九州七星不見，經歲，嫉妬臣讒賢臣，九州逃託。

公連曰：九州口失位，三臣發顛死，三公專政。

《東晉紀》曰：九州口不坐登，天下兵馬咸起，道絶，夷來。

占月行

《三靈紀》曰：月犯九州口，女主交兵，不出三年。

《天文要紀》曰：月犯呑九州口，暴軍攻城，絶道，陳兵大敗。

占歲星

《定象紀》曰：歲星守九州、左執亭，不出二年，晉太祖文帝崩。

《勑鳳紀》曰：歲星失度留九州，經六十日，不出二年，魏高祖文帝死。復年，民人多飢，貴人亡。

占填星

《西晉紀》曰：填星守九州，經二旬，九夷詣歸協，期半周。

占太白

《海中》曰：太白吞犯九州，大臣有罪咎，獄囚，期八十日。

占彗孛

卑竈曰：彗孛貫九州口，不出三年，大水，後漢明帝崩。復年正月，四夷來相攻，失地，貴女多飢亡。

占客星

《黃帝》曰：客星守九州留，其分野海兵大起，民不安，將負，船兵大溺亡。

《荆州》曰：客星入九州，州民飢，且走亡。

占流星

《東晉紀》曰：流星入九州中，宮中入强兵，天子與諸侯相迫陵，期百六十日。

廿七、天節

主天節，奏事守也。齊甘文卿曰：天節八星，在畢附耳南，主奉使，專對無疑，主正言。

占天節

《黃帝》曰：天節明，大君使以正忠託。星奄亡，位遊不明，奉使道中死。

公連曰：天節五星不見，不出一年，前漢孝元帝崩。

紫辨曰：天節八星一夕二運，勇臣削邊地，不出三年。

占熒惑

《黃帝》曰：熒惑守天節，臣有姦謀，若使臣死。

《東晉紀》曰：熒惑犯天節，不出三年，女后有喪，南方火兵災起。

占填星

方朔曰：填星守陵天節，外臣誡天子，不出七年。

占太白

《海中》曰：太白守天節，大將以兵相攻擊，血流，君軍負，不出半周。

占辰星

公連曰：辰星守犯，留天節中，宮中婦女刀起殺女子，不出半周。

占彗孛

《東晉紀》曰：彗星貫天節，耶臣誅其君，削地，天下大旱，穀貴。

占客星

公連曰：客星守天節，貴人急病，大赦。

《海中》曰：客星守天節，三公死，及胡王有死者，不出半周。

占流星

郗萌曰：流星入天節中，强軍内侵，太子失坐床，期八十日。

《七曜内紀》曰：流星入天節一夕，民人失，不息，期二旬。

廿八、九遊

主九遊，地盛象也。齊甘文卿曰：九遊九星在玉井西，主威旗，色盛，兵興。

占九遊

陳卓曰：九遊主兵門，一名菟游，在參西，繞九州別邦。

《甘氏》曰：九遊明，大臣有忠；細微，小不見，奄亡，佞臣行政，失國。

郗萌曰：九遊三星不見，後宮有諫臣，期百六十日。

陳卓曰：九遊具不見，君刑臣以讒言，後宮亂。

占月行

卑竈曰：月犯九遊，九州有飢喪，不出七年。

占五星

卜偃曰：歲星、填星守留九遊，三公奪地，暴兵起。

《河圖》曰：熒惑、辰星守陵舍九遊，宮中有狂兵，不出一年。

《春秋緯》曰：熒惑、太白守留九遊，天子有悲憂，諸侯謀起，百賤迫君。

《七曜内紀》曰：客星守九遊，六畜多死，不出半周。

占流星

《東晉紀》曰：流星入九遊亭卜，大臣誓盟起，宮中大驚。

廿九、軍井

主軍井，天泉井也。齊甘德曰：軍井四星在玉井東南，主汲水，師用不竭，主水官。

占軍井

《甘氏》曰：軍井不見，天下泉減竭，貴人水飢病起，不出二年。

《東晉紀》曰：軍井二星登踬，天下民人飢，陵死，不出三年。

《春秋緯》曰：軍井位避經旬，不眩坐，天下泉井盡移徙，軍馬水飢。

占月行

《荆州》曰：月犯軍井，天下大水，道路不通，六畜流亡。高十丈，不出二年，漢武崩。復年春，民於葛原都津與夷相攻擊，將負失地。

占五星

石申曰：熒惑、辰守留軍井，經一旬，其歲多水，穀府大破，貴人飢亡。

占客星

《甘氏》曰：客星守軍井，其國丞相謀其天子，不出一年。

陳卓曰：客星犯軍井，貴女獄囚，不出半周。

卅、水府

主水府，領水官也。齊甘氏曰：水府四星，在東井南，主提防、門涌、激溝，主水官。

占水府

石申曰：水府赤顛運，天下大旱，水官有罪咎，不出三年。

《九州紀》曰：水府不見，諸侯兵馬害其宫，不出三年。

《定象紀》曰：水府上陵不見，三公謀其大將，水司有死者。

占五星

郗萌曰：熒惑、太白守水府，其國有變謀臣。

《巫咸》曰：填星、辰星失度，犯守水府，其國有急令，戎馬興，三公專政。

占客星

《荆州》曰：客星犯水府，其國四水德無勢，民人且飢。

郗萌曰：客星入水府，大水出，五穀不下。

占流星

陳卓曰：大流星色赤大，入水府，大旱出。黄色，水府出，德令。青，其邑水令不行，天下大水道路不往，姦人起内外。

卅一、四瀆

主四瀆，深幽通道也。齊甘德曰：四瀆四星，在東井南，轅東，主受輸、滌源、注海，主道井。

占四瀆

郗萌曰：四瀆一夕，陽弱陰强，女主有德令，四海通，不出七年。

《東晉紀》曰：四瀆不夕，明光，君臣和，玉泉涌，天下有喜。

公連曰：四瀆不運，顛陵，貪將謀其國，女后有憂。

占流星

紫辨曰：流星入四瀆，海兵起，船大溺，不出二年。

方朔曰：大流星入四瀆，婦女以水病多死，期二年。

卅二、闕丘

主闕丘，後陳府也。齊甘德曰：闕丘二星在南北河南，至雙郭内屏，陪思野。

占闕丘

《甘氏》曰：闕丘一星一運爲貴，二夕爲賤，天下有不和謀事。

公連曰：闕丘不明，政不正，不施其德。明大光，朝廷有貴令。

紫辨曰：闕丘不見，太子失勢，名臣失位，不出三年。

占月行

《東晉紀》曰：月犯闕丘，女黨淫泆，政興，賢臣黜，期七十日。

占五星

公連曰：填星、太白守犯闕丘，陰臣奄吞陽臣，天下兵興，有女主喪。

占彗星

《春秋緯》曰：彗星出闕丘，天子位耗，民飢，貴女無家。

占流星

紫辨曰：流星吞闕丘，諸侯使失封府，不出三年。

公連曰：流星入闕丘中，太子病；出闕丘中，諸侯女有憂。

卅三、天狗

主天狗，守仁愛守也。齊甘德曰：天狗七星，在狼西北，主野吠，雌雄咸嘷。

《春秋緯》曰：天狗主守敗。

占天狗

《甘氏》曰：天狗一夕，天下有兵聚。三運不見，耶兵入國，將吞血。

郗萌曰：天狗不明，諸侯失政，宫門有驚馬，大臣足折，不出二年。

《海中》曰：天狗不視，五將無勢，國邊軍大敗。

占客星

公連曰：客星色赤、青，乍犯天狗，耶臣諍士迫君，不出三年。

卅四、丈人

主丈人，兵杖。齊甘德曰：丈人二星在軍市西南，主杖行門也。

占丈人

郗萌曰：丈人二運，天子御行杖，兵興大戰。

《甘氏》曰：丈人迫顛失位，經三辰，賢臣大兵起，掃邊境。

占客星

公連曰：客星入丈人，忠臣爲黜，宫中不通，不出三年。

紫辨曰：客星守丈人道中，大兵起，流血，不出半周。

卅五、子星

主子星，助亭。齊甘德曰：子二星在丈人東，主仲府子也。

占子星

公連曰：子星不運，天下助臣多亡。一夕，諸侯子病死。

紫辨曰：子星龍嘖不見三節，迫嘖其君。

卅六、孫星

主孫星，清孫象也。齊甘德曰：孫二星在子東，主三公之象。故丈人禮行，子孫挾持同占。紫辨曰：丈、子、孫右六星，以三節視候，無祥表之列，以三事占之也。

占孫星

《東晉紀》曰：孫星明，君臣子孫昌。不夕細微，宫中有暴令，外邊民有憂。

石申曰：孫星不明奄表，太子爲病，保尉亭亭有憂。

占流星

公連曰：流星入丈、子、孫之間，邊將死。出丈、子、孫中，入東井，則天下有大喪，河江有兵起。

卅七、天社

主天社，天神祭官也。齊甘文卿曰：天社六星，在孤南，主里落禱祀。郗萌曰：天社者，天公祠祀，非社所事也。

占天社

《甘氏》曰：天社具不夕，天下無社，神坐徙移其邑，(星)，不出三年。

占流星

《黄帝》曰：客星入天社，社有祠事於國内。出天(公)社，有祠於國外。色赤，社庭兵起。黑，祠不謹。青白，祠祀見血，大亂。

卅八、天紀

主天紀，歲紀也。齊甘德曰：天紀一星在外厨南，主別少齒胎髮，不屠。

占天紀

《黄帝》曰：天紀保運不見於南邊，近臣誅，邊將益地。

紫辨曰：天紀運夕，其分野少年多死，内外相亂。

卅九、外厨

主外厨，神羊天登也。齊甘德曰：外厨六星在柳南，主享獫、鶏羊、豕牛。

占外厨

公連曰：外厨不具，六畜大耗，生胎多亡，不出三年。

卌、天廟

主天廟，神祇祭祀官也。齊甘德曰：天廟十四星在七星東南，主祭祀，示民不怠，主御奉掃廟也。

占天廟

《黄帝》曰：天廟星均明，則天下昌。微細奄亡，則君臣不安。其星不具，外國兵起，誅内都。若二夕運，將關門不通。

郗萌曰：天廟星色黄，大潤澤，經旬，京都有喜色。蒼、白、黑，宫中有憂。

公連曰：天廟十星不見，輔作姦刀，迫悖其天子，不出三年。

紫辨曰：天廟具不祝，大將有殃，殂軍中，期百九十日。

占月行

《甘氏》曰：月犯天廟一夕，女宫有殞臣，不出三年。

占五星

《東晉紀》曰：熒惑、填星陵乘舍天廟中，狂臣殺於市中，期三年。

紫辨曰：太白、辰星守乘天廟，經六十日，輔臣謀天子，廟中有變事。

占客星

《黄帝》(曰)：客星守犯乘天廟，天子兵馬多死，軍道不通，有白衣會。

公連曰：客星色赤，大暉，守天廟，宫殿側有姦刀，期八十日。

占流星

仙房曰：五殘星見天廟中，不出三年，其國大亂，臣多死。

《海中》曰：流星入天廟中，諸侯使詣。出天廟中，下賤侵内。

卜偃曰：大流星出入天廟中，天子候出入有刀側，不出一年。

占客氣

《三靈紀》曰：白赤氣旋天廟，異女内宫中相亂，欺其君。

卌一、東區

主東區，陽門。齊甘德曰：東區五星在翼南。東區軍唐，穿匈越裳，一名東公，主南越。

占東區

甘德曰：東區不登，近臣死。二夕，天子有喪。五運，女主有病。

占彗星

公連曰：彗星貫東區外，民飢亡，貴女賣衣裳。

占客星

郗萌曰：客星守東區，其王槮金玉來下中國。

紫辨曰：客星犯乘東區，貴女有喜細布令出，期二年。

占流星

《東晉紀》曰：流星入東區，女王自逆，有喪。

卌二、器府

主器府，聖物器坐。齊甘德曰：器府卅二星，在軫南，主掌故，管絲竹樂庭。

占器府

《甘氏》曰：器府不見，天下大旱，無食器，君臣飢，民亡。

公連曰：器府廿二星不見，經歲，不出一年，惠帝位耗。

紫辨曰：器府奄夕不見，外國民飢，逆兵起。

占月行

《東晉紀》曰：月犯器府，邊將侵内，夷狄來。

《海中》曰：月入器府中，名臣失封，女后位耗。

郗萌曰：月吞器府，狂顛臣誅其天子，坐床，不出一年。

占歲星

《三靈紀》曰：歲星入守器府，失度逆行，諸侯謀君，與臣同從坎起戰。諸侯負，吞血，不出二年。

占填星

郗萌曰：填星守犯器府，陽臣誠，女主執政，外戚有變者，期一旬。

占太白

陳卓曰：太白犯器府，天子失道，政臣易位，不出二年。

占辰星

卑竈曰：辰星守器府，大臣登位，諸侯以讒死。

占彗星

《三靈紀》曰：彗星貫器府中，天下大旱，陰陽不調。不出七年，漢景帝崩。

占客星

《勑鳳紀》曰：客星見器府中，秦地兵起，女后死。

占流星

紫辨曰：流星長二三丈，貫入器府，宫中且有私姦，下臣有位變者。

石申曰：流星出器府中入角之間，女主誠其天子，外諸侯通姦。

占客氣

《甘氏》曰：青白氣運旋器府，經二夕，急兵且起，不戰。

《巫咸》曰：黑黄氣入器府中，宫中有死女子，不出一旬。

唐・李鳳《天文要録》卷五〇《巫内外官占》　一、天尊

主天尊，總政奏庭也。《東晉紀》曰：天尊主靈坐，施法坐也。殷巫咸曰天尊一星在上台北，陳卓曰在中台北，主盛北聖公。

占天尊

《巫咸》曰：天尊動摇，天子有惡疾，不出一年。

萇弘曰：天尊不暉明，微細，大臣無勢，令不正。

應邵曰：天尊登鬲不明，臣謀其君，期二年。

陳卓曰：天尊不視經旬，智臣遣其朝庭，期半周。

郗萌曰：天尊位奄，臣不用其君命，不出三年。

占客星

《東晉紀》曰：客星色黑，守天尊，諫臣有疾，大赦。

公連曰：客星犯舍天尊，三公詭其君，不出一年。

二、三公

主三公，文武刑節候也。殷巫咸曰：三公三星在北斗魁前，第一星西方七政齊同，主三坐象也。

占三公

《巫咸》曰：三公色赤，暉大，諸侯執正法，期百六十日。

石申曰：三公位陵奄不視，天下有兵革，盜賊多起。

《荆州》曰：三公赤大，天子之令正，國豐昌。

郗萌曰：三公色青白變亭，經二旬，暴軍入國内侵，貴人大亂。

占彗星

卜偃曰：赤彗星出三公旁，其國有逆飢，不出三年。

占流星

陳卓曰：流星入三公坐中，天子有疾。出三公旁，女后有疾。

公連曰：大流星入三公，不出一年，後漢安帝崩。

三、天理

主天理，明教聽理事也。殷巫咸曰：天理三星，在紫宫門左星内南，主奏事，南門左前。

占天理

《巫咸》曰：天理不明，天子正門不脩其法，君臣以貪利迫民人。

石申曰：天理失位見後門，女黨有姦軍，不出一年。

《甘氏》曰：天理不見，前漢太祖高帝有疾病，明年多水。

卜偃曰：天理坐晴不明，太子有憂，期九十日。

占客星

《九州紀》曰：客星守天理，君堂失禮義，臣與君争地。

公連曰：客星犯乘天理，宫中有耶女誡其女后，不出三年。

四、女御

主女御，極星藏宫，主萬物。殷巫咸曰：女御四星在鈎陳腹中北，主禮儀、衣客、出趍。陳卓曰：女御，宫八十一御妻之象也，主天貴女之坐也。祖暅曰：女御與極星合位，顛犯二夕，主女后德昌，上下之德應於天也。

占女御

《巫咸》曰：女御明暉，女黨有正，理木明奄嘖乍，臣制君令。

萇弘曰：女御迫薄乍不暉，二夕位亡，女主失位。

石申曰：女御色赤、白、黄、青二運，後宫有四姦，臣候謀君坐。

甘德曰：女御宫不正，太子有憂，更王。

卜偃曰：女御，天貴宫也。色微細奄亡，臣失禮儀。

卑竈曰：女御宫具不見，女坐亡，期一年。

公連曰：女御止奄不視，君贊妾，期一旬。

《黄帝》曰：女御二星不見，輔臣弱，君無勢。

紫辨曰：女御輔玄星不視，女宫有姦毒，期半周。

玄龍曰：女御一夕七運，三公競競諫，法登。

《東晉紀》曰：女御一旬不運，天下有暴兵，從陰臣起。

《定象紀》曰：女御宫荒晴，天子失太子，不出三年。

占客星

《三靈紀》曰：客星色赤，大光，逮極星，守女御宫中，有賢臣。

長武曰：客星犯女御，近臣失節，讒臣登位，期七十日。

占流星

公連曰：大流星入女御中，姦使入女宫，不出一年。

紫辨曰：流星出入女宫旁，天子出入不時。

占客氣

《九州紀》曰：五色氣旋運女御宫，極坐，天下有重喜，貴人使詣。

五、天相

主天相，天子衣裳也。殷巫咸曰：天相三星，在七星大星北，主爵服、綵色、顯光。

占天相

《巫咸》曰：天相明光，經旬以上，君有病，輔臣死，不出二年。

公連曰：天相色步昧不晴，大臣有喪，五穀賤。

紫辨曰：天相登位，五采，大貴，天下有兵。

占客星

《甘氏》曰：客星守天相，諫臣謀其輔臣，相設擊。

方朔曰：客星犯天相，邊將逃亡，不出半周。

六、長恒

主長垣，邦境城郭守。殷巫咸曰：長垣四星，在少微西南北列，主城邑相喪。《春秋緯》曰：長垣主堺城。

占長垣

《巫咸》曰：長垣迫運，外邊有强軍侵内城，不出三年。

石申曰：長垣不視經歲，運奄，邊城拔，民多死，兵器亡。

公連曰：長垣二星失位二夕，諸侯誅邊地。

占五星

郗萌曰：熒惑、填星守犯長垣，天子失忠臣，令不行，胡兵入城，大戰。

公連曰：太白守長垣，經廿日，胡人侵内，三公死。

占彗星

《春秋緯》曰：彗星貫長垣，有邊城及臣，匈奴侵内，民絶糧。

公連曰：彗星長五尺，赤，入長垣，經二旬，胡軍大破，諸侯死。

占流使

《勑鳳紀》曰：使星入長垣，邊夷暴來，大戰，主大勝，不出一年。

《巫咸》曰：流星入長垣，匈奴兵起誅城，民人多亡。

七、虎賁

主虎賁，四職也。殷巫咸曰：虎賁一星，在下台南。陳卓曰：在太子西，近下台南，主四騎，請口室髦頭。陳卓曰：虎賁，主四庭晴品也。

占虎賁

《巫咸》曰：虎賁失位，大臣迫塞天子，善令不行。

甘德曰：虎賁德奄，諸侯謀其君，勢臣爲黜。

公連曰：虎賁登表，貴女印嘖死，不出一年。

《東晉紀》曰：虎賁不見，經歲，天下作兵，三公誡其君，不出三年。

占客星

仙房曰：客星守虎賁，老人多死，不出半周。

占流星

紫辨曰：流星入虎賁，宫中且有驚，急令出。

八、軍門

主軍門，邊賊盗兵也。殷巫咸曰：軍門二星在青丘西，主督候，虎尾威旗，一名軍開。

占軍門

《巫咸》曰：軍門不明，天子目昌，女主失位，不出二年。

陳卓曰：軍門迫位，其國邑民人多死。

《荆州》曰：軍門上陵昧，天下六畜多亡，諸侯婦女有病。

《海中》曰：軍門發奇不見，强軍侵勢門，不出半周。

郗萌曰：軍門一星奄，大將死，期一周。

占五星

《三靈紀》曰：歲星守軍門，大旱，人民多虐病。

《黄帝》曰：太白犯軍門，其國疾疫多起，内外相設擊。

公連曰：熒惑、填星守犯軍門，大旱，萬物夭傷，地動，人民疫病起。

占客星

公連曰：客星暈軍門，大將軍登位，民人被有喜。

九、土司空

主土司空，察司亭也。殷巫咸曰：土司空四星，在軍門南，主界城、袾神、社基。

占土司空

《巫咸》曰：土司空明，大光，經旬，外邊民豐，五穀熟。

公連曰：土司空不明，微細奄理，城民飢，將失法，不出半周。

紫辨曰：土司空不見，天下土功起，民人多死，不出二年。

卜偃曰：土司空遍散不運，天子失厠，坐顛迫死。

占五星

《七曜内紀》曰：熒惑、辰星守留土司空，其國有土役之事，民愁苦不息。

公連曰：太白、填星守入土司空，其國有喪，兵起，諸侯使來。

紫辨曰：太白芒守土司空，色黄潤澤，其國昌，五穀熟。舍居經旬，有兵革，陰姦謀起，其邦有喪。

郗萌曰：辰星暈土司空，失度，其國有逆兵，人民疫疾荒。

占客星

《東晉紀》曰：客星守土司空，多土功，民人疾病起，多死。

公連曰：客星犯土司空，民居不安，兵革起。

十、陽門

主陽門，大陽之道也。殷巫咸曰：陽門二星在庫樓東北，主柔遠、劒戟、楯柔，主武門，一名陽理，一名陳門，主兵甲。

《東晉紀》曰：陽門不夕，天子有病，不出三年。

《巫咸》曰：陽門明光，陽臣强，女坐有憂耗。

陳卓曰：陽門不見，經三運，其國有逆風，雹雨穀傷。

占月行

《三靈紀》曰：月犯陽門，乳母多死傷，水旱不時，冬温疾疫起。

占五星

公連曰：熒惑、太白犯守陽門，兩臣與君專政，下欲謀上。

卜偃曰：填星、辰星守留陽門，大臣子與女后俠私姦，天下大旱。

占流星

紫辨曰：流星入陽門，陽臣使道中死，期百廿日。

十一、鈇頑

主鈇頑，刑理問罪也。殷巫咸曰：鈇頑二星，在折威東南，主捕制伺候，察獄囚。

占鈇頑

《巫咸》曰：鈇頑上亡，天子之德耗，期八十日。

公連曰：鈇頑一星運陵指逆，其横水侵內，期九十日。

《甘氏》曰：鈇頑明，天子堂行教令，期一年。

《海中》曰：鈇頑微細奄亡，乍不明，主弱臣奪君，令不行。

郗萌曰：鈇頑不視，下臣奪天子令，有大謀。

十二、從官

主從官，草藥司官也。殷巫咸曰：從官二星，在房西南南北列，主疾病巫賢。

占從官

《巫咸》曰：從官色赤大，天下無病者。色黑，奄昌陵，夕不見，天下人民多死亡。

陳卓曰：從官不見，君臣不和，民人多疾病。

郗萌曰：從官晴息不見，侯王誅其天子。

十三、天福

主天福，神祭災怪也。殷巫咸曰：天福二星在房距星西南北列，主禱解，祝謝咎災。

占天福

《甘氏》曰：天福二星不明，祭祀不敬，多土功事，民人死亡。

石申曰：天福建昌，臣謀其主不成，期七十日。

公連曰：天福色赤，太子死；黑，諸侯女病。

紫辨曰：天福失位，太子祭祀不息，期半年。

十四、揵閉

主揵閉，節言理也。殷巫咸曰：揵閉一星，在房東北，主伺察心腹口喉。

占揵閉

郗萌曰：揵閉色赤，光如熒惑，經歲，不出二年，前漢元帝死。復一年春，女后以印發失位。

《東晉紀》曰：揵閉登陵不見，天子輔坐死，不出半年。

石申曰：揵閉亡坐，其國民人多疾病。

十五、罰星

主罰理，刑贖也。殷巫咸曰：罰三星，在東咸西南北列，主受金、罰贖、市租。

占罰星

《東晉紀》曰：罰星運顛，市交易不正理，刑罰以輕不行，期半年。

公連曰：罰星急然不明，天子有病，市領罰不節，不出半周。

紫辨曰：罰星夕晴，女后有憂，讒臣進，忠臣退。

《甘氏》曰：罰星運迴指逆，君罰無罪，温風發，五穀枯死。

十六、列肆

主列肆，金亭賣買也。殷巫咸曰：列肆二星在天市斛西北，主貨歸、金玉、璣珠。

占列肆

《巫咸》曰：列肆明，先市都，坐卿死於市中，有大災。

公連曰：列肆顛暉失坐，朝市相殺，不出一年。

《荊州》曰：列肆歸坐一夕，臣且殺其君，期半周。

占客星

仙房曰：客星守列肆旁，經一旬，於市邊兵亂起。

郗萌曰：客星守犯列肆，天子財寶失市，宫室盜賊起。

十七、車肆

主車肆，市亭交分司也。殷巫咸曰：車肆二星，在天市門左星内，主百賈肆傴。

占車肆

《巫咸》曰：車肆降薄乍不視，讒人講君，耶臣得道，民無所歸。

《定象紀》曰：車肆明，市中交分以正理行。不明奄亡，市令不用。

十八、帛度

主(白)〔帛〕度，迥坐持往也。殷巫咸曰：帛度二星，在宗星東北，主賣買，與平者俱。

占帛度

《海中》曰：帛度彰登，經六十日，諸侯婦，賣買有憂。

《荆州》曰：帛度不見，市令修不理，内外有憂。

仙房曰：帛度明，大，天下有喜令。不明奄亡，君臣俱憂。

占客星

公連曰：客星守帛度旁，經七日，市司有死者。

十九、屠肆

主屠肆，享施、盛饌、賓嬉。殷巫咸曰：屠肆二星，在帛度東北，主臨市，外食壹夫。

占屠肆

《巫咸》曰：屠肆不見，市之食保不具，民人交分不得，市荒亡，不出半周。

郗萌曰：屠肆失位，市邊有反者，父子俱死。

廿一、奚仲

主奚仲，車輪也。殷巫咸曰：奚仲四星，在天津北，主彌輪路輅，軨優汗。

占奚仲

《巫咸》曰：奚仲保登，天下有喪，車盡連，不出二年。

陳卓曰：奚仲亡噴，諸侯有姦，坐謀，期半周。

郗萌曰：奚仲運夕，助臣有死勉，三公侵内，期八十日。

廿一、鈎星

主鈎星，節路義孝也。殷巫咸曰：鈎九星如鈎狀，在造父西。陳卓曰：在王良西河中。主戒道、傳路、宣輿。

占鈎星

《東晉紀》曰：鈎星指逆運表，耶臣執政，忠臣黜。

公連曰：鈎星，其色半赤半白，大光，下臣削地，奪，不出三年。

郗萌曰：鈎星半見半不見，其邦大耗，横兵起。

占熒惑

紫辨曰：熒惑守鈎星，大臣訪君，其國淫亂起。

占客星

陳卓曰：客星犯鈎星，宫中夫絶，坐出，逆亂。

占流星

《東晉紀》曰：大流星貫鈎星，京都且驚，有急令，諸侯多走亡。

廿二、天桴

主天桴，妃后後宫也。殷巫咸曰：天桴四星，在河鼓左旗端南北列，主應度、節漏、省時。

占天桴

《巫咸》曰：天桴明大，兵鼓鳴，驚連起，期一年。

郗萌曰：天桴失位，耶臣謀逆於天心，期半年。

公連曰：天桴一星亡，將鼓不鳴，士率不進，期八十日。

紫辨曰：天桴色亡，晴奇不明，勇臣攻擊死。

公連曰：天桴不夕，大臣軍弱，將兵强。

廿三、天薔

主天薔，祕言廣信也。殷巫咸曰：天薔六星，在南斗初第二星西，主祕信，啓門室疑。

占天薔

卜偃曰：天薔明光，宫中且有御食喜，期八十日。

郗萌曰：天薔不見，臣争政，女戚謀不成。

陳卓曰：天薔夕運，天下有喪，民人多死亡。

占客星

《東晉紀》曰：客星犯天薔，諸侯興兵，女主謀反。

廿四、天淵

主天淵，損益象也。殷巫咸曰：天淵十星在斗南，陳卓曰：在鼈東主溉灌、盈溢、淵深。

占天淵

《巫咸》曰：天淵赤，大光，經二夕，民人逆謀，興兵交，不出半年。

郗萌曰：天淵運登，宫中，有逆兵。

公連曰：天淵五星亡，天子珍寶大敗滅，不出五年。

紫辨曰：天淵上陵失位，内臣誅其天子。

占月行

《東晉紀》曰：月犯天淵，女主有喪，期一年。

占熒惑

公連曰：熒惑守天淵，天子河遊溺，諸侯以印登死。

占客星

紫辨曰：客星犯天淵，貴人河溺死。

占流星

《東晉紀》曰：使流星出入天淵中，忠臣欺其女宫。

廿五、十二國星

齊一星，趙二星，鄭一星，越一星，楚一星，燕一星，晉二星，韓一星，魏一星，周二星，秦二星，(伐)〔代〕二星。(一)《九州分野星圖》曰：諸國應天列宿，土地辨九州。

右十二國十六星皆在牛女之間北。

廿六、離瑜

主離瑜，親交喜，保象也。殷巫(成)〔咸〕曰：離瑜三星，在秦代東南北列，主嫵鎊、外見、男姑。

占離瑜

陳卓曰：離瑜運保，太子妻任胎死，不出一年。

郗萌曰：離瑜於天不夕者，婦女多死。

公連曰：離瑜保晴不視，諸國者天下大亂，女婦走亡。

紫辨曰：離瑜暗晴，天子嫡宫有姦憂。

廿七、天壘城

主天壘城，外兵亭府也。殷巫咸曰：天壘城十二星，如貫索狀，在哭泣南，主北夷、丁零、凶奴。

占天城

《巫咸》曰：天壘城星運夕者，三公與夷相攻擊死，失地。

陳卓曰：天壘城半亡，天下夷狄大戰失地。

公連曰：天壘城運登，大臣誅其君，與夷俱謀。

占太白

紫辨曰：太白失度留城，經六十日，天下飢，兵革連。

占辰星

公連曰：辰星逆行守城，女主死，下賤奪地。

占客星

卜偃曰：客星守入城中，北夷詣與諸侯攻擊，失地。

《甘氏》曰：客星守城，中國大亂，夷狄侵内。

占流星

石申曰：流星入壘城中，賊盜侵國，貴人多死。

廿八、虚梁

主虚梁，宅輔育生也。殷巫咸曰：虚梁四星，如窪者狀者，在危南東西列，主宫宅、屋室、寝幬。

占虚梁

《巫咸》曰：虚梁早運不夕者，太子交横兵死，期一年。

石申曰：虚梁失坐夕亡者，宫室大敗，小女多死。

《黄帝》曰：虚梁降宿奄運，君失宫室，無嗣王。

卜偃曰：虚梁上登不見，女宫且有大屋驚，不出半周。

廿九、天錢

主天錢，財貨施行也。殷巫咸曰：天錢十星在北落西北，主藏府、聚集、談誇。一名天財，一名珍財。

占天錢

《巫咸》曰：天錢乖位指逆，所坐登半見半不見，大臣有謬咎。

石申曰：天錢春離迫不視者，女后諱宫中，與外通姦。

公連曰：天錢迫晴失位，諸侯逃，謀其君。

紫辨曰：天錢於位不役夕運者，必有夷狄來侵境。

占五星

《東晉紀》曰：歲星填星守犯天錢，民人流亡，其國有急，戎馬興武功，不出半年。

公連曰：太白辰星失度，留守天錢，三公失雉，民人哭音不息。

紫辨曰：熒惑失度守天錢，亟兵侵內，期二年。

占彗孛

《勑鳳紀》曰：彗星貫天錢，貴女失地，將軍紀道相設擊，糧絶，士飢。

《河圖紀》曰：彗孛入天錢，民人旬不勤奔，兵侵國境。

占客星

卜偃曰：客星守天錢，大將薦兵負，失地。

卅、天罡

主天罡，天子之武官也。殷巫咸曰：天罡一星，在北落西南，主武帳、宮府、置郵。

占天罡

《巫咸》曰：天罡運迫，諸侯王使來，期八十日。

《甘氏》曰：天罡動摇，武官奔，兵爰大戰。

《黄帝》曰：天罡色赤，大如熒惑，步兵多起，於其國境大戰。

公連曰：天罡失坐，女宮有憂，不出七十日。

卅一、鈇鑕

主鈇鑕，喪殺象也。殷巫咸曰：鈇鑕二星，在八魁西北，主距難、斬伐、曼耶。

占鈇鑕

《巫咸》曰：鈇鑕動摇，下賤并强兵誅其君，不出一年。

《巫咸》曰：鈇鑕動迫不見，天子坐弱，女后强。

紫辨曰：鈇鑕明運薄者，行殺伐無罪，期九十日。

郗萌曰：鈇鑕登位，陽臣欺陰臣，王政易。

卑竈曰：鈇鑕色赤，大臣有憂；黑，諸侯死。

卅二、天廄

主天廄，候兵馬也。殷巫咸曰：天廄十星，在東辟北，主驛道、逐漏、馳鶩。

占天廄

《巫咸》曰：天廄色蒼、赤，動摇，忠臣去，佞人用政，女主不安。

卜偃曰：天廄迫坐者，天子有喜兵，大將登位。

挺生曰：天廄色白、黄，其國有喜，飢，其邑戰，流血。

黄帝曰：天廄不具，天子死，無嗣位，下賤爭奪。

占熒惑

石申曰：熒惑守天廄於四方，賊起，大旱，五穀不收。

占客星

《甘氏》曰：客星守留天廄，天下大兵起，君失地。

占流星

《東晉紀》曰：天狗入天廄，封臣失位，將軍吞血。

卅三、天陰

主天陰，五穀象也。殷巫咸曰：天陰五星在畢柄西，主雨騰、附取、密謀。

占天陰

《巫咸》曰：天陰(上)〔止〕迫不見，天子畜民不謹，大旱，五穀不登。

《黄帝》曰：天陰動摇，天下不安，君臣争地，人民飢，雨風不時，五穀枯死。

陳卓曰：天陰指逆一夕，近臣與婦女通姦，不出二年。

郗萌曰：天陰色赤，大光，天子弱，女后宮强，淫泆並起。

《海中》曰：天陰不視，女黨淫亂起，近臣通，期二年。

《荊州》曰：天陰不運，天下婦女淫亂，失其地。

占月犯

《東晉紀》曰：月犯天陰，横兵災宮中。

《黄帝》曰：月犯吞天陰，女主有私，姦通死，不出二年。

占熒惑

《巫咸》曰：熒惑逆行守天陰，君失道，大旱。

占彗星

《三靈紀》曰：彗星入天陰，其國男女多死，貴人飢。市死人如崗，不葬。

占客星

卑竈曰：客星守天陰，大風發，穀枯死。

紫辨曰：客星色赤守天陰，客軍急諂侵內。

占流星

公連曰：流星出入天陰旁，貴人多死，乳婦有病。

方朔曰：大流星入天陰，賢人退，遁亡。

占客星

《東晉紀》曰：蒼、赤、黑氣入天陰，京都民人多死。

宋・歐陽修等《新唐書》卷三二《天文志二》 日食

武德元年十月壬申朔，日有食之，在氐五度。占曰：「諸侯專權，則其應在所宿國；諸侯附從，則爲王者事。」四年八月丙戌朔，日有食之，在翼四度。楚分也。六年十二月壬寅朔，日有食之，在南斗十九度。吳分也。九年十月丙辰朔，日有食之，在氐七度。

貞觀元年閏三月癸丑朔，日有食之，在胃九度。九月庚戌朔，日有食之，在亢五度。胃爲天倉，亢爲疏廟。二年三月戊申朔，日有食之，在婁十一度。占爲大臣憂。三年八月己巳朔，日有食之，在翼五度。占曰：「旱。」四年正月丁卯朔，日有食之，在營室四度。七月甲子朔，日有食之，在張十四度。占爲禮失。六年正月乙卯朔，日有食之，在虛九度。虛，秏祥也。八年五月辛未朔，日有食之，在參七度。九年閏四月丙寅朔，日有食之，在畢十三度。占爲邊兵。十一年三月丙戌朔，日有食之，在婁二度。占爲大臣憂。十二年閏二月庚辰朔，日有食之，在奎九度。奎，武庫也。十三年八月辛未朔，日有食之，在翼十四度。翼爲遠夷。十七年六月己卯朔，日有食之，在東井十六度。京師分也。十八年十月辛丑朔，日有食之，在房三度。房，將相位。二十年閏三月癸巳朔，日有食之，在胃九度。占曰：「主有疾。」二十二年八月己酉朔，日有食之，在翼五度。占曰：「旱。」【略】

麟德二年閏三月癸酉，日有食之，在胃九度。占曰：「主有疾。」【略】

咸亨元年六月壬寅朔，日有食之，在東井十八度。二年十一月甲午朔，日有食之，在箕九度。三年十一月戊子朔，日有食之，在尾十度。東井，京師分。箕爲后妃之府。尾爲後宮。五年三月辛亥朔，日有食之，在婁十三度。占爲大臣憂。【略】

垂拱二年二月辛未朔，日有食之，在營室十五度。四年六月丁亥朔，日有食之，在東井二十七度。京師分也。【略】

日變

貞觀初，突厥有五日並照。二十三年三月，日赤無光。李淳風曰：「日變色，有軍急。」又曰：「其君無德，其臣亂國。」濮陽復曰：「日無光，主病。」

咸亨元年二月壬子，日赤無光。癸丑，四方濛濛，日有濁氣，色赤如赭。【略】

開元十四年十二月己未，日赤如赭。二十九年三月丙午，風霾，日無光，近晝昏也。占爲上刑急，人不樂生。

天寶三載正月庚戌，日暈五重。占曰：「是謂棄光，天下有兵。」

肅宗上元二年二月乙酉，白虹貫日。

大曆二年七月丙寅，日旁有青赤氣，長四丈餘。壬申，日上有赤氣，長二丈。九月乙亥至於辛丑，日旁有青赤氣。三年正月丁巳，日有黃冠、黃赤珥。辛丑，亦如之。凡氣長而立者爲直，横者爲格，立於日上者爲冠。直爲有自立者，格爲戰鬥。又曰：「赤氣在日上，君有佞臣。黃爲土功，青赤爲憂。」【略】

天祐元年二月丙寅，日中見北斗，其占重。十一月癸酉，日中，日有黃暈，旁有青赤氣二。二年正月甲申，日有黃白暈，暈上有青赤背。乙酉亦如之，暈中生白虹，漸東，長百餘丈。二月乙巳，日有黃白暈如半環，有蒼黑雲夾日，長各六尺餘，既而雲變，狀如人如馬，乃消。舊占：「背者，叛背之象。日暈有虹者爲大戰，半暈者相有謀。蒼黑，祲祥也。夾日者，賊臣制君之象。變而如人者爲叛臣，如馬者爲兵。」三年正月辛未，日有黃白暈，上有青赤背。二月癸巳，日有黃白暈，如半環，有青赤背。庚戌，日有黃白暈，青赤背。

月變

貞觀初，突厥有三月並見。

儀鳳二年正月甲子朔，月見西方，是謂朓。朓則侯王其舒。

武太后時，月過望不虧者二。

天寶三載正月庚戌，月有紅氣如垂帶。

肅宗元年建子月癸巳乙夜，月掩昴而暈，色白，有白氣自北貫之。昴，胡也。白氣，兵喪。建辰月丙戌，月有黃白冠，連暈，圍東井、五諸侯、兩河及輿鬼。東井，京師分也。

大曆十年九月戊申，月暈熒惑、畢、昴、參，東及五車，暈中有黑氣，乍合乍散。十二月丙子，月出東方，上有白氣十餘道，如匹練，貫五車及畢、觜觿、參、東井、輿鬼、柳、軒轅，中夜散去。占曰：「女主凶。」白氣爲兵喪，五車主庫兵，軒轅

爲後宮，其宿則晉分及京師也。【略】

開成四年閏正月甲申朔，乙酉，月在營室，正偃魄質成，早也。占爲臣下專恣之象。五年正月戊寅朔，甲申，月昏而中，未弦而中，早也。占同上。【略】

孛彗

武德九年二月壬午，有星孛於胃、昴間；丁亥，孛於卷舌。孛與彗皆非常惡氣所生，而災甚於彗。【略】

龍朔三年八月癸卯，有彗星於左攝提，長二尺餘，乙巳不見。攝提，建時節，大臣象。【略】

上元二年十二月壬午，有彗星於角、亢南，長五尺。三年七月丁亥，有彗星於東井，指北河，長三尺餘；東北行，光芒益盛，長三丈，掃中台，指文昌。九月乙酉，不見。東井，京師分；中台、文昌，將相位；兩河，天闕也。

開耀元年九月丙申，有彗星於天市中，長五丈，漸小，東行至河鼓，癸丑不見。市者，貨食之所聚，以衣食生民者；一曰帝將遷都。河鼓，將軍象。【略】

文明元年七月辛未夕，有彗星於西方，長丈餘，八月甲辰不見。是謂天攙。

光宅元年九月丁丑，有星如半月，見於西方。月，衆陰之長，星如月者陰盛之極。

景龍元年十月壬午，有彗星於西方，十一月甲寅不見。二年七月丁酉，有星孛於胃、昴間。胡分也。三年八月壬辰，有星孛於紫宮。【略】

乾元三年四月丁巳，有彗星於東方，在婁、胃間，色白，長四尺，東方疾行，歷昴、畢、觜觿、參、東井、輿鬼、柳、軒轅至右執法西，凡五旬餘不見。閏月辛酉朔，有彗星於西方，長數丈，至五月乃滅。婁爲魯，胃、昴、畢爲趙，觜觿、參爲唐，東井、輿鬼爲京師分，柳其半爲周分。二彗仍見者，薦禍也。又婁、胃間，天倉。

大曆元年十二月己亥，有彗星於匏瓜，長尺餘，經二旬不見，犯宦者星。五年四月己未，有彗星於五車，光芒蓬勃，長三丈。五月己卯，彗星見於北方，色白，癸未東行近八穀中星；六月癸卯近三公，己未不見。占曰：「色白者，太白所生也。」七年十二月丙寅，有長星於參下，其長亘天。長星，彗屬。參，唐星也。【略】

開成二年二月丙午，有彗星於危，長七尺餘，西指南斗；戊申在危西南，芒耀愈盛；癸丑在虛；辛酉，長丈餘，西行稍南指；壬戌，在婺女，長二丈餘，廣三尺；癸亥，愈長且闊；三月甲子，在南斗；乙丑，長五丈，其末兩岐，一指氐，一掩房；丙寅，長六丈，無岐，北指在亢七度；丁卯，西北行，東指；己巳，長八丈餘，在張；癸未，長三尺，在軒轅，右不見。凡彗星晨出則西指，夕出則東指，乃常也。未有遍指四方，淩犯如此之甚者。甲申，客星出於東井下。戊子，客星別出於端門內，近屏星。四月丙午，東井下客星没。五月癸酉，端門內客星没。壬午，客星如孛，在南斗天籥旁。八月丁酉，有彗星於虛、危，虛、危爲玄枵。枵，秏名也。三年十月乙巳，有彗星於軫魁，長二丈餘，漸長，西指。十一月乙卯，有彗星於東方，在尾、箕，東西亘天；十二月壬辰不見。四年正月癸酉，有彗星於羽林，衛分也。閏月丙午，有彗星於卷舌西北；二月己卯不見。五年二月庚申，有彗星於營室、東壁間，二十日滅。十一月戊寅，有彗星於東方。燕分也。

會昌元年七月，有彗星於羽林，營室、東壁間也。十一月壬寅，有彗星於北落師門，在營室，入紫宮，十二月辛卯不見。并州分也。

大中六年三月，有彗星於觜、參。參，唐星也。十一年九月乙未，有彗星於房，長三尺。

咸通五年五月己亥，夜漏未盡一刻，有彗星出於東北，色黃白，長三尺，在婁，徐州分也。九年正月，有彗星於婁、胃。十年八月，有彗星於大陵，東北指，占爲外夷兵及水災。

乾符四年五月，有彗星。

光啓元年，有彗星於積水、積薪之間。二年五月丙戌，有星孛於尾、箕，歷北斗、攝提。占曰：「貴臣誅。」

大順二年四月庚辰，有彗星於三台，東行入太微，掃大角、天市，長十丈餘。五月甲戌不見。宦者陳匡知星，奏曰：「當有亂臣入宮。」三台，太一三階也；太微大角，帝廷也；天市，都市也。

景福元年五月，蚩尤旗見，初出有白彗，形如髮，長二尺許，經數日，乃從中天下，如匹布，至地如蛇。六月，孫儒攻楊行密於宣州，有黑雲如山，漸下，墜於儒營上，狀如破屋。占曰：「營頭星也。」十一月，有星孛於斗、牛。占曰：「越有自立者。」十二月丙子，天攙出於西南；己卯，化爲雲而没。二年三月，天久陰，至四月乙酉夜，雲稍開，有彗星於上台，長十餘丈，東行入太微，掃大角，入天市，經三旬有七日，益長至二十餘丈，因雲陰不見。

乾寧元年正月，有星孛於鶉首。秦分也。又星隕於西南，有聲如雷。七月，妖星見，非彗非孛，不知其名，時人謂之妖星，或曰惡星。三年十月，有客星三，一大二小，在虛、危間，乍合乍離，相隨東行，狀如門，經三日而二小星没，其大星

後没。虛、危，齊分也。【略】

天復元年五月，有三赤星，各有鋒芒，在南方，既而西方、北方、東方亦如之，頃之，又各增一星，凡十六星；少時，先從北滅。占曰：「濛星也，見則諸侯兵相攻。」二年正月，客星如桃，在紫宮華蓋下，漸行至御女。丁卯，有流星起文昌，抵客星，客星不動；己巳，客星在杠，守之，至明年猶不去。占曰：「將相出兵。」五月夕，有星當箕下，如炬火，炎炎上衝，人初以爲燒火也，高丈餘乃隕。占曰：「機星也，下有亂。」

天祐元年四月，有星狀如人，首赤身黑，在北斗下紫微中。占曰：「天衝也。天衝抱極泣帝前，血濁霧下天下冤。」後三日而黑風晦暝。二年四月庚子夕，西北隅有星類太白，上有光似彗，長三四丈，色如赭；辛丑夕，色如縞。或曰五車之水星也，一曰昭明星也。甲辰，有彗星於北河，貫文昌，長三丈餘，陵中台、下台；五月乙丑夜，自軒轅左角及天市西垣，光芒猛怒，其長亘天；丙寅雲陰，至辛未少霽，不見。兩河爲天闕，在東井間，而北河，中國所經也。文昌，天之六司。天市，都市也。

武德三年十月己未，有星隕於東都中，隱隱有聲。

貞觀二年，天狗隕於夏州城中。十四年八月，有星隕於高昌城中。十六年六月甲辰，西方有流星如月，西南行三丈乃滅。占曰：「星甚大者，爲人主。」十八年五月，流星出東壁，有聲如雷。占曰：「聲如雷者，怒象。」十九年四月己酉，有流星向北斗杓而滅。

永徽三年十月，有流星貫北極。四年十月，睦州女子陳碩真反，婺州刺史崔義玄討之，有星隕於賊營。【略】

延和元年六月，幽州都督孫佺討奚、契丹，出師之夕，有大星隕於營中。

開元二年五月乙卯晦，有星西北流，或如甕，或如斗，貫北極，小者不可勝數，天星盡搖，至曙乃止。占曰：「星，民象；流者，失其所也。」《漢書》曰：「星搖者民勞。」十二年十月壬辰，流星大如桃，色赤黄，有光燭地。占曰：「色赤爲將軍使。」【略】

至德二載，賊將武令珣圍南陽，四月甲辰夜中，有大星赤黄色，長數十丈，光燭地，墜賊營中。十一月壬戌，有流星大如斗，東北流，長數丈，蛇行屈曲，有碎光迸出。占曰：「是謂枉矢。」【略】

元和二年十二月己巳，西北有流星亘天，尾散如珠。占曰：「有貴使。」四年八月丁丑，西北有大星，東南流，聲如雷鼓。六年三月戊戌日晡，天陰寒，有流星大如一斛器，墜於兖、鄆間，聲震數百里，野雉皆雊，所墜之上，有赤氣如立蛇，長丈餘，至夕乃滅。時占者以爲日在戌，魯分也。不及十年，其野主殺而地分。九年正月，有大星如半席，自下而升，有光燭地，羣小星隨之。四月辛巳，有大流星，尾迹長五丈餘，光燭地，至右攝提西滅。十二年九月己亥甲夜，有流星起中天，首如甕，尾如二百斛舡，長十餘丈，聲如羣鴨飛，明若火炬，過月下西流，須臾，有聲礱礱，墜地，有大聲如壞屋者三，在陳、蔡間。十四年五月己亥，有大流星出北斗魁，長二丈餘，南抵軒轅而滅。占曰：「有赦，赦視星之大小。」十五年七月癸亥，有大星出鉤陳，南流至婁滅。

長慶元年正月丙辰，有大星出狼星北，色赤，有尾迹，長三丈餘，光燭地，東北流至七星南滅。四月，有大星墜於吴，聲如飛羽。七月乙巳，有大流星出參西北，色黄，有尾迹，長六七丈，光燭地，至羽林滅。八月辛巳，東北方有大星自雲中出，色白，光燭地，前鋭後大，長二丈餘，西北流入雲中滅。二年四月辛亥，有流星出天市，光燭地，隱隱有聲，至郎位滅。市者，小人所聚，郎在天廷中，主宿衛。六月丁酉，有小星隕於房、心間，戊戌亦如之，己亥亦如之。閏十月丙申，有流星大如斗，抵中台上星。三年八月丁酉夜，有大流星如數斗器，起西北，經奎、婁，東南流，去月甚近，迸光散落，墜地有聲。四年四月，紫微中，星隕者衆。七月乙卯，有大流星出天船，犯斗魁樞星而滅。占曰：「有舟楫事。」丙子，有大流星出天將軍東北，入濁。

寶曆元年正月乙卯，有流星出北斗樞星，光燭地，入濁。占曰：「有赦。」二年五月癸巳，西北有流星，長三丈餘，光燭地，入天市中滅。占爲有誅。七月丙戌，日初入，東南有流星，向南滅，以晷度推之，在箕、斗間。八月丙申，有大流星出王良，長四丈餘，至北斗杓滅。王良，奉車御官也。

大和四年六月辛未，自昏至戌夜，流星或大或小，觀者不能數。占曰：「民失其所，王者失道，綱紀廢則然。」又曰：「星在野象物，在朝象官。」七年六月戊子，自昏及曙，四方流星，大小縱横百餘。八年六月辛巳，夜中有流星出河鼓，赤色，有尾迹，光燭地，迸如散珠，北行近天棓滅，有聲如雷。河鼓爲將軍。天棓者，帝之武備。九年六月丁酉，自昏至于夜，流星二十餘，縱横出没，多近天漢。

開成二年九月丁酉，有星大如斗，長五丈，自室、壁西北流，入大角下没。行類枉矢，中天有聲，小星數百隨之。十一月丁丑，有大星隕於興元府署寢室之

上，光燭庭宇。三年五月乙丑，有大星出於柳、張，尾長五丈餘，再出再没。四年二月己亥，丁夜至戊夜，四方中天流星小大凡二百餘，並西流，有尾迹，長二丈至五丈。八月辛未，流星出羽林，有尾迹，長八丈餘，有聲如雷。羽林，天軍也。十二月壬申，蚩尤旗見。

會昌元年六月戊辰，自昏至戊夜，小星數十，縱横流散。占曰：「小星，民象。」七月庚午，北方有星，光燭地，東北流經王良，有聲如雷。十一月壬寅，有大星東北流，光燭地，有聲如雷。四年八月丙午，有大星如炬火，光燭天地，自奎、婁掃西方七宿而隕。六年二月辛丑，夜中有流星赤色如桃，光燭地，有尾迹，貫紫微入濁。

咸通六年七月乙酉，甲夜有大流星長數丈，光爍如電，羣小星隨之，自南徂北。其象南方有以衆叛而之北也。九年十一月丁酉，有星出如匹練，亘空化爲雲而没，在楚分。是謂長庚，見則兵起。十三年春，有二星從天際而上，相從至中天，狀如旌旗，乃隕。九月，蚩尤旗見。

乾符二年冬，有二星，一赤一白，大如斗，相隨東南流，燭地如月，漸大，光芒猛怒。三年，晝有星如炬火，大如五升器，出東北，徐行，隕於西北。四年七月，有大流星如盂，自虚、危，歷天市，入羽林滅。占爲外兵。

中和元年，有異星出於輿鬼，占者以爲惡星。八月己丑夜，星隕如雨，或如杯椀者，交流如織，庚寅夜亦如之，至丁酉止。三年十一月夜，星隕於西北，如雨。

光啓二年九月，有大星隕於揚州府署延和閣前，聲如雷，光炎燭地。十月壬戌，有星出於西方，色白，長一丈五尺，屈曲而隕。占曰：「長庚也，下則流血。」三年五月，秦宗權擁兵於汴州北郊，晝有大星隕於其營，聲如雷，是謂營頭。其下破軍殺將。

乾寧元年夏，有星隕於越州，後有光，長丈餘，狀如蛇。或曰枉矢也。三年六月，天暴雨，雷電，有星大如椀，起西南，墜於東北，色如鶴練，聲如羣鴨飛。占爲姦謀。

光化元年九月丙子，有大星墜於北方。三年三月丙午，有星如二十斛船，色黄，前鋭後大，西南行。十一月，中天有大星自東緩流如帶屈曲，光凝著天，食頃乃滅。是謂枉矢。

天復三年二月，帝至自鳳翔，其明日，有大星如月，自東濁際西流，有聲如雷，尾跡横貫中天，三夕乃滅。

天祐元年五月戊寅，乙夜雨、晦暝，有星辰二十丈，出東方，西南向，首黑，尾赤，中白，枉矢也，一曰長星。二年三月乙丑，夜中有大星出中天，如五斗器，流至西北，去地十丈許而止，上有星芒，炎如火，赤而黄，長丈五許，而蛇行，小星皆動而東南，其隕如雨，少頃没。後有蒼白氣如竹叢，上衝天中，色瞢瞢。占曰：「亦枉矢也。」三年十二月昏，東方有星如太白，自地徐上，行極緩，至中天，如上弦月，乃曲行，頃之，分爲二。占曰：「有大孽。」

元・脱脱等《宋史》卷五二《天文志五》　景星

景星，德星也，一曰瑞星，如半月，生於晦朔，大而中空，其名各異。曰周伯，其色黄，煌煌然，所見之國大昌。曰含譽，光耀似彗，喜則含譽射。曰格澤，狀如炎火，下大上鋭，色黄白，起地上，見則不種而獲。曰歸邪，兩赤彗向上，有蓋。曰天保星，有音，如炬火下地，野雞鳴。皆五行冲和之氣所生也。其王蓬芮、玄保、昭明、昏昌、旬始、司危、菟昌、地維臧光之類，亦皆爲瑞星。然前志以王蓬芮已下星爲妖星。又奇星，古無所考，見於仁宗、英宗之時，故附於景星之末云。【略】

彗孛

彗星，小者數寸，長者或竟天。見則兵起，大水，除舊布新之兆也。其體無光，傅日而爲光。故夕見則東指，晨見則西指。光芒所及則爲災。有五色，各依五行本精所生。

孛星，彗屬。偏指曰彗，芒氣四出曰孛。孛者，孛孛然，非常惡氣之所生也。主大亂，主大兵，災甚於彗。旄頭星，《玉册》云：亦彗屬也。

客星

客星有五：周伯、老子、王蓬絮、國皇、温星是也。周伯，大而黄，煌煌然，所見之國，兵喪，饑饉，民庶流亡。老子，明大純白，出則爲饑，爲凶，爲善，爲惡，爲喜，爲怒。王蓬絮，狀如粉絮，拂拂然，見則其國兵起，有白衣之會。國皇，大而黄白，有芒角，主兵起，水災，人主惡之。温星，色白，狀如風動摇，常出四隅。皆主兵。此五星錯出乎五緯之間，其見無期，其行無度，各以其所在分野而占之。又四隅各有三星：東南曰盗星，主大盗；西南曰種陵，出則穀貴；西北曰天狗，見則天下大饑；東北曰女帛，主有大喪。

流星

流星，天使也。自上而降曰流，東西横行亦曰流。流星有八，曰天使，曰天暉，曰天鴈，【略】

德祐元年六月庚子朔，日食，既，星見，雞鶩皆歸。明年，宋亡。

清・南懷仁《妄占辯》 五、辯傷人自專之占

占家多有所占之事情，惟由人之主張而能定。如凡所占天下亂、有盜賊、有兵起、下蒙上、大臣擅權等，惟由人之自專而定。然天象不强人之自專以定行其事，則天象不能主人定行其事明矣。若天象强兵起、亂天下、大臣擅權等，則其起兵、亂天下并大臣擅權者等皆無罪，其罪皆歸於天象，緣天象强他起兵、亂天下、擅權，不得不如此之行故也。今天象既不强人起兵、亂行等，則觀天象者不得因之而定，說有兵起、大臣擅權等。蓋此等之事情，施行與不行，皆由人自主而定耳。且占家不能預推現在目前之天象，如日月食、五星之行動等，豈能推占眼目所不見未來之災祥乎？其風雨、旱澇等，效與天象雖有因性之相連，並係固然之效者，乃占家尚不能占中其十分之一。而將來有兵起、天下亂、大臣擅權等，與天象無因性之相連，併其效與不效，全由人自主而定者，能推占而中乎？

綜述

漢・班固《漢書》卷二六《天文志》 凡候歲美惡，謹候歲始。歲始或冬至日，産氣始萌。臘明日，人衆卒歲，壹會飲食，發陽氣，故曰初歲。正月旦，王者歲首；立春，四時之始也。四始者，候之日。

而漢魏鮮集臘明正月旦決八風。風從南，大旱；西南，小旱；西方，有兵；西北，戎叔爲，小雨，趣兵；北方，爲中歲；東北，爲上歲；東方，大水；東南，民有疾疫，歲惡。故八風各與其衝對，課多者爲勝。多勝少，久勝亟，疾勝徐。旦至食，爲麥；食至日跌，爲(疾)〔稷〕；跌至晡，爲黍；晡至下晡，爲(叔)〔菽〕；下晡至日入，爲麻。欲終日有雲，有風，有日，當其時，深而多實；亡雲，有風日，當其時，淺而少實；有雲風，亡日，當其時，深而少實；有日，亡雲，不風，當其時者稼有敗。如食頃，小敗；孰五斗米頃，大敗。風復起，有雲，其稼復起。各以其時用雲色占種所宜。雨雪，寒，歲惡。

是日光明，聽都邑人民之聲。聲宮，則歲美，吉；商，有兵；徵，旱；羽，水；角，歲惡。

或從正月旦比數雨。率日食一升，至七升而極；過之，不占。數至十二日，直其月，占水旱。爲其環域千里內占，即爲天下候，竟正月。月所離列宿，日、風、雲，占其國。然必察太歲所在。金，穰；水，毀；木，飢；火，旱。此其大經也。【略】

正月上甲，風從東方來，宜蠶；從西方來，若旦有黃雲，惡。

冬至短極，縣土炭，炭動，麋鹿解角，蘭根出，泉水踊，略以知日至，要決晷景。

唐・李淳風《乙巳占》卷九 《易》曰：天垂象，見吉凶，聖人則之。又云：觀乎天文，以察時變；觀乎人文，以化成天下。故伏羲畫卦，以定逆順之徵。軒轅設圖，實著陰陽之道。蓋大聖所以通天地之至理，極造化之能事，體妙綴於神機，作範擬於繫象，唯神也，故冥頤可尋；唯機也，故幽玄可驗。至若仰觀俯察，輔國利民，觀毫考微，全身保命，探禍福之源。徵成敗之數，賢達所尚，由來久矣。淳風不揆庸昧，少而研習，雖著作十餘，而每多繁雜，輒以負薪餘日，綴集衆書，考論羣氏，錯綜黃咸，博聞甘石，及以三都鬼谷，王霸高宗，略其旨要，撮録祕驗，吉凶勝負，以類相從，勒爲一部，聊備遺忘，并指圖畧，例示二三好。道畏命，時或覽焉，審能精之，萬不遺一也。

唐・李淳風《乙巳占》卷一〇 《易》曰：巽爲風。《巽卦》曰：重巽以申命。又云：撓萬物者，莫疾乎風，風以散之。《詩序》曰：風，諷也，教也。風以動之，教以化之。然則風者，是天地之號令，陰陽之所使，發示休咎，動彰神教者也。《洪範》曰「念用庶徵」，云聖時風若咎徵云「蒙恆風」。若《周禮・春官・保章氏》以十有二風察天地之和合、乖別之祅祥，自此而觀，即覘風聲以探禍福，繇來尚矣。故《金縢》未啓，表拔木之徵祥；玉幣纔交，起偃禾之異事。宋襄失德，六鷁退飛；伯姬將焚，異鳥之唱。是知風覺鳥情，天地之事理，其所繇來久矣。昔子野驟歌以驗楚軍，吳範立候而期關羽。楊範之占雞酒，管輅之察飛鳩，並皆占等。同符義，過合契。是知事無大小，隨感必臻；祥無淺深，見形皆應。此則法術之所繇來也。余昔敦慕斯道，歷覽尋究，自翼奉已後，風角之書近將百卷。或詳或畧，真僞參差。文辭詭淺，法術乖舛。輒削除煩蕪，剪棄遊談，集而録之，以爲風鳥參驗附于玄象之末。并有立成以備倉卒，庶使文省事周，詞約理贍。後

之同好，想或觀之。夫蹙口微嘯，尚有徵應，況五行招感，能無所聞？陸賈曰：目瞤得酒食，火花得錢財。鵲啄足而行人，至蜘蛛集而百事喜。小既如此，大亦有之。將來君子，幸畏天命也。

紀事

漢・班固《漢書》卷二七《五行志下之下》 成帝建始元年八月戊午，晨漏未盡三刻，有兩月重見。京房《易傳》曰：「『婦貞厲，月幾望，君子征，凶。』言君弱而婦彊，爲陰所乘，則月並出。晦而月見西方謂之朓，朔而月見東方謂之仄慝，仄慝則侯王其肅，朓則侯王其舒。」劉向以爲朓者疾也，君舒緩則臣驕慢，故日行遲而月行疾也。仄慝者不進之意，君肅急則臣恐懼，故日行疾而月行遲，不敢迫近君也。不舒不急，以正失之者，食朔日。劉歆以爲舒者侯王展意顓事，臣下促急，故月行疾也。肅者王侯縮朒不任事，臣下弛縱，故月行遲也。當春秋時，侯王率多縮朒不任事，故食二日仄慝者十八，食晦日朓者一，此其效也。考之漢家，食晦朓者三十六，終亡二日仄慝者，歆説信矣。此皆謂日月亂行者也。

元帝永光元年四月，日色青白，亡景，正中時有景亡光。是夏寒，至九月，日乃有光。京房《易傳》曰：「美不上人，兹謂上弱，厥異日白，七日不温。順亡所制兹謂弱，日白六十日，物亡霜而死。天子親伐，兹謂不知，日白，體動而寒。弱而有任，兹謂不亡，日白不温，明不動。辟(譽)〔諐〕公行，兹謂不伸，厥異日黑，大風起，天無雲，日光晻。不難上政，兹謂見過，日黑居仄，大如彈丸。」

成帝河平元年正月壬寅朔，日月俱在營室，時日出赤。二月癸未，日朝赤，且入又赤，夜月赤。甲申，日出赤如血，亡光，漏上四刻半，乃頗有光，燭地赤黄，食後乃復。京房《易傳》曰：「辟不聞道兹謂亡，厥異日赤。」三月乙未，日出黄，有黑氣大如錢，居日中央。京房《易傳》曰：「祭天不順兹謂逆，厥異日赤，其中黑。聞善不予，兹謂失知，厥異日黄。」夫大人者，與天地合其德，與日月合其明，故聖王在上，總命羣賢，以亮天功，則日之光明，五色備具，燭燿亡主；有主則爲異，應行而變也。色不虛改，形不虛毀，觀日之五變，足以監矣。故曰「縣象著明，莫大乎日月」，此之謂也。

嚴公七年「四月辛卯夜，恆星不見，夜中星隕如雨」。董仲舒、劉向以爲常星二十八宿者，人君之象也；衆星，萬民之類也。列宿不見，象諸侯微也；衆星隕墜，民失其所也。夜中者，爲中國也。不及地而復，象齊桓起而救存之也。鄉亡桓公，星遂至地，中國其良絶矣。劉向以爲夜中者，言不得終性命，中道敗也。或曰象其叛也，言當中道叛其上也。天垂象以視下，將欲人君防惡遠非，慎卑省微，以自全安也。如人君有賢明之材，畏天威命，若高宗謀祖己，成王泣《金縢》，改過修正，立信布德，存亡繼絶，修廢舉逸，下學而上達，裁什一之税，復三日之役，節用儉服，以惠百姓，則諸侯懷德，士民歸仁，災消而福興矣。遂莫肯改寤，法則古人，而各行其私意，終於君臣乖離，上下交怨。自是之後，齊、宋之君弒，譚、遂、邢、衛之國滅，宿遷於宋，蔡獲於楚，晉相弒殺，五世乃定，此其效也。《左氏傳》曰：「恆星不見，夜明也；星隕如雨，與雨偕也。」劉歆以爲晝象中國，夜象夷狄。夜明，故常見之星皆不見，象中國微也。「星隕如雨」，如，而也，星隕而且雨，故曰「與雨偕也」，明雨與星隕，兩變相成也。《洪範》曰：「庶民惟星。」《易》曰：「雷雨作，解。」是歲歲在玄枵，齊分壄也。夜中而星隕，象庶民中離上也。雨以解過施，復從上下，象齊桓行伯，復興周室也。周四月，夏二月也，日在降婁，魯分壄也。先是，衛侯朔奔齊，衛公子黔牟立，齊帥諸侯伐之，天子使使救衛。魯公子溺專政，會齊以犯王命，嚴弗能止，卒從而伐衛，逐天王所立。不義至甚，而自以爲功。(名)〔民〕去其上，政繇下作，尤著，故星隕於魯，天事常象也。成帝永始二年二月癸未，夜過中，星隕如雨，長一二丈，繹繹未至地滅，至雞鳴止。谷永對曰：「日月星辰燭臨下土，其有食隕之異，則遐邇幽隱靡不咸睹。星辰附離于天，猶庶民附離王者也。王者失道，綱紀廢頓，下將叛去，故星叛天而隕，以見其象。《春秋》記異，星隕最大，自魯嚴以來，至今再見。臣聞三代所以喪亡者，皆繇婦人羣小，湛湎於酒。《書》云：『乃用其婦人之言，四方之逋逃多罪，是信是使。』《詩》曰：『赫赫宗周，褒姒威之。』『顛覆厥德，荒沈于酒。』及秦所以二世而亡者，養生大奢，奉終大厚。方今國家兼而有之，社稷宗廟之大憂也。」京房《易傳》曰：「君不任賢，厥妖天雨星。」

文公十四年「七月，有星孛入于北斗」。董仲舒以爲孛者惡氣之所生也。謂之孛者，言其孛孛有所防蔽，闇亂不明之貌也。北斗，大國象。後齊、宋、魯、莒、

晉皆弒君。劉向以爲君臣亂於朝，政令虧於外，則上濁三光之精，五星贏縮，變色逆行，甚則爲孛。北斗，人君象；孛星，亂臣類，簒殺之表也。《星傳》曰「魁者，貴人之牢」。又曰「孛星見北斗中，大臣諸侯有受誅者」。一曰魁爲齊、晉。夫彗星較然在北斗中，天之視人顯矣，史之有占明矣，時君終不改寤。是後，宋、魯、莒、晉、鄭、陳六國咸弒其君，齊再弒焉。中國既亂，夷狄並侵，兵革從横，楚乘威席勝，深入諸夏，六侵伐，一滅國，觀兵周室。晉外滅二國，内敗王師，又連三國之兵大敗齊師于鞌，追亡逐北，東臨海水，威陵京師，武折大齊。皆孛星炎之所及，流至二十八年。《星傳》又曰：「彗星入北斗，有大戰。其流入北斗中，得名人；不入，失名人。」宋華元，賢名大夫，大棘之戰，華元獲於鄭，傳舉其效云。《左氏傳》曰有星孛北斗，周史服曰：「不出七年，宋、齊、晉之君皆將死亂。」劉歆以爲北斗有環域，四星入其中也。斗，天之三辰，綱紀星也。宋、齊、晉，天子方伯，中國綱紀。彗所以除舊布新也。斗七星，故曰不出七年。至十六年，宋人弒昭公；十八年，齊人弒懿公；宣公二年，晉趙穿弒靈公。

昭公十七年「冬，有星孛于大辰」。董仲舒以爲大辰心也，心(在)〔爲〕明堂，天子之象。後王室大亂，三王分爭，此其效也。劉向以爲《星傳》曰「心，大星，天王也。其前星，太子；後星，庶子也。尾爲君臣乖離。」孛星加心，象天子適庶將分爭也。其在諸侯，角、亢、氐，陳、鄭也；房、心，宋也。後五年，周景王崩，王室亂，大夫劉子、單子立王猛，尹氏、召伯、毛伯立子鼂。子鼂，楚出也。時楚彊，宋、衛、陳、鄭皆南附楚。王猛既卒，敬王即位，子鼂入王城，天王居狄泉，莫之敢納。五年，楚平王居卒，子鼂奔楚，王室乃定。後楚帥六國伐吴，吴敗之于雞父，殺獲其君臣。蔡怨楚而滅沈，楚怒，圍蔡。吴人救之，遂爲柏舉之戰，敗楚師，屠郢都，妻昭王母，鞭平王墓。此皆孛彗流炎所及之效也。《左氏傳》曰：「有星孛于大辰，西及漢。申繻曰：『彗，所以除舊布新也，天事恆象。今除於火，火出必布焉。諸侯其有火災乎？』梓慎曰：『往年吾見，是其徵也。火出而見，今兹火出而章，必火入而伏，其居火也久矣，其與不然乎？火出，於夏爲三月，於商爲四月，於周爲五月。夏數得天，若火作，其四國當之，在宋、衛、陳、鄭乎？宋，大辰之虚；陳，太昊之虚；鄭，祝融之虚：皆火房也。星孛及漢；漢，水祥也。衛，顓頊之虚，其星爲大水。水，火之牡也。其以丙子若壬午作乎？水火所以合也。若火入而伏，必以壬午，不過見之月。』」明年「夏五月，火始昏見，丙子風。梓慎曰：『是謂融風，火之始也。七日其火作乎？』」戊寅風甚，壬午太甚，宋、衛、陳、鄭皆火。」劉歆以爲大辰，房、心、尾也，八月心星在西方，孛從其西過心東及漢也。宋，大辰虚，謂宋先祖掌祀大辰星也。陳，太昊虚，虙羲木德，火所生也。鄭，祝融虚，高辛氏火正也。故皆爲火所舍。衛，顓頊虚，星爲大水，營室也。天星既然，又四國失政相似，及爲王室亂皆同。

哀公十三年「冬十一月，有星孛于東方」。董仲舒、劉向以爲不言宿名者，不加宿也。以辰乘日而出，亂氣蔽君明也。明年，《春秋》事終。一曰，周之十一月，夏九月，日在氐。出東方者，軫、角、亢也。軫，楚；角、亢，陳、鄭也。或曰角、亢大國象，爲齊、晉也。其後楚滅陳，田氏簒齊，六卿分晉，此其效也。劉歆以爲孛，東方大辰也，不言大辰，旦而見與日爭光，星入而彗猶見。是歲再失閏，十一月實八月也。日在鶉火，周分野也。十四年冬，「有星孛」，在獲麟後。劉歆以爲不言所在，官失之也。

高帝三年七月，有星孛于大角，旬餘乃入。劉向以爲是時項羽爲楚王，伯諸侯，而漢已定三秦，與羽相距滎陽，天下歸心於漢，楚將滅，故彗除王位也。一曰，項羽阬秦卒，燒宫室，弒義帝，亂王位，故彗加之也。

文帝後七年九月，有星孛于西方，其本直尾、箕，末指虚、危，長丈餘，及天漢，十六日不見。劉向以爲尾宋地，今楚彭城也。箕爲燕，又爲吴、越、齊。宿在漢中，負海之國水澤地也。是時景帝新立，信用鼂錯，將誅正諸侯王，其象先見。後三年，吴、楚、四齊與趙七國舉兵反，皆誅滅云。

武帝建元六年六月，有星孛于北方。劉向以爲明年淮南王安入朝，與太尉武安侯田蚡有邪謀，而陳皇后驕恣，其後陳后廢，而淮南王反，誅。

八月，長星出于東方，長終天，三十日去。占曰：「是爲蚩尤旗，見則王者征伐四方。」其後兵誅四夷，連數十年。

元狩四年四月，長星又出西北，是時伐胡尤甚。

元封元年五月，有星孛于東井，又孛于三台。其後江充作亂，京師紛然。此明東井、三台爲秦地效也。

宣帝地節元年正月，有星孛于西方，去太白二丈所。劉向以爲太白爲大將，彗孛加之，掃滅象也。明年，大將軍霍光薨，後二年家夷滅。

成帝建始元年正月，有星孛于營室，青白色，長六七丈，廣尺餘。劉向、谷永以爲營室爲後宫懷任之象，彗星加之，將有害懷任絶繼嗣者。一曰，後宫將受害也。其後許皇后坐祝詛後宫懷任者廢。趙皇后立妹爲昭儀，害兩皇子，上遂無

嗣。趙后姊妹卒皆伏辜。

元延元年七月辛未，有星孛于東井，踐五諸侯，出河戍北率行軒轅、太微，後日六度有餘，晨出東方。十三日夕見西方，犯次妃、長秋、斗、填，蠭炎再貫紫宫中。大火當後，達天河，除於妃后之域。南逝度犯大角、攝提，至天市而按節徐行，炎入市，中旬而後西去，五十六日與倉龍俱伏。谷永對曰：「上古以來，大亂之極，所希有也。察其馳騁驟步，芒炎或長或短，所歷奸犯，内爲後宫女妾之害，外爲諸夏叛逆之禍。」劉向亦曰：「三代之亡，攝提易方；秦、項之滅，星孛大角。」是歲，趙昭儀害兩皇子。後五年，成帝崩，昭儀自殺。哀帝即位，趙氏皆免官爵，徙遼西。哀帝亡嗣。平帝即位，王莽用事，追廢成帝趙皇后、哀帝傅皇后，皆自殺。外家丁、傅皆免官爵，徙合浦，歸故郡。平帝亡嗣，莽遂篡國。

釐公十六年「正月戊申朔，隕石于宋，五，是月六鶂退飛過宋都」。董仲舒、劉向以爲象宋襄公欲行伯道將自敗之戒也。石陰類，五陽數，自上而隕，此陰而陽行，欲高反下也。石與金同類，色以白爲主，近白祥也。鶂水鳥，六陰數，退飛，欲進反退也。其色青，青祥也，屬於貌之不恭。天戒若曰，德薄國小，勿持炕陽，欲長諸侯，與彊大争，必受其害。襄公不寤，明年齊威死，伐齊喪，執滕子，圍曹，爲盂之會，與楚争盟，卒爲所執。後得反國，不悔過自責，復會諸侯伐鄭，與楚戰于泓，軍敗身傷，爲諸侯笑。《左氏傳》曰：隕石，星也；鶂退飛，風也。宋襄公以問周内史叔興曰：「是何祥也？吉凶何在？」對曰：「今兹魯多大喪，明年齊有亂，君將得諸侯而不終。」退而告人曰：「是陰陽之事，非吉凶之所生也。吉凶繇人，吾不敢逆君故也。」是歲，魯公子季友、鄫季姬、公孫兹皆卒。明年齊威死，適庶亂。宋襄公伐齊行伯，卒爲楚所敗。劉歆以爲是歲歲在壽星，其衝降婁。降婁，魯分壄也，故爲魯多大喪。正月，日在星紀，厭在玄枵。玄枵，齊分壄也。石，山物；齊，大嶽後。五石象齊威卒而五公子作亂，故爲明年齊有亂。庶民惟星，隕於宋，象宋襄將得諸侯之衆，而治五公子之亂。星隕而鶂退飛，故爲得諸侯而不終。六鶂象後六年伯業始退，執於盂也。民反德爲亂，亂則妖災生，言吉凶繇人，然后陰陽衝厭受其咎。齊、魯之災非君所致，故曰「吾不敢逆君故也」。京房《易傳》曰：「距諫自彊，兹謂卻行，厥異鶂退飛。適當黜，則鶂退飛。」

惠帝三年，隕石緜諸，一。

武帝征和四年二月丁酉，隕石雍，二，天晏亡雲，聲聞四百里。

元帝建昭元年正月戊辰，隕石梁國，六。

成帝建始四年正月癸卯，隕石稾，四，肥累，一。

陽朔三年二月壬戌，隕石白馬，八。

鴻嘉二年五月癸未，隕石杜衍，三。

元延四年三月，隕石都關，二。

哀帝建平元年正月丁未，隕石北地，十。其九月甲辰，隕石虞，二。

平帝元始二年六月，隕石鉅鹿，二。

自惠盡平，隕石凡十一，皆有光燿雷聲，成、哀尤屢。

南朝宋・范曄《後漢書》卷一〇一《天文志中》 三年六月丁卯，彗星出天船北，長二尺所，稍北行至亢南，(百)〔見〕三十五日去。天船爲水，彗出之爲大水。是歲伊、雒水溢，到津城門，壞伊橋；郡七縣三十二皆大水。【略】

八年六月壬午，長星出柳、張三十七度，犯軒轅，刺天船，陵太微，氣至上陛，凡見五十六日去。柳，周地。是歲多雨水，郡十四傷稼。【略】

孝安永初元年五月戊寅，熒惑逆行守心前星。八月戊申，客星在東井、弧星西南。【略】客星在東井，爲大水【略】是歲郡國四十一縣三百一十五雨水。四瀆溢，傷秋稼，壞城郭，殺人民，是其應用。

南朝宋・范曄《後漢書》卷一〇二《天文志下》 殤帝延平元年九月乙亥，隕石陳留四。《春秋》僖公十六年，隕石于宋五，傳曰隕星也。董仲舒以爲從高反下之象。或以爲庶人惟星，隕，民困之象也。

南朝梁・沈約《宋書》卷二四《天文志二》 永嘉三年，鎮星久守南斗。占曰：「鎮星所居者，其國有福。」是時安東琅邪王始有揚土。其年十一月，地動，陳卓以爲是地動應也。

南朝梁・沈約《宋書》卷二五《天文志三》 太元十年十二月己丑，太白犯歲星。占曰：「爲兵饑。」是時河朔未一，兵連在外，冬，大饑。【略】

太元十九年十月癸丑，太白犯歲星，在斗。占曰：「爲飢，爲内兵。斗，吴、越分。」至隆安元年，王恭等舉兵顯王國寶之罪，朝廷赦之。是後連歲水旱民飢。

太元二十年六月，熒惑入天囷。占曰：「天下飢。」七月丁亥，太白入太微。占曰：「太白入太微，國有憂。晝見，爲兵喪。」九月，有蓬星如粉絮，東南行，歷女虚至哭星。占曰：「蓬星見，不出三年，必有亂臣戮死於市。」十二月己巳，月犯楗閉及東西咸。占曰：「楗閉司心腹喉舌，東西咸主陰謀。」是時王國寶交構朝政，二十一年九月，帝崩，隆安元年，王恭等舉兵，而朝廷戮王國寶、王緒。又

連歲水旱，兼三方動衆，民飢。

太元二十一年三月，太白連晝見，在羽林。占曰：「有强臣，有兵喪，中軍兵起。」四月壬午，太白入天困。占曰：「爲飢。」【略】

晉安帝義熙元年三月，【略】丁酉，月奄心前星。占曰：「豫州有災。」

南朝梁・沈約《宋書》卷二六《天文志四》 孝建二年五月乙未，熒惑入南斗。十月甲辰，又入南斗。大明元年夏，京師疾疫。

孝建三年四月戊戌，太白犯輿鬼。占曰：「民多疾。」明年夏，京邑疫疾。

孝建三年八月甲午，太白入心。占曰：「後九年，大飢至。」大明八年，東土大飢，民死十二三。【略】

大明六年，【略】八月，月入南斗魁中。占曰：「大臣誅，斧鉞用，吴、越有憂。」明年，揚、南徐州大旱，田穀不收，民流死亡。

泰始二年，【略】七月，【略】其月乙卯，熒惑犯氐。氐，兖州分野。十月辛巳，太白入氐。占曰：「春穀貴。」十一月癸巳，太白犯房。占曰：「牛多死。」【略】是春，穀貴民飢。明年，牛多疾死，詔太官停宰牛。【略】

泰始四年六月壬寅，太白犯輿鬼。占曰：「民大疾，死不收。」其年普天大疫。

北齊・魏收《魏書》卷一〇五《天象志一》 （延昌元年）五月己未晦，日十五分蝕九。占曰「大旱，民流千里」。二年春，京師民饑，死者數萬口。

北齊・魏收《魏書》卷一〇六《天象志二》 （高祖延興二年）閏月丙子，月犯東井。占曰「有水」。是年，以州鎮十一水旱，免民田租，開倉賑恤。庚子，月犯東井北轅。【略】

（四年）二月癸丑，月犯軒轅。甲寅，月犯歲星。占曰「饑」。太和元年正月，雲中饑，詔開倉賑恤。【略】

（太和八年）五月丁亥，月在斗，蝕盡。占曰「饑」。十二月，詔以州鎮十五水旱民饑，遣使者循行，問所疾苦，開倉賑恤。

九年正月丁丑，月在參，暈觜、參兩肩、東井、北河、五車三星。占曰「水」。是年，冀定數州水，民有賣男女者。戊申，月犯東井。占曰「貴人死」，一曰「有水」。十月，侍中、司徒、魏郡王陳建薨。是年，京師及州鎮十二水旱傷稼。【略】

（十一年）三月丙申，月三暈太微。庚子，月蝕氐。占曰「糴貴」。是年，年穀不登，聽民出關就食，開倉賑恤。【略】

（太和十七年）六月甲午，月在女蝕。占曰「旱」。二十年，以南北州郡旱，遣侍臣循察，開倉賑恤。【略】

（景明四年）五月丁卯，月在斗，從地下蝕出，十五分蝕十二。占曰「饑」。正始四年八月，敦煌民饑，開倉賑恤。【略】

七月戊午，月犯房大星。壬申，月犯昴、畢、觜、參、東井、五車五星。占曰「旱，有大赦」。正始元年正月丙寅，大赦，改年。六月，詔以旱，徹樂減膳。【略】

（正始元年）二年九月癸未，月在昴，十五分蝕十。占曰「饑」。四年九月，司州民饑，開倉賑恤。【略】

（延昌元年）十月癸酉，月暈東井、五車、畢、參。占曰「大旱」，一曰「爲水」。二年四月庚子，出絹十五萬匹，賑恤河南饑民。五月，壽春水。【略】

（二年）二月己巳，月暈熒惑、軒轅、太微帝座。占曰「旱」。六月乙酉，青州民饑，詔開倉賑恤。

四月丙申，月掩鎮星。己亥，月在箕，從地下蝕出，還生三分，漸漸而滿。占曰「饑」。三年四月，青州民饑，開倉賑恤。【略】

（延昌三年）四月癸巳，月在尾，從地下蝕出，十五分蝕十四。占曰「旱，饑」。熙平元年四月，瀛州民饑，開倉賑恤。【略】

（肅宗熙平元年）十二月戊戌，月犯歲星。甲辰，月暈東井、觜、參、五車。占曰「大旱」，一曰「水」。二年十月庚寅，幽、冀、滄、瀛四州大饑，開倉賑恤。【略】

（二年）十月癸卯，月暈昴、畢、觜、參、五車四星。甲辰，月暈畢右股、觜、參、五車三星、東井。占曰「天下饑，大赦」。神龜元年正月，幽州大饑，死者甚衆，開倉賑恤；又大赦天下。【略】

（正光二年）二年五月丁未，月蝕。占曰「旱，饑」。三年六月，帝以炎旱，減膳撤懸。

北齊・魏收《魏書》卷一〇七《天象志三》 神瑞元年二月，填入東井，犯天尊，旱祥也。天象若曰：土失其性，水源將壅焉；施于天尊，所以福矜寡之萌也。先是，去年九月至于五月，歲再犯軒轅大星；八月庚寅至二年三月，填再犯鬼積尸。歲星主農事，軒轅主雷霜風雨之神，返覆由之，所以告黄祇也。土爰稼穡，鬼爲物之精氣，是謂稼穡潛耗，人將以饉而死焉。一曰大旱。是後，京師比歲霜旱，五穀不登，詔人就食山東，以粟帛賑乏，語在崔浩傳。先是，月犯歲于畢。占曰「饑在晉代，亦其徵」。又鬼主秦，旱在秦邦。至二年，太史奏，熒惑在匏瓜中，一夜忽亡

失之，後出東井，語在崔浩傳。既而關中大旱，昆明枯涸。

四年三月，有大流星東南行，光燭地，長六七丈，食頃乃滅，後有聲。占曰「大兵從之」。是時諸將方逐宋師，至歷城不及。有聲，駿奔之象也。四月辛未，太白晝見于胃。胃爲趙分。五月，太白犯天關；十月丙辰，月又掩之。天關外主勃、碣，山河之險窮焉。占曰「兵革起」。九月丙寅，有流星大如斗，赤色，發太微，至北斗而滅。太微，禮樂之庭，且有昭德之舉，而述宣王命，是以帝車受之。是月壬申，有詔徵范陽盧玄等三十六人，郡國察秀、孝數百人，且命以禮宣喻，申其出處之節。明年六月，上伐北燕，舉燕十餘郡，進圍和龍，徙豪傑三萬餘家以歸。四年八月，金入太微，亦君自將兵象。明年正月庚午，火入鬼。占曰「秦有死君」。四月己丑，太白晝見，爲不臣。其後秦王赫連昌叛走伏誅之應也。

延和元年七月，有大流星出參左肩，東北入河乃滅。參主兵政，晉、魏墟也，山河所首，推之大兵將發于魏以加燕國。八月癸未，太白犯心前星；乙酉，又犯心明堂。占曰「有亡國，近期二年」。十二月，有流星大如甕，尾長二十餘丈，奔君之象。比歲連兵東討，至太延二年三月，燕後主馮文通去國奔高麗。元年四月，月犯左角；五月，月掩斗；七月，月食左角。皆占曰「兵大起」。

三年三月丙辰，金晝見，在參。魏邦戒也。閏月戊寅，金犯五諸侯。占曰「四滑起，官兵起亂」。己丑，月入井，犯太白。占曰「兵起合戰，秦邦受之」。七月，上幸隰城，詔諸軍討山胡白龍，入西河。九月，克之，伏誅者數千人。而宋大將軍、彭城王義康方擅威福，後竟幽廢。是歲二月庚午，月犯畢口而出，因暈昴及五車。占曰「貴人死」。五月甲子，陰平王求薨。【略】

二年五月壬申，有星孛于房。占曰「名山崩，有亡國」。八月丁亥，木入鬼，守積尸；十一月辛亥，又犯鬼。鬼秦分，天戒若曰：涼君淫奢無度，財力窮矣，將喪國，身爲戮焉。二年正月、四年十一月，月皆犯井，亦爲秦有兵刑。

三年正月壬午，有星晡前晝見東北，在井左右，色黃，大如橘。魏師之應也。黃星出于燕墟而慕容氏滅，今復見東井，涼室亡乎？四年四月己酉，華山崩。華山，西鎮也。天又若曰：星孛于房，既有徵矣，鎮傾而國從之。先是，元年十二月，金犯羽林；二年十二月至四年十一月，火再入之。五年五月，太白晝見胃、昴，入羽林，遂犯畢。畢又邊兵也。六月，上自將西征。秋八月，進圍姑臧。九月丙戌，沮渠牧犍帥文武將吏五千餘人面縛來降。明年，悉定涼地。或曰星孛于房，爲大臣之事，又饉祥也。火入鬼，犯軒轅，又稼穡不成。自元年已來，將相薨尤衆。至真君元年，州鎮十五盡饑。

四年十月壬戌，大流星出文昌，入紫宮，聲如雷。天象若曰：將相或以全師禦衛帝宮者，其事密近，有震驚之象焉。明年六月，帝西征，詔大將軍嵇敬等帥衆二萬屯漠南，以備暴寇。九月，蠕蠕乘虛犯塞，遂至七介山，京師大駭，司空長孫道生等并力拒之，虜乃退走。是月壬午，有大流星出紫微，入貫索，長六丈餘。占曰「有大君之命」。貫索，賤人牢也。明年，帝命侍臣行郡國，觀風俗，問其所疾苦云。【略】

年二月，太白、熒惑、歲星聚于東井。占曰「三星合，是爲驚立絶行，其國內外有兵與喪，改立王公」。九月，盧水胡蓋吳據杏城反，僭署百官，雜虜皆響從，關內大震。十一月，將軍叔孫拔敗吳師于渭北。至七年正月，太白犯熒惑。占曰「兵起，有大戰」。時上討吳黨於河東，屠之，遂幸長安。二月，吳軍敗績于杏城，棄馬遁去，復收合餘燼。八月乃夷之。五年五月，月犯心；六年四月，又如之。占曰「兵犯宋邦」。是月，太白入軒轅。占曰「有反臣」。是冬，宋太子詹事范曄謀反，誅。詔高涼王那徇淮泗，徙其人河北焉。【略】

高宗興安二年二月，有星孛于西方。占曰「凡孛者，非常惡氣所生也，內不有大亂，外且有大兵」。至興光元年二月，有流星大如月，西行。占曰「奔星所墜，其野有兵，光盛者事大」。先是，京兆王杜元寶、建康王崇、濟南王麗、濮陽王閭文若、永昌王仁，相次謀反伏誅。是歲，宋南郡王義宣及魯爽、臧質以荆豫之師構逆，大將王玄謨等西討，盡夷之。或曰：彗加太微、翼、軫之餘禍也。春秋，星之大變，或災連三國之君，其流炎之所及，二十餘年而後弭。至是彗干天庭，二太子首亂，三君爲戮，侯王辜死者幾數十人。由此言之，皇天疾威之誡，不可不惕也。

太安元年六月辛酉，有星起河鼓，東流，有尾跡，光明燭地。河鼓爲履險之兵，負海之象也。昭盛爲人君之事，星之所往，君且從之。間二歲，帝幸遼西，登碣石以臨滄海，復所過郡國一年，又尾迹之徵。是歲五月，火入斗。斗主形命之養。其後三吳荐饑，仍歲疾疫。

三年夏四月，熒惑犯太白。占曰「是謂相鑠，不可舉事用兵，成師以出而禍其雄之象也」。明年，宋將殷孝祖侵魏南鄙，詔征南將軍皮豹子擊之，宋軍大敗。或曰：金火合，主喪事。明年十月，金又犯哭星。十二月，征東將軍、中山王託真薨。【略】

四年八月，熒惑守畢，直徵垣之南。占曰「歲饉」。至五年二月，又入東井。

占曰「旱兵飢疫，大臣當之」。六月，太白犯鉞。占曰「兵起，更正朔」。是歲二月，司空伊馛薨。十二月，六鎮、雲中、高平、雍、秦饑旱。明年，改年爲和平。至六月，諸將討吐谷渾什寅，遂絶河窮躡之，會軍大疫乃還。是歲三月，流星數萬西行。占曰「小流星百數四面行者，庶人遷之象」。既而吐谷渾舉國西遁，大軍又隨躡之。

四年九月，月犯軒轅；十二月，犯氐；至五年正月，月掩軒轅，又掩氐東南星。皆后妃之府也。和平元年正月丁未，歲犯鬼。鬼爲死喪，歲星，人君也，是爲君有喪事。三月，月掩軒轅。四月戊戌，皇太后崩於壽安宮。《宋志》云：人間宣言，人主帷箔不修，故謫見軒轅。又五年十一月，月犯左執法；明年十一月，又犯之。占曰「大臣有憂」。和平二年，征東將軍、河東王閭毗薨。十月，廣平王洛侯薨。

和平元年十月，有長星出於天倉，長丈餘。饉祥也。二年三月，熒惑入鬼。是謂稼穡不成，且曰萬人相食。其後定相阻飢，宥其田租。時三吴亦仍歲凶旱，死者十二三。先是，元年四月，太白犯東井。井、鬼皆秦分，雍州有兵亂。自元年六月，月犯心大星，三犯前後于房。心，宋分。時宋君虐其諸弟，後宫多喪，子女繼夭，哭泣之聲相再。是歲，詔諸將討雍州叛氐，大破之。宋雍州刺史、海陵王休茂亦稱兵作亂。間歲而宋主殂，嗣子淫昏，政刑紊焉。

二年三月辛巳，有長星出天津，色赤，長匹餘，滅而復出，大小百數。天津，帝之都，船所以渡，神通四方，光大且衆，爲人君之事。天象若曰：是將有千乘萬騎之舉，而絶逾大川矣。是月，發卒五千餘，通河西獵道。後年八月，帝校獵于河西，宋主亦大閱舟師，巡狩江右云。【略】

顯祖天安元年正月戊子，太白犯歲星。歲，農事也，肅殺干之，是爲稼穡不登。六月，熒惑犯鬼。占曰「旱饑疾疫，金革用」。八月丁亥，太白犯房。占曰「霜雨失節，馬牛多死」。九月甲寅，熒惑犯上將，太白犯南斗第三星。占曰「貴人將相有誅者」。十一月己酉，太白又犯歲星。或曰歲爲諸侯，太白主兵刑之政，再干之，事洊也。是歲九月，州鎮十一旱饑。十月，宋氏六王皆戮死。明年，宋師敗于呂梁，江南阻饑，牛且大疫。其後，東平王道符擅殺副將及雍州刺史，據長安反，詔司空和其奴討滅之。九月，詔賜六鎮孤貧布帛，宋主以後宫服御賜征北將士。後歲夏，旱，河決，州鎮二十七皆饑，尋又天下大疫。

皇興元年四月，太白犯鎮星。占曰「有攻城略地之事」。六月壬寅，太白犯鬼，秦分也。二年正月，太白犯熒惑。占曰「大兵起」。是時，鎮南大將軍尉元、征南大將軍慕容白曜略定淮泗。明年，徐州羣盜作亂，元又討平之。後歲正月，上黨王觀西征吐谷渾，又大破之。【略】

（太和）三年，自五月至十二月，月三入斗魁中；四年五月庚戌、七月己巳，又如之；六年二月，又犯斗魁第二星。占曰「其國大人憂，不出三年」。七月丁未，十月丙申，月再犯心大星；自四年正月至六年二月，又五干之。斗爲爵禄之柄，心爲布政之宫，月行干而轥之，亦以荐矣。其占曰「月犯心，亂臣在側，有亡君之戒，人主以善事除殃」。是時，馮太后將危少主者數矣，帝春秋方富，而承事孝敬，動無違禮，故竟得無咎。至六年三月，而齊主殂焉。或曰：月犯斗，其國兵憂。心又豫州也。時比歲連兵南討，五年二月大破齊師于淮陽，又擊齊下蔡軍，大敗之。【略】

五年九月辛巳，填犯辰星于軫。占曰「爲饑，爲内亂，且有壅川溢水之變」。是歲，京師大霖雨，州鎮十二饑。至六年七月丙申，又大流星起東壁，光明燭地，尾長二丈餘。東壁，土功之政也。是月發卒五萬，通靈丘道。十月己酉，有流星入翼，尾長五丈餘。七星，中州之羽儀；翼，南國也。天象若曰：將擇文明之士，使于楚邦焉。明年，員外散騎常侍李彪使齊，始通二國之好焉。【略】

十年八月辰時，有星落如流火三道；戊寅，又有流星出日西南一丈所，西北流，大如太白，至午西破爲二段，尾長五尺，復分爲二，入雲間。仍見者，事荐也，後代其踵而行之，以至於分崩離析乎？先是，七年十月，有客星大如斗，在參東，似孛。占曰「大臣有執主之命者，且歲旱糴貴」。十年九月，熒惑犯歲星。歲主農事，火星以亂氣干之，五稼旱傷之象也。占曰「亢陽以饉，人不安」。自八年至十一年，黎人阻饑，且仍歲災旱。

十一年三月丁亥，火、土合于南斗。填爲履霜之漸，斗爲經始之謀，而天視由之，所以爲大人之戒也。占曰「其國内亂，不可舉事用兵」。是時齊主持諸侯王酷甚，雖酒食之饋，猶裁之有司。故天若言曰：非所以保根固本，以貽長代之謀也，内亂由是興焉。五月丁酉，太白經天，晝見，庚子遂犯畢。畢又邊兵也。是歲，蠕蠕寇邊。明年，齊將陳達伐我南鄙，陷澧陽。間歲而齊君子子響爲有司所御，遂憤怒而反，伏誅。及齊主殂而西昌侯篡之，高、武子孫所在棊布，皆拱手就戮，亦齊君自爲之焉。

十二年四月癸丑，月、火、金會于井；辛酉，金犯火；甲戌，火、水又俱入井。

皆雨暘失節，萬物不成候也。且曰王業將易，諸侯貴人多死。是歲，月行四入氐；十月，辰星入之；閏月丁丑，火犯氐；乙卯，又入之。占曰「大旱歲荒，人且相食，國易政，君失宮，遠期五年」。氐，又女君之府也。是歲，兩雍及豫州旱饑。明年，州鎮十五大饉。至十四年，太后崩。時江南北連歲災雨，至十七年，有劫殺之禍，誅死相踵焉。

唐・魏徵等《隋書》卷二一《天文志下》 五代災變應

梁武帝天監元年八月壬寅，熒惑守南斗。占曰：「糴貴，五穀不成，大旱，多火災，吳、越有憂，宰相死。」是歲大旱，米斗五千，人多餓死。其二年五月，尚書範雲卒。

二年五月丙辰，月犯心。占曰：「有亂臣，不出三年，有亡國。」其四年，交州刺史李凱舉兵反。七月丙子，太白犯軒轅大星。

四年六月壬戌，歲星晝見。占曰：「歲色黃潤，立竿影見，大熟。」是歲大穰，米斛三十。又曰：「星與日爭光，武且弱，文且強。」自此後，帝崇尚文儒，躬自講說，終於太清，不修武備。八月庚子，老人星見。占曰：「老人星見，人主壽昌。」自此後，每年恒以秋分後見於參南，至春分而伏。武帝壽考之象云。

七年九月己亥，月犯東井。占曰：「有水災。」其年京師大水。

十年九月丙申，天西北隆隆有聲，赤氣下至地。占曰：「天狗也，所往之鄉有流血，其君失地。」其年十二月，馬仙琕大敗魏軍，斬馘十餘萬，克復朐山城。

十二月壬戌朔，日食，在牛四度。

十三年二月丙午，太白失行，在天關。占曰：「津梁不通，又兵起。」其年填星守天江。占曰：「有江河塞，有決溢，有土功。」其年，大發軍衆造浮山堰，以堨淮水。至十四年，填星移去天江而堰壞，奔流決溢。

十四年十月辛未，太白犯南斗。

十七年閏八月戊辰，月行掩昴。

普通元年春正月丙子，日有食之。占曰：「日食，陰侵陽，陽不克陰也，爲大水。」其年七日，江、淮、海溢。九月乙亥，有星晨見東方，光爛如火。占曰：「國皇見，有內難，有急兵反叛。」其三年，義州刺史文僧朗以州叛。

四年十一月癸未朔，日有食之，太白晝見。

六年三月丙午，歲星入南斗。庚申，月食。五月己酉，太白晝見。六月癸未，太白經天。九月壬子，太白犯右執法。

七年正月癸卯，太白歲星在牛相犯。占曰：「其國君凶，易政。」明年三月，改元，大赦。

大通元年八月甲申，月掩填星。閏月癸酉，又掩之。占曰：「有大喪，天下無主，國易政。」其後中大通元年九月癸巳，上又幸同泰寺舍身，王公以一億萬錢奉贖。十月己酉還宮，大赦，改元。中大通三年，太子薨，皆天下無主，易政及大喪之應。

中大通元年閏月壬戌，熒惑犯鬼積屍。占曰：「有大喪，有大兵，破軍殺將。」其二年，蕭玩帥衆援巴州，爲魏梁州軍所敗，玩被殺。

四年七月甲辰，星隕如雨。占曰：「星隕，陽失其位，災害之象萌也。」又曰：「星隕如雨，人民叛，下有專討。」又曰：「大人憂。」其後侯景狡亂，帝以憂崩，人衆奔散，皆其應也。

五年正月己酉，長星見。

六年四月丁卯，熒惑在南斗。占曰：「熒惑出入留舍南斗中，有賊臣謀反，天下易政，更元。」其年十二月，北梁州刺史蘭欽舉兵反，後年改爲大同元年。

大同三年三月乙丑，歲星掩建星。占曰：「有反臣。」其年，會稽山賊起。其七年，交州刺史李賁舉兵反。

五年十月辛丑，彗出南斗，長一尺餘，東南指，漸長一丈餘。十一月乙卯，至婁滅。占曰：「天下有謀王者。」其八年正月，安成民劉敬躬挾左道以反，黨與數萬。其九年，李賁僭稱皇帝於交州。

太清二年五月，兩月見。占曰：「其國亂，必見於亡國。」

三年正月壬午，熒惑守心。占曰：「王者惡之。」乙酉，太白晝見。占曰：「不出三年，有大喪，天下革政更王，強國弱，小國強。」三月丙子，熒惑又守心。占曰：「大人易政，主去其宮。」又曰：「人饑亡，海內哭，天下大潰。」是年，帝爲侯景所幽，崩。七月，九江大饑，人相食十四五。九月戊午，月在斗，掩歲星。占曰：「天下亡君。」其後侯景篡殺。

簡文帝大寶元年正月丙寅，月晝光見。占曰：「月晝光，有隱謀，國雄逃。」又云：「月晝明，姦邪並作，擅君之朝。」其後侯景篡殺，皆國亂亡君，大喪更政之應也。

元帝承聖三年九月甲午，月犯心中星。占曰：「有反臣，王者惡之，有亡國。」其後三年，帝爲周軍所俘執，陳氏取國，梁氏以亡。

後晉·劉昫等《舊唐書》卷三六《天文志下》 德宗貞元三年八月辛巳朔，日蝕。有司奏，准禮請伐鼓于社，不許。太常卿董晉諫曰：「伐鼓所以責羣陰，助陽德，宜從經義。」竟不報。六年正月戊戌朔，有司奏合蝕不蝕，百僚稱賀。七年六月庚寅朔，有司奏蝕，是夜陰雲不見，百官表賀。八年十一月壬子朔，先是司天監徐承嗣奏：「據曆，合蝕八分，今退蝕三分。准占，君盛明則陰匿而潛退。請書于史。」從之。十年四月癸卯朔，有司奏太陽合虧，巳正後刻蝕之既，未正後五刻復滿。太常奏，準禮上不視朝。其日陰雲不見，百官表賀。十七年五月壬戌蝕。

元和三年七月癸巳蝕。憲宗謂宰臣曰：「昨司天奏太陽虧蝕，皆如其言，何也？又素服救日，其儀安在？」李吉甫對曰：「日月運行，遲速不齊。日凡周天三百六十五度有餘，日行一度，月行十三度有餘，率二十九日半而與日會。又月行有南北九道之異，或進或退，若晦朔之交，又南北同道，即日爲月之所掩，故名薄蝕。雖自然常數可以推步，然日爲陽精，人君之象，若君行有緩有急，即日爲之遲速。稍踰常度，爲月所掩，即陰浸於陽。亦猶人君行或失中，應感所致。故《禮》云：『男教不修，陽事不得，謫見于天，日爲之蝕。』古者日蝕，則天子素服而修六官之職，月蝕，則后素服而修六宮之職，皆所以懼天戒而自省惕也。人君在民物之上，易爲驕盈，故聖人制禮，務乾恭兢惕，以奉若天道。苟德大備，天人合應，百福斯臻。陛下恭己向明，日慎一日，又顧憂天譴，則聖德益固，升平何遠。伏望長保睿志，以永無疆之休。」上曰：「天人交感，妖祥應德，蓋如卿言。素服救日，自貶之旨也，朕雖不德，敢忘兢惕。卿等當匡吾不逮也。」【略】

大和八年二月壬午朔。開成二年十二月庚寅朔，當蝕，陰雲不見。

會昌三年二月庚申朔，四年二月甲寅朔，五年七月丙午朔，六年十二月戊辰朔，皆蝕。

武德九年二月二十三日夜，星孛于胃、昴間，凡二十八日，又孛于卷舌。

貞觀八年八月二十三日，星孛于虛、危，歷于玄枵，凡十一日而滅。太宗謂侍臣曰：「是何妖也？」虞世南對曰：「齊景公時，有彗星。晏子對曰：『公穿池畏不深，築臺恐不高，行刑恐不重，是以彗爲誡耳。』景公懼而修德，十六日而星滅。臣聞若德政不修，麟鳳數見，無所補也；苟政教無闕，雖有災愆，何損於時。伏願陛下勿以功高古人而矜大，勿以太平日久而驕逸，慎終如始，彗何足憂。」帝深嘉之。十三年三月二十二日夜，星孛于畢、昴。十五年六月十九日，星孛於太微，犯郎位。七月甲戌滅。

總章元年四月，彗見五車，上避正殿，減膳，令內外五品已上上封事，極言得失。許敬宗曰：「星雖孛而光芒小，此非國眚，不足上勞聖慮，請御正殿，復常膳。」不從。敬宗又進曰：「星孛于東北，王師問罪，高麗將滅之徵。」帝曰：「我爲萬國主，豈移過於小蕃哉！」二十二日星滅。上元二年十月，彗見于角、亢南，長五尺。三年七月二十一日，彗見東井，指南河、積薪，長三尺餘，漸向東北，光芒益長，長三丈，掃中台，指文昌，經五十八日而滅。永隆二年九月一日，萬年縣女子劉凝静，乘白馬，著白衣，男子從者八九十人，入太史局，升令廳牀坐，勘問比有何災異。太史令姚玄辯執之以聞。是夜彗見西方天市中，長五尺，漸小，向東行，出天市，至河鼓右旗，十七日滅。永淳二年三月十八日，彗見五車之北，凡二十五日而滅。

文明元年七月二十二日，西方有彗，長丈餘，凡四十九日滅。

光宅元年九月二十九日，有星如半月，見西方。

景龍元年十月十八日，彗見西方，凡四十三日而滅。二年二月，天狗墜于西南，有聲如雷，野雉皆雊。七月七日，星孛胃、昴之間。三年八月八日，星孛于紫宮。

太極元年七月四日，彗入太微。

開元十八年六月十一日，彗見五車；三十日，星孛于畢、昴。二十六年三月八日，星孛于紫微垣，歷斗魁，十餘日，陰雲不見。

武德元年六月三日，熒惑犯左執法。八年九月二十二日，熒惑入太微。九年五月，傅奕奏：太白晝見于秦，秦國當有天下。高祖以狀授太宗。及太宗即位，召奕謂曰：「汝前奏事幾累我，然而今後但須悉心盡言，無以前事爲應。」【略】

災異編年　至德後

至德元年三月乙酉，歲、太白、熒惑合于東井。十月辛丑朔，日有食之。十一月壬戌五更，有流星大如斗，流于東北，長數丈，蛇行屈曲，有碎光迸空。乾元元年四月，熒惑、鎮、太白合於營室。太史南宮沛奏：所合之處戰不勝，大人惡之，恐有喪禍。明年冬，郭子儀等九節度之師自潰於相州。五月癸未夜一更三籌，月掩心前星，一更四籌方出。六月癸丑，月入南斗魁。二年二月丙辰，月犯心前大星，相去三寸。三年四月丁巳夜五更，彗出東方，色白，長四尺，在婁、胃間，疾行向東北角，歷昴、畢、觜、參、井、鬼、柳、軒轅，至太微右執法七寸所，凡五十餘日方滅。閏四月辛酉朔，妖星見于南方，長數丈。是時自四月初大霧大雨，

至閏四月未方止。是月，逆賊史思明再陷東都，米價踴貴，斗至八百文，人相食，殍屍蔽地。上元元年十二月癸未夜，歲掩房星。二年七月癸未朔，日有蝕之，大星皆見。司天秋官正瞿曇譔奏曰：「癸未太陽虧，辰正後六刻起虧，巳正後一刻既，午前一刻復滿。虧於張四度，周之分野。甘德云：『日從巳至午蝕爲周』，周爲河南，今逆賊史思明據。《乙巳占》曰：『日蝕之下有破國』。」其年九月，制去上元之號，單稱元年，月首去正、二、三之次，以「建」冠之。其年建子月癸巳亥時一鼓二籌後，月掩昴，出其北，兼白暈；畢星有白氣從北來貫昴。司天監韓穎奏曰：「按石申占『月掩昴，胡王死』。又『月行昴北，天下福』。臣伏以三光垂象，月爲刑殺之徵。二石殲夷，史官常占。畢、昴爲天綱，白氣兵喪，掩其星則大破胡王，行其北則天下有福。巳爲周分，癸主幽、燕，當羯胡竊據之效，是殘寇滅亡之地。」明年，史思明爲其子朝義所殺。十月，雍王收復東都。上元三年正月時去上元之號，今存之以正年。建辰月，肅宗病。是月丙戌，月上有黃白冠連成暈，東井、五諸侯、南北河、輿鬼皆在中。建巳月，以楚州獻定國寶，乃改元寶應，月復以正、二、三爲次。其月，肅宗崩。

代宗即位。其月壬子夜，西北方有赤光見，炎赫亙天，貫紫微，漸流于東，彌漫北方，照耀數十里，久之乃散。辛未夜，江陵見赤光貫北斗，俄僕固懷恩叛。明年十月，吐蕃陷長安，代宗避狄幸陝州。廣德二年五月丁酉朔，日當蝕不蝕，羣臣賀。十二月三日夜，星流如雨，自亥乃曉。永泰元年九月辛卯，太白經天，是月吐蕃逼京畿。二年六月丁未，日重輪，其夜月重輪，是年大水。大曆元年十二月己亥，彗星出匏瓜，長尺餘，犯宦者星。【略】三年正月壬子夜，月掩畢。丁巳巳時，日有黃冠，青赤珥。三月乙巳朔，日有蝕之，自午虧，至後一刻，凡蝕十分之六分半。癸丑夜，太白去天衢八寸。癸酉夜，太白順行，去歲星二尺。七月壬申夜，五星並列東井。占云：「中國之利。」【略】八年五月庚辰，熒惑入羽林。六月戊辰，流星大如一升器，有尾跡，長三丈，流入太微。七月己卯，太白入東井，留七日而出。庚寅酉時，有氣三道竟天。辛卯，熒惑臨月。乙未，月掩畢中。八月戊午夜，熒惑臨月。其月，朱滔自幽州入朝。【略】九年正月癸丑，熒惑逼諸王星。三月丁未，熒惑入東井。四月乙亥，月臨軒轅。丁丑，月入太微。五月己酉，太白逼熒惑。乙未夜，太白入軒轅。辛酉，辰星逼軒轅。六月戊寅，月逼天綱。己卯，月掩南斗。庚辰，月入太微。戊子，太白臨左執法。七月甲辰，月掩房。辛亥，月入羽林。壬戌，月入輿鬼。八月辛卯，月掩軒轅。九月庚子，朱泚自幽州入朝，是夜，太白入南斗。甲子，熒惑入氐。十月戊子，木入南斗。十二月戊辰，月入羽林。十年正月，昭義軍亂，逐薛㟧；田承嗣據河北叛。戊申，月逼軒轅。甲寅夜，熒惑、歲星合于南斗，並順行。二月，河陽軍亂，逐常休明。三月，陝州軍亂，逐李國青。【略】十一年閏八月丁酉，太白晝見。其年七月，李靈耀以汴州叛，十月，方誅之。十二年正月乙丑夜，月掩軒轅。癸酉夜，月掩心前星。丙子，月入南斗魁中。二月乙未，鎮星入氐。辛亥夜，流星大如桃，尾長十丈，出匏瓜，入太微。三月壬戌，月入太微。戊辰，月逼心星。是月，倖臣元載誅，王縉黜。四月庚寅，月臨左執法。乙未夜，月掩心前星。五月丙辰，月入太微。六月戊戌，月入羽林。七月庚戌，月入南斗。癸丑，熒惑逼司怪。己巳，宰相楊綰卒。乙亥，熒惑順行，入東井。是歲，春夏旱，八月大雨，河南大水，平地深五尺。吐蕃入寇，至坊州。十月己丑，月臨歲星。壬辰，月掩昴。乙未，月臨五諸侯。庚子，月臨左執法，遂入太微垣。十一月癸丑，太白臨哭星。乙卯夜，月入羽林。戊辰，月臨左執法。十二月辛巳，鎮星臨關鍵。壬午，月入羽林。十四年五月十一日，代宗崩。

德宗即位。明年改元建中。至四年十月，朱泚亂，車駕幸奉天。貞元四年五月丁卯，月犯歲星。乙亥，熒惑、鎮、歲聚于營室三十餘日。八月辛犯朔，日有蝕之。十年三月乙亥，黃霧四塞，日無光。四月，太白晝見。

元和七年正月辛未，月掩熒惑。六月乙亥，月去南斗魁第四星西北五寸所。八年七月四日夜，月去太微東垣之南首星南一尺所。癸酉夜，月去五諸侯之西第四星南七寸所。十月己丑，熒惑順行，去太微西垣之南首星西北四寸所。九年二月丁酉，月去心大星東北七寸所。四月辛巳，北方有大流星，跡尾長五丈，光芒照地，至右攝提南三尺所。九月己丑，月掩軒轅。十二年正月戊子，彗出畢南，長二尺餘，指西南，凡三日，近參旗沒。十三年正月乙未，歲星退行，近太微西垣之南第一星。八月己未，月近南斗魁。壬戌，太白順行，近太微。十四年正月己丑，月近東井北轅星。癸卯夜，月近南斗魁星。五月庚寅，月犯心前大星西南一尺所。十五年正月二十七日，憲宗崩。

穆宗即位。七月庚申，熒惑退行，入羽林。癸亥夜，大星出勾陳，南流至婁北滅。八月己卯，月掩牽牛。長慶元年正月丙午，月掩鉞星；二更後，月去東井南轅第一星南七寸。丙辰，南方大流星色赤，尾有跡，長三丈，光明燭地，出狼星北二尺所，東北流至七星三尺所滅。己未夜，星孛于翼。丁卯夜，星孛在辰上，去太微西垣南第一星七寸所。二月八日夜，太白犯昴東南五寸所。丁亥夜，月犯歲星南六

寸所，在尾十三度。三月庚戌，太白犯五車東南七寸所。七月壬寅，月掩房次相星。乙丑夜，東方大流星，色黃，有尾跡，長六七丈，光明燭地，出參西北，向西流，至羽林東北滅。其月幽州軍亂，囚其帥張弘靖，立朱克融。其月二十八日，鎮州軍亂，殺其帥田弘正，王廷湊。元和末，河北三鎮皆以疆土歸朝廷；至是，幽、鎮俱失。俄而史憲誠以魏州叛，三鎮復爲盜據，連兵不息。八月辛巳夜，東北有大星自雲中出流，白光照地，前後長丈二尺五寸，西北入蜀滅；太白在軒轅左角西北一尺所。是月壬辰夜，太白去太微垣南第一星一尺所。九月戊戌夜，太白順行，入太微，去左執法星西北一尺所。乙巳夜，去左執法二寸所。辛亥，月去天關西北八寸。二年正月戊甲，魏帥田布伏劍死，史憲誠據郡叛。【略】

敬宗即位。二月癸卯，太白犯東井，近北轅。三月甲子，熒惑犯鎮星。壬申，太白犯東井，近北轅。四月十七日，染院作人張韶於柴草車中載兵器，犯銀臺門，共三十七人，入大內，對食於清思殿；其日禁兵誅之。【略】寶曆元年七月乙酉，月犯西咸，去八寸所。甲子夜，月掩畢。閏七月癸巳夜，月去心，距九寸。庚子，流星去北極，至南斗柄滅。八月乙卯，太白犯房，相去九寸。九月癸未，太白犯南斗。丙戌，月犯畢。甲午，月犯太微左執法。十月辛卯，月犯天囷，相去七寸。癸亥，太白臨哭星，相去九寸。十一月庚辰，鎮星犯東井，相去七寸。癸未夜，月去東井六寸。戊戌，西南大流星出羽林，入濁。十二月戊申夜，月犯畢。乙酉夜，西北方有霧起，須臾徧天。霧上有赤氣，其色或深或淺，久而方散。二年正月甲戌夜，北方大流星長五丈餘，出紫微，過軫滅。甲申，月犯右執法，相去五寸。二月丙午夜，月犯畢。三月己巳，流星出河鼓，東過天市，入濁滅。四月甲子夜，西方大流星長三丈，穿天市垣，至房星滅。其月十七日，白虹貫日連環，至午方滅。五月甲戌，月去太微八寸所。癸巳，西北方大流星長三丈，光明照地，入天市垣中滅。甲午五更，熒惑犯昴。六月庚申，太白犯昴。七月壬申，流星長二丈，出斗北，入濁滅。其夜，月初入，巳上有流星向南滅。其夜，辰犯畢。八月丙申夜，北方大流星長四丈餘，出王良，流至北斗柄滅。甲辰夜，太白去太微八寸所。丁未夜，熒惑近鎮星西北。丁丑，熒惑去輿鬼七寸。十二月八日夜，敬宗爲內官劉克明所弒，立絳王。樞密使王守澄等弒絳王，立文宗。

大和元年九月戊寅，月掩東井南轅星。四年四月辛酉夜四更五籌後，月掩南斗第二星。十一月辛未朔，熒惑犯右執法西北五寸，五年二月，宰相宋申錫、漳王被誣得罪。八年二月朔，日有蝕之。【略】庚申，右軍中尉王守澄，宣召鄭注對於浴殿門。是夜，彗星出東方，長三尺，芒耀甚猛。十二月丙戌夜，月掩昴。九年三月乙卯，京師地震。四月辛丑，大風震雷，拔殿前古樹。六月庚寅夜，月掩歲星。丁酉夜一更至四更，流星縱橫旁午，約二十餘處，多近天漢。其年十一月，李訓謀弒內官，事敗，中尉仇士良弒王涯、鄭注、李訓等十七家，朝臣多有貶逐。開成元年正月甲辰，太白掩西建第一星。其月十五日，日有蝕之。【略】三月甲子朔，其夜，彗長五丈，岐分兩尾，其一指氐，其一掩房，在斗十度。丙寅夜，彗長六丈，尾無岐，北指，在亢七度。文宗召司天監朱子容問星變之由，子容曰：「彗主兵旱，或破四夷，古之占書也。然天道懸遠，唯陛下修政以抗之。」乃敕尚食，今後每日御食料分爲十日。其夜彗長五丈，闊五尺，却西北行，東指。戊辰夜，彗長八丈有餘，西北行，東指，在張十四度。詔天下放繫囚，撤樂減膳，避正殿；先是，羣臣拜章上徽號，宜並停。癸未夜，彗長三尺，出軒轅之右，東指，在張七度。六月，河陽軍亂，逐李詠。是歲，夏蝗大旱。八月丁酉，彗出虛、危之間。十月，地南北震。【略】四年正月丁巳，熒惑、太白、辰聚于南斗。癸酉，彗出于西方，在室十四度。閏月二十三日，又見于卷舌北，凡三十三日，至二十六日夜滅。二月二十六日，自夜四更至五更，四方中央流星大小二百餘，並西流，有尾跡，長二丈。三月乙酉夜，月掩東井第三星。是歲，夏大旱，禱祈無應，文宗憂形于色。宰臣進曰：「星官言天時常爾，乞不過勞聖慮。」帝改容言曰：「朕爲人主，無德庇人，比年災旱，星文謫見。若三日內不雨，朕當退歸南內，卿等自選賢明之君以安天下。」宰相楊嗣復等嗚咽流涕不已。七月辛丑，月犯熒惑，河南大水。八月辛未，流星出羽林，有尾跡，長十丈，有聲如雷。十月辛酉，長入南斗魁。五年正月，文宗崩。

宋・歐陽修等《新唐書》卷三三《天文志三》　月五星凌犯及星變

隋大業十三年六月，鎮星贏而旅于參。參，唐星也。李淳風曰：「鎮星主福，未當居而居，所宿國吉。」

義寧二年三月丙午，熒惑入東井。占曰：「大人憂。」

武德元年五月庚午，太白晝見。占曰：「兵起，臣彊。」六月丙子，熒惑犯右執法。占曰：「執法，大臣象。」二年七月戊寅，月犯牽牛。凡月與列宿相犯，其宿地憂。牽牛，吳、越分。九月庚寅，太白晝見。冬，熒惑守五諸侯。六年七月癸卯，熒惑犯輿鬼西南星。占曰：「大臣有誅。」七年六月，熒惑犯右執法。七月戊寅，歲星犯畢。占曰：「邊有兵。」八年九月癸丑，熒惑入太微。太微，天廷也。

冬，太白入南斗，斗主爵禄。九年五月，太白晝見；六月丁巳，經天；己未，又經天。在秦分。丙寅，月犯氐。氐爲天子宿宫。己卯，太白晝見。七月辛亥，晝見；甲寅，晝見；八月丁巳，晝見。太白，上公；經天者，陰乘陽也。

貞觀三年三月丁丑，歲星逆行入氐。占曰：「人君治宫室過度。」一曰：「饑。」五年五月庚申，鎮星犯鍵閉，占爲腹心喉舌臣。九年四月丙午，熒惑犯軒轅。十年四月癸酉，復犯之。占曰：「熒惑主禮，禮失而後罰出焉。」軒轅爲後宫。十一年二月癸未，熒惑入輿鬼。占曰：「賊在大人側。」十二年六月辛卯，熒惑入東井。占曰：「旱。」十三年五月乙巳，犯右執法。六月，太白犯東井北轅。井，京師分也。十四年十一月壬午，月入太微。占曰：「君不安。」十五年二月，熒惑逆行，犯太微東上相。十六年五月，太白犯畢左股，畢爲邊將；六月戊戌，晝見。九月己未，熒惑犯太微西上將；十月丙戌，入太微，犯左執法。十七年二月，犯鍵閉；三月丁巳，守心前星；癸酉，逆行犯鉤鈐。熒惑常以十月入太微，受制而出，伺其所守犯，天子所誅也。鍵閉爲腹心喉舌臣，鉤鈐以開闔天心，皆貴臣象。十八年十一月乙未，月掩鉤鈐。十九年七月壬午，太白入太微，是夜月掩南斗，太白遂犯左執法，光芒相及箕、斗間。漢津，高麗地也。太白爲兵，亦罰星也。二十年七月丁未，歲星守東壁。占曰：「五穀以水傷。」二十一年四月戊寅，月犯熒惑。占曰：「貴臣死。」十二月丁丑，月食昴。占曰：「天子破匈奴。」二十二年五月丁亥，犯右執法。七月，太白晝見。乙巳，鎮星守東井。占曰：「旱。」閏十二月辛巳，太白犯建星。占曰：「大臣相譖。」

永徽元年二月己丑，熒惑犯東井。占曰：「旱。」四月己巳，月犯五諸侯，熒惑犯輿鬼。占曰：「諸侯凶。」五月己未，太白晝見。二年六月己丑，太白入太微，犯右執法；九月甲午，犯心前星。十二月乙未，太白晝見。三年正月壬戌，犯牽牛。牽牛爲將軍，又吴、越分也。丁亥，歲星掩太微上將。二月己丑，熒惑犯五諸侯；五月戊子，掩右執法。四年六月己丑，太白晝見。六年七月乙亥，歲星守尾。占曰：「人主以嬪爲后。」己丑，熒惑入輿鬼；八月丁卯，入軒轅。

顯慶元年四月丁酉，太白犯東井北轅。占曰：「秦有兵。」五年二月甲午，熒惑入南斗；六月戊申，復犯之。南斗，天廟；去復來者，其事大且久也。

龍朔元年六月辛巳，太白晝見經天；九月癸卯，犯左執法。二年七月巳丑，熒惑守羽林，羽林，禁兵也；三年正月己卯，犯天街。占曰：「政塞姦出。」六月乙酉，太白入東井。占曰：「君失政，大臣有誅。」

麟德二年三月戊午，熒惑犯東井；四月壬寅，入輿鬼，犯質星。

乾封元年八月乙巳，熒惑入東井。二年五月庚申，入軒轅。三年正月乙巳，月犯軒轅大星。

咸亨元年四月癸卯，月犯東井。占曰：「人主憂。」七月壬申，熒惑入東井。占曰：「旱。」丙申，月犯熒惑。占曰：「貴人死。」十二月丙子，熒惑入太微。二年四月戊辰，復犯。太微垣，將相位也。五年六月壬寅，太白入東井。

上元二年正月甲寅，熒惑犯房。占曰：「君有憂。」一曰：「有喪。」三年正月丁卯，太白犯牽牛。占曰：「將軍凶。」

儀鳳二年八月辛亥，太白犯軒轅左角。左角，貴相也。三年十月戊寅，熒惑犯鉤鈐。四年四月戊午，入羽林。占曰：「軍憂。」【略】

永隆元年五月癸未，犯輿鬼。丁酉，太白晝見經天。是謂陰乘陽，陽，君道也。

永淳元年五月丁巳，辰星犯軒轅。九月庚戌，熒惑入輿鬼，犯質星；十一月乙未，復犯輿鬼。去而復來，是謂「勾己」。

垂拱元年四月癸未，辰星犯東井北轅。辰星爲廷尉，東井爲法令，失道則相犯也。十二月戊子，月掩軒轅大星。二年三月丙辰，復犯之。

萬歲通天元年十一月乙丑，歲星犯司怪。占曰：「水旱不時。」

聖曆元年五月庚午，太白犯天關。天關主邊事。二年，熒惑入輿鬼。三年三月辛亥，歲星犯左執法。【略】

長安二年，熒惑犯五諸侯。渾儀監尚獻甫奏：「臣命在金，五諸侯太史之位，火克金，臣將死矣。」武后曰：「朕爲卿禳之，以獻甫爲水衡都尉，水生金，又去太史之位，卿無憂矣。」是秋，獻甫卒。四年，熒惑入月，鎮星犯天關。

神龍元年三月癸巳，熒惑犯天田。占曰：「旱。」七月辛巳，掩氐西南星。占曰：「賊臣在内。」二年閏正月丁犯，月掩軒轅后星。九月壬子，熒惑犯左執法。己巳，月犯軒轅后星；十一月辛亥，犯昴。占曰：「胡王死。」戊午，熒惑入氐；十二月丁酉，犯天江。占曰：「旱。」三年五月戊戌，太白入輿鬼中。占曰：「大臣有誅。」

景龍三年六月癸巳，太白晝見在東井。京師分也。四年二月癸未，熒惑犯天街。五月甲子，月犯五諸侯。

景雲二年三月壬申，太白入羽林。八月己未，歲星犯執法。

太極元年三月壬申，熒惑入東井。

先天元年八月甲子，太白襲月。占曰：「太白，兵象；月，大臣體。」二年十一月丙子，熒惑犯司怪。

開元二年七月己丑，太白犯輿鬼東南星。七年六月甲戌，太白犯東井鉞星。占曰：「斧鉞用。」八年三月庚午，犯東井北轅；五月甲子，犯軒轅。十一年十一月丁犯，歲星犯進賢。十四年十月甲寅，太白晝見。二十五年六月壬戌，熒惑犯房。二十七年七月辛丑，犯南斗。占曰：「貴相凶。」

天寶十三載五月，熒惑守心五旬餘。占曰：「主去其宮。」十四載十二月，月食歲星在東井。占曰：「其國亡。」東井，京師分也。

至德二載七月己酉，太白晝見經天，至于十一月戊午不見，歷秦、周、楚、鄭、宋、燕之分。十二月，歲星犯軒轅大星。占曰：「女主謀君。」

乾元元年五月癸未，月掩心前星。占曰：「太子憂。」六月癸丑，入南斗魁中。占曰：「大人憂。」二年正月癸未，歲星蝕月在冀，楚分也，一曰：「饑。」二月丙辰，月犯心中星。占曰：「主命惡之。」

上元元年五月癸丑，月掩昴。占曰：「胡王死。」八月己酉，太白犯進賢。十二月癸未，歲星掩房。占曰：「將相憂。」三年建子月癸巳，月掩昴，出昴北；八月丁卯，又掩昴。

寶應二年四月己丑，月掩歲星。占曰：「饑。」

永泰元年九月辛卯，太白晝見經天。

大曆二年七月癸亥，熒惑入氐，其色赤黃。乙丑，鎮星犯水位。占曰：「有水災。」乙亥，歲星犯司怪。八月壬午，月入氐；丙申，犯畢。九月戊申，歲星守東井。占皆爲有兵。乙丑，熒惑犯南斗，在燕分。十二月丁丑，犯壘壁。占曰：「兵起。」三年正月壬子，月掩畢；八月己未，復掩畢；辛酉，入東井。九月壬申，歲星入輿鬼。占曰：「歲星爲貴臣，輿鬼主死喪。」丁丑，熒惑入太微，二旬而出。己卯，太白犯左執法。四年二月壬寅，熒惑守房上相；丙午，有芒角；三月壬午，逆行入氐中。是月，鎮星犯輿鬼。七月戊辰，熒惑犯次相；九月丁卯，犯建星。占曰：「大臣相譖。」五年二月乙巳，歲星入軒轅。六月丁酉，月犯進賢；庚子，犯氐。庚戌，太白入東井。六年七月乙巳，月掩畢，入畢中；壬子，月犯太微。八月甲戌，熒惑犯鄭星。庚辰，月入太微。九月壬辰，熒惑犯哭星；庚子，犯泣星。是夜，月掩畢；丁未，入太微；十月丁卯，掩畢。己巳，熒惑犯壘壁。甲戌，月入軒轅。占曰：「憂在後宮。」十一月壬寅，入太微；丙午掩氐；十二月己巳，入太微。七年正月乙未，犯軒轅；二月戊午，掩天關。占曰：「亂臣更天子法令。」己巳，熒惑犯天街；四月丁巳，入東井。辛未，歲星犯左角。占曰：「天下之道不通。」壬申，月入羽林；五月丙戌，入太微。八年四月癸丑，歲星掩房。占曰：「將相憂。」又宋分也。甲寅，熒惑入壘壁；五月庚辰，入羽林。七月己卯，太白入東井，留七日，非常度也。占曰：「秦有兵。」乙未，月入畢中。癸未，入羽林。己丑，太白入太微。占曰：「兵入天廷。」八月晝見。十月丁巳，月掩畢；壬戌，入輿鬼，掩質星。庚午，月及太白入氐中。占曰：「君有哭泣事。」十一月己卯，月入羽林。癸未，太白入房。占曰：「白衣會。」不曰犯而曰入，蓋鉤鈐間。癸丑，月掩天關；甲寅，入東井；癸酉，入羽林。九年三月丁未，熒惑入東井。四月丁丑，月入太微。五月己未，太白入軒轅。占曰：「憂在後宮。」六月己卯，月掩南斗；庚辰，入太微；七月甲辰，掩房；辛亥，入羽林；壬戌，入輿鬼。九月辛丑，太白入南斗。占曰：「有反臣。」又曰：「有赦。」甲子，熒惑入氐，宋分也。十月戊子，歲星入南斗。占曰：「大臣有誅。」十二月戊辰，月入羽林。十年三月庚戌，熒惑入壘壁；四月甲子，入羽林。八月戊辰，月入太微。十一年閏八月丁酉，太白晝見經天。十二年正月乙丑，月掩軒轅；癸酉，掩心前星，宋分也；丙子，入南斗魁中。二月乙未，鎮星入氐中。占曰：「其分兵喪。」李正己地也。三月壬戌，月入太微；四月乙未，掩心前星；五月丙辰，入太微；戊戌，入羽林；七月庚戌，入南斗。乙亥，熒惑入東井。十月壬辰，月掩昴；庚子，入太微；十一月乙卯，入羽林；十二月壬午，復入羽林。自六年至此，月入太微者十有二，入羽林者八；熒惑三入東井，再入羽林，三入壘壁；月、太白、歲星，皆入南斗魁中。十四年春，歲星入東井。

建中元年十一月，月食歲星在秦分。占曰：「其國亡。」是月，歲星食天屍。天屍，輿鬼中星。占曰：「有妖言，小人在位，君王失樞，死者太半。」三年七月，月掩心中星。

貞元四年五月丁卯，月犯歲星在營室。六月癸卯，熒惑逆行入羽林。占曰：「軍有憂。」六年五月戊辰，月犯太白，間容一指。占曰：「大將死。」十年四月，太白晝見。十一年七月，熒惑、太白相繼犯太微上將。十三年二月戊辰，太白入昴。三月庚寅，月犯太白。十九年三月，熒惑入南斗，色如血。斗，吳、越分；色如血者，旱祥也。二十一年正月己酉，太白犯昴。趙分也。【略】

元和元年十月，太白入南斗；十二月，復犯之。斗，吳分也。二年正月癸

丑，月犯太白于女、虛。二月壬申，月掩歲星。占曰：「大臣死。」四月丙子，太白犯東井北轅。己卯，月犯房上相。三年三月乙未，鎮星蝕月在氐。占曰：「其地主死。」四年九月癸亥，太白犯南斗。七年正月辛未，月掩熒惑。五月癸亥，熒惑犯右執法。六月己亥，月犯南斗魁。八月七月癸酉，月犯五諸侯。十月己丑，熒惑犯太微西上將；十二月，掩左執法。九年二月丁酉，月犯心中星；七月辛亥，掩心中星。占曰：「其宿地凶。」心，豫州分。壬辰，月掩軒轅。是月，太白入南斗，至十月出，乃晝見。熒惑入南斗中，因留，犯之。南斗，天廟，又丞相位也。十年八月丙午，月入南斗魁中。十一年二月丙辰，月掩心。是月，熒惑入氐，因逆行。三月己丑，月犯鎮星在女。齊分也。四月丙辰，太白犯輿鬼。占曰：「有僇臣。」六月甲辰，月掩心後星。是月，熒惑復入氐，是謂「勾己」。十一月戊寅，月犯歲星；十二月甲午，犯鎮星在危，亦齊分也。十二年三月丁丑，月犯心。十三年正月乙未，歲星逆行，犯太微西上將。三月，熒惑入南斗，因逆留，至于七月，在南斗中，大如五升器，色赤而怒，乃東行，非常也。八月甲戌，太白犯左執法。乙巳，熒惑犯哭星。十月甲子，月犯昴。趙分也。十四年正月癸卯，月犯南斗魁。占曰：「相凶。」五月丙戌，月犯心中星；七月乙酉，掩心中星。十五年正月丙申，復犯中星。四月，太白犯昴。七月庚申，熒惑逆行入羽林。八月己犯，月掩牽牛。吳、越分也。十一月壬子，月犯東井北轅。

長慶元年正月丙午，月掩東井鉞，遂犯南轅第一星。二月乙亥，太白犯昴。趙分也。丁亥，月犯歲星在尾。占曰：「大臣死。」燕分也。三月庚戌，太白犯五車，因晝見，至于七月。以曆度推之，在唐及趙、魏之分。占曰：「兵起。」七月壬寅，月掩房次相。九月乙巳，太白犯左執法。二年九月，太白晝見。熒惑守天囷，六旬餘乃去。占曰：「天囷，上帝之藏，耗祥也。」十月，熒惑犯鎮星于昴。甲子，月掩牽牛中星。占曰：「吳、越兇。」十一月丁丑，掩左角；十二月，復掩之。占曰：「將死。」甲寅，月犯太白于南斗。四年三月庚午，太白犯東井北轅，遂入井中，晝見經天，七日而出，因犯輿鬼。京師分也。五月乙亥，月掩畢大星。六月丙戌，鎮星依曆在觜觿，贏行至參六度，當居不居，失行而前，遂犯井鉞。占曰：「所居宿久，國福厚；易，福薄。」又曰：「贏，爲王不寧；鉞主斬刈而又犯之，其占重。」癸未，熒惑犯東井；丁亥，入井中。己丑，太白犯軒轅右角，因晝見，至于九月。占曰：「相凶。」十月辛巳，月入畢口。十一月，熒惑逆行向參，鎮星守天關。十二月戊子，月掩東井。【略】

大和二年正月庚午，月掩鎮星。七月甲辰，熒惑掩輿鬼質星。十月丁卯，月掩東井北轅。三年二月乙卯，太白犯昴。壬申，熒惑掩右執法；七月，入于氐；十月，入于南斗。四年四月庚申，月掩南斗杓次星。十一月辛未，熒惑犯右執法。五年二月甲申，月掩熒惑。三月，熒惑犯南斗杓次星。六年四月辛未，月掩鎮星于端門。己丑，太白晝見。七月戊戌，月掩心大星；辛丑，掩南斗杓次星。七年五月甲辰，熒惑守心中星。六月丙子，月掩心中星，遂犯熒惑。七月甲午，月掩心中星；丙申，掩南斗口第二星。九月丁巳，入于箕；戊辰，入于南斗。癸酉，太白入南斗。冬，鎮星守角。八年二月始去。七月戊子，月犯昴。十月庚子，熒惑、鎮星合于亢。十二月丙戌，月掩昴。是歲，月入南斗者五。占曰：「大人憂。」九年夏，太白晝見，自軒轅至于翼、軫。六月庚寅，月掩歲星在危而暈；十月庚辰，月復掩歲星在危。

開成元年正月甲辰，太白掩建星。占曰：「大臣相譖。」六月丁未，月掩心前星；八月乙巳，入南斗。二年正月壬申，月掩昴。二月巳亥，月掩太白于昴中。六月甲寅，月掩昴而暈，太白亦有暈。六月己酉，大星晝見。庚申，太白入于東井。七月壬申，月入南斗；丁亥，掩太白于柳。八月壬子，太白入太微，遂犯左、右執法。九月丙子，月掩昴。三年二月己酉，掩心前星。二月戊午，熒惑入東井；三月乙酉，入輿鬼。五月辛酉，太白犯輿鬼。庚午，月犯心中星。甲寅，太白犯右執法。七月乙丑，月掩心前星。十月辛犯，太白犯南斗。四年二月丁卯，月掩歲星于畢；三月乙酉，掩東井。七月乙未，月犯熒惑。占曰：「貴臣死。」八月壬申，熒惑犯鉞，遂入東井。十月戊午，辰星入南斗魁中。占曰：「大赦。」五年春，木當王，而歲星小闇無光。占曰：「有大喪。」二月壬申，熒惑入輿鬼。四月，太白、歲星入輿鬼。五月，辰星見于七星，色赤如火。七月乙酉，月掩鎮星。

會昌元年閏八月丁酉，熒惑入輿鬼中。占曰：「有兵喪。」【略】

乾符二年四月庚辰，太白晝見在昴。三年七月，常星晝見。四年七月，月犯房。六年冬，歲星入南斗魁中。占曰：「有反臣。」【略】

文德元年七月丙午，月入南斗。八月，熒惑守輿鬼。占曰：「多戰死。」【略】

天復元年五月自丁酉至于己亥，太白晝見經天，在井度。十月，大角五色散搖，煌煌如火。占曰：「王者惡之。」二年五月甲子，太白襲熒惑在軒轅后星上，太白遂犯端門，又犯長垣中星。占曰：「賊臣謀亂，京畿大戰。」十月甲戌，太白夕見在斗，去地一丈而墜。占曰：「兵聚其下。」又曰：「山摧石裂，大水竭。」庚

子，辰星見氐中，小而不明。占曰：「負海之國大水。」是歲，鎮星守虛。三年二月始去虛。十一月丙戌，太白在南斗，去地五尺許，色小而黃，至明年正月乃高十丈，光芒甚大。是冬，熒惑徘徊于東井間，久而不去。京師分也。

天祐元年二月辛卯，太白夕見昴西，色赤，炎燄如火；壬辰，有三角如花而動搖。占曰：「有反，城有火災，胡兵起。」六月甲午，太白在張，芒角甚大。癸丑，勾己，犯水位。自夏及秋，大角五色散搖，煌煌然。占同天復初。三年八月丙午，歲星在哭星上，生黃白氣如孛狀。

五星聚合

武德元年七月丙午，鎮星、太白、辰星聚于東井。關中分也。二年三月丙申，鎮星、太白、辰星復聚于東井。九年六月己卯，歲星、辰星合于東井。占曰：「爲變謀。」

貞觀十八年五月，太白、辰星合于東井。占曰：「爲兵謀。」十九年六月丙辰，太宗征高麗，次安市城，太白、辰星合于東井。《史記》曰，太白爲主，辰星爲客，爲蠻夷，出相從而兵在野爲戰。

永徽元年七月辛酉，歲星、太白合于柳。在秦分。占曰：「兵起。」

景龍元年十月丙寅，太白、熒惑合于虛、危。占曰：「有喪。」

景雲二年七月，鎮星、太白合于張。占曰：「內兵。」【略】

天寶九載八月，五星聚于尾、箕，熒惑先至而又先去。尾、箕，燕分也。占曰：「有德則慶，無德則殃。」十四載二月，熒惑、太白鬭于畢、昴、井、鬼間，至四月乃伏。十五載五月，熒惑、鎮星同在虛、危，中天芒角大動搖。占者以爲北方之宿，子午相衝，災在南方。

至德二載四月壬寅，歲星、熒惑、太白、辰星聚于鶉首，從歲星也。罰星先去，而歲星留。占曰：「歲星、熒惑爲陽，太白、辰星爲陰。陰主外邦，陽主中邦，陽與陰合，中外相連以兵。」八月，太白芒怒，掩歲星于鶉火，又晝見經天。鶉火，周分也。

乾元元年四月，熒惑、鎮星、太白聚于營室。太史南宮沛奏：「其地戰不勝。」衛分也。

大曆三年七月壬申，五星並出東方。占曰：「中國利。」八年閏十一月壬寅，太白、辰星合于危。齊分也。十年正月甲寅，歲星、熒惑合于南斗。占曰：「饑、旱。」吳、越分也。一曰：「不可用兵。」七月庚辰，太白、辰星合于柳。京師分也。

建中二年六月，熒惑、太白鬭于東井。四年六月，熒惑、太白復鬭于東井。京師分也。金、火罰星鬭者，戰象也。

興元元年春，熒惑守歲星在角、亢。占曰：「有反臣。」角、亢，鄭也。

貞元四年五月乙亥，歲星、熒惑、鎮星聚于營室。占曰：「其國亡。」地在衛分。六年閏三月庚申，太白、辰星合于東井。占爲兵憂。戊寅，熒惑犯鎮星在奎。魯分也。

元和九年十月辛未，熒惑犯鎮星，又與太白合于女。在齊分。十年六月辛未，歲星、熒惑、太白、辰星合于東井。占曰：「中外相連以兵。」十一年五月丁卯，歲星、辰星合于東井；六月己未，復合于東井。占曰：「爲變謀而更事。」十月戊子，鎮星、熒惑合于虛、危。十二月，鎮星、太白、辰星聚于危。皆齊分也。十四年八月丁丑，歲星、太白、辰星聚于軫。占曰：「兵喪。」在楚分與南方夷貊之國。十五年三月，鎮星、太白合于奎。占曰：「內兵。」徐州分也。十二月，熒惑、鎮星合于奎。占曰：「主憂。」

長慶二年二月甲戌，歲星、熒惑合于南斗。占曰：「饑、旱。」八月丙寅，熒惑犯鎮星在昴、畢，因留相守。占曰：「主憂。」四年八月庚辰，熒惑犯鎮星于東井，鎮星既失行犯鉞，而熒惑復往犯之。占曰：「內亂。」【略】

大和二年九月，歲星、熒惑、鎮星聚于七星。三年四月壬申，歲星犯鎮星。占曰：「饑。」四年五月丙午，歲星、太白合于東井。六年正月，太白、熒惑合于羽林。十月，太白、熒惑、鎮星聚于軫。八年七月庚寅，太白、熒惑合相犯，推曆度在翼，近太微。占曰：「兵起。」

開成三年六月丁亥，太白犯熒惑于張。占曰：「有喪。」四年正月丁巳，熒惑、太白、辰星聚于南斗，推曆度在燕分。占曰：「內外兵喪，改立王公。」冬，歲星、熒惑俱逆行失色，合于東井。京師分也。

會昌二年六月乙丑，熒惑犯歲星于翼。占曰：「旱。」四年十月癸未，太白、熒惑合于南斗。

咸通中，熒惑、鎮星、太白、辰星聚于畢、昴，在趙、魏之分。詔鎮州王景崇被袞冕，軍府稱臣以厭之。

文德元年八月，歲星、鎮星、太白聚于張。周分也。占曰：「內外有兵。」爲河內、河東地。

光化三年十月，太白、鎮星合于南斗。占曰：「吳、越有兵。」

圖表

明·佚名《天元玉曆祥異賦》

雲氣入紫微垣占

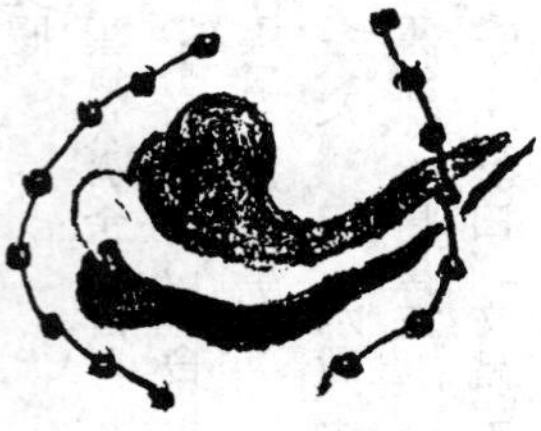

《荆州占》曰：有氣雲如雞雛出，此于孫之氣。赤黄氣潤澤入，天子有喜。黄白氣如旗起，人主壽；如杯破碗入，有璧玉喜；白氣出有喪；黑氣入有兵。

雲氣入北極占

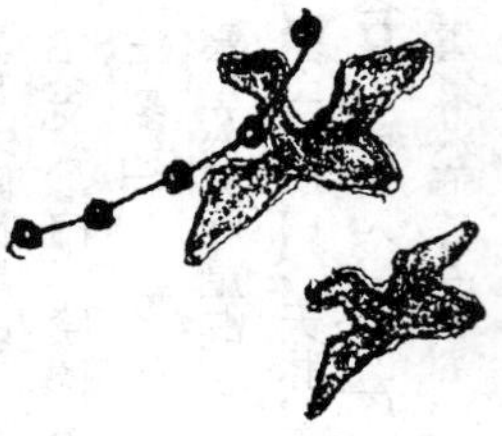

《天文録》曰：北極北辰，㝡尊者也，其紐星，天樞也。黄白氣入，兵起；黑氣入，大人憂；黄白氣，如禽獸類走，如飛鳥入，神氣有喜。

雲氣入鈎陳占

《樂緯執圖徵》曰：鈎陳主后宫。黄白氣出，不戰，兵在外者罷；赤氣出，將有功；蒼白青黑氣入，皆主大司馬憂。

雲氣入天皇大帝占

《天文録》曰：天皇大帝，其神曰「耀」，魄寶也，主天文象。黄白氣入，有喜；出則改主王者。

雲氣入四輔占

《天文録》曰：四輔星，輔佐也。黄白氣出，將相有喜；黑氣入，有病。

雲氣入五帝内座星占

《天文録》曰：五帝内座，在華蓋之下。黄氣入，君有喜，當立宗廟；□氣入，不出六十日，太子即位。

雲氣入天柱星占

《天文録》曰：天柱主建政教，赤黄氣入，天子有喜，封廟陵事；氣出，天下受喜，三公受爵；黑氣入，將相死。

雲氣入六甲星占

《天文録》曰：六甲主分陰陽，化時節。黄雲入，術士興；蒼白雲氣入，太史官受賜。

雲氣入御女星占

《天文録》曰：御女，主御妻之象也。黄白氣入，有子孫喜；黄氣入，后妃受賜；蒼白氣入，后宫多病。

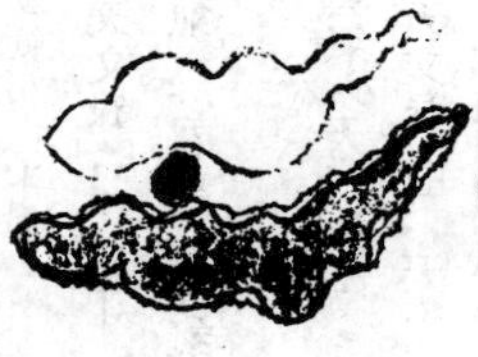

雲氣入女史星占

《天文録》曰：女史，主婦人之微者，主傅漏。黄白雲氣入，史女有喜慶。

雲氣入柱史星占

《天文録》曰：柱史，古者有左右史記事，此之象也。黄氣入，君賜爵禄；蒼白氣入，左右史死；黄白氣入，柱史遷。

雲氣入大理星占

《天文録》曰：大理，評刑□獄。黄白氣入，有赦，刑罰之官受遷；黑氣入，決獄不平，刑罰官受黜。

雲氣入陰德星占

《天文録》曰：陰德，主周給賑撫。黄氣入，天子有喜，諸侯受賜；黑青氣出，太子憂之。

雲星入天牀星占

《天文録》曰：天牀，主寢舍燕休。赤黄氣入，天子有喜；黄氣出，后宫有子孫之喜；白氣入，君不安；青氣入，君有憂。

雲氣入華蓋占

《天文録》曰：華蓋，如蓋狀，所以覆蔽帝座。黄氣入，天子喜；赤氣出，侯王受賜。

雲氣入傳舍星占

《天文録》曰：傳舍，主賔客舘舍。黑雲氣入，胡兵侵中國。

雲氣入八穀星占

《天文録》曰：八穀，主歲豐儉。黑氣入，萬物不收，大荒險。

雲氣入文昌星占

《天文録》曰：文昌，天之六府也。黄雲氣入，三公受賜；蒼白氣入，將相憂；赤黑氣入，三公黜。

雲氣入天牢星占

《天文録》曰：天牢，主貴人之牢也。黑氣大圓，長三四尺，出，貴人親屬有憂。

雲氣入勢星占

《天文録》曰：勢星，主助宣，主命内常侍官。黄白氣入，中宫受賜；赤氣入，中宫叛；黑氣入，中官憂。

雲氣入北斗占

《天文録》曰：北斗，七政之樞機也。有五彩雲氣入，天子立太子；赤氣覆之，黄氣入，君喜；黑氣入，民憂；赤氣入，宫廟火災；黑氣如禽獸狀入，虜入塞。

雲氣入天理星占

《天文録》曰：天理，主執法之官。赤氣入，中兵起，將相行兵。

雲氣入相星占

《天文録》曰：相星，主総領百司而掌邦教。黄氣入，諸侯有喜。

雲氣入太陽守星占

《天文録》曰：太陽守，主大將大臣之象。黄氣入，大臣受賜；蒼白氣入，將軍戰死；赤氣入，宰相憂。

雲氣入天一星占

《天文録》曰：天一，主戰鬥，知吉凶。黄氣入，君臣和，萬物成，朝多賢士，天下太平；黑氣入，宰相黜。

雲氣入太一星占

《天文録》曰：太一，主風雨、水旱、兵饑。黄白氣入，百官受賜；赤氣入，兵革遍地；蒼白氣入，民多疾疫。

雲氣入天棓星占

《天文録》曰：天棓，主分争與刑罰。蒼白氣入，兵起將死；黄白氣入，臣有拜賜；黑氣入，大人憂。

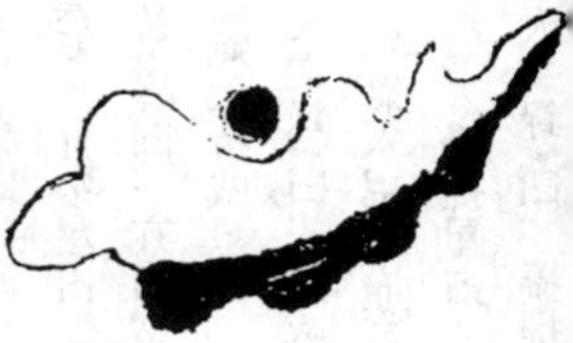

雲氣入玄戈星占

《天文録》曰：玄戈，主胡兵；黑氣入，胡兵退；白氣入，胡人疾疫。

雲氣入太微垣占

《天文録》曰：太微垣，三光之庭。黄白氣入，有光，人主益壽；黄氣如箒入，有婦人喜；赤黄氣入，天子有劒喜；氣如獸入，天子用獸賜諸侯；白氣如杯椀入，有白玉喜；若青、黑、赤氣入，皆有憂。

雲氣入東西掖門占

《天文録》曰：左掖門，在端門東；右掖門，在端門西。若左右掖門有黄氣入，天子喜；蒼白氣出，有喪事；青氣入，有兵起；黑氣入，有憂。

雲氣入五帝座占

《天文録》曰：五帝座在太微垣中。黄氣入，天子有子孫喜；青赤氣入，近臣有謀；蒼白氣入，有喪事。

雲氣入倖臣星占

《天文録》曰：倖臣者，親愛之官，常常侍太子。青赤氣出五帝座，入倖臣中，不出六十日，近臣謀君。氣不明者不成，氣明者成。

雲氣入太子星占

《天文録》曰：太子者，帝之儲也。黄氣入，太子喜；黑氣入，太子憂。

雲氣入從官星占

《天文録》曰：從官，主疾病、巫人。黑氣入，巫人受戮；黄氣入，巫人受爵。

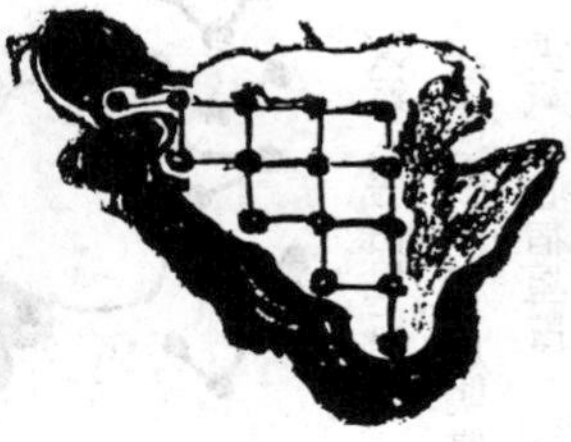

雲氣入郎位星占

《天文録》曰：哀鳴，郎位也。黄氣入，潤澤，中郎受賜；黑氣入，中郎雙死；蒼白氣入，中郎爲亂；赤氣入，中郎兵起。

雲氣入三台星占

《天文録》曰：三台者，在人曰三公。黄氣入，將相有喜；黑氣入，三公憂；蒼白氣入，三公黜。

雲氣入五諸侯星占

《天文録》曰：五諸侯，主刺舉，戒不虞。蒼白氣入，諸侯有喪。

雲氣入天市垣星占

《天文録》曰：天市垣，天子之市，天下之所會也。黄白氣入，繒帛常集天市中；有神氣如奇物入，天子喜；黄白氣入，萬物賤；蒼黑氣入，萬物貴；赤氣入，市中有火矣。

雲氣入貫索星占

《天文録》曰：貫索，主賤人之牢也。蒼白氣入，天子亡地；赤氣入，兵起；黑氣入，獄多枉死；黄氣入，天子喜。

雲氣入女牀星占

《天文録》曰：女牀，主后宫，御女也。黄氣入，后宫有福；白氣入，有喪；黑氣入，有死者；青氣入，宫女多疾病。

雲氣入角宿星占

《晉書》曰：角宿，爲天門，左角爲理，主刑，右角爲將，主兵。有蒼白氣入左角星，兵散；出右角星，戰有憂。

雲氣入庫樓星占

《天文録》曰：庫樓，兵車之府。有赤氣千尋，天子自將兵。

雲氣入亢宿星占

《晉書》曰：亢宿，爲天子之内朝廷也。有雲氣入，民主饑疫。

雲氣入折威星占

《天文録》曰：折威，主斷獄。黄白氣入，有和親，天子喜；蒼白氣入，大臣爲亂；黑氣入，天子惡之。

雲氣入攝提星占

《天文録》曰：攝提，爲楯擁，夾帝座。黄氣，公卿受賜；青氣入，九卿憂；赤氣入，戈楯用；黑氣入，大臣死。

雲氣入大角星占

《天文録》曰：大角，天王座也。青氣入千尋，如搶衝過者，殿梁折；青氣掩，君憂；白氣掩，有喪；黄氣出，國有喜。

雲氣入氐宿星占

《晉書》曰：氐宿，爲宫，后妃之府也。蒼白雲入，疾疫流行；黑氣入，大水。

雲氣入招摇星占

《天文録》曰：招摇，爲天庫。蒼白氣入，相死；赤氣入，兵亂；黄氣入，兵罷；白氣入，大人憂。

雲氣入梗河星占

《天文録》曰：梗河，主矛鋒，備不虞。赤氣入，有大戰；蒼白氣入，將死。

雲氣入騎官星占

《天文録》曰：騎官，天子宿衛之士也。蒼白氣入，騎官死。

雲氣入房宿星占

《晉書》曰：房，爲明堂布政之宫。黄雲如人入者，后妃有娠；赤氣入兵起。

雲氣入心宿星占

《晉書》曰：心宿，爲天王之位也。青氣入，天子使諸候；赤氣入心宿，太子受賜。

雲氣入積卒星占

《天文録》曰：積卒，爲五營軍士，主掃除。青赤氣入，大臣持政，欲論兵事。

雲氣入尾宿星占

《晉書》曰：尾宿，爲后宫之場，后妃之府。蒼白氣入，君有故臣來；氣出，臣有亂。

雲氣入龜星占

《天文録》曰：龜星，主贊神明、定吉凶。赤氣入，卜祝官憂。

雲氣入天江星占

《天文録》曰：天江，主太陰。青氣入，車騎出；黑氣入，多雨水；黃氣入，兵罷；黃氣出，兵出。

雲氣入傅説星占

《天文録》曰：傅説，主后宫、女巫也，主興長子孫祝祠神靈。赤氣入，女巫憂。

雲氣入魚星占

《天文録》曰：魚星，主理陰陽，如雲雨之期。赤氣入，兵起將憂；氣出，兵罷；黃氣入，天子用事；氣出，兵起。

雲氣入箕宿星占

《晉書》曰：箕宿，亦后妃之府也。蒼白氣入，四夷内侵；黃氣入，蠻夷來賓。

雲氣入斗宿一名南斗星占

《晉書》曰：南斗，爲天廟丞相大宰之位。蒼白雲入，多風；赤雲入，兵起。

雲氣入牛宿星占

《晉書》曰：牛宿，爲關梁，主犧牲。蒼白雲入，多疾疫；赤雲入，有兵攻城。

雲氣入九坎星占

《天文録》曰：九坎，主溝渠，道引泉源。青氣入，天下旱；黑氣入，百川溢。

雲氣入河鼓星占

《天文録》曰：河鼓，天鼓也，主天子軍鼓。黃白氣入，天子喜；赤氣入，兵起；黑氣入，將死；青氣入，將憂。

雲氣入織女星占

《天文録》曰：織女星，天女也，主瓜菓、絲帛、珍寶。蒼白氣入，女子有疾，赤氣入，女子多死於兵；黑氣入，女子憂；黃氣入，女子有喜。

雲氣入女宿星占

《晉書》曰：女宿，妻妾之稱，婦聀之卑也。赤氣入，婦女多以兵死；白氣入，女多疾疫。

雲氣入瓠瓜星占

《天文録》曰：瓠瓜，主天子菓園也。蒼白氣入，菓多不寔；赤氣入，天下菓多寔；黃氣入，天子以菓賜諸侯；黑氣入，食菓多致疾病。

雲氣入天津星占

《天文録》曰：天津，主四瀆津梁。黃白氣入，天子有德令；蒼黑氣入，主大水。

雲氣主虛宿星占

《晉書》曰：虛宿，爲廟堂，主祭祀禱祝事。黃氣入，天子以喜起廟祠；蒼白赤氣入，有土工蓋屋之事。

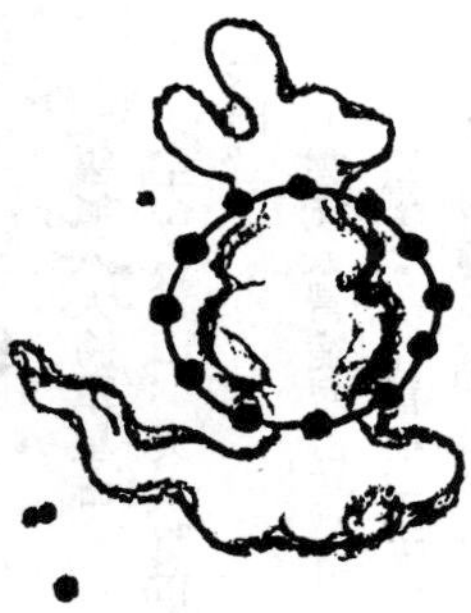

雲氣入天壘城星占

《天文録》曰：天壘城，主鬼方北夷之事。黃氣掩之，北夷滅，有疾疫。

雲氣入敗四星占

《天文録》曰：敗四，主敗亡、災害。黑雲氣入，人主憂。

雲氣入危宿星占

《晉書》曰：危宿，爲天市，主宗廟宮室，又主營造受藏之事。蒼白氣入，風雨損屋。

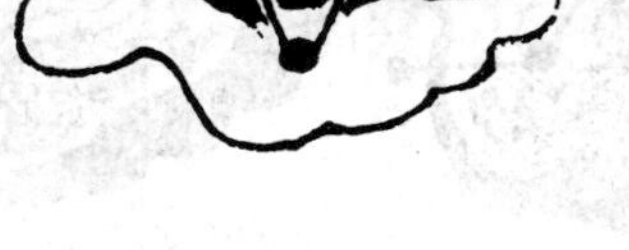

雲氣入室宿一名營室占

《晉書》曰：營室，爲宗廟，又爲軍糧之府也。黃氣入，光潤如日月，天子有男子之祥；白氣入，有喪；赤氣入，兵起。

雲氣入羽林軍星占

《天文録》曰：羽林軍，主天軍翊衛也。蒼白氣入，后憂；黄氣入，后喜，或受太子所獻；黑氣入，諸侯惡之。

雲氣入北落師門星占

《天文録》曰：北落師門，主北方藩落。蒼白氣入，憂疾病；黑氣入，主憂；黄白氣入，天子喜，出，中使出。

雲氣入壁宿星占

《晉書》曰：東壁，主文章，天下圖書之秘府。赤氣如日月潤澤入，男子之祥；白氣入，大人憂。

雲氣入奎宿星占

《晉書》曰：奎宿，爲天下武庫，又主以兵禁暴横。黄雲氣入，天子宫中有喜；黑氣入，有憂；蒼赤氣入，有受命來降者。

雲氣入土司空星占

《天文録》曰：土司空，主掌水土事。黄氣入，土功興，國移京邑。

雲氣入閣道星占

《天文録》曰：閣道，主輦閣之道。黄氣入，天子喜；白氣入，有急事；黑氣入，有疾。

雲氣入附路星占

《天文録》曰：附路，主便閣道逕也。蒼白氣入，太僕死；赤氣入，太僕受誅。

雲氣入王良星占

《天文録》曰：王良星，主天子奉車御官也。青氣入，奉車御官憂，墜車；赤氣入，奉車御官有斧鉞之憂；黄氣入，奉車御官受賜。

雲氣入婁宿星占

《晉書》曰：婁宿，主苑牧、犧牲、供給、郊祀。黄氣入，貴人受賜；白氣入，人民受賞；赤氣入，主兵。

雲氣入天倉星占

《天文録》曰：天倉，主五穀所藏，待邦之用。黄氣入，歲大熟；蒼白氣入，歲不熟；赤氣入，兵起，大旱，倉庫有火災。

雲氣入大將軍星占

《天文録》曰：天大將軍，天之大將軍也。蒼白氣入，軍多疾；赤氣入主，兵出。

雲氣入胃宿星占

《晉書》曰：胃宿，爲天子厨藏，主倉庫廪。倉白氣入，有糴粟事；黑氣入，倉困敗，穀腐。

雲氣入天廪星占

《天文録》曰：天廪主積，奉以享祀。青氣入，蝗蟲、大旱；黄氣入，歲多粟麦；黑氣入，多水。

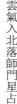

雲氣入天囷星占

《天文録》曰：天囷主給御廪粢盛。青白氣入，歲饑，民流亡。

雲氣入大陵星占

《天文録》曰：大陵一曰積京，主兵陵、墳墓、死喪。蒼白氣入，有大兵喪；赤氣入，多戰死。

雲氣入天船星占

《天文録》曰：天船主道，濟利涉。青氣入，天子不可乘御船；黄氣入，天子乘船，有喜。

雲氣入積尸星占

《天文録》曰：積尸，在大陵中墓也，主死喪。蒼白氣入，人多死；黑氣入，民多疾疫。

雲氣入積水星占

《天文録》曰：積水，主水官，供給酒食。蒼白氣入，有水災。

雲氣入昴宿星占

《晉書》曰：昴宿，爲施頭胡星也。有蒼赤氣入，人民疾疫，妖言起，胡兵入。

雲氣入蒭藁星占

《天文録》曰：蒭藁，主積藁之屬。赤氣入，有大憂，天子因火散財；黄氣入，天子財寶出。

雲氣入天苑星占

《天文録》曰：天苑，主天子養禽獸之苑。蒼白氣入，獸多病；黄氣入，牛馬蕃息；黑氣入，牛馬多死。

雲氣入畢宿星占

《晉書》曰：畢，爲邊兵，主戈獵。白氣入，畢口其歲大人必有生者；赤氣入，必有兵起，旱，火災；蒼白氣入，歲多收。

雲氣入五車星占

《天文録》曰：五車，天子之五兵車舍也。蒼白氣入，民不安，多流亡；赤氣入，兵起。

雲氣入天潢星占

《天文録》曰：天潢，主河津渡涉事。黄氣入，天子喜安和兵罷；蒼白氣入，有喪；赤氣入，兵起，庫有火。

雲氣入天高星占

《天文録》曰：天高，主望八方雲氣，今觀星臺之象。白氣入，旱霜害禾稼。

雲氣入咸池星占

《天文録》曰：咸池，主陂澤魚鱉池治。黄氣入，有喜事；黑氣入，大水；蒼

白氣入，魚多死；赤氣入，主旱。

雲氣入天闕星占

《天文録》曰：天闕，主邊防道路。黄氣入，四方來貢玉帛。

雲氣入參旗星占

《天文録》曰：參旗，爲天子弓旗也，主弓弩之候。赤氣入，西胡來侵。

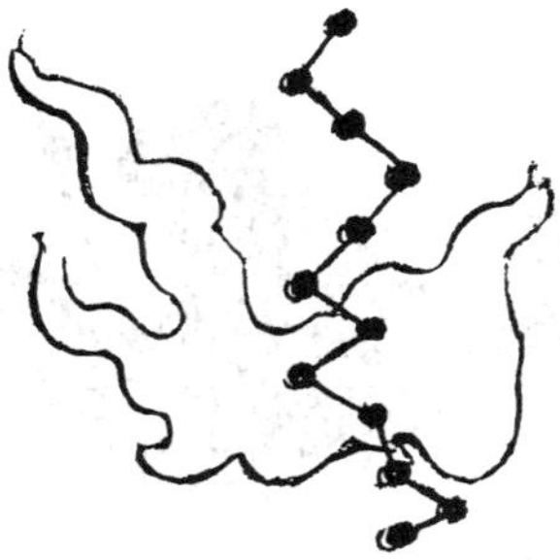

雲氣入天園星占

《天文録》曰：天園，主蔬菜之所也。有白氣入，兵起。

雲氣入觜宿星占

《晉書》曰：觜觿，爲三軍之候。有黄雲入，兵出；黑氣入，大人憂。

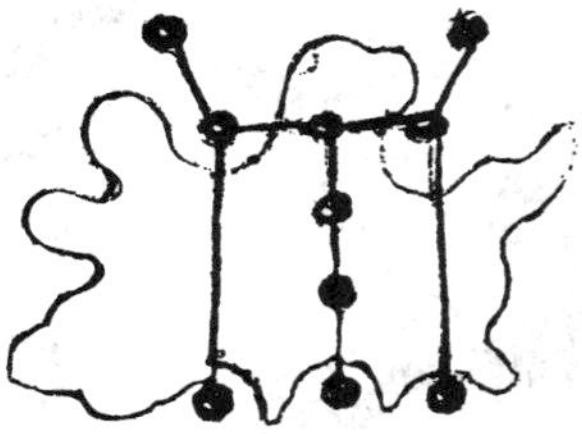

雲氣入參宿占

《晉書》曰：參，爲大臣，主鉞鐵斬刈。有蒼白雲入，憂灾；赤氣入，内兵起。

雲氣入玉井星占

《天文録》曰：玉井，主水泉，以給庖厨。青氣入，井水不可食。

雲氣入天厠星占

《天文録》曰：天厠，爲溷隱，主腰下疾。赤氣入，兵起；黑氣入，大人憂；黄氣入，天子喜。

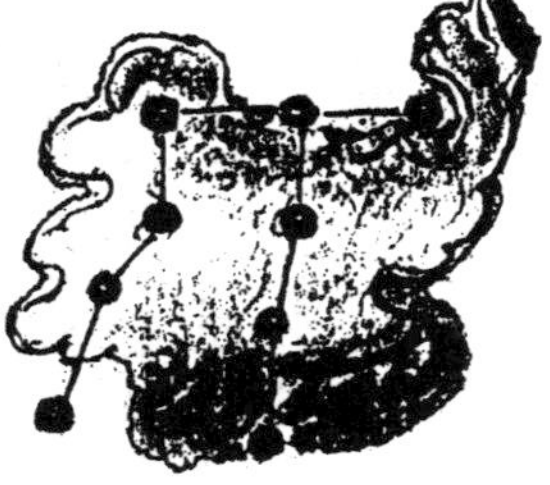

雲氣入井宿占

《晉書》曰：東井，爲水衡，主法令。黄白氣入，有水澤事興；赤雲入，有大水成疾病。

雲氣入積水星占

《天文録》曰：積水，主水官，供給酒食。蒼白氣入，憂水。

雲氣入積薪星占

《天文録》曰：積薪，主外厨，以給烹飪之事。赤氣入，憂火。

雲氣入北河星占

《天文録》曰：北河，主胡門。白氣入，邊境有兵，又主胡王死。

雲氣入南河星占

《天文録》曰：南河，主越門。青氣入，河道不通；赤氣入，天子用兵；黄氣入，有德令；青氣入，水傷人。

雲氣入水位星占

《天文録》曰：水位，主水衡瀉濫。赤氣入，大旱，歳饑荒。

雲氣入狼星占

《天文録》曰：狼星，主野將侵掠。赤氣入，有兵革，胡人侵掠，民驚。

雲氣入弧矢星占

《天文録》曰：弧矢，弓矢也，主行陰謀以備盗。赤氣入，民驚，一曰胡人入中國；黑氣入，胡人多病死。

雲氣入老人星占

《天文録》曰：老人星，主壽考。白氣掩，老人憂。

雲氣入鬼宿星占

《晉書》曰：與鬼，主視，明察姦謀。白雲入，有疾病；黑氣入，大人憂。

雲氣入爟星占

《天文録》曰：爟星，主烽火驚急。赤氣入，天下烽火動。

雲氣入柳宿占

《晉書》曰：柳，爲厨宰，生尚食和滋味。赤雲入，有失火之憂；黄雲入，有赦。

雲氣入酒旗星占

《天文録》曰：酒旗，主宴會觴酌。赤氣入，君以酒食。

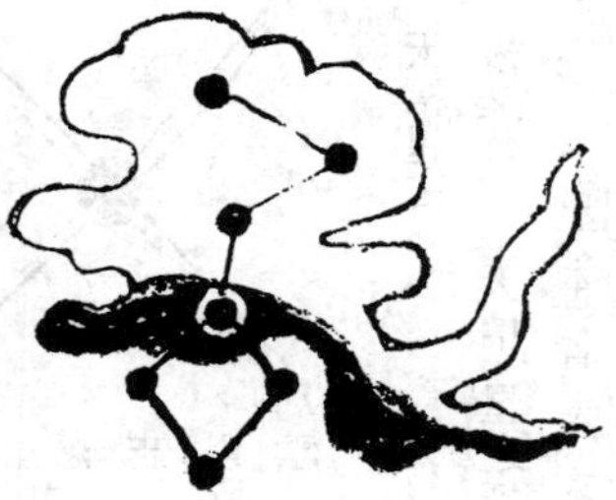

雲氣入星宿占

《晉書》曰：七星，主衣文繡。蒼白雲入，大人憂；赤氣入，四曲五曲不止者，臣亡。

雲氣入天相星占

《天文録》曰：天相，大臣之象。若黄雲入，大臣喜；黑氣入，將相憂。

雲氣入張宿占

《晉書》曰：張，主珍寶、宗廟。黄白氣入，潤澤，天子因喜賜客，氣出，天子使諸侯；赤氣入，用兵賜物。

雲氣入翼宿占

《晉書》曰：翼，爲天樂府，主徘徊。赤氣入，有暴兵；黑氣三夜不出，大人憂，兵起。

雲氣入軫宿占

《晉書》曰：軫，主冢宰輔臣之職。黄白氣入，天子用車馬賜諸侯；黑氣如杵入，大人墮車。

雲氣入器府星占

《天文録》曰：器府，樂器之府也。赤氣掩之，音樂廢。

又 瑞星占

朱文公曰：「唯夫帝王有德，天見其瑞。」《宋志》曰：「瑞星者，福德之星，天下有道則見。」

周伯星占

朱文公曰：「國欲昌，周伯黄光。」《宋志》曰：「周伯，色黄，潤而澤，煌煌然，見則國昌。」《晉書》曰：「周伯兒，黄色，煌煌然，所見之國大昌。」

天堡星占

朱文公曰：「國有喜，天堡流墜。」《宋志》曰：「天堡，若流星而有音，如烟火至地，如野雞，皆鳴，所墜之地有慶。」

格澤星占

朱文公曰：「不種而獲，格澤之氣類火。」《宋志》曰：「格澤類炎火，而色黄白，上鋭下大，起於地而漸見，則不有土功，當有火災。」《晉書》曰：「格澤，狀如炎火，下大上鋭，色黄白，見則不種而獲。」

含譽星占

朱文公曰：「夷狄奉化，含譽之熠若彗。」《宋志》曰：「含譽，光煽似彗，見則人君施孝德，興禮樂，而人民和，夷狄奉化，則含譽射焉。」《晉書》曰：「含譽，光熠似彗，則含譽射。」

景星如月占

朱文公曰：「景星如月，而助月德厚合矣。」《宋志》曰：「景星，主德厚，見則其國大昌。狀如半月，生於晦朔，助月爲明。或曰，星大而中空，發號施令合民心，制禮作樂得天心也。」《晉書》曰：「景星，如半月，生於晦朔，助月爲明，亦名德星。天子至孝海内勸悦德潤入。」

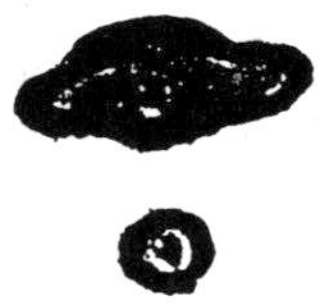

歸邪星占

朱文公曰：「歸邪如雲，而若星，慶其歸國。」《宋志》曰：「歸邪如星非星，若雲非雲，或生兩赤彗上向，如張蓋，而下有星相連。」《漢書》曰：「歸邪星，如星非星，如雲非雲。」孟康曰：「歸邪星，有兩赤彗上向，如張蓋狀，下連星，出必有歸國之夢。」

孛星占

朱文公曰：「光芒四出者，曰孛，孛星爲兵也。」《宋志》曰：孛星，光芒四出，本類彗星。小者數寸，長者横天。體大無光，假日爲光，所指隨日，晨見則東指，夕見則西指。《晉書》曰：孛星，彗之屬，偏指彗，芒氣四出，曰孛。又曰：非常，惡氣所生，内不有大亂，外必有大兵。

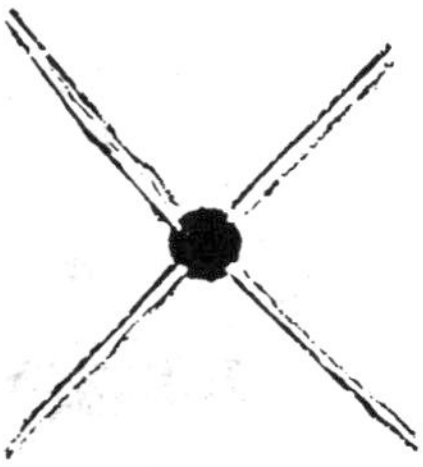

彗星占

朱文公曰：「彗星，爲喪氣也。除舊布新，合謀闇蔽。長星自三丈，以至横天，其形與孛畧同而異。」《宋志》曰：彗星者，古人爲天敖，又爲天地之旗。彗者，所以除舊而布新也。《晉書》曰：彗星，所謂掃星，本類孛。星小者數丈，長者亘天。見則兵起大水。

天棓星占

朱文公曰：天棓，星之妖，本類彗星，而末鋭。東出爲棓，而主奪争。《晉書》曰：天棓星，本類彗星，末鋭，長三四丈，東北方，主奪争。

天搶星占

朱文公曰：天搶，本類彗星，末鋭。西出爲搶，而主捕制。《甘德》曰：搶星，本類彗星，末鋭，長二三丈，出必有破國亂軍。

國皇星占

朱文公曰：國皇，類南極而體大，主寇難，而爲兵喪。《宋志》曰：國皇，大而赤，類南極老人，或去地而一二，大如炬火，主内寇，難爲兵喪。若見東南，爲急兵。《晉書》曰：國皇，大而赤，類南極，主内亂，外有兵喪。

天衡星占

朱文公曰：天衡，如蒼人，而首赤爲臣謀，而主滅位。蒼彗之妖，占爲不義。《宋志》曰：天衡，如人蒼衣，赤首不動，主滅位。見則臣謀，主武舉卒，發天子憂。《晉書》曰：天衡，如人蒼衣，赤首不動，主滅位。見則臣謀，主武舉卒，發天子亡。

蚩尤旗占

朱文公曰：蚩尤，類彗而委曲，爲旗帝將暴，而征伐不已。《宋志》曰：蚩尤旗，類彗，委曲如旗旛。長二三丈。或四望無雲，而赤雲獨見者，如旗。所見之方，下有大兵起。《晉書》曰：蚩尤旗，類彗，而委曲爲旗。見則王者征伐。

昭明星占

朱文公曰：昭明如太白，而光芒不行，占以爲起霸，而或爲起德。《宋志》曰：昭明，狀如太白，光芒不行，體大色白，而有角，如三足，上有九彗。見則兵大起，天下有喪，多變，而大人凶。《晉書》曰：昭明，如太白，光芒不行，以爲起霸、起德之兆。

司危星占

朱文公曰：司危，如太白，而有目，臣行主德，而國相殘賊。《宋志》曰：司危，如太白，而有目，萩數動而赤，或大而白，或芒大而有毛雨，角相抱，所以平非也。《晉書》曰：司危，如太白，有目，出西方爲乖争之兆，主擊强，見則失法。

天攙星占

朱文公曰：天攙，出西方，而如劔，枯骨籍籍，而赤地千里。《宋志》曰：天

擒，又名斬星彗。出西方，如劍，長四五丈，主殺將，又爲其下内亂，赤地千里，枯骨籍籍然也。

五都滅亡彗星丹赤星占

朱文公曰：五都滅亡彗星丹赤，此歲星之精，流而爲變者。《宋志》曰：赤彗，主滅五都。

五殘星占

朱文公曰：五殘，上有五枝，乖亡毁敗。《宋志》曰：五殘，又名五鋒，一本而五枝，出東方，類辰星而白，或赤，而中氣青，如暈，有毛。五殘者，五分也，又爲兵喪，政在辰下，或藩屏，天子有急兵。《晉書》曰：五殘，類辰星，主乖亡，爲急兵。

獄漢星占

朱文公曰：獄漢，下有三彗，逐王兵起。《宋志》曰：獄漢，又名咸漢，出北方，青中赤表，類辰星，下有三彗維横，見則爲兵，天下有喪。《晉書》曰：獄漢星，青中赤表，下有三彗，主逐王，出則兵起。

六賊星占

朱文公曰：六賊星，其類熒惑，爲兵喪，光動而赤。《宋志》曰：六賊，形如彗，一曰類熒惑，見南方，赤大動而有光，則爲兵喪。《晉書》曰：六賊，大而赤，動而有光，或曰形如彗，見則其分有兵喪。

茀星占

朱文公曰：茀星，類茀，殃占宿地。《宋志》曰：茀星，本有星末，類茀，見東南方，出則其分受殃。

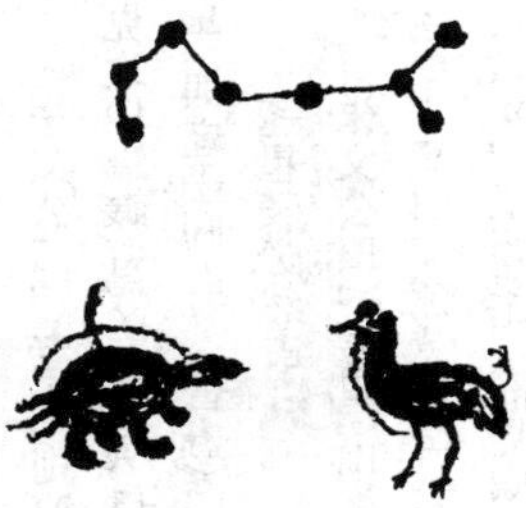

旬始近北斗狀如雄鷄伏鱉占

朱文公曰：旬始，近北斗，而類雄鷄，其怒如伏鱉，而色青黑。主亂兵，且主改更，爲暴戾，而爲積骨。《宋志》曰：旬始，又名蚩尤，出北斗旁，如雄鷄，其怒青黑，而象伏鱉。主兵亂，主指横，見則爲改更。《晉書》曰：旬始，出北斗旁，如雄鷄，其怒色青黑，象鱉。主争兵，見則臣亂。

忽爾黄彗見之占

朱文公曰：忽爾黄彗，見之，當有女亂者矣。《宋志》曰：黄彗，見之生女亂。

天狗星流占

朱文公曰：天狗星流，止地類狗聲，所墜如火衝天，流血盈野，伏屍滿谷，白彗横天，斬强是主。《宋志》曰：天狗，其星有尾，旁有彗，下如狗形，又如奔星，色黄有聲，類狗。《晉書》曰：天狗星，色黄有聲，其止地類狗，所墜望之如火光，炎炎衝天，則見破軍殺將之兆。

枉矢星如蛇行占

朱文公曰：枉矢若流星，而蛇行，色蒼黑，如有毛目，反兵，合射而所誅，以亂伐亂，而臣酷。《宋志》曰：枉矢，方弩之象，類大流星，色蒼黑，蛇行，望之如有毛目，長數丈。《晉書》曰：枉矢，類流星，色蒼黑，蛇行，望之如有毛目，長數丈，類疋布着天，見則臣謀反兵，亦爲以亂伐亂。

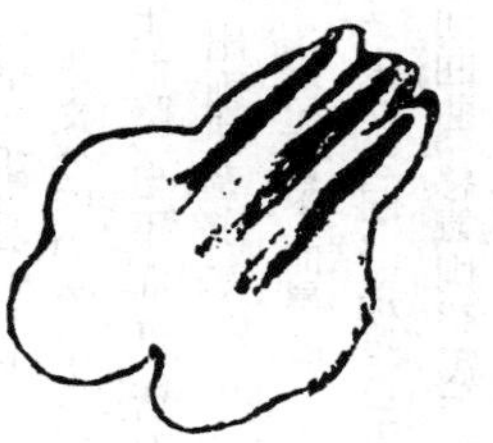

營頭星占

朱文公曰：營頭，如壞山以墜軍，大流星如雷而晝出，所墜有大戰，而技城有覆軍，流血而積骨。《宋志》曰：流星晝隕，曰營頭。有聲，如雷，光照人，野雉皆鳴，羣鳥盡驚。《晉書》曰：營頭，有雲如壞山以墜，所墜其下有覆軍，流血千里。

長庚星如布占

《宋志》曰：長庚，如一疋布着天，見則兵起。

天鋒星占

朱文公曰：天鋒，似鋒，二星所見，皆爲兵起。《晉書》曰：天鋒彗，象予鋒，天下縱横，則天鋒見。

老子星占

朱文公曰：老子，則淳淳然，色白者，兵大起。《宋志》曰：色白，淳淳然，所見之地爲饑，爲凶，爲惡，爲怒。又曰：兵大起，人主憂，除舊布新，明大者爲客星，與老子同占。《晉書》曰：老子星，淳白，所見之國爲饑，爲凶。

蓬星熒熒然占

朱文公曰：蓬星，則熒熒然，色青者，穀不登。《宋志》曰：蓬星，大如二斗，色白。又曰：色黄白，方不過三尺，如夜大之光，多則四五，少則一二，或出西南，長數丈，左右鋭出，而見處其地受殃。若出正東、正南、東，此不旱即水，五穀不成。或如粉絮，出北斗間，爲諸侯奪地。《晉書》曰：蓬星，大如二斗，氣色白，星見，不出三年有亂臣。

赤色竟天占

朱文公曰：赤色竟天，格澤之氣，伏屍之象，流血之徵。《宋志》曰：格澤氣，赤如火，炎炎衝天，上下同色，東西亘天，南北可長四五里，爲兵起，其下伏屍流血。

燭星上有二彗占

朱文公曰：燭星，上有二彗，所見大盜不成。《宋志》曰：燭星入，太白而不行，不久而滅，或曰星上有二彗，所燭地城邑亂。若出東方，兵戰不勝；出南方，亡地；出西方，其地有喪；出北方，色赤，其地兵勝。

濛星如牙旗占

朱文公曰：濛星，爲亂也，夜有赤色。《宋志》曰：濛星，一曰刀星，夜有赤氣，如牙旗，或長或短，四面西南最多，亂之象也。或遍天薄雲，四方生赤黄氣，長三尺，乍見乍没，尋皆消滅。見則兵起，大戰流血。

白星占

朱文公曰：白星，爲喪也。似星非星。《宋志》曰：白星，非星如星，狀如削瓜，主有喪。

客星占

朱文公曰：非其常有，是爲客星。體小去速者，事微而禍淺；芒角見久者，事大而禍深。黄爲土功，而得地；赤爲殺將，而侵城；青黑則其下多病；純白則其分多兵。《宋志》曰：客星，亦占其色。青憂疾病；赤而芒角，其下破軍殺將，侵城邑；白色，其分有兵喪；黑色，兵亡之象。皆以宿次分野占之。

王蓬星狀如粉絮占

朱文公曰：王蓬狀如粉絮，饑儉或兵。《宋志》曰：星蓬如粉絮，沸沸然，主其下兵饑，或喪，又爲白衣會，色青，熒熒然。所見之地，風雨不時，蝗虫，焦枯而物不生。《晉書》曰：蓬絮星，色青而熒熒然，見則風雨不節，五穀不登。

温星出四隅占

朱文公曰：温星之出四隅，所生如風動摇，而白色，人饑，大水，而兵争。《宋志》曰：温星，色白而大，如風動摇，常出四隅。東南，則有兵，將軍出於野；東北，暴兵千里；西南見，其地兵喪並起；西地見，其地大水，人饑饉。

流星自上而降占

朱文公曰：流星者，天之使，五星之散精也。乃飛行列宿，告示休咎。流星自上而降，自下而昇，皆有光跡相連。《晉書》曰：流星，天使也。自上而降曰流，出則使者出。

飛星自下而昇占

朱文公曰：飛星自下而昇，所至之地曰有使，擬墜之下言有兵，姦事。乃蛇行而曲曲，怒氣則聲震而隆隆。《宋志》曰：自下而上曰飛。飛至地曰墜，聲隆隆者，怒之象也。《晉書》曰：飛星，一曰奔星，亦流星也。自下而昇飛，占與流星同。

衆星並流占

朱文公曰：衆星並流，則將軍並起，舉其兵。《宋志》曰：衆星者，陰陽五行之精氣，其體在下，光耀在上，象官及物，各因其源，若飛反行，萬人不安之象。

白化爲雲名天滑星占

朱文公曰：白化爲雲，名天滑，流血積骨於飛流。《宋志》曰：星飛若流，大而長數丈，星滅則白化爲雲，而流下者，名曰天滑。《晉書》曰：飛星大如缸，若甕，其後皎然，長數丈，星滅後，白者化爲雲，名爲雲，名天滑。所下有流血積骨。

飛流異狀占

朱文公曰：白若周天爲查山兵戰，流血於損墜；色赤而光照地者，所生有兵；色白而前平下者，所之削邑。有謀策。則星自敵來，兵敗散，則星投壘。帝王發使慰勞散爲八角，將軍均彊劃地；縵縵委曲照地，而流四方者，五穀不登；有光而如疋布者，以色占異衆庶流從，則星飛而反行。其國兵起，則星光而青示。

人事部

論説

唐・房玄齡等《晉書》卷一二《天文志中》 流星

流星，天使也。自上而降曰流，自下而升曰飛。大者曰奔，奔亦流星也。星大者使大，星小者使小。聲隆隆者，怒之象也。行疾者期速，行遲者期遲。大而無光者，衆人之事；小而有光者，貴人之事；大而光者，其人貴且衆也。乍明乍滅者，賊成賊敗也。前大後小者，恐憂也；前小後大者，喜事也。蛇行者，姦事也；往疾者，往而不反也。長者，其事長久也；短者，事疾也。奔星所墜，其下有兵。無風雲，有流星見，良久間乃入，爲大風，發屋折木。小流星百數四面行者，衆庶流移之象。

流星之類，有音，如炬火下地，野雉鳴，天保也；所墜國安，有喜。若小流星色青赤，名曰地雁，其所墜者起兵。流星有光青赤，長二三丈，名曰天雁，軍中之精華也；其國起兵，將軍當從星所之。流星暉然有光，光白，長竟天者，人主之星也；主相將軍從星所之。

飛星大如缶若甕，後皎然白，前卑後高，此謂頓頑，其所從者多死亡。飛星大如缶若甕，後皎然白。星滅後，白者曲環如車輪，此謂解銜，其國人相斬爲爵禄。飛星大如缶若甕，其後皎然白，長數丈。星滅後，白者化爲雲流下，名曰大滑，所下有流血積骨。

枉矢，類流星，色蒼黑，蛇行，望之如有毛，目長數匹，著天，主反萌，主射愚。見則謀反之兵合射所誅，亦爲以亂伐亂。

天狗，狀如大奔星，色黃，有聲，其止地，類狗。所墜，望之如火光，炎炎衝天，其上鋭，其下員，如數頃田處。或曰，星有毛，旁有短彗，下有狗形者。或曰，星出，其狀赤白有光，下即爲天狗。一曰，流星有光，見人面，墜無音，若有足者，名曰天狗。其色白，其中黃，黃如遺火狀。主候兵討賊。見則四方相射，千里破軍殺將。或曰，五將鬭，人相食，所往之鄉有流血。其君失地，兵大起，國易政，戒守禦。

營頭，有雲如壞山墮，所謂營頭之星。所墮，其下覆軍，流血千里。亦曰流星晝隕名營頭。【略】

十煇

《周禮》，眂祲氏掌十煇之法，以觀妖祥，辨吉凶。一曰祲，謂陰陽五之氣，浸淫相侵。或曰，抱珥背璚之屬，如虹而短是也。二曰象，謂雲氣成形，象如赤烏，夾日以飛之類是也。三曰鑴，日傍氣，刺日，形如童子所佩之鑴。四曰監，謂雲氣臨在日上也。五曰闇，謂日月蝕，或曰脱光也。六曰瞢，謂瞢瞢不光明也。七曰彌，謂白虹彌天而貫日也。八曰序，謂氣若山而在日上。或曰，冠珥背璚，重疊次序，在于日旁也。九曰隮，謂暈氣也。或曰，虹也，《詩》所謂「朝隮于西」者也。十曰想，謂氣五色有形想也，青饑，赤兵，白喪，黑憂，黃熟。或曰，想，思也，赤氣爲人狩之形，可思而知其吉凶也。

凡遊氣蔽天，日月失色，皆是風雨之候也。沈陰，日月俱無光，晝不見日，夜不見星，有雲障之，兩敵相當，陰相圖議也。日濛濛無光，士卒内亂。又曰，數日俱出，若鬭，天下兵起，大戰。日鬭，下有拔城。日戴者，形如直狀，其上微起，在日上爲戴。戴者，德也，國有喜也。一云，立日上爲戴。青赤氣抱在日上，小者爲冠，國有喜事。青赤氣小而交於日下爲纓，青赤氣小而員，一二在日下左右者爲紐。青赤氣如小半暈狀，在日上爲負，負者得地爲喜。又曰，青赤氣長而斜倚日旁爲戟。青赤氣員而小，在日左右爲珥，黃白者有喜。又曰，有軍，日有一珥爲喜。在日西，西軍戰勝。在日東，東軍戰勝。南北亦如之。無軍而珥，爲拜將。又日旁如半環，向日爲抱。青赤氣如月初生，背日者爲背。又曰，背氣青赤而曲，外向爲叛象，分爲反城。璚者如帶，璚在日四方。青赤氣長而立日旁爲直，日旁有一直，敵在一旁欲自立，從直所擊者勝。日旁有二直三抱，欲自立者不成，順抱擊者勝，殺將。氣形三角，在日四方爲提，青赤氣横在日上下爲格。氣如半暈，在日下爲承。承者，臣承君也。又曰，日下有黃氣三重若抱，名曰承福，人主有吉喜，且得地。青白氣如履，在日下者爲履。日旁抱五重，戰順抱者勝。日一抱一背，爲破走。抱者，順氣也；背者，逆氣也。兩軍相當，順抱擊逆者勝，故曰破走。日抱且兩珥，一虹貫抱至日，順虹擊者勝，殺將。日抱兩珥且璚，二虹貫抱至日，順虹擊者勝。日重抱，内有璚，順抱擊者勝。亦曰，軍内有欲

反者。日重抱，左右二珥，有白虹貫抱，順抱擊勝，得二將。有三虹，得三將。日抱黃白潤澤，內赤外青，天子有喜，有和親來降者；軍不戰，敵降，軍罷。色青黃，將喜；赤，將兵爭；白，將有喪；黑，將死。日重抱且背，順抱擊者勝，得地，若有罷師。日重抱，抱內外有璚，兩珥，順抱擊者勝，破軍，軍中不和，不相信。日旁有氣，員而周帀，內赤外青，名爲暈。日暈者，軍營之象。周環帀日，無厚薄，敵與軍勢齊等。若無軍在外，天子失御，民多叛。日暈有五色，有喜；不得五色者有憂。

凡占，兩軍相當，必謹審日月暈氣，知其所起，留止遠近，應與不應，疾遲，大小，厚薄，長短，抱背爲多少，有無，虛實，久亟，密疎，澤枯。相應等者勢等。近勝遠，疾勝遲，大勝小，厚勝薄，長勝短，抱勝背，多勝少，有勝無，實勝虛，久勝亟，密勝疎，澤勝枯。重背，大破；重抱爲和親；抱多，親者益多；背爲天下不和。分離相去，背於內者離於內，背於外者離於外也。

雜氣

天子氣，內赤外黃，四方所發之處當有王者。若天子欲有遊往處，其地亦先發此氣。或如城門隱隱在氣霧中，恒帶殺氣森森然。或如華蓋在氣霧中，或氣象青衣人無手。在日西，或如龍馬，或雜色鬱鬱衝天者，此皆帝王氣。

猛將之氣，如龍，如猛獸；或如火煙之狀；或白如粉沸；或如火光之狀，夜照人；或白而赤氣繞之，或如山林竹木，或紫黑如門上樓；或上黑下赤，狀似黑旌；或如張弩；或如埃塵，頭銳而卑，本大而高。此皆猛將之氣也。氣發漸漸如雲，變作山形，將有深謀。

凡軍勝之氣，如堤如坂，前後磨地。或如火光；將軍勇，士卒猛。或如山堤，山上若林木；將士驍勇。或如埃塵粉沸，其色黃白；或如人持斧向敵；或如蛇舉首向敵；或氣如覆舟，雲如牽牛；或有雲如鬭雞，赤白相隨，在氣中；或發黃氣，皆將士精勇。

凡氣上黃下白，名曰善氣；所臨之軍，敵欲求和退。

凡負氣，如馬肝色，或如死灰色；或類偃蓋，或類偃魚；或黑氣如壞山墜軍上者，名曰營頭之氣；或如羣羊羣猪；在氣中。此衰氣也。或如懸衣，如人相隨；或紛紛如轉蓬，或如揚灰；或雲如卷席，如匹布亂穰者，皆爲敗徵。氣如繫牛，如人臥，如雙蛇，如飛鳥，如決堤垣，如壞屋，如驚鹿相逐，如兩雞相向，此皆爲敗軍之氣。

凡降人氣，如人十十五五，皆叉手低頭；又云，如人叉手相向。或氣如黑山，以黃爲緣者，皆欲降伏之象也。

凡堅城之上，有黑雲如星，名曰軍精。或白氣如旌旗，或青雲黃雲臨城，皆有大喜慶。或氣青色如牛頭觸人，或城上氣如煙火，如雙蛇，如杵形向外，或有雲分爲兩彗狀者，皆不可攻。

凡屠城之氣，或赤如飛鳥，或赤氣如敗車，或有赤黑氣如貍皮斑；或城中氣聚如樓，出見於外；營上有雲如衆人頭，赤色，其城營皆可屠。氣如雄雉臨城，其下必有降者。

凡伏兵有黑氣，渾渾員長，赤氣在其中；或白氣粉沸，起如樓狀；或如幢節狀，在烏雲中；或如赤杵在烏雲中，或如烏人在赤雲中。

凡暴兵氣，白，如瓜蔓連結，部隊相逐，須臾罷而復出；或白氣如仙人，如仙人衣，千萬連結，部隊相逐，罷而復興，當有千里兵來。或氣如人持刀楯，雲如人，色赤，所臨城邑有卒兵至。或赤氣如人持節；兵來未息。雲如方虹。此皆有暴兵之象。

凡戰氣，青白如膏；如人無頭；如死人臥；如丹蛇，赤氣隨之，必大戰，殺將。四望無雲，見赤氣如狗入營，其下有流血。

凡連陰十日，晝不見日，夜不見月，亂風四起，欲雨而無雨，名曰蒙，臣有謀。霧氣若晝若夜，其色青黃，更相奄冒，乍合乍散，亦然。視四方常有大雲五色具者，其下賢人隱也。青雲潤澤蔽日，在西北，爲舉賢良。雲氣如亂穰，大風將至，視所從來。雲甚潤而厚，大雨必暴至。四始之日，有黑雲氣如陣，厚大重者，多雨。氣若霧非霧，衣冠不濡，見則其城帶甲而趨。日出沒時有霧雲橫截之，白者喪，烏者驚，三日內雨者各解。有雲如蛟龍，所見處將軍失魄。有雲如鵠尾來蔭國上，三日亡。有雲赤黃色四塞，終日竟夜照地者，大臣縱恣。有雲如氣，昧而濁，賢人去，小人在位。

凡白虹者，百殃之本，衆亂所基。霧者，衆邪之氣，陰來冒陽。

凡白虹霧，姦臣謀君，擅權立威。晝霧夜明，臣志得中。

凡夜霧白虹見，臣有憂；晝霧白虹見，君有憂。虹頭尾至地，流血之象。

凡霧氣不順四時，逆相交錯，微風小雨，爲陰陽氣亂之象。積日不解，晝夜昏闇，天下欲分離。

凡天地四方昏濛若下塵，十日五日已上，或一月，或一時，雨不沾衣而有土，

名曰霾。故曰，天地霾，君臣乖。

凡海旁蜄氣象樓臺，廣野氣成宫闕，北夷之氣如牛羊羣畜穹廬，南夷之氣類舟船幡旗。自華以南，氣下黑上赤；嵩高、三河之郊，氣正赤；恒山之北，氣青；勃碣海岱之間，氣皆正黑；江淮之間，氣皆白；東海氣如員簦；附漢河水，氣如引布；江漢氣勁如杼，濟水氣如黑豘，渭水氣如狼白尾，淮南氣如白羊，少室氣如白兔青尾，恒山氣如黑牛青尾。東夷氣如樹，西夷氣如室屋，南夷氣如闍臺，或類舟船。

陣雲如立垣。杼軸雲類軸，摶，兩端兑。杓雲如繩，居前亘天，其半半天；其蛪者類闕旗故。鉤雲句曲。諸此雲見，以五色占。而澤摶密，其見動人，乃有兵必起，合鬭其直。雲氣如三匹帛，廣前兑後，大軍行氣也。

韓雲如布，趙雲如牛，楚雲如日，宋雲如車，魯雲如馬，衛雲如犬，周雲如車輪，秦雲如行人，魏雲如鼠，鄭雲如絳衣，越雲如龍，蜀雲如囷。

車氣乍高乍下，往往而聚。騎氣卑而布。卒氣摶。前卑後高者，疾。前方而高後鋭而卑者，却。其氣平者其行徐。前高後卑者，不止而返。校騎之氣，正蒼黑，長數百丈。遊兵之氣如彗掃，一云長數百丈，無根本。喜氣上黄下赤，怒氣上下赤，憂氣上下黑。土功氣黄白。徙氣白。

凡候氣之法，氣初出時，若雲非雲，若霧非霧，髣髴若可見。初出森森然，在桑榆上，高五六尺者，是千五百里外。平視則千里，舉目望即五百里；仰瞻中天，即百里内。平望，桑榆間二千里；登高而望，下屬地者，三千里。敵在東，日出候之；在南，日中候之；在西，日入候之；在北，夜半候之。軍上氣，高勝下，厚勝薄，實勝虚，長勝短，澤勝枯。氣見以知大，占期内有大風雨，久陰，則災不成。

綜述

漢·班固《漢書》卷二六《天文志》 國皇星，大而赤，狀類南極。所出，其下起兵。兵彊，其衝不利。

昭明星，大而白，無角，乍上乍下。所出國，起兵多變。

五殘星，出正東，東方之星。其狀類辰，去地可六丈，大而黄。

六賊星，出正南，南方之星。去地可六丈，大而赤，數動，有光。

司詭星，出正西，西方之星。去地可六丈，大而白，類太白。

咸漢星，出正北，北方之星。去地可六丈，大而赤，數動，察之中青。此四星所出非其方，其下有兵，衝不利。

四填星，出四隅，去地可四丈。地維臧光，亦出四隅，去地可二丈，若月始出。所見下，有亂者亡，有德者昌。

燭星，狀如太白，其出也不行，見則滅。所燭，城邑亂。

如星非星，如雲非雲，名曰歸邪。歸邪出，必有歸國者。

星者，金之散氣，其本曰人。星衆，國吉，少則凶。漢者，亦金散氣，其本曰水。星多，多水，少則旱，其大經也。

天鼓，有音如雷非雷，音在地而下及地。其所往者，兵發其下。

天狗，狀如大流星，有聲，(共)〔其〕下止地，類狗。所墜及，望之如火光炎炎中天。其下圜如數頃田處，上鋭見則有黄色，千里破軍殺將。

格澤者，如炎火之狀，黄白，起地而上，下大上鋭。其見也，不種而穫。不有土功，必有大客。

蚩尤之旗，類彗而後曲，象旗。見則王者征伐四方。

旬始，出於北斗旁，狀如雄雞。其怒，青黑色，象伏鼈。

枉矢，狀類大流星，虵行而倉黑，望如有毛目然。

長庚，廣如一匹布著天。此星見，起兵。

星墜至地，則石也。

天晅而見景星。景星者，德星也，其狀無常，常出於有道之國。【略】

箕星爲風，東北之星也。東北地事，天位也，故《易》曰「東北喪朋」。及巽在東南，爲風。風，陽中之陰，大臣之象也，其星，軫也。月去中道，移而東北入箕，若東南入軫，則多風。西方爲雨。雨，少陰之位也。月去中道，移而西入畢，則多雨。故詩云「月離于畢，俾滂沱矣」，言多雨也。星傳曰「月入畢則將相有以家犯罪者」，言陰盛也。書曰「星有好風，星有好雨，月之從星，則以風雨」，言失中道而東西也。故星傳曰：「月南入牽牛南戒，民間疾疫；月北入太微，出坐北，

若犯坐，則下人謀上。」

一曰月爲風雨，日爲寒温。冬至日南極，晷長，南不極則温爲害；夏至日北極，晷短，北不極則寒爲害。故書曰「日月之行，則有冬有夏」也。政治變於下，日月運於上矣。（日）〔月〕出房北，爲雨爲陰，爲亂爲兵；出房南，爲旱爲夭喪。水旱至衝而應，及五星之變，必然之效也。

兩軍相當，日暈等，力均；厚長大，有勝；薄短小，亡勝。重抱大破亡。抱爲和，背爲不和，爲分離相去。直爲自立，立兵破軍，若曰殺將。抱且戴，有喜。圍在中，中勝；在外，外勝。青外赤中，以和相去；赤外青中，以惡相去。氣暈先至而後去，居軍勝。先至先去，前有利，後有病；後至後去，前病後利；後至先去，前後皆病，居軍不勝。見而去，其後發疾，雖勝亡功。見半日以上，功（太）〔大〕。白虹屈短，上下鋭，有者下大流血。日暈制勝，近期三十日，遠期六十日。

其食，食所不利；復生，生所利；不然，食盡爲主位。以其直及日所躔加日時，用名其国。

凡望雲氣，仰而望之，三四百里；平望，在桑榆上，千餘里，二千里；登高而望之，下屬地者居三千里。雲氣有（戰）〔獸〕居上者，勝。

自華以南，氣下黑上赤。嵩高、三河之郊，氣正赤。常山以北，氣下黑上青。勃、碣、海、岱之間，氣皆黑。江、淮之間，氣皆白。

徒氣白。土功氣黄。車氣乍高乍下，往往而聚。騎氣卑而布。卒氣摶。前卑而後高者，疾；前方而後高者，鋭；後鋭而卑者，卻。其氣平者其行徐。前高後卑者，不止而反。氣相遇者，卑勝高，鋭勝方。氣來卑而循車道者，不過三四日，去之五六里見。氣來高七八尺者，不過五六日，去之十餘二十里見。氣來高丈餘二丈者，不過三四十日，去之五六十里見。

捎雲精白者，其將悍，其士怯。其大根而前絶遠者，戰。精白，其芒低者，戰勝；其前赤而卬者，戰不勝。陳雲如立垣。杼雲類杼。柚雲摶而耑鋭。杓雲如繩者，居前竟天，其半半天。蜺雲者，類鬭旗故。（鋭）〔鉤〕雲句曲。諸此雲見，以五色占。而澤摶密，其見動人，乃有占；兵必起。（占）〔合〕鬭其直。

王朔所候，決於日旁。日旁雲氣，人主象。皆如其形以占。

故北夷之氣如羣畜穹閭，南夷之氣類舟船幡旗。大水處，敗軍場，破國之虚，下有積泉，金寶上，皆有氣，不可不察。海旁蜃氣象樓臺，廣壄氣成宫闕然。雲氣各象其山川人民所聚積。故侯息耗者，入國邑，視封畺田疇之整治，城郭室屋門户之潤澤，次至車服畜産精華。實息者吉，虚耗者凶。

若煙非煙，若雲非雲，郁郁紛紛，蕭索輪囷，是謂慶雲。慶雲見，喜氣也。若霧非霧，衣冠不濡，見則其城被甲而趨。

夫雷電、蝦虹、辟歷夜明者，陽氣之動者也，春夏則發，秋冬則藏，故候書者亡不司。

天開縣物，地動坼絶。山崩及阤，川塞谿垘；水澹地長，澤竭見象。城郭門閭，潤息槀枯；宫廟邸第，人民所次。謡俗車服，觀民飲食。五穀草木，觀其所屬。倉府廄庫，四通之路。六畜禽獸，所産去就；魚鼈鳥鼠，觀其所處。鬼哭若謼，與人逢遌。訛言，誠然。

紀事

漢·班固《漢書》卷二六《天文志》 夫天運三十歲一小變，百年中變，五百年大變，三大變一紀，三紀而大備，此其大數也。

春秋二百四十二年間，日食三十六，彗星三見，夜常星不見，夜中星隕如雨者各一。當是時，禍亂輒應，周室微弱，上下交怨，殺君三十六，亡國五十二，諸侯奔走不得保其社稷者不可勝數。自是之後，衆暴寡，大并小。秦、楚、吴、粤，夷狄也，爲彊伯。田氏篡齊，三家分晉，並爲戰國，争於攻取，兵革遞起，城邑數屠，因以飢饉疾疫愁苦，臣主共憂患，其察禨祥候星氣尤急。近世十二諸侯七國相王，言從横者繼踵，而占天文者因時務論書傳，故其占驗鱗雜米鹽，亡可録者。

周卒爲秦所滅。始皇之時，十五年間彗星四見，久者八十日，長或竟天。後秦遂以兵内兼六國，外攘四夷，死人如亂麻。又熒惑守心，及天市芒角，色赤如雞血。始皇既死，適庶相殺，二世即位，殘骨肉，戮將相，太白再經天。因以張楚並興，兵相跆籍，秦遂以亡。

項羽救鉅鹿，枉矢西流，枉矢所觸，天下之所伐射，滅亡象也。物莫直於矢，今蛇行不能直而枉者，執矢者亦不正，以象項羽執政亂也。羽遂合從，阬秦人，

屠咸陽。凡枉矢之流，以亂伐亂也。

漢元年十月，五星聚於東井，以曆推之，從歲星也。此高皇帝受命之符也。故客謂張耳曰：「東(并)〔井〕秦地，漢王入秦，五星從歲星聚，當以義取天下。」秦王子嬰降於枳道，漢王以屬吏，寶器婦女亡所取，閉宮封門，還軍次于霸上，以候諸侯。與秦民約法三章，民亡不歸心者，可謂能行義矣，天之所予也。五年遂定天下，即帝位。此明歲星之崇義，東井爲秦之地明效也。

三年秋，太白出西方，有光幾中，乍北乍南，過期乃入。辰星出四孟。是時，項羽爲楚王，而漢已定三秦，與相距滎陽。太白出西方，有光幾中，是秦地戰將勝，而漢國將興也。辰星出四孟，易主之表也。後二年，漢滅楚。

七年，月暈，圍參、畢七重。占曰：「畢、昴間，天街也；街北，胡也；街南，中國也。昴爲匈奴，參爲趙，畢爲邊兵。」是歲高皇帝自將兵擊匈奴，至平城，爲冒頓單于所圍，七日乃解。

十二年春，熒惑守心。四月，宮車晏駕。

孝惠二年，天開東北，廣十餘丈，長二十餘丈。地動，陰有餘；天裂，陽不足：皆下盛彊將害上之變也。其後有呂氏之亂。

孝文後二年正月壬寅，天欃夕出西南。占曰：「爲兵喪亂。」其六年十一月，匈奴入上郡、雲中，漢起三軍以衛京師。其四月乙巳，水、木、火三合於東井。占曰：「外內有兵與喪，改立王公。東井，秦也。」八月，天狗下梁壄，是歲誅反者周殷長安市。其七年六月，文帝崩。其十一月戊戌，土、水合於危。占曰：「爲雍沮，所當之國不可舉事用兵，必受其殃。一曰將覆軍。危，齊也。」其七月，火東行，行畢陽，環畢東北，出而西，逆行至昴，即南乃東行。占曰：「爲喪死寇亂。畢、昴，趙也。」

孝景元年正月癸酉，金、水合於婺女。占曰：「爲變謀，爲兵憂。婺女，粵也，又爲齊。」其七月乙丑，金、木、水三合於張。占曰：「外內有兵與喪，改立王公。張，周地，今之河南也，又爲楚。」其二年七月丙子，火與水晨出東方，因守斗。占曰：「其國絕祀。」至其十二月，水、火合於斗。占曰：「爲淬，不可舉事用兵，必受其殃。」一曰：「爲北軍，用兵舉事大敗。斗，吳也，又爲粵。」是歲彗星出西南。其三月，立六皇子爲王，(王)淮陽、汝南、河間、臨江、長沙、廣川。其三年，吳、楚、膠西、膠東、淄川、濟南、趙七國反。吳、楚兵先至攻梁，膠西、膠東、淄川三國攻圍齊。漢遣大將軍周亞夫等戍止河南，以候吳楚之敝，遂敗之。吳王亡走粵，粵攻而殺之。平陽侯敗三國之師于齊，咸伏其辜，齊王自殺。漢兵以水攻趙城，城壞，王自殺。六月，立皇子二人、楚元王子一人爲王，王膠西、中山、楚。徙濟北爲淄川王，淮陽爲魯王，汝南爲江都王。七月，兵罷。天狗下，占爲「破軍殺將。狗又守禦類也，天狗所降，以戒守禦」。吳、楚攻梁，梁堅城守，遂伏尸流血其下。

三年，填星在婁，幾入，還居奎。奎，魯也。占曰：「其國得地爲得填。」是歲魯爲國。

四年七月癸未，火入東井，行陰，又以九月己未入輿鬼，戊寅出。占曰：「爲誅罰，又爲火災。」後二年，有栗氏事。其後未央東闕災。

中元年，填星當在觜觿、參，去居東井。占曰：「亡地，不乃有女憂。」其(三)〔二〕年正月丁亥，金、木合於觜觿，爲白衣之會。三月丁酉，彗星夜見西北，色白，長丈，在觜觿，且去益小，十五日不見。占曰：「必有破國亂君，伏死其辜。觜觿，梁也。」其五月甲午，金、木俱在東井。(戌)〔戊戌〕，金去木留，守之二十日。占曰：「傷成於戌。木爲諸侯，誅將行於諸侯也。」其六月壬戌，蓬星見西南，在房南，去房可二丈，大如二斗器，色白；癸亥，在心東北，可長丈所；甲子，在尾北，可六丈；丁卯，在箕北，近漢，稍小，且去時，大如桃。壬申去，凡十日。占曰：「蓬星出，必有亂臣。房、心間，天子宮也。」是時梁王欲爲漢嗣，使人殺漢爭臣袁盎。漢桉誅梁大臣，斧戉用。梁王恐懼，布車入關，伏斧戉謝罪，然後得免。

中三年十一月庚午夕，金、火合於虛，相去一寸。占曰：「爲鑠，爲喪。虛，齊也。」

四年四月丙申，金、木合於東井。占曰：「爲白衣之會。(非)〔井〕，秦也。」其五年四月乙巳，水、火合於參。占曰：「國不吉。參，梁也。」其六年四月，梁孝王死。五月，城陽王、濟陰王死。六月，成陽公主死。出入三月，天子四衣白，臨邸第。

後元年五月壬午，火、金合於輿鬼之東北，不至柳，出輿鬼北可五寸。占曰：「爲鑠，有喪。輿鬼，秦也。」丙戌，地大動，鈴鈴然，民大疫死，棺貴，至秋止。

孝武建元三年三月，有星孛於注、張，歷太微，干紫宮，至於天漢。春秋「星孛於北斗，齊、(魯)〔宋〕、晉之君皆將死亂」。今星孛歷五宿，其後濟東、膠西、江都王皆坐法削黜自殺，淮陽、衡山謀反而誅。

三年四月，有星孛於天紀，至織女。占曰：「織女有女變，天紀爲地震。」至四年十月而地動，其後陳皇后廢。

六年，熒惑守輿鬼。占曰：「爲火變，有喪。」是歲高園有火災，竇太后崩。

元光元年六月，客星見于房。占曰：「爲兵起。」其二年十一月，單于將十萬騎入武州，漢遣兵三十餘萬以待之。

元光中，天星盡揺，上以問候星者。對曰：「星揺者，民勞也。」後伐四夷，百姓勞于兵革。

元鼎五年，太白入于天苑。占曰：「將以馬起兵也。」一曰：「馬將以軍而死耗。」其後以天馬故誅大宛，馬大死於軍。

元鼎中，熒惑守南斗。占曰：「熒惑所守，爲亂賊喪兵；守之久，其國絶祀。南斗，越分也。」其後越相吕嘉殺其王及太后，漢兵誅之，滅其國。

元封中，星孛于河戍。占曰：「南戍爲越門，北戍爲胡門。」其後漢兵擊拔朝鮮，以爲樂浪、玄菟郡。朝鮮在海中，越之象也；居北方，胡之域也。

太初中，星孛于招揺。〔星〕傳曰：「客星守招揺，蠻夷有亂，民死君。」其後漢兵擊大宛，斬其王。招揺，遠夷之分也。

孝昭始元中，漢宦者梁成恢及燕王候星者吴莫如見蓬星出西方天市東門，行過河鼓，入營室中。恢曰：「蓬星出六十日，不出三年，下有亂臣戮死於市。」後太白出西方，下行一舍，復上行二舍而下去。太白主兵，上復下，將有戮死者。後太白出東方，入咸池，東下入東井。人臣不忠，有謀上者。後太白入太微西藩第一星，北出東藩第一星，北東下去。太微者，天廷也，太白行其中，宫門當閉，大將被甲兵，邪臣伏誅。熒惑在婁，逆行至奎，法曰「當有兵」。後太白入昴。莫如曰：「蓬星出西方，當有大臣戮死者。太白星入東井、太微廷，出東門，漢有死將。」後熒惑出東方，守太白。兵當起，主人不勝。後流星下燕萬載宫極，東去，法曰「國恐，有誅」。其後左將軍桀、票騎將軍安與長公主、燕剌王謀亂，咸伏其辜。兵誅烏桓。

元鳳四年九月，客星在紫宫中斗樞極間。占曰：「爲兵。」其五年六月，發三輔郡國少年詣北軍。五年四月，燭星見奎、婁間。占曰「有土功，胡人死，邊城和」。其六年正月，築遼東、玄菟城。二月，度遼將軍范明友擊烏桓還。

元平元年正月庚子，日出時有黑雲，狀如（焱）〔猋〕風亂鬊，轉出西北，東南行，轉而西，有頃亡。占曰：「有雲如衆風，是謂風師，法有大兵。」其後兵起烏孫，五將征匈奴。

二月甲申，晨有大星如月，有衆星隨而西行。乙酉，牂雲如狗，赤色，長尾三枚，夾漢西行。大星如月，大臣之象，衆星隨之，衆皆隨從也。天文以東行爲順，西行爲逆，此大臣欲行權以安社稷。占曰：「太白散爲天狗，爲卒起。卒起見，禍無時，臣運柄。牂雲爲亂君。」到其四月，昌邑王賀行淫辟，立二十七日，大將軍霍光白皇太后廢賀。

三月丙戌，流星出翼、軫東北，干太微，入紫宫。始出小，且入大，有光。入有頃，聲如雷，三鳴止。占曰：「流星入紫宫，天下大凶。」其四月癸未，宫車晏駕。

孝宣本始元年四月壬戌甲夜，辰星與參出西方。其二年七月辛亥夕，辰星與翼出，皆爲蚤。占曰：「大臣誅。」其後熒惑守房之鉤鈐。鉤鈐，天子之御也。占曰：「不太僕，則奉車，不黜即死也。房、心，天子宫也。房爲將相，心爲子屬也。其地宋，今楚彭城也。」四年七月甲辰，辰星在翼，月犯之。占曰：「兵起，上卿死，將相也。」是日，熒惑入輿鬼天質。占曰：「大臣有誅者，名曰天賊在大人之側。」

地節元年正月戊午乙夜，月食熒惑，熒惑在角、亢。占曰：「憂在宫中，非賊而盜也。有内亂，讒臣在旁。」其辛酉，熒惑入氐中。氐，天子之宫，熒惑入之，有賊臣。其六月戊戌甲夜，客星又居左右角間，東南指，長可二尺，色白。占曰：「有姦人在宫廷間。」其丙寅，又有客星見貫索東北，南行，至七月癸酉夜入天市，芒炎東南指，其色白。占曰：「有戮卿。」一曰：「有戮王。期皆一年，遠二年。」是時，楚王延壽謀逆自殺。四年，故大將軍霍光夫人顯、將軍霍禹、范明友、奉車霍山及諸昆弟賓婚爲侍中、諸曹、九卿、郡守皆謀反，咸伏其辜。

黄龍元年三月，客星居王梁東北可九尺，長丈餘，西指，出閣道間，至紫宫。其十二月，宫車晏駕。

元帝初元元年四月，客星大如瓜，色青白，在南斗第二星東可四尺。占曰：「爲水飢。」其五月，勃海水大溢。六月，關東大飢，民多餓死，琅邪郡人相食。

二年五月，客星見昴分，居卷舌東可五尺，青白色，炎長三寸。占曰：「天下有妄言者。」其十二月，鉅鹿都尉謝君男詐爲神人，論死，父免官。

五年四月，彗星出西北，赤黄色，長八尺所，後數日長丈餘，東北指，在參分。後二歲餘，西羌反。

孝成建始元年九月戊子，有流星出文昌，色白，光燭地，長可四丈，大一圍，動搖如龍蛇形。有頃，長可五六丈，大四圍所，詘折委曲，貫紫宮西，在斗西北子亥間。後詘如環，北方不合，留一(合)〔刻〕所。占曰：「文昌爲上將貴相。」是時帝舅王鳳爲大將軍，其後宣帝舅子王商爲丞相，皆貴重任政。鳳妒商，譖而罷之。商自殺，親屬皆廢黜。

四年七月，熒惑隃歲星，居其東北半寸所如連李。時歲星在關星西四尺所，熒惑初從畢口大星東東北往，數日至，往疾去遲。占曰：「熒惑與歲星鬭，有病君飢歲。」至河平元年三月，旱，傷麥，民食榆皮。二年十二月壬申，太皇太后避時昆明東觀。

十一月乙卯，月食填星，星不見，時在輿鬼西北八九尺所。占曰：「月食填星，流民千里。」河平元年三月，流民入函谷關。

河平二年十月下旬，填星在東井軒轅南耑大星尺餘，歲星在其西北尺所，熒惑在其西北二尺所，皆從西方來。填星貫輿鬼，先到歲星次，熒惑亦貫輿鬼。十一月上旬，歲星、熒惑西去填星，皆西北逆行。占曰：「三星若合，是謂驚位，是謂絶行，外内有兵與喪，改立王公。」其十一月丁巳，夜郎王歆大逆不道，牂柯太守立捕殺歆。三年九月甲戌，東郡莊平男子侯母辟兄弟五人羣黨爲盜，攻燔官寺，縛縣長吏，盜取印綬，自稱將軍。三月辛卯，左將軍千秋卒，右將軍史丹爲左將軍。四年四月戊申，梁王賀薨。

陽朔元年七月壬子，月犯心星。占曰：「其國有憂，若有大喪。房、心爲宋，今楚地。」十一月辛未，楚王友薨。

四年閏月庚午，飛星大如缶，出西南，入斗下。占曰：「漢使匈奴。」明年，鴻嘉元年正月，匈奴單于雕陶莫皋死。五月甲午，遣中郎將楊興使弔。

永始二年二月癸未夜，東方有赤色，大三四圍，長二三丈，索索如樹，南方有大四五圍，下行十餘丈，皆不至地滅。占曰：「東方客之變氣，狀如樹木，以此知四方欲動者。」明年十二月己卯，尉氏男子樊並等謀反，賊殺陳留太守嚴普及吏民，出囚徒，取庫兵，劫略令丞，自稱將軍，皆誅死。庚子，山陽鐵官亡徒蘇令等殺傷吏民，篡出囚徒，取庫兵，聚黨數百人爲大賊，踰年經歷郡國四十餘。一日有兩氣同時起，並見，而並、令等同月俱發也。

元延元年四月丁酉日餔時，天曤晏，殷殷如雷聲，有流星頭大如缶，長十餘丈，皎然赤白色，從日下東南去。四面或大如盂，或如雞子，燿燿如雨下，至昏止。郡國皆言星隕。春秋星隕如雨爲王者失勢諸侯起伯之異也。其後王莽遂顓國柄。王氏之興萌於成帝〔時〕，是以有星隕之變。後莽遂篡國。

綏和元年正月辛未，有流星從東南入北斗，長數十丈，二刻所息。占曰：「大臣有繫者。」其年十一月庚子，定陵侯淳于長坐執左道下獄死。

二年春，熒惑守心。二月乙丑，丞相翟方進欲塞災異，自殺。(二)〔三〕月丙戌，宮車晏駕。

哀帝建平元年正月丁未日出時，有著天白氣，廣如一匹布，長十餘丈，西南行，讙如雷，西南行一刻而止，名曰天狗。傳曰：「言之不從，則有犬禍詩妖。」到其四年正月、二月、三月，民相驚動，讙譁奔走，傳行詔籌祠西王母，又曰「從目人當來」。十二月，白氣出西南，從地上至天，出參下，貫天廁，廣如一疋布，長十餘丈，十餘日去。占曰：「天子有陰病。」其三年十一月壬子，太皇太后詔曰：「皇帝寬仁孝順，奉承聖緒，靡有解怠，而久病未瘳。夙夜惟思，殆繼體之君不宜改作。春秋大復古，其復甘泉泰畤、汾陰后土如故。」

二年二月，彗星出牽牛七十餘日。傳曰：「彗所以除舊布新也。牽牛，日、月、五星所從起，曆數之元，三正之始。彗而出之，改更之象也。其出久者，爲其事大也。」其六月甲子，夏賀良等建言當改元易號，增漏刻。詔書改建平二年爲太初(元將)元年，號曰陳聖劉太平皇帝，刻漏以百二十爲度。八月丁巳，悉復蠲除之，賀良及黨與皆伏誅流放。其後卒有王莽篡國之禍。

元壽元年十一月，歲星入太微，逆行干右執法。占曰：「大臣有憂，執法者誅，若有罪。」二年十月戊寅，高安侯董賢免大司馬位，歸第自殺。

南朝宋・范曄《後漢書》卷一〇〇《天文志上》 王莽地皇三年十一月，有星孛于張，東南行五日不見。孛星者，惡氣所生，爲亂兵，其所以孛德。孛德者，亂之象，不明之表。又參然孛焉，兵之類也，故名之曰孛。孛之爲言，猶有所傷害，有所妨蔽。或謂之彗星，所以除穢而布新也。張爲周地。星孛于張，東南行即翼、軫之分。翼、軫爲楚，是周、楚地將有兵亂。後一年正月，光武起兵春陵，會下江、新市賊張印、王常及更始之兵亦至，俱攻破南陽，斬莽前隊大夫甄阜、屬正梁丘賜等，殺其士衆數萬人。更始爲天子，都雒陽，西入長安，敗死。光武興於河北，復都雒陽，居周地，除穢布新之象。

四年六月，漢兵起南陽，至昆陽。莽使司徒王尋、司空王邑將諸郡兵，號曰百萬衆，已至者四十二萬人；能通兵法者六十三家，皆爲將帥，持其圖書器械。

軍出關東，牽從羣象虎狼猛獸，放之道路，以示富强，用怖山東。至昆陽山，作營百餘，圍城數重，或爲衝車以撞城，爲雲車高十丈以瞰城中，弩矢雨集，城中負户而汲。求降不聽，請出不得。二公之兵自以必克，不恤軍事，不協計慮。莽有覆敗之變見焉。晝有雲氣如壞山，隋軍上，軍人皆厭，所謂營頭之星也。占曰：「營頭之所墮，其下覆軍，流血三千里。」是時光武將兵數千人赴救昆陽，奔擊二公兵，并力猋發，號呼聲動天地，虎豹驚怖敗振。會天大風，飛屋瓦，雨如注水。二公兵亂敗，自相賊，就死者數萬人。競赴滍水，死者委積，滍水爲之不流。殺司徒王尋。軍皆散走歸本郡。王邑還長安，莽敗，俱誅死。營頭之變，覆軍流血之應也。

四年秋，太白在太微中，燭地如月光。太白爲兵，太微爲天廷。太白贏而北入太微，是大兵將入天子廷也。是時莽遣二公之兵至昆陽，已爲光武所破。莽又拜九人爲將軍，皆以虎爲號。九虎將軍至華陰，皆爲漢將鄧曄、李松所破。進攻京師，倉將軍韓臣至長門。十月戊申，漢兵自宣平城門入。二日己酉，城中少年朱弟、張魚等數千人起兵攻莽，燒作室〔門〕，斧敬法闥。商人杜吴殺莽漸臺之上，校尉公賓就斬莽首。大兵蹈藉宫廷之中。仍以更始入長安，赤眉賊立劉盆子爲天子，皆以大兵入宫廷，是其應也。

光武建武九年七月乙丑，金犯軒轅大星。十一月乙丑，金又犯軒轅。軒轅者，後宫之官，大星爲皇后，金犯之爲失勢。是時郭后已失勢見疏，後廢爲中山太后，陰貴人立爲皇后。

十年三月癸卯，流星如月，從太微出，入北斗魁第六星，色白。旁有小星射者十餘枚，滅則有聲如雷，食頃止。流星爲貴使，星大者使大，星小者使小。太微天子廷，北斗魁主殺。星從太微出，抵北斗魁，是天子大使將出，有所伐殺。赤如丹者也。」十二月己亥，大流星如缶，出柳西南行入軫。且滅時，分爲十餘，如遺火狀。須臾有聲，隱隱如雷。柳爲周，軫爲秦、蜀。大流星出柳入軫者，是大使從周入蜀。是時光武帝使大司馬吴漢發南陽卒三萬人，乘船泝江而上，擊蜀白帝公孫述。又命將軍馬武、劉尚、郭霸、岑彭、馮駿平武都、巴郡。十二年十月，漢進兵擊述從弟衛尉永，遂至廣都，殺述女壻史興。威虜將軍馮駿拔江州，斬述將田戎。吴漢又擊述大司馬謝豐，斬首五千餘級。臧宫破涪，殺述弟大司空恢。十一月丁丑，漢護軍將軍高午刺述洞胷，其夜死。明日，漢入屠蜀城，誅述大將公孫晃、延岑等，所殺數萬人，夷滅述妻宗族萬餘人以上。是大將出伐殺之應也。其小星射者，及如遺火分爲十餘，皆小將隨從之象。有聲如雷隱隱者，兵將怒之徵也。

十二月年正月己未，小星流百枚以上，或西北，或正北，或東北，二夜止。六月戊戌晨，小流星百枚以上，四面行。小星者，庶民之類。流行者，移徙之象也。或西北，或東北，或四面行，皆小民流移之徵。是時西北討公孫述，北征盧芳。匈奴助芳侵邊，漢遣將軍馬武、騎都尉劉納、閻興軍下曲陽、臨平、呼沱，以備胡。匈奴入河東，中國未安，米穀荒貴，民或流散。後三年，吴漢、馬武又徙鴈門、代郡、上谷、關西縣吏民六萬餘口，置常〔山〕關、居庸關以東，以避胡寇。是小民流移之應。

十五年正月丁未，彗星見昴，稍西北行入營室，犯離宫，三月乙未，至東壁滅，見四十九日。彗星爲兵入除穢，昴爲邊兵，彗星出之爲有兵至。十一月，定襄都尉陰承反，太守隨誅之。盧芳從匈奴入居高柳，至十六年十月降，上璽綬。一日，昴星爲獄事。是時大司徒歐陽歙以事繫獄，踰歲死。營室，天子之常宫；離宫，妃后之所居。彗星入營室，犯離宫，是除宫室也。是時郭皇后已疏，至十七年十月，遂廢爲中山太后，立陰貴人爲皇后，除宫之象也。

南朝宋・范曄《後漢書》卷一〇一《天文志中》 孝明永平元年四月丁酉，流星大如斗，起天市樓，西南行，光照地。流星爲外兵，西南行爲西南夷。是時益州發兵擊姑復蠻夷大牟替滅陵，斬首傳詣雒陽。【略】

四年八月辛酉，客星出梗河，西北指貫索，七十日去。梗河爲胡兵。至五年十一月，北匈奴七千騎入五原塞，十二月又入雲中，至原陽。貫索，貴人之牢。其十二月，陵鄉侯梁松坐怨望懸飛書誹謗朝廷下獄死，妻子家屬徙九真。

七年正月戊子，流星大如杯，從織女西行，光照地。織女，天之真女，流星出之，女主憂。其月癸卯，光烈皇后崩。【略】

九年正月戊申，客星出牽牛，長八尺，歷建星至房南，滅見至五十日。牽牛主吴、越，房、心爲宋。後廣陵王荆與沈涼，楚王英與顔忠各謀逆，事覺，皆自殺。廣陵屬吴，彭城古宋地。

十三年閏月丁亥，火犯輿鬼，爲大喪，質星爲大臣誅戮。其十二月，楚王英與顔忠等造作妖〔書〕謀反，事覺，英自殺，忠等皆伏誅。

十四年正月戊子，客星出昴，六十日，在軒轅右角稍滅。昴主邊兵。後一年，漢遣奉車都尉顯親侯竇固，駙馬都尉耿秉、騎都尉耿忠、開陽城門候秦彭、太

僕祭肜，將兵擊匈奴。一曰，軒轅右角爲貴相，昴爲獄事，客星守之爲大獄。是時考楚事未訖，司徒虞延與楚王英黨與黄初、公孫弘等交通，皆自殺，或下獄伏誅。

十五年十一月乙丑，太白入月中，爲大將戮，人主亡，不出三年。後三年，孝明帝崩。

十六年正月丁丑，歲星犯房右驂，北第一星不見，辛巳乃見。房右驂爲貴臣，歲星犯之爲見誅。是後司徒邢穆，坐與阜陵王延交通知逆謀自殺。四月癸未，太白犯畢。畢爲邊兵。後北匈奴寇〔邊〕，入雲中，至〔咸〕〔漁〕陽。使者高弘發三郡兵追討，無所得。太僕祭肜坐不進下獄。

十八年六月己未，彗星出張，長三尺，轉在郎將，南入太微，皆屬張。張，周地，爲東都。太微，天子廷。彗星犯之爲兵喪。其八月壬子，孝明帝崩。

孝章建初元年，正月丁巳，太白在昴西一尺。八月庚寅，彗星出天市，長二尺所，稍行入牽牛三度，積四十日稍滅。太白在昴爲邊兵，彗星出天市爲外軍，牽牛爲吴、越。是時蠻夷陳縱等及哀牢王類〔牢〕反，攻〔蕉〕〔巂〕唐城。永昌太守王尋走奔楪榆，安夷長宋延爲羌所殺。以武威太守傅育領護羌校尉，馬防行車騎將軍，征西羌。又阜陵王延與子男魴謀反，大逆無道，得不誅。廢爲侯。二(月)〔年〕九(日)〔月〕甲寅，流星過紫宫中，長數丈，散爲三，滅。十二月戊寅，彗星出婁三度，長八九尺，稍入紫宫中，百六日稍滅。流星過，入紫宫，皆大人忌。後四年六月癸丑，明德皇后崩。

元和(元)〔二〕年四月丁巳，客星晨出東方，在胃八度，長三尺，歷閣道入紫宫，留四十日滅。閣道、紫宫，天子之宫也。客星犯入留久爲大喪。後四年，孝章帝崩。

孝和永元元年正月辛卯，有流星起參，長四丈，有光，色黄白。二月，流星起天棓，東北行三丈所滅，色青白。壬申，夜有流星起太微東蕃，長三丈。三月丙辰，流星起天津。壬戌，有流星起天將軍，東北行。參爲邊兵，天棓爲兵，太微天廷，天津爲水，天將軍爲兵，流星起之皆爲兵。其六月，漢遣車騎將軍竇憲、執金吾耿秉，與度遼將軍鄧鴻出朔方，並進兵臨私渠北鞮海，斬虜首萬餘級，獲生口牛馬羊百萬頭。日逐王等八十一部降，凡三十餘萬人。追單于至西海。是歲七月，又雨水漂人民，是其應。

二年正月乙卯，金、木俱在奎，丙寅，水又在奎。奎主武庫兵，三星會又爲兵喪。辛未，水、金、木在婁，亦爲兵，又爲匿謀。二月丁酉，有流星大如桃，起紫宫東蕃，西北行五丈稍滅。四月丙辰，有流星大如瓜，起文昌東北，西南行至少微西滅。有頃音如雷聲，已而金在軒轅大星東北二尺所。八月丁未，有流星如雞子，起太微西，東南行四丈所消。十月癸未，有流星大如桃，起天津，西行六丈所消。十一月辛酉，有流星大如拳，起紫宫，西行到胃消。

三年九月丁卯，有流星大如雞子，起紫宫，西南至北斗柄閒消。紫宫天子宫，文昌、少微爲貴臣，天津爲水，北斗主殺。流星起，歷紫宫、文昌、少微、天津，文昌爲天子使，出有兵誅也。竇憲爲大將軍，憲弟篤、景等皆卿、校尉，憲女弟壻郭舉爲侍中、射聲校尉，與衛尉鄧疊母元俱出入宫中，謀爲不軌。至四年六月丙(寅)〔辰〕發覺，和帝幸北宫，詔執金吾、五校勒兵屯南、北宫，閉城門，捕舉。舉父長樂少府璜及疊，疊弟步兵校尉磊，母元，皆下獄誅。憲弟篤、景等皆自殺。金犯軒轅，女主失勢。竇氏被誅，太后失勢。

五年四月癸巳，太白、熒惑、辰星俱在東井。七月壬午，歲星犯軒轅大星。九月，金在南斗魁中。火犯房北第一星。東井，秦地，爲法。三星合，内外有兵，又爲法令及水。金入斗口中，爲大將將死。火犯房北第一星，爲將相。其六年正月，司徒丁鴻薨。七月水，大漂殺人民，傷五穀。許侯馬光有罪自殺。九月，行車騎將軍事鄧鴻、越騎校尉馮柱發左右羽林、北軍五校士及八郡跡射、烏桓、鮮卑，合四萬騎，與度遼將軍朱徵、護烏桓校尉任尚、中郎將杜崇征叛胡。十二月，車騎將軍鴻坐追虜失利，下獄死；度遼將軍徵、中郎將崇皆抵罪。

七年正月丁未，有流星起天津，入紫宫中滅。色青黄，有光。二月癸酉，金、火俱在參。戊寅，金、火俱在東井。八月甲寅，水、土、金俱在軫。十一月甲戌，金、火俱在心。十二月己卯，有流星起文昌，入紫宫消。丙辰，火、金、水俱在斗。流星入紫宫，金、火在心，皆爲大喪。三星合軫爲白衣之會，金、火俱在參、東井，皆爲外兵，有死將。三星俱在斗，有戮將，若有死相。八年四月樂成王黨，七月樂成王宗皆薨。將兵長史吴棽坐事徵下獄誅。十月，北海王威自殺。十二月，陳王羨薨。其九年閏月，皇太后竇氏崩。遼東鮮卑〔反〕，太守祭參不追虜，徵下獄誅。九月，司徒劉方坐事免官，自殺。隴西羌反，遣執金吾劉尚行征西將軍事，越騎校尉節鄉侯趙世發北軍五校、黎陽、雍營及邊胡兵三萬騎，征西羌。

十一年五月丙午，流星大如瓜，起氐，西南行，稍有光，白色。占曰：「流星白，爲有使客，大爲大使，小亦小使。疾期疾，遲亦遲。大如瓜爲近小，行稍有光

爲遲也。又正王日，邊方有受王命者也。」明年二月，蜀郡旄牛徼外夷白狼樓薄種王唐繒等率種人口十七萬歸義内屬，賜金印紫綬錢帛。

十二年十一月癸酉，夜有蒼白氣，長三丈，起天園，東北指軍市，見積十日。占曰：「兵起，十日期歲。」明年十一月，遼東鮮卑二千餘騎寇右北平。

十三年十一月乙丑，軒轅第四星閒有小客星，色青黃。軒轅爲後宮，星出之，爲失勢。其十四年六月辛卯，陰皇后廢。

十六年四月丁未，紫宮中生白氣如粉絮。戊午，客星出紫宮西行至昴，五月壬申滅。七月庚午，水在輿鬼中。十月辛亥，流星起鉤陳，北行三丈，有光，色黃。白氣生紫宮中爲喪。客星從紫宮西行至昴爲趙。輿鬼爲死喪。鉤陳爲皇后，流星出之爲中使。後一年，元興元年十(二)月(二日)，和帝崩，殤帝即位一年又崩，無嗣，鄧太后遣使者迎清河孝王子即位，是爲孝安皇帝，是其應也。清河，趙地也。

元興元年二月庚辰，有流星起角、亢五丈所。四月辛亥，有流星起斗，東北行到須女。七月己巳，有流星起天市五丈所，光色赤。閏月辛亥，水、金俱在氐。流星起斗，東北行至須女。須女，燕地。天市爲外軍。水、金會爲兵誅。其年，遼東貊人反，鈔六縣，發上谷、漁陽、右北平、遼西烏桓討之。

孝殤帝延平元年正月丁酉，金、火在婁。金、火合爲爍，爲大人憂。是歲八月辛亥，孝殤帝崩。

孝安永初元年五月戊寅，熒惑逆行守心前星。八月戊申，客星在東井、弧星西南。心爲天子明堂，熒惑逆行守之，爲反臣。【略】是時，安帝未臨朝，鄧太后攝政，鄧騭爲車騎將軍，弟弘、悝、閶皆以校尉封侯，秉國勢。司空周章意不平，與王尊、叔元茂等謀，欲閉宫門，捕將軍兄弟，誅常侍鄭衆、蔡倫，刦刺尚書，廢皇太后，封皇帝爲遠國王。事覺，章自殺。東井、弧皆秦地。是時羌反，斷隴道，漢遣騭將左右羽林、北軍五校及諸郡兵征之。【略】是其應也。【略】

三年正月庚戌，月犯心後星。己亥，太白入斗中。十二月，彗星起天菀南，東北指，長六七尺，色蒼白。太白晝見，爲强臣。是時鄧氏方盛，月犯心後星，不利子。心爲宋。五月丁酉，沛王(牙)〔正〕薨。太白入斗中，爲貴相凶。天菀爲外軍，彗星出其南爲外兵。是後使羌、氐討賊李貴，又使烏桓擊鮮卑，又使中郎將任尚、護羌校尉馬賢擊羌，皆降。

四年六月甲子，客星大如李，蒼白，芒氣長二尺，西南指上階星。癸酉，太白入輿鬼。指上階，爲三公。後太尉〔張禹、司空〕張敏〔皆〕免官。太白入輿鬼，爲將凶。後中郎將任尚坐贓千萬，檻車徵，棄市。

五年六月辛丑，太白晝見，經天。元初元年三月癸酉，熒惑入輿鬼。二年九月辛酉，熒惑入輿鬼中。三年三月，熒惑入輿鬼中。五月丙寅，太白入畢口。七月甲寅，歲星入輿鬼。閏月己未，太白犯太微左執法。十一月甲午，客星見西方，己亥在虚、危，南至胃、昴。四年正月丙戌，歲星留輿鬼中。乙未，太白晝見丙上。四月壬戌，太白入輿鬼中。己巳，辰星入輿鬼中。五月己卯，辰星犯歲星。六月丙申，熒惑入輿鬼中，戊戌，犯輿鬼大星。九月辛巳，太白入南斗口中。五年三月丙申，鎮星犯東井鉞星。五月庚午，辰星犯輿鬼質星。丙戌，太白犯鉞星。六年四月癸丑，太白入輿鬼。六月丙戌，熒惑在輿鬼中。丁卯，鎮星在輿鬼中。辛巳，太白犯左執法。自永初五年到永寧，十年之中，太白一晝見經天，再入輿鬼，一守畢，再犯左執法，入南斗，犯鉞星。熒惑五入輿鬼。鎮星一犯東井鉞星，一入輿鬼。歲星、辰星再入輿鬼。凡五星入輿鬼中，皆爲死喪。熒惑、太白甚犯鉞、質星爲誅戮。斗爲貴將。執法爲近臣。客星在虚、危爲喪，爲哭泣。昴、畢爲邊兵，又爲獄事。至建光元年三月癸巳，鄧太后崩；五月庚辰，太后兄車騎將軍騭等七侯皆免官，自殺，是其應也。

延光二年八月己亥，熒惑出太微端門。三年二月辛未，太白犯昴。五月癸丑，太白入畢。九月壬寅，鎮星犯左執法。四年，太白入輿鬼中。六月壬辰，太白出太微。九月甲子，太白入斗口中。十一月，客星見天市。熒惑出太微，爲亂臣。太白犯昴、畢，爲(近)〔邊〕兵，一曰大人當之。鎮星犯左執法，有誅臣。太白入輿鬼中，爲大喪。太白出太微，爲中宫有兵；入斗口，爲貴將相有誅者。客星見天市中，爲貴喪。是時大將軍耿寶、中常侍江京、樊豐、小黄門劉安與阿母王聖、聖子女永等并構譖太子保，并惡太子乳母男、廚監邴吉。三年九月丁酉，廢太子爲濟陰王，以北鄉侯懿代。殺男、吉，徙其父母妻子日南。四年三月丁卯，安帝巡狩，從南陽還，道寢疾，至葉崩，閻后與兄衛尉顯、中常侍江京等共隱匿，不令羣臣知上崩，遣司徒劉喜等分詣郊廟，告天請命，載入北宫。庚午夕發喪，尊閻氏爲太后。北鄉侯懿病薨，京等又不欲立保，白太后，更徵諸王子擇所立。中黄門孫程、王國、王康等十九人，共合謀誅顯、京等，立保爲天子，是爲孝順皇帝。皆姦人强臣狂亂王室，其於死亡誅戮，兵起宫中，是其應也。

孝順永建二年二月癸未，太白晝見三十九日。七月丁酉，犯昴。閏月乙酉，

太白晝見東南維四十一日。八月乙巳，熒惑入輿鬼。太白晝見，爲强臣。熒惑爲凶。輿鬼爲死喪。質星爲誅戮。是時中常侍高梵、張防、將作大匠翟酺、尚書令高堂芝、僕射張敦、尚書尹就、郎姜述、楊鳳等，及兖州刺史鮑就、使匈奴中郎〔將〕張國、金城太守張篤、敦煌太守張朗，相與交通，漏泄，就、述棄市，梵、防、酺、芝、敦、鳳、就、國皆抵罪。又定遠侯班始尚陰城公主堅得，鬪争殺堅得，坐要斬馬市，同産皆棄市。

六年四月，熒惑入太微中，犯左、右執法西北方六寸所。十月乙卯，太白晝見。十二月壬申，客星芒氣長二尺餘，西南指，色蒼白，在牽牛六度。客星芒氣白爲兵。牽牛爲吴、越。後一年，會稽海賊曾於等千餘人燒句章，殺長吏，又殺鄞、鄮長，取官兵，拘殺吏民，攻東部都尉；揚州六郡逆賊章何等稱將軍，犯四十九縣，大攻略吏民。

陽嘉元年閏月戊子，客星氣白，廣二尺，長五丈，起天菀西南。主馬牛，爲外軍，色白爲兵。是時，敦煌太守徐白使疏勒王盤等兵二萬人入于寘界，虜掠斬首三百餘級。烏桓校尉耿曄使烏桓親漢都尉戎末瘣等出塞，鈔鮮卑，斬首，獲生口財物；鮮卑怨恨，鈔遼東、代郡，殺傷吏民。是後，西戎、北狄爲寇害，以馬牛起兵，馬牛亦死傷於兵中，至十餘年乃息。

永和二年五月戊申，太白晝見。八月庚子，熒惑犯南斗。斗爲吴。月入畢口中。明年五月，吴郡太守行丞事羊珍與越兵弟葉、吏民吴銅等二百餘人起兵反，殺吏民，燒官亭民舍，攻太守府。太守王衡距守，吏兵格殺珍等。又〔九〕江賊蔡伯流等數百人攻廣陵、九江，燒城郭，殺〔江〕都長。

三年二月辛巳，太白晝見，戊子，在熒惑西南，光芒相犯。辛丑，有流星大如斗，從西北東行，長八九尺，色赤黄，有聲隆隆如雷。三月壬子，太白晝見。六月丙午，太白晝見。八月乙卯，太白晝見。閏月甲寅，辰星入輿鬼。己酉，熒惑入太微。乙卯，太白晝見。太白者，將軍之官，又爲西州。晝見，陰盛，與君争明。熒惑與太白相犯，爲兵喪。流星爲使，聲隆隆，怒之象也。辰星入輿鬼，爲大臣有死者。熒惑入太微，亂臣在廷中。是時，大將軍梁商父子秉勢，故太白常晝見也。其四年正月，祀南郊，夕牲，中常侍張逵、蘧政、〔陽〕〔楊〕定、内者令石光、尚方令傅福等與中常侍曹騰、孟賁争權，白帝言騰、賁與商謀反，矯詔命收騰、賁，賁自解説，順帝寤，解騰、賁縛。逵等自知事不從，各奔走，或自刺，解貂蟬投草中逃亡，皆得免。其六年，征西將軍馬賢擊西羌於北地〔謝〕〔射〕姑山下，父子爲羌所没殺，是其應也。

四年七月壬午，熒惑入南斗犯第三星。五年四月戊午，太白晝見。八月己酉，熒惑入太微。斗爲貴相，爲揚州，熒惑犯入之爲兵喪。其六年，大將軍商薨。九江、丹陽賊周生、馬勉等起兵攻没郡縣。梁氏又專權於天廷中。

六年二月丁巳，彗星見東方，長六七尺，色青白，西南指營室及墳墓星。丁丑，彗星在奎一度，長六尺，癸未昏見，西北歷昴、畢，甲申，在東井，遂歷輿鬼、柳、七星、張，光炎及三台，至軒轅中滅。營室者，天子常宫。墳墓主死。彗星起而在營室、墳墓，不出五年，天下有大喪。後四年，孝順帝崩。昴爲邊兵，又爲趙。羌周馬父子後遂爲寇。又劉文刦清河相射暠，欲立王蒜爲天子，暠不聽，殺暠，王閉門距文，官兵捕誅文，蒜以惡人所刦，廢爲尉氏侯，又徙爲犍陽都鄉侯，薨，國絶。歷東井、輿鬼爲秦，皆羌所攻鈔。炎及三台，爲三公。是時，太尉杜喬及故太尉李固爲梁翼所陷入，坐文書死。及至注、張爲周，滅於軒轅中爲後宫。其後懿獻后以憂死，梁氏被誅，是其應也。

漢安二年，正月己亥，太白晝見。五月丁亥，辰星犯輿鬼。六月乙丑，熒惑光芒犯鎮星。七月甲申，太白晝見。辰星犯輿鬼爲大喪。熒惑犯鎮星爲大人忌。明年八月，孝順帝崩。

孝質本初元年三月癸丑，熒惑入輿鬼，四月辛巳，太白入輿鬼，皆爲大喪。五月庚戌，太白犯熒惑，爲逆謀。閏月一日，孝質帝爲梁冀所鴆，崩。

南朝宋·范曄《後漢書》卷一〇三《天文志下》 孝桓建和元年八月壬寅，熒惑犯輿鬼質星。二年二月辛卯，熒惑行在輿鬼中。三年五月己丑，太白行入太微右掖門，留十五日，出端門。丙申，熒惑入東井。八月己亥，鎮星犯輿鬼中南星。乙丑，彗星芒長五尺，見天市中，東南指，色黄白，九月戊辰不見。熒惑犯輿鬼爲死喪，質星爲戮臣，入太微爲亂臣。鎮星犯輿鬼爲喪。彗星見天市中爲〔質〕貴人。至和平元年〔十〕二月甲寅，梁太后崩，梁冀益驕亂矣。

元嘉元年二月戊子，太白晝見。永興二年閏月丁酉，太白晝見。時上幸後宫采女鄧猛，明年，封猛兄演爲南頓侯。後四歲，梁皇后崩，梁冀被誅，猛立爲皇后，恩寵甚盛。

永壽元年三月丙申，鎮星逆行入太微中，七十四日去左掖門。七月己未，辰星入太微中，八十日去左掖門。八月己巳，熒惑入太微，二十一日出端門。太微，天子廷也。鎮星爲貴臣妃后，逆行爲匿謀。辰星入太微爲大水，一曰後宫有

憂。是歲雒水溢至津門，南陽大水。熒惑留入太微中，又爲亂臣。是時梁氏專政。九月己酉，晝有流星長二尺所，色黃白。癸巳，熒惑犯歲星，爲姦臣謀，大將戮。

二年六月甲寅，辰星入太微，遂伏不見。辰星爲水，爲兵，爲妃后。八月戊午，太白犯軒轅大星，爲皇后。其三年四月戊寅，熒惑入東井口中，爲大臣有誅者。其七月丁丑，太白犯心前星，爲大臣。後二年(四)[七]月，懿獻皇后以憂死。大將軍梁冀使太倉令秦宫刺殺議郎邴尊，又欲殺鄧后母宣，事覺，桓帝收冀及妻壽襄城君印綬，皆自殺。誅諸梁及孫氏宗族，或徙邊。是其應也。

延熹四年三月甲寅，熒惑犯輿鬼質星。五月辛酉，客星在營室，稍順行，生芒長五尺所，至心一度，轉爲彗。熒惑犯輿鬼質星，大臣有戮死者。五年十月，南郡太守李肅坐蠻夷賊攻盜郡縣，取財一億以上，入府取銅虎符，肅背敵走，不救城郭；又監黎陽謁者燕喬坐贓，重泉令彭良殺無辜，皆棄市。京兆虎牙都尉宋謙坐贓，下獄死。客星在營室至心作彗，爲大喪。後四年，鄧后以憂死。

六年十一月丁亥，太白晝見。是時鄧后家貴盛。

七年七月戊辰，辰星犯歲星。八月庚戌，熒惑犯輿鬼質星。庚申，歲星犯軒轅大星。十月丙辰，太白犯房北星。丁卯，辰星犯太白。十二月乙丑，熒惑犯軒轅第二星。辰星犯歲星爲兵。熒惑犯質星有戮臣。歲星犯軒轅爲女主憂。太白犯房北星爲後宫。其八年二月，太僕南鄉侯左勝以罪賜死，勝弟中常侍上蔡侯悺，北鄉侯黨皆自殺。癸亥，皇后鄧氏坐執左道廢，遷于(祠)[桐]宫死，宗親侍中沘陽侯鄧康、河南尹鄧萬、越騎校尉鄧弼、虎賁中郎將安(鄉)[陽]侯鄧(魯)[會]、侍中監羽林左騎鄧德、右騎鄧壽、昆陽侯鄧統、淯陽侯鄧秉、議郎鄧循皆繫暴室，萬、(魯)[會]死，康等免官。又荆州刺史芝、交阯刺史葛祗皆爲賊所拘略，桂陽太守任胤背敵走，皆弃市，熒惑犯輿鬼質星之應也。

八年五月癸酉，太白犯輿鬼質星。壬午，熒惑入太微右執法。閏月己未，太白犯心前星。十月癸酉，歲星犯左執法。十一月戊午，歲星入太微，犯左執法。九年正月壬辰，歲星入太微中，五十八日出端門。六月壬戌，太白行入輿鬼。七月乙未，熒惑行輿鬼中，犯質星。九月辛亥，熒惑入太微西門，積五十八日。永康元年正月庚寅，熒惑逆行入太微東門，留太微中，百一日出端門。七月丙戌，太白晝見經天。太白犯心前星，太白犯輿鬼質星有戮臣。熒惑入太微爲賊臣。太白犯心前星爲兵喪。歲星入太微犯左執法，將相有誅者。歲星入守太微五十日，占爲人主。太白、熒惑入輿鬼，皆爲死喪，又犯質星爲戮臣。熒惑留太微中百一日，占爲人主。太白晝見經天爲兵，憂在大人。其九年十一月，太原太守劉瓆、南陽太守成瑨皆坐殺無辜，荆州刺史李隗爲賊所拘，尚書郎孟璫坐受金漏言，皆弃市。永康元年十二月丁丑，桓帝崩，太傅陳蕃，大將軍竇武，尚書令尹勳、黄門令山冰等皆枉死，太白犯心，熒惑留守太微之應也。

孝靈帝建寧元年六月，太白在西方，入太微，犯西蕃南頭星。太微，天廷也。太白行其中，宫門當閉，大將被甲兵，大臣伏誅。其八月，太傅陳蕃、大將軍竇武謀欲盡誅諸宦者；其九月辛亥，中常侍曹節、長樂五官史朱瑀覺之，矯制殺蕃、武等，家屬徙日南比景。

熹平元年十月，熒惑入南斗中。占曰：「熒惑所守爲兵亂。」斗爲吴。其十一月，會稽賊許昭聚衆自稱大將軍，昭父生爲越王，攻破郡縣。

二年四月，有星出文昌，入紫宫，蛇行，有首尾無身，赤色，有光炤垣牆。八月丙寅，太白犯心前星。辛未，白氣如一匹練，衝北斗第四星。占曰：「文昌爲上將貴相。太白犯心前星，爲大臣。」後六年，司徒劉(羣)[郃]爲中常侍曹節所譖，下獄死。白氣衝北斗爲大戰。明年冬，揚州刺史臧旻、丹陽太守陳寅，攻盜賊苴康，斬首數千級。

光和元年四月癸丑，流星犯軒轅第二星，東北行入北斗魁中。八月，彗星出亢北，入天市中，長數尺，稍長至五六丈，赤色，經歷十餘宿，八十餘日，乃消於天苑中。流星爲貴使，軒轅爲内宫，北斗魁主殺。流星從軒轅出抵北斗魁，是天子大使將出，有伐殺也。至中平元年，黄巾賊起，上遣中郎將皇甫嵩、朱儁等征之，斬首十餘萬級。彗除天市，天帝將徙，帝將易都。至初平元年，獻帝遷都長安。

三年冬，彗星出狼、弧，東行至于張乃去。張爲周地，彗星犯之爲兵亂。後四年，京都大發兵擊黄巾賊。

五年四月，熒惑在太微中，守屏。七月，彗星出三台下，東行入太微，至太子、幸臣，二十餘日而消。十月，歲星、熒惑、太白三合於虚，相去各五六寸。如連珠。占曰：「熒惑在太微爲亂臣。」是時中常侍趙忠、張讓、郭勝、孫璋等，並爲姦亂。彗星入太微，天下易主。至中平六年，宫車晏駕。歲星、熒惑、太白三合於虚爲喪。虚，齊(也)[地]。明年，琅邪王據薨。

光和中，國皇星東南角去地一二丈，如炬火狀，十餘日不見。占曰：「國皇星爲内亂，外内有兵喪。」其後黄巾賊張角燒州郡，朝廷遣將討平，斬首十餘萬

級。中平六年，宫車晏駕，大將軍何進令司隸校尉袁紹私募兵千餘人，陰跱雒陽城外，竊呼并州牧董卓使將兵至京都，共誅中官，對戰南、北宫闕下，死者數千人，燔燒宫室，遷都西京。及司徒王允與將軍吕布誅卓，卓部曲將郭汜、李傕旋兵攻長安，公卿百官吏民戰死者且萬人。天下之亂，皆自内發。

中平二年十月癸亥，客星出南門中，大如半筵，五色喜怒稍小，至後年六月消。占曰：「爲兵。」至六年，司隸校尉袁紹誅滅中官，大將軍部曲將吴匡攻殺車騎將軍何苗，死者數千人。

三年四月，熒惑逆行守心後星。十月戊午，月食心後星。占曰：「爲大喪。」後三年而靈帝崩。

五年二月，彗星出奎，逆行入紫宫，後三出，六十餘日乃消。六月丁卯，客星如三升椀，出貫索，西南行入天市，至尾而消。占曰：「彗除紫宫，天下易主。客星入天市，爲貴人喪。」明年四月，宫車晏駕。中平中夏，流星赤如火，長三丈，起河鼓，入天市，抵觸宦者星，色白，長二三丈，後尾再屈，食頃乃滅，狀似枉矢。占曰：「枉矢流發，其宫射，所謂矢當直而枉者，操矢者邪枉人也。」中平六年，大將軍何進謀盡誅中官，〔中官覺〕於省中殺進。俱兩破滅，天下由此遂大壞亂。

六年八月丙寅，太白犯心前星，戊辰犯心中大星。其日未冥四刻，大將軍何進於省中爲諸黄門所殺。己巳，車騎將軍何苗爲進部曲將吴匡所殺。

孝獻初平(三)〔二〕年九月，蚩尤旗見，長十餘丈，色白，出角、亢之南。占曰：「蚩尤旗見，則王征伐四方。」其後丞相曹公征討天下且三十年。

四年十月，孛星出兩角閒，東北行入天市中而滅。占曰：「彗除天市，天帝將徙，帝將易都。」是時上在長安，後二年東遷，明年七月，至雒陽，其八月，曹公迎上都許。

建安五年十月辛亥，有星孛于大梁，冀州分也。時袁紹在冀州。其年十一月，紹軍爲曹公所破。七年夏，紹死，後曹公遂取冀州。

九年十一月，有星孛于東井輿鬼，入軒轅太微。十一年正月，星孛于北斗，首在斗中，尾貫紫宫，及北辰。占曰：「彗星掃太微宫，人主易位。」其後魏文帝受禪。

十二年十月辛卯，有星孛于鶉尾。荆州分也，時荆州牧劉表據荆州，(時)益州從事周羣以(爲)荆州牧將死而失土。明年秋，表卒，以小子琮自代。曹公將伐荆州，琮懼，舉軍詣公降。

十七年十二月，有星孛于五諸侯。周羣以爲西方專據土地者，皆將失土。是時益州牧劉璋據益州，漢中太守張魯别據漢中，韓遂據涼州，(宋)〔宗〕建别據枹罕。明年冬，曹公遣偏將擊涼州。十九年，獲(宋)〔宗〕建；韓遂逃于羌中，病死。其年秋，璋失益州。二十年秋，〔曹〕公攻漢中，魯降。

唐·房玄齡等《晉書》卷一二《天文志中》 天變

惠帝元康二年二月，天西北大裂。案劉向説：「天裂，陽不足；地動，陰有餘。」是時人主昏瞀，妃后專制。

太安二年八月庚午，天中裂爲二，有聲如雷者三。君道虧而臣下專僭之象也。是日，長沙王奉帝出距成都、河間二王，後成都、河間、東海又迭專威命，是其應也。

穆帝升平五年八月己卯夜，天中裂，廣三四丈，有聲如雷，野雉皆鳴。是後哀帝荒疾，海西失德，皇太后臨朝，太宗總萬機，桓温專權，威振内外，陰氣盛，陽氣微。

元帝太興二年八月戊戌，天鳴東南，有聲如風水相薄。京房易妖占曰：「天有聲，人主憂。」三年十月壬辰，天又鳴，甲午止。其後王敦入石頭，王師敗績。元帝屈辱，制於强臣，既而晏駕，大恥不雪。

安帝隆安五年閏月癸丑，天東南鳴。六年九月戊子，天東南又鳴。是後桓玄篡位，安帝播越，憂莫大焉。鳴每東南者，蓋中興江外，天隨之而鳴也。

義熙元年八月，天鳴，在東南。京房《易傳》曰：「萬姓勞，厥妖天鳴。」是時安帝雖反正，而兵革歲動，衆庶勤勞也。【略】

明帝太和初，太史令許芝奏，日應蝕，與太尉於靈臺祈禳。帝曰：「蓋聞人主政有不德，則天懼之以災異，所以譴告，使得自修也。故日月薄蝕，明治道有不當者。朕即位以來，既不能光明先帝聖德，而施化有不合於皇神，故上天有以寤之。宜敕政自修，有以報於神明。天之於人，猶父之於子，未有父欲責其子，而可獻盛饌以求免也。今外欲遣上公與太史令俱禳祠之，於義未聞也。羣公卿士大夫，其各勉修厥職。有可以補朕不逮者，各封上之。」【略】

少帝正始元年七月戊申朔，日有蝕之。三年四日戊戌朔，日有蝕之。四年五月丁丑朔，日有蝕之。五年四月丙辰朔，日有蝕之。六年四月壬子朔，日有蝕之。十月戊申朔，又日有蝕之。八年二月庚午朔，日有蝕之。是時曹爽專政，丁謐、鄧颺等轉改法度。會有日蝕之變，詔羣臣問得失。蔣濟上疏曰：「昔大舜佐

治，戒在比周。周公輔政，慎於其朋。齊侯問災，晏子對以布惠；魯君問異，臧孫荅以緩役。塞變應天，乃實人事。」濟旨譬甚切，而君臣不悟，終至敗亡。【略】

高貴鄉公甘露四年七月戊子朔，日有蝕之。五年正月乙酉朔，日有蝕之。京房易占曰：「日蝕乙酉，君弱臣强。司馬將兵，反征其王。」五月，有成濟之變。【略】

太康四年三月辛丑朔，日有蝕之。七年正月甲寅朔，日有蝕之。八年正月戊申朔，日有蝕之。九年正月壬申朔，六月庚子朔，並日有蝕之。永熙元年四月庚申，帝崩。

惠帝元康九年十一月甲子朔，日有蝕之。十二月，廢皇太子遹爲庶人，尋殺之。【略】

光熙元年正月戊子朔，七月乙酉朔，並日有蝕之。十一月，惠帝崩。十二月壬午朔，又日有蝕之。【略】

愍帝建興四年六月丁巳朔，十二月甲申朔，並日有蝕之。五年五月丙子，十一月丙子，並日有蝕之。時帝蒙塵于平陽。【略】

明帝太寧三年十一月癸巳朔，日有蝕之，在卯至斗。斗，吴分也。其後蘇峻作亂。

成帝咸和二年五月甲申朔，日有蝕之，在井。井，主酒食，女主象也。明年，皇太后以憂崩。六年三月壬戌朔，日有蝕之。是時帝已年長，每幸司徒第，猶出入見王導夫人曹氏如子弟之禮。以人君而敬人臣之妻，有虧君德之象也。九年十月乙未朔，日有蝕之。是時帝既冠，當親萬機，而委政大臣，著君道有虧也。

咸康元年十月乙未朔，日有蝕之。七年二月甲子朔，日有蝕之。三月，杜皇后崩。八年正月乙未朔，日有蝕之。京都大雨，郡國以聞。是謂三朝，王者惡之。六月而帝崩。

穆帝永和二年四月己酉，七年正月丁酉，八年正月辛卯，並日有蝕之。十二年十月癸巳朔，日有蝕之，在尾。尾，燕分，北狄之象也。是時邊表姚襄、苻生互相吞噬，朝廷憂勞，征伐不止。

升平四年八月辛丑朔，日有蝕之，幾既在角。凡蝕，淺者禍淺，深者禍大。角爲天門，人主惡之。明年而帝崩。

哀帝隆和元年三月甲寅朔，十二月戊午朔，並日有蝕之。明年而帝有疾，不識萬機。

海西公太和三年三月丁巳朔，五年七月癸酉朔，並日有蝕之。皆海西被廢之應也。【略】

太元四年閏月己酉朔，日有蝕之。是時苻堅攻没襄陽，執朱序。六年六月庚子朔，日有蝕之。九年十月辛亥朔，日有蝕之。十七年五月丁卯朔，日有蝕之。二十年三月庚辰朔，日有蝕之。明年帝崩。

安帝隆安四年六月庚辰朔，日有蝕之。是時元顯執政。

元興二年四月癸巳朔，日有蝕之。其冬桓玄篡位。

義熙三年七月戊戌朔，日有蝕之。十年九月丁巳朔，日有蝕之。十一年七月辛亥晦，日有蝕之。十三年正月甲戌朔，日有蝕之。明年，帝崩。

恭帝元熙元年十一月丁亥朔，日有蝕之。自義熙元年至是，日蝕皆從上始，皆爲革命之徵。

《周禮》眡祲氏掌十煇之法，以觀妖祥，辯吉凶，有祲、象、鑴、監、闇、瞢、彌、序、隮、想凡十。後代名變，説者莫同。今録其著應以次之云。

吴孫權赤烏十一年二月，白虹貫日，權發詔戒懼。【略】

太康元年正月己丑朔，五色氣冠日，自卯至酉。占曰：「君道失明，丑爲斗牛，主吴越。」是時孫晧淫暴，四月降。

惠帝元康元年十一月甲申，日暈，再重，青赤有光。九年正月，日中有若飛鷰者，數日乃消。王隱以爲愍懷廢死之徵。

永康元年正月癸亥朔，日暈，三重。十月乙未，日闇，黄霧四塞。占曰：「不及三年，下有拔城大戰。」十二月庚戌，日中有黑氣。京房易傳曰：「祭天不順兹謂逆，厥異日中有黑氣。」

永寧元年九月甲申，日中有黑子。京房易占：「黑者陰也，臣不掩君惡，令下見，百姓惡君，則有此變。」又曰：「臣有蔽主明者。」【略】

光熙元年五月壬辰、癸巳，日光四散，赤如血流，照地皆赤。甲午又如之。占曰：「君道失明。」

懷帝永嘉元年十一月乙亥，黄黑氣掩日，所照皆黄。案河圖占曰「日薄也」。其説曰：「凡日蝕皆於朔晦，有不於晦朔者爲日薄。雖非日月同宿，時陰氣盛，掩日光也。」占類日蝕。二年正月戊申，白虹貫日。二月癸卯，白虹貫日，青黄暈，五重。占曰：「白虹貫日，近臣爲亂，不則諸侯有反者。暈五重，有國者受其祥，天下有兵，破亡其地。」明年，司馬越暴蔑人主。五年，劉聰破京都，帝蒙塵于

寇庭。五年三月庚申，日散光，如血下流，所照皆赤。日中有若飛鵲者。

愍帝建興二年正月辛未辰時，日隕于地。又有三日相承，出於西方而東行。五年正月庚子，三日並照，虹蜺彌天。日有重暈，左右兩珥。占曰：「白虹，兵氣也。三四五六日俱出並爭，天下兵作，丁巳亦如其數。」又曰：「三日並出，不過三旬，諸侯爭爲帝。日重暈，天下有立王。暈而珥，天下有立侯。」故陳卓曰：「當有大慶，天下其三分乎！」三月而江東改元爲建武，劉聰、李雄亦跨曹劉疆宇，於是兵連累葉。

元帝太興元年十一月乙卯，日夜出，高三丈，中有赤青珥。四年二月癸亥，日鬭。三月癸未，日中有黑子。辛亥，帝親録訊囚徒。

永昌元年十月辛卯，日中有黑子。時帝寵幸劉隗，擅威福，虧傷君道，王敦因之舉兵，逼京都，禍及忠賢。

明帝太寧元年正月己卯朔，日暈無光。癸巳，黄霧四塞。占曰：「君道失明，陰陽昏，臣有陰謀。」京房曰：「下專刑，兹謂分威，蒙微而日不明。」先是，王敦害尚書令刁協、僕射周顗、驃騎將軍戴若思等，是專刑之應。敦既陵上，卒伏其辜。十一月丙子，白虹貫日。史官不見，桂陽太守華包以聞。【略】

咸康元年七月，白虹貫日。二年七月，白虹貫日。自後庾氏專政，由后族而貴，蓋亦婦人擅國之義，故頻年白虹貫日。八年正月壬申，日中有黑子，丙子乃滅。夏，帝崩。

穆帝永和八年，張重華在凉州，日暴赤如火，中有三足烏，形見分明，五日乃止。十年十月庚辰，日中有黑子，大如雞卵。十一年三月戊申，日中有黑子，大如桃，二枚。時天子幼弱，久不親國政。

升平三年十月丙午，日中有黑子，大如雞卵。少時而帝崩。

海西公太和三年九月戊辰夜，二虹見東方。四年四月戊辰，日暈，厚密，白虹貫日中。十月乙未，日中有黑子。五年二月辛酉，日中有黑子，大如李。六年三月辛未，白虹貫日，日暈，五重。十一月，桓温廢帝，即簡文咸安元年也。【略】

孝武寧康元年十一月己酉，日中有黑子，大如李。二年三月庚寅，日中有黑子二枚，大如鴨卵。十一月己巳，日中有黑子，大如雞卵。時帝已長，而康獻皇后以從嫂臨朝，實傷君道，故日有瑕也。

太元十三年二月庚子，日中有黑子二，大如李。十四年六月辛卯，日中又有黑子，大如李。二十年十一月辛卯，日中又有黑子。是時會稽王以母弟干政。

安帝隆安元年十二月壬辰，日暈，有背璚。是後不親萬機，會稽王世子元顯專行威罰。四年十一月辛亥，日中有黑子。

元興元年二月甲子，日暈，白虹貫日中。三月庚子，白虹貫日。未幾，桓玄克京都，王師敗績。明年，玄篡位。

義熙元年五月庚午，日有彩珥。六年五月丙子，日暈，有璚。時有盧循逼京都，内外戒嚴。七月，循走。七年七月，五虹見東方。占曰：「天子黜。」其後劉裕代晉。十年，日在東井，有白虹十餘丈在南干日。災在秦分，秦亡之象。【略】

月變

魏文帝黄初四年十一月，月暈北斗。占曰：「有大喪，赦天下。」七年五月，帝崩，明帝即位，大赦天下。

孝懷帝永嘉五年三月壬申丙夜，月蝕，既。丁夜又蝕，既。占曰：「月蝕盡，大人憂。」又曰：「其國貴人死。」

海西公太和四年閏月乙亥，月暈軫，復有白暈貫月北，暈斗柄三星。占曰：「王者惡之。」六年，桓温廢帝。

安帝隆安五年三月甲子，月生齒。占曰：「月生齒，天子有賊臣，羣下自相殘。」桓玄篡逆之徵也。

義熙九年十二月辛卯朔，月猶見東方。是謂之仄匿，則侯王其肅。是時劉裕輔政，威刑自己，仄匿之應云。十一年十一月乙未，月入輿鬼而暈。占曰：「主憂，財寶出。」一曰：「月暈，有赦。」

月奄犯五緯

凡月蝕五星，其國皆亡。五星入月，其野有逐相。

魏明帝太和五年十二月甲辰，月犯填星。

青龍二年十月乙丑，月又犯填星。占同上。戊寅，月犯太白。占曰：「人君死，又爲兵。」景初元年七月，公孫文懿叛。二年正月，遣宣帝討之。三年正月，天子崩。四年三月己巳，太白與月俱加景晝見，月犯太白。占同上。

景初元年十月丁未，月犯熒惑。占曰：「貴人死。」二年四月，司徒韓暨薨。

齊王嘉平元年正月甲午，太白襲月。宣帝奏永寧太后廢曹爽等。

惠帝太安二年十一月庚辰，歲星入月中。占曰：「國有逐相。」十二月壬寅，太白犯月。占曰：「天下有兵。」三年正月己卯，月犯太白，占同青龍元年。七月，左衛將軍陳眕等率衆奉帝伐成都王，六軍敗績，兵逼乘輿。後二年，帝崩。

元帝太興二年十一月辛巳，月犯熒惑。占曰：「有亂臣。」三年十二月己未，太白入月，在斗。郭璞曰：「月屬坎，陰府法象也。太白金行而來犯之，天意若曰，刑理失中，自毀其法。」四年十二月丁亥，月犯歲星，在房。占曰：「其國兵饑，人流亡。」永昌元年三月，王敦作亂，率江荆之衆來攻，敗京都，殺將相。又，鎮北將軍劉隗出奔，百姓並去南畝，困於兵革。四月，又殺湘州刺史、譙王司馬承，鎮南將軍甘卓，成帝咸康元年二月乙未，太白入月。四月甲午，月犯太白。四年四月己巳，七月乙巳，月俱奄太白。占曰：「人君死。又爲兵，人主惡之。」明年，石季龍之衆大寇沔南，於是内外戒嚴。五年四月辛未，月犯歲星，在胃。占曰：「國饑，人流。」乙未，月犯歲星，在昴。

及冬，有沔南、邾城之敗，百姓流亡萬餘家。六年二月乙未，太白入月。占曰：「人主死。」四月甲午，月犯太白。占曰：「人主惡之。」

穆帝永和八年十二月，月在東井，犯歲星。占曰：「秦饑，人流亡。」是時兵革連起。十年十一月，月奄填星，在輿鬼。占曰：「秦有兵。」時桓温伐苻健，健堅壁長安，温退。十二年八月，桓温破姚襄。

升平元年十一月壬午，月奄歲星，在房。占曰：「人饑。」一曰：「豫州有災。」二年閏三月乙亥，月犯歲星，在房。占同上。三年，豫州刺史謝萬敗。三年三月乙酉，月犯太白，在昴。占曰：「人君死。」一曰：「趙地有兵，胡不安。」四年正月，慕容儁卒。五年正月乙丑辰時，月在危宿，奄太白。占曰：「天下靡散。」三月丁未，月犯填星，在軫。占曰：「爲大喪。」五月，穆帝崩。七月，慕容恪攻冀州刺史吕護於野王，拔之，護奔走。時桓温以大衆次宛，聞護敗，乃退。

哀帝興寧元年十月丙戌，月奄太白，在須女。占曰：「天下靡散。」一曰：「災在揚州。」三年，洛陽没。其後桓温傾揚州資實北討，敗績，死亡太半。及征袁真，淮南殘破。後慕容暐及苻堅互來侵境。三年正月乙卯，月奄歲星，在參。占曰：「參，益州分也。」六月，鎮西將軍益州刺史周撫卒。十月，梁州刺史司馬勳入益州以叛，朱序率衆助刺史周楚討平之。

海西太和元年二月丙子，月奄熒惑，在參。占曰：「爲内亂，帝不終之徵。」一曰：「參，魏地。」五年，慕容暐爲苻堅所滅。

五星聚舍

魏明帝太和四年七月壬戌，太白犯歲星。占曰：「太白犯五星，有大兵。」五年三月，諸葛亮以大衆寇天水。時宣帝爲大將軍，距退之。

青龍二年二月己未，太白犯熒惑。占曰：「大兵起，有大戰。」是年四月，諸葛亮據渭南，吴亦起兵應之，魏東西奔命。

惠帝元康三年，填星、歲星、太白三星聚于畢昴。占曰：「爲兵喪。畢昴，趙地也。」後賈后陷殺太子，趙王廢后，又殺之，斬張華、裴頠，遂篡位，廢帝爲太上皇，天下從此遘亂連禍。

永寧二年十一月，熒惑、太白鬬于虚危。占曰：「大兵起，破軍殺將。虚危，又齊分也。」十二月，熒惑襲太白于營室。占曰：「天下兵起，亡君之戒。」一曰：「易相。」初，齊王冏之京都，因留輔政，遂專傲無君。是月，成都、河間檄長沙王乂討之，冏、乂交戰，攻焚宫闕，冏兵敗，夷滅。又殺其兄上軍將軍寔以下二千餘人。太安二年，成都又攻長沙，於是公私饑困，百姓力屈。

太安三年正月，熒惑犯歲星。占曰：「有戰。」七月，左衛將軍陳眕奉帝伐成都，六軍敗績。

光熙元年九月，填星犯歲星。占曰：「填與歲合，爲内亂。」是時司馬越專權，終以無禮破滅，内亂之應也。十二月癸未，太白犯填星。占曰：「爲内兵，有大戰。」是後河間王爲東海王越所殺。明年正月，東海王越殺諸葛玫等。五月，汲桑破馮嵩，殺東燕王。八月，苟晞大破汲桑。

懷帝永嘉六年七月，熒惑、歲星、太白聚牛、女之間，徘徊進退。案占曰「牛女，揚州分」，是後兩都傾覆，而元帝中興揚土。

建武元年五月癸未，太白、熒惑合於東井。占曰：「金火合曰爍，爲喪。」是時愍帝蒙塵于平陽，七月崩于寇庭。

元帝太興二年七月甲午，歲星、熒惑會于東井。八月乙未，太白犯歲星，合在翼。占曰：「爲兵饑。」三年六月丙辰，太白與歲星合于房。占同上。永昌元年王敦攻京師，六軍敗績。王敦尋死。

成帝咸康三年十一月乙丑，太白犯歲星于營室。占曰：「爲兵饑。」四年二月，石季龍破幽州，遷萬餘家以南。五年，季龍衆五萬寇沔南，略七千餘家而去。又騎二萬圍陷邾城，殺略五千餘人。四年十二月癸丑，太白犯填星，在箕。占曰：「王者亡地。」七年，慕容皝自稱燕王。七年三月，太白熒惑合于太微中，犯左執法。明年，顯宗崩。八年十二月己酉，太白犯熒惑于胃。占曰：「大兵起。」其後庾翼大發兵，謀伐石季龍，專制上流。

唐・房玄齡等《晉書》卷一三《天文志下》　月五星犯列舍經星變附見

魏文帝黃初四年三月癸卯，月犯心大星。占曰：「心爲天王位，王者惡之。」六月甲申，太白晝見。案劉向《五紀論》曰：「太白少陰，弱，不得專行，故以己未爲界，不得經天而行。經天則晝見，其占爲兵喪，爲不臣，爲更王；强國弱，小國强。」是時孫權受魏爵號，而稱兵距守。其十二月丙子，月犯心大星。占同上。五年十月乙卯，太白晝見。占同上。又歲星入太微逆行，積百四十九日乃出。占曰：「五星入太微，從右入三十日以上，人主有大憂。」一曰：「有赦至。」七年五月，帝崩，明帝即位，大赦天下。六年五月壬戌，熒惑入太微，至壬申，與歲星相及，俱犯右執法，至癸酉乃出。占曰：「從右入三十日以上，人主有大憂。」又曰：「月、五星犯左右執法，大臣有憂。」一曰：「執法者誅，金、火尤甚。」十一月，皇子東武陽王鑒薨。七年正月，驃騎將軍曹洪免爲庶人。四月，征南大將軍夏侯尚薨。五月，帝崩。《蜀記》稱明帝問黃權曰：「天下鼎立，何地爲正？」對曰：「當驗天文。往者熒惑守心而文帝崩，吴、蜀無事，此其徵也。」案三國史並無熒惑守心之文，疑是入太微。八月，吴遂圍江夏，寇襄陽，大將軍宣帝救襄陽，斬吴將張霸等，兵喪更王之應也。

明帝太和五年五月，熒惑犯房。占曰：「房四星，股肱臣將相位也，月、五星犯守之，將相有憂。」其七月，車騎將軍張郃追諸葛亮，爲亮所害。十二月，太尉華歆薨。其十一月乙酉，月犯軒轅大星。占曰：「女主憂。」六年三月乙亥，月又犯軒轅大星。十一月丙寅，太白晝見南斗，遂歷八十餘日，恒見。占曰：「吴有兵。」明年，孫權遣張彌等將兵萬人，錫授公孫文懿爲燕王，文懿斬彌等，虜其衆。青龍三年正月，太后郭氏崩。

青龍二年三月辛卯，月犯輿鬼。輿鬼主斬殺。占曰：「人多病，國有憂。」又曰：「大臣憂。」是年夏及冬，大疫。四年五月，司徒董昭薨。其五月丁亥，太白晝見，積三十餘日。以晷度推之，非秦魏，則楚也。是時，諸葛亮據渭南，宣帝與相持；孫權寇合肥，又遣陸議、孫韶等入淮沔，天子親東征。蜀本秦地，則爲秦魏及楚兵悉起矣。其七月己巳，月犯楗閉。占曰：「有火災。」三年七月，崇華殿災。三年六月丁未，填星犯井鉞。戊戌，太白又犯之。占曰：「凡月、五星犯井鉞，悉爲兵災。」一曰：「斧鉞用，大臣誅。」七月己丑，填星犯東井距星。占曰：「填星入井，大人憂。」行近距，爲行陰。其占曰：「大水，五穀不成。」景初元年夏，大水，傷五穀。其年十月壬申，太白晝見，在尾，歷二百餘日，恒晝見。占曰：「尾爲燕，有兵。」十二月戊辰，月犯鉤鈐。占曰：「王者憂。」四年閏正月己巳，填星犯井鉞。三月癸卯，填星犯東井。己巳，太白與月加景晝見。五月壬寅，太白犯畢左股第一星。占曰：「畢爲邊兵，又主刑罰。」九月，涼州塞外胡阿畢師使侵犯諸國，西域校尉張就討之，斬首捕虜萬計。其年七月甲寅，太白犯軒轅大星。占曰：「女主憂。」景初元年，皇后毛氏崩。

景初元年二月乙酉，月犯房第二星。占曰：「將軍有憂。」其七月，司徒陳矯薨。二年四月，司徒韓暨薨。其七月辛卯，太白晝見，積二百八十餘日。時公孫文懿自立爲燕王，署置百官，發兵距守，宣帝討滅之。二年二月己丑，月犯心距星，又犯中央大星。五月乙亥，月又犯心距星及中央大星。案占曰：「王者惡之。犯前星，太子有憂。」三年正月，帝崩。太子立，卒見廢。其年十月甲午，月犯箕。占曰：「將軍死。」正始元年四月，車騎將軍黃權薨。其閏十一月癸丑，月犯心中央大星。

少帝正始元年四月戊午，月犯昴東頭第一星。十月庚寅，月又犯昴北斗四星。占曰：「月犯昴，胡不安。」二年六月，鮮卑阿妙兒等寇西方，敦煌太守王延破之，斬二萬餘級。三年，又斬鮮卑大帥及千餘級。二年九月癸酉，月犯輿鬼西北星。三年二月丁未，又犯西南星。占曰：「有錢令。」一曰：「大臣憂。」三年三月，太尉滿寵薨。四年正月，帝加元服，賜羣臣錢各有差。四年十月、十一月，月再犯井鉞。是月，宣帝討諸葛恪，恪棄城走。五年二月，曹爽征蜀。五年十一月癸巳，填星犯亢距星。占曰：「諸侯有失國者。」七年七月丁丑，月犯左角。占曰：「天下有兵，左將軍死。」七月乙亥，熒惑犯畢距星。占曰：「有邊兵。」一曰：「刑罰用。」九年正月辛亥，月犯亢南星。占曰：「兵起。」一曰：「將軍死。」七月癸丑，填星犯楗閉。占曰：「王者不宜出宫下殿。」嘉平元年，天子謁陵，宣帝奏誅曹爽等。天子野宿，於是失勢。

嘉平元年六月壬戌，太白犯東井距星。占曰：「國失政，大臣爲亂。」四月辛巳，太白犯輿鬼。占曰：「大臣誅。」一曰：「兵起。」二年三月己未，太白又犯井距星。三年七月，王淩與楚王彪有謀，皆伏誅，人主遂卑。

吴孫權赤烏十三年夏五月，日北至，熒惑逆行，入南斗。秋七月，犯魁第三星而東。《漢晉春秋》云「逆行」。案占：「熒惑入南斗，三月吴王死。」一曰：「熒惑逆行，其地有死君。」太元二年，權薨，是其應也，故《國志》書於吴。是時，王淩謀立楚王彪，謂「斗中有星，當有暴貴者」，以問知星人浩詳。詳疑有故，欲悦其意，不言吴有死喪，而言「淮南楚分，吴楚同占，當有王者興」，故淩計遂定。

嘉平二年十二月丙申，月犯輿鬼。三年四月戊寅，月犯東井。五月甲寅，月犯亢距星。占曰：「將軍死。」一曰：「爲兵。」是月，王淩、楚王彪等誅。七月，皇后甄氏崩。四年三月，吴將爲寇，鎮東將軍諸葛誕破走之。其年七月己巳，月犯輿鬼。九月乙巳，又犯之。十月癸未，熒惑犯亢南星。占曰：「臣有亂。」四年十一月丁未，月又犯鬼積尸。五年六月戊午，太白犯角。占曰：「羣臣有謀，不成。」庚辰，月犯箕星。占曰：「將軍死。」七月，月犯井鉞。丙午，月又犯鬼西北星。占曰：「國有憂。」十一月癸酉，月犯東井距星。占曰：「將軍死。」正元元年正月，鎮東將軍毌丘儉、揚州刺史文欽反，兵俱敗，誅死。二月，李豐及弟翼、后父張緝等謀亂，事泄，悉誅，皇后張氏廢。九月，帝廢爲齊王。蜀將姜維攻隴西，車騎將軍郭淮討破之。

高貴鄉公正元二年二月戊午，熒惑犯東井北轅西頭第一星。甘露元年七月乙卯，熒惑犯東井鉞星。壬戌，月又犯鉞星。八月辛亥，月犯箕。

吴廢孫亮太平元年九月壬辰，太白犯南斗，《吴志》所書也。占曰：「太白犯斗，國有兵，大臣有反者。」其明年，諸葛誕反。又明年，孫綝廢亮。吴魏並有兵事也。

甘露元年九月丁巳，月犯東井。二年六月己酉，月犯心中央大星。八月壬子，歲星犯井鉞。九月庚寅，歲星逆行，乘井鉞。十月丙寅，太白犯亢距星。占曰：「逆臣爲亂，人君憂。」景元元年五月，有成濟之變及諸葛誕誅，皆其應也。二年三月庚子，太白犯東井。占曰：「國失政，大臣爲亂。」是夜，歲星又犯東井。占曰：「兵起。」至景元元年，高貴鄉公敗。三年八月壬辰，歲星犯輿鬼鑕星。占曰：「斧鑕用，大臣誅。」四年四月甲申，歲星又犯輿鬼東南星。占曰：「鬼東南星主兵，木入鬼，大臣誅。」景元元年，殺尚書王經。

元帝景元元年二月，月犯建星。案占：「月五星犯建星，大臣相譖。」是後鍾會、鄧艾破蜀，會譖艾。二年四月，熒惑入太微，犯右執法。占曰：「人主有大憂。」一云：「大臣憂。」四年十月，歲星守房。占曰：「將相憂。」一云：「有大赦。」明年，鄧艾、鍾會皆夷滅，赦蜀土。五年，帝遜位。

武帝咸寧四年九月，太白當見不見。占曰：「是謂失舍，不有破軍，必有亡國。」是時羊祜表求伐吴，上許之。五年十一月，兵出，太白始夕見西方。太康元年三月，大破吴軍，孫皓面縛請罪，吴國遂亡。

太康八年三月，熒惑守心。占曰：「王者惡之。」太熙元年四月乙酉，帝崩。

惠帝元康三年四月，熒惑守太微六十日。占曰：「諸侯三公謀其上，必有斬臣。」一曰：「天子亡國。」是春太白守畢，至是百餘日。占曰：「有急令之憂。」一曰：「相死。」又爲邊境不安。後賈后陷殺太子。六年十月乙未，太白晝見。九年六月，熒惑守心。占曰：「王者惡之。」八月，熒惑入羽林。占曰：「禁兵大起。」其後，帝見廢爲太上皇，俄而三王起兵討趙王倫，倫悉遣中軍兵相距累月。

永康元年三月，中台星坼，太白晝見。占曰：「台星失常，三公憂。太白晝見，爲不臣。」是月，賈后殺太子，趙王倫尋廢殺后，斬司空張華。其五月，熒惑入南斗。占曰：「宰相死，兵大起。斗，又吴分野。」是時，趙王倫爲相，明年，篡位，三王興師誅之。太安二年，石冰破揚州。其八月，熒惑入箕。占曰：「人主失位，兵起。」明年，趙王倫篡位，改元。二年二月，太白出西方，逆行入東井。占曰：「國失政，大臣爲亂。」是時，齊王冏起兵討趙王倫，倫滅，冏擁兵不朝，專權淫奢，明年，誅死。【略】

太安二年二月，太白入昴。占曰：「天下擾，兵大起。」七月，熒惑入東井。占曰：「兵起，國亂。」是秋，太白守太微上將。占曰：「上將以兵亡。」是年冬，成都、河間攻洛陽。八月，長沙王奉帝出距二王。三年正月，東海王越執長沙王乂，張方又殺之。

永興元年七月庚申，太白犯角、亢，經房、心，歷尾、箕。九月，入南斗。占曰：「犯角，天下大戰；犯亢，有大兵，人君憂；入房心，爲兵喪；犯尾箕，女主憂。」一曰：「天下大亂。入南斗，有兵喪。」一曰：「將軍爲亂。其所犯守，又兖、豫、幽、冀、揚州之分野。」是年七月，有蕩陰之役。九月，王浚殺幽州刺史和演，攻鄴，鄴潰，於是兖豫爲天下兵衝。陳敏又亂揚土。劉元海、石勒、李雄等並起微賤，跨有州郡。皇后羊氏數被幽廢。皆其應也。二年四月丙子，太白犯狼星。占曰：「大兵起。」九月，歲星守東井。占曰：「有兵，井又秦分野。」是年，苟晞破公師藩，張方破范陽王虓，關西諸將攻河間王顒，顒奔走，東海王迎殺之。

光熙元年四月，太白失行，自翼入尾、箕。占曰：「太白失行而北，是謂反生。不有破軍，必有屠城。」五月，汲桑攻鄴，魏郡太守馮嵩出戰，大敗，桑遂害東燕王騰，殺萬餘人，焚燒魏時宮室皆盡。其九月丁未，熒惑守心。占曰：「王者惡之。」己亥，填星守房、心。占曰：「填守房，多禍喪；守心，國內亂，天下赦。」是時，司馬越專權，終以無禮破滅，內亂之應也。十一月，帝崩，懷帝即位，大赦

天下。

懷帝永嘉元年十二月丁亥，星流震散。按劉向説，天官列宿，在位之象；其衆小星無名者，衆庶之類。此百官衆庶將流散之象也。是後天下大亂，百官萬姓，流移轉死矣。二年正月庚午，太白伏不見，二月庚子，始晨見東方，是謂當見不見，占同上條。其後破軍殺將，不可勝數，帝崩虜庭，中夏淪覆。三年正月庚子，熒惑犯紫微。占曰：「當有野死之王，又爲火燒宫。」是時太史令高堂沖奏，乘輿宜遷幸，不然必無洛陽。五年六月，劉曜、王彌入京都，焚燒宫廟，執帝歸平陽。三年，填星久守南斗。占曰：「填星所居久者，其國有福。」是時，安東將軍、琅邪王始有揚土。其年十一月，地動，陳卓以爲是地動應也。五年十月，熒惑守心。六年六月丁卯，太白犯太微。占曰：「兵入天子庭，王者惡之。」七月，帝崩于寇庭，天下行服大臨。

元帝太興元年七月，太白犯南斗。占曰：「吴越有兵，大人憂。」二年二月甲申，熒惑犯東井。占曰：「兵起，貴臣相戮。」八月己卯，太白犯軒轅大星。占曰：「後宫憂。」三年五月戊子，太白入太微，又犯上將星。占曰：「天子自將，上將誅。」九月，太白犯南斗。十月己亥，熒惑在東井，居五諸侯南，踟躕留積三十日。占曰：「熒惑守井二十日以上，大人憂。守五諸侯，諸侯有誅者。」永昌元年三月，王敦率江荆之衆來攻京都，六軍距戰，敗績，人主謝過而已。於是殺護軍將軍周顗、尚書令刁協、驃騎將軍戴若思。又，鎮北將軍劉隗出奔。四月，又殺湘州刺史譙王司馬承、鎮南將軍甘卓。閏十二月，帝崩。

明帝太寧三年正月，熒惑逆行，入太微。占曰：「爲兵喪，王者惡之。」閏八月，帝崩。後二年，蘇峻反，攻焚宫室，太后以憂偪崩，天子幽劫于石頭城，遠近兵亂，至四年乃息。

成帝咸和六年正月丙辰，月入南斗。占曰：「有兵。」是月，石勒殺略婁、武進二縣人。明年，石勒衆又抄略南沙、海虞。其十一月，熒惑守胃昴。占曰：「趙魏有兵。」八年七月，石勒死，石季龍自立。是時，雖二石僭號，而其强弱常占於昴，不關太微、紫宫也。八年三月己巳，月入南斗。與六年占同。其年七月，石勒死，彭彪以譙，石生以長安，郭權以秦州並歸順。於是遣督護喬球率衆救彪，彪敗，球退。又，石季龍、石斌攻滅生、權。其七月，熒惑入昴。占曰：「胡王死。」一曰：「趙地有兵。」是月，石勒死，石季龍多所攻没。八月，月又犯昴。占曰：「胡不安。」九年三月己亥，熒惑入輿鬼，犯積尸。占曰：「兵在西北，有没軍死將。」六月、八月，月又犯昴。是時，石弘雖襲勒位，而石季龍擅威横暴，十一月廢弘自立，遂幽殺之。

咸康元年二月己亥，太白犯昴。占曰：「兵起，歲中旱。」四月，石季龍略騎至歷陽，加司徒王導大司馬，治兵列戍衝要。是時，石季龍又圍襄陽。六月，旱。其年三月丙戌，月入昴。占曰：「胡王死。」八月戊戌，熒惑入東井。占曰：「無兵，兵起；有兵，兵止。」十一月，月犯昴。二年正月辛亥，月犯房南第二星。八月，月又犯昴。九月庚寅，太白犯南斗，因晝見。占曰：「斗爲宰相，又揚州分，金犯之，死喪之象。晝見，爲不臣，又爲兵喪。」其後，石季龍僭稱天王，發衆七萬，四年二月自隴西攻段遼于薊，又襲慕容皝於棘城，不克，皝擊破其將麻秋，并虜段遼殺之。三年七月己酉，月犯房上星。八月，熒惑入輿鬼，犯積尸。甲戌，月犯東井距星。九月戊子，月犯建星。四年四月己巳，太白晝見，在柳。占曰：「爲兵，爲不臣。」明年，石季龍大寇沔南，於是内外戒嚴。其五月戊戌，熒惑犯右執法。占曰：「大臣死，執政者憂。」九月，太白又犯右執法。案占：「五星災同，金火尤甚。」十一月戊子，太白犯房上星。占曰：「上相憂。」五年四月乙未，月犯畢距星。占曰：「兵起。」七月己酉，月犯房上星。占曰：「將相憂。」是月庚申，丞相王導薨，庾冰代輔政。八月，太尉郗鑒薨。又有沔南邾城之敗，百姓流亡萬餘家。六年正月，征西大將軍庾亮薨。六年三月甲辰，熒惑犯太微上將星。占曰：「上將憂。」四月丁丑，熒惑犯右執法。占曰：「執政者憂。」六月乙亥，月犯牽牛中央星。占曰：「大將憂。」是時，尚書令何充爲執法，有讒，欲避其咎，明年求爲中書令。其四月丙午，太白犯畢距星。占曰：「兵革起。」一曰：「女主憂。」六月乙卯，太白犯軒轅大星。占曰：「女主憂。」七年三月，皇后杜氏崩。七年三月壬午，月犯房。四月己丑，太白入輿鬼。五月，太白晝見。八月辛丑，月犯輿鬼。八年六月，熒惑犯房上第二星。占曰：「次相憂。」八月壬寅，月犯畢。占曰：「下犯上，兵革起。」十月，月又掩畢大星。占同上。其建元二年，車騎將軍庾冰薨。庾翼大發兵，謀伐石季龍，專制上流，朝廷憚之。

康帝建元元年正月壬午，太白入昴。占曰：「趙地有兵。」又曰：「天下兵起。」四月乙酉，太白晝見。是年，石季龍殺其子邃，又遣將寇没狄道，及屯薊東，謀慕容皝。二年，歲星犯天關。安西將軍庾翼與兄冰書曰：「歲星犯天關，占云『關梁當分』。比來江東無他故，江道亦不艱難，而石季龍頻年再閉關，不通信使，此復是天公憒憒，無皁白之徵也。」其閏月乙酉，太白犯斗。占曰：「爲喪，天

下受爵禄。」九月，帝崩，太子立，大赦，賜爵。

穆帝永和元年正月丁丑，月入畢。占曰：「兵大起。」戊寅，月犯天關。占曰：「有亂臣更天子之法。」五月辛巳，太白晝見，在東井。占曰：「爲臣强，秦有兵。」六月辛丑，月入太微，犯屏西南星。占曰：「輔臣有免罷者。」七月、八月，月皆犯畢。占同上。己未，月犯輿鬼。占曰：「大臣有誅。」九月庚戌，月又犯畢。是年初，庾翼在襄陽。七月，翼疾將終，輒以子爰之爲荆州刺史，代己任。爰之尋被廢。明年，桓温又輒率衆伐蜀，執李勢，送至京都。蜀本秦地也。二年二月壬子，月犯房上星。四月丙戌，月又犯房上星。八月壬申，太白犯左執法。三年正月壬午，月犯南斗第五星。占曰：「將軍死，近臣去。」五月壬申，月犯南斗第四星，因入魁。占曰：「有兵。」一曰：「有大赦。」六月，月犯東井距星。占曰：「將軍死，國有憂。」戊戌，月犯五諸侯。占曰：「諸侯有誅。」九月庚寅，太白犯南斗第五星。占曰：「爲喪，爲兵。」四年七月丙申，太白犯左執法。甲寅，月犯房。丁巳，月入南斗，犯第二星。乙丑，太白犯左執法。占悉同上。十月甲辰，月犯亢。占曰：「兵起，將軍死。」十一月戊戌，月犯上將星。三年六月，大赦。是月，陳逵征壽春，敗而還。七月，氐蜀餘寇反，亂益土。九月，石季龍伐凉州。五年，征北大將軍褚裒卒。四年四月，太白入昴。是時，戎晉相侵，趙地連兵尤甚。七月，太白犯軒轅。占曰：「在趙，及爲兵喪。」甲寅，月犯房。十月甲戌，月犯亢。占曰：「兵起，將軍死。」八月，石季龍太子宣殺弟韜，宣亦死。其十一月戊戌，月犯上將星。五年正月，石季龍僭號稱皇帝，尋死。五年四月丁未，太白犯東井。占曰：「秦有兵。」九月戊戌，太白犯左角。占曰：「爲兵。」十月，月犯昴。占曰：「胡有憂，將軍死。」是年八月，褚裒北征兵敗。十月，關中二十餘壁舉兵内附。石遵攻没南陽。十一月，冉閔殺石遵，又盡殺胡十餘萬人，於是趙魏大亂。十二月，褚裒薨。八年，劉顯、苻健、慕容儁並僭號。殷浩北伐，敗績，見廢。六年二月辛酉，月犯心大星。占曰：「大人憂，又豫州分野也。」丁丑，月犯房。占曰：「將相憂。」六月己丑，月犯昴。占同上。乙未，月犯五諸侯。占同上。七月壬寅，月始出西方，犯左角。占曰：「大將軍死。」一曰：「天下有兵。」丁未，月犯箕。占曰：「將軍死」丙寅，熒惑犯鉞星。占曰：「大臣有誅。」八月辛卯，月犯左角。太白晝見，在南斗。月犯右執法。占並同上。是歲，司徒蔡謨免爲庶人。七年二月，太白犯昴。占同上。三月乙卯，熒惑入輿鬼，犯積尸。占曰：「貴人有憂。」五月乙未，熒惑犯軒轅大星。占曰：「女主憂。」太白入畢口，犯左股。占曰：「將相當之。」六月乙亥，月犯箕。占曰：「國有兵。」丙子，月犯斗。丁丑，熒惑入太微，犯右執法。八月庚午，太白犯軒轅。戊子，太白犯右執法。占悉同上。七年，劉顯殺石祗及諸將帥，山東大亂，疾疫死亡。八年三月戊戌，月犯軒轅大星。癸丑，月入南斗，犯第二星。五月，月犯心星。六月癸酉，月犯房。七月壬子，歲星犯東井距星。占曰：「内亂兵起。」八月戊戌，熒惑入輿鬼。占曰：「忠臣戮死。」丙辰，太白入南斗，犯第四星。占曰：「將爲亂。」一曰：「丞相免。」九年二月乙巳，月入南斗，犯第三星。三月戊辰，月犯房。八月，歲星犯輿鬼東南星。占曰：「兵起。」是時，帝幼沖，母后稱制，將相有隙，兵革連起，慕容儁僭號稱燕王，攻伐不休。十年正月乙卯，月蝕昴星。占曰：「趙魏有兵。」癸酉，填星奄鉞星。占曰：「斧鉞用。」二月甲申，月犯心大星。占曰：「王者惡之。」七月庚午，太白晝見。晷度推之，災在秦鄭。九月辛酉，太白犯左執法。是時，桓温擅命，朝臣多見迫脅。四月，温伐苻健，破其嶢柳軍。十二月，慕容恪攻齊。十一年三月辛亥，月奄軒轅。占同上。四月庚寅，月犯牛宿南星。占曰：「國有憂。」八月己未，太白犯天江。占曰：「河津不通。」十二年六月庚子，太白晝見，在東井。占如上。己未，月犯鉞星。八月癸酉，月奄建星。九月戊寅，熒惑入太微，犯西蕃上將星。十一月丁丑，熒惑犯太微東蕃上相星。十二年十一月，齊城陷，執段龕，殺三千餘人。永和三年，鮮卑侵略河、冀。升平元年，慕容儁遂據臨漳，盡有幽、并、青、冀之地。緣河諸將奔散，河津隔絶。時權在方伯，九服交兵。

升平元年四月壬子，太白入輿鬼。丁亥，月奄井南轅西頭第二星。占曰：「秦地有兵。」一曰：「將死。」六月戊戌，太白晝見，在軫。占同上。軫是楚分野。壬子，月犯畢。占曰：「爲邊兵。」七月辛巳，熒惑犯天江。占曰：「河津不通。」十一月，歲星犯房。占曰：「豫州有災。」其年五月，苻堅殺苻生而立。十二月，慕容儁入屯鄴。二年八月，豫州刺史謝奕薨。二年二月辛卯，填星犯軒轅大星。占曰：「人主惡之。」甲午，月犯東井。六月辛酉，月犯房。十月己未，太白犯哭星。占曰：「有大哭泣。」三年正月壬辰，熒惑犯楗閉星。案占曰：「人主憂。」三月乙酉，熒惑逆行犯鉤鈐。案占：「王者惡之。」六月，太白犯東井。七月乙酉，熒惑犯天江。丙戌，太白犯輿鬼。占悉同上。戊子，月犯牽牛中央大星。占曰：「牽牛，天將也。犯中央大星，將軍死。」八月丁未，太白犯軒轅大星。甲子，月犯畢大星。占曰：「爲邊兵。」一曰：「下犯上。」三年十月，諸葛攸舟軍入河，敗績。豫州刺史謝萬入潁，衆潰而歸，萬除名。十一月，司徒會稽王以郗曇、謝

萬二鎮敗，求自貶三等。四年正月，慕容儁死，子暐代立。慕容恪殺其尚書令陽騖等。四年正月乙亥，月犯牽牛中央大星。六月辛亥，辰星犯軒轅。占曰：「女主憂。」己未，太白入太微右掖門，從端門出。占曰：「貴奪勢。」一曰：「有兵。」又曰：「出端門，臣不臣。」八月戊申，太白犯氐。占曰：「國有憂。」丙辰，熒惑犯太微西蕃上將星。九月壬午，太白入南斗口，犯第四星。占曰：「爲喪，有赦，天下受爵禄。」十二月甲寅，熒惑犯房。丙寅，太白晝見。庚寅，月犯楗閉。占曰：「人君惡之。」五年正月乙巳，填星逆行，犯太微。五月壬寅，月犯太微。庚戌，月犯建星。占曰：「大臣相謀。」是時，殷浩敗績，卒致遷徙。其月辛亥，月犯牽牛宿。占曰：「國有憂。」六月癸亥，月犯氐東北星。占曰：「大將當之。」五年正月，北中郎將郗曇薨。五月，帝崩，哀帝立，大赦，賜爵，褚后失勢。七月，慕容恪攻冀州刺史呂護於野王，護奔滎陽。是時，桓温以大衆次宛，聞護敗，乃退。五年六月癸酉，月奄氐東北星。占曰：「大將軍當之。」九月乙酉，月奄畢。占曰：「有邊兵。」十月丁未，月犯畢大星。占曰：「下犯上。」又曰：「有邊兵。」八月，范汪廢。隆和元年，慕容暐遣將寇河陰。

哀帝興寧三年七月庚戌，月犯南斗。占曰：「女主憂。」歲星犯輿鬼。占曰：「人君憂。」十月，太白晝見，在亢。占曰：「亢爲朝廷，有兵喪，爲臣强。」明年五月，皇后庾氏崩。

海西太和二年正月，太白入昴。五年，慕容暐爲苻堅所滅，又據司、冀、幽、并四州。六年閏月，熒惑守太微端門。占曰：「天子亡國。」又曰：「諸侯三公謀其上。」一曰：「有斬臣。」辛卯，月犯心大星。占曰：「王者惡之。」十一月，桓温廢帝，并奏誅武陵王，簡文不許，温乃徙之新安，皆臣强之應也。

簡文咸安元年十二月辛卯，熒惑逆行入太微，二年三月猶不退。占曰：「國不安，有憂。」是時，帝有桓温之逼。二年五月丁未，太白犯天關。占曰：「兵起。」歲星形色如太白。占曰：「進退如度，姦邪息；變色亂行，主無福。」歲星於仲夏當細小而不明，此其失常也。又爲臣强。」六月，太白晝見，在七星。乙酉，太白犯輿鬼。占曰：「國有憂。」七月，帝崩，桓温以兵威擅權，將誅王坦之等，内外迫脅。又，庾希入京城，盧悚入宫，其誅滅之。

孝武寧康元年正月戊申，月奄心大星。案占曰：「災不在王者，則在豫州。」一曰：「主命惡之。」三月丙午，月奄南斗第五星。占曰：「大臣憂，有死亡。」一曰：「將軍死。」七月，桓温薨。九月癸巳，熒惑入太微。是時，女主臨朝，政事多缺。二年閏月己未，月奄牽牛南星。占曰：「左將軍死。」十二月甲申，太白晝見，在氐。氐，兖州分野。三年五月丙午，北中郎將王坦之薨。三年六月辛卯，太白犯東井。占曰：「秦地有兵。」九月戊申，熒惑奄左執法。占曰：「執法者死。」太元元年，苻堅破涼州。二年十月，尚書令王彪之卒。

太元元年四月丙戌，熒惑犯南斗第三星。丙申，又奄第四星。占曰：「兵大起，中國饑。」一曰：「有赦。」八月癸酉，太白晝見，在氐。氐，兖州分野。九月，熒惑犯哭泣星，遂入羽林。占曰：「天子有哭泣事，中軍兵起。」十一月己未，月奄氐角。占曰：「天下有兵。」一曰：「國有憂。」三年二月，熒惑守羽林。占曰：「禁兵大起。」九月壬午，太白晝見，在角。角，兖州分野。升平元年五月，大赦。三年八月，秦人寇樊、鄧、襄陽、彭城。四年二月，襄陽陷，朱序没。四月，魏興陷，賊聚廣陵、三河，衆五六萬。於是諸軍外次衝要，丹楊尹屯衛京都。六月，兖州刺史謝玄討賊，大破之。是時，中外連兵，比年荒儉。四年十一月丁巳，太白犯哭星。占曰：「天子有哭泣事。」五年七月丙子，辰星犯軒轅。占曰：「女主當之。」九月癸未，皇后王氏崩。六年九月丙子，太白晝見。七年十一月，太白又晝見，在斗。占曰：「吴有兵喪。」八年四月甲子，太白又晝見，在參。占曰：「魏有兵喪。」是月，桓沖征沔漢，楊亮伐蜀，並拔城略地。八月，苻堅自將，號百萬，九月，攻没壽陽。十月，劉牢之破苻堅將梁成，斬之，殺獲萬餘人。謝玄等又破苻堅於淝水，斬其弟融，堅大衆奔潰。九年六月，皇太后褚氏崩。八月，謝玄出屯彭城，經略中州矣。九年七月丙戌，太白晝見。十一月丁巳，又晝見。十年四月乙亥，又晝見于畢昴。占曰：「魏國有兵喪。」是時苻堅大衆奔潰，趙魏連兵相攻，堅爲姚萇所殺。十一年三月戊申，太白晝見，在東井。占曰：「秦有兵，臣强。」六月甲申，又晝見于輿鬼。占曰：「秦有兵。」時魏、姚萇、苻登連兵，相征不息。甲午，歲星晝見，在胃。占曰：「魯有兵，臣强。」十二年，慕容垂寇東阿，翟遼寇河上，姚萇假號安定，苻登自立隴上，呂光竊據涼土。十二年六月癸卯，太白晝見，在柳。十月庚午，太白晝見，在斗。十三年正月丙戌，又晝見。十二月，熒惑在角亢，形色猛盛。占曰：「熒惑失其常，吏且棄其法，諸侯亂其政。」自是後，慕容垂、翟遼、姚萇、苻登、慕容永並阻兵争强。十四年正月，彭城妖賊又稱號於皇丘，劉牢之破滅之。三月，張道破合鄉，圍泰山，向欽之擊走之。是年，翟遼又攻没滎陽，侵略陳項。于時政事多弊，君道陵遲矣。十四年四月乙巳，太白晝見于柳。六月辛卯，又晝見于翼。九月丙寅，又晝見于軫。十二月，熒惑入羽

林。占並同上。十五年，翟遼掠司兗，衆軍累討不克，慕容垂又跨略并、冀等州。七月，旱。八月，諸郡大水，兗州又蝗。十五年九月癸未，熒惑入太微。十月，太白入羽林。十六年四月癸卯朔，太白晝見。十一月癸巳，月奄心前星。占曰：「太子憂。」是時，太子常有篤疾。十七年七月丁丑，太白晝見。十月丁酉，又晝見。十八年六月，又晝見。十九年五月，又晝見于柳。六月辛酉，又晝見于輿鬼。九月，又見于軫。二十年六月，熒惑入天囷。占曰：「大饑。」七月丁亥，太白晝見在太微。占曰：「太白入太微，國有憂。晝見，爲兵喪。」十二月己巳，月犯楗閉及東西咸。占曰：「楗閉司心腹喉舌，東西咸主陰謀。」二十一年二月壬申，太白晝見。三月癸卯，太白連晝見，在羽林。占曰：「有强臣，有兵喪，中軍兵起。」三月，太白晝見于胃。占曰：「中軍兵起。」四月壬午，太白入天囷。占曰：「爲饑。」六月，歲星犯哭泣星。占曰：「有哭泣事。」是年九月，帝崩。隆安元年，王恭等舉兵脅朝廷，於是内外戒嚴，殺王國寶以謝之。又連歲水旱，三方動，衆人饑。

安帝隆安元年正月癸亥，熒惑犯哭泣星。占曰：「有哭泣事。」四月丁丑，太白晝見，在東井。占曰：「秦有兵喪。」六月，姚興攻洛陽，郗恢遣兵救之。冬姚萇死，子略代立。魏王珪即位於中山。其八月，熒惑守井鉞。占曰：「大臣有誅。」二年六月戊辰，攝提移度失常。歲星晝見，在胃，兗州分野。是年六月，郗恢遣鄧啓方等以萬人伐慕容寶於滑臺，敗而還。閏月，太白晝見，在羽林。丁丑，月犯東上相。三年五月辛酉，月又奄東上相。辛未，辰星犯軒轅大星。占悉同上。二年九月，庾楷等舉兵，表誅王愉等，於是内外戒嚴。三年六月，洛陽没于寇。桓玄破荆、雍州，殺殷仲堪等。孫恩聚衆攻没會稽，殺内史。四年六月辛酉，月犯哭泣星。五年正月，太白晝見。自去年十二月在斗晝見，至于是月乙卯。案占：「災在吴越。」七月癸亥，大角星散摇五色。占曰：「王者流散。」丁卯，月犯天關。占曰：「王者憂。」九月庚子，熒惑犯少微，又守之。占曰：「處士誅。」十月甲子，月犯東次相。其年七月，太皇太后李氏崩。十月，妖賊大破高雅之於餘姚，死者十七八。五年，孫恩攻侵郡縣，殺内史，至京口，進軍蒲洲，於是内外戒嚴。恩遣别將攻廣陵，殺三千餘人，退據郁洲，是時劉裕又追破之。九月，桓玄表至，逆旨陵上。十月，司馬元顯大治水軍，將以伐玄。元興元年正月，盧循自稱征虜將軍，領孫恩餘衆，略有永嘉、晉安之地。二月，帝戎服遣西軍。三月，桓玄，克京都，殺司馬元顯，放太傅會稽王道子。

元興元年三月戊子，太白犯五諸侯，因晝見。占曰：「諸侯有誅。」七月戊寅，熒惑在東井。熒惑犯輿鬼、積尸。占並同上。八月丙寅，太白奄右執法。九月癸未，太白犯進賢。占曰：「進賢者誅。」二年二月，歲星犯西上將。六月甲辰，月奄斗第四星。占曰：「大臣誅，不出三年。」八月癸丑，太白犯房北第二星。九月己丑，歲星犯進賢，熒惑犯西上將。十月甲戌，太白犯泣星。十一月丁酉，熒惑犯東上相。十二月乙巳，月奄軒轅第二星。占悉同上。元年冬，魏破姚興軍。二年十二月，桓玄篡位，放遷帝、后於尋陽，以永安何皇后爲零陵君。三年二月，劉裕盡誅桓氏。三年正月戊戌，熒惑逆行，犯太微西上相。占曰：「天子戰於野，上相死。」二月丙辰，熒惑逆行，在左執法西北。占曰：「執法者誅。」四月甲午，月奄軒轅第二星。五月壬申，月奄斗第二星，填星入羽林。占並同上。是年二月丙辰，劉裕殺桓修等。三月己未，破走桓玄，遣軍西討。辛巳，誅左僕射王愉，桓玄劫天子如江陵。五月，玄下至峥嶸洲，義軍破滅之。桓振又攻没江陵，幽劫天子。七月，永安何皇后崩。

義熙元年三月壬辰，月奄左執法。占同上。丁酉，月奄心前星。占曰：「豫州有災。」太白犯東井。占曰：「秦有兵。」七月庚辰，太白晝見，在翼、軫。占曰：「爲臣强，荆州有兵喪。」八月丁巳，月犯斗第一星。占曰：「天下有兵。」一曰：「大臣憂。」九月甲子，熒惑犯少微。占曰：「處士誅。」庚寅，熒惑犯右執法。癸卯，熒惑犯左執法。占並同上。十一月丙戌，太白犯鉤鈐。占曰：「喉舌憂。」十二月己卯，歲星犯天江。占曰：「有兵亂，河津不通。」十一月，荆州刺史魏詠之薨。二年二月，司馬國璠等攻没弋陽。四月，姚興伐仇池公楊盛，擊走之。九月，益州刺史司馬榮期爲其參軍楊承祖所害。三年十二月，司徒揚州刺史王謐薨。四年正月，太保武陵王遵薨。三月，左僕射孔安國卒。自後政在劉裕，人主端拱而已。二年二月，太白犯南斗。占曰：「兵起。」己丑，月犯心後星。占曰：「豫州有災。」四月癸丑，月犯太微西上將。己未，月犯房南第二星。乙丑，歲星犯天江。占曰：「有兵亂，河津不通。」五月癸未，月犯左角。占曰：「左將軍死，天下有兵。」壬寅，熒惑犯氐。占曰：「氐爲宿宫，人主憂。」六月庚午，熒惑犯房北第二星。八月癸亥，熒惑犯南斗第五星。丁巳，犯建星。占曰：「爲兵。」九月壬午，熒惑犯哭星，又犯泣星。是年二月甲戌，司馬國璠等攻没弋陽。又，慕容超侵略徐、兗，三年正月，又寇北徐州，至下邳。十二月，司徒王謐薨。四年正月，武陵王遵薨。五年，慕容超復寇淮北。四月，劉裕大軍討之，拔臨朐。又圍

廣固，拔之。三年正月丙子，太白晝見，在奎。二月庚申，月奄心後星。占同上。五月癸未，月犯左角。己丑，太白晝見，在參。占曰：「益州有兵喪，臣强。」八月己卯，太白犯左執法。辛卯，熒惑犯左執法。九月壬子，熒惑犯進賢星。是年八月，劉敬宣伐蜀，不克而旋。四年三月，左僕射孔安國卒。七月，司馬叔璠等攻没鄒山，魯郡太守徐邕破走之。姚略遣衆征赫連勃勃，大爲所破。五年，劉裕討慕容超，滅之。四年正月庚子，熒惑犯天關。五月丁未，月奄斗第二星。壬子，填星犯天廩。占曰：「天下饑，倉粟少。」六月己丑，太白犯太微西上將。乙卯，又犯左執法。十月戊子，熒惑入羽林。占悉同上。五年，劉裕討慕容超，後南北軍旅運轉不息。五年二月甲子，月犯昴。占曰：「胡不安，天子破匈奴。」五月戊戌，歲星入羽林。九月壬寅，月犯昴。十月，熒惑犯氐。閏月丁酉，月犯昴。辛亥，熒惑犯鉤鈐。己巳，月奄心大星。占曰：「王者惡之。」是年四月，劉裕討慕容超。十月，魏王珪遇弑殂。六年五月，盧循逼郊甸，宫衛被甲。六年三月丁卯，月奄房南第二星。災在次相。己巳，又奄斗第五星。占曰：「斗主吴，吴地兵起。」太白犯五諸侯。占曰：「諸侯有誅。」五月甲子，月奄斗第五星。己亥，月奄昴第三星。占曰：「國有憂。」一曰：「有白衣之會。」六月己丑，月犯房南第二星。甲午，太白晝見。七月己亥，月犯輿鬼。占曰：「國有憂。」一曰：「秦有兵。」八月壬午，太白犯軒轅大星。甲申，月犯心前星。災在豫州。丙戌，月犯斗第五星。占同上。丁亥，月奄牛宿南星。占曰：「天下有大誅。」乙未，太白犯少微。丙午，太白在少微而晝見。九月甲寅，太白犯左執法。丁丑，填星犯畢。占曰：「有邊兵。」是年三月，始興太守徐道覆反。四月，盧循寇湘中，没巴陵，率衆逼京畿。是月，左僕射孟昶懼王威不振，仰藥自殺。七年十二月，劉蕃梟徐道覆首，杜慧度斬盧循，並傳首京都。八年六月，劉道規卒，時爲豫州刺史。八月，皇后王氏崩。九月，兖州刺史劉蕃、尚書左僕射謝混伏誅。劉裕西討劉毅，斬首徇之。十二月，遣益州刺史朱齡石伐蜀。七年四月辛丑，熒惑入輿鬼。占曰：「秦有兵。」一曰：「雍州有災。」六月，太白晝見，在翼。己亥，填星犯天關。占曰：「臣謀主。」八月，太白犯房南第二星。十一月丙子，太白犯哭星。其七月，朱齡石克蜀，蜀又反，討滅之。八年七月癸亥，月奄房北第二星。己未，月犯井鉞。八月戊申，月犯泣星。十月辛亥，月奄天關。占曰：「有兵。」十一月丁丑，填星犯東井。占曰：「大人憂。」十二月癸卯，填星犯井鉞。是年八月，皇后王氏崩。九月，誅劉蕃、謝混，討滅劉毅。十二月，朱齡石滅蜀。九年二月，熒惑入輿鬼。占曰：「有兵喪。」太白犯南河。占曰：「兵起。」五月壬辰，太白犯右執法，晝見。七月庚午，月奄鉤鈐。占曰：「喉舌臣憂。」九月庚午，歲星犯軒轅大星。己丑，月犯左角。時劉裕擅命，兵革不休。十月，裕討司馬休之，王師不利，休之等奔長安。十年正月丁卯，月犯畢。占曰：「將相有以家坐罪者。」二月己酉，月犯房北星。五月壬寅，月犯牽牛南星。乙丑，歲星犯軒轅大星。占悉同上。六月丙申，月奄氐。占曰：「將死之，國有誅者。」七月庚辰，月犯天關。占曰：「兵起。」熒惑犯井鉞。填星犯輿鬼，遂守之。占曰：「大人憂，宗廟改。」八月丁酉，月奄牽牛南星。占同上。九月，填星犯輿鬼。占曰：「人主憂。」丁巳，太白入羽林。十二月己酉，月犯西咸。占曰：「有陰謀。」十一年，林邑寇交州，距敗之。十一年三月丁巳，月入畢。占曰：「天下兵起。」一曰：「有邊兵。」己卯，熒惑入輿鬼。閏月丙午，填星又入輿鬼。占曰：「爲旱，大疫，爲亂臣。」五月癸卯，熒惑入太微。甲辰，犯右執法。六月己未，太白犯東井。占曰：「秦有兵。」戊寅，犯輿鬼。占曰：「國有憂。」七月辛丑，月犯畢。占同上。八月壬子，月犯氐。占同上。庚申，太白順行，從右掖門入太微。丁卯，奄左執法。十一月癸亥，月入畢。占同上。乙未，月入輿鬼而暈。十二年五月甲申，歲星留房心之間，宋之分野。始封劉裕爲宋公。六月壬子，太白順行入太微右掖門。己巳，月犯畢。占同上。七月，月犯牛宿。十月丙戌，月入畢。十三年五月丙子，月犯軒轅。丁亥，犯牽牛。癸巳，熒惑犯右執法。八月己酉，月犯牽牛。丁卯，月犯太微。占曰：「人君憂。」九月壬辰，熒惑犯軒轅。十月戊申，月犯畢。占悉同上。月犯箕。占曰：「國有憂。」甲寅，月犯畢。占同上。乙卯，填星犯太微，留積七十餘日。占曰：「亡君之戒。」壬戌，月犯太微。十四年三月癸巳，太白犯五諸侯。五月庚子，月犯太微。七月甲辰，熒惑犯輿鬼。占曰：「秦有兵，又爲旱，爲兵喪。」亦曰：「大人憂，宗廟改，亦爲亂臣。」時劉裕擅命，軍旅數興，饑旱相屬，其後卒移晉室。丁巳，月犯東井。占曰：「軍將死。」八月甲子，太白犯軒轅。癸酉，填星入太微，犯右執法，因留太微中，積二百餘日乃去。占曰：「填星守太微，亡君之戒，有徙王。」九月乙未，太白入太微，犯左執法。丁巳，月入太微。占曰：「大人憂。」十月甲申，月入太微。癸巳，熒惑入太微，犯西蕃上將，仍順行，至左掖門内，留二十日，乃逆行。義熙十二年七月，劉裕伐姚泓。十三年八月，擒姚泓，司、兖、秦、雍悉平。十四年，劉裕還彭城，受宋公。十一月，左僕射前將軍劉穆之卒。明年，西虜寇長安，雍州刺史朱齡石諸軍陷没，官軍捨而東。十二月，帝崩。

恭帝元熙元年正月丙午，三月壬寅，五月丙申，月皆犯太微，占悉同上。乙卯，辰星犯軒轅。六月庚辰，太白犯太微。七月己卯，月犯太微，太白晝見。自義熙元年至是，太白經天者九，日蝕者四，皆從上始，革代更王，臣失君之象也。是夜，太白犯哭星。十二月丁巳，月、太白俱入羽林。二年二月庚午，填星犯太微。占悉同上。元年七月，劉裕受宋王。是年六月，帝遜位于宋。

妖星客星

魏文帝黄初三年九月甲辰，客星見太微掖門内。占曰：「客星出太微，國有兵喪。」十月，帝南征孫權。是後，累有征役。六年十月乙未，有星孛于少微，歷軒轅。占「爲兵喪，除舊布新之象。」時帝軍廣陵，辛丑，親御甲冑觀兵。明年五月，帝崩。

明帝太和六年十一月丙寅，有星孛于翼，近太微上將星。占曰：「爲兵喪。」甘氏曰：「孛彗所當之國，是受其殃。翼又楚分野，孫權封略也。」明年，權有遼東之敗。又明年，諸葛亮入秦川。孫權發兵，緣江淮屯要衝，權自圍新城以應亮，天子東征權。

青龍四年十月甲申，有星孛于大辰，長三尺。乙酉，又孛于東方。十一月己亥，彗星見，犯宦者天紀星。占曰：「大辰爲天王，天下有喪。」劉向五紀論曰：「春秋，星孛于東方，不言宿者，不加宿也。宦者在天市，爲中外有兵。天紀爲地震，孛彗主兵喪。」景初元年六月，地震。九月，吴將朱然圍江夏。皇后毛氏崩。二年正月，討公孫文懿。三年正月，明帝崩。

景初二年八月，彗星見張，長三尺，逆西行，四十一日滅。占同上。張，周分野。十月癸巳，客星見危，逆行，在離宫北、騰蛇南。甲辰，犯宗星。己酉滅。占曰：「客星所出有兵喪。虚危爲宗廟，又爲墳墓。客星近離宫，則宫中將有大喪，就先君於宗廟之象也。」三年正月，帝崩。

少帝正始元年十月乙酉，彗星見西方，在尾，長三丈，拂牽牛，犯太白。十一月甲子，進犯羽林。占曰：「尾爲燕，又爲吴，牛亦吴越之分。太白爲上將，羽林中軍兵。爲吴越有喪，中軍兵動。」二年五月，吴遣三將寇邊。吴太子登卒。六月，宣帝討諸葛恪於皖。太尉滿寵薨。六年八月戊午，彗星見七星，長二尺，色白，進至張，積二十三日滅。七年十一月癸亥，又見軫，長一尺，積百五十六日滅。九年三月，又見昴，長六尺，色青白，芒西南指。七月，又見翼，長二尺，進至軫，積四十二日滅。案占曰：「七星張爲周分野，翼軫爲楚，昴爲趙魏。彗所以除舊布新，主兵喪也。」嘉平元年，宣帝誅曹爽兄弟及其黨與，皆夷三族，京師嚴兵。三年，誅楚王彪，又襲王淩於淮南。淮南，東楚也。魏諸王幽於鄴。

嘉平三年十一月癸亥，有星孛于營室，西行，積九十日滅。占曰：「有兵喪。室爲後宫，後宫且有亂。」四年二月丁酉，彗星見西方，在胃，長五六丈，色白，芒南指，貫參，積二十日滅。五年十一月，彗星又見軫，長五丈，在太微左執法西，東南指，積百九十日滅。案占：「胃，兖州之分野。參，主兵。太微，天子庭。執法，爲執政。孛彗爲兵喪，除舊布新之象。」正元元年二月，李豐、豐弟翼、后父張緝等謀亂，皆誅，皇后亦廢。九月，帝廢爲齊王。

高貴鄉公正元元年十一月，白氣出南斗側，廣數丈，長竟天。王肅曰：「蚩尤之旗也，東南其有亂乎？」二年正月，有彗星見于吴楚分，西北竟天。鎮東大將軍毌丘儉等據淮南叛，景帝討平之。案占：「蚩尤旗見，王者征伐四方。」自後又征淮南，西平巴蜀。是歲，吴主孫亮五鳳元年也。斗牛，吴越分。案占：「吴有兵喪，除舊布新之象也。」太平三年，孫綝盛兵圍宫，廢亮爲會稽王，故國志又書於吴也。淮南江東同揚州地，故于時變見吴、楚。楚之分則魏之淮南，多與吴同災。是以毌丘儉以孛爲己應，遂起兵而敗。後三年，即魏甘露二年，諸葛誕又反淮南，吴遣將救之。及城陷，誕衆與吴兵死没各數萬人，猶前長星之應也。

甘露二年十一月，彗星見角，色白。占曰：「彗星見兩角間色白者，軍起不戰，邦有大喪。」景元元年，高貴鄉公爲成濟所害。四年十月丁丑，客星見太微中，轉東南行，歷軫宿，積七日滅。占曰：「客星出太微，有兵喪。」景元元年，高貴鄉公被害。

元帝景元三年十一月壬寅，彗星見亢，色白，長五寸，轉北行，積四十五日滅。占曰：「爲兵喪。」一曰：「彗星見亢，天子失德。」四年，鍾會、鄧艾伐蜀，克之。二將反亂，皆誅。

咸熙二年五月，彗星見王良，長丈餘，色白，東南指，積十二日滅。占曰：「王良，天子御駟。彗星掃之，禪代之表，除舊布新之象也。白色爲喪。王良在東壁宿，又并州之分野。」八月，文帝崩。十二月，武帝受魏禪。

武帝泰始四年正月丙戌，彗星見軫，青白色，西北行，又轉東行。占曰：「爲兵喪，軫又楚分野。」三月，皇太后王氏崩。十月，吴寇江夏、襄陽。五年九月，星孛于紫宫。占如上。紫宫，天子内宫。十年，武元楊皇后崩。十年十二月，有星孛于軫。占曰：「天下兵起，軫又楚分野。」

咸寧二年六月甲戌，星孛于氐。占曰：「天子失德易政。氐，又兖州分。」七月，星孛大角。大角爲帝坐。八月，星孛太微，至翼、北斗、三台。占曰：「太微，天子庭，大人惡之。」一曰：「有改王。翼，又楚分野。北斗主殺罰，三台爲三公。」三年正月，星孛于西方。三月，星孛于胃。胃，徐州分。四月，星孛女御。女御爲後宫。五月，又孛于東方。七月，星孛紫宫。占曰：「天下易主。」四年四月，蚩尤旗見東井。後二年，傾三方伐吴，是其應也。五年三月，星孛于柳。四月，又孛于女御。七月，孛于紫宫。占曰：「外臣陵主。柳，又三河分野。大角、太微、紫宫、女御並爲王者。」明年吴亡，是其應也。孛主兵喪。征吴之役，三河、徐、兖之兵悉出，交戰於吴楚之地，吴丞相都督以下梟戮十數，偏裨行陣之徒馘斬萬計，皆其徵也。

太康二年八月，有星孛于張。占曰：「爲兵喪。」十一月，星孛于軒轅。占曰：「後宫當之。」四年三月戊申，星孛于西南。是年，齊王攸、任城王陵、琅邪王伷、新都王該薨。八年九月，星孛于南斗，長數十丈，十餘日滅。占曰：「斗主爵禄，國有大憂。」一曰：「孛于斗，王者疾病，天下易政，大亂兵起。」

太熙元年四月，客星在紫宫。占曰：「爲兵喪。」太康末，武帝耽宴遊，多疾病。是月己酉，帝崩。永平元年，賈后誅楊駿及其黨與，皆夷三族，楊太后亦見弑。又誅汝南王亮、太保衛瓘、楚王瑋，王室兵喪之應也。

惠帝元康五年四月，有星孛于奎，至軒轅、太微，經三台、太陵。占曰：「奎爲魯，又爲庫兵，軒轅爲後宫，太微天子庭，三台爲三司，太陵有積尸死喪之事。」其後武庫火，西羌反。後五年，司空張華遇禍，賈后廢死，魯公賈謐誅。又明年，趙王倫篡位。於是三王興兵討倫，兵士戰死十餘萬人。

永康元年三月，妖星見南方。占曰：「妖星出，天下大兵將起。」是月賈后殺太子，趙王倫尋廢殺后，斬司空張華，又廢帝自立。於是三王並起，迭總天權。其十二月，彗星出牽牛之西，指天市。占曰：「牛者七政始，彗出之，改元易號之象也。天市一名天府，一名天子旗，帝坐在其中。」明年，趙王倫篡位，改元，尋爲大兵所滅。二年四月，彗星見齊分。占曰：「齊有兵喪。」是時，齊王冏起兵討趙王倫。倫滅，冏擁兵不朝，專權淫奢。明年，誅死。

太安元年四月，彗星晝見。二年三月，彗星見東方，指三台。占曰：「兵喪之象。三台爲三公。」三年正月，東海王越執太尉、長沙王乂，張方又殺之。

永興元年五月，客星守畢。占曰：「天子絶嗣。」一曰：「大臣有誅。」時諸王擁兵，其後惠帝失統，終無繼嗣。二年八月，有星孛于昴畢。占曰：「爲兵喪。昴畢又趙魏分野。」十月丁丑，有星孛于北斗。占曰：「璇璣更授，天子出走。」又曰：「强國發兵，諸侯争權。」是後，諸王交兵，皆有應。明年，惠帝崩。

成帝咸和四年七月，有星孛于西北，犯斗，二十三日滅。占曰：「爲兵亂。」十二月，郭默殺江州刺史劉胤，荆州刺史陶侃討默，斬之。時石勒又始僭號。

咸康二年正月辛巳，彗星夕見西方，在奎。占曰：「爲兵喪。奎，又爲邊兵。」三年正月，石季龍僭天王位。四年，石季龍伐慕容皝，不克。既退，皝追擊之，又破麻秋。時皝稱蕃，邊兵之應也。六年二月庚辰，有星孛于太微。七年三月，杜皇后崩。

康帝建元元年十一月六日，彗星見亢，長七尺，白色。占曰：「亢爲朝廷，主兵喪。」二年，康帝崩。

穆帝永和五年十一月乙卯，彗星見于亢。芒西向，色白，長一丈。六年正月丁丑，彗星又見于亢。占曰：「爲兵喪、疾疫。」其五年八月，褚裒北征，兵敗。十一月，冉閔殺石遵，又盡殺胡十餘萬人，於是中土大亂。十二月，褚裒薨。是年，大疫。

升平二年五月丁亥，彗星出天船，在胃。占曰：「爲兵喪，除舊布新。出天船，外夷侵。」一曰：「爲大水。」四年五月，天下大水。五年，穆帝崩。

哀帝興寧元年八月，有星孛于角亢，入天市。案占曰：「爲兵喪。」三年正月，皇后王氏崩。二月，帝崩。三月，慕容恪攻没洛陽，沈勁等戰死。

海西太和四年二月，客星見紫宫西垣，至七月乃滅。占曰：「客星守紫宫，臣弑主。」六年，桓温廢帝爲海西公。

孝武寧康二年正月丁巳，有星孛于女虚，經氐亢、角、軫、翼、張。至三月丙戌，彗星見於氐。九月丁丑，有星孛于天市。占曰：「爲兵喪。」太元元年七月，苻堅破涼州，虜張天錫。

太元十一年三月，客星在南斗，至六月乃没。占曰：「有兵，有赦。」是後司、雍、兖、冀常有兵役。十二年正月大赦，八月又大赦。十五年七月壬申，有星孛于北河戍，經太微、三台、文昌，入北斗，色白，長十餘丈。八月戊戌，入紫宫乃滅。占曰：「北河戍一名胡門，胡有兵喪。掃太微，入紫微，王者當之。三台爲三公，文昌爲將相，將相三公有災。入北斗，諸侯戮。」一曰：「掃北斗，强國發兵，諸侯争權，大人憂。」二十一年，帝崩。隆安元年，王恭、殷仲堪、桓玄等並發

兵，表以誅王國寶爲名。朝廷順而殺之，并斬其從弟緒，司馬道子由是失勢，禍亂成矣。十八年二月，客星在尾中，至九月乃滅。占曰：「燕有兵喪。」二十年，慕容垂息寶伐魏，爲所破，死者數萬人。二十一年，垂死，國遂衰亡。二十年九月，有蓬星如粉絮，東南行，歷女虛，至哭星。占曰：「蓬星見，不出三年，必有亂臣戮死於市。」是時，王國寶交構朝廷。二十一年九月，帝崩。隆安元年，王恭等興兵，而朝廷殺王國寶、王緒。

安帝隆安四年二月己丑，有星孛于奎，長三丈，上至閣道、紫宮西蕃，入北斗魁，至三台，三月，遂經于太微帝坐端門。占曰：「彗星掃天子庭閣道，易主之象。」經三台入北斗。占同上條。十二月戊寅，有星孛于貫索、天市、天津。占曰：「貴臣獄死，内外有兵喪。天津爲賊斷，王道天下不通。」案占：「災在吴越。」五年二月，有孫恩兵亂，攻侵郡國。於是内外戒嚴，營陣屯守，柵斷淮口。九月，桓玄表至，逆旨陵上。其後玄遂簒位，亂京都，大饑，人相食，百姓流亡，皆其應也。

元興元年十月，有客星色白如粉絮，在太微西，至十二月入太微。占曰：「兵入天子庭。」三年十二月，桓玄簒位，放遷帝、后於尋陽，以永安何皇后爲零陵君。三年二月，劉裕盡誅桓氏。

義熙十一年五月甲申，彗星二出天市，掃帝坐，在房心北。房心，宋之分野。案占：「得彗柄者興，除舊布新，宋興之象。」十四年五月庚子，有星孛于北斗魁中。七月癸亥，彗星出太微西，柄起上相星下，芒漸長至十餘丈，進掃北斗、紫微、中台。占曰：「彗出太微，社稷亡，天下易王；入北斗、紫微，帝宫空。」十四年，劉裕還彭城，受宋公。十二月，帝崩。

恭帝元年正月戊戌，有星孛于太微西蕃。占曰：「革命之徵。」其年，宋有天下。

星流隕

蜀後主建興十三年，諸葛亮帥大衆伐魏，屯于渭南。有長星赤而芒角，自東北西南流，投亮營，三投再還，往大還小。占曰：「兩軍相當，有大流星來走軍上及墜軍中者，皆破敗之徵也。」九月，亮卒于軍，焚營而退，羣帥交怨，多相誅殘。

魏明帝景初二年，宣帝圍公孫文懿於襄平。八月丙寅夜，有大流星長數十丈，白色有芒鬣，從首山東北流，墜襄平城東南。占曰：「圍城而有流星來走城上及墜城中者破。」又曰：「星墜，當其下有戰場。」又曰：「凡星所墜，國易姓。」九月，文懿突圍走，至星墜所被斬，屠城，坑其衆。

元帝景元四年六月，有大流星二並如斗，見西方，分流南北，光照地，隆隆有聲。案占：「流星爲貴使，星大者使大。」是年，鍾、鄧克蜀，二星蓋二帥之象。二帥相背，又分流南北之應。鍾會既叛，三軍憤怒，隆隆有聲，兵將怒之徵也。

武帝泰始四年七月，星隕如雨，皆西流。占曰：「星隕爲百姓叛。西流，吴人歸晉之象也。」三年，吴夏口督孫秀率部曲二千餘人來降。

太康九年八月壬子，星隕如雨。劉向傳云：「下去其上之象。」後三年，帝崩而惠帝立，天下自此亂矣。

惠帝元康四年九月甲午，枉矢東北行，竟天。六年六月丙午夜，有枉矢自斗魁東南行。案占曰：「以亂伐亂。北斗主執殺，出斗魁，居中執殺者，不直之象也。」是後，趙王殺張、裴，廢賈后，以理太子之冤，因自簒盜，以至屠滅，以亂伐亂之應也。一曰，氐帥齊萬年反之應也。

太安二年十一月辛巳，有星晝隕中天北下，光變白，有聲如雷。案占：「名曰營首。營首所在，下有大兵，流血。」明年，劉元海、石勒攻略并州，多所殘滅。王浚起燕代，引鮮卑攻掠鄴中，百姓塗地。有聲如雷，怒之象也。

永興元年七月乙丑，星隕有聲。二年十月，星又隕有聲。占同上。是後，遂亡中夏。

光熙元年五月，枉矢西南流。是時，司馬越西破河間兵，奉迎大駕，尋收繆胤、何綏等，肆無君之心，天下惡之。及死而石勒焚其屍柩，是其應也。

懷帝永嘉元年九月辛卯，有大星如日，自西南流于東北，小者如斗，相隨，天盡赤，聲如雷。占曰：「流星爲貴使，星大者使大。」是年五月，汲桑殺東燕王騰，遂據河北。十一月，始遣和郁爲征北將軍，鎮鄴西。田甄等大破汲桑，斬于樂陵。於是以甄爲汲郡太守，弟蘭鉅鹿太守。小星相隨者，小將別帥之象也。司馬越忿魏郡以東平原以南皆黨於桑，以賞甄等，於是侵掠赤地。有聲如雷，忿怒之象也。四年十月庚子，大星西北墜，有聲。尋而帝蒙塵于平陽。

元帝太興三年四月壬辰，枉矢出虚、危，没翼、軫。占曰：「枉矢所觸，天下之所伐。翼、軫，荆州之分野。」太寧二年，王敦殺譙王承及甘卓，而敦又梟夷，枉矢觸翼之應也。

永昌元年七月甲午，有流星大如甕，長百餘丈，青赤色，從西方來，尾分爲百餘岐，或散。時王敦之亂，百姓流亡之應也。

成帝咸康三年六月辛未，流星大如二斗魁，色青赤，光耀地，出奎中，没婁北。案占：「爲饑，五穀不藏。」是月，大旱，饑。六年二月庚午朔，有流星大如斗，光耀地，出天市，西行入太微。占曰：「大人當之。」八年六月，成帝崩。

穆帝永和八年六月辛巳，日未入，有流星大如三斗魁，從辰巳上，東南行。晷度推之，在箕、斗之間，蓋燕分也。案占：「爲營首。營首之下，流血滂沱。」是時，慕容儁僭稱大燕，攻伐無已。十年四月癸未，流星大如斗，色赤黄，出織女，没造父，有聲如雷。占曰：「燕齊有兵，百姓流亡。」其年十二月，慕容儁遂據臨漳，盡有幽、并、青、冀之地。緣河諸將奔散，河津隔絶。慕容恪攻齊。

升平二年十一月，枉矢自東南流于西北，其長半天。四年十月庚戌，天狗見西南。占曰：「有大兵，流血。」

海西太和四年十月壬申，有大流星西下，有聲如雷。明年，遣使免袁真爲庶人。桓温征壽春，真病死，息瑾代立，求救於苻堅。温破苻堅軍。六年，壽春城陷。

孝武太元六年十月乙卯，有奔星東南經翼、軫，聲如雷。占曰：「楚地有兵，軍破，百姓流亡。」十二月，苻堅荆州刺史梁成、襄陽太守閻震率衆伐竟陵，桓石虔擊大破之，生擒震，斬首七千，獲生口萬人。聲如雷，將帥怒之象也。十三年閏月戊辰，天狗東北下，有聲。占曰：「有大戰，流血。」自是後，慕容垂、翟遼、姚萇、苻登、慕容永並阻兵争强。十四年正月，彭城妖賊又稱僞號於皇丘，劉牢之破滅之。三月，張道破合鄉、太山，向欽之擊走之。

安帝隆安五年三月甲寅，流星赤色，衆多西行，經牽牛、虚、危、天津、閣道，貫太微、紫宫。占曰：「星庶人類，衆多西行，衆將西流之象。經天子庭，主弱臣强，諸侯兵不制。」其年五月，孫恩侵吴郡，殺内史。六月，至京口。於是内外戒嚴，營陣屯守，劉裕追破之。元興元年七月，大饑，人相食。浙江以東流亡十六七，吴郡、吴興户口減半，又流奔而西者萬計。十月，桓玄遣將擊劉軌，破走之。軌奔青州。

雲氣

惠帝永興元年十二月壬寅夜，有赤氣亘天，砰隱有聲。二年十月丁丑，赤氣見北方東西竟天。占曰：「並爲大兵。砰隱有聲，怒之象也。」是後，四海雲擾，九服交兵。

光熙元年十二月甲申，有白氣若虹，中天北下至地，夜見五日乃滅。占曰：「大兵起。」明年，王彌起青徐，汲桑亂河北，毒流天下。

懷帝永嘉三年十一月乙亥，有白氣如帶，出南北方各二，起地至天，貫參伐中。占曰：「天下大兵起。」四年三月，司馬越收繆胤等。又，三方雲擾，攻戰不休。五年三月，司馬越死於寧平城，石勒攻破其衆，死者十餘萬人。六月，京都焚滅，帝如虜庭。

愍帝建興元年十月己巳夜，有赤氣曜於西北。荆州刺史陶侃討杜弢之黨於石城，戰敗。

南朝梁·沈約《宋書》卷二三《天文志一》 魏文帝黄初三年九月甲辰，客星見太微左掖門内。占曰：「客星出太微，國有兵喪。」十月，孫權叛命，帝自南征，前驅臨江，破其將吕範等。是後累有征役。七年五月，文帝崩。

黄初四年三月癸卯，月犯心大星。十二月丙子，月又犯心大星。占曰：「心爲天王，王者惡之。」七年五月，文帝崩。

黄初四年六月甲申，太白晝見。五年十一月辛卯，太白又晝見。案劉向《五紀論》曰：「太白少陰，弱，不得專行，故以己未爲界，不得經天而行。經天則晝見，其占爲兵，爲喪，爲不臣，爲更王。强國弱，小國强。」是時孫權受魏爵號，而稱兵距守。七年五月，文帝崩。八月，吴遂圍江夏，寇襄陽，魏江夏太守文聘固守得全。大將軍司馬懿救襄陽，斬吴將張霸。

黄初四年十一月，月暈北斗。占曰：「有大喪，赦天下。」七年五月，文帝崩，明帝即位，大赦天下。

黄初五年十月，歲星入太微，逆行積百三十九日乃出。占曰：「五星入太微，從右入三十日以上，人主有大憂。」一曰：「有赦至。」七年五月，文帝崩，明帝即位，大赦天下。

黄初六年五月十六日壬戌，熒惑入太微，至二十六日壬申，與歲星相及，俱犯右執法，至二十七日癸酉，乃出。占曰：「從右入三十日以上，人主有大憂。」又「日月五星犯左右執法，大臣有憂」。一曰：「執法者誅。金火尤甚。」十一月，皇子東武陽王鑒薨。七年正月，驃騎將軍曹洪免爲庶人。四月，征南大將軍夏侯尚薨。五月，文帝崩。《蜀記》稱：「明帝問黄權曰：『天下鼎立，何地爲正？』對曰：『當驗天文。往熒惑守心，而文皇帝崩，吴、蜀無事，此其徵也。』」案三國史並無熒惑守心之文，宜是入太微。

黄初六年十月乙未，有星孛于少微，歷軒轅。案占，孛、彗異狀，其殃一也。

爲兵喪除舊布新之象，餘災不盡，爲旱凶飢暴疾。長大見久災深，短小見速災淺。是時帝軍廣陵，辛丑，親御甲冑，跨馬觀兵。明年五月，文帝崩。

魏明帝太和四年十一月壬戌，太白犯歲星。占曰：「太白犯五星，有大兵。犯列宿，爲小兵。」五年三月，諸葛亮以大衆寇天水，遣大將軍司馬懿距退之。

太和五年五月，熒惑犯房。占曰：「房四星，股肱臣將相位也。月五星犯守之，將相有憂。」七月，車騎將軍張郃追諸葛亮，爲其所害。十二月，太尉華歆薨。

太和五年十一月乙酉，月犯軒轅大星。占曰：「女主憂。」十二月甲辰，月犯鎮星。占曰：「女主當之。」六年三月乙亥，月又犯軒轅大星。青龍二年十一月乙丑，月又犯鎮星。三年正月，太后郭氏崩。

太和六年十一月丙寅，太白晝見南斗，遂歷八十餘日恒見。占曰：「吴有兵。」明年，孫權遣張彌等將兵萬人，錫授公孫淵爲燕王。淵斬彌等，虜其衆。

太和六年十一月丙寅，有星孛于翼，近太微上將星。占曰：「爲兵喪。」甘氏曰：「孛彗所當之國，是受其殃。」翼又楚分，孫權封略也。明年，權有遼東之敗。權又自向合肥新城，遣全琮征六安，皆不克而還。又明年，諸葛亮入秦川，據渭南，司馬懿距之。孫權遣陸議、諸葛瑾等屯江夏口，孫韶、張承等向廣陵淮陽，權以大衆圍新城以應亮。於是帝自東征，權及諸將乃退。太和六年十二月，陳王植薨。青龍元年夏，北海王蕤薨。三年正月，太后郭氏崩。

明帝青龍二年二月乙未，太白犯熒惑。占曰：「大兵起，有大戰。」是年四月，諸葛亮據渭南，吴亦起兵應之，魏東西奔命。九月，亮卒，軍退，將帥分争，爲魏所破。案占，太白所犯在南，南國敗，在北，北國敗，此宜在熒惑南也。

青龍二年三月辛卯，月犯輿鬼。輿鬼主斬殺。占曰：「民多病，國有憂，又有大臣憂。」是年夏，大疫，冬，又大病，至三年春乃止。正月，太后郭氏崩。四年五月，司徒董昭薨。

青龍二年五月丁亥，太白晝見，積三十餘日。以晷度推之，非秦、魏，則楚也。是時諸葛亮據渭南，司馬懿與相持。孫權寇合肥，又遣陸議、孫韶等入淮、沔，帝親東征。蜀本秦地，則爲秦、晉及楚兵悉起應占。

青龍二年七月己巳，月犯楗閉。占曰：「天子崩，又爲火災。」三年七月，崇華殿災。景初三年正月，明帝崩。

青龍二年十月戊寅，月犯太白。占曰：「人君死，又爲兵。」景初元年七月，公孫淵叛。二年正月，遣司馬懿討之。三年正月，明帝崩。

蜀後主建興十二年，諸葛亮帥大衆伐魏，屯于渭南，有長星赤而芒角，自東北，西南流投亮營，三投再還，往大還小。占曰：「兩軍相當，有大流星來走軍上及墜軍中者，皆破敗之徵也。」九月，亮卒于軍，焚營而退。羣帥交惡，多相誅殘。

魏明帝青龍三年六月丁未，鎮星犯井鉞。四年閏四月乙巳，復犯。戊戌，太白又犯。占曰：「凡月五星犯井鉞，悉爲兵起。」一曰：「斧鉞用，大臣誅。」景初元年，公孫淵叛，司馬懿討滅之。

青龍三年七月己丑，鎮星犯東井。四年三月癸卯，在參，又還犯之。占曰：「填星入井，大人憂。行近距爲行陰，其占大水，五穀不成。」景初元年夏，大水，傷五穀。九月，皇后毛氏崩。三年正月，明帝崩。

青龍三年十月壬申，太白晝見在尾，歷二百餘日恒見。占曰：「尾爲燕，燕臣强，有兵。」青龍四年三月己巳，太白與月俱加丙，晝見。月犯太白。景初元年七月辛卯，太白又晝見，積二百八十餘日。占悉同上。是時公孫淵自立爲燕王，署置百官，發兵距守，遣司馬懿討滅之。

青龍三年十二月戊辰，月犯鉤鈐。占曰：「王者憂。」景初三年正月，明帝崩。

青龍四年五月壬寅，太白犯畢左股第一星。占曰：「畢爲邊兵，又主刑罰。」九月，涼州塞外胡阿畢師侵犯諸國，西域校尉張就討之，斬首捕虜萬許人。

青龍四年七月甲寅，太白犯軒轅大星。占曰：「女主憂。」景初元年，皇后毛氏崩。

青龍四年十月甲申，有星孛于大辰，長三尺。乙酉，又孛于東方。十一月己亥，彗星見，犯宦者天紀星。占曰：「大辰爲天王，天下有喪。」劉向《五紀論》曰：「《春秋》星孛于東方，不言宿者，不加宿也。」宦者在天市爲中外有兵，天紀爲地震。孛彗主兵喪。景初元年六月，地震。九月，吴將朱然圍江夏，荆州刺史胡質擊走之。皇后毛氏崩。二年正月，討公孫淵。三年正月，明帝崩。

魏明帝景初元年二月乙酉，月犯房第二星。占曰：「將相有憂。」七月，司徒陳矯薨。二年四月，司徒韓暨薨。

景初元年十月丁未，月犯熒惑。占曰：「貴人死。」二年四月，司徒韓暨薨。八月，公孫淵滅。

景初二年二月癸丑，月犯心距星，又犯中央大星。五月己亥，又犯心距星及中央大星。閏月癸丑，月又犯心、中央大星。按占，「大星爲天王，前爲太子，後

爲皇子。犯大星，王者惡之。犯前星，太子有憂。犯後星，庶子有憂。」三年正月，帝崩，太子立，卒見廢爲齊王。正始四年，秦王詢薨。

景初二年八月彗星見張，長三尺，逆西行，四十一日滅。占曰：「爲兵喪。張，周分野，洛邑惡之。」其十月，斬公孫淵。明年正月，明帝崩。

景初二年十月甲午，月犯箕。占曰：「軍將死。」正始元年四月，車騎將軍黄權薨。

景初二年，司馬懿圍公孫淵於襄平。八月丙寅夜，有大流星長數十丈，色白有芒鬣，從首山北流墜襄平城東南。占曰：「圍城而有流星來走城上及墜城中者破。」又曰：「星墜，當其下有戰場。」又曰：「凡星所墜，國易姓。」九月，淵突圍，走至星墜所被斬，屠城阬其衆。

景初二年十月癸巳，客星見危，逆行在離宫北，騰蛇南。甲辰，犯宗星。己酉滅。占曰：「客星所出有兵喪。虚危爲宗廟，又爲墳墓。客星近離宫，則宫中將有大喪，就先君於宗廟，皆王者崩殞之象也。」三年正月，明帝崩。正始二年五月，吴將朱然圍樊城，司馬懿率衆距卻之。

魏齊王正始元年四月戊午，月犯昴東頭第一星。其年十月庚寅，月又犯昴北頭第四星。占曰：「犯昴，胡不安。」二年六月，鮮卑阿妙兒等寇西方，燉煌太守王延斬之，并二千餘級。三年，又斬鮮卑大帥及千餘級。

正始元年十月乙酉，彗星見西方，在尾，長三丈，拂牽牛，犯太白。十一月甲子，進犯羽林。占曰：「尾爲燕，又爲吴，牛亦吴、越之分。太白爲上將，羽林中軍兵。吴、越有兵喪，中軍兵動。」二年五月，吴將全琮寇芍陂，朱然圍樊城，諸葛瑾入沮中。吴太子登卒。六月，司馬懿討諸葛恪於皖，恪焚積聚，棄城走。三年，太尉滿寵薨。

正始二年九月癸酉，月犯輿鬼西北星。西北星主金。三年二月丁未，又犯西南星。西南星主布帛。占曰：「有錢令。」一曰：「大臣憂。」三年三月，太尉滿寵薨。四年正月，帝加元服，賜羣臣錢各有差。

正始四年十月、十一月，月再犯井鉞。是月，司馬懿討諸葛恪，恪棄城走。五年三月，曹爽征蜀。

正始五年十一月癸巳，鎮星犯亢距星。占曰：「諸侯有失國者。」嘉平元年，曹爽兄弟誅。

正始六年八月戊午，彗星見七星，長二尺，色白，進至張，積二十三日滅。七年十一月癸亥，又見軫，長一尺，積百五十六日滅。九年三月，又見昴，長六尺，色青白，芒西南指。七月，又見翼，長二尺，進至軫，積四十二日滅。按占，「七星、張，周分野，翼、軫爲楚，昴爲趙、魏，彗所以除舊布新，主兵喪也。」嘉平元年，司馬懿誅曹爽兄弟及其黨與，皆夷族，京師嚴兵，實始翦魏。三年，誅楚王彪，又襲王淩於淮南。淮南，東楚也。幽魏諸王于鄴。

正始七年七月丁丑，月犯左角。占曰：「天下有兵，將軍死。」九年正月辛亥，月犯亢南星。占曰：「兵起。」一曰：「軍將死。」七月乙亥，熒惑犯畢距星。占曰：「有邊兵。」一曰：「刑罰用。」嘉平元年，曹爽等誅。三年，王淩等又誅。

正始九年七月癸丑，鎮星犯楗閉。占曰：「王者不宜出宫下殿。」明年，車駕謁陵，司馬懿奏誅曹爽等，天子野宿，於是失勢。

魏齊王嘉平元年六月壬戌，太白犯東井距星。二年三月己未，又犯。占曰：「國失政，大臣爲亂。」四月辛巳，太白犯輿鬼。占曰：「大臣誅。」一曰：「兵起。」三年五月，王淩與楚王彪有謀，皆伏誅。人主遂卑。

吴主孫權赤烏十三年五月，日北至，熒惑逆行入南斗。七月，犯魁第二星而東。《漢晉春秋》云逆行。按占，熒惑入南斗，三月，吴王死。一曰：「熒惑逆行，其地有死君。」太元二年權薨，是其應也。故國志書於吴而不書於魏也。是時王淩謀立楚王彪，謂斗中有星，當有暴貴者，以問知星人浩詳。詳疑有故，欲説其意，不言吴有死喪，而言淮南楚分，吴、楚同占，當有王者興，故淩計遂定。

魏齊王嘉平二年十月丙申，月犯輿鬼。占曰：「國有憂。」一曰：「大臣憂。」三年四月戊寅，月犯東井。占曰：「軍將死。」一曰：「國有憂。」五月，王淩、楚王彪等誅。七月，皇后甄氏崩。

嘉平三年五月甲寅，月犯亢距星。占曰：「將軍死。」一曰：「爲兵。」是月，王淩誅。四年三月，吴將朱然、朱異爲寇，鎮東將軍諸葛誕破走之。

嘉平三年七月己巳，月犯輿鬼。九月乙巳，又犯。四年十一月丁未，又犯鬼積尸。五年七月丙午，月又犯鬼西北星。占曰：「國有憂。」正元元年，李豐等誅，皇后張氏廢。九月，帝廢爲齊王。

齊王嘉平三年十月癸未，熒惑犯亢南星。占曰：「大臣有亂。」正元元年二月，李豐等謀亂誅。

嘉平三年十一月癸未，有星孛于營室，西行積九十日滅。占曰：「有兵喪。室爲後宫，後宫且有亂。」四年二月丁酉，彗星見西方，在胃，長五六丈，色白，芒

南指，貫參，積二十日滅。五年十一月，彗星又見軫，長五丈，在太微左執法西，東南指，積百九十日滅。按占：「胃，兖州之分，參白虎主兵，太微天子廷，執法爲執政，孛彗爲兵，除舊布新之象。」正元元年二月，李豐、豐弟兖州刺史翼、后父光禄大夫張緝等謀亂，皆誅，皇后亦廢。九月，帝廢爲齊王，高貴鄉公代立。

嘉平五年六月庚辰，月犯箕。占曰：「軍將死。」正元元年正月，鎮東將軍毌丘儉反，兵敗死。

嘉平五年六月戊午，太白犯角。占曰：「羣臣謀不成。」正元元年，李豐等謀泄，悉誅。

嘉平五年七月，月犯井鉞。正元元年二月，李豐等誅。蜀將姜維攻隴西，車騎將軍郭淮討破之。

嘉平五年十一月癸酉，月犯東井距星。占曰：「軍將死。」至六年正月，鎮東將軍豫州刺史毌丘儉、前將軍揚州刺史文欽反，被誅。

魏高貴鄉公正元元年十一月，有白氣出斗側，廣數丈，長竟天。王肅曰：「蚩尤之旗也。東南其有亂乎！」二年正月，毌丘儉等據淮南以叛，大將軍司馬師討平之。案占：「蚩尤旗見，王者征伐四方。」自後又征淮南，西平巴蜀。是歲，吴主孫亮五鳳元年，斗牛，吴、越分。案占：「有兵喪，除舊布新之象也。」太平三年，孫綝盛兵圍宫，廢亮爲會稽王，孫休代立，是其應也。故國志又書於吴。由是淮南江東同揚州地，故于時變見吴、楚之分。則魏之淮南，多與吴同災，是以毌丘儉以孛爲己應，遂起兵而敗，又其應也。後三年，即魏甘露二年，諸葛誕又反淮南，吴遣朱異救之。及城陷，誕衆吴兵死没各數萬人，猶前長星之應也。

高貴鄉公正元二年二月戊午，熒惑犯東井北轅西頭第一星。占曰：「羣臣有家坐罪者。」甘露元年，諸葛誕族滅。

吴孫亮太平元年九月壬辰，太白犯南斗，《吴志》所書也。占曰：「太白犯斗，國有兵，大臣有反者。」其明年，諸葛誕反。又明年，孫琳廢亮，吴、魏並有兵事也。

魏高貴鄉公甘露元年七月乙卯，熒惑犯井鉞。壬戌，月又犯鉞星。二年八月壬子，歲星犯井鉞。九月庚寅，歲星又逆行乘鉞星。三年，諸葛誕夷滅。

甘露元年八月辛亥，月犯箕。占曰：「軍將死。」九月丁巳，月犯東井。占曰：「軍將死。」二年，諸葛誕誅。

甘露二年六月己酉，月犯心中央大星。景元元年五月，高貴鄉公敗。

甘露二年十月丙寅，太白犯亢距星。占曰：「廷臣爲亂，人君憂。」景元元年，有成濟之變。

甘露二年十一月，彗星見角，色白。占曰：「彗見兩角間，色白者，軍起不戰，邦有大喪。」景元元年，高貴鄉公帥左右兵襲晉文王，未交戰，爲成濟所害。

甘露三年三月庚子，太白犯東井。占曰：「國失政，大臣爲亂。」是夜，歲星又犯東井。占曰：「兵起。」至景元元年，高貴鄉公敗。

甘露三年八月壬辰，歲星犯輿鬼質星。占曰：「斧質用，大臣誅。」甘露四年四月甲申，歲星又犯輿鬼東南星。占曰：「鬼東南星主兵。木入鬼，大臣誅。」景元元年，高貴鄉公敗，殺尚書王經。

甘露四年十月丁丑，客星見太微中，轉東南行，歷軫宿，積七日滅。占曰：「客星出太微，有兵喪。」景元元年，高貴鄉公被害。

魏陳留王景元元年二月，月犯建星。案占「月五星犯建星，大臣相譖」。是後鍾會、鄧艾破蜀，會譖艾，遂皆夷滅。

景元二年四月，熒惑入太微，犯右執法。占曰：「人主有大憂。」又曰：「大臣憂。」後四年，鄧艾、鍾會皆夷滅。五年，帝遜位。

景元三年十一月壬寅，彗星見亢，色白，長五寸，轉北行，積四十五日滅。占爲兵喪。一曰：「彗見亢，天子失德。」四年，鍾會、鄧艾伐蜀克之。會、艾反亂皆誅，魏遜天下。

景元四年六月，大流星二，並如斗，見西方，分流南北，光照隆隆有聲。案占，流星爲貴使，大者使大。是年，鍾、鄧克蜀，二星蓋二帥之象。二帥相背，又分流南北之應。鍾會既叛，三軍憤怒，隆隆有聲，兵將怒之徵也。

景元四年十月，歲星守房。占曰：「將相有憂。」一曰：「有大赦。」明年正月，太尉鄧艾、司徒鍾會並誅滅，特赦益土。咸熙二年秋，又大赦。

陳留王咸熙二年五月，彗星見王良，長丈餘，色白，東南指，積十二日滅。占曰：「王良，天子御駟，彗星掃之，禪代之表，除舊布新之象。白色爲喪。王良在東壁宿，又并州之分。」八月，晉文王薨。十二月，帝遜位于晉。

晉武帝泰始四年正月丙戌，彗星見軫，青白色，西北行，又轉東行。占曰：「爲兵喪。軫又楚分也。」三月，皇太后王氏崩。十月，吴將施績寇江夏，萬彧寇襄陽，後將軍田璋、荆州刺史胡烈等破却之。

泰始四年七月，星隕如雨，皆西流。占曰：「星隕爲民叛，西流，吴民歸晉之

象也。」二年，吴夏口督孫秀率部曲二千餘人來降。

泰始五年九月，有星孛于紫宫，占如上。紫宫，天子内宫。十年，武元楊皇后崩。

泰始十年十二月，有星孛于軫。占曰：「天下兵起。軫又楚分也。」咸寧二年六月，星孛于氐。占曰：「天子失德易政。氐又兖州分。」七月，星孛大角。大角爲帝坐。八月，星孛太微，至翼、北斗、三台。占曰：「太微天子廷，大人惡之。」一曰：「有徙王。翼又楚分也。」「北斗主殺罰，三台爲三公」。三年，星孛于胃。胃，徐州分。四月，星孛女御。女御爲後宫。五月，又孛于東方。七月，星孛紫宫。占曰：「天下易主。」五年三月，星孛于柳。占曰：「外臣陵主。柳又三河分也。大角、太微、紫宫、女御，並爲王者。」明年吴亡，是其應也。孛主兵喪，征吴之役，三河、徐、兖之兵悉出，交戰於吴、楚之地。吴丞相都督以下，梟戮十數，偏裨行陣之徒，馘斬萬計，皆其徵也。《春秋》星孛北方，則齊、魯、晉、鄭、陳、宋、莒之君，並受殺亂之禍。星孛東方，則楚滅陳，三家、田氏分篡齊、晉。漢文帝末，星孛西方，後吴、楚七國誅滅。案泰始末至太康初，災異數見，而晉氏隆盛，吴實滅，天變在吴可知矣。昔漢三年，星孛大角，項籍以亡，漢氏無事，此項氏主命故也。吴、晉之時，天下横分，大角孛而吴亡，是與項氏同事。後學皆以咸寧災爲晉室，非也。

晉武帝咸寧四年四月，蚩尤旗見。案《星傳》，蚩尤旗類彗，而後曲象旗。漢武帝時見，長竟天。獻帝時又見，長十餘丈，皆長星也。魏高貴時則爲白氣。案校衆記，是歲無長星，宜又是異氣。後二年，傾三方伐吴，是其應。至武帝崩，天下兵又起，遂亡諸夏。

咸寧四年九月，太白當見不見。占曰：「是謂失舍，不有破軍，必有死王之墓。又有亡國。」是時羊祜表求伐吴，上許之。五年十一月，兵出，太白始夕見西方。太康元年三月，大破吴軍，孫晧面縛請死，吴國遂亡。

晉武帝太康二年八月，有星孛于張。占曰：「爲兵喪。」周分野，災在洛邑。十一月，星孛軒轅。占曰：「後宫當之。」四年三月戊申，星孛于西南。四年三月癸丑，齊王攸薨。四月戊寅，任城王陵薨。五月己亥，琅邪王伷薨。十一月戊午，新都王該薨。

太康八年三月，熒惑守心。占曰：「王者惡之。」太熙元年四月己酉，武帝崩。

太康八年九月，星孛于南斗，長數十丈，十餘日滅。占曰：「斗主爵禄，國有大憂。」一曰：「孛于斗，王者疾病，臣誅其父，天下易政，大亂兵起。」太熙元年四月，客星在紫宫。占曰：「爲兵喪。」太康末，武帝耽宴遊，多疾病。是月己酉，帝崩。永平元年，賈后誅楊駿及其黨與，皆夷三族。楊太后亦見殺。是年，又誅汝南王亮、太保衛瓘、楚王瑋，王室兵喪之應。

南朝梁·沈約《宋書》卷二四《天文志二》　晉惠帝元康二年二月，天西北大裂。按劉向説：「天裂，陽不足；地動，陰有餘。」是時人主拱默，婦后專制。

元康三年四月，熒惑守太微六十日。占曰：「諸侯三公謀其上，必有斬臣。」一曰：「天子亡國。」是春，太白守畢，至是百餘日。占曰：「有急令之憂。」一曰：「相亡。又爲邊境不安。」是年，鎮、歲、太白三星聚于畢昴。占曰：「爲兵喪。畢昴，趙地也。」後賈后陷殺太子，趙王廢后，又殺之，斬張華、裴頠，遂篡位，廢帝爲太上皇。天下從此遘亂連禍。

元康五年四月，有星孛于奎，至軒轅、太微，經三台、大陵。占曰：「奎爲魯，又爲庫兵，軒轅爲後宫，太微天子廷，三台爲三司，大陵有積屍死喪之事。」明年，武庫火，西羌反。後五年，司空張華遇禍，賈后廢死，魯公賈謐誅。又明年，趙王倫篡位。於是三王興兵討倫，士民戰死十餘萬人。

元康六年六月丙午夜，有枉矢自斗魁東南行。按占曰：「以亂伐亂。北斗主執殺，出斗魁，居中執殺者不直象也。」十月，太白晝見。後趙王殺張、裴，廢賈后，以理太子之冤，因自篡盜，以至屠滅。以亂伐亂，兵喪臣强之應也。

元康九年二月，熒惑守心。占曰：「王者惡之。」八月，熒惑入羽林。占曰：「禁兵大起。」後二年，惠帝見廢爲太上皇，俄而三王起兵討倫，倫悉遣中軍兵，相距累月。

晉惠帝永康元年三月，妖星見南方，中台星坼，太白晝見。占曰：「妖星出，天下大兵將起。台星失常，三公憂。太白晝見爲不臣。」是月，賈后殺太子，趙王倫尋廢殺后及司空張華，又廢帝自立。於是三王並起，迭總大權。

永康元年五月，熒惑入南斗。占曰：「宰相死，兵大起。斗又吴分也。」是時趙王倫爲相，明年篡位，三王興師誅之。太安二年，石冰破揚州。

永康元年八月，熒惑入箕。占曰：「人主失位，兵起。」十二月，彗出牽牛之西，指天市。占曰：「牛者七政始，彗出之，改元易號之象也。」天市一名天府，一名天子禖，帝座在其中。明年，趙王篡位，改元，尋爲大兵所滅。

永康二年二月，太白出西方，逆行入東井。占曰：「國失政，臣爲亂。」四月，彗星見齊分。占曰：「齊有兵喪。」是時齊王冏起兵討趙王倫。倫滅，冏擁兵不朝，專權淫衺，明年誅死。

晉惠帝永寧元年，自正月至于閏月，五星互經天。星傳曰：「日陽，君道也。星陰，臣道也。日出則星亡，臣不得專也。晝而星見午上者爲經天，其占爲不臣，爲更王。今五星悉經天，天變所未有也。」石氏説曰：「辰星晝見，其國不亡，則大亂。」是後台鼎方伯，互秉大權，二帝流亡，遂至六夷强，迭據華夏，亦載籍所未有也。

永寧元年五月，太白晝見。占同前條。七月，歲星守虚危。占曰：「木守虚危，有兵憂。」一曰：「守虚飢；守危徭役煩，下屈竭。」辰星入太微。占曰：「爲内亂。」一曰：「羣臣相殺。」太白守右掖門。占曰：「爲兵，爲亂，爲賊。」八月戊午，鎮星犯左執法，又犯上相。占曰：「上相憂。」熒惑守昴。占曰：「趙、魏有災。」辰星守輿鬼。占曰：「秦有災。」九月丁未，月犯左角。占曰：「人主憂。」一曰：「左將軍死，天下有兵。」

二年四月癸酉，歲星晝見。占曰：「爲臣强。」十月，熒惑太白鬭于虚危。占曰：「大兵起，破軍殺將。虚危，又齊分也。」十二月，熒惑襲太白于營室。占曰：「天下兵起，亡君之戒。」一曰：「易相。」初齊王冏定京都，因留輔政，遂專慠無君。是月，成都、河間檄長沙王乂討之。冏、乂交戰，攻焚宫闕。冏兵敗夷滅，又殺其兄上軍將軍寔以下二十餘人。太安二年，成都攻長沙，於是公私飢困，百姓力屈。

晉惠帝太安二年二月，太白入昴。占曰：「天下擾，兵大起。」三月，彗星見東方，指三台。占曰：「兵喪之象。三台爲三公。」七月，熒惑入東井。占曰：「兵起國亂。」是秋，太白守太微上將。占曰：「上將將以兵亡。」是年冬，成都、河間攻洛陽。三年正月，東海王越執長沙王乂，張方又殺之。

太安二年八月，長沙王奉帝出距二王，庚午，舍于玄武館。是日天中裂爲二，有聲如雷。三占同元康，臣下專僭之象也。是時長沙王擅權，後成都、河間、東海又迭專威命，是其應也。

太安二年十一月辛巳，有星晝隕中天，北下有聲如雷。按占，「名曰營首，營首所在，下有大兵流血。」明年，劉淵、石勒攻略并州，多所殘滅。王浚起燕、代，引鮮卑攻掠鄴中，百姓塗地。有聲如雷，怒之象也。

太安二年十一月庚辰，歲星入月中。占曰：「國有逐相。」十二月壬寅，太白犯月。占曰：「天下有兵。」太安三年正月己卯，月犯太白，占同青龍。熒惑入南斗，占同永康。是月，熒惑又犯歲星。占曰：「有大戰。」七月，左衛將軍陳昣率衆奉帝伐成都，六軍敗績，兵逼乘輿。九月，王浚又攻成都于鄴，鄴潰，成都王由是喪亡。帝還洛，張方脅如長安。是時天下盜賊羣起，張昌尤盛。後二年，惠帝崩。

晉惠帝永興元年五月，客星守畢。占曰：「天子絶嗣。」一曰：「大臣有誅。」七月庚申，太白犯角、亢，經房、心，歷尾、箕。九月，入南斗。占曰：「犯角，天下大戰；犯亢，有大兵，人君憂；入房、心，爲兵喪；犯尾，將軍與民人爲變；犯箕，女主憂。」一曰：「天下亂。入南斗，有兵喪。」一曰：「將軍爲亂。」其所犯守，又兖、豫、幽、冀、揚州之分也。是年七月，有蕩陰之役。九月，王浚殺幽州刺史和演，攻鄴，鄴潰。於是兖、豫爲天下兵衝。陳敏又亂揚土，劉淵、石勒、李雄等並起微賤，跨有州郡。皇后羊氏數被幽廢。光熙元年，惠帝崩，終無繼嗣。

永興元年七月乙丑，星隕有聲。二年十月，星又隕有聲。按劉向説，民去其土之象也。是後遂亡中夏。

永興元年十二月壬寅夜，赤氣亘天，砰隱有聲。二年十月丁丑，赤氣見在北方，東西竟天。占曰：「並爲大兵。砰隱有聲，怒之象也。」是後四海雲擾，九服交兵。

永興二年四月丙子，太白犯狼星。占曰：「大兵起。」九月，歲星守東井。占曰：「有兵。井又秦分也。」是年，苟晞破公師藩，張方破范陽王虓，關西諸將攻河間王顒，顒奔走，東海王迎殺之。

永興二年八月，星孛于昴、畢。占曰：「爲兵喪。」昴、畢，又趙、魏分也。十月丁丑，有星孛于北斗。占曰：「璿璣更授，天子出走。」又曰：「强國發兵，諸侯争權。」是後皆有其應。明年，惠帝崩。

晉惠帝光熙元年四月，太白失行，自翼入尾、箕。占曰：「太白失行而北，是謂返生。不有破軍，必有屠城。」五月，汲桑攻鄴，魏郡太守馮嵩出戰大敗，桑遂害東燕王騰，殺萬餘人，焚燒魏時宫室皆盡。

光熙元年五月，枉矢西南流。占曰：「以亂伐亂之象也。」是時司馬越西破河間，奉迎大駕。尋收繆胤、何綏等，肆其無君之心，天下惡之。死而石勒焚其屍柩，是其應也。

光熙元年九月丁未，熒惑守心。占曰：「王者惡之。」己亥，填星守房、心，又犯歲星。占曰：「土守房，多禍喪。守心，國内亂，天下赦。」又曰：「填與歲合爲内亂。」是時司馬越秉權，終以無禮破滅，内亂之應也。十一月，惠帝崩，懷帝即位，大赦天下。

光熙元年十二月癸未，太白犯填星。占曰：「爲内兵，有大戰。」是後河間王爲東海王越所殺。明年正月，東海王越殺諸葛玫等。五月，汲桑破馮嵩，殺東燕王。八月，苟晞大破汲桑。

光熙元年十二月甲申，有白氣若虹，中天北下至地，夜見五日乃滅。占曰：「大兵起。」

明年，王彌起青、徐，汲桑亂河北，毒流天下。

孝懷帝永嘉元年九月辛亥，有大星自西南流于東北，小者如升相隨，天盡赤，聲如雷。占曰：「流星爲貴使。」是年五月，汲桑殺東燕王騰，遂據河北。十一月，始遣和郁爲征北將軍鎮鄴，而田甄等大破汲桑，斬于樂陵。於是以甄爲汲郡太守，弟蘭鉅鹿太守。小星相隨，小將别帥之象也。司馬越忿魏郡以東，平原以南，皆黨於桑，悉以賞甄等，於是侵略赤地，有聲如雷，怒之象也。

永嘉元年十二月丁亥，星流震散。案劉向説：「天官列宿，在位之象，小星無名者，庶民之類。此百官庶民將流散之象也。」是後天下大亂，百官萬民，流移轉死矣。

永嘉二年正月庚午，太白伏不見。二月庚子，始晨見東方。是謂當見不見，占同上條。其後破軍殺將，不可勝數。帝崩虜庭，中夏淪覆。

永嘉三年正月庚子，熒惑犯紫微。占曰：「當有野死之王。又爲火燒宫。」是時太史令高堂沖奏，乘輿宜遷幸，不然必無洛陽。五年六月，劉曜、王彌入京都，燒宫廟，帝崩于平陽。【略】

永嘉三年十二月乙亥，有白氣如帶出南北方各二，起地至天，貫參伐。占曰：「天下大兵起。」四年三月，司馬越收繆胤、繆播等；又三方雲擾，攻戰不休。五年三月，司馬越死於甯平城，石勒攻破其衆，死者十餘萬人。六月，京都焚滅，帝劫虜庭。

永嘉五年十月，熒惑守心。後二年，帝崩于虜庭。

永嘉六年七月，熒惑、歲星、鎮星、太白聚牛女之間，裴回進退。按占曰：「牛，揚州分。」是後兩都傾覆，而元帝中興揚土，是其應也。

愍帝建武元年五月癸未，太白熒惑合於東井。占曰：「金火合曰爍，爲喪。」是時帝雖劫于平陽，天下猶未敢居其虚位，災在帝也。六月丁卯，太白犯太微。占曰：「兵入天子廷，王者惡之。」七月，愍帝崩于寇庭，天下行服大臨。

晋元帝太興元年七月，太白犯南斗。占曰：「吴、越有兵，大人憂。」二年二月甲申，熒惑犯東井。占曰：「兵起，貴臣相戮。」八月己卯，太白犯軒轅大星。占曰：「後宫憂。」乙未，太白犯歲星，在翼。占曰：「爲兵亂。」三年四月壬辰，枉矢出虚、危，没翼、軫。占曰：「枉矢所觸，天下之所伐。翼、軫，荆州之分也。」五月戊子，太白入太微，又犯上將。占曰：「天子自將，上將誅。」六月丙辰，太白與歲星合于房。占曰：「爲兵饑。」九月，太白犯南斗，占同元年。十月己亥，熒惑在東井，居五諸侯南，踟躕留止，積三十日。占曰：「熒惑守井二十日以上，大人憂；守五諸侯，諸侯有誅者。」十二月己未，太白入月，在斗。郭景純曰：「月屬坎，陰府法象也。太白金行而來犯之，天意若曰刑理失中，自毁其法也。」四年十二月丁亥，月犯歲星在房。占曰：「其國兵飢，民流亡。」永昌元年三月，王敦率江、荆之衆，來攻京都，六軍距戰，敗績。於是殺護軍將軍周顗、尚書令刁協，驃騎將軍劉隗出奔。四月，又殺湘州刺史譙王承、鎮南將軍甘卓。閏十二月，元帝崩。間一年，敦亦梟夷，枉矢觸翼之應也。十月，石他入豫州，略城父、銍二縣民以北，刺史祖約遣軍追之，爲其所没，遂退守壽春。

明帝太寧三年正月，熒惑逆行入太微。占曰：「爲兵喪，王者惡之。」閏八月，帝崩。咸和二年，蘇峻反，攻宫室，太后以憂逼崩，天子幽劫于石頭，遠近兵亂，至四年乃息。

成帝咸和四年七月，有星孛于西北，二十三日滅。占曰：「爲兵亂。」十二月，郭默殺江州刺史劉胤，荆州刺史陶侃討默，明年，斬之。是時石勒又始僭號。

咸和六年正月丙辰，月入南斗。占曰：「有兵。」一曰：「有大赦。」是月胡賊殺略婁、武進二縣民，於是遣戍中洲。明年，胡賊又略南沙、海虞民。是年正月，大赦，伐淮南，討襄陽，平之。

咸和六年十一月，熒惑守胃、昴。占曰：「趙、魏有兵。」八年七月，石勒死，石虎自立，多所殘滅。是時雖勒、虎僭號，而其强弱常占於昴，不關太微紫宫也。

咸和八年三月己巳，月入南斗，與六年占同。其年七月，石勒死，彭彪以譙，石生以長安，郭權以秦州，並歸從。於是遣督護高球率衆救彪，彪敗球退。又石虎、石斌攻滅生、權。咸康元年正月，大赦。

咸和八年七月，熒惑入昴。占曰：「胡王死。」石虎多所攻滅。八月，月犯昴。占曰：「胡不安。」九年六月，月又犯昴。是時石弘雖襲勒位，而石虎擅威暴横。十月，廢弘自立，遂幽殺之。

咸和九年三月己亥，熒惑入輿鬼，犯積屍。占曰：「兵在西北，有没軍死將。」四月，鎮西將軍、雍州刺史郭權始以秦州歸從，尋爲石斌所滅，徙其衆於青、徐。

晉成帝咸康元年二月己亥，太白犯昴。占曰：「兵起，歲大旱。」四月，石虎掠騎至歷陽。朝廷慮其衆也，加司徒王導大司馬，治兵動衆。又遣慈湖、牛渚、蕪湖三戍。五月乃罷。是時胡賊又圍襄陽，征西將軍庾亮遣寧距退之。六月，旱。

咸康元年八月戊戌，熒惑入東井。占曰：「無兵兵起，有兵兵止。」是年夏，發衆列戍。加王導大司馬，以備胡賊。

咸康元年三月丙戌，月入昴。占曰：「胡王死。」十一月，月犯昴。二年八月，月又犯昴。占同。咸和三年，石虎發衆七萬，四年二月，自襲段遼于薊，遼奔敗。又攻慕容皝於棘城，不剋引退，皝追之，殺數百人。虎留其將麻秋屯令支，皝破秋，并虜遼殺之。

咸康二年正月辛巳，彗星夕見西方，在奎。占曰：「爲兵喪。奎又爲邊兵。」四年，石虎伐慕容皝不剋，皝追擊之，又破麻秋。時皝稱藩，邊兵之應也。

咸康二年正月辛卯，月犯房南第二星。占曰：「將相有憂。」五年七月，丞相王導薨。八月，太尉郗鑒薨。六年正月，征西大將軍庾亮薨。

咸康二年九月庚寅，太白犯南斗，因晝見。占曰：「斗爲宰相，又揚州分，金犯之，死喪象。晝見爲不臣，又爲兵喪。」三年，石虎僭稱天王。四年，虎滅段遼而敗於慕容皝。皝，國蕃臣。五年，王導薨。

咸康三年六月辛未，有流星大如二斗魁，色青，赤光耀地，出奎中，没婁北。案占爲飢，五穀不藏。是月，大旱。

咸康三年八月，熒惑入輿鬼，犯積屍。占曰：「貴人憂。」三年八月甲戌，月犯東井距星。占曰：「國有憂，將死。」三年九月戊子，月犯建星。占曰：「易相。」一曰：「大將死。」五年，丞相王導薨，庾冰代輔政。太尉郗鑒、征西大將軍庾亮薨。

咸康三年十一月乙丑，太白犯歲星。占曰：「爲兵飢。」四年二月，石虎破幽州，遷其人萬餘家。李壽殺李期。五年，胡衆五萬寇沔南，略七千餘家而去。又騎二萬圍陷邾城，殺略五千餘人。

咸康四年四月己巳，太白晝見在柳。占曰：「爲兵，爲不臣。」七月乙巳，月掩太白。占曰：「王者亡地，大兵起。」明年，胡賊大寇沔南，陷邾城，豫州刺史毛寶、西陽太守樊峻皆棄城投江死。於是内外戒嚴，左衛桓監、匡術等諸軍至武昌，乃退。七年，慕容皝自稱爲燕王。

咸康四年五月戊午，熒惑犯右執法。占曰：「大臣死，執政者憂。」九月，太白犯右執法。案占，「五星災同，金火尤甚。」十一月戊子，太白犯房上星。占曰：「上相憂。」五年七月己酉，月犯房上星，亦同占。是月庚申，丞相王導薨。

咸康五年四月辛未，月犯歲星，在胃。占曰：「國飢民流。」乙未，月犯畢距星。占曰：「兵起。」是夜，月又犯歲星，在昴。及冬，有沔南、邾城之敗，百姓流亡萬餘家。

咸康六年二月庚午朔，流星大如斗，光耀地，出天市，西行入太微。占曰：「大人當之。」乙未，太白入月。占曰：「人主死。」四月甲午，月犯太白。占曰：「人主惡之。」八年六月，成帝崩。

咸康六年三月甲寅，熒惑從行犯太微上將星。占曰：「上將憂。」四月丁丑，熒惑犯右執法。占曰：「執法者憂。」六月乙亥，月犯牽牛中央星。占曰：「大將憂。」是時尚書令何充爲執法，有譴欲避其咎，明年，求爲中書令。建元二年，庾冰薨，皆大將執政之應也。是歲正月，征西將軍庾亮薨。三月，而熒惑犯上將。九月，石虎大將夔安死。庾冰後積年方薨。豈冰能修德，移禍於夔安乎？

咸康六年四月丙午，太白犯畢距星。占曰：「兵革起。」一曰：「女主憂。」六月乙卯，太白犯軒轅大星。占曰：「女主憂。」七年三月，皇后杜氏崩。

咸康七年三月壬午，月犯房。占曰：「將相憂。」八年六月，熒惑犯房上第二星。占曰：「次相憂。」建元二年，車騎將軍江州刺史庾冰薨。是時驃騎將軍何充居内，冰爲次相也。

咸康七年四月己丑，太白入輿鬼。占曰：「兵革起。」五月，太白晝見。以晷度推之，非秦、魏，則楚也。占曰：「爲臣强，爲有兵。」八月辛丑，月犯輿鬼。占曰：「人主憂。」八年六月，成帝崩。

咸康八年八月壬寅，月犯畢赤星。占曰：「下犯上，兵革起。」十月，月又掩畢赤星。占同。己酉，太白犯熒惑。占曰：「大兵起。」其後庾翼大發兵謀伐胡，

專制上流，朝廷憚之。

康帝建元元年正月壬午，太白入昴。占曰：「趙地有兵。」又曰：「天下兵起。」四月乙酉，太白晝見。八月丁未，太白犯歲星。占曰：「有大兵。」是年，石虎殺其太子邃及其妻子徒屬二百餘人。又遣將劉寧寇没狄道，又使將張舉將萬餘人屯薊東，謀慕容皝。

建元元年十一月六日，彗星見亢，長七尺，尾白色。占曰：「亢爲朝廷，主兵喪。」二年九月，康帝崩。

建元元年，歲星犯天關。安西將軍庾翼與兄冰書曰：「歲星犯天關，占云：『關梁當澁。』比來江東無他故，江道亦不艱難；而石虎頻年再閉關不通信使，此復是天公憒憒無皁白之徵也。」

建元二年閏月乙酉，太白犯斗。占曰：「爲喪，天下受爵禄。」九月，康帝崩，太子立，大赦賜爵也。

晉穆帝永和元年正月丁丑，月入畢。占曰：「兵大起。」戊寅，月犯天關。占曰：「有亂臣更天子之法。」五月辛巳，太白晝見，在東井。占曰：「爲臣强，秦有兵。」六月辛丑，入太微，犯屏西南。占曰：「輔臣有免罷者。」七、八月，月皆犯畢。占同正月。己未，月犯輿鬼。占曰：「大臣有誅。」九月庚戌，月又犯畢。是年初，庾翼在襄陽，七月，翼疾將終，輒以子爰之爲荆州刺史，代己任，爰之尋被廢。明年，桓温又輒率衆伐蜀，執李勢，送至京都。蜀本秦地也。

永和二年二月壬子，月犯房上星。四月丙戌，月又犯房上星。占同前。八月壬申，太白犯左執法。是歲，司徒蔡謨被廢。

永和三年正月壬午，月犯南斗第五星。占曰：「將軍死，近臣去。」五月壬申，月犯南斗第四星，因入魁。占曰：「有兵。」一曰：「有大赦。」六月，月犯東井距星。占曰：「將死，國有憂。」戊戌，月犯五諸侯。占曰：「諸侯有誅。」九月庚寅，太白犯南斗第五星。占曰：「爲喪兵。」四年七月丙申，太白犯左執法。甲寅，月犯房。丁巳，月入南斗犯第二星。乙丑，太白犯左執法。占悉同上。十月甲戌，月犯亢。占曰：「兵起，軍將死。」十一月戊戌，犯上將星。三年六月，大赦。是月，陳逵征壽春，敗而還。七月，氐蜀餘寇反亂益土。九月，石虎伐涼州不克。

永和四年四月，太白入昴。五月，熒惑入婁，犯鎮星。七月，太白犯軒轅。占在趙，及爲兵喪，女主憂。其年八月，石虎太子宣殺弟韜，宣亦死。五年正月，石虎僭稱皇帝，尋病死。是年，褚裒北伐喪衆，又尋薨，太后素服。六年正月，朝會廢樂。

永和五年四月丁未，太白犯東井。占曰：「秦有兵。」九月戊戌，太白犯左角。占曰：「爲兵。」十月，月犯昴。占曰：「朝廷有憂，軍將死。」十一月乙卯，彗星見于亢，芒西向，色白，長一丈。占曰：「爲兵喪。」是年八月，褚裒北征兵敗。十月，關中二十餘壁舉兵歸從，石遵攻没南陽。十一月，冉閔殺石遵，又盡殺胡十餘萬人，於是中土大亂。十二月，褚裒薨。八年，劉顯、苻健、慕容儁並僭號。殷浩北伐敗，見廢。

永和六年二月辛酉，月犯心大星。占曰：「大人憂。心豫州分也。」丁丑，月犯房。占曰：「將相憂。」三月戊戌，熒惑犯歲星。占曰：「爲戰。」六月己丑，月犯昴。占同上。乙未，月犯五諸侯。占同三年。七月壬寅，月始出西方，犯左角。占曰：「大將軍死。」一曰：「天下有兵。」丁未，月犯箕。占曰：「軍將死。」丙寅，熒惑犯鉞星。占曰：「大臣有誅。」八月辛卯，月犯左角，太白晝見在南斗，月犯右執法。占並同上。七年二月，太白犯昴。占同上。乙卯，熒惑入輿鬼，犯積屍。占曰：「貴人憂。」五月乙未，熒惑犯軒轅大星。占曰：「女主憂。」太白入畢口，犯左股。占曰：「將相當之。」六月乙亥，月犯箕。丙子，月犯斗。丁丑，熒惑入太微，犯右執法。八月庚午，太白犯軒轅。戊子，太白犯右執法。占悉同上。七年，劉顯殺石祗及諸胡帥，中土大亂，戎、晉十萬數，各還舊土，互相侵略及疾疫死亡，能達者十二三。是年，桓温輒以大衆求浮江入淮北伐，朝廷震懼。八年，豫州刺史謝尚討張遇，爲苻雄所敗。殷浩北伐敗，被廢。十年，桓温伐苻健，不克而還。

永和八年三月戊戌，月犯軒轅大星。癸丑，月入南斗犯第二星。五月，月犯心星。四月癸酉，月犯房。六月辛巳，日未入，有流星如三斗魁，從辰巳上東南行。晷度推之，在箕、斗之間，蓋燕分也。案占爲營首，營首之下，流血滂沲。七月壬子，歲星犯東井距星。占曰：「內亂兵起。」八月戊戌，熒惑入輿鬼。占曰：「忠臣戮死。」丙辰，太白入南斗，犯第四星。

占曰：「將爲亂。」一曰：「丞相免。」九年二月乙巳，入南斗，犯第三星。三月戊辰，月犯房。八月，歲星犯輿鬼東南星。占，「東南星主兵，兵起」。十二月，月在東井，犯歲星。占曰：「秦飢民流。」是時帝主幼沖，母后稱制，將相有隙，兵革連起。慕容儁僭稱大燕，攻伐無已，故災異數見，殷浩見廢也。

永和十年正月乙卯，月食昴。占曰：「趙、魏有兵。」癸酉，填星奄鉞星。占曰：「斧鉞用。」二月甲申，月犯心大星。占曰：「王者惡之。」四月癸未，流星大如斗，色赤黄，出織女，没造父，有聲如雷。占曰：「燕、齊有兵，民流。」戊午，月犯心大星。七月庚午，太白晝見。晷度推之，災在秦、鄭。九月辛酉，太白犯左執法。十一月，月奄填星，在輿鬼。占曰：「秦有兵。」十一年三月辛亥，月奄軒轅。占同上。四月庚寅，月犯牛宿南星。占曰：「國有憂。」八月己未，太白犯天江。占曰：「河津不通。」十二年六月庚子，太白晝見，在東井。占如上。己未，月犯鉞星。七月丁卯，太白犯填星，在柳。占曰：「周地有大兵。」八月癸酉，月奄建星。九月戊寅，熒惑入太微，犯西蕃上將星。十一月丁丑，熒惑犯太微東蕃上相。十年四月，桓温伐苻健，破其嶢柳衆軍。健壁長安，温退。十二月，慕容恪攻齊。十二年八月，桓温破姚襄於伊水，定周地。十一月，齊城陷，執段龕，殺三千餘人。永和末，鮮卑侵略河、冀，升平元年，慕容儁遂據臨漳，盡有幽、并、青、冀之地。緣河諸將漸奔散，河津隔絶矣。

三年，會稽王以郗曇、謝萬敗績，求自貶三等。是時權在方伯，九服交兵，故譴象仍見。

晉穆帝升平元年四月壬子，太白入輿鬼。丁亥，月奄東井南轅西頭第二星。占曰：「秦地有兵。」一曰：「將死。」六月戊戌，太白晝見，在軫。占同上。軫，楚分也。壬子，月犯畢。占曰：「爲邊兵。」七月辛巳，熒惑犯天江。占曰：「河津不通。」十一月，歲星犯房。壬午，月奄歲星，在房。占曰：「民飢。」一曰：「豫州有災。」二年二月辛卯，填星犯軒轅大星。甲午，月犯東井。閏月乙亥，月犯歲星，在房。占悉同上。五月丁亥，彗出天船，在胃度中。彗爲兵喪，除舊布新，出天船，外夷侵。一曰：「爲大水。」六月辛酉，月犯房。八月戊午，熒惑犯填星，在張。占曰：「兵大起。張，三河分。」十月己未，太白犯哭星。十二月，枉矢自東南流于西北，其長半天。三年正月壬辰，熒惑犯楗閉。案占，「人主憂」。三月乙酉，熒惑逆行犯鉤鈐。案占，「王者惡之」。月犯太白，在昴。占曰：「人君死。」一曰：「趙地有兵，朝廷不安。」六月，太白犯東井。七月乙酉，熒惑犯天江。丙戌，太白犯輿鬼。占悉同上。戊子，月犯牽牛中央大星。占曰：「牽牛，天將也。犯中央星，大將軍死。」八月丁未，太白犯軒轅大星。甲子，月犯畢大星。占曰：「爲邊兵。」一曰：「下犯上。」庚午，太白犯填星，在太微中。占曰：「王者惡之。」二年五月，關中氐帥殺苻生立堅。十二月，慕容儁入屯鄴。八月，安西將軍、豫州刺史謝弈薨。三年十月，諸葛攸舟軍入河，敗績。豫州刺史謝萬入潁，衆潰而歸，除名爲民。十一月，司徒會稽王以二鎮敗，求自貶三等。四年正月，慕容儁死，子暐代立。慕容恪殺其尚書令陽騖等。五月，天下大水。五年五月，穆帝崩。

升平四年正月乙亥，月犯牽牛中央大星。占曰：「大將死。」六月辛亥，辰星犯軒轅。占曰：「女主憂。」己未，太白入太微右掖門，從端門出。占曰：「貴奪勢。」一曰：「有兵。」又曰：「出端門，臣不臣。」八月戊申，太白犯氐。占曰：「國有憂。」丙辰，熒惑犯太微西蕃上將。九月壬午，太白入南斗口，犯第四星。占曰：「爲喪，有赦，天下受爵禄。」十月庚戌，天狗見西南。占曰：「有大兵流血。」十二甲寅，熒惑犯房。丙寅，太白晝見。庚寅，月犯楗閉。占曰：「人君惡之。」五年正月乙巳，填星逆行犯太微。乙丑辰時，月在危宿奄太白。占曰：「天下民靡散。」三月丁未，月犯填星在軫。占曰：「爲大喪。」五月壬寅，月犯太微。庚戌，月犯建星。占曰：「大臣相譖。」辛亥，月犯牽牛宿。占曰：「國有憂。」五年正月，北中郎將郗曇薨。五月，穆帝崩，哀帝立，大赦賜爵，褚后失勢。七月，慕容恪攻冀州刺史吕護於野王，拔之，護奔滎陽。是時桓温以大衆次宛，聞護敗乃退。

升平五年六月癸酉，月奄氐東北星。占曰：「大將當之。」九月乙酉，奄畢。占曰：「有邊兵。」十月丁卯，熒惑犯歲星，在營室。占曰：「大臣有匿謀。」一曰：「衛地有兵。」丁未，月犯畢赤星。占曰：「下犯上。」又曰：「有邊兵。」八月，范汪廢。隆和元年，慕容暐遣傅末波寇河陰，陳祐危逼。

晉哀帝興寧元年八月，星孛大角亢，入天市。按占，「爲兵喪」。三年正月，皇后王氏崩。二月，哀帝崩。三月，慕容恪攻洛陽，沈勁等戰死。

興寧元年十月丙戌，月奄太白，在須女。占曰：「天下民靡散。」一曰：「災在揚州。」三年，洛陽没。其後桓温傾揚州資實，討鮮卑敗績，死亡太半，及征袁真，淮南殘破。後氐及東胡侵逼，兵役無已。

興寧三年正月乙卯，月奄歲星，在參。參，益州分也。六月，鎮西將軍、益州刺史周撫薨。十月，梁州刺史司馬勳入益州以叛，朱序率衆助刺史周楚討平之。

興寧三年七月庚戌，月犯南斗。占曰：「女主憂。」歲星犯輿鬼。占曰：「人君憂。」十月，太白晝見，在亢。占曰：「亢爲朝廷，有兵喪，爲臣强。」哀帝是年二月崩，其災皆在海西也。明年五月，皇后庾氏崩。

晉海西太和元年二月丙子，月奄熒惑，在參。占曰：「爲內亂。」一曰：「參，魏地。」二年正月，太白入昴。五年，慕容暐爲苻堅所滅，司、冀、幽、并四州並屬氐。

太和二年八月戊午，太白犯歲星，在太微。三年六月甲寅，太白奄熒惑，在太微端門中。六年，海西公廢。

太和四年二月，客星見紫宮西垣，至七月乃滅。占曰：「客星守紫宮，臣殺主。」閏月乙亥，月暈軫，復有白暈貫月，北暈斗柄三星。占曰：「王者惡之。」六年，桓温廢帝。

太和四年十月壬申，有大流星西下，聲如雷。案占，「流星爲貴使，星大者使大」。明年，遣使免袁真爲庶人。桓温征壽春，真病死，息瑾代立，求救於苻堅，温破氐軍。六年，壽春城陷，聲如雷，將士怒之象也。

太和六年閏月，熒惑守太微端門。占曰：「天子亡國。」又曰：「諸侯三公謀其上。」一曰：「有斬臣。」辛卯，月犯心大星。占曰：「王者惡之。」十一月，桓温廢帝，并奏誅武陵王，簡文不許，温乃徙之新安。

南朝梁・沈約《宋書》卷二五《天文志三》 晉簡文咸安元年十二月辛卯，熒惑逆行入太微，二年三月猶不退。占曰：「國不安，有憂。」是時帝有桓温之逼，恒懷憂慘。七月，帝崩。

咸安二年正月己酉，歲星犯填星，在須女。占曰：「爲內亂。」五月，歲星形色如太白。占曰：「進退如度，姦邪息。變色亂行，主無福。歲星因於仲夏，當細小而明，此其失常也。又爲臣强。」六月，太白晝見在七星。乙酉，太白犯輿鬼。占曰：「國有憂。」七月，帝疾甚，詔桓温曰：「少子可輔者輔之，如不可，君自取之。」賴侍中王坦之毀手詔，改使如王導輔政故事。温聞之大怒，將誅坦之等，內亂之應也。是月，帝崩。

咸安二年五月丁未，太白犯天關。占曰：「兵起。」六月，庚希入京城，十一月，盧悚入宮，並誅滅。

晉孝武寧康元年正月戊申，月奄心大星。案占，災不在王者，則在豫州。一曰：「主命惡之。」三月丙午，月奄南斗第五星。占曰：「大臣有憂，憂死亡。」一曰：「將軍死。」七月，桓温薨。

寧康二年正月丁巳，有星孛于女虚，經氐、亢、角、軫、翼、張。九月丁丑，有星孛于天市。十一月癸酉，太白奄熒惑，在營室。占曰：「金火合爲爍，此災皆爲兵喪。」太元元年五月，氐賊苻堅伐涼州。七月，氐破涼州，虜張天錫。十一月，桓沖發三州軍軍淮、泗，桓豁亦遣軍備境上。

寧康二年閏月己未，月奄牽牛南星。占曰：「左將軍死。」三年五月，北中郎將王坦之薨。

寧康三年六月辛卯，太白犯東井。占曰：「秦地有兵。」九月戊申，熒惑奄左執法。占曰：「執法者死。」太元元年，苻堅破涼州。十月，尚書令王彪之卒。

晉孝武太元元年四月丙戌，熒惑犯南斗第三星。丙申，又奄第四星。占曰：「兵大起，中國飢。」一曰：「有赦。」八月癸酉，太白晝見在氐。氐，兗州分野。九月，熒惑犯哭泣星，遂入羽林。占曰：「天子有哭泣事，中軍兵起。」十一月己未，月奄左角。占曰：「天子有兵。」一曰：「國有憂。」三年六月，熒惑守羽林。占曰：「禁兵大起。」九月壬午，太白晝見在角，兗州分。元年五月，大赦。三年八月，氐賊韋鍾入漢中東下，苻融寇樊、鄧，慕容暐圍襄陽，氐兗州刺史彭超圍彭城。四年二月，襄陽城陷，賊獲朱序。彭超捨彭城，獲吉挹。彭超等聚廣陵三河衆五萬。於是征虜謝石次涂中，右衛毛安之、游擊河間王曇之等次堂邑，發丹陽民丁，使尹張涉屯衞京都。六月，兗州刺史謝玄討賊，大破之，餘燼皆走。是時中外連兵，比年荒儉。是年，又發揚州萬人戍夏口。

太元四年十一月丁巳，太白犯哭星。占曰：「天子有哭泣事。」五年七月丙子，辰星犯軒轅。占曰：「女主當之。」九月癸未，皇后王氏崩。

太元六年十月乙卯，有奔星東南經翼軫，聲如雷。星說曰：「光迹相連曰流，絶迹而去曰奔。」案占，「楚地有兵」。一曰：「軍破民流。」十二月，氐荆州刺史梁成、襄陽太守閻震率衆伐竟陵，桓石虔擊大破之，生禽震，斬首七千，獲生萬人。聲如雷，將帥怒之象也。七年九月，朱綽擊襄陽，拔將六百餘家而還。

太元七年十一月，太白晝見，在斗。占曰：「吴有兵喪。」八年四月甲子，太白又晝見，在參。占曰：「魏有兵喪。」是月，桓沖征沔漢，楊亮伐蜀，並拔城略地。八月，苻堅自將號百萬，九月，攻没壽陽。十月，劉牢之破堅將梁成斬之，殺獲萬餘人。謝玄等又破堅於淝水，斬其弟融，堅大衆奔潰。九年六月，皇太后褚氏崩。八月，謝玄出屯彭城，經略中州。十年八月，苻堅爲其將姚萇所殺。【略】

太元十一年三月戊申，太白晝見，在東井。占曰：「秦有兵，臣强。」六月甲午，歲星晝見，在胃。占曰：「魯有兵，臣强。」十二年，慕容垂寇東阿，翟遼寇河上，姚萇假號安定，苻登自立隴上，呂光竊據涼土。

太元十一年三月，客星在南斗，至六月乃没。占曰：「有兵。」一曰：「有赦。」是後司、雍、兗、冀常有兵役。十二年正月，大赦。八月，又赦。

太元十二年二月戊寅，熒惑入月。占曰：「有亂臣死，相若有戮者。」一曰：「女親爲敗，天下亂。」是時琅邪王輔政，王妃從兄國寶以姻昵受寵。又陳郡人袁悦昧私苟進，交遘主相，扇揚朋黨。十三年，帝殺悦。於是主相有隙，亂階興矣。

太元十二年十月庚午，太白晝見，在斗。十三年閏月戊辰，天狗東北下有聲。十二月戊子，辰星入月，在危。占曰：「賊臣欲殺主，不出三年，必有内惡。」是月，熒惑在角亢，形色猛盛。占曰：「熒惑失其常，吏且棄其法，諸侯亂其政。」自是後慕容垂、翟遼、姚萇、苻登、慕容永並阻兵争强。十四年正月，彭城妖賊又稱號於皇丘，劉牢之破滅之。三月，張道破合鄉，圍泰山，向欽之擊走之。是年，翟遼又攻没滎陽，侵略陳、項。于時政事多弊，治道陵遲矣。

太元十四年十二月，熒惑入羽林。乙未，月犯歲星。占並同上。十五年，翟遼陸掠司、兗，衆軍累討弗克。鮮卑又跨略并、冀。七月，旱。八月，諸郡大水，兗州又蝗。

太元十五年七月壬申，有星孛于北河戒，經太微、三台、文昌，入北斗，長十餘丈。八月戊戌，入紫微，乃滅。占曰：「北河戒，一名胡門。胡門有兵喪。掃太微，入紫微，王者當之。三台爲三公，文昌爲將相，將相三公有災。入北斗，强國發兵，諸侯争權，大夫憂。」十一月，太白入羽林。占曰：「天子爲軍自守，有反臣。」二十一年九月，孝武帝崩。隆安元年，王恭、殷仲堪、桓玄等並發兵表誅王國寶，朝廷從而殺之，并斬其從弟緒，司馬道子由是失勢，禍亂成矣。

太元十六年十一月癸巳，月奄心前星。占曰：「太子憂。」是時太子常有篤疾。

太元十七年九月丁丑，歲星、熒惑、填星同在亢氐。占曰：「三星合，是謂驚位絶行，内外有兵喪與飢，改立王公。」

太元十八年正月乙酉，熒惑入月。占曰：「憂在宫中，非賊乃盗也。」一曰：「有亂臣，若有戮者。」二十一年九月，帝暴崩内殿，兆庶宣言夫人張氏潛行大逆。于時朝政闇緩，不加顯戮，但默責而已。又王國寶邪狡，卒伏其辜。

太元十八年二月，有客星在尾中，至九月乃滅。占曰：「燕有兵喪。」十九年四月己巳，月奄歲星，在尾。占曰：「爲飢，燕國亡。」二十年，慕容垂遣息寶伐什圭，爲圭所破，死者數萬人。二十一年，垂死，國遂衰亡。

太元二十一年三月，太白連晝見，在羽林。【略】六月，歲星犯哭星。占曰：「有哭泣事。」是年九月，孝武帝崩。隆安元年，王恭舉兵脅朝廷，於是中外戒嚴，戮王國寶以謝之。

晉安帝隆安元年正月癸亥，熒惑犯哭星。占曰：「有哭泣事。」二月，歲星熒惑皆入羽林。占曰：「軍兵起。」四月丁丑，太白晝見，在東井。秦有兵喪。是月，王恭舉兵，内外戒嚴。尋殺王國寶等。六月，羌賊攻洛陽，郗恢遣兵救之。姚萇死，子略代立。什圭自號於中山。

隆安元年六月庚午，月奄太白，在太微端門外。占曰：「國受兵。」乙酉，月奄歲星，在東壁。占曰：「爲飢。衛地有兵。」八月，熒惑守井鉞。占曰：「大臣有誅。」二年六月戊辰，攝提移度失常，歲星晝見在胃。胃，兗州分。是年六月，郗恢遣鄧啓方等以萬人殘虜於滑臺。滑臺，衛地也。啓方等敗而還。九月，王恭、庾楷、殷仲堪、桓玄等並舉兵表誅王愉、司馬尚之兄弟。於是内外戒嚴，大發民衆。仲堪軍至尋陽，禽江州刺史王愉，楷將段方攻尚之於楊湖，爲所敗，方死。王恭司馬劉牢之反恭，恭敗。桓玄至白石，亦奔退。仲堪還江陵。三年冬，荆州刺史殷仲堪爲桓玄所殺。

隆安二年閏月，太白晝見，在羽林。丁丑，月犯東上相。三年五月辛酉，月又奄東上相。辛未，辰星犯軒轅星。占悉同上。是年正月，楊佺期破郗恢，奪其任，殷仲堪又殺之。六月，鮮卑攻没青州。十月，羌賊攻没洛陽。桓玄破荆、雍，殺殷仲堪、楊佺期。孫恩聚衆攻没會稽，殺内史王凝之，劉牢之東討走之。四年七月，太皇太后李氏崩。隆安四年正月乙亥，月犯填星，在牽牛。占曰：「吴、越有兵喪。女主憂。」二月己丑，有星孛于奎，長三丈，上至閣道紫宫西蕃，入斗魁，至三台、太微、帝座、端門。占曰：「彗拂天子廷閣，易主之象。」經三台，入北斗，占同上條。六月乙未，月又犯填星，在牽牛。辛酉，又犯哭星。十月，奄歲星在北河。占曰：「爲飢。」十二月戊寅，有星孛于貫索、天市、天津。占曰：「貴臣獄死，内外有兵喪。天津爲賊斷，王道天下不通。」十二月，太白在斗晝見，至五年正月乙卯。案占，災在吴、越。三月甲寅，流星赤色衆多，西行經牽牛、虚、危、天津、閣道，貫太微、紫宫。占曰：「星者庶民，類衆多西流之象。徑行天子庭，主弱臣强，諸侯兵不制。」七月癸亥，大角星散摇五色。占曰：「王者流散。」丁卯，月犯天關。占曰：「王者憂。」九月庚子，熒惑犯少微，又守之。占曰：「處士誅。」十月戊子，月犯東蕃次相。四年五月，孫恩復破會稽，殺内史謝琰。遣高雅

之等討之。七月，太皇太后李氏崩。十月，妖賊大破高雅之於餘姚，死者十七八。五年二月，孫恩攻句章，高祖拒之。五月，吴郡内史袁山松出戰，爲所殺，死者數千人。六月，孫恩至京口，高祖擊破之。恩軍蒲洲，於是内外戒嚴，營陣屯守，栅斷淮口。恩遣別將攻廣陵，殺三千餘人。恩遁據郁洲。是月，高祖又追破之。九月，桓玄表至，逆旨陵上。十月，司馬元顯大治水軍，將以伐玄。元興元年正月，桓玄東下。是月，孫恩在臨海，人衆餓死散亡，恩亦投水死。盧循自稱征虜將軍，領其餘衆，略有永嘉、晉安之地。二月，帝戎服遣西軍。丁卯，桓玄至姑孰，破歷陽，司馬尚之見殺，劉牢之降于玄。三月，玄剋京都，殺司馬元顯，放太傅道子。七月，大飢，人相食。浙江東餓死流亡十六七，吴郡、吴興户口減半。又流奔而西者萬計。十月，桓玄遣將擊劉軌，破走奔青州。四年，玄遂簒位，遷帝尋陽。

晉安帝元興元年三月戊子，太白犯五諸侯，因晝見。四月辛丑，月奄辰星。七月戊寅，熒惑在東井，熒惑犯輿鬼、積尸。占並同上。八月庚子，太白犯歲星，在上將東南。占曰：「楚兵飢。」一曰：「災在上將。」丙寅，太白奄右執法。九月癸未，太白犯進賢。占曰：「賢者誅。」十月，客星色白如粉絮，在太微西，至十二月，入太微。占曰：「兵入天子庭。」二年二月，歲星犯西上將。六月甲辰，奄斗第四星。占曰：「大臣誅，不出三年。」八月癸丑，太白犯房北第二星。九月己丑，歲星犯進賢，熒惑犯西上將。十月甲戌，太白犯泣星。十一月丁丑，熒惑犯填星。辛巳，月犯熒惑。十二月乙巳，月奄軒轅第二星。占悉同上。元年冬，索頭破羌軍。二年十二月，桓玄簒位，放遷帝后於尋陽，以永安何皇后爲零陵君。三年二月，高祖盡誅桓氏。

元興三年正月戊戌，熒惑逆行犯太微西上相。占曰：「天子戰於野，上相死。」二月甲辰，月奄歲星於左角。占曰：「天下兵起。」丙辰，熒惑逆行在左執法西北。占曰：「執法者憂。」四月甲午，月奄軒轅第二星，填星入羽林。十二月，熒惑太白皆犯羽林。占同上。是年二月丙辰，高祖殺桓脩等。三月己未，破走桓玄，遣軍西討。辛酉，誅左僕射王愉及子荆州刺史綏。桓玄劫帝如江陵。五月，玄下至峥嵘洲，義軍破滅之。桓振又攻没江陵，幽劫天子。明年正月，衆軍攻之，振走，乘輿乃旋。七月，永安何皇后崩。三月，桓振又襲江陵，荆州刺史司馬休之敗走。是月，劉懷肅擊振滅之。其年二月，巴西人譙縱殺益州刺史毛璩及璩弟西夷校尉瑾，跨有西土，自號蜀王。

晉安帝義熙元年三月壬辰，月奄左執法。占同上。【略】太白犯東井。占曰：「秦有兵。」四月己卯，月犯填星，在東壁。占曰：「其地亡國。」一曰：「貴人死。」七月庚辰，太白比晝見，在翼、軫。占曰：「爲臣强。荆州有兵喪。」己未，月奄填星，在東壁。占曰：「其國以伐亡。」一曰：「民流。」八月丁巳，月犯斗第一星。占曰：「天下有兵。」一曰：「大臣憂。」案江左來，南斗有災，則吴越會稽、丹陽、豫章、廬江各隨其星應之。淮南失土，殆不占耳。史闕其説，故不列焉。九月戊子，熒惑犯少微。占曰：「處士誅。」庚寅，熒惑犯右執法。癸卯，熒惑犯左執法。占並同上。十月丁巳，月奄填星營室。占同七月。十一月丙戌，太白奄鉤鈐。占曰：「喉舌臣憂。」十二月己卯，歲星犯天江。占曰：「有兵亂，河津不通。」是年六月，索頭寇沛土，使僞豫州刺史索度真戍相縣，太傅長沙景王討破走之。十一月，荆州刺史魏詠之薨。二年二月，司馬國璠等攻没弋陽。四月，羌伐仇池，仇池公楊盛擊走之。九月，益州刺史司馬榮期爲其參軍楊承祖所害，時文處茂討蜀屢有功，會榮期死，乃退。三年十二月，司徒揚州刺史王謐薨。四年正月，太保武陵王遵薨。三月，左僕射孔安國卒。五年，高祖討鮮卑，并定舊兗之地。

義熙二年二月己丑，月犯心後星。占曰：「豫州有災。」四月癸丑，月犯太微西上將。己未，月犯房南第二星。乙丑，歲星犯天江。占悉同上。五月癸未，月犯左角。占曰：「左將軍死，天下有兵。」壬寅，熒惑犯氐。占曰：「氐爲宿宫，人主憂。」六月庚午，熒惑犯房北第二星。八月癸亥，熒惑犯斗第五星。丁巳，犯建星。九月壬午，熒惑犯哭星，又犯泣星。占悉同上。十二月丙午，月奄太白，在危。占曰：「齊亡國。」一曰：「强國君死。」丁未，熒惑、太白皆入羽林。是年二月甲戌，司馬國璠等攻没弋陽。三年正月，鮮卑寇北徐州，至下邳。八月，遣劉敬宣伐蜀。十二月，司徒王謐薨。四年正月，武陵王遵薨。五年，鮮卑復寇淮北。四月，高祖大軍討之。六月，大戰臨朐城，進圍廣固。十月，什圭爲其子僞清河公所殺。六年二月，拔廣固，禽慕容超，阬斬其衆三千餘人。

義熙三年正月丙子，太白晝見，在奎。二月庚寅，月奄心後星。占悉同上。癸亥，熒惑、填星、太白、辰星聚於奎、婁，從填星也。其説見上九年。五月己丑，太白晝見，在參。占曰：「益州有兵喪，臣强。」六月辛卯，熒惑犯辰星，在翼。占曰：「天下兵起。」八月己卯，太白奄熒惑，又犯執法。占曰：「奄熒惑，有大兵。」辛卯，熒惑犯左執法。九月壬子，熒惑犯進賢。是年正月丁巳，鮮卑寇北徐，至

下邳。八月，劉敬宣伐蜀，不克而旋。四年三月，左僕射孔安國卒。七月，司馬國璠等攻没鄒山，魯郡太守徐邕破走之。姚略遣衆征佛佛，大爲所破。五年，高祖討鮮卑。六年三月，妖賊徐道覆殺鎮南將軍、江州刺史何無忌於豫章。四月，妖賊盧循寇湘中巴陵。五月丙子，循、道覆敗撫軍將軍、豫州刺史劉毅於桑落洲，毅僅以身免。丁丑，循等至蔡洲，遣别將焚京口。庚辰，賊攻焚查浦，查浦戍將距戰不利，高祖遣軍渡淮擊，大破之。司馬國璠寇碭山，竺夔討破之。七月，妖賊南走據尋陽，高祖遣劉鍾等追之。八月，孫季高乘海伐廣州。桓謙以蜀衆聚枝江，盧循將荀林略華容，相去百里。臨川烈武王討謙之，又討林，林退走。鄱陽太守虞丘進破賊别帥於上饒。九月，烈武王使劉遵擊荀林於巴陵，斬之。桓道兒率蔡猛向大薄，又遣劉基討之，斬猛。十月，高祖以舟師南征。是時徐道覆率二萬餘人攻荆州，烈武王距之。戰於江津，大破之，梟殄其十八九。道覆棄戰船走。十一月，劉鍾破賊軍於南陵。癸丑，益州刺史鮑陋卒于白帝，譙道福攻没其衆。庚戌，孫季高襲廣州，剋之。十二月，高祖在大雷，與賊交戰，大破之。賊走左里，進擊，又破，死者十八九。賊還廣州，劉藩等追之。七年二月，藩拔始興城，斬徐道覆。盧循還番禺，攻圍孫季高不能剋。走交州，交州刺史杜慧度斬之。四月，到彦之攻譙道福於白帝，拔之。

義熙四年正月庚子，熒惑犯天江。占同上。五月丁未，月奄斗第二星。占同上。壬子，填星犯天廩。占曰：「天下飢，倉粟少。」六月己丑，太白犯太微西上將。己卯，又犯左執法。十月戊子，熒惑入羽林。占悉同上。五年，高祖討鮮卑。六年，左僕射孟昶仰藥卒。是後南北軍旅，運轉不息。

義熙五年二月甲子，月犯昴。占曰：「胡不安。天子破匈奴。」四月甲戌，熒惑犯辰星，在東井。占同三年。五月戊戌，歲星入羽林。占同上。九月壬寅，月犯昴，占同二月。十月，熒惑犯氐，占同二年。閏月丁酉，月犯昴。占同二月。辛亥，熒惑犯鉤鈐。占同元年。十二月辛丑，太白犯歲星，在奎。占曰：「大兵起。魯有兵。」己酉，月奄心大星。占曰：「王者惡之。」是年四月，高祖討鮮卑。什圭爲其子所殺。十一月，西虜攻安定，姚略自以大衆救之。六年二月，鮮卑滅。皆胡不安之應也。是時鮮卑跨魯地，又魯有兵之應也。五月，盧循逼郊甸，宫衛被甲。義熙六年三月丁卯，月奄房南第二星。占曰：「災在次相。」己巳，又奄斗第五星。占曰：「斗主兵，兵起。」一曰：「將軍死。」太白犯五諸侯。占曰：「諸侯有誅。」五月甲子，月奄斗第五星。占同三月。己亥，月奄昴。占曰：「國有憂。」一曰：「有白衣之會。」六月己丑，月犯房南第二星。甲午，太白晝見。占並同上。七月己亥，月犯輿鬼。占曰：「國有憂。」一曰：「秦有兵。」八月壬午，太白犯軒轅大星。甲申，月犯心前星。災在豫州。丙戌，月犯斗第五星。占悉同上五月。丁亥，月奄牛宿南星。占曰：「天下有大誅。」乙未，太白犯少微。丙午，太白在少微而晝見。九月甲寅，太白犯左執法。丁丑，填星犯畢。占曰：「有邊兵。」是年三月，始興太守徐道覆反，江州刺史何無忌討之，大敗於豫章，無忌死之。四月，盧循寇湘中，没巴陵。五月，循等大破豫州刺史劉毅，毅僅以身免。循率衆逼京畿。是月，左僕射孟昶懼王威不振，仰藥自殺。七年二月，劉藩梟徐道覆首，杜慧度斬盧循，並傳首京都。八年六月，臨川烈武王道規薨，時爲豫州。八月，皇后王氏崩。九月，兖州刺史劉藩，尚書僕射謝混伏誅，高祖西討劉毅，斬之。十二月，遣益州刺史朱齡石伐蜀。九年，諸葛長民伏誅。林邑王范胡達將萬餘人寇九真，九真太守杜慧期距破之。七月，朱齡石滅蜀。

義熙七年四月辛丑，熒惑入輿鬼。占曰：「秦有兵。」一曰：「雍州有災。」六月，太白晝見在翼。占同元年。己亥，填星犯天關。占曰：「臣謀主。」庚子，月犯歲星，在畢。占曰：「有邊兵，且飢。」七月丁卯，歲星犯填星，在參。占曰：「歲、填合爲内亂。」一曰：「益州戰不勝，亡地。」五虹見東方。占曰：「天子黜，聖人出。」八月乙未，月犯歲星，在參。占曰：「益州兵飢。」太白犯房南第二星。十一月丙午，太白犯哭泣星。占悉同上。七月，朱齡石剋蜀，蜀民尋又反，又討滅之。八年，誅劉藩、謝混，滅劉毅。皇后王氏崩。九年，誅諸葛長民。十一年，討荆州刺史司馬休之、雍州刺史魯宗之破之也。

義熙八年正月庚戌，月犯歲星，在畢。占同上。七月癸亥，月奄房北第二星。占同上。甲申，太白犯填星，在東井。占曰：「秦有大兵。」己未，月犯井鉞。八月戊申，月犯泣星。十月辛亥，月奄天關。占曰：「有兵。」十月丁丑，填星犯東井。占曰：「大人憂。」十二月癸卯，填星犯井鉞。是年八月，皇后王氏崩。九月，誅劉藩、謝混，滅劉毅。九年三月，誅諸葛長民。西虜攻羌安定戍，剋之。十二月，朱齡石伐蜀。九年七月，朱齡石滅蜀。

義熙九年二月丙午，熒惑、填星皆犯東井。占曰：「秦有兵。」三月壬辰，歲星、熒惑、填星、太白聚于東井，從歲星也。熒惑入輿鬼。太白犯南河。初義熙三年，四星聚奎，奎、婁，徐州分。是時慕容超僭號於齊，侵略徐、兖，連歲寇抄，至于淮、泗。姚興、譙縱僭僞秦、蜀。盧循、木末，南北交侵。五年，高祖北殄鮮

卑，是四星聚奎之應也。九年，又聚東井。東井，秦分。十三年，高祖定關中，又其應也。而縱、循羣凶之徒，皆已剪滅，於是天人歸望，建國舊徐，元熙二年，受終納禪，皆其徵也。星傳曰：「四星若合，是謂太陽，其國兵喪並起，君子憂，小人流。五星若合，是謂易行。有德受慶，改立王者，奄有四方；無德受罰，離其國家，滅其宗廟。」今案遺文所存，五星聚者有三：周漢以王齊以霸，齊則永終侯伯，卒無更紀之事。是則五星聚有不易行者矣。四星聚者有九：漢光武、晉元帝並中興，而魏、宋並更紀。是則四星聚有以易行者矣。昔漢平帝元始四年，四星聚柳、張，各五日。柳、張，三河分。後有王莽、赤眉之亂，而光武興復於洛。晉懷帝永嘉六年，四星聚牛、女，後有劉聰、石勒之亂，而元皇興復揚土。漢獻帝初平元年，四星聚心，又聚箕、尾。心，豫州分。後有董卓、李傕暴亂，黄巾、黑山熾擾，而魏武迎帝都許，遂以兖、豫定，是其應也。一曰：「心爲天王，大兵升殿，天下大亂之兆也。」韓馥以爲尾箕燕興之祥，故奉幽州牧劉虞，虞既距之，又尋滅亡，固已非矣。尾爲燕，又爲吴，此非公孫度，則孫權也。度偏據僻陋，然亦郊祀備物，皆爲改漢矣。建安二十二年，四星又聚。二十五年而魏文受禪，此爲四星三聚而易行矣。蜀臣亦引後聚爲劉備之應。案太元十九年、義熙三年九月，四星各一聚，而宋有天下，與魏同也。魚豢云：「五星聚冀方，而魏有天下。」熒惑入輿鬼。占曰：「兵喪。」太白犯南河。占曰：「兵起。」後皆有應。

五月壬辰，太白犯右執法，晝見。占同上。七月庚午，月奄鉤鈐。占曰：「喉舌臣憂。」九月庚午，歲星犯軒轅大星。己丑，月犯左角。十年正月丁卯，月犯畢。占曰：「將相有以家坐罪者。」三月己酉，月犯房北星。五月壬寅，月犯牽牛南星。乙丑，歲星犯軒轅大星。占悉同上。六月丙申，月奄氐。占曰：「將死之，國有誅者。」七月庚辰，月犯天關。占曰：「兵起。」熒惑犯井鉞，填星犯輿鬼，遂守之。占曰：「大人憂，宗廟改。」八月丁酉，月奄牽牛南星。占同上。九月，填星犯輿鬼。占曰：「人主憂。」丁巳，太白入羽林。十二月己酉，月犯西咸。占曰：「有陰謀。」十一年三月丁巳，月入畢。占曰：「天下兵起。」一曰：「有邊兵。」己卯，填星入輿鬼。閏月丙午，填星又入輿鬼。占曰：「爲旱，爲疫，爲亂臣。」五月甲申，彗星出天市，掃帝座，在房、心。房、心，宋之分野。案占，得彗柄者興，除舊布新，宋興之象。癸卯，熒惑從行入太微。甲辰，犯右執法。六月己未，太白犯東井。占曰：「秦有兵。」戊寅，犯輿鬼。占曰：「國有憂。」七月辛丑，月犯畢。占同上。八月壬子，月犯氐。占同上。庚申，太白從行從右掖門入太微。丁卯，奄左執法。十一月癸亥，月入畢。占同上。乙未，月入輿鬼而暈。占曰：「主憂，財寶出。」一曰：「暈，有赦。」十二年五月甲申，月犯歲星，在左角。占曰：「爲飢。留房、心之間，宋之分野，與武王伐紂同，得歲者王。」于時晉始封高祖爲宋公。六月壬子，太白從行入太微右掖門。己巳，月犯畢。占同上。七月，月犯牛宿。占曰：「天下有大誅。」十月丙戌，月入畢。占同上。十三年五月丙子，月犯軒轅。丁亥，犯牽牛。癸巳，熒惑犯右執法。八月己酉，月犯牽牛。丁卯，月犯太微。占曰：「人君憂。」九月壬辰，熒惑犯軒轅。十月戊申，月犯畢。占悉同上。月犯箕。占曰：「國有憂。」甲寅，月犯畢。占同上。乙卯，填星犯太微，留積七十餘日。占曰：「亡君之戒。」壬戌，月犯太微。占同上。十一月，月入太微，奄填星。占曰：「王者惡之。」十四年三月癸丑，太白犯五諸侯。占同上。四月壬申，月犯填星，於張。占曰：「天下有大喪。」五月庚子，月犯太微。占同上。壬子，有星孛于北斗魁中。占曰：「有聖人受命。」七月甲辰，熒惑犯輿鬼。占曰：「秦有兵。」丁巳，月犯東井。占曰：「軍將死。」癸亥，彗星出太微西，柄起上相星下，芒漸長至十餘丈，進掃北斗紫微中台。占曰：「彗出太微，社稷亡，天下易王。入北斗紫微，帝宫空。」一曰：「天下得聖主。」八月甲子，太白犯軒轅。癸酉，填星入太微，犯右執法，因留太微中，積二百餘日乃去。占曰：「填星守太微，亡君之戒，有徙王。」九月乙未，太白入太微，犯左執法。丁巳，月入太微。占曰：「大人憂。」十月癸巳，熒惑入太微，犯西蕃上將，仍從行至左掖門內，留二十日乃逆行。至恭帝元熙元年三月五日，出西蕃上將西三尺許，又從還入太微。時填星在太微，熒惑繞填星成鉤己。其年四月二十七日丙戌，從端門出。占曰：「熒惑與填星鉤己，天下更紀。」甲申，月入太微。占同上。十一年正月，高祖討司馬休之、魯宗之等，潰奔長安。五月，林邑寇交州，交州刺史杜慧度距戰于九真，大爲所敗。十二年七月，高祖伐羌。十月，前驅定陝、洛。十三年三月，索頭大衆緣河爲寇，高祖討之奔退，其別帥托跋嵩交戰，又大破之，嵩衆殲焉。進復攻關。八月，擒姚泓，司、兖、秦、雍悉平，索頭兕懼。十四年，高祖還彭城，受宋公。十一月，左僕射前將軍劉穆之卒。明年，西虜寇長安，雍州刺史朱齡石諸軍陷没，官軍舍而東。十二月，安帝崩，母弟琅邪王踐阼，是曰恭帝。

晉恭帝元熙元年正月丙午，三月壬寅，月犯太微。占悉同上。乙卯，辰星犯軒轅。六月庚辰，太白犯太微。七月，月犯歲星。己卯，月犯太微，太白晝見。占悉同上。自義熙元年至是，太白經天者九，日蝕者四，皆從上始。革代更王，

臣民失君之象也。是夜，太白犯哭星。十二月丁巳，月、太白俱入羽林。二年二月庚午，填星犯太微。占悉同上。元年七月，高祖受宋王。二年六月，晉帝遜位，高祖入宫。

南朝梁・沈約《宋書》卷二六《天文志四》 宋武帝永初元年十月辛丑，熒惑犯進賢。占曰：「進賢官誅。」十一月乙卯，熒惑犯填星於角。占曰：「爲喪，大人惡之。」一曰：「兵起。」十二月庚子，月犯熒惑於亢。占曰：「爲内亂。」一曰：「貴人憂。角爲天門，亢爲朝廷。」三年五月，宫車晏駕。七月，太傅長沙景王道憐薨。索頭攻略青、司、兖三州。於是禁兵大出。是後司徒徐羡之、尚書令傅亮、領軍謝晦等廢少帝，内亂之應。

永初元年十二月甲辰，月犯南斗。占曰：「大臣憂。」三年七月，長沙王薨。索虜寇青、司二州，大軍出救。

永初二年六月甲申，太白晝見。占：「爲兵喪，爲臣强。」三年五月，宫車晏駕。尋遣兵出救青、司。其後徐羡之等秉權，臣强之應也。

永初二年六月乙酉，熒惑犯氐。乙巳，犯房。占曰：「氐爲宿宫，房爲明堂，人主有憂。房又爲將相，將相有憂。氐、房又兖、豫分。」三年五月，宫車晏駕。七月，長沙王薨，王領兖州也。景平元年，廬陵王義真廢，王領豫州也。

永初二年十月，太白犯填星於亢。亢，兖州分，又爲鄭。占曰：「大星有大兵，金土合爲内兵。」三年，索頭攻略青、冀、兖三州，禁兵大出，兖州失守，虎牢没。

永初三年正月丁卯，月犯南斗。占同元年。一曰：「女主當之。」二月辛卯，有星孛于虚危，向河津，掃河鼓。占曰：「爲兵喪。」五月，宫車晏駕。明年，遣軍救青、司。二月，太后蕭氏崩。

永初三年二月壬辰，填星犯亢。占曰：「諸侯有失國者，民多流亡。」一曰：「廷臣爲亂。亢，兖州分，又爲鄭。」其年，索頭攻圍司、兖，兖州刺史徐琰委守奔敗，司州刺史毛德祖距守陷没，緣河吏民，多被侵略。

永初三年三月壬戌，月犯南斗。占同正月。五月丙午，犯軒轅。占曰：「女主當之。」六月辛巳，月犯房。占曰：「將相有憂，豫州有災。」癸巳，犯歲星於昴。占曰：「趙、魏兵飢。」其年，虜攻略青、兖、司三州。廬陵王義真廢，王領豫州也。二月，太后蕭氏崩。元嘉三年，司徒徐羡之等伏誅。

永初三年九月癸卯，熒惑經太微犯左執法。己未，犯右執法。占悉同上。十月癸酉，太白犯南斗。占曰：「國有兵事，大臣有反者。」辛巳，熒惑犯進賢。占曰：「進賢官誅。」明年，師出救青、司。景平二年，徐羡之等廢帝徙王。元嘉三年，羡之及傅亮、謝晦悉誅。

永初三年十一月戊午，有星孛于室壁。占曰：「爲兵喪。」明年，兵救青、司。二月，太后蕭氏崩。營室，内宫象也。

永初三年十一月癸亥，月犯亢、氐。占曰：「國有憂。」十二月戊戌，熒惑犯房。房爲明堂，王者惡之。一曰：「將相憂。」景平二年，羡之等廢帝，因害之。元嘉三年，羡之等伏誅。

少帝景平元年正月乙卯，有星孛于東壁南，白色，長二丈餘，拂天苑，二十日滅。二月，太后蕭氏崩。十月戊午，有星孛于氐北，尾長四丈，西北指，貫攝提，向大角，東行，日長六七尺，十餘日滅。明年五月，羡之等廢帝。

文帝元嘉元年十月，熒惑犯心。元嘉三年正月甲寅夜，天東南有黑氣，廣一丈，長十餘丈。元嘉六年五月，太白晝見經天。元嘉七年三月，太白犯歲星於奎。六月，熒惑犯東井輿鬼，入軒轅。月犯歲星。十一月癸未，西南有氣，上下赤，中央黑，廣三尺，長三十餘丈，狀如旌旗。十二月丙戌，有流星頭如甕，尾長二十餘丈，大如數十斛船，赤色有光照人面，從西行經奎北大星南過，至東壁止。其年，索虜寇青、司，殺刺史，掠居民。遣征南大將軍檀道濟討伐，經歲乃歸。

元嘉八年四月辛未，太白晝見，在胃。五月，犯天關東井。六月庚午，熒惑入東井。七月壬戌夜，白虹見東方。丁丑，太白犯上將。八月癸未，太白入太微右掖門内，犯左執法。乙未，熒惑犯積尸。九月丙寅，流星大如斗，赤色，發太微西蕃，北行，未至北斗没，餘光長三丈許。十月丙辰，金土相犯，在須女。月奄天關東井。十二月，月犯房鉤鈐。十年，仇池氏寇漢中，梁州失戍。

元嘉九年正月庚午，熒惑入輿鬼。三月，月犯軒轅。四月，犯左角。歲星入羽林。月犯房鉤鈐。己丑，太白入積尸。五月，犯軒轅。月掩南斗第六星。辛酉，熒惑入太微右掖門，犯右執法。七月丙午，月蝕左角。八月癸未，太白犯心前星。乙酉，犯心明堂星。元嘉十年十月，有流星大如甕，尾長二十餘丈。元嘉十一年二月庚子，月犯畢，入畢口而出，因暈昴、畢，西及五車，東及參。三月丙辰，太白晝見，在參。閏月戊寅，太白犯五諸侯。己丑，月入東井，犯太白。于時司徒彭城王義康專權。

元嘉十二年五月壬戌，月犯右執法。七月壬戌，熒惑犯積尸，奄上將。十月

丙午，月犯右執法。十二月甲申，太白犯羽林。十七年，上將執法皆被誅。

元嘉十三年正月庚午，月犯熒惑。二月，月犯太微東蕃第一星。十一月辛亥，歲星犯積尸。十二月戊子，熒惑入羽林。後年廢大將軍彭城王義康及其黨與。凡所收掩，皆羽林兵出。

元嘉十四年正月，有星晡前晝見東北維，在井左右，黄赤色，大如橘。月犯東井。四月丁未，太白犯輿鬼。五月丙子，太白晝見，在太微。七月辛卯，歲星入軒轅。八月庚申，熒惑犯上將。九月丙戌，熒惑犯左執法。其後皇后袁氏崩。丹陽尹劉湛誅。尚書僕射殷景仁薨。

元嘉十五年四月己卯，月犯氐。十月壬戌，流星大如鴨子，出文昌，入紫宫，聲如雷。十一月癸未，熒惑入羽林。丁未，月犯東井鉞星。其後誅丹陽尹劉湛等。

元嘉十六年二月，歲星逆行犯左執法。五月丁卯，太白晝見胃、昴間。月入羽林。太白犯畢。歲星犯左執法。七月，月會填星。八月，太白犯軒轅。明年，皇后袁氏崩。熒惑犯太微西上將。太白晝見，在翼。九月，熒惑同入太微相犯。太白犯左執法。熒惑犯右執法。十月，歲星熒惑相犯，在亢。十一月，熒惑犯房北第一星。明年，大將軍義康出徙豫章，誅其黨與。尚書僕射、揚州刺史殷景仁薨。

元嘉十九年九月，客星見北斗，漸爲彗星，至天苑末滅。元嘉二十年二月二十四日乙未，有流星大如桃，出天津，入紫宫，須臾有細流星或五或三相續，又有一大流星從紫宫出，入北斗魁，須臾又一大流星出，貫索中，經天市垣，諸流星並向北行，至曉不可稱數。流星占並云：「天子之使。」又曰：「庶民惟星。星流，民散之象。」至二十七年，索虜殘破青、冀、徐、兗、南兗、豫六州，民死太半。

元嘉二十二年二月，金火木合東井。四月，月犯心。太白入軒轅。七月，太白晝見。其冬，太子詹事范曄謀反伏誅。

元嘉二十三年正月，金火相爍。其月，索虜寇青州，驅略民户。

元嘉二十四年正月，月犯心大星。天星並西流，多細，大不過如雞子，尾有長短，當有數百，至旦日光定乃止，有入北斗紫宫者。占：「流星羣趨所之者，兵聚其下，有大急。」又占：「衆星並流，將軍並舉兵。隨星所之，以應天氣。」又占：「流星入紫宫，有喪，水旱不調。」又占：「流星入北斗，大臣有繫者。」又占：「流星爲民，大星大臣流，小星小民流。」四月，太白晝見。八月，征北大將軍衡陽王義季薨。豫章民胡誕世率其宗族破郡縣，殺太守及縣令。

元嘉二十五年正月，火、水入羽林。月犯歲星。太白晝見經天。元嘉二十六年十月，彗星入太微。十一月，白氣貫北斗。二十七年夏，太白晝見經天。九月，太白犯歲星。十月，熒惑入太微。元嘉二十八年五月，彗星見卷舌，入太微，逼帝座，犯上相，拂屏，出端門，滅翼、軫。翼、軫，荆州分。太白晝見犯哭星。三十年，太子巫蠱呪詛事覺，遂殺害朝臣。孝建元年，荆、江二州反，皆夷滅。卷舌，呪詛之象，彗之所起，是其應也。

元嘉二十九年正月，太白晝見，經天。明年，東宫弑逆。

孝武孝建元年二月，有流星大如月西行。其年，豫州刺史魯爽反誅。

孝建元年九月壬寅，熒惑犯左執法。尚書左僕射建平王宏表解職，不許。

孝建元年十月乙丑，熒惑犯進賢星。吏部尚書謝莊表解職，不許。【略】

大明元年三月癸亥，太白在奎南，犯歲星。占曰：「有滅諸侯。」三年，司空竟陵王誕反誅。

大明元年六月丙申，月在東壁，掩熒惑。占曰：「將軍有憂，期不出三年。」至三年，司空竟陵王誕反。

大明二年三月辛未，熒惑入東井。四月己亥，熒惑在東井北犯軒轅第二星。井，雍州分。其年四月，海陵王休茂爲雍州刺史，五年，休茂反誅。

大明二年七月己巳，月掩軒轅第二星。十月辛卯，月掩軒轅。十一月丙戌，月又掩軒轅。軒轅，女主。時民間喧言人主帷薄不修。

大明二年十一月庚戌，熒惑犯房及鉤鈐。壬子，熒惑又犯鉤鈐。占曰：「有兵。」其年，索虜寇歷下，遣羽林軍討破之。

大明三年春正月夜，通天薄雲，四方生赤氣，長三四尺，乍没乍見，尋皆消滅。占名隧星，一曰刀星，天下有兵，戰鬭流血。月入太微，犯次將。占曰：「有反臣死，將誅。」三月，月在房，犯鉤鈐，因蝕。占曰：「人主惡之，將軍死。」三月，土守牽牛。占曰：「大人憂疾，兵起，大赦，姦臣賊子謀欲殺主。」四月，犯五諸侯。占曰：「諸侯誅。」金、水合西方。占曰：「兵起。」五月，歲星犯東井鉞。占曰：「斧鉞用，大臣誅。」六月，月入南斗。占曰：「大臣大將軍誅。」南兗州刺史竟陵王誕尋據廣陵反，遣車騎大將軍沈慶之領羽林勁兵及豫州刺史宗慤、徐州刺史劉道隆衆軍攻戰。及屠城，城内男女道俗，梟斬靡遺。將軍宗越偏用虐刑，先刳腸決眼，或笞面鞭腹，苦酒灌創，然後方加以刀鋸。大兵之應也。八月，月

犯太白。太白犯房。占曰：「人君有憂，天子惡之。」熒惑守畢。占曰：「萬民饑，有大兵。」九月，太白犯南斗。占曰：「大臣有反者。」九月，月在胃而蝕，既，又於昴犯熒惑。占曰：「兵起，女主當之，人主惡之。」一曰：「女主憂，國王死，民饑。」十月，太白犯哭星。占曰：「人主有哭泣之聲。」自後六宮多喪，公主薨亡，天子舉哀相係。歲大旱，民饑。

大明四年正月，月奄氐。占曰：「大將死。」又犯房北第二星。占曰：「有亂臣謀其主。」二月，有赤氣長一尺餘，在太白帝坐北。占曰：「兵起，臣欲謀其君。」五月，月入太微。占曰：「有反臣，大臣死。」六月，太白犯井鉞。占曰：「兵起，斧鉞用，大臣誅。」月犯心前星。占曰：「有亂臣，太子惡之。」月入南斗魁中。占曰：「大人憂，女主惡之。」七月，歲星犯積尸。占曰：「大臣誅。」十二月，月犯心中央大星。占曰：「大人憂。」十二月，通天有雲，西及東北並生，合八所，並長四尺，乍没乍見，尋消盡。占曰：「天下有兵。」十二月，月犯箕東北星。女主惡之。明年，雍州刺史海陵王休茂反。太白犯東井。雍州兵亂之應也。

大明五年正月，歲星犯輿鬼積尸。占曰：「大臣誅，主有憂，財寶散。」月入南斗魁中。占曰：「大人憂，天下有兵。」火、土同在須女。占曰：「女主惡之。」三月，月掩軒轅。占曰：「女主惡之。」有流星數千萬，或長或短，或大或小，並西行，至曉而止。占曰：「人君惡之，民流亡。」四月，太白犯東井北轅。占曰：「大臣爲亂，斧鉞用。」太白犯輿鬼。占曰：「大臣誅，斧鉞用，人主憂。」六月，有流星白色，大如甌，出王良，西南行，没天市中，尾長數十丈，没後餘光良久。占曰：「天下亂。」八月，熒惑入東井。占曰：「大臣當之。」十月，歲星犯太微上將星。太白入亢，犯南第二星。占曰：「上將有憂，輔臣有誅者，人君惡之。」十月，太白入氐中。熒惑入井中。占曰：「王者亡地，大赦，兵起，爲飢。」月入太微，掩西蕃上將，犯歲星。占曰：「有反臣死。」大星大如斗，出柳北行，尾十餘丈，入紫宫没，尾後餘光良久乃滅。占曰：「天下凶，有兵喪，天子惡之。」十一月，月掩心前星，又犯大星。占曰：「大人憂，兵起，大旱。」十二月，太白犯西建中央星。占曰：「大臣相譖。」月犯左角。占曰：「天子惡之。」後三年，孝武帝、文穆皇后相係崩，嗣主即位一年，誅滅宰輔將相，虐戮朝臣，禍及宗室，因自受害。

大明六年正月，月在張，犯歲星。占曰：「民飢流亡。」月犯心後星。占曰：「庶子惡之。」二月，月掩左角。占曰：「天子惡之。」三月，熒惑入輿鬼。占曰：「有兵，大臣誅，天下多疾疫。」五月，月在張，又入太微，犯熒惑。占曰：「國主不安，女主憂。」火犯木在翼。占曰：「爲飢，爲旱，近臣大臣謀主。」有星前赤後白，大如甌，尾長十餘丈，出東壁北，西行没天市，啾啾有聲。占曰：「其下有兵，天下亂。」月掩昴七星。占曰：「貴臣誅，天子破匈奴，胡主死。」歲星犯上將。占曰：「輔臣誅，上將憂。」六月，月入太微，犯右執法。占曰：「人主不安，天下大驚，主不吉，執法誅。」月犯心後星。占曰：「庶子惡之。」七月，月犯箕。占曰：「女主惡之。」【略】自後三年，帝后仍崩，宰輔及尚書令僕誅戮，索虜主死，新安王兄弟受害，司徒豫章王子尚薨，羽林兵入三吴討叛逆。

大明七年正月夜，通天薄雲，四方合有八氣，蒼白色，長二三丈，乍見乍没，名刀星。占曰：「天下有兵。」三月，月犯心後星。占曰：「庶子惡之。」四月，火犯金，在婁。占曰：「有喪，有兵，大戰。」六月，月犯箕。占曰：「女主惡之。」太白入東井。占曰：「大臣當之。」太白犯東井。占曰：「大臣爲亂，斧鉞用。」七月，熒惑入東井。占曰：「兵起，大將當之。」月入南斗魁，犯第二星。占曰：「大人憂，吴郡當之。」太白犯輿鬼。占曰：「兵起，大將誅，人主憂，財帛出。」八月，月入哭星中間。太白犯軒轅少微星。占曰：「人主憂，哭泣之聲，民飢流亡。」太白入太微。占曰：「近臣起兵，國不安。」熒惑犯鬼。太白犯右執法。占曰：「大臣誅。」十月，金水相犯。占曰：「天下飢。」熒惑守軒轅第二星。占曰：「宫中憂，有哀。」十一月，歲星入氐。占曰：「諸侯人君有入宫者。」十二月，月犯五車。占曰：「天庫兵動。」後二年，帝后崩，大臣將相誅滅，皇子被害，皇太后崩，四方兵起，分遣諸軍推鋒外討。

大明八年正月，月掩輿鬼。占曰：「大臣誅。」月入南斗魁中，掩第二星。占曰：「大人憂，女主惡之。」二月，月犯南斗第四星，入魁中。占曰：「大人有憂，女主當之。豫章受災。」四月，月入南斗魁中，犯第三星。占曰：「大人有憂，女主惡之。丹陽當之。」太白入東井，入太微，犯執法。占曰：「執法誅，近臣起兵，國不安。」六月，歲星犯氐。占曰：「歲大飢。」有流星大如五斗甌，赤色有光，照見人面，尾長一丈餘，從參北東行，直下經東井，過南河，没。占曰：「民飢，吴、越有兵。」七月，歲星入氐。十月，太白守房。占曰：「有兵，大喪。」月掩食房。占曰：「有喪，大飢。」此後國仍有大喪，丹陽尹顔師伯、豫章王子尚死。明年，昭太后崩。四方賊起，王師水陸征伐，義興晉陵縣大戰，殺傷千計。

前廢帝永光元年正月丁酉，太白掩牽牛。牽牛越分。其月庚申，月在虛宿，犯太白。虛，齊地。二月甲申，月入南斗。南斗，揚州分野。又爲貴臣。三月庚

子，月入輿鬼，犯積尸。輿鬼主斬戮。六月庚午，熒惑入東井。東井，雍州分。其月壬午，有大流星，前赤後白，入紫宫。景和元年九月丁酉，熒惑入軒轅，在女主大星北。十月，熒惑入太微，犯西上將。十一月丁未，太白犯哭星。其月乙卯，月犯心。心爲天王。其年，太宰江夏王義恭、尚書令柳元景、尚書僕射顔師伯等並誅。太尉沈慶之薨。廬陵王敬先、南平王敬猷、南安侯敬淵並賜死。廢帝殞。明年，會稽太守尋陽王子房、廣州刺史袁曇遠、雍州刺史袁顗、青州刺史沈文秀並反。昭太后崩。

明帝泰始元年十二月己巳，太白入羽林。占曰：「羽林兵動。」乙亥，白氣入紫宫。占曰：「有喪事。」明年，羽林兵出討。昭太后崩。

泰始二年正月甲午，熒惑逆行在屏西南。占曰：「有兵在中。」其月丙申，月暈五車，通畢、昴。占曰：「女主惡之。」其月庚子，月犯輿鬼。占曰：「將軍死。」其月甲寅，流星從五車出，至紫宫西蕃没。占曰：「有兵。」其月丙辰，黑氣貫宿。占曰：「王侯有歸骨者。」三月乙未，有流星大小西行，不可稱數，至曉乃息。占曰：「民流之象。」四月壬午，熒惑入太微，犯右執法。月在丙子，歲星晝見南斗度中。占曰：「其國有軍容，大敗。」其月己卯，竟夜有流星百餘西南行，一大如甌，尾長丈餘，黑色，從河鼓出。又曰：「有兵。」其月壬午，太白在月南並出東方，爲犯。占曰：「有破軍死將，王者亡地。」七月甲午，月犯心。心爲宋地。其月丙午，月犯南斗。占曰：「大臣誅。」【略】其年，四方反叛，内兵大出，六師親戎。昭太后崩。大將殷孝祖爲南賊所殺。尚書右僕射蔡興宗以熒惑犯右執法，自解，不許。九月，諸方反者皆平，多有歸降者。後失淮北四州地，彭城、兖州並爲虜所没，民流之驗也。彭城，宋分也。【略】

泰始三年六月甲辰，月犯東井。占曰：「軍將死。」熒惑犯輿鬼。占曰：「金錢散。」又曰：「不出六十日，必大赦。」八月癸卯，天子以皇后六宫衣服金釵雜物賜北征將士。明年二月，護軍王玄謨薨。【略】

泰始五年二月丙戌，月犯左角。占曰：「三年天子惡之。」三月庚申，月犯建星。占曰：「易相。」十月壬午，月犯畢。占曰：「天子用法，誅罰急，貴人有死者。」其月丙申，太白犯亢。占曰：「收斂國兵以備北方。」其年冬，建安王休仁解揚州，桂陽王休範爲揚州。揚州牧前後常宰相居之，易相之驗也。七年，晉平王休祐、建安王休仁並見殺。時失淮北，立戍以備防北虜。後三年，宫車晏駕。

泰始六年正月辛巳，月犯左角。同前占。八月壬辰，熒惑犯南斗。南斗，吴分。十一月乙亥，月犯東北轅。占曰：「大人當之。」又曰：「大臣有誅者。」二年，殺揚州刺史王景文。宫車晏駕。

後廢帝元徽二年七月丙申，太白入角，犯歲星。占曰：「角爲天門，國將有兵事。」占，於角太白與木星會，殺軍在外，破軍殺將。其月丁巳，太白入氐。氐爲天子宿宫，太白兵凶之星。八月己巳，太白犯房北頭第二星。占曰：「王失德。」九月癸卯，太白犯南斗第三星。占曰：「大人當之，國易政。」十月丙戌，歲星入氐。占曰：「諸侯人君有來入宫者。」十一月庚戌，月入太微，奄屏西南星。占曰：「貴者失勢。」四年七月，建平王景素據京口反。時廢主凶悖無度，五年七月殞，安成王入纂皇阼。三年，齊受禪。

元徽四年三月乙巳，月犯房北頭第一星，進犯鍵閉星。占曰：「有謀伏甲兵在宗廟中，天子不可出宫下堂，多暴事。」九月甲辰，填星犯太微西蕃。占曰：「立王。」一曰：「徙王。」又曰：「大人憂。」時廢帝出入無度，卒以此殞，安成王立。

元徽五年正月戊申，月犯南斗第五星。與前同占。四月丁巳，熒惑犯輿鬼西北星。占曰：「大人憂，近期六十日，遠期六百日。」又曰：「人君惡之。」其月丙子，太白犯輿鬼西北星。占曰：「大赦。」五月戊申，太白晝見午上，光明異常。占曰：「更姓。」六月壬戌，月犯鉤鈐星。占曰：「有大令。」其月乙丑，月犯南斗第四星。與前同占。七月，廢帝殞，大赦天下。後二年，齊受禪。

順帝昇明元年八月庚申，月入南斗，犯第三星。與前同占。九月丁亥，太白在翼，晝見經天。占曰：「更姓。」閏十二月癸卯夜，月奄南斗第四星。與前同占。

北齊·魏收《魏書》卷一〇五之一《天象志一》 皇始二年十月壬辰，日暈，有佩璚。占曰「兵起」。天興元年九月，烏丸張超收合亡命，聚黨三千餘家，據勃海之南皮，自號征東大將軍、烏丸王，鈔掠諸郡。詔將軍庾岳討之。

天興三年六月庚辰朔，日有蝕之。占曰「外國侵，土地分」。五年五月，姚興遣其弟義陽公平率衆四萬來侵平陽，乾壁爲平所陷。

六年四月癸巳朔，日有蝕之。占曰「兵稍出」。十月，太祖詔將軍伊謂率騎二萬北襲高車，大破之。

天賜五年七月戊戌朔，日有蝕之。占曰「后死」。六年七月，夫人劉氏薨，後謚爲宣穆皇后。【略】

世祖始光四年六月癸卯朔，日有蝕之。占曰「諸侯非其人」。神䴥元年二月，司空奚斤、監軍侍御史安頡討赫連昌，擒之於安定。其餘衆立昌弟定爲主，走還平涼，斤追之，爲定所擒。將軍丘堆棄甲與守將高涼王禮東走蒲坂，世祖怒，斬堆。【略】

（太平真君）六年六月戊子朔，日有蝕之。占曰「有九族夷滅」。七年正月戊辰，世祖車駕次東雍州。庚午，圍薛永宗營壘。永宗出戰，大敗，六軍乘之，永宗衆潰，斬永宗，男女無少長皆赴汾水而死。

七年六月癸未朔，日有蝕之。占曰「不臣欲殺」。八年三月，河西王沮渠牧犍謀反，伏誅。

十年夏四月丙申朔，日有蝕之。

六月庚寅朔，日有蝕之。占曰「將相誅」。十一年六月己亥，誅司徒崔浩。【略】

（和平）三年二月壬子朔，日有蝕之。占曰「有白衣之會」。六年五月癸卯，高宗崩。【略】

（皇興）二年四月丙子朔，日有蝕之。占曰「將誅」。四年十月，誅濟南王慕容白曜。

十月癸酉朔，日有蝕之。占曰「尊后有憂」。三年，夫人李氏薨，後謚思皇后。【略】

高祖延興元年十二月癸卯，日有蝕之。占曰「有兵」。二年正月乙卯，統萬鎮胡民相率北叛，遣寧南將軍、交阯公韓拔等滅之。

四年正月癸酉朔，日有蝕之。占曰「有崩主，天下改服。有大臣死」。五年十二月己丑，征北大將軍城陽王壽薨。六年六月辛未，顯祖崩。【略】

（太和）二月乙酉晦，日有蝕之。占曰「有欲反者，近三月，遠三年」。四年正月癸卯，洮陽羌叛，枹罕鎮將討平之。

九月乙巳朔，日有蝕之。占曰「東邦發兵」。四年十月丁未，蘭陵民桓富殺其縣令，與昌慮桓和北連太山羣盜張和顏等，聚黨保五固，推司馬朗之爲主，詔淮陽王尉元等討之。

三年春正月癸丑，日暈，東西有珥，有佩戟一重，北有偃戟四重，後有白氣貫日珥，狀如車輪。京師不見，雍州以聞。【略】

三月癸卯朔，日有蝕之。占曰「大臣誅」。四月，雍州刺史宜都王目辰有罪，賜死。【略】

五年正月庚辰，日暈，東西有珥；南北並白氣，長一丈，廣二尺許；北有連環暈。又貫珥內，復有直氣，長三丈許，內黃，中青，外白。暈乍成，散，乃滅。【略】

八年正月戊寅，有白氣貫日。占曰「近臣亂」。十年三月丁亥，中散梁衆保等謀反，伏誅。【略】

十三年二月乙亥朔，日十五分蝕八。占曰「有白衣之會」。十一月己未，安豐王猛薨。

十四年二月己巳朔未時，雲氣班駁，日十五分蝕一。占曰「有白衣之會」。九月癸丑，文明太皇太后馮氏崩。

十五年正月癸亥晦，日有蝕之。占曰「王者將兵，天下擾動」。十七年六月丙戌，高祖南伐。【略】

二十三年六月己卯，日中有黑氣。占曰「內有逆謀」。八月癸亥，南徐州刺史沈陵南叛。【略】

正始元年十二月丙戌，黑氣貫日。壬子，日有冠珥，內黃外青。占曰「天下喜」。三年正月丁卯，皇子生，大赦天下。【略】

（永平）四年十一月癸卯，日中有黑氣二，大如桃。占曰「天子崩」。延昌四年正月丁巳，世宗昇遐。

十二月壬戌朔，日有蝕之，在牛四度。占曰「其國叛兵發」。延昌二年二月庚辰，蕭衍郁洲民徐玄明等斬送衍鎮北將軍、青冀二州刺史張稷首，以州內附。【略】

（延昌）二年閏月辛亥，日中有黑氣。占曰「內有逆謀」。三年十一月丁巳，幽州沙門劉僧紹聚衆反，自號浄居國明法王，州郡捕斬之。【略】

肅宗熙平元年三月戊辰朔，日有蝕之。丁丑，日出無光，至于酉時。占曰「兵起」。神龜元年正月，秦州羌反；二月己酉，東益州氐反；七月，河州民却鐵忽聚衆反，自稱水池王。【略】

神龜元年三月丁丑，白虹貫日。占曰「天下有來臣之衆，不三年」。十一月乙酉，蠕蠕莫緣梁賀侯豆率男女七百口來降。【略】

正光元年正月乙亥朔，日有蝕之。占曰「有大臣亡」。七月丙子，殺太傅、領太尉、清河王懌。【略】

(正光三年)五月壬辰朔，日有蝕之。占曰「秦邦不臣」。五年六月，秦州城人莫折大提據城反，自稱秦王。【略】

十一月己丑朔，日有蝕之。占曰「有小兵，在西北」。四年二月己卯，蠕蠕主阿那瓌率衆犯塞。【略】

(正光五年)三月丁卯，日暈三重，外青内赤。占曰「有謀其主」。孝昌元年正月庚申，徐州刺史元法僧據城反，自稱宋王。【略】

孝昌元年十二月丙戌，白虹刺日不過，虹中有一背。占曰「有臣背其主」，一曰「有反城」。三年九月己卯，東豫州刺史元慶和據城南叛。【略】

(永安二年)十月己酉朔，日從地下蝕出，十五分蝕七，虧從西南角起。占曰「西夷欲殺，後有大兵，必西行」。三年四月丁卯，雍州刺史尒朱天光討擒万俟醜奴、蕭寶夤於安定，送京師斬之。【略】

(普泰元年)六月己亥朔，日蝕從西南角起，雲陰不見，定相二州表聞。占曰「主弱，小人持政」。時尒朱世隆兄弟專擅威福。【略】

(太昌元年)十月辛酉朔，日從地下蝕出，虧從西南角起。占曰「有兵大行」。永熙二年正月甲午，齊獻武王自晉陽出討尒朱兆。丁酉，大破之於赤洪嶺，兆遁走自殺。

永熙二年四月己未朔，日有蝕之，在丙，虧從正南起。占曰「君陰謀」。三年五月辛卯，出帝爲斛斯椿等諸佞關構，猜於齊獻武王，託討蕭衍，盛暑徵發河南諸州之兵，天下怪惡之。語在斛斯椿傳。

三年四月癸丑，日有蝕之。占曰「有亂殺天子者」。七月丁未，出帝爲斛斯椿等迫脅，遂出於長安。

孝静元象元年春正月辛丑朔，日有蝕之。占曰「大臣死」。八月辛卯，司徒公高敖曹戰歿於河陰。【略】

興和二年閏月丁丑朔，日有蝕之。占曰「有小兵」。七月癸巳，元寶炬廣豫二州行臺趙繼宗、南青州刺史崔康寇陽翟，鎮將擊走之。【略】

(武定)五年正月己亥朔，日有蝕之，從西南角起。占曰「不有崩喪，必有臣亡，天下改服」。丙午，齊獻武王薨。

北齊·魏收《魏書》卷一〇六《天象志二》 太祖皇始二年六月庚戌，月掩太白，在端門外。占曰「國受兵」。九月，慕容賀驎率三萬餘人出寇新市。十月，太祖破之於義臺塢，斬首九千餘級。【略】

(天興二年)八月壬辰，月犯牽牛。占曰「國有憂」。三年二月丁亥，皇子聰薨。【略】

四年三月甲子，月生齒。占曰「有賊臣」。五年十一月，秀容胡帥、前平原太守劉曜聚衆爲盜，遣騎誅之。【略】

(天興五年)十月戊申，月暈左角。時帝討姚興弟平於乾壁，克之。太史令晁崇奏角蟲將死，上慮牛疫，乃命諸軍併重焚車。丙戌，車駕北引。牛大疫，死者十八九，官車所馭巨犗數百，同日斃於路側，首尾相屬。麋鹿亦多死。

乙卯，月犯太微。占曰「貴人憂」。六年七月，鎮西大將軍、司隸校尉、毗陵王順有罪，以王還第。【略】

天賜元年二月甲辰，月掩歲星，在角。占曰「天下兵起」。三年四月，蠕蠕寇邊，夜召兵將，旦，賊走乃罷。

四月甲午，月掩軒轅第四星。占曰「女主惡之」。六年七月，夫人劉氏薨，後謚宣穆皇后。【略】

四月己卯，月犯鎮星，在東壁。占曰「貴人死」。四年五月，常山王遵有罪，賜死。【略】

八月丁巳，月犯斗第一星。占曰「大臣憂」。三年七月，太尉穆崇薨。【略】

(天賜三年)四月癸丑，月犯太微西上將。己未，月犯房南第二星。占曰「將相有憂」。四年五月，誅定陵公和跋。

五月癸未，月犯左角。占曰「左將軍死」。六年三月，左將軍、曲陽侯元素延死。【略】

五年五月丁未，月掩斗第二星。占曰「大人憂」。六年十月戊辰，太祖崩。太宗永興元年二月甲子，月犯昴。占曰「胡不安，天子破匈奴」。二年五月，太宗討蠕蠕社崘，社崘遁走。【略】

三年六月庚子，月犯歲星，在畢。占曰「有邊兵」。五年四月，上黨民勞聰、士臻羣聚爲盜，殺太守令長，相率外奔。【略】

(永興四年)十月辛亥，月掩天關。占曰「有兵」。五年六月，濩澤民劉逸，自號征東將軍、三巴王，署置官屬，攻逼建興郡，元城侯元屈等討平之。【略】

(五年)七月庚午，月掩鈎鈐。占曰「喉舌臣憂」。五年三月，散騎常侍王洛兒卒。

八月庚申，月犯太白。占曰「憂兵」。神瑞元年二月，赫連屈丐入寇河東，殺

掠吏民，三城護軍張昌等要擊走之。

九月己丑，月犯左角。占曰「天下有兵」。神瑞元年十二月，蠕蠕犯塞。

十月乙巳，月犯畢。占曰「貴人有死者」。泰常元年三月，長樂王處文薨。

【略】

神瑞元年正月丁卯，月犯畢。占曰「貴人有死者」。泰常元年四月庚申，河間王脩薨。

八月丁酉，月蝕牽牛中大星。己酉，月犯西咸。占曰「有陰謀」。神瑞二年三月，河西飢胡屯聚上黨，推白亞栗斯爲盟主，號大單于，稱建平元年。四月，詔將軍公孫表等五將討之。

二年三月丁巳，月入畢。占曰「天下兵起」。泰常元年三月，常山民霍季自言名載圖讖，持一黑石，以爲天賜玉印，誑惑聚黨，入山爲盜，州郡捕斬之。【略】

七月辛丑，月犯畢。占曰「貴人有死者」。泰常元年十二月，南陽王良薨。

【略】

（太常元年）六月己巳，月犯畢。占曰「貴人死」。二年十月，豫章王夔薨。

【略】

十月丙戌，月入畢。占曰「有邊兵」。二年二月，司馬德宗譙王司馬文思自江東遣使詣闕上書，請軍討劉裕，太宗詔司徒長孫嵩率諸將邀擊之。【略】

（太常二年）十一月癸未，月犯東井南轅西頭第一星。占曰「諸侯貴人死」，一曰「有水」。三年八月，雁門、河內大雨水，復其租稅。五年三月，南陽王意文薨。

三年正月戊申，月犯輿鬼、積尸。己酉，月犯軒轅、爟星。占曰「女主有憂」。五年六月丁卯，貴嬪杜氏薨，後謚密皇后。【略】

（四年）五月丙申，月犯太微。占曰「人君憂」。八年十一月，太宗崩。【略】

五年十一月辛亥，月蝕熒惑，在亢。占曰「韓鄭地大敗」。八年九月，劉義符潁川太守李元德竊入許昌，太宗詔交趾侯周幾擊之，元德遁走。【略】

七年正月丁卯，月犯南斗。占曰「大臣憂」。三月，河南王曜薨。【略】

六月辛巳，月犯房。占曰「將相有憂」。八年六月己亥，太尉、宜都公穆觀薨。【略】

（神䴥）四年十月丙辰，月掩天關。占曰「有兵」。延和元年七月，世祖討馮文通於和龍。【略】

（延和元年）四月，月犯左角。占曰「天下有兵」。二年二月，征西將軍金崖與安定鎮將延普及涇州刺史狄子玉爭權，舉兵攻普，不克，退保胡空谷，驅掠平民，據險自固。世祖詔平西將軍、安定鎮將陸俟討獲之。【略】

三年二月庚午，月犯畢口而出，月暈昴、五車及參。占曰「貴人死」。五月甲子，陰平王求薨。

閏月己丑，月入東井，犯太白。占曰「憂兵」。七月辛巳，世祖行幸隰城，命諸軍討山胡白龍于西河，克之。

太延元年五月壬子，月犯右執法。占曰「執法有憂」。十月，尚書左僕射安原謀反，伏誅。【略】

二年正月庚午，月犯熒惑。占曰「貴人死」。三年正月癸未，征東大將軍、中山王纂薨。【略】

三月癸亥，月犯太微右執法，又犯上相。占曰「將相有免者」。真君二年三月庚戌，新興王俊、略陽王羯兒有罪，並黜爲公。【略】

三年正月，月犯東井。占曰「將相死」。戊子，太尉、北平王長孫嵩薨；乙巳，鎮南大將軍、丹陽王叔孫建薨。【略】

十一月丁未，月犯東井。占曰「將軍死」。真君二年九月戊戌，撫軍大將軍、永昌王健薨。【略】

（太平真君）三年三月癸未，月犯太白。占曰「憂兵」。四年正月，征西將軍皮豹子等大破劉義隆將於樂鄉，擒其將王奂之、王長卿等。【略】

六年四月，月犯心。占曰「有亡國」。是月，征西大將軍、高涼王那討吐谷渾慕利延於陰平。軍到曼頭城，慕利延驅其部落西渡流沙，那急追之，故西秦王慕璝世子被囊逆軍距戰，那擊破之。慕利延遂西入于闐。【略】

（高宗太安五年）十二月，月犯左執法。占曰「大臣有憂」。和平二年四月，侍中、征東大將軍、河東王閭毗薨。【略】

（和平元年）三月，月掩軒轅。占曰「女主惡之」。四月，保皇太后常氏崩。

【略】

（皇興元年）八月辛酉，月蝕東井南轅第二星。占曰「有將死」。三年正月，司空、平昌公和其奴薨。【略】

高祖延興元年十月庚子，月入畢口。占曰「有赦」。二年正月乙卯，曲赦京師及河西，南至秦涇，西至枹罕，北至涼州及諸鎮。

二年正月壬戌，月犯畢。占曰「天子用法」。九月辛巳，統萬鎮將、河間王閭虎皮坐貪殘賜死。【略】

三年八月己未，月犯太微。占曰「將相有免者，期不出三年」。承明元年二月，司空、東郡王陸定國坐事免官爵。【略】

四年正月己卯，月犯畢。占曰「貴人死」。五年十二月，城陽王長壽薨。【略】

九月乙卯，月犯右執法。占曰「大臣有憂」。承明元年六月，大司馬、大將軍、安成王萬安國坐矯詔殺部長奚買奴於苑中，賜死。【略】

（五年）八月乙亥，月掩畢。占曰「有邊兵」。太和元年正月，秦州略陽民王元壽聚衆五千餘家，自號爲衝天王。二月，詔秦益二州刺史武都公尉洛侯討破元壽，獲其妻子送京師。【略】

（太和元年）十月乙丑，月蝕昴，京師不見，雍州以聞。占曰「貴臣誅」。是月，誅徐州刺史李訢。【略】

（二年）八月壬午，月入南斗。占曰「大臣誅」。十二月，誅南郡王李惠。【略】

十月戊戌，月入南斗口中。占曰「大臣誅」。三年四月，雍州刺史、宜都王目辰有罪賜死。【略】

三年正月壬子，月暈觜、參兩肩、五車五星、畢、東井。占曰「有赦」。十月，大赦天下。【略】

三月庚戌，月入南斗口中。占曰「大臣誅」。九月，定州刺史、安樂王長樂有罪，徵詣京師，賜死。乙卯，月入南斗口中。【略】

十二月丙戌，月犯太微左執法。占曰「大臣有憂」。四年正月，襄城王韓頹有罪，削爵徙邊。

四年正月丁未，月在畢，暈參兩肩、五車、東井。丁巳，月犯心。占曰「人伐其主」。五年二月，沙門法秀謀反，伏誅。戊午，月又犯心。

二月己卯，月犯軒轅北第二星。辛巳，月犯太微左執法。占曰「大臣有憂」。閏月，頓丘王李鍾葵有罪賜死。【略】

（太和五年）七月戊寅，月犯昴。占曰「有白衣之會」。六年正月，任城王雲薨。【略】

（八年）四月丁亥，月蝕斗。癸亥，月犯昴，相州以聞。占曰「有白衣之會」。十一年五月，南平王渾薨。【略】

（十一年）八月己巳，月蝕胃。占曰「有兵」。是月，蠕蠕犯塞，遣平原王陸叡討之。【略】

（十二年）四月癸丑，月犯東井。占曰「將死」。九月，司徒、淮南王他薨。【略】

十一月己未，月犯東井。丙寅，月犯左角。占曰「天下有兵」。十三年正月，蕭賾遣衆寇邊，淮陽太守王僧儁擊走之。【略】

（十三年）六月乙酉，月掩牽牛。乙未，月犯畢。占曰「貴人死」。十二月，司空、河東王苟頹薨。【略】

八月丙戌，天有微雲，月在未蝕。占曰「有兵」。十四年四月，地豆于頻犯塞，詔征西大將軍、陽平王頤擊走之。【略】

（太和十四年）八月乙亥，月犯牽牛。辛卯，月犯軒轅。占曰「女主當之」。九月，文明皇太后馮氏崩。【略】

（十五年）三月丙申，月掩畢。占曰「有邊兵」。十六年八月，詔陽平王頤、右僕射陸叡督十二將、七萬騎，北討蠕蠕。

四月庚午，月犯軒轅。癸酉，月犯太微東蕃上將。占曰「貴人憂」。六月，濟陰王鬱以貪殘賜死。癸未，月犯歲星。

五月庚子，月掩太微左執法。占曰「大臣憂」。十七年二月，南平王霄薨。【略】

九月乙丑，月犯牽牛。占曰「大臣有憂」。十七年，蕭賾死。癸未，月入太微，犯右執法。占曰「大臣憂」。十七年八月，三老、山陽郡開國公尉元薨。【略】

（十六年）六月戊子，月犯熒惑。占曰「貴人死」。十九年五月，廣川王諧薨。己丑，月入太微。丁酉，月掩建星。丁未，月入畢。占曰「有邊兵」。十九年正月，平南將軍王肅頻破蕭鸞軍於義陽，降者萬餘。【略】

八月壬辰，月犯建星。壬寅，月犯畢。甲辰，月入東井。戊申，月犯軒轅。占曰「女主當之」。二十年七月，廢皇后馮氏。【略】

十二月丁酉，月在柳蝕。占曰「國有大事，兵起」。十七年八月己丑，車駕發京師南伐，步騎三十餘萬。【略】

（太和十七年）四月癸丑，月入太微。占曰「大臣死」。十九年二月辛酉，司徒馮誕薨。【略】

七月壬子，月入太微。占曰「有反臣」。二十年二月，恒州刺史穆泰謀反，伏誅，多所連及。【略】

八月庚寅，月犯哭星。辛卯，月入羽林。丁酉，月入畢。占曰「兵起」。十九年二月，車駕南伐鍾離。辛丑，月犯輿鬼。乙巳，月入太微，犯屏星。【略】

十一月壬子，月犯哭星。辛酉，月犯東井前星。丁卯，月入太微。占曰「大臣死，有反臣」。二十一年四月，大將軍、宋王劉昶薨，廣州刺史薛法護南叛。【略】

十九年三月己卯，月犯軒轅。占曰「女主當之」。二十一年十月，追廢貞皇后林氏爲庶人。【略】

二十二年正月丙申，月掩軒轅。占曰「女主當之」。二十三年，詔賜皇后馮氏死。

二月乙丑，月與歲星、熒惑合於右掖門内。丁卯，月在角蝕。占曰「天子憂」。二十三年四月，高祖崩。【略】

（世宗景明）二年正月甲辰，月暈井、觜、參兩肩、昴、五車。占曰「貴人死，大赦」。二月甲戌，大赦天下。五月壬子，廣陵王羽薨。

二月丙子，月掩軒轅大星。占曰「女主憂」。正始四年十月，皇后于氏崩。癸未，月掩房南頭第二星。丙戌，月入南斗距星南三尺。占曰「吴越有憂」。十二月，蕭寶卷直後張齊玉殺寶卷。【略】

三年正月甲寅，月入斗，去魁第二星四寸許。占曰「吴越有憂」。四月，蕭衍又廢其主寶融。【略】

十二月壬辰，月掩昴。占曰「有白衣之會」。正始二年四月，城陽王鸞薨。乙未，月暈參、井、鎮星。占曰「兵起」。四年，氐反，行梁州事楊椿、左將軍羊祉大破之。丙申，月掩鎮星，又暈。【略】

（景明四年）六月癸卯，月犯昴。占曰「有白衣之會」。永平元年三月，皇子昌薨。【略】

十二月丁亥，月暈昴、畢、婁、胃。己未，月暈太微帝坐、軒轅。庚子，月暈房、心、亢、氐。占曰「有軍，大戰」。正始元年，荆州刺史楊大眼大破羣蠻樊秀安等。【略】

永平元年五月丁未，月犯畢。占曰「貴人有死者」。九月，殺太師、彭城王勰。【略】

十一月癸酉，月犯左執法。占曰「大臣有憂」。四年三月壬戌，廣陽王嘉薨。【略】

（四年）八月癸丑，月掩輿鬼。丁巳，月入太微。占曰「大臣死」。延昌元年三月己未，尚書左僕射、安樂王詮薨。辛酉，月犯太白。【略】

十一月乙巳，月犯畢。占曰「爲邊兵」。十一月戊申，詔李崇、奚康生治兵壽春，以討朐山之寇。【略】

（延昌元年）十二月（戊）〔甲〕戌，月犯熒惑於太微。占曰「君死，不出三年」。四年正月，世宗崩。【略】

（二年）六月乙巳，月犯畢左股。占曰「爲邊兵」。三年六月，南荆州刺史桓叔興破蕭衍軍於九江。

七月戊午，月掩鎮星。

十月丙申，月在參，蝕盡。占曰「軍起」。三年十一月，詔司徒高肇爲大將軍，率步騎十五萬伐蜀。【略】

（延昌）四年五月庚戌，月犯太微。占曰「貴人憂」。九月，安定王燮薨。【略】

十月癸巳，月入太微。占曰「大臣死」。熙平二年二月，太保、領司徒、廣平王懷薨。

閏月戊午，月犯軒轅。占曰「女主憂之」。神龜元年九月，皇太后高尼崩于瑶光寺。

肅宗熙平元年八月己酉，月在奎，十五分蝕八。占曰「有兵」。神龜元年三月，南秦州氐反，遣龍驤將軍崔襲持節喻之。【略】

（二年）九月癸酉，月犯畢。占曰「貴人有死者」。神龜元年四月丁酉，司徒胡國珍薨。【略】

神龜二年二月丙辰，月在參，暈井、觜、參右肩、歲星、五車四星。占曰「有相死」。十二月，司徒、尚書令任城王澄薨。【略】

正光元年正月戊子，月犯軒轅大星。占曰「女主有憂」。七月丙子，元叉幽靈太后於北宫。

十二月甲寅，月蝕。占曰「兵外起」。二年正月，南秦州氐反。二月，詔光禄大夫邴虬討之。【略】

（二年）九月庚戌，月暈胃、昴、畢、五車二星。辛亥，月暈昴、畢、觜、參兩肩、

五車五星。占曰「有赦」。三年十一月丙午，大赦天下。【略】

(四年)七月乙巳，月在胃，暈婁、胃、昴、畢、觜。占曰「貴人死」。四年十一月丁酉，太保崔光薨。【略】

五年二月庚寅，月在參，暈畢、觜、參兩肩、東井、熒惑、五車一星。占曰「兵起」。六月，秦州城人莫折大提據城反，自稱秦王，詔雍州刺史元志討之。

閏月壬辰，月在張，暈軒轅、太微西蕃。占曰「天子發軍自衛」。孝昌三年正月己丑，詔内外戒嚴，將親出討。癸巳，月在翼，暈太微、張、翼。占曰「士卒多逃走」，一曰「士卒大聚」。十月，營州城人劉安定、就德興反，執刺史李仲遵。其部下王惡兒斬安定以降，德興東走，自號燕王。【略】

(孝昌)三年正月戊辰，月犯鎮星於婁，相去七寸許，光芒相及。占曰「國破，期不出三年」，一曰「天下有大喪」。武泰元年二月癸丑，肅宗崩；四月庚子，尒朱榮害靈太后及幼主，又害王公已下。癸酉，月在井，暈觜、參兩肩、南北河、五車兩星。占曰「有赦」。七月己丑，大赦天下。【略】

(永安)二年三月乙卯，月入畢口。占曰「大兵起」。壬戌，詔大將軍、上黨王天穆與齊獻武王討邢杲。【略】

八月乙丑，月在畢左股第二星北，相去二寸許，光芒相掩，須臾入畢。占曰「兵起」。三年正月辛丑，東徐州城民吕文欣等反，殺刺史，行臺樊子鵠討之。

十月辛亥，月在畢，暈畢、昴、鎮星、觜、參、井、五車四星。占曰「兵起，大赦」。三年三月，万俟醜奴遣其大行臺尉遲菩薩寇岐州，大都督賀拔岳，可朱渾道元大破之。四月，大赦天下。甲子，月在參蝕。

十二月丙辰，月掩畢右股大星。乙丑，月、熒惑同在軫。丁巳，月在畢，暈昴、畢及鎮星、觜、參、伐、五車四星。占曰：「大赦」。三年九月，大赦天下。癸亥，月在翼，暈軒轅、翼、太微。占曰「有赦」。三年十月戊申，皇子生，大赦天下。乙丑，月在軫，掩熒惑。【略】

(永安三年)五月甲申望前，月蝕於午。《洪範傳》曰：「天子微弱，大法失中，不能立功成事，則月蝕望前。」時尒朱榮等擅朝也。【略】

八月庚申，月入畢口，犯左股大星。辛丑，月入軒轅后星北，夫人南，直東過太白，犯次妃。占曰「人君死」，又爲「兵起」。十二月，尒朱兆入洛，執帝，殺皇子，亂兵汙辱後宫，殺司徒公、臨淮王彧。【略】

(普泰元年)十月癸丑，月暈昴、觜、參、東井、五車三星。占曰「有赦」。是月，齊獻武王推立後廢帝，大赦天下。【略】

(永熙三年)八月庚午，月在畢，暈昴、畢、觜、參、五車四星。占曰「大赦」。是月戊辰，大赦天下。【略】

(天平)二年三月，月暈北斗第二星。占曰「羅貴兵聚」。是月，齊獻武王討山胡劉蠡升，斬之。三年，并、肆、汾、建諸州霜儉。壬申，月在婁，太白在月南一寸許，至明漸漸相離。【略】

(元象元年)十月己亥，陰雲班駁，月在昴，暈胃、昴、畢。占曰「大赦」。興和元年五月，大赦天下。丁未，月在翼，暈太微、軒轅、左角、軫二星。

十一月庚午，月在井，暈五車一星及東井、南北河。占曰「有赦」。興和元年十一月，大赦，改年。【略】

(興和)三年春正月辛巳，月在畢，暈東井、參兩肩、畢，西轢昴、五車五星。占曰「大赦」。武定元年正月，大赦，改元。【略】

(四年)十二月壬寅，月在昴，暈昴、畢、五車兩星。占曰「有赦」。武定二年三月，齊獻武王歷冀定二州，因入朝，以今春亢旱，請蠲懸租，賑窮乏，死罪已下一皆原宥。【略】

(武定四年)九月癸亥，月在翼，暈軒轅、太微帝坐、熒惑。占曰「兵起」。是月，北徐州山賊鄭土定自號郎中，偷陷州城，儀同斛律平討平之。

五年正月乙巳，月犯畢大星，昴、東井、觜、參、五車三星。占曰「大赦」。五月丁酉朔，大赦天下。庚辰，月在張，暈軒轅大星、太微天庭。

七年九月戊午，月在斗，掩歲星。占曰「吴越有憂」。是歲，侯景破建業，吴人餓死及流亡者不可勝數。

北齊·魏收《魏書》卷一〇七《天象志三》 太祖皇始元年夏六月，有星彗于髦頭。彗所以去穢布新也，皇天以黜無道，建有德，故或憑之以昌，或由之以亡。自五胡蹂轥生人，力正諸夏，百有餘年，莫能建經始之謀而底定其命。是秋，太祖啓冀方之地，實始芟夷滌除之，有德教之音，人倫之象焉。終以錫類長代，修復中朝之舊物，故將建元立號，而天街彗之，蓋其祥也。先是，有大黄星出于昴、畢之分，五十餘日。慕容氏太史丞王先曰：「當有真人起於燕代之間，大兵鏘鏘，其鋒不可當。」冬十一月，黄星又見，天下莫敵。是歲六月，木犯哭星。木，人君也，君有哭泣之事。是月，太后賀氏崩。至秋，晉帝殂。

二年六月庚戌，月奄金于端門之外。戰祥也，變及南宫，是謂朝庭有兵。時

燕王慕容寶已走和龍，秋九月，其弟賀麟復糾合三萬衆，寇新市，上自擊之，大敗燕師于義臺，悉定河北。而晉桓玄等連衡内侮，其朝庭日夕戒嚴。是歲正月，火犯哭星。占有死喪哭泣事。秋八月，又守井、鉞。占曰「大臣誅」。十月，襄城王題薨。明年正月，右軍將軍尹國於冀州謀反，被誅。

天興元年八月戊辰，木晝見胃。胃，趙代墟也。□天之事。歲爲有國之君，晝見者並明而干陽也。天象若曰：且有負海君，實能自濟其德而行帝王事。是月，始正封畿，定權量，肆禮樂，頒官秩。十二月，羣臣上尊號，正元日，遂禋上帝于南郊。由是魏爲北帝，而晉氏爲南帝。

元年十月至二年五月，月再掩東蕃上相。相所以蕃輔王室而定君臣位。天象若曰：今下凌上替而莫之或振，將焉用之哉？且曰：中坐成刑，貴人奪勢。是歲，桓玄專殺殷仲堪等，制上流之衆，晉室由是遂卑。是歲五月，辰星犯軒轅大星。占曰「女主當之」。三年三月至七月，月再犯鎮星于牽牛，又犯哭星。爲兵喪、女憂。或曰月爲强大之臣，鎮，所以正綱紀也。是爲强臣有干犯者，在吴越。既而晉太后李氏殂，桓玄擅命江南，仍有艱故云。

三年三月，有星孛于奎，歷閣道，至紫微西蕃，入北斗魁，犯太陽守，循下台，轥南宫，履帝坐，遂由端門以出。奎是封豨，剥氣所由生也。又殷徐州之次，桓玄國焉，劉裕興焉。天象若曰：君德之不建，人之無援，且有權其列蕃，盗其名器之守而荐食之者矣；又將由其天步，席其帝庭，而出號施令焉。至四年二月甲寅，有大流星衆多西行，歷牛、虚、危，絶漢津，貫太微、紫微。虚、危主静人，牽牛主農政，皆負海之陽國也。天象若曰：黎元喪其所食，失其所係命，卒至流亡矣；上不能恤，又將播遷以從之。其後晉人有孫恩之難，而桓玄踵之，三吴連兵荐饑，西奔死亡者萬計，竟篡晉主而流之尋陽，既又劫之以奔江陵。是歲三月甲子，月生齒。占曰「有賊臣」。七月丁卯，月犯天關。關，所以制畿封國也，月犯之，是爲兵起于郊甸。十月甲子，月又犯東蕃上相。占同二年。既而桓玄戡金陵，殺司馬元顯、太傅道子。是歲秀容胡帥亦聚衆反，伏誅。

五年四月辛丑，月掩辰星，在東井。月爲陰國之兵，辰象戰鬭。占曰「所直野軍大起，戰不勝，亡地，家臣死」。冬十月，帝伐秦師于蒙坑，大敗之，遂舉乾壁，關中大震。其上將姚平赴水死。是月戊申，月暈左角。太史令晁崇奏：「角蟲將死。」上慮牛疫，乃命諸將併重焚車。丙戌，車駕北引。牛大疫，死者十有八九，官車所御巨犗數百，同日斃於路側，首尾相屬，麋鹿亦多死者。

五年三月戊子，太白犯五諸侯，晝見經天；九月己未，又犯進賢。太白爲强侯之誡，犯五諸侯，所以興霸形也。是時桓玄擅征伐之柄，專殺諸侯，以弱其本朝，卒以干君之明而代奪之。故皇天著誡焉，若曰：夫進賢興功，大司馬之官守也，而今自殘之，君於何有焉。是冬十月，客星白若粉絮，出自南宫之西，十二月入太微，亂氣所由也。以距乏之氣而乘粹陽之天庭，適足以驅除焉爾。明年，竟篡晉室，得諸侯而不終。是歲五月丙申，月犯太微；十月乙卯，又如之。月者太陰，臣象，太微正陽之庭，不當横行其中，是謂朝庭間隙，强臣不制，亦桓玄之誡也。又占曰「貴人有坐之者」。明年七月，鎮西大將軍、毗陵王順以罪還第，亦是也。

五年七月己亥，月犯歲星，在鶉火鳥帑，南國之墟也。至天賜元年二月甲辰又掩之，在角。角爲外朝，而歲星君也。又象若曰：有强大之臣干君之庭，以挾其主而播遷于外。是歲桓玄之師敗績于劉裕，玄劫晉帝以奔江陵。至五月，玄死，桓氏之黨復攻江陵，陷之，凡再劫天子云。先是，六年六月甲辰，月掩斗魁第四星；至天賜元年五月壬申，又掩斗魁第三星；二年八月丁巳，又犯斗第一星。斗爲吴分。大人憂，將相戮，宫中有自賊者。及桓玄伏誅，貴臣多戮死者。江南兵革十餘歲乃定，故謫見于斗。

天賜二年四月己卯，月犯鎮星，在東壁；七月己未又如之；十月丁巳又掩之，在室。夫室星，所以造宫廟而鎮司空也。占曰「土功之事興」。明年六月，發八部人，自五百里内繕修都城，魏於是始有邑居之制度。或曰，北宫後庭，人主所以庇衛其身也，鎮主后妃之位，存亡之基。而是時堅冰之漸著矣，故犯又掩再三焉。占曰「臣賊君邦，大喪」。是歲三月丁酉，月犯心前星；三年二月，月犯心後星；四年二月，又如之。心主嫡庶之禮。占曰「亂臣犯主，儲君失位，庶子惡之」。先是，天興六年冬十月至元年四月，月再掩軒轅。占曰「有亂易政，后妃執其咎」。三年五月壬寅，熒惑犯氐。氐，宿宫也。天戒若曰：是時蠱惑人主而興内亂之萌矣，亦自我天視而修省焉。及六年七月，宣穆后以强死，太子微行人間，既而有清河、萬人之難。二年八月，火犯斗；丁亥，又犯建。斗爲大人之事，建爲經綸之始，此天所以建創業君。時劉裕且傾晉祚，而清河之釁方作矣，帝猶不悟。至是歲九月，火犯哭星。其象若曰：將以内亂，至于哭泣之事焉。由是言之，皇天所以訓劫殺之主孰矣，而罕能敦復以自悟，悲夫！

二年八月甲子，熒惑犯少微；庚寅，犯右執法；癸卯，犯左執法；十一月丙戌，太白掩鈎鈐。皆南邦之謫也。火象方伯，金爲强侯，少微以官賢材而輔南宫之化，執法者威令所由行也。天象若曰：夫禄去公室，所由來漸矣，始則奮其賢材以爲其本朝，終以干其鈐鎋而席其威令焉。至三年十二月丙午，月掩太白于

危。危，齊分也。占曰「其國以戰亡」。丁未，金、火皆入羽林。四年正月，太白晝見奎。是謂或稱王師而干君明者。占曰「天下兵起，魯邦受之」。二月癸亥，金、火、土、水聚于奎、婁。徐魯之分也。四神聚謀，所以革衰替之政，定霸王之命。五月己丑，金晝見于參。天意若曰：是將自植攻伐，以震其主，而代奪之云爾。八月辛丑，熒惑犯執法；九月，遂犯進賢。與桓氏同占。是時，南燕慕容氏兼有齊魯之墟，不務修德，而驟侵晉淮、泗。六年四月，劉裕以晉師伐之，大敗燕師于臨朐，進克廣固，執慕容超以歸，戕諸建康。於是專其兵威，荐食藩輔，篡奪之形由此而著云。二年三月，月掩左執法；三年四月，又犯西蕃上將；己未，犯房次相；六月，火犯房次將。三年七月，太尉穆崇薨。四年，誅定陵公和跋，殺司空庾岳。又四年六月，火犯水左翼。八月，金掩火，犯左執法。占曰「大兵在楚，執法當之」。至五年，火犯天江。占曰「水賊作亂」。六月，金犯上將，又犯左執法。其後盧循作亂於上流，晉將何無忌戰死，左僕射孟昶仰藥卒，劉裕自伐齊奔命，僅乃克之。

六年六月，金、火再入太微，犯帝座，蓬、孛、客星及他不可勝紀。太史上言，且有骨肉之禍，更政立君，語在帝紀。冬十月，太祖崩。夫前事之感大，即後事之災深，故帝之季年妖怪特甚。是歲二月至九月，月三犯昴。昴爲白衣會，宮車晏駕之徵也。十二月辛丑，金犯木於奎。占曰「其君有兵死者」。既而慕容超戮于晉。是歲四月，火犯水于東井。其冬，赫連氏攻安定，秦主興自將救之，自是侵伐不息。或曰「水火之合，內亂之形也」。時朱提王悅謀反，賜死。

太宗永興二年五月己亥，月掩昴。昴爲髦頭之兵，虜君憂之。是月，蠕蠕社崘圍長孫嵩于牛川，上自將擊之，社崘遁走，道死。是歲三月至秋八月，月三掩南斗第五星。斗，吳分也。且曰：强大之臣有干天禄者，大人憂之。是月乙未，太白犯少微，晝見；九月甲寅，進犯左執法。占曰「且有杖其霸刑，以戮社稷之衞而專威令者，徵在南朔」。先是，三月丁卯，月掩房次將；六月己丑，又如之；八月甲申，犯心前星。占曰「服軛者當之，君失馭，徵在豫州」。時劉裕謀弱晉室，四年九月，專殺僕射謝混，因襲荆州刺史劉毅于江陵，夷之。明年三月，又誅晉豫州刺史諸葛長人，其君託食而已。三年六月庚子，月犯歲星，在畢；八月乙未，又犯之，在參；四年正月又蝕，在畢。直徵垣之陽，參在山河之右。歲星所以阜農事安萬人也。占曰「月仍犯之，邊萌阻兵而荐饑」。是歲六月癸巳，金、木合于東井；七月甲申，金犯土于井。占曰「其國內兵，有白衣之會」。十一月，土犯井；十二月癸卯，土犯鉞。土主疆理之政，存亡之機也，是爲土地分裂，有戮死之君，徵在秦邦。至五年二月丙午，火、土皆犯井。占曰「國有兵喪之禍，主出走」。是月壬辰，歲、鎮、熒惑、太白聚于井。將以建霸國之命也，其地君子憂，小人流。又自三年四月至五年三月，熒惑三干鬼。主命者將天而國徙焉。是時雍州假王霸之號者六國，而赫連氏據朔方之地，尤爲强暴，荐食關中，秦人奔命者殆路。間歲，姚興薨而難作于內。明年，劉裕以晉師伐之，秦師連戰敗績，執姚泓以歸，戕諸建康。既而遺守內攜，長安淪覆焉。或曰：自上黨並河、山之北，皆鬼星、參、畢之郊也。五年四月，上黨羣盜外叛。六月，濩澤人劉逸自稱三巴王。七月，河西胡曹龍入蒲子，號大單于。十月，將軍劉潔、魏勤擊吐京叛胡失利，勤力戰死，潔爲所虜。明年，赫連屈孑寇蒲子、三城，諸將擊走之。其餘災波及晉、魏，仍其兵革之禍。

神瑞元年二月，【略】。是歲四月癸丑，流星晝見中天，西行。占曰「營頭所首，野有覆軍，流血西行，謫在秦邦」。而魏人覿之，亦王師之戒也。天若戒魏師曰：是擁衆而西，固欲干君之明而代奪之爾，姑息人以觀變，無庸禦焉。先是五年三月，月犯太白于參；八月庚申，又犯之。參，魏分野。占曰「强侯作難，國戰不勝」。九月己丑，月犯左角；是歲三月壬申，又蝕之。是謂以剛晉之兵合戰而偏將戮，徵在兖州。二年四月，太白入畢，月犯畢而再入之。占曰「大戰不勝，邊將憂，魏邦受之」。六月己巳，有星孛于昴南。天象若曰：且有驅除之雄，勿用距之于朔方矣。明年七月，劉裕以舟師泝河。九月，裕陷我滑臺，兖州刺史尉建以畏懦斬。時崔浩欲勿戰，上難違衆議，詔司徒嵩率師逆之，及晉人戰于畔城，魏師敗績，語在崔浩傳。裕既定關中，遽歸受禪，既而赫連氏并之，遂竊尊號云。自元年正月至泰常元年十月，月三犯畢，再入之，再犯畢陽星。占曰「邊兵起，貴人有死者」。元年十二月，蠕蠕犯塞，上自將，大破之。二年，上黨胡反，詔五將討平之。泰常元年，長樂、河間、南陽王皆薨。二年，豫章王又薨，常山霍季聚衆反，伏誅。

二年四月辛巳，有星孛于天市。五月甲申，彗星出天市，掃帝座，在房心北。市所以建國均人心，宋分也。國且殊號，人將更主，其革而爲宋乎？先是，往歲七月，月犯鈎鈐；十一月，月食房上相；至元年二月，又如之。天象若曰：尚尸鈐鍵之位，君憑而尊之者，又將及矣。是歲八月，金、木合于翼。占曰「且有內兵，楚邦受之」。至(泰常)〔神瑞〕二年正月，晉荆州刺史司馬休之、雍州刺史魯宗之爲劉裕所襲，皆出奔走。是歲十月，鎮星守太微，七十餘日。占曰「易代立王」。其三年三月癸丑，太白犯五諸侯，如桓氏之占。七月，有流星孛于少微，以

入太微。自劉氏之霸，三變少微以加南宮矣。始以方伯專之，中則霸形干之，又今孛政除之。馴而三積，堅冰至焉。是月，辰星見東方，在翼，甚明大。翼，楚邦也，是爲冢臣干明，賊人其昌。先是，五年十一月壬子，辰星出而明盛非常。至泰常二年十二月庚戌，辰星過時而見，光色明盛。是爲强臣有不還令者。至是又如之，亦三至焉。或曰辰星以負北海，亦魏將大興之兆。九月，長彗星孛于北斗，轢紫微，辛酉，入南宮，凡八十餘日。十二月，彗星出自天津，入太微，逕北斗，干紫宮，犯天棓，八十餘日，及天漢乃滅，語在崔浩傳。是歲，晉安帝殂，後年而宋篡之。夫晉室雖微，泰始之遺俗也，蓋皇天有以原始篤終，以哀王道之淪喪，故猶著二微之戒焉。神瑞二年四月，木入南宮，加右執法；五月，火又如之。八月，金入自掖門，掩左執法；泰常元年六月，又由掖門入太微。五月，火犯執法。是冬，土守天尊而月掩之。三年八月，土又入太微，犯執法，因留二百餘日。九月，金又犯右執法。十月，火犯上將，因留左掖門内二十日，乃逆行；四年三月，出西蕃，又還入之，繞填星成句己；四月丙(午)〔戌〕，行端門出。皆晉氏之謫也。自晉滅之後，太微有變多應魏國也。

泰常三年十月辛巳，有大流星出昴，歷天津，乃分爲三，須臾有聲。占曰「車騎滿野，非喪即會」。明年四月，帝有事于東廟，蕃服之君以其職來祭者，蓋數百國也。是歲正月己酉，月犯軒轅；四月壬申，又犯填星，在張；四年五月，辰星又犯軒轅。占曰「國有喪，女君受之」。明年五月，貴人姚氏薨，是爲昭哀皇后。六月，貴嬪杜氏薨，是爲密后。先是，二年九月，火犯軒轅；三年八月，金又犯之。占同也。

四年，自正月至秋七月，月行四犯太微。天象若曰：太微粹陽之天庭，月者臣也，今横行轥之，不已甚乎。先是，元年五月，月犯歲星，在角。是歲七月，月又犯歲星。明年，宋始建國。後年而晉主殂，裕鴆之也。昔桓氏之難，月再干歲星，再劫其主。至是，亦再犯之而再勦其君，極其幽逼之患，而濟以篡殺之禍，斯謂之甚矣。先是，三年九月，月犯火于鶉尾；十二月，又犯火于太微。是歲五月，月犯太白，在井；十〔二〕月，又犯之，在斗，且再犯井星。皆有兵水大喪，諸侯有死者。七月，雁門、河内大水。五年三月，南陽王意文死。十一月，西涼李歆爲沮渠所滅，晉君亦殂，秦、吴亡之應。

五年十一月乙卯，熒惑犯填星，在角。角，外朝也，土爲紀綱，火主内亂，會于天門，王綱將紊焉。占曰「有死君逐主，后妃憂之」。十二月，月蝕熒惑，在亢。亢，内庭也。占曰「君薨而亂作于内，貴臣以兵死」。是月，客星見于翼。翼，楚邦也。占曰「國更服，邊有急，將軍或謀反者」。六年二月，月食南斗杓星。十月乙酉，金、土鬭于亢。占曰「内兵且喪，更立王公」。又兗州，陳、鄭之墟也，有攻城野戰之象焉。至七年正月，犯南斗；三月壬戌，又犯之。斗爲人君受命，又吴分。是歲五月，宋武殂。秋九月，魏師侵宋北鄙。十一月，攻滑臺，克之。明年，拔虎牢，陷金墉，屠許昌，遂啓河南之地。八年，宋太后蕭氏死，既大臣專權，遷殺其主，卒皆伏誅。自五年八月至七年十二月，熒惑一守軒轅，再犯進賢，再犯房星，月一犯軒轅及房。皆女君大臣之戒。是時陽平、河南王，太尉穆觀相次薨，而宋氏廷臣乘釁以侮其主，竟以誅死云。或曰火犯土、亢爲饑疾。時官軍陷武牢，會軍大疫，死者十二三。是冬，詔稟饑人。

六年六月壬午，有大流星出紫宮。占曰「上且行幸，若有大君之使」。明年，駕幸橋山，祠黄帝，東過幽州，命使者觀省風俗。十月，上南征。八年春，步自鄴宮，遂絶靈昌，至東郡，觀兵成皋，反自河内，登太行山，幸高都，飲至晉陽焉。

七年二月辛巳，有星孛于虚、危，向河津。占曰「玄枵所以飾喪紀也，宗廟並起，司人疑更謀，有易政之象」。十一月甲寅，彗星出室，掃北斗，及于□門。占曰「内宫幾室，主命將，易塞垣，有土功之事，其地又齊、衞也」。八年正月，彗星出奎南長三丈，東南掃河。奎爲荐食之兵，徐方之地。占曰「西北之兵伐之，君絶嗣，天下饑」。七年十二月，帝命壽光侯叔孫建徇定齊地。八年春，築長城，距五原二千餘里，置守卒，以備蠕蠕。冬十月，大饑。十一月己巳，上崩于西宮。明年，宋廢其主。由是南邦日蹙，齊衞之地盡爲兵衝。及世祖即政，遂荒淮沂以負東海云。八年二月丙寅，火守斗，亦南邦之謫也。十一月，彗星孛于土司空。司空主疆理邦域，且曰有土功哭泣事。後年，赫連屈孑薨，太武征之，取新秦之地，由是征伐四克，提封萬里云。

世祖始光元年正月壬午，月犯心大星。心爲宋分，中星者君也，月爲大臣，主刑事。是歲五月，宋權臣徐羡之、謝晦、傅亮放殺其主，而立其弟宜都王，是爲宋文帝。至十月，火犯心。天戒若曰：是復作亂以干其君矣。十月壬寅，大流星出天將軍，西南行，殷殷有聲。占曰「有禁暴之兵，上將督戰，以所首名之」。三年正月，歲星食月在張。張，南國之分。歲之於月，少君之象，今反食之，且誅强大之臣。是月，羡之等戮死，謝晦興江陵之甲以伐其君，宋將檀道濟帥師禦之，晦又奔潰伏誅。或曰：是歲上伐赫連氏，入其郛。夏都直代西南，亦奔星應也。

二年五月，太白晝見經天。占曰「時謂亂紀，革人更王」。六月己丑，火入羽林，守六十餘日。占曰「禁兵大起，且有反臣之戒」。

三年十月，有流星出西南而東北行，光明燭地，有聲如雷，鳥獸盡駭。占曰

「所發之野有破國遷君，西南直夏而首于代都焉。著而有聲，盛怒也」。

四年五月辛酉，金、水合于西方。占曰「兵起，大戰」。先是，三年正月，宋人有謝氏之難，王卒盡出。冬十一月，上伐赫連昌，入其郛，徙萬餘家以歸。是歲復攻之，六月，大敗昌于城下，昌奔上邽，遂拔統萬，盡收夏器用，虜其母弟妻子，由是威加四隣，北夷讋焉。

神□元年五月癸未，太白犯天街。占曰「六夷髦頭滅」。二年五月，太白晝見。占曰「大兵且興，强國有弱者」。是月，上北征蠕蠕，大破之，虜獲以鉅萬計，遂降高車，以實漠南，闢地數千里云。

三年六月，火犯井、鬼，入軒轅。占曰「秦憂兵亂，有死君。又旱饑之應」。丙子，有大流星出危南，入羽林。占曰「兵起，負海國與王師合戰」。是歲，自三月至十月，太白再犯歲星，月又犯之。占曰「有國之君或罹兵刑之難者，且歲饉」。十二月丙戌，流星首如甕，長二十餘丈，大如數十斛船，色正赤，光燭人面，自天船及河，抵奎大星，及于壁。占曰「天船以濟兵車，奎爲徐方，東壁，衛也，是爲宋師之祥。昭盛者，事大也」。是歲六月，宋將到彦之等侵魏，自南鄙清水入河，泝流而西，列屯二千餘里。九月，帝用崔浩策，行幸統萬，遂擊赫連定於平涼。十二月，克之，悉定三秦地。明年，大師涉河，攻滑臺，屠之，宋人宵遁。是時，赫連定轉攻西秦，戮其君乞伏慕末。吐谷渾慕容璝又襲擊定，虜之，以强死者，再君焉。是歲二月，定州大饉，詔開倉賑乏。或曰：奎星羽獵，理兵象也；流星抵之而著大，是爲大人之事。冬十月，上大閱于漠南，甲騎五十萬，旌旗二千餘里，又明盛之徵。四年，金、火入東井，火又犯天户；明年正月，又犯鬼。占曰「秦有兵喪」。而至秦夏出夷威，沮渠蒙遜又死，氐主楊難當陷宋之漢中地云。

太延元年五月，月犯右執法；九月，火犯太微上將，又犯左執法；十月丙午，月犯右執法；二年二月，月犯東蕃上相；三月，月及太白俱犯右執法及上相；三年八月，火犯左執法及上將；五年二月，木逆行犯執法。皆大臣譴也。元年十月，左僕射安原謀反，誅。三年正月，征東大將軍、中山王纂，太尉、北平王長孫嵩，鎮南大將軍、丹陽王叔孫建皆薨。其後，宋大將軍義康坐徙豫章，誅其黨與，僕射殷景仁亦尋卒焉。元年五月，彗出軒轅；二年正月，月犯火，月，后妃也；三年七月，木犯軒轅，至五年七月，月掩填星。並女主謫也。真君元年，太后竇氏殂，宋氏皇后亦終。或曰彗出軒轅，女主有爲寇者。其後沮渠氏失國，實公主潛啓魏師。【略】

真君二年七月壬寅，填星犯鉞。鎮者，國家所安危，而爲之綱紀者也，其嬰鈇鉞之戮而君及焉。自元年十一月至此月，歲星三犯房上相。歲星爲人君，今反覆由之，循省鈎鈐之備也。天若戒輔臣曰：涼邦卒滅，敵國殫矣，而猶挾震主之威，負百勝之計，盍思盈亢之戒乎？是時，司徒崔浩方持國鈞，且有寵於上。明年，安西李順備五刑之誅，而由浩鍛成之。後八年，竟族滅無後。夫天哀賢良而示以明訓夙矣，罕能省躬以先覺，豈不悲哉！浩誅之明年，卒有景穆之禍，後年而亂作。

三年三月癸未，月犯太白。占曰「大兵起，合戰」。九月乙丑，有星孛于天牢，入文昌、五車，經昴、畢之間，至天苑，百餘日與宿俱入西方。天象若曰：且有王者之兵，彗除髦頭之域矣，貴臣預有戮焉。明年正月，征西將軍皮豹子大敗宋師于樂鄉。九月，上北伐，樂平王丕統十五將爲左軍，中山王辰統十五將爲右軍，上自將中軍。蠕蠕可汗不敢戰，亡，追至頓根河，虜二萬餘騎而還。中山王辰等八將軍坐後期，皆斬。或曰：彗由昴、畢，貴人多死。十一月，太保盧魯元薨。五年二月，樂平王丕薨。【略】

十年十月辛巳，彗星見于太微。占曰「兵喪並興，國亂易政，臣賊主」。至十一年正月甲子，太白晝見，經天；四月，又如之。占曰「中歲而再干明，兵事尤大，且革人更王之應也」。是歲十月甲辰，熒惑入太微；十二月辛未，又犯之；癸卯，又如之。占曰「臣將戮主，君將惡之，仍犯事荐也」。先是，八年正月庚午，月犯心大星；九年正月，犯歲星；是歲九月，太白又犯歲星。至正平元年五月，彗星見卷舌，入太微。卷舌，讒言之戒。六月辛酉，彗星進逼帝坐；七月乙酉，犯上相，拂屏，出端門，滅于翼、軫；辛酉，直陰國。翼、軫爲楚邦，于屏者，蕭牆之亂也。天象若曰：夫膚受之譖實爲亂階，卒至芟夷主相，而專其大號，雖南國之君由遷及焉。先是，去年十月，上南征絶河。十二月，六師涉淮，登瓜步山觀兵，騎士六十萬，列屯三千餘里，宋人兇懼，饋百牢焉。是年正月，盡舉淮南地，俘之以歸，所夷滅甚衆。六月，帝納宗愛之言，皇太子以强死。明年二月，愛殺帝于永安宫，左僕射蘭延等以建議不同見殺。愛立吴王余爲主，尋又賊之。荐災之驗也。間歲，宋太子劭坐蠱事泄，亦殺其君而僭立，劭弟武陵王駿以上流之師討平之。滅於翼軫之徵也。【略】

（太安）三年十一月，熒惑犯房鈎鈐星。是謂强臣不御，王者憂之。至四年正月，月入太微，犯西蕃；三月，又犯五諸侯。占曰「諸侯大臣有謀反伏誅者」。是月，太白犯房，月入南斗。皆宋分。占曰「國有變，臣爲亂」。十一月，長星出

於奎，色白，蛇行，有尾跡，既滅，變爲白雲。奎爲徐方，又魯分也。占曰「下有流血積骨」。明年，宋兖州刺史竟陵王誕據廣陵作亂，宋主親戎，自夏涉秋，無日不戰，及城陷，悉屠之。【略】

（和平）二年九月，太白犯南斗。斗，吴分。占曰「君死更政，大臣有誅者」。十一月，太白犯填。填，女君也，且曰有内兵，白衣會。至三年九月，火犯積尸。占曰「貴人憂之，斧鉞用」。十月，太白犯歲星。歲爲人君，而以兵喪干之，且有死君簒殺之禍。是月，熒惑守軒轅。占曰「女主憂之，宫中兵亂」。十一月，歲入氐。氐爲正寢，歲爲有國之君。占曰「諸侯王有來入宫者」。五年二月，月入南斗魁中，犯第四星。占曰「大人憂，太子傷，宫中有自賊者；又大赦」。既而宋孝武及宋后相繼崩殂，少主荐誅輔臣，釁連戚屬，羣下相與殺之，而立宋明帝。江南大饑，且仍，有肆眚之令焉。

五年七月丁未，歲星守心。心爲明堂，歲爲諸侯，爲長子入而守之，立君之象。占曰「凡五星守心，皆爲宫中亂賊，羣下有謀立天子者」。七月己酉，有流星長丈餘，入紫微，經北辰第三星而滅。占曰「有大喪」。九月丁酉，火入軒轅。十一月，長星出織女，色正白，彗之象也。女主專制，將由此始，是以天視由之。長星，彗之著，易政之漸焉。冬，熒惑入太微，犯上將；十二月，遂守之。占曰「公侯謀上，且有斬臣」。六年正月乙未，有流星長丈餘，自五車抵紫宫西蕃乃滅。天象若曰：羣臣或修霸刑，而干蕃輔之任矣。且占曰「政亂有奇令」。四月，太白犯五諸侯。占曰「有專殺諸侯者」。五月癸卯，上崩于太華殿，車騎大將軍乙渾矯詔殺尚書楊寶年等于禁中。戊申，又害司徒、平原王陸麗。明年，皇太后定策誅之。太后臨朝，自馮氏始也。或曰：心爲宋分。是歲六月，歲星晝見于南斗。斗爲天禄，吴分也。天象若曰：或以諸侯干君而代奪之。是冬，宋明帝以皇弟踐阼，孝武諸子舉兵攻之，四方嚮應，尋皆伏誅。有太白之刑與歲星之祐焉。【略】

（皇興）二年九月癸卯，火犯太微上將。占曰「上將誅」。先是元年六月，熒惑犯氐；是歲十一月，太白又犯之，是爲内宫有憂逼之象。占曰「天子失其宫」。四年十月，誅濟南王慕容白曜。明年，上迫於太后，傳位太子，是爲孝文帝。

高祖延興元年十月庚子，月入畢口。畢，魏分。占曰：「小人罔上，大人易位，國有拘主反臣。」十二月辛卯，火犯鉤鈐。鉤鈐以統天駟，火爲内亂。天象若曰：人君失馭，或以亂政乘之矣。乙巳，鎮星犯井。夫井者，天下之平也，而女君以干之，是爲后竊刑柄。占曰：「天下無主，大人憂之，有過賞之事焉。」二年正月，月犯畢；丙子，月犯東井；庚子，又如之。占曰：「天下有變，令貴人多死者。」

三年八月，月犯太微。又羣陰不制之象也。是時馮太后宣淫于朝，昵近小人而附益之，所費以鉅萬億計，天子徒尸位而已。二年九月，河間王閭虎皮以貪殘賜死。其後，司空、東平郡王陸麗坐事廢爲兵，既而宫車晏駕。

四年九月己卯，月犯畢。七月丙申，太白犯歲星，在角。丁卯，太白又入氐。太白有母后之幾，主兵喪之政，以干君於外朝而及其宿宫，是將有劫殺之虞矣。二月癸丑，月犯軒轅；甲寅，又犯歲星。月爲强大之臣，爲主女之象，始由后妃之府而干少陽之君，示人主以戒敬之備也。五年三月甲戌，月掩填星。天象若曰：是又僻行不制而棄其紀綱矣。且占曰「貴人强死，天下亂」。三月癸未，金、火皆入羽林。占曰「臣欲賊主，諸侯之兵盡發」。八月乙亥，月掩畢。十一月，月入軒轅，食第二星。至承明元年四月，月食尾。五月己亥，金、火皆入軒轅；庚子，相逼同光。皆后妃之謫也。天若言曰：母后之釁幾貫盈矣，人君忘祖考之業，慕匹夫之孝，其如宗祀何？是時，獻文不悟，至六月暴崩，實有酖毒之禍焉。由是言之，皇天有以覩履霜之萌，而爲之成象久矣。其後，文明皇太后崩，孝文皇帝方修諒陰之儀，篤孺子之慕，竟未能述宣春秋之義，而懲供人之黨，是以胡氏循之，卒傾魏室，豈不哀哉！或曰：太白犯歲於天門，以臣伐君之象；金、火同光，又兵亂之徵。時宋主昏狂，公侯近戚冤死相繼。既而桂陽、建平王並稱兵内侮，矢及宫闕，僅乃戡之。尋爲左右楊玉夫等所殺。

太和元年五月庚子，太白犯熒惑，在張，南國之次也。占曰「其國兵喪並興，有軍大戰，人主死」。壬申，水、土合于翼，皆入太微，主令不行之象也。占曰「女主持政，大夫執綱，國且内亂，羣臣相殺」。九月丁亥，太白晝見，經天，光色尤盛，更姓之祥也。二年九月，火犯鬼。占曰「主以淫泆失政，相死之」。三年三月，月犯心。心爲天王，又宋分。三月，填星逆行入太微，留左掖門内。占曰「土守南宫，必有破國易代。逆行者，事逆也」。自元年三月至二年六月，月行五犯太微，與劉氏簒晉同占。又自元年八月至三年五月，月行六犯南斗，入魁中。斗爲大人壽命，且吴分。是時馮太后專政，而宋將蕭道成亦擅威福之權，方圖劉氏。宋司徒袁粲起兵石頭，沈攸之起兵江陵，將誅之，不克，皆爲所殺。三年四月，竟簒其君而自立，是爲齊帝。是年五月，又害宋君于丹陽宫。【略】

三年九月庚子，太白犯左執法；十二月丙戌，月犯之；四年二月辛巳，月又犯之；九月壬戌，太白又犯之；五年二月癸卯，月犯太微西蕃上將；至六年十月乙酉，熒惑又犯之。夫南宫執法，所以糾淫忒，成肅雍；而上將朝庭之輔也。天象若曰：王化將殉，淫風幾興，固不足以令天下矣，而廷臣莫之糾弼，安用之！文明太后雖獨厚幸臣，而公卿坐受榮賜者費亦巨億，蓋近乎素餐焉。其三年九月，安樂王長樂下獄死，隴西王源賀薨；四年正月，廣川王略薨，襄城王韓頹徙邊；七月，頓丘王李鍾葵賜死；其後任城王雲、中山王叡又薨。比年死黜相繼，蓋天謫存焉。【略】

七年六月庚午辰時，東北有流星一，大如太白，北流破爲三段。十月己亥，星隕如虹。是時，太后專朝，且多外嬖，雖天子由倚附之，故有干明之謫焉。破而爲三，席勢者衆也。昔春秋星隕如雨，而羣陰起霸。其後漢成帝時，旰日晦冥，衆星行隕，燿燿如雨，而王氏之禍萌。至是天妖復見，又與元后同符矣。【略】

（十一年）七月癸丑，太白犯軒轅大星；八月甲寅，又犯之。皆女君之謫也，天象若曰：軒轅以母萬物，由后妃之母兆人也，是固多穢，復將安用之？其物類之感，又稼穡之不滋侯也。是歲年穀不登，聽人出關就食。明年，州鎮十五皆大饑，詔開倉賑乏。間歲，太后崩。

十二年三月甲申，歲星逆行入氐。甲、申，皆齊分也。占曰「諸侯王而升爲天子者」。逆行者，其事逆也。先是，去年十月，歲、辰、太白合于氐。是謂驚立絶行，改立王公。是歲四月，月犯氐，與歲同舍；六月丁巳，月又入氐，犯歲星。月爲强大之臣，歲爲少君也，與歲同心内宫而干犯之，强宗擅命，逼奪其君之象也。再干之，其事荐至。

十三年三月庚申，月犯歲；十五年六月，又犯之。歲星不在宿宫，是爲强侯之讉。江南太子、賢王相次薨殁，既而齊武帝殂，太孫幼沖，西昌輔政，竟殺二君而篡之。月再犯于氐及逆行之效也。

唐·魏徵等《隋書》卷二一《天文志下》 陳武帝永定三年九月辛卯朔，月入南斗。占曰：「月入南斗，大人憂。」一曰：「太子殃。」後二年，帝崩，太子昌在周爲質，文帝立。後昌還國，爲侯安都遣盜迎殺之。

三年五月丙辰朔，日有食之。占曰：「日食君傷。」又曰：「日食帝德消。」六月庚子，填星鉞與太白并。占：「太白與填合，爲疾爲内兵。」

文帝天嘉元年五月辛亥，熒惑犯右執法。占曰：「大臣有憂，執法者誅。」後四年，司空侯安都賜死。

九月癸丑，彗星長四尺，見芒，指西南。占曰：「彗星見則敵國兵起，得本者勝。」其年，周將獨孤盛領衆趣巴湘，侯瑱襲破之。

二年五月己酉，歲星守南斗。六月丙戌，熒惑犯東井。七月乙丑，熒惑入鬼中。戊辰，熒惑犯斧質。十月，熒惑行在太微右掖門内。

三年閏二月己丑，熒惑逆行，犯上相。甲子，太白犯五車，填星。七月，太白犯輿鬼。八月癸卯，月犯南斗。丙午，月犯牽牛。庚申，太白入太微。十一月丁丑，月犯畢左股。辛巳，熒惑犯歲星。戊子，月犯角。庚寅，月入氐。

四年六月癸丑，太白犯右執法。七月戊子，熒惑犯填星。八月甲午，熒惑犯軒轅大星。丁未，太白犯房。九月戊寅，熒惑入太微，犯右執法。癸未，太白入南斗。占曰：「太白入斗，天下大亂，將相謀反，國易政。」又曰：「君死，不死則廢。」又曰：「天下受爵禄。」其後安成王爲太傅，廢少帝而自立，改官受爵之應也。辛卯，熒惑犯左執法。十一月辛酉，熒惑犯右執法。甲戌，月犯畢左股。

五年正月甲子，月犯畢大星奎。丁卯，月犯星。四月庚子，太白歲星合在奎，金在南，木在北，相去二尺許。壬寅，月入氐，又犯熒惑，太白歲星又合，在婁，相去一尺許。癸卯，月犯房上星。五月庚午，熒惑逆行二十一日，犯氐東南、西南星。占曰：「月有賊臣。」又曰：「人主無出，廊廟間有伏兵。」又曰：「君死，有赦。」後二年，少帝廢之應也。六月丙申，月犯亢。七月戊寅，月犯畢大星。閏十月庚申，月犯牽牛。丙子，又犯左執法。十一月乙未，月食畢大星。

六年正月己亥，太白犯熒惑，相去二寸。占曰：「其野有兵喪，改立侯王。」三月丁卯，日入後，衆星未見，有流星白色，大如斗，從太微間南行，尾長尺餘。占曰：「有兵與喪。」四月丁巳，月犯軒轅。占曰：「女主有憂。」五月丁亥，太白犯軒轅。占曰：「女主失勢。」又曰：「四方禍起。」其後年，少帝廢，廢後慈訓太后崩。六月己未，月犯氐。辛酉，有彗長可丈餘。占曰：「陰謀姦宄起。」一曰：「宫中火起。」後安成王録尚書、都督中外諸軍事，廢少帝而自立，陰謀之應。八月戊辰，月掩畢大星。丙子，月與太白並，光芒相着，在太微西蕃南三尺所。九月辛巳，熒惑犯左執法。癸未，太白犯右執法。辛卯，犯左執法。乙巳，月犯上相，太白犯熒惑。其夜，月又犯太白。占曰：「其國内外有兵喪，改立侯王。」明年，帝崩，又少帝廢之應也。

七年二月庚午，日無光，烏見。占曰：「王者惡之。」其日庚午，吴、楚之分野。四月甲子，日有交暈，白虹貫之。是月癸酉，帝崩。

廢帝天康元年五月庚辰，月犯軒轅女御大星。占曰：「女主憂。」後年，慈訓太后崩。癸未，月犯左執法。

光大元年正月甲寅，月犯軒轅大星。占曰：「女主當之。」八月戊寅，月食哭星。占曰：「有喪泣事。」明年，太后崩，臨海王薨，哭泣之應也。壬午，鎮星辰星合於軫。九月戊午，辰星太白相犯。占曰：「改立侯王。」己未，月犯歲星。占曰：「國亡君。」十二月辛巳，月又犯歲星。辛卯，月犯建星。占曰：「大人惡之。」

二年正月戊申，月掩歲星。占曰：「國亡君。」五月乙未，月犯太白。六月丙寅，太白犯右執法。壬子，客星見氐東。八月庚寅，月犯太微。九月庚戌，太白逆行，與鎮星合，在角。占曰：「爲白衣之會。」又曰：「所合之國，爲亡地，爲疾兵。」戊午，太白晝見。占曰：「太白晝見，國更政易王。」十一月丙午，歲星守右執法。甲申，月犯太微東南星。戊子，太白入氐。十二月甲寅，慈訓太后廢帝爲臨海王，太建二年四月薨，皆其應也。

宣帝太建七年四月丙戌，有星孛于大角。占曰：「人主亡。」五月庚辰，熒惑犯右執法。壬子，又犯右執法。

十年二月癸亥，日上有背。占曰：「其野失地，有叛兵。」甲子，吴明徹軍敗於吕梁，將卒並爲周軍所虜。來年，淮南之地，盡没于周。十月癸卯，月食熒惑。占曰：「國敗君亡，大兵起，破軍殺將。」來年三月，吴明徹敗於吕梁，十三年，帝崩，敗國亡君之應也。

十一年四月己丑，歲星太白辰星，合于東井。

十二年二月壬寅，白虹見西方。占曰：「有喪。」其後十三年，帝崩。十月戊午，月犯牽牛吴越之野。占曰：「其國亡，君有憂。」後年帝崩。辛酉，歲星犯執法。十二月癸酉，辰星在太白上。甲戌，辰星太白交相掩。占曰：「大兵在野，大戰。」辛巳，彗星見西南。占曰：「有兵喪。」明年帝崩，始興王叔陵作亂。

後主至德元年正月壬戌，蓬星見。占曰：「必有亡國亂臣。」後帝於太皇寺舍身作奴，以祈冥助，不恤國政，爲施文慶等所惑，以至國亡。

魏普泰元年十月，歲星熒惑填星太白，聚於觜參，色甚明大。占曰：「當有王者興。」其月，齊高祖起於信都，至中興二年春而破尒朱兆，遂開霸業。

魏武定四年九月丁未，高祖圍玉壁城，有星墜於營，衆驢皆鳴。占曰：「破軍殺將。」高祖不豫，五年正月丙午崩。

齊文宣帝天保元年十二月甲申，熒惑犯房北頭第一星及鉤鈐。占曰：「大臣有反者。」其二年二月壬辰，太尉彭樂謀反，誅。

八年二月己亥，歲星守少微，經六十三日。占曰：「五官亂。」五月癸卯，歲星犯太微上將。占曰：「大將憂，大臣死。」其十年五月，誅諸元宗室四十餘家，乾明元年，誅楊遵彦等，皆五官亂，大將憂，大臣死之慶也。

八年七月甲辰，月掩心星。占曰：「人主惡之。」十年十月，帝崩。

九年二月，熒惑犯鬼質。占曰：「斧質用，有大喪。」三月甲午，熒惑犯軒轅。占曰：「女主惡之。」其十年五月，誅魏氏宗室，十月帝崩，斧質用，有大喪之應也。

十年六月庚子，填星犯井鉞，與太白并。占曰：「子爲玄枵，齊之分野，君有戮死者，大臣誅，斧鉞用。」其明年二月乙巳，太師常山王誅尚書令楊遵彦、右僕射燕子獻、領軍可朱渾天和、侍中宋欽道等。八月壬午，廢少帝爲濟南王。

廢帝乾明元年三月甲午，熒惑入軒轅。占曰：「女主凶。」後太寧二年四月，太后崩。

肅宗皇建二年四月丙子，日有食之。子爲玄枵，齊之分野。七月乙丑，熒惑入鬼中，戊辰，犯鬼質。占曰：「有大喪。」十一月，帝以暴疾崩。

武成帝河清元年七月乙亥，太白犯輿鬼。占曰：「有兵謀，誅大臣，斧質用。」其年十月壬申，冀州刺史平秦王高歸彦反，段孝先討擒，斬之於都市，又其二年，殺太原王紹德，皆斧質用之應也。八月甲寅，月掩畢。占曰：「其國君死，大臣有誅者，有邊兵大戰，破軍殺將。」其十月，平秦王歸彦以反誅，其三年，周師與突厥入并州，大戰城西，伏屍流血百餘里，皆其應也。

四年正月己亥，太白犯熒惑，相去二寸，在奎。甲辰，太白、熒惑、歲星合在婁。占曰：「甲爲齊。三星若合，是謂驚立絶行，其分有兵喪，改立侯王，國易政。」三月戊子，彗星見。占曰：「除舊布新，有易王。」至四月，傳位於太子，改元。

後主天統元年六月壬戌，彗星見於文昌，長數寸，入文昌，犯上將，然後經紫微宫西垣，入危，漸長一丈餘，指室壁。後百餘日，在虛危滅。占曰：「有大喪，有亡國易政。」其四年十二月，太上皇崩。

三年五月戊寅，甲夜，西北有赤氣竟天，夜中始滅。十月丙午，天西北頻有赤氣。占曰：「有大兵大戰。」後周武帝總衆來伐，大戰，有大兵之應也。

四年六月，彗星見東井。占曰：「大亂，國易政。」七月，孛星見房心，白如粉絮，大如斗，東行。八月，入天市，漸長四丈，犯瓠瓜，歷虚危，入室，犯離宫。九月入奎，至婁而滅。孛者，孛亂之氣也。占曰：「兵喪並起，國大亂易政，大臣誅。」其後，太上皇崩。至武平二年七月，領軍庫狄伏連、治書侍御史王子宜，受琅邪王儼旨，矯詔誅録尚書、淮南王和士開於南臺，伏連等即日伏誅，右僕射馮子琮賜死。此國亂之應也。

五年二月戊辰，歲星逆行，掩太微上將。占曰：「天下大驚，四輔有誅者。」五月甲午，熒惑犯鬼積屍。甲，齊也。占曰：「大臣誅，兵大起，斧質用，有大喪。」至武平二年九月，誅琅邪王儼，三年五月，誅右丞相、咸陽王斛律明月，四年七月，誅蘭陵王長恭，皆懿親名將也。四年十月，又誅崔季舒等，此斧質用之應也。

武平三年八月癸未，填星、歲星、太白合於氐，宋之分野。占曰：「其國内外有兵喪，改立侯王。」其四年十月，陳將吴明徹寇彭城，右僕射崔季舒，國子祭酒張雕，黄門裴澤、郭遵，尚書左丞封孝琰等，諫車駕不宜北幸并州。帝怒，並誅之，内外兵喪之應也。九月庚申，月在婁，食既，至旦不復。占曰：「女主兇。」其三年八月，廢斛律皇后，立穆后。四年，又廢胡后爲庶人。十一月乙亥，天狗下西北。占曰：「其下有大戰流血。」後周武帝攻晉州，進兵平并州，大戰流血。

三年十二月辛丑，日食饑星。占曰：「有亡國。」至七年，而齊亡。

四年五月癸巳，熒惑犯右執法。占曰：「大將死，執法者誅，若有罪。」其年，誅右丞相斛律明月，明年，誅蘭陵王長恭，後年，誅右僕射崔季舒，皆大將死，執法誅之應也。

周閔帝元年五月癸卯，太白犯軒轅。占曰：「太白行軒轅中，大臣出令。」又曰：「皇后失勢。」辛亥，熒惑犯東井北端第二星。占曰：「其國亂。」又曰：「大旱。」其年九月，冢宰護逼帝遜位，幽於舊邸，月餘殺崩，司會李植、軍司馬孫恒及宫伯乙弗鳳等被誅害。其冬大旱。皆大臣出令、大臣死、旱之應也。

明帝二年三月甲午，熒惑入軒轅。占曰：「王者惡之，女主凶。」其月，王后獨孤氏崩。六月庚子，填星犯井鉞，與太白并。占曰：「傷成於鉞，君有戮死者。」其年，太師宇文護進食，帝遇毒崩。

武帝保定元年九月乙巳，客星見於翼。十月甲戌，日有食之。戊寅，熒惑犯太微上將，合爲一。

二年閏正月癸巳，太白入昴。二月壬寅，熒惑犯太微上相。三月壬午，熒惑犯左執法。七月乙亥，太白犯輿鬼。九月戊辰，日有食之，既。十一月壬午，熒惑犯歲星於危南。

三年三月乙丑朔，日有食之。九月甲子，熒惑犯太微上將。占曰：「上將誅死。」十月壬辰，熒惑犯左執法。

四年二月庚寅朔，日有食之。甲午，熒惑犯房右驂。三月己未，熒惑又犯房右驂。占曰：「上相誅，車馳人走，天下兵起。」其年十月，冢宰晉公護率軍伐齊。十二月，柱國、庸公王雄力戰死之，遂班師。兵起將死之應也。八月丁亥，朔，日有蝕之。

五年，正月辛卯，白虹貫日。占曰：「爲兵喪。」甲辰，太白、熒惑、歲星合於婁。六月庚申，彗星出三台，入文昌，犯上將，後經紫宫西垣，入危，漸長一丈餘，指室壁，後百餘日稍短，長二尺五寸，在虚危滅，齊之分野。七月辛巳，朔，日有食之。

天和元年正月己卯，日有食之。十月乙卯，太白晝見，經天。

二年，正月癸酉朔，日有食之。五月己丑，歲星與熒惑合在井宿，相去五尺。井爲秦分。占曰：「其國有兵，爲饑旱，大臣匿謀，下有反者，若亡地。」閏六月丁酉，歲星、太白合，在柳，相去一尺七寸。柳爲周分。占曰：「爲内兵。」又曰：「主人凶憂，失城。」是歲，陳湘州刺史華皎率衆來附，遣衛公直將兵援之，因而南伐。九月，衛公直與陳將淳于量戰于沌口，王師失利。元定、韋世冲以步騎數千先度，遂没陳。七月庚戌，太白犯軒轅大星，相去七寸。占曰：「女主失勢，大臣當之。」又曰：「西方禍起。」其十一月癸丑，太保、許公宇文貴薨，大臣當之驗也。十月辛卯，有黑氣一，大如杯，在日中。甲午，又加一，經六日乃滅。占曰：「臣有蔽主之明者。」十一月戊戌朔，日有食之。庚子，熒惑犯鉤鈐，去之六寸。占曰：「五者有憂。」又曰：「車騎驚，三公謀。」

三年三月己未，太白犯井北轅第一星。占曰：「將軍惡之。」其七月壬寅，隋公楊忠薨。四月辛巳，太白入輿鬼，犯積屍。占曰：「大臣誅。」又曰：「亂臣在内，有屠城。」六月甲戌，彗見東井，長一丈，上白下赤而鋭，漸東行，至七月癸卯，在鬼北八寸所乃滅。占曰：「爲兵，國政崩壞。」又曰：「將軍死，大臣誅。」七月

己未，客星見房心，白如粉絮，大如斗，漸大，東行；八月，入天市，長如匹所，復東行，犯河鼓右將，癸未，犯瓠瓜，又入室，犯離宫，九月壬寅，入奎，稍小；壬戌，至婁北一尺所滅。凡六十九日。占曰：「兵起，若有喪，白衣會，爲饑旱，國易政。」又曰：「兵犯外城，大臣誅。」

四年二月戊辰，歲星逆行，掩太微上將。占曰：「天下大驚，國不安，四輔有誅，必有兵革，天下大赦。」庚午，有流星，大如斗，出左攝提，流至天津滅，有聲如雷。五月癸巳，熒惑犯輿鬼，甲午，犯積屍。占曰：「午，秦也。大臣有誅，兵大起。」後三年，太師、大冢宰、晉國公宇文護以不臣誅，皆其應也。

五年正月乙巳，月在氐，暈，有白虹長丈所貫之，而有兩珥連接，規北斗第四星。占曰：「兵大起，大戰，將軍死於野。」是冬，齊將斛律明月寇邊，於汾北築城，自華谷至於龍門。其明年正月，詔齊公憲率師御之。三月己酉，憲自龍門度河，攻拔其新築五城，兵起大戰之應也。

六年二月己丑夜，有蒼雲，廣三丈，經天，自戌加辰。四月戊寅朔，日有蝕之。己卯，熒惑逆行，犯輿鬼。占曰：「有兵喪，大臣誅，兵大起。」其月，又率師取齊宜陽等九城。六月，齊將攻陷汾州。六月庚辰，熒惑太白合，在張宿，相去一尺。占曰：「主人兵不勝，所合國有殃。」

建德元年三月丙辰，熒惑、太白合壁。占曰：「其分有兵喪，不可舉事，用兵必受其殃。」又曰：「改立侯王，有德者興，無德者亡。」其月，誅晉公護、護子譚公會、莒公至、崇業公静等，大赦。癸亥，詔以齊公憲爲大冢宰，是其驗也。七月丙午，辰與太白合於井，相去七寸。占曰：「其下之國，必有重德致天下。」後四年，上帥師平齊，致天下之應也。九月己酉，月犯心中星，相去一寸。占曰：「亂臣在傍，不出五年，下有亡國。」後周武伐齊，平之，有亡國之應也。

二年二月辛亥，白虹貫日。占曰：「臣謀君，不出三年。」又曰：「近臣爲亂。」後年七月，衛王直在京師舉兵反。癸亥，熒惑掩鬼西北星。占曰：「大賊在大人之側。」又曰：「大臣有誅。」四月己亥，太白掩西北星，壬寅，又掩東北星。占曰：「國有憂，大臣誅。」六月丙辰，月犯心中後二星。占曰：「亂臣在傍，不出三年，有亡國。」又曰：「人主惡之。」九月癸酉，太白犯左執法。占曰：「大臣有憂，執法者誅，若有罪。」十一月壬子，太白掩填星，在尾。占曰：「填星爲女主，尾爲後宫。」明年皇太后崩。

三年二月戊午，客星大如桃，青白色，出五車東南三尺所，漸東行，稍長二尺所，至四月壬辰，入文昌；丁未，入北斗魁中，後出魁，漸小。凡見九十三日。占曰：「天下兵起，車騎滿野，人主有憂。」又曰：「天下有亂，兵大起，臣謀主。」其七月乙酉，衛王直在京師舉兵反，討擒之，廢爲庶人。至十月，始州民王鞅擁衆反，討平之。四月乙卯，星孛於紫宫垣外，大如拳，赤白，指五帝座，漸東南行，稍長一丈五尺；五月甲子，至上台北滅。占曰：「天下易政，無德者亡。」後二年，武帝率六軍滅齊。十一月丙子，歲星與太白相犯，光芒相及，在危。占曰：「其野兵，人主凶，失其城邑。危，齊之分野。」後二年，宇文神舉攻拔陸渾等五城。十二月庚寅，月犯歲星，在危，相去二寸。占曰：「其邦流亡，不出三年。」辛卯，月行在宫室，食太白。占曰：「其國以兵亡，將軍戰死。營室，衛也，地在齊境。」後齊亡入周。

四年三月甲子，月犯軒轅大星。占曰：「女主有憂，又五官有亂。」

五年十月庚戌，熒惑犯太微西蕃上將星。占曰：「天下不安，上將誅，若有罪，其止。」

六年二月，皇太子巡撫西土，仍討吐谷渾。八月，至伏俟城而旋。吐谷渾寇邊，天下不安之應也。六月庚午，熒惑入鬼。占曰：「有喪旱。」其七月，京師旱。十月戊午，歲星犯大陵。又己未、庚申，月連暈，規昴、畢、五車及參。占曰：「兵起争地。」又曰：「王自將兵。」又曰：「天下大赦。」癸亥，帝率衆攻晉州。是日虹見晉州城上，首向南，尾入紫宫，長十餘丈。庚午，克之。丁卯夜，白虹見，長十餘丈，頭在南，尾入紫宫中。占曰：「其下兵戰流血。」又曰：「若無兵，必有大喪。」至六年正月，平齊，與齊軍大戰。十一月稽胡反，齊王討平之。

六年四月，先此熒惑入太微宫二百日，犯東番上相，西蕃上將，句己往還。至此月甲子，出端門。占曰：「爲大臣代主。」又曰：「臣不臣，有反者。」又曰：「必有大喪。」後宣、武繼崩，高祖以大運代起。十月癸卯，月食；熒惑在斗。占曰：「國敗，其君亡，兵大起，破軍殺將。斗爲吳、越之星，陳之分野。」十一月，陳將吳明徹侵吕梁，徐州總管梁士彦出軍與戰，不利。明年三月，郯公王軌討擒陳將吳明徹，俘斬三萬餘人。十一月甲辰，晡時，日中有黑子，大如杯。占曰：「君有過而臣不諫，人主惡之。」十二月癸丑，流星大如月，西流有聲，蛇行屈曲，光照地。占曰：「兵大起，下有戰場。」戊辰平旦，有流星大如三斗器，色赤，出紫宫，凝著天，乃北下。占曰：「人主去其宫殿。」是月，營州刺史高寶寧據州反。其明年五月，帝總戎北伐。後年，武帝崩。

宣政元年正月丙子，月食昴。占曰：「有白衣之會。」又曰：「匈奴侵邊。」其月，突厥寇幽州，殺略吏人。五月，帝總戎北伐。六月，帝疾甚，還京，次雲陽而崩。六月壬午、癸丑，木火金三星合，在井。占曰：「其國霸。」又曰：「其國外內有兵喪，改立侯王。」是月，幽州人盧昌期據范陽反，改立王侯，兵喪之驗也。七年辛丑，月犯心前星。占曰：「太子惡之，若失位。」後靜帝立爲天子，不終之徵也。丙辰，熒惑、太白合，在七星，相去二尺八寸所。占曰：「君憂。」又曰：「其國有兵，改立王侯，有德興，無德亡。」後年，改置四輔官，傳位太子，改立王侯之應也。己未，太白犯軒轅大星。占曰：「女主凶。」後二年，宣帝崩，楊后令其父隋公爲大丞相，總軍國事。隋氏受命，廢后爲樂平公主，餘四后悉廢爲比丘尼。八月庚辰，太白入太微。占曰：「爲天下驚。」又曰：「近臣起兵，大臣相殺，國有憂。」其後，趙、陳等五王，爲執政所誅，大臣相殺之應也。九月丁酉，熒惑入太微西掖門，庚申，犯左執法，相去三寸。占曰：「天下不安，大臣有憂。」又曰：「執法者誅若有罪。」是月，汾州稽胡反，討平之。十一月，突厥寇邊，圍酒泉，殺略吏人。明年二月，殺柱國、郯公王軌。皆其應也。十二月癸未，熒惑入氐，守犯之三十日。占曰：「天子失其宮。」又曰：「賊臣在內，下有反者。」又曰：「國君有繫饑死，若毒死者。」靜帝禪位，隋高祖幽殺之。

宣帝大成元年正月丙午、癸丑，日皆有背。占曰：「臣爲逆，有反叛，邊將去之。」又曰：「卿大夫欲爲主。」其後，隋公作霸，尉迥、王謙、司馬消難各舉兵反。

大象元年四月戊子，太白、歲星、辰星合，在井。占曰：「是謂驚立，是謂絶行，其國內外有兵喪，改立王公。」又曰：「其國可霸，修德者强，無德受殃。」其五月，趙、陳、越、代、滕五王並入國。後二年，隋王受命，宇文氏宗族相繼誅滅。六月丁卯，有流星一，大如雞子，出氐中，西北流，有尾迹，長一丈所，入月中，即滅。占曰：「不出三年，人主有憂。」又曰：「有亡國。」靜帝幽閉之應也。己丑，有流星一，大如斗，色青，有光明照地，出營室，抵壁入濁。七月壬辰，熒惑掩房北頭第一星。占曰：「亡君之誡。」又曰：「將軍爲亂，王者惡之，大臣有反者，天子憂。」其十二月，帝親御驛馬，日行三百里。四皇后及文武侍衛數百人，並乘馹以從。房爲天駟，熒惑主亂，此宣帝亂道德，馳騁車騎，將亡之誡。八月辛巳，熒惑犯南斗第五星。占曰：「且有反臣，道路不通，破軍殺將。」尉迥，王謙等起兵敗亡之徵也。九月己酉，太白入南斗魁中。占曰：「天下有大亂，將相謀反，國易政。」又曰：「君死，不死則疾。」又曰：「天下爵祿。」皆高祖受命，羣臣分爵之徵也。十月壬戌，歲星犯軒轅大星。占曰：「女主憂，若失勢。」周自宣政元年，熒惑、太白從歲星聚東井。大象元年四月，太白、歲星、辰星又聚井。十月，歲星守軒轅。其年，又守翼。東井，秦分，翼，楚分，漢東爲楚地，軒轅后族，隋以后族興於秦地之象，而周之后妃失勢之徵也。乙酉，熒惑在虛，與填星合。占曰：「兵大起，將軍爲亂，大人惡之。」是月，相州段德舉謀反，伏誅。其明年三月，杞公宇文亮舉兵反，擒殺之。

二年四月乙丑，有星大如斗，出天厨，流入紫宮，抵鉤陳乃滅。占曰：「有大喪，兵大起，將軍戮。」又曰：「臣犯上，主有憂。」其五月，帝崩，隋公執國政，大喪、臣犯主之應。趙王、越王以謀執政被誅。又荆、豫、襄三州諸蠻反，尉迥、王謙、司馬消難各舉兵畔，不從執政，終以敗亡。皆大兵起，將軍戮之應也。五月甲辰，有流星一，大如三斗器，出太微端門，流入翼，色青白，光明照地，聲若風吹幡旗。占曰：「有立王，若徙王。」又曰：「國失君。」其月己酉，帝崩，劉昉矯制，以隋公受遺詔輔政，終受天命，立王、徙王、失君之應也。七月壬子，歲星、太白合於張，有流星，大如斗，出五車東北流，光明燭地。九月甲申，熒惑、歲星合於翼。

靜帝大定元年正月乙酉，歲星逆行，守右執法，熒惑掩房北第一星。占曰：「房爲明堂，布政之宫，無德者失之。」二月甲子，隋王稱尊號。

高祖文皇帝開皇元年三月甲申，太白晝見。占曰：「太白經天晝見，爲臣强，爲革政。」四月壬午，歲星晝見。占曰：「大臣强，有逆謀，王者不安。」其後，劉昉等謀反，伏誅。十一月己巳，有流星，聲如隤墻，光燭地。占曰：「流星有光有聲，名曰天保，所墜國安有喜。」其九年，平陳，天下一統。五年八月戊申，有流星數百，四散而下。占曰：「小星四面流行者，庶人流移之象也。」其九年，平陳，江南士人，悉播遷入京師。

八年二月庚子，填星入東井。占井：「填星所居有德，利以稱兵。」其年大舉伐陳，克之。十月甲子，有星孛于牽牛。占曰：「臣殺君，天下合謀。」又曰：「內不有大亂，則外有大兵。牛，吴、越之星，陳之分野。」後年，陳氏滅。

九年正月己巳，白虹夾日。占曰：「白虹銜日，臣有背主。」又曰：「人主無德者亡。」是月，滅陳。

十四年十一月癸未，有彗星孛于虛危及奎婁，齊、魯之分野。其後魯公虞慶則伏法，齊公高熲除名。

十九年十二月乙未，星隕於渤海。占曰：「陽失其位，災害之萌也。」又曰：「大人憂。」

二十年十月，太白晝見。占曰：「大臣强，爲革政，爲易王。」右僕射楊素，熒惑高祖及獻后，勸廢嫡立庶。其月乙丑，廢皇太子勇爲庶人。明年改元。皆陽失位及革政易王之驗也。

仁壽四年六月庚午，有星入于月中。占曰：「有大喪，有大兵，有亡國，有破軍殺將。」七月乙未，日青無光，八日乃復。占曰：「主勢奪。」又曰：「日無光，有死王。」甲辰，上疾甚，丁未，宫車晏駕。漢王諒反，楊素討平之。皆兵喪亡國死王之應。

煬帝大業元年六月甲子，熒惑入太微。占曰：「熒惑爲賊，爲亂入宫，宫中不安。」

三年三月辛亥，長星見西方，竟天，干歷奎婁、角亢而没，至九月辛未，轉見南方，亦竟天，又干角亢，頻掃太微帝座，干犯列宿，唯不及參、井。經歲乃滅。占曰：「去穢布新，天所以去無道，建有德，見久者災深，星大者事大，行遲者期遠。兵大起，國大亂而亡。餘殃爲水旱饑饉，土功疾疫。」其後，築長城，討吐谷渾及高麗，兵戎歲駕，略無寧息。水旱饑饉疾疫，土功相仍，而有羣盜並起，邑落空虚。九年五月，禮部尚書楊玄感，於黎陽舉兵反。丁未，熒惑逆行入南斗，色赤如血，如三斗器，光芒震耀，長七八尺，於斗中句己而行。占曰：「有反臣，道路不通，國大亂，兵大起。」斗，吴、越分野，玄感父封於越，後徙封楚地，又次之，天意若曰，使熒惑句己之，除其分野。至七月，宇文述討平之。其兄弟悉梟首車裂，斬其黨與數萬人。其年，朱燮、管崇，亦於吴郡擁衆反。此後羣盜屯聚，剽略郡縣，屍横草野，道路不通，齎詔勑使人，皆步涉夜行，不敢遵路。

十一年六月，有星孛于文昌東南，長五六寸，色黑而鋭，夜動摇，西北行，數日至文昌，去宫四五寸，不入，却行而滅。占曰：「爲急兵。」其八月，突厥圍帝於雁門，從兵悉馮城禦寇，矢及帝前。七月，熒惑守羽林。占曰：「衛兵反。」十二月戊寅，大流星如斛，墜賊盧明月營，破其衝輣，壓殺十餘人。占曰：「奔星所墜，破軍殺將。」其年，王充擊盧明月城，破之。

十二年五月丙戌朔，日有食之，既。占曰：「日食既，人主亡，陰侵陽，下伐上。」其後宇文化及等行殺逆。癸巳，大流星隕于吴郡，爲石。占曰：「有亡國，有死王，有大戰，破軍殺將。」其後大軍破逆賊劉元進于吴郡，斬之。八月壬子，有大流星如斗，出王良閣道，聲如隤墻；癸丑，大流星如甕，出羽林。九月戊午，有枉矢二，出北斗魁，委曲蛇形，注於南斗。占曰：「主以兵去，天之所伐。」亦曰：「以亂代亂，執矢者不正。」後二年，化及殺帝僭號，王充亦於東都殺恭帝，篡號鄭。皆殺逆無道，以亂代亂之應也。

十三年五月辛亥，大流星如甕，墜於江都。占曰：「其下有大兵戰，流血破軍殺將。」六月，有星孛于太微五帝座，色黄赤，長三四尺所，數日而滅。占曰：「有亡國，有殺君。」明年三月，宇文化及等殺帝也。十一月辛酉，熒惑犯太微，日光四散如流血。占曰：「賊入宫，主以急兵見伐。」又曰：「臣逆君。」明年三月，化及等殺帝，諸王及倖臣並被戮。

後晉・劉昫等《舊唐書》卷三六《天文志下》 【略】武德三年十月三十日，有流星墜於東都城内，殷殷有聲。高祖謂侍臣曰：「此何祥也？」起居舍人令狐德棻曰：「昔司馬懿伐遼，有流星墜于遼東梁水上，尋而公孫淵敗走，晉軍追之，至其星墜處斬之。此王世充滅亡之兆也。」【略】

天寶三載閏二月十七日，星墜于東南，有聲。京師訛言官遣棖棖捕人肝以祭天狗，人相恐，畿内尤甚。

元・脱脱等《金史》卷二〇《天文志》 正隆三年三月辛酉朔，司天奏日食，候之不見。海陵勑，自今日食皆面奏，不須頒告中外。五年八月丙午朔，日食。庚午，日中有黑子，狀如人。六年二月甲辰朔，日有暈珥，戴背。十月丙午，慶雲見。

世宗大定二年正月戊辰朔，日食，伐鼓用幣，命壽王京代拜行禮。爲制，凡遇日月虧食，禁酒、樂、屠宰一日。三年六月庚申朔，日食，上不視朝，命官代拜。有司不治務，過時乃罷。後爲常。四年六月甲寅朔，日食。七年四月戊辰朔，日食，上避正殿，減膳，伐鼓應天門内，百官各於本司庭立，明復乃止。閏七月己卯午刻，慶雲環日。八月辛亥午刻，慶雲環日。九年八月甲申朔，有司奏日當食，以雨不見。爲近奉安太社，乃伐鼓于社，用幣于應天門内。

天學家總部

總論部

題解

清·阮元《疇人傳》 疇人解

《史記·曆書》：「疇人子弟分散。」《漢書·律曆志》亦載其語。注家説「疇」字有四。韋昭曰：「疇，類也。」如淳曰：「家業世世相傳爲疇。律年二十三，傳之疇官，各從其父學。」此據裴駰《集解》所引。若《漢書》注無「律年」以下十四字，蓋師古徵引未備。李奇曰：「同類之人，俱明曆者也。」《索隱》引此，作孟康語，無「俱」字。樂彦曰：「疇，昔知星人也。」韋、李二説相近，如、樂二説迥殊，顔監以如爲是。淳所引律，當即漢律。淳，魏人，去漢未遠，故引漢律。考《漢書·高祖紀》：「蕭何發關中老弱未傅者悉詣軍。」服虔曰：「傅，音附。」孟康曰：「古者二十而傅，三年耕有一年之儲，故二十三而後役之。」《景帝紀》：「二年，令天下男子年二十始傅。」師古曰：「舊法二十三，今此二十，更爲異制也。」然則二十三者，漢初之法，景帝又改制矣。如淳曰：「律年二十三，傅之疇官，此引作傳，與彼注作「傅」不同。紀、志兩注，皆出如淳，所引皆律文，何以不同？考古「傅」、「傳」二字互通。《周禮·夏官》訓方氏「誦四方之傳道」，鄭注故書「傳」爲「傅」。杜子春云「傅」當作「傳」。書亦或爲「傳」。《儀禮·覲禮》「四傳擯」，鄭注：「古文『傳』作『傅』。」《禮記·檀弓》注：「何傳乎」，《釋文》：「傳，一本作傅。」《莊子·天運篇》「魚傅沫」，又《山木篇》「隨其曲傅」。《釋文》并云：「『傅』本作『傳』。」是「傳」、「傅」互通也。各從其父學之。各從其父疇前明南監本，此下有「内」字，疑衍字。此與《律曆志》注文小異。高不滿六尺二寸以下爲罷癃。《漢儀注》云：『民年二十三爲正，一歲爲衛士，一歲爲材官騎士，習射御騎馳戰陳。』又云：『年五十六衰老，乃得免爲庶民，就田里。』今老弱未嘗傅者皆發之。未二十三爲弱，過五十六爲老。」《史記·項羽紀》《集解》引如淳注。此下更引《食貨志》曰：「月爲更卒，已復爲正。一歲屯戍，一歲力役，三十倍于古。」又《索隱》引姚氏云：「古者更卒不過一月，踐更五月而休。」文穎云：「五當爲三，言一歲之中，三月居更，三日戍邊，總九十三日。古者役人歲不過三日，此所謂『一歲力役，三十倍于古』也。」斯説得之。師古曰：「傳，著也。言著名籍，給公家徭役也。」詳玩律義，指力役之征言。如淳借以解「疇」字，凡世世相傳之事，皆得謂之「疇」，不但力役一端。《史記·龜策傳》：「孝文、孝景，因襲掌故，未遑講試，雖父子疇官，世世相傳，其精微深妙多所遺失。」然則太卜亦用世掌，故曰「疇官」。

而天官之學，尤崇世胄。古顓頊命南正重司天，北正黎司地。唐虞、羲和二氏，紹重黎後，代序天地。《周民·馮相氏》注：世登高臺以視天文之次序；疏謂官有世功，則以官名氏。又《保章氏》注：世守天文之變；疏謂以其稱氏，故云世守。王子年《拾遺記》曰：「宋景公史子韋，世司天部，妙觀星緯，景公待之若神，號司星氏。」《漢志》有《宋司星子韋》三篇。漢置太史公，置位在丞相上，以司馬談爲之，其子遷嗣。自昔掌天官者大抵師承家學，即所謂專門之裔也。再考《漢書·宣帝紀》，地節二年春三月，大司馬大將軍霍光薨。詔曰：「功德茂盛，朕甚嘉之。復其後世，疇其爵邑，世世毋有所與。」《霍光傳》同。《音義》云：「疇，等也。《霍光傳》應劭注同。使其後常與先人等也。」此條師古未引，見《後漢書·荀彧傳》注。蓋臣瓚《音義》，唐代尚存，故章懷引之。張晏云：「律，非始封，十減二。疇者等也，不復減也。」晏不審何代人，所引之律，亦當爲漢律。玩詔書及注文，則疇爲世世相傳明矣。《王莽傳》：元始元年，群臣奏言：「霍光有功，益封三萬户，疇其爵邑，比蕭相國。莽宜如光故事。」又云：「宜賜號曰『安漢公』，益户，疇爵邑。」又云：太后下詔，以孔光爲太師，王舜爲太保，甄豐爲少傅，「皆授四輔之職，疇其爵邑」。又云：太后下詔，「以召陵、新息二縣户二萬八千益封莽，復其後嗣，疇其爵邑」，「莽讓還益封疇爵邑事」。又云：陳崇奏「孝宣皇帝顯著霍光，增户命疇，封者三人」。《莽傳》數條，與《宣帝紀》所稱，可以互證。《後漢書·祭遵傳》：范升上疏，追稱遵曰：「昔高祖班爵割地，與下分功，著録勛臣，頌其德美。生則寵以殊禮，死則疇其爵邑，世無絶嗣，丹書鐵券，傳于無窮。」章懷注：「疇，等也。言功臣死後，子孫襲封，世世與先人等。」章懷此注，即本前書《音義》，是世世相傳爲疇，古有明文。又《荀彧傳》，曹操上書表彧曰：「原其績效，足享高爵，而海内未喻其狀，所受不侔其功，臣誠惜之，乞重平議，增疇户邑。」《魏志·荀彧傳》注引《彧别傳》，太祖表曰：「前所賞録，未副彧巍巍之勛，乞重平議，疇其户邑。」與范史文小异。

左思《魏都賦》：「疏爵普疇。」劉注：「疇其爵邑者。」吕向注：「有功者分其爵邑疇度，使當其功。」夫以疇爲等，已見《史記·宋微子世家》。《書》「洪範九疇」，《世家》作「鴻範九等」。于文義固協，愚則謂疇爲耕治之田《説文》。古者農不去疇

《呂覽・慎大》，農之子恒爲農，本有世世相傳之義。後代封賞臣下，亦必有土田。故詔疏多用「疇其爵邑」，即暗指田疇言。古人屬文，皆有旨趣。故訓詁旁通，無所不合。《史記・秦始皇紀》：「男樂其疇，女修其業」與「家業世世相傳爲疇」之語，隱隱相合。如淳本漢律，確然有據。且疇官之稱，爲疇人顯證。《史記・曆書》：「黄帝考定星曆，建立五行，起消息，正閏餘，于是有天地神祇物類之官，是謂五官。各司其序，不相亂也。」物類之官即所謂疇官也。律云：「各從其父學」，尤與史文闟會，師古從之，當矣。

若夫訓「疇」爲「類」，古固有之。《易・否卦》九家注，《書・洪範》孔傳、鄭注，皆云「疇，類也」。孔疏以疇爲輩類之名。《禮記・樂記》注云：「儕，猶輩類。」《説文》云：「儕，等輩也。」《玉篇》云：「儕，等也，輩也，類也。」此《正義》所本。《戰國策》淳于髡曰：「夫物各有疇，今髡賢者之疇也。」鮑彪注：「耕治之田，禾所聚也。故爲類。」此本《説文》而推衍其旨。《荀子・勸學》云：「草木疇生，禽獸群焉，《大戴禮》作居。物各從其類也。」楊注：「疇與儔同，類也。」

《齊語》注、《楚詞》疾世注、《易・否卦》疏訓疇爲匹。匹，猶類也。匹字，古訓偶，訓配，訓合，訓二，皆與類相近。然則疇字可以指物。《文選》嵇康《贈秀才入軍》詩：「咬咬黄鳥，顧疇弄音。」吕向注：「疇，匹也。」此「疇」字指黄鳥。亦可以指人。星翁歷生，群分類聚，故謂之疇。而象緯推測，往往世官而習其業。所謂父兄之教，不肅而成，子弟之率，不勞而能者。李、如二説，固并存不廢矣。

又《史記・淮陰侯傳》「其輩十三人」，《漢書》作「其疇十三人」。疇即輩也。《齊語》：「人與人相疇」，是爲疇人根據。而疇、儔古通，故王逸謂二人爲匹，四人爲儔。皆與李注通貫。樂彦以疇爲疇昔之疇，人爲知星之人，則近于傅會，于文義爲不類。

至程大昌謂古字假借，「疇人」即「籌人」，以算數得名。考《荀子・正論》至賢疇四海注，謂「疇」與「籌」同，則古字本通。而以漢律疇官證之，終不甚合。王西莊《十七史商榷》以爲樂官亦曰「疇人」，不必定屬治算數，正《演繁露》之非。夫樂官稱疇人，此語不知何本。按王粲《七釋》云：「七盤陳于廣庭，疇人儼其齊俟。」束晳《補亡》詩序云：「晳與同業疇人，肄修鄉飲之禮」，然所咏之詩，或有義無辭，音樂取節，闕而不備。據此，則習禮、習詩、習樂，皆可謂之疇人，又不專指治曆者也。錢竹汀先生曰：「如氏家業世世相傳之解，最爲精當。」疇之言傳也。《西都賦》：「農服先疇之畎畝。」疇之義本于農，而凡世世相傳之業，皆可當疇人之目矣。

綜述

漢・徐幹《中論》卷下《曆數第十三》 昔者聖王之造曆數也，察紀律之行，觀運機之動，原星辰之迭中，寤晷景之長短，於是營儀以准之，立表以測之，下漏以考之，布筭以追之，然後元首齊乎上，中朔正乎下，寒暑順序，四時不忒。夫曆數者，先王以憲殺生之期，而詔作事之節也，使萬國之民不失其業者也。昔少皞氏之衰也，九黎亂德，民神雜揉，不可方物。顓頊受之，乃命南正重司天以屬神，北正黎司地以屬民，使復舊常，毋相侵黷。其後三苗復九黎之德，堯復育重黎之後，不忘舊者，使復典教之，故《書》曰：「乃命羲和，欽若昊天。曆象日月星辰，敬授民時。」於是陰陽調和，災厲不作，休徵時至，嘉生蕃育。民人樂康，鬼神降福，舜禹受之，循而勿失也。及夏德之衰，而羲和湎淫，廢時亂日，湯武革命，始作曆明時，敬順天數。故《周禮》太史之職：「正歲年以序事，頒之於官府及都鄙，頒告朔於邦國。」於是分至啟閉之日，人君親登觀臺以望氣，而書雲物爲備者也。故周德既衰，百度墮替，而曆數失紀，故魯文公元年閏三月，《春秋》譏之，其《傳》曰：「非禮也。先王之正時也，履端於始，舉正於中，歸餘於終。履端於始，序則不愆，舉正於中，民則不惑；歸餘於終，事則不悖。」又哀公十二年十二月，螽，季孫問諸仲尼，仲尼曰：「丘聞之也。火復而後蟄者畢。今火猶西流，司曆過也。」言火未伏，明非立冬之日。自是之後，戰國搆兵，更相吞滅，專以争強攻取爲務。是以曆數廢而莫脩，浸用乖繆。大漢之興，海内新定，先王之禮法尚多有所缺，故因秦之制，以十月爲歲首，曆用顓頊。孝武皇帝恢復王度，率由舊章，招五經之儒，徵術數之士，使議定漢曆，及更用鄧平所治，元起太初，然後分至啟閉不失其節，弦望晦朔可得而驗。成哀之間，劉歆用平術而廣之，以爲三統曆，比之衆家，最爲備悉。至孝章皇帝，年曆踈濶，不及天時，及更用四分舊法，元起庚辰。至靈帝，四分曆猶復後天半日，於是會稽都尉劉洪更造乾象曆，以追日月星辰之行，考之天文，於今爲密。會宫車宴駕，京師大亂，事不施行，惜哉！上

觀前化，下迄於今，帝王興作，未有奉贊天時以經人事者也。故孔子制《春秋》，書人事，而因以天時，以明二物相須而成也。故人君不在分至啓閉則不書其時月，蓋刺怠慢也。夫曆數者，聖人之所以測靈耀之賾，而窮玄妙之情也。非天下之至精，孰能致思焉？今齓論數家舊法，綴之於篇，庶爲後之達者存損益之數云耳。

唐·杜佑《通典》卷二八《職官八》 太史局令。昔少皞以鳥名官，其鳳鳥氏爲曆正。至顓頊，命南正重以司天，北正黎以司地。唐虞之際，羲氏、和氏紹重黎之後，代序天地。夏有太史終古者，當桀之暴，知其將亡，乃執其圖法而奔於殷。殷太史高勢，見紂之亂，載其圖法出奔於周。周官太史，掌建邦之六典，正歲年以序事，頒告朔於邦國。魯昭公二年，晉韓宣子聘魯，觀書於太史氏，見《易象》與《魯春秋》曰：周禮盡在魯矣。又有馮相氏，視天文之次序。保章氏，掌天文之變。當周宣王時，太史官失其守而爲司馬氏，司馬氏世典周史。惠襄之閒，司馬氏適晉。周惠王、襄王有子穨、叔帶之難，故司馬氏奔晉。晉中軍隨會奔秦，而司馬氏入梁。晉太史屠黍見晉之亂，以其圖法歸周。秦爲太史令。胡母敬之，爲太史令，作《博學七章》。漢武置太史公，以司馬談爲之，位在丞相上。天下計書，先上太史，副上丞相。談卒，其子遷嗣之。遷死後，宣帝以其官爲令，行太史公文書而已。瓚曰：《百官表》無太史公，茂陵中書司馬談以太史丞爲太史令也。張壽王亦爲太史令。後漢，太史令掌天時星曆，凡歲將終，奏新年曆；凡國祭祀、喪娶之事，掌奏良日及時節禁忌；國有瑞應災異，則掌記之。張衡，字平子，爲太史令，造渾天儀，鑄銅爲之。獻帝時，太史令王立曰：前太白守天關，與熒惑會，金火交會，革命之象。漢祚終矣，晉魏必有興者。後數言於帝曰：天命有去就，五行不常盛，伏火者土，承漢者魏，能安天下者曹姓，惟委任曹氏而已。曹公聞之，使人語立曰：知公忠於朝廷，天道深遠，幸勿多言。秦漢以來，太史之任蓋併周之太史、馮相、保章三職。自漢、晉、宋、齊，並屬太常。銅印墨綬，進賢一梁冠，絳朝服。梁、陳亦同，後魏、北齊皆如晉、宋。隋曰太史曹，置令、丞各二人，而屬祕書省。煬帝又改曹爲監，有令。大唐初改監爲局，置令。龍朔二年，改太史局爲祕書閣，改令爲郎中。丞爲祕書閣郎。咸亨初，復舊，初屬祕書省，久視元年改爲渾天監，不隸麟臺，改令爲監，置一人。其年，又改爲渾儀監。長安二年，復爲太史局，又隸麟臺，其監復爲太史局令，置二人。景龍二年，復改局爲監，而令名不易，不隸祕書。開元二年，復改令爲監，改一員爲少監。十四年，復爲太史局，置令二人，復隸祕書，後又改局爲監。乾元元年，又改其局爲司天臺，掌天文曆數，風雲氣色有異，則密封以奏。其次小史，有司曆、保章正、靈臺郎、挈壺正等官，各有差。丞二人。司馬彪《續漢志》云：太史有丞一人。魏以下歷代皆同。隋置二人，煬帝減一人。大唐初，不置丞。久視初，改爲渾儀監，始置丞二人。長安二年，又省。景龍二年，復置初。儀鳳四年五月，太常博士檢校、太史姚玄辯奏：於陽城測影臺，依古法立八尺表，夏至日中測影，有尺五寸，正與古法同。調露元年十一月，於陽城立表，冬至日中測影，得丈二尺七寸。開元十二年四月，命太史監南宮説及太史官大相元太等馳傳往安南、朗、蔡、蔚等州，測候日影，迴日奏聞，數年伺候，及還京，僧一行一時校之。安南景北極高二十一度六分，冬至日影七尺九寸四分，春秋二分影二尺九寸三分，夏至影在表南三寸三分。測影使者大相元太云：交州望極纔出地二十餘度。以八月自海中南望老人星殊高，老人星下衆星粲然，其明大者甚衆，圖所不載，莫辨其名。大率去南極二十度以上其星皆見，乃自古渾天家以爲常没地中，伏而不見之所也。蔚州横野軍北極高四十度，冬至影丈五尺八寸九分，春秋二分影六尺二分，夏至影在表北二尺二寸九分，此二所爲中土南北之極。其朗、襄、蔡、許、河南府、汴、滑、太原等州各有使往，並差不同。一行以南北日影校量，用句股法算之，云大約南北極相去纔八萬餘里，其諸州測影尺寸如左：林邑國，北極高十七度，冬至影在表北六尺九寸，定春秋分影在表北二尺六寸五分，夏至影在表南五寸七分。安南都護府，北極高二十一度六分，冬至影在表北七尺九寸四分，定春秋分影在表北二尺九寸三分，夏至影在表南三寸三分。朗州武陵，北極高二十九度五分，冬至影在表北丈五寸三分，定春秋分影在表北四尺四寸七分，夏至影在表北七寸七分。襄州，恒春分影在表北四尺四寸。蔡州武津館，北極高三十三度八分，冬至影在表北丈二尺三十八分，定春秋分影在表北五尺二寸八分，夏至影在表北尺三寸六分。許州扶溝，北極高三十四度三分，冬至影在表北丈二尺五寸五分，定春秋分影在表北五尺三寸七分，夏至影在表北尺四寸四分。河南府告成，北極高三十四度七分，冬至影在表北丈三尺七寸一分，定春秋分影在表北五尺四寸五分，夏至影在表北尺四寸九分。汴州浚儀太嶽臺，北極高三十四度八分，冬至影在表北丈二尺八寸五分，定春秋分影在表北五尺五寸，夏至影在表北尺五寸三分。滑州白馬，北極高三十五度三分，冬至影在表北丈三尺，定春秋分影在表北五尺五寸六分，夏至影在表北尺五寸七分。太原府，恒春分影在表北六尺。蔚州横野軍，北極高四十度，冬至影在表北丈五尺八寸九分，定春秋分影在表北六尺六寸二分，夏至影在表北二尺二寸九分。

宋·李昉等《太平御覽》卷二三五《職官部三十三》 太史令

《春秋元命苞》云：屈中挾一而起者爲中，史之爲言紀也，天度文法以此起也。

《尚書・酒誥》曰：太史友，内史友。太史、内史，掌國典法所賓友者也。

《周書》曰：維正月，王在成周，昧爽召三公右史戎夫曰：今夕朕寤，遂事其驚余，乃取遂事之要，戒申戎夫主之，朔望以聞也。《禮記・曲禮下》曰：天子建六太，曰太宰、太宗、太史、太祝、太工、太卜，典司六典。

又《玉藻》曰：動則左史書之，言則右史書之。

《春秋左傳》曰：趙穿攻靈公於桃園，宣子未出山而復。太史書曰「趙盾弑其君」以示於朝。宣子曰：不然。對曰：子爲正卿，亡不越境，返不討賊，非子而誰？宣子曰：嗚呼！我之懷矣，自貽伊戚，其我之謂矣。孔子曰：董狐，古之良史也。書法不隱。

又《襄四》曰：太史書「崔杼殺其君」，崔子殺之，其弟嗣書而死者二人。（嗣，續。）其弟又書，乃舍之。南史氏聞太史盡死，執簡以往，聞既書矣，乃還。

又曰：魯昭公二年，晉韓宣子聘魯，觀書於太史氏，見《易象》與《魯春秋》曰：周禮盡在魯矣。

《周禮・春官下》曰：太史，掌建國之六典。太史，日官也。《春秋傳》曰：天子有日官，諸侯有日卿。

《大戴禮》曰：太子既冠，成人免於保，傳則有司過之史。

《春秋文耀鈎》曰：楚立唐氏，以爲史官。蒼雲如蜺，圍軫七蟠，中有荷斧之人，嚮軫而蹲，蟠猶周也；蹲，踞也。楚驚。

《唐史》曰：君慢命，又簡宗廟。宗，天命也。軫，於天文楚之分也。向之而踞，是慢命踞簡宗廟。於是晝遺炎煙，耀于蒼雲，精消無文。軫，火精。雲，水氣。圍軫，水也。晝，日陽也，炎火亦陽也。遺之者，象蟠所也。水難勝火，三陽併氣，且火炎上，宜消滅也。文則蜺也。唐史之册，上滅蒼雲。告神以史功也。

《韓詩外傳》曰：據法守職而不敢爲非者，太史也。

《毛詩序》曰：國史明乎得失之迹，傷人倫之廢，哀刑政之苛，吟詠情性以諷其上，達於事變而懷其舊俗者也。

《春秋後語》曰：晉太史屠黍見晉之亂，以其國法歸周。

《國語》曰：鄭桓公爲司徒，問於史伯曰：王室多故，史伯，周太史也。余懼及之焉。

《漢書》曰：司馬喜生談，談爲太史公。如淳曰：《漢儀注》太史公，武帝置位在丞相上。天下計書先上太史公，副上丞相，序事如古《春秋》。遷死，宣帝以其官爲令，行太史文書而已。臣瓚案：《百官表》無太史公，茂陵中書司馬談爲太史令。遷仕爲郎中，使西征巴蜀以南，略邛笮、昆明，還報命。是歲天子始建漢家之封，而太史公留滯周南，如淳曰：周南，洛陽也。不得與從事，發憤且卒。而子遷適反，見父於河洛之間，太史公執遷手而泣曰：「予先周室之太史也，自上世嘗顯功名，虞夏典天官事，後世中衰，絶於予乎。汝復爲太史，則續吾祖矣。今天子接千歲之緒，封泰山而予不得行，是命也夫！是命也夫！予死，汝必爲太史，爲太史無忘吾所欲論著矣。」遷俯首流涕曰：「小子不敏，請述論先人所次舊聞，不敢闕。」卒三歲，而遷爲太史令。又《藝文志》曰：古之王者，世有史官，君舉必書，所以慎言行、昭法式也。

又曰：青史子注：古史官，記事也。

又曰：《孔甲盤盂篇》又曰：史籀。周宣王大史作大篆。

又曰：秦太史令胡母敬作《博學章》。

《東觀漢記》曰：陰猛以博通古今，爲太史令。

司馬彪《續漢書》曰：張衡，字平子，以郎中遷太史令，妙善璣衡之正，紀渾天儀，復造候風地動儀，以精銅鑄成。負徑八尺，合蓋隆起，形如酒杯，如有地動，樽則震，尋其方面，知震所在。驗之以事，合契若神。

張璠《漢記》曰：初，王師敗於曹陽，欲浮河東下。侍御史太史令王立曰：去春太白犯鎮星於斗，過天津。熒惑又逆行，守河北，不可犯也。由是遂北渡河，將自軹關東出。立又謂宗正劉艾曰：前太白守天關，與熒惑會，金火交會，革命之象也。漢祚終矣，晉魏必有興者。後立數言於帝曰：天命有去就，五行不常盛，代者土也，丞漢魏也，能安天下者曹姓，唯委任曹氏而已。曹公聞之，使人語立曰：知忠於朝廷，天道深遠，幸勿多言。

應劭曰：太史令，秩六百石，掌天時星曆。凡歲，奏新年曆；凡國祭祀、喪娶之事，奏良日；國有瑞應災異，記之。

又曰：太史令，秩六百石。望郎三十人，掌故三十人。昔在顓頊，南正重司天，北正黎司地。唐虞之際，分命羲和，曆象日月星辰，敬授民時。至于夏后殷周，世叙其官，皆精研術數，窮神知化。當春秋時，魯有梓慎，晉有卜偃，宋有子韋，鄭有裨竈，觀乎天文，以察時變，其言屢中，有備無害。漢興，甘、石、唐都、

司馬父子，抑亦次焉。末塗偷進，苟忝玆階，既闇候望，競飾邪僞，以凶爲吉，莫之懲糺。

《漢舊儀》曰：承周史官，至武帝置太史公。司馬遷父談，世爲太史。遷年十三，使乘傳行天下，求古諸侯之史記。

《魏志》曰：黄龍見譙橋，桓玄問太史令單颺，颺曰：「其國當有王者。」

《吴志》曰：吴範，字文則，會稽上虞人也。劉盛兵西陵，範曰：「後當和親。」終皆如言。其因驗明審如此。權以範爲騎都尉，領太史令，數從訪問，欲知其訣。範秘惜其術，不以至要語權，權由是恨也。

又曰：韋曜，字弘嗣。孫亮即位，諸葛恪輔政，表曜爲太史令，撰《吴書》。

沈約《宋書》曰：太史掌曆數歷臺，專候日月星氣焉。

《世本》曰：沮誦、蒼頡作書。宋衷注曰：沮誦，蒼頡，黄帝之史。

《唐書》曰：乾元元年，改太史局爲司天臺，掌天文曆數，風雲氣色有異，則密封以聞。其小史，有司曆、保章正、靈臺郎、挈壺正等官，各有差。

《吕氏春秋》曰：夏太史令終古見夏桀惑亂，載其圖法而泣，乃出奔商。商太史高勢見紂之迷亂，載其圖法出之周。晉太史屠黍見晉之亂，以其圖法歸周。

《帝王世紀》曰：黄帝使蒼頡取象鳥跡，始作文字之篆，史官之作蓋自此始記其言行，册而藏之。

《文士傳》曰：張衡性精微，有巧藝，特留意於天文陰陽算數，由是遷太史令。

《環濟要略》曰：太史令取善紀述者，使記時事，天子圖書計最典籍皆副焉。

賈誼書曰：不知日月之時節，不知先王之諱與國之忌，不知風雨雷電之眚，凡此屬太史之任也。

楊雄《太史令箴》曰：昔在太古，爰初肇記。天地之紀，重黎是司。降及唐虞，乃命羲和，欽若昊天，百政攸宜。夏帝不慎，羲和不令，酒時亂日，帝旅爰征。庶寮至殷，唯天爲難，夏氏黷德而明神不蠲。

荀悦《申鑒》曰：古者，天子諸侯有事必告廟，左右二史臧否成敗無不存焉。得失一朝，榮辱千載，善人勸焉，悖人懼焉。故先王重之，以副賞罰，以輔法教。宜於今者，官以其方，各書其事，歲盡則集之於尚書。

宋·鄭樵《通志》卷五四《職官略第四》 太史局令。昔少皞氏以鳥名官，其鳳鳥氏爲曆正。至顓帝氏，命南正重以司天，北正黎以司地。唐虞之際，羲氏、和氏紹重黎之後，世序天地。夏有太史終古者，當桀之暴，知其將亡，乃執其圖法而奔于商。商太史高摯，見紂之亂，載其國法出奔于周。周官太史，掌建邦之六典，正歲年以序事，頒告朔于邦國。魯昭公二年，晉韓宣子聘魯，觀書於太史氏，見《易象》與《魯春秋》，曰：「周禮盡在魯矣。」又有馮相氏，掌天文之變。當周宣王時，太史官失其守，而爲司馬氏。司馬氏世典周史。惠、襄之間，有子頹、叔帶之亂，故司馬氏適晉。晉中軍隨會奔秦，而司馬氏入梁。秦爲太史令，胡毋敬之爲之。漢武置太史，以司馬談爲之，位在丞相上，天下計書先上太史，副上丞相。談卒，子遷嗣之。遷死後，宣帝以其官爲令，行太史文書而已。後漢，太史令掌天時星曆，凡歲將終，奏新年曆；凡國祭祀喪娶之事，掌奏良日及時節禁忌；國有瑞應災異，則掌記之。秦、漢以來，太史之任，蓋併周之太史、馮相、保章三職。自漢、晉、宋、齊，並屬太常，銅印墨綬，進賢一梁冠，絳朝服。江左，高營以侍郎，陳卓以義熙守，吴道欣以殿中侍御史，皆兼領太史。梁、陳，並同晉氏。後魏、北齊，並如晉、宋。後周之制，春官府置太史中大夫一人，掌歷家之法。隋曰太史曹，令、丞各置二人，而屬祕書省。煬帝又改曹爲監，有令。唐初，改監爲局，置令。龍朔二年，又改太史局爲秘書閣，改令爲郎中，丞爲祕書閣郎。咸亨初，復舊。初屬秘書省，久視元年，改爲渾天監，不隸麟臺，改令爲監，置一人。其年，又改爲渾儀監。長安二年，復爲太史局，又隸麟臺，其監復爲太史局令，置二人。景龍二年，復改局爲監，而令名不易，不隸祕書。開元二年，復改令爲監，改一員爲少監。十四年，復爲太史局，置令二人，復隸祕書。後又改局爲監。乾元元年，又改其局爲司天臺，掌天文曆數，風雲氣色有異，則密封以奏。其小吏有司歷、保章正、靈臺郎、挈壺正等官，各有差。

丞。二人。司馬彪《續漢志》云：「太史有丞一人。」魏以下歷代皆同。隋，置二人，煬帝減一人。唐初，不置丞。久視初，改爲渾儀監，始置丞二人。長安二年，又省。景龍二年，復置。凡天下測影之處，分至表準，其詳可載，故參考星度，稽驗晷影，各有典常。

臣謹按：唐開元中，測影使者大相元太云，交州望極，纔出地三十餘度，以八月自海中南望老人星殊高，老人星下衆星粲然，其明大者甚衆，圖所不載，莫辯其名。大率去南極二十度以上，其星皆見，乃自古渾天家以爲常没地中，伏而不見之所也。

元·馬端臨《文獻通考》卷五六《職官考十》 太史局令。昔少皞鳥名官，其鳳鳥氏爲曆正。至顓頊命南正重以司天，北正黎以司地。唐虞之際，羲氏、和氏紹重黎之後，代序天地。夏有太史終古者，當桀之暴，知其將亡，乃執其圖法而奔於殷。殷太史高勢，見紂之亂，載其圖法出奔於周。周官太史，掌建邦之六典，正歲年以序事，頒告朔於邦國。魯昭公二年，晉韓宣子聘魯，觀書於太史氏，見《易象》與《魯春秋》曰：周禮盡在魯矣。又有馮相氏，視天文之次序。保章氏，掌天文之

變。當周宣王時，太史官失其守而爲司馬氏，司馬氏世典周史。惠襄之閒，司馬氏適晉。周惠王、襄王有子頹、叔帶之難，故司馬氏奔晉。晉中軍隨會奔秦，而司馬氏入梁。晉太史屠黍見晉之亂，以其圖法歸周。秦爲太史令。胡母敬之，爲太史令，作《博學七章》。漢武置太史公，以司馬談爲之，位在丞相上。天下計書，先上太史，副上丞相。談卒，其子遷嗣之。遷死後，宣帝以其官爲令，行太史公文書而已。瓚曰：《百官表》無太史公，茂陵中書司馬談以太史丞爲太史令也。後漢太史令掌天時星曆，凡歲將終，奏新年曆；凡國祭祀、喪娶之事，掌奏良日及時節禁忌；國有瑞應災異，則掌記之。張衡，字平子，爲太史令，造渾天儀，鑄銅爲之。張壽王亦爲太史令。秦漢以來，太史之任蓋併周之太史、馮相、保章三職。自漢、晉、宋、齊，並屬太常。銅印墨綬，進賢一梁冠，絳朝服。梁、陳亦同，後魏、北齊皆如晉、宋。隋曰太史曹，置令、丞各二人，而屬祕書省。煬帝又改曹爲監，有令。唐初改監爲局，置令。龍朔二年，改太史局爲祕書閣，改令爲郎中，丞爲祕書閣郎。咸亨初，復舊，初屬祕書省。久視元年，改爲渾天監，不隸麟臺，改令爲監，置一人。其年，又改爲渾儀監。長安二年，復爲太史局，又隸麟臺，其監復太史局令，置二人。景龍二年，復改局爲監，而令名不易，不隸祕書。開元二年，復改令爲監，改一員爲少監。十四年，復爲太史局，置令二人，復隸祕書，後又改局爲監。乾元元年，又改其局爲司天臺，掌天文曆數，風雲氣色有異，則密封以奏。其次小史，有司曆、保章正、靈臺郎、挈壺正等官，各有差。

丞二人。司馬彪《續漢志》云：太史有丞一人，魏以下歷代皆同。隋置二人，煬帝減一人。唐初，不置丞。久視初，改爲渾儀監，始置丞二人。長安二年，又省。景龍二年，復置。

宋有司天監、天文院、鐘鼓院。元豐正官制，以太史局隸祕書省，掌測驗天文，考定曆法。凡日月星辰、風雲氣候祥眚之事，日具所占以聞。歲頒曆於天下，則預造進呈。祭祀冠昏及典禮，則選所用日。其官有令、有正，有春官、夏官、中官、秋官、冬官。正有丞，有直長，有靈臺郎，有保章正。其判局及同判，則選五官正以上業優考深者充。保章正五年、直長至令十年一遷。爲靈臺郎試中乃遷，而挈壺正無選法。其別局有天文院、測驗渾儀刻漏所，掌渾儀臺，晝夜測驗辰象。鐘鼓院掌文德殿鐘鼓樓刻漏進牌之事。印曆所，掌雕印曆書。算學。元豐七年，詔四選命官通算學者，許於吏部就試，其合格者，上等除博士，中次爲學諭。元祐元年初，議者爲本監雖准朝旨造算學，元未興工，其試選學官亦未有應格。竊慮徒有煩費，乞罷修建。崇寧三年，遂將元豐算學條制修成敕令。五年，罷算學，令附於國子監。十一月，從薛昂請，復置算學。大觀三年，太常寺考究，以黃帝爲先師，自常先、力牧至周朴已上從祀，凡七十人。四年，以算學生併入太史局。宣和二年，詔並罷官吏。

著　録

宋・王堯臣《崇文總目》卷四　天文占書類

共五十一部，計一百九十七卷。

錫鬯按，《玉海天文類》兩引《崇文總目》，並同，今核計，實四十七部，一百八十一卷。《玉海》又云：自《荆州劉石甘巫占》至《乾象新書》，今考兩書，並在中間，始于《乙巳占》，終于《雲氣□氣》，或被後人竄亂也。

《乙巳占》十卷，李淳風撰。

錫鬯按，《玉海》引《崇文目》同，《唐志》十二卷，《遂初堂書目》作《乙巳瑞録》，《舊唐志》千卷，傳寫之譌。

《古今通占鑑》三十卷，武密撰。

錫鬯按，《玉海》引《崇文目》。鑑作鏡，《唐志》《通志畧》並作《鏡書》。《録解題》無鏡字，並避嫌諱刪去耳。

《乾坤秘奥》七卷，李淳風撰。

錫鬯按，《玉海》引《崇文目》，同。

《天文大象賦》一卷，李播撰。

《丹元子步天歌》一卷，王希明撰。

錫鬯按，《玉海》引《崇文目》，同，《東觀餘論》校正《崇文總目》云：《丹元子步天歌》此但記列星所在，并其象數，使人易識耳，非占説也。

《通元玉鑑頌》一卷，【原釋】林仲子撰。見《玉海・藝文類》。

錫鬯按，《通志畧》作仲林子撰，此疑誤倒。

《格子圖》一卷。

錫鬯按，《通志畧》有《隔子圖》一卷，《宋志》作《元象隔子圖》，並不著撰人，當即此書。

《星經手集》二卷，《通志畧》、《宋志》並不著撰人。

《括星詩》一卷，《通志畧》、《宋志》並不著撰人。【原釋】一名《小象賦》。《中興書目》引見《玉海・天文類》。

《定風占詩》一卷，劉啟明撰。

錫鬯按，《宋志》三卷。

《天涯地角經》一卷。

錫鬯按，《宋志》「地角」作「海角」，注云不知作者，李麟注解。

《占候雲雨賦》一卷，【原釋】劉啟明。見《宋史・藝文志》。

錫鬯按，《玉海》引《崇文目》同，《宋志》：《雲雨賦》一卷，注云：《崇文總目》有《占候雲雨賦式》，即此書也。

《景祐乾象新書》三十卷，楊惟德撰。

錫鬯按，《讀書後志》：《景祐乾象新書》三卷。云《崇文目》有三十卷，置之《天文類》。

《天文禄》三十卷，祖暅之撰。

錫鬯按，《隋志》、《宋志》並祖暅撰，無之字，非也。

《荆州劉石甘巫占》一卷，劉意撰。

錫鬯按，《玉海》引《崇文總目》同。

《天文星經》五卷。【原釋】梁陶宏景校，合三垣列宿中外官三百十九名，各設圖象，著巫咸、甘德、石申所記。《中興書目》引，見《玉海・天文類》。

《天文占》一卷，李淳風撰。

《大象元文》一卷，李淳風撰。

錫鬯按，《宋志》二卷，不著撰人。

《太白會運逆兆通代記圖》一卷，李淳風等撰。

《長麻筭五星所宿度圖》二卷，徐昇撰。

錫鬯按，《玉海》引《崇文目》同，《宋志》「長麻」作「長慶」，「所」下有「在」字，一卷。

《開元占經》三卷，釋悉達撰。

錫鬯按，《玉海》引《崇文目》同，《唐志》一百十卷，《通志畧》同，注云：今存三卷。不著撰人。陳詩庭云：《宋志》四卷，今本一百二十卷，又後人所編也。

《長短經天文篇》一卷，趙蕤撰。

錫鬯按，蕤有《長短經》十卷，今存九卷，其書乃縱横家流。此《天文篇》疑即其中之一，今故從《通志畧》所題。

《天文總論》十二卷，康氏失名撰。

錫鬯按，《玉海・天文類》兩引《崇文目》，並同，《宋志》不著姓。

《靈憲圖》三卷，【原釋】仲林子撰。見《玉海・天文類》。

《徵應集》三卷。

錫鬯按，《通志畧》徐彦卿撰，《宋志》不著撰人。

《星書要畧》六卷，徐承嗣撰。

錫鬯按，《玉海》引《崇文目》同。

《大象元機歌》三卷，【原釋】閭邱崇撰。見《玉海・天文類》。

錫鬯按，《宋志》一卷，注云：本三卷，殘缺，閭邱業撰；《通志畧》又作閭兵崇，並誤。

《妖瑞星圖》一卷，宋均撰。

《天機立馬占》一卷，鍾湛然撰。

錫鬯按，《宋志》不著撰人。

《天文録經要訣》一卷。

錫鬯按，《通志畧》三卷，不著撰人。《宋志》注云：鈔祖暅書。

《天象圖》一卷。《宋志》不著撰人。

錫鬯按，《玉海》引《崇文目》同。

《大象麻》一卷。《通志畧》、《宋志》並不著撰人。

錫鬯按，《玉海》引《崇文目》同。

《二十八宿分野五星巡應占》一卷。《通志畧》、《宋志》並不著撰人。

《入象度》一卷。《通志畧》、《宋志》並不著撰人。

《推占龍母探珠詩》一卷。《通志畧》、《宋志》並不著撰人。

《青雲玉蓋經》一卷。

《宿曜度分域名録》一卷。諸家書目並不著撰人。

錫鬯按，《玉海》引《崇文目》同。《宋志》「域」作「城」，誤。

《乾象秘訣》一卷。《宋志》不著撰人。

錫鬯按，《玉海》引《崇文目》，同。

《妖瑞星雜氣象》一卷。諸家書目並不著撰人。

錫鬯按，《通志畧》下有「圖」字。

《祥瑞圖》一卷。

錫鬯按，《隋志》十一卷，不著撰人。又八卷，侯亶撰。《舊唐志》、《宋志》並十卷，不著撰人。《通志畧》一卷，顧野王撰，此書未知孰是。

《大象垂萬列星圖》三卷。諸家書目並不著撰人。

錫鬯按，《玉海》引《崇文目》，同《宋志》無「垂萬」二字。

《太霄論壁》一卷。《通志畧》不著撰人。

《占風九天元女經》一卷。《通志畧》、《宋志》並不著撰人。

《氣象圖》一卷。諸家書目並不著撰人。

錫鬯按，《玉海》引《崇文目》同，《通志畧》作《象氣圖》。

《乾象占》一卷。《通志畧》不著撰人。

錫鬯按，《玉海》引《崇文目》，同。

《占風雲氣候日月星辰上下圖》一卷。諸家書目並不著撰人。

錫鬯按，《玉海》引《崇文目》，同，《宋志》無「上下」二字。

《雲氣□氣》一卷。

錫鬯按，此條有闕誤，無本可證。

又按，《通志校讐畧》云：《崇文目》有《風雲氣候書》，無《日月之書》，豈有宋朝而無日月之書乎？編次之時失之矣。

又按，以上原卷四十。

曆數類

共四十六部，計二百二十九卷。

錫鬯按，《玉海・藝文類》引《崇文目》，同《曆律類》引作四十七部，今核計，實四十六部，二百五十七卷。

《咸平儀天麻》十六卷，史序等撰。

《渾儀法要》十卷。

錫鬯按，《玉海》引《崇文目》，同。

《畧例》一卷。

《青蘿麻》一卷，王公佐撰。

錫鬯按，《書録解題》作《青羅立成麻》，今本無卷數，不著撰人。

《應輪心照》三卷，蔣權卿撰。

《稱心經》一卷，唐昧撰。

錫鬯按，《通志畧》、《宋志》並三卷，《讀書後志》亦三卷，不著撰人。

《難逃論》一卷。《通志畧》、《宋志》並不著撰人。

《七曜論》一卷。

《建隆應天麻》六卷，王處訥撰。

錫鬯按，《玉海》云：建隆四年，王處訥上《新定應天麻經》一卷，《筭艸》一卷，《五更中星立成》一卷，《晨昏立成》一卷，《崇文目》凡六卷。

《太平乾元麻》八卷。

錫鬯按，《通志畧》吴昭素等撰，《宋志》九卷，苗訓撰。

《開元大衍麻》三十卷，釋一行撰。

錫鬯按，《宋志》「麻」下有「議」字，十三卷。《書録解題》作《唐大衍麻議》十卷，《唐志》一卷，《通志畧》十二卷。

《寶應五紀麻經》二卷，郭獻之撰。

錫鬯按，《玉海》引《崇文目》，同《唐志》無「經」字，四十卷。《宋志》上有「唐」字，無「經」字，三卷。

《建中貞元麻》一卷。

錫鬯按，《玉海》引《崇文目》，同，《唐志》、《通志畧》並二十八卷，不著撰人。

《長慶宣明麻》三十四卷。諸家書目並不著撰人。

錫鬯按，《宋志》「麻」上有大「字」，二卷。

《長慶宣明麻要畧》一卷。《唐志》、《通志畧》並不著撰人。

《宣明麻捷超例要畧》一卷。

錫鬯按，《唐志》、《通志畧》「捷超」並作「超捷」，不著撰人。

《景福崇元麻》四十一卷，邊岡撰。

錫鬯按，《玉海》引《崇文目》，同，《唐志》、《通志畧》並四十卷，《宋志》上有「唐」字，十三卷。

《天福調元麻》二十卷，馬重績撰。

錫鬯按，《玉海》引《崇文目》，同，《宋志》上有「晉」字，二十三卷。

《廣順明元厤》一卷，王處訥撰。
錫鬯按，《玉海》引《崇文目》，同，《宋志》上有「周」字。
《顯德欽天厤》十五卷，王朴撰。
錫鬯按，《宋志》上有「周」字。
《武成永昌厤》三卷，胡秀林撰。
錫鬯按，《宋志》上有「蜀」字，不著撰人。
《正象厤經》一卷，胡秀林撰。
《保大齊正厤》十九卷。諸家書目並不著撰人。
錫鬯按，《宋志》上有「唐」字，三卷。
《大衍通元鑑新厤》三卷。諸家書目並不著撰人。
錫鬯按，《玉海》引《崇文目》、《大衍厤》三卷。
《萬分厤》一卷。《通志畧》不著撰人。
《新作厤經》三卷。
錫鬯按，《通志畧》一卷，不著撰人。
《大唐長厤》一卷。諸家書目並不著撰人。
錫鬯按，《玉海》引《崇文目》，同。
《應實厤經》二卷。
《枝元長厤》一卷。諸家書目並不著撰人。
錫鬯按，《通志畧》作《拔長元厤》，誤。
《都利聿斯經》二卷，釋璩公譯。
錫鬯按，《宋志》一卷，《通志畧》注云：本梵書，五卷。
《都利聿斯訣》一卷，安脩睦撰，闕子明注。
錫鬯按，《通志畧》：「訣」上有「歌」字。
《新修聿斯四門經》一卷，陳輔修撰。
錫鬯按，《宋志》此書兩見，並不著撰人。
《文殊菩薩所説宿曜經》一卷，釋不空譯。
曹公小厤一卷　曹士蔿撰
錫鬯按，《通志》作曹蔿，誤。
《七曜符天人元厤》三卷，曹士蔿撰。
錫鬯按，《玉海》引《崇文目》，同。

《聿斯鈔畧旨》一卷。《通志畧》不著撰人。
《七曜符天厤》二卷，曹士蔿撰。
錫鬯按，《玉海》引《崇文目》，同，舊本「符天」譌作「伏天」，今校改。《宋志》二卷。陳詩庭曰：《困學紀聞》云《七曜符天脉》，一云《合元萬分厤》。
《青霄玉鑑》三卷。
錫鬯按，《通志畧》「青霄」作「清霄」，鮑該撰。《宋志》二卷，不著撰人。
《符天行宫》一卷。《通志畧》、《宋志》並不著撰人。
錫鬯按，《玉海》引《崇文目》，同。
《氣神經》三卷。《通志畧》、《宋志》並不著撰人。
《符天九曜通元立成法》二卷，章浦撰。
錫鬯按，《玉海》引《崇文目》，同。
《七曜氣神厤》五卷。
《氣神鈐厤》一卷。《通志畧》、《宋志》並不著撰人。
《氣神隨日用局圖》一卷。《通志畧》、《宋志》並不著撰人。
《占課禽宿情性訣》一卷。《通志畧》不著撰人。
《七曜氣神歌訣》一卷。
錫鬯按，《通志畧》莊守德撰。又一部，不著撰人。又按，以上原卷四十一。

宋・鄭樵《通志》卷六八《藝文略第六》 天文天象　天文總占　竺國天文　五星占　雜星占　日月占　風雲氣候占　寶氣

《周髀》一卷。趙嬰注。　又，一卷。甄鸞重述。　又，二卷。李淳風注。　《周髀圖》一卷。　《靈憲圖》一卷。張衡撰。　《渾天儀》一卷。張衡撰。　《渾天象注》一卷。吴散騎常侍王蕃注。　《石氏渾天圖》一卷。　《渾天圖記》一卷。　《昕天論》一卷。吴姚信撰。　《安天論》一卷。虞喜撰。　《定天論》三卷。　《天儀説要》一卷。陶弘景撰。　《玄圖》一卷。　《石氏星簿經贊》一卷。　《星經》五卷。陶弘景撰。　《甘氏四七法》一卷。　《録軌象以頌其章》一卷。內有圖。　《天文要集》四卷。　《天文集要鈔》二卷。　《天文書》二卷。　《天文横圖》一卷。高文洪撰。　《天文志》十二卷。吴雲撰。　《天文》十二卷。史崇注。　《天文十二次圖》一卷。　《天官宿野圖》一卷。　《石氏星經》七卷。陳卓記。　《星經》七卷。郭歷撰。　《中星經簿》十五卷。　《星官簿贊》十三

卷。《摩登伽經説星圖》，一卷。《星圖》，二卷。《二十八宿二百八十三宫圖》，一卷。《二十八宿十二次》，一卷。《二十八宿分野圖》，一卷。《論二十八宿度數》，一卷。《孝經内記星圖》，一卷。《周易分野星圖》，一卷。《太象玄文》，一卷。李淳風撰。《法象志》，七卷。《天文大象賦》，一卷。唐黄冠子李播撰。《丹元子步天歌》，一卷。唐右拾遺内供奉王希明撰。《大象玄機歌》，三卷。試太子校書郎邱崇撰。《靈憲圖》，三卷。仲林子撰，爲《日記》、《太陰紀》、《五星紀》三篇。《天文録經要訣》，三卷。《隔子圖》，一卷。《大象曆》，一卷。《星經手集》，二卷。《括星詩》，一卷。《入象度》，一卷。《通占大象曆星經》，三卷。《宿曜度分域名録》，一卷。《大象垂萬列星圖》，三卷。《甘氏星經》，三卷。《小象賦》，一卷。《陳卓星述》，一卷。《天心紫微圖歌》，一卷。李淳風撰。《小象千字詩》，一卷。張華撰。《星經》，一卷。郭璞撰。《大象列星圖》，一卷。《正色列象注解圖》，一卷。《史氏天官照》，一卷。《玄象曆》，一卷。《玄黄十二次分野圖》，一卷。《司天監須知》，一卷。《渾儀法要》，十卷。祥符中作。《渾儀略例》，一卷。祥符中作。

右天象，六十七部，一百六十八卷。

《天文集占》，十卷。晉太史令陳卓定。《天文要集》，四十卷。晉太史令韓楊撰。《石氏天文占》，八卷。《甘氏天文占》，八卷。《天文占》，六卷。李暹撰。《雜天文横占》，六卷。《天文集占圖》，十一卷。《天文五行圖》，十二卷。《天文録》，三十卷。梁奉朝請祖暅之撰。《天文志雜占》，一卷。吴雲撰。《陳卓四方宿占》，一卷。《星占》，二十八卷。孫僧化等撰。《天官星占》，十卷。陳卓撰。《著明集》，十卷。《天文外官占》，八卷。《荆州占》，二十卷。宋通直郎劉嚴撰。《十二次二十八宿星占》，十二卷。史崇撰。《垂象志》，一百四十八卷。《太史注記》，六卷。《靈臺祕苑》，百二十卷。隋太史令庾季才撰。《玄機内事》，七卷。逢行珪撰。《乙巳占》，十二卷。祕閣郎李淳風撰。《乾坤祕奥》，七卷。李淳風撰。《古今通占鏡》，三十卷。唐武密撰。《大唐開元占經》，一百一十卷。今存三卷。《通乾論》，十五卷。董和撰。《荆州劉石甘巫占》，一卷。漢荆州牧劉表命武陵太守劉意集甘、石、巫咸等書之占，今存一卷。《天文占》，一卷。李淳風撰。《長短經天文篇》，一卷。唐趙蕤撰。《天文總論》，十二卷。右上武衛兵曹康氏撰。《通玄玉鑑頌》，一卷。仲林子撰。《證應集》，三卷。徐彦卿撰。《星書要略》，六卷。徐承嗣撰。《天象應驗集》，二十卷。《二十八宿分野五星巡應占》，一卷。《太霄論璧》，一卷。《景祐乾象新書》，三十卷。宋朝太子洗馬司天春官正楊惟德撰。《天元玉册元誥》，十卷。扁鵲撰。《天元玉册截法》，六卷。《天元祕演》，十卷。陳蓬撰。《靈臺經》，三卷。《星土占》，一卷。《黄黑道内外坐休咎賦》，一卷。

右天文總占，四十三部，七百八十四卷。

《婆羅門天文經》，二十一卷。婆羅門捨仙人説。《婆羅門天文》，一卷。《婆羅門竭伽仙人天文説》，三十卷。《西門俱摩羅祕術占》，一卷。僧不空譯《宿曜》，二卷。一行《大定露膽訣》，一卷。

右天竺國天文，六部，五十六卷。

《巫咸五星占》，一卷。《黄帝五星占》，一卷。《五星占》，一卷。丁巡撰。又，一卷。陳卓撰。《長慶算五星所在宿度圖》，一卷。徐昇。《五星集占》，六卷。《日月五星集占》，十卷。《五星犯列宿占》，六卷。《五緯合雜》，一卷。《五星合雜説》，一卷。《五星兵法》，一卷。《京氏釋五星災異傳》，一卷。任常《五星賦》，一卷。《太白占》，一卷。《太白會運逆兆通代記圖》，一卷。李淳風、袁天綱集。

右五星占，十五部，三十四卷。

《雜星占》，七卷。又，十卷。《海中星占》，一卷。《星圖海中占》，一卷。《彗星占》，一卷。《流星占》，一卷。《妖星流星形名占》，一卷。《彗孛占》，一卷。《妖瑞星圖》，一卷。宋均撰。《妖瑞星雜氣象圖》，一卷。

右雜星占，十部，二十五卷。

《京氏日占圖》，一卷。《夏氏日旁氣》，一卷。《日食茀候占》，一卷。《魏氏日旁氣圖》，一卷。《日旁雲氣圖》，五卷。《日食占》，一卷。《日變異食占》，一卷。《天文洪範日月變》，一卷。《洪範占》，一卷。《日月暈》，三卷。《日月暈圖》，二卷。《黄道晷景占》，一卷。《日行黄道圖》，一卷。《日月交會圖》，一卷。《月暈占》，一卷。《日月蝕暈占》，四卷。《日月薄蝕圖》，一卷。《日月暈珥雲氣圖占》，一卷。

右日月占，十八部，二十八卷。

《翼氏占風》，一卷。《天文占雲氣圖》，一卷。《雜望氣經》，八卷。《候氣占》，一卷。章賢《十二時雲氣圖》，二卷。《天機立馬占》，一卷。鍾湛然撰。《推占龍母探珠詩》，一卷。以望氣占説爲詩六十首。《推占青霄玉鏡經》，一卷。《占風九天玄女經》，一卷。《定風占詩》，一卷。忠武軍節度巡官劉啓明撰。《雲氣圖》，一卷。《象氣圖》，一卷。《天涯地角經》，一卷。《占風雲氣候日月星辰上下圖》，一卷。《乾象占》，一卷。《雲氣測候賦》，一卷。劉啓明撰。《占候風雨賦》，一卷。劉啓明撰。《望氣書》，七卷。見《隋志》。《雲氣占》，一卷。見《隋志》。

右風雲氣候占，十九部，三十三卷。

《望氣相山川寶藏祕記》，三卷。見《隋志》。《地鏡》，三卷。《金婁地鏡》，一卷。《老子地鏡祕術》，三卷。

右寶氣，四部，十卷。

凡天文八種，一百八十二部，一千一百三十八卷。

曆數正歷　曆術　七曜曆　雜星曆　刻漏

《四分曆》，三卷。又，三卷。漢修曆人李梵撰。又，一卷。趙隱居撰。劉歆《三統曆》，一卷。《魏甲子元三統曆》，三卷。《姜氏三紀曆》，一卷。姜岌撰。《姜氏曆序》，一卷。《乾象曆》，五卷。漢會稽都尉劉洪。又，三卷。吴太子太傅闞澤撰。《魏景初曆》，三卷。晉楊偉撰。《景初壬辰元曆》，一卷。楊沖撰。《正曆》，四卷。晉太常劉智撰。《河西甲寅元曆》，一卷。涼太史趙敺撰。《河西壬辰元曆》，一卷。趙敺撰。《甲寅元曆序》，一卷。趙敺撰。《宋元嘉曆》，二卷。何承天撰。《神龜壬子元曆》，一卷。後魏將軍祖瑩撰。《後魏甲子曆》，一卷。李業興撰。《壬子元曆》，一卷。後魏校書郎李業興撰。《魏武定曆》，一卷。《齊甲子元曆》，一卷。宋氏撰。《周天和年曆》，一卷。甄鸞撰。《周大象年曆》，一卷。王琛撰。《壬辰元曆》，一卷。《周甲寅元曆》，一卷。馬顯撰。《周甲子元曆》，一卷。《梁大同曆》，一卷。虞劌撰。《後魏永安曆》，一卷。孫僧化撰。《北齊天保曆》，一卷。散騎常侍宋景業撰。《北齊甲子元曆》，一卷。李業興撰。《隋開皇甲子元曆》，一卷。劉孝孫撰。《隋開皇曆》，一卷。李德林撰。《隋大業曆》，十卷。張胄玄撰。《皇極曆》，一卷。隋劉焯撰。又，一卷。傅仁均《唐戊寅曆》，一卷。《唐麟德曆》，一卷。《唐甲子元辰曆》，一卷。瞿雲謙撰。《合乾曆》，三卷。曹士蔿撰。《合乾新曆》，一卷。楊緯撰。王勃《千歲曆》。亡卷帙。僧一行《開元大衍曆》，五十二卷。《寶應五紀曆》，四十卷。《建中貞元曆》，二十八卷。《長慶宣明曆》，三十四卷。《長慶宣明曆要略》，一卷。《景福崇元曆》，四十卷。邊岡撰。《大衍通元鑑新曆》，三卷。自唐貞元至大中。《大唐長曆》，一卷。起武德，止天祐。《天福調元曆》，二十卷。晉司天監馬重績撰。《廣順明元曆》，一卷。周王處訥撰。《顯德欽天曆》，十五卷。周端明殿學士王朴撰。《同光乙酉長曆》，一卷。《武成永昌曆》，二卷。僞蜀司天監胡秀林撰。《保大齊政曆》，十九卷。僞唐曆。《萬分曆》，一卷。廣順中作。《拔長元曆》，一卷。自唐乾符甲午至祥符丙辰。《建隆應天曆》，六卷。宋朝司天少監王處訥撰。《開寶曆》，一卷。《太平乾元曆》，八卷。冬官正吳昭素等撰。《咸平儀天曆》，十六卷。太子洗馬兼春官正史序等撰。《熙寧奉元曆》，七卷。《太宗長曆》，一卷。

右正曆，六十三部，三百六十七卷。

《曆法》，三卷。劉歆撰。又，一卷。《曆術》，一卷。吴太史令吳範撰。《景初曆術》，二卷。《景初曆法》，三卷。《曆術》，一卷。何承天撰。又，一卷。崔浩撰。又，一卷。王琛撰。又，一卷。華州刺史張賓撰。《姜氏曆術》，三卷。《乾象曆術》，三卷。漢劉洪撰。《玄曆術》，一卷。張胄玄。《天圖曆術》，一卷。《曆日義説》，一卷。《律曆注解》，一卷。《龍曆草》，一卷。《光宅曆草》，十卷。南宫説撰。《曆草》，二十四卷。《推漢書律曆志術》，一卷。《曆疑質讖序》，二卷。《興和曆疏》，二卷。《算元嘉曆術》，一卷。《陰陽曆術》，一卷。趙敺撰。《雜曆術》，一卷。《太史記注》，六卷。又，六卷。《八家曆》，一卷。《曆日義統》，一卷。《曆日吉凶注》，一卷。《麟德曆出生記》，十卷。《曆議》，十卷。《曆立成》，十二卷。《宣明曆超捷例要略》，一卷。《景福曆術》，一卷。《真象論》，一卷。《靈臺編》，一卷。《大衍心照》，一卷。《正象歷經》，一卷。僞蜀胡秀林撰。《雜注》，一卷。《新修曆經》，一卷。太平興國中作。《曆注》，一卷。《驗日食法》，三卷。何承天撰。《日食論》，一卷。《頻月合朔法》，五卷。

《曆記》，一卷。　《元嘉二十六年度日景數》，一卷。　《朔氣長曆》，二卷。皇甫謐撰。　《曆章句》，二卷。　《月令七十二候》，一卷。　《玉鈐步氣術》，一卷。　《三五曆説圖》，一卷。　《春秋去交分曆》，一卷。　《推二十四氣曆》，一卷。

右曆術，五十三部，一百四十三卷。

《七曜本起》，三卷。後漢甄叔遵撰。　《七曜小甲子元歷》，一卷。　《七曜曆術》，一卷。　《七曜曆法》，一卷。　《七曜曆算》，二卷。　《七曜要術》，一卷。　《陳天嘉七曜曆》，七卷。　《陳永定七曜曆》，四卷。　《推七曜曆》，一卷。　《陳天康二年七曜曆》，一卷。　《陳光大元年七曜曆》，二卷。　《陳太建年七曜曆》，十三卷。　《陳至德年七曜曆》，二卷。　《陳禎明年七曜曆》，二卷。　《開皇七曜年曆》，一卷。　《仁壽二年七曜曆》，一卷。　《七曜曆經》，四卷。張賓撰。　《七曜曆數算經》，一卷。趙敃撰。　《七曜曆疏》，一卷。李業興撰。　《七曜義疏》，一卷。李業興撰。　《七曜術算》，二卷。甄鸞撰。　《七曜雜術》，二卷。劉孝孫撰。　《七曜曆疏》，五卷。太史令張胄玄撰。　《七曜符天曆》，一卷。唐曹士蔿撰。　《七曜符天人元曆》，三卷。曹士蔿撰。　《人天定分經》，一卷。　《地輪七曜》，一卷。呂佐周撰。　《七曜氣神歌訣》，一卷。莊守德撰。　《七曜氣神歌訣》，一卷。　《七政長曆》，三卷。

右七曜曆，三十部，六十七卷。

《都利聿斯經》，二卷。本梵書五卷，唐貞元初有都利術士李彌乾將至京師，推十一星行曆，知人命貴賤。　《新修聿斯四門經》，一卷。唐待詔陳輔重修。　徐氏《續聿斯歌》，一卷。　《都利聿斯歌訣》，一卷。安修睦撰，關子明注。　《聿斯鈔略旨》，一卷。　《聿斯隱經》，一卷。　《羅濱都利聿斯大衍書》，一卷。　《文殊菩薩所説宿曜經》，一卷。唐廣智三藏不空譯。　《應輪心照》，三卷。蔣權卿撰。　《曹公小曆》，一卷。唐曹士蔿撰，李思議重注，李天竺曆。　《青蘿曆》，一卷。青蘿山人王公佐撰。　《清霄玉鑑》，三卷。終南山鮑該撰，以十一星十二宮推知人命。　《秤星經》，一卷。唐昧撰。　《符天行宮》，一卷。　《難逃論》，一卷。　《氣神經》，三卷。　《氣神鈐曆》，一卷。　《氣神隨日用局圖》，一卷。　《占課禽宿情性訣》，一卷。　《星宮運氣歌》，一卷。　《星禽進退歌》，一卷。　《紫堂經》，五卷。李沂撰。　《紫堂元草曆》，二卷。黄兟撰。　《紫堂指迷訣》，二卷。黄兟撰。　《紫堂經》，三卷。　《紫堂局經》，一卷。　《紫堂隱微歌》，二卷。　《紫堂明暗曜局》，一卷。　《紫堂要録》，三卷。　《大衍五行數》，一卷。　《九星行度歌》，一卷。　《九星長定曆》，一卷。　《大衍天心照歌》，一卷。　《細曆》，一卷。　《大曆》，一卷。　《草範治曆》，一卷。　《密藏金鎖曆》，一卷。李瓊撰。　《九曜星羅立成曆》，一卷。婆毗大衍撰。　《六甲周天曆》，一卷。孫僧化撰。　《五星正要曆》，五卷。　《新集五曹時要術》，三卷。魯靖撰。

右雜星曆，四十一部，六十五卷。

《漏刻經》，三卷。後漢待詔太史霍融等撰。　又，一卷。梁朱史撰。　又，一卷。陳太史令宋景撰。　又，一卷。祖暅之撰。　又，一卷。梁代撰。　《天監五年修漏刻事》，一卷。　《雜漏刻法》，十一卷。皇甫洪澤撰。　《晷漏經》，一卷。　《唐刻漏經》，一卷。　《東川蓮花漏圖》，一卷。燕肅撰。　《蓮花漏法》，一卷。　《更漏圖》，一卷。　《造漏法》，一卷。　《晝夜刻漏日出長短圖經》，一卷。趙業撰。　《刻漏記》，一卷。

右刻漏，一十五部，二十五卷。

凡曆數五種，二百二部，六百六十七卷。

元・馬端臨《文獻通考》卷二一九《經籍考四十六》　漢《藝文志》：陰陽者流，蓋出於羲和之官，敬順昊天，曆象日月星辰，敬授民時，此其所長也。及拘者爲之，則牽於禁忌，泥於小數，舍人事而任鬼神。

《漢志》二十一家，三百六十九篇。

右陰陽

漢《藝文志》曰：天文者，序二十八宿，步五星日月，以紀吉凶之象，聖王所以參政也。《易》曰：觀乎天文，以察時變，然星事殉悍非湛密者，弗能由也。夫觀景以譴形，非明主亦不能服聽也。以不能由之，臣諫不能聽之，主此所以兩有患也。

宋《三朝藝文志》曰：國家建官庀局，觀文察變，尤重慎其事。太宗即位，知私習冒禁頗爲誑耀，悉搜訪考驗，黜去繆妄，遂下詔禁止之。至真宗，復申明詔旨，重其罪罰，自茲澄汰旌別，濫學方息，而民無所惑矣。

《兩朝藝文志》曰：天文圖書藏祕閣西編，有内侍專掌，禁私習者。嘉祐中，大校經史，而兵法、小學、醫術、禮書皆分局命官編校定寫，唯天文、五行未嘗

是正，諸儒亦莫得考也。

《漢志》二十一家，四百四十五卷。

《隋志》九十七部，合六百七十五卷。

《唐志》二十家，三十部，三百六卷。失姓名六家，李淳風《天文占》以下不著録，六家一百七十五卷。

宋《三朝志》八十四部，三十二卷。

宋《兩朝志》二十八部，一百六卷。

宋《四朝志》三十九部，二百四十六卷。

宋《中興志》二十家，二十部，一百二十七卷。

右天文

漢《藝文志》曆譜者，序四時之位，正分至之節，會日月五星之辰，以考寒暑殺生之實，故聖王必正曆數，以定三統服色之制，又以探知五星日月之會，凶阨之患，吉隆之喜，其術皆出焉。此聖人知命之術也。非天下之至材，其孰能與焉？道之亂也，患出於小人而強欲知天道者，壞大以爲小，削遠以爲近，是以道術破碎而難知也。

宋《兩朝藝文志》：曆以算成，自建隆迄治平，五正曆象，作爲銅儀經法，具於所司。蓋有知算而不知曆者，故曆爲算本。治曆之善，積算遠，其驗難而差遲；治曆之不善，積算近，其驗易而差亦速。

《漢志》十八家，六百六卷。

《隋志》一百部，二百六十三卷。

《唐志》三十六家，七十五部，二百三十七卷。失姓名五家，王勃以下不著録，十九家，百二十六卷。

宋《三朝志》五十三部，二百卷。

宋《兩朝志》三十三部，六十四卷。

宋《四朝志》五十三部，二百四十三卷。

宋《中興志》三十八家，五十一部，一百五十八卷。

右曆譜

漢《藝文志》曰：五行者，五常之形氣也。《書》云：初一曰五行，次二曰敬用。五事言進用，五事以順五行也。貌、言、視、聽、思、心失，而五行之序亂。五星之變作，皆出於律曆之數而分爲二者也。其法亦起五德終始，推其極，則無不至，而小數家因此以爲吉凶，而行於世寖以相亂。

《漢志・五行》三十一家，六百五十二卷。

《漢志・蓍龜》十五家，四百一卷。

《漢志・雜占》十八家，三百一十三卷。

《容齋洪氏隨筆》曰：漢《藝文志・七略雜占》十八家，以黄帝、甘德占夢二書爲首。其説曰：雜占者，紀百家之象，候善惡之證，衆占非一，而夢爲大，故周有其官。《周禮》太卜掌三夢之法：一曰致夢，二曰觭夢，三曰咸陟。鄭氏以爲：致夢，夏后氏所作；觭夢，商人所作；咸陟者，言夢之皆得，周人作焉。而占夢專爲一官，以日月星辰占六夢之吉凶，其别曰正，曰噩，曰思，曰寤，曰喜，曰懼。季冬聘王夢，獻吉夢於王，王拜而受之，乃舍萌於四方，以贈惡夢。舍萌者，猶釋菜也。贈者，送之也。詩、書、禮經所載，高宗夢得説。周武王夢帝與九齡，伐紂夢叶朕卜宣王考牧，牧人有熊羆虺蛇之夢，召彼故老，訊之占夢。《左傳》所書尤多。孔子夢坐奠於兩楹。然則古之聖賢未嘗不以夢爲大，是以見於《七略》者如此。魏晉方技，猶時時或有之，今人不復留意。此卜雖市井妄術，所在如林，亦無以占夢自名者，其學殆絶矣。

右五行

漢《藝文志》：形法者，大舉九州之勢以立城郭室舍形，人及六畜骨法之度數、器物之形容，以求其聲氣貴賤吉凶。猶律有長短，而各徵其聲，非有鬼神，數使然也。然形與氣相首尾，亦有有其形而無其氣，有其氣而無其形者，此精微之獨異也。

《漢志》六家，一百二十二卷。

《隋志・五行》二百七十二部，合一千二十二卷。

《唐志・五行》六十家，一百六十部，六百四十七卷。失姓名六十五家，袁天綱以下不著録，二十五家，一百三十二卷。

宋《三朝志・五行》四百四十二部，一千四百九十七卷。

宋《兩朝志・五行》一百一十五部，一百六十一卷。

宋《四朝志・五行》百三十四部，三百九十二卷。

宋《中興志・五行》八十二家，八十八部，二百八十六卷。

宋《中興志・蓍龜》三十三家，三十六部，一百一卷。

宋《中興志・雜占》八十家，八十四部，一百七十五卷。

宋《中興志・形法》九十五家，一百四部，二百六十八卷。

陳氏曰：自司馬氏論九流，其後劉歆《七略》、班固《藝文志》皆著陰陽家，而天文、曆譜、五行、卜筮、形法之屬，别爲術數，略其論。陰陽家者流，蓋出於羲和之官，敬順昊天，曆象日月星辰，拘者爲之，則牽於禁忌，泥於小數。至其論術數，則又以爲羲和、卜史之流。而所謂司星子韋三篇，不列於天文，而著之陰陽家之首，然則陰陽之與術數，似未有以大異也。不知當時何以别之，豈此論其理，彼具其術邪？今《志》所載二十一家之書，皆不存，無所考究。而隋唐以來，子部遂闕陰陽一家，至董逌《藏書志》，始以星占、五行書爲陰陽類，今稍增損之，以時日、禄命、遁甲等備陰陽一家之闕，而其他術數各自爲類。

按陳氏之説，固然矣。然時日、禄命、遁甲獨非術數乎？其所謂術數各自爲類者，曰卜筮，曰形法。然此二者獨不本於陰陽乎？蓋班史《藝文志》陰陽家之後，又分五行、卜筮、形法，各自爲類。今班《志》中五行、卜筮、形法之書，雖不盡存，而後世尚能知其名義，獨其所謂陰陽家二十一種之書，並無一存。而《隋史》遂不立陰陽門，蓋隋唐間已不能知其名義，故無由以後來所著之書續立此門矣。然《隋書》、《唐書》及宋《九朝史》凡涉乎術數者，總以五行一門包之，殊欠分剔。獨《中興史志》乃用班《志》舊例，以五行、占卜、形法各自爲門，今從之。

右形法

《周髀算經》二卷，《音義》一卷。

陳氏曰：題趙君卿註，甄鸞重述，李淳風等註釋。周髀者，蓋天文書也。稱周公受之商高，而以句股爲術，故曰周髀。《唐志》有趙嬰、甄鸞註，多一卷。李淳風釋，二卷。今曰君卿者，豈嬰之字邪？《中興書目》又云：君卿名爽，蓋本《崇文總目》，然皆莫詳時代。甄鸞者，後周司隸也。《音義》假承務郎李籍撰。

《司天考古星通元寶鏡》一卷。

鼂氏曰：題曰巫咸氏。宋朝太平興國中，詔天下知星者詣京師，未幾至者百許人，坐私習天文，或誅或配隸海島，由是星曆之學殆絶。故予所藏書中亦無幾，姑裒數種以備數云。

《甘石星經》一卷。

鼂氏曰：漢甘公、石申撰。以日月、五星、三垣、二十八舍恒星圖象次舍，有占訣，以候休咎。

《星簿讚曆》一卷。

陳氏曰：《唐志》稱《石氏星經簿讚》，《館閣書目》以其有徐、潁、婺、台等州名，疑後人附益。今此書明言依甘、石、巫咸氏，則非專石申書也。

《乙巳占》十卷。

陳氏曰：唐太史令李淳風撰。起算上元乙巳，故以名焉。

《玉曆通政經》三卷。

陳氏曰：李淳風撰，亦天文占也。《唐志》無之。

《乾坤變異録》一卷。

陳氏曰：不著名氏，雜占變異，凡十七篇。

《古今通占》三十卷。

陳氏曰：唐嵩高潛夫沛國武密撰。纂集黄帝、巫咸而下諸家，及隋以前諸史《天文志》，爲此書。《景祐乾象新書》間取其説，《中興館閣書目》作《古今通占鏡》，本《唐志》云爾。

《步天歌》一卷。

鼂氏曰：未詳撰人，二十八舍歌也。《三垣頌》、《五星凌犯賦》附於後。或云唐王希明撰，自號丹元子。

夾漈鄭氏《天文略》曰：隋有丹元子，隱者之流也。不知名氏。作《步天歌》，見者可以觀象焉。王希明纂。漢晉《志》以釋之《唐書》，誤以爲王希明也。天文籍圖不籍書，然書經百傳，不復訛謬。縱有訛謬，易爲考正。圖一再傳，便成顛錯，一錯愈錯，不可復尋，所以信圖難得。故學者不復識星，向嘗盡求其書，不得其象。又盡求其圖，不得其信。一日得《步天歌》而誦之，時素秋無月，清天如水，誦一句，凝目一星，不三數夜，一天星斗盡在胷中矣。此本只傳靈臺，不傳人間。術家秘之，名曰鬼料竅。世有數本，不勝其訛。今則取之，仰觀以從稽定。然《步天歌》之言，不過漢晉諸《志》之言也。漢晉《志》不可以得天文者，謂所載名數太詳，叢雜難舉故也。《步天歌》句中有圖，言下見象，或約或豐，無餘無失，又不言休咎，是深知天者。今之所作，以是爲本舊，於歌前亦有星形，然流傳易訛，所當削去，惟於歌之前採諸家之言，以備其書云。

《列宿圖》一卷，《天象分野圖》一卷。

鼂氏曰：未詳撰人。

《景祐乾象新書》三十卷。

陳氏曰：司天春官正楊雄德等撰。以歷代占書及春秋至五代諸史採摭撰

集，元年七月書成，賜名，仍御製序。鼂氏曰：今惟三卷。

《大宋天文書》十五卷。

陳氏曰：不著名氏。《館閣書目》亦無之，意其爲太史局。見今施行之書，蓋供報占驗，大抵出此。

《天經》十九卷。

陳氏曰：同州進士王及甫撰，不知何人。其書定是非，協同異，由博而約，儒者之善言天者也。

《天象法要》二卷。

陳氏曰：丞相温陵蘇頌子容撰，元祐三年新造渾天成，記其法要而圖其形象進之。

《歷代星史》一卷

陳氏曰：不著名氏，鈔集諸史《天文志》。

《天文考異》二十五卷。

陳氏曰：昭武布衣鄒淮撰，大抵襲《景祐新書》舊。淮後入太史局。

《二十四氣中星日月宿度》一卷。

陳氏曰：此書傳之程文簡家，云得於荆判局。荆名大聲，太史局官也。

《天象義府》九卷。

陳氏曰：宜黄帝衣應垕撰。其書考究精詳，論議新奇，而多穿鑿傅會。象垂於天，其曰某星主某書者，人實名之也。開闢之初，神聖在御，天地之道未絶，其必有得於仰觀俯察之妙者，故曰「天垂象，聖人則之」。夫天豈諄諄然命之乎？如必一切巧爲之説，而以爲天意實然，則幾於矯誣矣。

右天文

《合元萬分曆》一卷。

鼂氏曰：唐曹氏撰，未知其名。曆元起唐高宗顯慶五年庚申，蓋民間所行小曆也。本天竺曆爲法，李獻臣云。

《曆法》一卷。

鼂氏曰：未詳撰人。曆草也。

《唐大衍曆議》十卷。

陳氏曰：唐僧一行作新曆，草成而卒，詔張説與曆官陳元景等次爲《曆術》七篇、《略例》一篇、《曆議》十篇，《新史志略》見之。十議者，一《曆本》，二《日度》，三《中氣》，四《合朔》，五《卦候》，六《九道》，七《日晷》，八《分野》，九《五星》，十《日食》。大抵皆以考正古今得失也。《曆志略》取其要，著於篇者十有二，曰《曆本》，曰《中氣》，曰《合朔》，曰《卦候》，曰《日卦》，曰《日度》，曰《九道》，曰《日食》，曰《五星》。蓋《曆議》之八篇而分《卦候》爲二，故共爲九條。其《没滅盈縮》、《晷漏》、《中星》三條，則皆取之《略例》。餘《曆議》、《日晷》、《分野》二篇，則具之《天文志》。嘉定辛未，辭科用爲序題，有劉澮如者，蓋得其書，自許必在選中，而考官但據史文，初不知此書尚存於世也，以其篇次與史文不合黜之。要之，史官因此書以述《志》，考官因史《志》以命題。當以書爲本，參考《志》之所載，乃爲全善。

《崇天曆》一卷。

陳氏曰：司天夏官正、權判監宋行古等撰。天聖二年上。學士晏殊序。國初有建隆《應天曆》，次有《乾元曆》、《儀天曆》，詳見《三朝史志》。

《紀元曆》三卷，《立成》一卷。

陳氏曰：姚舜輔撰。崇寧五年成。自《崇文》之後，有《明天曆》、熙寧《奉元曆》、元祐《觀天曆》。至崇寧三年，舜輔造新曆，曰《占天》。未幾，蔡京又令舜輔更造，用帝受命之年，即位之日，元起庚辰，日命己卯，上親製序，頒之天下，賜名《紀元》。本朝承平諸曆，略具正史志，不見全書。此二曆近得之蜀人秦九韶道古，故存之。

《統元曆》一卷。

陳氏曰：常州布衣陳得一更造，祕書少監朱震監視，紹興五年上。曆家不以爲工。

《會元曆》一卷。

陳氏曰：夏官正劉孝榮造，禮部尚書李巘序，紹熙元年也。孝榮判太史局，凡造三曆，此其最後者，勝前遠矣。

《統天曆》一卷。

陳氏曰：冬官正楊忠輔撰。丞相京鏜表進。其《曆議》甚詳。至於星度，明言不曾測驗，無候簿可以立術，最爲不欺。紹熙五年也。其末有《神殺》一篇，流於陰陽拘忌，則爲俚語。

《開禧曆》一卷，《立成》一卷。

陳氏曰：大理評事鮑澣之撰進，時開禧三年。詔附《統天曆》推算。至今

頒曆，用《統天》之名，而實用此曆。當時緣金虜閏月與本朝不同，故於此曆加五刻。天道有常，而造術以就之，非也。大抵中興以來，雖屢改曆，而日官淺鄙，不知曆象之本，但模襲前曆，而於氣朔皆一時遷就爾。

《金虜大明曆》一卷。

陳氏曰：亡金大定十三年所爲也。其術疎淺不足取。積年三億以上，其拙可知。然《純天》、《開禧》改曆，皆緣朝論以北曆得天爲疑。貴耳賤目，由來久矣，寔不然也。

《數術大略》，九卷。

陳氏曰：魯郡秦九韶道古撰。前世算術，自《漢志》皆屬曆譜家。要之，數居六藝之一，故今《解題》列之雜藝類，惟《周髀經》爲蓋天遺書，以爲曆象之冠。此書本名《數術》，而前二卷《大衍》、《天時》二類於治曆測天爲詳，故亦置之於此。秦博學多能，尤邃曆法，凡近世諸曆皆傳於秦。所言得失，亦悉著其語云。

《集聖曆》四卷。

鼂氏曰：皇朝楊可集。可久爲司天冬官正，正輯古今陰陽書，彙爲四時，以涓擇日辰云。

《百中經》三卷。

鼂氏曰：自紹興二十一年以上百二十年曆日節文也。

《刻漏圖》一卷。

鼂氏曰：皇朝燕肅撰。肅有巧思，上《蓮花漏法》。嘗知潼州，有石刻存焉。洛陽宋君者增損肅之法，爲此圖。

《官曆刻漏圖》一卷，《蓮花漏圖》一卷。

陳氏曰：太常博士王普伯照撰。

右曆算

明・焦竑《國史經籍志》卷四《子類》 天文家天文曆數

天文天象，天文總占，天竺國天文，星占，日月占，風雲氣候物象占，寶氣。

《周髀》一卷。趙嬰注。　又一卷。甄鸞注。

又二卷。李淳風注。　《周髀圖》一卷。

《靈憲圖》一卷。張衡。　《渾天儀》一卷。張衡。

《渾天象注》一卷。吴王蕃注。　《石氏渾天圖》一卷。石申。

《渾天圖記》一卷。　《昕天論》一卷。梁姚信。

《安天論》一卷。虞喜。　《定天論》三卷。

《天儀説要》一卷。陶弘景。　《玄圖》一卷。

《石氏星簿經贊》一卷。　《星經》五卷。陶弘景。

《甘氏四七法》一卷。

《司天攷古星通玄寶鏡》一卷。巫咸。

《天文要集》四卷。　《天文集要鈔》二卷。

《天文書》二卷。　《天文横圖》一卷。高文洪。

《天文志》十二卷。吴雲。　《天文》十二卷。史崇注。

《天文十二次圖》一卷。　《天官宿野圖》一卷。

《石氏星經》七卷。陳卓記。　《星經》七卷。郭歷。

《中星經簿》十五卷。　《星官簿贊》十三卷。

《摩登伽經説星圖》一卷。

《星圖》二卷。

《二十八宿二百八十三宫圖》一卷。

《二十八宿十二次》一卷。

《二十八宿分野圖》一卷。

《論二十八宿度數》一卷。

《孝經内記星圖》一卷。　《周易分野星圖》一卷。

《太象玄文》一卷。李淳風。　《法象志》七卷。

《天文大象賦》一卷。唐李播。　《丹元子步天歌》一卷。唐王希明。

《大象玄機歌》三卷。閭丘崇。　《靈憲圖》三卷。仲林子。

《天文録經要訣》三卷。　《隔子圖》一卷。

《大象歷》一卷。　《星經手集》二卷。

《括星詩》一卷。　《入象度》一卷。

《通占大象曆星經》三卷。

《宿曜度分域名録》一卷。

《大象垂萬列星圖》三卷。

《甘氏星經》三卷。楚人甘德。　《小象賦》一卷。

《陳卓星述》一卷。　《天心紫薇圖歌》一卷。李淳風。

《小象千字詩》一卷。張華。　《星經》一卷。郭璞。

《大象列星圖》二卷。　《天象法要》二卷。蘇頌。
《正色列象注解圖》一卷。
《史氏天官照》一卷。
《二十四氣中星日月宿度》一卷。謝大聲。
《玄象曆》一卷。　《玄黄十二次分野圖》一卷。
《司天監須知》一卷。　《渾儀法要》十卷。
《渾儀略例》一卷。祥符中作。　《天經》十九卷。王及甫。
《歷代星史》一卷。　《天文考異》二十五卷。鄒淮。
《天象義府》九卷。應垕。　《經史言天録》二十六卷。
《玉曆通政經》二卷。李淳風。　《革象新書》二卷。

右天象

《天文集占》十卷。晉陳卓。　《天文要集》四十卷。晉韓揚。
《石氏天文占》八卷。　《甘氏天文占》八卷。
《天文占》六卷。李暹。　《禨天文横占》六卷。
《天文集占圖》十一卷。　《天文五行圖》十二卷。
《天文禄》三十卷。梁祖暅之。　《天文志禨占》一卷。吴雲。
《四方宿占》一卷。陳卓。　《星占》二十八卷。孫僧化。
《天官星占》十卷。陳卓。　《著明集》十卷。
《天文外官占》八卷。　《荆州占》二十卷。宋劉嚴。
《十二次二十八宿星占》十二卷。史崇。
《垂象志》一百四十八卷。
《太史注記》六卷。　《靈臺祕苑》百二十卷。隋庾季才。
《玄機内事》七卷。逢行珪。　《乙巳占》十二卷。李淳風。
《乾坤祕奥》七卷。李淳風。　《古今通占鏡》三十卷。唐武密。
《開元占經》百一十卷。　《通乾論》十五卷。董和。
《天文占》一卷。李淳風。　《天文總論》十二卷。康氏。
《通玄玉鑑頌》一卷。种林子。　《證應集》三卷。徐彦卿。
《星書要略》六卷。徐承□。　《天象應驗集》二十卷。
《二十八宿分野五星巡應占》一卷。
《太霄論璧》一卷。

《景祐乾象新書》三十卷。宋楊惟德。
《天元玉册元誥》十卷。扁鵲。　《天元玉册截法》六卷。
《天元祕演》十卷。陳蓬。　《靈臺經》三卷。
《星土占》一卷。　《天文精義賦》一卷。
《天元玉曆璇璣經》五卷。
《觀象玩占》四十九卷。　《天文類聚占候》三卷。
《黄黑道内外坐休咎賦》一卷。
《祥異賦》一卷。

右天文總占

《婆羅門天文經》二十一卷。婆羅門捨仙人説。
《婆羅門竭伽仙人天文説》三十卷。
《婆羅門天文》一卷。
《西門俱摩羅祕術占》一卷。
僧不空譯《宿曜》二卷。　一行《大定露膽訣》一卷。

右天竺國天文

《巫咸五星占》一卷。　《黄帝五星占》一卷。
《五星占》一卷。丁廵。　又一卷。陳卓。
《長慶筭五星所在宿度圖》一卷。徐昇。
《五星集占》六卷。　《日月五星集占》十卷。
《五星犯列宿占》六卷。　《五緯合禨》一卷。
《五星合禨説》一卷。　《五星兵法》一卷。
《京氏釋五星災異傳》一卷。
《任常五星賦》二卷。　《太白占》一卷。
《太白會運逆兆通代記圖》一卷。李淳風、袁天綱集。
《禨星占》七卷。　又十卷。
《海中星占》一卷。　《星圖海中占》一卷。
《彗星占》一卷。　《流星占》一卷。
《妖星流星形名占》一卷。
《彗孛占》一卷。　《妖瑞星圖》一卷。宋均。
《妖瑞星禨氣象圖》一卷。

右星占

《京氏日占圖》一卷。　《夏氏日旁氣》一卷。
《日食茀候占》一卷。　《魏氏日旁氣圖》一卷。
《日旁雲氣圖》五卷。　《日食占》一卷。
《日變異食占》一卷。　《天文洪範日月變》一卷。
《洪範占》一卷。　《日月暈》三卷。
《日月暈圖》二卷。　《黄道晷景占》一卷。
《日行黄道圖》一卷。　《日月交會圖》一卷。
《月暈占》一卷。　《日月蝕暈占》四卷。
《日月薄蝕圖》一卷。　《日月暈珥雲氣圖占》一卷。

右日月占

《翼氏占風》一卷。　《天文占雲氣圖》一卷。
《祲望氣經》八卷。　《候氣占》一卷。
《章賢十二時雲氣圖》二卷。
《天機立馬占》一卷。鍾湛然。　《推占龍母探珠詩》一卷。
《推占青霄玉鏡經》一卷。
《占風九天玄女經》一卷。
《定風占詩》一卷。劉啓明。　《雲氣圖》一卷。
《象氣圖》一卷。　《天涯地角經》一卷。
《占風雲氣候日月星辰上下圖》一卷。
《乾象占》一卷。　《雲氣測候賦》一卷。劉啓明。
《占候風雨賦》一卷。劉啓明。　《至氣書》七卷。
《雲氣占》一卷。　《物象通占》十卷。

右風雲氣候物象占

《望氣相山川寶藏祕記》三卷。
《地鏡》三卷。　《金婁地鏡》一卷。
《老子地鏡祕術》三卷。

右寶氣

入地之化運諸氣，天地陰陽之氣隨乎？時聖人與時消息，發斂而常守乎？平出則育物，入則復命。千變萬化，而不離乎一入之門，故能從八風之順守二極之中而適八候之平也。蓋五星有贏縮圜角，日有薄餌暈珥，月有盈虧側匿之變，王政有違天下，禍福變移，所在皆應焉。其重如此，班史以日暈、五星之屬列天文，薄蝕、彗孛之比入五行。夫七曜等耳，而分爲二志。疑於不類，今一定爲天文篇。

曆數正曆，曆術，七曜曆，雜星曆，刻漏。

《四分曆》三卷。　又三卷。漢李梵。
又一卷。趙隱居。　劉歆《三統曆》一卷。
《魏甲子元三統曆》三卷。
《姜氏三紀曆》一卷。姜岌。　《姜氏曆序》一卷。
《乾象曆》五卷。漢劉洪。　又三卷。吴闞澤。
《魏景初曆》三卷。晉楊偉。　《景初壬辰元曆》一卷。楊冲。
《正曆》四卷。晉劉智。　《河西甲寅元曆》一卷。趙畋。
《河西壬辰元曆》一卷。趙畋。　《甲寅元曆序》一卷。趙畋。
《宋元嘉曆》二卷。何承天。　《神龜壬子元曆》一卷。後魏祖瑩。
《後魏甲子曆》一卷。李業興。　《壬子元曆》一卷。李業興。
《魏武定曆》一卷。　《齊甲子元曆》一卷。宋氏。
《周天和年曆》一卷。甄鸞。　《周大象年曆》一卷。王琛。
《壬辰元曆》一卷。　《周甲寅元曆》一卷。馬顯。
《周甲子元曆》一卷。　《梁大同曆》一卷。虞劇。
《後魏永安曆》一卷。孫僧化。　《北齊天保曆》一卷。宋景業。
《北齊甲子元曆》一卷。李業興。
《隋開皇甲子元曆》一卷。劉孝孫。
《隋開皇曆》一卷。李德林。　《隋大業曆》十卷。張胄玄。
《皇極曆》一卷。劉焯。　又一卷。
傅仁均《唐戊寅曆》一卷。
《唐麟德曆》一卷。　《唐甲子元辰曆》一卷。瞿曇謙。
《合乾曆》三卷。曹士蔿。　《合乾新曆》一卷。楊繹。
王勃《千歲律》六卷。帙。
僧一行《開元大衍曆》五十二卷。
《寶應五紀曆》四十卷。　《建中貞元曆》二十八卷。

《長慶宣明曆》三十四卷。
《長慶宣明曆要略》一卷。
《景福崇元曆》四十卷。邊岡。
《大衍通元鑑新曆》三卷。自唐貞元至大中。
《大唐長曆》一卷。起武德，止天祐。　《天福調元曆》二十卷。晉馬重績。
《唐順明元曆》一卷。周王處訥。　《顯德欽天曆》十五卷。周王朴。
《同光乙酉長曆》一卷。　《武成永昌曆》二卷。蜀胡秀林。
《保大齊政曆》十九卷。南唐曆。
《萬分曆》一卷。廣順中作。
《拔辰元曆》一卷。自唐乾符甲午至祥符丙辰。
《建隆應天曆》六卷。宋王處訥。　《開寶曆》一卷。
《太平乾元曆》八卷。吴昭素。　《咸平儀天曆》十六卷。史序。
《熙寧奉元曆》七卷。　《太宗長曆》一卷。
《開禧曆》三卷。鮑澣之。　《集聖曆》四卷。楊可。
《崇天曆》一卷。宋行古。　《紀元曆》三卷。姚舜輔。
《統天曆》一卷。陳得一。　《會元曆》一卷。劉孝榮。
金庸《大明曆》十卷。　《元授時曆》二卷。
《庚午元曆》二卷。　《大統曆法》四卷。
《回回曆法》三卷。馬沙亦黑。　《曆法統宗》二卷。明曾俊。
《曆臺撮要》一卷。曾俊。

右正曆

《曆法》三卷。劉歆。　又一卷。
《曆術》一卷。吴太史令吴範。　《景初曆術》二卷。
《景初曆法》三卷。　《曆術》一卷。何承天。
又一卷。崔浩。　又二卷。王琛。
又一卷。張賓。　《姜氏曆術》三卷。
《乾象曆術》三卷。漢劉洪。　《玄曆術》一卷。張胄玄。
《天圖曆術》一卷。　《曆日義説》一卷。
《律曆注解》一卷。　《龍曆草》一卷。
《光宅曆草》十卷。南宫説。　《曆草》二十四卷。
《推漢書律曆志術》一卷。
《曆疑質讞序》二卷。　《興和曆疏》二卷。
《筭元嘉曆術》一卷。　《陰陽曆術》一卷。趙畋。
《雜曆術》一卷。　《太史記注》六卷。
又六卷。　《八家曆》一卷。
《曆日義統》一卷。　《曆日吉凶注》一卷。
《麟德曆出生記》十卷。　《大衍曆議》十卷。僧一行。
《曆立成》十二卷。　《宣明曆超捷例要略》一卷。
《景福曆術》一卷。　《真象説》一卷。
《靈臺編》一卷。　《大衍心照》一卷。
《正象曆經》一卷。蜀胡秀林。　《雜注》一卷。
《新修曆經》一卷。太平興國中作。　《曆注》一卷。
《驗日食法》三卷。何承天。　《日食論》一卷。
《頻月合朔法》五卷。　《曆記》一卷。
《元嘉二十六年度日景數》一卷。
《朔氣長曆》二卷。皇甫謐。　《曆章句》二卷。
《月令七十二候》一卷。　《玉鈐步氣術》一卷。
《三五曆説圖》一卷。　《春秋去交分曆》一卷。
《推二十四氣曆》一卷。　《授時曆議》二卷。
《曆法通軌》二卷。元統。　《曆法通徑》四卷。劉信。

右曆術

《七曜本起》三卷。漢甄叔遵。　《七曜小甲子元曆》一卷。
《七曜曆術》一卷。　《七曜曆法》一卷。
《七曜曆筭》二卷。　《七曜要術》一卷。
《陳天嘉七曜曆》七卷。　《陳永定七曜曆》四卷。
《推七曜曆》一卷。　《陳天康二年七曜曆》一卷。
《陳光大元年七曜曆》二卷。
《陳大建七曜曆》十三卷。
《陳至德年七曜曆》二卷。
《陳禎明年七曜曆》一卷。

《開皇七曜年曆》一卷。　《仁壽二年七曜曆》一卷。
《七曜曆經》四卷。張賓。　《七曜曆數筭經》一卷。趙畋。
《七曜曆疏》一卷。李興業。　《七曜義疏》一卷。李業興。
《七曜術筭》一卷。甄鸞。　《七曜襍術》二卷。劉孝孫。
《七曜曆疏》五卷。張胄玄。　《七曜符天曆》一卷。唐曹士蔿。
《七曜符天人元曆》一卷。曹士蔿。
《人天定分經》一卷。　《地輪七曜》一卷。吕佐周。
《七曜氣神歌訣》一卷。莊守德。
《七政長曆》三卷。

右七曜曆

《都利聿斯經》二卷。本梵書，五卷。唐貞元李彌乾將至京師，推十一星行曆，知人貴賤。
《新修聿斯四門經》一卷。唐陳輔。
《徐氏續聿斯歌》一卷。
《都利聿斯歌訣》一卷。安修睦撰，關子明注。
《聿斯鈔略旨》一卷。　《聿斯隱經》一卷。
《羅濱都利聿斯大衍書》一卷。
《文殊菩薩所説宿曜經》一卷。唐廣智二藏不空譯。
《應輪心照》三卷。蔣權卿。
《曹公小曆》一卷。唐曹士蔿撰，李思議重注，本天竺曆。
《青蘿曆》一卷。王公佐。
《清霄玉鑑》三卷。終南山鮑該撰，以十一星、十二宫推知人命。
《秤星經》一卷。唐昧。　《符天行宫》一卷。
《難逃論》一卷。　《氣神經》三卷。
《氣神鈐曆》二卷。　《氣神隨日用局圖》一卷。
《占課禽宿情性訣》一卷。
《星宫運氣歌》一卷。　《星禽進退歌》一卷。
《紫堂經》五卷。李沂。　《紫堂元草曆》二卷。黄⿰犭光。
《紫堂指迷訣》二卷。黄⿰犭光。　《紫堂經》三卷。
《紫堂局經》一卷。　《紫堂隱微歌》二卷。
《紫堂明暗曜局》一卷。　《紫堂要録》三卷。
《大衍五行數》一卷。　《九星行度歌》一卷。
《九星長定曆》一卷。　《太衍天心照歌》一卷。
《細曆》一卷。　《太曆》一卷。
《草範治曆》一卷。　《密藏金鎖曆》一卷。李瓊。
《九曜星羅立成曆》一卷。婆毗大衍。
《六甲周天曆》一卷。孫僧化。　《五星正要曆》五卷。
《新集五曹時要術》三卷。魯靖。

右襍星曆

《漏刻經》一卷。漢霍融。　又一卷。梁朱史。
又一卷。陳宋景。　又一卷。祖暅之。
又一卷。梁代。　《天監五年修漏刻事》一卷。
《雜漏刻法》十一卷。皇甫洪澤。　《晷漏經》一卷。
《唐刻漏經》一卷。　《東川蓮花漏圖》一卷。燕肅。
《蓮花漏圖》一卷。王曾。　《更漏圖》一卷。
《造漏法》一卷。
《晝夜刻漏日出長短圖經》一卷。趙業。
《刻漏記》一卷。

右刻漏

古今善治曆者三家，漢太初以鍾律，唐大衍以著筴，元授時以晷景。三者之中晷景爲近，而其久也。類不能無忒，則隨時刊定不可不講也。劉洪有言，曆不差不改，不驗不用。李文簡歎爲至言，顧必有專門之裔，明經之儒，精筭之士，如班氏所稱乃足任之，有虞羲和與四嶽九官同重，而後世至以文史星曆介於卜祝之間。蓋疇人子弟貿貿然不測其原，抑已久矣。夫閏以正時，時以序事，事以厚生，其在周官皆史職也。故録見存諸書爲《曆數篇》，以俟攷焉。

清·黄虞稷《千頃堂書目》卷一三　天文類

《明清類天文分野書》二十四卷。洪武十七年閏十月，命羣臣編輯，書成，賜燕、周、齊、楚等六王，其書以十二分野星次分配天下郡縣，又于郡縣之下，詳載古今沿革之由。
《天元玉曆祥異賦》七卷。洪熙元年正月，仁宗初行是書，以示侍臣，曰：天道人事未有判爲二道，有動于此，即應于彼。此書言簡，理當左右輔臣亦宜知之，因親製序，頒賜諸

公卿。

《觀象玩占》十卷。不知撰人，一本四十九卷。

李泰補，岳熙載注，《天文精義賦》五卷。

劉基《天文秘畧》一卷。

葉子奇《玄理》一卷。

楊廉《星畧》一卷。

張玄《革象新書》。

又《天文六壬圖説》。

程廷策《星官筆記》。

王應電《天文會通》一卷。

周述學《神道大編象宗圖》。字繼志，山陰人，精心術數，嘗入胡宗憲幕，佐平倭有功。《神道大編》凡十餘卷，今存者僅十一二而已。

又周雲淵《文選》六卷。

又《乾坤體義》。

又《天文圖學》一卷。

吴玧《天文要義》。

袁祥《彗星占驗》。

鍾繼元《渾象拆觀》。字仁卿，桐鄉人，嘉靖壬戌進士，湖廣僉事。

范守已《天官舉正》六卷。

陸侹《天文地理星度分野集要》四卷。

王臣夔《測候圖説》一卷。

黄履康《管窺畧》三卷。

黄鍾和《天文星象攷》一卷。自稱清源山人。

尹遂祈《天文備攷》。字鏡陽，東莞人，萬曆辛丑進士，同安令，以抗直去官，通陰陽術數之學。

又《璣衡要旨》。

又《天元玉策解》。

楊惟休《天文書》四卷。

陳鍾盛《天文月鏡》。字懷我，臨川人，萬曆已未進士，山東副使。

趙宦光《九圜史》一卷。

余文龍《祥異圖説》七卷。字起潛，福建古田人，萬曆辛丑進士，贛州知府，左遷真定同知。

又《史異編》十七卷。

李之藻《渾蓋通憲圖説》二卷。

利瑪竇《勾股義》一卷。

又《表度説》一卷。

又《圜容較義》一卷。

又《測量法義》一卷。

又《天問畧》一卷。

又《泰西水法》六卷。

又《簡平儀説》一卷。熊三拔。

又《測量異同》一卷。

李天經《渾天儀説》五卷。崇禎中編，湯若望授意，李天經編修。

王應遴《乾象圖説》一卷。山陰人。崇禎中官大理寺評事，詔勅房辦事、中書舍人。

又《中星圖》一卷。

陳胤昌《天文地理圖説》。字克彝，丹徒人，崇禎中與徐光啟論曆法，又爲張國維修《吴中水利書》。

又《天文躔次》。

又《歲時占驗》。

李元庚《乾象圖説》一卷。

陳藎謨《象林》一卷。

宋應昌《春秋繁露禱雨法》一卷。【略】

顔茂猷《天道管窺》。

馬承勳《風纂》十二卷。萬曆初蠡縣人。首卷爲占例，餘則以日辰支干爲序，以驗風角。

魏濬《緯談》。

吴雲《天文志祺占》一卷。【略】

錢春《五行類應》八卷。

先秦部

題解

《六韜》卷三《王翼第十八》 天文三人，主司星曆，候風氣，推時日，考符驗，校災異，知天心去就之機。

《周禮・春官宗伯》 大宗伯之職，掌建邦之天神人鬼地示之禮，以佐王建保邦國。以吉禮事邦國之鬼神示，以禋祀祀昊天上帝，以實柴祀日月星辰，以槱燎祀司中、司命、飌師、雨師。

又 占夢，掌其歲時，觀天地之會，辨陰陽之氣，以日月星辰占六夢之吉凶。

又 眂祲，掌十煇之法以觀妖祥，辨吉凶。一曰祲，二曰象，三曰鑴，四曰監，五曰闇，六曰瞢，七曰彌，八曰敘，九曰隮，十曰想。掌安宅敘降，正歲則行事，歲終則弊其事。

又 大史，掌建邦之六典，以逆邦國之治。【略】正歲年以序事，頒之於官府及都鄙，頒告朔於邦國。閏月，詔王居門，終月。大祭祀，與執事卜日。戒及宿之日，與羣執事讀禮書而協事。

又 馮相氏，掌十有二歲，十有二月，十有二辰，十日，二十有八星之位，辨其敘事，以會天位。冬夏，致日；春秋，致月，以辨四時之敘。

又 保章氏，掌天星以志星辰日月之變動，以觀天下之遷，辨其吉凶。以星土辨九州之地所封，封域皆有分星，以觀妖祥。以十有二歲之相，觀天下之妖祥。以五雲之物，辨吉凶水旱降豐荒之祲象。以十有二風察天地之和，命乖別之妖祥。凡此五物者，以詔救政，訪序事。

三國魏・張揖《廣雅・異祥》 日禦謂之羲和，月禦謂之望舒，青龍、天一、太陰、太歲也。

論說

《六韜》卷三《立將第二十一》 武王問太公曰：「立將之道奈何？」太公曰：「凡國有難，君避正殿，召將而詔之曰：『社稷安危，一在將軍，今某國不臣，願將軍帥師應之。』將既受命，乃命太史卜，齋三日之太廟，鑽靈龜，卜吉日，以受斧鉞。君入廟門，西面而立。將入廟門北面而立。君親操鉞持柄授將其刃曰：『從此上至天者，將軍制之。』復操斧持柄授將其刃曰：『從此下至淵者，將軍制之。』見其虛則進，見其實則止。」

《關尹子・四符篇》 關尹子曰：夫果之有核，必待水火土三者具矣，然後相生不窮。三者不具，如大旱大潦大塊，皆不足以生物。夫精水神火意土，三者本不交，惟人以根合之，故能於其中橫見有事。猶如術祝者，能於至無中見多有事。

《關尹子・七釜篇》 關尹子曰：道本至無，以事歸道者，得之一息；事本至有，以道運事者，周之百爲。得道之尊者，可以輔世；得道之獨者，可以立我。知道非時之所能拘者，能以一日爲百年，能以百年爲一日；知道非方之所能礙者，能以一里爲百里，能以百里爲一里；知道無氣能運有氣者，可以召風雨；知道無形能變有形者，可以易鳥獸。得道之清者，物莫能累，身輕矣，可以騎鳳鶴；得道之渾者，物莫能溺，身冥矣，可以席蛟鯨。有即無，無即有，知此道者，可以制鬼神；實即虛，虛即實，知此道者，可以入金石；上即下，下即上，知此道者，可以侍星辰；古即今，今即古，知此道者，可以卜龜筮；人即我，我即人，知此道者，可以窺他人之肺肝；物即我，我即物，知此道者，可以成腹中之龍虎。知象由心變，以此觀心，可以成女嬰；知炁由心生，以此吸神，可以成爐冶。以此勝物，虎豹可伏；以此同物，水火可入。惟有道之士能爲之，亦能能之而不爲之。

《關尹子・八籌篇》 關尹子曰：古之善揲蓍灼龜者，能於今中示古，古中

示今，高中示下，下中示高，小中示大，大中示小，一中示多，多中示一，人中示物，物中示人，我中示彼，彼中示我。是道也，其來無今，其往無古，其高無蓋，其低無載，其大無外，其小無內，其外無物，其內無人，其近無我，其遠無彼。不可析，不可合，不可喻，不可思。惟其渾淪，所以爲道。

漢・揚雄《揚子法言・重黎》　仲尼以來，國君將相，卿士名臣，參差不齊，一槩諸聖，譔重黎。或問：「南正重司天，北正黎司地，今何僚也？」曰：「近羲之和。」「孰重？孰黎？」曰：「羲近重，和近黎。」或問「黄帝終始」，曰：「託也。昔者姒氏治水土，而巫步多禹；扁鵲，盧人也，而醫多盧。夫欲讎僞者必假真。禹乎？盧乎？終始乎？」或問「渾天」，曰：「落下閎營之，鮮於妄人度之，耿中丞象之，幾幾乎！莫之能違也。」請問「蓋天」，曰：「蓋哉！蓋哉！應難未幾也。」

漢・王符《潛夫論・愛日》　所謂治國之日舒以長者，非謁羲和而令安行也，又非能增分度而益漏刻也。乃君明察而百官治，下循正而得其所，則民安静而力有餘，故視日長也。所謂亂國之日促以短者，非謁羲和而令疾驅也，又非能減分度而損漏刻也。乃君不明則百官亂而奸宄興，法令鬻而役賦繁，則希民困於吏政，仕者窮於典禮，冤民就獄乃得直，烈士交私乃得保，奸臣肆心於上，亂化流行於下，君子載質而車馳，細民懷財而趨走，故視日短也。

宋・蘇洵《嘉祐集》　族譜後録上篇

蘇氏之先出於高陽，高陽之子曰稱，稱之子曰老童，老童生重黎及吴回。重黎爲帝嚳火正，曰祝融，以罪誅。其後爲司馬氏。而其弟吴曰復爲火正。吴回生陸終。

宋・劉攽《彭城集》卷三三《論説》　重黎絶地天通論

形而上者，謂之天；形而下者，謂之地。天者，陽之積也；地者，陰之積也。陽用其精，陰用其形。鬼神者，視之不見，聽之不聞，精之至也，故屬天。人物者，言而爲聲，行而爲事，形之至也，故屬地。《周書》曰：重黎絶地天通。重者，治神之官也。黎者，治民之官也。民神易治，則幽明不相亂，清濁不相惑，是謂天地不相通矣。然則神何以亂民？曰：鬼神之情微矣。茫洋乎其不可以智通也，恍惚乎其不可以類求也，故古者惟事神爲難，謂其必無邪。天之垂日星，地之列山川，宗廟之居祖考，皆物也，謂之必有邪。光景不見于民，嗜好不通于人，必有責之殆不信矣。故聖人之事神，處于有無之間，致其不可知也。然後民信之，示其不可黷也。然後民畏之，及世之亂民，于是以有責于神，所以亂民也。然則民何以亂神？曰：民者，冥也，欲利而避害，情所同也，福者，利之大者也。禍者，害之極者也。禍福者，鬼神之所爲也。民棄常而好異，舍明而事幽，祀非祭之鬼，祈無妄之福，則民亂于神矣。然則爲其治者，奈何？曰：祭祀以其時，兆位以其常，尊卑以其等，如此則神治矣。業有常治，事有常法，教有常俗，如此則民治矣。春祠、夏禴、秋嘗、冬烝，三年而禘，五年而祫，冬至祀天，夏至祀地，山川、日月、風雨、江海，皆有其日祭也。祭天圜丘，祭地方澤，兆五帝于四郊，山川、丘陵，各因其方。建國之神位，左宗廟，右社稷，常也。德盛者，祭廣；德薄者，祭卑。天子祀天，諸侯祭土，大夫三廟，士二廟，無田者不祭，犧牲、衣服、鼎、俎、籩豆，各從其命，數等也。三者明，則祀有常典，而神不亂矣。士、農、工、商四者，謂之業士者，爲學農者，爲耕工者，治器、商通、有無，此之謂事。父子有親，君臣有義，夫婦有别，長幼有序，朋友有禮，此之謂俗。三者明，則人不妄求，而民不亂矣。故重黎之絶地天通者，由此道也。

宋・晁補之《鷄肋集》卷三八　問古者，命重黎司天地，命羲和宅四方。至周，六官蓋兼重黎、羲和之職，以施六事，法致詳也。周衰，六官咸廢，王制殄滅，而陰陽干，行事與時迕。漢代秦立，稍欲復古，舉賢良，咨群策，而陰陽災異之學，自此始起。大要倣《易》、《春秋》、《洪範》、《月令》以爲解，而配之人事，若風馬牛，其應益闊。故時君怠焉以爲難，知因棄不務，而任人寖輕，凌雜術技，甚可嘆也。夫一官廢，則一事弛，馬醫牛人，用有所在，不可以不修也，而況其大者哉。今欲遵魏相之言，如漢故實，分命四人，各舉一時，則其設官，當以何名，其名職，當以何事，其擇可任之人，當以何術，凡此於先王遺文，足考也，願遂聞之。

宋・王應麟《六經天文編》卷上　羲和

蘇氏曰：《禹貢》嵎夷在青州。又曰：暘谷，則其地近日，而光明當在東方海上。以此推之，則昧谷當在西極朔方，幽都當在幽州，而南交爲交趾，明矣。春曰宅嵎夷，夏曰宅南交，冬曰宅朔方，而秋獨曰宅西徐。廣曰西，今天水之西縣也。羲和之任亦重矣。堯都於冀，而其所重任之臣，乃在四極萬里之外，理必不然。當是致日景，以定分至，然後歷可起也。故使往驗之，於四極非常宅也。李氏曰：作歷之法，必先準定四面方隅，以爲表識，然後地中可求，即地中，然後可以候日月之出没，星辰之轉運，故堯所以使四子各宅一方者，非謂居是地也，特使定其方隅耳。如土圭之法，測日之南北、東西，知其景之長短、朝夕，亦堯之遺法也。朱氏曰：羲和主歷象授時而已，非是各行其方之事。蓋官在國

都，而統治之方，其極至此，非往居於彼也。

綜述

《周禮·春官宗伯》 大宗伯，卿一人。【略】占夢，中士二人，史二人，徒四人。眡祲，中士二人，史二人，徒四人。【略】大史，下大夫二人，上士四人。【略】馮相氏，中士二人，下士四人，府二人，史四人，徒八人。保章氏，中士二人，下士四人，府二人，史四人，徒八人。

《尸子》卷下 造(歷)〔曆〕者，羲和之子也。《御覽》十六類聚五作「造(歷)〔曆〕數者，羲和子也」。《廣韻》廿三錫作「羲和造(歷)〔曆〕」。《尚書·舜典》疏引《世本》云：容成作(歷)〔曆〕。《史記·(歷)〔曆〕書》索隱云：「《系本》及《律(歷)〔曆〕志》，黄帝使羲和占日，常儀占月，臾區占星氣，伶倫造律呂，大撓作甲子，隸首作算數，容成綜此六術而著調(歷)〔曆〕。」

《呂氏春秋·審分覽·勿躬》 容成作曆，羲和作占日，尚儀作占月，后益作占歲，胡曹作衣，夷羿作弓，祝融作市，儀狄作酒，高元作室，虞姁作舟，伯益作井，赤冀作臼，乘雅作駕，寒哀作御，王冰作服，牛史皇作圖，巫彭作醫，巫咸作筮。

漢·司馬遷《史記》卷二六《曆書》 太史公曰：神農以前尚矣。蓋黄帝考定星曆，建立五行，起消息，正閏餘，於是有天地神祇物類之官，是謂五官。各司其序，不相亂也。民是以能有信，神是以能有明德。民神異業，敬而不瀆，故神降之嘉生，民以物享，災禍不生，所求不匱。

少皞氏之衰也，九黎亂德，民神雜擾，不可放物，禍菑薦至，莫盡其氣。顓頊受之，乃命南正重司天以屬神，命火正黎司地以屬民，使復舊常，無相侵瀆。

其後三苗服九黎之德，故二官咸廢所職，而閏餘乖次，孟陬殄滅，攝提無紀，曆數失序。堯復遂重黎之後，不忘舊者，使復典之，而立羲和之官。明時正度，則陰陽調，風雨節，茂氣至，民無天疫。年耆禪舜，申戒文祖，云「天之曆數在爾躬」。舜亦以命禹。由是觀之，王者所重也。【略】

幽、厲之後，周室微，陪臣執政，史不記時，君不告朔，故疇人子弟分散，或在諸夏，或在夷狄，是以其禨祥廢而不統。

漢·司馬遷《史記》卷二七《天官書》 昔之傳天數者，高辛之前：重、黎；于唐、虞：羲和；有夏：昆吾；殷商：巫咸；周室：史佚、萇弘；于宋：子韋；鄭則裨竈；在齊：甘公；楚：唐昧；趙：尹皋；魏：石申。

漢·司馬遷《史記》卷一三〇《太史公自序》 昔在顓頊，命南正重以司天，北正黎以司地。唐虞之際，紹重黎之後，使復典之，至于夏商，故重黎氏世序天地。其在周，程伯休甫其後也。當周宣王時，失其守而爲司馬氏。司馬氏世典周史。惠襄之閒，司馬氏去周適晉。晉中軍隨會奔秦，而司馬氏入少梁。

自司馬氏去周適晉，分散，或在衛，或在趙，或在秦。其在衛者，相中山。在趙者，以傳劍論顯，蒯聵其後也。在秦者名錯，與張儀爭論，於是惠王使錯將伐蜀，遂拔，因而守之。錯孫靳，事武安君白起。而少梁更名曰夏陽。靳與武安君阬趙長平軍，還而與之俱賜死杜郵，葬於華池。靳孫昌，昌爲秦主鐵官，當始皇之時。蒯聵玄孫卬爲武信君將而徇朝歌。諸侯之相王，王卬於殷。漢之伐楚，卬歸漢，以其地爲河内郡。昌生無澤，無澤爲漢市長。無澤生喜，喜爲五大夫，卒，皆葬高門。喜生談，談爲太史公。

漢·班固《漢書》卷一九上《百官公卿表上》 《易》敍宓羲、神農、(皇)〔黄〕帝作教化民，而《傳》述其官，以爲宓羲龍師名官，神農火師火名，黄帝雲師雲名，少昊鳥師鳥名。自顓頊以來，爲民師而命以民事，有重黎、句芒、祝融、后土、蓐收、玄冥之官，然已上矣。《書》載唐虞之際，命羲和四子順天文，授民時；咨四岳，以舉賢材，揚側陋；十有二牧，柔遠能邇。【略】夏、殷亡聞焉，周官則備矣。天官冢宰，地官司徒，春官宗伯，夏官司馬，秋官司寇，冬官司空，是爲六卿，各有徒屬職分，用於百事。太師、太傅、太保，是爲三公，蓋參天子，坐而議政，無不總統，故不以一職爲官名。又立三少爲之副，少師、少傅、少保，是爲孤卿，與六卿爲九焉。記曰三公無官，言有其人然後充之，舜之於堯，伊尹於湯，周公、召公於周，是也。或説司馬主天，司徒主人，司空主土，是爲三公。

漢·班固《漢書》卷二一上《律曆志上》 曆數之起上矣。傳述顓頊命南正重司天，火正黎司地，其後三苗亂德，二官咸廢，而閏餘乖次，孟陬殄滅，攝提失方。堯復育重、黎之後，使纂其業，故《書》曰：「乃命羲、和，欽若昊天，曆象日月

星辰，敬授民時。」「歲三百有六旬有六日，以閏月定四時成歲，允釐百官，衆功皆美。」其後以授舜曰：「咨爾舜，天之曆數在爾躬。」「舜亦以命禹。」至周武王訪箕子，箕子言大法九章，而五紀明曆法。故自殷周，皆創業改制，咸正曆紀，服色從之，順其時氣，以應天道。三代既没，五伯之末史官喪紀，疇人子弟分散，或在夷狄，故其所記，有《黄帝》、《顓頊》、《夏》、《殷》、《周》及《魯曆》。戰國擾攘，秦兼天下，未皇暇也，亦頗推五勝，而自以爲獲水德，乃以十月爲正，色上黑。

漢·班固《漢書》卷二七上《五行志上》 《易》曰：「天垂象，見吉凶，聖人象之；河出圖，雒出書，聖人則之。」劉歆以爲虙羲氏繼天而王，受《河圖》，則而畫之，八卦是也；禹治洪水，賜《雒書》，法而陳之，《洪範》是也。聖人行其道而寶其真。降及于殷，箕子在父師位而典之。周既克殷，以箕子歸，武王親虚已而問焉。故經曰：「惟十有三祀，王訪于箕子，王乃言曰：『烏嘑，箕子！惟天陰騭下民，相協厥居，我不知其彝倫逌敍。』箕子乃言曰：『我聞在昔，鯀陻洪水，汨陳其五行，帝乃震怒，弗畀《洪範》九疇，彝倫逌斁。鯀則殛死，禹乃嗣興，天乃錫禹《洪範》九疇，彝倫逌敍。』」此武王問《雒書》於箕子，箕子對禹得《雒書》之意也。

漢·班固《漢書》卷三〇《藝文志》 數術者，皆明堂羲和史卜之職也。史官之廢久矣，其書既不能具，雖有其書而無其人。易曰：「苟非其人，道不虚行。」春秋時魯有梓慎，鄭有裨竈，晉有卜偃，宋有子韋。六國時楚有甘公，魏有石申夫。

漢·蔡邕《獨斷》卷上 太祝掌六祝之辭

順祝順豐年也，年祝求永貞也，告祝祈福祥也，化祝弭災兵也，瑞祝逆時雨寧風旱也，筴祝遠罪病也。

南朝梁·沈約《宋書》卷一二《律曆志中》 夫天地之所貴者生也，萬物之所尊者人也，役智窮神，無幽不察，是以動作云爲，皆應天地之象。古先聖哲，擬辰極，制渾儀。夫陰陽二氣，陶育羣品，精象所寄，是爲日月。羣生之性，章爲五才，五才之靈，五星是也。曆所以擬天行而序七耀，紀萬國而授人時。黄帝使大撓造六甲，容成制曆象，羲和占日，常儀占月。少昊氏有鳳鳥之瑞，以鳥名官，而鳳鳥氏司曆。顓頊之代，南正重司天，北正黎司地。堯復育重黎之後，使治舊職，分命羲、和，欽若昊天。故《虞書》曰：「朞三百有六旬六日，以閏月定四時成歲。」其後授舜，曰：「天之曆數在爾躬。」舜亦以命禹。爰及殷、周二代，皆創業革制，而服色從之。順其時氣，以應天道，萬物羣生，蒙其利澤。三王既謝，史職廢官，故孔子正《春秋》以明司曆之過。秦兼天下，自以爲水德，以十月爲正，服色上黑。

唐·房玄齡等《晉書》卷一一《天文志上》 然則三皇邁德，七曜順軌，日月無薄蝕之變，星辰靡錯亂之妖。黄帝創受《河圖》，始明休咎，故其《星傳》尚有存焉。降在高陽，乃命南正重司天，北正黎司地。爰洎帝嚳，亦式序三辰。唐虞則羲和繼軌，有夏則昆吾紹德。年代緜邈，文籍靡傳。至于殷之巫咸，周之史佚，格言遺記，于今不朽。其諸侯之史，則魯有梓慎，晉有卜偃，鄭有裨竈，宋有子韋，齊有甘德，楚有唐昧，趙有尹皐，魏有石申夫，皆掌著天文，各論圖驗。其巫咸、甘、石之説，後代所宗。暴秦燔書，六經殘滅，天官星占，存而不毁。

唐·房玄齡等《晉書》卷一七《律曆志中》 昔者聖人擬宸極以運璿璣，揆天行而序景曜，分辰野，辨躔曆，敬農時，興物利，皆以繫順兩儀，紀綱萬物者也。然則觀象設卦，扐閏成爻，曆數之原，存乎此也。逮乎炎帝，分八節以始農功，軒轅紀三綱而闡書契，乃使羲和占日，常儀占月，臾區占星氣，伶倫造律吕，大撓造甲子，隸首作算數。容成綜斯六術，考定氣象，建五行，察發斂，起消息，正閏餘，述而著焉，調之《調曆》。洎于少昊則鳳鳥司曆，顓頊則南正司天，陶唐則分命羲和，虞舜則因循堯法。及夏殷承運，周氏應期，正朔既殊，創法斯異。《傳》曰：「火出，於夏爲三月，於商爲四月，於周爲五月。」是故天子置日宫，諸侯有日御，以和萬國，以協三辰。至乎寒暑晦明之徵，陰陽生殺之數，啓閉升降之紀，消息盈虚之節，皆應躔次而無淫流，故能該浹生靈，堪輿天地。周德既衰，史官失職，疇人分散，禨祥不理。秦并天下，頗推五勝，自以獲水德之瑞，用十月爲正。

唐·魏徵等《隋書》卷一六《律曆志上》 洎乎炎帝分八節，軒轅建五部，少昊以鳳鳥司曆，顓頊以南正司天，陶唐則分命和、仲，夏后乃備陳《鴻範》，湯、武革命，咸率舊章。然文質既殊，正朔斯革，故天子置日官，諸侯有日御，以和萬國，以協三辰。至于寒暑晦明之徵，陰陽生殺之數，啓閉升降之紀，消息盈虚之節，皆應躔次而不淫，遂得該浹生靈，堪輿天地，開物成務，致遠鉤深。周德既衰，史官廢職，疇人分散，禨祥莫理。

唐·魏徵等《隋書》卷一九《天文志上》 昔者榮河獻籙，温洛呈圖，六爻擒範，三光宛備，則星官之書，自黄帝始。高陽氏使南正重司天，北正黎司地，帝堯乃命羲、和，欽若昊天。夏有昆吾，殷有巫咸，周之史佚，宋之子韋，魯之梓慎，鄭之裨竈，魏有石氏，齊有甘公，皆能言天文，察微變者也。

傳記

漢・司馬遷《史記》卷八四《屈原傳》　屈原者，名平，楚之同姓也。爲楚懷王左徒。博聞彊志，明於治亂，嫻於辭令。入則與王圖議國事，以出號令；出則接遇賓客，應對諸侯。王甚任之。

上官大夫與之同列，爭寵而心害其能。懷王使屈原造爲憲令，屈平屬草稾未定。上官大夫見而欲奪之，屈平不與，因讒之曰：「王使屈平爲令，衆莫不知，每一令出，平伐其功，（曰）以爲『非我莫能爲』也。」王怒而疏屈平。

屈平疾王聽之不聰也，讒諂之蔽明也，邪曲之害公也，方正之不容也，故憂愁幽思而作《離騷》。離騷者，猶離憂也。夫天者，人之始也；父母者，人之本也。人窮則反本，故勞苦倦極，未嘗不呼天也；疾痛慘怛，未嘗不呼父母也。屈平正道直行，竭忠盡智以事其君，讒人閒之，可謂窮矣。信而見疑，忠而被謗，能無怨乎？屈平之作《離騷》，蓋自怨生也。《國風》好色而不淫，《小雅》怨誹而不亂。若《離騷》者，可謂兼之矣。上稱帝嚳，下道齊桓，中述湯武，以刺世事。明道德之廣崇，治亂之條貫，靡不畢見。其文約，其辭微，其志絜，其行廉，其稱文小而其指極大，舉類邇而見義遠。其志絜，故其稱物芳。其行廉，故死而不容自疏。濯淖汙泥之中，蟬蛻於濁穢，以浮游塵埃之外，不獲世之滋垢，皭然泥而不滓者也。推此志也，雖與日月爭光可也。【略】

屈平既嫉之，雖放流，睠顧楚國，繫心懷王，不忘欲反，冀幸君之一悟，俗之一改也。其存君興國而欲反覆之，一篇之中三致志焉。然終無可柰何，故不可以反，卒以此見懷王之終不悟也。【略】

令尹子蘭聞之大怒，卒使上官大夫短屈原於頃襄王，頃襄王怒而遷之。

屈原至於江濱，被髮行吟澤畔。顏色憔悴，形容枯槁。漁父見而問之曰：「子非三閭大夫歟？何故而至此？」屈原曰：「舉世混濁而我獨清，衆人皆醉而我獨醒，是以見放。」漁父曰：「夫聖人者，不凝滯於物而能與世推移。舉世混濁，何不隨其流而揚其波？衆人皆醉，何不餔其糟而啜其醨？何故懷瑾握瑜而自令見放爲？」屈原曰：「吾聞之，新沐者必彈冠，新浴者必振衣，人又誰能以身之察察，受物之汶汶者乎！寧赴常流而葬乎江魚腹中耳，又安能以皓皓之白而蒙世俗之温蠖乎！」【略】

於是懷石遂自（投）〔沈〕汨羅以死。

漢・司馬遷《史記》卷八五《吕不韋傳》　吕不韋者，陽翟大賈人也。往來販賤賣貴，家累千金。

秦昭王四十年，太子死。其四十二年，以其次子安國君爲太子。安國君有子二十餘人。【略】安國君中男名子楚，子楚母曰夏姬，毋愛。子楚爲秦質子於趙。秦數攻趙，趙不甚禮子楚。

子楚，秦諸庶孽孫，質於諸侯，車乘進用不饒，居處困，不得意。吕不韋賈邯鄲，見而憐之，曰「此奇貨可居」。乃往見子楚，説曰：「吾能大子之門。」子楚笑曰：「且自大君之門，而乃大吾門！」吕不韋曰：「子不知也，吾門待子門而大。」子楚心知所謂，乃引與坐，深語。吕不韋曰：「秦王老矣，安國君得爲太子。竊聞安國君愛幸華陽夫人，華陽夫人無子，能立適嗣者獨華陽夫人耳。今子兄弟二十餘人，子又居中，不甚見幸，久質諸侯。即大王薨，安國君立爲王，則子毋幾得與長子及諸子旦暮在前者爭爲太子矣。」子楚曰：「然。爲之柰何？」吕不韋曰：「子貧，客於此，非有以奉獻於親及結賓客也。不韋雖貧，請以千金爲子西游，事安國君及華陽夫人，立子爲適嗣。」子楚乃頓首曰：「必如君策，請得分秦國與君共之。」

吕不韋乃以五百金與子楚，爲進用，結賓客；而復以五百金買奇物玩好，自奉而西游秦，求見華陽夫人姊，而皆以其物獻華陽夫人。因言子楚賢智，結諸侯賓客徧天下，常曰「楚也以夫人爲天，日夜泣思太子及夫人」。夫人大喜。不韋因使其姊説夫人曰：「吾聞之，以色事人者，色衰而愛弛。今夫人事太子，甚愛而無子，不以此時蚤自結於諸子中賢孝者，舉立以爲適而子之，夫在則重尊，夫百歲之後，所子者爲王，終不失勢，此所謂一言而萬世之利也。不以繁華時樹本，即色衰愛弛後，雖欲開一語，尚可得乎？今子楚賢，而自知中男也，次不得爲適，其母又不得幸，自附夫人，夫人誠以此時拔以爲適，夫人則竟世有寵於秦矣。」華陽夫人以爲然，承太子閒，從容言子楚質於趙者絶賢，來往者皆稱譽之。乃因涕泣曰：「妾幸得充後宮，不幸無子，願得子楚立以爲適嗣，以託妾身。」安

國君許之，乃與夫人刻玉符，約以爲適嗣。安國君及夫人因厚餽遺子楚，而請呂不韋傅之，子楚以此名譽益盛於諸侯。

呂不韋取邯鄲諸姬絶好善舞者與居，知有身。子楚從不韋飲，見而説之，因起爲壽，請之。呂不韋怒，念業已破家爲子楚，欲以釣奇，乃遂獻其姬。姬自匿有身，至大期時，生子政。子楚遂立姬爲夫人。【略】

秦昭王五十六年，薨，太子安國君立爲王，華陽夫人爲王后，子楚爲太子。趙亦奉子楚夫人及子政歸秦。

秦王立一年，薨，謚爲孝文王。太子子楚代立，是爲莊襄王。莊襄王所母華陽后爲華陽太后，真母夏姬尊以爲夏太后。莊襄王元年，以呂不韋爲丞相，封爲文信侯，食河南雒陽十萬户。

莊襄王即位三年，薨，太子政立爲王，尊呂不韋爲相國，號稱「仲父」。【略】

當是時，魏有信陵君，楚有春申君，趙有平原君，齊有孟嘗君，皆下士喜賓客以相傾。呂不韋以秦之彊，羞不如，亦招致士，厚遇之，至食客三千人。是時諸侯多辯士，如荀卿之徒，著書布天下。呂不韋乃使其客人人著所聞，集論以爲八覽、六論、十二紀，二十餘萬言。以爲備天地萬物古今之事，號曰《呂氏春秋》。布咸陽市門，懸千金其上，延諸侯游士賓客有能增損一字者予千金。【略】

秦王十年十月，免相國呂不韋。及齊人茅焦説秦王，秦王乃迎太后於雍，歸復咸陽，而出文信侯就國河南。

歲餘，諸侯賓客使者相望於道，請文信侯。秦王恐其爲變，乃賜文信侯書曰：「君何功於秦？秦封君河南，食十萬户。君何親於秦？號稱仲父。其與家屬徙處蜀！」呂不韋自度稍侵，恐誅，乃飲酖而死。

漢·劉向《新序·節士第七》 屈原者，名平，楚之同姓大夫，有博通之知，清潔之行，懷王用之。秦欲吞滅諸侯，并兼天下。屈原爲楚東使於齊，以結強黨。秦國患之，使張儀之楚，貨楚貴臣上官大夫靳尚之屬，上及令尹子蘭，司馬子椒；内賂夫人鄭袖，共譖屈原。屈原遂放於外，乃作《離騷》。張儀因使楚絶齊，許謝地六百里，懷王信左右之姦謀，聽張儀之邪説，遂絶強齊之大輔。楚既絶齊，而秦欺以六里，懷王大怒，舉兵伐秦，大戰者數，秦兵大敗楚師，斬首數萬級。秦使人願以漢中地謝懷王，不聽，願得張儀而甘心焉。張儀曰：「以一儀而易漢中地，何愛儀」請行，遂至楚，楚囚之。上官大夫之屬共言之王，王歸之。是時懷王悔不用屈原之策，以至於此，於是復用屈原。屈原使齊，還聞張儀已去，大爲王言張儀之罪，懷王使人追之，不及。後秦嫁女于楚，與懷王歡，爲藍田之會。屈原以爲秦不可信，願勿會。群臣皆以爲可會，懷王遂會，果見囚拘，客死於秦，爲天下笑。懷王子頃襄王，亦知群臣諂誤懷王，不察其罪，反聽群讒之口，復放屈原。屈原疾闇王亂俗，汶汶嘿嘿，以是爲非，以清爲濁，不忍見于世，將自投於淵。漁父止之。屈原曰：「世皆醉，我獨醒；世皆濁，我獨清。吾獨聞之，新浴者必振衣，新沐者必彈冠。又惡能以其泠泠，更事之之嘿嘿者哉？吾寧投淵而死」。遂自投湘水汨羅之中而死。

晉·陶潛《陶淵明集》卷九 重　該　修　熙

右少昊四叔，實能金木及水。使重爲勾芒，該爲蓐收，修及熙爲玄冥，世不失職，遂濟窮桑。見《左傳》蔡墨辭。

羲仲　羲叔　和仲　和叔

右羲和四子。孔安國云：「即堯之四岳，分掌四岳諸侯。」鄭玄云：「堯既分陰陽爲四時，命羲仲、和仲、羲叔、和叔等爲之官，又主方岳之事，是爲四岳。」見鄭《尚書》注。

伯夷爲陽伯。《樂舞侏離歌》曰「招陽」。羲仲之後爲羲伯。《樂舞饕哉歌》曰：「南陽。」棄爲夏伯。《樂舞武漫哉歌》曰「祁慮」。一無武字。羲叔之後爲羲伯。《樂舞將陽歌》曰「朱華」。咎繇爲秋伯。《樂舞蔡俶歌》曰：「零落。」和仲之後爲和伯。《樂舞玄鶴歌》曰：「歸來。」垂爲冬伯。《樂舞丹鳳》一曰：「齊落。」歌曰「齊樂」。一曰：「縵縵」。

右八伯。自羲和死後，分置八伯。舜既即位，元祀巡狩，每至其方，各貢兩伯之樂。《大傳》冬伯後闕一人。鄭玄云：「此上下有脱辭，其説未聞。」十有五祀後又百工相和而歌《慶雲》，八伯稽首而進者也。」見《尚書·大傳》。

唐·劉知幾《史通·内篇》 呂不韋，陽翟大賈人，相秦。使其客人人著所聞，集論以爲八覽、六論、十二紀，二十餘萬言，以爲備天地、萬物、古今之事，號曰《呂氏春秋》。布咸陽市門，懸千金其上，延諸侯、游士、賓客，有能增損一字者，予千金。今書存。

徙之變若是者，特瞽史之語，非出聖人者也，然則夏后、周公之典逸矣。

唐·林寶《元和姓纂》卷二 司馬

重黎之後，唐虞、夏商，代掌天地。周宣王時，裔孫程伯休父爲司馬。克平徐方錫以官在趙者曰凱，以傳劒知名，蒯聵其後也。在秦者司馬錯，元孫昌生懌，懌生善，案《史記·太史公自序》及《漢書本傳》俱作昌生毋懌，毋懌生喜，此悞。善生

談，太史公生遷，漢中書令。

宋·李昉等《太平御覽》卷七二一　《世本》曰：巫咸，堯臣也，以鴻術爲帝堯之醫。

宋·黃朝英《靖康緗素雜記》卷二　重黎

《楚世家》云：「楚之先祖出自帝顓頊高陽。高陽生稱，稱生卷章，卷章生重黎。重黎爲高辛氏火正，命曰祝融。其後誅重黎，而以其弟吴回爲重黎後，復居火正，爲祝融。」案《左氏春秋傳》載蔡墨論社稷五祀，木正曰勾芒，火正曰祝融，金正曰蓐收，水正曰玄冥，土正曰后土。杜氏註云：「正，官長也。木生勾曲而有芒角，其祀重焉。祝融明貌，其祀黎焉。該爲金正，修及熙爲水正，勾龍爲土正。」又案蔡墨云：「少皞氏有四叔，曰重，曰該，曰修，曰熙，實能金木及水。使重爲勾芒，該爲蓐收，修及熙爲玄冥，世不失職，遂濟窮桑，此其三祀也。顓頊氏有子曰黎，爲祝融，共工氏有子曰勾龍，爲后土，此其二祀也。」《左傳》以重爲少皞氏之叔，以黎爲顓頊氏之子，則重與黎二人也。而太史公乃以重黎爲一人，而謂重犂爲顓頊之曾孫，與左氏所載不同。蓋太史公去上古之世爲差遠，則所傳容有謬戾，不若左氏之爲近，故所載爲詳且悉也。又況高辛氏承顓頊高陽氏之後，高陽氏黃帝之孫，高辛氏黃帝之曾孫，世次差近，故顓頊之子犂，所以爲高辛氏之火正也。若以犂爲顓頊之曾孫，則與高辛氏世次相遠，豈復爲其火正乎！案《律(歷)〔曆〕志》云：「火正犂同地。」《幽通賦》云：「犂醇耀於高辛。」皆其證也。又許慎注《淮南子》云：「祝融，顓項之孫，老童之子，吴回也。一名犂，爲高辛氏火正，一云老童，即卷章也。」案《楚世家》云犂先爲祝融，其後吴回代之，則許慎之説又誤矣。

宋·黃震《古今紀要》卷一　吕不韋，陽翟大賈，結秦質子楚於趙，而爲之捐金，游秦説華陽夫人，子之楚，立爲莊襄王。楚又嘗求不韋舞姬，已有身者，生子政，是爲始皇。莊襄王以不韋爲相，封文信侯。始皇尊不韋爲相國，號稱仲父。家僮萬人，招食客三千人，使人人著所文集爲八覽、六論、十二紀，二十餘萬言，以爲備天地萬物古今之事，號《吕氏春秋》。不韋進嫪毐於太后，毐謀反，事連不韋，免相徙蜀，飲酖死。

清·阮元《疇人傳》卷一　上古

羲和　常儀　臾區　伶倫　大撓　隸首　容成

羲和、常儀、臾區、伶倫、大撓、隸首、容成，皆黃帝時人也。黃帝使羲和占日，常儀占月，臾區占星氣，伶倫造律吕，大撓作甲子，隸首作算數，容成綜斯六術，而著《調曆》。《史記·曆書》索隱引《系本》。

論曰：《世本》、《作篇》并言創造。羲和、常儀之倫，乃占天之元始，算事之厥初也。自兹之後，下涉漢唐，代有增修，益求密合。然日官頒朔，類多差忒，迨至本朝時憲書，而後推步之術乃至精至密焉。此蓋伏遇我聖祖仁皇帝撫辰建極，叶紀體元，御製《數理精藴考成》上、下諸編，啓千聖不傳之秘，立萬年有道之基。是固度越漢唐，與黃帝之名察度驗，先後同揆者矣。

重黎

重黎，司天地之官也。顓頊命南正重以司天，北正黎以司地。唐虞之際，紹重黎之後，使復典之，至于夏商，故重黎氏世序天地。《史記·太史公自序》及臣瓚注。

論曰：《太史公書》曰：「使復舊常，無相侵瀆。」然則重黎固各司其序而不相亂矣。天地事别，不容兼治。小司馬謂二官亦通職，未爲深得也。疇官家業相傳，各從父學，蓋司天必專門之裔，其來尚已。

清·阮元《疇人傳》卷一　唐

羲氏　和氏

羲氏、和氏，重黎之後也。堯命羲和，敬順昊天，數法日月星辰，敬授民時。分命羲仲，民郁夷，曰「暘谷」。敬道日出，便程東作。日中星鳥，以殷中春，其民析，鳥獸字微。申命羲叔，居南交，便程南爲敬致。日永星火，以正中夏。其民因，鳥獸希革。申命和仲，居西土，曰「昧谷」。敬道日入，便程西成。夜中星虚，以正中秋。其民夷易，鳥獸毛毨。申命和叔，居北方，曰「幽都」，便程伏物。日短星昴，以正中冬。其民燠，鳥獸氄毛。歲三百六十六日，以閏月定四時。信飭百官，衆功皆興。《史記·五帝本紀》。

論曰：敬天授時，帝王之首務，故聖人重其事，居郁夷，居南交，居西土，居北方，四方測驗之故事也。日中星鳥，日永星火，夜中星虚，日短星昴，中星刻漏之權輿也。至于以閏定時，尤非聖人不能作。蓋懸象著明，莫大于二曜。法日月之行，調中朔之數。察發斂以正時，考會衡而班朔。百官以飭，衆功以興，由斯道也。觀帝堯之命羲和，知千古步算之綱要，定于陶唐之世矣。

清·阮元《疇人傳》卷一　夏

大章　豎亥

大章，豎亥。禹使大章步自東極，至于西垂，二億三萬三千三百里七十一步；又使豎亥步南極，盡于北垂，二億三萬三千五百里七十五步。豎亥右手把算，左手指青邱北。《山海經》《續漢志》注引《山海經》。

論曰：陽湖孫觀察星衍曰：「所謂『指青邱北』者，當如後世輿地圖之類，指而算其相距之里差耳。」西洋人以地球經緯求里差，謂中法之所未有，豈知我三古時已有其術哉？

清·阮元《疇人傳》卷一 商

箕子

箕子，紂親戚也。武王既克殷，訪問箕子。箕子對曰：「天錫禹鴻範九等……四曰五紀，一曰歲，二曰月，三曰日，四曰星辰，五曰曆數。」《史記·宋微子世家》。

論曰：日行黃道違天而東，歷三百六十五日有餘而一周，謂之歲。月行九道，亦違天而東，歷二十九日有餘而復追及于日，謂之月。日從天而西，歷一晝夜而一周，謂之日。陰陽之精，散爲五行。日月相會，紀以四七，則星辰是也。章蔀紀元之率，甲子六旬之名，則法數是也。鴻範五紀，本乎天錫。然則古先聖哲，擬天行而序七曜，其時義大矣哉。

清·阮元《疇人傳》卷一 周

商高

商高，賢大夫也。周公問于商高曰：「竊聞乎大夫善數也。請問古者庖犧立周天曆度，夫天不可階而升，地不可得尺寸而度，請問數安從出？」商高曰：「數之法出于方圓，圓出于方，方出于矩，矩出于九九八十一。故折矩以爲句廣三，股修四，徑隅五。既方之外，半其一矩，環而共盤，得成三四五，兩矩共長二十有五，是謂積矩。故禹之所以治天下者，此數之所生也。」周公曰：「大哉言數！請問用矩之道。」商高曰：「平矩以正繩，偃矩以望高，覆矩以測深，卧矩以知遠。環矩以爲圓，合矩以爲方。方屬地，圓屬天，天圓地方。方數爲典，以方出圓，笠以寫天。天青黑，地黃赤，天數之爲笠也。青黑爲表，丹黃爲裏，以象天地之位。是故知地者智，知天者聖。智出于句，句出于矩，夫矩之于數，其裁制萬物惟所爲耳。」周公曰：「善哉。」《周髀算經》。

論曰：方圓者，天地之德。方出于圓，圓出于矩，半其一矩，是謂句股。庖犧立周天度，數從此出。禹治天下，數之所生。蓋極句股之用，天地莫能外矣。言天者三家，以蓋天爲最古。笠以爲天，所謂蓋天是也。劉智謂顓頊造渾天，黃帝爲蓋天，蓋先于渾，是其證已。武進臧玉林琳謂此篇文句簡質，義奧精深，當是先秦古書，非後人所能托譔，可謂先得我心矣。

榮方　陳子

榮方、陳子，皆周公之後人也。榮方問于陳子曰：「今者竊聞夫子之道，知日之高大，光之所照，一日所行遠近之數。人所望見四極之窮、列星之宿、天地之廣袤，夫子之道皆能知之。其信有之乎？」陳子曰：「然。」榮方曰：「方雖不省，願夫子幸而説之。今若方者可教此道邪？」陳子曰：「然。此皆算術之所及。子之于算，足以知此意矣。若誠思之。」于是榮方歸而思之。數日不能得，復見陳子曰：「方思之不能得，願終請説之。」陳子曰：「坐，吾語汝。」于是榮方復坐而請。陳子説之曰：「夏至南萬六千里，冬至南十三萬五千里。日中立竿測影，此一者天道之數。周髀長八尺，夏至之日晷一尺六寸。髀者，股也。正晷者，句也。正南千里，句一尺五寸。正北千里，句一尺七寸。日益表南，晷日益長。候句六尺，即取竹空徑一寸，長八尺，捕影而視之，空正掩日，而日映空之孔。由此觀之，率八十寸而得徑一寸。故以句爲首，以髀爲股，從髀至日下六萬里，而髀無影，從此以上至日則八萬里。若求邪至日者，以日下爲句，日高爲股，句股各自乘并，而開方除之，得邪至日。從髀所旁至日所十萬里。以率率之，八十里得徑一里，十萬里得徑千二百五十里。故曰日晷徑千二百五十里。法曰，周髀長八尺，句之損益寸千里。故曰：極者，天廣袤也。今立表高八尺以望極，其句一丈三寸。由此觀之，則從周北十萬三千里而至極下。」榮方曰：「周髀者何？」陳子曰：「古時天子治周，此數望之從周，故曰周髀。髀者，表也。日夏至南萬六千里，日冬至南十三萬五千里，日中無影。以此觀之，從南至夏至之日中十一萬九千里，北至其夜半亦然，凡徑二十三萬八千里。此夏至日道之徑也，其周七十一萬四千里。從夏至之日中，至冬至之日中，十一萬九千里。北至極下亦然，則從極南至冬至之日中二十三萬八千里，從極北至其夜半亦然，凡徑四十七萬六千里。此冬至日道徑也，其周百四十二萬八千里。從春秋分之日中，北至極下十七萬八千五百里，從極下北至其夜半亦然，凡徑三十五萬七千里，周一百七萬一千里。故曰月之常道，緣宿日道亦與宿正。南至夏至之日中，北至冬至之夜半，南至冬至之日中，北至夏至之夜半，亦徑三十五萬七千里，周一百七萬一千里。春分之日夜分，以至秋分之日夜分，極下常有日光。秋分之日夜

分，以至春分之日夜分，極下常無日光。故春秋分之日夜分之時，日光所照適至極，陰陽之分等也。冬至夏至者，日道發斂之所生也，至晝夜長短之所極。春秋分者，陰陽之修，晝夜之象。晝者陽，夜者陰。春分以至秋分，晝之象。秋分以至春分，夜之象。故春秋分之日中，光之所照北極，下夜半日光之所照，亦南至極，此日夜分之時也。故曰日照四旁，各十六萬七千里。人所望見，遠近宜如日光所照。從周所望，見北過極六萬四千里，南過冬至之日三萬二千里。夏至之日中光，南過冬至之日中光四萬八千里。南過人所望見萬六千里，北過周十五萬一千里，北過極四萬八千里。冬至之夜半，日光南不至人目所見七千里，不至極下七萬一千里，夏至之日中，與夜半日光九萬六千里過極相接。冬至之日中，與夜半日光不相及十四萬二千里，不至極下七萬一千里。夏至之日正，東西望直周東西日下，至周五萬九千五百九十八里半。冬至之日正，東西方不見日，以算求之日下，至周二十一萬四千五百五十七里半。凡此數者，日道之發斂。冬至夏至觀律之數，聽鐘之音。冬至晝夜至夜差數，及日光所還，觀之四極，徑八十一萬里，周二百四十三萬里。從周南至日照處三十萬二千里，周北至日照處五十萬八千里，東西各三十九萬一千六百八十三里半。周在天中南十萬三千里，故東西短。中徑二萬六千六百三十二里有奇。周北五十萬八千里。冬至日十三萬五千里，冬至日道徑四十七萬六千里，周百四十二萬八千里。日光四極，當周東西各三十九萬一千六百八十三里有奇。」《周髀算經》及注。

論曰：以句股量天，始見于《周髀》。後人踵事增修，愈推愈密，而乃嗤古率爲惝疏，毋乃既成大輅而棄椎輪耶？歐邏巴測天專恃三角八綫，所謂三角，即古之句股也。伏讀聖祖仁皇帝御製《三角形論》曰：「論者謂今法古法不同，殊不知原自中國，流傳西土，毋庸歧視。」大哉王言，非星翁術士所能與知也。

孫子

孫子，著《算經》三卷。序曰：「夫算者天地之經緯，群生之元首。五常之本末，陰陽之父母。星辰之建號，三光之表裏。五行之準平，四時之終始。萬物之祖宗，六藝之綱紀，群倫之聚散。考二氣之升降，推寒暑之迭運，步遠近之殊同。觀天道精微之肇基，察地理縱橫之長短。采神祇之所在，極成敗之符驗。窮道德之理，究性命之情。立規矩，準方圓，謹法度，約尺寸。立權衡，平輕重，剖豪氂，析黍累。歷億載而不朽，施八極而無疆。散之不可勝究，斂之不盈掌握。嚮之者富有餘，背之者貧且窶。心開者幼冲而即悟，意閉者皓首而難精。夫欲學之者必務量能，揆己志在所專，如是則焉有不成者哉。」《孫子算經》。

論曰：朱竹垞彝尊以《孫子算經》爲孫武作。戴東原震以書中有「長安、洛陽相去」，及「佛書二十九章」語，斷爲漢明帝以後人。余考韋曜《博奕論·枯棋》三百注，引邯鄲淳蓺經，謂棋局十七道，而孫子乃云棋局十九道，則其人當更在漢以後矣。然術數之書，類多附益。如卷末推孕婦所生男女，鄙陋荒誕，必非孫子正文。或恐傳習孫子者，轉展增加，失其本真。今但題作孫子，不稱孫武，而附于周末，以志闕疑。其書詳説乘除開方，可以考見古人從横布算之式。下卷「物不知數，三三數之，五五數之，七七數之」一問，爲《九章》所未及，宋秦道古《數學九章》大衍求一法，蓋出于此也。

清·黄鍾駿《疇人傳四編》卷一　上古後續補遺一

岐伯

岐伯，黄帝時北地人也，尊爲天師。黄帝嘗與論醫，有《内經素問》行于世。其論天地陰陽，與推步曆數相表裏。帝曰：「動静何如？」岐伯曰：「上者右行，下者左行，左右周天，餘而復會也。」帝曰：「余聞鬼臾區曰：應地者静，今夫子乃言下者左行，不知其何謂也，顧何以生之乎？」岐伯曰：「天地動静，五行遷復，雖鬼臾區其上候而已，猶不能偏明。夫變化之用，天垂象，地垂形，七曜緯虚，五行麗地。地者所以載生成之形類也，虚者所以載列天之精氣也。形精之動，猶本根之與枝葉也。仰觀其象，雖遠可知也。」帝又曰：「地之爲下否乎？」岐伯曰：「地爲人之下，太虚之中也。」帝曰：「馮乎？」曰：「大氣舉之也。」又曰：「風寒在下，燥熱在上，濕氣在中，火游行其間，寒暑六入，故令虚而化生也。」又曰：「象之見也，高而遠則小，下而近則大。」又曰：「春氣西行，夏氣北行，秋氣東行，冬氣南行。」《内經素問》。

論曰：金匱華明經世芳曰，上古言天諸家，絶無師説，而天地動静左行右行之理，見諸古書者，則惟岐伯始言之。如金山顧上舍觀光云，其言上者右行者，謂日行黄道，自北而西，而南而東，是右行也。其言下者左行者，謂地有四游，自南而西，而北而東，是左行也。左右皆一歲一周天，而右行之度微不及于左行，故云餘而復會，是即西法之最高卑行也。其言天地動静者，自地視之，地不動而日月五星皆動；自日視之，日不動而地月五星皆動。動無定形，遲速無常度，宜鬼臾區不能偏明也。其言七曜緯虚者，謂七曜皆在太虚之中，非同麗一天，亦非各

有一天也。其言地爲人之下太虛之中者，自人視之，地爲下，而地在太虛之中，與七曜等，斷無七曜皆動，而地獨静之理也。其言大氣舉之者，凡物動則風生，静則風息，地旋轉于本心九十五刻奇而一周，則大氣之環繞于天地，亦九十五刻奇而一周。使一刻不動，一刻無大氣，而地不能安于其所，惟地之動，終古不息，故大氣之旋，亦終古不息。而人物之附于地者，不見其動，但見其静也。其言風寒在下者，西法之冷際也；燥熱在上者，西法之火際也；温氣在中者，西法之温際也。寒性堅凝，風以動之，而太陽之火遊行其間，則化而爲温，水土之氣爲太陽所吸行，上至冷際，遂能升高爲卑，映小爲大，西人清蒙氣差，從此出矣。其言象之見者，星高于太陽，則距地遠而視若小，下于太陽，則距地近而視若天，五星以太陽爲心，古知之矣。其言西行北行東行南行者，春氣西行，則視日恒差而東；夏氣北行，則視日恒差而南；秋氣東行，則視日恒差而西；冬氣南行，則視日恒差而北：此高卑盈縮之理，即下者左行之説也。竊按《内經素問》與推步曆數相表裏者，尚不止此，而其文簡意賅，理奥趣深，直通造化之原，爲格致學之大者，則西人格致一學，其亦以此爲嚆矢也與？考西史，當周幽王時，羅馬人漢尼巴潛入中國，得《内經素問》諸書歸國，精心研究，十有餘年，醫名鵲起，各國人多受業焉。彼中穎悟之士，或即此書以旁通于推步曆數，未可知也。

力牧　太山稽

力牧、太山稽，皆黄帝時人也。黄帝精推步，則訪力牧、太山稽以治日月之行，律陰陽之氣，節四時之度，正律曆之數。《抱朴子・淮南覽冥訓》。

清・黄鍾駿《疇人傳四編》卷一　殷後續補遺二

巫咸

巫咸，殷大夫也，著《星經》一卷，載紫微垣星四座，共一十八星，中官星九座，共三十一星，外官星二十座，共九十五星。《乾象新書》。

論曰：自古星象，巫咸《星經》始著座數，與石申、甘德并稱三家。而常星圖象舍次悉備，後代言星象者咸宗之，或謂宣夜法即其所作。

清・黄鍾駿《疇人傳四編》卷一　周後續補遺三

管夷吾

管夷吾，字仲，齊大夫，相桓公，著《管子》八十六篇。其《地數篇》云：桓公問：「地數可得聞乎？」管子對曰：「地之東西二萬八千里，南北二萬六千里。」《管子》。

論曰：地球之度，上應周天，以今密率求之，得全周七萬二千里，置全周以求地心之徑，赤道徑爲二萬二千九百一十八里奇，二極徑爲二萬二千八百三十六里奇，二極徑略短，赤道徑略長，則地體固略帶橢圓形也。此云地數，蓋舉地心徑言之，東西二萬八千里，指赤道徑；南北二萬六千里，指二極徑，無奇零者，舉成數也。至南北較東西絀二千里者，大數同而小數異，古今尺里不同，難取準也。是管子固已知地爲球體與？

曾子

曾子，名參，字子輿，南武城人。單居離問于曾子曰：「天圓而地方，誠有之乎？」曾子曰：「天之所生者上首，地之所生者下首；上首謂之圓，下首謂之方。誠如天圓而地方，則是四角之不揜也。參嘗聞之，天道曰圓，地道曰方。」《大戴禮・天圓篇》。

論曰：方者地之道，圓者地之形，方指道言，則形非方矣。西方言水地合爲一球，而四面居人，其地度經緯正對者，兩處之人，以足相抵，此説固不自歐邏西域始也。

冉子

冉子，名求，字子有。孔子曰：「求也藝。」又曰冉求之藝，造有算書，名曰《幾何》。《論語》、《隨園隨筆》。

論曰：錢塘袁太史枚曰西洋有算書，名曰《幾何》，乃冉子所造，今在海外，而中國無之。蓋即今《幾何原本》，本冉子舊法，流傳海外，西人得之，出其精思，以成此書，猶之西人稱天元爲借根方，名曰阿爾熱八達，譯言東來法可證也。

計然

計然，名辛研，一名辛鈃，字文子，葵邱濮上人，范蠡之師也。因其善計算而精研，故名研，號曰計然。武康計籌山，因計然度地于此而得名。著有《計倪子》一篇，《文子》十二篇。范子《計然篇》、文子《纘義序》。

尹喜

尹喜，號文始先生，老子弟子也。仕周爲函谷關令，著《關尹子》。《内外傳》曰：「天地南午北子，相去九千萬里，東卯西酉，相去亦九千萬里，四隅空相去亦九千萬里，天地相去四千萬里，天有五億五千五百五十里，地亦如之，各以四海爲脉。」關尹子《内傳》。

論曰：以四海爲脉者，即西人以地球經緯求相距里差之法耳。後世本此增修，精益求精，密益求密，每嗤古率爲疏，不誠得魚而忘筌哉！

墨翟

墨翟，宋人也。仕宋爲大夫，著《墨子》十篇。其《經上篇》略曰：平，同高也。同，正以長相盡也。厚，有所大也。中，同長也。日中，正南也。直，參也。圜，一中同長也。方，柱隅四讙也。倍，爲二也。端，體之無序而最前者也。有間，中也。間，不及旁也。纑，間虚也。盈，莫不有也。又曰：同，重體合類。二，不體，不合，不類。同，異而俱之于一也。同異交得，放有無。其《經下篇》略曰：臨鑑而立，景到，多而若少，説在寡區。鑑立，量一小而易，一大而正，説在中之外内。鑑團，景一。不堅白；説在，荆之大，過午。景不從，説在改爲。一少于二，而多于五，説在建。住景二，説在重。非半弗斱，則不動，説在端。景到，在午有端與景長，説在端。景迎日，説在摶。景之小大，説在地正遠近。其《經説上篇》略曰：同，捷與狂之同長也，心中自往相若也。厚，惟無所大。圜，規寫交也。方，矩見股也。倍，二尺與尺，但去一。端，是無同也。有間，謂夾之者也。間，謂夾者也。尺，前于區穴，而後于端，不夾于端與區内。及，及非齊之及也。纑虚也者，兩木之間，謂其無木者也。盈，無盈無厚，于尺無所往而不得。其《經説下篇》略曰：景，光至景亡，若在，盡古息。景，二光夾一光，一光者景也。景，光之人煦若射。下者之人也高，高者之人也下。足蔽下光，故成景于上；首蔽上光，故成景于下。在遠近有端，與于光，故景㢓内也。景，日之光反燭人，則景在日與人之間。景，木柂，景短，大。木正，景長，小。大小于木，則景大于木，非獨小也。遠近臨正鑒，景寡，貌能白黑，遠近柂正，異于光鑒。景當俱就，去亦當俱，俱用北。鑒者之臭，于鑒無所不鑒。景之臭無數，而必過正。故同處，其體俱，然鑒分。鑒中之内，鑒者近中，則所鑒大，景亦大；遠中，則所鑒小，景亦小。而必正，起于中，緣正而長其直也。中之外，鑒者近中，則所鑒大，景亦大；遠中，則所鑒小，景亦小。而必易，合于中而長其直也。鑒，鑒者近，則所鑒大，景亦大；亦遠，所鑒小，景亦小。而必正，景過正。故招負衡木，加重焉而不撓，極勝重也。右校交繩，無加焉而撓，極不勝重也。衡加重于其一旁，必捶。權重相若也，相衡，則本短標長。兩加焉，重相若，則標必下，標得權也。挈，有力也；引，無力也。不正，所挈之止于柂也。繩制挈之也，若以錐刺之。挈，長重者下，短輕者上。上者愈得，下下者愈亡。繩直權重相若，則正矣。收，上者愈喪，下者愈得。上者權重盡，則遂挈。兩輪高，兩輪爲輲，車梯也。重其前，弦其前。載弦其前，載弦其軲，而縣重于其前。是梯，挈且挈則行。凡重，上弗挈，下弗收，旁弗劫，則下直。柂，或害之也。流，梯者不得流，直也。今也廢尺于平地，重不下，無跨也。若夫繩之引軲也，是猶自舟中引横也。倚倍拒堅，䠶倚焉則不正，誰并石纍石耳。夾寢者，法也。方石去地尺，關石于其下，縣絲于其上，使適至方石，不下，柱也。膠絲去石，挈也，絲絶。又曰：均，髮均縣，輕重而髮絶，不均也。均，其絶也莫絶。《墨子》。

論曰：南海鄒徵君伯奇曰，梅勿菴言，和仲宅西，疇人子弟，散處西域，遂爲西法之所本，伯奇則謂，西人天學，未必本之和仲，然盡其伎倆，猶不出《墨子》範圍。《墨子·經上篇》云：圜，一中同長也。即幾何言圜面惟一心，圜界距心皆等之意。又云：同，重體合類。二二，不體，不合，不類。同，異而俱之于一也。同異交得，放有無。此比例規更體更面之意也。又曰：日中，正南也。又《經下篇》云：景迎日，景之大小，説在地。亦即表度説景之理。此《墨子》俱西洋數學也。西人精于制器，其所恃以爲巧者，數學之外有重學視學。重學能舉重若輕，見鄧玉函《奇器圖説》，亦見《墨子·經説下篇》「招負衡木」一段，升重法也；「兩輪高」一段，轉重法也。視學者顯微爲著，視遠爲近，詳湯若望《遠鏡説》。然其機要亦《墨子·經下篇》「臨鑑而立，一小易一大而正」數語，及《經説下篇》「景光」至「遠近臨正鑑」三段，足以賅之。番禺陳京卿澧曰：《墨子》書中有中西算法，南海鄒徵君伯奇已言之。如《經上篇》云：平同高也，即《海島算經》兩表，齊高也，參直也，即《海島算經》後表，與前表參相直也，纑間虚也。説云纑虚也者，兩木之間，謂其無木者也。《九章算術》劉徽註，廣從相乘曰穽，即所謂纑也。又有與西人點綫面體之説相合者，如云，端體之無序而最前者也，此所謂端，即西人所謂點也；體之無序，即所謂綫也。序如東西序之序，猶言兩旁也。《幾何原本》云，綫有長無廣，即所謂無序也，謂無兩旁也。《幾何》又云，綫之界是點，即此所謂最前也。又有與西人夾角之説合者，如云，有間中也，間不及旁也。説云，有間謂夾之者也，間謂夾者也。《幾何原本》云，直綫相遇作爲直綫角，在直綫界中之形爲直形綫，皆此所謂有間也，綫與界夾之也。又有與西人論圜合者，如云，中同長也；説云，心中自往相若也，圜一中同長也。《幾何原本》云，圜之中處爲圜心，一圜惟一心，無二心，圜界中心作直綫俱等，即此所謂同長也。西人重學，是算學中最有實用者，《墨子·經下篇》已略言之。如云挈有力也，引無

力也，即西人起重之法。西人窪鏡突鏡，俱本算法，《墨子》亦略言之。如臨鑑而立，景到即影倒，字謂窪境也。又云，足蔽下光，故成景于上；首蔽上光，故成景于下，此解窪鏡照人景倒之故也。又云，鑑者近中則所鑑大，景亦大；遠中則所鑑小，景亦小，即此所謂突境也。西人制鏡之巧，不過窪、突二法而已，而其源皆出于算學，墨子固已先知之矣。而鄒氏之專言光學者，并有《格術補》一書，湘陰殷氏爲之箋，亦多引《墨子經説》以附會之。至于均髮均縣等語，即西人金錢雞毛之喻；一少于二，非半弗斱等語，爲重學之祖；臨鑑立景等語，爲光學之祖；圜，一中同長。方，柱隅四讙。圜，規寫攴，方，柱見股，爲八觚割圜句股重。其前弦其軲等語，爲三角八綫。亦略見湘陰張氏《瀛海論》，與鄒氏説可相印證。

竊按，算學實用，猶在制器，而其效莫切于戰守。《墨子》書中稱公輸子爲木鳶，飛三日不下，而翟之爲車轄也須臾，劉三寸之木，而任五石之重。又言公輸般爲雲梯之械以攻宋，墨子見之，乃解帶爲城，以牒爲械。般設攻城之具，機變者九，而墨子設備九距之，般之攻械幾盡，而墨乏守禦有餘。是墨子之機巧，已足與公輸相頡頏。則讀《墨子》「魯問」「公輸」及「備城門」以下諸篇，謂西人機器兵法車船礮械之學，其源出于《墨子》也可。此外若化徵之理，合類義，旁行之書，尊天明鬼之旨，觸類旁通，謂西人格致政教諸學，其源皆出于《墨子》也亦可。

惠施

惠施，亦作魏斯，梁相也，著《惠子》一篇。嘗曰：至大無外謂之大一，至小無内謂之小一。天與地卑，山與澤平。日方中方睨，物方生方死。大同而與小同，此之謂小同異。萬物畢同畢異，比之謂大同異。南方無窮而有窮，今日適越而昔來，連環可解也。我知天之中，地之中央，燕之北、越之南是也，況愛萬物天地一體也。《莊子》。

論曰：地爲球體，聞者每驚奇而駭異，不知古書已屢言之。惠子所謂天與地卑者，即地繞日而行，則地之上下左右無非天也；山與澤平者，即地半徑萬一千餘里，而山之最高與海之最深者，皆不過十五里，約爲地半徑七百分之一，故覺山與澤平也。我知天之中、地之中央、燕之北、越之南者，即地形橢圓，其長半徑之中在北極下，則燕之北也；其短半徑之中在赤道下，則越之南也。觀于此，而知源之出于中國，益信然矣。

孟子

孟子，名軻，字子輿，鄒人也。《孟子》曰：天之高也，星辰之遠也，苟求其故，千歲之日至，可坐而致也。又嘗持籌而算之，萬不失一。《孟子》、枚乘《七發》。

論曰：歙縣淩教授廷堪曰，古之儒者通天地人，後之儒者鑿空談理而已，故驟聞西説，或以爲創獲而驚之，或以爲異學而排之，而究皆非也。西人之説，徵之《虞書》、《周髀》而悉合，自當兼收并採，以輔吾之所未逮。不可陰用其説而陽斥之，則排爲異端，亦已過也。古書雖不盡傳，就其存者而推之，《虞書》、《周髀》而外，《孟子》數言，尤其顯而易見。蓋天者即西人所謂宗動天也，星辰者即西人所謂恒星天也。宗動天盡晝夜一周，在恒星天之上，此天以南北極爲樞，以赤道爲中，圜挈七政，并恒星而左旋。恒星如七政，在本天循黄道而右旋，而歲差生焉。《孟子》此言，爲歲差而發，非徒日至也。夫日至者，起算之端，即每年歲實之一周，雖小餘有強弱之殊，卑行有前後之異，而皆與星辰無涉。況歲若定則平，冬至固年年不變，何難坐致之？有所難知者，日至歲與星辰不同耳。欲求日至與歲歲星辰不同，非即以宗動天與恒星相較，則無以得其端倪。故曰：苟求其故，千歲之日至，可坐而致也。而謂宗動天出自西人，豈篤論哉。

尸佼

尸佼，晉人，秦相衛鞅客也，著有《尸子》二卷。嘗曰：晝動而夜息者，天道也。八極之内有君長者，地東西二萬八千里，南北二萬六千里，故曰天左舒而起牽牛，地右闢而起畢昴。《尸子》。

論曰：地動之説，西人哥白尼始創言之。其後白拉里測得星光之差，律德測得赤道之吸力小于兩極，地動益有確據，而推步諸家遂奉西人之説以爲準的，不知我中土古人已言及之。《尸子》數言，固顯而易見者。

石申　甘德

石申，魏人，一作石申夫，著《渾天圖》及《星經》二卷、《星經簿讚》二卷。甘德，齊人，著《星經》一卷。與殷之巫咸并稱三家。計石申列舍星二十八座，共一百六十六星；中官星五十四座，共三百一十八星；外官星三十八座，共三百七十一星；紫微垣星一十二座，共五十四星。甘德中官星五十九座，共二百一星；外官星三十九座，共二百九星；紫微垣星二十座，共一百一星。《隋·經籍志》、《天文志》、《乾象新書》。

論曰：渾天造自顓頊，石申始創爲圖，洛下閎營之，鮮于妄人度之，耿壽昌

鑄銅爲儀，蓋本諸此。

屈原

屈原，又名平，號靈均，仕楚爲三閭大夫，著《離騷經》，有《天問》、《九章》、《九歌》等篇。其《天問篇》曰：圜則九重，孰營度之？惟兹何功，孰初作之？又曰：南北順橢，其循幾何。《離騷・天問篇》。

論曰：天有九重，七政運行，各一其法，此後世西人之説也，而古人已先言之矣。何謂九重？曰：最上爲宗動天，無星辰，每日帶各重天自東而西左旋一周。次曰恒星天，次曰填星天，次曰歲星天，次曰太陽天，次曰熒惑天，次曰金星天，次曰水星天，最下曰太陰天。次恒星天以下八重，皆隨宗動天左旋，然各天皆有右行之度，自西而東，與蟻行磨上之喻相符。又況南北順橢，與西人橢圓之法更相合乎，則西人之説，誠不背于古而有合于天也。

清・黄鍾駿《疇人傳四編》卷一　秦後續補遺四

吕不韋

吕不韋，陽翟人也。始皇以爲相國，封文信侯，號仲父。嘗著《吕氏春秋》，懸之國門，有能增損一字者賞之。其書紀中星最詳，曰：孟春之月，日在營室，昏參中，旦尾中；仲春之月，日在奎，昏弧中，旦建星中；季春之月，日在胃，昏七星中，旦牽牛中。孟夏之月，日在畢，昏翼中，旦婺女中；仲夏之月，日在東井，昏亢中，旦危中；季夏之月，日在柳，昏心中，旦奎中。孟秋之月，日在翼，昏斗中，旦畢中；仲秋之月，日在角，昏牽牛中，旦觜觿中；季秋之月，日在房，昏虚中，旦柳中。孟冬之月，日在尾，昏危中，旦七星中；仲冬之月，日在斗，昏東壁中，旦軫中；季冬之月，日在婺女，昏婁中，旦氐中。又斷取近距，以始皇元年乙卯歲正月朔日立春爲上元。《吕氏春秋》。

論曰：唐僧一行曰，湯作殷曆，以十一月甲子合朔冬至爲上元，周人因之，距羲和千祀，昏明中星率差半次。夏時直月節當十有二中，故因循夏令。其後不韋得之，以爲秦法。更考中星，斷取近距，以乙卯歲正月朔立春爲上元。《洪範傳》曰：曆記始于顓頊，上元太始閼蒙攝提格之歲，畢陬之月，朔日己巳立春，七曜俱在營室五度是也。蓋自唐虞考中星者莫詳于此，則吕氏一書，其中星之權輿也與。

紀事

《尚書・堯典》　乃命羲和，欽若昊天，曆象日月星辰，敬授人時。分命羲仲，宅嵎夷，曰暘谷，寅賓出日，平秩東作。日中，星鳥，以殷仲春。厥民析，鳥獸孳尾。申命羲叔，宅南交，平秩南訛，敬致。日永，星火，以正仲夏。厥民因，鳥獸希革。分命和仲，宅西，曰昧谷，寅餞納日，平秩西成。宵中，星虚，以殷仲秋。厥民夷，鳥獸毛毨。申命和叔，宅朔方，曰幽都，平在朔易。日短，星昴，以正仲冬。厥民隩，鳥獸氄毛。帝曰：諮！汝羲暨和，朞三百有六旬有六日，以閏月定四時，成歲。允釐百工，庶績咸熙。（孔安國傳）重黎之後，羲氏、和氏世掌天地四時之官。

《尚書・咸有一德》　伊陟相大戊，亳有祥桑穀共生于朝，伊陟贊于巫咸，作《咸乂》四篇。

《尚書・君奭》　在太戊時，則有若伊陟、臣扈，格于上帝，巫咸乂王家。

《尚書・吕刑》　皇帝哀矜庶戮之不辜，報虐以威，遏絶苗民，無世在下，乃命重、黎，絶地天通，罔有降格。（孔安國傳）重即羲，黎即和，堯命羲、和世掌天地四時之官，使人神不擾，各得其序，是謂絶地天通。言天神無有降地，地祇不至於天，明不相干。

《左傳・僖公十五年》　且史佚有言曰：無始禍，無怙亂，無重怒。

《左傳・文公十五年》　史佚有言曰：兄弟致美。救乏，賀善，弔災，祭敬，喪哀，情雖不同，毋絶其愛，親之道也。

《左傳・宣公十二年》　君子曰：史佚所謂毋怙亂者，謂是類也。

《左傳・成公四年》　《史佚之志》有之曰：非我族類，其心必異。

《左傳・襄公二十八年》　裨竈曰：今兹周王及楚子皆將死。歲棄其次而旅于明年之次，以害鳥帑。

《左傳・襄公三十年》　於是歲在降婁，降婁中而旦。裨竈指之曰：猶可以終歲，歲不及此次也已。及其亡也，歲在娵訾之口。其明年乃及降婁。

《左傳·昭公元年》 史佚有言曰：非羈何忌？

《左傳·昭公九年》 夏四月，陳災。鄭裨竈曰：五年，陳將複封，封五十二年而遂亡。子產問其故。對曰：陳，水屬也，火，水妃也，而楚所相也。今火出而火陳，逐楚而建陳也。妃以五成，故曰五年。歲五及鶉火，而後陳卒亡，楚克有之，天之道也，故曰五十二年。

《左傳·昭公十年》 十年春，王正月，有星出於婺女。鄭裨竈言於子產曰：七月戊子，晉君將死。今茲歲在顓頊之虛，姜氏、任氏實守其地。居其維首，而有妖星焉，告邑姜也。邑姜，晉之妣也。

《左傳·昭公十一年》 景王問於萇弘曰：今茲諸侯，何實吉？何實凶？對曰：蔡凶。此蔡侯般弑其君之歲也。歲在豕韋，弗過此矣。楚將有之，然壅也。歲及大梁，蔡複，楚凶。天之道也。

《左傳·昭公十二年》 王曰：昔我皇祖伯父昆吾，舊許是宅。

《左傳·昭公十七年》 萇弘謂劉子曰：客容猛，非祭也，其伐戎乎？陸渾氏甚睦於楚，必是故也。君其備之。

又 冬，有星孛於大辰。【略】鄭裨竈言於子產曰：宋、衛、陳、鄭將同日火。若我用瓘斝玉瓚，鄭必不火。子產弗與。

《左傳·昭公十八年》 十八年春，王二月乙卯，周毛得殺毛伯過而代之。萇弘曰：毛傳必亡。是昆吾稔之日也。侈故之以，而毛得以濟侈于王都，不亡何待？

又 宋、衛、陳、鄭皆火。【略】裨竈曰：不用吾言，鄭又將火。鄭人請用之。子產不可。子大叔曰：寶，以保民也。若有火，國幾亡。可以救亡，子何愛焉？子產曰：天道遠，人道邇，非所及也，何以知之。竈焉知天道？是亦多言矣，豈亦或信？遂不與，亦不復火。

《左傳·昭公二十三年》 萇弘謂劉文公曰：君其勉之，先君之力可濟也。周之亡也，其三川震。今西王之大臣亦震，天棄之矣。東王必大克。

《左傳·昭公二十四年》 劉子謂萇弘曰：甘氏又往矣。對曰：何害，同德度義。《大誓》曰：「紂有億兆夷人，亦有離德。余有亂臣十人，同心同德。」此周所以興也。君其務德，無患無人。

《左傳·定公元年》 晉女叔寬曰：周萇弘、齊高張皆將不免。萇叔違天，高子違人。天之所壞，不可支也；衆之所爲，不可奸也。

《左傳·定公四年》 衛侯使祝佗私於萇弘曰：聞諸道路，不知信否？若聞蔡將先衛，信乎？萇弘曰：信。蔡叔，康叔之兄也，先衛，不亦可乎？子魚曰：以先王觀之，則尚德也。【略】吾子欲復文、武之略，而不正其德，將如之何？萇弘說，告劉子，與范獻子謀之，乃長衛侯於盟。

《左傳·哀公三年》 六月癸卯，周人殺萇弘。

《左傳·哀公十七年》 衛侯夢於北宮，見人登昆吾之觀，被發北面而譟曰：登此昆吾之虛，綿綿生之瓜。

《國語·周語下》 昔史佚有言曰：動莫若敬，居莫若儉，德莫若讓，事莫若諮。

《國語·楚語下》 及少皞之衰也，九黎亂德，民神雜糅，不可方物。夫人作享，家爲巫史，無有要質。民匱於祀，而不知其福。烝享無度，民神同位。民瀆齊盟，無有嚴威。神狎民則，不蠲其爲。嘉生不降，無物以享。禍災薦臻，莫盡其氣。顓頊受之，乃命南正重司天以屬神，命火正黎司地以屬民，使復舊常，無相侵瀆，是謂絶天地通。其後，三苗複九黎之德，堯複育重、黎之後，不忘舊者，使複典之。以至於夏商，故重、黎氏世敘天地，而別其分主者也。其在周，程伯、休父其後也。當宣王時，失其官守，而爲司馬氏。寵神其祖，以取威於民曰：重寔上天，黎寔下地。（韋昭注）紹育重、黎之後，使複典天地之官，羲氏、和氏是也。

《山海經·海外東經》 帝命豎亥步自東極，至於西極，五億十選九千八百步。豎亥右手把算，左手指青邱北。一曰禹令豎亥。一曰五億十萬九千八百步。

《山海經·大荒南經》 東南海之外，甘水之間，有羲和之國，有女子名曰羲和，方浴日於甘淵。羲和者，帝俊之妻，生十日。（郭璞注）羲和，蓋天地始生，主日月者也。故《啟筮》曰：空桑之蒼蒼，八極之既張，乃有夫羲和，是主日月，職出入，以爲晦明。又曰：瞻彼上天，一明一晦，有夫羲和之子，出於暘谷。故堯因此而立羲和之官，以主四時，其後世遂爲此國。作日月之象而掌之，沐浴運轉之於甘水中，以効其出入暘谷虞淵也，所謂世不失職耳。

《山海經·大荒西經》 大荒之中有龍山，日月所入。有三澤水，名曰三淖，昆吾之所食也。

又 大荒之中，有山名日月山，天樞也。吴姖天門，日月所入。【略】顓頊生老童，老童生重及黎，帝令重獻上天，令黎邛下地，下地是生噎，處於西極，以行日月星辰之行次。

《周髀算經》卷上　昔者周公問於商高曰：竊聞乎大夫善數也。周公姓姬名旦，武王之弟。商高，周時賢大夫，善算者也。周公位居冢宰，德則至高尚，自卑已以自牧，下學而上達，況其凡乎。

請問古者包犧立周天曆度。包犧，三皇之一，始畫八卦，以商高善數，能通乎微妙，達乎無方，無大不綜，無幽不顯，聞包犧立周天曆度，運章蔀之法。《易》曰：古者包犧氏之王天下也。仰則觀象於天，俯則觀法於地，此之謂也。

夫天不可階而升，地不可將尺寸而度。邈乎懸廣無階可升，蕩乎遐遠無度可量。

請問數安從出？心昧其機，請問其目。

商高曰：數之法出於圓方。圓徑一而周三，方徑一而匝四，伸圓之周而爲勾，展方之匝而爲股，共結一角，邪適弦五政。圓方邪徑相通之率，故曰數之法出於圓方。圓方者，天地之形，陰陽之數，然則周公之所問天地也。是以商高陳圓方之形，以見其象，因奇耦之數，以制其法，所謂言約旨遠微妙幽通矣。

圓出於方，方出於矩。圓規之數理之以方，方周匝也，方正之物出之以矩，矩廣長也。

矩出於九九八十一。推圓方之率，通廣長之數，當須乘除以計之，九九者乘除之原也。

故折矩。故者申事之辭也，將爲勾股之率，故曰折矩也。

以爲勾廣三，廣圓之周橫者，謂之廣勾，亦廣廣短也。

股修四，應方之匝從者，謂之修股，亦修修長也。

徑隅五。自然相應之率，徑直隅角也，亦謂之弦。

既方之外，半其一矩。勾股之法，先知二數，然後推一，見勾股，然後求弦，先各自乘成其實，實成勢化，外乃變通，故曰既方其外，或并勾股之實，以求弦實之中，乃求勾股之分，并實不正等，更相取與，互有所得，故曰半其一矩。其術勾股，各自乘，三三如九，四四一十六，并爲弦自乘之實，二十五減勾於弦，爲股之實一十六，減股於弦爲勾之實九。

環而共盤，得成三四五。盤讀如盤桓之盤，言取而并減之，積環屈而共盤之，謂開方除之其一面，故曰得成三四五也。

兩矩共長二十有五，是謂積矩。兩矩者，勾股各自乘之實，共長者，并實之數，將以施於萬事，而此先陳其率也。

故禹之所以治天下者，此數之所生也。禹治洪水，決流江河，望山川之形，定高下之勢，除滔天之災，釋昏墊之厄，使東注於海，而無浸溺，乃勾股之所由生也。【略】即所求股四勾三也，鸞云：以廣三減弦五，即所求差二者，此錯也。

周公曰：大哉言數。心達數術之意，故發大哉之數。

請問用矩之道。謂用表之宜，測望之法。

商高曰：平矩以正繩，以求繩之正，定平懸之體，將欲慎毫釐之差，防千里之失。

偃矩以望高，覆矩以測深，臥矩以知遠。言施用無方曲，從其事術在九章。

環矩以爲圓，合矩以爲方。既以追尋情理，又可造製圓方，言矩之於物，無所不至。

方屬地，圓屬天，天圓地方。物有圓方，數有奇耦。天動爲圓，其數奇，地靜爲方，其數耦，此配陰陽之義，非實天地之體也。天不可窮而見，地不可盡而觀，豈能定其圓方乎。又曰：北極之下高人所居六萬里，滂沲四隤而下，天之中央，亦高四旁六萬里，是爲形狀同歸，而不殊塗，隆高齊耽而易以陳，故曰天似蓋笠，地法覆槃。

方數爲典，以方出圓，夫體方則度影正，形圓則審實難。蓋方者有常，而圓者多變，故當制法而理之，理之法者，半周半徑相乘，則得方矣。又可周徑相乘四而一，又可徑自乘三之四而一，又可周自乘十二而一，故圓出於方。

笠以寫天。笠亦如蓋，其形正圓，戴之所以象天寫猶象也。言笠之體象天之形。詩云：何簑，何笠，此之義也。

天青黑，地黄赤，天數之爲笠也。青黑爲表，丹黄爲裏，以象天地之位。既象其形，又法其位，言相方類，不亦似乎。

是故知地者智，知天者聖。言天之高大，地之廣遠，自非聖智，其孰能與於此乎。

智出於勾，勾亦影也，察勾之損益，加物之高遠，故曰智出於勾。

勾出於矩，矩謂之表，表不移，亦爲勾，爲勾將正，故曰勾出於矩焉。

夫矩之於數，其裁制萬物，唯所爲耳。言包含幾微轉通，旋環也。

周公曰：善哉。善哉言明曉之意，所謂問一事而萬事達。

昔者榮方問於陳子，榮方、陳子，是周公之後人，非周髀之本文。然此二人共相解釋，後之學者，謂之章句，因從其類，列於事下，又欲尊而遠之故，云昔者時世，官號未之前聞。

曰：今者竊聞夫子之道，榮方問陳子，能述商高之旨，明周公之道。

知日之高大，日去地與圓徑之術。

光之所照，日旁照之所及也。

一日所行日行天之度也。

遠近之數。冬至、夏至，去人之遠近也。

人所望見人目之所極也。

四極之窮，日光之所遠也。

列星之宿，二十八宿之度也。

天地之廣袤，袤，長也，東西南北，謂之廣長。

夫子之道皆能知之。其信有之乎？而明察之，故不昧不疑。

陳子曰：然。言可知也。

榮方曰：方雖不省，願夫子幸而說之。欲以不省之情，而觀大雅之法。

今若方者，可教此道邪？不能自料，訪之賢者。

陳子曰：然。言可教也。

此皆算術之所及。言周髀之法，出於算術之妙也。

子之於算，足以知此矣。若誠累思之。累重也，言若誠能重累思之，則達至微之理。

於是榮方歸而思之，數日不能得。雖潛心馳思，而才單智竭。

復見陳子曰：方思之不能得，敢請問之。陳子曰：思之未熟。熟，猶善也。

此亦望遠起高之術，而子不能得，則子之於數，未能通類。定高遠者，立兩表，望懸邈者，施累矩，言未能通類，求勾股之意。

是智有所不及，而神有所窮。言不能通類，是情智有所不及，而神思有所窮滯。

夫道術言約而用博者，智類之明。夫道術，聖人之所以極深，而研幾唯深也，故能通天下之志，唯幾也，故能成天下之務。是以其言約其旨遠，故曰智類之明也。

問一類而萬事達者，謂之知道。引而伸之，觸類而長之，天下之能，事畢矣，故謂之知道也。

今子所學。欲知天地之數。

算數之術，是用智矣，而尚有所難，是子之智類單。算術所包，尚以爲難，是子智類單盡。

夫道術，所以難通者，既學矣，患其不博。不能廣博。

既博矣，患其不習。不能究習。

既習矣，患其不能知。不能知類。

故同術相學，術教同者，則當學通類之意。

同事相觀，事類同者，觀其旨趣之類。

此列士之愚智，列猶別也，言視其術，鑒其學，則愚智者別矣。

賢不肖之所分。賢者，達於事物之理，不肖者，闇於照察之情。至於役神、馳思、聰明殊別矣。

是故能類以合類，此賢者業精習智之質也。學其倫類，觀其指歸，唯賢智精習者能之也。

夫學同業，而不能入神者，此不肖無智，而業不能精習。俱學道術明不察，不能以類合類，而長之此。心遊目蕩，義不入神也。

是故算不能精習，吾豈以道隱子哉，固復熟思之。凡教之道，不憤不啓，不悱不發，憤而悱之，然後啓發。既不精思，又不學習，故言吾無隱也。爾固復熟思之，舉一隅使反之以三也。

榮方復歸思之數日，不能得，復見陳子曰：方思之以精熟矣，智有所不及，而神有所窮，知不能得，願終請說之。自知不敏，避席而請說之。

陳子曰：復坐，吾語汝。於是榮方復坐而請。陳子說之曰：夏至南萬六千里，冬至南十三萬五千里。日中立竿測影。臣鸞曰：南戴日下立八尺表，表彰千里而差一寸，是則天上一寸，地下千里，今夏至影有一尺六寸，故其萬六千里，冬至影一丈三尺五寸，則知其十三萬五千里。

此一者，天道之數。言天道數一悉以如此。

周髀長八尺，夏至之日晷一尺六寸。晷影也，此數望之，從周城之南千里也，而周官測影尺有五寸，蓋出周城南千里也。記云：神州之土，方五千里，雖差一寸，不出畿地之分，先王知之實，故建王國。

髀者，股也。正晷者，勾也。以髀爲股，以影爲勾，股定然後可以度日之高遠。正晷者，日中之時節也。

正南千里，勾一尺五寸。正北千里，勾一尺七寸。候其影，使表相去二千里，影差二寸，將求日之高遠，故先見其表影之率。

日益表南，晷日益長。候勾六尺，候其影，使長六尺者，欲令勾股相應，勾三股四弦五，勾六股八弦十。

即取竹空徑一寸，長八尺，捕影而視之，空正掩日，以徑寸之空，視日之影，髀長則大，矩短則小。正滿八尺也。捕猶索也，掩猶覆也。

而日應空之孔。掩若重規，更言八尺者，舉其定也，又曰近則大，遠則小，以影六尺爲正。

由此觀之，率八十寸而得徑一寸。以此爲日髀之率。

故以勾爲首，以髀爲股。首猶始也，股猶末也，勾能制物之率，股能制勾之正，欲以爲總見之數，立精理之本，明可以周萬事，智可以達無方，所謂智出於勾，勾出於矩也。

從髀至日下六萬里，而髀無影，從此以上至日則八萬里。之爲六十寸，以兩表相去二千里，乘得十二萬里爲實，以影差二寸爲法，除之得日底地去表六萬里，求從髀至日八萬里者，先置表高八尺，上十之爲八十寸，以兩表相去二千里，乘之得十六萬爲實，以影差二

寸爲法，除之得從表端上至日八萬里也。

若求邪至日者，以日下爲勾，日高爲股，勾股各自乘并，而開方除之，得邪至日。從髀所旁至日所十萬里。旁，此古邪字，求其數之術。曰：以表南至日下六萬里爲勾，以日高八萬里爲股，爲之求弦，勾股各自乘。并，而開方除之，即邪至日之所也。臣鸞曰：求從髀邪至日所法，先置南至日底六萬里爲勾，重張自乘得三十六億爲勾實，更置日高八萬里爲股，重張自乘得六十四億爲股實，并勾股實得一百億爲實，如法而一，即得日徑。

故曰：日晷徑千二百五十里。臣鸞曰：求以率八十里，得徑一里，十萬里得徑千二百五十里。法先置竹孔徑一寸爲十里爲勾，更置邪去日十萬里爲股，以勾十里乘股十萬里，得一億爲實，更置日去地八萬里爲法，除實得日晷徑千二百五十里，故云日晷徑也。【略】

法曰：周髀長八尺，勾之損益寸千里。勾謂影也，言懸天之影，薄地之儀，皆千里而差一寸。

故曰：極者，天廣袤也。言極之遠近有定，則天廣長可知。

今立表高八尺以望極，其勾一丈三寸。由此觀之，則從周北十萬三千里而至極下。謂冬至日加卯酉之時，若春秋分之夜半，極南兩旁與天中齊，故以爲周去天中之數。

榮方曰：周髀者何？陳子曰：古時天子治周，古時天子，謂周成王時，以治周居王城，故曰昔先王之經邑，奄觀九隩，靡地不營，土圭測影，不縮不盈，當風雨之所交，然後可以建王城，此之謂也。

此數望之從周，故曰周髀。言周都河南爲四方之中，故以爲望主也。

髀者，表也。用其行事，故曰髀。由此捕望，故曰表。影爲勾，故曰勾股也。

日夏至南萬六千里，日冬至南十三萬五千里，日中無影。以此觀之，從南至夏至之日中，十一萬九千里。諸言極者，斥天之中，極去周十萬三千里，亦謂極與天中齊，時更加南萬六千里是也。

北至其夜半亦然。日極在極北，正等也。

凡徑二十三萬八千里。并南北之數也。

此夏至日道之徑也。其徑者，圓中之直者也。

其周七十一萬四千里。周匝也，謂天戴日行，其數以三乘徑。臣鸞曰：求夏至日道徑法，列夏至日去天中心十一萬九千里，夏至夜一日亦去天中心十一萬九千里，并之得夏至日道徑二十三萬八千里，三乘徑得周七十一萬四千里也。

從夏至之日中至冬至之日中，十一萬九千里。冬至日中去周十三萬五千里，除夏至日中去周一萬六千里是也。

北至極下亦然，則從極南至冬至之日中二十三萬八千里，從極北至其夜半亦然，凡徑四十七萬六千里。此冬至日道徑也，其周百四十二萬八千里。從春秋分之日中北至極下十七萬八千五百里。【略】

從極下北至其夜半亦然，凡徑三十五萬七千里，周一百七萬一千里。故日月之道常，緣宿日道亦與宿正。內衡之南，外衡之北，圓而成規，以爲黃道。二十八宿列焉，日之行也，一出一入，或表或裏，五月二十三分，月之二十一道，一交謂之合朔，交會及月蝕，相去之數，故曰緣宿也。日行黃道，以宿爲正，故曰宿正。於中衡之數，與黃道等。【略】

南至夏至之日中，北至冬至之夜半，南至冬至之日中，北至夏至之夜半，亦徑三十五萬七千里，周一百七萬一千里。此皆黃道之數，與中衡等。

春分之日夜分，以至秋分之日夜分，極下常有日光。春秋分者，晝夜等，春分至秋分，日內近極，故日光照及也。

秋分之日夜分，以至春分之日夜分，極下常無日光。秋分至春分，日外遠極，故日光照不及也。

故春秋分之日夜分之時，日所照適至極，陰陽之分等也。冬至夏至者，日道發斂之所生也，至晝夜長短之所極。發猶往也，斂猶還也，極終也。

春秋分者，陰陽之修，晝夜之象。修長也，言陰陽長短之等。

《竹書紀年》卷上 元年丙子，帝即位居冀，命羲和曆象。

又 五年秋九月庚戌朔日有食之，命胤侯帥師征羲和。

《呂氏春秋·孟春紀·正月紀》 一曰孟春之月日在營室。【略】先立春三日，太史謁之天子曰：「某日立春，盛德在木。」【略】迺命太史守典奉法司天日月星辰之行，宿離不忒，無失經紀，以初爲常。

《呂氏春秋·季夏·制樂》 宋景公之時，熒惑在心。公懼，召子韋而問焉，曰：「熒惑在心，何也？」子韋曰：「熒惑者，天罰也；心者，宋之分野也；禍當於君。雖然，可移於宰相。」公曰：「宰相所與治國家也，而移死焉，不祥。」子韋曰：「可移於民。」公曰：「民死，寡人將誰爲君乎？寧獨死。」子韋曰：「可移於歲。」公曰：「歲害則民饑，民饑必死。爲人君而殺其民以自活也，其誰以我爲君乎？是寡人之命固盡已，子無復言矣。」子韋還走，北面載拜曰：「臣敢賀君。天之處高而聽卑。君有至德之言三，天必三賞君。今夕熒惑其徙三舍，君延年二十一歲。」公曰：「子何以知之？」對曰：「有三善言，必有三賞。熒惑有三徙舍，舍行七星，星一徙當七年，三七二十一，臣故曰君延年二十一歲矣。臣請伏於陛

下以伺候之。熒惑不徙，臣請死。」公曰：「可。」是夕熒惑果徙三舍。

漢·劉安《淮南子·泛論訓》 昔者萇弘，周室之執數者也。天地之氣，日月之行，風雨之變，律曆之數，無所不通，然而不能自知，車裂而死。

漢·司馬遷《史記》卷一《五帝本紀》 乃命羲、和，敬順昊天，數法日月星辰，敬授民時。分命羲仲，居郁夷，曰暘谷。敬道日出，便程東作。日中，星鳥，以殷中春。其民析，鳥獸字微。申命羲叔，居南交。便程南爲，敬致。日永，星火，以正中夏。其民因，鳥獸希革。申命和仲，居西土，曰昧谷。敬道日入，便程西成。夜中，星虛，以正中秋。其民夷易，鳥獸毛毨。申命和叔，居北方，曰幽都。便在伏物。日短，星昴，以正中冬。其民燠，鳥獸氄毛。歲三百六十六日，以閏月正四時。信飭百官，衆功皆興。

漢·司馬遷《史記》卷三《殷本紀》 帝雍已崩，弟太戊立，是爲帝太戊。帝太戊立伊陟爲相。亳有祥桑穀共生於朝，一暮大拱。帝太戊懼，問伊陟。伊陟曰：「臣聞妖不勝德，帝之政其有闕與？帝其修德。」太戊從之，而祥桑枯死而去。伊陟贊言于巫咸。巫咸治王家有成，作《咸艾》，作《太戊》。帝太戊贊伊陟于廟，言弗臣，伊陟讓，作《原命》。殷復興，諸侯歸之，故稱中宗。

漢·司馬遷《史記》卷四《周本紀》 （武王）命南宮括、史佚展九鼎保玉。

漢·司馬遷《史記》卷二四《樂書》 子曰：唯丘之聞諸萇弘，亦若吾子之言是也。《集解》鄭玄曰：萇弘，周大夫。《索隱》「大戴禮」云：孔子適周，訪禮於老聃，學樂於萇弘是也。

漢·司馬遷《史記》卷二七《天官書》 故甘、石曆五星法，唯獨熒惑有反逆行；逆行所守，及他星逆行，日月薄蝕，皆以爲占。

漢·司馬遷《史記》卷二八《封禪書》 伊陟贊巫咸，巫咸之興自此始。《索隱》：《尚書》「伊陟贊于巫咸」。孔安國云：贊，告也。巫咸，臣名。今此云：「巫咸之興自此始」，則以巫咸爲巫覡。然《楚辭》亦以巫咸主神。蓋太史以巫咸是殷臣，以巫接神事，太戊使禳桑穀之災，所以伊陟贊巫咸，故云巫咸之興自此始也。

又 是時萇弘以方事周靈王。諸侯莫朝周，周力少，萇弘乃明鬼神事，設射《狸首》。《狸首》者，諸侯之不來者，依物怪，欲以致諸侯。諸侯不從，而晉人執殺萇弘。周人之言方怪者自萇弘。

漢·司馬遷《史記》卷三二《齊太公世家》 史佚策祝，以告神討紂之罪。

漢·司馬遷《史記》卷三四《燕召公世家》 其在成王時，召公爲三公：自陝以西，召公主之；自陝以東，周公主之。成王既幼，周公攝政，當國踐祚，召公疑之，作《君奭》。《君奭》不說周公。周公乃稱「湯時有伊尹，假于皇天；在太戊時，則有若伊陟、臣扈，假于上帝，巫咸治王家；在祖乙時，則有若巫賢；在武丁時，則有若甘般：率維茲有陳，保乂有殷」。於是召公乃說。

漢·司馬遷《史記》卷三八《宋微子世家》 箕子者，紂親戚也。紂始爲象箸，箕子歎曰：「彼爲象箸，必爲玉桮；爲桮，則必思遠方珍怪之物而御之矣。輿馬宮室之漸自此始，不可振也。」紂爲淫泆，箕子諫，不聽。人或曰：「可以去矣。」箕子曰：「爲人臣諫不聽而去，是彰君之惡而自説於民，吾不忍爲也。」乃被髮佯狂而爲奴。遂隱而鼓琴以自悲，故傳之曰《箕子操》。

又 武王既克殷，訪問箕子。

武王曰：「於乎！維天際定下民，相和其居，我不知其常倫所序。」

箕子對曰：「在昔鯀陻鴻水，汨陳其五行，帝乃震怒，不從鴻範九等，常倫所斁。鯀則殛死，禹乃嗣興。天乃錫禹鴻範九等，常倫所序。」

初一曰五行；二曰五事；三曰八政；四曰五紀；五曰皇極；六曰三德；七曰稽疑；八曰庶徵；九曰嚮用五福，畏用六極。【略】

「五紀：一曰歲，二曰月，三曰日，四曰星辰，五曰曆數。」

又 三十七年，楚惠王滅陳。熒惑守心。心，宋之分野也。景公憂之。司星子韋曰：「可移於相。」景公曰：「相，吾之股肱。」曰：「可移於民。」景公曰：「君者待民。」曰：「可移於歲。」景公曰：「歲饑民困，吾誰爲君！」子韋曰：「天高聽卑。君有君人之言三，熒惑宜有動。」於是候之，果徙三度。

漢·司馬遷《史記》卷三九《晉世家》 成王與叔虞戲，削桐葉爲珪以與叔虞曰：「以此封若。」史佚因請擇日立叔虞。成王曰：「吾與之戲爾。」史佚曰：「天子無戲言。言則史書之，禮成之，樂歌之。」於是遂封叔虞於唐。

漢·司馬遷《史記》卷四〇《楚世家》 楚之先祖出自帝顓頊高陽。高陽者，黄帝之孫，昌意之子也。高陽生稱，稱生卷章，卷章生重黎。重黎爲帝嚳高辛居火正，甚有功，能光融天下，帝嚳命曰祝融。共工氏作亂，帝嚳使重黎誅之而不盡。帝乃以庚寅日誅重黎，而以其弟吳回爲重黎後，復居火正，爲祝融。

吳回生陸終。陸終生子六人，坼剖而產焉。其長一曰昆吾；二曰參胡；三曰彭祖；四曰會人；五曰曹姓；六曰季連，芈姓，楚其後也。

漢·司馬遷《史記》卷八九《張耳列傳》 張耳敗走，念諸侯無可歸者，曰：

「漢王與我有舊故，而項羽又強，立我，我欲之楚。」甘公曰：「漢王之入關，五星聚東井。東井者，秦分也。先至必霸。楚雖強，後必屬漢。」故耳走漢。

漢・劉向《世本・作篇》　巫咸作筮。

又　巫咸作銅鼓。

漢・班固《漢書》卷二六《天文志》　古曆五星之推，亡逆行者，至甘氏、石氏《經》，以熒惑、太白爲有逆行。

漢・王逸注《楚辭・離騷》　巫咸，古神巫也，當殷中宗之世降下也。

後晉・劉昫等《舊唐書》卷三六《天文志下》　七國交爭，善星者有甘德、石申，更配十二分野，故有周、秦、齊、楚、韓、趙、燕、魏、宋、衛、魯、鄭、吴、越等國。

後晉・劉昫等《舊唐書》卷三七《五行志》　殷太師箕子入周，武王訪其事，乃陳《洪範》九疇之法，其一曰五行。

宋・李昉等《太平御覽》卷七九　《歸藏》曰：昔黄神與炎神爭鬥涿鹿之野，將戰，筮于巫咸。巫咸曰：果哉而有咎。

宋・李昉等《太平御覽》卷七九〇　《外國圖》曰：昔殷帝太戊使巫咸禱于山河，巫咸居於此（巫咸國），是爲巫咸氏，去南海萬千里。

宋・羅泌《路史・後紀三》　神農使巫咸主筮。

元・黄鎮成《尚書通考・古今曆法》　黄帝調曆　辛卯元

黄帝迎日推筴，使羲和占日，常儀占月，臾區占星氣，建五行，察發斂，起消息，正閏餘，述而著焉，謂之調曆。

顓帝曆　乙卯元

顓帝命南正重司天，北正黎司地，建孟春以爲元，是爲（曆）宗。唐一行《日度議》引《洪範傳》曰：曆始於顓帝，上元太始閼逢。攝提格之歲，畢陬之月，朔日已立春，七曜俱在營室五度。

虞曆　戊午元

在璿璣玉衡，以齊七政。

夏曆　丙寅元

殷曆　甲寅元

湯作商曆，以十一月甲子合朔冬至爲上元。

周曆　丁巳元

魯曆　庚子元

晉姜岌因春秋日食，攷春晦朔，不知用何曆。班固以爲春秋因魯曆，魯曆不正，故置閏，失其序，命曆序。曰：孔子治春秋，退修殷之故曆，則春秋宜用殷曆，今攷之交會，又與殷曆不相應，又經率多一日，傳率少一日。

以上七曆謂之古曆，若六曆則不數。虞曆皆以四分起數。十九歲爲一章，凡七閏計二百三十五月，一歲凡三百六十五日四分日之一，一月二十九日九百四十分日之四百九十九。

自黄帝至周，凡二千四百一十四年，而曆止七改。

著録

漢・司馬遷《史記》卷二七《天官書》　而皋、唐、甘、石因時務論其書傳，故其占驗淩雜米鹽。

漢・班固《漢書》卷三〇《藝文志》　《宋司星子韋三篇》。

又　《萇弘十五篇》。

又　《甘德長柳占夢》二十卷。

漢・許慎《説文解字・女部》　媥：《甘氏星經》曰：「太白上公，妻曰女媥。女媥居南斗，食厲，天下祭之。曰明星。」從女前聲。昨先切。

晉・杜預《春秋釋例》卷三　廟以四仲，蓋言其下限也，《月令》之書出自吕不韋。其意也，欲爲秦制，非古典也。潁氏因之，以爲龍見五月。五月之時，龍星已過。于見，此爲疆牽天宿以附會。吕不韋之《月令》非所據，而據既以不安，且又自違。

南朝宋・范曄《後漢書》卷一二《律曆志中》　《石氏星經》曰：黄道規牽牛初直斗二十度，去極二十五度。於赤道，斗二十一度也。

唐・柳宗元《詁訓柳先生文集》卷三《時令論》上　《吕氏春秋》，吕不韋之所作也。其《月令》之不合于周法者尚矣。嘗觀孔穎達《禮記疏案》，鄭目録云：名曰《月令》者，以其記十二月政之所行也。本《吕氏春秋》十二月紀之首章，以禮家好事抄合之，後人因題之

名曰《禮記》，言周公所作。其中官名時事多不合周法，今申鄭旨釋之。案：呂不韋集諸儒士著爲十二月紀，合十餘萬言，名爲《呂氏春秋》，篇首皆有月令，與此文同是一證也。又周無太尉，唯秦官有太尉，而此《月令》云：乃命太尉。此是官名，不同周法，二證也。又秦以十二月建亥爲歲首，而《月令》云爲來歲受朔日，是九月爲歲終，十月爲受朔。此是時不合周法，三證也。又周有六冕，郊天迎氣，則用大裘乘玉輅建大常日月之章，而《月令》服飾車旗並依時色，此是事不合周法，四證也。故鄭云其中官名、時事多不合周法。然案：秦始皇十二年呂不韋死，十六年并天下，然後以十月爲歲首，歲首用十月，時不韋已死十五年，而不韋不得以十月爲正。又云：周書先有月令，何得云不韋所造，又秦并天下立郡，何得云諸侯。又秦以好兵殺害毒被天下，何能布德施惠，春不興兵。既如此不同，鄭必謂不韋所作者，以《呂氏春秋》十二月紀正，與此同。不過三五字別，且不韋集諸儒所作爲一代大典，亦採擇善言之事，遵立舊章，但秦自不能依行，何怪不韋所作也。然則《月令》之書，先儒固已疑之。公曰：夏后、周公之典逸矣，信然哉。

《呂氏春秋》十二紀，漢儒論以爲《月令》，措諸禮以爲大法焉。其言十有二月，七十有二候。迎日步氣以追寒暑之序，類其物宜而逆爲之備，聖人之作也。然而聖人之道，不窮異以爲神，不引天以爲高，利於人，備於事，如斯而已矣。觀《月令》之說，苟以合五事，配五行，而施其政令，離聖人之道不亦遠乎。

唐・房玄齡等《晉書》卷一一《天文志上》 其巫咸、甘、石之說，後代所宗。

又 後武帝時，太史令陳卓總甘、石、巫咸三家所著星圖，大凡二百八十三官，一千四百六十四星，以爲定紀。

唐・魏徵等《隋書》卷三二《經籍志一》 《石氏星簿經贊》一卷。

又 《甘氏四七法》一卷。

又 《巫咸五星占》一卷。

又 《天文集占》十卷。梁百卷，梁有石氏、甘氏《天文占》各八卷。

又 《渾天圖》一卷。石氏。

又 《石氏星簿經讚》一卷。

《甘氏四七法》一卷。

《巫咸五星占》一卷。

後晉・劉昫等《舊唐書》卷四六《經籍志下》 《石氏星經簿贊》一卷。石申甫撰。

又 《甘氏四七法》一卷。甘德撰。

宋・歐陽修等《新唐書》卷五九《藝文志三》 《石氏星經簿讚》一卷。石申。

又 《甘氏四七法》一卷。甘德。

宋・晁公武《郡齋讀書志》卷三 《甘石星紀》一卷，漢，甘公、石申撰。以日、月、五星、三垣、二十八宿，恒星圖像次舍，有占訣，以候休咎。

宋・王應麟《玉海》卷四一《藝文》 呂氏春秋　呂覽

《史記・呂不韋傳》：始皇初，不韋爲相，食客三千人。是時諸侯多辯士，如荀卿之徒，著書布天下。呂不韋乃使其客人人著所聞，集論：以爲八覽、六論、十二紀，二十餘萬言，高誘云：訓解各十餘萬言。以爲備天地萬物、古今之事，號曰《呂氏春秋》。布咸陽市門，懸千金其上，延諸侯遊士賓客，有能增損一字者，與千金。時人無一能損增其書。《諸侯年表》：呂不韋者，秦莊襄王相，亦上觀尚古，刪拾春秋六國事，以爲八覽、八十三編六編、三十六篇十二紀，凡六十一篇，爲《呂氏春秋》。不韋春秋咸于始皇八年，日維秦八年歲在□□秋甲子朔日，良人請問十二紀，此其書咸之隸月也。《漢書・司馬遷傳》：不韋遷蜀，世傳《呂覽》。注：蘇林曰：《呂氏春秋》篇名八覽。《藝文志・雜家》：《呂氏春秋》二十六篇。注：秦丞相不韋輯智略士作。《唐志・雜家》：《呂氏春秋》二十六卷，高誘注。高誘序曰：以道德爲標的，以無爲爲紀釋，以忠義爲品式，以多方爲檢格，與孟軻、荀卿、淮南、揚雄相表裏也。爲之解以述古篇之旨，凡十七萬三千五十四言。《書目》：是書凡百六十篇，以月紀爲首，故以《春秋》名書。十二紀篇首與《月令》同。《禮》連注：呂氏說《月令》，而謂之《春秋》，事類相近焉。

元・脫脫等《宋史》卷二〇《藝文志五》 甘、石、巫咸氏《星經》一卷。石氏《星簿讚曆》一卷。

清・丁仁《八千卷樓書目・子部・天文演算法類》 《星經》二卷。漢甘公、石申撰。明刊本、汲古閣本、漢魏叢書本。

清・紀昀等《四庫全書總目》卷一〇七《子部十七》 《星經》二卷。兩江總督採進本。

不著撰人名。晁公武《讀書志》載《甘石星經》一卷。註曰：漢甘公、石申撰。以日月、五星、三垣、二十八舍，恒星圖象次舍，有占訣，以候休咎。《隋書・經籍志》：《石氏星簿經讚》一卷，《星經》二卷，《甘氏四七法》一卷。是書卷數雖與《隋志》合，而多舉隋唐州名，必非秦漢閒書也，所載星象，今亦殘闕不全，不足以備考驗。

藝文

《楚辭・離騷》　吾令羲和弭節兮，望崦嵫而勿追。

《楚辭・天問》　羲和之未揚，若華何光？

三國魏・曹植《曹子建集・節遊賦》　嗟羲和之奮迅，怨曜靈之無光。念人生之不永，若春日之微霜。

三國魏・曹植《曹子建集・大暑賦》　炎帝掌節，祝融司方，羲和按轡，南雀舞衡。

三國魏・曹植《曹子建集・贈王粲》　欲歸忘故道，顧望但懷愁。悲風鳴我側，羲和逝不留。重陰潤萬物，何懼澤不周。誰令君多念，自使懷百憂。

三國魏・曹植《曹子建集・與吴季重書》　思欲抑六龍之首，頓羲和之轡，折若木之華，閉蒙汜之穀。天路高邈，良久無緣，懷戀反側，如何如何！

晉・陸機《陸士衡文集・梁甫吟》　玉衡固已驂，羲和若飛淩。四運迴圈轉，寒暑自相承。

北周・庾信《庾子山集》卷一三　周柱國大將軍長孫，一作拓跋儉神道碑　蓋聞放勳立而羲和昇，重華登而元凱用。

唐・白居易《白氏長慶集》卷一七　遣懷　羲和走馭趂年光，不許人間日月長。遂使四時都似電，争教兩鬢不成霜。榮銷枯去無非命，壯盡衰來亦是常。已共身心要約定，窮通生死不驚忙。

唐・韓愈《昌黎先生文集》卷四　苦寒　四時各平分，一氣不可兼。隆寒奪春序，顓頊固不廉。太昊弛維綱，畏避但守謙。遂令黄泉下，萌芽夭勾尖。草木不復抽，百味失苦甜。凶飈攪一作擾宇宙，鋩刃甚割砭。日月雖云尊，不能活烏蟾。羲和送日出，恇怯頰窺覘。炎帝持祝融，呵噓不相炎。而我當此時，恩光何由霑。肌膚生鱗甲，衣被如刀鐮。

宋・趙明誠《金石録》卷二五　唐祝府君碑

右唐祝府君碑。府君諱綝，欽明父也。碑欽明自撰。今南京有漢祝睦兩碑，其一言君兆自重黎、祝融苗胄，其一言其先高辛余。按諸書：重黎、祝融皆帝高陽之後，帝堯高辛之子也。睦碑既云出于重黎、祝融，又云出于高辛，自相抵牾，莫可究考。而此碑引《世本・氏姓篇》云：祝氏，軒轅之後也。《史記・周本紀》：武王克殷，封黄帝之後于祝，帝堯之陳後于薊。《樂記》云：封黄帝之後于薊，帝堯之後于祝，蓋以黄堯末丁闕一字同出有熊。由此史傳相交，祝薊互舉，參攷《世本》，馬遷近之然。司馬遷《史記》于族系多采《世本》，不知《世本》果可盡信否？蓋君子于學有所不知，闕焉可也。

宋・劉克莊《後村集》卷一五　吕不韋

豫建無長慮，旁窺有販心。絶嬴由吕相，繼馬乃牛金。

元・侯克中《艮齋詩集》卷三　弔屈原

懷襄爲主子蘭卿，何必逢人話獨醒。長恨忠良多坎坷，頗傷辭語太丁寧。致君自合宗三代，作法誰能過六經。千載英魂招不得，楚江如練楚山青。

吕不韋

七國紛紛走戰塵，是非顛倒亂天真。老商正欲居奇貨，太子適來求美人。穢德豈宜稱仲父，狡謀殊不鑒春申。利之爲物誠何物，解買嬴秦作吕秦。

雜録

《莊子・外物》　人主莫不欲其臣之忠，而忠未必信，故伍員流于江，萇弘死于蜀，藏其血，三年而化爲碧。

《山海經・海外西經》　巫咸國在女丑北，右手操青蛇，左手操赤蛇。在登葆山，群巫所從上下也。

《山海經・大荒西經》　大荒之中有山名曰豐沮。玉門，日月所入。有靈山，巫咸、巫即、巫肦、巫彭、巫姑、巫真、巫禮、巫抵、巫謝、巫羅十巫，從此升降，百藥爰在。

前秦·王嘉《拾遺記·周靈王》 時有萇弘，能招致神異。王乃登臺，望雲氣蓊鬱。忽見二人乘雲而至，須髮皆黄，非謡俗之類也。乘遊龍飛鳳之輦，駕以青螭。其衣皆縫緝毛羽也。王即迎之上席。時天下大旱，地裂木燃。一人先唱：能爲雪霜。引氣一噴，則雲起雪飛，坐者皆凛然，宫中池井，堅冰可瑑。又設狐腋素裘、紫羆文褥。羆褥是西域所獻也，施於臺上，坐者皆温。又有一人唱：能使即席爲炎。乃以指彈席上，而暄風入室，裘褥皆棄於台下。時有容成子諫曰：大王以天下爲家，而染異術，使變夏改寒，以誣百姓。文、武、周公之所不取也。王乃疏萇弘，而求正諫之士。時異方貢玉人、石鏡。此石色白如月，照面如雪，謂之月鏡。有玉人，機棙自能轉動。萇弘言于王曰：聖德所招也。故周人以萇弘媚諂而殺之，流血成石，或言成碧，不見其屍矣。

北魏·酈道元《水經注》卷六 北流逕巫咸山北。《地理志》曰：山在安邑縣南。《海外西經》曰：巫咸國在女丑北，右手操青蛇，左手操赤蛇，在登葆山，羣巫所從上下也。《大荒西經》云：大荒之中有靈山，巫咸、巫即、巫朌、巫彭、巫姑、巫貞、巫孔、巫抵、巫謝、巫羅 一清按：《山海經》巫貞作巫真，巫孔作巫禮。俗書禮作礼，形似孔字。然《寰宇記》引注文亦作孔字，是宋初本已如是矣。 十巫從此升降，百藥爰在。郭景純曰：言羣巫上下靈山，採藥往來也。蓋神巫所遊，故山得其名矣。谷口嶺上有巫咸祠，其水又逕安邑，故城南又西流，注于鹽池。《地理志》曰：鹽池在安邑西南。

兩漢部

題解

漢・班固《漢書》卷三〇《藝文志》 陰陽家者流，蓋出於羲和之官，敬順昊天，曆象日月星辰，敬授民時，此其所長也。及拘者爲之，則牽於禁忌，泥於小數，舍人事而任鬼神。

綜述

漢・司馬遷《史記》卷二六《曆書》 至孝文時，魯人公孫臣以終始五德上書，言「漢得土德，宜更元，改正朔，易服色。當有瑞，瑞黄龍見」。事下丞相張蒼，張蒼亦學律曆，以爲非是，罷之。其後黄龍見成紀，張蒼自黜，所欲論著不成。而新垣平以望氣見，頗言正曆服色事，貴幸，後作亂，故孝文帝廢不復問。

至今上即位，招致方士唐都，分其天部；而巴落下閎運算轉曆，然後日辰之度與夏正同。乃改元，更官號，封泰山。因詔御史曰：「乃者，有司言星度之未定也，廣延宣問，以理星度，未能詹也。蓋聞昔者黄帝合而不死，名察度驗，定清濁，起五部，建氣物分數。然蓋尚矣。書缺樂弛，朕甚閔焉。朕唯未能循明也，紬績日分，率應水德之勝。今日順夏至，黄鐘爲宫，林鐘爲徵，太蔟爲商，南吕爲羽，姑洗爲角。自是以後，氣復正，羽聲復清，名復正，變以至子。日當冬至，則陰陽離合之道行焉。十一月甲子朔旦冬至已詹，其更以七年爲太初元年。年名『焉逢攝提格』，月名『畢聚』，日得甲子，夜半朔旦冬至。」

漢・司馬遷《史記》卷二七《天官書》 夫自漢之爲天數者，星則唐都，氣則王朔，占歲則魏鮮。故甘、石曆五星法，唯獨熒惑有反逆行；逆行所守，及他星逆行，日月薄蝕，皆以爲占。

漢・班固《漢書》卷一九上《百官公卿表上》 奉常，秦官，掌宗廟禮儀，有丞。景帝中六年更名太常。屬官有太樂、太祝、太宰、太史、太卜、太醫六令丞，又均官、都水兩長丞，又諸廟寢園食官令長丞，有廱太宰、太祝令丞，五時各一尉。又博士及諸陵縣皆屬焉。景帝中六年更名太祝爲嗣祀，武帝太初元年更曰廟祀，初置太卜。博士，秦官，掌通古今，秩比六百石，員多至數十人。武帝建元五年初置《五經》博士，宣帝黄龍元年稍增員十二人。元帝永光元年分諸陵邑屬三輔。王莽改太常曰秩宗。

漢・班固《漢書》卷二一上《律曆志上》 漢興，方綱紀大基，庶事草創，襲秦正朔。以北平侯張蒼言，用《顓頊曆》比於六曆，疏闊中最爲微近。然正朔服色，未覩其真，而朔晦月見，弦望滿虧，多非是。

至武帝元封七年，漢興百二歲矣，大中大夫公孫卿、壺遂、太史令司馬遷等言「曆紀壞廢，宜改正朔」。是時御史大夫兒寬明經術，上乃詔寬曰：「與博士共議，今宜何以爲正朔？服色何上？」寬與博士賜等議，皆曰：「帝王必改正朔，易服色，所以明受命於天也。創業變改，制不相復，推傳序文，則今夏時也。臣等聞學褊陋，不能明。陛下躬聖發憤，昭配天地，臣愚以爲三統之制，後聖復前聖者，二代在前也。今二代之統絶而不序矣，唯陛下發聖德，宣考天地四時之極，則順陰陽以定大明之制，爲萬世則。」於是乃詔御史曰：「乃者有司言曆未定，廣延宣問，以考星度，未能讎也。蓋聞古者黄帝合而不死，名察發斂，定清濁，起五部，建氣物分數。然則上矣。書缺樂弛，朕甚難之。依違以惟，未能修明。其以七年爲元年。」遂詔卿、遂、遷與侍郎尊、大典星射姓等議造《漢曆》。乃定東西，立晷儀，下漏刻，以追二十八宿，相距於四方，舉終以定朔晦分至，躔離弦望。乃以前曆上元泰初四千六百一十七歲，至於元封七年，復得閼逢攝提格之歲，中冬十一月甲子朔旦冬至，日月在建星，太歲在子，已得太初本星度新正。姓等奏不能爲算，願募治曆者，更造密度，各自增減，以造漢《太初曆》。乃選治曆鄧平及長樂司馬可、酒泉候宜君、侍郎尊及與民間治曆者，凡二十餘人，方士唐都、巴郡落下閎與焉。都分天部，而閎運算轉曆。其法以律起曆，曰：「律容一龠，積八十一寸，則一日之分也。與長相終。律長九寸，百七十一分而終復。三復而得

甲子。夫律，陰陽九六爻象所從出也。故黃鐘紀元氣之謂律。律，法也，莫不取法焉。」與鄧平所治同。於是皆觀新星度，日月行，更以算推，如閎、平法。法，一月之日二十九日八十一分日之四十三。先藉半日，名曰陽曆；不藉，名曰陰曆。所謂陽曆者，先朔月生；陰曆者，朔而後月乃生。平曰：「陽曆朔皆先旦月生，以朝諸侯王羣臣便。」乃詔遷用鄧平所造八十一分律曆，罷廢尤疏遠者十七家，復使校曆律昏明。宦者淳于陵渠復覆《太初曆》晦朔弦望，皆最密，日月如合璧，五星如連珠。陵渠奏狀，遂用鄧平曆，以平爲太史丞。

後二十七年，元鳳三年，太史令張壽王上書言：「曆者天地之大紀，上帝所爲。傳黃帝《調律曆》，漢元年以來用之。今陰陽不調，宜更曆之過也。」詔下主曆使者鮮于妄人詰問，壽王不服。妄人請與治曆大司農中丞麻光等二十餘人雜候日月晦朔弦望、八節二十四氣，鈞校諸曆用狀。奏可。詔與丞相、御史、大將軍、右將軍史各一人雜候上林清臺，課諸曆疏密，凡十一家。以元鳳三年十一月朔旦冬至，盡五年十二月，各有第。壽王課疏遠。案漢元年不用黃帝《調曆》，壽王非漢曆，逆天道，非所宜言，大不敬。有詔勿劾。復候，盡六年。《太初曆》第一，即墨徐萬且、長安徐禹治《太初曆》亦第一。壽王及待詔李信治黃帝《調曆》，課皆疏闊，又言黃帝至元鳳三年六千餘歲。丞相屬寶、長安單安國、安陵桮育治《終始》，言黃帝以來三千六百二十九歲，不與壽王合。壽王又移《帝王録》，舜、禹年歲不合人年。壽王言化益爲天子代禹，驪山女亦爲天子，在殷周間，皆不合經術。壽王曆乃太史官《殷曆》也。壽王猥曰安得五家曆，又妄言《太初曆》虧四分日之三，去小餘七百五分，以故陰陽不調，謂之亂也。劾壽王：「吏八百石，古之大夫，服儒衣，誦不祥之辭，作祅言欲亂制度，不道。」奏可。壽王候課，比三年下，終不服。再劾死，更赦勿劾，遂不更言，誹謗益甚，竟以下吏。故曆本之驗在於天，自漢曆初起，盡元鳳六年，三十六歲，而是非堅定。

至孝成世，劉向總六曆，列是非，作《五紀論》。向子歆究其微眇，作《三統曆》及《譜》以説《春秋》推法密要，故述焉。

夫曆《春秋》者，天時也，列人事而(目)〔因〕以天時。傳曰：「民受天地之中以生，所謂命也。是故有禮誼動作威儀之則以定命也，能者養以之福，不能者敗以取禍。」故列十二公二百四十二年之事，以陰陽之中制其禮。故其爲陽中，萬物以生；秋爲陰中，萬物以成。是以事舉其中，禮取其和，曆數以閏正天地之中，以作事厚生，皆所以定命也。《易》金火相革之卦曰「湯武革命，順乎天而應乎人」，又曰「治曆明時」，所以和人道也。

周道既衰，幽王既喪，天子不能班朔，魯曆不正，以閏餘一之歲爲蔀首。故《春秋》刺「十二月乙亥朔，日有食之」。於是辰在申，而司曆以爲在建戌，史書建亥。哀十二年，亦以建申流火之月爲建亥，而怪蟄蟲之不伏也。自文公閏月不告朔，至此百有餘年，莫能正曆數。故子貢欲去其餼羊，孔子愛其禮，而著其法於《春秋》。經曰：「冬十月朔，日有食之。」傳曰：「不書日，官失之也。天子有日官，諸侯有日御，日官居卿以厎日，禮也。日御不失日以授百官於朝。」言告朔也。元典曆始曰元。傳曰：「元，善之長也。」共養三德爲善。又曰：「元，體之長也。」合三體而爲之原，故曰元。於春三月，每月書王，元之三統也。三統合於一元，故因元一而九三之以爲法，十一三之以爲實。實如法得一。黃鐘初九，律之首，陽之變也。因而六之，以九爲法，得林鐘，初六，吕之首，陰之變也。皆參天兩地之法也。上生六而倍之，下生六而損之，皆以九爲法。九六，陰陽夫婦子母之道也。律娶妻而吕生子，天地之情也。六律六吕，而十二辰立矣。五聲清濁，而十日行矣。傳曰「天六地五」，數之常也。天有六氣，降生五味。夫五六者，天地之中合，而民所受以生也。故日有六甲，辰有五子，十一而天地之道畢，言終而復始。太極中央元氣，故爲黃鐘，其實一龠，以其長自乘，故八十一爲日法，所以生權衡度量，禮樂之所繇出也。經元一以統始，《易》太極之首也。春秋二以目歲，《易》兩儀之中也。於春每月書王，《易》三極之統也。於四時雖亡事必書時月，《易》四象之節也。時月以建分至啓閉之分，《易》八卦之位也。象事成敗，《易》吉凶之効也。朝聘會盟，《易》大業之本也。故《易》與《春秋》，天人之道也。傳曰：「龜，象也。筮，數也。物生而後有象，象而後有滋，滋而後有數。」

是故元始有象一也，春秋二也，三統三也，四時四也，合而爲十，成五體。以五乘十，大衍之數也，而道據其一，其餘四十九，所當用也，故蓍以爲數。以象兩兩之，又以象三三之，又以象四四之，又歸奇象閏十九及所據一加之，因以再扐兩之，是爲月法之實。如日法得一，則一月之日數也，而三辰之會交矣，是以能生吉凶。故《易》曰：「天一地二，天三地四，天五地六，天七地八，天九地十。天數五，地數五，五位相得而各有合。天數二十有五，地數三十，凡天地之數五十有五，此所以成變化而行鬼神也。」并終數爲十九，《易》窮則變，故爲閏法。參天九，兩地十，是爲會數。參天數二十五，兩地數三十，是爲朔望之會。以會數乘之，則周於朔旦冬至，是爲會月。九會而復元，黃鐘初九之數也。經於四時，雖

亡事必書時月。時所以記啓閉也，月所以紀分至也。啓閉者，節也。分至者，中也。節不必在其月，故時中必在正數之月。故傳曰：「先王之正時也，履端於始，舉正於中，歸餘於終。履端於始，序則不衍；舉正於中，民則不惑；歸餘於終，事則不誖。」此聖王之重閏也。以五位乘會數，而朔旦冬至，是爲章月。四分月法，以其一乘章月，是爲中法。參閏法爲周至，以乘月法，以減中法而約之，則(六)[七]扐之數，爲一月之閏法，其餘七分。此中朔相求之術也。朔不得中，是謂閏月，言陰陽雖交，不得中不生。故日法乘閏法，是爲統歲。三統，是爲元歲。元歲之閏，陰陽災，三統閏法。《易》九戹曰：初入元，百六，陽九；次三百七十四，陰九；次四百八十，陽九；次七百二十，陰七；次七百二十，陽七；次六百，陰五；次六百，陽五；次四百八十，陰三；次四百八十，陽三。凡四千六百一十七歲，與一元終。經歲四千五百六十，災歲五十七。是以《春秋》曰：「舉正於中。」又曰：「閏月不告朔，非禮也。」閏以正時，時以作事，事以厚生，生民之道於是乎在矣。不告閏朔，棄時正也，何以爲民？」故魯僖「五年春王正月辛亥朔，日南至。公既視朔，遂登觀臺以望。而書，禮也。凡分至啓閉，必書雲物，爲備故也。」至昭二十年二月己丑，日南至，失閏，至在非其月。梓慎望氛氣而弗正，不履端於始也。故傳不曰冬至，而曰日南至。極於牽牛之初，日中之時景最長，以此知其南至也。斗綱之端連貫營室，織女之紀指牽牛之初，以紀日月，故曰星紀。五星起其初，日月起其中，凡十二次。日至其初爲節，至其中斗建下爲十二辰。視其建而知其次。故曰「制禮上物，不過十二，天之大數也」。經曰春王正月，傳曰周正月「火出，於夏爲三月，商爲四月，周爲五月。夏數得天」，得四時之正也。三代各據一統，明三統常合，而迭爲首，登降三統之首，周還五行之道也。故三五相包而生。天統之正，始施於子半，日萌色赤。地統受之於丑初，日肇化而黄，至丑半，日牙化而白。人統受之於寅初，日孽成而黑，至寅半，日生成而青。天施復於子，地化自丑畢於辰，人生自寅成於申。故曆數三統，天以甲子，地以甲辰，人以甲申。孟仲季迭用事爲統首。三微之統既著，而五行自青始，其序亦如之。五行與三統相錯。傳曰「天有三辰，地有五行」，然則三統五星可知也。《易》曰：「參五以變，錯綜其數。通其變，遂成天下之文；極其數，遂定天下之象。」太極運三辰五星於上，而元氣轉三統五行於下。其於人，皇極統三德五事。故三辰之合於三統也，日合於天統，月合於地統，斗合於人統。五星之合於五行，水合於辰星，火合於熒惑，金合於太白，木合於歲星，土合於填星。三辰五星而相經緯也。天以一生水，地以二生火，天以三生木，地以四生金，天以五生土。五勝相乘，以生小周，以乘《乾坤》之策，而成大周。陰陽比類，交錯相成，故九六之變登降於六體。三微而成著，三著而成象，二象十有八變而成卦，四營而成易，爲七十二，參三統兩四時相乘之數也。參之則得《乾》之策，兩之則得《坤》之策。以陽九九之，爲六百四十八，以陰六六之，爲四百三十二，凡一千八十，陰陽各一卦之微算策也。八之，爲八千六百四十，而八卦小成。引而信之，又八之，爲六萬九千一百二十，天地再之，爲十三萬八千二百四十，然後大成。五星會終，觸類而長之，以乘章歲，爲二百六十二萬六千五百六十，而與日月會。三會爲七百八十七萬九千六百八十，而與三統會。三統二千三百六十三萬九千四十，而復於太極上元。九章歲在六之爲法，太極上元爲實，實如法得一，陰(一)陽各萬一千五百二十，當萬物氣體之數，天下之能事畢矣。

漢·班固《漢書》卷二七上《五行志上》　漢興，承秦滅學之後，景、武之世，董仲舒治《公羊春秋》，始推陰陽，爲儒者宗。宣、元之後，劉向治《穀梁春秋》，數其旤福，傳以《洪範》，與仲舒錯。至向子歆治《左氏傳》，其《春秋》意亦已乖矣；言《五行傳》，又頗不同。是以擥仲舒，別向、歆，傳載眭孟、夏侯勝、京房、谷永、李尋之徒所陳行事，訖於王莽，舉十二世，以傅《春秋》，著於篇。

漢·班固《漢書》卷七五《眭兩夏侯京翼李傳》　漢興推陰陽言災異者，孝武時有董仲舒、夏侯始昌，昭、宣則眭孟、夏侯勝，元、成則京房、翼奉、劉向、谷永，哀、平則李尋、田終術。此其納説時君著明者也。察其所言，仿佛一端。假經設誼，依託象類，或不免乎「億則屢中」。仲舒下吏，夏侯囚執，眭孟誅戮，李尋流放，此學者之大戒也。京房區區，不量淺深，危言刺譏，搆怨彊臣，罪辜不旋踵，亦不密以失身，悲夫！

南朝宋·范曄《後漢書》卷二五《百官志二》　太史令一人，六百石。本注曰：掌天時、星曆。凡歲將終，奏新年曆。凡國祭祀、喪、娶之事，掌奏良日及時節禁忌。凡國有瑞應、災異，掌記之。丞一人。明堂及靈臺丞一人，二百石。本注曰：二丞，掌守明堂、靈臺。靈臺掌候日月星氣，皆屬太史。

南朝宋·范曄《後漢書》卷三〇下《郎顗、襄楷傳》　論曰：古人有云：「善言天者，必有驗於人。」而張衡亦云：「天文曆數，陰陽占候，今所宜急也。」郎顗、襄楷能仰瞻俯察，參諸人事，禍福吉凶既應，引之教義亦明。此蓋道術所以有補於時，後人所當取鑒者也。然而其敝好巫，故君子不以專心焉。

贊曰：仲桓術深，蒲車屢尋。蘇竟飛書，清我舊陰。襄、郎災戒，寔由政淫。

南朝梁・沈約《宋書》卷一二《律曆志上》　漢興，襲秦正朔，北平侯張蒼首言律曆之事，以《顓頊曆》比於六曆，所失差近。施用至武帝元封七年，太中大夫公孫卿、壺遂、太史令司馬遷等，言曆紀廢壞，宜改正朔，易服色，所以明受之於天也。乃詔遂等造漢曆。選鄧平、長樂司馬可及人間治曆者，二十餘人。方士唐都分天部，落下閎運算轉曆。其法積八十一寸，則一日之分也。閎與鄧平所治同。於是皆觀星度，日月行，更以算推，如閎、平法，一月之日二十九日八十一分日之四十三。詔遷用鄧平所造八十一分律曆，以平爲太史丞。至元鳳三年，太史令張壽王上書，以爲元年用黄帝《調曆》，「今陰陽不調，更曆之過」。詔下主曆使者鮮于妄人與治曆大司農中丞麻光等二十餘人雜候晦朔弦望二十四氣。又詔丞相、御史、大將軍、右將軍史各一人雜候上林清臺，課諸疏密，凡十一家。起三年盡五年。壽王課疏遠。又漢元年不用黄帝《調曆》，劾壽王逆天地，大不敬。詔勿劾。復候，盡六年，《太初曆》第一。壽王曆乃太史官《殷曆》也。壽王再劾不服，竟下吏。至孝成時，劉向總六曆，列是非，作《五紀論》。向子歆作《三統曆》以説《春秋》，屬辭比事，雖盡精巧，非其實也。班固謂之密要，故漢《曆志》述之。校之何承天等六家之曆，雖六元不同，分章或異，至今所差，或三日，或二日數時，考其遠近，率皆六國及秦時人所造。其術斗分多，上不可檢於《春秋》，下不驗於漢、魏，雖復假稱帝王，祇足以惑時人耳。

光武建武八年，太僕朱浮上言曆紀不正，宜當改治。時所差尚微，未遑考正。明帝永平中，待詔楊岑、張盛、景防等典治曆，但改易加時弦望，未能綜校曆元也。至元和二年，《太初》失天益遠，宿度相覺浸多，候者皆知日宿差五度，冬至之日在斗二十一度，晦朔弦望，先天一日。章帝召治曆編訢、李梵等綜校其狀。遂下詔書稱：「《春秋保乾圖》曰：『三百年斗曆改憲。』史官用《太初》鄧平術，有餘分一，在三百年之域，行度轉差，浸以繆錯，琁璣不正，文象不稽。冬至之日，日在斗二十一度，先立春一日，則《四分》之立春日也。而以折獄斷大刑，於氣已逆；用望平和，蓋亦遠矣。今改行《四分》，以遵堯順孔，奉天之文，同心敬授，儻獲咸熙。」於是《四分法》施行。黄帝以來諸曆以爲冬至在牽牛初者皆黜焉。

和帝永元十四年，待詔太史霍融上言：「官漏刻率九日增減一刻，不與天相應，或時差至二刻半，不如夏曆密。」其年十一月甲寅，詔曰：「漏所以節時分，定昏明。昏明長短，起於日去極遠近，日道周圜，不可以計率分。官漏九日增減一刻，違失其實，以晷景爲刻，密近有驗。今下晷景漏刻四十八箭。」其二十四氣日所在，并黄道去極、晷景、漏刻、昏明中星，並列載于《續漢律曆志》。

安帝延光三年，中謁者亶誦上書言常用甲寅元，河南梁豐云當復有《太初》。尚書郎張衡、周興皆審曆，數難誦、豐，或不能對，或云失誤。衡等參案儀注，考往校今，以爲《九道法》最密。詔下公卿詳議。太尉愷等參議：「《太初》過天一度，月以晦見西方。元和改從《四分》，《四分》雖密於《太初》，復不正。皆不可用。甲寅元與天相應，合圖讖，可施行。」議者不同。尚書令忠上奏：「天之曆數，不可任疑從虚，以非易是。」亶等遂寢。

靈帝熹平四年，五官郎中馮光、沛相上計掾陳晃等言：「曆元不正，故盜賊爲害。曆當以甲寅爲元，不用庚申，乞本庚申元經緯明文。」詔下三府，與儒林明道術者詳議。羣臣會司徒府集議。議郎蔡邕曰：「曆數精微，術無常是。漢興承秦，曆用《顓頊》，元用乙卯。百有二歲，孝武皇帝始改《太初》，元用丁丑。行之百八十九歲，孝章帝改從《四分》，元用庚申。今光等以庚申爲非，甲寅爲是。按曆法，黄帝、顓頊、夏、殷、周、魯，各自有元。光、晃所援，則殷曆元也。昔始用《太初》丁丑之後，六家紛錯，争訟是非。張壽王挾甲寅元以非漢曆，雜候清臺，課在下第。《太初》效驗，無所漏失。是則雖非圖讖之元，而有效於前者也。及用《四分》以來，考之行度，密於《太初》，是又新元有效於今者也。故延光中，亶誦亦非《四分》，言當用甲寅元，公卿參議，竟不施行。且三光之行，遲速進退，不必若一。故有古今之術。今術之不能上通於古，亦猶古術不能下通於今也。又光、晃以《考靈耀》爲本，二十八宿度數至日所在，錯異不可參校。元和二年用至今九十二歲，而光、晃言陰陽不和，姦臣盜賊，皆元之咎。元和詔書，文備義著，非羣臣議者所能變易。」三公從邕議，以光、晃不敬，正鬼薪法。詔書勿治罪。

何承天曰：夫曆數之術，若心所不達，雖復通人前識，無救其爲敝也。是以多歷年歲，未能有定。《四分》於天，出三百年而盈一日。積代不悟，徒云建曆之本，必先立元，假言讖緯，遂關治亂，此之爲蔽，亦已甚矣。劉歆《三統志》尤復疏闊，方於《四分》，六千餘年又益一日。揚雄心惑其説，采爲《太玄》，班固謂之最密，著于《漢志》；司彪因曰「自太初元年始用《三統曆》，施行百有餘年」。曾不憶劉歆之生，不逮太初，二三君子言曆，幾乎不知而妄言歟。

唐・房玄齡等《晉書》卷一一《天文志上》 暴秦燔書，六經殘滅，天官星占，存而不毀。及漢景武之際，司馬談父子繼爲史官，著《天官書》，以明天人之道。其後中壘校尉劉向，廣《洪範》災條，作《皇極論》，以參往之行事。及班固敘漢史，馬續述《天文》，而蔡邕、譙周各有撰録，司馬彪採之，以繼前志。今詳衆説，以著于篇。

唐・房玄齡等《晉書》卷一七《律曆志中》 用十月爲正。漢氏初興，多所未暇，百有餘地，襲秦正朔。爰及武帝，始詔司馬遷等議造《漢曆》，乃行夏正。其後劉歆更造《三統》，以説《左傳》，辯而非實，班固惑之，采以爲志。逮光武中興，太僕朱浮數言曆有乖謬，于時天下初定，未能詳考。至永平之末，改行《四分》，七十餘年，儀式乃備。及光和中，乃命劉洪、蔡邕共修律曆，其後司馬彪因之，以繼班史。今采魏文黄初已後言曆數行事者，以續司馬彪云。

唐・魏徵等《隋書》卷一七《律曆志中》 時有古曆六家，學者疑其紕繆，劉向父子，咸加討論，班固因之，採以爲志。光武中興，未能詳考。逮于永平之末，乃復改行《四分》，七十餘年，儀式方備。其後復命劉洪、蔡邕，共修律曆，司馬彪用之以續班史。

唐・魏徵等《隋書》卷一九《天文志上》 漢之傳天數者，則有唐都、李尋之倫。光武時，則有蘇伯況、郎雅光，並能參伍天文，發揚善道，補益當時，監垂來世。而河、洛圖緯，雖有星占星官之名，未能盡列。

宋・王應麟《玉海》卷二 漢天數 臯唐甘石書傳

《史記・天官書》： 昔之傳天數者，高辛之前，重、黎；於唐、虞，羲、和；有夏，昆吾；殷商，巫咸；周室，史佚、萇弘；於宋，子韋；鄭則裨竈；在齊，甘公；名德楚，唐昧；一作蔑趙，尹臯；魏，石申夫。戰國察禨祥候星氣尤急，言從衡者繼踵，而臯唐甘石因時務論其書傳，故其占驗淩雜米鹽。自漢之爲天數者，星則唐都，氣則王朔，占歲則魏鮮。爲天數者，必通三五。辰星深觀時變，察其精粗，則天官備矣。

《隋志》： 漢傳天數有唐都、李尋之倫。光武時，有鮮伯況、郎雅光，並能參伍天文。

漢二十一家天文

《志》： 天文二十一家，四百四十五卷，始《泰壹雜子星》，終《圖書秘記》。星有《泰壹》，二十八卷。《皇公》，二十二卷。《淮南雜子》，十九卷。《五殘雜變》，二十一卷。《泰階六符》，一卷。《金度玉衡漢五星客流出入》，八篇。《彗客流星行事占驗》，八卷。《海中星占》，十二卷，後《天文志》注： 引《海中占》，即張衡所謂《海人之占》也。《隋志》《海中星占》一卷，《星圖海中占》一卷。《星經雜事》，二十二卷。《五星順逆二十八宿國分、臣分》，並二十八卷。氣有《黄帝雜子》，三十三篇。《常從日月星氣》，二十一卷。《漢日旁氣行事占驗》，十三卷，若《泰壹雜子雲雨》，三十四卷。《國章觀霓雲雨》，卷同上，則霓雲雨之書也。若《漢日食月暈行事占驗》，十三卷，《海中日月彗虹雜占》，十八卷，則日月之書也。《圖書祕記十七篇》附焉，又《雜占》有《禳祀天文》十八卷。天文者，序二十八宿，步五星日月，以紀吉凶之象。星事非湛密者弗能由，非明王不能服聽。

志載甘石及夏氏《日月傳》、《星傳》： 妖祥之占始漢元年五星聚井，終元壽元年歲星入太微。日月周輝，星辰垂精，百官立法，宫室混成，降應王政，景以燭形。舉其占應，覽故考新。李尋學天文。唐檀好星占。襄楷善天文，上疏曰：「天不言，以文象設教。」郅惲明天文曆數。郎宗善星算。楊統就鄭伯山，受《河》、《洛》書及天文推步之術，作《家法章句》及《内讖》二卷解説。統父春卿曰：「吾綈袠中，有先祖所傳祕記，爲漢家用，其脩之。」王景好天文術數。姜肱博通五經兼明星緯。翟酺善天文、曆算，時《尚書》有缺，詔將大夫六百石以上試對政事、天文、道術，以高第補之，酺對第一。

傳記

漢・司馬遷《史記》卷二六《曆書》 至今上即位，招致方士唐都，分其天部；而巴落下閎運算轉曆。

漢・司馬遷《史記》卷九六《張丞相列傳》 張丞相蒼者，陽武人也。好書律曆。秦時爲御史，主柱下方書。有罪，亡歸。及沛公略地過陽武，蒼以客從攻南陽。蒼坐法當斬，解衣伏質，身長大，肥白如瓠，時王陵見而怪其美士，乃言沛公，赦勿斬。遂從西入武關，至咸陽。沛公立爲漢王，入漢中，還定三秦。陳餘

擊走常山王張耳，耳歸漢，漢乃以張蒼爲常山守。從淮陰侯擊趙，蒼得陳餘。趙地已平，漢王以蒼爲代相，備邊寇。已而徙爲趙相，相趙王耳。耳卒，相趙王敖。復徙相代王。燕王臧荼反，高祖往擊之，蒼以代相從攻臧荼有功，以六年中封爲北平侯，食邑千二百户。

遷爲計相，一月，更以列侯爲主計四歲。是時蕭何爲相國，而張蒼乃自秦時爲柱下史，明習天下圖書計籍。蒼又善用算律曆，故令蒼以列侯居相府，領主郡國上計者。黥布反亡，漢立皇子長爲淮南王，而張蒼相之。十四年，遷爲御史大夫。【略】

高后崩，(不)與大臣共誅吕禄等。免，以淮南相張蒼爲御史大夫。

蒼與絳侯等尊立代王爲孝文皇帝。四年，丞相灌嬰卒，張蒼爲丞相。

自漢興至孝文二十餘年，會天下初定，將相公卿皆軍吏。張蒼爲計相時，緒正律曆。以高祖十月始至霸上，因故秦時本以十月爲歲首，弗革。推五德之運，以爲漢當水德之時，尚黑如故。吹律調樂，入之音聲，及以比定律令。若百工，天下作程品。至於爲丞相，卒就之，故漢家言律曆者，本之張蒼。蒼本好書，無所不觀，無所不通，而尤善律曆。

張蒼德王陵。王陵者，安國侯也。及蒼貴，常父事王陵。陵死後，蒼爲丞相，洗沐，常先朝陵夫人上食，然后敢歸家。

蒼爲丞相十餘年，魯人公孫臣上書言漢土德時，其符有黄龍當見。詔下其議張蒼，張蒼以爲非是，罷之。其後黄龍見成紀，於是文帝召公孫臣以爲博士，草土德之曆制度，更元年。張丞相由此自絀，謝病稱老。蒼任人爲中候，大爲姦利，上以讓蒼，蒼遂病免。蒼爲丞相十五歲而免。孝景前五年，蒼卒，謚爲文侯。子康侯代，八年卒。子類代爲侯，八年，坐臨諸侯喪後就位不敬，國除。

初，張蒼父長不滿五尺，及生蒼，蒼長八尺餘，爲侯、丞相。蒼子復長。及孫類，長六尺餘，坐法失侯。蒼之免相後，老，口中無齒，食乳，女子爲乳母。妻妾以百數，嘗孕者不復幸。蒼年百有餘歲而卒。【略】

太史公曰：張蒼文學律曆，爲漢名相，而絀賈生、公孫臣等言正朔服色事而不遵，明用秦之《顓頊曆》，何哉？

漢·司馬遷《史記》卷一二一《董仲舒傳》 董仲舒，廣川人也。以治《春秋》，孝景時爲博士。下帷講誦，弟子傳以久次相受業，或莫見其面，蓋三年董仲舒不觀於舍園，其精如此。進退容止，非禮不行，學士皆師尊之。今上即位，爲江都相。以《春秋》災異之變推陰陽所以錯行，故求雨閉諸陽，縱諸陰，其止雨反是。行之一國，未嘗不得所欲。中廢爲中大夫，居舍，著《災異之記》。是時遼東高廟災，主父偃疾之，取其書奏之天子。天子召諸生示其書，有刺譏。董仲舒弟子吕步舒不知其師書，以爲下愚。於是下董仲舒吏，當死，詔赦之。於是董仲舒竟不敢復言災異。

董仲舒爲人廉直。是時方外攘四夷，公孫弘治《春秋》不如董仲舒，而弘希世用事，位至公卿。董仲舒以弘爲從諛。弘疾之，乃言上曰：「獨董仲舒可使相膠西王。」膠西王素聞董仲舒有行，亦善待之。董仲舒恐久獲罪，疾免居家。至卒，終不治産業，以脩學著書爲事。故漢興至于五世之閒，唯董仲舒名爲明於《春秋》，其傳公羊氏也。

胡毋生，齊人也。孝景時爲博士，以老歸教授。齊之言《春秋》者多受胡毋生，公孫弘亦頗受焉。

瑕丘江生爲穀梁《春秋》。自公孫弘得用，嘗集比其義，卒用董仲舒。

仲舒弟子遂者：蘭陵褚大，廣川殷忠，温吕步舒。褚大至梁相。步舒至長史，持節使決淮南獄，於諸侯擅專斷，不報，以《春秋》之義正之，天子皆以爲是。弟子通者，至於命大夫；爲郎、謁者、掌故者以百數。而董仲舒子及孫皆以學至大官。

漢·司馬遷《史記》卷一三〇《太史公自序》 太史公學天官於唐都，受《易》於楊何，習道論於黄子。太史公仕於建元元封之閒，愍學者之不達其意而師悖，乃論六家之要指曰：

《易大傳》：「天下一致而百慮，同歸而殊塗。」夫陰陽、儒、墨、名、法、道德，此務爲治者也，直所從言之異路，有省不省耳。嘗竊觀陰陽之術，大祥而衆忌諱，使人拘而多所畏；然其序四時之大順，不可失也。儒者博而寡要，勞而少功，是以其事難盡從；然其序君臣父子之禮，列夫婦長幼之別，不可易也。墨者儉而難遵，是以其事不可偏循；然其彊本節用，不可廢也。法家嚴而少恩；然其正君臣上下之分，不可改矣。名家使人儉而善失真；然其正名實，不可不察也。道家使人精神專一，動合無形，贍足萬物。其爲術也，因陰陽之大順，采儒墨之善，撮名法之要，與時遷移，應物變化，立俗施事，無所不宜，指約而易操，事少而功多。儒者則不然。以爲人主天下之儀表也，主倡而臣和，主先而臣隨。如此則主勞而臣逸。至於大道之要，去健羨，絀聰明，釋此而任術。夫神大用則

竭，形大勞則敝。形神騷動，欲與天地長久，非所聞也。【略】

太史公既掌天官，不治民。有子曰遷。

遷生龍門，耕牧河山之陽。年十歲則誦古文。二十而南游江、淮，上會稽，探禹穴，闚九疑，浮於沅、湘；北涉汶、泗，講業齊、魯之都，觀孔子之遺風，鄉射鄒、嶧；戹困鄱、薛、彭城，過梁、楚以歸。於是遷仕爲郎中，奉使西征巴、蜀以南，南略邛、筰、昆明，還報命。

是歲天子始建漢家之封，而太史公留滯周南，不得與從事，故發憤且卒。而子遷適使反，見父於河洛之閒。太史公執遷手而泣曰：「余先周室之太史也。自上世嘗顯功名於虞夏，典天官事。後世中衰，絶於予乎？汝復爲太史，則續吾祖矣。今天子接千歲之統，封泰山，而余不得從行，是命也夫，命也夫！余死，汝必爲太史；爲太史，無忘吾所欲論著矣。且夫孝始於事親，中於事君，終於立身。揚名於後世，以顯父母，此孝之大者。夫天下稱誦周公，言其能論歌文武之德，宣周邵之風，達太王王季之思慮，爰及公劉，以尊后稷也。幽厲之後，王道缺，禮樂衰，孔子脩舊起廢，論《詩》《書》，作《春秋》，則學者至今則之。自獲麟以來四百有餘歲，而諸侯相兼，史記放絶。今漢興，海内一統，明主賢君忠臣死義之士，余爲太史而弗論載，廢天下之史文，余甚懼焉，汝其念哉！」遷俯首流涕曰：「小子不敏，請悉論先人所次舊聞，弗敢闕。」

卒三歲而遷爲太史令，紬史記石室金匱之書。五年而當太初元年，十一月甲子朔旦冬至，天曆始改，建於明堂，諸神受紀。【略】

於是論次其文。七年而太史公遭李陵之禍，幽於纍紲。乃喟然而歎曰：「是余之罪也夫！是余之罪也夫！身毁不用矣。」退而深惟曰：「夫《詩》《書》隱約者，欲遂其志之思也。昔西伯拘羑里，演《周易》；孔子戹陳蔡，作《春秋》；屈原放逐，著《離騷》；左丘失明，厥有《國語》；孫子臏脚，而論兵法；不韋遷蜀，世傳《吕覽》；韓非囚秦，《説難》、《孤憤》；《詩》三百篇，大抵賢聖發憤之所爲作也。此人皆意有所鬱結，不得通其道也，故述往事，思來者。」於是卒述陶唐以來，至于麟止，自黄帝始。

漢·班固《漢書》卷八《宣帝紀》 四年春正月，【略】大司農中丞耿壽昌奏設常平倉，以給北邊，省轉漕。賜爵關内侯。

漢·班固《漢書》卷二一《律曆志上》 願募治曆者，更造密度，各自增減，以造漢《太初曆》。乃選治曆鄧平及長樂司馬可、酒泉候宜君、侍郎尊及與民閒治曆者，凡二十餘人，方士唐都、巴郡落下閎與焉。

漢·班固《漢書》卷二四《食貨志上》 時大司農中丞耿壽昌以善爲算能商功利得幸於上，五鳳中奏言：「【略】今壽昌欲近糴漕關内之穀，築倉治船，費直二萬萬餘；有動衆之功，恐生旱氣，民被其災。壽昌習于商功分銖之事，其深計遠慮，誠未足任，宜且如故。」上不聽。漕事果便，壽昌遂白令邊郡皆築倉，以穀賤時增其賈而糴，以利農，穀貴時減賈而糶，名曰常平倉。民便之。上乃下詔，賜壽昌爵關内侯。

漢·班固《漢書》卷三六《楚元王傳》 向字子政，本名更生。年十二，以父德任爲輦郎。既冠，以行修飭擢爲諫大夫。是時，宣帝循武帝故事，招選名儒俊材置左右。更生以通達能屬文辭，與王褒、張子僑等並進對，獻賦頌凡數十篇。上復興神僊方術之事，而淮南有《枕中鴻寶苑祕書》。書言神僊使鬼物爲金之術，及鄒衍重道延命方，世人莫見，而更生父德，武帝時治淮南獄得其書。更生幼而讀誦，以爲奇，獻之，言黄金可成。上令典尚方鑄作事，費甚多，方不驗。上乃下更生吏，吏劾更生鑄僞黄金，繫當死。更生兄陽城侯安民上書，入國户半，贖更生罪。上亦奇其材，得踰冬減死論。會初立《穀梁春秋》，徵更生受《穀梁》，講論《五經》於石渠。復拜爲郎中給事黄門，遷散騎諫大夫給事中。

元帝初即位，太傅蕭望之爲前將軍，少傅周堪爲諸吏光禄大夫，皆領尚書事，甚見尊任。更生年少於望之、堪，然二人重之，薦更生宗室忠直，明經有行，擢爲散騎宗正給事中，與侍中金敞拾遺於左右。四人同心輔政，患苦外戚許、史在位放縱，而中書宦官弘恭、石顯弄權。望之、堪、更生議，欲白罷退之。未白而語泄，遂爲許、史及恭、顯所譖愬，堪、更生下獄，及望之皆免官。語在《望之傳》。其春地震，夏，客星見昴、卷舌閒。上感悟，下詔賜望之爵關内侯，奉朝請。秋，徵堪、向，欲以爲諫大夫，恭、顯白皆爲中郎。冬，地復震。時恭、顯、許、史子弟侍中諸曹，皆側目於望之等，更生懼焉，乃使其外親上變事。【略】

書奏，恭、顯疑其更生所爲，白請考姦詐。辭果服，遂逮更生繫獄，下太傅韋玄成、諫大夫貢禹，與廷尉雜考。劾更生前爲九卿，坐與望之、堪謀排車騎將軍高、許、史氏侍中者，毁離親戚，欲退去之，而獨專權。爲臣不忠，幸不伏誅，復蒙恩徵用，不悔前過，而教令人言變事，誣罔不道。更生坐免爲庶人。而望之亦坐使子上書自冤前事，恭、顯白令詣獄置對。望之自殺。天子甚悼恨之，乃擢周堪爲光禄勳，堪弟子張猛光禄大夫給事中，大見信任。恭、顯憚之，數譖毁焉。更

生見堪，猛在位，幾已得復進，懼其傾危，乃上封事諫曰：

臣前幸得以骨肉備九卿，奉法不謹，乃復蒙恩。竊見災異並起，天地失常，徵表爲國。欲終不言，念忠臣雖在甽畝，猶不忘君，惓惓之義也。況重以骨肉之親，又加以舊恩未報乎！欲竭愚誠，又恐越職，然惟二恩未報，忠臣之義，一抒愚意，退就農畝，死無所恨。

臣聞舜命九官，濟濟相讓，和之至也。衆賢和於朝，則萬物和於野。故簫《韶》九成，而鳳皇來儀；擊石拊石，百獸率舞。四海之内，靡不和寧。及至周文，開基西郊，雜遝衆賢，罔不肅和，崇推讓之風，以銷分争之訟。文王既没，周公思慕，歌詠文王之德，其《詩》曰：「於穆清廟，肅雍顯相；濟濟多士，秉文之德。」當此之時，武王、周公繼政，朝臣和於内，萬國驩於外，故盡得其驩心，以事其先祖。其《詩》曰：「有來雍雍，至止肅肅，相維辟公，天子穆穆。」言四方皆以和來也。諸侯和於下，天應報於上，故《周頌》曰「降福穰穰」，又曰「飴我釐麰」，麥也，始自天降。此皆以和致和，獲天助也。

下至幽、厲之際，朝廷不和，轉相非怨，詩人疾而憂之曰：「民之無良，相怨一方。」衆小在位而從邪議，歙歙相是而背君子，故其《詩》曰：「歙歙訿訿，亦孔之哀！謀之其臧，則具是違；謀之不臧，則具是依！」君子獨處守正，不橈衆枉，勉彊以從王事則反見憎毒讒愬，故其《詩》曰：「密勿從事，不敢告勞，無罪無辜，讒口嗸嗸！」當是之時，日月薄蝕而無光，其《詩》曰：「朔日辛卯，日有蝕之，亦孔之醜！」又曰：「彼月而微，此日而微，今此下民，亦孔之哀！」又曰：「日月鞠凶，不用其行，四國無政，不用其良！」天變見於上，地變動於下，水泉沸騰，山谷易處。其《詩》曰：「百川沸騰，山冢卒崩，高岸爲谷，深谷爲陵。哀今之人，胡憯莫懲！」霜降失節，不以其時，其《詩》曰：「正月繁霜，我心憂傷；民之訛言，亦孔之將！」言民以是爲非，甚衆大也。此皆不和，賢不肖易位之所致也。

自此之後，天下大亂，篡殺殃禍並作，厲王奔彘，幽王見殺。至乎平王末年，魯隱之始即位也，周大夫祭伯乖離不和，出奔於魯，而《春秋》爲諱，不言來奔，傷其禍殃自此始也。是後尹氏世卿而專恣，諸侯背畔而不朝，周室卑微。二百四十二年之間，日食三十六，地震五，山陵崩阤二，彗星三見，夜常星不見，夜中星隕如雨一，火災十四。長狄入三國，五石隕墜，六鶂退飛，多麋，有蜮、蜚，鸜鵒來巢者，皆一見。晝冥晦。雨木冰。李梅冬實。七月霜降，草木不死。八月殺菽。大雨雹。雨雪雷霆失序相乘。水、旱、饑、蝝、螽、螟蠭午並起。當是時，禍亂輒應，弒君三十六，亡國五十二，諸侯奔走，不得保其社稷者，不可勝數也。周室多禍：晉敗其師於貿戎；伐其郊；鄭傷桓王；戎執其使，衛侯朔召不往，齊逆命而助朔；五大夫争權，三君更立，莫能正理。遂至陵夷不能復興。

由此觀之，和氣致祥，乖氣致異；祥多者其國安，異衆者其國危，天地之常經，古今之通義也。今陛下開三代之業，招文學之士，優游寬容，使得並進。今賢不肖渾殽，白黑不分，邪正雜糅，忠讒並進。章交公車，人滿北軍。朝臣舛午，膠戾乖剌，更相讒愬，轉相是非。傳授增加，文書紛糾，前後錯繆，毁譽渾亂。所以營或耳目，感移心意，不可勝載。分曹爲黨，往往羣朋，將同心以陷正臣。正臣進者，治之表也；正臣陷者，亂之機也。乘治亂之機，未知孰任，而災異數見，此臣所以寒心者也。夫乘權藉勢之人，子弟鱗集於朝，羽翼陰附者衆，輻湊於前，毁譽將必用，以終乖離之咎。是以日月無光，雪霜夏隕，海水沸出，陵谷易處，列星失行，皆怨氣之所致也。夫遵衰周之軌迹，循詩人之所刺，而欲以成太平，致雅頌，猶卻行而求及前人也。初元以來六年矣，案《春秋》六年之中，災異未有稠如今者也。夫有《春秋》之異，無孔子之救，猶不能解紛，況甚於《春秋》乎？

原其所以然者，讒邪並進也。讒邪之所以並進者，由上多疑心，既已用賢人而行善政，如或譖之，則賢人退而善政還。夫執狐疑之心者，來讒賊之口；持不斷之意者，開羣枉之門。讒邪進則衆賢退，羣枉盛則正士消。故《易》有《否》《泰》。小人道長，君子道消，君子道消，則政日亂，故爲否。否者，閉而亂也。君子道長，小人道消，小人道消，則政日治，故爲泰。泰者，通而治也。《詩》又云「雨雪麃麃，見晛聿消」，與《易》同義。昔者鯀、共工、驩兜與舜、禹雜處堯朝，周公與管、蔡並居周位，當是時，迭進相毁，流言相謗，豈可勝道哉！帝堯、成王能賢舜、禹、周公而消共工、管、蔡，故以大治，榮華至今。孔子與季、孟偕仕於魯，李斯與叔孫俱宦於秦，定公、始皇賢季、孟、李斯而消孔子、叔孫，故以大亂，汙辱至今。故治亂榮辱之端，在所信任；信任既賢，在於堅固而不移。《詩》云「我心匪石，不可轉也」。言守善篤也。《易》曰「涣汗其大號」。言號令如汗，汗出而不反者也。今出善令，未能踰時而反，是反汗也；用賢未能三旬而退，是轉石也。《論語》曰：「見不善如探湯。」今二府奏佞讇不當在位，歷年而不去。故出令則如反汗，用賢則如轉石，去佞則如拔山，如此望陰陽之調，不亦難乎！

是以羣小窺見間隙，緣飾文字，巧言醜詆，流言飛文，譁於民間。故《詩》

云：「憂心悄悄，愠于羣小。」小人成羣，誠足愠也。昔孔子與顔淵、子貢更相稱譽，不爲朋黨；禹、稷與皋陶傳相汲引，不爲比周。何則？忠於爲國，無邪心也。故賢人在上位，則引其類而聚之於朝，《易》曰「飛龍在天，大人聚也」；在下位，則思與其類俱進，《易》曰「拔茅茹以其彙，征吉」。在上則引其類，在下則推其類，故湯用伊尹，不仁者遠，而衆賢至，類相致也。今佞邪與賢臣並在交戟之内，合黨共謀，違善依惡，歙歙訿訿，數設危險之言，欲以傾移主上。如忽然用之，此天地之所以先戒，災異之所以重至者也。

自古明聖，未有無誅而治者也，故舜有四放之罰，而孔子有兩觀之誅，然後聖化可得而行也。今以陛下明知，誠深思天地之心，迹察兩觀之誅，覽《否》《泰》之卦，觀雨雪之詩，歷周、唐之所進以爲法，原秦、魯之所消以爲戒，考祥應之福，省災異之禍，以揆當世之變，放遠佞邪之黨，壞散險詖之聚，杜閉羣枉之門，廣開衆正之路，決斷狐疑，分别猶豫，使是非炳然可知，則百異消滅，而衆祥並至，太平之基，萬世之利也。

臣幸得託肺附，誠見陰陽不調，不敢不通所聞。竊推《春秋》災異，以（效）〔救〕今事一二，條其所以，不宜宣泄。臣謹重封昧死上。

恭、顯見其書，愈與許、史比而怨更生等。堪性公方，自見孤立，遂直道而不曲。是歲夏寒，日青無光，恭、顯及許、史皆言堪、猛用事之咎。上内重堪，又患衆口之寖潤，無所取信。時長安令楊興以材能幸，常稱譽堪。上欲以爲助，乃見問興：「朝臣齗齗不可光禄勳，何（也）〔邪〕？」興者傾巧士，謂上疑堪，因順指曰：「堪非獨不可於朝廷，自州里亦不可也。臣見衆人聞堪前與劉更生等謀毁骨肉，以爲當誅，故臣前言堪不可誅傷，爲國養恩也。」上曰：「然此何罪而誅？今宜奈何？」興曰：「臣愚以爲可賜爵關内侯，食邑三百户，勿令典事。明主不失師傅之恩，此最策之得者也。」上於是疑。會城門校尉諸葛豐亦言堪、猛短，上因發怒免豐。語在其傳。又曰：「豐言堪、猛貞信不立，朕閔而不治，又惜其材能未有所効，其左遷堪爲河東太守，猛槐里令。」

顯等專權日甚。後三歲餘，孝宣廟闕災，其晦，日有蝕之。於是上召諸前言日變在堪、猛者責問，皆稽首謝。乃因下詔曰：「河東太守堪，先帝賢之，命而傅朕。資質淑茂，道術通明，論議正直，秉心有常，發憤悃愊，信有憂國之心。以不能阿尊事貴，孤特寡助，抑厭遂退，卒不克明。往者衆臣見異，不務自修，深惟其故，而反晻昧説天，託咎此人。朕不得已，出而試之，以彰其材，堪出之後，大變仍臻，衆亦嘿然。堪治未期年，而三老官屬有識之士詠頌其美，使者過郡，靡人不稱。此固足以彰先帝之知人，而朕有以自明也。俗人乃造端作基，非議詆欺，或引幽隱，非所宜明，意疑以類，欲以陷之，朕亦不取也。朕迫于俗，不得專心，乃者天著大異，朕甚懼焉。今堪年衰歲暮，恐不得自信，排於異人，將安究之哉？其徵堪詣行在所。」拜爲光禄大夫，秩中二千石，領尚書事。猛復爲太中大夫給事中。顯幹尚書〔事〕，尚書五人，皆其黨也。堪希得見，常因顯白事，事決顯口。會堪疾瘖，不能言而卒。顯誣譖猛，令自殺於公車。更生傷之，乃著《疾讒》、《擿要》、《救危》及《世頌》，凡八篇，依興古事，悼己及同類也。遂廢十餘年。

成帝即位，顯等伏辜，更生乃復進用，更名向。向以故九卿召拜爲中郎，使領護三輔都水。數奏封事，遷光禄大夫。是時帝元舅陽平侯王鳳爲大將軍秉政，倚太后，專國權，兄弟七人皆封爲列侯。時數有大異，向以爲外戚貴盛，鳳兄弟用事之咎。而上方精於《詩》《書》，觀古文，詔向領校中《五經》祕書。向見《尚書·洪範》，箕子爲武王陳五行陰陽休咎之應。向乃集合上古以來歷春秋、六國至秦漢符瑞災異之記，推迹行事，連傳禍福，著其占驗，比類相從，各有條目，凡十一篇，號曰《洪範五行傳論》，奏之。天子心知向忠精，故爲鳳兄弟起此論也，然終不能奪王氏權。

久之，營起昌陵，數年不成，復還歸延陵，制度泰奢。向上疏諫曰：【略】

書奏，上甚感向言，而不能從其計。

向睹俗彌奢淫，而趙、衛之屬起微賤，踰禮制。向以爲王教由内及外，自近者始。故採取《詩》《書》所載賢妃貞婦，興國顯家可法則，及孽嬖亂亡者，序次爲《列女傳》，凡八篇，以戒天子。及采傳記行事，著《新序》、《説苑》凡五十篇奏之。數上疏言得失，陳法戒。書數十上，以助觀覽，補遺闕。上雖不能盡用，然内嘉其言，常嗟歎之。

時上無繼嗣，政由王氏出，災異浸甚。向雅奇陳湯智謀，與相親友，獨謂湯曰：「災異如此，而外家日（甚）〔盛〕，其漸必危劉氏。吾幸得同姓末屬，絫世蒙漢厚恩，身爲宗室遺老，歷事三主。上以我先帝舊臣，每進見常加優禮，吾而不言，孰當言者？」向遂上封事極諫曰：【略】

書奏，天子召見向，歎息悲傷其意，謂曰：「君且休矣，吾將思之。」以向爲中壘校尉。

向爲人簡易無威儀，廉靖樂道，不交接世俗，專積思於經術，晝誦書傳，夜觀

星宿，或不寐達旦。元延中，星孛東井，蜀郡岷山崩雍江。向惡此異，語在《五行志》。懷不能已，復上奏，其辭曰：

臣聞帝舜戒伯禹，毋若丹朱敖；周公戒成王，毋若殷王紂。《詩》曰「殷監不遠，在夏后之世」，亦言湯以桀爲戒也。聖帝明王常以敗亂自戒，不諱廢興，故臣敢極陳其愚，唯陛下留神察焉。

謹案春秋二百四十二年，日蝕三十六，襄公尤數，率三歲五月有奇而壹食。漢興訖竟寧，孝景帝尤數，率三歲一月而一食。臣向前數言日當食，今連三年比食。自建始以來，二十歲間而八食，率二歲六月而一發，古今罕有。異有小大希稠，占有舒疾緩急，而聖人所以斷疑也。《易》曰：「觀乎天文，以察時變。」昔孔子對魯哀公，並言夏桀、殷紂暴虐天下，故曆失則攝提失方，孟陬無紀，此皆易姓之變也。秦始皇之末至二世時，日月薄食，山陵淪亡，辰星出於四孟，太白經天而行，無雲而雷，枉矢夜光，熒惑襲月，孽火燒宮，野禽戲廷，都門内崩，長人見臨洮，石隕於東郡，星孛大角，大角以亡。觀孔子之言，考暴秦之異，天命信可畏也。及項籍之敗，亦孛大角。漢之入秦，五星聚於東井，得天下之象也。孝惠時，有雨血，日食於衝，滅光星見之異。孝昭時，有泰山卧石自立，上林僵柳復起，大星如月西行，衆星隨之，此爲特異。孝宣興起之表，天狗夾漢而西，久陰不雨者二十餘日，昌邑不終之異也。皆著於《漢紀》。觀秦、漢之易世，覽惠、昭之無後，察昌邑之不終，視孝宣之紹起，天之去就，豈不昭昭然哉！高宗、成王亦有雊雉拔木之變，能思其故，故高宗有百年之福，成王有復風之報。神明之應，應若景嚮，世所同聞也。

臣幸得託末屬，誠見陛下有寬明之德，冀銷大異，而興高宗、成王之聲，以崇劉氏，故猥猥數奸死亡之誅。今日食尤屢，星孛東井，攝提炎及紫宮，有識長老莫不震動，此變之大者也。其事難一二記，故《易》曰「書不盡言，言不盡意」，是以設卦指爻，而復說義。《書》曰「伻來以圖」，天文難以相曉，臣雖圖上，猶須口說，然後可知，願賜清燕之閒，指圖陳狀。

上輒入之，然終不能用也。向每召見，數言公族者國之枝葉，枝葉落則本根無所庇廕；方今同姓疏遠，母黨專政，禄去公室，權在外家，非所以彊漢宗，卑私門，保守社稷，安固後嗣也。

向自見得信於上，故常顯訟宗室，譏刺王氏及在位大臣，其言多痛切，發於至誠。上數欲用向爲九卿，輒不爲王氏居位者及丞相御史所持，故終不遷。居列大夫官前後三十餘年，年七十二卒。卒後十三歲而王氏代漢。向三子皆好學：長子伋，以《易》教授，官至郡守；中子賜，九卿丞，蚤卒；少子歆，最知名。

歆字子駿，少以通《詩》《書》能屬文召見成帝，待詔宦者署，爲黄門郎。河平中，受詔與父向領校祕書，講六藝傳記，諸子、詩賦、數術、方技，無所不究。向死後，歆復爲中壘校尉。

哀帝初即位，大司馬王莽舉歆宗室有材行，爲侍中太中大夫，遷騎都尉、奉車光禄大夫，貴幸。復領《五經》，卒父前業。歆乃集六藝羣書，種別爲《七略》。語在《藝文志》。

歆及向始皆治《易》，宣帝時，詔向受《穀梁春秋》，十餘年，大明習。及歆校祕書，見古文《春秋》《左氏傳》，歆大好之。時丞相史尹咸以能治《左氏》，與歆共校經傳。歆略從咸及丞相翟方進受，質問大義。初《左氏傳》多古字古言，學者傳訓故而已，及歆治《左氏》，引傳文以解經，轉相發明，由是章句義理備焉。歆亦湛靖有謀，父子俱好古，博見彊志，過絶於人。歆以爲左丘明好惡與聖人同，親見夫子，而公羊、穀梁在七十子後，傳聞之與親見之，其詳略不同。歆數以難向，向不能非間也，然猶自持其《穀梁》義。及歆親近，欲建立《左氏春秋》及《毛詩》、《逸禮》、《古文尚書》皆列於學官。哀帝令歆與《五經》博士講論其義，諸博士或不肯置對，歆因移書太常博士，責讓之曰：

昔唐虞既衰，而三代迭興，聖帝明王，累起相襲，其道甚著。周室既微而禮樂不正，道之難全也如此。是故孔子憂道之不行，歷國應聘。自衛反魯，然後樂正，《雅》《頌》乃得其所；修《易》，序《書》，制作《春秋》，以紀帝王之道。及夫子没而微言絶，七十子終而大義乖。重遭戰國，棄籩豆之禮，理軍旅之陳，孔氏之道抑，而孫吴之術興。陵夷至於暴秦，燔經書，殺儒士，設挾書之法，行是古之罪，道術由是遂滅。漢興，去聖帝明王遐遠，仲尼之道又絶，法度無所因襲。時獨有一叔孫通略定禮儀，天下唯有《易》卜，未有它書。至孝惠之世，乃除挾書之律，然公卿大臣絳、灌之屬咸介胄武夫，莫以爲意。至孝文皇帝，始使掌故朝錯從伏生受《尚書》。《尚書》初出於屋壁，朽折散絶，今其書見在，時師傳讀而已。《詩》始萌牙。天下衆書往往頗出，皆諸子傳說，猶廣立於學官，爲置博士。在漢朝之儒，唯賈生而已。至孝武皇帝，然後鄒、魯、梁、趙頗有《詩》、《禮》、《春秋》先師，皆起於建元之間。當此之時，一人不能獨盡其經，或爲《雅》，或爲《頌》，相合

而成。《泰誓》後得，博士集而讀之。故詔書稱曰：「禮壞樂崩，書缺簡脱，朕甚閔焉。」時漢興已七八十年，離於全經，固已遠矣。

及魯恭王壞孔子宅，欲以爲宫，而得古文於壞壁之中，《逸禮》有三十九，《書》十六篇。天漢之後，孔安國獻之，遭巫蠱倉卒之難，未及施行。及《春秋》左氏丘明所修，皆古文舊書，多者二十餘通，臧於祕府，伏而未發。孝成皇帝閔學殘文缺，稍離其真，乃陳發祕臧，校理舊文，得此三事，以考學官所傳，經或脱簡，傳或間編。傳問民間，則有魯國(柏)〔桓〕公、趙國貫公、膠東庸生之遺學與此同，抑而未施。此乃有識者之所惜閔，士君子之所嗟痛也。往者綴學之士不思廢絶之闕，苟因陋就寡，分文析字，煩言碎辭，學者罷老且不能究其一藝。信口説而背傳記，是末師而非往古，至於國家將有大事，若立辟雍封禪巡狩之儀，則幽冥而莫知其原。猶欲保殘守缺，挾恐見破之私意，而無從善服義之公心，或懷妒嫉，不考情實，雷同相從，隨聲是非，抑此三學，以《尚書》爲備，謂左氏爲不傳《春秋》，豈不哀哉！

今聖上德通神明，繼統揚業，亦閔文學錯亂，學士若兹，雖昭其情，猶依違謙讓，樂與士君子同之。故下明詔，試《左氏》可立不，遣近臣奉指銜命，將以輔弱扶微，與二三君子比意同力，冀得廢遺。今則不然，深閉固距，而不肯試，猥以不誦絶之，欲以杜塞餘道，絶滅微學。夫可與樂成，難與慮始，此乃衆庶之所爲耳，非所望士君子也。且此數家之事，皆先帝所親論，今上所考視，其古文舊書，皆有徵驗，外内相應，豈苟而已哉！

夫禮失求之於野，古文不猶愈於野乎？往者博士《書》有歐陽，《春秋》公羊，《易》則施、孟，然孝宣皇帝猶復廣立《穀梁春秋》、《梁丘易》、《大小夏侯尚書》，義雖相反，猶並置之。何則？與其過而廢之也，寧過而立之。傳曰：「文武之道未墜於地，在人；賢者志其大者，不賢者志其小者。」今此數家之言所以兼包大小之義，豈可偏絶哉！若必專己守殘，黨同門，妒道真，違明詔，失聖意，以陷於文吏之議，甚爲二三君子不取也。

其言甚切，諸儒皆怨恨。是時名儒光禄大夫龔勝以歆移書上疏深自罪責，願乞骸骨罷。及儒者師丹爲大司空，亦大怒，奏歆改亂舊章，非毁先帝所立。上曰：「歆欲廣道術，亦何以爲非毁哉？」歆由是忤執政大臣，爲衆儒所訕，懼誅，求出補吏，爲河内太守。以宗室不宜典三河，徙守五原，後復轉在涿郡，歷三郡守。數年，以病免官，起家復爲安定屬國都尉。會哀帝崩，王莽持政，莽少與歆俱爲黄門郎，重之，白太后。太后留歆爲右曹太中大夫，遷中壘校尉，羲和，京兆尹，使治明堂辟雍，封紅休侯。典儒林史卜之官，考定律曆，著《三統曆譜》。

初，歆以建平元年改名秀，字穎叔云。及王莽篡位，歆爲國師，後事皆在《莽傳》。

贊曰：仲尼稱「材難不其然與！」自孔子後，綴文之士衆矣，唯孟軻、孫況、董仲舒、司馬遷、劉向、揚雄。此數公者，皆博物洽聞，通達古今，其言有補於世。傳曰「聖人不出，其間必有命世者焉」，豈近是乎？劉氏《洪範論》發明《大傳》，著天人之應；《七略》剖判藝文，總百家之緒；《三統曆譜》考步日月五星之度。有意其推本之也。嗚虖！向言山陵之戒，于今察之，哀哉！指明梓柱以推廢興，昭矣！豈非直諒多聞，古之益友與！

漢・班固《漢書》卷六二《司馬遷傳》 太史公學天官於唐都，受《易》於楊何，習道論於黄子。太史公仕於建元、元封之間，愍學者不達其意而師詩，乃論六家之要指曰：【略】

太史公既掌天官，不治民。有子曰遷。

遷生龍門，耕牧河山之陽。年十歲則誦古文。二十而南游江淮，上會稽，探禹穴，窺九疑，浮沅湘。北涉汶泗，講業齊魯之都，觀夫子遺風，鄉射鄒嶧；阸困蕃、薛、彭城，過梁楚以歸。於是遷仕爲郎中，奉使西征巴蜀以南，略邛、筰、昆明，還報命。

是歲，天子始建漢家之封，而太史公留滯周南，不得與從事，發憤且卒。而子遷適反，見父於河雒之間。太史公執遷手而泣曰：「予先，周室之太史也。自上世嘗顯功名虞夏，典天官事。後世中衰，絶於予乎？汝復爲太史，則續吾祖矣。今天子接千歲之統，封泰山，而予不得從行，是命也夫！命也夫！予死，爾必爲太史；爲太史，毋忘吾所欲論著矣。且夫孝，始於事親，中於事君，終於立身；揚名於後世，以顯父母，此孝之大也。夫天下稱周公，言其能論歌文武之德，宣周召之風，達大王王季思慮，爰及公劉，以尊后稷也。幽厲之後，王道缺，禮樂衰，孔子脩舊起廢，論《詩》《書》，作《春秋》，則學者至今則之。自獲麟以來四百有餘歲，而諸侯相兼，史記放絶。今漢興，海内壹統，明主賢君，忠臣義士，予爲太史而不論載，廢天下之文，予甚懼焉，爾其念哉！」遷俯首流涕曰：「小子不敏，請悉論先人所次舊聞，不敢闕。」卒三歲，而遷爲太史令，紬史記石室金鐀之書。五年而當太初元年，十一月甲子朔旦冬至，天曆始改，建於明堂，諸神

受記。於是論次其文。十年而遭李陵之禍，幽於縲紲。乃喟然而歎曰：「是余之辠夫！身虧不用矣。」退而深惟曰：「夫《詩》《書》隱約者，欲遂其志之思也。」卒述陶唐以來，至於麟止，自黃帝始。【略】

惟漢繼五帝末流，接三代絶業。周道既廢，秦撥去古文，焚滅《詩》《書》，故明堂石室金鐀玉版圖籍散亂。漢興，蕭何次律令，韓信申軍法，張蒼爲章程，叔孫通定禮儀，則文學彬彬稍進，《詩》《書》往往間出。自曹參薦蓋公言黃老，而賈誼、朝錯明申韓，公孫弘以儒顯，百年之間，天下遺文古事靡不畢集。太史公仍父子相繼纂其職，曰：「於戲！余維先人嘗掌斯事，顯於唐虞。至於周，復典之。故司馬氏世主天官，至於余乎，欽念哉！」罔羅天下放失舊聞，王迹所興，原始察終，見盛觀衰，論考之行事，略三代，録秦漢，上記軒轅，下至於兹，著十二本紀，既科條之矣。並時異世，年差不明，作十表。禮樂損益，律曆改易，兵權山川鬼神，天人之際，承敝通變，作八書。二十八宿環北辰，三十輻共一轂，運行無窮，輔弼股肱之臣配焉，忠信行道以奉主上，作三十世家。扶義俶儻，不令已失時，立功名於天下，作七十列傳。凡百三十篇，五十二萬六千五百字，爲《太史公書》。序略，以拾遺補蓺，成一家言，協《六經》異傳，齊百家雜語，臧之名山，副在京師，以竢後聖君子。第七十，遷之自敍云爾。而十篇缺，有録無書。

遷既被刑之後，爲中書令，尊寵任職。故人益州刺史任安予遷書，責以古賢臣之義。遷報之曰：

少卿足下，曩者辱賜書，教以慎於接物，推賢進士爲務，意氣勤勤懇懇，若望僕不相師用，而流俗人之言。僕非敢如是也。雖罷駑，亦嘗側聞長者遺風矣。顧自以爲身殘處穢，動而見尤，欲益反損，是以抑鬱而無誰語。諺曰：「誰爲爲之？孰令聽之？」蓋鍾子期死，伯牙終身不復鼓琴。何則？士爲知己用，女爲説己容。若僕大質已虧缺，雖材懷隨和，行若由夷，終不可以爲榮，適足以發笑而自點耳。

書辭宜答，會東從上來，又迫賤事，相見日淺，卒卒無須臾之間得竭指意。今少卿抱不測之罪，涉旬月，迫季冬，僕又薄從上上雍，恐卒然不可諱。是僕終已不得舒憤懣以曉左右，則長逝者魂魄私恨無窮。請略陳固陋。闕然不報，幸勿過。

僕聞之，修身者智之府也，愛施者仁之端也，取予者義之符也，恥辱者勇之決也，立名者行之極也。士有此五者，然後可以託於世，列於君子之林矣。故禍莫憯於欲利，悲莫痛於傷心，行莫醜於辱先，而詬莫大於宫刑。刑餘之人，無所比數，非一世也，所從來遠矣。昔衛靈公與雍渠載，孔子適陳；商鞅因景監見，趙良寒心；同子參乘，爰絲變色：自古而恥之。夫中材之人，事關於宦豎，莫不傷氣，況忼慨之士乎！如今朝雖乏人，柰何令刀鋸之餘薦天下豪儁哉！僕賴先人緒業，得待罪輦轂下，二十餘年矣。所以自惟：上之，不能納忠效信，有奇策材力之譽，自結明主；次之，又不能拾遺補闕，招賢進能，顯巖穴之士；外之，不能備行伍，攻城(戰野)〔野戰〕，有斬將搴旗之功；下之，不能累日積勞，取尊官厚禄，以爲宗族交遊光寵。四者無一遂，苟合取容，無所短長之效，可見於此矣。鄉者，僕亦嘗厠下大夫之列，陪外廷末議。不以此時引維綱，盡思慮，今已虧形爲埽除之隸，在闒茸之中，乃欲卬首信眉，論列是非，不亦輕朝廷，羞當世之士邪！嗟乎！嗟乎！如僕，尚何言哉！尚何言哉！

且事本末未易明也。僕少負不羈之才，長無鄉曲之譽，主上幸以先人之故，使得奉薄技，出入周衛之中。僕以爲戴盆何以望天，故絶賓客之知，忘室家之業，日夜思竭其不肖之材力，務壹心營職，以求親媚於主上。而事乃有大謬不然者。夫僕與李陵俱居門下，素非相善也，趣舍異路，未嘗銜盃酒接殷勤之歡。然僕觀其爲人自奇士，事親孝，與士信，臨財廉，取予義，分別有讓，恭儉下人，常思奮不顧身以徇國家之急。其素所畜積也，僕以爲有國士之風。夫人臣出萬死不顧一生之計，赴公家之難，斯已奇矣。今舉事壹不當，而全軀保妻子之臣隨而媒孽其短，僕誠私心痛之。且李陵提步卒不滿五千，深踐戎馬之地，足歷王庭，垂餌虎口，横挑彊胡，卬億萬之師，與單于連戰十餘日，所殺過當。虜救死扶傷不給，旃裘之君長咸震怖，乃悉徵左右賢王，舉引弓之民，一國共攻而圍之。轉鬭千里，矢盡道窮，救兵不至，士卒死傷如積。然李陵一呼勞軍，士無不起，躬流涕，沬血飲泣，張空弮，冒白刃，北首爭死敵。陵未没時，使有來報，漢公卿王侯皆奉觴上壽。後數日，陵敗書聞，主上爲之食不甘味，聽朝不怡。大臣憂懼，不知所出。僕竊不自料其卑賤，見主上慘悽怛悼，誠欲效其款款之愚。以爲李陵素與士大夫絶甘分少，能得人之死力，雖古名將不過也。身雖陷敗，彼觀其意，且欲得其當而報漢。事已無可柰何，其所摧敗，功亦足以暴於天下。僕懷欲陳之，而未有路。適會召問，即以此指推言陵功，欲以廣主上之意，塞睚眦之辭。未能盡明，明主不深曉，以爲僕沮貳師，而爲李陵游説，遂下於理。拳拳之忠，終

不能自列，因爲誣上，卒從吏議。家貧，財賂不足以自贖，交遊莫救，左右親近不爲壹言。身非木石，獨與法吏爲伍，深幽囹圄之中，誰可告愬者！此正少卿所親見，僕行事豈不然邪？李陵既生降，隤其家聲，而僕又茸以蠶室，重爲天下觀笑。悲夫！悲夫！

事未易一二爲俗人言也。僕之先人非有剖符丹書之功，文史星曆近乎卜祝之間，固主上所戲弄，倡優畜之，流俗之所輕也。假令僕伏法受誅，若九牛亡一毛，與螻螘何異？而世又不與能死節者比，特以爲智窮罪極，不能自免，卒就死耳。何也？素所自樹立使然。人固有一死，死有重於泰山，或輕於鴻毛，用之所趨異也。太上不辱先，其次不辱身，其次不辱理色，其次不辱辭令，其次詘體受辱，其次易服受辱，其次關木索被箠楚受辱，其次鬄毛髮嬰金鐵受辱，其次毁肌膚斷支體受辱，最下腐刑，極矣。傳曰「刑不上大夫」，此言士節不可不厲也。猛虎處深山，百獸震恐，及其在穽檻之中，摇尾而求食，積威約之漸也。故士有畫地爲牢勢不入，削木爲吏議不對，定計於鮮也。今交手足，受木索，暴肌膚，受榜箠，幽於圜牆之中。當此之時，見獄吏則頭槍地，視徒隸則心惕息。何者？積威約之勢也。及已至此，言不辱者，所謂彊顔耳，曷足貴乎！且西伯，伯也，拘牖里；李斯，相也，具五刑；淮陰，王也，受械於陳；彭越、張敖南鄉稱孤，繫獄具罪；絳侯誅諸吕，權傾五伯，囚於請室；魏其，大將也，衣赭關三木；季布爲朱家鉗奴；灌夫受辱居室。此人皆身至王侯將相，聲聞鄰國，及罪至罔加，不能引決自財。在塵埃之中，古今一體，安在其不辱也！由此言之，勇怯，勢也；彊弱，形也。審矣，曷足怪乎！且人不能蚤自財繩墨之外，已稍陵夷至於鞭箠之間，乃欲引節，斯不亦遠乎！古人所以重施刑於大夫者，殆爲此也。夫人情莫不貪生惡死，念親戚，顧妻子，至激於義理者不然，乃有不得已也。今僕不幸，蚤失二親，無兄弟之親，獨身孤立，少卿視僕於妻子何如哉？且勇者不必死節，怯夫慕義，何處不勉焉！僕雖怯耎欲苟活，亦頗識去就之分矣，何至自湛溺累紲之辱哉！且夫臧獲婢妾猶能引決，況若僕之不得已乎！所以隱忍苟活，函糞土之中而不辭者，恨私心有所不盡，鄙没世而文采不表於後也。

古者富貴而名摩滅，不可勝記，唯俶儻非常之人稱焉。蓋西伯拘而演《周易》，仲尼戹而作《春秋》；屈原放逐，乃賦《離騷》，左丘失明，厥有《國語》；孫子髕脚，《兵法》修列；不韋遷蜀，世傳《吕覽》；韓非囚秦，《説難》、《孤憤》。《詩》三百篇，大氐賢聖發憤之所爲作也。此人皆意有所鬱結，不得通其道，故述往事，思來者。及如左丘明無目，孫子斷足，終不可用，退論書策以舒其憤，思垂空文以自見。僕竊不遜，近自託於無能之辭，網羅天下放失舊聞，考之行事，稽其成敗興壞之理，凡百三十篇，亦欲以究天人之際，通古今之變，成一家之言。草創未就，適會此禍，惜其不成，是以就極刑而無愠色。僕誠已著此書，藏之名山，傳之其人通邑大都，則僕償前辱之責，雖萬被戮，豈有悔哉！然此可爲智者道，難爲俗人言也。

且負下未易居，下流多謗議。僕以口語遇遭此禍，重爲鄉黨戮笑，汙辱先人，亦何面目復上父母之丘墓乎？雖累百世，垢彌甚耳！是以腸一日而九回，居則忽忽若有所亡，出則不知所如往。每念斯恥，汗未嘗不發背霑衣也。身直爲閨閤之臣，寧得自引深臧於巖穴邪！故且從俗浮湛，與時俯仰，以通其狂惑。今少卿乃教以推賢進士，無乃與僕之私指謬乎。今雖欲自彫瑑，曼辭以自解，無益，於俗不信，祇取辱耳。要之死日，然後是非乃定。書不能盡意，故略陳固陋。

遷既死後，其書稍出。宣帝時，遷外孫平通侯楊惲祖述其書，遂宣布焉。至王莽時，求封遷後，爲史通子。

贊曰：自古書契之作而有史官，其載籍博矣。至孔氏籑之，上(繼)〔斷〕唐堯，下訖秦繆。唐虞以前雖有遺文，其語不經，故言黄帝、顓頊之事未可明也。及孔子因魯史記而作《春秋》，而左丘明論輯其本事以爲之傳，又籑異同爲《國語》。又有《世本》，録黄帝以來至春秋時帝王公侯卿大夫祖世所出。春秋之後，七國並争，秦兼諸侯，有《戰國策》。漢興伐秦定天下，有《楚漢春秋》。故司馬遷據《左氏》、《國語》，采《世本》、《戰國策》，述《楚漢春秋》，接其後事，訖于(大)〔天〕漢。其言秦漢，詳矣。至於采經摭傳，分散數家之事，甚多疏略，或有抵梧。亦其涉獵者廣博，貫穿經傳，馳騁古今，上下數千載間，斯以勤矣。又其是非頗繆於聖人，論大道則先黄老而後六經，序遊俠則退處士而進姦雄，述貨殖則崇勢利而羞賤貧，此其所蔽也。然自劉向、揚雄博極羣書，皆稱遷有良史之材，服其善序事理，辨而不華，質而不俚，其文直，其事核，不虚美，不隱惡，故謂之實録。烏呼！以遷之博物洽聞，而不能以知自全，既陷極刑，幽而發憤，書亦信矣。迹其所以自傷悼，《小雅》巷伯之倫。夫唯《大雅》「既明且哲，能保其身」，難矣哉！

漢·班固《漢書》卷六五《東方朔傳》 東方朔字曼倩，平原厭次人也。武帝初即位，徵天下舉方正賢良文學材力之士，待以不次之位。四方士多上書言得失，自衒鬻者以千數，其不足采者輒報聞罷。朔初來，上書曰：「臣朔少失父母，

長養兄嫂。年十三學書，三冬文史足用。十五學擊劍。十六學《詩》《書》，誦二十二萬言。十九學孫吳兵法，戰陣之具，鉦鼓之教，亦誦二十二萬言。凡臣朔固已誦四十四萬言。又常服子路之言。臣朔年二十二，長九尺三寸，目若懸珠，齒若編貝，勇若孟賁，捷若慶忌，廉若鮑叔，信若尾生。若此，可以爲天子大臣矣。臣朔昧死再拜以聞。」

朔文辭不遜，高自稱譽，上偉之，令待詔公車，奉禄薄，未得省見。【略】

初，建元三年，微行始出，北至池陽，西至黄山，南獵長楊，東游宜春。微行常用飲酎已。八九月中，與侍中常侍武騎及待詔隴西北地良家子能騎射者期諸殿門，故有「期門」之號自此始。微行以夜漏下十刻乃出，常稱平陽侯。旦明，入山下馳射鹿豕狐兔，手格熊羆，馳騖禾稼稻秔之地。民皆號呼罵詈，相聚會，自言鄠杜令。令往，欲謁平陽侯，諸騎欲擊鞭之。令大怒，使吏呵止，獵者數騎見留，乃示以乘輿物，久之乃得去。時夜出夕還，後齎五日糧，會朝長信宫，上大驩樂之。是後，南山下乃知微行數出也，然尚迫於太后，未敢遠出。丞相御史知指，乃使右輔都尉徼循長楊以東，右内史發小民共待會所。後乃私置更衣，從宣曲以南十二所，中休更衣，投宿諸宫，長楊、五柞、倍陽、宣曲尤幸。於是上以爲道遠勞苦，又爲百姓所患，乃使太中大夫吾丘壽王與待詔能用算者二人，舉籍阿城以南，盩厔以東，宜春以西，提封頃畝，及其賈直，欲除以爲上林苑，屬之南山。又詔中尉、左右内史表屬縣草田，欲以償鄠杜之民。吾丘壽王奏事，上大説稱善。時朔在傍，進諫曰：

臣聞謙遜静慤，天表之應，應之以福；驕溢靡麗，天表之應，應之以異。今陛下累郎臺，恐其不高也；弋獵之處，恐其不廣也。如天不爲變，則三輔之地盡可以爲苑，何必盩厔、鄠、杜乎！奢侈越制，天爲之變，上林雖小，臣尚以爲大也。

夫南山，天下之阻也，南有江淮，北有河渭，其地從汧隴以東，商雒以西，厥壤肥饒。漢興，去三河之地，止霸産以西，都涇渭之南，此所謂天下陸海之地，秦之所以虜西戎兼山東者也。其山出玉石，金、銀、銅、鐵，豫章、檀、柘，異類之物，不可勝原，此百工所取給，萬民所卬足也。又有秔稻梨栗桑麻竹箭之饒，土宜薑芋，水多䵷魚，貧者得以人給家足，無飢寒之憂。故酆鎬之間號爲土膏，其賈畝金。今規以爲苑，絶陂池水澤之利，而取民膏腴之地，上乏國家之用，下奪農桑之業，棄成功，就敗事，損耗五穀，是其不可一也。且盛荆棘之林，而長養麋鹿，廣狐兔之苑，大虎狼之虚，又壞人家墓，發人室廬，令幼弱懷土而思，耆老泣涕而悲，是其不可二也。斥而營之，垣而囿之，騎馳東西，車騖南北，又有深溝大渠，夫一日之樂不足以危無隄之輿，是其不可三也。故務苑囿之大，不恤農時，非所以彊國富人也。

夫殷作九市之宫而諸侯畔，靈王起章華之臺而楚民散，秦興阿房之殿而天下亂。糞土愚臣，忘生觸死，逆盛意，犯隆指，罪當萬死，不勝大願，願陳《泰階六符》，以觀天變，不可不省。

是日因奏《泰階》之事，上乃拜朔爲太中大夫給事中，賜黄金百斤。然遂起上林苑，如壽王所奏云。

漢·班固《漢書》卷七五《京房傳》 京房字君明，東郡頓丘人也。治《易》，事梁人焦延壽。延壽字贛。贛貧賤，以好學得幸梁王，王共其資用，令極意學。既成，爲郡史，察舉補小黄令。以候司先知姦邪，盜賊不得發。愛養吏民，化行縣中。舉最當遷，三老官屬上書願留贛，有詔許增秩留，卒於小黄。贛常曰：「得我道以亡身者，必京生也。」其説長於災變，分六十四卦，更直日用事，以風雨寒温爲候：各有占驗。房用之尤精。好鍾律，知音聲。初元四年以孝廉爲郎。

永光、建昭間，西羌反，日蝕，又久青亡光，陰霧不精。房數上疏，先言其將然，近數月，遠一歲，所言屢中，天子説之。數召見問，房對曰：「古帝王以功舉賢，則萬化成，瑞應著，末世以毁譽取人，故功業廢而致災異。宜令百官各試其功，災異可息。」詔使房作其事，房奏考功課吏法。上令公卿朝臣與房會議温室，皆以房言煩碎，令上下相司，不可許。上意鄉之。時部刺史奏事京師，上召見諸刺史，令房曉以課事，刺史復以爲不可行。唯御史大夫鄭弘、光禄大夫周堪初言不可，後善之。

是時中書令石顯顓權，顯友人五鹿充宗爲尚書令，與房同經，論議相非。二人用事。房嘗宴見，問上曰：「幽厲之君何以危？所任者何人也？」上曰：「君不明，而所任者巧佞。」房曰：「知其巧佞而用之邪，將以爲賢也？」上曰：「賢之。」房曰：「然則今何以知其不賢也？」上曰：「以其時亂而君危知之。」房曰：「若是，任賢必治，任不肖必亂，必然之道也。幽厲何不覺寤而更求賢，曷爲卒任不肖以至於是？」上曰：「臨亂之君各賢其臣，令皆覺寤，天下安得危亡之君？」【略】上良久迺曰：「今爲亂者誰哉？」房曰：「明主宜自知之。」上曰：「不知也。如知，何故用之。」房曰：「上最所信任與圖事帷幄之中，進退天下之士者是矣。」房指謂石顯。上亦知之，謂房曰：「已諭。」

房罷出，後上令房上弟子曉知考功課吏事者，欲試用之。房上中郎任良、姚平「願以爲刺史，試考功法，臣得通籍殿中，爲奏事，以防壅塞。」石顯、五鹿充宗皆疾房，欲遠之，建言宜試以房爲郡守。元帝於是以房爲魏郡太守，秩八百石，居得以考功法治郡。房自請，願無屬刺史，得除用它郡人，自第吏千石已下，歲竟乘傳奏事。天子許焉。

房自知數以論議爲大臣所非，內與石顯、五鹿充宗有隙，不欲遠離左右，及爲太守，憂懼。房以建昭二年二月朔拜，上封事曰：「辛酉以來，蒙氣衰去，太陽精明，臣獨欣然，以爲陛下有所定也。然少陰倍力而乘消息。臣疑陛下雖行此道，猶不得如意，臣竊悼懼。守陽平侯鳳欲見未得，至己卯，臣拜爲太守，此言上雖明下猶勝之效也。臣出之後，恐必爲用事所蔽，身死而功不成，故願歲盡乘傳奏事，蒙哀見許。乃辛巳，蒙氣復乘卦，太陽侵色，此上大夫覆陽而上意疑也。己卯、庚辰之間，必有欲隔絕臣令不得乘傳奏事者。」

房未發，上令陽平侯鳳承制詔房，止無乘傳奏事。房意愈恐，去至新豐，因郵上封事曰：「臣〔前〕以六月中言《遯卦》不効，法曰：『道人始去，寒，涌水爲災。』至其七月，涌水出。臣弟子姚平謂臣曰：『房可謂知道，未可謂信道也。房言災異，未嘗不中，今涌水已出，道人當逐死，尚復何言？』臣曰：『陛下至仁，於臣尤厚，雖言而死，臣猶言也。』平又曰：『房可謂小忠，未可謂大忠也。昔秦時趙高用事，有正先者，非刺高而死，高威自此成，故秦之亂，正先趣之。』今臣得出守郡，自詭效功，恐未效而死。惟陛下毋使臣塞涌水之異，當正先之死，爲姚平所笑。」

房至陝，復上封事曰：「乃丙戌小雨，丁亥蒙氣去，然少陰并力而乘消息，戊子益甚，到五十分，蒙氣復起。此陛下欲正消息，雜卦之黨并力而争，消息之氣不勝。彊弱安危之機不可不察。己丑夜，有還風，盡辛卯，太陽復侵色，至癸巳，日月相薄，此邪陰同力而太陽爲之疑也。臣前白九年不改，必有星亡之異。臣願出任良試考功，臣得居内，星亡之異可去。議者知如此於身不利，臣不可蔽，故云使弟子不若試師。臣爲刺史又當奏事，故復云爲刺史恐太守不與同心，不若以爲太守，此其所以隔絕臣也。陛下不違其言而遂聽之，此乃蒙氣所以不解，太陽亡色者也。臣去朝稍遠，太陽侵色益甚，唯陛下毋難還臣而易逆天意。邪説雖安于人，天氣必變，故人可欺，天不可欺也，願陛下察焉。」房去月餘，竟徵下獄。

初，淮陽憲王舅張博從房受學，以女妻房。房與相親，每朝見，輒爲博道其語，以爲上意欲用房議，而羣臣惡其害己，故爲衆所排。博曰：「淮陽王上親弟，敏達好政，欲爲國忠。今欲令王上書求入朝，得佐助房。」房曰：「得無不可？」博曰：「前楚王朝薦士，何爲不可？」房曰：「中書令石顯、尚書令五鹿君相與合同，巧佞之人也，事縣官十餘年；及丞相韋侯，皆久亡補於民，可謂亡功矣。此尤不欲行考功者也。淮陽王即朝見，勸上行考功，事善；不然，但言丞相、中書令任事久而不治，可休丞相，以御史大夫鄭弘代之，遷中書令置他官，以鉤盾令徐立代之，如此，房考功事得施行矣。」博具從房記諸所説災異事，(固)〔因〕令房爲淮陽王作求朝奏草，皆持柬與淮陽王。石顯微司具知之，以房親近，未敢言。及房出守郡，顯告房與張博通謀，非謗政治，歸惡天子，詿誤諸侯王，語在《憲王傳》。初，房見道幽厲事，出爲御史大夫鄭弘言之。房、博皆棄市，弘坐免爲庶人。房本姓李，推律自定爲京氏，死時年四十一。

漢・班固《漢書》卷七五《眭弘傳》 眭弘字孟，魯國蕃人也。少時好俠，鬭雞走馬，長乃變節，從嬴公受《春秋》。以明經爲議郎，至符節令。

孝昭元鳳三年正月，泰山萊蕪山南匈匈有數千人聲，民視之，有大石自立，高丈五尺，大四十八圍，入地深八尺，三石爲足。石立後有白烏數千下集其旁。是時昌邑有枯社木臥復生，又上林苑中大柳樹斷枯臥地，亦自立生，有蟲食樹葉成文字，曰「公孫病已立」，孟推《春秋》之意，以爲「石柳皆陰類，下民之象，(而)泰山者岱宗之嶽，王者易姓告代之處。今大石自立，僵柳復起，非人力所爲，此當有從匹夫爲天子者。枯社木復生，故廢之家公孫氏當復興者也。」孟意亦不知其所在，即説曰：「先師董仲舒有言，雖有繼體守文之君，不害聖人之受命。漢家堯後，有傳國之運。漢帝宜誰差天下，求索賢人，禪以帝位，而退自封百里，如殷周二王後，以承順天命。」孟使友人内官長賜上此書。時，昭帝幼，大將軍霍光秉政，惡之，下其書廷尉。奏賜、孟妄設袄言惑衆，大逆不道，皆伏誅。後五年，孝宣帝興於民間，即位，徵孟子爲郎。

漢・班固《漢書》卷七五《夏侯始昌傳》 夏侯始昌，魯人也。通《五經》，以《齊詩》、《尚書》教授。自董仲舒、韓嬰死後，武帝得始昌，甚重之。始昌明於陰陽，先言柏梁臺災日，至期日果災。時昌邑王以少子愛，上爲選師，始昌爲太傅。年老，以壽終。族子勝亦以儒顯名。

漢・班固《漢書》卷七五《夏侯勝傳》 夏侯勝字長公。初，魯共王分魯西寧

鄉以封子節侯，別屬大河，大河後更名東平，故勝爲東平人。勝少孤，好學，從始昌受《尚書》及《洪範·五行傳》，說災異。後事蕳卿，又從歐陽氏問。爲學精孰，所問非一師也。善説禮服。徵爲博士、光禄大夫。會昭帝崩，昌邑王嗣立，數出。勝當乘輿前諫曰：「天久陰而不雨，臣下有謀上者，陛下出欲何之？」王怒，謂勝爲祅言，縛以屬吏。吏白大將軍霍光，光不舉法。是時，光與車騎將軍張安世謀欲廢昌邑王。光讓安世以爲泄語，安世實不言。乃召問勝，勝對言：「在《洪範傳》曰『皇之不極，厥罰常陰，時則下人有伐上者』，惡察察言，故云臣下有謀。」光、安世大驚，以此益重經術士。後十餘日，光卒與安世(共)白太后，廢昌邑王，尊立宣帝。光以爲羣臣奏事東宮，太后省政，宜知經術，白令勝用《尚書》授太后。遷長信少府，賜爵關內侯，以與謀廢立，定策安宗廟，益千户。

宣帝初即位，欲褒先帝，詔丞相御史曰：「朕以眇身，蒙遺德，承聖業，奉宗廟，夙夜惟念。孝武皇帝躬仁誼，厲威武，北征匈奴，單于遠遁，南平氐羌、昆明、甌駱兩越，東定薉、貉、朝鮮，廓地斥境，立郡縣，百蠻率服，款塞自至，珍貢陳於宗廟；協音律，造樂歌，薦上帝，封太山，立明堂，改正朔，易服色；明開聖緒，尊賢顯功，興滅繼絶，褒周之後；備天地之禮，廣道術之路。上天報況，符瑞並應，寶鼎出，白麟獲，海效鉅魚，神人並見，山稱萬歲。功德茂盛，不能盡宣，而廟樂未稱，朕甚悼焉。其與列侯、二千石、博士議。」於是羣臣大議廷中，皆曰：「宜如詔書。」長信少府勝獨曰：「武帝雖有攘四夷廣土斥境之功，然多殺士衆，竭民財力，奢泰亡度，天下虚耗，百姓流離，物故者(過)半。蝗蟲大起，赤地數千里，或人民相食，畜積至今未復。亡德澤於民，不宜爲立廟樂。」公卿共難勝曰：「此詔書也。」勝曰：「詔書不可用也。人臣之誼，宜直言正論，非苟阿意順指。議已出口，雖死不悔。」於是丞相義、御史大夫廣明劾奏勝非議詔書，毁先帝，不道，及丞相長史黄霸阿縱勝，不舉劾，俱下獄。有司遂請尊孝武帝廟爲世宗廟，奏《盛德》、《文始》、《五行》之舞，天下世世獻納，以明盛德。武帝巡狩所幸郡國凡四十九，皆立廟，如高祖、太宗焉。

勝、霸既久繫，霸欲從勝受經，勝辭以罪死。霸曰：「『朝聞道，夕死可矣』。」勝賢其言，遂授之。繫再更冬，講論不怠。

至四年夏，關東四十九郡同日地動，或山崩，壞城郭室屋，殺六千餘人。上乃素服，避正殿，遣使者弔問吏民，賜死者棺錢。下詔曰：「蓋災異者，天地之戒也。朕承洪業，託士民之上，未能和羣生。曩者地震北海、琅邪，壞祖宗廟，朕甚懼焉。其與列侯、中二千石博問術士，有以應變，補朕之闕，毋有所諱。」因大赦，勝出爲諫大夫給事中，霸爲揚州刺史。

勝爲人質樸守正，簡易亡威儀。見時謂上爲君，誤相字於前，上亦以是親信之。嘗見，出道上語，上聞而讓勝，勝曰：「陛下所言善，臣故揚之。堯言布於天下，至今見誦。臣以爲可傳，故傳耳。」朝廷每有大議，上知勝素直，謂曰：「先生通正言，無懲前事。」

勝復爲長信少府，遷太子太傅。受詔撰《尚書》、《論語説》，賜黄金百斤。年九十卒官，賜冢塋，葬平陵。太后賜錢二百萬，爲勝素服五日，以報師傅之恩，儒者以爲榮。

始，勝每講授，常謂諸生曰：「士病不明經術；經術苟明，其取青紫如俛拾地芥耳。學經不明，不如歸耕。」

勝從父子建字長卿，自師事勝及歐陽高，左右采獲，又從《五經》諸儒問與《尚書》相出入者，牽引以次章句，具文飾説。勝非之曰：「建所謂章句小儒，破碎大道。」建亦非勝爲學疏略，難以應敵。建卒自顓門名經，爲議郎博士，至太子少傅。勝子兼爲左曹太中大夫，孫堯至長信少府、司農、鴻臚，曾孫蕃郡守、州牧，長樂少府。勝同産弟子賞爲梁內史，梁內史子定國爲豫章太守。而建子千秋亦爲少府、太子少傅。

漢·班固《漢書》卷七五《翼奉傳》 翼奉字少君，東海下邳人也。治《齊詩》，與蕭望之、匡衡同師。三人經術皆明，衡爲後進，望之施之政事，而奉惇學不仕，好律曆陰陽之占。元帝初即位，諸儒薦之，徵待詔宦者署，數言事宴見，天子敬焉。

時，平昌侯王臨以宣(布)〔帝〕外屬侍中，稱詔欲從奉學其術。奉不肯與言，而上封事曰：「臣聞之於師，治道要務，在知下之邪正。人誠鄉正，雖愚爲用；若乃懷邪，知益爲害。知下之術，在於六情十二律而已。北方之情，好也；好行貪狼，申子主之。東方之情，怒也；怒行陰賊，辛卯主之。貪狼必待陰賊而後動，陰賊必待貪狼而後用，二陰並行，是以王者忌子卯也。《禮經》避之，《春秋》諱焉。南方之情，惡也；惡行廉貞，寅午主之。西方之情，喜也；喜行寬大，巳酉主之。二陽並行，是以王者吉午酉也。《詩》曰：『吉日庚午。』上方之情，樂也；樂行姦邪，辰未主之。下方之情，哀也；哀行公正，戌丑主之。辰未屬陰，戌丑屬陽，萬物各以其類應。今陛下明聖虚静以待物至，萬事雖衆，何聞而不

諭，豈況乎執十二律而御六情！於以知下參實，亦甚優矣，萬不失一，自然之道也。乃正月癸未日加申，有暴風從西南來。未主姦邪，申主貪狼，風以大陰下抵建前，是人主左右邪臣之氣也。平昌侯比三來見臣，皆以正辰加邪時。辰爲客，時爲主人。以律知人情，王者之祕道也，愚臣誠不敢以語邪人。」

上以奉爲中郎，召問奉：「來者以善日邪時，孰與邪日善時？」奉對曰：「師法用辰不用日。辰爲客，時爲主人。見於明主，侍者爲主人。辰正時邪，見者正，侍者邪；辰邪時正，見者邪，侍者正。忠正之見，侍者雖邪，辰時俱正；大邪之見，侍者雖正，辰時俱邪。即以自知侍者之邪，而時邪辰正，見者反邪；即以自知侍者之正，而時正辰邪，見者反正。辰爲常事，時爲一行。辰疏而時精，其效同功，必參五觀之，然後可知。故曰：察其所繇，省其進退，參之六合五行，則可以見人性，知人情。難用外察，從中甚明，故詩之爲學，情性而已。五性不相害，六情更興廢。觀性以曆，觀情以律，明主所宜獨用，難與二人共也。故曰：『顯諸仁，臧諸用。』露之則不神，獨行則自然矣，唯奉能用之，學者莫能行。」

是歲，關東大水，郡國十一飢，疫尤甚。上乃下詔江海陂湖園池屬少府者以假貧民，勿租稅；損大官膳，減樂府員，省苑(囿)〔馬〕，諸宮館稀御幸者勿繕治；太僕少府減食穀馬，水衡省食肉獸。明年二月戊午，地震。其夏，齊地人相食。七月己酉，地復震。上曰：「蓋聞賢聖在位，陰陽和，風雨時，日月光，星辰静，黎庶康寧，考終厥命。今朕共承天地，託于公侯之上，明不能燭，德不能綏，災異並臻，連年不息。乃二月戊午，地大震于隴西郡，毀落太上廟殿壁木飾，壞敗貆道縣城郭官寺及民室屋，厭殺人衆，山崩地裂，水泉涌出。一年地再動，天惟降災，震驚朕躬。治有大虧，咎至於此。夙夜兢兢，不通大變，深懷鬱悼，未知其序。比年不登，元元困乏，不勝飢寒，以陷刑辟，朕甚閔焉，憯怛於心。已詔吏虚倉廩，開府臧，振捄貧民。羣司其茂思天地之戒，有可蠲除減省以便萬姓者，各條奏。悉意陳朕過失，靡有所諱。」因赦天下，舉直言極諫之士。奉奏封事曰：

臣聞之於師曰，天地設位，懸日月，布星辰，分陰陽，定四時，列五行，以視聖人，名之曰道。聖人見道，然後知王治之象，故畫州土，建君臣，立律曆，陳成敗，以視賢者，名之曰經。賢者見經，然後知人道之務，則《詩》、《書》、《易》、《春秋》、《禮》、《樂》是也。《易》有陰陽，《詩》有五際，《春秋》有災異，皆列終始，推得失，考天心，以言王道之安危。至秦乃不說，傷之以法，是以大道不通，至於滅亡。今陛下明聖，深懷要道，燭臨萬方，布德流惠，靡有闕遺。罷省不急之用，振救困貧，賦醫藥，賜棺錢，恩澤甚厚。又舉直言，求過失，盛德純備，天下幸甚。

臣奉竊學《齊詩》，聞五際之要《十月之交》篇，知日蝕地震之效昭然可明，猶巢居知風，穴處知雨，亦不足多，適所習耳。臣聞人氣内逆，則感動天地；天變見於星氣日蝕，地變見於奇物震動。所以然者，陽用其精，陰用其形，猶人之有五臧六體，五臧象天，六體象地。故臧病則氣色發於面，體病則欠申動於貌。今年太陰建於甲戌，律以庚寅初用事，曆以甲午從春。曆中甲庚，律得參陽，性中仁義，情得公正貞廉，百年之精歲也。正以精歲，本首王位，日臨中時接律而地大震，其後連月久陰，雖有大令，猶不能復，陰氣盛矣。古者朝廷必有同姓以明親親，必有異姓以明賢賢，此聖王之所以大通天下也。同姓親而易進，異姓疏而難通，故同姓一，異姓五，乃爲平均。今左右亡同姓，獨以舅后之家爲親，異姓之臣又疏。二后之黨滿朝，非特處位，勢尤奢僭過度，吕、霍、上官足以卜之，甚非愛人之道，又非後嗣之長策也。陰氣之盛，不亦宜乎！

臣又聞未央、建章、甘泉宫才人各以百數，皆不得天性。若杜陵園，其已御見者，臣子不敢有言，雖然，太皇太后之事也。及諸侯王園，與其後宫，宜爲設員，出其過制者，此損陰氣應天救邪之道也。今異至不應，災將隨之。其法大水，極陰生陽，反爲大旱，甚則有火災，春秋宋伯姬是矣。唯陛下財察。

明年夏四月乙未，孝武園白鶴館災。奉自以爲中，上疏曰：「臣前上五際地震之效，曰極陰生陽，恐有火災。不合明聽，未見省答，臣竊内不自信。今白鶴館以四月乙未，時加於卯，月宿亢災，與前地震同法。臣奉乃深知道之可信也。不勝拳拳，願復賜間，卒其終始。」

上復延問以得失。奉以爲祭天地於雲陽汾陰，及諸寢廟不以親疏迭毀，皆煩費，違古制。又宫室苑囿，奢泰難供，以故民困國虚，亡累年之畜。所繇來久，不改其本，難以末正，乃上疏曰：

臣聞昔者盤庚改邑以興殷道，聖人美之。竊聞漢德隆盛，在於孝文皇帝躬行節儉，外省繇役。其時未有甘泉、建章及上林中諸離宫館也。未央宫又無高門、武臺、麒麟、(凰)〔鳳〕皇、白虎、玉堂、金華之殿，獨有前殿、曲臺、漸臺、宣室、温室、承明耳。孝文欲作一臺，度用百金，重民之財，廢而不爲，其積土基，至今猶存，又下遺詔，不起山墳。故其時天下大和，百姓洽足，德流後嗣。

如令處於當今，因此制度，必不能成功名。天道有常，王道亡常，亡常者所以應有常也。必有非常之主，然後能立非常之功。臣願陛下徙都於成周，左據

成皋，(左)[右]阻黽池，前鄉崧高，後介大河，建滎陽，扶河東，南北千里以爲關，而入敖倉；地方百里者八九，足以自娛；東厭諸侯之權，西遠羌胡之難，陛下共己亡爲，按成周之居，兼盤庚之德，萬歲之後，長爲高宗。漢家郊兆寢廟祭祀之禮多不應古，臣奉誠難亶居而改作，故願陛下遷都正本。衆制皆定，亡復繕治宮館不急之費，歲可餘一年之畜。

臣聞三代之祖積德以王，然皆不過數百年而絶。周至成王，有上賢之材，因文武之業，以周召爲輔，有司各敬其事，在位莫非其人。天下甫二世耳，然周公猶作詩書深戒成王，以恐失天下。《書》則曰：「王毋若殷王紂。」其《詩》則曰：「殷之未喪師，克配上帝；宜監于殷，駿命不易。」今漢初取天下，起於豐沛，以兵征伐，德化未洽，後世奢侈，國家之費當數代之用，非直費財，又乃費士。孝武之世，暴骨四夷，不可勝數。有天下雖未久，至於陛下八世九主矣，雖有成王之明，然亡周召之佐。今東方連年飢饉，加之以疾疫，百姓菜色，或至相食。地比震動，天氣溷濁，日光侵奪。繇此言之，執國政者豈可以不懷怵惕而戒萬分之一乎！故臣願陛下因天變而徙都，所謂與天下更始者也。天道終而復始，窮則反本，故能延長而亡窮也。今漢道未終，陛下本而始之，於以永世延祚，不亦優乎！如因丙子之孟夏，順太陰以東行，到後七年之明歲，必有五年之餘蓄，然後大行考室之禮，雖周之隆盛，亡以加此。唯陛下留神，詳察萬世之策。

書奏，天子異其意，答曰：「問奉：今園廟有七，云東徙，狀何如？」奉對曰：「昔成王徙洛，盤庚遷殷，其所避就，皆陛下所明知也。非有聖明，不能一變天下之道。臣奉愚戇狂惑，唯陛下裁赦。」

其後，貢禹亦言當定迭毀禮，上遂從之。及匡衡爲丞相，奏徙南北郊，其議皆自奉發之。

奉以中郎爲博士、諫大夫，年老以壽終。子及孫，皆以學在儒官。

漢・班固《漢書》卷七五《李尋傳》　李尋字子長，平陵人也。治《尚書》，與張孺、鄭寬中同師。寬中等守師法教授，尋獨好《洪範》災異，又學天文月令陰陽。事丞相翟方進，方進亦善爲星曆，除尋爲吏，數爲翟侯言事。帝舅曲陽侯王根爲大司馬票騎將軍，厚遇尋。是時多災異，根輔政，數虚已問尋。尋見漢家有中衰阸會之象，其意以爲且有洪水爲災，乃説根曰：

《書》云「天聰明」，蓋言紫宮極樞，通位帝紀，太微四門，廣開大道，五經六緯，尊術顯士，翼張舒布，燭臨四海，少微處士，爲比爲輔，故次帝廷，女宮在後。聖人承天，賢賢易色，取法於此。天官上相上將，皆顓面正朝，憂責甚重，要在得人。得人之效，成敗之機，不可不勉也。昔秦穆公説諓諓之言，任仡仡之勇，身受大辱，社稷幾亡。悔過自責，思惟黄髮，任用百里奚，卒伯西域，德列王道。二者禍福如此，可不慎哉！

夫士者，國家之大寶，功名之本也。將軍一門九侯，二十朱輪，漢興以來，臣子貴盛，未嘗至此。夫物盛必衰，自然之理，唯有賢友彊輔，庶幾可以保身命，全子孫，安國家。

《書》曰「曆象日月星辰」，此言仰視天文，俯察地理，觀日月消息，候星辰行伍，揆山川變動，參人民繇俗，以制法度，考禍福。舉錯誖逆，咎敗將至，徵兆爲之先見。明君恐懼修正，側身博問，轉禍爲福；不可救者，即蓄備以待之，故社稷亡憂。

竊見往者赤黄四塞，地氣大發，動土竭民，天下擾亂之徵也。彗星爭明，庶雄爲桀，大寇之引也。此二者已頗效矣。城中訛言大水，奔走上城，朝廷驚駭，女孽入宫，此獨未效。間者重以水泉涌溢，旁宫闕仍出。月、太白入東井，犯積水，缺天淵。日數湛於極陽之色。羽氣乘宫，起風積雲。又錯以山崩地動，河不用其道。盛冬靁電，潛龍爲孽。繼以隕星流彗，維、填上見，日蝕有背鄉。此亦高下易居，洪水之徵也。不憂不改，洪水乃欲盪滌，流彗乃欲埽除；改之，則有年亡期。故屬者頗有變改，小貶邪猾，日月光精，時雨氣應，此皇天右漢亡已也，何况致大改之！

宜急博求幽隱，拔擢天士，任以大職。諸闒茸佞讇，抱虚求進，及用殘賊酷虐聞者，若此之徒，皆嫉善憎忠，壞天文，敗地理，涌趯邪陰，湛溺太陽，爲主結怨於民，宜以時廢退，不當得居位。誠必行之，凶災銷滅，子孫之福不旋日而至。政治感陰陽，猶鐵炭之低卬，見效可信者也。及諸蓄水連泉，務通利之。修舊隄防，省池澤税，以助損邪陰之盛。案行事，考變易，訛言之效，未嘗不至。請徵韓放，掾周敞、王望可與圖之。

根於是薦尋。哀帝初即位，召尋待詔黄門，使侍中衛尉傅喜問尋曰：「間者水出地動，日月失度，星辰亂行，災異仍重，極言毋有所諱。」尋對曰：

陛下聖德，尊天敬地，畏命重民，悼懼變異，不忘疏賤之臣，幸使重臣臨問，愚臣不足以奉明詔。竊見陛下新即位，開大明，除忌諱，博延名士，靡不並進，臣尋位卑術淺，過隨衆賢待詔，食太官，衣御府，久汙玉堂之署。比得召見，亡以自

效。復特見延問至誠，自以逢不世出之命，願竭愚心，不敢有所避，庶幾萬分有一可采。唯棄須臾之間，宿留瞽言，考之文理，稽之《五經》，揆之聖意，以參天心。夫變異之來，各應象而至，臣謹條陳所聞。

《易》曰：「縣象著明，莫大乎日月。」夫日者，衆陽之長，輝光所燭，萬里同晷，人君之表也。故日將旦，清風發，羣陰伏，君以臨朝，不牽於色。日初出，炎以陽，君登朝，佞不行，忠直進，不蔽障。日中輝光，君德盛明，大臣奉公。日將入，專以壹，君就房，有常節。君不修道，則日失其度，晻昧亡光。各有云爲。其於東方作，日初出時，陰雲邪氣起者，法爲牽於女謁，有所畏難；日出後，爲近臣亂政；日中，爲大臣欺誣；日且入，爲妻妾役使所營。間者日尤不精，光明侵奪失色，邪氣珥蜺數作。本起於晨，相連至昏，其日出後至日中間差瘉。小臣不知內事，竊以日視陛下志操，衰於始初多矣。其咎恐有以守正直言而得罪者，傷嗣害世，不可不慎也。唯陛下執乾剛之德，彊志守度，毋聽女謁邪臣之態。諸保阿乳母甘言悲辭之託，斷而勿聽。勉強大誼，絶小不忍，良有不得已，可賜以財貨，不可私以官位，誠皇天之禁也。日失其光，則星辰放流。陽不能制陰，陰桀得作。間者太白正晝經天。宜隆德克躬，以執不軌。

臣聞月者，衆陰之長，銷息見伏，百里爲品，千里立表，萬里連紀，妃后大臣諸侯之象也。朔晦正終始，弦爲繩墨，望成君德，春夏南，秋冬北。間者，月數以春夏與日同道，過軒轅上后受氣，入太微帝廷(楊)〔揚〕光輝，犯上將近臣，列星皆失色，厭厭如滅，此爲母后與政亂朝，陰陽俱傷，兩不相便。外臣不知朝事，竊信天文即如此，近臣已不足杖矣。屋大柱小，可爲寒心。唯陛下親求賢士，無彊所惡，以崇社稷，尊彊本朝。

臣聞五星者，五行之精，五帝司命，應王者號令爲之節度。歲星主歲事，爲統首，號令所紀，今失度而盛，此君指意欲有所爲，未得其節也。又填星不避歲星者，后帝共政，相留於奎、婁，當以義斷之。(營)〔熒〕惑往來亡常，周歷兩宮，作態低卬，入天門，上明堂，貫尾亂宮。太白發越犯庫，兵寇之應也。貫黄龍，入帝庭，當門而出，隨熒惑入天門，至房而分，欲與熒惑爲患，不敢當明堂之精。此陛下神靈，故禍亂不成也。熒惑厥弛，佞巧依勢，微言毀譽，進類蔽善。太白出端門，臣有不臣者。火入室，金上堂，不以時解，其憂凶。填、歲相守，又主內亂。宜察蕭牆之內，毋忽親疏之微，誅放佞人，防絶萌牙，以盪滌濁濊，消散積惡，毋使得成禍亂。辰星主正四時，當效於四仲；四時失序，則辰星作異。今出於歲首之孟，天所以譴告陛下也。政急則出蚤，政緩則出晚，政絶不行則伏不見而爲彗茀。四孟皆出，爲易王命；四季皆出，星家所諱。今幸獨出寅孟之月，蓋皇天所以篤右陛下也，宜深自改。

治國故不可以戚戚，欲速則不達。經曰：「三載考績，三考黜陟。」加以號令不順四時，既往不咎，來事之師也。間者春三月治大獄，時賊陰立逆，恐歲小收；季夏舉兵法，時寒氣應，恐後有霜雹之災；秋月行封爵，其月土濕奧，恐後有雷雹之變。夫以喜怒賞罰，而不顧時禁，雖有堯舜之心，猶不能致和。善言天者，必有效於人。設上農夫而欲冬田，肉袒深耕，汗出種之，然猶不生者，非人心不至，天時不得也。《易》曰：「時止則止，時行則行，動静不失其時，其道光明。」《書》曰：「敬授民時。」故古之王者，尊天地，重陰陽，敬四時，嚴月令。順之以善政，則和氣可立致，猶枹鼓之相應也。今朝廷忽於時月之令，諸侍中尚書近臣宜皆令通知月令之意。設羣下請事，若陛下出令有謬於時者，當知争之，以順時氣。

臣聞五行以水爲本，其星玄武婺女，天地所紀，終始所生。水爲準平，王道公正修明，則百川理，落脈通；偏黨失綱，則踴溢爲敗。《書》云：「水曰潤下」，陰動而卑，不失其道。天下有道，則河出圖，洛出書，故河、洛決溢，所爲最大。今汝、潁畎澮皆川水漂踴，與雨水並爲民害，此《詩》所謂「爗爗震電，不寧不令，百川沸騰」者也。其咎在於皇甫卿士之屬。唯陛下留意詩人之言，少抑外親大臣。

臣聞地道柔静，陰之常義也。地有上中下，其上位震，應妃后不順，中位應大臣作亂，下位應庶民離畔。震或於其國，國君之咎也。四方中央連國歷州俱動者，其異最大。間者關東地數震，五星作異，亦未大逆，宜務崇陽抑陰，以救其咎；固志建威，閉絶私路，拔進英雋，退不任職，以彊本朝。夫本彊則精神折衝，本弱則招殃致凶，爲邪謀所陵。聞往者淮南王作謀之時，其所難者，獨有汲黯，〔以爲〕公孫弘等不足言也。弘，漢之名相，於今亡比，而尚見輕，何況亡弘之屬乎？故曰朝廷亡人，則爲賊亂所輕，其道自然也。天下未聞陛下奇策固守之臣也。語曰，何以知朝廷之衰？人人自賢，不務於通人，故世陵夷。

馬不伏歷，不可以趨道；士不素養，不可以重國。《詩》曰「濟濟多士，文王以寧」，孔子曰「十室之邑，必有忠信」，非虛言也。陛下秉四海之衆，曾亡柱幹之固守聞於四境，殆開之不廣，取之不明，勸之不篤。傳曰：「士之美者善養禾，君

之明者善養士。」中人皆可使爲君子。詔書進賢良，赦小過，無求備，以博聚英儁。如近世貢禹，以言事忠切蒙尊榮，當此之時，士厲身立名者多。禹死之後，日日以衰。及京兆尹王章坐言事誅滅，智者結舌，邪僞並興，外戚顓命，君臣隔塞，至絶繼嗣，女宫作亂。此行事之敗，誠可畏而悲也。

本在積任母后之家，非一日之漸，往者不可及，來者猶可追也。先帝大聖，深見天意昭然，使陛下奉承天統，欲矯正之也。宜少抑外親，選練左右，舉有德行道術通明之士充備天官，然後可以輔聖德，保帝位，承大宗。下至郎吏從官，行能亡以異，又不通一藝，及博士無文雅者，宜皆使就南畝，以視天下，明朝廷皆賢材君子，於以重朝尊君，滅凶致安，此其本也。臣自知所言害身，不辟死亡之誅，唯財留神，反覆覆愚臣之言。

是時哀帝初立，成帝外家王氏未甚抑黜，而帝外家丁、傅新貴，祖母傅太后尤驕恣，欲稱尊號。丞相孔光、大司空師丹執政諫争。久之，上不得已，遂免光、丹而尊傅太后。語在《丹傳》。上雖不從尋言，然采其語，每有非常，輒問尋。尋對屢中，遷黄門侍郎。以尋言且有水災，故拜尋爲騎都尉，使護河隄。

初，成帝時，齊人甘忠可詐造《天官曆》《包元太平經》十二卷，以言「漢家逢天地之大終，當更受命於天，天帝使真人赤精子，下教我此道。」忠可以教重平夏賀良、容丘丁廣世、東郡郭昌等，中壘校尉劉向奏忠可假鬼神罔上惑衆，下獄治服，未斷病死。賀良等坐挾學忠可書以不敬論，後賀良等復私以相教。哀帝初立，司隸校尉解光亦以明經通災異得幸，白賀良等所挾忠可書。事下奉車都尉劉歆，歆以爲不合《五經》，不可施行。而李尋亦好之。光曰：「前歆父向奏忠可下獄，歆安肯通此道？」時郭昌爲長安令，勸尋宜助賀良等。尋遂白賀良等皆待詔黄門，數召見，陳説「漢曆中衰，當更受命。成帝不應天命，故絶嗣。今陛下久疾，變異屢數，天所以譴告人也。宜急改元易號，乃得延年益壽，皇子生，災異息矣。得道不得行，咎殃且亡，不有洪水將出，災火且起，滌盪(人民)〔民人〕。」

哀帝久寢疾，幾其有益，遂從賀良等議。於是詔制丞相御史：「蓋聞《尚書》『五曰考終命』，言大運壹終，更紀天元人元，考文正理，推曆定紀，數如甲子也。朕以眇身入繼太祖，承皇天，總百僚，子元元，未有應天心之效。即位出入三年，災變數降，日月失度，星辰錯謬，高下貿易，大異連仍，盜賊並起。朕甚懼焉，戰戰兢兢，唯恐陵夷。惟漢興至今二百載，曆紀開元，皇天降非材之右，漢國再獲受命之符，朕之不德，曷敢不通夫受天之元命，必與天下自新。其大赦天下，以建平二年爲太初(元將)元年，號曰陳聖劉太平皇帝。漏刻以百二十爲度。布告天下，使明知之。」後月餘，上疾自若。賀良等復欲妄變政事，大臣争以爲不可許。賀良等奏言大臣皆不知天命，宜退丞相御史，以解光、李尋輔政。上以其言亡驗，遂下賀良等吏，而下詔曰：「朕獲保宗廟，爲政不德，變異屢仍，恐懼戰栗，未知所繇。待詔賀良等建言改元易號，增益漏刻，可以永安國家。朕信道不篤，過聽其言，幾爲百姓獲福。卒無嘉應，久旱爲災。以問賀良等，對當復改制度，皆背經誼，違聖制，不合時宜。夫過而不改，是爲過矣。六月甲子詔書，非赦令也，皆蠲除之。賀良等反道惑衆，姦態當窮竟。」皆下獄，光禄勳平當、光禄大夫毛莫如與御史中丞、廷尉雜治，當賀良等執左道，亂朝政，傾覆國家，誣罔主上，不道。賀良等皆伏誅。尋及解光減死一等，徙敦煌郡。

漢·班固《漢書》卷七六《趙廣漢傳》　趙廣漢字子都，涿郡蠡吾人也，故屬河間。少爲郡吏、州從事，以廉絜通敏下士爲名。舉茂材，平準令。察廉爲陽翟令。以治行尤異，遷京輔都尉，守京兆尹。會昭帝崩，而新豐杜建爲京兆掾，護作平陵方上。建素豪俠，賓客爲姦利，廣漢聞之，先風告。建不改，於是收案致法。中貴人豪長者爲請無不至，終無所聽。宗族賓客謀欲篡取，廣漢盡知其計議主名起居，使吏告曰：「若計如此，且并滅家。」令數吏將建棄市，莫敢近者。京師稱之。

是時，昌邑王徵即位，行淫亂，大將軍霍光與羣臣共廢王，尊立宣帝。廣漢以與議定策，賜爵關内侯。

遷潁川太守。郡大姓原、褚宗族横恣，賓客犯爲盜賊，前二千石莫能禽制。廣漢既至數月，誅原、褚首惡，郡中震栗。【略】

廣漢爲人彊力，天性精於吏職。見吏民，或夜不寢至旦。尤善爲鉤距，以得事情。鉤距者，設欲知馬賈，則先問狗，已問羊，又問牛，然後及馬，參伍其賈，以類相準，則知馬之貴賤不失實矣。唯廣漢至精能行之，它人效者莫能及也。郡中盜賊，閭里輕俠，其根株窟穴所在，及吏受取請求銖兩之姦，皆知之。

漢·班固《漢書》卷八五《谷永傳》　谷永字子雲，長安人也。父吉，爲衛司馬，使送郅支單于侍子，爲郅支所殺，語在《陳湯傳》。永少爲長安小史，後博學經書。建昭中，御史大夫繁延壽聞其有茂材，除補屬，舉爲太常丞，數上疏言得失。

建始三年冬，日食地震同日俱發，詔舉方正直言極諫之士，太常陽城侯劉慶

忌舉永待詔公車。對曰：

陛下秉至聖之純德，懼天地之戒異，飭身修政，納問公卿，又下明詔，帥舉直言，燕見紬繹，以求咎愆，使臣等得造明朝，承聖問。臣材朽學淺，不通政事。竊聞明王即位，正五事，建大中，以承天心，則庶徵序於下，日月理於上；如人君淫溺後宮，般樂游田，五事失於躬，大中之道不立，則咎徵降而六極至。凡災異之發，各象過失，以類告人。乃十二月朔戊申，日食婺女之分，地震蕭牆之内，二者同日俱發，以丁寧陛下，厥咎不遠，宜厚求諸身。意豈陛下志在閨門，未卹政事，不慎舉錯，婁失中與？内寵大盛，女不遵道，嫉妒專上，妨繼嗣與？古之王者廢五事之中，失夫婦之紀，妻妾得意，謁行於内，勢行於外，至覆傾國家，或亂陰陽。昔褒姒用國，宗周以喪；閻妻驕扇，日以不臧。此其效也。經曰：「皇極，皇建其有極。」傳曰：「皇之不極，是謂不建，時則有日月亂行。」

陛下踐至尊之祚爲天下主，奉帝王之職以統羣生，方内之治亂，在陛下所執。誠留意於正身，勉強於力行，損燕私之閒以勞天下，放去淫溺之樂，罷歸倡優之關，絶卻不享之義，慎節游田之虞，起居有常，循禮而動，躬親政事，致行無倦，安服若性。經曰：「繼自今嗣王，其毋淫于酒，毋逸于游田，惟正之共。」未有身治正而臣下邪者也。

夫妻之際，王事綱紀，安危之機，聖王所致慎也。昔舜飭正二女，以崇至德；楚莊忍絶丹姬，以成伯功；幽王惑於褒姒，周德降亡；魯桓脅於齊女，社稷以傾。誠修後宮之政，明尊卑之序，貴者不得嫉妒專寵，以絶驕嫚之端，抑褒、閻之亂，賤者咸得秩進，各得厥職，以廣繼嗣之統，息《白華》之怨，後宮親屬，饒之以財，勿與政事，以遠皇父之類，損妻黨之權，未有閨門治而天下亂者也。

治遠自近始，習善在左右。昔龍筦納言，而帝命惟允；四輔既備，成王靡有過事。誠敕正左右齊栗之臣，戴金貂之飾執常伯之職者皆使學先王之道，知君臣之義，濟濟謹孚，無敖戲驕恣之過，則左右肅艾，羣僚仰法，化流四方。經曰：「亦惟先正克左右。」未有左右正而百官枉者也。

治天下者尊賢考功則治，簡賢違功則亂。誠審思治人之術，歡樂得賢之福，論材選士，必試於職，明度量以程能，考功實以定德，無用比周之虚譽，毋聽寖潤之譖愬，則抱功修職之吏無蔽傷之憂，比周邪僞之徒不得即工，小人日銷，俊艾日隆。經曰：「三載考績，三考黜陟幽明。」又曰：「九德咸事，俊艾在官。」未有功賞得於前衆賢布於官而不治者也。

堯遭洪水之災，天下分絶爲十二州，制遠之道微而無乖畔之難者，德厚恩深，無怨於下也。秦居平土，一夫大呼而海内崩析者，刑罰深酷，吏行殘賊也。夫違天害德，爲上取怨於下，莫甚乎殘賊之吏。誠放退殘賊酷暴之吏〔錮〕廢勿用，益選温良上德之士以親萬姓，平刑釋冤以理民命，務省繇役，毋奪民時，薄收賦税，毋殫民財，使天下黎元咸安家樂業，不苦踰時之役，不患苛暴之政，不疾酷烈之吏，雖有唐堯之大災，民無離上之心。經曰：「懷保小人，惠于鰥寡。」未有德厚吏良而民畔者也。

臣聞災異，皇天所以譴告人君過失，猶嚴父之明誡。畏懼敬改，則禍銷福降；忽然簡易，則咎罰不除。經曰：「饗用五福，畏用六極。」傳曰：「六沴作見，若不共御，六罰既侵，六極其下。」今三年之間，災異鋒起，小大畢具，所行不享上帝，上帝不豫，炳然甚著。不求之身，無所改正，疏舉廣謀，又不用其言，是循不享之迹，無謝過之實也，天責愈深。此五者，王事之綱紀，南面之急務，唯陛下留神。

對奏，天子異焉，特召見永。

其夏，皆令諸方正對策，語在《杜欽傳》。永對畢，因曰：「臣前幸得條對災異之效，禍亂所極，言關於聖聰。書陳於前，陛下委棄不納，而更使方正對策，背可懼之大異，問不急之常論，廢承天之至言，角無用之虚文，欲末殺災異，滿讕誣天，是故皇天勃然發怒，甲己之間暴風三溱，拔樹折木，此天至明不可欺之效也。」上特復問永，永對曰：「日食地震，皇后貴妾專寵所致。」語在《五行志》。

是時，上初即位，謙讓委政元舅大將軍王鳳，議者多歸咎焉。永知鳳方見柄用，陰欲自託，乃復曰：

方今四夷賓服，皆爲臣妾，北無薰粥冒頓之患，南無趙佗、吕嘉之難，三垂晏然，靡有兵革之警。諸侯大者乃食數縣，漢吏制其權柄，不得有爲，亡吳、楚、燕、梁之勢。百官盤五，親疏相錯，骨肉大臣有申伯之忠，洞洞屬屬，小心畏忌，無重合、安陽、博陸之亂。三者無毛髮之辜，不可歸咎諸舅。此欲以政事過差丞相父子、中尚書宦官，檻塞大異，皆瞽説欺天者也。竊恐陛下舍昭昭之白過，忽天地之明戒，聽晻昧之瞽説，歸咎乎無辜，倚異乎政事，重失天心，不可之大者也。

陛下即位，委任遵舊，未有過政。元年正月，白氣較然起乎東方，至其四月，黄濁四塞，覆冒京師，申以大水，著以震蝕。各有占應，相爲表裏，百官庶事無所歸倚，陛下獨不怪與？白氣起東方，賤人將興之表也；黄濁冒京師，王道微絶之

應也。夫賤人當起而京師道微，二者已醜。陛下誠深察愚臣之言，致懼天地之異，長思宗廟之計，改往反過，抗湛溺之意，解偏駮之愛，奮乾剛之威，平天覆之施，使列妾得人人更進，猶尚未足也，急復益納宜子婦人，毋擇好醜，毋避嘗字，毋論年齒。推法言之，陛下得繼嗣於微賤之間，乃反爲福。得繼嗣而已，母非有賤也。後宮女史使令有直意者，廣求於微賤之間，以遇天所開右，慰釋皇太后之憂慍，解謝上帝之譴怒，則繼嗣蕃滋，災異訖息。陛下則不深察愚臣之言，忽於天地之戒，咎根不除，水雨之災，山石之異，將發不久；發則災異已極，天變成形，臣雖欲捐身關策，不及事已。

疏賤之臣，至敢直陳天意，斥譏帷幄之私，欲間離貴后盛妾，自知忤心逆耳，必不免於湯鑊之誅。此天保右漢家，使臣敢直言也。三上封事，然後得召；待詔一旬，然後得見。夫由疏賤納至忠，甚苦；由至尊聞天意，甚難。語不可露，願具書所言，因侍中奏陛下，以示腹心大臣。腹心大臣以爲非天意，臣當伏妄言之誅；即以爲誠天意也，奈何忘國家大本，背天意而從欲！唯陛下省察熟念，厚爲宗廟計。

時對者數十人，永與杜欽爲上第焉。上皆以其書示後宮。後上嘗賜許皇后書，采永言以責之，語在《外戚傳》。

永既陰爲大將軍鳳說矣，能實最高，由是擢爲光祿大夫。【略】

數年，出爲安定太守，時上諸舅皆修經書，任政事。平阿侯譚年次當繼大將軍鳳輔政，尤與永善。陽朔中，鳳薨。鳳病困，薦從弟御史大夫音以自代。上從之，以音爲大司馬車騎將軍，領尚書事，而平阿侯譚位特進，領城門兵。永聞之，與譚書曰：「君侯躬周召之德，執管晏之操，敬賢下士，樂善不倦，宜在上將久矣，以大將軍在，故抑鬱於家，不得舒憤。今大將軍不幸蚤薨，纍親疏，序材能，宜在君侯。拜吏之日，京師士大夫悵然失望。此皆永等愚劣，不能褒揚萬（一）〔分〕。屬聞以特進領城門兵，是則車騎將軍秉政雍容于內，而至戚賢舅執管籥於外也。愚竊不爲君侯喜。宜深辭職，自陳淺薄不足以固城門之守，收太伯之讓，保謙謙之路，闔門高枕，爲知者首。願君侯與博覽者參之，小子爲君侯安此。」譚得其書大感，遂辭讓不受領城門職。由是譚、音相與不平。

永遠爲郡吏，恐爲音所危，病滿三月免。音奏請永補營軍司馬，永數謝罪自陳，得轉爲長史。

音用從舅越親輔政，威權損於鳳時。永復說音曰：「將軍履上將之位，食膏腴之都，任周召之職，擁天下之樞，可謂富貴之極，人臣無二，天下之責四面至矣，將何以居之？宜夙夜孳孳，執伊尹之彊德，以守職匡上，誅惡不避親愛，舉善不避仇讎，以章至公，立信四方。篤行三者，乃可以長堪重任，久享盛寵。太白出西方六十日，法當參天，今已過期，尚在桑榆之間，質弱而行遲，形小而光微。熒惑角怒明大，逆行守尾。其逆，常也；守尾，變也。意豈將軍忘湛漸之義，委曲從順，所執不彊，不廣用士，尚有好惡之忌，蕩蕩之德未純，方與將相大臣乖離之萌也？何故始襲司馬之號，俄而金火並有此變？上天至明，不虛見異，唯將軍畏之慎之，深思其故，改求其路，以享天意。」音猶不平，薦永爲護苑使者。

音薨，成都侯商代爲大司馬衛將軍，永乃遷爲涼州刺史。奏事京師訖，當之部，時有黑龍見東萊，上使尚書問永，受所欲言。永對曰：【略】

成帝性寬而好文辭，又久無繼嗣，數爲微行，多近幸小臣，趙、李從微賤專寵，皆皇太后與諸舅夙夜所常憂。至親難數言，故推永等使因天變而切諫，勸上納用之。永自知有內應，展意無所依違，每言事輒見荅禮。至上此對，上大怒。衛將軍商密擿永令發去。上使侍御史收永，敕過交道廐者勿追。御史不及永，還，上意亦解，自悔。明年，徵永爲太中大夫，遷光祿大夫給事中。

元延元年，爲北地太守。時災異尤數，永當之官，上使衛尉淳于長受永所欲言。永對曰：

臣永幸得以愚朽之材爲太中大夫，備拾遺之臣，從朝者之後，進不能盡思納忠輔宣聖德，退無被堅執銳討不義之功，猥蒙厚恩，仍遷至北地太守。絕命隕首，身膏（草野）〔野草〕，不足以報塞萬分。陛下聖德寬仁，不遺易忘之臣，垂周文之聽，下及芻蕘之愚，有詔使衛尉受臣永所欲言。臣聞事君之義，有言責者盡其忠，有官守者修其職。臣永幸得免於言責之辜，有官守之任，當畢力遵職，養綏百姓而已，不宜復關得失之辭。忠臣之於上，志在過厚，是故遠不違君，死不忘國。昔史魚既沒，餘忠未訖，委柩後寢，以屍達誠；汲黯身外思內，發憤舒憂，遺言李息。經曰：「雖爾身在外，乃心無不在王室。」臣永幸得給事中出入三年，雖執干戈守邊垂，思慕之心常存於省闥，是以敢越郡吏之職，陳累年之憂。

臣聞天生蒸民，不能相治，爲立王者以統理之，方制海內非爲天子，列土封疆非爲諸侯，皆以爲民也。垂三統，列三正，去無道，開有德，不私一姓，明天下乃天下之天下，非一人之天下也。王者躬行道德，承順天地，博愛仁恕，恩及行葦，籍稅取民不過常法，宮室車服不踰制度，事節財足，黎庶和睦，則卦氣理效，

五徵時序，百姓壽考，庶屮蕃滋，符瑞並降，以昭保右。失道妄行，逆天暴物，窮奢極欲，湛湎荒淫，婦言是從，誅逐仁賢，離逖骨肉，羣小用事，峻刑重賦，百姓愁怨，則卦氣悖亂，咎徵著郵，上天震怒，災異婁降，日月薄食，五星失行，山崩川潰，水泉踴出，妖孽並見，茀星耀光，饑饉荐臻，百姓短折，萬物夭傷。終不改寤，惡治變備，不復譴告，更命有德。《詩》云：「乃眷西顧，此惟予宅。」

夫去惡奪弱，遷命賢聖，天地之常經，百王之所同也。加以功德有厚薄，期質有修短，時世有中季，天道有盛衰。陛下承八世之功業，當陽數之標季，涉三七之節紀，遭《无妄》之卦運，直百六之災阸。三難異科，雜焉同會。建始元年以來二十載間，羣災大異，交錯鋒起，多於《春秋》所書。八世著記，久不塞除，重以今年正月己亥朔日有食之，三朝之會，四月丁酉四方衆星白晝流隕，七月辛未彗星横天。乘三難之際會，畜衆多之災異，因之以饑饉，接之以不贍。彗星，極異也，土精所生，流隕之應出於飢變之後，兵亂作矣，厥期不久，隆德積善，懼不克濟。內則爲深宮後庭將有驕臣悍妾醉酒狂悖卒起之敗，北宮苑囿街巷之中臣妾之家幽閒之處徵舒、崔杼之亂；外則爲諸夏下土將有樊並、蘇令、陳勝、項梁奮臂之禍。內亂朝暮，日戒諸夏，舉兵以火角爲期。安危之分界，宗廟之至憂，臣永所以破膽寒心，豫言之累年。下有其萌，然後變見於上，可不致慎！【略】

對奏，天子甚感其言。

永於經書，汎爲疏達，與杜欽、杜鄴略等，不能洽浹如劉向父子及揚雄也。其於天官，《京氏易》最密，故善言災異，前後所上四十餘事，略相反覆，專攻上身與後宮而已。黨於王氏，上亦知之，不甚親信也。

永所居任職，爲北地太守歲餘，衛將軍商薨，曲陽侯根爲票騎將軍，薦永，徵入爲大司農。歲餘，永病，三月，有司奏請免。故事，公卿病，輒賜告，至永獨即時免。數月，卒於家。本名並，以尉氏樊並反，更名永云。

漢・班固《漢書》卷八七上《揚雄傳上》 揚雄字子雲，蜀郡成都人也。其先出自有周伯僑者，以支庶初食采於晉之(楊)〔揚〕，因氏焉，不知伯僑周何別也。揚在河、汾之間，周衰而揚氏或稱侯，號曰揚侯。會晉六卿爭權，韓、魏、趙興而范、中行、知伯弊。當是時，偪揚侯，揚侯逃於楚巫山，因家焉。楚漢之興也，揚氏遡江上，處巴江州。而揚季官至廬江太守。漢元鼎間避仇復遡江上，處㟭山之陽曰郫，有田一壥，有宅一區，世世以農桑爲業。自季至雄，五世而傳一子，故雄亡它揚於蜀。

雄少而好學，不爲章句，訓詁通而已，博覽無所不見。爲人簡易佚蕩，口吃不能劇談，默而好深湛之思，清静亡爲，少耆欲，不汲汲於富貴，不戚戚於貧賤，不修廉隅以徼名當世。家産不過十金，乏無儋石之儲，晏如也。自有大度，非聖哲之書不好也；非其意，雖富貴不事也。顧嘗好辭賦。

先是時，蜀有司馬相如，作賦甚弘麗温雅，雄心壯之，每作賦，常擬之以爲式。又怪屈原文過相如，至不容，作《離騷》，自投江而死，悲其文，讀之未嘗不流涕也。以爲君子得時則大行，不得時則龍蛇，遇不遇命也，何必湛身哉！乃作書，往往摭《離騷》文而反之，自㟭山投諸江流以弔屈原，名曰《反離騷》；又旁《離騷》作重一篇，名曰《廣騷》；又旁《惜誦》以下至《懷沙》一卷，名曰《畔牢愁》。《畔牢愁》、《廣騷》文多不載，獨載《反離騷》，其辭曰：【略】

孝成帝時，客有薦雄文似相如者，上方郊祠甘泉泰畤、汾陰后土，以求繼嗣，召雄待詔承明之庭。正月，從上甘泉，還奏《甘泉賦》以風。其辭曰：【略】

甘泉本因秦離宮，既奢泰，而武帝復增通天、高光、迎風。宮外近則洪厓、旁皇、儲胥、弩陆，遠則石關、封巒、枝鵲、露寒、棠梨、師得，遊觀屈奇瑰瑋，非木摩而不彫，牆塗而不畫，周宣所考，般庚所遷，夏卑宮室，唐虞采椽三等之制也。且爲其已久矣，非成帝所造，欲諫則非時，欲默則不能已，故遂推而隆之，乃上比於帝室紫宮，若曰此非人力之所(能)〔爲〕，黨鬼神可也。又是時趙昭儀方大幸，每上甘泉，常法從，在屬車間豹尾中。故雄聊盛言車騎之衆，參麗之駕，非所以感動天地，逆釐三神。又言「屏玉女，卻虙妃」，以微戒齊肅之事。賦成奏之，天子異焉。

其三月，將祭后土，上乃帥羣臣横大河，湊汾陰。既祭，行遊介山，回安邑，顧龍門，覽鹽池，登歷觀，陟西岳以望八荒，迹殷周之虚，眇然以思唐虞之風。雄以爲臨川羨魚不如歸而結罔，還，上《河東賦》以勸，其辭曰：【略】

其十二月羽獵，雄從。以爲昔在二帝三王，宮館臺榭沼池苑囿林麓藪澤財足以奉郊廟，御賓客，充庖廚而已，不奪百姓膏腴穀土桑柘之地。女有餘布，男有餘粟，國家殷富，上下交足，故甘露零其庭，醴泉流其唐，鳳皇巢其樹，黄龍游其沼，麒麟臻其囿，神爵棲其林。昔者禹任益虞而上下和，屮木茂；成湯好田而天下用足；文王囿百里，民以爲尚小；齊宣王囿四十里，民以爲大：裕民之與奪民也。武帝廣開上林，南至宜春、鼎胡、御宿、昆吾，旁南山而西，至長楊、五柞，北繞黄山，瀕渭而東，周袤數百里。穿昆明池象滇河，營建章、鳳闕、神明、馺

娑，漸臺、泰液象海水周流方丈、瀛洲、蓬萊。游觀侈靡，窮妙極麗。雖頗割其三垂以贍齊民，然至羽獵田車戎馬器械儲偫禁禦所營，尚泰奢麗誇詡，非堯、舜、成湯、文王三驅之意也。又恐後世復修前好，不折中以泉臺，故聊因《校獵賦》以風。

漢・班固《漢書》卷八七下《揚雄傳下》　明年，上將大誇胡人以多禽獸，秋，命右扶風發民入南山，西自褒斜，東至弘農，南敺漢中，張羅罔罝罘，捕熊羆豪豬虎豹狖玃狐莬麋鹿，載以檻車，輸長楊射熊館。以罔爲周阹，(從)〔縱〕禽獸其中，令胡人手搏之，自取其獲，上親臨觀焉。是時，農民不得收斂。雄從至射熊館，還，上《長楊賦》，聊因筆墨之成文章，故藉翰林以爲主人，子墨爲客卿以風。其辭曰：【略】

哀帝時丁、傅、董賢用事，諸附離之者或起家至二千石。時雄方草《太玄》，有以自守，泊如也。或謿雄以玄尚白，而雄解之，號曰《解謿》。其辭曰：【略】

雄以爲賦者，將以風也，必推類而言，極麗靡之辭，閎侈鉅衍，競於使人不能加也，既乃歸之於正，然覽者已過矣。往時武帝好神仙，相如上《大人賦》，欲以風，帝反縹縹有陵雲之志。繇是言之，賦勸而不止，明矣。又頗似俳優淳于髡、優孟之徒，非法度所存，賢人君子詩賦之正也，於是輟不復爲。而大潭思渾天，參摹而四分之，極於八十一。旁則三摹九据，極之七百二十九贊，亦自然之道也。故觀《易》者，見其卦而名之；觀《玄》者，數其畫而定之。《玄》首四重者，非卦也，數也。其用自天元推一晝一夜陰陽數度律曆之紀，九九大運，與天終始。故《玄》三方、九州、二十七部、八十一家、二百四十三表、七百二十九贊，分爲三卷，曰一二三，與《泰初歷》相應，亦有顓頊之曆焉。揲之以三策，關之以休咎，絣之以象類，播之以人事，文之以五行，擬之以道德仁義禮知。無主無名，要合《五經》，苟非其事，文不虛生。爲其泰曼漶而不可知，故有《首》、《衝》、《錯》、《測》、《攡》、《瑩》、《數》、《文》、《掜》、《圖》、《告》十一篇，皆以解剥《玄》體，離散其文，章句尚不存焉。《玄》文多，故不著；觀之者難知，學之者難成。客有難《玄》大深，衆人之不好也，雄解之，號曰《解難》。其辭曰：

客難揚子曰：「凡著書者，爲衆人之所好也，美味期乎合口，工聲調於比耳。今吾子乃抗辭幽說，閎意眇指，獨馳騁於有亡之際，而陶冶大鑪，旁薄羣生，歷覽者茲年矣，而殊不寤。亶費精神於此，而煩學者於彼，譬畫者畫於無形，弦者放於無聲，殆不可乎？」

揚子曰：「俞。若夫閎言崇議，幽微之塗，蓋難與覽者同也。昔人有觀象於天，視度於地，察法於人者，天麗且彌，地普而深，昔人之辭，乃玉乃金。彼豈好爲艱難哉？勢不得已也。獨不見夫翠虯絳螭之將登虖天，必聳身於倉梧之淵；不階浮雲，翼疾風，虛舉而上升，則不能撠膠葛，騰九閎。日月之經不千里，則不能燭六合，燿八紘；泰山之高不嶕嶢，則不能浡滃雲而散歊烝。是以宓犧氏之作《易》也，緜絡天地，經以八卦，文王附六爻，孔子錯其象而彖其辭，然後發天地之臧，定萬物之基。《典》《謨》之篇，《雅》《頌》之聲，不温純深潤，則不足以揚鴻烈而章緝熙。蓋胥靡爲宰，寂寞爲尸；大味必淡，大音必希；大語叫叫，大道低回。是以聲之眇者不可同於衆人之耳，形之美者不可棍於世俗之目，辭之衍者不可齊於庸人之聽。今夫弦者，高張急徽，追趨逐耆，則坐者不期而附矣；試爲之施《咸池》，揄《六莖》，發(蕭)《〔簫〕韶》，詠《九成》，則莫有和也。是故鍾期死，伯牙絶弦破琴而不肯與衆鼓；獿人亡，則匠石輟斤而不敢妄斲。師曠之調鍾，竢知音者之在後也；孔子作《春秋》，幾君子之前睹也。老聃有遺言，貴知我者希，此非其操與！」

雄見諸子各以其知舛馳，大氐詆訾聖人，即爲怪迂，析辯詭辭，以撓世事，雖小辯，終破大道而或衆，使溺於所聞而不自知其非也。及太史公記六國，歷楚漢，(記)〔訖〕麟止，不與聖人同，是非頗謬於經。故人時有問雄者，常用法應之，譔以爲十三卷，象《論語》，號曰《法言》。《法言》文多不著，獨著其目：【略】

贊曰：雄之自序云爾。初，雄年四十餘，自蜀來至游京師，大司馬車騎將軍王音奇其文雅，召以爲門下史，薦雄待詔，歲餘，奏《羽獵賦》，除爲郎，給事黄門，與王莽、劉歆並。哀帝之初，又與董賢同官。當成、哀、平間，莽、賢皆爲三公，權傾人主，所薦莫不拔擢，而雄三世不徙官。及莽篡位，談説之士用符命稱功德獲封爵者甚衆，雄復不侯，以耆老久次轉爲大夫，恬於勢利乃如是。實好古而樂道，其意欲求文章成名於後世，以爲經莫大於《易》，故作《太玄》；傳莫大於《論語》，作《法言》；史篇莫善於《倉頡》，作《訓纂》；箴莫善於《虞箴》，作《州箴》；賦莫深於《離騷》，反而廣之；辭莫麗於相如，作四賦：皆斟酌其本，相與放依而馳騁云。用心於内，不求於外，於時人皆曶之；唯劉歆及范逡敬焉，而桓譚以爲絶倫。

王莽時，劉歆、甄豐皆爲上公，莽既以符命自立，即位之後欲絶其原以神前事，而豐子尋、歆子棻復獻之。莽誅豐父子，投棻四裔，辭所連及，便收不請。時

雄校書天禄閣上，治獄使者來，欲收雄，雄恐不能自免，乃從閣上自投下，幾死。莽聞之曰：「雄素不與事，何故在此？」間請問其故，乃劉棻嘗從雄學作奇字，雄不知情。有詔勿問。然京師爲之語曰：「惟寂寞，自投閣；爰清静，作符命。」

雄以病免，復召爲大夫。家素貧，耆酒，人希至其門。時有好事者載酒肴從游學，而鉅鹿侯芭常從雄居，受其《太玄》、《法言》焉。劉歆亦嘗觀之，謂雄曰：「空自苦！今學者有禄利，然尚不能明《易》，又如《玄》何？吾恐後人用覆醬瓿也。」雄笑而不應。年七十一，天鳳五年卒，侯芭爲起墳，喪之三年。

時大司空王邑、納言嚴尤聞雄死，謂桓譚曰：「子嘗稱揚雄書，豈能傳於後世乎？」譚曰：「必傳。顧君與譚不及見也。凡人賤近而貴遠，親見揚子雲禄位容貌不能動人，故輕其書。昔老聃著虚無之言兩篇，薄仁義，非禮學，然後世好之者尚以爲過於《五經》，自漢文景之君及司馬遷皆有是言。今揚子之書文義至深，而論不詭於聖人，若使遭遇時君，更閲賢知，爲所稱善，則必度越諸子矣。」諸儒或譏以爲雄非聖人而作經，猶春秋吴楚之君僭號稱王，蓋誅絶之罪也。自雄之没至今四十餘年，其《法言》大行，而《玄》終不顯，然篇籍具存。

漢・劉珍《東觀漢記》卷一三　馮勤

馮勤字偉伯，魏郡人。曾祖揚，宣帝時爲弘農太子。生八男，皆典郡，趙魏間，號爲「馮萬石」。兄弟形皆偉壯，惟勤祖偃，長不滿七尺，爲黎陽令，常自謂短陋，恐子孫似之，乃爲子伉娶長妻，生勤長八尺三寸。魏郡太守范横上疏，薦勤爲郎中，給事尚書。以圖議軍糧，在事精勤，遂見親識，由是使典諸侯封事。勤差量功次輕重，國土遠近，地勢豐薄，不相踰越，莫不厭服焉。自是封爵之制，非勤不定。遷司徒，是時三公多見罪退，上賢勤，欲令以善自珍，乃因燕見從容誡之曰：「朱浮上不忠于君，下淩轢同列，竟以中傷人臣放逐遭誅，雖追加賞賜，不足以償不訾之身。忠臣孝子，覽照前世，以爲鏡誡。能盡忠於國，事君無二，則爵賞光於當世，功名列於不朽，可不勉哉！」中元元年，車駕西幸長安，祀園陵還。勤燕見前殿盡日，歸府，因病喘逆，上使太醫療視，賞賜錢帛，遂薨。

漢・劉珍《東觀漢記》卷一六　鄭興

鄭興案范書本傳，興字少贛，河南開封人。從博士金子嚴爲《左氏春秋》。

鄭衆

鄭衆字仲師。案：衆，興子。建武中，太子及山陽王因虎賁中郎將梁松請衆，欲爲通籍，遺縑帛，衆悉不受，謂松曰：「太子，儲君。無外交義。漢有舊防，諸王不宜通客。」松風以長者難逆，不可不慮。衆曰：「犯禁觸罪，不如守正而死。」廬江獻鼎，有詔召衆問齊桓公之鼎在栢寢臺，見何書？《春秋》、《左氏》有鼎事幾？衆對狀，除郎中。永平中，北匈奴遣使求和親，上遣衆持節使匈奴。衆素剛烈，至北庭，虜欲令拜，衆不爲屈。單于大怒，圍守閉之，不與水火，欲脅服衆。衆拔刀自誓，單于恐而止。復遣衆使北匈奴，衆因上書言：「臣前奉使，不爲匈奴拜，單于恚怒，放兵圍臣。令臣銜命，必見陵折，臣恐不忍，將大漢節對氊裘獨拜。如令匈奴遂能服臣，將有損大漢之強。」上不聽，衆不得已，既行，後果爲匈奴所殺。案范書本傳，衆在路連上書，詔追還，繫廷尉，會赦，歸家，從爲軍司馬，仕至大司農，此文疑誤。

又　桓譚

桓譚字君山，沛人。少好學，徧治五經。能文有絶才，而喜非毁俗儒，由是多見排詆。哀平間，位不過郎。光武即位，拜議郎，譚上書曰：「富商大賈，多收田貨，中家子爲之保役，受計上疏，趨走俯伏，譬若臣僕，坐而分利。又賈人多通侈靡之物，羅紈綺繡，雜綵玩好，以淫人耳目，而竭盡其財。是爲下樹奢媒而置貧本也。求人之儉約富足，何可得乎？夫俗難卒變，而人不可暴化。宜抑其路，使之稍自衰焉。矯稱孔子爲讖記，以誤人主。案范書本傳，時帝方信讖，譚上疏争之。此二句即疏中指斥讖記語。前後文闕。《譚讖訕圖讖》：有詔會議靈臺所處，上謂譚曰：「吾欲以讖決之，何如？」譚默然良久，對曰：「臣生不讀讖。」上問其故，譚復極言讖之非經。上大怒曰：「桓譚非聖無法，將下斬之。」譚叩頭流血，良久乃得解。由是失旨，遂不復轉，遷出爲六安郡丞之官。意忽忽不樂，道病卒，時年七十餘。譚著書言當世行事，號曰《新論》。光武讀之，敕言卷大，令皆別爲上下，凡二十九篇。惟《琴道》未畢，但有《發首》一章。章帝元和中行巡狩至沛，令使者祠譚冢，鄉里甚榮之。

南朝宋・范曄《後漢書》卷九二《律曆志中》注引　《袁山松書》曰：「劉洪字元卓，泰山蒙陰人也。魯王之宗室也。延熹中，以校尉應太史徵，拜郎中，遷常山長史，以父憂去官。後爲上計掾，拜郎中，檢東觀署。作《律曆記》，遷謁者，穀城門候，會稽東部都尉。徵還，未至，領山陽太守，卒官。洪善算，當世無偶，作《七曜術》。及在東觀，與蔡邕共述《律曆記》，考驗天官。及造《乾象術》，十餘年，考驗日月，與象相應，皆傳于世。《博物記》曰：「洪篤信好學，觀乎六藝羣書意，以爲天文數術，探賾索隱，鉤深致遠，遂專心鋭思。爲曲城侯相，政教清均，

吏民畏而愛之，爲州郡之所禮異。」

南朝宋・范曄《後漢書》卷二三《竇融傳》　竇融字周公，扶風平陵人也。七世祖廣國，孝文皇后之弟，封章武侯。融高祖父，宣帝時以吏二千石自常山徙焉。融早孤。王莽居攝中，爲強弩將軍司馬，東擊翟義，還攻槐里，以軍功封建武男。女弟爲大司空王邑小妻。家長安中，出入貴戚，連結閭里豪傑，以任俠爲名；然事母兄，養弱弟，内修行義。王莽末，青、徐賊起，太師王匡請融爲助軍，與共東征。

及漢兵起，融復從王邑敗於昆陽下，歸〔長安。漢兵〕長驅入關，王邑薦融，拜爲波水將軍，賜黄金千斤，引兵至新豐。莽敗，融以軍降更始大司馬趙萌，萌以爲校尉，甚重之，薦融爲鉅鹿太守。

融見更始新立，東方尚擾，不欲出關，而高祖父嘗爲張掖太守，從祖父爲護羌校尉，從弟亦爲武威太守，累世在河西，知其土俗，獨謂兄弟曰：「天下安危未可知，河西殷富，帶河爲固，張掖屬國精兵萬騎，一旦緩急，杜絶河津，足以自守，此遺種處也。」兄弟皆然之。融於是日往守萌，辭讓鉅鹿，圖出河西。萌爲言更始，乃得爲張掖屬國都尉。融大喜，即將家屬而西。既到，撫結雄傑，懷輯羌虜，甚得其歡心，河西翕然歸之。

是時酒泉太守梁統、金城太守庫鈞、張掖都尉史苞、酒泉都尉竺曾、敦煌都尉辛彤，並州郡英俊，融皆與爲厚善。及更始敗，融與梁統等計議曰：「今天下擾亂，未知所歸。河西斗絶在羌胡中，不同心勠力則不能自守；權鈞力齊，復無以相率。當推一人爲大將軍，共全五郡，觀時變動。」議既定，而各謙讓，咸以融世任河西爲吏，人所敬向，乃推融行河西五郡大將軍事。是時武威太守馬期、張掖太守任仲並孤立無黨，乃共移書告示之，二人即解印綬去。於是以梁統爲武威太守，史苞爲張掖太守，竺曾爲酒泉太守，辛彤爲敦煌太守，庫鈞爲金城太守。融居屬國，領都尉職如故，置從事監察五郡。河西民俗質樸，而融等政亦寬和，上下相親，晏然富殖。修兵馬，習戰射，明烽燧之警，羌胡犯塞，融輒自將與諸郡相救，皆如符要，每輒破之。其後匈奴懲乂，稀復侵寇，而保塞羌胡皆震服親附，安定、北地、上郡流人避凶飢者，歸之不絶。

融等遥聞光武即位，而心欲東向，以河西隔遠，未能自通。時隗囂先稱建武年號，融等從受正朔，囂皆假其將軍印綬。囂外順人望，内懷異心，使辯士張玄游説河西曰：「更始事業已成，尋復亡滅，此一姓不再興之效。今即有所主，便相係屬，一旦拘制，自令失柄，後有危殆，雖悔無及。今豪傑競逐，雌雄未決，當各據其土宇，與隴、蜀合從，高可爲六國，下不失尉佗。」融等於是召豪傑及諸太守計議，其中智者皆曰：「漢承堯運，歷數延長。今皇帝姓號見於圖書，自前世博物道術之士谷子雲、夏賀良等，建明漢有再受命之符，言之久矣，故劉子駿改易名字，冀應其占。及莽末，道士西門君惠言劉秀當爲天子，遂謀立子駿。事覺被殺，出謂百姓觀者曰：『劉秀真汝主也。』皆近事暴著，智者所共見也。除言天命，且以人事論之：今稱帝者數人，而洛陽土地最廣，甲兵最彊，號令最明。觀符命而察人事，它姓殆未能當也。」諸郡太守各有賓客，或同或異。融小心精詳，遂決策東向。五年夏，遣長史劉鈞奉書獻馬。

先是，帝聞河西完富，地接隴、蜀，常欲招之以逼囂、述，亦發使遺融書，遇鈞於道，即與俱還。帝見鈞歡甚，禮饗畢，乃遣令還，賜融璽書曰：「制詔行河西五郡大將軍事、屬國都尉：勞鎮守邊五郡，兵馬精彊，倉庫有蓄，民庶殷富，外則折挫羌胡，内則百姓蒙福。威德流聞，虚心相望，道路隔塞，邑邑何已！長史所奉書獻馬悉至，深知厚意。今益州有公孫子陽，天水有隗將軍，方蜀漢相攻，權在將軍，舉足左右，便有輕重。以此言之，欲相厚豈有量哉！諸事具長史所見，將軍所知。王者迭興，千載一會。欲遂立桓、文，輔微國，當勉卒功業；欲三分鼎足，連衡合從，亦宜以時定。天下未并，吾與爾絶域，非相吞之國。今之議者，必有任囂效尉佗制七郡之計。王者有分土，無分民，自適己事而已。今以黄金二百斤賜將軍，便宜輒言。」因授融爲涼州牧。

璽書既至，河西咸驚，以爲天子明見萬里之外，網羅張立之情。融即復遣鈞上書曰：「臣融竊伏自惟，幸得託先后末屬，蒙恩爲外戚，累世二千石。至臣之身，復備列位，假歷將帥，守持一隅。以委質則易爲辭，以納忠則易爲力。書不足以深達至誠，故遣劉鈞口陳肝膽。自以底裏上露，長無纖介。而璽書盛稱蜀、漢二主，三分鼎足之權，任囂、尉佗之謀，竊自痛傷。臣融雖無識，猶知利害之際，順逆之分。豈可背真舊之主，事姦僞之人；廢忠貞之節，爲傾覆之事；弃已成之基，求無冀之利。此三者雖問狂夫，猶知去就，而臣獨何以用心！謹遣同産弟友詣闕，口陳區區。」友至高平，會囂反叛，道絶，馳還，遣司馬席封閒行通書。帝復遣席封賜融、友書，所以尉藉之甚備。

融既深知帝意，乃與隗囂書責讓之曰：「伏惟將軍國富政修，士兵懷附。親遇戹會之際，國家不利之時，守節不回，承事本朝，後遣伯春，委身於國，無疑之

誠，於斯有效。融等所以欣服高義，願從役於將軍者，良爲此也。而忿悁之閒，改節易圖，君臣分爭，上下接兵。委成功，造難就，去從義，爲横謀，百年累之，一朝毀之，豈不惜乎！殆執事者貪功建謀，以至於此，融竊痛之！當今西州地執局迫，人兵離散，易以輔人，難以自建。計若失路不反，聞道猶迷，不南合子陽，則北入文伯耳。夫負虚交而易强禦，恃遠救而輕近敵，未見其利也。融聞智者不危衆以舉事，仁者不違義以要功。今以小敵大，於衆何如？弃子微功，於義何如？且初事本朝，稽首北面，忠臣節也。及遣伯春，垂涕相送，慈父恩也。俄而背之，謂吏士何？忍而弃之，謂留子何？自兵起以來，轉相攻擊，城郭皆爲兵墟，生人轉於溝壑。今其存者，非鋒刃之餘，則流亡之孤。迄今傷痍之體未愈，哭泣之聲尚聞。幸賴天運少還，而(大)將軍復重於難，是使積痾不得遂瘳，幼孤將復流離，其爲悲痛，尤足愍傷，言之可爲酸鼻！庸人且猶不忍，況仁者乎？融聞爲忠甚易，得宜實難。憂人大過，以德取怨，知且以言獲罪也。區區所獻，唯將軍省焉。」囂不納。融乃與五郡太守共砥厲兵馬，上疏請師期。

帝深嘉美之，乃賜融以外屬圖及太史公《五宗》、《外戚世家》、《魏其侯列傳》。詔報曰：「每追念外屬，孝景皇帝出自竇氏，定王，景帝之子，朕之所祖。昔魏其一言，繼統以正，長君、少君尊奉師傅，修成淑德，施及子孫，此皇太后神靈，上天祐漢也。從天水來者寫將軍所讓隗囂書，痛入骨髓。畔臣見之，當股慄慙愧，忠臣則酸鼻流涕，義士則曠若發矇，非忠孝慤誠，孰能如此？豈其德薄者所能克堪！囂自知失河西之助，族禍將及，欲設閒離之説，亂惑真心，轉相解搆，以成其姦。又京師百僚，不曉國家及將軍本意，多能採取虚僞，誇誕妄談，令忠孝失望，傳言乖實。毁譽之來，皆不徒然，不可不思。今關東盜賊已定，大兵今當悉西，將軍其抗厲威武，以應期會。」融被詔，即與諸郡守將兵入金城。

初，更始時，先零羌封何諸種殺金城太守，居其郡，隗囂使使賂遺封何，與共結盟，欲發其衆。融等因軍出，進擊封何，大破之，斬首千餘級，得牛馬羊萬頭，穀數萬斛，因並河揚威武，伺候車駕。時大兵未進，融乃引還。

帝以融信効著明，益嘉之。詔右扶風修理融父墳塋，祠以太牢。數馳輕使，致遺四方珍羞。梁統乃使人刺殺張玄，遂與囂絶，皆解所假將軍印綬。七年夏，酒泉太守竺曾以弟報怨殺人而去郡，融承制拜曾爲武鋒將軍，更以辛彤代之。

秋，隗囂發兵寇安定，帝將自西征之，先戒融期。會遇雨，道斷，且囂兵已退，乃止。融至姑臧，被詔罷歸。融恐大兵遂久不出，乃上書曰：「隗囂聞車駕當西，臣融東下，士衆騷動，計且不戰。囂將高峻之屬皆欲逢迎大軍，後聞兵罷，峻等復疑。囂揚言東方有變，西州豪桀遂復附從。囂又引公孫述將，令守突門。臣融孤弱，介在其閒，雖承威靈，宜速救助。國家當其前，臣融促其後，緩急迭用，首尾相資，囂執排迮，不得進退，此必破也。若兵不早進，久生持疑，則外長寇讎，内示困弱，復令讒邪得有因緣，臣竊憂之。惟陛下哀憐！」帝深美之。

八年夏，車駕西征隗囂，融率五郡太守及羌虜小月氏等步騎數萬，輜重五千餘兩，與大軍會高平第一。融先遣從事問會見儀適，是時軍旅代興，諸將與三公交錯道中，或背使者交私語。帝聞融先問禮儀，甚善之，以宣告百僚。乃置酒高會，引見融等，待以殊禮。拜弟友爲奉車都尉，從弟士太中大夫。遂共進軍，囂衆大潰，城邑皆降。帝高融功，下詔以安豐、陽泉、蓼、(安)安風四縣封融爲安豐侯，弟友爲顯親侯。遂以次封諸將帥：武鋒將軍竺曾爲助義侯，武威太守梁統爲成義侯，張掖太守史苞爲褒義侯，金城太守厙鈞爲輔義侯，酒泉太守辛彤爲扶義侯。封爵既畢，乘輿東歸，悉遣融等西還所鎮。

融以兄弟並受爵位，久專方面，懼不自安，數上書求代。詔報曰：「吾與將軍如左右手耳，數執謙退，何不曉人意？勉循士民，無擅離部曲。」

及隴、蜀平，詔融與五郡太守奏事京師，官屬賓客相隨，駕乘千餘兩，馬牛羊被野。融到，詣洛陽城門，上涼州牧、張掖屬國都尉、安豐侯印綬，詔遣使者還侯印綬。引見，就諸侯位，賞賜恩寵，傾動京師。數月，拜爲冀州牧，十餘日，又遷大司空。融自以非舊臣，一旦入朝，在功臣之右，每召會進見，容貌辭氣卑恭已甚，帝以此愈親厚之。融小心，久不自安，數辭讓爵位，因侍中金遷口達至誠。又上疏曰：「臣融年五十三。有子年十五，質性頑鈍。臣融朝夕教導以經蓺，不得令觀天文，見讖記。誠欲令恭肅畏事，恂恂循道，不願其有才能，何況乃當傳以連城廣土，享故諸侯王國哉？」因復請閒求見，帝不許。後朝罷，逡巡席後，帝知欲有讓，遂使左右傳出。它日會見，迎詔融曰：「日者知公欲讓職還土，故命公暑熱且自便。今相見，宜論它事，勿得復言。」融不敢重陳請。

二十年，大司徒戴涉坐所舉人盜金下獄，帝以三公參職，不得已乃策免融。明年，加位特進。二十三年，代陰興行衛尉事，特進如故，又兼領將作大匠。弟友爲城門校尉，兄弟並典禁兵。融復乞骸骨，輒賜錢帛，太官致珍奇。及友卒，帝愍融年衰，遣中常侍、中謁者即其臥内强進酒食。

融長子穆，尚内黄公主，代友爲城門校尉。穆子勳，尚東海恭王彊女沘陽公

主，友子固，亦尚光武女涅陽公主。顯宗即位，以融從兄子林爲護羌校尉。竇氏一公，兩侯，三公主，四二千石，相與並時。自祖及孫，官府邸第相望京邑，奴婢以千數，於親戚、功臣中莫與爲比。【略】

論曰：竇融始以豪俠爲名，拔起風塵之中，以投天隙。遂蟬蛻王侯之尊，終膺卿相之位，此則徼功趣埶之士也。及其爵位崇滿，至乃放遠權寵，恂恂似若不能已者，又何智也！當獨詳味此子之風度，雖經國之術無足多談，而進退之禮良可言矣。

南朝宋・范曄《後漢書》卷二五《卓茂傳》 卓茂字子康，南陽宛人也。父祖皆至郡守。茂，元帝時學於長安，事博士江生，習《詩》、《禮》及歷筭，究極師法，稱爲通儒。性寬仁恭愛。鄉黨故舊，雖行能與茂不同，而皆愛慕欣欣焉。

初辟丞相府史，事孔光，光稱爲長者。時嘗出行，有人認其馬。茂問曰：「子亡馬幾何時？」對曰：「月餘日矣。」茂有馬數年，心知其謬，嘿解與之，挽車而去，顧曰：「若非公馬，幸至丞相府歸我。」他日，馬主別得亡者，乃詣府送馬，叩頭謝之。茂性不好爭如此。

後以儒術舉爲侍郎，給事黄門，遷密令。勞心諄諄，視人如子，舉善而教，口無惡言，吏人親愛而不忍欺之。人嘗有言部亭長受其米肉遺者，茂辟左右問之曰：「亭長爲從汝求乎？爲汝有事囑之而受乎？將平居自以恩意遺之乎？」人曰：「往遺之耳。」茂曰：「遺之而受，何故言邪？」人曰：「竊聞賢明之君，使人不畏吏，吏不取人。今我畏吏，是以遺之，吏既卒受，故來言耳。」茂曰：「汝爲敝人矣。凡人所以貴於禽獸者，以有仁愛，知相敬事也。今鄰里長老尚致餽遺，此乃人道所以相親，況吏與民乎？吏顧不當乘威力強請求耳。凡人之生，羣居雜處，故有經紀禮義以相交接。汝獨不欲修之，寧能高飛遠走，不在人閒邪？亭長素善吏，歲時遺之，禮也。」人曰：「苟如此，律何故禁之？」茂笑曰：「律設大法，禮順人情。今我以禮教汝，汝必無怨惡，以律治汝，何所措其手足乎？一門之內，小者可論，大者可殺也。且歸念之！」於是人納其訓，吏懷其恩。初，茂到縣，有所廢置，吏人笑之，鄰城聞者皆蚩其不能。河南郡爲置守令，茂不爲嫌，理事自若。數年，教化大行，道不拾遺。平帝時，天下大蝗，河南二十餘縣皆被其災，獨不入密縣界。督郵言之，太守不信，自出案行，見乃服焉。

是時王莽秉政，置大司農六部丞，勸課農桑，遷茂爲京部丞，密人老少皆涕泣隨送。及莽居攝，以病免歸郡，常爲門下掾祭酒，不肯作職吏。更始立，以茂爲侍中祭酒，從至長安，知更始政亂，以年老乞骸骨歸。

時光武初即位，先訪求茂，茂詣河陽謁見。乃下詔曰：「前密令卓茂，束身自修，執節淳固，誠能爲人所不能爲。夫名冠天下，當受天下重賞，故武王誅紂，封比干之墓，表商容之閭。今以茂爲太傅，封褒德侯，食邑二千户，賜几杖車馬，衣一襲，絮五百斤。」復以茂長子戎爲太中大夫，次子崇爲中郎，給事黄門。建武四年，薨，賜棺槨冢地，車駕素服親臨送葬。【略】

論曰：建武之初，雄豪方擾，虓呼者連響，嬰城者相望，斯固倥偬不暇給之日。卓茂斷斷小宰，無它庸能，時已七十餘矣，而首加聘命，優辭重禮，其與周、燕之君表閭立館何異哉？於是蘊憤歸道之賓，越關阻，捐宗族，以排金門者衆矣。夫厚性寬中近於仁，犯而不校鄰於恕，率斯道也，怨悔曷其至乎！

南朝宋・范曄《後漢書》卷二六《馮勤傳》 馮勤字偉伯，魏郡繁陽人也。曾祖父揚，宣帝時爲弘農太守。有八子，皆爲二千石，趙魏閒榮之，號曰「萬石君」焉。兄弟形皆偉壯，唯勤祖父偃，長不滿七尺，常自恥短陋，恐子孫之似也，乃爲子伉娶長妻。伉生勤，長八尺三寸。八歲善計。

初爲太守銚期功曹，有高能稱。期常從光武征伐，政事一以委勤。勤同縣馮巡等舉兵應光武，謀未成而爲豪右焦廉等所反，勤乃率將老母兄弟及宗親歸期，期悉以爲腹心，薦於光武。初未被用，後乃除爲郎中，給事尚書。以圖議軍糧，在事精勤，遂見親識。每引進，帝輒顧謂左右曰：「佳乎吏也！」由是使典諸侯封事。勤差量功次輕重，國土遠近，地埶豐薄，不相踰越，莫不厭服焉。自是封爵之制，非勤不定。帝益以爲能，尚書衆事，皆令總録之。

司徒侯霸薦前梁令閻楊。楊素有譏議，帝常嫌之，既見霸奏，疑其有姦，大怒，賜霸璽書曰：「崇山、幽都何可偶，黄鉞一下無處所。欲以身試法邪？將殺身以成仁邪？」使勤奉策至司徒府。勤還，陳霸本意，申釋事理，帝意稍解，拜勤尚書僕射。職事十五年，以勤勞賜爵關内侯。遷尚書令，拜大司農，三歲遷司徒。

先是三公多見罪退，帝賢勤，欲令以善自終，乃因讌見從容戒之曰：「朱浮上不忠於君，下陵轢同列，竟以中傷至今，死生吉凶未可知，豈不惜哉！人臣放逐受誅，雖復追加賞賜賻祭，不足以償不訾之身。忠臣孝子，覽照前世，以爲鏡誡。能盡忠於國，事君無二，則爵賞光乎當世，功名列於不朽，可不勉哉！」勤愈恭約盡忠，號稱任職。

勤母年八十，每會見，詔勑勿拜，令御者扶上殿，顧謂諸王主曰：「使勤貴寵者，此母也。」其見親重如此。

中元元年，薨，帝悼惜之，使者弔祠，賜東園祕器，賵贈有加。

南朝宋・范曄《後漢書》卷二八上《桓譚傳》 桓譚字君山，沛國相人也。父成帝時爲太樂令。譚以父任爲郎，因好音律，善鼓琴。博學多通，徧習《五經》，皆詁訓大義，不爲章句。能文章，尤好古學，數從劉歆、楊雄辯析疑異。性嗜倡樂，簡易不修威儀，而憙非毀俗儒，由是多見排抵。

哀平閒，位不過郎。傅皇后父孔鄉侯晏深善於譚。是時高安侯董賢寵幸，女弟爲昭儀，皇后日已疏，晏嘿嘿不得意。譚進説曰：「昔武帝欲立衛子夫，陰求陳皇后之過，而陳后終廢，子夫竟立。今董賢至愛而女弟尤幸，殆將有子夫之變，可不憂哉！」晏驚動，曰：「然，爲之柰何？」譚曰：「刑罰不能加無罪，邪枉不能勝正人。夫士以才智要君，女以媚道求主。皇后年少，希更艱難，或驅使醫巫，外求方技，此不可不備。又君侯以后父尊重而多通賓客，必借以重埶，貽致譏議。不如謝遣門徒，務執謙慤，此脩己正家避禍之道也。」晏曰「善」。遂罷遣常客，入白皇后，如譚所戒。後賢果風太醫令真欽，使求傅氏罪過，遂逮后弟侍中喜，詔獄無所得，乃解，故傅氏終全於哀帝之時。及董賢爲大司馬，聞譚名，欲與之交。譚先奏書於賢，説以輔國保身之術，賢不能用，遂不與通。當王莽居攝篡弑之際，天下之士，莫不競褒稱德美，作符命以求容媚，譚獨自守，默然無言。莽時爲掌樂大夫，更始立，召拜太中大夫。

世祖即位，徵待詔，上書言事失旨，不用。後大司空宋弘薦譚，拜議郎給事中，因上疏陳時政所宜，曰：

臣聞國之廢興，在於政事；政事得失，由乎輔佐。輔佐賢明，則俊士充朝，而理合世務；輔佐不明，則論失時宜，而舉多過事。夫有國之君，俱欲興化建善，然而政道未理者，其所謂賢者異也。昔楚莊王問孫叔敖曰：「寡人未得所以爲國是也。」叔敖曰：「國之有是，衆所惡也，恐王不能定也。」王曰：「不定獨在君，亦在臣乎？」對曰：「君驕士，曰士非我無從富貴；士驕君，曰君非士無從安存。人君或至失國而不悟，士或至飢寒而不進。君臣不合，則國是無從定矣。」莊王曰：「善。願相國與諸大夫共定國是也。」蓋善政者，視俗而施教，察失而立防，威德更興，文武迭用，然後政調於時，而躁人可定。昔董仲舒言「理國譬若琴瑟，其不調者則解而更張」。夫更張難行，而拂衆者亡，是故賈誼以才逐，而朝錯以智死。世雖有殊能而終莫敢談者，懼於前事也。

且設法禁者，非能盡塞天下之姦，皆合衆人之所欲也，大抵取便國利事多者，則可矣。夫張官置吏，以理萬人，縣賞設罰，以别善惡，惡人誅傷，則善人蒙福矣。今人相殺傷，雖已伏法，而私結怨讎，子孫相報，後忿深前，至於滅户殄業，而俗稱豪健，故雖有怯弱，猶勉而行之，此爲聽人自理而無復法禁者也。今宜申明舊令，若已伏官誅而私相傷殺者，雖一身逃亡，皆徙家屬於邊，其相傷者，加常二等，不得雇山贖罪。如此，則仇怨自解，盜賊息矣。

夫理國之道，舉本業而抑末利，是以先帝禁人二業，錮商賈不得宦爲吏，此所以抑并兼長廉恥也。今富商大賈，多放錢貨，中家子弟，爲之保役，趨走與臣僕等勤，收税與封君比入，是以衆人慕効，不耕而食，至乃多通侈靡，以淫耳目。今可令諸商賈自相糾告，若非身力所得，皆以臧畀告者。如此，則專役一己，不敢以貨與人，事寡力弱，必歸功田畝。田畝修，則穀入多而地方盡矣。

又見法令決事，輕重不齊，或一事殊法，同罪異論，姦吏得因緣爲市，所欲活則出生議，所欲陷則與死比，是爲刑開二門也。今可令通義理明習法律者，校定科比，一具法度，班下郡國，蠲除故條。如此，天下知方，而獄無怨濫矣。

書奏，不省。

是時帝方信讖，多以決定嫌疑。又醻賞少薄，天下不時安定。譚復上疏曰：

臣前獻瞽言，未蒙詔報，不勝憤懣，冒死復陳。愚夫策謀，有益於政道者，以合人心而得事理也。凡人情忽於見事而貴於異聞，觀先王之所記述，咸以仁義正道爲本，非有奇怪虛誕之事。蓋天道性命，聖人所難言也。自子貢以下，不得而聞，況後世淺儒，能通之乎！今諸巧慧小才伎數之人，增益圖書，矯稱讖記，以欺惑貪邪，詿誤人主，焉可不抑遠之哉！臣譚伏聞陛下窮折方士黄白之術，甚爲明矣；而乃欲聽納讖記，又何誤也！其事雖有時合，譬猶卜數隻偶之類。陛下宜垂明聽，發聖意，屏羣小之曲説，述《五經》之正義，略雷同之俗語，詳通人之雅謀。

又臣聞安平則尊道術之士，有難則貴介胄之臣。今聖朝興復祖統，爲人臣主，而四方盜賊未盡歸伏者，此權謀未得也。臣譚伏觀陛下用兵，諸所降下，既無重賞以相恩誘，或至虜掠奪其財物，是以兵長渠率，各生狐疑，黨輩連結，歲月不解。古人有言曰：「天下皆知取之爲取，而莫知與之爲取。」陛下誠能輕爵重

賞，與士共之，則何招而不尅，何説而不釋，何向而不開，何征而不尅！如此，則能以狹爲廣，以遲爲速，亡者復存，失者復得矣。

帝省奏，愈不悦。

其後有詔會議靈臺所處，帝謂譚曰：「吾欲〔以〕讖決之，何如？」譚默然良久，曰：「臣不讀讖。」帝問其故，譚復極言讖之非經。帝大怒曰：「桓譚非聖無法，將下斬之。」譚叩頭流血，良久乃得解。出爲六安郡丞，意忽忽不樂，道病卒，時年七十餘。

初，譚著書言當世行事二十九篇，號曰《新論》，上書獻之，世祖善焉。《琴道》一篇未成，肅宗使班固續成之。所著賦、誄、書、奏，凡二十六篇。

南朝宋·范曄《後漢書》卷三〇上《蘇竟傳》 蘇竟字伯況，扶風平陵人也。平帝世，竟以明《易》爲博士講《書》祭酒。善圖緯，能通百家之言。王莽時，〔與〕劉歆等共典校書，拜代郡中尉。時匈奴擾亂，北邊多罹其禍，竟終完輯一郡。光武即位，就拜代郡太守，使固塞以拒匈奴。建武五年冬，盧芳略得北邊諸郡，帝使偏將軍隨弟屯代郡。竟病篤，以兵屬弟，詣京師謝罪。拜侍中，數月，以病免。

初，延岑護軍鄧仲況擁兵據南陽陰縣爲寇，而劉歆兄子龔爲其謀主。竟時在南陽，與龔書曉之曰：

君執事無恙。走昔以摩研編削之才，與國師公從事出入，校定祕書，竊自依依，末由自遠。蓋聞君子愍同類而傷不遇。人無愚智，莫不先避害然後求利，先定志然後求名。昔智果見智伯窮兵必亡，故變名遠逝，陳平知項王爲天所棄，故歸心高祖，皆智之至也。聞君前權時屈節，北面延牙，乃後覺悟，棲遲養德。先世數子，又何以加。君處陰中，土多賢士，若以須臾之閒，研考異同，揆之圖書，測之人事，則得失利害，可陳於目，何自負畔亂之困，不移守惡之名乎？與君子之道，何其反也？

世之俗儒末學，醒醉不分，而稽論當世，疑誤視聽。或謂天下迭興，未知誰是，稱兵據土，可圖非冀。或曰聖王未啓，宜觀時變，倚彊附大，顧望自守。二者之論，豈其然乎？夫孔丘祕經，爲漢赤制，玄包幽室，文隱事明。且火德承堯，雖昧必亮，承積世之祚，握無窮之符，王氏雖乘閒偷篡，而終嬰大戮，支分體解，宗氏屠滅，非其効歟？皇天所以眷顧踟躕，憂漢子孫者也。論者若不本之於天，參之於聖，猥以《師曠雜事》輕自眩惑，説士作書，亂夫大道，焉可信哉？

諸儒或曰：今五星失晷，天時謬錯，辰星久而不効，太白出入過度，熒惑進退見態，鎮星繞帶天街，歲星不舍氐、房。以爲諸如此占，歸之國家。蓋災不徒設，皆應之分野，各有所主。夫房、心即宋之分，東海是也。尾爲燕分，漁陽是也。東海董憲迷惑未降，漁陽彭寵逆亂擁兵，王赫斯怒，命將並征，故熒惑應此，憲、寵受殃。太白、辰星自亡新之末，失行筭度，以至于今，或守東井，或没羽林，或裴回藩屏，或躑躅帝宮，或經天反明，或潛臧久沈，或衰微闇昧，或煌煌北南，或盈縮成鉤，或偃蹇不禁，皆大運蕩除之祚，聖帝應符之兆也。賊臣亂子，往往錯互，指麾妄説，傳相壞誤。由此論之，天文安得遵度哉！

乃者，五月甲申，天有白虹，自子加午，廣可十丈，長可萬丈，正臨倚彌。倚彌即黎丘，秦豐之都也。是時月入于畢。畢爲天網，主網羅無道之君，故武王將伐紂，上祭于畢，求助天也。夫仲夏甲申爲八魁。八魁，上帝開塞之將也，主退惡攘逆。流星狀似蚩尤旗，或曰營頭，或曰天槍，出奎而西北行，至延牙營上，散爲數百而滅。奎爲毒螫，主庫兵。此二變，郡中及延牙士衆所共見也。是故延牙遂之武當，託言發兵，實避其殃。今年《比卦》部歲，坤主立冬，坎主冬至，水性滅火，南方之兵受歲禍也。德在中宮，刑在木，木勝土，刑制德，今年兵事畢已，中國安寧之効也。五七之家三十五姓，彭、秦、延氏不得豫焉。如何怪惑，依而恃之？《葛纍》之詩「求福不回」，其若是乎！

圖讖之占，衆變之驗，皆君所明。善惡之分，去就之決，不可不察。無忽鄙言！

夫周公之善康叔，以不從管蔡之亂也；景帝之悦濟北，以不從吴濞之畔也。自更始以來，孤恩背逆，歸義向善，臧否粲然，可不察歟！良醫不能救無命，彊梁不能與天爭，故天之所壞，人不得支。宜密與太守劉君共謀降議。仲尼棲棲，墨子遑遑，憂人之甚也。屠羊救楚，非要爵禄；茅焦干秦，豈求報利？盡忠博愛之誠，憤滿不能已耳。

又與仲況書諫之，文多不載，於是仲況與龔遂降。

龔字孟公，長安人，善論議，扶風馬援、班彪並器重之。竟終不伐其功，潛樂道術，作《記誨篇》及文章傳於世。年七十，卒于家。

南朝宋·范曄《後漢書》卷三〇上《楊厚傳》 楊厚字仲桓，廣漢新都人也。祖父春卿，善圖讖學，爲公孫述將。漢兵平蜀，春卿自殺，臨命戒子統曰：「吾綈袠中有先祖所傳祕記，爲漢家用，爾其修之。」統感父遺言，服闋，辭家從犍爲周循學習先法，又就同郡鄭伯山受《河洛書》及天文推步之術。建初中爲彭城令，

一州大旱，統推陰陽消伏，縣界蒙澤。太守宗湛使統爲郡求雨，亦即降澍。自是朝廷災異，多以訪之。統作《家法章句》及《内讖》二卷解説，位至光禄大夫，爲國三老。年九十卒。

統生厚。厚母初與前妻子博不相安，厚年九歲，思令和親，乃託疾不言不食。母知其旨，懼然改意。恩養加篤。博後至光禄大夫。

厚少學統業，精力思述。初，安帝永初，(二)〔三〕年，太白入(北)斗，洛陽大水。時統爲侍中，厚隨在京師。朝廷以問統，統對年老耳目不明，子厚曉讀圖書，粗識其意。鄧太后使中常侍承制問之，厚對以爲「諸王子多在京師，容有非常，宜亟發遣各還本國」。太后從之，星尋滅不見。又剋水退期日，皆如所言。除爲中郎。太后特引見，問以圖讖，厚對不合，免歸。復習業犍爲，不應州郡、三公之命，方正、有道、公車特徵皆不就。

永建二年，順帝特徵，詔告郡縣督促發遣。厚不得已，行到長安，以病自上，因陳漢三百五十年之厄，宜蠲法改憲之道，及消伏災異，凡五事。制書褒述，有詔太醫致藥，太官賜羊酒。及至，拜議郎，三遷爲侍中，特蒙引見，訪以時政。四年，厚上言「今夏必盛寒，當有疾疫蝗蟲之害」。是歲，果六州大蝗，疫氣流行。後又連上「西北二方有兵氣，宜備邊寇」。車駕臨當西巡，感厚言而止。至陽嘉三年，西羌寇隴右，明年，烏桓圍度遼將軍耿曄。永和元年，復上「京師應有水患，又當火災，三公有免者，蠻夷當反畔」。是夏，洛陽暴水，殺千餘人；至冬，承福殿災，太尉龐參免；荆、交二州蠻夷賊殺長吏，寇城郭。又言「陰臣、近戚、妃黨當受禍」。明年，宋阿母與宦者褒信侯李元等遘姦廢退；後二年，中常侍張逵等復坐誣罔大將軍梁商專恣，悉伏誅。每有災異，厚輒上消救之法，而閹宦專政，言不得信。

時大將軍梁冀威權傾朝，遣弟侍中不疑以車馬、珍玩致遺於厚，欲與相見。厚不荅，固稱病求退。帝許之，賜車馬錢帛歸家。修黄老，教授門生，上名録者三千餘人。太尉李固數薦言之。(太)〔本〕初元年，梁太后詔備古禮以聘厚，遂辭疾不就。建和三年，太后復詔徵之，經四年不至。年八十二，卒於家。策書弔祭。鄉人謚曰文父。門人爲立廟，郡文學掾史春秋饗射常祠之。

南朝·范曄《後漢書》卷三〇下《郎顗傳》 郎顗字雅光，北海安丘人也。父宗，字仲綏，學《京氏易》，善風角、星筭、六日七分，能望氣占候吉凶，常賣卜自奉。安帝徵之，對策爲諸儒表，後拜吴令。時卒有暴風，宗占知京師當有大火，記識時日，遣人參候，果如其言。諸公聞而表上，以博士徵之。宗恥以占驗見知，聞徵書到，夜縣印綬於縣廷而遁去，遂終身不仕。

顗少傳父業，兼明經典，隱居海畔，延致學徒常數百人。晝研精義，夜占象度，勤心鋭思，朝夕無倦。州郡辟召，舉有道、方正，不就。

順帝時，災異屢見，陽嘉二年正月，公車徵，顗乃詣闕拜章曰：

臣聞天垂妖象，地見災符，所以譴告人主，責躬脩德，使正機平衡，流化興政也。《易内傳》曰：「凡災異所生，各以其政。變之則除，消之亦除。」伏惟陛下躬日昊之聽，温三省之勤，思過念咎，務消祇悔。

方今時俗奢佚，淺恩薄義。夫救奢必於儉約，拯薄無若敦厚，安上理人，莫善於禮。修禮遵約，蓋惟上興，革文變薄，事不在下。故《周南》之德，《關雎》政本。本立道生，風行草從，澄其源者流清，溷其本者末濁。天地之道，其猶鼓籥，以虚爲德，自近及遠者也。伏見往年以來，園陵數災，炎光熾猛，驚動神靈。《易天人應》曰：「君子不思遵利，茲謂無澤，厥災孽火燒其宫。」又曰：「君高臺府，犯陰侵陽，厥災火。」又曰：「上不儉，下不節，炎火並作燒君室。」自頃繕理西苑，修復太學，宫殿官府，多所搆飾。昔盤庚遷殷，去奢即儉，夏后卑室，盡力致美。又魯人爲長府，閔子騫曰：「仍舊貫，何必改作。」臣愚以爲諸所繕修，事可省減，稟卹貧人，賑贍孤寡，此天之意也，人之慶也，仁之本也，儉之要也。焉有應天養人，爲仁爲儉，而不降福者哉？

土者地祇，陰性澄静，宜以施化之時，敬而勿擾。竊見正月以來，陰闇連日。《易内傳》曰：「久陰不雨，亂氣也，《蒙》之《比》也。蒙者，君臣上下相冒亂也。」又曰：「欲德不用，厥異常陰。」夫賢者化之本，雲者雨之具也。得賢而不用，猶久陰而不雨也。又頃前數日，寒過其節，冰既解釋，還復凝合。夫寒往則暑來，暑往則寒來，此言日月相推，寒暑相避，以成物也。今立春之後，火卦用事，常温而寒，違反時節，由功賞不至，而刑罰必加也。宜須立秋，順氣行罰。

臣伏案《飛候》，參察衆政，以爲立夏之後，當有震裂涌水之害。又比熒惑失度，盈縮往來，涉歷輿鬼，環繞軒轅，火精南方，夏之政也。政有失禮，不從夏令，則熒惑失行。正月三日至乎九日，三公卦〔也〕。三公上應台階，下同元首。政失其道，則寒陰反節。「節彼南山」，詠自《周詩》；「股肱良哉」，著於《虞典》。而今之在位，競託高虚，納累鐘之奉，忘天下之憂，棲遲偃仰，寢疾自逸，被策文，得賜錢，即復起矣。何疾之易而愈之速？以此消伏災眚，興致升平，其可得乎？今

選舉牧守，委任三府。長吏不良，既咎州郡，州郡有失，豈得不歸責舉者？而陛下崇之彌優，自下慢事愈甚，所謂大綱疏，小網數。三公非臣之仇，臣非狂夫之作，所以發憤忘食，懇懇不已者，誠念朝廷欲致興平，非不能面譽也。

臣生長草野，不曉禁忌，披露肝膽，書不擇言。伏鑕鼎鑊，死不敢恨。謹詣闕奉章，伏待重誅。

書奏，帝復使對尚書。顗對曰：

臣聞明王聖主好聞其過，忠臣孝子言無隱情。臣備生人倫視聽之類，而稟性愚慤，不識忌諱，故出死忘命，懇懇重言。誠欲陛下修乾坤之德，開日月之明，披圖籍，案經典，覽帝王之務，識先後之政。如有闕遺，退而自改。本文武之業，擬堯舜之道，攘災延慶，號令天下。此誠臣顗區區之願，夙夜夢寤，盡心所計。謹條序前章，暢其旨趣，條便宜七事，具如狀對：

一事：陵園至重，聖神攸馮，而災火炎赫，迫近寢殿，魂而有靈，猶將驚動。尋宮殿官府，近始永平，歲時未積，便更修造。又西苑之設，禽畜是處，離房別觀，本不常居，而皆務精土木，營建無已，消功單賄，巨億爲計。《易内傳》曰：「人君奢侈，多飾宮室，其時旱，其災火。」是故魯僖遭旱，修政自勑，下鐘鼓之縣，休繕治之官，雖則不寧，而時雨自降。由此言之，天之應人，敏於景響。今月十七日戊午，徵日也，日加申，風從寅來，丑時而止。丑、寅、申皆徵也，不有火災，必當爲旱。願陛下校計繕修之費，永念百姓之勞，罷將作之官，減彫文之飾，損庖廚之饌，退宴私之樂。《易中孚傳》曰：「陽感天，不旋日。」如是，則景雲降集，眚沴息矣。

二事：去年已來，《兑卦》用事，類多不効。《易傳》曰：「有貌無實，佞人也；有實無貌，道人也。」寒温爲實，清濁爲貌。今三公皆令色足恭，外厲内荏，以虚事上，無佐國之實，故清濁效而寒温不效也，是以陰寒侵犯消息。占曰：「日乘則有妖風，日蒙則有地裂。」如是三年，則致日食，陰侵其陽，漸積所致。立春前後温氣應節者，詔令寬也。其後復寒者，無寬之實也。夫十室之邑，必有忠信，率土之人，豈無貞賢，未聞朝廷有所賞拔，非所以求善贊務，弘濟元元。宜採納良臣，以助聖化。

三事：臣聞天道不遠，三五復反。今年少陽之歲，法當乘起，恐後年已往，將遂驚動，涉歷天門，災成戊已。今春當旱，夏必有水，臣以六日七分候之可知。夫災眚之來，緣類而應。行有玷缺，則氣逆于天，精感變出，以戒人君。王者之義，時有不登，則損滋徹膳。數年以來，穀收稍減，家貧户饉，歲不如昔。百姓不足，君誰與足？水旱之災，雖尚未至，然君子遠覽，防微慮萌。《老子》曰：「人之飢也，以其上食税之多也。」故孝文皇帝綈袍革舃，木器無文，約身薄賦，時致升平。今陛下聖德中興，宜遵前典，惟節惟約，天下幸甚。《易》曰：「天道無親，常與善人。」是故高宗以享福，宋景以延年。

四事：臣竊見皇子未立，儲宮無主，仰觀天文，太子不明。熒惑以去年春分後十六日在婁五度，推步《三統》，熒惑今當在翼九度，今反在柳三度，則不及五十餘度。去年八月二十四日戊辰，熒惑歷輿鬼東入軒轅，出后星北，東去四度，北旋復還。軒轅者，後宮也。熒惑者，至陽之精也，天之使也，而出入軒轅，繞還往來。《易》曰：「天垂象，見吉凶。」其意昭然可見矣。禮，天子一娶九女，嫡媵畢具。今宮人侍御，動以千計，或生而幽隔，人道不通，鬱積之氣，上感皇天，故遣熒惑入軒轅，理人倫，垂象見異，以悟主上。昔武王下車，出傾宮之女，表商容之閭，以理人倫，以表賢德，故天授以聖子。成王是也。今陛下多積宮人，以違天意，故皇胤多夭，嗣體莫寄。《詩》云：「敬天之怒，不敢戲豫。」方今之福，莫若廣嗣，廣嗣之術，可不深思？宜簡出宮女，恣其姻嫁，則天自降福，子孫千億。惟陛下丁寧再三，留神於此。左右貴倖，亦宜惟臣之言，以悟陛下。蓋善言古者合於今，善言天者合於人。願訪問百僚，有違臣言者，臣當受苟言之罪。

五事：臣竊見去年閏(十)月十七日己丑夜，有白氣從西方天苑趨左足，入玉井，數日乃滅。《春秋》曰：「有星孛于大辰。」大辰者何？大火也。大火爲大辰，伐又爲大辰，北極亦爲大辰。」所以孛一宿而連三宿者，言北辰王者之宮也。凡中宮無節，政教亂逆，威武衰微，則此三星以應之也。罰者白虎，其宿主兵，其國趙，魏，變見西方，亦應三輔。凡金氣爲變，發在秋節。臣恐立秋以後，趙、魏、關西將有羌寇畔戾之患。宜豫宣告諸郡，使敬授人時，輕徭役，薄賦斂，勿妄繕起，堅倉獄，備守衛，回選賢能，以鎮撫之。金精之變，責歸上司。宜以五月丙午，遣太尉服干戚，建井旟，書玉板之策，引白氣之異，於西郊責躬求愆，謝咎皇天，消滅妖氣。蓋以火勝金，轉禍爲福也。

六事：臣竊見今月十四日乙卯巳時，白虹貫日。凡日傍氣色白而純者名爲虹。貫日中者，侵太陽也；見於春者，政變常也。方今中官外司，各各考事，其所考者，或非急務。又恭陵火災，主名未立，多所收捕，備經考毒。尋火爲天戒，以悟人君，可順而不可違，可敬而不可慢。陛下宜恭已内省，以備後災。凡

諸考案，并須立秋。又《易傳》曰：「公能其事，序賢進士，後必有喜。」反之，則白虹貫日。以甲乙見者，則譴在中台。自司徒居位，陰陽多謬，久無虛已進賢之策，天下興議，異人同咨。且立春以來，金氣再見，金能勝木，必有兵氣，宜黜司徒以應天意。陛下不早攘之，將負臣言，遺患百姓。

七事：臣伏惟漢興以來三百三十九歲。於《詩三基》，高祖起亥仲二年，今在戌仲十年。《詩氾歷樞》曰：「卯酉爲革政，午亥爲革命，神在天門，出入候聽。」言神在戌亥，司候帝王興衰得失，厥善則昌，厥惡則亡。於《易雄雌祕歷》，今值困乏。凡九二困者，衆小人欲共困害君子也。《經》曰：「困而不失其所，其唯君子乎！」唯獨賢聖之君，遭困遇險，能致命遂志，不去其道。陛下乃者潛龍養德，幽隱屈厄，即位之元，紫宮驚動，歷運之會，時氣已應。然猶恐妖祥未盡，君子思患而豫防之。臣以爲戌仲已竟，來年入季，文帝改法，除肉刑之罪，至今適三百載。宜因斯際，大蠲法令，官名稱號，輿服器械，事有所更，變大爲小，去奢就儉，機衡之政，除煩爲簡。改元更始，招求幽隱，舉方正，徵有道，博採異謀，開不諱之路。

臣陳引際會，恐犯忌諱，書不盡言，未敢究暢。

臺詰顗曰：「對云『白虹貫日，政變常也』。朝廷率由舊章，何所變易而言變常？又言『當大蠲法令，革易官號』。或云變常以致災，或改舊以除異，何也？又陽嘉初建，復欲改元，據何經典？其以實對。」顗對曰：

方春東作，布德之元，陽氣開發，養導萬物。王者因天視聽，奉順時氣，宜務崇温柔，遵其行令。而今立春之後，考事不息，秋冬之政，行乎春夏，故白虹春見，掩蔽日曜。凡邪氣乘陽，則虹蜺在日，斯皆臣下執事刻急所致，殆非朝廷優寬之本。此其變常之咎也。又今選舉皆歸三司，非有周召之才，而當則哲之重，每有選用，輒參之掾屬，公府門巷，賓客填集，送去迎來，財貨無已。其當遷者，競相薦謁，各遣子弟，充塞道路，開長姦門，興致浮僞，非所謂率由舊章也。尚書職在機衡，宮禁嚴密，私曲之意，羌不得通，偏黨之恩，或無所用。選舉之任，不如還在機密。臣誠愚戇，不知折中，斯固遠近之論，當今之宜。又孔子曰：「漢三百載，(計)〔斗〕歷改憲。」三百四歲爲一德，五德千五百二十歲，五行更用。王者隨天，譬猶自春徂夏，改青服絳者也。自文帝省刑，適三百年，而輕微之禁，漸已殷積。王者之法，譬猶江河，當使易避而難犯也。故《易》曰：「易則易知，簡則易從，易簡而天下之理得矣。」今去奢即儉，以先天下，改易名號，隨事稱謂。《易》曰：「君子之道，或出或處，同歸殊塗，一致百慮。」是知變常而善，可以除災，變常而惡，必致於異。今年仲竟，來年入季，仲終季始，歷連變改，故可改元，所以順天道也。

臣顗愚蔽，不足以荅聖問。

顗又上書薦黄瓊、李固，并陳消災之術曰：

臣前對七事，要政急務，宜於今者，所當施用。誠知愚淺，不合聖聽，人賤言廢，當受誅罰，征營惶怖，靡知厝身。

臣聞刳舟剡楫，將欲濟江海也；聘賢選佐，將以安天下也。昔唐堯在上，羣龍爲用，文武創德，周召作輔，是以能建天地之功，增日月之耀者也。《詩》云：「赫赫王命，仲山甫將之。邦國若否，仲山甫明之。」宣王是賴，以致雍熙。陛下踐祚以來，勤心庶政，而三九之位，未見其人，是以災害屢臻，四國未寧。臣考之國典，驗之聞見，莫不以得賢爲功，失士爲敗。且賢者出處，翔而後集，爵以德進，則其情不苟，然後使君子恥貧賤而樂富貴矣。若有德不報，有言不讎，來無所樂，進無所趨，則皆懷歸藪澤，修其故志矣。夫求賢者，上以承天，下以爲人。不用之，則逆天統，違人望。逆天統則災眚降，違人望則化不行。災眚降則下呼嗟，化不行則君道虧。四始之缺，五際之厄，其咎由此。豈可不剛健篤實，矜矜慄慄，以守天功盛德大業乎？

臣伏見光祿大夫江夏黄瓊，耽道樂術，清亮自然，被褐懷寶，含味經籍，又果於從政，明達變復。朝廷前加優寵，賓于上位。瓊入朝日淺，謀謨未就，因以喪病，致命遂志。《老子》曰：「大音希聲，大器晚成。」善人爲國，三年乃立。天下莫不嘉朝廷有此良人，而復怪其不時還任。陛下宜加隆崇之恩，極養賢之禮，徵反京師，以慰天下。又處士漢中李固，年四十，通游夏之蓺，履顔閔之仁。絜白之節，情同皦日，忠貞之操，好是正直，卓冠古人，當世莫及。元精所生，王之佐臣，天之生固，必爲聖漢，宜蒙特徵，以示四方。夫有出倫之才，不應限以官次。昔顔子十八，天下歸仁；子奇稚齒，化阿有聲。若還瓊徵固，任以時政，伊尹、傅説，不足爲比，則可垂景光，致休祥矣。臣顗明不知人，伏聽衆言，百姓所歸，臧否共歎。願汎問百僚，覈其名行，有一不合，則臣爲欺國。惟留聖神，不以人廢言。

謹復條便宜四事，附奏於左：

一事：孔子作《春秋》，書「正月」者，敬歲之始也。王者則天之象，因時之

序，宜開發德號，爵賢命士，流寬大之澤，垂仁厚之德，順助元氣，含養庶類。如此，則天文昭爛，星辰顯列，五緯循軌，四時和睦。不則太陽不光，天地溷濁，時氣錯逆，霾霧蔽日。自立春以來，累經旬朔，未見仁德有所施布，但聞罪罰考掠之聲。夫天之應人，疾於景響，而自從入歲，常有蒙氣，月不舒光，日不宣曜。日者太陽，以象人君。政變於下，日應於天。清濁之占，隨政抑揚。天之見異，事無虛作。豈獨陛下倦於萬機，帷幄之政有所闕歟？何天戒之數見也！臣願陛下發揚乾剛，援引賢能，勤求機衡之寄，以獲斷金之利。臣之所陳，輒以太陽爲先者，明其不可久闇，急當改正。其異雖微，其事甚重。臣言雖約，其旨甚廣。惟陛下乃眷臣章，深留明思。

二事：孔子曰：「靁之始發《大壯》始，君弱臣彊從《解》起。」今月九日至十四日，《大壯》用事，消息之卦也。於此六日之中，靁當發聲，發聲則歲氣和，王道興也。《易》曰：「靁出地奮，豫，先王以作樂崇德，殷薦之上帝。」靁者，所以開發萌牙，辟陰除害。萬物須靁而解，資雨而潤。故《經》曰：「靁以動之，雨以潤之。」王者崇寬大，順春令，則靁應節，不則發動於冬，當震反潛。故《易傳》曰：「當靁不靁，太陽弱也。」今蒙氣不除，日月變色，則其效也。天網恢恢，疏而不失，隨時進退，應政得失。大人者，與天地合其德，與日月合其明，琁璣動作，與天相應。靁者號令，其德生養。號令殆廢，當生而殺，則靁反作，其時無歲。陛下若欲除災昭祉，順天致和，宜察臣下尤酷害者，亟加斥黜，以安黎元，則太皓悅和，靁聲乃發。

三事：去年十月二十日癸亥，太白與歲星合於房、心。太白在北，歲星在南，相離數寸，光芒交接。房、心者，天帝明堂布政之宮。《孝經鉤命決》曰：「歲星守心年穀豐。」《尚書洪範記》曰：「月行中道，移節應期，德厚受福，重華留之。」重華者，謂歲星在心也。今太白從之，交合明堂，金木相賊，而反同合，此以陰陵陽，臣下專權之異也。房、心東方，其國主宋。《石氏經》曰：「歲星出左有年，出右無年。」今金木俱東，歲星在南，是爲出右，恐年穀不成，宋人飢也。陛下宜審詳明堂布政之務，然後妖異可消，五緯順序矣。

四事：《易傳》曰：「陽無德則旱，陰僭陽亦旱。」陽無德者，人君恩澤不施於人也。陰僭陽者，禄去公室，臣下專權也。自冬涉春，訖無嘉澤，數有西風，反逆時節。朝廷勞心，廣爲禱祈，薦祭山川，暴龍移市。臣聞皇天感物，不爲僞動，災變應人，要在責己。若令雨可請降，水可攘止，則歲無隔并，太平可待。然而災害不息者，患不在此也。立春以來，未見朝廷賞録有功，表顯有德，存問孤寡，賑恤貧弱，而但見洛陽都官奔車東西，收繫纖介，牢獄充盈。臣聞恭陵火處，比有光曜，明此天災，非人之咎。丁丑大風，掩蔽天地。風者號令，天之威怒，皆所以感悟人君忠厚之戒。又連月無雨，將害宿麥。若一穀不登，則飢者十三四矣。陛下誠宜廣被恩澤，貸贍元元。昔堯遭九年之水，人有十載之蓄者，簡稅防災，爲其方也。願陛下早宣德澤，以應天功。若臣言不用，朝政不改者，立夏之後乃有澍雨，於今之際未可望也。若政變於朝而天不雨，則臣爲誣上，愚不知量，分當鼎鑊。

書奏，特詔拜郎中，辭病不就，即去歸家。至四月京師地震，遂陷。其夏大旱。秋，鮮卑入馬邑城，破代郡兵。明年，西羌寇隴右。皆略如顗言。後復公車徵，不行。

同縣孫禮者，積惡凶暴，好游俠，與其同里人常慕顗名德，欲與親善。顗不顧，以此結怨，遂爲禮所殺。

南朝宋・范曄《後漢書》卷三〇下《襄楷傳》 襄楷字公矩，平原隰陰人也。好學博古，善天文陰陽之術。

桓帝時，宦官專朝，政刑暴濫，又比失皇子，災異尤數。延熹九年，楷自家詣闕上疏曰：

臣聞皇天不言，以文象設教。堯舜雖聖，必歷象日月星辰，察五緯所在，故能享百年之壽，爲萬世之法。臣竊見去歲五月，熒惑入太微，犯帝坐，出端門，不軌常道。其閏月庚辰，太白入房，犯心小星，震動中耀。中耀，天主也；傍小星者，天王子也。夫太微天廷，五帝之坐，而金火罰星揚光其中，於占，天子凶；又俱入房、心，法無繼嗣。今年歲星久守太微，逆行西至掖門，還切執法。歲爲木精，好生惡殺，而淹留不去者，咎在仁德不修，誅罰太酷。前七年十二月，熒惑與歲星俱入軒轅，逆行四十餘日，而鄧皇后誅。其冬大寒，殺鳥獸，害魚鼈，城傍竹柏之葉有傷枯者。臣聞於師曰：「柏傷竹枯，不出三年，天子當之。」今洛陽城中人夜無故叫呼，云有火光，人聲正諠，於占亦與竹柏枯同。自春夏以來，連有霜雹及大雨靁，而臣作威作福，刑罰急刻之所感也。

太原太守劉瓆、南陽太守成瑨，志除姦邪，其所誅翦，皆合人望，而陛下受閹豎之譖，乃遠加考逮。三公上書乞哀瓆等，不見採察，而嚴被譴讓。憂國之臣，將遂杜口矣。

臣聞殺無罪，誅賢者，禍及三世。自陛下即位以來，頻行誅伐，梁、寇、孫、鄧，並見族滅，其從坐者，又非其數。李雲上書，明主所不當諱，杜衆乞死，諒以感悟聖朝，曾無赦宥，而并被殘戮，天下之人，咸知其冤。漢興以來，未有拒諫誅賢，用刑太深如今者也。

永平舊典，諸當重論皆須冬獄，先請後刑，所以重人命也。頃數十歲以來，州郡翫習，又欲避請讞之煩，輒託疾病，多死牢獄。長吏殺生自己，死者多非其罪，魂神冤結，無所歸訴，淫厲疾疫，自此而起。昔文王一妻，誕致十子，今宮女數千，未聞慶育。宜修德省刑，以廣《螽斯》之祚。

又七年六月十三日，河内野王山上有龍死，長可數十丈。扶風有星隕爲石，聲聞三郡。夫龍形狀不一，小大無常，故《周易》況之大人，帝王以爲符瑞。或聞河内龍死，諱以爲蛇。夫龍能變化，蛇亦有神，皆不當死。昔秦之將衰，華山神操璧以授鄭客，曰「今年祖龍死」，始皇逃之，死於沙丘。王莽天鳳二年，訛言黄山宮有死龍之異，後漢誅莽，光武復興。虚言猶然，況於實邪？夫星辰麗天，猶萬國之附王者也。下將畔上，故星亦畔天。石者安類，墜者失執。春秋五石隕宋，其後襄公爲楚所執。秦之亡也，石隕東郡。今隕扶風，與先帝園陵相近，不有大喪，必有畔逆。

案春秋以來及古帝王，未有河清及學門自壞者也。臣以爲河者，諸侯位也。清者屬陽，濁者屬陰。河當濁而反清者，陰欲爲陽，諸侯欲爲帝也。太學，天子教化之宮，其門無故自壞者，言文德將喪，教化廢也。京房《易傳》曰：「河水清，天下平。」今天垂異，地吐妖，人厲疫，三者並時而有河清，猶春秋麟不當見而見，孔子書之以爲異也。

臣前上琅邪宮崇受干吉神書，不合明聽。臣聞布穀鳴於孟夏，蟋蟀吟於始秋，物有微而志信，人有賤而言忠。臣雖至賤，誠願賜清閒，極盡所言。

書奏不省。

十餘日，復上書曰：

臣伏見太白北入數日，復出東方，其占當有大兵，中國弱，四夷彊。臣又推步，熒惑今當出而潛，必有陰謀。皆由獄多冤結，忠臣被戮。德星所以久守執法，亦爲此也。陛下宜承天意，理察冤獄，爲劉瓆、成瑨虧除罪辟，追録李雲、杜衆等子孫。

夫天子事天不孝，則日食星鬬。比年日食於正朔，三光不明，五緯錯戾。前者宮崇所獻神書，專以奉天地順五行爲本，亦有興國廣嗣之術。其文易曉，參同經典，而順帝不行，故國胤不興，孝沖、孝質頻世短祚。

臣又聞之，得主所好，自非正道，神爲生虐。故周衰，諸侯以力征相尚，於是夏育、申休、宋萬、彭生、任鄙之徒生於其時。殷紂好色，妲己是出。葉公好龍，真龍游廷。今黄門常侍，天刑之人，陛下愛待，兼倍常寵，係嗣未兆，豈不爲此？天官宦者星不在紫宮而在天市，明當給使主市里也。今乃反處常伯之位，實非天意。

又聞宮中立黄老、浮屠之祠。此道清虚，貴尚無爲，好生惡殺，省慾去奢。今陛下嗜欲不去，殺罰過理，既乖其道，豈獲其祚哉！或言老子入夷狄爲浮屠。浮屠不三宿桑下，不欲久生恩愛，精之至也。天神遺以好女，浮屠曰：「此但革囊盛血。」遂不眄之。其守一如此，乃能成道。今陛下婬女豔婦，極天下之麗，甘肥飲美，單天下之味，柰何欲如黄老乎？

書上，即召（詔）〔詣〕尚書問狀。楷曰：「臣聞古者本無宦臣，武帝末，春秋高，數游後宮，始置之耳。後稍見任，至於順帝，遂益繁熾。今陛下爵之，十倍於前。至今無繼嗣者，豈獨好之而使之然乎？」尚書上其對，詔下有司處正。尚書承旨奏曰：「其宦者之官，非近世所置。漢初張澤爲大謁者，佐絳侯誅諸吕；孝文使趙談參乘，而子孫昌盛。楷不正辭理，指陳要務，而析言破律，違背經蓺，假借星宿，僞託神靈，造合私意，誣上罔事。請下司隸，正楷罪法，收送洛陽獄。」帝以楷言雖激切，然皆天文恒象之數，故不誅，猶司寇論刑。

初，順帝時，琅邪宮崇詣闕，上其師干吉於曲陽泉水上所得神書百七十卷，皆縹白素朱介青首朱目，號《太平清領書》。其言以陰陽五行爲家，而多巫覡雜語。有司奏崇所上妖妄不經，乃收臧之。後張角頗有其書焉。

及靈帝即位，以楷書爲然。太傅陳蕃舉方正，不就。鄉里宗之，每太守至，輒致禮請。中平中，與荀爽、鄭玄俱以博士徵，不至，卒于家。

南朝宋・范曄《後漢書》卷三五《鄭玄傳》　鄭玄字康成，北海高密人也。八世祖崇，哀帝時尚書僕射。玄少爲鄉嗇夫，得休歸，常詣學官，不樂爲吏，父數怒之，不能禁。遂造太學受業，師事京兆第五元先，始通《京氏易》、《公羊春秋》、《三統歷》、《九章筭術》。又從東郡張恭祖受《周官》、《禮記》、《左氏春秋》、《韓詩》、《古文尚書》。以山東無足問者，乃西入關，因涿郡盧植，事扶風馬融。

融門徒四百餘人，升堂進者五十餘生。融素驕貴，玄在門下，三年不得見，

乃使高業弟子傳授於玄。玄日夜尋誦，未嘗怠倦。會融集諸生考論圖緯，聞玄善筭，乃召見於樓上，玄因從質諸疑義，問畢辭歸。融喟然謂門人曰：「鄭生今去，吾道東矣。」

玄自游學，十餘年乃歸鄉里。家貧，客耕東萊，學徒相隨已數百千人。及黨事起，乃與同郡孫嵩等四十餘人俱被禁錮，遂隱修經業，杜門不出。時任城何休好《公羊》學，遂著《公羊墨守》、《左氏膏肓》、《穀梁廢疾》；玄乃發《墨守》，鍼《膏肓》，起《廢疾》。休見而歎曰：「康成入吾室，操吾矛，以伐我乎！」初，中興之後，范升、陳元、李育、賈逵之徒爭論古今學，後馬融荅北地太守劉瓌及玄荅何休，義據通深，由是古學遂明。

靈帝末，黨禁解，大將軍何進聞而辟之。州郡以進權戚，不敢違意，遂迫脅玄，不得已而詣之。進爲設几杖，禮待甚優。玄不受朝服，而以幅巾見。一宿逃去。時年六十，弟子河内趙商等自遠方至者數千。後將軍袁隗表爲侍中，以父喪不行。國相孔融深敬於玄，屣履造門。告高密縣爲玄特立一鄉，曰：「昔齊置『士鄉』，越有『君子軍』，皆異賢之意也。鄭君好學，實懷明德。昔太史公、廷尉吴公、謁者僕射鄧公，皆漢之名臣。又南山四皓有園公、夏黄公，潛光隱耀，世嘉其高，皆悉稱公。然則公者仁德之正號，不必三事大夫也。今鄭君鄉宜曰『鄭公鄉』。昔東海于公僅有一節，猶或戒鄉人侈其門閭，矧乃鄭公之德，而無駟牡之路！可廣開門衢，令容高車，號爲『通德門』。」

董卓遷都長安，公卿舉玄爲趙相，道斷不至。會黄巾寇青部，乃避地徐州，徐州牧陶謙接以師友之禮。建安元年，自徐州還高密，道遇黄巾賊數萬人，見玄皆拜，相約不敢入縣境。玄後嘗疾篤，自慮，以書戒子益恩曰：「吾家舊貧，〔不〕爲父母羣弟所容，去廝役之吏，游學周、秦之都，往來幽、并、兖、豫之域，獲覲乎在位通人，處逸大儒，得意者咸從捧手，有所受焉。遂博稽《六蓺》，粗覽傳記，時覩祕書緯術之奥。年過四十，乃歸供養，假田播殖，以娱朝夕。遇閹尹擅埶，坐黨禁錮，十有四年，而蒙赦令，舉賢良方正有道，辟大將軍三司府。公車再召，比牒併名，早爲宰相。惟彼數公，懿德大雅，克堪王臣，故宜式序。吾自忖度，無任於此，但念述先聖之元意，思整百家之不齊，亦庶幾以竭吾才，故聞命罔從。而黄巾爲害，萍浮南北，復歸邦鄉。入此歲來，已七十矣。宿素衰落，仍有失誤，案之禮典，便合傳家。今我告爾以老，歸爾以事，將閑居以安性，覃思以終業。自非拜國君之命，問族親之憂，展敬墳墓，觀省野物，故嘗扶杖出門乎！家事大小，汝一承之。咨爾煢煢一夫，曾無同生相依。其勗求君子之道，研鑽勿替，敬慎威儀，以近有德。顯譽成於僚友，德行立於己志。若致聲稱，亦有榮於所生，可不深念邪！可不深念邪！吾雖無紱冕之緒，頗有讓爵之高。自樂以論贊之功，庶不遺後人之羞。末所憤憤者，徒以亡親墳壟未成，所好羣書率皆腐敝，不得於禮堂寫定，傳與其人。日西方暮，其可圖乎！家今差多於昔，勤力務時，無恤飢寒。菲飲食，薄衣服，節夫二者，尚令吾寡恨。若忽忘不識，亦已焉哉！」

時大將軍袁紹總兵冀州，遣使要玄，大會賓客，玄最後至，乃延升上坐。身長八尺，飲酒一斛，秀眉明目，容儀温偉。紹客多豪俊，並有才說，見玄儒者，未以通人許之，競設異端，百家互起。玄依方辯對，咸出問表，皆得所未聞，莫不嗟服。時汝南應劭亦歸於紹，因自贊曰：「故太山太守應中遠，北面稱弟子何如？」玄笑曰：「仲尼之門考以四科，回、賜之徒不稱官閥。」劭有慙色。紹乃舉玄茂才，表爲左中郎將，皆不就。公車徵爲大司農，給安車一乘，所過長吏送迎。玄乃以病自乞還家。

五年春，夢孔子告之曰：「起，起，今年歲在辰，來年歲在巳。」既寤，以讖合之，知命當終，有頃寢疾。時袁紹與曹操相拒於官度，令其子譚遣使逼玄隨軍。不得已，載病到元城縣，疾篤不進，其年六月卒，年七十四。遺令薄葬。自郡守以下嘗受業者，縗絰赴會千餘人。

門人相與撰玄荅諸弟子問《五經》，依《論語》作《鄭志》八篇。凡玄所注《周易》、《尚書》、《毛詩》、《儀禮》、《禮記》、《論語》、《孝經》、《尚書大傳》、《中候》、《乾象歷》，又著《天文七政論》、《魯禮禘祫義》、《六蓺論》、《毛詩譜》、《駮許慎五經異義》、《荅臨孝存周禮難》，凡百餘萬言。

玄質於辭訓，通人頗譏其繁。至於經傳洽孰，稱爲純儒，齊魯閒宗之。其門人山陽郗慮至御史大夫，東萊王基、清河崔琰著名於世。又樂安國淵、任嘏，時並童幼，玄稱淵爲國器，嘏有道德，其餘亦多所鑒拔，皆如其言。玄唯有一子益恩，孔融在北海，舉爲孝廉；及融爲黄巾所圍，益恩赴難隕身。有遺腹子，玄以其手文似己，名之曰小同。

論曰：自秦焚《六經》，聖文埃滅。漢興，諸儒頗修蓺文；及東京，學者亦各名家。而守文之徒，滯固所稟，異端紛紜，互相詭激，遂令經有數家，家有數説，章句多者或乃百餘萬言，學徒勞而少功，後生疑而莫正。鄭玄括囊大典，網羅衆家，删裁繁誣，刊改漏失，自是學者略知所歸。王父豫章君每考先儒經訓，

而長於玄，常以爲仲尼之門不能過也。及傳授生徒，並專以鄭氏家法云。

贊曰：富平之緒，承家載世。伯仁先歸，釐我國祭。玄定義乖，褒修禮缺。孔書遂明，漢章中輟。

南朝宋·范曄《後漢書》卷三六《鄭興傳》 鄭興字少贛，河南開封人也。少學《公羊春秋》。晚善《左氏傳》，遂積精深思，通達其旨，同學者皆師之。天鳳中，將門人從劉歆講正大義，歆美興才，使撰條例、章句、傳詁，及校《三統歷》。

更始立，以司直李松行丞相事，先入長安，松以興爲長史，令還奉迎遷都。更始諸將皆山東人，咸勸留洛陽。興説更始曰：「陛下起自荆楚，權政未施，一朝建號，而山西雄桀争誅王莽，開關郊迎者，何也？此天下同苦王氏虐政，而思高祖之舊德也。今久不撫之，臣恐百姓離心，盜賊復起矣。《春秋》書『齊小白入齊』，不稱侯，未朝廟故也。今議者欲先定赤眉而後入關，是不識其本而争其末，恐國家之守轉在函谷，雖卧洛陽，庸得安枕乎？」更始曰：「朕西決矣。」拜興爲諫議大夫，使安集關西及朔方、涼、益三州，還拜涼州刺史。會天水有反者，攻殺郡守，興坐免。

時赤眉入關，東道不通，興乃西歸隗囂，〔囂〕虚心禮請，而興恥爲之屈，稱疾不起。囂矜己自飾，常以爲西伯復作，乃與諸將議自立爲王。興聞而説囂曰：「《春秋傳》云：『口不道忠信之言爲嚚，耳不聽五聲之和爲聾。』閒者諸將集會，無乃不道忠信之言；大將軍之聽，無乃阿而不察乎？昔文王承積德之緒，加之以睿聖，三分天下，尚服事殷。及武王即位，八百諸侯不謀同會，皆曰『紂可伐矣』，武王以未知天命，還兵待時。高祖征伐累年，猶以沛公行師。今令德雖明，世無宗周之祚，威略雖振，未有高祖之功，而欲舉未可之事，昭速禍患，無乃不可乎？惟將軍察之。」囂竟不稱王。後遂廣置職位，以自尊高。興復止囂曰：「夫中郎將、太中大夫、使持節官皆王者之器，非人臣所當制也。孔子曰：『唯器與名，不可以假人。』不可以假人者，亦不可以假於人也。無益於實，有損於名，非尊上之意也。」囂病之而止。

及囂遣子恂入侍，將行，興因恂求歸葬父母，囂不聽而徙興舍，益其秩禮。興入見囂曰：「前遭赤眉之亂，以將軍僚舊，故敢歸身明德。幸蒙覆載之恩，復得全其性命。興聞事親之道，生事之以禮，死葬之以禮，祭之以禮，奉以周旋，弗敢失墜。今爲父母未葬，請乞骸骨，若以增秩徙舍，中更停留，是以親爲餌，無禮甚矣。將軍焉用之！」囂曰：「囂將不足留故邪？」興曰：「將軍據七郡之地，擁羌胡之衆，以戴本朝，德莫厚焉，威莫重焉。居則爲專命之使，入必爲鼎足之臣。興，從俗者也，不敢深居屏處，因將軍求進，不患不達，因將軍求入，何患不親，此興之計不逆將軍者也。興業爲父母請，不可以已，願留妻子獨歸葬，將軍又何猜焉？」囂曰：「幸甚。」促爲辨裝，遂令與妻子俱東。時建武六年也。

侍御史杜林先與興同寓隴右，乃薦之曰：「竊見河南鄭興，執義堅固，敦悦《詩》《書》，好古博物，見疑不惑，有公孫僑、觀射父之德，宜侍帷幄，典職機密。昔張仲在周，燕翼宣王，而詩人悦喜。惟陛下留聽少察，以助萬分。」乃徵爲太中大夫。

明年三月晦，日食。興因上疏曰：

《春秋》以天反時爲災，地反物爲妖，人反德爲亂，亂則妖災生。往年以來，讁咎連見，意者執事頗有闕焉。案《春秋》「昭公十七年夏六月甲戌朔，日有食之」。傳曰：「日過分而未至，三辰有災，於是百官降物，君不舉，避移時，樂奏鼓，祝用幣，史用辭。」今孟夏，純乾用事，陰氣未作，其災尤重。夫國無善政，則讁見日月，變咎之來，不可不慎，其要在因人之心，擇人處位也。堯知鯀不可用而用之者，是屈己之明，因人之心也。齊桓反政而相管仲，晉文歸國而任郤縠者，是不私其私，擇人處位也。今公卿大夫多舉漁陽太守郭伋可大司空者，而不以時定，道路流言，咸曰「朝廷欲用功臣」，功臣用則人位謬矣。願陛下上師唐、虞，下覽齊、晉，以成屈己從衆之德，以濟羣臣讓善之功。

夫日月交會，數應在朔，而頃年日食，每多在晦。先時而合，皆月行疾也。日君象而月臣象，君亢急則臣下促迫，故行疾也。今年正月繁霜，自爾以來，率多寒日，此亦急咎之罰。天於賢聖之君，猶慈父之於孝子也，丁寧申戒，欲其反政，故災變仍見，此乃國之福也。今陛下高明而羣臣惶促，宜留思柔克之政，垂意《洪範》之法，博採廣謀，納羣下之策。

書奏，多有所納。

帝嘗問興郊祀事，曰：「吾欲以讖斷之，何如？」興對曰：「臣不爲讖。」帝怒曰：「卿之不爲讖，非之邪？」興惶恐曰：「臣於書有所未學，而無所非也。」帝意乃解。興數言政事，依經守義，文章温雅，然以不善讖故不能任。

九年，使監征南、積弩營於津鄉，會征南將軍岑彭爲刺客所殺，興領其營，遂與大司馬吴漢俱擊公孫述。述死，詔興留屯成都。頃之，侍御史舉奏興奉使私買奴婢，坐左轉蓮勺令。是時喪亂之餘，郡縣殘荒，興方欲築城郭，修禮教以化

之，會以事免。

興好古學，尤明《左氏》、《周官》，長於歷數，自杜林、桓譚、衛宏之屬，莫不斟酌焉。世言《左氏》者多祖於興，而賈逵自傳其父業，故有鄭、賈之學。興去蓮勺，後遂不復仕，客授閿鄉，三公連辟不肯應，卒于家。子衆。

衆字仲師。年十二，從父受《左氏春秋》，精力於學，明《三統歷》，作《春秋難記條例》，兼通《易》、《詩》，知名於世。建武中，皇太子及山陽王荆，因虎賁中郎將梁松以縑帛聘請衆，欲爲通義，引籍出入殿中。衆謂松曰：「太子儲君，無外交之義，漢有舊防，蕃王不宜私通賓客。」遂辭不受。松復風衆以「長者意，不可逆」。衆曰：「犯禁觸罪，不如守正而死。」太子及荆聞而奇之，亦不強也。及梁氏事敗，賓客多坐之，唯衆不染於辭。

永平初，辟司空府，以明經給事中，再遷越騎司馬，復留給事中。是時北匈奴遣使求和親。八年，顯宗遣衆持節使匈奴。衆至北庭，虜欲令拜，衆不爲屈。單于大怒，圍守閉之，不與水火，欲脅服衆。衆拔刀自誓，單于恐而止，乃更發使隨衆還京師。朝議復欲遣使報之，衆上疏諫曰：「臣伏聞北單于所以要致漢使者，欲以離南單于之衆，堅三十六國之心也。又當揚漢和親，誇示鄰敵，令西域欲歸化者局促狐疑，懷土之人絶望中國耳。漢使既到，便偃蹇自信。若復遣之，虜必自謂得謀，其羣臣駮議者不敢復言。如是，南庭動摇，烏桓有離心矣。南單于久居漢地，具知形埶，萬分離析，旋爲邊害。今幸有度遼之衆揚威北垂，雖勿報荅，不敢爲患。」帝不從，復遣衆。衆因上言：「臣前奉使不爲匈奴拜，單于恚恨，故遣兵圍臣。今復銜命，必見陵折。臣誠不忍持大漢節對氈裘獨拜。如令匈奴遂能服臣，將有損大漢之强。」帝不聽，衆不得已，既行，在路連上書固争之。詔切責衆，追還繫廷尉，會赦歸家。

其後帝見匈奴來者，問衆與單于争禮之狀，皆言匈奴中傳衆意氣壯勇，雖蘇武不過。乃復召衆爲軍司馬，使與虎賁中郎將馬廖擊車師。至敦煌，拜爲中郎將，使護西域。會匈奴脅車師，圍戊己校尉，衆發兵救之。遷武威太守，謹修邊備，虜不敢犯。遷左馮翊，政有名迹。

建初六年，代鄧彪爲大司農。是時肅宗議復鹽鐵官，衆諫以爲不可。詔數切責，至被奏劾，衆執之不移。帝不從。在位以清正稱。其後受詔作《春秋删》十九篇。八年，卒官。

子安世，亦傳家業，爲長樂、未央廐令。延光中，安帝廢太子爲濟陰王，安世與太常桓焉、太僕來歷等共正議諫争。及順帝立，安世已卒，追賜錢帛，除子亮爲郎。衆曾孫公業，自有傳。

南朝宋・范曄《後漢書》卷三六《賈逵傳》　賈逵字景伯，扶風平陵人也。九世祖誼，文帝時爲梁王太傅。曾祖父光，爲常山太守，宣帝時以吏二千石自洛陽徙焉。父徽，從劉歆受《左氏春秋》，兼習《國語》、《周官》，又受《古文尚書》於塗惲，學《毛詩》於謝曼卿，作《左氏條例》二十一篇。

逵悉傳父業，弱冠能誦《左氏傳》及《五經》本文，以《大夏侯尚書》教授，雖爲古學，兼通五家《穀梁》之説。自爲兒童，常在太學，不通人閒事。身長八尺二寸，諸儒爲之語曰：「問事不休賈長頭。」性愷悌，多智思，俶儻有大節。尤明《左氏傳》、《國語》，爲之《解詁》五十一篇，永平中，上疏獻之。顯宗重其書，寫藏祕館。

時有神雀集宫殿官府，冠羽有五采色，帝異之，以問臨邑侯劉復，復不能對，薦逵博物多識，帝乃召見逵，問之。對曰：「昔武王終父之業，鸑鷟在岐，宣帝威懷戎狄，神雀仍集，此胡降之徵也。」帝勑蘭臺給筆札，使作《神雀頌》，拜爲郎，與班固並校祕書，應對左右。

肅宗立，降意儒術，特好《古文尚書》、《左氏傳》。建初元年，詔逵入講北宫白虎觀、南宫雲臺。帝善逵説，使發出《左氏傳》大義長於二傳者。逵於是具條奏之曰：

臣謹擿出《左氏》三十事尤著明者，斯皆君臣之正義，父子之紀綱。其餘同《公羊》者什有七八，或文簡小異，無害大體。至如祭仲、紀季、伍子胥、叔術之屬，《左氏》義深於君父，《公羊》多任於權變，其相殊絶，固以甚遠，而寃抑積久，莫肯分明。

臣以永平中上言《左氏》與圖讖合者，先帝不遺芻蕘，省納臣言，寫其傳詁，藏之祕書。建平中，侍中劉歆欲立《左氏》，不先暴論大義，而輕移太常，恃其義長，詆挫諸儒，諸儒内懷不服，相與排之。孝哀皇帝重逆衆心，故出歆爲河内太守。從是攻擊《左氏》，遂爲重讎。至光武皇帝，奮獨見之明，興立《左氏》、《穀梁》，會二家先師不曉圖讖，故令中道而廢。凡所以存先王之道者，要在安上理民也。今《左氏》崇君父，卑臣子，彊幹弱枝，勸善戒惡，至明至切，至直至順。且三代異物，損益隨時，故先帝博觀異家，各有所採。《易》有施、孟，復立梁丘，《尚書》歐陽，復有大小夏侯，今三傳之異亦猶是也。又《五經》家皆無以證圖讖明劉

氏爲堯後者，而《左氏》獨有明文。《五經》家皆言顓頊代黄帝，而堯不得爲火德。《左氏》以爲少昊代黄帝，即圖讖所謂帝宣也。如令堯不得爲火，則漢不得爲赤。其所發明，補益實多。

陛下通天然之明，建大聖之本，改元正歷，垂萬世則，是以麟鳳百數，嘉瑞雜遝。猶朝夕恪勤，遊情《六藝》，研機綜微，靡不審覈。若復留意廢學，以廣聖見，庶幾無所遺失矣。

書奏，帝嘉之，賜布五百匹，衣一襲，令逵自選《公羊》嚴、顔諸生高才者二十人，教以《左氏》，與簡紙經傳各一通。

逵母常有疾，帝欲加賜，以校書例多，特以錢二十萬，使潁陽侯馬防與之。謂防曰：「賈逵母病，此子無人事於外，屢空則從孤竹之子於首陽山矣。」

逵數爲帝言《古文尚書》與經傳《爾雅》詁訓相應，詔令撰《歐陽》、《大小夏侯尚書古文》同異。逵集爲三卷，帝善之。復令撰《齊》、《魯》、《韓詩》與《毛氏》異同。并作《周官解故》。遷逵爲衛士令。八年，乃詔諸儒各選高才生，受《左氏》、《穀梁春秋》、《古文尚書》、《毛詩》，由是四經遂行於世。皆拜逵所選弟子及門生爲千乘王國郎，朝夕受業黄門署，學者皆欣欣羡慕焉。

和帝即位，永元三年，以逵爲左中郎將。八年，復爲侍中，領騎都尉。内備帷幄，兼領祕書近署，甚見信用。

逵薦東萊司馬均、陳國汝郁，帝即徵之，並蒙優禮。均字少賓，安貧好學，隱居教授，不應辟命。信誠行乎州里，鄉人有所計争，輒令祝少賓，不直者終無敢言。位至侍中，以老病乞身，帝賜以大夫禄，歸鄉里。郁字叔異，性仁孝，及親殁，遂隱處山澤。後累遷爲魯相，以德教化，百姓稱之，流人歸者八九千户。

逵所著經傳義詁及論難百餘萬言，又作詩、頌、誄、書、連珠、酒令凡九篇，學者宗之，後世稱爲通儒。然不修小節，當世以此頗譏焉，故不至大官。永元十三年卒，時年七十二。朝廷愍惜，除兩子爲太子舍人。

南朝宋・范曄《後漢書》卷四〇上《班固傳》 固字孟堅。年九歲能屬文誦詩書。及長遂博貫載籍，九流百家之言，無不窮究。所學無常師，不爲章句，舉大義而已。性寬和容衆，不以才能高人，諸儒以此慕之。永平初，東平王蒼以至戚爲驃騎將軍輔政，開東閣延英雄。時固始弱冠，奏記説蒼曰：【略】

蒼納之。父彪卒歸鄉里，固以彪代續前史未詳，乃潛精研思，欲就其業。既而有人上書顯宗，告固私改作國史者。有詔下郡收固繫京兆獄，盡取其家書。

先是，扶風人蘇朗僞言圖讖事下獄死。固弟超恐固爲郡所覈考不能自明，乃馳詣闕上書，得召見，具言固所著述意，而郡亦上其書。顯宗甚奇之，召詣校書部，除蘭臺令史。與前睢陽令陳宗、長陵令尹敏、司隸從事孟異共成《世祖本紀》。遷爲郎，典校秘書。固又撰功臣、平林、新市、公孫述事作列傳載記二十八篇奏之。帝乃復使終成前所著書。固以爲漢紹堯運，以建帝業。至於六世史臣乃追述功德，私作本紀，編於百王之末，厠於秦項之列，太初以後闕而不録。故探撰前紀，綴集所聞，以爲《漢書》。【略】固自永平中始受詔，潛精積思二十餘年，至建初中乃成。當世甚重其書，學者莫不諷誦焉。自爲郎後遂見親近。時京師脩起宫室，濬繕城隍，而關中耆老猶望朝廷西顧。固感前世相如、壽王、東方之徒造搆文辭，終以諷勸，乃上《兩都賦》，盛稱洛邑制度之美，以折西賓淫侈之論。

南朝宋・范曄《後漢書》卷四〇下《班固傳》 及肅宗雅好文章，固愈得幸，數入讀書禁中，或連日繼夜。每行巡狩，輒獻上賦頌，朝廷有大議，使難問公卿，辯論於前，賞賜恩寵甚渥。固自以二世才術，位不過郎，感東方朔、楊雄自論，以不遭蘇、張、范、蔡之時，作《賓戲》以自通焉。後遷玄武司馬。天子會諸儒講論《五經》，作《白虎通德論》，令固撰集其事。

時北單于遣使貢獻，求欲和親，詔問羣僚。議者或以爲「匈奴變詐之國，無内向之心，徒以畏漢威靈，逼憚南虜，故希望報命，以安其離叛。今若遣使，恐失南虜親附之歡，而成北狄猜詐之計，不可」。固議曰：「竊自惟思，漢興已來，曠世歷年，兵纏夷狄，尤事匈奴。綏御之方，其塗不一，或脩文以和之，或用武以征之，或卑下以就之，或臣服而致之。雖屈申無常，所因時異，然未有拒絶棄放，不與交接者也。故自建武之世，復脩舊典，數出重使，前後相繼，至於其末，始乃暫絶。永平八年，復議通之。而廷争連日，異同紛回，多執其難，少言其易。先帝聖德遠覽，瞻前顧後，遂復出使，事同前世。以此而推，未有一世闕而不修者也。今烏桓就闕，稽首譯官，康居、月氏，自遠而至，匈奴離析，名王來降，三方歸服，不以兵威，此誠國家通於神明自然之徵也。臣愚以爲宜依故事，復遣使者，上可繼五鳳、甘露致遠人之會，下不失建武、永平羈縻之義。虜使再來，然後一往，既明中國主在忠信，且知聖朝禮義有常，豈(同)[可]逆詐示猜，孤其善意乎？絶之未知其利，通之不聞其害。設後北虜稍彊，能爲風塵，方復求爲交通，將何所及？不若因今施惠，爲策近長。」

固又作《典引篇》，述敘漢德。以爲相如《封禪》，靡而不典，楊雄《美新》，典

而不實，蓋自謂得其致焉。其辭曰：【略】

固後以母喪去官。永元初，大將軍竇憲出征匈奴，以固爲中護軍，與參議。北單于聞漢軍出，遣使款居延塞，欲脩呼韓邪故事，朝見天子，請大使。憲上遣固行中郎將軍，將數百騎與虜使俱出居延塞迎之。會南匈奴掩破北庭，固至私渠海，聞虜中亂，引還。及竇憲敗，固先坐免官。

固不教學諸子，諸子多不遵法度，吏人苦之。初，洛陽令种兢嘗行，固奴干其車騎，吏椎呼之，奴醉罵，兢大怒，畏憲不敢發，心銜之。及竇氏賓客皆逮考，兢因此捕繫固，遂死獄中。時年六十一。詔以譴責兢，抵主者吏罪。

固所著《典引》、《賓戲》、《應譏》，詩、賦、銘、誄、頌、書、文、記、論、議、六言，在者凡四十一篇。

論曰：司馬遷、班固父子，其言史官載籍之作，大義粲然著矣。議者咸稱二子有良史之才。遷文直而事覈，固文贍而事詳。若固之序事，不激詭，不抑抗，贍而不穢，詳而有體，使讀之者亹亹而不猒，信哉其能成名也。彪、固譏遷，以爲是非頗謬於聖人。然其論議常排死節，否正直，而不敍殺身成仁之爲美，則輕仁義，賤守節愈矣。固傷遷博物洽聞，不能以智免極刑；然亦身陷大戮，智及之而不能守之。嗚呼，古人所以致論於自睫也！

南朝宋·范曄《後漢書》卷四九《王充傳》 王充字仲任，會稽上虞人也，其先自魏郡元城徙焉。充少孤，鄉里稱孝。後到京師，受業太學，師事扶風班彪。好博覽而不守章句。家貧無書，常游洛陽市肆，閱所賣書，一見輒能誦憶，遂博通衆流百家之言。後歸鄉里，屏居教授。仕郡爲功曹，以數諫争不合去。

充好論説，始若詭異，終有理實。以爲俗儒守文，多失其真，乃閉門潛思，絶慶弔之禮，户牖牆壁各置刀筆。著《論衡》八十五篇，二十餘萬言，釋物類同異，正時俗嫌疑。

刺史董勤辟爲從事，轉治中，自免還家。友人同郡謝夷吾上書薦充才學，肅宗特詔公車徵，病不行。年漸七十，志力衰耗，乃造《養性書》十六篇，裁節嗜欲，頤神自守。永元中，病卒于家。

南朝宋·范曄《後漢書》卷五七《劉陶傳》 劉陶字子奇，一名偉，潁川潁陰人，濟北貞王勃之後。陶爲人居簡，不脩小節。所與交友，必也同志。好尚或殊，富貴不求合；情趣苟同，貧賤不易意。同宗劉愷，以雅德知名，獨深器陶。

時大將軍梁冀專朝，而桓帝無子，連歲荒飢，災異數見。陶時游太學，乃上疏陳事曰：

臣聞人非天地無以爲生，天地非人無以爲靈，是故帝非人不立，人非帝不寧。夫天之與帝，帝之與人，猶頭之與足，相須而行也。伏惟陛下年隆德茂，中天稱號，襲常存之慶，循不易之制，目不視鳴條之事，耳不聞檀車之聲，天災不有痛於肌膚，震食不即損於聖體，故蔑三光之謬，輕上天之怒。伏念高祖之起，始自布衣，拾暴秦之敝，追亡周之鹿，合散扶傷，克成帝業。功既顯矣，勤亦至矣。流福遺祚，至於陛下。陛下既不能增明烈考之軌，而忽高祖之勤，妄假利器，委授國柄，使羣醜刑隸，芟刈小民，彫敝諸夏，虐流遠近，故天降衆異，以戒陛下。陛下不悟，而競令虎豹窟於麑場，豺狼乳於春囿。斯豈唐咨禹、稷，益典朕虞，議物賦土蒸民之意哉？又(令)〔今〕牧守長吏，上下交競；封豕長蛇，蠶食天下；貨殖者爲窮冤之魂，貧餒者作飢寒之鬼，高門獲東觀之辜，豐室羅妖叛之罪；死者悲於窀穸，生者戚於朝野：是愚臣所爲咨嗟長懷歎息者也。且秦之將亡，正諫者誅，諛進者賞，嘉言結於忠舌，國命出於讒口，擅閻樂於咸陽，授趙高以車府。權去己而不知，威離身而不顧。古今一揆，成敗同執。願陛下遠覽強秦之傾，近察哀、平之變，得失昭然，禍福可見。

臣又聞危非仁不扶，亂非智不救，故武丁得傅説，以消鼎雉之災，周宣用申、甫，以濟夷、厲之荒。竊見故冀州刺史南陽朱穆，前烏桓校尉臣同郡李膺，皆履正清平，貞高絶俗。穆前在冀州，奉憲操平，摧破姦黨，掃清萬里。膺歷典牧守，正身率下，及掌戎馬，威揚朔北。斯實中興之良佐，國家之柱臣也。宜還本朝，挾輔王室，上齊七燿，下鎮萬國。臣敢吐不時之義於諱言之朝，猶冰霜見日，必至消滅。臣始悲天下之可悲，今天下亦悲臣之愚惑也。

書奏不省。

時有上書言人以貨輕錢薄，故至貧困，宜改鑄大錢。事下四府羣僚及太學能言之士。陶上議曰：

聖王承天制物，與人行止，建功則衆悦其事，興戎而師樂其旅。是故靈臺有子來之人，武旅有鳧藻之士，皆奉合時宜，動順人道也。臣伏讀鑄錢之詔，平輕重之議，訪覃幽微，不遺窮賤，是以藿食之人，謬延逮及。

蓋以爲當今之憂，不在於貨，在乎民飢。夫生養之道，先食後(民)〔貨〕。是以先王觀象育物，敬授民時，使男不逋畝，女不下機。故君臣之道行，王路之教通。由是言之，食者乃有國之所寶，生民之至貴也。竊見比年已來，良苗盡於蝗

螟之口，杼柚空於公私之求，所急朝夕之餐，所患靡盬之事，豈謂錢貨之厚薄，銖兩之輕重哉？就使當今沙礫化爲南金，瓦石變爲和玉，使百姓渴無所飲，飢無所食，雖皇羲之純德，唐虞之文明，猶不能以保蕭牆之內也。蓋民可百年無貨，不可一朝有飢，故食爲至急也。議者不達農殖之本，多言鑄冶之便，或欲因緣行詐，以賈國利。國利將盡，取者爭競，造鑄之端於是乎生。蓋萬人鑄之，一人奪之，猶不能給；況今一人鑄之，則萬人奪之乎？雖以陰陽爲炭，萬物爲銅，役不食之民，使不飢之士，猶不能足無猒之求也。夫欲民殷財阜，要在止役禁奪，則百姓不勞而足。陛下聖德，愍海内之憂戚，傷天下之艱難，欲鑄錢齊貨以救其敝，此猶養魚沸鼎之中，棲鳥烈火之上。水木本魚鳥之所生也，用之不時，必至燋爛。願陛下寬鍥薄之禁，後冶鑄之議，聽民庶之謡吟，問路叟之所憂，瞰三光之文耀，視山河之分流。天下之心，國家大事，粲然皆見，無有遺惑者矣。【略】

帝竟不鑄錢。

後陶舉孝廉，除順陽長。縣多姦猾，陶到官，宣募吏民有氣力勇猛，能以死易生者，不拘亡命姦臧，於是剽輕劍客之徒過晏等十餘人，皆來應募。陶責其先過，要以後效，使各結所厚少年，得數百人，皆嚴兵待命。於是覆案姦軌，所發若神。以病免，吏民思而歌之曰：「邑然不樂，思我劉君。何時復來，安此下民。」

陶明《尚書》、《春秋》，爲之訓詁。推三家《尚書》及古文，是正文字七百餘事，名曰《中文尚書》。

頃之，拜侍御史。靈帝宿聞其名，數引納之。時鉅鹿張角僞託大道，妖惑小民，陶與奉車都尉樂松、議郎袁貢連名上疏言之，曰：「聖王以天下耳目爲視聽，故能無不聞見。今張角支黨不可勝計。前司徒楊賜奏下詔書，切勑州郡，護送流民，會賜去位，不復捕録。雖會赦令，而謀不解散。四方私言，云角等竊入京師，覘視朝政，鳥聲獸心，私共鳴呼。州郡忌諱，不欲聞之，但更相告語，莫肯公文。宜下明詔，重募角等，賞以國土。有敢回避，與之同罪。」帝殊不悟，方詔陶次第《春秋》條例。明年，張角反亂，海内鼎沸，帝思陶言，封中陵鄉侯，三遷尚書令。以所舉將爲尚書，難與齊列，乞從冗散，拜侍中。以數切諫，爲權臣所憚，徙爲京兆尹。到職，當出脩宮錢直千萬，陶既清貧，而恥以錢買職，稱疾不聽政。帝宿重陶才，原其罪，徵拜諫議大夫。

是時天下日危，寇賊方熾，陶憂致崩亂，復上疏曰：「臣聞事之急者不能安言，心之痛者不能緩聲。竊見天下前遇張角之亂，後遭邊章之寇，每聞羽書告急之聲，心灼内熱，四體驚竦。今西羌逆類，私署將帥，皆多段熲時吏，曉習戰陳，識知山川，變詐萬端。臣常懼其輕出河東、馮翊，鈔西軍之後，東之函谷，據阸高望。今果已攻河東，恐遂轉更豕突上京。如是則南道斷絶，車騎之軍孤立，關東破膽，四方動摇，威之不來，叫之不應，雖有田單、陳平之策，計無所用。臣前驛馬上便宜，急絶諸郡賦調，冀尚可安。事付主者，留連至今，莫肯求問。今三郡之民皆以奔亡，南出武關，北徙壺谷，冰解風散，唯恐在後。今其存者尚十三四，軍吏士民悲愁相守，民有百走退死之心，而無一前鬭生之計。西寇浸前，去營咫尺，胡騎分布，已至諸陵。將軍張温，天性精勇，而主者旦夕迫促，軍無後殿，假令失利，其敗不救。臣自知言數見厭，而言不自裁者，以爲國安則臣蒙其慶，國危則臣亦先亡也。謹復陳當今要急八事，乞須臾之閒，深垂納省。」其八事，大較言天下大亂，皆由宦官。宦官事急，共讒陶曰：「前張角事發，詔書示以威恩，自此以來，各各改悔。今者四方安静，而陶疾害聖政，專言妖孽。州郡不上，陶何緣知？疑陶與賊通情。」於是收陶，下黄門北寺獄，掠按日急。陶自知必死，對使者曰：「朝廷前封臣云何？今反受邪譖。恨不與伊、吕同疇，而以三仁爲輩。」遂閉氣而死，天下莫不痛之。

陶著書數十萬言，又作《七曜論》、《匡老子》、《反韓非》、《復孟軻》，及上書言當世便事、條教、賦、奏、書、記、辯疑，凡百餘篇。

南朝宋・范曄《後漢書》卷五九《張衡傳》 張衡字平子，南陽西鄂人也。世爲著姓。祖父堪，蜀郡太守。衡少善屬文，游於三輔，因入京師，觀太學，遂通《五經》，貫六藝。雖才高於世，而無驕尚之情。常從容淡静，不好交接俗人。永元中，舉孝廉不行，連辟公府不就。時天下承平日久，自王侯以下，莫不踰侈。衡乃擬班固《兩都》，作《二京賦》，因以諷諫。精思傅會，十年乃成。文多故不載。大將軍鄧騭奇其才，累召不應。

衡善機巧，尤致思於天文、陰陽、歷筭。常耽好《玄經》，謂崔瑗曰：「吾觀《太玄》，方知子雲妙極道數，乃與《五經》相擬，非徒傳記之屬，使人難論陰陽之事，漢家得天下二百歲之書也。復二百歲，殆將終乎？所以作者之數，必顯一世，常然之符也。漢四百歲，《玄》其興矣。」安帝雅聞衡善術學，公車特徵拜郎中，再遷爲太史令。遂乃研覈陰陽，妙盡琁機之正，作渾天儀，著《靈憲》、《筭罔論》，言甚詳明。

順帝初，再轉，復爲太史令。衡不慕當世，所居之官，輒積年不徙。自去史

職，五載復還，乃設客問，作《應閒》以見其志云：

有閒余者曰：蓋聞前哲首務，務於下學上達，佐國理民，有云爲也。朝有所聞，則夕行之。立功立事，式昭德音。是故伊尹思使君爲堯舜，而民處唐虞，彼豈虛言而已哉，必旌厥素爾。咎單、巫咸，寔守王家，申伯、樊仲，實幹周邦，服衮而朝，介圭作瑞。厥跡不朽，垂烈後昆，不亦丕歟！且學非以要利，而富貴萃之。貴以行令，富以施惠，惠施令行，故《易》稱以「大業」。質以文美，實由華興，器賴彫飾爲好，人以輿服爲榮。吾子性德體道，篤信安仁，約己博藝，無堅不鑽，以思世路，斯何遠矣！曩滯日官，今又原之。雖老氏曲全，進道若退，然行亦以需。必也學非所用，術有所仰，故臨川將濟，而舟楫不存焉。徒經思天衢，内昭獨智，固合理民之式也？故嘗見謗于鄙儒。深厲淺揭，隨時爲義，曾何貪於支離，而習其孤技邪？參輪可使自轉，木雕猶能獨飛，已垂翅而還故棲，盍亦調其機而銛諸？昔有文王，自求多福。人生在勤，不索何獲。曷若卑體屈己，美言以相尅？鳴于喬木，乃金聲而玉振之。用後勳，雪前吝，婞佷不柔，以意誰靳也。

應之曰：是何觀同而見異也？君子不患位之不尊，而患德之不崇；不恥禄之不夥，而恥智之不博。是故藝可學，而行可力也。天爵高懸，得之在命，或不速而自懷，或羡旃而不臻，求之無益，故智者面而不思。阽身以徼幸，固貪夫之所爲，未得而豫喪也。枉尺直尋，議者譏之，盈欲虧志，孰云非羞？於心有猜，則簋飧饌餔猶不屑餐，旌瞀以之。意之無疑，則兼金盈百而不嫌辭，孟軻以之。士或解裋褐而襲黼黻，或委臿築而據文軒者，度德拜爵，量績受禄也。輪力致庸，受必有階。

渾元初基，靈軌未紀，吉凶紛錯，人用朣朦。黄帝爲斯深慘。有風后者，是焉亮之，察三辰於上，跡禍福乎下，經緯歷數，然後天步有常，則風后之爲也。當少昊清陽之末，實或亂德，人神雜擾，不可方物，重黎又相顓頊而申理之，日月即次，則重黎之爲也。人各有能，因藝授任，鳥師別名，四叔三正，官無二業，事不並濟。晝長則宵短，日南則景北。天且不堪兼，況以人該之。夫玄龍，迎夏則陵雲而奮鱗，樂時也；涉冬則淈泥而潛蟠，避害也。公旦道行，故制典禮以尹天下，懼教誨之不從，有人[之]不理。仲尼不遇，故論《六經》以俟來辟，恥一物之不知，有事之無範。所考不齊，如何可一？【略】

陽嘉元年，復造候風地動儀。以精銅鑄成，員徑八尺，合蓋隆起，形似酒尊，飾以篆文山龜鳥獸之形。中有都柱，傍行八道，施關發機。外有八龍，首銜銅丸，下有蟾蜍，張口承之。其牙機巧制，皆隱在尊中，覆蓋周密無際。如有地動，尊則振龍機發吐丸，而蟾蜍銜之。振聲激揚，伺者因此覺知。雖一龍發機，而七首不動，尋其方面，乃知震之所在。驗之以事，合契若神。自書典所記，未之有也。嘗一龍機發而地不覺動，京師學者咸怪其無徵，後數日驛至，果地震隴西，於是皆服其妙。自此以後，乃令史官記地動所從方起。

時政事漸損，權移於下，衡因上疏陳事曰：「伏惟陛下宣哲克明，繼體承天，中遭傾覆，龍德泥蟠。今乘雲高躋，磐桓天位，誠所謂將隆大位，必先倥偬之也。親履艱難者知下情，備經險易者達物僞。故能一貫萬機，靡所疑惑，百揆允當，庶績咸熙。宜獲福祉神祇，受譽黎庶。而陰陽未知，災眚屢見，神明幽遠，冥鑒在兹。福仁禍淫，景響而應，因德降休，乘失致咎，天道雖遠，吉凶可見，近世鄭、蔡、江、樊、周廣、王聖，皆爲效矣。故恭儉畏忌，必蒙祉祚，奢淫諂慢，鮮不夷戮，前事不忘，後事之師也。夫情勝其性，流遯忘反，豈唯不肖，中才皆然。苟非大賢，不能見得思義，故積惡成釁，罪不可解也。向使能瞻前顧後，援鏡自戒，則何陷於凶患乎！貴寵之臣，衆所屬仰，其有愆尤，上下知之。褒美譏惡，有心皆同，故怨讟溢乎四海，神明降其禍辟也。頃年雨常不足，思求所失，則《洪範》所謂『僭恒陽若』者也。懼羣臣奢侈，昏踰典式，自下逼上，用速咎徵。又前年京師地震土裂，裂者威分，震者人擾也。君以静唱，臣以動和，威自上出，不趣於下，禮之政也。竊懼聖思厭倦，制不專己，恩不忍割，與衆共威。威不可分，德不可共。《洪範》曰：『臣有作威作福玉食，害于而家，凶于而國。』天鑒孔明，雖疎不失。災異示人，前後數矣，而未見所革，以復往悔。自非聖人，不能無過。願陛下思惟所以稽古率舊，勿令刑德八柄，不由天子。若恩從上下，事依禮制，禮制脩則奢僭息，事合宜則無凶咎。然後神望允塞，災消不至矣。」

初，光武善讖，及顯宗、肅宗因祖述焉。自中興之後，儒者争學圖緯，兼復附以訞言。衡以圖緯虛妄，非聖人之法，乃上疏曰：「臣聞聖人明審律歷以定吉凶，重之以卜筮，雜之以九宮，經天驗道，本盡於此。或觀星辰逆順，寒燠所由，或察龜策之占，巫覡之言，其所因者，非一術也。立言於前，有徵於後，故智者貴焉，謂之讖書。讖書始出，蓋知之者寡。自漢取秦，用兵力戰，功成業遂，可謂大事，當此之時，莫或稱讖。若夏侯勝、眭孟之徒，以道術立名，其所述著，無讖一言。劉向父子領校祕書，閱定九流，亦無讖録。成、哀之後，乃始聞之。《尚書》堯使鯀理洪水，九載績用不成，鯀則殛死，禹乃嗣興。而《春秋讖》云『共工理

水』。凡讖皆云黄帝伐蚩尤，而《詩讖》獨以爲『蚩尤敗，然後堯受命』。《春秋元命包》中有公輸班與墨翟，事見戰國，非春秋時也。又言『别有益州』。益州之置，在於漢世。其名三輔諸陵，世數可知。至於圖中訖于成帝。一卷之書，互異數事，聖人之言，埶無若是，殆必虚僞之徒，以要世取資。往者侍中賈逵摘讖互異三十餘事，諸言讖者皆不能説。至於王莽篡位，漢世大禍，八十篇何爲不戒？則知圖讖成於哀平之際也。且《河洛》、《六蓺》，篇録已定，後人皮傅，無所容篡。永元中，清河宋景遂以歷紀推言水災，而僞稱洞視玉版。或者至於弃家業，入山林。後皆無效，而復采前世成事，以爲證驗。至於永建復統，則不能知。此皆欺世罔俗，以昧埶位，情僞較然，莫之糾禁。且律歷、卦候、九宫、風角，數有徵效，世莫肯學，而競稱不占之書。譬猶畫工，惡圖犬馬而好作鬼魅，誠以實事難形，而虚僞不窮也。宜收藏圖讖，一禁絶之，則朱紫無所眩，典籍無瑕玷矣。」

後遷侍中，帝引在帷幄，諷議左右。嘗問衡天下所疾惡者。宦官懼其毁己，皆共目之，衡乃詭對而出。閹豎恐終爲其患，遂共讒之。

衡常思圖身之事，以爲吉凶倚伏，幽微難明，乃作《思玄賦》，以宣寄情志。【略】

永和初，出爲河閒相。時國王驕奢，不遵典憲；又多豪右，共爲不軌。衡下車，治威嚴，整法度，陰知姦黨名姓，一時收禽，上下肅然，稱爲政理。視事三年，上書乞骸骨，徵拜尚書。年六十二，永和四年卒。

著《周官訓詁》，崔瑗以爲不能有異於諸儒也。又欲繼孔子《易》説《彖》、《象》殘缺者，竟不能就。所著詩、賦、銘、七言、《靈憲》、《應閒》、《七辯》、《巡誥》、《懸圖》凡三十二篇。

永初中，謁者僕射劉珍、校書郎劉騊駼等著作東觀，撰集《漢記》，因定漢家禮儀，上言請衡參論其事，會並卒，而衡常歎息，欲終成之。及爲侍中，上疏請得專事東觀，收撿遺文，畢力補綴。又條上司馬遷、班固所敘與典籍不合者十餘事。又以爲王莽本傳但應載篡事而已，至於編年月，紀災祥，宜爲元后本紀。又更始居位，人無異望，光武初爲其將，然後即真，宜以更始之號建於光武之初。書數上，竟不聽。及後之著述，多不詳典，時人追恨之。

論曰：崔瑗之稱平子曰「數術窮天地，制作侔造化」。斯致可得而言歟！推其圍範兩儀，天地無所蕴其靈；運情機物，有生不能參其智。故（智）〔知〕思引淵微，人之上術。記曰：「德成而上，蓺成而下。」量斯思也，豈夫蓺而已哉？何德之損乎！贊曰：三才理通，人靈多蔽。近推形筭，遠抽深滯。不有玄慮，孰能昭晰？

南朝宋・范曄《後漢書》卷六〇上《馬融傳》 馬融字季長，扶風茂陵人也，將作大匠嚴之子。爲人美辭貌，有俊才。初，京兆摯恂以儒術教授，隱于南山，不應徵聘，名重關西，融從其遊學，博通經籍。恂奇融才，以女妻之。

永初二年，大將軍鄧騭聞融名，召爲舍人，非其好也，遂不應命，客於涼州武都、漢陽界中。會羌虜颷起，邊方擾亂，米穀踴貴，自關以西，道殣相望。融既飢困，乃悔而歎息，謂其友人曰：「古人有言：『左手據天下之圖，右手刎其喉，愚夫不爲。』所以然者，生貴於天下也。今以曲俗咫尺之羞，滅無貲之軀，殆非老莊所謂也。」故往應騭召。

四年，拜爲校書郎中，詣東觀典校秘書。是時鄧太后臨朝，騭兄弟輔政。而俗儒世士，以爲文德可興，武功宜廢，遂寢蒐狩之禮，息戰陳之法，故猾賊從横，乘此無備。融乃感激，以爲文武之道，聖賢不墜，五才之用，無或可廢。元初二年，上《廣成頌》以諷諫。其辭曰：

臣聞孔子曰：「奢則不遜，儉則固。」奢儉之中，以禮爲界。是以《蟋蟀》、《山樞》之人，並刺國君，諷以太康馳驅之節。夫樂而不荒，憂而不困，先王所以平和府藏，頤養精神，致之無疆。故戛擊鳴球，載於《虞謨》；吉日車攻，序於《周詩》。聖主賢君，以增盛美，豈徒爲奢淫而已哉！伏見元年已來，遭值戹運，陛下戒懼災異，躬自菲薄，荒弃禁苑，廢弛樂懸，勤憂潛思，十有餘年，以過禮數。重以皇太后體唐堯親九族篤睦之德，陛下履有虞烝烝之孝，外舍諸家，每有憂疾，聖恩普勞，遣使交錯，稀有曠絶。時時寧息，又無以自娱樂，殆非所以逢迎太和，裨助萬福也。臣愚以爲雖尚頗有蝗蟲，今年五月以來，雨露時澍，祥應將至。方涉冬節，農事閒隙，宜幸廣成，覽原隰，觀宿麥，〔勸〕收藏，因講武校獵，使寮庶百姓，復覩羽旄之美，聞鍾鼓之音，歡嬉喜樂，鼓舞疆畔，以迎和氣，招致休慶。小臣螻蟻，不勝區區。職在書籍，謹依舊文，重述蒐狩之義，作頌一篇，并封上。淺陋鄙薄，不足觀省。【略】

頌奏，忤鄧氏，滯於東觀，十年不得調。因兄子喪自劾歸。太后聞之怒，謂融羞薄詔除，欲仕州郡，遂令禁錮之。

太后崩，安帝親政，召還郎署，復在講部。出爲河閒王廄長史。時車駕東巡岱宗，融上《東巡頌》，帝奇其文，召拜郎中。及北鄉侯即位，融移病去，爲郡功曹。

陽嘉二年，詔舉敦樸，城門校尉岑起舉融，徵詣公車，對策，拜議郎。大將軍梁商表爲從事中郎，轉武都太守。時西羌反叛，征西將軍馬賢與護羌校尉胡疇征之，而稽久不進。融知其將敗，上疏乞自効，曰：「今雜種諸羌轉相鈔盜，宜及其未并，亟遣深入，破其支黨，而馬賢等處處留滯。羌胡百里望塵，千里聽聲，今逃匿避回，漏出其後，則必侵寇三輔，爲民大害。臣願請賢所不可用關東兵五千，裁假部隊之號，盡力率厲，埋根行首，以先吏士，三旬之中，必克破之。臣少習學蓺，不更武職，猥陳此言，必受誣罔之辜。昔毛遂廝養，爲衆所蚩，終以一言，克定從要。臣懼賢等專守一城，言攻於西而羌出於東，且其將士必有高克潰叛之變。」朝廷不能用。又陳：「星孛參、畢，參西方之宿，畢爲邊兵，至於分野，并州是也。西戎北狄，殆將起乎！宜備二方。」尋而隴西羌反，烏桓寇上郡，皆卒如融言。

三遷，桓帝時爲南郡太守。先是融有事忤大將軍梁冀旨，冀諷有司奏融在郡貪濁，免官，髡徙朔方。自刺不殊，得赦還，復拜議郎，重在東觀著述，以病去官。

融才高博洽，爲世通儒，教養諸生，常有千數。涿郡盧植，北海鄭玄，皆其徒也。善鼓琴，好吹笛，達生任性，不拘儒者之節。居宇器服，多存侈飾。常坐高堂，施絳紗帳，前授生徒，後列女樂，弟子以次相傳，鮮有入其室者。嘗欲訓《左氏春秋》，及見賈逵、鄭衆注，乃曰：「賈君精而不博，鄭君博而不精。既精既博，吾何加焉！」但著《三傳異同說》。注《孝經》、《論語》、《詩》、《易》、《三禮》、《尚書》、《列女傳》、《老子》、《淮南子》、《離騷》，所著賦、頌、碑、誄、書、記、表、奏、七言、琴歌、對策、遺令，凡二十一篇。

初，融懲於鄧氏，不敢復違忤埶家，遂爲梁冀草奏李固，又作大將軍《西第頌》，以此頗爲正直所羞。年八十八，延熹九年卒于家。遺令薄葬。族孫日磾，獻帝時位至太傅。

論曰：馬融辭命鄧氏，逡巡隴漢之閒，將有意於居貞乎？既而羞曲士之節，惜不貲之軀，終以奢樂恣性，黨附成譏，固知識能匡欲者鮮矣。夫事苦，則矜全之情薄；生厚，故安存之慮深。登高不懼者，胥靡之人也；坐不垂堂者，千金之子也。原其大略，歸於所安而已矣。物我異觀，亦更相笑也。

南朝宋·范曄《後漢書》卷六〇下《蔡邕傳》 蔡邕字伯喈，陳留圉人也。六世祖勳，好黃老，平帝時爲郿令。王莽初，授以厭戎連率。勳對印綬仰天歎曰：「吾策名漢室，死歸其正。昔曾子不受季孫之賜，況可事二姓哉？」遂攜將家屬，逃入深山，與鮑宣、卓茂等同不仕新室。父棱，亦有清白行，謚曰貞定公。

邕性篤孝，母常滯病三年，邕自非寒暑節變，未嘗解襟帶，不寢寐者七旬。母卒，廬于冢側，動靜以禮。有菟馴擾其室傍，又木生連理，遠近奇之，多往觀焉。與叔父從弟同居，三世不分財，鄉黨高其義。少博學，師事太傅胡廣。好辭章、數術、天文，妙操音律。

桓帝時，中常侍徐璜、左悺等五侯擅恣，聞邕善鼓琴，遂白天子，勑陳留太守督促發遣。邕不得已，行到偃師，稱疾而歸。閑居翫古，不交當世。感東方〔朔〕《客難》及楊雄、班固、崔駰之徒設疑以自通，乃斟酌羣言，韙其是而矯其非，作《釋誨》以戒厲云爾。【略】

建寧三年，辟司徒橋玄府，玄甚敬待之。出補河平長。召拜郎中，校書東觀。遷議郎。邕以經籍去聖久遠，文字多謬，俗儒穿鑿，疑誤後學，熹平四年，乃與五官中郎將堂谿典、光祿大夫楊賜、諫議大夫馬日磾、議郎張馴、韓說、太史令單颺等，奏求正定《六經》文字。靈帝許之，邕乃自書(册)〔丹〕於碑，使工鐫刻立於太學門外。於是後儒晚學，咸取正焉。及碑始立，其觀視及摹寫者，車乘日千餘兩，填塞街陌。

初，朝議以州郡相黨，人情比周，乃制婚姻之家及兩州人士不得對相監臨。至是復有三互法，禁忌轉密，選用艱難。幽冀二州，久缺不補。邕上疏曰：「伏見幽、冀舊壤，鎧馬所出，比年兵飢，漸至空耗。今者百姓虛縣，萬里蕭條，闕職經時，吏人延屬，而三府選舉，踰月不定。臣經怪其事，而論者云『避三互』。十一州有禁，當取二州而已。又二州之士，或復限以歲月，狐疑遲淹，以失事會。愚以爲三互之禁，禁之薄者，今但申以威靈，明其憲令，在任之人豈不戒懼，而當坐設三互，自生留閡邪？昔韓安國起自徒中，朱買臣出於幽賤，並以才宜，還守本邦。又張敞亡命，擢授劇州。豈復顧循三互，繼以末制乎？三公明知二州之要，所宜速定，當越禁取能，以救時敝；而不顧爭臣之義，苟避輕微之科，選用稽滯，以失其人。臣願陛下上則先帝，蠲除近禁，其諸州刺史器用可換者，無拘日月三互，以差厥中。」書奏不省。

初，帝好學，自造《皇羲篇》五十章，因引諸生能爲文賦者。本頗以經學相招，後諸爲尺牘及工書鳥篆者，皆加引召，遂至數十人。侍中祭酒樂松、賈護，多引無行趣埶之徒，並待制鴻都門下，憙陳方俗閭里小事，帝甚悅之，待以不次之位。又市賈小民，爲宣陵孝子者，復數十人，悉除爲郎中、太子舍人。時頻有雷

霆疾風，傷樹拔木，地震，隕雹，蝗蟲之害。又鮮卑犯境，役賦及民。六年七月，制書引咎，誥羣臣各陳政要所當施行。邕上封事曰：

臣伏讀聖旨，雖周成遇風，訊諸執事，宣王遭旱，密勿祗畏，無以或加。臣聞天降災異，緣象而至。辟歷數發，殆刑誅繁多之所生也。風者天之號令，所以教人也。夫昭事上帝，則自懷多福；宗廟致敬，則鬼神以著。國之大事，實先祀典，天子聖躬所當恭事。臣自在宰府，及備朱衣，迎氣五郊，而車駕稀出，四時至敬，屢委有司，雖有解除，猶爲疎廢。故皇天不悅，顯此諸異。《鴻範傳》曰：「政悖德隱，厥風發屋折木。」《坤》爲地道，《易》稱安貞。陰氣憤盛，則當静反動，法爲下叛。夫權不在上，則雹傷物；政有苛暴，則虎狼食人；貪利傷民，則蝗蟲損稼。去六月二十八日，太白與月相迫，兵事惡之。鮮卑犯塞，所從來遠，今之出師，未見其利。上違天文，下逆人事。誠當博覽衆議，從其安者。臣不勝憤滿，謹條宜所施行七事表左：

一事：明堂月令，天子以四立及季夏之節，迎五帝於郊，所以導致神氣，祈福豐年。清廟祭祀，追往孝敬，養老辟雍，示人禮化，皆帝者之大業，祖宗所祗奉也。而有司數以蕃國疎喪，宫内産生，及吏卒小汙，屢生忌故。竊見南郊齋戒，未嘗有廢，至於它祀，輒興異議。豈南郊卑而它祀尊哉？孝元皇帝策書曰：「禮之至敬，莫重於祭，所以竭心親奉，以致肅祗者也。」又元和故事，復申先典。前後制書，推心懇惻。而近者以來，更任太史。忘禮敬之大，任禁忌之書，拘信小故，以虧大典。《禮》，妻妾産者，齋則不入側室之門，無廢祭之文也。所謂宫中有卒，三月不祭者，謂士庶人數堵之室，共處其中耳，豈謂皇居之曠，臣妾之衆哉？自今齋制宜如故典，庶荅風霆災妖之異。

二事：臣聞國之將興，至言數聞，内知己政，外見民情。是故先帝雖有聖明之姿，而猶廣求得失。又因災異，援引幽隱，重賢良、方正、敦朴、有道之選，危言極諫，不絶於朝。陛下親政以來，頻年災異，而未聞特舉博選之旨。誠當思省述脩舊事，使抱忠之臣展其狂直，以解《易傳》「政悖德隱」之言。

三事：夫求賢之道，未必一塗，或以德顯，或以言揚。頃者，立朝之士，曾不以忠信見賞，恒被謗訕之誅，遂使羣下結口，莫圖正辭。郎中張文，前獨盡狂言，聖聽納受，以責三司。臣子曠然，衆庶解悦。臣愚以爲宜擢文右職，以勸忠謇，宣聲海内，博開政路。

四事：夫司隸校尉、諸州刺史，所以督察姦枉，分別白黑者也。伏見幽州刺史楊憙、益州刺史龐芝、涼州刺史劉虔，各有奉公疾姦之心，憙等所糾，其効尤多。餘皆枉橈，不能稱職。或有抱罪懷瑕，與下同疾，綱網弛縱，莫相舉察，公府臺閣亦復默然。五年制書，議遣八使，又令三公謡言奏事。是時奉公者欣然得志，邪枉者憂悸失色。未詳斯議，所因寢息。昔劉向奏曰：「夫執狐疑之計者，開羣枉之門；養不斷之慮者，來讒邪之口。」今始聞善政，旋復變易，足令海内測度朝政。宜追定八使，糾舉非法，更選忠清，平章賞罰。三公歲盡，差其殿最，使吏知奉公之福，營私之禍，則衆災之原庶可塞矣。

五事：臣聞古者取士，必使諸侯歲貢。孝武之世，郡舉孝廉，又有賢良、文學之選，於是名臣輩出，文武並興。漢之得人，數路而已。夫書畫辭賦，才之小者，匡國理政，未有其能。陛下即位之初，先涉經術，聽政餘日，觀省篇章，聊以游意，當代博弈，非以教化取士之本。而諸生競利，作者鼎沸。其高者頗引經訓風喻之言；下則連偶俗語，有類俳優；或竊成文，虚冒名氏。臣每受詔於盛化門，差次録第，其未及者，亦復隨輩皆見拜擢。既加之恩，難復收改，但守奉禄，於義已弘，不可復使理人及仕州郡。昔孝宣會諸儒於石渠，章帝集學士於白虎，通經釋義，其事優大，文武之道，所宜從之。若乃小能小善，雖有可觀，孔子以爲「致遠則泥」，君子故當志其大者。

六事：墨綬長吏，職典理人，皆當以惠利爲績，日月爲勞。褒責之科，所宜分明。而今在任無復能省，及其還者，多召拜議郎、郎中。若器用優美，不宜處之冗散。如有釁故，自當極其刑誅。豈有伏罪懼考，反求遷轉，更相放效，臧否無章？先帝舊典，未嘗有此。可皆斷絶，以覈真僞。

七事：伏見前一切以宣陵孝子（者）爲太子舍人。臣聞孝文皇帝制喪服三十六日，雖繼體之君，父子至親，公卿列臣，受恩之重，皆屈情從制，不敢踰越。今虚僞小人，本非骨肉，既無幸私之恩，又無禄仕之實，惻隱思慕，情何緣生？而羣聚山陵，假名稱孝，行不隱心，義無所依，至有姦軌之人，通容其中。（恒）〔桓〕思皇后祖載之時，東郡有盗人妻者亡在孝中，本縣追捕，乃伏其辜。虚僞雜穢，難得勝言。又前至得拜，後輩被遣；或經年陵次，以暫歸見漏；或以人自代，亦蒙寵榮。争訟怨恨，凶凶道路。太子官屬，宜搜選令德，豈有但取丘墓凶醜之人？其爲不祥，莫與大焉。宜遣歸田里，以明詐僞。

書奏，帝乃親迎氣北郊，及行辟雍之禮。又詔宣陵孝子爲舍人者，悉改爲丞尉焉。光和元年，遂置鴻都門學，畫孔子及七十二弟子像。其諸生皆勑州郡三

公舉用辟召，或出爲刺史、太守，入爲尚書、侍中，乃有封侯賜爵者，士君子皆恥與爲列焉。

時妖異數見，人相驚擾。其年七月，詔召邕與光禄大夫楊賜、諫議大夫馬日磾、議郎張華、太史令單颺詣金商門，引入崇德殿，使中常侍曹節、王甫就問災異及消改變故所宜施行。邕悉心以對，事在《五行》、《天文志》。又特詔問曰：「比災變互生，未知厥咎，朝廷焦心，載懷恐懼。每訪羣公卿士，庶聞忠言，而各存括囊，莫肯盡心。以邕經學深奥，故密特稽問，宜披露失得，指陳政要，勿有依違，自生疑諱。具對經術，以皁囊封上。」邕對曰：「臣伏惟陛下聖德允明，深悼災咎，褒臣末學，特垂訪及，非臣螻蟻所能堪副。斯誠輸寫肝膽出命之秋，豈可以顧患避害，使陛下不聞至戒哉！臣伏思諸異，皆亡國之怪也。天於大漢，殷勤不已，故屢出袄變，以當譴責，欲令人君感悟，改危即安。今災眚之發，不於它所，遠則門垣，近在寺署，其爲監戒，可謂至切。蜺墮鷄化，皆婦人干政之所致也。前者乳母趙嬈，貴重天下，生則貲藏侔於天府，死則丘墓踰於園陵，兩子受封，兄弟典郡；續以永樂門史霍玉，依阻城社，又爲姦邪。今者道路紛紛，復云有程大人者，察其風聲，將爲國患。宜高爲隄防，明設禁令，深惟趙、霍，以爲至戒。今聖意勤勤，思明邪正。而聞太尉張顥，爲玉所進；光禄勳姓璋，有名貪濁；又長水校尉趙玹、屯騎校尉蓋升，並叨時幸，榮富優足。宜念小人在位之咎，退思引身避賢之福。伏見廷尉郭禧，純厚老成；光禄大夫橋玄，聰達方直；故太尉劉寵，忠實守正：並宜爲謀主，數見訪問。夫宰相大臣，君之四體，委任責成，優劣已分，不宜聽納小吏，雕琢大臣也。又尚方工技之作，鴻都篇賦之文，可且消息，以示惟憂。《詩》云：『畏天之怒，不敢戲豫。』天戒誠不可戲也。宰府孝廉，士之高選。近者以辟召不慎，切責三公，而今並以小文超取選舉，開請託之門，違明王之典，衆心不厭，莫之敢言。臣願陛下忍而絶之，思惟萬機，以荅天望。聖朝既自約厲，左右近臣亦宜從化。人自抑損，以塞咎戒，則天道虧滿，鬼神福謙矣。臣以愚贛，感激忘身，敢觸忌諱，手書具對。夫君臣不密，上有漏言之戒，下有失身之禍。願寢臣表，無使盡忠之吏，受怨姦仇。」章奏，帝覽而歎息，因起更衣，曹節於後竊視之，悉宣語左右，事遂漏露。其爲邕所裁黜者，皆側目思報。

初，邕與司徒劉郃素不相平，叔父衛尉質又與將作大匠(楊)〔陽〕球有隙。球即中常侍程璜女夫也，璜遂使人飛章言邕、質數以私事請託於郃，郃不聽，邕含隱切，志欲相中。於是詔下尚書，召邕詰狀。邕上書自陳曰：「臣被召，問以大鴻臚劉郃前爲濟陰太守，臣屬吏張宛長休百日，郃爲司隸，又託河内郡吏李奇爲州書佐，及營護故河南尹羊陟、侍御史胡母班，郃不爲用致怨之狀。臣征營怖悸，肝膽塗地，不知死命所在。竊自尋案，實屬宛、奇，不及陟、班。凡休假小吏，非結恨之本。與陟姻家，豈敢申助私黨？如臣父子欲相傷陷，當明言臺閣，具陳恨狀所緣。内無寸事，而謗書外發，宜以臣對與郃參驗。臣得以學問特蒙褒異，執事秘館，操管御前，姓名貌狀，微簡聖心。今年七月，召詣金商門，問以災異，齎詔申旨，誘臣使言。臣實愚贛，唯識忠盡，出命忘軀，不顧後害，遂譏刺公卿，内及寵臣。實欲以上對聖問，救消災異，規爲陛下建康寧之計。陛下不念忠臣直言，宜加掩蔽，誹謗卒至，便用疑怪。盡心之吏，豈得容哉？詔書每下，百官各上封事，欲以改政思譴，除凶致吉，而言者不蒙延納之福，旋被陷破之禍。今皆杜口結舌，以臣爲戒，誰敢爲陛下盡忠孝乎？臣季父質，連見拔擢，位在上列。臣被蒙恩渥，數見訪逮。言事者因此欲陷臣父子，破臣門户，非復發糾姦伏，補益國家者也。臣年四十有六，孤特一身，得託名忠臣，死有餘榮，恐陛下於此不復聞至言矣。臣之愚冗，職當咎患，但前者所對，質不及聞，而衰老白首，横見引逮，隨臣摧没，并入阬埳，誠冤誠痛。臣一入牢獄，當爲楚毒所迫，趣以飲章，辭情何緣復聞？死期垂至，冒昧自陳。願身當辜戮，匄質不并坐，則身死之日，更生之年也。惟陛下加餐，爲萬姓自愛。」於是下邕、質於洛陽獄，劾以仇怨奉公，議害大臣，大不敬，弃市。事奏，中常侍吕強愍邕無罪，請之，帝亦更思其章，有詔減死一等，與家屬髠鉗徙朔方，不得以赦令除。(楊)〔陽〕球使客追路刺邕，客感其義，皆莫爲用。球又賂其部主使加毒害，所賂者反以其情戒邕，故每得免焉。居五原安陽縣。

邕前在東觀，與盧植、韓説等撰補《後漢記》，會遭事流離，不及得成，因上書自陳，奏其所著十意，分別首目，連置章左。帝嘉其才高，會明年大赦，乃宥邕還本郡。邕自徙及歸，凡九月焉。將就還路，五原太守王智餞之。酒酣，智起舞屬邕，邕不爲報。智者，中常侍王甫弟也。素貴驕，慚於賓客，詬邕曰：「徒敢輕我！」邕拂衣而去。智銜之，密告邕怨於囚放，謗訕朝廷。内寵惡之。邕慮卒不免，乃亡命江海，遠跡吳會。往來依太山羊氏，積十二年，在吳。

吳人有燒桐以爨者，邕聞火烈之聲，知其良木，因請而裁爲琴，果有美音，而其尾猶焦，故時人名曰「焦尾琴」焉。初，邕在陳留也，其鄰人有以酒食召邕者，比往而酒以酣焉。客有彈琴於屏，邕至門試潛聽之，曰：「憘！以樂召我而有殺

心，何也？」遂反。將命者告主人曰：「蔡君向來，至門而去。」邕素爲邦鄉所宗，主人遽自追而問其故，邕具以告，莫不憮然。彈琴者曰：「我向鼓弦，見螳蜋方向鳴蟬，蟬將去而未飛，螳蜋爲之一前一卻。吾心聳然，惟恐螳蜋之失之也，此豈爲殺心而形於聲者乎？」邕莞然而笑曰：「此足以當之矣。」

中平六年，靈帝崩，董卓爲司空，聞邕名高，辟之。稱疾不就。卓大怒，詈曰：「我力能族人，蔡邕遂偃蹇者，不旋踵矣。」又切敕州郡舉邕詣府，邕不得已，到，署祭酒，甚見敬重。舉高第，補侍御史，又轉持書御史，遷尚書。三日之閒，周歷三臺。遷巴郡太守，復留爲侍中。

初平元年，拜左中郎將，從獻帝遷都長安，封高陽鄉侯。

董卓賓客部曲議欲尊卓比太公，稱尚父。卓謀之於邕，邕曰：「太公輔周，受命翦商，故特爲其號。今明公威德，誠爲巍巍，然比之尚父，愚意以爲未可。宜須關東平定，車駕還反舊京，然後議之。」卓從其言。

（初平）二年六月，地震，卓以問邕。邕對曰：「地動者，陰盛侵陽，臣下踰制之所致也。前春郊天，公奉引車駕，乖金華青蓋，爪畫兩轓，遠近以爲非宜。」卓於是改乘皁蓋車。

卓重邕才學，厚相遇待，每集讌，輒令邕鼓琴贊事，邕亦每存匡益。然卓多自佷用，邕恨其言少從，謂從弟谷曰：「董公性剛而遂非，終難濟也。吾欲東奔兗州，若道遠難達，且遯逃山東以待之，何如？」谷曰：「君狀異恒人，每行觀者盈集。以此自匿，不亦難乎？」邕乃止。

及卓被誅，邕在司徒王允坐，殊不意言之而歎，有動於色。允勃然叱之曰：「董卓國之大賊，幾傾漢室。君爲王臣，所宜同忿，而懷其私遇，以忘大節！今天誅有罪，而反相傷痛，豈不共爲逆哉？」即收付廷尉治罪。邕陳辭謝，乞黥首刖足，繼成漢史。士大夫多矜救之，不能得。太尉馬日磾馳往謂允曰：「伯喈曠世逸才，多識漢事，當續成後史，爲一代大典。且忠孝素著，而所坐無名，誅之無乃失人望乎？」允曰：「昔武帝不殺司馬遷，使作謗書，流於後世。方今國祚中衰，神器不固，不可令佞臣執筆在幼主左右。既無益聖德，復使吾黨蒙其訕議。」日磾退而告人曰：「王公其不長世乎？善人，國之紀也；制作，國之典也。滅紀廢典，其能久乎！」邕遂死獄中。允悔，欲止而不及。時年六十一。搢紳諸儒莫不流涕。北海鄭玄聞而歎曰：「漢世之事，誰與正之！」兗州、陳留（聞）〔閒〕皆畫像而頌焉。

其撰集漢事，未見録以繼後史。適作《靈紀》及十意，又補諸列傳四十二篇，因李傕之亂，湮没多不存。所著詩、賦、碑、誄、銘、讚、連珠、箴、弔、論議、《獨斷》、《勸學》、《釋誨》、《敍樂》、《女訓》、《篆埶》、祝文、章表、書記，凡百四篇，傳於世。

論曰：意氣之感，士所不能忘也。流極之運，有生所共深悲也。當伯喈抱鉗扭，徙幽裔，仰日月而不見照燭，臨風塵而不得經過，其意豈及語平日倖全人哉！及解刑衣，竄歐越，潛舟江壑，不知其遠，捷步深林，尚若不密，但願北首舊丘，歸骸先壟，又可得乎？董卓一旦入朝，辟書先下，分明枉結，信宿三遷。匡導既申，狂僭屢革，資《同人》之先號，得北叟之後福。屬其慶者，夫豈無懷？君子斷刑，尚或爲之不舉，況國憲倉卒，慮不先圖，矜情變容，而罰同邪黨？執政乃追怨子長謗書流後，放此爲戮，未或聞之典刑。

贊曰：季長戚氏，才通情侈。苑囿典文，流悅音伎。邕實慕静，心精辭綺。斥言金商，南徂北徙。籍梁懷董，名澆身毁。

南朝宋·范曄《後漢書》卷七九下《儒林傳下·何休》 何休字邵公，任城樊人也。父豹，少府。休爲人質朴訥口，而雅有心思，精研《六經》，世儒無及者。以列卿子詔拜郎中，非其好也，辭疾而去。不仕州郡。進退必以禮。

太傅陳蕃辟之，與參政事。蕃敗，休坐廢錮，乃作《春秋公羊解詁》，覃思不闚門，十有七年。又注訓《孝經》、《論語》、風角七分，皆經緯典謨，不與守文同說。又以《春秋》駁漢事六百餘條，妙得《公羊》本意。休善歷筭，與其師博士羊弼，追述李育意以難二傳，作《公羊墨守》、《左氏膏肓》、《穀梁廢疾》。

黨禁解，又辟司徒。羣公表休道術深明，宜侍帷幄，倖臣不悦之，乃拜議郎，屢陳忠言。再遷諫議大夫，年五十四，光和五年卒。

南朝梁·蕭繹《金樓子》卷三 劉安有文才，好書鼓琴，不喜弋獵狗馬馳騁。行陰德，拊循百姓，沽名譽，招致賓客方術之士數千人，作《内書》二十一篇，外書甚衆。又有《中書》八篇，言神仙黄白之術，亦二十餘萬言。時武帝方好藝文，以安屬爲諸父，辯博善爲文辭，甚尊重之，每爲報書及賜，常召司馬相如等視草，乃遣。初，安入朝，獻所作《内篇》，新出。上愛祕之，使爲《離騷傳》。旦受詔，日食時上，又獻頌及賦。每見談説，昏暮而罷。

唐·虞世南《北堂書鈔》卷一三〇《儀飾部》 桓子《新論》云：揚子雲好天文，問洛下黄閎以渾天之説。閎曰：「我少作其事，不曉達其意。到今七十始知其理。」

五代·李瀚《蒙求集注》卷下 前漢逍賁莫，字子邪，冢邪蠡吾人也。遷京

兆尹，威名流聞。其發奸擿伏如神，政清，吏民稱之不容口。自漢興治京兆者，莫能及。爲人強力，天性精于吏職。尤善爲鉤距，以得事情。鉤距者，設欲知馬賈，則先問狗，已問羊，復問牛，然後及馬，參伍其賈，以類相準，則知馬之貴賤不失實矣。唯廣漢至精能行之，他人效者莫能及。郡中盜賊，閭里輕俠，其根株窟穴所在，及吏交賕請求銖兩之姦，皆知之。後上書告丞相魏相事失實，宣帝惡之，下廣漢廷尉獄，又坐賊殺不辜數罪。吏民守闕號泣者數萬人，或願代死，竟坐要斬。百姓追思，歌之至今。

宋・李昉等《太平御覽》卷二《天部》 桓子《新論》曰：揚子雲好天文，問之於洛下黃閎以渾天之説。閎曰：「我少能作其事，但隨尺寸法度，殊不曉達其意，後稍稍益愈。到今七十，乃甫適知已，又老且死矣。今我兒子受學作之，亦當複年如我。乃晚知已，又且死焉。」

宋・李昉等《太平廣記》卷八《神仙八》 劉安

漢淮南王劉安者，漢高帝之孫也。其父厲王長，得罪徙蜀，道死。文帝哀之，而裂其地，盡以封長子，故安得封淮南王。時諸王子貴侈，莫不以聲色游獵犬馬爲事，唯安獨折節下士，篤好儒學，兼占候方術，養士數千人，皆天下俊士。作《内書》二十二篇，又《中篇》八章，言神仙黃白之事，名爲《鴻寶》，《萬畢》三章，論變化之道，凡十萬言。武帝以安辯博有才，屬爲諸父，甚重尊之。特詔及報書，常使司馬相如等共定章，乃遣使，召安入朝。嘗詔使爲《離騷經》，旦受詔，食時便成，奏之。安每宴見，談説得失，及獻諸賦，頌晨入夜出。乃天下道書及方術之士，不遠千里，卑辭重幣請致之。於是乃有八公詣門，皆鬚眉皓白。門吏先密以白王，王使閽人自以意難問之，曰：「我王上欲求延年長生不老之道，中欲得博物精義入妙之大儒，下欲得勇敢武力扛鼎暴虎横行之壯士。今先生年已耆矣，似無駐衰之術，又無賁、育之氣，豈能究於《三墳》《五典》、《八索》《九丘》，鈎深致遠，窮理盡性乎？三者既之，餘不敢通。」八公笑曰：「我聞王尊禮賢士，吐握不倦，苟有一介之善，莫不畢至。古人貴九九之好，養鳴吠之技，誠欲市馬骨以致騏驥，師郭生以招群英。吾年雖鄙陋，不合所求，故遠致其身，且欲一見王，雖使無益，亦豈有損，何以年老而逆見嫌耶？王必若見年少則謂之有道，皓首則謂之庸叟，恐非發石採玉，探淵索珠之謂也。薄吾老，今則少矣。」言未竟，八公皆變爲童子，年可十四五，角髻青絲，色如桃花。門吏大驚，走以白王。王聞之，足不履，跣而迎，登思仙之臺，張錦帳象牀，燒百和之香，進金玉之几，執弟子之禮，北面叩首而言曰：「安以凡才，少好道德，羈鏁世務，沈淪流俗，不能遣累，負笈山林。然夙夜饑渴，思願神明，沐浴滓濁，精誠淺薄，懷情不暢，邈若雲漢。不期原幸，道君降屈，是安禄命當蒙拔擢，喜懼屏營，不知所措。唯願道君哀而教之，則螟蛉假翼於鴻鵠，可冲天矣。」八童子乃復爲老人，告王曰：「餘雖復淺識，備爲先學。聞王好士，故來相從，未審王意有何所欲？吾一人能坐致風雨，立起雲霧，畫地爲江河，撮土爲山嶽。一人能崩高山，塞深泉，收束虎豹，召致蛟龍，使役鬼神。一人能分形易貌，坐在立亡，隱蔽六軍，白日爲暝。一人能乘雲步虚，越海凌波，出入無間，呼吸千里。一人能入火不灼，入水不濡，刃射不中，冬凍不寒，夏曝不汗。一人能千變萬化，恣意所爲，禽獸草木，萬物立成，移山駐流，行宫易室。一人能煎泥成金，凝鉛爲銀，水鍊八石，飛騰流珠，乘雲駕龍，浮於太清之上。在王所欲。」安乃日夕朝拜，供進酒脯，各試其向所言，千變萬化，種種異術，無有不效。遂授《玉丹經》三十六卷。藥成，未及服。而太子遷好劒，自以人莫及也。于時郎中雷被，召與之戲，而被誤中遷。遷大怒。被怖，恐爲遷所殺，乃求擊匈奴以贖罪。安聞不聽。被大懼，乃上書於天子云：「漢法，諸侯壅閼不與擊匈奴，其罪入死，安合當誅。」武帝素重王，不咎，但削安二縣耳。安怒被。被恐死，與伍被素爲交親，伍被曾以奸私得罪於安，安怒之未發。二人恐爲安所誅，乃共誣告，稱安謀反。天子使宗正持節治之。八公謂安曰：「可以去矣。此乃是天之發遣王。王若無此事，日復一日，未能去世也。」八公使安登山大祭，埋金地中，即白日昇天。八公與安所踏山上石，皆陷成跡，至今人馬跡猶存。八公告安曰：「夫有藉之人，被人誣告者，其誣人當即死滅，伍被等今當復誅矣。」於是宗正以失安所在推問云：王仙去矣。天子悵然，乃諷使廷尉張湯奏伍被云爲畫計，乃誅二被九族，一如八公之言也。漢史祕之，不言安得神仙之道。恐後世人主，當廢萬機，而競求於安道，乃言安得罪後自殺，非得仙也。按：《左吴記》云，安臨去，欲誅二被，八公諫曰：「不可，仙去不欲害行，況於人乎。」安乃止。又問八公曰：「可得將素所交親俱至彼，便遣還否？」公曰：「何不得爾，但不得過五人。」安即以左吴、王眷、傅生等五人，至玄洲，便遣還。《吴記具説》云：安未得上天，遇諸仙伯，安少習尊貴，稀爲卑下之禮，坐起不恭，語聲高亮，或誤稱「寡人」。於是仙伯主者奏安云：「不敬，應斥遣去。」八公爲之謝過，乃見赦，謫守都厠三年。後爲散仙人，不得處職，但得不死而已。武帝聞左吴等隨王仙去更還，乃詔之，親問其由。吴具以對。帝大懊恨，乃嘆曰：「使朕

得爲淮南王者，視天下如脱屣耳。」遂便招募賢士，亦冀遇八公，不能得，而爲公孫卿、欒大等所欺。意猶不已，庶獲其真者，以安仙去分明，方知天下實有神仙也。時人傳八公、安臨去時，餘藥器置在中庭，雞犬舐啄之，盡得昇天，故雞鳴天上，犬吠雲中也。出《神仙傳》

宋・鄭樵《通志》卷一〇七上《列傳第二十上》 馮勤字偉伯，魏郡繁陽人也。曾祖父揚，宣帝時爲弘農太守。有八子，皆爲二千石，趙魏間榮之，號曰「萬石君」焉。兄弟形皆偉壯，惟勤祖父偃，長不滿七尺，常自恥短陋，恐子孫之似也，乃爲子伉娶長妻。伉生勤，長八尺三寸。八歲善計。初爲太守銚期功曹，有高能稱。期常從光武征伐，政事一以委勤。勤同縣馮巡等舉兵應光武，謀未成而爲豪右焦廉等所反。勤乃率將老母、兄弟及宗親歸期，期悉以爲腹心，薦於光武。初未被用，後乃除爲郎中，給事尚書。以圖議軍糧，在事精勤，遂見親識。每引見，帝輒顧謂左右曰：「佳乎吏也！」由是使典諸侯封事。勤量功次輕重，國土遠近，地勢豐薄，不相踰越，莫不厭服焉。自是封爵之制，非勤不定。帝益以爲能，尚書衆事，皆令總録之。司徒侯霸薦前梁令閻楊。楊素有譏議，帝常嫌之，既見霸奏，疑其有姦，大怒，賜霸璽書曰：「崇山、幽都何可偶，黄鉞一下無處所。欲以身試法邪，將殺身以成仁邪？」使勤奉策至司徒府。勤還，陳霸本意，申釋事理，帝意稍解，拜勤尚書僕射。職事十五年，以勤勞賜爵關内侯。遷尚書令，拜大司農，三歲遷司徒。先是三公多見罪退，帝賢勤，欲令以善自終，乃因讌見從容戒之曰：「朱浮上不忠於君，下陵轢同列，竟以中傷至今，死生吉凶未可知，豈不惜哉！人臣放逐受誅，雖復追加賞賜賻祭，不足以償不訾之身。忠臣孝子，覽照前世，以爲鏡誡，能盡忠於國，事君無二，則爵賞光乎當世，功名列於不朽，可不勉哉！」勤愈恭約盡忠，號稱任職。勤母年八十，每會見，詔勅勿拜，令御者扶上殿，謂諸王曰：「使勤貴寵者，此母也。」其見親重如此。中元元年，薨，帝悼惜之，使者弔，賜東園祕器，賻贈有加。勤七子。長子宗嗣，至張掖屬國都尉。中子順，尚平陽長公主，終於大鴻臚。建初八年，以順中子奮襲主爵爲平陽侯，薨，無子。永元七年，詔書復封奮兄羽林右監勁爲平陽侯，奉公主之嗣。奮弟由，黄門侍郎，尚平安公主。勁薨，子卯嗣。延光中爲侍中，薨，子留嗣。

宋・鄭樵《通志》卷一一上《列傳第二十四上》 劉陶字子奇，一名偉，潁川潁陰人，濟北貞王勃之後。陶爲人居間，不修小節。所與交友，必也同志。好尚或殊，富貴不求合，情趣苟同，貧賤不易意。同宗劉愷，以雅德知名，獨深器陶。時大將軍梁冀專朝，而桓帝無子，連歲荒饑，災異數見。陶時遊太學，乃上疏陳事曰：「臣聞人非天地無以爲生，天地非人無以爲靈，是故帝非人不立，人非帝不寧。天之與帝，帝之與人，猶頭之與足，相須而行也。伏惟陛下中天稱號，襲常存之慶，目不視鳴條之事，耳不聞檀車之聲，天災不有痛於肌膚，震食不即損於聖體，故蔑三光之謬，輕上天之怒。伏念高祖起自布衣，合散扶傷，克成帝業。功亦勤矣，流福遺祚，至於陛下。而陛下忽高祖之勤，妄假利器，委授國柄，使羣醜刑隸，芟刈小民，雕弊諸夏，虐流遠近，故天降衆異，以戒陛下。陛下不悟，而競令虎豹窟於麑場，豺狼乳於春囿。斯豈唐咨禹、稷，益典朕虞，議物賦土蒸民之意哉？又令牧守長吏，上下交競，封豕長蛇，蠶食天下；貨殖者爲窮冤之魂，貧餒者作饑寒之鬼；高門獲東觀之辜，豐室罹妖叛之罪；死者悲於窀穸，生者戚於朝野，是愚臣所爲咨嗟長懷歎息者也。且秦之將亡，正諫者誅，諛進者賞，嘉言結於忠舌，國命出於讒口，擅閻樂於咸陽，授趙高以車府。權去己而不知，威離身而不顧。古今一揆，成敗同軌。願陛下遠覽彊秦之傾，近察哀、平之變，得失昭然，禍福可見。臣又聞危非仁不扶，亂非智不救，故武丁得傅説，以消鼎雉之災，周宣用申、甫，以濟夷、厲之荒。竊見故冀州刺史南陽朱穆，前烏桓校尉臣同郡李膺，皆履正清平，貞高絶俗。穆前在冀州，奉憲操平，摧破姦黨，掃清萬里。膺歷典牧守，正身率下，及掌戎馬，威揚朔北。斯實中興之良佐，國家之柱臣也。宜還本朝，挾輔王室，上齊七曜，下鎮萬國。臣敢吐不時之議於諱言之朝，猶冰霜見日，必至消滅。臣始悲天下之可悲，今天下亦悲臣之愚惑也。」書奏不省。時有上書言人以貨輕錢薄，故致貧困，宜改鑄大錢。事下四府羣僚及太學能言之士。陶上議曰：【略】帝竟不鑄錢。後陶舉孝廉，除順陽長。縣多姦猾，陶到官，宣募吏民有氣力猛勇，能以死易生者，不拘亡命姦臧，於是剽輕劒客之徒過晏等十餘人，皆來應募。陶責其先過，要以後効，使各結所厚少年，得數百人，皆嚴兵待命。於是覆案姦軌，所發若神。以病免，吏民思而歌之曰：「邑然不樂，思我劉君。何時復來，安此下民。」陶明《尚書》、《春秋》，爲之訓詁。推三家《尚書》及古文，是正文字七百餘事，名曰《中文尚書》。頃之，拜侍御史。靈帝宿聞其名，數引納之。時鉅鹿張角僞託大道，妖惑小民，陶與奉車都尉樂松、議郎袁貢連名上疏言之，曰：聖王以天下耳目爲視聽，故能無不聞見。今張角支黨不可勝計。前司徒楊賜奏下詔書，切勑州郡，護送流民，會賜去位，不復捕録。雖會赦令，而謀不解散。四方私言，云角等竊入京師，覘視朝政，鳥聲獸心，

私共嗚呼。州郡忌諱，不欲聞之，但更相告語，莫敢公文。宜下明詔，重募角等，賞以國土。有敢回避，與之同罪。」帝殊不悟，方詔陶次第《春秋》條例。明年，張角反亂，海内鼎沸，帝思陶言，封中陵鄉侯，三遷尚書令。以所舉將爲尚書，難爲齊列，乞從冗散，拜侍中。以數切諫，爲權臣所憚，徙爲京兆尹。到職，當出修宫錢直千萬，陶既清平，而恥以錢買職，稱疾不聽政。帝宿重陶才，原其罪，徵拜諫議大夫。是時天下日危，寇賊方熾，陶憂亂，復上疏曰：「臣聞事之急者不能安言，心之痛者不能緩聲。竊見天下前遇張角之亂，後遭邊章之寇，每聞羽書告急之聲，心灼内熱，四體驚悚。今西羌逆類，多私署將帥，皆多段熲時吏，曉習戰陳，識知山川，變詐萬端。臣常懼其輕出河東、馮翊，鈔西軍之後，東之函谷，據阸高望。今果已攻河東，恐遂轉更豕突上京。如是則南道斷絶，車騎之軍孤立，關東破膽，四方動摇，威之不來，叫之不應，雖有田單、陳平之策，計無所用。臣前驛馬上便宜，急絶諸郡賦調，冀尚可安。事付主者，留連至今，莫肯求問。今上郡之民皆以奔亡，南出武關，北徙壺谷，冰駭風散，唯恐在後。今其存者尚十三四，軍吏士民悲愁相守，民有百走退死之心，而無一前鬬生之計。西寇浸前，去營咫尺，胡騎分布，已至諸陵。將軍張温，天性精勇，而主者旦夕迫促，軍無後殿，假令失利，其敗不救。臣自知言數見厭，而言不自裁者，以爲國安則臣蒙其慶，國危則臣亦先亡也。謹復陳當今要急八事，乞須臾之間，深垂省納。」其八事，大較言天下大亂，皆由宦官。宦官事急，共讒陶曰：「前張角事發，詔書示以威恩，自此以來，各各改悔。今者四方安静，而陶疾害聖政，專言妖孽。州郡不上，陶何由知，疑陶與賊通情。」於是收陶，下黄門北寺獄，掠治日急。陶自知必死，對使者曰：「朝廷前封臣云何？今反受邪譖。恨不與伊、吕同疇，而以三仁爲輩。」遂閉氣而死，天下莫不痛之。陶著書數十萬言，又作《七曜論》、《匡老子》、《反韓非》、《復孟軻》，又上書言當世便事、條教、賦、奏、書、記、疑辯，凡百餘篇。

元・趙道一《歷世真仙體道通鑒》卷五　劉安

淮南王劉安，漢高皇帝之孫。好儒學方技，作《内書》二十一篇，又著《鴻寶萬年》三卷，論變化之道。有八公往詣之，門吏自以意難問之，曰：「王上欲得延年却期不老之道，中欲得博物洽聞精義入微之大儒，下欲得勇敢武力扛鼎暴死横行之壯士。今先生皆耆老矣，自無註書之術，賁、育之氣，豈能究《三墳》、《五典》、《八索》、《九丘》，鈎深致遠，窮理盡性乎？三者並乏，不敢相通。」公笑曰：「聞王欽賢好士，吐握不倦，苟有一介，莫不卑至。古人貴九九之學，養鳴吠之士，誠欲市馬骨以致騏驥，師郭生以招羣彦。吾等雖鄙，不合所求，故遠致身，欲一見王，就令無益亦不爲損，云何限之逆見嫌擇？若王必欲見少年，則謂之有道，見垂白則謂之庸人，恐非發石取玉，探淵索珠之謂也。薄吾等老，謹以少矣。」言畢，八公變爲十五歲童子，露髻青鬟，色如桃花。於是門吏驚悚，馳走白王。王聞之，不及履即徒跣出，迎以登思仙之臺，列錦綺之帷，設象牙之牀，燔百和之香，進金玉之几，穿弟子之履，北面拱手而言曰：「安以凡才，少好道德，羈鎖世業，沉淪流俗，不能遺累，放逸山林。然夙夜飢渴，思願神明，沐浴垢穢，誠革浮薄。抱情不暢，邈若雲泥。不圖厚幸，道君降屈，是安禄命當蒙拔擢，喜懼屏營，不知所措。惟乞道君哀而教之，則螟蛉假翼去地飛矣。」八公便已成老人矣，告王曰：「雖復淺識，且備先學。知王好道，故來相從，不知意何所欲？吾一人能坐致風雨，立起雲霧，畫地爲江河，撮土爲山嶽。一人能崩高塞淵，牧虎豹，致龍蛇，役神鬼。一人能分形易貌，坐在立亡，隱蔽三軍，白日盡暝。一人能乘虚步空，起海凌煙，出入無間，呼吸千里。一人能入火不焦，入水不濡，刃之不傷，射之不中，冬凍不寒，夏暑不汗。一人能千變萬化，恣意所爲，禽獸草木立成，轉徙山川陵岳。一人能防災度厄，辟邪却害，延年益壽，長生久視。一人能煎泥成金，煅鉛爲銀，水煉八石，飛騰流珠，乘龍駕雲，浮游太清。任王所欲。」安於是旦夕朝拜，身進酒果，先乞試之變化，風、雨、雲、霧，無不有效。遂授《丹經》及《三十六水銀》等方。藥成未服，而安有子名遷好劍，自謂莫及也。郎中雷被與戲，而被誤中於遷。遷怒，被乃求擊匈奴以贖罪，安不聽。被懼爲遷所殺，乃上書於天子。是時漢法，諸侯壅閼奮擊匈奴者，罪死，安當誅。武帝素敬重安，但削其二縣。雷被與伍被素親，伍被亦以奸私得罪於安，安怒之而未發。被恐誅，乃誣告安謀反。天子使宗正持節治安。八公告安曰：「可以去矣。此乃天所以發遣王，願王勿疑。」乃與安登山大祭，埋金於地，即白日昇天。八公與安所踐石上皆陷，于今人馬之迹存焉。《輿地志》云：八公山在肥水北，淮水南，淮南王輿八公居此，白日昇天。今屬壽州。一云此非也，乃符堅望草木爲兵虞。八公山有淮南八公憩石漢，屬九江郡，今屬滁州來安縣之西南。一云八公山上有淮南王安廟，今屬無爲軍巢縣西。八公告安曰：「雖復天使有此，然伍被爲臣誣告君父。夫有神仙之籍者，人謀之者死，犯之者滅。被今當受誅也。」於是宗正既至，失安所在，推問云：王仙去矣。天子聞之悵然，乃諷使廷尉張湯，奏伍被爲安畫謀反計，遂族誅二被，如八公言矣。漢史祕之，不欲言神仙之事，恐後世人主，常廢棄萬機，以求不死，故言

安自殺。一云：王同八公昇天，乃棄置藥鼎，雞犬舐之，並得輕舉，雞鳴雲中，犬吠天上。一云：安得《鴻寶萬年》之術仙去，位太極真人。

明・李贄《藏書》卷一二《名臣傳》 趙廣漢

趙廣漢字子都，涿郡蠡吾人。少爲郡吏、州從事，以廉潔通敏下士爲名。舉茂才，爲平準。令察廉爲陽翟令。以治行尤異，遷京輔都尉，守京兆尹。會昭帝崩，而新豐杜建爲京兆掾，護作平陵方上。建素豪俠，賓客爲姦利。廣漢聞之，先風告。建不改，於是收案致法。中貴人豪長者，盡爲之請，終無所聽。宗族賓客謀欲篡取，廣漢盡知其計議主名起居，使吏告曰：「若計如此，并滅家。」令數吏將建棄市，莫敢近者。京師稱之。遷潁川太守。先是，潁川豪傑大姓相與爲婚姻，吏俗朋黨。廣漢患之，厲使其中可用者受記，出有案問，既得罪名，行法罰之。廣漢故漏泄其語，令相怨咎。又教吏爲缿筩，及得投書，削其主名，而託以爲豪傑大姓子弟所言。其後彊宗大族家家結爲仇讎，姦黨散落，風俗大改。吏民相告訐，廣漢得以爲耳目，盜賊以故不發，發又輒得。一切治理，威名流聞，及匈奴降者言匈奴中皆聞廣漢。本始中，復用守京兆尹，滿歲爲真。廣漢爲二千石，以和顏接士，其尉薦待遇吏，殷勤甚備。事推功善，歸之於下，曰：「某掾卿所爲，非二千石所及。」行之發於至誠。吏見者皆輸寫心腹，無所隱匿，咸願爲用，僵仆無所避。廣漢聰明，皆知其能之所宜，盡力與否。其或負者，輒先聞知，風諭不改，乃收捕之，無所逃，案之辠立具，即時伏辜。廣漢爲人彊力，天性精於吏職。見吏民，或夜不寢至旦。尤善爲鉤距，以得事情。鉤距者，設欲知馬價，則先問狗，已問羊，又問牛，然後及馬，參伍其價，以類相準，則知馬之貴賤不失實矣。唯廣漢至精能行之，他人效者莫能及。郡中盜賊，閭里輕俠，其根株窟穴所在，及吏受取請求銖兩之姦，皆知之。長安少年數人會窮里空舍謀共劫人，坐語未訖，廣漢使吏捕治具服。富人蘇回爲郎，二人劫之。有頃，廣漢將吏到家，自立庭下，使長安丞龔奢叩堂户曉賊，曰：「京兆尹趙君謝兩卿，無得殺質，此宿衛臣也。釋質，束手，得善相遇，幸逢赦令，或時解脱。」二人驚愕，又素聞廣漢名，即開户出，下堂叩頭，廣漢跪謝曰：「幸全活郎，甚厚！」送獄，勑吏謹遇，給酒肉。至冬當出死，豫爲調棺，給斂葬具，告語之，皆曰：「死無所恨！」【略】廣漢奏請，令長安游徼獄吏秩百石，其後百石吏皆差自重，不敢枉法妄繫留人。京兆政清，吏民稱之不容口。長老傳以爲自漢興以來治京兆者莫能及。

清・阮元《疇人傳》卷二 漢

張蒼

張蒼，陽武人也。好書律曆。秦時爲御史，主柱下方書。沛公立爲漢王，以蒼爲常山守。又爲代相，徙相趙，復徙相代。六年，以功封北平侯，遷爲計相。一月，更以列侯爲主計四歲。是時，蕭何爲相國，而蒼明習天下圖書計籍，又善用算律曆，故令蒼以列侯居相府，領主郡國上計者。又爲淮南相，十四年遷御史大夫。孝文皇帝四年爲丞相。漢興二十餘年，天下初定。公卿皆軍吏，蒼爲計相。時緒正律曆，以高祖十月始至霸上，故因秦時本十月爲歲首不革，推五德之運，以爲漢當水德之時，上黑如故，故漢家言：「律曆者本張蒼。」蒼爲丞相十餘年。魯人公孫臣上書，陳終始五德傳。言漢土德時，其符黄龍見，當改正朔，易服色。事下蒼，蒼以爲非是，罷之。其後黄龍見成紀，于是文帝召公孫臣以爲博士，草立土德時曆制度，更元年。蒼由此自絀，遂病免，孝景五年薨，謚曰文侯。年百餘歲乃卒。著書十八篇，言陰陽律曆事。《史記・張丞相傳》《漢書・張周趙任申屠傳》。

論曰：《漢志》云，漢興，庶事草創，襲秦正朔，以蒼言用顓頊術。其術今已失傳。《續漢志》云，顓頊元用乙卯。蔡邕《命論》曰，顓頊術曰「大元」。正月己巳朔旦立春，俱以日月起于天廟營室五度。祖冲之曰，古之六術，并同四分。六術謂黄帝、顓頊、夏、殷、周、魯。然則顓頊章蔀紀元之數，并與四分同也。《開元占經》曰：「顓頊術上元乙卯，至今開元二年甲寅，二百七十六萬一千一十九算外。然則顓頊上元乙卯，至漢元年乙未，二百七十六萬一百算外也。」顓頊之術，其大略如此。劉徽序《九章》云：「北平侯張蒼、大司農中丞耿壽昌，各稱刪補。其目與古或異，蓋蒼本秦人，其所傳者必羲和、周公之遺，施行當世，爲後來步算家所宗，豈不宜哉？」

司馬遷 鄧平

司馬遷，字子長，馮翊夏陽人也。父談爲太史公。學天官于唐都，仕于建元元封之間。漢興，庶事草創，襲秦正朔。北平侯張蒼言用顓頊曆，比于六曆，疏闊中最爲微近，然晦朔月見弦望滿虧多非是。至武帝元封七年，漢興百二歲矣。大中大夫公孫卿、壺遂、太史令司馬遷等，言曆紀壞廢，宜改正朔。是時，御史大夫兒寬明經術，上乃詔寬曰：「與博士共議，今宜何以爲正朔，服色何上？」寬與博士賜等議，皆曰：「帝王必改正朔，易服色，所以明受命于天也。創業改變，制不相復，推傳序文，則今夏時也。臣等聞學褊陋不能明。陛下躬聖發憤，昭配天

地，臣愚以爲三統之制，後聖復前聖者，二代在前也。今二代之統絶而不序矣，唯陛下發聖德，宣考天地四時之極，則順陰陽以定大明之制，爲萬世則。」于是乃詔御史曰：「乃者有司言曆未定，廣延宣問，以考星度，未能讐也。蓋聞古者黄帝合而不死，名察發斂，定清濁，起五部，建氣物分數。然則上矣。書缺樂弛，朕甚難之。依違以惟，未能修明。」其以七年爲元年，遂詔卿、遂、遷，與侍郎尊、大典星射姓等，議造漢曆。乃定東西，立晷儀，下漏刻，以追二十八宿，相距于四方，舉終以定朔晦分至，躔離弦望。乃以前曆上元太初四千六百一十七歲，至于元封七年，復得閼逢攝提格之歲。中冬十一月甲子朔旦冬至，日月在建星，太歲在子，已得太初本星度新正。姓等奏不能爲算，願募治曆者更造密度，各自增減，以造漢《太初曆》。乃造治曆鄧平，及長樂司馬可、酒泉候宜君、侍郎尊及與民間治曆者，凡二十餘人，方士唐都、巴郡落下閎與焉。都分天部，而閎運算轉曆。其法以律起曆，曰：律容一龠，積八十一寸，則一日之分也。與長相終。律長九寸百七十一分而終復。三復而得甲子。夫律，陰陽九六爻象所從出也。故黄鐘紀元氣之謂律。律，法也，莫不取法焉。與鄧平所治同。于是皆觀新星度、日月行，更以算推，如閎、平法。法，一月之日二十九日八十一分日之四十三。先籍半日，名曰陽曆。不籍半日，名曰陰曆。所謂陽曆者，先朔月生；陰曆者，朔而後月乃生。平曰：陽曆朔皆先旦月生，以朝諸侯王群臣便。乃詔遷用鄧平所造八十一分律曆，罷廢尤疏遠者十七家，復使校曆律昏明。宦者淳于陵渠，復覆《太初曆》，晦朔弦望皆最密，日月如合璧，五星如連珠。陵渠奏狀，遂用鄧平術。以平爲太史丞。遷既被刑之後，爲中書令，作《太史公書》，其《曆書》曰：「昔自在古，曆建正作于孟春，于時冰泮發蟄，百草奮興，秭鴃先滜，物乃歲具。生于東次，順四時，卒于冬分時。鷄三號卒明，撫十二節卒于丑，日月成故明也。明者，孟也；幽者，幼也；幽明者，雌雄也。雌雄代興，而順至正之統也。日歸于西，起明于東。月歸于東，起明于西。正不率天，又不由人，則凡事易壞而難成矣。王者易姓受命，必慎始初，改正朔，易服色，推本天元，順成厥意。太史公曰：神農以前，尚矣。蓋黄帝考定星曆，建立五行，起消息，正閏餘。于是有天地神祇物類之官，是謂五官，各司其事，不相亂也。民是以能有信，神是以能有明德，民神異業，敬而不瀆。故神降之嘉生，民以物享，災禍不生，所求不匱。少皥氏之衰也，九黎亂德，民神異擾，不可放物，禍災荐至，莫盡其氣。顓頊受之，乃命南正重司天以屬神，命火正黎司地以屬民，使復舊常，無相侵瀆。其後三苗服九黎之德，故二官咸廢所職。而閏餘乖次，孟陬殄滅，攝提無紀，曆數失序。堯復遂重黎之後不忘舊者，使復典之，而立羲和之官，明時正度，則陰陽調，風雨節，茂氣至，民無夭疫。年耆禪舜，申戒文祖云：『天之曆數在爾躬，舜亦以命禹。』由是觀之，王者所重也。夏正以正月，殷正以十二月，周正以十一月，蓋三王之正若循環，窮則反本，天下有道，則不失紀序，無道則正朔不行于諸侯。幽厲之後，周室微，陪臣執政，史不記時，君不告朔，故疇人子弟分散。或在諸夏，或在夷狄，是以其禨祥廢而不統。周襄王二十六年，閏三月，而《春秋》非之，先王之正時也。履端于始，舉正于中，歸邪于終。履端于始，序則不愆；舉正于中，民則不惑；歸邪于終，事則不悖。其後戰國并争，在于強國、禽敵、救急、解紛而已，豈遑念斯哉？是時獨有鄒衍明于五德之傳，而散消息之分，以顯諸侯。而亦因秦滅六國，兵戎極煩，又升至尊之日淺，未暇遑也。而亦頗推五勝，而自以爲獲水德之瑞，更名河曰『德水』，而正以十月，色上黑，然曆度閏餘，未能睹其真也。漢興，高祖曰『北時待我而起』，亦自以爲獲水德之瑞。雖明習及張蒼等咸以爲然。是時，天下初定，方綱紀大基。高后女主，皆未遑，故襲秦正朔服色。至孝文時，魯人公孫臣以終始五德上書，言漢得土德，宜更元改正朔，易服色。當有瑞，瑞黄龍見。事下丞相張蒼，張蒼亦學律曆，以爲非是，罷之。其後黄龍見成紀，張蒼自黜。所欲論著不成，而新垣平以望氣見，頗言正曆服色事，貴幸。後作亂，故孝文帝廢不復問。至今上即位，招致方士唐都分其天部，而巴落下閎運算轉曆。然後日辰之度，與夏正同。乃改元更官號，封泰山。因詔御史曰：『乃者有司言星度之未定也，廣延宣問，以理星度，未能詹也。蓋聞昔者黄帝合而不死，名察度驗，定清濁，起五部，建氣物分類，然蓋尚矣。書缺樂弛，朕甚閔焉。朕唯未能循明也。紬績日分，率應水德之勝。今日順夏至，黄鐘爲宫，林鐘爲徵，太簇爲商，南吕爲羽，姑洗爲角。』自是以後，氣復正，羽聲復清，名復正，變以至子。日當冬至，則陰陽離合之道行焉。十一月甲子朔旦，冬至已詹。其更以七年爲太初元年，年名焉逢攝提格，月名畢聚，日得甲子，夜半朔旦冬至。」《漢書·律曆志》、《史記·曆書》、《自序》、《史通通釋》。

論曰：《漢書》載三統術，而不著太初本法。或疑太初與三統不同，非也。閎、平之法，一月之日二十九日八十一分日之四十三，是明日法、月法與三統同矣。賈逵稱太初術斗二十六度三百八十五分，是明統法、周天與三統同矣。蓋太初術有三統，即得謂之三統術。以三統術説春秋，亦得謂之春秋術。稱名或

異，其實則一而已矣。遷父子世太史公，首建正朔之議，可謂不尸其官矣。至于運算推步，造立法數，則閎、平之功居多焉。

落下閎

落下閎，字長公，巴郡閬中人也。明曉天文地理，隱于落亭。武帝時友人同縣譙隆薦閎待詔太史，更作《太初曆》，曰後八百歲比曆差一日，當有聖人定之。拜侍中，辭不受。《文選・公孫宏傳贊注》引《益部耆舊傳》、《藝文類聚》引《益部耆舊傳》、《史記・曆書》索隱引《益部耆舊傳》。

論曰：陽湖孫觀察星衍曰：「《御覽》引桓譚《新論》云：『揚子雲好天文，問之于落下黄閎以渾天之説。閎曰：「我少能作其事，但隨尺寸法度，殊不曉達其意，後稍稍益愈。到今七十，乃甫適知已，又老且死矣。今我兒子愛學作之，亦當復年如我。乃曉知已，又且死焉。」其言，可悲可笑也。又《北堂書鈔・儀飾部》引《新論》云：『揚子雲好天文，問洛下黄閎以渾天之説。閎曰：「我少作其事，不曉達其意。今七十始知其理。」』又《史記索隱》引《益部耆舊傳》曰：『閎字長公，明曉天文，隱于落下。』然則落下閎，乃姓黄而隱于落下耳。」余按：《史記》稱巴落下閎，《漢書》稱巴郡落下閎，并不云姓黄。據《風俗通》，則云姓有落下，漢有落下閎。今從《史記》、《漢書》作落下閎，而著觀察説于此，以俟學者詳焉。

張壽王　鮮于妄人

張壽王，太史令也。元鳳三年，上書言曆者天地之大紀，上帝所爲傳黄帝《調律曆》，漢元年以來用之。今陰陽不調，宜更曆之過也。詔下主曆使者鮮于妄人詰問，壽王不服。妄人請與治曆大司農中丞麻光等二十餘人雜候日月、晦朔、弦望、八節、二十四氣，鈞校曆諸用狀。奏可。詔與丞相、御史、大將軍、右將軍、史各一人，雜候上林清臺課諸曆疏密，凡十一家。以元鳳三年十一月朔旦冬至，盡五年十二月，各有第。壽王課疏遠。案漢元年，不用黄帝《調曆》。壽王非漢曆逆天道，非所宜言，大不敬。有詔勿劾。復候，盡六年，《太初曆》第一。即墨徐萬且、長安徐禹，治《太初》亦第一。壽王及待詔李信，治黄帝《調曆》課皆疏闊。又言黄帝至元鳳三年六千餘歲。丞相屬寶、長安單安國、安陵栢育，治《終始》，言黄帝以來三千六百二十九歲，不與壽王合。壽王又移《帝王録》，舜、禹年歲不合人年。壽王言化益爲天子代禹，驪山女亦爲天子。在殷周間，皆不合經術。壽王曆乃太史官《殷曆》也。壽王猥曰，安得五家曆。又妄言《太初曆》虧四分日之三，去小餘七百五分，以故陰陽不調，謂之亂世。劾壽王：「吏八百石。古之大夫，服儒衣，誦不詳之辭，作祆言欲亂制度，不道。」奏可。壽王候課，比三年下，終不服。再劾死，更赦勿劾。遂不更言，誹謗益甚，竟以下吏。《漢書・律曆志》。

論曰：《三統世經》稱殷術以元帝初元二年爲紀首，是年歲在甲戌。推而上之一千五百二十年，而歲直甲寅爲元首。又上四千五百六十年，而歲復甲寅爲上元。然則殷術上元至元鳳三年，積六千四十九算。故曰黄帝至元鳳三年六千餘歲也。以此積年用四分法上推太初元年，得至朔同日而中餘四分日之三，朔餘九百四十分日之七百五，故曰太初術虧四分日之三，去小餘七百五分也。寶等言黄帝以來三千六百二十九歲，自元鳳三年癸卯逆推之，其首歲直甲戌。又上一千五百二十年，而歲名亦在甲寅。然則寶等所用之元，與壽王合，而積年不合耳。壽王株守舊聞，妄譏時事，至陷于罪戾而終不悟其失，習之足以囿人甚矣哉！

耿壽昌

耿壽昌，宣帝時大司農中丞也。善爲算，能商功利，賜爵關内侯。删補《九章算術》，其目與古或異。甘露二年，奏以圖儀度日月行，考驗天運狀。日月行至牽牛東井，日過度。月行十五度，至婁角。日行一度，月行十三度。《漢書・食貨志》、《漢書・律曆志》、《九章算術・序》。

劉向　子歆

劉向，字子政，本名更生。楚元王交元孫也。年十二，以父任爲輦郎。既冠，擢爲諫大夫。成帝即位，召拜中郎，遷光禄大夫。向總六曆，列是非，作五紀論，論九道，云：「青道二出黄道東，白道二出黄道西，黑道二出北，赤道二出南。」又云：「立春、春分東從青道。立夏、夏至南從赤道。秋白冬黑，各隨其方。」又夏曆以爲列宿日月皆西移，列宿疾，而日次之，月宿遲。故日與列星昏俱入西方。後九十一日，是宿在北方。又九十一日，是宿在東方。又九十一日，在南方。此明日行遲于列宿也。月生三日，日入而月見西方。至十五日，日入而月見東方，將晦，日未出乃見東方。以此明月行之遲于日而皆西行也。向難之，以《鴻範傳》曰：「晦而月見西方謂之朓，朓，疾也。朔而月見東方謂之側匿，側匿，遲不敢進也。星辰西行，史官謂之逆行。此三説《夏曆》皆違之，迹其意好異者之所作也。」年七十二卒，少子歆最知名。《漢書・楚元王傳》、《律曆志》、《宋書・律曆志》、《天文志》。

論曰：夏術以列宿日月皆西移。宋張子本之，因有天左旋，處其中者順之之説。當時儒者皆主張子，蓋謂七政當順天不當逆天也。錢少詹大昕云：「天行赤道，七政各行其道，而絡乎赤道之内外，本無順逆之可言。然則七政東行，不得即謂之逆天也。」元謂三統至今爲術者數十家，皆云右旋，無云左旋者，則右旋固古今之通論也。

歆，字子駿。少爲黄門郎。河平中，受詔與父向領校秘書。數術方技，無所不究。哀帝即位，大司馬王莽舉歆爲侍中太中大夫，遷騎都尉奉車光禄大夫。出爲河内太守，徙五原。轉涿郡，復爲安定屬國都尉。王莽持政，歆爲右曹太中大夫，遷中壘校尉、羲和、京兆尹，封紅休侯。典儒林史卜之官，作《三統曆》及譜，以説《春秋》，曰：「夫曆《春秋》者天時也，列人事而目以天時。」傳曰：「民受天地之中以生，所謂命也。」是故有禮誼、動作、威儀之則，以定命也。能者養以之福，不能者敗以取禍。故列十二公二百四十二年之事。以陰陽之中制其禮。故春爲陽中，萬物以生；秋爲陰中，萬物以成。是以事舉其中，禮取其和。曆數以閏正天地之中，以作事厚生，皆所以定命也。《易》金火相革之卦曰：「湯武革命，順乎天而應乎人。」又曰：「治曆明時，所以和人道也。」周道既衰，幽王既喪，天子不能班朔。魯曆不正，以閏餘一之歲爲蔀首。故《春秋》刺十一月乙亥朔日有食之，于是辰在申。而司曆以爲在建戌。史書建亥十二年，亦以建申流火之月爲建亥，而怪蟄蟲之不伏也。自文公閏月不告朔，至此百有餘年，莫能正曆數。故子貢欲去其餼羊。孔子愛其禮而著其法于《春秋》。經曰：「冬十月朔日有食之。」傳曰：「不書，日官失之也。」天子有日官，諸侯有日御。日官居卿以底日，禮也。日御不失日，以授百官于朝，言告朔也。元典曆始曰元。傳曰：「元，善之長也，共養三德爲善。」又曰：「元，體之長也，合三體而爲之原。」故曰元，于春三月每月書王，元之三統也，三統合于一元。故因元一而九三之以爲法，十一三之以爲實。實如法得一黄鐘初九，律之首，陽之變也。因而六之，以九爲法，得林鐘初六。吕之首，陰之變也。皆參天兩地之法也。上生六而倍之，下生六而損之，皆以九爲法。九六陰陽，夫婦子母之道也。

律娶妻而吕生子，天地之情也。六律六吕而十二辰立矣，五聲清濁而十日行矣。傳曰：「天六地五，數之常也。天有六氣，降生五味。夫五六者天地之中合，而民所受以生也。」故日有六甲，辰有五子，十一而天地之道畢。言終而復始，太極中央元氣，故爲黄鐘，其實一龠。以其長自乘，故八十一爲日法所以生。權衡度量禮樂之所繇出也。經元一以統始，易太極之首也。《春秋》二以目歲，易兩儀之中也。于春每月書王，易三極之統也。于四時雖亡事必書時月，易四象之節也。時月以建分至啓閉之分，易八卦之位也。象事成敗，易吉凶之效也。朝聘會盟，易大業之本也。故《易》與《春秋》，天人之道也。傳曰：「龜，象也。筮，數也。」物生而後有象，象而後有滋，滋而後有數，是故元始有象一也，春秋二也，三統三也，四時四也，合而爲十成五體。以五乘十，大衍之數也。而道據其一，其餘四十九所當用也。故蓍以爲數以象兩，兩之又以象三，三之又以象四，四之又歸奇象閏十九。及所據一加之，因以再扐兩之，是爲月法之實。如日法得一，則一月之日數也。而三辰之會交矣。是以能生吉凶。故《易》曰：「天一地二，天三地四，天五地六，天七地八，天九地十。」天數五，地數五，五位相得而各有合。天數二十有五，地數三十，凡天地之數五十有五，此所以成變化而行鬼神也。并終數爲十九，易窮則變，故爲閏法。參天九，兩地十，是爲會數。參天數二十五，兩地數三十，是爲朔望之會。以會數乘之，則周于朔旦冬至，是爲會月。九會而復元，黄鐘初九之數也。經于四時，雖無事必書時月，所以記啓閉也，月所以紀分至也。啓閉者節也，分至者中也。節不必在其月，故時中必在正數之月。故傳曰：「先王之正時也，履端于始，舉正于中，歸餘于終。」「履端于始」，序則不愆。「舉正于中」，民則不惑。「歸餘于終」，事則不悖。此聖王之重閏也。以五會乘會數，而朔旦冬至，是爲章月。四分月法，以其一乘章月，是爲中法。參閏法爲周至，以乘月法，以減中法而約之。則六扐之數，爲一月之閏法。其餘七分，此中朔相求之術也。朔不得中，是爲閏月。言陰陽雖交，不得中不生。故日法乘閏法，是爲統歲。三統是爲元歲，元歲之閏陰陽災。三統閏法，《易·九戹》曰：　初入元百六陽九，次三百七十四陰九，次四百八十陽九，次七百二十陰七，次七百二十陽七，次六百陰五，次六百陽五，次四百八十陰三，次四百八十陽三，凡四千六百一十七歲與一元終。」經歲四千五百六十，災歲五十七，是以《春秋》曰：「舉正于中。」又曰：「閏月不告朔，非禮也。」閏以正時，時以作事，事以厚生，生民之道于是乎在矣。不告閏朔，棄時正也，何以爲民？故至僖五年春王正月辛亥朔日南至，公既視朔，遂登觀臺以望而書，禮也。凡分至啓閉必書雲物，爲備故也。至昭二十年二月己丑日南至，失閏，至在非其月，梓慎望氛氣而弗正，不履端于始也。故傳不曰冬至，而曰日南至。極于牽牛之初，日中之時景最長，以此知其南至也。斗綱之端，連貫營室織女之紀，指牽牛之初，以

紀日月，故曰星紀。五星起其初，日月起其中，凡十二次日至。其初爲節至，其中爲中斗建，下爲十二辰，視其建而知其次。故曰制禮上物不過十二，天之大數也。經曰：「春王正月。」傳曰：「周正月火出。」于夏爲三月，商爲四月，周爲五月。夏數得天，得四時之正也。三代各據一統，明三統常合。而迭爲首，登降三統之首，周還五行之道也。故三五相包，而生天統之正，始施于子半，日萌色赤。地統受之于丑初，日肇化而黄，至丑半日芽化而白。人統受之于寅初，日孽成而黑，至寅半日生成而青。天施復于子，地化自丑，畢于辰。人生自寅，成于申。故曆數三統，天以甲子，地以甲辰，人以甲申。孟、仲、季迭用事爲統首。三微之統既著，而五行自青始，其序亦如之。五行與三統相錯。傳曰：「天有三辰，地有五行。」然則三統五星可知也。

《易》曰：「參五以變，錯綜其數，通其變遂成天下之文，極其數遂定天下之象。」太極運三辰五星于上，而元氣轉三統五行于下。其于人，皇極統三德五事，故三辰之合于三統也。日合于天統，月合于地統，斗合于人統。五星之合于五行：水合于辰星，火合于熒惑，金合于太白，木合于歲星，土合于填星，三辰五星而相經緯也。天以一生水，地以二生火，天以三生木，地以四生金，天以五生土。五勝相乘以生小周，以乘乾坤之策，而成大周。陰陽比類，交錯相成。故九六之變登降于六體，三微而成著，三著而成象，二象十有八變而成卦。四營而成易，爲七十二。參三統，兩四時，相乘之數也。參之則得乾之策，兩之則得坤之策。以陽九九之，爲六百四十八。以陰六六之，爲四百三十二。凡一千八十，陰陽各一卦之微算策也。八之爲八千六百四十，而八卦小成，引而信之。又八之，爲六萬九千一百二十。天地再之爲十三萬八千二百四十，然後大成。五星會終，觸類而長之，以乘章歲，爲二百六十二萬六千五百六十，而與日月會。三會爲七百八十七萬九千六百八十，而與三統會。三統二千三百六十三萬九千四十。而復于太極上元，九章歲而六之爲法，太極上元爲實，實如法，得一陰一陽各萬一千五百二十。當萬物氣體之數，天下之能事畢矣。太初元年距上元十四萬三千一百二十七歲。日法八十一，閏法十九，統法一千五百三十九，章月二百三十五，月法二千三百九十二，周天五十六萬二千一百二十。初歆以建平元年改名秀，字穎叔。及王莽篡位，歆爲國師，封嘉新公。《漢書・楚元王傳》、《律曆志》、《王莽傳》。

論曰：三代推步之書，秦火而後，無復遺餘。及今可考而知者，自歆三統始也。三統以統術推氣朔，紀術步五星，歲術求太歲所在，洵綱舉目張有條不紊者矣。論其爲術之善，厥有數端。四分以後，太歲一歲一名，而三統推歲星，以百四十四年行百四十五次，太歲與歲星恒相應，有超辰之法。一也。四分二十四氣中節與今不殊，而三統則以驚蟄爲正月中，雨水爲二月節，穀雨爲三月節，清明爲三月中，合于《夏小正》正月啓蟄之文。二也。上世積年荒遠難稽，《史記》託始共和，最爲有徵。三統、《世經》所載，自文王四十二年以後，歲歲相接。更在共和之前，考古者得以有所據依。三也。歆父子相繼領校秘書，《世經》所稱伊訓武成等文，必真古文，足以有裨經學。四也。至于臚列《尚書》、《春秋》古來有涉步算之事，一一推合，以明其術之有驗于古。班固稱爲推法密要，後世諸儒用以説經，蓋誠有所取爾也。惟述統母之生，多傅合易卦鐘律，案以算理，實多未然。如見月求日，當以統月一千九百三十五爲所有率，周天五十六萬二千一百二十爲所求率。積月爲所有數，而今有之得積日術求省易。以等數二百三十五，約所有之率，得八十一，曰「日法」。約所求之率，得二千三百九十二，曰「月法」。歆乃云黄鐘初九自乘爲日法，推大衍象得月法，則昧其本原矣。爲此論者，非敢妄議古人，庶後之讀三統者，不徒驚其論説之美，而有以究其正義焉。

尹咸

尹咸，成帝時太史令也。時以書頗散亡，使謁者陳農求遺書于天下。詔咸校數術，凡百九家二千五百二十八卷。其曆譜十八家六百六卷，曰：《黄帝五家曆》三十三卷、《顓項曆》二十一卷、《顓項五星曆》十四卷、《日月宿曆》十三卷、《夏殷魯周曆》十四卷、《天曆大曆》十八卷、《漢元殷周諜曆》十七卷、《耿昌月行帛圖》二百三十二卷、《耿昌月行圖》二卷、《傳周五星行度》三十九卷、《律曆數法》三卷、《自古五星宿紀》三十卷、《太歲謀日晷》二十九卷、《帝王諸侯世譜》二十卷、《古來帝王年譜》五卷、《日晷書》三十四卷、《許商算術》二十六卷、《杜忠算術》十六卷。《漢書・藝文志》。

論曰：術譜十八家，今皆亡佚不傳。唐《開元占經》載黄帝、顓項、夏、殷、周、魯六術積年章率，未審即咸所校否也。《續漢志》稱耿壽昌奏以圖儀度日月行考度驗天運狀。蓋耿昌即耿壽昌矣。漢以前數學之書，梗概略具于此。然則咸校録之功，亦安可没哉？

許商

許商，字長伯，長安人也。善爲算，四至九卿。著《五行論曆》及《算術》二十

六卷。《漢書·儒林傳》、《藝文志》。

杜忠

杜忠，有《算術》十六卷。《漢書·藝文志》。

乘馬延年

乘馬延年，建始時諫大夫也。明計算。《漢書·食貨志》。

揚雄

揚雄，字子雲，蜀郡成都人也。大覃思渾天，參摹而四分之，極于八十一。故觀易者見其卦而名之，觀元者數其畫而定之，分爲三卷，曰一二三。與《太初曆》相應，亦有顓頊之曆焉。又難蓋天八事，以通渾天。其一云：日之東行，循黄道晝中規。牽牛距北極北百一十度，東井距北極南七十度，并百八十度。周三徑一，二十八宿周天，當五百四十度。今三百六十度，何也？其二曰：春秋分之日正，出在卯，入在酉。而晝漏五十刻，即天蓋轉，夜當倍晝。今夜亦五十刻，何也？其三曰：日入而星見，日出而不見。即斗下見日六月，不見日六月，北斗亦當見六月，不見六月。今夜常見，何也？其四曰：以蓋圖視天河，起斗而東入狼弧間，曲如輪。今視天河直如繩，何也？其五曰：周天二十八宿，以蓋圖視天星，見者當少，不見者當多。今見與不見等，何也？出入無冬夏，而兩宿十四星當見，不以日長短故見有多少，何也？其六曰：天至高也，地至卑也。日託天而旋，可謂至高矣。縱人目可奪，水與景不可奪也。今從高上山，以水望日。日出水下，影上行，何也？其七曰：視物近則大，遠則小。今日與北斗，近我而小，遠我而大，何也？其八曰：視蓋橑與車輻間，近杠轂即密，益遠益疎。今北極爲天杠轂，二十八宿爲天橑輻。以星度度天南方次地星間當數倍，今交密，何也？年四十餘，自蜀至京師。大司馬車騎將軍王音薦雄待詔，歲餘除爲郎，給事黄門。王莽篡位，轉爲大夫。年七十一，天鳳五年卒。《漢書》本傳、《隋書·天文志》。

清·阮元《疇人傳》卷三　後漢一

楊岑　張盛　景防　鮑鄴

楊岑，待詔也。自太初元年，始用《三統曆》，施行百有餘年，曆稍後天。建武八年，中太僕朱浮、太中大夫許淑等，數上書言曆不正，宜當改更。時分度覺差尚微。上以天下初定，未遑考正。至永平五年官曆署。七月十六日食，岑見時月食多先曆即縮，用算上爲日，上言月當十五日食，官曆不中。詔書令岑普與官課，起七月，盡十一月，弦望凡五，官曆皆失，岑皆中。庚寅詔令岑署弦望月食官，復令待詔張盛、景防、鮑鄴等，以《四分》法與岑課。歲餘盛等所中多岑六事。十二年十一月丙子，詔書令盛、防代岑署，月食加時。《四分》之術，始頗施行。《續漢書·律曆志》。

論曰：《漢書志》載《四分》上元至伐桀十三萬二千一百一十三歲。蓋《四分》之率，本在《三統》以前。東京諸儒，特增修其法而用之耳。

編訢　李梵

編訢，治曆者也。永平九年，太史待詔董萌上言曆不正。事下三公太常知曆者雜議，訖十年四月無能分明據者。至元和二年，《太初》失天益遠，日月宿度相覺浸多。而候者皆知冬至之日日在斗二十一度，未至牽牛五度，而以爲牽牛中星從天四分日之三，晦朔弦望差天一日，宿差五度。章帝知其謬錯，以問史官，雖知不合，而不能易。故詔訢及清河李梵等，綜校其狀。二月甲寅，遂下詔曰：朕聞古先聖王先天而天不違，後天而奉天時。《河圖》曰：赤九會昌，十世以光，十一以興。又曰：九名之世帝行德封刻政。朕以不德，奉承大業。夙夜祗畏，不敢荒寧。予末小子，託在于數終，曷以續興。崇宏祖宗，拯濟元元。《尚書琁璣鈐》曰：述堯世放唐文。《帝命驗》曰：堯考德顧期立象，且三五步驟，優劣殊軌。況乎頑陋，無以克堪。雖欲從之，末由也已。每見圖書，中心恧焉。間者以來，政治不得，陰陽不和，災異不息。癘疫之氣，流傷于牛，農本不播。夫庶徵休咎，五事之應，咸在朕躬。信有闕矣，將何以補之。《書》曰：惟先格王正厥事。又曰：歲二月東巡狩，至岱宗。柴望秩于山川，遂覲東后，叶時月正日。祖堯、岱宗同律度量。考在璣衡，以正儀象，庶乎有益。《春秋保乾圖》曰：三百年斗曆改憲，史官用太初鄧平術有餘分一，在三百年之域，行度轉差，寖以謬錯。琁璣不正，文象不稽。冬至之日日在斗二十二度。而術以爲牽牛中星先立春一日，則《四分》數之立春也，以折獄斷大刑，于氣已迕。用望平和，曆時之義，蓋亦遠矣。今改行《四分》以遵于堯，以順孔聖奉天之文。冀百君子越有民，同心敬授，獲咸喜以明予祖之遺功，于是四分施行。曆法曰：昔者聖人之作曆也，觀琁璣之運，三光之行，道之發斂，景之長短，斗綱之建，青龍所躔，參伍以變，錯綜其數，而制術焉。天之動也，一晝一夜而運過周。星從天而西，日違天而東。日之所行與運周，在天成度，在曆成日。居以列宿，終于四七。受以甲乙，終于六旬。日月相推，日舒月速。當其同謂之合朔；舒先速後，近一遠三，謂之弦；相

與爲衡，分天之中，謂之望；以速及舒，光盡體伏，謂之晦；晦朔合離，斗建移辰，謂之月。日月之行，則有冬有夏。冬夏之間，則有春有秋。是故日行北陸謂之冬，西陸謂之春，南陸謂之夏，東陸謂之秋。日道發南，去極彌遠，其景彌長，遠長乃極，冬乃至焉。日道斂北，去極彌近，其景彌短，近短乃極，夏乃至焉。二至之中，道齊景正，春秋分焉。日周于天，一寒一暑，四時備成，萬物畢改。攝提遷次，青龍移辰，謂之歲。歲首至也，月首朔也。至朔同日謂之章，同在日首謂之蔀。蔀終六旬謂之紀，歲朔又復謂之元。是故日以實之，月以閏之，時以分之，歲以周之，章以明之，蔀以部之，紀以紀之，元以原之。然後雖有變化萬殊，贏朒無方，莫不結系于此而稟正焉。極建其中，道營于外。琁衡追日，以察發斂，光道生焉。孔壺爲漏，浮箭爲刻。下漏數刻，以考中星，昏明生焉。日有九道，月有九行，九行出入，而交生焉。朔會望衡，鄰于所交，虧薄生焉。月有晦朔，星有合見，月有弦望，星有留逆，其歸一也，步術生焉。金水承陽，先後日下。速則先日，遲而後留。留而後逆，逆與日違。違而後速，與日競競。又先日遲速順逆，晨夕生焉。日月五行，各有終原，而七元生焉。見伏有日，留行有度，而率數生焉。參差齊之，多少均之，會終生焉。引而伸之，觸而長之，探賾索隱，鉤深致遠，地幽辟潛伏而不以其精者然。故陰陽有分，寒暑有節，天地貞觀，日月貞明。若夫祐術開業，淳燿天光，重黎其上也。承聖帝之命，若昊天，典曆象三辰，以授民事，立閏定時，以成歲功，羲和其隆也。取象金火，革命創制，治曆明時，應天順民，湯武其盛也。及王德之衰也，無道之君，亂之于上，頑愚之史，失之于下。夏后之時，羲和淫湎，廢時亂日，允乃征之。紂作淫虐，喪其甲子，武王誅之。夫能貞而明之者，其興也勃焉；回而敗之者，其亡也勿焉。巍巍乎若道天地之綱紀，帝王之壯事。是以聖人寶焉，君子勤之。夫曆有聖人之德六焉：以本氣者尚其體，以綜數者尚其文，以考類者尚其象，以作事者尚其時，以占往者尚其源，以知來者尚其流。大業載之，吉凶生焉。是以君子將有興焉，咨焉而以從事，受命而莫之違也。若夫用天因地，揆時施教，頒諸明堂以爲民極者，莫大乎《月令》。帝王之大司備矣，天下之能事畢矣。過此而往，群忌苟禁，君子未之或知也。斗之二十一度，去極至遠也。日在焉而冬至，群物于是乎生，故律音黄鐘，曆始冬至。月先建子，時平夜半。當漢高皇帝受命四十有五歲，陽在上章，陰在執徐。冬十有一月甲子夜半朔旦冬至，日月閏積之數，皆自此始。立元正朔，謂之《漢曆》。又上兩元而月食，五星之元，并發端焉。元法四千五百六十，紀法千五百二十，蔀法七十六，蔀月九百四十。章法十九，章月二百三十五。周天千四百六十一。日法四，蔀日二萬七千七百五十九，月數百三十五。食法二十三。從上元太歲在庚辰以來，盡熹平三年，歲在甲寅，積九千四百五十五歲也。《續漢書·律曆志》。

論曰：《四分》術歲名不用超辰，五星始于合伏。爲術與《三統》異，而後世皆遵用之。至于昏旦中星晝夜漏刻二至晷影長短之數，黄赤宿度進退之率，則皆《三統》所未詳，始見于《四分》者也。其《論述》一篇，錢少詹大昕謂爲精微簡要，非劉洪不能作，後之步天者所宜寶也。

賈逵

賈逵，字景伯，扶風平陵人也。永平中，拜爲郎。永元三年爲左中郎將，八年爲侍中領騎都尉。先是元和二年，施行《四分》。而編訢、李梵猶以爲元首十一月，當先大。欲以合耦弦望，命有常日。而十九歲不是七閏，晦朔失實，行之未期。章帝復發聖思，考之經讖，使逵問治曆者衛承李崇、太尉屬梁鮪、司徒嚴勗、太子舍人徐震、鉅鹿公乘蘇統及訢、梵等十人，以爲月當先小。據《春秋》經，書朔不書晦者，朔必有明，晦不可。朔必在其月也，即先大。則一月再朔，後月無朔是明，不可。梵等以爲當先大，無文正驗。取欲諧耦。十六日月脁昏晦當滅而已。又晦與合同時不得異日，又上知訢、梵等亢見，勅毋拘。曆已班，天元始起之月當小定。後年曆數遂正。永元中，復令史官以九道法候弦望驗，無有差跌。逵論集狀，後之議者，用得折衷。故詳録焉。逵論曰：「太初術，冬至日在牽牛初者，牽牛中星也。古黄帝、夏、殷、周、魯冬至日在建星，建星即今斗星也。太初術斗二十六度三百八十五分，牽牛八度。案行事史官注，冬夏至日常不及太初術五度。冬至日在斗二十一度四分度之一。《石氏星經》曰：黄道規牽牛初直斗二十度，去極二十五度，于赤道斗二十一度也。《四分》法與行事候注，天度相應，《尚書考驗曜》斗二十二度無餘分。冬至在牽牛所起。」又編訢等據今日所在牽牛中星五度，于斗二十一度四分一，與《考靈曜》相近，即以明事。元和二年八月詔書曰：「石不可離令兩，候上得算多者。」太史令元等，候元和二年至永元元年五歲中，課日行及冬夏至斗二十一度四分一，合古術建星。《考靈曜》日所起，其星間距度，皆如石氏故事。他術以爲冬至日在牽牛初者，自此遂黜也。逵論曰：「以《太初》術考漢元，盡太初元年日朔二十三事，其十七得朔，四得晦，二得二日。新術七得朔，十四得晦，二得二日。以太初術考太初元年盡

更始二年二十四事，十得晦。新術十六得朔，七得二日，一得晦。以《太初》術考建武元年盡永元元年二十三事，五得朔，十八得晦。以新術十七得朔，三得晦，三得二日。又以新術上考春秋中日朔者二十四事，失不中者二十三事，天道參差不齊，餘又有長短不可等齊。治術者以七十六歲斷之，則餘分稍長，稍得一日。故《易》金火相革之卦象曰：『君子以治曆明時。』又曰：『湯武革命，順乎天應乎人。』言聖人必儀象日月星辰，明數不可貫千萬歲。其間必改更。先距求度數，取合日月星辰所在而已。故求度數取合日月星辰，有異世之術。太初術不能下通于今，新術不能上得漢元。一家術法，必在三百年之間。故讖文曰：『三百年斗曆改憲。』漢興當用《太初》而不改，至太初元年百二歲乃得。故其前有先晦一日合朔，下至哀、成以二日爲朔。故合朔多在晦，此其明效也。」逵論曰：「臣前上傅安等，用黃道度日月弦望多近。史官一以赤道度之，不與日月同，于今術弦望至差一日以上，輒奏以爲變。至以爲日却縮退行，于黃道自得行度不爲變。願請太史官、日月宿簿及星度課與待詔星象考校，奏可。臣謹案前對言冬至日去極一百一十五度，夏至日去極六十七度，春秋分日去極九十一度。《洪範》日月之行，則有冬有夏。《五紀論》日月循黃道，南至牽牛，北至東井，率日月行一度，月行十三度十九分度七也。今史官一以赤道爲度，不與日月行同。其斗、牽牛、輿鬼，赤道得十五，而黃道得十三度半。行東壁、奎、婁、軫、角、亢，赤道十度，黃道八度。或月行多，而日月相去反少，謂之日却。案黃道值牽牛出赤道南二十五度，其值東井、輿鬼出赤道北五度。赤道者爲中天，去極俱九十度，非日月道，而以摇準度日月失其實行故也。以令太史官候注，考元和二年九月以來，月行牽牛、東井四十九事，無行十一度者。行婁、角三十七事，無行十五六度者。」如安言問典星待詔姚崇、井畢等十二人，皆曰：「星圖有規法，日月實從黃道，官無其器，不知施行。案甘露二年大司農中丞耿壽昌，以圖儀度日月行，考驗天運狀。日月行至牽牛、東井，日過度，月行十五度。至婁、角，日行一度，月行十三度。赤道使然。此前世所共知也。如言黃道有驗合，天日無前却，弦望不差一日。比用赤道密近，宜施用。上中多臣校。案逵論，永元四年也，至十五年七月甲辰。詔書造太史黃道銅儀，以角爲十三度，亢十，氐十六，房五，心五，尾十八，箕十，斗二十四四分度之一，牽牛七，須女十一，虛十，危十六，營室十八，東壁十，奎十七，婁十二，胃十五，昴十二，畢十六，觜三，參八，東井三十，輿鬼四，柳十四，星七，張十七，翼十九，軫十八，凡三百六十五度四分度之一。冬至日在斗十九度四分度之一。史官以郭日月行參弦望雖密近，而不爲注日儀。黃道與度轉運難以候，是以少循其事。逵論曰：「又今史官推合朔弦望月食加時率多不中，在于不知月行遲疾，意永平中詔書令故太史待詔張隆，以四分法署弦望月食加時，隆言能用易九六七八支知月行多少。今案隆所署多失，臣使隆逆推前手所署，不應或異。日不中天乃益遠，至十餘度。梵統以史官候注考校月行當有遲疾，不必在牽牛、東井、婁、角之間，又非所謂朓側匿，乃由月道有遠近，出入所生。率一月移，故所疾處三度九歲九道一復。凡九章，百七十一歲。復十一月合朔旦冬至，合春秋三統九道終數，可以知合朔弦望月食加時。據官注天度爲分率，以其術法上考建武以來月食，凡三十八事。差密近有益。」宣課試上。案史官舊有九道術，廢而不修。熹平中故治曆郎梁國宗整上九道術，詔書下太史以參舊術相應部，太子舍人馮恂課校。恂亦復作九道術，增損其分，與整術并校差爲近。太史令颺上以恂術參弦望，然而加時猶復先後天，遠則十餘度。逵以永元十三年卒，年七十二。《後漢書》本傳、《續漢書·律曆志》。

霍融

霍融，太史待詔也。永元十四年，上言官漏刻，率九日增減一刻，不與天相應。或時差至二刻半，不如《夏曆》密。詔書下太常令史官，與融以儀校天課度遠近。太史令舒承梵等，對案官所施漏法令甲第六常符漏品。孝宣皇帝三年十二月乙酉，下建武十年二月壬午詔書施行漏刻。以日長短爲數，率日南北二度四分而增減一刻。一氣俱十五日，日去極各有多少。今官漏率九日移一刻，不隨日進退。《夏曆》漏隨日南北爲長短，密近于官曆分明可施行。其年十有一月甲寅，詔曰，告司徒司空，漏所以節時分，定昏明長短，起于日去極遠近，日道周不可以計率分，當據儀度下參晷景。今官漏以計率分昏明，九日增減一刻，違失其實，至爲疏數以耦法。太史待詔霍融上言，不與天相應。太常史官運儀下水官漏失天者至三刻，以晷景爲刻。少所違失，密近有驗。今下晷景刻漏四十八箭立成斧官府當用者，計吏到班予四十八箭，文多故魁取二十四氣日所在，并黃道去極晷景漏刻昏明中星刻于下。《續漢書·律曆志》。

論曰：冬至日在赤道南二十四度，夏至日在赤道北二十四度，二至相去四十八度，以二度四分增減一刻率之，則四十八度應增減二十刻。故冬夏二至漏刻差二十刻。此夏術之法也。自冬至至夏至，或自夏至至冬至，俱歷一百八十日，以九日增減一刻率之，則一百八十日，亦增減二十刻。此官術之法也。兩法

相課，夏術自密于官術矣。

王充

王充，字仲任。會稽上虞人也。嘗據蓋天之説，以駁渾儀。云：「舊説天轉從地下過，今掘地一丈輒有水，天何得從水中行乎？甚不然也。日隨天而轉，非入地。夫人目所望，不過十里，天地合矣，實非合也，遠使然耳。今視日入，非入也，亦遠耳。當日入西方之時，其下之人亦將謂之中也。四方之人，各以其近者爲出，遠者爲入矣。何以明之？今試使一人把大炬火，夜半行于平地。去人十里，火光滅矣，非火滅也，遠使然耳。今日西轉不復見，是火滅之類也。日月不圓也，望視之所以圓者，去人遠也。夫日，火之精也。月，水之精也。水火在地不圓，在天何故圓。」刺史董勤辟爲從事，轉治中。自免還家，永元中卒。《後漢書》本傳。

張衡

張衡，字平子，南陽西鄂人也。善機巧，尤致思于天文、陰陽、曆算。安帝雅聞衡善術學，徵拜郎中。中興以來，圖讖漏泄，而《考靈曜》、《命曆序》，皆有甲寅元。其所起在《四分》庚申元後百一十四歲，朔望却二日。學士修之于草澤，信向以爲得正。及《太初曆》以後大爲疾，而修之者云：「百四十四歲而太歲超一表，百七十一歲當棄朔餘六十三，中餘千一百九十七，乃可常行。」自太初元年至永平十一年百七十一，當去分而不去，故令益有疏闊。此二家常挾其術庶幾施行。延光二年，中謁者亶誦言當用甲寅元，河南梁豐言當復用《太初》。尚書郎衡及周興皆能曆，數難，誦豐，或不對，或言失誤。衡、興參案儀注者，考往校今，以爲九道法最密。詔書下公卿詳議。太尉愷等上侍中施延等議：「《太初》過天日一度，弦望失正。月以晦見西方，食不與天相應。元和改從《四分》，《四分》雖密于《太初》，復不正，皆不可用。甲寅元與天相應，合圖讖，可施行。」博士黄廣、大行令任僉議如九道。河南尹祉、太子舍人李泓等四十人議：「即用甲寅元當除《元命苞》天地開闢獲麟中百一十四歲，推閏月六直其日，或朔晦弦望，二十四氣宿度不相應者非一。用九道爲朔，月有比三大二小，皆疏遠。元和變曆，以應《保乾圖》『三百歲斗曆改憲』之文。《四分曆》本起圖讖，最得其正，不宜易。」愷等八十四人議宜從《太初》。尚書令忠上奏：「諸從《太初》者皆無他效驗，徒以世宗攘夷廓境，享國久長爲辭。或云孝章改《四分》，災異率甚，未有善應。臣伏惟聖王興起，各異正朔，以通《三統》。漢祖受命，因秦之紀，十月爲年首，閏常在歲後。不稽先代，違于帝典。太宗遵修，三階以平，黄龍以至，刑犴以錯，五者以備。哀、平之際，同承《太初》，而妖孽累仍，痾禍非一。議者不以成數相參，考真求實，而汎采妄説，歸福《太初》，致咎《四分》。《太初曆》衆賢所立，是非已定。永平不審，復革其弦望，《四分》有謬，不可施行。元和鳳鳥不當應律而翔集。遠嘉前造，則喪其休。近譏後改，則隱其福。漏見曲論，未可爲是。臣輒復重難衡、興，以爲《五紀論》推步行度，當時比諸術爲近，然猶未稽于古。及向子歆欲以合《春秋》，横斷年數，損夏益周。考之表紀，差謬數百。兩曆相課，六千一百五十六歲，而《太初》多一日。冬至日直斗，而云在牽牛，迂闊不可復用，昭然如此，史官所共見，非獨衡、興。前以爲九道密近，今議者以爲有闕。及甲寅元復多違失，皆未可取正。昔仲尼順假馬之名，以崇君之義。況天之曆數，不可任疑從虚，以非易是。」上納其言，遂罷改曆事。再遷爲太史令。遂乃研覈陰陽，妙盡琁璣之正，作渾天儀，著《靈憲算罔論》，言甚詳明。其渾儀曰：「赤道横帶渾天之腹，去極九十一度十分之五。黄道斜帶，其腹出赤道表裏各二十四度。故夏至去極六十七度而強，冬至去極百一十五度亦強也。然則黄道斜截赤道者，則春分、秋分之去極也。今此春分去極九十少者，就夏術景去極之法以爲率也。上頭横行第一行者，黄道進退之數也。本當以銅儀日月度之，則可知也。以儀一歲乃竟，而中間又有陰雨，難卒成也。是以作小渾，盡赤道、黄道，乃各調賦三百六十五度四分之一。從冬[至]所在始起，令之相當值也。取北極及衡各誠椓之爲軸，取薄竹篾穿其兩端，中間與渾半等以貫之，令察之與渾相切摩也，乃從減半起以爲八十二度八分之五，盡衡減之半焉。又中分其篾，拗去其半，令其半之際正直，與兩端減半相直。令篾半之際從冬至起，一度一移之，視篾之半際夕多黄、赤道幾也。其所多少，則進退之數也。從北極數之，則元極之度也。各分赤道，黄道爲二十四氣，一氣相去十五度十六分之七，每一氣者，黄道進退一度焉。所以然者，黄道直時去南北極近。其處地小，而横行與赤道且等，故以篾度之于赤道多也。設一氣令十六日，皆常率四日差少半也。令一氣十五日不能半耳，故使中道三日之中若少半也。三氣一節，故四十六日而差今三度也。至于差三之時而五日同率者一，其實節之間，不能四十六日也。今殘日居其策，故五日同率也。其率雖同，先之皆強，後之皆弱，不可勝計。取至于三而復有進退者，黄道稍斜，于横行不得度故也。春分、秋分所以退者，始起更斜矣，于横行不得度故也。亦每一氣一度焉，三氣一節亦差三度也。至三氣之後，稍遠而直，故

橫行得度而稍進也。立春、立秋橫行稍退矣，而度猶云進者，以其所退減其所進，猶有盈餘未盡故也。立夏、立冬橫行稍進矣，而度猶退者，以其所進增其所退，猶有不足未畢故也。以此論之，日行非有進退，而以赤道重廣黃道使之然也。本二十八宿相去度數，以赤道爲強耳，故于黃道亦進退也。冬至在斗二十一度少半，最遠時也。而此術斗二十度俱百一十五強矣，冬至宜與之同率焉。夏至在井二十一度半強，最近時也。而此術井二十三度俱六十七度強矣，夏至宜與之同率焉。」

《靈憲》曰：「昔在先王，將步天路，用之靈軌，尋緒本元。先準之于渾體，是爲正儀立度，而皇極有逌建也，樞運有逌稽也。乃建乃稽，斯經天常。聖人無心，因兹以生心，故《靈憲》作。興曰：太素之前，幽清玄靜，寂寞冥默，不可爲象。厥仲惟靈，厥外惟無。如是者永久焉。斯謂溟涬，蓋乃道之根也。道根既建，自無生有，太素始萌，萌而未兆。并氣同色，渾沌不分，故道志之言云，有物渾成，先天地生。其氣體固未可得而形，其遲速固未可得而紀也，如是者又永久焉。斯謂龐鴻，蓋乃道之幹也。道幹既育，有物成體。于是元氣剖判，剛柔始分，清濁異位。天成于外，地定于內。天體于陽，故圓以動；地體于陰，故平以靜。動以行施，靜以合化。堙鬱搆精，時育庶類，斯謂太元，蓋乃道之實也。在天成象，在地成形。天有九位，地有九域。天有三辰，地有三形。有象可效，有形可度。情性萬殊，旁通感薄，自然相生，莫之能紀。于是人之精者作聖，實始紀綱而經緯之。八極之維，徑二億三萬二千三百里。南北則短減千里，東西則增廣千里。自地至天，半于八極，則地之深亦如之。通而度之，則是渾已。將覆其數，用重鉤股，懸天之景，薄地之義，皆移千里而差一寸得之。過此而往者，未之或知也。未之或知者，宇宙之謂也。宇之表無極，宙之端無窮。天有兩儀，以儛道中，其可覩樞星是也，謂之北極。在南者不著，故聖人弗之名焉。其世之遂九分而減二，陽道左迴，故天道左行。有驗于物，則人氣左羸，形左繚也。天以陽迴，地以陰淳。是故天致其動，稟氣舒光。地致其靜，承施候明。天以順動，不失其中，則四序順至，寒暑不減，致生有節，故品物用生。地以靈靜，作合承天，清化致養，四時而後育，故品物用成。凡至大莫如天，至厚莫若地。地至質者曰地而已，至多莫若水，水精爲漢，漢用于天而無列焉，思次質也。地山有嶽，以宣其氣。精種爲星，星也者，體生于地，精成于天，列居錯時，各有逌屬。紫宮爲皇極之居，太微爲五帝之廷，明堂之房。大角有席，天市有坐。蒼龍連蜷于左，白虎猛據于右，朱雀奮翼于前，靈龜圈首于後，黃神軒轅于中。六擾既畜，而狼蚖魚鼈，罔有不具。在野象物，在朝象官，在人象事，于是備矣。懸象著明，莫大乎日月，其徑當天周七百三十六分之一，地廣二百四十二分之一。日者陽精之宗，積而成烏，象烏而有三趾。陽之類，其數奇。月者陰精之宗，積而成獸，象兔。陰之類，其數耦。其後有憑焉者。羿請無死之藥于西王母，姮娥竊之以奔月。將往，校筮之于有黃，有黃筮之曰：『吉。翩翩歸妹，獨將西行。逢天晦芒，毋驚毋恐，後其大昌。』姮娥遂託身于月，是爲蟾蠩。夫日譬猶火，月譬猶水。火則外光，水則含景。故月光生于日之所照，魄生于日之所蔽。當日則光盈，就日則光盡也。衆星被耀，因水轉光，當日之衝，光常不合者，蔽于他也，是謂闇虛。在星星微，月過則食。日之薄地，其明也。繇暗視明，明無所屈，是以望之若火，方于中天，天地同明。繇明瞻暗，暗還自奪，故望之若水，火當夜而揚光，在晝則不明也。月之于夜，與日同而差微。星則不然，強弱之差也。衆星列布，其以神著有五列焉，是爲三十五名。一居中央，謂之北斗。動變挺占，實司王命。四布于方，爲二十八宿。日月運行，律示吉凶。五緯經次，用告禍福。則天心于是見矣。中外之官常明者百有二十四，可名者三百二十，爲星二千五百，而海人之占未存焉。微星之數，蓋萬一千五百二十，庶物蠢蠢，咸得繫命。不然何以總而理之？夫三光同形，有似珠玉。神守精存，麗其職而宣其明。及其衰，神歇精斁，于是乎有隕星。然則奔星之所墜，至則石文曜麗乎天。其動者七，日、月、五星是也，周旋右回。天道者，貴順也。近天則遲，遠天則速。行則屈，屈則留回，留回則逆，逆則遲，迫于天也。行遲者覿于東，覿于東屬陽。行速者覿于西，覿于西屬陰。日與月此配合也。攝提、熒惑、地候見晨，附于日也。太白、辰星見昏，附于月也。二陰三陽，參天兩地，故男女取焉。方星巡鎮，必因常度，苟或盈縮，不逾于次。故有列司作使，曰老子四星，周伯、王逢、芮各一。錯乎五緯之間，其見無期，其行無度，實妖經星之所。然後吉凶宣周，其祥可盡。」順帝初，再轉爲太史令。陽嘉元年，復造候風地動儀，以精銅鑄成圓徑八尺，合蓋隆起，形似酒尊。飾以篆文、山、龜、鳥獸之形，中有都柱，傍行八道。施關發機，外有八龍，首銜銅丸，下有蟾蜍，張口承之。其牙機巧制，皆隱在尊中。覆蓋周密無際。如有地動，尊則振龍，機發吐丸，而蟾蜍銜之，振聲激揚，伺者因此覺知。雖一龍發機，而七首不動。尋其方面，乃知震之所在。驗之以事，合契若神，自書典所記未之有也。後遷侍中。永和初出爲河間相，徵拜尚書。年六十二，永和四年

卒。《後漢書》本傳、《續漢書·律曆志》、《天文志》注。

論曰：章懷太子稱衡集無《算罔論》，蓋其論已亡矣。《九章算術》注云：「張衡算又謂立方爲質，立圓爲渾，其《算罔論》之遺文。與衡運巧思，作渾天儀以步天路。迄今言儀象者咸紹述焉。」崔瑗譔衡碑文曰：「數術窮天地，制作侔造化。」豈溢美哉！

虞恭

虞恭，太史令也。漢安二年，尚書侍郎邊韶上言：「世微于數虧，道盛于得常。數虧則物衰，得常則國昌。孝武皇帝攄發聖思，因元封七年十一月甲子朔旦冬至，乃詔太史令司馬遷、治術鄧平等更建《太初》，改元易朔。行夏之正，《乾鑿度》八十分之四十三爲日法。設清臺之候，驗六異。課效觕密，《太初》爲最。其後劉歆研幾極深，驗之《春秋》，參以《易》道。以《河圖帝覽嬉》、《雒書甄曜度》推廣九道，百七十一歲進退六十三分，百四十四歲一超次，與天相應，少有闕謬。從《太初》至永平十一年，百七十歲，進退餘分六十三。治術者不知處之，推得十二度弦望不效，挾廢術者得竄其說。至永和二年，小終之數寖過，餘分稍增，月不用晦朔而先見。孝章皇帝以《保乾圖》『三百年斗術改憲』就用《四分》，以太白復樞甲子爲癸亥，引天從算，耦之目前，更以庚申爲元。既無明文，託之于獲麟之歲。又不與《感精符》單閼之歲同，史官相代，因成習疑，少能鉤深致遠。案弦望足以知之。」詔書下三公百官雜議。恭與治術宗訢等議：「建術之本，必先立元。元正然後定日法，法定然後度周天以定分至。三者有成，則術可成也。《四分》術仲紀之元，起于孝文皇帝後元三年，歲在庚辰。上四十五歲，歲在乙未，則漢興元年也。又上二百七十五歲，歲在庚申，則孔子獲麟。二百七十七萬歲，尋之上行，復得庚申。歲歲相承，從下尋上，其執不誤。此《四分》術元明文圖讖所著也。太初元年歲在丁丑，上極其元，當在庚戌，而云丙子，言百四十四歲超一辰，凡九百九十三超，歲有空行八十二周有奇，乃得丙子。案歲所超于天元十一月甲子朔旦冬至，日月俱超。日行一度，積三百六十五歲四分度一而周天一帀，名曰歲。歲從一辰，日不得空周天，則歲無由超辰。案百七十歲二蔀一章，小餘六十三，自然之數也。夫數出于杪曶，以成毫氂。毫氂積累，以成分寸。兩儀既定，日月始離。初行生分，積分成度。日行一度，一歲而周。故爲術者各生度法，或以九百四十，或以八十一。法有細觕，以生兩科，其歸一也。日法者，日之所行分也，日垂令明，行有常節。日法所該，通遠無已。損益毫氂，差以千里。自此言之，數無緣得，有虧棄之意也。今欲飾平之失，斷法垂分，恐傷大道。以步日月行度，終數不同，四章更不得朔餘一。雖言九道去課進退，恐不足以補其闕。且課術之法，晦朔變弦以月食，天驗昭著莫大焉。今以去六十三分之法爲術，驗章和元年以來，日變二十事，月食二十八事，與《四分》術更失。定課相除，《四分》尚得多，而又使近。孝章皇帝歷度審正圖儀晷漏，與天相應，不可復尚。《文曜鉤》曰：『高辛受命，重黎説文，唐堯即位，羲和立禪，夏后制德，昆吾列神，成周改號，萇宏分官。』《運斗樞》曰：『常占有經，世史所明。』《洪範五紀論》曰：『民間亦有黄帝諸術，不如史官記之明也。』自古及今，聖帝明王，莫不敢言于羲和常占之官。定精微于晷儀，正衆疑秘藏中書，改行《四分》之原。及光武皇帝數下詔書，草創其端，孝明皇帝課校其實，孝章皇帝宣行其法。君更三聖，年歷數十，信而徵之，舉而行之。其元則上統開闢，其數則復古四分，宜如甲寅詔書故事。」奏可。《續漢書·律曆志》。

清·阮元《疇人傳》卷四 後漢二

劉洪

劉洪，字元卓，泰山蒙陰人。魯王之宗室也。延熹中以校尉應太史徵拜郎中，遷常山長史。後爲上計掾，拜郎中檢東觀署。作《律術記》。遷謁者穀城門候會稽東部都尉，徵還未至，領山陽太守卒官。先是《太初》術推月食多失，《四分》因《太初》法，以河平癸巳爲元。施行五年，永元元年，以七月後閏食，術以八月。其十二年正月十二日，蒙公乘宗紺上書言，今月十六日月當食，而術以二月。至期如紺言，太史令巡上紺，有益官用。除待詔。甲辰，詔書以紺法署施行五十六歲。至本初元年，天以十二月食，術以後年正月。于是始差，到熹平三年，二十九年之中，先術食者十六事。洪上作七曜術，甲辰詔屬太史部郎中劉固、舍人馮恂等課效，復作八元術。固等作月食術，并已相參。固術與七曜術同。月食所失，皆以歲在己未當食四月，恂術以三月，官術以五月。太史上課到時施行中者，丁巳詔書報可。其四年，紺孫誠上書言，受紺法，術當復改。今年十二月當食，而官術以後年正月。到期如言，拜誠爲舍人。丙申詔書聽行誠法。光和二年歲在己未，三月五月皆陰。太史令修、部舍人張恂等，推計行度，以爲三月近，四月遠，誠以四月。奏廢誠術，施用恂術。其三年，誠兄整前後上書言，去年三月不食，當以四月。史官廢誠正術，用恂不正術。整所上正屬太史，太史主者終不自言三月近，四月遠。食當以見爲正，無遠近。詔書下太常，其詳案注

記平議術之要效驗虛實，太常就耽上選侍中韓説、博士蔡較、右郎中陳調，與洪于太常府覆校注記平議。難問恂、誠各對，恂術以五千六百四十日有九百六十一食爲法。而除成分空加縣法，推建武以來俱得三百二十七食，其十五食錯。案其官素注天見食九十八，與兩術相應，其錯辟二千一百。誠術以百三十五月二十三食爲法，乘除成月。從建康以上減四十一，建康以來減三十五，以其俱不食。恂術改易舊法，誠術中復減損，論其長短，無以相踰。各引書緯自證，文無義要，取追天而已。夫日月之術，日循黄道，月從九道。以赤道儀曰，冬至去極俱一百一十五度，其入宿也，赤道在斗二十一，而黄道在斗十九。兩儀相參，日月之行，曲直有差，以生進退。故月行井牛十四度以上，其在角婁十二度以上，皆不應率不行。以是言之，則術不差不改，不驗不用。天道精微，度數難定。術法多端，術紀不一。未驗無以知其是，未差無以知其失。失然後改之，是然後用之。此謂允執其中。今誠術未有差錯之謬，恂術未有獨中之異，以無驗改未失，是以檢將來爲是者也。誠術百三十五月，月二十三食。其人在書籍，學者所修。施行日久，官守其業。經緯日月，厚而未愆。信于天文，述而不作。恂久在候部，詳心善意，能揆儀度，定立術數，推前校往，亦與見食相應。然協曆正紀，欽若昊天，宜率舊章。如甲辰丙申詔書以見食爲比。今宜施用誠術，棄放恂術。史官課之，後有效驗，乃行其法，以審術數。以順改易，耽以説等議奏聞，詔書可。恂、整、誠各復上書，恂言不當施誠術，整言不當復棄恂術。爲洪議所侵，事下永安臺覆實，皆不如恂、誠等言。劾奏謾欺。詔書報恂、誠各以二月奉贖罪，整適作左校，二月遂用洪等施行誠術。光和二年萬年公乘王漢上月食注，自章和元年到今年凡九十三年，合百九十六食。與官術河平元年月錯以己巳爲元。事下太史令修上言，漢所作注，不與見食相應者二事，以同爲異者二十九事。尚書召洪勑曰，前郎中馮光、司徒掾陳晃，各訟術。故議郎蔡邕共補續其志。今洪其詣修與漢相參推元，謂分考校月食。審己巳元密近，有師法。洪便從漢受不能對。洪上言推元漢己巳元，則《考靈曜》旃蒙之歲乙卯元也。與光晃甲寅元相經緯，于以追天作術，校三光之步，今爲疏闊。孔子緯一事見二端者，明術興廢，隨天爲節。甲寅術于孔子時效，己巳顓頊秦所施用。漢興草創，因而不易。至元封中迂闊不審，更用《太初》，應期三百改憲之節。甲寅己巳，讖雖有文，略其年數。是以學人各傳所聞，至于課校罔得厥正。夫甲寅元天正正月甲子朔旦冬至，七曜之起始于牛初。乙卯之元，人正己巳朔旦立春，三光聚天廟五度。課兩元端閏餘差，自五十分二之三朔三百四中節之，餘二十九，以效信難聚。漢不解説，但言先人有書而已。以漢成注，參官施行術，不同二十九事，不中見食二事。案漢習書，見己巳元謂朝不聞，不知聖人獨有興廢之義。史官有附天密術，甲寅己巳前以施行效，後格而已不用。河平疏闊，史官已廢之。而漢以去事分争，殆非其意。雖有師法與無同，課又不近密。其説蔀數，術家所共知。無所采取，遣漢歸鄉里。洪考史官自古迄今術注，原其進退之行，察其出入之驗，規其往來，度其終始，始悟《四分》于天疏闊，皆斗分太多故也。更以五百八十九爲紀法，百四十五爲斗分。上元己丑以來，至建安十一年丙戌歲，積七千三百七十八年。冬至日日在斗二十二度。以術追日月五星之行，推而上則合于古，引而下則應于今，名爲乾象術。又創制月行遲速，兼考月行陰陽交錯于黄道表裏，日行于赤道宿度，復進有退，方于前世轉爲精密矣。《續漢·律曆志》及注引《袁山松書》、《晉書·律曆志》。

論曰：月行十三度十九之七，此平行率也。而驗諸天象，或行十三度不足，或十四度有餘，是知月行有遲疾矣。此遲疾一周，自度端至度端而又過三度有奇，乾象謂之過周分，即今西人所謂月最高行也。日有日道，月有月道。月道之出入乎日道，自離交而前而後各有相距之數，其最大爲五度有奇，乾象謂之兼數，即今西人所謂黄白距緯也。洪創始遲疾陰陽二術，後來術家莫不遵用，其爲功步算大矣。蔡伯喈稱洪密于用算，鄭康成論乾象，以爲窮幽極微，非虛譽也。

蔡邕

蔡邕，字伯喈。陳留圉人也。少好數術、天文。建寧三年辟司徒橋元府，出補河平長，召拜郎中，遷議郎。熹平四年，五官郎中馮光、沛相上計掾陳晃言，曆元不正，故妖民叛寇，益州盜賊相續。爲曆用甲寅，爲元而用庚申。圖緯無以庚爲元者。近秦所用代周之元。太史治術郎中郭香、劉固意造妄説，乞與本庚申元經緯有明受虛欺重誅。乙卯詔書下三府，與儒林明道者詳議，務得道真。以群臣會司徒府議，邕議以爲曆數精微，去聖久遠。得失更迭，術術無常。是以承《秦曆》用《顓頊》，元用乙卯，百有二歲。孝武皇帝始改正朔，術用《太初》，元用丁丑，行之百八十九歲。孝章皇帝改從《四分》，元用庚申。今光、晃各以庚申爲非，甲寅爲是。案法黄帝、顓頊、夏、殷、周、魯凡六家，各自有元。光、晃所據，則《殷曆》元也。他元雖不明于圖讖，各家術皆當有效于其當時。黄帝始用《太初》丁丑之元，有六家争訟是非。太史令張壽王挾甲寅元以非《漢曆》，雜候清臺，課在下第。卒以疏闊連見劾奏，《太初》效驗，無所漏失。是雖非圖讖之元，而有效

于前者也。及用《四分》以來，考之行度密于《太初》，是又新元效于今者也。延光元年，中謁者亶誦亦非《四分》庚申，上言當用《命曆序》甲寅元。公卿百寮參議正處竟不施行。且三光之行，遲速進退，不必若一。術家以算追而求之，取合于當時而已。故有今古之術。今之不能上通于古，亦猶古術之不能下通于今也。《元命苞》、《乾鑿度》皆以爲開闢至獲麟二百七十六萬歲。及《命曆序》積獲麟至漢起庚子蔀之二十三歲，竟己酉戊子及丁卯蔀六十九歲，合爲二百七十五歲。漢元年歲在乙未，上至獲麟則歲在庚申。推此以上，上極開闢，則不在庚申。讖雖無文，其數見存。而光、晃以爲開闢至獲麟二百七十五萬九千八百八十六歲，獲麟至漢百六十二歲轉差少一百一十四歲，云當滿足。則上違《乾鑿度》、《元命苞》，中使獲麟不得在哀公十四年，下不及《命曆序》獲麟漢相去四蔀年數，與秦記譜注不相應。當今曆正月癸亥朔，光、晃以爲乙丑朔。乙丑之與癸亥，無題勒款識可與衆共别者，須以弦望晦朔光魄虧滿可得而見者，考其符驗。而光、晃術以《考靈曜》二十八宿度數，及冬至日所在，與今史官甘石舊文錯異不可考校。以今渾天圖儀檢天文，亦不合于《考靈曜》。光、晃誠能自依其術，更造望儀，以追天度，遠有驗于圖書，近有效于三光，可以易奪甘石服窮諸術者，實宜用之。難問光、晃，但言圖讖所言不服。元和二年二月甲寅制書曰：「朕聞古先聖王先天而天不違，後天而奉天時，史官用《太初》鄧平術。冬至之日日在斗二十二度，而曆以爲牽牛中星先立春一日，則《四分》數之立春也。而以折獄斷大刑，于氣已迕，用望和平，蓋亦遠矣。今改行《四分》，以遵于堯，以順孔聖奉天之文，是始用《四分曆》庚申元之詔也。深引河洛圖讖以爲符驗，非史官私意獨所興構。而光、晃以爲固意妄造，違反經文，謬之甚者。昔堯命羲和儀象日月星辰，舜叶時月正日，湯武革命，治曆明時，可謂正矣。且猶遇水遭旱，戒以蠻夷猾夏，寇賊姦宄。而光、晃以爲陰陽不和，姦臣盜賊，皆元之咎，誠非其理。」元和二年，乃用庚申，至今九十二歲。而光、晃言秦所用代周之元，不知從秦來漢三易元，不常庚申。光、晃區區信用所學，亦妄虚無造欺語之愆。至于改朔易元，往者壽王之術，已課不效。亶誦之議不用，元和詔書，文備義至，非群臣議者所能變易。太尉耽、司徒隗、司空訓，以邕議劾光、晃不敬，正鬼薪法，詔書勿治罪。光和元年，邕徙朔方，奏其所著十意，曰：「臣得備著作郎，建言十志，皆當撰録。先治律曆，以籌算爲本，天文爲驗，請太史舊注考校連年，往往頗有差舛。當有增損，乃可施行，爲無窮法。道至深微，不敢獨議。郎中劉洪密于用算，故臣表上洪與共參思圖牒，適有頭角。會臣被罪，恐所懷隨軀腐朽。謹分别首目，并書章左，惟陛下省察。」又曰：「論天體者三家，宣夜之學，絶無師法。《周髀》、《術數》具存，考驗天狀，多所違失。惟渾天僅得其情，今史官所用候臺銅儀，則其法也。立八尺圓體，而具天地之形，以正黄道。占察發斂，以行日月，以步五緯，精微深妙，百世不易之道也。官有器而無本書，前志亦闕而不論，欲寢伏儀下，思惟微意，按度成數，以著篇章。臯惡無狀，投畀有北，灰滅雨絶，勢路無由。宣問群臣，下及巖穴。知渾天之意者，使述其意。」時閹官用事，邕議不行。中平六年，董卓爲司空，辟爲祭酒，補侍御史轉侍書御史，遷尚書，又遷巴郡太守，留爲侍中。初平元年，拜左中郎將，封高陽鄉侯。卓誅，司徒王允收邕付廷尉，遂死獄中，年六十一。《後漢書》本傳、《續漢書・律曆志》、《宋書・天文志》。

論曰：步算之道，惟其有效而已。光、晃執圖讖之一言，以疑《四分》。邕以新元有效于今折之，真通儒之論也。今術之不能上通于古，猶古術之不能下通于今，偉哉斯言！雖聖人無以易也。使不效于今，即合于古無益也；苟有效于今，即不合于古無傷也。術家往往以推勘春秋月日，爲其術疏密之證。觀邕之言，可以爽然失矣。邕以才高被謗，遠徙五原，猶欲寢伏儀下，譔爲篇章，以續前志。嗚呼，其志亦足悲已！

何休

何休，字邵公，任城樊人也。善曆算，以列卿子拜郎中，辭病而去。後拜議郎，再遷諫議大夫。年五十四，光和五年卒。《後漢書・儒林傳》。

鄭玄

鄭玄，字康成，北海高密人也。師事京兆第五元先，始通《三統曆》、《九章算術》。會稽東部尉劉洪作《乾象曆》，玄受其法，以爲窮幽極微，加注釋焉。又著《天文七政論》。建安初徵爲大司農，以病乞還家。五年六月卒，年七十四。《後漢書》本傳、《晉書・律曆志》。

論曰：康成括囊大典，網羅衆家，爲千古儒宗。于天文數術，尤究極微眇。如箋《毛詩》，據《九章》粟米之率；注《易》緯，用乾象斗分之數，蓋其學有本，東京諸儒皆不逮也。康成在馬融門下三年不得見。融聞其善算，乃召見樓上，因從質諸疑義。然則治經之上，固不可不知數學矣。

徐岳

徐岳，字公河，東萊人也。著《數術記遺》一卷。言：余以天門金虎，呼吸

精泉，羽檄星馳，郊多走馬。遂負帙遊山，蹠迹志道，備歷邱嶽，林壑必過，乃于太山見劉會稽，博識多聞，偏于術數。余因受業，頗染所由。余時問曰：「數有窮乎？」會稽曰：「吾曾遊天目山中，見有隱者。世莫知其名，號曰『天目先生』。余亦以此意問之。先生曰：『世人言三不能比兩，乃云捐悶與四維。數不識三，妄談知十。猶川人事迷其指歸，乃恨司方之手爽，未識刹那之賒促，安知麻姑之桑田？不辨積微之爲量，詎曉百億于大千？黄帝爲法，數有十等，及其用也，乃有三焉。十等者，億、兆、京、垓、秭、壤、溝、澗、正、載。三等者，謂上、中、下也。其下數者十，十變之，若言十萬曰億，十億曰兆，十兆曰京也。中數者萬，萬變之，若言萬萬曰億，萬萬億曰兆，萬萬兆曰京也。上數者數窮則變，若言萬萬曰億，億億曰兆，兆兆曰京也。從億至載，終于大衍。下數短淺，計事則不盡。上數宏廓，世不可用。故其傳業惟以中數耳。』余時問曰：『先生之言上數者，數窮則變。既云終于大衍，大衍有限，此何得窮？』先生笑曰：『蓋未之思耳。數之爲用，言重則變。以小兼大，又加循環，循環之理，豈有窮乎？』余又問曰：『爲算之體，皆以積爲名爲復，更有他法乎？』先生曰：『隸首注術，乃有多種，及余遺忘，記憶數事而已。其一積算，其一太一。太一之行，去來九道。其一兩儀，天氣下通，地稟四時。其一三才，天地和同，隨物變通。其一五行，以生兼生，生變無窮。其一八卦，針刺八方，位闕從天。其一九宮，五行參數，猶如循環。其一運籌，小往大來，運于指掌。其一了知，首唯秉五，腹背兩兼。其一成數，春夏生養，秋收冬成。其一把頭，以身當五，目視四方。其一龜算，春夏秋成，遇冬則停。其一珠算，控帶四時，經緯三才。其一計算，既捨數術，宜從心計。此等諸法，隨須更位。唯有九宮，守一不移。位依行色，并應無窮。余慕其術，慮恐遺忘，故與好事後生記之云耳。』」《晋書・律曆志》、《數術記遺》。

郄萌

郄萌，秘書郎也。記先師相傳宣夜之説，云天了無形質，仰而瞻之，高速無極。眼瞀精絶，故蒼蒼然也。譬之旁望遠道之黄山而皆青，俯察千仞之深谷而窈黑。夫青非真色，而黑非有體也。日月衆星，自然浮生空虚之中。其行其止，皆須氣焉。是以七曜或遊或住，或順或逆，伏見無常，進退不同，由乎無所根繫，故各異也。故辰極常居其所，而北斗不與衆星西没也。攝提、填星皆東行，日行一度，月行十三度。遲疾任情，其無所繫著可知矣。若綴附天體，不得爾也。《晋書・天文志》。

論曰：劉昭注補《續漢書・天文志》引郄萌占甚多。萌蓋天文家也。宣夜之説，謂七曜不綴附天體。夫既不附天體，則七曜各自有其高下可知。今西人言日月五星，各居一天，俱在恒星天之下，即不綴附天體之謂，意其説或出于宣夜與？

趙爽

趙爽，字君卿。一曰名嬰。注《周髀算經》，其《句股方圓圖注》，言句股各自乘，并之爲弦實，開方除之即弦。按弦圖又可以句股相乘爲朱實二，倍之爲朱實四。以句股之差自相乘，爲中黄實。加差實亦成弦實，以差實減弦實，半其餘以差爲從法，開方除之，便得句矣。加差于句即股，凡并句股之實，即成弦實。或矩于外，或方于内，形詭而量均，體殊而數齊。句實之矩以股弦差爲廣，股弦并爲袤。而股實方其裏，減矩句之實于弦實，開其餘即股。倍股，在兩邊爲從法。開矩句之角，即股弦差。加股爲弦，以差除句實，得股弦并，以并除句實，亦復股弦差。令并自乘與句實爲實倍并爲法，所得亦弦句實。減并自乘如法爲股，股實之矩，句弦差爲廣，句弦并爲袤。而句實方其裏，減矩股之實于弦實，開其餘即句。倍句，在兩邊爲從法。開矩股之角，即句弦差。加句爲弦，以差除股實，得句弦并，以并除股實，亦得句弦差。令并自乘與股實與實倍并爲法，所得亦弦股實。減并自乘如法爲句，兩差相乘，倍而開之，所得以股弦差增之爲句，以句弦差增之爲股，兩差增之爲弦。倍弦實列句股差實減弦實者，以圖考之，倍弦實滿外大方而多黄實，黄實之多，即句股差實。以差實減之，開其餘，即外大方。大方之面即句股并也。令并自乘倍弦實乃減之，開其餘得中黄方，黄方之面即句股差。以差減并而半之爲句，加差于并而半之爲股，其倍弦爲廣袤合，令句股見者自乘爲其實。四實以減之，開其餘所得爲差，以差減合，半其餘爲廣，減廣于弦，即所求也。觀其迭相規矩，共爲反覆。互與通分，各有所得。然則統敘群倫，宏紀衆理，貫幽入微，鈎深致遠。故曰，其裁制萬物，惟所爲之也。《周髀算經注》。

論曰：《句股方圓圖注》五百餘言耳，而後人數千言所不能詳者，皆包蘊無遺，精深簡括，誠算氏之最也。李籍《周髀音義》，謂爽不知何代人。今本《周髀算經》題云漢趙君卿注，故系于漢代云。

清・黄鍾駿《疇人傳四編》卷二 漢後續補遺五

劉安

劉安，淮南厲王之長子也。初封阜陵侯，襲爵爲淮南王，著《淮南子》二十一

篇。其《天文訓》略曰：太陰在四仲，則歲星行三宿；太陰在四鉤，則歲星行二宿。二八十六，三四十二，故十二歲而行二十八宿。日行十二分度之一，歲行三十度十六分度之七，十二歲而周。熒惑常以十月入太微，受制而出行列宿。鎮星以甲寅元始建斗，歲鎮行一宿，日行二十八分度之一，歲行十三度百一十二分度之五，二十八歲而周。太白元始，以正月甲寅與熒惑晨出東方，二百四十日而入，入百二十日而夕出西方；二百四十日而入，入三十五日而復出東方；出以辰戌，入以丑未。辰星正四時，常以二月春分効奎、婁，以五月夏至効東井、輿鬼，以八月秋分効角、亢，以五月夏至《漢魏叢書》本《淮南子》作十一月冬至。効斗、牽牛。出以辰戌，入以丑未。出二旬而入，晨候之東方，夕候之西方。又曰：日行一度，以周于天，日冬至峻狼之山，日移一度，月行百八十二度八分度之五，而夏至牛首之山，反覆三百六十五度四分度之一而成一歲。天一元始，正月建寅，日月俱入營室五度。天一以始建七十六歲。日月復以正月入營室五度，無餘分，名曰一紀。凡二十紀，一千五百二十歲，大終。日月星辰復始甲寅元。日行一度而歲有奇，四分度之一，故四歲而積千四百六十一日而復合，故舍八十歲而復。故曰子午卯酉爲二繩，丑寅巳未申戌辰亥《漢魏叢書》本《淮南子》作丑寅辰巳未申戌亥。爲四鉤。又曰：星分度，角十二、亢九、氐十五、房五、心五、尾十八、箕十一四分一、斗二十六、牽牛八、須女十二、虛十、危十七、營室十六、東壁九、奎十六、婁十二、胃十四、昴十一、畢十六、觜巂二、參九、東井三十三、輿鬼四、柳十五、星七、張、翼各十八、軫十七，凡二十八宿也。又曰：正朝夕，先樹一表東方，操一表，却去前表十步，以參望，日始出北廉，日直入。又樹一表于東方，因西方之表以參望，日方入北廉，則定東方。兩表之中，與西方之表，則東西之正也。日冬至，日出東南維，入西南維，至春秋分，日出東中，入西中。夏至出東北維，入西北維，至則正南。欲知東西南北廣袤之數者，立四表以爲方一里歫。先春分，若秋分十餘日，從歫北表參望日始出。及旦，以後候相應，相應則此與日直也。輒以南表參望之，以入前表數爲法，除舉廣除立表袤，以知從此東西之數也。假使視日出，入前表中一寸，是寸得一里也。一里積萬八千寸，得從此東萬八千里，視日方入，入前表半寸，則半寸得一里。半寸而除一里，積寸得三萬六千里，除則從此西里數也，并之東西里數也，則極徑也。未春分而直，已秋分而不直，此處南也；未秋分而直，已春分而不直，此處北也。分至而直，此處南北中也，從中處欲知中南也。未秋分而不直，此處南北中也。從中處欲知南北極遠近，從西南表參望日，日夏至始出。與北表參，則是東與東北表等。正東萬千八里，則從中北亦萬八千里也，倍之，南北之里數也，其不從中之數也。以出入前表之數益損之，表入一寸，寸減日近一里；表出一寸，寸益遠一里。欲知天之高，樹表高一丈，正南北相去千里，同日度其陰。北表二尺，南表尺九寸，是南千里陰短寸。南二萬里則無影，是直日下也；陰二尺而得高一丈者，南一「里」而高五也。則置從此南至日下里數，因而五之爲十萬里，則天高也。若使影與表等，則高與遠等也。《淮南·天文訓》。

論曰：華明經世芳曰，《周髀》以後言測候者，莫先于《淮南》、《緯候》及《靈憲》諸書，俱本之爲説。則《淮南》一書，固足與《周髀》參觀而互證矣。

趙廣漢

趙廣漢，字子都，涿郡蠡吾人也。少爲郡吏州從事，以廉潔通敏下士爲名，舉茂才，平準令，察廉爲陽翟令。以治行尤異，遷京輔都尉，守京兆尹。後以與議定策尊立宣帝，賜爵關内侯。漢爲人強力天性，精于吏職，尤善爲鉤距以得事情。鉤距者，設欲知馬價，則先問狗，已問羊，又問牛，然後及馬，參伍其價，以類相準，則知馬之貴賤，不失實矣。唯廣漢至精能行之，它人效者莫及也。《漢書》本傳。

論曰：鉤距者，蓋即《御製數理精蘊》綫部所載：原有鵝八隻，換雞二十隻；每雞三十隻，換鴨九十隻；每鴨六十隻，換羊二隻。今却有羊五隻，問該換鵝幾何？法也，欲問鵝，先問雞，已問鴨，又問羊，錯綜其數，以類相準，則知鵝之多寡。中人名之曰同乘同除，西人則謂爲合率比例焉。誰則謂古今人不相及哉！

傅周

傅周譔《五星行度》三十九卷。《漢·藝文志》。

論曰：《漢書·藝文志》曆譜十八家，傅周及耿昌、許商、杜忠等，皆推步曆算之書，其凡涉占候者，則分天文、陰陽、五行各家。儀徵阮文達公譔《疇人傳》，一遵其例，專取推步，不收占候。竊按漢翼奉好律曆、陰陽之占，李尋學天文、月令、陰陽，翟方進好天文、星算。後漢任永長曆數，郅惲明天文、曆數，單颺明天官、算術，翟酺善圖緯、天文、算曆，劉瑜明天文、曆數，楊統受河洛、天文推步之術，王景好天文、術數，姜肱兼明星緯，崔瑗明天官、曆數，除穉兼風角、算曆，河圖、七緯推步之術，劉寬學星官、風角、算曆，樊英善風角、星算，李固明風角、星算之術，郎顗傳父宗業，善風角、星算，襄楷善天文、陰陽之術，廖扶明天文推步

之術。蜀漢周群傳父舒天文、術數之學，何隨精文緯、通星曆，何宗通經、緯術藝，何英、楊由之學通經緯。晉郭璞妙于陰陽，尤善算曆，陳訓好天文、算曆、陰陽之學，杜夷通算曆、圖緯。梁刁冲通陰陽、圖緯、算數、天文、風氣之書，臺産善圖緯、天文、風角、星算。前趙劉敏元好星曆、陰陽術。蜀范長生善天文推步，有術數。北齊由吾道榮通陰陽、曆數。隋臨孝恭明天文、算術，考定陰陽，盧太翼善占候、曆數，蕭吉精陰陽、算術。唐孫思邈之通陰陽推步，王勃之千歲曆，趙蕤之長短經天文篇。宋王及甫之洞曉星曆。金武元之握籌布畫。元靳德之天文、星曆。明皇甫仲和之精天文推步，劉溥之通天文、曆數。皆以推步爲占候，附記之，不爲立傳，餘倣此例。

清·黄鍾駿《疇人傳》卷二　後漢後續補遺六

卓茂

卓茂，字子康，南陽宛人也。習詩禮及曆算，究極師法，稱爲通儒。初，丞相府史以儒術爲侍郎祭酒，光武即位，先訪求茂，茂謁見。下詔褒之，以爲太傅，封褒德侯，食邑二千户。《後漢書》本傳。

桓譚

桓譚，字君山，沛國相人也。父爲大樂令，譚以父任爲郎。博學能文章，尤好古學，數從劉歆、揚雄辨析疑義。王莽居攝，譚獨自守默然無言。莽時爲掌樂大夫，更始立，拜太中大夫。光武即位，拜議郎給事中，出爲六安郡丞。卒時年七十餘。著《新論》二十九篇，其略曰：通人揚子雲因衆儒之説天，以爲蓋常左旋，日月星辰隨而東西。乃圖畫形體行度，參以四時曆數，春秋晝夜，欲等平旦日出于卯正東方，入于酉正西方。今以天下之占視之，此乃人之卯酉，非天之卯酉。天卯酉當北斗極，北斗極天樞。樞，天軸也，猶蓋有保斗矣。蓋雖轉而保斗不移，天亦轉周匝，斗極常在，知爲天之中也。仰而視之，又在北，不正在人上。而春秋分時，日出入乃在斗南。知蓋轉則北道近，南道遠，彼晝夜數何從等乎？子雲無以解也。後常與子雲奏事，坐白虎殿廊廡下，以寒故背日曝背，有頃日光去，背不復曝焉。因以示子雲曰：天即蓋轉，而日西行，其光影當照此廊下，而稍東耳，無乃是反應渾天家法焉？子雲立壞其所作。則儒家以爲天常左轉非也。又曰，漢長水校尉平陵關子陽，以爲日之去人，上方遠，而四傍近，何以知之？星宿昏時出東方，其間甚疎，相離萬丈餘；乃夜半在上方，視之甚疎，相應一二尺。以準度望之，逾益明白，故知天上之遠于傍也。日爲天陽，火爲地陽，地陽上升，天陽下降。今置火于地，從傍與上診其熱，遠近殊不同焉。日中正在上覆蓋人，人當天陽之衝，故熱于始出時，又新從太陰中來，故復凉，于其西在桑榆間也。桓君山曰：子陽之言，豈其然乎？王仲任據蓋天之説，以駁渾天，亦爲譚所屈。《後漢書》本傳、《桓子新編》《太平御覽》。

馮勤

馮勤，字偉伯，魏郡繁陽人也。八歲善算術。初爲太守銚期功曹，期薦于光武，除爲郎中給事，尚書僕射職事。後以勤勞，賜爵關内侯，遷尚書令，拜大司農，遷司徒。中元元年薨，帝悼惜之，弔祠贈有加。《後漢書》本傳及注。

馬續

馬續，字季則，扶風茂林人，嚴之子也。十歲通《論語》，十三明《尚書》，十六治《詩》，博觀群籍。善《九章算術》。嘗述《續漢書·天文志》。順帝時爲護羌校尉，遷度遼將軍，所在有恩威稱。《後漢書·馬嚴傳》、《天文志》。

鄭興　子衆

鄭興，字少贛，河南開封人也。好古學，尤明《左氏》、《周官》，長于曆數。嘗從劉歆校《三統曆》。更始立，以爲丞相長史，諫議大夫。建武六年，徵爲大中大夫，左轉蓮勺令，遂不復仕。鄭衆字仲師，興之子也。從父受學，亦明《三統曆》。永平中初辟司空府，以明經給事中，累遷至大司農，卒于官。《後漢書·鄭興傳》。

劉陶

劉陶，字子奇，一名偉，潁陰人，濟北貞王勃之後也。舉孝廉，除順陽長，頃拜侍御史。帝宿聞其名，數引納之，封中陵鄉侯，三遷尚書令，拜侍中京兆尹，後拜諫議大夫。著書數十萬言，作《七曜論》。《後漢書》本傳。

宋忠

宋忠，字仲子，南陽人也。集七曆以考《春秋》，常更正夏周二曆。《晉書·律曆志》。

論曰：晉《律曆志》曰：忠所正夏周二曆，其術數皆與《藝文志》所紀異，故更名爲真夏曆真周曆也。國朝羅明經士琳著《春秋朔閏異同考》，編列顓頊、夏、殷、周、魯、漢七曆，條其同異，補其書之亡失，而後千載以上日月之異同，可得而言矣。

趙隱居

趙隱居，譔《四分曆》一卷。《隋書·經籍志》。

清・黄鍾駿《疇人傳四編》附卷《歷代閨秀附》 漢後附録一

班昭

班昭，字惠班，一名姬，扶風曹世叔妻，同郡班彪之女。博學高才，世叔早卒，有節行法度。兄固著《漢書》，其八《表》及《天文志》未竟而卒。和帝詔昭就東觀藏書閣踵而成之。帝數召入宮，令皇后諸貴人師事之，號曰曹大家。和熹鄧皇后嘗從之授經書，兼天文算數。《後漢書・班彪傳》、《后紀》。

紀事

漢・司馬遷《史記》卷一二七《日者列傳》 司馬季主者，楚人也。卜於長安東市。

宋忠爲中大夫，賈誼爲博士，同日俱出洗沐，相從論議，誦易先王聖人之道術，究徧人情，相視而歎。賈誼曰：「吾聞古之聖人，不居朝廷，必在卜醫之中。今吾已見三公九卿朝士大夫，皆可知矣。試之卜數中以觀采。」二人即同輿而之市，游於卜肆中。天新雨，道少人，司馬季主閒坐，弟子三四人侍，方辯天地之道，日月之運，陰陽吉凶之本。二大夫再拜謁。司馬季主視其狀貌，如類有知者，即禮之，使弟子延之坐。坐定，司馬季主復理前語，分別天地之終始，日月星辰之紀，差次仁義之際，列吉凶之符，語數千言，莫不順理。

宋忠、賈誼瞿然而悟，獵纓正襟危坐，曰：「吾望先生之狀，聽先生之辭，小子竊觀於世，未嘗見也。今何居之卑，何行之汙？」

司馬季主捧腹大笑曰：「觀大夫類有道術者，今何言之陋也，何辭之野也！今夫子所賢者何也？所高者誰也？今何以卑汙長者？」

二君曰：「尊官厚禄，世之所高也，賢才處之。今所處非其地，故謂之卑。言不信，行不驗，取不當，故謂之汙。夫卜筮者，世俗之所賤簡也。世皆言曰：『夫卜者多言誇嚴以得人情，虛高人禄命以説人志，擅言禍災以傷人心，矯言鬼神以盡人財，厚求拜謝以私於己。』此吾之所恥，故謂之卑汙也。」

司馬季主曰：「公且安坐。公見夫被髮童子乎？日月照之則行，不照則止，問之日月疵瑕吉凶，則不能理。由是觀之，能知別賢與不肖者寡矣。

「賢之行也，直道以正諫，三諫不聽則退。其譽人也不望其報，惡人也不顧其怨，以便國家利衆爲務。故官非其任不處也，禄非其功不受也；見人不正，雖貴不敬也；見人有汙，雖尊不下也；得不爲喜，去不爲恨；非其罪也，雖累辱而不愧也。

「今公所謂賢者，皆可爲羞矣。卑疵而前，孅趨而言；相引以勢，相導以利；比周賓正，以求尊譽，以受公奉；事私利，枉主法，獵農民；以官爲威，以法爲機，求利逆暴：譬無異於操白刃劫人者也。初試官時，倍力爲巧詐，飾虛功執空文以誷主上，用居上爲右；試官不讓賢陳功，見僞增實，以無爲有，以少爲多，以求便勢尊位；食飲驅馳，從姬歌兒，不顧於親，犯法害民，虛公家：此夫爲盜不操矛弧者也，攻而不用弦刃者也，欺父母未有罪而弒君未伐者也。何以爲高賢才乎？

「盜賊發不能禁，夷貊不服不能攝，姦邪起不能塞，官秏亂不能治，四時不和不能調，歲穀不孰不能適。才賢不爲，是不忠也；才不賢而託官位，利上奉，妨賢者處，是竊位也；有人者進，有財者禮，是僞也。子獨不見鴟梟之與鳳皇翔乎？蘭芷芎藭弃於廣野，蒿蕭成林，使君子退而不顯衆，公等是也。

「述而不作，君子義也。今夫卜者，必法天地，象四時，順於仁義，分策定卦，旋式正棊，然後言天地之利害，事之成敗。昔先王之定國家，必先龜策日月，而後乃取代；正時日，乃後入家；産子必先占吉凶，後乃有之。自伏羲作《八卦》，周文王演三百八十四爻而天下治。越王句踐放文王《八卦》以破敵國，霸天下。由是言之，卜筮有何負哉！

「且夫卜筮者，埽除設坐，正其冠帶，然後乃言事，此有禮也。言而鬼神或以饗，忠臣以事其上，孝子以養其親，慈父以畜其子，此有德者也。而以義置數十百錢，病者或以愈，且死或以生，患或以免，事或以成，嫁子娶婦或以養生：此之爲德，豈直數十百錢哉！此夫老子所謂『上德不德，是以有德』。今夫卜筮者利大而謝少，老子之云豈異於是乎？

「莊子曰：『君子内無飢寒之患，外無劫奪之憂，居上而敬，居下不爲害，君子之道也。』今夫卜筮者之爲業也，積之無委聚，藏之不用府庫，徙之不用輜車，負裝之不重，止而用之無盡索之時。持不盡索之物，游於無窮之世，雖莊氏之行

未能增於是也，子何故而云不可卜哉？天不足西北，星辰西北移；地不足東南，以海爲池；日中必移，月滿必虧；先王之道，乍存乍亡。公責卜者言必信，不亦惑乎！

「公見夫談士辯人乎？慮事定計，必是人也，然不能以一言説人主意，故言必稱先王，語必道上古；慮事定計，飾先王之成功，語其敗害，以恐喜人主之志，以求其欲。多言誇嚴，莫大於此矣。然欲彊國成功，盡忠於上，非此不立。今夫卜者，導惑教愚也。夫愚惑之人，豈能以一言而知之哉！言不厭多。

「故騏驥不能與罷驢爲駟，而鳳皇不與燕雀爲羣，而賢者亦不與不肖者同列。故君子處卑隱以辟衆，自匿以辟倫，微見德順以除羣害，以明天性，助上養下，多其功利，不求尊譽。公之等喁喁者也，何知長者之道乎！」

宋忠、賈誼忽而自失，芒乎無色，悵然噤口不能言。於是攝衣而起，再拜而辭。行洋洋也，出門僅能自上車，伏軾低頭，卒不能出氣。

居三日，宋忠見賈誼於殿門外，乃相引屏語相謂自歎曰：「道高益安，勢高益危。居赫赫之勢，失身且有日矣。夫卜而有不審，不見奪糈；爲人主計而不審，身無所處。此相去遠矣，猶天冠地屨也。此老子之所謂『無名者萬物之始』也。天地曠曠，物之熙熙，或安或危，莫知居之。我與若，何足預彼哉！彼久而愈安，雖曾氏之義未有以異也。」

久之，宋忠使匈奴，不至而還，抵罪。而賈誼爲梁懷王傅，王墮馬薨，誼不食，毒恨而死。此務華絶根者也。

太史公曰：古者卜人所以不載者，多不見于篇。及至司馬季主，余志而著之。

褚先生曰：臣爲郎時，游觀長安中，見卜筮之賢大夫，觀其起居行步，坐起自動，誓正其衣冠而當鄉人也，有君子之風。見性好解婦來卜，對之顔色嚴振，未嘗見齒而笑也。從古以來，賢者避世，有居止舞澤者，有居民閒閉口不言，有隱居卜筮閒以全身者。夫司馬季主者，楚賢大夫，游學長安，通《易經》，術黄帝、老子，博聞遠見。觀其對二大夫貴人之談言，稱引古明王聖人道，固非淺聞小數之能。及卜筮立名聲千里者，各往往而在。傳曰：「富爲上，貴次之；既貴各各學一伎能立其身。」黄道，大夫也；陳君夫，婦人也：以相馬立名天下。齊張仲、曲成侯以善擊刺學用劍，立名天下。留長孺以相彘立名。滎陽褚氏以相牛立名。能以伎能立名者甚多，皆有高世絶人之風，何可勝言。故曰：「非其地，樹之不生；非其意，教之不成。」夫家之教子孫，當視其所以好，好含苟生活之道，因而成之。故曰：「制宅命子，足以觀士；子有處所，可謂賢人。」

臣爲郎時，與太卜待詔爲郎者同署，言曰：「孝武帝時，聚會占家問之，某日可取婦乎？五行家曰可，堪輿家曰不可，建除家曰不吉，叢辰家曰大凶，曆家曰小凶，天人家曰小吉，太一家曰大吉。辯訟不決，以狀聞。制曰：『避諸死忌，以五行爲主。』」人取於五行者也。

漢・班固《漢書》卷二七上《五行志上》 武帝建元六年六月丁酉，遼東高廟災。四月壬子，高園便殿火。董仲舒對曰：「《春秋》之道舉往以明來，是故天下有物，視《春秋》所舉與同比者，精微眇以存其意，通倫類以貫其理。天地之變，國家之事粲然皆見，亡所疑矣。【略】」

漢・班固《漢書》卷二七中之上《五行志中之上》 孝武時，夏侯始昌通《五經》，善推《五行傳》，以傳族子夏侯勝，下及許商，皆以教所賢弟子。其傳與劉向同，唯劉歆傳獨異。【略】

昭帝時，昌邑王賀遣中大夫之長安，多治仄注冠，以賜大臣，又以冠奴。劉向以爲近服妖也。時王賀狂悖，聞天子不豫，弋獵馳騁如故，與騶奴宰人游居娛戲，驕嫚不敬。冠者尊服，奴者賤人，賀無故好作非常之冠，暴尊象也。以冠奴者，當自至尊墜至賤也。其後帝崩，無子，漢大臣徵賀爲嗣。即位，狂亂無道，縛戮諫者夏侯勝等。於是大臣白皇太后，廢賀爲庶人。賀爲王時，又見大白狗冠方山冠而無尾，此服妖，亦犬旤也。賀以問郎中令龔遂，遂曰：「此天戒，言在仄者盡冠狗也。去之則存，不去則亡矣。」賀既廢數年，宣帝封之爲列侯，復有辠，死不得置後，又犬旤無尾之效也。京房《易傳》曰：「行不順，厥咎人奴冠，天下亂，辟無適，妾子拜。」又曰：「君不正，臣欲篡，厥妖狗冠出朝門。」

成帝鴻嘉、永始之間，好爲微行出游，選從期門郎有材力者，及私奴客，多至十餘，少五六人，皆白衣袒幘，帶持刀劍。或乘小車，御者在茵上，或皆騎，出入市里郊壄，遠至旁縣。時，大臣車騎將軍王音及劉向等數以切諫。谷永曰：「《易》稱『得臣無家』，言王者臣天下，無私家也。今陛下棄萬乘之至貴，樂家人之賤事；厭高美之尊稱，好匹夫之卑字；崇聚票輕無誼之人，以爲私客；置私田於民間，畜私奴車馬於北宮；數去南面之尊，離深宮之固，挺身獨與小人晨夜相隨，烏集醉飽吏民之家，亂服共坐，溷肴亡別，閔勉遯樂，晝夜在路。典門户奉宿衛之臣執干戈守空宫，公卿百寮不知陛下所在，積數年矣。昔虢公爲無道，有

神降曰『賜爾土田』，言將以庶人受土田也。諸侯夢得土田，爲失國祥，而況王者畜私田財物，爲庶人之事乎！」

漢·班固《漢書》卷二七中之下《五行志中之下》 哀帝建平二年四月乙亥朔，御史大夫朱博爲丞相，少府趙玄爲御史大夫，臨延登受策，有大聲如鍾鳴，殿中郎吏陛者皆聞焉。上以問黄門侍郎揚雄、李尋，尋對曰：「《洪範》所謂鼓妖者也。師法以爲人君不聰，爲衆所惑，空名得進，則有聲無形，不知所從生。其傳曰歲月日之中，則正卿受之。今以四月日加辰巳有異，是爲中焉。正卿謂執政大臣也。宜退丞相、御史，以應天變。然雖不退，不出期年，其人自蒙其咎。」揚雄亦以爲鼓妖，聽失之象也。朱博爲人彊毅多權謀，宜將不宜相，恐有凶惡亟疾之怒。八月，博、玄坐爲姦謀，博自殺，玄減死論。京房《易傳》曰：「令不修本，下不安，金毋故自動，若有音。」

漢·班固《漢書》卷二七下之上《五行志下之上》 劉向以爲於《易巽》爲風爲木，卦在三月四月，繼陽而治，主木之華實。風氣盛，至秋冬木復華，故有華孽。一曰，地氣盛則秋冬復華。一曰，華者色也，土爲内事，爲女孽也。於《易坤》爲土爲牛，牛大心而不能思慮，思心氣毁，故有牛禍。一曰，牛多死及爲怪，亦是也。及人，則多病心腹者，故有心腹之痾。土色黄，故有黄眚黄祥。凡思心傷者病土氣，土氣病則金木水火沴之，故曰「時則有金木水火沴土」。不言「惟」而獨曰「時則有」者，非一衝氣所沴，明其異大也。其極曰凶短折，順之，其福曰考終命。劉歆思心傳曰時則有臝蟲之孽，謂螟螣之屬也。庶徵之常風，劉向以爲《春秋》無其應。

漢·班固《漢書》卷二七下之下《五行志下之下》 成帝建始元年正月，有星孛于營室，青白色，長六七丈，廣尺餘。劉向、谷永以爲營室爲後宫懷妊之象，彗星加之，將有害懷妊絶繼嗣者。一曰，後宫將受害也。其後許皇后坐祝詛後宫懷妊者廢。趙皇后立妹爲昭儀，害兩皇子，上遂無嗣。趙后姊妹卒皆伏辜。

元延元年七月辛未，有星孛于東井，踐五諸侯，出河戍北率行軒轅、太微，後日六度有餘，晨出東方。十三日夕見西方，犯次妃、長秋、斗、填，蠭炎再貫紫宫中。大火當後，達天河，除於妃后之域。南逝度犯大角、攝提，至天市而按節徐行，炎入市，中旬而後西去，五十六日與倉龍俱伏。谷永對曰：「上古以來，大亂之極，所希有也。察其馳騁驟步，芒炎或長或短，所歷奸犯，内爲後宫女妾之害，外爲諸夏叛逆之禍。」劉向亦曰：「三代之亡，攝提易方；秦、項之滅，星孛大角。」是歲，趙昭儀害兩皇子。後五年，成帝崩，昭儀自殺。哀帝即位，趙氏皆免官爵，徙遼西。哀帝亡嗣。平帝即位，王莽用事，追廢成帝趙皇后、哀帝傅皇后，皆自殺。外家丁、傅皆免官爵，徙合浦，歸故郡。平帝亡嗣，莽遂篡國。

漢·班固《漢書》卷三〇《藝文志》 至成帝時，以書頗散亡，使謁者陳農求遺書於天下。詔光禄大夫劉向校經傳、諸子、詩賦，步兵校尉任宏校兵書，太史令尹咸校數術，侍醫李柱國校方技。每一書已，向輒條其篇目，撮其指意，録而奏之。會向卒，哀帝復使向子侍中奉車都尉歆卒父業。歆於是總羣書而奏其《七略》，故有《輯略》，有《六藝略》，有《諸子略》，有《詩賦略》，有《兵書略》，有《術數略》，有《方技略》。今删其要，以備篇籍。

又 及秦燔書，而《易》爲筮卜之事傳者不絶。漢興，田何傳之。訖於宣、元，有施、孟、梁丘、京氏列於学官。而民間有費、高二家之説。劉向以中《古文易經》校施、孟、梁丘經，或脱去「無咎」、「悔亡」，唯費氏經與古文同。

漢·班固《漢書》卷八八《儒林傳》 周堪字少卿，齊人也。與孔霸俱事大夏侯勝。【略】堪授牟卿及長安許商長伯。【略】由是大夏侯有孔、許之學。商善爲算，著《五行論曆》，四至九卿，號其門人沛唐林子高爲德行，平陵吴章偉君爲言語，重泉王吉少音爲政事，齊炔欽幼卿爲文學。王莽時，林、吉爲九卿，自表上師冢，大夫、博士、郎吏爲許氏學者，各從門人，會車數百兩，儒者榮之。欽、章皆爲博士，徒衆尤盛。章爲王莽所誅。

漢·班固《漢書》卷九九上《王莽傳上》 於是附順者拔擢，忤恨者誅滅。王舜、王邑爲腹心，甄豐、甄邯主擊斷，平晏領機事，劉歆典文章，孫建爲爪牙。豐子尋、歆子棻、涿郡崔發、南陽陳崇皆以材能幸於莽。

又 劉歆、陳崇等十二人皆以治明堂，宣教化，封爲列侯。

又 九月，莽母功顯君死，意不在哀，令太后詔議其服。少阿、羲和劉歆與博士諸儒七十八人皆曰：「居攝之義，所以統立天功，興崇帝道，成就法度，安輯海内也。昔殷成湯既没，而太子蚤夭，其子太甲幼少不明，伊尹放諸桐宫而居攝，以興殷道。周武王既没，周道未成，成王幼少，周公屏成王而居攝，以成周道。是以殷有翼翼之化，周有刑錯之功。今太皇太后比遭家之不造，委任安漢公宰尹羣僚，衡平天下。遭孺子幼小，未能共上下。皇天降瑞出丹石之符，是以太皇太后則天明命詔安漢公居攝踐阼，將以成聖漢之業，與唐虞三代比隆也。」

漢·班固《漢書》卷九九中《王莽傳中》 又按金匱，輔臣皆封拜。【略】少

阿、羲和、京兆尹紅休侯劉歆爲國師，嘉新公。

又　劉歆爲祁烈伯，奉顓頊後；國師劉歆子疊爲伊木侯，奉堯後。

又　莽曰：「可。嘉新公國師以符命爲予四輔，明德侯劉龔、率禮侯劉嘉等凡三十二人皆知天命，或獻天符，或貢昌言，或捕告反虜，厥功茂焉。諸劉與三十二人同宗共祖者勿罷，賜姓曰王。」唯國師以女配莽子，故不賜姓。改定安太后號曰黄皇室主，絶之於漢也。

又　初，甄豐、劉歆、王舜爲莽腹心，倡導在位，褒揚功德；「安漢」、「宰衡」之號及封莽母、兩子、兄子，皆豐等所共謀，而豐、舜、歆亦受其賜，並富貴矣，非復欲令莽居攝也。居攝之萌，出於泉陵侯劉慶、前煇光謝囂、長安令田終術。莽羽翼已成，意欲稱攝。豐等承順其意，莽輒復封舜、歆兩子及豐孫。豐等爵位已盛，心意既滿，又實畏漢宗室、天下豪桀。而疏遠欲進者，並作符命，莽遂據以即真，舜、歆内懼而已。豐素剛強，莽覺其不説，故徙大阿、右拂、大司空豐，託符命文，爲更始將軍，與賣餅兒王盛同列。豐父子默默。時子尋爲侍中京兆大尹茂德侯，即作符命，言新室當分陝，立二伯，以豐爲右伯，太傅平晏爲左伯，如周召故事。莽即從之，拜豐爲右伯。當述職西出，未行，尋復作符命，言故漢氏平帝后黄皇室主爲尋之妻。莽以詐立，心疑大臣怨謗，欲震威以懼下，因是發怒曰：「黄皇室主天下母，此何謂也！」收捕尋。尋亡，豐自殺。尋隨方士入華山，歲餘捕得，辭連國師公歆子侍中東通靈將、五司大夫隆威侯棻，棻弟右曹長水校尉伐虜侯泳，大司空邑弟左(關)〔闢〕將軍(堂)〔掌〕威侯奇，及歆門人侍中騎都尉丁隆等，牽引公卿黨親列侯以下，死者數百人。尋手理有「天子」字，莽解其臂入視之，曰：「此一大子也，或曰一六子也。六者，戮也。明尋父子當戮死也。」乃流棻于幽州，放尋于三危，殛隆于羽山，皆驛車載其屍傳致云。

漢・班固《漢書》卷九九下《王莽傳下》　臨妻愔，國師公女，能爲星，語臨宫中且有白衣會。【略】又詔國師公：「臨本不知星，事從愔起。」愔亦自殺。

又　禄曰：「太史令宗宣典星曆，候氣變，以凶爲吉，亂天文，誤朝廷。【略】國師嘉信公顛倒《五經》，毁師法，令學士疑惑。【略】宜誅此數子，以慰天下。」

又　十一月，有星孛于張，東南行，五日不見。莽數召問太史令宗宣，諸術數家皆繆對，言天文安善，羣賊且滅。莽差以自安。

又　先是，衛將軍王涉素養道士西門君惠。君惠好天文讖記，爲涉言：「星孛掃宫室，劉氏當復興，國師公姓名是也。」涉信其言，以語大司馬董忠，數俱至國師殿中廬道語星宿，國師不應。後涉特往，對歆涕泣言：「誠欲與公共安宗族，奈何不信涉也！」歆因爲言天文人事，東方必成。涉曰：「新都哀侯小被病，功顯君素耆酒，疑帝本非我家子也。董公主中軍精兵，涉領宫衛，伊休侯主殿中，如同心合謀，共劫持帝，東降南陽天子，可以全宗族；不者，俱夷滅矣！」伊休侯者，歆長子也，爲侍中五官中郎將，莽素愛之。歆怨莽殺其三子，又畏大禍至，遂與涉、忠謀，欲發。歆曰：「當待太白星出，乃可。」忠以司中大贅起武侯孫伋亦主兵，復與伋謀。伋歸家，顔色變，不能食。妻怪問之，語其狀。妻以告弟雲陽陳邯，邯欲告之。七月，伋與邯俱告，莽遣使者分召忠等。時忠方講兵都肄，護軍王咸謂忠謀久不發，恐漏泄，不如遂斬使者，勒兵入。忠不聽，遂與歆、涉會省户下。莽令䵣惲責問，皆服。中黄門各拔刃將忠等送廬，忠拔劍欲自刎，侍中王望傳言大司馬反，黄門持劍共格殺之。省中相驚傳，勒兵至郎署，皆拔刃張弩。更始將軍史諶行諸署，告郎吏曰：「大司馬有狂病，發，已誅。」皆令弛兵。莽欲以厭凶，使虎賁以斬馬劍挫忠，盛以竹器，傳曰「反虜出」。下書赦大司馬官屬吏士爲忠所詿誤，謀反未發覺者。收忠宗族，以醇醯毒藥、尺白刃叢(樊)〔棘〕并一坎而埋之。劉歆、王涉皆自殺。莽以二人骨肉舊臣，惡其内潰，故隱其誅。伊休侯疊又以素謹，歆訖不告，但免侍中中郎將，更爲中散大夫。後日殿中鉤盾土山僊人掌旁有白頭公青衣，郎吏見者私謂之國師公。衍功侯喜素善卦，莽使筮之，曰：「憂兵火。」莽曰：「小兒安得此左道？是乃予之皇祖叔父子僑欲來迎我也。」

南朝宋・范曄《後漢書》卷九二《律曆志中》　自太初元年始用《三統曆》，施行百有餘年，曆稍後天，朔先〔於〕曆，朔或在晦，月〔或朔〕見。考其行，日有退無進，月有進無退。建武八年中，太僕朱浮、太中大夫許淑等數上書，言曆〔朔〕不正，宜當改更。時分度覺差尚微，上以天下初定，未遑考正。至永平五年，官曆署七月十六日〔月〕食。待詔楊岑見時月食多先曆，即縮用算上爲日，〔因〕上言「月當十五日食，官曆不中」。詔書令岑普〔候〕，與官〔曆〕課。起七月，盡十一月，弦望凡五，官曆皆失，岑皆中。庚寅，詔〔書〕令岑署弦望月食官，復令待詔張盛、景防、鮑鄴等以《四分》法與岑課。歲餘，盛等所中多岑六事。十二年十一月丙子，詔書令盛、防代岑署弦望月食加時。《四分》之術，始頗施行。是時盛、防等未能分明曆元，綜校分度，故但用其弦望而已。

先是，九年，太史待詔董萌上言曆不正，事下三公、太常知曆者雜議，訖十年

四月，無能分明據者。至元和二年，《太初》失天益遠，日、月宿度相覺浸多，而候者皆知冬至之日日在斗二十一度，未至牽牛五度，而以爲牽牛中星，(從)〔後〕天四分日之三，晦朔弦望差天一日，宿差五度。章帝知其謬錯，以問史官，雖知不合，而不能易，故召治曆編訢、李梵等綜校其狀。二月甲寅，遂下詔曰：「朕聞古先聖王，先天而天不違，後天而奉天時。《河圖》曰：『赤九會昌，十世以光，十一以興。』又曰：『九名之世，帝行德，封刻政。』朕以不德，奉承大業，夙夜祗畏，不敢荒寧。予末小子，託在於數終，曷以續興，崇弘祖宗，拯濟元元？《尚書璇璣鈐》曰：『述堯世，放唐文。』《帝命驗》曰：『〔順〕堯考德，(顧)〔題〕期立象。』且三、五步驟，優劣殊軌，況乎頑陋，無以克堪，雖欲從之，末由也已。每見圖書，中心恧焉。閒者以來，政治不得，陰陽不和，災異不息，癘疫之氣，流傷於牛，農本不播。夫庶徵休咎，五事之應，咸在朕躬，信有闕矣，將何以補之？《書》曰：『惟先假王正厥事。』又曰：『歲二月，東巡狩，至岱宗，柴，望秩于山川。遂覲東后，叶時月正日。』祖堯岱宗，同律度量，考在璣衡，以正曆象，庶乎有益。《春秋保乾圖》曰：『三百年斗曆改憲。』史官用太初鄧平術，有餘分一，在三百年之域，行度轉差，浸以謬錯。琁璣不正，文象不稽。冬至之日日在斗二十(二)〔一〕度，而曆以爲牽牛中星。先立春一日，則《四分》數之立春日也。以折獄斷大刑，於氣已迕；用望平和隨時之義，蓋亦遠矣。今改行《四分》，以遵於堯，以順孔聖奉天之文。冀百君子越有民，同心敬授，〔儻〕獲咸(喜)〔熙〕，以明予祖之遺功。」於是《四分》施行。而訢、梵猶以爲元首十一月當先大，欲以合耦弦望，命有常日，而十九歲不得七閏，晦朔失實。行之未期，章帝復發聖思，考之經讖，使左中郎將賈逵問治曆者衛承、李崇、太尉屬梁鮪、司徒〔掾〕嚴勗、太子舍人徐震、鉅鹿公乘蘇統及訢、梵等十人。以爲月當先小，據《春秋經》書朔不書晦者，朔必有明晦，不朔必在其月也。即先大，則一月再朔，後月無朔，是明不可必。梵等以爲當先大，無文正驗，取欲諧耦十六日〔望〕，月朓昏，晦當滅而已。又晦與合同時，不得異日。又上知訢、梵穴見，勑毋拘曆已班，天元始起之月(常)〔當〕小。定，後年曆數遂正。永元中，復令史官以《九道法》候弦望，驗無有差跌。逵論集狀，後之議者，用得折衷，故詳録焉。

逵論曰：「《太初曆》冬至日在牽牛初者，牽牛中星也。古黃帝、夏、殷、周、魯冬至日在建星，建星即今斗星也。《太初曆》斗二十六度三百八十五分，牽牛八度。案行事史官注，冬、夏至日常不及《太初曆》五度，冬至日在斗(一)〔二〕十一度四分度之一。石氏《星經》曰：『黃道規牽牛初直斗二十度，去極二十五度。』於赤道，斗二十一度也。《四分法》與行事候注天度相應。《尚書考靈曜》『斗二十二度，無餘分，冬至在牽牛所起』。又編訢等據今日所在〔未至〕牽牛中星五度，於斗二十一度四分一，與《考靈曜》相近，即以明事。元和二年八月，詔書曰『石不可離』，令兩候，上得算多者。太史令玄等候元和二年至永元元年，五歲中課日行及冬(夏)至斗(一)〔二〕十一度四分一，合古曆建星《考靈曜》日所起，其星間距度皆如石氏故事。他術以爲冬至日在牽牛初者，自此遂黜也。」

逵論曰：「以《太初曆》考漢元盡太初元年日(朔)〔食〕二十三事，其十七得朔，四得晦，二得二日；新曆七得朔，十四得晦，二得(三)〔二〕日。以《太初曆》考太初元年盡更始二年二十四事，十得晦；以新曆十六得朔，七得二日，一得晦。以《太初曆》考建武元年盡永元元年二十三事，五得朔，十八得晦；以新曆十七得朔，三得晦，三得二日。又以新曆上考《春秋》中有日朔者二十四事，失不中者二十三事。天道參差不齊，必有餘，餘又有長短，不可以等齊。治曆者方以七十六歲斷之，則餘分(稍)〔消〕長，稍得一日。故《易》金火相革之卦《象》曰：『君子以治曆明時。』又曰：『湯、武革命，順乎天應乎人。』言聖人必曆象日月星辰，明數不可貫數千萬歲，其間必改更，先距求度數，取合日月星辰所在而已。故求度數，取合日月星辰，有異世之術。《太初曆》不能下通於今，新曆不能上得漢元。一家曆法必在三百年之間。故讖文曰『三百年斗曆改憲』。漢興，當用《太初》而不改，下至太初元年百二歲乃改。故其前有先晦一日合朔，下至成、哀，以二日爲朔，故合朔多在晦，此其明效也。」

逵論曰：「臣前上傅安等用黃道度日月弦望多近。史官一以赤道度之，不與日月同，於今曆弦望至差一日以上，輒奏以爲變，至以爲日却縮退行。於黃道，自得行度，不爲變。願請太史官日月宿簿及星度課，與待詔星象考校。奏可。臣謹案：前對言冬至日去極一百一十五度，夏至日去極六十七度，春秋分日去極九十一度。《洪範》『日月之行，則有冬夏』。《五紀論》『日月循黃道，南至牽牛，北至東井，率日日行一度，月行十三度十九分度七』也。今史官一以赤道爲度，不與日月行同，其斗、牽牛、〔東井〕、輿鬼，赤道得十五，而黃道得十三度半；行東壁、奎、婁、軫、角、亢，赤道(十)〔七〕度，黃道八度；或月行多而日月相去反少，謂之日却。案黃道值牽牛，出赤道南二十五度，其直東井、輿鬼，出赤道北〔二十〕五度。赤道者爲中天，去極俱九十度，非日月道，而以遙準度日月，失

其實行故也。以今太史官候注考元和二年九月已來月行牽牛、東井四十九事，無行十一度者；行婁、角三十七事，無行十五六度者，如安言。問典星待詔姚崇、井畢等十二人，皆曰『星圖有規法，日月實從黄道，官無其器，不知施行』。案甘露二年大司農中丞耿壽昌奏，以圓儀度日月行，考驗天運狀，日月行至牽牛、東井，日過［一］度，月行十五度，至婁、角，日行一度，月行十三度，赤道使然，此前世所共知也。如言黄道有驗，合天，日無前却，弦望不差一日，比用赤道密近，宜施用。上中多臣校。」案逵論，永元四年也。至十五年七月甲辰，詔書造太史黄道銅儀，以角爲十三度，亢十，氐十六，房五，心五，尾十八，箕十，斗二十四四分度之一，牽牛七，須女十一，虚十，危十六，營室十八，東壁十，奎十七，婁十二，胃十五，昴十二，畢十六，觜三，參八，東井三十，輿鬼四，柳十四，星七，張十七，翼十九，軫十八，凡三百六十五度四分度之一。冬至日在斗十九度四分度之一。史官以（郭）［部］日月行，參弦望，雖密近而不爲注日。儀，黄道與度轉運，難以候，是以少循其事。

逵論曰：「又今史官推合朔、弦、望、月食加時，率多不中，在於不知月行遲疾意。永平中，詔書令故太史待詔張隆以《四分法》署弦、望、月食加時。隆言能用《易》九、六、七、八（支）［爻］知月行多少。今案隆所署多失。臣使隆逆推前手所署，不應，或異日，不中天乃益遠，至十餘度。梵、統以史官候注考校，月行當有遲疾，不必在牽牛、東井、婁、角之間，又非所謂朓、側匿，乃由月所行道有遠近出入所生，率一月移故所疾處三度，九歲九道一復，凡九章，百七十一歲，復十一月合朔旦冬至，合《春秋》、《三統》九道終數，可以知合朔、弦、望、月食加時。據官注天度爲分率，以其術法上考建武以來月食凡三十八事，差密近，有益，（宣）［宜］課試上。」

案史官舊有《九道術》，廢而不修。熹平中，故治曆郎梁國宗整上《九道》術，詔書下太史，以參舊術，相應。部太子舍人馮恂課校，恂亦復作《九道術》，增損其分，與整術並校，差爲近。太史令颺上以恂術參弦、望。然而加時猶復先後天，遠則十餘度。

永元十四年，待詔太史霍融上言：「官漏刻率九日增減一刻，不與天相應，或時差至二刻半，不如《夏曆》密。」詔書下太常，令史官與融以儀校天，課度遠近。太史令舒、承、梵等對：「案官所施漏法《令甲》第六《常符漏品》，孝宣皇帝三年十二月乙酉下，建武十年二月壬午詔書施行。漏刻以日長短爲數，率日南北二度四分而增減一刻。一氣俱十五日，日去極各有多少。今官漏率九日移一刻，不隨日進退。《夏曆》漏（刻）隨日南北爲長短，密近於官漏，分明可施行。」其年十一月甲寅，詔曰：「告司徒、司空：漏所以節時分，定昏明。昏明長短，起於日去極遠近，日道周（圜）不可以計率分，當據儀度，下參晷景。今官漏以計率分昏明，九日增減一刻，違失其實，至爲疏數以耦法。太史待詔霍融上言，不與天相應。太常史官運儀下水，官漏失天者至三刻。以晷景爲刻，少所違失，密近有驗。今下晷景漏刻四十八箭，立成斧官府當用者，計吏到，班予四十八箭。」文多，故魁取二十四氣日所在，并黄道去極，晷景，漏刻，昏明中星刻于下。

又 安帝延光二年，中謁者亶誦言當用甲寅元，河南梁豐言當復用《太初》。尚書郎張衡、周興皆能曆，數難誦、豐，或不對，或言失誤。衡、興參案儀注（者），考往校今，以爲《九道法》最密。詔書下公卿詳議。太尉愷等上侍中施延等議：「《太初》過天，日一度，弦望失正，月以晦見西方，食不與天相應；元和改從《四分》，《四分》雖密於《太初》，復不正，皆不可用。甲寅元與天相應，合圖讖，可施行。」博士黄廣、大行令任僉議，如《九道》。河南尹祉、太子舍人李泓等四十人議：「即用甲寅元，當除《元命苞》天地開闢獲麟中百一十四歲，推閏月六直其日，或朔、晦、弦、望，二十四氣宿度不相應者非一。用《九道》爲朔，月有比三大二小，皆疏遠。元和變曆，以應《保乾圖》『三百歲斗曆改憲』之文。《四分曆》本起圖讖，最得其正，不宜易。」愷等八十四人議，宜從《太初》。尚書令忠上奏：「諸從《太初》者，皆無他效驗，徒以世宗攘夷廓境，享國久長爲辭。或云孝章改《四分》，災異卒甚，未有善應。臣伏惟聖王興起，各異正朔，以通三統。漢祖受命，因秦之紀，十月爲年首，閏常在歲後。不稽先代，違於帝典。太宗遵修，三階以平，黄龍以至，刑犴以錯，五是以備。哀、平之際，同承《太初》，而妖孽累仍，痾禍非一。議者不以成數相參，考真求實，而汎采妄説，歸福《太初》，致咎《四分》。《太初曆》衆賢所立，是非已定，永平不審，復革其弦望。《四分》有謬，不可施行。元和鳳鳥不當應曆而翔集。遠嘉前造，則（喪）［表］其休，近譏後改，則隱其福。漏見曲論，未可爲是。臣輒復重難衡、興，以爲《五紀論》推步行度，當時比諸術爲近，然猶未稽於古。及向子歆欲以合《春秋》，横斷年數，損夏益周，考之表紀，差謬數百。兩曆相課，六千一百五十六歲，而《太初》多一日。冬至日直斗，而云在牽牛。迂闊不可復用，昭然如此。史官所共見，非獨衡、興。前以爲《九道》密近，今議者以爲有闕，及甲寅元復多違失，皆未可取正。昔仲尼順假馬之名，以崇君之義。況天之曆數，不可任疑從虚，以非易是。」上納其言，遂（寢）改曆事。

順帝漢安二年，尚書侍郎邊韶上言：「世微於數虧，道盛於得常。數虧則物衰，得常則國昌。孝武皇帝攄發聖思，因元封七年十一月甲子朔旦冬至，乃詔太史令司馬遷、治曆鄧平等更建《太初》，改元易朔，行夏之正，《乾鑿度》八十〔一〕分之四十三爲日法。設清臺之候，驗六異，課效㑥密，《太初》爲最。其後劉歆研機極深，驗之《春秋》，參以《易》道，以《河圖帝覽嬉》、《雒書（甄）〔乾〕曜度》推廣《九道》百七十一歲進退六十三分，百四十四歲一超次，與天相應，少有闕謬。從太初至永平十一年，百七十〔一〕歲，進退餘分六十三，治曆者不知處之。推得十二度弦望不效，挾廢術者得竄其説。至（永）〔元〕和二年，小終之數寖過，餘分稍增，月不用晦朔而先見。孝章皇帝以《保乾圖》『三百年斗曆改憲』，就用《四分》。以太白復樞甲子爲癸亥，引天從算，耦之目前。更以庚申爲元，既無明文；託之於獲麟之歲，又不與《感精符》單閼之歲同。史官相代，因成習疑，少能鉤深致遠；案弦望足以知之。」詔書下三公、百官雜議。太史令虞恭、治曆宗訢等議：「建曆之本，必先立元，元正然後定日法，法定然後度周天以定分至。三者有程，則曆可成也。《四分曆》仲紀之元，起於孝文皇帝後元三年，歲在庚辰。上四十五歲，歲在乙未，則漢興元年也。又上二百七十五歲，歲在庚申，則孔子獲麟。二百七十六萬歲，尋之上行，復得庚申。歲歲相承，從下尋上，其執不誤。此《四分曆》元明文圖讖所著也。太初元年歲在丁丑，上極其元，當在庚戌，而曰丙子，言百四十四歲超一辰，凡九百九十三超，歲有空行八十二周有奇，乃得丙子。案歲所超，於天元十一月甲子朔旦冬至，日月俱超。日行一度，積三百六十五度四分度一而周天一帀，名曰歲。歲從一辰，日不得空周天，則歲無由超辰。案百七十〔一〕歲二蔀一章，小餘六十三，自然之數也。夫數出於杪曶，以成毫氂，毫氂積累，以成分寸。兩儀既定，日月始離。初行生分，積分成度。日行一度，一歲而周，故爲術者，各生度法，或以九百四十，或以八十一。法有細㑥，以生兩科，其歸一也。日法者，日之所行分也。日垂令明，行有常節，日法所該，通遠無已，損益毫氂，差以千里。自此言之，數無緣得有虧棄之意也。今欲飾平之失，斷法垂分，恐傷大道。以步日月行度，終數不同，四章更不得朔餘一。雖言《九道》去課進退，恐不足以補其闕。且課曆之法，晦朔變弦，以月食天驗，昭著莫大焉。今以去六十三分之法爲曆，驗章和元年以來日變二十事，月食二十八事，與《四分曆》更失，定課相除，《四分》尚得多，而又便近。孝章皇帝曆度審正，圖儀晷漏，與天相應，不可復尚。《文曜鉤》曰：『高辛受命，重黎説文。唐堯即位，羲和立（禪）〔渾〕。夏后制德，昆吾列神。成周改號，萇弘分官。』《運斗樞》曰：『常占有經，世史所明。』《洪範五經論》曰：『民間亦有黄帝諸曆，不如史官記之明也。』自古及今，聖帝明王，莫不敢言於羲和、常占之官，定精微於晷儀，正衆疑，祕藏中書，改行《四分》之原。及光武皇帝數下詔書，草創其端，孝明皇帝課校其實，孝章皇帝宣行其法。君更三聖，年歷數十，信而徵之，舉而行之。其元則上統開闢，其數則復古《四分》。宜如甲寅詔書故事。」奏可。

靈帝熹平四年，五官郎中馮光、沛相上計掾陳晃言：「曆元不正，故妖民叛寇益州，盜賊相續爲〔害〕。曆〔當〕用甲寅爲元而用庚申，圖緯無以庚〔申〕爲元者。近秦所用代周之元。太史治曆郎中郭香、劉固意造妄説，乞（與）本庚申元經緯（有）明〔文〕，受虚欺重誅。」乙卯，詔書下三府，與儒林明道者評議，務得道真。以羣臣會司徒府議。

議郎蔡邕議，以爲：

曆數精微，去聖久遠，得失更迭，術（衛）無常是。〔漢興〕（以）承秦，曆用《顓頊》，元用乙卯。百有二歲，孝武皇帝始改正朔，曆用《太初》，元用丁丑，行之百八十九歲。孝章皇帝改從《四分》，元用庚申。今光、晃各以庚申爲非，甲寅爲是。案曆法，黄帝、顓頊、夏、殷、周、魯，凡六家，各自有元。光、晃所據，則殷曆元也。他元雖不明於圖讖，各〔自一〕家〔之〕術，皆常有效於（其）當時。（黄）〔武〕帝始用《太初》丁丑之元，（有）六家紛錯，争訟是非。太史令張壽王挾甲寅元以非漢曆，雜候清臺，課在下第，卒以疏闊，連見劾奏，《太初》效驗，無所漏失。是則雖非圖讖之元，而有效於前者也。及用《四分》以來，考之行度，密於《太初》，是又新元〔有〕效於今者也。延光元年，中謁者亶誦亦非《四分》庚申，上言當用《命曆序》甲寅元。公卿百寮參議正處，竟不施行。且三光之行，遲速進退，不必若一。術家以算追而求之，取合於當時而已。故有古今之術。今〔術〕之不能上通於古，亦猶古術之不能下通於今也。《元命苞》、《乾鑿度》皆以爲開闢至獲麟二百七十六萬歲，及《命曆序》積獲麟至漢，起庚（子）〔午〕蔀之二十三歲，竟己酉、戊子及丁卯蔀六十九歲，合爲二百七十五歲。漢元年歲在乙未，上至獲麟則歲在庚申。推此以上，上極開闢，則（不）〔元〕在庚申。讖雖無文，其數見存。而光、晃以爲開闢至獲麟二百七十五萬九千八百八十六歲，獲麟至漢百六十（二）〔一〕歲，轉差少一百一十四歲。云當滿足，則上達《乾鑿度》、《元命苞》，中使獲麟不得在哀公十四年，下不及《命曆序》獲麟〔至〕漢相去四蔀年數，與奏記譜注不相應。

當今曆正月癸亥朔，光、晃以爲乙丑朔。乙丑之與癸亥，無題勒款識可與衆共別者，須以弦望晦朔光魄虧滿可得而見者，考其符驗。而光、晃曆以《考靈曜》〔爲本〕，二十八宿度數及冬至日所在，與今史官甘、石舊文錯異，不可考校；以今渾天圖儀檢天文，亦不合於《考靈曜》。光、晃誠能自依其衛，更造望儀，以追天度，遠有驗於圖書，近有效於三光，可以易奪甘、石，窮服諸術者，實宜用之。難問光、晃，但言圖讖，所言不服。元和二年二月甲寅制書曰：「朕聞古先聖王，先天而天不違，後天而奉天時。史官用太初鄧平術，冬至之日，日在斗二十(二)〔一〕度，而曆以爲牽牛中星，先立春一日，則《四分》數之立春也，而以折獄斷大刑，於氣已迕，用望平和，蓋亦遠矣。今改行《四分》，以遵於堯，以順孔聖奉天之文。」是始用《四分曆》庚申元之詔也。深引《河雒》圖讖以爲符驗，非史官私意獨所興構。而光、晃以爲〔香〕、固意造妄說，違反經文，謬之甚者。昔堯命羲和曆象日月星辰，舜叶時月正日，湯、武革命，治曆明時，可謂正矣，且猶遇水遭旱，戒以「蠻夷猾夏，寇賊姦宄」。而光、晃以爲陰陽不和，姦臣盜賊，皆元之咎，誠非其理。元和二年乃用庚申，至今九十二歲，而光、晃言秦所用代周之元，不知從秦來，漢三易元，不常庚申。光、晃區區信用所學，亦妄虛無造欺語之愆。至於改朔易元，往者壽王之術已課不效，亶誦之議不用，元和詔書文備義著，非羣臣議者所能變易。

太尉耽、司徒隗、司空訓以邕議劾光、晃不敬，正鬼薪法。詔書勿治罪。

《太初曆》推月食多失。《四分》因《太初》法，以河平癸巳爲元，施行五年。永元元年，天以七月後閏食，術以八月。其(十)二年正月十二日，蒙公乘宗紺上書言：「今月十六日月當食，而曆以二月。」至期如紺言。太史令巡上紺有益官用，除待詔。甲辰，詔書以紺法署。施行五十六歲。至本初元年，天以十二月食，曆以後年正月，於是始差。到熹平三年，二十九年之中，先曆食者十六事。常山長史劉洪上作《七曜衛》。甲辰詔屬太史部郎中劉固、舍人馮恂等課效，復作《八元術》，固等作《月食術》，並已相參。周術與《七曜術》同。月食所失，皆以歲在己未當食四月，恂術以三月，官曆以五月。太史上課，到時施行中者。丁巳，詔書報可。

其四年，紺孫誠上書言：「受紺法術，當復改，今年十二月當食，而官曆以後年正月。」到期如言，拜誠爲舍人。丙申，詔書聽行誠法。

光和二年歲在己未，三月、五月皆陰，太史令修、部舍人張恂等推計行度，以爲三月近，四月遠。誠以四月。奏廢誠術，施用恂術。其三年，誠兄整前後上書言：「去年三月不食，當以四月。史官廢誠正術，用恂不正術。」整所上(五)〔正〕屬太史，太史主者終不自言三月近，四月遠。食當以見爲正，無遠近。詔書下太常：「其詳案注記，平議術之要，效驗虛實。」太常就耽上選侍中韓說、博士蔡較、穀城門候劉洪、右郎中陳調於太常府，覆校注記，平議難問。恂、誠各對。恂術以五千六百四十(日)〔月〕有九百六十一食爲法，而除成分，空加縣法，推建武以來，俱得三百二十七食，其十五食錯。案其官素注，天見食九十八，與兩術相應，其錯辟二千一百。誠術以百三十五月二十三食爲法，乘除成月，從建康以上減四十一，建康以來減三十五，以其俱不食。恂術改易舊法，誠術中復減損，論其長短，無以相踰。各引書緯自證，文無義要，取追天而已。夫日月之術，日循黃道，月從九道。以赤道儀，日冬至去極俱一百一十五度。其入宿也，赤道在斗二十一，而黃道在斗十九。兩儀相參，日月之行，曲直有差，以生進退。故月行井、牛，十四度以上；其在角、婁，十二度以上。皆不應率不行。以是言之，則術不差不改，不驗不用。天道精微，度數難定，術法多端，曆紀非一，未驗無以知其是，未差無以知其失。失然後改之，是然後用之，此謂允執其中。今誠術未有差錯之謬，恂術未有獨中之異，以無驗改未失，是以檢將來爲是者也。誠衛百三十五月二十三食，其文在書籍，學者所修，施行日久，官守其業，經緯日月，厚而未愆，信於天文，述而不作。恂久在候部，詳心善意，能揆儀度，定立術數，推前校往，亦與見食相應。然協曆正紀，欽若昊天，宜率舊章，如甲辰、丙申詔書，以見食爲比。今宜施用誠術，棄放恂術，史官課之，後有效驗，乃行其法，以審術數，以順改易。耽以說等議奏聞，詔書可。恂、整、誠各復上書，恂言不當施誠術，整言不當復(棄)恂術。爲洪議所侵，事下永安臺覆實，皆不如恂、誠等言。劾奏謾欺。詔書報，恂、誠各以二月奉贖罪，整適作左校二月。遂用洪等，施行誠術。

光和二年，萬年公乘王漢上《月食注》。自章和元年到今年凡九十三歲，合百九十六食；與官曆河平元年月錯，以己巳爲元。事下太史令修，上言「漢所作注不與見食相應者二事，以同爲異者二十九事」。尚書召穀城門候劉洪。敕曰：「前郎中馮光、司徒掾陳晃各訟曆，故議郎蔡邕共補續其志。今洪其詣修，與漢相參，推元(謂)〔課〕分，考校月食。審己巳元密近，有師法，洪便從漢受；不能，對。」洪上言：「推(元)漢己巳元，則《考靈曜》旃蒙之歲乙卯元也，與光、晃甲寅元相經緯。於以追天作曆，校三光之步，今爲疏闊。孔子緯一事見二端者，明曆興廢，隨天爲節。甲寅曆於孔子時效；己巳《顓頊》秦所施用，漢興草創，因而

不易，至元封中，迂闊不審，更用《太初》，應期三百改憲之節。甲寅、己巳讖雖有文，略其年數，是以學人各傳所聞，至於課校，罔得厥正。夫甲寅元天正正月甲子朔旦冬至，七曜之起，始於牛初。乙卯之元人正己巳朔旦立春，三光聚天廟五度。課兩元端，閏餘差(自)〔百〕五十〔二〕分(二)之三，朔三百四，中節之餘二十九。以效信難聚，漢不解説，但言先人有書而已。以漢成注參官施行，衛不同二十九事，不中見食二事。案漢習書，見己巳元，謂朝不聞，不知聖人獨有興廢之義，史官有附天密術。甲寅、己巳，前已施行，效後格而(已)不用。河平疏闊，史官已廢之，而漢以去事分争，殆非其意。雖有師法，與無同。課又不近密。其説蔀數，術家所共知，無所采取。」遣漢歸鄉里。

南朝梁·沈約《宋書》卷二三《天文志一》 或問蓋天於揚雄。揚雄曰：「蓋哉！蓋哉！」難其八事。鄭玄又難其二事。爲蓋天之學者，不能通也。劉向《五紀》説，《夏曆》以爲列宿日月皆西移；列宿疾而日次之，月最遲。故日與列宿昏俱入西方；後九十一日，是宿在北方；又九十一日，是宿在東方；九十一日，在南方。此明日行遲於列宿也。月生三日，日入而月見西方；至十五日，日入而月見東方；將晦，日未出，乃見東方。以此明月行之遲於日，而皆西行也。向難之以《鴻範傳》曰：「晦而月見西方，謂之朓。朓，疾也。朔而月見東方，謂之側匿。側匿，遲不敢進也。星辰西行，史官謂之逆行。」此三説，夏曆皆違之，迹其意，好異者之所作也。

唐·房玄齡等《晉書》卷一一《天文志上》 古言天者有三家，一曰蓋天，二曰宣夜，三曰渾天。漢靈帝時，蔡邕於朔方上書，言「宣夜之學，絶無師法。《周髀》術數具存，考驗天狀，多所違失。惟渾天近得其情，今史官候臺所用銅儀則其法也。立八尺員體而具天地之形，以正黄道，占察發斂，以行日月，以步五緯，精微深妙，百代不易之道也。官有其器而無本書，前志亦闕。」

又 宣夜之書亡，惟漢祕書郎郗萌記先師相傳云：「天了無質，仰而瞻之，高遠無極，眼瞀精絶，故蒼蒼然也。譬之旁望遠道之黄山而皆青，俯察千仞之深谷而窈黑，夫青非真色，而黑非有體也。日月衆星，自然浮生虚空之中，其行其止皆須氣焉。是以七曜或逝或住，或順或逆，伏見無常，進退不同，由乎無所根繫，故各異也。故辰極常居其所，而北斗不與衆星西没也。攝提、填星皆東行，日行一度，月行十三度，遲疾任情，其無所繫著可知矣。若綴附天體，不得爾也。」

又 王仲任據蓋天之説，以駁渾儀云：「舊説天轉從地下過。今掘地一丈輒有水，天何得從水中行乎？甚不然也。日隨天而轉，非入地。夫人目所望，不過十里，天地合矣；實非合也，遠使然耳。今視日入，非入也，亦遠耳。當日入西方之時，其下之人亦將謂之爲中也。四方之人，各以其近者爲出，遠者爲入矣。何以明之？今試使一人把大炬火，夜行於平地，去人十里，火光滅矣；非滅也，遠使然耳。今日西轉不復見，是火滅之類也。日月不員也，望視之所以員者，去人遠也。夫日，火之精也；月，水之精也。水火在地不員，在天何故員？」故丹楊葛洪釋之曰：

《渾天儀注》云：「天如鷄子，地如鷄中黄，孤居於天内，天大而地小。天表裏有水，天地各乘氣而立，載水而行。周天三百六十五度四分度之一，又中分之，則半覆地上，半繞地下，故二十八宿半見半隱，天轉如車轂之運也。」諸論天者雖多，然精於陰陽者少。張平子、陸公紀之徒，咸以爲推步七曜之道，以度曆象昏明之證候，校以四八之氣，考以漏刻之分，占晷景之往來，求形驗於事情，莫密於渾象者也。

張平子既作銅渾天儀於密室中以漏水轉之，令伺之者閉户而唱之。其伺之者以告靈臺之觀天者曰「璇璣所加，某星始見，某星已中，某星今没」，皆如合符也。崔子玉爲其碑銘曰：「數術窮天地，制作侔造化，高才偉藝，與神合契。」蓋由於平子渾儀及地動儀之有驗故也。

又 故桓君山曰：「春分日出卯入酉，此乃人之卯酉。天之卯酉，常值斗極爲天中。今視之乃在北，不正在人上。而春秋分時，日出入乃在斗極之南。若如磨右轉，則北方道遠而南方道近，晝夜漏刻之數不應等也。」後奏事待報，坐西廊廡下，以寒故暴背。有頃，日光出去，不復暴背。君山乃告信蓋天者曰：「天若如推磨右轉而日西行者，其光景當照此廊下稍而東耳，不當拔出去。拔出去是應渾天法也。渾爲天之真形，於是可知矣。」然則天出入水中，無復疑矣。

又 暨漢太初，落下閎、鮮于妄人、耿壽昌等造員儀以考曆度。後至和帝時，賈逵繫作，又加黄道。至順帝時，張衡又制渾象，具内外規、南北極、黄赤道，列二十四氣、二十八宿中外星官及日月五緯，以漏水轉之於殿上室内，星中出没與天相應。因其關戾，又轉瑞輪蓂莢於階下，隨月虚盈，依曆開落。其後陸績亦造渾象。

唐·房玄齡等《晉書》卷一七《律曆志中》 漢靈帝時，會稽東部尉劉洪，考

史官自古迄今曆注，原其進退之行，察其出入之驗，視其往來，度其終始，始悟《四分》於天疏闊，皆斗分太多故也。更以五百八十九爲紀法，百四十五爲斗分，作《乾象法》，冬至日日在斗二十二度，以衛追日，月、五星之行，推而上則合於古，引而下則應於今。其爲之也，依《易》立數，遁行相號，潛處相求，名爲《乾象曆》。又創制日行遲速，兼考月行，陰陽交錯於黃道表裏，日行黃道，於赤道宿度復有進退。方於前法，轉爲精密矣。獻帝建安元年，鄭玄受其法，以爲窮幽極微，又加注釋焉。

又　徐岳議：「劉洪以曆後天，潛精内思二十餘載，參校漢家《太初》、《三統》、《四分》曆術，課弦望於兩儀郭間。而月行九歲一終，謂之九道；九章，百七十一歲，九道小終；九九八十一章，五百六十七分而九終，進退牛前四度五分。學者務追合《四分》，但減一道六十三分，分不下通，是以疏闊，皆由斗分多故也。課弦望當以昏明度月所在，則知加時先後之意，不宜用兩儀郭間。洪加《太初》元十二紀，減十斗下分，元起己丑，又爲月行遲疾交會及黃道去極度、五星術，理實粹密，信可長行。今韓翊所造，皆用洪法，小益斗下分，所錯無幾。翊所增減，致亦留思，然十術新立，猶未就悉，至於日蝕，有不盡效。效曆之要，要在日蝕。熹平之際，時洪爲郎，欲改《四分》，先上驗日蝕：日蝕在晏，加時在辰，蝕從下上，三分侵二。事御之後如洪言，海内識真，莫不聞見，劉歆以來，未有洪比。夫以黃初二年六月二十九日戊辰加時未日蝕，《乾象術》加時申半強，於消息就加未，《黃初》以爲加辛強，《乾象》後天一辰半強爲近，《黃初》二辰半爲遠，消息與天近。三年正月丙寅朔加時申北日蝕，《黃初》加酉弱，《乾象》加午少，消息加未，《黃初》後天半辰近，《乾象》先天二辰少弱，於消息先天一辰強，爲遠天。三年十一月二十九日庚申加時西南維日蝕，《乾象》加未初，消息加申，《黃初》加未強，《乾象》先天一辰遠，《黃初》先天半辰近，消息《乾象》近中天。二年七月十五日癸未，日加壬月加丙蝕，《乾象》月加申，消息加未，《黃初》月加子強，入甲申日，《乾象》後天二辰，消息後一辰爲近，《黃初》後天六辰遠。三年十一月十五日乙巳，日加丑月加未蝕，《乾象》月加巳半，於消息加午，《黃初》以丙午月加酉強，《乾象》先天二辰近，《黃初》後天二辰強爲遠，於消息於《乾象》先一辰。凡課日月蝕五事，《乾象》四遠，《黃初》一近。」

唐・魏徵等《隋書》卷一九《天文志上》　後漢張衡爲太史令，鑄渾天儀，總序經星，謂之《靈憲》。【略】而衡所鑄之圖，遇亂堙滅，星官名數，今亦不存。

又　漢末，揚子雲難蓋天八事，以通渾天。其一云：「日之東行，循黃道。晝(夜)中規，牽牛距北極(北)[南]百一十度，東井距北極南七十度，并百八十度。周三徑一，二十八宿周天當五百四十度，今三百六十度，何也？」其二曰：「春秋分之日正出在卯，入在酉，而晝漏五十刻。即天蓋轉，夜當倍晝。今夜亦五十刻，何也？」其三曰：「日入而星見，日出而不見，即斗下見日六月，不見日六月。北斗亦當見六月，不見六月。今夜常見，何也？」其四曰：「以蓋圖視天河，起斗而東入狼弧間，曲如輪。今視天河直如繩，何也？」其五曰：「周天二十八宿，以蓋圖視天，星見者當少，不見者當多。今見與不見等，何出入無冬夏，而兩宿十四星當見，不以日長短故見有多少，何也？」其六曰：「天至高也，地至卑也。日託天而旋，可謂至高矣。縱人目可奪，水與影不可奪也。今從高山上，以水望日，日出水下，影上行，何也？」其七曰：「視物，近則大，遠則小。今日與北斗，近我而小，遠我而大，何也？」其八曰：「視蓋橑與車輻間，近杠轂即密，益遠益疎。今北極爲天杠轂，二十八宿爲天橑輻。以星度天，南方次地星間當數倍。今交密，何也？」

其後桓譚、鄭玄、蔡邕、陸績，各陳《周髀》，考驗天狀，多有所違。

又　宣夜之書，絶無師法。唯漢祕書郎郗萌，記先師相傳云：「天了無質，仰而瞻之，高遠無極，眼瞀精絶，故蒼蒼然也。譬之旁望遠道之黃山而皆青，俯察千仞之深谷而窈黑，夫青非真色，而黑非有體也。日月衆星，自然浮生虛空之中，其行其止，皆須氣焉。是以七曜或逝或住，或順或逆，伏見無常，進退不同，由乎無所根繫，故各異也。故辰極常居其所，而北斗不與衆星西没也。」

又　漢王仲任，據蓋天之説，以駁渾儀云：「舊説，天轉從地下過。今掘地一丈輒有水，天何得從水中行乎？甚不然也。日隨天而轉，非入地。夫人目所望，不過十里，天地合矣。實非合也，遠使然耳。今視日入，非入也，亦遠耳。當日入西方之時，其下之人亦將謂之爲中也。四方之人，各以其近者爲出，遠者爲入矣。何以明之？今試使一人把大炬火，夜行於平地，去人十里，火光滅矣。非火滅也，遠使然耳。今日西轉不復見，是火滅之類也。日月不圓也，望視之所以圓者，去人遠也。夫日，火之精也；月，水之精也。水火在地不圓，在天何故圓？」

又　而先儒或因星官書，北斗第二星名琁，第三星名璣，第五星名玉衡，仍七政之言，即以爲北斗七星。載筆之官，莫之或辨。史遷、班固，猶且致疑。馬

季長創謂璣衡爲渾天儀。鄭玄亦云：「其轉運者爲璣，其持正者爲衡，皆以玉爲之。七政者，日月五星也。以璣衡視其行度，以觀天意也。」

又　漢孝和帝時，太史揆候，皆以赤道儀，與天度頗有進退。以問典星待詔姚崇等，皆曰《星圖》有規法，日月實從黄道。官無其器。至永元十五年，詔左中郎將賈逵，乃始造太史黄道銅儀。至桓帝延熹七年，太史令張衡，更以銅製，以四分爲一度，周天一丈四尺六寸一分。

又　昔黄帝創觀漏水，制器取則，以分晝夜。【略】漢興，張蒼因循古制，猶多疏闊。【略】至和帝永元十四年，霍融上言：「官曆率九日增減一刻，不與天相應。或時差至二刻半，不如《夏曆》漏刻，隨日南北爲長短。」

又　賈逵、張衡、蔡邕、王蕃、陸績，皆以北極紐星爲樞，是不動處也。

唐・劉知幾《史通》卷一一《外篇・史官建置》　漢興之世，武帝又置太史公，位在丞相上，以司馬談爲之。漢法，天下計書先上太史，副上丞相。叙事如《春秋》。及談卒，子遷嗣。遷卒，宣帝以其官爲令，行太史公文書而已。尋自古太史之職，雖以著述爲宗，而兼掌曆象、日月、陰陽、管數。司馬遷既殁，後之續《史記》者，若褚先生、劉向、馮商、揚雄之徒，並以别職來知史務。於是太史之署，非復記言之司。故張衡、單颺、王立、高堂隆等，其當官見稱，唯知占候而已。

後晉・劉昫等《舊唐書》卷三二《曆志》　昔鄧平、洛下閎造漢《太初曆》，非之者十七家。

後晉・劉昫等《舊唐書》卷三六《天文志下》　張衡、蔡邕，又以漢郡配焉。自此因循，但守其舊文，無所變革。

後晉・劉昫等《舊唐書》卷四一《五行志》　漢興，董仲舒、劉向治《春秋》，論災異，乃引九疇之説，附于二百四十二年行事，一推咎徵天人之變。班固敍漢史，採其説《五行志》。

元・黄鎮成《尚書通考》卷二《古今曆法》　西漢《顓帝曆》。

初，張蒼言，《顓帝曆》比六曆，疏闊中最爲微近。又以高祖十月至霸上，故因秦時本十月爲歲首，而用《顓帝乙卯曆》。

武帝《太初曆》，丁丑元，餘分置於斗分。

元封七年，上與兒寬等議，以七年爲元年，詔公孫卿、壺遂、司馬遷議造《漢曆》，乃以前曆上元太初四千六百一十七歲，至元封七年，復得閼逢攝提格之歲，中冬十一月甲子朔旦冬至，日月在建星，太歲在子，已得太初本星度。始變《四分法》以律起曆，律容一龠，積八十一寸，以八十一爲日。法，一月二十九日八十一分日之四十三，一歲餘則增《四分法》六千一百五十六分日之一，故積六千一百五十六年，則增多《四分法》之一日，亦以十九歲爲一章。

成帝《三統曆》，庚戌元，其法因襲《太初》。

劉向總六曆，列是非，作《五紀論》。子歆作《三統曆》，以爲《易》與《春秋》天人之道也，是故元始有象一也，春秋二也，三統三也，四時四也，合而爲十，成五體。以五乘十，大衍之數也。而道據其一，其餘四十九，所當用也。故蓍數以象兩兩之，得九十八，三之得二百九十四，四之得一千一百七十六。又歸奇象閏餘分十九及據一加之，爲一千一百九十六，兩之得二千三百九十二，爲月法。黄鐘其實，一龠故八十一爲日法，合天地終數得十九爲閏法，以閏法乘日法得千五百二十九，爲統法。參統法得四千六百一十七，爲元法。參天九兩地十得四十七，爲會數。五位乘會數，得二百三十五，爲章月。故千五百三十九歲爲統，四千六百一十七歲爲一元。經歲四千五百六十，災歲五十七。天施復於子，地化自丑，畢於辰。人生自寅，成於申。故曆數三統，天以甲子，夏正月朔。地以甲辰，商正月朔。人以甲申，周正月朔。孟仲季迭用事爲統首。

東漢章帝《四分曆》，庚申元，章法、日法與古曆同。

元和二年，《太初》失天益遠，日、月宿度相覺浸多。章帝知其錯謬，召治曆編訢、李梵等綜校其狀，詔令改行《四分》。

靈帝《乾象曆》，己丑元，始減斗分。

光和中，穀城門候劉洪始悟《四分》於天疏闊，乃減斗分，更以五百八十九爲紀法，百四十五爲斗分，仍以十九歲爲一章，而造《乾象曆》。又制遲疾曆以步月行。方於《太初》、《四分》，轉精密矣。

宋何承天曰：《四分》於天，出三百年而盈一日。積世不悟，徒云建曆之本，必先立元。劉歆《三統法》尤復疏闊，方於《四分》，六千餘年又益一日。揚雄心惑其説，採爲《太玄》，班固謂之最密，著於《漢志》。李洪曰：《太初》多一日，冬至日值斗而云在牽牛，踈闊不可復用。唐一行曰：《三統曆》追攷《春秋》所書，三十六食僅得其一。故杜預攷古今十曆以驗《春秋》，乃知《三統》之最踈。

《乾象曆》，自黄初後，改曆者皆斟酌其法，洪術遂爲後代推步之表。

右漢凡四百年而曆五改，謂《顓帝曆》、《太初》、《三統》、《四分》、《乾象曆》也。

著録

漢・趙君卿《周髀算經・序》 夫高而大者莫大於天，厚而廣者莫廣於地。體恢洪而廓落，形脩廣而幽清。可以玄象課其進退，然而宏遠不可指掌也。可以晷儀驗其長短，然其巨闊不可度量也。雖窮神知化不能極其妙，探賾索隱不能盡其微。是以詭異之説出，則兩端之理生，遂有渾天、蓋天兼而並之。故能彌綸天地之道，有以見天地之賾。則渾天有《靈憲》之文，蓋天有《周髀》之法。累代存之，官司是掌。所以欽若昊天，恭授民時。爽以暗蔽，才學淺昧。隣高山之仰止，慕景行之軌轍。負薪餘日，聊觀《周髀》，其旨約而遠，其言曲或作典而中。將恐廢替，濡滯不通，使談天者無所取則，輒依經爲圖，誠冀頽毁重仞之牆，披露堂室之奥，庶博物君子時迴思焉。

漢・司馬遷《史記》卷一三〇《太史公自序》 律居陰而治陽，曆居陽而治陰，律曆更相治，間不容翲忽。五家之文怫異，維太初之元論。作《曆書》第四。星氣之書，多雜禨祥，不經；推其文，考其應，不殊。比集論其行事，驗于軌度以次，作《天官書》第五。

漢・班固《漢書》卷三〇《藝文志》 劉向《五行傳記》十一卷。

又 許商《五行傳記》一篇。

又 《孟氏京房》十一篇，《災異孟氏京房》六十六篇，五鹿充宗《略説》三篇，《京氏段嘉》十二篇。

又 揚雄《蒼頡訓纂》一篇。

又 劉向所序六十七篇。《新序》、《説苑》、《世説》、《列女傳頌圖》也。

又 揚雄所序三十八篇。《太玄》十九，《法言》十三，《樂》四，《箴》二。

又 劉向《説老子》四篇。

又 《容成子》十四篇。

又 《張蒼》十六篇。丞相北平侯。

又 《容成陰道》二十六卷。

又 劉向賦三十三篇。

又 司馬遷賦八篇。

又 揚雄賦十二篇。

又 《常從日月星氣》二十一卷。

又 《耿昌月行帛圖》二百三十二卷。

又 《耿昌月行度》二卷。

又 《許商算術》二十六卷。《杜忠算術》十六卷。

晉・劉徽《九章算術》 北平侯張蒼、大司農中丞耿壽昌，各稱删補。其目與古或異，蓋蒼本秦人，其所傳者必羲和、周公之遺，施行當世，爲後來步算家所宗，豈不宜哉？

唐・房玄齡等《晉書》卷一二《天文志中》 漢京房著《風角書》有《集星章》，所載妖星皆見於月旁，互有五色方雲，以五寅日見，各有五星所生。

唐・魏徵等《隋書》卷三二《經籍志一》 《夏小正》一卷。戴德撰。

又 《月令章句》十二卷。漢左中郎將蔡邕撰。

唐・魏徵等《隋書》卷三四《經籍志三》 《周髀》一卷。趙嬰注。

又 《靈憲》一卷。張衡撰。

又 《天文占》六卷。李暹撰。

又 《天文》十二卷。史崇注。

又 《翼氏占風》一卷。

又 《京氏釋五星災異傳》一卷。

又 《京氏日占圖》三卷。

又 《四分曆》三卷。梁《四分曆》三卷，漢修曆人李梵撰。梁又有《三統曆法》三卷，劉歆撰，亡。

又 《趙隱居四分曆》一卷。

又 《黃帝飛鳥曆》一卷。張衡撰。

又 《風角要占》三卷。梁八卷，京房撰。

又 《雜殺曆》九卷。梁有《秦災異》一卷，後漢中郎郗萌撰；《後漢災異》十五卷，《晉災異簿》二卷，《宋災異簿》四卷，《雜凶妖》一卷，《破書》、《玄武書契》各一卷。亡。

後晉・劉昫等《舊唐書》卷四七《經籍志下》 《靈憲圖》一卷。張衡撰。

《渾天儀》一卷。張衡撰。

又《三統曆》一卷。劉歆撰。

又《乾象曆術》三卷。劉洪撰。

又《十二次二十八宿星占》十二卷。史崇撰。

又《九章算經》一卷。徐岳撰。

《九章重差》一卷。劉向撰。

又《數術記遺》一卷。徐岳撰，甄鸞注。

又《算經要用百法》一卷。徐岳撰。

宋·歐陽修等《新唐書》卷五九《藝文志三》 趙嬰注《周髀》一卷。

張衡《靈憲圖》一卷。

又《渾天儀》一卷。

又 史崇《十二次二十八宿星占》十二卷。

又 劉向《九章重差》一卷。

徐岳《九章算術》九卷。

又 劉歆《三統曆》一卷。

《四分曆》一卷。

《推漢書律曆志術》一卷。

劉洪《乾象曆術》三卷。闞澤注。

宋·王應麟《玉海》卷一 漢天文圖籍

史《天官書》所見天變皆國殊，窟穴家占物怪以合時應，其文圖籍禨祥不法，是以孔子論《六經》，紀異而説不書。前《天文志》（晉志馬續云）：凡天文在圖籍昭昭可知者，經星常宿中外官凡百十八名，積數七百八十三星，皆有州國官宫物類之象。其伏見早晚，邪正存亡，虚實闊陿及五星所行，合散犯守，陵歷鬬食，彗孛飛流，日月薄食，暈適背穴，抱珥虹蜺，迅雷風妖，怪雲變氣，此皆陰陽之精，其本在地而上發于天。政失於此則變見於彼，明君覩之而寤飭身正事。若角亢氐（沆）〔兖〕至翼軫荆，甲齊至亥燕，代秦占弧至晉占參，而州國之象著焉。三公、三能、上將、貴相、執法、騎官、文昌、郎位、諸侯、羽林、藩臣、司寇，而官名之象著焉。泰一常居營室閣道，心爲明堂，房爲天府，亢爲宗廟，軫胃爲庫倉，箕爲后妃之府，及端門、掖門、帝坐、車舍、苑街、清廟之屬，皆宫象也。槍、棓、矛、盾、駟、驂、衿、牽、旗、市、關梁、弧矢、杵臼、狼虎、犧牲、溝瀆之屬，皆物象也。（日月周輝，星辰垂精，百官立法，宫室混成，降應王政，景以燭形，舉其占應，覽故考新。妖祥之占，始漢元年，五星聚東井；終元壽元年，歲星入太微。）《藝文志》：天文二十一家，四百四十五卷。自《泰壹雜子星》至《圖書祕記》，有日月五星霓雲雨之占，曆譜有《月行帛圖》、《月五星行度》，日晷書自《古五星宿紀》、《顓帝五星曆》、《日月宿曆》。（《曆志》引古文《月采篇》，《天文志》引《星傳》、《古曆》、《甘石氏經》、《夏氏日月傳》。）《續志》孝明帝使班固敘《漢書》而馬續述《天文志》，注謝沈書曰：蔡邕撰建武已後星驗，著明以續前志，譙周接繼其下。《晉志》諸侯之史梓慎、卜偃、裨竈、子韋、甘德、唐昧、尹皋、石申，夫皆掌著天文，各論圖驗。《隋志》：《河洛圖緯》雖有星占，星官之名未能盡列。壽昌《圖儀》成于甘露，賈逵《星圖》論于永元。

又 漢星圖、藍圖（見言天三家）

《續曆志》：賈逵論問典星待詔姚崇、井畢等十二人，皆曰星圖有規法，日月實從黄道。《劉向傳》書誦《書》《傳》，夜觀星宿，或不寐達旦。（又後漢郎顗晝研精義，夜占象度。）元延中（元年七月辛未）星孛東井，上奏曰：書曰伻來以圖天文，難以相曉。臣雖圖上，猶須口説，願賜清燕之間，指圖陳狀。上輒入之。《唐志》：《孝經》内記《星圖》一卷，失姓名。

元·脱脱等《宋史》卷一五九《藝文志五》 張衡《大象賦》一卷。

明·焦竑《國史經籍志》卷四《子類》 《周髀一卷》。趙嬰注。又一卷。甄鸞注。

又二卷。李淳風注。《周髀圖》一卷。

又《靈憲圖》一卷。張衡。《渾天儀》一卷。張衡。

清·丁仁《八千卷樓書目》卷一一《子部·天文演算法類》 《周髀算經》二卷，《音義》一卷。不著撰人名氏，趙嬰註，李籍音義。

清·紀昀等《四庫全書總目》卷一〇六《子部十六》 《周髀算經》二卷、《音義》一卷永樂大典本

案：《隋書·經籍志·天文類》首列《周髀》一卷，趙嬰註。又一卷，甄鸞重述。《唐書·藝文志》李淳風《釋周髀》二卷，與趙嬰、甄鸞之註列之天文類。而（曆）算類中復列李淳風註《周髀算經》二卷，蓋一書重出也。是書内稱周髀長八尺，夏至之日，晷一尺六寸，蓋髀者股也。於周地立八尺之表以爲股，其影爲句，故曰周髀。其首章周公與商高問荅，實句股之鼻祖，故《御製數理精蘊》載在卷首而詳釋之，稱爲成周六藝之遺文。榮方問於陳子以下，徐光啟謂爲千古大愚。

今詳考其文，惟論南北影差以地爲平遠，復以平遠測天，誠爲臆説。然與本文已絶不相類，疑後人傳説而誤入正文者，如《夏小正》之經傳參合，傅崧卿未訂以前，使人不能讀也。其本文之廣大精微者，皆足以存古法之意，開西法之源。如書内以璇璣一晝夜環繞北極一周而過一度，冬至夜半璇璣起北極下子位，春分夜半起北極左卯位，夏至夜半起北極上午位，秋分夜半起北極右酉位，是爲璇璣四游所極，終古不變。以七衡六閒測日躔發斂，冬至日在外衡，夏至日在内衡，春秋分在中衡，當其衡爲中氣，當其閒爲節氣，亦終古不變。古蓋天之學，此其遺法。蓋渾天如毬，寫星象於外，人自天外觀天。蓋天如笠，寫星象於内，人自天内觀天。笠形半圓，有如張蓋，故稱蓋天。各地上地下兩半圓體，即天體之渾圓矣。其法失傳已久，故自漢以迄元、明皆主渾天。明萬曆中，歐邏巴人入中國，始別立新法，號爲精密。然其言地圓，即《周髀》所謂地法覆槃，滂沱四隤而下也。其言南北里差，即《周髀》所謂北極左右，夏有不釋之冰，物有朝生暮穫，中衡左右，冬有不死之草，五穀一歲再熟，是爲寒暑推移，隨南北不同之故。及所謂春分至秋分極下常有日光，秋分至春分極下常無日光，是爲晝夜永短，隨南北不同之故也。其言東西里差，即《周髀》所謂東方日中，西方夜半，西方日中，東方夜半。晝夜易處如四時相反，是爲節氣合朔，加時早晚隨東西不同之故也。又李之藻以西法製渾蓋通憲，展晝短規使大於赤道規，一同《周髀》之展外衡使大於中衡，其《新法曆書》述第谷以前西法，三百六十五日四分日之一，每四歲之小餘成一日，亦即《周髀》所謂三百六十五日者三，三百六十六日者一也。西法出於《周髀》，此皆顯證。特後來測驗增修，愈推愈密耳。《明史·曆志》，謂堯時宅西居昧谷，疇人子弟散入遐方，因而傳爲西學者，固有由矣。此書刻本脱誤，多不可通。今據《永樂大典》内所載詳加校訂，補脱文一百四十七字，改譌舛者一百一十三字，删其衍複者十八字。舊本相承，題云漢趙君卿註。其自序稱爽以暗蔽，註内屢稱爽或疑焉。爽未之前聞，蓋即君卿之名。然則《隋·唐志》之趙嬰，殆即趙爽之譌歟。註引《靈憲乾象》，則其人在張衡、劉洪後也。舊有李籍《音義》，別自爲卷，今仍其舊。書内凡爲圖者五，而失傳者三，譌舛者一，謹據正文及註爲之補訂。古者九數惟《九章》、《周髀》二書流傳最古，譌誤亦特甚。然溯委窮源，得其端緒，固術數家之鴻寶也。

清·周中孚《鄭堂讀書記》卷四四《子部六之上》　《周髀算經》二卷、《音義》一卷。武英殿聚珍版本。

漢趙爽注，周甄鸞重述，唐李淳風釋。其《音義》，則宋李籍撰也。爽字君卿，一名嬰。鸞，官司隸校尉。淳風，岐州雍人，官朝議大夫，太史令，上輕車都尉。籍，官假承務郎，祕書省鉤考算經文字。《四庫全書著録》、《隋志》：一卷，趙嬰注又一卷，甄鸞重述，新、舊唐志俱同，惟重述俱作注。又載李淳風釋二卷，《崇文目書録》、《解題》、《通考》、《宋志》俱作二卷，皆兼趙、甄、李三家注合本載之。《解題》、《通考》、《宋志》又有李籍《音義》一卷，考之《隋志》尚有圖一卷，今本皆隨義散入，蓋昉於唐，故唐宋史志書目俱不載也。夫《周髀》者，蓋天之書也，稱周公受之商高，而以句股爲術，故曰周髀。周公商高問答其本文也，榮方、陳子以下所推衍也。而張平子、蔡伯喈以爲述類雖存，考驗天牧多所違失。案榮方、陳子始言晷度，張、蔡所疑或在於是。若《周髀》本文辭簡而意該，理精而用博。實言數者所不能外。其圓方矩度之規，推測分合之用，莫不與西法相爲表裏。然則商高一篇，誠成周六藝之遺文，而非後人所能假託也。即榮方、陳子皆周公之後人也，以句股量天始見於此。後人踵事增修，愈推愈密，乃循張、蔡之説，嗤古率爲牗疏，毋乃既成大輅而棄椎輪耶。歐邏巴測天專恃三角八線，所謂三角，即古之句股也。而即造端於是書，豈非算法之統宗乎？君卿首爲注之，而能乘朱、黄之實，立倍差減併之術，以盡開方之妙，百世之下，莫之可易。至甄氏之重述，乃是詮解君卿之所注，間有未詳。淳風又爲之注釋而籍，且併君卿之序而爲之。《音義》不獨經注也，津逮祕書所載本獨無《音義》，且多舛訛。今館臣據《永樂大典》所載宋本，補脱字一百四十七，正誤字一百一十三，删衍字一十八，補圖二，以聚珍版印行，冠以提要，殿以宋嘉定癸酉括蒼鮑仲祺澣之跋，孔體生刊《算經十書》即以是經爲首學，陳、馬兩家亦屬之，宋人《學津討原》亦收入之。

《星學》二卷。漢魏叢書本。

舊題漢甘公、石申撰。《四庫全書存目》作不著撰人名氏。《隋志》載《星學》二卷不著撰人，別有《石氏星經簿讚》一卷，《甘氏四七法》一卷，又載梁有石氏、甘氏《天文占》各八卷。《新、舊唐志》俱止載《石氏星經簿贊》一卷，注云石申撰，舊志作石申乃誤衍一甫字甫與夫同義《甘氏四七法》一卷，注云甘德撰，而無《星經》二卷。至《讀書志》、《通考》、《宋志》，始有《甘石星經》一卷，竟指爲甘、石合撰之書，其非《隋志》所載之本。明甚《書録解題》、《通考》、《宋志》別有《石氏星簿讚曆》一卷，晁氏稱《甘石星經》以日、月、五星、三垣、二十八舍，恒星圖象次舍，有占訣，以候休咎。今是本自四輔六甲以下，一百六十二節合之，晁氏所稱約略相同。當即一書

以後人采進晉、隋二志之文成之。詞意淺近，必非古書。故讀《漢書・天文志》注引《星經》五六百言，今本皆無之。是劉、宣、卿所見之《星經》乃真古書也。不知佚於何時。至所云《甘石星經》晁氏始載之，當屬北宋人作，但《史記・天官書》明言：「齊有甘公，魏有石申。」《漢志》作楚有甘公，魏有石申夫。皆在戰國，時非漢人也，豈作僞者故留破綻以示後人耶？陳氏謂《唐志》稱《石氏星經簿讚》館閣目以其有徐、潁、婺、台等州名，疑後人附益，今此書明言依甘石、巫咸氏，則非專石申書也。以上陳説據此知，南宋時《星簿讚曆》尚存，故陳氏以下俱爲著録。其書大約與《星經》相等，云嘗考《史記・天官書》，詞致古奥，自成一種文字，此必出於甘、石之傳，非子長所能自造，故孟堅即取之，以作《漢書・天文志》。後之言天象者，舍《史》、《漢》而別求甘、石之經，是棄周鼎而求康瓠矣。是書《説郛》、《津逮祕書》俱收入之，毛氏題曰《通占大象曆　星經》，不著撰人，不知其何所本也。

藝文

宋・劉克莊《後村集》卷一四　劉安

忽棄國中去，疑爲方外遊。早知守都厠，何以莫仙休？

宋・陳普《石堂先生遺集》卷二〇　董仲舒二首

好古劉安豈逆儔，左吴枚赫滿諸侯。仲舒到處皆狼虎，妥帖馴良獨到頭。

江都王非，武帝兄，素驕；膠西王端亦帝兄，尤縱恣。仲舒相之，皆正身率下所居而治。淮南王安以好書博雅爲武帝所重，至謀逆與反國，同滅，習與不正人居故也。

孟軻死後惟董子，道義兩言擴古今。性善七篇何落落，千秋不遇一知音。

《繁露内篇》專非孟子性善。

宋・梅堯臣《宛陵集》卷三六　讀日者傳荅俞生

宋忠爲大夫，賈誼爲博士。同與休沐下，訪卜長安市。吾不如二人，讀書無舉跬。借曰當乘肥，乘肥非我指。唯思泉石間，坐卧松風美。

元・侯克中《艮齋詩集》卷三　董仲舒

上方用武定羌夷，儒者宜爲衆所擠。大匠謾持脩月斧，拙工先立倚天梯。身爲當代斯文主，名與南山北斗齊。許大闕廷無著處，江都才了又膠西。

雜録

漢・郭憲《洞冥記》卷四　武帝暮年，彌好仙術，與東方朔狎昵，帝曰：「朕所好甚者不老，其可得乎？」朔曰：「臣能使少者不老。」帝曰：「服何藥耶？」朔曰：「東北有地日之草，西南有春生之魚。」帝曰：「何以知之？」朔曰：「三足烏數下地食此草，羲和欲馭，以手揜烏目，不聽下也。長其食此草，蓋鳥獸食此草則美，悶不能動矣。」

魏晉南北朝部

綜 述

北齊・魏收《魏書》卷一〇七上《律曆志上》 魏文時用韓翊所定，至明帝行楊偉《景初》，終於晉朝，無所改作。

司天測象，今古共情，啓端歸餘，爲法不等，協日正時，俱有得失。太祖天興初，命太史令晁崇修渾儀以觀星象，仍用《景初曆》。歲年積久，頗以爲疏。世祖平涼土，得趙畋所修《玄始曆》，後謂爲密，以代《景初》。真君中，司徒崔浩爲《五寅元曆》，未及施行，浩誅，遂寢。高祖太和中，詔祕書鍾律郎上谷張明豫爲太史令，修綜曆事，未成，明豫物故。

唐・房玄齡等《晉書》卷二四《職官志》 太常，有博士、協律校尉員，又統太學諸博士、祭酒及太史、太廟、太樂、鼓吹、陵等令，太史又別置靈臺丞。

唐・魏徵等《隋書》卷一七《律曆志中》 當塗受命，亦有史官，韓翊創之於前，楊偉繼之於後，咸遵劉洪之術，未及洪之深妙。中、左兩晉，迭有增損。至於西涼，亦爲蔀法，事迹糾紛，未能詳記。宋氏元嘉，何承天造曆，迄于齊末，相仍用之。梁武初興，因循齊舊，天監中年，方改行宋祖冲之《甲子元曆》。陳武受禪，亦無創改。後齊文宣，用宋景業曆。西魏入關，行李業興曆。逮於周武帝，乃有甄鸞造《甲寅元曆》，遂參用推步焉。大象之初，太史上士馬顯，又上《丙寅元曆》，便即行用。迄于開皇四年，乃改用張賓曆，十七年，復行張冑玄曆，至于義寧。今采梁天監以來五代損益之要，以著于篇云。

唐・魏徵等《隋書》卷二七《百官志中》 後齊制官，多循後魏。【略】謁者臺，掌凡諸吉凶公事，導相禮儀事。僕射二人，謁者三十人，録事一人。【略】太常，掌陵廟羣祀、禮樂儀制，天文術數衣冠之屬。其屬官有博士、四人，掌禮制。【略】太史掌天文地動，風雲氣色，律曆卜筮等事。【略】太史兼領靈臺掌天文觀候。

傳 記

晉・陳壽《三國志》卷二一《魏志・王粲傳》 王粲字仲宣，山陽高平人也。曾祖父龔，祖父暢，皆爲漢三公。父謙，爲大將軍何進長史。進以謙名公之胄，欲與爲婚，見其二子，使擇焉。謙弗許。以疾免，卒于家。

獻帝西遷，粲徙長安，左中郎將蔡邕見而奇之。時邕才學顯著，貴重朝廷，常車騎填巷，賓客盈坐。聞粲在門，倒屣迎之。粲至，年既幼弱，容狀短小，一坐盡驚。邕曰：「此王公孫也，有異才，吾不如也。吾家書籍文章，盡當與之。」年十七，司徒辟，詔除黄門侍郎，以西京擾亂，皆不就。乃之荆州依劉表。表以粲貌寢而體弱通侻，不甚重也。表卒。粲勸表子琮，令歸太祖。太祖辟爲丞相掾，賜爵關内侯。太祖置酒漢濱，粲奉觴賀曰：「方今袁紹起河北，仗大衆，志兼天下，然好賢而不能用，故奇士去之。劉表雍容荆楚，坐觀時變，自以爲西伯可規。士之避亂荆州者，皆海内之儁傑也；表不知所任，故國危而無輔。明公定冀州之日，下車即繕其甲卒，收其豪傑而用之，以横行天下；及平江、漢，引其賢儁而置之列位，使海内回心，望風而願治，文武並用，英雄畢力，此三王之舉也。」後遷軍謀祭酒。魏國既建，拜侍中。博物多識，問無不對。時舊儀廢弛，興造制度，粲恒典之。

初，粲與人共行，讀道邊碑，人問曰：「卿能闇誦乎？」曰：「能。」因使背而誦之，不失一字。觀人圍棊，局壞，粲爲覆之。棊者不信，以帊蓋局，使更以他局爲之。用相比校，不誤一道。其彊記默識如此。性善算，作算術，略盡其理。善屬文，舉筆便成，無所改定，時人常以爲宿構；然正復精意覃思，亦不能加也。著詩、賦、論、議垂六十篇。建安二十一年，從征吴。二十二年春，道病卒，時年四十一。粲二子，爲魏諷所引，誅。後絶。

晉・陳壽《三國志》卷二五《魏志・高堂隆傳》 高堂隆字升平，泰山平陽人，魯高堂生後也。少爲諸生，泰山太守薛悌命爲督郵。郡督軍與悌争論，名悌

而呵之。隆按劍叱督軍曰：「昔魯定見侮，仲尼歷階；趙彈秦箏，相如進缶。臨臣名君，義之所討也。」督軍失色，悌驚起止之。後去吏，避地濟南。

建安十八年，太祖召爲丞相軍議掾，後爲歷城侯徽文學，轉爲相。徽遭太祖喪，不哀，反遊獵馳騁；隆以義正諫，甚得輔導之節。黃初中，爲堂陽長，以選爲平原王傅。王即尊位，是爲明帝。以隆爲給事中、博士、駙馬都尉。帝初踐阼，羣臣或以爲宜饗會，隆曰：「唐、虞有遏密之哀，高宗有不言之思，是以至德雍熙，光于四海。」以爲不宜爲會，帝敬納之。遷陳留太守。犢民酉牧，年七十餘，有至行，舉爲計曹掾；帝嘉之，特除郎中以顯焉。徵隆爲散騎常侍，賜爵關内侯。

青龍中，大治殿舍，西取長安大鐘。隆上疏曰：「昔周景王不儀刑文、武之明德，忽公旦之聖制，既鑄大錢，又作大鐘，單穆公諫而弗聽，泠州鳩對而弗從，遂迷不反，周德以衰，良史記焉，以爲永鑒。然今之小人，好説秦、漢之奢靡以盪聖心，求取亡國不度之器，勞役費損，以傷德政，非所以興禮樂之和，保神明之休也。」是日，帝幸上方，隆與卞蘭從。帝以隆表授蘭，使難隆曰：「興衰在政，樂何爲也？化之不明，豈鐘之罪？」隆曰：「夫禮樂者，爲治之大本也。故簫韶九成，鳳皇來儀，雷鼓六變，天神以降，政是以平，刑是以錯，和之至也。新聲發響，商辛以隕，大鐘既鑄，周景以弊，存亡之機，恒由斯作，安在廢興之不階也？君舉必書，古之道也，作而不法，何以示後？聖王樂聞其闕，故有箴規之道；忠臣願竭其節，故有匪躬之義也。」帝稱善。

遷侍中，猶領太史令。崇華殿災，詔問隆：「此何咎？於禮，寧有祈禳之義乎？」隆對曰：「夫災變之發，皆所以明教誡也，惟率禮脩德，可以勝之。《易傳》曰：『上不儉，下不節，孽火燒其室。』又曰：『君高其臺，天火爲災。』此人君苟飾宫室，不知百姓空竭，故天應之以旱，火從高殿起也。上天降鑒，故譴告陛下；陛下宜增崇人道，以答天意。昔太戊有桑穀生於朝，武丁有雊雉登於鼎，皆聞災恐懼，側身脩德，三年之後，遠夷朝貢，故號曰中宗、高宗。此則前代之明鑒也。今案舊占，災火之發，皆以臺榭宫室爲誡。然今宫室之所以充廣者，實由宫人猥多之故。宜簡擇留其淑懿，如周之制，罷省其餘。此則祖己之所以訓高宗，高宗之所以享遠號也。」詔問隆：「吾聞漢武帝時，柏梁災，而大起宫殿以厭之，其義云何？」隆對曰：「臣聞西京柏梁既災，越巫陳方，建章是經，以厭火祥；乃夷越之巫所爲，非聖賢之明訓也。《五行志》曰：『柏梁災，其後有江充巫蠱(也)衛太子事。』如《志》之言，越巫建章無所厭也。孔子曰：『災者脩類應行，精祲相感，以戒人君。』是以聖主覩災責躬，退而脩德，以消復之。今宜罷散民役。宫室之制，務從約節，内足以待風雨，外足以講禮儀。清埽所災之處，不敢於此有所立作，萐莆、嘉禾必生此地，以報陛下虔恭之德。豈可疲民之力，竭民之財！實非所以致符瑞而懷遠人也。」帝遂復崇華殿，時郡國有九龍見，故改曰九龍殿。

陵霄闕始構，有鵲巢其上，帝以問隆，對曰：「《詩》云『維鵲有巢，維鳩居之』。今興宫室，起陵霄闕，而鵲巢之，此宫室未成身不得居之象也。天意若曰，宫室未成，將有他姓制御之，斯乃上天之戒也。夫天道無親，惟與善人，不可不深防，不可不深慮。夏、商之季，皆繼體也，不欽承上天之明命，惟讒諂是從，廢德適欲，故其亡也忽焉。太戊、武丁，覩災竦懼，祇承天戒，故其興也勃焉。今若休罷百役，儉以足用，增崇德政，動遵帝則，除普天之所患，興兆民之所利，三王可四，五帝可六，豈惟殷宗轉禍爲福而已哉！臣備腹心，苟可以繁祉聖躬，安存社稷，臣雖灰身破族，猶生之年也。豈憚忤逆之災，而令陛下不聞至言乎？」於是帝改容動色。

是歲，有星孛于大辰。隆上疏曰：「凡帝王徙都立邑，皆先定天地社稷之位，敬恭以奉之。將營宫室，則宗廟爲先，廄庫爲次，居室爲後。今圜丘、方澤、南北郊、明堂、社稷，神位未定，宗廟之制又未如禮，而崇飾居室，士民失業。外人咸云宫人之用，與興戎軍國之費，所盡略齊。民不堪命，皆有怨怒。《書》曰『天聰明自我民聰明，天明畏自我民明威』，輿人作頌，則嚮以五福，民怒吁嗟，則威以六極，言天之賞罰，隨民言，順民心也。是以臨政務在安民爲先，然後稽古之化，格于上下，自古及今，未嘗不然也。夫采椽卑宫，唐、虞、大禹之所以垂皇風也；玉臺瓊室，夏癸、商辛之所以犯昊天也。今之宫室，實違禮度，乃更建立九龍，華飾過前。天彗章灼，始起於房心，犯帝坐而干紫微，此乃皇天子愛陛下，是以發教戒之象，始卒皆於尊位，殷勤鄭重，欲必覺寤陛下；斯乃慈父懇切之訓，宜崇孝子祇聳之禮，以率先天下，以昭示後昆，不宜有忽，以重天怒。」

時軍國多事，用法深重。隆上疏曰：「夫拓跡垂統，必俟聖明，輔世匡治，亦須良佐，用能庶績其凝而品物康乂也。夫移風易俗，宣明導化，使四表同風，回首面内，德教光熙，九服慕義，固非俗吏之所能也。今有司務糾刑書，不本大道，

是以刑用而不措，俗弊而不敦。宜崇禮樂，班敘明堂，修三雍、大射、養老，營建郊廟，尊儒士，舉逸民，表章制度，改正朔，易服色，布愷悌，尚儉素，然後備禮封禪，歸功天地，使雅頌之聲盈于六合，緝熙之化混于後嗣。斯蓋至治之美事，不朽之貴業也。然九域之內，可揖讓而治，尚何憂哉！不正其本而救其末，譬猶棼絲，非政理也。可命羣公卿士通儒，造具其事，以爲典式。」隆又以爲改正朔，易服色，殊徽號，異器械，自古帝王所以神明其政，變民耳目，故三春稱王，明三統也。於是敷演舊章，奏而改焉。帝從其議，改青龍五年春三月爲景初元年孟夏四月，服色尚黄，犧牲用白，從地正也。

遷光禄勳。帝愈增崇宮殿，雕飾觀閣，鑿太行之石英，采穀城之文石，起景陽山於芳林之園，建昭陽殿於太極之北，鑄作黄龍鳳皇奇偉之獸，飾金墉、陵雲臺、陵霄闕。百役繁興，作者萬數，公卿以下至于學生，莫不展力，帝乃躬自掘土以率之。而遼東不朝。悼皇后崩。天作淫雨，冀州水出，漂没民物。隆上疏切諫曰：

蓋「天地之大德曰生，聖人之大寶曰位；何以守位？曰仁；何以聚人？曰財」。然則士民者，乃國家之鎮也；穀帛者，乃士民之命也。穀帛非造化不育，非人力不成。是以帝耕以勸農，后桑以成服，所以昭事上帝，告虔報施也。昔在伊唐，世值陽九厄運之會，洪水滔天，使鯀治之，績用不成，乃舉文命，隨山刊木，前後歷年二十二載。災眚之甚，莫過於彼，力役之興，莫久於此，堯、舜君臣，南面而已。禹敷九州，庶士庸勳，各有等差，君子小人，物有服章。今無若時之急，而使公卿大夫並與廝徒共供事役，聞之四夷，非嘉聲也，垂之竹帛，非令名也。是以有國有家者，近取諸身，遠取諸物，嫗煦養育，故稱「愷悌君子，民之父母」。今上下勞役，疾病凶荒，耕稼者寡，饑饉荐臻，無以卒歲；宜加愍卹，以救其困。

臣觀在昔書籍所載，天人之際，未有不應也。是以古先哲王，畏上天之明命，循陰陽之逆順，矜矜業業，惟恐有違。然後治道用興，德與神符，災異既發，懼而脩政，未有不延期流祚者也。爰及末葉，闇君荒主，不崇先王之令軌，不納正士之直言，以遂其情志，恬忽變戒，未有不尋踐禍難，至於顛覆者也。

天道既著，請以人道論之。夫六情五性，同在於人，嗜欲廉貞，各居其一。及其動也，交爭于心。欲彊質弱，則縱濫不禁；精誠不制，則放溢無極。夫情之所在，非好則美，而美好之集，非人力不成，非穀帛不立。情苟無極，則人不堪其勞，物不充其求。勞求並至，將起禍亂。故不割情，無以相供。仲尼云：「人無遠慮，必有近憂。」由此觀之，禮義之制，非苟拘分，將以遠害而興治也。【略】

書奏，帝覽焉，謂中書監、令曰：「觀隆此奏，使朕懼哉！」

隆疾篤，口占上疏曰：

曾子有疾，孟敬子問之。曾子曰：「鳥之將死，其鳴也哀；人之將死，其言也善。」臣寢疾病，有增無損，常懼奄忽，忠款不昭。臣之丹誠，豈惟曾子，願陛下少垂省覽！渙然改往事之過謬，勃然興來事之淵塞，使神人響應，殊方慕義，四靈效珍，玉衡曜精，則三王可邁，五帝可越，非徒繼體守文而已也。

臣常疾世主莫不思紹堯、舜、湯、武之治，而蹈踵桀、紂、幽、厲之跡，莫不蚩笑季世惑亂亡國之主，而不登踐虞、夏、殷、周之軌。悲夫！以若所爲，求若所致，猶緣木求魚，煎水作冰，其不可得，明矣。尋觀三代之有天下也，聖賢相承，歷載數百，尺土莫非其有，一民莫非其臣，萬國咸寧，九有有截；鹿臺之金，巨橋之粟，無所用之，仍舊南面，夫何爲哉！然癸、辛之徒，恃其旅力，知足以拒諫，才足以飾非，諂諛是尚，臺觀是崇，淫樂是好，倡優是説，作靡靡之樂，安濮上之音。上天不蠲，眷然回顧，宗國爲墟，(不)[下]夷于隸，紂縣白旗，桀放鳴條；天子之尊，湯、武有之，豈伊異人，皆明王之胄也。且當六國之時，天下殷熾，秦既兼之，不脩聖道，乃構阿房之宮，築長城之守，矜夸中國，威服百蠻，天下震竦，道路以目；自謂本枝百葉，永垂洪暉，豈寤二世而滅，社稷崩圮哉？近漢孝武乘文、景之福，外攘夷狄，内興宮殿，十餘年間，天下囂然。乃信越巫，懟天遷怒，起建章之宮，千門萬户，卒致江充妖蠱之變，至於宮室乖離，父子相殘，殃咎之毒，禍流數世。【略】

隆卒，遺令薄葬，斂以時服。

初，太和中，中護軍蔣濟上疏曰「宜遵古封禪」。詔曰：「聞濟斯言，使吾汗出流足。」事寢歷歲，後遂議脩之，使隆撰其禮儀。帝聞隆没，歎息曰：「天不欲成吾事，高堂生舍我亡也。」子琛嗣爵。【略】

評曰：【略】。高堂隆學業脩明，志在匡君，因變陳戒，發於懇誠，忠矣哉！及至必改正朔，俾魏祖虞，所謂意過其通者歟！

晉・陳壽《三國志》卷二九《魏志・管輅傳》　管輅字公明，平原人也。容貌粗醜，無威儀而嗜酒，飲食言戲，不擇非類，故人多愛之而不敬也。

《輅別傳》曰：輅年八九歲，便喜仰視星辰，得人輒問其名，夜不肯寐。父母常禁之，猶不可止。自言「我年雖小，然眼中喜視天文。」常云：「家雞野鵠，猶尚知時，況於人乎？」與鄰比

兒共戲土壤中，輒畫地作天文及日月星辰。每答言説事，語皆不常，宿學耆人不能折之，皆知其當有大異之才。及成人，果明《周易》，仰觀、風角、占、相之道，無不精微。體性寬大，多所含受；憎己不讐，愛己不褒，每欲以德報怨。常謂：「忠孝信義，人之根本，不可不厚；廉介細直，士之浮飾，不足爲務也。」自言：「知我者稀，則我貴矣，安能斷江、漢之流，爲激石之清？樂與季主論道，不欲與漁父同舟，此吾志也。」其事父母孝，篤兄弟，順愛士友，皆仁和發中，終無所闕。臧否之士，晚亦服焉。父爲瑯邪即丘長，時年十五，來至官舍讀書。始讀《詩》、《論語》及《易》本，便開淵布筆，辭義斐然。于時黌上有遠方及國内諸生四百餘人，皆服其才也。瑯邪太守單子春雅有材度，聞輅一黌之儁，欲得見，輅父即遣輅造之。大會賓客百餘人，坐上有能言之士，輅問子春：「府君名士，加有雄貴之姿，輅既年少，膽未堅剛，若欲相觀，懼失精神，請先飲三升清酒，然後言之。」子春大喜，便酌三升清酒，獨使飲之。酒盡之後，問子春：「今欲與輅爲對者，若府君四坐之士邪？」子春曰：「吾欲自與卿旗鼓相當。」輅言：「始讀《詩》、《論》、《易》本，學問微淺，未能上引聖人之道，陳秦、漢之事，但欲論金木水火土鬼神之情耳。」子春言：「此最難者，而卿以爲易邪？」於是唱大論之端，遂經於陰陽，文采葩流，枝葉横生，少引聖籍，多發天然。子春及衆士互共攻劫，論難鋒起，而輅人人答對，言皆有餘。至日向暮，酒食不行。子春語衆人曰：「此年少，盛有才器，聽其言論，正似司馬犬子遊獵之賦，何其磊落雄壯，英神以茂，必能明天文地理變化之數，不徒有言也。」於是發聲徐州，號之神童。

父爲利漕，利漕民郭恩兄弟三人，皆得躄疾，使輅筮其所。輅曰：「卦中有君本墓，墓中有女鬼，非君伯母，當叔母也。昔饑荒之世，當有利其數升米者，排著井中，嘖嘖有聲，推一大石，下破其頭，孤魂冤痛，自訴於天。」於是恩涕泣服罪。

《輅別傳》曰：利漕民郭恩，字義博，有才學，善《周易》、《春秋》，又能仰觀。輅就義博體《易》，數十日中，意便開發，言難踰師。於此分蓍下卦，用思精妙，占黌上諸生疾病死亡貧富喪衰，初無差錯，莫不驚怪，謂之神人也。又從義博學仰觀，三十日中通夜不卧，語義博：「君但相語墟落處所耳，至於推運會，論災異，自當出吾天分。」學未一年，義博反從輅問《易》及天文事要。義博每聽輅語，未嘗不推几慷慨。自言「登聞君至論之時，忘我篤疾，明闇之不相逮，何其遠也」！義博設主人，獨請輅，具告辛苦，自説：「兄弟三人俱得躄疾，不知何故？試相爲作卦，知其所由。若有咎殃者，天道赦人，當爲吾祈福於神明，勿有所愛。兄弟俱行，此爲更生。」輅便作卦，思之未詳。會日夕，因留宿。至中夜，語義博曰：「吾以此得之。」既言其事，義博悲涕沾衣，曰：「皇漢之末，實有斯事。君不名主，諱也。我不得言，禮也。兄弟躄來三十餘載，脚如棘子，不可復治，但願不及子孫耳。」輅言火形不絶，水形無餘，不及後也。

廣平劉奉林婦病困，已買棺器。時正月也，使輅占，曰：「命在八月辛卯日日中之時。」林謂必不然，而婦漸差，至秋發動，一如輅言。

輅往見安平太守王基，基令作卦，輅曰：「當有賤婦人，生一男兒，墜地便走入竈中死。又牀上當有一大蛇銜筆，小大共視，須臾去之也。又烏來入室中，與燕共鬭，燕死，烏去。有此三怪。」基大驚，問其吉凶。輅曰：「直客舍久遠，魑魅魍魎爲怪耳。兒生便走，非能自走，直宋無忌之妖其將其入竈也。大蛇銜筆，直老書佐耳。烏與燕鬭，直老鈴下耳。今卦中見象而不見其凶，知非妖咎之徵，自無所憂也。」後卒無患。

時信都令家婦女驚恐，更互疾病，使輅筮之。輅曰：「君北堂西頭，有兩死男子，一男持矛，一男持弓箭，頭在壁内，脚在壁外。持矛者主刺頭，故頭重痛不得舉也。持弓箭者主射胸腹，故心中縣痛不得飲食也。晝則浮游，夜來病人，故使驚恐也。」於是掘徙骸骨，家中皆愈。

清河王經去官還家，輅與相見。經曰：「近有一怪，大不喜之，欲煩作卦。」卦成，輅曰：「爻吉，不爲怪也。君夜在堂户前，有一流光如燕爵者，入君懷中，殷殷有聲，内神不安，解衣彷徉，招呼婦人，覓索餘光。」經大笑曰：「實如君言。」輅曰：「吉，遷官之徵也，其應行至。」頃之，經爲江夏太守。

輅又至郭恩家，有飛鳩來在梁頭，鳴甚悲。輅曰：「當有老公從東方來，攜豚一頭，酒一壺。主人雖喜，當有小故。」明日果有客，如所占。恩使客節酒、戒肉、慎火，而射雞作食，箭從樹間激中數歲女子手，流血驚怖。

輅至安德令劉長仁家，有鳴鵲來在閤屋上，其聲甚急。輅曰：「鵲言東北有婦昨殺夫，牽引西家人夫離婁，候不過日在虞淵之際，告者至矣。」到時，果有東北同伍民來告，鄰婦手殺其夫，詐言西家人與夫有嫌，來殺我壻。

輅至列人典農王弘直許，有飄風高三尺餘，從申上來，在庭中幢幢回轉，息以復起，良久乃止。直以問輅，輅曰：「東方當有馬吏至，恐父哭子，如何！」明日膠東吏到，直子果亡。直問其故，輅曰：「其日乙卯，則長子之候也。木落於申，斗建申，申破寅，死喪之候也。日加午而風發，則馬之候也。離爲文章，則吏之候也。申未爲虎，虎爲大人，則父之候也。」有雄雉飛來，登直内鈴柱頭，直大以不安，令輅作卦，輅曰：「到五月必遷。」時三月也，至期，直果爲勃海太守。

館陶令諸葛原遷新興太守，輅往祖餞之，賓客並會。原自起取燕卵、蠭窠、鼅鼄著器中，使射覆。卦成，輅曰：「第一物，含氣須變，依乎宇堂，雄雌以形，翅

翼舒張，此燕卵也。第二物，家室倒縣，門户衆多，藏精育毒，得秋乃化，此蠭窠也。第三物，觳觫長足，吐絲成羅，尋網求食，利在昏夜，此鼅鼄也。」舉坐驚喜。

輅族兄孝國，居在斥丘，輅往從之，與二客會。客去後，輅謂孝國曰：「此二人天庭及口耳之間同有凶氣，異變俱起，雙魂無宅，流魂于海，骨歸于家，少許時當並死也。」復數十日，二人飲酒醉，夜共載車，牛驚下道入漳河中，皆即溺死也。

當此之時，輅之鄰里，外户不閉，無相偷竊者。清河太守華表，召輅爲文學掾。安平趙孔曜薦輅於冀州刺史裴徽曰：「輅雅性寬大，與世無忌，仰觀天文則同妙甘公、石申，俯覽《周易》則齊思季主。今明使君方垂神幽藪，留精九臯，輅宜蒙陰和之應，得及羽儀之時。」徽於是辟爲文學從事，引與相見，大善友之。徙部鉅鹿，遷治中、别駕。

初應州召，與弟季儒共載，至武城西，自卦吉凶，語儒云：「當在故城中見三貍，爾者乃顯。」前到河西故城角，正見三貍共踞城側，兄弟並喜。正始九年舉秀才。

十二月二十八日，吏部尚書何晏請之，鄧颺在晏許。晏謂輅曰：「聞君著爻神妙，試爲作一卦，知位當至三公不？」又問：「連夢見青蠅數十頭，來在鼻上，驅之不肯去，有何意故？」輅曰：「夫飛鴞，天下賤鳥，及其在林食椹，則懷我好音，况輅心非草木，敢不盡忠？昔元、凱之弼重華，宣惠慈和，周公之翼成王，坐而待旦，故能流光六合，萬國咸寧。此乃履道休應，非卜筮之所明也。今君侯位重山嶽，勢若雷電，而懷德者鮮，畏威者衆，殆非小心翼翼多福之仁。又鼻者艮，此天中之山，高而不危，所以長守貴也。今青蠅臭惡，而集之焉。位峻者顛，輕豪者亡，不可不思害盈之數，盛衰之期。是故山在地中曰謙，雷在天上曰壯；謙則裒多益寡，壯則非禮不履。未有損己而不光大，行非而不傷敗。願君侯上追文王六爻之旨，下思尼父彖象之義，然後三公可決，青蠅可驅也。」颺曰：「此老生之常譚。」輅答曰：「夫老生者見不生，常譚者見不譚。」晏曰：「過歲更當相見。」輅還邑舍，具以此言語舅氏，舅氏責輅言太切至。輅曰：「與死人語，何所畏邪？」舅大怒，謂輅狂悖。歲朝，西北大風，塵埃蔽天，十餘日，聞晏、颺皆誅，然後舅氏乃服。

始輅過魏郡太守鍾毓，共論《易》義，輅因言「卜可知君生死之日」。毓使筮其生日月，如言無蹉跌。毓大愕然，曰：「君可畏也。死以付天，不以付君。」遂不復筮。毓問輅：「天下當太平否？」輅曰：「方今四九天飛，利見大人，神武升建，王道文明，何憂不平？」毓未解輅言，無幾，曹爽等誅，乃覺寤云。

平原太守劉邠取印囊及山雞毛著器中，使筮。輅曰：「内方外圓，五色成文，含寶守信，出則有章，此印囊也。高嶽巖巖，有鳥朱身，羽翼玄黄，鳴不失晨，此山雞毛也。」邠曰：「此郡官舍，連有變怪，使人恐怖，其理何由？」輅曰：「或因漢末之亂，兵馬擾攘，軍屍流血，汙染丘山，故因昏夕，多有怪形也。明府道德高妙，自天祐之，願安百禄，以光休寵。」

清河令徐季龍使人行獵，令輅筮其所得。輅曰：「當獲小獸，復非食禽，雖有爪牙，微而不彊，雖有文章，蔚而不明，非虎非雉，其名曰貍。」獵人暮歸，果如輅言。季龍取十三種物，著大篋中，使輅射。云：「器中藉藉有十三種物。」先説雞子，後道蠶蛹，遂一一名之，惟以梳爲枇耳。

輅隨軍西行，過毌丘儉墓下，倚樹哀吟，精神不樂。人問其故，輅曰：「林木雖茂，無形可久；碑誄雖美，無後可守。玄武藏頭，蒼龍無足，白虎銜尸，朱雀悲哭，四危以備，法當滅族。不過二載，其應至矣。」卒如其言。後得休，過清河倪太守。時天旱，倪問輅雨期，輅曰：「今夕當雨。」是日暘燥，晝無形似，府丞及令在坐，咸謂不然。到鼓一中，星月皆没，風雲並起，竟成快雨。於是倪盛脩主人禮，共爲歡樂。

正元二年，弟辰謂輅曰：「大將軍待君意厚，冀當富貴乎？」輅長歎曰：「吾自知有分直耳，然天與我才，明不與我年壽，恐四十七八間，不見女嫁兒娶婦也。若得免此，欲作洛陽令，可使路不拾遺，枹鼓不鳴。但恐至太山治鬼，不得治生人，如何！」辰問其故，輅曰：「吾額上無生骨，眼中無守精，鼻無梁柱，脚無天根，背無三甲，腹無三壬，此皆不壽之驗。又吾本命在寅，加月食夜生。天有常數，不可得諱，但人不知耳。吾前後相當死者過百人，略無錯也。」是歲八月，爲少府丞。明年二月卒，年四十八。

晋・陳壽《三國志》卷四一《蜀志・楊洪傳》注引何祇《益部耆舊傳雜記》曰：每朝會，祇次洪坐。嘲祇曰：「君馬何駛？」祇曰：「故吏馬不敢駛，但明府未著鞭耳。」衆傳之以爲笑。

祇字君肅，少寒貧，爲人寬厚通濟，體甚壯大，又能飲食，好聲色，不持節儉，故時人少貴之者。嘗夢井中生桑，以問占夢趙直，直曰：「桑非井中之物，會當移植，然桑字四十下八，君壽恐不過此。」祇笑言「得此足矣」。初仕郡，後爲督軍從事。時諸葛亮用法峻密，陰聞祇遊戲放縱，不勤所職，嘗奄往録獄。衆人咸爲

祇懼。祇密聞之，夜張燈火見囚，讀諸解狀。諸葛晨往，祇悉已闇誦，答對解釋，無所凝滯，亮甚異之。出補成都令，時郫縣令缺，以祇兼二縣。二縣户口猥多，切近都治，饒諸姦穢，每比人，常眠睡，值其覺寤，輒得姦詐，衆咸畏祇之發擿，或以爲有術，無敢欺者。使人投算，祇聽其讀而心計之，不差升合，其精如此。汶山夷不安，以祇爲汶山太守，民夷服信。遷廣漢。後夷反叛，辭〔曰〕「令得前何府君，乃能安我耳」！時難〔復〕屈祇，拔祇族人爲〔之〕，汶山復得安。轉祇爲犍爲。年四十八卒，如直所言。後有廣漢王離，字伯元，亦以才幹顯。爲督軍從事，推法平當，稍遷，代祇爲犍爲太守，治有美績，雖聰明不及祇，而文采過之也。

晉・陳壽《三國志》卷四二《蜀志・李譔傳》 李譔字欽仲，梓潼涪人也。父仁，字德賢，與同縣尹默俱游荆州，從司馬徽、宋忠等學。譔具傳其業，又從默講論義理，五經、諸子，無不該覽，加博好技藝，算術、卜數、醫藥，弓弩、機械之巧，皆致思焉。始爲州書佐、尚書令史。延熙元年，後主立太子，以譔爲庶子，遷爲僕。（射）轉中散大夫、石中郎將，猶侍太子。太子愛其多知，甚悦之。然體輕脱，好戲啁，故世不能重也。著古文《易》、《尚書》、《毛詩》、《三禮》、《左氏傳》、《太玄指歸》，皆依準賈、馬，異於鄭玄。與王氏殊隔，初不見其所述，而意歸多同。景耀中卒。

晉・陳壽《三國志》卷五二《吴志・顧譚傳》 譚字子默，弱冠與諸葛恪等爲太子四友，從中庶子轉輔正都尉。赤烏中，代恪爲左節度。每省簿書，未嘗下籌，徒屈指心計，盡發疑謬，下吏以此服之。加奉車都尉。薛綜爲選曹尚書，固讓譚曰：「譚心精體密，貫道達微，才照人物，德允衆望，誠非愚臣所可越先。」後遂代綜。祖父雍卒數月，拜太常，代雍平尚書事。是時魯王霸有盛寵，與太子和齊衡，譚上疏曰：「臣聞有國有家者，必明嫡庶之端，異尊卑之禮，使高下有差，階級踰邈，如此則骨肉之恩生，覬覦之望絶。昔賈誼陳治安之計，論諸侯之勢，以爲勢重雖親，必有逆節之累，勢輕雖疎，必有保全之祚。故淮南親弟，不終饗國，失之於勢重也；吴芮疎臣，傳祚長沙，得之於勢輕也。昔漢文帝使慎夫人與皇后同席，袁盎退夫人之座，帝有怒色，及盎辨上下之儀，陳人彘之戒，帝既悦懌，夫人亦悟。今臣所陳，非有所偏，誠欲以安太子而便魯王也。」由是霸與譚有隙。時長公主壻衛將軍全琮子寄爲霸賓客，寄素傾邪，譚所不納。先是，譚弟承與張休俱北征壽春，全琮時爲大都督，與魏將王淩戰於芍陂，軍不利，魏兵乘勝陷没五營將（秦兒）〔秦晃〕軍，休、承奮擊之，遂駐魏師。時琮羣子緒、端亦並爲將，因敵既住，乃進擊之，淩軍用退。時論功行賞，以爲駐敵之功大，退敵之功小，休、承並爲雜號將軍，緒、端偏裨而已。寄父子益恨，共搆會譚。譚坐徙交州，幽而發憤，著《新言》二十篇。其《知難篇》蓋以自悼傷也。見流二年，年四十二，卒於交阯。

晉・陳壽《三國志》卷五三《吴志・闞澤傳》 闞澤字德潤，會稽山陰人也。家世農夫，至澤好學，居貧無資，常爲人傭書，以供紙筆，所寫既畢，誦讀亦遍。追師論講，究覽羣籍，兼通曆數，由是顯名。察孝廉，除錢唐長，遷郴令。孫權爲驃騎將軍，辟補西曹掾；及稱尊號，以澤爲尚書。嘉禾中，爲中書令，加侍中。赤烏五年，拜太子太傅，領中書如故。

澤以經傳文多，難得盡用，乃斟酌諸家，刊約《禮》文及諸注説以授二宫，爲制行出入及見賓儀，又著《乾象曆注》以正時日。每朝廷大議，經典所疑，輒諮訪之。以儒學勤勞，封都鄉侯。性謙恭篤慎，宫府小吏，呼召對問，皆爲抗禮。人有非短，口未嘗及，容貌似不足者，然所聞少窮。權嘗問：「書傳篇賦，何者爲美？」澤欲諷喻以明治亂，因對賈誼《過秦論》最善，權覽讀焉。初，以吕壹姦罪發聞，有司窮治，奏以大辟，或以爲宜加焚裂，用彰元惡。權以訪澤，澤曰：「盛明之世，不宜復有此刑。」權從之。又諸官司有所患疾，欲增重科防，以檢御臣下，澤每曰：「宜依禮、律」，其和而有正，皆此類也。六年冬卒，權痛惜感悼，食不進者數日。

晉・陳壽《三國志》卷五七《吴志・虞翻傳》 虞翻字仲翔，會稽餘姚人也，太守王朗命爲功曹。孫策征會稽，翻時遭父喪，衰絰詣府門，朗欲就之，翻乃脱衰入見，勸朗避策。朗不能用，拒戰敗績，亡走浮海。翻追隨營護，到東部候官，候官長閉城不受，翻往説之，然後見納。朗謂翻曰：「卿有老母，可以還矣。」翻既歸，策復命爲功曹，待以交友之禮，身詣翻第。

策好馳騁遊獵，翻諫曰：「明府用烏集之衆，驅散附之士，皆得其死力，雖漢高帝不及也。至於輕出微行，從官不暇嚴，吏卒常苦之。夫君人者不重則不威，故白龍魚服，困於豫且，白虵自放，劉季害之，願少留意。」策曰：「君言是也。然時有所思，端坐悒悒，有裨諶草創之計，是以行耳。」

翻出爲富春長。策薨，諸長吏並欲出赴喪，翻曰：「恐鄰縣山民或有姦變，遠委城郭，必致不虞。」因留制服行喪。諸縣皆效之，咸以安寧。後翻州舉茂才，漢召爲侍御史，曹公爲司空辟，皆不就。

翻與少府孔融書，并示以所著《易注》。融答書曰：「聞延陵之理《樂》，覩吾子之治《易》，乃知東南之美者，非徒會稽之竹箭也。又觀象雲物，察應寒温，原其禍福，與神合契，可謂探賾窮通者也。」會稽東部都尉張紘又與融書曰：「虞仲翔前頗爲論者所侵，美寶爲質，雕摩益光，不足以損。」

孫權以爲騎都尉。翻數犯顔諫争，權不能悦，又性不協俗，多見謗毁，坐徙丹楊涇縣。吕蒙圖取關羽，稱疾還建業，以翻兼知醫術，請以自隨，亦欲因此令翻得釋也。後蒙舉軍西上，南郡太守麋芳開城出降。蒙未據郡城而作樂沙上，翻謂蒙曰：「今區區一心者麋將軍也，城中之人豈可盡信，何不急入城持其管籥乎？」蒙即從之。時城中有伏計，賴翻謀不行。關羽既敗，權使翻筮之，得《兑》下《坎》上，《節》，五爻變之《臨》，翻曰：「不出二日，必當斷頭。」果如翻言。權曰：「卿不及伏羲，可與東方朔爲比矣。」

魏將于禁爲羽所獲，繫在城中，權至釋之，請與相見。他日，權乘馬出，引禁併行，翻呵禁曰：「爾降虜，何敢與吾君齊馬首乎！」欲抗鞭擊禁，權呵止之。後權于樓船會羣臣飲，禁聞樂流涕，翻又曰：「汝欲以僞求免邪？」權悵然不平。

權既爲吴王，歡宴之末，自起行酒，翻伏地陽醉，不持。權去，翻起坐。權於是大怒，手劍欲擊之，侍坐者莫不惶遽，惟大(司)農劉基起抱權諫曰：「大王以三爵之後(手)殺善士，雖翻有罪，天下孰知之？且大王以能容賢畜衆，故海内望風，今一朝棄之，可乎？」權曰：「曹孟德尚殺孔文舉，孤於虞翻何有哉？」基曰：「孟德輕害士人，天下非之。大王躬行德義，欲與堯、舜比隆，何得自喻於彼乎？」翻由是得免。權因敕左右，自今酒後言殺，皆不得殺。

翻嘗乘船行，與麋芳相逢，芳船上人多欲令翻自避，先驅曰：「避將軍船！」翻厲聲曰：「失忠與信，何以事君？傾人二城，而稱將軍，可乎？」芳闔户不應而遽避之。後翻乘車行，又經芳營門，吏閉門，車不得過。翻復怒曰：「當閉反開，當開反閉，豈得事宜邪？」芳聞之，有慚色。

翻性疏直，數有酒失。權與張昭論及神仙，翻指昭曰：「彼皆死人，而語神仙，世豈有仙人(也)〔邪〕！」權積怒非一，遂徙翻交州。雖處罪放，而講學不倦，門徒常數百人。又爲《老子》、《論語》、《國語》訓注，皆傳於世。

《翻别傳》曰：翻初立《易注》，奏上曰：「臣聞六經之始，莫大陰陽，是以伏羲仰天縣象，而建八卦，觀變動六爻爲六十四，以通神明，以類萬物。臣高祖父故零陵太守光，少治孟氏《易》，曾祖父故平輿令成，纘述其業，至臣祖父鳳爲之最密。臣亡考故日南太守歆，受本於鳳，最有舊書，世傳其業，至臣五世。前人通講，多玩章句，雖有祕説，於經疏闊。臣生遇世亂，長於軍旅，習經於枹鼓之間，講論於戎馬之上，蒙先師之説，依經立注。又臣郡吏陳桃夢臣與道士相遇，放髪被鹿裘，布《易》六爻，撓其三以飲臣，臣乞盡吞之。道士言《易》道在天，三爻足矣。豈臣受命，應當知經！所覽諸家解不離落俗，義有不當實，輒悉改定，以就其正。孔子曰：『乾元用九而天下治。』聖人南面，蓋取諸離，斯誠天子所宜協陰陽致麟鳳之道矣。謹正書副上，惟不罪戾。」翻又奏曰：「經之大者，莫過於《易》。自漢初以來，海内英才，其讀《易》者，解之率少。至孝靈之際，潁川荀諝號爲知《易》，臣得其注，有愈俗儒，至所説西南得朋，東北喪朋，顛倒反逆，了不可知。孔子歎《易》曰：『知變化之道者，其知神之所爲乎！』以美大衍四象之作，而上爲章首，尤可怪笑。又南郡太守馬融，名有俊才，其所解釋，復不及諝。孔子曰『可與共學，未可與適道』，豈不其然！若乃北海鄭玄，南陽宋忠，雖各立注，忠小差玄而皆未得其門，難以示世。」【略】

初，山陰丁覽，太末徐陵，或在縣吏之中，或衆所未識，翻一見之，便與友善，終成顯名。

在南十餘年，年七十卒。歸葬舊墓，妻子得還。

晉·陳壽《三國志》卷五七《吴志·陸績傳》 陸績字公紀，吴郡吴人也。父康，漢末爲廬江太守。績年六歲，於九江見袁術。術出橘，績懷三枚，去，拜辭墮地，術謂曰：「陸郎作賓客而懷橘乎？」績跪答曰：「欲歸遺母。」術大奇之。孫策在吴，張昭、張紘、秦松爲上賓，共論四海未泰，須當用武治而平之，績年少末坐，遥大聲言曰：「昔管夷吾相齊桓公，九合諸侯，一匡天下，不用兵車。孔子曰：『遠人不服，則脩文德以來之。』今論者不務道德懷取之術，而惟尚武，績雖童蒙，竊所未安也。」昭等異焉。

績容貌雄壯，博學多識，星曆算數無不該覽。虞翻舊齒名盛，龐統荆州令士，年亦差長，皆與績友善。孫權統事，辟爲奏曹掾，以直道見憚，出爲鬱林太守，加偏將軍，給兵二千人。績既有躄疾，又意(在)〔存〕儒雅，非其志也。雖有軍事，著述不廢，作《渾天圖》，注《易》釋《玄》，皆傳於世。豫自知亡日，乃爲辭曰：「有漢志士吴郡陸績，幼敦《詩》、《書》，長玩《禮》、《易》，受命南征，遘疾(遇)〔逼〕厄，遭命不(幸)〔永〕，嗚呼悲隔！」又曰：「從今已去，六十年之外，車同軌，書同文，恨不及見也。」年三十二卒。長子宏，會稽南部都尉，次子叡，長水校尉。

晉·陳壽《三國志》卷六三《吴志·吴範傳》 吴範字文則，會稽上虞人也。以治曆數，知風氣，聞於郡中。舉有道，詣京都，世亂不行。會孫權起於東南，範委身服事，每有災祥，輒推數言狀，其術多效，遂以顯名。

初，權在吴，欲討黄祖，範曰：「今茲少利，不如明年。明年戊子，荆州劉表亦身死國亡。」權遂征祖，卒不能克。明年，軍出，行及尋陽，範見風氣，因詣船賀，催兵急行，至即破祖，祖得夜亡。權恐失之，範曰：「未遠，必生禽祖。」至五更中，果得之。劉表竟死，荆州分割。

及壬辰歲，範又白言：「歲在甲午，劉備當得益州。」後吕岱從蜀還，遇之白帝，説備部衆離落，死亡且半，事必不克。權以難範，範曰：「臣所言者天道也，而岱所見者人事耳。」備卒得蜀。

權與吕蒙謀襲關羽，議之近臣，多曰不可。權以問範，範曰：「得之。」後羽在麥城，使使請降。權問範曰：「竟當降否？」範曰：「彼有走氣，言降詐耳。」權使潘璋邀其徑路，覘候者還，白羽已去。範曰：「雖去不免。」問其期，曰：「明日日中。」權立表下漏以待之。及中不至，權問其故，範曰：「時尚未正中也。」頃之，有風動帷，範拊手曰：「羽至矣。」須臾，外稱萬歲，傳言得羽。

後權與魏爲好，範曰：「以風氣言之，彼以貌來，其實有謀，宜爲之備。」劉備盛兵西陵，範曰：「後當和親。」終皆如言。其占驗明審如此。

權以範爲騎都尉，領太史令，數從訪問，欲知其決。範祕惜其術，不以至要語權。權由是恨之。

初，權爲將軍時，範嘗白言江南有王氣，亥子之間有大福慶。權曰：「若終如言，以君爲侯。」及立爲吴王，範時侍宴，曰：「昔在吴中，嘗言此事，大王識之邪？」權曰：「有之。」因呼左右，以侯綬帶範。範知權欲以厭當前言，輒手推不受。及後論功行封，以範爲都亭侯。詔臨當出，權恚其愛道於已也，削除其名。

範爲人剛直，頗好自稱，然與親故交接有終始。素與魏滕同邑相善。滕嘗有罪，權責怒甚嚴，敢有諫者死。範謂滕曰：「與汝偕死。」滕曰：「死而無益，何用死爲？」範曰：「安能慮此，坐觀汝邪？」乃髡頭自縛詣門下，使鈴下以聞。鈴下不敢，曰：「必死，不敢白。」範曰：「汝有子邪？」曰：「有。」曰：「使汝爲吴範死，子以屬我。」鈴下曰：「諾。」乃排閤入。言未卒，權大怒，欲便投以戟。逡巡走出，範因突入，叩頭流血，言與涕並。良久，權意釋，乃免滕。滕見範謝曰：「父母能生長我，不能免我於死。丈夫相知，如汝足矣，何用多爲！」

黄武五年，範病卒。長子先死，少子尚幼，於是業絶。權追思之，募三州有能舉知術數如吴範、趙達者，封千户侯，卒無所得。

晉・陳壽《三國志》卷六三《吴志・趙達傳》注引葛衡 《晉陽秋》曰：吴有葛衡字思真，明達天官，能爲機巧，作渾天，使地居于中，以機動之，天轉而地止，以上應晷度。

晉・陳壽《三國志》卷六五《吴志・王蕃傳》 王蕃字永元，廬江人也。博覽多聞，兼通術藝。始爲尚書郎，去官。孫休即位，與賀邵、薛瑩、虞汜俱爲散騎中常侍，皆加駙馬都尉。時論清之。遣使至蜀，蜀人稱焉，還爲夏口監軍。

孫晧初，復入爲常侍，與萬彧同官。彧與晧有舊，俗士挾侵，謂蕃自輕。又中書丞陳聲，晧之嬖臣，數譖毁蕃。蕃體氣高亮，不能承顔順指，時或迕意，積以見責。

甘露二年，丁忠使晉還，晧大會羣臣，蕃沈醉頓伏，晧疑而不悦，轝蕃出外。頃之請還，酒亦不解。蕃性有威嚴，行止自若，晧大怒，呵左右於殿下斬之。衛將軍滕牧、征西將軍留平請，不能得。

丞相陸凱上疏曰：「常侍王蕃黄中通理，知天知物，處朝忠謇，斯社稷之重鎮，大吴之龍逢也。昔事景皇，納言左右，景皇欽嘉，歎爲異倫。而陛下忿其苦辭，惡其直對，梟之殿堂，尸骸暴棄，郡内傷心，有識悲悼。」其痛蕃如此。蕃死時年三十九，晧徙蕃家屬廣州。二弟著、延皆作佳器，郭馬起事，不爲馬用，見害。

晉・常璩《華陽國志》卷一〇上 何祗，字君肅，宗族人也。初，犍爲楊洪爲太守，李嚴功曹。去郡數年，以爲蜀郡，嚴在官。祗爲洪門下書佐，去郡數年，以爲廣漢，洪猶在官。是以西土咸服諸葛亮之能，攬拔秀異也。祗徙犍爲太守，卒。

晉・常璩《華陽國志》卷一〇下 李譔字欽仲，仁子也。少受父業，又講問尹默自五經、四部、百家諸子，伎藝、筭計、卜數、醫術、弓弩、機械之巧，皆致思焉。爲太子中庶子、右中郎將。著古文《周易》、《尚書》、《毛詩》、《三禮》、《左氏注解》、《太玄指》，依則賈、馬，異於鄭玄，與王肅初不相見，而意歸多同。

南朝梁・沈約《宋書》卷五五《徐廣傳》 徐廣字野民，東莞姑幕人也。父藻，都水使者。兄邈，太子前衛率。

家世好學，至廣尤精，百家數術，無不研覽。謝玄爲州，辟廣從事西曹。又譙王司馬恬鎮北參軍。晉孝武帝以廣博學，除爲秘書郎，校書秘閣，增置職僚。轉員外散騎侍郎，領校書如故。隆安中，尚書令王珣舉爲祠部郎。

李太后薨，廣議服曰：「太皇太后名位允正，體同皇極，理制備盡，情禮彌中。《陽秋》之義，母以子貴，既稱夫人，禮服從正，故成風顯夫人之號，文公服三

年之喪。子於父之所生，體尊義重。且禮祖不厭孫，固宜遂服無屈。而緣情立制，若嫌明文不存，則疑斯從重。謂應同於爲祖母後，齊衰三年。」時從其議。

時會稽王世子元顯録尚書，欲使百僚致敬，臺内使廣立議，由是内外並執下官禮，廣常爲愧恨焉。元顯引爲中軍參軍，遷領軍長史。桓玄輔政，以爲大將軍文學祭酒。

義熙初，高祖使撰《車服儀注》，乃除鎮軍諮議參軍，領記室。封樂成縣五等侯。轉員外散騎常侍，領著作郎。二年，尚書奏曰：「臣聞左史述言，右官書事，《乘》、《志》顯於晉、鄭，《陽秋》著乎魯史。自皇代有造，中興晉祀，道風帝典，焕乎史策。而太和以降，世歷三朝，玄風聖迹，倏爲疇古。臣等參詳，宜敕著作郎徐廣撰成國史。」詔曰：「先朝至德光被，未著方策，宜流風緬代，永貽將來者也。便敕撰集。」

六年，遷散騎常侍，又領徐州大中正，轉正員常侍。時有風雹爲災，廣獻書高祖曰：「風雹變未必爲災，古之聖賢輒懼而修己，所以興政化而隆德教也。嘗忝服事，宿眷未忘，思竭塵露，率誠于習。明公初建義旗，匡復宗社，神武應運，信宿平夷。且恭謙儉約，虚心匪懈，來蘇之化，功用若神。頃事故既多，刑德並用，戰功殷積，報叙難盡，萬機繁湊，固應難速，且小細煩密，羣下多懼。又穀帛豐賤，而民情不勸，禁司互設，而劫盜多有，誠由俗弊未易整，而望深未易炳。追思義熙之始，如有不同，何者？好安願逸，萬物之大趣，習舊駭新，凡識所不免。要當俯順羣情，抑揚隨俗，則朝野歡泰，具瞻允康矣。言無可採，願矜其愚款之志。」又轉大司農，領著作郎皆如故。十二年，《晉紀》成，凡四十六卷，表上之。遷祕書監。

初，桓玄篡位，安帝出宫，廣陪列悲慟，哀動左右。及高祖受禪，恭帝遜位，廣又哀感，涕泗交流。謝晦見之，謂之曰：「徐公將無小過？」廣收淚答曰：「身與君不同。君佐命興王，逢千載嘉運；身世荷晉德，實眷戀故主。」因更歔欷。永初元年，詔曰：「祕書監徐廣，學優行謹，歷位恭肅，可中散大夫。」廣上表曰：「臣年時衰耄，朝敬永闕，端居都邑，徒增替怠。臣墳墓在晉陵，臣又生長京口，戀舊懷遠，每感暮心。息道玄謬荷朝恩，忝此邑，乞相隨之官，歸終桑梓，微志獲申，殞没無恨。」許之，贈賜甚厚。性好讀書，老猶不倦。元嘉二年，卒，時年七十四。《答禮問》百餘條，用於今世。

南朝梁·沈約《宋書》卷六四《何承天傳》 何承天，東海郯人也。從祖倫，晉右衛將軍。承天五歲失父，母徐氏，廣之姊也，聰明博學，故承天幼漸訓義，儒史百家，莫不該覽。叔父肹爲益陽令，隨肹之官。

隆安四年，南蠻校尉桓偉命爲參軍。時殷仲堪、桓玄等互舉兵以向朝廷，承天懼禍難未已，解職還益陽。義旗初，長沙公陶延壽以爲其輔國府參軍，遣通敬於高祖，因除瀏陽令，尋去職還都。撫軍將軍劉毅鎮姑孰，版爲行參軍。毅嘗出行，而鄢陵縣史陳滿射鳥，箭誤中置帥，雖不傷人，處法棄市。承天議曰：「獄貴情斷，疑則從輕。昔驚漢文帝乘輿馬者，張釋之劾以犯蹕，罪止罰金。何者？明其無心於驚馬也。故不以乘輿之重，加以異制。今滿意在射鳥，非有心於中人。按律過誤傷人，三歲刑，況不傷乎？微罰可也。」出補宛陵令。趙恢爲寧蠻校尉、尋陽太守，請爲司馬。尋去職。

高祖以爲太尉行參軍。高祖討劉毅，留諸葛長民爲監軍。長民密懷異志，劉穆之屏人問承天曰：「公今行濟否云何？」承天曰：「不憂西不時判，別有一虛耳。公昔年自左里還入石頭，甚脱爾，今還，宜加重複。」穆之曰：「非君不聞此言。頃日願丹徒劉郎，恐不復可得也。」除太學博士。義熙十一年，爲世子征虜參軍，轉西中郎中軍參軍，錢唐令。高祖在壽陽，宋臺建，召爲尚書祠部郎，與傅亮共撰朝儀。永初末，補南臺治書侍御史。

謝晦鎮江陵，請爲南蠻長史。時有尹嘉者，家貧，母熊自以身貼錢，爲嘉償責。坐不孝當死。承天議曰：「被府宣令，普議尹嘉大辟事，稱法吏葛滕籤，母告子不孝，欲殺者許之。法云，謂違犯教令，敬恭有虧，父母欲殺，皆許之。其所告惟取信於所求而許之。謹尋事原心，嘉母辭自求質錢，爲子還責。嘉雖虧犯教義，而熊無請殺之辭。熊求所以生之而今殺之，非隨所求之謂。始以不孝爲劾，終於和賣結刑，倚旁兩端，母子俱罪，滕籤法文，爲非其條。嘉所存者大，理在難申，但明教爰發，矜其愚蔽。夫明德慎罰，文王所以恤下，議獄緩死，《中孚》所以垂化。言情則母爲子隱，語敬則禮所不及。今捨乞宥之評，依請殺之條，責敬恭之節，於飢寒之隸，誠非罰疑從輕，寧失有罪之謂也。愚以謂降嘉之死，以普春澤之恩；赦熊之愆，以明子隱之宜。則蒲亭雖陋，可比德於盛明；豚魚微物，不獨遺於今化。」事未判，值赦並免。

晦進號衛將軍，轉諮議參軍，領記室。元嘉三年，晦將見討，其弟黄門郎嚼密信報之，晦問承天曰：「若果爾，卿令我云何？」承天曰：「以王者之重，舉天下以攻一州，大小既殊，逆順又異，境外求全，上計也。其次以腹心領兵戍於義

陽，將軍率衆於夏口一戰，若敗，即趨義陽以出北境，其次也。」晦良久曰：「荆楚用武之國，兵力有餘，且當決戰，走不晚也。」使承天造立表檄。晦以湘州刺史張邵必不同己，欲遣千人襲之，承天以爲邵意趨未可知，不宜便討。時邵兄茂度爲益州，與晦素善，故晦止不遣兵。前益州刺史蕭摹之、前巴西太守劉道産去職還江陵，晦將殺之，承天盡力營救，皆得全免。晦既下，承天留府不從。及到彦之至馬頭，承天自詣歸罪，彦之以其有誠，宥之，使行南蠻府事。

七年，彦之北伐，請爲右軍録事。及彦之敗退，承天以才非軍旅，得免刑責。以補尚書殿中郎，兼左丞。吴興餘杭民薄道舉爲劫。制同籍朞親補兵。道舉從弟代公、道生等並爲大功親，非應在補謫之例，法以代公等母存爲朞親，則子宜隨母補兵。承天議曰：「尋劫制，同籍朞親補兵，大功不在此例。婦人三從，既嫁從夫，夫死從子。今道舉爲劫，若其叔尚存，制應補謫，妻子營居，固其宜也。但爲劫之時，叔父已没，代公、道生並是從弟，大功之親，不合補謫。今若以叔母爲朞親，令代公隨母補兵，既違大功不謫之制，又失婦人三從之道。由於主者守朞親之文，不辨男女之異，遠嫌畏負，以生此疑，懼非聖朝恤刑之旨。謂代公等母子並宜見原。」故司徒掾孔邈奏事未御，邈已喪殯，議者謂不宜仍用邈名，更以見官奏之。承天又議曰：「既没之名不合奏者，非有它義，正嫌於近不祥耳。奏事一卻，動經歲時，盛明之世，事從簡易，曲嫌細忌，皆應蕩除。」

承天爲性剛愎，不能屈意朝右，頗以所長侮同列，不爲僕射殷景仁所平，出爲衡陽内史。昔在西與士人多不協，在郡又不公清，爲州司所糾，被收繫獄，值赦免。十六年，除著作佐郎，撰國史。承天年已老，而諸佐郎並名家年少，潁川荀伯子潮之，常呼爲嬭母。承天曰：「卿當云鳳凰將九子，嬭母何言邪！」尋轉太子率更令，著作如故。

時丹陽丁況等久喪不葬，承天議曰：「禮所云還葬，當謂荒儉一時，故許其稱財而不求備。丁況三家，數十年中，葬輒無棺櫬，實由淺情薄恩，同於禽獸者耳。竊以爲丁寶等同伍積年，未嘗勸之以義，繩之以法。十六年冬，既無新科，又未申明舊制，有何嚴切，欻然相糾。或由鄰曲分争，以興此言。如聞在東諸處，此例既多，江西淮北尤爲不少。若但謫此三人，殆無整肅。開其一端，則互相恐動，里伍縣司，競爲姦利。財賂既逞，獄訟必繁，懼虧聖明亨鮮之美。臣愚謂況等三家，且可勿問，因此附定制旨，若民人葬不如法，同伍當即糾言，三年除服之後，不得追相告列，於事爲宜。」

十九年，立國子學，以本官領國子博士。皇太子講《孝經》，承天與中庶子顔延之同爲執經。頃之，遷御史中丞。時索虜侵邊，太祖訪羣臣威戎御遠之略，承天上表曰：【略】

承天素好弈棊，頗用廢事。太祖賜以局子，承天奉表陳謝，上答：「局子之賜，何必非張武之金邪。」承天又能彈箏，上又賜銀裝箏一面。承天與尚書左丞謝元素不相善，二人競伺二臺之違，累相糾奏。太尉江夏王義恭歲給資費錢三千萬，布五萬匹，米七萬斛。義恭素奢侈，用常不充，二十一年，逆就尚書換明年資費。而舊制出錢二十萬，布五百匹以上，並應奏聞，元輒命議以錢二百萬給太尉。事發覺，元乃使令史取僕射孟顗命。元時新除太尉諮議參軍，未拜，爲承天所糾。上大怒，遣元長歸田里，禁錮終身。元時又舉承天賣茭四百七十束與官屬，求貴價，承天坐白衣領職。元字有宗，陳郡陽夏人，臨川内史靈運從祖弟也。以才學見知，卒於禁錮。

二十四年，承天遷廷尉，未拜，上欲以爲吏部，已受密旨，承天宣漏之，坐免官，卒於家，年七十八。先是，《禮論》有八百卷，承天删減并合，以類相從，凡爲三百卷，并《前傳》、《雜語》、《纂文》、論並傳於世。又改定《元嘉歷》，語在《律歷志》。

南朝梁・沈約《宋書》卷七一《江湛傳》 江湛字徽淵，濟陽考城人，湘州刺史夷子也。居喪以孝聞。愛好文義，喜彈棊鼓琴，兼明算術。初爲著作佐郎，遷彭城王義康司徒行參軍，南譙王義宣左軍功曹，復爲義康司徒主簿，太子中舍人。司空檀道濟爲子求湛妹婚，不許。義康有命，又不從。時人重其立志。義康欲引與日夕，湛固求外出，乃以爲武陵内史，還爲司徒從事中郎，遷太子中庶子，尚書吏部郎。隨王誕爲北中郎將、南徐州刺史，以湛爲長史、南東海太守，政事悉委之。

元嘉二十五年，徵爲侍中，任以機密，領本州大中正，遷左衛將軍。時改選學職，以太尉江夏王義恭領國子祭酒，湛及侍中何攸之領博士。二十七年，轉吏部尚書。家甚貧約，不營財利，餉饋盈門，一無所受，無兼衣餘食。嘗爲上所召，值澣衣，稱疾經日，衣成然後赴。牛餓，馭人求草，湛良久曰：「可與飲。」在選職，頗有刻覈之譏，而公平無私，不受請謁，論者以此稱焉。

上大舉北伐，舉朝爲不可，唯湛贊成之。索虜至瓜步，領軍將軍劉遵考率軍出江上，以湛兼領軍，軍事處分，一以委焉。虜遣使求婚，上召太子劭以下集議，

衆並謂宜許，湛曰：「戎狄無信，許之無益。」劭怒，謂湛曰：「今三王在阨，詎宜苟執異議。」聲色甚厲。坐散俱出，劭使班劍及左右推之，殆將側倒。劭又謂上曰：「北伐敗辱，數州淪破，獨有斬江湛，可以謝天下。」上曰：「北伐自我意，江湛但不異耳。」劭後燕集，未嘗命湛。常謂上曰：「江湛佞人，不宜親也。」上乃爲劭長子偉之娉湛第三女，欲以和之。

上將廢劭，使湛具詔草。劭之入弑也，湛直上省，聞叫譟之聲，乃匿傍小屋中。劭遣收之，舍吏紿云：「不在此。」兵士即殺舍吏，乃得湛。湛據窗受害，意色不撓。時年四十六。湛五子恁、恕、憼、憖、法壽，皆見殺。初，湛家數見怪異，未敗少日，所眠牀忽有數升血。世祖即位，追贈左光禄大夫、開府儀同三司，加散騎常侍，本官如故，謚曰忠簡公。

南朝梁·沈約《宋書》卷九三《關康之傳》 關康之字伯愉，河東楊人。世居京口，寓屬南平昌。少而篤學，姿狀豐偉。下邳趙釋以文義見稱，康之與之友善。特進顔延之見而知之。晉陵顧悦之難王弼《易》義四十餘條，康之申王難顧，遠有情理。又爲《毛詩義》，經籍疑滯，多所論釋。嘗就沙門支僧納學算，妙盡其能。竟陵王義宣自京口遷鎮江陵，要康之同行，距不應命。元嘉中，太祖聞康之有學義，除武昌國中軍將軍，蠲除租税。江夏王義恭、廣陵王誕臨南徐州，辟爲從事、西曹，並不就。棄絶人事，守志閑居。弟雙之爲臧質車騎參軍，與質俱下，至赭圻病卒，瘞於水濱。康之其春得疾困篤，小差，牽以迎喪，因得虚勞病，寢頓二十餘年。時有閒日，輒臥論文義。世祖即位，遣大使陸子真巡行天下，使反，薦康之「業履恒貞，操勗清固，行信閭黨，譽延邦邑，棲志希古，操不可渝，宜加徵聘，以潔風軌。」不見省。太宗泰始初，與平原明僧紹俱徵爲通直郎，又辭以疾。順帝昇明元年，卒，時年六十三。

南朝梁·沈約《宋書》卷九四《戴法興傳》 戴法興，會稽山陰人也。家貧，父碩子，販紵爲業。法興二兄延壽、延興並修立，延壽善書，法興好學。山陰有陳載者，家富，有錢三千萬，鄉人咸云：「戴碩子三兒，敵陳載三千萬錢。」

法興少賣葛於山陰市，後爲吏傳署，入爲尚書倉部令史。大將軍彭城王義康於尚書中覓了了令史，得法興等五人，以法興爲記室令史。義康敗，仍爲世祖征虜、撫軍記室掾。上爲江州，仍補南中郎典籤。上於巴口建義，法興與典籤戴明寶、蔡閑俱轉參軍督護。上即位，並爲南臺侍御史，同兼中書通事舍人。法興等專管内務，權重當時。孝建元年，加建武將軍、南魯郡太守，解舍人，侍太子於東宫。大明二年，三典籤並以南下預密謀，封法興吴昌縣男，明寶湘鄉縣男，閑高昌縣男，食邑各三百户。閑時已卒，追加爵封。法興轉員外散騎侍郎，給事中，太子旅賁中郎將，太守如故。

世祖親覽朝政，不任大臣，而腹心耳目，不得無所委寄。法興頗知古今，素見親待，雖出侍東宫，而意任隆密。魯郡巢尚之，人士之末，元嘉中，侍始興王濬讀書，亦涉獵文史，爲上所知，孝建初，補東海國侍郎，仍兼中書通事舍人。凡選授遷轉誅賞大處分，上皆與法興、尚之參懷，内外諸雜事，多委明寶。上性嚴暴，睚眦之間，動至罪戮，尚之每臨事解釋，多得全免，殿省甚賴之。而法興、明寶大通人事，多納貨賄，凡所薦達，言無不行，天下輻湊，門外成市，家産並累千金。明寶驕縱尤甚，長子敬爲揚州從事，與上争買御物。六宫嘗出行，敬盛服騎馬於車左右，馳驟去來。上大怒，賜敬死，繫明寶尚方，尋被原釋，委任如初。

世祖崩，前廢帝即位，法興遷越騎校尉。時太宰江夏王義恭録尚書事，任同總己，而法興、尚之執權日久，威行内外，義恭積相畏服，至是懾憚尤甚。廢帝未親萬機，凡詔勑施爲，悉決法興之手，尚書中事無大小，專斷之，顔師伯、義恭守空名而已。廢帝年已漸長，凶志轉成，欲有所爲，法興每相禁制，每謂帝曰：「官所爲如此，欲作營陽耶？」帝意稍不能平。所愛幸閹人華願兒有盛寵，賜與金帛無算，法興常加裁減，願兒甚恨之。帝常使願兒出入市里，察聽風謡，而道路之言，謂法興爲真天子，帝爲贋天子。願兒因此告帝曰：「外間云宫中有兩天子，官是一人，戴法興是一人。官在深宫中，人物不相接，法興與太宰、顔、柳一體，吸習往來，門客恒有數百，内外士庶，莫不畏服之。法興是孝武左右，復久在宫闈，今將他人作一家，深恐此坐席非復官許。」帝遂發怒，免法興官，遣還田里，仍復徙付遠郡，尋又於家賜死，時年五十二。法興臨死，封閉庫藏，使家人謹録鑰牡。死一宿，又殺其二子，截法興棺，焚之，籍没財物。法興能爲文章，頗行於世。

死後，帝勑巢尚之曰：「吾纂承洪基，君臨萬國，推心勳舊，著於遐邇。不謂戴法興恃遇負恩，專作威福，冒憲黷貨，號令自由，積釁累愆，遂至於此。卿等忠勤在事，吾乃具悉，但道路之言，異同紛糾，非唯人情駭愕，亦玄象違度，委付之旨，良失本懷。吾今自親覽萬機，留心庶事，卿等宜竭誠盡力，以副所期。」尚之時爲新安王子鸞撫軍中兵參軍、淮陵太守。乃解舍人，轉爲撫軍諮議參軍，太守如故。

太宗泰始二年，詔曰：「故越騎校尉吴昌縣開國男戴法興，昔從孝武，誠懃左右，入定社稷，預誓河山。及出侍東儲，竭盡心力，嬰害凶悖，朕甚愍之。可追復削注，還其封爵。」有司奏以法興孫靈珍襲封。又詔曰：「法興小人，專權豪恣，雖虐主所害，義由國討，不宜復貪人之封，封爵可停。」

南朝梁·沈約《宋書》卷九八《大且渠蒙遜傳》 河西人趙敺善曆算。十四年，茂虔奉表獻方物，并獻《周生子》十三卷，《時務論》十二卷，《三國總略》二十卷，《俗問》十一卷，《十三州志》十卷，《文檢》六卷，《四科傳》四卷，《燉煌實録》十卷，《涼書》十卷，《漢皇德傳》二十五卷，《亡典》七卷，《魏駁》九卷，《謝艾集》八卷，《古今字》二卷，《乘丘先生》三卷，《周髀》一卷，《皇帝王歷三合紀》一卷，《趙敺傳》并《甲寅元歷》一卷，《孔子讚》一卷，合一百五十四卷。茂虔又求晉、趙《起居注》諸雜書數十件，太祖賜之。

南朝梁·蕭子顯《南齊書》卷五二《祖沖之傳》 祖沖之字文遠，范陽薊人也。祖昌，宋大匠卿。父朔之，奉朝請。

沖之少稽古，有機思。宋孝武使直華林學省，賜宅宇車服。解褐南徐州迎從事，公府參軍。

宋元嘉中，用何承天所制曆，比古十一家爲密，沖之以爲尚疏，乃更造新法。上表曰：

臣博訪前墳，遠稽昔典，五帝躔次，三王交分，《春秋》朔氣，《紀年》薄蝕，談、遷載述，彪、固列志，魏世注歷，晉代《起居》，探異今古，觀要華戎。書契以降，二千餘稔，日月離會之徵，星度疎密之驗。專功耽思，咸可得而言也。加以親量圭尺，躬察儀漏，目盡毫釐，心窮籌筴，考課推移，又曲備其詳矣。

然而古曆疎舛，類不精密，羣氏糾紛，莫審其會。尋何承天所上，意存改革，而置法簡略，今已乖遠。以臣校之，三覩厥謬，日月所在，差覺三度，二至晷景，幾失一日，五星見伏，至差四旬，留逆進退，或移兩宿。分至失實，則節閏非正；宿度違天，則伺察無准。臣生屬聖辰，詢逮在運，敢率愚瞽，更創新曆。

謹立改易之意有二，設法之情有三。改易者一：以舊法一章，十九歲有七閏，閏數爲多，經二百年輒差一日。節閏既移，則應改法，曆紀屢遷，寔由此條。今改章法三百九十一年有一百四十四閏，令却合周、漢，則將來永用，無復差動。其二：以《堯典》云「日短星昴，以正仲冬」。以此推之，唐世冬至日，在今宿之左五十許度。〔漢〕（伐）〔代〕之初，即〔用〕秦曆，冬至日在牽牛六度。漢武改立《太初曆》，冬至日在牛初。後漢《四分法》，冬至日在斗二十二。晉世姜岌以月蝕檢日，知冬至在斗十七。今參以中星，課以蝕望，冬至之日，在斗十一。通而計之，未盈百載，所差二度。舊法竝令冬至日有定處，天數既差，則七曜宿度，漸與舛訛。乖謬既著，輒應改易。僅合一時，莫能通遠。遷革不已，又由此條。今令冬至所在歲歲微差，却檢漢注，竝皆審密，將來久用，無煩屢改。又設法者，其一：以子爲辰首，位在正北，爻應初九升氣之端，虚爲北方列宿之中。元氣肇初，宜在此次。前儒虞喜，備論其義。今曆上元日度，發自虚一。其二：以日辰之號，甲子爲先，曆法設元，應在此歲。而黄帝以來，世代所用，凡十一曆，上元之歲，莫值此名。今曆上元歲在甲子。其三：以上元之歲，曆中衆條，竝應以此爲始。而《景初曆》交會遲疾，元首有差。又承天法，日月五星，各自有元，交會遲疾，亦竝置差，裁得朔氣合而已，條序紛錯，不及古意。今設法日月五緯交會遲疾，悉以上元歲首爲始，羣流共源，〔庶無乖誤〕。

若夫測以定形，據以實效。懸象著明，尺表之驗可推；動氣幽微，寸管之候不忒。今臣所立，易以取信。但綜覈始終，大存緩密，革新變舊，有約有繁。用約之條，理不自懼，用繁之意，顧非謬然。何者？夫紀閏參差，數各有分，分之爲體，非不細密，臣是用深惜毫釐，以全求妙之准，不辭積累，以成永定之製，非爲思而莫知，悟而弗改也。若所上萬一可採，伏願頒宣羣司，賜垂詳究。

事奏。孝武令朝士善曆者難之，不能屈。會帝崩，不施行。出爲婁縣令，謁者僕射。

初，宋武平關中，得姚興指南車，有外形而無機巧，每行，使人於內轉之。昇明中，太祖輔政，使沖之追修古法。沖之改造銅機，圓轉不窮，而司方如一，馬鈞以來未有也。時有北人索馭驎者，亦云能造指南車，太祖使與沖之各造，使於樂遊苑對共校試，而頗有差僻，乃毀焚之。永明中，竟陵王子良好古，沖之造欹器獻之。

文惠太子〔在〕東宮，見沖之曆法，啓世祖施行，文惠尋薨，事又寢。轉長水校尉，領本職。沖之造《安邊論》，欲開屯田，廣農殖。建武中，明帝使沖之巡行四方，興造大業，可以利百姓者，會連有〔軍〕事，事竟不行。

沖之解鍾律，博塞當時獨絶，莫能對者。以諸葛亮有木牛流馬，乃造一器，不因風水，施機自運，不勞人力。又造千里船，於新亭江試之，日行百餘里。於樂遊苑造水碓磨，世祖親自臨視。又特善筭。永元二年，沖之卒。年七十二。

著《易老莊義釋》、《論語孝經注》，《九章》造《綴述》數十篇。

北齊・魏收《魏書》卷三五《崔浩傳》 崔浩，字伯淵，清河人也，白馬公玄伯之長子。少好文學，博覽經史，玄象陰陽，百家之言，無不關綜，研精義理，時人莫及。弱冠爲直郎。天興中，給事祕書，轉著作郎。太祖以其工書，常置左右。太祖季年，威嚴頗峻，宫省左右多以微過得罪，莫不逃隱，避目下之變，浩獨恭勤不怠，或終日不歸。太祖知之，輒命賜以御粥。其砥直任時，不爲窮通改節，皆此類也。

太宗初，拜博士祭酒，賜爵武城子，常授太宗經書。每至郊祠，父子並乘軒軺，時人榮之。太宗好陰陽術數，聞浩説《易》及《洪範》五行，善之，因命浩筮吉凶，參觀天文，考定疑惑。浩綜覈天人之際，舉其綱紀，諸所處決，多有應驗，恒與軍國大謀，甚爲寵密。是時，有兔在後宫，驗問門官，無從得入。太宗怪之，命浩推其咎徵。浩以爲當有隣國貢嬪嬙者，善應也。明年，姚興果獻女。

神瑞二年，秋穀不登，太史令王亮、蘇垣因華陰公主等言讖書國家當治鄴，應大樂五十年，勸太宗遷都。浩與特進周澹言於太宗曰：「今國家遷都於鄴，可救今年之飢，非長久之策也。東州之人，常謂國家居廣漠之地，民畜無算，號稱牛毛之衆。今留守舊都，分家南徙，恐不滿諸州之地。參居郡縣，處榛林之間，不便水土，疾疫死傷，情見事露，則百姓意沮。四方聞之，有輕侮之意，屈丐、蠕蠕必提挈而來，雲中、平城則有危殆之慮，阻隔恒、代，千里之險，雖欲救援，赴之甚難，如此則聲實俱損矣。今居北方，假令山東有變，輕騎南出，燿威桑梓之中，誰知多少？百姓見之，望塵震服。此是國家威制諸夏之長策也。至春草生，乳酪將出，兼有菜果，足接來秋，若得中熟，事則濟矣。」太宗深然之，曰：「唯此二人，與朕意同。」復使中貴人問浩、澹曰：「今既糊口無以至來秋，來秋或復不熟，將如之何？」浩等對曰：「可簡窮下之户，諸州就穀，若來秋無年，願更圖也。但不可遷都。」太宗從之，於是分民詣山東三州食，出倉穀以稟之。來年遂大熟。賜浩、澹妾各一人，御衣一襲，絹五十匹，綿五十斤。

初，姚興死之前歲也，太史奏：熒惑在匏瓜星中，一夜忽然亡失，不知所在。或謂下入危亡之國，將爲童謡妖言，而後行其災禍。太宗聞之，大驚，乃召諸碩儒十數人，令與史官求其所詣。浩對曰：「案《春秋左氏傳》説神降于莘，其至之日，各以其物祭也。請以日辰推之，庚午之夕，辛未之朝，天有陰雲，熒惑之亡，當在此二日之内。庚之與未，皆主於秦，辛爲西夷。今姚興據咸陽，是熒惑入秦矣。」諸人皆作色曰：「天上失星，人安能知其所詣，而妄説無徵之言。」浩笑而不應。後八十餘日，熒惑果出於東井，留守盤遊，秦中大旱赤地，昆明池水竭，童謡訛言，國内諠擾。明年，姚興死，二子交兵，三年國滅。於是諸人皆服曰：「非所及也。」

泰常元年，司馬德宗將劉裕伐姚泓，舟師自淮泗入清，欲泝河西上，假道於國。詔羣臣議之。外朝公卿咸曰：「函谷關號曰天險。一人荷戈，萬夫不得進。裕舟船步兵，何能西入？脱我乘其後，還路甚難。若北上河岸，其行爲易。揚言伐姚，意或難測。假其水道，寇不可縱，宜先發軍斷河上流，勿令西過。」又議之内朝，咸同外計。太宗將從之。浩曰：「此非上策。司馬休之之徒擾其荆州，劉裕切齒來久。今興死子劣，乘其危亡而伐之，臣觀其意，必欲入關。勁躁之人，不顧後患。今若塞其西路，裕必上岸北侵，如此則姚無事而我受敵。今蠕蠕内寇，民食又乏，不可發軍。發軍赴南則北寇進擊，若其救北則東州復危。未若假之水道，縱裕西入，然後興兵塞其東歸之路，所謂卞莊刺虎，兩得之勢也。使裕勝也，必德我假道之惠；令姚氏勝也，亦不失救隣之名。縱使裕得關中，縣遠難守，彼不能守，終爲我物。今不勞兵馬，坐觀成敗，關兩虎而收長久之利，上策也。夫爲國之計，擇利而爲之，豈顧婚姻，酬一女子之惠哉？假令國家棄恒山以南，裕必不能發吴越之兵與官軍爭守河北也，居然可知。」議者猶曰：「裕西入函谷，則進退路窮，腹背受敵；北上岸則姚軍必不出關助我。揚聲西行，意在北進，其勢然也。」太宗遂從羣議，遣長孫嵩發兵拒之，戰於畔城，爲裕將朱超石所敗，師人多傷。太宗聞之，恨不用浩計。【略】

三年，彗星出天津，入太微，經北斗，絡紫微，犯天棓，八十餘日，至漢而滅。太宗復召諸儒術士問之曰：「今天下未一，四方岳峙，災咎之應，將在何國？朕甚畏之，盡情以言，勿有所隱。」咸共推浩令對。浩曰：「古人有言，夫災異之生，由人而起。人無釁焉，妖不自作。故人失於下，則變見於上，天事恒象，百代不易。《漢書》載王莽篡位之前，彗星出入，正與今同。國家主尊臣卑，上下有序，民無異望。唯僭晉卑削，主弱臣强，累世陵遲，故桓玄逼奪，劉裕秉權。彗孛者，惡氣之所生，是爲僭晉將滅，劉裕篡之之應也。」諸人莫能易浩言，太宗深然之。五年，裕果廢其主司馬德文而自立。南鎮上裕改元赦書。時太宗幸東南潟滷池射鳥，聞之，驛召浩，謂之曰：「往年卿言彗星之占驗矣，朕於今日始信天道。」

初，浩父疾篤，浩乃剪爪截髮，夜在庭中仰禱斗極，爲父請命，求以身代，叩頭流血，歲餘不息，家人罕有知者。及父終，居喪盡禮，時人稱之。襲爵白馬公。朝廷禮儀、優文策詔、軍國書記，盡關於浩。浩能爲雜説，不長屬文，而留心於制度、科律及經術之言。作《家祭法》，次序五宗，蒸嘗之禮，豐儉之節，義理可觀。性不好老莊之書，每讀不過數十行，輒棄之，曰：「此矯誣之説，不近人情，必非老子所作。老聃習禮，仲尼所師，豈設敗法文書，以亂先王之教。袁生所謂家人筐篋中物，不可揚於王庭也。」

太宗恒有微疾，怪異屢見，乃使中貴人密問於浩曰：「《春秋》：星孛北斗，七國之君皆將有咎。今茲日蝕於胃昴，盡光趙代之分野，朕疾彌年，療治無損，恐一旦奄忽，諸子並少，將如之何？其爲我設圖後之計。」浩曰：「陛下春秋富盛，聖業方融，德以除災，幸就平愈。且天道懸遠，或消或應。昔宋景見災修德，熒惑退舍。願陛下遣諸憂虞，恬神保和，納御嘉福，無以闇昧之説，致損聖思。必不得已，請陳瞽言。自聖化龍興，不崇儲貳，是以永興之始，社稷幾危。今宜早建東宮，選公卿忠賢陛下素所委仗者使爲師傅，左右信臣簡在聖心者以充賓友，入總萬機，出統戎政，監國撫軍，六柄在手。若此，則陛下可以優遊無爲，頤神養壽，進御醫藥。萬歲之後，國有成主，民有所歸，則姦宄息望，旁無覬覦。此乃萬世之令典，塞禍之大備也。今長皇子燾，年漸一周，明叡溫和，衆情所繫，時登儲副，則天下幸甚。立子以長，禮之大經。若須並待成人而擇，倒錯天倫，則生履霜堅冰之禍。自古以來，載籍所記，興衰存亡，尠不由此。」太宗納之。於是使浩奉策告宗廟，命世祖爲國副主，居正殿臨朝。司徒長孫嵩、山陽公奚斤、北新公安同爲左輔，坐東廂西面；浩與太尉穆觀、散騎常侍丘堆爲右弼，坐西廂東面。百僚總己以聽焉。太宗避居西宮，時隱而窺之，聽其決斷，大悦，謂左右侍臣曰：「長孫嵩宿德舊臣，歷事四世，功存社稷；奚斤辯捷智謀，名聞遐邇；安同曉解俗情，明練於事；穆觀達於政要，識吾旨趣；崔浩博聞強識，精於天人之會；丘堆雖無大用，然在公專謹。以此六人輔相，吾與汝曹遊行四境，伐叛柔服，可得志於天下矣。」羣臣時奏所疑，太宗曰：「此非我所知，當決之汝曹國主也。」【略】

世祖即位，左右忌浩正直，共排毀之。世祖雖知其能，不免羣議，故出浩，以公歸第。及有疑議，召而問焉。浩纖妍潔白，如美婦人。而性敏達，長於謀計。常自比張良，謂己稽古過之。既得歸第，因欲修服食養性之術，而寇謙之有《神中録圖新經》，浩因師之。

始光中，進爵東郡公，拜太常卿。時議討赫連昌，羣臣皆以爲難，唯浩曰：「往年以來，熒惑再守羽林，皆成鉤已，其占秦亡。又今年五星併出東方，利以西伐。天應人和，時會並集，不可失也。」世祖乃使奚斤等繫蒲坂，而親率輕騎襲其都城，大獲而還。及世祖復討昌，次其城下，收衆僞退。昌鼓譟而前，舒陣爲兩翼。會有風雨從東南來，揚沙昏冥。宦者趙倪進曰：「今風雨從賊後來，我向彼背，天不助人。又將士飢渴，願陛下攝騎避之，更待後日。」浩叱之曰：「是何言歟！千里制勝，一日之中豈得變易？賊前行不止，後已離絶，宜分軍隱出，奄擊不意。風道在人，豈有常也！」世祖曰「善」。分騎奮擊，昌軍大潰。

初，太祖詔尚書郎鄧淵著《國記》十餘卷，編年次事，體例未成。逮于太宗，廢而不述。神䴥二年，詔集諸文人撰録國書，浩及弟覽、高讜、鄧穎、晁繼、范亨、黄輔等共參著作，叙成《國書》三十卷。

是年，議擊蠕蠕，朝臣内外盡不欲行，保太后固止世祖，世祖皆不聽，唯浩讚成策略。尚書令劉潔、左僕射安原等乃使黄門侍郎仇齊推赫連昌太史張淵、徐辯説世祖曰：「今年己巳，三陰之歲，歲星襲月，太白在西方，不可舉兵。北伐必敗，雖克，不利於上。」又羣臣共贊和淵等，云淵少時嘗諫苻堅不可南征，堅不從而敗。今天時人事都不和協，何可舉動！世祖意不決，乃召浩令與淵等辯之。

浩難淵曰：「陽者，德也；陰者，刑也。故日蝕修德，月蝕修刑。夫王者之用刑，大則陳諸原野，小則肆之市朝。戰伐者，用刑之大者也。以此言之，三陰用兵，蓋得其類，修刑之義也。歲星襲月，年飢民流，應在他國，遠期十二年。太白行倉龍宿，於天文爲東，不妨北伐。淵等俗生，志意淺近，牽於小數，不達大體，難與遠圖。臣觀天文，比年以來，月行奄昴，至今猶然。其占：『三年，天子大破旄頭之國。』蠕蠕、高車，旄頭之衆也。夫聖明御時，能行非常之事。古人語曰：『非常之原，黎民懼焉，及其成功，天下晏然。』願陛下勿疑也。」淵等慚而言曰：「蠕蠕，荒外無用之物，得其地不可耕而食，得其民不可臣而使，輕疾無常，難得而制，有何汲汲而苦勞士馬也？」浩曰：「淵言天時，是其所職，若論形勢，非彼所知。斯乃漢世舊説常談，施之於今，不合事宜也。何以言之？夫蠕蠕者，舊是國家北邊叛隸，今誅其元惡，收其善民，令復舊役，非無用也。漠北高涼，不生蚊蚋，水草美善，夏則北遷。田牧其地，非不可耕而食也。蠕蠕子弟來降，貴者尚公主，賤者將軍、大夫，居滿朝列，又高車號爲名騎，非不可臣而畜也。夫以

南人追之，則患其輕疾，於國兵則不然。何者？彼能遠走，我亦能遠逐，與之進退，非難制也。且蠕蠕往數入國，民吏震驚。今夏不乘虛掩進，破滅其國，至秋復來，不得安臥。自太宗之世，迄於今日，無歲不驚，豈不汲汲乎哉！世人皆謂淵、辯通解數術，明決成敗。臣請試之，問其西國未滅之前有何亡徵。知而不言，是其不忠；若實不知，是其無術。」時赫連昌在座，淵等自以無先言，慚赧而不能對。世祖大悅，謂公卿曰：「吾意決矣。亡國之師不可與謀，信矣哉。」而保太后猶難之，復令羣臣於保太后前評議。世祖謂浩曰：「此等意猶不伏，卿善曉之令悟。」

既罷朝，或有尤浩者曰：「今吴賊南寇而舍之北伐。行師千里，其誰不知。若蠕蠕遠遁，前無所獲，後有南賊之患，危之道也。」浩曰：「不然。今年不摧蠕蠕，則無以禦南賊。自國家并西國以來，南人恐懼，揚聲動衆以衛淮北。彼北我南，彼勞我息，其勢然矣。比破蠕蠕，往還之間，故不見其至也。何以言之？劉裕得關中，留其愛子，精兵數萬，良將勁卒，猶不能固守，舉軍盡没。號哭之聲，至今未已。如何正當國家休明之世，士馬强盛之時，而欲以駒犢齒虎口也？設令國家與之河南，彼必不能守之。自量不能守，是以必不來。若或有衆，備邊之軍耳。夫見瓶水之凍，知天下之寒；嘗肉一臠，識鑊中之味。物有其類，可推而得也。且蠕蠕恃其絶遠，謂國家力不能至，自寬來久，故夏則散衆放畜，秋肥乃聚，背寒向温，南來寇抄。今出其慮表，攻其不備。大軍卒至，必驚駭星分，望塵奔走。牡馬護羣，牝馬戀駒，驅馳難制，不得水草，未過數日則聚而困敝，可一舉而滅。暫勞永逸，長久之利，時不可失也。唯患上無此意，今聖慮已決，發曠世之謀，如何止之？陋矣哉，公卿也！」諸軍遂行。天師謂浩曰：「是行也，如之何，果可克乎？」浩對曰：「天時形勢，必克無疑。但恐諸將瑣瑣，前後顧慮，不能乘勝深入，使不全舉耳。」

及軍入其境，蠕蠕先不設備，民畜布野，驚怖四奔，莫相收攝。於是分軍搜討，東西五千里，南北三千里，凡所俘虜及獲畜産車廬，彌漫山澤，蓋數百萬。高車殺蠕蠕種類，歸降者三十餘萬落。虜遂散亂矣。世祖沿弱水西行，至涿邪山，諸大將果疑深入有伏兵，勸世祖停止不追。天師以浩曩日之言，固勸世祖窮討，不聽。後有降人，言蠕蠕大檀先被疾，不知所爲，乃焚燒穹廬，科車自載，將數百人入山南走。民畜窘聚，方六十里中，無人領統。相去百八十里，追軍不至，乃徐徐西遁，唯此得免。後聞涼州賈胡言，若復前行二日，則盡滅之矣。世祖深恨之。大軍既還，南賊竟不能動，如浩所量。

浩明識天文，好觀星變。常置金銀銅鋌於酢器中，令青，夜有所見即以鋌畫紙作字以記其異。世祖每幸浩第，多問以異事。或倉卒不及束帶，奉進蔬食，不暇精美。世祖爲舉匕箸，或立嘗而旋。其見寵愛如此。於是引浩出入臥内，加侍中、特進、撫軍大將軍、左光録大夫，賞謀謨之功。世祖從容謂浩曰：「卿才智淵博，事朕祖考，忠著三世，朕故延卿自近。其思盡規諫，匡予弼予，勿有隱懷。朕雖當時遷怒，若或不用，久久可不深思卿言也。」因令歌工歷頌群臣，事在《長孫道生傳》。又召新降高車渠帥數百人，賜酒食於前。世祖指浩以示之，曰：「汝曹視此人，尫纖懦弱，手不能彎弓持矛，其胸中所懷，乃踰於甲兵。朕始時雖有征討之意，而慮不自決，前後克捷，皆此人導吾令至此也。」乃敕諸尚書曰：「凡軍國大計，卿等所不能決，皆先諮浩，然後施行。」【略】

時方士祁纖奏立四王，以日東西南北爲名，欲以致禎吉，除災異。詔浩與學士議之。浩對曰：「先王建國以作蕃屏，不應假名以爲其福。夫日月運轉，周歷四方，京都所居，在於其内，四王之稱，實奄邦畿，名之則逆，不可承用。」先是，纖奏改代爲萬年，浩曰：「昔太祖道武皇帝，應天受命，開拓洪業，諸所制置，無不循古。以始封代土，後稱爲魏，故代、魏兼用，猶彼殷商。國家積德，著在圖史，當享萬億，不待假名以爲益也。纖之所聞，皆非正義。」世祖從之。

是時，河西王沮渠牧犍，内有貳意，世祖將討焉，先問於浩。浩對曰：「牧犍惡心已露，不可不誅。官軍往年北伐，雖不克獲，實無所損。于時行者内外軍馬三十萬匹，計在道死傷不滿八千，歲常羸死，恒不減萬，乃不少於此。而遠方承虚，便謂大損，不能復振。今出其不意，不圖大軍卒至，必驚駭騷擾，不知所出，擒之必矣。且牧犍劣弱，諸弟驕恣，爭權從横，民心離解。加比年以來，天災地變，都在秦涼，成滅之國也。」世祖曰：「善，吾意亦以爲然。」命公卿議之。弘農王奚斤等三十餘人皆曰：「牧犍西垂下國，雖心不純臣，然繼父職貢，朝廷接以蕃禮。又王姬釐降，罪未甚彰，謂宜羈縻而已。今士馬勞止，宜可小息。又其地鹵斥，略無水草，大軍既到，不得久停。彼聞軍來，必完聚城守，攻則難拔，野無所掠。」於是尚書古弼、李順之徒皆曰：「自温圉河以西，至於姑臧城南，天梯山上冬有積雪，深一丈餘，至春夏消液，下流成川，引以溉灌。彼聞軍至，決此渠口，水不通流，則致渴乏。去城百里之内，赤地無草，又不任久停軍馬。斤等議是也。」世祖乃命浩以其前言與斤共相難抑。諸人不復餘言，唯曰「彼無水草」。

浩曰：「《漢書·地理志》稱：『涼州之畜，爲天下饒。』若無水草，何以畜牧？又漢人爲居，終不於無水草之地築城郭、立郡縣也。又雪之消液，纔不斂塵，何得通渠引漕，溉灌數百萬頃乎？此言大詆誣於人矣。」李順等復曰：「耳聞不如目見，吾曹目見，何可共辨！」浩曰：「汝曹受人金錢，欲爲之辭，謂我自不見便可欺也！」世祖隱聽，聞之乃出，覩見斤等，辭旨嚴厲，形於神色。群臣乃不敢復言，唯唯而已。於是遂討涼州而平之。多饒水草，如浩所言。

乃詔浩曰：「昔皇祚之興，世隆北土，積德累仁，多歷年載，澤流蒼生，義聞四海。我太祖道武皇帝，協順天人，以征不服，應朝撥亂，奄有區夏。太宗承統，光隆前緒，釐正刑典，大業惟新。然荒域之外，猶未賓服。此祖宗之遺志，而貽功於後也。朕以眇身，獲奉宗廟，戰戰兢兢，如臨淵海，懼不能負荷至重，繼名丕烈。故即位之初，不遑寧處，揚威朔裔，掃定赫連。逮於神䴥，始命史職注集前功，以成一代之典。自爾已來，戎旗仍舉，秦隴克定，徐兗無塵，平逋寇於龍川，討孽豎於涼域。豈朕一人獲濟於此，賴宗廟之靈，群公卿士宣力之効也。而史闕其職，篇籍不著，每懼斯事之墮焉。公德冠朝列，言爲世範，小大之任，望君存之。命公留臺，綜理史務，述成此書，務從實録。」浩於是監祕書事，以中書侍郎高允、散騎侍郎張偉參著作，續成前紀。至於損益褒貶，折中潤色，浩所總焉。

及恭宗始總百揆，浩復與宜都王穆壽輔政事。時又將討蠕蠕，劉潔復致異議。世祖逾欲討之，乃召問浩。浩對曰：「往擊蠕蠕，師不多日，潔等各欲回還。後獲其生口，云軍還之時，去賊三十里。是潔等之計過矣。夫北土多積雪，至冬時常避寒南徙。若因其時，潛軍而出，必與之遇，則可擒獲。」世祖以爲然。乃分軍爲四道，詔諸將俱會鹿渾海。期日有定，而潔恨計不用，沮誤諸將，無功而還。事在《潔傳》。

世祖西巡，詔浩與尚書、順陽公蘭延都督行臺中外諸軍事。世祖至東雍，親臨汾曲，觀叛賊薛永宗壘，進軍圍之。永宗出兵欲戰，世祖問浩曰：「今日可擊不？」浩曰：「永宗未知陛下自來，人心安閑，北風迅疾，宜急擊之，須臾必碎。若待明日，恐其見官軍盛大，必夜遁走。」世祖從之。永宗潰滅。車駕濟河，前驅告賊在渭北。世祖至洛水橋，賊已夜遁。詔問浩曰：「蓋吳在長安北九十里。渭北地空，穀草不備。欲渡渭南西行，何如？」浩對曰：「蓋吳營去此六十里，賊魁所在。擊蛇之法，當須破頭，頭破則尾豈能復動。宜乘勢先擊吳。今軍往，一日便到。平吳之後，回向長安，亦一日而至。一日之內，未便損傷。愚謂宜從北道。若從南道，則蓋吳徐入北山，卒未可平。」世祖不從，乃渡渭南。吳聞世祖至，盡散入北山，果如浩言，軍無所克。世祖悔之。後以浩輔東宮之勤，賜繒絮布帛各千段。

著作令史太原閔湛、趙郡郄標素諂事浩，乃請立石銘，刊載《國書》，并勒所注《五經》。浩贊成之。恭宗善焉，遂營於天郊東三里，方百三十步，用功三百萬乃訖。

世祖蒐于河西，詔浩詣行在所議軍事。浩表曰：「昔漢武帝患匈奴强盛，故開涼州五郡，通西域，勸農積穀，爲滅賊之資。東西迭擊。故漢未疲，而匈奴已弊，後遂入朝。昔平涼州，臣愚以爲北賊未平，征役不息，可不徙其民，案前世故事，計之長者。若遷民人，則土地空虛，雖有鎮戍，適可禦邊而已，至於大舉，軍資必乏。陛下以此事闊遠，竟不施用。如臣愚意，猶如前議，募徙豪强大家，充實涼土，軍舉之日，東西齊勢，此計之得者。」

浩又上《五寅元曆》，表曰：「太宗即位元年，敕臣解《急就章》、《孝經》、《論語》、《詩》、《尚書》、《春秋》、《禮記》、《周易》。三年成訖。復詔臣學天文、星曆、《易》式、九宫，無不盡看。至今三十九年，晝夜無廢。臣稟性弱劣，力不及健婦人，更無餘能，是以專心思書，忘寢與食，至乃夢共鬼争義。遂得周公、孔子之要術，始知古人有虛有實，妄語者多，真正者少。自秦始皇燒書之後，經典絶滅。漢高祖以來，世人妄造曆術者有十餘家，皆不得天道之正，大誤四千，小誤甚多，不可言盡。臣愍其如此。今遭陛下太平之世，除僞從真，宜改誤曆，以從天道。是以臣前奏造曆，今始成訖。謹以奏呈。唯恩省察，以臣曆術宣示中書博士，然後施用。非但時人，天地鬼神知臣得正，可以益國家萬世之名，過於三皇、五帝矣。」事在《律曆志》。

真君十一年六月誅浩，清河崔氏無遠近，范陽盧氏、太原郭氏、河東柳氏，皆浩之姻親，盡夷其族。初，郄標等立石銘刊《國記》，浩盡述國事，備而不典。而石銘顯在衢路，往來行者咸以爲言，事遂聞發。有司按驗浩，取祕書郎吏及長曆生數百人意狀。浩伏受賕，其祕書郎吏已下盡死。【略】

史臣曰：崔浩才藝通博，究覽天人，政事籌策，時莫之二，此其所以自比於子房也。屬太宗爲政之秋，值世祖經營之日，言聽計從，寧廓區夏。遇既隆也，勤亦茂哉。謀雖蓋世，威未震主，末途邂逅，遂不自全。豈鳥盡弓藏，民惡其上？將器盈必概，陰害貽禍？何斯人而遭斯酷，悲夫！

北齊・魏收《魏書》卷四七《盧玄傳》 道裕弟道虔，字慶祖，粗閑經史，兼通算術。尚高祖女濟南長公主。公主驕淫，聲穢遐邇，先無疹患，倉卒暴薨。時云道虔所害。世宗祕其醜惡，不若窮治。尚書嘗奏道虔爲國子博士。靈太后追主薨事，乃黜道虔爲民，終身不仕。孝昌末，臨淮王彧因將出征，啓除道虔奉車都尉。道虔外生李彧尚莊帝姊豐亭公主，因相藉託。永安中，除輔國將軍、通直常侍，尋加征虜將軍。以議曆勳，賜爵臨淄伯，遷散騎常侍。天平初，征南將軍，轉都官尚書，本州大中正。出除驃騎將軍、幽州刺史，尋加衛大將軍，卒於官。贈都督幽瀛二州諸軍事、驃騎大將軍、尚書右僕射、司空公、瀛州刺史，謚曰恭文公。二子，昌宇、昌仁。昌宇不慧，昌仁早卒。道虔又娶司馬氏，有子昌裕。及司馬見出之後，更娉元氏，生二子昌期、昌衡。兄弟競父爵，至今未襲。

北齊・魏收《魏書》卷四八《高允傳》 高允，字伯恭，勃海人也。祖泰，在叔父《湖傳》。父韜，少以英朗知名，同郡封懿雅相敬慕。爲慕容垂太尉從事中郎。太祖平中山，以韜爲丞相參軍。早卒。

允少孤夙成，有奇度，清河崔玄伯見而異之，歎曰：「高子黄中内潤，文明外照，必爲一代偉器，但恐吾不見耳。」年十餘，奉祖父喪還本郡，推財與二弟而爲沙門，名法淨。未久而罷。性好文學，擔笈負書，千里就業。博通經史天文術數，尤好《春秋公羊》。郡召功曹。

神䴥三年，世祖舅陽平王杜超行征南大將軍，鎮鄴，以允爲從事中郎，年四十餘矣。超以方春而諸州囚多不決，乃表允與中郎吕熙等分詣諸州，共評獄事。熙等皆以貪穢得罪，唯允以清平獲賞。府解，還家教授，受業者千餘人。四年，與盧玄等俱被徵，拜中書博士。遷侍郎，與太原張偉並以本官領衛大將軍、樂安王範從事中郎。範，世祖之寵弟，西鎮長安，允甚有匡益，秦人稱之。尋被徵還。允曾作《塞上翁詩》，有混欣戚，遺得喪之致。驃騎大將軍、樂平王丕西討上邽，復以本官參丕軍事。語在《丕傳》。涼州平，以參謀之勳，賜爵汶陽子，加建武將軍。

後詔允與司徒崔浩述成《國記》，以本官領著作郎。時浩集諸術士，考校漢元以來，日月薄蝕、五星行度，并識前史之失，别爲魏曆，以示允。允曰：「天文曆數不可空論。夫善言遠者必先驗於近。且漢元年冬十月，五星聚於東井，此乃曆術之淺。今譏漢史，而不覺此謬，恐後人譏今猶今之譏古。」浩曰：「所謬云何？」允曰：「案《星傳》，金水二星常附日而行。冬十月，日在尾箕，昏没於申南，而東井方出於寅北。二星何因背日而行？是史官欲神其事，不復推之於理。」浩曰：「欲爲變者何所不可，君獨不疑三星之聚，而怪二星之來？」允曰：「此不可以空言争，宜更審之。」時坐者咸怪，唯東宫少傅游雅曰：「高君長於曆數，當不虚也。」後歲餘，浩謂允曰：「先所論者，本不注心，及更考究，果如君語，以前三月聚於東井，非十月也。」又謂雅曰：「高允之術，陽元之射也。」衆乃歎服。允雖明於曆數，初不推步，有所論説。唯游雅數以災異問允。允曰：「昔人有言，知之甚難，既知復恐漏泄，不如不知也。天下妙理至多，何遽問此。」雅乃止。

尋以本官爲秦王翰傅。後敕以經授恭宗，甚見禮待。又詔允與侍郎公孫質、李虚、胡方回共定律令。世祖引允與論刑政，言甚稱旨。因問允曰：「萬機之務，何者爲先？」是時多禁封良田，又京師遊食者衆。允因言曰：「臣少也賤，所知唯田，請言農事。古人云：方一里則爲田三頃七十畝，百里則田三萬七千頃。若勤之，則畝益三斗，不勤則畝損三斗。方百里損益之率，爲粟二百二十二萬斛，况以天下之廣乎？若公私有儲，雖遇飢年，復何憂哉？」世祖善之。遂除田禁，悉以授民。

初，崔浩薦冀、定、相、幽、并五州之士數十人，各起家郡守。恭宗謂浩曰：「先召之人，亦州郡選也，在職已久，勤勞未答。今可先補前召外任郡縣，以新召者代爲郎吏。又守令宰民，宜使更事者。」浩固争而遣之。允聞之，謂東宫博士管恬曰：「崔公其不免乎！苟逞其非，而校勝於上，何以勝濟。」

遼東公翟黑子有寵於世祖，奉使并州，受布千匹，事尋發覺。黑子請計於允曰：「主上問我，爲首爲諱乎？」允曰：「公帷幄寵臣，答詔宜實。又自告忠誠，罪必無慮。」中書侍郎崔覽、公孫質等咸言首實罪不可測，宜諱之。黑子以覽等爲親己，而反怒允曰：「如君言，誘我死，何其不直！」遂與允絶。黑子以不實對，竟爲世祖所疏，終獲罪戮。

是時，著作令史閔湛、郄標性巧佞，爲浩信待。見浩所注《詩》、《論語》、《尚書》、《易》，遂上疏，言馬、鄭、王、賈雖注述《六經》，並多疏謬，不如浩之精微。乞收境内諸書，藏之祕府。班浩所注，命天下習業。并求敕浩注《禮傳》，令後生得觀正義。浩亦表薦湛有著述之才。既而勸浩刊所撰國史于石，用垂不朽，欲以彰浩直筆之跡。允聞之，謂著作郎宗欽曰：「閔湛所營，分寸之間，恐爲崔門萬世之禍。吾徒無類矣。」未幾而難作。

初，浩之被收也，允直中書省。恭宗使東宮侍郎吳延召允，仍留宿宮內。翌日，恭宗入奏世祖，命允驂乘。至宮門，謂曰：「入當見至尊，吾自導卿。脫至尊有問，但依吾語。」允請曰：「爲何等事也？」恭宗曰：「入自知之。」既入見帝。恭宗曰：「中書侍郎高允自在臣宮，同處累年，小心密慎，臣所委悉。雖與浩同事，然允微賤，制由於浩。請赦其命。」世祖召允，謂曰：「《國書》皆崔浩作不？」允對曰：「《太祖記》，前著作郎鄧淵所撰。《先帝記》及《今記》，臣與浩同作。然浩綜務處多，總裁而已。至於注疏，臣多於浩。」世祖大怒曰：「此甚於浩，安有生路！」恭宗曰：「天威嚴重，允是小臣，迷亂失次耳。臣向備問，皆云浩作。」世祖問：「如東宮言不？」允曰：「臣以下才，謬參著作，犯逆天威，罪應滅族，今已分死，不敢虛妄。殿下以臣侍講日久，哀臣乞命耳。實不問臣，臣無此言。臣以實對，不敢迷亂。」世祖謂恭宗曰：「直哉！此亦人情所難，而能臨死不移，不亦難乎！且對君以實，貞臣也。如此言，寧失一有罪，宜宥之。」允竟得免。於是召浩前，使人詰浩。浩惶惑不能對。允事事申明，皆有條理。時世祖怒甚，敕允爲詔，自浩已下、僮吏已上百二十八人皆夷五族。允持疑不爲，頻詔催切。允乞更一見，然後爲詔。詔引前，允曰：「浩之所坐，若更有餘釁，非臣敢知。直以犯觸，罪不至死。」世祖怒，命介士執允。恭宗拜請。世祖曰：「無此人忿朕，當有數千口死矣。」浩竟族滅，餘皆身死。宗欽臨刑，歎曰：「高允其殆聖乎！」

恭宗後讓允曰：「人當知機，不知機，學復何益？當爾之時，吾導卿端緒，何故不從人言，怒帝如此。每一念之，使人心悸。」允曰：「臣東野凡生，本無宦意。屬休延之會，應旌弓之舉，釋褐鳳池，仍參麟閣，尸素官榮，妨賢已久。夫史籍者，帝王之實録，將來之炯戒，今之所以觀往，後之所以知今。是以言行舉動，莫不備載，故人君慎焉。然浩世受殊遇，榮曜當時，孤負聖恩，自貽灰滅。即浩之跡，時有可論。浩以蓬蒿之才，荷棟梁之重，在朝無謇諤之節，退私無委蛇之稱，私欲没其公廉，愛憎蔽其直理，此浩之責也。至於書朝廷起居之跡，言國家得失之事，此亦爲史之大體，未爲多違。然臣與浩實同其事，死生榮辱，義無獨殊。誠荷殿下大造之慈，違心苟免，非臣之意。」恭宗動容稱歎。允後與人言，我不奉東宮導旨者，恐負翟黑子。

恭宗季年，頗親近左右，營立田園，以取其利。允諫曰：「天地無私，故能覆載；王者無私，故能包養。昔之明王，以至公宰物，故藏金於山，藏珠於淵，示天下以無私，訓天下以至儉。故美聲盈溢，千載不衰。今殿下國之儲貳，四海屬心，言行舉動，萬方所則，而營立私田，畜養鷄犬，乃至販酤市廛，與民争利，議聲流布，不可追掩。夫天下者，殿下之天下，富有四海，何求而不獲，何欲而弗從，而與販夫販婦競此尺寸。昔虢之將亡，神乃下降，賜之土田，卒喪其國。漢之靈帝，不修人君之重，好與宮人列肆販賣，私立府藏，以營小利，卒有顛覆傾亂之禍。前鑒若此，甚可畏懼。夫爲人君者，必審於擇人。故稱知人則哲，惟帝難之。《商書》云『無邇小人』，孔父有云，小人近之則不遜，遠之則怨矣。武王愛周、邵、齊、畢，所以王天下。殷紂愛飛廉、惡來，所以喪其國。歷觀古今存亡之際，莫不由之。今東宮誠曰乏人，儁乂不少。頃來侍御左右者，恐非在朝之選。故願殿下少察愚言，斥出佞邪，親近忠良，所在田園，分給貧下，畜産販賣，以時收散。如此則休聲日至，謗議可除。」恭宗不納。

恭宗之崩也，允久不進見。後世祖召，允昇階歔欷，悲不能止。世祖流淚，命允使出。左右莫知其故，相謂曰：「高允無何悲泣，令至尊哀傷，何也？」世祖聞之，召而謂曰：「汝不知高允悲乎？」左右曰：「臣等見允無言而泣，陛下爲之悲傷，是以竊言耳。」世祖曰：「崔浩誅時，允亦應死，東宮苦諫，是以得免。今無東宮，允見朕因悲耳。」

允表曰：「往年被敕，令臣集天文災異，使事類相從，約而可觀。臣聞箕子陳謨而《洪範》作，宣尼述史而《春秋》著，皆所以章明列辟，景測皇天者也。故先其善惡而驗以災異，隨其失得而效以禍福，天人誠遠，而報速如響，甚可懼也。自古帝王莫不尊崇其道而稽其法數，以自修飭。厥後史官並載其事，以爲鑒誡。漢成帝時，光禄大夫劉向見漢祚將危，權歸外戚，屢陳妖眚而不見納。遂因《洪範》、《春秋》災異報應者而爲其傳，覬以感悟人主，而終不聽察，卒以危亡。豈不哀哉！伏惟陛下神武則天，叡鑒自遠，欽若稽古，率由舊章，前言往行，靡不究鑒，前皇所不逮也。臣學不洽聞，識見寡薄，懼無以裨廣聖聽，仰酬明旨。今謹依《洪範傳》、《天文志》撮其事要，略其文辭，凡爲八篇。」世祖覽而善之，曰：「高允之明災異，亦豈減崔浩乎？」及高宗即位，允頗有謀焉。司徒陸麗等皆受重賞，允既不蒙褒異，又終身不言。其忠而不伐，皆此類也。

給事中郭善明，性多機巧，欲逞其能，勸高宗大起宮室。允諫曰：「臣聞太祖道武皇帝既定天下，始建都邑。其所營立，非因農隙，不有所興。今建國已久，宮室已備，永安前殿足以朝會萬國，西堂溫室足以安御聖躬，紫樓臨望可以觀望遠近。若廣修壯麗爲異觀者，宜漸致之，不可倉卒。計斫材運土及諸雜役

須二萬人，丁夫充作，老小供餉，合四萬人，半年可訖。古人有言：一夫不耕，或受其飢；一婦不織，或受其寒。況數萬之衆，其所損廢，亦以多矣。推之於古，驗之於今，必然之效也。誠聖主所宜思量。」高宗納之。允以高宗纂承平之業，而風俗仍舊，婚娶喪葬，不依古式，允乃諫曰：【略】

允言如此非一，高宗從容聽之。或有觸迕，帝所不忍聞者，命左右扶出。事有不便，允輒求見，高宗知允意，逆屏左右以待之。禮敬甚重，晨入暮出，或積日居中，朝臣莫知所論。

或有上事陳得失者，高宗省而謂羣臣曰：「君父一也，父有是非，子何爲不作書於人中諫之，使人知惡，而於家内隱處也。豈不以父親，恐惡彰於外也。今國家善惡，不能面陳而上表顯諫，此豈不彰君之短，明已之美。至如高允者，真忠臣矣。朕有是非，常正言面論，至朕所不樂聞者，皆侃侃言説，無所避就。朕聞其過，而天下不知其諫，豈不忠乎！汝等在左右，曾不聞一正言，但伺朕喜時求官乞職。汝等把弓刀侍朕左右，徒立勞耳，皆至公王。此人把筆匡我國家，不過作郎。汝等不自愧乎？」於是拜允中書令，著作如故。司徒陸麗曰：「高允雖蒙寵待，而家貧布衣，妻子不立。」高宗怒曰：「何不先言！今見朕用之，方言其貧。」是日幸允第，惟草屋數間，布被緼袍，厨中鹽菜而已。高宗歎息曰：「古人之清貧豈有此乎！」即賜帛五百匹、粟千斛，拜長子忱爲綏遠將軍、長樂太守。允頻表固讓，高宗不許。初與允同徵游雅等多至通官封侯，及允部下吏百數十人亦至刺史二千石，而允爲郎二十七年不徙官。時百官無禄，允常使諸子樵采自給。

初，尚書竇瑾坐事誅，瑾子遵亡在山澤，遵母焦没入縣官。後焦以老得免，瑾之親故，莫有恤者。允愍焦年老，保護在家。積六年，遵始蒙赦。其篤行如此。轉太常卿，本官如故。允上《代都賦》，因以規諷，亦《二京》之流也。文多不載。時中書博士索敞與侍郎傅默、梁祚論名字貴賤，著議紛紜。允遂著《名字論》以釋其惑，甚有典證。復以本官領祕書監，解太常卿，進爵梁城侯，加左將軍。

初，允與游雅及太原張偉同業相友，雅嘗論允曰：「夫喜怒者，有生所不能無也。而前史載卓公寬中，文饒洪量，褊心者或之弗信。余與高子遊處四十年矣，未嘗見其是非愠喜之色，不亦信哉。高子内文明而外柔弱，其言吶吶不能出口，余常呼爲『文子』。崔公謂余云：『高生豐才博學，一代佳士，所乏者矯矯風節耳。』余亦然之。司徒之譴，起於纖微，及於詔責，崔公聲嘶股戰不能言，宗欽已下伏地流汗，都無人色。高子敷陳事理，申釋是非，辭義清辯，音韻高亮。明主爲之動容，聽者無不稱善。仁及僚友，保兹元吉，向之所謂矯矯者，更在斯乎？宗愛之任勢也，威振四海。嘗召百司於都坐，王公以下，望庭畢拜，高子獨昇階長揖。由此觀之，汲長孺可卧見衛青，何抗禮之有！向之所謂風節者，得不謂此乎？知人固不易，人亦不易知。吾既失之於心内，崔亦漏之於形外。鍾期止聽於伯牙，夷吾見明於鮑叔，良有以也。」其爲人物所推如此。

高宗重允，常不名之，恒呼爲「令公」。「令公」之號，播於四遠矣。高宗崩，顯祖居諒闇，乙渾專擅朝命，謀危社稷。文明太后誅之，引允禁中，參決大政。又詔允曰：「自頃以來，庠序不建，爲日久矣。道肆陵遲，學業遂廢，子衿之歎，復見于今。朕既篡統大業，八表晏寧，稽之舊典，欲置學官於郡國，使進修之業有所津寄。卿儒宗元老，朝望舊德，宜與中、祕二省參議以聞。」允表曰：「臣聞經綸大業，必以教養爲先；咸秩九疇，亦由文德成務。故辟雍光於周詩，泮宮顯於《魯頌》。自永嘉以來，舊章殄滅。鄉閭無没《雅頌》之聲，京邑杜絶釋奠之禮。道業陵夷，百五十載。仰惟先朝每欲憲章昔典，經闡素風，方事尚殷，弗遑克復。陛下欽明文思，纂成洪烈，萬國咸寧，百揆時叙。申祖宗之遺志，興周禮之絶業，爰發德音，惟新文教。搢紳黎獻，莫不幸甚。臣承旨敕，並集二省，披覽史籍，備究典紀，靡不敦儒以勸其業，貴學以篤其道。伏思明詔，玄同古義。宜如聖旨，崇建學校以厲風俗。使先王之道，光演於明時；郁郁之音，流聞於四海。請制大郡立博士二人、助教四人、學生一百人，次郡立博士二人、助教二人、學生八十人，中郡立博士一人、助教二人、學生六十人，下郡立博士一人、助教一人、學生四十人。其博士取博關經典、世履忠清、堪爲人師者，年限四十以上。助教亦與博士同，年限三十以上。若道業夙成，才任教授，不拘年齒。學生取郡中清望，人行修謹，堪循名教者，先儘高門，次及中第。」顯祖從之。郡國立學，自此始也。

後允以老疾，頻上表乞骸骨，詔不許。於是乃著《告老詩》。又以昔歲同徵，零落將盡，感逝懷人，作《徵士頌》，蓋止於應命者，其有命而不至，則闕焉。羣賢之行，舉其梗概矣。【略】

皇興中，詔允兼太常，至兖州祭孔子廟，謂允曰：「此簡德而行，勿有辭也。」後允從顯祖北伐，大捷而還，至武川鎮，上《北伐頌》，【略】顯祖覽而善之。

又顯祖時有不豫，以高祖沖幼，欲立京兆王子推，集諸大臣以次召問。允進

跪上前，涕泣曰：「臣不敢多言，以勞神聽，願陛下上思宗廟託付之重，追念周公抱成王之事。」顯祖於是傳位於高祖，賜帛千匹，以標忠亮。又遷中書監，加散騎常侍。雖久典史事，然而不能專勤屬述，時與校書郎劉模有所緝綴，大較續崔浩故事，準《春秋》之體，而時有刊正。自高宗迄于顯祖，軍國書檄，多允文也。末年乃薦高閭以自代。以定議之勳，進爵咸陽公，加鎮東將軍。

尋授使持節、散騎常侍、征西將軍、懷州刺史。允秋月巡境，問民疾苦。至邵縣，見邵公廟廢毀不立，乃曰：「邵公之德，闕而不禮，爲善者何望。」乃表聞修葺之。允於時年將九十矣，勸民學業，風化頗行。然儒者優遊，不以斷決爲事。後正光中，中散大夫、中書舍人河内常景追思允，帥郡中故老，爲允立祠於野王之南，樹碑紀德焉。

太和二年，又以老乞還鄉里，十餘章，上卒不聽許，遂以疾告歸。其年，詔以安車徵允，敕州郡發遣。至都，拜鎮軍大將軍，領中書監。固辭不許。又扶引就内，改定《皇誥》。允上《酒訓》曰：【略】

高祖悦之，常置左右。

詔允乘車入殿，朝賀不拜。明年，詔允議定律令。雖年漸期頤，而志識無損，猶心存舊職，披考史書，又詔曰：「允年涉危境，而家貧養薄。可令樂部絲竹十人，五日一詣允，以娱其志。」特賜允蜀牛一頭，四望蜀車一乘，素几杖各一，蜀刀一口。又賜珍味，每春秋常致之。尋詔朝晡給膳，朔望致牛酒，衣服綿絹，每月送給。允皆分之親故。是時貴臣之門，皆羅列顯官，而允子弟皆無官爵。其廉退若此。遷尚書、散騎常侍，時延入，備几杖，問以政治。十年，加光禄大夫、金章紫綬。朝之大議，皆咨訪焉。

魏初法嚴，朝士多見杖罰。允歷事五帝，出入三省，五十餘年，初無譴咎。初，真君中以獄訟留滯，始令中書以經義斷諸疑事。允據律評刑，三十餘載，内外稱平。允以獄者民之命也，常歎曰：「臯陶至德也，其後英蓼先亡，劉項之際，英布黥而王。經世雖久，猶有刑之餘釁。況凡人能無咎乎？」

其年四月，有事西郊，詔以御馬車迎允就郊所板殿觀矚。馬忽驚奔，車覆，傷眉三處。高祖、文明太后遣醫藥護治，存問相望。司駕將處重坐，允啓陳無恙，乞免其罪。先是，命中黄門蘇興壽扶持允，曾雪中遇犬驚倒，扶者大懼。允慰勉之，不令聞徹。興壽稱共允接事三年，未嘗見其忿色。恂恂善誘，誨人不倦。晝夜手常執書，吟詠尋覽。篤親念故，虚己存納。雖處貴重，志同貧素。性好音樂，每至伶人弦歌鼓舞，常擊節稱善。又雅信佛道，時設齋講，好生惡殺。性又簡至，不妄交遊。顯祖平青齊，徙其族望於代。時諸士人流移遠至，率皆飢寒。徙人之中，多允姻媾，皆徒步造門。允散財竭産，以相贍賑，慰問周至。無不感其仁厚。收其才能，表奏申用。時議者皆以新附致異，允謂取材任能，無宜抑屈。先是，允被召在方山作頌，志氣猶不多損，談説舊事，了無所遺。十一年正月卒，年九十八。

初，允每謂人曰：「吾在中書時有陰德，濟救民命。若陽報不差，吾壽應享百年矣。」先卒旬外，微有不適。猶不寢臥，呼醫請藥，出入行止，吟詠如常。高祖、文明太后聞而遣醫李脩往脉視之，告以無恙。脩入，密陳允榮衛有異，懼其不久。於是遣使備賜御膳珍羞，自酒米至於鹽醢百有餘品，皆盡時味，及牀帳、衣服、茵被、几杖，羅列於庭。王官往還，慰問相屬。允喜形於色，語人曰：「天恩以我篤老，大有所賚，得以贍客矣。」表謝而已，不有他慮。如是數日，夜中卒，家人莫覺。詔給絹一千匹、布二千匹、綿五百斤、錦五十匹、雜綵百匹、穀千斛以周喪用。魏初以來，存亡蒙賚者莫及焉，朝庭榮之。將葬，贈侍中、司空公、冀州刺史，將軍、公如故，謚曰文，賜命服一襲。允所製詩賦誄頌箴論表讚，《左氏》、《公羊釋》、《毛詩拾遺》、《論雜解》、《議何鄭膏肓事》，凡百餘篇，別有集行於世。允明算法，爲《算術》三卷。【略】

史臣曰：依仁遊藝，執義守哲，其司空高允乎？蹈危禍之機，抗雷電之氣，處死夷然，忘身濟物，卒悟明主，保己全身。自非體隣知命，鑒照窮達，亦何能以若此？宜其光寵四世，終享百齡，有魏以來，斯人而已。僧裕學治有聞，聿修之義也。

北齊·魏收《魏書》卷七七《高謙之傳》 子謙之，字道讓。少事後母李以孝聞，李亦撫育過於己生，人莫能辨其兄弟所出同異。論者兩重之。及長，屏絶人事，專意經史，天文算曆、圖緯之書，多所該涉，日誦數千言，好文章，留意《老》、《易》。襲爵，釋褐奉朝請，加宣威將軍，轉奉車都尉、廷尉丞。

正光中，尚書左丞元孚慰勞蠕蠕，反被拘留。及蠕蠕大掠而還，置孚歸國。事下廷尉，卿及監以下謂孚無坐，惟謙之以孚辱命，□以流罪。尚書同卿執，詔可謙之奏。

孝昌初，行河陰縣令。先是，有人囊盛瓦礫，指作錢物，詐市人馬，因逃去。詔令追捕，必得以聞。謙之乃僞枷一囚立於馬市，宣言是前詐市馬賊，今欲刑

之。密遣腹心察市中私議者。有二人相見忻然曰：「無復憂矣。」執送按問，具伏盜馬，徒黨悉獲。并出前後盜竊之處，資貨甚多，遠年失物之家，各來得其本物。具以狀奏。尋詔除寧遠將軍，正河陰令。在縣二年，損益治體，多爲故事。弟道穆爲御史，在公亦有能名，世美其父子兄弟並著當官之稱。

舊制，二縣令得面陳得失，時佞幸之輩惡其有所發聞，遂共奏罷。謙之乃上疏曰：「臣以無庸，謬宰神邑，實思奉法不撓，稱是官方，酬朝廷無貲之恩，盡人臣守器之節。但豪家支屬，戚里親媾，縲紲所及，舉目多是，皆有盜憎之色，咸起怨上之心。縣令輕弱，何能克濟。先帝昔發明詔，得使面陳所懷。臣亡父先臣崇之爲洛陽令，常得入奏是非，所以朝貴斂手，無敢干政。近日以來，此制遂寢，致使神宰威輕，下情不達。今二聖遠遵堯舜，憲章高祖。愚臣望策其駑蹇，少立功名。乞新舊典，更明往制。庶姦豪知禁，頗自屏心。」詔曰：「此啓深會朕意，付外量聞。」

謙之又上疏曰：【略】

靈太后得其疏，以責左右近侍。諸寵要者由是疾之，乃啓太后云：「謙之有學藝，宜在國學，以訓胄子。」詔從之，除國子博士。

謙之與袁翻、常景、酈道元、温子昇之徒，咸申款舊。好於贍恤，言諾無虧。居家僮隸，對其兒不撻其父母，生三子便免其一，世無髠黥奴婢，常稱俱稟人體，如何殘害。以父舅氏沮渠蒙遜曾據涼土，國書漏闕，謙之乃修《涼書》十卷，行於世。涼國盛事佛道，爲論貶之，因稱佛是九流之一家。當世名士，競以佛理來難，謙之還以佛義對之，竟不能屈。以時所行曆，多未盡善，乃更改元修撰，爲一家之法，雖未行於世，議者歎其多能。

於時朝議鑄錢，以謙之爲鑄錢都將長史。乃上表求鑄三銖錢曰：【略】

詔將從之，事未就，會卒。

初，謙之弟道穆，正光中爲御史，糾相州刺史李世哲事，大相挫辱，其家恒以爲憾。至是，世哲弟神軌爲靈太后深所寵任，直謙之家僮訴良，神軌左右之，入諷尚書，判禁謙之於廷尉。時將赦，神軌乃啓靈太后發詔，於獄賜死，時年四十二。朝士莫不哀之。所著文章百餘篇，別有集録。永安中，贈征虜將軍、營州刺史，謚曰康，又除一子出身，以明寃屈。謙之妻中山張氏，明識婦人也。教勸諸子，從師受業。常誡之曰：「自我爲汝家婦，未見汝父一日不讀書。汝等宜各修勤，勿替先業。」

北齊・魏收《魏書》卷八二《祖瑩傳》 祖瑩，字元珍，范陽遒人也。曾祖敏，仕慕容垂爲平原太守。太祖定中山，賜爵安固子，拜尚書左丞。卒，贈并州刺史。祖嶷，字元達。以從征平原功，進爵爲侯，位馮翊太守，贈幽州刺史。父季真，多識前言往行，位中書侍郎，卒於安遠將軍、鉅鹿太守。

瑩年八歲，能誦《詩》、《書》，十二，爲中書學生。好學耽書，以晝繼夜，父母恐其成疾，禁之不能止，常密於灰中藏火，驅逐僮僕，父母寢睡之後，燃火讀書，以衣被蔽塞窗户，恐漏光明，爲家人所覺。由是聲譽甚盛，内外親屬呼爲「聖小兒」。尤好屬文，中書監高允每歎曰：「此子才器，非諸生所及，終當遠至。」

時中書博士張天龍講《尚書》，選爲都講。生徒悉集，瑩夜讀書勞倦，不覺天曉。催講既切，遂誤持同房生趙郡李孝怡《曲禮》卷上座。博士嚴毅，不敢還取，乃置《禮》於前，誦《尚書》三篇，不遺一字。講罷，孝怡異之，向博士説，舉學盡驚。從高祖聞之，召入，令誦五經章句，並陳大義，帝嗟賞之。瑩出後，高祖戲盧昶曰：「昔流共工於幽州北裔之地，那得忽有此子？」昶對曰：「當是才爲世生。」以才名拜太學博士。徵署司徒、彭城王勰法曹行參軍。高祖顧謂勰曰：「蕭賾以王元長爲子良法曹，今爲汝用祖瑩，豈非倫匹也。」敕令掌勰書記。瑩與陳郡袁翻齊名秀出，時人爲之語曰：「京師楚楚，袁與祖；洛中翩翩，祖與袁。」再遷尚書三公郎。尚書令王肅曾於省中詠《悲平城詩》，云：「悲平城，驅馬入雲中。陰山常晦雪，荒松無罷風。」彭城王勰甚嗟其美，欲使肅更詠，乃失語云：「王公吟詠情性，聲律殊佳，可更爲誦《悲彭城詩》。」肅因戲勰云：「何意《悲平城》爲《悲彭城》也？」勰有慚色。瑩在座，即云：「所有《悲彭城》，王公自未見耳。」肅云：「可爲誦之。」瑩應聲云：「悲彭城，楚歌四面起。屍積石梁亭，血流睢水裏。」肅甚嗟賞之。勰亦大悦，退謂瑩曰：「即定是神口。今日若不得卿，幾爲吴子所屈。」

爲冀州鎮東府長史，以貨賄事發，除名。後侍中崔光舉爲國子博士，仍領尚書左户部。李崇爲都督北討，引瑩爲長史。坐截没軍資，除名。未幾，爲散騎侍郎。孝昌中，於廣平王第掘得古玉印，敕召瑩與黄門侍郎李琰之令辨何世之物。瑩云：「此是于闐國王晉太康中所獻。」乃以墨塗字觀之，果如瑩言，時人稱爲博物。累遷國子祭酒，領給事黄門侍郎，幽州大中正，監起居事，又監議事。元顥入洛，以瑩爲殿中尚書。莊帝還宫，坐爲顥作詔，罪狀尒朱榮，免官。後除祕書監，中正如故。以參議律曆，賜爵容城縣子。坐事繫於廷尉。前廢帝還車騎將

軍。初，莊帝末，尒朱兆入洛，軍人焚燒樂署，鍾石管弦，略無存者。敕瑩與録尚書事長孫稚、侍中元孚典造金石雅樂，三載乃就，事在《樂志》。遷車騎大將軍。及出帝登阼，瑩以太常行禮，封文安縣子。天平初，將遷鄴，齊獻武王因召瑩議之。以功遷儀同三司，進爵爲伯。薨，贈尚書左僕射、司徒公、冀州刺史。

瑩以文學見重，常語人云：「文章須自出機杼，成一家風骨，何能共人同生活也。」蓋譏世人好偷竊他文，以爲己用。而瑩之筆札，亦無乏天才，但不能均調，玉石兼有，製裁之體，減於袁、常焉。性爽俠，有節氣，士有窮厄，以命歸之，必見存拯，時亦以此多之。其文集行於世。

北齊・魏收《魏書》卷八四《李業興傳》 李業興，上黨長子人也。祖虬，父玄紀，並以儒學舉孝廉。玄紀卒於金鄉令。業興少耿介，志學精力，負帙從師，不憚勤苦。耽思章句，好覽異說。晚乃師事徐遵明於趙魏之間。時有漁陽鮮于靈馥亦聚徒教授，而遵明聲譽未高，著録尚寡。業興乃詣靈馥黌舍，類受業者。靈馥乃謂曰：「李生久逐羌博士，何所得也？」業興默爾不言。及靈馥説《左傳》，業興問其大義數條，靈馥不能對。於是振衣而起曰：「羌弟子正如此耳！」遂便徑還。自此靈馥生徒傾學而就遵明。遵明學徒大盛，業興之爲也。

後乃博涉百家，圖緯、風角、天文、占候無不詳練，尤長算歷。雖在貧賤，常自矜負，若禮待不足，縱於權貴，不爲之屈。後爲王遵業門客。舉孝廉，爲校書郎。以世行趙歐曆，節氣後辰下算，延昌中，業興乃爲《戊子元曆》上之。於時屯騎校尉張洪、盪寇將軍張龍祥等九家各獻新曆，世宗詔令共爲一曆。洪等後遂共推業興爲主，成《戊子曆》，正光三年奏行之。事在《律曆志》。累遷奉朝請。臨淮王或征蠻，引爲騎兵參軍。後廣陵王淵北征，復爲外兵參軍。業興以殷曆甲寅，黄帝辛卯，徒有積元，術數亡缺，業興又修之，各爲一卷，傳於世。

建義初，敕典儀注，未幾除著作佐郎。永安二年，以前造曆之勳，賜爵長子伯。遭憂解任，尋起復本官。元曄之竊號也，除通直散騎侍郎。普泰元年，沙汰侍官，業興仍在通直，加寧朔將軍。又除征虜將軍、中散大夫，仍在通直。太昌初，轉散騎侍郎，仍以典儀之勤，特賞一階，除平東將軍、光禄大夫，尋加安西將軍。後以出帝登極之初，預行禮事，封屯留縣開國子，食邑五百户。轉中軍將軍、通直散騎常侍。永熙三年二月，出帝釋奠，業興與魏季景、温子昇、竇瑗爲摘句。後入爲侍讀。

遷鄴之始，起部郎中辛術奏曰：「今皇居徙御，百度創始，營構一興，必宜中制。上則憲章前代，下則模寫洛京。今鄴都雖舊，基址毁滅，又圖記參差，事宜審定。臣雖曰職司，學不稽古，國家大事非敢專之。通直散騎常侍李業興碩學通儒，博聞多識，萬門千户，所宜訪詢。今求就之披圖案記，考定是非，參古雜今，折中爲制，召畫工并所須調度，具造新圖，申奏取定。庶經始之日，執事無疑。」詔從之。天平二年，除鎮南將軍，尋爲侍讀。於時尚書右僕射、營構大將高隆之被詔繕治三署樂器、衣服及百戲之屬，乃奏請業興共參其事。

四年，與兼散騎常侍李諧、兼吏部郎盧元明使蕭衍。衍散騎常侍朱异問業興曰：「魏洛中委粟山是南郊邪？」業興曰：「委粟是圓丘，非南郊。」异曰：「北間郊、丘異所，是用鄭義。我此中用王義。」業興曰：「然，洛京郊、丘之處專用鄭解。」异曰：「若然，女子逆降傍親亦從鄭以不？」業興曰：「此之一事，亦不專從。若卿此間用王義，除禫應用二十五月，何以王儉《喪禮》禫用二十七月也？」异遂不答。業興曰：「我昨見明堂四柱方屋，都無五九之室，當是裴頠所制。明堂上圓下方，裴唯除室耳。今此上不圓何也？」异曰：「圓方之説，經典無文，何怪於方？」業興曰：「圓方之言，出處甚明，卿自不見。是卿録梁主《孝經義》亦云上圓下方，卿言豈非自相矛盾！」异曰：「若然，圓方竟出何經？」業興曰：「出《孝經援神契》。」异曰：「緯候之書，何用信也！」業興曰：「卿若不信，靈威仰、叶光紀之類經典亦無出者，卿復信不？」异不答。

蕭衍親問業興曰：「聞卿善於經義，儒、玄之中何所通達？」業興曰：「少爲書生，止讀五典，至於深義，不辨通釋。」衍問《詩・周南》，王者之風，繫之周公；《邵南》，仁賢之風，繫之邵公。何名爲繫？」業興對曰：「鄭注《儀禮》云：昔大王、王季居于岐陽，躬行《邵南》之教，以興王業。及文王行今《周南》之教以受命。作邑於酆，分其故地，屬之二公。名爲繫。」衍又問：「若是故地，應自統攝，何由分封二公？」業興曰：「文王爲諸侯之時所化之本國，今既登九五之尊，不可復守諸侯之地，故分封二公。」衍又問：「《乾卦》初稱『潛龍』，二稱『見龍』，至五『飛龍』。初可名爲虎。」問意小乖。業興對：「學識膚淺，不足仰酬。」衍又問：「《尚書》『正月上日受終文祖』，此是何正？」業興對：「此是夏正月。」衍言何以得知。業興曰：「案《尚書・中候運行篇》云『日月營始』，故知夏正。」衍又問：「堯時以何月爲正？」業興對：「自堯以上，書典不載，實所不知。」衍又云：『寅賓出日』，即是正月。『日中星鳥，以殷仲春』，即是二月。此出《堯典》，何得云堯時不知用何正也？」業興對：「雖三正不同，言時節者皆據夏時正月。《周

禮》，仲春二月會男女之無夫家者。雖自周書，月亦夏時。堯之日月，亦當如此。但所見不深，無以辨析明問。」衍又曰：「《禮》，原壤之母死，孔子助其沐槨。原壤叩木而歌曰：『久矣夫，予之不託於音也。貍首之班然，執女手之卷然。』孔子聖人，而與原壤爲友？」業興對：「孔子即自解，言親者不失其爲親，故者不失其爲故。」又問：「原壤何處人？」業興對曰：「鄭注云：原壤，孔子幼少之舊。故是魯人。」衍又問：「孔子聖人，所存必可法。原壤不孝，有逆人倫，何以存故舊之小節，廢不孝之大罪？」業興對曰：「原壤所行，事自彰著。幼少之交，非是今始，既無大故，何容棄之？孔子深敦故舊之義，於理無失。」衍又問：「孔子聖人，何以書原壤之事，垂法萬代？」業興對曰：「此是後人所録，非孔子自制。猶合葬於防，如此之類，《禮記》之中動有百數。」衍又問：「《易》曰太極，是有無？」業興對：「所傳太極是有，素不玄學，何敢輒酬。」

還，兼散騎常侍，加中軍大將軍。後罷議事省，詔右僕射高隆之及諸朝士與業興等在尚書省議定五禮。興和初，又爲《甲子元曆》，時見施用。復預議《麟趾新制》。武定元年，除國子祭酒，仍侍讀。三年，出除太原太守。齊獻武王每出征討，時有顧訪。五年，齊文襄王引爲中外府諮議參軍。後坐事禁止。業興乃造《九宮行棊曆》，以五百爲章，四千四十爲部，九百八十七爲斗分，還以己未爲元，始終相維，不復移轉，與今曆法術不同。至於氣序交分，景度盈縮，不異也。七年，死於禁所，年六十六。

業興愛好墳籍，鳩集不已，手自補治，躬加題帖，其家所有，垂將萬卷。覽讀不息，多有異聞，諸儒服其淵博。性豪俠，重意氣。人有急難，委之歸命，便能容匿。與其好合，傾身無吝。若有相乖忤，便即疵毀，乃至聲色，加以謗罵。性又躁隘，至於論難之際，高聲攘振，無儒者之風。每語人云：「但道我好，雖知妄言，故勝道惡。」務進忌前，不顧後患，時人以此惡之。至於學術精微，當時莫及。

北齊·魏收《魏書》卷九〇《李謐傳》 李謐，字永和，趙郡人，相州刺史安世之子。少好學，博通諸經，周覽百氏。初師事小學博士孔璠。數年後，璠還就謐請業。同門生爲之語曰：「青成藍，藍謝青，師何常，在明經。」謐以公子徵拜著作佐郎，辭以授弟郁，詔許之。州再舉秀才，公府二辟，並不就。惟以琴書爲業，有絕世之心。覽《考工記》、《大戴禮·盛德篇》，以明堂之制不同，遂著《明堂制度論》曰：

余謂論事辨物，當取正於經典之真文；援證定疑，必有驗於周孔之遺訓。然後可以稱準的矣。今禮文殘缺，聖言靡存，明堂之制，誰使正之。是以後人紛糾，競興異論，五九之説，各信其習。是非無準，得失相半。故歷代紛紜，靡所取正。乃使裴頠云：「今羣儒紛糾，互相掎摭，就令其象可得而圖，其所以居用之禮莫能通也，爲設虚器耳。況漢氏所作，四維之个，復不能令各處其辰。愚以爲尊祖配天，其儀明著；廟宇之制，理據未分。直可爲殿屋以崇嚴父之祀，其餘雜碎一皆除之。」斯豈不以羣儒舛互，並乖其實，據義求衷，莫適可從哉？但恨典文殘滅，求之靡據而已矣。乃復遂去室牖諸制。施之於教，未知其所隆政；求之於情，未可喻其所以必須。惜哉言乎！仲尼有言曰：「賜也，爾愛其羊，我愛其禮。」余以爲隆政必須其禮，豈彼一羊哉！推此而論，則聖人之於禮，殷勤而重之，裴頠之於禮，任意而忽之。是則頠賢於仲尼矣。以斯觀之，裴氏之子以不達而失禮之旨也。余竊不自量，頗有鄙意，據理尋義，以求其真，貴合雅衷，不苟偏信。乃藉之以《禮》傳，考之以訓注，博採先賢之言，廣搜通儒之説，量其當否，參其同異，棄其所短，收其所長，推義察圖，以折厥衷。豈敢必善，卿亦合其言志矣。【略】

余今省彼衆家，委心從善，庶探其衷，不爲苟異。但是古非今，俗間之常情；愛遠惡近，世中之恒事。而千載之下，獨論古制，驚俗之談，固延多誚。脱有深賞君子者，覽而揣之，儻或存焉。

謐不飲酒，好音律，愛樂山水，高尚之情，長而彌固，一遇其賞，悠爾忘歸。乃作《神士賦》，歌曰：「周孔重儒教，莊老貴無爲。二途雖如異，一是買聲兒。生乎意不愜，死名用何施。可心聊自樂，終不爲人移。脱尋余志者，陶然正若斯。」延昌四年卒，年三十二，遐邇悼惜之。

其年，四門小學博士孔璠等學官四十五人上書曰：「竊見故處士趙郡李謐：十歲喪父，哀號罷隣人之相；幼事兄瑒，恭順盡友于之誠。十三通《孝經》、《論語》、《毛詩》、《尚書》，曆數之術尤盡其長，州閭鄉黨有神童之號。年十八，詣學受業，時博士即孔璠也。覽始要終，論端究緒，授者無不欣其言矣。於是鳩集諸經，廣校同異，比三傳事例，名《春秋叢林》，十有二卷。爲璠等判析隱伏，垂盈百條。滯無常滯，纖毫必舉；通不長通，有枉斯屈。不苟言以違經，弗飾辭而背理。辭氣磊落，觀者忘疲。每曰：『太夫擁書萬卷，何假南面百城。』遂絕跡下幃，杜門却掃，棄産營書，手自刪削，卷無重複者四千有餘矣。猶括次專家，搜比讜議，隆冬達曙，盛暑通宵。雖仲舒不闚園，君伯之閉戶，高氏之遺漂，張生之忘

食，方之斯人，未足爲喻。謐嘗詣故太常卿劉芳推問音義，語及中代興廢之由，芳乃歎曰：『君若遇高祖，侍中、太常非僕有也。』前河南尹、黄門侍郎甄琛内贊近機，朝野傾目，于時親識求官者，答云：『趙郡李謐，耽學守道，不悶于時，常欲致言，但未有次耳。諸君何爲輕自媒衒？』謂其子曰：『昔鄭玄、盧植不遠數千里詣扶風馬融，今汝明師甚邇，何不就業也？』又謂朝士曰：『甄琛行不媿時，但未薦李謐，以此負朝廷耳。』又結宇依巖，憑崖鑿室，方欲訓彼青衿，宣揚墳典，冀西河之教重興、北海之風不墜。而祐善空聞，暴疾而卒。邦國銜殄悴之哀，儒生結摧梁之慕。況璠等或服議下風，或親承音旨，師儒之義，其可默乎！」事奏，詔曰：「謐屢辭徵辟，志守冲素，儒隱之操，深可嘉美。可遠傍惠、康，近準玄、晏，謚曰貞静處士，并表其門閭，以旌高節。」遣謁者奉册，於是表其門曰文德，里曰孝義云。

北齊・魏收《魏書》卷九一《晁崇傳》 晁崇，字子業，遼東襄平人也。家世史官。崇善天文術數，知名於時。爲慕容垂太史郎。從慕容寶敗於參合，獲崇，後乃赦之。太祖愛其伎術，甚見親待。從平中原，拜太史令，詔崇造渾儀，曆象日月星辰。遷中書侍郎，令如故。天興五年，月暈，左角蝕將盡，崇奏曰：「占爲角蟲將死。」時太祖既克姚平於柴壁，以崇言之徵，遂命諸軍焚車而反。牛果大疫，輿駕所乘巨犗數百頭亦同日斃於路側，自餘首尾相繼。是歲，天下之牛死者十七八，麋鹿亦多死。

崇弟懿，明辯而才不及崇也。以善北人語内侍左右，爲黄門侍郎，兄弟並顯。懿好矜容儀，被服僭度，言音類太祖。左右每聞其聲，莫不驚竦。太祖知而惡之。後其家奴告崇與懿叛，又與□臣王次多潛通，招引姚興，太祖銜之。及興寇平陽，車駕擊破之。太祖以奴言爲實，還次晉陽，執崇兄弟並賜死。

北齊・魏收《魏書》卷九一《張淵傳》 張淵，不知何許人。明占候，曉内外星分。自云嘗事苻堅，堅欲南征司馬昌明，淵勸不行，堅不從，果敗。又仕姚興父子，爲靈臺令。姚泓滅，入赫連昌，昌復以淵及徐辯對爲太史令。世祖平統萬，淵與辯俱見獲。世祖以淵爲太史令，數見訪問。神䴥二年，世祖將討蠕蠕。淵與徐辯皆謂不宜行，與崔浩爭於世祖前，語在《浩傳》。淵專守常占，而不能鉤深致遠，故不及浩。後爲驃騎軍謀祭酒，嘗著《觀象賦》曰：

《易》曰：天垂象見吉凶，聖人則之。又曰：「觀乎天文以察時變，觀乎人文以化成天下。」然則三極雖殊，妙本同一；顯昧雖遐，契齊影響。尋其應感之符，測乎冥通之數，天人之際，可見明矣。夫機象冥緬，至理幽玄，豈伊管智所能究暢。然歌咏之來，偶同風人，目閱群宿，能不歌吟？是時也，歲次析木之津，日在翼星之分，閶闔晨鼓而蕭瑟，流火夕曛以摧頹，遊氣眇其高搴，辰宿焕焉華布。覩時逝懷川上之感，步秋林同宋生之戚，歎巨艱之未終，抱殷憂而不寐，遂彷徨於窮谷之裹，杖策陟神巖之側。乃仰觀太虚，縱目遠覽，吟嘯之頃，懔然增懷。不覽至理，拔自近情。常韻發於宵夜，不任咏歌之末，遂援管而爲賦。其辭曰：

陟秀峯以遐眺，望靈象於九霄。陟，昇。遐，遠。九霄，九天也。覩紫宫之環周，嘉帝坐之獨標。紫宫垣十五星在北斗北，天皇大帝一星在紫宫中，天帝位尊，故言獨標也。瞻華蓋之蔭藹，何虚中之迢迢。華蓋七星，杠九星，合十六星，在大帝上。迢迢，高遠之貌。觀閣道之穹隆，想靈駕之電飄。閣道六星在王良東北，天帝之所乘躡，靈駕之所由從。電飄，疾也。爾乃縱目遠覽，傍極四維，北鑒機衡，南覩太微，四維，四方之維。機衡，謂北斗星。太微宫十星在翼軫北。三台皦皦以雙列，皇座冏冏以垂暉，三台凡六星，兩兩而居，起文昌，極太微。皇座一星在太徽星中。皦皦、冏冏，皆星光明之貌也。虎賁執鋭於前階，常陳屯聚於後闈。三台謂之太階，虎賁一星在下台南，故言前階。常陳七星，如畢狀，在皇座北，皆宿衛天帝前後，備非常。闈門，宫中之門也。遂回情旋首，次目文昌，文昌七星，在北斗魁前，别一宫之名，皆相位次也。仰見造父，爰及王良。造父五星在傳舍河中。造父，周穆王御，死，精上爲星。王良五星在奎北。王良者，晉大夫，善御，九方湮之子。良一名郵無正，爲趙簡子御。死，精託於星，爲天帝之馭宫。傳説登天而乘尾，奚仲託精於津陽。傳説一星在尾後。傳説，殷時隱於巖中，殷王武丁夢得賢人，圖畫其象，求而得之，即立爲相。死，精上爲星。乘尾，在龍駟之間。奚仲四星在天津北，近河傍。太古時遣車輿者，死而精上爲星。水北曰陽，在河北，故曰津陽也。織女朗列於河湄，牽牛焕然而舒光。織女三星在紀星東端，牽牛六星在河鼓南。世人復以河鼓爲牽牛。五車亭柱於畢陰，兩河俠并而相望。五車三柱，都十四星，在畢東北。在宿北，故謂之陰。兩河，南河、北河。六星俠東井，東西遥相對，故曰相望也。灼灼羣位，落落幽紀，設官分職，罔不悉置。灼灼、落落，皆星光明希疎之貌。羣位，謂天設三公九卿之官，皇后嬪御之位。分，謂分其所司，而各有所典。罔，無。悉，盡。言無不盡備，官職亦有之也。儲貳副天，庭延三吏。儲貳，謂太子一星，在帝座北。三吏，三公星，在太微宫中也。論道納言，各有攸司。論道，謂三公坐而論道。納言，謂尚書獻可替否。將相次序以衛守，九卿珠連而内侍。太微宫十星皆有上將、上相、次將、次相之位。九卿三星在太微庭中，行列似珠之相連而内侍。天街分中外之境，四七列九土之異。天街二星，昴畢間，近月星，陰陽

之所分，中國之境界。天街以西屬外國，旄頭氈褐，引弓之民皆屬焉。天街以東屬中國，縉紳之士，冠帶之倫皆屬焉。四七二十八宿，角、亢，鄭國兗州；氐、房、心，陳國豫州；尾、箕，燕國幽州；斗、牛，吳國揚州；女、虛、危，齊國青州；營室、東壁，衛國并州；奎、婁，魯國徐州；胃、昴、畢，趙國冀州；觜、參，魏國益州；井、鬼，秦國雍州；柳星、張，周國洛陽，三河；冀、軫，楚國荊州。天有十二次，日月之所經歷；地有十二州，王侯之所國。方土所出之物，各有殊異不同者。 左則天紀槍棓，攝提大角，二咸防奢，七公理獄。天紀九星在貫索東，天槍三星在北斗杓東，天棓五星在女牀東北。攝提六星俠大角，大角一星在攝提間。二咸：東咸四星在房東北，西咸四星在房西北，此星主防奢淫諂佞之事。七公，七星在招搖東，接近貫索。貫索爲天獄。刑獄失中，則七公評議，理其冤枉。 庫樓炯炯以灼明，騎官騰驤而奮足。庫樓十星在大角南。騎宮二十七星在氐南。騎官典乘，故曰騰驤也。 天市建肆於房心，帝座磥落而電燭。天市二十四星在房心北，帝座一星在天市中心。 於前則老人、天社，清廟所居。老人一星在弧南，常以春秋分候之。天社六星亦在弧南。清廟十四星在張南。 明堂配帝，靈臺考符。明堂三星在太微西南角外，靈臺三星在明堂西。 丈人極陽而慌忽，子孫嘒嘒於參嵎。丈人二星在軍市西南。星在南方，故稱極陽。慌忽，謂星細小，遠邈難見。《老子》曰：「忽兮慌兮，其中有象；慌兮忽兮，其中有物。」子二星，在丈人東。嘒，小貌。孫二星，在子東。《詩》云：「嘒彼小星，三五在東。」此之謂乎？ 天狗接狼以吠守，野鷄伺晨於參墟。天狗七星在狼北，野鷄一星在參東南。天市中街主警飾，故曰吠守。鷄能候時，故曰伺晨。 右則少微、軒轅，皇后之位，嬪御相次，尊卑有秩。少微四星在太微西南，北列白衣處士之位。軒轅十七星在七星北，有皇后嬪御之位，尊卑相次，皆秩序之也。 御宮典儀，女史執筆。御宮四星在鈎陳左傍，此星主典司禮儀，威容步趨之事。女史一星在柱下史北。女史記識晝夜昏明，節漏省時，在勾陳右傍。 內平秉禮以伺邪，天牢禁愆而察失。內平四星在中宮南，有邪媚之事，以禮正之。天牢六星在北斗魁下，有過失則懲其愆也。 於後則有車府、傳舍，匏瓜、天津，車府七星在天津東，傳舍五星在華蓋上，匏瓜五星在麗珠北，天津九星在匏瓜北。 扶匡照曜，麗珠珮珍。扶匡七星在天津東，麗珠五星在須女北。 覽桂、衣珠、珮珍，后夫人之盛飾。其星主皇后之服也。 人星麗玄以閑逸，哭泣連屬而趨墳。人星五星在車府南。 麗，附。玄，天，言人星近於閑逸。《易》曰：「日月星辰麗於天。」《石氏經》曰：「人星優遊，人乃安寧。」哭二星在虛南，泣三星在哭東。墳墓四星在危南。哭、泣星行列趣向墳墓，故曰連屬。 河鼓震雷以硠磕，騰蛇蟠縈而輪菌。河鼓十二星在南斗北，此星昏中南方而震雷。《易》曰：「鼓之以雷霆。」此之謂也。此星主聲音，故曰硠磕。騰蛇二十二星在營室北，形狀似蛇，故曰輪菌。 於是周章高眄，還旋辰極。辰極，北極。 既覩鈎陳中禁，復覩天帝休息。鈎陳六星在紫宮中，天皇大帝之所居。諸宮別館及天牀星，皆是休息寢臥而游也。 漸臺可昇，離宮可即。漸臺、離宮皆天宮臺之名。漸臺四星在織女東足下。離宮六星與營室相連。言天帝或升漸臺而觀，或就離宮而游。即，就也。《禮記》曰「即宮于宗周」也。 酒旗建醇醪之旌，女牀列窈窕之色。酒旗三星在軒轅左角，天設置酒官爲飲燕之事，故建牙旗爲標。女牀三星在紀星東北端，奉侍天王之女。侍衛天王，必有《關雎》窈窕之美，無妬忌之心，乃可侍衛天王左右，故言列窈窕之色也。 輦道屈曲以微焕，附路立于雲閣之側。輦道五星在織女西足，屈曲而細小，故言微焕也。附路一星在閣道傍，言天帝出入由閣道附路。豫防敗傷，故言立於雲閣之側。 其列星之表，五車之間，乃有咸池、鴻沼，玉井、天淵，建樹、百果，竹林在焉。列宿之外謂之表。咸池三星在天潢東，鴻沼二十三星在須女北，玉井四星在參左足下，天淵十星在鼈星東南，建樹、百果星在胃南，竹林二十五星在園西南。 江河炳著於上穹，素氣霏霏其帶天。江，天江星。天江四星在尾北，言天江星乃炳然著見於天上。素氣者，天河白氣。素，白。霏霏然，帶著於天也。 神鼉曜甲於清泠，龍魚擒光以暎連。神鼉，鼉星也，有五星在尾南。鼉知來事，故稱神。在河中，故言清泠。魚龍，謂魚一星，在尾後河中。尾爲龍宿，故言龍魚。此星在河中，以魚星之暎，水有光曜也。 又有南門、鼓吹，器府之官，奏彼絲竹，爲帝娛歡。南門、鼓吹二星在庫樓南，翼西南。器府三十二星在軫南。器府典掌絲竹之事，以娛樂天帝也。 熊、羆綿絡於天際，虎、豹儵煜而暉爛。虎、豹、熊、羆四星在狼星傍。 弧精引弓以持滿，狼星摇動於霄端。狼一星在參東南，弧九星在狼東南。《星傳》云：「天下兵起，則弧弓張天。」其外則有燕、秦、齊、趙，列國之名。外，謂列宿之外，復有諸國之名。齊一星在九坎東，趙二星在齊北，鄭一星在趙北，越一星在鄭北，周二星在越東，秦二星在周東，代二星在秦南，晉一星在代南，韓一星在晉西，魏一星在韓北，楚一星在韓西，燕一星在楚南。諸列國之名，凡有十二星也。 雷電霹靂，雨落雲征。征，行也。雷電六星在營室南，霹靂五星在上公西南，雲雨四星在霹靂南。 陳車策駕於氐南，天駟騁步於太清。陳車三星在氐南。房星一名天駟。 園苑周回以曲列，倉廩區別而殊形。天園十四星在苑南，天苑十六星在昴、畢南，天倉六星在婁南，天廩四星在昴南，言形象殊別不同也。 內則尚書、大理，太一、天一之宮，尚書五星在紫微宮門內東南離。大理二星在紫微宮中。太一、天一各一星，相近，在紫宮門南。 柱下著術，傳示無窮。柱下史一星，在北極東。 六甲候大帝之所須，內廚進御膳於皇躬。六甲在華蓋下，內廚二星在紫宮西南角外。 天船橫漢以普濟，積水候災于其中。天船九星在大陵北，積水一星在天船中。 陰德播洪施以恤不足，四輔翼皇極而闡玄風。陰德二星在尚書西，四

輔四星俠北極。播，布。洪，大。玄，天也。陰德之宫必有陽報。夫陰施陽報，自然之常數；貧窮困死，生民之極艱。以至困乏□死，遭陰德之終。故窮者不希周恤而惠與自至，施者無求於報而酬答自來。斯乃冥中之理，大象豈虚構其曜哉？四輔星既翼佐北極之樞，又能闡揚天帝之風教，故言闡玄風也。恢恢太虚，寥寥帝庭。恢恢、寥寥，皆廣大清虚之貌。《老子》曰：「天網恢恢，疏而不失。」帝謂太微宫也。五座並設，爰集神靈。五座，謂太微宫中五帝座也。青帝靈威仰位東方，赤帝赤熛怒位南方，白帝白招矩位西方，黑帝汁光紀位北方，黄帝含樞紐位中央。五帝各異，並集諸神之宫，與之謀國事。《孝經·援神契》曰：「並設神靈集謀。」此之謂也。乃命熒惑，伺彼驕盈。熒惑常以十月、十一月入太微，受制伺無道之國，故曰伺彼驕盈也。執法刺舉於南端，五侯議疑於水衡。太微南門，謂之執法。刺舉者，刺姦惡，舉有功。五侯五星在東北。東井爲水衡，辨疑獄，五侯議而評之也。金、火時出以成緯，七宿匡衡而爲經。金、火，熒惑、太白也。七宿，謂一方七宿。天文謂五星爲緯，二十八宿爲經，故舉金火七宿爲言，則五星二十八宿可知也。言五星出入，伏見有時，不常出也。暐曄昱其並曜，粲若三春之榮。言星辰布曠，若春日之榮華也。

覩夫天官之羅布，故作則於華京。言天官羅布於上，王者法效於下。《論語》曰「惟天爲大，惟堯則之」也。及其災異之興，出無常所。言災異出無常宿，隨其善惡而處之。假使鄭國有事，則變見角亢也。歸邪繽紛，飛流電擧。如星非星，如雲非雲，謂之歸邪。夾以微氣，故稱繽紛。飛，飛星也。流，流星也。飛星與流星各異，飛星猋去而迹絶，流星迹存而不滅。電擧者，似猋電長。妖星起則殃及晉平，蛇乘龍則禍連周楚。《春秋》魯襄公十年春正月戊子，妖星出於婺女，見於申維。婺女屬齊，申爲晉分。梓慎見妖星出，知晉侯以戊子日死。蛇乘龍，謂襄公二十八年，歲星次天津，於玄枵十五度，在虚下。歲星主木，位在東，體合房心，故名龍。虚在坎，坎子位，次玄枵，龜蛇之類。歲星失次，行虚之外，出其下，故曰蛇乘龍。龍位壽星，宋鄭之分。梓慎見蛇乘龍，知飢在宋鄭。然裨竈以爲周王及楚子皆死。二人推變不同，所見各異。梓慎、裨竈，古之良史也。或取證於逢公，或推變於衡午。逢公，齊邑，姜之先。言逢公死時，亦有此星見，梓慎推星，以此方之，知晉平公將死。衡午，謂虚宿對午。午爲張，翼，張、翼周楚之分，裨竈占知周王、楚子死，故言推變於衡午。乃有欽明光被，填逆水府。昔堯遭洪水，填星逆行入水府。《書》曰：「欽明文思，光被萬邦。」洪波滔天，功隆大禹。言洪水既出，堯命鮌治之而功不成，乃復命禹治而平之，禹有濟世之難，治水之功。《書》曰：「洪水滔天。」又曰：「禹錫玄圭，告厥成功。」此則冥數之大運，非治綱之失緒。言先遭洪水，致填星逆行之異，非不德所致，此乃運數應爾也。蓋象外之妙，不可以粗理尋；重玄之内，難以熒燎覩。言玄理微妙，不可知見也。至於精靈所感，迅踰駭嚮。荆軻慕丹，則白虹貫日而不徹；昔荆軻慕燕太子丹之義，入秦爲刺客，雖至精感上而事竟不捷。衛生畫策，則太白食昴而擒朗。昔衛先生爲秦畫策於長平，昭王疑而不信，太白有食昴之變。魯陽指麾，而曜靈爲之回駕；魯陽，古之賢人，以手麾日，能再回也。嚴陵來游，而客氣著於乾象。昔光武爲白衣時，與嚴陵相厚善。及登帝位，陵來入見，太史奏曰：「客星犯帝座。」光武詔曰：「乃嚴子陵，非客。」斯皆至感動於神祇，誠應效於既往。爾乃四氣鱗次，斗建辰移。雖無聲言，三光是知。言四時代謝不常，每月斗移建一辰，天無聲言語，止以星辰見變譴以示人也。星中定於昏明，影度以之不差。測水旱於未然，占方來之安危。孟春正月，昏參中，旦尾中；仲春之月，昏弧中，旦建星中；季春之月，昏七星中，旦牽牛中；孟夏之月，昏翼中，旦婺女中；仲夏之月，昏亢中，旦危中；季夏之月，昏心中，旦奎中；孟秋之月，昏建星中，旦畢中；仲秋之月，昏牽牛中，旦觜觿中；季秋之月，昏虚中，旦柳中；孟冬之月，昏危中，旦七星中；仲冬之月，昏東壁中，旦軫中；季冬之月，昏婁中，旦氐中。冬至之日，建八尺水標，影長一丈三尺五寸也，夏至之日影長一尺六寸也。影長爲水，影短爲旱也。陰精乘箕，則大飆暮鼓。西南入畢，則淫雨滂沲。陰精，月也。東北失道入箕，則多風。移而西南，失道入畢，則多雨。雨三日爲淫雨。《詩》云：「月麗于畢，俾滂沲矣。」《書》曰：「星有好風，星有好雨。」此之謂也。譬猶晉鍾之應銅山，風雲之從班螭。言雲從龍，風從虎，同氣相求，同類相應。蜀山崩而晉鍾鳴也。若夫冥車潛駕，時乘六虬。大儀回運，萬象俱流。六虬，六龍。《易》曰：「時乘六龍以御天。」此皆是天回運轉。北斗俄其西傾，羣星忽以匿幽。幽，暗也。望舒縱轡以騁度，靈輪浹旦而過周。望舒，月也。月，日行十三度十九分度之七，周天凡三百六十五度四分度之一。天一日一夜運轉過周一度。浹，匝也，至旦曉而過匝，故曰浹且而過周也。

爾乃凝神遠矚，矖目八荒。察之無象，視之眇茫。狀若渾元之未判別，又似浮海而覩滄浪。幽遐迥以希夷，寸眸焉能究其傍。凝神，精不動也。言極遠傍視，茫然若造化之始，元氣未分，似浮海遠望而不見其邊。《論語》曰：「乘桴浮於海。」《老子》曰：「聽之不聞其聲，名曰希；視之不見其形，名曰夷。」於是乎夜對山水，栖心高鏡。遠尋終古，攸然獨詠。美景星之繼晝，大唐堯之德盛。《瑞應圖》曰：「景星大如半月，生於晦朔，助月光明。」當堯之時，有此星見，故美堯之德能致之也。嘉黄星之靡鋒，明虞舜之不競。昔舜將受禪於堯，先有星見，圓而無鋒芒。言舜當用土德王天下。星見而無芒角者，示揖讓而受，不以兵事争競也。疇呂尚之宵夢，善登輔而翼聖。昔太公未遇文王時，釣魚於磻溪，夜夢得北斗輔星神告尚以伐紂之意。事見《尚書·中候篇》也。欽管仲之察微，見虚、危而知命。昔管仲與鮑叔牙商賈於南陽，見三星聚虚危之分，知齊將有霸主，遂共戮

力，來投齊地也。歎熒惑之舍心，高宋景之守政。當春秋時，熒惑守心，景公不從史韋之言，熒惑退舍，而延二十年。壯漢祖之入秦，奇五緯之聚映。昔漢祖入秦，五星聚於東井，秦之分。爾乃曆象既周，相佯巖際。相佯，倘佯也。《尚書》曰：「曆象日月星辰。」尋圖籍之所記，著星變乎書契。覽前代之將淪，咸譴告於昏世。言先代之君將淪亡，天必告災異之徵也。桀斬諫以星孛，紂酖荒而致彗。夫景星見則太平應，彗孛作而禍亂興，天之常也。昔夏桀無道，斬關龍逢而極惡，孛星見，湯伐之，放於鳴條之野。殷紂設炮烙之形，彗星出，武王懸之白旗也。恒不見以周衰，枉蛇行而秦滅。昔魯莊公十年夏四月，恒星不見，自是以後周室衰微。枉矢出，蛇行而無尾，自昔項羽入關，有此變。見《漢書》。諒人事之有由，豈妖災之虛設。言天以冥應，玄象爲變，要由人事，豈妖災而已。誠庸主之難後，故明君之所察。言庸君闇主，玄象譴告，不能改行自新以答天變，賢君明主則不然，見天災異，懼而修德也。堯無爲猶觀象，而況德非乎先哲。夫唐堯至治，猶曆象璇璣，闕七政，況德不及古，而不觀之乎。

先是太祖、太宗時太史令王亮、蘇坦，世祖後破和龍，得馮文通太史令閔盛，高祖時太史令趙樊生，並知天文。後太史趙勝、趙翼、趙洪慶、胡世榮、胡法通等二族，世業天官者。又有容城令徐路善占候。世宗時坐事繫冀州獄，別駕崔隆宗就禁慰問，路曰：「昨夜驛馬星流，計赦即時應至。」隆宗先信之，遂遣人、試出城候焉，俄而赦至。時人重之。永安中，詔以恒州民高崇祖善天文，每占吉凶有驗，特除中散大夫。永熙中，詔通直散騎常侍孫僧化與太史令胡世榮、張龍、趙洪慶及中書舍人孫子良等，在門下外省校比天文書。集甘、石二家《星經》及漢魏以來二十三家經占，集爲五十五卷。後集諸家撮要，前後所上雜占，以類相從，日月五星、二十八宿、中外官圖，合爲七十五卷。

僧化者，東莞人。識星分，案天占以言災異，時有所中。普泰中，尒朱世隆惡其多言，遂繫於廷尉，免官。永熙中，出帝召僧化與中散大夫孫安都共撰兵法，未就而帝入關，遂罷。元象中死於晉陽。

時有河間信都芳，字玉琳，好學善天文算數，甚爲安豐王延明所知。延明家有羣書，欲抄集《五經》算事爲《五經宗》及古今樂事爲《樂書》，又聚渾天、欹器、地動、銅烏漏刻、候風諸巧事，并圖畫爲《器準》。並令芳算之。會延明南奔，芳乃自撰注。後隱於并州樂平之東山。太守慕容保樂聞而召之，芳不得已而見焉。於是保樂弟紹宗薦之於齊獻武王，以爲中外府田曹參軍。芳性清儉質樸，不與物和。紹宗給其騾馬，不肯乘騎；夜遣婢侍以試之，芳忿呼毆擊，不聽近已。狷介自守，無求於物。後亦注重差、勾股，復撰《史宗》，仍自注之，合數十卷。武定中卒。

北齊・魏收《魏書》卷九一《殷紹傳》 殷紹，長樂人也。少聰敏，好陰陽術數，遊學諸方，達《九章》、《七曜》。世祖時爲算生博士，給事東宮西曹，以藝術爲恭宗所知。太安四年夏，上《四序堪輿》，表曰：「臣以姚氏之世，行學伊川，時遇游遁大儒成公興，從求《九章》要術。興字廣明，自云膠東人也。出居隱跡，希在人間。興時將臣南到陽翟九崖巖沙門釋曇影間。興即北還，臣獨留住，依止影所，求請《九章》。影復將臣向長廣東山見道人法穆。法穆時共影爲臣開述《九章》數家雜要，披釋章次意況大旨。又演隱審五藏六府心髓血脉，商功大算端部，變化玄象，土圭、《周髀》。練精鋭思，蘊習四年，從穆所聞，粗皆髣髴。穆等仁矜，特垂憂閔，復以先師和公所注黄帝《四序經文》三十六卷，合有三百二十四章，專說天地陰陽之本。其第一《孟序》，九卷八十一章，說陰陽配合之原；第二《仲序》，九卷八十一章，解四時氣王休殺吉凶；第三《叔序》，九卷八十一章，明日月辰宿交會相生爲表裏；第四《季序》，九卷八十一章，具釋六甲刑禍福德。以此等文傳授於臣。山神禁嚴，不得齎出，尋究經年，粗舉綱要。山居險難，無以自供，不堪窘迫，心生懈怠。以甲寅之年，日維鶉火，月吕林鍾，景氣鬱盛，感物懷歸，奉辭影等。自爾至今，四十五載。歷觀時俗堪輿八會，逕世已久，傳寫謬誤，吉凶禁忌，不能備悉。或考良日而值惡會，舉吉用凶，多逢殃咎。又史遷、郝振，中古大儒，亦各撰注，流行於世。配會大小，序述陰陽，依如本經，猶有所闕。臣前在東宮，以狀奏聞，奉被景穆皇帝聖詔，勑臣撰録，集其要最。仰奉明旨，謹審先所見《四序經》文，抄撮要略，當世所須吉凶舉動，集成一卷。上至天子，下及庶人，又貴賤階級、尊卑差別、吉凶所用，罔不畢備。未及内呈，先帝晏駕。臣時狼狽，幾至不測。停廢以求，逕由八載，思欲上聞，莫能自徹。加年夕齒頹，餘齡旦暮，每懼殂殞，填仆溝壑，先帝遺志，不得宣行。夙夜悲憤，理難違匿，依先撰録奏，謹以上聞。請付中祕通儒達士，定其得失。事若可施，乞即班用。」其《四序堪輿》遂大行於世。

北齊・魏收《魏書》卷一一四《釋老志》 世祖時，道士寇謙之，字輔真，南雍州刺史讚之弟，自云寇恂之十三世孫。早好仙道，有絶俗之心。少修張魯之術，服食餌藥，歷年無效。幽誠上達，有仙人成公興，不知何許人，至謙之從母家傭賃。謙之嘗覲其姨，見興形貌甚强，力作不倦，請回賃興代己使役。乃將還，令

其開舍南辣田。謙之樹下坐算，興懇一發致勤，時來看算。謙之謂曰：「汝但力作，何爲看此？」二三日後，復來看之，如此不已。後謙之算七曜，有所不了，惘然自失。興謂謙之曰：「先生何爲不懌？」謙之曰：「我學算累年，而近算《周髀》不合，以此自愧。且非汝所知，何勞問也。」興曰：「先生試隨興語布之。」俄然便決。謙之歎伏，不測興之深淺，請師事之。興固辭不肯，但求爲謙之弟子。未幾，謂謙之曰：「先生有意學道，豈能與興隱遁？」謙之欣然從之。興乃令謙之潔齋三日，共入華山。令謙之居一石室，自出採藥，還與謙之食藥，不復飢。乃將謙之入嵩山。有三重石室，令謙之住第二重。歷年，興謂謙之曰：「興出後，當有人將藥來。得但食之，莫爲疑怪。」尋有人將藥而至，皆是毒蟲臭惡之物，謙之大懼出走。興還問狀，謙之具對，興歎息曰：「先生未便得仙，政可爲帝王師耳。」興事謙之七年，而謂之曰：「興不得久留，明日中應去。興亡後，先生幸爲沐浴，自當有人見迎。」興乃入第三重石室而卒。謙之躬自沐浴。明日中，有叩石室者，謙之出視，見兩童子，一持法服，一持鉢及錫杖。謙之引入，至興尸所，興欻然而起，著衣持鉢、執杖而去。先是，有京兆灞城人王胡兒，其叔父亡，頗有靈異。曾將胡兒至嵩高别嶺，同行觀望，見金室玉堂，有一館尤珍麗，空而無人，題曰「成公興之館」。胡兒怪而問之，其叔父曰：「此是仙人成公興館，坐失火燒七間屋，被謫爲寇謙之作弟子七年。」始知謙之精誠遠通，興乃仙者謫滿而去。

唐・李百藥《北齊書》卷三三《徐之才傳》　之才少解天文，兼圖讖之學，共館客宋景業參校吉凶，知午年必有革易，因高德政啓之。文宣聞而大悦。時自婁太后及勳貴臣，咸云關西既是勁敵，恐其有挾天子令諸侯之辭，不可先行禪代事。之才獨云：「千人逐兔，一人得之，諸人咸息。須定大業，何容翻欲學人。」又援引證據，備有條目，帝從之。登祚後，彌見親密。之才非唯醫術自進，亦爲首唱禪代，又戲謔滑稽，言無不至，於是大被狎昵。尋除侍中，封池陽縣伯。見文宣政令轉嚴，求出，除趙州刺史，竟不獲述職，猶爲弄臣。

唐・李百藥《北齊書》卷三七《魏收傳》　魏收，字伯起，小字佛助，鉅鹿下曲陽人也。曾祖緝，祖韶。父子建，字敬忠，贈儀同、定州刺史。收年十五，頗已屬文。及隨父赴邊，好習騎射，欲以武藝自達。滎陽鄭伯調之曰：「魏郎弄戟多少？」收慚，遂折節讀書。夏月，坐板牀，隨樹陰諷誦，積年，板牀爲之鋭減，而精力不輟。以文華顯。

初除太學博士。及尒朱榮於河陰濫害朝士，收亦在圍中，以日晏獲免。吏部尚書李神儁重收才學，奏授司徒記室參軍。永安三年，除北主客郎中。節閔帝立，妙簡近侍，詔試收爲《封禪書》，收下筆便就，不立稿草，文將千言，所改無幾。時黄門郎賈思同侍立，深奇之，白帝曰：「雖七步之才，無以過此。」遷散騎侍郎，尋勅典起居注，並修國史，兼中書侍郎，時年二十六。

孝武初，又詔收攝本職，文誥填積，事咸稱旨。黄門郎崔㥄從齊神武入朝，熏灼於世，收初不詣門。㥄爲帝登阼赦，云「朕託體孝文」，收嗤其率直。正員郎李慎以告之，㥄深憤忌。時節閔帝殂，令收爲詔。㥄乃宣言：收普泰世出入幃幄，一日造詔，優爲詞旨，然則義旗之士盡爲逆人；又收父老，合解官歸侍。南臺將加彈劾，賴尚書辛雄爲言於中尉綦儁，乃解。收有賤生弟仲同，先未齒録，因此怖懼，上籍，遣還鄉扶侍。孝武嘗大發士卒，狩於嵩少之南旬有六日。時天寒，朝野嗟怨。帝與從官及諸妃主，奇伎異飾，多非禮度。收欲言則懼，欲默不能已，乃上《南狩賦》以諷焉，時年二十七，雖富言淫麗，而終歸雅正。帝手詔報焉，甚見褒美。鄭伯謂曰：「卿不遇老夫，猶應逐兔。」

初神武固讓天柱大將軍，魏帝勑收爲詔，令遂所請。欲加相國，問品秩，收以實對，帝遂止。收既未測主相之意，以前事不安，求解，詔許焉。久之，除帝兄子廣平王贊開府從事中郎，收不敢辭，乃爲《庭竹賦》以致已意。尋兼中書舍人，與濟陰温子昇、河間邢子才齊譽，世號三才。時孝武猜忌神武，内有間隙，收遂以疾固辭而免。其舅崔孝芬怪而問之，收曰：「懼有晉陽之甲。」尋而神武南上，帝西入關。

收兼通直散騎學侍，副王昕使梁，昕風流文辯，收辭藻富逸，梁主及其羣臣咸加敬異。先是南北初和，李諧、盧元明首通使命，二人才器，並爲鄰國所重。至此，梁主稱曰：「盧、李命世，王、魏中興，未知後來復何如耳？」收在館，遂買吴婢入館，其部下有買婢者，收亦唤取，遍行姦穢，梁朝館司皆爲之獲罪。人稱其才而鄙其行。在途作《聘遊賦》，辭甚美盛。使還，尚書右僕射高隆之求南貨於昕、收，不能如志，遂諷御史中尉高仲密禁止昕、收於其臺，久之得釋。

及孫搴死，司馬子如薦收，召赴晉陽，以爲中外府主簿。以受旨乖忤，頻被嫌責，加以箠楚，久不得志。會司馬子如奉使霸朝，收假其餘光。子如因宴戲言於神武曰：「魏收天子中書郎，一國大才，願大王藉以顔色。」由此轉府屬，然未甚優禮。

收從叔季景，有才學，歷官著名，並在收前，然收常所欺忽。季景、收初赴并，頓丘李庶者，故大司農諧之子也，以華辯見稱，曾謂收曰：「霸朝便有二魏。」收率爾曰：「以從叔見比，便是耶輸之比卿。」耶輸者，故尚書令陳留公繼伯之子也，愚癡有名，好自入市肆，高價買物，商賈共所嗤玩。收忽季景，故方之，不遜例多如此。

收本以文才，必望穎脱見知，位既不遂，求修國史。崔暹爲言於文襄曰：「國史事重，公家父子霸王功業，皆須具載，非收不可。」文襄啓收兼散騎常侍，修國史。武定二年，除正常侍，領兼中書侍郎，仍修史。魏帝宴百僚，問何故名人日，皆莫能知。收對曰：「晉議郎董勛《答問禮俗》云：『正月一日爲雞，二日爲狗，三日爲猪，四日爲羊，五日爲牛，六日爲馬，七日爲人。』」時邢卲亦在側，甚恧焉。自魏、梁和好，書下紙每云：「想彼境内寧静，此率土安和。」梁後使，其書乃去「彼」字，自稱猶著「此」，欲示無外之意。收定報書云：「想境内清晏，今萬國安和。」梁人復書，依以爲體。後神武入朝，静帝授相國，固讓，令收爲啓。啓成呈上，文襄時侍側，神武指收曰：「此人當復爲崔光。」四年，神武於西門豹祠宴集，謂司馬子如曰：「魏收爲史官，書吾等善惡，聞北伐時，諸貴常餉史官飲食，司馬僕射頗曾餉不？」因共大笑。仍謂收曰：「卿勿見元康等在吾目下趨走，謂吾以爲勤勞，我後世身名在卿手，勿謂我不知。」尋加兼著作郎。

收昔在洛京，輕薄尤甚，人號云「魏收驚蛺蝶」。文襄曾遊東山，令給事黄門侍郎顥等宴。文襄曰：「魏收恃才無宜適，須出其短。」往復數番，收忽大唱曰：「楊遵彦理屈已倒。」愔從容曰：「我綽有餘暇，山立不動，若遇當塗，恐翩翩遂逝。」當塗者，魏；翩翩者，蛺蝶也。文襄先知之，大笑稱善。文襄又曰：「向語猶徽，宜更指斥。」愔應聲曰：「魏收在并作一篇詩，對衆讀訖，云：『打從叔季景出六百斛米，亦不辨此。』遠近所知，非敢妄語。」文襄喜曰：「我亦先聞。」衆人皆笑。收雖自申雪，不復抗拒，終身病之。

侯景叛入梁，寇南境，文襄時在晉陽，令收爲檄五十餘紙，不日而就。又檄梁朝，令送侯景，初夜執筆，三更便成，文過七紙。文襄善之。魏帝曾季秋大射，普令賦詩，收詩末云：「尺書徵建鄴，折簡召長安。」文襄壯之，顧諸人曰：「在朝今有魏收，便是國之光采，雅俗文墨，通達縱横。我亦使子才、子昇時有所作，至於詞氣，並不及之。吾或意有所懷，忘而不語，語而不盡，意有未及，收呈草皆以周悉，此亦難有。」又勅兼主客郎接梁使謝珽、徐陵。侯景既陷梁，梁鄱陽王範時爲合州刺史，文襄勅收以書喻之。範得書，仍率部伍西上，刺史崔聖念入據其城。文襄謂收曰：「今定一州，卿有其力，猶恨『尺書徵建鄴』未効耳。」

文襄崩，文宣如晉陽，令與黄門郎崔季舒、高德正，吏部郎中尉瑾於北第掌機密。轉祕書監，兼著作郎，又除定州大中正。時齊將受禪，楊愔奏收置之别館，令撰禪代詔册諸文，遣徐之才守門不聽出。天保元年，除中書令，仍兼著作郎，封富平縣子。

二年，詔撰魏史。四年，除魏尹，故優以禄力，專在史閣，不知郡事。初帝令羣臣各言爾志，收曰：「臣願得直筆東觀，早成《魏書》。」故帝使收專其任。又詔平原王高隆之總監之，署名而已。帝勅收曰：「好直筆，我終不作魏太武誅史官。」始魏初鄧彦海撰《代記》十餘卷，其後崔浩典史，游雅、高允、程駿、李彪、崔光、李琰之徒世修其業。浩爲編年體，彪始分作紀、表、志、傳，書猶未出。宣武時，命邢巒追撰《孝文起居注》，書至太和十四年，又命崔鴻、王遵業補續焉。下訖孝明，事甚委悉。濟陰王暉業撰《辨宗室録》三十卷。收於是部通直常侍房延祐、司空司馬辛元植、國子博士刁柔、裴昂之、尚書郎高孝幹專總斟酌，以成《魏書》。辨定名稱，隨條甄舉，又搜採亡遺，綴續後事，備一代史籍，表而上聞之。勒成一代大典：凡十二紀，九十二列傳，合一百一十卷。五年三月奏上之。秋，除梁州刺史。收以志未成，奏請終業，許之。十一月，復奏十志：《天象》四卷，《地形》三卷，《律曆》二卷，《禮樂》四卷，《食貨》一卷，《刑罰》一卷，《靈徵》二卷，《官氏》二卷，《釋老》一卷，凡二十卷，續於紀傳，合一百三十卷，分爲十二帙。其史三十五例，二十五序，九十四論，前後二表一啓焉。

所引史官，恐其凌逼，唯取學流先相依附者。房延祐、辛元植、眭仲讓雖夙涉朝位，並非史才。刁柔、裴昂之以儒業見知，全不堪編緝。高孝幹以左道求進。修史諸人祖宗姻戚多被書録，飾以美言。收性頗急，不甚能平，夙有怨者，多没其善。每言：「何物小子，敢共魏收作色，舉之則使上天，按之當使入地。」初收在神武時爲太常少卿修國史，得陽休之助，因謝休之曰：「無以謝德，當爲卿作佳傳。」休之父固，魏世爲北平太守，以貪虐爲中尉李平所彈獲罪，載在《魏起居注》。收書云：「固爲北平，甚有惠政，坐公事免官。」又云：「李平深相敬重。」尒朱榮於魏爲賊，收以高氏出自尒朱，且納榮子金，故減其惡而增其善，論云：「若修德義之風，則韋、彭、伊、霍夫何足數。」

時論既言收著史不平，文宣詔收於尚書省與諸家子孫共加論討，前後投訴

百有餘人，云「遺其家世職位」，或云「其家不見記録」，或云「妄有非毀」。收皆隨狀答之。范陽盧斐父同附出族祖《玄傳》下，頓丘李庶家《傳》稱其本是梁國蒙人，斐、庶譏議云：「史書不直。」收性急，不勝其憤，啓誣其欲加屠害。帝大怒，親自詰責。斐曰：「臣父仕魏，位至儀同，功業顯著，名聞天下，與收無親，遂不立傳。博陵崔綽，位止本郡功曹，更無事迹，是收外親，乃爲《傳》首。」收曰：「綽雖無位，名義可嘉，所以合傳。」帝曰：「卿何由知其好人？」收曰：「高允曾爲綽讚，稱有道德。」帝曰：「司空才士，爲人作讚，正應稱揚。亦如卿爲人作文章，道其好者豈能皆實？」收無以對，戰慄而已。但帝先重收才，不欲加罪。時太原王松年亦謗史，及斐、庶並獲罪，各被鞭配甲坊，或因以致死，盧思道亦抵罪。然猶以羣口沸騰，勑魏史且勿施行，令羣官博議。聽有家事者入署，不實者陳牒。於是衆口諠然，號爲「穢史」，投牒者相次，收無以抗之。時左僕射楊愔、右僕射高德正二人勢傾朝野，與收皆親，收遂爲其家並作傳。二人不欲言史不實，抑塞訴辭，終文宣世更不重論。又尚書陸操嘗謂愔曰：「魏收《魏書》可謂博物宏才，有大功於魏室。」愔謂收曰：「此謂不刊之書，傳之萬古。但恨論及諸家枝葉親姻，過爲繁碎，與舊史體例不同耳。」收曰：「往因中原喪亂，人士譜牒，遺逸略盡，是以具書其支流。望公觀過知仁，以免尤責。」

八年夏，除太子少傅、監國史，復參議律令。三臺成，文宣曰：「臺成須有賦。」愔先以告收，收上《皇居新殿臺賦》，其文甚壯麗。時所作者，自邢邵已下咸不逮焉。收上賦前數日乃告邵。邵後告人曰：「收甚惡人，不早言之。」帝曾遊東山，勑收作詔，宣揚威德，譬喻關西，俄頃而訖，詞理宏壯。帝對百僚大嗟賞之。仍兼太子詹事。收娶其舅女，崔昂之妹，産一女，無子。魏太常劉芳孫女，中書郎崔肇師女，夫家坐事，帝並賜收爲妻，時人比之賈充置左右夫人。然無子。後病甚，恐身後嫡媵不平，乃放二姬。及疾瘳追憶，作《懷離賦》以申意。文宣每以酣宴之次，云：「太子性懦，宗社事重，終當傳位常山。」收謂楊愔曰：「古人云，太子國之根本，不可動摇。至尊三爵後，每言傳位常山，令臣下疑貳。若實，便須决行。此言非戲。魏收既忝師傅，正當守之以死，但恐國家不安。」愔以收言白於帝，自此便止。帝數宴喜，收每預侍從。皇太子之納鄭良娣也，有司備設牢饌，帝既酣飲，起而自毀覆之。仍詔收曰：「知我意不？」收曰：「臣愚謂良娣既東宫之妾，理不須牢，仰惟聖懷，緣此毀去。」帝大笑，握收手曰：「卿知我意。」安德王延宗納趙郡李祖收女爲妃，後帝幸李宅宴，而妃母宋氏薦二石榴於帝前。問諸人莫知其意，帝投之。收曰：「石榴房中多子，王新婚，妃母欲子孫衆多。」帝大喜，詔收「卿還將來」，仍賜收美錦二疋。十年，除儀同三司。帝在宴席，口勑以爲中書監，命中書郎李愔於樹下造詔。愔以收一代盛才，難於率爾，久而未訖。比成，帝已醉醒，遂不重言，愔仍不奏，事竟寢。

及帝崩於晉陽，驛召收及中山太守陽休之參議吉凶之禮，並掌詔誥。仍除侍中，遷太常卿。文宣謚及廟號、陵名，皆收議也。及孝昭居中宰事，命收禁中爲諸詔文，積日不出。轉中書監。皇建元年，除兼侍中、右光禄大夫，仍儀同、監史。收先副王昕使梁，不相協睦。時昕弟晞親密。而孝昭別令陽休之兼中書，在晉陽典詔誥，收留在鄴，蓋晞所爲。收大不平，謂太子舍人盧詢祖曰：「若使卿作文誥，我亦不言。」又除祖珽爲著作郎，欲以代收。司空主簿李翥，文詞士也。聞而告人曰：「詔誥悉歸陽子烈，著作復遣祖孝徵，文史頓失，恐魏公發背。」於時詔議二王三恪，收執王肅、杜預義，以元、司馬氏爲二王，通曹備三恪。詔諸禮學之官，皆執鄭玄五代之議。孝昭后姓元，議恪不欲廣及，故議從收。又除兼太子少傅，解侍中。

帝以魏史未行，詔收更加研審。收奉詔，頗有改正。及詔行魏史，收以爲直置祕閣，外人無由得見。於是命送一本付并省，一本付鄴下，任人寫之。

大寧元元，加開府。河清二年，兼右僕射。時武成酣飲終日，朝事專委侍中高元海。元海凡庸，不堪大任，以收才名振俗，都官尚書畢義雲長於斷割，乃虛心倚仗。收畏避不能匡救，爲議者所譏。帝於華林別起玄洲苑，備山水臺觀之麗，詔於閣上畫收，其見重如此。

始收比温子昇、邢邵稍爲後進，邵既被疏出，子昇以罪幽死，收遂大被任用，獨步一時。議論更相訾毁，各有朋黨。收每議陋邢邵文。邵又云：「江南任昉，文體本疏，魏收非直模擬，亦大偷竊。」收聞乃曰：「伊常於《沈約集》中作賊，何意道我偷任昉。」任、沈俱有重名，邢、魏各有所好。武平中，黄門郎顔之推以二公意問僕射祖珽，珽答曰：「見邢、魏之臧否，即是任、沈之優劣。」收以温子昇全不作賦，邢雖有一兩首，又非所長，常云：「會須作賦，始成大才士。唯以章表碑誌自許，此外更同兒戲。」自武定二年已後，國家大事詔命，軍國文詞，皆收所作。每有警急，受詔立成，或時中使催促，收筆下有同宿構，敏速之工，邢、温所不逮，其參議典禮與邢相埒。【略】

其後羣臣多言魏史不實，武成復勑更審，收又回換。遂爲盧同立傳，崔綽返

更附出。楊愔家《傳》，本云「有魏以來一門而已」，至是改此八字；又先云「弘農華陰人」，乃改「自云弘農」，以配王慧龍自云太原人。此其失也。

尋除開府、中書監。武成崩，未發喪。在内諸公以後主即位有年，疑於赦令。諸公引收訪焉，收固執宜有恩澤，乃從之。掌詔誥，除尚書右僕射，總議監五禮事，位特進。收奏請趙彦深、和士開、徐之才共監。先以告士開，士開驚辭以不學。收曰：「天下事皆由王，五禮非王不決。」士開謝而許之。多引文士令執筆，儒者馬敬德、熊安生、權會實主之。武平三年薨。贈司空、尚書左僕射，謚文貞。有集七十卷。

收碩學大才，然性褊，不能達命體道。見當途貴遊，每以言色相悦。然提獎後輩，以名行爲先，浮華輕險之徒，雖有才能，弗重也。初河間邢子才及季景與收並以文章顯，世稱大邢小魏，言尤俊也。收少子才十歲，子才每曰：「佛助寮人之偉。」後收稍與子才争名，文宣貶子才曰：「爾才不及魏收。」收益得志。自序云：「先稱温、邢，後曰邢、魏。」然收内陋邢，心不許也。收既輕疾，好聲樂，善胡舞。文宣末，數於東山與諸優爲獼猴與狗鬭，帝寵狎之。收外兄博陵崔巖嘗以雙聲嘲收曰：「愚魏衰收。」收答曰：「顔巖腥瘦，是誰所生，羊頤狗頰，頭團鼻平，飯房笭籠，著孔嘲玎。」其辯捷不拘若是。既緣史筆，多憾於人，齊亡之歲，收冢被發，棄其骨于外。

唐·李百藥《北齊書》卷四九《宋景業傳》 宋景業，廣宗人。明《周易》，爲陰陽，緯候之學，兼明曆數。魏末，任北平守。顯祖作相，在晉陽，景業因高德政上言：「《易稽覽圖》曰：『《鼎》，五月，聖人君，天與延年齒，東北水中，庶人王，高得之。』謹案東北水謂渤海也，高得之，明高氏得天下也。」是時，魏武定八年五月也。高德政、徐之才並勸顯祖應天受禪，乃之鄴。至平城都，諸大臣沮計，將還。賀拔仁等又云：「景業誤王，宜斬之以謝天下。」顯祖曰：「景業當爲帝王師，何可殺也。」還至并，顯祖令景業筮，遇《乾》之《鼎》。景業曰：「《乾》爲君，天也。《易》曰：『時乘六龍以御天。』《鼎》，五月卦也。宜以仲夏吉辰御天受禪。」或曰：「陰陽書，五月不可入官，犯之卒於其位。」景業曰：「此乃大吉，王爲天子，無復下期，豈得不終於其位。」顯祖大悦。天保初，授散騎侍郎。

又有荆次德，有術數，預知尒朱榮成敗，又言代魏者齊。葛榮聞之，故自號齊王。待次德以殊禮，問其天人之事。對曰：「齊當興，東海出天子，今王據渤海，是齊地。又太白與月并，宜速用兵，遲則不吉。」榮不從也。

唐·李百藥《北齊書》卷四九《張子信傳》 張子信，河内人也。性清淨，頗涉文學。少以醫術知名，恒隱於白鹿山。時遊京邑，甚爲魏收、崔季舒等所禮，有贈答子信詩數篇。後魏以太中大夫徵之，聽其時還山，不常在鄴。

又善易卜風角。武衛奚永洛與子信對坐，有鵲鳴於庭樹，鬭而墮焉。子信曰：「鵲言不善，向夕若有風從西南來，歷此樹，拂堂角，則有口舌事。今夜有人唤，必不得往，雖勑，亦以病辭。」子信去後，果有風如其言。是夜，琅邪王五使切召永洛，且云勑唤。永洛欲起，其妻苦留之，稱墜馬腰折。詰朝而難作。子信，齊亡卒。

唐·房玄齡等《晉書》卷三四《杜預傳》 杜預字元凱，京兆杜陵人也。祖畿，魏尚書僕射。父恕，幽州刺史。預博學多通，明於興廢之道，常言：「德不可以企及，立功立言可庶幾也。」初，其父與宣帝不相能，遂以幽死，故預久不得調。

文帝嗣立，預尚帝妹高陸公主，起家拜尚書郎，襲祖爵豐樂亭侯。在職四年，轉參相府軍事。鍾會伐蜀，以預爲鎮西長史。及會反，僚佐並遇害，唯預以智獲免，增邑千一百五十户。

與車騎將軍賈充等定律令，既成，預爲之注解，乃奏之曰：「法者，蓋繩墨之斷例，非窮理盡性之書也。故文約而例直，聽省而禁簡。例直易見，禁簡難犯。易見則人知所避，難犯則幾於刑厝。刑之本在於簡直，故必審名分。審名分者，必忍小理。古之刑書，銘之鍾鼎，鑄之金石，所以遠塞異端，使無淫巧也。今所注皆網羅法意，格之以名分。使用之者執名例以審趣舍，伸繩墨之直，去析薪之理也。」詔班于天下。

泰始中，守河南尹。預以京師王化之始，自近及遠，凡所施論，務崇大體。受詔爲黜陟之課，其略曰：【略】

司隸校尉石鑒以宿憾奏預，免職。時虜寇隴右，以預爲安西軍司，給兵三百人，騎百匹。到長安，更除秦州刺史，領東羌校尉、輕車將軍、假節。屬虜兵强盛，石鑒時爲安西將軍，使預出兵擊之。預以虜乘勝馬肥，而官軍懸乏，宜并力大運，須春進討，陳五不可、四不須。鑒大怒，復奏預擅飾城門官舍，稽乏軍興，遣御史檻車徵詣廷尉。以預尚主，在八議，以侯贖論。其後隴右之事卒如預策。

是時朝廷皆以預明於籌略，會匈奴帥劉猛舉兵反，自并州西及河東、平陽，詔預以散侯定計省闥，俄拜度支尚書。預乃奏立藉田，建安邊，論處軍國之要。又作人排新器，興常平倉，定穀價，較鹽運，制課調，内以利國外以救邊者五十餘

條，皆納焉。石鑒自軍還，論功不實，爲預所糾，遂相讎恨，言論諠譁，並坐免官，以侯兼本職。數年，復拜度支尚書。

元皇后梓宫將遷於峻陽陵。舊制，既葬，帝及羣臣即吉。尚書奏，皇太子亦宜釋服。預議「皇太子宜復古典，以諒闇終制」，從之。

預以時曆差舛，不應晷度，奏上《二元乾度曆》，行於世。預又以孟津渡險，有覆没之患，請建河橋于富平津。議者以爲殷周所都，歷聖賢而不作者，必不可立故也。預曰：「『造舟爲梁』，則河橋之謂也。」及橋成，帝從百僚臨會，舉觴屬預曰：「非君，此橋不立也。」對曰：「非陛下之明，臣亦不得施其微巧。」周廟欹器，至漢東京猶在御坐。漢末喪亂，不復存，形制遂絶。預創意造成，奏上之，帝甚嘉歎焉。咸寧四年秋，大霖雨，蝗蟲起。預上疏多陳農要，事在《食貨志》。預在内七年，損益萬機，不可勝數，朝野稱美，號曰「杜武庫」，言其無所不有也。

時帝密有滅吴之計，而朝議多違，唯預、羊祜、張華與帝意合。祜病，舉預自代，因以本官假節行平東將軍，領征南軍司。及祜卒，拜鎮南大將軍、都督荆州諸軍事，給追鋒車、第二駙馬。預既至鎮，繕甲兵，耀威武，乃簡精鋭，襲吴西陵督張政，大破之，以功增封三百六十五户。政，吴之名將也，據要害之地，恥以無備取敗，不以所喪之實告于孫晧。預欲間吴邊將，乃表還其所獲之衆於晧。晧果召政，遣武昌監劉憲代之。故大軍臨至，使其將帥移易，以成傾蕩之勢。

預處分既定，乃啓請伐吴之期。帝報待明年方欲大舉，預表陳至計曰：「自閏月以來，賊但敕嚴，下無兵上。以理勢推之，賊之窮計，力不兩完，必先護上流，勤保夏口以東，以延視息，無緣多兵西上，空其國都。而陛下過聽，便用委棄大計，縱敵患生。此誠國之遠圖，使舉而有敗，勿舉可也。事爲之制，務從完牢。若或有成，則開太平之基，不成，不過費損日月之間，何惜而不一試之！若當須後年，天時人事不得如常，臣恐其更難也。陛下宿議，分命臣等隨界分進，其所禁持，東西同符，萬安之舉，未有傾敗之慮。臣心實了，不敢以曖昧之見自取後累。惟陛下察之。」預旬月之中又上表曰：「羊祜與朝臣多不同，不先博畫而密與陛下共施此計，故益令多異。凡事當以利害相較，今此舉十有八九利，其一二止於無功耳。其言破敗之形亦不可得，直是計不出己，功不在身，各恥其前言，故守之也。自頃朝廷事無大小，異意鋒起，雖人心不同，亦由恃恩不慮後難，故輕相同異也。昔漢宣帝議趙充國所上事效之後，詰責諸議者，皆叩頭而謝，以塞異端也。自秋已來，討賊之形頗露。若今中止，孫晧怖而生計，或徙都武昌，更完修江南諸城，遠其居人，城不可攻，野無所掠，積大船於夏口，則明年之計或無所及。」時帝與中書令張華圍棊，而預表適至。華推枰斂手曰：「陛下聖明神武，朝野清晏，國富兵强，號令如一。吴主荒淫驕虐，誅殺賢能，當今討之，可不勞而定。」帝乃許之。

預以太康元年正月，陳兵于江陵，遣參軍樊顯、尹林、鄧圭、襄陽太守周奇等率衆循江西上，授以節度，旬日之間，累克城邑，皆如預策焉。又遣牙門管定、周旨、伍巢等率奇兵八百，泛舟夜渡，以襲樂鄉，多張旗幟，起火巴山，出於要害之地，以奪賊心。吴都督孫歆震恐，與伍延書曰：「北來諸軍，乃飛渡江也。」吴之男女降者萬餘口，旨、巢等伏兵樂鄉城外。歆遣軍出距王濬，大敗而還。旨等發伏兵，隨歆軍而入，歆不覺，直至帳下，虜歆而還。故軍中爲之謡曰：「以計代戰一當萬。」於是進逼江陵。吴督將伍延僞請降而列兵登陴，預攻克之。既平上流，於是沅湘以南，至于交廣，吴之州郡皆望風歸命，奉送印綬，預仗節稱詔而綏撫之。凡所斬及生獲吴都督、監軍十四，牙門、郡守百二十餘人。又因兵威，徙將士屯戍之家以實江北，南郡故地各樹之長吏，荆土肅然，吴人赴者如歸矣。

王濬先列上得孫歆頭，預後生送歆，洛中以爲大笑。時衆軍會議，或曰：「百年之寇，未可盡克。今向暑，水潦方降，疾疫將起，宜俟來冬，更爲大舉。」預曰：「昔樂毅藉濟西一戰以并强齊，今兵威已振，譬如破竹，數節之後，皆迎刃而解，無復著手處也。」遂指授羣帥，徑造秣陵。所過城邑，莫不束手。議者乃以書謝之。

孫晧既平，振旅凱入，以功進爵當陽縣侯，增邑并前九千六百户，封子耽爲亭侯，千户，賜絹八千匹。【略】

預既還鎮，累陳家世吏職，武非其功，請退。不許。

預以天下雖安，忘戰必危，勤於講武，修立泮宫，江漢懷德，化被萬里。攻破山夷，錯置屯營，分據要害之地，以固維持之勢。又修邵信臣遺跡，激用滍淯諸水以浸原田萬餘頃，分疆刊石，使有定分，公私同利。衆庶賴之，號曰「杜父」。舊水道唯沔漢達江陵千數百里，北無通路。又巴丘湖，沅湘之會，表裏山川，實爲險固，荆蠻之所恃也。預乃開楊口，起夏水達巴陵千餘里，内瀉長江之險，外通零桂之漕。南土歌之曰：「後世無叛由杜翁，孰識智名與勇功。」

預公家之事，知無不爲。凡所興造，必考度始終，鮮有敗事。或譏其意碎者，預曰：「禹稷之功，期於濟世，所庶幾也。」

預好爲後世名，常言「高岸爲谷，深谷爲陵」，刻石爲二碑，紀其勳績，一沈萬山之下，一立峴山之上，曰：「焉知此後不爲陵谷乎！」

預身不跨馬，射不穿札，而每任大事，輒居將率之列。結交接物，恭而有禮，問無所隱，誨人不倦，敏於事而慎於言。既立功之後，從容無事，乃耽思經籍，爲《春秋左氏經傳集解》。又參攷衆家譜第，謂之《釋例》。又作《盟會圖》、《春秋長曆》，備成一家之學，比老乃成。又撰《女記讚》。當時論者謂預文義質直，世人未之重，唯祕書監摯虞賞之，曰：「左丘明本爲《春秋》作傳，而《左傳》遂自孤行。《釋例》本爲《傳》設，而所發明何但《左傳》，故亦孤行。」時王濟解相馬，又甚愛之，而和嶠頗聚斂，預常稱「濟有馬癖，嶠有錢癖」。武帝聞之，謂預曰：「卿有何癖？」對曰：「臣有《左傳》癖。」

預在鎮，數餉遺洛中貴要。或問其故，預曰：「吾但恐爲害，不求益也。」

預初在荆州，因宴集，醉臥齋中。外人聞嘔吐聲，竊窺於户，止見一大蛇垂頭而吐。聞者異之。其後徵爲司隸校尉，加位特進，行次鄧縣而卒，時年六十三。帝甚嗟悼，追贈征南大將軍、開府儀同三司，謚曰成。

唐・房玄齡等《晉書》卷三五《裴秀傳》 裴秀字季彦，河東聞喜人也。祖茂，漢尚書令。父潛，魏尚書令。秀少好學，有風操，八歲能屬文。叔父徽有盛名，賓客甚衆。秀年十餘歲，有詣徽者，出則過秀。然秀母賤，嫡母宣氏不之禮，嘗使進饌於客，見者皆爲之起。秀母曰：「微賤如此，當應爲小兒故也。」宣氏知之，後遂止。時人爲之語曰：「後進領袖有裴秀。」

渡遼將軍毌丘儉嘗薦秀於大將軍曹爽，曰：「生而岐嶷，長蹈自然，玄静守真，性入道奥；博學强記，無文不該；孝友著於鄉黨，高聲聞於遠近。誠宜弼佐謨明，助和鼎味，毗贊大府，光昭盛化。非徒子奇、甘羅之儔，兼包顔、冉、游、夏之美。」爽乃辟爲掾，襲父爵清陽亭侯，遷黄門侍郎。爽誅，以故吏免。頃之，爲廷尉正，歷文帝安東及衛將軍司馬，軍國之政，多見信納。遷散騎常侍。

帝之討諸葛誕也，秀與尚書僕射陳泰、黄門侍郎鍾會以行臺從，豫參謀略。及誕平，轉尚書，進封魯陽鄉侯，增邑千户。常道鄉公立，以豫議定策，進爵縣侯，增邑七百户，遷尚書僕射。魏咸熙初，釐革憲司。時荀顗定禮儀，賈充正法律，而秀改官制焉。秀議五等之爵，自騎督已上六百餘人皆封。於是秀封濟川侯，地方六十里，邑千四百户，以高苑縣濟川墟爲侯國。

初，文帝未定嗣，而屬意舞陽侯攸。武帝懼不得立，問秀曰：「人有相否？」因以奇表示之。秀後言於文帝曰：「中撫軍人望既茂，天表如此，固非人臣之相也。」由是世子乃定。

武帝既即王位，拜尚書令、右光禄大夫，與御史大夫王沈、衛將軍賈充俱開府，加給事中。及帝受禪，加左光禄大夫，封鉅鹿郡公，邑三千户。

時安遠護軍郝詡與故人書云：「與尚書令裴秀相知，望其爲益。」有司奏免秀官，詔曰：「不能使人之不加諸我，此古人所難。交關人事，詡之罪耳，豈尚書令能防乎！其勿有所問。」司隸校尉李憙復上言，騎都尉劉尚爲尚書令裴秀占官稻田，求禁止秀。詔又以秀幹翼朝政，有勳績於王室，不可以小疵掩大德，使推正尚罪而解秀禁止焉。

久之，詔曰：「夫三司之任，以翼宣皇極，弼成王事者也。故經國論道，賴之明喆，苟非其人，官不虚備。尚書令、左光禄大夫裴秀，雅量弘博，思心通遠，先帝登庸，贊事前朝。朕受明命，光佐大業，勳德茂著，配蹤元凱。宜正位居體，以康庶績。其以秀爲司空。」

秀儒學洽聞，且留心政事，當禪代之際，總納言之要，其所裁當，禮無違者。又以職在地官，以《禹貢》山川地名，從來久遠，多有變易。後世説者或强牽引，漸以闇昧。於是甄擿舊文，疑者則闕，古有名而今無者，皆隨事注列，作《禹貢地域圖》十八篇，奏之，藏於祕府。【略】

秀創制朝儀，廣陳刑政，朝廷多遵用之，以爲故事。在位四載，爲當世名公。服寒食散，當飲熱酒而飲冷酒，泰始七年薨，時年四十八。詔曰：「司空經德履哲，體蹈儒雅，佐命翼世，勳業弘茂。方將宣獻敷制，爲世宗範，不幸薨殂，朕甚痛之。其賜祕器，朝服一具，衣一襲，錢三十萬，布百匹。謚曰元。」

唐・房玄齡等《晉書》卷四一《劉智傳》 弟智字子房，貞素有兄風。少貧窶，每負薪自給，讀誦不輟，竟以儒行稱。歷中書黄門吏部郎，出爲潁川太守。平原管輅嘗謂人曰：「吾與劉潁川兄弟語，使人神思清發，昏不假寐。自此之外，殆白日欲寢矣。」入爲秘書監，領南陽王師，加散騎常侍，遷侍中、尚書、太常。著《喪服釋疑論》，多所辨明。太康末卒，謚曰成。

唐・房玄齡等《晉書》卷五一《皇甫謐傳》 皇甫謐字士安，幼名静，安定朝那人，漢太尉嵩之曾孫也。出後叔父，徙居新安。年二十，不好學，游蕩無度，或以爲癡。嘗得瓜果，輒進所後叔母任氏。任氏曰：「《孝經》云：『三牲之養，猶爲不孝。』汝今年餘二十，目不存教，心不入道，無以慰我。」因歎曰：「昔孟母三

徙以成仁，曾父烹豕以存教，豈我居不卜鄰，教有所闕，何爾魯鈍之甚也！修身篤學，自汝得之，於我何有！」因對之流涕。謐乃感激，就鄉人席坦受書，勤力不怠。居貧，躬自稼穡，帶經而農，遂博綜典籍百家之言。沈静寡欲，始有高尚之志，以著述爲務，自號玄晏先生。著《禮樂》、《聖真》之論。後得風痹疾，猶手不輟卷。

或勸謐修石廣交，謐以爲「非聖人孰能兼存出處，居田里之中亦可以樂堯舜之道，何必崇接世利，事官鞅掌，然後爲名乎。」作《玄守論》以答之，曰：

或謂謐曰：「富貴人之所欲，貧賤人之所惡，何故委形待於窮而不變乎？且道之所貴者，理世也；人之所美者，及時也。先生年邁齒變，饑寒不贍，轉死溝壑，其誰知乎？」

謐曰：「人之所至惜者，命也；道之所必全者，形也；性形所不可犯者，疾病也。若擾全道以損性命，安得去貧賤存所欲哉？吾聞食人之禄者懷人之憂，形强猶不堪，況吾之弱疾乎！且貧者士之常，賤者道之實，處常得實，没齒不憂，孰與富貴擾神耗精者乎！又生爲人所不知，死爲人所不惜，至矣！喑聾之徒，天下之有道者也。夫一人死而天下號者，以爲損也；一人生而四海笑者，以爲益也。然則號笑非益死損生也。是以至道不損，至德不益。何哉？體足也。如迴天下之念以追損生之禍，運四海之心以廣非益之病，豈道德之至乎！夫唯無損，則至堅矣；夫唯無益，則至厚矣。堅故終不損，厚故終不薄。苟能體堅厚之實，居不薄之真，立乎損益之外，游乎形骸之表，則我道全矣。」

遂不仕。耽翫典籍，忘寢與食，時人謂之「書淫」。或有箴其過篤，將損耗精神。謐曰：「朝聞道，夕死可矣，況命之修短分定懸天乎！」

叔父有子既冠，謐年四十喪所生後母，遂還本宗。

城陽太守梁柳，謐從姑子也，當之官，人勸謐餞之。謐曰：「柳爲布衣時過吾，吾送迎不出門，食不過鹽菜，貧者不以酒肉爲禮。今作郡而送之，是貴城陽太守而賤梁柳，豈中古人之道，是非吾心所安也。」

時魏郡召上計掾，舉孝廉；景元初，相國辟，皆不行。其後鄉親勸令應命，謐爲《釋勸論》以通志焉。【略】

其後武帝頻下詔敦逼不已，謐上疏自稱草莽臣曰：「臣以尪弊，迷於道趣，因疾抽簪，散髮林阜，人綱不閑，鳥獸爲羣。陛下披榛采蘭，并收蒿艾。是以皐陶振褐，不仁者遠。臣惟頑蒙，備食晉粟，猶識唐人擊壤之樂，宜赴京城，稱壽闕外。而小人無良，致災速禍，久嬰篤疾，軀半不仁，右腳偏小，十有九載。又服寒食藥，違錯節度，辛苦荼毒，于今七年。隆冬裸袒食冰，當暑煩悶，加以咳逆，或若温瘧，或類傷寒，浮氣流腫，四肢酸重。於今困劣，救命呼噏，父兄見出，妻息長訣。仰迫天威，扶輿就道，所苦加焉，不任進路，委身待罪，伏枕歎息。臣聞《韶》、《衛》不並奏，《雅》、《鄭》不兼御，故郤子入周，禍延王叔；虞丘稱賢，樊姬掩口。君子小人，禮不同器，況臣糠䵃，糅之雕胡？庸夫錦衣，不稱其服也。竊聞同命之士，咸以畢到，唯臣疾疢，抱釁牀蓐，雖貪明時，懼斃命路隅。設臣不疾，已遭堯舜之世，執志箕山，猶當容之。臣聞上有明聖之主，下有輪實之臣；上有在寬之政，下有委情之人。唯陛下留神垂恕，更旌瓌俊，索隱於傅巖，收釣於渭濱，無令泥滓，久濁清流。」謐辭切言至，遂見聽許。

歲餘，又舉賢良方正，並不起。自表就帝借書，帝送一車書與之。謐雖羸疾，而披閲不怠。初服寒食散，而性與之忤，每委頓不倫，嘗悲恚，叩刃欲自殺，叔母諫之而止。

濟陰太守蜀人文立，表以命士有贄爲煩，請絶其禮幣，詔從之。謐聞而歎曰：「亡國之大夫不可與圖存，而以革歷代之制，其可乎！夫『束帛戔戔』，《易》之明義，玄纁之贄，自古之舊也。故孔子稱夙夜强學以待問，席上之珍以待聘。士於是乎三揖乃進，明致之難也；一讓而退，明去之易也。若殷湯之於伊尹，文王之於太公，或身即莘野，或就載以歸，唯恐禮之不重，豈吝其煩費哉！且一禮不備，貞女恥之，況命士乎！孔子曰：『賜也，爾愛其羊，我愛其禮。』棄之如何？政之失賢，於此乎在矣。」

咸寧初，又詔曰：「男子皇甫謐沈静履素，守學好古，與流俗異趣，其以謐爲太子中庶子。」謐固辭篤疾。帝初雖不奪其志，尋復發詔徵爲議郎，又召補著作郎。司隸校尉劉毅請爲功曹，並不應。【略】

而竟不仕。太康三年卒，時年六十八。子童靈、方回等遵其遺命。

謐所著詩賦誄頌論難甚多，又撰《帝王世紀》、《年曆》、《高士》、《逸士》、《列女》等傳、《玄晏春秋》，並重於世。門人摯虞、張軌、牛綜、席純，皆爲晉名臣。

唐·房玄齡等《晉書》卷五一《束晳傳》 束晳字廣微，陽平元城人，漢太子太傅疏廣之後也。王莽末，廣曾孫孟達避難，自東海徙居沙鹿山南，因去疏之足，遂改姓焉。祖混，隴西太守。父龕，馮翊太守，並有名譽。

晳博學多聞，與兄璆俱知名。少遊國學，或問博士曹志曰：「當今好學者誰

乎？」志曰：「陽平束廣微好學不倦，人莫及也。」還鄉里，察孝廉，舉茂才，皆不就。璆娶石鑒從女，棄之，鑒以爲憾，諷州郡公府不得辟，故晳等久不得調。

太康中，郡界大旱，晳爲邑人請雨，三日而雨注，衆謂晳誠感，爲作歌曰：「束先生，通神明，請天三日甘雨零。我黍以育，我稷以生。何以疇之？報束長生。」晳與衛恒厚善，聞恒遇禍，自本郡赴喪。

嘗爲《勸農》及《䴵》諸賦，文頗鄙俗，時人薄之。而性沈退，不慕榮利，作《玄居釋》以擬《客難》，其辭曰：【略】

張華見而奇之。石鑒卒，王戎乃辟璆。華召晳爲掾，又爲司空、下邳王晃所辟。華爲司空，復以爲賊曹屬。

時欲廣農，晳上議曰：【略】

轉佐著作郎，撰《晉書·帝紀》、十《志》，遷轉博士，著作如故。

初，太康二年，汲郡人不準盜發魏襄王墓，或言安釐王冢，得竹書數十車。其《紀年》十三篇，記夏以來至周幽王爲犬戎所滅，以事接之，三家分，仍述魏事至安釐王之二十年。蓋魏國之史書，大略與《春秋》皆多相應。其中經傳大異，則云夏年多殷；益干啓位，啓殺之；太甲殺伊尹；文丁殺季歷；自周受命，至穆王百年，非穆王壽百歲也；幽王既亡，有共伯和者攝行天子事，非二相共和也。其《易經》二篇，與《周易》上下經同。《易繇陰陽卦》二篇，與《周易》略同，《繇辭》則異。《卦下易經》一篇，似《說卦》而異。《公孫段》二篇，公孫段與邵陟論《易》。《國語》三篇，言楚晉事。《名》三篇，似《禮記》，及似《爾雅》、《論語》。《師春》一篇，書《左傳》諸卜筮，「師春」似是造書者姓名也。《瑣語》十一篇，諸國卜夢妖怪相書也。《梁丘藏》一篇，先敘魏之世數，次言丘藏金玉事。《繳書》二篇，論弋射法。《生封》一篇，帝王所封。《大曆》二篇，鄒子談天類也。《穆天子傳》五篇，言周穆王游行四海，見帝臺、西王母。《圖詩》一篇，畫贊之屬也。又雜書十九篇：《周食田法》、《周書》、《論楚事》、《周穆王美人盛姬死事》。大凡七十五篇，七篇簡書折壞，不識名題。冢中又得銅劍一枚，長二尺五寸。漆書皆科斗字。初發冢者燒策照取寶物，及官收之，多燼簡斷札，文既殘缺，不復詮次。武帝以其書付祕書校綴次第，尋考指歸，而以今文寫之。晳在著作，得觀竹書，隨疑分釋，皆有義證。遷尚書郎。

武帝嘗問摯虞三日曲水之義，虞對曰：「漢章帝時，平原徐肇以三月初生三女，至三日俱亡，邨人以爲怪，乃招攜之水濱洗祓，遂因水以汎觴，其義起此。」帝曰：「必如所談，便非好事。」晳進曰：「虞小生，不足以知，臣請言之。昔周公成洛邑，因流水以汎酒，故逸詩云『羽觴隨波』。又秦昭王以三日置酒河曲，見金人奉水心之劍，曰：『令君制有西夏。』乃霸諸侯，因此立爲曲水。二漢相緣，皆爲盛集。」帝大悅，賜晳金五十斤。

時有人於嵩高山下得竹簡一枚，上兩行科斗書，傳以相示，莫有知者。司空張華以問晳，晳曰：「此漢明帝顯節陵中策文也。」檢驗果然，時人伏其博識。

趙王倫爲相國，請爲記室。晳辭疾罷歸，教授門徒。年四十卒，元城市里爲之廢業，門生故人立碑墓側。

晳才學博通，所著《三魏人士傳》、《七代通記》、《晉書·紀志》，遇亂亡失。其《五經通論》、《發蒙記》、《補亡詩》、文集數十篇，行于世云。

唐·房玄齡等《晉書》卷五五《張亢傳》 亢字季陽。才藻不逮二昆，亦有屬綴，又解音樂伎術。時人謂載、協、亢、陸機、雲曰「二陸」「三張」。中興初過江，拜散騎侍郎。祕書監荀崧舉亢領佐著作郎，出補烏程令，入爲散騎常侍，復領佐著作。《述曆贊》一篇，見《律曆志》。

唐·房玄齡等《晉書》卷七二《郭璞傳》 郭璞字景純，河東聞喜人也。父瑗，尚書都令史。時尚書杜預有所增損，瑗多駁正之，以公方著稱。終於建平太守。璞好經術，博學有高才，而訥於言論，詞賦爲中興之冠。好古文奇字，妙於陰陽算曆。有郭公者，客居河東，精於卜筮，璞從之受業。公以《青囊中書》九卷與之，由是遂洞五行、天文、卜筮之術，攘災轉禍，通致無方，雖京房、管輅不能過也。璞門人趙載嘗竊《青囊書》，未及讀，而爲火所焚。

惠、懷之際，河東先擾。璞筮之，投策而嘆曰：「嗟乎！黔黎將湮於異類，桑梓其翦爲龍荒乎！」於是潛結姻昵及交遊數十家，欲避地東南。抵將軍趙固，會固所乘良馬死，固惜之，不接賓客。璞至，門吏不爲通。璞曰：「吾能活馬。」吏驚入白固。固趨出，曰：「君能活吾馬乎？」璞曰：「得健夫二三十人，皆持長竿，東行三十里，有丘林社廟者，便以竿打拍，當得一物，宜急持歸。得此，馬活矣。」固如其言，果得一物似猴，持歸。此物見死馬，便噓吸其鼻。頃之馬起，奮迅嘶鳴，食如常，不復見向物。固奇之，厚加資給。

行至廬江，太守胡孟康被丞相召爲軍諮祭酒。時江淮清宴，孟康安之，無心南渡。璞爲占曰「敗」。康不之信。璞將促裝去之，愛主人婢，無由而得，乃取小豆三斗，繞主人宅散之。主人晨見赤衣人數千圍其家，就視則滅，甚惡之，請璞

爲卦。璞曰：「君家不宜畜此婢，可於東南二十里賣之，慎勿争價，則此妖可除也。」主人從之。璞陰令人賤買此婢。復爲符投於井中，數千赤衣人皆反縛，一一自投於井，主人大悦。璞攜婢去。後數旬而廬江陷。

璞既過江，宣城太守殷祐引爲參軍。時有物大如水牛，灰色卑腳，腳類象，胸前尾上皆白，大力而遲鈍，來到城下，衆咸異焉。祐使人伏而取之，令璞作卦，遇《遯》之《蠱》，其卦曰：「《艮》體連《乾》，其物壯巨。出潛之畜，匪兕匪武。身與鬼并，精見二午。法當爲禽，兩靈不許。遂被一創，還其本墅。按卦名之，是爲驢鼠。」卜適了，伏者以戟刺之，深尺餘，遂去不復見。郡綱紀上祠，請殺之。巫云：「廟神不悦，曰：『此是邦亭驢山君鼠，使詣荆山，暫來過我，不須觸之。』」其精妙如此。祐遷石頭督護，璞復隨之。時有鼯鼠出延陵，璞占之曰：「此郡東當有妖人欲稱制者，尋亦自死矣。後當有妖樹生，然若瑞而非瑞，辛螫之木也。儻有此者，東南數百里必有作逆者，期明年矣。」無錫縣欻有茱萸四株交枝而生，若連理者，其年盜殺吴興太守袁琇。或以問璞，璞曰：「卯爻發而沴金，此木不曲直而成災也。」

王導深重之，引參己軍事。嘗令作卦，璞言：「公有震厄，可命駕西出數十里，得一柏樹，截斷如身長，置常寢處，災當可消矣。」導從其言。數日果震，柏樹粉碎。

時元帝初鎮建鄴，導令璞筮之，遇《咸》之《井》，璞曰：「東北郡縣有『武』名者，當出鐸，以著受命之符。西南郡縣有『陽』名者，井當沸。」其後晉陵武進縣人於田中得銅鐸五枚，歷陽縣中井沸，經日乃止。及帝爲晉王，又使璞筮，遇《豫》之《睽》，璞曰：「會稽當出鍾，以告成功，上有勒銘，應在人家井泥中得之。繇辭所謂『先王以作樂崇德，殷薦之上帝』者也。」及帝即位，太興初，會稽剡縣人果於井中得一鍾，長七寸二分，口徑四寸半，上有古文奇書十八字，云「會稽嶽命」，餘字時人莫識之。璞曰：「蓋王者之作，必有靈符，塞天人之心，與神物合契，然後可以言受命矣。觀五鐸啓號於晉陵，棧鍾告成於會稽，瑞不失類，出皆以方，豈不偉哉！若夫鐸發其響，鍾徵其象，器以數臻，事以實應，天人之際不可不察。」帝甚重之。

璞著《江賦》，其辭甚偉，爲世所稱。後復作《南郊賦》，帝見而嘉之，以爲著作佐郎。于時陰陽錯繆，而刑獄繁興，璞上疏曰：

臣聞《春秋》之義，貴元慎始，故分至啓閉以觀雲物，所以顯天人之統，存休咎之徵。臣不揆淺見，輒依歲首粗有所占，卦得《解》之《既濟》。案爻論思，方涉春木王龍德之時，而爲廢水之氣來見乘，加升陽未布，隆陰仍積，《坎》爲法象，刑獄所麗，變《坎》加《離》，厥象不燭。以義推之，皆爲刑獄殷繁，理有壅濫。又去年十二月二十九日，太白蝕月。月者屬《坎》，羣陰之府，所以照察幽情，以佐太陽者也。太白，金行之星，而來犯之，天意若曰刑理失中，自壞其所以爲法者也。臣術學庸近，不練内事，卦理所及，敢不盡言。又去秋以來，沈雨跨年，雖爲金家涉火之祥，然亦是刑獄充溢，怨歎之氣所致。往建興四年十二月中，行丞相令史淳于伯刑於市，而血逆流長摽。伯者小人，雖罪在未允，何足感動靈變，致若斯之怪邪！明皇天所以保祐金家，子愛陛下，屢見災異，殷勤無已。陛下宜側身思懼，以應靈譴。皇極之謫，事不虚降。不然，恐將來必有愆陽苦雨之災，崩震薄蝕之變，狂狡蠢戾之妖，以益陛下旰食之勞也。

臣謹尋按舊經，《尚書》有五事供禦之術，京房《易傳》有消復之救，所以緣咎而致慶，因異而邁政。故木不生庭，太戊無以隆；雉不鳴鼎，武丁不爲宗。夫寅畏者所以饗福，怠傲者所以招患，此自然之符應，不可不察也。案《解卦》繇云：「君子以赦過宥罪。」《既濟》云：「思患而豫防之。」臣愚以爲宜發哀矜之詔，引在予之責，蕩除瑕釁，贊陽布惠，使幽斃之人應蒼生以悦育，否滯之氣隨谷風而紓散。此亦寄時事以制用，藉開塞而曲成者也。

臣竊觀陛下貞明仁恕，體之自然，天假其祚，奄有區夏，啓重光於已昧，廓四祖之遐武，祥靈表瑞，人鬼獻謀，應天順時，殆不尚此。然陛下即位以來，中興之化未闡，雖躬綜萬機，勞逾日昃，玄澤未加於羣生，聲教未被乎宇宙，臣主未寧于上，黔細未輯于下，《鴻鴈》之詠不興，康哉之歌不作者，何也？杖道之情未著，而任刑之風先彰，經國之略未震，而軌物之迹屢遷。夫法令不一則人情惑，職次數改則覬覦生，官方不審則秕政作，懲勸不明則善惡渾，此有國者之所慎也。臣竊爲陛下惜之。夫以區區之曹參，猶能遵蓋公之一言，倚清靖以鎮俗，寄市獄以容非，德音不忘，流詠于今。漢之中宗，聰悟獨斷，可謂令主，然厲意刑名，用虧純德。《老子》以禮爲忠信之薄，況刑又是禮之糟粕者乎！夫無爲而爲之，不宰以宰之，固陛下之所體者也。恥其君不爲堯舜者，亦豈惟古人！是以敢肆狂瞽，不隱其懷。若臣言可採，或所以爲塵露之益；若不足採，所以廣聽納之門。願陛下少留神鑒，賜察臣言。

疏奏，優詔報之。

其後日有黑氣，璞復上疏曰：

臣以頑昧，近者冒陳所見，陛下不遺狂言，事蒙御省。伏讀聖詔，歡懼交戰。臣前云升陽未布，隆陰仍積，《坎》爲法象，刑獄所麗，變《坎》加《離》，厥象不燭，疑將來必有薄蝕之變也。此月四日，日出山六七丈，精光潛昧，而色都赤，中有異物大如雞子，又有青黑之氣共相薄擊，良久方解。案時在歲首純陽之月，日在癸亥全陰之位，而有此異，殆元首供禦之義不顯，消復之理不著之所致也。計去微臣所陳，未及一月，而便有此變，益明皇天留情陛下懇懇之至也。

往年歲末，太白蝕月，今在歲始，日月咎謫。曾未數旬，大眚再見。日月告釁，見懼詩人，無曰天高，其鑒不遠。故宋景言善，熒惑退次；光武寧亂，呼沲結冰。此明天人之懸符，有若形影之相應。應之以德，則休祥臻；酬之以怠，則咎徵作。陛下宜恭承靈譴，敬天之怒，施沛然之恩，諧玄同之化，上所以允塞天意，下所以弭息羣謗。

臣聞人之多幸，國之不幸。赦不宜數，實如聖旨。臣愚以爲子産之鑄刑書，非政事之善，然不得不作者，須以救弊故也。今之宜赦，理亦如之。隨時之宜，亦聖人所善者。此國家大信之要，誠非微臣所得干豫。今聖朝明哲，思弘謀猷，方闢四門以亮采，訪輿誦於羣心，況臣蒙珥筆朝末，而可不竭誠盡規哉！

頃之，遷尚書郎。數言便宜，多所匡益。明帝之在東宮，與温嶠、庾亮並有布衣之好，璞亦以才學見重，埒於嶠、亮，論者美之。然性輕易，不修威儀，嗜酒好色，時或過度。著作郎干寶常誡之曰：「此非適性之道也。」璞曰：「吾所受有本限，用之恒恐不得盡，卿乃憂酒色之爲患乎！」

璞既好卜筮，縉紳多笑之。又自以才高位卑，乃著《客傲》，其辭曰：【略】

璞以母憂去職，卜葬地於暨陽，去水百步許。人以近水爲言，璞曰：「當即爲陸矣。」其後沙漲，去墓數十里皆爲桑田。未朞，王敦起璞爲記室參軍。是時潁川陳述爲大將軍掾，有美名，爲敦所重，未幾而没。璞哭之哀甚，呼曰：「嗣祖，嗣祖，焉知非福！」未幾而敦作難。時明帝即位踰年，未改號，而熒惑守房。璞時休歸，帝乃遣使齎手詔問璞。會暨陽縣復上言曰赤烏見。璞乃上疏請改年肆赦，文多不載。璞嘗爲人葬，帝微服往觀之，因問主人何以葬龍角，此法當滅族。主人曰：「郭璞云此葬龍耳，不出三年當致天子也。」帝曰：「出天子邪？」答曰：「能致天子問耳。」帝甚異之。璞素與桓彝友善，彝每造之，或值璞在婦間，便入。璞曰：「卿來，他處自可徑前，但不可廁上相尋耳。必客主有殃。」彝後因醉詣璞，正逢在廁，掩而觀之，見璞躶身被髮，銜刀設醊。璞見彝，撫心大驚曰：「吾每屬卿勿來，反更如是！非但禍吾，卿亦不免矣。天實爲之，將以誰咎！」璞終嬰王敦之禍，彝亦死蘇峻之難。

王敦之謀逆也，温嶠、庾亮使璞筮之，璞對不決。嶠、亮復令占己之吉凶，璞曰：「大吉。」嶠等退，相謂曰：「璞對不了，是不敢有言，或天奪敦魄。今吾等與國家共舉大事，而璞云大吉，是爲舉事必有成也。」於是勸帝討敦。初，璞每言「殺我者山宗」，至是果有姓崇者構璞於敦。敦將舉兵，又使璞筮。璞曰：「無成。」敦固疑璞之勸嶠、亮，又聞卦凶，乃問璞曰：「卿更筮吾壽幾何？」答曰：「思向卦，明公起事，必禍不久。若住武昌，壽不可測。」敦大怒曰：「卿壽幾何？」曰：「命盡今日日中。」敦怒，收璞，詣南岡斬之。璞臨出，謂行刑者欲何之。曰：「南岡頭。」璞曰：「必在雙柏樹下。」既至，果然。復云：「此樹應有大鵲巢。」衆索之不得。璞更令尋覓，果於枝間得一大鵲巢，密葉蔽之。初，璞中興初行經越城，間遇一人，呼其姓名，因以袴褶遺之。其人辭不受，璞曰：「但取，後自當知。」其人遂受而去。至是，果此人行刑。時年四十九。及王敦平，追贈弘農太守。

初，庾翼幼時嘗令璞筮公家及身，卦成，曰：「建元之末丘山傾，長順之初子凋零。」及康帝即位，將改元爲建元，或謂庾冰曰：「子忘郭生之言邪？丘山上名，此號不宜用。」冰撫心歎恨。及帝崩，何充改元爲永和，庾翼歎曰：「天道精微，乃當如是。長順者，永和也，吾庸得免乎！」其年翼卒。冰又令筮其後嗣，卦成，曰：「卿諸子並當貴盛，然有白龍者，凶徵至矣。若墓碑生金，庾氏之大忌也。」後冰子蘊爲廣州刺史，妾房内忽有一新生白狗子，莫知所由來，其妾祕愛之，不令蘊知。狗轉長大，蘊入，見狗眉眼分明，又身至長而弱，異於常狗，蘊甚怪之。將出，共視在衆人前，忽失所在。蘊慨然曰：「殆白龍乎！庾氏禍至矣。」又墓碑生金。俄而爲桓温所滅，終如其言。璞之占驗，皆如此類也。

璞撰前後筮驗六十餘事，名爲《洞林》。又抄京、費諸家要最，更撰《新林》十篇、《卜韵》一篇。注釋《爾雅》，別爲《音義》、《圖譜》。又注《三蒼》、《方言》、《穆天子傳》、《山海經》及《楚辭》、《子虚》、《上林賦》數十萬言，皆傳於世。所作詩賦誄頌亦數萬言。子驁，官至臨賀太守。

唐・房玄齡等《晉書》卷七二《葛洪傳》 葛洪字稚川，丹陽句容人也。祖系，吴大鴻臚。父悌，吴平後入晉，爲邵陵太守。洪少好學，家貧，躬自伐薪以貿

紙筆，夜輒寫書誦習，遂以儒學知名。性寡欲，無所愛翫，不知棊局幾道，摴蒲齒名。爲人木訥，不好榮利，閉門却掃，未嘗交游。於餘杭山見何幼道、郭文舉，目擊而已，各無所言。時或尋書問義，不遠數千里崎嶇冒涉，期於必得，遂究覽典籍，尤好神仙導養之法。從祖玄，吴時學道得仙，號曰葛仙公，以其鍊丹祕術授弟子鄭隱。洪就隱學，悉得其法焉。後師事南海太守上黨鮑玄。玄亦内學，逆占將來，見洪深重之，以女妻洪。洪傳玄業，兼綜練醫術，凡所著撰，皆精覈是非，而才章富贍。

太安中，石冰作亂，吴興太守顧祕爲義軍都督，與周玘等起兵討之，祕檄洪爲將兵都尉，攻冰别率，破之，遷伏波將軍。冰平，洪不論功賞，徑至洛陽，欲搜求異書以廣其學。

洪見天下已亂，欲避地南土，乃參廣州刺史嵇含軍事。及含遇害，遂停南土多年，征鎮檄命一無所就。後還鄉里，禮辟皆不赴。元帝爲丞相，辟爲掾。以平賊功，賜爵關内侯。咸和初，司徒導召補州主簿，轉司徒掾，遷諮議參軍。干寶深相親友，薦洪才堪國史，選爲散騎常侍，領大著作，洪固辭不就。以年老，欲鍊丹以祈遐壽，聞交阯出丹，求爲句漏令。帝以洪資高，不許。洪曰：「非欲爲榮，以有丹耳。」帝從之。洪遂將子姪俱行。至廣州，刺史鄧嶽留不聽去，洪乃止羅浮山煉丹。嶽表補東官太守，又辭不就。嶽乃以洪兄子望爲記室參軍。在山積年，優游閑養，著述不輟。其自序曰：

洪體乏進趣之才，偶好無爲之業。假令奮翅則能陵厲玄霄，騁足則能追風躡景，猶欲戢勁翮於鷦鷯之羣，藏逸迹於跛驢之伍，豈況大塊稟我以尋常之短羽，造化假我以至駑之蹇足？自卜者審，不能者止，又豈敢力蒼蠅而慕沖天之舉，策跛鼈而追飛兔之軌；飾嫫母之篤陋，求媒陽之美談；推沙礫之賤質，索千金於和肆哉！夫僬僥之步而企及夸父之蹤，近才所以躓礙也；要離之羸而强赴扛鼎之勢，秦人所以斷筋也。是以望絶於榮華之途，而志安乎窮圮之域；藜藿有八珍之甘，蓬蓽有藻梲之樂也。故權貴之家，雖咫尺弗從也；知道之士，雖艱遠必造也。考覽奇書，既不少矣，率多隱語，難可卒解，自非至精不能尋究，自非篤勤不能悉見也。

道士弘博洽聞者寡，而意斷妄説者衆。至於時有好事者，欲有所修爲，倉卒不知所從，而意之所疑又無足諮。今爲此書，粗舉長生之理。其至妙者不得宣之於翰墨，蓋粗言較略以示一隅，冀悱憤之徒省之可以思過半矣。豈謂闇塞必能窮微暢遠乎，聊論其所先覺者耳。世儒徒知服膺周孔，莫信神仙之書，不但大而笑之，又將謗毁真正。故予所著子言黄白之事，名曰《内篇》，其餘駁難通釋，名曰《外篇》，大凡内外一百一十六篇。雖不足藏諸名山，且欲緘之金匱，以示識者。

自號抱朴子，因以名書。其餘所著碑誄詩賦百卷，移檄章表三十卷，神仙、良吏、隱逸、集異等傳各十卷，又抄《五經》、《史》、《漢》、百家之言、方技雜事三百一十卷，《金匱藥方》一百卷，《肘後要急方》四卷。

洪博聞深洽，江左絶倫。著述篇章富於班、馬，又精辯玄賾，析理入微。後忽與嶽疏云：「當遠行尋師，剋期便發。」嶽得疏，狼狽往别。而洪坐至日中，兀然若睡而卒，嶽至，遂不及見。時年八十一。視其顔色如生，體亦柔軟，舉尸入棺，甚輕，如空衣，世以爲尸解得仙云。

唐·房玄齡等《晉書》卷九四《魯勝傳》 魯勝字叔時，代郡人也。少有才操，爲佐著作郎。元康初，遷建康令。到官，著《正天論》云：「以冬至之後立晷測影，準度日月星。臣案日月裁徑百里，無千里；星十里，不百里。」遂表上求下羣公卿士考論。「若臣言合理，當得改先代之失，而正天地之紀。如無據驗，甘即刑戮，以彰虚妄之罪」。事遂不報。嘗歲日望氣，知將來多故，便稱疾去官。中書令張華遣子勸其更仕，再徵博士，舉中書郎，皆不就。

其著述爲世所稱，遭亂遺失，惟注《墨辯》存。其敘曰：

名者所以别同異，明是非，道義之門，政化之準繩也。孔子曰：「必也正名，名不正則事不成。」墨子著書，作《辯經》以立名本。惠施、公孫龍祖述其學，以正别名顯於世。孟子非墨子，其辯言正辭則與墨同。荀卿、莊周等皆非毁名家，而不能易其論也。

名必有形，察形莫如别色，故有堅白之辯。名必有分明，分明莫如有無，故有無序之辯。是有不是，可有不可，是名兩可。同而有異，異而有同，是之謂辯同異。至同無不同，至異無不異，是謂辯同辯異。同異生是非，是非生吉凶，取辯於一物而原極天下之汙隆，名之至也。

自鄧析至秦時名家者，世有篇籍，率頗難知，後學莫復傳習，於今五百餘歲，遂亡絶。《墨辯》有上下《經》，《經》各有《説》，凡四篇，與其書衆篇連第，故獨存。今引説就經，各附其章，疑者闕之。又采諸衆雜集爲《刑》、《名》二篇，略解指歸，以俟君子。其或興微繼絶者，亦有樂乎此也！

唐・房玄齡等《晉書》卷九五《索紞傳》 索紞字叔徹，敦煌人也。少遊京師，受業太學，博綜經籍，遂爲通儒。明陰陽天文，善術數占候。司徒辟，除郎中，知中國將亂，避世而歸。鄉人從紞占問吉凶，門中如市，紞曰：「攻乎異端，戒在害己；無爲多事，多事多患。」遂詭言虛説，無驗乃止。惟以占夢爲無悔吝，乃不逆問者。

孝廉令狐策夢立冰上，與冰下人語。紞曰：「冰上爲陽，冰下爲陰，陰陽事也。士如歸妻，迨冰未泮，婚姻事也。君在冰上與冰下人語，爲陽語陰，媒介事也。君當爲人作媒，冰泮而婚成。」策曰：「老夫耄矣，不爲媒也。」會太守田豹因策爲子求鄉人張公徵女，仲春而成婚焉。郡主簿張宅夢走馬上山，還繞舍三周，但見松柏，不知門處。紞曰：「馬屬離，離爲火。火，禍也。人上山，爲凶字。但見松柏，墓門象也。不知門處，爲無門也。三周，三朞也。後三年必有大禍。」宅果以謀反伏誅。索充初夢天上有二棺落充前。紞曰：「棺者，職也，當有京師貴人舉君。二官者，頻再遷。」俄而司徒王戎書屬太守使舉充，太守先署充功曹而舉孝廉。充後夢見一虜，脱上衣來詣充。紞曰：「虜去上中，下半男字，夷狄陰類，君婦當生男。」終如其言。宋桷夢內中有一人著赤衣，桷手把兩杖，極打之。紞曰：「內中有人，肉字也。肉色，赤也。兩杖，箸象也。極打之，飽肉食也。」俄而亦驗焉。黄平問紞曰：「我昨夜夢舍中馬舞，數十人向馬拍手，此何祥也？」紞曰：「馬者，火也，舞爲火起。向馬拍手，救火人也。」平未歸而火作。索綏夢東有二角書詣綏，大角朽敗，小角有題韋囊角佩，一在前，一在後。紞曰：「大角朽敗，腐棺木。小角有題，題所詣。一在前，前凶也。一在後，後背也。當有凶背之問。」時綏父在東，居三日而凶問至。郡功曹張邈嘗奉使詣州，夜夢狼啖一脚。紞曰：「脚肉被啖，爲郤字。」會東虜反，遂不行。凡所占莫不驗。

太守陰澹從求占書，紞曰：「昔入太學，因一父老爲主人，其人無所不知，又匿姓名，有似隱者，紞因從父老問占夢之術，審測而説，實無書也。」澹命爲西閤祭酒，紞辭曰：「少無山林之操，游學京師，交結時賢，希申鄙藝。會中國不靖，欲養志終年。老亦至矣，不求聞達。又少不習勤，老無吏幹，濛汜之年，弗敢聞命。」澹以束帛禮之，月致羊酒。年七十五，卒于家。

唐・姚思廉《梁書》卷一六《王亮傳》 王亮字奉叔，琅邪臨沂人，晉丞相導之六世孫也。祖偃，宋右光禄大夫、開府儀同三司。父攸，給事黄門侍郎。亮以名家子，宋末選尚公主，拜駙馬都尉、祕書郎，累遷桂陽王文學，南郡王友，祕書丞。齊竟陵王子良開西邸，延才俊以爲士林館，使工圖畫其像，亮亦預焉。選中書侍郎、大司馬從事中郎，出爲衡陽太守。以南土卑濕，辭不之官，遷給事黄門侍郎。尋拜晉陵太守，在職清公有美政。時齊明帝作相，聞而嘉之，引爲領軍長史，甚見賞納。及即位，累遷太子中庶子，尚書吏部郎，詮序著稱，遷侍中。

建武末，爲吏部尚書。是時尚書右僕射江祏管朝政，多所進拔，爲士子所歸。亮自以身居選部，每持異議。始亮未爲吏部郎時，以祏帝之內弟，故深友祏，祏爲之延譽，益爲帝所器重；至是與祏情好攜薄，祏昵之如初。及祏遇誅，羣小放命，凡所除拜，悉由內寵，亮更弗能止。外若詳審，內無明鑒，其所選用，拘資次而已，當世不謂爲能。頻加通直散騎常侍、太子右衛率，爲尚書右僕射、中護軍。既而東昏肆虐，淫刑已逞，亮傾側取容，竟以免戮。

義師至新林，內外百僚皆道迎，其未能拔者，亦間路送誠款，亮獨不遣。及城內既定，獨推亮爲首。亮出見高祖，高祖曰：「顛而不扶，安用彼相。」而弗之罪也。霸府開，以爲大司馬長史、撫軍將軍、琅邪、清河二郡太守。梁臺建，授侍中、尚書令，固讓不拜，乃爲侍中、中書監，兼尚書令。高祖受禪，遷侍中、尚書令、中軍將軍，引參佐命，封豫寧縣公，邑二千户。天監二年，轉左光禄大夫，侍中、中軍如故。元日朝會萬國，亮辭疾不登殿，設饌別省，而語笑自若。數日，詔公卿問訊，亮無疾色，御史中丞樂藹奏大不敬，論棄市刑。詔削爵廢爲庶人。

四年夏，高祖讌於華光殿，謂羣臣曰：「朕日昃聽政，思聞得失。卿等可謂多士，宜各盡獻替。」尚書左丞范縝起曰：「司徒謝朏本有虛名，陛下擢之如此，前尚書令王亮頗有治實，陛下棄之如彼，是愚臣所不知。」高祖變色曰：「卿可更餘言。」縝固執不已，高祖不悦。御史中丞任昉因奏曰：

臣聞息夫歷詆，漢有正刑；白褒一奏，晉以明罰。況乎附下訕上，毁譽自口者哉。風聞尚書左丞臣范縝，自晉安還，語人云：「我不詣餘人，惟詣王亮；不餉餘人，惟餉王亮。」輒收縝白從左右萬休到臺辨問，與風聞符同。又今月十日，御餞梁州刺史臣珍國，宴私既洽，羣臣並已謁退，時詔留侍中臣昂等十人，訪以政道。縝不答所問，而横議沸騰，遂貶裁司徒臣朏，褒舉庶人王亮。臣于時預奉恩留，肩隨並立，耳目所接，差非風聞。竊尋王有遊豫，親御軒陛，義深推轂，情均《湛露》。酒闌宴罷，當扆正立，記事在前，記言在後，軫旱朝之念，深求瘼之情，而縝言不遜，妄陳褒貶，傷濟濟之風，缺側席之望。不有嚴裁，憲准將頹，縝

即主。

臣謹案：尚書左丞臣范縝，衣冠緒餘，言行舛駁，誇諧里落，喧詬周行。曲學諛聞，未知去代；弄口鳴舌，祇足飾非。乃者，義師近次，縝丁罹艱棘，曾不呼門，墨縗景附，頗同先覺，實奉龍顔。而今黨協釁餘，飜爲矛楯，人而無恒，成茲姦詖。日者，飲至策勳，功微賞厚，出守名邦，入司管轄，苞篚罔遺，而假稱折轅，衣裙所弊，讒激失所，許與疵廢，廷辱民宗。自居樞憲，糾奏寂寞。顧望縱容，無至公之議；惡直醜正，有私訐之談。宜置之徽纆，肅正國典。臣等參議，請以見事免縝所居官，輒勒外收付廷尉法獄治罪。應諸連逮，委之獄官，以法制從事。縝位應黄紙，臣輒奉白簡。

詔聞可。璽書詰縝曰：「亮少乏才能，無聞時輩，昔經冒入羣英，相與豈薄，晚節諂事江祏，爲吏部，末協附梅蟲兒、茹法珍，遂執昏政。比屋罹禍，盡家塗炭，四海沸騰，天下横潰，此誰之咎！食亂君之禄，不死於治世。亮協固凶黨，作威作福，靡衣玉食，女樂盈房，勢危事逼，自相吞噬。建石首題，啓靡請罪。朕録其白旗之來，貰其既往之咎。亮反覆不忠，姦賄彰暴，有何可論，妄相談述？具以狀對。」所詰十條，縝答支離而已。亮因屏居閉掃，不通賓客。遭母憂，居喪盡禮。

八年，詔起爲祕書監，俄加通直散騎常侍，數日遷太常卿。九年，轉中書監，加散騎常侍。其年卒。詔賻錢三萬，布五十匹。謚曰煬子。

唐·姚思廉《梁書》卷三〇《顧協傳》　顧協字正禮，吴郡吴人也。晉司空和七世孫。協幼孤，隨母養於外氏。外從祖宋右光禄張永嘗攜内外孫姪遊虎丘山，協年數歲，永撫之曰：「兒欲何戲？」協對曰：「兒正欲枕石漱流。」永歎息曰：「顧氏興於此子。」既長，好學，以精力稱。外氏諸張多賢達有識鑒，從内弟率尤推重焉。

起家揚州議曹從事史，兼太學博士。舉秀才，尚書令沈約覽其策而歎曰：「江左以來，未有此作。」遷安成王國左常侍，兼廷尉正。太尉臨川王聞其名，召掌書記，仍侍西豐侯正德讀。正德爲巴西、梓潼郡，協除所部安都令，未至縣，遭母憂。服闋，出補西陽郡丞。還除北中郎行參軍，復兼廷尉正。久之，出爲廬陵郡丞，未拜，會西豐侯正德爲吴郡，除中軍參軍，領郡五官，遷輕車湘東王參軍事，兼記室。普通六年，正德受詔北討，引爲府録事參軍，掌書記。軍還，會有詔舉士，湘東王表薦協曰：「臣聞貢玉之士，歸之潤山；論珠之人，出於枯岸。是以芻蕘之言，擇於廊廟者也。臣府兼記室參軍吴郡顧協，行稱鄉閭，學兼文武，服膺道素，雅量邃遠，安貧守静，奉公抗直，傍闕知己，志不自營，年方六十，室無妻子。臣欲言於官人，申其屈滯，協必苦執貞退，立志難奪，可謂東南之遺寶矣。伏惟陛下未明求衣，思賢如渴，爰發明詔，各舉所知。臣識非許，郭，雖無知人之鑒，若守固無言，懼貽蔽賢之咎。昔孔愉表韓績之才，庾亮薦翟湯之德，臣雖未齒二臣，協實無慚兩士。」即召拜通直散騎侍郎，兼中書通事舍人，累遷步兵校尉，守鴻臚卿，員外散騎常侍，卿、舍人並如故。大同八年，卒，時年七十三。高祖悼惜之，手詔曰：「員外散騎常侍、鴻臚卿、兼中書通事舍人顧協，廉潔自居，白首不衰，久在省闥，内外稱善。奄然殞喪，惻怛之懷，不能已已。傍無近親，彌足哀者。大殮既畢，即送其喪柩還鄉，并營冢槨，並皆資給，悉使周辦。可贈散騎常侍，令便舉哀。謚曰温子。」

協少清介有志操。初爲廷尉正，冬服單薄，寺卿蔡法度謂人曰：「我願解身上襦與顧郎，恐顧郎難衣食者。」竟不敢以遺之。及爲舍人，同官者皆潤屋，協在省十六載，器服飲食，不改於常。有門生始來事協，知其廉潔，不敢厚餉，止送錢二千，協發怒，杖二十，因此事者絶於饋遺。自丁艱憂，遂終身布衣蔬食。少時將娉舅息女，未成婚而協母亡，免喪後不復娶。至六十餘，此女猶未他適，協義而迎之。晚雖判合，卒無胤嗣。

協博極羣書，於文字及禽獸草木尤稱精詳。撰《異姓苑》五卷，《瑣語》十卷，並行於世。

唐·姚思廉《梁書》卷三四《張纘傳》　纘字伯緒，緬第三弟也，出後從伯弘籍。弘籍，高祖舅也，梁初贈廷尉卿。纘年十一，尚高祖第四女富陽公主，拜駙馬都尉，封利亭侯，召補國子生。

起家祕書郎，時年十七。身長七尺四寸，眉目疏朗，神采爽發。高祖異之，嘗曰：「張壯武云『後八葉有逮吾者』，其此子乎。」纘好學，兄緬有書萬餘卷，晝夜披讀，殆不輟手。祕書郎有四員，宋、齊以來，爲甲族起家之選，待次入補，其居職，例數十百日便遷任。纘固求不徙，欲遍觀閣内圖籍。嘗執四部書目曰：「若讀此畢，乃可言優仕矣。」如此數載，方遷太子舍人，轉洗馬、中舍人，並掌管記。

纘與琅邪王錫齊名。普通初，魏遣彭城人劉善明詣京師請和，求識纘。纘時年二十三，善明見而嗟服。累遷太尉諮議參軍，尚書吏部，俄爲長兼侍中，

時人以爲早達。河東裴子野曰：「張吏部在喉舌之任，已恨其晚矣。」子野性曠達，自云「年出三十，不復詣人」。初未與纘遇，便虚相推重，因爲忘年之交。

大通元年，出爲寧遠華容公長史，行琅邪、彭城二郡國事。二年，仍遷華容公北中郎長史、南蘭陵太守，加貞威將軍，行府州事。三年，入爲度支尚書，母憂去職。服闋，出爲吴興太守。纘治郡，省煩苛，務清静，民吏便之。大同二年，徵爲吏部尚書。纘居選，其後門寒素，有一介皆見引拔，不爲貴要屈意，人士翕然稱之。

五年，高祖手詔曰：「纘外氏英華，朝中領袖，司空以後，名冠范陽。可尚書僕射。」初，纘與參掌何敬容意趣不協，敬容居權軸，賓客輻湊，有過詣纘者，輒距不前，曰：「吾不能對何敬容殘客。」及是遷，爲表曰：「自出守股肱，入尸衡尺，可以仰首伸眉，論列是非者矣。而寸衿所滯，近蔽耳目，深淺清濁，豈有能預。加以矯心飾貌，酷非所閑，不喜俗人，與之共事。」此言以指敬容也。纘在職，議南郊御乘素輦，適古今之衷；又議印綬官備朝服，宜並著綬，時並施行。

九年，遷宣惠將軍、丹陽尹，未拜，改爲使持節、都督湘、桂、東寧三州諸軍事、湘州刺史，述職經途，乃作《南征賦》。【略】

纘至州，停遣十郡慰勞，解放老疾吏役，及關市戍邏先所防人，一皆省併。州界零陵、衡陽等郡，有莫徭蠻者，依山險爲居，歷政不賓服，因此向化。益陽縣人作田二頃，皆異畝同穎。纘在政四年，流人自歸，户口增益十餘萬，州境大安。

太清二年，徵爲領軍，俄改授使持節、都督雍梁北秦東益郢州之竟陵司州之隨郡諸軍事、平北將軍、寧蠻校尉。纘初聞邵陵王綸當代已爲湘州，其後定用河東王譽，纘素輕少王，州府候迎及資待甚薄，譽深銜之。及至州，遂託疾不見纘，仍檢括州府庶事，留纘不遣。會聞侯景寇京師，譽飾裝當下援，時荆州刺史湘東王赴援，軍次郢州武城，纘馳信報曰：「河東已竪檣上水，將襲荆州。」王信之，便回軍鎮，荆、湘因構嫌隙。尋棄其部伍，單舸赴江陵，王即遣使責讓譽，索纘部下。既至，仍遣纘向襄陽，前刺史岳陽王詧推遷未去鎮，但以城西白馬寺處之。會聞賊陷京師，詧因不受代。州助防杜岸紿纘曰：「觀岳陽殿下必不容使君，使君素得物情，若走入西山，招聚義衆，遠近必當投集，又帥部下繼至，以此義舉，無往不克。」纘信之，與結盟約，因夜遁入山。岸反以告詧，仍遣岸帥軍追纘。纘衆望岸軍大喜，謂是赴期，既至，即執纘并其衆，並俘送之。始被囚縶。尋又逼纘剃髮爲道人。其年，詧舉兵襲江陵，常載纘隨後。及軍退敗，行至湕水南，防守纘者慮追兵至，遂害之，棄尸而去，時年五十一。元帝承制，贈纘侍中、中衛將軍、開府儀同三司。謚簡憲公。

纘有識鑒，自見元帝，便推誠委結。及元帝即位，追思之，嘗爲詩，其《序》曰：「簡憲之爲人也，不事王侯，負才任氣，見余則申旦達夕，不能已已。懷夫人之德，何日忘之。」纘著《鴻寶》一百卷，文集二十卷。

唐·姚思廉《梁書》卷三八《朱异傳》 朱异字彦和，吴郡錢唐人也。父巽，以義烈知名，官至齊江夏王參軍、吴平令。

异年數歲，外祖顧歡撫之謂异祖昭之曰：「此兒非常器，當成卿門户。」年十餘歲，好羣聚蒲博，頗爲鄉黨所患。既長，乃折節從師，遍治《五經》，尤明《禮》、《易》，涉獵文史，兼通雜藝，博弈書算，皆其所長。年二十，詣都，尚書令沈約面試之，因戲异曰：「卿年少，何乃不廉？」异逡巡未達其旨。約乃曰：「天下唯有文義棊書，卿一時將去，可謂不廉也。」其年，上書言建康宜置獄司，比廷尉，敕付尚書詳議，從之。

舊制，年二十五方得釋褐。時异適二十一，特敕擢爲揚州議曹從事史。尋有詔求異能之士，《五經》博士明山賓表薦异曰：「竊見錢唐朱异，年時尚少，德備老成，在獨無散逸之想，處闇有對賓之色，器宇弘深，神表峯峻。金山萬丈，緣陟未登；玉海千尋，窺映不測。加以珪璋新琢，錦組初構，觸響鏗鏘，值采便發。觀其信行，非惟十室所稀，若使負重遥途，必有千里之用。」高祖召見，使説《孝經》《周易》義，甚悦之，謂左右曰：「朱异實異。」後見明山賓，謂曰：「卿所舉殊得其人。」仍召异直西省，俄兼太學博士。其年，高祖自講《孝經》，使异執讀。遷尚書儀曹郎，入兼中書通事舍人，累遷鴻臚卿，太子右衛率，尋加員外常侍。

普通五年，大舉北伐，魏徐州刺史元法僧遣使請舉地内屬，詔有司議其虚實。异曰：「自王師北討，剋獲相繼，徐州地轉削弱，咸願歸罪法僧，法僧懼禍之至，其降必非僞也。」高祖仍遣异報法僧，並敕衆軍應接，受异節度。既至，法僧遵承朝旨，如异策焉。

中大通元年，遷散騎常侍。自周捨卒後，异代掌機謀，方鎮改換，朝儀國典，詔誥敕書，並兼掌之。每四方表疏，當局簿領，諮詢詳斷，填委於前，异屬辭落紙，覽事下議，從横敏贍，不暫停筆，頃刻之間，諸事便了。

大同四年，遷右衛將軍。六年，异啓於儀賢堂奉述高祖《老子義》，敕許之。及就講，朝士及道俗聽者千餘人，爲一時之盛。時城西又開士林館以延學士，异

與左丞賀琛遞日述高祖《禮記中庸義》，皇太子又召异於玄圃講《易》。八年，改加侍中。太清元年，遷左衛將軍，領步兵。二年，遷中領軍，舍人如故。

高祖夢中原平，舉朝稱慶，旦以語异，异對曰：「此宇内方一之徵。」及侯景歸降，敕召羣臣議，尚書僕射謝舉等以爲不可，高祖欲納之，未決；嘗夙興至武德閤，自言「我國家承平若此，今便受地，詎是事宜，脱致紛紜，悔無所及」。异探高祖微旨，應聲答曰：「聖明御宇，上應蒼玄，北土遺黎，誰不慕仰，爲無機會，未達其心。今侯景分魏國太半，輸誠送款，遠歸聖朝，豈非天誘其衷，人奬其計。原心審事，殊有可嘉。今若不容，恐絶後來之望。此誠易見，願陛下無疑。」高祖深納异言，又感前夢，遂納之。及貞陽敗没，自魏遣使還，述魏相高澄欲更申和睦，敕有司定議，异又以和爲允，高祖果從之。其年六月，遣建康令謝挺、通直郎徐陵使北通好。是時，侯景鎮壽春，累啓絶和，及請追使。又致書與异，辭意甚切，异但述敕旨以報之。八月，景遂舉兵反，以討异爲名。募兵得三千人，及景至，仍以其衆守大司馬門。

初，景謀反，合州刺史鄱陽王範、司州刺史羊鴉仁並累有啓聞，异以景孤立寄命，必不應爾，乃謂使者：「鄱陽王遂不許國家有一客！」並抑而不奏，故朝廷不爲之備。及寇至，城内文武咸尤之。皇太子又製《圍城賦》，其末章云：「彼高冠及厚履，並鼎食而乘肥，升紫霄之丹地，排玉殿之金扉，陳謀謨之啓沃，宣政刑之福威，四郊以之多壘，萬邦以之未綏。問豺狼其何者？訪虺蜴之爲誰？」蓋以指异。异因慚憤，發病卒，時年六十七。詔曰：「故中領軍异，器宇弘通，才力優贍，諮謀帷幄，多歷年所。方贊朝經，永申寄任。奄先物化，惻悼兼懷。可贈侍中、尚書右僕射，給祕器一具。凶事所須，隨由資辦。」舊尚書官不以爲贈，及异卒，高祖惜之，方議贈事，左右有善异者，乃啓曰：「异忝歷雖多，然平生所懷，願得執法。」高祖因其宿志，特有此贈焉。

异居權要三十餘年，善窺人主意曲，能阿諛以承上旨，故特被寵任。歷官自員外常侍至侍中，四官皆珥貂，自右衛率至領軍，四職並驅鹵簿，近代未之有也。异及諸子自潮溝列宅至青溪，其中有臺池翫好，每暇日與賓客遊焉。四方所饋，財貨充積。性吝嗇，未嘗有散施。厨下珍羞腐爛，每月常棄十數車，雖諸子别房亦不分贍。所撰《禮》、《易》講疏及儀注、文集百餘篇，亂中多亡逸。

唐・姚思廉《梁書》卷四八《崔靈恩傳》 崔靈恩，清河東武城人也。少篤學，從師徧通《五經》，尤精《三禮》、《三傳》。先在北仕爲太常博士，天監十三年歸國。高祖以其儒術，擢拜員外散騎侍郎，累遷步兵校尉，兼國子博士。靈恩聚徒講授，聽者常數百人。性拙朴無風采，及解經析理，甚有精致，京師舊儒咸稱重之，助教孔僉尤好其學。靈恩先習《左傳》服解，不爲江東所行，及改説杜義，每文句常申服以難杜，遂著《左氏條義》以明之。時有助教虞僧誕又精杜學，因作《申杜難服》，以答靈恩，世並行焉。僧誕，會稽餘姚人，以《左氏》教授，聽者亦數百人。其該通義例，當時莫及。

先是儒者論天，互執渾、蓋二義，論蓋不合於渾，論渾不合於蓋。靈恩立義，以渾、蓋爲一焉。

出爲長沙内史，還除國子博士，講衆尤盛。出爲明威將軍、桂州刺史，卒官。靈恩《集注毛詩》二十二卷，《集注周禮》四十卷，制《三禮義宗》四十七卷，《左氏經傳義》二十二卷，《左氏條例》十卷，《公羊穀梁文句義》十卷。

唐・姚思廉《梁書》卷五一《陶弘景傳》 陶弘景字通明，丹陽秣陵人也。初，母夢青龍自懷而出，并見兩天人手執香爐來至其所，已而有娠，遂産弘景。幼有異操。年十歲，得葛洪《神仙傳》，晝夜研尋，便有養生之志。謂人曰：「仰青雲，覩白日，不覺爲遠矣。」及長，身長七尺四寸，神儀明秀，朗目疏眉，細形長耳。讀書萬餘卷。善琴棊，工草隸。未弱冠，齊高帝作相，引爲諸王侍讀，除奉朝請。雖在朱門，閉影不交外物，唯以披閲爲務。朝儀故事，多取決焉。永明十年，上表辭禄，詔許之，賜以束帛。及發，公卿祖之於征虜亭，供帳甚盛，車馬填咽，咸云宋、齊已來，未有斯事。朝野榮之。

於是止于句容之句曲山。恒曰：「此山下是第八洞宫，名金壇華陽之天，周回一百五十里。昔漢有咸陽三茅君得道，來掌此山，故謂之茅山。」乃中山立館，自號華陽隱居。始從東陽孫遊岳受符圖經法。徧歷名山，尋訪仙藥。每經澗谷，必坐卧其間，吟詠盤桓，不能已已。時沈約爲東陽郡守，高其志節，累書要之，不至。

弘景爲人，圓通謙謹，出處冥會，心如明鏡，遇物便了，言無煩舛，有亦輒覺。建武中，齊宜都王鏗爲明帝所害，其夜，弘景夢鏗告别，因訪其幽冥中事，多説祕異，因著《夢記》焉。

永元初，更築三層樓，弘景處其上，弟子居其中，賓客至其下，與物遂絶，唯一家僮得侍其旁。特愛松風，每聞其響，欣然爲樂。有時獨遊泉石，望見者以爲仙人。

性好著述，尚奇異，顧惜光景，老而彌篤。尤明陰陽五行，風角星算，山川地理，方圖產物，醫術本草。著《帝代年曆》，又嘗造渾天象，云「修道所須，非止史官是用」。

義師平建康，聞議禪代，弘景援引圖讖，數處皆成「梁」字，令弟子進之。高祖既早與之遊，及即位後，恩禮逾篤，書問不絶，冠蓋相望。

天監四年，移居積金東澗。善辟穀導引之法，年逾八十而有壯容。深慕張氏之爲人，云「古賢莫比」。曾夢佛授其菩提記，名爲勝力菩薩。乃詣鄮縣阿育王塔自誓，受五大戒。後太宗臨南徐州，欽其風素，召至後堂，與談論數日而去，太宗甚敬異之。太通初，令獻二刀於高祖，其一名善勝，一名威勝，並爲佳寶。

大同二年，卒，時年八十五。顔色不變，屈申如恒。詔贈中散大夫，謚曰貞白先生，仍遣舍人監護喪事。弘景遺令薄葬，弟子遵而行之。

唐・姚思廉《梁書》卷五一《庾詵傳》　庾詵字彦寶，新野人也。幼聰警篤學，經史百家無不該綜，緯候書射，棊筭機巧，並一時之絶。而性託夷簡，特愛林泉。十畝之宅，山池居半。蔬食弊衣，不治產業。嘗乘舟從田舍還，載米一百五十石，有人寄載三十石，既至宅，寄載者曰：「君三十斛，我百五十石。」詵默然不言，恣其取足。隣人有被誣爲盗者，被治劾，妄款，詵矜之，乃以書質錢二萬，令門生詐爲其親，代之酬備。隣人獲免，謝詵，詵曰：「吾矜天下無辜，豈朞謝也。」其行多如此類。

高祖少與詵善，雅推重之。及起義，署爲平西府記室參軍，詵不屈。平生少所遊狎，河東柳惲欲與之交，詵距而不納。後湘東王臨荆州，板爲鎮西府記室參軍，不就。普通中，詔曰：「明敭振滯，爲政所先；旌賢求士，夢佇斯急。新野庾詵止足栖退，自事却掃，經史文藝，多所貫習；潁川庾承先學通黄、老，該涉釋教；並不競不營，安茲枯槁，可以鎮躁敦俗。詵可黄門侍郎，承先可中書侍郎。勒州縣時加敦遣，庶能屈志，方冀鹽梅。」詵稱疾不赴。

晚年以後，尤遵釋教，宅内立道場，環繞禮懺，六時不輟。誦《法華經》，每日一徧。後夜中忽見一道人，自稱願公，容止甚異，時詵爲上行先生，授香而去。中大通四年，因晝寢，忽驚覺曰：「願公復來，不可久住。」顔色不變，言終而卒，時年七十八。舉室咸聞空中唱「上行先生已生彌陁浄域矣。」高祖聞而下詔曰：「旌善表行，前王所敦。新野庾詵，荆山珠玉，江陵杞梓，静侯南度，固有名德，獨貞苦節，孤芳素履。奄隨運往，惻愴于懷。宜謚貞節處士，以顯高烈。」詵所撰《帝歷》二十卷，《易林》二十卷，續伍端休《江陵記》一卷，《晉朝雜事》五卷，《總抄》八十卷，行於世。

唐・姚思廉《陳書》卷三〇《顧野王傳》　顧野王字希馮，吴郡吴人也。祖子喬，梁東中郎武陵王府參軍事。父烜，信威臨賀王記室，兼本郡五官掾，以儒術知名。

野王幼好學。七歲，讀《五經》，略知大旨。九歲能屬文，嘗製《日賦》，領軍朱异見而奇之。年十二，隨父之建安，撰《建安地記》二篇。長而遍觀經史，精記嘿識，天文地理、蓍龜占候、蟲篆奇字，無所不通。梁大同四年，除太學博士。遷中領軍臨賀王府記室參軍。宣(成)〔城〕王爲揚州刺史，野王及琅邪王褒竝爲賓客，王甚愛其才。野王又好丹青，善圖寫，王於東府起齋，乃令野王畫古賢，命王褒書贊，時人稱爲二絶。

及侯景之亂，野王丁父憂，歸本郡，乃召募鄉黨數百人，隨義軍援京邑。野王體素清羸，裁長六尺，又居喪過毁，殆不勝衣，及杖戈被甲，陳君臣之義，逆順之理，抗辭作色，見者莫不壯之。京城陷，野王逃會稽，尋往東陽，與劉歸義合軍據城拒賊。侯景平，太尉王僧辯深嘉之，使監海鹽縣。

高祖作宰，爲金威將軍、安東臨川王府記室參軍，尋轉府諮議參軍。天嘉元年，敕補撰史學士，尋加招遠將軍。光大元年，除鎮東鄱陽王諮議參軍。太建二年，遷國子博士。後主在東宫，野王兼東宫管記，本官如故。六年，除太子率更令，尋領大著作，掌國史，知梁史事，兼東宫通事舍人。時宫僚有濟陽江總，吴國陸瓊，北地傅縡，吴興姚察，竝以才學顯著，論者推重焉。遷黄門侍郎，光禄卿，知五禮事，餘官竝如故。十三年卒，時年六十三。詔贈祕書監。至德二年，又贈右衛將軍。

野王少以篤學至性知名，在物無過辭失色，觀其容貌，似不能言，及其勵精力行，皆人所莫及。第三弟充國早卒，野王撫養孤幼，恩義甚厚。其所撰著《玉篇》三十卷，《輿地志》三十卷，《符瑞圖》十卷，《顧氏譜傳》十卷，《分野樞要》一卷，《續洞冥紀》一卷，《玄象表》一卷，竝行於世。又撰《通史要略》一百卷，《國史紀傳》二百卷，未就而卒。有文集二十卷。

唐・李延壽《南史》卷七一《顧越傳》　顧越字允南，吴郡鹽官人也。所居新坂黄岡，世有鄉校，由是顧氏多儒學焉。祖道望，齊散騎侍郎。父仲成，梁護軍司馬，豫章王府諮議參軍。家傳儒學，並專門教授。

越幼明慧，有口辯，勵精學業，不捨晝夜。弱冠游學都下，通儒碩學，必造門質疑，討論無倦。至於微言玄旨，《九章》七曜，音律圖緯，咸盡其精微。時太子詹事周捨以儒學見重，名知人，一見越，便相歎異，命與兄子弘正、弘直游，厚爲之談，由是聲譽日重。時又有會稽賀文發，學兼經史，與越名相埒，故都下謂之發、越焉。

初爲南平元襄王偉國右常侍，與文發俱入府，並見禮重。尋轉行參軍。大通中，詔飈勇將軍陳慶之送魏北海王顥還北主魏，慶之請越參其軍事。時慶之所向剋捷，直至洛陽。既而顥遂肆驕縱，又上下離心，越料其必敗，以疾得歸。裁至彭城，慶之果見摧衂，越竟得先反，時稱其見機。及至，除安西湘東王府參軍。及武帝撰制旨新義，選諸儒在所流通，遣越還吴，敷揚講説。

越徧該經藝，深明《毛詩》，傍通異義。特善《莊》、《老》，尤長論難，兼工綴文，閑尺牘。長七尺三寸，美鬚眉。武帝嘗於重雲殿自講《老子》，僕射徐勉舉越論義，越抗首而講，音響若鍾，容止可觀，帝深贊美之。由是擢爲中軍宣城王記室參軍，尋除五經博士，仍令侍宣城王講。

大同八年，轉安西武陵王府内中録事參軍，尋遷府諮議。及侯景之亂，越與同志沈文阿等逃難東歸，賊黨數授以爵位，越誓不受命。承聖二年，詔授宣惠晉安王府諮議參軍，領國子博士。越以世路未平，無心仕進，因歸鄉，栖隱于武丘山，與吴興沈炯、同郡張種、會稽孔奂等，每爲文會。

紹泰元年，復徵爲國子博士。陳天嘉中，詔侍東宫讀。除東中郎鄱陽王府諮議參軍，甚見優禮。尋領羽林監，遷給事黄門侍郎，國子博士、侍讀如故。時朝廷草創，疑議多所取決，咸見施用。每侍講東宫，皇太子常虚己禮接。越以宫僚未盡時彦，且太子仁弱，宣帝有奪宗之兆，内懷憤激，乃上疏曰：「臣梁世薄宦，禄不代耕。季年板蕩，竄身窮谷。幸屬聖期，得奉昌運。朝廷以臣微涉藝學，遠垂徵引，擢臣以貴仕，資臣以厚秩，二宫恩遇，有異凡流。木石知感，犬馬識養，臣獨何人，罔懷報德。伏惟皇太子天下之本，養善春宫，臣陪侍經籍，於今五載。如愚所見，多有曠官，輔弼丞疑，未極時選。至如文宗學府，廉潔正人，當趨奉龍樓，晨游夕論，恒聞前聖格言，往賢政道。如此，則非僻之語，無從而入。臣年事侵迫，非有邀求，政是懷此不言，則爲有負明聖。敢奏狂瞽，願留中不泄。」疏奏，帝深感焉，而竟不能改革。

乃廢帝即位，拜散騎常侍，兼中書舍人，黄門侍郎如故。領天保博士，掌儀禮，猶爲帝師，入講授，甚見尊寵。時宣帝輔政，華皎舉兵不從，越因請假東還。或譖之宣帝，言越將扇動蕃鎮，遂免官。太建元年，卒於家，年七十七。

所著《喪服》、《毛詩》、《老子》、《孝經》、《論語》等義疏四十餘卷，詩頌碑誌牋表凡二百餘篇。

唐·李延壽《南史》卷七二《祖暅之傳》 暅之字景爍，少傳家業，究極精微，亦有巧思。入神之妙，般、倕無以過也。當其詣微之時，雷霆不能入。嘗行遇僕射徐勉，以頭觸之，勉呼乃悟。父所改何承天曆時尚未行，梁天監初，暅之更修之，於是始行焉。位至太舟卿。

唐·李延壽《南史》卷七二《祖皓傳》 暅之子皓，志節慷慨，有文武才略。少傳家業，善算曆。大同中爲江都令，後拜廣陵太守。

侯景陷臺城，皓在城中，將見害，乃逃歸江西。百姓感其遺惠，每相蔽匿。廣陵人來嶷乃説皓曰：「逆豎滔天，王室如燬，正是義夫發憤之秋，志士忘軀之日。府君荷恩重世，又不爲賊所容。今逃竄草間，知者非一，危亡之甚，累棊非喻。董紹先雖景之心腹，輕而無謀，新剋此州，人情不附，襲而殺之，此一壯士之任耳。今若糾率義勇，立可得三二百人。意欲奉戴府君，勦除兇逆，遠近義徒，自當投赴。如其剋捷，可立桓、文之勳；必天未悔禍，事生理外，百代之下，猶爲梁室忠臣。若何？」皓曰：「僕所願也，死且甘心。」爲要勇士耿光等百餘人襲殺景兗州刺史董紹先，推前太子舍人蕭勔爲刺史，結東魏爲援。馳檄遠近，將討景。景大懼，即日率侯子鑒等攻之。城陷，皓見執，被縛射之，箭遍體，然後車裂以徇。城中無少長，皆埋而射之。

唐·李延壽《南史》卷七六《陶弘景傳》 陶弘景字通明，丹陽秣陵人也。祖隆，王府參軍。父貞，孝昌令。

初，弘景母郝氏夢兩天人手執香鑪來至其所，已而有娠。以宋孝建三年景申歲夏至日生。幼有異操，年四五歲，恒以荻爲筆，畫灰中學書。至十歲，得葛洪《神仙傳》，晝夜研尋，便有養生之志。謂人曰：「仰青雲，覩白日，不覺爲遠矣。」父爲妾所害，弘景終身不娶。及長，身長七尺七寸，神儀明秀，朗目疎眉，細形長額聳耳，耳孔各有十餘毛出外二寸許，右膝有數十黑子作七星文。讀書萬餘卷，一事不知，以爲深恥。善琴棊，工草隸。未弱冠，齊高帝作相，引爲諸王侍讀，除奉朝請。雖在朱門，閉影不交外物，唯以披閲爲務。朝儀故事，多所取焉。

家貧，求宰縣不遂。永明十年，脱朝服挂神武門，上表辭禄。詔許之，賜以

束帛，敕所在月給伏苓五斤，白蜜二升，以供服餌。及發，公卿祖之征虜亭，供帳甚盛，車馬填咽，咸云宋、齊以來未有斯事。於是止于句容之句曲山。恒曰：「此山下是第八洞宫，名金壇華陽之天，周回一百五十里。昔漢有咸陽三茅君得道來掌此山，故謂之茅山。」乃中山立館，自號華陽陶隱居。人間書札，即以隱居代名。

始從東陽孫游嶽受符圖經法，徧歷名山，尋訪仙藥。身既輕捷，性愛山水，每經澗谷，必坐臥其間，吟詠盤桓，不能已已。謂門人曰：「吾見朱門廣廈，雖識其華樂，而無欲往之心。望高巖，瞰大澤，知此難立止，自恒欲就之。且永明中求祿，得輒差舛；若不爾，豈得爲今日之事。豈唯身有仙相，亦緣勢使之然。」沈約爲東陽郡守，高其志節，累書要之，不至。

弘景爲人員通謙謹，出處冥會，心如明鏡，遇物便了。言無煩舛，有亦隨覺。永元初，更築三層樓，弘景處其上，弟子居其中，賓客至其下。與物遂絶，唯一家僮得至其所。本便馬善射，晚皆不爲，唯聽吹笙而已。特愛松風，庭院皆植松，每聞其響，欣然爲樂。有時獨游泉石，望見者以爲仙人。

性好著述，尚奇異，顧惜光景，老而彌篤。尤明陰陽五行、風角星算、山川地理、方圖産物、醫術本草，著《帝代年曆》，以算推知漢熹平三年丁丑冬至，加時在日中，而天實以乙亥冬至，加時在夜半，凡差三十八刻，是漢曆後天二日十二刻也。又以歷代皆取其先妣母后配饗地祇，以爲神理宜然，碩學通儒，咸所不悟。又嘗造渾天象，高三尺許，地居中央，天轉而地不動，以機動之，悉與天相會。云「修道所須，非止史官是用」。深慕張良爲人，云「古賢無比」。

齊末爲歌曰「水丑木」爲「梁」字。及梁武兵至新林，遣弟子戴猛之假道奉表。及聞議禪代，弘景援引圖讖，數處皆成「梁」字，令弟子進之。武帝既早與之游，及即位後，恩禮愈篤，書問不絶，冠蓋相望。

弘景既得神符祕訣，以爲神丹可成，而苦無藥物。帝給黄金、朱砂、曾青、雄黄等。後合飛丹，色如霜雪，服之體輕。及帝服飛丹有驗，益敬重之。每得其書，燒香虔受。帝使造年曆，至己巳歲而加朱點，實太清三年也。帝手敕招之，錫以鹿皮巾。後屢加禮聘，並不出，唯畫作兩牛，一牛散放水草之間，一牛著金籠頭，有人執繩，以杖驅之。武帝笑曰：「此人無所不作，欲斆曳尾之龜，豈有可致之理。」國家每有吉凶征討大事，無不前以諮詢。月中常有數信，時人謂爲山中宰相。二宫及公王貴要參候相繼，贈遺未嘗脱時。多不納受，縱留者即作功德。

天監四年，移居積金東澗。弘景善辟穀導引之法，自隱處四十許年，年逾八十而有壯容。仙書云：「眼方者壽千歲。」弘景末年一眼有時而方。曾夢佛授其菩提記云，名爲勝力菩薩。乃詣鄮縣阿育王塔自誓，受五大戒。後簡文臨南徐州，欽其風素，召至後堂，以葛巾進見，與談論數日而去，簡文甚敬異之。天監中，獻丹於武帝。中大通初，又獻二刀，其一名善勝，一名威勝，並爲佳寶。

無疾，自知應逝，逆剋亡日，仍爲《告逝詩》。大同二年卒，時年八十一。顔色不變，屈申如常，香氣累日，氛氲滿山。遺令：「既没不須沐浴，不須施牀，止兩重席於地，因所著舊衣，上加生裓裙及臂衣靺冠巾法服。左肘録鈴，右肘藥鈴，佩符絡左腋下。繞腰穿環結於前，釵符於髻上。通以大袈裟覆衾蒙首足。明器有車馬。道人道士並在門中，道人左，道士右。百日内夜常然燈，旦常香火。」弟子遵而行之。詔贈太中大夫，謚曰貞白先生。

弘景妙解術數，逆知梁祚覆没，預制詩云：「夷甫任散誕，平叔坐論空。豈悟昭陽殿，遂作單于宫。」詩祕在篋裏，化後，門人方稍出之。大同末，人士競談玄理，不習武事，後侯景篡，果在昭陽殿。

初，弘景母夢青龍無尾，自己升天，弘景果不妻無子。從兄以子松喬嗣。所著《學苑》百卷，《孝經》、《論語集注》、《帝代年曆》、《本草集注》、《効驗方》、《肘後百一方》、《古今州郡記》、《圖像集要》及《玉匱記》、《七曜新舊術疏》、《占候》、《合丹法式》，共祕密不傳，及撰而未訖又十部，唯弟子得之。

唐·李延壽《北史》卷八三《明克讓傳》 明克讓字弘道，平原鬲人也。世仕江左。祖僧紹，父山賓，並《南史》有傳。

克讓少儒雅，善談論，博涉書史，所覽將萬卷，《三禮》、《論語》，尤所研精，龜策曆象，咸得其要。年十四，釋褐湘東王法曹參軍。時舍人朱异在儀賢堂講《老子》，克讓預焉。堂邊有修竹，异令克讓詠之。克讓攬筆輒成，卒章曰：「非君多愛賞，誰貴此貞心？」异甚奇之。仕梁，位中書侍郎。

梁滅，歸長安，引爲麟趾殿學士。周武帝即位，爲露門學士，令與太史官屬正定新曆。累遷司調大夫，賜爵歷城縣伯。隋文帝受禪，位率更令，進爵爲侯。太子以師道處之，恩禮甚厚，每有四方珍味，輒以賜之。時東宫盛徵天下才學士，至於博物洽聞，皆出其下。詔與太常牛弘等修禮議樂。當朝典故，多所裁正。以疾去官，加通直散騎常侍，卒。上甚惜之，二宫贈賻甚厚。

所著《孝經義疏》一部，《古今帝代記》一卷，文類四卷，《續名僧記》一卷，集二十卷。

唐・李延壽《北史》卷八九《張深傳》 張深，不知何許人也。明占候，自云，嘗事苻堅，堅欲征晉，深勸不行，堅不從，果敗。又仕姚興爲靈臺令，姚泓滅，入赫連昌。昌復以深及徐辯對爲太史令。統萬平，深、辯俱見獲，以深爲太史令。神䴥二年，將討蠕蠕，深、辯皆謂不宜行，與崔浩争於太武前。深專守常占，而不能鈎深賾遠，故不及浩。後爲驃騎軍謀祭酒，著《觀象賦》，其言星文甚備，文多不載。

又明元時，有容城令徐路，善占候，坐繫冀州獄。別駕崔隆宗就禁慰問之，路曰：「昨夜驛馬星流，計赦須臾應至。」隆宗先信之，遂遣人出城候焉，俄而赦至。

又道武、明元時，太史令王亮、蘇垣，太武時，破和龍得馮弘太史令閔盛，孝文時，太史趙樊生，並知天文。後太史令趙勝、趙翼、趙洪慶、胡世榮、胡法通等二族，世業天文。又永安中，詔以恒州人高崇祖善天文，每占吉凶有驗，特除中散大夫。

永熙中，詔通直散騎常侍孫僧化與太史胡世榮、太史令張寵、趙洪慶及中書舍人孫子良等在門下外省，校比天文書，集甘、石二家星經，及漢、魏以來二十三家經占，集五十五卷。後集諸家撮要，前後所上雜占，以類相從，日月、五星、二十八宿、中外官及圖，合爲七十五卷。

僧化，東莞人也。識星分，案文占以言災異，時有所中。普泰中，尒朱兆惡其多言，遂繫於廷尉，免官。永熙中，孝武帝召僧化與中散大夫孫安都共撰兵法，未就而帝入關，遂罷。元象中，死於晉陽。

唐・李延壽《北史》卷八九《信都芳傳》 信都芳字玉琳，河間人也。少明算術，兼有巧思，每精心研究，或墜坑坎。常語人云：「算曆玄妙，機巧精微，我每一沈思，不聞雷霆之聲也。」其用心如此。後爲安豐王延明召入賓館。有江南人祖暅者，先於邊境被獲，在延明家，舊明算曆，而不爲王所待。芳諫王禮遇之。暅後還，留諸法授芳，由是彌復精密。延明家有羣書，欲抄集《五經》算事爲《五經宗》，及古今樂事爲《樂書》，又聚渾天、欹器、地動、銅烏、漏刻、候風諸巧事，并圖畫爲《器準》，並令芳算之。會延明南奔，芳乃自撰注。

後隱於并州樂平之東山，太守慕容保樂聞而召之，芳不得已而見焉。於是保樂弟紹宗薦之於齊神武，爲館客，授中外府田曹參軍。芳性清儉質樸，不與物和。紹宗給其羸馬，不肯乘騎；夜遣婢侍以試之，芳忿呼毆擊，不聽近己。狷介自守，無求於物。後亦注重差、勾股，復撰《史宗》。

芳精專不已，又多所闚涉。丞相倉曹祖珽謂芳曰：「律管吹灰，術甚微妙，絶來既久，吾界所不至，卿試思之。」芳留意十數日，便報珽云：「吾得之矣，然終須河内葭莩灰。」祖對試之，無驗。後得河内灰，用術，應節便飛，餘灰即不動也。不爲時所重，竟不行用，故此法遂絶。

又著《樂書》、《遁甲經》、《四術周髀宗》。其序曰：「漢成帝時，學者問蓋天，楊雄曰：『蓋哉，未幾也。』問渾天，曰：『落下閎爲之，鮮于妄人度之，耿中丞象之，幾乎，莫之息矣。』此言蓋差而渾密也。蓋器測影而造，用之日久，不同於祖，故云『未幾也』。渾器量天而作，乾坤大象，隱見難變，故云『幾乎』。是時，太史令尹咸窮研晷蓋，易古周法，雄乃見之，以爲難也。自昔周公定影王城，至漢朝，蓋器一改焉。渾天覆觀，以《靈憲》爲文；蓋天仰觀，以《周髀》爲法。覆仰雖殊，大歸是一。古之人制者，所表天効玄象。芳以渾算精微，術機萬首，故約本爲之省要，凡述二篇，合六法，名《四術周髀宗》。」

又上黨李業興撰新曆，自以爲長於趙敺、何承天、祖沖之三家，芳難業興五□。又私撰曆書，名曰《靈憲曆》，算月頻大頻小，食必以朔，證據甚甄明。每云：「何承天亦爲此法，而不能精。《靈憲》若成，必當百代無異義者。」書未成而卒。

唐・李延壽《北史》卷八九《許遵傳》 許遵，高陽新城人也。明《易》善筮，兼曉天文、風角、占相、逆刺，其驗若神。齊神武引爲館客。自言禄命不富貴，不横死，是以任性疏誕，多所犯忤，神武常容惜之。芒陰之役，遵謂李業興曰：「賊爲水陳，我爲火陳，水勝火，我必敗。」果如其言。清河王岳以遵爲開府記室。岳後將救江陵，遵曰：「此行必致後凶，宜辭疾勿去。」岳曰：「勢不免去，正當與君同行。」遵曰：「遵好與生人相隨，不欲與死人同路。」岳强給其馬以行。至都，尋喪。三臺初成，文宣宴會尚書以上，三日不出。許遵妻季氏憂之，以問遵。遵曰：「明日當得三百匹絹。」季氏曰：「若然，當奉三束。」遵曰：「不滿十匹。」既而皆如言。文宣無道日甚，遵語人曰：「多折算來，吾筮此狂夫何時得死。」於是布算滿床，大言曰：「不出冬初，我乃不見。」文宣以十月崩，遵果以九月死。

唐・李延壽《北史》卷八九《蔣昇傳》 蔣昇字鳳起，楚國平河人也。少好天

文玄象之學，周文雅信待之。大統三年，東魏竇泰頓軍潼關，周文出師馬牧澤。時西南有黄紫氣抱日，從未至酉。周文謂昇曰：「此何祥也？」昇曰：「西南未地，主土。土王四季，秦分。今大軍既出，喜氣下臨，必有大慶。」於是與泰戰，禽之。自後遂降河東，剋弘農，破沙苑，由此愈被親禮。

九年，高仲密以北豫州來附，周文欲遣兵援之，昇曰：「春王在東，熒惑又在井鬼分，行軍非便。」周文不從，軍至芒山，不利而還。太師賀拔勝怒曰：「蔣昇罪合萬死！」周文曰：「蔣昇固諫曰：『師出不利。』此敗也，孤自取之。」恭帝元年，以前後功，授車騎大將軍、儀同三司，封高城縣子。後除太史中大夫，以年老請致事，詔許之，加定州刺史，卒於家。

唐・令狐德棻等《周書》卷二三《蘇綽傳》 蘇綽字令綽，武功人，魏侍中則之九世孫也。累世二千石。父協，武功郡守。

綽少好學，博覽羣書，尤善筭術。從兄讓爲汾州刺史，太祖餞於東都門外。臨别，謂讓曰：「卿家子弟之中，誰可任用者？」讓因薦綽。太祖乃召爲行臺郎中。在官歲餘，太祖未深知之。然諸曹疑事，皆詢於綽而後定。所行公文，綽又爲之條式。臺中咸稱其能。後太祖與僕射周惠達論事，惠達不能對，請出外議之。乃召綽，告以其事，綽即爲量定。惠達入呈，太祖稱善，謂惠達曰：「誰與卿爲此議者？」惠達以綽對，因稱其有王佐之才。太祖曰：「吾亦聞之久矣。」尋除著作佐郎。

屬太祖與公卿往昆明池觀漁，行至城西漢故倉地，顧問左右，莫有知者。或曰：「蘇綽博物多通，請問之。」太祖乃召綽。具以狀對。太祖大悦，因問天地造化之始，歷代興亡之迹。綽既有口辯，應對如流。太祖益喜。乃與綽並馬徐行至池，竟不設網罟而還。遂留綽至夜，問以治道，太祖卧而聽之。綽於是指陳帝王之道，兼述申、韓之要。太祖乃起，整衣危坐，不覺膝之前席。語遂達曙不厭。詰朝，謂周惠達曰：「蘇綽真奇士也，吾方任之以政。」即拜大行臺左丞，參典機密。自是寵遇日隆。綽始制文案程式，朱出墨入，及計帳、户籍之法。

大統三年，齊神武三道入寇，諸將咸欲分兵禦之，獨綽意與太祖同。遂并力拒竇泰，擒之於潼關。四年，加衛將軍、右光禄大夫，封美陽縣子，邑三百户。加通直散騎常侍，進爵爲伯，增邑二百户。十年，授大行臺度支尚書，領著作，兼司農卿。

太祖方欲革易時政，務弘彊國富民之道，故綽得盡其智能，贊成其事。減官員，置二長，并置屯田以資軍國。又爲六條詔書，奏施行之。【略】太祖甚重之，常置諸座右。又令百司習誦之。其牧守令長，非通六條及計帳者，不得居官。

自有晉之季，文章競爲浮華，遂成風俗。太祖欲革其弊，因魏帝祭廟，羣臣畢至，乃命綽爲大誥，奏行之。【略】

自是之後，文筆皆依此體。

綽性儉素，不治産業，家無餘財。以海内未平，常以天下爲己任。博求賢俊，共弘治道，凡所薦達，皆至大官。太祖亦推心委任，而無間言。太祖或出遊，常預署空紙以授綽，若須有處分，則隨事施行，及還，啓之而已。綽嘗謂治國之道，當愛民如慈父，訓民如嚴師。每與公卿議論，自晝達夜，事無巨細，若指諸掌。積思勞倦，遂成氣疾。十二年，卒於位，時年四十九。

太祖痛惜之，哀動左右。及將葬，乃謂公卿等曰：「蘇尚書平生謙退，敦尚儉約。吾欲全其素志，便恐悠悠之徒，有所未達；如其厚加贈謚，又乖宿昔相知之道。進退惟谷，孤有疑焉。」尚書令史麻瑶越次而進曰：「昔晏子，齊之賢大夫，一狐裘三十年。及其死也，遣車一乘。齊侯不奪其志。綽既操履清白，謙挹自居，愚謂宜從儉約，以彰其美。」太祖稱善，因薦瑶於朝廷。及綽歸葬武功，唯載以布車一乘。太祖與羣公，皆步送出同州郭門外。太祖親於車後酹酒而言曰：「尚書平生爲事，妻子兄弟不知者，吾皆知之。惟爾知吾心，吾知爾意。方欲共定天下，不幸遂捨我去，奈何！」因舉聲慟哭，不覺失巵於手。至葬日，又遣使祭以太牢，太祖自爲其文。

綽又著《佛性論》、《七經論》，並行於世。明帝二年，以綽配享太祖廟庭。

唐・令狐德棻等《周書》卷二四《盧辯傳》 盧辯字景宣，范陽涿人。累世儒學。父靖，太常丞。

辯少好學，博通經籍，舉秀才，爲太學博士。以《大戴禮》未有解詁，辯乃注之。其兄景裕爲當時碩儒，謂辯曰：「昔侍中注《小戴》，今爾注《大戴》，庶纂前修矣。」

及帝入關，事起倉卒，辯不及至家，單馬而從。或問辯曰：「得辭家不？」辯曰：「門外之治，以義斷恩，復何辭也。」孝武至長安，授給事黄門侍郎，領著作。太祖以辯有儒術，甚禮之，朝廷大議，常召顧問。趙青雀之亂，魏太子出居渭北。辯時隨從，亦不告家人。其執志敢決，皆此類也。尋除太常卿、太子少傅。魏太

子及諸王等，皆行束脩之禮，受業於辯。進爵范陽公，轉少師。

自魏末離亂，孝武西遷，朝章禮度，湮墜咸盡。辯因時制宜，皆合軌度。性彊記默契，能斷大事。凡所創制，處之不疑。累遷尚書右僕射。世宗即位，進位大將軍。帝嘗與諸公幸其第，儒者榮之。出爲宜州刺史。薨，配食太祖廟庭。子慎。

初，太祖欲行《周官》，命蘇綽專掌其事。未幾而綽卒，乃令辯成之。於是依《周禮》建六官，置公、卿、大夫、士，並撰次朝儀，車服器用，多依古禮，革漢、魏之法。事竝施行。今録辯所述六官著之於篇。天官府管冢宰等衆職，地官府領司徒等衆職，春官府領宗伯等衆職，夏官府領司馬等衆職，秋官府領司寇等衆職，冬官府領司空等衆職。史雖具載，文多不錄。

辯所述六官，太祖以魏恭帝三年始命行之。自茲厥後，世有損益。

唐・令狐德棻等《周書》卷四五《樊深傳》 樊深字文深，河東猗氏人也。早喪母，事繼母甚謹。弱冠好學，負書從師於三河，講習《五經》，晝夜不倦。魏永安中，隨軍征討，以功除蕩寇將軍，累遷伏波、征虜將軍，中散大夫。嘗讀書見吾丘子，遂歸侍養。

魏孝武西遷，樊、王二姓舉義，爲東魏所誅。深父保周、叔父歡周並被害。深因避難，墜崖傷足，絶食再宿。於後遇得一簞餅，欲食之；然念繼母年老患痺，或免虜掠，乃弗食。夜中匍匐尋母，偶得相見，因以饋母。還復遁去，改易姓名，遊學於汾、晉之間，習天文及算曆之術。後爲人所告，囚送河東。屬魏將韓軌長史張曜重其儒學，延深至家，因是更得逃隱。

太祖平河東，贈保周南郢州刺史，歡周儀同三司。深歸葬其父，負土成墳。尋而于謹引爲其府參軍，令在館教授子孫。除撫軍將軍、銀青光禄大夫，遷開府屬，轉從事中郎。謹拜司空，以深爲諮議。大統十五年，行下邽縣事。

太祖置學東館，教諸將子弟，以深爲博士。深經學通贍，每解書，嘗多引漢、魏以來諸家義而説之。故後生聽其言者，不能曉悟。皆背而譏之曰：「樊生講書多門户，不可解。」然儒者推其博物。性好學，老而不怠。朝暮還往，常據鞍讀書，至馬驚墜地，損折支體，終亦不改。後除國子博士，賜姓万紐于氏。六官建，拜太學助教，遷博士，加車騎大將軍、儀同三司。天和二年，遷縣伯中大夫，加開府儀同三司。建德元年，表乞骸骨，詔許之。朝廷有疑議，常召問焉。後以疾卒。

深既專經，又讀諸史及《蒼》、《雅》、篆籀、陰陽、卜筮之書。學雖博贍，訥於辭辯，故不爲當時所稱。撰《孝經》、《喪服問疑》各一卷，撰《七經異同説》三卷、《義(經)〔綱〕略論》并《(月)〔目〕録》三十一卷，並行於世。

宋・張君房《雲笈七籤》卷一一〇《鄭思遠》 鄭思遠，少爲書生，善律曆候緯。晚師葛孝先，受《正一法文》、《皇内文》、《五嶽真形圖》、《太清金液經》、《洞玄五符》。入廬江馬迹山居，仁及鳥獸。所住山虎生二子，山下人格得虎母，虎父驚逸，虎子未能得食。思遠見之，將還山舍養飼。虎父尋還，又依思遠。後思遠每出行，乘騎虎父，二虎子負經書衣藥以從。時於永康横江橋，逢相識許隱，且暖藥酒，虎即拾柴然火。隱患齒痛，從思遠求虎鬚，欲及熱插齒間得愈。思遠爲拔之，虎伏不動。

宋・賈嵩《華陽陶隱居内傳》卷下 解真碑銘(邵陵王蕭綸撰)

夫夜光結(緑)〔緣〕，非胠篋之恒珍，逸羽翔鱗，豈園池之近玩？寧期心於遠大，蓋不知其所以然也。是以潁陽高蹈，洗耳於唐朝；漢陰貞棲，滅跡於周代。盛德流風，有自來矣。應期而曜質者，其在兹乎？先生名弘景，字通明，本冀州平陽人。其先出自帝堯陶唐氏之後，堯治冀州平陽，故因居此。龍馬見五色之符，欽明表八采之瑞。光被于天下，允釐於庶職。洪源夐遠，系緒綿長。漢興，舍爲高祖右司馬。子青翟，位至丞相。後漢末南渡，始居丹陽。七世祖濬，仕吴爲鎮南將軍、荆州刺史。祖隆，宋南中郎、參軍事。父貞寶，司徒建安王國侍郎，並立履清約，博涉文史。先生含元精之知氣，蓄淩飈之雅資，兼宣七善，總修九德，行仁蹈義，嶽峙淵渟，牆仞無以覩，清濁不能測，道風與星漢同高，勝氣與煙霞共遠。六歲便解書，能屬文。七歲讀《孝經》、《毛詩》、《論語》數萬言。曼倩幼習墳典，公幹少讀詩賦。方之於古，彼有多慚。是以岐嶷流聲，中黄著頌。有鄉人得葛洪《神仙傳》，見淮南八公諸仙事，乃歎曰：「讀此書使人有淩雲之氣。」於是寢興諷誦，晨昏不輟。年二十七，爲宜都王侍讀，總知管記事。牓道求賢，禁林招士，朝難其選，咸曰得人。阮瑀之書記不足扶衡，孫楚之辭才何以捧轂？齊代好治宫室，方修苑囿，青谿舊館，更就起築，仍奏表上頌，辭事兼美，邁彼樂職之篇，踰乎景福之製。帝省覽久之，益以爲善，除奉朝請。恪居官次，夙夜惟寅。春朝秋請，是謂棫樸者也。先生本不希榮，常欲辭退，乃與親友書曰：「疇昔之意，不願處人間，年登四十，畢志山藪。今已三十六矣，時不我藉，知幾其神乎？母爲自苦也。明年遂拜表自解，抽簪東都之外，解組北山之阿，同稷丘之棲隱，

慕留侯之却粒。便具舟檝，永言東邁。朝廷錫問，時賢餞别。祖以二疏，括兹四隱，超然輕舉，異代同符爾。乃杖策遐征，遊踐名嶽。既而到于句容，登於茅嶺。以此地神仙之宫府，靈異之棲托，往不知返，遂卜居焉。先生曰：夫子云隱居以求其志，行義以達其道。吾聞其語，未見其人。今我義達，無復其方，請同求志之業，故自稱隱居。亦猶稚川之抱朴，士安之玄晏。倚巖棲影，依林遁跡。交柯結宇，剗徑爲門。懸崖對溜，悲吟灌木。深壑峭嶺，組織煙霞。枕石漱流，山禽無撓；採藥偶逢，野獸不亂。逍遥閑曠，放浪丘陵。嗒然若喪，確乎難拔。屬齊末道喪，天命既否，水鬭洛谷，地震甲辰。先生静思冥數，預識其兆。於是近遠書問，悉皆杜絶。昔乃聞之夏甫，今則見之先生。我大梁休運應期，受天明命，三辰開朗，四海寧謐。先生奉表稱慶，於是信問復通。自天監已來，嘗有勑旨，供給藥餌，不乏歲時。渥澤深思，莫之與比。先生七年暫從南嶽，兹山也，闢閬風之地軸，若崐陵之天鎮，八柱旁臨，九純間設，樹有琅玕，草生車騎，遺世獨往，是用忘歸。十一年有勑遣左右司徒惠明徵先生還茅山，别給廨宇。軒君之降情天老，漢帝之致禮河上，況於兹曰，弗能尚也。養志山阿，多歷年所。攝生既善，冥祥亦降。猛獸不據，魑魅莫逢。庭無荆棘，遠同闕里。階吐神泉，遥扶疏勒。於是羽人徘徊，仙客上下，鸞鳳游集，芝英豐潤矣。以大同二年歲次丙辰三月壬寅朔十二日癸丑，告别遷化，春秋八十有一。天子嗟惜，儲皇軫悼。有詔稱譽，追贈中散大夫，謚曰貞白先生，禮也。以其月十四日窆于丹陽郡句容縣之雷平山，若軒轅之葬衣冠，如子喬之藏劒舃，比於兹日，可得符焉。先生器宇凝深，思儀精贍，含章貞吉，不修廉隅。年將中壽，匪踰於矩。眉目疎朗，儀貌鮮潔。寔忘勸沮，多行德惠，寶惜光景，愛好墳籍。篤志勵節，白首彌至。若乃《淮南鴻寶》之訣，隴西地動之儀，太乙遁甲之書，《九章》曆象之術，幼安銀鈎之敏，允南風角之妙，太倉《素問》之方，中散琴操之法，咸悉搜求，莫不精詣。爰及羿射、荀棊、蘇卜、管筮，一見便曉，皆不用心。張華之博物，馬均之巧思，劉向之知微，葛洪之養性，兼此數賢，一人而已。門人桓法闓等，慕遥風於緱氏，結遺想於喬陽，勒玄碑而相質。騰絳霄之流芳，乃作銘曰：留舃表化，棄劒凝神，徘徊紫烝，照曜丹林，厥跡猶在，餘風可遵。誰其嗣此淵哉。淑人高行邁種，盛德日新，朗猶懸鏡，鬱似貞筠，身以弘道，行不違仁。昔遊纓紱，頡頏搢紳，猒乎亡救，勞彼問津，亦既解組，乃襲山巾，遠尋丘壑，高蹈風塵，情無緬世，隱不隔真。結宇崇巖，貞棲茂草。氷玉留年，精華却老。乃有令聞，康莊壽考，白水過庭，危峯臨洞，露綴蘭階，雲生桂棟，日斜椆席，花落窗甕，尚平未返，王孫不旋，海桑交易，陵谷變遷，豐碑有豎，遺芳萬年。

宋·王欽若《册府元龜》卷六〇五 魯勝字叔時，代郡人也。少有才操，爲佐著作郎，其著述爲世所稱，遭亂遺失，惟注《墨辯》存。其序曰：名者，所以别同異，明是非道義之門，政化之準繩也。孔子曰：必也，正名。名不正則事不成。墨子著書作《辯經》以立名本。惠施、公孫龍祖述其學，以正刑名於世。孟子非墨子，其辯言正辭則與墨同。荀卿、莊周等皆非毁名家，而不能易其論也。必有形察莫如别色，故有堅白之辯，名必有分明，分明莫如有無，故有無序之辯。是有不是，可有不可，是名兩可。同而有異，異而有同，是之謂同異。至同無不同，至異無不異，是謂辯同異。異同生是非，是非生吉凶，取辯於一物，而原極天下之汙隆，名之至也。自鄧析至秦時，名家者，世有篇籍，率頗難知，後學莫復傳習，於今五百餘歲，遂亡絶滅。《墨辯》有上下經，經各有説，凡四篇，與其書衆篇連第，故獨存。今引説(在)〔就〕經，各附其章，疑者闕之。又采其衆雜集爲《刑》、《名》二篇，畧解指歸，以俟君子。其或興微繼絶者，亦有樂乎此也。

宋·談鑰《(嘉泰)吴興志》卷一六 姚信，吴興武康人也。深於天文學，仕至太常，造《昕天論》。

吴有永安，未有武康。姚信曰武康人者，蓋信爲陳姚察之祖。察，武康人，故因仍而言之耳。

宋·李昉等《太平御覽》卷二《天部二》 《吴録》曰：吴範，字文則，善占候，知風氣。羽將降，孫權問範，範期日中。權立表下漏以待之。及中不至，權問其故，範曰：「未正中也。」頃之，有風動帷，範曰：「羽至矣。」斯須，外稱萬歲，傳言得羽。

宋·李昉等《太平廣記》卷七六《方士一》 庾詵

齊新野庾詵，少孤，以讀書自業，玄象算數皆所妙絶。武獻公蕭穎胄疾篤，謂詵曰：「推其曆數，當無辜否？」答曰：「鎮星在襄陽，荆州自少福，明府歸終於亂代。齊名伊霍，足貴子孫。有何恨哉。」公曰：「君得之矣。但昏主狂虐，人思堯舜。恨不見清廓天下，息馬華山也。」歔欷而終。果如其言，穎胄，赤斧之子。出《談藪》。

張子信

齊瑯琊王儼殺和士開也。武衛奚永洛與河内人張子信對坐，忽有鵲鳴鬬于

庭而墮焉。子信曰：「鵲聲不善，向夕若有風從西南來，歷樹間，拂堂角，必有口舌事。今夜若有人相召，慎不得往。」子信既去，果有風室，儼使召永洛，且云敕喚。永洛欲赴，其妻勸令勿出，因稱馬墜折腰，遂免於難。出《三國典略》。

管輅

魏管輅曾至郭恩家，忽有飛鳩來止梁上，鳴甚悲切。輅云：「當有客從東來相探候，携豕及酒，因有小故耳。」至晚，一如其言。恩令節酒慎燔。既而射鷄作食，箭發從籬間，誤中數歲女子，流血驚怖。出《魏志》。

宋·蕭常《續後漢書》卷二二《列傳十八》 吴範字文則，會稽上虞人。以治(歷)〔曆〕數，知風氣，聞於郡中，舉有道，遭亂不行。會孫權起東南，範委質焉，每有災祥，輒推數言狀。其言多驗。初，權欲討黄祖。範曰：「今茲少利，不如明年。明年戊子，荆州劉表亦身死國亡。」權遂攻祖，卒不能克。明年，軍出，行及尋陽，範見風氣，因詣舡賀，權兵急行，至即破祖，祖夜亡。權恐失之，範曰：「未遠，必獲。」至五更中，得之。劉表竟死，荆州分割。及壬辰歲，範又曰：「歲在甲午，劉玄德當得益州。」後吕岱從蜀還，言玄德部衆離散，死亡且半，事必不克。權以難範，範曰：「臣所言者天道也，而岱所見者人事耳。」昭烈卒得蜀。權與吕蒙謀襲關羽，近臣多以爲不可。權以問範，範曰：「得之。」後羽在麥城，使使納降。權問範：「竟當降否？」範曰：「彼有走氣，言降詐耳。」權使潘璋要其徑路，覘者還，白羽已去。範曰：「雖去不免。」問其期，曰：「明日日中。」權立表下漏以待之。及日中不至，權問其故，範曰：「時尚未正中也。」頃之，有風動帷，範拊手曰：「羽至矣。」須臾，外稱萬歲，傳言得羽。後權與魏爲好，範曰：「以風氣言之，彼以貌來，其實有謀，宜爲之備。」昭烈盛兵西陵，範曰：「後當和好。」皆如其言。拜騎都尉領太史令。權數訪其術，祕之不以要者告，權由是恨之。初，權爲將軍時，範常言「江南有王氣，亥子之間有大福慶」。權曰：「若如所言，以君爲侯。」及爲吴王，範時侍宴，曰：「昔在吴中，嘗言此事，大王識之邪？」權曰：「有之。」因呼左右，以侯綬帶範。範知權欲以厭前言，輒手推不受。及後論功行封，以爲都亭侯。詔臨出，權恚其靳術，削其名。範爲人剛直，頗好自譽，然與人交有終始。嘉興魏滕者同郡相善。滕嘗有罪，權怒甚，云敢有諫者死。範謂滕曰：「與汝偕死。」滕曰：「死而無益，何用死爲？」範曰：「安能慮此，坐視汝邪？」乃髠頭自縛詣門下，使鈴下以聞。鈴下曰：「必死，不敢白。」範曰：「汝有子邪？」曰：「有。」曰：「使汝爲吴範死，子以屬我。」鈴下曰：「諾。」乃排閤入。言未卒，權怒，投以戟。逡巡走出，範因哭入，叩頭流血，言與涕俱。良久，權意釋，乃免滕。滕見範謝曰：「父母能生我，不能免我於死。丈夫相知，如汝足矣，何用多爲！」建興四年，病卒。預知死日，謂權曰：「殿下某日當喪軍師。」權曰：「吾無軍師。」範曰：「大王出軍臨敵，須臣言而後行，臣乃殿下之軍師也。」至其日果卒。

宋·鄭樵《通志》卷一五七《列傳七十》 盧辯字景宣，范陽涿人。累世儒學。父靜，魏太常丞。辯少好學，博通經籍。正光初，舉秀才，爲太學博士。以《大戴禮》未有解詁，辯乃注之。其兄景裕爲當時碩儒，謂辯曰：「昔侍中注《小戴》，今爾注《大戴》，庶纂前修矣。」侍中，辯叔父同也。節閔帝立，除中書舍人。屬齊神武起兵，信都既破，爾朱氏遂鼓行指洛，節閔遣辯持節勞之於鄴。神武令辯見其所奉中興主，辯抗節不從。神武怒曰：「我舉大義，誅羣醜，車駕在此，誰遣爾來？」辯抗言酬答，守節不撓。神武異之，捨而不逼。孝武即位，以辯爲廣平王贊師。永熙二年，平等浮屠成，孝武會萬僧於寺。石佛低，舉其頭，終日乃止。帝禮拜之。辯曰：「石立社移，自古有此，陛下何怪？」及帝入關，事起倉卒，辯不及至家，單馬而從。或問辯曰：「得辭家不？」辯曰：「門外之道，以義斷恩，復何辭也。」帝至長安，封范陽縣公，授給事黄門侍郎，領著作，加本州大中正。文帝以辯有儒術，甚禮之，朝廷大議，常召顧問。遷太子少保，領國子祭酒。趙青雀之亂，魏太子出居渭北，辯時隨從，亦不告家人。其執志敢決，皆此類也。尋除太常卿、太子少傅。魏太子及諸王等，皆行束脩之禮，受業於辯。進爵范陽郡公，轉少師。自魏末離亂，孝武西遷，朝儀湮墜。於時朝廷憲章、乘輿、法服、金石、律吕、晷刻、渾儀，咸令辯因時制宜，皆合軌度。多依古禮，性彊記默識，能斷大事。凡所創制，處之不疑。加驃騎大將軍，開府儀同三司，累遷尚書令。及六官建，爲師氏中大夫。明帝即位，遷小宗伯，進位大將軍。帝嘗與諸公幸其第，儒者榮之。出爲宜州刺史，以患不之部薨，謚曰獻，配食太祖廟廷。【略】隋開皇初，以辯前代名德追封沈國公。初文帝欲行《周官》，命蘇綽專掌其事。未幾而綽卒，乃令辯成之。於是依《周禮》建六官，革漢、魏之法，以魏恭帝三年，始命行之。

宋·鄭樵《通志》卷一七七《隱逸傳一》 魯勝字叔時，代郡人也。少有才操，爲佐著作郎。元康初遷建康令，到官著《正天論》云：「以冬至之後，立晷測影，準度日月星臣。案日月裁徑百里無千里，星十里不百里，遂表上求下羣公卿士考論。若臣言合理，當得改先代之失，而正天地之紀。如無據驗，甘即刑戮以

彰虚妄之罪。事遂不報。嘗歲日望氣，知將來多故，便稱疾去官。中書令張華遣子勸其更仕，再徵博士舉中書郎，皆不就。其著述爲世所稱，遭亂遺失，惟注《墨辯》存。其叙曰：名者，所以别同異，明是非道義之門，政化之準繩也。孔子曰：必也，正名。名不正則事不成。墨子著書作《辯經》以立名本。惠施、公孫龍祖述其學，以正刑名顯於世。孟子非墨子，其辯言正辭則與墨同。荀卿、莊周等皆非毁名家，而不能易其論也。必有形察莫如别色，故有堅白之辯。名必有分明，分明莫如有無，故有無序之辯。是有不是，可有不可，是名兩可。同而有異，異而有同，是之謂辯同異。至同無不同，至異無不異，是謂辯同辯異。同異生是非，是非生吉凶，取辯於一物，而原極天下之汙隆，名之至也。自鄧析至秦時，名家者，世有篇籍，率頗難知，後學莫復傳習，於今五百餘歲，遂亡絶。《墨辯》有上下經，經各有説，凡四篇，與其書衆篇連第，故獨存。今引説就經，各附其章，疑者闕之。又采諸衆雜集爲《刑》、《名》二篇，略解指歸，以俟君子。其或興微繼絶者，亦有樂乎此也。

宋・鄭樵《通志》卷一七八《隱逸傳二》 庾詵字彦寶，新野人也。幼聰警篤學，經史百家無不該綜，緯候書射，碁算機巧，並一時之絶。而性託夷簡，特愛林泉。十畝之宅，山池居半。蔬食弊衣，不治産業。遇火，止出書數篋坐於池上。有爲火來者，荅云：唯恐損竹。嘗乘舟從沮中山舍還，載米一百五十石，有人寄載三十石。及至宅，寄載者曰：「君三十斛，我百五十斛。」詵默然不言，恣其取足。鄰人有被執爲盜，見劾，妄款詵。詵矜之，乃以書質錢二萬，令門生詐爲其親，代之酬備。鄰人獲免，謝詵。詵曰：「吾矜天下無辜，豈期謝也。」武帝少與詵善，及起兵，署爲平西府記室。詵不屈。平生少所游狎，河東柳惲欲與交，拒而弗納。普通中，詔以爲黄門侍郎，稱疾不赴。晚年尤遵釋教，宅内立道場，環繞禮懺，六時不輟。誦《法華經》，每日一徧。後夜中忽見道人，自稱願公，容止甚異，呼詵爲上行先生，授香而去。中大通四年，因晝寢，忽驚覺曰：「願公復來，不可久住。」顔色不變，言終而卒，年七十八。舉室咸聞空中唱云：「上行先生已生彌陀浄域矣。」武帝聞而下詔謚曰：「貞節處士。」詵所撰《帝曆》二十卷、《易林》二十卷、續伍端休《江陵記》一卷、《晉朝雜事》五卷、《總抄》八十卷，行於世。

宋・王欽若等《册府元龜》卷七八六 江湛愛好文義，善彈棊鼓琴，兼明筭術，爲吏部尚書。

南齊祖冲之，解鍾律博塞，當時獨絶，莫能對者，爲長水較尉。【略】

梁庾詵，字彦實，新野人也。幼聰警篤學，經史百家無不該綜，緯候書射，棊筭機巧，並一時之絶。湘東王召爲鎮西記室，不就，又徵中書侍郎，不起。

陶弘景字淵明，丹陽秣陵人，爲奉朝請諸王侍讀。讀書萬餘卷，善琴棊，工草隸，又性好著述，尚奇異，顧惜光景，老而彌篤，尤明陰陽五行，風角星筭，山川地理，方圖産物，醫術本草，著《帝王年曆》，又嘗造渾天象，云脩道所須，非止史官是用。

明・董斯張《（崇禎）吴興備志》卷七 張亢字季陽，安平人，載、協弟也。才藻不逮二昆，亦有屬綴，又解音樂伎術。時人謂協、載、亢、陸機、雲曰『二陸、三張』。中興初過江，領著作郎，補烏程令，入爲散騎常侍，復領佐著作郎。

明・凌迪知《萬姓統譜》卷一〇四 賀道養，賀瑒之伯祖也。工卜筮。經遇工歌女，人病死，爲筮之，曰：「此非死也，天帝召之歌耳。」乃以土塊加其心上，俄頃而蘇。

明・徐象梅《兩浙名賢録》卷四八《方技》 賀道養

賀道養，山陰人。世以儒術顯，而道養工卜筮、經占、陰符，神人以比之管輅。里中有好女子工歌，無病忽死。道養爲筮之，卦成，笑曰：「此非死也，天帝召之歌耳。」諸人不信，道養乃取土塊加其心上，俄頃而蘇。共質之，女子云：「適爲黄衣吏所召，至帝所見，庭懸方作，樂間命歌，歌畢而返，殊無苦也。」諸人駭服。

明・李贄《藏書》卷三四《儒臣傳》 管輅

管輅字公明，平原人。輅年八九歲，便喜仰視星辰，得人輒問其名，夜不肯寐。自言：「家雞野鵠，猶尚知時，况於人乎？」及成人，明《周易》，觀風角、占相之道，無不精微。體性寬大。嘗謂：「忠孝信義，人之根本，不可不厚；廉介細直，士之浮飾，不足爲務。吾安能斷江、漢之流，爲激石之清乎？且樂與季子論道，不欲與漁父同舟也。」父爲瑯琊即丘長。太守單子春聞輅名，因大會賓客，欲以觀輅。略問子春曰：「府君名士，加有雄貴之姿，輅年十五，心膽未堅，若欲相觀，懼失精神，請先飲三升清酒，何如？」子春大喜，便酌三升清酒飲之。輅遂倡大論，文采葩流，枝葉横生。子春及衆士論難蜂迅，而輅人人對荅，言皆有餘。子春謂衆人曰：「此年少盛材，聽其言論，正似司馬大人游獵賦，何其磊落、雄壯、英茂，必能明天文地理變化之數，不徒有言也。」輅容貌粗醜，無威儀而嗜酒，飲食言戲，不擇非類，故人多愛之而不敬。利漕民郭恩善《周易》、《春秋》，能仰

觀。輅就恩讀《易》。又從恩學仰觀，三十日中通夜不臥。謂恩曰：「君但相語墟落處所，至於推運會，論災異，自當出吾天分。」學未一年，恩反從輅問《易》及天文事要。每聽輅語，輒慷慨言曰：「聞君至論，忘我篤疾。」恩因自說：「兄弟三人俱得躄疾，試爲作一卦。」輅便作卦，恩之未詳。會日夕，因留宿。至中夜，語恩曰：「卦中有君本墓，墓中有女鬼，非君伯母，則叔母也。當饑荒之世，有利其數升米者，排著井中，嘖嘖有聲，推一大石，下破其頭，孤魂冤痛，自訴於天。」恩悲涕沾衣曰：「皇漢之末，實有斯事。君不名主，諱也。我不得言，禮也。兄弟躄來三十餘載，脚如棘子，不可復治，但願不及子孫耳。」輅曰：「火形不絕，水形無餘，不及後也。」輅往見安平太守王基，基令作卦，輅曰：「當有婦人生一男兒，墮地便走入竈而死。牀上當有大蛇銜筆，小大共視，須臾而去。又烏入室中，與鷰共鬬，鷰死，烏去。有此三怪。」基大驚，問其吉凶。輅曰：「此客舍久遠，魑魅魍魎爲怪耳。兒生便走，非能自走，直宋無忌之妖將其入竈也。大蛇銜筆，老書佐耳。烏與鷰鬬，老鈴下耳。今卦中見象而不見凶，自無所憂也。」清河王經去官還家，見輅曰：「近有一怪，欲煩作卦。」卦成，輅曰：「爻吉，不爲怪也。君夜在堂户前，有一流光如燕爵者，入君懷中，殷殷有聲，内神不安，解衣彷徉，招呼婦人，覓索餘光。」經大笑曰：「實如君言。」輅曰：「吉，遷官之徵也，其應行至。」頃之，經爲江夏太守。輅又至郭恩家，恩欲從輅學鳥鳴之候。輅言：「君雖好道，天才既少，又不解音律，恐難爲師。」輅爲説八風之變，五音之數，以律吕爲衆鳥之商，六甲爲時日之端，反覆欵曲，出入無窮。恩静默沉思，馳精數日，卒無所得，於此遂止。安德令劉長仁有辯才，聞輅能曉鳥鳴，每見迭發難。須臾有鳴鵲來，在閣屋上，其聲甚急。〔輅曰：〕「鵲言東北，有婦昨殺夫，牽引西家人夫離婁，候不過日在虞淵之際，告者至矣。」到時，果有東北同伍民來告，鄰婦手殺其夫。長仁乃服輅。至王弘直許，有飄風高三尺餘，從申上來，在廷中幢幢回轉，息已復起，良久乃止。輅曰：「東方當有馬吏至，恐父哭子，如何！」明日膠東吏到，直子果亡。正始元年，吏部尚書何晏謂輅曰：「聞君著爻神妙，試爲作一卦，知位當至三公否？」又問：「連夢見青蠅數十頭，來在鼻上，驅之不肯去。」輅曰：「夫飛鴞，天下賤鳥，及其在林食椹，則懷我好音，況輅心非草木，敢不盡忠？昔元、愷之弼重華，宣慈惠和，周公之翼成王，坐而待旦，故能流光六合，萬國咸寧。此乃履道休應，非卜筮之所明也。今君侯位重山岳，勢若雷電，而懷德者鮮，畏威者衆，殆非小心翼翼多福之仁。又鼻者艮，此天中之山。今青蠅臭惡而集之。位峻者巔，輕豪者亡，不可不思。故山在地中曰謙，雷在天上曰壯，謙則裒多益寡，壯則非禮不履。未有損己而不光大，行非而不傷敗。願君侯上追文王六爻之旨，下思尼父彖象之義，然後三公可決，青蠅可驅也。」後鄧颺言：「君見謂善《易》，而語初不及《易》，何也？」輅尋聲荅之曰：「夫善《易》者不論《易》也。」晏含笑而讚之曰：「可謂要言不煩矣。」輅出而言曰：「鄧之行步，筋不束骨，脉不制肉，起立傾倚，若無手足，謂之鬼躁。何之視候，魂不守宅，血不華色，精爽煙浮，容若槁木，謂之鬼幽。鬼躁者爲風所收，鬼幽者爲火所燒，自然之符，不可蔽也。」石苞爲鄴典農，問曰：「聞君鄉謂翟文耀能隱形，可信乎？」輅言：「此但陰陽蔽匿之數，苟得其數，則四岳可藏，河海可逃。況以七尺之軀，混變化之内，散雲霧以幽身，布金水以滅迹，術足數成，不足爲難也。」輅隨軍西行，過母丘儉墓下，倚樹哀吟，精神不樂，人問其故，輅曰：「林木雖茂，無形可久；碑誄雖美，無後可守。玄武藏頭，蒼龍無足，白虎銜尸，朱雀悲哭，四危以備，法當滅族。不過二載，其應至矣。」卒如其言。後清河倪太守問輅雨期，略曰：「今夕當雨。」是日陽燥，晝無形似。輅曰：「夫造化之神，不疾而速。」十六日壬子，直滿，畢星中已有水氣，水氣之發，動於卯辰，此必至之應也。」至日向暮，了無雲氣，衆人並嗤。輅言：「樹上有少女微風，樹間有陰鳥和鳴。又少男風起，衆鳥和翔，其應至矣。」須臾，果有艮風鳴鳥。日未入，東南有山雲樓起。黄昏之後，雷聲動天。到鼓一中，星月皆没，風雲並興，玄氣四合，大雨河傾。正元二年，弟辰謂輅曰：「大將軍待君意厚，冀當富貴乎？」輅長歎曰：「吾自知有分直耳。天與我才明，不與我年壽，恐四十七八間，不見女嫁兒娶婦也。若得免此，欲作洛陽令，可使路不拾遺，枹鼓不明。但恐至太山治鬼，不得治生人也。」辰問其故，輅曰：「吾額上無生骨，眼中無守精，鼻無梁柱，脚無天根，背無三甲，腹無三壬，此皆不壽之驗。又吾本命在寅，加月食夜生，天有常數，不可得諱，但人不知耳。吾前後相當死者過百人，略無錯也。」是歲八月，爲少府丞，明年二月卒，年四十八。弟辰嘗欲從輅學卜及仰觀，輅言：「卜言至精不能見其數，非至妙不能覩其道，《孝經》、《詩》、《論》，足爲三公，無用知之也。」於是遂止。子弟無能傳其術者。辰序曰：「夫晉、魏之士，見輅道術神妙，占候無錯，以爲有隱書及象甲之數。辰每觀輅書傳，惟有《易林》、《風角》及《鳥鳴》、《仰觀星書》三十餘卷，世所共有。夫術數有百數十家，其書有數千卷，書不少也。然而世少名人，皆由無才，不由無書也。」輅始見聞由爲隣婦卜亡牛。又云路中小人失妻者，輅爲卜，教

使明旦於東陽城門中伺擔豚人牽與共鬭。具如其言，豚逸走，即共追之。豚入人舍，突破主人甕，婦從甕中出。中書令史紀玄龍云：「輅在田舍，嘗候遠鄰，主人患數失火。輅卜，教使明日于南陌上伺，當有一角巾諸生，駕黑牛故車，必引留，爲設賓主，此能消之。即從輅戒。諸生有急求去，不聽，遂留當宿，意大不安，以爲圖己也。主人罷入，生乃把刀出門，倚兩薪積間，側立假寐。欻有一小物直來過前，如獸，手中持火，以口吹之。生驚舉刀斫，正斷腰，視之則狐。由此主人不復有災。」

郭璞

郭璞字景純，聞喜人。好經術，博學高材，而訥於言論。有郭公者，精卜筮，璞從受業。公以《青囊中書》九卷與之，由是遂洞五行、天文、卜筮之術，攘災轉禍，通致無方，雖京房、管輅不能過也。惠、懷之際，河東先擾。璞筮之，投策而歎曰：「嗟乎！黔黎將湮於異類，桑梓其翦爲龍荒乎！」於是避地東南。抵將軍趙固，會固所乘馬死，固惜之。璞至，門吏不爲通。璞曰：「吾能活馬。」吏驚入白固，固接入。璞曰：「得健夫三十人，持長竿，東行三十里，有丘林廟社，便以竿打拍，當得一物，宜急持歸。得此，馬活矣。」果如其言，得一物似猴。此物見馬便噓吸其鼻。少頃馬起，奮迅嘶鳴，水草如常，不復見向物矣。行至廬江，時江淮清宴，太守胡孟康安之，無心南渡。璞爲占當敗。康不信。璞促裝欲去，而愛主人婢，乃取小豆三斗，繞散主人宅。主人晨見赤衣人數千圍其家，就視則滅，請璞爲卦。璞曰：「君家不宜畜此婢，可於東南二十里許賣之，慎勿爭價，則此妖可除。」主人從之。璞因令人賤買此婢。復爲符投井中，數千赤衣人皆反縛，自投於井，主人大悦。璞携婢去。後數旬廬江果陷。元帝爲晉王，使璞筮，遇《豫》之《睽》，璞曰：「會稽當出鍾，以告成功，上有勒銘，應在人家井泥中得之。繇辭所謂『先王以作樂崇德，殷薦之上帝』者也。」及帝即位，太興初，會稽剡縣人果於井中得一鍾，長七尺二分，口徑四寸半，上有古文奇書十八字，云「會稽嶽命」，餘字莫識。璞著《江賦》、《南郊賦》，帝見而嘉之，以爲著作佐郎。然性輕易，不修威儀，嗜酒好色，時或過度。著作郎干寶常誡曰：「此非適性之道也。」璞曰：「吾所受有本限，用之恒恐不盡，卿乃憂酒色之爲患乎！」璞既好卜筮，縉紳多笑之。又自以才高位卑，著《客傲》以自解。有曰：「支離其神，憔悴其形。形廢則神正，跡窳而名生。體全者爲犧，至獨者不孤，傲俗者不得以自得，默覺者不足以涉無。故不灰心而形遺，不外累而智喪，無巖穴而冥寂，無江湖而放浪。」其後璞以母憂去。王敦起璞爲記室參軍。是時潁川陳述爲大將軍掾，有美名，爲敦所重，未幾而没。璞哭之哀甚，呼其字曰：「嗣祖，嗣祖，焉知非福。」未幾而敦作難。璞素與桓彝友善，彝每造，或值璞在婦間，便入。璞曰：「卿他處自可徑前，但不可厠上相尋。必客主有殃也。」彝後因醉詣璞，正逢在厠，掩而觀之，見璞裸身被髮，銜刀設醊。璞見彝，撫心大驚曰：「吾每屬卿勿來，非但禍吾，卿亦不免。天實爲之，將以誰咎！」故璞終嬰王敦之禍，而彝亦死蘇峻之難。敦將舉兵，使璞筮璞曰：「無成。」敦大怒曰：「卿壽幾何？」曰：「命盡今日日中。」敦怒，收璞，詣南崗斬之。璞臨出，謂行刑者曰：「欲何之？」曰：「南崗頭。」璞曰：「必在雙栢樹下。」既至，果然。初，璞中興初行經越城，間遇一人，呼其姓名，因以袴褶遺之。其人辭不受，璞曰：「但取，後當自知。」至是，果此人行刑。時年四十九。初，庾翼幼時嘗令璞筮公家及身，卦成，曰：「建元之末丘山傾，長順之初子彫零。」及康帝即位，將改元爲建元，或謂庾冰曰：「子忘郭生之言耶？丘山上名，此號不宜用。」冰撫心歎恨。及帝崩，何充改元爲永和，庾翼歎曰：「天道精微，乃如是耶。長順者，永和也，吾庸得免乎！」其年翼卒。冰又令筮其後嗣，卦成，曰：「卿諸子並當貴盛，然有白龍者，凶徵至矣。若墓碑生金，庾氏之大忌也。」後冰子蘊爲廣州刺史，妾房内忽有新生白狗，莫知所來，妾秘愛之，不令蘊知。狗轉長大，蘊入，見狗眉眼分明，異於常狗。將出，共視，忽失所在。蘊慨然曰：「殆白龍乎！庾氏禍至矣在。」璞撰前後筮驗六十餘事，名爲《洞林》。又抄京、費諸家，更撰《新林》十篇、《卜韻》一篇。注釋《爾雅》，别爲《音義》、《圖譜》，又注《三蒼》、《方言》、《穆天子傳》、《山海經》及《楚辭》、《子虛》、《上林賦》數十萬言，皆傳於世。所作詩賦誄頌亦數萬言。

索紞

索紞敦煌人，少游京師，受業太學，博綜經籍，明陰陽、天文，善術數、占候。司徒辟除郎中。紞知中國將亂，棄而歸。鄉人從紞，占問吉凶不輟。紞曰：「攻乎異端，戒在害己；無爲多事，多事多患。」遂詭言虛説，無驗乃止。惟以占夢爲事。孝廉令狐策夢立冰上，與冰下人語。紞曰：「冰上爲陽，冰下爲陰，陰陽事也。士如歸妻，迨冰未泮，婚姻事也。君在冰上，與冰下人語，爲陽語陰，媒介事也。君當爲人作媒，冰泮而婚成。」索充夢見一虜，脱上衣來詣充。紞曰：「虜去上，留下半男字，夷狄陰類，君婦生男。」終如其言。黄平問紞曰：「我昨夜夢舍中馬舞，數十人向馬拍手，此何祥也？」紞曰：「馬者，火也，舞爲火起。向馬拍手，

救火人也。」平未歸而火作。郡功曹張邈嘗奉使詣州，夜夢狼啖一脚。紞曰：「脚肉被啖，爲郤字。」會東虜反，遂不行。凡所占莫不驗。太守陰澹從求占書，紞曰：「昔入太學，見一父老，其人無所不知，又匿姓名，紞因從問占夢之術，審測而說，實無書也。」澹命爲西閤祭酒，紞辭曰：「少無山林之操，游學京師，希申鄙藝。會中國不靖，遂欲養志終年。又少不習勤，老無吏幹，濛汜之年，弗敢聞命。」澹以束帛禮之，月致羊酒。年七十五，卒于家。

清·阮元《疇人傳》卷五 三國魏

高堂隆

高堂隆，字升平。泰山平陽人也。少爲諸生。建安十八年，太祖召爲丞相軍議掾，後爲歷城侯徽文學，轉爲相。黄初中爲堂陽長。以選爲平原王傅。王即尊位，是爲明帝。以隆爲給事中、博士、駙馬都尉，遷陳留太守。徵爲散騎常侍，賜爵關内侯。先是太史上漢曆不及天時，因更推步弦望朔晦爲《太和術》。帝以隆學問優深，于天文又精，乃詔使隆與尚書郎楊偉、太史待詔駱禄，參共相校。偉、禄是太史，隆故據舊術，更相劾奏。紛紜數歲，偉稱禄得日蝕而月晦不盡，隆不得日蝕而月晦盡。詔從太史。隆所争雖不得，而遠近猶知其精微也。

《三國志》本傳及注。

韓翊

韓翊，太史丞也。黄初中，以《乾象》減斗分太過，後當先天造《黄初術》，上元壬午至黄初元年庚子，積三萬一千五百七十八算外，章歲十九，章閏七，紀法四千八百八十三，斗分一千二百五，日法一萬二千七十九，月法三十五萬六千七百。其後尚書令陳群奏以爲曆數難明，前代通儒，多共紛争。黄初之元，以《四分曆》久遠疎闊。大魏受命，宜正曆明時。韓翊首建《黄初》，猶恐不審。故以《乾象》互相參校，歷三年更相是非。合本即末，争長短而疑尺丈，竟無時而決。按三公議皆綜盡典禮，殊塗同歸。欲使效之璿璣，各盡其法。一年之間，得失足定，合于事宜。奏可。太史令許芝云：「劉洪月行術用以來，且四十餘年，以復覺失一辰有奇。」孫欽議：「史遷造《太初》，其後劉歆以爲疏，復爲《三統》。章和中改爲《四分》，以儀天度。考合符應，時有差跌。日蝕覺過半日。至平中劉洪改爲《乾象》，推天七曜之符，與天地合其序。」董巴議云：「聖人迹太陽于晷景，效太陰于弦望，明五星于見伏，正是非于晦朔。弦望伏見者，曆數之綱紀，檢驗之明者也。」徐岳議：「劉洪以曆後天，潛精内思二十餘載，參校漢家《太初》、《三統》、《四分》曆術，課弦望于兩儀郭間。而月行九歲一終，謂之九道。九章百七十一歲，九道小終，九九八十一章，五百六十七分而九終。進退牛前四度五分，學者務追合四分，但減一道六十三分，分不下通，是以疎闊，皆由斗分多故也。課弦望當以昏明度月所在，則知加時先後之意，不宜用兩儀郭間。洪加太初元十二紀減十斗下分，元起己丑，又爲月行遲疾交會。及黄道去極度，五星術，理實粹密，信可長行。今韓翊所造皆用洪法，小益斗下分，所錯無幾。翊所增減，致亦留思。然十術新立，猶未就悉。至于日蝕有不盡效，效曆之要，要在日蝕。熹平之際，時洪爲郎，欲改《四分》，先上驗日蝕。日蝕在晏，加時在辰，蝕從下上三分侵二事御之。後如洪言，海内識真，莫不聞見。劉歆已來，未有洪比。夫以黄初二年六月二十七日戊辰加時未日蝕，《乾象術》加時申半强，于消息就加未，《黄初》以爲加辛强。《乾象》後天一辰半强爲近，《黄初》二辰半爲遠，消息與天近。三年正月景寅朔加時申北日蝕，《黄初》加酉弱，《乾象》加午少，消息加未，《黄初》後天半辰近，《乾象》先天二辰少弱，于消息先天一辰强爲遠天。三年十一月二十九日庚寅，加時西南維日蝕，《乾象》加未初，消息加申，《黄初》加未强，《乾象》先天一辰遠，《黄初》先天半辰近，消息、乾象近中天。二年七月十五日癸未，日加壬月景蝕。《乾象》月加申，消息加未，《黄初》月加子强入。甲申日《乾象》後天二辰，消息後一辰爲近，《黄初》後天六辰遠。三年十月十五日乙巳，日加丑月加未蝕。《乾象》月加巳半，于消息加午。《黄初》以景午月加酉强，《乾象》先天二辰近，《黄初》後天二辰强爲遠。于消息、于乾象先一辰，凡課日月蝕五事，《乾象》四遠，《黄初》一近。翊于課難徐岳乾象、消息，但可減不可加，加之無可説，不可用。岳云：本術自有消息，受師法以消息爲奇辭不能改，故列之正法消息，翊術自疎。木以三年五月二十四日丁亥晨見，《黄初》五月十七日庚辰見，先七日；《乾象》五月十五日戊寅見，先九日。土以二年十一月二十五日壬辰見，《乾象》十一月二十八日丁亥見，先五日；《黄初》十一月十八日甲申見，先八日。土以三年十月十一日壬申伏見，《乾象》同壬申伏，《黄初》已下十月十八日戊辰伏，先四日。土以三年十一月二十二日壬子見，《乾象》十一月十五日乙巳見，先七日；《黄初》十一月十二日壬寅見，先十日。金以三年閏六月十五日丁丑晨伏，《乾象》六月二十五日戊午伏，先十九日；《黄初》六月二十二日己卯伏，先二十三日。金以三年九月十一日壬寅見，《乾象》以八月十八日庚辰見，先二十三日；《黄初》八月十五日丁丑見，先二十五日。水以二年十一月十七日癸

未晨見，《乾象》十一月十三日己卯見，先四日；《黄初》十一月十二日戊寅見，先五日。水以二年十二月十三日己酉晨伏，《乾象》十二月十五日辛亥伏，後三日；《黄初》十二月十四日庚戌伏，後二日。水以三年五月十八日辛巳夕見，《乾象》亦以五月十八日見，《黄初》五月十七日庚辰見，先一日。水以三年六月十三日景午伏，《乾象》六月二十日癸丑伏，後七日；《黄初》六月十九日壬子伏，後六日。水以三年閏六月二十五日丁亥晨見，《乾象》以閏月九日辛未見，先十六日；《黄初》閏月八日庚午見，先十七日。水以三年七月七日己亥伏，《乾象》七月十一日癸卯伏，後四日；《黄初》以七月十日壬申伏，後三日。水以三年十一月日于晷度十四日甲辰伏，《乾象》以十一月九日己亥伏，先五日；《黄初》十月八日戊戌伏，先六日。水以三年十二月二十八日戊子夕見，二曆同以十二月壬申見，俱先十六日。凡四星見伏十五，《乾象》七近二中，《黄初》五近一中。」郎中李恩議：「以太史天度與相覆校，二年七月、三年十一月望，與天度日皆差異。月蝕加時，乃後天六時半，非從三度之謂，定爲後天過半日也。」董巴議曰：「昔伏羲始造八卦，作三畫，以象二十四氣。黄帝因之，初作調曆。歷代十一，更年五千，凡有七曆。顓頊以今之孟春正月爲元，其時正月朔旦立春，五星會于營室也。冰凍始泮，蟄蟲始發，雞始三號。天曰作時，地曰作昌，人曰作樂。鳥獸萬物，莫不應和。故顓頊聖人爲曆宗也。湯作殷曆，弗復以正月朔旦立春爲節也，更以十一月朔旦冬至爲元首。下至周、魯及漢，皆從其節，據正四時。夏爲得天，以承堯舜從顓頊故也。《禮記》大戴曰：『虞夏之曆，建正于孟春。』此之謂也。楊偉請六十日中疏密可知。不待十年，若不從法，是校方員棄規矩，考輕重背權衡，課長短廢尺寸，論是非違分理。若不先定校曆之本法，而懸聽棄法之末争，則孟軻所謂方寸之木，可使高于岑樓者也。今韓翊據劉洪術者，知貴其術，珍其法，而棄其論，背其術，廢其言，違其事，是非必使洪奇妙之式不傳來世。若知而違之，于挾故而背師也。若不知據之，是爲挾不知而罔知也。」校議未定，會帝崩而寢。《晉書・律曆志》、《宋書・律曆志》、《開元占經》。

楊偉

楊偉，尚書郎也。景初元年改定曆數，以建丑之月爲正，改其年三月爲孟夏四月。其孟仲季月，雖與正歲不同，至于郊祀迎氣、祭祠烝嘗、巡狩蒐田、分至啓閉、班宣時令，皆以建寅爲正。三年正月帝崩，復用夏正。偉表曰：「臣攬載籍，斷考曆數，時以紀農，月以紀事，其所由來遐而尚矣。乃自少昊則元鳥司分，顓頊、帝嚳則重黎司天，唐帝、虞舜則和官掌日。三代因之，則世有日官。日官司曆，則頒之諸侯。諸侯受之，則頒于境内。夏后之代，羲和湎淫，廢時亂日，則書載允徵。由此觀之，審農時而重人事者，歷代然也。逮至周室既衰，戰國横騖。告朔之羊，廢而不紹。登臺之禮，滅而不遵。閏分乖次而不識，孟陬失紀而莫悟，大火猶西流而怪蟄蟲之不藏也。是時也，天子不協時，司曆不書日，諸侯不受職，日御不分朔，人事不恤，廢棄農時。仲尼之撥亂，于《春秋》託褒貶。糾正司曆，失閏則譏而書之，登臺頒朔則謂之有禮。自此以降，暨于秦漢，乃復以孟冬爲歲首，閏爲後九月。中節乖錯，時月紕繆，加時後天，蝕不在朔，累載相久而不革也。至武帝元封七年，始乃寤其繆焉，于是改正朔，更曆數，使大才通人造《太初術》。校中朔所差，以正閏分。課中星得度，以考疏密。以建寅之月爲正朔，以黄鐘之月爲曆初。其曆斗分太多，後遂疏闊。至元和二年，復用《四分術》。施而行之，至于今日。考察日蝕，率常在晦，是則斗分太多，故先密後疏而不可用也。是以臣前以制典餘日推考天路，稽之前典，驗之食朔，詳而精之，更建密曆，則不先不後。古今中天，以昔在唐帝協日正時，允釐百工，咸熙庶績也。欲使當今國之典禮，凡百制度，皆韜合往古，郁然備足。乃改正朔，更曆數，以大吕之月爲歲首，以建子之月爲曆初。臣以爲昔在帝代，則法曰顓頊。曩自軒轅，則曆曰黄帝。暨至漢之孝武，革正朔，更曆數，改元曰太初，因名《太初術》。今改元爲景初，宜曰《景初術》。臣之所建《景初術》，法數則約要，施用則近密，治之則省功，學之則易知，雖復使研桑心算，隸首運籌，重黎司晷，羲和察景，以考天路，步驗日月，究極精微，盡術數之極者，皆未如臣如此之妙也。是以累代曆數皆疏而不密。自黄帝以來，改革不已。壬辰元以來，至景初元年丁巳，歲積四千四十六算。此元以天正建子黄鐘之月爲曆初，元首之歲夜半甲子朔旦冬至，紀法千八百四十三，周天六十七萬三千一百五十，日法四千五百五十九，通數十三萬四千六百三十，會通七十九萬一百二十，通周十二萬五千六百二十一，元首交會差率四十一萬二千九百一十九，遲疾差率十萬三千九百四十七。」《晉書・律曆志》、《宋書・律曆志》。

論曰：《乾象術》推合朔用日法，推遲疾用周法，推陰陽用月周，各異其法而不相通。偉術通數，會通通周，并以滿日法而一爲日，用算省約，此李淳風總法之所祖。壬辰元首有交會遲疾差數，此又楊忠輔諸差、郭守敬諸應之所自出。至其推交會月蝕，以去交度十五爲法。論虧之多少，以先會後交先交後會論虧

起角之東西南北，皆密于前術，足以爲後世法者也。

劉徽

劉徽，景元四年，注《九章算術》。其序言：昔在庖犧氏始畫八卦，以通神明之德，以類萬物之情，作九九之數，以合六爻之變。暨于黄帝，神而化之，引而伸之。于是建曆紀，協律吕，用稽道原。然後兩儀四象精微之氣，可得而效焉。記稱隸首作數，其詳未之聞也。按周公制禮而有九數，九數之流，則《九章》是矣。往者暴秦焚書，經術散壞。自時厥後，漢北平侯張蒼、大司農中丞耿壽昌，皆以善算命世。蒼等因舊文之遺殘，各稱删補，故校其目，則與古或異，而所論者多近語也。徽幼習《九章》，長再詳覽。觀陰陽之割裂，總算術之根源，探賾之下，遂悟其意。是以敢竭頑魯，采其所見，爲之作注，事類相推，各有攸歸。故枝條雖分，而同本幹者，知發其一端而已。又所析理以辭，解體用圖，庶亦約而能周，通而不黷，覽之者思過半矣。且算在六藝，古者以賓興賢能教習國子，雖曰九數，其能窮纖入微，探測無方。至于以法相傳，亦猶規矩度量，可得而共，非特難爲也。當今好之者寡，故世雖多通才達學，而未能綜于此耳。周官大司徒職，夏至日中立八尺之表，其景尺有五寸，謂之地中，説云南戴日下萬五千里，夫云爾者以術推之。案《九章》立四表望遠，及因木望山之術，皆端旁互見，無有超邈若斯之類。然則蒼等爲術，猶未足以博盡群數也。徽尋九數有重差之名，原其指趣，乃所以施于此也。凡望極高，測絶深，而兼知其遠者，必用重差。句股則必以重差爲率，故曰重差也。立兩表于洛陽之城，令高八尺，南北各盡平地同日度，其正中之時，以景差爲法，表高乘表間爲實，實如法而一所得加表高，即日去地也。以南表之景乘表間爲實，實如法而一即爲從南表至南戴日下也。以南戴日下及日去地爲句股，爲之求弦，即日去人也。以徑寸之筩南望日，日滿筩空，則定筩之長短以爲股率，以筩徑爲句率，日去人之數爲大股，大股之句，即日徑也。雖夫圓穹之象，猶曰可度，又况泰山之高與江海之廣哉！徽以爲今之史籍，且略舉天地之物，考論厥數，載之于志，以闡世術之美。輒造重差，并爲注解，以究古人之意。綴于句股之下，度高者重表，測深者累矩，孤離者三望，離而又旁求者四望。觸類而長之，則雖幽遐詭伏，靡所不入。博物君子，詳而覽焉。舊術求圓以周三徑一爲率，徽以爲疏，遂更張其率。其説曰：案爲圓以六觚之一面乘半徑二，因而六之，得十二觚之冪。若又割之，次以十二觚之一面，乘一觚之半徑四，因而六之，則得二十四觚之冪。割之彌細，所失彌少。割之又割，以至于不可割，則與圓周合體而無所失矣。觚面之外，又有餘徑。以面乘徑，則冪出觚表。若夫觚之細者與圓合體，則表無餘徑。表無餘徑，則冪不出外矣。以一面乘半徑觚而裁之，每輒自倍，故以半周乘半徑而爲圓冪，此一周徑謂至然之數，非周三徑一之率也。周三者，從其六觚之環耳，以推圓規多少之較，乃弓之與弦也。然世傳此法莫肯精覈，學者踵古，習其謬失，不有明據，辨之斯難。凡物類形象，不圓則方。方圓之率，誠著于近，則雖遠可知也。由此言之，其用博矣。謹案圓驗更造密率，恐空設法數，昧而難譬，故置之檢括，謹詳其記註焉。割六觚以爲十二觚。術曰：置圓徑二尺，半之爲一尺。即圓裏六觚之面，令半徑一尺爲弦，半面五寸爲句，爲之求股。以句冪二十五寸，減弦冪，餘七十五寸，開方除之，下至秒忽。又一退法，求其微數，微數無名者，以爲分子，以下爲分母，約作五分忽之二，故得股八寸六分六氂二秒五忽五分忽之二。以減半徑，餘一寸三分三氂九豪七秒四忽五分忽之三，謂之小句。觚之半面，又謂之小股。爲之求弦，其冪二千六百七十九億四千九百一十九萬三千四百四十五忽，餘分棄之，開方除之，即十二觚之一面也。割十二觚以爲二十四觚。術曰：亦令半徑爲弦，半面爲句，爲之求股。置上小弦冪四而一，得六百六十九億八千七百二十九萬八千三百六十一忽，餘分棄之，即句冪也。以減弦冪，其餘開方除之，得股九寸六分五氂九豪二秒五忽五分忽之四。以減半徑，餘三分四氂七秒四忽三分忽之一，謂之小句。觚之半面，又謂之小股。爲之求小弦，其冪六百八十一億四千八百三十四萬九千四百六十六忽，餘分棄之，開方除之，即二十四觚之一面也。割二十四觚以爲四十八觚。術曰：亦令半徑爲弦，半面爲句，爲之求股。置上小弦冪四而一，得一百七十億三千七百八萬七千三百六十六忽，餘分棄之，即句冪也。以減弦冪，其餘開方餘之，得股九寸九分一氂四豪四秒四忽五分忽之四。以減半徑，餘八氂五豪五秒五忽五分忽之一，謂之小句。觚之半面，又謂之小股。爲之求小弦，其冪七百七十一億一千二十七萬八千八百一十三忽，餘分棄之。開方除之，得小弦一寸三分八豪六忽，餘分棄之，即四十八觚之一面。以半徑一尺除之，又以二十四乘之，得冪三萬一千三百九十三億四千四百萬忽。以百億除之，得冪三百一十三寸六百二十五分寸之五百八十四，即九十六觚之冪也。割四十八觚以爲九十六觚。術曰：亦令半徑爲弦，半面爲句，爲之求股。置次上弦冪四而一，得四十二億七千七百五十六萬九千七百三忽，餘分棄之，即句冪也。以減弦冪，其餘開方除之，得股九寸九分七氂八豪五秒八忽十分忽之

九。以減半徑，餘二釐一豪四秒一忽十分忽之一，謂之小句。觚之半面，又謂之小股。爲之求小弦，其冪四十二億八千二百一十五萬四千一十二忽，餘分棄之，開方除之，得小弦六分五釐四豪三秒八忽，餘分棄之，即九十六觚之一面也。以半徑一尺乘之，又以四十八乘之，得冪三萬一千四百一十億二千四百萬忽。以百億除之，得冪三百一十四寸六百二十五分寸之六十四，即一百九十二觚之冪也。以九十六觚之冪減之，餘六百二十五分之一百五，謂之差冪。倍之爲分寸之二百一十，即九十六觚之外弧田，所謂以弦乘矢之凡冪也。加此冪于九十六觚之冪，得三百一十四寸六百二十五分寸之一百六十九，則出圓之表矣。故還就一百九十二觚之全冪三百一十四寸以爲圓冪之定率，而棄其餘分，以半徑一尺，除圓冪倍之，得六尺二寸八分，即周數。令徑自乘爲方冪四百寸，與圓冪相折，圓冪得一百五十七爲率，方冪得二百爲率，方冪二百，其中容圓冪一百五十七也。圓率猶爲微少，案弧田圖，令方中容圓，圓中容方，內方合外方之半。然則圓冪一百五十七，其中容方冪一百也。又令徑二尺與周六尺二寸八分相約，周得一百五十七，徑則五十，則其相與之率也，周率猶爲微少也。晉武庫中，漢時王莽作銅斛，其銘曰：「律嘉量斛，內方尺而圓其外。庣旁九釐五豪，冪一百六十二寸，深一尺，積一千六百二十寸，容十斗。」以此術求之，得冪一百六十一寸有奇，其數相近矣。此術微少，而斛差冪六百二十五分寸之一百五。以十二觚之冪爲率，消息當取此分寸之三十六，以增于一百九十二觚之冪，以爲圓冪三百一十四寸二十五分寸之四，置徑自乘之。方冪四百寸，令與圓冪通相約，圓冪三千九百二十七，方冪得五千，是爲率。方冪五千中，容圓冪三千九百二十七，圓冪三千九百二十七中，容方冪二千五百也。以半徑一尺，除圓冪三百一十四寸二十五分寸之四，倍之得六尺二寸八分二十五分分之八，即周數也。全徑二尺與周數通相約，徑得一千二百五十，周得三千九百二十七，即其相與之率。若此者蓋盡其纖微矣。舉而用之，上法仍約耳。當求一千五百三十六觚之一面，得三千七十二觚之冪。而裁其微分，數亦宜然，重其驗耳。《晉書·律曆志》、《九章算術》。

論曰：徽稱《九章》爲九數之流，然則九數與《九章》自別。賈公彦釋《鄭氏周禮注》云：「今有重差夕桀句股也者，此漢法增之，非也。」蓋方田、粟米、差分、少廣、商功、均輸、方程、贏不足、旁要，今有重差夕桀句股者，九數之篇名。方田、粟米、衰分、少廣、商功、均輸、贏不足、方程，句股者，《九章》之目。今有別爲一術，不得以今爲指謂漢時也。周三徑一，于率尚觕。徽創以六觚之面割之，又割以求周徑相與之率。厥後祖冲之更開密法，仍是割之又割耳。未能于徽法之外，別立新術也。江都焦里堂循謂劉徽注《九章》，與許叔重《說文解字》，同有功于六藝，是豈尊崇之過當乎？

又　三國吳

闞澤

闞澤，字德潤，會稽山陰人也。察孝廉，除錢塘長，遷彬令。孫權爲驃騎將軍，辟補西曹掾。及稱尊號，以澤爲尚書。嘉禾中爲中書令，加侍中。赤烏五年，拜太子太傅，領中書如故。澤受劉洪《乾象法》于東萊徐岳，著《乾象術注》，以正時日。以儒學勤勞，封都鄉侯，六年冬卒。《三國志》本傳、《晉書·律曆志》。

陸績

陸績，字公紀，吳郡吳人也。孫權統事，辟爲奏曹掾。出爲鬱林太守，加偏將軍，給兵二千人。始推渾天意，造渾象，形如鳥卵。作《渾天圖注》。年三十二卒。《三國志》本傳、《宋書·天文志》。

王蕃

王蕃，字永元，廬江人也。始爲尚書郎。孫休即位，爲散騎中常侍，加駙馬都尉。又爲夏口監軍。孫皓初，復入爲常侍。甘露二年，皓大會群臣，蕃沈醉頓伏，皓怒斬之，時年三十九。蕃傳劉洪《乾象術》，依乾象法，制《渾儀立論考度》曰：前儒舊說，天地之體，狀如鳥卵。天包地外，猶殼之裹黃也。周旋無端，其形渾渾然，曰渾天也。周天三百六十五度五百八十九分度之百四十五，半露地上，半在地下。其二端謂之南極北極。北極出地三十六度，南極入地亦三十六度，兩極相去一百八十二度半强。繞北極徑七十二度，常見不隱，謂之上規。繞南極七十二度，常隱不見，謂之下規。赤道帶天之紘，去兩極各九十一度少强。黃道日之所行也，半在赤道外，半在赤道內。與赤道東交于角五弱，西交于奎十四少强。其出赤道外極遠者，去赤道二十四度，斗二十一度是也。其入赤道內極者，亦二十四度，井二十五度是也。日南至在斗二十一度，去極百一十五度少强是也。日最南，去極最遠，故景最長。黃道斗二十一度，出辰入申，故日亦出辰入申。日晝行地上百四十六度强，故日短。夜行地下二百一十九度少弱，故夜長。自南至之後，日去極稍近，故景稍短。日晝行地上度稍多，故日稍長。夜行地下度稍少，故夜稍短。日所在度稍北，故日稍北以至于夏至。日在井二十

五度，去極六十七度少强，是日最北，去極最近，景最短。黄道井二十五度，出寅入戌，故日亦出寅入戌。日晝行地上二百一十九度少弱，故日長。夜行地下百四十六度强，故夜短。自夏至之後，去極稍遠，故景稍長。日晝行地上度稍少，故日稍短。夜行地下度稍多，故夜稍長。日所在度稍南，故日出入稍南，以至于南至而復初焉。斗二十一，井二十五，南北相覺四十八度。春分日在奎十四少强，秋分日在角五少弱，此黄赤二道之交中也。去極俱九十一度少强，南北處斗二十一井二十五之中。故景居二至長短之中，奎十四，角五，出卯入酉，故日亦出卯入酉。日晝行地上，夜行地下，俱一百八十度少强，故日見之漏五十刻，不見之漏五十刻，謂之晝夜同。夫天之晝夜以日出入爲分，人之晝夜以昏明爲限。日未出二刻半而明，日已入二刻半而昏。故損夜五刻以益晝，是以春秋分之漏，晝五十五刻。三光之行，不必有常。術家以算求之，各有同異。故諸家術法，參差不齊。《洛書甄曜度》、《春秋考異郵》皆云周天一百七萬一千里，一度爲二千九百三十二里七十二步二尺七寸四分四百八十七分分之三百六十二。陸績云：「天東西南北徑，三十五萬七千里。」此言周三徑一也。考之徑一，不啻周三，率周百四十二。而徑四十五，則天徑三十二萬九千四百一里一百二十二步二尺二寸一分七十一分分之十。《周禮》：日至之景，尺有五寸，謂之地中。鄭衆説土圭之長，尺有五寸。以夏至之日，立八尺之表，其景與土圭等，謂之地中，今潁川陽城地也。鄭玄云，凡日景于地千里而差一寸，景尺有五寸者，南戴日下萬五千里也。以此推之，日當去其下地八萬里矣。日邪射陽城，則天徑之半也。天體圓如彈丸，地處天之半，而陽城爲中，則日春秋冬夏昏明晝夜，去陽城皆等，無盈縮矣。故知從日邪射陽城爲天徑之半也。以句股法言之，傍萬五千里，句也；立八萬里，股也；從日邪射陽城，弦也。以句股求弦法入之，得八萬一千三百九十四里三十步五尺三寸六分，天徑之半，而地上去天之數也。倍之得十六萬二千七百八十八里六十一步四尺七寸二分，天徑之數也。以周率乘之，徑率約之，得五十一萬二千六百八十七里六十八步一尺八寸二分，周天之數也。減《甄曜度》、《考異郵》五十五萬七千三百一十二里有奇，一度凡千四百六里百二十四步六寸四分十萬七千五百六十五分分之萬九千三十九，減舊度千五百二十五里二百五十六步三尺三寸二十一萬五千一百三十分分之十六萬七千三十。分黄赤二道，相與交錯其間。相去二十四度，以兩儀推之，二道俱三百六十五度有奇。是以知天體圓如彈丸。而陸績造渾象，其形如鳥卵，然則黄道應長于赤道矣。績云：天東西南北徑三十五萬七千里，然則績亦以天形正圓也。而渾象爲鳥卵，則爲自相違背。古舊渾象以二分爲一度，凡周七尺三寸半分。張衡更制，以四分爲一度，凡周一丈四尺六寸。蕃以古制局小，星辰稠概，衡器傷大，難可轉移，更制渾象，以三分爲一度，凡周一丈九寸五分四分分之三也。《三國志》本傳、《晉書·天文志》、《宋書·天文志》。

論曰：蕃以周百四十二，而徑四十五，以徑一丈率之，周得三丈一尺五寸五分五釐五豪五秒五忽九分忽之五，較徽率爲强。其立論考度，通達平正，可爲總天家之圭臬矣。

姚信

姚信，字元直，一字德祐，武康人也。爲吴太常。嘗作《昕天論》一卷，云：「人爲靈蟲，形最似天。今人頤前多臨胸，而項不能覆背，近取諸身，故知天之體，南低入地，北則偏高。」又曰：「嘗覽《漢書》云，冬至日在牽牛去極遠，夏至日在東井去極近，欲以推日之長短。信以太極處二十八宿之中央，雖有遠近，不能相倍。今昕天之説，以爲冬至極低，而天運近南。故日去人遠，而斗去人近，北天氣至，故冰寒也。夏至極起，而天運近北，而斗去人遠，日去人近，南天氣至，故蒸熱也。極之立時，日行地中淺，故夜短，天去地高，故晝長也。極之低時，日行地中深故夜長。天去地下淺，故晝短也。然則天行寒依于渾，夏依于蓋也。《晉書·天文志》、《宋書·天文志》、《三國志注》、《浙江通志》。

論曰：昕天之説，以北極去人有遠近。冬至時極去人較二分爲近，故冬至之日，道在二分之日道南。夏至時，極去人較二分爲遠，故夏至之日，道在二分之日道北。在北則行地中淺，斗與日俱在人之北，有如蓋之覆于上，故曰夏依于蓋。在南則行地中深，斗在人之北，而日在人之南，有如渾之包乎外，故曰冬依于渾。日之南北，因乎極之遠近。然則昕天之説，止有赤道而無黄道矣。

陳卓

陳卓，太史令也。始列甘氏、石氏、巫咸三家星官。著于圖録，總有二百五十四官，一千二百八十三星，并二十八宿及輔官附坐一百八十二星，總二百八十三官，一千五百六十五星。《隋書·天文志》。

葛衡

葛衡，字思真。明達天官，能爲機巧，作渾天，使地居于中，以機動之，天轉而地止，以上應晷度。《三國志·趙達傳》注引《晉陽秋》、《隋書·天文志》。

杜預

杜預，字元凱，京兆杜陵人也。尚文帝妹高陸公主。起家爲尚書郎，襲祖爵豐樂亭侯。泰始中守河南尹，俄拜度支尚書。以時曆差舛不應晷度，奏上《上元乾度曆》，行于世。後拜鎮南大將軍都督荆州諸軍事。平吴，以功進爵當陽侯。著《春秋長曆》。其説云，日行一度，月行十三度十九分之七有奇。日官當會集此之遲疾以考成晦朔，以投閏月。閏月無中，而北斗斜指兩辰之間，所以異于他月。積此以相通，四時八節無違，乃得成歲。其微密至矣，得其精微，以合天道，則事序而不僭。故傳曰，閏以正時，時以作事。然陰陽之運，隨動而差，差而不已，遂與曆錯。故仲尼、邱明每于朔閏發文，蓋矯正得失，因以宣明曆數也。劉子駿造《三正曆》以修《春秋》。日蝕有甲乙者三十四，而《三正曆》惟得一蝕，比諸家既最疎，又六千餘歲輒益一日，凡歲當累日爲次，而故益之，此不可行之甚者。自古以來，諸論《春秋》者，多述謬誤。或造家術，或用黄帝以來諸曆，以推經、傳朔日，皆不諧合。日蝕于朔，此乃天驗。經、傳又書其朔蝕，可謂得天。而劉、賈諸儒説，皆以爲月二日或三日，公違聖人明文。其弊在于守一元不與天消息也。余惑《春秋》之事，嘗著《曆論》，極言曆之通理。其大指曰，天行不息，日月星各運其舍，皆動物也。物動則不一，雖行度有大量可得而限，累日爲月，累月爲歲，以新故相涉，不得不有毫末之差，此自然之理也。故《春秋》日月頻月有蝕者，曠年不蝕者，理不得一。而算守恒數，故曆無不有先後也。始失于毫毛，而尚未可覺。積而成多，以失弦望晦朔，則不得不改憲以從之。《書》所謂「欽若昊天，曆象日月星辰」，《易》所謂「治曆明時」，言當順天以求合，非爲合以驗天者也。推此論之，春秋二百餘年，其治曆變通多矣。雖數術絶滅，遠尋經傳微旨，大量可知。時之違謬，則經傳有驗，學者固當曲循經傳月日日蝕，以考晦朔，以推時驗。而皆不然，各據其學以推《春秋》，此異于度己之跡，而欲削他人之足也。余爲《曆論》之後，至咸寧中，善筭者李修卜顯，依論體爲術，名《乾度曆》，表上朝廷。其術合日行四分數而微增，月術月三百歲改憲之意，二元相推七十餘歲，承以强弱，强弱之差蓋少，而適足以遠通盈縮。時尚書及史官以《乾度》與《泰始》參校，勝官曆四十五事。今其術具存。又并考古今十曆以驗《春秋》，知《三統》之最疏也。後徵爲司隸校尉，加位特進。卒年六十三，追贈征南大將軍開府儀同三司，謚曰成。《晉書》本傳、《律曆志》。

論曰：征南作長術，校勘《春秋》日月，特以意排成。于推步之法，殊無當也。然其論謂當順天以求合，非爲合以驗天，此則于千古步算之要該括無遺，所謂立言不朽者，當如是矣。

劉智

劉智，字子房，平原高唐人也。歷中書黄門吏部郎，出爲潁川太守，入爲秘書監，領南陽王師，加散騎常侍，遷侍中尚書太常。以斗曆改憲，推《四分法》三百年而減一日，推甲子爲上元，至泰始十年歲在甲午，九萬七千四百一十一歲。上元天正甲子朔夜半冬至，日月五星始于星紀斗二十一，得元首之端，章歲十九，章閏七，紀日一百四萬九百五十三。交會通六百一十萬九千一百七十四，紀歲二千八百五十，紀月三萬五千二百五十，餘一萬八千七百三，名爲《正曆》。太康末卒，謚曰成。《晉書》本傳、《律曆志》、《開元占經》。

論曰：《開元占經》，載正術之數如此。《晉志》稱智術以百五十爲度法，三十七爲斗分者。以十九約紀歲二千八百五十，得百五十即度法。以十九約紀日一百四萬九百五十三，得五萬四千七百八十七。以度法除之，得三百六十五，餘三十七即斗分也。一百五十年，有五萬四千七百八十七日，倍之即三百年，有十萬九千五百七十四日。于《四分術》，三百年當有十萬九千五百七十五日。故曰三百年而減一日也。

束皙

束皙，字廣微，陽平元城人也。張華召爲掾。又爲司空、下邳王晃所辟。華爲司空，復以爲賊曹屬，轉佐著作郎，遷轉博士，著作如故。後遷尚書郎，辭疾罷歸，年四十卒。皙嘗論天體，以爲傍方與上方等。傍視則天體存于側，故日出時視日大也。日無大小，而所存者有伸厭，厭而形小，伸而體大，蓋其理也。又日始出時色白者，雖大不甚。始出時色赤者，其大則甚。此終以人目之惑無遠近也。且夫置器廣庭，則函牛之鼎如釜，堂崇十仞，則八尺之人猶短。物有陵之，非形異也。夫物有惑心，形有亂目，誠非斷疑定理之主。故仰遊雲以觀，日月常動而雲不移，乘船以涉水，水去而船不徙矣。《晉書》本傳、《隋書・天文志》。

葛洪

葛洪，字稚川，自號抱朴子，丹楊句容人也。元帝爲丞相時，辟爲掾，以功賜關内侯。咸和初，司徒導召補州主簿，轉司徒掾，遷諮議參軍。卒年八十一。嘗據渾天以駁王充蓋天之説曰：「《渾天儀注》云：『天如雞子，地如中黄，孤居于

天内。天大而地小，天表裏有水，天地各乘氣而立，載水而行。周天三百六十五度四分度之一，又中分之，則半覆地上，半繞地下。故二十八宿半見半隱。天轉如車轂之運也。』諸論天者雖多，然精于陰陽者少。張平子、陸公紀之徒，咸以爲推步七曜之道，以度曆象昏明之證候。校以四八之氣，考以漏刻之分，占晷影之往來，求形驗于事情，莫密于渾象也。張平子既作銅渾天儀于密室中，以漏水轉之，與天皆合如符契也。崔子玉爲其碑銘曰：『數術窮天地，制作侔造化。高才偉藝，與神合契。』蓋由于平子渾儀及地動儀之有驗故也。若天果如渾者，則天之出入行于水中爲必然矣。故黄帝書曰，天在地外，水在天外，水浮天而載地者也。又《易》曰：『時乘六龍。』夫陽爻稱龍，龍居水之物以喻天，天陽物也。又出入水中，與龍相似，故比以龍也。聖人仰觀俯察，審其如此。故晉卦坤上離下，以證日出于地也。又明夷之卦，離下坤上，以證日入于地也。又需卦乾下坎上，此亦天入水中之象也。天爲金，金水相生之物也。天出入水中，當有何損而謂爲不可乎？然則天之出入水中無復疑矣。又今視諸星出于東者，初但去地小許耳，漸而西行，先經人上，後遂轉而西下焉，不旁旋也。其先在西之星亦稍下而没，無北轉者。日之出入亦然。若謂天磨石轉者，衆星日月，宜隨天而迴。初在于東，次經于南，次到于西，次及于北，而復還于東，不應横過去也。今日出于東，冉冉轉上，及其入西，亦復漸漸稍下，都不繞邊北去，了了如此。王生必固謂爲不然者，疏矣。今日徑千里，其中足以當小星之數十也，若日以轉遠之故，但當光曜，不能復來照及人耳，宜猶望見其體，不應都失其所在也。日光既盛，其體又大于星。今見極北之小星，而不見日之在北者，明其不北行也。若日以轉遠之故，不復可見，其北入之間，應當稍小。而日方入之時，反乃更大，此非轉遠之徵也。王生以火炬喻日，吾亦將藉子之矛以刺子之盾焉。把火之人，去人轉遠，其光轉微。而日月自出至入，不漸小也。王生以火喻之，謬矣。又日之入西方，視之稍稍去。初尚有半如横破鏡之狀，須臾淪没矣。若如王生之言，日轉北去者，其北都没之頃，宜先如竪破鏡之狀，不應如横破鏡也。如此言之，日入北方，不亦孤孑乎？又月之光微，不及日遠矣。月盛之時，雖有重雲蔽之，不見月體，而夕猶朗，然是月光猶從雲中而照外也。日若繞西而及北者，其光故應如月在雲中之狀，不得夜便大暗也。又日入則星月出焉，明知天以日月分主晝夜相代而照也。若日常出者，不應日亦入而星月出也。又案，河洛之文，皆云水火者陰陽之餘氣也。夫言餘氣，則不能生日月可知也，顧當言日精生火者可耳。若水火是日月所生，則亦何得盡如日月之圓乎？今火出于陽燧，陽燧圓而火不圓也。水出于方諸，方諸方而水不方也。又陽燧可以取火于日，而無取日于火之理，此則日精之生火明矣。方諸可以取水于月，無取月于水之道，此則月精之生水了矣。王生又云，遠故視之圓，若審然者。月初生之時，及既虧之後，何以視之不圓乎？而日食或上或下，從側而起，或如鈎至盡，若遠視見圓，不宜見其殘缺左右所起也。此則渾天之體，信而有徵矣。」又譏虞喜《安天論》曰：「苟辰宿不麗于天，天爲無用，便可言無，何必復云有之而不動乎？」《晉書·天文志》、《隋書·天文志》。

論曰：渾蓋自古紛爭。崔靈恩以渾蓋爲一，亦第謂兩説之可以相通，究之天體是一，不得既爲渾又爲蓋也。繪圖以象天，則蓋天之説便。造儀以驗天，則渾天之説長。蓋哉蓋哉，誠不如渾之有驗于天也，觀洪之論可曉然矣。

虞喜　族祖聳

虞喜，字仲寧，會稽餘姚人也。成帝咸康中，因宣夜之説，作《安天論》，以難渾蓋，以爲天高窮于無窮，地深測于不測。天確乎在上，有常安之形。地魄焉在下，有居静之體，常相覆冒。方則俱方，圓則俱圓，無方圓不同之義也。其光曜布列，各自運行，猶江海之有潮汐，萬品之有行藏也。古曆日有常度，天周爲歲終，故久而益差。喜覺之，使天爲天，歲爲歲，乃立差以追其變，使五十年退一度。年七十六卒。《晉書·儒林傳》、《天文志》、《唐書·曆志》。

論曰：古無歲差之説，有之自喜始。其説以冬至度歲歲西移，與日月兩交逆行相似。明末西人易爲恒星東行，而冬至不動。立法雖殊，而以爲歲之有差則一也。

聳，喜族祖也。爲河間相。作《穹天論》云：「天形穹隆如雞子，幕其際，周接四海之表，浮于元氣之上。譬如覆奩以抑水而不没者，氣充其中故也。日繞辰極，没西而還東，不出入地中。天之有極，如蓋之有斗也。天北下于地三十度，極之傾在地卯酉之北亦三十度，人在卯酉之南十餘萬里。故斗極之下不爲地中，當對天地卯酉之位耳。日行黄道繞極，極北去黄道百一十五度，南去黄道六十七度。二至之所舍以爲長短也。」《晉書·天文志》。

王朔之

王朔之，琅邪人也。穆帝時爲著作郎。以劉智正曆上元歲在甲子善之。永和八年，造通曆，以甲子爲上元，積九萬七千年四千八百八十三爲紀法，千三百五爲斗分。因其上元爲開闢之始，何承天以爲卓于立意者也。《晉書·律曆志》、

《宋書・律曆志》。

論曰：朔之所用紀法、斗分，與黄初術同。蓋采韓翊、劉智兩家以爲術也。

張邱建

張邱建，清河人也。著《算經》三卷。序曰：「夫學算者不患乘除之爲難，而患通分之爲難。是以序列諸分之本原，宣明約通之要法。上實有餘爲分子，下法從而爲分母。可約者約以命之，不可約者因以名之。凡約法高者下之，耦者半之，奇者商之，副置其子及其母，以少減多，求等數而用之。乃若其通分之法，先以其母乘其全，然後内子母不同者，母互乘，子母亦相乘爲一。母諸子共之，約之通分，而母入者出之則定。其夏侯陽之方倉，孫子之蕩杯，此等之術，皆未得其妙。故更造新術，推盡其理，附之于此。余爲後生好學有無由以至者，故舉其大概而爲之法。不復煩重，庶易曉云爾。」《張邱建算經》。

論曰：詳觀邱建之書，蓋出入乎《九章》而得其精微者。序稱「不患乘除之爲難，而患通分之爲難」，諒哉斯言。之分之術明，則《九章》之要一以貫之矣。惟雞翁母雛一問而有三答，斯則惟憑心計，于率不通。謝察微乃依數而爲之術，不亦傎乎。

夏侯陽

夏侯陽，著《算經》三卷。序曰：「夫博通九經，爲儒門之首。學該六蓺，爲技術之宗。若非材性通明，孰能與于此也？然算數起自伏羲，而黄帝定三數爲十等，隸首因以著《九章》。逮乎有虞，乃同律度量衡。孔子曰：謹權量，審法度。漢備五數，紀于一，協于十，長于百，大于千，衍于萬。度長短者不失毫釐，量多少者不失抄撮，權輕重者不失黍絫。五曹孫子，述作滋多。甄鸞、劉徽，爲之詳釋。稽之往古，妙絶其能。儲校今時，少有聞見。余以總角，志好其文，略尋古今，備覽差互。其如明數造術，詎曉端倪，尋考遺言，頗知梗概。且課租庸調，無術可憑，步數奇殘，苦難銷盡。求變米穀，經旨未瞻。正耗共升，何由剖析。三分五分，取一法理爲明焉。況今令式與古數不同，奚能則定。代相沿革，互議短長，經術尤深，難可意測。是以跋涉川陸，參會宗流，纂定研精，刊緐就省，祛蕩疑惑，括諸古法，燭盡豪芒，謹録異同，列之于右。」《夏侯陽算經》。

論曰：《算經》載時務云，十乘加一等，百乘加二等，十除退一等，百除退二等，此即《大統通軌》所謂「十定一子、百定二子」者是也。其算術皆淺顯易知，切于日用。于官曹典故，其説尤詳，洵足爲考古之助矣。舊以夏侯陽爲隋人，以張邱建有夏侯陽、方倉之語，斷爲夏侯陽以後人。以余考之，有不盡合者。夏侯陽稱甄鸞、劉徽爲之詳釋，則鸞在夏侯陽之前，而張邱建《算經》有甄鸞注，則張邱建當更在鸞之前。彼此互異，不可是正。蓋術數之書，多經後人竄易。要不可援據單詞，定時代之先後也。今姑從《大觀算學》所定，以張邱建、夏侯陽附見晉代，以俟知者詳之。

又　前趙附

孔挺

孔挺，南陽人也。爲劉曜史官丞。光初六年，造渾天銅儀。有雙環規，相并間相去三寸許，正竪當子午，其子午之間，應南北極之衡，各合而爲孔，以象南北極，植楗于前後以屬焉。有單横規，高下正當渾之半，皆周帀分爲度數，署以維辰之位以象地。又有單規，斜帶南北之中，與春秋二分之日道相應，亦周帀分爲度數，而署以維辰，并相連著屬楗，植而不動。其裏又有雙規相并，如外雙規，内徑八尺，周二丈四尺，而屬雙軸，軸兩頭出規外各二寸許，合兩爲一。内有孔圓徑二寸許。南頭入地下，注于外雙規南樞孔中，以象南極。北頭出地上，入于外雙規北樞孔中，以象北極。其運動得東西轉以象天行。其雙軸之間，則置衡長八尺。通中有孔，圓徑一寸。當衡之半，兩邊有關，各注著雙軸。衡既隨天象東西轉運，又自于雙軸得南北低仰。所以準驗辰曆，分考次度。其于揆測，唯所欲爲之者也。其儀至粱尚存，華林重雲殿前所置銅儀是也。《隋書・天文志》。

又　後秦附

姜岌

姜岌，天水人也。姚興時當孝武太元九年歲在甲申，造《三紀甲子元曆》，其略曰：治曆之道，必審日月之行，然後可以上考天時，下察地化。一失其本，則四時變移。故仲尼之作《春秋》，日以繼月，月以繼時，時以繼年，年以首事。明天時者人事之本，是以王者重之。自羲皇以降，暨于漢魏，各自制曆，以求厥中，考其疏密，惟交會薄蝕可以驗之。然書契所記，惟《春秋》著日蝕之變。自隱公訖于哀公，凡二百四十二年之間，日蝕三十有六。考其晦朔，不知用何曆也。班固以爲《春秋》因魯曆，魯曆不正，故置閏失其序。魯以閏餘一之歲爲蔀首，檢《春秋》置閏不與此蔀相符也。《命曆序》曰：「孔子爲治《春秋》之故，退修殷之故曆，使其數可傳于後。」如是《春秋》宜用殷曆正之。今考其交會，不與殷曆相應。以殷曆考《春秋》月朔，多不及其日。又以檢經率多一日，傳率少一日。但

《公羊》經傳異朔，于理可從。而經有蝕朔之驗，傳爲失之也。服虔解傳用太極上元。太極上元，乃《三統曆》劉歆所造元也，何緣施于《春秋》？于《春秋》而用漢曆，于義無乃遠乎！傳之遺失多矣，不惟斯事而已。襄公二十七年冬十有一月乙亥朔日有蝕之。傳曰：「辰在申，司曆過，再失閏也。」考其去交分交會，應在此月，而不爲再失閏也。案歆曆于春秋日蝕一朔，其餘多在二日，因附《五行傳》。著朓與側匿之説云，春秋時諸侯多失其政，故月行恒遲。歆不以曆失天而爲之差説，日之蝕朔，此乃天驗也。而歆反以已曆非，此冤天而負時曆也。杜預又以爲周衰世亂，學者莫得其真。今之所傳七曆，皆未必是時王之術也。今誠以七家之曆，以考古今交會，信無其驗也。皆由斗分疏之所致也。殷曆以四分一爲斗分，《三統》以一千五百三十九分之三百八十五爲斗分，《乾象》以五百八十九分之一百四十五爲斗分，今《景初》以一千八百四十三分之四百五十五爲斗分。疏密不同，法數各異。殷曆斗分粗，故不施于今。《乾象》斗分細，故不得通于古。《景初》斗分雖在粗細之中，而日之所在乃差四度，日月虧已皆不及其次，假使日在東井而蝕，以月驗之，乃在參六度。差違乃爾，安可以考天時人事乎？今治新曆，以二千四百五十一分之六百五爲斗分，日在斗十七度天正之首，上可以考合于春秋，下可以取驗于今世。以之考春秋三十六，蝕正朔者二十有五，蝕二日者二，蝕晦者二，誤者五，凡三十三蝕。其餘蝕經元日諱之名，無以考其得失。圖緯皆云三百歲斗曆改憲，以今新曆施于春秋之世，日蝕多在朔。春秋之世，下至于今，凡一千餘歲，交會弦望，故進退于三蝕之間。此法乃可永載用之，豈三百歲斗曆改憲者乎？甲子上元以來，至魯隱公元年己未歲，凡八萬二千七百三十六。至晉孝武太元九年甲申歲，凡八萬三千八百四十一算上。紀法二千四百五十一，周天八十九萬五千二百二十，章月二百三十五，章歲十九。五星約法，據出見以爲準，不繫于元本。然則算步究于元初，約法施于今用，曲求其趣，則各有其宜，故作者兩設其法也。岌以月蝕檢日宿度所在，爲曆術者宗焉。又著《渾天論》，以步日于黄道，駁前儒之失，并得其中。其論曰：余以爲子陽言天陽下降日下熱，束晳言天體存于目則日大，頗近之矣。渾天之體，圓周之徑，詳之于天度，驗之于晷影。而紛然之説由人目也。參伐初出在旁則其間疎，在上則其間數，以渾驗之，度則均也。旁之與上，理無有殊也。夫日者，純陽之精也。光明外曜以眩人目，故人視日如小。及其初出地，有遊氣以厭日光，不眩人目，即日赤而大也。無遊氣，則色白大不甚矣。地氣不及天，故一日之中，晨夕日色赤，而中時日色白。地氣上升，蒙蒙四合，與天連者，雖中時亦赤矣。日與火相類，火則體赤而炎黄，日赤宜矣。然日色赤者，猶火無炎也。光衰失常，則爲異矣。《晉書・律曆志》、《隋書・天文志》。

論曰：古人驗昬旦中星，非特紀時候，且以考日所在也。岌以月食極知日度，其所得更準切矣。西人言蒙氣差，能升卑爲高，映小爲大，與岌所稱正合。然則蒙氣反光之差，不待第谷而後始明其理也。《論天》一篇，《隋志》以爲安岌之語。錢少詹大昕曰：「安岌」當爲「姜岌」，字脱其半耳。其文即《渾天論》是也。此説確不可易，故采掇《隋志》著于篇。

又 北涼附

趙敺

趙敺，河西人也。善曆算。沮渠蒙遜元始時，修《元始術》。上元甲寅至元始元年壬子，積六萬一千四百三十八算，上元法四十三萬二千，紀法七萬二千，蔀法七千二百。章歲六百，章月七千四百二十一，亦曰時法。章閏二百二十一，周天二百六十二萬九千七百五十九，亦曰通數。餘數三萬七千七百五十九，斗分一千七百五十九，日法八萬九千五十二，亦曰蔀月。月周九萬六千二百五十二，小周八千二十一，會數一百七十三，度餘二萬七千七百一十九，會虚六萬一千三百三十三，交會差一百四十七，度餘三千三百一十一，遲疾差六百，餘四萬一千五百三十。周日二十七，日餘四萬九千三百八十。周虚三萬九千六百七十二。《宋書・大且渠蒙遜傳》、《魏書・律曆法》、《開元占經》。

論曰：祖冲之破章法，爲推步家所稱。敺因劉洪紀法，增十一年以爲章歲，而減閏餘十九分之一，其創立章率更在冲之前矣。魏世祖平涼得敺術，後以爲密，以代《景初》，則其術之驗于當時可知。于算造，蓋姜岌之流亞也。

清・阮元《疇人傳》卷七 南朝宋

錢樂之

錢樂之，太史令也。先是張衡所造渾儀，傳至魏晉，中華覆敗，沈没北方。王蕃舊器，亦不復存。晉義熙十四年，高祖平長安，得衡舊器，儀狀雖舉，不綴經星七曜。元嘉十三年，詔樂之更鑄渾儀，徑六尺八分少，周一丈八尺二寸六分少。地在天内，立黄、赤二道，南、北二極，規二十八宿。北斗極星五分爲一度，置日月五星于黄道之上。置立漏刻，以水轉儀，昬明中星與天相應。十七年又作小渾天，徑二尺二寸，周六尺六寸，以分爲一度，安二十八宿中外宫，以白、黑

珠及黄三色爲三家星，日月五星，悉居黄道。《宋書・天文志》

何承天

何承天，東海郯人也。義旗初，爲陶延壽輔國府參軍。宋臺建，召爲尚書祠郎。元嘉時除著作佐郎，轉太子率更令。先是魏《景初術》日中晷景，即用漢《四分法》，漸就乖差，其推五星，則甚疎闊。晉江左以來，更用乾象五星以代之，猶有前却。是時太祖頗好曆數，承天私譔新法，元嘉二十年上表曰：「臣授性頑惰，少所關解。自昔幼年，頗好曆數，耽情注意，迄于白首。臣亡舅故秘書監徐廣，素善其事。有既往七曜曆，每記其得失，自太和至泰元之末四十許年。臣因比歲考校，至今又四十載，故其疎密差會，皆可知也。夫圓極常動，七曜運行，離合去來，雖有定勢，以新故相涉，自然有毫末之差。連日累歲，積微成著。是以《虞書》著欽若之典，《周易》明治曆之訓，言當順天以求合，非爲合以驗天也。漢代雜候清臺，以昏明中星課日所在，雖不可見，月盈則蝕，必當其衝。以月推日，則躔次可知焉。捨易而不爲，役心于難事，此臣所不解也。《堯典》云：『日永星火，以正仲夏。』今季夏則火中。又：『宵中星虚，以殷仲秋。』今季秋則虚中。爾來二千七百餘年，以中星檢之，所差二十七八度，則堯冬令至日在須女十度左右也。漢之《太初曆》，冬至在牽牛初，後漢《四分》及魏《景初》法，同在斗二十一。臣以月蝕檢之，則《景初》今之冬至應在斗十七。又史官受詔，以土圭測景，考校二至差三日有餘。從來積歲及交州所上，檢其增減，亦相符驗。然則今之二至，非天之二至也。天之南日在斗十三四矣，此則十九年七閏。數微多差，復改法易章，則用算滋繁，宜當隨時遷革，以取其合。案《後漢志》，春分日長，秋分日短。差過半刻，尋二分在二至之間，而有長短，因識春分近夏至故長，秋分近冬至故短也。楊偉不悟即用之。上曆表云：自古及今，凡諸曆數皆未能并己之妙。何此不曉，亦何以云。是故臣更建《元嘉曆》，以六百八爲一紀，半之爲度法，七十五爲室分，以建寅之月爲歲首，雨水爲氣初。以諸法閏餘一之歲爲章首，冬至上三日五時日之所在移舊四度。又月有遲疾，合朔月蝕不在朔望，亦非曆意也。故《元嘉》皆以盈縮定其小餘，以正朔望之日。伏惟陛下允迪聖哲，先天不違，劬勞庶政，寅亮鴻業，究淵思于往籍，探妙旨于未聞，窮神知化，罔不該覽。是以愚臣欣遇盛明，效其管穴。伏願以臣所上《元嘉法》，下史官考其疎密。若謬有可採，庶或補正闕謬，以備萬分。」

詔曰：「何承天所陳，殊有理據，可付外詳之。」太史令錢樂之兼丞嚴粲奏曰：「太子率更令領國子博士何承天表更改《元嘉曆法》，以月蝕檢今冬至日在斗十七，以土圭測景，知冬至已差三日。詔使付外檢署，以元嘉十一年被勑。使考月蝕土圭測影，檢署由來用偉《景初法》，冬至之日日在斗二十一度少。檢十一年七月十六日望，月蝕加時在卯，十五日四更二唱五初始蝕，到四唱蝕既，在營室十五度末。《景初》其日日在軫三度，以月蝕所衝考之，其日日應在翼十五度半。又到十三年十二月十六日望，月蝕加時在酉，到亥初始食，到一更三唱蝕既，在鬼四度。《景初》其日日在女三，以衝考之，其日日應在牛六度半。又到十四年十二月十六日望，月蝕加時在戌之半，到二更四唱亥末始蝕，到三更一唱食既，在井三十八度。《景初》其日日在斗二十五，以衝考之，其日日應在斗二十二度半。到十五年五月十五日望，月蝕加時在戌，其日月始生而已蝕，光已生四分之一格，在斗十六度許。《景初》其日日在井二十四，考取其衝，其日日應在井二十。又到十七年九月十六日望，月蝕加時在子之少。到十五日未二更一唱始蝕，到三唱蝕十五分之十二格，在昴一度半。《景初》其日日在房二，以衝考之，則其日日在氐十三度半。凡以五蝕，以月衝一百八十二度半考之，冬至之日日并不在斗二十一度少，在斗十七度半間，悉如承天所上。又去十一年起以土圭測景，其年《景初法》十一月七日冬至前後陰不見影。到十二年十一月十八日冬至，其十五日影極長。到十三年十一月二十九日冬至，其二十六日影極長。到十四年十一月十一日冬至，其前後并陰不見。到十五年十一月二十一日冬至，十八日影極長。到十六年十一月二日冬至，其十月二十九日影極長。到十七年十一月十三日冬至，其十日影極長。到十八年十一月二十五日冬至，二十一日影極長。到十九年十一月六日冬至，其三日影極長。到二十年十一月十六日冬至，其前後陰不見影。尋校前後以影極長爲冬至并差三日，以月蝕檢日所在，已差四度。土圭測影，冬至又差三日。今之冬至，乃在斗十四間，又如承天所上。又承天法每月朔望及弦，皆定大小餘，于推交會時刻雖審，皆用盈縮，則月有頻三大頻二小，比舊法殊爲異。舊日蝕不唯在朔，亦有在晦及二日。《公羊傳》所謂或失之前，或失之後。愚謂此一條自宜仍舊。」員外散騎郎皮延宗又難承天：「若晦朔定大小餘，紀首值盈則退一日，便應以故歲之晦，爲新紀之首。」承天乃改新法依舊術，不復每月定大小餘。如延宗所難，太史所上。有司奏：「治曆改憲，經國盛典，爰及漢、魏，屢有變革。良由術無常是，取協常時，方令皇猷載暉，舊域光被。誠應綜覈晷度，以播維新。承天異術，合可施用。宋二十二年普用

《元嘉曆》。」詔可。其法，上元庚辰甲子紀首至太甲元年癸亥，三千五百二十三年。至元嘉二十年癸未，五千七百三年算外。日法七百五十二，通數二萬二千二百七，周天十一萬一千二十五。命度起室二，通周二萬七百二十七。會數一百六十，會月九百二十九。甲子紀遲疾，差一萬七千六百六十三，交會差八百七十七。其推五星，皆斷取近距。各設其元，曰後元。元嘉二十年承天奏上尚書：「今既改用《元嘉曆》，漏刻與先不同，宜應改革。按《景初曆》，春分日長，秋分日短。相承所用漏刻，冬至後晝漏，率長于冬至前。且長短增減進退無漸，非唯先法不精，亦各傳寫謬誤。今二至二分，各據其正，則至之前後，無復差異。更增損舊刻，參以晷影，删定爲經，改用二十五箭。請臺勒漏郎將考驗施用。」從之。承天論曆曰：「天曆數之術，若心所不達，雖復通人前識，無救其爲敝也。是以多歷年歲，未能有定，《四分》于天出三百年而盈一日。積代不悟，徒云建曆之本，必先立元。假言讖緯，遂關治亂。此之爲蔽，亦已甚矣。劉歆《三統法》尤復疏闊。方于《四分》，六千餘年又益一日。揚雄心惑其説，采爲《太玄》，班固謂之最密，著于《漢志》。司馬彪曰：自太初元年始用《三統曆》，施行百有餘年。曾不憶劉歆之生，不逮《太初》。二三君子言曆，幾乎不知而妄言歟。」又論渾天象體曰：「詳尋前説，因觀渾儀，研求其意。有悟天形正圓，而水居其半，地中高外卑，水周其下。言四方者，東曰暘谷，日之所出；西曰濛汜，日之所入。《莊子》文云：『北溟有魚，化而爲鳥，將徙于南溟。』斯亦古之遺記四方皆水證也。四方皆水，謂之四海。凡五行相生，水生于金，是故百川發源，皆自山出。由高趣下，歸注于海。日爲陽精，光曜炎熾。一夜入水，所經焦竭，百川歸注，足以相補。故旱不爲減，浸不爲益。」又云：周天三百六十五度三百四分之七十五。天常西轉，一日一夜，過周一度。南北二極，相去一百一十六度三百四分度之六十五强，即天經也。黄道衺帶赤道，春分交于奎七度，秋分交于軫十五度，冬至斗十四度半强，夏至井十六度半。從北極扶天而南五十五度强，則居天四維之中最高處也，即天頂也。其下則地中也。自外與王蕃大同，漢劉洪考驗《四分》，于天不合。乃減朔餘，苟合時用。自是已降，率意加減，以造日法。承天更以四十九分之二十六爲强率，十七分之九爲弱率，于强弱之際以求日法。承天日法七百五十二，得一十五强一弱。自後治術者莫不因承天法，累强弱之數。年七十八卒于家。《宋書》本傳，《律曆志》、《南史》本傳，《隋書・天文志》、《宋史・律曆志》。

論曰：《漢書・郎顗傳》稱孔子曰：漢三百載，斗術改憲。三百四歲爲一德，五德千五百二十歲。五行更用《易緯乾鑿度》至德之數，先立金、木、水、火、土，凡各三百四歲，五德運行。元嘉度法三百四，蓋即一德之數也。承天術勝于前者三事：欲用定朔，一也；考正冬至日度，二也；春秋分晷影無長短之差，三也。至其創立强弱二率，以調日法，由唐迄宋，演譔家皆墨守其説，而不敢變易，可謂卓然名家者矣。

吴癸

吴癸，著作令史也。前世諸儒依圖緯云，月行有九道，故畫作九規。更相交錯，檢其行次，遲疾换易，不得順度。漢劉洪推檢月行，作陰陽術法。元嘉二十年，太祖使癸依洪法，制元嘉術月行陰陽法，令太史施用之。《宋書・律曆志》。

清・阮元《疇人傳》卷八　南朝齊

祖冲之

祖冲之，字文遠，范陽薊人也。宋孝武使直華林學省，賜宅宇車服，解褐南徐州從事公府參軍。元嘉中用何承天所制曆，比古十一家爲密。冲之以爲尚疏，乃更造新法。大明六年，上表曰：「古曆疎舛，頗不精密，群氏糾紛，莫審其要。何承天所奏，意存改革，而置法簡略，今已乖遠。以臣校之，三覩厥謬：日月所在，差覺三度；二至晷影，幾失一日；五星見伏，至差四旬，留逆進退，或移兩宿。分至乖失，則節閏非正；宿度違天，則伺察無準。臣生屬聖辰，逮在昌運，敢率愚瞽，更創新曆。謹立改易之意有二，設法之情有三。改者，其一，以舊法一章十九歲有七閏，閏數爲多，經二百年輒差一日。節閏既移，則應改法。曆紀屢遷，實由此條。今改章法三百九十一年有一百四十四閏，令却合周、漢，則將來永用，無復差動。其二，以《堯典》云：『日短星昴，以正仲冬。』以此推之，唐代冬至，日在今宿之左五十許度。漢代之初，即用秦曆，冬至日在牽牛六度。漢武改立《太初曆》，冬至日在牛初。後漢《四分法》，冬至日在斗二十二。晉時姜岌以月蝕檢日，知冬至在斗十七。今參以中星，課以蝕望，冬至之日在斗十一。通而計之，未盈百載，所差二度。舊法并令冬至日有定處，天數既差，則七曜宿度漸與曆舛。乖謬既著，輒應改制。僅合一時，莫能通遠。遷改不已，又由此條。今令冬至所在歲歲微差，却檢漢注，并皆審密，將來久用，無煩屢改。又設法者，其一，以子爲辰首，位在正北，爻應初九，斗氣之端，虚爲北方，列宿之中，元氣肇初，宜在此次。前儒虞喜備論其義，今曆上元日度發自虚一。其二，以日辰之號，甲子爲先，曆法設元，應在此歲。而黄帝以來，世代所用凡十一曆，上元

之歲，莫值此名。今曆上元歲在甲子。其三，以上元之歲，曆中衆條并應，以此爲始。而《景初曆》交會遲疾，亦置紀差，裁合朔氣而已。條序紛互，不及古意。今設法，日月五緯交會遲疾，悉以上元歲首爲始，則合璧之曜，信而有徵，連珠之暉，于是乎在。群流共源，實精古法。若夫測以定形，據以實效，縣象著明，尺表之驗可推，動氣幽微，寸管之候不忒。今臣所立，易以取信。但深練始終，大存整密，革新變舊，有約有繁。用約之條，理不自懼；用繁之意，顧非謬然。何者？夫紀閏參差，數各有分。分之爲體，非細不密。臣是用深惜毫釐，以全求妙之準；不辭積累，以成永定之制。非爲思而莫悟，知而不改也。竊恐讚有然否，每崇遠而隨近；論有是非，或貴耳而遺目。所以竭其管穴，俯洗同異之嫌；披心日月，仰希葵藿之照。若臣所上萬一可采，伏願頒宣群司，賜垂詳究。庶陳錙銖，少增盛典。上元甲子至宋大明七年癸卯，五萬一千九百三十九年。紀法三萬九千四百九十一，歲餘九千五百八十九，虛分萬四百四十九。日法三千九百三十九，月法十一萬六千三百二十一。其推五星，即以紀法爲日度法。

世祖下之有司，使內外博議。時人少解曆數，竟無異同之辯。唯太子旅賁中郎將戴法興議，以爲：「三精數微，五緯會始，自非深推測，窮識晷變，豈能刊古革今，轉正圭宿？案沖之所議，每有違舛，竊以愚見隨事辨問。」

案沖之新推曆術，「今冬至所在，歲歲微差」。臣法興議：夫二至發斂，南北之極，日有恒度，而宿無改位。古曆冬至皆在建星，戰國橫騖，史官喪紀，爰及漢初，格候莫審，後雜覘知在斗二十二度，元和所用，即與古曆相符也。逮至景初，而終無毫忒。《書》云：「日短星昴，以正仲冬。」直以月推四仲，則中宿常在衛陽。羲和所以正時，取其萬世不易也。沖之以爲唐代冬至日在今宿之左五十許度，遂虛加度分，空撤天路。其置法所在，近違半次，則四十五年九月率移一度。在《詩》「七月流火」，此夏正建申之時也。「定之方中」，又小雪之節也。若冬至審差，則豳公火流。晷長一尺五寸，楚宮之作。晝漏五十三刻，此詭之甚也。仲尼曰：「丘聞之，火伏而後蟄者畢。今火猶西流，司曆過也。」就如沖之所誤，則星無定次，卦有差方。名號之正，古今必殊。典誥之音，代不通軌。堯之開閉，今成建除。今之壽星，乃周之鶉尾，即時東壁已非玄武，軫星頓屬蒼龍。誣天背經，乃至于此。

沖之又改章法，三百九十一年有一百四十四閏。臣法興議：夫日有緩急，故斗有闊狹。古人制章，立爲中格。年積十九，常有七閏，晷或虛盈，此不可革。沖之削閏壞章，倍減餘數，則一百三十九年二月，于《四分》之科頓少一日；七千四百二十九年，輒失一閏。夫日少則先時，閏失則事悖。竊聞時以作事，事以厚生，以此乃生人之大本，曆數之所先，愚恐非沖之淺慮妄可穿鑿。

沖之又命上元日度發自虛一，云虛爲北方列宿之中。臣法興議：沖之既云冬至歲差，又謂虛爲北中，舍形責影，未足爲迷。何者？凡在天非日不明，居地以斗而辨。藉令冬至在虛，則黃道彌遠，東北當爲黃鍾之宮，室壁應屬玄枵之位，虛宿豈得復爲北中乎？曲使分至屢遷而星次不改，招搖易繩而律呂仍往，則七政不以璣衡致齊，建時亦非攝提所紀，不知五行何居，六屬安託？

沖之又令上元年在甲子。臣法興議：夫置元設紀，各有所尚，或據文于圖讖，或取效于當時。沖之云：「群氏糾紛，莫審其會。」昔《黃帝》辛卯，日月不過；《顓頊》乙卯，四時不忒；《景初》壬辰，晦無差光；《元嘉》庚辰，朔無差景，豈非承天者乎？沖之苟存甲子，可謂爲合以求天也。

沖之又令日月五緯交會遲疾，悉以上元爲始。臣法興議：夫交會之元，則食既可求。遲疾之際，非凡夫所測。昔賈逵略見其差，劉洪粗著其術。至于疏密之數，莫究其極。且五緯所居，有時盈縮，即如歲星在軫見超七辰，術家既追算以會今，則往之與來，斷可知矣。《景初》所以紀首置差，《元嘉》兼又各設後元者，其并省功于實用，不虛推以爲煩也。沖之既違天于改易，又設法以遂情，愚謂此治曆之大過也。

臣法興議：日有八行，各成一道，月有一道，離爲九行。左交右疾，倍半相違，其一終之理，日數宜同。沖之通周與會周相覺九千四十，其陰陽七十九周有奇，遲疾不及一帀。此則當縮反盈，應損更益。

沖之隨法興所難辯，折之曰：臣少銳愚尚，專功數術，搜練古今，博采沈奧，唐篇夏典，莫不揆量，周正漢朔，咸加該驗。罄策籌之思，究疏密之辨。至若立員舊誤，張衡述而弗改；漢時斛銘，劉歆詭謬其數，此則算氏之劇疵也。《乾象》之弦望定數，《景初》之交度周日，匪謂測候不精，遂乃乘除翻謬，斯又曆家之甚失也。及鄭玄、闞澤、王蕃、劉徽并綜數藝，而每多疏舛。臣昔以暇日，譔正衆謬，理據炳然，易可詳密。此臣以俯信偏識，不虛推古人者也。案何承天曆，二至先天，閏移一月，五星見伏，或違四旬。列差妄設，當益反損，皆前術之乖遠，臣曆所改定也。既沿波以討其源，删滯以暢其要，能使躔次上通，晷管下合。反以譏詆，不其惜乎？尋法興所議六條，并不造理。難之關楗，謹陳其目。其一，

日度歲差，前法所略。臣據經史辨正此數，而法興設難，徵引《詩》、《書》，三事皆謬。其二，臣校晷景，改舊章法，法興立難，不能有詰，直云「恐非淺慮所可穿鑿」。其三，次改方移，臣無此法，求術意誤，横生嫌貶。其四，曆上元年甲子，術體明正，則苟合可疑。其五，臣曆七曜，咸始上元，無隙可乘，復云「非凡夫所測」。其六，遲疾陰陽，法興所未解，誤謂兩率日數宜同。凡此衆條，或援謬目譏，或空加抑絶，未聞折正之談，厭心之論也。謹隨詰洗釋，依源徵對。仰照天暈，敢罄管穴。

法興議曰：「夫二至發斂，南北之極，日有恒度，而宿無改位。故古曆冬至皆在建星。」冲之曰：周、漢之際，疇人喪業，曲技競設，圖緯實繁。或藉號帝王以崇其大，或假名聖賢以神其説。是以讖記多虚，桓譚知其矯妄；古曆舛雜，杜預疑其非真。按《五紀論》，黄帝曆有四法，顓頊、夏、周并有二術，詭異紛然，則孰識其正？此古曆可疑之據一也。夏曆七曜西行，特違衆法，劉向以爲後人所造，此可疑之據二也。殷曆日法九百四十，而《乾鑿度》云殷曆以八十一爲日法。若《易緯》非差，殷曆必妄，此可疑之據三也。顓頊曆元歲在乙卯，而《命曆序》云：「此術設元，歲在甲寅。」此可疑之據四也。《春秋》書食有日朔者凡二十六，其所據曆，非周則魯。以周曆考之，檢其朔日，失二十五；魯曆校之，又失十三。二曆并乖，則必有一僞。此可疑之據五也。古之六術，并同《四分》，《四分》之法，久則後天。以食檢之，經三百年輒差一日。古曆課今，其甚疏者，朔後天過二日有餘。以此推之，古術之作，皆在漢初周末，理不得遠。且却校《春秋》朔并先天，此則非三代以前之明徵矣。此可疑之據六也。尋《律曆志》，前漢冬至日在斗牛之際，度在建星，其勢相鄰，自非帝者有造，則儀漏或闕，豈能窮密盡微，纖毫不失？建星之説，未足證矣。

法興議曰：「戰國横騖，史官喪紀，爰及漢初，格候莫審，後雜覘知在南斗二十二度。元和所用，即與古曆相符也。逮至景初，終無毫忒。」冲之曰：古術訛雜，其詳闕聞。乙卯之曆，秦代所用，必有效于當時，故其言可徵也。漢武改創，檢課詳備，正儀審漏，事在前史，測星辨度，理無乖遠。今議者所是不實見，所非徒爲虚妄，辨彼駭此，既非通談，運今背古，所誣誠多，偏據一説，未若兼今之爲長也。景初之法，實錯五緯，今則在衝口至曩已移日。蓋略治朔望，無事檢候，是以晷漏昏明，并即《元和》，二分異景，尚不知革，日度微差，宜其謬矣。

法興議曰：「《書》云『日短星昴，以正仲冬。』直以月推四仲，則中宿常在衛陽。羲和所以正時，取其萬代不易也。冲之以爲唐代冬至日在今宿之左五十許度，遂虚加度分，空撤天路。」冲之曰：《書》以四星昏中審分至者，據人君南面而言也。且南北之正，其詳易準，流見之勢，中天爲極。先儒注述，其義僉同，而法興以爲《書》説四星，皆在衛陽之位，自在巳地，進失向方，退非始見，迂迴經文，以就所執，違訓詭情，此則甚矣。捨午稱巳，午上非無星也。必據中宿，餘宿豈復不足以正時？若謂舉中語兼七列者，觜參尚隱，則不得言。昴星雖見，當云伏矣。奎婁已見，復不得言。伏見□□不得以爲辭，則名將何附？若中宿之通非允，當實謹檢經旨，直云星昴不自衛陽，衛陽無自顯之義。此談何因而立？苟理無所依，則可愚辭成説，曾泉、桑野皆爲明證，分至之辯竟在何日？循復再三，竊深歎息。

法興議曰：「其置法所在，近違半次，則四十五年九月率移一度。」冲之曰：《元和》日度，法興所是，唯徵古曆在建星。以今考之，臣法冬至亦在此宿，斗二十二，了無顯證，而虚貶臣曆乖差半次，此愚情之所駭也。又年數之餘有十一月，而議云九月，涉數每乖，皆此類也。月盈則食，必在日衝，以檢日則宿度可辨，請據效以課疏密。案太史注記，元嘉十三年十二月十六日中夜月蝕盡，在鬼四度。以衝計之，日當在牛六。依法興議曰「在女七」。又十四年五月十五日丁夜月蝕盡，在斗二十六度。以衝計之，日當在井三十。依法興議曰：「日在柳二。」又二十八年八月十五日丁夜月蝕，在奎十一度。以衝計之，日當在角二。依法興議曰：「日在角十二。」又大明三年九月十五日乙夜月蝕盡，在胃宿之末。以衝計之，日當在氐十二。依法興議曰：「日在心二。」凡此四蝕，皆與臣法符同，纖毫不爽。而法興所據，頓差十度。違衝移宿，顯然易覩。故知天數漸差，則當式遵以爲典；事驗昭晳，豈得信古而疑今？

法興議曰：「在《詩》『七月流火』，此夏正建申之時也。『定之方中』，又小雪之節也。若冬至審差，則豳公火流。晷長一尺五寸，楚宫之作。晝漏五十三刻，此詭之甚也。」冲之曰：臣案此議三條皆謬。《詩》稱流火，蓋略舉西移之中，以爲驚寒之候。流之爲言，非始動之辭也。就如始説冬至日度在斗二十二，則火星之中，當在大暑之前，豈鄰建申之限？此專自攻糾，非謂矯失。《夏小正》：「五月昏，大火中。」此復在衛陽之地乎？又謂臣所立法，楚宫之作在九月初。案《詩》傳、箋皆謂「定之方中」者，室壁昏中，形四方也。然則中天之正，當在室之八度。臣曆推之，元年立冬後四日，此度昏中乃自十月之初，又非寒露之日也。

議者之意，蓋誤以周世爲堯時，度差五十，故致此謬。小雪之節，自信之談，非有明文可據也。

法興議曰：「仲尼曰：『丘聞之，火伏而後蟄者畢。今火猶西流，司曆過也。』就如冲之所誤，則星無定次，卦有差方。名號之正，古今必殊。典誥之音，時不通軌。堯之開閉，今成建除。今之壽星，乃周之鶉尾也。即時東壁已非玄武，軫星頓屬蒼龍。誣天背經，乃至于此。」冲之曰：臣以爲辰極居中，而列曜貞觀，群像殊體，而陰陽區别。故羽介咸陳，則水火有位；蒼素齊設，則東西可準。非以日之所在定其名號也。何以明之？夫陽爻初九，氣始正北，玄武七列，虚當子位。若圓儀辨方，以日爲主，冬至所舍，當在玄枵。而今之南極，乃處東維，違體失中，其義何附？若南北以冬夏稟稱，則卯酉以生殺定號，豈得春躔義方，秋麗仁域，名舛理乖，若此之反哉！因兹以言，固知天以列宿分方，而不在于四時。景緯環序，日不獨守故轍矣。至于中星見伏，記籍每以審時者，蓋以曆數難詳，而天驗易顯，各據一代所合，以爲簡易之政也。亦猶夏禮未通商典，《濩》容豈襲《韶》節，誠天人之道同差，則藝之興因代而推移矣。月位稱建，諒以氣之所本；名隨實著，非謂斗杓所指。近校漢時，已差半次，審斗節時，其效安在？或義非經訓，依以成説，將緯候多詭，僞辭間設乎？次隨方名，義合宿體，分至雖遷，而厥位不改，豈謂龍火貿處，金水亂列，名號乖殊之譏，抑未詳究。至如壁非玄武，軫屬蒼龍，瞻度察晷，實效咸然。《元嘉曆法》，壽星之初亦在翼限，參校晉注，顯驗甚衆。天數差移，百有餘載。議者誠能馳辭騁辯，令南極非冬至，望不在衝，則此談乃可守耳。若使日遷次留，則無事屢嫌。乃臣曆之良證，非難者所宜列也。尋臣所執，必據經史，遠考唐典，近徵漢籍，讖記碎言，不敢依述，竊謂循經之論也。月蝕檢日度，事驗昭著。史注詳論，文存禁閣，斯又稽天之説也。《堯典》四星并在衛陽，今之日度遠凖元和，誣背之誚，實此之謂。

法興議曰：「夫日有緩急，故斗有闊狹。古人制章，立爲中格，年積十九，常有七閏，晷或盈虚，此不可革。冲之削閏壞章，倍減餘數，則一百三十九年二月，于《四分》之科頓少一日；七千四百二十九年，輒失一閏。夫日少則先時，閏失則事悖。竊聞時以作事，事以厚生，此乃生民之所本，曆數之所先，愚恐非冲之淺慮妄可穿鑿。」冲之曰：案《後漢書》及《乾象説》《四分曆法》，雖分章設蔀創自元和，而晷儀衆數定于嘉平三年。《四分志》，立冬中影長一丈，立春中影九尺六寸。尋冬至南極，日晷最長，二氣去至日數既同，則中影應等，而前長後短，頓差四寸。此曆景冬至後天之驗也。二氣中影日差九分半弱，進退均調，略無盈縮。以率計之，二氣各退二日十二刻，則晷景之數，立冬更短，立春更長，并差二寸，二氣中影俱長九尺八寸矣。即立冬、立春之正日也。以此推之，曆置冬至後天亦二日十二刻也。嘉平三年時，曆丁丑冬至，加時正在日中。以二日十二刻減之，天定以乙亥冬至加時在夜半後三十八刻。又臣測景曆紀，窮辨分寸，銅表堅剛，暴閏不動，光晷明潔，纖毫憭然。據大明五年十月十日影一丈七寸七分半，十一月二十五日一丈八寸一分太，二十六日一丈七寸五分强，折取其中，則中天冬至，應在十一月三日，求其蚤晚，令後二日影相減，則一日差率也。倍之爲法，前二日減，以百刻乘之爲實，以法除實，得冬至加時在夜半後三十一刻，在《元嘉曆》後一日，天數之正也。量檢竟年，則數減均同；異歲相課，則遠近應率。臣因此驗考正章法。今以臣曆推之刻如前，竊謂至密，永爲定式。尋古曆法并同《四分》，《四分》之數，久則後天，經三百年朔差一日。是以漢載四百，食率在晦。魏代已來，遂革斯法，世莫之非者，誠有效于天也。章歲十九，其疏尤甚，同出前術，非見經典。而議云此法自古，數不可移。若古法雖疏，永當循用，謬論誠立，則法興復欲施《四分》于當今矣。理容然乎？臣所未譬也。若謂今所革創，違舛失衷者，未聞顯據有以矯奪臣法也。《元嘉曆術》，減閏餘二，直以襲舊分麤，故進退未合。至于棄盈求正，非爲乖理，就如議意，率不可易，則分無增損，承天置法，復爲違謬。節氣蚤晚，當循《景初》，二至差三日，曾不覺其非，横謂臣曆爲失，知日少之先時，未悟增月之甚惑也。誠未覩天驗，豈測曆數之要，生民之本，諒非率意所斷矣。又法興始云窮識晷變，可以刊舊〔革〕今，復謂晷數盈虚，不可爲準，互自違伐，罔識所依。若推步不得準，天功絶于心目，未詳曆紀何因而立？案春秋以來千有餘載，以食檢朔，曾無差失，此則日行有恒之明徵也。且臣考影彌年，窮察毫微，課驗以前，合若符契。孟子以爲千歲之日至，可坐而知。斯言實矣。日有緩急，未見其證，浮辭虚貶，竊非所懼。

法興議曰：「冲之既云冬至歲差，又謂虚爲北中，捨形責影，未足爲迷。何者？凡在天非日不明，居地以斗而辨。藉令冬至在虚，黄道彌遠，東北當爲黄鍾之宫，室壁應屬玄枵之位，虚宿豈得復爲北中乎？曲使分至屢遷而星次不改，招揺易繩而律吕仍往，則七政不以璣衡致齊，建時亦非攝提所紀，不知五行何居，六屬安託？」冲之曰：此條所嫌，前牒已詳。次改方移，虚非中位，繁辭廣證，自構紛惑，皆議者所謬誤，非臣法之違設也。七政致齊，實謂天儀，鄭、王唱述，厥

訓明允，雖有異説，蓋非實義。

法興議曰：「夫置元設紀，各有所尚，或據文于圖讖，或取效于當時。冲之云：『群氏糾紛，莫審其會。』昔《黄帝》辛卯，日月不過；《顓頊》乙卯，四時不忒；《景初》壬辰，晦無差光；《元嘉》庚辰，朔無錯景，豈非承天者乎？冲之苟存甲子，可謂爲合以求天也。」冲之曰：夫曆存效密，不容殊尚，合讖乖説，訓義非所取，雖驗當時，不能通遠，又臣所未安也。元值始名，體明理正，未詳辛卯之説何依。古術詭謬，事在前牒，溺名喪實，殆非索隱之謂也。若以曆合一時，理無久用，元在所會，非有定歲者，今以效明之。夏、殷以前，載籍淪逸，《春秋》、漢史咸書月蝕，正朔詳審，顯然可徵。以臣曆檢之，數皆協同，誠無虚設，循密而至，千載無殊，則雖遠可知矣。備閲曩法，疎越實多，或朔差三日，氣移七晨，未聞可以下通于今者也。元在乙丑，前説以爲非正，今值甲子，議者復疑其苟合。無名之歲，自昔無之，則推先者將何從乎？曆紀之作，幾何息矣。夫爲合必有不合，願聞顯據以覈理實。

法興曰：「夫交會之元，則蝕既可求，遲疾之際，非凡夫所測。昔賈逵略見其差，劉洪粗著其術，至疎密之數，莫究其極。且五緯所居，有時盈縮，即如歲星在軫，見超七辰，術家既追算以會今，則往之與來，斷可知矣。《景初》所以紀首置差，《元嘉》兼又各設後元者，其并省功于實用，不虚推以爲煩也。冲之既違天于改易，又設法以遂情，愚謂此治曆之大過也。」冲之曰：遲疾之率，非出神怪，有形可驗，有數可推。劉、賈能述，則可累功以求密矣。議又云「五緯所居，有時盈縮」「歲星在軫，見超七辰」，謂應年移一辰也。案歲星之運，年恒過次，行天七帀，輒超一位。代以求之，曆凡十法，并合一時，此數咸同，史注所記，天驗又符。此則盈次之行，自其定準，非爲衍度濫徙，頓過其衝也。若審由盈縮，豈得常疾無遲。夫甄耀測象者，必料分析度，考往驗來，準以實見，據以經史。曲辨碎説，類多浮詭，甘、石之書，互爲矛楯。今以一句之經，誣一字之謬，堅執偏論，以罔正理。此愚情之所未厭也。算自近始，衆法可同，但《景初》之二差，承天之〔後〕元，實以奇偶不協，故數無盡，同爲遺前設後，以從省易。夫建言倡論，豈尚矯異。蓋令實以文顯，言勢可極也。稽元曩歲，群數咸始，斯誠術體，理不可容譏，而譏者以爲過，謬之大者。然則《元嘉》置元，雖七率舛陳，而猶紀協甲子，氣朔俱終，此又過謬之小者也。必當虚立上元，假稱曆始，歲違名初，日避辰首，閏餘朔分，月緯七率，并不得有盡，乃爲允衷之製乎？設法情實，謂意之所安；改易違天，未覩理之譏者也。

法興曰：「日有八行，合成一道，月有一道，離爲九行。左交右疾，倍半相違，其一終之理，日數宜同。冲之通周與會周相覺九千四十，其陰陽七十九周有奇，遲疾不及一帀。此則當縮反盈，應損更益。」冲之曰：此議雖游漫無據，然言迹可檢。案以日八行譬月九道，此爲月行之軌，當循一轍，環帀于天，理無差動也。然則交會之際，當有定所，豈容或斗或牛，同麗一度？去極應等，安得南北無常？若日月非例，則八行之説是衍文邪？左交右疾，語甚未分。爲交與疾對，爲舍交即疾。若舍交即疾，即交在平率，入曆七日及二十一日是也。值交蝕既，當在盈縮之極，豈得損益或多或少？若交與疾對，則在交之衝，當爲遲疾之始，豈得入曆或深或淺？倍半相違，新故所同，復標此句，欲以何明？臣覽曆書，古今略備，至如此説，所未前聞，遠乖舊準，近背天數，求之愚情，竊所深惑。尋遲疾陰陽不相生，故交會加時，進退無常，昔術著之久矣，前儒言之詳矣。而法興云日數同。竊謂議者未曉此意，乖謬自著，無假驟辯。既云盈縮失衷，復不備記其數，或自嫌所執，故汎略其説乎？又以全爲率，當互因其分。法興所列二數皆誤，或以八十爲七十九，當縮反盈，應損更益，此條之謂矣。總檢其議，豈但臣曆不密，又謂何承天法乖謬彌甚。若臣曆宜棄，則承天術益不可用。法興所見既審，則應革創，至非景極，望非日衝，凡諸新説，必有妙辯乎？」

時法興爲世祖所寵，天下畏其權，既立異議，論者皆附之。唯中書舍人巢尚之是冲之之術，執據宜用。上愛奇慕古，欲用冲之新法，時大明八年也。故須明年改元，因此改曆。會帝崩，不施行。出爲婁縣令謁者僕射。初，宋武平關中，得姚興指南車，有外形而無機杼，每行，使人于内轉之。昇平中，高帝輔政，使冲之追修古法。冲之改造銅機，圓轉不窮，而司方如一，馬均以來未之有也。時有北人索馭驎者，亦云能造指南車。高帝使與冲之各造，使于樂游苑對共校試，而頗有差僻，乃毁而焚之。晉時杜預有巧思，造欹器，三改不成。永明中，竟陵王子良好古。冲之造欹器獻之，與周廟不異。文惠太子在東宫見冲之曆法，啓武帝施行。文惠尋薨，又寢。轉長水校尉領本職。冲之以諸葛亮有木牛流馬，乃造一器，不因風水，施機自運，不勞人力。又造千里船，于新亭江試之，日行百餘里。于樂游苑造水碓磨，世祖親自臨視。又特善算。圓率周三徑一，其術疏舛。自劉歆、張衡、劉徽、王蕃、皮延宗之徒，各設新率，未臻折衷。冲之更開密法，以圓徑一億爲一丈圓周，盈數三丈一尺四寸一分五釐九豪二秒七忽，朒數三丈一

尺四寸一分五釐九豪二秒六忽，正數在盈、朒二限之間。密率圓徑一百一十三，圓周三百五十五，約率圓徑七周二十二。又設開差冪、開差立，兼以正圓參之，指要精密，算氏之最也。《周禮》㮚氏爲量，鬴深尺，内方尺而圓其外。鄭氏以爲方尺積千寸，比《九章》粟米法少二升八十一分升之二十二。冲之以密率考之，積凡一千五百六十二寸半。方尺而圓其外，減傍一釐八豪，其徑一尺四寸一分四豪七秒二忽有奇。而深尺，即古斛之制也。《漢志》律嘉量斛，方尺而圓其外，庣旁九釐五豪，冪百六十二寸。深尺積一千六百二十寸，容十斗。冲之以率考之，此斛當徑一尺四寸三分六釐一毫九秒二忽，庣旁一分九豪有奇。劉歆庣旁九釐四豪有奇，歆數術不精之所致也。冲之又注《九章造綴術》數十篇。永元三年卒，年七十二。《南齊書》本傳、《宋書·律曆志》、《隋書·律曆志》、《南史·文學傳》。

論曰：冲之減去閏分，增立歲差，毅然不顧世俗之驚，著爲成法，非頻年測候深有得于心者不能也。法興依寵藉勢，泥古强辯，抑其術使不行，豈不惜哉！冲之圓率徑一百一十三，周三百五十五，趙緣督謂爲最密，迄今猶用之。其所著《綴術》，唐立于學官，限習四歲，視《五曹》、《孫子》等經，限歲最久。其爲秘奥不易研究可知。自宋以來，數學衰歇，是書遂亡。造微之術，終于不傳，又重可惜已。

清·阮元《疇人傳》卷九　南朝梁

祖暅之

祖暅之，字景鑠，冲之子也。少傳家業，究極精微。歷官員外散騎常侍、太府卿，奉朝請。梁初，因齊用宋《元嘉曆》。天監三年，下詔定曆。暅奏曰：「臣先在晉已來，世居此職。仰尋黄帝至今十二代，曆元不同。周天斗分，疎密亦異，當代用之，各垂一法。宋大明中，臣先人考古法以爲正曆，垂之于後，事皆符驗，不可改張。」八年，暅又上疏論之。詔使太史令將匠道秀等，候新、舊二曆氣朔交會，及七曜行度，起八年十一月，訖九年七月。新曆密，舊曆疎。暅乃奏稱史官今所用何承天術，稍與天乖，緯緒參差，不可承案。被詔付靈臺，與新曆對課疎密。前期百日，并又再申。始自去冬，終于今朔。得失之效，并已月别啓聞。夫七曜運行，理數深妙，一失其源，則歲積彌爽。所上脱可施用，宜在來正。至九年正月，用祖冲之所造《甲子元曆》頒朔，迄于陳氏，無所創改。大同十年改漏法。先是，宋何承天議造漏法，春秋二分昏旦晝夜漏各五十五刻。齊及梁初，因循不改。天監六年，武帝以晝夜百刻分配十二辰，辰得八刻，仍有餘分。乃以晝夜爲九十六刻，一辰有全刻八焉。至是又改用一百八刻，一依《尚書考靈曜》晝夜三十六頃之數，因而三之。冬至晝漏四十八刻，夜漏六十刻。夏至晝漏七十刻，夜漏三十八刻。春秋二分晝漏六十刻，夜漏四十八刻。昏旦之數各三刻。先令暅爲漏經，皆依渾天，黄道日行去極遠近，爲用箭日率。暅于天監中造八尺銅表，其下與圭相連，圭上爲溝置水，以取地平。正揆測日景，求其盈縮。言自古論天者多矣，而群氏糾紛，至相非毁。竊覽同異，稽之典經，仰觀辰極，傍矚四維，覩日月之升降，察五星之見伏，校之以儀象，覆之以晷漏，則渾天之理，信而有徵。輒遺衆説，附渾儀云。《考靈曜》：先儒求得天地相去十七萬八千五百里，以晷影驗之，失于過多。既不顯求之術，而虚設其數，蓋夸誕之辭，宜非聖人之旨也。學者多因其説而未之革，豈不知尋其理歟，抑未能求其數故也。王蕃所考，校之前説，不啻減半。雖非揆格所知，而求之以理，誠未能遥趣其實，蓋近密乎。輒因王蕃天高數，以求冬至春分日高，及南戴日下去地中數。法令表高八尺，與冬至影長一丈三尺，各自乘，并而開方除之爲法。天高乘表高爲實，實如法，得四萬二千六百五十八里有奇，即冬至日高也。以天高乘冬至影長爲實，實如法，得六萬九千三百二十里有奇，即冬至南戴日下去地中數也。求春秋分數法，令表高及春秋分影長五尺三寸九分，各自乘并而開方除之爲法。因冬至日高實而以法除之，得六萬七千五百二里有奇，即春秋分日高也。以天高乘春秋分影長實，實如法而一，得四萬五千四百七十九里有奇，即春秋分南戴日下去地中數也。南戴日下所謂丹穴也。推北極里數法，夜于地中表南，傳地遥望北辰紐星之末，令與表端參合。以人目去表數及表高，各自乘并而開方除之爲法，天高乘表高數爲實，實如法而一，即北辰紐星高地數也。天高乘人目去表爲實，實如法，即去北戴極下數也。賈逵、張衡、蔡邕、王蕃、陸績，皆以北極紐星爲樞，是不動處。暅以儀準候，不動處在紐星之末猶一度有餘。

暅又錯綜經注以推地中。其法曰，先驗昏旦，定刻漏，分辰次，乃立儀表于準平之地，名曰南表，漏刻上水居日之中。更立一表于南表影末，名曰中表。夜依中表以望北極樞，而立北表。令參相直，三表皆以懸準定。乃觀三表直者，其立表之地，即當子午之正。三表曲者，地偏僻，每觀中表以知所偏。中表在西，則立表處在地中之西，當更向東求地中。若中表在東，則立表處在地中之東也，當更向西求地中。取三表直者爲地中之正。又以春秋二分之日，旦始出東方半體，乃立表于中表之東，名曰東表。令東表與日及中表參相直，是日之夕，日入

西方半體，又立表于中表之西，名曰西表。亦從中表西望西表，及日參相直，乃觀三表直者，即地南北之中也。若中表差近南，則所測之地在卯酉之南。中表差在北，則所測之地在卯酉之北。進退南北求三表直正東西者，則其地處中，居卯酉之正也。《南史·文學傳》、《隋書·律曆志》、《天文志》。

論曰：暅之造圭表，測景驗氣，求日高地中于重差之術，用力深矣。睎望北極，知紐星去極有一度餘，此乃先儒所未詳，暅之之創獲也。

崔靈恩

崔靈恩，清河武城人也。先在北仕爲太常博士。天監十三年歸國，擢拜員外散騎侍郎，累遷步兵校尉，兼國子博士。先是儒者論天，互執渾蓋二義。論蓋不合于渾，論渾不合于蓋。靈恩立義以渾蓋爲一焉。出爲長沙内史，還爲國子博士，復出爲明威將軍、桂州刺史。卒官。《梁書》本傳、《南史·儒林傳》。

論曰：李振之《渾蓋通憲圖説》，發明渾蓋合一之理，其法巧而捷矣。觀靈恩之論，知西人未入中土以前，古人固有先覺之者也。

虞劆

虞劆，太史令也。大同十年，劆用九尺表格江左之景，夏至一尺三寸二分，冬至一丈三尺七分，立夏、立秋二尺四寸五分，春分、秋分五尺三寸九分。制詔更造新術，以甲子爲元。至大同十年甲子，一百二萬五千七百算外，章歲六百一十九。日法一千五百三十六，紀法三萬九千六百一十六。一百八十三年，冬至差一度。月朔以遲疾定其小餘，有三大二小。未及施行，而遭侯景亂，遂寢。《隋書·律曆志》、《天文志》、《開元占經》。

論曰：大同術數殘闕。李尚之鋭曰：「以率推之，當以四十八萬九千九百八十四爲紀月，一千四百四十六萬九千五百二十一爲歲分，四萬五千三百五十九爲月法也。」

庾曼倩

庾曼倩，字世華，新野人也。父詵，字彦寶。機巧算事，爲一時之絶。世祖在荆州，辟曼倩爲主簿，遷中録事，轉諮議參軍。著《七曜律曆》及注《算經》。《梁書》本傳。

又 南朝陳

朱史

朱史，文帝時舍人也。天嘉中，命史造漏，以古百刻爲法。《隋書·天文志》。

清・阮元《疇人傳》卷一〇 後魏

晁崇

晁崇，字子業，遼東襄平人也。家世史官。初爲慕容垂太史郎，從太祖平中原，拜太史令。詔崇造渾儀。遷中書侍郎令如故。後賜死。崇所造儀，以鐵爲之。其規有六，其外四規常定，一象地形，二象赤道，其餘象二極。其内二規，可以運轉。用合八尺之管，以窺星度。後周武帝平齊得之，至隋唐尚存。《魏書·術藝傳》、《北史·藝術傳》、《隋書·天文志》。

殷紹

殷紹，長樂人也。太武時爲算生博士，給事東宫西曹。上言姚氏時遇遊遁大儒成公興，從求《九章》要述。興，字廣明，自云膠東人也。將臣到陽翟九崖巖沙門釋曇影閒，臣留影所，請求《九章》。影復將臣向長廣東山就道人法穆。法穆時共影爲臣開述《九章》數家法要。《魏書·術藝傳》、《北史·藝術傳》。

崔浩

崔浩，字伯淵，清河人也。弱冠爲通直郎，轉著作郎。後擢爲司徒。魏初仍用《景初術》，後得趙𣝣術，以代《景初》。真君初年，浩上《五寅元術》表曰：「太宗即位元年，勑臣解《急就章》、《孝經》、《論語》、《尚書》、《春秋》、《禮記》、《周易》，三年成訖。復詔臣學天文星曆，易式九宫，無不盡看。至今三十九年，晝夜無廢。臣稟性弱劣，力不及健婦人，更無餘能。是以岩心思書，忘寢與食，至乃夢共鬼争義。遂得周公、孔子之要述，始知古人有虚有實，妄語者多，真正者少。自秦始皇燒書之後，經典絶滅。漢高祖以來，世人妄造律曆者有十餘家，皆不得天道之正，大誤四千，小誤甚多，不可言書。臣愍其如此。今遭陛下，太平之世，除僞從真，宜改誤曆，以從天道。是以臣前奏造曆，今始成訖，謹以奏呈，唯恩省察，以臣曆術宣示中書博士，然後施用。非但時人，天地鬼神知臣得正，可以益國家，萬世之名，過于三皇五帝矣。」十一年六月浩誅，其法遂寢不行。《魏書》本傳、《北史》本傳。

高允

高允，字伯恭，渤海蓨人也。神䴥四年，徵拜中書博士，遷侍郎。以平涼勳賜爵汶陽子。後奉詔領著作郎。司徒崔浩集著術士，考校漢元以來日月薄蝕五星行度，并譏前史之失，別爲魏曆以示允。允曰：「天文術數，不可空論。夫善言遠者，必先驗于近。且漢元年冬十月，五星聚于東井，此乃曆術之淺。今譏漢

史而不覺此謬，恐後人譏今，猶今之譏古。」浩曰：「所謬云何？」允曰：「案星傳金水二星，常附日而行。冬十月日在尾箕，昏没于申南。而東井方出于寅北，二星何因背日而行，是史官欲神其事，不復推之于理。」浩曰：「欲爲變者何所不可？君獨不疑三星之聚，而怪二星之來。」允曰：「此不可以空言争，宜更審之。」時坐者咸怪，唯東君少傅游雅曰：「高君長于術數，當不虚也。」後歲餘，浩謂允曰：「先所論者，本不主心，及更考究，果如君語。以前三月聚于東井，非十月也。」又謂雅曰：「高允之術，陽源之射也。」衆乃嘆服。後拜中書令，著作如故。太和二年，以疾告歸，其年徵拜鎮軍大將軍，領中秘書事。十一年正月卒，年九十八。贈侍中、司空公、冀州刺史，將軍、公如故。謚曰文。允明算法，爲《算術》三卷。《魏書》本傳、《北史》本傳。

論曰：七政行天，自有常度。金水附日，必不能爲變而背日。浩欲與木土火同論，猶未喻推步之原也。天文術數，不可空論，旨哉言乎。《通鑑》不書五星聚井事，蓋深有取于允説也。

公孫崇

公孫崇，太樂令也。高祖太和中，詔秘書鍾律郎上谷張明豫爲太史令，修綜曆事。未成，明豫物故。遷洛，仍歲南討，而宮車晏駕。世宗景明中，詔崇及太樂令趙樊生等，同共考驗。正始四年冬，崇表曰：「臣頃自太樂，詳理金石，及在秘省，考步三光，稽覽古今，研其得失。然四序遷流，五行變易，帝王相踵，必奉初元，改正朔，殊徽號、服色，觀于時變，以應天道。故《易》湯武革命，治曆明時，是以三五迭隆，曆數各異。伏惟皇魏紹天明命，家有率土，戎軒仍動，未遑曆事。因前魏《景初曆》，術數差違，不協晷度。世祖應期，輯寧諸夏，乃命故司徒、東郡公崔浩錯綜其數。浩博涉淵通，更修曆術，兼著《五行論》。是時，故司空、咸陽公高允該覽群籍，贊明五緯，并述《洪範》。然浩等考察未及周密。高宗踐祚，乃用敦煌趙敗甲寅之曆，然其星度稍爲差遠。臣輒鳩集異同，研其損益，更造新曆。以甲寅爲元，考其盈縮，晷象周密。又從約省，起自景明，因名《景明曆》。然天道盈虚，豈曰必協，要須參候是非，乃可施用。太史令辛寶貴職司元象，頗閑秘數；秘書監鄭道昭才學優贍，識覽該密；長兼國子博士高僧裕乃故司空允之孫，世綜文業；尚書祠部郎中宗景博涉經史；前兼尚書郎中崔彬微曉法術。請此數人，在秘省參候而伺察晷度。要在冬、夏二至前後各五日，然後乃可取驗。臣區區之誠，冀效萬分之一。」詔曰：「測度晷象，考步宜審。可令太常卿芳，率太學四門博士等，依所啓者悉集詳察。」《魏書·律曆志》。

李業興　張龍祥

李業興，上黨長子人也。博涉百家，舉孝廉，爲校書郎。以世行趙敗曆節氣後辰下算，業興乃爲《戊子元曆》上之。延昌四年冬，侍中、國子祭酒領著作郎崔光表曰：「《易》稱『君子以治曆明時』，《書》云『曆象日月星辰』，乃同律度量衡』。孔子陳後王之法，曰『謹權量，審法度』；《春秋》舉先王之正時也，『履端于始』。又言『天子有日官』。是以昔在軒轅，容成作曆，逮乎帝唐，羲和察影，皆所以審農時而重民事也。太和十一年，臣自博士遷著作，忝司載述。時舊鍾律郎張明豫推步曆法，治己丑元，草創未備。及遷中京，轉爲太史令，未幾喪亡，所造致廢。臣中修史，景明初，奏求奉車都尉、領太史令趙樊生，著作佐郎張洪，給事中、領太樂令公孫崇等造曆。功未及訖，而樊生又喪，洪出除涇州長史，唯崇獨專其任。暨永平初，亦已略舉。時洪府解停京，又奏令重修前事。更取太史令趙勝、太設令龐靈扶、明豫子龍祥，共集秘書，與崇等詳驗，推建密曆。然天道幽遠，測步理深，候觀遷延，歲月滋久，而崇及勝前後并喪。洪所造曆爲甲午、甲戌二元，又除豫州司馬。靈扶亦除蒲陰令。洪至豫州，續造甲子、乙亥二元。唯龍祥在京獨修前事，以皇魏運水德，爲甲子元。兼校書郎李業興本雖不豫，亦私造曆，爲戊子元。三家之術，并未申用。故貞静處士李謐私立曆法，言合紀次，求就其兄瑒追取與洪等所造，遞相參考，以知精麤。臣以仰測晷度，實難審正，又求更取諸能算術兼解經義者，前司徒司馬高綽、駙馬都尉盧道虔、前冀州鎮東長史祖瑩、前并州秀才王延業，謁者僕射常景等，日集秘書，與史官同檢疏密，并朝貢十五日一臨，推驗得失，擇其善者奏聞施用，限至歲終。但世代推移，軌憲時改，上元今古，考準或異，故三代課步，始卒各别。臣職預其事，而朽惰已甚，既謝運籌之能，彌愧意算之藝，由是多歷年世，兹業弗成，公私負責，俯仰慚靦。」靈太后令曰：「可如所請。」

延昌四年冬，太傅清河王懌、司空尚書令任城王澄、散騎常侍尚書僕射元暉、侍中領軍江陽王繼奏：「天道至遠，非人情可量；曆數幽微，豈以意輒度。而議者紛紜，競起端緒，争指虚遠，難可求衷，自非建標準影，無以驗其真僞。頃永平中，雖有考察之利，而不累歲窮究，遂不知影之至否，差失少多。臣等參詳，謂宜今年至日，更立表木，明伺晷度，三載之中，足知當否。令是非有歸，争者息競，然後採其長者更議所從。」神龜初，光復表曰：「《春秋》載『天子有日官，諸侯

有日御』，又曰『履端于始，歸餘于終』，皆所以推二氣，考五運，成六位，定七曜，審八卦，立三才，正四序，以授百官于朝，萬民于野。陰陽剛柔，仁義之道，罔不畢備。爰是先代重之，垂于典籍。及史遷、班固，司馬彪著立書志，所論備矣。謹案曆之作也，始自黄帝辛卯爲元，迄于大魏甲寅紀首，十有餘代，歷祀數千。軌憲不等，遠近殊術。其消息盈虛，覘步疏密，莫得而識焉。去延昌四年冬，中堅將軍屯騎校尉張洪、故太史令張明豫息盪寇將軍龍祥、校書郎李業興等，三家并上新曆，各求申用。臣學缺章程，藝謝籌運，而竊職觀閣，謬忝厥司，奏請廣訪諸儒，更取通數兼通經義者及太史并集秘書，與史官同驗疏密。并請宰輔群官臨檢得失，至于歲終，密者施用。詔聽可。時太傅太尉公清河王臣懌等，以天道至遠，非卒可量，請立表候影，期之三載，乃採其長者，更議所從。又蒙敕許。于是洪等與前鎮東長史祖瑩等研窮其事，爾來三年，再歷寒暑，積勤構思，大功獲成。謹案洪等三人前上之曆，并駙馬都尉盧道虔、前太極採材軍主衛洪顯、殄寇將軍太史令胡榮，及雍州沙門統道融、司州河南人樊仲遵、定州鉅鹿人張僧豫，所上總合九家，共成一曆，元起壬子，律始黄鍾，考古合今，謂爲最密。昔漢武帝元封中治曆，改年爲太初，即名《太初曆》。魏文帝景初中治曆，即名《景初曆》。伏惟陛下道唯先天，功邈稽古，休符告徵，靈蔡炳瑞。壬子北方，水之正位，龜爲水畜，實符魏德，修母子應，義當麟趾。請定名爲《神龜曆》。今封以上呈，乞付有司，重加考議。事可施用，并藏秘府，附于典志。」

正光三年十一月丙午，詔曰：「治曆明時，前王茂軌。考辰正曆，奕代通規。是以北平革定于漢年，楊偉草算于魏世。自皇運肇基，典章猶缺，推步晷曜，未盡厥理。先朝仍世，每所慨然。至神龜中，始命儒官改創疏踳，回度易憲，始會璇衡。今大正斯始，陽煦將開，品物初萌，宜變耳目。所謂魏雖舊邦，其曆維新者也。便可班宣内外，號曰《正光曆》。」其九家共修，以龍祥、業興爲主。壬子元以來，至今大魏正光三年，歲在壬寅，積十六萬七千七百五十算外，章歲五百五，章閏一百八十六。蔀法六千六十，日法七萬四千九百五十二，周天分二百七十一萬三千三百七十七，會通一千二百九十八萬九千九百四，通周二百六萬五千三百六十六。業興以殷曆甲寅、黄帝辛卯，徒有積元，術數亡缺，業興又修之，各爲一卷，傳于世。永安三年，以造曆勳賜爵長子伯。出帝登極，封屯留縣開國子，通直散騎常侍。孝静世，《壬子曆》氣朔稍違，熒惑失次，四星出伏，曆亦乖舛。興和元年十月，齊獻武王入鄴，復命業興令其改正，立《甲子元曆》。事訖，尚書左僕射司馬子如、右僕射隆之等表曰：「自天地剖判，日月運行，剛柔相摩，寒暑交謝，分之以氣序，紀之以星辰，弦望有盈缺，明晦有修短。古先哲王則之成化，迎日推筴，各有司存。以天下之至王，盡生民之能事，先天而天弗違，後天而奉天時。及卯金受命，年曆屢改，當塗啓運，日官變業，分路揚鑣，異門馳騖，回互靡定，交錯不等。豈是人情淺深，苟相違異？蓋亦天道盈縮，欲止不能。正光之曆，既行于世，發元壬子，置差令朔。測影清臺，懸炭之期或爽；候氣重室，布灰之應少差。伏惟陛下當璧膺符，大横協兆，乘機虎變，撫運龍飛，苞括九隅，牢籠萬寓，四海來王，百靈受職。大丞相渤海王降神挺生，固天縱德，負圖作宰，知機成務，撥亂反正，決江疏河，效顯勤王，勳彰濟世。功成治定，禮樂惟新。以履端歸餘，術數未盡，乃命兼散騎常侍執讀臣李業興、大丞相府東閤祭酒夷安縣開國公臣王春、大丞相府户曹參軍臣和貴興等，委其刊正。但回舍有疾徐，推步有疎密，不可以一方知，難得以一途揆。大丞相主簿臣孫搴、驃騎將軍左光禄大夫臣暐、前給事黄門侍郎臣季景、渤海王世子開府諮議參軍事定州大中正臣崔暹、業興、息國子學生屯留縣開國子臣子述等，并令參預，定其是非。臣等職司其憂，猶恐未盡。竊以蒙戎爲飾，必藉衆腋之華；輪奂成宇，寧止一枝之用。必集名勝，更共修理。左光禄大夫臣盧道約、大司農卿彭城侯臣李諧、左光禄大夫東雍州大中正臣裴獻伯、散騎常侍西兖州大中正臣温子昇、太尉府長史臣陸操、尚書右丞城陽縣開國子臣盧元明、中書侍郎臣李同軌、前中書侍郎臣邢子明、中書侍郎臣宇文忠之、前司空府長史建康伯臣元仲俊、大丞相法曹參軍臣杜弼、尚書左中兵郎中定陽伯臣李溥濟、尚書起部郎中臣辛術、尚書祠部郎中臣元長和、前青州驃騎府司馬安定子臣胡世榮、太史令盧鄉縣開國男臣趙洪慶、太史令臣胡法通、應詔左右臣張喆、員外司馬督臣曹魏祖、太史丞郭慶、太史博士臣胡仲和等，或器標民譽，或術兼世業，并能顯微闡幽，表同録異，詳考古今，共成此曆。甲爲日始，子實天正，命曆置元，宜從此起。運屬興和，以年號爲目。豈獨《太初》表于漢代，《景初》冠于魏曆而已。謹以封呈，乞付有司，依術施用。」

詔以新曆示齊獻武王田曹參軍信都芳。芳關通曆術，駁業興曰：「今年十二月二十日，新曆在營室十三度，順疾，天上歲星在營室十一度。今月二十日新曆鎮星在角十一度留，天上鎮星在亢四度留。今月二十日新曆太白在斗二十五度，晨見逆行，天上太白在斗二十一度，逆行。便爲差殊。」業興對曰：「歲星行

天，伺候以來八九餘年，恒不及二度。今新曆加二度。至于夕伏晨見，纖毫無爽。今日仰看如覺二度，及其出没，還應如術。鎮星自造壬子元以來，歲常不及，故加壬子七度，亦知猶不及五度。適欲并加，恐出没頓校十度、十日，將來永用不合處多。太白之行，頓疾頓遲，取其會歸而已。近十二月二十日，晨見東方，新舊二曆推之，分寸不異，行星三日，頓校四度。如此之事，無年不有，至其伏見還依術法。又芳唯嫌十二月二十日星有前却。業興推步已來三十餘載，上算千載之日月星辰有見經史者，與涼州趙畋、劉義隆、廷尉卿何承天、劉駿、南徐州從事史祖冲之，參校業興《甲子元曆》，長于三曆一倍。考洛京已來四十餘歲，五星出没，歲星、鎮星、太白，業興曆首尾恒中，及有差處，不過一日二日、一度兩度。三曆之失，動校十日十度。熒惑一星，伏見體自無常，或不應度。祖冲之曆多《甲子曆》十日六度，何承天曆不及三十日二十九度。今曆還與壬子同，不有加增。辰星一星，没多見少。及其見時，與曆無舛，今此亦依壬子元不改。太白、辰星唯起夕合爲異。業興以天道高遠，測步難精，五行伏留，推考不易，人目仰闚，未能盡密，但取其見伏大歸，略其中間小謬，如此曆便可行。若專據所見之驗，不取出没之效，則曆數之道其幾廢矣。夫造曆者，節之與朔貫穿于千年之間，閏餘斗分推之于毫釐之内。必使盈縮得衷，間限數合，周日小分，不殊錙銖；陽曆陰曆，纖芥無爽。損益之數，驗之交會；日所居度，考之月蝕。上推下減，先定衆條，然後曆元可求，猶甲子難值。又雖值甲子，復有差分，如此踳駮參錯不等。今曆發元甲子，七率同遵，合璧連珠，其言不失。法理分明，情謂爲可。如芳所言，信亦不謬。但一合之裏星度不驗者，至若合終必還。依術，鎮星前年十二月二十日見差五度，今日差三度；太白前差四度，今全無差。以此準之，見伏之驗，尋效可知，將來永用，大體無失。芳又云，以去年十二月中算新曆，其鎮星以十二月二十日在角十一度留，天上在亢四度留。是新曆差天五度，太白、歲星并各有差。校于壬子舊曆，鎮星差天五度，太白歲星亦各有差。是舊曆差天爲多，新曆差天爲少。凡造曆者皆須積年累日，依法候天，知其疏密，然後審其近者，用作曆術。不可一月兩月之間，能正是非。若如熒惑行天七百七十九日，一遲、一疾、一留、一逆、一順、一伏、一見之法，七頭一終；太白行天五百八十三日，晨夕之法，七頭一終；歲星行天三百九十八日，七頭一終；鎮星行天三百七十八日，七頭一終；辰星行天一百一十五日晨夕之法，七頭一終。造曆者必須測知七頭，然後作術。得七頭者造曆爲近，不得頭者其曆甚疎。皆非一二日能知是非。自五帝三王以來，及秦、漢、魏、晉造曆者，皆積年久測，術乃可觀。其倉卒造者，當時或近，不可久行，若三四年作者，初雖近天，多載恐失。今《甲子新曆》業興潛構積年，雖有少差，校于《壬子元曆》，近天者多。若久而驗天，十年、二十年間，比《壬子元曆》三星行天，其差爲密。」獻武王上言之，詔付外施行。上元甲子以來，至大魏興和二年，歲在庚申，積二十九萬三千九百九十七算上，蔀法一萬六千八百六十，日法二十萬八千五百三十，章歲五百六十二，章閏二百七，周天六百一十五萬八千一十七，會通三千六百一十四萬二千八百七，通周五百七十四萬五千九百四十一。武定元年，除國子祭酒。三年，出除太原太守。五年，齊文襄王引爲中外府諮議參軍。後坐事禁止。業興乃造《九宫行棋術》，以五百爲章，四千四十爲蔀，九百八十七爲斗分，還以已未爲元。始終相維，不復移轉。與今曆法術不同，至于氣序交分，景度盈縮，不異也。七年，卒于禁所，年六十六。《魏書》本傳、《肅宗紀》、《律曆志》、《北史・儒林傳》。

論曰：正光、興和二術，并有推上朔法。自漢迄明，諸家術皆無之。謹案，見行時憲書，上朔日不宜會客作樂，以業興術推之正合。蓋其說出于選擇家也。古法推五星特舉大量而不能親密，觀芳、業興之辯論，可以知其五步之疏矣。

清・阮元《疇人傳》卷一一　北齊

信都芳

信都芳，字玉琳，河間人也。明算術，有巧思。嘗云：「算曆玄妙，機巧精微，我每一沈思，不聞雷霆之聲也。」其用心如此。江南人祖暅以諸法授芳，由是彌復精密。安豐王延明欲抄集《五經》算事爲《五經宗》，又聚渾天、欹器、地動、銅烏、漏刻、候風諸巧事，并圖畫爲《器準》，并令芳算之。會延明南奔，芳乃自譔注。慕容紹宗薦之于高祖，爲館客，授中外府田曹參軍。芳注《重差句股》，又著《四術周髀宗》。其序曰：「漢成帝時，學者問蓋天。揚雄曰：『蓋哉，未幾也。』問渾天，曰：『落下閎爲之，鮮于妄人度之，耿中丞象之，幾乎，莫之息矣。』此言蓋差而渾密也。蓋器測影而造，用之日久，不同于祖，故云『未幾』也。渾器量天而作，乾坤大象，隱見難變，故云『幾乎』。是時，太史令尹咸窮研晷蓋，易古周法，雄乃見之，以爲難也。自昔周定影王城，至漢朝，蓋器一改焉。渾天覆觀，以《靈憲》爲文；蓋天仰觀，以《周髀》爲法。覆仰雖殊，大歸是一。古之人制者所表，天效玄象。芳以渾算精微，術幾萬首，故約本爲之省要。凡述二篇，合六法，名《四術周髀宗》。」時上黨李業興譔新曆，自以爲長于趙畋、何

承天、祖冲之三家。芳難業興五星差殊，語見《業興傳》。芳又私譔曆書，名曰《靈憲曆》。算月頻大頻小，食必以朔，證據甚甄明。每云：「何承天亦用此法，而不能精，《靈憲》若成，必當百代無異議者。」書未成而卒。《北齊書·方技傳》、《北史·藝術傳》。

論曰：梁崔靈恩以渾蓋爲一，芳亦云覆仰雖殊，大歸是一，蓋明于度數者，所見如合一轍矣。《靈憲》算月頻大頻小，乃用何承天法。而云承天用此不精，《靈憲》成當百代無異議，其然豈其然乎？

宋景業

宋景業，廣宗人也。魏武定初，任北平太守。文宣受禪，授散騎侍郎，封長城縣子。文宣命景業叶圖讖，造《天保術》。景業奏依《握誠圖》及《元命包》，言齊受籙之期，當魏終之紀。得乘三十五以爲蔀，應六百七十六以爲章。文宣大悦，乃施用之。期曆統曰上元甲子，至天保元年庚午，積十一萬五百二十六算外，元法一百四十一萬九千六百，紀法二十三萬六千六百，蔀法二萬三千六百六十，亦名曰度法。章歲六百七十六，亦名曰度法。章閏二百四十九，亦曰閏法。章中八千一百一十二，章月八千三百六十一，日法二十九萬二千六百三十五，周天八百六十四萬一千六百八十七，亦名通數，一名蔀日，亦名没分。餘數一十二萬四千八十七，亦名没法。斗分五千七百八十七，歲中十二，氣法二十四，會數一百七十三，餘九萬一千五十八，會通五千七十一萬六千九百一十三，會虚二十萬一千五百七十七。周日二十七，餘一十六萬二千二百六十一。通周八百六萬三千四百六，周虚一十三萬三百七十四，小周九千三十七，月周三十一萬六千二百九十五。望十四，餘二十二萬三千九百五十三。半交限數一百五十八，餘一十五萬九千七百三十九。半經月二十九，餘一十五萬五千二百七十二。虚分一十三萬七千三百六十三。《北齊書·方技傳》、《北史·藝術傳》、《開元占經》。

論曰：《開元占經》稱《天保術》，上元甲子至今一十一萬六百九十算，此天保上元距唐開元二年甲寅之積算也。《授時術議》稱《天保術》積年一十一萬一千二百五十七，此天保上元距元至元十八年辛巳之積算也。天保元年距開元二年，積百六十四算；距至元十八年，積七百五十一算。依兩數推之，天保上元距天保元年，併當作十一萬五百二十六算。《隋志》作十一萬五百六算，蓋轉展傳寫脱漏「二十」字也。章蔀紀元各數，史文所載甚略。《占經》差詳，而亦復有衍誤。今并據數校正著于篇，後之覽者得以考焉。

張子信

張子信，河内人也。學藝博通，尤精術數，因避亂隱于海島中。積三十許年，專以渾儀測候日月五星差變之數，以步算之，始悟日月交道有表裏遲疾，五星見伏有感召向背。日行在春分後則遲，秋分後則速。合朔月在日道裏則日食，若在日道外，雖交不虧。月望值交則虧，不問表裏。又月行遇木、火、土、金四星，向之則速，背之則遲。五星行四方列宿，各有好惡。所居遇其好者，則留多行遲見早；遇其惡者，則留少行速見遲。與常數并差，少者差至五度，多者差至三十許度。其辰星之行見伏尤異，晨應見在雨水後立夏前，夕應見在處暑後霜降前者，并不見。啓蟄、立夏、立秋、霜降四氣之内，晨夕去日前後三十六度，内十八度外有木、火、土、金一星者見，無者不見。後張胄元、劉孝孫、劉焯等依此差度，爲定入交食分及五星定見定行與天密會，皆古人所未得也。《北齊書·方技傳》、《北史·藝術傳》、《隋書·天文志》。

論曰：劉洪以後，步月有遲疾，而交會五星，仍用《三統》、《四分》舊法。積候三十餘年，始悟日月五星差變之數，蓋若是其難也。後之術家，皆本其説以立法。推步天道，由是漸密。然則演譔之必據儀表，審矣。

董峻　鄭元偉

董峻、鄭元偉，武平七年上言：「宋景業移閏于天正，退命于冬至交會之際，承二大之後，三月之交，妄減平分。臣案，景業學非探賾，識殊深解，有心改作，多依舊章，唯寫子換母，頗有變革，妄誕穿鑿，不會真理。乃使日之所在，差至八度，節氣後天，閏先一月。朔望虧食，未能知其表裏；遲疾歷步，又不可以傍通。妄設平分，虚退冬至。虚退則日數減于周年，妄設故加時差于異日。五星見伏，有違二旬；遲疾逆留，或乖兩宿。軌筞之術，妄刻水旱。今上《甲寅元曆》，并以六百五十七爲率，二萬二千三百三十八爲蔀，五千四百六十一爲斗分，甲寅歲甲子日爲元紀。」又有劉孝孫、張孟賓二人，並制新法。趙道嚴準晷影之長短，定日行之進退，更造盈縮，以求虧食之期。上拒春秋，下盡天統。日月虧食，及五星所在，以孝孫、孟賓新法考之，無有不合。其年訖于敬禮，及曆家豫刻日食疎密。六月戊申朔太陽虧，劉孝孫言食于卯時，張孟賓言食于申時，鄭元偉、董峻言食于辰時，宋景業言食于巳時。至日食，乃于卯申之間，其言皆不能中。爭論未定，遂屬國亡。《隋書·律曆志》。

論曰：董峻、鄭元偉之術，依率推之，其章閏當爲二百四十二，其章月當爲

八千一百二十六，蔀月當爲二十七萬六千二百八十四，蔀日當爲八百一十五萬八千八百三十一。其蔀月即日法，其蔀日即月法也。史文闕略，聊爲補之云爾。

張孟賓

張孟賓受業于張子信，制造新法。以六百一十九爲章，四萬八千九百爲紀，九百四十八爲日法，萬四千九百四十五爲斗分。元紀共命，法略旨遠。日月五星並從斗十一起，盈縮轉度，陰陽分至，與漏刻相符，共日影俱合，循轉無窮。《隋書·律曆志》。

又 周

明克讓

明克讓，字弘道，平原鬲人也。仕梁，位中書侍郎。歸長安，爲麟趾殿學士。武帝即位，爲露門學士。初，西魏入關，尚行李業興《正光術》。至武成元年，始詔克讓與麟趾學士庾季才及諸日者定新術。采祖暅舊議，通簡南北之術。自斯已後，頗覩其謬。故周齊并時而術差一日。克讓儒者，不處日官，以其書下于太史。累遷司調大夫，賜爵歷城縣伯。後入隋，位率更令，進爵爲侯。去官。加通直散騎常侍，卒。《北史·文苑傳》。

甄鸞

甄鸞，司隸校尉也。武帝時，造《天和曆》。上元甲寅至天和元年丙戌，積八十七萬五千七百九十二算外，章歲三百九十一，章閏一百四十四，蔀法二萬三千四百六十，日法二十九萬一百六十，朔餘十五萬三千九百九十一，斗分五千七百三十一，會餘九萬三千五百一十六，曆餘一十六萬八百三十，冬至斗十五度，參用推步。終于宣政元年。鸞注《周髀》一卷、《數術記遺》一卷、《張邱建算經》一卷、《董泉三等數》一卷、《夏侯陽算經》一卷，又《九章算經》九卷、《五曹算經》五卷、《七曜本起曆》五卷、《七曜曆算》二卷、《曆術》二卷。《隋唐·律曆志》、《唐書·藝文志》、《開元占經》。

論曰：《天和術》以三百九十一爲章歲，一百四十四爲章閏，其率與祖冲之正同。蓋當時南北術家，南以何承天爲宗，北以趙畋、祖冲之爲據，故即寫冲之數也。鸞好學精思，富于論譔，誠數學之大家矣。

馬顯

馬顯，太史上士也。大象元年，顯等上《丙寅元術》。抗表奏曰：「臣案《九章》、《五紀》之旨，《三統》、《四分》之說，咸以節宣發斂，考詳晷緯，布政授時，以爲皇極者也。而乾維難測，斗憲易差，盈縮之期致舛，咎徵之道斯應。寧止蚍或乘龍，水能沴火，因亦玉羊掩曜，金雞喪精。王化關以盛衰，有國由其隆替，曆之時義，于斯爲重。自炎漢已還，迄于有魏，運經四代，事涉千年，日御天官，不乏于世，命元班朔，互有沿改。驗近則疊璧應辰，經遠則連珠失次，義難循舊，其在茲乎？大周受圖膺録，牢籠萬古，時夏乘殷，斟酌前代，曆變壬子，元用甲寅。高祖武皇帝索隱探賾，盡性窮理，以爲此術雖行，未臻其妙。爰降詔旨，博訪時賢，并勑太史上士馬顯等，更事刊定，務得其宜。然術藝之士，各封異見，凡所上術，合有八家，精麤踳駮，未能盡善。去年冬，孝宣皇帝乃詔臣等，監考疎密，更令同造。謹案史曹舊簿，及諸家法數，棄短取長，共定今術。開元發統，肇自丙寅，至于兩曜虧食，五星伏見，參校積時，最爲精密。庶鐵炭輕重，無失寒燠之宜；灰箭飛浮，不爽陰陽之度。上元丙寅至大象元年己亥，積四萬一千五百五十四算上。日法五萬三千五百六十三，亦名蔀會法。章歲四百四十八，章閏一百六十五，斗分三千一百六十七，蔀法一萬二千九百九十二。章中爲章會法。日法五萬三千五百六十三，曆餘二萬九千六百九十三，會日百七十三，會餘一萬六千六百一十九，冬至日在斗十二度。小周餘盈縮積，其曆術別推入蔀會，分用陽率四百九十九，陰率九。每十二月下各有日月蝕轉分，推步加減之。乃爲定蝕大小餘，而求加時之正。」其術施行。《隋書·律曆志》、《開元占經》。

論曰：何承天氣朔母法以四十九分之二十六爲强率，十七分之九爲弱率。顯術朔陰當爲二萬八千四百二十二，乃强于强率。自承天以後，迄于宋元，朔餘强于强率者，馬顯、張賓、楊忠輔三家而已。

清·黃鍾駿《疇人傳四編》卷二 蜀漢後續補遺七

李譔

李譔，字欽仲，梓潼涪人也。父仁，字德賢，與同縣尹俱遊荊州，從司馬徽、宋忠等學。譔具傳其父業，又從默講義理。五經諸子，無不該覽。加博好技藝、算術，卜數、醫藥，弓弩、機械之巧，皆致思焉。始爲州書，佐尚書令史。後主立太子，以譔爲庶子，遷僕射，轉中散大夫、右中郎將。著古文《易》、《尚書》、《毛詩》、《三禮》、《左氏傳》、《太玄指歸》，皆依準于賈、馬，異于鄭玄。與王氏殊隔，初不見其所述，而意歸多同，景耀中卒。《三國志》本傳。

何柢

何柢，字君肅，蜀郡郫人也。嘗使較籌，柢聽其讀而心計之，不差升合。《冊

府元龜》、《華陽國志》。

又　魏後續補遺八

王粲

王粲，字仲宣，南陽高平人也。蔡邕嘗見重之。年十七，司徒辟詔除黄門侍郎不就。乃之荆州，依劉表。卒勸表子琮同歸太祖。太祖辟爲丞相掾，賜爵關内侯，遷軍謀祭酒。魏國既建，拜侍中。博物多識，强記默識。性善算，作算術，略盡其理。善屬文，舉筆便成，無所改定，時人以爲宿構。然正復精意覃思，亦不能加也。著《詩賦論議》六十篇。建安二十一年從征吴，二十二年道病卒，年四十一歲。《三國志》本傳。

楊冲

楊冲譔《景初壬辰元曆》一卷。《隋書·經籍志》。

又　吴後續補遺九

吴範　陳苗

吴範，字文則，會稽上虞人。以治曆數、知風氣，聞于郡。舉有道，詣京師，世亂不行。仕吴，以爲騎都尉，領太史令，論功封都亭侯。譔有《曆術》一卷。陳苗，亦吴太史令也，嘗論《渾天》。《三國志》本傳、《隋書·經籍志》。

陳熾

陳熾，吴人也，善《九章算術》，與漢許商、杜忠，魏王粲并稱。《廣韻》。

徐整

徐整，吴人也，譔《三五曆記》，一名《長曆》。其略曰：衆陽之精，上合爲日，日徑千里，周圍三千里，下于地七千里；月徑千里，周圍三千里，下于地七千里。大星徑百里，中星徑五十里，小星徑三十里。北斗七星間，相去九千里，其二陰星不見者，相去八千里，皆在日月下。《長曆》。

論曰：此測日月視徑及六等星差所自昉，特未知視差非實測耳！

顧譚

顧譚，吴人也，每省簿書，未嘗下算，徒屈指計之，盡發疑謬，下吏以此服之。《三國志》本傳。

楊泉

楊泉著《物理論》，其略曰：星者元氣之英，水之精也，氣發而升，精華上浮，宛轉隨流，名之曰天河，一曰雲漢，衆星出焉。又曰，地者天之根本也，形西北高而東南下，東西長而南北短，其盡四海者也。《物理論》。

論曰：地體橢圓，中國古書已屢言之，所謂東西長而南北短也。至天河爲衆星所聚，則非最精遠鏡不能測見。楊泉之論，特以理度之耳。是知格致家所得新理，每多古書之糟粕，固不得輒驚爲創獲矣。楊泉不詳其籍，大抵魏晋時人，存三國末，以俟徵考。

清・黄鍾駿《疇人傳四編》卷三　晋後續補遺十

皇甫謐

皇甫謐，字士安，幼名静，安定朝那人，太尉嵩之曾孫也。舉孝廉，景元初相國辟，皆不就。自號元宴先生。太康三年卒，時年六十八。譔《帝王世紀》，曰：自天地開闢，未有經界之制，三皇尚矣。諸子稱神農之王天下也，地東西九十萬里，南北八十五萬里。及黄帝受命，始作舟車，以濟不通，乃推分野星次，以定律度。自星紀至析木，凡天十有二次，日月之所躔也；地十有二分，王侯之所國也。四方方七宿，四七二十八宿，合爲一百八十二星。東方蒼龍三十二星，七十五度；北方玄武三十五星，九十八度四分度之一；西方白虎五十一星，八十度；南方朱雀六十四星，百一十度。周天三百六十五度四分度之一，一度二千九百三十二里，分爲十二次，一次三十度三十二分度之四。各以附其七宿間，距周天積百七萬九百一十三里，徑三十五萬六千九百七十一里。陽道左行，故太歲右轉。凡中外官常明者百二十四，可名者三百二十，合二千五百里。微星之數，凡萬一千五百二十星。萬物所受，咸繫命焉。此黄帝創制之大略也。又譔有《朔氣長曆》及《曆章句》二卷，又《年曆》一卷。《晋書》本傳、《後漢書·郡國志》補注、《隋·經籍志》。

論曰：輿地以東西爲經，南北爲緯，與天度相應。在天一度，在地二百里。故求得兩處經緯度較數，即知兩處相距之里數。測地者持此以爲津梁，不知漢晋而遠，梗概早已略備，觀于謐之書，而可見矣。

裴秀

裴秀，字季彦，河東聞喜人，魏尚書令潛之子也。初仕魏，襲父爵清陽亭侯，黄門侍郎。咸熙初，晋封濟川侯。武常受禪，遷司空，累官左光禄大夫，封鉅鹿郡公，邑三千户。爲《地圖》十有八篇，其略曰：制圖之體有六：一曰分率，所以辨廣輪之度數也；二曰準望，所以正彼此之體也；三曰道里，所以定所由之數也；四曰高下，五曰方邪，六曰迂直，此三者皆因地而制形，所以校夷險之異也。

有圖象而無分率，則無以審遠近，差有分率，而遠準望，雖得之于一隅，必失之于他方。有準望而無道里，則施之于山海隔絶之地，不得以相通。有道里而無高下方邪迂直之校，則徑路之數必與遠近之實相違。夫準望之正矣，故以此六者參而考之，然後遠近之實定于分率，彼此之實定于道里，度數之實定于高下方邪迂直之算。故雖有峻山鉅海之隔，絶域殊方之迥，登降詭曲之目，皆可得而定者，準望之法既正，則曲直遠近無所隱其形矣。泰始七年薨，時年四十，謚曰元。《晉書》本傳。

論曰：測繪地圖者，不知計里開方之法，則圖與地不能密合。故測量天地之高深，推度山川之廣遠者，不外乎精于制器，巧于用法而已。秀爲地圖制體有六法，雖未甚周密，而規模已略具其中。其言分率者，繪圖之法也；準望者，測經緯度也；道里者，測地面之大勢也；高下方邪迂直者，測地之子目也。後之人器精法巧，特推廣其術而用之焉耳。

李修 卜顯

李修、卜顯，皆咸寧中善算者。依論體高術，名《乾度曆》，表上朝廷。其術合日行四分數而微增月術，用三百歲改憲之意，二元相推，七十餘歲，承以强弱。强弱之差蓋少，而適足以遠通盈縮。時尚書及史官以《乾度》與《泰始》參校，勝官曆四十五事。今其術具存。《晉書·律曆志》、《疇人傳》。

論曰：卜顯《春秋釋例》作夏顯，未知孰是？此術爲杜元凱春秋長術所本，惜史志及《釋例》并言之不詳耳。

張亢

張亢，字季陽，安平人也，與兄載、協齊名。中興初，過江，拜散騎侍郎。秘書監荀崧舉冠領佐著作郎，出爲烏程令，入爲散騎常侍，復領佐著作。依蔡邕注明堂月令中台要解，又綴諸家曆數，而爲《曆贊》一篇。荀崧見而異之，云信該羅曆表義矣。《晉書·張載傳》、王隱《晉書》。

魯勝

魯勝，字叔時，代郡人也。少有才操，爲佐著作郎。元康初，遷建康令。著《正天論》云：以冬至之後測景準度日月。臣案，日月裁徑百里，無千里；星十里，不百里。遂表上求下郡公、鄉公、鄉士考論。改先代之失，正天地之紀。不報。稱疾去官，徵辟皆不就。《晉書·隱逸傳》。

董泉

董泉，不詳何許人，著《三等數》一卷。《新唐書·藝文志》。

論曰：曲阜孔户部繼涵曰：隋唐史志有董泉《三等數》，甄鸞注之。唐明算科于《算經十書》外，兼習記遺《三等數》，即此書也。

又 宋後續補遺十一

賀道養

賀道養，會稽山陰人，瑒之伯祖也。善三禮，有盛名。仕宋爲尚書三公郎，建康令，又官太學博士。嘗注《渾天記》曰：昔記天體者有三，渾儀莫知其始，書以齊七政，蓋渾體也；二曰宣夜，夏殷之制也；三曰周髀，非周家術也。近時復有四術：一曰方天，興于王充；二曰軒天，起于姚信；三曰穹天，由于虞喜。皆浮説不足觀，惟渾天證驗不疑。又譔《賀子述言》十卷。《南史·賀瑒傳》、《渾天記》。

皮延宗

皮延宗，官員外散騎郎。算圓率周三徑一術，多疏舛，延宗與劉歆、張衡、王蕃各設新率，爲祖冲之密法之所折衷。其難何承天曰：若晦朔定大小餘紀，首值盈則退一日，便應以故歲之晦爲新紀之首。承天乃改新法，依舊術，不復每月定大小，如延宗所難。元嘉元年著是《渾天論》，太史錢樂之等因鑄銅作渾天儀，傳齊、梁、周，遷其器于長安。《宋書·律曆志》、《隋書·曆志》、《書舜典正義》。

江湛

江湛，字徽淵，濟陽考城人，夷之子也。居喪以孝聞，愛文義，善彈棋鼓琴，兼明算術。爲彭城王義康司徒主簿、太子中書舍人，固求外出，乃以爲武陵内史。隨王誕爲北中郎將、南徐州刺史，以湛爲長史、南東海太守，委以政事。元嘉二十五年，徵爲侍中，任以機密。遷左衛將軍，領國子博士，轉吏部尚書。卒，追贈左光禄大夫、開府儀同三司，謚曰忠簡公。《南史》本傳。

又 南齊後續補遺十二

關康之

關康之，字伯愉，河東揚人也。幼而篤學，姿狀豐偉。嘗就沙門支納學算，妙盡其能。性清約，獨處一室，希與妻子相見。顔延之及一時諸名士，嘗入山候之，見其散髮被黃巾，帊席松葉，枕白石而卧，了不相盼。延之等咨嗟而退。宋世徵辟，一無所就。弟子以業傳授，尤善《左氏春秋》。所譔有《禮論》，高帝絶愛賞之。《南史·隱逸傳》、《宋書·隱逸傳》。

又 梁後續補遺十三

陶弘景

陶弘景，字通明，丹陽秣陵人也。讀書萬卷，一事不知，以爲深恥。幼好神仙，有養生之志。齊高帝引爲諸王侍讀。永明中脱朝服，掛冠神武門，上表辭禄。上句曲山第八洞，名金壇華陽之天，立館號華陽隱居，晚號華陽真逸。武帝蚤與之游，即位，徵之不出，有大事無不咨詢，時人謂山中宰相。性好著述，尚奇異，顧惜光景，老而彌篤。尤明陰陽、五行、風角、星算、地理、方圓、産物、醫術、本草、帝代、年曆，以算推知漢熹平三年丁丑冬至加時在日中，而天實以乙亥冬至加時在夜半，凡差三十八刻。是漢曆後天二日十二刻也。又嘗造渾天儀象，高三尺，地居中天，轉而地不動，以機動之，悉與天合。譔《天儀説要》一卷，演巫咸、甘氏、石氏等所説，校合三垣列宿中外官三百一十九名，名設圖像。譔《象曆》一卷、《天文星經》五卷，又著《帝代曆》、《七曜新舊術疏》及《本草地理》各書。隱處四十餘年，大同二年無疾而逝，時年八十有五。詔贈大中大夫，謚曰貞白先生。《南史・隱逸傳》、《梁書・處士傳》、《隋書・經籍志》。

庾詵

庾詵，字彦寶，新野人，曼倩之父，季才之祖也。幼聰警，篤學，經史百家無不該綜。緯候書射，棊算機巧，并一時之絶。而性託夷簡，特愛林泉，十畝之宅，山池居半，蔬食弊衣，不修産業。梁武帝少與詵善，及起兵，署爲平南府記室參軍，不屈。普通中，徵爲黄門侍郎，稱疾不起。年六十八卒，詔謚貞静處士。所譔有《帝曆》二十卷，及諸書行于世。《南史》本傳、《疇人傳前編》。

顧越

顧越，字允南，吴郡鹽官人。幼聰慧，有口辯，勵精學業，不舍晝夜。弱冠遊學都下，通儒碩學，必造門質疑，討論無倦。至于微言元旨，九章七曜，音律圖緯，咸盡其精微。爲南平元襄王偉國右常侍，轉行參軍，又除安西湘東王府參軍。梁武帝重之，擢爲中軍宣城王記室參軍，尋除五經博士，仍令侍宣城王講。大同八年，轉西安武陵王府内中録事參軍，遷府諮議。承聖二年詔授宣惠晉安王府諮議參軍，領國子博士。《南史・儒林傳》。

張纘

張纘，字伯緒，方城人，衛尉卿宏策子也。性好學，兄緬有書萬卷，晝夜披讀，殆不輟手。年十一，尚武帝第四女富陽公主。拜駙馬都尉，封利亭侯，召補秘書郎，遷太子舍人。年二十三累遷尚書吏部郎，俄而長遷侍中，以爲早達。大同二年，徵爲吏部尚書。太清二年，徙授領軍，俄改雍州刺史。卒元帝末，制贈開府儀同三司，謚簡公。著《算經異義》一卷。《南史》本傳、《隋書・經籍志》。

朱异

朱异，字彦和，吴郡錢塘人也。通覽五經，涉獵文史，兼通雜藝，博弈書算，皆其所長。沈約面試之皆妙，因戲异曰：卿年少，何乃不廉？异逡巡未達其旨。約乃曰：天下有藝，君一時持去，可謂不廉也。累官至散騎常侍，左右衛將軍，加侍中，遷中領軍。《梁書》本傳。

皇甫洪澤

皇甫洪澤譔《雜漏刻法》十一卷。《南史》本傳、《隋書・經籍志》。

祖皓

祖皓，范陽遒人，暅之之子也。少傳家業，善算曆志，慷慨有文武才。大同中爲江都令，後拜廣陵太守。侯景陷臺城，逃歸江西。廣陵人來嶷説皓，奉太子舍人蕭勔爲兖州刺史，討景。景攻之，城破，見執被縛，射殺之。《南史・文學傳》。

又 陳後續補遺十四

吴伯善

吴伯善，譔《陳七曜曆》五卷。《唐書・經籍志》。

宋景

宋景，官太史令，著《漏刻經》一卷。《隋書・經籍志》。

又 北魏後續補遺十五

成公興　寇謙之

成公興，字廣明，自云膠東人。姚宋時遊遁大儒也。山居隱跡，希在人間，世或稱爲仙人。能達九章算術。太武時殷紹嘗師事之。世祖時道士寇謙之，字輔真，早好仙道，有絶俗之心，興嘗託傭謙之家，爲其開舍南辣田。謙之樹下坐算，興懇一發至勤，時來看算。謙之謂曰：汝但力作，何爲看此？二三日後，復來看之，如此不已。後謙之算七曜，有所不了，惘然自失。興問曰：先生何爲不懌？謙之曰：我學算累年，而近算渾天不合，以此自愧，何勞問？興曰：先生試隨興語布之，俄然便决，謙之歎伏，不測興之淺深，請師之。興固辭，但求爲謙之弟子。《魏書・釋老傳》。

仲林子

仲林子譔《靈憲圖》三卷、《日紀》、《太陰紀》、《五星紀》各一編。《崇文書目》。

李謐

李謐，字永和，涿郡人，相州刺史安世之子也。幼通《孝經》、《論語》、《毛詩》、《尚書》，曆數之術，尤其所長。州閭鄉黨有聖童之號。以公子徵拜著作郎，辭以授弟。再舉秀才，二府二辟皆不就。嘗著《明堂制度論》。延昌四年卒。孔璠等薦之，詔謚貞静處士。崔光表修曆法，就其兄瑒追取謐所立曆法用之，與張洪等所造新曆遞相參考。《魏書·逸士傳》、《律曆志》。

張洪

張洪，官著作郎，授豫州刺史，遷中堅將軍、屯騎校尉。造甲午、甲戌二元術，又造有甲子、乙亥二元術。延昌中，與校書郎李業興甲子之術，故太史令張明豫息盪寇將軍張龍祥戊子之術并上，稱三家新曆。《魏書·律曆志》。

論曰：汪教諭日楨曰，洪造丙術，并有二元，蓋五星别元，猶張賓開皇甲子己巳二元術也。

盧道虔 衛洪顯 胡榮 僧道融 樊仲遵 張僧豫

盧道虔，字慶祖，范陽涿人也。粗閑經史，兼通算術。尚高祖女濟陽長公主，由國子博士除奉車都尉，累官至幽州刺史，加衛大將軍。延昌中，與前太極採材軍主衛洪顯、殄寇將軍太史令胡榮及雍州沙門統道融、司州汝南人樊仲遵、定州鉅鹿人張僧豫六家，并上新曆。與祖瑩等參議曆事，以議曆勳賜爵臨淄伯。卒贈都督瀛州諸軍事、驃騎將軍、尚書右僕射、司空、瀛州刺史，謚曰恭。《魏書·盧玄傳》、《曆律志》。

祖瑩 高綽 王延業 常景

祖瑩，字元珍，范陽遒人也。八歲能通詩書，號聖小兒。高祖時以才拜太學博士，累官至國子祭酒，給事黄門侍郎。延昌中，崔光表修曆法，既取李謐與張洪曆法，互相參考，又取諸能算術，兼解經義者，日集秘書，與史官同檢疏密，推驗得失，擇其善者奏聞。瑩時官冀州長史，及駙馬都尉盧道虔、司徒司馬高綽前、并州秀才王延業、謁者僕射常景皆與焉。又勅瑩究曆事，以盧道虔等六家、張洪等三家，先後所上新曆，合成九家，爲《神龜壬子元曆》一卷，以議曆勳賜爵容城縣子，累遷車騎將軍、儀同三司，進爵爲伯。卒贈尚書左僕射、司徒公、冀州刺史。《魏書》本傳、《律曆志》、《隋書·經籍志》。

高謙之

高謙之，字道讓，勃海蓨人，崇之子也。少事後母，以孝聞。及長，屏絶人事，專意于經史、天文、算曆、圖緯之書，多所該涉，日誦數千言。襲父爵開陽縣男，釋褐奉朝請，累官尚書左丞。孝昌中除寧遠將軍、正汝陰令。靈太后臨朝，左右薦謙之有學藝，宜在國子，訓迪胄子，詔除國子博士。以時所修曆多未盡善，乃更改元修譔爲一家之法，雖未行于世，議者譚其多能。《魏書》本傳。

甄叔遵

甄叔遵譔《七曜本啓》三卷。《隋書·經籍志》。

論曰：唐《藝文志》：《七曜本啓》五卷，甄鸞譔。此云三卷，甄叔遵譔。叔遵或即鸞之字也。是一是二？存以俟考。

孫僧化

孫僧化，東莞人也。官通直散騎常侍。永熙中，詔與太史令胡世榮等比校天文諸書，著《永安曆》、《武定曆》各一卷。《魏書·藝術傳》、《律曆志》、《唐書·藝文志》。

又 北周後續補遺十六

盧辯

盧辯，涿人，博通經籍，舉秀才，爲太學博士。注《大戴禮》。其兄景裕爲當時碩儒，謂辯曰：昔侍中注《小戴》，今汝注《大戴》，庶纘前修矣。孝武西遷，凡朝廷憲章、乘輿法服、金石、律吕、晷刻、渾儀，皆令辯因時制宜，悉合軌度。謂魏，授給事黄門侍郎，領著作。尋除太常卿，太子少師，進爵范陽公，轉少師。入周，累遷尚書右僕射，進位大將軍，出爲宜州刺史。《魏書》本傳、《周書》本傳。

王琛

王琛譔《大象曆》二卷，又《曆術》一卷。《隋·經籍志》。

樊深

樊深，字文深，河東猗氏人也。周文帝賜姓萬紐于氏。累官至縣伯中大夫、開府儀同三司。經學通贍，明曆算之術。所譔書有《孝經喪服問疑義》五卷、《七經異同》三卷。《北史·儒林傳》。

蘇綽

蘇綽，字令綽，武功人，魏侍中則之九世孫也。累世二千石。綽少好學，博覽群書，尤善算術。從兄讓官汾州刺史，薦綽于周文帝，乃召爲行臺郎中。僕射周惠達稱其有王佐才。尋除著作佐郎，拜大行臺左丞，參典機密，寵遇日隆。大統三年，以功封美陽縣伯。十一年，授大行臺度支尚書，領著作郎，兼司農卿。

文帝推心委任，贊成王業。十二年卒。周明帝三年，以綽陪享文帝廟庭。《北史》本傳，《周書》本傳。

又 北齊後續補遺十七

李崇祖 弟遵祖

李崇祖，字子述，上黨人，業興之子也。少傳父業，長算曆。齊文襄集朝士，命盧景裕講《易》。崇祖時年十一，論難往復，景裕憚之。姚文安難服虔《左傳解》七十七條，名曰駁妄。崇祖申明服氏，名曰釋謬。文宣營構三台，材瓦工程，皆崇祖所算也。封屯留縣侯。弟遵祖，亦善算曆，齊天保初難宗景曆甚精。《北史・儒林傳》。

論曰：崇祖與李謐等雖名見前編《李業興傳》中，然著述成家，亦曆算源流之所自也。特表之，以資考證。編中凡類此者，皆倣此例。

紀事

南朝梁・沈約《宋書》卷一二《律曆志中》 光和中，穀城門候劉洪始悟《四分》於天疏闊，更以五百八十九爲紀法，百四十五爲斗分，造《乾象法》，又制遲疾曆以步月行。方於《太初》、《四分》，轉精微矣。魏文帝黄初中，太史丞韓翊以爲《乾象》減斗分太過，後當先天，造《黄初曆》，以四千八百八十三爲紀法，一千二百五爲斗分。其後尚書令陳羣奏，以爲「曆數難明，前代通儒多共紛爭。《黄初》之元，以《四分曆》久遠疏闊，大魏受命，宜正曆明時。韓翊首建《黄初》，猶恐不審，故以《乾象》互相參校。曆三年，更相是非，舍本即末，爭長短而疑尺丈，竟無時而決。按三公議，皆綜盡曲理，殊塗同歸，欲使效之璿璣，各盡其法，一年之間，得失足定，合於事宜」。奏可。明帝時，尚書郎楊偉制《景初曆》，施用至於晉、宋。古之爲曆者，鄧平能修舊制新，劉洪始減《四分》，又定月行遲疾，楊偉斟酌兩端，以立多少之衷，因朔積分設差，以推合朔月蝕。此三人，漢、魏之善曆者。然而洪之遲疾，不可以檢《春秋》，偉之五星，大乖於後代，斯則洪用心尚疏，偉拘於同出上元壬辰故也。

魏明帝景初元年，改定曆數，以建丑之月爲正，改其年三月爲孟夏四月。其孟仲季月，雖與正歲不同，至於郊祀、迎氣、祭祠、烝嘗，巡狩、蒐田，分至啓閉，班宣時令，皆以建寅爲正。三年正月，帝崩，復用夏正。

楊偉表曰：「臣攬載籍，斷考曆數，時以紀農，月以紀事，其所由來，遐而尚矣。乃自少昊，則玄鳥司分，顓頊、帝嚳，則重、黎司天，唐帝、虞舜則羲、和掌日。三代因之，則世有日官。日官司曆，則頒之諸侯，諸侯受之，則頒於境內。夏后之代，羲、和湎淫，廢時亂日，則《書》載《胤征》。由此觀之，審農時而重人事者，曆代然也。逮至周室既衰，戰國横騖，告朔之羊，廢而不紹，登臺之禮，滅而不遵。閏分乖次而不識，孟陬失紀而莫悟，大火猶西流，而怪蟄蟲之不藏也。是時也，天子不協時，司曆不書日，諸侯不受職，日御不分朔，人事不恤，廢棄農時。仲尼之撥亂於《春秋》，托褒貶糾正，司曆失閏，則譏而書之，登臺頒朔，則謂之有禮。自此以降，暨於秦、漢，乃復以孟冬爲歲首，閏爲後九月，中節乖錯，時月紕繆，加時後天，蝕不在朔，累載相襲，久而不革也。至武帝元封七年，始乃寤其繆焉。於是改正朔，更曆數，使大才通人，造《太初曆》，校中朔所差，以正閏分，課中星得度，以考疏密，以建寅之月爲正朔，以黄鍾之月爲曆初。其曆斗分太多，後遂疏闊。至元和二年，復用《四分曆》，施而行之。至於今日，考察日蝕，率常在晦，是則斗分太多，故先密後疏而不可用也。是以臣前以制典餘日，推考天路，稽之前典，驗之食朔，詳而精之，更建密曆，則不先不後，古今中天。以昔在唐帝，協日正時，允釐百工，咸熙庶績也。欲使當今國之典禮，凡百制度，皆韜合往古，郁然備足，乃政正朔，更曆數，以大呂之月爲歲首，以建子之月爲曆初。臣以爲昔在帝代，則法曰《顓頊》，曩自軒轅，則曆日《黄帝》。暨至漢之孝武，革正朔，更曆數，改元曰太初，因名《太初曆》。今改元爲景初，宜曰《景初曆》。臣之所建《景初曆》，法數則約要，施用則近密，治之則省功，學之則易知。雖復使研桑心算，隸首運籌，重、黎司晷，羲、和察景，以考天路，步驗日月，究極精微，盡術數之極者，皆未如臣如此之妙也。是以累代曆數，皆疏而不密，自黄帝以來，改革不已。」

又 吴中書令闞澤受劉洪《乾象法》於東萊徐岳字公河。故孫氏用《乾象曆》至於吴亡。【略】

晉武帝時，侍中平原劉智，推三百年斗曆改憲，以爲《四分法》三百年而減一

日，以百五十爲度法，三十七爲斗分。飾以浮説，以扶其理。江左中領軍琅邪王朔之以其上元歲在甲子，善其術，欲以九萬七千歲之甲子爲開闢之始，何承天云「悼於立意」者也。《景初》日中晷景，即用漢《四分法》，是以漸就乖差。其推五星，則甚疏闊。晉江左以來，更用《乾象五星法》以代之，猶有前却。

宋太祖頗好曆數，太子率更令何承天私撰新法。元嘉二十年，上表曰：

臣授性頑惰，少所關解。自昔幼年，頗好曆數，耽情注意，迄於白首。臣亡舅故祕書監徐廣，素善其事，有既往《七曜曆》，每記其得失。自太和至太元之末，四十許年。臣因比歲考校，至今又四十載。故其疏密差會，皆可知也。

夫圓極常動，七曜運行，離合去來，雖有定勢，以新故相涉，自然有毫末之差，連日累歲，積微成著。是以《虞書》著欽若之典，《周易》明治曆之訓，言當順天以求合，非爲合以驗天也。漢代雜候清臺，以昏明中星，課日所在，雖不可見，月盈則蝕，必當其衝，以月推日，則躔次可知焉。捨易而不爲，役心於難事，此臣所不解也。

《堯典》云「日永星火，以正仲夏」。今季夏則火中。又「宵中星虛，以殷仲秋」。今季秋則虛中。爾來二千七百餘年，以中星檢之，所差二十七八度。則堯令冬至，日在須女十度左右也。漢之《太初曆》，冬至在牽牛初，後漢《四分》及魏《景初法》，同在斗二十一。臣以月蝕檢之，則《景初》今之冬至，應在斗十七。又史官受詔，以土圭測景，考校二至，差三日有餘。從來積歲及交州所上，檢其增減，亦相符驗。然則今之二至，非天之二至也。天之南至，日在斗十三四矣。此則十九年七閏，數微多差。復改法易章，則用算滋繁，宜當隨時遷革，以取其合。案《後漢志》，春分日長，秋分日短，差過半刻。尋二分在二至之間，而有長短，因識春分近夏至，故長；秋分近冬至，故短也。楊偉不悟，即用之，上曆表云：「自古及今，凡諸曆數，皆未能並己之妙。」何此不曉，亦何以云。是故臣更建《元嘉曆》，以六百八爲一紀，半之爲度法，七十五爲室分，以建寅之月爲歲首，雨水爲氣初，以諸法閏餘一之歲爲章首。冬至從上三日五時。日之所在，移舊四度。又有有遲疾，合朔月蝕，不在朔望，亦非曆意也。故《元嘉》皆以盈縮定其小餘，以正朔望之日。

伏惟陛下允迪聖哲，先天不違，劬勞庶政，寅亮鴻業，究淵思於往籍，探妙旨於未聞，窮神知化，罔不該覽。是以愚臣欣遇盛明，効其管穴。伏願以臣所上《元嘉法》下史官考其疏密。若謬有可採，庶或補正闕謬，以備萬分。

詔曰：「何承天所陳，殊有理據。可付外詳之。」

太史令錢樂之、兼丞嚴粲奏曰：

太子率更令領國子博士何承天表更改《元嘉曆法》，以月蝕檢今冬至日在斗十七，以土圭測影，知冬至已差三日。詔使付外檢署。以元嘉十一年被勑，使考月蝕，土圭測影，檢署由來用偉《景初法》，冬至之日，日在斗二十一度少。檢十一年七月十六日望月蝕，加時在卯，到十五日四更二唱丑初始蝕，到四唱蝕既，在營室十五度末。《景初》其日日在軫三度。以月蝕所衝考之，其日日應在翼十五度半。又到十三年十二月十六日望月蝕，加時在酉，到亥初始食，到一更三唱蝕既，在鬼四度。《景初》其日日在女三。以衝考之，其日日應在牛六度半。又到十四年十二月十六日望月蝕，加時在戌之半，到二更四唱亥末始蝕，到三更一唱食既，在井三十八度。《景初》其日日在斗二十五。以衝考之，其日日應在斗二十二度半。到十五年五月十五日望月蝕，加時在戌，其日月始生而已，蝕光已生四分之一格，在斗十六度許。《景初》其日日在井二十四。考取其衝，其日日應在井二十。又到十七年九月十六日望月蝕，加時在子之少，到十五日未二更一唱始蝕，到三唱蝕十五分之十二格，在昴一度半。《景初》其日在房二。以衝考之，則其日日在氐十三度半。凡此五蝕，以月衝一百八十二度半考之，冬至之日，日並不在斗二十一度少，並在斗十七度半間，悉如承天所上。

又去十一年起，以土圭測影。其年《景初法》十一月七日冬至，前後陰不見影。到十二年十一月十八日冬至，其十五日影極長。到十三年十一月二十九日冬至，其二十六日影極長。到十四年十一月十一日冬至，其前後並陰不見。到十五年十一月二十一日冬至，十八日影極長。到十六年十一月二日冬至，其十月二十九日影極長。到十七年十一月十三日冬至，其十日影極長。到十八年十一月二十五日冬至，二十一日影極長。到十九年十一月六日冬至，其三日影極長。到二十年十一月十六日冬至，其前後陰不見影。尋校前後，以影極長爲冬至，並差三日。以月蝕檢日所在，已差四度。土圭測影，冬至又差三日。今之冬至，乃在斗十四間，又如承天所上。

又承天法，每月朔望及弦，皆定大小餘，於推交會時刻雖審，皆用盈縮，則月有頻三大、頻二小，比舊法殊爲異。舊日蝕不唯在朔，亦有在晦及二日。《公羊傳》所謂「或失之前，或失之後」。愚謂此一條自宜仍舊。

員外散騎郎皮延宗又難承天：「若晦朔定大小餘，紀首值盈，則退一日，便

應以故歲之晦，爲新紀之首。」承天乃改新法依舊術，不復每月定大小餘，如延宗所難，太史所上。

南朝梁・沈約《宋書》卷一三《律曆志下》 元嘉二十年，承天奏上尚書：「今既改用《元嘉曆》，漏刻與先不同，宜應改革。按《景初曆》春分日長，秋分日短，相承所用漏刻，冬至後晝漏率長於冬至前。且長短增減，進退無漸，非唯先法不精，亦各傳寫謬誤。今二至二分，各據其正。則至之前後，無復差異。更增損舊刻，參以晷影，删定爲經，改用二十五箭。請臺勒漏郎將考驗施用。」從之。

前世諸儒依圖緯云，月行有九道。故盡作九規，更相交錯，檢其行次，遲疾換易，不得順度。劉向論九道云：「青道二出黄道東，白道二出黄道西，黑道二出北，赤道二出南。」又云：「立春、春分，東從青道；立夏、夏至，南從赤道。秋白冬黑，各隨其方。」按日行黄道，陽路也，月者陰精，不由陽路，故或出其外，或入其内，出入去黄道不得過六度。入十三日有奇而出，出亦十三日有奇而入，凡二十七日而一入一出矣。交於黄道之上，與日相掩，則蝕焉。漢世劉洪推檢月行，作陰陽曆法。元嘉二十年，太祖使著作令史吴癸依洪法，制新術，令太史施用之。

又 大明六年，南徐州從事史祖冲之上表曰：

古曆疏舛，頗不精密，羣氏糾紛，莫審其要。何承天所奏，意存改革，而置法簡略，今已乖遠。以臣校之，三覩厥謬：日月所在，差覺三度；二至晷影，幾失一日；五星見伏，至差四旬，留逆進退，或移兩宿。分至乖失，則節閏非正；宿度違天，則伺察無準。臣生屬聖辰，逮在昌運，敢率愚瞽，更創新曆。謹立改易之意有二，設法之情有三。

改易者，其一，以舊法一章十九歲有七閏，閏數爲多，經二百年輒差一日。節閏既移，則應改法。曆紀屢遷，實由此條。今改章法，三百九十一年有一百四十四閏。令卻合周、漢，則將來永用，無復差動。其二，以《堯典》云：「日短星昴，以正仲冬。」以此推之，唐代冬至，日在今宿之左五十許度。漢代之初，即用秦曆，冬至日在牽牛六度。漢武改立《太初曆》，冬至日在牛初。後漢《四分法》，冬至日在斗二十一。晉時薑岌以月蝕檢日，知冬至在斗十七。今參以中星，課以蝕望，冬至之日，在斗十一。通而計之，未盈百載，所差二度。舊法並令冬至日有定處，天數既差，則七曜宿度漸與曆舛。乖謬既著，輒應改制。僅合一時，莫能通遠。遷革不已，又由此條。今令冬至所在，歲歲微差，卻檢漢注，並皆審密，將來久用，無煩屢改。

又設法者，其一，以子爲辰首，位在正北，爻應初九，斗氣之端，虚爲北方，列宿之中，元氣肇初，宜在此次。前儒虞喜，備論其義。今曆上元日度，發自虚一。其二，以日辰之號，甲子爲先，曆法設元，應在此歲。而黄帝以來，世代所用凡十一曆，上元之歲，莫值此名。今曆上元，歲在甲子。其三，以上元之歲，曆中衆條並應，以此爲始，而《景初曆》交會遲疾，亦並置差，裁合朔氣而已。條序紛互，不及古意。今設法，日月五緯，交會遲疾，悉以上元歲首爲始。則合璧之曜，信而有徵，連珠之暉，於是乎在，羣流共源，實精古法。

若夫測以定形，據以實效，縣象著明，尺表之驗可推，動氣幽微，寸管之候不忒。今臣所立，易以取信。但深練始終，大存整密，革新變舊，有約有繁。用約之條，理不自懼，用繁之意，顧非謬然。何者？夫紀閏參差，數各有分，分之爲體，非細不密。臣是用深惜毫釐，以全求妙之準，不辭積累，以成永定之制。非爲思而莫悟，知而不改也。竊恐讚有然否，每崇遠而隨近，論有是非，或貴耳而遺目。所以竭其管穴，俯洗同異之嫌；披心日月，仰希葵藿之照。若臣所上，萬一可采，伏願頒宣羣司，賜垂詳究，庶陳錙銖，少增盛典。【略】

世祖下之有司，使内外博議，時人少解曆數，竟無異同之辯。唯太子旅賁中郎將戴法興議，以爲：

三精數微，五緯會始，自非深推測，窮識晷變，豈能刊古革今，轉正圭宿。案冲之所議，每有違舛，竊以愚見，隨事辨問。

案冲之新推曆術，「今冬至所在，歲歲微差」。臣法興議：夫二至發斂，南北之極，日有恒度，而宿無改位。古曆冬至，皆在建星。戰國横騖，史官喪紀，爰及漢初，格候莫審，後雜覘知在南斗二十一度，元和所用，即與古曆相符也。逮至景初，而終無毫忒。《書》云：「日短星昴，以正仲冬。」直以月維四仲，則中宿常在衛陽，羲、和所以正時，取其萬世不易也。冲之以爲唐代冬至日在今宿之左五十許度，遂虚加度分，空撤天路。其置法所在，近違半次，則四十五年九月率移一度。在《詩》「七月流火」，此夏正建申之時也。「定之方中」，又小雪之節也。若冬至審差，則豳公火流，晷長一尺五寸，楚宫之作，晝漏五十三刻，此詭之甚也。仲尼曰：「丘聞之，火伏而後蟄者畢。今火猶西流，司曆過也。」就如冲之所誤，則星無定次，卦有差方。名號之正，古今必殊，典誥之音，代不通軌。堯之開、閉，今成建、除。今之壽星，乃周之鶉尾，即時東壁，已非玄武，軫星頓屬蒼

龍。誣天背經，乃至於此。

冲之又改章法三百九十一年有一百四十四閏。臣法興議：夫日有緩急，故斗有闊狹。古人制章，立爲中格。年積十九，常有七閏，晷或虛盈，此不可革。冲之削閏壞章，倍減餘數，則一百三十九年二月，於《四分》之科，頓少一日；七千四百二十九年，輒失一閏。夫日少則先時，閏失則事悖。竊聞時以作事，事以厚生，以此乃生人之大本，曆數之所先，愚恐非冲之淺慮妄可穿鑿。

冲之又命上元日度發自虛一，云虛爲北方列宿之中。臣法興議：冲之既云冬至歲差，又謂虛爲北中，舍形責影，未足爲迷。何者？凡在天非日不明，居地以斗而辨。借令冬至在虛，則黃道彌遠，東北當爲黃鍾之宮，室壁應屬玄枵之位，虛宿豈得復爲北中乎？曲使分至屢遷，而星次不改，招摇易繩，而律呂仍往，則七政不以璣衡致齊，建時亦非攝提所紀，不知五行何居，六屬安託？

冲之又令上元年在甲子。臣法興議：夫置元設紀，各有所尚，或據文於圖讖，或取效於當時。冲之云：「羣氏糾紛，莫審其會」。昔《黃帝》辛卯，日月不過，《顓頊》乙卯，四時不忒，《景初》壬辰，晦無差光，《元嘉》庚辰，朔無錯景，豈非承天者乎。冲之苟存甲子，可謂爲合以求天也。

冲之又令日月五緯，交會遲疾，悉以上元爲始。臣法興議：夫交會之元，則食既可求，遲疾之際，非凡夫所測。昔賈逵略見其差，劉洪粗著其術。至於疏密之數，莫究其極。且五緯所居，有時盈縮，即如歲星在軫，見超七辰，術家既追算以會今，則往之與來，斷可知矣。《景初》所以紀首置差，《元嘉》兼又各設後元者，其並省功於實用，不虛推以爲煩也。冲之既違天於改易，又設法以遂情，愚謂此治曆之大過也。

臣法興議：日有八行，各成一道，月有一道，離爲九行。左交右疾，倍半相違，其一終之理，日數宜同。冲之通周與會周相覺九千四十，其陰陽七十九周有奇，遲疾不及一帀。此則當縮反盈，應損更益。

冲之隨法興所難辯折之曰：

臣少銳愚尚，專功數術，搜練古今，博采沈奥，唐篇夏典，莫不揆量，周正漢朔，咸加該驗。罄策籌之思，究疏密之辨。至若立圓舊誤，張衡述而弗改，漢時斛銘，劉歆詭謬其數，此則算氏之劇疵也。《乾象》之弦望定數，《景初》之交度周日，匪謂測候不精，遂乃乘除翻謬，斯又曆家之甚失也。及鄭玄、闞澤、王蕃、劉徽，並綜數藝，而每多疏舛。臣昔以暇日，撰正衆謬，理據炳然，易可詳密。此臣以俯信偏識，不虛推古人者也。按何承天曆，二至先天，閏移一月，五星見伏，或違四旬。列差妄設，當益反損，皆前術之乖遠，臣曆所改定也。既沿波以討其源，删滯以暢其要，能使躔次上通，晷管下合，反以譏詆，不其惜乎。尋法興所議六條，並不造理。難之關楗，謹陳其目。

其一，日度歲差，前法所略。臣據經史辨正此數，而法興設難，徵引《詩》、《書》，三事皆謬。其二，臣校晷景，改舊章法，法興立難，不能有詰，直云「恐非淺慮所可穿鑿」。其三，次改方移，臣無此法，求術意誤，橫生嫌貶。其四，曆上元年甲子，術體明整，則苟合可疑。其五，臣其曆七曜，咸始上元，無隙可乘，復云「非凡夫所測」。其六，遲疾陰陽，法興所未解，誤謂兩率日數宜同。凡此衆條，或援謬目譏，或空加抑絶，未聞折正之談，厭心之論也。謹隨詰洗釋，依源徵對。仰照天暉，敢罄管穴。

法興議曰：「夫二至發斂，南北之極，日有恒度，而宿無改位。故古曆冬至，皆在建星。」冲之曰：周、漢之際，疇人喪業，曲技競設，圖緯實繁，或借號帝王以崇其大，或假名聖賢以神其說。是以讖記多虛，桓譚知其矯妄；古曆舛雜，杜預疑其非直。按《五紀論》黃帝曆有四法，顓頊、夏、周並有二術，詭異紛然，則孰識其正？此古曆可疑之據一也。夏曆七曜西行，特違衆法，劉向以爲後人所造，此可疑之據二也。殷曆日法九百四十，而《乾鑿度》云殷曆以八十一爲日法。若《易緯》非差，殷曆必妄，此可疑之據三也。顓頊曆元，歲在乙卯，而《命曆序》云：「此術設元，歲在甲寅。」此可疑之據四也。《春秋》書食有日朔者凡二十六，其所據曆，非周則魯。以周曆考之，檢其朔日，失二十五，魯曆校之，又失十三。二曆並乖，則必有一僞，此可疑之據五也。古之六術，並同《四分》，《四分》之法，久則後天。以食檢之，經三百年輒差一日。古曆課今，其甚疏者，朔後天過二日有餘。以此推之，古術之作，皆在漢初周末，理不得遠。且却校《春秋》，朔並先天，此則非三代以前之明徵矣，此可疑之據六也。尋《律曆志》，前漢冬至日在斗牛之際，度在建星，其勢相隣，自非帝者有造，則儀漏或闕，豈能窮密盡微，纖毫不失。建星之説，未足證矣。

法興議曰：「戰國横騖，史官喪紀，爰及漢初，格候莫審，後雜覘知在南斗二十一度，元和所用，即與古曆相符也。逮至景初，終無毫忒。」冲之曰：古術訛雜，其詳閡聞，乙卯之曆，秦代所用，必有効於當時，故其言可徵也。漢武改創，檢課詳備，正儀審漏，事在前史，測星辨度，理無乖遠。今議者所是不實見，所非

徒爲虛妄，辨彼駭此，既非通談，運今背古，所誣誠多，偏據一說，未若兼今之爲長也。《景初》之法，實錯五緯，今則在衝口，至曩已移日。蓋略治朔望，無事檢候，是以晷漏昏明，並即《元和》，二分異景，尚不知革，日度微差，宜其謬矣。

法興議曰：「《書》云『日短星昴，以正仲冬』。直以月推四仲，則中宿常在衛陽，羲、和所以正時，取其萬代不易也。沖之以爲唐代冬至，日在今宿之左五十許度，遂虛加度分，空撤天路。」沖之曰：《書》以四星昏中審分至者，據人君南面而言也。且南北之正，其詳易准，流見之勢，中天爲極。先儒注述，其義僉同，而法興以爲《書》說四星，皆在衛陽之位，自在巳地，進失向方，退非始見，迂迴經文，以就所執，違訓詭情，此則甚矣。捨午稱巳，午上非無星也。必據中宿，餘宿豈復不足以正時。若謂舉中語兼七列者，觜參尚隱，則不得言。昴星雖見，當云伏矣。奎婁已見，復不得言。伏見□□不得以爲辭，則名將何附。若中宿之通非允，當實謹檢經旨，直云星昴，不自衛陽，衛陽無自顯之義，此談何因而立。苟理無所依，則可愚辭成說，曾泉、桑野，皆爲明證，分至之辨，竟在何日，循復再三，竊深歎息。

法興議曰：「其置法所在，近違半次，則四十五年九月率移一度。」沖之曰：《元和》日度，法興所是，唯徵古曆在建星。以今考之，臣法冬至亦在此宿，斗二十一了無顯證，而虛貶臣曆乖差半次，此愚情之所駭也。又年數之餘有十一月，而議云九月，涉數每乖，皆此類也。月盈則食，必在日衝，以檢日則宿度可辨，請據效以課疏密。按太史注記，元嘉十三年十二月十六日甲夜月蝕盡，在鬼四度。以衝計之，日當在牛六。依法興議曰「在女七」。又十四年五月十五日丁夜月蝕盡，在斗二十六度。以衝計之，日當在井三十。依法興議曰：「日在柳二。」又二十八年八月十五日丁夜月蝕，在奎十一度。以沖計之，日當在角二。依法興議曰：「日在角十二。」又大明三年九月十五日乙夜月蝕盡，在胃宿之末。以衝計之，日當在氐十二。依法興議曰：「日在心二。」凡此四蝕，皆與臣法符同，纖豪不爽，而法興所據，頓差十度，違沖移宿，顯然易覩。故知天數漸差，則當式遵以爲典，事驗昭皙，豈得信古而疑今。

法興議曰：「在《詩》『七月流火』，此夏正建申之時也。『定之方中』，又小雪之節也。若冬至審差，則豳公火流，晷長一尺五寸，楚宮之作，晝漏五十三刻，此詭之甚也。」沖之曰：臣按此議三條皆謬。《詩》稱流火，蓋略舉西移之中，以爲驚寒之候。流之爲言，非始動之辭也。就如始說，冬至日度在斗二十一，則火星之中，當在大暑之前，豈鄰建申之限。此專自攻糾，非謂矯失。《夏小正》：「五月昏，大火中。」此復在衛陽之地乎？又謂臣所立法，楚宮之作，在九月初。按《詩》傳、箋皆謂「定之方中」者，室辟昏中，形四方也。然則中天之正，當在室之八度。臣曆推之，元年立冬後四日，此度昏中，乃自十月之初，又非寒露之日也。議者之意，蓋誤以周世爲堯時，度差五十，故致此謬。小雪之節，自信之談，非有明文可據也。

法興議曰：「仲尼曰：『丘聞之，火伏而後蟄者畢。今火猶西流，司曆過也。』就如沖之所誤，則星無定次，卦有差方，名號之正，古今必殊，典誥之音，時不通軌。堯之開、閉，今成建、除，今之壽星，乃周之鶉尾也。即時東壁，已非玄武，軫星頓屬蒼龍。誣天背經，乃至於此。」沖之曰：臣以爲辰極居中，而列曜貞觀，羣像殊體，而陰陽區別。故羽介咸陳，則水火有位，蒼素齊設，則東西可準。非以日之所在，定其名號也。何以明之？夫陽爻初九，氣始正北，玄武七列，虛當子位。若圓儀辨方，以日爲主，冬至所舍，當在玄枵；而今之南極，乃處東維，違體失中，其義何附。若南北以冬夏稟稱，則卯酉以生殺定號，豈得春躔義方，秋麗仁域，名舛理乖，若此之反哉！因茲以言，固知天以列宿分方，而不在於四時。景緯環序，日不獨守故轍矣。至於中星見伏，記籍每以審時者，蓋以曆數難詳，而天驗易顯，各據一代所合，以爲簡易之政也。亦猶夏禮未通商典，《濩》容豈襲《韶》節，誠天人之道同差，則藝之興，因代而推移矣。月位稱建，諒以氣之所本，名隨實著，非謂斗杓所指。近校漢時，已差半次，審斗節時，其效安在。或義非經訓，依以成說，將緯候多詭，僞辭間設乎？次隨方名，義合宿體，分至雖遷，而厥位不改，豈謂龍火貿處，金水亂列，名號乖殊之譏，抑未詳究。至如壁非玄武，軫屬蒼龍，瞻度察晷，實效咸然。《元嘉曆法》，壽星之初，亦在翼限，參校晉注，顯驗甚衆。天數差移，百有餘載，議者誠能馳辭騁辯，令南極非冬至，望不在衝，則此談乃可守耳。若使日遷次留，則無事屢嫌。乃臣曆之良證，非難者所宜列也。尋臣所執，必據經史，遠考唐典，近徵漢籍，讖記碎言，不敢依述，竊謂循經之論也。月蝕檢日度，事驗昭著，史注詳論，文存禁閣，斯又稽天之說也。

法興議曰：「夫日有緩急，故斗有闊狹。古人制章，立爲中格，年積十九，常有七閏，晷或盈虛，此不可革。沖之削閏壞章，倍減餘數，則一百三十九年二月，於《四分》之科，頓少一日；七千四百二十九年，輒失一閏。夫日少則先時，閏失

則事悖。竊聞時以作事，事以厚生，此乃生民之所本，曆數之所先，愚恐非沖之淺慮，妄可穿鑿。」沖之曰：按《後漢書》及《乾象説》、《四分曆法》，雖分章設蔀創自元和，而晷儀衆數定於熹平三年。《四分志》，立冬中影長一丈，立春中影九尺六寸。尋冬至南極，日晷最長，二氣去至，日數既同，則中影應等，而前長後短，頓差四寸。此曆景冬至後天之驗也。二氣中影，日差九分半弱，進退均調，略無盈縮。以率計之，二氣各退二日十二刻，則晷影之數，立冬更短，立春更長，並差二寸，二氣中影俱長九尺八寸矣。即立冬、立春之正日也。以此推之，曆置冬至，後天亦二日十二刻也。熹平三年，時曆丁丑冬至，加時正在日中。以二日十二刻減之，天定以乙亥冬至，加時在夜半後三十八刻。又臣測景曆紀，躬辨分寸，銅表堅剛，暴潤不動，光晷明潔，纖毫慬然。據大明五年十月十日，影一丈七寸七分半，十一月二十五日，一丈八寸一分太，二十六日，一丈七寸五分强，折取其中，則中天冬至，應在十一月三日。求其蚤晚，令後二日影相減，則一日差率也。倍之爲法，前二日減，以百刻乘之爲實，以法除實，得冬至加時在夜半後三十一刻，在《元嘉曆》後一日，天數之正也。量檢竟年，則數減均同，異歲相課，則遠近應率。臣因此驗，考正章法。今以臣曆推之，刻如前，竊謂至密，永爲定式。尋古曆法並同《四分》，《四分》之數久則後天，經三百年，朔差一日。是以漢載四百，食率在晦。魏代已來，遂革斯法，世莫之非者，誠有效於天也。章歲十九，其疏尤甚，同出前術，非見經典。而議云此法自古，數不可移。若古法雖疏，永當循用，謬論誠立，則法興復欲施《四分》於當今矣。理容然乎？臣所未譬也。若謂今所革創，違舛失衷者，未聞顯據有以矯奪臣法也。《元嘉曆術》，減閏餘二，直以襲舊分粗，故進退未合。至於棄盈求正，非爲乖理。就如議意，率不可易，則分無增損，承天置法，復爲違謬。節氣蚤晚，當循《景初》，二至差三日，曾不覺其非，横謂臣曆爲失，知日少之先時，未悟增月之甚惑也。誠未覩天驗，豈測曆數之要，生民之本，諒非率意所斷矣。又法興始云窮識晷變，可以刊舊革今，復謂晷數盈虚，不可爲准，互自違伐，罔識所依。若推步不得准，天功絶於心目，未詳曆紀何因而立。案《春秋》以來千有餘載，以食檢朔，曾無差失，此則日行有恒之明徵也。且臣考影彌年，窮察毫微，課驗以前，合若符契。孟子以爲千歲之日至，可坐而知，斯言實矣。日有緩急，未見其證，浮辭虚貶，竊非所懼。

法興議曰：「沖之既云冬至歲差，又謂虚爲北中，捨形責影，未足爲迷。何者？凡在天非日不明，居地以斗而辨。借令冬至在虚，則黄道彌遠，東北當爲黄鍾之宫，室壁應屬玄枵之位，虚宿豈得復爲北中乎？曲使分至屢遷，而星次不改，招摇易繩，而律吕仍往，則七政不以璣衡致齊，建時亦非攝提所紀，不知五行何居，六屬安託？」沖之曰：此條所嫌，前牒已詳。次改方移，虚非中位，繁辭廣證，自構紛惑，皆議者所謬誤，非臣法之違設也。七政致齊，實謂天儀，鄭、王唱述，厥訓明允，雖有異説，蓋非實義。

法興議曰：「夫置元設紀，各有所尚，或據文於圖讖，或取効於當時。沖之云『羣氏糾紛，莫審其會』。昔《黄帝》辛卯，日月不過，《顓頊》乙卯，四時不忒，《景初》壬辰，晦無差光，《元嘉》庚辰，朔無錯景，豈非承天者乎？沖之苟存甲子，可謂爲合以求天也。」沖之曰：夫曆存効密，不容殊尚，合讖乖説，訓義非所取，雖驗當時，不能通遠，又臣所未安也。元值始名，體明理正。未詳辛卯之説何依。古術詭謬，事在前牒，溺名喪實，殆非索隱之謂也。若以曆合一時，理無久用，元在所會，非有定歲者，今以効明之。夏、殷以前，載籍淪逸，《春秋》、漢史，咸書日蝕，正朔詳審，顯然可徵。以臣曆檢之，數皆協同，誠無虚設，循密而至，千載無殊，則雖遠可知矣。備閲曩法，疏越實多，或朔差三日，氣移七晨，未聞可以下通於今者也。元在乙丑，前説以爲非正，今值甲子，議者復疑其苟合。無名之歲，自昔無之，則推先者，將何從乎？曆紀之作，幾於息矣。夫爲合必有不合，願聞顯據，以覈理實。

法興曰：「夫交會之元，則蝕既可求，遲疾之際，非凡夫所測。昔賈逵略見其差，劉洪粗著其術，至於疏密之數，莫究其極。且五緯所居，有時盈縮，即如歲星在軫，見超七辰，術家既追算以會今，則往之與來，斷可知矣。《景初》所以紀首置差，《元嘉》兼又各設後元者，其並省功於實用，不虚推以爲煩也。沖之既違天於改易，又設法以遂情，愚謂此治曆之大過也。」沖之曰：遲疾之率，非出神怪，有形可檢，有數可推，劉、賈能述，則可累功以求密矣。議又云「五緯所居，有時盈縮」，「歲星在軫，見超七辰」，謂應年移一辰也。案歲星之運，年恒過次，行天七帀，輒超一位。代以求之，曆凡十法，并合一時，此數咸同，史注所記，天驗又符。此則盈次之行，自其定准，非爲衍度濫徙，頓過其衝也。若審由盈縮，豈得常疾無遲。夫甄耀測象者，必料分析度，考往驗來，准以實見，據以經史。曲辯碎説，類多浮詭，甘、石之書，互爲矛楯。今以一句之經，誣一字之謬，堅執偏論，以罔正理。此愚情之所未厭也。算自近始，衆法可同，但《景初》之二差，承天之後元，實以奇偶不協，故數無盡同，爲遺前設後，以從省易。夫建言倡論，豈

尚矯異，蓋令實以文顯，言勢可極也。稽元曩歲，羣數咸始，斯誠術體，理不可容譏；而譏者以爲過，謬之大者。然則《元嘉》置元，雖七率舛陳，而猶紀協甲子，氣朔俱終，此又過謬之小者也。必當虛立上元，假稱曆始，歲違名初，日避辰首，閏餘朔分，月緯七率，並不得有盡，乃爲允衷之製乎？設法情實，謂意之所安；改易違天，未覩理之譏者也。

法興曰：「日有八行，合成一道，月有一道，離爲九行，左交右疾，倍半相違，其一終之理，日數宜同。沖之通周與會周相覺九千四十，其陰陽七十九周有奇，遲疾不及一帀，此則當縮反盈，應損更益。」沖之曰：此議雖游漫無據，然言迹可檢。按以日八行譬月九道，此爲月行之軌，當循一轍，環帀於天，理無差動也。然則交會之際，當有定所，豈容或斗或牛，同麗一度。去極應等，安得南北無常。若日月非例，則八行之說是衍文邪？左交右疾，語甚未分，爲交與疾對？爲舍交即疾？若舍交即疾，即交在平率，入曆七日及二十一日是也。值交蝕既，當在盈縮之極，豈得損益，或多或少？若交與疾對，則在交之衡，當爲遲疾之始，豈得入曆或深或淺？倍半相違，新故所同，復摽此句，欲以何明。臣覽曆書，古今略備，至如此說，所未前聞，遠乖舊準，近背天數，求之愚情，竊所深惑。尋遲疾陰陽不相生，故交會加時，進退無常，昔術著之久矣，前儒言之詳矣。而法興云日數同。竊謂議者未曉此意，乖謬自著，無假縣辯。既云盈縮失衷，復不備記其數，或自嫌所執，故汎略其說乎？又以全爲率，當互因其分。法興所列二數皆誤，或以八十爲七十九，當縮反盈，應損更益，此條之謂矣。總檢其議，豈但臣曆不密，又謂何承天法乖謬彌甚。若臣曆宜棄，則承天術益不可用。法興所見既審，則應革創。至非景極，望非日衝，凡諸新說，必有妙辯乎？

時法興爲世祖所寵，天下畏其權，既立異議，論者皆附之。唯中書舍人巢尚之是沖之之術，執據宜用。上愛奇慕古，欲用沖之新法，時大明八年也。故須明年改元，因此改曆。未及施用，而宫車晏駕也。

南朝梁・沈約《宋書》卷二三《天文志一》 漢末吴人陸續善天文，始推渾天意。王蕃者，廬江人，吴時爲中常侍，善數術，傳劉洪《乾象曆》。依《乾象法》而制渾儀，立論考度曰：

前儒舊說，天地之體，狀如鳥卵，天包地外，猶殼之裹黄也。周旋無端，其形渾渾然，故曰渾天也。周天三百六十五度五百八十九分度之百四十五，半露地上，半在地下。其二端謂之南極、北極。北極出地三十六度，南極入地亦三十六度，兩極相去一百八十二度半强。繞北極徑七十二度，常見不隱，謂之上規；繞南極七十二度，常隱不見，謂之下規。赤道帶天之紘，去兩極各九十一度少强。

黄道，日之所行也。半在赤道外，半在赤道内，與赤道東交於角五少弱，西交於奎十四少强。其出赤道外極遠者，去赤道二十四度，斗二十一度是也。其入赤道内極遠者，亦二十四度，井二十五度是也。

日南至在斗二十一度，去極百一十五度少强是也。日最南，去極最遠，故景最長。黄道斗二十一度，出辰入申，故日亦出辰入申。日晝行地上百四十六度强，故日短；夜行地下二百一十九度少弱，故夜長。自南至之後，日去極稍近，故景稍短。日晝行地上度稍多，故日稍長；夜行地下度稍少，故夜稍短。日所在度稍北，故日稍北，以至於夏至，日在井二十五度，去極六十七度少强，是日最北，去極最近，景最短。黄道井二十五度，出寅入戌，故日亦出寅入戌。日晝行地上二百一十九度少弱，故日長；夜行地下百四十六度强，故夜短。自夏至之後，日去極稍遠，故景稍長。日晝行地上度稍少，故日稍短；夜行地下度稍多，故夜稍長。日所在度稍南，故日出入稍南，以至於南至而復初焉。斗二十一，井二十五，南北相覺四十八度。

春分日在奎十四少强，秋分日在角五少弱，此黄赤二道之交中也。去極俱九十一度少强，南北處斗二十一井二十五之中，故景居二至長短之中。奎十四，角五，出卯入酉，故日亦出卯入酉。日晝行地上，夜行地下，俱百八十二度半强。故日見之漏五十刻，不見之漏五十刻，謂之晝夜同。夫天之晝夜，以日出入爲分，人之晝夜，以昏明爲限。日未出二刻半而明，日已入二刻半而昏，故損夜五刻以益晝，是以春秋分之漏晝五十五刻。

三光之行，不必有常，術家以算求之，各有同異，故諸家曆法參差不齊。《洛書甄燿度》、《春秋考異郵》皆云周天一百七萬一千里，一度爲二千九百三十二里七十一步二尺七寸四分四百八十七分分之三百六十二。陸續云：天東西南北徑三十五萬七千里，此言周三徑一也。考之徑一不啻周三，率周百四十二而徑四十五，則天徑三十三萬九千四百一里一百二十二步三尺二寸一分七十一分分之九。

《周禮》：「日至之景，尺有五寸，謂之地中。」鄭衆說：「土圭之長，尺有五寸。以夏至之日，立八尺之表，其景與土圭等，謂之地中，今潁川陽城地也。」鄭玄云：「凡日景於地千里而差一寸，景尺有五寸者，南戴日下萬五千里也。」以此

推之，日當去其下地八萬里矣。日邪射陽城，則天徑之半也。天體圓如彈丸，地處天之半，而陽城爲中，則日春秋冬夏，昏明晝夜，去陽城皆等，無盈縮矣。故知從日邪射陽城爲天徑之半也。

以句股法言之，傍萬五千里，句也，立八萬里，股也，從日邪射陽城，弦也。以句股求弦法入之，得八萬一千三百九十四里三十步五尺三寸六分，天徑之半，而地上去天之數也。倍之，得十六萬二千七百八十八里六十一步四尺七寸二分，天徑之數也。以周率乘之，徑率約之，得五十一萬三千六百八十七里六十八步一尺八寸二分，周天之數也。減《甄耀度》、《考異郵》五十五萬七千三百一十二里有奇。一度凡千四百六里百二十四步六寸四分十萬七千五百六十五分之萬九千三十九，減舊度千五百二十五里二百五十六步三尺三寸二十一萬五千一百三十分分之十六萬七百三十分。

黃赤二道，相與交錯，其間相去二十四度。以兩儀推之，二道俱三百六十五度有奇，是以知天體圓如彈丸。而陸續造渾象，其形如鳥卵，然則黃道應長於赤道矣。績云天東西南北徑三十五萬七千里，然則績亦以天形正圓也。而渾象爲鳥卵，則爲自相違背。

古舊渾象以二分爲一度，凡周七尺三寸半分。張衡更制，以四分爲一度，凡周一丈四尺六寸。蕃以古制局小，星辰稠穊；衡器傷大，難可轉移。更制渾象，以三分爲一度，凡周天一丈九寸五分四分分之三也。

御史中丞何承天論渾象體曰：「詳尋前説，因觀渾儀，研求其意，有以悟天形正圓，而水周其下。言四方者，東曰暘谷，日之所出，西至濛汜，日之所入。莊子又云：『北溟之魚，化而爲鳥，將徙於南溟。』斯亦古之遺記，四方皆水證也。四方皆水，謂之四海。凡五行相生，水生於金，是故百川發源，皆自山出，由高趣下，歸注於海。日爲陽精，光耀炎熾，一夜入水，所經燋竭，百川歸注，足於補復，故旱不爲減，浸不爲益。徑天之數，蕃説近之。」

太中大夫徐爰曰：「渾儀之制，未詳厥始。王蕃言『《虞書》稱「在旋璣玉衡，以齊七政」』。則今渾天儀日月五星是也。鄭玄説『動運爲機，持正爲衡，皆以玉爲之。視其行度，觀受禪是非也』。渾儀，羲和氏之舊器，曆代相傳，謂之機衡，其所由來，有原統矣。而斯器設在候臺，史官禁密，學者寡得聞見，穿鑿之徒，不解機衡之意，見有七政之言，因以爲北斗七星，搆造虛文，託之讖緯，史遷、班固，猶尚惑之。鄭玄有贍雅高遠之才，沈静精妙之思，超然獨見，改正其説，聖人復出，不易斯言矣」。蕃之所云如此。夫候審七曜，當以運行爲體，設器擬象，焉得定其盈縮，推斯而言，未爲通論。設使唐、虞之世，已有渾儀，涉曆三代，以爲定准，後世聿遵，孰敢非革。而三天之儀，紛然莫辯，至揚雄方難蓋通渾。張衡爲太史令，乃鑄銅制範，衡傳云：「其作渾天儀，考步陰陽，最爲詳密。」故知自衡以前，未有斯儀矣。蕃又云：「渾天遭秦之亂，師徒喪絶，而失其文，惟渾天儀尚在候臺。」案既非舜之旋玉，又不載今儀所造，以緯書爲穿鑿，鄭玄爲博實，偏信無據，未可承用。夫旋玉，貴美之名，機衡，詳細之目，所以先儒以爲北斗七星，天綱運轉，聖人仰觀俯察，以審時變焉。」

史臣案：設器象，定其恒度，合之則吉，失之則兇，以之占察，有何不可。渾文廢絶，故有宣、蓋之論，其術並疎，故後人莫述。揚雄《法言》云：「或人問渾天於雄。雄曰：『落下閎營之，鮮于妄人度之，耿中丞象之，幾幾乎莫之違也。』」若問天形定體，渾儀疎密，則雄應以渾儀答之，而舉此三人以對者，則知此三人制造渾儀，以圖晷緯。問者蓋渾儀之疎密，非問渾儀之淺深也。以此而推，則西漢長安已有其器矣。將由喪亂亡失，故衡復鑄之乎？王蕃又記古渾儀尺度並張衡改制之文，則知斯器非衡始造明矣。衡所造渾儀，傳至魏、晉，中華覆敗，沈没戎虜，績、蕃舊器，亦不復存。晉安帝義熙十四年，高祖平長安，得衡舊器，儀狀雖舉，不綴經星七曜。

文帝元嘉十三年，詔太史令錢樂之更鑄渾儀，徑六尺八分少，周一丈八尺二寸六分少，地在天內，立黃赤二道，南北二極規二十八宿，北斗極星，五分爲一度，置日月五星於黃道之上，置立漏刻，以水轉儀，昏明中星，與天相應。十七年，又作小渾天，徑二尺二寸，周六尺六寸，以分爲一度，安二十八宿中外官，以白黑珠及黃三色爲三家星，日月五星，悉居黃道。

又 晉成帝咸康中，會稽虞喜造《安天論》，以爲「天高窮於無窮，地深測於不測。地有居静之體，天有常安之形。論其大體，當相覆冒，方則俱方，圓則俱圓，無方圓不同之義也」。喜族祖河間太守聳又立《穹天論》云：「天形穹隆，當如雞子幕，其際周接四海之表，浮乎元氣之上。」而吳太常姚信造《昕天論》曰：「嘗覽《漢書》云：冬至日在牽牛，去極遠；夏至日在東井，去極近。欲以推日之長短，信以太極處二十八宿之中央，雖有遠近，不能相倍。」今《昕天》之説，以爲「冬至極低，而天運近南，故日去人遠，而斗去人近，北天氣至，故冰寒也。夏至極起，而天運近北，而斗去人遠，日去人近，南天氣至，故炎熱也。極之立時，日

行地中淺，故夜短，天去地高，故晝長也。極之低時，日行地中深，故夜長，天去地下淺，故晝短也。然則天行寒依於渾，夏依於蓋也」。按此說應作「軒昂」之「軒」，而作「昕」，所未詳也。凡三說皆好異之談，失之遠矣。

北齊・魏收《魏書》卷九《肅宗紀》 〔正光三年十一月〕丙午，詔曰：「治曆明時，前王茂軌，考辰正律，弈代通規。是以北平革定於漢年，楊偉草算於魏世。自皇運肇基，典章猶缺，推步晷曜，未盡厥理。先朝仍世，每所慨然。至神龜中，始命儒官，改創疏躋，回度易憲，始會琁衡。今天正斯始，陽煦將開，品物初萌，宜變耳目，所謂魏雖舊邦，其曆維新者也。便可班宣內外，號曰《正光曆》。」

北齊・魏收《魏書》卷一〇七上《律曆志上》 世宗景明中，詔太樂令公孫崇、太樂令趙樊生等同共考驗。正始四年冬，崇表曰：「臣頃自太樂，詳理金石，及在祕省，考步三光，稽覽古今，研其得失。然四序遷流，五行變易，帝王相踵，必奉初元，改正朔，殊徽號、服色，觀於時變，以應天道。故《易》，湯武革命，治曆明時。是以三五迭隆，曆數各異。伏惟皇魏紹天明命，家有率土，戎軒仍動，未遑曆事，因前魏《景初曆》，術數差違，不協晷度。世祖應期，輯寧諸夏，乃命故司徒、東郡公崔浩錯綜其數。浩博涉淵通，更修曆術，兼著《五行論》。是時故司空、咸陽公高允該覽羣籍，贊明五緯，并述《洪範》。然浩等考察未及周密，高宗踐祚，乃用敦煌趙敺《甲寅》之曆，然其星度，稍爲差遠。臣輒鳩集異同，研其損益，更造新曆。以甲寅爲元，考其盈縮，晷象周密，又從約省。起自景明，因名《景明曆》。然天道盈虛，豈曰必協，要須參候是非，乃可施用。太史令辛寶貴職司玄象，頗閑祕數；祕書監鄭道昭才學優贍，識覽該密；長兼國子博士高僧裕乃故司空允之孫，世綜文業；尚書祠部郎中宗景博涉經史；前兼尚書郎中崔彬微曉法術：請此數人在祕省參候。而伺察晷度，要在冬夏二至前後各五日，然後乃可取驗。臣區區之誠，冀效萬分之一。」詔曰：「測度晷象，考步宜審，可令太常卿芳率太學、四門博士等依所啓者，悉集詳察。」

延昌四年冬，侍中、國子祭酒領著作郎崔光表曰：「《易》稱『君子以治曆明時』；書云『曆象日月星辰』，『迺同律度量衡』；孔子陳後王之法，曰『謹權量，審法度』；《春秋》舉『先王之正時也，履端於始』，又言『天子有日官』。是以昔在軒轅，容成作曆；逮乎帝唐，羲和察影。皆所以審農時而重民事也。太和十一年，臣自博士遷著作，忝司載述，時舊鍾律郎張明豫推步曆法，治己丑元，草創未備。及遷中京，轉爲太史令，未幾喪亡，所造致廢。臣中修史，景明初奏求奉車都尉、領太史令趙樊生，著作佐郎張洪，給事中、領太樂令公孫崇等造曆，功未及訖，而樊生又喪，洪出除涇州長史，唯崇獨專其任。暨永平初，云已略舉。時洪府解停京，又奏令重修前事，更取太史令趙勝、太廟令龐靈扶、明豫子龍祥共集祕書，與崇等詳驗，推建密曆。然天道幽遠，測步理深，候觀遷延，歲月滋久，而崇及勝前後並喪。洪所造曆爲甲午、甲戌二元，又除豫州司馬。靈扶亦除蒲陰令。洪至豫州，續造甲子、己亥二元。唯龍祥在京，獨修前事，以皇魏運水德，爲甲子元。兼校書郎李業興本雖不預，亦和造曆，爲戊子元。三家之術並未申用。故貞靜處士李謐私立曆法，言合紀次，求就其兄瑒追取，與洪等所造，遞相參考，以知精粗。臣以仰測晷度，實難審正，又求更取諸能算術兼解經義者前司徒司馬高綽、駙馬都尉盧道虔、前冀州鎮東長史祖瑩、前并州秀才王延業、謁者僕射常景等日集祕書，與史官同檢疏密；并朝貴十五日一臨，推驗得失，擇其善者奏聞施用。限至歲終。但世代推移，軌憲時改，上元今古，考準或異，故三代課步，始卒各別。臣職預其事，而朽惰已甚，既謝運籌之能，彌愧意算之藝，由是多曆年世，茲業弗成，公私負責，俯仰慚靦。」靈太后令曰：「可如所請。」

延昌四年冬，太傅、清河王懌，司空、尚書令、任城王澄，散騎常侍、尚書僕射元暉，侍中、領軍、江陽王繼奏：「天道至遠，非人情可量；曆數幽微，豈以意輒度。而議者紛紜，競起端緒，争指虛遠，難可求衷，自非建標準影，無以驗其真僞。頃永平中雖有考察之利，而不累歲窮究，遂不知影之至否，差失少多。臣等參詳，謂宜今年至日，更立表木，明伺晷度，三載之中，足知當否。令是非有歸，争者息競，然後採其長者，更議所從。」

神龜初，光復表曰：「《春秋》載『天子有日官，諸侯有日御』，又曰『履端於始』，『歸餘於終』，皆所以推二氣，考五運，成六位，定七曜，審八卦，立三才，正四序，以授百官於朝，萬民於野。陰陽剛柔，仁義之道，罔不畢備。由是先代重之，垂於典籍。及史遷、班固、司馬彪著立書、志，所論備矣。謹案曆之作也，始自黃帝，辛卯爲元，迄於大魏，甲寅紀首，十有餘代，曆祀數千，軌憲不等，遠近殊術。其消息盈虛，覘步疏密，莫得而識焉。去延昌四年冬，中堅將軍、屯騎校尉張洪、故太史令張明豫息盪寇將軍龍祥，校書郎李業興等三家並上新曆，各求申用。臣學缺章程，藝謝籌運，而竊職觀閣，謬忝厥司，奏請廣訪諸儒，更取通數兼通經義者及太史，並集祕書，與史官同驗疏密，并請宰輔羣官臨檢得失，至於歲終，密者施用。奉詔聽可。時太傅、太尉公、清河王臣懌等以天道至遠，非卒可量，請

立表候影，期之三載，乃採其長者，更議所從。又蒙敕許。於是洪等與前鎮東府長史祖瑩等研窮其事，爾來三年，再曆寒暑，積勤搆思，大功獲成。謹案洪等三人前上之曆，并駙馬都尉盧道虔、前太極採材軍主衛洪顯、殄寇將軍太史令胡榮及雍州沙門統道融、司州河南人樊仲遵、定州鉅鹿人張僧豫所上，總合九家，共成一曆，元起壬子，律始黄鍾，考古合今，謂爲最密。昔漢武帝元封中治曆，改年爲太初，即名《太初曆》；魏文帝景初中治曆，即名《景初曆》。伏惟陛下道唯先天，功邈稽古，休符告徵，靈蔡炳瑞。壬子北方，水之正位；龜爲水畜，實符魏德；修母子應，義當麟趾。請定名爲《神龜曆》。今封以上呈，乞付有司重加考議。事可施用，并藏祕府，附於典志。」肅宗以曆就，大赦改元，因名《正光曆》，班於天下。其九家共修，以龍祥、業興爲主。

北齊·魏收《魏書》卷一〇七下《律曆志下》 孝靜世，《壬子曆》氣朔稍違，熒惑失次，四星出伏，曆亦乖舛。興和元年十月，齊獻武王入鄴，復命李業興，令其改正，立《甲子元曆》。事訖，尚書左僕射司馬子如、右僕射隆之等表曰：

自天地剖判，日月運行，剛柔相摩，寒暑交謝，分之以氣序，紀之以星辰，弦望有盈缺，明晦有修短。古先哲王則之成化，迎日推策，各有司存，以天下之至王，盡生民之能事，先天而天弗違，後天而奉天時。及卯金受命，年曆屢改，當塗啓運，日官變業，分路揚鑣，異門馳騖，回互靡定，交錯不等。豈是人情淺濘，苟相違異？蓋亦天道盈縮，欲止不能。

《正光》之曆既行於世，發元壬子，置差令朔。測影清臺，懸炭之期或爽；候氣重室，布灰之應少差。伏惟陛下當璧膺符，大横協兆，乘機虎變，撫運龍飛，苞括九隅，牢籠萬宇，四海來王，百靈受職。大丞相、勃海王隆神挺生，固天縱德，負圖作宰，知機成務，撥亂反正，决江疏河，效顯勤王，勳彰濟世。功成治定，禮樂惟新，以履端歸餘，術數未盡，乃命兼散騎常侍執讀臣李業興、大丞相府東閤祭酒、夷安縣開國公臣王春，大丞相府户曹參軍臣和貴興等，委其刊正。但回舍有疾徐，推步有疏密，不可以一方知，難得以一途揆。大丞相主簿臣孫搴，驃騎將軍、左光禄大夫臣暐，前給事黄門侍郎臣季景，勃海王世子開府諮議參軍事、定州大中正臣崔暹，業興息國子學生、屯留縣開國子臣子述等，並令參豫，定其是非。

臣等職司其憂，猶恐未盡。竊以蒙戎爲飾，必藉衆腋之華；輪奂成宇，寧止一枝之用。必集名勝，更共修理。左光禄大夫臣盧道約，大司農卿、彭城侯臣李諧，左光禄大夫、東雍州大中正臣裴獻伯，散騎常侍、西兖州大中正臣温子昇，太尉府長史臣陸操，尚書右丞、城陽縣開國子臣盧元明，中書侍郎臣李同軌，前中書侍郎臣邢子明，中書侍郎臣宇文忠之，前司空府長史、建康伯臣元仲俊，大丞相法曹參軍臣杜弼，尚書左中兵郎中、定陽伯臣李溥濟，尚書起部郎中臣辛術，尚書祠部郎中臣元長和，前青州驃騎府司馬、安定子臣胡世榮，太史令、盧鄉縣開國男臣趙洪慶，太史令臣胡法通，應詔左右臣張喆，員外司馬督臣曹魏祖，太史丞郭慶，太史博士臣胡仲和等，或器標民譽，或術兼世業，並能顯微闡幽，表同録異，詳考古今，共成此曆。甲爲日始，子實天正，命曆置元，宜從此起。運屬興和，以年號爲目，豈獨太初表於漢代，景初冠於魏曆而已。謹以封呈，乞付有司，依術施用。

詔以新曆示齊獻武王田曹參軍信都芳，芳關通曆術，駁業興曰：「今年十二月二十日，新曆歲星在營室十三度，順，疾；天上歲星在營室十一度。今月二十日，新曆鎮星在角十一度，留；天上鎮星在亢四度，留。今月二十日，新曆太白在斗二十五度，晨見，逆行；天上太白在斗二十一度，逆行。便爲差殊。」

業興對曰：

歲星行天，伺候以來八九餘年，恒不及二度。今新曆加二度。至於夕伏晨見，纖毫無爽。今日仰看，如覺二度，及其出没，還應如術。鎮星，自造《壬子》元以來，歲常不及，故加《壬子》七度，亦知猶不及五度，適欲并加，恐出没頓校十度、十日，將來永用，不合處多。太白之行，頓疾頓遲，取其會歸而已。近十二月二十日，晨見東方，新舊二曆推之，分寸不異。行星三日，頓校四度。如此之事，無年不有，至其伏見，還依術法。

又芳唯嫌十二月二十日星有前却。業興推步已來，三十餘載，上算千載之日月星辰有見經史者，與涼州趙敺、劉義隆廷尉卿何承天、劉駿南徐州從事史祖冲之參校，業興《甲子元曆》長於三曆一倍。考洛京已來四十餘歲，五星出没，歲星、鎮星、太白，業興曆首尾恒中，及有差處，不過一日二日、一度兩度；三曆之失，動校十日十度。熒惑一星，伏見體自無常，或不應度。祖冲之曆多《甲子曆》十日六度，何承天曆不及三十日二十九度；今曆還與《壬子》同，不有加增。辰星一星，没多見少，及其見時，與曆無舛，今此亦依《壬子》元不改。太白、辰星，唯起夕合爲異。業興以天道高遠，測步難精，五行伏留，推考不易，人目仰窺，未能盡密，但取其見伏大歸，略其中間小謬，如此曆便可行。若專據所見之驗，不

取出没之效，則曆數之道其幾廢矣。夫造曆者，節之與朔貫穿於千年之間，閏餘斗分推之於毫釐之內。必使盈縮得衷，間限數合，問日小分不殊錙銖，陽曆陰曆纖芥無爽，損益之數驗之交會，日所居度考之月蝕，上推下減，先定衆條，然後曆元可求，猶甲子難值。又雖值甲子，復有差分，如此踳駁，參錯不等。今曆發元甲子，七率同遵，合璧連珠，其言不失。法理分明，情謂爲可。如芳所言，信亦不謬。但一合之裏星度不驗者，至若合終必還。依術，鎮星前年十二月二十日見差五度，今日差三度；太白前差四度，今全無差。以此準之，見伏之驗，尋效可知，將來永用，大體無失。

芳又云：「以去年十二月中算新曆，其鎮星以十二月二十日在角十一度留，天上在亢四度留，是新曆差天五度；太白、歲星並各有差。校於《壬子》舊曆，鎮星差天五度，太白歲星亦各有差，是舊曆差天爲多，新曆差天爲少。凡造曆者，皆須積年累日，依法候天，知其疏密，然後審其近者，用作曆術。不可一月兩月之間，能正是非。若如熒惑行天七百七十九日，一遲、一疾、一留、一逆、一順、一伏、一見之法，七頭一終；太白行天五百八十三日，晨夕之法，七頭一終；歲星行天三百九十八日，七頭一終；鎮星行天三百七十八日，七頭一終；辰星行天一百一十五日，晨夕之法，七頭一終。造曆者必須測知七頭，然後作術。得七頭者造曆爲近，不得頭者其曆其疏，皆非一二日能知是非。自五帝三代以來及秦、漢、魏、晉，造曆者皆積年久測，術乃可觀。其倉卒造者，當時或近，不可久行。若三四年作者，初雖近天，多載恐失。今《甲子》新曆，業興潛構積年，雖有少差，校於《壬子元曆》，近天者多。若久而驗天，十年二十年間，比《壬子元曆》，三星行天，其差爲密。」

南朝梁・蕭子顯《南齊書》卷一二《天文志上》 宋昇明三年，太史令將作匠陳文建陳天文，奏曰：「自孝建元年至昇明三年，日蝕有十，虧上有七。占曰『有亡國失君之象』。一曰『國命絶，主危亡』。孝建元年至昇明三年，太白經天五。占曰『天下革，民更王，異姓興』。孝建元年至昇明三年，月犯房心四，太白犯房心五。占曰『其國有喪，宋當之』。孝建元年至永光元年，奔星出入紫宫有四。占曰『國去其君，有空國徙王』。大明二年至元徽四年，天再裂。占曰『陽不足，白虹貫日，人君惡之』。孝建二年至大明五年，月入太微。泰豫元年至昇明三年，月又入太微。孝建元年至元徽二年，太白入太微各八，熒惑入太微六。占曰『七耀行不軌道，危亡之象。貴人失權勢，主亦衰，當有王入爲主』。孝建二年至昇明二年，太白、熒惑經羽林各三。占曰『國殘更世』。孝建二年四月十三日，熒惑守南斗，成句己。占曰『天下易正更元』。孝建三年十二月一日，填星、熒惑、辰星合於南斗。占曰『改立王公』。大明二年十二月二十六日，太白犯填星於斗。六年十一月十五日，太白、填星合於危。占曰『天子失土』。景和元年十月八日，熒惑守太微，成句己。占曰『王者惡之，主命無期，有徙主，若主王，天下更紀』。泰始三年正月十七日，白氣見西南，東西半天，名曰長庚。六年九月二十七日，白氣又見東南長二丈，並形狀長大，猛過彗星。占曰『除舊布新易主之象，遠期一紀』。至昇明三年，一紀訖。泰始四年四月二十四日，太白犯填星於胃。占曰『主命惡之』。泰始七年六月十七日，太白、歲星、填星合於東井。占曰『改立王公』。元徽四年至昇明二年三月，日有頻食。占曰『社稷將亡，王者惡之』。元徽四年十月十日，填星守太微宫，逆從行，曆四年。占曰『有亡君之戒，易世立王』。元徽五年七月一日，熒惑、太白、辰星合於翼。占曰『改立王公』。昇明二年六月二十日，歲星守斗建。陰陽終始之門，大赦昇平之所起，律曆七政之本源，德星守之，天下更年，五禮更興，多暴貴者。昇明二年十月一日，熒惑守輿鬼。三年正月七日，熒惑守兩戒閑，成句己。占曰『尊者失朝，必有亡國去王』。昇明三年正月十八日，辰星孟效西方。占曰『天下更王』。昇明三年四月，歲星在虚危，徘徊玄枵之野，則齊國有福厚，爲受慶之符。」今所記三辰七曜之變，起建元訖於隆昌，以續宋史。建武世太史奏事，明帝不欲使天變外傳，竝祕而不出，自此闕焉。

南朝梁・蕭子顯《南齊書》卷一六《百官志》 右泰始六年，以國學廢，初置總明觀，玄、儒、文、史四科，科置學士各十人，正令史一人，書令史二人，幹一人，門吏一人，典觀吏二人。建元中，掌治五禮。永明三年，國學建，省。

太廟令一人，丞一人。

明堂令一人，丞一人。

太祝令一人，丞一人。

太史令一人，丞一人。

廩犧令一人，丞一人。

唐・姚思廉《梁書》卷一《武帝紀上》 高祖抗表陳讓，表不獲通。於是，齊百官豫章王元琳等八百一十九人，及梁臺侍中臣云等一百一十七人，並上表勸進，高祖謙讓不受。是日，太史令蔣道秀陳天文符讖六十四條，事並明著；羣臣

重表固請，乃從之。

唐・姚思廉《梁書》卷二《武帝紀中》（天監元年夏四月）丁卯，加領軍將軍王茂鎮軍將軍。以中書監王亮爲尚書令、中軍將軍，相國左長史王瑩爲中書監、撫軍將軍，吏部尚書沈約爲尚書僕射，長兼侍中范雲爲散騎常侍、吏部尚書。

又（天監）九年春正月乙亥，以尚書令、行太子少傅沈約爲左光禄大夫，行少傅如故，右光禄大夫王瑩爲尚書令，行中撫將軍建安王偉領護軍將軍，鎮北將軍、南兖州刺史始興王憺爲鎮西將軍、益州刺史，太常卿王亮爲中書監。丙子，以輕車將軍晉安王綱爲南兖州刺史。庚寅，新作緣淮塘，北岸起石頭迄東冶，南岸起後渚籬門迄三橋。

唐・房玄齡等《晉書》卷一一《天文志上》成帝咸康中，會稽虞喜因宣夜之説作《安天論》，以爲「天高窮於無窮，地深測於不測。天確乎在上，有常安之形；地魄焉在下，有居静之體。當相覆冒，方則俱方，員則俱員，無方員不同之義也。其光曜布列，各自運行，猶江海之有潮汐，萬品之有行藏也。」葛洪聞而譏之曰：「苟辰宿不麗於天，天爲無用，便可言無，何必復云有之而不動乎？」由此而談，稚川可謂知言之選也。

虞喜族祖河間相聳又立《穹天論》云：「天形穹隆如雞子，幕其際，周接四海之表，浮於元氣之上。譬如覆奩以抑水，而不没者，氣充其中故也。日繞辰極，没西而還東，不出入地中。天之有極，猶蓋之有斗也。天北下於地三十度，極之傾在地卯酉之北亦三十度，人在卯酉之南十餘萬里，故斗極之下不爲地中，當對天地卯酉之位耳。日行黄道繞極。極北去黄道百一十五度，南去黄道六十七度，二至之所舍以爲長短也。」

吴太常姚信造《昕天論》云：「人爲靈蟲，形最似天。今人頤前侈臨胸，而項不能覆背。近取諸身，故知天之體南低入地，北則偏高。又冬至極低，而天運近南，故日去人遠，而斗去人近，北天氣至，故冰寒也。夏至極起，而天運近北，故斗去人遠，日去人近，南天氣至，故蒸熱也。極之高時，日行地中淺，故夜短；天去地高，故晝長也。極之低時，日行地中深，故夜長；天去地下，故晝短也。」

自虞喜、虞聳、姚信皆好奇徇異之説，非極數談天者也。至於渾天理妙，學者多疑。

又 至吴時，中常侍廬江王蕃善數術，傳劉洪乾象曆，依其法而制渾儀，立論考度曰：

前儒舊説，天地之體，狀如鳥卵，天包地外，猶殼之裹黄也；周旋無端，其形渾渾然，故曰渾天也。周天三百六十五度五百八十九分度之百四十五，半覆地上，半在地下。其二端謂之南極、北極。北極出地三十六度，南極入地三十六度，兩極相去一百八十二度半强。繞北極徑七十二度，常見不隱，謂之上規。繞南極七十二度，常隱不見，謂之下規。赤道帶天之紘，去兩極各九十一度少强。黄道，日之所行也，半在赤道外，半在赤道内，與赤道東交於角五少弱，西交於奎十四少强。其出赤道外極遠者，去赤道二十四度，斗二十一度是也。其入赤道内極遠者，亦二十四度，井二十五度是也。

日南至在斗二十一度，去極百一十五度少强。是也日最南，去極最遠，故景最長。黄道斗二十一度，出辰入申，故日亦出辰入申。日晝行地上百四十六度强，故日短；夜行地下二百一十九度少弱，故夜長。自南至之後，日去極稍近，故景稍短。日晝行地上度稍多，故日稍長；夜行地下度稍少，故夜稍短。日所在度稍北，故日稍北，以至於夏至，日在井二十五度，去極六十七度少强。是日最北，去極最近，景最短。黄道井二十五度，出寅入戌，故日亦出寅入戌。日晝行地上二百一十九度少弱，故日長；夜行地下百四十六度强，故夜短。自夏至之後，日去極稍遠，故景稍長。日晝行地上度稍少，故日稍短；夜行地下度稍多，故夜稍長。日所在度稍南，故日出入稍南，以至於南至而復初焉。斗二十一，井二十五，南北相應四十八度。

春分日在奎十四少强，秋分日在角五少弱，此黄赤二道之交中也。去極俱九十一度少强，南北處斗二十一、井二十五之中，故景居二至長短之中。奎十四角五，出卯入酉，故日亦出卯入酉。日晝行地上，夜行地下，俱百八十二度半强，故日見之漏五十刻，不見之漏五十刻，謂之晝夜同。夫天之晝夜以日出没爲分，人之晝夜以昏明爲限。日未出二刻半而明，日入二刻半而昏，故損夜五刻以益晝，是以春秋分漏晝五十五刻。

三光之行，不必有常，術家以算求之，各有同異，故諸家曆法參差不齊。《洛書甄曜度》、《春秋考異郵》皆云：「周天一百七萬一千里，一度爲二千九百三十二里七十一步二尺七寸四分四百八十七分分之三百六十二。」陸績云：「天東西南北徑三十五萬七千里。」此言周三徑一也。考之徑一不啻周三，率周百四十二而徑四十五，則天徑三十二萬九千四百一里一百二十二步二尺二寸一分七十一分分之十。

《周禮》：「日至之景尺有五寸，謂之地中。」鄭衆説：「土圭之長尺有五寸，以夏至之日立八尺之表，其景與土圭等，謂之地中，今潁川陽城地也。」鄭玄云：「凡日景於地，千里而差一寸，景尺有五寸者，南戴日下萬五千里也。」以此推之，日當去其下地八萬里矣。日邪射陽城，則天徑之半也。天體員如彈丸，地處天之半，而陽城爲中，則日春秋冬夏，昏明晝夜，去陽城皆等，無盈縮矣。故知從日邪射陽城，爲天徑之半也。

以句股法言之，旁萬五千里，句也；立八萬里，股也；從日邪射陽城，弦也。以句股求弦法入之，得八萬一千三百九十四里三十步五尺三寸六分，天徑之半而地上去天之數也。倍之，得十六萬二千七百八十八里六十一步四尺七寸二分，天徑之數也。以周率乘之，徑率約之，得五十一萬三千六百八十七里六十八步一尺八寸二分，周天之數也。減《甄曜度》、《考異郵》五十五萬七千三百一十二里有奇。一度凡千四百六里百二十四步六寸四分十萬七千五百六十五分分之萬九千四十九，減舊度千五百二十五里二百五十六步三尺三寸二十一萬五千一百三十分分之十六萬七百三十。

分黄赤二道，相與交錯，其間相去二十四度。以兩儀推之，二道俱三百六十五度有奇，是以知天體員如彈丸也。而陸績造渾象，其形如鳥卵，然則黄道應長於赤道矣。績云「天東西南北徑三十五萬七千里」，然則績亦以天形正員也。而渾象爲鳥卵，則爲自相違背。

古舊渾象以二分爲一度，凡周七尺三寸半分。張衡更制，以四分爲一度，凡周一丈四尺六寸一分。蕃以古制局小，星辰稠概，衡器傷大，難可轉移，更制渾象，以三分爲一度，凡周天一丈九寸五分四分分之三也。

唐・房玄齡等《晉書》卷一七《律曆志中》　魏文帝黄初中，太史令高堂隆復詳議曆數，更有改革。太史丞韓翊以爲《乾象》減斗分太過，後當先天，造《黄初曆》，以四千八百八十三爲紀法，千二百五爲斗分。

其後尚書令陳羣奏，以爲：「曆數難明，前代通儒多共紛争。《黄初》之元以《四分曆》久遠疏闊，大魏受命，宜改曆時時，韓翊首建，猶恐不審，故以《乾象》互相參校。其所校日月行度，弦望朔晦，曆三年，更相是非，無時而決。案三公議皆綜盡典理，殊塗同歸，欲使效之璿璣，各盡其法，一年之間，得失足定。」奏可。

太史令許芝云：「劉洪月行術用以來且四十餘年，以復覺失一辰有奇。」

孫欽議：「史遷造《太初》，其後劉歆以爲疏，復爲《三統》。章和中，改爲《四分》，以儀天度，考合符應，時有差跌，日蝕覺過半日。至熹平中，劉洪改爲《乾象》，推天七曜之符，與天地合其敍。」

董巴議云：「聖人迹太陽於晷景，效太陰於弦望，明五星於見伏，正是非於晦朔。弦望伏見者，曆數之綱紀，檢驗之明者也。」

又　翊於課難徐岳：「《乾象》消息但可減，不可加。加之無可説，不可用。」岳云：「本術自有消息，受師法，以消息爲奇，辭不能改，故列之正法消息。」翊術自疏。

又　郎中李恩議：「以太史天度與相覆校，二年七月、三年十一月望與天度日皆差異，月蝕加時乃後天六時半，非從三度之謂，定爲後天過半日也。」

董巴議曰：「昔伏羲始造八卦，作三畫，以象二十四氣。黄帝因之，初作《調曆》。曆代十一，更年五千，凡有七曆。顓頊以今之孟春正月爲元，其時正月朔旦立春，五星會於天廟，營室也，冰凍始泮，蟄蟲始發，雞始三號，天曰作時，地曰作昌，人曰作樂，鳥獸萬物莫不應和，故顓頊聖人爲曆宗也。湯作《殷曆》，弗復以正月朔旦立春爲節也，更以十一月朔旦冬至爲元首，下至周、魯及漢，皆從其節，據正四時。夏爲得天，以承堯舜，從顓頊故也。【略】今韓翊據劉洪術者，知貴其術，珍其法，而棄其論，背其術，廢其言，違其事是非，必使洪奇妙之式不傳來世。若知而違之，是挾故而背師也。若不知據之，是爲挾不知而罔知也。」校議未定，會帝崩而寢。

唐・房玄齡等《晉書》卷一八《律曆志下》　魏尚書郎楊偉表曰：「臣覽載籍，斷考曆數，時以紀農，月以紀事，其所由來，遐而尚矣。乃自少昊，則玄鳥司分；顓頊、帝嚳，則重黎司天；唐帝、虞舜，則羲和掌日，三代因之，則世有日官。日官司曆，則頒之諸侯，諸侯受之，則頒於境内。夏后之世，羲和湎淫，廢時亂日，則《書》載《胤征》。由此觀之，審農時而重人事，曆代然之也。逮至周室既衰，戰國横騖，告朔之羊，廢而不紹，登臺之禮，滅而不遵，閏分乖次而不識，孟陬失紀而莫悟，大火猶西流，而怪蟄蟲之不藏也。是時也，天子不協時，司曆不書日，諸侯不受職，日御不分朔，人事不恤，廢棄農時。仲尼之撥亂於《春秋》，託褒貶糾正，司曆失閏，則譏而書之，登臺頒朔，則謂之有禮。自此以降，暨於秦漢，乃復以孟冬爲歲首，閏爲後九月，中節乖錯，時月紕繆，加時後天，蝕不在朔，累載相襲，久而不革也。至武帝元封七年，始乃悟其繆焉，於是改正朔，更曆數，使大才通人，更造《太初曆》，校中朔所差，以正閏分；課中星得度，以考疏密。以

建寅之月爲正朔，以黄鍾之月爲曆初。其曆斗分太多，後遂疏闊。至元和二年，復用《四分曆》，施而行之，至於今日，考察日蝕，率常在晦，是則斗分太多，故先密後疏而不可用也。是以臣前以制典餘日，推考天路，稽之前典，驗之以蝕朔，詳而精之，更建密曆，則不先不後，古今中天。以昔在唐帝，協日正時，允釐百工，咸熙庶績也。欲使當今國之典禮，凡百制度，皆韜合往古，郁然備足，乃改正朔，更曆數，以大吕之月爲歲首，以建子之月爲曆初。臣以爲昔在帝代，則法曰《顓頊》，曩自軒轅，則曆曰《黄帝》，暨至漢之孝武革正朔，更曆數，改元曰太初，因名《太初曆》。今改元爲景初，宜曰《景初曆》。臣之所建《景初曆》，法數則約要，施用則近密，治之則省功，學之則易知。雖復使研桑心算，隸首運籌，重黎司晷，羲和察景，以考天路，步驗日月，究極精微，盡術數之極者，皆未能並臣如此之妙也。是以累代曆數，皆疏而不密，自黄帝以來，常改革不已。」

又　武帝侍中平原劉智，以斗曆改憲，推《四分法》，三百年而減一日，以百五十爲度法，三十七爲斗分。推甲子爲上元，至泰始十年，歲在甲午，九萬七千四百一十一歲，上元天正甲子朔夜半冬至，日月五星始於星紀，得元首之端。飾以浮説，名爲《正曆》。

當陽侯杜預著《春秋長曆》，説云：

日行一度，月行十三度十九分之七有奇，日官當會集此之遲疾，以考成晦朔，以設閏月。閏月無中氣，而北斗邪指兩辰之間，所以異於他月。積此以相通，四時八節無違，乃得成歲，其微密至矣。得其精微，以合天道，則事敍而不愆。故《傳》曰：「閏以正時，時以作事。」然陰陽之運，隨動而差，差而不已，遂與曆錯。故仲尼、丘明每於朔閏發文，蓋矯正得失，因以宣明曆數也。

劉子駿造《三正曆》以修《春秋》，日蝕有甲乙者三十四，而《三正曆》惟得一蝕，比諸家既最疏。又六千餘歲輒益一日，凡歲當累日爲次，而故益之，此不可行之甚者。

自古已來，諸論《春秋》者多違謬，或造家術，或用黄帝已來諸曆，以推《經》、《傳》朔日，皆不諧合。日蝕於朔，此乃天驗，《經》、《傳》又書其朔蝕，可謂得天，而劉、賈諸儒説，皆以爲月二日或三日，公違聖人明文，其弊在於守一元，不與天消息也。

餘感《春秋》之事，嘗著《曆論》，極言曆之通理。其大指曰：天行不息，日月星辰各運其舍，皆動物也。物動則不一，雖行度有大量可得而限，累日爲月，累月爲歲，以新故相涉，不得不有毫末之差，此自然之理也。故春秋日有頻月而蝕者，有曠年不蝕者，理不得一，而算守恒數，故曆無不有先後也。始失於毫毛，而尚未可覺，積而成多，以失弦望晦朔，則不得不改憲以從之。《書》所謂「欽若昊天，曆象日月星辰」，《易》所謂「治曆明時」，言當順天以求合，非爲合以驗天者也。推此論之，春秋二百餘年，其治曆變通多矣。雖數術絶滅，遠尋《經》、《傳》微旨，大量可知，時之遠謬，則《經》、《傳》有驗。學者固當曲循《經》、《傳》月日、日蝕，以考晦朔，以推時驗。而皆不然，各據其學，以推春秋，此無異於度已之跡，而欲削他人之足也。

余爲《曆論》之後，至咸寧中，善算者李修、卜顯，依論體爲術，名《乾度曆》，表上朝廷。其術合日行四分數而微增月行，用三百歲改憲之意，二元相推，七十餘歲，承以强弱，强弱之差蓋少，而適足以遠通盈縮。時尚書及史官，以《乾度》與《泰始曆》參校古今記注，《乾度曆》殊勝《泰始曆》，上勝官曆四十五事。今其術具存。又并考古今十曆以驗《春秋》，知《三統》之最疏也。

又　穆帝永和八年，著作郎琅邪王朔之造《通曆》，以甲子爲上元，積九萬七千年，四千八百八十三爲紀法，千二百五爲斗分，因其上元爲開闢之始。

後秦姚興時，當孝武太元九年，歲在甲申，天水薑岌造《三紀甲子元曆》，其略曰：「治曆之道，必審日月之行，然後可以上考天時，下察地化。一失其本，則四時變移。故仲尼之作《春秋》，日以繼月，月以繼時，時以繼年，年以首事，明天時者人事之本，是以王者重之。自皇羲以降，暨於漢魏，各自制曆，以求厥中。考其疏密，惟交會薄蝕可以驗之。然書契所記，惟《春秋》著日蝕之變，自隱公訖於哀公，凡二百四十二年之間，日蝕三十有六，考其晦朔，不知用何曆也。班固以爲《春秋》因《魯曆》，《魯曆》不正，故置閏失其序。魯以閏餘一之歲爲蔀首，檢《春秋》置閏不與此蔀相符也。《命曆序》曰：孔子爲治《春秋》之故，退修殷之故曆，使其數可傳於後。如是，《春秋》宜用《殷曆》正之。今考其交會，不與《殷曆》相應，以《殷曆》考《春秋》，月朔多不及其日，又以檢《經》，率多一日，《傳》率少一日。但《公羊經、傳》異朔，於理可從，而《經》有蝕朔之驗，《傳》爲失之也。服虔解《傳》用太極上元，太極上元乃《三統曆》劉歆所造元也，何緣施於《春秋》？於《春秋》而用《漢曆》，於義無乃遠乎？《傳》之違失多矣，不惟斯事而已。襄公二十七年冬十有一月乙亥朔，日有蝕之。《傳》曰：『辰在申，司曆過，再失閏也。』考其去交分，交會應在此月，而不爲再失閏也。案歆曆於《春秋》日蝕一朔，其餘

多在二日，因附《五行傳》，著朓與側匿之説云：春秋時諸侯多失其政，故月行恒遲。歆不以曆失天，而爲之差説。日之蝕朔，此乃天驗也，而歆反以已曆非此，冤天而負時曆也。杜預又以爲周衰世亂，學者莫得其真，今之所傳七曆，皆未必是時王之術也。今誠以七家之曆，以考古今交會，信無其驗也，皆由斗分疏之所致也。《殷曆》以四分一爲斗分，《三統》以一千五百三十九分之三百八十五爲斗分，《乾象》以五百八十九分之一百四十五爲斗分，今《景初》以一千八百四十三分之四百五十五爲斗分，疏密不同，法數各異。《殷曆》斗分粗，故不施於今。《乾象》斗分細，故不得通於古。《景初》斗分雖在粗細之中，而日之所在乃差四度，日月虧已，皆不及其次，假使日在東井而蝕，以月驗之，迺在參六度，差違乃爾，安可以考天時人事乎？今治新曆，以二千四百五十一分之六百五爲斗分，日在斗十七度，天正之首，上可以考合於《春秋》，下可以取驗於今世。以之考《春秋》三十六蝕，正朔者二十有五，蝕二日者二，蝕晦者二，誤者五，凡三十三蝕，其餘蝕經無日諱之名，無以考其得失。圖緯皆云『三百歲斗曆改憲』。以今新曆施於春秋之世，日蝕多在朔。春秋之世，下至於今，凡一千餘歲，交會弦望故進退於三蝕之間，此法迺可永載用之，豈三百歲斗曆改憲者乎？」

唐・魏徵等《隋書》卷一六《律曆志上》　後齊神武霸府田曹參軍信都芳，深有巧思，能以管候氣，仰觀雲色。嘗與人對語，即指天曰：「孟春之氣至矣。」人往驗管，而飛灰已應。每月所候，言皆無爽。又爲輪扇二十四，埋地中，以測二十四氣。每一氣感，則一扇自動，他扇並住，與管灰相應，若符契焉。

唐・魏徵等《隋書》卷一七《律曆志中》　梁初因齊，用宋《元嘉曆》。天監三年下詔定曆，員外散騎侍郎祖暅奏曰：「臣先在晉已來，世居此職。仰尋黄帝至今十二代，曆元不同，周天、斗分，疏密亦異，當代用之，各垂一法。宋大明中，臣先人考古法，以爲正曆，垂之於後，事皆符驗，不可改張。」八年，暅又上疏論之。詔使太史令將匠道秀等，候新舊二曆氣朔、交會及七曜行度，起八年十一月，訖九年七月，新曆密，舊曆疎。暅乃奏稱：「史官今所用何承天曆，稍與天乖，緯緒參差，不可承案。被詔付靈臺，與新曆對課疎密，前期百日，并又再申。始自去冬，終於今朔，得失之効，並已月別啓聞。夫七曜運行，理數深妙，一失其源，則歲積彌爽。所上脱可施用，宜在來正。」至九年正月，用祖冲之所造《甲子元曆》頒朔。【略】

後齊文宣受禪，命散騎侍郎宋景業協圖讖，造《天保曆》。景業奏：「依《握誠圖》及《元命包》，言齊受録之期，當魏終之紀，得乘三十五以爲蔀，應六百七十六以爲章。」文宣大悦，乃施用之。期曆統曰：「上元甲子，至天保元年庚午，積十一萬五百(二十)六算外，章歲六百七十六，度法二萬三千六百六十，斗分五千七百八十七，曆餘十六萬二千二百六十一。」至後主武平七年，董峻、鄭元偉立議非之曰：「宋景業移閏於天正，退命於冬至交會之際，承二大之後，三月之交，妄減平分。臣案，景業學非探賾，識殊深解，有心改作，多依舊章，唯寫子換母，頗有變革，妄誕穿鑿，不會真理。乃使日之所在，差至八度，節氣後天，閏先一月。朔望虧食，既未能知其表裏，遲疾之曆步，又不可以傍通。妄設平分，虚退冬至，虚退則日數減於周年，平分妄設，故加時差於異日。五星見伏，有違二旬，遲疾逆留，或乖兩宿。軌衜之術，妄刻水旱。今上《甲寅元曆》，並以六百五十七爲章，二萬二千三百三十八爲蔀，五千四百六十一爲斗分，甲寅歲甲子日爲元紀。」又有廣平人劉孝孫、張孟賓二人，同知曆事。孟賓受業於張子信，並棄舊事，更制新法。又有趙道嚴，準晷影之長短，定日行之進退，更造盈縮，以求虧食之期。劉孝孫以(六)百一十九爲章，八千四十七爲紀，(一千)九百六十六爲歲餘，甲子爲上元，命日度起虚中。張孟賓以六百一十九爲章，四萬八千九百(一)爲紀，九百四十八爲日法，萬(一)千九百四十五爲斗分。元紀共命，法略旨遠。日月五星，並從斗十一起。盈縮轉度，陰陽分至，與漏刻相符，共日影俱合，循轉無窮。上拒春秋，下盡天統，日月虧食及五星所在，以二人新法考之，無有不合。其年，訖乾敬禮及曆家豫刻日食疎密。六月戊申朔，太陽虧，劉孝孫言食於卯時，張孟賓言食於申時，鄭元偉、董峻言食於辰時，宋景業言食於巳時。至日食，乃於卯申之間，其言皆不能中。争論未定，遂屬國亡。

西魏入關，尚行李業興《正光曆》法。至周明帝武成元年，始詔有司造周曆。於是露門學士明克讓、麟趾學士庾季才，及諸日者，採祖暅舊議，通簡南北之術。自斯已後，頗覩其謬，故周、齊並時，而曆差一日。克讓儒者，不處日官，以其書下於太史。及武帝時，甄鸞造《天和曆》。上元甲寅至天和元年丙戌，積八十七萬五千七百九十二算外。章歲三百九十一，蔀法二萬三千四百六十，日法二十九萬一百六十，朔餘十五萬三千九百九十一，斗分五千七百三十一，會餘九萬三千五百一十六，曆餘一十六萬八百三十，冬至斗十五度，參用推步。終於宣政元年。

大象元年，太史上士馬顯等，又上《丙寅元曆》，抗表奏曰：

臣案《九章》、《五紀》之旨，《三統》、《四分》之説，咸以節宣發斂，考詳晷緯，布政授時，以爲皇極者也。而乾維難測，斗憲易差，盈縮之期致舛，咎徵之道斯應。寧止蛇或乘龍，水能沴火，因亦玉羊掩曜，金雞喪精。王化關以盛衰，有國由其隆替，曆之時義，於斯爲重。

自炎漢已還，迄於有魏，運經四代，事涉千年，日御天官，不乏於世，命元班朔，互有沿改。驗近則疊璧應辰，經遠則連珠失次，義難循舊，其在兹乎？

大周受圖膺録，牢籠萬古，時夏乘殷，斟酌前代，曆變壬子，元用甲寅。高祖武皇帝索隱探賾，盡性窮理，以爲此曆雖行，未臻其妙，爰降詔旨，博訪時賢，并勑太史上士馬顯等，更事刊定，務得其宜。然術藝之士，各封異見，凡所上曆，合有八家，精粗踳駁，未能盡善。去年冬，孝宣皇帝乃詔臣等，監考疎密，更令同造。謹案史曹舊簿及諸家法數，棄短取長，共定今術。開元發統，肇自丙寅，至於兩曜虧食，五星伏見，參校積時，最爲精密。庶鐵炭輕重，無失寒燠之宜，灰箭飛浮，不爽陰陽之度。上元丙寅至大象元年己亥，積四萬一千五百五十四算上。日法五萬三千五百六十三，亦名蔀會法。章歲四百四十八，斗分三千一百六十七，蔀法一萬二千九百九十二。章中爲章會法。日法五萬三千五百六十三，曆餘二萬九千六百九十三，會日百七十三，會餘一萬六千六百一十九，冬至日在斗十二度。小周餘、盈縮積，其曆術别推入蔀會，分用陽率四百九十九，陰率九。每十二月下各有日月蝕轉分，推步加減之，乃爲定蝕大小餘，而求加時之正。

其術施行。

唐・魏徵等《隋書》卷一九《天文志上》 三國時，吴太史令陳卓，始列甘氏、石氏、巫咸三家星官，著於圖録。并注占贊，總有二百五十四官，一千二百八十三星，并二十八宿及輔官附坐一百八十二星，總二百八十三官，一千五百六十五星。宋元嘉中，太史令錢樂之所鑄渾天銅儀，以朱黑白三色，用殊三家，而合陳卓之數。

高祖平陳，得善天官者周墳，并得宋氏渾儀之器。乃命庾季才等，參校周、齊、梁、陳及祖暅、孫僧化官私舊圖，刊其大小，正彼踈密，依準三家星位，以爲蓋圖。旁摛始分，甄表常度，并具赤黄二道，内外兩規。懸象著明，纏離攸次，星之隱顯，天漢昭回，宛若穹蒼，將爲正範。以墳爲太史令。墳博考經書，勤於教習，自此太史觀生，始能識天官。

又 逮梁武帝於長春殿講義，别擬天體，全同《周髀》之文，蓋立新意，以排渾天之論而已。

又 晉成帝咸康中，會稽虞喜，因宣夜之説，作《安天論》，以爲「天高窮於無窮，地深測於不測。天確乎在上，有常安之形，地魄焉在下，有居静之體，當相覆冒，方則俱方，圓則俱圓，無方圓不同之義也。其光曜布列，各自運行，猶江海之有潮汐，萬品之有行藏也。」葛洪聞而譏之曰：「苟辰宿不麗於天，天爲無用，便可言無。何必復云有之而不動乎？」由此而談，葛洪可謂知言之選也。喜族祖河間相聳，又立《穹天論》云：「天形穹隆如雞子，幕其際，周接四海之表，浮乎元氣之上。譬如覆奩以抑水而不没者，氣充其中故也。日繞辰極，没西還東，而不出入地中。天之有極，猶蓋之有斗也。天北下於地三十度，極之傾在地卯酉之北亦三十度。人在卯酉之南十餘萬里，故斗極之下，不爲地中，當對天地卯酉之位耳。日行黄道繞極。極北去黄道百一十五度，南去黄道六十七度，二至之所舍，以爲長短也。」吴太常姚信，造《昕天論》云：「人爲靈蟲，形最似天。今人頤前侈臨胸，而項不能覆背。近取諸身，故知天之體，南低入地，北則偏高也。又冬至極低，而天運近南，故日去人遠，而斗去人近，北天氣至，故水寒也。夏至極起，而天運近北，而斗去人遠，日去人近，南天氣至，故蒸熱也。極之高時，日行地中淺，故夜短；天去地高，故晝長也。極之低時，日行地中深，故夜長；天去地下，故晝短也。」自虞喜、虞聳、姚信，皆好奇徇異之説，非極數談天者也。

又 宋何承天論渾天象體曰：「詳尋前説，因觀渾儀，研求其意，有悟天形正圓，而水居其半，地中高外卑，水周其下。言四方者，東曰暘谷，日之所出，西曰蒙汜，日之所入。《莊子》又云：『北溟有魚，化而爲鳥，將徙於南溟。』斯亦古之遺記，四方皆水證也。四方皆水，謂之四海。凡五行相生，水生於金。是故百川發源，皆自山出，由高趣下，歸注於海。日爲陽精，光曜炎熾，一夜入水，所經焦竭。百川歸注，足以相補，故旱不爲減，浸不爲益。」又云：「周天三百六十五度、三百四分之七十五。天常西轉，一日一夜，過周一度。南北二極，相去一百一十六度、三百四分度之六十五强，即天經也。黄道衺帶赤道，春分交於奎七度，秋分交於軫十五度，冬至斗十四度半强，夏至井十六度半。從北極扶天而南五十五度强，則居天四維之中，最高處也，即天頂也。其下則地中也。」自外與王蕃大同。王蕃《渾天説》，具於《晉史》。

又 晉著作郎陽平束晳，字廣微，以爲傍方與上方等。傍視則天體存於側，故日出時視日大也。日無小大，而所存者有伸厭。厭而形小，伸而體大，蓋其理

也。又日始出時色白者，雖大不甚，始出時色赤者，其大則甚，此終以人目之惑，無遠近也。且夫置器廣庭，則函牛之鼎如釜，堂崇十仞，則八尺之人猶短，物有陵之，非形異也。夫物有惑心，形有亂目，誠非斷疑定理之主。故仰游雲以觀月，月常動而雲不移，乘船以涉水，水去而船不徙矣。

安岌云：「余以爲子陽言天陽下降，日下熱，束晳言天體存於目，則日大，頗近之矣。渾天之體，圓周之徑，詳之於天度，驗之於晷影，而紛然之説，由人目也。參伐初出，在旁則其間疎，在上則其間數。以渾檢之，度則均也。旁之與上，理無有殊也。夫日者純陽之精也，光明外曜，以眩人目，故人視日如小。及其初出，地有游氣，以厭日光，不眩人目，即日赤而大也。無游氣則色白，大不甚矣。地氣不及天，故一日之中，晨夕日色赤，而中時日色白。地氣上升，蒙蒙四合，與天連者，雖中時亦赤矣。日與火相類，火則體赤而炎黄，日赤宜矣。然日色赤者，猶火無炎也。光衰失常，則爲異矣。」

梁奉朝請祖暅曰：

自古論天者多矣，而羣氏糾紛，至相非毁。竊覽同異，稽之典經，仰觀辰極，傍矚四維，覩日月之升降，察五星之見伏，校之以儀象，覆之以晷漏，則渾天之理，信而有徵。輒遺衆説，附渾儀云。《考靈曜》先儒求得天地相去十七萬八千五百里，以晷影驗之，失於過多。既不顯求之術，而虚設其數，蓋夸誕之辭，宜非聖人之旨也。學者多固其説而未之革，豈不知尋其理歟，抑未能求其數故也？

王蕃所考，校之前説，不啻減半。雖非揆格所知，而求之以理，誠未能遥趣其實，蓋近密乎？輒因王蕃天高數，以求冬至、春分日高及南戴日下去地中數。法，令表高八尺與冬至影長一丈三尺，各自乘，并而開方除之爲法。天高乘表高爲實，實如法，得四萬二千六百五十八里有奇，即冬至日高也。以天高乘冬至影長爲實，實如法，得六萬九千三百二十里有奇，即冬至南戴日下去地中數也。求春秋分數法，令表高及春秋分影長五尺三寸九分，各自乘，并而開方除之爲法。因冬至日高實，而以法除之，得六萬七千五百二里有奇，即春秋分日高也。以天高乘春秋分影長實，實如法而一，得四萬五千四百七十九里有奇，即春秋分南戴日下去地中數也。南戴日下，所謂丹穴也。推北極里數法，夜於地中表南，傅地遥望北辰紐星之末，令與表端參合。以人目去表數及表高各自乘，并而開方除之爲法。天高乘表高數爲實，實如法而一，即北辰紐星高地數也。天高乘人目去表爲實，實如法，即去北戴極下之數也。北戴斗極爲空桐。

日去赤道表裏二十四度，遠寒近暑而中和。二分之日，去天頂三十六度。日去地中，四時同度，而有寒暑者，地氣上騰，天氣下降，故遠日下而寒，近日下而暑，非有遠近也。猶火居上，雖遠而炎，在傍，雖近而微。視日在傍而大，居上而小者，仰矚爲難，平觀爲易也。由視有夷險，非遠近之効也。今懸珠於百仞之上，或置之於百仞之前，從而觀之，則大小殊矣。先儒弗斯取驗，虚繁翰墨，夷途頓轡，雄辭析辯，不亦迂哉。今大寒在冬至後二氣者，寒積而未消也。大暑在夏至後二氣者，暑積而未歇也。寒暑均和，乃在春秋分後二氣者，寒暑積而未平也。譬之火始入室，而未甚温，弗事加薪，久而逾熾。既已遷之，猶有餘熱也。

又 故王蕃云：「渾天儀者，羲、和之舊器，積代相傳，謂之璣衡。其爲用也，以察三光，以分宿度者也。又有渾天象者，以著天體，以布星辰。而渾象之法，地當在天中，其勢不便，故反觀其形，地爲外匡，於已解者，無異在内。詭狀殊體，而合於理，可謂奇巧。然斯二者，以考於天，蓋密矣。」又云：「古舊渾象，以二分爲一度，周七尺三寸半〔分〕。而莫知何代所造。」今案虞喜云：「落下閎爲漢孝武帝於地中轉渾天，定時節，作《太初曆》。」或其所製也。

又 劉曜光初六年，史官丞南陽孔挺所造，則古之渾儀之法者也。而宋御史中丞何承天及太中大夫徐爰，各著《宋史》，咸以爲即張衡所造。

又 後魏道武天興初，命太史令晁崇修渾儀，以觀星象。

又 吴太史令陳苗云：「先賢制木爲儀，名曰渾天。」【略】

則張衡所造，蓋亦止在渾象七曜，而何承天莫辨儀象之異，亦爲乖失。

宋文帝以元嘉十三年，詔太史更造渾儀。太史令錢樂之，依案舊説，采效儀象，鑄銅爲之。【略】吴時又有葛衡，明達天官，能爲機巧。改作渾天，使地居於天中。以機動之，天動而地上，以上應晷度，則樂之之所放述也。

又 晉侍中劉智云：「顓頊造渾儀，黄帝爲蓋天。」

又 祖暅錯綜經注，以推地中。其法曰：「先驗昏旦，定刻漏，分辰次。乃立儀表於準平之地，名曰南表。漏刻上水，居日之中，更立一表於南表影末，名曰中表。夜依中表，以望北極樞，而立北表，令參相直。三表皆以懸準定，乃觀。三表直者，其立表之地，即當子午之正。三表曲者，地偏僻。每觀中表，以知所偏。中表在西，則立表處在地中之西，當更向東求地中。若中表在東，則立表處在地中之東也，當更向西求地中。取三表直者，爲地中之正。又以春秋二分之日，旦始出東方半體，乃立表於中表之東，名曰東表。令東表與日及中表參相

直。（是）〔視〕日之夕，日入西方半體，又立表於中表之西，名曰西表。亦從中表西望西表及日，參相直。乃觀三表直者，即地南北之中也。若中表差近南，則所測之地在卯酉之南。中表差在北，則所測之地在卯酉之北。進退南北，求三表直正東西者，則其地處中，居卯酉之正也。」

又　梁天監中，祖暅造八尺銅表，其下與圭相連。【略】至大同十年，太史令虞劆，又用九尺表，格江左之影。【略】至武平七年，訖干景禮始薦劉孝孫、張孟賓等於後主。劉、張建表測影，以考分至之氣。草創未就，仍遇朝亡。

又　宋何承天，以月蝕所在，當日之衝，考驗日宿，知移舊六度。【略】陳文帝天嘉中，亦命舍人朱史造漏，依古百刻爲法。

唐·魏徵等《隋書》卷二〇《天文志中》　至後魏末，清河張子信，學藝博通，尤精曆數。因避葛榮亂，隱於海島中，積三十許年，專以渾儀測候日月五星差變之數，以算步之，始悟日月交道，有表裏遲速，五星見伏，有感召向背。言日行在春分後則遲，秋分後則速。合朔月在日道裏則日食，若在日道外，雖交不虧。月望值交則虧，不問表裏。又月行遇木、火、土、金四星，向之則速，背之則遲。五星行四方列宿，各有所好惡。所居遇其好者，則留多行遲，見早。遇其惡者，則留少行速，見遲。與常數並差，少者差至五度，多者差至三十許度。其辰星之行，見伏尤異。晨應見在雨水後立夏前，夕應見在處暑後霜降前者，並不見。啓蟄、立夏、立秋、霜降四氣之內，晨夕去日前後三十六度內，十八度外，有木、火、土、金一星者見，無者不見。後張胄玄、劉孝孫、劉焯等，依此差度，爲定入交食分及五星定見定行，與天密會，皆古人所未得也。

唐·瞿曇悉達《開元占經》卷一《天地名體》　晉侍中劉智論天曰：「凡含天地之氣而生者，人其最貴而有靈智者也。是以動作營爲皆應天地之象。古先聖王觀靈曜，造算數，准辰極，制渾儀，原性理，考徵詳，贊其幽義而作（歷）〔曆〕術焉。渾儀象天之圓體，以含地方，輪轉周匝，中有二端。其可見者，極星是也，謂之北極。在南者，在地下不見，故古人不名。陰陽對合爲羣生父母，精象在於五星，其於共成天地之功也。則日月爲政，五星爲緯，天以七紀七曜是也。」【略】

劉智曰：「蓋天之論謬矣。以春秋二分，日出卯入酉，若天象車蓋，極在其中，日月星辰迴還藏明。二分之時，當晝短夜長，今以漏刻數之，則晝夜分等。以日入較之，則出卯入酉，此蓋天之説不通之驗也。然此二器皆古之所制，但傳説義者，失其用耳。昔者聖王治（歷）〔曆〕，明時作圓，蓋以圖列宿，極在其中，迴之以觀天象，未可正昏明分晝夜，故作渾儀也。象天體亦以極爲中，而朱規爲赤遊周環，去極九十一度有奇。考日所行，冬夏去極遠近不同，故復晝爲黄道。夏至去極近，冬至去極遠，二分之際交於赤道。二道有表裏，以定宿度之進退，爲術乃密。」【略】

劉智曰：「言闇虚者，以爲當日之衝，地體之蔭，日光不至，謂之闇虚。凡光之所照，光體小於所蔽，則蔭大於本質。今日以千里之徑而地體蔽之，則闇虚之蔭將過半矣。星亡月毁，豈但交會之間而已哉！由此言之，陰不受明近得之矣。」【略】

劉智曰：「夫陰含陽而明，不待陽光明照之也。陰陽相應，清者受光，寒者受溫，無門而通，雖遠相應，早故觸石而云出者，水氣之通也。相嚮而相及，無遠不至，無隔能塞者，至清之質，承陽之光，以天之圓，（面）〔而〕向相背，側正不同，光魄之理也。陰陽相承，彼隆此衰，是故日月有争明，日微則晝見。若但以形光相照，無相引受之氣，則當。陽隆乃陰明隆，陽衰則陰明衰，二者之異，無由生矣。」

又　梁武帝云：「自古以來，談天者多矣。皆是不識天象，各隨意造，家執所説，人著異見，非直毫釐之差，蓋實千里之謬。」【略】令上林館學士虞劆穎、上林館倪徽仁、劉文道等，算其度數，開列於後。臣履等謹奉敕旨，推按曆法表景長短之差，日行南北之道，旁考經記，近較目前，莫不事符合，昭然可見。

後晉·劉昫等《舊唐書》卷三六《曆志》　後劉洪、蔡伯喈、何承天、祖冲之，皆數術之精粹者，至於宣考曆書之際，猶爲横議所排。

宋·歐陽修等《新唐書》卷二八《曆志》　祖冲之曰：「《四分曆》立冬景長一丈，立春九尺六寸，冬至南極日晷最長。二氣去至日數既同，則中景應等。而相差四寸，此冬至後天之驗也。二氣中景，日差九分半弱，進退調均，略無盈縮。各退二日十二刻，則景皆九尺八寸。以此推冬至後天亦二日十二刻矣。」

又　太元九年，姜岌更造《三紀術》，退在斗十七度。曰：「古曆斗分彊，故不可施於今，《乾象》斗分細，故不可通於古。《景初》雖得其中，而日之所在，乃差四度，合朔虧盈，皆不及其次。假月在東井一度蝕，以日檢之，乃在參六度。」岌以月蝕衝知日度，由是躔次遂正，爲後代治曆者宗。

宋文帝時，何承天上《元嘉曆》，曰：「《四分》、《景初曆》，冬至同在斗二十一度，臣以月蝕檢之，則今應在斗十七度。又土圭測二至，晷差三日有餘，則天之

南至，日在斗十三四度矣。」事下太史考驗，如承天所上。以《開元曆》考元嘉十年冬至，日在斗十四度，與承天所測合。

大明八年，祖冲之上《大明曆》，冬至在斗十一度，《開元曆》應在斗十三度。梁天監八年，冲之子員外散騎侍郎暅之上其家術。詔太史令將作大匠道秀等較之，上距大明又五十年，日度益差。其明年，閏月十六日，月蝕，在虚十度，日應在張四度。承天曆在張六度，冲之曆在張二度。

大同九年，虞劇等議：「姜岌、何承天俱以月蝕衝步日所在。承天雖移岌三度，然其冬至亦上岌三日。承天在斗十三四度，而岌在斗十七度。其實非移。祖冲之謂爲實差，以推今冬至，日在斗九度，用求中星不合。自岌至今，將二百年，而冬至在斗十二度。然日之所在難知，驗以中星，則漏刻不定。漢世課昏明中星，爲法已淺。今候夜半中星，以求日衝，近於得密。而水有清濁，壺有增減，或積塵所擁，故漏有遲疾。臣等頻夜候中星，而前後相差或至三度。大略冬至遠不過斗十四度，近不出十度。」又以九年三月十五日夜半，月在房四度蝕。九月十五日夜半，月在昴三度蝕。以其衝計，冬至皆在斗十二度。自姜岌、何承天所測，下及大同，日已却差二度。而淳風以爲晉、宋以來三百餘歲，以月蝕衝考之，固在斗十三四度間，非矣。

宋・王應麟《玉海》卷一　《後魏書》：永熙中，詔通直散騎常侍孫僧化，與太史令胡世榮、張龍、趙洪慶，及中書舍人孫子良等，在門下外省校比天文書，集甘石二家星經，及漢魏以來二十三家經占，集爲五十五卷，後集諸家撮要，前後所上雜占，以類相從，日月、五星、二十八宿，中外宫圖，合爲七十五卷。

元・黄鎮成《尚書通考》卷二　古今曆法

魏文帝《黄初曆》。

黄初中，韓翊以《乾象》減斗分太過，後當先天，造《黄初曆》，以四千八百八十三爲紀法，千二百五十爲斗分。

明帝《景初曆》，壬辰元，以上十二曆立元不同，必始以甲子。

楊偉言韓翊據劉洪之術，知貴其術，而棄其論。至景初元年，偉改造《景初曆》，欲以大吕之月爲歲首，建子之月爲曆初，遂以建丑之月爲正，改其年三月爲孟夏三年正月，復用夏正。晉姜岌曰：古曆斗分强，不可施於今，《乾象》斗分細，不可通於古，《景初》雖得其中，而日之所在乃差四度，合朔虧盈皆不及其次。

《景初曆法》自曹魏涉兩晉至宋元嘉始改，凡用二百八十年。韓翊、楊偉咸遵劉洪之議，未及洪之深妙。蓋二曆寫子模母，終不過洪之術也。

蜀仍漢《四分曆》。

吴用《乾象曆》。

王蕃以劉洪術制儀象及論，故吴用《乾象曆》。

西晉武帝《泰始曆》。即《景初曆》改名。

正曆泰始十年，上元甲子朔夜半冬至，日月五星始於星紀，爲正曆。

《春秋長曆》，杜預作。

《乾度曆》。咸寧中，李修、王顯依杜預《長曆論》爲術，名《乾度曆》表上之。

東晉元帝渡江後，更以乾象五星法代楊偉曆。

穆帝《通曆》。

永初八年，王朔之造《通曆》，始以甲子爲上元。

武帝《三紀甲子元曆》。

太元中，姜岌造《三紀甲子元曆》，以爲治曆之道，必審日月之行，然後可以上攷天時，下察地紀。一失其本，四時變移。自羲皇暨漢魏，各自制曆，以求厥中，攷其疏密，惟交會薄蝕可以驗之。

晉曆有五曰：《泰始》、《乾度》、《乾象》、《通曆》、《三紀》，然終晉之世止用《泰始曆》，餘曆不果行。

宋《七曜曆》。何承天表言徐廣有此曆不(下闕)。

武帝《永初曆》。

永初元年，改《泰始曆》爲《永初曆》。

文帝《元嘉曆》。

元嘉二十一年，何承天造《元嘉新曆》。刻漏以爲月盈則食，月食之冲，知日所在。又以中星驗之，知堯時冬至日在須女十度，今在斗十七度。又測景以校，二至差三日有餘，則今之冬至日應在斗十三四度，於是更立新法。冬至徙上三日五時日之所在移四度。又月有遲疾，前曆合朔月食不在朔望，今皆以盈縮定其小餘，以正朔望之日。

《元始曆》，元嘉十四年，河西王牧犍遣使獻敦煌趙𢾺所造《甲寅元曆》，又名《元始曆》。

齊用《元嘉曆》。

梁武帝初興，因齊舊用《元嘉曆》。

《元嘉曆》用於宋，涉齊至梁凡六十五年。

《大明曆》，又名《甲子元曆》，甲子上元。始破章法。

天監中用祖冲之《甲子元曆》，始以三百九十一歲之中置爲百四十四閏，積四千八百三十六月，雖斗分章法各有不同，併日法、度法兩者並立，則猶無異於古，日法者約合朔之法，度法者約歲周之法。

《大同曆》。大同十年，詔太史虞氏更造《大同新曆》，以甲子爲元，未及施用而遭侯景之亂。

陳用《大明曆》。《大明曆》用於梁，訖陳凡八十年。

南朝五曆，《元始》、《大同》二曆，不用《永初》，又因晉舊四朝所用惟《元嘉》、《大明》二曆而已。

北魏　初魏入中原得《景初曆》，世祖克沮渠氏得趙敳《元始曆》，高宗興安二年始行之。

明帝《正光曆》，壬子元。

正光中，崔光取張龍祥等九家所上曆，候驗得失，合爲一曆，以壬子爲元，應魏水德，命曰《正光曆》。

《靈憲曆》，信都芳用祖常之法，私撰《靈憲曆》，書未成，月大小法莫攷。

《五寅元曆》，太武時，崔浩謂：自秦漢以來，妄造曆術者，皆不得天道之正，宜改曆術，以從天道。曰：《五寅元曆》，奏請宣示。中書坐誅，不果用。終魏世，惟用《元始》、《正光》二曆。

東魏《興光曆》，甲子元。興和元年，以《正光(歷)〔曆〕》浸差，命李業興更加修正，以甲子爲元，號曰《興光曆》。

西魏用《興光曆》。

北齊文宣帝《天保曆》。天保元年，命宋景業叶圖讖造《天保曆》。

《甲寅元曆》。董峻、鄭元偉立議，非《天保曆》之妄，於武平七年同上《甲寅元曆》。

後周明帝《周曆》。

武成元年，始造《周曆》，於是胡克遜、庚季才及諸日者采祖恒舊議，通簡南北之術。然周、齊並時，而曆差一日，及武帝時而《天和》作矣。

《天和曆》，甄鸞所上。

宣帝《景德元曆》。

大象年間，太史馬顯上《景德元曆》，即行之。

著録

南朝梁・沈約《宋書》卷一一《〈律曆志〉序》 《天文》、《五行》，自馬彪以後，無復記録。何書自黄初之始，徐志肇義熙之元。今以魏接漢，式遵何氏。然則自漢高帝五年之首冬，暨宋順帝昇明二年之孟夏，二辰六沴，甲子無差。聖帝哲王，咸有瑞命之紀，蓋所以神明實位，幽贊禎符，欲使逐鹿弭謀，窺覬不作，握河括地，緑文赤字之書，言之詳矣。爰逮道至天而甘露下，德洞地而醴泉出，金芝玄秬之祥，朱草白烏之瑞，斯固不可誣也。若夫衰世德爽，而嘉應不息，斯固天道茫昧，難以數推。亦由明主居上，而震蝕之災不弭；百靈咸順，而懸象之應獨違。今立符瑞志，以補前史之闕。【略】

元嘉中，東海何承天受詔纂《宋書》，其志十五篇，以續馬彪《漢志》，其證引該博者，即而因之，亦由班固、馬遷共爲一家者也。其有漏闕，及何氏後事，備加搜采，隨就補綴焉。淵流浩漫，非孤學所盡；足蹇途遥，豈短策能運。雖斟酌前史，備覩妍嗤，而愛嗜異情，取舍殊意，每含毫握簡，杼軸忘飡，終亦不足與班、左並馳，董、南齊轡。庶爲後之君子削藁而已焉。

唐・魏徵等《隋書》卷一六《律曆志上》 開皇九年平陳後，高祖遣毛爽及蔡子元、于普明等，以候節氣。依古，於三重密屋之内，以木爲案，十有二具。每取律吕之管，隨十二辰位，置於桉上，而以土埋之，上平於地。中實葭莩之灰，以輕緹素覆律口。每其月氣至，與律冥符，則灰飛衝素，散出於外。而氣應有早晚，灰飛有多少，或初入月其氣即應；或至中下旬間，氣始應者；或灰飛出，三五夜而盡；或終一月，纔飛少許者。高祖異之，以問牛弘。弘對曰：「灰飛半出爲和氣，吹灰全出爲猛氣，吹灰不能出爲衰氣。和氣應者其政平，猛氣應者其臣縱，

衰氣應者其君暴。」高祖駁之曰：「臣縱君暴，其政不平，非月別而有異也。今十二月律，於一歲內，應並不同。安得暴君縱臣，若斯之甚也？」弘不能對。

唐・魏徵等《隋書》卷二〇《天文志中》 梁奉朝請祖暅，天監中，受詔集古天官及圖緯舊説，撰《天文録》三十卷。逮周氏克梁，獲庾季才，爲太史令，撰《靈臺秘苑》一百二十卷，占驗益備。

唐・魏徵等《隋書》卷三四《經籍志三》 《周髀》一卷。甄鸞重述。

又 《渾天象注》一卷。吴散騎常侍王蕃撰。

又 《渾天圖記》一卷。梁有《昕天論》一卷，姚信撰；《安天論》六卷，虞喜撰；《圖天圖》一卷，《原天論》一卷，《神光内抄》一卷。

《天儀説要》一卷。陶弘景撰。

又 《天文集占》十卷。晉太史令陳卓定。

《天文要集》四十卷。晉太史令韓楊撰。

又 《天文録》三十卷。梁奉朝請祖暅撰。

又 《五星占》一卷。陳卓撰。

又 《星占》一卷。梁有《石氏星經》七卷，陳卓記。

《天官星占》十卷。陳卓撰。

又 《曆術》一卷。吴太史令吴範撰。

《景初曆》三卷。晉楊偉撰。梁有《景初曆術》二卷，《景初曆法》三卷，又一本五卷，並楊偉撰；并《景初曆略要》二卷。亡。

《景初壬辰元曆》一卷。楊沖撰。

《正曆》四卷。晉太常劉智撰。

《河西甲寅元曆》一卷。涼太史趙畋撰。

《甲寅元曆序》一卷。趙畋撰。

《宋元嘉曆》二卷。何承天撰。梁又有《元嘉曆統》二卷，《元嘉中論曆事》六卷，《元嘉曆疏》一卷，《元嘉二十六年度日景數》一卷，亡。

《曆術》一卷。何承天撰。梁有《驗日食法》三卷，何承天撰；又有《論頻月合朔法》五卷，《雜曆》七卷，《曆法集》十卷，又《曆術》十卷；《京氏要集曆術》四卷，姜岌撰。亡。

《曆術》一卷。崔浩撰。

《神龜壬子元曆》一卷。後魏護軍將軍祖瑩撰。

《魏後元年甲子曆》一卷。

《壬子元曆》一卷。後魏校書郎李業興撰。

又 《周天和年曆》一卷。甄鸞撰。

《甲子元曆》一卷。李業興撰。

《周大象年曆》一卷。王琛撰。

《曆術》一卷。王琛撰。

又 《七曜本起》三卷。後魏甄叔遵撰。

又 《推曆法》一卷。崔隱居撰。

又 《七曜曆數算經》一卷。趙畋撰。

又 《七曜曆疏》一卷。李業興撰。

《七曜義疏》一卷。李業興撰。

《七曜術算》二卷。甄鸞撰。

又 《陰陽曆術》一卷。趙畋撰。

又 《漏刻經》一卷。何承天撰。梁有後漢待詔太史霍融、何承天、楊偉等撰三卷，亡。

《漏刻經》一卷。祖暅撰。

《漏刻經》一卷。梁中書舍人朱史撰。

又 《漏刻經》一卷。陳太史令宋景撰。

《雜漏刻法》十一卷。皇甫洪澤撰。

又 《九章算術》二卷。徐岳、甄鸞重述。

又 《九章算經》二十九卷。徐岳、甄鸞等撰。

《九章算經》二卷。徐岳注。

又 《雜忌曆》二卷。魏光禄勳高堂隆撰。

又 《四序堪餘》二卷。殷紹撰。梁有《堪餘天赦書》七卷，《雜堪餘》四卷，亡。

後晉・劉昫等《舊唐書》卷五一《經籍志下》 《志林新書》二十卷。虞喜撰。

《後林新書》十卷。虞喜撰。

又 《老子道德經序訣》二卷。葛洪撰。

又 《張掖郡玄石圖》一卷。高堂隆撰。

又 《渾天象注》一卷。王蕃撰。

《昕天論》一卷。姚信撰。

又 《安天論》一卷。虞喜撰。

又《天文集占》七卷。陳卓撰。
《四方星占》一卷。陳卓撰。
《五星占》二卷。陳卓撰。
又《天文録》三十卷。祖暅之撰。
又《乾象曆》三卷。闞澤注，闞洋撰。
《魏景初曆》三卷。楊偉撰。
又《星占》三十三卷。孫僧化撰。
又《宋元嘉曆》二卷。何承天撰。
《梁大同曆》一卷。虞劆撰。
又《北齊天保曆》一卷。宋景業撰。
《後魏永安曆》一卷。孫僧化撰。
《周大象曆》二卷。王琛撰。
又《河西壬辰元曆》一卷。趙畋撰。
又《陳七曜曆》五卷。吴伯善撰。
又《曆疏》一卷。崔浩撰。
《刻漏經》一卷。何承天撰。
又一卷。朱史撰。
又一卷。宋景撰。
又《綴術》五卷。祖冲之撰，李淳風注。
又《六甲周天曆》一卷。孫僧化作。

宋·歐陽修等《新唐書》卷六五《藝文志三》 王蕃《渾天象注》一卷。
姚信《昕天論》一卷。
又 虞喜《安天論》一卷。
又 祖暅之《天文録》三十卷。
韓楊《天文要集》四十卷。
高文洪《天文横圖》一卷。
吴雲《天文雜占》一卷。
陳卓《四方星占》一卷。
又 孫僧化等《星占》三十三卷。
又 信都芳《器準》三卷。
又 楊偉《魏景初曆》三卷。
何承天《宋元嘉曆》二卷。
又《刻漏經》一卷。
虞劆《梁大同曆》一卷。
吴伯善《陳七曜曆》五卷。
孫僧化《後魏永安曆》一卷。
李業興《後魏甲子曆》一卷。
又 宋景業《北齊天保曆》一卷。
又 馬顯《周甲寅元曆》一卷。
又 趙畋《河西壬辰元曆》一卷。
又 崔浩《律曆術》一卷。

宋·王應麟《玉海》卷一 晉陳卓《星圖》、《三家星官圖録》、《甘石巫咸三家星圖》、《甘石二家星經》、《二十三家經占》。

《晉志》：武帝時，太史令陳卓總甘、石、巫咸三家所著星圖，大凡二百八十三官，一千四百六十四星，以爲定紀。今略其昭昭者，以備天官云。(《隋志》自攝提至軍門，凡二百五十四官，一千二百八十三星，并二十八宿輔官一百八十二星，名曰經星。)中宫始於北極，次以文昌，次以皇帝坐，次以攝提。二十八舍星官在二十八宿之外者，庫樓至軍門，天漢十二次度數，州郡躔次，(陳卓云)七曜、雜星氣、客星、流星、雲氣、十煇、雜氣、天變、史傳事驗。(已上並《天文志》所載自雜星氣以下皆圖緯舊説及《荆州占》。魏太史令陳卓更言郡國所入宿度。)《史天官書》：昔之傳天數者，高辛之前重黎，唐虞，羲和，有夏昆吾，殷商巫咸，周室史佚、萇弘，於宋子韋，鄭則裨竈，在齊甘公，(名德)楚唐昧，趙尹皐，魏石申夫。(《藝文志》：楚有甘公，未知孰是。)揚子或問：星有甘石，曰在德不在星，德隆則晷星，星隆則晷德。(《歸藏》：昔黄神將戰，筮於巫咸。)《隋志》：星官之書自黄帝始，三國時吴太史令陳卓始列甘氏、石氏、巫咸三家星宫，著於圖録，并注占驗，總有二百五十四官、一千二百八十三星，并二十八宿及輔官附坐一百八十二星，總二百八十三官、一千五百六十五星。宋元嘉中太史令錢樂之鑄渾天銅儀，以朱、墨、白三色用殊三家，而合陳卓之數。(商巫咸有黄色，七十一座，八百一十星。魏石申夫用朱色，九十四座，百四十四星。齊甘德用黑色，一百八十座，五百一十星。內官七十六座，二百八十一星。外官四十二座，二百二十三星。)元嘉十七年作小渾天，以白、青、黄珠爲三家星。隋庾季才等參校

周、齊、梁、陳及祖暅、孫僧化舊圖，刊正疏密，依準三家星位以爲蓋圖。

三家圖録以《隋志》考之，巫咸《五星占》一卷，甘氏《四七法》一卷，石氏《星經簿讚》一卷、《星經》二卷，又《星官》十九卷、《渾天圖》一卷。吴襲撰《石氏星占》一卷。又梁有石氏、甘氏《天文占》各八卷，陳卓記《石氏星經》七卷。《史記正義》云：楚甘德作《天文星占》八卷，石申作《天文》八卷。《崇文總目》有《荆州劉石甘巫占》一卷。《中興書目》有《星簿讚曆》一卷。（疑後人附益。《中興書目》：《甘石巫咸氏星經》一卷，集三家悉圖，其象有後人附益，非本經。）若陳卓之書，則隋唐《志》有《四方星占》、《五星占》各一卷、《天官星占》、《天文集占》各十卷。唐一行按甘、石、巫咸衆星明者圖之。《北史》：魏永熙中，詔孫僧化、胡世榮等在門下外省校比天文書，集《甘石二家星經》及漢魏以來《二十三家經占》，集爲五十五卷。後集諸家撮要前後所上雜占以類相從，日月五星二十八宿中外官及圖，合爲七十五卷。（《唐志》：孫僧化等《星占》三十三卷。《隋志》云二十八卷。）《書伊陟贊》巫咸作咸，又《四篇世本》以爲作筮，《楚辭》亦著其名。劉昭注《後漢志》述巫咸辰守奎，太白守井、熒惑守參、五星入軫、水見翼之占。《晉志》述巫咸彗星出西方之占。（郭璞《巫咸山賦序》：巫咸以鴻術爲帝堯醫。《漢志》：河東安邑，巫咸山在南。）《周禮注》引甘氏《歲星經》，《説文》引甘氏《星經》，女嬃《史記索隱》按：天文志皆《甘氏星經》文，而志又兼載石氏。（前志雜佔有甘德《長柳占夢》二十卷。）《周禮》疏史景紀索隱。按《石氏星傳》：《郎顗傳》、《續天文志》注及賈逵論黄道規，皆引《石氏經》，索隱引《石氏星讚》、槍棓二星備變龍體，主后妃（《文選》注引之）《月令》疏熊氏及《周禮》疏亦引《石氏星經》。《後漢天文志》注引《石氏星占》、《巫咸占》。《五行志》注引《石氏占》。《宋志》引石氏説禮。大司樂疏案《春秋緯文耀鉤》及《石氏星經》云：房心爲天帝之明堂，布政之所出。又案：《星經》：天社六星。《太平御覽》引甘氏《天文占》。

又　梁天文五行圖

《隋志》（《唐志》同。）：《天文横圖》一卷、（高文洪撰）《天文集占圖》十一卷。又《星圖》二卷、《二十八宿二百八十三官圖》一卷，《雜星圖》五卷、《星圖海中占》一卷。）梁有《天文五行圖》十二卷（亡）、《日月暈圖》二卷、《星書圖》七卷。

宋·王應麟《玉海》卷二　黄帝四序經文

《後魏術藝傳》：殷紹太安四年夏，上《四序堪輿》，表曰：遇大儒成公興，從求《九章》要術。見道人法穆等，以先師和公所注黄帝四序經文》三十六卷，合有三百二十四章，專説天地陰陽之本。其第一《孟序》，九卷八十一章，説陰陽配合之原；第二《仲序》，九卷八十一章，解四時氣王休殺吉凶；第三《叔序》，九卷八十一章，明日月辰宿交會，相生爲表裏；第四《季序》，九卷八十一章，具釋六甲刑禍福德。以經文傳授於臣。鈔撮要略，集成一卷，乞即班用。遂行於世。

宋·王應麟《玉海》卷三　後魏觀象賦

《後魏書》：張淵《北史》作張深明占候，曉内外星分，爲太史令，著《觀象賦》，言天文甚備。文選注引之云：張泉撰，《隋志總集類》：《觀象賦》一卷。

清·紀昀等《四庫全書總目》卷一〇八《子部十八》　《靈臺秘苑》十五卷。

浙江鮑士恭家藏本。

北周太史中大夫新野庾季才原撰，而宋人所重修也。季才之書見於《隋志》者一百十五卷，《周書》季才本傳又作一百十卷。此爲北宋時奉敕刪訂之本，祇存十五卷。目録後題編修官司天監丞菅勾、測驗渾儀刻漏於大吉、司天中官正權判司天監丁洵同、看詳官奉議郎輕車都尉歐陽發、看詳官翰林學士承議郎知制誥權判尚書吏部判集賢院提舉司天監公事上騎都尉王安禮諸臣銜名。案發字伯和，修之長子，史稱其天文地理靡不悉究，官至殿中丞，而不言其嘗爲此書。安禮字和甫，安石之弟，其爲翰林學士。在元豐初，乃未改官制以前，故太史局猶稱司天監。《宋史·藝文志》有安禮所撰天文書十六卷，殆以其研究是術，故俾司看詳歟。錢曾《讀書敏求記》載有是書之目，稱其考核精確，非聊爾成書者。《朱彝尊跋則謂季才完書必多奥義，諸人芟削，僅摘十一，若作酒醴去其漿而糟醨在矣。今觀所輯，首以《步天歌》及圖，次釋星驗，次分野土圭，次風雷云氣之占，次取日月五星三垣列宿，逐次詳注。大抵頗涉占驗之説，不盡可憑。又篤信分野次舍，以州郡强爲分析，亦失之穿鑿附會。然其所條列，首尾詳貫，亦尚能成一家之言。宋世司天臺所修各書如《乾象新書》、《大宋天文書天經》、《星史》等類，見於《文獻通考》者，今俱佚弗傳，惟蘇頌《儀象法要》與此本僅存。一則詳渾儀測驗之製，一則誌日官占候之方。雖禨祥小術，不足言觀文察變之道，顧《隋志》所載天象諸書，今無一存。此書既據季才所撰爲藍本，則周以前之古帙尚藉以略見大凡。存爲考證之資，亦無不可也。

藝　文

三國魏·曹植《曹子建集》卷五　贈王粲

端坐苦愁思，攬衣起西遊。樹木發春華，清池激長流。中有孤鴛鴦，哀鳴求匹儔。我願執此鳥，惜哉無輕舟。欲歸忘古道，顧望但懷愁。悲風鳴我側，羲和逝不留。重陰潤萬物，何懼澤不周。誰令君多念，遂一作自使懷百憂。

又　又贈丁儀王粲

從軍度函谷，驅馬過西京。山岑一作峯高無極，涇渭揚濁清。壯哉帝王居，佳麗殊百城。員闕浮出雲，承露槩泰清。皇佐揚天惠，四海無交兵。權家雖愛勝，全國爲令名。君子在末位，不能歌德聲。丁生怨在朝，王子歡自營。難一作歡怨非貞則，中和誠可經。

元·侯克中《艮齋詩集》卷三　諸葛孔明

龍卧重淵不厭深，草廬一論定浮沈。輝光前後出師表，膾炙古今梁父吟。管樂權謀年少志，伊周事業老來心。錦官城外森森柏，千載清風播令音。

隋唐部

論説

唐・李淳風《乙巳占》卷三《史司第二十一》 昔重黎受職，羲和御官，任重上司，位居鼎岳。所以調均和氣，燮理陰陽，義等鹽梅，事同舟檝，故能觀天示變，察人成化，百工信理，庶績咸熙。此古之□世。暨三王已降，五霸相沿，英賢嗣興，哲人係踵，君則畏命奉天，臣則竭誠盡慮，故能權宜時政，斟酌治綱，驗人事之是非，託神道以設教，忠節上達，黎庶下安。此中古之賢史也。至若漢魏之後，晉宋相承，夷狄亂華，官失其守，君惡直諫，臣矜諂諛，捷逕是遊，罕遵正道。疇人術士，俯同卜祝之流，唯辨纖芥之吉凶，驗事理之微末。推考術數，務在多言屢中，庶徵休咎，未詳關于政治。玉衡傾側，七政所以不齊；彝倫攸斁，九疇于焉遂隱。此末代之流弊也。近在隋代則尤甚焉。吴人袁充，典監斯任。口柔曲佞，阿媚時君。誑惑文皇，諂諛二世。每回災變，妄陳禍福。以凶爲吉，迴是作非。先意承顏，附會神理。勸桀行虐，助紂作婬。凡是南人，明相煽惑。于時大業昏暴，崇向吴人。中州高才，言不入耳。每有四方秀異獻書上策，一皆不覽，並付袁充。充乃繕寫所獻；迴換前後。竊人之才，以爲己力。奏于昏主，自叨名位。因行譖害，迫逐前人。以忠言獲罪者，其將量方，復奏絶圖書，彌增忌諱。一藝以上，追就京師。因聚富人，幾將數萬。置之别府，名爲道術。賣威鬻勢，交納貨財。免徭停租，賄于私室。兼之以抑黜勝己，排擯同儕，浸潤屢行，誅斥非一。術士達人，高賢碩學，朱紫雌黄，由其品藻，權衡失正，何其毒歟！于是清烈之後，超然遠遊，結舌鉗口，坐觀得失。而充苟安禄位，以危天下。在上不悟，卒至覆亡。將是上天降禍，生此讒賊，不然，何由剪隋宗之甚也？此乃前朝殘猾者矣。若乃天道幽遠，變化非一，至理難測，應感詎同。故梓慎裨竈，占或未周，況術斯已下，焉足可説？至若多言屢中，非余所尊。唯爾學徒，幸勿膠柱。夫言非次也，豈徒然哉？立行建功，必以其道。故宋韋晉野，理存設教；京房谷永，義在救君。照灼圖謀，餘芳不朽，遺風獨邁，可不尚歟？若乃高才希世，學藝過人，後生所畏也。時不再來，恥自媒衒，沉翳可惜也。至蔽賢妬能，素飡悋位，抑屈奇俊，先民所恥也；名遂身退，功成不居，舉賢進能，古人所尚也。貴耳賤目，棄能取佷，任非其人，鑒賞之過也；信古疑今，深廢淺習，抑揚失疑，知音之責也。變通守道，被褐幽居，知命是鑒，哲人之規也；道聽途説，眩惑羣小，詭隨掇禍，庸人之悔也。唯爾史官後學，余之所志，可不鑒哉？

綜述

唐・魏徵等《隋書》卷二八《百官志下》 高祖既受命，改周之六官，共所制名，多依前代之法。【略】

太常寺又有博士四人，協律郎二人，奉禮郎十六人。統郊社、太廟、諸陵、太祝、衣冠、太樂、清商、鼓吹、太醫、太卜、廪犧等署。各置令、並一人。太樂、太醫則各加至二人。丞。各一人。【略】

太卜署有卜師、二十人。相師、十人。男覡、十六人。女巫、八人。太卜博士、助教、各二人。相博士、助教各一人。等員。

又 煬帝即位，多所改革。【略】

太常寺罷太祝署，而留太祝員八人，屬寺。後又增爲十人。奉禮減置六人。太廟署又置陰室丞，守視陰室。改樂師爲樂正，置十人。太卜又省博士員，置太卜卜正二十人，以掌其事。

後晉・劉昫等《舊唐書》卷一六《天文志下》 舊儀：太史局隸秘書省，掌視天文曆象。則天朝，術士尚獻輔精於曆算，召拜太史令。獻輔辭曰：「臣山野之人，性靈散率，不能屈事官長。」天后惜其才，久視元年五月十九日，敕太史局不隸秘書省，自爲職局，仍改爲渾天監。至七月六日，又改爲渾儀監。長安二年八月，獻輔卒，復爲太史局，隸秘書省，緣進所置官員並廢。景龍二年六月，改爲太史監，不隸秘書省。景雲元年七月，復爲太史局，隸秘書省。八月，又改爲太史

監。十一月，又改爲太史局。二年閏九月，改爲渾儀監。開元二年二月，改爲太史監。十五年正月，改爲太史局，隸秘書省。天寶元年，又改爲太史監。

乾元元年三月，改太史監爲司天臺，於永寧坊張守珪故宅置。敕曰：「建邦設都，必稽玄象；分列曹局，皆應物宜。靈臺三星，主觀察雲物；天文正位，在太微西南。今興慶宮，上帝廷也，考符之所，合置靈臺。宜令所司量事修理。」舊臺在秘書省之南。仍置五官正五人。司天臺内別置一院，曰通玄院。應有術藝之士，徵辟至京，于崇玄院安置。其官員：大監一員，正三品。少監二人，正四品。丞三人，正六品。主簿三人，主事二人，五官正五人，五官副正五人，靈臺郎一人，五官保章正五人，五宫挈壺正五人，五官司曆五人，五官司辰十五人，觀生、曆生七百二十六人。凡官員六十六人。寶應元年，司天少監瞿曇譔奏曰：「司天丞請減兩員，主簿減兩員，主事減一員，保章正減三員，挈壺正減三員，監候減兩員，司辰減七員，五陵司長減五員。」從之。

天寶十三載三月十四日，敕太史監官除朔望朝外，非別有公事，一切不須入朝，及充保識，仍不在點檢之限。

開成五年十二月，敕：「司天臺占候災祥，理宜秘密。如聞近日監司官吏及所由等，多與朝官并雜色人交游，既乖慎守，須明制約。自今已後，監司官吏不得更與朝官及諸色人等交通往來，委御史臺察訪。」

後晉·劉昫等《舊唐書》卷二二《職官志一》 龍朔二年二月甲子，改百司及官名。【略】

秘書省爲蘭臺，監爲太史，少監爲侍郎，丞爲大夫。著作郎爲司文郎，太史令爲秘閣郎中。【略】

七日，〔改〕太史丞爲秘閣郎。

又 從第五品下階【略】太史令。

又 從第七品下階　太史丞。

後晉·劉昫等《舊唐書》卷二三《職官志二》 祠部郎中、員外郎之職，掌祠祀、享祭、天文、漏刻、國忌、廟諱、卜筮、醫藥、僧尼之事。

又 秘書監之職，掌邦國經籍圖書之事。有二局：一曰著作，二曰太史，皆率其屬而修其職。【略】

司天臺：舊太史局，隸秘書監。龍朔二年改爲秘閣局，久視元年改爲渾儀監。景雲元年改爲太史監，復爲太史局，隸秘書。乾元元年三月十九日敕，改太史監爲司天臺，改置官屬。舊置於子城内秘書省西，今在永寧坊東南角也。監一人，從三品。本太史局令，從五品下。乾元元年改爲監，升從三品，一如殿中秘書品秩也。少監二人。本曰太史丞，從七品下。乾元升爲少監，與諸司少監卿同品也。太史令掌觀察天文，稽定曆數。凡日月星辰之變，風雲氣色之異，率其屬而占候之。其屬有司曆二人，掌造曆。保章正一人，掌教。曆生四十一人。監候五人，掌候天文。觀生九十人，掌晝夜司候天文氣色。靈臺郎二人，掌教習天、文氣色。天文生六十人。挈壺正二人。掌知漏刻。司辰七十人，漏刻典事二十二人，漏刻博士九人，漏刻生三百六十人，典鐘一百一十二人，典鼓八十八人，楷書手二人，亭長、掌固各四人。自乾元元年別置司天臺。改置官吏，不同太史局舊數，今據司天職掌書之也。凡玄象器物、天文圖書，苟非其任，不得預焉。每季録所見災祥，送門下中書省，入起居注。歲終總録，封送史館。每年預造來年曆，頒于天下。五官正五員，正五品。乾元元年置五官，有春、夏、秋、冬、中五官之名。丞二員，正七品。主簿二員，正七品。定額直五人，五官靈臺郎五員，正七品。舊靈臺郎，正八品下，掌觀天文之變而占候之。凡二十八宿，分爲十二次，事具《天文志》也。五官保章正五員，正七品。五官司曆五員，正八品。舊司曆二人，從九品上，掌國之曆法，造曆以頒四方。其曆有《戊寅曆》、《麟德曆》、《神龍曆》、《大衍曆》。天下之測量之處，分至表準，其詳可載，故參考星度，稽驗晷影，各有典章。五官監候五員，正八品。五官挈壺正五員，正九品。五官司辰十五員。正九品。舊挈壺正二員，從八品下。司辰十七人，正九品下。皆掌知漏刻。孔壺爲漏，浮箭爲刻，以告中星昏明之候也。五官禮生十五人，五官楷書手五人，令史五人，漏刻博士二十人，漏刻之法，孔壺爲漏，浮箭爲刻。其箭四十有八，晝夜共百刻。冬夏之間，有長短。冬至之日，晝漏四十刻，夜漏六十刻。夏至，晝漏六十刻，夜漏四十刻。春分秋分之時，晝夜各五十刻。秋分之後，減晝益夜，凡九日加一刻。春分已後，減夜益晝，九日減一刻。二至前後，加減遲，用日多。二分之間，加減速，用日少。候夜以爲更點之節。每夜分爲五更，每更分爲五點。更以擊鼓爲節，點以擊鐘爲節也。典鐘、典鼓三百五十人，天文觀生九十人，天文生五十人，曆生五十五人，漏生四十人，視品十人。已上官吏，皆乾元元年隨監司新置也。

宋·歐陽修、宋祁《新唐書》卷四六《百官志一》 祠部郎中、員外郎，各一人，掌祠祀、享祭、天文、漏刻、國忌、廟諱、卜筮、醫藥、僧尼之事。

宋·歐陽修、宋祁《新唐書》卷四七《百官志二》 司天臺　監一人，正三品；少監二人，正四品上；丞一人，正六品上；主簿二人，正七品上；主事一人，正八品下。監掌察天文，稽曆數。凡日月星辰、風雲氣色之異，率其屬而占。

有通玄院，以藝學召至京師者居之。凡天文圖書、器物，非其任不得與焉。每季録祥眚送門下、中書省，紀于起居注，歲終上送史館。歲頒曆于天下。

武德四年，改太史監曰太史局，隸秘書省；七年，廢監候。龍朔二年，改太史局曰秘書閣局，令曰秘書閣郎中。武后光宅元年，改太史局曰渾天監，不隸麟臺；俄改曰渾儀監，置副監及丞、主簿，改司辰師曰司辰。長安二年，渾儀監復曰太史局，廢副監及丞，隸麟臺如故，改天文博士曰靈臺郎，曆博士曰保章正。景龍二年，改太史局曰太史監，不隸秘書省，復置丞。景雲元年，又爲局，隸秘書省，踰月爲監，歲中復爲局；二年，改曰渾儀監。開元二年，復曰太史監，改令爲監，置少監。十四年，太史監復爲局，以監爲令，而廢少監。天寶元年，太史局復爲監，自是不隸秘書省。乾元元年，曰司天臺。藝術人韓穎、劉烜建議改令爲監，置通玄院及主簿，置五官監候及五官禮生十五人，掌布諸壇神位，五官楷書手五人，掌寫御書。有令史五人，天文觀生九十人，天文生五十人，曆生五十五人。初，有天文博士二人，正八品下；曆博士一人，從八品上；司辰師五人，正九品下；裝書曆生。掌候天文，掌教習天文氣色，掌寫御曆，後皆省。

春官、夏官、秋官、冬官、中官正，各一人，正五品上；副正各一人，正六品上。掌司四時，各司其方之變異。冠加一星珠，以應五緯；衣從其方色。元日、冬至、朔望朝會及大禮，各奏方事，而服以朝見。乾元三年，置五官正及副正。

五官保章正二人，從七品上；五官監候三人，正八品下；五官司曆二人，從八品上。掌曆法及測景分至表準。

五官靈臺郎各一人，正七品下。掌候天文之變。五官挈壺正二人，正八品上；五官司辰八人，正九品上；漏刻博士六人，從九品下。掌知漏刻。凡孔壺爲漏，浮箭爲刻，以考中星昏明，更以擊鼓爲節，點以擊鐘爲節。

武后長安二年，置挈壺正。乾元元年，與靈臺郎、保章正、司曆、司辰，皆加五官之名。有漏刻生四十人，典鐘、典鼓三百五十人。初，有刻漏視品、刻漏典事，掌知刻漏、檢校刻漏，後皆省。

宋・王應麟《玉海》卷三　唐二十家天文

《志子録十》曰：天文始於趙嬰、甄鸞注《周髀》，終於李淳風《乙己占》，二十家，三十部，三百六卷。若趙嬰、甄鸞、李淳風之注釋《周髀》，張衡、王蕃之《靈憲》、《渾天》，姚信、虞喜之《昕天》、《安天》，則儀象之書也。若石氏、甘氏之《讚法》，劉表、劉叡、陳卓、孫僧化、史崇之《星占》，則星占之書也。若劉叡、陳卓《集占》，韓楊《要集》，吴雲《雜占》，庾季才《秘苑》，祖氏之《録》，高文洪之《圖》，則天文之書也。星圖則有《孝經内記》、《周易分野》及二十八宿度數之論。雜占則有黄道、晷景、玄機、内事、五星、兵法及《乙巳占》。其不著録者六家，一百七十五卷。有淳風《天文大象》、《秘奥法象》、《太白會運》之書，武密《通占》，悉達《占經》，董和、徐昇有論、有圖，李播、王希明有賦、有歌。自淳風《天文占》至丹元子《步天歌》不著録。

《六典・秘書・四部十一》曰：天文。《周髀》等九十七部六百七十卷。《隋志》六百七十五卷。靈臺郎，凡占天文，日月薄蝕、五星陵犯，有甘、石、巫咸三家中外官；占瑞祆星氣，有諸家雜占。天文生不得讀占書。太史令每季録災祥，送中書門下，入起居注。歲終總録送史館。《崇文總目》：天文占書五十一部、百九十七卷。自荊州劉、石、甘、巫《占》至《乾象新書》，中興目十六家九十九卷。

宋・王應麟《玉海》卷一〇　唐司曆

《六典》：太史局司曆二人從九品上。掌曆法。有《戊寅》傅仁均。《麟德》、李淳風。《神龍》、南宫説。《大衍曆》。一行。測景之處分至表準。《漢官儀》：太史有治曆六人。晉太史有典曆四人，隋改司曆，取《左傳》爲名。曆生三十六人。隋置，掌習曆。

傳記

唐・魏徵等《隋書》卷四二《李德林傳》　李德林字公輔，博陵安平人也。祖壽，湖州户曹從事。父敬族，歷太學博士、鎮遠將軍。魏孝静帝時，命當世通人正定文籍，以爲内校書，别在直閣省。德林幼聰敏，年數歲，誦左思《蜀都賦》，十餘日便度。高隆之見而嗟歎，遍告朝士，云：「若假其年，必爲天下偉器。」鄴京人士多就宅觀之，月餘，日中車馬不絶。年十五，誦五經及古今文集，日數千言。俄而該博墳典，陰陽緯候無不通涉。善屬文，辭覈而理暢。魏收嘗封高隆之謂其父曰：「賢子文筆終當繼温子昇。」隆之大笑曰：「魏常侍殊已嫉賢，何不近比老、彭，乃遠求温子！」年十六，遭父艱，自駕靈輿，反葬故里。時正嚴冬，單衰跣足，州里人物由是敬慕之。博陵豪族有崔諶者，僕射之兄，因休假還鄉，車服甚盛。將從其宅詣德林赴弔，相去十餘里，從者數十騎，稍稍減留。此至德林門，

纔餘五騎，云不得令李生怪人爊灼。德林居貧轗軻，母氏多疾，方留心典籍，無復官情。其後，母病稍愈，逼令仕進。

任城王湝爲定州刺史，重其才，召入州館。朝夕同遊，殆均師友，不爲君民禮數。嘗語德林云：「竊聞蔽賢蒙顯戮。久令君沈滯，吾獨得潤身，朝廷縱不見尤，亦懼明靈所譴。」於是舉秀才入鄴，于時天保八年也。王因遺尚書令楊遵彦書云：「燕、趙固多奇士，此言誠不爲謬。今歲所貢秀才李德林者，文章學識，固不待言，觀其風神器宇，終爲棟梁之用。至如經國大體，是賈生、晁錯之儔；彫蟲小技，殆相如、子雲之輩。今雖唐、虞君世，俊乂盈朝，然修大厦者，豈厭夫良材之積也。吾嘗見孔文舉《薦禰衡表》云：『洪水横流，帝思俾乂。』以正平比夫大禹，常謂擬諭非倫。今以德林言之，便覺前言非大。」遵彦即命德林製《讓尚書令表》，援筆立成，不加治點。因大相賞異，以示吏部郎中陸卬。卬云：「已大見其文筆，浩浩如長河東注。比來所見，後生制作，乃涓澮之流耳。」卬仍命其子乂與德林周旋，戒之曰：「汝每事宜師此人，以爲楷模。」時遵彦銓衡，深慎選舉，秀才擢第，罕有甲科。德林射策五條，考皆爲上，授殿中將軍。既是西省散員，非其所好，又以天保季世，乃謝病還鄉，闔門守道。

乾明初，遵彦奏追德林入議曹。皇建初，下詔搜揚人物，復追赴晉陽。撰《春思賦》一篇，代稱典麗。是時長廣王作相，居守在鄴。勑德林還京，與散騎常侍高元海等參軍掌機密。王引授丞相府行參軍。未幾而王即帝位，授奉朝請，寓直舍人省。河清中，授員外散騎侍郎，帶齋帥，仍別直機密省。天統初，授給事中，直中書，參掌詔誥。尋遷中書舍人。武平初，加通直散騎侍郎。又勑與中書侍郎宋士素、副侍中趙彦深別典機密。【略】

是時中書侍郎杜臺卿上《世祖武成皇帝頌》，齊主以爲未盡善，令和士開以頌示德林。宣旨云：「臺卿此文，未當朕意。以卿有大才，須敍盛德，即宜速作，急進本也。」德林乃上頌十六章并序，文多不載。武成覽頌善之，賜名馬一匹。三年，祖孝徵入爲侍中，尚書左僕射趙彦深出爲兗州刺史。朝士有先爲孝徵所待遇者，間德林，云是彦深黨與，不可仍掌機密。孝徵曰：「德林久滯絳衣，我常恨彦深待賢未足。內省文翰，方以委之。尋當有佳處分，不宜妄説。」尋除中書侍郎，仍詔修國史。齊主留情文雅，召入文林館。又令與黄門侍郎顔之推二人同判文林館事。五年，勑令與黄門侍郎李孝貞、中書侍郎李若別掌宣傳。尋除通直散騎常侍，兼中書侍郎。隆化中，假儀同三司。承光中，授儀同三司。

及周武帝克齊，入鄴之日，勑小司馬唐道和就宅宣旨慰喻，云：「平齊之利，唯在於爾。朕本畏爾遂齊王東走，今聞猶在，大以慰懷，宜即入相見。」道和引之入內，遣內史宇文昂訪問齊朝風俗政教、人物善惡，即留內省，三宿乃歸。仍遣從駕至長安，授內史上士。自此以後，詔誥格式，及用山東人物，一以委之。武帝嘗於雲陽宮作鮮卑語謂羣臣云：「我常日唯聞李德林名，及見其與齊朝作詔書移檄，我正謂其是天上人。豈言今日得其驅使，復爲我作文書，極爲大異。」神武公紇豆陵毅答曰：「臣聞明王聖主，得騏驎鳳凰爲瑞，是聖德所感，非力能致之。瑞物雖來，不堪使用。如李德林來受驅策，亦陛下聖德感致，有大才用，無所不堪，勝於騏驎鳳凰遠矣。」武帝大笑曰：「誠如公言。」宣政末，授御正下大夫。大象初，賜爵成安縣男。【略】

高祖登阼之日，授內史令。初，將受禪，虞慶則勸高祖盡滅宇文氏，高熲、楊惠亦依違從之。唯德林固争，以爲不可。高祖作色怒云：「君讀書人，不足平章此事。」於是遂盡誅之。自是品位不加，出於高、虞之下，唯依班例授上儀同，進爵爲子。

開皇元年，勑令與太尉任國公于翼、高熲等同修律令。事訖奏聞，別賜九環金帶一腰，駿馬一匹，賞損益之多也。格令班後，蘇威每欲改易事條。德林以爲格式已頒，義須畫一，縱令小有踳駁，非過蠹政害民者，不可數有改張。威又奏置五百家鄉正，即令理民間辭訟。德林以爲本廢鄉官判事，爲其里閭親戚，剖斷不平，今令鄉正專治五百家，恐爲害更甚。且今時吏部，總選人物，天下不過數百縣，於六七百萬户內，詮簡數百縣令，猶不能稱其才，乃欲於一鄉之內，選一人能治五百家者，必恐難得。又即時要荒小縣，有不至五百家者，復不可令兩縣共管一鄉。勑令內外羣官，就東宫會議。自皇太子以下，多從德林議。蘇威又言廢郡，德林語之云：「修令時，公何不論廢郡爲便。今令纔出，其可改乎？」然高熲同威之議，稱德林狠戾，多由固執。由是高祖盡依威議。

五年，勑令撰録作相時文翰，勒成五卷，謂之《霸朝雜集》。【略】

高祖省讀訖，明旦謂德林曰：「自古帝王之興，必有異人輔佐。我昨讀《霸朝集》，方知感應之理。昨宵恨夜長，不能早見公面。必令公貴與國始終。」於是追贈其父恒州刺史。未幾，上曰：「我本意欲深榮之。」復贈定州刺史、安平縣公，謚曰孝。以德林襲焉。德林既少有才名，重以貴顯，凡製文章，動行於世。或有不知者，謂爲古人焉。

德林以梁士彦及元諧之徒頻有逆意，大江之南，抗衡上國。乃著《天命論》

上之，其辭曰：【略】

德林自隋有天下，每贊平陳之計。八年，車駕幸同州，德林以疾不從。敕書追之，書後御筆注云：「伐陳事意，宜自隨也。」時高熲因使入京，上語熲曰：「德林若患未堪行，宜自至宅取其方略。」高祖以之付晉王廣。後從駕還，在塗中，高祖以馬鞭南指云：「待平陳訖，會以七寶裝嚴公，使自山東無及之者。」及陳平，授柱國、郡公，實封八百户，賞物三千段。晉王廣已宣敕訖，有人説高熲曰：「天子畫策，晉王及諸將戮力之所致也。今乃歸功於李德林，諸將必當憤惋，且後世觀公有若虛行。」熲入言之，高祖乃止。

初，大象末，高祖以逆人王謙宅賜之，文書已出，至地官府，忽復改賜崔謙。上語德林曰：「夫人欲得，將與其舅。於公無形迹，不須争之，可自選一好宅。若不稱意，當爲營造，并覓莊店作替。」德林乃奏取逆人高阿那肱衛國縣市店八十塩爲王謙宅替。【略】因出爲湖州刺史。德林拜謝曰：「臣不敢復望内史令，請預散參。待陛下登封告成，一觀盛禮，然後收拙丘園，死且不恨。」上不許，轉懷州刺史。在州逢亢旱，課民掘井溉田，空致勞擾，竟無補益，爲考司所貶。歲餘，卒官，時年六十一。贈大將軍、廉州刺史，謚曰文。及將葬，敕令羽林百人，并鼓吹一部，以給喪事。贈物三百段，粟千石，祭以太牢。

德林美容儀，善談吐，齊天統中，兼中書侍郎，於賓館受國書。陳使江總目送之曰：「此即河朔之英靈也。」器量沉深，時人未能測，唯任城王湝、趙彦深、魏收、陸卬大相欽重，延譽之言，無所不及。德林少孤，未有字，魏收謂之曰：「識度天才，必至公輔，吾輒以此字卿。」從官以後，即典機密，性重慎，嘗云古人不言温樹，何足稱也。少以才學見知，及位望稍高，頗傷自任，争名之徒，更相譖毁，所以運屬興王，功參佐命，十餘年間竟不徙級。所撰文集，勒成八十卷，遭亂亡失，見五十卷行於世。敕撰《齊史》未成。

有子曰百藥，博涉多才，詞藻清贍。釋巾太子通事舍人，後遷太子舍人、尚書禮部員外郎，襲爵安平縣公，桂州司馬。煬帝惡其初不附己，以爲步兵校尉。大業末，轉建安郡丞。

史臣曰：德林幼有操尚，學富才優，譽重鄴中，聲飛關右。王基締構，協贊謀猶，羽檄交馳，絲綸間發，文誥之美，時無與二。君臣體合，自致青雲，不患莫己知，豈徒言也！

唐・魏徵等《隋書》卷六九《王劭傳》 王劭字君懋，太原晉陽人也。父松年，齊通直散騎侍郎。劭少沈默，好讀書。弱冠，齊尚書僕射魏收辟參開府軍事，累遷太子舍人，待詔文林館。時祖孝徵、魏收、陽休之等嘗論古事，有所遺志，討閲不能得，因呼劭問之。劭具論所出，取書驗之，一無舛誤。自是大爲時人所許，稱其博物。後遷中書舍人。齊滅，入周，不得調。

高祖受禪，授著作佐郎。以母憂去職，在家著《齊書》。時制禁私撰史，爲内史侍郎李元操所奏。上怒，遣使收其書，覽而悦之。於是起爲員外散騎侍郎，修起居注。劭以古有鑽燧改火之義，近代廢絶，於是上表請變火，曰：「臣謹案《周官》，四時變火，以救時疾。明火不數變，時疾必興。聖人作法，豈徒然也！在晉時，有以洛陽火渡江者，代代事之，相續不滅，火色變青。昔師曠食飯，云是勞薪所爨。晉平公使視之，果然車輞。今温酒及炙肉，用石炭、柴火、竹火、草火、麻荄火，氣味各不同。以此推之，新火舊火，理應有異。伏願遠遵先聖，於五時取五木以變火，用功甚少，救益大方。縱使百姓習久，未能頓同，尚食内厨及東宫諸主食厨，不可不依古法。」上從之。劭又言上有龍顔戴干之表，指示羣臣。上大悦，賜物數百段。拜著作郎。劭上表言符命曰：

昔周保定二年，歲在壬午，五月五日，青州黄河變清，十里鏡澈，齊氏以爲己瑞，改元曰河清。是月，至尊以大興公始作隋州刺史，歷年二十，隋果大興。臣謹案《易坤靈圖》曰：「聖人受命，瑞先見於河。河者最濁，未能清也。」竊以靈貺休祥，理無虛發，河清啓聖，實屬大隋。午爲鶉火，以明火德，仲夏火王，亦明火德。月五日五，合天數地數，既得受命之辰，允當先見之兆。

開皇初，邵州人楊令悊近河，得青石圖一，紫石圖一，皆隱起成文，有至尊名，下云：「八方天心。」永州又得石圖，剖爲兩段，有楊樹之形，黄根紫葉。汝水得神龜，腹下有文曰：「天卜楊興。」安邑掘地，得古鐵版，文曰：「皇始天年，賫楊鐵券，王興。」同州得石龜，文曰：「天子延千年，大吉。」臣以前之三石，不異龍圖。何以用石？石體久固，義與上名符合。龜腹七字，何以著龜？龜亦久固，兼是神靈之物。孔子歎河不出圖，洛不出書，今於大隋聖世，圖書屢出。

建德六年，亳州大周村有龍鬭，白者勝，黑者死。大象元年夏，滎陽汴水北有龍鬭，初見白氣屬天，自東方歷陽武帝來。及至，白龍也，長十許丈。有黑龍乘雲而至，兩相薄，乍合乍離，自午至申，白龍升天，黑龍墜地。謹案：龍，君象也。前鬭於亳州周村者，蓋象至尊以龍鬭之歲爲亳州總管，遂代周有天下。後鬭於滎陽者，「滎」字三火，明火德之盛也。白龍從東方來，歷陽武者，蓋象至尊

將登帝位，從東第入自崇陽門也。西北升天者，當乾位天門。《坤靈圖》曰：「聖人殺龍。」龍不可得而殺，皆盛氣也。又曰：「泰姓商名宮，黃色，長八尺，六十世，河龍以正月辰見，白龍與五黑龍鬬，白龍陵，故泰人有命。」謹案：此言皆爲大隋而發也。聖人殺龍者，前後龍死是也。姓商者，皇家於五姓爲商也。名宮者，武元皇帝諱於五聲爲宮。黃色者，隋色尚黃。長八尺者，武元皇帝身長八尺。河龍以正月辰見者，泰正月卦，龍見之所，於京師爲辰地。白龍與黑龍鬬者，亳州熒陽龍鬬是也。勝龍所以白者，楊姓納音爲商，至尊又辛酉歲生，位皆在西方，西方色白也。死龍所以黑者，周色黑。所以稱五者，周閔、明、武、宣、靖凡五帝。趙、陳、代、越、勝五王，一時伏法，亦當五數。白龍陵者，陵猶勝也。鄭玄說：「陵當爲除。」凡鬬能去敵曰除。臣以泰人有命者，泰之爲言通也，大也，明其人道通德大，有天命也。《乾鑿度》曰：「泰表戴干。」鄭玄注云：「表者，人形體之彰識也。干，盾也。泰人之表戴干。」臣伏見至尊有戴干之表，益知泰人之表不爽毫釐。《坤靈圖》所云，字字皆驗。《緯書》又稱「漢四百年」，終知其言，則知六十世亦必然矣。昔宗周卜世三十，今則倍之。

《稽覽圖》云：「太平時，陰陽和合，風雨咸同，海內不偏，地有阻險，故風有遲疾。雖太平之政，猶有不能均同，唯平均乃不鳴條，故欲風於亳。亳者，陳留也。」謹案：此言蓋明至尊者爲陳留公世子，亳州總管，遂受天命，海內均同，不偏不黨，以成太平之風化也。在大統十六年，武元皇帝改封陳留公。是時齊國有《秘記》云：「天王陳留入并州。」齊王高洋爲是誅陳留王彭樂。其後武元皇帝果將兵入并州。周武帝時，望氣者云亳州有天子氣，於是殺亳州刺史紇豆陵恭，至尊代爲之。又陳留老子祠有枯柏，世傳云老子將度世，云待枯柏生東南枝迴指，當有聖人出，吾道復行。至齊，枯柏從下生枝，東南上指。夜有三童子相與歌曰：「老子廟前古枯樹，東南狀如傘，聖主從此去。」及至尊牧亳州，親至祠樹之下。自是柏枝迴抱，其枯枝，漸指西北，道教果行。校考衆事，太平主出於亳州陳留之地，皆如所言。

《稽覽圖》又云：「治道得，則陰物變爲陽物。」鄭玄注云：「葱變爲韭亦是。」謹案：自六年以來，遠近山石，多變爲玉。石爲陰，玉爲陽。又左衛園中葱皆變爲韭。

上覽之大悅，賜物五百段。

未幾，劭復上書曰：

《易乾鑿度》曰：「隨上六，拘係之，乃從維之，王用享于西山。」隨者二月卦，陽德施行，藩決難解，萬物隨楊而出。故上六欲九五拘係之，維持之，明被陽化而陰隨從之也。」《易稽覽圖》：「坤六月，有子女，任政，一年，傳爲復。五月貧之從東北來立，大起土邑，西北地動星墜，陽衛。屯十一月神人從中山出，趙地動。北方三十日，千里馬數至。」謹案：凡此《易》緯所言，皆是大隋符命。隨者二月之卦，明大隋以二月即皇帝位也。陽德施行者，明楊氏之德教施行於天下也。藩決難解者，明當時藩鄣皆是通決險難，皆解散也。萬物隨陽而出者，明天地間萬物盡隨楊氏而出見也。上六欲九五拘係之者，五爲王，六爲宗廟，明宗廟神靈欲令登九五之位，帝王拘民以禮，係民以義也。「拘民以禮」，「係民以義」，此二句亦是《乾鑿度》之言。維持之者，明能以綱維持正天下也。被陽化而欲陰隨之者，明陰類被服楊氏之風化，莫不隨從。陰謂臣下也。王用享于西山者，蓋明至尊常以歲二月幸西山仁壽宮也。凡四稱隨，三稱陽，欲美隋楊，丁寧之至也。坤六月者，坤位在未，六月建未，言至尊以六月生也。有子女任政者，言樂平公主是皇帝子女，而爲周后，任理内政也。一年傳爲復者，復是坤之一世卦，陽氣初起，言周宣帝崩後一年，傳位與楊氏也。五月貧之從東北來立者，「貧之」當爲「真人」，字之誤也。言周宣帝以五月崩，真人革命，當在此時。至尊謙讓而逆天意，故踰年乃立。昔爲定州總管，在京師東北，本而言之，故曰真人從東北來立。大起土邑者，大起即大興，言營大興城邑也。西北地動星墜者，蓋天意去周授隋，故變動也。陽衛者，言楊氏得天衛助。屯十一月神人從中山出者，此卦動而大亨作，故至尊以十一月被授亳州總管，將從中山而出也。趙地動者，中山爲趙地，以神人將去，故變動也。北方三十日者，蓋至尊從北方將往亳州之時，停留三十日也。千里馬者，蓋至尊舊所乘騧騮馬也。屯卦震下坎上，震於馬作足，坎於馬爲美脊，是故騧騮馬脊有肉鞍，行則先作弄四足也。數至者，言曆數至也。

《河圖帝通紀》曰：「形瑞出，變矩衡。赤應隨，協靈皇。」《河圖皇參持》曰：「皇辟出，承元訖。道無爲，治率。被遂矩，戲作術。開皇色，握神日。投輔提，象不絕。立皇後，翼不格。道終始，德優劣。帝任政，河曲出。協輔嬉，爛可述。」謹案：凡此《河圖》所言，亦是大隋符命。形瑞出、變矩衡者，矩，法也，衡，北斗星名，所謂璿璣玉衡者也。大隋受命，形兆之瑞始出，天象則爲之變動。北斗主天之法度，故曰矩衡。《易》緯「伏戲矩衡神」，鄭玄注亦以爲法玉衡之神。與此《河圖》矩衡義同。赤應隨者，言赤帝降精，感應而生隋也。故隋以火德爲赤帝天子。協靈皇者，協，合也，言大隋德合上靈天皇大帝也。又年號開皇，與

《靈寶經》之開皇年相合，故曰協靈皇。皇辟出者，皇，大也，辟，君也，大君出，蓋謂至尊受命出爲天子也。承元訖者，言承周天元終訖之運也。道無爲、治率者，治下脱一字，言大道無爲，治定天下率從。被遂矩、戲用術者，矩，法也。昔遂皇握機矩，伏戲作八卦之術，言大隋被服三皇之法術也。遂皇機矩，語見《易》緯。開皇色者，言開皇年易服色也。握神日者，握持羣神，明照如日也。又開皇以來日漸長，亦其義。投輔提者，言投授政事於輔佐，使之提挈也。象不絕者，法象不廢絕也。立皇後、翼不格者，格，至也，言本立太子以爲皇家後嗣，而其輔翼之人不能至於善也。道終始、德優劣者，言前東宫道終而德劣，今皇太子道始而德優也。帝任政、河曲出者，言皇帝親任政事，而邵州河濱得石圖也。協輔嬉、爛可述者，協，合也，嬉，興也，言羣臣合心輔佐，以興政治，爛然可紀述也。所以於《皇參持》、《帝通紀》二篇陳大隋符命者，明皇道帝德，盡在隋也。

上大悦，以劭爲至誠，寵錫日隆。

時有人於黄鳳泉浴，得二白石，頗有文理，遂附致其文以爲字，復言有諸物象而上奏曰：「其大玉有日月星辰，八卦五岳，及二麟雙鳳，青龍朱雀，騶虞玄武，各當其方位。又有五行、十日、十二辰之名，凡二十七字。又有『天門地户人門鬼門閉』九字。又有却非及二鳥，其鳥皆人面，則《抱朴子》所謂『千秋萬歲』也。其小玉亦有五嶽、却非、虯、犀之象。二玉俱有仙人玉女乘雲控鶴之象。别有異狀諸神，不可盡識，蓋是風伯、雨師、山精、海若之類。又有天皇大帝、皇帝及四帝坐，鉤陳，北斗、三公、天將軍、土司空、老人、天倉、南河、北河、五星、二十八宿，凡四十五官。諸字本無行伍，然往往偶對。於大玉則有皇帝姓名，並臨南面，與日字正鼎足。復有老人星，蓋明南面象日而長壽也。皇后二字在西，上有月形，蓋明象月也。於次玉則皇帝名與九千字次比，兩『楊』字與『萬年』字次比，『隋』與『吉』字正並，蓋明長久吉慶也。」劭復迴互其字，作詩二百八十篇奏之。上以爲誠，賜帛千匹。劭於是採民間歌謠，引圖書讖緯，依約符命，捃摭佛經，撰爲《皇隋靈感誌》，合三十卷，奏之。上令宣示天下。劭集諸州朝集使，洗手焚香，閉目而讀之，曲折其聲，有如歌詠。經涉旬朔，徧而後罷。上益喜，賞賜優洽。

仁壽中，文獻皇后崩，劭復上言曰：「佛説人應生天上，及上品上生無量壽國之時，天佛放大光明，以香花妓樂來迎之。如來以明星出時入涅槃。伏惟大行皇后聖德仁慈，福善禎符，備諸秘記，皆云是妙善菩薩。臣謹案：八月二十二日，仁壽宫内再雨金銀之花。二十三日，大寶殿後夜有神光。二十四日卯時，永安宫北有自然種種音樂，震滿虚空。至夜五更中，奄然如寐，便即升遐，與經文所説，事皆符驗。臣又以愚意思之，皇后遷化，不在仁壽、大興宫者，蓋避至尊常居正處也。在永安宫者，象京師之永安門，平生所出入也。后升遐後二日，苑内夜有鍾聲三百餘處，此則生天之應顯然也。」上覽而且悲且喜。

時蜀王秀以罪廢，上顧謂劭曰：「嗟乎！吾有五子，三子不才。」劭進曰：「自古聖帝明王，皆不能移不肖之子。黄帝有二十五子，同姓者二，餘各異德。堯十子，舜九子，皆不肖。夏有五觀，周有三監。」上然其言。其後上夢欲上高山而不能得，崔彭捧脚，李盛扶肘得上，因謂彭曰：「死生當與爾俱。」劭曰：「此夢大吉。上高山者，明高崇大安，永如山也。彭猶彭祖，李猶李老，二人扶持，實爲長壽之徵。」上聞之，喜見容色。其年，上崩。未幾，崔彭亦卒。

煬帝嗣位，漢王諒作亂，帝不忍加誅。劭上書曰：「臣聞黄帝滅炎，蓋云母弟，周公誅管，信亦天倫。叔向戮叔魚，仲尼謂之遺直，石碏殺石厚，丘明以爲大義。此皆經籍明文，帝王常法。今陛下置此逆賊，度越前聖，含弘寬大，未有以謝天下。謹案賊諒毒被生民者也。是知古者同德則同姓，異德則異姓，故黄帝有二十五子，其得姓者十有四人，唯青陽、夷鼓，與黄帝同爲姬姓。諒既自絕，請改其氏。」劭以此求媚，帝依違不從。遷秘書少監，數載，卒官。

劭在著作，將二十年，專典國史，撰《隋書》八十卷。多録口勑，又採迂怪不經之語及委巷之言，以類相從，爲其題目，辭義繁雜，無足稱者，遂使隋代文武名臣列將善惡之迹，堙没無聞。初撰《齊誌》，爲編年體，二十卷，復爲《齊書》，紀傳一百卷，及平賊記三卷。或文詞鄙野，或不軌不物，駭人視聽，大爲有識所嗤鄙。然其採摘經史謬誤，爲《讀書記》三十卷，時人服其精博。爰自志學，暨乎暮齒，篤好經史，遺落世事。用思既專，性頗恍忽，每至對食，閉目凝思，盤中之肉，輒爲僕從所噉。劭弗之覺，唯責肉少，數罰厨人。厨人以情白劭，劭依前閉目，伺而獲之，厨人方免笞辱。其專固如此。【略】

史臣曰：王劭爰自幼童，迄乎白首，好學不倦，究極羣書。搢紳洽聞之士，無不推其博物。雅好著述，久在史官，既撰《齊書》，兼修隋典。好詭怪之説，尚委巷之談，文詞鄙穢，體統繁雜。直愧南、董，才無遷、固，徒煩翰墨，不足觀採。

唐・魏徵等《隋書》卷六九《袁充傳》 袁充字德符，本陳郡陽夏人也。其後寓居丹陽。祖昂，父君正，俱爲梁侍中。充少警悟，年十餘歲，其父黨至門，時冬

初，充尚衣葛衫。客戲充曰：「袁郎子絺兮綌兮，淒其以風。」充應聲答曰：「唯絺與綌，服之無斁。」以是大見嗟賞。仕陳，年十七，爲秘書郎。歷太子舍人、晉安王文學、吏部侍郎、散騎常侍。

及陳滅歸國，歷蒙、鄜二州司馬。充性好道術，頗解占候，由是領太史令。時上將廢皇太子，正窮東宮官屬，充見上雅信符應，因希旨進曰：「此觀玄象，皇太子當廢。」上然之。充復表奏，隋興以後，日影漸長，曰：「開皇元年，冬至日影一丈二尺七寸二分，自爾漸短。至十七年，冬至影一丈二尺六寸三分。四年冬至，在洛陽測影，一丈二尺八寸八分。二年，夏至影一尺四寸八分，自爾漸短。至十六年，夏至影一尺四寸五分。周官以土圭之法正日影，日至之影尺有五寸。鄭玄云：『冬至之影一丈三尺。』今十六年夏至之影，短於舊影五分，十七年冬至之影，短於舊影三寸七分。日去極近則影短而日長，去極遠則影長而日短，行內道則去極近，外道則去極遠。《堯典》云：『日短星昴，以正仲冬。』據昴星昏中，則知堯時仲冬，日在須女十度。以曆數推之，開皇已來冬至，日在斗十一度，與唐堯之代去極並近。謹案《春秋元命包》云：『日月出內道，琁璣得常，天帝崇靈，聖王祖功。』京房《別對》曰：『太平日行上道，升平行次道，霸世行下道。』伏惟大隋啓運，上感乾元，影短日長，振古未之有也。」上大悦，告天下。將作役功，因加程課，丁匠苦之。

仁壽初，充言上本命與陰陽律呂合者六十餘條而奏之，因上表曰：「皇帝載誕之初，非止神光瑞氣，嘉祥應感。至於本命行年，生月生日，並與天地日月、陰陽律呂運轉相符，表裏合會。此誕聖之異，寶曆之元。今與物更新，改年仁壽，歲月日子，還共誕聖之時並同，明合天地之心，得仁壽之理。故知洪基長算，永永無窮。」上大悦，賞賜優崇，儕輩莫之比。

仁壽四年甲子歲，煬帝初即位，充及太史丞高智寶奏言：「去歲冬至，日景逾長，今歲皇帝即位，與堯受命年合。昔唐堯受命四十九年，到上元第一紀甲子，天正十一月庚戌冬至，陛下即位，其年即當上元第一紀甲子，天正十一月庚戌冬至，正與唐堯同。自放勳以來，凡經八上元，其間緜代，未有仁壽甲子之合。謹案：第一紀甲子，太一在一宮，天目居武德，陰陽曆數並得符同。唐堯丙辰生，丙子年受命，止合三五，未若己丑甲子，支干並當六合。允一元三統之期，合五紀九章之會，共帝堯同其數，與皇唐比其蹤。信所謂皇哉唐哉，唐哉皇哉者矣。」仍諷齊王暕率百官拜表奉賀。其後熒惑守太微者數旬，于時繕治宮室，征役繁重，充上表稱「陛下修德，熒惑退舍」。百僚畢賀。帝大喜，前後賞賜將萬計。時軍國多務，充候帝意欲有所爲，便奏稱天文見象，須有改作，以是取媚於上。

大業六年，遷內史舍人。從征遼東，拜朝請大夫、秘書少監。其後天下大亂，帝初罹鴈門之厄，又盜賊益起，心不自安。充復假託天文，上表陳嘉瑞，以媚於上曰：

臣聞皇天輔德，皇天福謙，七政斯齊，三辰告應。伏惟陛下握録圖而馭黔首，提萬善而化八紘，以百姓爲心，匪一人受慶，先天罔遠所欲，後天必奉其時。是以初膺寶曆，正當上元之紀，乾之初九，又與天命符會。斯則聖人冥契，故能動合天經。謹案去年已來，玄象星瑞，毫釐無爽。謹録尤異，上天降祥，破突厥等狀七事。

其一，去八月二十八日夜，大流星如斗，出王良北，正落突厥營，聲如崩牆。其二，八月二十九日夜，復有大流星如斗，出羽林，向北流，正當北方。依占，頻二夜流星墜賊所，賊必敗散。其三，九月四日夜，頻有兩星大如斗，出北斗魁，向東北流。依占，北斗主殺伐，賊必敗。其四，歲星主福德，頻行京、都二處分野。依占，國家之福。其五，七月內，熒惑守羽林，九月七日已退舍。依占，不出三日，賊必敗散。其六，去年十一月二十日夜，有流星赤如火，從東北向西南，落賊帥盧明月營，破其橦車。其七，十二月十五日夜，通漢鎮北有赤氣亘北方，突厥將亡之應也。依勘《城録》，河南洛陽並當甲子，與乾元初九爻及上元甲子符合。此是福地，永無所慮。旋觀往政，側聞前古，彼則異時間出，今則一朝總萃。豈非天贊有道，助殲兇孽，方清九夷於東獩，沉五狄於北溟，告成岱岳，無爲汾水。

書奏，帝大悦，超拜秘書令，親待逾昵。帝每欲征討，充皆預知之，乃假託星象，獎成帝意，在位者皆切患之。宇文化及殺逆之際，并誅充，是年七十五。

史臣曰：【略】袁充少在江左，初以警悟見稱，委質隋朝，更以玄象自命。並要求時幸，干進務入。劭經營符瑞，雜以妖訛，充變動星占，謬增晷影。厚誣天道，亂常侮衆，刑茲勿捨，其在斯乎！且劭爲河朔清流，充乃江南望族，乾沒榮利，得不以道，頽其家聲，良可歎息。

唐·魏徵等《隋書》卷七五《劉焯傳》 劉焯字士元，信都昌亭人也。父洽，郡功曹。焯犀額龜背，望高視遠，聰敏沈深，弱不好弄。少與河間劉炫結盟爲友，同受《詩》於同郡劉軌思，受《左傳》於廣平郭懋當，問《禮》於阜城熊安生，皆

不卒業而去。武强交津橋劉智海家素多墳籍，焯與炫就之讀書，向經十載，雖衣食不繼，晏如也。遂以儒學知名，爲州博士。刺史趙煚引爲從事，舉秀才，射策甲科。與著作郎王劭同修國史，兼參議律曆，仍直門下省，以待顧問。俄除員外將軍。後與諸儒於秘書省考定羣言，因假還鄉里，縣令韋之業引爲功曹。尋復入京，與左僕射楊素、吏部尚書牛弘、國子祭酒蘇威、國子祭酒元善、博士蕭該、何妥、太學博士房暉遠、崔崇德、晉王文學崔賾等於國子共論古今滯義，前賢所不通者。每升坐，論難鋒起，皆不能屈，楊素等莫不服其精博。六年，運洛陽《石經》至京師，文字磨滅，莫能知者，奉敕與劉炫等考定。

後因國子釋奠，與炫二人論義，深挫諸儒，咸懷妬恨，遂爲飛章所謗，除名爲民。於是優遊鄉里，專以教授著述爲務，孜孜不倦。賈、馬、王、鄭所傳章句，多所是非。《九章算術》、《周髀》、《七曜曆書》十餘部，推步日月之經，量度山海之術，莫不覈其根本，窮其秘奧。著《稽極》十卷，《曆書》十卷，《五經述議》，並行於世。劉炫聰明博學，名亞於焯，故時人稱二劉焉。天下名儒後進，質疑受業，不遠千里而至者，不可勝數。論者以爲數百年已來，博學通儒，無能出其右者。然懷抱不曠，又嗇於財，不行束脩者，未嘗有所教誨，時人以此少之。廢太子勇聞而召之，未及進謁，詔令事蜀王，非其好也，久之不至。王聞而大怒，遣人枷送於蜀，配之軍防。其後典校書籍。王以罪廢，焯又與諸儒修定禮律，除雲騎尉。

煬帝即位，遷太學博士，俄以疾去職。數年，復被徵以待顧問，因上所著《曆書》，與太史令張胄玄多不同，被駁不用。大業六年卒，時年六十七。劉炫爲之請謚，朝廷不許。

唐·魏徵等《隋書》卷七五《劉炫傳》 劉炫字光伯，河間景城人也。少以聰敏見稱，與信都劉焯閉户讀書，十年不出。炫眸子精明，視日不眩，强記默識，莫與爲儔。左畫方，右畫圓，口誦，目數，耳聽，五事同舉，無有遺失。周武帝平齊，瀛州刺史宇文亢引爲户曹從事。後刺史李繪署禮曹從事，以吏幹知名。歲餘，奉勑與著作郎王劭同修國史，俄直門下省，以待顧問。又與諸術者修天文律曆，兼於内史省考定羣言，内史令博陵李德林甚禮之。炫雖徧直三省，竟不得官，爲縣司責其賦役。茲自陳於内史，内史送詣吏部，吏部尚書韋世康問其所能。炫自爲狀曰：「《周禮》、《禮記》、《毛詩》、《尚書》、《公羊》、《左傳》、《孝經》、《論語》孔、鄭、王、何、服、杜等注，凡十三家，雖義有精粗，並堪講授。《周易》、《儀禮》、《穀梁》用功差少。史子文集，嘉言美事，咸誦於心。天文律曆，窮覈微妙。至於公私文翰，未嘗假手。」吏部竟不詳試，然在朝知名之士十餘人，保明炫所陳不謬，於是除殿内將軍。

時牛弘奏購求天下遺逸之書，炫遂僞造書百餘卷，題爲《連山易》、《魯史記》等，録上送官，取賞而去。後有人訟之，經赦免死，坐除名，歸于家，以教授爲務。太子勇聞而召之，既至京師，勑令事蜀王秀，遷延不往。蜀王大怒，枷送益州。既而配爲帳内，每使執杖爲門衛。俄而釋之，典校書史。炫因擬屈原《卜居》，爲《筮塗》以自寄。

及蜀王廢，與諸儒修定《五禮》，授旅騎尉。吏部尚書牛弘建議，以爲禮諸侯絶傍期，大夫降一等。今之上柱國，雖不同古諸侯，比大夫可也。官在第二品，宜降傍親一等。議者多以爲然。炫駁之曰：「古之仕者，宗一人而已，庶子不得進。由是先王重嫡，其宗子有分禄之義。族人與宗子雖疎遠，猶服緦三月，良由受其恩也。今之仕者，位以才升，不限適庶，與古既異，何降之有。今之貴者，多忽近親，若或降之，民德之疎，自此始矣。」遂寢其事。

開皇二十年，廢國子四門及州縣學，唯置太學博士二人，學生七十二人。炫上表言學校不宜廢，情理甚切，高祖不納。開皇之末，國家殷盛，朝野皆以遼東爲意。炫以爲遼東不可伐，作《撫夷論》以諷焉。當時莫有悟者。及大業之季，三征不克，炫言方驗。

煬帝即位，牛弘引炫修律令。高祖之世，以刀筆吏類多小人，年久長姦，勢使然也。又以風俗陵遲，婦人無節。於是立格，州縣佐史，三年而代之，九品妻無得再醮。炫著論以爲不可，弘竟從之。諸郡置學官，及流外給廩，皆發自於炫。弘嘗從容問炫曰：「案《周禮》士多而府史少，今令史百倍於前，判官減則不濟，其故何也？」炫對曰：「古人委任責成，歲終考其殿最，案不重校，文不繁悉，府史之任，掌要目而已。今之文簿，恒慮覆治，鍛鍊若其不密，萬里追證百年舊案，故諺云『老吏抱案死』。今古不同，若此之相懸也，事煩政弊，職此之由。」弘又問：「魏、齊之時，令史從容而已，今則不遑寧舍。其事何由？」炫對曰：「齊氏立州不過數十，三府行臺，遞相統領，文書行下，不過十條。今州三百，其繁一也。往者州唯置綱紀，郡置守丞，縣唯令而已。其所具僚，則長官自辟，受詔赴任，每州不過數十。今則不然，大小之官，悉由吏部，纖介之迹，皆屬考功，其繁二也。省官不如省事，省事不如清心。官事不省而望從容，其可得乎？」弘甚善其言而不能用。納言楊達舉炫博學有文章，射策高第，除太學博士。歲餘，以品

卑去任，還至長平，奉勑追詣行在所。或言其無行，帝遂罷之，歸于河間。

于時羣盜蜂起，穀食踴貴，經籍道息，教授不行。炫與妻子相去百里，聲問斷絶，鬱鬱不得志，乃自爲贊曰：【略】

時在郡城，糧餉斷絶，其門人多隨盜賊，哀炫窮之，詣郡城下索炫，郡官乃出炫與之。炫爲賊所將，過城下堡。未幾，賊爲官軍所破，炫飢餓無所依，復投縣城。長吏意炫與賊相知，恐爲後變，遂閉門不納。是時夜冰寒，因此凍餒而死，時年六十八。其後門人謚曰宣德先生。

炫性躁競，頗俳諧，多自矜伐，好輕侮當世，爲執政所醜，由是宦塗不遂。著《論語述議》十卷，《春秋攻昧》十卷，《五經正名》十二卷，《孝經述議》五卷，《春秋述議》四十卷，《尚書述議》二十卷，《毛詩述議》四十卷，《注詩序》一卷，《算術》一卷，並行於世。

唐·魏徵等《隋書》卷七八《庾季才傳》 庾季才字叔奕，新野人也。八世祖滔，隨晉元帝過江，官至散騎常侍，封遂昌侯，因家于南郡江陵縣。祖詵，梁處士，與宗人易齊名。父曼倩，光禄卿。季才幼穎悟，八歲誦《尚書》，十二通《周易》，好占玄象。居喪以孝聞。梁廬陵王績辟荆州主簿，湘東王繹重其術藝，引授外兵參軍。西臺建，累遷中書郎，領太史，封宜昌縣伯。季才固辭太史，元帝曰：「漢司馬遷歷世尸掌，魏高堂隆猶領此職，不無前例，卿何憚焉。」帝亦頗明星曆，因共仰觀，從容謂季才曰：「朕猶慮禍起蕭牆，何方可息？」季才曰：「頃天象告變，秦將入郢，陛下宜留重臣，作鎮荆、陜，整旆還都，以避其患。假令羯寇侵蹙，止失荆、湘，在於社稷，可得無慮。必久停留，恐非天意也。」帝初然之，後與吏部尚書宗懍等議，乃止。俄而江陵陷滅，竟如其言。

周太祖一見季才，深加優禮，令參掌太史。每有征討，恒預侍從。賜宅一區，水田十頃，并奴婢牛羊什物等，謂季才曰：「卿是南人，未安北土，故有此賜者，欲絶卿南望之心。宜盡誠事我，當以富貴相答。」初，郢都之陷也，衣冠士人多没爲賤。季才散所賜物，購求親故。文帝問：「何能若此？」季才曰：「僕聞魏克襄陽，先昭異度，晉平建業，喜得士衡。伐國求賢，古之道也。今郢都覆敗，君信有罪，搢紳何咎，皆爲賤隸！鄙人羈旅，不敢獻言，誠切哀之，故贖購耳。」太祖乃悟曰：「吾之過也。微君遂失天下之望！」因出令免梁俘爲奴婢者數千口。

武成二年，與王褒、庾信同補麟趾學士。累遷稍伯大夫、車騎大將軍、儀同三司。其後大冢宰宇文護執政，謂季才曰：「比日天道，有何徵祥？」季才對曰：「荷恩深厚，若不盡言，便同木石。頃上台有變，不利宰輔，公宜歸政天子，請老私門。此則自享期頤，而受旦、奭之美，子孫藩屏，終保維城之固。不然者，非復所知。」護沈吟久之，謂季才曰：「吾本意如此，但辭未獲免耳。公既王官，可依朝例，無煩別參寡人也。」自是漸疎，不復別見。及護滅之後，閲其書記，武帝親自臨檢，有假託符命，妄造異端者，皆致誅戮。唯得季才書兩紙，盛言緯候災祥，宜反政歸權。帝謂少宗伯斛斯徵曰：「庾季才至誠謹慤，甚得人臣之禮。」因賜粟三百石，帛二百段。遷太史中大夫，詔撰《靈臺秘苑》，加上儀同，封臨潁伯，邑六百户。宣帝嗣位，加驃騎大將軍、開府儀同三司，增邑三百户。

及高祖爲丞相，嘗夜召季才而問曰：「吾以庸虚，受兹顧命，天時人事，卿以爲何如？」季才曰：「天道精微，難可意察，切以人事卜之，符兆已定。季才縱言不可，公豈復得爲箕、潁之事乎？」高祖默然久之，因舉首曰：「吾今譬猶騎獸，誠不得下矣。」因賜雜綵五十匹，絹二百段，曰：「愧公此意，宜善爲思之。」大定元年正月，季才言曰：「今月戊戌平旦，青氣如樓闕，見於國城之上，俄而變紫，逆風西行。《氣經》云：『天不能無雲而雨，皇王不能無氣而立。』今王氣已見，須即應之。二月日出卯入酉，居天之正位，謂之二八之門。日者，人君之象，人君正位，宜用二月。其月十三日甲子，甲爲六甲之始，子爲十二辰之初，甲數九，子數又九，九爲天數。其日即是驚蟄，陽氣壯發之時。昔周武王以二月甲子定天下，享年八百，漢高帝以二月甲午即帝位，享年四百，故知甲子、甲午爲得天數。今二月甲子，宜應天受命。」上從之。

開皇元年，授通直散騎常侍。高祖將遷都，夜與高熲、蘇威二人定議，季才旦而奏曰：「臣仰觀玄象，俯察圖記，龜兆允襲，必有遷都。且堯都平陽，舜都冀土，是知帝王居止，世代不同。且漢營此城，經今將八百歲，水皆鹹鹵，不甚宜人。願陛下協天人之心，爲遷徙之計。」高祖愕然，謂熲等曰：「是何神也！」遂發詔施行，賜絹三百段，馬兩匹，進爵爲公。謂季才曰：「朕自今已後，信有天道矣。」於是令季才與其子質撰《垂象》、《地形》等志，上謂季才曰：「天地秘奧，推測多途，執見不同，或致差舛。朕不欲外人干預此事，故使公父子共爲之也。」及書成奏之，賜米千石，絹六百段。

九年，出爲均州刺史。策書始降，將就藩，時議以季才術藝精通，有詔還委舊任。季才以年老，頻表去職，每降優旨不許。會張胄玄曆行，及袁充言日影長。上以問季才，季才因言充謬。上大怒，由是免職，給半禄歸第。所有祥異，

常使人就家訪焉。仁壽三年卒，時年八十八。

季才局量寬弘，術業優博，篤於信義，志好賓遊。常吉日良辰，與琅琊王褒、彭城劉瑴、河東裴政及宗人信等，爲文酒之會。次有劉臻、明克讓、柳䛒之徒，雖爲後進，亦申遊欵。撰《靈臺秘苑》一百二十卷，《垂象志》一百四十二卷，《地形志》八十七卷，並行於世。

庾質字行修，少而明敏，早有志尚。八歲誦梁世祖《玄覽》、《言志》等十賦，拜童子郎。仕周齊煬王記室。開皇元年，除奉朝請，歷鄢陵令，遷隴州司馬。大業初，授太史令。操履貞慤，立言忠鯁，每有災異，必指事面陳。而煬帝性多忌刻，齊王暕亦被猜嫌。質子儉時爲齊王屬，帝謂質曰：「汝不能一心事我，乃使兒事齊王，何向背如此邪？」質曰：「臣事陛下，子事齊王，實是一心，不敢有二。」帝怒不解，由是出爲合水令。

八年，帝親伐遼東，徵詣行在所。至臨渝謁見，帝謂質曰：「朕承先旨，親事高麗，度其土地人民，纔當我一郡，卿以爲剋不？」質對曰：「以臣管窺，伐之可剋，切有愚見，不願陛下親行。」帝作色曰：「朕今總兵至此，豈可未見賊而自退也？」質又曰：「陛下若行，慮損軍威。臣猶願安駕住此，命驍將勇士指授規模，倍道兼行，出其不意。事宜在速，緩必無功。」帝不悦曰：「汝既難行，可住此也。」及師還，授太史令。九年，復征高麗，又問質曰：「今段復何如？」對曰：「臣實愚迷，猶執前見。陛下若親動萬乘，糜費實多。」帝怒曰：「我自行尚不能剋，直遣人去，豈有成功也？」帝遂行，既而禮部尚書楊玄感據黎陽反，兵部侍郎斛斯政奔高麗，帝大懼，遽而西還，謂質曰：「卿前不許我行，當爲此耳。今者玄感其成事乎？」質曰：「玄感地勢雖隆，德望非素，因百姓之勞苦，冀僥倖而成功。今天下一家，未易可動。」帝曰：「熒惑入斗如何？」對曰：「斗，楚之分，玄感之所封也。今火色衰謝，終必無成。」

十年，帝自西京將往東都，質諫曰：「比歲伐遼，民實勞敝，陛下宜鎮撫關内，使百姓畢力歸農。三五年間，令四海少得豐實，然後巡省，於事爲宜。陛下思之。」帝不悦，質辭疾不從。帝聞之，怒，遣使馳傳，鎖質詣行在所。至東都，詔令下獄，竟死獄中。

子儉，亦傳父業，兼有學識。仕歷襄武令、元德太子學士、齊王屬。義寧初，爲太史令。時有盧太翼、耿詢，並以星曆知名。

唐・魏徵等《隋書》卷七八《盧太翼傳》 盧太翼字協昭，河間人也，本姓章仇氏。七歲詣學，日誦數千言，州里號曰神童。及長，閑居味道，不求榮利。博綜羣書，爰及佛道，皆得其精微。尤善占候算曆之術。隱於白鹿山，數年徙居林慮山茱萸峒，請業者自遠而至，初無所拒，後憚其煩，逃於五臺山。地多藥物，與弟子數人廬於巖下，蕭然絶世，以爲神仙可致。皇太子勇聞而召之，太翼知太子必不爲嗣，謂所親曰：「吾拘逼而來，不知所税駕也！」及太子廢，坐法當死，高祖惜其才而不害，配爲官奴。久之，乃釋。其後目盲，以手摸書而知其字。

仁壽末，高祖將避暑仁壽宫，太翼固諫不納，至于再三。太翼曰：「臣愚豈敢飾詞，但恐是行鑾輿不反。」高祖大怒，繫之長安獄，期還而斬之。高祖至宫寢疾，臨崩，謂皇太子曰：「章仇翼，非常人也，前後言事，未嘗不中。吾來日道當不反，今果至此，爾宜釋之。」

及煬帝即位，漢王諒反，帝以問之。答曰：「上稽玄象，下參人事，何所能爲？」未幾，諒果敗。帝常從容言及天下氏族，謂太翼曰：「卿姓章仇，四岳之胄，與盧同源。」於是賜姓爲盧氏。大業九年，從駕至遼東，太翼言於帝曰：「黎陽有兵氣。」後數日而玄感反書聞，帝甚異之，數加賞賜。太翼所言天文之事，不可稱數，關諸秘密，世莫得聞。後數載，卒於洛陽。

唐・魏徵等《隋書》卷七八《耿詢傳》 耿詢字敦信，丹陽人也。滑稽辯給，伎巧絶人。陳後主之世，以客從東衡州刺史王勇於嶺南。勇卒，詢不歸，遂與諸越相結，皆得其歡心。會郡俚反叛，推詢爲主。柱國王世積討擒之，罪當誅。自言有巧思，世積釋之，以爲家奴。久之，見其故人高智寶以玄象直太史，詢從之受天文算術。詢創意造渾天儀，不假人力，以水轉之，施於闇室中，使智寶外候天時，合如符契。世積知而奏之，高祖配詢爲官奴，給使太史局。後賜蜀王秀，從往益州，秀甚信之。及秀廢，復當誅，何稠言於高祖曰：「耿詢之巧，思若有神，臣誠爲朝廷惜之。」上於是特原其罪。詢作馬上刻漏，世稱其妙。

煬帝即位，進欹器，帝善之，放爲良民。歲餘，授右尚方署監事。七年，車駕東征，詢上書曰：「遼東不可討，師必無功。」帝大怒，命左右斬之，何稠苦諫得免。及平壤之敗，帝以詢言爲中，以詢守太史丞。宇文化及殺逆之後，從至黎陽，謂其妻曰：「近觀人事，遠察天文，宇文必敗，李氏當王，吾知所歸矣。」詢欲去之，爲化及所殺。著《鳥情占》一卷，行於世。

唐・魏徵等《隋書》卷七八《蕭吉傳》 蕭吉字文休，梁武帝兄長沙宣武王懿之孫也。博學多通，尤精陰陽算術。江陵陷，遂歸于周，爲儀同。宣帝時，吉以

朝政日亂，上書切諫，帝不納。及隋受禪，進上儀同，以本官太常考定古今陰陽書。

吉性孤峭，不與公卿相沉浮，又與楊素不協，由是擯落於世，鬱鬱不得志。見上好徵祥之説，欲乾沒自進，遂矯其迹爲悦媚焉。開皇十四年上書曰：「今年歲在甲寅，十一月朔旦，以辛酉爲冬至。來年乙卯，正月朔旦，以庚申爲元日，冬至之日，即在朔旦。《樂汁圖徵》云：『天元十一月朔旦冬至，聖王受享祚。』今聖主在位，居天元之首，而朔旦冬至，此慶一也。辛酉之日，即是至尊本命，辛德在丙，此十一月建丙子。酉德在寅，正月建寅爲本命，與月德合，而居元朔之首，此慶二也。庚申之日，即是行年，乙德在庚，卯德在申，來年乙卯，是行年與歲合德，而在元旦之朝，此慶三也。《陰陽書》云：『年命與歲月合德者，必有福慶。』《洪範傳》云：『歲之朝，月之朝，日之朝，主王者。』經書並謂三長應之者，延年福吉。況乃甲寅蔀首，十一月陽之始，朔旦冬至，是聖王上元。正月是正陽之月，歲之首，月之先。朔旦是歲之元，月之朝，日之先，嘉辰之會。而本命爲九元之先，行年爲三長之首，並與歲月合德。所以《靈寶經》云：『角音龍精，其祚日强。』來歲年命納音俱角，曆之與經，如合符契。又甲寅、乙卯，天地合也，甲寅之年，以辛酉冬至，來年乙卯，以甲子夏至。冬至陽始，郊天之日，即是至尊本命，此慶四也。夏至陰始，祀地之辰，即是皇后本命，此慶五也。至尊德並乾之覆育，皇后仁同地之載養，所以二儀元氣，並會本辰。」上覽之大悦，賜物五百段。

房陵王時爲太子，言東宮多鬼魅，鼠妖數見。上令吉詣東宮，禳邪氣。於宣慈殿設神坐，有廻風從艮地鬼門來，掃太子坐。吉以桃湯葦火驅逐之，風出宮門而止。又謝土，於未地設壇，爲四門，置五帝坐。于時至寒，有蝦蟇從西南來，入人門，升赤帝坐，還從人門而出。行數步，忽然不見。上大異之，賞賜優洽。又上言，太子當不安位，時上陰欲廢立，得其言是之。由此每被顧問。

及獻皇后崩，上令吉卜擇葬所，吉歷筮山原，至一處，云「卜年二千，卜世二百」，具圖而奏之。上曰：「吉凶由人，不在於地。高緯父葬，豈不卜乎？國尋滅亡。正如我家墓田，若云不吉，朕不當爲天子；若云不凶，我弟不當戰沒。」然竟從吉言。吉表曰：「去月十六日，皇后山陵西北，鷄未鳴前，有黑雲方圓五六百步，從地屬天。東南又有旌旗車馬帳幕，布滿七八里，并有人往來檢校，部伍甚整，日出乃滅，同見者十餘人。謹案《葬書》云：『氣王與姓相生，大吉。』今黑氣當冬王，與姓相生，是大吉利，子孫無疆之候也。」上大悦。其後上將親臨發殯，吉復奏上曰：「至尊本命辛酉，今歲斗魁及天岡，臨卯酉，謹按《陰陽書》，不得臨喪。」上不納。退而告族人蕭平仲曰：「皇太子遣宇文左率深謝余云：『公前稱我當爲太子，竟有驗，終不忘也。今卜山陵，務令我早立。我立之後，當以富貴相報。』吾記之曰：『後四載，太子御天下。』今山陵氣應，上又臨喪，兆益見矣。且太子得政，隋其亡乎！當有真人出治之矣。吾前紿云卜年二千者，是三十字也；卜世二百者，取三十二運也。吾言信矣，汝其誌之。」

及煬帝嗣位，拜太府少卿，加位開府。嘗行經華陰，見楊素冢上有白氣屬天，密言於帝。帝問其故，吉曰：「其候素家當有兵禍，滅門之象。改葬者，庶可免乎！」帝後從容謂楊玄感曰：「公家宜早改葬。」玄感亦微知其故，以爲吉祥，託以遼東未滅，不遑私門之事。未幾而玄感以反族滅，帝彌信之。後歲餘，卒官。著《金海》三十卷，《相經要録》一卷，《宅經》八卷，《葬經》六卷，《樂譜》二十卷及《帝王養生方》二卷，《相手版要決》一卷，《太一立成》一卷，並行於世。

時有楊伯醜、臨孝恭、劉祐，俱以陰陽術數知名。

唐・魏徵等《隋書》卷七八《臨孝恭傳》 臨孝恭，京兆人也。明天文算術，高祖甚親遇之。每言災祥之事，未嘗不中，上因令考定陰陽。官至上儀同。著《欹器圖》三卷，《地動銅儀經》一卷，《九宮五墓》一卷，《遁甲月令》十卷，《元辰經》十卷，《元辰厄》一百九卷，《百怪書》十八卷，《禄命書》二十卷，《九宮龜經》一百一十卷，《太一式經》三十卷，《孔子馬頭易卜書》一卷，並行於世。

唐・魏徵等《隋書》卷七八《劉祐傳》 劉祐，滎陽人也。開皇初，爲大都督，封索盧縣公。其所占候，合如符契，高祖甚親之。初與張賓、劉暉、馬顯定曆。後奉詔撰兵書十卷，名曰《金韜》，上善之。復著《陰策》二十卷，《觀臺飛候》六卷，《玄象要記》五卷，《律曆術文》一卷，《婚姻志》三卷，《産乳志》二卷，《式經》四卷，《四時立成法》一卷，《安曆志》十二卷，《歸正易》十卷，並行於世。

唐・魏徵等《隋書》卷七八《張胄玄傳》 張胄玄，渤海蓨人也。博學多通，尤精術數。冀州刺史趙煚薦之，高祖徵授雲騎尉，直太史，參議律曆事。時輩多出其下，由是太史令劉暉等甚忌之。然暉言多不中，胄玄所推步甚精密，上異之。令楊素與術數人立議六十一事，皆舊法久難通者，令暉與胄玄等辯析之。暉杜口一無所答，胄玄通者五十四焉。由是擢拜員外散騎侍郎，兼太史令，賜物千段，暉及黨與八人皆斥逐之。改定新曆，言前曆差一日。内史通事顔敏楚上言曰：「漢時落下閎改《顓頊曆》作《太初曆》，云後當差一日。八百年當有聖者

定之。計今相去七百一十年，術者舉其成數，聖者之謂，其在今乎！」上大悅，漸見親用。

冑玄所爲曆法，與古不同者有三事：

其一，宋祖沖之於歲周之末，創設差分，冬至漸移，不循舊軌。每四十六年，却差一度。至梁虞劆曆法，嫌沖之所差太多，因以一百八十六年冬至移一度。冑玄以此二術，年限懸隔，追檢古注，所失極多，遂折中兩家，以爲度法。冬至所宿，歲別漸移，八十三年却行一度，則上合堯時日永星火，次符漢曆宿起牛初。明其前後，並皆密當。

其二，周馬顯造《丙寅元曆》，有陰陽轉法，加減章分，進退蝕餘，乃推定日，創開此數。當時術者，多不能曉。張賓因而用之，莫能考正。冑玄以爲加時先後，逐氣參差，就月爲斷，於理未可。乃因二十四氣列其盈縮所出，實由日行遲則月逐日易及，令合朔加時早，日行速則月逐日少遲，令合朔加時晚。檢前代加時早晚，以爲損益之率。日行自秋分已後至春分，其勢速，計一百八十二日而行一百八十度。自春分已後至秋分，日行遲，計一百八十二日而行一百七十六度。每氣之下，即其率也。

其三，自古諸曆，朔望值交，不問内外，入限便食。張賓立法，創有外限應食不食，猶未能明。冑玄以日行黄道，歲一周天，月行月道，二十七日有餘一周天。月道交絡黄道，每行黄道内十三日有奇而出，又行黄道外十三日有奇而入，終而復始，月經黄道，謂之交。朔望去交前後各十五度已下，即爲當食。若月行内道，則在黄道之北，食多有驗。月行外道，在黄道之南也，雖遇正交，無由掩映，食多不驗。遂因前法，別立定限，隨交遠近，逐氣求差，損益食分，事皆明著。

其超古獨異者有七事：

其一，古曆五星行度皆守恒率，見伏盈縮，悉無格准。冑玄推之，各得其真率，合見之數，與古不同。其差多者，至加減三十許日。即如熒惑平見在雨水氣，即均加二十九日，見在小雪氣，則均減二十五日。加減平見，以爲定見。諸星各有盈縮之數，皆如此例，但差數不同。特其積候所知，時人不能原其意旨。

其二，辰星舊率，一終再見，凡諸古曆，皆以爲然，應見不見，人未能測。冑玄積候，知辰星一終之中，有時一見，及同類感召，相隨而出。即如辰星平晨見在雨水氣者，應見即不見，若平晨見在啓蟄氣者，去日十八度外，三十六度内，晨有木火土金一星者，亦相隨見。

其三，古曆步術，行有定限，自見已後，依率而推。進退之期，莫知多少。冑玄積候，知五星遲速留退真數皆與古法不同，多者至差八十餘日，留廻所在亦差八十餘度。即如熒惑前疾初見在立冬初，則二百五十日行一百七十七度，定見在夏至初，則一百七十日行九十二度。追步天驗，今古皆密。

其四，古曆食分，依平即用，推驗多少，實數罕符。冑玄積候，知月從木、火、土、金四星行有向背。月向四星即速，背之則遲，皆十五度外，乃循本率。遂於交分，限其多少。

其五，古曆加時，朔望同術。冑玄積候，知日食所在，隨方改變，傍正高下，每處不同。交有淺深，遲速亦異，約時立差，皆會天象。

其六，古曆交分即爲食數，去交十四度者食一分，去交十三度食二分，去交十度食三分。每近一度，食益一分，當交即食既。其應少反多，應多反少，自古諸曆，未悉其原。冑玄積候，知當交之中，月掩日不能畢盡，其食反少去交五六時，月在日内，掩日便盡，故食乃既。自此已後，更遠者其食又少。交之前後在冬至皆爾。若近夏至，其率又差。所立食分，最爲詳密。

其七，古曆二分，晝夜皆等。冑玄積候，知其有差，春秋二分，晝多夜漏半刻，皆由日行遲疾盈縮使其然也。

凡此冑玄獨得於心，論者服其精密。大業中卒官。

唐·李延壽《北史》卷四三《徐之才傳》　雄子之才，幼而儁發，五歲誦《孝經》，八歲略通義旨。曾與從兄康造梁太子詹事汝南周捨宅，聽《老子》。捨爲設食，乃戲之曰：「徐郎不用心思義，而但事食乎？」之才答曰：「蓋聞聖人虛其心而實其腹。」捨嗟賞之。年十三，召爲太學生，粗通《禮》、《易》。彭城劉孝綽、河東裴子野、吳郡張嵊等每共論《周易》及《喪服》儀，酬應如響。咸共歎曰：「此神童也。」孝綽又云：「徐郎燕頷，有班定遠之相。」陳郡袁昂領丹陽尹，辟爲主簿，人務事宜，皆被顧訪。郡廨遭火，之才起望，夜中不著衣，披紅眠帕出房，映光爲昂所見。功曹白請免職，昂重其才術，仍特原之。

後晉·劉昫等《舊唐書》卷七三《孔穎達傳》　孔穎達字沖遠，冀州衡水人也。祖碩，後魏南臺丞。父安，齊青州法曹參軍。穎達八歲就學，日誦千餘言。及長，尤明《左氏傳》、《鄭氏尚書》、《王氏易》、《毛詩》、《禮記》，兼善算曆，解屬文。同郡劉焯名重海内，穎達造其門，焯初不之禮，穎達請質疑滯，多出其意表，焯改容敬之。穎達固辭歸，焯固留不可，還家，以教授爲務。隋大業初，舉明經

高第，授河内郡博士。時煬帝徵諸郡儒官集于東都，令國子秘書學士與之論難，穎達爲最。時穎達少年，而先輩宿儒耻爲之屈，潛遣刺客圖之，禮部尚書楊玄感舍之於家，由是獲免。補太學助教。屬隋亂，避地於武牢。太宗平王世充，引爲秦府文學館學士。武德九年，擢授國子博士。貞觀初，封曲阜縣男，轉給事中。

後晉·劉昫等《舊唐書》卷七九《祖孝孫傳》 祖孝孫，幽州范陽人也。父崇儒，以學業知名，仕至齊州長史。孝孫博學，曉曆算，早以達識見稱。初，開皇中，鍾律多缺，雖何妥、鄭譯、蘇夔、萬寶常等亟共討詳，紛然不定。及平江左，得陳樂宫蔡子元、于普明等，因置清商署。時牛弘爲太常卿，引孝孫爲協律郎，與子元、普明參定雅樂。時又得陳陽山太守毛爽，妙知京房律法，布琯飛灰，順月皆驗。爽時年老，弘恐失其法，於是奏孝孫從其受律。孝孫得爽之法，一律而生五音，十二律而爲六十音，因而六之，故有三百六十音，以當一歲之日。又祖述沈重，依淮南本數，用京房舊術求之，得三百六十律，各因其月律而爲一部。以律數爲母，以一中氣所有日爲子，以母命子，隨所多少，分直一歲，以配七音，起于冬至。以黄鍾爲宫，太蔟爲商，林鍾爲徵，南吕爲羽，姑洗爲角，應鍾爲變宫，蕤賓爲變徵。其餘日建律皆依運行，每日各以本律爲宫。旋宫之義，由斯著矣。然牛弘既初定樂，難復改張。至大業時，又採晉、宋舊樂，唯奏《皇夏》等十有四曲，旋宫之法，亦不施用。

高祖受禪，擢孝孫爲著作郎，歷吏部郎、太常少卿，漸見親委，孝孫由是奏請作樂。時軍國多務，未遑改創，樂府尚用隋氏舊文。武德七年，始命孝孫及秘書監竇璡修定雅樂。孝孫又以陳、梁舊樂雜用吴、楚之音，周、齊舊樂多涉胡戎之伎，於是斟酌南北，考以古音，作《大唐雅樂》。以十二月各順其律，旋相爲宫，制十二樂，合三十二曲、八十四調。事具《樂志》。旋宫之義，亡絶已久，世莫能知，一朝復古，自孝孫始也。孝孫尋卒。其後，協律郎張文收復採《三禮》增損樂章，然因孝孫之本音。

後晉·劉昫等《舊唐書》卷七九《傅仁均傳》 傅仁均，滑州白馬人也。善曆算、推步之術。武德初，太史令庾儉、太史丞傅奕表薦之，高祖因召令改修舊曆。仁均因上表陳七事：

其一曰：「昔洛下閎以漢武太初元年歲在丁丑，創曆起元，元在丁丑。今大唐以戊寅年受命，甲子日登極，所造之曆，即上元之歲，歲在戊寅，命日又起甲子，以三元之法，一百八十去其積歲，武德元年戊寅爲上元之首，則合璧連珠，懸合於今日。」

其二曰：「《堯典》爲『日短星昴，以正仲冬』，前代造曆，莫能允合。臣今創法，五十餘年冬至輒差一度，則却檢周、漢，千載無違。」

其三曰：「經書日蝕，《毛詩》爲先，『十月之交，朔日辛卯』。臣今立法，却推得周幽王六年辛卯朔蝕，即能明其中間，並皆符合。」

其四曰：「《春秋命曆序》云：『魯僖公五年壬子朔旦冬至。』諸曆莫能符合。臣今造曆，却推僖公五年正月壬子朔旦冬至則同，自斯以降，並無差爽。」

其五曰：「古曆日蝕或在於晦，或在二日；月蝕或在望前，或在望後。臣今立法，月有三大三小，則日蝕常在於朔，月蝕在望前。却驗魯史，並無違爽。」

其六曰：「前代造曆，命辰不從子半，命度不起虚中。臣今造曆，命辰起子半，度起於虚六度，命合辰，得中於子，符陰陽之始，會曆術之宜。」

其七曰：「前代諸曆，月行或有晦猶東見、朔已西朓。臣今以遲疾定朔，永無此病。」

經數月，曆成奏上，號曰《戊寅元曆》，高祖善之。武德元年七月，詔頒新曆，授仁均員外散騎常侍，賜物二百段。

後中書令封德彝奏曆術差謬，敕吏部郎中祖孝孫考其得失。又太史丞王孝通執《甲辰曆法》以駁之曰：

案《堯典》云：「日短星昴，以正仲冬。」孔氏云七宿畢見，舉中者言耳。是知中星無定，故互舉一分兩至之星以爲成驗也。昴西方處中之宿，虚爲北方居中之星，一分各舉中者，即餘六星可知。若乃仲春舉鳥，仲夏舉火，此一至一分又舉七星之體，則餘二方可見。今仁均專守昴中而爲定朔，執文害意，不亦謬乎！又案《月令》：仲冬「昏在東壁」。明知昴中則非常準。若言陶唐之代，定是昴中，後代漸差，遂至東壁。然則堯前七千餘載，冬至之日，即便合翼中，逾遠彌却，尤成不隱。且今驗東壁昏中，日體在斗十有三度；若昏於翼中，日應在井十有三度。夫井極北，去人最近，而斗極南，去人最遠，在井則大熱，在斗乃大寒。然堯前冬至，即應翻熱，及於夏至，便應反寒。四時倒錯，寒暑易位，以理推尋，必不然矣。又，鄭康成博達之士也，對弟子孫皓云：日永星火，只是大火之次三十度有其中者，非謂心之火星也，實正中也。又平朔、定朔，舊有二家；平望、定望，由來兩術。然三大三小，是定朔、定望之法；一大一小，是平朔、平望之義。且日月之行，有遲有疾，每月一相及，謂之合會，故晦朔無定，由人消息。若定大

小合朔者，合會雖定，而蔀元紀首，三端並失。若上合履端之始，下得歸餘於終，合會時有進退，履端又皆允協，則《甲辰元曆》爲通術矣。

仁均對曰：

宋代祖沖之久立差術，至於隋代張胄玄等，因而修之，雖差度不同，各明其意。今孝通不達宿度之差移，未曉黄道之遷改，乃執南斗爲冬至之恆星，東井爲夏至之常宿，率意生難，豈爲通理？夫太陽行於宿度，如郵傳之過逆旅，宿度每歲既差，黄道隨而變易，豈得以膠柱之説而爲幹運之難乎！

又案《易》云：「治曆明時。」《禮》云：「天子玄端，聽朔於南門之外。」《尚書》云：「正月上日，受終于文祖。」孔氏云：「上日，朔日也。」又云：「季秋月朔，辰不集于房。」孔氏云：「集，合也。不合，則日蝕可知矣。」又云：「先時、不及時，皆殺無赦。」先時，謂朔日不及時也。若有先後之差，是不知定朔之道矣。《詩》云：「十月之交，朔日辛卯。」又，《春秋》日蝕三十有五，左丘明云：「不書朔，官失之也。」明聖人之教，不論於晦，唯取朔耳。自春秋以後，去聖久遠，曆術差違，莫能詳正。故秦、漢以來，多非朔蝕，而宋代御史中丞何承天微欲見意，不能詳究，乃爲太史令錢樂之、散騎侍郎皮延宗所抑止。孝通今語，乃是延宗舊辭。承天既非甄明，故有當時之屈。今略陳梗概，申以明之。

夫理曆之本，必推上元之歲，日月如合璧，五星如連珠，夜半甲子朔旦冬至。自此以後，既行度不同，七曜分散，不知何年更得餘分普盡，還復總會之時也？唯日分氣分，得有可盡之理，因其得盡，即有三端之元。故造經立法者，小餘盡即爲元首，此乃紀其日數之元，不關合璧之事矣。時人相傳，皆云大小餘俱盡，即定夜半甲子朔旦冬至者，此不達其意故也。何者？冬至自有常數，朔名由於月起，既月行遲疾無常，三端豈得即合？故必須日月相合，與冬至同日者，始可得名爲合朔冬至耳。故前代諸曆，不明其意，乃於大餘正盡之年而立其元法，將以爲常，而不知七曜散行，氣朔不合。今法唯取上元連珠合璧，夜半甲子朔旦冬至，合朔之始以定，一九相因，行至於今日，常取定朔之宜，不論三端之事。皮延宗本來不知，何承天亦自未悟，何得引而相難耶？孝孫以仁均之言爲然。

貞觀初，有益州人陰弘道又執孝通舊説以駁之，終不能屈。李淳風復駁仁均曆十有八事，敕大理卿崔善爲考二家得失，七條改從淳風，餘一十一條並依舊定。仁均後除太史令，卒官。

後晉・劉昫等《舊唐書》卷七九《傅奕傳》 傅奕，相州鄴人也。尤曉天文曆數。隋開皇中，以儀曹事漢王諒。及諒舉兵，謂奕曰：「今兹熒惑入井，是何祥也？」奕對曰：「天上東井，黄道經其中，正是熒惑行路所涉，不爲怪異；若熒惑入地上井，是爲災也。」諒不悦。及諒敗，由是免誅，徙扶風。

高祖爲扶風太守，深禮之。及踐祚，召拜太史丞。太史令庾儉以其父質在隋言占候忤官煬帝意，竟死獄中，遂懲其事，又恥以數術進，乃薦奕自代，遂遷太史令。奕既與儉同列，數排毀儉，而儉不之恨，時人多儉仁厚而稱奕之率直。奕所奏天文密狀，屢會上旨，置參旗、井鉞等十二軍之號，奕所定也。武德三年，進《漏刻新法》，遂行於時。【略】

貞觀十三年卒，年八十五。臨終誡其子曰：「老、莊玄一之篇，周、孔《六經》之説，是爲名教，汝宜習之。妖胡亂華，舉時皆惑，唯獨竊歎，衆不我從，悲夫！汝等勿學也。古人裸葬，汝宜行之。」奕生平遇患，未嘗請醫服藥，雖究陰陽數術之書，而並不之信。又嘗醉卧，蹶然起曰：「吾其死矣！」因自爲墓誌曰：「傅奕，青山白雲人也。因酒醉死，嗚呼哀哉！」其縱達皆此類。注《老子》，并撰《音義》，又集魏、晉已來駁佛教者爲《高識傳》十卷，行於世。

後晉・劉昫等《舊唐書》卷七九《李淳風傳》 李淳風，岐州雍人也。其先自太原徙焉。父播，隋高唐尉，以秩卑不得志，棄官而爲道士，頗有文學，自號黄冠子。注《老子》，撰《方志圖》，文集十卷，並行於代。淳風幼俊爽，博涉羣書，尤明天文、曆算、陰陽之學。貞觀初，以駁傅仁均曆議，多所折衷，授將仕郎，直太史局。尋又上言曰：「今靈臺候儀，是魏代遺範，觀其制度，疏漏實多。臣案《虞書》稱，舜在璿璣玉衡，以齊七政。則是古以混天儀考七曜之盈縮也。《周官》大司徒職，以土圭正日景，以定地中。此亦據混天儀日行黄道之明證也。暨于周末，此器乃亡。漢孝武時，洛下閎復造混天儀，事多疏闕。故賈逵、張衡各有營鑄，陸績、王蕃遞加修補，或綴附經星，機應漏水，或孤張規郭，不依日行，推驗七曜，並循赤道。今驗冬至極南，夏至極北，而赤道當定於中，全無南北之異，以測七曜，豈得其真？黄道渾儀之闕，至今千餘載矣。」

太宗異其説，因令造之，至貞觀七年造成。其制以銅爲之，表裏三重，下據準基，狀如十字，末樹鼇足，以張四表焉。第一儀名曰六合儀，有天經雙規、渾緯規、金常規，相結於四極之内，備二十八宿、十干、十二辰，經緯三百六十五度。第二名三辰儀，圓徑八尺，有璿璣規、黄道規、月遊規，天宿矩度，七曜所行，並備于此，轉於六合之内。第三名四遊儀，玄樞爲軸，以連結玉衡、遊筩而貫約規

矩；又玄樞北樹北辰，南距地軸，傍轉於內；又玉衡在玄樞之間而南北遊，仰以觀天之辰宿，下以識器之晷度。時稱其妙。又論前代渾儀得失之差，著書七卷，名爲《法象志》以奏之。太宗稱善，置其儀於凝暉閣，加授承務郎。十五年，除太常博士。尋轉太史丞，預撰《晉書》及《五代史》其《天文》、《律曆》、《五行志》皆淳風所作也。又預撰《文思博要》。二十二年，遷太史令。

初，太宗之世有《秘記》云：「唐三世之後，則女主武王代有天下。」太宗嘗密召淳風以訪其事，淳風曰：「臣據象推算，其兆已成。然其人已生，在陛下宫内，從今不踰三十年，當有天下，誅殺唐氏子孫殲盡。」帝曰：「疑似者盡殺之，如何？」淳風曰：「天之所命，必無禳避之理。王者不死，多恐枉及無辜。且據上象，今已成，復在宫内，已是陛下眷屬。更三十年，又當衰老，老則仁慈，雖受終易姓，其於陛下子孫，或不甚損。今若殺之，即當復生，少壯嚴毒，殺之立讎。若如此，即殺戮陛下子孫，必無遺類。」太宗善其言而止。

淳風每占候吉凶，合若符契，當時術者疑其别有役使，不因學習所致，然竟不能測也。顯慶元年，復以修國史功封昌樂縣男。先是，太史監候王思辯表稱《五曹》、《孫子》十部算經理多踳駁。淳風復與國子監算學博士梁述、太學助教王真儒等受詔注《五曹》、《孫子》十部算經。書成，高宗令國學行用。龍朔二年，改授秘閣郎中。時《戊寅曆法》漸差，淳風又增損劉焯《皇極曆》，改撰《麟德曆》奏之，術者稱其精密。咸亨初，官名復舊，還爲太史令。年六十九卒。所撰《典章文物志》、《乙巳占》、《秘閣録》，并演《齊民要術》等凡十餘部，多傳於代。子諺、孫仙宗，并爲太史令。

後晉・劉昫等《舊唐書》卷七九《吕才傳》 吕才，博州清平人也。少好學，善陰陽方伎之書。貞觀三年，太宗令祖孝孫增損樂章，孝孫乃與明音律人王長通、白明達遞相長短。太宗令侍臣更訪能者，中書令温彦博奏才聰明多能，眼所未見，耳所未聞，一聞一見，皆達其妙，尤長於聲樂，請令考之。侍中王珪、魏徵又盛稱才學術之妙，徵曰：「才能爲尺十二枚，尺八長短不同，各應律管，無不諧韻。」太宗即徵才，令直弘文館。太宗嘗覽周武帝所撰《三局象經》，不曉其旨。太子洗馬蔡允恭年少時嘗爲此戲，太宗召問，亦廢而不通，乃召才使問焉。才尋繹一宿，便能作圖解釋，允恭覽之，依然記其舊法，與才正同，由是才遂知名。累遷太常博士。

太宗以《陰陽書》近代以來漸致訛僞，穿鑿既甚，拘忌亦多，遂命才與學者十餘人共加刊正，削其淺俗，存其可用者。勒成五十三卷，并舊書四十七卷，十五年書成，詔頒行之。才多以典故質正其理，雖爲術者所短，然頗合經義，今略載其數篇。【略】

史臣曰：孝孫定音律，仁均正曆數，淳風候象緯，吕才推陰陽，訂於其倫，咸以爲裨、梓、京、管之流也。然旋宫三代之法，秦火籍煬，歷代缺其正音，而云孝孫復始，大可歎也。淳風精於術數，能知女主革命，而不知其人，則所未喻矣。吕才覈拘忌之曲學，皆有經據，不亦賢乎！古人所以存而不議，蓋有意焉。

贊曰：祖、傅、淳、才，彰往考來。裁筠嶰谷，運筭清臺。推迎幹運，圖寫昭回。重黎之後，諸子賢哉！

後晉・劉昫等《舊唐書》卷一九一《崔善爲傳》 崔善爲，貝州武城人也。祖顒，後魏員外散騎侍郎。父權會，齊丞相府參軍事。善爲好學，兼善天文算曆，明達時務。弱冠州舉，授文林郎。屬隋文帝營仁壽宫，善爲領丁匠五百人。右僕射楊素爲總監，巡至善爲之所，索簿點人，善爲手持簿暗唱之，五百人一無差失，素大驚。自是有四方疑獄，多使善爲推按，無不妙盡其理。

仁壽中，稍遷樓煩郡司户書佐。高祖時爲太守，甚禮遇之。善爲以隋政傾頹，乃密勸進，高祖深納之。義旗建，引爲大將軍府司户參軍，封清河縣公。武德中，歷内史舍人、尚書左丞，甚得譽。諸曹令史惡其聰察，因其身短而傴，嘲之曰：「崔子曲如鉤，隨例得封候。髆上全無項，胸前别有頭。」高祖聞之，勞勉之曰：「澆薄之人，醜正惡直。昔齊末姦吏歌斛律明月，而高緯愚暗，遂滅其家。朕雖不德，幸免斯事。」因購流言者，使加其罪。時傅仁均所撰《戊寅元曆》議者紛然，多有同異，李淳風又駁其短十有八條。高祖令善爲考校二家得失，多有駁正。

貞觀初，拜陝州刺史。時朝廷立議，户殷之處，得徙寬鄉。善爲上表稱「畿内之地，是謂户殷，丁壯之人，悉入軍府。若聽移轉，便出關外。此則虛近實遠，非經通之議。」其事乃止。後歷大理、司農二卿，名爲稱職。坐與少卿不協，出爲秦州刺史，卒，贈刑部尚書。

後晉・劉昫等《舊唐書》卷一九一《薛頤傳》 薛頤，滑州人也。大業中，爲道士。解天律曆，尤曉雜占。煬帝引入内道場，亟令章醮。武德初，追直秦府。頤嘗密謂秦王曰：「德星守秦分，王當有天下，願王自愛。」秦王乃奏授太史丞，累遷太史令。貞觀中，太宗將封禪泰山，有彗星見，頤因言「考諸玄象，恐未

可東封」。會褚遂良亦言其事，於是乃止。頤後上表請爲道士，太宗爲置紫府觀於九嵏山，拜頤中大夫，行紫府觀主事。又敕於觀中建一清臺，候玄象，有災祥薄蝕謫見等事，隨狀聞奏。前後所奏，與京臺李淳風多相符契。後數歲卒。

後晉・劉昫等《舊唐書》卷一九一《李嗣真傳》　李嗣真，滑州匡城人也。父彦琮，趙州長史。嗣真博學曉音律，兼善陰陽推算之術。弱冠明經舉，補許州司功。時左侍極賀蘭敏之受詔於東臺修撰，奏嗣真弘文館參預其事。嗣真與同時學士劉獻臣、徐昭俱稱少俊，館中號爲「三少」。敏之既恃寵驕盈，嗣真知其必敗，謂所親曰：「此非庇身之所也。」因咸亨年京中大饑，乃求出，補義烏令。無何，敏之敗，修撰官皆連坐流放，嗣真獨不預焉。調露中，爲始平令，風化大行。時章懷太子居春宮，嗣真嘗於太清觀奏樂，謂道士劉槩、輔儼曰：「此曲何哀思不和之甚也？」槩、儼曰：「此太子所作《寶慶樂》也。」居數日，太子廢爲庶人。槩等以其事聞奏，高宗大奇之，徵拜司禮丞，仍掌五禮儀注，加中散大夫，封常山子。

永昌中，拜右御史中丞，知大夫事。時酷吏來俊臣構陷無罪，嗣真上書諫曰：「臣聞陳平事漢祖，謀疏楚君臣，乃用黄金五萬斤，行反間之術。項王果疑臣下，陳平反間果行。今告事紛紜，虚多實少，焉知必無陳平先謀疏陛下君臣，後謀除國家良善，臣恐爲社稷之禍。伏乞陛下特迴天慮，察臣狂瞽，然後退就鼎鑊，實無所恨。」疏奏不納。尋被俊臣所陷，配流嶺南。萬歲通天年，徵還，至桂陽，自筮死日，預託桂陽官屬備凶器。依期暴卒。則天深加憫惜，敕州縣遞靈輿還鄉，贈濟州刺史。神龍初，又贈御史大夫。撰《明堂新禮》十卷，《孝經指要》、《詩品》、《書品》、《畫品》各一卷。

後晉・劉昫等《舊唐書》卷一九一《尚獻甫傳》　尚獻甫，衛州汲人也。尤善天文。初出家爲道士。則天時召見，起家拜太史令，固辭曰：「臣久從放誕，不能屈事官長。」則天乃改太史局爲渾儀監，不隸秘書省，以獻甫爲渾儀監。數顧問災異，事皆符驗。又令獻甫於上陽宫集學者撰《方域圖》。長安二年，獻甫奏曰：「臣本命納音在金，今熒惑犯五諸侯太史之位。熒，火也，能剋金，是臣將死之徵。」則天曰：「朕爲卿禳之。」遽轉獻甫爲水衡都尉，謂曰：「水能生金，今又去太史之位，卿無憂矣。」其秋，獻甫卒，則天甚嗟異惜之。復以渾儀監爲太史局，依舊隸秘書監。

後晉・劉昫等《舊唐書》卷一九一《嚴善思傳》　嚴善思，同州朝邑人也。少以學涉知名，尤善天文曆數及卜相之術。初應消聲幽藪科舉擢第。則天時爲監察御史，兼右拾遺、内供奉。數上表陳時政得失，多見納用。稍遷太史令。聖曆二年，熒惑入輿鬼，則天以問善思，善思對曰：「商姓大臣當之。」其年，文昌左相王及善卒。長安中，熒惑入月，鎮星犯天關，善思奏曰：「法有亂臣伏罪，且有臣下謀上之象。」歲餘，張柬之、敬暉等起兵誅張易之、昌宗。其占驗皆此類也。

後晉・劉昫等《舊唐書》卷一九一《張果傳》　張果者，不知何許人也。則天時，隱於中條山，往來汾、晉間，時人傳其長年秘術，自云年數百歲矣。嘗著《陰符經玄解》，盡其玄理。則天遣使召之，果佯死不赴。後人復見之，往來恒州山中。開元二十一年，恒州刺史韋濟以狀奏聞。玄宗令通事舍人裴晤往迎之，果對使絶氣如死，良久漸蘇，晤不敢逼，馳還奏狀。又遣中書舍人徐嶠齎璽書以邀迎之，果乃隨嶠至東都，肩輿入宫中。

玄宗初即位，親訪理道及神仙方藥之事，及聞變化不測而疑之。有邢和璞者，善算人而知天壽善惡，玄宗令算果，則懵然莫知其甲子。又有師夜光者，善視鬼，玄宗召果與之密坐，令夜光視之，夜光進曰：「果今安在？」夜光對面終莫能見。玄宗謂力士曰：「吾聞飲堇汁無苦者，真奇士也。」會天寒，使以堇汁飲果。果乃引飲三巵，醺然如醉所作，顧曰：「非佳酒也。」乃寢。頃之，取鏡視齒，則盡燋且黧。命左右取鐵如意擊齒墮，藏於帶。乃懷中出神仙藥，微紅，傅墮齒之齗。復寐良久，齒皆出矣，粲然潔白，玄宗方信之。

玄宗好神仙，而欲果尚公主，果固未知之，謂秘書少監王迥質、太常少卿蕭華曰：「諺云娶婦得公主，真可畏也。」迥質與華相顧，未曉其言。即有中使至，宣曰：「玉真公主早歲好道，欲降先生。」果大笑，竟不奉詔。迥質等方悟向來之言。後懇辭歸山，因下制曰：「恒州張果先生，遊方外者也。跡先高尚，深入窈冥。是渾光塵，應召城闕。莫詳甲子之數，且謂羲皇上人。問以道樞，盡會宗極。今特行朝禮，爰畀寵命。可銀青光禄大夫，號曰通玄先生。」其年請入恒山，錫以衣服及雜綵等，便放歸山。乃入恒山，不知所之。玄宗爲造棲霞觀於隱所，在蒲吾縣，後改爲平山縣。

後晉・劉昫等《舊唐書》卷一九一《一行傳》　僧一行，姓張氏，先名遂，魏州昌樂人，襄州都督、郯國公公謹之孫也。父擅，武功令。一行少聰敏，博覽經史，尤經曆象、陰陽、五行之學。時道士尹崇博學先達，素多墳籍。一行詣崇，借揚雄《太玄經》，將歸讀之。數日，復詣崇，還其書。崇曰：「此書意指稍深，吾尋之積年，尚不能曉，吾子試更研求，何遽見還也？」一行曰：「究其義矣。」因出所撰

《大衍玄圖》及《義決》一卷以示崇。崇大驚，因與一行談其奧賾，甚嗟伏之，謂人曰：「此後生顔子也。」一行由是大知名。武三思慕其學行，就請與結交，一行逃匿以避之。尋出家爲僧，隱於嵩山，師事沙門普寂。睿宗即位，敕東都留守韋安石以禮徵，一行固辭以疾，不應命。後步往荆州當陽山，依沙門悟真以習梵律。

開元五年，玄宗令其族叔禮部郎中洽齎敕書就荆州强起之。一行至京，置於光太殿，數就之，訪以安國撫人之道，言皆切直，無有所隱。開元十年，永穆公主出降，敕有司優厚發遣，依太平公主故事。一行以爲高宗末年，唯有一女，所以特加其禮，又太平驕僭，竟以得罪，不應引以爲例。上納其言，遽追敕不行，但依常禮。其諫諍皆此類也。

一行尤明著述，撰《大衍論》三卷，《攝調伏藏》十卷，《天一太一經》及《太一局遁甲經》、《釋氏系録》各一卷。時《麟德曆經》推步漸疏，敕一行考前代諸家曆法，改撰新曆，又令率府長史梁令瓚等與工人創造黄道游儀，以考七曜行度，互相證明。於是一行推《周易》大衍之數，立衍以應之，改撰《開元大衍曆經》。至十五年卒，年四十五，賜謚曰大慧禪師。

初，一行從祖東臺舍人太素，撰《後魏書》一百卷，其《天文志》未成，一行續而成之。上爲一行製碑文，親書於石，出内庫錢五十萬，爲起塔於銅人之原。明年，幸温湯，過其塔前，又駐騎徘徊，令品官就塔以告其出豫之意，更賜絹五十匹，以蒔塔前松柏焉。

初，一行求訪師資，以窮大衍，至天台山國清寺，見一院，古松十數，門有流水，一行立於門屏間，聞院僧於庭布算聲，而謂其徒曰：「今日當有弟子自遠求吾算法，已合到門，豈無人導達也？」即除一算。又謂曰：「門前水當却西流，弟子亦至。」一行承其言而趨入，稽首請法，盡受其術焉，而門前水果却西流。道士邢和璞嘗謂尹愔曰：「一行其聖人乎？漢之洛下閎造曆，云：『後八百歲當差一日，必有聖人正之。』今年期畢矣，而一行造《大衍》正其差謬，則洛下閎之言信矣，非聖人而何？」

後晉・劉昫等《舊唐書》卷一九一《桑道茂傳》 桑道茂者，大曆中遊京師，善太一遁甲五行災異之説，言事無不中。待宗召之禁中，待詔翰林。建中初，神策軍脩奉天城，道茂請高其垣牆，大爲制度，德宗不之省。及朱泚之亂，帝蒼卒出幸，至奉天，方思道茂之言，時道茂已卒，命祭之。

後晉・劉昫等《舊唐書》卷一九二《李元愷傳》 李元愷者，博學善天文律曆，然性恭慎，口未嘗言人之過。鄉人宋璟，年少時師事之，及璟作相，使人遺元愷束帛，將薦舉之，皆拒而不答。景龍中，元行沖爲洺州刺史，邀元愷至州，問以經義，因遺衣服，元愷辭曰：「微軀不宜服新麗，但恐不能勝其美以速咎也。」行沖乃以泥塗汙而與之，不獲已而受。及還，乃以已之所蠶素絲五兩以酬行沖，曰：「義不受無妄之財。」先是，定州人崔元鑒明《三禮》，鄉人張易之寵幸用事，薦之，起家拜朝散大夫，致仕于家，在鄉請半禄。元愷誚之曰：「無功受禄，災也。」元愷年八十餘，壽終。

宋・歐陽修、宋祁《新唐書》卷九一《崔善爲傳》 崔善爲，貝州武城人。祖顒，爲魏散騎侍郎。善爲巧于曆數，仕隋，調文林郎。督工徒五百營仁壽宫，總監楊素索簿閲實，善爲執板暗唱，無一差謬，素大驚。自是四方有疑獄，悉令按訊，皆究其情。仁壽中，遷樓煩司户書佐，高祖爲太守，尤禮接。

善爲見隋政其紊，密勸高祖圖天下。及兵起，署大將軍府司户參軍，封清河縣公。擢累尚書左丞，用清察稱。諸曹史惡之，以其短而傴，嘲曰：「曲如鉤，例封侯。」欲沮罷所任。帝聞，勉之曰：「昔齊末姦吏歌斛律明月，而高緯闇不察，至滅其家。朕雖不德，幸免是。」因下令購謗者，謗乃止。傳仁均撰《戊寅曆》，李淳風詆其疏，帝令善爲考二家得失，多所裁正。

貞觀初，爲陝州刺史。時議，户猥地狹者徙寬鄉，善爲奏：「畿内户衆，而丁壯悉籍府兵，若聽徙，皆在關東，虚近實遠，非經通計。」詔可。曆大理、司農二卿，坐與少卿不平，出爲秦州刺史。卒，贈刑部尚書，謚曰忠。

初，天下既定，羣臣居喪者皆奪服，善爲建言其敝。武德二年，始許終喪，然猶時以權迫不能免，如房玄齡、褚遂良者衆矣。

宋・歐陽修、宋祁《新唐書》卷一〇七《傅弈傳》 傅弈，相州鄴人。隋開皇中，以儀曹事漢王諒。諒反，問弈：「今茲熒惑入井，果若何？」對曰：「東井，黄道所由，熒惑之舍，烏足怪邪？若入地上井，乃爲災。」諒怒。俄及敗，弈以對免，徙扶風。

高祖爲扶風太守，禮之。及即位，拜太史丞。會令庚儉以父質占候忤煬帝死，懲其事，恥以術宦，薦弈自代。弈遷令，與儉同列，數排毁之，儉不爲恨。於是人多儉仁，罪弈遽且忿。

時國制草具，多仍隋舊，弈謂承亂世之後，當有變更，乃上言：「龍紀、火官，黄帝廢之，《咸池》、《六英》，堯不相沿，禹弗行舜政，周弗襲湯禮。《易》稱『已日

乃乎，革而信也』，故曰『革之時大矣哉』。有隋之季，違天害民，專峻刑法，殺戮賢俊，天下兆庶同心叛之。陛下撥亂反正，而官名、律令一用隋舊。且懲沸羹者吹冷齏，傷弓之鳥驚曲木，况天下久苦隋暴，安得不新其耳目哉？改正朔，易服色，變律令，革官名，功極作樂，治終制禮，使民知盛德之隆，此其時也。然官貴簡約，夏后官百不如虞氏五十，周三百不如商之百。」又曰：「夏有亂政而作《禹刑》，商有亂政而作《湯刑》，周有亂政而作《九刑》。衛鞅爲秦制法，增鑿顛、抽脅、鑊烹等六篇，始皇爲挾書律，此失於煩，不可不監。」

是時，太僕卿張道源建言：「官曹文簿繁總易欺，請減之以鈐吏姦。」公卿舉不爲然，弈獨是之，爲衆沮訾，不得行。

武德七年，上疏極詆浮圖法曰：

西域之法，無君臣父子，以三塗六道嚇愚欺庸。追既往之罪，窺將來之福，至有身陷惡逆，獄中禮佛，口誦梵言，以圖偷免。且生死壽夭，本諸自然；刑德威福，繫之人主。今其徒矯託，皆云由佛，攘天理，竊主權。《書》曰：「惟辟作福，惟辟作威，惟辟玉食。臣有作福作威玉食，害于而家，凶于而國。」

五帝三王，未有佛法，君明臣忠，年祚長久。至漢明帝始立胡祠，然惟西域桑門自傳其教。西晉以上，不許中國髡髮事胡。至石、苻亂華，乃弛厥禁，主庸臣佞，政虐祚短，事佛致然。梁武、齊襄尤足爲戒。昔褒姒一女，營惑幽王，能亡其國。况今僧尼十萬。刻繪泥像，以惑天下，有不亡乎？陛下以十萬之衆自相夫婦，十年滋產，十年教訓，兵農兩足，利可勝既邪？昔高齊章仇子他言僧尼塔廟，外見毀宰臣，內見疾妃嬙，陽譏陰謗，卒死都市，周武帝入齊，封寵其墓，臣竊賢之。

又上十二論，言益痛切。帝下弈議有司，唯道源佐其請。中書令蕭瑀曰：「佛，聖人也，非聖人者無法，請誅之。」弈曰：「禮，始事親，終事君。而佛逃父出家，以匹夫抗天子，以繼體悖所親。瑀非出空桑，乃尊其言，蓋所謂非孝者無親。」瑀不答，但合爪曰：「地獄正爲是人設矣。」帝善弈對，未及行，會傳位止。

初，九年，太白躔秦分，弈奏秦王當有天下，帝以奏付王。及太宗即位，召賜食，謂曰：「向所奏，幾敗我！雖然，自今毋有所諱而不盡言。」又嘗問：「卿拒佛法，奈何？」弈曰：「佛，西胡黠人爾，欺訹夷狄以自神。至入中國，而孅兒幻夫摸象莊、老以文節之，有害國家，而無補百姓也。」黃異之。

貞觀十三年，卒，年八十五。弈病，未嘗問醫，忽酣臥，蹶然悟曰：「吾死矣乎！」即自誌曰：「傅弈，青山白雲人也。以醉死，嗚乎！」遺言戒子：「《六經》名教言，若可習也；妖胡之法，慎勿爲。吾死當倮葬。」弈雖善數，然嘗自言其學不可以傳。又注《老子》，並集晉、魏以來與佛議駁者爲《高識篇》。武德時，所改漏刻，定十二軍號，皆詔弈云。

宋・歐陽修、宋祁《新唐書》卷二〇〇《鄭欽説傳》 鄭欽説，後魏濮陽太守敬叔八世孫。開元初，繇新津丞請試五經，擢第，授鞏縣尉、集賢院校理。曆右補闕內供奉。通曆術，博物。初，梁太常任昉大同四年七月於鍾山壙中得銘曰：「龜言土，著言水，甸服黃鍾啓靈址。瘞在三上庚，墮遇七中巳。六千三百浹辰交，二九重三四百圮。」當時莫能辨者，因藏之，戒諸子曰：「世世以銘訪通人，有知之者，吾死無恨。」昉五世孫升之，隱居商洛，寫以授欽説。欽説出使，得之於長樂驛，至敷水三十里而悟曰：「卜宅者度葬之歲月，而先識墓圮日辰。甸服，五百也，黃鍾十一也，繇大同四年卻求漢建武四年，凡五百一十一年。葬以三月十日庚寅，三上庚也。圮以七月十二日己巳，七中巳也。浹辰，十二也，建武四年三月至大同四年七月，六千三百一十二月，月一交，故曰六千三百浹辰交。二九，十八也。重三，六也。建武四年三月十日，距大同四年七月十二日，十八萬六千四百日，故曰二九重三四百圮。」升之大驚，服其智。

欽説雅爲李林甫所惡，韋堅死，欽説時位殿中侍御史，常爲堅判官，貶夜郎尉，卒。

宋・歐陽修、宋祁《新唐書》卷二〇三《崔元翰傳》 崔元翰名鵬，以字行。父良佐，與齊國公日用從昆弟也。擢明經甲科，補湖城主簿，以母喪，遂不仕。治《詩》、《易》、《書》、《春秋》，譔《演範》、《忘象》、《渾天》等論數十篇。隱共北白鹿山之陽。卒，門人共謚曰貞文孝父。

宋・歐陽修、宋祁《新唐書》卷二〇四《李淳風傳》 李淳風，岐州雍人。父播，仕隋高唐尉，棄官爲道士，號黃冠子，以論譔自見。淳風幼爽秀，通羣書，明步天曆算。貞觀初，與傅仁均爭曆法，議者多附淳風，故以將仕郎直太史局。制渾天儀，詆摭前世得失，著《法象書》七篇上之。擢承務郎，遷太常博士，改太史丞，與諸儒脩書，遷爲令。太宗得祕讖，言「唐中弱，有女武代王」。以問淳風，對曰：「其兆既成，已在宮中。又四十年而王，王而夷唐子孫且盡。」帝曰：「我求而殺之，奈何？」對曰：「天之所命，不可去也，而王者果不死，徒使疑似之戮淫及無辜。且陛下所親愛，四十年而老，老則仁，雖受終易姓，而不能絕唐。若殺

之，復生壯者，多殺而逞，則陛下子孫無遺種矣！」帝採其言，止。

採淳風於占候吉凶，若節契然，當世術家意有鬼神相之，非學習可致，終不能測也。以勞對昌樂縣男。奉詔與算博士梁述、助教王貞儒等是正《五曹》、《孫子》等書，刊定注解，立於學官。撰《麟德曆》代《戊寅曆》，候者推最密。自祕閣郎中復爲太史令，卒。所撰《典章文物志》、《乙巳占》等書傳於世。子諺，孫仙宗，並擢太史令。

宋・歐陽修、宋祁《新唐書》卷二〇四《嚴善思傳》 嚴善思名譔，同州朝邑人，以字行。父延，與河東裴玄證、隴西李真蔡静皆通儒術，該曉圖讖。善思傳延業，褚遂良、上官儀等奇其能。高宗封泰山，舉銷聲幽藪科及第，調襄陽尉。居親喪，廬墓，因隱居十年。武后時擢監察御史，兼右拾遺内供奉，數言天下事。方酷吏構大獄，以善思爲詳審使，平活八百餘人，原千餘姓。長壽中，按囚司刑寺，罷疑不實者百人。來俊臣等疾之，誣以罪，謫交趾，五歲得還。是時李淳風死，候家皆不效，乃詔善思以著作佐郎兼太史令。聖曆二年，熒惑入輿鬼，后問其占，對曰：「大臣當之。」是年王及善卒。長安中，熒惑入月，鎮犯天關，善思曰：「法當亂臣伏罪，而有下謀上之象。」歲餘，張柬之等起兵誅二張。遷給事中。

后崩，將合葬乾陵，善思建言：「尊者先葬，卑者不得入。今啓乾陵，是以卑動尊，術家所忌。且玄闕石門，冶金錮隙，非攻鑿不能開，神道幽静，多所驚黷。若別攻隧以入其中，即往昔葬時神位前定，更且有害。曩營乾陵，國有大難，易姓建國二十餘年，今又營之，難且復生。合葬非古也，況事有不安，豈足循據？漢世皇后別起陵墓，魏、晉始合葬。漢積祀四百，魏、晉祚率不長，亦其驗也。今若更擇吉地，附近乾陵，取從葬之義。使神有知，無所不通；若其無知，合亦何益？山川精氣，上爲列星。葬得其所，則神安而後嗣昌；失其宜，則神危而後嗣損。願割私愛，使社稷長久。」中宗不納。

神龍中，武后喪公除，太常請大習樂，供郊廟，詔未許。善思奏曰：「樂者氣化，所以感天地，調五行。漢、魏喪禮，以日易月，蓋三年不爲禮，禮必壞，三年不爲樂，樂必崩。禮，陰也；樂，陽也。樂崩陽伏，禮廢陰愆，故變以適時，孝道之大。安人神，公也；茹哀戚，私也。王者不以私害公，請如太常奏。」帝從之。遷禮部侍郎。表皇后擅政，爲社稷憂，求汝州刺史。嘗語姚崇曰：「韋氏禍且塗地，相王所居有華蓋紫氣，必位九五，公善護之。」及睿宗立，崇以語聞，召拜右散騎常侍。

初，譙王重福徙均州，過汝，善思爲刺史。及謀反，僞除禮部尚書。重福敗，坐關通論死，吏部尚書宋璟、户部郎中李邕薄其罪，給事中韓思復固請，乃流静州。始，善思爲御史，中書舍人劉允濟爲酷吏所陷，且死，善思力訟其冤，得免。户部尚書王本立見之，曰：「祁奚之救叔向，嚴公有之。」後見允濟，語未嘗及之。思復之解善思也，亦不自德，時稱長者之報。後遇赦還。開元十六年卒。子向，乾元中爲鳳翔尹，三世皆年八十五云。

宋・歐陽修、宋祁《新唐書》卷二〇四《張果傳》 張果者，晦鄉里世繫以自神，隱中條山，往來汾、晉間，世傳數百歲人。武后時，遣使召之，即死，後人復見居恆州山中。

開元二十一年，刺史韋濟以聞。玄宗令通事舍人裴晤往迎，見晤輒氣絶仆，久乃蘇。晤不敢逼，馳白狀。帝更遣中書舍人徐嶠齎璽書邀禮，乃至東都，舍集賢院，肩輿入宫。帝親問治道神仙事，語祕不傳。果善息氣，能累日不食，數御美酒。嘗云：「我生堯丙子歲，位侍中。」其貌實年六七十。時有邢和璞者，善知人夭壽。師夜光者，善視鬼。帝令和璞推果生死，懵然莫知其端。帝召果密坐，使夜光視之，不見果所在。

帝謂高力士曰：「吾聞飲堇無苦者，奇士也。」時天寒，因取以飲果，三進，頹然曰：「非佳酒也。」乃寢。頃視齒燋縮，顧左右取鐵如意擊墮之，藏帶中，更出藥傅其齗，良久，齒已生，粲然駢絜。帝益神之。欲以玉真公主降果，未言也。果忽謂祕書少監王迥質、太常少卿蕭華曰：「諺謂娶婦得公主，平地生公府，可畏也。」二人怪語不倫。俄有使至，傳詔曰：「玉真公主欲降先生。」果笑，固不奉詔。有詔圖形集賢院，懇辭還山，詔可。擢銀青光禄大夫，號通玄先生，賜帛三百匹，給扶侍二人。至恆山蒲吾縣，未幾卒，或言尸解。帝爲立棲霞觀其所。

宋・歐陽修、宋祁《新唐書》卷二〇四《桑道茂傳》 桑道茂者，寒人，失其系望。善太一遁甲術。乾元初，官軍圍安慶緒於相州，勢危甚，道茂在圍中，密語人曰：「三月壬申西師潰。」至期，九節度兵皆敗。後召待詔翰林。建中初，上言：「國家不出三年有厄會，奉天有王氣，宜高垣堞，爲王者居，使可容萬乘者。」德宗素驗其數，詔京兆尹嚴郢發衆數千及神策兵城之。時盛夏趣功，人莫知其故。及朱泚反，帝蒙難奉天，賴以濟。

李晟爲右金吾大將軍，道茂齎一縑見晟，再拜曰：「公貴盛無此，然我命在

公手，能見赦否？」晟大驚，不領其言。道茂出懷中一書，自具姓名，署其左曰：「爲賊逼脅。」固請晟判，晟笑曰：「欲我何語？」道茂曰：「弟言準狀赦之。」晟勉從。已又以縑願易晟衫，請題衿膺曰：「它日爲信。」再拜去。道茂果汙朱泚僞官。晟收長安，與逆徒縛旗下，將就刑，出晟衫及書以示。晟爲奏，原其死。

是時藩鎮擅地無寧時，道茂曰：「年號元和，寇盜翦滅矣。」至憲宗乃驗。道茂居有二柏甚茂，曰：「人居而木蕃者去之，木盛則土衰，土衰則人病。」乃以鐵數十鈞埋其下，復曰：「後有發其地而死者。」大和中，温造居之，發藏鐵而造死。杜佑與楊炎善，盧杞疾之，佑懼，以問道茂，答曰：「君歲中補外，則福壽叵涯矣。」俄拜饒州刺史，後終司徒。李泌病，道茂署於紙曰：「厄三月二日就鑿，國與家吉而身危。」會中和日，泌雖篤，彊入。德宗見泌不能步，詔婦第，卒。是日北軍謀亂，仗士禽斬之。李鵬爲盛唐令，道茂曰：「君位止此，而冢息位宰相，次息亦大鎮，子孫百世。」鵬卒，後石至宰相，福曆七鎮，諸孫通顯云。

宋・李昉等《太平廣記》卷七六《方士一》　李淳風

唐太史李淳風校新曆，太陽合朔當蝕既，於占不吉。太宗不悦，曰：「日或不食，卿將何以自處？」曰：「如有不蝕，臣請死之。」及期，帝候於庭，謂淳風曰：「吾放汝與妻子別之。」對曰：「尚早。」刻日指影於壁：「至此則蝕。」如言而蝕。不差毫髮。太史與張率同侍帝，更有暴風自南至。李以爲南五里當有哭者，張以爲有音樂。左右馳馬觀之，則遇送葬者，有鼓吹。又嘗奏曰：北斗七星當化爲人，明日至西市飲酒，宜令候取。太宗從之，乃使人往候。有婆羅門僧七人入自金光門，至西市酒肆登樓，命取酒一石。持椀飲之。須臾酒盡，復添一石。使者登樓，宣敕曰：「今請師等至宮。」胡僧相顧而笑曰：「必李淳風小兒言我也。」因謂曰：「待窮此酒，與子偕行。」飲畢下樓，使者先下，回顧已失胡僧。因奏聞，太宗異焉。初僧飲酒，未入其直，及收具，於座下得錢二千。

桑道茂

唐盛唐令李鵬遇(遇原作通，據北夢瑣言改)桑道茂。曰：長安只此一邑而已。賢郎二人，大者位極人臣，次者殆於數鎮，子孫百世。後如其言。長子石，出入將相，子孫二世及第。至次子福，曆七鎮，終於使相。凡八男，三人及第，至尚書給諫郡牧。諸孫皆朱紫。建中元年，道茂請城奉天爲王者居。列象龜別，内分六街，德宗素神道茂言，遂命京尹嚴郢發衆數千，與六軍士雜往城之。時屬盛夏，而土功大起，人不知其故。至播遷都彼，乃驗。朱泚之亂，德宗幸奉天，時沿邊藩鎮，皆已舉兵扈蹕。泚自率兇渠，直至城下。有西明寺僧，陷在賊中，性甚機巧，教造攻城雲梯，高九十餘尺，上施板屋樓櫓，可以下瞰城中。渾瑊、李晟奏曰：賊鋒既盛，雲梯甚壯，若縱近城，恐不能禦。及其尚遠，請以鋭兵挫之。遂率王師五千，列陣而出，于時束藴居後，約戰酣而燎。風勢不便，火莫能舉，二公酹酒祝詞曰：賊泚包藏禍心，竊弄凶德，敢以狂孽，來犯乘輿。今擁衆脅君，將逼城壘。某等誓輸忠節，志殄妖氛。若社稷再安，威靈未泯，當使雲梯就爇，逆黨冰銷。於是詞情慷慨，人百其勇。俄而風勢遽廻，鼓噪而進，火烈風猛，煙埃漲天，梯燼賊奔。德宗御城樓以觀，中外咸稱萬歲。及克京國，二公勳績爲首，寵錫茅土。匡扶社稷，終始一致。李西平有子四人，皆分節制，忠崇榮顯。初，晟於左貢効職，久未遷超。聞桑道茂善相，賫絹一疋，凌晨而往，時傾信者甚衆，造詣多不即見之。聞李在門，親自迎接，施設殽醴，情意甚專。既而謂曰：他日建立勳庸，貴甚無比。或事權在手，當以性命爲託。李莫測其言。但慙唯而已。請回所貺縑，換李公身上汗衫，仍請於衿上書名，云他日見此相憶。及泚叛，道茂陷賊庭，既克京師，縱亂者悉皆就戮。時李受命斬決，道茂將欲就刑，請致詞，遂以汗衫爲請。李公奏以非罪，特原之。司徒杜佑曾爲楊炎判官，故盧杞見忌，欲出之。杜見道茂曰：年内出官，則福壽無疆。既而，自某官九十餘日出爲某官，官名遺忘，福壽果。然。

明・李贄《藏書》卷三四《儒臣傳》　李淳風

李淳風，幼俊爽，博涉羣書，尤明天文曆算陰陽之學。貞觀初以駁傅仁均曆議多所折衷，授將仕郎，直太史局。尋又上言曰：今靈臺候儀是魏代遺範，觀其制度，踈漏實多。臣案虞書稱舜在璿璣玉衡，以齊七政，則是古以渾天儀考七曜之盈縮也。周官大司徒職以土圭正日景，以定地中。此示據渾天儀日行黃道之明證也。暨於周末，此器乃亡。漢孝武時，洛下閎復造渾天儀，事多踈闊。故賈逵、張衡各有營鑄，陸績、王蕃遞加修補，或綴附經星，機應漏水；或孤張規郭，不依日行。推驗七曜，並循赤道。今驗冬至極南，夏至極北，而赤道當定於中，全無南北之異。以測七曜，豈得其真？黃道渾儀之闕，至今千餘載矣。太宗異其説，因令造之，至貞觀七年造成。其制以銅爲之，表裏三重。下據準基，狀如十字。末樹鼇足，以張四表焉。第一儀名曰六合儀，有天經雙規、渾緯規、金常規相結於四極之外。備二十八宿十干，十二辰經緯三百六十五度。第二名三辰儀，圓經八尺。有璿璣規道，月游天宿矩度，七曜所行，並備於此，轉於六合之

內。第三名四遊儀，玄樞爲軸，以連結五橫遊，筩而貫約規矩。又玄樞北樹北辰，南距地軸，傍轉於內。又玉衡在玄樞之間而南北遊，仰以觀天之辰，宿下以識器之晷度。時稱其妙。尋轉太史丞，預撰《晉書》及《五代史》，其天文、律曆、五行志皆淳風所作也。初太宗之世，有祕記云唐三世之後，則女主武王代有天下。太宗嘗密召淳風訪其事。淳風曰：「臣據象推筭，其兆已成。然其人已生，在陛下宫內。從今不踰三十年，當有天下，誅殺唐氏子孫殆盡。」帝曰：「疑似者盡殺之，如何？」淳風曰：「天之所命，必無禳避之理。王者不死，多恐枉及無辜。且據上象今已成復在宫內，更三十年必當衰老，老則仁慈，雖受終易姓，其於陛下子孫或不甚損。今若殺之，即當復生少壯矣。」龍朔三年，改授祕閣郎中，時《戊寅曆》法漸差，淳風又增損劉焯《皇極曆》，改撰《麟德曆》，奏之。術者稱其精密，所撰典章文物志《乙巳占》、《秘閣録》并《演齊入要術》等凡十餘部，多傳於代。

僧一行

僧一行，少聰敏，博覽經史，尤精曆象陰陽五行之學。時道士尹崇家多墳籍。一行詣崇借楊雄《太玄經》讀之，數日復詣崇還其書。崇曰：「此書意旨稍深，吾子試更研求，何遽見還？」一行對曰：「已究其義矣。」因出所撰《大衍玄圖》及義决一卷，以示崇。崇大驚曰：「此後生顔子也。」尋出家爲僧，隱於嵩山，師事沙門。普寂後，住荆州當陽山，依沙門悟真習梵律。開元五年，玄宗强起之時，《麟德曆》經推步漸踈，敕一行考前代諸家曆法改撰新曆。故撰《開元大衍曆》。經至十五年卒。年四十五。初，一行求訪師資，以窮《大衍》。至天台國清寺，見一院古松十數，門有流水。一行立於門屏間，聞院僧於廷布算謂其徒曰：「今日有弟子自遠求吾算法，已合到門。」即除一算又曰：「門前水卻西流，弟子亦至。」一行承其言而入，稽首請法，盡授其術，而門前水卻西流。道士邢和璞嘗謂尹愔曰：「一行，其聖人乎！」漢洛下閎造曆，云後八百歲當差一日，必有聖人正之。今年期畢矣。至一行造《大衍》，始正其差謬。

嚴善思　父延亦通儒，術曉圖讖

嚴善思，武后時擢監察御史。方酷吏搆大獄，以善思爲詳審使，平活八百餘人，原千餘姓。長壽中，按因司刑寺，罷疑不實者百餘人。來俊臣等疾之，誣以罪，謫交趾，五歲得還。是時李淳風死，候家皆不效。乃詔善思以著作佐郎兼太史令。長安中，熒惑入月，鎮犯天關。善思曰：「法當亂臣伏罪，而有下謀上之象。」歲餘，張柬之等起兵誅二張。遷給事中。后崩，將合葬乾陵。善思建言：「尊者先葬，卑者不得入。今啓乾陵，是以卑動尊，術家所忌，更且有害。曩營乾陵。國有大難，易姓建國二十餘年，今又營之，難且復生。合葬非古也，况事有不安，豈足循據？漢世皇后別起陵墓，魏、晉始合葬。今若更擇吉地，附近乾陵，取從葬之義。使神有知，無所不通。若其無知，合亦何益？山川精氣，上爲列星。葬得其所，則神安而後嗣昌；失其宜，則神危而後嗣損。願割私愛，使社稷長久。」中宗不納。神龍中，遷禮部侍郎，求出爲汝州刺史。嘗語姚崇曰：「韋氏禍且塗地，相王所居有華蓋紫氣，必位九五，公善護之。」及睿宗立，崇以語聞，召拜右散騎常侍。開元十六年卒。子向，乾元中爲鳳翔尹，三世皆年八十五云。

明·邵經邦《弘簡録》卷五九　薛頤，滑州人。大業時道士，善天文律曆，又曉雜占。煬帝常引入内道場，拜章醮。武德初，遷直秦王府。密語德星舍秦分王，當有天位。表授太史丞，遷爲令。太宗將封泰山，有彗星見。頤因言而罷，固請復爲道士。爲築觀九峻山，號曰「紫府」。拜頤大中大夫，往居之。即祠建一清臺，候玄象。有災祥薄食讁見等事，隨狀以聞所上。與李淳風多合。數歲卒。

清·高兆《續高士傳》卷三　李元愷

李元愷，邢州人也。博學，善天步律曆。性恭慎，未嘗語人。宋璟嘗師之。璟當國，致遺束帛，將薦於朝，拒不荅。洺州刺史元行沖邀致之，問經義畢，贈與衣服。辭曰：「吾軀不可服新麗不稱適速咎耳。」行沖垢巇與之，又辭不已乃受。未幾報行沖以身所蠶素絲，曰：「元愷義不受無妄財也。」年八十餘卒。

元愷多能式恭式慎，坊表作瞻廉隅。自峻美服不衷，躬之悔吝垢敝蕭然。體胖德潤。

清·阮元《疇人傳》卷一二　隋

庾季才

庾季才，字叔奕，曼倩子也。在梁爲廬陵王荆州主簿、湘東王外兵參軍。西臺建，累遷中書令，領太史，封宜昌縣伯。入周，參掌太史，累加驃騎大將軍、開府儀同三司，封臨潁伯。開皇元年，授通直散騎常侍。高祖平陳，得善天官者周墳，并得宋氏渾儀之器。乃命季才等參校周、齊、梁、陳及祖暅、孫僧化官私舊圖，刊其大小，正彼疏密。依準三家星位以爲蓋圖，旁摛始分甄表常度，并具赤黄二道，內外兩規，懸象著明，躔離攸次，星之隱顯，天漢昭回，宛若穹蒼，將爲正

範。以墳爲太史令，自此太史觀生始能識天官。會張胄元術行，及袁言日景長。上以問季才，季才因言充謬，上怒免職。仁壽三年卒，年八十八。《隋書・藝術傳》、《北史・藝術傳》。

耿詢

耿詢，字敦信，丹楊人也。故人高智寶以元象直太史，詢從之受天文算術。詢創意造渾天儀，不假人力，以水轉之。施于閣室中，使智寶外候天時，動合符契。文帝命給太史局。煬帝即位，守太史丞獻古欹器，注以漏水，帝善之，命與宇文愷依後魏道士李蘭所修道家上法稱漏制，造稱水漏器，以充行從。又作候景分箭上水方器，置于東都乾陽殿前鼓下司辰。又作馬上刻漏，世稱其妙。後爲宇文化及所殺。《隋書・藝術傳》、《天文志》、《北史・藝術傳》。

劉祐

劉祐，滎陽人也。開皇初爲大都督，封索盧縣公。與張賓、劉輝、馬顯定曆。著《律曆術文》一卷。《隋書・藝術傳》、《北史・藝術傳》。

張賓

張賓，道士也。初，高祖作輔方行禪代之事，欲以符命曜於天下。賓揣知上意，自云洞曉星曆。由是大被知遇，恒在幕府。及受禪之初，擢賓爲華州刺史，使與儀同劉暉、驃騎將軍董琳、索盧縣公劉祐、前太史上士馬顯、太學博士鄭元偉、前保章上士任悦、開府掾張徹、前盪邊將軍張膺之、校書郎衡洪建、太史監候粟相、太史司曆郭翟、劉宜，兼算學博士張乾叙，門下參人王君瑞、荀隆伯等，議造新曆，仍令太常卿盧賁監之。賓等依何承天法，微加增損，四年二月譔成奏上。高祖下詔曰：「張賓存心算數，通洽古今，每有陳聞，多所啓沃。畢功表奏，具已披覽。使後月復育，不出前晦之宵。前月之餘，罕留後朔之旦。減朒就朒，懸殊舊準。月行表裏，厥途乃異。日交弗食，由循陽道。驗時轉算，不越纖毫。逖聽前修，斯秘未啓。有一于此，實爲精密。宜頒天下，依法施用。」其法上元甲子已巳來，至開皇四年歲在甲辰，積四百一十二萬九千一算上。章歲四百二十九。章月五千三百六。通月五百三十七萬二千二百九，日法一十八萬一千九百二十。蔀法一十萬二千九百六十。斗分二萬五千六十三。會月一千二百九十七。會率二百二十一。《隋書・律曆志》。

論曰：《玉海》稱開皇術又名己巳元，依率推之，其上元歲名日名，并起甲子，而不直己巳。劉孝孫等駁賓術之失，以五星别元爲非，然則己巳蓋五星之元也。

劉孝孫

劉孝孫，廣平人也。齊後主武平七年，與張孟賓同知曆事，更制新法。上元甲子至武平七年丙申，四十三萬五千九十二算外，章歲六百一十九，元法一十六萬九百四，紀法八千四十七，日法一千一百四十四，歲餘一千九百六十六，虚分六千四百七，差分五百九，度法二萬四千一百四十一，行分法三十九，會月二千一十三，會率三百四十一，周法三萬四千三百二十，曆朔差分六萬七千八百一十七，通法三千四百四十二，冬至命度起危前五度。開皇四年，張賓所創之術既行，孝孫與冀州秀才劉焯并稱其失，言學無師法，刻食不中。所駁凡有六條。其一云，何承天不知分閏之有失，而用十九年之七閏。其二云，賓等不解宿度之差改，而冬至之日守常度。其三云，連珠合璧，七曜須同，乃以五星别元。其四云，賓等唯知日氣餘分恰盡，而爲立元之法，不知日月不合，不成朔旦冬至。其五云，賓等但守立元定法，不須明有進退。其六云，賓等唯識轉加大餘二十九以爲朔，不解取日月合會準以爲定。此六事微妙，曆數大綱，聖賢之通術，而暉未曉，此實管窺之謂也。若乃驗影定氣，何氏所優，賓等推測，去之彌遠。合朔順天，何氏所劣，賓等依據，循彼迷蹤。蓋是失其菁華，得其糠粃者也。又云，魏明帝時，有尚書郎楊偉修景初曆，乃上表立義，較難前非，云：「加時後天，食不在朔。」然觀楊偉之意，故以食朔爲真，未能詳之而制其法。至宋元嘉中，何承天著曆，其上表云：「月行不定，或有遲疾，合朔月食，不在朔望，亦非曆之意也。」然承天本意，欲立合朔之術，遭皮延宗飾非致難，故事不得行。至後魏獻帝時，有龍宜弟復修延興之曆，又上表云：「日食不在朔，而習之不廢。據《春秋》書食，乃天之驗朔也。」此三人者，前代善曆，皆有其意，未正其書。但曆數所重，唯在朔氣。朔爲朝會之首，氣爲生長之端，朔有告餼之文，氣有郊迎之典。故孔子命曆而定朔旦冬至，以爲將來之範。今孝孫曆法，并按明文，以月行遲疾定其合朔，欲令食必在朔，不在晦二之日也。縱使頻月一小三大，得天之統。大抵其法有三：

第一，勘日食證恒在朔。引《詩》云：「十月之交，朔日辛卯，日有食之。」今以甲子元術推算，符合不差。《春秋經》書日合三十五，二十七日食，經書有朔，推與甲子元術不差。八食，經書并無朔字。《左氏傳》云：「不書朔，官失之也。」《公羊傳》云：「不言朔者，食二日也。」《穀梁傳》云：「不言朔者，食晦也。」今以

甲子元術推算，俱是朔日。邱明受經夫子，于理尤詳，《公羊》、《穀梁》皆臆說也。《春秋左氏》隱公三年二月己巳，日有食之，推合己巳朔。莊公十八年春三月，日有食之，推合壬子朔。僖公十二年三月庚午，日有食之，推合庚午朔。十五年夏五月，日有食之，推合癸未朔。襄公十五年秋八月丁未，日有食之，推合丁巳朔。前、後漢及魏、晉四代所記日食，朔、晦及先晦，都合一百八十一，今以甲子元術推之，并合朔日而食。前漢合有四十五食，三食并先晦一日，三十二食并皆晦日，十食并是朔日。後漢合有七十四食，三十七食并皆晦日，三十七食并皆朔日。魏合有十四食，四食并皆晦日，十食并皆朔日。晉合有四十八食，二十五食并皆晦日，二十三食并皆朔日。

第二，勘度差變驗。《尚書》云：「日短星昴，以正仲冬。」即是唐堯之時，冬至之日，日在危宿，合昏之時，昴正午。案《竹書紀年》，堯元年丙子。今以甲子元術推算，得合堯時冬至之日，合昏之時，昴星正午。《漢書》武帝太初元年丁丑歲，落下閎等考定太初曆冬至之日，日在牽牛初。今以甲子元術算，即得斗末牛初矣。晉時有姜岌，又以月食驗☆☆於日度，知冬至之日，日在斗十七度。宋文帝元嘉十年癸酉歲，何承天考驗乾度，亦知冬至之日，日在斗十七度。雖言冬至後上三日，前後通融，只合在斗十七度，但堯年漢日，所在既殊，唯晉及宋，所在未改，故知其度，理有變差。至今大隋甲辰之歲，考定曆數象，以稽天道，知冬至之日在斗十三度。

第三，勘氣影長驗。《春秋緯命曆序》云：「魯僖公五年正月壬子朔旦冬至。」今以甲子元術推算，得合不差。《宋書》元嘉十年，何承天以土圭測影，知冬至已差三日。詔使付外考驗，起元嘉十三年爲始，畢元嘉二十年。八年之中，冬至之日恒與影長之日差校三日。今以甲子元術推算，但是冬至之日恒與影長之符合不差。十三年丙子天正十八日曆注，冬至十五日影長，即是今曆冬至日。十四年丁丑天正二十九日曆注，冬至二十六日影長，即是今曆冬至日。十五年戊寅天正十一日曆注，冬至陰無影可驗，今曆八日冬至。十六年己卯天正二十一日曆注，冬至十八日影長，即是今曆冬至日。十七年庚辰天正二日曆注，冬至十月二十九日影長，即是今曆冬至日。十八年辛巳天正十三日曆注，冬至十一日影長，即是今曆冬立至日。十九年壬午天正二十九日曆注，冬至陰無影可驗，今曆二十二日冬至。二十年癸未天正六日曆注，冬至三日影長，即是今曆冬至日。

于時新曆初頒，賓有寵于高祖，劉暉附會之，被升爲太史令。二人叶議其短，孝孫言其非毁天曆，率意迂怪，焯又妄相扶證，惑亂時人。孝孫、焯等，竟以他事斥罷。後賓死，孝孫爲掖縣丞，委官入京，又上前後爲劉暉所詰，事寢不行。仍留孝孫直太史，累年不調，寓宿觀臺。乃抱其書，弟子輿櫬來詣闕下，伏而慟哭。執法拘以奏之，高祖異焉，以問國子祭酒何妥，妥言其善。即日擢授大都督，遣與賓比校短長。于是信都人張胄玄與孝孫共短賓曆，異論鋒起，久之不定。至十四年七月，上令參問日食事。楊素等奏：「太史凡奏日食二十有五，唯一晦三朔，依刻而食，尚不得其時，又不知所起，他皆無驗。胄玄所刻，前後妙衷，時起分數，合如符契。孝孫所尅，驗亦過半。」于是高祖引孝孫、胄玄等，親自勞徠。孝孫因請先斬劉暉，乃可定曆。高祖不懌，又罷之。俄而孝孫卒。《隋書·律曆志》、《開元占經》。

論曰：孝孫更制新法在武平間，而與張賓争論術法則在開皇時。處齊事少，處隋事多，故繫于隋云。今《張邱建算經》有唐算學博士劉孝孫譔《細草》。據《隋志》，則孝孫卒于隋，不應入唐，未審即此孝孫否也。又《新唐書》有劉孝孫，荆州人，大業末爲王世充弟杞王辯行臺郎中。貞觀六年，遷著作佐郎，吴王友曆諮議參軍，遷太子洗馬，未拜卒。此則别是一人，名姓偶同，非此孝孫矣。

張胄玄

張胄玄，渤海蓨人也。博學多通，尤精術數。冀州刺史趙煚薦之高祖，徵授雲騎尉，直太史，參議律曆事，時輩多出其下，由是太史令劉暉等甚忌之。然暉言多不中，胄玄所推步甚精密。楊素、牛宏等復薦之，胄玄因言日長景短之事，帝大悦，令楊素與術數人立議六十一事，皆舊法久難通者，令暉與胄玄等辯析之。暉杜口一無所答，胄玄通者五十四焉。改定新曆。開皇十七年，曆成上之，言前曆差一日。上付楊素等校其短長。劉暉與國子助教王頍等執舊曆術，迭相駁難，與司曆劉宜援據古史影等，駁胄玄云：「《命曆序》僖公五年天正壬子朔旦日至，《左氏傳》僖公五年正月辛亥，張胄玄曆天正壬子朔，合《命曆序》，差傳一日；三日甲寅冬至，差《命曆序》二日，差傳三日。成公十二年，《命曆序》天正辛卯朔旦日至，張賓曆天正辛卯朔冬至，合《命曆序》，張胄玄曆天正辛卯朔，合《命曆序》；二日壬辰冬至，差《命曆序》一日。昭公二十年，《春秋左氏傳》二月己丑朔日南至，準《命曆序》庚寅朔旦日至，張賓曆天正庚寅朔冬至，并合《命曆序》，差傳一日，張胄玄曆天正庚寅朔，合《命曆序》，差傳一日；二日辛卯冬至，差《命

曆序》一日，差傳二日。宜案《命曆序》及《春秋左氏傳》，并閏餘盡之歲，皆須朔旦冬至。若依《命曆序》勘《春秋》三十七食，合處至多；若依《左傳》，合者至少，是以知傳爲錯。今張胄玄信情置閏，《命曆序》及傳氣朔并差。又宋元嘉冬至影有七，張賓曆合者五，差者二，亦在前一日。張胄玄曆合者三，差者四，在後一日。元嘉十二年十一月甲寅朔，十五日戊辰冬至，日影長。張賓曆合戊辰冬至，張胄玄曆己巳冬至，差後一日。十三年十一月己酉朔，二十六日甲戌冬至，日影長。張賓曆癸酉冬至，差前一日，張胄玄曆合甲戌冬至。十五年十一月丁卯朔，十八日甲申冬至，日影長。二曆并合甲申冬至。十六年十一月辛酉朔，二十九日己丑冬至，日影長。張賓曆合己丑冬至，張胄玄曆庚寅冬至，差後一日。十七年十一月乙酉朔，十日甲午冬至，日影長。張賓曆合甲午冬至，張胄玄曆乙未冬至，差後一日。十八年十一月己卯朔，二十二日己亥冬至，日影長。張賓曆合己亥冬至，張胄玄曆庚子冬至，差後一日。十九年十一月癸卯朔，三日乙巳冬至，影長。張賓曆甲辰冬至，差前一日。張胄玄曆合乙巳冬至。

又周從天和元年景戌，至開皇十五年乙卯，合得冬夏至日影一十四。張賓曆合得者十，差者四，三差前一日，一差後一日。張胄玄曆合者五，差者九，八差後一日，一差前一日。天和二年十一月戊戌朔，三日庚子冬至，日影長。張賓合庚子冬至，張胄玄曆辛丑冬至，差後一日。三年十一月壬辰朔，十四日乙巳冬至，日影長。張賓曆合乙巳冬至，張胄玄曆丙午冬至，差後一日。建德元年十一月己亥朔，二十九日丁卯冬至，日影長。張賓曆丙寅冬至，差前一日，張胄玄曆合丁卯冬至。二年五月丙寅朔，三日戊辰夏至，日影短。張賓曆己巳夏至，差後一日，張胄玄曆庚午夏至，差後二日。三年十一月戊午朔，二十日丁丑冬至，日影長。張賓曆合丁丑冬至，張胄玄曆戊寅冬至，差後一日。六年十一月庚午朔，二十三日壬辰冬至，日影長。張賓磨合壬辰冬至，張胄玄曆癸巳冬至，差後一日。宣政元年十一月甲午朔，五日戊戌冬至，日影長。兩曆并合戊戌冬至。開皇四年十一月己未朔，十一日己巳冬至，日影長。張賓曆合己巳冬至，張胄玄曆庚午冬至，差後一日，五年十一月甲寅朔，二十二日乙亥冬至，日影長。張賓曆甲戌冬至，差前一日。張胄玄曆合庚辰冬至。七年五月乙亥朔，九日癸未夏至，日影短。張賓曆壬午夏至，差前一日，張胄玄曆合癸未夏至。十一月壬申朔，十四日乙酉冬至，日影長。張賓曆合乙酉冬至，張胄玄曆景戌冬至，差後一日。十一年十一月己卯朔，二十八日景午冬至，日影長。張賓曆合丙午冬至，張胄玄曆丁未冬至，差後一日。十四年十一月辛酉朔旦冬至。張賓曆合十一月辛酉朔旦冬至，張胄玄曆十一月辛酉朔，二日壬戌冬至，差後一日。建德四年四月大乙酉朔，三十日甲寅，月晨見東方。張賓曆四月大乙酉朔，三十日甲寅，月晨見東方，張胄玄曆四月小乙酉朔，五月大甲寅朔，月晨見東方。宜案影極長爲冬至，影極短爲夏至，二至自古史分可勘者二十四，其二十一有影，三有至日無影。見行曆合一十八，差者六。旅騎尉張胄玄曆合者八，差者一十六，二差後二日，一十四差後一日。又開皇四年，在洛州測冬至影，與京師二處進退絲毫不差。周天和已來，案驗并在。後更檢得建德四年晦朔東見。張胄玄曆五月朔日，月晨見東方。今十七年張賓曆閏七月，張胄玄曆閏五月。又審至以定閏，胄玄曆至既不當，故知置閏必乖。見行曆四月、五月頻大，張胄玄曆九月、十月頻大，爲胄玄朔弱，頻大在後晨，故朔日殘月晨見東方。

「宜又案開皇四年十二月十五日癸卯，依曆月行在鬼三度，時加酉，月在卯，上食十五分之九，虧起西北。今伺候一更一籌，起食東北角十五分之十，到四籌還生，至二更一籌復滿。五年六月三十日，依曆太陽虧，日在七星六度，加時在午少强，上食十五分之一半强，虧起西南角。今伺候日乃在午後六刻上始食，虧起西北角十五分之六，至未後一刻還生，至五刻復滿。六年六月十五日，依曆太陰虧，加時酉，在卯。上食十五分之九半弱，虧起西南，當其時，陰雲不見月。至辰巳，雲裏見食三分之二，虧從東北即還雲合。至巳午間稍生，至午後雲裏蹔見已復滿。十月三十日丁丑，依曆太陽虧日在斗九度，時加辰少弱，上食十五分之九强，虧起東北角。今候所見，日出山一丈，辰二刻始食，虧起正西，食三分之二，辰後二刻始生，入巳時三刻上復滿。十年三月十六日癸卯，依曆月行在氐七度，時加戌，月在辰太半，上食十五分之七半强，虧起東北。今候月初出卯南，帶半食，出至辰初三分，可食二分許，漸生，辰末已復滿。見行曆九月十六日庚子，月行在胃四度，時加丑，月在未半强，上食十分之三半强，虧起正東。今伺候月以午後二刻，食起正東，須臾如南。至未正，上食南畔五分之四，漸生，入申一刻半復滿。十二年七月十五日己未，依曆月行在室七度，時加戌，月在辰太强，上食十五分之十二半强，虧起西北。今伺候一更三籌起西北，上食準三分之二强，與曆注同。十三年七月十六日，依曆月在申半强，上食十五分之半弱，虧起西南。十五日夜，從四更候月，五更一籌起東北，上食半强，入雲不見。十四年七月一日，依曆時加巳弱，上食十五分之十二半强。至未後三刻，日乃食，虧起西

北，食半許，入雲不見，食頃暫見，猶未復生，因即雲鄣。十五年十一月十六日庚午，依曆月行在井十七度，時加亥，月在巳半，上食十五分之九半强，虧西北。其夜一更四籌後，月在辰上起食，虧東南，至二更三籌，月在巳，上食三分之二許，漸生。至三更一籌，月在景上復滿。十六年十一月十六日乙丑，依曆月行在井十七度，時加丑，月在未太弱，上食七五分之十二半弱，虧起東南。十五日夜，伺候至三更一籌，月在景上，雲裏見，已食十五分之三許，虧起正東，至丁上，食既，後從東南生，至四更二籌，月在未末，復滿。而胄玄不能盡中。」

迭相駁難，高祖惑焉，踰時不決。會通事舍人顏慜楚上書云：「漢落下閎改顓頊曆作太初曆，云後八百歲，此曆差一日，當有聖者定之。計今相去七百一十年，術者舉其成數。聖者之謂，其在今乎？」帝大悦，欲神其事，遂下詔曰：「朕應運受圖，君臨萬寓，思欲興復聖教，恢宏令典，上順天道，下授人時，搜揚海內，廣延術士。旅騎尉張胄玄理思沈敏，術藝宏深，懷道白首，來上曆法。令與太史舊曆并加勘審。仰觀玄象，參驗璿璣，胄玄曆數與七曜符合，太史所行乃多疏舛，群官博議，咸以胄玄爲密。太史令劉暉，司曆郭翟、劉宜，驍騎尉任悦，往經修造，致此乖謬。通直散騎常侍領太史令庾季才、太史丞邢儁、司曆郭遠、曆博士蘇粲、曆助教傅儁、成珍等，既是職司，須審疏密，遂虛行此曆，無所發明。論暉等情狀，已合科罪，方共飾非護短，不從正法。季才等附下罔上，義實難容。」于是暉等四人，元造詐者并除名。季才等六人，容隱奸慝，俱解見任。胄玄所造曆法，付有司施行。擢拜胄玄爲員外散騎侍郎，領太史令。胄玄進袁充，互相引重，各擅一能，更爲延譽。胄玄言，充曆妙極前賢，充言胄玄曆術冠于今古，相與共排劉焯，由是焯術遂不行，語見焯傳。胄玄學祖冲之，兼傳其師法。自茲厥後，剋食頗中。其開皇十七年所行曆術，命冬至起虛五度。後稍覺其疎，至大業四年，劉焯卒後乃敢改法，命起虛七度，諸法率更有增損，朔終義寧。

戊辰年所定曆術，自甲子元至大業四年戊辰，積四十二萬七千六百四十四年算外。章歲四百一十，章閏百五十一，日法千一百四十四，月法三萬三千七百八十三，歲分一千五百五十七萬二千九百六十三，度法四萬二千六百四十，周天分一千五百五十七萬四千四百六十六，周通七萬二百九，周法二千五百四十八。會通千六十四萬六千七百二十九，朔差九十萬七千五十七。胄玄所爲曆法，與古不同者三事。其一，宋祖冲之于歲周之末，創設差分，冬至漸移，不循舊軌，每四十六年却差一度。至梁虞劆曆法，嫌冲之所差太多，因以一百八十六年冬至移一度。胄玄以此二術年限懸隔，追檢古注，所失極多，遂折中兩家以爲度法，冬至所宿歲別漸移，八十三年却行一度，則上合堯時「日永星火」，次符漢曆宿起牛初，明其前後，并皆密當。其二，周馬顯造丙寅元曆，有陰陽轉法加減章分進退蝕餘，乃推定日，創開此數。當時術者多不能曉，張賓因而用之，莫能考正。胄玄以爲加時先後，逐氣參差，就月爲斷，于理未可。乃因二十四氣，列其盈縮所出，實由日行遲則月逐日易及，令合朔加時早；日行速則月逐日少遲，令合朔加時晚。檢前代加時早晚，以爲損益之率。日行自秋分已後至春分，其勢速，計一百八十二日，而行一百八十度。自春分已後至秋分，日行遲計一百八十二日，而行一百七十六度。每氣之下，即其率也。其三，自古諸曆朔望值交，不問內外，入限便食。張賓立法，創有外限，應食不食，猶未能明。胄玄以日行黃道歲一周天，月行月道二十七日有餘一周天，月道交絡黃道，每行黃道內十三日有奇而出，又行黃道外十三日有奇而入，終而復始，月經黃道謂之交，朔望去交前後各十五度已下，即爲當食。若月行內道，則在黃道之北，食多有驗。月行外道，在黃道之南也，雖遇正交，無由掩映，食多不驗。遂因前法，別立定限，隨交遠近，逐氣求差，損益食分，事皆明著。

其超古獨異者有七事。其一，古曆五星行度皆守恒率，見伏盈縮，悉無格准。胄玄推之，各得其真率合見之數，與古不同。其差多者至加減三十許日，即如熒惑平見在雨水氣，即均加二十九日；見在小雪氣，則均減二十五日，加減平見，以爲定見。諸星各有盈縮之數，皆如此例。但差數不同，特其積候所知，時人不能原其意旨。其二，辰星舊率一終再見，凡諸古曆皆以爲然，應見不見，人未能測。胄玄積候知辰星一終之中，有時一見，及同類感召，相隨而出。即如辰星平晨見在雨水氣者，應見即不見。若平晨見在啓蟄氣者，去日十八度外，三十六度內，晨有水、火、土、金一星者亦相隨見。其三，古曆步術行有定限，自見依率，而推進退之期莫知多少。胄玄積候知五星遲速留退，其數皆與古法不同，多者至差八十餘日，留退所在亦差八十餘度。即如熒惑前疾初見在立冬初，則二百五十日行一百七十七度；定見在夏至初，則一百七十日行九十二度。追步天驗，今古皆密。其四，古曆食分依平即用，推驗多少，實數罕符。胄玄積候知月從木、火、土、金四星，行有向背，月向四星即速，背之則遲，皆十五度外。乃循本率，遂于交分限其多少。其五，古曆加時，朔望同術。胄玄積候知日食所在，隨方改變，傍正高下，每處不同，交有淺深，遲速亦異，約時立差，皆會天象。其六，

古曆交分即爲食數，去交十四度者食一分，去交十三度食二分，去交十度食三分，每近一度，食益一分。當交即食既，其應少反多，應多反少，自古諸曆未悉其原。胄玄積候知當交之中，月掩日不能畢盡，其食反少，去交五六時，月在日內，掩日便盡，故食乃既。自此已後，更遠者其食又少。交之前後，在冬至皆爾，若近夏至，其率又差。所立食分，最爲詳密。其七，古曆二分，晝夜皆等。胄玄用後魏渾天鐵儀測知春、秋二分日出卯酉之北，不正當中，與何承天所測頗同，皆日出卯三刻五十五分，入酉四刻二十五分，晝漏五十刻一十分，夜漏四十九刻四十分，晝夜差六十分刻之四十，皆由日行遲疾盈縮使其然也。凡此胄玄獨得于心，論者服其精密。大業中卒官。《隋書·藝術傳》、《律曆志》、《北史·藝術傳》。

論曰：七曜行度，并有舒亟，南北術家皆寫乾象月行遲疾術，而日五星猶以平步之，大業術日月有盈縮之算，五星有平定之率，視古爲詳。然加減之衰，舉大略而已，未爲精密也。

袁充

袁充，字德符，本陳郡夏陽人也。其後寓居丹陽。仕陳爲吏部侍郎散騎常侍。歸國，曆蒙鄜二州司馬。隋初，用周朝尹公正、馬顯所造《漏經》。開皇十四年，充上晷影漏刻。充以短影平儀，均布十二辰，立表，隨日影所指辰刻，以驗漏水之節。十二辰刻互有多少，時正前後，刻亦不同。其二至二分，用箭辰刻之法。冬至日出辰正，入申正，晝四十刻，夜六十刻，子丑亥各二刻，寅戌各六刻，卯酉各十三刻，辰申各十四刻，巳未各十刻，午八刻。右十四日改箭。春秋二分日出卯正，入酉正，晝五十刻，夜五十刻，子四刻，丑亥七刻，寅戌九刻，卯酉十四刻，辰申九刻，巳未七刻，午四刻。右五日改箭。夏至日出寅正，入戌正，晝六十刻，夜四十刻，子八刻，丑亥十刻，寅戌十四刻，卯酉十三刻，辰申六刻，巳未二刻，午二刻。右十九日加減一刻，改箭。充不曉渾天黄道去極之數，苟役私智，變改舊章，其于施用，未爲精密。張胄玄、劉焯刻漏，推驗加時，最爲詳審，而并不行用。十九年，充爲太史令。先是，胄玄言日長之瑞，有詔司存，而莫能考决。至是欲成胄玄舊事，復表曰：「隋興已後，日景漸長。開皇元年冬至之景，長一丈二尺七寸二分，自爾漸短。至十七年冬至，景一丈二尺六寸三分。四年冬至，在洛陽測景長一丈二尺八分。二年夏至，景一尺四寸八分，自爾漸短，至十六年夏至，景一尺四寸五分。其十八年冬至，陰雲不測。元年、十七年、十八年夏至，亦陰雲不測。周官以土圭之法正日景，日至之景尺有五寸。鄭玄云：『冬至之景一丈三尺。』今十六年夏至之景短于舊五分，十七年冬至之景短于舊三寸七分。日去極近則景短而日長，去極遠則景長而日短，行内道則去極近，外道則去極遠。《堯典》云：『日短星昴，以正仲冬。』據昴星昏中，則知堯時仲冬，日在須女十度。以曆數推之，開皇以來冬至日在斗十一度，與唐堯之代去極俱近。謹案《元命包》云：『日月出内道，琁璣得其常。天帝崇靈，聖王初功。』京房《别對》曰：『太平日行上道，升平日行次道，霸代日行下道。』伏惟大隋啓運，上感乾元，景短日長，振古希有。」是時廢庶人勇，晉王廣初爲太子，充奏此事，深合時宜。帝臨朝謂百官曰：「景長之慶，天之祐也。今太子新立，當須改元。宜取日長之意，以爲年號。」由是改開皇二十一年爲仁壽元年。此後百工作役，并加程課，以日長故也。皇太子率百官詣闕陳賀。議者非之。大業中，累官秘書令。年七十五，爲宇文化及所殺。《隋書》本傳、《天文志》、《北史》本傳。

劉焯

劉焯，字士元，信都昌亭人也。爲州博士。舉秀才，射策甲科。參議律曆，仍直門下省，以待顧問。俄除員外將軍。煬帝即位，遷太學博士。初與劉孝孫共駁張賓曆，以它事斥罷。後聞張胄玄進用，又增損孝孫曆法，更名七曜新術以奏之。袁充與胄玄忌之，又罷。開皇二十年，充奏日長影短，高祖因以曆事付皇太子，遣更研詳，著日長之候。太子徵天下曆算之士，咸集于東宫。焯以太子新立，復增修其書，名曰『皇極曆』，駁正胄玄之短。太子頗嘉之，未獲考驗。焯爲太學博士，負其精博，志解胄玄之印，官不滿意，又稱疾罷歸。至仁壽四年，焯言胄玄之誤于皇太子：其一曰，張胄玄所上見行曆，日月交食，星度見留，雖未盡善，得其大較，官至五品，誠無所愧。但因人成事，非其實録，就而討論，違舛甚衆。其二曰，胄玄弦望晦朔違古，且疎氣節閏候，乖天爽命。時不從子半，晨前别爲後日。日躔莫悟緩急，月逡妄爲兩種，月度之轉，輒遺盈縮，交會之際，意造氣差。七曜之行，不循其道，月星之度，行無出入。應黄反赤，當近更遠，虧食乖準，陰陽無法。星端不協，珠璧不同，盈縮失倫，行度愆序。去極晷漏，應有而無，食分先後，彌爲煩碎。測今不審，考古莫通，立術之疎，不可紀極。今隨事糾駁，凡五百三十六條。其三曰，胄玄以開皇五年與李文琮于張賓曆行之後，本州貢舉，即齎所造曆，擬以上應。其曆在鄉陽流布，散寫甚多。今所見行，與焯前曆不異。玄前擬獻，年將六十，非是忽迫倉卒始爲，何故至京未幾，即變同焯曆，與舊懸殊？焯作于前，玄獻于後，捨己從人，異同暗會。且孝孫因焯，胄玄後附

孝孫，曆術之文，又皆是孝孫所作，則玄本偷竊，事甚分明。恐胄玄推諱，故依前曆爲駮，凡七十五條，并前曆本俱上。其四曰，玄爲史官，自奏虧食，前後所上，多與曆違。今算其乖舛有一十三事，又前與太史令劉暉等校其疎密五十四事，云五十三條新。計後爲曆，應密于舊，見用算推，更疎于本。今糾發并前凡四十四條。其五曰，胄玄于曆未爲精通，然孝孫初造皆有意，徵天推步，事必出生，不是空文，徒爲臆斷。其六曰，焯以開皇三年奉勅修造，顧循記注，自許精微，秦漢以來，無所與讓。尋聖人之迹，悟曩哲之心，測七曜之行，得三光之度。正諸氣朔，成一曆象，會通今古，符允經傳，稽于庶類，信而有徵。胄玄所違，焯法皆合，胄玄所闕，今則盡有。隱括始終，謂爲總備。仍上啓曰：「自木鐸寢聲，緒言成燼，群生蕩析，諸夏沸騰，曲技雲浮，疇官雨絶，曆紀廢壞，千百年矣。焯以庸鄙，謬荷甄擢，專精藝業，耽翫數象。自力群儒之下，冀覩聖人之意。開皇之初，奉勅修撰，性不諧物，功不克終。猶被胄玄，竊爲己法，未能盡妙，協時多爽。尸官亂日，實點皇猷，請徵胄玄，合驗其長短。」

仁壽四年，焯上啓于東宫。論渾天云：「璿璣玉衡，正天之器，帝王欽若，世傳其象。漢之孝武，詳考律曆，糺落下閎、鮮于妄人等，共所營定。逮于張衡，又尋述作，亦其體制，不異閎等。雖閎制莫存，而衡造有器。至吴時，陸績、王蕃并要修鑄，績小有異，蕃乃事同。宋有錢樂之，魏初晁崇等，總用銅鐵，小大有殊，規域經模，不異蕃造。觀蔡邕《月令章句》，鄭玄注《考靈曜》，勢同衡法，迄今不改。焯以愚管，留情推測，見其數制，莫不違爽。失之千里，差若毫氂，大象一乖，餘何可驗。況赤黄均度，月無出入，至所恒定，氣不別衡。分刻本差，輪迴守故。其爲疎謬，不可復言。亦既由理不明，致使異家間出。蓋及宣夜，三説并驅。平昕安穹，四天騰沸。至當不二，理惟一揆，豈容天體，七種殊説，又影漏去極，就渾可推，百骸共體，本作異物。此真已驗，彼僞自彰，豈朗日未暉，爝火不息，理有而闕，詎不可悲者也？昔蔡邕自朔方上書曰：『以八尺之儀度，知天地之象，古有其器，而無其書。常欲寢伏儀下，案度成數，而爲立説。』邕以負罪朔裔，書奏不許。邕若蒙許，亦必不能。邕才不踰張衡，衡本豈有遺思也？則有器無書，觀不能悟。焯今立術，改正舊渾。又以二至之影，定去極晷漏，并天地高遠，星辰運周，所宗有本，皆有其率。祛今賢之巨惑，稽往哲之群疑，豁若披雲，朗如散霧。爲之錯綜，數卷已成，待得影差，謹更啓送。」又云：「《周官》夏至日影尺有五寸。張衡、鄭玄、王蕃、陸績先儒等，皆以爲影千里差一寸，言南戴日下萬五千里，表影正同，天高乃異。考之算法，必爲不可。寸差千里，亦無典説，明爲意斷，事不可依。今交、愛之州，表北無影，計無萬里，南過戴日。是千里一寸，非其實差。焯今説渾，以道爲率，道里不定，得差乃審。既大聖之年，升平之日，釐改群謬，斯正其時。請一水工，并解算術士，取河南、北平地之所可量數百里，南北使正。審時以漏，平地以繩，隨氣至分，同日度影。得其差率，里即可知，則天地無所匿其形，辰象無所逃其數，超前顯聖，效象除疑。請勿以人廢言。」不用。

大業元年，著作郎王劭、諸葛潁二人，因入侍宴，言焯善曆，推步精審，證引陽明。帝曰：「知之久矣。」仍下其書與胄玄參校。胄玄駮難云，焯曆有歲率月率而立定朔，月有三大三小。案歲率、月率者，平朔之章歲、章月也。以平朔之率，而求定朔。值三小者，猶似減三五爲十四，值三大者，增三五爲十六也。校其理實，并非十五之正。故張衡及何承天，創有□意爲難者，執數以校其率，率皆自敗，故不克成。今焯爲定朔，則須除其平率，然後爲可。互相駮難，是非不決。焯又罷歸。四年，駕幸汾陽宫。太史奏曰：「日食無效。」帝召焯，欲行其曆。袁充方幸于帝，左右胄玄，共排焯曆。又會焯死，曆竟不行。術士咸稱其妙。其術甲子元距大隋仁壽四年甲子，積一百萬八千八百四十算，歲率六百七十六，月率八千三百六十一。朔日法千二百四十二，朔實三萬六千六百七十七。氣日法四萬六千六百四十四，歲數千七百三萬六千四百六十六。半終法二千二百六十三，終實六萬二千三百五十六。周數千七百三萬七千七十六，交率四百六十五，交數五千九百二十三。焯于大業六年卒，年六十七。焯爲學不倦。《九章算術》、《周髀》、《七曜曆》書十餘部，推步日月之經，量度山海之術，莫不覈其根本，窮其秘奥。著《稽極》十卷、《曆書》十卷，行于世。《隋書·儒林傳》、《律曆志》、《天文志》、《北史·儒林傳》。

論曰：焯術推遲疾朒朓黄道月道損益，日月食多少，及所在所起，并密于前術，唐麟德、大衍號稱名術，而皆寫皇極舊法，以爲能究術算之微變。蓋自何承天、祖冲之以來，未有能過之者也。

劉炫

劉炫，字光伯，河間景城人也。名亞于焯，時人稱爲二劉。直門下省，以待顧問。與諸術者修天文律曆，後爲太學博士。年六十八卒，著《算術》一卷。《隋書·儒林傳》、《北史·儒林傳》。

傅仁均　祖孝孫

傅仁均，滑州人，東都道士也。高祖受禪，將治新曆。太史令庾儉、丞傅奕薦之，詔仁均與儉等參議。合受命歲名爲戊寅元術，其大要可考驗者有七：曰唐以戊寅歲甲子日登極，曆元戊寅日起甲子，如漢太初，一也。冬至五十餘年輒差一度，日短星昴，合于《堯典》，二也。周幽王六年十月辛卯朔入食，限合于《詩》，三也。魯僖公五年壬子冬至，合《春秋命曆序》，四也。月有三大三小，則日食常在朔，月食常在望，五也。命辰起子半，命度起虚六，符陰陽之始，六也。立遲疾定朔，則月行晦不東見，朔不西朓，七也。其法大旨祖述張胄玄，稍以劉孝孫舊議參之。以武德元年爲曆始，章歲六百七十六，章閏二百四十九。度法氣法九千四百六十四，歲分三百四十五萬六千六百七十五，周分三百四十五萬六千八百四十五半。高祖詔司曆起二年用之，擢仁均員外散騎侍郎。三年正月望，及二月八月朔當蝕，比不效。六年，詔吏部郎中祖孝孫使算曆博士王孝通以甲辰曆法詰之，曰：「日短星昴，以正仲冬。七宿畢見，舉中宿言耳。舉中宿則餘星可知。仁均專守昴中，執文害意，不亦謬乎？又《月令》仲冬昏東壁中，明昴中非爲常準。若堯時星昴昏中，差至東壁，則堯前七千餘歲冬至昏翼中日應在東井。井極北去人最近，故暑。斗極南去人最遠，故寒。寒暑易位，必不然矣。又平朔定朔，舊有二家。三大三小爲定朔望，一大一小爲平朔望。日月行有遲速，相及謂之合會。晦朔無定，由時消息。若定大小皆在朔者，合會雖定，而蔀元紀首三端并失。若上合履端之始，下得歸餘于終，會合有時，則甲辰元曆爲通術矣。」仁均對曰：「宋祖冲之立歲差，隋張胄玄等因而修之，雖差數不同，各明其意。孝通未曉，乃執南斗爲冬至常星。夫日躔宿度，如郵傳之過，宿度既差，黄道隨而變矣。《書》云：『季秋月朔，辰弗集于房。』孔氏云集合也，不合則日食可知。又云先時者殺無赦，不及時者殺無赦。既有先後之差，是知定朔矣。《詩》云：『十月之交，朔日辛卯。』《春秋傳》曰：『不書朔，官失之也。』自後曆差，莫能詳正。故秦漢以來都非朔食。宋御史中丞何承天微欲見意，不能詳究，乃爲散騎侍郎皮延宗等所抑。孝通之語，乃延宗舊説。治曆之本，必推上元。日月如合璧，五星如連珠。夜半甲子朔旦冬至，自此七曜散行，不復餘分，普盡總會如初。唯朔分氣，分有可盡之理。因其可盡，即有三端，此乃紀其日數之元爾。或以爲即夜半甲子朔冬至者，非也。冬至自有常數，朔名由于月起。月行遲疾匪常，三端安得即合？故必須日月相合與至同日者，乃爲合朔冬至耳。」孝孫以爲然，但略去尤疏闊者。九年，復詔大理卿崔善爲與孝通等校定，善爲所改凡數十條，復用上元積算。上元戊寅至武德九年丙戌，積十六萬四千三百四十八算外，其周天度，即古赤道也。貞觀初，直太史李淳風又上疏論十有八事，復詔善爲課二家得失，其七條改從淳風。十四年十一月癸亥朔甲子冬至，而淳風新術以甲子合朔冬至。乃上言古曆分日，起于子半十一月，當甲子合朔冬至。故太史令傅仁均以減餘稍多，子初爲朔，遂差三刻。司曆南宫子明、太史令薛頤等言，子初及半日月，未離淳風之法。較春秋已來，晷度薄食，事皆符合。國子祭酒孔穎達等及尚書八座參議，請從淳風。又以平朔推之，則二曆皆以朔日冬至，于是彌合。且平朔行之自古，故《春秋傳》或失之前，謂晦日也。雖癸亥日月相及，明日甲子爲朔可也。從之。十八年，淳風又上言仁均術有三大三小。云日月之食必在朔望。十九年九月後，四朔頻大。詔集諸解曆者詳之，不能定。庚子詔用仁均平朔，訖麟德元年。《唐書・曆志》。

論曰：術家推步合朔有二法，一曰平朔，一曰定朔。自前朔至後朔，中積二十九日五十三刻有奇，此平朔也。若日行盈，月行遲，則日月相合，必在平朔之後。日行縮，月行疾，則日月相合，必在平朔之前。求得平朔而後，以盈縮遲疾差加減之，所謂定朔是也。嘉定錢竹汀先生嘗謂氣可不定，朔則不可不定。誠以太陽過宫，非熟于步算者不能知。若日月相望相會，則懸象著明，固萬目所共睹也。前世用平朔以步天路，疏闊不中，故日蝕或在晦二。何承天、虞劆、劉焯之徒，皆欲用定朔，當時抑而未行，至仁均始行之。未幾又以四月頻大之故，改用平朔。李淳風因有不過頻三之説，別立進朔之法。洎乎元代，始改去進朔遷就之算，專以日月定行度相會之時刻爲朔，而後定朔之法乃大備。蓋俗人泥于舊聞，積習難破。創立一法，而欲推行于世，必遲之數十百年、經數十百人之議論，而是非然後堅定也。

王孝通

王孝通，武德九年爲算術博士，校傅仁均戊寅術，語見《傅仁均傳》。後爲通直郎太史丞。著《緝古算經》一卷，并自爲之注。其上表曰：「臣孝通言，臣聞《九疇》載叙，紀法著于彝倫；六藝成功，數術參于造化。夫爲君上者，司牧黔首，布神道而設教，採能事而經綸。盡性窮源，莫重于算。昔周公制禮，有九數之名。竊尋九數，即九章是也。其理幽而微，其形秘而約。重句聊用測海，寸木

可以量天。非宇宙之至精，其孰能與于此者？漢代張蒼刪補殘缺，校其條目，頗與古術不同。魏朝劉徽篤好斯言，博綜纖隱，更爲之注。徽思極毫芒，觸類增長，乃造重差之法，列于終篇。雖即未爲司南，亦一時獨步。自茲厥後，不繼前蹤。賀循、徐岳之徒，王彪、甄鸞之輩，會通之數，無聞焉耳。但舊經殘駁，尚有闕漏。自劉以下，更不足言。其祖暅之綴術，時人稱之精妙。曾不覺方邑進行之術，全錯不通。芻亭方亭之問，于理未盡。臣更作新術，于此附伸。臣長自閭閻，少小學算，鑽磨愚鈍。迄將皓首，鑽尋秘奥，曲盡無遺，代乏知音，終成寡和。伏蒙聖朝收拾，用臣爲太史丞。比年已來，奉勅校勘傅仁均術。凡駁正術錯三十餘道，即付太史施行。伏尋《九章·商功篇》，有平地役功受袤之術。至于上寬下狹，前高後卑，正經之內，闕而不論，致使今代之人，不達深理。就平正之間，同欹邪之用，斯乃圓孔方柄，如何可安。臣晝思夜想，臨書浩歎，恐一旦瞑目，將來莫覩。遂于平地之餘，續狹斜之法，凡二十術，名曰《緝古》。請訪能算之人，考論得失，如有排其一字，臣欲謝以千金。輕用陳聞，伏深戰悚，謹言。」《唐書·曆志》、《緝古算經》。

論曰：《唐書·選舉志》，凡《算學》、《孫子》、《五曹》共限一歲，《九章》、《海島》共三歲，《張邱建》、《夏侯陽》各一歲，《周髀五經算》共一歲，《綴術》四歲，《緝古》三歲，記遺三等數皆兼習之。《緝古》以本朝書得列于學官，而限習又三歲之久，其爲深妙可知矣。元和李尚之銳言，《算書》以《緝古》爲最深。太史造仰觀臺，以下十九術問數奇殘，入算繁賾，學之未易通曉。惟以立天元術御之，則其中條理秩然，無可疑惑。尚之于立天元術，用心甚專，著有《緝古算經衍》。蓋算數之理，愈推愈密。孝通《緝古》，實後來立天元術之所本也。

崔善爲

崔善爲，貝州武城人也。巧于曆數。仕隋，調文林郎。仁壽中遷樓煩司户書佐。高祖起兵，署大將軍府司户參軍，封清河縣公，擢累尚書左丞。傅仁均譔《戊寅曆》，李淳風詆其疏。帝令善爲考二家得失，多所裁正。貞觀初，爲陝州刺史，曆大理司農二卿，出爲秦州刺史。卒贈刑部尚書。謚曰忠。《唐書》本傳。

李淳風

李淳風，岐州雍人也。貞觀初與傅仁均争曆法，議者多附淳風，故以將仕郎直太史局。制渾天儀，詆摭前世得失。上言：「舜在璿璣玉衡以齊七政，則渾天儀也。《周禮》土圭正日景，以求地中，有以見日行黄道之驗也。暨于周末，此器乃亡。漢落下閎作渾儀，其後賈逵、張衡等，亦各有之。而推驗七曜，并循赤道。案冬至極南，夏至極北。而赤道常定于中國，無南北之異。蓋渾儀無黄道久矣。」太宗異其説，因詔爲之。至七年儀成。表裏三重，下據準基，狀如十字，末樹鼇足，以張四表。一曰六合儀有天經雙規，金渾緯規，金常規，相結于四極之內，列二十八宿、十干十二辰，經緯三百六十五度。二曰三辰儀。圓徑八尺，有璿璣規、月遊規，列宿距度七曜所行轉于六合之內。三曰四遊儀。元樞爲軸，以連結玉衡游筩，而貫約矩規。又元樞北樹北辰南矩，地軸傍轉于內。玉衡在元樞之間，而南北游，仰以觀天之辰宿，下以識器之晷度，皆用銅。帝稱善，置于凝暉閣，用之測候。閣在禁中，其後遂亡。又著《法象》七篇上之。擢承務郎，遷太常博士，改太史，尋遷爲令。高宗時戊寅曆益疏，淳風作甲子元曆以獻。詔太史起麟德二年頒用，謂之麟德曆。與太史令瞿曇羅所上經緯曆參行。其法麟德元年甲子，距上元積二十六萬九千八百八十算，總法千三百四十。期實四十八萬九千四百二十八，朔實三萬九千五百七十一。古曆有章蔀元紀日分度分，參差不齊，淳風爲總法以一之，凡期實朔實，及交轉五星，并以總法爲母。又損益中晷術，以考日至，爲木渾圖，以測黄道。謂冬至之初，日躔定在南斗十二度。餘因劉焯皇極曆法，增損所宜。以勞封昌樂縣男。奉詔與算博士梁述、助教王真儒等，同正《五曹》、《孫子》等書，刊定注解，立于學官。《晉書》、《五代史》、《天文·律曆志》，皆淳風獨作。自秘閣郎中復爲太史令。卒。麟德曆行用，至弘道元年十二月甲寅朔壬午晦。八月詔，二年元日用甲申。故進以癸未爲晦。永昌元年十一月改元載初，用周正，以十二月爲臘月，建寅月爲一月。神功二年，司曆以臘月爲閏。而前歲之晦月見東方。太后詔以正月爲閏。聖曆三年，復行夏時，終開元十六年。《唐書·方技傳》、《曆志》、《天文志》。

論曰：麟德術大旨本于皇極舊法，而氣朔轉交通一爲道，則淳風所創爲也。總法爲一日之積分，期實爲一歲之積分，朔實爲一月之積分。以朔實除期實得一歲之月，以總法除朔實得一月之日。以古法言之，則朔實即古之章歲，又即古之月法也。期實即古之章月，又即古之紀日也。總法即古之日法，又即古之紀法也。蓋會通其理，固與古不殊。而運算省約，則此爲最善。術家遵用，沿及宋元。而三統四分以來，章蔀紀元之法，于是盡廢。斯其立法巧捷，勝于古人之一大端也。惟以南斗十二爲冬至，常星終古無差。此則知者千慮之失，由大衍以迄于今，更無有從其説者矣。

瞿曇羅

瞿曇羅，官太史令。神功二年甲子，南至改元聖曆。命瞿曇羅作光宅曆，將頒用。三年罷之。《唐書・曆志》。

南宮説

南宮説，官太史丞。中宗反正，詔説與司曆徐保、南宮季友治新曆。景龍中，曆成施用。以神龍元年歲乙巳，故治乙巳元曆，推而上之，積四十一萬四千三百六十算，得十一月甲子朔夜半冬至，七曜起牽牛之初。母法一百，期周三百六十五，日餘二十四，奇四十八。月法二十九，日餘五十三，奇六。月周法二十七，日餘五十五，奇四十五，小分五十九。天周三百六十五，度餘二十五，奇七十一，小分七十一。交周法二十七，日餘二十一，奇二十二。小分十六，七分歲星合法三百九十三，日餘八十六，奇七十九。小分八十，熒惑合法七百七十九，日餘九十一，奇五十五，小分四十五。鎮星合法三百七十九，日餘八，奇四，小分八十。太白合法五百八十三，日餘九十一，奇七十七，小分七十，辰星合法一百一十五，日餘八十七，奇九十五，小分七十。其術有黄道而無赤道，推五星先步定合，加伏日以求定見。它與淳風術同，所異者惟平合加減差，既成，而睿宗即位，罷之。《唐書・曆志》、《舊唐書・曆志》、《開元占經》。

論曰：元授時術不用積年日法，此則用積年而不用日法也。小分奇餘，并以百爲母，入算省約。五代萬分術法，蓋出于此矣。

瞿曇悉達

瞿曇悉達，開元六年官太史監。受詔譯九執術。上言：「臣等謹案九執術法，梵天所造，五通仙人，承習傳授，肇自上古。白博叉二月春分朔，于時曜躔婁宿，道曆景止，日中氣秋。庶物漸榮，一切漸長。動植讙喜，神祇交泰。擢兹令節，命爲曆元。竊稽開設法數，建立章率，述而不作，正而好古。竊簡易之智陳，得希夷之妙術。河帶山礪，久而愈新。藏往知來，挹而靡竭。嘗試言之，蓋以其國人多好道。苟非其氣，雖曰子弟，終不傳也。臣等謹憑天旨，專精鑽仰。凡在隱秘，咸得解通。今削除繁冗，開明法要。修仍舊貫，輯綴新法。」起明慶二年丁亥歲二月一日爲曆首，其法二月爲一時，六時爲一歲。月有朔，虚分七百三分日之三百三十。曆首朔虚分一百六十九，周天三百六十度，無餘分。分滿六十成一度，度滿三十成一相，相滿十二棄之。其求日度，先求中日，日去没分九百分度之十三。次置中日減二相二十度，餘爲日藏，乃以日藏求得度分，損益中日而得定日。其月度亦先求中月，月藏而求定月。其求交食，用日量、月量、阿修量、間量，以定虧滿時刻。望前曰白博叉，望後曰黑博叉。其算法用字乘除，一舉札而成。凡數至十進，入前位。每空位處恒安一點。陳景元謂一行大衍寫其術未盡云。《唐書・曆志》、《開元占經》。

論曰：九執術，今西法之所自出也。名數雖殊，理則無異。如九執之十二相，即西法之十二宫也。中日中月，即太陽太陰平行度也。日藏月藏，即引數。定日定月，即實行也。九執日平行起春分減二相二十度，則最高起算之端，在夏至前十度矣。今法最高有行分而在夏至後，九執最高則恒在夏至前十度也。日量即日徑，月量即月徑。阿修者，日道月道之交，亦即地景也。間量者，距緯也。以日月地景徑及距緯論交食，亦與今西法同也。惟九執譯于唐時，其法尚疏。後人精益求精，故今之西法爲更密合耳。

清・阮元《疇人傳》卷一四　唐二

一行上

一行，俗姓張，名遂。開元九年，麟德曆署日食比不效，詔僧一行作新曆，推大衍數立術以應之，較經史所書氣朔、日名、宿度可考者皆合。十五年草成，而一行卒，詔特進張説與曆官陳玄景等，次爲《曆術》七篇、《略例》一篇、《曆議》十篇，玄宗顧訪者則稱制旨。明年，説表上之，起十七年頒于有司。其法上元閼逢困敦之歲，距開元十二年甲子，積九千六百九十六萬一千七百四十算。通法三千四十，策實百一十一萬三百四十三。揲法八萬九千七百七十三。時善算瞿曇譔者，怨不得預改曆事，二十一年，與玄景奏：「大衍寫九執曆，其術未盡。」太子右司禦率南宮説亦非之。詔侍御史李麟、太史令桓執圭較靈臺候簿，大衍十得七八，麟德纔三四，九執一二焉。乃罪説等，而是否決。自太初至麟德曆，有二十三家，與天雖近而未密也。至一行密矣，其倚數立法固無以易也。後世雖有改作者，皆依倣而已。《略例》，所以明述作本旨也；《曆議》，所以考古今得失也。其説皆足以爲將來折衷，略其大要著于篇。

其《曆本議》曰：《易》「天數五，地數五，五位相得而各有合」，所以成變化而行鬼神也。」天數始于一，地數始于二，合二始以位剛柔。天數中于五，地數中于六，合二中以通律曆。天數終于九，地數終于十，合二終以紀閏餘。天有五音，所以司日也。地有六律，所以司辰也。參伍相周，究于六十，聖人以此見天地之心也。自五以降，爲五行生數；自六以往，爲五材成數。錯而乘之，以生數衍成

位。一、六而退極，五、十而增極；一、六爲爻位之統，五、十爲大衍之母。成數乘生數，其算六百，爲天中之積。生數乘成數，其算亦六百，爲地中之積。合千有二百，以五十約之，則四象周六爻也；二十四約之，則太極包四十九用也。綜成數，約中積，皆十五；綜生數，約中積，皆四十。兼而爲天地之數，以五位取之，復得二中之合矣。蓍數之變，九、六各一，乾坤之象也；七、八各三，六子之象也。故爻數通乎六十，策數行乎二百四十。是以大衍爲天地之樞，如環之無端，蓋律曆之大紀也。

夫數象微于三、四，而章于七、八。卦有三微，策有四象，故二微之合，在始中之際焉。蓍以七備，卦以八周，故二章之合，而在中終之際焉。中極居五六間，由闢闔之交，而在章、微之際者，人神之極也。天地中積千有二百，揲之以四，爲爻率三百；以十位乘之，而二章之積三千；以五材乘八象，爲二微之積四十。兼章、微之稍，則氣朔之分母也。以三極參之，倍六位除之，凡七百六十，是謂辰法，而齊于代軌。以十位乘之，倍大衍除之，凡三四百，是謂刻法，而齊于德運。半氣朔之母千五百二十，得天地出符之數，因而三之，凡四千五百六十，當七精返初之會也。《易》始于三微而生一象，四象成而後八卦章。三變皆剛，太陽之象；三變皆柔，太陰之象。一剛二柔，少陽之象；一柔二剛，少陰之象。少陽之剛，有始、有壯、有究。少陰之柔，有始、有壯、有究。兼三才而兩之，神明動乎其中。故四十九象，而大業之用周矣。數之德圓，故紀之于三而變于七；象之德方，故紀之四而變于八。人在天地中，以閱盈虛之變，則閏餘之初，而氣朔所虛也。以終合通大衍之母，虧其地十，凡九百四十爲通數。終合除之，得中率四十九，餘十九分之九。終歲之弦，而斗分復初之朔也。地于終極之際，虧十而從天，所以遠疑陽之戰也。夫十九分之九，盈九而虛十也。乾盈九，隱乎龍戰之中，故不見其首。坤虛十，以導潛龍之氣，故不見其成。周日之朔分，周歲之閏分，與一章之弦、一蔀之月，皆合于九百四十，蓋取諸中率也。一策之分十九，而章法生；一揲之分七十六，而蔀法生。一蔀之日二萬七千七百五十七，以通數約之，凡二十九日，餘四百九十九。而日月相及于朔，此六爻之紀也。以卦當歲，以爻當月，以策當日，凡三十二歲而小終，二百八十五小終而與卦運大終，二百八十五，則參伍二終之合也。數象既合，而遯行之變在乎其間矣。所謂遯行者，以爻率乘朔餘，爲十四萬九千七百。以四十九用、二十四象虛之，復以爻率約之，爲四百九十八微分七十五太半，則章、微之中率也。二十四象，象有四十九著，凡千一百七十六，故虛遯之數七十三。半氣朔之母，以三極乘參伍，以兩儀乘二十四變，因而并之，得千六百一十三爲朔餘。四揲氣朔之母，以八氣九精遯其十七，得七百四十三爲氣餘。歲八萬九千七百七十三而氣朔會，是謂章率。歲二億七千二百九十萬九千九百二十而無小餘，合于夜半，是謂蔀率。歲百六十三億七千四百五十九萬五千二百而大餘，與歲建俱終，是謂元率，此不易之道也。

策以紀日，象以紀月。故乾坤之策三百六十，爲日度之準；乾坤之用四十九象，爲月弦之檢。日之一度，不盈全策；月之一弦，不盈全用。故策餘萬五千九百四十三，則十有二中所盈也。用差萬七千一百二十四，則十有二朔所虛也。綜盈虛之數，五歲而再閏。中節相距，皆當三五；弦望相距，皆當二七。升除之應，發斂之候，皆紀之以策而從日者也；表裏之行，朓朒之變，皆紀之以用而從月者也。積算曰演紀，日法曰通法，月氣曰中朔，朔實曰揲法，歲分曰策實，周天曰乾實，餘分曰虛分。氣策曰三元，一元之策，則天一遯行也。月策曰四象，一象之策，則朔、弦、望相距也。五行用事曰發斂，候策曰天中，卦策曰地中，半卦曰貞悔，旬周曰爻數，小分母曰象統。日行曰躔，其差曰盈縮，積盈縮曰先後。古者平朔，月朝見曰朒，夕見曰朓。今以日之所盈縮、月之所遲疾損益之，或進退其日，以爲定朔。舒亟之度，乃數使然，躔離相錯，偕以損益，故同謂朓朒。月行曰離，遲疾曰轉度，母曰轉法。遲疾有衰，其變者勢也。月逶迆馴屈，行不中道，進退遲速，不率其常。過中則爲速，不及中則爲遲。積遲謂之屈，積速謂之伸。陽執中以出令，故曰先後；陰含章以聽命，故曰屈伸。日不及中則損之，過則益之；月不及中則益之，過則損之。尊卑之用睽，而及中之志同。觀晷景之進退，知軌道〔之〕升降。軌與晷名舛而義合，其差則水漏之所從也，總名曰軌漏。中晷長短謂之陟降。景長則夜短，景短則夜長。積其陟降，謂之消長。遊交曰交會，交而周曰交終。交終不及朔，謂之朔差；交中不及望，謂之望差。日道表曰陽曆，其裏曰陰曆。五星見伏周，謂之終率。以分從日謂之終日，其差爲進退。

其《中氣議》曰：曆氣始于冬至，稽其實，蓋取諸晷景。《春秋傳》僖公五年正月辛亥朔日南至。以周曆推之，入壬子蔀第四章，以辛亥一分合朔冬至，殷曆則壬子蔀首也。昭公二十年二月己丑朔日南至。魯史失閏，至不在正。左氏記之，以懲司曆之罪。周曆得己丑二分，殷曆得庚寅一分。殷曆南至常在十月晦，

則中氣後天也。周曆蝕朔差經或二日，則合朔先天也。傳所據者周曆也，緯所據者殷曆也。氣合于傳，朔合于緯，斯得之矣。戊寅曆月氣專合于緯，麟德曆專合于傳，偏取之，故兩失之。又《命曆序》以爲孔子修《春秋》用殷曆，使其數可傳于後。考其蝕朔不與殷曆合，及開元十二年，朔差五日矣，氣差八日矣。上不合于經，下不足以傳于後代，蓋哀、平間治甲寅元曆者託之，非古也。又漢太史令張壽王説黄帝調曆以非太初。有司劾：「官有黄帝調曆，不與壽王同，壽王所治乃殷曆也。」漢自中興以來，圖讖漏泄，而《考靈曜》、《命曆序》，皆有甲寅元，其所起在四分曆庚申元後百一十四歲。延光初中謁者亶誦、靈帝時五官郎中馮光等皆請用之，卒不施行。緯所載壬子冬至，則其遺術也。魯曆南至又先周曆四分日之三，而朔後九百四十分日之五十一，故僖公五年辛亥爲十二月晦，壬子爲正月朔。又推日蝕密于殷曆，其以閏餘一爲章首，亦取合于當時也。

開元十二年十一月，陽城測景，以癸未極長，較其前後所差，則夜半前尚有餘分。新曆大餘十九，加時九十九刻，而皇極、戊寅、麟德曆皆得甲申，以元始曆氣分二千四百四十二爲率，推而上之，則失《春秋》辛亥，是減分太多也。以皇極曆氣分二千四百四十五爲率，推而上之，雖合《春秋》，而失元嘉十九年乙巳冬至，及開皇五年甲戌冬至、七年癸未夏至。若用麟德曆率二千四百四十七，又失《春秋》己丑，是減分太少也。故新曆以二千四百四十四爲率，而舊所失者皆中矣。漢會稽東部尉劉洪以四分疎闊，由斗分多，更以五百八十九爲紀法，百四十五爲斗分，減餘太甚，是以不及四十年而加時漸覺先天。韓翊、楊偉、劉智等皆稍損益，更造新術，而皆依讖緯「三百歲改憲」之文，考經之合朔多中，較傳之南至則否。元始曆以爲十九年七閏，皆有餘分，是以中氣漸差。據渾天，二分爲東西之中，而晷景不等；二至爲南北之極，而進退不齊。此古人所未達也。更因劉洪紀法，增十一年以爲章歲，而減閏餘十九分之一。春秋後五十四年，歲在甲寅，直應鐘章首，與景初曆閏餘皆盡。雖減章閏，然中氣加時尚差，故未合于《春秋》。其斗分幾得中矣。後代曆象皆因循元始，而損益或過差。大抵古曆未減斗分，其率自二千五百以上。乾象至于元嘉曆未減閏餘，其率自二千四百六十以上。元始、大明至麟德曆皆減分破章，其率自二千四百二十九以上。較前代史官注記，惟元嘉十三年十一月甲戌景長，皇極、麟德、開元曆皆得癸酉，蓋日度變常爾。祖冲之既失甲戌冬至，以爲加時太早，增小餘以附會之。而十二年戊辰景長，得己巳；十七年甲午景長，得乙未；十八年己亥景長，得庚子。合一失三，其失愈多。劉孝孫、張胄玄因之，小餘益强，又以十六年己丑，景長，爲庚寅矣。治曆者糾合衆同，以稽其所異，苟獨異焉則失行可知。曲就其一，而少者失三，多者失五，是捨常數而從失行也。周建德六年，以壬辰景長，而麟德、開元曆皆得癸巳。開皇七年，以癸未景短，而麟德、開元曆皆得壬午。先後相戾，不可叶也，皆日行盈縮使然。凡曆術在于常數，而不在于變行。既葉中行之率，則可以兩齊先後之變矣。麟德已前，實録所記，乃依時曆書之，非候景所得。又比年候景長短不均，由加時有早晏，行度有盈縮也。自春秋以來至開元十二年冬、夏至，凡三十一事，戊寅曆得十六，麟德曆得二十三，開元曆得二十四。

其《合朔議》曰：日月合度謂之朔。無所取之，取之蝕也。《春秋》日蝕有甲乙者三十四。殷曆、魯曆先一日者十三，後一日者三。周曆先一日者二十二，先二日者九。其僞可知矣。莊公三十年九月庚午朔，襄公二十一年九月庚戌朔，定公五年三月辛亥朔，當以盈縮、遲疾爲定朔。殷曆雖合，適然耳，非正也。僖公五年正月辛亥朔、十二月丙子朔、十四年三月己丑朔；文公元年五月辛酉朔，十一年三月甲申晦；襄公十九年五月壬辰晦，昭公元年十二月甲辰朔，二十年二月己丑朔，二十三年正月壬寅朔，七月戊辰晦，皆與周曆合。其所記多周、齊、晉事，蓋周王所頒，齊、晉用之。僖公十五年九月己卯晦。十六年正月戊申朔；成公十六年六月甲午晦；襄公十八年十月丙寅晦，十一月丁卯朔，二十六年三月甲寅朔，二十七年六月丁未朔，與殷曆、魯曆合。此非合蝕，故仲尼因循時史，而所記多宋、魯事，與齊、晉不同可知矣。昭公十二年十月壬申朔，原輿人逐原伯絞，與魯曆、周曆皆差一日，此邱明即其所聞書之也。僖公二十二年十一月己巳朔，宋楚戰于泓。周、殷、魯曆皆先一日，楚人所赴也。昭公二十年六月丁巳晦，衛侯與北宫喜盟；七月戊午朔，遂盟國人。三曆皆先二日，衛人所赴也。此則列國之曆，不可以一術齊矣。而長曆日子不在其月，則改易閏餘，欲以求合。故閏月相距，近則十餘月，遠或七十餘月，此杜預所甚謬也。夫合朔先天，則經書日蝕以糾之。中氣後天，則傳書南至以明之。其在晦二日，則原乎定朔以得之。列國之曆或殊，則稽于六家之術以知之。此四者皆治曆之大端，而預所未曉故也。新曆本《春秋》日蝕，古史交會加時及史官候簿所詳，稽其進退之中，以立常率。然後以日躔月離、先後屈伸之變，偕損益之。故經朔雖得其中，而躔離或失其正。若躔離各得其度，而經朔或失其中，則參求累代，必有差矣。三者迭相爲經，若權衡相持，使千有五百年間，朔必在晝，望必在夜，其加時又合，則三

術之交，自然各當其正，此最微者也。若乾度盈虛，與時消息，告譴于經數之表，變常于潛遯之中，則聖人且猶不質，非籌曆之所能及矣。

昔人考天事，多不知定朔。假蝕在二日，而常朔之晨，月見東方；食在晦日，則常朔之夕，月見西方。理數然也。而或以爲朓朒變行，或以爲曆術疎闊，遇常朔朝見則增朔餘，夕見則減朔餘，此紀曆所以屢遷也。漢編訢、李梵等，又以晦猶月見，欲令蔀首先大。賈逵曰：「《春秋》書朔晦者，朔必有朔，晦必有晦，晦朔必在其月前也。先大，則一月再朔、後月無朔，是朔不可必也。訢、梵等欲諧偶十六日，月朓昏，晦滅而已。又晦與合朔同時，不得異日。」考逵等所言，蓋知之矣。晦朔之交，始終相際，則光盡明生之限，度數宜均。故合于子正，則晦日之朝，猶朔日之夕也，是以月皆不見；若合于午正，則晦日之晨，猶二日之昏也，是以月或皆見。若陰陽遲速，軌漏加時不同，舉其中數率，去日十三度以上而月見，乃其常也。且晦日之光未盡也，如二日之明已生也，一以爲是，一以爲非。又常朔進退，則定朔之晦二也，或以爲變，或以爲常。是未通于四三交質之論也。綜近代諸曆，以百萬爲率齊之，其所差少或一分，多至十數失一分。考《春秋》纔差一刻，而百數年間，不足成朓朒之異。施行未幾，旋復疎闊，由未知躔離經朔相求耳。李業興、甄鸞等欲求天驗，輒加減月分，遷革不已，朓朒相戾，又未知昏明之限與定朔故也。楊偉採乾象爲遲疾陰陽曆，雖知加時後天，蝕不在朔，而未能有以更之也。何承天欲以盈縮定朔望小餘。錢樂之以爲推交會時刻雖審，而月頻三大二小。日蝕不唯在朔，亦有在晦、二者。皮延宗又以爲紀首合朔大小餘當盡，若每月定之，則紀首位盈當退一日，便應以故歲之晦爲新紀之首。立法之制，如爲不便。承天乃止。虞劆曰：「所謂朔在會合，苟躔次既同，何患於頻大也？日月相離，何患于頻小也？」《春秋》日蝕不書朔者八，《公羊》曰：「二日也。」《穀梁》曰：「晦也。」《左氏》曰：「官失之也。」劉孝孫推俱得朔，曰：「以邱明爲是。」乃與劉焯皆議定朔，爲有司所抑，不得行。傅仁均始爲定朔，而曰「晦不東見，朔不西朓」。以爲昏晦當滅，亦訢、梵之論。淳風因循皇極。皇極密于麟德，以朔餘乘三千四十，乃一萬除之，就全數得千六百一十三。又以九百四十乘之，以三千四十而一，得四百九十八秒七十五太强，是爲四分餘率。劉洪以古曆斗分太强，久當後天，乃先正斗分，而後求朔法，故朔餘之母煩矣。韓翊以乾象朔分太弱，久當先天，乃先考朔分，而後覆求度法，故度餘之母煩矣。何承天反覆相求，使氣朔之母合簡易之率，而星數不得同元矣。李業興、宋景業、甄鸞、張賓欲使六甲之首，衆術同元，而氣朔餘分，其細甚矣。麟德曆有總法，開元曆有通法，故積歲如月分之數，而後閏餘皆盡。考漢元光已來，史官注記日蝕，有加時者凡三十七事，麟德曆得五，開元曆得二十二。

其《沒滅略例》曰：古者以中氣所盈之日爲沒，沒分偕盡者爲滅；開元曆以中分所盈爲沒，朔分所虛爲滅。綜終歲沒分謂之策餘，終歲滅分謂之用差，皆歸于揲易再扐而後掛也。

其《卦候議》曰：七十二候原于周公《時訓》。《月令》雖頗有增益，其先後之次則同。自後魏始載于曆，乃依《易軌》所傳，不合經義。今改從古。

其《卦議》曰：十二月卦出于孟氏章句，其說《易》本于氣，而後以人事明之。京氏又以卦爻配期之日，坎、離、震、兑，其用事自分、至之首，皆得八十分日之七十三。頤、晉、井、大畜，皆五日十四分，餘皆六日七分，止于占災眚與吉凶善敗之事。至于觀陰陽之變，則錯亂而不明。自乾象曆以降，皆因京氏。惟天保曆依《易通統軌圖》，自入十有二節、五卦、初爻，相次用事，及上爻而與中氣偕終，非京氏本旨，及《七略》所傳。案郎顗所傳，卦皆六日七分，不以初爻相次用事，齊曆謬矣。又京氏減七十三分爲四正之候，其說不經，欲附會緯文「七日來復」而已。

夫陽精道消，静而無迹，不過極其正數，至七而通矣。七者陽之正也，安在益其小餘，令七日而後雷動地中乎？當據孟氏，自冬至初中孚用事，一月之策，九六、七八是爲三十。而卦以地六，候以天五，五六相乘，消息一變，十有二變而歲復初。坎、震、離、兑，二十四氣，次主一爻，其初則二至、二分也。坎以陰包陽，故自北正微陽動于下，升而未達，極于二月，凝涸之氣消，坎運終焉。春分出于震，始據萬物之元，爲主于内，則群陰化而從之，極于南正，而豐大之變窮，震功究焉。離以陽包陰，故自南正微陰生于地下，積而未章，至于八月，文明之質衰，離運終焉。仲秋陰形于兑，始循萬物之末，爲主于内，群陽降而承之，極于北正，而天澤之施窮，兑功究焉。故陽七之静始于坎，陽九之動始于震，陰八之静始于離，陰六之動始于兑。故四象之變皆兼六爻，而中節之應備矣。《易》爻當日，十有二中，直全卦之初；十有二節，直全卦之中。齊曆又以節在貞，氣在晦，非是。

清・阮元《疇人傳》卷一五　唐三

一行中

其《日度議》曰：古曆日有常度，天周爲歲終，故係星度于節氣。其說似是

而非，故久而益差。虞喜覺之，使天爲天、歲爲歲，乃立差以追其變，使五十年退一度。何承天以爲太過，乃倍其年，而反不及。皇極取二家中數爲七十五年，蓋近之矣。考古史及日官候簿，以通法之三十九分太爲一歲之差。自帝堯寅紀之端，在虚一度。及今開元甲子却三十六度，而乾策復初矣。日在虚一，則鳥、火、昴、虚皆以仲月昏中，合于《堯典》。劉炫依大明曆四十五年差一度，則冬至在虚、危，而夏至火已過中矣。梁武帝據虞劆曆，百八十六年差一度，則唐虞之際，日在斗、牛間，而冬至昴尚未中，以爲皆承閏後節前，月却使然。而此經終始一歲之事，不容頓有四閏，故淳風因爲之説曰：「若冬至昴中，則夏至秋分，星火、星虚皆在未正之西。若以夏至火中，秋分虚中，則冬至昴在巳正之東。互有盈縮，不足以爲歲差證。」是又不然。今以四象分天，北正玄枵中，虚九度；東正大火中，房二度；南正鶉火中，七星七度；西正大梁中，昴七度。揔晝夜刻以約周天，命距中星，則春分南正中天，秋分北正中天。冬至之昏，西正在午東十八度；夏至之昏，東正在午西十八度，軌漏使然也。冬至日在虚一度，則春分昏張一度中；秋分虚九度中，冬至胃二度中，昴距星直午正之東十二度，夏至尾十一度中，心後星直午正之西十二度。四序進退，不逾午正間。而淳風以爲不葉，非也。又王孝通云：「如歲差自昴至壁，則堯前七千餘載，冬至日應在東井。井極北故暑，斗極南故寒。寒暑易位，必不然矣。」所謂歲差者，日與黄道俱差也。假冬至日躔大火之中，則春分黄道交于虚九，而南至之軌更出房、心外，距赤道亦二十四度。設在東井，差亦如之。若日在東井，猶去極最近，表景最短，則是分、至常居其所。黄道不遷，日行不退，又安得謂之歲差乎？孝通及淳風以爲冬至日在斗十三度，昏東壁中，昴在巽維之左，向明之位，非無星也。水星昏正，可以爲仲冬之候，何必援昴于始覿之際，以惑民之視聽哉！

夏后氏四百三十二年，日却差五度。太康十二年戊子歲冬至，應在女十一度。《書》曰：「乃季秋月朔，辰弗集于房。」劉炫曰：「房，所舍之次也。集，會也；會，合也。不合則日蝕可知。或以房爲房星，知不然者，且日之所在，正可推而知之。君子慎疑，寧當以日在之宿爲文？近代善曆者，推仲康時九月合朔，已在房星北矣。」案古文「集」與「輯」義同。日月嘉會，而陰陽輯睦，則陽不疚乎位，以常其明，陰亦含章示冲，以隱其形。若變而相傷，則不輯矣。房者辰之所次，星者所次之名，其揆一也。又《春秋傳》「辰在斗柄」，「天策焞焞」，「降婁之初」，「辰尾之末」，君子言之，不以爲謬，何獨慎疑于房星哉？新曆仲康五年癸巳歲九月庚戌朔日蝕，在房二度。炫以《五子之歌》，仲康是其一。肇位四海，復修大禹之典，其五年羲和失職，王命徂征。虞劆以爲仲康元年，非也。《國語》單子曰：「辰角見而雨畢，天根見而水涸，本見而草木節解，駟見而隕霜，火見而清風戒寒。」韋昭以爲夏后氏之令，周人所因。推夏后氏之初，秋分後五日，日在氐十三度，龍角盡見，時雨可以畢矣。又先寒露三日，天根朝覿，《時訓》「爰始收潦」，而《月令》亦云水涸，後寒露十日，日在尾八度而本見，又五日而駟見，故隕霜則蟄蟲墐户。鄭康成據當時所見，謂天根朝見，在季秋之末，以《月令》爲謬。韋昭以仲秋水始涸，天根見乃竭。皆非是。霜降六日，日在尾末，火星初見，營室昏中，于是始修城郭、宫室。故《時儆》曰：「營室之中，土功其始。火之初見，期于司理。」麟德曆霜降後五日火伏，小雪後十日晨見，至大雪而後定星中，日旦南至，冰壯地坼。又非土功之始也。

夏曆十二次，立春日在東壁三度，于太初星距壁一度太也。顓頊曆上元甲寅歲正月甲寅晨初合朔，立春七曜皆直艮維之首。蓋重黎受職于顓頊，九黎亂德，二官咸廢，帝堯復其子孫，命掌天地四時，以及虞、夏。故本其所由生，命曰顓頊，其實夏曆也。湯作殷曆，更以十一月甲子合朔冬至爲上元。周人因之，距羲和千祀，昏明中星率差半次。夏時直月節者，當十有二中，故因復夏令。其後吕不韋得之，以爲秦法，更考中星，斷取近距，以乙卯歲正月己巳朔立春爲上元。《洪範傳》曰：「曆記始于顓頊上元太始閼蒙攝提格之歲，畢陬之月，朔日己巳立春，七曜俱在營室五度」是也。秦顓頊曆元起乙卯，漢太初曆元起丁丑，推而上之，皆不值甲寅，猶以日月五緯，復得上元本星度，故命曰閼蒙攝提格之歲，而實非甲寅。夏曆章蔀紀首皆在立春，故其課中星，揆斗建與閏餘之所盈縮，皆以十有二節爲損益之中。而殷、周、漢曆章蔀紀首皆直冬至，故其名察發斂，亦以中氣爲主。此其異也。《夏小正》雖頗疎簡失傳，乃羲和遺迹。何承天循大戴之説，復用夏時，更以正月甲子夜半合朔雨水爲上元，進乖夏曆，退非周正。故近代推《月令》、《小正》者，皆不與古合。開元曆推夏時立春日在營室之末，昏東井二度中。古曆以參右肩爲距，方當南正。故《小正》曰：「正月初昏，斗杓懸在下。」魁枕參首，所以著參中也。季春在昴十一度半，去參距，星十八度，故曰「三月參則伏」。立夏日在井四度，昏角中。南門右星入角，距西五度，其左星入角，距東六度，故曰：「四月初昏，南門正，昴則見。」五月節日在輿鬼一度半，參去日道最遠，以渾儀度之，參體始見，其肩股猶在濁中，房星正中，故曰：「五月參則

見。初昏大火中。」「八月，參中則曙」，失傳也。辰伏則參見，非中也。「十月初昏，南門見」，亦失傳也。定星方中，則南門伏，非昏見也。

商六百二十八年，日却差八度，太甲二年壬午歲，冬至應在女六度。《國語》曰：「武王伐商，歲在鶉火，月在天駟，日在析木之津，辰在斗柄，星在天黿。」舊説歲在己卯，推其朏魄，乃文王崩、武王成君之歲也。其明年武王即位，新曆孟春，定朔丙辰，于商爲二月。故《周書》曰：「維王元祀二月丙辰朔，武王訪于周公。」《竹書》：「十一年庚寅，周始伐商。」而《管子》及《家語》以爲十二年，蓋通成君之歲也。先儒以文王受命九年而崩，至十年武王觀兵盟津，十三年復伐商。推元祀二月丙辰朔，距伐商日月，不爲相距四年。所説非是。武王十年，夏正十月戊子，周師始起。于歲差日在箕十度，則析木津也。晨初月在房四度。于《易》雷乘乾曰大壯，房、心象焉。心爲乾精，而房，升陽之駟也。房與歲星實相經緯，以屬靈威仰之神，后稷感之以生。故《國語》曰：「月之所在辰馬農祥，我祖后稷之所經緯也。」又三日得周正月庚寅朔，日月會南斗一度，故曰「辰在斗柄」。壬辰辰星夕見，在南斗二十度。其明日，武王自宗周次于師所。凡月朔而未見曰「死魄」，夕而成光則謂之「朏」。朏或以二日，或以三日，故《武成》曰：「維一月壬辰旁死魄。翌日癸巳，王朝步自周，于征伐商。」是時辰星與周師俱進，由建星之末，曆牽牛、須女，涉顓頊之虚。戊午，師渡盟津，而辰星伏于天黿。辰星汁光紀之精，所以告顓頊而終水行之運，且木帝之所繇建也。故《國語》曰：「星與日辰之位皆在北維，顓頊之所建也，帝嚳受之。我周氏出自天黿；及析木，有建星、牽牛焉，則我皇妣太姜之姪、伯陵之後，逢公之所憑神也。」是歲歲星始及鶉火，其明年同始革命。歲又退行，旅于鶉首，而後進及鳥帑，所以返復其道，經綸周室。鶉火直軒轅之虚，以爰稼穡，稷星繫焉，而成周之大萃也。鶉首當山河之右，太王以興，后稷封焉，而宗周之所宅也。歲星與房實相經緯，而相距七舍；木與水代終，而相及七月。故《國語》曰：「歲之所在，則我有周之分也。自鶉及駟七列，南北之揆七月。」其二月戊子朔哉生明，王自克商還至于酆，于周爲四月。新曆推定望甲辰，而乙巳旁之。故《武成》曰：「維四月，既旁生魄。粤六日庚戌，武王燎于周廟。」麟德曆周師始起，歲在降婁，月宿天根，日躔心而合辰左尾，水星伏于星紀，不及天黿。又《周書》革命六年而武王崩。《管子》、《家語》以爲七年，蓋通克商之歲也。

周公攝政七年二月甲戌朔，己丑望後六日乙未。三月定朔甲辰，三日丙午，故《召誥》曰：「惟二月既望，越六日乙未，王朝步自周，至于酆。」「三月，惟丙午朏，越三日戊申，太保朝至于洛。」其明年，成王正位，三十年四月己酉朔甲子哉生魄。故《書》曰：「惟四月，才生魄。」甲子，作《顧命》。康王十二年，歲在乙酉六月戊辰朔，三日庚午。故《畢命》曰：「惟十有二年六月庚午朏。越三日壬申，王以成周之衆命畢公。」自伐紂及此五十六年，朏魄日名上下無不合。而三統曆以己卯爲克商之歲，非也。夫有効于古，宜合于今。三統曆自太初至開元朔，後先三日，推而上之，以至周初，先天失之蓋益甚焉。是以知合于歆者，必非克商之歲。自宗周訖春秋之季，日却差八度。康王十一年甲申歲冬至，應在牽牛六度。周曆十二次，星紀初南斗十四度，于太初星距斗十七度少也。周曆分率簡易，歲久輒差。達曆數者隨時遷革，以合其變。故三代之興，皆揆測天行，考正星次，爲一代之制。正朔既革，而服色從之。及繼體守文，疇人代嗣，則謹循先王舊制焉。

《國語》曰：「農祥晨正，日月底于天廟，土乃脈發。先時九日，太史告稷曰，自今至于初吉，陽氣俱蒸，土膏其動，弗震不渝，脈其滿眚，穀乃不殖。」周初先立春九日，日至營室。古曆距中九十一度，是日晨初，大火正中，故曰「農祥晨正，日月底于天廟」也。于《易》象，升氣究而臨受之，自冬至後七日，乾精始復。及大寒，地統之中，陽洽于萬物根柢，而與萌芽俱升，木在地中之象，升氣已達，則當推而大之，故受之以臨。于消息，龍德在田，得地道之和澤，而動于地中，升陽憤盈，土氣震發，故曰：「自今至于初吉，陽氣俱蒸，土膏其動。」又先立春三日，而小過用事，陽好節止于内，動作于外，矯而過正，然後返求中焉。是以及于艮維，山澤通氣，陽精闢户，甲坼之萌見，而莩穀之際離，故曰：「不震不渝，脈其滿眚，穀乃不殖。」君子之道，必擬之而後言，豈億度而已哉！韋昭以爲日及天廟在立春之初，非也。于麟德曆則又後立春十五日矣。

《春秋》「桓公五年，秋，大雩」，傳曰：「書不時也。凡祀，啓蟄而郊，龍見而雩。」周曆立夏日在觜觿二度。于軌漏，昏角一度中，蒼龍畢見。然則當在建巳之初，周禮也。至春秋時，日已潛退五度，節前月却猶在建辰。《月令》以爲五月者，呂氏以顓頊曆芒種亢中，則龍以立夏昏見，不知有歲差，故雩祭失時。然則唐禮當以建巳之初，農祥始見而雩。若據麟德曆以小滿後十三日，則龍角過中，爲不時矣。傳曰：「凡土功，龍見而畢務，戒事。火見而致用，水昏正而栽，日到而畢。」十六年冬城向，十有一月衛侯朔出奔齊。「冬，城向，書時也。」以歲

差推之，周初霜降，日在心五度，角、亢晨見。立冬火見營室中，後七日水星昏正，可以興版幹。故祖冲之以爲「定之方中」直營室八度。是歲九月六日霜降，二十一日立冬。十月之前，水星昏正，故傳以爲得時。杜氏據晉曆小雪後定星乃中，季秋城向，似爲大早，因曰功役之事，皆總指天象，不與言曆數同。引《詩》云「定之方中」乃未正中之辭，非是。麟德曆立冬後二十五日火見，至大雪後營室乃中。而《春秋》九月書時，不已早乎？犬雪周之孟春，陽氣静復，以繕城隍，治宫室，是謂發天地之房，方于立春斷獄，所失多矣。然則唐制宜以玄枵中天興土功。

僖公五年，晉侯伐號，卜偃曰：「克之。童謡云：『丙之辰，龍尾伏辰，袀服振振，取號之旂，鶉之賁賁，天策焞焞，火中成軍。』其九月十月之交乎？丙子旦，日在尾，月在策，鶉火中，必是時。」策，入尾十二度。新曆是歲十月丙子定朔，日月合尾十四度于黄道。日在古曆尾，而月在策，故曰「龍尾伏辰」。于古距張中而曙，直鶉火之末，始將西降，故曰「賁賁」。昭公七年四月甲辰朔日蝕。士文伯曰：「去衛地，如魯地，于是有災，魯實受之。」新曆是歲二月甲辰朔入常，雨水後七日，在奎十度。周度爲降婁之始，則魯、衛之交也。自周初至是已退七度，故入雨水，七日方及降婁。雖日度潛移，而周禮未改，其配神主祭之宿，宜書于建國之初。淳風駁戊寅曆曰：「《漢志》降婁初在奎五度，今曆日蝕在降婁之中，依無歲差法，當食于兩次之交。」是又不然。議者曉十有二次之所由生也，然後可以明其得失。且劉歆等所定辰次，非能有以覩陰陽之賾，而得于鬼神，各據當時中節星度耳。歆以太初曆冬至日在牽牛前五度，故降婁直東壁八度。李業興正光曆冬至在牽牛前十二度，故降婁退至東壁三度。及祖冲之後，以爲日度漸差，則當據列宿四正之中，以定辰次，不復係于中節。淳風以冬至常在斗十三度，則當以東壁二度爲降婁之初，安得守漢曆以駁仁均耶？又三統曆昭公二十年己丑日南至，與麟德及開元曆同。然則入雨水後七日，亦入降婁七度，非魯、衛之交也。三十一年十二月辛亥朔日蝕，史墨曰：「日月在辰尾，庚午之日，日始有謫。」開元曆是歲十月辛亥朔，入常立冬。五日日在尾十三度，于古距辰尾之初。麟德曆日在心三度，于黄道退直于房矣。

哀公十二年冬十有二月，螽。開元曆推置閏當在十一年春，至十二月冬，失閏已久。是歲九月己亥朔，先寒露三日，于定氣日在亢五度，去心近一次。火星明大，尚未當伏。至霜降五日，始潛日下。乃《月令》「蟄蟲咸俯」，則火辰未伏，當在霜降前。雖節氣極晚，不得十月昏見。故仲尼曰：「邱聞之，火伏而後蟄者畢。今火猶西流，司曆過也。」方夏后氏之初，八月辰伏，九月内火，及霜降之後，火已朝覿東方，距春秋之季千五百餘年，乃云「火伏而後蟄者畢」。向使冬至當居其所，則仲尼不得以西流未伏，明是九月之初也。自春秋至今又千五百歲，麟德曆以霜降後五日日在氐八度，房、心初伏，定增二日，以月蝕衝校之，猶差三度。閏餘稍多，則建亥之始，火猶見西方。向使宿度不移，則仲尼不得以西流未伏，明非十月之候也。自羲和以來，火辰見伏，三覩厥變。然則邱明之記，欲令後之作者參求微象，以探仲尼之旨。是歲失閏寖久，季秋中氣後天三日，比及明年仲冬，又得一閏。寤仲尼之言，補正時曆，而十二月猶可以螽。至哀公十四年五月庚申朔日蝕。以開元曆考之，則日蝕前又增一閏，魯曆正矣。長曆自哀公十年六月迄十四年二月，纔置一閏，非是。

戰國及秦，日却退三度。始皇十七年辛未歲冬至，應在斗二十二度。秦曆上元正月己巳朔晨初立春，日、月、五星俱起營室五度，蔀首日名皆直四孟。假朔退十五日，則閏在正月前；朔進十五日，則閏在正月後。以是以十有二節，皆在盈縮之中，而晨昏宿度隨之。以顓頊曆依《月令》，自十有二節推之，與不韋所記合。而穎子嚴之論，謂《月令》晨昏距宿，當在中氣，致雩祭太晚，自乖左氏之文，而杜預又據《春秋》以《月令》爲否。皆非是。梁大同曆夏后氏之初，冬至日在牽牛初，以爲《明堂》、《月令》乃夏時之記，據中氣推之不合，更以中氣之間爲正，乃稍相符。不知進在節初，自然契合。自秦初及今又且千歲，節初之宿，皆當中氣。淳風因爲説曰：「今孟春中氣，日在營室，昏明中星，與《月令》不殊。」案秦曆立春日在營室五度。麟德曆以啓蟄之日乃至營室，其昏明中宿十有二建，以爲不差，妄矣。古曆冬至昏明中星去日九十二度，春分、秋分百度，夏至百一十八度，率一氣差三度，九日差一刻。秦曆十二次立春在營室五度，于太初星距危十六度少也。昏畢八度中，《月令》參中，謂肩股也。晨心八度中，《月令》尾中，于太初星距尾也。仲春昏東井十四度中，《月令》弧中，弧星入東井十八度。晨南斗二度中，《月令》建星中，於太初星距西建也。《甄曜度》及魯曆，南方有狼、弧，無東井、鬼，北方有建星，無南斗。井、斗度長，弧、建度短，故以正昏明云。

古曆星度及漢落下閎等所測，其星距遠近不同，然二十八宿之體不異。古以牽牛上星爲距，太初改用中星，入古曆牽牛太半度，于氣法當三十二分日之二

十一。故《洪範傳》冬至日在牽牛一度，減太初星距二十一分，直南斗二十六度十九分也。顓頊曆立春起營室五度，冬至在牽牛一度少，《洪範傳》冬至所起無餘分。故立春在營室四度太。祖冲之自營室五度，以太初星距命之，因云秦曆冬至日在牽牛六度。虞劆等襲冲之之誤，爲之説云：「夏時冬至日在斗末，以歲差考之，牽牛六度，乃顓頊之代。漢時雖覺其差，頓移五度，故冬至還在斗初。」案《洪範》古今星距，僅差四分之三，皆起牽牛一度。劆等所説亦非是。魯宣公十五年丁卯歲，顓頊曆第十三蔀首，與麟德曆俱以丁巳平旦立春。至始皇三十三年丁亥，凡三百八十歲，得顓頊曆壬申蔀首。是歲秦曆以壬申寅初立春，而開元曆與麟德曆俱以庚午平旦，差二日，日當在南斗二十二度。古曆後天二日，又增二度。然則秦曆冬至，定在牛前二度。氣後天二日，日不及天二度，微而難覺，故呂氏循用之。

及漢興，張蒼等亦以爲顓頊曆比五家疎闊中最近密。今考月蝕衝，則開元冬至，上及牛初正差一次。淳風以爲古術疎舛，雖弦望、昏明，差天十五度而猶不知。又引《呂氏春秋》黄帝以仲春乙卯日在奎，始奏十二鐘，命之曰「咸池」。至今三千餘年，而春分亦在奎，反謂秦曆與今不異。案不韋所記，以其《月令》孟春在奎，謂黄帝之時亦在奎，猶淳風曆冬至斗十三度，因謂黄帝時亦在建星耳。經籍所載，合于歲差者，淳風皆不取，而專取《呂氏春秋》。若謂十二紀可以爲正，則立春在營室五度，固當不易，安得頓移使當啓蟄之節？此又其所不思也。漢四百二十六年，日却差五度。景帝中元三年甲午歲冬至，應在斗二十二度。古曆太初元年，三統曆及周曆皆以十一月夜半合朔冬至，日月俱起牽牛一度。古曆與近代密率相較，二百年氣差一日，三百年朔差一日，推而上之，久益先天；引而下之，久益後天。僖公五年，周曆正月辛亥朔，餘四分之一，南至。以歲差推之，日在牽牛初。至宣公十一年癸亥，周曆與麟德曆俱以庚戌日中冬至，而月朔尚先麟德曆十五辰。至昭公二十年己卯，周曆以正月己丑朔日中南至，麟德曆以己丑平旦冬至。哀公十一年丁巳，周曆入己酉蔀首，麟德曆以戊申禺中冬至。惠王四十三年己丑，周曆入丁卯蔀首，麟德曆以乙丑日昳冬至。呂后八年辛酉，周曆入乙酉蔀首，麟德曆以壬午黄昏冬至，其十二月甲申入定合朔。太初元年，周曆以甲子夜半合朔冬至，麟德曆以辛酉禺中冬至，十二月癸亥晡時合朔。氣差三十二辰，朔差四辰。此疎密之大較也。

僖公五年，周曆、漢曆、唐曆皆以辛亥南至。後五百五十餘歲，至太初元年，周曆、漢曆皆得甲子夜半冬至，唐曆皆以辛酉，則漢曆後天三日矣。祖冲之、張胄玄促上章歲至太初元年，冲之以癸亥鷄鳴冬至，而胄玄以癸亥日出。欲令合于甲子，而適與魯曆相會。自此推僖公五年，魯曆以庚戌冬至，而二家皆以甲寅。且僖公登觀臺以望而書雲物，出于表晷天驗，非時史億度，乖邸明正時之意，以就劉歆之失。今考麟德元年甲子，唐曆皆以甲子冬至，而周曆、漢曆皆以庚午。然則自太初〔下〕至麟德差四日，自太初上及僖公差三日，不足疑也。以歲差考太初元年辛酉冬至加時，日在斗二十三度。漢曆氣後天三日，而日先天三度，所差尚少。故落下閎等雖候昏明中星步日所在，猶未覺其差。然《洪範》、太初所揆冬至昏奎八度中，夏至昏氐十三度中，依漢曆冬至日在牽牛初太半度，以昏距中命之奎十一度中，夏至房一度中。此皆閎等所測。自差三度，則劉向等殆已知太初冬至不及天三度矣。

及永平中，治曆者考行事，史官注日，常不及太初曆五度。然諸儒守讖緯，以爲當在牛初，然賈逵等議：「石氏星距，黄道規牽牛，初直斗二十度，于赤道二十一度也。《尚書考靈耀》斗二十二度，無餘分。冬至日在牽牛初無牽牛所起文。編訢等據今日所去牽牛中星五度，于斗二十一度四分一，與《考靈耀》相近。」遂更曆從斗二十一度起。然古曆以斗魁首爲距，至牽牛二十二度，未聞移牽牛六度以就太初星距也。逵等以末學僻于所傳，而昧天象，故以權誣之，而後聽從他術，以爲日在牛初者，由此遂黜。今歲差，引而退之，則辛酉冬至日在斗二十度，合于密率，而有驗于今；推而進之，則甲子冬至日在斗二十四度，昏奎八度中，而有證于古，其虚退之度，又適及牽牛之初。而冲之雖促減氣分，冀符漢曆，猶差六度，未及于天。而麟德曆冬至不移，則昏中向差半次。淳風以爲太初元年得本星，度日月合璧，俱起建星。賈逵考曆，亦云古曆冬至皆起建星。兩漢冬至，日皆後天，故其宿度多在斗末。今以儀測，建星在斗十三四度間，自古冬至無差，審矣。案古之六術并同四分，四分之法，久則後天。推古曆之作，皆在漢初，却較《春秋》朔并先天，則非三代之前明矣。古曆南斗至牽牛上星二十一度，入太初星距四度，上直西建之初。故六家或以南斗命度，或以建星命度。方周、漢之交，日已潛退，其襲《春秋》舊曆者，則以爲在牽牛之首；其考當時之驗者，則以爲入建星度中。然氣朔前後不逾一日，故漢曆冬至當在斗末，以爲建星上得太初本星度，此其明據也。四分法雖疎，而先賢謹于天事，其遷革之意，俱有效于當時。故太史公等觀二十八宿疎密，立晷儀，下漏刻，以稽晦朔、分至、

躔離、弦望，其赤道遺法，後世無以非之。故雜候清臺，太初最密，若當時日在建星，已直斗十三度，則壽王調曆，宜允得其中，豈容頓差一氣而未知其謬？不能覩乎時變，而欲厚誣古人也。

後百餘歲，至永平十一年，以麟德曆較之，氣當後天二日半，朔當後天半日。是歲四分曆得辛酉蔀首，已減太初曆四分日之三，定後天二日太半。開元曆以戊午禺中冬至日在斗十八度半弱，潛退至牛前八度，進至辛酉夜半，日在斗二十一度半弱。《續漢志》云「元和二年冬至，日在斗二十一度四分之一」是也。祖冲之曰：「四分曆立冬景長一丈，立春九尺六寸，冬至南極，日晷最長。二氣去至，日數既同，則中景應等。而相差四寸，此冬至後天之驗也。二氣中景，日差九分半弱，進退調均，略無盈縮，各退二日十二刻，則景皆九尺八寸。以此推冬至後天，亦二日十二刻矣。」東漢晷漏定于永元十四年，則四分法施行後十五歲也。二十四氣加時進退不等，其去午正極，遠者四十九刻有餘。日中之晷，頗有盈縮，故治曆者皆就其中率，以午正言之。而開元曆所推氣及日度，皆直子半之始，其未及日中尚五十刻。因加二日十二刻，正得二日太半，與冲之所算，及破章二百年間輒差一日之數皆合。自漢時辛酉冬至，以後天之數減之，則合于今曆歲差斗十八度。自今曆戊午冬至，以後天之數加之，則合于賈逵所測斗二十一度，反復僉同。而淳風冬至常在斗十三度，豈當時知不及牽牛五度，而不知過建星八度耶？

晉武帝太始三年丁亥歲冬至，日當在斗十六度。晉用魏景初曆，其冬至亦在斗二十一度少。太元九年，姜岌更造三紀術，退在斗十七度。曰：「古曆斗分强，故不可施于今；乾象斗分細，故不可通于古。景初雖得其中，而日之所在，乃差四度，合朔虧盈，皆不及其次。假月在東井一度蝕，以日檢之，乃在參六度。」岌以月蝕衝知日度，由是躔次遂正，爲後代治曆者宗。宋文帝時，何承天上元嘉曆，曰：「四分、景初曆，冬至同在斗二十一度，臣以月蝕檢之，則今應在斗十七度。又土圭測二至，晷差三日有餘，則天之南至日在斗十三四度矣。」事下太史考驗，如承天所上。以開元曆考元嘉十年冬至日在斗十四度，與承天所測合。大明八年，祖冲之上大明曆，冬至在斗十一度，開元曆應在斗十三度。梁天監八年，冲之子員外散騎侍郎暅之上其家術。詔太史令將作大匠道秀等較之，上距大明又五十年，日度益差。其明年閏月十六日月蝕，在虚十度，日應在張四度，承天曆在張六度，冲之曆在張二度。大同九年，虞劆等議：「姜岌、何承天俱以月蝕衝步日所在，承天雖移及三度，然其冬至亦上岌三日。承天在斗十三四度，而岌在斗十七度，其實非移。祖冲之謂爲實差，以推今冬至日在斗九度，用求中星不合。自岌至今，將二百年，而冬至在斗十二度。然日之所在難知，驗以中星，則漏刻不定。漢世課昏明中星，爲法已淺。今候夜半中星，以求日衝，近于得密。而水有清濁，壺有增減，或積塵所擁，故漏有遲疾。臣等頻夜候中星，而前後相差，或至三度，大略冬至遠不過斗十四度，近不出十度。」又以九年三月十五日夜半，月在房四度蝕，九月十五日夜半，月在昴三度蝕。以其衝計，冬至皆在斗十二度。向姜岌、何承天所測，下及大同，日已却差一度。而淳風以爲晉、宋以來三百餘歲，以月蝕衝考之，固在斗十三四度間，非矣。

劉孝孫甲子元曆，推太初冬至在牽牛初，下及晉太元、宋元嘉，皆在斗十七度，開皇十四年在斗十三度。而劉焯曆仁壽四年冬至，日在黄道斗十度，于赤道斗十一度也。其後孝孫改從焯法，仁壽四年冬至，日亦在斗十度。焯卒後，胄玄以其前曆上元虚五度，推漢太初猶不及牽牛，乃更起虚七度，故太初在斗二十三，永平在斗二十一度，并與今曆合。而仁壽四年冬至在斗十三度，以驗近事，又不逮其前曆矣。戊寅曆太初元年辛酉冬至，進及甲子，日在牽牛三度。永平十一年得戊午冬至，進及辛酉，在斗二十六度。至元嘉中氣上景初三日，而冬至猶在斗十七度。欲以求合，反更失之。又典循孝孫之論，而不知孝孫已變從皇極，故爲淳風等所駮。歲差之術，由此不行。以太史注記月蝕衝考日度，麟德元年九月庚申，月蝕在婁十度。至開元四年六月庚申，月蝕在牛六度。較麟德曆率差三度，則今冬至定在赤道斗十度。又皇極曆歲差皆自黄道命之，其每歲周分常當南至之軌，與赤道相較，所減尤多。計黄道差三十六度，赤道差四十餘度，雖每歲遯之，不足爲過。然立法之體，宜盡其原，是以開元曆皆自赤道推之，乃以今有術從變黄道。

清・阮元《疇人傳》卷一六　唐四

一行下

其《日躔盈縮略例》曰：北齊張子信積候合蝕加時，覺日行有入氣差，然損益未得其正。至劉焯立盈縮躔衰術，與四象升降，麟德曆因之，更名躔差。凡陰陽往來，皆馴積而變。日南至，其行最急，急而漸損，至春分及中而後遲。迨日北至，其行最舒，而漸益之，以至秋分，又及中而後益急。急極而寒若，舒極而燠若，及中而雨暘之氣交，自然之數也。焯術于春分前一日最急，後一日最舒；秋

分前一日最舒，後一日最急。舒急同于二至，而中間一日平行。其説非是。當以二十四氣晷景，考日躔盈縮，而密于加時。

其《九道議》曰：《洪範傳》云：「日有中道，月有九行。」中道，謂黄道也。九行者：青道二，出黄道東；朱道二，出黄道南；白道二，出黄道西；黑道二，出黄道北。立春、春分，月東從青道；立夏、夏至，月南從朱道；立秋、秋分，月西從白道；立冬、冬至，月北從黑道。漢史官舊事，九道術廢久。劉洪頗採以著遲疾陰陽曆，然本以消息爲奇，而術不傳。推陰陽曆交在冬至、夏至，則月行青道、白道，所交則同，而出入之行異。故青道至春分之宿，及其所衝，皆在黄道正東；白道至秋分之宿，及其所衝，皆在黄道正西。若陰陽曆交在立春、立秋，則月循朱道、黑道，所交則同，而出入之行異。故朱道至立夏之宿，及其所衝，皆在黄道西南；黑道至立冬之宿，及其所衝，皆在黄道東北。若陰陽曆交在春分、秋分之宿，則月行朱道、黑道，所交則同，而出入之行異。故朱道至夏至之宿，及其所衝，皆在黄道正南；黑道至冬至之宿，及其所衝，皆在黄道正北。若陰陽曆交在立夏、立冬，則月循青道、白道，所交則同，而出入之行異。故青道至立春之宿，及其所衝，皆在黄道東南；白道至立秋之宿，及其所衝，皆在黄道西北。其大紀皆兼二道，而實分主八節，合于四正四維。案陰陽曆中終之所交，則月行正當黄道，去交七日，其行九十一度，齊于一象之率，而得八行之中。八行與中道而九，是謂九道。凡八行正于春秋，其去黄道六度，則交在冬夏；正于冬夏，其去黄道六度，則交在春秋。《易》九六、七八迭爲終始之象也。乾坤定位，則八行各當其正。及其寒暑相推，晦朔相易，則在南者變而居北，在東者徙而爲西，屈伸、消息之象也。

黄道之差，始自春分、秋分。赤道所交，前後各五度爲限。初，黄道增多赤道二十四分之十二，每限損一，極九限，數終于四，率赤道四十五度而黄道四十八度，至四立之際，一度少强，依平。復從四起，初限五度，赤道增多黄道二十四分之四，每限損一，極九限而止，終于十二，率赤道四十五度，而黄道四十二度，復得冬、夏至之中矣。月道之差，始自交初、交中，黄道所交亦距交前後五度爲限。初限月道增多黄道四十八分之十二，每限損一，極九限而止，數終于四，率黄道四十五度，而月道四十六度半，乃一度强，依平。復從四起，初限五度，月道差少黄道四十八分之四，每限益一，極九限而止，終于十二，率黄道四十五度，而月道四十三度半，至陰陽曆二交之半矣。凡近交初限增十二分者，至半交末限減十二分，去交四十六度，得損益之平率。

夫日行與歲差偕遷，月行隨交限而變，遯伏相消，朓朒相補，則九道之數可知矣。其月道所交與二分同度，則赤道、黑道近交初限，黄道增二十四分之十二，月道增四十八分之十二，至半交之末，其減亦如之。故于九限之際，黄道差三度，月道差一度半，蓋損益之數齊也。若所交與四立同度，則黄道在損益之中，月道差四十八分之十二；月道至損益之中，黄道差二十四分之十二。于九限之際，黄道差三度，月道差四分度之三，皆朓朒相補也。若所交與二至同度，則青道、白道近交初限，黄道減二十四分之十二，月道增四十八分之十二。至半交之末，黄道增二十四分之十二，月道減四十八分之十二。于九限之際，黄道與月道差同，蓋遯伏相消也。日出入赤道二十四度，月出入黄道六度，相距則四分之一，故于九道之變，以四立爲中交。在二分增四分之一，而與黄道度相半；在二至減四分之一，而與黄道度正均。故推極其數，引而伸之，每氣移一候，月道所差，增損九分之一，七十二候而九道究矣。凡月交一終，退前所交一度，及餘八萬九千七百七十三分度之四萬二千五百三少半，積二百二十一月，及分七千七百五十三，而交道周天矣。因而半之，將九年而九道終。以四象考之，各據合朔所交，入七十二候，則其八道之行也，以朔交爲交初，望交爲交中，若交初在冬至初候，入陰曆則行青道。又十三日七十六分日之四十六，至交中得所衝之宿，變入陽曆，亦行青道。若交初入陽曆，則白道也。故考交初所入，而周天之度可知。若望交在冬至初候，則減十三日四十六分，視大雪初候陰陽曆而正其行也。

其《晷漏中星略例》曰：日行有南北，晷漏有長短，然二十四氣晷差徐疾不同者，句股使然也。直規中則差遲，與句股數齊則差急，隨辰極高下，所遇不同，如黄道刻漏，此乃數之淺者，近代且猶未曉。今推黄道去極，與晷景、漏刻、昏距、中星四術，返復相求，消息同率，旋相爲中，以合九服之變。

其《日蝕議》曰：《小雅》「十月之交，朔日辛卯」，虞劆以曆推之，在幽王六年。開元曆定交分四萬三千四百二十九，入蝕限，加時在晝，交會而蝕，數之常也。《詩》云：「彼月而食，則維其常。此日而食，云何不臧。」日，君道也，無朏魄之變。月，臣道也，遠日益明，近日益虧。望與日軌相會，則徙而浸遠，遠極又徙而近交，所以著臣人之象也。望而正于黄道，是謂臣干君明，則陽斯蝕之矣。朔而正于黄道，是謂臣壅君明，則陽爲之蝕矣。且十月之交，于曆當蝕，君子猶以

爲變，詩人悼之。然則古之太平，日不蝕，星不孛，蓋有之矣。若過至未分，月或變行而避之，或五星潛在日下，禦侮而救之，或涉交數淺，或在陽曆，陽盛陰微則不蝕，或德之休明，而有小眚焉，則天爲之隱，雖交而不蝕。此四者皆德教之所由生也。四序之中分同道，至相過，交而有蝕，則天道之常。如劉歆、賈逵皆近古大儒，豈不知軌道所交，朔望同術哉？以日蝕非常，故闕而不論。黄初已來，治曆者始課日蝕疎密，及張子信而益詳。劉焯、張胄玄之徒，自負其術，謂日月皆可以密率求，是專于曆紀者也。

以戊寅、麟德曆推《春秋》日蝕，大最皆入蝕限，于曆應蝕而《春秋》不書者尚多。則日蝕必在交限，其入限者不必盡蝕。開元十二年七月戊午朔，于曆當蝕半强。自交趾至于朔方，候之不蝕。十三年十二月庚戌朔，于曆當蝕太半，時東封泰山，還次梁、宋間，皇帝徹饍，不舉樂，不蓋，素服，日亦不蝕。時群臣與八荒君長之來助祭者，降物以需，不可勝數。皆奉壽稱慶，肅然神服，雖算術乖舛，不宜如此，然後知德之動天，不俟終日矣。若因開元二蝕，曲變交限而從之，則差者益多。自開元治曆，史官每歲較節氣中晷，因檢加時小餘。雖大數有常，然亦與時推移，每歲不等。晷變而長，則日行黄道南；晷變而短，則日行黄道北。行而南，則陰曆之交也或失；行而北，則陽曆之交也或失。日在黄道之中，且猶有變，況月行九道乎？杜預云：「日月動物，雖行度有大量，不能不小有盈縮。故有雖交會而不蝕者，或有頻交而蝕者。」是也。故較曆必稽古史虧蝕深淺、加時朓朒，陰陽其數相叶者，返復相求，由曆數之中，以合辰象之變，觀辰象之變，反求曆數之中。類其所同，而中可知矣；辨其所異，而變可知矣。其循度則合于曆，失行則合于占。占道順成，常執中以追變；曆道逆數，常執中以俟變。知此之説者，天道如視諸掌。

《略例》曰：舊曆考日蝕淺深，皆自張子信所傳，云稽候所得，而未曉其然也。以圓儀度日月之徑，乃以月徑之半，減入交初限一度半，餘爲闇虚半徑，以月去黄道每度差數，令二徑相掩以驗蝕分，以所入日遲疾乘徑爲之。所用刻數，大率去交不及三度，即月行没在闇虚，皆入既限。又半日月之徑，減春分入交初限相去度數，餘爲斜射所差，乃考差數，以立既限，而優游進退于二度中間，亦令二徑相掩，以知日蝕分數。月徑踰既限之南，則雖在陰曆，而所虧類同外道，斜望使然也。既限之外，應向外蝕，外道交分，準用此例。以較古今日蝕四十三事，月蝕九十九事，課皆第一。使日蝕皆不可以常數求，則無以稽曆數之疎密。若皆可以常數求，則無以知政教之休咎。今更設考日蝕或限術，得常則合于數。又日月交會，大小相若，而月在日下，自京師斜射而望之，假中國食既，則南方戴日之下所虧纔半，月外反觀則交而不蝕，步九服日晷以定蝕分，晨昏漏刻與地偕變，則宇宙雖廣，可以一術齊之矣。

其《五星議》曰：歲星自商、周迄春秋之季，率百二十餘年而超一次，戰國後其行寖急，至漢尚微差，及哀、平間餘勢乃盡，更八十四年而超一次，因以爲常，此其與餘星異也。姬氏出自靈威仰之精，受木行正氣，歲星主農祥，后稷憑焉，故周人常閱其禨祥而觀善敗。其始王也，次于鶉火，以達天黿。及其衰也，淫于玄枵，以害鳥帑。其後群雄力争，禮樂隕壞，而從衡攻守之術興。故歲星常贏行于上，而侯王不寧于下，則木緯失行之勢，宜極于火運之中，理數然也。開元十二年正月庚午，歲星在進賢東北尺三寸，直軫十二度，于麟德曆在軫十五度。推而上之，至漢河平二年，其十月下旬，歲星在軒轅南耑大星西北尺所，麟德曆在張二度，直軒轅大星。上下相距七百五十年，考其行度，猶未甚盈縮，則哀、平後不復每歲漸差也。又上百二十年，至孝景中元三年五月，星在東井、鉞，麟德曆在參三度。又上六十年，得漢元年十月，五星聚于東井，從歲星也。于秦正歲在乙未，夏正當在甲午，麟德曆白露八日，歲星留觜觿一度，明年立夏伏于參，由差行未盡，而以常數求之使然。又上二百七十一年，至哀公十七年，歲在鶉火，麟德曆初見在輿鬼二度，立冬九日留星三度，明年螌蟄十日，退至柳五度，猶不及鶉火。又上百七十八年，至僖公五年，歲星當在大火，麟德曆初見在張八度，明年伏于翼十六度，定在鶉火，差二次矣。哀公以後，差行漸遲，相去猶近；哀公以前，率常行遲。而舊曆猶用急率，不知合變，故所差彌多。武王革命，歲星亦在大火，而麟德曆在東壁三度，則唐虞已上所差周天矣。

太初、三統曆歲星十二周天超一次，推商、周間事，大抵皆合。驗開元注記，差九十餘度，蓋不知歲星後率故也。皇極、麟德曆七周天超一次，以推漢、魏間事尚未差，上驗《春秋》所載，亦差九十餘度，蓋不知歲星前率故也。天保、天和曆得二率之中，故上合于《春秋》，下猶密于記注，以推永平、黄初間事，遠者或差三十餘度，蓋不知戰國後歲星變行故也。自漢元始四年，距開元十二年凡十二甲子，上距隱公六年亦十二甲子。而二曆相合，其中或差三次于古，或差三次于今，其兩合于古今者，中間亦乖，欲一術以求之，則不可得也。開元曆歲星前率三百九十八日，餘二千二百二十九秒九十三，自哀公二十年丙寅後，每加度餘一

分，盡四百三十九合，次合乃加秒十三而止，凡三百九十八日，餘二千六百五十九秒六，而與日合。是爲歲星後率，自此因以爲常，入漢元始六年也。《歲星差合術》曰：置哀公二十年冬至合餘，加入差已來中積分，以前率約之，爲入差合數。不盡者如曆術入之，反求冬至後合日，乃副列入差合數，增下位一算，乘而半之，盈大衍通法爲日，不盡爲日餘，以加合日，即差合所在也。求歲星差行徑術，以後終率約上元以來中積分，亦得所求。若稽其實行，當從元始六年置差步之，則前後相距間不容髮，而上元之首無忽微空積矣。

成湯伐桀，歲在壬戌。開元曆星與日合于角，次于氐十度而後退行。其明年，湯始建國爲元祀，順行與日合于房，所以紀商人之命也。後六百一算，至紂六祀，周文王初禴于畢，十三祀歲在己卯，星在鶉火，武王克商之年，進及輿鬼，而退守東井。明年周始革命，順行與日合于柳，進留于張，考其分野，則分陝之間，與三監封域之際也。成王三年，歲在丙午，星在大火，唐叔始封。故《國語》曰：「晉之始封，歲在大火。」《春秋傳》僖公五年，歲在大火，晉公子重耳自蒲奔狄。十六年，歲在壽星，適齊過衛，野人與之塊。子犯曰：「天賜也，天事必象，歲及鶉火，必有此乎！復于壽星，必獲諸侯。」二十三年，歲星在胃、昴。秦伯納晉文公，董因曰：「歲在大梁，將集天行。元年，實沈之星，晉人是居。君之行也，歲在大火，閼伯之星也，是謂大辰。辰以善成，后稷是相，唐叔以封。且以辰出而以參入，皆晉祥也。」二十七年，歲在鶉火，晉侯伐衛，取五鹿，敗楚師于城濮，始獲諸侯。歲適及壽星，皆與開元曆合。襄公十八年，歲星在陬訾之口，開元曆大寒三日，星與日合，在危三度，遂順行至營室八度。其明年，鄭子蟜卒，將葬，公孫子羽與裨竈晨會事焉。過伯有氏，其門上生莠，子羽曰：「其莠猶在乎？」于是歲在降婁，中而曙。」裨竈指之曰：「猶可以終歲，歲不及此次也。」開元曆歲星在奎。奎，降婁也。麟德曆在危。危，玄枵也。二十八年春，無冰，梓慎曰：「歲在星紀，而淫于玄枵。」裨竈曰：「歲弃其次，而旅于明年之次，以害鳥帑，周、楚惡之。」開元曆歲星在南斗十七度，而退守西建間，復順行與日合于牛初，應在星紀，而盈行進及虛宿，故曰淫。留玄枵二年，至三十年。開元曆歲星順行至營室十度留，距子蟜之卒一終矣。其年八月，鄭人殺良霄，故曰「及其亡也，歲在陬訾之口」，其明年乃及降婁。

昭公八年十一月，楚滅陳。史趙曰：「未也。陳，顓頊之族也。歲在鶉火，是以卒滅。今在析木之津，猶將復由。」開元曆在箕八度，析木津也。十年春，進及婺女初，在玄枵之維首。傳曰：「正月，有星出于婺女。」裨竈曰：「今茲歲在顓頊之墟。」是歲與日合于危。其明年，進及營室，復得豕韋之次。景王問萇弘曰：「今茲諸侯何實吉，何實凶？」對曰：「蔡凶。此蔡侯般殺其君之歲，歲在豕韋，弗過此也。楚將有之，歲及大梁，蔡復楚凶。」至十三年，歲星在昴、畢，而楚弑靈王，陳、蔡復封。初，昭公九年，陳災。裨竈曰：「後五年，陳將復封。歲五及鶉火，而後陳卒亡。」自陳災五年，而歲在大梁，陳復建國。哀公十七年，五及鶉火，而楚滅陳。是年，歲星與日合，在張六度。昭公三十一年夏，吳伐越。始用師于越也，史墨曰：「越得歲而吳伐之，必受其凶。」是歲星與日合于南斗三度。昔僖公六年，歲陰在卯，星在析木。昭公三十二年，亦歲陰在卯，而星在星紀。故三統曆因以爲超次之率。考其實，猶百二十餘年。近代諸曆欲以八十四年齊之，此其所惑也。後三十八年，而越滅吳。星三及斗、牛，已入差合二年矣。

夫五事感于中，而五行之祥應于下，五緯之變彰于上。若聲發而響和，形動而影隨。故王者失典刑之正，則星辰爲之亂行；汨彝倫之叙，則天事爲之無象。當其亂行、無象，又可以曆紀齊乎？故襄公二十八年，歲在星紀，淫于玄枵。至三十年八月，始及陬訾之口，超次而前，二年守之。漢元鼎中，太白入于天苑，失行，在黄道南三十餘度。間歲，武帝北巡守，登單于臺，勒兵十八萬騎，及誅大宛，馬大死軍中。晉咸寧四年九月，太白當見不見，占曰：「是謂失舍，不有破軍，必有亡國。」時將伐吳，明年三月兵出，太白始夕見西方，而吳亡。永寧元年，正月至閏月，五星縱横無常。永興二年四月丙子，太白犯狼星，失行，在黄道南四十餘度。永嘉三年正月庚子，熒惑犯紫微，皆天變所未有也。終以二帝蒙塵，天下大亂。後魏神瑞二年十二月，熒惑在瓠瓜星中，一夕忽亡，不知所在。崔浩以日辰推之，曰：「庚午之夕，辛未之朝，天有陰雲，熒惑之亡，在此二日。庚午未皆主秦，辛爲西夷。今姚興據咸陽，是熒惑入秦矣。」其後熒惑果出東井，留守盤旋，秦中大旱赤地，昆明水竭。明年，姚興死，二子交兵。三年，國滅。齊永明九年八月十四日，火星應退在昴三度，先曆在畢，二十一日始逆行北轉，垂及立冬，形色彌盛。魏永平四年八月癸未，熒惑在氐，夕伏西方，亦先朝五十餘日，雖時曆疎闊，不宜若此。隋大業九年五月丁丑，熒惑逆行入南斗，色赤如血，大如三斗器，光芒震耀，長七八尺，于斗中句巳而行，亦天變所未有也。後楊玄感反，天下大亂。

故五星留逆伏見之效，表裏盈縮之行，皆係之于時，而象之于政。政小失則

小變，事微而象微，事章而象章。已示凶之象，則又變行，襲其常度，不然，則皇天何以陰騭下民，驚悟人主哉！近代算者昧于象，占者迷于數，覩五星失行，皆謂之曆舛。雖七曜循軌，猶或謂之天災。終以數象相蒙，兩喪其實。故較曆必稽古今注記，入氣均而行度齊，上下相距，反復相求。苟獨異于常，則失行可知矣。凡二星相近，多爲之失行。三星以上，失度彌甚。天竺曆以九執之情，皆有所好惡，遇其所好之星，則趣之行疾，捨之行遲。張子信曆辰星應見不見術，晨夕去日前後四十六度內，十八度外，有木、火、土、金一星者見，無則不見。張胄玄曆朔望在交限，有星伏在日下，木、土去見十日外，火去見四十日外，金去見二十二日外者，并不加減差，皆精氣相感使然。夫日月所以著尊卑不易之象，五星所以示政教從時之義，故日月之失行也，微而少；五星之失行也，著而多。今略考常數，以課疎密。

《略例》曰：其入氣加減，亦自張子信始，後人莫不遵用之。原始要終，多有不叶。今較麟德曆，熒惑、太白、見伏、行度過與不及，熒惑凡四十八事，太白二十一事，餘星所差，蓋細不足考。且盈縮之行，宜與四象潛合，而二十四氣加減不均，更推易數而正之，又各立歲差，以究五精運周二十八舍之變。較史官所記，歲星二十七事，熒惑二十八事，鎮星二十一事，太白二十二事，辰星二十四事，開元曆課皆第一云。

蓋天之説，李淳風以爲天地中高而四隤，日月相隱蔽，以爲晝夜。遶北極常見者謂之上規，南極常隱者謂之下規，赤道横絡者謂之中規。及一行考月行出入黄道，爲圖三十六，究九道之增損，而蓋天之狀見。削篾爲度，徑一分，其厚半之，長與圖等，穴其正中，植鍼爲樞，令可環運。自中樞之外，均刻百四十七度。全度之末，旋爲外規。規外大半度，再旋爲重規，以均賦周天度分。又距極樞九十一度少半，旋爲赤道帶天之紘，距極三十五度旋爲内規。乃步冬至日躔所在，以正辰次之中，以立宿距。案渾儀所測，甘、石、巫咸，衆星明者，皆以篾横考入宿距，縱考去極度，而後圖之。其赤道外衆星疎密之狀，與仰視小殊者，由渾儀去南極漸近，其度益狹，而蓋圖漸遠，其度益廣使然。若考其去極入宿度數，移之于渾天，則一也。又赤道内外，其廣狹不均，若就二至出入赤道二十四度，以規度之，則二分所交不得其正。自二分黄、赤道交，以規度之，則二至距極度數不得其正。當求赤道分至之中，均刻爲七十二限，據每黄道差數，以篾度量而識之，然後規爲黄道，則周天咸得其正矣。又考黄道二分二至之中，均刻爲七十二候，定陰陽曆二交所在，依月去黄道度率差一候，亦以篾度量而識之，然後規爲月道，則周天咸得其正矣。

中晷之法，初淳風造曆，定二十四氣中規，與祖冲之短長頗異，然未知其孰是。及一行作大衍曆，詔太史測天下之晷，求其土中以爲定数。其議曰：《周禮》大司徒「以土圭測土深，日至之景，尺有五寸，謂之地中」。鄭氏以爲日景于地千里而差一寸，尺有五寸者，南戴日下萬五千里，地與星辰四游升降于三萬里内，是以半之得地中，今潁川陽城是也。宋元嘉中，南征林邑，五月立表望之，日在表北，交州影在表南三寸，林邑九寸一分。交州去洛，水陸之路九千里，蓋山川回折使之然，以表考其弦當五千乎。開元十二年，測交州夏至在表南三寸三分，與元嘉所測略同。使者大相元太言，交州望極纔高二十餘度，八月海中望老人星下列星，燦然明大者甚衆。古所未識，乃渾天家以爲常没地中者也，大率去南極二十度已上之星則見。又鐵勒、回紇在薛延陀之北，去京師六千九百里。其北又有骨利幹，居瀚海之北，北距大海，晝長而夜短。既夜，天如曛不暝，夕胹羊髀纔熟而曙，蓋近日出没之所。太史監南宫説擇河南平地，設水準繩植表，而以引度之，自滑臺始白馬，夏至之晷尺五寸七分。又南百九十八里百七十九步，得浚儀岳臺晷尺五寸三分。又南百六十七里二百八十一步，得扶溝晷尺四寸四分。又南百六十里百一十步至上蔡武津，晷尺三寸六分半。大率五百二十六里二百七十步，晷差二寸餘。而舊説王畿千里，影差一寸，妄矣！今以句股校陽城中晷，夏至尺四寸七分八氂，冬至丈二尺七寸一分半，定春秋分五尺四寸三分，以覆矩斜視極出地三十四度十分度之四。自滑臺表視之，極高三十五度三分，冬至丈三尺，定春秋分五尺五寸六分。自浚儀表視之，極高三十四度八分，冬至丈二尺八寸五分，定春秋分五尺五寸。自扶溝表視之，極三十四度三分，冬至丈二尺五寸五分，定春秋分五尺三寸七分。上蔡武津表視之，極高三十三度八分，冬至丈二尺三寸八分，定春秋分五尺二寸八分。其北極去地，雖秒分微有盈縮，難以目校，大率三百五十一里八十步而極差一度，極之遠近異，則黄道軌景固隨而變矣。自此爲率推之，比歲武陵晷，夏至七十七分，冬至丈五寸三分，春秋分四尺三寸七分半。以圖測之，定氣四尺四寸七分，案圖斜視，極高二十九度半，差陽城五度三分。蔚州横野軍，夏至二尺二寸九分，冬至丈五尺八寸九分，春秋分六尺四寸四分半。以圖測之，定氣六尺六寸二分半，案圖斜視，極高四十度，差陽城五度三分。凡南北之差十度半，其徑三千六百八十八里九十步。自陽城

至武陵，千八百二十六里七十六步。自陽城至橫野，千八百六十一里二百十四步。夏至晷差尺五寸三分，自陽城至武陵差七寸三分，自陽城至橫野差八寸。冬至晷差五尺三寸六分，自陽城至武陵差二尺一寸八分，自陽城至橫野差三尺一寸八分，率夏至與南方差少，冬至與北方差多。又以圖校安南，日在天頂北二度四分，極高二十度四分，冬至晷七尺九寸四分，定春秋分二尺九寸三分，夏至在表南三寸三分，差陽城十四度三分，其徑五千二十三里。至林邑，日在天頂北六度六分強，極高十七度四分，周圓三十五度，常見不隱，冬至晷六尺九寸，定春秋分二尺八寸五分，夏至在表南五寸七分，其徑六千一百一十二里。若令距陽城而北至鐵勒之地，亦差十七度四分，與林邑正則五月日在天頂南二十七度四分，極高五十二度，周圓百四度，常見不隱，北至晷四尺一寸三分，南至晷二丈九尺二寸六分，定春秋分晷五尺八寸七分。其沒地纔十五餘度，夕沒亥西，晨出丑東，校其里數，已在回紇之北。又南距洛陽九千八百一十五里，則極長之晝，其夕常明，然則骨利幹猶在其南矣。

吳中常侍王蕃，考先儒所傳，以戴日下萬五千里，爲句股斜射陽城，考周徑之率，以揆天度，當千四百六里二十四步有餘。今測日晷，距陽城五千里已在戴日之南，則一度之廣皆三分減二，南北極相去八萬里，其徑五萬里。宇宙之廣，豈若是乎？然則蕃之術蠡測海者也。古人所以持句股術，謂其有證于近事，顧未知目視不能及遠，遠則微差，其差不已，遂與術錯。譬游于太湖，廣袤不盈百里，見日月朝夕出入湖中，及其浮于巨海，不知幾千萬里，猶見日月朝夕出入其中矣。若于朝夕之際，俱設重差而望之，必將大小同術，無以分矣。橫既有之，縱亦宜然。又若樹兩表，南北相距十里，其崇皆十里，置大炬于南表之端，而植八尺之木于其下，則當無影。試從南表之下，仰望北表之端，必將積微分之差，漸與南表參合，表首參合，則置炬于其上，亦當無影矣。又置大炬于北表之端，而植八尺之木于其下，則當無影。試從北表之下，仰望南表之端，又將積微之差，漸于北表參合，表首參合，則置炬于其上，亦當無影矣。復于二表間，更植八尺之木，仰而望之，則表首環屈相合，若置火炬于兩表之端，皆當無影矣。夫數十里之高與十里之廣，然猶斜射之影與仰望不殊。今欲憑晷差以指遠近高下，尚不可知，而況稽周天里步于不測之中，又可必乎？

十三年，南至岱宗禮畢，自上傳呼萬歲，聲聞于下。時山下夜漏未盡，自日觀東望，日已漸高。據曆法晨初，迨日出差二刻半。然則山上所差凡三刻餘，其冬至夜刻同立春之後，春分夜刻同立夏之後。自岳趾升泰壇僅二十里，而晝夜之差一節。設使因二十里之崇以立句股術，固不知其所以然，況八尺之表乎？原古人所以步表影之意，將以節宣和氣，輔相物宜，不在于辰次之周徑。其所以重曆數之意，將欲恭授人時，欽若乾象，不在于渾蓋之是非。若乃述無稽之法，于視聽之所不及，則君子當闕疑而不議也。而或者各封所傳之器以術天體，謂渾元可任數而測，大象可運算而闕，終以六家之說，迭爲矛楯。誠以爲蓋天邪，則南方之度漸狹，果以爲渾天邪，則北方之極寢高，此二者又渾蓋之家，盡智畢議未能有以通其說也。則王仲任、葛稚川之徒區區于異同之辨，何益人倫之化哉？凡晷冬夏不同，南北亦異，先儒一以里數齊之，遂失其實。今更爲《覆矩圖》，南自丹穴，北暨幽都，每極移一度，輒累其差，可以稽日食之多少，定晝夜之長短，而天下之晷皆協其數矣。昭宗時，太子少詹事邊岡修曆術，服其精粹，以爲不刊之數也。《唐書·曆志》《天文志》

論曰：推步之法，至大衍備矣。術議略例，援據經傳，旁采諸家，以證爲術之善。其學博，其詞辨，後來算造者未能及也。然推本易象，終爲傅合，昔人謂一行竄入于《易》以眩衆，是乃千古定論也。

清·阮元《疇人傳》卷一七　唐五

梁令瓚

梁令瓚，率府兵曹參軍也。開元九年，僧一行受詔改治新曆，欲知黃道進退，而太史無黃道儀，令瓚以木爲游儀，一行是之，乃奏：「黃道游儀，古有其術，而無其器，昔人潛思，皆未能得。今令瓚所爲日道月交，皆自然契合，于推步尤要，請更鑄以銅鐵。」十一年儀成。一行又曰：「靈臺鐵儀，後魏斛蘭所作，規制朴略，度刻不均，赤道不動，乃如膠柱。以考月行遲速多差，多或至十七度，少不減十度，不足以稽天象，授人時。李淳風黃道儀，以玉衡旋規別帶日道，傍列二百四十九交以攜月游法頗難，術遂寢廢。臣更造游儀，使黃道運行，以追列舍之變，因二分之中，以立黃道。交奎軫之間，二至陟降，各二十四度。黃道內施白道月環，用究陰陽朓朒，動合天運，簡而易從，可以制器垂象，永傳不朽。」于是玄宗嘉之，自爲之銘。又詔一行與令瓚等，更鑄渾天銅儀圓天之象。具列宿赤道，及周天度數，注水激輪，令其自轉，一晝夜而天運周。外絡二輪，綴以日月，令得運行，每天西旋一周，日東行一度，月行十三度十九分度之七，二十九轉有餘而日月會，三百六十五轉而日周天。以木櫃爲地平，令儀半在地下，晦明朔望，遲

速有準。立木人二于地平上，其一前置鼓以候刻，至一刻則自擊之；其一前置鐘以候辰，至一辰亦自撞之，皆于櫃中各施輪軸，鈎鍵關鏁，交錯相持，置于武成殿前，以示百官。無幾而銅鐵漸澀，不能自轉，遂藏于集賢院。其黄道游儀，以古尺四分爲度，旋樞雙環。其表一丈四尺六寸一分，縱八分，厚三分，直徑四尺五寸九分，古所謂旋儀也。南北科兩極上下循規各三十四度，表裏畫周天度。其一面加之銀釘，使東西運轉，如渾天游旋，中旋樞軸，至兩極首，兩孔徑大兩度半，長與旋環經齊。玉衡望筩，長四尺五寸八分，廣一寸二分，厚一寸，孔徑六分。衡旋于軸中，旋運持正，用窺七曜及列星之闊狹。外方内圓，孔徑一度半，周曰輪也。陽徑雙環，表一丈七尺三寸，裏一丈四尺六寸四分，廣四寸，厚四分，直徑五尺四寸四分，置于子午左右。用八柱，八柱相固，亦表裏畫周天度，其一面加之銀釘，半出地上，半入地下，雙間使樞軸及玉衡望筩旋環于中也。陰緯單環，外内廣厚周徑，皆準陽經，與陽經相銜各半，内外俱齊面平，上爲天，下爲地，横周陽環，謂之陰渾也。平上爲兩界，内外爲周天百刻。天頂單環表一丈七尺三寸，縱廣八尺，厚三分，直徑五尺四寸四分。直中國人頂之上，東西當卯酉之中。稍南使見日出入，令與陽經陰緯相固，如鳥殼之裏黄。南去赤道三十六度，去黄道十二度，去北極五十五度，去南北平各九十一度强。赤道單環，表一丈四尺五寸九分，横八分，厚三分，直徑四尺五寸八分。赤道者當天之中，二十八宿之位也。雙規運動，度穿一穴。古者秋分日在角五度，今在軫十三度，冬至日在牽牛初，今在斗十度，隨穴退交，不復差謬。傍在卯酉之南，上去天頂三十六度，而横置之。黄道單環，表一丈五尺四寸一分，横八分，厚四分，直徑四尺八寸四分。日之所行，故名黄道。太陽陟降，積歲有差，月及五星，亦隨日度出入。古無其器，規制不知準的，斟酌爲率，疎闊尤甚。今設此環，置于赤道環内，仍開合使運轉，出入四十八度，而極畫西方，東西列周天度數，南北列百刻，可使見日知時。上列三百六十策，與用卦相準，度穿一穴，與赤道相交。内道月環，表一丈五尺一寸五分，横八分，厚三分，直徑四尺七十六分。月行有迂曲遲速，與日行緩急相反。古亦無其器，今設于黄道環内，使就黄道爲交，合出入六度以測每夜月離，上畫周天度數，度穿一穴，擬移交會，皆用鋼鐵。游儀，四柱爲龍，其崇四尺七寸，水槽及山崇一尺七寸半，槽長六尺九寸，高廣皆四寸，池深一寸，廣一寸半。龍能興雲雨，故以飾柱，柱在四維，龍下有山雲，俱在水平槽上，皆用銅。其所測宿度與古異者，舊角距星去極九十一度，亢八十九度，氐九十四度，房百八度，心百八度，尾百二十度，箕百一十八度，南斗百一十六度，牽牛百六度，須女百度，虚百四度，危九十七度，營室八十五度，東壁八十六度，奎七十六度，婁八十度，胃昴七十四度，畢七十八度，觜觿八十四度，參九十四度，東井七十度，輿鬼六十八度，柳七十七度，七星九十一度，張九十七度，翼九十七度，軫九十八度。今所測，角九十三度半，亢九十一度半，氐九十八度，房百一十度半，心百一十度，尾百二十四度，箕百二十度，南斗百一十九度，牽牛百四度，須女百一度，虚百一度，危九十七度，營室八十三度，東壁八十四度，奎七十三度，婁七十七度，胃昴七十二度，畢七十六度，觜觿八十二度，參九十三度，東井六十八度，輿鬼六十八度，柳八十度半，七星九十三度半，張百度，翼百三度，軫百度。又舊經，角距星正當赤道，黄道在其南。今測角在赤道南二度半，則黄道復經角中，與天象合。虚北星舊圖入虚，今測在須女九度。危北星舊圖入危，今測在虚六度半。又奎誤距以西大星，故壁損二度，奎增二度。今復距西南大星，即奎壁各得本度。畢、赤道十六度，黄道亦十六度，觜觿赤道二度，黄道三度，二宿俱當黄道斜。虚畢尚與赤道度同，觜觿總二度，黄道損加一度，蓋其誤也。今測畢十七度半，觜觿半度。又柳誤距以第四星，今復用第四星。張中央四星爲朱鳥嗉，外二星爲翼比，距以翼而不距以膺。故張增二度半，七星減二度半。今復以膺爲距，則七星、張各得本度。《唐書·天文志》。

論曰：二十八宿距星去極度，舊經新測互有多少，梅徵君文鼎據爲西法恒星依黄道東移之證，故詳録之。

韓穎

韓穎，山人也。肅宗時上言大衍曆或誤，帝疑之，以穎爲太子宫門郎，直司天臺。乃損益舊術，每節增二日，更名至德曆，起乾元元年用之，訖上元三年。《唐書·曆志》。

郭獻之

郭獻之，司天臺官屬也。寶應元年六月望戊，夜月食三之一，官曆加時在日出後有交，不署蝕。代宗以至德曆不與天合，詔獻之等復用麟德元紀，更立歲差，增損遲疾交會及五星差數，以寫大衍舊術，與大衍小異者九事。帝爲製序，題曰五紀曆，頒用，訖建中四年。其法上元甲子距寶應元年壬寅，積二十六萬九千九百七十八算，通法千三百四十，策實四十八萬九千四百二十八，揲法三萬九千五百七十一。《唐書·曆志》。

徐承嗣

徐承嗣，司天官也。德宗時，五紀曆氣朔加時稍後天，推測星度，與大衍差率頗異。詔承嗣與夏官正楊景風等，雜麟德、大衍之旨，治新曆。建中四年曆成，名曰正元。詔起五年正月行新曆，會改元元興，自是頒用，訖元和元年。其法上元甲子距建中五年甲子，歲積四十萬二千九百算外，通法千九十五，策實三十九萬九千九百四十三，揲法三萬三千三百三十六，其氣朔發斂日躔月離軌漏交會，悉如五紀法，其五星則寫麟德舊術也。《唐書·曆志》。

徐昂

徐昂，司天官也。憲宗即位，昂上新曆，名曰觀象，起元和二年用之。然無蔀章之數，至于察斂啓閉之候，循用舊法，測驗不合。至穆宗立，以爲累世纘緒，必更曆紀，乃詔日官改譔曆術，名曰宣明。上元七曜起赤道虛九度，日躔月離皆因大衍舊術，晷漏交會則稍損增之。其推日蝕，有時氣刻三差，則前術所無也。起長慶二年頒用，自敬宗至于僖宗，皆遵用之，訖景福元年。其法上元甲子至長慶二年壬寅，積七百七萬一百三十八算外，統法八千四百，章歲三百六萬八千五十五，章月二十四萬八千五十七。昂所造觀象曆，有司無傳者。《唐書·曆志》。

論曰：日食加時，距午中前後則有時差，若加時正當午正則無差；氣差最大之數在二至，二至前後，其差漸減，至二分而空；刻差最大之數在二分，二分前後，其差漸減，至二至而空，此三差之大略也。步算莫難于日食，自三差之法行，而日食漸見親密。然則宣明創造之功，不可泯矣。《唐志》稱昂造觀象術，于宣明術則但云日官，而不著姓名。宋周琮謂徐昂宣明術悟日食有氣刻差數，元授時術議亦以宣明爲徐昂造，豈《唐志》所云日官，即指昂歟？姑闕以俟博雅君子。

邊岡

邊岡，太子少詹事也。昭宗時，宣明曆施行已久，數亦漸差，詔岡與司天少監胡秀林、均州司馬王墀改治新曆，然術一出于岡。岡巧于用算，能馳騁反覆于乘除間。立先相減後相乘之法，令衰殺有倫。又作經術，求黃道月度。景福元年曆成，賜名崇元。其法上元甲子距景福元年壬子，歲積五千三百九十四萬七千三百八算，通法一萬三千五百，歲實四百九十三萬八百一，朔實三十九萬八千六百六十三，上元七曜起赤道虛四度。起二年頒用，至唐終。《唐書·曆志》。

論曰：相減相乘，與入限自乘，其加減皆如平方。後世造術如求黃道宿度晷漏消息，及日食東西南北差數，皆以此法入之。即授時平立定三差，亦由是加精。然則岡之爲術善矣，劉羲叟乃詆爲超徑等捷，冥于本原，是豈真知推步者哉？

曹士蔿

曹士蔿，建中時始變古法，以顯慶五年爲上元，雨水爲歲首，號符天術。然世謂之小曆，行于民間。《五代史·司天考》。

清·黃鍾駿《疇人傳四編》卷四　隋後續補遺十八

李德林

李德林，字公輔，博陵安平人也。初仕周，官丞相府屬，加儀同大將軍，封安成縣男。高祖登阼，授内史上儀同，進爵爲子，後授柱國郡公，出爲湖州刺史，轉懷州刺史。卒于官，年六十一。贈大將軍廉州刺史，謚曰文。譔有《開皇曆》一卷。《隋書·藝術傳》、《新唐書·藝文志》。

韓延

韓延注《夏侯陽算經》一卷。《新唐書·藝文志》。

論曰：休寧戴庶常震曰：《新唐書》甄鸞《夏侯陽算經》一卷，又韓延《夏侯陽算經》一卷，則《夏侯陽算經》有甄鸞、韓延兩本。今所存者，爲韓延所傳無注本。宋元豐時京監所刊者，書稱宋元嘉二年徐壽重鑄銅斛，及辨度量課租庸調各章有據。《隋志》言之者，則是韓延傳其學，而以己説纂入之，序亦當爲延所作也。

李遵義　楊淑　張去斤　張峻

李遵義疏《九章算術》一卷，楊淑譔《九九算術》二卷，張去斤譔《算疏》一卷，張峻譔《九章推圖經法》二卷。《隋書·經籍志》。

崔隱居

崔隱居，譔《推曆法》一卷。《隋書·經籍志》。

宋泉之　陰景愉

宋泉之譔《九經算術疏》九卷，陰景愉譔《七經算術通義》七卷。《唐·藝文志》。

王希明

王希明，號丹元子，著《步天歌》一卷。一作右拾遺王希明，或曰丹元子隱者之流，不知名氏，著《步天歌》，而王希明纂，漢晉志以釋之。《唐書·藝文志》、《中興

書目》、《通志》。

論曰：曆代《天文志》，徒有其書，而無載象。學者但識星名，無從仰觀。自丹元子著《步天歌》，見者可以觀象，其書以紫微、太微、天市，分上、中、下三垣宫，仍以四方之星，分屬二十八舍，皆以七字爲句，條理詳明，曆代傳爲佳本。國朝御製及欽定《天文儀象》諸書，咸采録之。

又 唐後續補遺十九

孔穎達

孔穎達，冀州人，至聖三十三代孫也。少聰敏，日誦千言。及長，善屬文，通步曆。嘗謁劉焯，焯名重海内，初不之禮，及請質所疑，遂大畏服。隋大業初，舉明經高第，授河内郡博士，補太學助教。太宗平洛，授文學館學士，遷國子博士。貞觀中，封曲阜縣男，累官國子監司業。又以太子右庶子兼司業，遷祭酒。與諸儒議曆及明堂事，多從其説。唐瀛洲十八學士，穎達其一也。《新唐書・文學傳》。

薛頤

薛頤，滑州人。當隋大業時爲道士，善步天律曆。表爲太史丞，稍遷令。與李淳風并稱。太宗爲築宅九嵏山，號紫府，拜頤爲大中大夫，往居焉。《新唐書・方技傳》。

吕才

吕才，博州清平人。貞觀中，召才直宏文館，參論樂事。累官太常丞。麟德中，以太子司更大夫卒，著《漏刻經》一卷。《唐書》本傳、《宋史・律曆志》。

李元愷

李元愷，邢州人。博學，善步天律曆。宋璟嘗師事之，將薦之朝，不答。年八十餘卒。《新唐書・隱逸傳》。

李播 閭邱崇

李播，稱黄冠子，淳風之父也。譔《天文大象賦》一卷。或題張衡譔，一作楊烱。又《大象元機歌》三卷，閭邱崇譔，一作業，與《小象千字詩》、《通元玉鑑頌》、《括星詩》、《大象曆》等，皆步天歌之類也。《〔新〕唐〔書〕・藝文志》、《中興書目》、《崇文書目》、《玉海》。

崔良佐

崔良佐，滑州靈昌人，齊國公日用從昆弟也。擢明經甲科，補湖城主簿。以母喪，遂不復仕。治《易》、《書》、《詩》、《春秋》，譔《洪範》、《曆象》、《渾天》等論數十篇。隱居白鹿山之陽。卒，門人共謚曰貞文孝父。《新唐書・藝文〔志〕・崔〔元〕翰傳》。

（郭）〔鄭〕欽説

（郭）〔鄭〕欽説，後魏濮陽太守敬叔八世孫也。開元初，繇新律丞請試五經擢第，授鞏縣尉，集賢院校理，曆官右補闕、内供奉。通曆術、博物。位殿中侍御史，貶夜郎尉卒。《新唐書・儒學傳》。

龍受益

龍受益，亦作龍受，著有《算法》二卷，又《求一算術化零歌》一卷、《新易一法算範九例要訣》一卷。《新唐書・藝文志》、《宋史・藝文志》。

論曰：《宋史・藝文志》有龍受益《求一算術化零歌》，而其書不傳，疑即《大衍求一術》。然據《楊輝算法》及沈括《筆談》，所稱求一乘除術，與秦九韶不同。受益之書與諸書相合與否，俱未可知，當以俟之博物君子。

陳從運

陳從運，亦作陳運試，右千牛衛胄曹參軍，著《得一算經》七卷。其術因折而成，取損益之道，且變而通之，皆合于數。《唐書・藝文志》、《宋書・律曆志》。

江本

江本譔《三位乘除一位算法》二卷，又以一位因折進退，作《一位算術》九篇，頗爲簡約。《唐〔書〕・藝文志》、《玉海》。

謝察微 魯靖 黄棲巖

謝察微譔《發蒙算經》三卷，魯靖新集《五曹時要算術》三卷、《五曹乘除見一捷利算法》一卷，黄棲巖《心機算術括》一卷，一作僧一行《心機算術格》一卷，僧棲巖注。《唐書・藝文志》、《宋史・藝文志》、《玉海》。

薛夏训

薛夏训譔《劉智正術》一卷。《唐書・藝文志》。

瞿曇謙

瞿曇謙譔《大唐甲子元辰曆》一卷，一作譔，官宗正丞。《唐書・藝文志》、《曆志》。

盧肇 王軒

盧肇，宜春人，舉進士第一。肇始學渾天之術于王軒，軒以王蕃之術授之，後因演而成圖，又法渾天作海潮賦，及圖。軒太和進士。《文粹》。

董和

董和，名純，避章武諱改之。究天地陰陽律曆之學，著《通乾論》十五卷。嘗館于荆南節度使裴胄。胄問之，對曰：日常右轉，星常左轉，大凡不滿三萬年；日行周天廿八舍，三百六十五度，然必有差，約八十年差一度。自漢文三年甲子冬至日在斗二十二度，唐興元元年冬至日在九度，九百六十一年差十三度。《新唐書·藝文志》、《國史補》。

劉晏

劉晏，字士安。八歲獻頌，舉神童。授秘書省正字，累官至京兆尹，同平章事，屢司度支，及鹽鐵。每退朝，馬上猶以鞭算。《唐書》本傳。

李彌乾　陳輔　閻子明

李彌乾譔《都聿列斯經》二卷，陳輔譔《聿斯四門經》一卷，閻子明譔《安修睦都利訣》一卷、《聿斯隱經》一卷、《聿斯妙利要旨》一卷。《新唐書·藝文志》、《宋史·藝文志》。

論曰：西國曆算之學，傳自天方；天方之學，傳自印度，即天竺也。《都聿列斯經》者，天竺曆算書，唐貞元中都利術士李彌乾傳自西天竺，有璩公者譯其文。則彼時西法已入中國，但其書至今不傳，然《隋書·經籍志》已有婆羅門天文經，則又不始于唐時矣。

楊緯

楊緯，一作楊繹，著《符天曆》一卷。《宋史·藝文志》。

紀事

唐·段成式《酉陽雜俎》前集卷一《天咫》　僧一行博覽無不知，猶善於數，鉤深藏往，當時學者莫能測。幼時家貧，隣有王姥，前後濟之數十萬。及一行開元中承上敬遇，言無不可，常思報之。尋王姥兒犯殺人罪，獄未具。姥訪一行求救。一行曰：「姥要金帛，當十倍酬也。明君執法，難以請一作情。求，如何？」王姥戟手大罵曰：「何用識此僧！」一行從而謝之，終不顧。一行心計渾天寺中工役數百，乃命空其室內，徙大甕於中，又密選常住奴二人，授以布囊，謂曰：「某坊某角有廢園，汝向中潛伺，從午至昏，當有物入來。其數七，可盡掩之。失一則杖汝。」奴如言而往。至酉後，果有群豕至，奴悉獲而歸。一行大喜，令寘甕中，覆以木蓋，封於六一泥，朱題梵字數十，其徒莫測。詰朝，中使叩門急召。至便殿，玄宗迎問曰：「太史奏昨夜北斗不見，是何祥也？師有以禳之乎？」一行曰：「後魏時，失熒惑，至今帝車不見。古所無者，天將大警於陛下也。夫匹婦匹夫不得其所，則隕霜赤旱，盛德所感，乃能退舍。感之切者，其在葬枯出係乎？釋門以瞋心壞一切善，慈心降一切魔。如臣曲見，莫若大赦天下。」玄宗從之。又其夕，太史奏北斗一星見，凡七日而復。成式以此事頗怪，然大傳衆口，不得不著之。

唐·魏徵等《隋書》卷一七《律曆志中》　時高祖作輔，方行禪代之事，欲以符命曜于天下。道士張賓，揣知上意，自云玄相，洞曉星曆，因盛言有代謝之徵，又稱上儀表非人臣相。由是大被知遇，恒在幕府。及受禪之初，擢賓爲華洲刺史，使與儀同劉暉、驃騎將軍董琳、索盧縣公劉祐、前太史上士馬顯、太學博士鄭元偉、前保章上士任悦、開府掾張徹、前盪邊將軍張膺之、校書郎衡洪建、太史監候粟相、太史司曆郭翟、劉宜、兼算學博士張乾敍、門下參人王君瑞、荀隆伯等，議造新曆，仍令太常卿盧賁監之。賓等依何承天法，微加增損。四年二月撰成奏上。高祖下詔曰：「張賓等存心算數，通洽古今，每有陳聞，多所啓沃。畢功表奏，具已披覽。使後月復育，不出前晦之宵，前月之餘，罕留後朔之旦。減朓就朒，懸殊舊準。月行表裏，厥途乃異，日交弗食，由循陽道。驗時轉算不越纖毫，逖德前修，斯祕未啓。有一於此，實爲精密，宜頒天下，依法施用。」【略】

張賓所創之曆既行，劉孝孫與冀州秀才劉焯，並稱其失，言學無師法，刻食不中，所駁凡有六條：【略】

于時新曆初頒，賓有寵於高祖，劉暉附會之，被升爲太史令。二人協議，共短孝孫，言其非毁天曆，率意迂怪，焯又妄相扶證，惑亂時人。孝孫、焯等，竟以他事斥罷。後賓死，孝孫爲掖縣丞，委官入京，又上，前後爲劉暉所詰，事寢不行。仍留孝孫直太史，累年不調，寓宿觀臺。乃抱其書，弟子輿櫬，來詣闕下，伏而慟哭。執法拘以奏之。高祖異焉，以問國子祭酒何妥。妥言其善，即日擢授大都督，遣與賓曆比校短長。先是信都人張胄玄，以算術直太史，久未知名。至

是與孝孫共短賓曆，異論鋒起，久之不定。

至十四年七月，上令參問日食事。楊素等奏：「太史凡奏日食二十有五，唯一晦三朔，依剋而食，尚不得其時，又不知所起，他皆無驗。胄玄所剋，前後妙衷，時起分數，合如符契。孝孫所剋，驗亦過半。」於是高祖引孝孫、胄玄等，親自勞徠。孝孫因請先斬劉暉，乃可定曆。高祖不懌，又罷之。俄而孝孫卒，楊素、牛弘等傷惜之，又薦胄玄。上召見之，胄玄因言日長影短之事，高祖大悦，賞賜甚厚，令與參定新術。劉焯聞胄玄進用，又增損孝孫曆法，更名《七曜新術》，以奏之。與胄玄之法，頗相乖爽，袁充與胄玄害之，焯又罷。至十七年，胄玄曆成，奏之。上付楊素等校其短長。劉暉與國子助教王頍等執舊曆術，迭相駁難，與司曆劉宜，援據古史影等，駁胄玄云：【略】

迭相駁難，高祖惑焉，逾時不決。會通事舍人顔慜楚上書云：「漢落下閎改《顓頊曆》作《太初曆》，云後八百歲，此曆差一日。」語在《胄玄傳》。高祖欲神其事，遂下詔曰：「朕應連受圖，君臨萬宇思欲興复聖教，恢弘令典，上順天道，下授人時，搜揚海內，廣延術士。旅騎尉张胄玄，理思沉敏，術藝宏深，懷道白首，来上曆法。令與太史舊曆，並加勘審。仰觀玄象，參驗璿璣，胄玄曆數與七曜符合，太史所行，乃多疏舛，羣官博議，咸以胄玄爲密。太史令瀏晖，司曆郭翟、劉宜，驍騎尉任悦，往經修造，致此乖謬。通直散騎常侍、領太史令庾季才，太史丞邢儁，司曆郭遠，曆博士蘇粲，曆助教傅儁、成珍等，既是職司，須審疎密。遂虚行此曆，無所發明。綸暉等情狀，已合科罪，方共飾非護短，不從正法。季才等，附下罔上，義實難容。」於是暉等四人，元造詐者，並除名，季才等六人，容隱奸慝，俱解見任。胄玄所造曆法，付有司施行。擢拜胄玄爲員外散騎侍郎，領太史令。胄玄進袁充，互相引重，各擅一能，更爲延譽。胄玄言充曆，妙極前賢，充言胄玄曆術，冠於今古。胄玄學祖冲之，兼傳其師法。自茲厥後，剋食頗中。共開皇十七年所行曆術，命冬至起虚五度。後稍覺其疎，至大業四年劉焯卒後，乃敢改法，命起虚七度，諸法率更有增損，朔終義寧。

唐・魏徵等《隋書》卷一八《律曆志下》 開皇二十年，袁充奏日長影短，高祖因以曆事付皇太子，遣更研詳著日長之候。太子徵天下曆算之士，咸集于東宮。劉焯以太子新立，復增修其書，名曰《皇極曆》，駁正胄玄之短。太子頗嘉之，未獲考驗。焯爲太學博士，負其精博，志解胄玄之印，官不滿意，又稱疾罷歸。至仁壽四年，焯言胄玄之誤於皇太子。

其一曰，張胄玄所上見行曆，日月交食，星度見留，雖未盡善，得其大較，官至五品，誠無所愧。但因人成事，非其實録，就而討論，違舛甚衆。

其二曰，胄玄弦望晦朔，違古且疎，氣節閏候，乖天爽命。時不從子半，晨前別爲後日。日躔莫悟緩急，月逡妄爲兩種，月度之轉，輒遺盈縮，交會之際，意造氣差。七曜之行，不循其道，月星之度，行無出入，應黄反赤，當近更遠，虧食乖準，陰陽無法。星端不協，珠璧不同，盈缩失倫，行度愆序。去極晷漏，應有而無，食分先後，彌爲煩碎。測今不審，考古莫通，立術之疎，不可紀極。今隨事糾駁，凡五百三十六條。

其三曰，胄玄以開皇五年，與李文琮，於張賓曆行之後，本州貢舉，即齎所造曆擬以上應。共曆在鄉陽流布，散寫甚多，今所見行，與焯前曆不異。玄前擬獻，年將六十，非是忽迫倉卒始爲，何故至京未幾，即變同焯曆，與舊懸殊。焯作於前，玄獻於後，捨己從人，異同暗會。且孝孫因焯，胄玄後附孝孫，曆術之文，又皆是孝孫所作，則元本偷竊，事甚分明。恐胄玄推諱，故依前曆爲駁，凡七十五條，并前曆本俱上。

其四曰，玄爲史官，自奏虧食，前後所上，多與曆違，今算其乖舛有一十三事。又前與太史令劉暉等校其疎密五十四事，云五十三條新。計後爲曆應密於舊，見用算推，更疎於本。今糾發并前，凡四十四條。

其五曰，胄玄於曆，未爲精通。然孝孫初造，皆有意，徵天推步，事必出生，不是空文，徒爲臆斷。

其六曰，焯以開皇三年，奉勑修造，顧循記注，自許精微，秦、漢以来，無所與讓。尋聖人之迹，悟曩哲之心，測七曜之行，得三光之度，正諸氣朔，成一曆象，會通今古，符允經傳，稽於庶類，信而有徵。胄玄所違，焯法皆合，胄玄所闕，今則盡有，隱括始終，謂爲總備。

仍上啓曰：「自木鐸寢聲，緒言成燼，羣生蕩析，睹夏沸騰，曲技雲浮，疇官雨絶，曆紀廢壞，千百年矣。焯以庸鄙，謬荷甄擢，專精藝業，耽玩數象，自力羣懦之下，冀覩聖人之意。開皇之初，奉勑脩撰，性不諧物，功不克終，猶被胄玄竊爲己法，未能盡妙，協時多爽，尸官亂日，實點皇猷。請徵胄玄答，驗其長短。」

焯又造曆家同異，名曰稽極。大業元年，著作郎王劭、諸葛潁二人，因入侍宴，言劉焯善曆，推步精審，證引陽明。帝曰：「知之久矣。」仍下其書與胄玄參校。胄玄駁難云：「焯曆有歲率、月率，而立定朔，月有三大、三小。案歲率、月

率者，平朔之章歲、章月也。以平朔之率而求定朔，值三小者，猶似減三五爲十四；值三大者，增三五爲十六也。校其理實，並非十五之正。故張衡及何承天創有此意，爲雜者執數以校其率，率皆自敗，故不克成。今焯爲定朔，則須除其平率，然後爲可。」互相駁難，是非不決，焯又罷歸。

四年，駕幸汾陽宫，太史奏曰：「日食無效。」帝召焯，欲行其曆。袁充方幸於帝，左右胄玄，共排焯曆，又會焯死，曆竟不行。術士咸稱其妙，故錄其術云。甲子元，距大隋仁壽四年甲子，(稱)〔積〕一百萬八千八百四十算。

唐·魏徵等《隋書》卷一九《天文志上》 煬帝又遣宫人四十人，就太史局，别詔袁充，教以星氣，業成者進内，以參占驗云。

史臣於觀臺訪渾儀，見元魏太史令晁崇所造者，以鐵爲之，其規有六。其外四規常定，一象地形，二象赤道，其餘象二極。其内二規，可以運轉，用合八尺之管，以窺星度。周武帝平齊所得。隋開皇三年，新都初成，以置諸觀臺之上。大唐因而用焉。

又 仁壽四年，河間劉焯造《皇極曆》，上啓於東宫。論渾天云：

璿璣玉衡，正天之器，帝王欽若，世傳其象。漢之孝武，詳考律曆，糾落下閎，鮮于妄人等，共所營定。逮于張衡，又尋述作，亦其體制，不異閎等。雖閎制莫存，而衡造有器。至吴時，陸績、王蕃，並要修鑄。績小有異，蕃乃事同。宋有錢樂之，魏初晁崇等，總用銅鐵。小大有殊，規域經模，不異蕃造。觀蔡邕《月令章句》，鄭玄注《考靈曜》，勢同衡法，迄今不改。

焯以愚管，留情推測，見其數制，莫不違爽。失之千里，差若毫氂，大象一乖，餘何可驗。況赤黄均度，月無出入，至所恒定，氣不别衡。分刻本差，輪迴守故。其爲疎謬，不可復言。亦既由理不明，致使異家間出。蓋及宣夜，三説並驅，平、昕、安、穹，四天騰沸。至當不二，理唯一揆，豈容天體，七種殊説？又影漏去極，就渾可推，百骸共體，本非異物。此真已驗，彼僞自彰，豈朗日未暉，爝火不息，理有而闕，詎不可悲者也？昔蔡邕自朔方上書曰：「以八尺之儀，度知天地之象，古有其器，而無其書。常欲寢伏儀下，案度成數，而爲立説。」邕以負罪朔裔，晝奏不許。邕若蒙許，亦必不能。邕才不踰張衡，衡本豈有遺思也？則有器無書，觀不能悟。焯今立術，改正舊渾。又以二至之影，定去極晷漏，并天地高遠，星辰運周，所宗有本，皆有其率。袪今賢之巨惑，稽往哲之羣疑，豁若雲披，朗如霧散。爲之錯綜，數卷已成，待得影差，謹更啓送。又云：「《周官》夏至日影，尺有五寸。張衡、鄭玄、王蕃、陸績先儒等，皆以爲影千里差一寸。言南戴日下萬五千里，表影正同，天高乃異。考之算法，必爲不可。寸差千里，亦無典説，明爲意斷，事不可依。今交、愛之州，表北無影，計無萬里，南過戴日。是千里一寸，非其實差。焯今説渾，以道爲率，道里不定，得差乃審。既大聖之年，升平之日，釐改羣謬，斯正其時。請一水工，并解算術士，取河南、北平地之所，可量數百里，南北使正。審時以漏，平地以繩，隨氣至分，同日度影。得其差率，里即可知。則天地無所匿其形，辰象無所逃其數，起前顯聖，効象除疑。請勿以人廢言。」不用。至大業三年，勑諸郡測影，而焯尋卒，事遂寢廢。

又 及高祖踐極之後，大議造曆。張胄玄兼明揆測，言日長之瑞。有詔司存，而莫能考決。至開皇十九年，袁充爲太史令，欲成胄玄舊事，復表曰：「隋興已後，日景漸長。開皇元年冬至之影，長一丈二尺七寸二分，自爾漸短。至十七年冬至影，一丈二尺六寸三分。四年冬至，在洛陽測影，長一丈二尺八寸八分。二年夏至影，一尺四寸八分，自爾漸短。至十六年夏至影，一尺四寸五分。其十八年冬至，陰雲不測。元年、十七年、十八年夏至，亦陰雲不測。《周官》以土圭之法正日影，日至之影，尺有五寸。鄭玄云：『冬至之景，一丈三尺。』今十六年夏至之影，短於舊五分，十七年冬至之影，短於舊三寸七分。日去極近，則影短而日長；去極遠，則影長而日短。行内道則去極近，行外道則去極遠。《堯典》云：『日短星昴，以正仲冬。』據昴星昏中，則知堯時仲冬，日在須女十度。以曆數推之，開皇以來冬至，日在斗十一度，與唐堯之代，去極俱近。謹案《元命包》云：『日月出内道，琁璣得其常，天帝崇靈，聖王初功。』京房《别對》曰：『太平日行上道，升平日行次道，霸代日行下道。』伏惟大隋啓運，上感乾元，影短日長，振古希有。」是時廢庶人勇，晉王廣初爲太子，充奏此事，深合時宜。上臨朝謂百官曰：「景長之慶，天之祐也。今太子新立，當須改元，宜取日長之意，以爲年號。」由是改開皇二十一年爲仁壽元年。此後百工作役，並加程課，以日長故也。皇太子率百官，詣闕陳賀。案日徐疾盈縮無常，充等以爲祥瑞，大爲議者所貶。

又 隋初，用周朝尹公正、馬顯所造《漏經》。至開皇十四年，鄜州司馬袁充上晷影漏刻。充以短影平儀，均布十二辰，立表，隨日影所指辰刻，以驗漏水之節。十二辰刻，互有多少，時正前後，刻亦不同。其二至二分用箭辰刻之法，今列之云。

【略】

袁充素不曉渾天黄道去極之數，苟役私智，變改舊章。其於施用，未爲精密。

開皇十七年，張胄玄用後魏渾天鐵儀，測知春秋二分，日出卯酉之北，不正當中。與何承天所測頗同，皆日出卯三刻五十五分，入酉四刻二十五分。晝漏五十刻一十分，夜漏四十九刻四十分，晝夜差六十分刻之四十。仁壽四年，劉焯上《皇極曆》，有日行遲疾，推二十四氣，皆有盈縮定日。春秋分定日，去冬至各八十八日有奇，去夏至各九十三日有奇。二分定日，晝夜各五十刻。又依渾天黃道，驗知冬至夜漏五十九刻、一百分刻之八十六，晝漏四十刻一十四分，夏至晝漏五十九刻八十六分，夜漏四十刻一十四分。冬夏二至之間，晝夜差一十九刻、一百分刻之七十二。胄玄及焯漏刻，並不施用。然其法制，皆著在曆術，推驗加時，最爲詳審。

大業初，耿詢作古欹器，以漏水注之，獻于煬帝。帝善之，因令與宇文愷，依後魏道士李蘭所修道家上法稱漏，制造稱水漏器，以充行從。又作候影分箭上水方器，置於東都乾陽殿前鼓下司辰。又作馬上漏刻，以從行辨時刻。揆日晷，下漏刻，此二者，測天地，正儀象之本也。晷漏沿革，今古大殊，故列其差，以補前闕。

後晉·劉昫等《舊唐書》卷三二《曆志一》 高齊天保中，六月日當蝕朔，文宣先期問候官蝕何時，張孟賓言蝕甲，鄭元偉、董峻言蝕辰，宋景業言蝕巳。是日蝕於申酉之間，言皆不中時，景業造天保曆則疏密可知矣。【略】

所以張胄玄佩印而沸騰，劉　孝孫輿棺而慟哭，俾諸後學，益用爲疑。以臣折衷，無如舊法。

高祖受隋禪，傅仁均首陳七事，言戊寅歲時正得上元之首，宜定新曆，以符禪代，由是造《戊寅曆》。祖孝孫、李淳風立理駁之，仁均條答甚詳，故法行於貞觀之世。高宗時，太史奏舊曆加時寖差，宜有改定。乃詔李淳風造《麟德曆》。初，隋末劉焯造《皇極曆》，其道不行。淳風約之爲法，時稱精密。天后時，瞿曇羅造《光宅曆》。中宗時，南宮說造《景龍曆》。皆舊法之所棄者，復取用之。徒云革易，寧造深微，尋亦不行。開元中，僧一行精諸家曆法，言《麟德曆》行用既久，晷緯漸差。宰相張說言之，玄宗召見，令造新曆。遂與星官梁令瓚先造《黃道游儀圖》，考校七曜行度，準《周易》大衍之數，別成一法，行用垂五十年。肅宗時，韓穎造《至德曆》。代宗時，郭獻之造《五紀曆》。德宗時，徐承嗣造《正元曆》。憲宗時，徐昂造《觀象曆》。其法今存，而元紀蔀章之數，或異前經；而察斂啓閉之期，何殊舊法。至論徵驗，罕及研精。綿代流行，示存經法耳。

前史取傅仁均、李淳風、南宮說、一行四家曆經，爲《曆志》四卷。近代精數者，皆以淳風、一行之法，曆千古而無差，後人更之，要立異耳，無踰其精密也。《景龍曆》不經行用，世以爲非，今略而不載。但取《戊寅》、《麟德》、《大衍》三曆法，以備此志，示於疇官爾。

後晉·劉昫等《舊唐書》卷三三《曆志二》 武太后稱制，詔曰：「頃者所司造曆，以臘月爲閏。稽考史籍，便紊舊章，遂令去歲之中，晦仍月見。重更尋討，果差一日。履端舉正，屬在於茲。宜改曆於惟新，革前非於既往。可以今月爲閏十月，來月爲正月。」是歲得甲子合朔冬至。於是改元聖曆，以建子月爲正，建丑爲臘，建寅爲一月。命太史瞿曇羅造新曆。至三年，復用夏時，《光宅曆》亦不行用。中宗反正，太史丞南宮説奏：「《麟德曆》加時浸疏。又上元甲子之首，五星有入氣加時，非合璧連珠之正也。」乃詔説與司曆徐保乂、南宮季友，更治《乙巳元曆》。至景龍中，曆成，詔令施用。俄而睿宗即位，《景龍曆》寢廢不行。

後晉·劉昫等《舊唐書》卷三五《天文志上》 武德年中，薛頤、庾儉等相次爲太史令，雖各善於占候，而無所發明。

貞觀初，將仕郎直太史李淳風始上言靈臺候儀是後魏遺範，法制疏略，難爲占步。太宗因令淳風改造渾儀，鑄銅爲之，至七年造成。淳風因撰《法象志》七卷，以論前代渾儀得失之差，語在《淳風傳》。其所造渾儀，太宗令置於凝暉閣以用測候，既在宮中，尋而失其所在。

玄宗開元九年，太史頻奏日蝕不效，詔沙門一行改造新曆。一行奏云，今欲創曆立元，須知黃道進退，請太史令測候星度。有司云：「承前唯依赤道推步，官無黃道游儀，無由測候。」時率府兵曹梁令瓚待制於麗正書院，因造游儀木樣，甚爲精密。一行乃上言曰：「黃道游儀，古有其術而無其器。以黃道隨天運動，難用常儀格之，故昔人潛思皆不能得。今梁令瓚創造此圖，日道月交，莫不自然契合，既於推步尤要，望就書院更以銅鐵爲之，庶得考驗星度，無有差舛。」從之，至十三年造成。又上疏曰：

按《舜典》云：「在璿璣玉衡，以齊七政。」説者以爲取其轉運者爲樞，持正者爲衡，皆以玉爲之，用齊七政之變，知其盈縮進退，得失政之所在，即古太史渾天儀也。自周室衰微，疇人喪職，其制度遺象，莫有傳者。漢興，丞相張蒼首創律曆之學。至武帝詔司馬遷等更造漢曆，乃定東西、立晷儀、下漏刻，以追二十八宿相距星度，與古不同。故唐都分天部，洛下閎運算轉曆，今赤道曆星度，則其遺法也。後漢永元中，左中郎將賈逵奏言：「臣前上傅安等用黃道度日月，弦望多

近。史官壹以赤道度之，不與天合，至差一日以上。願請太史官日月宿簿及星度課，與待詔星官考校。奏可。問典星待詔姚崇等十二人，皆曰：『星圖有規法，日月實從黄道，官無其器，不知施行。』甘露二年，大司農丞耿壽昌奏，以圓儀度日月行，考驗天運。日月行赤道，至牽牛、東井，日行一度，月行十五度；至婁、角，日行一度，月行十三度，此前代所共知也。」是歲永元四載也。明年，始詔太史造黄道銅儀。冬至，日在斗十九度四分度之一，與赤道定差二度。史官以校日月弦望，雖密近，而不爲望日。儀，黄道與度運轉，難候，是以少終其事。其後劉洪因黄道渾儀，以考月行出入遲速。而後代理曆者不遵其法，更從赤道命文，以驗賈逵所言，差謬益甚，此理曆者之大惑也。

今靈臺鐵儀，後魏明元時都匠解蘭所造，規制朴略，度刻不均，赤道不動，乃如膠柱，不置黄道，進退無準。此據赤道月行以驗入曆遲速，多者或至十七度，少者僅出十度，不足以上稽天象，敬授人時。近祕閣郎中李淳風著《法象志》，備載黄道渾儀法，以玉衡旋規，別帶日道，傍列二百四十九交，以攜月游，用法頗雜，其術竟寢。

臣伏承恩旨，更造游儀，使黄道運行，以追列舍之變，因二分之中以立黄道，交於軫、奎之間，二至陟降各二十四度。黄道之內，又施白道月環，用究陰陽朓朒之數，動合天運，簡而易從，足以制器垂象，永傳不朽。

於是玄宗親爲製銘，置之於靈臺以考星度。其二十八宿及中外官與古經不同者，凡數十條。又詔一行與梁令瓚及諸術士更造渾天儀，鑄銅爲圓天之象，上具列宿赤道及周天度數。注水激輪，令其自轉，一日一夜，天轉一周。又別置二輪絡在天外，綴以日月，令得運行。每天西轉一帀，日東行一度，月行十三度十九分度之七，凡二十九轉有餘而日月會，三百六十五轉而日行帀。仍置木櫃以爲地平，令儀半在地下，晦明朔望，遲速有準。又立二木人於地平之上，前置鐘鼓以候辰刻，每一刻自然擊鼓，每辰則自然撞鐘。皆於櫃中各施輪軸，鉤鍵交錯，關鎖相持。既與天道合同，當時共稱其妙。鑄成，命之曰水運渾天俯視圖，置於武成殿前以示百僚。無幾而銅鐵漸澀，不能自轉，遂收置於集賢院，不復行用。

今錄游儀制度及所測星度異同，開元十二年分遣使諸州所測日晷長短，李淳風、僧一行所定十二次分野，武德已來交蝕及五星祥變，著于篇。【略】

測影使者大相元太云：「交州望極，纔出地二十餘度。以八月自海中南望老人星殊高。老人星下，環星燦然，其明大者甚衆，圖所不載，莫辨其名。大率去南極二十度以上，其星皆見。乃古渾天家以爲常没地中，伏而不見之所也。」【略】

開元十二年，太史監南宮説擇河南平地，以水準繩，樹八尺之表而以引度之。

後晉·劉昫等《舊唐書》卷三六《天文志下》 貞觀中，李淳風撰《法象志》，始以唐之州縣配焉。至開元初，沙門一行又增損其書，更爲詳密。既事包今古，與舊有始以唐之州縣配焉。至開元初，沙門一行又增損其書，更爲詳密。

又 德宗貞元三年八月辛巳朔，日蝕。有司奏，准禮請伐鼓于社，不許。太常卿董晉諫曰：「伐鼓所以責羣陰，助陽德，宜從經義。」竟不報。

又 八年十一月壬子朔，先是司天監徐承嗣奏：「據曆，合蝕八分，今退蝕三分。准占，君盛明則陰匿而潛退。請書于史。」從之。

又 元和三年七月癸巳蝕。憲宗謂宰臣曰：「昨司天奏太陽虧蝕，皆如其言，何也？又素服救日，其儀安在？」李吉甫對曰：「日月運行，遲速不齊。日凡周天三百六十五度有餘，日行一度，月行十三度有餘，率二十九日半而與日會。又月行有南北九道之異，或進或退，若晦朔之交，又南北同道，即日爲月之所掩，故名薄蝕。雖自然常數可以推步，然日爲陽精，人君之象，若君行有緩有急，即日爲之遲速。稍踰常度，爲月所掩，即陰浸於陽。亦猶人君行或失中，應感所致。故《禮》云：『男教不修，陽事不得，謫見于天，日爲之蝕。』古者日蝕，則天子素服而修六官之職，月蝕，則后素服而修六宮之職，皆所以懼天戒而自省惕也。人君在民物之上，易爲驕盈，故聖人制禮，務乾恭兢惕，以奉若天道。苟德大備，天人合應，百福斯臻。陛下恭己向明，日慎一日，又顧憂天譴，則聖德益固，升平何遠。伏望長保睿志，以永無疆之休。」上曰：「天人交感，妖祥應德，蓋如卿言。素服救日，自貶之旨也，朕雖不德，敢忘兢惕。卿等當匡吾不逮也。」十年八月己亥朔，十三年六月癸丑朔。

後晉·劉昫等《舊唐書》卷三七《五行志》 總章元年四月，彗見五車，上避正殿，減膳，令內外五品已上上封事，極言得失。許敬宗曰：「星雖孛而光芒小，此非國眚，不足上勞聖慮，請御正殿，復常膳。」不從。敬宗又進曰：「星孛于東北，王師問罪，高麗將滅之徵。」帝曰：「我爲萬國主，豈移過於小蕃哉！」二十二日星滅。上元二年十月，彗見于角、亢南，長五尺。三年七月二十一日，彗見東井，指南河、積薪，長三尺餘，漸向東北，光芒益褎，長三丈，掃中台，指文昌，經五十八日而滅。永隆二年九月一日，萬年縣女子劉凝静，乘白馬，著白衣，男子從

者八九十人，入太史局，升令廳牀坐，勘問比有何災異。太史令姚玄辯執之以聞。

又 文宗召司天監朱子容問星變之由，子容曰：「彗主兵旱，或破四夷，古之占書也。然天道懸遠，唯陛下修政以抗之。」

宋·歐陽修、宋祁《新唐書》卷二五《曆志一》 高祖受禪，將治新曆，東都道士傅仁均善推步之學，太史令庾儉、丞傅弈薦之。詔仁均與儉等參議，合受命歲名爲《戊寅元曆》。【略】高祖詔司曆起 二年用之，擢仁均員外散騎侍郎。

三年正月望及二月、八月朔，當蝕，比不効。六年，詔吏部郎中祖孝孫考其得失。孝孫使算曆博士王孝通以《甲辰曆》法詰之曰：「日短星昴，以正仲冬。」七宿畢見，舉中宿言耳。舉中宿，則餘星可知。仁均專守昴中，執文害意，不亦謬乎？又《月令》仲冬「昏東壁中」，明昴中非爲常準。若堯時星昴昏中，差至東壁，然則堯前七千餘載，冬至昏翼中，日應在東井。井極北，去人最近，故暑，斗極南，去人最遠，故寒。寒暑易位，必不然矣。又平朔、定朔，舊有二家。三大、三小，爲定朔望；一大、一小，爲平朔望。日月行有遲速，相及謂之合會。晦、朔無定，由時消息。若定大小皆在朔者，合會雖定，而蔀、元、紀首三端並失。若上合履端之始，下得歸餘於終，合會有時，則《甲辰元曆》爲通術矣。」

仁均對曰：

宋祖沖之立歲差，隋張胄玄等因而脩之。雖差數不同，各明其意。孝通未曉，乃執南斗爲冬至常星。夫日躔宿度，如郵傳之過，宿度既差，黄道隨而變矣。《書》云：「季秋月朔，辰弗集于房。」孔氏云：「集，合也。不合則日蝕可知。」又云：「先時者殺無赦，不及時者殺無赦。」既有先後之差，是知定朔矣。《詩》云：「十月之交，朔月辛卯。」又《春秋傳》曰：「不書朔，官失之也。」自後曆差，莫能詳正。故秦、漢以來，多非朔蝕。宋御史中丞何承天微欲見意，不能詳究，乃爲散騎侍郎皮延宗等所抑。孝通之語，乃延宗舊説。治曆之本，必推上元，日月如合璧，五星如連珠，夜半甲子朔旦冬至。自此七曜散行，不復餘分普盡，總會如初。唯朔分、氣分，有可盡之理，因其可盡，即有三端。此乃紀其日數之元爾。或以爲即夜半甲子朔冬至者，非也。冬至自有常數，朔名由於月起，月行遲疾匪常，三端安得即合。故必須日月相合與至同日者，乃爲合朔冬至耳。

孝孫以爲然，但略去尤疎闊者。

九年，復詔大理卿崔善爲與孝通等較定，善爲所改凡數十條。初，仁均以武德元年爲曆始，而氣、朔、遲疾、交會及五星皆有加減差。至是復用上元積算。其周天度，即古赤道也。

貞觀初，直太史李淳風又上疏論十有八事，復詔善爲課二家得失，其七條改從淳風。十四年，太宗將親祀南郊，以十一月癸亥朔，甲子冬至。而淳風新術，以甲子合朔冬至，乃上言：「古曆分日，起於子半。十一月當甲子合朔冬至，故太史令傅仁均以減餘稍多，子初爲朔，遂差三刻。」司曆南宮子明、太史令薛頤等言：「子初及半，日月未離。淳風之法，較春秋已来晷度薄蝕，事皆符合。」國子祭酒孔穎達等及尚書八座參議，請從淳風。又以平朔推之，則二曆皆以朔日冬至，於事彌合。且平朔行之自古，故《春秋傳》或失之前，謂晦日也。雖癸亥日月相及，明日甲子，爲朔可也。從之。十八年，淳風又上言：「仁均曆有三大、三小，云日月之蝕，必在朔望。十九年九月後，四朔頻大。」詔集諸解曆者詳之，不能定。庚子，詔用仁均平朔，訖麟德元年。

仁均曆法祖述胄玄，稍以劉孝孫舊議參之，其大最疎於淳風。然更相出入，其有所中，淳風亦不能逾之。今所記名，善爲所較也。

宋·歐陽修、宋祁《新唐書》卷二六《曆志二》 高宗時，《戊寅曆》益疎，淳風作《甲子元曆》以獻。詔太史起麟德二年頒用，謂之《麟德曆》。古曆有章、蔀，有元、紀，有日分、度分，參差不齊，淳風爲總法千三百四十以一之。損益中晷術以考日至，爲木渾圖以測黄道，餘因劉焯《皇極曆》法，增損所宜。當時以爲密，與太史令瞿曇羅所上《經緯曆》參行。

又 是歲，甲子南至，改元聖曆。命瞿曇羅作《光宅曆》，將用之。

又 中宗反正，太史丞南宮説以《麟德曆》上元，五星有入氣加減，非合璧連珠之正，以神龍元年歲次乙巳，故治乙巳元曆。推而上之，積四十一萬四千三百六十算，得十一月甲子朔夜半冬至，七曜起牽牛之初。其術有黄道而無赤道，推五星先步定合，加伏日以求定見。他與淳風術同。所異者，惟平合加減差。既成，而睿宗即位，罷之。

宋·歐陽修、宋祁《新唐書》卷二七《曆志三》 開元九年，《麟德曆》署日蝕比不效，詔僧一行作新曆，推大衍數立術以應之，較經史所書氣朔、日名、宿度可考者皆合。十五年，草成而一行卒，詔特進張説與曆官陳玄景等次爲《曆術》七篇、《略例》一篇、《曆議》十篇，玄宗顧訪者則稱制旨。明年，説表上之，起十七年頒于有司。時善算瞿曇譔者，怨不得預改曆事，二十一年，與玄景奏：「《太衍》

寫《九執曆》，其術未盡。」太子右司禦率南宮説亦非之。詔侍御史李麟、太史令桓執圭較靈臺候簿，《大衍》十得七、八，《麟德》纔三、四，《九執》一、二焉。乃罪説等，而是否決。

宋・歐陽修、宋祁《新唐書》卷二八《曆志四》 《九執曆》者，出于西域。開元六年，詔太史監瞿曇悉達譯之。【略】陳玄景等持以惑當時，謂一行寫其術未盡，妄矣。

宋・歐陽修、宋祁《新唐書》卷二九《曆志五》 代宗以《至德》《曆》不與天合，詔司天臺官屬郭獻之等，復用《麟德》元紀，更立歲差，增損遲疾、交會及五星差數，以寫《大衍》舊術。

又 德宗時，《五紀曆》氣朔加時稍後天，推測星度與《大衍》差率頗異。詔司天徐承嗣與夏官正楊景風等，雜《麟德》、《大衍》之旨治新曆。

宋・歐陽修、宋祁《新唐書》卷三〇上《曆志六上》 憲宗即位，司天徐昂上新曆，名曰《觀象》。

宋・歐陽修、宋祁《新唐書》卷三〇下《曆志六下》 昭宗時，《宣明曆》施行已久，數亦漸差，詔太子少詹事邊岡與司天少監胡秀林、均州司馬王墀改治新曆，然術一出於岡。岡用算巧，能馳騁反覆于乘除間。由是簡捷、超徑、等接之術興，而經制、遠大、衰序之法廢矣。

宋・歐陽修、宋祁《新唐書》卷三一《天文志一》 唐興，太史李淳風、浮圖一行，尤稱精博，後世未能過也。【略】

貞觀初，淳風上言：「舜在璿璣玉衡，以齊七政，則渾天儀也。《周禮》，土圭正日景以求地中，有以見日行黄道之驗也。暨于周末，此器乃亡。漢落下閎作渾儀，其後賈逵、張衡等亦各有之，而推驗七曜，並循赤道。按冬至極南，夏至極北，而赤道常定於中，國無南北之異。蓋渾儀無黄道久矣。」太宗異其説，因詔爲之。至七年儀成。表裏三重，下據準基，狀如十字，末樹鼇足，以張四表。一曰六合儀，有天經雙規、金渾緯規、金常規，相結於四極之内。列二十八宿、十日、十二辰、經緯三百六十五度。二曰三辰儀，圓徑八尺，有璿璣規、月遊規，列宿距度，七曜所行，轉於六合之内。三曰四游儀，玄樞爲軸，以連結玉衡游筩而貫約矩規。又玄極北樹北辰，南矩地軸，傍轉於内。玉衡在玄樞之間，而南北游，仰以觀天之辰宿，下以識器之晷度。皆用銅。帝稱善，置於凝暉閣，用之測候。閣在禁中，其後遂亡。

開元九年，一行受詔，改治新曆，欲知黄道進退，而太史無黄道儀，率府兵曹參軍梁令瓚以木爲游儀，一行是之，乃奏：「黄道游儀，古有其術而無其器，昔人潛思，皆未能得。今令瓚所爲，日道月交，皆自然契合，於推步尤要，請更鑄以銅鐵。」十一年儀成。一行又曰：「靈臺鐵儀，後魏斛蘭所作，規制朴略，度刻不均，赤道不動，乃如膠柱。以考月行，遲速多差，多或至十七度，少不減十度，不足以稽天象、授人時。李淳風黄道儀，以玉衡旋規，别帶日道，傍列二百四十九交，以攜月游，法頗難，術遂寢廢。臣更造游儀，使黄道運行，以追列舍之變，因二分之中，以立黄道，交於奎、軫之間，二至陟降，各二十四度。黄道内施白道月環，用究陰陽朓朒，動合天運。簡而易從，可以制器垂象，永傳不朽。」於是玄宗嘉之，自爲之銘。

又詔一行與令瓚等更鑄渾天銅儀，圓天之象，具列宿赤道及周天度數。

又 蓋天之説，李淳風以爲天地中高而四隤，日月相隱蔽，以爲晝夜。繞北極常見者謂之上規，南極常隱者謂之下規，赤道横絡者謂之中規。及一行考月行出入黄道，爲圖三十六，究九道之增損，而蓋天之狀見矣。

又 中晷之法。初，淳風造曆，定二十四氣中晷，與祖沖之短長頗異，然未知其孰是。及一行作《大衍曆》，詔太史測天下之晷，求其土中，以爲定數。【略】昭宗時，太子少詹事邊岡，脩曆術，服其精粹，以爲不刊之數也。

初，貞觀中，淳風撰《法象志》，因《漢書》十二次度數，始以唐之州縣配焉。而一行以爲，天下山河之象存乎兩戒。

宋・歐陽修、宋祁《新唐書》卷四七《百官志二》 姚崇爲紫微令，奏：大事，舍人爲商量狀，與本狀皆下紫微令，判二狀之是否，然後乃奏。開元初，以它官掌詔敕策命，謂之「兼知制誥」。

宋・計有功《唐詩紀事》卷四七 李播見志云：去歲買琴不與價，今年沽酒未還錢。門前債主鴈行立，屋裏醉人魚貫眠。

播，登元和進士第。

播以郎中典蘄州，有李生携詩謁之，播曰：「此吾未第時行卷也。」李曰：「頃於京師書肆百錢得此，遊江淮間二十餘年矣。欲幸見惠。」播遂與之，因問何往，曰：「江陵謁盧尚書。」播曰：「公又錯也。盧是某親表。」李慚悚失次，進曰：「誠若郎中之言，與荊南表丈一時乞取。」再拜而出。

宋・李昉等《太平廣記》卷二〇二《儁才》 盧肇

王鐐富有才情，數舉未捷。門生盧肇等，公薦於春官云：「同盟不嗣，賢者受譏。相子負薪，優臣致誚。」乃旌鐐嘉句曰：擊石易得火，扣人難動心，今日朱門者，曾恨朱門深。」聲聞藹然。果擢上第。（出《抒情詩》）

宋·李昉等《太平廣記》卷二九《神八》 李播

高祖將封東嶽，而天久霖雨。帝疑之，使問華山道士李播，爲奏玉京天帝。播，淳風之父也。因遣僕射劉仁軌至華山，問播封禪事。播云：「待問泰山府君。」遂令呼之。良久，府君至，拜謁庭下，禮甚恭。播云：「唐皇帝欲封禪，如何？」府君對曰：「合封，後六十年，又合一封。」播揖之而去。時仁軌在播側立，見府君屢顧之。播又呼迴曰：「此是唐宰相，不識府君，無宜見怪。」既出，謂仁軌曰：「府君薄怪相公不拜，令左右錄此人名，恐累盛德。所以呼迴處分耳。」仁軌惶汗久之。播曰：「處分了，當無苦也。」其後帝遂封禪。（出《廣異記》）

宋·王欽若等《册府元龜》卷八二二 李播，淳風之父。仕隋爲高唐尉，秩卑不得志，棄官而爲道士，頗有文學。自號黄冠子，文集行於世。

薛頤，貞觀中爲太史令。請爲道士，許之。仍拜中大夫，爲置紫府觀於九嵕之下，申其高尚。

宋·洪邁《容齋隨筆》卷一五 尺八

唐盧肇爲歙州刺史，會客於江亭，請目前取一事為酒令，尾有樂器之名。肇令曰：「遙望漁舟，不闊尺八。」有姚嵒傑者，飲酒一器，凭欄嘔噦，須臾即席，還令曰：「凭欄一吐，已覺空喉。」此語載於《摭言》。又《逸史》云：開元末，一狂僧往終南回向寺。一老僧令於空房内取尺八，來乃玉笛也。謂曰：「汝主在寺，以愛吹尺八，謫在人間。此常吹者也。汝當回，可將此付汝主。」僧進於玄宗，特取吹之，宛是先所御者。孫夷中《仙隱傳》：房介然善吹竹笛，名曰尺八。將死，預將管打破，告諸人曰：「可以同將就壙。」亦謂此云。尺八之爲樂名，今不復有。《呂才傳》云：貞觀時，祖孝孫增損樂律，太宗詔侍臣舉善音者。王珪、魏徵盛稱才製尺八，凡十二枚，長短不同，與律諧契。太宗即召才參論樂事。尺八之所出，見於此。無由曉其形製也。《爾雅·釋樂》亦不載。

宋·尤袤《全唐詩話》卷三 李播

播以郎中典蘄州，有李生攜詩謁之。播曰：「此吾未第時行卷也。」李曰：「頃於京師書肆百錢得此。游江淮間二十餘年，欲幸見惠。」播遂與之，因問何往。曰：「江陵謁表丈盧尚書。」播曰：「公又錯也。盧是某親表丈。」李慚悚失次，進曰：「誠若郎中之言，與荆南表丈一時乞取。」再拜而出。

宋·王應麟《玉海》卷三 《天文志》：貞觀中，李淳風撰《法象志》，因《漢書》十二次度數，始以唐州縣配焉。《會要》：貞觀七年三月十六日，癸巳。直太史局將仕郎李淳风鑄渾天黄道儀成，因撰《法象志》七卷。論前代渾儀得失之差。開元十三年，一行疏曰：近秘閣郎中李淳風著《法象志》，備象黄道渾儀。法以玉衡旋規別帶日道，傍引二百四十九交以推月道。用法煩雜，其術竟寢。傳：淳風，貞觀初，直太史局制渾天儀。詆摭前世得失，著《法象書》七篇。上之擢承務耶，遷太常博士。《藝文志·天文類》：李淳風《釋周髀》二卷，又《乙巳占》十二卷，《崇文目》：《乙巳占》十卷。《天文占》一卷，《大象天文》一卷，《乾坤祕奥》七卷，《法象志》七卷，《太白會運逆兆通代記圖》一卷。淳風與袁天綱集傳：淳風撰《麟德曆》、《典章文物志》、《乙巳占》等書，注《五曹》、《孫子》等。《神仙類》：李淳風注《泰乾秘要》三卷。《崇文目》道書類。《書目》：《乾坤秘奥》一卷，太史令淳風撰，自《乾災》至《錯紀》，凡三十五篇。《崇文目》七卷，《國史志》七卷。《乙巳占》十卷，貞觀中太史令李淳風撰。始於天象，終於風氣。序云五十卷，今合爲十卷。

元·黄鎮成《尚書通考》卷一一《古今曆法》 明帝《正光曆》 壬子元

正光中，崔光取張龍祥等九家所上曆，候驗得失，合爲一曆，以壬子爲元。應魏水德命曰《正光曆》。

《靈憲曆》 信都芳用祖常之法，私撰《靈憲曆》，書未成。月大小法莫攷。

《五寅元曆》 太武時，崔浩謂：自秦漢以來，妄造曆術者皆不得天道之正，宜改曆術，以從天道，曰《五寅元曆》，奏請宣示中書。坐誅，不果用。終魏世惟用《元始》、《正光》二曆。

東魏《興光曆》 甲子元 興和元年，以《正光曆》浸差，命李業興更加修正，以甲子爲元號曰《興光曆》。

西魏用《興光曆》。

北齊文宣帝《天保曆》 天保元年，命宋景業、叶圖讖造《天保曆》。

《甲寅元曆》 董峻、鄭元偉立議非《天保曆》之妄，於武平七年同上《甲寅元曆》。

後周明帝《周曆》

武成元年，始造《周曆》。於是胡克遜、庾季才及諸日者采祖暅舊議，通簡南北之術。然周、齊並時而曆差一日。及武帝時而《天和》作矣。

《天和曆》 甄鸞所上

宣帝《景德元曆》

大象年間，太史馬顯上《景德元曆》，即行之。

隋文帝《己巳元曆》

初，隋高祖輔周，欲以符命曜天下道士。張賓知上意，乃自言星曆有代謝之證。更造新曆，用何承天法，微加增損，開皇四年行之。

《張冑元曆》 《己巳元曆》既行，劉孝孫、劉焯並稱其失，所駁六條。十七年，張冑元論日影長短。羣臣咸以爲密，乃行冑元所造曆。

《皇極曆》 劉焯增修《張冑元曆》，名曰《皇極曆》，又名《甲子元曆》。

北朝《元巍曆》曰五寅元、元始、正光、靈憲。東魏《高齊曆》曰興光、天保、甲寅元。後周《隋氏曆》曰天和、景德、己巳元。皇極言曆者不一，行之數十年輒復差繆。故南朝則以何承天爲宗，北朝則依趙敃、祖沖之爲據。

唐高祖《戊寅元曆》

傅仁均作。以高祖戊寅年受禪，遂以戊寅爲元。用於武德二年。閱明年而月蝕比不驗。明年詔祖孝孫等攷定，乃畧去其尤踈濶者。

高宗《麟德甲子元曆》 始併日法度法而立總法

李淳風以《戊寅元曆》推步既踈，乃增損劉焯《皇極曆》，作《麟德甲子元曆》。以古曆有章蔀，有元紀，有日分度分，參差不齊，始併日法度法爲一，而立總法。總法一千三百四十歲有三百六十五日一千三百四十分日之三百三十八一，月二十九日一千三百四十分日之七百十一。當時以爲密。

《經緯曆》 太史令瞿曇羅所上，與《麟德曆》參行。

武后《光宅曆》

瞿曇羅作。

中宗《乙巳元曆》

南宮說作中宗，以乙巳年反正，遂以乙巳爲元。

玄宗《開元大衍曆》 以三千四十分為日法。

開元九年，《麟德曆》書日蝕比不效，詔一行作新曆，推大衍數立術，以應之。較經史所書氣朔、日名、宿度可考者皆合。以一六爲爻位之統，五十爲大衍之母，合二始以位剛柔。所以明天一地二之數，合二中以通律曆。所以正天五地六之數，合二終以紀閏餘。所以窮天九地十之數，以生乘成於六百而得天中之積。以成乘生，又於六百而得地中之積。自一六至五六一七，至五七一八，至五八一九，至五九一十，至五十，生成相乘，各有六百。於是而得千二百之算。此大衍起數，皆出於《易》，其詳本於天地之二中，始於冬至之中氣。以晦朔定日月之會，以日度正周天之數，以卦氣定七十二候，以中星正二十四氣。用以較古今之薄蝕五星之變差，而《開元曆》課皆第一。自《太初》至《麟德曆》有二十三家與天雖近而未密，至一行密矣。其倚數立法，固無以易。後世雖有改作，皆依倣而已。

西域《九執曆》

開元二十一年，陳玄景、南宮說奏：大衍寫《九執曆》，其術未盡，詔侍御史李麟等校靈臺候簿，大衍十得七八，《九執》才一二焉。

肅宗《至德曆》

山人韓潁言：大衍或誤，潁乃增損其術，更名曰《至德曆》。

代宗寶應《五紀曆》

代宗以《至德曆》不與天合，詔司天郭獻之等復用《麟德》元紀，更立歲差，增損遲疾交會及五星差數，以寫《大衍》舊術。上元七曜起赤道，虛四度，與《大衍》小異者，九事而已。

德宗建中《正元曆》

德宗時，《五紀曆》氣朔加時稍後天，推測星度，與《大衍》差率頗異。司天徐承嗣等雜《麟德》、《大衍》之旨，治新曆。上元七曜起赤道，虛四度，其氣朔、發斂、日躔、月離、晷漏、交會，悉如《五紀》法。

憲宗元和《觀象曆》

元和二年，司天徐昂所上。然無章蔀之數。至於發斂啟閉之候，循用舊法，測驗不合。

穆宗長慶《宣明曆》

穆宗即位，以爲累世纘緒，必更曆紀，乃詔日官改造曆術，名曰《宣明》。上元七曜起赤道，虛九度，其氣朔、發斂、日躔、月離，皆因《大衍》晷漏、交會稍增損之，更立新度，以步五星。

昭宗景福《崇玄曆》

時《宣明》施行已久，數亦漸差，邊岡改治新曆。岡用算巧，能馳騁反復於乘除間，雖籌策便易，而冥於本原。唐終始二百九十餘年，而曆九改，謂《戊寅》、《麟德》、《大衍》、《至德》、《五紀》、《正元》、《觀象》、《宣明》、《崇玄》也。

著録

隋・蕭吉《〈五行大義〉序》 夫五行者蓋造化之根源，人倫之资始。萬品稟其變易，百靈因其感通。本乎陰陽，散乎精像，周竟天地，布極幽明。子午卯酉爲經緯，八風六律爲綱紀。故天有五度以垂象，地有五材以資用，人有五常以表德。萬有森羅，以五爲度。過其五者，數則變焉。寔資五氣，均和四序，孕育百品，陶鑄萬物。善則五德順行，三靈炳曜惡則九功不革，六沴互典。原始要終，靡究萌兆。是以聖人體於未肇，故設言以筌象，立象以顯事。事既懸有，可以象知。象則有滋，滋故生數。數則可紀，象則可形。可形可紀，故其理可假而知。可假而知，則龜筮是也。龜则爲象，故以日爲五行之元。筮則为數，故以辰爲五行之主。若夫參辰狀見，日月盈虧，雷動虹出，雲行雨施，此天之象也。二十八舍，内外諸官，七耀三光，星分歲次，此天之數也。山川水陸，高下平汙，嶽镇河通，風廻露蒸，此地之象也。八極四海，三江五湖，九州百郡，千里萬頃，此地之数也。禮以節事，樂以和心，爵表章旗，刑用革善，此人之象也。百官以治，萬人以立，四教修文，七德閲武，此人之數也。因夫象數，故識五行之始末，籍斯龜筮，乃辨陰陽之吉凶。是以事假象知，物從數立。吉每尋閲墳索，研窮經典，自羲農以来，迄于周漢，莫不以五行爲政治之本，以著龜爲善惡之先。所以《傳》云：天生五材，廢一不可。《尚書》曰：商王受命，狎侮五常，殄棄三政。故知得之者昌，失之者滅。昔中原喪亂，晉氏南遷，根本之書不足，枝條之學斯盛。虚談巧筆，競功於一時；碩學經邦，弃之於萬古。末代踵習，風軌遂成。雖復占侯之術尚行，皆從左道之說。卜筮之法恒在，爻象之理莫分。月令靡依，時制必爽。失之毫髮，千里必差。水旱興而不辨其由，妖祥作而莫知其趣。非因形像，罕徵窮者。觀其謬惑，歡其學人皆信其末而忘本，竝舉其龘而漏細。古人有云：登山始見天高，臨壑方覺地厚。不聞先聖之道，無以知學者之大。況乃五行幽邃，安可斐然？今故博採經緯，搜窮簡牒，略談大義，凡二十四段，别而分之，合四十段。二十四者，節数之氣總；四十者，五行之成数。始自釋名，終于蟲鳥，凡配五行，皆在茲義。庶幾使斯道不墜，知其始焉。若能治心静志，研其微者，豈直怡神養性，保德全身？亦可弼谐庶政，利安萬有。斯故至人之所達也。昔人感物制經，吉今因事述義，異時而作，共軌殊途。嘆味道之不齊，求利物之一致。倚焉来哲，補其闕焉。

唐・王希明《步天歌》 《藝文志》：王希明、丹元子《步天歌》一卷。《中興書目》：《步天歌》一卷。《崇文目》同。題右拾遺王希明撰。圖二十八宿及太微、紫微、天市垣各總爲之歌。《通志・天文畧》、曆世《天文志》徒有其書，無載象之義。學者但識星名，不可以仰觀。隋有丹元子，隐者之流也，不知名氏，作《步天歌》。見者可以觀象焉。王希明纂漢晉志以釋之。句中有圖，言下有象。又不言休祥，是深知天者。歌前亦有星形。晁氏志《步天歌》一卷，二十八舍歌也。《三垣頌》、《五星凌犯賦》附於後。缺或云唐王希明自號丹元子。

唐・李鳳《〈天文要録〉序》 蓋聞二儀之象，示變始在大易。清輕爲天，其形屬圓；濁重爲地，其體屬方。圓以運上，方交乎下。天地貞觀，日月貞明。發歸極於雷風，止悦在乎山澤。是以伙羲觀象于天則，察於地理，於是列八卦之象，通萬類情。暨干黄帝，乃聖乃神，無所不通，始講圖書，乃識玄總，以箸明象，運亟氣(之)而通乾坤，列三才而辨乎四象，是生渾儀，下布九州，仰齊七政，成天下法。至高陽之重黎，陶唐之羲，和皆備而用焉。逮殷周巫咸、萇弘，齊魏甘德、石申夫等，皆布列玄象，分配國邦。故《禮》云：「以星土辨九州天地」，觀象推變乎教也。故《易》曰：「觀乎天人，以察時變，觀乎天文，以濟天下也。《定象紀》曰：「大陽之精乎(曰)〔日〕，天子之象也；大陰之精乎月，女主之象也；陰陽散氣，萬物之精乎星，火臣之類也。自發下麗乎上，君子觀之以爲正理矣。及漢景武之際，司馬談父子相繼並作星傳，以明天人之道焉。赤前漢唐都造《西晉紀》卅卷，略述要言之也。郗萌造《春秋灾異》卅八卷，拔採正綱也。李房造《九洲分野星圖九卷，雖攬要丈尚繁不遽也。至漢末劉叡删摘舊文，撰《荆州占》廿二卷，採旨不相尚没本源也。李朔撰《五靈紀》十八卷，删象家義約柘詳例也。京房撰《天文緯經》卅三卷，略誠諸家要，以類相從，貫條篇例也。班固撰《乾象紀》八卷，實存的要，不失本源也。鄭卑黿撰《春秋灾星圖》廿卷，集恢旨不失本源也。魯梓慎撰《天文詳紀》廿七卷，誠雖遵因文尚益繁也。後漢賈逵撰《東晉紀》六十卷，宣講要紀也。東晉陳卓撰《懸總紀》卅八卷，心要存約尚繁未憲也。韓揚撰

《集天文要》卅卷，其占無旨，大義多避也。南齊祖暅撰集《天文録》卅卷，其占旨事之類各條所貫，披撿尤易，然軸繁多非栖遁所要也。宋錢樂撰集《勑鳳符表》百廿卷，猶同辭復重無那，去訴煩繁也。天不達運蓋之總者，不能講天地之大綱；未明曆運之度者，無以識七耀之涉；無究地理之域者，詎知吉凶之所主，不能明訓矣。故晉魏近代已來，數家撰術衆書等，獨於心惟不備焉。今唐之末代，臣李鳳誠雖學觀乎玄象，神慙心妄，而彼浩漶所妙，省案難究，非是使托足失而所識也。尚鳳以末學之迷惑，豈非述著本意也。以庸昧雖無博聞，瞻校檢略，以所值者不失其事，以所觀者不失其情，而推議彼大綱。則如詔勑臣鳳諸家之占書繁煩不善者，剮而去之；其應於正理者，則其述所由。附輒天文要録成一部，以爲軸，仍存例篇末，欲学之者無倦而遠，既之者但惶後生。黔黎等少學多怪，貴聽賤臣，然鳳非愚導所能捴志施功博所候多實不繁而現於目所應天下能事畢於斯矣。但累代傳寫設哉。臣鳳誠惶誠恐頓首死罪。大唐驎德元年五月十七日，河南左中三公郎將臣李鳳奏上。

唐・不空《〈文殊師利菩薩所説宿曜經〉序》 開府儀同三司特進試鴻臚卿肅國公食邑三千户賜紫贈司空謚大監正號大廣智大興善寺三藏沙門不空奉詔譯，弟子上都草澤。楊景風修注。

和上以乾元二年翻出此本，端州司馬史瑶執受纂集，不能品序，使文義煩猥，恐學者難用，於是草澤弟子楊景風親承和上指揮，更爲修注，筆削以了，繕寫奉行。凡是門人各持一本。于時歲次玄枵，大唐廣德之二年也。

唐・李淳風《〈乙巳占〉序》 夫神功造化，大易無以測其源；玄運自然，陰陽不可推其末。故乾元資始，通變之理不窮；坤元資生，利用之途無盡。無源無末，衆妙之門大矣；無窮無盡，聖人之道備矣。昔者，伏羲氏之王天下也，仰則觀象於天，俯則觀法於地，觀鳥獸之文與天地之宜，近取諸身，遠取諸物，於是始畫八卦，以通神明之德，以類萬物之情。故可以探賾索隱，鈎深致遠，幽潜之狀不藏，鬼神之情可見。允符至理，盡性窮源。斷天下之疑，通天下之志，定天下之業，冒天下之道。可大可久，通遠逾深，明本其宗，致在於茲矣。故曰：天垂象，見吉凶，聖人則之；天生變化，聖人效之。法象莫大乎天地，變通莫大於四時，懸象著明莫大乎日月。是知天地符觀，日月耀明，聖人備法，致用遠矣。昔在唐堯，則曆象日月，敬授人時。爰及虞舜，在璿璣玉衡，以齊七政。暨乎三王五霸，克念在茲。先後從順，則鼎祚永隆；悖逆庸違，乃社稷顛覆。是非利害豈不然矣？斯道實天地之宏綱，帝王之壯事也。至於天道神教，福善禍淫，譴告多方，鑒戒非一。故列三光以垂照，布六氣以效祥，候鳥獸以通靈，因謡歌而表異。同聲相應，鳴鶴聞於九臯；同氣相求，飛龍吟乎千里。兼復日虧麟鬬，月減珠消，暈逐灰移，彗因魚出。門之所召，隋類畢臻；應之所□，待感斯發。無情尚爾，况在人乎？余幼纂斯文，頗經研習古書遺記近數十家。而遭大業昏凶，多致殘缺。泛觀歸旨，請畧言焉。夫神妙無方，義該萬品，陰陽不測，事同百慮。故景星夜煥，慶雲朝集。二明合於北陸，五緯聚於東井。此乃表帝皇之盛德，順天下之嘉瑞也。孛氣見於夏終，彗星著於秦末，或狗象而東墜，或蛇行而西流。此則呈執政之酷暴，逆生民之禍應也。殷帝剪髮，沃澤潤乎千里；宋公請殃，熒惑退移三舍。此則修善之慶，至德可以禳災也。劉裕作逆，以長星爲紀瑞；毋丘起亂，以豈尤爲我祥。此則覆宋之咎，逆招天殃者也。唐堯欽明，鎮邊水府；殷湯聖政，焦金流石。此猶日在北陸而沍寒，日行南陸而炎暑。月麗箕而多風，從畢而多雨。此運數之大期，非關於治亂者也。荆軻謀秦，白虹貫日；衛生設策，長庚食昴。魯陽麾指而曜靈迴駕，荀公道高而德星爰聚。此則精誠所感，而上靈懸著也。黄星出漢，表當塗揖讓之符；紫氣見秦，呈典午南遷之應也。祆象舊而殃鍾齊晉，蛇乘龍而禍連周楚。熒惑守心，始皇以終；流光墜地公孫遂隙。此則先形以設兆也。使流入蜀，李郃辯其象；客氣逼座，嚴陵當其占。芒碭之畢氣常存，春陵之火光不絶。或祲星楚幕，氣兆晉軍。此則當時旌象也。周衰夜明，常星不見；漢失其德，日暈晝昏。女主攝政，遂使紀綱分析；權臣擅威，乃令至柔震動。景藏飛鳶，地裂鳴雉。此則後事而星驗也。是乃或前事以告祥，或後政而示罰，莫不若影隨形，如聲召響。凶謫時至，譴過無差；休應若臻，福善非謬。居遠察邇，天高聽卑，聖人之言，信其然矣。是故聖人實之，君子勤之。將有興也，咨焉而已，從事受命而莫之違。然垂景之象？所由非一。占人管見，異短別規。至如開基闡業，以濟民俗，因河洛而表法，擇賢達以授官，則軒轅、唐虞，重黎、羲和其上也；疇人習業，世傳常數，不失其所守，妙賾可稱，巫咸、石氏、甘公、唐昧、梓慎、裨竈其隆也；博物達理，適於彝訓，綜覈根源，明其大體，箕子、子産其高也；抽秘思，述軌模，探幽冥，改絃調，張平子、王興元其枝也；沉思通幽，曲窮情狀，緑枝反幹，尋源達流，譙周、管輅、吴範、崔浩其最也；託神設教，因變敦獎，亡身達節，盡理輔諫，谷永、劉向、京房、郎顗之其盛也；短書小記，偏執一途，多説遊言，獲其半體，王朔、東方朔、焦貢、唐都、陳卓、劉

表、郄萌其次也；委巷常情，人間小惠，意唯財穀，志在米監，韓楊、錢樂其末也；參同異、會殊途，觸類而長，拾遺補闕，蔡邕、祖晅、孫僧化、庚季才其博也；竊人之才，掩蔽勝已，詔諛先意，讒害忠良，袁充其酷也；妙賾幽微，反招嫌忌，忠告善道，致被傷殘，郭璞其命也。自古及今，異人代有，精窮數象，咸司厥職。或取騷一時，或傳書千載，或竭誠奉國，或嘉遯相時。隱顯之迹既殊，詳畧之差未等。余不揆末學，集某所記。以類相聚，編而次之，採摭英華，刪除繁僞。小大之間，折衷而已。始自天象，終于風氣。凡爲十卷，賜名《乙巳》。每於篇首，各陳體例。書不盡意，豈及多陳？文外幽情，寄於輪鄧。後之同好，幸悉余心。

唐・王冰《素問六氣玄珠密語》序 余少精吾道，苦志文儒，三冬不倦於寒牕，九夏豈辭於炎暑？後因則天理佳，而迺退忠休儒。繼曰：優游棲心至道，每思大數，憂短竟以無依；欲究真筌，慮流年而不久。故乃專心問道，執志求賢。得遇玄珠，迺師事之爾。即數年間未敢詢其大玄至妙之門，以漸窮淵源，方言妙旨，授余曰：「百年間可授一人也。不得其志求者，勿妄泄矣。」余即遇玄珠子，與我啟萌。故自號啟玄子也，謂啟問於玄珠子也。今則直書五本，每本一十卷也。頭尾篇類，義同其目，曰《玄珠密語》，乃玄珠子密而口授之言也。余於百年間不逢志求之士，亦不敢隱没聖人之言，遂書五本，藏於五嶽深洞中。先饗山神，後而藏之，恐後人志求者可以遇之。如得遇者，可以珍重之，寶愛之，勿妄傳之。不得奇人不可輕授爾。此玄珠子授余之深誡也。此十卷書，可見天之令、運之化、地產之物。將來之災害，可以預見之，《素問》中隱奧之言可以直而申之。可以修養五内，資益群生。有罰强補弱之門，有祛邪全正之法。故聖人云：天生天殺，道之理也。能究其玄珠之義，見之天生，可以延生。見之天殺，可以逃殺。《陰符經》云：觀天之道，執天之行盡矣。此者是人能順天之五行六氣者，可盡天年一百二十歲矣。其有夭亡，蓋五行六氣遏相罰夭。故祖師言：六氣之道，本天之機。其來可見，其往可進。可以注之。玉版，藏之金匱，傳之非人，殃墮九祖。

唐・魏徵等《隋書》卷二七《經籍志一》 《靈臺秘苑》一百一十五卷。太史令庚季才撰。

又 《曆術》一卷。華州刺史張賓撰。

又 《七曜曆經》四卷。張賓撰。

又 《七曜曆疏》五卷。太史令張胄玄撰。

後晉・劉昫等《舊唐書》卷二七《經籍志下》 《事始》三卷。劉孝孫撰。

又 《皇隋靈感志》十卷。王邵撰。

又 《周髀》一卷。趙嬰注。

又一卷。甄鸞注。

又二卷。李淳風撰。

又 《乙巳占》十卷。李淳風撰。

《靈臺秘苑》一百二十卷。庚季才撰。

又 《隨開皇曆》一卷。劉孝孫撰。

又一卷。李德林撰。

《隋大業曆》一卷。張胄玄撰。

《皇極曆》一卷。劉焯撰。

又一卷。李淳風撰。

又 《河西甲寅元曆》一卷。李淳風撰。

又 《大唐甲子元辰曆》一卷。瞿曇撰。

又 《七曜曆算》二卷。甄鸞撰。

《七曜雜術》二卷。劉孝孫撰。

《七曜曆疏》三卷。張胄玄撰。

又 《曆術》一卷。甄鸞撰。

《玄曆術》一卷。張胄玄撰。

又 《九章算經》九卷。甄鸞撰。

《九章雜算文》二卷。劉祐撰。

又 《五曹算經》五卷。甄鸞撰。

《孫子算經》三卷。甄鸞撰注。

又 《張丘建算經》一卷。甄鸞撰。

《夏侯陽算經》三卷。甄鸞注。

又 《三等數》一卷。董泉撰，甄鸞注。

又 《五曹算經》三卷。甄鸞撰。

又 《緝古算術》四卷。王孝通撰，李淳風注。

又 《金海》四十七卷。蕭吉撰。

又 《金韜》十卷。劉祐撰。

《懸鏡》十卷。李淳風撰。

宋・王應麟《困學紀聞》卷九　《步天歌》，《唐志》謂王希明、丹元子。今本司天右拾遺内供奉王希明撰，喬令來注。《二十八舍歌》、《三垣頌》、《五行吟》總爲一卷。鄭漁仲曰：隋有丹元子，隱者之流也。不知名氏，作《步天歌》。句中有圖，言下見象。王希明纂漢晉志釋之。然則，王希明、丹元子盖二人也。

宋・王應麟《玉海》卷一　隋蓋圖

《志》：隋高祖平陳，得善天官者周墳，并得宋氏渾儀之器。乃命庚季才等參校周、齊、梁、陳及祖暅、孫僧化官私舊圖，刊正大小疏密，依準三家星位，以爲蓋圖。旁摛始分，甄表常度，并具赤黄二道、内外兩規。垂象著明，躔離攸次，星之隱顯，天漢昭回，宛若穹蒼，將爲正範。以墳爲太史令。墳博考經書、太史觀生，始能識天官。

黄顓以來，始作圓蓋，以圖列宿。

唐黄道圖、蓋圖、覆矩圖見圭星

《天文志》：蓋天之説，李淳風以爲天地中高而四隤，日月相隱蔽，以爲晝夜。繞北極常見者謂之上規，南極常隱者謂之下規，赤道横絡者謂之中規。及一行考月行出入黄道，爲圖三十六，究九道之增損，而蓋天之狀見矣。漢有耿昌《月行帛圖》，亦此類。削篾爲度，徑一分，厚半之，長與圖等。穴其正中，植中爲樞，令可環運。自中樞之外，均刻百四十七度。全度之末，旋爲外規。規外大半度，再旋爲重規。以均賦周天度分。又距極樞九十一度少半，旋爲赤道帶。天之紘距極三十五度，旋爲内規。乃步冬至日躔所在，以正辰次之中，以立宿距。按渾儀所測，甘石、巫咸衆星明者，皆以篾横考入宿距，縱考去樞度，而後圖之。其赤道外衆星疏密之狀與仰視小殊者，由渾儀去南極漸近，其度益狹，而蓋圖漸遠，其度益廣。若考其去極入宿度數，移之於渾天，則一也。又規度黄道、月道，則周天咸得其正矣。《大衍曆》十議有《九道議》，七術有步月、離步、日躔

梁令瓚黄道游儀盧北星舊圖入虚，今測在須女九度；危北星舊圖入危，今測在盧六度半。古人重曆數之意，將欲恭授人時，欽若乾象，不在於渾蓋之是非。或者各封所傳之器，以術天體，謂渾元可任數而測，大象可運算而闕。終以六家之説迭爲矛楯，以爲蓋天邪，則南方之度漸狹；以爲渾天邪，則北方之極寝高。此二者，又渾、蓋之家盡智畢議，未有以通其説也。王仲任、葛稚川之徒，區區異同之辨，何益哉？

唐木渾圖　渾天圖

《曆志》：麟德初，李淳風爲《甲子元曆》，起二年頒用，謂之《麟德曆》，損益中晷術以考日至，爲木渾圖以測黄道，當時以爲密。《會要》：開元八年六月十五日，左金吾術長史南宫説奏：「《渾天圖》空有其書，今無其器。臣既修《九曜占書》，須量校星象，請造兩枚，一進内，一留司占測。」許之。

《吴志》：陸績作《渾天圖》。

唐南郊星图

見郊祀類。《通典》：《會要》同。顯慶二年，太史淳風言昊天上帝圖位，在壇上北辰在第二等，與北斗並，别爲星官内座之首。乃羲和所掌，觀象制圖，推步有徵。又按《天官書》，太微宫有五帝，自是五精之神，五星所奉，以其人主之象，故況之曰帝。亦如房心爲天王之象，豈是天乎？

唐二十七宿圖贊

見玉器類。

唐五星宿度圖

《藝文志》：《長慶算五星所在宿度圖》一卷。司天少監徐昇。《崇文目》云二卷《国史志》云一卷。

《通志》：又《崇文目》《靈憲圖》三卷，仲林子撰，爲《日紀》、《太陰紀》、《五星紀》三篇。《天心紫微圖歌》一卷，李淳風撰。《大象列星圖》一卷，《太平御覽》引《大象列星圖》。《正色列象注解圖》一卷，《玄黄十二次分野圖》一卷。《唐志》：《孝經》内記《星圖》一卷，太白會運逆兆通代記圖一卷。李淳風與袁天綱集。

宋・王應麟《玉海》卷三　周《靈臺秘苑》、隋《垂象志》、《觀臺飛候》

元魏高允集天文災異，依《洪範傳》、《天文志》，爲八篇。周太史令庾季才撰《靈臺秘苑》一百二十卷，占驗益備。《隋志》一百十五卷，《唐志》一百二十卷。隋高祖令季才與其子質撰《垂象志》一百四十二卷。《隋志》一百四十八卷。劉祐著《觀臺飛候》六卷、《元象要記》五卷。《唐志》：元魏孫僧化等《星占》三十三卷，史崇《十二次二十八宿星占》十二卷。《崇文目》有康氏《天文總論》十二卷。《乾象新書》引《天文總論》。徐承嗣《星書要畧》六卷。陳卓《星述》一卷，《天象應驗録》二十卷。

宋・歐陽修、宋祁《新唐書》卷六五《藝文志三》　庚季才《靈臺秘苑》一百二十卷。

又　李淳風釋《周髀》二卷。

又《乙巳占》十二卷。

《天文占》一卷。
《大象元文》一卷。
太白會運逆兆通代記圖一卷淳風與袁天綱集。《大唐開元占經》一百一十卷。瞿曇悉達集。
又《數術記遺》一卷。甄鸞注。
又《長慶算五星所在宿度圖》一卷。司天少監徐昇。
黃冠子李播《天文大象賦》一卷。李台集解。
王希明《丹元子步天歌》一卷。
夏侯陽《算經》一卷。甄鸞注。
甄鸞《九章算經》九卷。
又《五曹算經》五卷。
又　劉祐《九章雜算文》二卷。
又　劉孝孫《隋開皇曆》一卷。
又《七曜雜術》二卷。
李德林《隋開皇曆》一卷。
又　楊偉《魏景初曆》三卷。
又　傅仁均《大唐戊寅曆》一卷。
《唐麟德曆》一卷。
《麟德曆出生記》十卷。
王孝通《緝古算術》四卷。太史丞李淳風注。
又　南宮説《光宅曆草》十卷。
瞿曇謙《大唐甲子元辰曆》一卷。
又　僧一行《開元大衍曆》一卷。
又　曹士蔿《七曜符天曆》一卷。建中時人。

元・脱脱等《宋史》卷一五九《藝文志五》　曹士爲《符天經疏》一卷。
李淳風《乾坤秘奥》七卷。
張華《三家星歌》一卷。
唐昧《秤星經》三卷。
陶隱居《天文星經》五卷。
徐承嗣《星書要略》六卷。
徐昇《長慶算五星所在宿度圖》一卷。
李世勣二十八宿纂要訣一卷。
又《日月運行要訣》一卷。
僧一行《二十八宿秘經要訣》一卷。
宋均《妖瑞星圖》一卷。
桑道茂《大方廣一作「大廣方」經神圖曆》一卷。
瞿曇悉達《開元占經》四卷。
王希明《丹元子步天歌》一卷。
李淳風《乙巳占》十卷。
一行《遁甲十八局》一卷。
桑道茂《九宮》一卷。
李淳風《乾坤秘奥》一卷。
僧一行《肘後術》一卷。
僧德濟《勝金曆》一卷。

清・丁仁《八千卷樓書目》卷一一《子部・天文演算法類》　《靈臺秘苑》十五卷。後周庾季才撰抄本。
唐开《開元占經》一百二十卷。唐太史監瞿曇悉達等奉敕撰抄本，巾箱刊本。
《觀象玩占》五十卷。唐李淳風撰抄本。
《乙巳占》十卷。唐李淳風撰，十萬卷樓本。

清・紀昀等《四庫全書總目》卷一〇七《子部十七》　《步天歌》七卷。兩江總督採進本。
陳振孫《書録解題》曰：《步天歌》一卷，未詳撰人，二十八舍歌也。三垣頌、五星凌犯賦附於後。或曰唐王希明撰，自號丹元子。鄭樵《通志天文略》則曰：隋有丹元子，隱者之流也，不知名氏，作《步天歌》。王希明纂漢晉志以釋之，《唐書》誤以爲王希明。案：〔鄭〕樵《天文略》全採此歌，故推之甚至。然丹元子爲隋人，不見他書，不知樵何所據。使果隋時所作，不應李淳風不知其人，《隋書・經籍志》中竟不著録，至《唐書》乃稱王希明也。疑以傳疑，闕所不知可矣。其書以紫微、太微、天市分上、中、下三垣宫，仍以四方之星分屬二十八舍，皆以七字爲句，條理詳明，歷代傳爲佳本。本朝御製及欽定《天文儀象》諸書，咸採録之，復有專刻官本。考度繪圖，測驗星躔，一一脗合。此本圖度未工，句多增減，所

註占語亦未詳出自誰手，未爲善本。又《唐志》、《文獻通考》並稱一卷，而此本乃有十卷，其爲後人所竄亂審矣。鄭樵亦稱世有數本，不勝其謬，此或即其一也。

《青羅歷》。無卷數，浙江范懋柱家天一閣藏本。

不著撰人名氏。考陳振孫《直齋書録解題》云：《青羅立成曆》一卷。司天監朱鳳奏，據其稱，貞元十年甲戌入曆，至今乾寧丁巳，則是唐末人。似即此書。然稽其年代，不甚相合，卷數亦多少互異，疑不能明也。其書列一年十二月爲定表，用節氣紀太陽太陰宿次。又以年經月緯縱横立表，各定年數爲五星周而復始之期。案：日月經天有常度，亦有差分，故月有大小，閏有常期。若一概限以節氣太陽，倘連值十五日之節，尚可遷就，太陰用三十日爲定策，則必不能齊。至五星躔度，各有遲速，其周天之數，贏縮不能畫一，拘以定數，亦類刻舟。又日月五星謂之七曜。曜者，光曜之謂也。月孛、羅、計、紫炁雖有躔次，實無其形。此書立十一曜之名，已爲未協。至論月孛一條，乃有披金甲及背上插箭之語，一若親睹其形者。大抵勦襲道家符籙等書，而不知其荒唐已甚也。

清・紀昀等《四庫全書總目》卷一〇八《子部十八》 唐《開元占經》一百二十卷。浙江巡撫採進本。

唐瞿曇悉達撰。《唐・書・藝文志》載一百十卷。《玉海》引《唐志》亦同，又註云：《國史志》四卷，《崇文目》三卷。此本一百二十卷，與諸書所載不符，當屬後人分卷之異。自一卷天占至一百十卷星圖，均占天象。自一百十一卷八穀占至一百二十卷龍魚蟲蛇占，均占物異。或一百十卷以前爲悉達原書，故與《唐志》及《玉海》卷數相符。其後十卷，後人以雜占增附之歟？卷首標銜悉達曾官太史監事。考《玉海》，開元六年詔瞿曇悉達譯《九執曆》，則悉達之爲太史監，當在開元初。卷首又標奉敕撰，而奉敕與成書年月皆無可考，惟其中載歷代曆法止於唐《麟德》歷，且云李淳風見行麟德歷。考唐一行以開元九年奉詔創《大衍曆》，以開元十七年頒之。其時《麟德曆》遂不行，此書仍云見行《麟德曆》，知其成於開元十七年以前矣。所言占驗之法，大抵術家之異學，本不足存。惟其中卷一百四、一百五全載《麟德》、《九執》二曆，《九執曆》不載於《唐志》，他書亦不過標撮大旨，此書所載，全法具著，爲近世推步家所不及窺。又《玉海》載：《九執曆》以開元二年二月朔爲曆首。今考此書，明云今起明慶二年丁巳歲案改顯慶爲明慶，蓋避中宗諱。二月一日以爲曆首，亦足以訂《玉海》所傳之誤。至《麟德曆》雖載《唐志》，而以此書校之，多有異同。若推入蝕限術、月食所在辰術、日月蝕分術諸類，《唐志》俱未之載。又，此書載章歲、章月、半總章閏、閏分曆、周月法、弦法、氣法、曆法諸名，與《新唐書》所載全不合，其相合者惟辰、轢、總法等目。蓋悉達所據當爲《麟德曆》，見行本《唐志》遠出其後，不無傳聞異詞。是又可訂史傳之謬，有裨於考證不少矣。又，徵引古籍，極爲浩博。如《隋志》所稱緯書八十一篇，此書尚存其七八，尤爲罕覯。然則，其術可廢，其書則有可採也。卷首有「萬曆丁巳張一熙識」語，謂是書歷唐迄明約數百年始得之。挹元道人鈎沈起滯，非偶然已。

清・紀昀等《四庫全書總目》卷一〇九《子部十九》 《星命溯源》五卷。浙江范懋柱家天一閣藏本。

不著編輯者名氏。第一卷爲《通元遺書》，雜録唐張果之説，凡三篇。第二卷爲《果老問答》，稱明李憕遇張果所口授，凡四篇。第三卷爲《元妙經解》，稱張果撰，元鄭希誠註。第四卷爲《觀星要訣》，第五卷爲《觀星心傳口訣補遺》，均不云誰作。詳其題詞，似《要訣》爲鄭希誠編，補遺又術士掇拾，增希誠所未備也。考《明皇雜録》載，果多神怪之迹，不言其知禄命。獨是編以五星推命之學依託於果，術者遂以果老五星自名一家。考韓愈作《李虚中墓誌》，稱其推命尚止用年日月，不用時，則開元、天寶之閒且無八字，似不應有五星。然王充《論衡》稱天施氣而衆星布精，天所施氣而衆星之氣在其中矣。人稟氣而生，含氣而長，得貴則貴，得賤則賤。貴或秩有高下，富或貲有多少，皆星位尊卑大小之所授也。是漢末已以星位言禄命。又韓愈《三星行》云，我生之辰，月宿南斗，牛奮其角，箕張其口。杜牧自作《墓誌銘》曰：余生於角星。昴畢於角爲第八宫，曰病厄宫，亦曰八殺宫，土星在焉。火星繼木星宫。楊晞曰：木在張，於角爲第十一福德宫。木爲福德，大君子救於其旁，無虞也。余曰：自湖守不周歲，遷舍人，木還福於角，是矣。土火還死於角，宜哉。是唐時實以五星宫度推休咎，其託名於果，亦有所因爾。希誠自署其官曰主簿，其籍曰瑞安，其號曰滄洲，始末未詳。憕自稱中都人，遇果在嘉靖二年九月，尤怪妄不足辨。總之術家務神其説而已。然世所傳五星之書，以此本爲鼻祖，别有所謂果老星宗者，實因此而廣之。其後又有天官五星，術與此頗異。據理而論，化氣當從天官，正氣當從果老，二家之術亦可以互參。其論星度乘除生剋，及兼取值年神煞，亦未可盡廢也。

清・紀昀等《四庫全書總目》卷一一〇《子部二十》 《乙巳占略例》十五卷。兩淮鹽政採進本。

舊本題唐李淳風撰。皆雜占天文雲氣風雨竝及分野星象之説。案：淳風有《乙巳占》十卷，蓋以貞觀十九年乙巳在上元甲子中，書作於是時，故以爲名。《唐志》、《宋志》所載卷數竝同，惟《宋志》别出有《乙巳指占圖經》三卷，不言何人所撰，而無此書。尤袤《遂初堂書目》、焦竑《國史經籍志》亦僅載《乙巳占》，不云别有《略例》。檢《永樂大典》，絶無一字之徵引，可知明以前無此書矣。錢曾《述古堂書目》始以《乙巳占》、《乙巳略例》二書竝列，而又不言其所自來。考朱彝尊《曝書亭集》有《乙巳占有》跋，是其書近時尚存，今特偶未之見耳。彝尊所論分野，以此本相較，皆參錯不合。且所占至於天寶九載，其非淳風所作甚明。書中援引亦多龐雜無緒，疑後人取《開元占經》與《乙巳占》之文參互成書，而别題此名，託之淳風也。

又《觀象玩占》五十卷。浙江吴玉墀家藏本。

舊本題唐李淳風撰。凡日月、五緯、經星、雲漢、彗孛、客流、雜氣以及山川、陸澤、城郭、宫室、營壘、戰陣皆著於占，而陰晴、風雨、雹露、霜霧咸附録焉。於日月之交會，五星之退留，今所預爲推步，歲有常經者，亦往往斷以占候。即日月所不至，五星所不經者，亦虚陳其象，殊不足憑。考《舊唐書・經籍志》有淳風《乙巳占》十卷，《皇極曆》一卷，《河西甲寅元曆》一卷，《緝古算術》四卷，《綴術》五卷。《新唐書・藝文志》有淳風註《周髀》二卷，註《五經算術》二卷，註張邱建《算術經》三卷，註《海島算經》一卷，註五曹、孫子等《算經》二十卷，註甄鸞《孫子算經》三卷，《天文占》一卷，《大象元文》一卷，《乾坤祕奥》七卷，《法象志》七卷，《太白通運逆兆通代記圖》一卷。《宋史・藝文志》有淳風《太陽太陰賦》一卷，《日月氣象圖》五卷，《上象二十八宿纂要訣》一卷，《日行黄道圖》一卷，《九州格子圖》一卷。陳振孫《書録解題》有淳風《玉歷通政經》三卷。尤袤《遂初堂書目》有淳風《運元方道》，不載卷數。錢曾《讀書敏求記》有淳風《天文占書類要》四卷，《乾坤變異録》四卷。夫古書日亡而日少，淳風之書獨愈遠而愈增，其爲術家依託，大概可見矣。

《元珠密語》十七卷。浙江巡撫採進本。

舊本題唐王冰撰。冰有《黄帝素問註》，已著録。《素問》序稱詞理祕密，難粗論述者，别撰《玄珠》，以明其道，則冰實有《玄珠》一書。然考冰爲寶應時人，官至太僕令。而此書序中有「因則天理位而乃退志休儒」之語，時代事蹟，皆不相合。其書本《素問》五運六氣之説而敷衍之，始言醫術，浸淫及於測望占候。前有自序，稱爲其師玄珠子所授，故曰《玄珠密語》。又自謂以啟問於玄珠，故號啟玄。然考冰所註《素問》，義藴宏深，文詞典雅，不似此書之迂怪。且序末稱「傳之非人，殃墮九祖」，乃粗野道流之言。序中又謂「余於百年間不逢志求之士，亦不敢隱没聖人之言，遂書五本，藏之五岳深洞中」，是直言藏此書時其年已在百歲之外，居然自號神仙矣，尤怪妄不可信也。宋高保衡等校正《内經》云：「詳王氏《玄珠》，世無傳者，今之《元玄》，乃後人附託之文耳。雖非王氏之書，亦於《素問》十九卷、二十四卷頗有發明。」則宋時已知其僞。明洪武間吕復作《羣經古方論》云：「《密語》所述，乃六氣之説，與高氏所指諸卷全不侔。」則吕復所見者併非高保衡所見，又僞本中之重儓。且鄭樵《通志略》稱《玄珠密語》十卷，吕復亦稱十卷，而此本乃十七卷，則後人更有所附益，又非明初之本矣。術數家假託古人，往往如是，不足詰也。其書舊列於醫家，今以其多涉禨祥，故存其目於術數家焉。

《通占大象歷星經》六卷。浙江范懋柱家天一閣藏本。

不著撰人名氏。首題原闕文一張，書末亦有脱佚，每卷第一行有畺七、畺八等字，用千字文記數，蓋道藏殘本也。大抵每星爲圖，而附以占説，有宋、汴、蔡、幽諸州名，似是唐人之詞。始於紫微垣之四輔，由角、亢歷二十八舍，至壁宿而止。然多舛誤，次第亦顛倒不倫，蓋已爲傳鈔者所竄亂矣。

《天文鬼料竅》。無卷數，兩江總督採進本。

不著撰人名氏。考鄭樵《通志》，稱《步天歌》只傳靈臺，不傳人間，術家祕之，名曰《鬼料竅》，即《步天歌》也。而錢曾《讀書敏求記》稱，《天文機要鬼料竅》十卷，前半詳解丹元子之説，後則兼採衆論，附列諸圖，而終以汪默《渾天註疏》、張素宗《渾象圖説》。合二説觀之，蓋《步天歌》稱《鬼料竅》，特轉相珍祕之隱語，而未嘗竟改書名。後人因樵此言，遂輯《鬼料竅》一書，而摭《步天歌》於其内。以實而論，則《鬼料竅》該《步天歌》，《步天歌》不該《鬼料竅》。以名而論，則《步天歌》兼《鬼料竅》，《鬼料竅》不兼《步天歌》也。此本所載，與《步天歌》多有異同，所註占語亦多冗濫。又不載汪、張二家之書，已非錢曾之所見。蓋儒者講求古義，務得源流。稍篤實者，皆不敢竄亂舊文。方技家一知半解，則必以新説相附益。此不知何人所改，而仍冒原名耳。

清・紀昀等《四庫全書總目》卷一一一《子部二十一》《内傳天皇鼇極鎮世神書》三卷。浙江巡撫採進本。舊本題《邱延翰正傳》，楊筠松補義，吴景鸞解蒙。

核檢其文，實出僞託。其大例以天星二十八宿附於二十四山龍之下，以乾、坤、(良)〔艮〕、巽爲四鼇極，配以炁、羅、計、孛四星，以角亢、奎婁、斗牛、井鬼分爲四候，不知其何所取義。案《青囊序》有「先看金龍」一语，後人以亢、牛、婁、鬼四星當之，原屬臆解。是書又云四金不以方位言，專以在地之形，應在天之象。考星野見於《周禮》，其占候略見於《左傳》。《唐書》載僧一行亦以山河兩戒配列宿。然第就方輿大勢言之，初非沾沾於一邱一壑，指其象某宿某垣也。楊、賴諸家閒借天星以代干支，字面如亥曰紫微，兑曰少微之類，特欲變文以示深隱。後人誤會其意，浸以天星立説，於是亥爲貴龍，艮爲富曜，踵譌襲謬，異説紛綸，遂至離方位而言星象，斷非楊、賴之舊法，無論邱延翰也。

清·顧廣圻《〈天文大象賦〉附跋一首》 嘉慶庚申歲，淵如先生在浙中得晴川孫之騄手鈔本《大象賦》并注一帙。題云：張衡《大象賦》，苗爲注。因考《困學記問》云：《大象賦》，唐志謂黄冠子李播撰。《李台集解》：播，淳風之父也。今本題楊炯撰，畢懷亮注。《館閣書目》題張衡撰，李淳風注。愚觀賦之末曰有「少微之養寂」云云，則爲李播撰無疑矣。播仕隋高祖時，棄官爲道士，張衡著《靈憲》，楊炯作《渾天賦》，後人因以此賦附之，非也。故改定，題爲《天文大象賦》李播撰。依《唐志》及《崇文總目》、《通志》、《藝文畧》也。注入厚齊，未經論定。考《宋史·藝文志》云：張衡《大象賦》一卷，苗爲注。獨與晴川本相合。苗爲不詳其人，亦不知今注與所謂《李台集解》等若何異同也。故仍其舊題焉。先生以此注世間罕傳，屬予校刊以行。今年五月，遂取隋唐閒人言天文之書，若《史記天官書正義》、《漢書天文志》顔注、晉、隋兩《天文志》、《開元占經》等，參互細勘。凡晴川本之脱、譌、衍、錯，不能卒讀而的然可知者，幾數百處悉補改删乙之矣。至稍涉疑似，如注云羅堰三星，而晉、隋志皆云九星；注云礪石四星，而隋志云五星；注云天庾三星，而晉、隋志皆云四星。當是别有所出，未敢據彼改此。又如，賦云：其外鄭越開國、燕趙鄰境，韓魏接連，齊秦悠承，周楚列曜，晉伐分冏。注云：鄭一星在越南，越一星在鄭北，燕一星在鄭東北，趙二星在燕東南，韓一星在晉南，魏一星在韓北，秦二星在代西，代二星在晉東北，十二國合十六星。脱去齊、周、楚晉，而《開元占經》引巫咸占則云：齊一星在九坎東，趙二星在齊西北，鄭一星在趙東北，越一星在鄭西北，周二星在越東北，秦二星在周東南，代二星在秦東南，晉一星在代西南，韓一星在晉北，魏一星在韓北，近秦星，楚一星在魏西南，近鄭星，燕一星在楚東南，近晉星。《隋志》則云：九欥東列星北一星曰齊，齊北二星曰趙，趙北一星曰鄭，鄭北一星曰越，越東二星曰周，周東南北列二星曰秦，秦南二星曰代，代西一星曰晉，晉北一星曰韓，韓北一星曰魏，魏西一星曰楚，楚南一星曰燕。皆與此注差違不合。當亦是别有所出，非可相補。又如賦云：「峙樓垣而表戾。」注脱去「樓垣」。《晉志》引京房《風角書集·星章》所載，妖星有天樓、天垣，皆歲星所生也。《隋志》引作「天樓星生亢宿中，天垣星生角宿中」。《開元占經》妖星占「天垣在角宿中」云云，「天樓在亢宿中」云云，其語尤詳，而不知此注原文若何，亦非可相補。又如注大理一條，天柱一條，天庾一條，天廩一條，内五諸侯一條，常陳一條，其末皆脱去占。又如注凡五星一條，土末脱去「與火合」云云，更無以補之。斯類均標明爲缺，以存其真。校既畢，繕寫一通，質諸先生，而記其書之本末及校之大畧於後。壬申五月廿八日，元和顧廣圻書於江寧皇甫巷之思古人齋。

清·羅振玉《〈星占〉跋》 《星占》殘卷斷缺，不見前後題。其所存門目可考見書，曰外官占，曰占五星色變動，曰占列宿變五星逆順，曰五星守二十八宿，各以其色定其福敗，曰分野，曰十二次，曰二十八宿位次，曰石氏中官外官，曰甘氏中官外官，曰巫咸中外官，曰玄象。詩末爲日月旁氣占。疑所存尚不及全書之半也。唐代星占之書傳世者，有李淳風《乙巳占》，瞿曇悉達《開元占經》。今此卷作者姓名雖不可知，然中有自天皇已來至武德四年二百七十六萬一千一百八歲語。是撰此書者爲初唐人矣。今古之言星者，僉祖述、甘石、巫咸三家。此書備載三家内外官，星總二百八十三坐一千四百六十四星。核以《晉書·天文志》、武帝時太史令陳卓總、甘石、巫咸三家所著星圖，大凡二百八十三官一千四百六十四星之語，正合。若今傳世之甘石《星經》前署甘公石申撰，而巫咸内外官諸星，如齊趙鄭越十二星等，亦闌人。且計其都數僅得一百六十餘坐。糅雜奪佚，確出後人撮拾僞託。然宋晁氏《讀書志》載甘石《星經》一卷，云漢甘公石申撰，其署名與今本正合。陳氏《書録解題》載《星簿讃曆》云《唐志》稱石氏《星經簿讃》。今此書明言依甘石巫咸氏，非專石申書云云，又頗與今本《星經》相類。疑宋人所見之甘石《星經》殆與今世撮拾之本畧同。而此卷列記三家内外官諸星位次、坐數、星數，具存當時舊觀晁陳諸家所不得見者，一旦乃出諸石室，得與《乙巳》、《開元》兩書並傳人間，可不謂快事乎？又卷中所載玄象詩記述星躔方位，爲五言韻語，以便記誦。《唐書·藝文志》載王希明《步天歌》一卷，陳氏《書録解題》亦著之。其書以七言韻語記二十八舍諸星。玄象詩，殆在此歌之前。《通志》據《步天歌》以作《天文畧》，而此詩則世不復

傳。予雖未習天官家言，然亦深喜此卷之佚而復存。固不得以占驗之學近於虛誣而輕視之也。歲在癸丑七月既望，上虞羅振玉記。

清・陸心源《重刻〈乙巳占〉序》 《乙巳占》十卷，唐李淳風撰。《新唐書藝・文志》著於録，作十二卷。陳直齋《書録解題》、馬貴與《文獻通考》、王伯原《玉海》皆作十卷，與今本合。每卷約萬餘言，惟第十卷幾及三萬言。或後人合三卷爲一卷，故與唐志不符，未可知也。乾隆中採訪遺書，未經儲藏家進呈，阮文達亦未之見，朱竹垞所見祇殘本七卷，惟《敏求記》有全書，其書之罕見可知矣。余所藏，爲明人鈔本，得之金匱蔡氏。卷三、卷六後有題名三行：一曰太史局直長、主管刻漏、臣成衍書；一曰太史局中官正、太史局提點曆書、賜耕魚袋、臣李維宗校；寍海軍承宣使、提舉佑神觀、博陵郡開國公、食邑二子二百户、食實封二百户、提舉臣邵諤。攷《玉海》，建炎三年三月二日詔《紀元曆經》等書送太史局中，載《乙巳占》計十册。今本十卷，又有太史局諸人題名，或即從建炎本傳鈔。攷上元乙巳之歲十一月甲子朔，冬至夜半，日月如合璧，五星如連珠，故以爲名。其書雜采黄帝、巫咸、甘氏、石氏、郗萌、韓楊、祖暅、孫僧化、劉表、《天鏡》、《白虎》、《海中》、《列宿》、《五官》諸占及劉向《洪範》、張衡《靈憲》、《五經圖緯》，參以經傳，排比成書，始於天象，終於風氣，凡分一百篇。今缺《辨惑》一篇，餘皆完具。唐人遺籍傳世日稀，亟为讎校，付之手民。其有譌脱，概從缺疑。夫災異占候之説原不足憑。然《易》言天垂象，見吉凶；《周禮保章氏》以日月、星辰、五雲、十二風辨吉凶、祲祥、豐荒，其所由來者久矣。淳風雖以方技名，《修德》篇屢引經傳，以改過遷善为戒，《司天》篇深著隋氏之失，諄諄於納諫遠佞，不失爲儒者之言，非後世術士所能及也。《玉海》引書目序云：五十卷，今合爲十卷。今序云：合爲十卷。與《玉海》不符。蓋合併後人所妄改耳。光緒三年歲在疆圉赤奮若仲秋之月歸安陸心源叙。

五代兩宋部

綜述

宋·胡宿《文恭集》卷一四　馬知良可司天監丞制

敕：某傳疇人之業，參保章之屬。祗勤無懈，占候有勞。俾攷績于攸司，命遷丞于本局。尚隸陵宮之職，往欽臺檢之恩。

丁濤可司天冬官正制

敕：某傳疇人之業，任冬卿之丞，思湛密而寡尤，術推步而多驗。有司較最，在法得遷，宜升和叔之聯，且寵石申之學。

周琮、李用晦竝可司天中官正，于淵、舒易簡竝可司天監丞，王士隆可守少府監主簿充翰林待詔制

敕：某言天之學，古有三家，粤若渾儀，脗合乾體。朕紬懷往範，恐失舊傳，因命究研。且令製作通觀，成績第用，賞勞爾等通甘石之經，深梓慎之術。能奉吾詔，咸竭乃精，克正規模，弗愆晷度，差進清臺之秩，并預禁林之聯。往服朝恩，無替爾職。

宋·吳泳《鶴林集·外制》　鄒淮授挈壺正制

敕：某挈壺之職，詠於《詩》，載於《周官》，由來尚矣。爾乞職清臺，洞曉，乾象，且能會萃歷代災祥之占爲一書。用是遷汝壺正，其共乃事。使朝廷無「東方未明」之刺，則惟汝嘉可。

元·脱脱等《宋史》卷一六五《職官志五》　司天監：監、少監、丞、主簿、春官正、夏官正、中官正、秋官正、多官正、靈臺郎、保章正、挈壺正各一人。掌察天文祥異，鍾鼓漏刻，寫造曆書，供諸壇祀祭告神名版位畫日。監及少監闕，則置判監事二人。以五官正充。禮生四人，曆生四人，掌測驗渾儀，同知算造、三式。元豐官制行，罷司天監，立太史局，隸祕書省。

傳記

宋·陳思《兩宋名賢小集》卷三七八　王應麟，字伯厚，鄞人。九歲通《六經》。父性嚴急，每授題，設巍坐，命坐堂下，刻燭以俟，少緩輒訶譴之，由是爲文益敏捷。淳祐元年，舉進士，時年十九。從王埜受學。初調西安主簿，及監平江倉，與提舉浙西常平，茶鹽，徵賦，弭亂，俱有法。又調揚州教授。嘗以事舉子業者，一切委棄，制度典故漫不省，乃閉門發憤，誓以博學宏詞科自見，假館閣書讀之。寶祐四年中是科。既而添差浙西安撫使幹辦公事。帝御集賢殿策士，欲易第七卷置其首。應麟讀之，乃頓首曰：「是卷古誼若龜鑑，忠肝如鐵石。臣敢爲得士賀。」遂以第七卷爲首選。及唱名，乃文天祥也。累遷太學録，進武學博士，屢疏言事，與丞相丁大全忤，遂罷職。大全敗，通判台州。召爲太常博士。時湯文清公爲少卿，比屋而居，朝夕講道，論關、洛、濂、閩、江西之同異。擢秘書郎，俄兼沂靖惠王府教授。彗星見，應詔極論執政，侍從、臺諫之辠，積私財，行公田之害。累遷秘書少監兼侍讀。會賈似道拜平章事，因冬雷，極言防姦邪，總威福諸事。似道斥逐之。以秘閣修撰主管崇禧觀。久之，起知徽州。其父嘗守是郡，父老皆曰：「此清白太守子也。」摧豪右，省租賦，民大悦。召爲秘書監，累遷起居郎兼權吏部侍郎。指陳成敗逆順之説。時朝臣無以邊事言者。及似道潰師江上，授中書舍人兼直學士院，即引疏陳十事，進禮部侍郎。日食，應詔論答天戒五事，陳備禦十策，且請更封濟王竑大國，表墓，賜謚，如請行。尋轉尚書兼給事中。覈奏留夢炎用私人徐缺爲御史。疏再上，不報。出關俟命，再奏，仍不報，遂東歸。詔中使譚純德以翰林學士召，辭不赴。家居二十年，號深寧居士，革歷來杜門，著述甚富，卒年七十有四。

宋·薛居正等《舊五代史》卷九六《馬重績傳》　馬重績，字洞微，少學數術，明太一、五紀、八象、《三統大曆》，居於太原。仕晉，拜太子右贊善大夫，遷司天監。天福三年，重績上言：「曆象，王者所以正一氣之元，宣萬邦之命，而古今所

記，考審多差。《宣明》氣朔正而星度不驗，《崇玄》五星得而歲差一日。以《宣明》之氣朔，合《崇玄》之五星，二曆相參，然後符合。自前世諸曆，皆起天正十一月爲歲首，用太古甲子爲上元，積歲愈多，差闊愈甚。臣輒合二曆，創爲新法，以唐天寶十四載乙未爲上元，雨水正月中氣爲氣首。」詔下司天監趙仁琦、張文皓等考覈得失，仁琦等言：「明年庚子正月朔，用重績曆考之，皆合無舛。」乃下詔班行之，號《調元曆》。行之數歲輒差，遂不用。重績又言：「漏刻之法，以中星考晝夜爲一百刻，八刻六十分刻之二十爲一時，時以四刻十分爲正，此自古所用也。今失其傳，以午正爲時始，下侵未四刻十分而爲午，由是晝夜昏曉，皆失其正，請依古改正。」從之。重績卒年六十四。

宋・歐陽修《新五代史》卷五七《馬重績傳》 馬重績字洞微，其先出於北狄，而世事軍中。重績少學數術，明太一、五紀、八象、《三統大曆》，居于太原。唐莊宗鎮太原，每用兵征伐，必以問之，重績所言無不中，拜大理司直。明宗時，廢不用。

晉高祖以太原拒命，廢帝遣兵圍之，勢甚危急，命重績筮之，遇《同人》，曰：「天火之象，乾健而離明。健者君之德也，明者南面而嚮之，所以治天下也。同人者人所同也，必有同我者焉。《易》曰：『戰乎乾。』乾，西北也。又曰：『相見乎離。』離，南方也。其同我者自北而南乎？乾，西北也，戰而勝，其九月十月之交乎？」是歲九月，契丹助晉擊敗唐軍，晉遂有天下。拜重績太子右贊善大夫，遷司天監。明年，張從賓反，命重績筮之，遇《隨》，曰：「南瞻析木，木不自績，虛而動之，動隨其覆。歲將秋矣，無能爲也！」七月而從賓敗。高祖大喜，賜以良馬、器幣。

天福三年，重績上言：「曆象，王者所以正一氣之元，宣萬邦之命。而古今所紀，考審多差，《宣明》氣朔正而星度不驗，《崇玄》五星得而歲差一日，以《宣明》之氣朔，合《崇玄》之五星，二曆相參，然後符合，自前世諸曆，皆起天正十一月爲歲首，用太古甲子爲上元，積歲愈多，差闊愈甚。臣輒合二曆，創爲新法，以唐天寶十四載乙未爲上元，雨水正月中氣爲氣首。」詔下司天監趙仁錡、張文皓等考覈得失。仁錡等言：「明年庚子正月朔，用重績曆考之，皆合無舛。」乃下詔班行之，號《調元曆》。行之數歲輒差，遂不用。

重績又言：「漏刻之法，以中星考晝夜爲一百刻，八刻六十分刻之二十爲一時，時以四刻十分爲正，此自古所用也。今失其傳，以午正爲時始，下侵未四刻十分而爲午。由是晝夜昏曉，皆失其正，請依古改正。」從之。

重績卒年六十四。

宋・郭若虛《圖畫見聞志》卷三 燕肅，字穆之，其先燕薊人，後徙家曹南。位龍圖閣直學士，以尚書禮部侍郎致政文學，治行外，尤善畫山水寒林，澄懷味象，應會感神，蹈摩詰之遐蹤，逼咸熙之懿範。太常寺有所畫屏風。玉堂刑部、景寧坊居弟暨許雒佛寺中，皆有畫壁。公以壽終於康定元年。贈太尉公畫與所藏古筆，僅百卷，皆取入禁中。故人間所傳圖軸，幾稀矣。公凡莅州郡，作刻漏法最精，又嘗被旨造指南車，皆出奇思。

宋・晁說之《嵩山文集》卷一九 李挺之傳

李之才，字挺之，青社人。天聖八年，同進士出身。爲人朴且率，自信無少矯。厲師河南穆伯長。伯長性卞嚴寡合，雖挺之亦頻在訶怒中，挺之事先生益謹。嘗與參校柳文者，累月卒能受《易》。時蘇子美亦從伯長學《易》，其專授受者，惟挺之。伯長之《易》，受之种征君明逸，种征君受之希夷先生陳圖南，其流源爲最遠。究觀三才象數變通，非若晚出尚辭以自名者。挺之初爲衛州獲嘉縣主簿，權共城令。所謂康節先生邵堯夫者，時居母憂于蘇門山百源之上，布裘菜食，且躬爨以養其父。挺之叩門上謁，勞苦之曰：「好學篤志果何以？」康節曰：「簡策跡外未有跡也。」挺之曰：「君非跡簡策者，其如物理之學何？」他日則又曰：「物理之學學矣，不有性命之學乎？」康節謹再拜，悉受業。于書則先視之以陸淳《春秋》，意欲以《春秋》表儀《五經》，既可語《五經》大旨，則授《易》而終(爲)[焉]。世所謂康節先生之《易》者，實受之挺之。挺之器大，難乎識者，棲遲久不調。或惜之，則曰：「宜少貶以(圖)[榮]進。」友人石曼卿獨曰：「時不足以容君，君盍不棄之隱去？」再調孟州司法參軍。時范忠獻公守孟，亦莫之知也。忠獻初建節鉞帥延安，送者(不用故事)[皆]出境外，挺之獨別近郊。或病之，謝曰：「故(居)[事也]」。頃之，忠獻責安陸，挺之泝檄見之洛陽，前日遠境之客無一人來者。忠獻于是乎恨知挺之之晚。友人尹師魯以書薦挺之于葉舍人道卿，因石曼卿致之，曰：「孟州司法參軍李之才，年三(三)十九，能爲古文章，語直意邃，不肆不窘，固足以蹈及前輩，非洙所敢品目，而安于卑位，頗無仕進意，人罕能知之。其才又達世務，使少用于世，必過人。甚幸！其貧無貲，不能決其歸心，知之者當成之。」曼卿報師魯曰：「今之業文好古之士至鮮且不張。苟遺若人，其學益衰矣。是師魯當盡心以成之者也。」延年素不喜屈謁貴仕，以挺之書，

凡四五至道卿之門，通焉而後已。道卿且樂薦之，以是不悔。挺之遂得應銓新格，有保(仕)〔任〕五人，改大理寺丞，爲緱氏令。未行，會曼卿與龍圖閣直學士遵路調兵河東，辟挺之澤州簽署判官。于是澤人劉仲更從挺之受曆法，世稱劉仲更之曆遠出古今上，有揚雄、張衡之所未喻者，實受之挺之。在澤轉殿中丞，丁母憂，甫除喪，暴卒于懷州守舍。時友人尹子漸守懷也。實慶曆五年二月，子漸哭挺之過哀感疾，不踰月，亦卒。挺之葬青社。後十有二年，一子以疾卒。又二十有四年，有姪君翁乞康節表其墓曰：「求於天下，得聞道之君子李公以師焉！」

嵩隱晁説之曰：「士生而不能以其所學及乎世，死又不得以名覺乎後之人，豈大雅君子之志哉？李先生者，師事穆伯長，友石曼卿、尹子漸、師魯，其爲弟子者曰邵康節、劉仲更。側聞史氏爲六人者立傳，獨不及李先生，何耶？輒論次以待他日史官採擇。」

河南邵伯温曰：李挺之，康節先生之師也。昔嘗聞之先公曰：挺之與尹子漸貌相類，又相友善，挺之死于子漸官舍，子漸哭之慟，遂得疾以卒。嗚呼！二人者，乃所謂朋友歟！

宋·王稱《東都事略》卷六〇《列傳四十三》 燕肅，字穆之，青州人也。少聰警，舉進士。爲鳳翔觀察，推官知臨卭縣，又知考城通判河南府，召爲監察御史，遷殿中侍御史，提點廣西刑獄，徙廣東，知越明二州。入爲定王府記室參軍，擢龍圖閣，待制知審刑院。先是天下疑獄，雖聽奏，而州郡懼得罪，不敢讞，故冤獄常多。肅建請諸路疑獄皆聽讞，有不當者，釋其罪，自是全活者衆判。太常寺建議考正雅樂，自肅始。改龍圖閣直學士知穎州，徙鄧州，以禮部侍郎致仕，卒年八十。肅多巧思，以創物大智聞天下。常造指南車、記里鼓二車及欹器以獻，又作蓮花漏，世服其精。肅所至，刻石以記其法子度，官至右諫議大夫。

宋·王稱《東都事略》卷一一四《儒學傳九十七》 張載，字子厚，長安人也。學古力行，篤志好禮，為關中士人所宗。世所謂橫渠先生者也。少時喜談兵，年十八，以書謁范仲淹。仲淹責之曰：「儒者，自有名教可學，何事於兵？」因勸學《中庸》。載感其言，益窮六經，至釋、老，書無不讀。與程顥、程頤講學。舉進士，爲祁州司法參軍。雲巖令呂公著言載與弟戩有古學。神宗召見，問以治道。對曰：「爲政不以三代爲法者，終苟道也。」除崇文檢書。他日，見王安石，問以新政所安，荅曰：「公與人爲善，則人將以善歸。公如教玉人琢玉，則有不受命者矣。」以疾求去，遂築室南山下，敝衣疏食，專精治學。其大意以爲：知人而不知天，爲賢人，而不爲聖人。自秦漢以降，學者之大敝也。故其學尊禮，貴德，安命、樂天。時有以爲難者，載持其論不變也。從其學者，皆備弟子之禮。其家昬喪葬祭，率用先王之意，略以今禮行之。召還同知太常禮院，議禮於有司，又不合，復以疾請歸，道病卒。其門人欲謚爲明誠，中子以謚議質諸程顥，顥以問司馬光，光以書復顥曰：「子厚平生用心，欲率今世之人復三代之禮者也。郊特牲曰：『古者，生無爵，死無謚。』爵，謂大夫以上也。《檀弓》，記禮所由失，以謂士之有誄，自縣賁父始。子厚官比諸侯之大夫，則宜謚矣。然曾子問曰：『賤不誄貴，幼不誄長，禮也。唯天子稱天以誄之。諸侯相誄猶爲非禮，況弟子而誄其師乎？』孔子之沒，哀公誄之，不聞弟子復爲之謚也。今諸君欲謚子厚而不合於古禮，非子厚之志。與其以陳文範、陶靖節、王文中子、孟貞曜爲比其尊之也，曷若以孔子爲比乎？惟伯淳折衷之。」載著《正蒙》一書行于世。弟戩。戩，字天祺，少孤，質性莊重。舉進士，爲閿鄉簿知金堂縣。誠心愛人，既去，而人思之。熙寧初，以太常博士，召爲監察御史裏行。每進對，必陳古道，務引大體，不舉苛細。上疏論王安石變法，非是乞罷條例司及追還提舉常平使者不報。并劾曾公亮陳升之趙抃，依違不能捄正。及韓絳代升之領條例司，戩上言：絳左右徇從安石，與爲死黨，遂參政。柄李定邪諂，自幕官擢臺職。陛下惟安石是信，今輔以絳之詭隨，臺臣又得李定之比，繼續其來，芽蘖漸盛，臣豈敢愛死而不言哉！又言呂惠卿刻薄辯給假經術，以文飾姦言附會安石，惑誤聖聽，不宜勸講君側。章數十上，最後言：今大惡未去，横斂未除，不正之司尚存，無名之使方擾，臣自今更不敢赴臺供職。又詣中書争之，聲色甚厲。曾公亮俛首不荅，王安石以扇掩面而笑戩曰：戩之狂直，宜爲參政所笑。然天下之人笑參政者，亦不少矣。遂稱疾家居。待罪出知公安縣監鳳翔府司竹監，卒年四十七。程顥，字伯淳，西洛人也。父珦大中大夫。顥舉進士，爲鄠縣簿，又調上元簿、晉城令。呂公著爲御史中丞，薦爲監察御史裏行，前後進説甚多，大要以正心窒欲、求賢育才爲先。神宗嘗使推擇人材，顥所薦十數人，而以張載與其弟頤爲首。嘗言：人主當防未萌之欲。神宗拱手曰：當爲卿戒之。時王安石日益信用，顥每進見，必陳君道以至誠仁愛爲本末。嘗及功利，安石寖行其説，顥意多不合，事出，必論列數月之間，章數十上。尤極論者輔臣不同心，小臣與大計。公論不行，青苗取息。諸路提舉，官多非其人。京東轉運司，剥民、希寵。興利之臣日進，尚德之風寖

衰。凡十餘事。以言不行，求去除京西提點刑獄。復上章，請罷改僉判。鎮寧軍監西京路河竹木務知扶溝縣，坐囹圄，囚逸鄰邑者，罷監汝州酒稅。哲宗立召爲大宗正丞，未行而卒，年五十二。始顥從周敦頤論學，故其言曰：道之不明，異端害之也。古之害近，而易知今之害深，而難辨昔之惑人也。承其迷暗，今之入人也。因其高明，自謂之窮神知化而不足以開物成務，名爲無不周徧，而其實乖於倫理，雖於窮深極微，而不可以入堯舜之道，天下之學，非淺陋固滯，則必入於此。自道之不明也，邪誕怪異之説競起，塗生民之耳目，溺天下於污濁，雖高才明智，膠於見聞，醉生夢死，不自覺也。是皆正路之蓁蕪，聖門之蔽塞，闢之而後可以入道。神宗嘗問顥曰：王安石何如人也？顥曰：安石博學多聞則有之，守約則未也。又問：是聖人否？顥曰：詩稱周公，公孫碩，膚赤舄几，几聖人。蓋如此。安石剛褊自任，聖人豈然哉！顥有經濟之術，不幸早死，太師文彦博表其墓曰：明道先生。云弟頤。

宋・佚名《宣和畫譜・山水二》 燕肅

文臣燕肅，字穆之，其先本燕薊人也，後徙居曹南，祖葬於陽翟，今爲陽翟人。文學治行，縉紳推之。其胸次瀟灑，每寄心於繪事，尤喜畫山水寒林，與王維相上下。獨不爲設色。舊傳太常與玉堂屏等，皆肅之真蹟。而肅嘗寓於景寧坊，所居亦有其畫。今皆湮没焉。獨睢穎洛佛寺尚存遺墨。肅心匠甚巧，不特善畫山水，凡創物，足以驚世絶人。且如徐州之蓮花漏是也。又嘗有造鼓，既畢，而忘易鐶者，無因可以使釘脚拳於鼓之腹，遂造肅請術。肅乃呼鍜者，命作一大鎖簧入之，衆皆服。其智由是。知肅畫之妙，皆類於此也。而王安石於人物慎許可，獨題肅之所畫瀟湘山水圖。詩云：燕公侍書燕王府，王求一筆終不與，奏論讞死誤當赦，全活至今何可數？燕王，蓋元儼也。爲元儼僚屬，不肯下之，有以見肅之操守焉。至其抗章論獻，天下疑案奏讞，自肅始也。全活至今，何啻億萬計？故安石又曰：仁人義士埋黄土，只有粉墨歸囊楮。則歎息於斯，不亦宜乎！歷官至龍圖閣直學士，以尚書禮部侍郎致仕。子孫既顯，贈太師，天下止稱燕公。今御府所藏，三十有七。

《春岫漁歌圖》一、《春山圖》四、《夏溪圖》二、《秋山遠浦圖》一、《冬晴釣艇圖》二、《雪滿羣山圖》三、《寒林圖》一、《大寒林圖》二、《小寒林圖》二、《履冰圖》一、《江山蕭寺圖》二、《古岸遥山圖》三、《送寒衣女圖》一、《牸牛頭山望圖》一、《渡水牛圖》一、《雙松圖》二、《松石圖》一、《寫李成履薄圖》二、《雪浦人歸圖》四、《寒雀圖》一。

宋・龍衮《江南野史》卷八 陳陶

陳陶者，世爲嶺表劍浦人。幼業儒素，長好遊學，善解天文，頗長於雅頌。自負台鉉之器，不爲干託。既至南昌，謀往建康，聞宋齊丘秉政，凡所進擢才彦，名非顯達。自計與齊丘鑿枘，終不克納，必爲所屈。乃幡然築室，居西山，以吟咏自資。會齊丘出，鎮南昌，有蒲鞍之覬，乃自詠曰：「中原莫道無麟鳳，自是皇家結網踈。」陶少與水曹任畹相善，又寓之詩云：「好向明時薦遺逸，莫教千古弔靈均。」嗣主知而未及辟之。會彗孛，且見陶。乃歎曰：「國家其幾亡乎！」遂失淮甸。嗣主南幸，以巽苟免。迨至落星灣，諸將欲往問，而陶所居不與俗接。惟嗜鮓一嗂，或至千臠。遂使衣商賈之，服賫鮓，往見。既至，陶即時而出，乃問：「官家龍舟將抵何處？」對曰：「已達落星矣。」因問陶曰：「星可避耶？」對曰：「星落不遷，何俟？」嗣主躁急，不俟反命，已至南都。既數日，詰旦，忽殿庭見殘獐一脚，視之，乃獸食之。餘詢宿衛，莫知攸底。遂往詢於陶，陶曰：「昨夜乃狼星所直，故爾。」嗣主歎曰：「真鴻儒矣！」將召見，會嗣主殂，後主即位，知其運祚衰替，遂絶搢紳之望，以修養燒煉還丹爲事。有詩云：乾坤見了文章懶，龍虎成來印綬踈。又云：磻溪老叟無人用，閒列查棃校六韜。又曰：近來世上無徐庶，誰向桑麻識卧龍？陶所遁西山，先産藥物僅數十種。開寶中嘗見一叟角髮被褐，與一老嫗舁藥入城鬻之。獲資，則市鮓就爐，二人對飲，且啗旁若無人。既醉，且舞乃歌曰：「藍采禾，塵世紛紛事更多。争如賣藥沽酒飲，歸去深崖拍手歌。」時人見其縱逸姿貌非常，每飲酒食鮓，疑爲陶之夫婦焉。竟不知其所終，或云得仙矣。

宋・杜大珪《名臣碑傳琬琰集》下卷二一 邵康節先生雍傳

邵雍，字堯夫，衛州人。家世貧賤，雍刻厲爲學，夜不就席者數年。雍嘗適吴楚，過齊魯，客梁晉，而歸徙居於洛。蓬蓽環堵，躬爨以養父母。講學于家，不彊以語人，而就問者日衆。士人道洛者，必過其廬。雍與人言，必依於孝悌忠信，樂道人之善，不及其惡。故賢、不肖無不親之。病畏寒暑，常以春秋時，乘小車，一人挽之，行游城中，所過倒屣迎致。居洛三十年，洛人共爲買田宅，士大夫多助之者，雍皆受而不辭。爲人坦夷，無表襮防畛，不爲絶俗之行。其學自天地運化，陰陽消長，以數推之，逆知其變。自以爲有師授，世無能曉之者，而雍內以自樂，浩如也。有書十三卷，曰《皇極經世》；詩二千篇，曰《擊壤集》。雍初舉遺

逸，試將作監主簿。熙寧初，以爲潁川團練推官，與常秩同召，雍卒不起，卒年六十七。知河南府賈昌衡言：「雍行義聞於鄉里，乞贈卹。」吳充請於上，贈祕書省著作郎，賜粟帛。韓絳守洛，言雍隱德，丘園聲聞顯著，賜謚曰「康節」。

宋·馬令《南唐書》卷一五　陳陶

陳陶，世居嶺表，以儒業名家。陶挾册長安，聲、詩、曆、象無不精究。常以台鉉之器自負，恨世亂不得逞。昇元中至南昌，將詣建康，聞宋齊邱兼政，凡所進擢，不愜士論。自料與齊邱不合，乃築室於西山，日以詩酒爲事。會宋齊邱出，鎮南昌，陶志不屈，而齊邱亦不爲之薦辟。陶作詩自詠曰：「一顧成周力有餘，白雲閑釣五溪魚。中原莫道無麟鳳，自是皇家結網疎。」陶少與水部員外郎任畹相善，嘗以詩貽之，云：「好向明朝薦遺逸，莫教千古弔靈均。」元宗雖聞其詩名，而未及召之。會有星孛，陶歎曰：「國家其幾亡乎！」既而，果失淮甸。陶所居幽邃，性尤嗜鮓。元宗南遷至落星灣，欲有所問，而恐陶不盡言，因僞使人賣鮓至陶門，陶果出啗鮓，喜甚。賣者曰：「官舟抵落星矣，翁知之乎？」陶笑曰：「星落不還。」元宗至南都未幾，殂。不還之説果驗。陶後以修養煉丹爲事。有詩云：乾坤見了文章懶，龍虎成來印綬疎。又云：長愛真人王子喬，五松山月伴吹簫。任他浮世悲生死，獨駕蒼龍入九霄。又題徐穉亭詩云：伏龍山横洲渚地，人如白蘋自生死。洪崖成道二千年，唯有徐君播青史。陶所遁西山，先産藥物數十種，陶採而餌之。開寶中嘗見一叟角髮被褐，與老媪貨藥於市，獲錢則市鮓對飲，旁若無人。既醉，行舞而歌曰：「藍採禾，藍採禾，塵世紛紛事更多。爭如賣藥沽酒飲，歸去深崖拍手歌。」或疑爲陶之夫婦云。

宋·李昉等《太平廣記》卷七九《方士四》　向隱

唐天復中，成汭鎮江陵監軍使張特進元隨温克脩司藥庫，在坊郭税舍止焉。張之門人向隱，北隣隱，攻曆算，仍精射覆，無不中也。一日，白張曰：特進副監小判官已下，皆帶災色，何也？張曰：人之年運不同，豈有一時受災，吾不信矣。於時城中多犬吠，隱謂克脩曰：司馬元戎某年，失守此地，化爲丘墟，子其誌之。他日，復謂克脩曰：此地更變，且無定主，五年後，東北上有人，依稀國親，一鎮此邦，二十年不動，子誌之。他日又曰：東北來者，二十年後更有一人，五行不管，此程更遠，但請記之。温以爲憑虚，殊不介意。復謂温曰：子他時婚娶，無男，但生一隊女也，到老却作醫人。後果密敕誅北司，張特進與副監小判官同日就戮，方驗其事。成汭鄂渚失律不還，江陵爲郎人雷滿所據，襄州舉君奪之，以趙匡明爲留後，大梁代襄州，匡明棄城自固，爲梁將賀環所據，而威望不著，郎蠻侵凌不敢出城，自固而已。梁主署武信王高季昌自潁州刺史爲荆南兵馬，留後下車，日擁數騎至沙頭，郎軍懾懼，稍稍而退。先是武信王賜姓朱，後復本姓，果符國親之説。克脩失主，流落渚宫，收得名方，仍善修合，賣藥自給，亦便行醫。娶婦後，唯生數女，盡如向言。唐明宗天成二年丁亥，天軍圍江陵，軍府懷憂。温克脩上城白文獻正，具道此。文獻未之全信，温以前事累驗，必不我欺。俄而，朝廷抽軍來，年武信薨，凡二十一年，而文獻嗣位亦二十一年，迨至南平王即此程更遠，果在兹乎！出《北夢瑣言》。

宋·李昉等《太平廣記》卷三四九《鬼三十四》　曹唐

進士曹唐，以能詩名聞當世，久舉不第。常寓居江陵佛寺中，亭沼境甚幽勝，每自臨翫賦詩，得兩句曰：水底有天春漠漠，人間無路月茫茫。吟之未久，自以爲常製皆不及此作。一日，還坐亭沼上，方用怡咏，忽見二婦人，衣素衣，貌甚閑冶，徐步而吟，則唐前所作之二句也。唐自以製未翌日，人固未有知者，何遽而得之？因迫而訊之，不應而去，未十餘步間，不見矣。唐方甚疑怪。唐素與寺僧法舟善，因言於舟，舟驚曰：兩日前，有一少年見訪，懷一碧牋，示我此詩。適方欲言之，乃出示，唐頗惘然。數日後，唐卒於佛舍中。出《靈怪集》。

宋·王欽臣《王氏談録》　曆官

公言近世司天算，楚衍爲首，既老昏。有弟子賈憲、朱吉著名。憲今爲左班殿直吉隸太史。憲運算亦妙，有書傳于世。而吉駁憲棄去餘分于法未盡。

宋·陳騤《南宋館閣録》卷七　周執羔，字表卿，上饒人，沈晦榜進士及第，治《周禮》。十二年三月除十三年二月，爲吏部員外郎。錢周材，字元英，江寧人，李易榜進士及第。

宋·周應合《景定建康志》卷二四　秦九韶，通直郎，淳祐四年八月到任，十一月丁母憂解任。

宋·周密《癸辛雜識》續集卷下《秦九韶》　秦九韶，字道古，秦鳳間人。年十八，在鄉里爲義兵首，豪宕不羈。嘗隨其父守郡，父方宴客，忽有彈丸出。父後衆賓駭愕，莫知其由。頃加物色，乃九韶與一妓狎，時亦抵筵，此彈之所以來也。既出，東南多交豪富，性極機巧，星象、音律、算術以至營造等事，無不精究。邇嘗從李梅亭學駢儷詩詞。遊戲、毬馬、弓劍，莫不能知。性喜奢好大，嗜進謀身。或以歷學薦於朝，得對有奏藁及所述教學大略，與吳履齋交尤稔。吳有地，

在湖州西門外，地名曾上，正當苕水所經，入城面埶浩蕩。乃以術攫取之，遂建堂其上，極其宏敞。堂中一間横亘七丈，求海桅之奇材爲前楣，位置皆自出心匠。凡屋春兩暈摶風，皆以塼爲之。堂成七間，後爲列屋，以處秀姬。管絃、製樂、度曲皆極精妙，用度無算。將持鉢於諸大閫，會其所養兄之子與其所生親子妾通，事泄，即幽其妾，絶其飲食而死。及使一隸偕此子以行，授以毒藥及一劍，曰：「導之無人之境，先使仰藥。不可，則令自裁。又不可，則擠之於水中。」其隸僞許，而送之所生兄之寓鄂渚者。歸告事畢。已而寖聞其實，隸懼而逃。秦并購之，於是罄其所蓄自行，且求其子及隸將甘心焉。語人曰：「我且齎十萬錢，如楊維秋壑所以處。我既至，遍謁臺幕。」洪恕齋勳爲憲，起而賀曰：「比傳令嗣不得其死。今君訪求之，是傳者妄也，可不賀乎？」秦不爲意。久之，賈爲宛轉得瓊州，行未至，怒迓者之不如。翌日，遂加以盜名，解之郡中，且自至白郡，就欲黥之。楊公頗知其事，以其罪不至此，遂從杖罪斷遣。秦大不平，然匿怨相交如故。楊知其怨，已每闞其亡，而往謁焉。直至替滿，而往别之。遂延入曲室，堅欲苛留。楊力辭之，遂薦湯一盃，皆如墨色。楊恐甚，不飲而歸。蓋秦向在廣中多蓄毒藥，如所不喜者，必遭其毒手，其險可知也。期取馭卒戮之，至郡數月罷歸，所攜甚富。已未透渡。秦喜色洋洋。然，既未有省者，則又曰生活皆爲人攬了也。時吴履齋在鄞，亟往投之。吴時將入相，使之先行，曰：「當思所處。」秦復追隨之。吴旋得謫，賈當國徐摭奏事，竄之梅州。在梅治政不輟，竟殂於梅。其始謫梅離家之日，大堂前大楣中斷，人謂不祥。秦亡後，其養子復歸，與其弟共處焉。余嘗聞楊守齋云：往守霅川日，秦方歸家，暑夕與其姬好合於月下，適有僕汲水庭下，意謂其窺已也。

元・脱脱等《宋史》卷五七《燕肅傳》 燕肅字穆之，青州益都人。父峻，慷慨任俠，楊光遠反時，率其屬迎符彦卿，遂家曹州。肅少孤貧，游學。舉進士，補鳳翔府觀察推官。寇準知府事，薦改秘書省著作佐郎、知臨邛縣。縣民嘗苦吏追擾，肅削木爲牘，民訟有連逮者，書其姓名，使自召之，皆如期至。知考城縣，通判河南府。召爲監察御史，準方知河南，奏留之。

遷殿中侍御史，提點廣南西路刑獄，遷侍御史，徙廣南東路。還，爲丁謂所惡，出知越州。徙明州，俗輕悍喜門，肅下令獨罪先毆者，於是門者爲息。直昭文館，爲定王府記室參軍，判尚書刑部。建言：「京師大辟一覆奏，而州郡之獄有疑及情可憫者上請，多爲法司所駁，乃得不應奏之罪。願如京師，死許覆奏。」遂詔疑獄及情可憫皆上請，語在《刑法志》。其後大辟上請者多得貸，議自肅始。

擢龍圖閣待制、權知審刑院、知梓州，還，同糾察在京刑獄，再判刑部，累遷左諫議大夫、知亳州，徙青州。屬歲歉，命兼京東安撫使。入判太常寺兼大理寺，復知審刑。肅言：「舊太常鐘磬皆設色，每三歲親祠，則重飾之。歲既久，所塗積厚，聲益不協。」乃詔與李照、宋祁同按王朴律，即剗滌考擊，合以律準，試於後苑，聲皆協。又詔與章得象、馮元詳刻漏。進龍圖閣直學士、知潁州，徙鄧州。官至禮部侍郎致仕，卒。

肅喜爲詩，其多至數千篇。性精巧，能畫，入妙品，圖山水罨布濃淡，意象微遠，尤善爲古木折竹。嘗造指南、記里鼓二車及欹器以獻，又上《蓮花漏法》。詔司天臺考於鐘鼓樓下，云不與《崇天曆》合。然肅所至，皆刻石以記其法，州郡用之以候昏曉，世推其精密。在明州，爲《海潮圖》，著《海潮論》二篇。子度，孫瑛。

元・脱脱等《宋史》卷九〇《沈括傳》 括字存中，以父任爲沭陽主簿。縣依沭水，乃職方氏所書「浸曰沂、沭」者，故跡漫爲汙澤，括新其二坊，疏水爲百渠九堰，以播節原委，得上田七千頃。

擢進士第，編校昭文書籍，爲館閣校勘，删定三司條例。故事，三歲郊丘之制，有司按籍而行，藏其副，吏沿以干利。壇下張幔，距城數里爲園囿，植采木、刻鳥獸綿絡其間。將事之夕，法駕臨觀，御端門、陳仗衛以閲嚴警，游幸登賞，類非齋祠所宜。乘輿一器，而百工侍役者六七十輩。括考禮沿革，爲書曰《南郊式》。即詔令點檢事務，執新式從事，所省萬計，神宗稱善。

遷太子中允、檢正中書刑房、提舉司天監，日官皆市井庸販，法象圖器，大抵漫不知。括始置渾儀、景表、五壺浮漏，招衛朴造新曆，募天下上太史占書，雜用士人，分方技科爲五，後皆施用。加史館檢討。

淮南饑，遣括察訪，發常平錢粟，疏溝瀆，治廢田，以救水患。遷集賢校理，察訪兩浙農田水利，遷太常丞、同修起居注。時大籍民車，人未論縣官意，相挺爲憂；又市易司患蜀鹽之不禁，欲盡實私井而輦解池鹽給之。言者論二事如織，皆不省，括侍帝側，帝顧曰：「卿知籍車乎？」曰：「知之。」帝曰：「何如？」對曰：「敢問欲何用？」帝曰：「北邊以馬取勝，非車不足以當之。」括曰：「車戰之利，見於歷世。然古人所謂兵車者，輕車也，五御折旋，利於捷速。今之民間輜車重大，日不能三十里，故世謂之太平車，但可施於無事之日爾。」帝喜曰：「人言無及此者，朕當思之。」遂問蜀鹽事，對曰：「一切實私井而運解鹽，使一出

於官售，誠善。然忠、萬、戎、瀘間夷界小井尤多，不可猝絶也，勢須列候加警，臣恐得不足償費。」帝領之。明日，二事俱寢。擢知制誥，兼通進、銀臺司，自中允至是纔三月。

爲河北西路察訪使。先是，銀冶，轉運司置官收其利，括言：「近寶則國貧，其勢必然；人衆則囊槖姦僞何以檢頤？朝廷歲遺契丹銀數十萬，以其非北方所有，故重而利之。昔日銀城縣、銀坊城皆没於彼，使其知鑿山之利，則中國之幣益輕，何賴歲餉，鄰釁將自兹始矣。」

時賦近歲户出馬備邊，民以爲病，括言：「北地多馬而人習騎戰，猶中國之工彊弩也。今舍我之長技，强所不能，何以取勝。」又邊人習兵，唯以挽彊定最，而未必能貫革，謂宜以射遠入堅爲法。如是者三十一事，詔皆可之。

遼蕭禧來理河東黄嵬地，留館不肯辭，曰：「必得請而後反。」帝遣括往聘。括詣樞密院閲故牘，得頃歲所議疆地書，指古長城爲境，今所争蓋三十里遠，表論之。帝以休日開天章閣召對，喜曰：「大臣殊不究本末，幾誤國事。」命以畫圖示禧，禧議始屈。賜括白金千兩使行。至契丹庭，契丹相楊益戒來就議，括得地訟之籍數十；預使吏士誦之，益戒有所問，則顧吏舉以答。他日復問，亦如之。益戒無以應，謾曰：「數里之地不忍，而輕絶好乎？」括曰：「師直爲壯，曲爲老。今北朝棄先君之大信，以威用其民，非我朝之不利也。」凡六會，契丹知不可奪，遂舍黄嵬而以天池請。括乃還，在道圖其山川險易迂直，風俗之純龐，人情之向背，爲《使契丹圖抄》上之。拜翰林學士、權三司使。

嘗白事丞相府，吴充問曰：「自免役令下，民之詆訾者今未衰也，是果於民何如？」括曰：「以爲不便者，特士大夫與邑居之人習於復除者爾，無足恤也。獨微户本無力役，而亦使出錢，則爲可念。若悉弛之，使一無所預，則善矣。」充然其説，表行之。

蔡確論括首鼠乖刺，除害司農法，以集賢院學士知宣州。明年，復龍圖閣待制、知審官院，又出知青州，未行，改延州。至鎮，悉以别賜錢爲酒，命廛市良家子馳射角勝，有軼羣之能者，自起酌酒以勞之，邊人驩激，執弓傅矢，唯恐不得進。越歲，得徹札超乘者千餘，皆補中軍義從，威聲雄他府。以副總管种諤西討拔銀、宥功，加龍圖閣學士。朝廷出宿衛之師來戍，賞賚至再而不及鎮兵。括以爲衛兵雖重，而無歲不戰者，鎮兵也。今不均若是，且召亂。乃藏敕書，而矯制賜緡錢數萬，以驛聞。詔報之曰：「此右府頒行之失，非卿察事機，必擾軍政。」自是，事不暇請者，皆得專之。蕃漢將士自皇城使以降，許承制補授。

諤師次五原，值大雪，糧餉不繼，殿直劉歸仁率衆南奔，士卒三萬人皆潰入塞，居民怖駭。括出東郊餞河東歸師，得奔者數千，問曰：「副都總管遣汝歸取糧，主者爲何人？」曰：「在後。」即諭令各歸屯。及暮，至者八百，未旬日，潰卒盡還。括出按兵，歸仁至，括曰：「汝歸取糧，何以不持軍符？」歸仁不能對，斬以狥。經數日，帝使内侍劉惟簡來詰叛者，具以對。

大將景思誼、曲珍拔夏人磨崖葭蘆浮圖城，括議築石堡以臨西夏，而給事中徐禧來，禧欲先城永樂。詔禧護諸將往築，令括移府並塞，以濟軍用。已而禧敗没，括以夏人襲綏德，先往救之，不能援永樂，坐謫均州團練副使。元祐初，徙秀州，繼以光禄少卿分司，居潤八年卒，年六十五。

括博學善文，於天文、方志、律曆、音樂、醫藥、卜算，無所不通，皆有所論著。又紀平日與賓客言者爲《筆談》，多載朝廷故實、耆舊出處，傳於世。

元・脱脱等《宋史》卷三三六《司馬光傳》 司馬光字君實，陝州夏縣人也。父池，天章閣待制。光生七歲，凛然如成人，聞講《左氏春秋》，愛之，退爲家人講，即了其大指。自是手不釋書，至不知飢渴寒暑。羣兒戲於庭，一兒登甕，足跌没水中，衆皆棄去，光持石擊甕破之，水迸，兒得活。其後京、洛間畫以爲圖。仁宗寶元初，中進士甲科。年甫冠，性不喜華靡，聞喜宴獨不戴花，同列語之曰：「君賜不可違。」乃簪一枝。

除奉禮郎，時池在杭，求簽蘇州判官事以便親，許之。丁内外艱，執喪累年，毁瘠如禮。服除，簽書武成軍判官事，改大理評事，補國子直講。樞密副使龐籍薦爲館閣校勘，同知禮院。【略】

從龐籍辟，通判并州。麟州屈野河西多良田，夏人蠶食其地，爲河東患。籍命光按視，光建：「築二堡以制夏人，募民耕之，耕者衆則糴賤，亦可漸紓河東貴糴遠輸之憂。」籍從其策；而麟將郭恩勇且狂，引兵夜渡河，不設備，没於敵，籍得罪去。光三上書自引咎，不報。籍没，光升堂拜其妻如母，撫其子如昆弟，時人賢之。

改直祕閣、開封府推官。交趾貢異獸，謂之麟，光言：「真僞不可知，使其真，非自至不足爲瑞，願還其獻。」又奏賦以風。修起居注，判禮部。有司奏日當食，故事食不滿分，或京師不見，皆表賀。光言：「四方見、京師不見，此人君爲陰邪所蔽；天下皆知而朝廷獨不知，其爲災當益甚，不當賀。」從之。

同知諫院。蘇轍答制策切直，考官胡宿將黜之，光言：「轍有愛君憂國之心，不宜黜。」詔寘末級。

仁宗始不豫，國嗣未立，天下寒心而莫敢言。諫官范鎮首發其議，光在并州聞而繼之，且貽書勸鎮以死爭。【略】

進知制誥，固辭，改天章閣待制兼侍講、知諫院。時朝政頗姑息，胥史喧譁則逐中執法，輦官悖慢則退宰相，衛士凶逆而獄不窮治，軍卒詈三司使而以爲非犯階級。光言皆陵遲之漸，不可以不正。【略】

王廣淵除直集賢院，光論其姦邪不可近：「昔漢景帝重衛綰，周世宗薄張美。廣淵當仁宗之世，私自結於陛下，豈忠臣哉？宜黜之以厲天下。」進龍圖閣直學士。

神宗即位，擢爲翰林學士，光力辭。帝曰：「古之君子，或學而不文，或文而不學，惟董仲舒、揚雄兼之。卿有文學，何辭爲？」對曰：「臣不能爲四六。」帝曰：「如兩漢制詔可也；且卿能進士取高第，而云不能四六，何邪？」竟不獲辭。

御史中丞王陶以論宰相不押班罷，光代之，光言：「陶由論宰相罷，則中丞不可復爲。臣願俟既押班，然後就職。」許之。遂上疏論修心之要三：曰仁，曰明，曰武；治國之要三：曰官人，曰信賞，曰必罰。其説甚備。且曰：「臣獲事三朝，皆以此六言獻，平生力學所得，盡在是矣。」御藥院内臣，國朝常用供奉官以下，至内殿崇班則出；近歲暗理官資，非祖宗本意。因論高居簡姦邪，乞加遠竄。章五上，帝爲出居簡，盡罷寄資者。既而復留二人，光又力争之。張方平參知政事，光論其不葉物望，帝不從。還光翰林兼侍讀學士。

光常患歷代史繁，人主不能遍覽，遂爲《通志》八卷以獻。英宗悦之，命置局祕閣，續其書。至是，神宗名之曰《資治通鑑》，自製《序》授之，俾日進讀。【略】

安石得政，行新法，光逆疏其利害。邇英進讀，至曹參代蕭何事，帝曰：「漢常守蕭何之法不變，可乎？」對曰：「寧獨漢也，使三代之君常守禹、湯、文、武之法，雖至今存可也。漢武取高帝約束紛更，盜賊半天下；元帝改孝宣之政，漢業遂衰。由此言之，祖宗之法不可變也。」

吕惠卿言：「先王之法，有一年一變者，『正月始和，布法象魏』是也；有五年一變者，巡守考制度是也；有三十年一變者，『刑罰世輕世重』是也。光言非是，其意以風朝廷耳。」帝問光，光曰：「布法象魏，布舊法也。諸侯變禮易樂者，王巡守則誅之，不自變也。刑新國用輕典，亂國用重典，是爲世輕世重，非變也。且治天下譬如居室，敝則修之，非大壞不更造也。公卿侍從皆在此，願陛下問之。三司使掌天下財，不才而黜可也，不可使執政侵其事。今爲制置三司條例司，何也？宰相以道佐人主，安用例？苟用例，則胥吏矣。今爲看詳中書條例司，何也？」惠卿不能對，則以他語詆光。帝曰：「相與論是非耳，何至是。」光曰：「平民舉錢出息，尚能蠶食下户，况縣官督責之威乎！」惠卿曰：「青苗法，願取則與之，不願不强也。」光曰：「愚民知取債之利，不知還債之害，非獨縣官不强，富民亦不强也。昔太宗平河東，立糴法，時米斗十錢，民樂與官爲市。其後物貴而和糴不解，遂爲河東世世患。臣恐異日之青苗，亦猶是也。」帝曰：「坐倉糴米何如？」坐者皆起，光曰：「不便。」惠卿曰：「糴米百萬斛，則省東南之漕，以其錢供京師。」光曰：「東南錢荒而粒米狼戾，今不糴米而漕錢，棄其有餘，取其所無，農末皆病矣！」侍講吴申起曰：「光言，至論也。」

它日留對，帝曰：「今天下洶洶者，孫叔敖所謂『國之有是，衆之所惡』也。」光曰：「然。陛下當論其是非。今條例司所爲，獨安石、韓絳、惠卿以爲是耳，陛下豈能獨與此三人共爲天下邪？」帝欲用光，訪之安石。安石曰：「光外託劘上之名，内懷附下之實。所言盡害政之事，所與盡害政之人，而欲寘之左右，使與國論，此消長之大機也。光才豈能害政，但在高位，則異論之人倚以爲重。韓信立漢赤幟，趙卒氣奪，今用光，是與異論者立赤幟也。」

安石以韓琦上疏，卧家求退。帝乃拜光樞密副使，光辭之曰：「陛下所以用臣，蓋察其狂直，庶有補於國家。若徒以禄位榮之，而不取其言，是以天官私非其人也。臣徒以禄位自榮，而不能救生民之患，是盜竊名器以私其身也。陛下誠能罷制置條例司，追還提舉官，不行青苗、助役等法，雖不用臣，臣受賜多矣。今言青苗之害者，不過謂使者騷動州縣，爲今日之患耳。而臣之所憂，乃在十年之外，非今日也。夫民之貧富，由勤惰不同，惰者常乏，故必資於人。今出錢貸民而斂其息，富者不願取，使者以多散爲功，一切抑配。恐其逋負，必令貧富相保，貧者無可償，則散而之四方；富者不能去，必責使代償數家之負。春算秋計，展轉日滋，貧者既盡，富者亦貧。十年之外，百姓無復存者矣。又盡散常平錢穀，專行青苗，它日若思復之，將何所取？富室既盡，常平已廢，加之以師旅，因之以饑饉，民之羸者必委死溝壑，壯者必聚而爲盜賊，此事之必至者也。」抗章至七八，帝使謂曰：「樞密，兵事也，官各有職，不當以他事爲辭。」對曰：「臣未受命，則猶侍從也，於事無不可言者。」安石起視事，光乃得請，遂求去。

以端明殿學士知永興軍。宣撫使下令分義勇戍邊，選諸軍驍勇士，募市井惡少年爲奇兵，調民造乾糒，悉修城池樓櫓，關輔騷然。光極言：「公私困敝，不可舉事，而京兆一路皆内郡，繕治非急。宣撫之令，皆未敢從，若乏軍興，臣當任其責。」於是一路獨得免。徙知許州，趣入覲，不赴；請判西京御史臺歸洛，自是絶口不論事。而求言詔下，光讀之感泣，欲嘿不忍，乃復陳六事，又移書責宰相吴充，事見《充傳》。【略】

元豐五年，忽得語澀疾，疑且死，豫作遺表置卧内，即有緩急，當以界所善者上之。官制行，帝指御史大夫曰：「非司馬光不可。」又將以爲東宫師傅。蔡確曰：「國是方定，願少遲之。」《資治通鑑》未就，帝尤重之，以爲賢於荀悦《漢紀》，數促使終篇，賜以潁邸舊書二千四百卷。及書成，加資政殿學士。凡居洛陽十五年，天下以爲真宰相，田夫野老皆號爲司馬相公，婦人孺子亦知其爲君實也。

帝崩，赴闕臨，衛士望見，皆以手加額曰：「此司馬相公也。」所至，民遮道聚觀，馬至不得行，曰：「公無歸洛，留相天子，活百姓。」哲宗幼沖，太皇太后臨政，遣使問所當先，光謂：「開言路。」詔榜朝堂。而大臣有不悦者，設六語云：「若陰有所懷；犯非其分；或扇揺機事之重；或迎合已行之令；上以徼倖希進；下以眩惑流俗。若此者，罰無赦。」后復命示光，光曰：「此非求諫，乃拒諫也。人臣惟不言，言則入六事矣。」乃具論其情，改詔行之，於是上封者以千數。

起光知陳州，過闕，留爲門下侍郎。蘇軾自登州召還，緣道人相聚號呼曰：「寄謝司馬相公，毋去朝廷，厚自愛以活我。」是時天下之民，引領拭目以觀新政，而議者猶謂「三年無改於父之道」，但毛舉細事，稍塞人言。光曰：「先帝之法，其善者雖百世不可變也。若安石、惠卿所建，爲天下害者，改之當如救焚拯溺。況太皇太后以母改子，非子改父。」衆議甫定。遂罷保甲團教，不復置保馬；廢市易法，所儲物皆鬻之，不取息，除民所欠錢；京東鐵錢及茶鹽之法，皆復其舊。或謂光曰：「熙、豐舊臣，多憸巧小人，他日有以父子義間上，則禍作矣。」光正色曰：「天若祚宗社，必無此事。」於是天下釋然，曰：「此先帝本意也。」

元祐元年復得疾，詔朝會再拜，勿舞蹈。時青苗、免役、將官之法猶在，而西戎之議未決。光嘆曰：「四患未除，吾死不瞑目矣。」折簡與吕公著云：「光以身付醫，以家事付愚子，惟國事未有所託，今以屬公。」乃論免役五害，乞直降敕罷之。諸將兵皆隸州縣，軍政委守令通決。廢提舉常平司，以其事歸之轉運、提點刑獄。邊計以和戎爲便。謂監司多新進少年，務爲刻急，令近臣於郡守中選舉，而於通判中舉轉運判官。又立十科薦士法。皆從之。

拜尚書左僕射兼門下侍郎，免朝覲，許乘肩輿，三日一入省。光不敢當，曰：「不見君，不可以視事。」詔令子康扶入對，且曰：「毋拜。」遂罷青苗錢，復常平糴糶法。兩宫虚己以聽。遼、夏使至，必問光起居，敕其邊吏曰：「中國相司馬矣，毋輕生事，開邊隙。」光自見言行計從，欲以身徇社稷，躬親庶務，不舍晝夜。賓客見其體羸，舉諸葛亮食少事煩以爲戒，光曰：「死生，命也。」爲之益力。病革，不復自覺，諄諄如夢中語，然皆朝廷天下事也。

是年九月薨，年六十八。太皇太后聞之慟，與帝即臨其喪，明堂禮成不賀，贈太師、温國公，襚以一品禮服，賻銀絹七千。詔户部侍郎趙瞻、内侍省押班馮宗道護其喪，歸葬陝州。謚曰文正，賜碑曰《忠清粹德》。京師人罷市往弔，鬻衣以致奠，巷哭以過車。及葬，哭者如哭其私親。嶺南封州父老，亦相率具祭，都中及四方皆畫像以祀，飲食必祝。

光孝友忠信，恭儉正直，居處有法，動作有禮。在洛時，每往夏縣展墓，必過其兄旦，旦年將八十，奉之如嚴父，保之如嬰兒。自少至老，語未嘗妄，自言：「吾無過人者，但平生所爲，未嘗有不可對人言者耳。」誠心自然，天下敬信，陝、洛間皆化其德，有不善，曰：「君實得無知之乎？」

光於物澹然無所好，於學無所不通，惟不喜釋、老，曰：「其微言不能出吾書，其誕吾不信也。」洛中有田三頃，喪妻，賣田以葬，惡衣菲食以終其身。

紹聖初，御史周秩首論光誣謗先帝，盡廢其法。章惇、蔡、卞請發冢斲棺，帝不許，乃令奪贈謚，仆所立碑。而惇言不已，追貶清遠軍節度副使，又貶崖州司户參軍。徽宗立，復太子太保。蔡京擅政，復降正議大夫，京撰《姦黨碑》，令郡國皆刻石。長安石工安民當鐫字，辭曰：「民愚人，固不知立碑之意。但如司馬相公者，海内稱其正直，今謂之姦邪，民不忍刻也。」府官怒，欲加罪，泣曰：「被役不敢辭，乞免鐫安民二字於石末，恐得罪於後世。」聞者愧之。

靖康元年，還贈謚。建炎中，配饗哲宗廟庭。

元・脱脱等《宋史》三四〇《蘇頌傳》　蘇頌字子容，泉州南安人。父紳，葬潤州丹陽，因徙居之。第進士，歷宿州觀察推官、知江寧縣。時建業承李氏後，税賦圖籍，一皆無藝，每發斂，高下出吏手。頌因治訊他事，互問民鄰里丁産，識其詳。及定户籍，民或自占不悉，頌警之曰：「汝有某丁某産，何不言？」民駭懼，皆不敢隱。遂剗剔夙蠹，成賦一邑，簡而易行，諸令視以爲法，至領其民拜庭

下以謝。凡民有忿争，頌喻以鄉黨宜相親善，若以小忿而失歡心，一旦緩急，將何賴焉。民往往謝去，或半途思其言而止。時監司王鼎、王綽、楊紘於部吏少許可，及觀頌施設，則曰：「非吾所及也。」

調南京留守推官，留守歐陽脩委以政，曰：「子容處事精審，一經閲覽，則脩不復省矣。」時杜衍老居睢陽，見頌，深器之，曰：「如君，真所謂不可得而親疏者。」衍又自謂平生人罕見其用心處，遂自小官以至爲侍從、宰相所以施設出處，悉以語頌，曰：「以子相知，且知子異日必爲此官，老夫非以自矜也。」故頌後歷政，略似衍云。

皇祐五年，召試館閣校勘，同知太常禮院。至和中，文彦博爲相，請建家廟，事下太常。頌議以爲：「禮，大夫士有田則祭，無田則薦，是有土者乃爲廟祭也。有田則有爵，無土無爵，則子孫無以繼承宗祀，是有廟者止於其躬，子孫無爵，祭乃廢也。若參合古今之制，依約封爵之令，爲之等差，錫以土田，然後廟制可議。若猶未也，即請考案唐賢寢堂祠饗儀，止用燕器常食而已。」

嘉祐中，詔禮院議立故郭皇后神御殿于景靈宫，頌謂：「敕書云：『向因忿鬱，偶失謙恭。』此則無可廢之事。又云：『朕念其自歷長秋，僅周一紀，逮事先后，祗奉寢園。』此則有不當廢之悔。又云：『可追復皇后，其祔廟謚册並停。』此則有合祔廟及謚册之義。請祔郭皇后於后廟，以成追復之道。」衆論未定，宰相曾公亮問曰：「郭后，上元妃，若祔廟，則事體重矣。」頌曰：「國朝三聖，賀、尹、潘皆元妃，事體正相類。今止祔后廟，則豈得有同異之言。」公亮曰：「議者以謂陰逼母后，是恐萬歲後配祔之意。」頌曰：「若加一『懷』、『哀』、『愍』之謚，則不爲逼矣。」公亮歎重。

遷集賢校理，編定書籍。頌在館下九年，奉祖母及母，養姑姊妹與外族數十人，甘旨融怡，昏嫁以時。妻子衣食常不給，而處之晏如。富弼嘗稱，頌爲古君子，及與韓琦爲相，同表其廉退，以知潁州。通判趙至忠本邊徼降者，所至與守競，頌待之以禮，具盡誠意。至忠感泣曰：「身雖夷人，然見義則服，平生誠服者，唯公與韓魏公耳。」

仁宗崩，建山陵，有司以不時難得之物厲諸郡。頌曰：「遺詔務從儉約，豈有土不産而可强賦乎？量其有無，事亦隨集。」英宗即位，召提點開封府界諸縣鎮公事。頌言：「周制六軍出於六鄉，在三畿四郊之地；唐設十二衛，亦散布畿内郡縣，又以關内諸府分隸之，皆所以臨制四方，爲國藩衛。國朝禁兵，多屯京師及畿内東南諸縣，雖饋運爲便，而西邊武備殊闕。今中牟、長垣都門要衝，二鄙驛置皆由此，而舊不屯兵，閒無防守，請置營益兵，以備非常。」明年，飢民果乘虚犯長垣，戕官吏，如頌慮。頌又請以獲盗多寡爲縣令殿最法，以謂：「巡檢、縣尉，但能捕盗，而不能使人不爲盗；能使其不爲盗者，縣令也。且民罹剽劫之害，而長官不任其責，可乎？」

遷度支判官。送契丹使，宿恩州，驛舍火，左右請出避，頌不動。州兵欲入救，閉門不納，徐使防卒撲滅之。初火時，郡人洶洶，唱使者有變，救兵亦欲因而生事，賴頌安静而止。遂聞京師，神宗疑焉，頌使還，入奏，稱善久之。命爲淮南轉運使。召修起居注，擢知制誥、知通進銀臺司、知審刑院。【略】

歲餘，知婺州。方泝桐廬，江水暴迅，舟横欲覆，母在舟中幾溺矣，頌哀號赴水救之，舟忽自正。母甫及岸，舟乃覆，人以爲純孝所感。徙亳州，有豪婦罪當杖而病，每旬檢之，未愈，譙簿鄧元孚謂頌子曰：「尊公高明以政稱，豈可爲一婦所給。但諭醫如法檢，自不誣矣。」頌曰：「萬事付公議，何容心焉。若言語輕重，則人有觀望，或致有悔。」既而婦死，元孚慙曰：「我輩狹小，豈可測公之用心也。」

加集賢院學士、知應天府。吕惠卿嘗語人曰：「子容，吾鄉里先進，苟一詣我，執政可得也。」頌聞之，笑而不應。凡更三赦，大臨還侍從，頌纔授秘書監、知通進銀臺司。吴越饑，選知杭州。一日，出遇百餘人，哀訴曰：「某以轉運司責逋市易緡錢，夜囚晝繫，雖死無以償。」頌曰：「吾釋汝，使汝營生，奉衣食之餘，悉以償官，期以歲月而足，可乎？」皆謝不敢負，果如期而足。【略】

元豐初，權知開封府，頗嚴鞭朴。謂京師浩穰，須彈壓，當以柱後惠文治之，非亳、潁卧治之比。有僧犯法，事連祥符令李純，頌置不治。御史舒亶糾其故縱，貶秘書監、知濠州。

初，頌在開封，國子博士陳世儒妻李惡世儒庶母，欲其死，語羣婢曰：「博士一日持喪，當厚餉汝輩。」既而母爲婢所殺，開封治獄，法吏謂李不明言使殺姑，法不至死。或譖頌欲寬世儒夫婦，帝召頌曰：「此人倫大惡，當窮竟。」對曰：「事在有司，臣固不敢言寬，亦不敢諭之使重。」獄久不決。至是，移之大理。意頌前次請求，移御史臺逮頌對。御史曰：「公速自言，毋重困辱。」頌曰：「誣人死，不可爲已，若自誣以獲罪，何傷乎？」即手書數百言伏其咎。帝覽奏牘，以爲疑，反覆究實，乃大理丞賈種民增減其文傅致也，由是事得白。同列猶以嘗因人

語及世儒帷薄事，頌應曰：「然。」以是爲泄獄情，罷郡。

未幾，知河陽，改知滄州。入辭，帝曰：「朕知卿久，然每欲用，輒爲事奪，命也夫！卿直道，久而自明。」頌頓首謝。召判尚書吏部兼詳定官制。唐制，吏部主文選，兵部主武選；神宗謂三代、兩漢本無文武之別，議者不知所處。頌言：「唐制吏部有三銓之法，分品秩而掌選事。今欲文武一歸吏部，則宜分左右曹掌之，每選更以品秩分治。」於是吏部始有四選法。

因陛對，神宗謂頌曰：「欲修一書，非卿不可。契丹通好八十餘年，盟誓、聘使、禮幣、儀式，皆無所考據，但患修書者遷延不早成耳。然以卿度，此書何時可就？」頌曰：「須一二年。」曰：「果然，非卿不能如是之敏也。」及書成，帝讀《序引》，喜曰：「正類《序卦》之文。」賜名《魯衛信録》。【略】

元祐初，拜刑部尚書，遷吏部兼侍讀。奏：「國朝典章，沿襲唐舊，乞詔史官采《新》、《舊唐書》中君臣所行，日進數事，以備聖覽。」遂詔經筵官遇非講讀日，進漢、唐故事二條。頌每進可爲規戒、有補時事者，必述已意，反復言之。又謂：「人主聰明，不可有所嚮，有則偏，偏則爲患大矣。今守成之際，應之以無心，則無不治。」每進讀至弭兵息民，必援引古今，以動人主之意。

既又請別製渾儀，因命頌提舉。頌既邃於律曆，以吏部令史韓公廉曉算術，有巧思，奏用之。授以古法，爲臺三層，上設渾儀，中設渾象，下設司辰，貫以一機，激水轉輪，不假人力。時至刻臨，則司辰出告。星辰躔度所次，占候則驗，不差晷刻，晝夜晦明，皆可推見，前此未有也。

頌前後掌四選五年，每選人改官，吏求垢瑕，故爲稽滯。頌敕吏曰：「某官緣某事當會某處，仍引合用條格，具委無漏落狀同上。」自是吏不得逞。每訴者至，必取按牘使自省閲，訴者服，乃退；其不服，頌必往復詰難，度可行之，苟有疑，則爲奏請，或建白都堂。故選官多感德，其不得所欲者，亦心服而去。

遷翰林學士承旨。五年，擢尚書左丞。嘗行樞密事。邊帥遣种朴入奏：「得諜言，阿里骨已死，國人未知所立。契丹官趙純忠者，謹信可任，願乘其未定，以勁兵數千，擁純忠入其國立之。」衆議如其請。頌曰：「事未可知，其越境立君，使彼拒而不納，得無損威重乎？徐觀其變，俟其定而撫輯之，未晚也。」已而阿里骨果無恙。

七年，拜右僕射兼中書門下侍郎。頌爲相，務在奉行故事，使百官守法遵職。量能授任，杜絶僥倖之原，深戒疆埸之臣邀功生事。論議有未安者，毅然力爭之。賈易除知蘇州，頌言：「易在御史名敢言，既爲監司矣，今因赦令，反下遷爲州，不可。」爭論未決。諫官楊畏、來之邵謂稽留詔命，頌遂上章辭位，罷爲觀文殿大學士、集禧觀使，繼出知揚州。徙河南，辭不行，告老，以中太一宫使居京口。紹聖四年，拜太子少師致仕。

方頌執政時，見哲宗年幼，諸臣太紛紜，常曰：「君長，誰任其咎耶？」每大臣奏事，但取決於宣仁后，哲宗有言，或無對者。惟頌奏宣仁后，必再稟哲宗；有宣諭，必告諸臣以聽聖語。及貶元祐故臣，御史周秩劾頌。哲宗曰：「頌知君臣之義，無輕議此老。」徽宗立，進太子太保，爵累趙郡公。建中靖國元年夏至，自草遺表，明日卒，年八十二。詔輟視朝二日，贈司空。

頌器局閎遠，不與人校短長，以禮法自持。雖貴，奉養如寒士。自書契以來，經史、九流、百家之説，至於圖緯、律吕、星官、算法、山經、本草，無所不通。尤明典故，喜爲人言，亹亹不絶。朝廷有所製作，必就而正焉。

嘗議學校，欲博士分經；課試諸生，以行藝爲升俊之路。議貢舉，欲先行實而後文藝，去封彌、謄録之法，使有司參考其素，行之自州縣始，庶幾復鄉貢里選之遺範。論者韙之。

元・脱脱等《宋史》卷三八八《周執羔傳》 周執羔字表卿，信州弋陽人。宣和六年舉進士，廷試，徽宗擢爲第二。授湖州司士曹事，俄除太學博士。【略】

方士劉孝榮言《統元曆》差，命執羔釐正之。執羔用劉羲叟法，推日月交食，考五緯羸縮，以紀氣朔寒温之候，撰《曆議》、《曆書》、《五星測驗》各一卷上之。

元・脱脱等《宋史》卷三九三《詹體仁傳》 詹體仁字元善，建寧浦城人。父慥，與胡宏、劉子翬游，調贛州信豐尉。金人渝盟，慥見張浚論滅金祕計，浚辟爲屬。體仁登隆興元年進士第，調饒州浮梁尉。郡上體仁獲盜功狀當賞，體仁曰：「以是受賞，非其願也。」謝不就。爲泉州晉江丞。宰相梁克家，泉人也，薦於朝。入爲太學録，升太學博士、太常博士，遷太常丞，攝金部郎官。

光宗即位，提舉浙西常平，除户部員外郎、湖廣總領，就升司農少卿。奏蠲諸郡賦輸積欠百餘萬。有逃卒千人入大冶，因鐵鑄錢，剽掠爲變。體仁語戎帥：「此去京師千餘里，若比上請得報，賊勢張矣。宜速加誅討。」帥用其言，羣黨悉散。

除太常少卿，陛對，首陳父子至恩之説，謂：「《易》於《家人》之後次之以《睽》，《睽》之上九曰：『見豕負塗，載鬼一車，先張之弧，後説之弧，匪寇婚媾，

往，遇雨則吉。』夫疑極而惑，凡所見者皆以爲寇，而不知實其親也。孔子釋之曰：『遇雨則吉，羣疑亡也。』蓋人倫天理，有間隔而無斷絶，方其未通也，湮鬱煩憒，若不可以終日；及其醒然而悟，泮然而釋，如遇雨焉，何其和悦而條暢也。伏惟陛下神心昭融，聖度恢豁，凡厥疑情，一朝涣然若揭日月而開雲霧，丕敘彝倫，以承兩宮之歡，以塞兆民之望。」時上以積疑成疾，久不過重華宮，故體仁引《易》睽弧之義，以開廣聖意。

孝宗崩，體仁率同列抗疏，請駕詣重華宮親臨祥祭，辭意懇切。時趙汝愚將定大策，外庭無預謀者，密令體仁及左司郎官徐誼達意少保吴琚，請憲聖太后垂簾爲援立計。寧宗登極，天下晏然，體仁與諸賢密贊汝愚之力也。

時議大行皇帝謚，體仁言：「壽皇聖帝事德壽二十餘年，極天下之養，諒陰三年，不御常服，漢、唐以來未之有，宜謚曰『孝』。」卒用其言。孝宗將復土，體仁言：「永阜陵地勢卑下，非所以妥安神靈。」與宰相異議，除太府卿。尋直龍圖閣、知福州，言者竟以前論山陵事罷之。退居霅川，日以經史自娱，人莫窺其際。

始，體仁使浙右，時蘇師旦以胥吏執役，後倚侂胄躐躋大官，至是遣介通殷勤。體仁曰：「小人乘君子之器，禍至無日矣，烏得以汙我！」未幾，果敗。

復直龍圖閣、知静江府，閣十縣税錢一萬四千，蠲雜賦八千。移守鄂州，除司農卿，復總湖廣餉事。時歲凶艱食，即以便宜發廪振救而後以聞。

侂胄建議開邊，一時争談兵以規進用。體仁移書廟堂，言兵不可輕動，宜遵養侯時。皇甫斌自以將家子，好言兵，體仁語僚屬，謂斌必敗，已而果然。開禧二年卒，年六十四。

體仁穎邁特立，博極羣書。少從朱熹學，以存誠慎獨爲主。爲文明暢，悉根諸理。周必大當國，體仁嘗疏薦三十餘人，皆當世知名士。郡人真德秀早從其游，嘗問居官涖民之法，體仁曰：「盡心、平心而已，盡心則無愧，平心則無偏。」世服其確論云。

元・脱脱等《宋史》卷四二七《張載傳》 張載字子厚，長安人。少喜談兵，至欲結客取洮西之地。年二十一，以書謁范仲淹，一見知其遠器，乃警之曰：「儒者自有名教可樂，何事於兵？」因勸讀《中庸》。載讀其書，猶以爲未足，又訪諸釋、老，累年究極其説，知無所得，反而求之《六經》。嘗坐虎皮講《易》京師，聽從者甚衆。一夕，二程至，與論《易》，次日語人曰：「比見二程，深明《易》道，吾所弗及，汝輩可師之。」撤坐輟講。與二程語道學之要，涣然自信曰：「吾道自足，何事旁求？」於是盡棄異學，淳如也。

舉進士，爲祁州司法參軍，雲巖令。政事以敦本善俗爲先，每月吉，具酒食，召鄉人高年會縣庭，親爲勸酬，使人知養老事長之義，因問民疾苦，及告所以訓戒子弟之意。

熙寧初，御史中丞吕公著言其有古學，神宗方一新百度，思得才哲士謀之，召見問治道，對曰：「爲政不法三代者，終苟道也。」帝悦，以爲崇文院校書。他日見王安石，安石問以新政，載曰：「公與人爲善，則人以善歸公；如教玉人琢玉，則宜有不受命者矣。」明州苗振獄起，往治之，末殺其罪。

還朝，即移疾屏居南山下，終日危坐一室，左右簡編，俯而讀，仰而思，有得則識之，或中夜起坐，取燭以書。其志道精思，未始須臾息，亦未嘗須臾忘也。敝衣蔬食，與諸生講學，每告以知禮成性、變化氣質之道，學必如聖人而後已。以爲知人而不知天，求爲賢人而不求爲聖人，此秦、漢以來學者大蔽也。故其學尊禮貴德、樂天安命，以《易》爲宗，以《中庸》爲體，以《孔》、《孟》爲法，黜怪妄，辨鬼神。其家昏喪葬祭，率用先王之意，而傅以今禮。又論定井田、宅里、發斂、學校之法，皆欲條理成書，使可舉而措諸事業。

吕大防薦之曰：「載之始終，善發明聖人之遺旨，其論政治略可復古。宜還其舊職，以備咨訪。」乃詔知太常禮院。與有司議禮不合，復以疾歸，中道疾甚，沐浴更衣而寢，旦而卒。貧無以斂，門人共買棺奉其喪還。翰林學士許將等言其恬於進取，乞加贈卹，詔賜館職半賻。

載學古力行，爲關中士人宗師，世稱爲横渠先生。著書號《正蒙》，又作《西銘》曰：【略】

程頤嘗言：「《西銘》明理一而分殊，擴前聖所未發，與孟子性善養氣之論同功，自孟子後蓋未之見。」學者至今尊其書。

嘉定十三年，賜謚曰明公。淳祐元年封郿伯，從祀孔子廟庭。弟戩。

元・脱脱等《宋史》卷四二七《邵雍傳》 邵雍字堯夫。其先范陽人，父古徙衡漳，又徙共城。雍年三十，游河南，葬其親伊水上，遂爲河南人。

雍少時，自雄其才，慷慨欲樹功名。於書無所不讀，始爲學，即堅苦刻厲，寒不爐，暑不扇，夜不就席者數年。已而歎曰：「昔人尚友於古，而吾獨未及四方。」於是踰河、汾，涉淮、漢，周流齊、魯、宋、鄭之墟，久之，幡然來歸，曰：「道在是矣。」遂不復出。

北海李之才攝共城令，聞雍好學，嘗造其廬，謂曰：「子亦聞物理性命之學乎？」雍對曰：「幸受教。」乃事之才，受《河圖》、《洛書》、宓義八卦六十四卦圖像。之才之傳，遠有端緒，而雍探賾索隱，妙悟神契，洞徹蘊奥，汪洋浩博，多其所自得者。及其學益老，德益邵，玩心高明，以觀夫天地之運化，陰陽之消長，遠而古今世變，微而走飛草木之性情，深造曲暢，庶幾所謂不惑，而非依倣象類、億則屢中者。遂衍宓義先天之旨，著書十餘萬言行于世，然世之知其道者鮮矣。

初至洛，蓬蓽環堵，不芘風雨，躬樵爨以事父母，雖平居屢空，而怡然有所甚樂，人莫能窺也。及執親喪，哀毁盡禮。富弼、司馬光、吕公著諸賢退居洛中，雅敬雍，恆相從游，爲市園宅。雍歲時耕稼，僅給衣食。名其居曰「安樂窩」，因自號安樂先生。且則焚香燕坐，晡時酌酒三四甌，微醺即止，常不及醉也，興至輒哦詩自詠。春秋時出遊城中，風雨常不出，出則乘小車，一人挽之，惟意所適。士大夫家識其車音，争相迎候，童孺廝隸皆驩相謂曰：「吾家先生至也。」不復稱其姓字。或留信宿乃去。好事者别作屋如雍所居，以候其至，名曰「行窩」。

司馬光兄事雍，而二人純德尤鄉里所慕嚮，父子昆弟每相飭曰：「毋爲不善，恐司馬端明、邵先生知。」士之道洛者，有不之公府，必之雍。雍德氣粹然，望之知其賢，然不事表襮，不設防畛，羣居燕笑終日，不爲甚異。與人言，樂道其善而隱其惡。有就問學則答之，未嘗强以語人。人無貴賤少長，一接以誠，故賢者悦其德，不賢者服其化。一時洛中人才特盛，而忠厚之風聞天下。

熙寧行新法，吏牽迫不可爲，或投劾去。雍門生故友居州縣者，皆貽書訪雍，雍曰：「此賢者所當盡力之時，新法固嚴，能寬一分，則民受一分賜矣。投劾何益耶？」

嘉祐詔求遺逸，留守王拱辰以雍應詔，授將作監主簿，復舉逸士，補潁州團練推官，皆固辭乃受命，竟稱疾不之官。熙寧十年，卒，年六十七，贈秘書省著作郎。元祐中賜謚康節。

雍高明英邁，迥出千古，而坦夷渾厚，不見圭角，是以清而不激，和而不流，人與交久，益尊信之。河南程顥初侍其父識雍，論議終日，退而歎曰：「堯夫，内聖外王之學也。」

雍知慮絶人，遇事能前知。程頤嘗曰：「其心虚明，自能知之。」當時學者因雍超詣之識，務高雍所爲，至謂雍有玩世之意；又因雍之前知，謂雍於凡物聲氣之所感觸，輒以其動而推其變焉。於是摭世事之已然者，皆以雍言先之，雍蓋未必然也。

雍疾病，司馬光、張載、程顥、程頤晨夕候之，將終，共議喪葬事外庭，雍皆能聞衆人所言，召子伯温謂曰：「諸君欲葬我近城地，當從先塋爾。」既葬，顥爲銘墓，稱雍之道純一不雜，就其所至，可謂安且成矣。所著書曰《皇極經世》、《觀物内外篇》、《漁樵問對》，詩曰《伊川擊壤集》。

元・脱脱等《宋史》卷四三一《李之才傳》 李之才字挺之，青社人也。天聖八年同進士出身，爲人朴且率，自信，無少矯厲。師河南穆脩，脩性卞嚴寡合，雖之才亦頻在訶怒中，之才事之益謹，卒能受《易》。時蘇舜欽輩亦從脩學《易》，其專授受者惟之才爾。脩之《易》受之种放，放受之陳摶，源流最遠，其圖書象數變通之妙，秦、漢以來鮮有知者。

之才初爲衛州獲嘉主簿、權共城令。時邵雍居母憂于蘇門山百源之上，布裘蔬食，躬爨以養父。之才叩門來謁，勞苦之曰：「好學篤志果何似？」雍曰：「簡策之外，未有跡也。」之才曰：「君非跡簡策者，其如物理之學何？」他日則又曰：「物理之學學矣，不有性命之學乎？」雍再拜願受業，於是先示之以陸淳《春秋》，意欲以《春秋》表儀《五經》，既可語《五經》大旨，則授《易》而終焉。其後雍卒以《易》名世。

之才器大，難乎識者，棲遲久不調，或惜之，則曰：「宜少貶以圖榮進。」石延年獨曰：「時不足以容君，盍不棄之隱去。」再調孟州司法參軍，時范雍守孟，亦莫之知也。雍初自洛建節守延安，送者皆出境外，之才獨别近郊，或病之，謝曰：「故事也。」頃之，雍謫安陸，之才沿檄見之洛陽，前日遠送之人無一來者，雍始恨知之之晚。

友人尹洙以書薦於中書舍人葉道卿，因石延年致之，曰：「孟州司法參軍李之才，年三十九，能爲古文章，語直意遂，不肆不窘，固足以蹈及前輩，非洙所敢品目，而安於卑位，無仕進意，人罕知之。其才又達世務，使少用於世，必過人遠甚，恨其貧不能決其歸心，知之者當共成之。」延年復書曰：「今業文好古之士至鮮且不張，苟遺若人，其學益衰矣。」延年素不喜謁貴仕，凡四五至道卿門，通其書乃已。道卿薦之，遂得應銓新格，有保任五人，改大理寺丞，爲緱氏令。未行，會延年與龍圖閣直學士吴遵路調兵河東，辟之才澤州簽署判官。澤人劉羲叟從受曆法，世稱「羲叟曆法」，遠出古今上，有楊雄、張衡所未喻者，實之才授之。

在澤轉殿中丞，丁母憂，甫除喪，暴卒于懷州官舍，慶曆五年二月也。時尹

洙兄漸守懷，哭之才過哀感疾，不踰月亦卒。之才歸葬青社，邵雍表其墓，有曰：「求於天下，得聞道之君子李公以師焉。」

元・脱脱等《宋史》卷四三二《劉羲叟傳》　劉羲叟字仲更，澤州晉城人。歐陽修使河東，薦其學術。試大理評事，權趙州軍事判官。精算術，兼通《大衍》諸曆。及修唐史，令專修《律曆》、《天文》、《五行志》。尋爲編修官，改秘書省著作佐郎。以母喪去，詔令家居編修。書成，擢崇文院檢討，未入謝，疽發背卒。

羲叟强記多識，尤長於星曆、術數。皇祐五年，日食心，時胡瑗籌鐘弇而直，聲鬱不發。又陝西鑄大錢，羲叟曰：「此所謂害金再興，與周景王同占，上將感心腹之疾。」其後仁宗果不豫。又月入太微，曰：「後宫當有喪。」已而張貴妃薨。至和元年，日食正陽，客星出于昴，曰：「契丹宗真其死乎？」事皆驗。羲叟未病，嘗曰：「吾及秋必死。」自擇地於父冢旁，占庚穴，以語其妻，如其言葬之。著《十三代史志》、《劉氏輯曆》、《春秋災異》諸書。

元・脱脱等《宋史》卷四三八《王應麟傳》　王應麟字伯厚，慶元府人。九歲通《六經》，淳祐元年舉進士，從王埜受學。

調西安主簿，民以年少易視之，輸賦後時。應麟白郡守，繩以法，遂立辦。諸校欲爲亂，知縣事翁甫倉皇計不知所出，應麟以禮諭服之。差監平江百萬東倉。調浙西提舉常平茶鹽主管帳司，部使者鄭霖異待之。丁父憂，服除，調揚州教授。

初，應麟登第，言曰：「今之事舉子業者，沽名譽，得則一切委棄，制度典故漫不省，非國家所望於通儒。」於是閉門發憤，誓以博學宏辭科自見，假館閣書讀之。寶祐四年中是科。應麟與弟應鳳同日生，開慶元年亦中是科，詔褒諭之，添差浙西安撫司幹辦公事。

帝御集英殿策士，召應麟覆考。考第既上，帝欲易第七卷置其首。應麟讀之，乃頓首曰：「是卷古誼若龜鏡，忠肝如鐵石，臣敢爲得士賀。」遂以第七卷爲首選。及唱名，乃文天祥也。遷主管三省、樞密院架閣文字。

遷國子録，進武學博士，疏言：「陛下閲理多，願治久。當事勢之艱，輿圖蹙於外患，人才乏而民力殫，宜强爲善，增修德，無自沮怠；恢弘士氣，下情畢達，操綱紀而明委任，謹左右而防壅蔽，求哲人以輔後嗣。」既對，帝問其父名，曰：「爾父以陳善爲忠，可謂繼美。」

丁大全欲致應麟，不可得。遷太常寺主簿，面對，言：「淮戍方警，蜀道孔艱，海表上流皆有藩籬唇齒之憂。軍功未集而吝賞，民力既困而重斂，非修攘計也。陛下勿以宴安自逸，勿以容悦之言自寬。」帝愀然曰：「邊事甚可憂。」應麟言：「無事深憂，臨事不懼。願汲汲預防，毋爲壅蔽所欺。」時大全諱言邊事，於是應麟罷。

未幾，大全敗，起應麟通判台州。召爲太常博士，擢秘書郎，俄兼沂靖惠王府教授。彗星見，應詔極論執政、侍從、臺諫之罪，積私財、行公田之害。又言：「應天變莫先回人心，回人心莫先受直言。箝天下之口，沮直臣之氣，如應天何？」時直言者多迕權臣意，故應麟及之。遷著作佐郎。

度宗即位，攝禮部郎官，草百官表。舊制，請聽政，四表已上；一夕入臨，宰臣諭旨增撰三表，應麟操筆立就。丞相總護還，辭位表三道，使者立以俟，應麟從容授之。丞相驚服，即授兼禮部郎官，兼直學士院。

馬廷鸞知貢舉，詔應麟兼權直，俄兼崇政殿説書。遷著作郎，守軍器少監。經筵值人日雪，帝問有何故事，應麟以唐李嶠、李乂等應制詩對。因奏：「春雪過多，民生飢寒，方寸仁愛，宜謹感召。」遷將作監。

帝視朝，謂應麟曰：「爲學要灼見古人之心。」應麟對曰：「嚴恭寅畏，不敢怠皇，克勤克儉，無自縱逸，强以馭下，制事以斷，此古人之心。然操舍易忽於眇綿，兢業每忘於游衍。」帝嘉納之。既而轉對，言：「人君防未萌之欲，存不已之誠。」擢兼侍立修注官，升權直學士院，遷秘書少監兼侍講。上疏論市舶，不報。

會賈似道拜平章事，葉夢鼎、江萬里各求去，似道亦求去。應麟奏，孝宗朝闕相者亦逾年，帝亟取以諭之。似道聞應麟言，大惡之，語包恢曰：「我去朝士若王伯厚者多矣，但此人素著文學名，不欲使天下謂我棄士。彼盍思少自貶！」恢以告，應麟笑曰：「迕相之患小，負君之罪大。」遷起居舍人，兼權中書舍人。冬雷，應麟言：「十月之雷，惟東漢數見。命令不專，姦哀並進，卑踰尊，外陵內之象。當清天君，謹天命，體天德，以回天心。守成必法祖宗，御治必總威福。」似道聞之，斥逐之意決矣。

應麟牒閤門直前奏對，謂用人莫先察君子小人。方袖疏待班，臺臣亟疏駁之，由是二史直前之制遂廢。以秘閣修撰主管崇禧觀。

久之，起知徽州。其父撝嘗守是郡，父老皆曰：「此清白太守子也。」摧豪右，省租賦，民大悦。

召爲秘書監，權中書舍人，力辭，不許。兼國史編修、實録檢討兼侍講。遷

起居郎兼權吏部侍郎，指陳成敗逆順之説，且曰：「國家所恃者大江，襄、樊其喉舌，議不容緩。朝廷方從容如常時，事幾一失，豈能自安？」朝臣無以邊事言者，帝不懌。似道復謀斥逐，適應麟以母憂去。

及似道潰師江上，授中書舍人兼直學士院，即引疏陳十事，急征討、明政刑、厲廉耻、通下情、求將材、練軍實、備糧餉、舉實材、擇牧守、防海道，其目也。且言：「圖大患者必略細故，求實效者必去虚文。」因請集諸路勤王之師，有能率先而至者，宜厚賞以作勇敢之氣，并力進戰，惟能戰斯可守。進兼同修國史、實録院同修撰兼侍讀，遷禮部侍郎兼中書舍人。日食，應詔論答天戒五事，陳備禦十策，皆不及用。

尋轉尚書兼給事中。左丞相留夢炎用徐囊爲御史，擢江西制置使黄萬石等，應麟繳奏曰：「囊與夢炎同鄉，有私人之嫌；萬石麤戾無學，南昌失守，誤國罪大。今方欲引以自助，善類爲所搏噬者，必攜持而去。吴浚貪墨輕躁，豈宜用之？況夢炎舛令慢諫，讜言弗敢告，今之賣降者，多其任用之士。」疏再上，不報。出關俟命，再奏曰：「因危急而紊紀綱，以偏見而咈公議，臣封駁不行，與大臣異論，勢不當留。」疏入，又不報，遂東歸。

詔中使譚純德以翰林學士召，識者以爲奪其要路，寵以清秩，非所以待賢者。應麟亦力辭。後二十年卒。

所著有《深寧集》一百卷、《玉堂類藁》二十三卷、《掖垣類藁》二十二卷、《詩考》五卷、《詩地理攷》五卷、《漢藝文志攷證》十卷、《通鑑地理攷》一百卷、《通鑑地理通釋》十六卷、《通鑑答問》四卷、《困學紀聞》二十卷、《蒙訓》七十卷、《集解踐阼篇》、《補注急就篇》六卷、《補注王會篇》、《小學紺珠》十卷、《玉海》二百卷、《詞學指南》四卷、《詞學題苑》四十卷、《筆海》四十卷、《姓氏急就篇》六卷、《漢制攷》四卷、《六經天文編》六卷、《小學諷詠》四卷。

元·脱脱等《宋史》卷四六一《趙修己傳》 趙修己，開封浚儀人，少精天文推步之學。晉天福中，李守貞掌禁軍，領滑州節制，表爲司户參軍，留門下。守貞海出征，修己必從，軍中占候多中。奏試大理評事，賜緋。漢乾祐中，守貞鎮蒲津，陰懷異志，修己屢以禍福諭之，不聽，遂辭疾歸鄉里。明年，守貞果叛，幕吏多伏誅，獨修己得免。朝廷知其能，召爲翰林天文。

周祖鎮鄴，奏參軍謀。會隱帝誅楊邠、史弘肇等，且將害周祖，修己知天命所在，密謂周祖曰：「釁發蕭牆，禍難斯作。公擁全師，臨巨屏，臣節方立，忠誠見疑。今幼主信讒，大臣受戮，公位極將相，居功高不賞之地，雖欲殺身成仁，何益於事？不如引兵南渡，詣闕自訴，則明公之命，是天所與也。天與不取，悔何可追！」周祖然之，遂決渡河之計。即位，以爲殿中省尚食奉御，賜金紫。改鴻臚少卿，遷司天監。顯德中，累加檢校户部尚書。嘗遣副翰林學士承旨陶穀，以御衣、金帶、戰馬、器幣賜吴越錢俶。

宋初，遷太府卿，判監事，上章告老，優詔不許。建隆三年卒，年七十一。

元·脱脱等《宋史》卷四六一《王處訥傳》 王處訥，河南洛陽人。少時有老叟至舍，煑洛河石如麪，令處訥食之，且曰：「汝性聰悟，後當爲人師。」又嘗夢人持巨鑑，星宿燦然滿中，剖腹納之，覺而汗洽，月餘，心胸猶覺痛。因留意星曆、占候之學，深究其旨。晉末之亂，避地太原，漢祖時領節制，辟置幕府。即位，擢爲司天夏官正，出補許田令，召爲國子《尚書》博士，判司天監事。

周祖嘗與處訥同事漢祖，雅相厚善，及自鄴舉兵入汴，遽命訪求處訥，得之，甚喜，因問以劉氏祚短事。對曰：「人君未得位，嘗務寬大；既得位，即思復讎。漢氏據中土，承正統，以曆數推之，其載祀猶永。第以高祖得位之後，多報讎殺人及夷人之族，結怨天下，所以運祚不長。」周祖蹶然太息。適發兵圍漢大臣蘇逢吉、劉銖等家，待且將行孥戮，遽命止之。逢吉已自殺，止誅劉銖，餘悉全活。

廣順中，遷司天少監。世宗以舊曆差舛，俾處訥詳定。曆成未上，會樞密使王朴作《欽天曆》以獻，頗爲精密，處訥私謂朴曰：「此曆且可用，不久即差矣。」因指以示朴，朴深然之。

至建隆二年，以欽天曆謬誤，詔處訥別造新曆。經三年而成，爲六卷，太祖自製序，命爲《應天曆》。處訥又以漏刻無準，重定水秤及候中星、分五鼓時刻。俄遷少府少監。太平興國初，改司農少卿，並判司天事。六年，又上新曆二十卷，拜司天監。歲餘卒，年六十八。子熙元。

熙元，幼習父業，開寶中，補司天曆算。端拱初，改監丞，累遷太子洗馬兼春官正，加殿中丞。景德中，同判監事。東封，隨經度制置使詣祠所，禮畢，授權知司天少監。祠汾陰，真拜少監。奉詔於後苑纘陰陽事十卷上之，真宗爲製序，賜名《靈臺祕要》，及作詩紀之。

初，上所修《儀天曆》，秋官正趙昭益言其二年後必差，又熒惑度數稍謬，後果驗。熙元頗伏其精一。上常對宰相言及曆算事，曰：「曆象，陰陽家流之大者，以推步天道，平秩人時爲功。」且言：「昭益能專其業，人鮮及也。」

玉清昭應宫成，以祗事之勤，授司天監。坐擇日差謬，降爲少監。以目疾，改將作監，致仕。天禧二年卒，年五十八。

元・脱脱等《宋史》卷四六一《苗訓傳》 苗訓，河中人，善天文占候之術。仕周爲殿前散員右第一直散指揮使。顯德末，從太祖北征，訓視日上復有一日，久相摩盪，指謂楚昭輔曰：「此天命也。」夕次陳橋，太祖爲六師推戴，訓皆預白其事。既受禪，擢爲翰林天文，尋加銀青光禄大夫、檢校工部尚書。年七十餘卒。子守信。

元・脱脱等《宋史》卷四六一《苗守信傳》 守信，少習父業，補司天曆算。尋授江安縣主簿，改司天臺主簿，知算造。太平興國中，以《應天曆》小差，詔與冬官正吴昭素、主簿劉内真造新曆。及成，太宗命衛尉少卿元象宗與明律曆者同校定，賜號《乾元曆》，頗爲精密，皆優賜束帛。雍熙中，遷冬官正。端拱初，改太子洗馬、判司天監。淳化二年，守信上言：「正月一日爲一歲之首。每月八日，天帝下巡人世，察善惡。太歲日爲歲星之精，人君之象。三元日，上元天官，中元地官，下元水官，各主録人之善惡。又春戊寅、夏甲午、秋戊申、冬甲子爲天赦日，及上慶誕日，皆不可以斷極刑事。」下有司議行。未幾，轉殿中丞、權少監事，立本品之下，俄賜金紫。

至道二年，上以梁、雍宿兵，彌歲凶歉，心憂之，令宰相召守信問以天道咎證所在。守信奏曰：「臣仰瞻玄象，及推驗太一經歷宫分，其荆楚、吴越、交廣並皆安寧。自來五緯陵犯，彗星見及水神太一臨井鬼之間，屬秦、雍分及梁、益之地，民罹其災。水神太一來歲入燕分，歲在房心，正當京都之地，自兹朝野有慶。」詔付史館。明年，真授少監。咸平三年卒，年四十六。子舜卿，爲國子博士。

元・脱脱等《宋史》卷四六一《馬韶傳》 馬韶，趙州平棘人，習天文三式。開寶中，太宗以晉王尹京，申嚴私習天文之禁，韶素與太宗親吏程德玄善，德玄每戒韶不令及門。九年冬十月十九日，既夕，韶忽造德玄，德玄恐甚，詰其所以來，韶曰：「明日乃晉王利見之辰，韶故以相告。」德玄惶駭，止韶一室，遽入白太宗。太宗命德玄以人防守之，將聞于太祖。及詰旦，太宗入謁，果受遺踐阼。韶以赦獲免。踰月，起家爲司天監主簿。太平興國二年，擢太僕寺丞，改祕書省著作佐郎。歷太子中允、祕書丞，出爲平恩令。歸朝復守舊任，與楚芝蘭同判司天監事，就遷太常博士。淳化五年，坐事，出爲博興令，移長山令。秩滿歸鄉里，卒於家。

元・脱脱等《宋史》卷四六一《楚芝蘭傳》 楚芝蘭，汝州襄城人。初習《三禮》，忽自言遇有道之士，教以符天、六壬、遁甲之術。屬朝廷博求方技，詣闕自薦，得録爲學生。以占候有據，擢爲翰林天文。授樂源縣主簿，遷司天春官正、判司天監事。占者言五福太一臨吴分，當於蘇州建太一祠。芝蘭獨上言：「京師帝王之都，百神所集。且今京城東南一舍地名蘇村，若於此爲五福太一建宫，萬乘可以親謁，有司便於祗事，何爲遠趨江外，以蘇臺爲吴分乎？」輿論不能奪，遂從其議，仍令同定本宫四時祭祀儀及醮法。宫成，特遷尚書工部員外郎，賜五品服。淳化初，與馬韶同判監，俱坐事，芝蘭出爲遂平令。卒，年六十。録其子繼芳爲城父縣主簿。

元・脱脱等《宋史》卷四六一《韓顯符傳》 韓顯符，不知何許人。少習三式，善察視辰象，補司天監生，遷靈臺郎，累加司天冬官正。顯符專渾天之學，淳化初，表請造銅渾儀、候儀。詔給用度，俾顯符規度，擇匠鑄之。至道元年渾儀成，於司天監築臺置之，賜顯符雜綵五十匹。顯符上其《法要》十卷，序之云：

伏羲氏立渾儀，測北極高下，量日影短長，定南北東西，觀星間廣狹。帝堯即位，羲氏、和氏立渾儀，定曆象日月星辰，欽授民時，使知緩急。降及虞舜，則璇璣玉衡以齊七政。《通占》又云：「撫渾儀，觀天道，萬象不足以爲多。」是知渾儀者，實天地造化之準，陰陽曆數之元，自古聖帝明王莫不用是精詳天象，預知差忒。或鑄以銅，或飾以玉，置之内庭，遣日官近臣同窺測焉。

自伏羲甲寅年至皇朝大中祥符三年庚戌歲，積三千八百九十七年。五帝之後訖今，明曆象之玄，知渾天之奥者，近十餘朝，考而論之，臻至妙者不過四五；自餘徒誇重於一日，不深圖於久要，致使天象無準，曆算漸差，占候不同，盈虚難定。陛下講求廢墜，爰造渾儀，漏刻星躔，曉然易辨。若人目窺於下，則銅管運於上，七曜之進退盈縮，衆星之次舍遠近，占逆順，明吉凶，然後修福俾順其度，省事以退其災，悉由斯器驗之。

昔漢洛下閎修渾儀，測《太初曆》，云：「後五百年必當重製。」至唐李淳風，果合前契。貞觀初，淳風又言前代渾儀得失之差，因令銅鑄。七年，太宗起凝暉閣於禁中，俾侍臣占驗。既在宫掖，人莫得見，後失其處所。玄宗命沙門一行修《大衍曆》，蓋以渾儀爲證。又有梁令瓚造渾儀木式，一行謂其精密，思出古人，遂以銅鑄。今文德殿鼓樓下有古本銅渾儀一，制極疎略，不可施用。且曆象之作，非渾儀無以考真僞；算造之士，非占驗不能究得失。渾儀之成，則司天歲上

細行曆，益可致其詳密。其制有九，事具《天文志》。自是顯符專測驗渾儀，累加春官正，又轉太子洗馬。

大中祥符三年，詔顯符擇監官或子孫可以授渾儀法者。顯符言長子監生承矩善察躔度，次子保章正承規見知算造，又主簿杜貽範、保章正楊惟德皆可傳其學。詔顯符與貽範等參驗之。顯符後改殿中丞兼翰林天文。六年卒，年七十四。又詔監丞丁文泰嗣其事焉。

元・脱脱等《宋史》卷四六一《史序傳》 史序字正倫，京兆人。善推步曆算，太平興國中，補司天學生。太宗親較試，擢爲主簿。稍遷監丞，賜緋魚，隸翰林天文院。雍熙二年，廷試中選者二十六人，而序爲之首，命知算造，又知監事。

淳化三年，司天鄭昭晏言：「臣測金、火行度須有相犯。今驗之天，而火行漸南，金度漸北，有若相避，遂不相犯。」序又言：「木、火、金三星初夜在午，木在東，火在中，金最西，漸北行去火尺餘。此國家欽崇天道，聖德所感也。」

序後累遷夏官正、河西、環慶二路隨軍轉運、太子洗馬。修《儀天曆》上之，又嘗纂天文曆書爲十二卷以獻，改殿中丞，賜金紫，俄權監事。景德二年遷權知少監，大中祥符初即真。三年卒，年七十六。序慎密勤職，在監三十年，未嘗有過，衆頗稱之。

元・脱脱等《宋史》卷四六一《周克明傳》 周克明字昭文。曾祖德扶，唐司農卿。祖傑，開成中進士，解褐獲嘉尉，歷弘文館校書郎。中和中，僖宗在蜀，傑上書言治亂萬餘言。擢水部員外郎，三遷司農少卿。傑精於曆算，嘗以《大衍曆》數有差，因敷衍其法，著《極衍》二十四篇，以究天地之數。時天下方亂，傑以天文占之，惟嶺南可以避地，乃遣其弟鼎求爲封州録事參軍。傑，天復中亦棄官攜家南適嶺表。劉隱素聞其名，每令占候天文災變。傑自以年老，嘗策名中朝，恥以星曆事僭僞，乃謝病不出。龔襲位，彊起之，令知司天監事，因問國祚脩短。傑以《周易》筮之，得《比》之《復》，曰：「卦有二土，土數生五，成於十，二五相比，以歲言之，當五百五十。」龔大喜，賞賚甚厚。龔以梁貞明三年僭號，至開寶四年國滅，止五十五年。蓋傑舉成數以避害爾。大有中，遷太常少卿，卒，年九十餘。傑生茂元，亦世其學，事龔至司天少監，歸宋授監丞而卒，即克明之父也。

克明精於數術，凡律曆、天官、五行、讖緯及三式、風雲、龜筮之書，靡不究其指要。開寶中授司天六壬，改臺主簿，轉監丞，五遷春官正。克明頗修詞藻，喜藏書。景德初，嘗獻所著文十編，召試中書，賜同進士出身。三年，有大星出氐西，衆莫能辨，或言國皇妖星，爲兵凶之兆。克明時使嶺表，及還，亟請對，言：「臣按《天文録》、《荆州占》，其星名曰周伯，其色黄，其光煌煌然，所見之國大昌，是德星也。臣在塗聞中外之人頗惑其事，願許文武稱慶，以安天下心。」上嘉之，即從其請。拜太子洗馬、殿中丞，皆兼翰林天文，又權判監事。屬修兩朝國史，其天文律曆事，命克明參之。大中祥符九年，坐本監擇日差互，例降爲洗馬。

天禧元年夏，火犯靈臺，克明語所親曰：「去歲太白犯靈臺，掌曆者悉被降譴，上天垂象，深可畏也。今熒惑又犯之，吾其不起乎！」八月，疽發背，卒，年六十四。克明久居司天之職，頗勤慎，凡奏對必據經盡言。及卒，上頗悼惜，遣内侍諭其壻直龍圖閣馮元，令主喪事，賻賵甚厚。

初，諸僭國皆有纂録，獨嶺南闕焉。惟胡賓王、胡元興二家纂述，皆不之備。克明訪耆舊，采碑誌，孳孳著撰，裁十數卷，書未成而卒。

元・脱脱等《宋史》卷四六二《楚衍傳》 楚衍，開封胙城人。少通四聲字母，里人柳曜師事衍，里中以先生目之。衍於《九章》、《緝古》、《綴術》、《海島》諸算經尤得其妙。明相法及《聿斯經》，善推步、陰陽、星曆之數，間語休咎無不中。自陳試《宣明曆》，補司天監學生，遷保章正。天聖初，造新曆，衆推衍明曆數，授靈臺郎，與掌曆官宋行古等九人製《崇天曆》。進司天監丞，入隸翰林天文。皇祐中，同造《司辰星漏曆》十二卷。久之，與周琮同管勾司天監。卒，無子，有女亦善算術。

元・脱脱等《宋史》卷四六二《郭天信傳》 郭天信字佑之，開封人。以技隸太史局。徽宗爲端王，嘗退朝，天信密遮白曰：「王當有天下。」既而即帝位，因得親暱。不數年，至樞密都承旨、節度觀察留後。其子中復爲閤門通事舍人，許陪進士徑試大廷，擢祕書省校書郎。未幾，天信覺已甚，乞還武爵，又從之。

政和初，拜定武軍節度使、祐神觀使，頗與聞外朝政事。見蔡京亂國，每託天文以撼之，且云：「日中有黑子。」帝甚懼，言之不已，京由是黜。張商英方有時望，天信往往稱於内朝。商英亦欲借左右游談之助，陰與相結，使僧德洪輩道達語言。商英勸帝節儉，稍裁抑僧寺，帝始敬畏之，而近侍積不樂，間言浸潤，眷日衰。京黨因是告商英與天信漏泄禁中語言，天信先發端，窺伺上旨，動息必報，乃從外庭決之，無不如志。商英遂罷。御史中丞張克公復論之，詔貶天信昭化軍節度副使，單州安置，命宋康年守單，幾其起居。再貶行軍司馬，竄新州，又

徙康年使廣東，天信至數月，死。京已再相，猶疑天信挾術多能，死未必實，令康年選吏發棺驗視焉。

元・脱脱等《宋史》卷四六七《王中正傳》 王中正字希烈，開封人。因父任補入內黄門，遷赴延福宫學詩書、曆算。仁宗嘉其才，命置左右。慶曆衛士之變，中正援弓矢即殿西督捕射，賊悉就擒，時年甫十八，人頗壯之。遷東頭供奉官，歷幹當御藥院、鄜延、環慶路公事，分治河東邊事。破西人有功，帶御器械。

神宗將復熙河，命之規度。還言：「熙河譬乳虎抱玉，乘爪牙未備可取也。」遂從王韶入熙河，治城壁守具，以功遷作坊使、嘉州團練使，擢內侍押班。

吐蕃圍茂州，詔率陝西兵援之，圍解。自石泉至茂州，謂之隴東路，土田肥美，西羌據有之，中正不能討。乃因吐蕃入寇，言：「其路經静州等族，榛僻不通，邇年商旅稍往來，故外蕃因以乘間。縣至綿與茂，道里均，而龍安有都巡檢，緩急可倚仗。請割石泉隸綿，而窒其故道。」從之，隴東遂不可得。還，使熙河經畫鬼章，進昭宣使、入內副都知。

元豐初，提舉教幾縣保甲將兵捕賊盜巡檢，獻民兵伍保法，請於村疃及縣以時閱習，悉行其言。復往鄜延、環慶經制邊事，詔凡所須用度，令兩路取給，無限多寡。既行，又稱面受詔，所過募禁兵，願從者將之，主者不敢違。

問罪西夏，以中正簽書涇原路經略司事。詔五路之師皆會靈州，中正失期，糧道不繼，士卒多死，命權分屯鄜延並邊城砦，以俟後舉。自請罷省職，遷金州觀察使，提舉西太一宫，坐前敗貶秩。元祐初，言者再論其將王師二十萬，公違詔書之罪，劉摰比中正與李憲、宋用臣、石得一爲四凶，又貶秩兩等。久之，提舉崇福宫。紹聖初，復嘉州團練使。卒，年七十一。

元・脱脱等《宋史》卷四八二《南漢世家》 薛崇譽，韶州曲江人。善《孫子五曹算》。晟署爲內門使兼太倉使。鋹嗣位，遷內中尉、特進、開府儀同三司、簽書點檢司事。太祖命師克廣州，崇譽縱火焚倉廩，擒至京，與李托同戮。

明・陸時雍《唐詩鏡》卷五三《晚唐第五》 曹唐，字堯賓，桂州人。爲道士太和中舉進士，累爲諸府從事，因暴疾卒于家，有集三卷。

明・陳鳴鶴《東越文苑》卷四 陳成父，字汝玉，甯德人。父駿登進士，受業於朱文公，爲弟子。成父少習父學，而有才名。辛棄疾之持憲於閩也，亦才成父，乃以女予之。成父安貧守道，不以婦家，故少自潤。棄疾益賢之，亦未嘗敢以貧故遇之，敢失禮。成父所著有《律曆志解》和《稼軒辭默齋集》。

明・李賢《明一統志》卷四九 孫義伯，豐城人。於書無所不讀，謂治曆當脩三法，曰象，曰器，曰數。作《六曆》，論渾蓋同歸。圖寫古今七十六家法數，作《大曆賦》，復古著傳，其他著述尤盛。雖瓶無儲粟，澹如也。

明・李贄《藏書》卷三四《儒臣傳》 周傑

傑精於曆算。時天下方亂，傑以天文占云：「惟嶺南可以避地。」乃棄官携家，南適嶺表。南漢主龔襲位，令知司天監事。因問國祚修短，傑以《周易》筮之，得比之，復曰：「卦有二土，土數生五，成於十，二五相比，以歲言之，當五百五十。」龔大喜，賞賚甚厚。龔以梁貞明三年僭號，至開寶四年國滅，止五十五年。云子克明亦精數術。

竇儼善推步星曆，與盧多遜、楊徽之同在諫垣。謂二公曰：「丁卯歲五星當聚奎。奎主文明，又在魯分，自此天下始太平。二拾遺必見之，老夫不預也。」至乾德間，五星果聚於奎。

劉敞嘗齋太乙宫，與內弟王欽臣夜語曰：「歲星往來虚、危間，色甚明盛。以吾觀之，當有興於齊者。」歲餘，英宗以齊防禦使入繼大統。

明・凌迪知《萬姓統譜》卷五七 曾民瞻，南昌尉，通天文學。以晷漏有差，遂更用其法。箭傍二木偶，左者書司刻、夜司點，則擊板以告，右者書司晨、夜司更則鳴鉦以告。自謂得古人之所未至。

明・曹金《（萬曆）開封府志》卷二八 錢明逸，京兆人。仁宗時，知開封府。政尚簡静，不事委瑣。其所施爲率循繩墨，井井有條，故百姓安之。韓琦，仁宗時爲開封府推官。不卑小官，盡心厥職。後其子忠彦爲開封判官，亦有惠政。

明・余之禎《（萬曆）吉安府志》卷二二 鄧光薦，字中甫，廬陵人。自虜度嶺，避地深山。適疆寇至，妻子十二口俱焚死。光薦隨駕至厓山，除禮部侍郎。未數日，厓山潰，光薦再赴，海虜争出之，不得死。張元帥待以客禮，竟脱歸。趙文，字儀可，廬陵人。嘗賓丞相家，已而數數從丞。

明・余之禎《（萬曆）吉安府志》卷二五 曾民瞻

曾民瞻，字南仲，永豐人。登宣和三年第。少通天文之學。初爲南昌尉，以郡之晷漏有差，請用其法更定。遂範金爲壺，刻木如箭，壺後置兩盆一斛，壺之水資於盆，盆之水資於斛。其一注水，則爲銅蚪張口吐之。箭之傍爲二木偶，左者書司刻，夜司點，則擊板以告。右者書司辰，夜司

更。其前設銅鉦，每一辰一更，則鳴鉦以告。又爲二木畐，其一用木薦之，以測晷景。其一用水轉之，以法天運。製作精密。今江西諸郡間有用其法度者，乃其所傳也。其晷景畐自謂得古人所未至。夜觀乾象，不憚寒暑，嘗撤屋瓦仰觀星文。有《晷漏》等書傳于世。

明·程敏政《明文衡》卷二一　溟滓生贊

溟滓生者，盱江廖應淮學海也。抱負奇氣，好研摩運世推移及方技諸家學。年三十，游杭，上疏言丁大全誤國狀。大全怒，中以法配漢陽軍。生荷校行歌出都門，道傍觀者嘖嘖壯之。抵漢，江濱遇蜀道士杜可大，揖曰：「子非廖應淮？」郎生愕然曰：「道士何自知之？」可大曰：「宇宙大虛一塵爾。人生其間，爲塵幾何？是茫茫者，尚了然心目間，矧吾子耶？然自邵堯夫以先天學授王豫，天悅。天悅死，無所授，同瘞王枕中。未百年，而吴曦叛盜發其冢，得《皇極經世體要》一篇，内外觀象數十篇。余賄盜得之，今餘五十年數，當授子，吾俟子亦久矣！」乃言于上官，脱其籍，盡教以冢中書。其筭繇聲音起，生神鑒頴利。可大指書未到者，生已先意逆悟，可大自以爲不及。學既成，去隱宣歙間，遇余安裕弋陽。將教之，安裕勸生業《中庸》，生瞠目厲聲曰：「俗儒幾辱吾康節於地下矣！」復去之。杭客賀外史家，書市大衍，數夜沽酒痛飲，飲即吐，吐即飲，不醉如泥弗休。醉中嘗大叫曰：「天非宋天，地非宋地，奈何，奈何！」語聞，賈似道遣客叩之，生曰：「毋多言，浙水西地髮白時，是其祥也」。似道未解，復召至，屏人與語，生曰：「明公宜自愛，不久，宋鼎移矣！」似道惡其言，掩耳走。生亦徑出，過曾淵子家索酒，轟飲酒酣，作嬰兒啼曰：「大厦將焚，燕猶呢喃未已耶！」復賦歌以見意，都人士聞之，競指以爲怪。民不與接，獨太學生熊晞聖猶時造其廬。生私執熊手謂曰：「吾端居層樓，聞空中戎馬百萬，來人鬼作哭泣聲。壬申襄樊陷，甲戌宫車晏駕，乙亥長江飛渡，似道亦殛死臨漳，丙子三宫播迁，諸王大臣皆南北亂走，嘘吸事耳！子不去欲何？爲居亡何？」宋事日非，沿江州郡望風奔潰，生大慟曰：「殺氣又入閩廣中，吾不知死所矣！」遂遁去，其言無一不驗。後四年，病死處州學中，年五十二。無子，唯一義女從之。生宗堯夫先天之學，頗自謂知易。每見諸易師傳疏，不問淺深，輒詘駁以爲樂。及論後天，則尊羲畫爲經，彖爻繫辭爲傳，黜《文言》、《彖象》二傳爲九師之言，且謂説卦非聖筆不能作。《上下繫》乃門人所述，序卦直漢儒記爾。蓋生聰明絶人，未聞道而驟語數。故其論經多失中。然性使酒難近，又好訐人陰私，人面頸發赤不顧，罕有從其學者。唯國子簿吴浚、進士彭復樂師之。浚不卒業，復屢受唾斥，不怨。生將遁時，召復至，口發例，手布籌，雖平昔所靳，若終身不示人者，一舉授復。復後又授鄱陽傅立云。或曰，生瀕死語女曰：「吾死後一月中，朝命山姓鳥名使者來徵吾及傅立，立當過予門，汝可出藏書示之，立當以此致大官。」後皆如其言。所謂山姓鳥名，崔鵬飛也。生所著書有《玄玄集》、《曆髓》、《星野指南》、《象喻統會》、《聲譜》、《畫前妙用》，數十萬言，今猶間傳於世。

明·廖道南《楚紀》卷五二《登績外紀後篇》　廖應淮，字學海，南城人，號溟涬。生負奇氣，精于天文運數，著《玄玄集》。游杭，上言丁大全誤國，謫配漢陽。

史南曰：夫物之不齊，物之情也，何獨至于人而疑之？是故，帝王通古今于一息，會人物于一身，以天下才治天下事，亦惟齊其不齊，以協諸一而已。故曰：德無常師，主善爲師；善無常主，協于克一。此之謂也。有宋諸臣，或敷猷于廟堂而弼謨弘化，或樹勳于邦國而裕國澤民，或秉節以經略而柔遠能邇，或運籌以駕馭而靖難莫彊，皆以求協于極而奮庸圖治焉耳矣！是故自維岳而下，應淮而上，凡四十有六人，均之不失爲賢也。贊曰：浚明有家，亮采有邦。以遏寇虐，以剔蠻方。有一于兹，股肱惟良。措諸事業，發之文章。永協于極，是足以臧。

明·王圻《續文獻通考》卷一五二《謚法考》　曾元忠，永豐人，大觀間登第，纍官廣州教授。所著有《春秋曆法》、《論語解》、《周易解》等，門人私謚文節先生。

明·毛一公《歷代内侍考》卷一一　王中正，字希烈，開封人。因父任，補入内黄門，遷赴延福宫，學詩書曆算。仁宗嘉其才，命置左右。慶曆衛士之變，中正援弓矢即殿西，督捕射，賊悉就擒。時年甫十八，人頗壯之。遷東頭供奉官。歷幹當禦藥院鄜延環慶路公事，分治河東邊事。破西方有功，帶御器械。神宗將復熙河，命之規度，還言：「熙河譬乳虎抱玉，乘瓜開未備，可取也。」遂從王韶入熙河，治城壁守具，以功遷作坊使，嘉州團練使，擢内侍押班。吐蕃圍茂州，詔率陝西兵援之，圍解。自石泉至茂州，謂之隴東路，土田肥美，西羌據有之，中正不能討。乃因吐蕃入寇，言其路經静州等族，榛僻不通，邇年商旅稍往來，故外蕃因以乘間縣至綿與茂道里均，而龍安有都巡檢，緩急可倚。伏請割石泉，隸綿而窒其故道從之，隴東遂不可得。還使熙河，經畫鬼章進。昭宣使入内副都知。元豐初，提舉教畿縣保甲。將兵捕賊盗，巡檢，獻民兵伍保法，請於村疃及縣，以

時閲習，悉行其言。復往鄜延，環慶經制邊事。詔凡所須用度，令兩路取給，無限多寡。既行，又稱面受詔，所過，募禁卒願泛者將之，主者不敢違。問罪西夏，以中正簽書涇原路經署司事，詔五路之師，皆會靈州。中正失期，糧道不繼，士卒多死。命權分屯鄜延，並邊城砦，以俟後舉。自請罷省職，遷金州觀察使，提舉西太一宫坐前，敗，貶秩。元祐初，言者再論其將王師二十萬公違詔書之罪，劉摯比中正與李憲、宋用臣、石得一爲四凶，大貶秩兩等。久之，提舉崇福宫。紹聖初，復嘉州團練使，卒，年七十一。

明・邵經邦《弘簡録》卷八一　聶文進，并州人。少爲軍卒，善書筭，給事高祖，從鎮太原，爲押司官。即位，領軍屯衛將軍，樞密院承旨。時周祖爲使，頗親信之。遷右領軍大將軍，爲人恣横，居中用事，謀殺楊邠、郭威等，夜作詔書，制置中外，點閲兵籍，指麾殺戮，以爲已任。時周祖在鄴，初意文進不與，及發詔書，皆其手跡，乃大詬之。帝出，禦后命以善衛，猶對曰：有臣在此，百威何害？是夜，奉帝宿于七里店，其徒尚飲酒歌呼自若。明旦，皆見殺。後贊兖州瑕丘人，其母本倡，故幼善謳事。張延朗死後，更事高祖，愛之以爲牙將。即位，拜飛龍使，隱帝尤幸之。因殺楊邠等而悔贊。與允明等番休侍帝，不欲離左右，恐言已短。兵敗，奔兖州，執送京師梟首。郭允明少爲高祖厮養，任翰林茶酒使，隱帝狎愛之，驕横無忌。常使荆南高保融陰使人步測城内，若爲攻取之狀，以傾動之，荆人恐，遂邀厚賂而還。遷飛龍使。其殺楊邠之日，無雲而昏霧，雨如泣，手刃諸子，姓於朝堂西廡，章婿張貽肅血流逆注。及隱帝敗，北郊還，至封丘門，不得入，走于趙村，允明從後追殺帝于民舍，後自殺。

明・邵經邦《弘簡録》卷一九五　趙脩己，浚儀人。精天文、推步之學。晉天福中，李守真表爲滑州司户參軍。從軍出征，占候多中。奏試大理評事賜緋。守真陰懷異志，屢以禍福諭之，不聽，辭疾歸鄉，得免。因是著名，召爲翰林天文。周祖鎮鄴，奏參軍謀微。聞隱帝將害周祖，密勸引兵南渡，皆其策也。即位，擢殿中省尚食，奉御賜金紫，改鴻臚少卿，遷司天監。顯德中，累檢校户部尚書。嘗副陶穀使吴越。宋初，遷太府卿判監事。上章告老，不許。建隆三年，卒，年七十一。

王處訥，洛陽人。少時遇一老父，煮洛河石如麵，令食之，又夢人持巨鑑中星宿燦然，剖腹納之，覺而汗洽，心胸開悟。因留意星曆占候之學，深究其旨。晉末避地太原，漢祖辟置幕府。即位，擢司天夏官正。出，補許田令，召爲國子博士，判司天監。雅與周祖厚善，及入汴，遽命訪求，得之，甚喜。因問以劉氏祚短事。對曰：「人君未得位，嘗務寬大。既得位，即思復讐，多嗜殺人，及夺人之族，結怨天下，所以運祚不長。周祖蹶然太息。適誅蘇逢吉、劉銖等家，待旦，將行拏戮，遽命止之。廣順中，遷司天少監，世宗命詳定舊曆差舛。成而未上，會王朴作《欽天曆》以獻。私語之曰：「此曆不久即差。」因指以示，朴深以爲然。建隆二年，《欽天曆》果誤，受詔別造新曆經六卷，三年而成，御製序文，名《應天曆》。又以漏刻無準，重定木稱，及候中星，分五鼓時刻。俄遷少府少監。太平興國初，改司農少卿判監事。六年又上新曆二十卷，真拜司天監，卒年六十八。子熙元習父業，開寶中，補司天曆筭。端拱初，改監丞，遷太子洗馬兼春官正，加殿中丞。景德中，同判監事東封汾陰，皆從授司天少監，奉詔於後苑。纘陰陽事十卷，真宗製序，賜名《靈臺秘要》，及作詩紀之。玉清昭應宫成，授監正，卒年五十八。又秋官正趙昭，益能專其業，人所鮮及。嘗言所脩曆二年後必差，其熒惑度數稍謬。熙元頗伏其精，後果驗。

苗訓，河中人，善天文、占候之術。仕周爲殿前散員指揮使。從太祖北征，視日下復有一日，黑光摩盪，久而不退，指示楚昭輔曰：「此天命也。」夕次陳橋，六師推戴。訓預白其事，受禪，擢爲翰林天文，尋加銀青光禄大夫、檢校工部尚書，年七十餘卒。子守信，少習父業，補司天曆筭，尋改主簿。知筭造。太平興國中，《應天曆》又差，詔與冬官正吴昭素、主簿劉内真造新曆。及成，又命衛尉少卿元象宗同校定，賜號《乾元曆》，頗爲精密。優賜束帛。雍熙中，遷冬官正。端拱初，改太子洗馬判監事。淳化二年，奏一歲首正月一日與每月八日三元日上，帝及天地水府三官各下巡人世，伺察善惡。太歲日爲歲星之精，人君之象，并天赦上慶誕日，皆不可斷刑。未幾，轉殿中丞，權少監事，賜金紫。至道二年，上心憂梁、雍宿兵，彌歲凶歉，令辛相問矢道咎證所在。奏：臣仰瞻玄象，及推驗太一經歷宫分，其荆、楚、吴、越、交、廣，並皆安寧。自來五緯陵犯，彗星見，及水神太一臨井鬼之間，屬秦、雍分，及梁、益之地，民罹其災。水神太一來歲入燕分。歲在房心，正當京都之地，自兹朝野有慶。詔付史館，明年真授少監。咸平三年，卒，年四十六。子舜卿，國子博士。

馬韶，趙州平棘人。習天文三式。開寶中，太宗尹京申嚴私習天文之禁。素所善親吏程德玄每戒韶，不令及門。九年冬十月十九日，既夕，韶忽造德玄。詰所以來，對曰：「明日乃晉王利見之辰，故以相告。」德玄惶駭止韶。一室遽

入，白太宗，命置防守，將聞于太祖。及旦，果受遺踐阼。因赦免，授司天監主簿。太平興國二年，擢太僕寺丞，改秘書郎，太子中允遷丞。出，爲平息令，召還，復判司天監事，遷太常博士。淳化五年，坐事，出，更博興、長山二令。秩滿，歸鄉里，卒於家。

楚芝蘭，汝州襄城人。初習三禮，遇有道之士，教以符天、六壬、遁甲之術。屬朝廷博求方枝，詣闕自薦，録爲學生，以占候有據，擢翰林天文，授樂源縣簿，遷春官正，判司天監事。占者言五福太一臨吳分，當於蘇州建太一祠。芝蘭獨言：「京師，帝王之都，百神所集。東南一舍地，名蘇村。若於此建五福太一宮，萬乘可以親謁，有司便於祇事，何爲遠趨江外，以蘇臺爲吳分乎？」輿論不能奪，遂從其議。仍令同定本宮四時祭祀，儀及醮法。宮成，特遷工部員外郎，賜五品服，與馬韶俱坐事，出爲遂平令。卒年六十。録其子繼芳爲城父縣簿。

韓顯符，少習天文三式，善察眡辰象。補司天監生，遷靈臺郎，累加冬官正。專渾天之學。淳化初，表請造銅渾儀、候儀。詔給用度，使專規度，擇匠鑄之。至道元年，渾儀成，於司天監築臺置之。賜雜綵五十匹。遂上《法要》十卷，其制有九事，具《天文志》。自是職專測驗，轉春官正，又遷太子洗馬，改殿中丞兼翰林天文。祥符三年，詔擇可以授渾儀法者。薦其長子監生承矩，善察躔度；次子知算造，承規。與主簿杜貽範、保章正楊惟德、監丞丁文泰，皆可傳其學焉。六年卒，年七十四。

史序，字正倫，京兆人，善推步、曆筭。太宗補司天學生，親較試，擢爲主簿，稍遷監丞，賜緋魚，隸翰林天文。雍熙二年，廷試中選，命知算造。累遷夏官正、河西環慶二路隨軍轉運、太子洗馬。修《儀天曆》上之，又纂《天文曆書》，爲十二卷，以獻。改殿中丞，賜金紫。景德二年，權知少監，卒年七十六。序慎密勤職，在監三十年，與司天鄭昭晏未嘗有過，衆頗稱之。淳化三年，昭晏言：「臣測金火行度，須有相犯。今驗之天，而火行漸南，金度漸北，有若相避，不相凌犯。」又言：「木、火、金三星，初夜在午，木在東，火在中，金最西，漸北行，去火尺餘。此國家欽崇天道，聖德所感。」言皆有驗。

周克明，字昭文。曾祖德扶，唐司農卿。祖傑，開成進士，除獲嘉尉歷弘文館校書郎。僖宗在蜀，上書言治亂，擢水部員外郎，三遷司農少卿。精於曆算。嘗以《大衍曆》數有差，因敷衍其法，著《極衍》二十四篇，以究天地之數。遇五代亂，占以天文，惟嶺南可避，乃遣其弟鼎求爲封州録事參軍。天復中，傑亦棄官，携家赴之，至九十餘卒，餘見《南漢附載》。父茂元，亦世其學，事龔至司天少監，歸宋，授監丞而卒。克明精於傳授，凡律曆、天官、五行、讖緯及三式、風雲、龜筮之書，靡不究其指要。開寶中，授司天六壬，改臺主簿，轉監丞，遷春官正。頗修詞藻，喜藏書。景德初，嘗獻所著文十編。召試中書，賜同進士出身。三年，出使嶺表。有大星出氐西，衆莫能辨。或言國皇妖星，爲兵凶之兆。還日亟言：「臣按《天文録》荆州占，其星名曰周伯，其色黄，其光煌煌然，所見之國大昌，是德星也。願許文武稱慶，以安天下心。」上從其請，拜太子洗馬，至殿中丞兼翰林天文，權判監事，屬修兩朝國史，命參天文律曆事。祥符九年，坐擇日差，互例降職。天禧元年，夏火犯靈臺，語所親曰：「去歲，太白犯靈臺，掌曆者悉被降譴。今熒惑又犯之，吾其不起乎！」八月疽發背，卒，年六十四。久居司天，職著勤慎，凡奏對，必據經盡言。上悼惜之，賻賚優厚。遣内侍諭其壻直龍圖閣馮元主喪事。【略】

楚衍，開封阼城人。少通四聲字母。里人柳曜師之。既長於《九章》、《緝古》、《綴術》、《海島》諸算經，尤得其妙，兼明相法及《聿斯經》，善推步、陰陽、星曆之數，間語休咎，無不中。自陳試《宣明曆》，補司天監學生，遷保章正。天聖初，造新曆，授靈臺郎。與曆官宋行古等九人製《崇天曆》，成，進本監丞，入隸翰林天文。皇祐中，又同造《司辰星漏曆》十二卷，與周琮同管勾監事。卒，無子，有女，亦善算術。

又 廖應淮，字學海，盱江人。抱負奇氣，好研磨運世推移及方技諸家學。年三十，游杭，疏丁大全誤國狀。大全怒中以法配漢陽軍。抵漢江濱，遇蜀道士杜可大，授以邵堯夫先天學。其書自王豫天悦死，葬玉枕中。吳曦叛，盜發其塚，得書。其算由聲音起，應淮神鑒顯利，凡指書未到，能以已意逆悟。學既成，去隱宣歙間，復之杭，書市《大衍》，數夜沽酒痛飲，醉輒大呌：「天非宋天，地非宋地，柰何，柰何？」復賦詩見意，都人士聞之，指以爲怪。嘗居層樓間，空中戎馬百萬，作哭泣聲。無何，宋事日非，沿江州郡望風奔潰。復大慟曰：「殺氣又入閩廣中，吾不知死所矣！」遂遁去，其言無一不驗。年五十二，病死。後以其學傳進士彭復，復授鄱陽傳立，立授德興齊琦。所著有《玄玄集》、《曆髓》、《星野指南》、《象喻統會》、《聲譜》、《晝前妙用》數十萬言。

清·嵇璜、劉墉等《續通志》卷二八八《列傳》 聶文進

聶文進，并州人。少爲軍卒，善書算，給事漢高祖帳中，以爲押司官。即位，

歷拜樞密院承旨。周太祖爲樞密使，頗親信之，文進稍橫恣。遷右領軍大將軍，周太祖鎮鄴，文進等用事居中，及謀殺楊邠等。文進夜作詔書，制置中外，典閱兵籍，以指麾殺戮爲己任。周太祖初聞邠等遇害，以爲文進不與，及發詔書，皆其手跡，乃大詬。周兵至京師，隱帝敗于北郊，太后使謂文進善衛帝，對曰：「臣在此，百郭威何害？」與其徒飲酒歌呼自若。隱帝遇弒，文進亦見殺。

清・嵇璜、劉墉等《續通志》卷三八六《列傳》　周執羔

周執羔，字表卿，信州弋陽人。宣和六年舉進士，廷試，徽宗擢爲第二。授湖州司士曹事，俄除太學博士。建炎初，乘輿南渡，自京師奔詣揚州，不及，遂從隆祐太后于江西，還親會稽。尋以繼母劉疾，乞歸就養，調撫州宜黄縣丞。時四境俶擾，潰卒相挻爲變，令大恐，不知所爲。執羔諭以禍福，皆斂手聽命。既又執首謀者，斬以狥。邑人德之，繪像立祠。歷通判湖州平江府，召爲將作監丞，累遷右司員外郎，擢權禮部侍郎，充賀金生辰使。往歲，奉使官得自辟其屬，賞典既厚，願行者多納金以請，執羔始拒絕之。使還，兼權吏部侍郎、同知貢舉。以言事忤秦檜，御史劾罷之。起，知眉州，徙閬州，又改夔州，兼夔路安撫使。溱、播蠻叛，其豪帥請遣兵致討。執羔謂曰：「朝廷用爾爲長，今一方繹騷，責將焉往。能盡力，則貰爾。一兵不可得也。」豪懼，斬叛者以獻。移知饒州，尋除敷文閣待制。乾道初，守婺州，召還，提舉佑神觀兼侍講。首進二説，以爲王道在正心誠意，立國在節用愛人。二年，復爲禮部侍郎。孝宗患人才難知，執羔曰：「今一介干進，亦蒙賜召。口舌相高，殆成風俗。豈可使之得志哉？」上曰：「卿言是也。」拜本部尚書，升侍讀，固辭，不許。《統元曆》差，命執羔釐正。用劉羲叟法，推日月交食，考五緯贏縮，以紀氣朔寒温之候，撰《曆議》、《曆書》、《五星測驗》各一卷上之。上嘗問豐財之術，執羔以爲，蠹民之本，莫甚於兵。古者興師十萬，日費千金。今尺籍之數，十倍於此。罷癃老弱者幾半，不汰之，其弊益深。論：「和糴本以給軍興，豫凶災，蓋國家不得已而爲之。若邊境無事，妨於民食，而務爲聚斂，可乎？舊糴有常數，比年每郡增至二三十萬石。今諸路枯旱之餘，蟲螟大起，無以供常税，况數外取之乎？宜視一路一郡一縣豐凶之數，輕重行之，災甚者蠲之可也。」詔從之。求去，上謂輔臣曰：「朕惜其老成，宜以經筵留之。」除龍圖閣學士，提舉佑神觀。在經筵二年，每勸上以辨忠邪，納諫争。上深知其忠。明年告老，上諭曰：「祖宗時，近臣有年踰八十尚留者。卿之齒未也。」命却其章。未幾，復申前請，詔提舉江州太平興國宮，賜茶、藥、御書。時閩、粤、江西歲饑盜起，執羔陛辭以爲言，詔遣太府丞馬希言使諸路振救之。乾道六年卒，年七十七。執羔立朝無朋比，治郡廉恕，有循吏風。手不釋卷，尤通於《易》。

清・彭遵泗《蜀故》卷二四《技藝》　張思訓，蜀人。太平興國中，製上渾儀，其制與舊儀不同，最爲巧捷。起爲樓閣數層，高丈餘，以木偶爲七值人，以直七政，自能撞鐘擊鼓，又爲十二伸，各值一時，即自執辰牌，循環而出。見袁褧《楓窗小牘》。

清・吴任臣《十國春秋》卷四五《前蜀十一》　胡秀林

胡秀林，闕人，妙精曆法，多所糾正。唐景福初，爲司天少監，會《宣明曆》浸差，與太子少詹事邊岡、均州司馬王稱同改新法，上之賜名《景福崇元曆》。光化中，遷司天監。宦官劉季述廢昭宗，將殺秀林以立威。秀林曰：「軍容幽囚君父，更欲多殺無辜乎？」秀述憚其言正而止。已而事高祖，高祖即位，仍官司天監。累著《武成永昌曆》二卷，《正象曆經》一卷，後人咸取法焉。

清・吴任臣《十國春秋》卷六二《南漢五》　周傑

周傑，精於曆筭，唐開成中登進士。起家弘文館校書郎，擢水部員外郎，遷司農少卿。常以《大衍曆》數有差，因敷衍其法。著《極衍》二十四篇，以究天地之數。時天下方亂，傑以天文占云：惟嶺南可以避地。乃遣弟鼎求爲封州録事參軍。天復中，傑攜家來南。烈宗習其名，招至幕府，待之上賓，數問天道災變。傑自以年老，常策名中朝，耻以星術事人。時或稱疾不起。烈宗亦未之罪也。高祖即帝位，强起之，令知司天監事，命占國祚享年幾何。傑以《周易》筮之，遇比之復，斷曰：「卦有二土，土數生五，成於十，二五相比，以歲言之，當五百五十。一云傑筮《易》，得復之豐，曰：凡二卦皆土，爲應土之數五，二五十也。上下各五，將五百五十乎？高祖大喜，賜賚有加。逮後主降宋，適得五十五年。蓋傑舉成數以避害，謬稱十爲百也。大有中遷太常少卿，卒年九十餘。子茂元有傳。

清・吴任臣《十國春秋》卷六六《南漢九》　薛崇譽

薛崇譽，韶州曲江人。善《孫子五曹算》。署爲内門使兼太倉使。後主嗣位，遷内中尉，特進開府儀同三司，簽書點檢司事。宋師陷興王府，崇譽舉火焚倉廩。擒送汴京，與李託等駢斬。

清・梁廷枏《南漢書》卷一〇《列傳四》　周杰，未詳何地人。父德扶，唐司農卿。杰少聰穎，開成中第進士，釋褐補獲嘉尉，歷宏文館校書郎。廣明庚子之亂，僖宗蒙塵在蜀，中和改元。杰上書陳治亂，凡萬餘言，擢水部員外郎，遷司農

少卿。杰于學無所不窺，而尤精曆算。時天下方亂，割據者蜂起，杰以星象占之，惟嶺南稍安，乃使其弟鼎求爲封州録事參軍。天複中，杰亦棄官，攜家南徙。烈宗素重其名，及見，歡甚，延入幕府，以賓禮待，每令占候天文災變。杰自以年老，且嘗仕中朝，耻以星曆事人，托病不出。烈宗亦優容之。高祖稱帝號，强起，知司天監事，命占國祚。杰爲筮《周易》，遇複之豊。高祖曰：「亨年幾何？」杰對曰：「凡二卦皆土，爲應土之數五。二五十也。上下各五，卦象如此。以數斷之，將五百五十五年乎？」高祖大喜，賞賚甚厚。然自高祖建國以迄于滅中，止五十五年。當杰筮時，已逆知運祚修短有定，懼高祖猜疑，不敢明告，謬加五百之數安之也。大有中遷太常少卿，年九十餘，卒官。杰既留心術數，凡律曆、天官、五律、緯書，靡不究其指歸。嘗病《大衍曆》數有差，因敷衍其法。著《極衍》二十四篇，傳于世。

清・梁廷枏《南漢書》卷一六《列傳十》　薛崇譽，曲江人。善《孫子五曹算術》。事中宗，爲内門使兼太倉使。時國用日蹙，離宫巡（曆）〔歷〕，游幸費歲耗不資，崇譽握算持籌，較量出納，頗盡心力。後主嗣位，遷内中尉，加特進，開府儀同三司，簽書點檢司事。大寶中，吴懷恩死，以潘崇徹代之。後主以蜚語疑崇，徹遣崇譽使其軍，就中伺察虚實。崇譽還奏，遂奪還崇，徹兵權。宋師圍賀州，守土官告急，羽書馳報不絶，邊境震動。後主既遣龔澄樞撫慰賀州士卒，複使崇譽往桂州，晝守備計。逾年，師臨興王府，崇譽因澄樞言，力主焚棄倉廩，語詳澄樞。傳入下後，太祖宣暴其罪，命攝大理寺卿高繼申引，于千秋門外斬之。

清・劉應麟《南漢春秋》卷三　知司天監事太常少卿周傑

周傑，南海人。開成中進士，獲嘉尉，歷宏文館校書郎。中和初，僖宗在蜀，傑上書言治亂，擢水部員外郎，三遷司農少卿。傑精於曆算，常以《大衍曆》數有差，因敷衍其法，著《極衍》二十四篇，以究天下之數。時天下方亂，傑以天文占之，惟嶺南可以避地，乃遣其弟鼎求爲封州録事參軍。傑於天復中亦棄官，携家南適。烈宗素聞其名，招至幕府，待之上賓。每令占候天文災變，傑自以年老，常策名中朝，耻以星曆事人，乃謝病不出。烈宗亦未之罪也。高祖即位，强起之，令知司天監事。因問國祚修短，傑以易筮之，得比之復，曰：「卦有二土，土數生五，成十，二五相比，以歲言之，當五百五十。」高祖大喜，賞賚甚厚。高祖以梁正明三年僭號，至宋開寶四年國滅，止，適得五十五年。蓋傑舉成數以避害爾。遷太常少卿，卒年九十餘。

清・阮元《疇人傳》卷一八　後晉

馬重績

馬重績，字洞微。其先出于北方，居太原。唐莊宗時拜大理司直。晉有天下，拜太子右贊善大夫，遷司天監。天福三年二月，重績奏：「臣等準《漏經》云，漏刻之制，起自軒轅，乃以上揆天時，下著人事。是故日行有南北，漏晷自長，以黄道去極之度，而求漏刻自移之變。夫中星晝夜一百刻，分刻爲十二時，每時有八刻三分之一。假令符天六十分爲一刻，一時有八刻二十分，四刻十分爲正前十分，四刻爲正，後二十分爲中，必爲時正。上古以來，皆依此法。自唐室將季，黄巢犯京，既失舊經，漏刻無准。伏以見行漏刻，升于初四刻，元稱巳時，已入未時，猶打午正，若不改更，終成錯誤。今欲每時初打四刻，至四刻後正時辰正牌打八刻，終一時。後一時却從初起，即上同往古，下驗將來。奉勅宜依令本司集寮計定奏聞者，臣等據諸家術數及《太霄論》、《漏刻》等經，皆以晝時有刻分爲十二時，每時有八刻三分之一。凡一時以打一刻起于時初，八刻終于時正，近取到水秤較驗，方知見行漏刻差誤。假令以十時爲例，從午時五刻上行作午時一刻，浸至未時四刻始漏，八刻方終于午時。此則午未兩時中各取畢合爲一時也。自日出後至日入以來，時刻皆如此例相浸。伏乞改正，從時初打一刻，至四刻後進正牌八刻終爲一時。後時却從初起，時辰自正，晷漏無差。」從之。先是五代之初，因唐之故，用崇元術。四年八月，重績更造新術，上言：「臣聞爲國者正一氣之元，宣萬邦之命。受茲術象，以立章程。長慶、宣明，雖氣朔不踰節，而星躔罕驗。景初、崇元，縱正麗甚工，而年差一日。今以宣明氣朔、崇元星緯二術相參，然後符合。自古諸術皆以天正十一月爲歲首，循太古甲子爲上元，積歲彌多，差闊尤甚。臣改定元朔爲新術，一部一十一卷，七章上下經奏等草二卷，立成十二卷。取天寶十四年乙未歲爲上元，以雨水正月朔爲歲首。」其所譔新術，謹詣閤門上進。遂命司天少監趙仁錡、張文結、秋官正徐皓文、參謀趙延義、杜崇龜等，以新術與宣明、崇元覆校得失。仁錡等言：「明年庚子正月朔，用重績術考之，皆合無舛。」乃下詔頒行之，勅賜號調元術，令翰林學士承旨和凝譔序。行之五年，輒差不可用，乃復用崇元術。重績卒，年六十四。《五代史・司天考》、《五代會要》。

又　後周

王朴

王朴，字文伯。東平人也。少舉進士，爲校書郎。世宗鎮澶州，朴爲節度掌書記。世宗爲開封尹，拜朴右拾遺，爲推官。世宗即位，遷比部侍郎，尋遷左諫議大夫，知開封府事。歲中遷左散騎常侍，充端明殿學士。顯德三年，爲東京留守，旋拜户部侍郎樞密副使，遷樞密使。先是，廣順中，國子博士王處訥私譔明元術藏于家，而萬分術止行于民間，蜀永昌術、王象術、南唐齊政術，皆止用于其國。乃詔朴校定大術。八月，朴奏曰：「臣聞聖人之作也，在乎知天之變者也。人情之動，則可以言知之；天道之動，則當以數知之。數之爲用也，聖人以之觀天道焉。歲月日時，由斯而成；陰陽寒暑，由斯而節；四方之政，由斯而行。夫爲國家者履端立極，必體其元；布政考績，必因其歲；禮動樂舉，必正其朔；三農百工，必順其時；五刑九伐，必順其氣；庶務有爲，必從其日。六宗藉之爲大典，百司執之爲要道。是以聖人受命，必治術數，故得五紀有常度，庶徵有常應，正朔行之于天下也。自唐以下，凡歷數朝，亂日失天，垂將百載，大術之數，汩陳而已。今陛下順考古道，寅畏上天，咨詢庶官，振舉墜典。以臣薄游六蓺，嘗涉舊史，遂降述作之命，俾究迎推之要，雖非能者，敢不奉詔。是以包萬象以立法，齊七政以立元，測圭箭以候氣，審朓朒以定朔，明九道以步月，較遲疾以權星，考黄道之斜正，辨天勢之升降，而交蝕詳焉。夫立天之道，曰陰與陽，陰陽各有數，合則化成矣。陽之策三十六，陰之策二十四，奇偶相合，兩陽三陰，同得七十二。何則？陰陽之數合七十二者，化成之數也。化成則謂之五行之數，五行之得奇數，過之則謂之氣盈，不及謂之朔虚。至于應變分用，無所不適，所謂包萬象矣，故以七十二爲經法。經者，常也，常用之法也。法者，數之節也，隨法進退，不失舊位，故謂之法。以通法進經法，得七千二百，謂之統法。自元入經先用此法，統術之謂也。以通法進統法，得七十二萬。氣朔之下，收分必盡，謂之全率。以通法進全率，得七千二百萬，謂之大率，而元紀生焉。元者歲月日時皆甲子，日月五星合，在子正之緒，當盈縮、先後之中，所謂七政齊也。古者植圭于陽城，以其近洛故也，然尚嫌其中乃在洛之東偏。開元十二年，遣使天下候影，南則距林邑，北則距横野，中得浚儀之岳臺，應南北弦，居地之中。皇家建國，定都于汴，樹圭植箭，測岳臺晷漏，以爲中數。晷漏正，則日之所至，氣之所應，得之矣。日月皆有盈縮，日盈月縮，則後中而朔；月盈日縮，則先中而朔。自古朓朒之法，率皆平行之數，入曆既有前次，而又衰積不倫。皇極舊術，則迂迴而難用。降及諸術，則疎遠而多失。今以月離朓朒，隨術校定，日躔朓朒，臨用加減，所得者，月離定日也。一日之中，分爲九限，每限損益，衰積有倫。朓朒之法，可謂審矣。赤道者，天之紘帶也，其勢圜而平，紀宿度之常數焉。黄道者，日軌也。其半在赤道内，半在赤道外，去赤道極遠二十四度。當與赤道近，則其勢斜；當與赤道遠，則其勢直。當斜則日行宜遲，當直則日行宜速，故二分前後加其度，二至前後減其度。九道者，月軌也，其半在黄道内，半在黄道外，去黄道極遠六度。出黄道謂之正交，入黄道謂之中交。若正交在秋分之宿，中交在春分之宿，則比黄道益斜。若正交在春分之宿，中交在秋分之宿，則比黄道反直。若正交、中交在二至之宿，其勢差斜。故校去二至二分遠近，以考斜正，乃時加減之數。自古雖有九道之説，蓋亦知而未詳，徒有祖述之文，而無推步之用。今以黄道一周，分爲八節，一節之中，分明九道，盡七十二道而復，使日月二軌，無所隱其斜正之勢焉。九道之法，可謂明矣。星之行也，遠日而遲，近日而疾，去日極遠，勢盡而留。自古諸術分段失實，降降無準，今日行分尚多，次日便留，自留而退，惟用平行，仍以入段行度爲入術之數，皆非本理，遂至乖戾。今校逐日行分，積逐日行分以爲變段。于是自疾而漸遲，勢盡而留，自留而行，亦積微而後多。别立諸段變術，以推變差，俾諸段變差際會相合，星之遲疾，可得而知之矣。自古相傳，皆謂去交十五度以下，則日月有蝕。殊不知日月之相掩，與闇虚之相射，其理有異焉。今以日月徑度之大小，校去交之遠近，以黄道之斜正，天勢之升降，度仰度旁視之分數，則交虧得其實矣。乃以一篇《步日》、一篇《步月》、一篇《步星》，以《卦候没滅》爲之下篇，即四篇，爲《術經》一卷、《術》十一卷、《草》三卷、《顯德三年七政細行術》一卷。臣檢討先代圖籍，今古術書，皆無食神首尾之文，蓋天竺番僧之妖説也，只自得天下。況小術不能舉其大體，遂爲等接之法，蓋從假用以求徑捷。于是乎交有逆行之數，後學者不能詳知，因言術有九曜，以爲注術之常式，今并削而去之。昔在帝堯，欽若昊天。陛下親降聖謨，考儀象日月星辰，唐堯之道也，其術謹以「顯德欽天」爲名。天道元遠，非微臣之所盡知，但竭兩端，以奉明詔，疏略乖謬，甘俟罪戾。」世宗覽之，親爲製序，付司天監用之。以明年正月朔旦爲始。其法演紀上元甲子，距顯德三年丙辰，積七千二百六十九萬八千四百五十二算外，統法七千二百，歲率二百六十二萬九千七百六十秒四十，朔率二十一萬二千六百二十秒二十八。六年卒，年五十四。贈侍中。《五代史·司天考》、《五代會要》。

論曰：歐陽修述劉羲叟之言曰：「前世造術者，其法不同而多差。至唐一

行始以天地之中數作大衍術，最爲精密。後世善治術者，皆用其法，惟寫分擬數而已。至朴亦能自爲一家。朴之術法，總日躔差爲盈縮二術，分月離爲遲疾二百四十八限，以考衰殺之漸，以審朓朒，而朔望正矣。校赤道九限，更其率數，以步黄道，使日躔有常度。分黄道八節，辨其内外，以揆九道，使月行如循環，而二曜協矣。觀天勢之升降，察軌道之斜正，以制食差，而交會密矣；測岳臺之中晷，以辨二至之日夜，而軌漏實矣；推星行逆順伏留，使舒亟有漸，而五緯齊矣。然不能宏深簡易，而徑急是取，至其所長，雖聖人出不能廢也。」又曰：「朴所譔《欽天術經》四篇，舊史亡其《步發斂》一篇，而在者三篇，簡略不完，不足爲法。予嘗問于羲叟，羲叟爲予求得其本經，然後朴之術大備。」然則羲叟所得，必是完本，而《司天考》乃闕日躔月離損益朓朒及五星損益先後諸數，此必歐公病其繁重，以意去之矣。不知《發斂》一篇，雖或散亡，猶可依數補之，而闕此諸數，則《日躔》、《月離》、《五星》三篇，俱無由布算。錢竹汀先生譏永叔不明推步，妄加删削，遂使大備之典，終于不備，歐公有知，當亦無以自解也。

清・阮元《疇人傳》卷一九　宋一

王處訥　子熙元

王處訥，河南洛陽人也。漢祖領節制，辟置幕府；即位，擢爲司天。周廣順中，遷司天少監。世宗以舊曆差舛，俾處訥詳定，曆成未上。會樞密使王朴作欽天術以獻，頗爲精密。處訥私謂朴曰：「此曆且可用，不久即差矣。」因指以示朴，朴深然之。至建隆二年五月，以欽天術推驗稍疏，詔處訥别造新術。四年四月，新法成，爲書六卷。太祖自製序，賜號應天術。其法上元木星甲子距建隆三年壬戌，歲積四百八十二萬五千五百五十八，元法一萬二，歲盈二十六萬九千三百六十五，月率五萬九千七十三。處訥又以漏刻無準，重定水稱，及候中星分五鼓時刻。俄遷少府少監。太平興國初，改司農少卿，并判司天事。時有上言應天術氣朔漸差，詔付本監集官詳定。六年，處訥又上新術二十卷。拜司天監。會吴昭素等各獻新術，處訥所上術遂不行。歲餘卒，年六十八。子熙元。《宋史・方技傳》、《律曆志》。

論曰：歲盈二十六萬九千三百六十五，李尚之鋭以爲當作「歲總七十三萬六百三十五」是也。五因歲總得三百六十五萬三千一百七十五，如元法而一，得三百六十五不盡二千四百四十五，即一歲之日及斗分。戴東原震《歲實考》無應天術之數，依例推之，其歲實小餘萬萬分日之二千四百四十四萬五千一百一十也。

熙元幼習父業，開寶中補司天曆算，端拱初改監丞，累遷太子洗馬，兼春官正加殿中丞。景德中同判監事，後拜少監。奉詔于後苑績《陰陽事》十卷上之。真宗爲製序，賜名《靈臺秘要》，及作詩紀之。初上所脩儀天術，秋官正趙昭益言其二年後必差，又熒惑度數稍謬，後果驗，熙元頗服其精一。上嘗對宰相言及曆算事，曰：「曆象陰陽家流之大者，以推步天道、平秩人事爲功。」且言詔益能專其業，人鮮及也。玉清昭應宫成，以祇事之勤抵司天監，坐擇日差謬，降爲少監，以目疾致仕。天禧二年卒，年五十八。《宋史・方技傳》。

吴昭素

吴昭素，冬官正也。太平興國間，與徐瑩、董昭吉等各獻新術。詔遣内臣沈元應，集本監官屬學生參校測驗，考其疏密。秋官正史端等言：「昭吉術差，昭素、瑩二術，以建隆癸亥以來二十四年氣朔驗之，頗爲切準。復對驗二術，惟昭素氣朔稍均，可以行用。」又詔衛尉少卿元象宗與元應等，再集明曆術，吴昭素、劉内真、苗守信、徐瑩、王熙元、董昭吉、魏序及在監官屬史端等，精加詳定。象宗等言：「昭素曆法考驗無差，可以施行永久。」遂賜號乾元術，御製序文。其法上元甲子距太平興國六年辛巳，積三千五十四萬三千九百七十七，元率二千九百四十，歲周二十一萬四千七百六十四，朔實一萬七千三百六十四。《宋史・律曆志》。

論曰：朔實一萬七千三百六十四，以五因之元率收之，得二十九日，餘一千五百六十，即一月之日及餘也。何承天調日法，以四十九之二十六爲强率，十七之九爲弱率，朔餘當在强弱之間，而乾元元率乃六十乘强母四十九之數，朔餘乃六十乘强子二十六之數。是以承天之强率爲日法朔餘，其朔餘太强，無惑乎其術之疏而舛也。

苗守信

苗守信，河中人也。父訓，善天文。守信少習父業，補司天曆算，尋授江安縣主簿，改司天臺主簿，知算造。太平興國中，與冬官正吴昭素、主簿劉内直造新術。雍熙中遷冬官正，端拱初改太子洗馬，判司天監，轉殿中丞，權少監事。至道三年，真授少監。咸平三年卒，年四十六。《宋史・方技傳》。

韓顯符

韓顯符，不知何許人也。補司天監生，遷靈臺郎，累加司天冬官。顯符專渾

天之學，淳化初，表請造銅渾儀、候儀，詔給用度，俾顯符規度，擇匠鑄之。至道元年，渾儀成，于司天監築臺置之，賜顯符雜綵五十四。顯符上其《要法》十卷，序略云：伏羲氏立渾測北極高下，量日影短長，定南北東西，觀星間廣狹。帝堯即位，羲氏、和氏立渾儀，定曆象日月星辰，欽授民時，使知緩急。後及虞舜，測璇璣日月星辰玉衡，以齊七政。通占又云：「撫渾儀，觀天道，萬象不足以爲多。」是知渾儀者，實天地造化之準，陰陽術數之元。自古聖帝明王，莫不用是精詳天象，預知差忒。自伏羲甲寅年至皇朝大中祥符三年庚戌歲，積三千八百九十七年。五帝之後訖今，明曆象之元，知渾天之奧者，近十餘朝，考而治之，臻至妙者不過四五。自餘徒誇重于一日，不深圖于久要，致使天象無準，術算漸差，占候不同，盈虚難定。陛下講求廢墜，爰造渾儀，漏刻星躔，曉然易辯。且曆象之作，非渾儀無以考真僞；算造之士，非占驗不能究得失。儀渾之成，則司天歲上細行術，益可致其詳密。

自是顯符專測驗渾儀，累加春官正，又轉太子洗馬。大中祥符三年，詔顯符擇監官或子孫可以授渾儀法者。顯符言長子監生承距善察躔度，次子保章正承規見知算造，又杜貽範、楊惟德皆可傳其學。詔顯符與貽範等參驗之。顯符後改殿中丞兼翰林天文。六年卒，年七十四。《宋史·方技傳》。

史序

史序，字正倫，京兆人也。太平興國中，補司天學生。太宗親校試，擢爲主簿。稍遷監丞，賜緋魚，隸翰林天文院。後累遷太子洗馬，判司天監。真宗嗣位，命序等考驗前法，研覈舊文，取其樞要，編爲新曆。咸平四年三月，曆成來上，賜號儀天術。其法自上元土星甲子至咸平四年辛丑，積七十一萬六千四百九十七，宗法一萬一百，歲周三十六萬八千八百九十七，合率二十九萬八千二百五十九。又嘗纂天文曆書，爲十二卷以獻。改殿中丞，賜金紫，俄權監事。景德二年，權知少監，大中祥符初即真。三年卒，年七十六。《宋史·方技傳》、《律曆志》。

論曰：儀天歲周進一位，以宗法除之，爲一歲之日及斗分。蓋應天、乾元歲實乃五分歲實之一，儀天則十分之一也。

張奎　楚衍　宋行古

張奎，司天役人也。乾興初，議改曆，命奎運算。其術以八千爲日法，一千九百五十八爲斗分，四千二百四十四爲朔餘，距乾興元年壬戌歲，三千九十萬六千六百五十八爲積年。詔以奎補保章正，又推擇學者楚衍與曆官宋行古集天章閣，詔内侍金克隆監造術。天聖元年八月成，詔翰林學士晏殊製序施行。其術演紀上元甲子距天聖二年甲子，歲積九千七百五十五萬六千三百四十，樞法一萬五百九十，歲周三百八十六萬七千九百四十，朔實三十一萬二千七百二十九。曆既成，以來甲子歲用之。是年五月丁亥朔日食，當食二分半，不食，詔候驗。至七年，命入内都知江德明集曆官，用渾儀較測。時周琮言古之造曆，必使千百年間星度交食若應繩準，今曆成而不驗，則曆法爲未密。又有楊皡、于淵者，與琮求較驗，而皡術于木爲得，淵于金爲得，琮于月土爲得。詔增入崇天術。《宋史·律曆志》、《玉海·律曆·曆法下》。

論曰：崇天以赤道推變黄道，用唐邊岡相減相乘法，較應天、乾元、儀天三家爲少密矣。

周琮

周琮，官殿中丞，判司天監。崇天曆行之至于嘉祐之末，英宗即位，詔琮及司天冬官正王炳、丞王棟、主簿周應祥、周安世、馬傑，靈臺郎楊得言作新術，三年而成。琮言：「舊術節氣加時，後天半日；五星之行差半次；日食之候差十刻。」既而司天中官正舒易簡與監生石道、李遘，更陳家學。于是詔翰林學士范鎮、諸王府侍講孫思恭、國子監直講劉攽，考定是非，上推《尚書》「辰弗集于房」，與《春秋》之日食，參今術之所候，而易簡、道、遘等所學疎闊不可用，新曆爲密。遂賜名明天術，詔翰林學士王珪序之，琮亦爲《義略》冠其首。其法上元甲子距治平甲辰，歲積七十一萬一千七百六十算外，上驗往古，每年減一算，下推將來，每年加一算。元法三萬九千，歲周一千四百二十四萬四千五百，朔實一百一十五萬一千六百九十三。

《義略》論調日法曰：「造術之法，必先立元，元正然後定日法，法定然後度周天，以定分至，三者有程，則術可成矣。日者積餘成之，度者積分成之。蓋日月始離，初行生分，積分成日。自四分術洎古之六術，皆以九百四十爲日法，率由日行一度，經三百六十五日四分之一，是爲周天。月行十三度十九分之七，經二十九日有餘，與日相會，是爲朔。史官當會集日月之行，以求合朔。自漢太初至于今，冬至差十日，如劉歆三統復强于古，故先儒謂之最疎。後漢劉洪考驗四分，于天不合，乃減朔餘，苟合時用。自是已降，率意加減，以造日法。宋世何承天更以四十九分之二十六爲强率，十七分之九爲弱率，于强弱之際以求日法。承天日法七百五十二，得一十五强一弱。自後治術者莫不因承天法，累强弱之

數，皆不悟日月有自然會合之數。今稍悟其失，定新術以三萬九千爲日法，六百二十四萬爲度母，九千五百爲斗分，三萬六百九十三爲朔餘。可以上稽于古，下驗于今，反覆推求，若應繩準。又以二百三十萬一千爲月行之餘，以一百六十萬四百四十七爲日行之餘，乃會日月之行，以盈不足平之，并盈不足，是爲一朔之法。今乃以大月乘不足之數，以小月乘盈行之分，平而并之，是爲一朔之實。以法約實，得日月相會之數，皆以等數約之，悉得今有之數。又二法相乘爲本母，各母互乘以減周天，餘則歲差生焉，亦以等數約之，即得歲差、度母、周天實用之數。此之一法，理極幽眇，所謂反覆相求，潛遁相通，數有冥符，法有偶會，古術家皆所未達。

論歲餘九千五百曰：「古者以周天三百六十五度四分度之一，是爲斗分。夫舉正于中，上稽往古，下驗當時，反覆參求，合符應準，然後施行于百代，爲不易之術。自後治術者測今冬至日晷，用校古法，過盈，以萬爲母，課諸氣分，率二千五百以下，二千四百二十八已上，爲中平之率。新術斗分九千五百，以萬平之，得二千四百二十五半盈，得中平之數也。而三萬九千年冬至小餘，成九千五百日，滿朔實一百一十五萬一千六百九十三年，齊于日分，而氣朔相會。」又曰：「歲周一千四百二十四萬四千五百。以元法乘三百六十五度，内斗分九千五百，得之即爲一歲之日分，故曰歲周。」又曰：「朔實一百一十五萬一千六百九十三。本會日月之行，以盈不足平，而得二萬六百九十三，是爲朔餘，是則四象全策之餘也。今以元法乘四象全策二十九，總而并之，是爲一朔之實也。古術以一百萬平朔餘之分，得五十三萬六百以下，五百七十已上，是爲中平之率。新術以一百萬平之，得五十三萬五百八十九，得中平之數也。」

論中盈、朔虚分曰：「日月以會朔爲正，氣序以斗建爲中，是故氣進而盈分存焉。置中節兩氣之策，以一月之全策，三十減之，每至中氣，即一萬七千四十秒十二，是爲中盈分。朔退而虚分列焉，置一月之全策三十，以朔策及餘減之，餘一萬八千三百七，是爲朔虚分。綜中盈、朔虚分，而閏餘章焉。從消息自致，以盈虚名焉。」又曰：「紀法六十，《易·乾》象之爻九，《坤》象之爻六，《震》、《坎》、《艮》象之爻皆七，《巽》、《離》、《兑》象之爻皆八。綜八卦之數，凡六十，又六旬之數也。紀者，終也。數終八卦，故以紀名焉。」又曰：「天正冬至大餘五十七，小餘一萬七千。先測立冬晷景，次取測立春晷景，取近者通計，半之，爲距至汎日；乃以晷數相減，餘者以法乘之，滿其日晷差而一，爲差刻。乃以差刻加減距至汎日爲定日，仍加半日之刻，命從前距日辰，算外，即二至加時日辰及刻分所在。如此推求，則加時與日晷相協。今須積歲四百一年，則冬至大、小餘與今適會。」又曰：「天正經朔大餘三十四，小餘三萬一百一十。此乃檢括日月交食加時早晚而定之，損益在夜半後，得戊戌之日，以方程約而齊之。今須積歲七十一萬一千七百六十一，則經朔大、小餘與今有之數，偕閏餘而相會。」又曰：「日度歲差八萬四百四十七。《書》舉正南之星以正四方，蓋先王以明時授人，奉天育物。然先儒所述，互有同異。虞喜云：『堯時冬至日短星昴。今二千七百餘年，乃東壁中，則知每歲漸差之所至。』何承天云：『《堯典》：「日永星火，以正仲夏；宵中星虚，以正仲秋。」今以中星校之，所差二十七八度，即堯時冬至，日在須女十度。』故祖冲之修大明術，始立歲差，率四十五年九月却一度。虞劆、劉孝孫等因之，各有增損，以創新法。若從虞喜之驗，昴中則五十餘年日退一度；若依承天之驗，火中又不及百年日退一度。後皇極綜兩術之率，而要取其中，故七十五年而退一度，此乃通其意未盡其微。今則別調新率，改立歲差，大率七十七年七月日退一度，上元命于虚九，可上覆往古，下逮于今日。帝堯以來，循環考驗，新術歲差，皆得其中，最爲親近。」又曰：「周天分二十二億七千九百二十萬四百四十七。本齊日月之行，會合朔，而得之。使上考仲康房、宿之交，下驗姜岌月食之衡，三十年間，若應準繩，則新術周天有自然冥符之數，最爲密近。」

論日躔盈縮定差曰：「張胄玄名損益率曰盈縮數，劉孝孫以盈縮數爲朓朒積，皇極有陟降率、遲疾數，麟德曰先後盈縮數，大衍曰損益朓朒積，崇天曰損益盈縮積。所謂古術平朔之日，而月或朝覿東方，夕見西方，則史官謂之朓朒。今以日行之所盈縮，月行之所遲疾，皆損益之，或進退其日，以爲定朔，則舒亟之度，乃勢數使然，非失政之致也。新術以七千一爲盈縮之極，其數與月離相錯，而損益盈縮爲名，則文約而義見。」

論升降分曰：「皇極躔衰有陟降率，麟德以日景差、陟降率、日晷景消息爲之，義通軌漏。夫南至後日行漸升，去極近，故晷短，而萬物皆盛；北至之後，日行漸降，去極遠，故晷長，而萬物寢衰。自大衍以下，皆從麟德。今術消息日行之升降，積而爲盈縮焉。」

論赤道宿曰：「漢百二年議造術，乃定東西，立晷儀，下漏刻，以追二十八宿相距于四方，赤道宿度，則其法也。其赤道，斗二十六度及分，牛八度，女十二度，虚十度，危十七度，室十六度，壁九度，奎十六度，婁十二度，胃十四度，昴十

一度，畢十六度，觜二度，參九度，井三十三度，鬼四度，柳十五度，星七度，張十八度，翼十八度，軫十七度，角十二度，亢九度，氐十五度，房五度，心五度，尾十八度，箕十一度，自後相承用之。唐李淳風造渾儀，亦無所改。開元中，一行作大衍術，詔梁令瓚作黄道游儀，測知畢、觜、參及輿鬼四宿赤道宿度，與舊不同。自一行之後，因相沿襲，下更五代，無所增損。至仁宗皇祐初，始有詔造黄道渾儀，鑄銅爲之。自後測驗赤道宿度，又一十四宿，與一行所測不同。蓋古今之人，以八尺圓器，欲以盡天體，決知其難矣。又況圖本所指距星，傳習有差，故赤道宿度，與古不同。自漢太初後，至唐開元治術之初，凡八百年間，悉無更易。今雖測驗與舊不同，亦歲月未久。新術兩備其數，如淳風從舊之意。」

論月度轉分曰：「《洪範傳》曰：『晦而月見西方，謂之朓。月未合朔，在日後，今在日前，太疾也。朓者，人君舒緩，臣下驕盈專權之象。朔而月見東方，謂之側匿。合朔則月與日合，今在日後，太遲也。側匿者，人君嚴急，臣下危殆恐懼之象。』盈則進，縮則退，躔離九道，周合三旬，考其變行，自有常數。傳稱人君有舒疾之變，未達月有遲速之常也。後漢劉洪粗通其旨，爾後治術者多循舊法，皆考遲疾之分，增損平會之朔，得月後定追及日之際，而生定朔焉。至于加時早晚，或速或遲，皆由轉分强弱所致。舊術課轉分以九分之五爲强率，一百一分之五十六爲弱率，乃于强弱之際而求秒焉。新術轉分二百九十八億八千二百二十四萬二千二百五十一，以一百萬平之，得二十七日五十五萬四千六百二十六，最得中平之數。舊術置日餘而求朓朒之數，衰次不倫。今從其度，而遲疾有漸，用之課驗，稍符天度。」

論轉度母曰：「本以朔分并周天，是爲會周。去其朔差爲轉終，各以等數約之，即得實用之數。乃以等數約本母爲轉度母，又以等數約月分爲轉法，以轉法約轉終，得轉日及餘。本術創立此數，皆古術所未有。」

論月離遲疾定差曰：「皇極有加減限朓朒積，麟德曰增減率遲疾積，大衍曰損益率朓朒積，崇天亦曰損益率朓朒積。所謂日不及平行則損之，過平行則益之，從陽之義也。月不及平行則益之，過平行則損之，御陰之道也。陰陽相錯，而以損益遲疾爲名。新術以一萬四千八百一十九爲遲疾之極，而得五度八分，其數與躔相錯，可以知合食加時之早晚也。」

論進朔曰：「進朔之法，興于麟德。自後諸術，因而立法，互有不同。假令仲夏月朔，月行極疾之時，合朔當于亥正，若不進朔，則晨而月見東方。若從大衍，當戌初進朔，則朔日之夕，月生于西方。新術察朔日之餘，驗月行徐疾，變立法率，參驗加時，當視定朔小餘：秋分後四分法之三已上者，進一日；春分後定朔晨分差如春分之日者，三約之，以減四分之三；定朔小餘如此數已上者，亦進，以來日爲朔。俾循環合度，月不見于朔晨，交會無差，明必藏于朔夕。加時在于午中，則晦日之晨，同二日之夕，皆合月見；加時在于酉中，則晦日之晨尚見，二日之夕未生；加時在于子中，則晦日之晨不見，二日之夕以生。定晦朔，乃月見之晨夕可知；課小餘，則加時之早晏無失。使坦然不惑，觸類而明之。

又曰：「消息數因漏刻立名，義通晷景。麟德術差曰屈伸率。夫晝夜者，《易》進退之象也。冬至一陽爻生，而晷道漸升，夜漏益減，象君子之道長，故曰息；夏至一陰爻生，而晷道漸降，夜漏益增，象君子之道消，故曰消。表景與陽爲衝，從晦者也，故與夜漏長短。今以屈伸象太陰之行，而刻差曰消息數。黄道去極，日行有南北，故晷漏有長短。然景差徐疾不同者，句股使之然也。景直晷中則差遲，與句股數齊則差急，隨北極高下，所遇不同。其黄道去極度數，與日景、漏刻，昏曉中星，反覆相求，消息用率，步日景而稽黄道，因黄道而生漏刻，而正中星，四術旋相爲中，以合九服之變，約而易知，簡而易從。」

論六十四卦曰：「十二月卦出于孟氏，七十二候原于《周書》。後宋景業因劉洪傳卦，李淳風據舊術元圖，皆未覩陰陽之賾。至開元中，浮屠一行考揚子雲《太玄經》，錯綜其數，索隱周公三統，糾正時訓，參其變通，著在爻象，非深達《易》象，孰能造于此乎！今之所修，循一行舊義，至于周策分率，隨數遷變。夫六十卦直常度全次之交者，諸侯卦也。竟六日三千四百八十六秒，而大夫受之，次九卿受之，次三公受之，次天子受之。五六相錯，復協常月之次。凡九三應上九，則天微然以静；六三應上六，則地鬱然而定。九三應上六即温，六三應上九即寒。上爻陽者風，陰者雨。各視所直之爻，察不刊之象，而知五等與君辟之得失，過與不及焉。」

論七十二候曰：「李業興以來，迄于麟德，凡七家術，皆以鷄始乳爲立春初候，東風解凍爲次候，其餘以次承之。與《周書》相校，二十餘日，舛訛益甚。而一行改從古義，今亦以《周書》爲正。」

論岳臺日晷曰：「岳臺者，今京師岳臺坊，地曰浚儀，近古候景之所。《尚書・洛誥》稱東土是也。《禮・玉人職》：『土圭長尺有五寸，以致日。』此即日有常數也。司徒職以圭正日晷，『日至之景，尺有五寸，謂之地中。』此即是地土中，

致日景與土圭等。然表長八尺，見于《周髀》。夫天有常運，地有常中，術有正象，表有定數。言日至者，明其日至此也。景尺有五寸與圭等者，是其景晷之真效。然夏至之日，尺有五寸之景，不因八尺之表，將何以得？故經見夏至日景者，明表有定數也。新術周歲中晷長短，皆以八尺之表測候所得，名中晷常數。」

論交會曰：「日月成象于天，以辨尊卑之序。日，君道也；月，臣道也。謫食之變，皆與人事相應。若人君修德以禳之，則或當食而不食。故太陰有變行以避日，則不食；五星潛在日下，爲太陰，禦侮而扶救，則不食；涉交數淺，或在陽術，日光著盛，陰氣衰微，則不食；德之休明而有小眚焉，天爲之隱，是以光微蔽之，雖交而不見食。此四者，皆德感之所繇致也。按《大衍術議》，開元十二年七月戊午朔，當食。時自交阯至朔方，同日景度，測候之際，晶明無雲而不食。以術推之，其日入交七百八十四分，當食八分半。十三年，天正南至，東封禮畢，還次梁、宋。史官言：『十二月庚戌朔，當食。』帝曰：『予方修元后之職，謫見于天，是朕之不敏，無以對揚上帝之休也。』于是徹膳素服以俟之，而卒不食。在位之臣莫不稱慶，以謂德之動天，不俟終日。以術推之，是月入交二度弱，當食十五分之十三，而陽光自若，無纖毫之變，雖算術乖舛，不宜若是。凡治術之道，定分最微，故損益毫釐，未得其正，則上考《春秋》以來日月交食之載，必有所差。假令治術者因開元二食，變交限以從之，則所協甚少，而差失過多，由此明之。《詩》云：『此日而微。』乃非天之常數也。舊術直求月行入交，今則先課交初所在，然後與月行更相表裏，務通精數。」

論四正食差曰：「正交如累壁，漸減則有差。在内食分多，在外食分少。交淺則間遥，交深則相薄。所觀之地又偏，所食之時亦别。苟非地中，皆隨所在而漸異。縱交分正等，同在南方，冬食則多，夏食乃少。假均冬夏，早晚又殊，處南辰則高，居東西則下。視有斜正，理不可均。月在陽術，校驗古今交食，所虧不過其半。合置四正食差，則斜正于卯酉之間，損益于子午之位，務從親密，以考精微。」

論五星立率曰：「五星之行，亦因日而立率，以示尊卑之義。日周四時，無所不照，君道也；星分行列宿，臣道也。陟陜進退，于此取儀刑焉。是以當陽而進，當陰而退，皆得其常，故加減之。古之推步，悉皆順行，至秦方有金火逆數。大衍曰：『木星之行，與諸星稍異：商、周之際，率一百二十年而超一次；至戰國之時，其行寖急；逮中平之後，八十四年而超一次。自此之後，以爲常率。』其行也，初與日合，一十八日行四度，乃晨見東方。而順行一百八日，計行二十二度强，而留二十七日。乃退行四十六日半，退行五度强，與日相望。旋日而退，又四十六日半，退五度强，復留二十七日。而順行一百八日，行十八度强，乃夕伏西方。又十八日行四度，復與日合。火星之行：初與日合，七十日行五十二度，乃晨見東方。而順行二百八十日，計行二百一十六度半弱，而留十一日。乃退行二十九日，退九度，與日相望。旋日而退，又二十九日，退九度，復留十一日。而順行二百八十日，行一百六十四度半弱，而夕伏西方。又七十日，行五十二度，復與日合。土星之行：初與日合，二十一日行二度半，乃晨見東方。順行八十四日，計行九度半强，而留三十五日。乃退行四十九日，退三度半，與日相望。乃旋日而退，又四十九日，退三度少，復留三十五日。又順行八十四日，行七度强，而夕伏西方。又二十一日，行二度半，復與日合。金星之行：初與日合，三十八日半，行四十九度太，而夕見西方。乃順行二百三十一日，計行二百五十七度半，而留十日。乃退行九日，退四度半，而夕伏西方。又六日半，退四度太，與日再合。又六日半，退四度太，而晨見東方。又退九日，逆行四度半，而復留七日。而復順行二百三十一日，行二百五十一度半，乃晨伏東方。又三十八日半，行四十九度太，復與日會。水星之行：初與日合，十五日行三十三度，乃夕見西方。而順行三十日，計行六十六度而留三日，乃夕伏西方。而退十日，退八度，與日再合。又退十日，退八度，乃晨見東方，而復留二日。又順行三十三日行三十三度，而晨伏東方。又十五日行三十三度，與日復會。一行云：『五星伏見、留逆之數，表裏、盈縮之行，皆係之于時，驗之于政。小失則小變，大失則大變；事微而象微，事章而象章。蓋皇天降譴以警悟人主。又或算者昧于象，占者迷于數，覩五星失行，悉謂之術舛，以數象相參，兩喪其實。大凡校驗之道，必稽古今注記，使上下相距，反覆相求，苟獨異常，則失行可知矣。』」

論星行盈縮曰：「五星差行，惟火尤甚。乃有南侵狼坐，北入匏瓜，變化超越，猶異于常，是以日行之分，自有盈縮。此乃天度廣狹不等，氣序升降有差。凡五星入氣加減，興于張子信，以後方士各自增損，以求親密。而開元術別爲四象六爻，均以進退，今則別立盈縮，與舊異。」

論五星見伏曰：「五星見伏，皆以日度爲規。日度之運，既進退不常，星行之差，亦隨而增損。是以五星見伏，先考日度之行，今則審日行盈縮，究星躔進退，五星見伏，率皆密近。」

琮又論術曰：「古今之術，必有術過于前人，而可以爲萬世之法者，乃爲勝也。若一行爲大衍術議及略例，校正歷世，以求術法强弱，爲術家體要，得中平之數。劉焯悟月行有盈縮之差，李淳風悟定朔之法，并氣朔閏餘，皆同一術。張子信悟月行有交道表裏，五星有入氣加減。宋何承天始悟測景以定氣序。晉姜岌始悟以月食所衝之宿，爲日所在之度。後漢劉洪作乾象術，始悟月行有遲疾數。宋祖冲之始悟歲差。唐徐昂作宣明術，悟日食有氣刻差數。明天術悟日月會合爲朔，所立日法，積年有自然之數，及王法推求晷景之氣節加時所在。後之造術者，莫不遵用焉。其疎謬之甚者，即苗守信之乾元術、馬重績之調元術、郭紹之五紀術也，大概無出于此矣。然造術者皆須會日月之行，以爲晦朔之數，驗《春秋》日食，以明强弱。其于氣序，則取驗于傳之南至。其日行盈縮，月行遲疾，五星加減，二曜食差，日宿月離，中星晷景，立數立法，悉本之于前語，然後較驗。上自夏仲康五年九月『辰弗集于房』，以至于今。其星辰氣朔、日月交食等，使三千年間，若應準繩，而有前有後有親有疎者，即爲中平之數，乃可施于後世。其較驗，則依一行、孫思恭，取以多而不以少，得爲親密。較日月交食，若一分二刻以下爲親，二分四刻以下爲近，三分五刻以上爲遠。以術注有食而天驗無食，或天驗有食而術注無食者爲失。其較星度，則以周天二度以下爲親，三度以下爲近，四度以上爲遠。其較晷景尺寸，以二分以下爲親，三分以下爲近，四分以上爲遠。若較古而得數多，又近于今，兼立法立數，語其理而通于本者爲最也。」琮自謂善術注，曰世之知術者尠，近世獨孫思恭爲妙，而思恭又嘗推劉羲叟爲知術焉。《宋史·律曆志》。

論曰：李淳風麟德術，推步七政，以總法爲母，自後術家皆效之。琮術日度交度轉度，各有其母，而不以日法爲母。其求交初度及食甚小餘四正食差之等，亦與諸術互異，蓋小變其例矣。《義略》元元本本，可以考算造家以强弱方程、推積年日法之故，《論術》一篇，列序古今，評論得失，咸得其中。郭若思言千一百八十二年，術經七十，改創法者十有三家，蓋本于此也。

清·阮元《疇人傳》卷二〇　宋二

沈括

沈括，字存中，錢塘人也。以父任爲沭陽主簿，擢進士第，爲館閣校勘，遷太子中允，提舉司天監。熙寧七年七月，上《渾儀》、《浮漏》、《景表》三議。

其《渾儀議》略曰：五星之行有疾舒，日月之交有見匿，求其次舍經劚之會，其法一寓于日。冬至之日，日之端者也。日行周天而復集于表鋭，凡三百六十有五日四分日之一，而謂之歲；周天之體日別之，謂之度。度之離，其數有二：日行則舒則疾，會而均，別之曰赤道之度；日行自南而北，升降四十有八度而迤，別之曰黄道之度。度不可見，其可見者星也。日月五星之所由，有星焉。當度之畫者凡二十有八，而謂之舍。舍所以絜度，所以生數也。度在天者也，爲之璣衡，則度在器。度在器，則日月五星可搏乎器中，在天無所豫也。天無所豫，則在天者不爲難知也。渾儀之爲器，其屬有二，相因爲用。其在外者曰體，以立四方上下之定位。其次曰象，以法天之運行。其在内璣衡，璣以察緯，衡以察經，求天地端極三明匿見者，體爲之用；察黄道降陟辰刻運徙者，象爲之用；四方上下無所不屬者，璣衡爲之用。體之爲器爲圓規者四，凡渾儀經緯之度皆屬焉；象之爲器，爲圓規者亦四，黄、赤道之度皆屬焉；璣衡之爲器爲圓規二，可以左右，以察四方，可以低昂，以察上下。

其《浮漏議》略曰：播水之壺三，而受水之壺一。曰求壺，曰廢壺，曰複壺，曰建壺。求壺之水，複壺之所求也。壺盈則水馳，壺虚則水凝。複壺之脅爲枝渠，以爲水節。求壺進水暴，則流怒以摇，複以壺，又折以爲介。複爲枝渠，達其濫溢，枝渠之委。所謂廢壺也，以受廢水。三壺皆所以播水，爲水制也。自複壺之介，以玉權釃于建壺，建壺所以受水爲刻者也。建壺一易箭，則上發室以瀉之。求、複、建壺之泄，皆欲迫下，水所趨也。玉權下水之概寸，矯而上之然後發，則水撓而不躁也。下漏必用甘泉，惡其垽之爲壺眚也。箭一如建壺之長，其陽爲百刻，爲十二辰，陰刻消長之衰。此刻漏之法也。

其《景表議》略曰：步景之法，惟定南北爲難。古法置槷爲規，識日出之與日入之景。晝參諸日中之景，夜考之極星。極星不當天中，而候景之法，取晨夕景之最長者規之，兩表相去中折以參驗，最短之景爲日中。然測景之地，百里之間，地之高下東西不能無偏。其間又有邑屋山林之蔽，倘在人目之外，則與濁氛相雜，莫能知其所蔽。而濁氛又繫其日之明晦風雨，人間煙氣塵坌，變作不常。臣在本局候景，入濁出濁之節，日日不同，又不足以考見出没之實，則晨夕景之短長未能得其極數。參考舊法，別立新術。候景之表三。其三表所立，相去左右上下，以度量之，令南北相重如一。日初出則量西景，日欲入則量東景，三表相去之度，又量三表之端，景之所至，各別記之。既得四方至正，則惟設一表爲密室以棲之，當極爲霤，以下午景使當表端。凡景表景薄不可辨，即以小表副

之，則景墨而易度。

括嘗謂古今曆法，五星行度唯留逆之際最多。術家但知行道有遲速，不知道徑又有斜直之異。熙寧中，予領太史令，衛朴造曆，氣朔已正，但五星未有候簿可驗。前世修曆，多只增損舊術而已，未嘗實考天度。其法須測驗每夜昏曉、夜半及五星所在度秒，置簿録之，滿五年，其間剔去雲陰及晝見日數外，可得三年實行，然後以算目綴之，古所謂綴術者此也。奉元曆五星步術，但增損舊法，正其甚謬處，十得五六而已。朴之曆術，古今未有，爲群術人所沮，不能盡其藝，惜哉。又謂日一出没爲之一日，月一盈虧爲之一月。月行二十九日有奇，復與日會，歲十二會，而尚有餘日，積三十二月，復餘一會。氣與朔漸相遠，中氣不在本月，名實相乖，加一月謂之閏。閏生于不得已，猶構舍之用磾楔也。自此氣朔交争歲，時年錯亂，四時失位，算數繁猥。凡積月以爲四時以成歲，陰陽消長，萬物生殺變化之節，皆主于氣而已。但記月之盈虧，都不係歲事之慘舒。今乃專以朔定十二月，而氣反不得主本月之政。時已謂之春矣，而猶行肅殺之政，則朔在氣前者是也。徒謂之乙歲之春，而實甲歲之冬也。時尚謂甲之冬矣，而已行發生之令，則朔在氣後者是也。徒謂之甲歲之冬，而實乙歲之春也。是以空名之正二三四反爲實，而生殺之實反爲寓，而又生閏月之贅疣，殆古人未之思也。今爲術莫若用十二月氣爲一年，更不用十二月，直以立春之日爲孟春之一日，驚蟄爲仲春之一日，如此則四時之氣常正，歲政不相凌奪，日月五星，亦自從之，不須改舊法。惟月之盈虧，事雖有繫之者，如海胎育之類，不預歲時寒暑之節，寓之曆間可也。

又謂算術求積尺之法，如芻萌、芻童、方池、冥谷、塹堵、鼈臑、圓錐、陽馬之類，物形備矣，獨未有積隙一術。謂積之有隙者，如累棋層壇，及酒家積罌之類。雖似覆斗，四面皆殺，緣有刻缺及虚隙之處，用芻童法求之，常失于數少。予思而得之，用芻童法爲上行，下行别列下廣，以上廣減之，餘者以高乘之，六而一，并入上行。又謂履畝之法，方圓曲直盡矣，未有會圓之術。凡圓田既能折之，須使會之復圓，古法惟以中破圓法折之，其失有及三倍者。予别爲折會之術，置圓田徑，半之以爲弦；又以半徑減去所割數，餘者爲股。各自乘，以股除弦，餘者開方除爲句。倍之爲割田之直徑，以所割之數自乘，退一位倍之。又以圓徑除所得，加入直徑，爲割田之弧。再割亦如之，減去已割之數，則再割之數也。

括仕至權三司使，後以光禄少卿分司，居潤八年卒，年六十五。《宋史》本傳、《天文志》、《夢溪筆談》。

論曰：括于步算之學，深造自得，所上三議，并得要領。其《景表》一議，尤有特見，所謂煙氣塵氛、出濁入濁之節，日日不同，即西人蒙氣差所自出也。積隙、會圓二術，補《九章》所未及。《授時術草》以三乘方取矢度，即寫會圓術也。惟以閏月爲贅疣，欲以立春爲孟春一日，驚蟄爲仲春一日，與羲和置閏之舊，顯相違戾，徒騁臆知，而不合經義，蓋未免賢者之過矣。

衛朴

衛朴，淮南人也。熙寧七年，月食東方，與術不協。詔曆官雜候造新曆。終五年，日行餘分略具。會沈括提舉司天監，言朴通算法，召朴至，朴言崇天術，氣後天；明天術，朔先天，失在置元不當。詔朴改造，朴以己學爲之，視明天術朔減二刻，八年曆成。行之，即奉元術也。其法上元甲子距熙寧七年甲寅，歲積八千三百一十八萬五千七十，日法二萬三千七百。《玉海·律曆·曆法下》、《元史·曆志》。

論曰：奉元術南渡後已亡失。故紹興二年，修神宗正史，詔陳得一、裴伯壽補修之。《宋史》稱奉元法不存，蓋其後又亡矣。元和李尚之鋭據《元史》所載《積年日法算補》、《氣朔發斂》二篇，定歲實爲八百六十五萬六千二百七十三，朔實爲六十九萬九千八百七十五，以推當時，氣朔并合，足以補前史之闕，故著之于此。

劉羲叟

劉羲叟，字仲更，澤州晉城人也。歐陽修薦其學術，試大理評事，權趙州軍事判官。精算術，兼通大衍諸術。及修唐史，令專修《律曆》、《天文》、《五行志》。尋爲編修官，改秘書省著作佐郎。書成，擢崇文院檢討。未入謝，卒。著《劉氏輯術》。《宋史·儒林傳》。

論曰：史家編年之體，以日繫月，例書甲子，然不知其朔，則甲子爲可删。杜征南解《春秋》，所以有《長術》之作也。羲叟徧通前代步法，上起漢元，下迄五代，爲《長術》，于是氣朔及閏，一一可考，其有功于史學甚鉅。嘉定錢少詹大昕輯《遼宋金元四史朔閏考》，蓋以續羲叟《長術》也。

孫思恭

孫思恭，字彦先，登州人也。擢第爲宛邱令，棄官去。吴奎薦補國子直講，加秘閣校理。事神宗藩邸爲説書，又爲侍講，直集賢院。及即位，擢天章閣待

制，出知江寧府鄧州，移單州，管幹南京留司御史臺，卒年六十二。思恭精于大衍，嘗修天文院渾儀，著堯年至熙寧長曆，近世術數之學，未有能及之者。《宋史》本傳。

黄居卿

黄居卿，保章正也。元祐二年九月，以奉元曆疏，詔居卿等六人考定。初衛朴曆冬至後天一日，元祐五年十一月癸未冬至，驗景長之日，乃壬午，遂改造新曆。六年十一月八日，賜名「觀天」，工侍王欽臣爲序，紹聖元年頒行。其法上元甲子距元祐七年壬申，歲積五百九十四萬四千八百八算，統法一萬二千三十，歲周四百三十九萬三千八百八十，朔實三十五萬五千二百五十三。《宋史·律曆志》、《玉海·律曆·曆法下》。

蘇頌

蘇頌，字子容，泉州南安人也。徙居丹陽。第進士，官至右僕射兼中書門下侍郎。嘗使契丹，遇冬至，其國所推，後宋一日。北人問孰爲是，頌曰：「術家算數小異，遲速不同，如亥時節氣交，猶是今夕，踰數刻，則屬子時，爲明日矣。先後各從其術可也。」元祐間，請别製渾儀，因命頌提舉。頌以吏部令史韓公廉曉算術，有巧思，奏用之。授以古法，爲《新儀象》，上之，作《新儀象法要》三卷。

其渾儀之制略曰：渾儀，其制爲輪三重，一曰六合儀，縱置于地渾中，即天經也。與地渾相結，其體不動。二曰三辰儀，置六合儀内。三曰四游儀，置三辰儀内。曰天經者，對地渾也。又名陽經環者，以地渾爲陰緯環，對名也。又植四龍柱于渾下之四維。又置鼇雲于六合儀下。又四龍柱下，設十字水趺，鑿溝通水道，以平高下。别設天常單環于六合儀内。又設黄道雙環、赤道單環，皆在三辰儀内，東西兩相交，隨天運轉。又爲四象環，附三辰儀，相結于天運環黄赤道兩交。又爲直距二，縱置于四游儀内，北屬六合儀地渾之上，以正北極出地之度，南屬六合儀地渾之下，以正南極入地之度。直距内夾置望筒一。筒之半，設關軸，附直距上，使運轉低昂，窺測四方之星度。

其渾象之制略曰：渾象一座，上列二十八宿周天度，及中外官星，納于六合儀天經地渾内。周以一木櫃載之，中貫樞軸。軸南北出渾象外，地渾在木櫃面，而横置之以象地。天經與地渾相結，縱置之，半在地上，半隱地下，以象天。其樞軸北貫天經上杠中，末與杠平，出櫃外三十五度少弱，以象北極出地。南亦貫天經，出下杠外，入櫃内三十五度少弱，以象南極入地。就赤道爲牙距四百七十八牙以衡天輪，隨機輪之地轂以運動。

其水運儀象臺之制略曰：水運儀象臺，其制，爲臺四方而再重，上狹下廣，高下相地之宜，四面以巨枋木爲柱。柱間各設廣桄，周以板壁，下布地栿，上布板面，内充胡梯再休。隔上開南北向各一門，隔下開二門，各南向雙扉。渾儀置上隔上，以脱摘板屋覆之，渾象連木櫃置中隔臺内，仰設晝夜機輪八重，貫以機輪軸。一曰天輪，在天束上，與渾象赤道牙相接，二曰晝時鐘鼓輪，三曰時刻鐘鼓輪，四曰時初正司辰輪，五曰報刻司辰輪，六曰夜漏金鉦輪，七曰夜漏更籌司辰輪，八曰夜漏箭輪，外以五層半座木閣蔽之。層皆有門，以見木人出入。第一層，左摇鈴，右扣鐘，中擊鼓；第二層，報時初正；第三層，報刻；第四層，擊夜漏金鉦；第五層，報夜漏更籌。又于八輪之北側設樞輪，其輪以七十二輻爲三十六洪，束以三輞夾持，受水三十六壺，轂中横貫鐵樞軸一，南北出軸，南爲地轂，運撥地輪天柱，中動機輪，動渾象上動渾儀。又樞輪左設天池平水壺，平水壺受天池水，注入受水壺，以激樞輪。受水壺水落，入退水壺，由壺下北竅，引水入升水下壺。以升水下輪，運水入升水上壺。上壺内升水上輪，及河車，同轉上下輪，運水入天河。天河復流入天池，周而復始。

其渾儀圭表之制略曰：渾儀圭表，其制于渾儀下安圭，座面與水趺中心相結，各爲水溝，以定平準。圭長一丈三尺，面分尺寸，兩旁列二十四氣。自圭面上，與陰緯環面，與直距望筒之半，爲表之高。表高八尺，故自陰緯環面，及望筒之半，至鼇雲之下，亦高八尺。于午正以望筒指日，令景透筒竅，以竅心之景指圭面之尺寸爲準，望筒圭面，二法相參，氣象與上象相合。頌製造之精，遠出前古，其學略授冬官正袁惟幾，雖其子孫亦不傳云。建中靖國元年卒，年八十二，贈司空。《宋史》本傳、《新儀象法要》。

韓公廉

韓公廉，吏部守當官也。通《九章算術》，常以鉤股法，推考天度，會蘇頌請制渾儀，公廉因譔《九章鉤股測驗渾天書》一卷，并造木樣機輪一坐，頌爲奏乞置局創造。又奏差太史局夏官正周日嚴、秋官正于太古、冬官正張仲等與公廉同充制度官。局生袁惟幾、苗景、張端、節級劉仲景、學生侯永和、于湯臣，測驗晷景刻漏等。造成，詔置集英殿。《新儀象法要》。

姚舜輔

姚舜輔，徽宗時，有司以觀天，推崇寧二年十一月朔爲丙子，頒曆之後，始悟

其朔當進而失進，遂造占天術，改十一月朔爲丁丑，而再頒曆焉。其法上元甲子距崇寧二年癸未，積二千五百五十萬一千七百五十九，日法二萬二千八十。既而曆官言占天成于私家，不經考驗，不可施用。乃命舜輔等復造新曆，取帝受命年登極日，元用庚辰，日起己卯，視崇天減六十七刻半，始與天道相合。五年曆成，賜名紀元，御製序，自大觀元年頒用。其法上元上章執徐之歲距崇寧五年丙戌，歲積二千八百六十一萬三千四百六十六，日法七千二百九十，期實二百六十六萬二千六百二十六，朔實二十一萬五千二百七十八。《宋史·律曆志》、《玉海·律曆·曆法下》、《元史·曆志》。

論曰：紀元術黃、赤互易、中晷損益之率，皆舜輔所創，創立赤道宿度，有少半太之數，月離九道，有九因八約七因八約之差。較之前術，亦爲近密。惟月食亦有時差，爲識者所譏，然小疵無損其大醇也。占天成于私家，頒行未久，術數散亡。李尚之鋭曰：「以演譔之法推之，當于一千二十五萬六千四十爲歲實，八十二萬九千二百一十九爲朔實也。」

清·阮元《疇人傳》卷二一 宋三

陳得一

陳得一，常州布衣也。南渡以後，星翁離散，紀元術亡。紹興二年，高宗重購得之，六月甲午，語輔臣曰：「術官推步不精，今術差一日，近得紀元術，自明年當改正。」協時月正日，蓋非細事，五年，日官言正月朔旦日食九分半，虧在辰正。得一言當食八分半，虧在巳初，其言卒驗。侍御史張致遠言：「今歲正月朔日食，太史所定不驗，得一嘗爲臣言，皆有依據。蓋患算造者不能通消息盈虛之奥，進退遲疾之分，致立朔有訛。凡定朔小餘七千五百以上者，進一日。紹興四年十二月小餘七千六百八十，太史不進，故十一月小盡。今年五月小餘七千一百八十，少三百二十，乃爲進朔，四月大盡。建炎三年定十一月三十日甲戌爲臘，陰陽書曰：『臘者，接也。』以故接新在十二月，近大寒前後戌日定之。若近大寒戌日在正月十一日，若即用遠大寒戌日定之，庶不出十二月。如宣和五年十一月二十七日丙午，大寒後四日庚戌雖近，緣在六年正月一日，此時以十九日戊戌爲臘。得一于歲旦日食，嘗預言之，不差釐刻。願詔得一改造新曆，委官專重其事。」仍盡取其書，參校太史有無，以補遺闕。擇曆算子弟粗通了者，授演譔之要，庶幾日官無曠，曆法不絕。二月丙子，詔秘書少監朱震，即秘書省監視得一改造新曆。八月曆成，震請賜名「統元」，從之。詔翰林學士孫近爲序，以六年頒行。遷震一秩，賜得一通微處士。官其一子。道士裴伯壽等受賞有差。得一等上推甲子之歲，得十一月甲子朔夜半冬至日度起于虛中以爲元。著《曆經》七卷、《曆議》二卷、《立成》四卷、《考古春秋日食》一卷、《七曜細行》二卷、《氣朔入行草》一卷，詔付太史氏副藏秘府。其法上元甲子距紹興五年乙卯，歲積九千四百二十五萬一千五百九十一，元法六千九百三十，歲周二百五十三萬一千一百三十八，朔實二十萬四千六百四十七。紹興元年，史官重脩神宗正史，求奉元曆不獲，詔陳得一、裴伯壽赴闕補脩之。《宋史·律曆志》。【略】

劉孝榮 荆大聲

劉孝榮，光州士人也。統元術頒行雖久，有司不善用之，暗用紀元法推步，而以統元爲名。乾道二年，日官以紀元術推三年丁亥歲十一月甲子朔，將頒行。裴伯壽詣禮部，陳統元曆法當進作乙丑朔，于是依統元曆法正之。孝榮言：「統元術交食先天六刻，火星差天二度。」嘗自著曆，期以半年可成，願改造新曆。」禮部謂：「統元曆法用之十有五年，紀元曆法經六十年，日月交食，有先天分數之差，五星細行，亦有二三度分之殊。算造曆官，拘于依經用法，致朔日有進退，氣節日分有誤，于時宜改造。」伯壽言：「造曆必先立表，測景驗氣，庶幾精密。」判太史局吴澤私于孝榮，且言銅表難成，木表易壞，以沮之。乃詔禮部尚書周執羔提領改造新曆，執羔亦謂測景驗氣，經涉歲月。孝榮乃采萬分曆，作三萬分以爲日法，號七曜細行曆，上之。三年，執羔以曆來上，孝宗曰：「日月有盈縮，須隨時脩改。」執羔對曰：「舜協時日正月，正爲積久不能無差，故協正之。」孝宗問曰：「今曆與古曆何如？」對曰：「堯時冬至日在牽牛，今冬至日在斗一度。」孝榮七曜細行曆，自謂精密，且預定是年四月戊辰朔日食一分，日官言食二分，伯壽并非之，既而精明不食。孝榮又定八月庚戌望月食六分半，候之止及五分。又定戊子歲二月丁未望月食九分已上，出地，其光復滿。伯壽言：「當食既，復滿在戌正三刻。」

侍御史單時言：「比年太史局以統元曆稍差，而用紀元曆，紀元寖差，邇者劉孝榮議改曆，四月朔日食不驗。日官兩用統元、紀元，以定晦朔，二曆之差，歲益已甚，非所以明天道、正人事也。如四月朔之日不食，雖爲差誤，然一分之説，猶爲近焉。八月望之月食五分，新曆以爲食六分，亦爲近焉。聞欲以明年二月望月食爲驗，是夜或有陰晦風雨，願令日官與孝榮所定七政躔度其説異同者，俟其可驗之時，以渾象測之，察其稍近而屢中者，從其説以定曆，庶幾不致甚差。」

詔從之。十一月，詔國子司業權禮部侍郎程大昌、監察御史張敦實，監太史局驗之。時孝宗務知曆法疏密，詔太史局以高宗所降小渾儀測驗造曆。四年二月十四日丁未望，月食，生光復滿，如伯壽言。

時等又言：「去年承詔，十二月癸卯、乙巳兩夜，監測太陰、太白，新曆爲近。今年二月十四日望月食，臣與大昌等，以渾儀定其光滿，則舊曆差近，新曆差遠。若遽以舊曆爲是，則去年所測四事，皆新曆爲近，今者所定月食，乃復稍差，以是知天道之難測。儒者莫肯究心，一付之星翁曆家，其說又不精密。願令繼宗、孝榮等更定三月一月内七政躔度之異同者，仍令臣等往視測驗而造曆焉。三月，詔時與大昌同驗之。太史局止用紀元曆與新曆測驗，未嘗參以統元曆。臣等先求判太史局李繼宗、天文官劉孝榮等，統元、紀元、新曆異同。于三月初九日夜、十一日早、十四日夜、二十日早，請太史局召三曆官上臺，用銅儀窺管，對測太陰、木、火、土星昏晨度經歷度數，參稽所供，監視測驗。初九日，昏度：舊曆太陰在黃道張宿十二度八十七分，在赤道張宿十度；新曆在黃道張宿十四度四十分，在赤道張宿十五度太。臣等驗得在赤道張宿十五度半。今考之新曆稍密，舊曆皆疏。十一日早晨度：木星在黃道室宿十五度七分，在赤道室宿十三度少；土星在黃道虛宿七度三分，在赤道虛宿七度强。新曆木星在黃道室宿十五度四十四分，在赤道室宿十四度少弱；土星在黃道虛宿六度二十一分，在赤道虛宿六度少弱。臣等驗得五更三點，土星在赤道虛宿六度弱；五更五點，木星在赤道室宿十四度。今考之新曆稍密，舊曆皆疏。十二日，都省今定驗統元、紀元及新曆疏密。統元曆昏度，太陰在黃道氐宿初度九十四分，在赤道氐宿三度少；紀元曆在黃道氐宿初度八十三分，在赤道氐宿二度太；新曆在黃道亢宿八度七十一分，在赤道亢宿九度少弱。三曆官以渾儀由南數之，其太陰北去角宿距星二十一度少弱。新舊曆官稱昏度亢宿未見，衹以窺管測定角宿距星，復以曆書考東方七宿，角占十二度，亢占九度少；既亢宿未見，當除角宿十二度，即太陰此時在赤道亢宿九度少弱。今考之新曆全密，紀元、統元曆皆疏。二十日早晨度：統元曆太陰在黃道斗宿十一度九十一分，在赤道斗宿十二度少；火星在黃道危宿七度九十一分，在赤道危宿七度少；土星在黃道虛宿八度八十二分，在赤道虛宿八度太强。紀元曆太陰在黃道斗宿十一度四十分，在赤道斗宿十一度半；火星在黃道危宿六度，在赤道危宿六度太；土星在黃道虛宿七度三十九分，在赤道虛宿七度半弱。新曆太陰在黃道斗宿十度六十一分，在赤道斗宿十度少；火星在黃道危宿七度二十分，在赤道危宿六度；土星在黃道虛宿六度五十三分，在赤道虛宿六度半。三曆官驗得太陰在赤道斗度宿十度，火星在赤道危宿六度强，土星在赤道虛宿六度半。今考之太陰，紀元曆疏；火星，新曆、紀元曆全密，統元曆疏；土星，新曆全密，紀元、統元曆疏。」

又詔時與尚書禮部員外郎李燾同測驗，時等言：「先究紀元、統元、新曆異同，召三曆官上臺，用銅儀窺管，對測太陰、土、火、木星晨度經歷度數，參稽所供，監視測驗。二十四日早晨度：統元曆太陰在黃道危宿十一度九十分，在赤道危宿九度；木星在黃道室宿十八度一十五分，在赤道壁宿初度少；火星在黃道危宿十度七十分，在赤道危宿十度；土星在黃道虛宿八度九十五分，在赤道虛宿九度。紀元曆太陰在赤道危宿十度五十三分，在赤道危宿八度半；木星在黃道室宿十七度六十八分，在赤道室宿十六度少；火星在黃道危宿九度八十四分，在赤道危宿九度；土星在黃道留在虛宿七度四十分，在赤道虛宿七度半。新曆太陰在黃道危宿十三度五分，在赤道危宿十二度；木星在黃道室宿十八度一十分，在赤道室宿十六度半强；火星在黃道危宿十度八分，在赤道危宿九度；土星在黃道虛宿六度六十分始留，在赤道虛宿六度半强始留。三曆官驗得太陰在赤道危宿十度，木星在赤道室宿十六度太，火星在赤道危宿九度半，土星在赤道虛宿六度半弱。今考之太陰，統元曆精密，紀元曆、新曆皆疏；木星，新曆稍密，紀元、統元曆皆疏；火星，紀元、新曆皆稍密，統元曆疏；土星，新曆稍密，紀元、統元曆皆疏。二十七日早晨度：統元曆木星在黃道壁宿初度四十六分，在赤道壁宿初度太强；火星在黃道危宿十二度九十二分，在赤道危宿十二度强；土星留在黃道虛宿八度九十八分，在赤道虛宿九度。紀元曆木星在黃道壁宿初度二十五分，在赤道壁宿初度分空；火星在黃道危宿十二度九十七分，在赤道危宿十一度；土星留在黃道虛宿七度四十八分，在赤道虛宿七度半。新曆木星在黃道壁宿初度四十四分，在赤道壁宿初少强；火星在黃道危宿十二度二十二分，在赤道危宿十一度半；土星留在黃道虛宿六度六十分，在赤道虛宿六度半强。三曆官驗得木星在赤道壁宿初度少，火星在赤道危宿十一度，土星在赤道虛宿六度半。今觀木星新曆稍密，紀元、統元曆皆疏；火星，紀元曆全密，統元、新曆皆疏；土星，新曆稍密，紀元、統元曆皆疏。」

由是朝廷始知三曆異同，乃詔太史局，以新舊曆參照行之。禮部言：「新舊曆官互相異同，參照實難，新曆比之舊曆稍密。」詔用新曆，名以乾道曆，己丑歲

頒行。其法上元甲子距乾道三年丁亥，歲積九千一百六十四萬五千八百二十三，元法三萬，期實一千九十五萬七千三百八，朔實八十八萬五千九百一十七秒七十六。孝榮有《考春秋日食》一卷、《漢魏周隋日月交食》一卷、《唐日月交食》一卷、《宋朝日月交食》一卷、《氣朔入行》一卷、《强弱日法格數》一卷。

乾道四年，禮部員外郎李燾言：「統元曆行之既久，與天不合，固宜。大衍曆最號精密，用之亦不過三十餘年，後之欲行遠也難矣。抑曆未差，無以知其失；未驗，無以知其是。仁宗用崇天曆，天聖至皇祐四年十一月日食，二曆不效，詔以唐八曆及宋四曆參定，皆以景福爲密，遂欲改作。而劉羲叟謂：『崇天曆頒行逾三年，所差無幾，詎可偶緣天變，輕議改移？』又謂：『古聖人曆象之意，止于敬授人時，雖則預考交會，不必吻合，辰刻或有遲速，未必獨是曆差。』乃從羲叟言，復用崇天曆。羲叟曆學爲宋第一，歐陽修、司馬光輩皆遵用之。崇天曆既復用，又十三年，治平二年，始改用明天曆，曆官周琮皆遷官。後三年，驗熙寧三年七月月食不效，乃詔復用崇天曆，奪琮等所遷官。熙寧八年，始更用奉元曆，沈括實主其議。明年正月月食遽不效，詔問修曆推恩者姓名，括具奏辨，得不廢。識者謂括强辨，不許其深于曆也。然後知羲叟之言。然願申飭曆官，加意精思，勿執今是。益募能者熟復討論，更造密度，補治新曆。」緣燾嘗承詔監視測驗，值新曆太陰、熒惑之差，恐書成所差或多，見識能者，乃詔諸道訪通曆者。久之，福州布衣阮興祖上言新曆差謬，荆大聲不以白部，即補興祖爲局生。

初，新曆之成也，大聲、孝榮共爲之。至是大聲乃以太陰九道變赤道，別演一法，與孝榮立異于後。秘書少監、崇政殿説書兼權刑部侍郎汪大猷等言：「承詔于御史臺監集局官，參算明年太陰宿度，箋注御覽詣實。今大聲等推算明年正月至月終，九道太陰變赤道，限十二月十五日以前具稿成，至正月內，臣等召曆官上臺，用渾儀監驗疏密。」從之。五年，國子司業兼權禮部侍郎程大昌、侍御史單時、秘書丞唐孚、秘書郎李木言：「都省下靈臺郎充曆算官蓋堯臣、皇甫繼明、宋允恭等言：『厥今更造乾道新曆，朝廷累委官定驗，得見日月交食，密近天道，五星行度，允協躔次，惟九道太陰，間有未密。搜訪能曆之人，補治新曆，半年未有應詔者，獨荆大聲別演一法，與劉孝榮乾道曆，定驗正月九道太陰行度。今來二法皆未能密于天道，乾道太陰一法與諸曆比較，皆未盡善。今撮其精微，譔成一法。其先推步，到正月內，九道太陰正對在赤道宿度，願委官與孝榮、大聲驗之。如或精密，即以所修九道經法，請得與定驗官，更集孝榮、大聲等同赴臺，推步明年九道太陰正對赤道宿度，點定月分定驗，從其善者用之。』」大昌等從大聲、孝榮所供正月內太陰九道宿度，已赴太史局測驗，上中旬畢，及取大聲、孝榮、堯臣等三家所供正月下旬太陰宿度，參照覽視，測驗疏密，堯臣、繼明、允恭，請具今年太陰九道宿度。欲依逐人所請，限一月各具今年太陰九道變黃道正對赤道，其宿其度，依經具稿，送御史臺測驗官不時視驗，然後見其疏密。」

裴伯壽上書言：「孝榮自陳預定丁亥歲四月朔日食、八月望月食，俱不驗。又定去年二月望夜二更五點月食九分以上，出地復滿。臣嘗言于宰相，是月之食，當食既出地，紀元曆亦食既出地，生光在戌初二刻，復滿在戌正三刻。是夕，月出地時有微雪，至昏時見月已食既，至戌初三刻果生光，即食既出地可知；復滿在戌正三刻，時二更二點。臣所言卒驗。孝榮言見行曆交食先天六刻，今所定月食復滿，乃後天四刻，新曆繆誤爲甚。其步氣朔不知驗氣，步月離朏之極數。少朒之極四百九十三分，疾之極數，少遲之極數二十分，不合曆法。夫立表驗氣，窺測七政，然後作曆。豈容掇拾緒餘，超接舊曆，以爲新術，可乎？新曆出于五代民間萬分曆，其數朔餘太强，明曆之士，往往即之。今孝榮乃三因萬分小曆，作三萬分爲日法，以隱萬分之名。三萬分曆，即萬分曆也。緣朔餘太强，孝榮遂減其分，乃增立秒，不入曆格。前古至于宋諸曆，朔餘并皆無秒，且孝榮不知王處訥于萬分增二爲應天曆，日法朔餘五千三百七，自然無秒，而去王朴用秒之曆。臣與造統元曆之後，潛心探討，復三十餘年，考之諸曆，得失曉然。誠假臣演譔之職，當與太史官立表驗氣，窺測七政，運算立法，當遠過前曆。」詔送監視測驗官詳之，達于尚書省。

時談天者各以技術相高，互相詆毀。諫議大夫單時、秘書少監汪大猷、國子司業權禮部侍郎程大昌、秘書丞唐孚、秘書郎李木言：「乾道新曆，荆大聲、劉孝榮同主一法，自初測驗以至權行施用，二人無異議。後緣新曆不密，詔訪求通曆者，孝榮乃訟阮興祖緣大聲補局生，自是紛紛不已。大聲官以判局提點曆書爲名，乃言不當責以立法起算。不知起曆授時，何所憑據。且正月內五夜，較孝榮所定五日并差，大聲所定五日內，三日的中，兩日稍疏。繼伯壽進狀獻術，時等將求其曆書上臺測驗，務求至當，而大聲等正居其官，乃飾辭避事，測驗非精。且大聲、孝榮同立新法，今猶反覆，苟非各具所見，他日曆成，大聲妄有動揺，即前功盡廢。請令孝榮、大聲、堯臣、伯壽，各具乾道五年五月已後至年終，太陰五星排日正對赤道躔度，上之御史臺，令測驗官參考。」詔從之。

六年，日官言：「比詔權用乾道曆推算，今歲頒曆于天下，明年用何曆推算？」詔亦權用乾道曆一年。秋，成都曆學進士賈復自言，詔求推明熒惑、太陰二事，轉運使資遣至臨安，願造新曆畢還蜀。仍進《曆法九議》。孝宗嘉其志，館于京學，賜廩給。太史局李繼宗等言：「十二月望月食，大分七、小分九十三。賈復、劉大中等，各虧初、食甚分夜不同。」詔禮部侍郎鄭聞監李繼宗等測驗。是夜，食八分。秘書省言，靈臺郎宋允恭、國學生林永叔、草澤祝斌、黄夢得、吴時舉、陳彦健等，各推算日食時刻，分數異同。乃詔諫議大夫姚憲監繼宗等測驗五月朔日食。憲奏時刻分數皆差舛，繼宗、澤、大聲削降有差。太史局春官正、判太史局吴澤等言：「乾道十年，頒賜曆日，其中十二月已定作小盡，乾道十一年正月一日，注癸未朔，畢乾道十一年正月一日。崇天、統元二曆，算得甲申朔；紀元、乾道二曆，算得癸未朔；今乾道曆正朔小餘，約得不及進限四十二分，是爲疑朔。更考日月之行，以定月朔大小，以此推之，則當是甲申朔。今曆官弗加精究，直以癸未注正朔，竊恐差誤，請再推步。」于是俾繼宗監視，皆以是年正月朔當用甲申。兼今歲五月朔，太陰交食，本局官生瞻視到天道日食四分半，虧初西北，午時五刻半；食甚正北，未初二刻；復滿東北，申初一刻。後令永叔等五人，各言五月朔日食分數，并虧初、食甚、復滿時刻皆不同。并見行乾道曆比之，五月朔天道日食多算二分少强，虧初少算四刻半，食甚少算三刻，復滿少算二刻已上。又考乾道曆，比之崇天、紀元、統元三曆，日食虧初時刻爲近；較之乾道，日食虧初時刻爲不及。繼宗等參考來年十二月係大盡，及十一年正月朔當用甲申，而太史局丞、同判太司局荆大聲，言乾道曆加時係不及進限四十二分，定今年五月朔日食虧初在午時一刻。今測驗五月朔日食虧初在午時五刻半，乾道曆加時弱四百五十分。苟以天道時刻，預定乾道十二年正月朔，已過甲申日四百五十分。大聲今再指定乾道十一年正月合作甲申朔，十年十二月合作大盡，請依太史局詳定行之。」五月，詔曆官詳定。

淳熙元年，禮部言：「今歲頒賜曆書，權用乾道新曆推算，明年復欲權用乾道曆。」詔從之。十一月，詔太史局春官正吴澤推算太陽交食不同，合秘書省敕責之，并罰造曆者。三年，孝榮等造新曆成。判太史局李繼宗等言：「奉詔令集在局通算曆人重造新曆，今譔譔成《新曆》七卷、《推算備草》二卷，校之紀元、統元、乾道諸曆，新曆爲密，願賜曆名。」于是詔名「淳熙曆」，四年頒行，令禮部、秘書省參詳以聞。其法上元甲子距淳熙三年丙申，歲積五千二百四十二萬一千九百七十二，元法五千六百四十，歲實二百五萬九千九百七十四，朔實一十六萬六千五百五十二秒五十六。

淳熙四年正月，太史局言：「三年九月望，太陰交食，以紀元、統元、乾道三曆推之，初虧在攢點九刻，食二分及三分已上；以新曆推之，在明刻内食大分空，止在小分百分中二十七。是夜瞻候月體盛明，雖有雲而不翳，至旦不見虧食，可見紀元、統元、乾道三曆，不逮新曆之密。今當預期推算淳熙五年曆，蓋舊曆疏遠，新曆未行，請賜新曆名，付下推步。」禮部驗得孟邦傑、李繼宗等所定五星行度分數，各有異同。繼宗云：「六月癸酉，木星在氐宿三度一十九分。」邦傑言：「夜昏度瞻測得木星在氐宿三度半，半係五十分，雖見月體，而西南有雲翳之。」繼宗云：「是月戊寅，木星在氐宿三度四十一分。」邦傑言：「四望有雲，雖雲間時露月體，所可測者，木星在氐宿三度太，太係七十五分。」繼宗云：「庚辰土星在畢宿三度二十四分；金星在參宿五度六十五分；火星在井宿七度二十七分。」邦傑言：「五更五點後測見土星入畢宿二度半，半係五十分；金星入參宿六度半；火星入井宿八度多三分。」繼宗云：「七月辛丑，太陰在角宿初度七十一分；木星在氐宿五度七十六分。」邦傑言：「測見昏度太陰入軫宿十六度太，太係七十五分；木星入氐宿六度少，少係二十五分。」孝宗曰：「古曆無不差者，况近世此學不傳，求之草澤，亦難其人。」詔以淳熙曆權行頒用一年。

五年，金遣使來朝賀會慶節，妄稱其國曆九月庚寅晦爲己丑晦。接伴使檢詳邱崇辨之，使者辭窮，于是朝廷益重曆事。李繼宗、吴澤言：「今年九月大盡，係三十日，于二十八日早晨度，瞻見太陰離東濁高六十餘度，則是太陰東行未到太陽之數。然太陰一晝夜東行十三度餘，以太陰行度較之，又減去二十九日，早晨度太陰所行十三度餘，則太陰尚有四十六度以上未行到太陽之數，九月大盡明矣。其金國九月作小盡，不當見月體；今既見月體，不爲晦日。乞九月三十日、十月一日，差官驗之。」詔遣禮部郎官吕祖謙。祖謙言：「本朝十月小盡，一日辛卯朔夜昏度，太陰躔在尾宿七度七十分。以太陰一晝夜平行十三度三十一分，至八日上弦日，太陰計行九十一度餘。按曆法，朔至上弦，太陰平行九十一度三十一分，當在室宿一度太。全國十月大盡，一日庚寅朔夜昏度，太陰約在心宿初度三十一分。太陰一晝夜亦平行十三度三十一分，自朔至本朝八日，爲金國九日，太陰已行一百四度六十二分，比之本朝十月八日上弦，太陰多行一晝夜之數。今測見太陰在室宿二度，計行九十二度餘，始知本朝十月八日上弦，密于

天道。」詔祖謙復測驗。是夜，邦傑用渾天儀法物測驗，太陰在室宿四度，其八日上弦夜所測太陰在室宿二度。按曆法，太陰平行十三度餘，行遲行十二度。今所測太陰，比之八日夜，又東行十二度，信合天道。十年十月，詔甲辰歲曆字誤，令禮部更印造，頒諸安南國。繼宗、澤及荆大聲削降有差。

十二年九月，成忠郎楊忠輔言：「淳熙曆簡陋，于天道不合。今歲三月望，月食三更二點，而曆在三更三點，數虧四分，而曆虧幾五分。四月二十三日，水星據曆當夕伏，而水星方與太白同行東井間，昏見之時，去濁猶十五餘度。七月望前，土星已伏，而曆猶注見。八月未弦，金已過氐矣，而曆猶在亢。此類甚多，而朔差者八年矣。夫守疏敝之曆，不能革舊，其可哉！忠輔于《易》粗窺大衍之旨，創立日法，譔演新曆，不敢以言者，誠懼太史順過飾非。恃刻漏則水有增損、遲疾，恃渾儀則度有廣狹斜也。所賴今歲九月之交，食在晝，而淳熙曆法當在夜，以晝夜辨之，不待分爭而決矣。輒以忠輔新曆推算，淳熙十二年九月，定望日辰退乙未，太陰交食大分四，小分八十五，晨度帶入漸進大分一，小分七；虧初在東北，卯正一刻二十一分，係日出前；食甚在正北，辰初一刻二十分；復滿在西北，辰正初刻，并日出後。其日日出卯正三刻後，與虧初相去不滿一刻。以地形論之，臨安在岳臺之南，秋分後晝刻比岳臺差長，日當先曆而出，故知月起虧時，日光已盛，必不見食。以淳熙曆推之，九月望夜，月食大分五，小分二十六，帶入漸進大分三，小分四十七；虧初在東北，卯初三刻，係攢點九刻後；食甚在正北，卯正三刻後；復滿在西北，辰正初刻後，并在晝。」禮部乃考其異同。孝宗曰：「日月之行有疏數，故曆久不能無差，大抵月之行速，多是不及，無有過者。可遣臺官、禮部官同驗之。」詔遣禮部侍郎顔師魯。其夜戌正二刻，陰雲蔽月，不辨虧食。師魯請詔精于曆學者，與太史定曆。孝宗曰：「曆久必差，聞來年月食者二，可俟驗否？」十三年，右諫議大夫蔣繼周言：「試用民間知星曆者，遴選提領官，以重其事，如祖宗之制。」孝宗曰：「朝士鮮知星曆者，不必專領。」乃詔有通天文曆算者，所在州軍以聞。八月，布衣皇甫繼明等陳：「今歲九月望，以淳熙曆推之，當在十七日，實曆敝也。太史乃注于十六日之下，徇移遷就，以掩其過。請造新曆。」而楊忠輔乞與曆官劉孝榮及繼明等，各具已見，合用曆法，指定今年八月十六日，太陰虧食加時早晚，有無帶出，所見分數，及節次、生光、復滿、方向、辰刻、更點同驗之，仰合乾象，折衷疏密。再請今年八月二十九日，驗月見東方一事，苟見月餘光，則其日不當以爲晦也。又今年九月十六日，驗月未盈一事，苟見月體東向之光猶薄，則其日不當爲望也。知晦望之差，則朔之差明矣。必使氣之與朔，無毫髮之差，始可演造新曆。付禮部議，各具先見，指定太陰虧食、分數、方向、辰刻，定驗折衷。詔師魯、繼周監之。既而孝榮差一點，繼明等差二點，忠輔差三點，乃罷遣之。

十四年，國學進士會稽石萬言：「淳熙曆立元非是，氣朔多差，不與天合。按淳熙十四年曆，清明、夏至、處暑、立秋四氣，及正月望、二月十二月下弦、六月八月上弦、十月朔，并差一日。如卦候盈虛没滅，五行用事，亦各隨氣朔而差。南渡以來，渾儀草創，不合制度，無圭表以測日景長短，無機漏以定交食加時。設欲考正其差，而太史局官尚如去年測驗太陰虧食，自一更一點還光一分之後，或一點還光二分，或一點還光三分以上，或一點還光三分以下，使更點乍疾乍徐，隨景走弄，以肆欺蔽。若依晉泰始、隋開皇、唐開元課曆故事，取淳熙曆與萬所造之曆，各推而上之于千百世之上，以求交食，與夫歲、月、日、星辰之著見于經史者，爲合與否。然後推而下之，以定氣朔，則與前古不合者爲差，合者爲不差，甚易見也。然其差謬非獨此耳。冬至日行極南，黄道出赤道二十四度，晝極短，故四十刻，夜極長，故六十刻；夏至日行極北，黄道入赤道二十四度，晝極長，故六十刻，夜極短，故四十刻；春秋二分，黄赤二道平而晝夜等，故各五十刻，此地中古今不易之法。至王普重定刻漏，又有南北分野、冬夏晝夜長短三刻之差。今淳熙曆皆不然。冬至晝四十刻極短，夜六十刻極長，乃在大雪前二日，所差一氣以上；自冬至之後，晝當漸長，夜當漸短，今過小寒，晝猶四十刻，夜猶六十刻，所差七日有餘；夏至晝六十刻極長，夜四十刻極短，乃在芒種前一日，所差亦一氣以上；自夏至之後，晝當漸短，夜當漸長，今過小暑，晝猶六十刻，夜猶四十刻，所差亦七日有餘，及晝夜各五十刻，又不在春分、秋分之下。至于日之出入，人視之以爲晝夜有長短，有漸不可得而急與遲也，急與遲則爲變。今日之出入增減一刻，近或五日，遠或三四十日，而一急一遲，與日行常度無一合者。請考正淳熙曆法之差，俾之上不違于天時，下不乖于人事。」送秘書省禮部詳之。

皇甫繼明、史元實、皇甫迨、龐元亨等言：「石萬所譔五星再聚曆，乃用一萬三千五百爲日法，特竊取唐末崇元舊曆，而婉其名爾。淳熙曆立法乖疏，丙午歲定望，則在十七日，太史知其不可，遂注望于十六日下，以掩其過。臣等嘗陳請于太史局官對辨，置局更曆，迄今未行。今考淳熙曆經，則又差于將來。戊申歲十一月下弦，則在二十四日，太史局官必俟頒曆之際，又將妄退于二十三日矣。

法不足恃，必假遷就，而朔望二弦，曆法綱紀，苟失其一，則五星盈縮、日月交會，與夫昏旦之中星、晝夜之晷刻，皆不可得而正也。渾儀、景表、壺漏之器，臣等私家無之，是以曆之成書，猶有所待。國朝以來，必假創局而曆始成，請依改造大曆故事，置局更曆，以祛太史局之敝。」事上聞，宰相王淮奏免送後詳省看詳。孝宗曰：「使秘省各司同察之，亦免有異同之論。」六月，給事中兼修玉牒官王信，亦言更曆事，以爲曆法深奥，若非詳加測驗，無以見其疏密。乞令繼明與萬各造來年一歲之曆，取其無差者。詔從之。十二月，進所造曆。淮等奏：「萬等曆日，與淳熙十五年曆差二朔，淳熙曆十一月下弦在二十四日，恐曆法有差。」孝宗曰：「朔豈可差？朔差則所失多矣。」乃命吏部侍郎章森、秘書丞相伯嘉，參定以聞。十五年，禮部言：「萬等所造曆，與淳熙曆法不同，當以其年六月二日、十月晦日月不應見而見爲驗，兼論淳熙曆下弦不合在十一月二十四日，是日請遣官監視。」詔禮部侍郎尤袤與森監之。六月二日，森奏：「是夜月明，至一更二點入濁。」十月晦，袤奏：「晨前月見東方。」孝宗問：「諸家孰爲疏密？」周必大等奏：「三人各定二十九日早，月體尚存一分，獨忠輔、萬謂既有月體，不應小盡。」孝宗曰：「十一月合朔在申時，是以二十九日尚存月體耳。」十六年，承節郎趙涣言：「曆象大法，及淳熙曆，今歲冬至并十二月望，月食皆後天一辰，請遣官測驗。」詔禮部侍郎李巘、秘書省鄧馹等視之，巘等請用太史局渾儀測驗，如乾道故事，差秘書省提舉一員專監之。詔差秘書丞黄艾、校書郎王叔簡。

紹熙元年八月，詔太史更造新曆頒之。二年正月，進《立成》二卷、《紹熙二年七曜細行曆》一卷，賜名會元，詔巘序之。亦孝榮等所造也。其法上元甲子距紹熙二年辛亥，歲積二千五百四十九萬四千七百六十七，統率三萬八千七百，氣率一千四百一十三萬四千九百三十二，朔率一百一十四萬二千八百三十四。《宋史・律曆志》《元史・曆志》。

論曰：唐宋演譔之家，首重調日法以求朔餘。故萬分不得爲日法，而朔餘之下，不得有秒。蓋日法一萬，其朔餘必五千三百六，是爲太强，若朔餘之下有秒，則必與强弱之法不合。宋術十八改，惟孝榮所造乾道、淳熙二術，朔餘有秒，故裴伯壽詆爲不入術格也。然會元朔餘無秒，而亦不久即差者。步算之道，當先測景驗氣，慮圭表之難成，而徒换易子母，庶幾驗天，不亦難乎？

王普

王普，字伯照。官左朝散大夫，行太常博士。著《官術刻漏圖》二卷，自序言：「官術漏刻，以岳臺爲定。九服之地，冬夏至晝夜刻數，或與岳臺不同，則二十四氣前後易箭之日，亦皆少差。」其後建陽林氏，衍四刻餘分均諸衆時之先後，作小漏款識，視普爲備。《欽定四庫全書總目》。

清・阮元《疇人傳》卷二二　宋四

楊忠輔

楊忠輔，字德之。官成忠郎。紹熙四年，布衣王孝禮言：「今年十一月冬至日景長，當在十九日壬午，會元曆注乃在二十日癸未，係差一日。崇天曆癸未日冬至加時在酉初七十六分，紀元曆在丑初一刻六十七分，統元曆在丑初二刻二分，會元曆在丑初一刻三百四十分。迨今八十有七年，當在丑初一刻，不減而反增。崇天曆實天聖二年造，紀元曆崇寧五年造，計八十二年。是時測景驗氣，知冬至後天，乃減六十七刻半，方與天道協，其後陳得一造統元曆，劉孝榮造乾道、淳熙、會元三曆，未嘗測景。苟弗立表測景，莫識其差。乞遣官令太史局以銅表同孝禮測驗。」朝廷雖從之，未暇改作。

慶元四年，會元曆占候多差，日官草澤，互有異同。詔禮部侍郎胡紘充提領官，正字馮履充參定官，監忠輔造新曆。右諫議大夫兼侍講姚愈言：「太史局文籍散逸，測驗之器又復不備，幾何而不疏略哉？漢元鳳間，言曆者十有一家，議久不決，考之經籍，驗之帝王録，然後是非洞見。元和間，以太初違天益遠，晦朔失實，使治曆者修之，以無文證驗，雜議蠭起，越三年始定。此無他，不得儒者以總其綱，故至于此也。《周官》馮相氏、保章氏志日月星辰之運動，冢宰實總之。漢初，曆官猶宰屬也。熙寧間，司馬光、沈括皆嘗提舉司天監，故當是時曆數明審，法度嚴密。乞命儒臣常兼提舉，以專其責。」

五年，監察御史張巖論馮履唱爲詖辭，罷去。詔通曆算者所在具名來上。及忠輔曆成，宰臣京鏜上進，賜名統天，頒之。凡《曆經》三卷、《八曆冬至考》一卷、《三曆交食考》三卷、《晷景考》一卷、《考古今交食細草》八卷、《盈縮分損益率立成》二卷、《日出入晨昏分立成》一卷、《岳臺日出入晝夜刻》一卷、《赤道内外去極度》一卷、《臨安午中晷常數》一卷、《禁漏街鼓更點辰刻》一卷、《禁漏五更攢點昏曉中星》一卷、《將來一年氣朔》二卷、《已未庚申二年細行》二卷，總三十二卷。其法上元甲子歲距紹熙五年甲寅，歲積三千八百三十，至慶元己未，歲積三千八百三十五，策法萬二千，歲分四百三十八萬二千九百一十，朔實三十五萬四千三百六十八，氣差二十三萬七千八百一十一，閏差二萬一千七百四，斗分差一百二

十七。《宋史·律曆志》、鮑澣之《九章算術·後序》。

論曰：唐宋諸家，皆用積年日法。郭邢臺授時獨刊而去之，當時號爲最密。而以統天之法較之，乃往往相合。授時截用辛巳爲元，統天則上考下求，并以距甲寅立算，是亦用截元也。授時歲實三百六十五萬二千四百二十五，統天歲分以策法除之，亦得三百六十五日二千四百二十五分，是歲實與授時同，亦可以萬分爲日法也。統天之氣閏諸差，即授時之諸應；統天之斗分差，即授時之百年消長一分，知授時即寫統天術，而統天亦不用積年日法矣。顧猶婉而出之，仍虛立上元策法之數者，蓋積習相沿，不欲驟更以駭俗耳。鮑澣之譏其無復强弱之法，虛廢方程之舊，澣之所執，固何承天以來相傳之師法。而忠輔創立新率，獨有心得，又何可以成法限之乎？梅徵君文鼎謂宋術莫善于紀元，尤莫善于統天，諒哉！

鮑澣之

鮑澣之，字仲祺，處州人也。官大理評事。慶元五年七月辛卯朔，統天曆推日食，雲陰不見。六年六月乙酉朔，推日食不驗。嘉泰二年五月甲辰朔，日有食之。詔太史與草澤聚驗于朝，太陽午初一刻起虧，未初刻復滿。統天曆先天一辰有半，乃罷楊忠輔，詔草澤通曉曆者應聘修治。

開禧三年，澣之言：「曆者，天地之大紀，聖人所以觀象明時，倚數立法，以前民用而詔方來者。自黃帝以來，至于秦漢，六曆具存，其法簡易，同出一術。既久而與天道不相符合。于是太初、三統之法，相繼改作，而推步之術，愈見闊疎。是以劉洪、祖冲之之减破斗分，追求月道，而推測之法，始加詳焉。至于李淳風、一行而後，總氣朔而合法，效乾坤而擬數，演算之法始加備焉。故後世之論曆，轉爲精密，非過于古人也，蓋積習考驗而得之者審也。試以近法言之：自唐麟德、開元，而至于五代所作者，國初應天，而至于紹熙、會元，所更者十二書，無非推求上元，開闢爲演紀之首，氣朔同元，而七政會于初度。從此推步以爲曆本，未嘗敢輒爲截法，而立加減數于其間也。獨石晉天福間，馬重績更造調元曆，不復推古上元甲子七曜之會，施于當時，五年輒差，遂不可用，識者咎之。今朝廷自慶元三年以來，測驗氣景，見舊曆後天十一刻，改造新曆，賜名「統天」。進曆未幾，而推測日食已不驗，此猶可也。但其曆書演紀之始，起于唐堯二百餘年，非開闢之端也。氣朔五星，皆立虛加、虛減之數，氣朔積分，乃有泛積、定積之繁。以外算而加朔餘，以距算而減轉率，無復强弱之法，虛廢方程之舊。其餘差漏，不可備言。以是而爲術，乃民間之小曆，而非朝廷頒正朔、授民時之書也。漢人以謂曆元不正，故資賊相續，言雖迂誕，然而曆紀不治，實國家之重事。顧詔有司選演譔之官，募通曆之士，置局討論，更造新術，庶幾并智合議，調治日法，追迎天道，可以行遠。」澣之又言：「當楊忠輔演造統天曆之時，每與議論曆事。今見統天曆舛，近亦私成新曆。誠改新曆，容臣投進，與太史、草澤諸人所著之曆參考。」七月，澣之又言：「統天曆來年閏差，願以諸人所進曆，令秘書省參考頒用。」

秘書監兼國史院編修官、實録院檢討官曾漸言：「改曆，重事也。昔之主其事者，無非道術精微之人，如太史公、落下閎、劉歆、張衡、杜預、劉焯、李淳風、一行、王朴等，然猶久之不能無差。其餘不過遞相祖述，依約乘除，捨短取長，移疎就密而已，非有卓然特達之見也。一時偶中，即復舛戾。本朝敝在數改曆法。統天曆頒用之初，即已測日食不驗，因仍至今，置閏遂差一月，其爲當改無疑。然朝廷以一代鉅典，責之專司，必其人確然著論，破諸説之非，服衆多之口，庶幾可見。按乾道、淳熙、慶元凡三改曆，皆出劉孝榮一人之手，其後遂爲楊忠輔所勝。久之，忠輔曆亦不驗，故孝榮安職至今。紹熙以來，王孝禮者數以自陳，每預測驗，或中或不中；李孝節、陳伯祥本皆忠輔之徒，趙達，卜筮之流；石如愚獻其父書，不就測驗晷景，止定月食分數，其術最疎；陳光則并交食不論，愈無憑依。此數人者，未知孰爲可付，故鮑澣之屢以爲請。今若降旨開局，不過收聚此數人者，和會其説，使之無争。來年閏差，其事至重。今年八月，便當頒曆外國，而三數月之間，悉遽成書，結局推賞，討論未盡，必生詆訾。今劉孝榮、王孝禮、李孝節、陳伯祥所擬改曆，及澣之所進曆，皆已成書，願以衆曆參考，擇其與天道最近且密者頒用，庶幾來年置閏不差。請如先朝故事，搜訪天下精通曆書之人，用沈括所議，以渾儀、浮漏、圭表測驗，每日記録，積三五年，前後參較，庶幾可傳永久。」漸又言：「慶元三年以後，氣景比舊曆有差，至四年改造新曆未成，時當頒五年曆，乃差官以測算晷景、氣朔加時辰刻，成會元曆頒賜。今若頒來年氣朔，既有去年十月以後、今年正月以前所測晷景，已見天道冬至加時分數，來年置閏，比之統天曆亦已不同，兼諸所進曆，并可參考。請速下本省，集判局官于本省參考，使澣之覆考，以最近之曆，推算氣朔頒用。」于是詔漸充提領官，澣之充參定官，草澤精算造者、嘗獻曆者，與造統天曆者，皆延之，于是開禧新曆議論始定。詔以戊辰年權附統天曆頒之。既而婺州布衣阮泰發獻《渾儀十

論》，且言統天、開禧曆皆差。朝廷令造木渾儀，賜文解罷遣之。

嘉定三年，鄒淮言曆書差忒，當改造試。太子詹事兼同修國史、實録院同修譔兼秘書監戴溪等言，請詢漸、澣之造曆故事。詔溪充提領官，澣之充參定官，鄒淮演譔，王孝禮、劉孝榮提督推算官生十有四人，日法用三萬五千四百。四年春曆成，未及頒行，溪等去國，曆亦隨寢。韓侂胄當國，或謂非所急，無復敢言曆差者，于是開禧曆附統天曆行于世四十五年。其法上元甲子至開禧三年丁卯，歲積七百八十四萬八千一百八十三，日法一萬六千九百，歲率六百一十七萬二千六百八，朔率四十九萬九千六十七。《宋史·律曆志》、《九章算術·後序》。

論曰：《宋史》所載開禧術甚略，上元冬至宿度亦所不詳。中興《天文志》曰：「開禧占測冬至已在箕宿，然則上元冬至，當在虛五度矣。漢時冬至日在斗末，漸退而至斗初箕末。又自箕末漸退至今，而日在箕初，此歲差之實據也。」

李德卿

李德卿，淳祐十年造淳祐術。其法上元甲子至淳祐十年庚戌，積一億二千二十六萬七千六百四十六，日法三千五百三十。自開禧術行用之後，嘉泰元年，中奉大夫、守秘書監俞豐等請改造新曆。監察御史施康年劾太史局官吴澤、荆大聲、周端友循默尸禄，言災異不及時，詔各降一官。臣僚言：「頒正朔，所以前民用也。比曆書一日之間，吉凶并出，異端并用，如土鬼、暗金兀之類，則添注于凶神之上猶可也，而其首則揭九良之名，其末則出九曜吉凶之法，勘昏行嫁之法，至于《周公出行》、《一百二十歲宫宿圖》，凡閭閻鄙俚之説，無所不有，是豈正風俗、示四夷之道哉！願削不經之論。」從之。二年五月朔，日食，太史以爲午正，草澤趙大猷言午初三刻半日食三分。詔著作郎張嗣古監視測驗，大猷言然，曆官乃抵罪。嘉定四年，秘書省著作郎兼權尚左郎丁端祖請考試司天生。十三年，監察御史羅相言：「太史局推測七月朔太陽交食，至是不食。願令與草澤新曆精加討論。」于是澤等各降一官。淳祐四年，兼崇政殿説書韓祥請召山林布衣造新曆。從之。五年，降算造成永祥一官，以元算日食未初三刻，今未正四刻，元算虧八分，今止六分故也。八年，朝奉大夫、太府少卿兼尚書左司郎中兼勅令所删修官尹涣言：「曆者，所以統天地，侔造化，自昔皆擇聖智典司其事。後世急其所當緩，緩其所當急，以爲利吾國者，惟錢穀之務。固吾圉者，惟甲兵是圖。至于天文曆數，一切付之太史局，荒疎乖謬，安心爲欺，朝士大夫莫有能詰之者。請召四方之通曆算者至都，使曆官學焉。」至是德卿新術成。十一年，殿中侍御史陳垓言：「曆者，天地之大紀，國家之重事。今淳祐十年冬所頒十一年曆，稱成永祥等依開禧新曆推算，辛亥歲十二月十七日立春在酉正一刻。今所頒曆乃相師堯等依淳祐新曆推算，到壬子歲立春日在申正三刻。質諸前曆，乃差六刻，以此頒行天下，豈不貽笑四方！且許時演譔新曆，將以革舊曆之失。又考驗所食分數，開禧舊曆僅差三刻，而李德卿新曆差六刻二分有奇，與今頒行前後兩曆所載立春氣候分數亦差六刻則同。由此觀之，舊曆差少，未可遽廢；新曆差多，未可輕用。一旦廢舊曆而用新曆，不知何所憑據。請參考推算頒行。」《宋史·律曆志》、《元史·曆志》。

論曰：淳祐術數殘闕，李尚之鋭曰：「以演譔之法推之，當以一百二十八萬九千三百七爲歲實，一十萬四千二百四十三爲朔實也。」

譚玉

譚玉，淳祐十二年造新術。其法上元甲子至淳祐十二年壬子，積一千一百三十五萬六千一百二十八，日法九千七百四十。秘書省言：「太府寺丞張湜同李德卿算造曆書，與譚玉續進曆書頗有抵牾。省官參訂兩曆得失疏密以聞。其一曰：玉訟德卿用崇天曆，日法三約用之者，崇天曆用一萬五百九十爲日法，德卿用三千五百三十爲日法，玉之言然。其二曰：玉訟積年一億二千二十六萬七千六百四十六，不合曆法。今考之德卿用積年一億以上。其三曰：玉訟壬子年六月，癸丑年二月、六月、九月，丙辰七月，置閏皆差一日。今秘書省檢閲林光世用二家曆法各爲推算。其四曰：德卿曆與玉曆壬子年立春、立夏以下十五節氣時刻皆同，雨水、驚蟄以下九節氣各差一刻。其五曰：德卿推壬子年二月乙卯朔日食，帶出已退所見大分八；玉推日食帶出已退所見大分七，辰當壁宿六度同。其六曰：德卿曆斗分作三百六十五日二十四分二十八秒，玉曆斗分作三百六十五日二十四分二十九秒，二曆斗分僅差一秒。惟二十八秒之法，起于齊祖冲之，而德卿用之，使冲之之法可久，何以歷代增之？玉既指其謬，又多一秒，豈能必其天道合哉！請得商確推算，合衆長而爲一，然後賜名頒行。」是年曆成，賜名「會天」，寶祐元年行之。《宋史·律曆志》、《元史·曆志》。

論曰：會天術數殘闕。李尚之鋭曰：「以演譔之法推之，當以三百五十五萬七千四百六十六爲歲實，二十八萬七千六百二十八爲朔實也。」又曰：「《玉海》載尤焴譔序曰：『積年止用一千一百餘萬，日法止用五百五十八。』此日法與《元史》授時議不合。案日法五百五十八，則朔餘當二百九十六，朔餘太弱，不得

爲日法，蓋《玉海》有脱誤也。」

陳鼎　臧元震

陳鼎，咸淳六年造新術。先是，會天術推咸淳六年十一月三十日冬至，至後爲閏十一月。既已頒曆，浙西安撫司準備差遣臧元震言：「曆法以章法爲重，章法以章歲爲重。蓋曆數起于冬至，卦起于中孚，十九年謂之一章，一章必置七閏，必第七閏在冬至之前，必章歲至、朔同日。故《前漢志》云：『朔旦冬至，是謂章月。』《後漢志》云：『至、朔同日，謂之章。』『積分成閏，閏七而盡，其歲十九，名之曰章。』《唐志》曰：『天數終于九，地數終于十，合二終以紀閏餘。』章法之不可廢也若此。今所頒庚午歲曆，乃以前十一月三十日爲冬至，又以冬至後爲閏十一月，莫知其故。蓋庚午之閏，與每歲閏月不同；庚午之冬至，與每歲之冬至又不同。蓋自淳祐壬子數至咸淳庚午，凡十九年，是爲章歲，其十一月是爲章月。以十九年七閏推之，則閏月當在冬至之前，不當在冬至之後。以至、朔同日論之，則冬至當在十一月初一日，不當在三十日。今以冬至在前十一月三十日，則是章歲至、朔不同日矣。若以閏月在冬至後，則是十九年之内止有六閏，又欠一閏。且一章計六千八百四十日，于内加七閏月，除小盡，積日六千九百四十日，或六千九百三十九日，約止有一日。今自淳祐十一年辛亥章歲十一月初一日章月冬至後起算，十九年至咸淳六年庚午章歲十一月初一日當爲冬至，方管六千八百四十日。今算造官以閏月在十一月三十日冬至之後，則此一章止有六閏，更加六閏除小盡外，實積止六千九百十二日，比之前後章歲之數，實欠二十八日。曆法之差，莫甚于此。況天正冬至乃曆之始，必自冬至後積三年餘分，而後可以置第一閏。今庚午年章歲丙寅日申初三刻冬至，去第二日丁卯，僅有四分日之一，且未正日，安得遽有餘分？未有餘分，安得遽有閏月？則是後一章之始不可推算，其謬可知矣。今欲改之，有簡而易行之説。蓋曆法有平朔，有經朔，有定朔。一大一小，此平朔也；兩大兩小，此經朔也；三大三小，此定朔也。今正以定朔之説，則當以前十一月大爲閏十月小，以閏十一月小爲十一月大，則丙寅日冬至節，可爲十一月初一日，以閏十一月一之丁卯，爲十一月初二日，庶幾遞遺下一日置閏，十一月二十九日丁未，始爲大盡。然則冬至既在十一月初一，則至、朔同日矣；閏月既在至節前，則十九年七閏矣。此昔人所謂晦節無定，由時消息，上合履端之始，下得歸餘于終，正謂此也。夫曆久未有不差，差則未有不改者。後漢元和初曆差，亦是十九年不得七閏，曆雖已頒，亦改正之。顧今何靳于改之哉！元震謂某儒者，豈欲與曆官較勝負？既知其失，安得默而不言邪！」于是朝廷下之有司，遣官偕元震與太史局辨正，而太史之詞窮，元震轉一官，判太史局鄧宗文、譚玉等各降官有差。鼎因更造新術，是年術成，詔試禮部尚書馮夢得序之，七年頒行，即成天曆也。其法上元甲子距咸淳七年辛未，歲積七千一百七十五萬八千一百四十七，日法七千四百二十，歲率二百七十一萬一百一，朔率二十一萬九千一百一十七。德祐之後，陸秀夫等擁立益王，走海上，命禮部侍郎鄧光薦與蜀人楊某等作曆，賜名本天曆，今亡。《宋史·律曆志》、《元史·曆志》。

論曰：錢少詹大昕曰：「十九年七閏之率，乃祖冲之、李淳風輩所擯棄不屑道者。元震乃復欲采而用之，是真妄人也已。鼎造成天術，亦不能從其説也。」

秦九韶

秦九韶，字道古，秦鳳間人也，寓居湖州。少爲縣尉，淳祐四年，以通直郎通判建康府，寶祐間爲沿江制置司參議官。或以術學薦于朝，得對後，知瓊州，又知梅州，卒于梅。著《數學九章》九卷。一曰「大衍」。其術以元問數連環求等，約爲定母。先以諸定相乘爲衍母，互乘爲衍數；又以定母去衍數，餘爲奇數；以大衍求一術入之，得乘率以乘衍數爲用數；各與元問餘數相乘，并之爲總數。滿衍母去之，不滿爲所求數。其大衍求一術，則置奇于右上，定于右下，立天元一于左上，先以右上除右下，所得商數與左上一相生，入左下。然後乃以右行上下，以少除多，遞互除之。所得商數，隨即遞互累乘，歸左行上下，須使右上末後奇一而止，乃驗左上所得，以爲乘率。凡九題，皆以此術御之。二曰「天時」，亦大衍及古少廣法也。其推氣、推閏、演紀、推星、揆日諸術，皆當時司天舊法，演紀一條，尤爲獨得。其説謂今人相乘演積年，其術如調日法，求朔餘、朔率，立斗分、歲餘，求氣骨、朔骨、閏骨，乃衍等數、約率、因率、蔀率。求入元歲、歲閏、入閏、元率、元閏，已上皆同此術。但其所以求朔積年之術，乃以閏骨減入閏餘，謂之閏贏。却與閏縮朔率列號甲、乙、丙、丁四位，除乘消減，謂之方程。乃求得元數以乘元率，所得謂之積年，加入元歲，共爲演紀歲積年。所謂方程，正是大衍術，非特置算繁多，初無定法可傳，甚是惑誤。後學易失古人之術意，故今術不言閏贏，而曰入閏差者，蓋本將來可用入元歲便爲積年之意。故今止將元閏、朔率二項，以大衍先求等數、因數、蔀數者，乃放前求入元歲之術理。假閏骨如氣骨，以等數爲約數，及求乘數、蔀數，以等約閏縮得因乘數，滿蔀去之，不滿在限

下以乘元率，便爲朔積年，亦加入元歲，共爲演紀積年。此術非惟止用乘除省便，又且于自然中取見積年，不惑不差矣。新術敢不用閏贏而求者，實知閏贏已存乎入閏之中。但求朔積年之奇分與閏縮等，則自與入閏相合，必滿朔率所去故也。數理精微，不易窺識，窮年致志，感于夢寐，幸而得知，謹不敢隱。三曰「田域」，古少廣及方田句股法也。其環田三積術，以徑弅進一位爲周弅，其率爲徑一百，周三百一十六，奇與古率徽率密率不同。四曰「測望」，古少廣重差夕桀法也。其遥度圓城術，以開九乘方得數，運算尤爲繁賾。五曰「賦役」，古衰分粟米互易法也。復邑修賦術，答數至一百七十五條，爲自來算書所未有。六曰「錢穀」，古方田均輸粟米换易法也。七曰「營建」，古商功均輸法也。八曰「軍旅」，古少廣商功均輸及盈朒法也。九曰「市易」，古盈朒方程法也。諸術所載開方圖，于正負加減益積翻法，説之尤詳。凡開平開立及開三乘以上方通一爲道，有投胎换骨、玲瓏連枝諸目。

其自序略曰：「漢去古未遠，有張倉、許商、馬延年、耿壽昌、鄭玄、張衡、劉洪之倫，或明天道而洪傳于後，或計功策而效驗于時。後世學者自高，鄙不之講，此學殆絶。惟治術疇人，能爲乘除而弗通于開方衍變。若官府會事，則府史一二絫之，算家位置，素所不識，持算者惟若人，則鄙之也宜矣。今數術之書，尚三十餘家，天象曆度謂之綴術；《九章》所載繫于方圓者，爲專術。其用相通，不可歧二。獨大衍法不載《九章》，未有能推之者，術家演法頗用之以爲方程者，誤也。九韶愚昧，不閑于藝，然早歲侍親中都，因得訪習于太史；又嘗從隱君子受數學，肆意其間，旁諏方能，探索杳眇，粗若有得焉。嘗設爲問答以擬其用，積多而惜其棄，因取八十一題，釐爲九類，立術具草，間以圖發之，恐或可備多識君子之餘觀曲藝可遂也。願進之于道，儻曰藝成而下，是惟疇人府史流也。烏足盡天下之用，亦無譬焉。」《癸辛雜識》、《數學九章》、《景定建康志》、《李梅亭集》。

論曰：自元郭守敬授時術截用當時爲元，迄今五百年來，疇官術士，無復有知演紀之法者。獨《數學九章》猶存其術，耆古之士，得以考見古人推演積年日法之故，蓋猶告朔之餼羊矣。明顧應祥《測圜海鏡》分類釋術，詳衍開方諸法，然加減混淆，學者昧其原本。讀九韶書，而後知昔人開方除法，固有一以貫之者，留情九數之士，所宜孰復而研究之也。

楊輝

楊輝，著《續古摘奇算法言》、《古今算書》。元豐七年，刊入秘書省。又刻于汀州學校者十書，曰《黄帝九章》、《周髀算經》、《五經算法》、《海島算經》、《孫子算法》、《張邱建算法》、《五曹算法》、《緝古算法》、《夏侯算法》、《算術記遺》。元豐、紹興、淳熙以來刊刻者，有《議古根厚》、《益古算法》、《證古算法》、《明古算法》、《辨古算法》、《明源算法》、《金科算法》、《指南算法》、《應用算法》、《曹唐算法》、《賈憲九章》、《通微集》、《通機集》、《盤珠集》、《走盤集》、《三元化零歌》、《鈐經》、《鈐釋》十八種。嘉定、咸淳、德祐等年所刊，又有《詳解黄帝九章》、《詳解日用算法》、《乘除通變本末》及《摘奇》四種。《算法統宗》。

論曰：輝所稱算書，十書而外，今無一存者。李冶《益古演段序》謂近代有某以方圓移補成編，號《益古集》，當即輝所謂《益古算法》也。《測圜海鏡》有《鈐經》載此法以弦差率弅減丙行差弅，復以丙行乘之爲實以差率弅爲法之語，蓋敬齋時諸書皆尚存也。

清·羅士琳《疇人傳續編》 宋補遺一

楊輝

楊輝，字謙光。錢塘人。著《算法》六卷。其目曰田畝比類乘除捷法上，曰田畝比類乘除捷法下，曰算法通變本末，曰乘除通變算寶，曰法算取用本末，曰續古摘奇算法。其田畝比類乘除捷法，自序曰：「爲田畝算法者，蓋萬物之體，變段終歸于田勢諸題，用術變折皆歸于乘除。中山劉先生作《議古根源序》曰：『入則諸問，出則直田。』蓋此義也。譔成《直田演段百問》，信知田體變化無窮，引用帶從開方正負損益之法，前古之所未聞也。作術逾遠，罔究本源，非探賾索隱而莫能知之。輝擇可作關鍵題問者，重爲詳悉著述，推廣劉君垂訓之意。《五曹算法》題術有未切當者，僭爲删改，以便後學君子。目之曰『田畝比類乘除捷法』，庶少裨汲引之梯徑云爾。時德祐改元歲在乙亥也。」《楊輝算法》。

論曰：輝所著書，載于《文淵閣書目》及《算法統宗》。云元豐、紹興、淳熙以來，刊刻十八種，又云嘉定、咸淳、德祐等年四種，其時算書甚多，今皆不傳。阮相國訪之三十年，通人學士俱未之見，嘉慶庚午，相國以少詹事在文穎館總閲《全唐文》，于《永樂大典》中鈔得楊輝《摘奇》及《議古》等百餘種。

清·黄鍾駿《疇人傳四編》卷四 後唐後續補遺二十

宋延美

宋延美，不詳其籍。明宗天成五年，明算科及第。是年明算五人，而延美爲之首。《册府元龜》。

論曰：曲阜孔體生户部繼涵曰：唐以明算科取士，限以年，《九章》、《海島》共三歲，《周髀五經算》共一歲，《孫子》、《五曹算》共一歲，《張邱建》、《夏侯陽》各一歲，《綴術》四歲，《輯古》三歲，《記遺》、《三等數》皆兼習之。試之曰：《九章》三條，《海島》七部各一條，十通六，記遺三等數，帖讀十得九爲第。《綴術》七條，《緝古》三條，十通六，記遺三等數，帖讀十得九爲第。落經者，雖通六不第。五季仳離，其科乃廢。竊以是年考之，及第姓氏，尚有可據，則後唐之世猶未廢也。宋因唐制，亦設曆算科，以算學生隸太史局。元明以來，天文星曆與陰陽卜筮并試，始視爲方伎之學，而科遂中廢。是算學科唐宋古制，固與進士諸科并重矣。國朝于國子監設算學館助教，掌分教算學生，并派大臣兼管。聖祖仁皇帝親策各省算學，得人爲盛，一時耆儒碩學，咸膺特薦。方今講求富强，研精格致，書院學堂，歲科鄉試，兼試算學，永垂定例。頒新政，實復舊制也。絶學振興，疇人輩出，豈僅曰邁越前古哉？

又 後漢後續補遺二十一

聶文進

聶文進，并州人。少爲軍卒，善書算。給事漢高祖帳下，高祖以爲押官。高祖即位，拜領軍屯衛將軍，樞密院承旨，遷右領軍大將軍。《新五代史》本傳。

又 蜀後續補遺二十二

胡秀林

胡秀林，唐司天少監也。昭宗時，《宣明曆》施行已久，數亦漸差，詔秀林、太子詹事邊岡、均州司馬王墀，改治新曆成，賜名曰崇元。入蜀，仍原官。譔《正象曆》一卷、《武成永昌曆》二卷。《唐書・曆志》、《宋史・藝文志》、鄭樵《通志》、《五代史・藝文志》。

向隱

向隱，蜀人也。胡秀林進術，移閏在丙戌年正月。隱亦進術，用宣明法，閏乙酉年十二月，因更改閏十二月。《北夢瑣言》。

論曰：汪教諭日楨曰，按乙酉乃後主王衍咸康元年，即後唐同光三年，蓋其法本于宣明也。蜀亡在乙酉年十一月，實不及至閏月。

又 南唐後續補遺二十三

陳承勳

陳承勳，南唐人也，進《中正術》，昇元四年三月頒行，即後晉天福五年。《十國春秋》。

論曰：汪教諭日楨曰，按烈祖昇元四年庚子，始用此術，迄李璟保大中，年數無考。

陳陶

陳陶，世居嶺表，以儒業名家。陶挾策長安，聲詩曆家，無不精究。常以台鉉之器自負，爲宋齊邱所沮，不得薦辟。元宗聞其名，而未及召，遂遁居西山以終。馬令《南唐書》。

王公佐

王公佐，不知何許人。譔《中正曆》三卷、《正象曆》一卷。《宋史・藝文志》。

又 南漢後續補遺二十四

薛崇譽

薛崇譽，韶州曲江人。善孫子、五曹算事。中宗爲内門使，兼太倉使，時國用日蹙，離宫巡幸，遊歷之費，歲耗不貲。崇譽握算持籌，較量出納，頗盡心力。後主嗣位，遷中尉，進開府儀同三司，簽書點檢司事。《南漢書》、《宋史・南漢世家》。

周傑 子元茂 孫克明

周傑，未詳何地人。父德扶，唐司農卿。傑少聰穎，于學無所不窺，而尤精曆算。開城中第進士釋褐，補獲嘉尉，歷宏文館校書。僖宗幸蜀，中和改元，上書陳治亂，凡萬餘言。擢水部員外郎，遷司農、少卿。天復中，棄官携家南徙。烈宗素重其名，及見歡甚，延入幕府，以賓禮待之，託病不出。高祖稱帝，强起司天監，遷太常少卿。年九十卒于官。嘗病大衍曆數有差，因敷衍其法，著《極衍二十四篇》傳于世。子元茂，能世其學，高祖時官至司天少監，歸宋，授監丞，卒。孫克明，字昭文，亦精曆算。隨父入宋。開寶中，累官至春官正。景德初，獻所著文。召試賜進士，使嶺南。還，拜太子洗馬殿中丞，皆兼翰林天文權判監事。《南漢書》。

清・黄鍾駿《疇人傳四編》卷五 宋後續補遺二十五

苗訓

苗訓，河中人，守信之父也。善天文占候之術。仕周爲殿前散員，右第一直散指揮使。太祖受禪，擢爲翰林天文，尋加銀青光禄大夫、檢校工部尚書。年七十餘卒。著《太平乾元曆》九卷。太平興國七年，新修《曆經》三卷。《宋史・方技傳》。

苗鋭

苗鋭新删《廣聖曆》二卷。《宋史·藝文志》。

徐仁美

徐仁美著《增成元一算法》，設九十三問，以立新術，大則測于天地，細則極于微妙，雖粗述其事，亦適用于時。《宋史·律曆志》。

論曰：元一算莫詳其術，沈括謂爲增成一法，不用乘除，但補虧就盈，疑立天元一，權輿于此焉。

張思訓

張思訓，司天監學生。精思巧絶，本唐李淳風、梁令瓚之法，作渾儀日月行度，成于自然，不假人運，尤爲精妙。太平興國中，獻其式于朝，帝深歆賞命尚方官，于禁中如式造之。四年己卯歲正月儀成，詔置文明殿東南隅漏室中，以思訓爲渾儀丞。思訓敍其制度云：渾儀者，法天象地，數有三層，有地軸、地輪、地足，亦有横輪、倒輪、斜輪，定關中、關小、關天柱。七直神左摇鈴，右扣鐘，中擊鼓，以定刻數。其七直神一晝夜方退，是日月木土火金水中有黄道天足十二神，報十二時刻數，定晝夜長短。上有天頂天牙天關天指天託天條布三百六十五度，爲日月五星紫微宫及周天列宿，并斗建黄赤二道太陽行度，定寒暑進退。古之製作，運動以水，頗爲略。寒暑無準，乃以水銀代之，運動不差。舊制太陽晝行皆以手運，今年制取于自然。自東漢張衡始造，至開元中詔僧一行與梁令瓚造渾天儀，後銅錢漸澁，不能自轉。今思訓所造，起爲樓閣之狀數層，高丈餘，以木偶人爲七直神，摇鈴扣鐘，擊鼓，又作十二神各直一時，至其時則自執辰牌，循環而出，并著日月星辰，皆須仰視，其機轉之用俱隱樓中，制頗巧，得開元之遺法。《宋史·律曆志》、《玉海》。

王睿　鄭昭晏

王睿，官司天監丞，至道元年七月甲寅獻曆，言：開元大衍曆儀，定大衍之數，乃何承天氣朔母法，參詳監司所奏，于二萬以下，修譔日法渾紀不過億數。臣今于二萬以下參詳日法，有演二元不及億數，其一日法一萬五百九十，演得積年一千六百五十一萬五千九百餘歲。今各依所立法數，譔氣朔用率積年等，今具算到氣朔以進。詔夏官正鄭昭晏重校正疏密以聞。九月癸丑，翰林天文鄭昭晏上言：先受詔考校王睿所譔淳化四年新曆，今比校得十八事，内六事失，以聞。上嘉之，賜昭晏金紫令，知曆算。《宋·律曆志》、《玉海》。

燕肅

燕肅，官龍圖閣待制，譔《蓮花漏刻規法》一卷，并爲《海潮論》二篇，造指南車記里鼓車。及判太常，又請以王朴律準考定樂器。《宋·藝文志》、《玉海》。

王中正

王中正，字希烈，開封人。因父任補入内黄門，遷赴延福宫。學詩書曆算。仁宗嘉其才，命置左右將。年甫十八，以捕賊功遷東頭供奉官，歷幹當御藥院。又遷作坊使，嘉州團練使，擢内侍押班。紹聖初卒，年七十一。《宋史·宦者傳》。

楊維德　杜貽範

楊維德，官司天監，與杜貽範共傳韓顯符之學，參驗渾儀。編《崇天萬年曆》十七卷，御製序。又于景祐元年奉詔譔集《景祐乾象新書》。《玉海》。

丁濤

丁濤，官靈臺郎。景祐二年新修樂律，上《新術律管算草》三卷。《玉海》。

論曰：王光禄鳴盛《十七史商榷》以爲樂官，亦曰疇人不必定屬治算數。竊按運算轉曆，起自黄鍾典樂之官，不諳測算，無以知律吕，故歷代史書律曆，多共爲一志，而算學多家，莫不兼通樂律也。

賈浚

賈浚，一作賈復，成都曆學進士。熙寧六年九月二十一日上《曆法九議》一册。《宋史·律曆志》、《玉海》。

司馬光

司馬光，字君實，陝州夏縣人也。生七歲，懔然如成人，聞講《左氏春秋》，愛之，即了其大指，自是手不釋書。仁宗寶元初中進士甲科，除奉禮郎，累官至端明殿學士，至永興軍。年六十八卒。贈太師温國公，謚曰文正。譔《太元曆》一卷、《日景圖》一卷。《宋史》本傳、《玉海》、《困學紀聞》注。

曾元忠

曾元忠，永豐、大觀間登第，累官州教授。著有《春秋曆法》。《文獻通考》。

賈憲　朱吉

賈憲、朱吉皆楚衍之弟子也。宋世司天算者，以衍爲首，既老且昏，有弟子二人賈憲、朱吉著名。憲爲右班殿值，吉隸太史。憲運算亦妙，有《黄帝九章細草》九卷、《算法斆古集》二卷，傳于世。而吉駁憲棄去餘分，于法未善。鄭樵《通志》、《宋史·藝文志》、《王氏談録》。

論曰：宋自靖康以來，《黄帝九章》罕有舊本。紹興中，算士榮棨獲其善本，

乃李淳風等注釋，而憲爲之細草者也。其立釋鎖平方立方二法最善。《楊輝算書》并宗之。

榮棨

榮棨，汴陽人，紹興中算士也。楊輝詳解九章算法，棨爲之序曰：「夫算者數也。數之所生生于道，老子曰「道生一」是也。數之所成成于九，列子曰「九者究」是也。爰昔黄帝推天地之道，究萬物之始，錯綜其數，列爲九章，立術二百四十有六，始之以方田，終之以句股。其爲用也大矣。若施之圭表，則穹窿之天可考，推日月之晦明，步五星之盈縮，驗晨昏晝夜不移，行氣候寒暑無忒。若施之于句股，則磅礴之地可度，望山嶽之高低，測江海之深淺，籌道里廣遠之積，方田疇形體之羃。若施之于諸術，則萬物之情可察，經緯天地之間，籠絡覆載之内，凡言數之見者，又焉得逃于此乎？變交質之息耗，哀貴賤之等差，均役輸遠近之勞，商功權輕重之力，盈朒明隱互之形，方程正錯綜之失。至于物之不齊，亹亹無盡，該貫總攝，區分派別，廣大纖微，莫不悉舉。可謂包括三才，旁通萬類之術也。是以國嘗設算學科取士，選九章以爲算學之首，蓋猶儒者之《六經》，醫家之《難》、《素》，兵法之《孫子》歟？後之學者，倚其門牆，瞻其步趨，或得一二者，以能自成一家之書，顯名于世矣。比嘗校其數，譬如大海吸水，人力有盡，而海水無窮；又若盤之走員，横斜萬轉，終其能出于盤哉？由是自古迄及今，歷數千餘載，聲教所被，舟車所及，凡善數算學者，人人服膺而重之。奈何自靖康以來，罕有舊本，間有存者，狃于末習，不循本意。或隱問答以欺衆，或添歌象以衒己，乖萬世學人之心，爲一世財利之具。以至真術淹廢，僞本滋興，學者泥于見聞，倀倀然入于迷望，可勝計耶？居仁由義之士，每不平之。愚向獲善本，不敢私藏，而今而後，聖人之法暗而復明，仆而復起，學之者得覩其全經，悟之者必達其微旨矣。不亦善乎！議命工鏤板，庶廣其傳，四方君子，得其鑒焉。」《楊輝算法·序》。

劉益

劉益，中山人也。譔《議古根源演段鎖積》，有超古入神之妙。錢塘楊輝以其有裨後學，爲之發揚。遂□田畝算法，通前共刻爲四集。《摘奇算法》。

李之才

李之才，字挺之，青社人也。天聖八年同進士出身，初爲衛州獲加主簿。權共城令時，邵雍從之學《易》。後龍圖閣學士吴遵路調兵河東，辟之才澤洲簽署判官。澤人劉羲叟從受曆法，世稱羲叟曆法。遠出古今，上有揚雄、張衡所未喻者，實之才授之。在澤轉殿中丞，卒于懷州官舍，寶曆五年二月也。邵雍表其墓曰：求天下得聞道之君子李公以師焉。《宋史·文學傳》。

邵雍

邵雍，字堯夫。其先范陽人。年三十，游河南，遂爲河南人。嘗師共城令北海李之才，受河圖洛書、宓義八卦、六十四卦圖象之學。卒贈康節。所著書曰《皇極經世》。立術以上元子會首年甲子，至唐堯元載甲辰，積六萬四千六百六十年，算至宋太祖建隆元年庚申，共積六萬七千九十六年，算至一元十二會，十二萬九千六百年，一會三十運，一萬零八百年，十二萬九千六百月。一運十二世，三百六十年四千三百二十月，十二萬九千六百日。一世三十年，一年十二月，一月三十日，一日十二辰，一辰三十星周天三百六十度。《宋史·道學傳》、《皇極經世書》。

論曰：皇極一術諸率，但取整數，不計奇零，實與步算未符。錢宫詹大昕謂一萬八百年，當有一十三萬一千四百九十日，其七十日弱，三百六十年當有一十三萬一千四百九十日，其說是也。元趙友欽《革象新書》，謂以諸家術求皇極之三元，不特七政無總會之時，抑且散亂無謂。阮氏《疇人傳》因是遂不爲康節立傳，則又過當。夫儒者言數，但據理空談，而不由實測，即《疇人傳》所載，亦復不少，何獨苛于此術也？況度用三百六十，最便入算，近日中西推步家皆宗之，其爲功不甚鉅哉！

張載

張載，字子原，長安人。舉進士，爲祁州司法參軍，雲巖令。熙寧初，御史中丞吕公著薦之，神宗召見，問治道，以爲崇文院校書，未幾移疾歸。又以吕大防薦，詔知太常禮院，與有司議不合，復移疾歸。中道而卒，世稱横渠先生。所著書曰《正蒙》、《東銘》、《西銘》。其《正蒙·參兩篇》曰：凡圓轉之物，動必有機。既謂之機，則動非自外也。古今謂天左旋，此直至粗之論爾。不考日月出没，恒星昏曉之變。愚謂在天而運者，七曜而已。恒星所以爲晝夜者，自以地氣乘機右旋于中，故使恒星河漢，因北爲南，日月因天隱見。太虚無體，則無以驗其遷動于外也。地有升降，日有修短，地雖擬地不散之物，然二氣升降，其間相從而不已也。陽日上，地日降，而下者虚也；陽日降，地日進，而上者盈也。此一歲寒暑之候也。至于一晝夜之盈虚升降，則以海水潮汐驗之爲信。然間有大小之

差，則日月朔望，其精相減。《宋史・道學傳》、《正蒙・參兩篇》。

論曰：金山顧上舍觀光曰，天本太虛，而七曜又皆右旋，則左旋者安在哉？祇以地實右旋于中，遂使天若左旋于外，如人在舟中，自北而南者，必見岸之北行，自南而北者，必見岸之南行，同一理也。惟岸有定距，人皆知其不動。而太虛無體，但見恒星河漢之自東而西，則不得不以左旋目之矣。異哉！張子乃能于千餘年後，推陳出新，發前人未發之覆，非好學深思以知其意，固難爲淺見寡聞者道也。況陰陽升降，發明曆書上游下游之理，冬至後陽氣上升，則地漸升，而日漸短，法家皆以恒理求之，宜其扞格而不相入矣。潮汐大小，兼論日月攝力，亦度西人説暗合，可見西人之創論，中土亦有先覺者也。

張大概

張大概，四川資州人。隱居翠微洞，用唐舊制創爲捷法，蓋天圖及四正地規大小四面，用以測驗乾象，雖遠如在目前。紹興七年六月八日戊戌，四川帥司上之。詔遣赴行在，仍賫天文秘書，前來進呈。《玉海》。

詹體仁　趙涣

詹體仁，字元善，建浦寧城人。舉興隆元年進士，由饒州浮梁尉爲泉州晉江丞，以宰相梁克家薦，入爲太學録，升太學博士太常博，遷太常丞，攝金部郎官。光宗立，提舉浙西常平，除户部員外郎，湖廣總領，升司農少卿。開禧元年卒，年六十四。著有《象數法義》、《曆學啓蒙》等書。趙涣造新曆以獻，體仁爲之作序。《宋史》本傳、《玉海》。

廖應淮

廖應淮，字學海，盱江人。好研磨世運推移，得邵堯夫先天學，其算由音聲而起。著書甚富，而專言推步者，則有《曆髓》一卷。《文獻通考》。

周執羔

周執羔，字表卿，信州弋陽人。宣和六年舉進士廷試，徽宗擢爲第二，授潮州司士曹事，累官至禮部侍郎，拜尚書，升侍讀學士。劉孝榮言統元曆差，命執羔釐正之。執羔用劉羲叟法，推日月交食，考五緯贏縮，以紀氣明寒暑之候，譔《曆議》、《曆書》、《五星測驗》各一卷。上之。乾道六年卒，年七十七。《宋史》本傳。

石萬

石萬，國學進士也。譔《五星再聚術》。其日法一萬三千五百。《玉海》。

論曰：石氏之術，議者謂其取唐崇元術，而婉其名。今考其日法與崇元術同，蓋上元積年及歲實朔餘，亦俱相同也。

錢明逸　莊守德　吕佐周

錢明逸譔《西國七曜曆》一卷、《刻漏規矩》一卷，莊守德譔《七曜氣神歌訣》一卷，吕佐周譔《地輪七曜》一卷。《宋史・藝文志》、明焦竑《經籍志》。

論曰：回回曆出天竺，以七曜紀日，兼羅睺、計都，則爲九曜，沈括謂之西天法。曹氏符天曆本元，今考其術與西洋合，則同源可知也。

鄒淮

鄒淮，昭武布衣，一云以進士提領造曆，譔《星象考》一卷。《欽定四庫全書提要》。

王應麟

王應麟，字伯厚，慶元人。九歲通六經，學問賅博，爲文敏捷。淳祐初舉進士，調西安主簿，揚州教授。寶祐四年中博學鴻詞科，遷國子學録，累官至翰林學士，禮部尚書。著《地理備考》、《困學紀聞》、《玉海》等書。而《玉海》于天文特詳。又著有《六經天文篇》，蓋以三代推步之書多失，即以散見于六經者，採綴成篇，雖以六經名篇，實旁及陰陽五行卦氣，兼以史志互證。《宋史・儒林傳》、《玉海》。

論曰：三代以上，推步之書不傳。論者謂古法疏而今法密，如歲差里差之辨，皆聖人所未言。晉虞喜始知歲差。唐人作覆矩圖，始知地有東西南北里差。然《堯典》、《豳風》、《月令》、《左傳》、《國語》所言星辰，前後已相差一次，是歲差之法，可即是例推。《周禮》土圭之法，日南景短，日北景長，日東景夕，日西景朝，是里差之法，亦可即是而見。六經所載，未始非推步之根，特古文簡約，不能如後世推演詳密耳！爲推步所當考證，不亦宜哉！

孫義伯

孫義伯，豐城人。于書無不讀。謂治曆甚備之法，曰象，曰氣，曰數。作《六曆論》、《渾蓋同歸圖》。寫古今七十六家法數，有《大曆賦》、《復古蓍傳》，其他著述尤盛。雖瓶無儲粟，淡如也。《尚友録》。

曾民瞻

曾民瞻，宋南昌尉。通天文之學，以晷漏差訛，遂更用其法，箭旁二木偶，左者書司刻、夜司點，則擊板以告；右者書司辰、夜司更，則鳴鉦以告，自謂得古人所未有。《尚友録》。

鄧光薦

鄧光薦，官禮部侍郎。德祐之後，陸秀夫擁益王走海上，命光薦與蜀人楊某等作本天術。《長術輯要》。

李藉

李藉，官丞務郎，鉤考算經文字，譔《周髀》、《九章》、《音義》各一卷。《宋史·藝文志》。

邱濬

邱濬，建安人。幼穎悟，博通經史，尤精于曆數。著《長世論》五十篇、《霸國環周立成曆》一卷。又《陰陽集正曆》三卷、《曆日纂聖精要》一卷、《曆樞》二卷、《難逃論》一卷、《符天行宮》一卷、《轉天圖》一卷、《萬歲日出入晝夜立成曆》一卷、《五星長曆》二卷、《正象曆》一卷。《文獻通考》、《宋史·藝文志》。

陳成父

陳成父，字玉汝，寧德人。著《律曆志解》一卷。《文獻通考》。

李思議　章浦

李思議重注《曹士蔿小曆》一卷、《七曜符天曆》一卷、《大衍通元鑒新曆》三卷。章浦著《符天九曜通元立成法》二卷、《氣神經》等共五卷。《宋·藝文志》。

曹唐

曹唐著《算法》，與賈憲書同時刊，或曰唐末進士，賦游仙詩。《北夢瑣言》、《摘奇算法》。

趙業

趙業譔《晝夜漏刻日出長短圖經》一卷。鄭樵《通志》。

李紹穀　程柔　張祚　王守忠

李紹穀譔《求一指蒙算術》一卷。程柔譔《五曹算經求一法》三卷。張祚注《三平化零歌》一卷。王守忠譔《求一歌》一卷、《明算指學》三卷。《宋史·藝文志》。

楊鍇　任宏濟　夏翰

楊鍇，一作楊錯。譔《明微算經》一卷、《算機要賦》一卷、《法算口訣》一卷、《算法秘訣》一卷、《算術玄要》一卷。任宏濟譔《一位算法問答》一卷。夏翰譔《重演海島算經》一卷。《宋史·藝文志》。

中山子　啓元子

中山子，青陽人，著《算學通元九章》一卷。啓元子著《天元玉册》一卷。或曰唐王冰號啓元子，注《内經》，有太始天元册文。鄭樵《通志》、《宋史·藝文志·内經注》。

張宋圖

張宋圖，譔《〈史記·律曆志〉辨訛》一卷。《宋史·藝文志》。

又　宋後附録二

楚女

楚女，楚衍之女也，傳父業，善算術。《宋史·楚衍傳》。

紀事

宋·薛居正等《舊五代史》卷一四〇《曆志》　及晉祖肇位，司天監馬重績始造新曆，奉表上之，云："臣聞爲國者，正一氣之元，宣萬邦之命，爰資曆以立章程。《長慶宣明》，雖氣朔不渝，即星躔罕驗；《景福崇玄》，縱五曆甚正，五曆甚正，疑當作「五緯」。考《五代會要》與《薛史》同，今姑仍其舊。（影庫本粘籤）而年差一日。今以《宣明》氣朔，《崇玄》星緯，二曆相參，方得符合。自古諸曆，皆以天正十一月爲歲首，歲首，原本闕「首」字，今據《五代會要》增入。（影庫本粘籤）循太古甲子爲上元，積歲彌多，差闊至甚。臣改法定元，創爲新曆一部二十一卷，案：《玉海》引《崇文總目》作二十卷。（《舊五代史考異》）七章上下經二卷，算草八卷，立成十二卷，取唐天寶十四載乙未，立爲近元，以雨水正月朔爲歲首。謹詣閤門上進。"晉高祖命司天少監趙仁錡、張文皓，秋官正徐皓，天文參謀趙延乂、杜昇、杜崇龜等，以新曆與《宣明》、《崇玄》考覈得失，俾有司奉而行之，因賜號《調元曆》。案《玉海》：《調元曆》，蓋倣曹士蔿《小曆》之舊。唐建中時，曹士蔿始變古法，以顯慶五年爲上元，雨水爲歲首。世謂之《小曆》。（《舊五代史考異》）仍命翰林學士承旨和凝撰序。

其後數載，法度寖差。至周顯德二年，世宗以端明殿學士、左散騎常侍王朴明於曆算，乃命朴考而正之。朴奉詔歲餘，撰成《欽天曆》十五卷，上之。表云：

臣聞聖人之作也，在乎識天人之變者也。人情之動，則可以言知之；天道

之動，則當以數知之。數之爲用也，聖人以之觀天道焉。歲月日時，由斯而成；陰陽寒暑，由斯而節；四方之政，由斯而行。夫爲國家者，履端立極，必體其元；布政考績，必因其歲；禮動樂舉，必正其朔；三農百工，必授其時；五刑九伐，必順其氣；庶務有爲，必從其日月。日月，原本脱「月」字，今從《五代會要》增入。（影庫本粘籤）六籍宗之爲大典，百王執之爲要道。是以聖人受命，必治曆數。故得五紀有常度，庶徵有常應，正朔行之於天下也。

宋・薛居正等《舊五代史》卷一四九《職官志》 後唐同光元年十一月，中書門下奏：「諸寺監各請只置大卿監、祭酒【略】其王府及東宮官屬、司天五官正、奉御之類，凡不急司存，並請未議除授。

宋・歐陽修《新五代史》卷五八《司天考一》 五代之初，因唐之故，用《崇玄曆》。至晉高祖時，司天監馬重績，始更造新曆，不復推古上元甲子冬至七曜之會，而起唐天寶十四載乙未爲上元，用正月雨水爲氣首。初，唐建中時，術者曹士蔿始變古法，以顯慶五年爲上元，雨水爲歲首，號《符天曆》。然世謂之小曆，祇行於民間。而重績乃用以爲法，遂施于朝廷，賜號《調元曆》。然行之五年，輒差不可用，而復用《崇玄曆》。周廣順中，國子博士王處訥，私撰《明玄曆》于家。民間又有《萬分曆》，而蜀有《永昌曆》、《正象曆》，南唐有《齊政曆》。五代之際，曆家可考見者，止於此。而《調元曆》法既非古，《明玄》又止藏其家，《萬分》止行於民間，其法皆不足紀。而《永昌正象齊政曆》，皆止用於共國，今亦亡，不復見。

世宗即位，外伐僭叛，內修法度。端明殿學士王朴，通於曆數。乃詔朴撰定。歲餘，朴奏曰：

臣聞聖人之作也，在乎知天人之變者也。人情之動，則可以言知之；天道之動，則當以數知之。數之爲用也，聖人以之觀天道焉。歲月日時，由斯而成；陰陽寒暑，由斯而節；四方之政，由斯而行。夫爲國家者，履端立極，必體其元；布政考績，必因其歲；禮動樂舉，必正其朔；三農百工，必順其時；五刑九伐，必順其氣；庶務有爲，必從其日月。是以聖人受命，必治曆數。故五紀有常度，庶徵有常應，正朔行之於天下也。

自唐之季，凡歷數朝。亂日失天，垂將百載。天之曆數，汨陳而已。陛下順考古道，寅畏上天，咨詢庶官，振舉墜典。臣雖非能者，敢不奉詔。乃包萬象以爲法，齊七政以立元，測圭箭以候氣，審朓朒以定朔，明九道以步月，校遲疾以推星，考黃道之斜正，辨天勢之昇降，而交蝕詳焉。

夫立天之道，曰陰與陽。陰陽各有數，合則化成矣。陽之策三十六，陰之策二十四。奇偶相命，兩陽三陰，同得七十二。同則陰陽之數合。七十二者，化成之數也。化成則謂之五行之數。五之，得朞數。過之者，謂之氣盈；不及者，謂之朔虛。至於應變分用，無所不通。故以七十二爲經法。經者，常用之法也。百者，數之節也，隨法進退，不失舊位，故謂之通法。以通法進經法，得七千二百，謂之統法。自元入經，先用此法，統曆之諸法也。以通法進統法，得七十二萬。氣朔之下，收分必盡，謂之全率。以通法進全率，得七千二百萬，謂之大率，而元紀生焉。元者，歲、月、日、時皆甲子；日、月、五星合在子，當盈縮、先後之中，所謂七政齊矣。

古者，植圭於陽城，以其近洛也。蓋尚慊其中，乃在洛之東偏。開元十二年，遣使天下候影，南距林邑，北距橫野，中得浚儀之岳臺，應南北弦，居地之中。大周建國，定都於汴。樹圭置箭，測岳臺晷漏，以爲中數。晷漏正，則日之所至，氣之所應，得之矣。

日月皆有盈縮。日盈月縮，則後中而朔。月盈日縮，則先中而朔。自古朓朒之法，率皆平行之數；入曆既有前次，而又衰稍不倫。《皇極》舊術，則迂迴而難用。降及諸曆，則疎遠而多失。今以月離朓朒，隨曆校定，日躔朓朒，臨用加減。所得者，入離定日也。一日之中，分爲九限。每限損益，衰稍有倫。朓朒之法，可謂審矣。

赤道者，天之紘帶也。其勢圜而平，紀宿度之常數焉。黃道者，日軌也。其半在赤道內，半在赤道外，去極二十四度。當與赤道近，則其勢斜；當與赤道遠，則其勢直。當斜，則日行宜遲；當直，則日行宜速。故二分前後加其度，二至前後減其度。九道者，月軌也。其半在黃道內，半在黃道外，去極遠六度。出黃道，謂之正交；入黃道，謂之中交。若正交在秋分之宿，中交在春分之宿，則比黃道益斜。若正交在春分之宿，中交在秋分之宿，則比黃道反直。若正交、中交在二至之宿，則其勢差斜。故校去二至二分遠近，以考斜正，乃得加減之數。自古雖有九道之說，蓋亦知而未詳。徒有祖述之文，而無推步之用。今以黃道一周，分爲八節；一節之中，分爲九道；盡七十二道，而使日月無所隱其斜正之勢焉。九道之法，可謂明矣。

星之行也，近日而疾，遠日而遲。去日極遠，勢盡而留。自古諸曆，分段失實，隆降無準；今日行分尚多，次日便留；自留而退，惟用平行，仍以入段行度

爲入曆之數；皆非本理，遂至乖戾。今校逐日行分積，以爲變段。然後自疾而漸遲，勢盡而留。自留而行，亦積微而後多。別立諸段變曆，以推變差，俾諸段變差，際會相合。星之遲疾，可得而知之矣。

自古相傳，皆謂去交十五度以下，則日月有蝕。殊不知日月之相掩，與闇虛之所射，其理有異。今以日月徑度之大小，校去交之遠近，以黄道之斜正，天勢之昇降，度仰視、旁視之分數，則交虧得其實矣。

臣考前世，無食神首尾之文。近自司天卜祝小術，不能舉其大體，遂爲等接之法。蓋從假用，以求徑捷，於是乎交有逆行之數。後學者不能詳知，因言曆有九曜，以爲注曆之常式。今並削而去之。謹以《步日》、《步月》、《步星》、《步發斂》爲四篇，合爲《曆經》一卷，《曆》十一卷，《草》三卷，顯德三年《七政細行曆》一卷，以爲《欽天曆》。

昔在帝堯，欽若昊天。陛下考曆象日月星辰，唐堯之道也。天道玄遠，非微臣之所盡知。

世宗嘉之。詔司天監用之，以明年正月朔旦爲始。

又 右朴所撰《欽天曆經》四篇。《舊史》亡其《步發斂》一篇，而在者三篇，簡略不完，不足爲法。朴曆世既罕傳，予嘗問於著作佐郎劉羲叟，羲叟爲予求得其本經，然後朴之曆大備。羲叟好學知書史，尤通於星曆，嘗謂予曰：「前世造曆者，其法不同而多差。至唐一行始以天地之中數作《大衍曆》，最爲精密。後世善治曆者，皆用其法，惟寫分擬數而已。至朴亦能自爲一家。朴之曆法，總日躔差爲盈縮二曆，分月離爲遲疾二百四十八限，以考衰殺之漸，以審朓朒，而朔望正矣。校赤道九限，更其率數，以步黄道，使日躔有常度；分黄道八節，辨其內外，以揆九道，使月行如循環，而二曜協矣。覩天勢之升降，察軌道之斜正，以制食差，而交會密矣。測岳臺之中晷，以辨二至之日夜，而軌漏實矣。推星行之逆順，伏留，使舒亟有漸，而五緯齊矣。然不能宏深簡易，而徑急是取。至其所長，雖聖人出不能廢也。」羲叟之言蓋如此，覽者得以考焉。

宋・王溥《五代會要》卷一〇《曆》 晉天福四年八月，司天監馬重績奏曰：「臣聞爲國者，正一氣之元，宣萬邦之命，爰資曆象，以立章程。《長慶宣明》，雖氣朔不渝，即星躔罕驗；《景福崇玄》，縱五麗甚正，而年差一日。今以《宣明》氣朔，《崇玄》星緯，二曆相參，方得符合。況自古諸曆，皆以天正十一月爲歲首，循太古甲子爲上元，積歲彌多，差闊之甚。臣改法定元，創爲新曆一部，二十一卷，七章上下經二卷，算草八卷，立成十二卷，取天寶十四載乙未立爲上元，以雨水正月中氣爲氣首，其所撰新曆，謹詣閤門上進。」遂命司天少監趙仁錡、張文皓，秋官正徐皓，天文參謀趙延義、杜崇龜等，以新曆與《宣明》、《崇玄》考覈得失。敕：「賜號《調元曆》，仍命翰林學士承旨和凝撰序。」

周顯德三年八月，端明殿學士、左散騎常侍、權知開封府事王朴奏曰：

臣聞聖人之作也，在乎知天人之變者也。人情之動則可以言知之，天道之動則當以數知之。數之爲用也，聖人以之觀天道焉。歲月日時由斯而成，陰陽寒暑由斯而節，四方之政由斯而行。夫爲國家者，履端立極必體其元，布政考績必因其歲，禮動樂舉必正其朔，三農百工必授其時，五刑九伐必順其氣，庶務有爲必從其日月，六籍宗之爲大典，百王執之爲要道。是以聖人受命，必治曆數，故得五紀有常度，庶徵有常應，正朔行之于天下也。

自唐而下，凡歷數朝，亂日失天，垂將百載，天之曆數，汩陳而已。今陛下順考古道，寅畏上天，咨詢庶官，振舉墜典。以臣薄游曲藝，嘗涉舊史，遂降述作之命，俾究迎推之要，雖非能者，敢不奉詔。是以包萬象以立法，齊七政以立元，測圭箭以候氣，審朓朒以定朔，明九道以步月，校遲疾以推星，考黄道之斜正，辨天勢之升降，而交蝕詳焉。

夫立天之道，曰陰與陽，陰陽各有數，合則化成矣。陽之策三十六，陰之策二十四，奇偶相命，兩陽三陰，同得七十二，同則陰陽之數合。七十二者，化成之數也，化成則謂之五行之數。五之得朞之數，過者謂之氣盈，不及謂之朔虛。至於應變分用，無所不通，所謂包萬象矣。故以七十二爲經法，經者常也，常用之法也。百者數之節也，隨法進退，不失舊位，故謂之通法。

以通法進經法，得七千二百，謂之統法。自元入經，先用此法，統曆之諸法也。以通法進統法，得七十二萬，氣朔之下，收分必盡，謂之全率。以通法進全率，得七千二百萬，謂之大率，而元紀生焉。元者，歲月日時皆甲子，日月五星合在子正之宿，當盈縮先後之中，所謂七政齊矣。

古之植圭於陽城者，以其近洛故也，蓋尚慊，其中乃在洛之東偏。開元十二年，遣使天下候影，南距林邑國，北距横野軍，中得浚儀之嶽臺，應南北弦，居地之中。皇家建國，定都於梁，令樹圭置箭，測嶽臺晷漏，以爲中數。晷漏正則日之所至，氣之所應得之矣。

日月皆有盈縮，日盈月縮，則後中而朔，月盈日縮，則先中而朔。自古朓朒

之法，率皆平行之數，入曆既有前次，而又衰稍不倫。皇極舊術，則迂迴而難用，降及諸曆，則疎遠而多失。今以月離朓朒，隨曆校定，日躔朓朒，臨用加減，所得者入離定日也。一日之中，分爲九限，逐限損益，衰稍有倫，朓朒之法，可謂審矣。

赤道者，天之紘帶也，其勢圓而平，紀宿度之常數焉。黄道者，日軌也，其半在赤道内，半在赤道外，去極遠二十四度，當與赤道近則其勢斜，當與赤道遠則其勢直，當斜則日行宜遲，當直則日行宜速，故二分前後加其度，二至前後減其度。

九道者，月軌也，其半在黄道内，半在黄道外，去極遠六度。出黄道謂之正交，入黄道謂之中交。若正交在秋分之宿，中交在春分之宿，則比黄道益斜。若正交在春分之宿，中交在秋分之宿，則比黄道反直。若正交、中交在二至之宿，則其勢差斜，故校去二至二分遠近，以考斜正，乃得加減之數。自古雖有九道之説，蓋亦知而未詳，空有祖述之文，全無推步之用。今以黄道一周分爲八節，一節之中分爲九道，盡七十二道而復，使日月二軌無所隱其斜正之勢焉。九道之法，可謂明矣。

星之行也，近日而疾，遠日而遲，去日極遠，勢盡而留。自古諸曆，分段失實，隆降無準，今日行分尚多，次日便留。自留而退，惟用平行，仍以入段行度爲入曆之數，皆非本理，遂至乖戾。今校定逐日行分，積逐日行分以爲變段，於是自疾而漸遲，勢盡而留。自留而行，亦積微而後多。别立諸段變曆，以推變差，俾諸段變差際會相合，星之遲疾可得而知之矣。

自古相傳，皆謂去交十五度以下，則日月有蝕，殊不知日月之相掩，與闇虚之所射，其理有異焉。今以日月徑度之大小，校去交之遠近，以黄道之斜正，天勢之升降，度仰視旁視之分數，則交虧得其實矣。

乃以一篇步日，一篇步月，一篇步星，以卦候没滅爲之下篇，都四篇，合爲曆經一卷，曆十一卷，草三卷，《顯德三年七政細行曆》一卷。

臣檢討先代圖籍，今古曆書，皆無蝕神首尾之文，蓋天竺胡僧之妖説也。近自司天卜祝小術，不能舉其大體，遂爲等接之法。蓋從假用以求徑捷，於是乎交有逆行之數。後學者不能詳知，便言曆有九曜，以爲注曆之常式，今並削而去之。

昔在唐堯，欽若昊天，陛下親降聖謨，考曆象日月星辰，唐堯之道也。其曆謹以《顯德欽天》爲名。天道玄遠，非微臣之所盡知，但竭兩端以奉明詔，疎略乖謬，甘俟罪戾。

世宗覽之，親爲製序，仍付司天監行用，以來年正旦爲始，自前諸曆並廢。

渾天儀

後唐清泰三年十一月，遣司天少監趙仁錡往汴州取渾天儀。先是，梁朝曾遣自汴梁，久在汴州，故司天監胡果奏取，竟以舊渾天儀損折，不能施用。

宋・王溥《五代會要》卷二二《雜處置》　（後唐天成三年）其年十一月，吏部南曹關試今年及第進士李飛等七十九人，内三禮劉瑩、李詵、李守文，明算宋延美等五人，所試判語皆同。尋勘狀稱晚逼試，偶拾得判草寫净，實不知判語不合一般者。敕：「貢院擢科，考詳所業；南曹試判，激勸校官。劉瑩等既不攻文，合直書其事，豈得相傳稾草，侮瀆公場，載考情由，實爲忝冒。及至定期覆試，果聞自擅私歸，且令所司落下，其所給春關，仍各追納放罪，許後放舉。自此南曹凡有及第人試判之時更效此者，准例處分。」

宋・江少虞《新雕皇朝類苑》卷四五　休祥夢兆

苗訓

苗訓仕周，爲殿前散員。學星術於王處訥。訓從太祖北征，處訥預語訓曰：「庚申歲初，太陽躔亢，在亢於德剛，其獸乃龍，恐與太陽並駕。若果然，則聖人利見之期也。」至庚申歲旦，太陽之上復有一日，衆皆謂目眩，以油盆俯窺，果有兩日相磨盪，即太祖陳橋起聖之時也。初夢持鏡照天，列宿滿中，割腹納之，遂通星緯之學。太祖即位，樞密使王朴建隆二年辛酉歲撰《金雞曆》以獻，上嘉納之，改名曰《應天曆》，御製曆序。處訥謂所知曰：「此曆更二十年方見其差，亦有知之者，吾不得預焉。」興國六年辛巳，吴昭素直司天監，果上言《應天曆》大差。太宗詔修之。太宗善望氣。一歲春晚，幸金明，回蹕至州北合歡拱聖營，雨大下。時有司供擬無雨仗，因駐蹕轅門，以避之。謂左右曰：「此營他日當出節度使兩人。」蓋二夏昆仲守恩、守贇在營方丱，後待真廟於藩邸，當龍飛，二公俱崇高。後守恩爲節度使，守贇知樞密院事，終於宣徽南、北院使。

周克明

景德三年，有巨星見於天氐之西，光芒如金丸，無有識者。春官正周克明言：「按《天文録》荊州占，其星名周伯，語曰：其色金黄，其光煌煌，所見之國太平而昌。又按《元命包》：此星一曰德星，不時而出。時方朝野多歡，六合平定，

變輿澶淵凱旋，萬域富足，賦斂無横，宜此星之見也。克明本進士，獻文於朝，召試中書，賜及第。

宋・江少虞《新雕皇朝類苑》卷四七　駕幸汾陰

祥符四年，車駕幸汾陰，起偃師，駐蹕永安。天文院測驗渾儀，杜貽範奏：「卯時一刻，日有赤黄輝氣，變爲黄珥。凡變戴氣，巳時後，輝氣復生。」見《湘山野録》。

宋・李昉等《太平廣記》卷一六三《讖應》　唐國閏

僞蜀後主王衍以唐襲宅建上清宮，於老君尊像殿中列唐朝十八帝真，乃備法駕謁之。識者以爲拜唐乃歸命之先兆也。先是，司天監胡秀林進曆，移閏在丙戌年正月。有向隱者，亦進曆，用宣明法，閏乙酉年十二月。既有異同，彼此紛訴，仍於界上取唐國曆日。近臣曰：「宜用唐國閏月也。」因更改閏十二月。街衢賣曆者云：「只有一月也。」其年十二月二十八日，國滅。胡秀林是唐朝司天少監，仕蜀，别造永昌《正象曆》，推步之妙，天下一人。然移閏之事不爽，曆議常人不可輕知之。出《北夢瑣言》。

宋・陸遊《南唐書》卷一《本紀》　昇元四年，春二月，詔罷營造力役，（母）〔毋〕妨農時。三月丁未，頒《中正曆》，曆官陳承勛所譔也。丙戌，漢人、閩人來聘，夏五月，晉安。

宋・王應麟《玉海》卷一《天文・天文圖》　《紹興蓋天圖》

紹興七年六月八日，日曆戊戌。四川帥司進資州翠微洞隱士張大樅用唐制刱《捷法蓋天圖》新式，又進翠微洞隱書寶軸、司天玉匣祕書、金鍵要訣等。詔津遣詣行在所。日曆載大樅狀：用唐舊制創爲《捷法蓋天圖》新式，亦欲以坐觀天道，備上聖乙夜雋覽，行軍幕中候驗，不勞仰觀。陳於几案，覆視乎上，則乾象雖遠，如在目前。今造《捷法蓋天畫圖》及四正地規，爲板圖，大小四面繳進。旨津遣赴行在，仍賚天文祕書前來進呈。

大觀四年十二月戊戌，宰臣張商英上《三才定位圖》。

宋・王應麟《玉海》卷三《天文・天文書》　紹興《乾象通鑑》

紹興元年三月十八日，詔《乾象通鑑》與舊書參用。先是，《御前降乾象通鑑》一百卷付太史局，命依經改正訛舛。繫年録初，河間府進士李季集天文諸書，號《乾象通鑑》。建炎四年六月癸酉，命婺州給札上之。紹興元年三月甲寅，詔與舊書參用，天文官吴師彦等頗擿其訛謬。二年七月壬寅，復置翰林天文局。

又　紹興《天經》

三十年三月七日，同州進士王及甫上《天經》二十册。類集古今言天者，極爲該備。秘省看詳，其人洞曉星曆，詔令與特奏名試。

又　淳熙《欽天要畧》

淳熙十五年七月二十五日，後省看詳明州教授鄭鈞所進《欽天要畧》，編次有倫，評議切理。詔遷秩。均采摭祖宗欽天事實，裒類爲書，總十有二門，析爲二十五卷上之。

又　宋朝天文院

天聖五年八月，上封者言：先朝以司天監與測驗渾儀所奏災祥非實，遂更置翰林天文院，以較得失。每天象差忒，各令奏聞。冀相關防庶，令儆戒近，命判司天監領之，頗異舊制。乙酉，遂令各掌其事，罷司天監兼領。建炎三年四月十三日，併于太史局。紹興元年七月八日，復置。

熙寧間，司馬光提舉司天監，甄别吏員以示獎勸。沈括亦提舉，參校得失。提舉、司天監皆委忠直近臣。神宗初年，首用司馬光。元豐間，復用王安禮。或躔度稍異，必能入告，圖消弭之方。

宋・王應麟《玉海》卷四《天文・儀象》　太平興國文明殿渾儀

太平興國中，司天監學生張思訓自言能爲渾儀，因獻其式。上召尚方工官於禁中，如式造之。四年正月癸卯，儀成。機用精至，詔置文明殿東南隅漏室中，以思訓爲渾儀丞。思訓敍其制度云：渾儀者，法天象地，數有三層，有地軸、地輪、地足，亦有横輪側輪、斜輪、定關、中關、小關、天柱。七直从左撼鈴，右扣鐘，中擊鼓，以定刻數。其七直一晝夜方退，是日、月、木、土、火、金、水。中有黄道，天足十二神報十二時刻數，定晝夜長短。上有天頂、天牙、天關、天指、天托、天束、天條，布三百六十五度，爲日、月、五星、紫微宮及周天列宿，并斗建、黄赤二道。以太陽行度，定寒暑進退。古之製作，運動以水，頗爲疏略，寒暑無準。爲以水銀代之，運動不差。舊制，太陽晝行度皆以手運。今所制取於自然。自東漢張衡始造，至開元中詔僧一行與梁令瓚造渾天儀後，銅鐵漸渡，不能自轉。今思訓所作，起爲樓閣之狀，數層高，丈餘，以木間人爲七直神，摇鈴撞鐘擊鼓。又作十二神，各直一時。至其時，即自執辰牌，循環而出。并著日月星辰，皆須仰視，其機轉之用，俱隱樓中。其制頗巧，得開元遺象。後梁於汴州造銅渾儀，唐長興三年七月繕理。

宋・王應麟《玉海》卷七《律曆・律呂》 景祐律管

二年七月庚子，知杭州鄭向言阮逸通音律，自撰《琴準》，上其所撰《樂論》十二篇，并《律管・十三律管説》一篇。詔令逸赴闕。八月己巳，御崇政殿觀新樂。上出雙鳳管，下太常肄習。其制合二管以定律聲，管端刻飾雙鳳，施兩簧焉。九月壬寅，御崇政殿按新樂靈臺郎丁濤上《新術律管算草》三卷，元豐中，劉几請下王朴樂二律几議律王於人聲，不以尺度求合。

宋・王應麟《玉海》卷一〇《律曆・曆法》 至道王睿獻新曆

至道元年七月甲寅，司天監丞王睿獻新曆。睿言：「開元《大衍曆》儀定大衍之數，乃何承天氣朔母法。參詳監司所奏，於二萬以下修撰日法，渾紀不遇億數。臣今於二萬以下參詳到日法，有演二元，不及億數。其一日法一萬五百九十，演得積年一千六百五十一萬五千九百餘歲；其一日法一千七百，演得積年三百九十八萬一千一百有餘歲。今各依所立法數，撰到氣朔、用率、積年等。今具算到氣朔，以進。」九月癸丑，翰林天文鄭昭晏上言：先受詔孜校王睿所撰《淳化四年新曆》，今比校得十八事内六事失。以聞，上嘉之，賜昭晏金紫，令知曆算。至道二年十一月丁卯朔，司天冬官正楊文鎰請新曆六甲外增六十年事。上曰：「支干相屬，雖上六十，儻兩周甲子，共成上壽之數，使期頤之人得見所生之歲，不亦善乎？」因詔新曆以百二十甲子爲限。

咸平儀天曆

咸平四年三月庚寅，判司天監史序等上新曆，賜名《儀天》，命翰林學士朱昂作序，以修曆官史序、王熙元並爲殿中丞，王睿、趙昭逸、石昌裔並爲春官正，各賜絹百五十疋。是曆也，乃王熙元所修。秋官正趙昭逸請覆算之，不從。後二年，果差。祥符七年七月乙未，上覽司天監表，謂宰相曰：「曆象，陰陽家流之大者，以推步天道，平秩天時爲功。近年唯趙昭逸能專其業。」

又 乾道曆 淳熙曆 曆法九議

乾道二年夏，日官以《紀元》推丁刻十一月朔爲甲子。有裴伯壽者言：《統元曆》法推是朔，當進作乙丑。於是改而正之。會進士劉孝榮言：見行曆交食先天六刻，火星差天二度，乞造新曆。孝榮自謂已有曆，不半年可進。伯壽獨謂：凡造曆，必先立表測景驗氣，然後作曆，庶可精密，不在於速成而判。太史局吴澤不達造曆立表之法，妄言銅表難成，本表易壞，蓋欲黨附孝榮以覬一時之爵賞，固執以難，成而沮之也。其年九月乙卯，遂命禮部侍郎周執羔興領改造新曆。執羔謂立表驗氣之説經涉歲月，由是不行。孝榮乃倣萬分曆分作三萬分，以爲日法，命之曰《御覽七曜細行曆》上之。後伯壽所言皆驗。三年正月二十六日，執羔進對上曰：「日月有盈縮，須隨時修改。」對曰：「舜協時月正日正，爲積久不能無差。故協正之。」上曰：「今曆與古何如？」曰：「堯時冬至日在牽牛，今日在斗一度。」詔以今月二十八日進呈新曆。十一月詔司業程大昌、御史張端實、董視考驗都舊曆。先是，單時言太史以《統元》稍差，又用《紀元》，浸以差甚。邇者，因劉孝榮建議改定四月日食，不驗。因不易臣嘗詢孝榮所定日食，與太史局新定亦有異。以新曆較舊曆，則新曆爲密。乞令太史局與孝榮所定日月五星躔度，以渾象測之，察其可曆爲近，一一奏聞，故有是命。四年三月丙寅，詔侍御史單時同大昌考驗。時奏大昌等測驗去年十二月十日與十二日太白、太陰皆新曆爲近。至今年二月十四日夜望月食，以所見而定光滿，則舊曆爲差近。今若便以舊曆爲是，則去年所測四事，新曆爲近而舊曆差多。若以新曆近者多而造曆，則今所定月食乃復稍差。臣以是知天道之難測，欲令李繼宗、劉孝榮更定三月一日内日月五星躔度異同。測驗，以其驗之多而造曆焉。」四月二十七日，詔太史局將新舊曆參用。五月二十五日，詔太史新曆以《乾道曆》爲名。六月四日，禮部郎李燾言：列聖臨御，未有不更曆者。獨靖康偶不及此。令《統元曆》行之既久，其與天不合固宜沉。曆家以爲雖名《統元》，其實《紀元》，若《紀元》又多曆年所矣。嘗聞曆不差不改，不驗不用。未差無以知其失，未驗無以知其是。失然後改之，是然後用之。此劉洪至論也。舊曆多差，不容不改。而新曆亦未有明驗。但比舊曆稍密，厥初最密，後獨慚差。初已小差，後將若何？謹按：仁宗用《宗天曆》自天聖。自皇祐四年十一月月食，曆家二曆不效，詔以唐八曆及本朝四曆參定。曆家皆以景福爲密，遂欲改曆。劉羲叟獨謂所差無幾，不可輕改。又謂古聖人曆象止於恭授人時，雖預考交會不必脗合辰刻。仁宗從其言，復用《崇天曆》。羲叟曆學爲本朝第一，歐陽修、司馬光皆遵承之。《崇天》既復用，又十三年，治平二年，始改用《明天曆》。官周琮等皆遷官。後二年，《明天曆》課熙寧三年七月月食，又不效，乃語復用《崇天曆》，琮等皆奪所遷官。《崇天曆》復用至熙寧八年，始更用《奉元曆》。《奉元曆》議沈括實主之。其明年正月月食，遽不效。詔問修曆推恩之姓名，括具奏辨，曆得不廢。先儒蓋謂括强辨不深，許其知曆也。今朝廷既用新曆，則宜有以善其後。乞察二劉所陳及《明天》、《崇天》之興廢，申勑曆官，勿執今是。益募能者更造密度。詔諸路搜訪精適曆

書之人，以名聞。五年二月十二日。程大昌、單時等言：蓋堯臣言《乾道曆》日月交會密近天道，惟九道、太陰未密。續降旨訪能曆者，止有荆大聲別演一法，與劉孝榮定驗九道、太陰行度，皆未密。四月三日，詔保章正劉孝榮、靈臺郎荆大聲與裴伯壽各具今年五月以後太陰、五星，排日正對赤道躔度。申御史臺單時、程大昌、汪大猷狀：「伏見裴伯壽上書，《統元曆》自紹興六年頒用至十五年，有司守之不專，暗用《紀元》之法推步，而用《統元》之名頒曆。會劉孝榮言見行曆先天，乞造新曆。臣獨謂凡造曆必先立表測景驗氣，庶可精密，而不在於速成。竊詳新曆七卷，篇篇謬誤，皆與天不合。緣孝榮不探端知緒，乃先造一步氣朔，二步發斂，三步日躔，四步晷漏，五步月離，六步交食，七步五星。曆後方測驗，遂致差失。又詳新曆乃五代民間《萬分曆》，自古明曆之士棄而不取。孝榮乃因之。荆大聲乞別立一法。時等聞古曆法皆象日月星辰。今大聲反以驗日食爲非，何所馮據？」六年九月二十一日，成都曆學進士賈浚上《曆法九議》一册。九年五月二十三日，詔曆官吴澤等詳定，疑朔局官李繼宗監視。按《乾道曆》議云：如有疑朔，更考日月之行，以定月之大小。若依此推步，則乾道十年乙未正月一日亦是甲申朔。今曆官不曾精究，直以癸未注正朔，竊恐差誤，再行，群定合作甲申朔。甲午歲十二月合作，大盡。從之。淳熙三年三月已巳，判局李繼宗等又撰《新曆》七卷，《立成曆》六卷，《推算備草》二卷，進呈。上曰：「自古曆無不差者。近世此法不傳，士大夫無習之者，草澤又難得其人。《新曆》所謂彼善於此，可以《淳熙曆》爲名。」五月戊申，令禮部祕省參詳測驗。四年正月二十六日，詔權行頒用。五年推九月庚寅晦，而北使來賀，會慶節者，乃已丑晦實小盡也。蓋荆大聲妄改甲午年十二月爲大盡，故後天一日也。十二年九月辛卯，楊忠輔言：「《淳熙曆》自戊戌以來朔差者八年矣。今歲九月望，月食當在晝，而《淳熙曆》在夜。以此辨之，是非可決。」乃命禮侍顏師魯視驗，會雲蔽而止。十三年三月丁酉，諫議將繼周奏乞訪民間知曆者。八月丁丑，布衣皇甫繼明等言：「今歲九月望，以《淳熙曆》推之，當在十七日，實曆弊也。太史乃注望於十六日，乞定驗疏密。」詔師魯等同視。既而，孝榮所定月食差一點，繼明等差二點，忠輔差三點，乃罷之。十四年四月癸酉，國學生石萬又請考定星曆之差，又上所著《五星再聚曆》。詔看詳。繼明等言：「竊取唐末《崇元》舊曆，不可用。」乞改造大曆。六月辛未朔，給事中王信奏，乞令孝榮、繼明萬各造來歲曆，詳加測驗，取其無差者。十二月丙子，繼明萬《新曆》成，與《淳熙曆》差二朔。上曰：「朔豈可差？」乃命禮侍尤袤、祕丞宋之瑞監視。十五年六月丁卯，改命使侍章森同往。是夜月光明盛。十月二十九日壬戌晦，袤往視，晨前月見東方。十一月七日庚午進呈，周必大言：「萬等以爲月體尚存一分，則不應不盡。」上曰：「十一月朔在申時，所以二十九日早尚存月體耳。」十六年十一月壬午，趙涣復言新曆冬至後天一辰。詔禮侍李巘等視之。

元・脱脱等《宋史》卷七《真宗紀二》 閏月辛亥，帝御文德殿，羣臣入閤。甲寅，冬官正韓顯符上新造銅候儀。

元・脱脱等《宋史》卷六八《律曆志一》 宋初，承五代之季王朴制律曆、作律準，以宜其聲，太祖以雅樂聲高，詔有司考正。和峴等以影表銅臬暨羊頭秬黍累尺制律，而度量權衡因以取正。然累代尺度與望臬殊，黍有巨細，縱横容積，諸儒異議，卒無成説。至崇寧中，徽宗任蔡京，信方士「聲爲律、身爲度」之説，始大盭乎古矣。

顯德《欽天曆》亦朴所制也，宋初用之。建隆二年，以推驗稍疏，詔王處訥等别造新曆。四年，曆成，賜名《應天》，未幾，氣候漸差。太平興國四年，行《乾元曆》，未幾，氣候又差。繼作者曰《儀天》，曰《崇天》，曰《明天》，曰《奉元》，曰《觀天》，曰《紀元》，迨靖康丙午，百六十餘年，而八改曆。南渡之後，曰《統元》，曰《乾道》，曰《淳熙》，曰《會元》，曰《統天》，曰《開禧》，曰《會天》，曰《成天》，至德祐丙子，又百五十年，復八改曆。使其初而立法脗合天道，則千歲日至可坐而致，奚必數數更法，以求幸合玄象哉！蓋必有任其責者矣。【略】

宋初，用周顯德《欽天曆》，建隆二年五月，以其曆推驗稍疏，乃詔司天少監王處訥等别造曆法。四年四月，新法成，賜號《應天曆》。太平興國間，有上言《應天曆》氣候漸差，詔處訥等重加詳定。六年，表上新曆，詔付本監集官詳定。會冬官正吴昭素、徐瑩、董昭吉等各獻新曆，處訥所上曆遂不行。詔以昭素、瑩、昭吉所獻新曆，遣内臣沈元應集本監官屬、學生參校測驗，考其疏密。秋官正史端等言：「昭吉曆差。昭素、瑩二曆以建隆癸亥以來二十四年氣朔驗之，頗爲切準。復對驗二曆，唯昭素曆氣朔稍均，可以行用。」又詔衛尉少卿元象宗與元應等，再集明曆術吴昭素、劉内真、苗守信、徐瑩、王熙元、董昭吉、魏序及在監官屬史端等精加詳定。象宗等言：「昭素曆法考驗無差，可以施之永久。」遂賜號爲《乾元曆》。《應天》、《乾元》二曆皆御製序焉。

真宗嗣位，命判司天監史序等考驗前法，研覈舊文，取其樞要，編爲新曆。

至咸平四年三月，曆成來上，賜號《儀天曆》。凡天道運行，皆有常度，曆象之術，古今所同。蓋變法以從天，隨時而推數，故法有疏密，數有繁簡，雖條例稍殊，而綱目一也。今以三曆參相考校，以《應天》爲本，《乾元》、《儀天》附而注之，法同者不復重出，法殊者備列于後。

元·脱脱等《宋史》卷七〇《律曆志三》 端拱二年四月己未，翰林祇候張玭夜直禁中，太宗手詔曰：「覽《乾元曆》細行，此夕熒惑當退軫宿乃順行，今止到角宿即順行，得非曆差否？」奏曰：「今夕一鼓，占熒惑在軫末、角初，順行也。據曆法，今月甲寅至軫十六度，乙卯順行，驗天差二度。臣占熒惑明潤軌道，兼前歲逆出太微垣，按曆法差疾者八日，此皆上天祐德之應，非曆法之可測也。」至道元年，昭晏又上言：「承詔考驗司天監丞王睿雍熙四年所上曆，以十八事按驗，所得者六，所失者十二。」太宗嘉之，謂宰相曰：「昭晏曆術用功，考驗否臧，昭然無隱。」由是賜昭晏金紫，令兼知曆算。二年，屯田員外郎吕奉天上言：

按經史年曆，自漢、魏以降，雖有編聯，周、秦以前，多無甲子。太史公司馬遷雖言歲次，詳求朔閏，則與經傳都不符合，乃言周武王元年歲在乙酉。唐兵部尚書王起撰《五位圖》，言周桓王十年，歲在甲子，四月八日佛生，常星不見；又言孔子生於周靈王庚戌之歲，卒於周悼王四十一年壬戌之歲，皆非是也。馬遷乃古之良史，王起又近世名儒，後人因循莫敢改易。臣竊以史氏凡編一年，則有一十二月，月有晦朔、氣閏，則須與歲次合同，苟不合同，何名歲次。本朝文教聿興，禮樂咸備，惟此一事，久未刊詳。臣探索百家，用心十載，乃知唐堯即位之年，歲在丙子，迄太平興國元年，亦在丙子，凡三千三百一年矣。虞、夏之間，未有甲子可證，成湯既没，太甲元年始有二月乙丑朔旦冬至，伊尹祀于先王，至武王伐商之年正月辛卯朔，二十有八日戊午，二月五日甲子昧爽。又，康王十二年六月戊辰朔，三日庚午朏，王命作册畢。自堯即位年，距春秋魯隱公元年，凡一千六百七年；從隱公元年，距今至道二年，凡一千七百一十五年；從太甲元年，距今至道二年，凡二千七百三十二年；從魯莊公七年四月辛卯夜常星不見，距今至道二年，凡一千六百八十一年；從周靈王二十年孔子生，其年九月庚戌、十月庚辰兩朔頻食，距今至道二年，凡一千五百四十五年；從魯哀公十六年四月乙丑孔子卒，距今至道二年，凡一千四百七十二年。以上並據經傳正文，用古曆推校，無不符合，乃知《史記》及《五位圖》所編之年，殊爲闊略。諸如此事，觸類甚多。若盡披陳，恐煩聖覽。臣耽研既久，引證尤明，起商王小甲七年二月甲申朔旦冬至，自此之後，每七十六年一得朔旦冬至，此乃古曆一蔀；每蔀積月九百四十、積日二萬七千七百五十九，率以爲常，直至《春秋》魯僖公五年正月辛亥朔旦冬至，了無差爽。用此爲法，以推經傳，縱小有增減，抑又經傳之誤，皆可以發明也。古曆到齊、梁以來，或差一日，更用近曆校課，亦得符合。伏望聖慈，許臣撰集，不出百日，其書必成。儻有可觀，願藏祕府。

詔許之。書終不就。

又司天冬官正楊文鎰上言：「新曆甲子，請以百二十年。」事下有司，以其無所依據，議寢不行。太宗曰：「支干相承，雖止於六十，儻再周甲子，成上壽之數，使期頤之人得見所生之年，不亦善乎？」遂詔新曆甲子所紀百二十歲。

國初，有司上言：「國家受周禪，周木德，木生火，則本朝運膺火德，色當尚赤。臘以戌日。」詔從之。

雍熙元年四月，布衣趙垂慶上書言：「本朝當越五代而上承唐統爲金德，若梁繼唐，傳後唐，至本朝亦合爲金德。矧自國初符瑞色白者不可勝紀，皆金德之應也。望改正朔，易車旗服色，以承天統。」事下尚書省集議，常侍徐鉉與百官奏議曰：「五運相承，國家大事，著於前載，具有明文。頃以唐末喪亂，朱梁篡弒，莊宗早編屬籍，親雪國讎，中興唐祚，重新土運，以梁室比羿、浞、王莽，不爲正統。自後數姓相傳，晉以金，漢以水，周以木，天造有宋，運膺火德。況國初祀赤帝爲感生帝，于今二十五年，豈可輕議改易？」又云：「梁至周不合迭居五運，欲國家繼唐統爲金德，且五運迭遷，親承曆數，質文相次，間不容髮，豈可越數姓之上，繼百年之運？此不可之甚也。按《唐書》天寶九載，崔昌獻議自魏、晉至周、隋，皆不得爲正統，欲唐遠繼漢統，立周、漢子孫爲王者後，備三恪之禮。是時，朝議是非相半，集賢院學士衛包上言符同，李林甫遂行其事。至十二載，林甫卒，復以魏、周、隋之後爲三恪，崔昌、衛包由是遠貶，此又前載之甚明也。伏請祇守舊章，以承天祐。」從之。

大中祥符三年，開封府功曹參軍張君房上言：「自唐室下衰，土德隤圮，朱梁氏彊稱金統，而莊宗旋復舊邦，則朱梁氏不入正統明矣。晉氏又復稱金，蓋謂乘于唐氏，殊不知李昪建國于江南耳。漢家二主，共止三年，紹晉而興，是爲水德。洎廣順革命，二主九年，終于顯德。以上三朝七主，共止二十四年，行運之間，陰隱而難曉。伏自太祖承周木德而王，當於火行，上繫于商，開國在宋，自是三朝迄今以爲然矣。愚臣詳而辨之，若可疑者。太祖禪周之歲，歲在庚申。夫

庚者，金也，申亦金位，納音是木，蓋周氏稱木，爲二金所勝之象也。太宗登極之後，詔開金明池於金方之上，此誰啓之，乃天之靈符也。陛下履極當彊圉之歲，握符在作噩之春，適宋道之隆興，得金天之正氣。臣試以瑞應言之，則當年丹徒貢白鹿，姑蘇進白龜，條支之雀來，潁川之雉至；臣又聞當封禪之時，魯郊貢白兔，鄆上得金龜，皆金符之至驗也。願以臣章下三事大臣，參定其事。」疏奏，不報。

天禧四年，光禄寺丞謝絳上書曰：

臣按古誌，凡帝王之興，必推五行之盛德，所以配天地而符陰陽也。故神農氏以火德，聖祖以土德，夏以木德，商以金德，周以火德。自漢之興，王火德者，以謂承堯之後。且漢，堯之裔也。五帝之大，莫大於堯，漢能因之，是不墜其緒而善繼其盛德也。國家膺開光之慶，執敦厚之德，宜以土瑞而王天下。然其推終始傳，承周之木德而火當其次。且朱梁不預正統者，謂莊宗復興于後。自石晉、漢氏以及于周，則李昪建國于江左而唐祚未絶，是三代者亦不得正其統矣。昔者，秦祚促而德暴，不入正統，考諸五代之際，亦是類矣。國家誠能下黜五代，紹唐之土德，以繼聖祖，亦猶漢之黜秦，興周之火德以繼堯者也。

夫五行定位，土德居中，國家飛運于宋，作京于汴，誠萬國之中區矣。《傳》曰：「土爲羣物主，故曰后土。」《洪範》曰：「土爰稼穡，稼穡作甘。」方今四海給足，嘉生蕃衍，邇年京師甘露下，泰山醴泉湧，作甘之兆，斯亦見矣。矧靈木異卉，資生於土，千品萬類，不可勝道，非土德之驗乎？

臣又聞之，太祖生于洛邑，而胞絡惟黄；鴻圖既建，五緯聚於奎躔，而鎮星是主。及陛下升中之次，日抱黄珥；朝祀于太清宮，有星曰含譽，其色黄而潤澤。斯皆凝命有表，盛德攸屬，天意人事響效之大者，則土德之符在矣。是故天心之在兹，陛下拒而罔受；民意之若是，陛下謙而弗答。氣壅未宣，河決遂潰，豈不神哉！然則天淵之勃流，水德之浸患，考六府之厭鎮，驗五行之勝剋，亦宜興土之運，禦時之災。伏望順考符應，詳習法度，惟陛下時而行之。

大理寺丞董行父又上言曰：「在昔泰皇以萬物生於東，至仁體乎木，故德始於木。木以生火，神農受之爲火德；火以生土，黄帝受之爲土德；土以生金，少昊受之爲金德；金以生水，顓頊受之爲水德；水以生木，高辛受之爲木德；木以生火，唐堯受之爲火德；火以生土，虞舜傳之爲土德。土以生金，夏爲金德；金以生水，商爲水德；水以生木，周爲木德；木以生火，漢應圖讖爲火德；火以生土，唐受曆運爲土德。陛下紹天之統，受天之命，固當上繼唐祚，以金爲德，顯黄帝之嫡緒，彰聖祖之丕烈。臣又按聖祖先降於癸酉，太祖受禪於庚申，陛下即位於丁酉，天書下降於戊申。庚，金也，申、酉皆金也，天之體也。陛下紹唐、漢之運，繼黄帝之後，三世變道，應天之統，正金之德，斯又順也。」詔兩制詳議。既而獻議曰：「竊詳謝絳所述，以聖祖得瑞，宜承土德，且引漢承堯緒爲火德之比，雖班彪叙漢祖之興有五，其一曰帝堯之苗裔，及序承正統，乃越秦而繼周，非用堯之行。今國家或用土德，即當越唐上承於隋，彌以非順，失其五德傳襲之序。又據董行父請越五代紹唐爲金德，若其度越累世，上承百代之統，則晉、漢洎周，咸帝中夏，太祖實受終於周室而陟于元后，豈可弗遵傳繼之序，續於遐邈之統？三聖臨御六十餘載，登封告成，昭姓紀號，率循火行之運，以輝炎靈之曜。兹事體大，非容輕議，矧雍熙中徐鉉等議之詳矣。其謝絳、董行父等所請，難以施行。」詔可。

元・脱脱等《宋史》卷七四《律曆志七》　《崇天曆》行之至于嘉祐之末，英宗即位，命殿中丞、判司天監周琮及司天冬官正王炳、丞王棟、主簿周應祥周安世、馬傑、靈臺郎楊得言作新曆，三年而成。琮言：「舊曆氣節加時，後天半日；五星之行，差半次；日食之候，差十刻。」既而司天中宮正舒易簡與監生石道、李遘更陳家學。於是詔翰林學士范鎮、諸王府侍講孫思恭、國子監直講劉攽考定是非，上推《尚書》「辰弗集于房」與《春秋》之日食，參今曆之所候，而易簡、道、遘等所學疏闊，不可用，新書爲密。遂賜名《明天曆》，詔翰林學士王珪序之，而琮亦爲義略冠其首。

元・脱脱等《宋史》卷七五《律曆志八》　琮又論曆曰：「古今之曆，必有術過於前人，而可以爲萬世之法者，乃爲勝也。若一行爲《大衍曆》議及略例，校正歷世，以求曆法强弱，爲曆家體要，得中平之數。劉焯悟日行有盈縮之差，舊曆推日行平行一度，至此方悟日行有盈縮，冬至前後定日八十八日八十九分，夏至前後定日九十三日七十四分，冬至前後日行一度有餘，夏至前後日行不及一度。李淳風悟定朔之法，并氣朔、閏餘，皆同一術。舊曆定朔平注一大一小，至此以日行盈縮、月行遲疾加減朔餘，餘爲定朔、望加時，以定大小，不過三數。自此後日食在朔，月食在望，更無晦、二之差。舊曆皆須用章歲、章月之數，使閏餘有差，淳風造《麟德曆》，以氣朔、閏餘同歸一母。張子信悟月行有交道表裏，五星有入氣加減。北齊學士張子信因葛榮亂，隱居海島三十餘年，專以圓儀揆測天道，始悟月行有交道表裏，在表爲外道陽曆，在裏爲內道陰曆。月行在內道，則日

有食之，月行在外道則無食。若月外之人北户向日之地，則反觀有食。又舊曆五星率無盈縮，至是始悟五星皆有盈縮、加減之數。宋何承天始悟測景以定氣序。景極長，冬至；景極短，夏至。始立八尺之表，連測十餘年，即知舊《景初曆》多至常遲天三日。乃造《元嘉曆》，多至加時比舊退減三日。晉姜岌始悟以月食所衝之宿，爲日所在之度。日所在不知宿度，至此以月食之宿所衝，爲日所在宿度。後漢劉洪作《乾象曆》，始悟月行有遲疾數。舊曆，月平行十三度十九分度之七，至是始悟月行有遲疾之差，極遲則日行十二度强，極疾則日行十四度太，其遲疾極差五度有餘。宋祖沖之始悟歲差。《書堯典》曰：「日短星昴，以正仲冬；青中星盧，以殷仲秋。」至今三千餘年，中星所差三十餘度，則知每歲有漸差之數，造《大明曆》率四十五年九月而退差一度。唐徐昇作《宣明曆》，悟日食有氣、刻差數。舊曆推日食皆平求食分，多不允合，至是推日食，以氣刻差數增損之，測日食分數，稍近天驗。《明天曆》悟日月會合爲朔，所立日法，積年有自然之數，及立法推求晷景，知氣節加時所在。自《元嘉曆》後所立日法，以四十九分之二十六爲强率，以十七分之九爲弱率，併强弱之數爲日法、朔餘，自後諸曆効之。殊不知日月會合爲朔，併朔餘虛分爲日法，蓋自然之理。其氣節加時，晉、漢以來約而要取，有差半日，今立法推求，得盡其數。後之造曆者，莫不遵用焉。其疏謬之甚者，即苗守信之《乾元曆》、馬重績之《調元曆》、郭紹之《五紀曆》也。大概無出於此矣。然造曆者，皆須會日月之行，以爲晦朔之數，驗《春秋》日食，以明强弱。其於氣序，則取驗於《傳》之南至；其日行盈縮、月行遲疾、五星加減、二曜食差、日宿月離、中星晷景、立數立法，悉本之於前語。然後較驗，上自夏仲康五年九月「辰弗集于房」，以至於今，其星辰氣朔、日月交食等，使三千年間若應準繩。而有前有後、有親有疏者，即爲中平之數，乃可施於後世。其較驗則依一行、孫思恭，取數多而不以少，得爲親密。較日月交食，若一分二刻以下爲親，二分四刻以下爲近，三分五刻以上爲遠。以曆注有食而天驗無食，或天驗有食而曆注無食者爲失。其較星度，則以差天二度以下爲親，三度以下爲近，四度以上爲遠；其較晷景尺寸，以二分以下爲親，三分以下爲近，四分以上爲遠。若較古而得數多，又近於今，兼立法、立數，得其理而通於本者爲最也。」琮自謂善曆，嘗曰：「世之知曆者尠，近世獨孫思恭爲妙。」而思恭又嘗推劉羲叟爲知曆焉。

元·脱脱等《宋史》卷八〇《律曆志十三》 熙寧六年六月，提舉司天監陳繹言：「渾儀尺度與《法要》不合，二極、赤道四分不均，規、環左右距度不對，游儀重澀難運，黃道映蔽橫簫，遊規瑩裂，黃道不合天體，天樞内極星不見。天文院渾儀尺度及二極、赤道四分各不均，黃道、天常環、月道映蔽橫簫，及月道不與天合，天常環相攻難轉，天樞内極星不見。皆當因舊修整，新定渾儀，改用古尺，均賦辰度，規、環輕利，黃赤道、天常環並側置，以北際當天度，省去月道，令不蔽橫簫，增天樞爲二度半，以納極星，規、環、二極，各設環樞，以便遊運。」詔依新式製造，置於司天監測驗，以較疏密。七年六月，司天監呈新製渾儀、浮漏於迎陽門，帝召輔臣觀之，數問同提舉官沈括，具對所以改更之理。尋又言：「準詔，集監官較其疏密，無可比較。」詔置於翰林天文院。七月，以括爲右正言，司天秋官正皇甫愈等賞有差。初，括上《渾儀》、《浮漏》、《景表》三議，見《天文志》，朝廷用其説，令改造法物、曆書。至是，渾儀、浮漏成，故賞之。

元豐五年正月，翰林學士王安禮言：「詳定渾儀官歐陽發所上渾儀、浮漏木樣，具新器之宜，變舊器之失，臣等竊詳司天監浮漏，疏謬不可用，請依新式改造。其至道皇祐渾儀、景表亦各差舛，請如法條奏修正。」從之。元祐四年三月，翰林學士許將等言：「詳定元祐渾天儀象所先奉詔製造水運渾儀木樣，如試驗候天不差，即別造銅器，今校驗皆與天合。」詔以銅造，仍以元祐渾天儀象爲名。將等又言：「前所謂渾天儀者，其外形圓，可偏布星度；其内有璣、有衡，可仰窺天象。今所建渾儀象，別爲二器，而渾儀占測天度之真數，又以渾象置之密室，自爲天運，與儀參合。若并爲一器，即象爲儀，以同正天度，則渾天儀象兩得之矣。請更作渾天儀。」從之。七年四月，詔尚書左丞蘇頌撰《渾天儀象銘》。六月，元祐渾天儀象成，詔三省、樞密院官閲之。紹聖元年十月，詔禮部、祕書省，即詳定製造渾天儀象所，以新舊渾儀集局官同測驗，擇其精密可用者以聞。

宣和六年七月，宰臣王黼言：

臣崇寧元年邂逅方外之士于京師，自云王其姓，面出素書一，道璣衡之制甚詳。比嘗請令應奉司造小樣驗之，踰二月，乃成璿璣，其圓如丸，具三百六十五度四分度之一，置南北極、崑崙山及黃、赤二道，列二十四氣、七十二候、六十四卦、十干、十二支、晝夜百刻，列二十八宿、并内外三垣、周天星。日月循黃道天行，每天左旋一周，日右旋一度，冬至南出赤道二十四度，夏至北入赤道二十四度，春秋二分黃、赤道交而出卯入酉。月行十三度有餘，生明于西，其形如鈎，下環，西見半規，及望而圓；既望，西缺下環，東見半規，及晦而隱。某星始見，某星已中，某星將入，或左或右，或遲或速，皆與天象脗合，無纖毫差。玉衡植於屏外，持扼樞斗，注水激輪，其下爲機輪四十有三，鈎鍵交錯相持，次第運轉，不假

人力，多者日行二千九百二十八齒，少者五日行一齒，疾徐相遠如此，而同發于一機，其密殆與造物者侔焉。自餘悉如唐一行之制。

然一行舊制機關，皆用銅鐵爲之，澀即不能自運，今制改以堅木若美玉之類。舊制外絡二輪，以綴日月，而二輪蔽虧星度，仰視躔次不審，今制日月皆附黄道，如蟻行磑上。舊制雖有合望，而月體常圓，上下弦無辨，今以機轉之，使圓缺隱見悉合天象。舊制止有候刻辰鐘鼓，晝夜短長與日出入更籌之度，皆不能辨，今制爲司辰壽星，運十二時輪，所至時刻，以手指之，又爲燭龍，承以銅荷，時正吐珠振荷，循環自運。其制皆出一行之外。即其器觀之，全象天體者，璿璣也；運用水斗者，玉衡也。昔人或謂璣衡爲渾天儀，或謂有璣而無衡者爲渾天象，或謂渾儀望筒爲衡：皆非也。甚者莫知璣衡爲何器。唯鄭康成以運轉者爲璣，持正者爲衡，以今制考之，其説最近。

又月之晦明，自昔弗燭厥理，獨揚雄云：「月未望則載魄于西，既望則終魄于東，其遡於日乎？」京房云：「月有形無光，日照之乃光。」始知月本無光，遡日以爲光。本朝沈括用彈況月，粉塗其半，以象對日之光，正側視之，始盡圓缺之形。今制與三者之説若合符節。宜命有司置局如樣製，相阯於明堂或合臺之内，築臺陳之，以測上象。又別製三器，一納御府，一置鐘鼓院，一備車駕行幸所用。仍著爲成書，以詔萬世。

詔以討論製造璣衡所爲名，命黼總領，内侍梁師成副之。

元·脱脱等《宋史》卷八一《律曆志十四》 宋曆在東都凡八改，曰《應天》、《乾元》、《儀天》、《崇天》、《明天》、《奉元》、《觀天》、《紀元》。星翁離散，《紀元曆》亡，紹興二年，高宗重購得之，六月甲午，語輔臣曰：「曆官推步不精，今曆差一日，近得《紀元曆》，自明年當改正，協時月正日，蓋非細事。」

是歲，始議製渾儀。十一月，工部言，《渾儀法要》當以子午爲正，今欲定測樞極，合差局官二員。詔差李繼宗等充測驗定正官，俟造畢進呈日，同參詳指説制度官丁師仁、李公謹入殿安設。三年正月壬戌，進呈渾儀木樣。壬申，太史局令丁師仁等言，省識東都渾儀四座：在測驗渾儀刻漏所曰至道儀，在翰林天文局曰皇祐儀，在太史局天文院曰熙寧儀，在合臺曰元祐儀，每座約銅二萬餘斤，今若半之，當萬餘斤。且元祐製造，有兩府提舉。時都司覆實，用銅八千四百斤。詔工部置物料，臨安府傭工匠，仍令工部長貳提舉。

五年，日官言，正月朔旦日食九分半，虧在辰正。常州布衣陳得一言，當食八分半，虧在巳初，其言卒驗。侍御史張致遠言：「今歲正月朔日食，太史所定不驗，得一嘗爲臣言，皆有依據。蓋患算造者不能通消息、盈虛之奥，進退、遲疾之分，致立朔有訛。凡定朔小餘七千五百以上者，進一日。紹興四年十二月小餘七千六百八十，太史不進，故十一月小盡；今年五月小餘七千一百八十，少三百二十，乃爲進朔，四月大盡。建炎三年定十一月三十日甲戌爲臘，陰陽書曰，臘者，接也，以故接新，在十二月近大寒前後戌日定之，若近大寒戌日在正月十一日，若即用遠大寒戌日定之，庶不出十二月。如宣和五年十二月二十七日丙午大寒，後四日庚戌，雖近，緣在六年正月一日，此時以十九日戊戌爲臘。得一於歲旦日食，嘗預言之，不差釐刻。願詔得一改造新曆，委官專董其事；仍盡取其書，參校太史有無，以補遺闕；擇曆算子弟粗通了者，授演撰之要，庶幾日官無曠，曆法不絶。」二月丙子，詔祕書少監朱震，即祕書省監視得一改造新曆。八月曆成，震請賜名《統元》，從之。詔翰林學士孫近爲序，以六年頒行，遷震一秩，賜得一通微處士，官其一子。道士裴伯壽等受賞有差。

得一等上推甲子之歲，得十一月甲子朔夜半冬至日度起於虚中以爲元。著《曆經》七卷，《曆議》二卷，《立成》四卷，《考古春秋日食》一卷，《七曜細行》二卷，《氣朔入行草》一卷，詔付太史氏，副藏祕府。

紹興九年，史官重修神宗正史，求《奉元曆》不獲，詔陳得一、裴伯壽赴闕補修之。

十四年，太史局請製渾儀，工部員外郎謝伋言：「臣嘗詢渾儀之法，太史官生論議不同，鑄作之工，今尚闕焉。臣愚以爲宜先詢訪制度，敷求通曉天文曆數之學者，參訂是非，斯合古制。」蘇頌之子應詔赴闕，請訪求其父遺書，考質制度。宰相秦檜曰：「在廷之臣，罕能通曉。」高宗曰：「此闕典也，朕已就宫中製造，範制雖小，可用窺測，日以晷度，夜以樞星爲則，非久降出，第當廣其尺寸爾。」於是命檜提舉。時内侍邵諤善運思，專令主之，累年方成。

《統元曆》頒行雖久，有司不善用之，暗用《紀元》法推步而以《統元》爲名。乾道二年，日官以《紀元曆》推三年丁亥歲十一月甲子朔，將頒行，裴伯壽詣禮部陳《統元曆》法當進作乙丑朔，於是依統元曆法正之。

光州士人劉孝榮言：「《統元曆》交食先天六刻，火星差天二度。嘗自著曆，期以半年可成，願改造新曆。」禮部謂：「《統元曆》法用之十有五年，《紀元曆》法經六十年，日月交食有先天分數之差，五星細行亦有二三度分之殊。算造曆官

拘於依經用法，致朔日有進退，氣節日分有誤，于時宜改造。」伯壽言：「造曆必先立表測景驗氣，庶幾精密。」判太史局吴澤私於孝榮，且言銅表難成，木表易壞以沮之。迺詔禮部尚書周執羔提領改造新曆，執羔亦謂測景驗氣，經涉歲月。孝榮乃采萬分曆，作三萬分以爲日法，號《七曜細行曆》，上之。三年，執羔以曆來上，孝宗曰：「日月有盈縮，須隨時修改。」執羔對曰：「舜協時月正日，正爲積久不能無差，故協正之。」孝宗問曰：「今曆與古曆何如？」對曰：「堯時冬至日在牽牛，今冬至日在斗一度。」

孝榮《七曜細行曆》自謂精密，且預定是年四月戊辰朔日食一分，日官言食二分，伯壽並非之，既而精明不食。孝榮又定八月庚戌望月食六分半，候之，止及五分。又定戊子歲二月丁未望月食九分已上，出地，其光復滿。伯壽言：「當食既，復滿在戌正三刻。」

侍御史單時言：「比年太史局以《統元曆》稍差而用《紀元曆》，《紀元》寖差，邇者劉孝榮議改曆，四月朔日食不驗，日官兩用《統元》、《紀元》以定晦朔，二曆之差，歲益已甚，非所以明天道、正人事也。如四月朔之日不食，雖爲差誤，然一分之説，猶爲近焉。八月望之月食五分，新曆以爲食六分，亦爲近焉。聞欲以明年二月望月食爲驗，是夜或有陰晦風雨，願令日官與孝榮所定七政躔度其説異同者，俟其可驗之時，以渾象測之，察其稍近而屢中者，從其説以定曆，庶幾不致甚差。」詔從之。十一月，詔國子司業權禮部侍郎程大昌、監察御史張敦實監太史局驗之。時孝宗務知曆法疏密，詔太史局以高宗所降小渾儀測驗造曆。四年二月十四日丁未望，月食生光復滿，如伯壽言。

時等又言：「去年承詔十二月癸卯、乙巳兩夜監測太陰、太白，新曆爲近；今年二月十四日望月食，臣與大昌等以渾儀定其光滿，則舊曆差近，新曆差遠。若遽以舊曆爲是，則去年所測四事皆新曆爲近，今者所定月食，乃復稍差，以是知天道之難測。儒者莫肯究心，一付之星翁曆家，其説又不精密。願令繼宗、孝榮等更定三月一日内七政躔度之異同者，仍令臣等往視測驗而造曆焉。」三月，詔時與大昌同驗之。太史局止用《紀元曆》與新曆測驗，未嘗參以《統元曆》。臣等先求判太史局李繼宗、天文官劉孝榮等《統元》、《紀元》、新曆異同，於三月初九日夜、十一日早、十四日夜、二十日早詣太史局，召三曆官上臺，用銅儀窺管對測太陰、木、火、土星昏晨度經歷度數，參稽所供，監視測驗。初九日昏度：舊曆太陰在黄道張宿十二度八十七分，在赤道張宿十度；新曆在黄道張宿十四度四十分，在赤道張宿十五度太。臣等驗得在赤道張宿十五度半。今考之新曆稍密，舊曆皆疏。十一日早晨度：木星在黄道室宿十五度七分，在赤道室宿十三度少；土星在黄道虚宿七度三分，在赤道虚宿七度彊。新曆木星在黄道室宿十五度四十四分，在赤道室宿十四度少弱；土星在黄道虚宿六度二十一分，在赤道虚宿六度少弱。臣等驗得五更三點，土星在赤道虚宿六度弱；五更五點，木星在赤道室宿十四度。今考之新曆稍密，舊曆皆疏。十二日，都省令定驗《統元》、《紀元》及新曆疏密。《統元曆》昏度，太陰在黄道氐宿初度九十四分，在赤道氐宿三度少；《紀元曆》在黄道氐宿初度八十三分，在赤道氐宿二度太；新曆在黄道亢宿八度七十一分，在赤道亢宿九度少弱。三曆官以渾儀由南數之，其太陰北去角宿距星二十一度少弱。新舊曆官稱昏度亢宿未見，祇以窺管測定角宿距星，復以曆書考東方七宿，角占十二度，亢占九度少；既亢宿未見，當除角宿十二度，即太陰此時在赤道亢宿九度少弱。今考之新曆全密，《紀元》、《統元曆》皆疏。二十日早晨度：《統元曆》太陰在黄道斗宿十一度九十一分，在赤道斗宿十二度少；火星在黄道危宿七度九十一分，在赤道危宿七度少；土星在黄道虚宿八度八十二分，在赤道虚宿八度太彊。《紀元曆》太陰在黄道斗宿十一度四十分，在赤道斗宿十一度半；火星在黄道危宿六度，在赤道危宿六度太；土星在黄道虚宿七度三十九分，在赤道虚宿七度半弱。新曆太陰在黄道斗宿十度六十一分，在赤道斗宿十度少；火星在黄道危宿七度二十分，在赤道危宿六度；土星在黄道虚宿六度五十三分，在赤道虚宿六度半。三曆官驗得太陰在赤道斗宿十度，火星在赤道危宿六度彊，土星在赤道虚宿六度半。今考之太陰，《紀元曆》疏；火星，新曆、《紀元曆》全密，《統元曆》疏；土星，新曆全密，《紀元》、《統元曆》疏。」

又詔時與尚書禮部員外郎李燾同測驗，時等言：「先究《統元》、《紀元》、新曆異同，召三曆官上臺，用銅儀窺管對測太陰、土、火、木星晨度經歷度數，參稽所供，監視測驗。二十四日早晨度：《統元曆》太陰在黄道危宿十一度九十分，在赤道危宿九度；木星在黄道室宿十八度一十五分，在赤道壁宿初度少；火星在黄道危宿十度七十分，在赤道危宿十度；土星在黄道虚宿八度九十五分，在赤道虚宿九度。《紀元曆》太陰在赤道危宿十度五十三分，在赤道危宿八度半；木星在黄道室宿十七度六十八分，在赤道室宿十六度少；火星在黄道危宿九度八十四分，在赤道危宿九度；土星在黄道留在虚宿七度四十分，在赤道虚宿七

度半。新曆太陰在黄道危宿十三度五分，在赤道危宿十二度；木星在黄道室宿十八度一十分，在赤道室宿十六度半彊；火星在黄道危宿十度八分，在赤道危宿九度；土星在黄道虚宿六度六十分始留，在赤道虚宿六度半彊始留。三曆官驗得太陰在赤道危宿十度，木星在赤道室宿十六度太，火星在赤道危宿九度半，土星在赤道虚宿六度半弱。今考之太陰，《統元曆》精密，《紀元曆》、新曆皆疏；木星，新曆稍密，《紀元》、《統元曆》皆疏；火星，《紀元》、新曆皆稍密，《統元曆》疏；土星，新曆稍密，《紀元》、《統元曆》皆疏。二十七日早晨度：《統元曆》木星在黄道壁宿初度四十六分，在赤道壁宿初度太彊；火星在黄道危宿十二度九十二分，在赤道危宿十二度彊；土星留在黄道虚宿八度九十八分，在赤道虚宿九度。《紀元曆》木星在黄道壁宿初度二十五分，在赤道壁宿初度分空；火星在黄道危宿十二度九十七分，在赤道危宿十一度；土星留在黄道虚宿七度四十八分，在赤道虚宿七度半。新曆木星在黄道壁宿初度四十四分，在赤道壁宿初少彊；火星在黄道危宿十二度二十二分，在赤道危宿十一度半；土星留在黄道虚宿六度六十分，在赤道虚宿六度半彊。三曆官驗得木星在赤道壁宿初度少，火星在赤道危宿十一度，土星在赤道虚宿六度半。今觀木星，新曆稍密，《紀元》、《統元曆》皆疏；火星，《紀元曆》全密，《統元》、新曆皆疏；土星，新曆稍密，《紀元》、《統元曆》皆疏。」

由是朝廷始知三曆異同，迺詔太史局以新舊曆參照行之。禮部言：「新舊曆官互相異同，參照實難，新曆比之舊曆稍密。」詔用新曆，名以《乾道曆》，已丑歲頒行。

孝榮有《考春秋日食》一卷，《漢魏周隋日月交食》一卷，《唐日月交食》一卷，《宋朝日月交食》一卷，《氣朔入行》一卷，《彊弱日法格數》一卷。

元·脱脱等《宋史》卷八二《律曆志十五》 乾道四年，禮部員外郎李燾言：「《統元曆》行之既久，與天不合，固宜；《大衍曆》最號精微，用之亦不過三十餘年，後之欲行遠也，難矣。抑曆未差，無以知其失；未驗，無以知其是。仁宗用《崇天曆》，天聖至皇祐四年十一月日食，二曆不效，詔以唐八曆及宋四曆參定，皆以《景福》爲密，遂欲改作。而劉羲叟謂：『《崇天曆》頒行逾三十年，所差無幾，詎可偶緣天變，輕議改移？』又謂：『古聖人曆象之意，止於敬授人時，雖則預考交會，不必脗合辰刻，或有遲速，未必獨是曆差。』迺從羲叟言，復用《崇天曆》。羲叟曆學爲宋第一，歐陽脩、司馬光輩皆遵用之。《崇天曆》既復用，又十三年，治平二年，始改用《明天曆》，曆官周琮皆遷官。後三年，驗熙寧三年七月月食不效，迺詔復用《崇天曆》，奪琮等所遷官。熙寧八年，始更用《奉元曆》，沈括實主其議。明年正月月食，遽不效，詔問修曆推恩者姓名，括具奏辨，得不廢。識者謂括彊辨，不許其深於曆也。然後知羲叟之言然。願申飭曆官，加意精思，勿執今是；益募能者，熟復討論，更造密度，補治新曆。」緣燾嘗承詔監視測驗，值新曆太陰、熒惑之差，恐書成所差或多，見譏能者，迺詔諸道訪通曆者。久之，福州布衣阮興祖上言新曆差謬，荆大聲不以白部，即補興祖爲局生。

初，新曆之成也，大聲、孝榮共爲之；至是，大聲乃以太陰九道變赤道別演一法，與孝榮立異于後。祕書少監、崇政殿説書兼權刑部侍郎汪大猷等言：「承詔於御史臺監集局官，參算明年太陰宿度，籤注御覽詣實。今大聲等推算明年正月至月終九道太陰變赤道，限十二月十五日以前具稿成，至正月内，臣等召曆官上臺，用渾儀監驗疏密。」從之。

五年，國子司業兼權禮部侍郎程大昌、侍御史單時，祕書丞唐孚、祕書郎李木言：「都省下靈臺郎充曆算官蓋堯臣、皇甫繼明、宋允恭等言：『厥今更造《乾道新曆》，朝廷累委官定驗，得見日月交食密近天道，五星行度允協躔次，惟九道太陰間有未密。搜訪能曆之人補治新曆，半年未有應詔者，獨荆大聲別演一法，與劉孝榮《乾道曆》定驗正月内九道太陰行度。今來二法皆未能密於天道，《乾道》太陰一法與諸曆比較，皆未盡善。今撮其精微，撰成一法，其先推步到正月内九道太陰正對在赤道宿度，願委官與孝榮、大聲驗之。如或精密，即以所修九道經法，請得與定驗官更集孝榮、大聲等同赴臺，推步明年九道太陰正對在赤道宿度，點定月分定驗，從其善者用之。』大昌等從大聲、孝榮所供正月内太陰九道宿度，已赴太史局測驗上中旬畢，及取大聲、孝榮、堯臣等三家所供正月下旬太陰宿度，參照覽視，測驗疏密，堯臣、繼明、允恭請具今年太陰九道宿度。欲依逐人所請，限一月各具今年太陰九道變黄道正對赤道其宿某度，依經具稿，送御史臺測驗官不時視驗，然後見其疏密。」

裴伯壽上書言：

孝榮自陳預定丁亥歲四月朔日食、八月望月食，俱不驗。又定去年二月望夜二更五點月食九分以上，出地復滿。臣嘗言於宰相，是月之食當食既出地，《紀元曆》亦食既出地，生光在戌初二刻，復滿在戌正三刻。是夕，月出地時有微雲，至昏時見月已食既，至戌初三刻果生光，即食既出地可知；復滿在戌正三

刻，時二更二點；臣所言卒驗。孝榮言見行曆交食先天六刻，今所定月食復滿，乃後天四刻，新曆謬誤爲甚。

其一曰步氣朔，孝榮先言氣差一日，觀景表方知其失，此不知驗氣者也。臣之驗氣，差一二刻亦能知之。《紀元》節氣，自崇寧間測驗，逮今六十餘載，不無少差，苟非測驗，安知其失？凡日月合朔，以交食爲驗，今交食既差，朔亦弗合矣。

其二曰步發斂，止言卦候而已。

其三曰步日躔，新曆乃用紀元二十八宿赤道度，暨至分宮，遽減《紀元》過宮三十餘刻，殊無理據。而又赤道變黄道宿度，婁、胃二宿頓減《紀元》半度。在術則婁、胃二宿合二十八度，婁當十二度太，今新曆婁作十二度半，乃棄四分度之一。室、軫二宿虚收復多，少數變宿，分宮既訛，是以乾道己丑歲太陽過宮差誤。

其四曰步晷漏，新曆不合前史。唐開元十二年測景于天下，安南測夏至午中晷在表南三寸三分，新曆算在表北七寸；其鐵勒測冬至午中晷長一丈九尺二寸六分，新曆算晷長一丈四尺九寸九分，乃差四尺二寸七分，其謬蓋若此。

其五曰步月離，諸曆遲疾、朏朒極數一同，新曆朏之極數少朒之極數四百九十三分，疾之極數少遲之極數二十分，不合曆法。

其六曰步交會，新曆妄設陽準、陰準等差，蓋欲苟合已往交食，其間復有不合者，則遷就天道，所以預定丁亥、戊子二歲日月之食，便見差違。

其七曰步五星，以渾儀測驗新曆星度，與天不合。蓋孝榮與同造曆人皆不能探端知緒，乃先造曆，後方測驗，前後倒置，遂多差失。夫立表驗氣，窺測七政，然後作曆，豈容掇拾緒餘，超接舊曆，以爲新術，可乎？

新曆出於五代民間《萬分曆》，其數朔餘太彊，明曆之士往往鄙之。今孝榮乃三因萬分小曆，作三萬分爲日法，以隱萬分之名。三萬分曆即萬分曆也。緣朔餘太彊，孝榮遂減其分，乃增立秒，不入曆格。前古至于宋諸曆，朔餘並皆無秒，且孝榮不知王處訥於萬分增二，爲《應天曆》日法，朔餘五千三百七，自然無秒，而去王朴用秒之曆。

臣與造《統元曆》之後，潛心探討，復三十餘年，考之諸曆，得失曉然。誠假臣演撰之職，當與太史官立表驗氣，窺測七政，運算立法，當遠過前曆。

詔送監視測驗官詳之，達于尚書省。

時談天者各以技術相高，互相詆毀。諫議大夫單時、祕書少監汪大猷、國子司業權禮部侍郎程大昌、祕書丞唐孚、祕書郎李木言：「《乾道新曆》，判大聲、劉孝榮同主一法，自初測驗以至權行施用，二人無異議。後緣新曆不密，詔訪求通曆者，孝榮乃訟阮興祖緣大聲補局生，自是紛紛不已。大聲官以判局提點曆書爲名，乃言不當責以立法起算。不知起曆授時，何所憑據。且正月内五夜，比較孝榮所定五日並差，大聲所定五日内三日的中，兩日稍疏。繼伯壽進狀獻術，時等將求其曆書上臺測驗，務求至當，而大聲等正居其官，乃飾辭避事，測驗弗精。且大聲、孝榮同立新法，今猶反覆，苟非各具所見，他日曆成，大聲妄有動摇，即前功盡廢。請令孝榮、大聲、堯臣、伯壽各具乾道五年五月已後至年終，太陰五星排日正對赤道躔度，上之御史臺，令測驗官參考。」詔從之。

六年，日官言：「比詔權用《乾道曆》推算，今歲頒曆于天下，明年用何曆推算？」詔亦權用《乾道曆》一年。秋，成都曆學進士賈復自言，詔求推明熒惑、太陰二事，轉運使資遣至臨安，願造新曆畢還蜀，仍進《曆法九議》。孝宗嘉其志，館于京學，賜廪給。太史局李繼宗等言：「十二月望，月食大分七、小分九十三。賈復、劉大中等各虧初、食甚分夜不同。」詔禮部侍郎鄭聞監李繼宗等測驗。是夜，食八分。祕書省言，靈臺郎宋允恭、國學生林永叔、草澤祝斌、黄夢得、吴時舉、陳彦健等各推算日食時刻、分數異同。乃詔諫議大夫姚憲監繼宗等測驗五月朔日食。憲奏時刻、分數皆差舛，繼宗、澤、大聲削降有差。

太史局春官正、判太史局吴澤等言：「乾道十年頒賜曆日，其中十二月已定作小盡，乾道十一年正月一日注：癸未朔，畢乾道十一年正月一日。《崇天》、《統元》二曆算得甲申朔，《紀元》、《乾道》二曆算得癸未朔，今《乾道曆》正朔小餘，約得不及進限四十二分，是爲疑朔。更考日月之行，以定月朔大小，以此推之，則當是甲申朔。今曆官弗加精究，直以癸未注正朔，竊恐差誤，請再推步。於是俾繼宗監視，皆以是年正月朔當用甲申。兼今歲五月朔，太陽交食，本局官生瞻視到天道日食四分半；虧初西北，午時五刻半；食甚正北，未初二刻；復滿東北，申初一刻。後令永叔等五人各言五月朔日食分數并虧初、食甚、復滿時刻皆不同。并見行乾道曆比之，五月朔天道日食多算二分少彊，虧初少算四刻半，食甚少算三刻，復滿少算二刻已上。又考《乾道曆》比之《崇天》、《紀元》、《統元》三曆，日食虧初時刻爲近；較之《乾道》，日食虧初時刻爲不及。繼宗等參考來年十二月係大盡，及十一年正月朔當用甲申，而太史局丞、同判太史局荆大聲言《乾道曆》加時係不及進限四十二分，定今年五月朔日食虧初在午時一刻。今

測驗五月朔日食虧初在午時五刻半，《乾道曆》加時弱四百五十分，苟以天道時刻預定乾道十二年正月朔，已過甲申日四百五十分。大聲今再指定乾道十一年正月合作甲申朔，十年十二月合作大盡，請依太史局詳定行之。」五月，詔曆官詳定。

淳熙元年，禮部言：「今歲頒賜曆書，權用《乾道新曆》推算，明年復欲權用《乾道曆》。」詔從之。十一月，詔，太史局春官正吳澤推算太陽交食不同，令祕書省敕責之，并罰造曆者。三年，判太史局李繼宗等奏：「令集在局通算曆人重造新曆，今撰成新曆七卷，《推算備草》二卷，校之《紀元》、《統元》、《乾道》諸曆，新曆爲密，願賜曆名。」於是詔名《淳熙曆》，四年頒行，令禮部、祕書省參詳以聞。

淳熙四年正月，太史局言：「三年九月望，太陰交食。以《紀元》、《統元》、《乾道》三曆推之，初虧在攢點九刻，食二分及三分已上；以新曆推之，在明刻內食大分空，止在小分百分中二十七。是夜，瞻候月體盛明，雖有雲而不翳，至旦不見虧食，於是可見紀元、統元、乾道三曆不逮新曆之密。今當預期推算淳熙五年曆，蓋舊曆疏遠，新曆未行，請賜新曆名，付下推步。」

禮部驗得孟邦傑、李繼宗等所定五星行度分數，各有異同。繼宗云，六月癸酉，木星在氐宿三度二十九分；邦傑言，夜昏度瞻測得木星在氐宿三度半，半係五十分，雖見月體，而西南方有雲翳之。繼宗云，是月戊寅，木星在氐宿三度四十一分；邦傑言，四望有雲，雖雲間時露月體，所可測者木星在氐宿三度太，太係七十五分。繼宗云，庚辰土星在畢宿三度二十四分，金星在參宿五度六十五分，火星在井宿七度二十七分；邦傑言，五更五點後，測見土星入畢宿二度半，半係五十分，金星入參宿六度半，火星入井宿八度多三分。繼宗云，七月辛丑，太陰在角宿初度七十一分，木星在氐宿五度七十六分；邦傑言，測見昏度太陰入軫宿十六度太，太係七十五分，木星入氐宿六度少，少係二十五分。孝宗曰：「自古曆無不差者，況近世此學不傳，求之草澤，亦難其人。」詔以《淳熙曆》權行頒用一年。

五年，金遣使來朝賀會慶節，妄稱其國曆九月庚寅晦爲己丑晦。接伴使、檢詳丘崈辨之，使者辭窮，於是朝廷益重曆事。李繼宗、吳澤言：「今年九月大盡，係三十日，於二十八日早晨度瞻見太陰離東濁高六十餘度，則是太陰東行未到太陽之數。然太陰一晝夜東行十三度餘，以太陰行度較之，又減去二十九日早晨度太陰所行十三度餘，則太陰尚有四十六度以上未行到太陽之數，九月大盡，明矣。其金國九月作小盡，不當見月體；今既見月體，不爲晦日。乞九月三十日、十月一日差官驗之。」詔遣禮部郎官呂祖謙。祖謙言：「本朝十月小盡，一日辛卯朔，夜昏度太陰躔在尾宿七度七十分。以太陰一晝夜平行十三度三十一分，至八日上弦日，太陰計行九十一度餘。按曆法，朔至上弦，太陰平行九十一度三十一分，當在室宿一度太。金國十月大盡，一日庚寅朔，夜昏度太陰約在心宿初度三十一分。太陰一晝夜亦平行十三度三十一分，自朔至本朝八日爲金國九日，太陰已行一百四度六十二分，比之本朝十月八日上弦，太陰多行一晝夜之數。今測見太陰在室宿二度，計行九十二度餘，始知本朝十月八日上弦，密於天道。」詔祖謙復測驗。是夜，邦傑用渾天儀法物測驗，太陰在室宿四度，其八日上弦夜所測太陰在室宿二度。按曆法，太陰平行十三度餘，行遲行十二度。今所測太陰，比之八日夜又東行十二度，信合天道。

十年十月，詔，甲辰歲曆字誤，令禮部更印造，頒諸安南國，繼宗、澤及判大聲削降有差。

十二年九月，成忠郎楊忠輔言：「《淳熙曆》簡陋，於天道不合。今歲三月望，月食三更二點，而曆在二更二點；數虧四分，而曆虧幾五分。四月二十三日，水星據曆當夕伏，而水星方與太白同行東井間，昏見之時，去濁猶十五餘度。七月望前，土星已伏，而曆猶注見。八月未弦，金已過氐矣，而曆猶在亢。此類甚多，而朔差者八年矣。夫守疏敝之曆，不能革舊，其可哉！忠輔於《易》粗窺大衍之旨，創立日法，撰演新曆，不敢以言者，誠懼太史順過飾非。恃刻漏則水有增損、遲疾，恃渾儀則度有廣狹、斜正。所賴今歲九月之交食在晝，而《淳熙曆》法當在夜，以晝夜辨之，不待紛爭而決矣。輒以忠輔新曆推算，淳熙十二年九月定望日辰退乙未，太陰交食大分四、小分八十五，晨度帶入漸進大分一、小分七；虧初在東北，卯正一刻一十一分，係日出前；食甚在正北，辰初一刻一十分；復滿在西北，辰正初刻，並日出後。其日日出卯正二刻後，與虧初相去不滿一刻。以地形論之，臨安在岳臺之南，秋分後晝刻比岳臺差長，日當先曆而出，故知月起虧時，日光已盛，必不見食。以《淳熙曆》推之，九月望夜，月食大分五、小分二十六，帶入漸進大分三、小分四十七；虧初在東北，卯初三刻，係攢點九刻後；食甚在正北，卯正三刻後；復滿在西北，辰正初刻後，並在晝。」禮部迺考其異同，孝宗曰：「日月之行有疏數，故曆久不能無差，大抵月之行速，多是不及，無有過者。可遣臺官、禮部官同驗之。」詔遣禮部侍郎顏師魯。其夜戌正二

刻，陰雲蔽月，不辨虧食。師魯請詔精於曆學者與太史定曆，孝宗曰：「曆久必差，聞來年月食者二，可俟驗否。」

十三年，右諫議大夫蔣繼周言，試用民間有知星曆者，遴選提領官，以重其事，如祖宗之制。孝宗曰：「朝士詳知星曆者，不必專領。」迺詔有通天文曆算者，所在州、軍以聞。八月，布衣皇甫繼明等陳：「今歲九月望，以《淳熙曆》推之，當在十七日，實曆敝也。太史乃注於十六日之下，徇私遷就，以掩其過。請造新曆。」而忠輔乞與曆官劉孝榮及繼明等各具己見，合用曆法，指定今年八月十六日太陰虧食加時早晚、有無帶出、所見分數及節次、生光復滿方面、辰刻、更點同驗之，仰合乾象，折衷疏密。再請今年八月二十九日驗月未盈一事，苟見月餘光，則其日不當以爲晦也。又今年九月十六日驗月見東方一事，苟見月體東向之光猶薄，則其日不當爲望也。知晦望之差，則朔之差明矣。必使氣之與朔無毫髮之差，始可演造新曆。付禮部議，各具先見，指定太陰虧食分數、方面、辰刻，定驗折衷。詔師魯、繼周監之。既而孝榮差一點，繼明等差二點，忠輔差三點，迺罷遣之。

十四年，國學進士會稽石萬言：

《淳熙曆》立元非是，氣朔多差，不與天合。按淳熙十四年曆，清明、夏至、處暑、立秋四氣，及正月望、二月十二月下弦、六月八月上弦、十月朔，並差一日。如卦候、盈虛、没、滅、五行用事，亦各隨氣朔而差。南渡以來，渾儀草刱，不合制度，無圭表以測日景長短，無機漏以定交食加時，設欲考正其差，而太史局官尚如去年測驗太陰虧食，自一更一點還光一分之後，或一點還光二分，或一點還光三分以上，或一點還光三分以下，使更點乍疾乍徐，隨景走弄，以肆欺蔽。若依晉泰始、隋開皇、唐開元課曆故事，取《淳熙曆》與萬所造之曆各推而上之於千百世之上，以求交食，與夫歲、月、日、星辰之著見於經史者爲合與否，然後推而下之，以定氣朔，則與前古不合者爲差，合者爲不差，甚易見也。

然其差謬非獨此耳，冬至日行極南，黄道出赤道二十四度，晝極短，故四十刻，夜極長，故六十刻；夏至日行極北，黄道入赤道二十四度，晝極長，故六十刻，夜極短，故四十刻；春、秋二分，黄、赤二道平而晝夜等，故各五十刻。此地中古今不易之法。至王普重定刻漏，又有南北分野、冬夏晝夜長短三刻之差。今《淳熙曆》皆不然，冬至晝四十刻極短、夜六十刻極長，乃在大雪前二日，所差一氣以上；自冬至之後，晝當漸長，夜當漸短，今過小寒，晝猶四十刻，夜猶六十刻，所差七日有餘；夏至晝六十刻極長、夜四十刻極短，乃在芒種前一日，所差亦一氣以上；自夏至之後，晝當漸短，夜當漸長，今過小暑，晝猶六十刻，夜猶四十刻，所差亦七日有餘；及晝、夜各五十刻，又不在春分、秋分之下。

至於日之出入，人視之以爲晝夜，有長短，有漸，不可得而急與遲也，急與遲則爲變。今日之出入增減一刻，近或五日，遠或三四十日，而一急一遲，與日行常度無一合者。請考正《淳熙曆》法之差，俾之上不違於天時，下不乖於人事。

送祕書省、禮部詳之。

皇甫繼明、史元寔、皇甫迨、龐元亨等言：「石萬所撰《五星再聚曆》，乃用一萬三千五百爲日法，特竊取唐末《崇元》舊曆而婉其名爾。《淳熙曆》立法乖疏，丙午歲定望則在十七日，太史知其不可，遂注望於十六日下，以掩其過。臣等嘗陳請於太史局官對辨，置局更曆，迄今未行。今考《淳熙曆經》則又差於將來。戊申歲十一月下弦則在二十四日，太史局官必俟頒曆之際，又將妄退於二十三日矣。法不足恃，必假遷就，而朔望二弦，曆法綱紀，苟失其一，則五星盈縮、日月交會、與夫昏旦之中星、晝夜之晷刻，皆不可得而正也。渾儀、景表，壺漏之器，臣等私家無之，是以曆之成書，猶有所待。國朝以來，必假刱局而曆始成，請依改造大曆故事，置局更曆，以祛太史局之敝。」事上聞，宰相王淮奏免送後省看詳，孝宗曰：「使祕書省各司同察之，亦免有異同之論。」六月，給事中兼修玉牒官王信亦言更曆事，以爲曆法深奥，若非詳加測驗，無以見其疏密。乞令繼明與萬各造來年一歲之曆，取其無差者。詔從之。十二月，進所造曆。淮等奏：「萬等曆日與淳熙十五年曆差二朔，《淳熙曆》十一月下弦在二十四日，恐曆法有差。」孝宗曰：「朔豈可差？朔差則所失多矣。」乃命吏部侍郎章森、祕書丞宋伯嘉參定以聞。

十五年，禮部言：「萬等所造曆與《淳熙曆》法不同，當以其年六月二日、十月晦日月不應見而見爲驗，兼論《淳熙曆》下弦不合在十一月二十四日，是日請遣官監視。」詔禮部侍郎尤袤與森監之。六月二日，森奏：「是夜月明，至一更二點入濁。」十月晦，袤奏：「晨前月見東方。」孝宗問：「諸家孰爲疏密？」周必大等奏：「三人各定二十九日早，月體尚存一分，獨忠輔、萬謂既有月體，不應小盡。」孝宗曰：「十一月合朔在申時，是以二十九日尚存月體耳。」

十六年，承節郎趙渙言：「曆象大法及《淳熙曆》，今歲冬至并十二月望，月食皆後天一辰，請遣官測驗。」詔禮部侍郎李巘、祕書省鄧馹等視之。巘等請用

太史局渾儀測驗，如乾道故事，差祕書省提舉一員專監之。詔差祕書丞黃艾、校書郎王叔簡。

紹熙元年八月，詔太史局更造新曆頒之。二年正月，進《立成》二卷，《紹熙二年七曜細行曆》一卷，賜名《會元》，詔巘序之。

紹熙四年，布衣王孝禮言：「今年十一月冬至，日景表當在十九日壬午，《會元曆》注乃在二十日癸未，係差一日。《崇天曆》癸未日冬至加時在酉初七十六分，《紀元曆》在丑初一刻六十七分，《統元曆》在丑初二刻二分，《會元曆》在丑初一刻三百四十分。迨今八十有七年，常在丑初一刻，不減而反增。《崇天曆》寔天聖二年造，《紀元曆》崇寧五年造，計八十二年。是時測景驗氣，知冬至後天乃減六十七刻半，方與天道協。其後陳得一造《統元曆》，劉孝榮造《乾道》、《淳熙》、《會元》三曆，未嘗測景。苟弗立表測景，莫識其差。乞遣官令太史局以銅表同孝禮測驗。」朝廷雖從之，未暇改作。

慶元四年，《會元曆》占候多差，日官、草澤互有異同，詔禮部侍郎胡紘充提領官，正字馮履充參定官，監楊忠輔造新曆。右諫議大夫兼侍講姚愈言：「太史局文籍散逸，測驗之器又復不備，幾何而不疏略哉！漢元鳳間，言曆者十有一家，議久不決，考之經籍，驗之帝王録，然後是非洞見。元和間，以《太初》遠天益遠，晦朔失實，使治曆者修之，以無文證驗，雜議蠭起，越三年始定。此無他，不得儒者以總其綱，故至于此也。《周官》馮相氏、保章氏志日月星辰之運動，而冢宰實總之。漢初，曆官猶宰屬也。熙寧間，司馬光、沈括皆嘗提舉司天監，故當是時曆數明審，法度嚴密。乞命儒臣常兼提舉，以專其責。」

五年，監察御史張巖論馮履唱爲詖辭，罷去。詔通曆算者所在具名來上。及忠輔曆成，宰臣京鏜上進，賜名《統天》，頒之，凡《曆經》三卷，《八曆冬至考》一卷，《三曆交食考》三卷，《晷景考》一卷，《考古今交食細草》八卷，《盈縮分損益率立成》二卷，《日出入晨昏分立成》一卷，《岳臺日出入晝夜刻》一卷，《赤道内外去極度》一卷，《臨安午中晷景常數》一卷，《禁漏街鼓更點辰刻》一卷，《禁漏五更攢點昏曉中星》一卷，《將來十年氣朔》二卷，《己未庚申二年細行》二卷，總三十二卷。慶元五年七月辛卯朔，《統天曆》推日食，雲陰不見。六年六月乙酉朔，推日食不驗。

嘉泰二年五月甲辰朔，日有食之，詔太史與草澤聚驗於朝。太陽午初一刻起虧，未初刻復滿。《統天曆》先天一辰有半，乃罷楊忠輔，詔草澤通曉曆者應聘修治。

開禧三年，大理評事鮑澣之言：「曆者，天地之大紀，聖人所以觀象明時，倚數立法，以前民用而詔方來者。自黄帝以來，至於秦、漢，六曆具存，其法簡易，同出一術。既久而與天道不相符合，於是《太初》、《三統》之法相繼改作，而推步之術愈見闊疏，是以劉洪、祖沖之之減破斗分，追求月道，而推測之法始加詳焉。至于李淳風、一行而後，總氣朔而合法，效乾坤而擬數，演算之法始加備焉。故後世之論曆，轉爲精密，非過於古人也，蓋積習考驗而得之者審也。試以近法言之：自唐《麟德》、《開元》而至於五代所作者，國初《應天》而至於《紹熙》、《會元》所更者十二書，無非推求上元開闢爲演紀之首，氣朔同元，而七政會於初度。從此推步，以爲曆本，未嘗敢輒爲截法，而立加減數於其間也。獨石晉天福間，馬重績更造《調元曆》，不復推古上元甲子七曜之會，施於當時，五年輒差，遂不可用，識者咎之。今朝廷自慶元三年以來，測驗氣景，見舊曆後天十一刻，改造新曆，賜名《統天》，進曆未幾，而推測日食已不驗，此猶可也。但其曆書演紀之始，起於唐堯二百餘年，非開闢之端也。氣朔五星，皆立虚加、虚減之數；氣朔積分，乃有泛積、定積之繁。以外算而加朔餘，以距算而減轉率，無復彊弱之法，盡廢方程之舊。其餘差漏，不可備言。以是而爲術，乃民間之小曆，而非朝廷頒正朔、授民時之書也。漢人以謂曆元不正，故盜賊相續，言雖迂誕，然而曆紀不治，實國家之重事。願詔有司選演撰之官，募通曆之士，置局討論，更造新曆，庶幾并智合議，調治日法，追迎天道，可以行遠。」

澣之又言：「當楊忠輔演造《統天曆》之時，每與議論曆事，今見《統天曆》舛近，亦私成新曆。誠改新曆，容臣投進，與太史、草澤諸人所著之曆參攷之。」七月，澣之又言：「《統天曆》來年閏差，願以諸人所進曆，令祕書省參考頒用。」

祕書監兼國史院編修官、實録院檢討官曾漸言：「改曆，重事也，昔之主其事者，無非道術精微之人，如太史公、洛下閎、劉歆、張衡、杜預、劉焯、李淳風、一行、王朴等，然猶久之不能無差。其餘不過遞相祖述，依約乘除，捨短取長，移疏就密而已，非有卓然特達之見也。一時偶中，即復舛戾。宋朝敝在數改曆法。《統天曆》頒用之初，即已測日食不驗，因仍至今，置閏遂差一月，其爲當改無疑。然朝廷以一代鉅典責之專司，必其人確然著論，破見行之非，服衆多之口，庶幾可見。按《乾道》、《淳熙》、《慶元》，凡三改曆，皆出劉孝榮一人之手，其後遂爲楊忠輔所勝；久之，忠輔曆亦不驗，故孝榮安職至今。紹熙以來，王孝禮者數以自

陳，每預測驗，或中或不中；李孝節、陳伯祥本皆忠輔之徒；趙達，卜筮之流；石如愚獻其父書，不就測驗晷景，止定月食分數，其術最疏；陳光則并與交食不論，愈無憑依。此數人者，未知孰爲可付，故鮑澣之屢以爲請。今若降旨開局，不過收聚此數人者，和會其説，使之無争。來年閏差，其事至重。今年八月，便當頒曆外國，而三數月之間急遽成書，結局推賞，討論未盡，必生詆訾。今劉孝榮、王孝禮、李孝節、陳伯祥所擬改曆，及澣之所進曆，皆已成書，願以衆曆參攷，擇其與天道最近且密者頒用，庶幾來年置閏不差。請如先朝故事，搜訪天下精通曆書之人，用沈括所議，以渾儀、浮漏、圭表測驗，每日記録，積三五年，前後參較，庶幾可傳永久。」

漸又言：「慶元三年以後，氣景比舊曆有差，至四年改造新曆未成時，當頒五年曆，迺差官以測算晷景、氣朔加時辰刻附《會元曆》頒賜。今若頒來年氣朔，既有去年十月以後、今年正月以前所測晷景，已見天道冬至加時分數，來年置閏，比之《統天曆》亦已不同，兼諸所進曆並可參攷。請速下本省，集判局官於本省參攷，使澣之覆考，以最近之曆推算氣朔頒用。」於是詔漸充提領官，澣之充參定官，草澤精算造者、嘗獻曆者與造《統天曆》者皆延之，於是《開禧》新曆議論始定。詔以戊辰年權附《統天曆》頒之。既而婺州布衣阮泰發獻《渾儀十論》，且言《統天》、《開禧》曆皆差。朝廷令造木渾儀，賜文解罷遣之。

嘉定三年，鄒淮言曆書差忒，當改造。試太子詹事兼同修國史、實録院同修撰兼秘書監戴溪等言，請詢漸、澣之造曆故事。詔溪充提領官，澣之充參定官，鄒淮演撰，王孝禮、劉孝榮提督推算官生十有四人，日法用三萬五千四百。四年春，曆成，未及頒行，溪等去國，曆亦隨寢。韓侂胄當國，或謂非所急，無復敢言曆差者，於是《開禧曆》附《統天曆》行於世四十五年。

嘉泰元年，中奉大夫、守秘書監俞豐等請改造新曆。監察御史施康年劾太史局官吴澤、荆大聲、周端友循默尸禄，言災異不及時，詔各降一官。臣僚言：「頒正朔，所以前民用也。比曆書一日之間，吉凶並出，異端並用，如土鬼、暗金兀之類，則添注於凶神之上猶可也。而其首則揭九良之名，其末則出九曜吉凶之法，勘昏行嫁之法，至於《周公出行》、《一百二十歲宫宿圖》，凡閭閻鄙俚之説，無所不有，是豈正風俗、示四夷之道哉！願削不經之論。」從之。二年五月朔，日食，太史以爲午正，草澤趙大猷言午初三刻半日食三分。詔著作郎張嗣古監視測驗，大猷言然，曆官乃抵罪。

嘉定四年，祕書省著作郎兼權尚左郎丁端祖請考試司天生。十三年，監察御史羅相言：「太史局推測七月朔太陽交食，至是不食。願令與草澤新曆精加討論。」於是澤等各降一官。

淳祐四年，兼崇政殿説書韓祥請召山林布衣造新曆。從之。五年，降算造成永祥一官，以元算日食未初三刻，今未正四刻，元算虧八分，今止六分故也。

八年，朝奉大夫、太府少卿兼尚書左司郎中兼敕令所删修官尹涣言：「曆者，所以統天地，侔造化，自昔皆擇聖智典司其事。後世急其所當緩，緩其所當急，以爲利吾國者惟錢穀之務，固吾圉者惟甲兵是圖，至於天文、曆數一切付之太史局，荒疏乖謬，安心爲欺，朝士大夫莫有能詰之者。請召四方之通曆算者至都，使曆官學焉。」

十一年，殿中侍御史陳垓言：「曆者，天地之大紀，國家之重事。今淳祐十年冬所頒十一年曆，稱成永祥等依《開禧》新曆推算，辛亥歲十二月十七日立春在酉正一刻，今所頒曆迺相師堯等依《淳祐》新曆推算，到壬子歲立春日在申正三刻。質諸前曆，迺差六刻，以此頒行天下，豈不貽笑四方！且許時演撰新曆，將以革舊曆之失。又考驗所食分數，《開禧》舊曆僅差一二刻，而李德卿新曆差六刻二分有奇，與今頒行前後兩曆所載立春氣候分數亦差六刻則同。由此觀之，舊曆差少，未可遽廢；新曆差多，未可輕用。一旦廢舊曆而用新曆，不知何所憑據。請參考推算頒行。」

十二年，祕書省言：「太府寺丞張湜同李德卿算造曆書，與譚玉續進曆書頗有牴牾，省官參訂兩曆得失疏密以聞。其一曰：玉訟德卿竊用《崇天曆》日法三約用之。考之《崇天曆》用一萬五百九十爲日法，德卿用三千五百三十爲日法，玉之言然。其二曰：玉訟積年一億二千二十六萬七千六百四十六，不合曆法。今考之德卿用積年一億以上。其三曰：玉訟壬子年六月、癸丑年二月、六月、九月，丙辰年七月置閏皆差一日。今祕書省檢閲林光世用二家曆法各爲推算。其四曰：德卿曆與玉曆壬子年立春、立夏以下十五節氣時刻皆同，雨水、驚蟄以下九節氣各差一刻。其五曰：德卿推壬子年二月乙卯朔日食，帶出已退所見大分八；玉推日食，帶出已退所見大分七。辰當壁宿六度，同。其六曰：德卿曆斗分作三百六十五日二十四分二十八秒，玉曆斗分作三百六十五日二十四分二十九秒，二曆斗分僅差一秒。惟二十八秒之法，起於齊祖沖之，而德卿用之。使沖之之法可久，何以歷代增之？玉既指其謬，又多一秒，豈能必其天道合哉！請得

商確推算，合衆長而爲一，然後賜名頒行。」十二年，曆成，賜名《會天》，寶祐元年行之，史闕其法。

咸淳六年十一月三十日冬至，至後爲閏十一月。既已頒曆，浙西安撫司準備差遣臧元震言：

曆法以章法爲重，章法以章歲爲重。蓋曆數起於冬至，卦氣起於《中孚》，十九年謂之一章，一章必置七閏，必第七閏在冬至之前，必章歲至、朔同日。故《前漢志》云：「朔旦冬至，是謂章月。」《後漢志》云：「至、朔同日，謂之章月。」「積分成閏，閏七而盡，其歲十九，名之曰章。」《唐志》曰：「天數終於九，地數終於十，合二終以紀閏餘。」章法之不可廢也若此。

今所頒庚午歲曆，乃以前十一月三十日爲冬至，又以冬至後爲閏十一月，莫知其故。蓋庚午之閏，與每歲閏月不同；庚午之冬至，與每歲之冬至又不同。蓋自淳祐壬子數至咸淳庚午，凡十九年，是爲章歲，其十一月是爲章月。以十九年七閏推之，則閏月當在冬至之前，不當在冬至之後。以至、朔同日論之，則冬至當在十一月初一日，不當在三十日。今以冬至在前十一月三十日，則是章歲至，朔不同日矣。若以閏月在冬至後，則是十九年之内止有六閏，又欠一閏。

且一章計六千八百四十日，於内加七閏月，除小盡，積日六千九百四十日或六千九百三十九日，約止有一日。今自淳祐十一年辛亥章歲十一月初一日章月冬至後起算，十九年至咸淳六年庚午章歲十一月初一日當爲冬至，方管六千八百四十日。今算造官以閏月在十一月三十日冬至之後，則此一章止有六閏，更加六閏除小盡外，實積止六千九百十二日，比之前後章歲之數，實欠二十八日。曆法之差，莫甚於此。

況天正冬至乃曆之始，必自冬至後積三年餘分，而後可以置第一閏。今庚午年章歲丙寅日申初三刻冬至，去第二日丁卯僅有四分日之一，且未正日，安得遽有餘分？未有餘分，安得遽有閏月？則是後一章之始不可推算，其謬可知矣。

今欲改之，有簡而易行之説。蓋曆法有平朔，有經朔，有定期。一大一小，此平朔也；兩大兩小，此經朔也；三大三小，此定朔也。今正以定朔之説，則當以前十一月大爲閏十月小，以閏十一月小爲十一月大，則丙寅日冬至即可爲十一月初一，以閏十一月初一之丁卯爲十一月初二日，庶幾遞趲下一日置閏，十一月二十九日丁未始爲大盡。然則冬至既在十一月初一，則至、朔同日矣；閏月既在至節前，則十九年七閏矣。此昔人所謂晦節無定，由時消息，上合履端之始，下得歸餘於終，正謂此也。

夫曆久未有不差，差則未有不改者。後漢元和初曆差，亦是十九年不得七閏，曆雖已頒，亦改正之。顧今何靳於改之哉！

元震謂某儒者，豈欲與曆官較勝負，既知其失，安得默而不言邪！於是朝廷下之有司，遣官偕元震與太史局辨正，而太史之詞窮，元震轉一官，判太史局鄧宗文、譚玉等各降官有差。因更造曆，六年，曆成，詔試禮部尚書馮夢得序之，七年，頒行，即《成天曆》也。

德祐之後，陸秀夫等擁立益王，走海上，命禮部侍郎鄧光薦與蜀人楊某等作曆，賜名《本天曆》，今亡。

元·脱脱等《宋史》卷三二七《王安石傳》 （嘉祐）十月，彗出東方，詔求直言，及詢政事之未協於民者。安石率同列疏言：「晉武帝五年，彗出軫；十年，又有孛。而其在位二十八年，與《乙巳占》所期不合。蓋天道遠，先王雖有官占，而所信者人事而已。天文之變無窮，上下傅會，豈無偶合。周公、召公，豈欺成王哉。其言中宗享國日久，則曰『嚴恭寅畏，天命自度，治民不敢荒寧』。其言夏，商多歷年所，亦曰『德』而已。裨竈言火而驗，欲禳之，國僑不聽，則曰『不用吾言，鄭又將火』。僑終不聽，鄭亦不火。有如裨竈，未免妄誕，況今星工哉？所傳占書，又世所禁，謄寫譌誤，尤不可知。陛下盛德至善，非特賢於中宗，周、召所言，則既閲而盡之矣，豈須愚瞽復有所陳。竊聞兩宮以此爲憂，望以臣等所言，力行開慰。」帝曰：「聞民間殊苦新法。」安石曰：「祁寒暑雨，民猶怨咨，此無庸恤。」帝曰：「豈若并祁寒暑雨之怨亦無邪？」安石不悦，退而屬疾卧，帝慰勉起之。其黨謀曰：「今不取上素所不喜者暴進用之，則權輕，將有窺人間隙者。」安石是其策。帝喜其出，悉從之。時出師安南，諜得其露布，言：「中國作青苗、助役之法，窮困生民。我今出兵，欲相拯濟。」安石怒，自草敕牓詆之。

元·脱脱等《金史》卷二二《曆志下》 宋太平興國中，蜀人張思訓首創其式，造之禁中，踰年而成，詔置文明殿東鼓樓下，題曰「太平渾儀」。自思訓死，璣衡斷壞，無復知其法制者。景德中，曆官韓顯符依倣劉曜時、孔挺、晁崇密而難爲用。元祐時，尚書右丞蘇頌與昭文館校理沈括奉勅詳定《渾儀法要》，遂奏舉吏部勾當官韓公廉通《九章勾股法》，常以推考天度與張衡、王蕃、僧一行、梁令瓚、張思訓法式，大綱可以尋究。若據算術考案象器，亦能成就，請置局差官製造。詔如所言。奏鄭州原武主簿王沇之，太史局官周日嚴、于太古、張仲宣，同

行監造。制度既成，詔置之集英殿，總謂之渾天儀。公廉將造儀時，先撰《九章勾股驗測渾天書》一卷，貯之禁中，今失其傳，故世無知者。

又　宋太史局舊無渾象，太平興國中，張思訓準開元之法，而上以蓋爲紫宮，旁爲周天度，而東西轉之，出新意也。

公廉乃增損《隋志》制之，上列二十八宿周天度數，及紫微垣中外官星，以俯窺七政之運轉，納於六合儀天經地渾之内，同以木櫃載之。其中貫以樞軸，南北出渾象外，南長北短，地渾在木櫃面，横置之，以象地。天經與地渾相結，縱置之，半在地上，半隱地下，以象天。其樞軸北貫天經上杠中，末與杠平，出櫃外三十五度稍弱，以象北極出地。南亦貫天經出下杠外，入櫃内三十五度少弱，以象南極入地。就赤道爲牙距，四百七十八牙以衡天輪，隨機輪地轂正東西運轉，昏明中星既應其度，分至節氣亦驗應而不差。

王蕃云：「渾象之法，地當在天内，其勢不便，故反觀其形，地爲外郭，於已解者無異，詭狀殊體而合于理，可謂奇巧者也。」今地渾亦在渾象外，蓋出于王蕃制也。其下則思訓舊制，有樞輪關軸，激水運動，以直神摇鈴扣鍾擊鼓，置時刻十二神司辰像於輪上，時初、正至，則執牌循環而出，報隨刻數以定晝夜長短。至冬水凝，運轉遲澀，則以水銀代之。

今公廉所製，共置一臺，臺中有二隔，渾儀置其上，渾象置其中，激水運轉，樞機輪軸隱于下。内設晝夜時刻機輪五重：第一重曰天輪，以撥渾象赤道牙距；第二重曰撥牙輪，上安牙距，隨天柱中輪轉動，以運上下四輪；第三重曰時刻鍾鼓輪，上安時初、時正百刻撥牙，以扣鍾擊鼓摇鈴；第四重曰日時初、正司辰輪，上安時初十二司辰、時正十二司辰；第五重曰報刻司辰輪，上安百刻司辰。以上五輪並貫於一軸，上以天束束之，下以鐵杵臼承之，前以木閣五層蔽之，稍增異其舊制矣。五輪之北，又側設樞輪，其輪以七十二輻爲三十六洪，束以三輞，夾持受水三十六壺。轂中横貫鐵樞軸一，南北出軸爲地轂，運撥地輪。天柱中輪動，機輪動渾象，上動渾天儀。又樞輪左設天池、平水壺，平水壺受天池水，注入受水壺，以激樞輪。受水壺落入退水壺，由壺下北竅引水入昇水下壺，以昇水下輪運水入昇水上壺，上壺内昇水上輪及河車同轉上下輪，運水入天河，天河復流入天池，每一晝一夜周而復始。此公廉所製渾儀、渾象二器而通三用，總而名之曰渾天儀。

元・黄鎮成《尚書通考》卷二《古今曆法》　五代初，用唐《崇玄曆》。唐建中，《符天曆》不立上元，以唐顯慶五年庚申起術者。曹士蔿始變古法，以顯慶五年爲上元，雨水爲氣首，號《符天曆》，世謂之小曆，祇行於民間。

晉《調元曆》

晉高祖時，馬重績更造新曆，以《符天曆》爲法，不復推古，上元甲子冬至七曜之會而起。唐天寶十四載，乙未爲上元，用正月雨水爲氣首。行之五年輒差，而復《崇玄曆》。

周《明玄曆》

廣順中，博士王處訥私撰《明玄曆》於家。

《萬分曆》，民間所用。

世宗顯德《欽天曆》

王朴通於曆數，造《欽天曆》包萬象以爲法，齊七政以立元，測圭箭以候氣，審朓朒以定朔，明九道以步月，按遲疾以推星。攷黄道之邪正，辨天勢之升降，而交蝕詳焉。乃以一篇步日，一篇步月，一篇步星。以卦氣滅没爲下篇。世宗嘉之，詔以明年正月朔旦爲始，自前諸曆並廢。初，《欽天曆》成，王處訥曰：「此曆可且行，久則差矣」。既而果然，宋興乃命處訥正之。

蜀《永昌曆》、《正象曆》

南唐《齊政曆》

宋太祖建隆《應天曆》。

建隆二年，以《欽天曆》時刻差謬，命有司重加研覈。四年，王處訥上新曆，號《應天曆》。

太宗《乾元曆》

太平興國中，以《應天曆》置閏有差，詔吴昭素等造新曆，頗爲精密，其後朔望有差。

真宗《儀天曆》

咸平四年，王熙元獻新曆，更名《儀天》。趙昭逸請覆之而不從。後二歲，曆果差。昭逸言熒惑度數稍謬，復推驗之。果如其說。

仁宗《崇天曆》

天聖中，司天監上新曆，賜名《崇天》。

英宗《明天曆》

司天言《崇天曆》五星之行及諸氣節有差。又以日蝕差，詔周琮改造新曆，

以范鎮詳定，號《明天曆》。

神宗《奉天曆》

熙寧中，月食東方，與曆不叶。詔曆官雜候，詔衛朴改造，視《明天曆》朔減二刻。曆成，沈括上之，號《奉天曆》。

哲宗《觀天曆》

初，以《奉天》日食不當，詔集曆家攷驗。有司言《奉天》有後天之差，詔改造曆。元祐六年，曆成，詔以《觀天》爲名。

徽宗《占天曆》

崇寧三年，命姚虞輔造《占天曆》。

《紀元曆》蔡京令虞輔更造曆，用帝受命之年即位之日元，用庚辰日起。己卯，曆成，而名以《紀元》。

臨川吴氏曰：《紀元曆》一日萬分，至今承用，雖其分愈細，然其數整齊，難與天合。西山蔡氏用邵子元會運世歲月日辰之例，嘗即其法推算，與古差殊。乃知其説甚美，其術則疎。猶欲因之再爲更定，以追古合天，而未能也。

高宗《統天曆》

《紀元》立朔既差，定臘亦舛，日食不驗。建炎三年改造《統元》曆元，用甲子日起。甲子從古曆法，起朔旦甲子夜半冬至之法。

孝宗《乾道曆》 以統元曆日食有差，改造《乾道曆》。

《淳熙曆》 淳熙中，又改此曆。

光宗《會元曆》

紹熙元年曆成，去年趙涣言《淳熙曆》今歲冬至後天一辰。詔改造新曆。劉孝榮與吴澤荆大聲同造，詔以《會元》爲名。

寧宗《統天曆》

慶元五年，曆成。初《會元曆》既成，布衣王孝禮言：劉孝榮未嘗以銅表圭面測景，故冬至後天。去年九月朔，太史言日蝕在夜，而草澤言日蝕在晝。驗視，如草澤言。乃改造曆。

《開禧曆》

理宗《會天曆》

淳祐十二年春，新曆成，賜名《會天》。

宋三百餘年，而曆十八改。文公曰：今之造曆者無定法，只是趕趂天之行度以求合。或過則損，不及則益。所以多差。古曆書必有一定之法，而今亡矣。三代以下造曆者，愈精愈密，而愈多差，由不得古人一定之法也。天運無常，日月星辰或過不及，自是不齊。使能以我法之有定，而律彼之無定，自無差矣。

明・柯維騏《宋史新編》卷一六《天文志下》 日食

日者，君象受歲。日食，王者惡之。寶元元年正月丙辰朔，嘉祐四年正月丙申朔，日俱食。日官楊維德等欲移閏以避，仁宗曰：「閏以正天時，授民事。」不許。至和元年四月甲午朔，食九分。

著録

宋・王溥《五代會要》卷一〇《曆》 周顯德三年八月，端明殿學士、左散騎常侍、權知開封府事王朴奏曰：【略】乃以一篇步日，一篇步月，一篇步星，以卦候没滅爲之下篇，都四篇，合爲曆經一卷，曆十一卷，草三卷，《顯德三年七政細行曆》一卷。

宋・沈括《〈夢溪筆談〉序》 予退處林下，深居絶過從，思平日與客言者，時紀一事於筆，則若有所晤言。蕭然移日，所與談者，唯筆硯而已，謂之《筆談》。聖謨國政及事近宫省，皆不敢私紀。至於繫當日士大夫毁譽者，雖善亦不欲書，非止不言人惡而已。所録唯山間木蔭，率意談噱，不繫人之利害者。下至閭巷之言，靡所不有。亦有得於傳聞者，其間不能無闕謬。以之爲言，則甚卑，以予爲無意於言可也。

宋・曾公亮《武經總要・後集》卷一六 敍曰：仰觀天文，著在圖籍，昭昭可驗者也。七曜所行，經星常宿，次舍陵犯，飛流鬬蝕，暈璚背穴，抱珥虹霓，迅雷妖風，怪雲變氣，皆陰陽之精。其本在地，而上發于天。猶影之象形，響之應聲。使拘者爲之，則牽於禁忌。泥小數，捨人事，任鬼神，凡誓軍旅、履行陣，制勝決于人事，參以天變，則虧衂者鮮。今以司天少監楊維德等編纂天地、日月、星辰、風雲、氣候之式，占候訣，分爲五卷，列于左云。

宋・魏了翁《鶴山全集》卷五三　鄒淮《百中經》序

《百中經》者，所以紀七政、四暗曜之躔次也。七政之説，既見於上古之書。暗曜者，何人之生也。歲月日時，各有所直之休咎，而以是推測焉耳。或曰：古所謂「六物吉凶，我辰安在」者，疑即此類。然恐不若是之拘拘也。越人鄒淮，長於星曆，以其能食太史氏之禄有年矣。其續此書，自紹興十四年甲子始，每歲加以太陰入宿入宫度分，親舊行《百中經》精密有加焉。雖然，古人之爲是星曆也，亦曰天命不已，物生無窮，不爲之品節財正焉，則混淪茫昧，靡所端倪。於是，仰以觀於日星寒暑之度，俯以察諸草木鳥獸之變。以氣命律，以律起曆，以曆正時，以時授事。凡以建兩儀而命萬物，盡吾之職分焉耳。堯舜相授，禹箕子相傳，夫孰非是道？而中世以降，乃有假之，以爲推驗人生通塞之術者。人與天地一本，而生是身也，爲陰陽之會，爲五行之端，則吉凶之幾，驗諸祲禪，関諸風氣，見乎蓍龜，亦理之所當有。然，星曆之初，意爲不止是也。程正公嘗言：三命是律，五星是曆。前輩大儒，似亦不廢其説。然亦即其末流，以遡其源，非謂律曆之果見乎此也。今使是書斷自紹興甲子以下存之，以其他别爲一書，而聽用者之所擇，則是書之行，尚庶幾不混於末流之説。而余亦有辭於學者焉。故更願與鄒君商之。

宋・魏了翁《經外雜抄》卷一　鄒淮，以進士提領造曆，所演算曆書，其所撰載如此。余所收天文書，雖不能無少異，而大畧則不異也。余本有三家星歌及李淳風《乾象賦》，余琇爲之注，甚詳密可愛。此所述，分三垣内外官而類之。有條而不紊，不可不記也。

宋・楊輝《詳解九章算法》　附纂類

《黄帝九章》古序云：國家嘗設算科取士，選《九章》以爲算經之首，蓋猶儒者之《六經》，醫家之《難素》，兵法之《孫子》歟。昔聖宋紹興戊辰，算士榮棨謂靖康以來罕有舊本，間有存者，狃於末習。向獲善本，得其全經，復起于學。以魏景元元年劉徽等、唐朝義大夫行太史令上輕車都尉李淳風等註釋，聖宋右班直賈憲譔草。輝嘗聞：學者謂《九章》題問頗隱，法理難明，不得其門而入。於是以答參問，用草考法，因法推類，然後知斯文非古之全經也。將後賢補贅之文修前代已廢之法，删立題術，又纂法問詳著於後。儻得賢者改而正諸，是所願也。

宋・晁公武《郡齋讀書志》卷三下　天元玉策三十卷

右啓元子撰，即唐王砅也。書推五運六氣之變。

宋・鮑澣之《〈周髀算經〉序》　周髀算經二卷，古蓋天之學也。以句股之法，度天地之高厚，推日月之運行，而得其度數。其書出於商周之間，自周公受之於商高。周人志之，謂之《周髀》，其所從來遠矣。《隋書・經籍志》有《周髀》一卷，趙嬰注《周髀》一卷，甄鸞重述。而唐之《藝文志》天文類有趙嬰注《周髀》一卷，甄鸞注《周髀》一卷。其曆算類仍有李淳風注《周髀算經》二卷本，此一書耳。至於本朝《崇文總目》與夫《中興館閣書目》，皆有《周髀算經》二卷，云趙君卿注，甄鸞重述，李淳風等注釋。趙君卿，名爽，君卿其字也。如是，則在唐以前則有趙嬰之注。而本朝以來，則是趙爽之本。所記不同意者，趙嬰趙爽止是一人，豈其字文相類，轉寫之誤耶？然，亦當以隋唐之書爲正可也。又《崇文總目》及李籍《周髀音義》皆云趙君卿不詳何代人。今以序文考之，有曰「渾天有《靈憲》之文，蓋天有《周髀》之法」。靈憲乃張衡之所作，實後漢安順之世。而甄鸞之重述者，乃是解釋君卿之所注，出於宇文周之時。以此推之，則君卿者其亦魏晉之間人乎？若夫秉句股朱黄之實，立倍差減并之術，以盡開方之妙，百世之下莫之可易，則君卿者，誠算學之宗師也。嘉定六年癸酉十一月一日丁卯冬至，承議郎權知汀州軍州兼管内勸農事主管坑冶括蒼鮑澣之仲祺謹書。

清・陳鱣《〈乾象新書〉識》　道光甲午正月芙川大兄出示《乾象新書》宋寫本。考《郡齋讀書志》止載三卷，元明藏書家無著録者。得見宋時舊册，欣賞之餘，爲署其端。江夏陳鱣識。

宋・楊維德《〈景祐太乙福應經〉序》　太極之星赤而明者，曰太乙。其佐乃五帝，其神實首九宫者。天子東南之郊，春秋必祭。黄帝始著神曆之法，漢武帝乃置甘泉之祠，畫北斗於杜荆衣祝宰於繡服。自此建靈旗，而指代國，奉瑄玉而見雲陽。由是太乙之神遂以爲兵禱方士之説。其書乃以象垂于天，非衆星之可比。福生於國，盖歷代之攸傳。若夫所臨之邦，稱爲祥曜；所祈之報，信如元龜。興善於人，其應猶嚮，萬秩惟大，百王共尊。朕紹于宏圖，聞斯至治，凡所爲政，必奉于天。治國安民，未嘗離道。况爲元皇之所使，降燦于紫宫之居。積有疊疊之辭，備紀昭昭之鑒。求之類集散在遺編，究其指歸，頗有繁蕪。畧風捕影，未易爲功。然備爲功，多見其怠。朕將親鑑，亦應難用。因命太子洗馬兼司天春正官權同判監楊維德、春正王立翰林天文李自立、何湛等，於資善堂撰集，遣入内侍省東頭供奉官勾當，御藥院任承亮、鄧保信、皇甫繼和同楊維德等總其功，程其事。數月書成，乃以請衆言太乙者别爲一集，凡十卷。因命曰《景祐太

乙福應要》焉。今且與古者班固藝文所紀太乙之説凡有百家，曰太乙兵法，曰太乙雜占，曰太乙雲雨，曰太乙陰陽，曰太乙。凡此數名其篇，皆逸今之録，惟自黄帝太乙式後所存無幾。然所編之集。其始紀于上元，分其四計。其中明君基臣基民基之位，大遊小遊之名，九州十二次之災祥，三年十二年之考治，其具分部類著之編聯。其末則風霜雨雪之不時，兵革飢饉之所繫，歲時宗所營之法，禬禳之科，行師出軍指方辨位。叢出乎内，無所不該。至於陽九百六之言，亦盡窮神深妙之要，垂爲天法，以觀方來。昔古者，黄帝堯舜通其變，使民不倦，神而化之，使民宜之。是以自天祐之吉，無不利今之兹集鈎深致遠，顯微闡幽，可以決天下之疑，成天下之務。君萬國者，可不尚歟？機政之余，因序于簡首。

朝義大夫太子洗馬兼春官正權判監兼提點曆書柱國賜紫金魚袋臣楊維德

奉聖旨撰集

宋・李季《乾象通鑑》序 臣季言：天垂象以示吉凶，聖人觀天文以察時變，其來尚矣。雖示現不常，所遇有數，然其吉可致，其凶可禳。修德修刑，經史所載，有已試之驗，歷代慎之。設官分職，厥有攸司。秦漢之後，散於亂罹。書既不備，法亦罕傳。間有異人，研書奥學，前知禍福，自爲避就世。既禁而不習，書亦祕而不示。行於司天者，止存繩墨之中，而不能推其妙。藏於册府者，雖隱深微之旨，而未嘗見於習。書不全，法不盡，將訪吉凶禍福，是猶索塗於瞽，而問樂於聾。或幸得之一二而止耳。臣書生也，早遇異人，密傳奥旨，研精窮思二十餘年，方禁網嚴密，不敢示人。而天象時變，臣已逆知於十五年前矣。嘗以微言咨于故丞相李邦彦、前北帥王安中。初不以爲然，中略推其驗，後大信之，而事已不及矣。臣謂此術既妙，人不能知，知於已然，後事實無濟。於是據經集諸家之善，考古驗已驗之跡，復以《景祐新書》、《海上祕法》參列而次第之，著爲成書，凡一百卷，耳之曰《乾象通鑑》。開秩對耳，而天之所示，時之所變，無一不在。將不勞推測，而吉凶禍福之兆，鑑古驗今，昭然自見。然後修德于己，禳變于天，可以保世祚，安邦家，守太平，實有補於聖朝。臣是以不遠萬里，冒犬豕鋒鏑之死，前赴行在而獻之。畎畝之忠輒犯斧鉞，惟陛下萬機之餘，時賜睿覽。見上象宜審閲之，以圖修禳之方、避就之地。臣歸老山林，雖屏跡不出，將復見太平之日矣，豈勝幸甚！臣昧死謹序。

宋・鮑澣之《九章算術》後序 《九章算術》九卷，周公之遺書，而漢丞相張蒼之所刪補也。算數之書，凡數十家，獨以《九章》爲經之首，以其九數之法，無所不備。諸家立術，雖有變通，推其本意，皆自此出，而且知後人無以易周漢之舊也。自唐有國用之以取士，本朝崇寧亦立於學官。故前世算數之學，相望有人。自衣冠南渡以來，此學既廢。非獨好之者寡，而《九章》正經亦幾泯没無傳矣。近世民間之本題之曰《黄帝九章》，豈以其爲隸首之所作歟？名已不當，雖有細草類，皆簡捷殘闕，懵於本原，無有劉徽、李淳風之舊注者。古人之意不復可見，每爲慨嘆。慶元庚申之夏，余在都城與太史局同知算造楊忠輔德之論曆，因從其家得古本《九章》，乃汴都之故書。今秘館所定著，亦從此本寫以送官者也。謹按《晉志》，劉徽所注《九章》，實魏之景元四年，觀其序文，以謂析理以辭，解體用圖，又造重差于勾股之下。辭乃今之注文，其圖至唐猶在，今則亡矣。重差之法，今之《海島算經》是也。又李淳風之注見于《唐志》，凡九卷。而今之盈不足方程之篇，咸闕淳風注文意者。此書歲久，傳録不無錯漏，猶幸有此存者。今此乃是合劉李二注而爲一書云。其年六月一日乙酉，迪功郎新隆興府靖安縣主簿括蒼鮑澣之仲祺謹書。

宋・秦九韶《數書九章》序 周教六藝數實成之學，士大夫所從事尚矣。其用本太虚生一，而周流無窮。大可以通神明，順性命，小足以經世務，類萬物。距容以淺近窺哉？若昔推策以迎日，定律而和氣髀。距濬川土圭度咎天地之大囿焉，而不能外況其間總總者乎？爰自《河圖》、《洛書》，闓發幽祕。八卦、九疇錯綜精微。極而至於大衍皇極之用，而人事之變，無不該鬼神之情，莫能隱矣。聖人神之，言而遺其粗；常人昧之，由而莫之覺。要其歸，則數與道非二本也。漢去古未遠，有張蒼、許商、馬延年、耿壽昌、鄭□、張衡、劉洪之倫，或明天道而法傳於後，或計功策而效驗於時。後世學者自高，鄙不之講，此學殆絶。惟治曆疇人能爲乘除，而弗通於開方衍變。若官府會事，則府史一二參之，算家位置，素所不識。上之人亦委而聽焉。持算者惟若人，則鄙之也宜矣。嗚呼！樂有制氏，僅記鏗鏘，而謂與天地同和者，止於是可乎？今數術之書，尚三十餘家。天象曆度，謂之綴術。太乙壬甲，謂之三式。皆曰内算，言其祕也。《九章》所載，及周官九數，繫於方圓者，爲專術。皆曰外算，對内而言也。其用相通，不可岐二。獨《大衍法》不載，《九章》未有能推之者。曆家演法頗用之，以爲方程者，誤也。且天下之事多矣。古之人先事而計，計定而行。仰觀俯察，人謀鬼謀，無所不用其謹。是以不愆於成載籍章。章可覆也，後世興事造始，鮮能考度乎。天紀人事之殺缺矣，可不求其故哉。九韶愚陋，不閑於藝。然早歲侍親中都，因得

訪習於太史，又嘗從隱君子受數學。時際兵難，歷歲遥塞，不自意全於矢石之間。更險離憂，荏苒十禩，心槁氣落，信知失物莫不有數也。乃肆意其間，旁諏方能探索杳□，粗若有得焉。所謂通神明、順性命，固膚末於見。若其小者，竊嘗設爲問答，以擬於用。積多而惜其棄，因取八十一題，釐爲九類，立術具草，間以圖發之。恐或可備博學多識君子之餘，觀曲藝可遂也。願進之於道，儻曰藝成而下，是惟疇人府史流也，烏足盡天下之用，亦無曹焉？時淳祐七年九月，魯郡秦九韶敘且係之，曰崑崙旁薄，道本虛一，聖有大衍，微寓於易，奇餘取策郡數皆捐。衍而究之，探隱之原，數術之傳，以實爲體。其書《九章》，惟兹弗紀。曆家雖用，用而不知。小試經世，姑推所爲述。《大衍》第一。七精迴穹，人事之紀，追綴而求宵星晝晷，曆久則踈，惟智能革，不尋天道，模襲何益？三農務穡，厥施自天，以滋以生。雨膏雪零，司牧閔焉。尺寸驗之，積以器移，憂喜皆非述。

宋・王應麟《玉海》卷一　開寶《渾天圖》

《實録》：開寶二年十月戊寅，有司上《渾天圖》、《太一圖》各一。

景祐《古今天文圖》

景祐三年九月丙子朔，司天監丞邢中和上所藏《古今天文格子圖》。熙寧二年十一月，學士司馬光言司天監吏員數百，欲試以經史，增置卜、筮、天文三式，曆算四科。初天禧元年六月戊辰朔，王欽若上《列宿朝置》、《萬靈朝置》二圖，并月録六卷。祥符三年七月壬午，冬官正韓顯符上外宮星位去斗極度數。康定元年二月辛卯，天文官季自正上《星變圖》，言日與太白犯昴，當有邊兵。上曰：「王者當祇畏天道，在人事應之，如何耳？」慶曆六年六月，流星出營室南，則有修德之言。皇祐元年九月，太陰犯畢宿，則有備邊之詔。《書目》：《列宿圖》一卷。嘉祐中，《張宋臣考傳》記：馬遷歷漢、晉、隋、唐諸史，凡星有其名者，具事跡本末，編爲圖。《元象隔子》圖一卷，序云：依開元新度《入象星經》修定，凡二百八十四座，總一千四百六十四星，不知作者。

至和《列象拱極圖》

至和元年十月九日庚子，處州祥符宮言：道士洞淵大師李思聰撰集到《璇霄列象拱極圖》凡三面，進納。詔思聰特與進妙元先生名號。

元祐《四時中星圖》

見蘇頌《元祐儀象》。

《崇文目》：《大象垂萬列星圖》三卷，《天象圖》一卷。

紹興《蓋天圖》

紹興七年六月八日，日曆戊戌。四川帥司進資州翠微洞隱士張大樴用唐制刱《捷法蓋天圖新式》，又進翠微洞隱書《寶軸司天玉匣祕書》、《金鍵要訣》等，詔津遣詣行在所。日曆載大樴狀，用唐舊制創爲《捷法蓋天圖新式》，亦欲以坐觀天道，備上聖乙夜清覽，行軍幕中候驗，不勞仰觀。陳於几案，覆視乎上，則乾象雖遠，如在目前。今造《捷法蓋天畫圖》及四正地規，爲板圖大小，四面繳進。旨津遣赴行在，仍賫天文祕書前來進呈。

大觀四年十二月戊戌，宰臣張商英上《三才定位圖》。

乾道御製《敬天圖》

見後疏經傳法語於其下，朝夕省覽。

《黄裳天文圖》

《黄裳天文圖》曰：經星，三垣，二十八舍，中外官星是也。二百八十三官，一千五百六十五星。其星不動，三垣，紫微、太微、天市也。二十八舍，東西南北皆七宿。中外官星，如三台、諸侯、九卿之類。象官，如鷄、狗、狼、魚、鼉、鱉之類。象物，如離宮、閣道、華蓋、五車之類。象事，經星守常位，如百官、萬民，守職業而聽命於七政。緯星，五行之精，歲熒惑填太白辰，并日月爲七政。天行速，七政行遲，故與天俱東出西入。五星輔日月，旋五氣，如六官分職而治。天漢，四瀆之精，起鶉火至箕尾。十二辰，斗綱所指，謂之月建。十二次，日月所會，玄枵至娵訾。十二分野，辰次所臨。天爲十二辰、十二次，地爲十二國、十二州。《洛書・甄曜度》曰：周天三百六十五度四分度之一，天一度爲千九百三十二里，則天地相去十七萬八千五百里。《春秋元命包》曰：天不足西北陽極於九，故周天九九八十一萬里。《孝經・援神契》曰：周天七衡六間者，相去萬九千里八百三十三里三分里之一，合十一萬九千里。從内衡以至中衡中衡，以至外衡，各五萬九千五里。《吕氏春秋》曰：天道圜日夜一周，月躔二十八宿，軫與角屬圖道也。極星與天俱遊，而天樞不移。《鹽鐵論》曰：常星猶公卿也，衆星猶萬民也。列星正，則衆星齊。《論衡》：天之去地六萬餘里，天日行一周，日行一度二千里。日晝行千里，夜行千里。月行十三度，十度二萬里，三度六千里。月一日一夜行二萬六千里。天行三百六十五度，積凡七十三萬里。《左傳》：天以七紀。注二十八宿而七。《鄉飲酒義》注：三光，三大辰也，天之政教出於大辰焉。《淮南子》注：三光，日月星也。《公羊傳》：大火、心。伐、參。北辰北極。爲大辰。《書》正義：天有日月照臨晝夜，猶王宮之伯率領諸侯也。北斗環繞北

極，猶卿士之周衛天子也。五星行於列宿，猶州牧之省察諸侯也。二十八宿布於四方，猶諸侯爲天子守土也。《月令疏》案《考靈曜》云：一度，二千九百三十二里千四百六十一分里之三百四十八。周天百七萬一千里，是天圜周之里數也，以圍三徑。一言之，則直徑三十五萬七千里，此二十八宿周迴直徑之數也。然二十八宿之外，上下東西各有萬五千里，是爲四遊之極，謂之四表。四表之内，并星宿内，總有三十八萬七千里。天之中央，上下正半之處，則一十九萬三千五百里，地在於中，是地去天之數也。《列子》注：自地而上，則皆天矣。《春秋正義》云：三統曆，娵訾初日在危十六度，立春節在營室十四度，雨水中終於奎四度也。降婁初日在奎五度，驚蟄節在婁四度，春分中終於胃六度也。朱子曰：在地之位，一定不易。在天之象，運轉不停。惟天之鶉火加于地之午位，乃與地合而得天運之正。曆家以爲周天赤道一百七萬四千里，日一晝夜而一周。春秋二分，晝夜各行其半。而夏長冬短，一進一退，又各以其什之一焉。凡星皆出辰没戌，故五星爲五辰，十二舍亦爲十二辰。歲星司肅典，致時雨；熒惑司哲典，致時燠；太白司又典，致時暘；辰星司謀典，致時寒；填星司聖典，致時風。經星有常不變，緯星有伏見進退，與日相終始。二十八宿爲經，五星爲緯。揚子曰：史以天占人，聖人以人占天。楊賜曰：王者心有所惟，意有所想。雖未形顔色，而五星以之推移，陰陽爲其變度。杜牧注《孫子》云：歲爲善星，不福無道。火爲罰星，不罰有德。宋有善言，星期必退；齊無穰德，彗或可禳。宋景公出人君之言三，熒惑爲之退舍。水土之氣升爲曾宙，萬物之精凝爲列緯，皆本於地，而發於天者也。

《爾雅・月陽》：月在甲曰畢，在乙曰橘，丙曰修，丁曰圉，戊曰厲，己曰則，庚曰窒，辛曰塞，壬曰終，癸曰極。月名：正陬、二如、三病、四余、五皋、六且、七相、八壯、九玄、十陽、十一辜、十二涂。曆書謂太初十月爲畢。聚《離騷》孟陬，國語至于玄月，《詩》歲亦陽止，《周禮》注十二月之號，謂從陬至荼。

宋・王應麟《玉海》卷二　黄帝《泰階六符經》

《漢東方朔傳》：上使太中大夫吾丘壽王與待詔能用算者二人舉籍阿城以南，盩厔以東，宜春以西爲上林苑。建元三年。壽王奏事時，朔在旁進諫曰：「謙遜静慤，天表之應，應之以福。驕溢靡麗，天表之應，應之以異。臣願陳《泰階六符》以觀天變，不可不省。」是日因奏泰階之事。注：孟康曰：「泰階，三台也。每台二星，凡六星。符，六星之符，驗也。」應劭曰：「黄帝《泰階六符經》曰：『泰階者，天之三階也。上階爲天子，中階爲諸侯三公，下階爲士、庶人。上階上星爲男主，下星爲女主；中階上星爲諸侯三公，下星爲卿大夫；下階上星爲元士，下星爲庶人。三階平，則陰陽和，風雨時，社稷神祇咸獲其宜，天下大安，是爲泰平』云云。天子行暴令，好興甲兵，修宫榭，廣苑囿，則上階爲之奄奄疏闊也。以孝武有此失，故朔陳之。《藝文志・天文》有《泰階六符》一卷，注李奇曰：三台謂之泰階，兩兩成體，三台故六。觀色以知吉凶，故曰符。《五行志》：元封元年五月，有星孛于三台。三台爲秦地，《郊祀志》已封泰山，其秋有星孛于三能。有司日天其報德星云。揚雄《長楊賦》：聖文躬服節儉，是以玉衡正而泰階平。《文選》注云：出《黄帝六符經》。《史・天官書》：魁下六星，兩兩相比，曰三能。《索隱》引《六符經》，《文選・魏都賦》注、《後漢・郎顗傳》注亦引之。《禮・大宗伯》疏案：《武陵太守星傳》云：三台，一名天柱。《天府》疏案：《石氏星傳》云：上能司命爲大尉，中能司中爲司徒，下能司禄爲司空。《晉志》：三台，起文昌，抵太微。一曰天柱，三公之位在天曰三台，主開德宣符。西近文昌二星曰上台，主壽。次二星曰中台，主宗室。東二星曰下台。主兵。三台爲天階，泰一躡以上下。

《黄帝九宫經》

《隋志・五行類》：《黄帝九宫經》一卷，又三卷，《九宫行棊經》三卷，並鄭玄注。《房氏九宫行棊法》一卷，《王琛行棊立成法》一卷，《豆盧晃九宫要集》一卷，《李氏九宫經解》二卷，《九宫圖》一卷，《九宫郡縣録》一卷，《九宫八卦式圖》一卷，《九宫推法》一卷，《三元九宫立成》二卷。梁有《黄帝太一雜占》十卷。《吴志》：趙達治九宫一算之術。《唐書》：盧藏用善蓍龜九宫術。詳見羣祀類。

《六韜》曰：天文三人，主司星曆、候風氣、推時日。

宋・孫逢古《〈准齋心制幾漏圖式〉序》　昔挈壺氏之制漏壺也，有四。其一曰天池，其二曰平水，三曰受水，四曰減水。規模宏大，惟可施之官府，若夫燕居則煩矣。近時雖有異製，多是不準，蓋推測不得其法故也。只知百刻平分，殊不究水之昇降。方其滿則速，淺則遲。差舛由此。逢吉以心法創兹小壺，因水之淺滿昇降推測，上契天運，昏曉相符。晝參日景，夜應中星。畧無頃刻之差，尤且水之去來不露。内可施之堂奥，外可帶之舟車。至於夙夜在公，優遊燕處，皆可置之坐隅。備知時刻之正，最便宜。

士大夫出入起居之用，豈云小補哉？箭分兩面，自卯至酉爲晝，自酉至卯爲夜。下卯酉之餘刻，以備晝夜長短之候。裝水之法：遇早，以濾水篩搭於壺口，

以新水和舊水濾入壺中。但取接此時刻晝際，晚亦如之。或遇日出，更以景輪圭格，印證其端的無分毫爽。器不洗擢，則挨壒不除；水不篩濾，則塵垢成積。或有滯澀，當以猪鬃透之。此荆公明州刻漏銘，所謂匪器，則弊人存政舉者也。凡晝夜百刻，節序短長。日出爲晝，日入爲夜。發更皆在日入二刻半後，攢點皆在日出二刻半前。分界定數，二十有五箭。如冬至後自第一箭，順數用之；夏至後自二十五箭，逆數用之，却依日曆，參照節候。今序分晝夜、更點、昏曉之度，圖述于後。惟此小壺準的，隨水校定，功在一竅。蕪孔竅微細，僅通絲髮。惟要澄濾水清，砮無塵滓，不滯水道爲佳。上壺水滿，則疾流注如線；水至半壺，漸遲將滴；至下水淺，其滴尤慢。蓋水有重輕，流有遲疾，不可視之常流。或有垢滯，只可用猪鬃穿透，切不可用竹木與針動及竅眼。絻砮有分毫侵損，便成廢器，切宜慎之！如遇收拾，須管拭抹乾净，常以猪鬃穿透，庶毋蹇塞之弊也。事宜畢備用贊。古嚴準齋孫逢古敍

宋・李伯詩《銅壺漏箭制度》序　夫更漏箭壺，高三尺，徑一尺，重四鈞。其内别爲銅浮蓮，以泛箭。闊七寸，高三寸，重叁拾兩。壺面盤徑一尺三寸，八斤。捧箭仙人重八斤。床二十五兩，前雀右虎各二斤、二斤二兩；後龜一斤七兩，皆銅爲之。仙人坐盤中，鐶以四手捧小盤，箭穿其中，隨水之積，以生時刻。箭長三尺六寸，徑四分，面各爲二十五刻。晝夜四易，而百刻同。每時出盤心，即朱雀吐朱繫，下銅盤，以警守者。盤連莖重四十三兩。壺之前有盆，深一尺，徑二尺五寸，重二百斤，以貯乾、坤、艮、巽四時。易箭之退水，壺下有臺，高七寸，面徑一尺三寸，重三鈞，以承壺使鼇首吐水而登於盆。箭揔二十五技，每氣用上下二箭，二至各用一箭。而始終之揔，太史四十八箭之法也。鼇負荷，承下斛，渴烏之水注壺中。渴烏長一尺八寸，水竅容一中芥子。斛方一尺五寸，深一尺二寸，重七鈞。傍臨脣一寸，作螭首，爲減水之穴。承以小斗，斗長廣皆一尺，重一百斤，使斛水常平，而均渴烏之水勢。下斛之上，木爲盖，又植一銅荷，承上櫝渴烏之水。烏覈稍大，而長加二寸。櫝長二尺，深廣如下斛，重二百八十斤。櫝斛斗盆座皆冶鐵爲之。櫝斛之下爲暗爐，置火。以休漏布幕櫝上，以濾水。新舊相半，否則小差遲速。龍眠李伯詩序

元・脱脱等《宋史》卷二〇六《藝文志五》　蘇頌《渾天儀象銘》一卷。

韓顯符《天文明鑑占》十卷。

王洪暉《日月五星彗孛凌犯應驗圖》三十卷。

《上象應驗録》一十卷。

郭穎夫一作「士」《符天大術休咎訣》一卷。

《五星休咎賦》一卷。

張渭《符天災福新術》五卷。

《天文日月星辰變現災祥圖》一卷。

仁宗《寶元天人祥異書》十卷。

徐彦卿《徵應集》三卷。

楊惟德《乾象新書》三十卷。

《新儀象法要》一卷。

張宋臣《列宿圖》一卷。

張宏圖《天文志訛辨》一卷。

阮泰發《水運渾天機要》一卷。

鄒淮《考異天文書》一卷。

王處訥《太一青虎甲寅經》一卷。

楊惟德王立《太一福應集要》一卷。

楊惟德《景祐遁甲符應經》三卷。

楊惟德《六壬神定經》十卷。

徐道符《六壬歌》三卷。

元・馬端臨《文獻通考》卷二二九《經籍考四十六》　《周髀算經》二卷、《音義》一卷。

陳氏曰：題趙君卿註，甄鸞重述，李淳風等註釋。《周髀》者，蓋天文書也。稱周公受之商高，而以句股爲術，故曰《周髀》。《唐志》有趙嬰、甄鸞註多一卷，李淳風釋二卷。今曰「君卿」者，豈嬰之字邪？《中興書目》又云：君卿，名爽。蓋本《崇文總目》，然皆莫詳時代。甄鸞者，後周司隸也。《音義》，假承務郎李籍撰。

《司天考古星通元寶鏡》一卷。

鼂氏曰：題曰巫咸氏。宋朝太平興國中，詔天下知星者詣京師。未幾，至者百許人，坐私習天文，或誅，或配隸海島。由是，星曆之學殆絶。故予所藏書中亦無幾。姑裒數種，以備數云。

清・丁仁《八千卷樓書目》卷一一《子部・天文演算法類》　《大象賦註》一

卷。宋苗爲撰抄本。

《新儀象法要》三卷。宋蘇頌撰，守山閣本。

《儀象法纂》一卷。宋蘇頌撰，舊抄本。

《星象考》一卷。宋鄒淮撰，學海類編本。

《六經天文編》二卷。宋王應麟撰，萬曆刊本、雜海本。

清・紀昀等《四庫全書總目》卷一〇六《子部十六》 《新儀象法要》三卷。內府藏本。

宋蘇頌撰。頌，字子容，南安人，徙居丹徒。慶(歷)〔曆〕二年進士，官至右僕射，兼中書門下侍郎，累爵趙郡公。事蹟具《宋史》本傳。是書爲重修渾儀而作，事在元祐閒，而尤袤《遂初堂書目》稱爲《紹聖儀象法要》。《宋藝文志》有《儀象法要》一卷，亦註云紹聖中編。蓋其書成於紹聖初也。案：本傳稱，時別製渾儀，命頌提舉。頌既邃於律算，以吏部令史韓公廉有巧思，奏用之。授以古法。爲臺三層，上設渾儀，中設渾象，下設司辰，貫以一機，激水轉輪，不假人力。時至刻臨，則司辰出告。星辰躔度所次占候，測驗不差。晷刻晝夜晦明，皆可推見。前此未有也。葉夢得《石林燕語》亦謂頌所修制之精，遠出前古。其學略授冬官正袁惟幾。今其法蘇氏子孫亦不傳云云。案：書中有官局生袁惟幾之名，與《燕語》所記相合，其説可信，知宋時固甚重之矣。書首列進狀一首，上卷自渾儀至水趺，共十七圖；中卷自渾象至冬至曉中星圖，共十八圖；下卷自儀象臺至渾儀圭表，共二十五圖，圖後各有説。蓋當時奉勑撰進者，其列璣衡制度候視法式甚爲詳悉。南宋以後，流傳甚稀。此本爲明錢曾所藏，後有「乾道壬辰九月九日吳興施元之刻，本於三衢坐嘯齋」字兩行，蓋從宋槧影摹者。元之，字德初，官至司諫，嘗註蘇詩行世。此書卷末天運輪等四圖及各條所附一本云云，皆元之據別本補入，校覈殊精。而曾所鈔尤極工緻，其撰《讀書敏求記》載入是書，自稱圖樣界畫不爽毫髮。凡數月而後成，楮墨精妙絶倫，不數宋本，良非誇語也。我朝儀器精密，夐絶千古。頌所剏造，亙無足輕重。而一時講求製作之意，頗有足備參考者。且流傳祕册閱數百年，而摹繪如新，是固亙爲寶貴矣。

《六經天文編》二卷。直隸總督採進本。

宋王應麟撰。應麟有《鄭氏周易註》已著録。是編裒《六經》之言天文者，以《易》、《書》、《詩》所載爲上卷，《周禮》、《禮記》、《春秋》所載爲下卷。三代以上推步之書不傳。論者謂古法疏而今法密，如歲差、里差之辨，皆聖人所未言。晉虞喜始知歲差，唐人作《覆矩圖》，始知地有東西南北里差。然《堯典》、《豳風》、《月令》、《左傳》、《國語》所言星辰，前後已相差一次，是歲差之法，可即是例推周禮土圭之法。日南景短、日北景長、日東景夕、日西景朝，是里差之法，亦可即是而見《六經》所載未始非推步之根。特古文簡約，不能如後世推演詳密耳。此編雖以天文爲名，而不專主於星象，凡陰陽、正行、風雨以及卦義，悉彙集之。採録先儒經説爲多，義有未備，則旁涉史志以明之，亦推步家所當考證也。《宋史・藝文志》作六卷，至正四明《續志》作二卷。今此書分上下二編，則二卷。爲是國朝吉水李振裕補刊。《玉海》序稱應麟著述逾三十種，已刻者，《玉海》附《詞學指南》。又有遺書十三種，自《詩考》至《通鑑荅問》共五十餘卷。版皆朽蝕，悉爲補刊之。是編亦與焉。此本前後無序跋，紙墨甚舊，蓋猶至元六年王厚孫所刊也。

清・紀昀等《四庫全書總目》卷一〇七《子部十七》 《官曆刻漏圖》一卷。《永樂大典》本。

宋王普撰。自序謂《官曆漏刻》以岳臺爲定。九服之地，冬夏至晝夜刻數，或與岳臺不同，則二十四氣前後易箭之日亦皆少差。又有蔡知方序謂《刻漏圖》邵陽刊本最詳備，建陽林氏復加鐫定，移小分於四刻之前，視昔尤爲精密。又有鈕蘭居士序謂林君衍四刻餘分均諸衆時之先。後作小漏、款識，視王普爲尤備。則此書又林氏所重修，非普之舊也。然其法已略具《宋史》中。此雖稍詳，究無大異。普，字伯照，里籍未詳，官左朝散大夫行太常博士。林氏名字俱佚，其朝代亦無可考。

《星象考》一卷。編修程晉芳家藏本。

原本題宋鄒淮撰，後有魏了翁跋，稱淮以進士提領造曆，所演算曆書，其所撰載如此云云。考陳振孫《書録解題》載《天文考異》二十五卷，昭武布衣鄒淮撰，大抵襲景祐新書之舊。淮後入太史局。今此書僅四頁，似從《天文考異》中録出而別題此名。又，《書録解題》既稱淮爲昭武布衣，而了翁跋又稱爲進士，亦相牴牾，殆書賈所僞託也。

清・紀昀等《四庫全書總目》卷一〇八《子部十八》 《天原發微》五卷。兩淮鹽政採進本。

宋鮑雲龍撰。雲龍，字景翔，歙縣人。景定中鄉貢進士，入元不仕，以終是書。以秦漢以來，言天者或拘於數術，或淪於空虛，致天人之故鬱而不明。因取《易》中諸大節目博考詳究，先列諸儒之説於前，而以己見辨論其下。擬《易》大

傳天數二十有五，立目二十五篇，曰太極以明道體，曰動靜以明道用，曰靜動以明用本於體，曰辨方，言一歲運行必胎坎位；曰元渾，言萬物終始總攝天行；曰分二，言動靜初分；曰衍五，言陰陽再分；曰觀象，言四象生兩儀之故；曰太陽，曰太陰，曰少陽，曰少陰，以日月星辰分配，用邵子之説，與《大傳》旨異；曰天樞，言北辰；曰歲會，言十二次；曰司氣，言七十二候；曰卦氣，言焦京學爲太元所出；曰盈縮，言置閏；曰象數，言圖書；曰先後，言先後天；曰左右，言左旋右旋；曰二中，言五六爲天地中；曰陽復，言復爲天心；曰數原，言萬變不出一理；曰鬼神，言後世所謂鬼神多非其正；曰變化，言天有天之變化，人有人之變化，而以朱子主敬之説終之。其中或泛濫象數，多取揚雄舊説，不免稍近於雜要。其條縷分明，於數學亦可云貫通矣。元元貞閒鄭昭祖刊行其書，方回戴表元皆有序。至於明初，其族人鮑寧本趙汸之説附入，辨正百餘條，剖析異同，多所推闡。又作篇目名義，及採雲龍與方回問答之語，爲節要一卷，冠之於首，蓋亦能發明雲龍之學者。然於原文頗有所删改，非復元貞刊本之舊矣。

清·紀昀等《四庫全書總目》卷一〇九《子部十九》 《星命總括》三卷。《永樂大典》本。

舊本題遼耶律純撰。有純原序一篇末署統和二年八月十三日，自稱爲翰林學士，奉使高麗議地界。因得彼國國師傳，授星躔之學云云。案：統和爲遼聖宗年號，《遼史》本紀是年無遣使高麗事。其二，《國外紀》但稱統和三年詔東征高麗，以遼澤沮洳罷師，亦無遣使議地界之文。遼代貴仕不出耶律氏、蕭氏二族，而遍檢列傳，獨無純名。殆亦出於依託也。《文淵閣書目》載有是書一部，不著册數。《菉竹堂書目》作五册，又不著卷數。外間別無傳本，惟《永樂大典》所載始末完具。然，計其篇頁，不足五册之數。或葉盛所記有譌歟？中間議論精到，剖斷義理往往造微，爲術家所宜參考。惟所稱宮有偏正，則立説甚新，而驗之殊多乖迕。蓋天道甚遠，非人所能盡測，故言命者但當得其大要而止。苟多出奇思，曲意揣度，以冀無所不合，反至於窒塞而不可通矣。術家流弊往往坐此。讀者取其所長而略其繁瑣可也。

《演禽通纂》二卷。浙江范懋柱家天一閣藏本。

不著撰人姓名，乃以演禽法推人禄命造化之書也。相傳謂出於黄帝七元之説。唐時有都利聿斯經本梵書五卷。貞元中李彌乾將至京師，推十二星行曆，知人貴賤。至宋而又有秤星經者，演十二宮宿度，以推休咎，亦以爲出於梵學。晁公武《讀書志》復有《鮮鶚經》十卷，以星禽推知人吉凶。言其性情嗜好。説者謂本神仙之説，故載於《道藏》。其書均已失傳，而詳溯源流，要皆爲談演禽者所自祖。今世亦頗有通其術者，則以爲本於明之劉基。然其中如甲子實瓶之類，與回回曆所載名目相近，似其源亦出於西域。蓋即秤星鮮鶚之支流，傳者忘其自來，遂舉而歸之於基，非其實也。其書上卷載三十六禽喜好吞啗、干支取化及旬頭胎命、流星十二宮行限入手之法。下卷鑒形賦具論窮達、夭壽、吉凶、變幻之理。其詞爲俗師所綴集，大抵鄙俚不文，而其法則相承已久，可與三命之學相爲表裏，故存之，以備一家。至鑒形賦，世或別爲一書，名之曰《星禽》，直指其實。上卷提其綱，下卷竟其用，爲説相輔，今仍合爲一集云。

清·紀昀等《四庫全書總目》卷一一〇《子部二十》 《天文主管》一卷。浙江范懋柱家天一閣藏本。

首題明昌元年司天臺少監賜紫金魚袋臣武亢重行校正。蓋金音宗時經進之書。案《金史·百官志》，司天少監秩從六品，而武亢姓名不見於紀傳。惟王鶚汝南遺事曰：「哀宗天興二年，右丞仲德奏前司天臺管勾武禎男亢，原註曰：徐州人氏。習父之業，精於占候，上遣人召之。既至，與語，大悦。即命爲司天長行。亢數言災咎，動合上意。是年九月，敵人圍蔡。亢預奏十二月初三日攻城，及期果然。上復問何日當解，亢曰：『直至明年正月十三日，城下無一人一騎。』明年正月，城陷。十三日，撤營去。其數精妙如此。」云云。則亢乃哀宗末人，不應章宗時已爲司天臺少監。校正此書，疑其出於託名，故時代舛異也。其書諸家皆未著録，惟晁氏《寶文堂書目》有之。所載恒星及五星次舍占説，皆頗明晰，而繪圖舛錯者多。末附《周天立象賦》及《五星休咎賦》各一篇。題曰：李淳風撰。其詞亦不類唐人。錢曾《讀書敏求記》有明李泰《天文主管釋義》三卷，稱依丹元子《步天歌》分布垣舍之星爲主，當即詮釋此書而作。然不言及此書，殆曾偶未之見耶。

《戎事類占》二十一卷。浙江巡撫採進本。

元李克家撰。考《江西通志》，李克家，字肖翁，南昌富州人。至正末任本學教諭，遷遼陽儒學提舉，即其人也。是書取兵家占候，採輯成編。卷首爲天象圖，分野圖。中分天類、日類、月類、星野類、星類、風類、雲氣類、蒙霧類、虹霓類、雨雹類、雷電類、霜露類、冰雪類、五行類、時日類、厭勝類，凡十五門。夫天遠人邇，非私智小數所能窺。此甲彼乙，徒熒衆聽。至於厭勝，尤屬鬼謀。郭京

六甲神兵，豈足以拒金源耶？此真妖妄之言，法所必斥者也。

清・紀昀等《四庫全書總目》卷一一一《子部二十一》　《九星穴法》四卷。通行本。

舊本題宋廖瑀撰。地理家以楊曾、廖賴竝稱，瑀書獨佚不傳，故諸家著録皆無其目。是書莫知所自來，蓋依託也。其法專以九星辨穴體。所謂九星者，太陽、太陰、金水、紫炁、天財、凹腦、雙腦、平腦三體，合天罡燥火爲九。其中又分正體、開口、懸乳、弓脚、雙臂、單股、側腦、没骨、平面爲九等。各系以圖與説，已不免强無定之形，以就一定之格。至其雙臂太陰一條云：若兩臂太尖，名夾刃，主殺人至毒。須人力鋤去尖頭，使令圓浄，則雙凶爲吉。是人不受氣於地，地轉受形於人矣。但擇一吉地之圖，依其高下而培築剷削之，固不難尺寸悉符，曲折相肖也。然有是理歟？

又　《五星要録》。無卷數，浙江巡撫採進本。

不著撰人名氏。書中多載梁成大、喬竹簡、華岳、真德秀等星命，蓋南宋人所輯也。其布宫推象，皆前代舊法，故危月兼得，子宫亢金，具在辰位。此在當時亦或有所驗，而以今法例之，則全不可施用矣。書首有闕文，其《星象賦》一篇，詮述頗詳，而奥義精言，闡發尚尠。如二主臨財，主富官福，居垣主貴，此則星家所共見，何待縷陳？至其論時人星命，雖閒有特見，附會處亦復不少也。

又　《百中經》。無卷數，浙江巡撫採進本。

不著撰人名氏。考陳振孫《書録解題》，有信齋《百中經》一卷。安慶府本，不著名氏。又怡齋《百中經》一卷，東陽術士曹東野撰。其述東野之言曰：「今世言五星者，皆用唐《顯慶曆》，曆法無慮十餘變，而《百中經》猶守舊，安得不差？於是用現行曆推算。」云云。此書所列十一曜躔次，用宋之統天、開禧、會天、〔一天〕元之授時四數爲準，而其紀年至明嘉靖中。殆術者以次續補，轉相沿用而未改舊名歟。

《吕氏摘金歌》。無卷數，浙江范懋柱家天一閣藏本。

舊本但題吕氏撰，不著其名。其書論列五星，專以身主、命主爲重。案：星命所係，以立命之宫所躔度爲最，其次命主，其次度主，又其次身主。身主所以次於命度者，以凡人皆以月爲身也。篇中於度主不甚重，未爲得要。其立論閒有可采者，《星平》、《大成》諸書已多取之矣。

《五曜源流》二卷。浙江巡撫採進本。

不著撰人名氏，前有自序云：「遇一老僧所傳。」蓋術家依託之辭，不足信也。其書專論子平曰：「五曜者，即指五行而言，非五星術也。」其法以日干爲主，推五行之衰旺、宜忌。十干又以時分斷其休咎，持論頗平正。《三命通會》及《星平會海》諸書全録用之。

《五星考》三卷。浙江巡撫採進本。

不著撰人名氏。首言安命分宫之法，次及大小行限次及吉凶星曜神煞，次論拱夾冲鈎，以及窮通壽夭諸局。多列圖説。觀其義例，當出自明人之手。其中精當者，《星平會海》俱已采掇無遺。至於二十八宿，如女自屬土、牛自屬金，無可疑者。而此書於一宿之中五行互用。如角初度至三度，以爲屬水；四度至八度，以爲屬水；九度至十三度，以爲屬金。他宿仿此。此則務爲新奇，而不當於理矣。且角止有十度，而演至十四度，他宫諸宿略同。亦不知其何所本也。

清・周中孚《鄭堂讀書記》卷四四《子部六之上》　《新儀象法要》三卷。文瀾閣傳鈔本。

宋蘇頌撰。頌，字子容，泉州人，徙居丹徒。慶歷二年進士，官至右僕射兼中書門下侍郎，累封趙郡公，贈司空。《四庫全書》著録、書録、解題、通考俱作《天象法要》二卷。《宋志》作《新儀(要)象法要》一卷，蓋據所見本各異也。當元祐中，詔别製渾天儀，以子容提舉。子容以吏部令史韓公廉。曉算術，有巧思。奏用之。授以古法，爲新儀象，上之，併詔記其制度，爲此書。紹聖中始告成，故一名《紹聖儀象法要》。見《遂初堂書目》。上卷首列子容《進儀象狀》一篇，次列渾儀以下十七圖。中卷列渾象以下十八圖。下卷列水運儀象臺以下二十五圖。圖後各系以説。考歷代天文之器，制範頗多，法亦小異，至於激水運機，其用則一。蓋天者運行不息，水者注之不竭，以不竭逐不息之運，苟注挹均調，則參校旋轉之勢無有差舛也。是書於制度法式，象形唯肖，闡發靡遺。製作之精，遠出前古。其學授冬官正袁惟幾，雖其子孫，亦不傳云。卷首冠以「乾隆乙未御製」，題影宋鈔《新儀象法要》，詩及提要一篇。

《六經天文編》二卷。《玉海》附刊本。

宋王應麟撰。應麟仕履見詩類。《四庫全書》著録、《宋志》作六卷，字之誤也。是編羣集諸經之言天文者，及非天文而言陰陽、五行、風雨以及卦義，悉備録之。凡《易》九則、《書》六則、《詩》十則、《周禮》十六則、《禮記》、《春秋》各九則，皆博采先儒諸説，歷代史志疏通證明，必使義無掛漏而後止。而其所自僞説，絶不一

見。蓋厚齋但裒集成書，以備推步家之考證，非其專門之學也。故阮雲臺師撰《疇人傳》不數及之。張海若刊入《學津討原》，竟稱其實能通貫天人，過矣。

清・阮元《揅經室集》卷三《外集》　《遁甲符應經》三卷提要

宋楊維德等撰。維德，附《宋史・方技・韓顯符傳》，字里未詳。顯符稱其能傳渾儀法，是編不見于《宋志》。鄭樵《通志畧》始著録，焦竑《經籍志》、錢遵王《述古堂書目》所載卷帙並同，惟馬端臨《通考》則作二卷，乃傳寫之誤。此從舊鈔本依樣過録。卷首有宋仁宗御製序，末載永樂間欽天監五官司曆王巽序。其書以遁甲論行軍趨避之用，如言九天之上，九地之下。即孫子形篇所謂「善守者藏于九地之下，善攻者動于九天之上」，亦即李筌所云「以直符加時于後一，所臨宫爲九天；後二，所臨宫爲九地」。地者，静而利藏；天者，運而利動。巽云其書「立術精密，考較詳明」，宜五行之家所不廢也。

清・孫星衍《孫淵如先生全集・平津館文稿卷下》　《乾象通鑑》跋

《乾象通鑑》一百卷，宋李季撰。卷後題河間府免解進士李季奉聖旨。其書以建炎四年奏上，紹興元年命付太史，即依經改正譌舛，見《繫年要録》及《玉海》，錢遵王《讀書敏求記》亦載其目。《四庫全書》未曾入録。按：李季序稱「天象時變，臣已逆知於十五年前。嘗以微言咨於故丞相李邦彦、前北帥王安中」云云，則季爲北宋時人。檢陸游《老學菴筆記》，有前宣州通判李季善奏章，爲秦會之設醮，未知即其人否？是書明抄本備具歷代占驗之學，所載黄帝、巫咸、甘石、京房、郗萌等古書甚多，並有在《開元占經》已外者，實則增損楊維德等景祐《乾象新書》成之。季序所稱「早遇異人，密傳奥旨」，則欺人之言也。《玉海》稱紹興三年，詔知宋時太史局每月具天文、風雹、氣候、日月、交蝕等事實，封報祕書省。《困學記聞》亦云：「我朝舊制，太史局隸祕書，凡天文失度，三館皆知之。每有星變，館吏以片紙録報，故得因事獻言。自景定後，枋臣欲抹殺災異，三館遂不復知。甲子，彗星宫中見之，乃下求言之詔，則蒙蔽可見。」因知秦誓之言人之有技，違之，俾不通，古今一轍。是李季此書殆不行于南宋之世。季或以明陰陽，爲秦檜所忌。後又入其牢籠，至爲齋醮。其書有所本，固不以人廢言也。天文之學，有分天部轉算兩術之不同，近之習西法者，率不事仰觀，轉斥占驗爲不可信。至説日月食推測可知，不爲災異。余在北部時，有通西法者同僚，嘗與辦論。詰以「人生死亦可推測，而知將遺喪，亦不爲災異邪？病目有時，而愈病時不爲疾邪？日月食何異於此？」其人語塞。近時西法亦因予言改更其術，故曰舊章不可亡也。此本抄存家塾，予不省占驗，徒以中引古書可用爲解經証據，補注疏未備云。

藝文

元・仇遠《山村遺稿》卷二　題燕肅畫

溪路迢迢繞碧峯，白雲迷却舊行蹤。買舟歸去山中住，終日茅亭坐聽松。

金遼元部

綜述

元·脱脱等《金史》卷五一《選舉志一》 凡司天臺學生，女直二十六人，漢人五十人，聽官民家年十五以上、三十以下試補。又三年一次，選草澤人試補。其試之制，以《宣明曆》試推步，及《婚書》、《地理新書》試合婚、安葬，并《易》筮法、六壬課、三命五星之術。

元·脱脱等《金史》卷五五《百官志》 司天翰林官，舊制自從七品而下止五階，至天眷定制，司天自從四品而下，立爲十五階：

從四品上曰欽象大夫，中曰正儀大夫，下曰欽授大夫。

正五品上曰靈憲大夫，中曰明時大夫，下曰頒朔大夫。

從五品上曰雲紀大夫，中曰協紀大夫，下曰保章大夫。

正六品上曰紀和大夫，下曰司玄大夫。

從六品上曰探賾郎，下曰授時郎。

正七品上曰究徹郎，下曰靈臺郎。

從七品上曰明緯郎，下曰候儀郎。

正八品上曰推策郎，下曰司正郎。

從八品上曰校景郎，下曰平秩郎。

正九品上曰正紀郎，下曰挈壺郎。

從九品上曰司曆郎，下曰司辰郎。

又 禮部【略】

掌凡禮樂、祭祀、燕享、學校、貢舉、儀式、制度、符印、表疏、圖書、册命、祥瑞、天文、漏刻、國忌、廟諱、醫卜、釋道、四方使客、諸國進貢、犒勞張設之事。

又 秘書監。著作局、筆硯局、書畫局、司天臺隸焉。【略】

司天臺

提點，正五品。監，從五品，掌天文曆數、風雲氣色，密以奏聞。

少監，從六品。

判官，從八品。

教授，舊設二員，正大初省一員。係籍學生七十六人，漢人五十人，女直二十六人，試補長行。

司天管勾，從九品。不限資考、員數，隨科十人設一員，以藝業尤精者充。

長行人五十人。未授職事者，試補管勾。

天文科，女直、漢人各六人。

算曆科，八人。

三式科，四人。

測驗科，八人。

漏刻科，二十五人。

銅儀法物舊在法物庫，貞元二年始付本臺。

右屬秘書監。

元·脱脱等《遼史》卷四七《百官志》 司天監。有太史令，有司曆，靈臺郎，挈壺正，五官正，丞，主簿，五官靈臺郎、保章正，司曆，監候，挈壺正，司辰，刻漏博士，典鐘，典鼓。

明·宋濂等《元史》卷八一《選舉志》 世祖至元二十八年夏六月，始置諸路陰陽學。其在腹裏、江南，若有通曉陰陽之人，各路官司詳加取勘，依儒學、醫學之例，每路設教授以訓誨之。其有術數精通者，每歲録呈省府，赴都試驗，果有異能，則於司天臺内許令近侍。延祐初，令陰陽人依儒、醫例，於路府州設教授員，凡陰陽人皆管轄之，而上屬於太史焉。

明·宋濂等《元史》卷九〇《百官志六》 司天監，秩正四品。掌凡曆象之事。提點一員，正四品；司天監三員，正四品；少監五員，正五品；丞四員，正六品；知事一員，令史二人，譯史一人，通事兼知印一人。屬官：提學二員，教授二員，並從九品；學正二員，天文科管勾二員，算曆科管勾二員，三式科管勾二員，測驗科管勾二員，漏刻科管勾二員，並從九品；陰陽管勾一員，押宿官二員，司辰官八員，天文生七十五人。中統元年，因金人舊制，立司天臺，設官屬。至元八年，以上都承應闕官，增置行司天監。十五年，別置太史院，與臺並立，頒曆之政歸院，學校之設隸臺。二十三年，置行監。二十七年，又立行少監。皇慶

元年，陞正四品。延祐元年，特陞正三品。七年，仍正四品。

回回司天監，秩正四品。掌觀象衍曆。提點一員，司天監三員，少監二員，監丞二員，品秩同上；知事一員，令史二員，通事兼知印一人，奏差一人。屬官：教授一員，天文科管勾一員，算曆科管勾一員，三式科管勾一員，測驗科管勾一員，漏刻科管勾一員，陰陽人一十八人。世祖在潛邸時，有旨徵回回爲星學者，札馬剌丁等以其藝進，未有官署。至元八年，始置司天臺，秩從五品。十七年，置行監。皇慶元年，改爲監，秩正四品。延祐元年，陞正三品，置司天監。二年，命秘書卿提調監事。四年，復正四品。

傳記

元・脱脱等《遼史》卷一〇八《王白傳》 王白，冀州人，明天文，善卜筮，晉司天少監，太宗入汴得之。

應曆十九年，王子只没以事下獄，其母求卜，白曰：「此人當王，未能殺也，毋過憂！」景宗即位，釋其罪，封寧王，竟如其言。凡決禍福多此類。

保寧中，歷彰武、興國二軍節度使。撰《百中歌》行于世。

元・脱脱等《金史》卷八七《僕散忠義傳》 僕散忠義本名烏者，上京拔盧古河人，宣獻皇后姪，元妃之兄也。高祖斡魯補。曾祖班覩。祖胡闌。父背魯，國初世襲謀克，婆速路統軍使，致仕。

忠義魁偉，長髯，喜談兵，有大略。年十六，領本謀克兵，從宗輔定陝西，行間射中宋大將，宋兵遂潰，由是知名。帥府録其功，承制署爲謀克。宗弼再取河南，表薦忠義爲猛安。攻冀州先登，攻大名府以本部兵力戰，破其軍十餘萬，賞以奴婢、馬牛、金銀、重綵。從宗弼渡淮攻壽、廬等州，宗弼稱之曰：「此子勇略過人，將帥之器也。」賞馬五匹、牛一百五十頭、羊五百口，領親軍萬户，超寧遠大將軍，承其父世襲謀克。

皇統四年，除博州防禦使，公餘學女直字，及古算法，閱月，盡能通之。在郡不事田獵、燕游，以職業爲務，郡中翕然稱治。忽一夕陰晦，囚徒謀爲反獄，倉猝間，將校皆惶駭失措，忠義從容，但使守吏撾鼓鳴角，囚徒以爲天且曉，不敢出，自就桎梏。及考，郡民詣闕願留，詔從之。八年，改同知真定尹，兼河北西路兵馬都總管，遷西北路招討使，入爲兵部尚書。

僕散忽土嘗與海陵篡立，恃勢陵傲同列，忠義因會飲衆辱之，海陵不悦，出爲震武軍節度使。火山賊李鐵槍乘暑來攻，忠義單衣從一騎迎擊之，射殺數人，賊乃退。改臨洮尹，兼熙秦路兵馬都總管。海陵召至京師謂之曰：「洮河地接吐蕃、木波，異時剽害良民，州縣不能制。汝宿將，故以命汝。」賜條服、玉具、佩刀。閱再考，徙平陽尹，再徙濟南尹。以本官爲漢南路行營副統制，伐宋，克通化軍。

世宗立，海陵死揚州，罷兵入朝京師，拜尚書右丞。移剌窩斡僭號，兵久不決。右副元帥完顔謀衍既敗之于霿霰河，乃擁衆，貪鹵掠，不追討，而縱其子斜哥暴横軍中，士卒不用命。賊得水草善地，官軍踵其遺餘，水草乏，馬益弱，賊軼出山西，久無功。忠義請曰：「契丹小寇，不時殄滅，致煩聖慮。臣聞主憂臣辱，願効死力除之。」世宗大悦。即召還謀衍，勒歸斜哥本貫。拜忠義平章政事，兼右副元帥，封榮國公，賜以御府貂裘、賓鐵吐鶻弓矢大刀、具裝對馬及安山鐵甲、金牌，詔曰：「軍中將士有犯，連職之外並以軍法從事，有功者依格遷賞。」詔諸將士曰：「兵久駐邊陲，蠹費財用，百姓不得休息。今以右丞忠義爲平章政事、右副元帥，宜同心戮力，無或弛慢。」

忠義至軍，賊陷靈山、同昌、惠和等縣，陣而西行。忠義追之，及于花道，宗亨爲左翼，宗敍爲右翼，與賊夾河而陣。賊渡河，先攻左翼，偏敗，右翼救之，賊引去。窩斡乃以精鋭自隨，以羸兵護其母妻輜重由別道西走，期於山後會集。追復及于裊嶺西陷泉。與賊遇，時昏霧四塞，跬步莫覩物色，忠義禱曰：「狂寇肆暴，殺戮無辜，天不助惡，當爲開霽。」莫巳，昏霧廓然。及戰，忠義左據南岡，爲偃月陣，右迤而北，大敗之，獲其弟裊，俘生口三十萬，獲雜畜十餘萬，車帳金珍以鉅萬計，悉分諸軍。賊走趨奚地，遣將追躡，至七渡河，又敗之。既踰渾嶺，復進軍襲之，望風奔潰，遁入奚中，降者相屬於路。詔忠義曰：「卿材能素著，果能大破賊衆，朕甚嘉之。今遣勞卿，如朕親往。賜卿御衣、及骨睹犀具佩刀、通犀帶等。就以俘獲，均散軍士。」窩斡既敗，遂入于奚中。高忠建敗奚于栲栳山，移剌道取抹白諸奚之家，抹白奚乃降，窩斡勢益弱。紇石烈志寧獲賊將稍合住，

縱之使歸，約以捕窩斡自贖，仍許以官賞。稍合住與其黨，執窩斡詣完顏思敬降。契丹平。忠義朝京師，拜尚書右丞相，改封沂國公，以玉帶賜之。

自海陵遇弑，大軍北還，而窩斡鴟張，命將徂征。及窩斡敗，其黨括里、扎八奔入于宋，宋人用其謀，侵掠邊鄙，攻取泗、壽、唐、海州。於是，宋主傳位于宗室子眘，是爲宋孝宗，雖嘗遣使來，而欲用敵國禮。世宗以紇石烈志寧經略宋事，制詔忠義以丞相總戎事，居南京節制諸將，時大定二年也。【略】

三年，忠義入奏事，遂以丞相兼都元帥。無何，還軍中。忠義與宋相持日久，慮夏久雨，弓力易減，宋或乘時見攻，豫選勁弓萬張於別庫。及自汴赴闕議事，次濬州，宋將李世輔果掩取靈璧、虹縣，遂陷宿州。忠義使人還汴，發所貯勁弓給志寧軍，與宋人戰，遂大捷，竟復宿州。忠義還，以書責宋。宋同知樞密院事洪遵、計議官盧仲賢，遣使二輩持與志寧書及手狀，歸海、泗、唐、鄧州所侵地，約爲叔姪國。報書期十一月使入境，宋又使人來言，禮物未備，請俟十二月行成。忠義以其事馳奏，請定書式，且言宋書如式，則許其入界，如其不然，勢須遣還本國，復稟其主，若是往復，動經七八十日，恐誤軍馬進取。世宗以詔諭之曰：「若宋人歸疆，歲幣如昔，可免奉表稱臣，許世爲姪國。」忠義乃貽書宋人，前後凡七，宋人他託未從。忠義移大軍壓淮境，遣志寧率偏師渡淮，取盱眙、濠、廬、和、滁等州，宋人懼。而世宗意天下厭苦兵革，思與百姓休息，詔忠義度宜以行。

四年正月，忠義使右監軍宗敍入奏，將近暑月，乞俟秋涼進發。詔從之。宋使胡昉以右僕射湯思退書來，宋稱姪國，不肯加世字。忠義執昉留軍中，答其書，使使以聞。詔曰：「行人何罪，遣胡昉還國。邊事從宜措畫。」八月，詔忠義曰：「前請俟秋涼進發，今已八月，復俟何時？」先是，忠義乞增金、銀牌，上曰：「太師梁王兼數職，未嘗增也。」至是增都元帥金牌一、銀牌二十，左右副元帥金牌各一、銀牌各十，左右監軍金牌各一、銀牌各六，左右都監金牌各一、銀牌各四，三路都統府銀牌各二。乃定南界官員、百姓歸附遷賞格。

元帥府獲宋諜人符忠。忠前嘗至中都，大興府官詰問，忠執文據，及與泗州防禦判官張德亨知識，由是獲免，厚謝德亨，德亨受之。忠具款服，乃奏其事于朝，於是，大興少尹王全解職，德亨除名。和議始于張浚，中更洪遵、湯忠退，及徒單克寧敗宋魏勝于十八里莊，取楚州，世宗下詔進師，於是宋知樞密院周葵、同知樞密院事王之望書一一如約，和議始定。宋遣試禮部尚書魏杞，崇信軍、承宣使康湑，充通問國信使，取到宋主國書式，并國書副本，宋世爲姪國，約歲幣爲二十萬兩、匹，國書仍書名再拜，不稱「大」字。大定五年正月，魏杞、康湑入見，其書曰：「姪宋皇帝眘，謹再拜致書于叔大金聖明仁孝皇帝闕下。」魏杞還，復書「叔大金皇帝」不名，不書「謹再拜」，但曰「致書于姪宋皇帝」，不用尊號，不稱「闕下」。和好已定，罷兵，詔天下。以左副都點檢完顏仲爲報問國信使，太子詹事楊伯雄副之。【略】

忠義朝京師，上勞之曰：「宋國請和，偃兵息民，皆卿力也。」拜左丞相，兼都元帥。大定初，事多權制，詔有司刪定，上謂宰臣曰：「凡已奏之事，朕嘗再閱，卿等毋懷懼。朕於大臣，豈有不相信者？但軍國事，不敢輕易，恐或有誤也。」忠義對曰：「臣等豈敢竊意陛下，但智力不及耳。陛下留神萬幾，天下之福也。」

大定六年正月，忠義有疾，上遣太醫診視，賜以御用藥物，中使撫問，相繼於道。二月，薨。上親臨哭之慟，輟朝奠祭，賻銀千五百兩、重綵五十端、絹五百匹。世宗將幸西京，復臨奠焉。命參知政事唐括安禮護喪事，凡葬祭從優厚，官爲給之。大宗正丞竟充勅祭使，中都轉運副使王震充勅葬使，百官送葬，具一品儀物，建大將旗鼓，送至墳域。謚武莊。

忠義動由禮義，謙以接下，敬儒士，與人極和易，侃侃如也。善御將士，能得其死力。及爲宰輔，知無不言。自漢、唐以來，外家多緣恩戚以致富貴，又多不克其終，未有兼任將相，功名始終如忠義者。十一年，詔曰：「故左丞相忠義族人，及昭德皇后親族，人材可用者，左副點檢烏古論元忠體察以聞。」二十一年，上思忠義功，勒銘墓碑。泰和元年，圖像衍慶宮，配享世宗廟廷。子揆，別有傳。

元·脱脱等《金史》卷九五《耶律履傳》 耶律履字履道，遼東丹王突欲七世孫也。父聿魯，早亡。聿魯之族兄興平軍節度使德元無子，以履爲後。方五歲，晚卧廡下，見微雲往來天際，忽謂乳母曰：「此所謂『卧看青天行白雲』者耶？」德元聞之，驚曰：「是子當以文學名世。」及長，博學多藝，善屬文。初舉進士，惡搜檢煩瑣，去之。廕補爲承奉班祗候，國史院書寫。【略】

履秀峙通悟，精曆算書繪事。先是，舊《大明曆》舛誤，履上《乙未曆》，以金受命于乙未也，世服其善。初，德元未有子，以履爲後，既而生子震，德元歿，盡推家貲與之。其自禮部兼直學士爲執政，乃舉前代光院故事，以錢五十萬送學士院，學者榮之。

元·脱脱等《金史》卷一〇六《張行簡傳》 張暐字明仲，莒州日照縣人。

【略】子行簡、行信。

行簡字敬甫。穎悟力學，淹貫經史。大定十九年進士第一，除應奉翰林文字。丁母憂，歸葬益都，杜門讀書，人莫見其面。服除，復任。章宗即位，轉修撰，進讀陳言文字，攝太常博士。夏國遣使陳慰，欲致祭大行靈殿。行簡曰：「彼陳慰非專祭，不可。」廷議遣使横賜高麗，「比遣使報哀，彼以細故邀阻，且出嫚言，俟移問還報，横賜未晚。」徒單克寧題其言，深器重之。轉翰林修撰，與路伯達俱進讀陳言文字，累遷禮部郎中。

司天臺劉道用改進新曆，詔學士院更定曆名，行簡奏乞覆校測驗，俟將來月食無差，然後賜名。詔翰林侍講學士党懷英等覆校。懷英等校定道用新曆：明昌三年不置閏，即以閏月爲三月；二年十二月十四日，金木星俱在危十三度，道用曆在十三日，差一日；三年四月十六日夜月食，時刻不同。道用不曾考驗古今所記，比證事迹，輒以上進，不可用。道用當徒一年收贖，長行彭徽等四人各杖八十罷去。

羣臣屢請上尊號，章宗不從，將下詔以示四方，行簡奏曰：「往年飢民棄子，或匄以與人，其後詔書官爲收贖，或其父母衣食稍充，即識認，官亦斷與之。自此以後，饑歲流離道路，人不肯收養，肆爲捐瘠，餓死溝中。伏見近代禦災詔書，皆曰『以後不得復取』，今乞依此施行。」上是其言，詔書中行之。久之，兼同修國史。改禮部侍郎，提點司天臺，直學士，同修史如故。

行簡言：「唐制，僕射、宰相上日，百官通班致賀，降階答拜。國朝皇太子元正、生日，三師、三公、宰執以下須羣官同班拜賀，皇太子立受再答拜。今尚書省宰執上日，分六品以下別爲一班揖賀，宰執坐答揖，左右司郎中五品官廷揖，亦坐答之。臣謂身坐舉手答揖，近於坐受也。宰執受賀，其禮乃重於皇太子，恐於義未安。別嫌明微，禮之大節，伏請宰執上日令三品以下官同班賀，宰執起立，依見三品官儀式通答揖。」上曰：「此事何不早辨正之，如都省擅行，卿論之是矣。」行簡對曰：「禮部蓋嘗參酌古今典禮，擬定儀式，省廷不從，輒改以奏。」下尚書省議，遂用之。宰執上日，三品以下羣官通班賀，起立答拜，自此始。

行簡轉對，因論典故之學，乞於太常博士之下置檢閱官二員，通禮學資淺者使爲之，積資乃遷博士。又曰：「今雖有國朝《集禮》至於食貨、官職、兵刑沿革，未有成書，乞定會要，以示無窮。」承安五年，遷侍講學士，同修史、提點司天如故。

泰和二年，爲宋主生日副使。上召生日使完顏瑭戒之曰：「卿過界勿飲酒，每事聽於行簡。」謂行簡曰：「宋人行禮，好事末節，苟有非是，皆須正之，舊例所有不可不至。」上復曰：「頗聞前奉使者過淮，每至中流，即以分界争渡船，此殊非禮。卿自戒舟人，且語宋使曰：『兩國和好久矣，不宜争細故傷大體。』丁寧諭之，使悉此意也。」四年，詔曰：「每奏事之際，須令張行簡常在左右。」

五年，羣臣復請上尊號，上不許，詔行簡作批答，因問行簡宋范祖禹作《唐鑑》論尊號事。行簡對曰：「司馬光亦嘗諫尊號事，不若祖禹之詞深至，以謂臣子生謚君父，頗似慘切。」上曰：「卿用祖禹意答之，仍曰太祖雖有尊號，太宗未嘗受也。」行簡乞不拘對偶，引祖禹以微見其意。從之。其文深雅，甚得代言之體。

改順天軍節度使。【略】

六年，召爲禮部尚書，兼侍講、同修國史。秘書監進《太一新曆》，詔行簡校之。七年，上遣中使馮賢童以實封御扎賜行簡曰：「朕念鎬、鄭二王誤干天常，自貽伊戚。藁葬郊野，多歷年所，朕甚悼焉。欲追復前爵，備禮改葬，卿可詳閱唐貞觀追贈隱、巢，并前代故事，密封以聞。」又曰：「欲使石古乃於威州擇地營葬，歲時祭奠，兼命衛王諸子中立一人爲鄭王後，謹其祭祀。此事既行，理須降詔，卿草詔文大意，一就封進。」行簡乃具漢淮南厲王長、楚王英、唐隱太子建成、巢剌王元吉、譙王重福故事爲奏，并進詔草，遂施行焉。累遷太子太保、翰林學士承旨，尚書、修史如故。

貞祐初，轉太子太傅，上書論議和事，其略曰：「東海郡侯嘗遣約和，較計細故，遷延不決。今都城危急，豈可拒絶。臣願更留聖慮，包荒含垢，以救生靈。或如遼、宋相爲敵國，歲奉弊帛，或二三年以繼。選忠實辨捷之人，往與議之，庶幾有成，可以紓患。」是時，百官議者，雖有異同，大概以和親爲主焉。莊獻太子葬後，不置宮師官，升承旨爲二品，以寵行簡，兼職如故。

三年七月，朝廷備防秋兵械，令內外職官不以丁憂致仕，皆納弓箭。行簡上書曰：「弓箭非通有之物，其清貧之家及中下監當，丁憂致仕，安有所謂如法軍器。今繩以軍期，補弊修壞，以求應命而已，與倉猝製造何以異哉。若於隨州郡及猛安謀克人户拘括，擇其佳者買之，不足則令職輸所買之價，庶不擾而事可辦。」左丞相僕散端、平章政事高琪、盡忠、右丞賈益謙皆曰：「丁憂致仕者可以免此。」權參政烏古論德升曰：「職官久享爵禄，軍興以來，曾無寸補，况事已行而復改，天下何所取信。」是議也，丁憂致仕官竟得免。是歲，卒，贈銀青榮禄大

夫，謚文正。

行簡端愨慎密，爲人主所知。自初入翰林，至太常、禮部，典貢舉終身，縉紳以爲榮。與弟行信同居數十年，人無間言。所著文章十五卷，《禮例纂》一百二十卷，會同、朝獻、禘祫、喪葬，皆有記録，及《清臺》、《皇華》、《戒嚴》、《爲善》、《自公》等記，藏于家。

元・脱脱等《金史》卷一一〇《楊雲翼傳》 楊雲翼字之美，其先贊皇檀山人，六代祖忠客平定之樂平縣，遂家焉。曾祖青、祖郁、考恒皆贈官于朝。雲翼天資穎悟，初學語輒畫地作字，日誦數千言。登明昌五年進士第一，詞賦亦中乙科，特授承務郎、應奉翰林文字。承安四年，出爲陝西東路兵馬都總管判官。泰和元年，召爲太學博士，遷太常寺丞，兼翰林修撰。七年，簽上京、東京等路按察司事，因召見，章宗咨以當世之務，稱旨。大安元年，翰林承旨張行簡薦其材，且精術數，召授提點司天臺，兼翰林修撰，俄兼禮部郎中。崇慶元年，以病歸。貞祐二年，有司上官簿，宣宗閲之，記其姓名，起授前職，兼吏部郎中。三年，轉禮部侍郎，兼提點司天臺。【略】

司天有以《太乙新曆》上進者，尚書省檄雲翼參訂，摘其不合者二十餘條，曆家稱焉。所著文集若干卷，校《大金禮儀》若干卷，《續通鑑》若干卷，《周禮辨》一篇，《左氏》、《莊》、《列賦》各一篇，《五星聚井辨》一篇，《縣象賦》一篇，《勾股機要》、《象數雜説》等著藏于家。

元・陶宗儀《南村輟耕録》卷一 太宗時，諸國來朝者多以冒禁應死。耶律文正王楚材進奏曰：「願無汗白道子。」從之。蓋國俗尚白，以白爲吉，故也。

大德七年，詔内外官年及七十並聽致仕。時郭守敬，字若思，順德邢臺人，知太史院事。以舊臣且熟朝廷所施爲，獨不許其請。至今翰林太史司天官不致仕者，咸自公始。

元・孔齊《静齋至正直記》卷四 蕭𣂏講學

蕭𣂏先生名𣂏，字維斗，講學一本于朱子。嘗閒居，夜夢一大鳥飛集于屋上，晨起戒僕斯：「凡有客至，當報我。」及將暮，無人。先生步出門外，遥望一人頎然而癯，昂藏如瘦鶴，荷一高肩擔，至門則弛擔，通謁刺姓名曰孛述魯翀。先生一見即喜，意謂夢中所驗也。遂進而語，甚聰敏。問：「嘗讀小學書不？」曰：「未也。」時已年二十餘矣。先生曰：「我以朱子教人之法而授諸生，必先由小學始，子雖讀他書多，願相從者必當如是。」翀曰：「百里相從，惟先生言是聽。」自講學三年，皆經學務本之道。有司聞其學行，又出于蕭公之門，遂薦爲南陽縣儒學教諭，廉介剛毅，爲時所稱，御史臺即就教諭選用，拜監察御史。時與同官劾某官不法，直達于文宗御覽，因問：「兩御史，何一人無散官？」近臣曰：「無前資也。」文宗曰：「既無前資，何爲御史？」近臣曰：『有御史之才，剛正不畏强禦，選用人才，難拘此也。」帝乃以御筆填寫將仕佐郎于其銜上，時人以爲榮且稱也。既又劾元復初先生，先生文章固爲一代之宗，而貪污泛交，爲清德之累。翀嘗師問之，即劾而又見復初先生。先生曰：「何劾我而又來見我乎？」翀曰：「劾者，御史之職也；見者，師生之禮也。且先生以不美之名非止于此，某恐先生日墮于掃地，故以輕者言之，使先生退而修晚節也。」復初時爲參知政事矣。翀後爲祭酒，國子監書册無不遍閲。凡某句在某册第幾行，無不博記，諸生皆嘆服之。官禮部時，却胡僧帝師之禮，時人以爲難。一日，侍文宗言事，俄而虞伯生學士至，帝引伯生入便殿，翀不得入，久立階上，聞伯生稱道帝曰：「陛下堯舜之君，神明之主。」翀在外厲聲曰：「這個江西蠻子阿附聖君，未嘗聞以二帝三王之道規諫也，論法當以罪之。」文宗笑曰：「子翬醉也，可退明日來奏事。」帝雖愛其忠直，又恐中傷于伯生也。文宗愛伯生如手足，然是時伯生竦懼，月餘不敢見子翬也。其嚴恪剛正如此。

明・馮從吾《元儒考略》卷二 蕭𣂏，字維斗，號勤齋，奉元人。天性至孝，自幼翹楚不凡。長爲府史，語當道不合，即引退，讀書終南山，力學不求仕進。製一革衣，由身半以下，及卧，輒倚其榻，玩誦不少置，於是博極羣書，凡天文、地理、律曆、筭數，靡不研究。侯均謂元有天下百年，惟蕭維斗爲識字人。學者及門受業者甚衆。鄉里孚化稱之曰：「蕭先生。」鄉人有自城暮歸者，途遇寇，詭曰：「我蕭先生也。」寇驚愕釋去。嘗出，遇一婦人，失金釵道旁，疑𣂏拾之，謂曰：「殊無他人，獨公居後耳。」𣂏令隨至門，取家釵以償，其婦後得所遺釵，媿謝之。世祖初分藩在秦，用平章咸凝王額森薦徵侍藩邸，以疾辭。鳳鑣案：《元史・蕭𣂏傳》世祖初分藩在秦，辟𣂏與楊恭懿、韓擇侍秦邸，𣂏以疾辭。授陝西儒學提舉，不赴。省憲大臣即其家具宴爲賀，遣一從史鳳鑣案：《元史》作吏。先往，𣂏方灌園，從吏不知其爲𣂏也，使飲其馬，即應之不拒，及冠帶迎客，從吏見，有懼色，𣂏殊不爲意。後累授集賢直學士、國子司業，改集賢侍讀學士，皆不赴。武宗初徵拜太子右諭德，不得已扶病至京師，入覲東宫，書酒誥爲獻，以朝廷時尚酒故也。尋以病請去，或問其故，則曰：「在禮，東宫東面，師傅西面，此禮今可行乎？」俄除

集賢學士、國子祭酒，諭德如故，固辭歸。年七十八，鳳鑣案，《元史》作七十八。以壽終於家，謚貞敏。劉致《謚議畧》云：聖王之治天下也，必有所不召之臣。蓋志意修則輕富貴，道義重則輕王公，蟬蜕塵埃之中，翱遊萬物之表，不事王侯。高尚其事者以之傳曰：舉逸民，天下之民歸心焉，故必蒲車、旌帛、側席，以俟其至。冀以勵俗興化，猶或長往而不返，亦有既至而不屈，則束帛戔戔，賁於邱園者，治天下者以之也。吾於元得二人焉，曰容城劉因，曰京兆蕭㪺，士君子之趣向不同，期各得其所志而已。彼不求人知而人知之，不希世用而世用之，至上徹帝聰，鶴書天出，薜蘿動色，巖户騰輝，猶堅卧不起，不得已焉。始一至卒，不撓其節，不褭所守而去，亦可謂得所志也。已方之于古，則嚴光、周黨之流亞歟。雖其道不周于用，而廉頑立懦，勵俗興化之功亦已多矣。且其累徵不起，暫出而即歸，不既貞乎？以勤自居，其好古、好學之心，不既敏乎？按《謚法》：「清白守節曰貞，好古不怠曰敏。」請謚曰：「貞敏，詔從之。㪺制行甚高，真履實踐，其教人，必自小學始。爲文立意精深，言近指遠，一以洙、泗爲本，濂、洛、考亭爲據，關輔之士，翕然宗之，稱爲一代醇儒。門人涇陽第五居仁、平定吕思誠、南陽富珠哩翀爲最著。所著有《三禮説》、《小學標題駁論》、《九州志》，及《勤齋文集》行世。《元史》入《儒學傳》。

明·馮從吾《元儒考略》卷四 陳尚德，字□□，福州寧德人，號懼齋，隱居不仕。其學以四書五經爲本，而尤精通律吕、天文、地理、算數之説。著述有《四書集解》、《書傳補遺》、《易經解註》、《詠史詩》。弟子韓信同，字□□，亦寧德人，號古遺，隱居不仕。著書講義五百餘篇，及《易經三禮旁註》、《書集解》、《史類纂》。

明·傅梅《嵩書·巖棲篇》 元好問

元好問，字裕之，太原秀容人，元德明之子也。七歲能詩。年十四，從陵川郝晉卿學，不事舉業，淹貫經傳百家，六年而業成。下太行，渡大河，與雷淵久居嵩少，爲《箕山》《琴臺》等詩，禮部趙秉文見之，以爲近代無此作也。於是名震京師。中興定五年進士第，歷内鄉令。正大中，爲南陽令。天興初，屢轉行尚書省左司員外郎。金亡，不仕。爲文有繩尺。其詩奇崛而絶雕歲，巧縟而謝綺麗，諸體咸備，蔚爲一代詞宗。晚年尤以著作自任。欲作《金史》，求《金國實録》於順天張萬户家，弗得。乃采摭所聞，凡金之君臣遺言往行，細爲紀録，至百餘萬言，名曰：「野史。」後纂金史者，多本其所著云。卒年六十八歲，其所著述甚富，名不具載。

又 杜瑛

杜瑛字文玉，父時昇，有傳。瑛長七尺，美鬚髯，氣象魁偉。金將亡，避地緱氏山中。時兵後，文物凋喪，瑛搜訪諸書，盡讀之，讀輒不忘，而究其指趣，古今得失如指諸掌。間關轉徙，教授汾、晉間。中書粘合珪開府爲相，瑛赴其聘，遂家焉。與良田千畝，辭不受。歲己未，世祖南伐至相，召見問計，瑛從容陳對。帝悦，曰：「儒者中乃有此人乎！」瑛復勸帝數事，帝納之，心賢瑛，謂可大用，命從行，以疾弗果。中統初，詔徵瑛。時王文統方用事，辭不就。左丞張文謙宣撫河北，奏爲懷孟、彰德、大名等路提舉學校官，又遺執政書以辭之。或勉之仕，則曰：「後世去古雖遠，而先王之所設施，本末先後，猶可考見，故爲政者莫先於復古。苟因習舊弊，以求合乎先王之意，不亦難乎！吾又不能隨時俛仰以赴機會，將焉用仕！」於是杜門著書，一不以窮通得喪動其志，優游道藝，以終其身。年七十，遺命其子處立、處愿曰：「吾即死，當表吾墓曰『緱山杜處士』。」天曆中，贈資德大夫、翰林學士、上護軍，追封魏郡公，謚文獻。

明·宋濂等《元史》卷一四六《耶律楚材傳》 耶律楚材，字晉卿，遼東丹王突欲八世孫。父履，以學行事金世宗，特見親任，終尚書右丞。

楚材生三歲而孤，母楊氏教之學。及長，博極筆書，旁通天文、地理、律曆、術數及釋老、醫卜之説，下筆爲文，若宿構者。金制，宰相子例試補省掾。楚材欲試進士科，章宗詔如舊制。問以疑獄數事，時同試者十七人，楚材所對獨優，遂辟爲掾。後仕爲開州同知。

貞祐二年，宣宗遷汴，完顔(復)〔福〕興行(中)〔尚〕書事，留守燕，辟爲左右司員外郎。太祖定燕，聞其名，召見之。楚材身長八尺，美髯宏聲。帝偉之，曰：「遼、金世讎，朕爲汝雪之。」對曰：「臣父祖嘗委質事之，既爲之臣，敢讎君耶！」帝重其言，處之左右，遂呼楚材曰吾圖撒合里而不名，吾圖撒合里，蓋國語長髯人也。

己卯夏六月，帝西討回回國。禡旗之日，雨雪三尺，帝疑之，楚材曰：「玄冥之氣，見於盛夏，克敵之徵也。」庚辰冬，大雷，復問之，對曰：「回回國主當死于野。」後皆驗。夏人常八斤，以善造弓，見知於帝，因每自矜曰：「國家方用武，耶律儒者何用。」楚材曰：「治弓尚須用弓匠，爲天下者豈可不用治天下匠耶。」帝聞之甚喜，日見親用。西域曆人奏五月望夜月當蝕。楚材曰：「否。」卒不蝕。

明年十月，楚材言月當蝕，西域人曰不蝕，至期果蝕八分。壬午八月，長星見西方，楚材曰：「女直將易主矣。」明年，金宣宗果死。帝每征討，必命楚材卜，帝亦自灼羊胛，以相符應。指楚材謂太宗曰：「此人，天賜我家。爾後軍國庶政，當悉委之。」甲申，帝至東印度，駐鐵門關，有一角獸，形如鹿而馬尾，其色緑，作人言，謂侍術者曰：「汝主宜早還。」帝以問楚材，對曰：「此瑞獸也，其名角端，能言四方語，好生惡殺，此天降符以告陛下。陛下天之元子，天下之人，皆陛下之子，願承天心，以全民命。」帝即日班師。

丙戌冬，從下靈武，諸將爭取子女金帛，楚材獨收遺書及大黄藥材。既而士卒病疫，得大黄輒愈。帝自經營西土，未暇定制，州郡長吏，生殺任情，至孥人妻女，取貨財，兼土田。燕薊留後長官石抹咸得卜尤貪暴，殺人盈市。楚材聞之泣下，即入奏，請禁州郡，非奉璽書，不得擅徵發，囚當大辟者必待報，違者罪死，於是貪暴之風稍戢。燕多劇賊，未夕，輒曳牛車指富家，取其財物，不與則殺之。時睿宗以皇子監國，事聞，遣中使偕楚材往窮治之。楚材詢察得其姓名，皆留後親屬及勢家子，盡捕下獄。其家賂中使，將緩之，楚材示以禍福，中使懼，從其言，獄具，戮十六人于市，燕民始安。

己丑秋，太宗將即位，宗親咸會，議猶未決。時睿宗爲太宗親弟，故楚材言於睿宗曰：「此宗社大計，宜早定。」睿宗曰：「事猶未集，别擇日可乎？」楚材曰：「過是無吉日矣。」遂定策，立儀制，乃告親王察合台曰：「王雖兄，位則臣也，禮當拜。王拜，則莫敢不拜。」王深然之。及即位，王率皇族及臣僚拜帳下，既退，王撫楚材曰：「真社稷臣也。」國朝尊屬有拜禮自此始。時朝集後期應死者衆，楚材奏曰：「陛下新即位，宜宥之。」太宗從之。

中原甫定，民多誤觸禁網，而國法無赦令。楚材議請肆宥，衆以云迂，楚材獨從容爲帝言。詔自庚寅正月朔日前事勿治。且條便宜一十八事頒天下，其略言：「郡宜置長吏牧民，設萬户總軍，使勢均力敵，以遏驕横。中原之地，財用所出，宜存恤其民，州縣非奉上命，敢擅行科差者罪之。貿易借貸官物者罪之。蒙古、回鶻、河西諸人，種地不納税者死。監主自盗官物者死。應犯死罪者，具由申奏待報，然後行刑。貢獻禮物，爲害非輕，深宜禁斷。」帝悉從之，唯貢獻一事不允，曰：「彼自願饋獻者，宜聽之。」楚材曰：「蠹害之端，必由於此。」帝曰：「凡卿所奏，無不從者，卿不能從朕一事耶？」

太祖之世，歲有事西域，未暇經理中原，官吏多聚斂自私，貲至鉅萬，而官無儲偫。近臣别迭等言：「漢人無補於國，可悉空其人以爲牧地。」楚材曰：「陛下將南伐，軍需宜有所資，誠均定中原地税、商税、鹽、酒、鐵冶、山澤之利，歲可得銀五十萬兩、帛八萬四、粟四十餘萬石，足以供給，何謂無補哉？」帝曰：「卿試爲朕行之。」乃奏立燕京等十路徵收課税使，凡長貳悉用士人，如陳時可、趙昉等皆寬厚長者，極天下之選，參佐皆用省部舊人。辛卯秋，帝至雲中，十路咸進廩籍及金帛陳于廷中，帝笑謂楚材曰：「汝不去朕左右，而能使國用充足，南國之臣，復有如卿者乎？」對曰：「在彼者皆賢於臣，臣不才，故留燕，爲陛下用。」帝嘉其謙，賜之酒。即日拜中書令，事無鉅細，皆先白之。【略】

壬辰春，帝南征，將涉河，詔逃難之民，來降者免死。或曰：「此輩急則降，緩則走，徒以資敵，不可宥。」楚材請製旗數百，以給降民，使歸田里，全活甚衆。舊制，凡攻城邑，敵以矢石相加者，即爲拒命，既克，必殺之。汴梁將下，大將速不台遣使來言：「金人抗拒持久，師多死傷，城下之日，宜屠之。」楚材馳入奏曰：「將士暴露數十年，所欲者土地人民耳。得地無民，將焉用之！」帝猶豫未決，楚材曰：「奇巧之工，厚藏之家，皆萃于此，若盡殺之，將無所獲。」帝然之，詔罪止完顔氏，餘皆勿問。時避兵居汴者得百四十七萬人。

楚材又請遣人入城，求孔子後，得五十一代孫元措，奏襲封衍聖公，付以林廟地。命收太常禮樂生，及召名儒梁陟、王萬慶、趙著等，使直釋九經，進講東宫。又率大臣子孫，執經解義，俾知聖人之道。置編修所於燕京、經籍所於平陽，由是文治興焉。

時河南初破，俘獲甚衆，軍還，逃者十七八。有旨：居停逃民及資給者，滅其家，鄉社亦連坐。由是逃者莫敢舍，多殍死道路。楚材從容進曰：「河南既平，民皆陛下赤子，走復何之！奈何因一俘囚，連死數十百人乎？」帝悟，命除其禁。金之亡也，唯秦、鞏二十餘州久未下，楚材奏曰：「往年吾民逃罪，或萃于此，故以死拒戰，若許以不殺，將不攻自下矣。」詔下，諸城皆降。

甲午，議籍中原民，大臣忽都虎等議，以丁爲户。楚材曰：「不可。丁逃，則賦無所出，當以户定之。」争之再三，卒以户定。時將相大臣有所驅獲，往往寄留諸郡，楚材因括户口，並令爲民，匿占者死。

乙未，朝議將四征不廷，若遣回回人征江南，漢人征西域，深得制御之術，楚材曰：「不可。中原、西域，相去遼遠，未至敵境，人馬疲乏，兼水土異宜，疾疫將生，宜各從其便。」從之。

丙申春，諸王大集，帝親執觴賜楚材曰：「朕之所以推誠任卿者，先帝之命也。非卿，則中原無今日。朕所以得安枕者，卿之力也。」西域諸國及宋、高麗使者來朝，語多不實，帝指楚材示之曰：「汝國有如此人乎？」皆謝曰：「無有。殆神人也！」帝曰：「汝等唯此言不妄，朕亦度必無此人。」有于元者，奏行交鈔，楚材曰：「金章宗時初行交鈔，與錢通行，有司以出鈔爲利，收鈔爲諱，謂之老鈔，至以萬貫唯易一餅。民力困竭，國用匱乏，當爲鑒戒。今印造交鈔，宜不過萬錠。」從之。

秋七月，忽都虎以民籍至，帝議裂州縣賜親王功臣。楚材曰：「裂土分民，易生嫌隙。不如多以金帛與之。」帝曰：「已許奈何？」楚材曰：「若朝廷置吏，收其貢賦，歲終頒之，使毋擅科徵，可也。」帝然其計，遂定天下賦稅，每二戶出絲一斤，以給國用；五戶出絲一斤，以給諸王功臣湯沐之資。地稅，中田每畝二升又半，上田三升，下田二升，水田每畝五升；商稅，三十分而一；鹽價，銀一兩四十斤。既定常賦，朝議以爲太輕，楚材曰：「作法於涼，其弊猶貪，後將有以利進者，則今已重矣。」

時工匠制造，糜費官物，十私八九，楚材請皆考覈之，以爲定制。時侍臣脫歡奏簡天下室女，詔下，楚材尼之不行，帝怒。楚材進曰：「向擇美女二十有八人，足備使令。今復選拔，臣恐擾民，欲覆奏耳。」帝良久曰：「可罷之。」又欲收民牝馬，楚材曰：「田蠶之地，非馬所産，今若行之，後必爲人害。」又從之。

丁酉，楚材奏曰：「制器者必用良工，守成者必用儒臣。儒臣之事業，非積數十年，殆未易成也。」帝曰：「果爾，可官其人。」楚材曰：「請校試之。」乃命宣德州宣課使劉中隨郡考試，以經義、詞賦、論分爲三科，儒人被俘爲奴者，亦令就試，其主匿弗遣者死。得士凡四千三十人，免爲奴者四之一。

先是，州郡長吏，多借賈人銀以償官，息累數倍，曰羊羔兒利，至奴其妻子，猶不足償。楚材奏令本利相侔而止，永爲定制，民間所負者，官爲代償之。至一衡量，給符印，立鈔法，定均輸，布遞傳，明驛券，庶政略備，民稍蘇息焉。

有二道士爭長，互立黨與，其一誣其仇之黨二人爲逃軍，結中貴及通事楊惟忠，執而虐殺之。楚材按收惟忠。中貴復訴楚材違制，帝怒，繫楚材，既而自悔，命釋之。楚材不肯解縛，進曰：「臣備位公輔，國政所屬。陛下初令繫臣，以有罪也，當明示百官，罪在不赦。今釋臣，是無罪也，豈宜輕易反覆，如戲小兒。國有大事，何以行焉！」衆皆失色。帝曰：「朕雖爲帝，寧無過舉耶？」乃溫言以慰之。楚材因陳時務十策，曰：「信賞罰，正名分，給俸祿，官功臣，考殿最，均科差，選工匠，務農桑，定土貢，制漕運。皆切於時務，悉施行之。【略】

自庚寅定課稅格，至甲午平河南，歲有增羨，至戊戌課銀增至一百一十萬兩。譯史安天合者，諂事鎮海，首引奧都剌合蠻撲買課稅，又增至二百二十萬兩。楚材極力辨諫，至聲色俱厲，言與涕俱。帝曰：「爾欲搏鬭耶？」又曰：「爾欲爲百姓哭耶？姑令試行之。」楚材力不能止，乃歎息曰：「民之困窮，將自此始矣！」

楚材嘗與諸王宴，醉臥車中，帝臨平野見之，直幸其營，登車手撼之。楚材熟睡未醒，方怒其擾己，忽開目視，始知帝至，驚起謝，帝曰：「有酒獨醉，不與朕同樂耶？」笑而去。楚材不及冠帶，馳詣行宮，帝爲置酒，極歡而罷。

楚材當國日久，得祿分其親族，未嘗私以官。行省劉敏從容言之，楚材曰：「睦親之義，但當資以金帛。若使從政而違法，吾不能徇私恩也。」

歲辛丑二月三日，帝疾篤，醫言脈已絶。皇后不知所爲，召楚材問之，對曰：「今任使非人，賣官鬻獄，囚繫非辜者多。古人一言而善，熒惑退舍，請赦天下囚徒。」后即欲行之，楚材曰：「非君命不可。」俄頃，帝少蘇，因入奏，請肆赦，帝已不能言，首肯之。是夜，醫者候脈復生，適宣讀赦書時也，翌日而瘳。冬十一月四日，帝將出獵，楚材以太乙數推之，亟言其不可，左右皆曰：「不騎射，無以爲樂。」獵五日，帝崩于行在所。皇后乃馬真氏稱制，崇信姦回，庶政多紊。奧魯剌合蠻以貨得政柄，廷中悉畏附之。楚材面折廷爭，言人所難言，人皆危之。

癸卯五月，熒惑犯房，楚材奏曰：「當有驚擾，然訖無事。」居無何，朝廷用兵，事起倉卒，后遂令授甲選腹心，至欲西遷以避之。楚材進曰：「朝廷天下根本，根本一搖，天下將亂。臣觀天道，必無患也。」後數日乃定。后以御寶空紙，付奧都剌合蠻，使自書填行之。楚材曰：「天下者，先帝之天下。朝廷自有憲章，今欲紊之，臣不敢奉詔。」事遂止。又有旨：「凡奧都剌合蠻所建白，令史不爲書者，斷其手。」楚材曰：「國之典故，先帝悉委老臣，令史何與焉。事若合理，自當奉行，如不可行，死且不避，況截手乎！」后不悦。楚材辨論不已，因大聲曰：「老臣事太祖、太宗三十餘年，無負於國，皇后亦豈能無罪殺臣也。」后雖憾之，亦以先朝舊勳，深敬憚焉。

甲辰夏五月，薨于位，年五十五。皇后哀悼，賻贈甚厚。後有譖楚材者，言其在相位日久，天下貢賦，半入其家。后命近臣麻里扎覆視之，唯琴阮十餘，及

古今書畫、金石、遺文數千卷。至順元年，贈經國議制寅亮佐運功臣、太師、上柱國，追封廣寧王，謚文正。子鉉、鑄。

明・宋濂等《元史》卷一五七《劉秉忠傳》 劉秉忠，字仲晦，初名侃，因從釋氏，又名子聰，拜官後始更今名。其先瑞州人也，世仕遼，爲官族。曾大父仕金，爲邢州節度副使，因家焉，故自大父澤而下，遂爲邢人。庚辰歲，木華黎取邢州，立都元帥府，以其父潤爲都統。事定，改署州録事，歷鉅鹿、内丘兩縣提領，所至皆有惠愛。

秉忠生而風骨秀異，志氣英爽不羈。八歲入學，日誦數百言。年十三，爲質子於帥府。十七，爲邢臺節度使府令史，以養其親。居常鬱鬱不樂，一日投筆嘆曰：「吾家累世衣冠，乃汩没爲刀筆吏乎！丈夫不遇於世，當隱居以求志耳。」即棄去，隱武安山中。久之，天寧虚照禪師遣徒招致爲僧，以其能文詞，使掌書記。後遊雲中，留居南堂寺。

世祖在潛邸，海雲禪師被召，過雲中，聞其博學多材藝，邀與俱行。既入見，應對稱旨，屢承顧問。秉忠於書無所不讀，尤邃於《易》及邵氏《經世書》，至於天文、地理、律曆、三式六壬遁甲之屬，無不精通。論天下事如指諸掌。世祖大愛之，海雲南還，秉忠遂留藩邸。後數歲，奔父喪，賜金百兩爲葬具，仍遣使送至邢州。服除，復被召，奉旨還和林。上書數千百言，其略曰：

典章、禮樂、法度、三綱五常之教，備於堯、舜，三王因之，五覇敗之。漢興以來，至于五代，一千三百餘年，由此道者，漢文、景、光武，唐太宗、玄宗五君，而玄宗不無疵也。然治亂之道，係乎天而由乎人。天生成吉思皇帝，起一旅，降諸國，不數年而取天下。勤勞憂苦，遺大寶於子孫，庶傳萬祀，永保無疆之福。

愚聞之曰「以馬上取天下，不可以馬上治」。昔武王，兄也；周公，弟也。周公思天下善事，夜以繼日，每得一事，坐以待旦，以匡周室，以保周天下八百餘年，周公之力也。君上，兄也；大王，弟也。思周公之故事而行之，在乎今日。千載一時，不可失也。

君之所任，在内莫大乎相，相以領百官，化萬民；在外莫大乎將，將以統三軍，安四域。内外相濟，國之急務，必先之也。然天下之大，非一人之可及；萬事之細，非一心之可察。當擇開國功臣之子孫，分爲京府州郡監守，督責舊官，以遵王法；仍差按察官守，治者升，否者黜。天下不勞力而定也。

天下户過百萬，自忽都那演斷事之後，差徭甚大，加以軍馬調發，使臣煩擾，官吏乞取，民不能當，是以逃竄。宜比舊減半，或三分去一，就見在之民以定差税，招逃者復業，再行定奪。官無定次，清潔者無以遷，污濫者無以降。可比附古例，定百官爵禄儀仗，使家足身貴。有犯於民，設條定罪。威福者君之權，奉命者臣之職。今百官自行威福，進退生殺惟意之從，宜從禁治。

天下之民未聞教化，見在囚人宜從赦免，明施教令，使之知畏，則犯者自少也。教令既設，則不宜繁，因大朝舊例，增益民間所宜設者十數條足矣。教令既施，罪不至死者皆提察然後決，犯死刑者覆奏然後聽斷，不致刑及無辜。

天子以天下爲家，兆民爲子，國不足，取於民，民不足，取於國，相須如魚水。有國家者，置府庫，設倉廩，亦爲助民；民有身者，營産業，闢田野，亦爲資國用也。今宜打算官民所欠債負，若實爲應當差發所借，宜依合罕皇帝聖旨，一本一利，官司歸還。凡陪償無名，虚契所負，及還過元本者，並行赦免。

納糧就遠倉，有一廢十者，宜從近倉以輸爲便。當驛路州城，飲食祗待偏重，宜計所費以準差發。關市津梁正税十五分取一，宜從舊制。禁横取，減税法，以利百姓。倉庫加耗甚重，宜令權量度均爲一法，使錙銖圭撮尺寸皆平，以存信去詐。珍貝金銀之所出，淘沙鍊石，實不易爲。一旦以纏絲縷，飾皮革，塗木石，粧器仗，取一時之華麗，廢爲塵而無濟，甚可惜也。宜從禁治。除帝胄功臣大官以下章服有制外，無職之人不得僭越。今地廣民微，賦斂繁重，民不聊生，何力耕耨以厚産業？宜差勸農官一員，率天下百姓務農桑，營産業，實國之大益。

古者庠序學校未嘗廢，今郡縣雖有學，並非官置。宜從舊制，修建三學，設教授，開選擇才，以經義爲上，詞賦論策次之，兼科舉之設，已奉合罕皇帝聖旨，因而言之，易行也。開設學校，宜擇開國功臣子孫受教，選達才任用之。

天下莫大於朝省，親民莫近於縣宰。雖朝省有法，縣宰宜擇，縣宰正，民自安矣。關西、河南地廣土沃，以軍馬之所出入，治而未豐。宜設官招撫，不數年民歸土闢，以資軍馬之用，實國之大事。移剌中丞拘榷鹽鐵諸産，商賈酒醋貨殖諸事，以定宣課，雖使從實恢辦，不足亦取於民，拖兑不辦，已不爲輕。奥魯合蠻奏請於舊額加倍榷之，往往科取民間。科榷並行，民無所措手足。宜從舊例辦榷，更或減輕，罷繁碎，止科徵，無從獻利之徒削民害國。鰥寡孤獨廢疾者，宜設孤老院，給衣糧以爲養。使臣到州郡，宜設館，不得於官衙民家安下。

孔子爲百王師，立萬世法，今廟堂雖廢，存者尚多，宜令州郡祭祀，釋奠如舊

儀。近代禮樂器具靡散，宜令刷會，徵太常舊人教引後學，使器備人存，漸以修之，實太平之基，王道之本。今天下廣遠，雖成吉思皇帝威福之致，亦天地神明陰所祐也。宜訪名儒，循舊禮，尊祭上下神祇，和天地之氣，順時序之行，使神享民依，德極於幽明，天下賴一人之慶。

見行遼曆，日月交食頗差，聞司天臺改成新曆，未見施行。宜因新君即位，頒曆改元。令京府州郡置更漏，使民知時。國滅史存，古之常道，宜撰修《金史》，令一代君臣事業不墜於後世，甚有勵也。

國家廣大如天，萬中取一，以養天下名士宿儒之無營運産業者，使不致困窮。或有營運産業者，會前聖旨，種養應輸差税，其餘大小雜泛並行蠲免，使自給養，實國家養才勵人之大也。明君用人，如大匠用材，隨其巨細長短，以施規矩繩墨。孔子曰：「君子不可小知而可大受，小人不可大受而可小知。」蓋君子所存者大，不能盡小人之事，或有一短；小人所拘者狹，不能同君子之量，或有一長。盡其才而用之，成功之道也。

君子不以言廢人，不以人廢言，大開言路，所以成天下、安兆民也。天地之大，日月之明，而或有所蔽。且蔽天之明者，雲霧也；蔽人之明者，私欲佞説也。常人有之，蔽一心也；人君有之，蔽天下也。常選左右諫臣，使諷諭於未形，忖畫於至密也。君子之心，一於理義，懷於忠良；小人之心，一於利欲，懷於諂佞。君子得位，有容於小人；小人得勢，必排於君子。明君在上，不可不辨也。孔子曰「遠佞人」，又曰「惡利口之覆邦家者」，此之謂也。

今言利者衆，非圖以利國害民，實欲殘民而自利也。宜將國中人民必用場冶，付各路課税所，以定榷辦，其餘言利者並行罷去。古者明王不寶遠物，所寶惟賢，如使賢者在位，能者在職，此皆一人之睿知，賢王之輔成也。古者治民均民産業，自廢井田爲阡陌，後世因之不能復。今窮乏者益損，富盛者增加。宜禁行利之人勿恃官勢，居官在位者勿侵民利，商賈與民和好交易，不生擅奪欺罔之害，真國家之利也。

笞箠之制，宜會古酌今，均爲一法，使無敢過越。禁私置牢獄，淫民無辜，鞭背之刑宜禁治，以彰愛生之德。立朝省以統百官，分有司以御衆事，以至京府州郡親民之職無不備，紀綱正於上，法度行於下，是故天下不勞而治也。今新君即位之後，可立朝省，以爲政本。其餘百官，不在員多，惟在得人焉耳。

世祖嘉納焉。又言：「邢州魯萬餘户，兵興以來不滿數百，凋壞日甚，得良牧守如真定張耕、洺水劉肅者治之，猶可完復。」朝廷即以耕爲邢州安撫使，肅爲副使。由是流民復業，升邢爲順德府。

癸丑，從世祖征大理。明年，征雲南。每贊以天地之好生，王者之神武不殺，故克城之日，不妄戮一人。己未，從伐宋，復以雲南所言力贊於上，所至全活不可勝計。

中統元年，世祖即位，問以治天下之大經、養民之良法，秉忠采祖宗舊典，參以古制之宜於今者，條列以聞。於是下詔建元紀歲，立中書省、宣撫司。朝廷舊臣、山林遺逸之士，咸見録用，文物粲然一新。

秉忠雖居左右，而猶不改舊服，時人稱之爲聰書記。至元元年，翰林學士承旨王鶚奏言：「秉忠久侍藩邸，積有歲年，參帷幄之密謀，定社稷之大計，忠勤勞績，宜被褒崇。聖明御極，萬物惟新，而秉忠猶仍其野服散號，深所未安，宜正其衣冠，崇以顯秩。」帝覽奏，即日拜光禄大夫，位太保，參(預)〔領〕中書省事。詔以翰林侍讀學士竇默之女妻之，賜第奉先坊，且以少府宫籍監户給之。秉忠既受命，以天下爲己任，事無巨細，凡有關於國家大體者，知無不言，言無不聽，帝寵任愈隆。燕閑顧問，輒推薦人物可備器使者，凡所甄拔，後悉爲名臣。

初，帝命秉忠相地於桓州東灤水北，建城郭于龍岡，三年而畢，名曰開平。繼升爲上都，而以燕爲中都。四年，又命秉忠築中都城，始建宗廟宫室。八年，奏建國號曰大元，而以中都爲大都。他如頒章服，舉朝儀，給俸禄，定官制，皆自秉忠發之，爲一代成憲。

十一年，扈從至上都，其地有南屏山，嘗築精舍居之。秋八月，秉忠無疾端坐而卒，年五十九。帝聞驚悼，謂羣臣曰：「秉忠事朕三十餘年，小心慎密，不避艱險，言無隱情，其陰陽術數之精，占事知來，若合符契，惟朕知之，他人莫得聞也。」出内府錢具棺斂，遣禮部侍郎趙秉温護其喪還葬大都。十二年，贈太傅，封趙國公，謚文貞。成宗時，贈太師，謚文正。仁宗時，又進封常山王。

秉忠自幼好學，至老不衰，雖位極人臣，而齋居蔬食，終日澹然，不異平昔。自號藏春散人。每以吟詠自適，其詩蕭散閑淡，類其爲人。有文集十卷。無子，以弟秉恕子蘭璋後。

明·宋濂等《元史》卷一五七《張文謙傳》 張文謙，字仲謙，邢州沙河人。幼聰敏，善記誦，與太保劉秉忠同學。世祖居潛邸，受邢州分地，秉忠薦文謙可用。歲丁未，召見，應對稱旨，命掌王府書記，日見信任。邢州當要衝，初分二千

户爲勳臣食邑，歲遣人監領，皆不知撫治，徵求百出，民弗堪命。或訴於王府，文謙與秉忠言于世祖曰：「今民生困弊，莫邢爲甚。盍擇人往治之，責其成效，使四方取法，則天下均受賜矣。」於是乃選近侍脱兀脱、尚書劉肅、侍郎李簡往。三人至邢，協心爲治，洗滌蠹敝，革去貪暴，流亡復歸，不期月，户增十倍。由是世祖益重儒士，任之以政，皆自文謙發之。

歲辛亥，憲宗即位。文謙與秉忠數以時務所當先者言於世祖，悉施行之。世祖征大理，國主高祥拒命，殺信使遁去。世祖怒，將屠其城。文謙與秉忠、姚樞諫曰：「殺使拒命者高祥爾，非民之罪，請宥之。」由是大理之民賴以全活。己未，世祖帥師伐宋，文謙與秉忠言：「王者之師，有征無戰，當一視同仁，不可嗜殺。」世祖曰：「期與卿等守此言。」既入宋境，分命諸將毋妄殺，毋焚人室廬，所獲生口悉縱之。

中統元年，世祖即位，立中書省，首命王文統爲平章政事，文謙爲左丞。建立綱紀，講明利病，以安國便民爲務。詔令一出，天下有太平之望。而文統素忌克，謨謀之際屢相可否，積不能平，文謙遽求出，詔以本官行大名等路宣撫司事。臨發，語文統曰：「民困日久，況當大旱，不量減税賦，何以慰來蘇之望？」文統曰：「上新即位，國家經費止仰税賦，苟復減損，何以供給？」文謙曰：「百姓足，君孰與不足！俟時和歲豐，取之未晚也。」於是蠲常賦什之四，商酒税什之二。

二年春，來朝，復留居政府。始立左右部，講行庶務，鉅細畢舉，文謙之力爲多。三年，阿合馬領左右部，總司財用，欲專奏請，不關白中書，詔廷臣議之，文謙曰：「分制財用，古有是理，中書不預，無是理也。若中書弗問，天子將親蒞之乎？」帝曰：「仲謙言是也。」

至元元年，詔文謙以中書左丞行省西夏中興等路。羌俗素鄙野，事無統紀，文謙得蜀士陷於俘虜者五六人，理而出之，使習吏事，旬月間簿書有品式，子弟亦知讀書，俗爲一變。浚唐來、漢延二渠，溉田十數萬頃，人蒙其利。

三年，還朝。諸勢家言有户數千，當役屬爲私奴者，議久不決。文謙謂以乙未歲户賬爲斷，奴之未占籍者，歸之勢家可也，其餘良民無爲奴之理。議遂定，守以爲法。五年，淄州妖人胡王惑衆，事覺，逮捕百餘人。丞相安童以文謙言奏曰：「愚民無知，爲所詿誘，誅其首惡足矣。」詔即命文謙往決其獄，惟三人坐棄市，餘皆釋之。

七年，拜大司農卿，奏立諸道勸農司，巡行勸課，請開籍田，行祭先農先蠶等禮。復與竇默請立國子學。詔以許衡爲國子祭酒，選貴胄子弟教育之。時阿合馬議拘民間鐵，官鑄農器，高其價以配民，創立行户部於東平、大名，以造鈔及諸路轉運司，干政害民，文謙悉於帝前極論罷之。十三年，遷御史中丞。阿合馬慮憲臺發其姦，乃奏罷諸道按察司以撼之，文謙奏復其舊。然自知爲姦臣所忌，力求去。會世祖以《大明曆》歲久寖差，命許衡等造新曆，乃授文謙昭文館大學士，領太史院，以總其事。十九年，拜樞密副使。歲餘，以疾薨于位，年六十八。

文謙蚤從劉秉忠，洞究術數；晚交許衡，尤粹於義理之學。爲人剛明簡重，凡所陳於上前，莫非堯、舜仁義之道。數忤權倖，而是非得喪，一不以經意。家惟藏書數萬卷。尤以引薦人材爲已任，時論益以是多之。累贈推誠同德佐運功臣、太師、開府儀同三司、上柱國，追封魏國公，謚忠宣。

明·宋濂等《元史》卷一五八《許衡傳》　許衡字仲平，懷之河内人也，世爲農。父通，避地河南，以泰和九年九月生衡於新鄭縣。幼有異質，七歲入學，授章句，問其師曰：「讀書何爲？」師曰：「取科第耳！」曰：「如斯而已乎？」師大奇之。每授書，又能問其旨義。久之，師謂其父母曰：「兒穎悟不凡，他日必有大過人者，吾非其師也。」遂辭去，父母强之不能止。如是者凡更三師。稍長，嗜學如饑渴，然遭世亂，且貧無書。嘗從日者家見《書》疏義，因請寓宿，手抄歸。既逃難（岨崍）〔徂徠〕山，始得《易》王輔嗣説。時兵亂中，衡夜思晝誦，身體而力踐之，言動必揆諸義而後發。嘗暑中過河陽，渴甚，道有梨，衆争取啖之，衡獨危坐樹下自若。或問之，曰：「非其有而取之，不可也。」人曰：「世亂，此無主。」曰：「梨無主，吾心獨無主乎？」

轉魯留魏，人見其有德，稍稍從之。居三年，聞亂且定，乃還懷。往來河、洛間，從柳城姚樞得伊洛程氏及新安朱氏書，益大有得。尋居蘇門，與樞及竇默相講習。凡經傳、子史、禮樂、名物、星曆、兵刑、食貨、水利之類，無所不講，而慨然以道爲己任。嘗語人曰：「綱常不可一日而亡於天下，苟在上者無以任之，則在下之任也。」凡喪祭娶嫁，必徵於禮，以倡其鄉人，學者寖盛。家貧躬耕，粟熟則食，粟不熟則食糠覈菜茹，處之泰然，謳誦之聲聞户外如金石。財有餘，即以分諸族人及諸生之貧者。人有所遺，一毫弗義弗受也。樞嘗被召入京師，以其雪齋居衡，命守者館之，衡拒不受。庭有果，熟爛墮地，童子過之，亦不睨視而去，其家人化之如此。

甲寅，世祖出王秦中，以姚樞爲勸農使，教民畊植。又思所以化秦人，乃召

衡爲京兆提學。秦人新脱於兵，欲學無師，聞衡來，人人莫不喜幸來學。郡縣皆建學校，民大化之。世祖南征，乃還懷，學者攀留之不得，從送之臨潼而歸。

中統元年，世祖即皇帝位，召至京師。時王文統以言利進爲平章政事，衡、樞輩入侍，言治亂休戚，必以義爲本。文統患之。且竇默日於帝前排其學術，疑衡與之爲表裏，乃奏以樞爲太子太師，默爲太子太傅，衡爲太子太保，陽爲尊用之，實不使數侍上也。默以屢攻文統不中，欲因東宮以避禍，與樞拜命，將入謝。衡曰：「此不安於義也，姑勿論。禮，師傅與太子位東西鄉，師傅坐，太子乃坐。公等度能復此乎？不能，則師道自我廢也。」樞以爲然，乃相與懷制立殿下，五辭乃免。改命樞大司農，默翰林侍講學士，衡國子祭酒。未幾，衡亦謝病歸。

【略】

國家自得中原，用金《大明曆》，自大定是正後六七十年，氣朔加時漸差。帝以海宇混一，宜協時正日。十三年，詔王恂定新曆。恂以爲曆家知曆數而不知曆理，宜得衡領之，乃以集賢大學士兼國子祭酒，教領太史院事，召至京。衡以爲冬至者曆之本，而求曆本者在驗氣。今所用宋舊儀，自汴還至京師已自乖舛，加之歲久，規環不叶。乃與太史令郭守敬等新制儀象圭表，自丙子之冬日測晷景，得丁丑、戊寅、己卯三年冬至加時，減《大明曆》十九刻二十分，又增損古歲餘歲差法，上考春秋以來冬至，無不盡合。以月食衝及金木二星距驗冬至日躔，校舊曆退七十六分。以日轉遲疾中平行度驗月離宿度，加舊曆三十刻。以綫代管闚測赤道宿度。以四正定氣立損益限，以定日之盈縮。分二十八限爲三百三十六，以定月之遲疾。以赤道變九道定月行。以遲疾轉定度分定朔，而不用平行度。以日月實合時刻定晦，而不用虚進法。以躔離朓朒定交食。其法視古皆密，而又悉去諸曆積年月日法之傅會者，一本天道自然之數，可以施之永久而無弊。自餘正訛完闕，蓋非一事。十七年，曆成，奏上之，賜名曰《授時曆》，頒之天下。

明·宋濂等《元史》卷一六〇《李治傳》 李治字仁卿，真定欒城人。登金進士第，調高陵簿，未上，辟知鈞州事。歲壬辰，城潰，治微服北渡，流落忻、崞間，聚書環堵，人所不堪，治處之裕如也。

世祖在潛邸，聞其賢，遣使召之，且曰：「素聞仁卿學優才贍，潛德不耀，久欲一見，其勿他辭。」既至，問河南居官者孰賢，對曰：「險夷一節，惟完顔仲德。」又問完顔合荅及蒲瓦何如，對曰：「二人將略短少，任之不疑，此金所以亡也。」又問魏徵、曹彬何如，對曰：「徵忠言讜論，知無不言，以唐諍臣觀之，徵爲第一。彬伐江南，未嘗妄殺一人，儗之方叔、召虎可也。漢之韓、彭、衛、霍，在所不論。」又問今之臣有如魏徵者乎，對曰：「今以側媚成風，欲求魏徵之賢，實難其人。」又問今之人材賢否，對曰：「天下未嘗乏材，求則得之，舍則失之，理勢然耳。今儒生有如魏璠、王鶚、李獻卿、蘭光庭、趙復、郝經、王博文輩，皆有用之材，又皆賢王所嘗聘問者，舉而用之，何所不可，但恐用之不盡耳。然四海之廣，豈止此數子哉。王誠能旁求於外，將見集於明廷矣。」

又問天下當何以治之，對曰：「夫治天下，難則難於登天，易則易於反掌。蓋有法度則治，控名責實則治，進君子退小人則治，如是而治天下，豈不易於反掌乎。無法度則亂，有名無實則亂，進小人退君子則亂，如是而治天下，豈不難於登天乎。且爲治之道，不過立法度、正紀綱而已。紀綱者，上下相維持；法度者，賞罰示懲勸。今則大官小吏，下至編氓，皆自縱恣，以私害公，是無法度也。有功者未必得賞，有罪者未必被罰，甚則有功者或反受辱，有罪者或反獲寵，是無法度也。法度廢，紀綱壞，天下不變亂，已爲幸矣。」

又問昨地震何如，對曰：「天裂爲陽不足，地震爲陰有餘。夫地道，陰也，陰太盛，則變常，今之地震，或姦邪在側，或女謁盛行，或讒慝交至，或刑罰失中，或征伐驟舉，五者必有一于此矣。夫天之愛君，如愛其子，故示此以警之耳。苟能辨姦邪，去女謁，屏讒慝，省刑罰，慎征討，上當天心，下協人意，則可轉咎爲休矣。」世祖嘉納之。

冶晚家元氏，買田封龍山下，學徒益衆。及世祖即位，復聘之，欲處以清要，冶以老病，懇求還山。至元二年，再以學士召，就職期月，復以老病辭去，卒于家，年八十八。所著有《敬齋文集》四十卷，《壁書藂削》十二卷，《泛説》四十卷，《古今(難)[黈]》四十卷，《測圓(鏡海)[海鏡]》十二卷，《益古衍(疑)[段]》三十卷。

明·宋濂等《元史》卷一六〇《李謙傳》 李謙字受益，鄆之東阿人。祖元，以醫著名。父唐佐，性恬退，不喜仕進。

謙幼有成人風，始就學，日記數千言，爲賦有聲，與徐世隆、孟祺、閻復齊名，而謙爲首。爲東平府教授，生徒四集，累官萬户府經歷，復教授東平。先時，教授無俸，郡斂儒户銀百兩備束脩，謙辭曰：「家幸非甚貧者，豈可聚貨以自殖乎！」

翰林學士王磐以謙名聞，召爲應奉翰林文字，一時制誥，多出其手。至元十

五年，陞待制，扈駕至上都，賜以銀壺、藤枕。十八年，陞直學士，爲太子左諭德，侍裕宗於東宮。陳十事：曰正心，曰睦親，曰崇儉，曰幾諫，曰戢兵，曰親賢，曰尚文，曰定律，曰正名，曰革弊。裕宗崩，世祖又命傳成宗於潛邸，所至以謙自隋。轉侍讀學士。世祖深加器重，嘗賜坐便殿，飲羣臣酒，世祖曰：「聞卿不飲，然能爲朕强飲乎？」因賜蒲萄酒一鍾，曰：「此極醉人，恐汝不勝。」即令三近侍扶掖使出。二十六年，以足疾辭歸。

三十一年，成宗即位，驛召至上都。既見，勞曰：「朕知卿有疾，然京師去家不遠，且多良醫，能愈疾。卿當與謀國政，餘不以勞卿也。」陞學士。元貞初，引疾還家。大德六年，召爲翰林承旨，以年七十一，乞致仕。九年，又召。至大元年，給半俸。仁宗爲皇太子，徵爲太子少傅，謙皆力辭。

仁宗即位，召十六人，謙居其首。乃力疾見帝于行在，疏言九事，其略曰：「正心術以正百官，崇孝治以先天下，選賢能以居輔相之位，廣視聽以通上下之情，恤貧乏以重邦家之本，課農桑以豐衣食之源，興學校以廣人材之路，頒律令使民不犯，練士卒居安慮危。至於振肅紀綱，糾察内外，臺憲之官尤當選素著清望，深明治體，不事苛細者爲之。」帝嘉納焉。遷集賢大學士、榮禄大夫，致仕，加賜銀一百五十兩，金織幣及帛各三匹。歸，卒于家，年七十九。

謙文章醇厚有古風，不尚浮巧，學者宗之，號野齋先生。子侃，官至大名路總管。

明·宋濂等《元史》卷一六四《楊恭懿傳》 楊恭懿字元甫，奉元人。力學强記，日數千言，雖從親逃亂，未嘗廢業。年十七，西還，家貧，服勞爲養。暇則就學，書無不讀，尤深於《易》、《禮》、《春秋》，後得朱熹集註《四書》，歎曰：「人倫日用之常，天道性命之妙，皆萃此書矣。」父没，水漿不入口者五日，居喪盡禮。宣撫司、行省以掌書記辟，不就。

至元七年，與許衡俱被召，恭懿不至。衡拜中書左丞，日於右相安童前稱譽恭懿之賢，丞相以聞。十年，詔遣使召之，以疾不起。十一年，太子下教中書，俾如漢惠聘四皓者以聘恭懿，丞相遣郎中張元智爲書致命，乃至京師。既入見，世祖遣國王和童勞其遠來，繼又親詢其鄉里、族氏、師承、子姓，無不周悉。十二年正月二日，帝御香殿，以大軍南征，使久不至，命筮之，其言秘。侍讀學士徒單公履請設取士科，詔與恭懿議之。恭懿言：「明詔有謂：士不治經學孔孟之道，日爲賦詩空文。斯言誠萬世治安之本。今欲取士，宜敕有司，舉有行檢、通經史之士，使無投牒自售，試以經義、論策。夫既從事實學，則士風還淳，民俗趨厚，國家得才矣。」奏入，帝善之。會北征，恭懿遂歸田里。

十六年，詔安西王相敦遣赴闕。入見，詔於太史院改曆。十七年二月，進奏曰：「臣等偏考自漢以來曆書四十餘家，精思推算，舊儀難用，而新者未備，故日行盈縮，月行遲疾，五行周天，其詳皆未精察。今權以新儀木表，與舊儀所測相較，得今歲冬至晷景及日躔所在，與列舍分度之差，大都北極之高下，晝夜刻長短，參以古制，創立新法，推算成《辛巳曆》。雖或未精，然比之前改曆者，附會《元曆》〔曆元〕，更《日立》〔立日〕法，全踵故習，顧亦無愧。然必每歲測驗修改，積三十年，庶盡其法。可使如三代日官，世專其職，測驗良久，無改歲之事矣。」

又《合朔議》曰：

日行歷四時一周，謂之一歲；月踰一周，復與日合，謂之一月；言一月之始，日月相合，故謂合朔。自秦廢曆紀，漢太初止用平朔法，大小相間，或有二大者，故日食多在晦日或二日，測驗時刻亦鮮中。宋何承天測驗四十餘年，進《元嘉曆》，始以月行遲速定小餘以正朔望，使食必在朔，名定朔法，有三大二小，時以異舊法，罷之。梁虞劆造《大同曆》，隋劉焯造《皇極曆》，皆用定朔，爲時所阻。唐傅仁均造《戊寅曆》，定朔始得行。貞觀十九年，四月頻大，人皆異之，竟改從平朔。李淳風造《麟德曆》，雖不用平朔，遇四大則避人言，以平朔間之，又希合當世，爲進朔法，使無元日之食。至一行造《大衍曆》，謂「天事誠密，四大(二)〔三〕小何傷」。誠爲確論，然亦循常不改。

臣等更造新曆，一依前賢定論，推算皆改從實。今十九年曆，自八月後，四月併大，實日月合朔之數也。

【略】是日，方列跪，未讀奏，帝命許衡及恭懿起，曰：「卿二老，毋自勞也。」授集賢學士，兼太史院事。

十八年，辭歸。二十年，以太子賓客召；二十二年，以昭文館學士、領太史院事召；二十九年，以議中書省事召。皆不行。三十一年，卒，年七十。

明·宋濂等《元史》卷一六四《王恂傳》 王恂字敬甫，中山唐縣人。父良，金末爲中山府掾，時民遭亂後，多以詿誤繫獄，良前後所活數百人。已而棄去吏業，潛心伊洛之學，及天文律曆，無不精究，年九十二卒。

恂性穎悟，生三歲，家人示以書帙，輒識風、丁二字。母劉氏，授以《千字文》，再過目，即成誦。六歲就學，十三學九數，輒造其極。歲己酉，太保劉秉忠北上，

途經中山，見而奇之，及南還，從秉忠學於磁之紫金山。

癸丑，秉忠薦之世祖，召見于六盤山，命輔導裕宗，爲太子伴讀。中統二年，擢太子贊善，時年二十八。三年，裕宗封燕王，守中書令，兼判樞密院事，敕兩府大臣：凡有咨禀，必令王恂與聞。初，中書左丞許衡，集唐、虞以來嘉言善政，爲書以進。世祖嘗令恂講解，且命太子受業焉。又詔恂於太子起居飲食，慎爲調護，非所宜接之人，勿令得侍左右。恂言：「太子，天下本，付託至重，當延名德與之居處。況兼領中書、樞密之政，詔條所當徧覽，庶務亦當屢省，官吏以罪免者毋使更進，軍官害人，改用之際尤不可非其人。民至愚而神，變亂之餘，吾不之疑，則反覆化爲忠厚。」帝深然之。

恂早以算術名，裕宗嘗問焉。恂曰：「算數，六藝之一；定國家，安人民，乃大事也。」每侍左右，必發明三綱五常，爲學之道，及歷代治忽興亡之所以然。又以遼、金之事近接耳目者，區別其善惡，論著其得失，上之。裕宗問以心之所守，恂曰：「許衡嘗言：人心如印板，惟板本不差，則雖摹千萬紙皆不差；本既差，則摹之於紙，無不差者。」裕宗深然之。詔擇勳戚子弟，使學於恂，師道卓然。及恂從裕宗撫軍稱海，乃以諸生屬之許衡，及衡告老而去，復命恂領國子祭酒。國學之制，實始於此。

帝以國朝承用金《大明曆》，歲久浸疏，欲釐正之，知恂精於算術，遂以命之。恂薦許衡能明曆之理，詔驛召赴闕，命領改曆事，官屬悉聽恂辟置。恂與衡及楊恭懿、郭守敬等，徧考曆書四十餘家，晝夜測驗，創立新法，參以古制，推算極爲精密【略】。十六年，授嘉議大夫、太史令。十七年，曆成，賜名《授時曆》，以其年冬，頒行天下。

十八年，居父喪，哀毁，日飲勺水。帝遣内侍慰諭之。未幾，卒，年四十七。初，恂病，裕宗屢遣醫診治，及葬，賻鈔二千貫。後帝思定曆之功，以鈔五千貫賜其家。延祐二年，贈推忠守正功臣、光禄大夫、司徒、上柱國、定國公，謚文肅。

子寬、賓，並從許衡游，得星曆之傳於家學。裕宗嘗召見，語之曰：「汝父起於書生，貧無貲蓄，今賜汝鈔五千貫，用盡可復以聞。」恩恤之厚如此。寬由保章正，歷兵部郎中，知蠡州。賓由保章副，累遷祕書監。

明·宋濂等《元史》卷一六四《郭守敬傳》 郭守敬字若思，順德邢臺人。生有異操，不爲嬉戲事。大父榮，通五經，精於算數、水利。時劉秉忠、張文謙、張易、王恂，同學於州西紫金山，榮使守敬從秉忠學。

中統三年，文謙薦守敬習水利，巧思絶人。世祖召見，面陳水利六事：其一，中都舊漕河，東至通州，引玉泉水以通舟，歲可省雇車錢六萬緡。通州以南，於蘭榆河口徑直開引，由蒙村跳梁務至楊村還河，以避浮雞泃盤淺風浪遠轉之患。其二，順德達泉引入城中，分爲三渠，灌城東地。其三，順德（灃）〔灃〕河東至古任城，失其故道，没民田千三百餘頃。此水開修成河，其田即可耕種，自小王村（徑）〔經〕滹沱，合入御河，通行舟栰。其四，磁州東北滏、漳二水合流處，引水由滏陽、邯鄲、洺州、永年下經雞澤，合入（禮）〔灃〕河，可灌田三千餘頃。其五，懷、孟沁河，雖澆灌，猶有漏堰餘水，東與丹河餘水相合。引東流，至武陟縣北，合入御河，可灌田二千餘頃。其六，黄河自孟州西開引，少分一渠，經由新、舊孟州中間，順河古岸下，至温縣南復入大河，其間亦可灌田二千餘頃。每奏一事，世祖歎曰：「任事者如此，人不爲素餐矣。」授提舉諸路河渠。四年，加授銀符、副河渠使。

至元元年，從張文謙行省西夏。先是，古渠在中興者，一名唐來，其長四百里，一名漢延，長二百五十里，它州正渠十，皆長二百里，支渠大小六十八，灌田九萬餘頃。兵亂以來，廢壞淤淺。守敬更立牐堰，皆復其舊。

二年，授都水少監。守敬言：「舟自中興沿河四晝夜至東勝，可通漕運，及見查泊、兀郎海古渠甚多，宜加修理。」又言：「金時，自燕京之西麻峪村，分引盧溝一支東流，穿西山而出，是謂金口。其水自金口以東，燕京以北，灌田若干頃，其利不可勝計。兵興以來，典守者懼有所失，因以大石塞之。今若按視故蹟，使水得通流，上可以致西山之利，下可以廣京畿之漕。」又言：「當於金口西預開減水口，西南還大河，令其深廣，以防漲水突入之患。」帝善之。十二年，丞相伯顔南征，議立水站，命守敬行視河北、山東可通舟者，爲圖奏之。

初，秉忠以《大明曆》自遼、金承用二百餘年，浸以後天，議欲修正而卒。十三年，江左既平，帝思用其言。遂以守敬與王恂，率南北日官，分掌測驗推步於下，而命文謙與樞密張易爲之主領裁奏於上，左丞許衡參預其事。守敬首言：「曆之本在於測驗，而測驗之器莫先儀表。今司天渾儀，宋皇祐中汴京所造，不與此處天度相符，比量南北二極，約差四度；表石年深，亦復欹側。」守敬乃盡考其失而移置之。既又别圖高爽地，以木爲重棚，創作簡儀、高表，用相比覆。又以爲天樞附極而動，昔人嘗展管望之，未得其的，作候極儀。極辰既位，天體斯正，作渾天象。象雖形似，莫適所用，作玲瓏儀。以表之矩方，測天之正圜，莫若

以圓求圓，作仰儀。古有經緯，結而不動，守敬易之，作立運儀。日有中道，月有九行，守敬一之，作證理儀。表高景虛，罔象非真，作景符。月雖有明，察景則難，作闚几。曆法之驗，在於交會，作日月食儀。天有赤道，輪以當之，兩極低昂，標以指之，作星晷定時儀。又作正方案、(九)〔丸〕表、懸正儀，座正儀，爲四方行測者所用。又作《仰規覆矩圖》、《異方渾蓋圖》、《日出入永短圖》，與上諸儀互相參考。

十六年，改局爲太史院，以恂爲太史令，守敬爲同知太史院事，給印章，立官府。及奏進儀表式，守敬當帝前指陳理致，至於日晏，帝不爲倦。守敬因奏：「唐一行開元間令南宮説天下測景，書中見者凡十三處。今疆宇比唐尤大，若不遠方測驗，日月交食分數時刻不同，晝夜長短不同，日月星辰去天高下不同，即目測驗人少，可先南北立表，取直測景。」帝可其奏。遂設監候官一十四員，分道而出，東至高麗，西極滇池，南踰朱崖，北盡鐵勒，四海測驗，凡二十七所。

十七年，新曆告成，守敬與諸臣同上奏曰：

臣等竊聞帝王之事，莫重於曆。自黄帝迎日推策，帝堯以閏月定四時成歲，舜在璇璣玉衡以齊七政。爰及三代，曆無定法，周、秦之間，閏餘乖次。西漢造《三統曆》，百三十年而後是非始定。東漢造四分曆，七十餘年而儀式方備。又百二十一年，劉洪造《乾象曆》，始悟月行有遲速。又百八十年，姜岌造《三紀甲子曆》，始悟以月食衝檢日宿度所在。又五十七年，何承天造《元嘉曆》，始悟以朔望及弦皆定大小餘。又六十五年，祖冲之造《大明曆》，始悟太陽有歲差之數，極星去不動處一度餘。又五十二年，張子信始悟日月交道有表裏，五星有遲疾留逆。又三十三年，劉焯造《皇極曆》，始悟日行有盈縮。又三十五年，傅仁均造《戊寅元曆》，頗采舊儀，始用定(制)〔朔〕。又四十六年，李淳風造《麟德曆》，以古曆章蔀元首分度不齊，始爲總法，用進朔以避晦晨月見。又六十三年，一行造大衍曆，始以朔有四大三小，定九服交食之異。又九十四年，徐昂造宣明曆，始悟日食有氣、刻、時三差。又〔二〕百三十六年，姚舜輔造《紀元曆》，始悟食甚泛餘差數。以上計千一百八十二年，曆經七十改，其創法者十有三家。

自是又百七十四年，聖朝專命臣等改治新曆，臣等用創造簡儀、高表，憑其測實數，所考正者凡七事：

一曰冬至。自丙子年立冬後，依每日測到晷景，逐日取對，冬至前後日差同者爲準。得丁丑年冬至在戊戌日夜半後八刻半，又定丁丑夏至在庚子日夜半後七十刻；又定戊寅冬至在癸卯日夜半後三十三刻；己卯冬至在戊申日夜半後五十七刻〔半〕；庚辰冬至在癸丑日夜半後八十一刻〔半〕。各減《大明曆》十八刻，遠近相符，前後應準。

二曰歲餘。自《大明曆》以來，凡測景、驗氣，得冬至時刻真數者有六，用以相距，各得其時合用歲餘。今考驗四年，相符不差，仍自宋大明壬寅年距至今日八百一十年，每歲合得三百六十五日二十四刻二十五分，其二十五分爲今曆歲餘合用之數。

三曰日躔。用至元丁丑四月癸酉望月食既，推求日躔，得冬至日躔赤道箕宿十度，黄道箕九度有奇。仍憑每日測到太陽躔度，或憑星測月，或憑月測日，或徑憑星度測日，立術推算。起自丁丑正月至己卯十二月，凡三年，共得一百三十四事，皆躔於箕，與(日)〔月〕食相符。

四曰月離。自丁丑以來至今，憑每日測到逐時太陰行度推算，變從黄道求入轉極遲、疾并平行處，前後凡十三轉，計五十一事。內除去不真的外，有三十事，得《大明曆》入轉後天。又因考驗交食，加《大明曆》三十刻，與天道合。

五曰入交。自丁丑五月以來，憑每日測到太陰去極度數，比擬黄道去極度，得月道交於黄道，共得八事。仍依日食法度推求，皆有食分，得入交時刻，與《大明曆》所差不多。

六曰二十八宿距度。自漢《太初曆》以來，距度不同，互有損益。《大明曆》則於度下餘分，附以太半少，皆私意牽就，未嘗實測其數。今新儀皆細刻周天度分，每度爲三十六分，以距線代管窺，宿度餘分並依實測，不以私意牽就。

七曰日出入晝夜刻。《大明曆》日出入晝夜刻，皆據汴京爲準，其刻數與大都不同。今更以本方北極出地高下，黄道出入內外度，立術推求每日日出入晝夜刻，得夏至極長，日出寅正二刻，日入戌初二刻，晝六十二刻，夜三十八刻。冬至極短，日出辰初二刻，日入申正二刻，晝三十八刻，夜六十二刻。永爲定式。

所創法凡五事：一曰太陽盈縮。用四正定氣立爲升降限，依立招差求得每日行分初末極差積度，比古爲密。二曰月行遲疾。古曆皆用二十八限，今以萬分日之八百二十分爲一限，凡析爲三百三十六限，依垛疊招差求得轉分進退，其遲疾度數逐時不同，蓋前所未有。三曰黄赤道差。舊法以一百一度相減相乘，今依算術句股弧矢方圓斜直所容，求到度率積差，差率與天道實脗合。四曰黄

赤道内外度。據累年實測，内外極度二十三度九十分，以圜容方直矢接句股爲法，求每日去極，與所測相符。五曰白道交周。舊法黄道變推白道以斜求斜，今用立渾比量，得月與赤道正交，距春秋二正黄赤道正交一十四度六十六分，擬以爲法。推逐月每交二十八宿度分，於理爲盡。

十九年，恂卒。時曆雖頒，然其推步之式，與夫立成之數，尚皆未有定藁。守敬於是比次篇類，整齊分杪，裁爲《推步》七卷，《立成》二卷，《曆議擬藁》三卷，《轉神選擇》二卷，《上中下三曆注式》十二卷。二十三年，繼爲太史令，遂上表奏進。又有《時候箋注》二卷，《修改源流》一卷。其測驗書，有《儀象法式》二卷，《二至晷景考》二十卷，《五星細行考》五十卷，《古今交食考》一卷，《新測二十八舍雜坐諸星入宿去極》一卷，《新測無名諸星》一卷，《月離考》一卷，並藏之官。

二十八年，有言灤河自永平挽舟踰山而上，可至開平；有言瀘溝自麻峪可至尋麻林。朝廷遣守敬相視，灤河既不可行，瀘溝舟亦不通，守敬因陳水利十有一事。其一，大都運糧河，不用一畝泉舊原，别引北山白浮泉水，西折而南，經瓮山泊，自西水門入城，環匯於積水潭，復東折而南，出南水門，合入舊運糧河。每十里置一牐，比至通州，凡爲牐七，距牐里許，上重置斗門，互爲提閼，以過舟止水。帝覽奏，喜曰：「當速行之。」於是復置都水監，俾守敬領之。帝命丞相以下皆親操畚(牐)〔鍤〕倡工，待守敬指授而後行事。

先是，通州至大都，陸運官糧，歲若干萬石，方秋霖雨，驢畜死者不可勝計，至是皆罷之。三十年，帝還自上都，過積水潭，見舳艫敝水，大悦，名曰通惠河，賜守敬鈔萬二千五百貫，仍以舊職兼提調通惠河漕運事。守敬又言：於澄清牐稍東，引水與北壩河接，且立牐麗正門西，令舟楫得環城往來。志不就而罷。三十一年，拜昭文館大學士、知太史院事。

大德二年，召守敬至上都，議開鐵幡竿渠，守敬奏：「山水頻年暴下，非大爲渠堰，廣五七十步不可。」執政吝於工費，以其言爲過，縮其廣三之一。明年大雨，山水注下，渠不能容，漂没人畜廬帳，幾犯行殿。成宗謂宰臣曰：「郭太史神人也，惜其言不用耳。」七年，詔内外官年及七十，並聽致仕，獨守敬不許其請。自是翰林太史司天官不致仕，定著爲令。延祐三年卒，年八十六。

明·宋濂等《元史》卷一七〇《楊湜傳》 楊湜字彦清，真定藁城人。習章程學，工書算，始以府吏遷檢法。中統元年，辟爲中書掾，與中山楊珍、無極楊卞齊名，時人以三楊目之。中書省初立，國用不足，湜論鈔法宜以椎貨制國用，朝廷從之，因俾掌其條制。四年，授益都路宣慰司諮議，遷左司提控掾，請嚴贓吏法。

至元二年，除河南大名諸處行中書省都事。三年，立制國用司，總天下錢穀，以湜爲員外郎，佩金符。改宣徽院參議。湜計帑立籍，具其出入之算，每月終上之，遂定爲令。加諸路交鈔都提舉，上鈔法便宜事，謂平準行用庫白金出入，有偷濫之弊，請以五十兩鑄爲錠，文以元寶，用之便。

七年，改制國用司爲尚書省，拜户部侍郎，仍兼交鈔提舉。時用壬子舊籍定民賦役之高下，湜言：「貧富不常，歲久寖易，其可以昔時之籍，而定今之賦役哉！」廷議善之，因俾第其輕重，人以爲平。湜心計精析，時論經費者，咸推其能焉。

子克忠，安豐路總管。孫貞。

明·宋濂等《元史》卷一七二《齊履謙傳》 齊履謙字伯恒，父義，善算術。履謙生六歲，從父至京師；七歲讀書，一過即能記憶；年十一，教以推步星曆，盡曉其法；十三，從師，聞聖賢之學。自是以窮理爲務，非洙、泗、伊、洛之書不讀。

至元十六年，初立太史局，改治新曆，履謙補星曆生。同輩皆司天臺官子，太史王恂問以算數，莫能對，履謙獨隋問隋答，恂大奇之。新曆既成，復預修《曆經》、《曆議》。二十九年，授星曆教授。都城刻漏，舊以木爲之，其形如碑，故名碑漏，内設曲筒，鑄銅爲丸，自碑首轉行而下，鳴鐃以爲節，其漏經久廢壞，晨昏失度。大德元年，中書俾履謙視之，因見刻漏旁有宋舊銅壺四，於是按圖考定蓮花、寶山等漏制，命工改作；又請重建鼓樓，增置更鼓並守漏卒，當時遵用之。

二年，遷保章正，始專曆官之政。三年八月朔，時加巳，依曆，日蝕二分有奇，至其時，不蝕，衆皆懼，履謙曰：「當蝕不蝕，在古有之，矧時近午，陽盛陰微，宜當蝕不蝕。」遂考唐開元以來當蝕不蝕者凡十事以聞。六年六月朔，時加戌，依曆，日蝕五十七秒。衆以涉交既淺，且復近濁，欲匿不報。履謙曰：「吾所掌者，常數也，其食與否，則係於天。」獨以狀聞，及其時，果食。衆嘗争没日不能決，履謙曰：「氣本十五日，而間有十六日者，餘分之積也。故曆法以所積之日，命爲没日，不出本氣者爲是。」衆服其議。

七年八月戊申夜，地大震，詔問致災之由，及弭炎之道，履謙按《春秋》言：「地爲陰而主静，妻道、臣道、子道也，三者失其道，則地爲之弗寧。弭之之道，大臣當反躬責己，去專制之(咸)〔威〕，以答天變，不可徒爲禳禱也。」時成宗寢疾，

宰臣有專威福者，故履謙言及之。九年冬，始立南郊，祀昊天上帝，履謙攝司天臺官。舊制，享祀，司天雖掌時刻，無鍾鼓更漏，往往至旦始行事。履謙白宰執，請用鍾鼓更漏，俾早晏有節，從之。

至大二年，太常請修社稷壇，及浚太廟庭中井。或以歲君所直，欲止其役，履謙曰：「國家以四海爲家，歲君豈專在是！」三年，升授時郎秋官正，兼領冬官正事。四年，仁宗即位，嘉尚儒術。臺臣言履謙有學行，可教國學子弟，擢國子監丞，改授奉直大夫、國子司業，與吴澄並命，時號得人。每五鼓入學，風雨寒暑，未嘗少怠，其教養有法，諸生皆畏服。未幾，復以履謙僉太史院事。

皇慶二年春，彗星出東井。履謙奏宜增修善政以答天意，因陳時務八事。仁宗爲之動容，顧宰臣命速行之。自履謙去國學，吴澄亦移病歸，學制稍爲之廢。延祐元年，詔擇善教者，於是復以履謙爲國子司業。履謙律己益嚴，教道益張，每齋置伴讀一人爲長，雖助教闕員，而諸生講授不絶。時初命國子生歲貢六人，以入學先後爲次第，履謙曰：「不考其業，何以興善而得人！」乃酌舊制，立陞齋、積分等法：每季考其學行，以次遞升，既升上齋，又必踰再歲，始與私試；孟月仲月試經疑經義，季月試古賦詔誥章表策，蒙古、色目試明經策問；辭理俱優者一分，辭平理優者爲半分，歲終積至八分者充高等，以四十人爲額；然後集賢、禮部定其藝業及格者六人，以充歲貢；三年不通一經，及在學不滿一歲者，並黜之。帝從其議，自是人人勵志，多文學之士。五年，出爲濱州知州，丁母憂，不果行。

至治元年，拜太史院使。泰定二年九月，以本官奉使宣撫江西、福建，黜罷官吏之貪污者四百餘人，蠲免括地虚加糧數萬石，州縣有以先賢子孫充房夫諸役者悉罷遣之。福建憲司職田，每畝歲輸米三石，民不勝苦。履謙命准令輸之，由是召怨，及還京，憲司果誣以他事。未幾，誣履謙者皆坐事免，履謙始得直，復爲太史院使。天曆二年九月卒。

履謙篤學勤苦，家貧無書。及爲星曆生，在太史局，會秘書監輦亡宋故書，留置本院，因晝夜諷誦，深究自得，故其學博洽精通，自六經、諸史、天文、地理、禮樂、律曆，下至陰陽五行、醫藥、卜筮，無不淹貫，尤精經籍。著《大學四傳小註》一卷，《中庸章句續解》一卷，《論語言仁通旨》二卷，《書傳詳説》一卷，《易繫辭旨略》二卷，《易本説》四卷，《春秋諸國統紀》六卷。以皇極之名，見於《洪範》，皇極之數，始於邵氏《經世書》，數非極也，特寓其數於極耳，著《經世書入式》一卷；《經世書》有内、外篇，内篇則因極而明數，外篇則由數而會極，著《外篇微旨》一卷。《授時曆》行五十年，未嘗推考，履謙日測晷景，并晨昏五星宿度，自至治三年冬至，至泰定二年夏至，天道加時真數，名減見行曆書二刻，著《二至晷景考》二卷。《授時曆》雖有經、串，而經以著定法，串以紀成數，然求其法之所以然，數之所從出，則略而不載，作《經串演撰八法》一卷。

元立國百有餘年，而郊廟之樂，沿襲宋、金，未有能正之者。履謙謂樂本於律，律本於氣，而氣候之法，具載前史，可擇僻地爲密室，取金門之竹，及河内葭莩，候之，上可以正雅樂、薦郊廟、和神人，下可以同度量、平物貨、厚風俗。列其事上之。又得黑石古律管一，長尺有八寸，外方，内爲圓空，中有隔，隔中有小竅，蓋以通[氣]；隔上九寸，其空均直，約徑三分，以應黄鐘之數；隔下九寸，其空自小竅迤邐殺至管底，約徑二寸餘，蓋以聚其氣而上之。其製與律家所説不同，蓋古所謂玉律者是也。適遷他官，事遂寢，有志者深惜之。至順三年五月，贈翰林學士、資善大夫、上護軍，追封汝南郡公，謚文懿。

明・宋濂等《元史》卷一八九《蕭𣂏傳》 蕭𣂏字惟斗，其先北海人。父仕秦中，遂爲奉元人。𣂏性至孝，自爲兒時，翹楚不凡。稍出爲府史，上官語不合，即引退，讀書南山者三十年。製一革衣，由身半以下，及卧，輒倚其榻，玩誦不少置，於是博極羣書，天文、地理、律曆、算數，靡不研究。侯均謂元有天下百年，惟蕭惟斗爲識字人。學者及其門受業者甚衆。嘗出，遇一婦人，失金釵道旁，疑𣂏拾之，謂曰：「殊無他人，獨翁居後耳。」𣂏令隋至門，取家釵以償，其婦後得所遺釵，愧謝還之。鄉人有自城中暮歸者，遇寇，欲加害，詭言「我蕭先生也」，寇驚愕釋去。

世祖分藩在秦，辟𣂏與楊恭懿、韓擇侍秦邸，𣂏以疾辭，授陝西儒學提舉，不赴。省憲大臣即其家具宴爲賀，使一從史先詣𣂏舍，𣂏方汲水灌園，從史至，不知其爲𣂏也，使飲其馬，即應之不拒，及冠帶迎賓，從史見𣂏，有懼色，拘殊不爲意。後累授集賢直學士、國子司業，改集賢侍讀學士，皆不赴。大德十一年，拜太子右諭德，扶病至京師，入覲東宮，書《酒誥》爲獻，以朝廷時尚酒故也。尋以病力請去職，人問其故，則曰：「在禮，東宮東面，師傅西面，此禮今可行乎？」俄除集賢學士、國子祭酒，依前右諭德，疾作，固辭而歸。卒年七十八，賜謚貞敏。

𣂏制行甚高，真履實踐，其教人，必自《小學》始。爲文辭，立意精深，言近而指遠，一以洙、泗爲本，濂、洛、考亭爲據，關輔之士，翕然宗之，稱爲一代醇儒。

所著有《三禮説》、《小學標題駁論》、《九州志》，及《勤齋文集》，行于世。

明・宋濂等《元史》卷一九六《丁好禮傳》　丁好禮字敬可，真定蠡州人。精律算，初試吏於户部，辟中書掾，授户部主事，擢江南行臺監察御史，復入户部爲員外郎，拜監察御史，又入户部爲郎中，陞侍郎。除京幾漕運使，建議置司於通州，重講究漕運利病，著爲成法，人皆便之。除户部尚書。時國家多故，財用空乏，好禮能撙節浮費，國家用度，賴之以給。拜參議中書省事，遷治書侍御史，出爲遼陽行省左丞，未行，留爲樞密副使。

至正二十年，遂拜中書參知政事。時京師大饑，天壽節，廟堂欲用故事大讌會，好禮言：「今民父子有相食者，君臣當修省，以弭大患，讌會宜減常度。」不聽，乞謝事，乃以集賢大學士致仁，給全俸家居。擴廓帖木兒扈從皇太子還京，輸山東粟以遺朝貴，饋好禮麥百石，好禮不受。

二十七年，復起爲中書平章政事，尋以論議不合，謝政去，特封趙國公。大明兵入京城，或勉其謁大將，好禮叱之曰：「我以小吏，致位極品，爵上公，今老矣，恨無以報國，所欠惟一死耳。」後數日，大將召好禮，不肯行，舁至齊化門，抗辭不屈而死，年七十五。

是日，中書參知政事郭庸亦舁至齊化門，衆叱之拜，庸曰：「臣各爲其主，死自吾分，何拜之有！」語不少屈而死。

庸字允中，蒙古氏，由國學生釋褐出身，累遷爲陝西行臺監察御史，與同列劾知樞密院事也先帖木兒喪師，左遷中興總管府判官。其後也先帖木兒以罪黜，召拜監察御史，累轉參政中書，其節義與好禮並云。

明・宋濂等《元史》卷一九九《杜瑛傳》　杜瑛字文玉，其先霸州信安人。父時昇，金史有傳。瑛長七尺，美鬚髯，氣貌魁偉。金將亡，士猶以文辭規進取，瑛獨避地河南緱氏山中。時兵後，文物凋喪，瑛搜訪諸書，盡讀之，讀輒不忘，而究其指趣，古今得失如指諸掌。間關轉徙，教授汾、晉間。中書粘合珪開府(爲)〔於〕相，瑛赴其聘，遂家焉。與良田千畝，辭不受。術者言其所居下有藏金，家人欲發視，輒止之。後來居者果得黄金百斤，其不苟取如此。

歲己未，世祖南伐至相，召見問計，瑛從容對曰：「漢、唐以還，人君所恃以爲國者，法與兵、食三事而已。國無法不立，人無食不生，亂無兵不守。今宋皆蔑之，殆將亡矣，興之在聖主。若控襄樊之師，委戈下流，以擣其背，大業可定矣。」帝悦，曰：「儒者中乃有此人乎！」瑛復勸帝數事，以謂事不如此，後當如彼。帝納之，心賢瑛，謂可大用，命從行，以疾弗果。

中統初，詔徵瑛。時王文統方用事，辭不就。左丞張文謙宣撫河北，奏爲懷孟、彰德、大名等路提舉學校官，又辭，遺執政書，其略曰：「先王之道不明，異端邪説害之也，横流奔放，天理不絶如線。今天子神聖，俊乂輻湊，言納計用，先王之禮樂教化，興明修復，維其時矣。若夫簿書期會，文法末節，漢、唐猶不屑也。執事者因陋就簡，此焉是務，良可惜哉！夫善始者未必善終，今不能遡流求源，明法正俗，育材興化，以拯數百千年之禍，僕恐後日之弊，將有不可勝言者矣。」人或勉之仕，則曰：「後世去古雖遠，而先王之所設施，本末先後，猶可考見，故爲政者莫先於復古。苟因習舊弊，以求合乎先王之意，不亦難乎！吾又不能隨時俛仰以赴機會，將焉用仕！」於是杜門著書，一不以窮通得喪動其志，優游道藝，以終其身。年七十，遺命其子處立、處愿曰：「吾即死，當表吾墓曰『緱山杜處士』。」天曆中，贈資德大夫、翰林學士、上護軍，追封魏郡公，謚文獻。

所著書曰《春秋地理原委》十卷、《語孟旁通》八卷、《皇極引用》八卷、《皇極疑事》四卷、《極學》十卷、《律吕律曆禮樂雜志》三十卷、文集十卷。其於律，則究其始，研其義，長短清濁，周徑積實，各以類分，取經史之説以實之，而折衷其是非。其於曆，則謂造曆者皆從十一月甲子朔夜半冬至爲曆元，獨邵子以爲天開於子，取日甲月子、星甲辰子，爲元會運世之數，無朔虚，無閏餘，率以三百六十爲歲，而天地之盈虚，百物之消長，不能出乎其中矣。論閉物開物，則曰開於己，閉於戊；五，天之中也；六，地之中也；戊己，月之中星也。又分卦配之紀年，金之大定庚寅，交小過之初六；國朝之甲寅三月二十有三日寅時，交小過之九四。多先儒所未發，掇其要著于篇云。

明・李賢《明一統志》卷五六　彭絲，安福人。父應龍，宋江陵府教授致仕。弟齊叔。父子兄弟自相師友，傳習脩潔，俱以著述爲業。絲所著有《筭經圖釋》九卷、《黄鍾律説》八篇、《禮記集説》四十九卷，又有《易包春秋辨疑》等書。

明・李賢《明一統志》卷七八　元陳尚德，寧德人，號懼齋，隱居不仕。其學以四書五經爲本，而尤精通律吕、天文、地理、算數之説。著述有《四書集解》、《書傳補遺》、《易經解詠》、《詠史詩》。

明・李贄《藏書・儒臣傳》　郭守敬

郭守敬邢臺人。生有異操，事大父榮，通五經，精於算數、水利。時劉秉忠、張文謙、張易、王恂同學於州西紫金山，榮使守敬從秉忠學。中統三年，文謙薦

守敬習水利，巧思絶人。世祖召見，面陳水利六事，授提舉諸路河渠。至元元年，從文謙行省西夏。初，劉秉忠以《大明曆》自遼、金承用二百餘年，浸以後天，議欲修正而卒。十三年，江左既平，帝思用其言。遂以守敬與王恂率南北日官，分掌測驗推步於下，而命宰相張文謙與樞密張易爲之主領，左丞許衡參預其事。守敬首言：「曆之本在于測驗，而測驗之器莫先儀表。今司天渾儀，宋皇祐中汴京所造，不與此處天度相符，比量南北二極，約差四度。表石年深，亦復欹側。」乃盡考其失而移置之。既又別圖高爽地，以木爲重棚，創作簡儀、高表，用相比覆。又以爲天樞附極而動，昔人常展管望之，未得其的，作候極儀。極辰既位，天體斯正，作渾天象。象雖形似，莫適所用，作玲瓏儀。以表之矩友測天之正圜，莫若以圜求圜，作仰儀。古有經緯，絡而不動，守敬易之，作立運儀。日有中道，月有九行，守敬一之，作證理儀。表高景虛，罔象非真，作景符。月雖有明，察景則難，作闚几。曆法之驗，在於交會，作日月食儀。天有赤道，輪以當之，兩極低昂，摽以指之，作星晷定時儀。又作正方案、九表、懸正儀、座正儀，爲四方行測者所用。又《仰規覆矩圖》、《異方渾蓋圖》、《日出入永短圖》，與上諸儀互相參攷。守敬因奏：「唐一行開元間令南宫説天下測景，書中見者凡十三處。今疆宇比唐尤大，若不遠方測驗，日月交食分數時刻不同，晝夜長短不同，日月星辰去天高下不同，即目測驗人少。可先南北立表，取直測景。」帝可其奏。遂設監候官一十四員，分道而出，東至高麗，西極滇池，南踰朱崖，北盡鐵勒，四海測驗，凡二十九所。十七年，新曆告成，守敬與諸臣同上奏曰：「臣等竊聞，帝王之事，莫重於曆。自黄帝迎日推策，帝堯以閏月定四時成歲，舜在璇璣玉衡以齊七政，爰及三代，曆無定法，周、秦之間，閏餘乖次。西漢造《三統曆》，百三十年而後是非始定。東漢造《四方曆》，七十餘年而儀式方備。又百二十一年，劉洪造《乾象曆》，始悟月行有遲速。及魏黄初間，始以日食課其踈密。魏楊偉造《景初曆》，始立交食起虧術。又百八十年，姜岌造《三紀甲子曆》，始悟以月食衝檢日宿度所在。又五十七年，何承天造《元嘉曆》，始悟以朔望及弦皆定大小餘，及以晷影驗氣。又六十五年，祖冲之造《大明曆》，始悟太陽有歲差之數，極星去不動處一度餘。又五十二年，張子信始悟日月交道有表裏，五星有遲疾留逆。又三十三年，張胄玄造《大業曆》，始立五星入氣加減法及月應食不食術。劉焯造《皇極曆》，始悟日行有盈縮，及立推黄道月道術。又三十五年，傅仁均造《戊寅元曆》，頗采舊儀，始用定制，又四十六年，李淳風造《麟德曆》，以古曆章部元首分度不齊，始爲總法，用進朔以避晦晨月見。又六十三年，一行造《大衍曆》，始以朔有四大三小，定九服軌漏交食之異，及創立歲星差合術。又九十四年，徐昂造《宣明曆》，始悟日食有氣、刻、時三差。又七十二年，邊岡《崇玄曆》始立相減相乘法以求黄道月遣。又六十三年，王朴《欽天曆》始變五星法遲留逆行舒亟有漸，又九十八年，李琮造《明天曆》，始悟日法積年自然之數。又三十六年，姚舜輔造《紀元曆》，始悟食甚泛餘差數。以上計千一百八十二年，曆經七十改，其創法者十有三家。自是又百七十四年，聖朝專命臣等改治新曆，臣等用創造簡儀、高表，憑其測實數，所考正者凡七事：一曰冬至，二曰歲餘，三曰日躔，四曰月離，五曰入交，六曰二十八宿距度，七曰日出入晝夜刻。所創法凡五事：一曰太陽盈縮，二曰月行遲疾，三曰黄赤道差，四曰黄赤道内外度，五曰白道交周。」三十一年，拜昭文館大學士知太史院事。延祐三年卒，年八十六。守敬水利之學亦甚精。觀其決金水以下西山之椳，而京師之材用是饒，復唐來瀕河之地而靈夏軍儲用足，引汶泗以接江淮之泒而燕吳漕運平通，通斗牐以開白浮之源而公私陸費由省，則可見矣。

又　耶律楚材

楚材生三歲而孤，母楊氏教之。及長，博極羣書，旁通天文、地理、律曆、術數及釋老、醫卜之説。身長八尺，美髯宏聲，世祖偉之。世祖西討回回國，禡旗之日，雨雪三尺，楚材曰：「玄冥之氣見於盛夏，克敵之徵也。」庚辰冬，大雷，復問之，對曰：「回回國主當死於野。」其後果驗。夏人常八斤，以善造弓，自矜曰：「國家方用武，而耶律儒者，將何用之？」楚材曰：「治弓須用弓匠，亦猶治天下當用治天下匠耳。」西域曆人奏五月望夜月當蝕。楚材曰否，卒不蝕。明年十月，楚材言月當蝕，西域人曰不，至期果蝕。壬午八月，長星見西方，楚材曰：「女直將易主矣。」明年，金宣宗死。一日，從帝至東印度鐵門關，有一角獸，形如鹿而馬尾，其色緑，作人言，謂侍衛者曰：「汝主宜早還。」帝以問楚材，對曰：「此瑞獸，其名角端，能四方言，好生惡殺。乃天降符以告陛下也。陛下，天之元子。願承天心，以全民命。」帝乃班師。丙戌冬，從下靈武，楚材獨收大黄藥材。既而士卒病疫，得大黄以愈。初，太祖之世，歲有事西域，中原官吏多聚斂自私，而官無儲偫。近臣別迭等因言：「漢人無補於國，可悉空其人，以爲牧地。」楚材曰：「陛下南伐，軍需所資，若均定中原地税、商税及鹽、酒、鐵冶、山澤之税，歲可得銀五十萬兩、帛八萬疋、粟四十餘萬石，何謂無補哉？」乃奏立燕京等十路

徵收課税使，凡長貳悉用士人，如陳可、趙昉等皆寬厚長者，參佐皆省部舊人爲之。辛卯秋，帝至雲中，十路咸進廩籍金帛，帝大喜，謂楚材曰：「汝不去朕左右，而能使國用充足始此。」即日拜中書令。舊制，凡攻城，對敵以矢石相加者，即爲拒命，既克，皆屠之。汴梁將下，楚材馳入奏曰：「將士暴露于外數十年，所欲者土地人民耳。得地無民，將焉用之？」帝猶豫未決，楚材復曰：「奇巧之工，厚藏之家，皆萃于此。若盡殺之，將無所獲。」乃詔罪止完顔氏，餘皆勿問。時避兵居汴者，得百四十七萬人。楚材又請求孔子後，得五十一代孫元措，奏襲封衍聖公，付以林廟地。收太常禮樂生，及召名儒梁陟、王萬慶、趙著等，使直釋九經。置編修所於燕，經籍所於平陽，由是文治興焉。帝議列州縣賜親王功臣。楚材曰：「列土分民，易生嫌隙。不如多以金帛與之。」帝曰：「已許之，奈何？」楚材曰：「若朝廷置吏，收其貢賦，歲終頒之，使毋擅科徵，可也。」帝然其計，遂定天下賦税。朝議以爲太輕，楚材曰：「作法於涼，其弊猶貪。後將有以利進者，則今已重矣。」丁酉，楚材奏命宣德周宣，課使劉中隨郡考試，以經義、詞賦、論分爲三科，儒人被俘爲奴者，亦令就試，其主匿弗遣者死。得士凡四千三十人，免爲奴者四之一。辛丑，帝疾篤，醫言脉已絶。皇后召楚材問之，對曰：「今任使非人，囚繫非辜者多。古人一言而善，熒惑退舍，請赦天下囚徒。」后即欲行之，楚材曰：「非君命不可。」俄頃，帝少蘇，因入奏，請肆赦，帝首肯。是夜，醫者候脉復生，翌日瘳。冬十一月，帝將出獵，楚材以太乙數推之，言不可。左右皆曰：「不騎射，無以爲樂。」獵五日，遂崩于行在所。甲辰五月，楚材薨，年五十五。

明・邵經邦《弘簡録》卷二四五　元好問，字裕之，太原秀容人。父德明，自幼嗜書，口不言鄙事，惟樂《易》。無畦畛，布衣蔬食，處之自若。家人不敢以生理累之。累舉不第，放浪山水間，飲酒賦詩以自適。年四十八卒。有《東嵓集》三卷。好問七歲能詩。年十四，從郝天挺學，不事舉業，淹貫經傳百家，六年而業，戊時太行，渡大河，爲《箕山》、《琴臺》等詩。趙秉文見之，稱爲近代所無。聲名震于京師。登興定五年進士，歷内鄉南陽令。天興初，由尚書省掾除左司都事，轉行省左司員外郎。金亡，不仕。爲文有繩尺，備衆體。其詩奇崛而絶雕劌，巧縟而謝綺麗。五言高古沈鬱，七言、樂府不用古題，特出新意。歌謡慷慨，挾幽、并之氣。其長短句揄揚新聲，以寫恩怨者又數百篇。兵後，故老皆盡，蔚爲一代宗工，四方碑板銘志盡趨其門。晚年尤自任著作，以金源氏有天下，典章法度幾及漢、唐，不可令一代之跡泯而不傳。時《金國實録》在順天張萬户家，願爲撰述。既而爲樂夔所沮而止。乃構亭於家，著述其上，名曰《野史》。凡君臣遺言往行，采摭所聞，有所得輒以寸紙細字爲記録，至百餘萬言。今所傳者有《中州集》及《壬辰雜編》。後纂修金史，多本其説。卒年六十八。有所著文章詩若干卷，《杜詩學》一卷，《東坡詩稚》三卷，《錦機》一卷，《詩文自警》十卷。郝天挺，字晉卿，澤州陵川人。早多疾，厭科舉學。嘗語學者：「今人賦學以速售爲功，六經百家分磔緝綴，篇章句讀咸不之知，幸而一得，不免爲庸人。」又曰：「讀書不爲藝文，選官不爲利養，惟通人能之。」又曰：「今之仕多以貪敗，皆苦不能自持。丈夫不耐飢寒，一事不可爲。」貞祐中，居河南，往來淇衛間。天挺有崖岸，耿耿自信，寧落魄困窮，終不一至豪富之門。年五十終于舞陽。

明・王圻《續文獻通考・仙釋考》　趙友欽，字緣督，饒郡人。幼遭劫火。早有山林之趣，凡天文、經緯、地理、術數，莫不精通。及得紫瓊授以金丹大道，乃搜群書經傳，作三教一家之文，名曰：「仙佛同源。」又作《金丹問難》等書行世。後寓衡陽，以金丹鈔道授上陽子。

明・凌迪知《萬姓統譜》卷五五　元丁好禮，蠡州人。精律算，累官户部侍郎、京畿漕運使。立漕運成法，人皆便之。尋陞户部尚書，好禮善撙節浮費，以足國家之用。拜參知政事，後以論議不合謝政。天兵入京城，或勸其謁大將，好禮叱曰：「我以小吏，致位極品，所以報國，惟一死耳。」大將召好禮，不行，畀至齊化門，抗辭不屈而死。

明・余之禎《（萬曆）吉安府志》卷二五　彭絲

彭絲，字魯叔，安福人。宋江陵教授端素先生應龍之子。兄齊叔亦有學名。魯叔尤該博，貫穿百氏，洞明律吕之學。所著有《等經圖釋》九卷、《黄鍾律説》八篇、《禮記集説》四十九卷，有《庖易春秋辨疑》等書。劉岳申志其墓，盛稱其律吕之學，人不可及云。

清・黄宗羲《宋元學案》卷八九　太學程先生時登

程時登，字登庸，樂平人也。德興程正則從學董槃澗，以私淑朱子，先生從之遊。雲濠案，《謝山劄記》云：時登與馬端臨善。著《周易啓蒙輯録》、《大學本末圖説》、《中庸中和説》、《太極通書》、《西銘互解》、《諸葛八陣圖通釋》、《律吕新書贅述》、《臣鑒圖》、《孔子世系圖》、《深衣翼》、《感興詩講義》、《古詩訂義》、《閏法贅語》、《文章原委》。咸淳中入太學，宋亡，不仕。

清·陸心源《宋史翼》卷三五 程時登，字登庸，樂平人。自少慕義理之學，聞董銖得朱子之傳，而鄉鄰程古山學於董盤澗者，因往師之，搜探幽微會博於約。咸淳甲戌，寇擾中原，朝廷不廢科舉舊制，合江東九路士試之，時登裒然首舉，明年入太學，又明年而宋鼎移矣，歸杜門，謝游客，四方請益，輻輳盈席，一時名流，多出其門。元訪遺才，每物色之，輒謝去。

清·邵遠平《元史類編》卷三六 程時登，字登庸，樂平人。時德興槃澗董銖得考亭之學，傳其鄉里。有程正則者，私淑之。時登從之遊，深徹性命奧義。著《大學本末圖説》、《中庸中和説》，集朱子論述問答之語，審未發已發之幾，而探索性情體用之極。《太極圖》、《通書》、《西銘》，則錯綜爲之互解。更有《周易啓蒙輯録》、《律吕新書贅述》、《臣鑑圖》、《文章原委》等刻。

清·陳焯《宋元詩會》卷六九 杜瑛

字文玉，其先霸州信安人，金將亡，避地河南緱氏山中。時兵後，文物凋喪，瑛搜訪遺書，盡讀之，得其指趣，古今得失如指諸掌。間關轉徙，教授汾、晉間。中書鈕祜禄珪開府于相，瑛赴其聘，遂家焉。與良田千畝，辭不受。歲己未，世祖南伐至相，召見問計，瑛條對稱。旨上悦，曰：「儒者中乃有此人乎？」中統初，詔徵瑛。時王文統方用事，辭不就。杜門著書，一不以窮通動其志。年七十，遺命二子處立、處愿曰：「吾即死，當表吾墓曰『緱山杜處士』」云。所著《春秋地里原委》、《語孟旁通》、《皇極引用》、《皇極疑事》、《極學》、《律吕律曆禮樂雜志》，合文集共七十卷。

清·嵇璜、劉墉等《續通志》卷五〇六《外戚傳》 布薩忠義

布薩忠義，本名烏哲，上京博勒和河人，宣獻皇后姪，元妃之兄也。高祖斡喇布。曾祖瓌都祖呼蘭。父博囉，國初世襲穆昆，博索路統軍使。忠義魁偉，長髯，喜談兵，有大略。年十六，領本穆昆兵，從睿宗定陝西，射中宋大將，宋兵遂潰，由是知名，帥府承制署爲穆昆。宗弼再取河南，薦爲明安。攻冀州先登，攻大名府以本部兵力戰，破其軍十餘萬。從宗弼渡淮攻壽、廬等州，領親軍萬户，超寧遠大將軍，承其父世襲穆昆。皇統四年，除博州防禦使，公餘學女真字，及古算法，閲月，盡能通之。在郡不事田獵、燕游，郡中翕然稱治，及考，郡民詣闕願留，詔從之。累遷西北路招討使，入爲兵部尚書。布薩呼圖嘗與海陵篡立，恃勢陵傲同列，忠義因會飲衆辱之，海陵不悦，出爲震武軍節度使。火山賊李鐵槍乘暑來攻，忠義從一騎迎擊之，射殺數人，賊乃退。改臨洮尹，兼熙秦路兵馬都總管。閲再考，徙平陽尹，再徙濟南尹。以本官爲漢南路行營副統制，伐宋，克通化軍。世宗立，入朝拜尚書右丞。伊喇斡罕僭號，兵久不決。忠義請曰：「契丹小寇，不時殄滅，致煩聖慮。臣願効死力除之。」世宗大悦，拜平章政事，兼右副元帥，封榮國公，詔曰：「軍中將士有犯，連職之外並以軍法從事，有功者依格遷賞。」並詔諸將士同心戮力，無或弛慢。忠義至軍，賊陷靈山、同昌、惠和等縣，結陣西行。忠義追之，及于花道，宗亨爲左翼，宗敘爲右翼，與賊夾河陣。賊渡河，先攻左翼，偏敗，右翼救之，賊引去。斡罕乃以精鋭自隨，以羸兵護其母妻輜重由别道西走，期於山後會集。忠義追及於諸爾嶺西陷泉。時昏霧四塞，跬步莫覩物色，忠義禱。奠已，昏霧廓然。及戰，忠義左據南岡，爲偃月陣，右迤而北，大敗之，獲其弟諾爾，俘生口三十萬，獲雜畜十餘萬，車帳金珍以鉅萬計，悉分諸軍。賊走趨奚地，遣將追躡，至七渡河，又敗之。既踰渾嶺，復進軍襲之，降者相屬於路。斡罕就執，契丹平。朝京師，拜尚書右丞相，改封沂國公。時宋孝宗立，雖嘗遣使來，而欲用敵國禮。又用扎巴計攻取泗、壽等州。大定二年，詔忠義以丞相總戎事，居南京節制諸將。忠義至南京，簡閲士卒，分屯要害，戒諸將嚴守備。使左副元帥志寧移牒宋樞密使張浚，其略曰：「可還侵地，名守畫定疆界，凡事一依皇統以來舊約，帥府亦當解嚴。」宋宣撫使張浚復書志寧曰：「疆埸之一彼一此，兵家之或勝或負，何常之有，當置勿道。謹遣官寮，敬造麾下議之。」是時，已復泗、壽、鄧州。忠義使將士擇善水草休息，且牧馬，俟來歲取淮南。初，世宗詔諸將由泗、壽、唐鄧三道進發，宋人聞之，即自方城、葉縣以來燒夷田野，使無所芻牧。忠義命唐、鄧道軍芻牧許、汝間。三年，忠義入奏事，遂以丞相兼都元帥。無何，還軍中。忠義與宋相持日久，慮夏久雨，弓力易減，豫選勁弓萬於别庫。及赴闕議事，宋將李世輔果掩取靈壁、虹縣，及宿州。忠義使人還汴，發所貯勁弓給志寧軍，遂大捷，竟復宿州。忠義還，以書責宋。宋同知樞密院事洪遵，計議官盧仲賢，與志寧書約，爲叔姪國，歸侵地。忠義馳奏，請定書式，詔諭之曰：「若宋人歸疆，歲幣如昔，可免奉表稱臣，許世爲姪國。」忠義凡七貽書宋人，宋人他託未從。忠義移大軍壓淮境，遣志寧率偏師渡淮，以盱眙、濠、廬、和、滁等州，宋人懼。而世宗意天下厭苦兵革，思與百姓休息，詔忠義度宜以行。四年正月，忠義奏請俟秋涼進發。詔從之。宋使胡昉以右僕射湯思退書來，宋稱姪國，不肯加世字。忠義執昉留軍中，答其書，使使以聞。詔曰：「行人何罪，遣胡昉還國。邊事從宜措書。」及圖克坦克寧取楚州，世宗下詔進師，於是

宋知樞密院周葵、同知樞密院事王之望，與忠義書，按周葵、王之望書，據《金史・交聘表》云：係與忠義書，而《本傳》晚載，今據增輯。一一如約，和議始定。宋遣試禮部尚書魏杞，崇信軍、承宣使康湑，充通問國信使，取到宋主國書式，并國書副本，宋世爲姪國，約歲幣二十萬兩、匹，國書仍書名再拜，不稱「大」字。五年正月，魏杞、康湑入見，其書曰：「姪宋皇帝眘，謹再拜致書於叔大金聖明仁孝皇帝闕下。」魏杞還，復書「叔大金皇帝」不名，不書「謹再拜」，但曰：「致書於姪宋皇帝」，不用尊號，不書闕下。和好已定，罷兵，詔天下。以左副都點檢完顔仲爲報問國信使，太子詹事楊伯雄副之。忠義奏官軍一十七萬三千三百餘人，留馬步軍一十一萬六千二百屯戍。帝以屯戍太多命選馬一萬二千，選軍一萬五千，及簽軍一萬，與舊軍通留六萬。以宋國進到歲幣，悉賞諸軍。三月，詔丞相忠義先還，左副元帥志寧、右監軍宗敘留敘南京，餘官非急用者並勒還任。忠義朝京師，帝勞之曰：「宋國請和，偃兵息民，皆卿力也。」拜左丞相，兼都元帥。六年卒，謚曰武莊。忠義動由禮義，謙以接下，尤敬儒者。善御將士，能得其死力，及爲宰輔，知無不言。十一年，詔曰：「故左丞相忠義族人，及昭德皇后親族，人材可用者，左副點檢烏庫哩元忠體察以聞。」二十一年，帝思忠義功，勒銘墓碑。泰和元年，圖像衍慶宮，配享世宗廟庭。

清・阮元《疇人傳》卷二三　遼

賈俊

賈俊，可汗州刺史也。聖宗統和十二年，進新術。先是，晉天福中，馬重績奏上乙未元術。大同元年，太宗自晉汴京收伎術儀象，遷于中京，遼始有術。穆宗十一年，司天王白、李正等進術，蓋乙未術也。至是以俊所進，號大明術，行之。《遼史・象志》。

又　金

楊級

楊級，司天官也。天會五年，造大明術。其法上元甲子距天會五年丁未，積三億八千三百七十六萬八千五百三，日法五千二百三十。其所本不能詳究，或曰因宋紀元術而增損之也。十五年春正月朔，頒行之。《金史・曆志》、《元史・曆志》。

論曰：級術日法與趙知微術同，惟積年不同，蓋唐宋算造家積年例不得過一億已上，級術積年三億已上，不合術格，故知微重修，改爲八千餘萬也。李尚之曰：「以演譔之法推之，其歲實、朔實亦與知微術同也。」

赵知微

趙知微，官司天監。先是，正隆戊寅三月辛酉朔，司天言日當食而不食；大定癸巳五月壬辰朔，日食，甲午十一月甲申朔，日食，加時皆先天；丁酉九月丁酉朔，食，乃後天；由是占候漸差，乃命知微重修大明術。十一年術成。時翰林應奉耶律履亦造乙未術。二十一年十一月望，太陰虧食，遂命尚書省委禮部員外郎任忠傑與司天曆官驗所食時刻分秒，比校知微、履及見行術之親疎，以知微術爲親，遂用之。其法上元甲子距大定庚子，八千八百六十三萬九千六百五十六年，日法五千二百三十分，歲實一百九十一萬二百一十四分，朔實一十五萬四千四百四十五分。《金史・曆志》。

論曰：知微術法并同紀元，蓋猶五紀正光之于麟德、大衍也。

耶律履

耶律履，一作移剌履，字履道，遼東丹王突欲七世孫也。陰補爲承奉班祗候，累官禮部尚書兼翰林直學士，賜進士及第，拜參知政事，進尚書右丞。明昌二年六月卒，年六十一，是日履所生也。先是，舊大明術舛誤，履上乙未術，以金受命乙未也。其法上元乙未距大定庚子，積四千四十五萬三千二十年，日法二萬六百九十，未行用。《金史》本傳、《曆志》、《元史・曆志》。

論曰：乙未術數殘闕。李尚之鋭曰：「以演譔之法推之，當以七百五十五萬六千八百八十爲歲實，七千六萬七千五百八十八爲朔實也。」

張行簡

張行簡，字敬甫，莒州日照縣人也。大定十九年進士，累官至翰林學士承旨，禮部尚書兼侍講，同修國史，卒贈銀青榮禄大夫，謚文正。明昌間提點司天臺，嘗製蓮花星丸二漏以進。泰和六年，秘書監進太一新術，詔行簡校之。初，金既取汴，輦致宋渾天儀于燕，但自汴至燕，相去千餘里，地勢高下不同，望筒中取極星稍差，移下四度，纔得窺之。後貞祐南渡，以艱于輦載，遂委而去，還于汴者，惟行簡所製二漏而已。《金史》本傳、《曆志》。

劉道用

劉道用，司天臺官也。明昌間，改進新術，詔學士院更定術名。張行簡奏俟月食無差，然後賜名。詔翰林侍講學士黨懷英等覆校。懷英等校定道用新術：明昌三年不置閏，即以閏月爲三月；二年十二月十四日，金、木星俱在危十三

度，道用術在十三日，差一日；三年四月十六日夜，月食時刻不同。不可用，罷去。《金史·張行簡傳》。

楊雲翼

楊雲翼，字之美，其先贊皇檀山人也，家于平定之樂平縣，登明昌五年進士第一。大安元年，翰林承旨張行簡薦其術數，授提點司天臺，兼翰林修撰。哀宗即位，官禮部尚書兼侍讀。正大五年卒，年五十有九，謚文獻。司天有以太一新術上進者，尚書省檄雲翼參訂，摘其不合者二十餘條，術家稱焉。所著《五星聚井辨》一篇、《縣象賦》一篇、《句股機要象數雜説》等，藏于家。《金史》本傳。

清·阮元《疇人傳》卷二四　元一

耶律楚材

耶律楚材，字晉卿，履子也。金制，宰相子例試補省掾。楚材欲試進士科，章宗詔如舊制，後仁爲開州同知。貞祐二年，宣宗遷汴，行中書事，留守燕，辟爲左右司員外郎。太祖定燕，聞其名，召見之，日見親用。庚辰歲，西征西域，術人奏五月望夜月當蝕，楚材曰否，卒不蝕。明年十月，楚材言月當蝕，西域人曰不蝕，至期果蝕八分。太宗辛卯，拜中書令。元初承用金大明曆，楚材以大明後天，乃損節氣之分，減周天之秒，去交中之率，治月轉之餘，課兩曜之後先，調五行之出没，以正大明之失。且以中元庚午歲國兵南伐，而天下略定，推上元庚子歲天正十一月壬戌日子正冬至，日月合璧，五星聯珠，同會虚宿六度，以應太祖受命之符。又以西域中原地里殊遠，創爲里差，以增損之，雖東西萬里不復差忒，名曰西征庚午元曆，表上之。其法上元庚午距庚辰，歲積二千二十七萬五千二百七十算外，日法五千二百三十，歲實一百九十一萬二百二十四，朔實一十五萬四千四百四十五。甲辰夏五月，卒于位，年五十五。至順元年，贈經國議制寅亮佐運功臣太師上柱國，追封廣寧王，謚文正。《元史》本傳、《曆志》。

論曰：西征庚午元寫宋紀元舊術，與趙知微術同。惟以尋斯干城爲里差之元，以東加之，以西減之，爲楚材之創法耳。授時削去不用，蓋氣朔加時，當以京師爲主也。

札瑪魯鼎　舊作札馬魯丁，今改。

札馬魯鼎，西域人也。世祖至元四年，譔進《萬年曆》，稍頒行之，史闕其法。又造《西域儀象》。曰咱秃哈剌吉者，漢言混天儀也。其制以銅爲之，平設單環，刻周天度，畫十二辰位，以準地面。側立環而結于平環之子午，半入地下，以分天度。内第二雙環，亦刻周天度，而參差相交，以結于側。雙環去地平三十六度，以爲南北極，可以旋轉，以象天運，爲日行之道。内第三、第四環，皆結于第二環，又去南北極二十四度，亦可以運轉。凡可運三環，名對綴銅方釘，皆有竅，以代衡簫之仰窺焉。曰咱秃朔八台者，漢言測驗周天星曜之器也。外周圓牆，而東西啓門，中有小臺，立銅表，高七尺五寸，上設機軸，懸銅尺，長五尺五寸。復加窺測之簫二，其長如之。下置横尺，刻度數其上，以準掛尺。下本開圖之遠近，可以左右轉而周窺，可以高低舉而偏測。曰魯哈麻亦渺凹只者，漢言春秋分晷影堂。爲屋二間，脊開東西横罅，以斜通日晷。中有臺，隨晷影南高北下，上仰置銅半環，刻天度一百八十，以準地上之半天。斜倚鋭首銅尺，長六尺，闊一寸六分，上結半環之中，下加半環之上，可以往來窺運，側望漏屋晷影，驗度數，以定春秋二分。曰魯哈麻亦木思塔餘者，漢言冬夏至晷影堂也。爲屋五間，屋下爲坎，深二丈二尺。脊開南北一罅，以直通日晷，隨罅立壁，附壁懸銅尺，長一丈六寸。壁仰畫天度半規，其尺亦可往來規運，直望漏屋晷影，以定冬夏二至。曰苦來亦撒麻者，漢言渾天儀也。其制以銅爲丸，斜刻日道交環度數于其腹，刻二十八宿形于其上。外平置銅單環，刻周天度數，列于十二辰位以準地。而側立單環二，一結于平環之子午，以銅丁象南北極；一結于平環之卯酉，皆刻天度。即渾天儀而不可運轉窺測者也。曰苦來亦阿兒子者，漢言地理志也。其制以木爲圓毬，七分爲水，其色緑；三分爲土地，其色白，畫江河湖海脈絡，貫串于其中。畫作小方井，以計幅圓之廣袤。道里之遠近。曰兀速都兒速不定者，漢言晝夜時刻之器。其制以銅如圓鏡而可掛，面刻十二辰位，晝夜時刻，上加銅條綴其中，可以圓轉。銅條兩端，各屈其首爲二竅以對望，晝則視日影，夜則窺星辰，以定時刻，以測休咎。背嵌鏡片，三面刻其圖凡七，以辨東西南北日影長短之不同，星辰向背之有異。故各異其圖，以盡天地之變焉。《元史·曆志》、《天文志》。

李冶

李冶，字仁卿，號敬齋。真定欒城人也。晚家元氏，登金進士第。至元二年，召爲翰林學士知制誥，同修國史。著《測圓海鏡》十二卷。其序曰：「數本難窮，吾欲以力强窮之，彼其數不惟不能得其凡，而吾之力且憊矣。然則數果不可窮邪？既已名之數矣，則又何爲而不可窮也？故謂數爲難窮，斯可，謂數爲不可

窮，斯不可。何則？彼其冥冥之中，固有照照者存。夫照照者，其自然之數也；非自然之數，其自然之理也。數一出于自然，吾欲以力强窮之，使隸首復生，亦未如之何也已。苟能推自然之理，以明自然之數，則雖遠而乾端坤倪，幽而神情鬼狀，未有不合者矣。予自幼喜算數，恒病夫考圓之術例，出于牽强，殊乖于自然。如古率、徽率、密率之不同，截弧、截矢、截背之互見，内外諸角，析剖支條，莫不各自名家，與世作法，及反覆研究，而卒無以當吾心焉。老大以來，得洞淵九容之説，日夕玩繹，而鄉之病我者，始爆然落去，而無遺餘。山中多暇，客有從余求其説者，于是乎又爲衍之，遂累一百七十問。既成编，客復目之《測圜海鏡》，蓋取夫天臨海鏡之義也。昔半山老人集《唐百家詩選》，自謂廢日力于此，良可惜。明道先生以上蔡謝君記誦爲玩物喪志。夫文史尚矣，猶之爲不足貴，況九九賤技能乎！嗜好酸鹹，平生每痛自戒敕，竟莫能已，類有物憑之者，吾亦不知其然而然也。故嘗私爲之解曰：由技兼于事者言之，夷之禮，夔之樂，亦不免爲一技。由技進乎道者言之，石之斤，扁之輪，非聖人之所與乎。覽吾之编，察吾苦心，其憫我者當百數，其笑我者當千數。乃若吾之所得，則自得焉耳，寧復爲人憫笑計哉？」

又《益古演段》三卷。其序曰：「術數雖居六藝之末，而施之人事，則最爲切務。故古之博雅君子，馬、鄭之流，未有不研精于此者也。其譔著成書者，無慮百家，然皆以《九章》爲祖，而劉徽、李淳風又加注釋，而此道益明。今之爲算者，未必有劉、李之工，而褊心跼見，不肯曉然示人，惟務隱互錯糅，故爲溟涬黯黮，惟恐學者得窺其彷彿也。不然，則又以淺近觕俗無足觀者，致使軒轅、隸首之術，三五錯综之妙，盡墮于市井沾沾之兒，及夫荒邨下里蚩蚩之民，殊可憫悼。近世有某者，以方圓移補成編，號《益古集》，真可與劉、李相頡頏。余猶恨其閟匿而不盡發，遂再爲移補條段，細繙圖式，使粗知十百者，便得入室啗其文，顧不快哉！客有訂愚曰：「子所述果能盡軒、隸之秘乎？」余應之曰：「吾所述雖不敢追配作者，誠令後生輩優而柔之，則安知軒、隸之秘不于是乎始？」客退，因書以爲自序。」

冶病且革，語其子克脩曰：「吾生平著述，死後可盡燔去，獨《測圜海鏡》一書，雖九九小數，吾嘗精思致力焉。後世必有知者，庶可布廣垂永乎。」卒年八十八。《元史》本傳、《測圜海鏡》、《益古演段》。

論曰：立天元術，算氏至精之詣也。明季數學名家，乃不省爲何語，而其術幾亡矣。梅文穆公瑴成供奉内廷，我聖祖仁皇帝授以西洋借根方法，始知西洋借根方，即古之立天元術，于是其學復明于世。冶所譔《測圜海鏡》、《益古演段》，并著録《欽定四庫全書》。元視學浙江，從文淵閣抄讀，屬元和縣學生李鋭覆校算式，貽歙縣學生鮑廷博刊入《知不足齋叢書》，以廣其傳。江都貢生焦循又作《天元一釋》，闡其奥義，洞淵遺法，庶幾千古永存矣。

劉秉忠

劉秉忠，字仲晦，初名侃，因從釋氏，又名子聰，拜官後始改今名，自號藏春散人。其先瑞州人，曾大父官邢州，遂爲邢人。精于天文曆術，世祖在潛邸召見，甚愛之。尋上言見行遼曆日月交食頗差，聞司天臺改成新曆，未見施行。宜因新君即位，頒曆改元，令京府州郡置更漏，使民知時，世宗嘉納焉。至元元年，拜光禄大夫，位太保，參預中書省事。十一年秋八月卒，年五十九。十二年贈大傅，封趙國公，謚文貞。成宗時，贈太師，謚文正。仁宗時，進封常山王。《元史》本傳。

張文謙

張文謙，字仲謙。邢州沙河人也。與劉秉忠同學，洞悉數術。世祖召見，命掌王府書記，累官御史中丞。會大明曆歲久寖差，命許衡等造新曆，乃授文謙昭文館大學士，領太史院，以總其事。十九年，拜樞密副使，歲餘卒于位，年六十八。累贈推誠同德佐運功臣、太師、開府儀同三司、上柱國，追封魏國公，謚忠宣。《元史》本傳。

許衡

許衡，字仲平。河内人也。世祖王秦中，召衡爲京兆提學。中統中，爲國子祭酒，未幾謝病歸。至元二年，召至京師，命議事中書省，官制成爲左丞。八年，爲集賢大學士兼國子祭酒。國家自得中原，用金《大明曆》，自大定是正後六七十年，氣朔加時漸差。帝以海宇混一，宜協時正日，十三年，詔王恂定新曆。恂以術家知曆數而不知曆理，宜得衡領之，乃以集賢大學士兼國子祭酒兼領太史院事。衡以爲冬至者曆之本，而求曆本者在驗氣；今所用宋舊儀，自汴還至京師，已自乖舛，加之歲久規環不叶，乃與太史令郭守敬等新製儀象圭表。自丙子之冬日測晷景，得丁丑戊寅己卯三年冬至加時，減大明術十九刻二十分。又增損古歲餘歲差法，上考春秋以來冬至無不盡合，以月食衡及金、木二星距驗冬至日躔，校舊術退七十六分；以日轉遲疾中平行度驗月離宿度，加

舊術三十刻；以綫代管，窺測赤道宿度；以四正定氣立損益限，以定日之盈縮；分二十八限爲三百六十限，以定月之遲疾；以赤道變九道定月行；以遲疾轉定度分定朔，而不用平行度；以日月實合時刻定晦，而不用虚進法；以躔離朓朒定交食。其法視古皆密，而又悉去諸術積年、日法之傅會者，一本天道自然之數，可以施之永久而無弊，自餘正訛完闕，蓋非一事。十七年曆成，奏上之，賜名曰《授時曆》，頒之天下。六月，以疾請還。十八年卒，年七十三。大德二年，贈榮禄大夫、司徒，謚文正。至大二年，加正學垂憲佐運功臣、太傅、開府儀同三司，封魏國公。皇慶二年，詔從祀孔子廟廷，世稱魯齋先生。《元史》本傳。

楊恭懿

楊恭懿，字元甫。奉元人也。至元十六年，召赴闕入見，詔于太史院改曆。十七年二月，進奏曰：「臣等徧考自漢以來曆書四十餘家，精思推算，舊儀難用，而新者未備。故日行盈縮，月行遲疾，五行周天，皆未精察。今權以新儀木表所測相較，得今歲冬至晷景及日躔所在，與列舍分度之差，大都北極之高，晝夜刻長短，參以古制，創立新法推步，成辛巳曆。雖或未精，然比之前改曆者，附會元曆，更日立法，全踵故習，故亦無愧。然必每歲測驗修改，積三十年，庶盡其法，可使如三代日官，世專其職，測驗良久，無改歲之事矣。」又《合朔議》曰：「自秦廢曆紀，漢太初止用平朔，大小相間，或有二大者。故日食多在晦日，或二日，測驗時刻亦鮮中。宋何承天測驗四十餘年，進元嘉術，始以月行遲速定小餘以正朔望，使食必在朔，名定朔法。有三大三小時，以異舊法，罷之。梁虞劇造大同術，隋劉焯造皇極術，皆用定朔，爲時所阻。詔傅仁均造戊寅術，定朔始得行。貞觀十九年四月頻大，人皆異之，竟改從平朔。李淳風造麟德術，雖不用平朔，遇四大則避，人言以平朔間之，又希合當世，爲進朔法，使無元日之食。至一行造大衍，謂天事誠密，四大三小何傷，誠爲確論，然亦循常不改。臣等更造新術，一依前賢定論，推算皆改從實，今十九年，曆自八月後四月并大，實日月合朔之數也。」授集賢學士兼太史院事。十八年辭歸。三十一年卒，年七十。《元史》本傳。

王恂

王恂，字敬甫，中山唐縣人也。父良，潛心天文曆術，年九十二卒。恂性穎悟，十三學九數，輒造其極。劉秉忠見而奇之，薦于世祖。中統二年，權太子贊善。恂早以算名，裕宗嘗問焉，恂曰：「算數六藝之一，定國家，安人民，乃大事也。」帝以國朝承用金大明術，歲久浸疎，欲釐正之，遂以命恂。恂薦許衡能明曆之理，詔驛召赴闕，命領改曆事，官屬悉聽恂辟置。恂與衡及楊恭懿、郭守敬等徧考曆書四十餘家，晝夜測驗，創立新法，參以古制，推算極爲精密。十六年，授嘉議大夫、太史令。十七年，曆成，賜名「授時術」，以其年冬頒行天下。十八年卒，年四十七。延祐二年，贈推忠守正功臣、光禄大夫、司徒、上柱國、定國公，謚文肅。子寬、賓，并從許衡游，得星曆之傳于家學。寬由保章正歷兵部郎中，知蠡州；賓由保章副累遷秘書監。《元史》本傳。

清・阮元《疇人傳》卷二五　元二

郭守敬

郭守敬，字若思。順德邢臺人也。大父榮，精于算數，使守敬從劉秉忠學。初，秉忠以大明曆自遼、金承用二百餘年，浸以後天，議欲脩正而卒。十三年，帝思用其言，遂以守敬與王恂，率南北日官分掌測驗推步于下，而命張文謙與樞密張易爲之主領裁奏于上，左丞許衡參預其事。守敬首言：「曆之本在于測驗，而測驗之器莫先儀表。今司天渾儀，宋皇祐中汴京所造，不與此處天度相符，比量南北二極約差四度，表石年久亦復欹側。」守敬乃盡考其失而移置之。既又别圖高爽地，以木爲重棚，創作簡儀、高表，用相比覆。又以爲天樞附極而動，昔人嘗〔展〕管望之，未得其的，作候極儀。極辰既位，天體斯正，作渾天象。象雖形似，莫適所用，作玲瓏儀。以表之矩方，測天之正圜，莫若以圜求圜，作仰儀。古有經緯，結而不動，守敬易之，作立運儀。日有中道，月有九行，守敬一之，作證理儀。表高景虚，罔象非真，作景符。月雖有明，察景則難，作闚几。術法之驗，在于交會，作日月食儀。天有赤道，輪以當之，兩極低昂，標以指之，作星晷定時。又作正方案、九表懸正儀、座正儀，爲四方行測者所用。又作仰規覆矩圖、異方渾蓋圖、日出入永短圖，與上諸儀互相參考。

其簡儀之制，四方爲趺，縱一丈八尺，三分去一以爲廣。趺面上廣六寸，下廣八寸，厚如上廣。中布橫輄三，縱輄三。南二，北抵南輄；北一，南抵中輄。趺面四周爲水渠，深一寸，廣加五分。四隅爲礎，出趺面内外各二寸。繞礎爲渠，深廣皆一寸，與四周渠相灌通。又爲礎于卯酉位，廣加四維，長加廣三之二，水渠亦如之。北極雲架柱二，徑四寸，長一丈二尺八寸。下爲鼇雲，植于乾、艮二隅礎上，左右内向，其勢斜準赤道，合貫上規。規環〔徑〕二尺四寸，廣一寸五

分，厚倍之。中爲距，相交爲斜十字，廣厚如規。中心爲竅，上廣五分，方一寸有半，下二寸五分，方一寸，以受北極樞軸。自雲架柱斜上，去趺面七尺二寸，爲横軏。自軏心上至竅心六尺八寸。又爲龍柱二，植于卯酉礎中分之北，皆飾以龍，下爲山形，北向斜植，以柱北架。南極雲架柱二，植于卯酉礎中分之南，廣厚形制一如北架。斜向坤巽二隅相交爲十字，其上與百刻環邊齊，在辰巳、未申之間，南傾之勢準赤道，各長一丈一尺五寸。自趺面斜上三尺八寸爲横軏，以承百刻環，下邊又爲龍柱二，植于坤巽二隅礎上，北向斜柱，其端形制一如北柱。

四游雙環，徑六尺，廣二寸，厚一寸，中間相離一寸，相連于子午卯酉。當子午爲圓竅，以受南北極樞軸。兩面皆列周天度分，起南極，抵北極，餘分附于北極。去南北樞竅兩旁四寸，各爲直距，廣厚如環。距中心各爲横關，東西與兩距相連，廣厚亦如之。關中心相連，厚三寸，爲竅方八分，以受窺衡樞軸。窺衡長五尺九寸四分，廣厚皆如環，中腰爲圓竅，徑五分，以受樞軸。衡兩端爲圭首，以取中縮。土圭首五分，各爲側立横耳，高二寸二分，廣如衡面，厚三分，中爲圓竅，徑六分。其中心，上下一綫界之，以知度分。

百刻環，徑六尺四寸，面廣二寸，周布十二時、百刻，每刻作三十六分，厚二寸，自半已上廣三寸。又爲十字距，皆所以承赤道環也。百刻環内廣面卧施圓軸四，使赤道環旋轉無澀滯之患。其環陷入南極架一寸，仍釘之。赤道環徑廣厚皆如四游，環面細刻列舍、周天度分。中爲十字距，廣三寸，中空一寸，厚一寸。當心爲竅，竅徑一寸，以受南極樞軸。界衡二，各長五尺九寸四分，廣三寸。衡首斜刻五分，刻度分以對環面。中腰爲竅，重置赤道環、南極樞軸。其上衡兩端，自長竅外邊至衡首底，厚倍之，取二衡運轉，皆著環面，而無低昂之失，且易得度分也。二極樞軸皆以鋼鐵爲之，長六寸，半爲本，半爲軸。本之分寸一如上規距心，適取能容軸徑一寸。北極軸中心爲孔，孔底横穿，通兩旁，中出一綫，曲其本，出横孔兩旁結之。孔中綫留三分，亦結之，上下各穿一綫，貫界衡兩端，中心爲孔，下洞衡底，順衡中心爲渠以受綫，直入内界長竅中。至衡中腰，復爲孔，自衡底上出結之。

定極環，廣半寸，厚倍之，皆勢穹窿，中徑六度，度約一寸許。極星去不動處三度，僅容轉周。中爲斜十字距，廣厚如環，連于上規。環距中心爲孔，徑五釐。下至北極軸心六寸五分，又置銅板，連于南極雲架之十字，方二寸，厚五分。北面刻其中心，存一釐以爲厚，中爲圜孔，徑一分，孔心下至南極軸心亦六寸五分。又爲環二：其一陰緯環，面刻方位，取趺面縱横軏北十字爲中心，卧置之；其一曰立運環，面刻度分，施于北極雲架柱下，當卧環中心，上屬架之横軏，下抵趺軏之十字，上下各施樞軸，令可旋轉。中爲直距，當心爲竅，以施窺衡，令可俯仰，用窺日月星辰出地度分。

右四游環，東西運轉，南北低昂，凡七政、列舍、中外官去極度分皆測之。赤道環旋轉，與列舍距星相當，即轉界衡使兩綫相對，凡日月五星、中外官入宿度分皆測之。百刻環轉界衡令兩綫與日相對，其下直時刻，則晝刻也，夜則以星定之。比舊儀測日月五星出没，而無陽經陰緯雲柱之映。

其渾象之制，圜如彈丸，徑六尺，縱横各畫周天度分。赤道居中，去二極各周天四之一。黄道出入赤道内外，各二十四度弱。月行白道，出入不常，用竹篾均分天度，考驗黄道所交，隨時遷徙。先用簡儀測到入宿去極度數，按于其上，校驗出入黄、赤二道遠近疎密，了然易辨，仍參以算數爲準。其象置于方匱之上，南北極出入匱面各四十度太强，半見半隱，機運輪牙隱于匱中。

其仰儀之制，以銅爲之，形若釜，置于甎臺。内畫周天度，脣列十二辰位，蓋俯視驗天者也。其銘辭云：「不可體形，莫天大也。無競維人，仰釜載也。六尺爲深，廣自倍也。兼深廣倍，絜釜兑也。環鑿爲沼，準以溉也。辨方正位，曰子卦也。衡縮度中，平斜再也。斜起南極，平釜鐓也。小大必周，入地畫也。始周浸斷，浸極外也。極入地深，四十太也。北九十一，赤道齘也。列刻五十，六時配也。衡竿加卦，巽坤内也。以負縮竿，本午對也。首旋璣版，窽納芥也。上下懸直，與鐓會也。視日透光，何度在也。暘谷朝賓，夕餞昧也。寒暑發斂，驗進退也。薄蝕起自，鑒生殺也。以避赫曦，奪目害也。南北之偏，亦可概也。極淺十五，林邑界也。黄道夏高，人所載也。夏永冬短，猶少差也。深五十奇，鐵勒塞也。黄道浸平，冬晝晦也。夏則不没，永短最也。安渾宣夜，昕穹蓋也。六天之書，言殊話也。一儀一揆，孰善悖也。以指爲告，無煩喙也。闇資以明，疑者沛也。智者是之，膠者怪也。古今巧曆，不億輩也。非讓不爲，思不逮也。將窺天朕，造化愛也。其有俊明，昭聖代也。泰山礪乎，河如帶也。黄金不磨，悠久賴也。鬼神禁訶，勿銘壞也。」

其大明殿燈漏之制，高丈有七尺，架以金爲之。其曲梁之上，中設雲珠，左日右月。雲珠之下，復懸一珠。梁之兩端飾以龍首，張吻轉目，可以審平水之緩急。中梁之上有戲珠龍二，隨珠俛仰，又可察準水之均調。凡此皆非徒設也。

燈毬雜以金寶爲之，內分四層，上環布四神，旋當日月參辰之所在，左轉日一週。次爲龍虎鳥龜之象，各居其方，依刻跳躍，鐃鳴以應于內。又次週分百刻，上列十二神，各執時牌，至其時，四門通報。又一人當門內，常以手指其刻數。下四隅，鐘鼓鉦鐃各一人，一刻鳴鐘，二刻皷，三鉦，四鐃，初正皆如是。其機發隱于櫃中，以水激之。

其正方案，方四尺，厚一寸。四周去邊五分爲渠。先定中心，畫爲十字，外抵水渠。去心一寸，畫爲圓規，自外寸規之，凡十九規。外規內三分，畫爲重規，徧布周天度。中爲圓，徑二寸，高亦如之。中心洞底植臬，高一尺五寸，南至則減五寸，北至則倍之。凡欲正四方，置案平地，注水于渠，眡平，乃植臬于中。自臬景西入外規，即識以墨影，少移輒識之，每規皆然，至東出外規而止。凡出入一規之交，皆度以綫，屈其半以爲中，即所識與臬相當，且其景最短，則南北正矣。復偏閱每規之識，以審定南北，既正，則東西從而正。然二至前後，日軌東西行，南北差少，則外規出入之景以爲東西，允得其正。當二分前後，日軌東西行，南北差多，朝夕有不同者，外規出入之景或未可憑，必取近內規景爲定，仍校以累日則愈真。又測用之法，先測定所在北極出地度，即是案地平以上度，如其數下對南極入地度，以墨斜經中心界之，又橫截中心斜界爲十字，即天腹赤道斜勢也。乃以案側立，懸繩取正。凡置儀象，皆以此爲準。

其圭表以石爲之，長一百二十八尺，廣四尺五寸，厚一尺四寸，座高二尺六寸。南北兩端爲池，圓徑一尺五寸，深二寸，自表北一尺，與表梁中心上下相直。外一百二十八尺，中心廣四寸，兩旁各一寸，畫爲尺寸分，以達北端。兩旁相去一寸爲水渠，深廣各一寸，與南北兩池相灌通以取平。表長五十尺，廣二尺四寸，厚減廣之半，植于圭之南端圭石座中，入地及座中一丈四尺，上高三十六尺。其端兩旁爲二龍，半身附表上擎橫梁，自梁心至表顛四尺，下屬圭面，共爲四十尺。梁長六尺，徑三寸，上爲水渠以取平。兩端及中腰各爲橫竅，徑二分，橫貫以鐵，長五寸，繫綫合于中，懸錘取正，且防傾墊。按表短則分寸短促，尺寸之下所爲分秒太半少之數，未易分別。表長則分寸稍長，所不便者景虛而淡，難得實影。前人欲就虛景之中考求真實，或設望筩，或置小表，或以木爲規，皆取端日光，下徹表面。今以銅爲表，高三十六尺，端挾以二龍，舉一橫梁，下至圭面共四十尺，是爲八尺之表五。圭表刻爲尺寸，舊一寸，今申而爲五，釐毫差易分別。

其景符之制，以銅葉，博二寸，長加博之二，中穿一竅，若針芥然。以方闑爲趺，一端設爲機軸，令可開闔，楮其一端，使其勢斜倚，北高南下，往來遷就于虛梁之中。竅達日光，僅如米許，隱然見橫梁于其中。舊法一表端測晷，所得者日體上邊之景。今以橫梁取之，實得中景，不容有毫末之差。至元十六年己卯夏至晷景，四月十九日乙未景一丈二尺二寸六分九釐五毫。至元十六年己卯冬至晷景，十月二十四日戊戌景七丈六尺七寸四分。

其闚几之制，長六尺，廣二尺，高倍之。下爲趺，廣三寸，厚二寸，上闑廣四寸，厚如趺。以版爲面，厚及寸，四隅爲足，撐以斜木，務取正方。面中開明竅，長四尺，廣二寸。近竅兩旁一寸，分畫爲尺，內三寸刻爲細分，下應圭面。几面上至梁心二十六尺，取以爲準。闚限各長二尺四寸，廣二寸，脊厚五分，兩刃斜剡，取其于几面相符。著限兩端，厚廣各存二寸，銜入几闑。侯星月正中，從几下仰望，視表梁南北以爲識，折取分寸中數，用爲直景。又于遠方同日闚測取景數，以推星月高下也。

十六年，改局爲太史院，以恂爲太史令，守敬爲同知太史院事，給印章，立官府。及奏進儀表式，守敬當帝前指陳理致，至于日晏，帝不爲倦。因奏：「唐一行開元間令南宮說天下測景，書中見者凡十三處。今疆宇比唐尤大，若不遠方測驗，日月交食分數時刻不同，晝夜長短不同，日月星辰去天高下不同，即目測驗人少，可先南北立表，取直測景。」帝可其奏。遂設監候官十四員，分道而出，東至高麗，西極滇池，南踰朱崖，北盡鐵勒。先測得南海北極出地十五度，夏至景在表南，長一尺一寸六分，晝五十四刻，夜四十六刻；衡岳北極出地二十五度，夏至日在表端，無影，晝五十六刻，夜四十四刻；岳臺北極出地三十五度，夏至景長一尺四寸八分，晝六十刻，夜四十刻；和林北極出地四十五度，夏至景長三尺二寸四分，晝六十四刻，夜三十六刻；鐵勒北極出地五十五度，夏至景長五尺一分，晝七十刻，夜三十刻；北海北極出地六十五度，夏至景長六尺七寸八分，晝八十二刻，夜十八刻。繼又測得上都北極出地四十三度少，北京北極出地四十二度強，益都北極出地三十七度少，登州北極出地三十八度少，高麗北極出地三十八度少，西京北極出地四十度少，太原北極出地三十八度少，安西府北極出地三十四度半強，興元北極出地三十三度半強，成都北極出地三十一度半強，西涼州北極出地四十度強，東平北極出地三十五度太，大名北極出地三十六度，南京北極出地三十四度太強，陽城北極出地三十四度太弱，揚州北極出地三十三度，鄂州北極出地三十一度半，吉州北極出地二十六度半，雷州北極出地二十

度太，瓊州北極出地十九度太。四方測驗，凡二十七所。

十七年，新曆告成，守敬與諸臣同上奏曰：「臣等竊聞帝王之事，莫重于曆。黃帝迎日推策，帝堯以閏月定四時成歲，舜在璇璣玉衡以齊七政。爰及三代，曆無定法。周、秦之間，閏餘乖次。西漢造三統曆，百三十年而後是非始定。東漢造四分曆，七十餘年而儀式方備。又百二十一年，劉洪造乾象曆，始悟月行有遲速。又百八十年，姜岌造三紀甲子曆，始悟以月食衝檢日宿度所在。又五十七年，何承天造元嘉曆，始悟以朔望及弦皆定大小餘。又六十五年，祖冲之造大明曆，始悟太陽有歲差之數，極星去不動處一度餘。又五十二年，張子信始悟交道有表裏，五星有遲疾留逆。又三十三年，劉焯造皇極曆，始悟日行存盈縮。又三十五年，傅仁均造戊寅元曆，頗采舊儀，始用定朔。又四十六年，李淳風造麟德曆，以古章蔀元首分度不齊，始爲總法，用進朔以避晦晨月見。又六十三年，僧一行造大衍曆，始以朔有四大、三小，定九服交食之異。又九十四年，徐昂造宣明曆，始悟日食有氣、刻、時三差。又二百三十六年，姚舜輔造紀元曆，始悟食甚泛餘差數。以上計千一百八十二年，曆經七十改，其創法者十有三家。

自是又百七十四年，欽惟聖朝統一六合，肇造區夏，耑命臣等改治新曆。臣等用創造簡儀、高表，其測到實數，所考正者凡七事：一曰冬至。自丙子年立冬後，日差同者爲準，得丁丑年冬至在戊戌日夜半後八刻半，又定丁丑夏至在庚子日夜半後七十刻；又定戊寅冬至在癸卯日夜半後三十三刻；己卯冬至在戊申日夜半後五十七刻；庚辰冬至在癸丑日夜半後八十一刻。各減大明術十八刻，遠近相符，前後應準。二曰歲餘。自大明術以來，凡測景驗氣，得冬至時刻真數者有六，用以相距，各得其時合用歲餘。今考驗四年，相符不差。仍自宋大明壬寅年距至今日八百一十年，每歲合得三百六十五日二十四刻二十五分，其二十五分爲今曆歲餘實合用之數。三曰日躔。用至元丁丑四月癸酉望月食既，推求日躔，得冬至日躔赤道箕宿十度，黃道箕九度有奇。仍憑每日測到太陽躔度，或憑星測月，或憑月測日，或徑憑星度測日，立術推算。起自丁丑正月，至己卯十二月，凡三年，共得一百三十四事，皆躔于箕，與月食相符。四曰月離。自丁丑以來至今，憑每日測到逐時太陰行度推算，從黃道求入轉極遲疾并平行處，前後凡十三轉，計五十一事，內除去不真的外，有三十事，得大明術入轉後天。又因考驗交食，加大明術三十刻，與天道合。五曰入交。自丁丑五月以來，憑每日測到太陰去極度，比擬黃道去極度，得月道交于黃道，共得八事。仍依日食法度推求，皆有食分，得入交時刻，與大明術所差不多。六曰二十八宿距度。自漢太初曆以來，距度不同，互有損益。大明術則宿度下餘分，附以太半少，皆私意牽就，未嘗實測其數。今新儀皆細刻周天度分，每度爲三十六分，以距綫代管窺，宿度餘分并依實測，不以私意牽就。七曰日出入晝夜刻。大明術日出入晝夜刻，皆據汴京爲準，其刻數與大都不同。今更以本方北極出地高下，黃道出入內外度，立術推求每日日出入晝夜刻，得夏至極長，日出寅正二刻，日入戌初二刻，晝六十二刻，夜三十八刻；冬至極短，日出辰初二刻，日入申正二刻，晝三十八刻，夜六十二刻。永爲定式。

所創法凡五事：一曰太陽盈縮。用四正定氣立爲升降限，依立招差求得每日行分初末極差積度，比古爲密。二曰月行遲疾。古術皆用二十八限，今以萬分日之八百二十分爲一限，凡析爲三百三十六限，依垜疊招差求得轉分進退。其遲疾度數遂時不同，蓋前所未有。三曰黃道亦道差。舊法以一百一度相減相乘，今依算術句股弧矢方圓斜直所容，求到度率積差，差率與天道實吻合。四曰黃赤道內外度。據累年實測，內外極度二十三度九十分，以圜容方直矢接句股爲法，求每日去極，與所測相符。五曰白道交周。舊法黃道變推白道，以斜求斜，今用立渾比量，得月與赤道正交，距春秋二正黃赤道正交一十四度六十六分，擬以爲法。推逐月每交二十八宿度分，于理爲盡。」

十九年，王恂卒。時曆雖頒，然其推步之式與夫立成之數，尚皆未有定稿。守敬于是比次篇類，整齊分秒，裁爲《推步》七卷、《立成》二卷、《曆議擬稿》三卷、《轉神選擇》二卷、《上中下三曆注式》十二卷。二十三年，繼爲太史令，遂上表奏進。又有《時候箋注》二卷、《修改源流》一卷。其測驗書，有《儀象法式》二卷、《二至晷景考》二十卷、《五星細行考》五十卷、《古今交食考》一卷、《新測二十八舍雜坐諸星入宿去極》一卷、《新測無名諸星》一卷、《月離考》一卷，并藏之官。三十一年，拜昭文殿大學士、知太史院事。大德七年，詔內外官年及七十，并聽致仕，獨守敬不許其請。自是翰林太史司天官不致仕，著爲令。延祐三年卒，年八十六。《元史》本傳、《天文志》，齊履謙《郭太史行狀》。

論曰：推步之要，測與算二者而已。簡儀、仰儀、景符、闚几之製，前此言測候者未之及也。垛疊、招差、句股、弧矢之法，前此言算造者弗能用也。先之以精測。繼之以密算，上考下求，若應準繩，施行于世垂四百年，可謂集古法之大成，爲將來之典要者矣。自三統以來，爲術者七十餘家，莫之倫比也。

李謙上

李謙，字受益。鄆之東阿人也。爲東平府教授，累官萬户，召爲翰林應奉文字。至元十五年，陞待制。十八年，陞直學士，爲太子左諭德。二十年，受詔爲曆議，發明新曆順天求合之微，考證前代人爲附會之失。

其《驗氣議》曰：天道運行，如環無端，治曆者必就陰消陽息之際，以爲立法之始。陰陽消息之機，何從而見之？惟候其日晷進退，則其機將無所遁。候之之法，不過植表測景，以究其氣至之始。智作能述，前代諸人爲法略備，苟能精思密索，心與理會，則前人述作之外，未必無所增益。舊法擇地平衍，設水準繩墨，植表其中，以度其中晷。然表短促，尺寸之下，所爲分秒太、半、少之數，未易分別。表長則分寸稍長，所不便者，景虚而淡，難得實景。前人欲就虚景之中，考求真實，或設望筒，或置小表，或以木爲規，皆取表端日光下徹圭面。今以銅爲表，高三十六尺，端挾以二龍，舉一横梁，下至圭面，共四十尺，是爲八尺之表五。圭表刻爲尺寸，舊寸一，今申而爲五，釐毫差易分。别創爲景符，以取實景。其制以銅葉，博二寸，長加博之二，中穿一竅，若針芥然，以方闆爲趺，一端設爲機軸，令可開闔，楮其一端，使其勢斜倚，北高南下，往來遷就于虚景之中。竅達日光，僅如米許，隱然見横梁于其中。舊法以表端測晷，所得者日體上邊之景，今以横梁取之，實得中景，不容有毫末之差。

地中八尺表景，冬至長一丈三尺有奇，夏至尺有五寸。今京師長表，冬至之景七丈九尺八寸有奇，在八尺表則一丈五尺九寸六分；夏至之景一丈一尺七寸有奇，在八尺表則二尺三寸四分。雖晷景長短所在不同，而其景長爲冬至，景短爲夏至，則一也。惟是氣至時刻考求不易，蓋至日氣正，則一歲氣節從而正矣。劉宋祖冲之嘗取至前後二十三四日間晷景，折取其中，定爲冬至，且以日差比課，推定時刻。宋皇祐間，周琮則取立冬、立春二日之景，以爲去至既遠，日差頗多，易爲推考。紀元以後諸曆爲法加詳，大抵不出冲之之法。新曆積日累月，實測中晷，自遠日以及近日，取前後日率相埒者，參考同異，初非偏取一二日之景，以取數多者爲定，實減《大明曆》一十九刻二十分。仍以累歲實測中晷日差分寸，定擬二至時刻于後。

推至元十四年丁丑歲冬至。其年十一月十四日己亥，景長七丈九尺四寸八分五釐五毫；至二十一日丙午，景長七丈九尺五寸四分一釐；二十二日丁未，景長七丈九尺四寸五分五釐。以己亥、丁未二日之景相校，餘三分五釐爲晷差，進二位；以丙午、丁未二日之景相校，餘八分六釐爲法；除之，得三十五刻；用減相距日八百刻，餘七百六十五刻；折取其中，加半日刻，共爲四百三十二刻半；百約爲日，得四日；餘以十二乘之，百約爲時，得三時，滿五十又作一時，共得四時；餘以十二收之，得三刻；命初起距日己亥算外，得癸卯日辰初三刻爲丁丑歲冬至。此取至前後四日景。十一月初九日甲午，景七丈八尺六寸三分五釐五毫；至二十六日辛亥，景七丈八尺七寸九分三釐五毫；二十七日壬子，景七丈八尺五寸五分。以甲午、壬子景相減，復以辛亥、壬子景相減，準前法求之，亦得癸卯日辰初三刻。至二十八日癸丑，景七丈八尺三寸四釐五毫；用壬子、癸丑二日之景與甲午景，準前法求之，亦合。此取至前後八九日景。十一月丙戌朔，景七丈五尺九寸八分六釐五毫；二日丁亥，景七丈六尺三寸七分七釐；至十二月初六日庚申，景七丈五尺八寸五分一釐。準前法求之，亦在辰初三刻。此取至前後一十七日景。十一月二十一日丙子，景七丈九寸七分一釐；至十二月十六日庚午，景七丈七寸六分；十七日辛未，景七丈一寸五分六釐五毫。準前法求之，亦得辰初三刻。此取至前後二十七日景。六月初五日癸亥，景一丈三尺八分；距十五年五月癸未朔，景一丈三尺三分八釐五毫；初二日甲申，景一丈二尺九寸二分五毫。準前法求之，亦合。此取至前後一百六十日景。

推十五年戊寅歲夏至。五月十九日辛丑，景一丈一尺七寸七分七釐五毫；距二十八日庚戌，景一丈一尺七寸八分；二十九日辛亥，景一丈一尺八寸五釐五毫。用辛丑、庚戌二日之景相減，餘二釐五毫，進二位爲實；復用庚戌、辛亥景相減，餘二分五釐五毫爲法；除之得九刻，用減相距日九百刻，餘八百九十一刻；半之，加半日刻，百約得四日；餘以十二乘之，百約得十一刻；餘以十二收爲刻，得三刻；命初起距日辛丑算外，得乙巳日亥正三刻夏至。此取至前後四日景。十四年十二月十五日己巳，景七丈一尺三寸四分三釐；距十五年十一月初二日辛巳，景七丈七寸五分九釐五毫；初三日壬午，景七丈一尺四寸六釐。用己巳、壬午景相減，以辛巳、壬午景相減，除之亦合。此用至前後一百五十六日景。十四年十二月十二日丙寅，景七丈二尺九寸七分二釐五毫；十三日丁卯，景七丈二尺四寸五分四釐五毫；十四日戊辰，景七丈一尺九寸九釐；距十五年十一月初四日癸未，景七丈一尺九寸五分七釐五毫；初五日甲申，景七丈二尺五寸五釐；初六日乙酉，景七丈三尺三分三釐五毫。前後互取，所得時刻

皆合。此取至前後一百五十八九日景。十四年十二月初七日辛酉，景七丈五尺四寸一分七釐；初八日壬戌，景七丈四尺九寸五分九釐五毫；初九日癸亥，景七丈四尺四寸八分六釐；距十五年十一月初九日戊子，景七丈四尺五寸二分五毫；初十日己丑，景七丈五尺三釐五毫；十一日庚寅，景七丈五尺四寸四分九釐五毫。以壬戌、己丑景相減爲實，以辛酉、壬戌景相減爲法，除之；或以壬戌、癸亥景相減；或以戊子、己丑景相減。若己丑、庚寅景相減，推前法求之，皆合。此取至前後一百六十三四日景。

推十五年戊寅歲冬至。其年十一月十九日戊戌，景七丈八尺三寸一分八釐五毫；距閏十一月初九日戊午，景七丈八尺三寸六分三釐五毫；初十日己未，景七丈八尺八分二釐五毫；用戊戌、戊午二日景相減，餘四分五釐爲晷差；進二位，以戊午、己未景相減，餘二寸八分一釐爲法；除之，得一十六刻，加相距日二千刻，半之，加半日刻，百約，得十日；餘以十二乘之，百約爲時，滿五十又進一時，共得七時；餘以十二收爲刻；命初起距日己亥算外，得戊申日未初三刻爲戊寅歲冬至。此取至前後十日景。十一月十二日辛卯，景七丈五尺八寸八分一釐五毫；十三日壬辰，景七丈六尺三寸一釐五毫；閏十一月十五日甲子，景七丈六尺三寸六分六釐五毫；十六日乙丑，景七丈五尺九寸五分三釐；十七日丙寅，景七丈五尺五寸四釐五毫。用壬辰、甲子景相減爲實，以辛卯、壬辰景相減爲法，除之，亦得戊申日未初三刻；或用甲子、乙丑景相減，推之亦合。若用辛卯、乙丑景相減爲實，用乙丑、丙寅景相減，除之，并同。此取至前後十六七日景。十一月初八日丁亥，景七丈四尺三分七釐五毫；閏十一月二十日己巳，景七丈四尺一寸二分；二十一日庚午，景七丈三尺六寸一分四釐五毫。用丁亥、己巳景相減爲實，以己巳、庚午景相減，除之，亦同。此取至前後二十一日景。六月二十六日戊寅，景一丈四尺四寸五分二釐五毫；二十七日己卯，景一丈四尺六寸三分八釐；至十六年四月二日戊寅，景一丈四尺四寸八分一釐。以二戊寅景相減，用後戊寅、己卯景相減，推之亦同。此取至前後一百五十日景。五月二十八日庚戌，景一丈一尺七寸八分；至十六年四月二十九日乙巳，景一丈一尺八寸六分三釐；三十日丙午，景一丈一尺七寸八分三釐。用庚戌、丙午景相減，以乙巳、丙午景相減，推之亦同。此取至前後百七十八日景。

推十六年己卯歲夏至。四月十九日乙未，景一丈二尺三寸六分九釐五毫；二十日丙申，景一丈二尺二寸九分三釐五毫；至五月十九日乙丑，景一丈二尺二寸六分四釐。以丙申、乙丑景相減，餘二分九釐五毫爲晷差，進二位；以乙未、丙申景相減，得七分六釐爲法；除之，得三十八刻；加相距日二千九百刻，半之，加半日刻，百約得十五日；餘以十二乘之，百約得二時；餘以十二收之，得二刻；命初起距日丙申算外，得辛亥日寅正二刻爲夏至。此取至前後十五日景。三月二十一日戊辰，景一丈六尺三寸九分五毫；六月十六日壬辰，景一丈六尺九分九釐五毫；十七日癸巳，景一丈六尺三寸一分一釐。用戊辰、癸巳景相減，以壬辰、癸巳景相減，準前法推之亦合。此取至前後四十二日景。三月初二日己酉，景二丈一尺三寸五釐；至七月初七日壬子，景二丈一尺一寸九分五釐五毫；初八日癸丑，景二丈一尺四寸八分六釐五毫。用己酉、壬子景相減，以壬子、癸丑景相減，如前法推之亦合。此取至前後六十一二日景。三月戊申朔，景二丈一尺六寸一分一釐；至七月初八日癸丑，景二丈一尺四寸八分六釐五毫；初九日甲寅，景二丈一尺九寸一分五釐五毫。用戊申、癸丑景相減，以癸丑、甲寅景相減，準前法推之亦同。此取至前後六十二三日景。二月十八日乙未，景二丈六尺三分四釐五毫；至七月二十一日丙寅，景二丈五尺八寸九分九釐；二十二日丁卯，景二丈六尺二寸五分九釐。用乙未、丙寅景相減，以丙寅、丁卯景相減，如前法推之亦同。此取至前後七十五六日景。二月三日庚辰，景三丈二尺一寸九分五釐五毫；至八月初五日庚辰，景三丈一尺五寸九分六釐五毫；初六日辛巳，景三丈二尺二分六釐五毫。用前庚辰與辛巳景相減，以後庚辰、辛巳景相減，如前推之亦同。此取至前後九十日景。正月十九日丁卯，景三丈八尺五寸一釐五毫；至八月十八日癸巳，景三丈七尺八寸二分三釐；十九日甲午，景三丈八尺三寸一分五釐。用丁卯、甲午景相減，以癸巳、甲午景相校，如前推之亦同。此取至前後一百三四日景。

推十六年己卯歲冬至。十月二十四日戊戌，景七丈六尺七寸四分；至十一月二十五日己巳，景七丈六尺五寸八分；二十六日庚午，景七丈六尺一寸四分二釐五毫。用戊戌、己巳景相減，餘一寸六分爲晷差，進二位；以己巳、庚午景相減，餘四寸三分七釐五毫爲法；除之得三十六刻；以相減距日三千一百刻，餘三千六十四刻；半之，加五十刻，百約得一十五日；餘以十二乘之，百約爲時，滿五十，又進一時，共得十時；餘以十二收之爲刻，得二刻；命初起距日戊戌算外，得癸丑日戌初二刻冬至。此取至前後十五六日景。十月十八日壬辰，景七丈四尺五分二釐五毫；十九日癸巳，景七丈四尺五寸四分五釐；二十日甲

午，景七丈五尺二分五釐；至十一月二十八日壬申，景七丈五尺三寸一分；二十九日癸酉，景七丈四尺八寸五分二釐五毫；十二月甲戌朔，景七丈四尺三寸六分五釐；初二日乙亥，景七丈三尺八寸七分一釐五毫。用甲午、癸酉景相減，癸巳、甲午景相減，如前推之亦同。若以壬申、癸酉景相減爲法，推之亦同。此取至前後十八九日景。若用癸巳與甲戌景相減，以壬辰、癸巳景相減，如前法推之；或用癸巳、甲午景相減，推之；或用甲戌、癸酉景相減，推之；或用甲戌、乙亥景相減，推之；或以壬辰、乙亥景相減，用壬辰、癸巳景相減，如前法推之并同。此取至前後二十日景。十月十六日庚寅，景七丈三尺一分五釐；十二月初三日丙子，景七丈三尺三寸二分；初四日丁丑，景七丈二尺八寸四分二釐五毫。用庚寅、丁丑景相減，以丙子、丁丑景相減，推之亦同。此取至前後二十三日景。十月十四日戊子，景七丈一尺九寸二分二釐五毫；十五日己丑，景七丈二尺四寸六分九釐；十二月初五日戊寅，景七丈二尺二寸七分二釐五毫。用己丑、戊寅景相減，以戊子、己丑景相減，推之，或用己丑、庚寅景相減，推之亦同。此取至前後二十四日景。十月初七日辛巳，景六丈七尺七寸四分五釐；初八日壬午，景六丈八尺三寸七分二釐五毫；初九日癸未，景六丈八尺九寸七分七釐五毫；十二月十二日乙丑，景六丈八尺一寸四分五釐；用壬午、乙丑景相減，以辛巳、壬午景相減推之，壬午、癸未景相減，推之亦同。此取至前後三十一〔二〕日景。十月乙亥朔，景六丈三尺八寸七分；〔十二月〕十八日辛卯，景六丈四尺二寸九分七釐五毫；十九日壬辰，景六丈三尺六寸二分五釐。用乙亥、壬辰景相減，以辛卯、壬辰景相減，推之亦同。此取至前後三十八日景。九月二十二日丙寅，景五丈七尺八寸二分五釐；十二月二十八日辛丑，景五丈七尺五寸八分；二十九日壬寅，景五丈六尺九寸一分五釐。用丙寅、辛丑景相減，以辛丑、壬寅，景相減，推之亦同。此取至前後四十七八日景。九月二十日甲子，景五丈六尺四寸九分二釐五毫；至十二月二十九日壬寅，景五丈六尺九寸一分一釐；至十七年正月癸卯朔，景五丈六尺二寸五分。用甲子、癸卯相減，壬寅、癸卯景相減，推之亦同。此取至前後五十日景。右以累年推測到冬、夏二至時刻爲准，定擬至元十八年辛巳歲前冬至，當在己未日夜半後六刻，即丑初一刻。

其《歲餘歲差議》曰：周天之度，周歲之日，皆三百六十有五。全策之外又有奇分，大率皆四分之一。自今歲冬至距來歲冬至，歷三百六十五日，而日行一周，凡四周，歷千四百六十，則餘一日，析而四之，則四分之一也。然天之分常有餘，歲之分常不足，其數有不能齊者，惟其所差至微，前人初未覺知。迨漢末劉洪始覺冬至後天，謂歲周餘分太强，乃作乾象曆，減歲餘分二千五百爲二千四百六十二。至晉虞喜，宋何承天、祖冲之，謂歲當有差，因立歲差之法。其法損歲餘益天周，使歲餘浸弱，天周浸强，强弱相減，因得日躔歲退之差。歲餘、天周二者實相爲用，歲差由斯而立，日躔由斯而得，一或損益失當，孰能與天叶哉？今自劉宋大明壬寅以來，凡測景驗氣，得冬至時刻真數者有六，取相距積日時刻，以相距之年除之，各得其時所用歲餘。復自大明壬寅，距至元戊寅積日時刻，以相距之年除之，得每歲三百六十五日二十四分二十五秒，比《大明曆》減去一十一秒，定爲方今所用歲餘。餘七十五秒用益所謂四分之一，共爲三百六十五度二十五分七十五秒，定爲天周。餘分强弱相減，餘一分五十秒，用除全度，得六十六年有奇，日却一度，以六十六年除全度，適得一分五十秒，定爲歲差。復以《堯典》中星考之，其時冬至日在女、虚之交。及考之前史，漢元和二年冬至，日在斗二十一度；晉太元九年，退在斗十七度；宋元嘉十年，在斗十四度末；梁大同十年，在斗十二度；隋開皇十八年，猶在斗十二度；唐開元十二年，在斗九度半；今退在箕十度。取其距今之年、距今之度較之，多者七十餘年，少者不下五十年，輒差一度。宋慶元間，改《統天曆》，取《大衍》歲差率八十二年，及開元所距之差五十五年，折取其中，得六十七年，爲日却行一度之差。施之今日，質諸天道，實爲密近。然古今曆法，合于今必不能通于古，密于古必不能驗于今。今授時曆，以之考古，則增歲餘而損歲差；以之推來，則增歲差而損歲餘；上推春秋以來冬至，往往皆合；下求方來，可以永久而無弊；非止密于今日而已。

自春秋獻公以來，凡二千一百六十餘年，用《大衍》、《宣明》、《紀元》、《統天》、《大明》、《授時》六曆推算冬至，凡四十九事。《大衍曆》合者三十二，不合者十七；《宣明曆》合者二十六，不合者二十三；《紀元曆》合者三十五，不合者十四；《統天曆》合者三十八，不合者十一；《大明曆》合者三十四，不合者十五；《授時曆》合者三十九，不合者十事。今按獻公十五年戊寅歲正月甲寅朔旦冬至，《授时曆》得甲寅，《統天曆》得乙卯，後天一日，至僖公五年正月辛亥朔旦冬至，《授時》、《統天》皆得辛亥，與天合；下至昭公二十年己卯歲正月己丑朔旦冬至，《授時》、《統天》皆得戊子，并先一日，若曲變其法以從之，則獻公、僖公皆不合矣。以此知《春秋》所書昭公冬至，乃日度失行之驗。一也。《大衍曆》考古冬至，謂劉宋元嘉十三年丙子歲十一月，乃日度失行，非三曆之差。今以《授時曆》

考之，亦得癸酉。二也。大明五年辛丑歲十一月乙酉冬至，諸曆皆得甲申，殆亦日度之差一二也。陳太建四年壬辰歲十一月丁卯景長，《大衍》、《授時》皆得丙寅，是先一日；太建九年丁酉歲十一月壬辰景長，《大衍》、《授時》皆得癸巳，是後一日。一失之先，一失之後。若合于壬辰，則差于丁酉；合于丁酉，則差于壬辰，亦日度失行之驗。五也。開皇十一年辛亥歲十一月丙午景長，《大衍》、《統天》、《授時》皆得丙午，與天合；其開皇十四年甲寅歲十一月辛酉冬至，而《大衍》、《統天》、《授時》皆得壬戌。若合于辛亥，則失于甲寅；合于甲寅，則失于辛亥。其開皇十四年甲寅歲冬至，亦日度失行。六也。唐貞觀十八年甲辰歲十一月乙酉景長，諸曆得甲申；貞觀二十三年己酉歲十一月辛亥景長，諸曆皆得庚戌，《大衍曆》議以永淳、開元冬至推之，知前二冬至乃史官依時曆以書，必非候景所得，所以不合，今以《授時曆》考之亦然。八也。自前宋以來，測景驗氣者凡十七事，其景德丁未歲戊辰日南至，《統天》、《授時》皆得丁卯，是先一日；嘉泰癸亥歲甲戌日南至，《統天》、《授時》皆得乙亥，是後一日。一失之先，一失之後。若曲變其數，以從景德，則其餘十六事多後天；從嘉泰，則其餘十六事多先天，亦日度失行之驗。十也。前十事皆授時曆所不合，以此理推之，非不合矣，蓋類其同則知其中，辨其異則知其變。今于冬至略其日度失行及史官依時曆書之者凡十事，則《授時曆》三十九事皆中，《統天曆》與今曆不合者僅有獻公一事，《大衍曆》推獻公冬至後天二日，《大明》後天三日，《授時曆》與天合。下推至元庚辰冬至，《大衍》後天八十一刻，《大明》後天一十九刻，《統天曆》先天一刻，《授時曆》與天合。以前代諸曆校之，授時爲密，庶幾千歲之日至，可坐而致云。

清·阮元《疇人傳》卷二七　元四

李謙下

其《古今曆參校疏密議》曰：「《授時曆》與古曆相校，疏密自見。蓋上能合于數百載之前，則下可行之永久，此前人定說。古稱善治曆者，若宋何承天、隋劉焯、唐傅仁均、僧一行之流，最爲傑出。今以其曆與至元庚辰冬至氣應相校，未有不舛戾者，而以新曆上推往古，無不吻合，則其疏密從可知已。宋文帝元嘉十九年壬午歲十一月乙巳日十一刻冬至，距本朝至元十七年庚辰歲，計八百三十八年。其年十一月氣應己未六刻冬至，《元嘉曆》推之，得辛酉，後《授時》二日；《授時》上考元嘉壬午歲冬至，得乙巳，與元嘉合。隋大業三年丁卯歲十一月庚午日五十二刻冬至，距至元十七年庚辰歲，計六百七十三年。《皇極曆》推之，得庚申冬至，後授時一日；《授時》上考大業丁卯歲冬至，得庚午，與《皇極》合。唐武德元年戊寅歲十一月戊辰日六十四刻冬至，距至元十七年庚辰歲，計六百六十二年。《戊寅曆》推之，得庚申冬至，後《授時》一日；《授時曆》上考武德戊寅歲，得戊辰冬至，與《戊寅曆》合。開元十五年丁卯歲十一月己亥日七十二刻冬至，距至元十七年庚辰歲，計五百五十三年。《大衍曆》推之，得己未冬至，後《授時》八十一刻；《授時曆》上考開元丁卯歲，得己亥冬至，與《大衍曆》合，先四刻。長慶元年辛丑歲十一月壬子日七十六刻冬至，距至元十七年庚辰歲，計四百五十九年。《宣明曆》推之，得庚申冬至，後《授時》一日；《授時曆》上考長慶辛丑歲，得壬子冬至，與《宣明曆》合。宋太平興國五年庚辰歲十一月丙午日六十三刻冬至，距至元十七年庚辰歲，計三百年。《乾元曆》推之，得庚申冬至，後《授時》一日；《授時曆》上考太平興國庚辰歲，得丙午冬至，與《乾元》合。咸平三年庚子歲十一月辛卯日五十三刻冬至，距至元十七年庚辰歲，計二百八十年。《儀天曆》推之，得庚申冬至，後《授時》一日；《授時》上考咸平庚子歲，得辛卯冬至，與《義天》合。崇寧四年乙酉歲十一月辛丑日六十二刻冬至，距至元十七年庚辰歲，計一百七十五年。《紀元曆》推之，得己未日冬至，後《授時》十九刻；《授時曆》上考崇寧乙酉歲，得辛丑日冬至，與《紀元曆》合，先二刻。金大定十九年己亥歲十一月己巳日六十四刻冬至，距至元十七年庚辰歲，計一百一年。《大明曆》推之，得己未冬至，後《授時》一十九刻；《授時曆》上考大定己亥歲己巳冬至，與《大明曆》合，先九刻。慶元四年戊午歲十一月己酉日一十七刻冬至，距至元十七年庚辰歲，計八十二年。《統天曆》推之，得己未冬至，先《授時》一刻；《授時曆》上考慶元戊午歲，得己酉日冬至，與《統天曆》合。

其《周天列宿度議》曰：「列宿著于天，爲舍二十有八，爲度三百六十五有奇。非日躔無以校其度，非列舍無以紀其度，周天之度，因二者以得之。天體渾圓，當二極南北之中，絡以赤道，日月五星之行，常出入于此。天左旋，日月五星遡而右轉，昔人曆象日月星辰，謂此也。然列舍相距度數，歷代所測不同，非微有動移，則前人所測或有未密。古用闚管，今新制渾儀測用二錢，所測度數分秒與前代不同。」

其《日躔議》曰：「日之麗天，縣象最著，大明一生，列宿俱熄。古人欲測躔度所在，必以昏旦夜半中星衡考其所距，從考其所當。然昏旦夜半時刻未易得真，時刻一差，則所距、所當，不容無舛。晉姜岌首以月食衝檢知日度所在，紀元

曆復以太白誌其相距遠近，于昏後明前驗定星度，因得日躔。今用至元丁丑四月癸酉望月食既，推求得冬至日躔赤道箕宿十度，黃道九度有奇。仍自其年正月至己卯歲終，三年之間，日測太陰所離宿次及歲星、太白相距度，定驗參考，共得一百三十四事，皆躔箕宿，適與月食所衝允合。以金趙知微所修大明曆法推之，冬至猶躔斗初度三十六分六十四秒，比新測實差七十六分六十四秒。」

其《日行盈縮議》曰：「日月之行，有冬有夏，言日月行度，冬夏各不同也。人徒知日行一度，一歲一周天，曾不知盈縮損益，四序有不同者。北齊張子信積候合蝕加時，覺日行有入氣差，然損益未得其正。趙道嚴復準晷景長短，定日行進退，更造盈縮以求虧食。至劉焯立躔度，與四序升降，雖損益不同，後代祖述用之。夫陰陽往來，馴積而變，冬至日行一度强，出赤道二十四度弱，自此日軌漸北，積八十八日九十一分，當春分前三日，交在赤道，實行九十一度三十一分而適平。自後其盈日損，復行九十三日七十一分，當夏至之日，入赤道內二十四度弱，實行九十一度三十一分，日行一度弱，向之盈分盡損而無餘。自此日軌漸南，積九十三日七十一分，當秋分後三日，交在赤道，實行九十一度一十一分而復平。自後其縮日損，行八十八日九十一分，出赤道外二十四度弱，實行九十一度三十一分，復當冬至，向之縮分盡損而無餘。盈縮均有損益，初爲益，末爲損。自冬至以及春分，春分以及夏至，日躔自北陸轉而西，西而南，于盈爲益，益極而損，損至于無餘而縮。自夏至以及秋分，秋分以及冬至，日躔自南陸轉而東，東而北，于縮爲益，益極而損，損至于無餘而復盈。盈初縮末，俱八十八日九十一分而行一象；縮初盈末，俱九十三日七十一分而行一象，盈縮極差，皆二度四十分。由實測晷景而得，仍以算術推考，與所測允合。」

其《月行遲疾議》曰：「古曆謂月平行十三度十九分度之七。漢耿壽昌以爲日月行至牽牛、東井，日過度，月行十五度，至婁、角始平行，赤道使然。賈逵以爲今合朔、弦、望、月食加時，所以不中者，蓋不知月行遲疾意。李梵、蘇統皆以月行當有遲疾，不必在牽牛、東井、婁、角之間，乃由行道有遠近出入所生。劉洪作《乾象曆》，精思二十餘年，始悟其理，列爲差率，以囿進退損益之數，後之作曆者咸因之。至唐一行考九道委蛇曲折之數，得月行疾徐之理。先儒謂月與五星皆近日而疾，遠日而遲。曆家立法，以入轉一周之日爲遲疾二曆，各立初末二限，初爲益，末爲損。在疾初遲末，其行度率過于平行；遲初疾末，率不及于平行。自入轉初日行十四度半强，從是漸殺，歷七日，適及平行度，謂之疾初限，其積度比平行餘五度四十二分，自是其疾日損。又歷七日，行十二度微强，向之益者盡損而無餘，謂之疾末限，自是復行遲度。又歷七日，適及平行度，謂之遲初限，其積度比平行不及五度四十二分，自此其遲日損，行度漸增。又歷七日，復行十四度半强，向之益者亦損而無餘，謂之遲末限。入轉一周，實二十七日五十五刻四十六分，遲疾極差，皆五度四十二分。舊曆日爲一限，皆用二十八限。今定驗得轉分進退時各不同，今分日爲十二，共三百三十六限，半之爲半周限，析而四之爲象限。」

其《白道交周議》曰：「當二極南北之中，橫絡天體以紀宿度者，赤道也。出入赤道爲日行之軌者，黃道也。所謂白道，與黃道交貫，月行之所由也。古人隨方立名，分爲八行，與黃道而九，究而言之，其實一也。惟其隨交遷徙，變動不居，故强以方色名之。月道出入日道，兩相交直，當朔則日爲月所掩，當望則月爲日所衝，故皆有食。然涉交有遠近，食分有深淺，皆可以數推之。所謂交周者，月道出入日道一周之日也。日道距赤道之遠，爲度二十有四。月道出入日道，不踰六度；其距赤道也，遠不過三十度，近不下十八度。出黃道外爲陽，入黃道內爲陰，陰陽一周，分爲四象。月當黃道爲正交，出黃道外六度爲半交，復當黃道爲中交，入黃道內六度爲半交，是爲四象。象別七日，各行九十一度，四象周歷，是謂一交之終，以日計之，得二十七日二十一刻二十二分二十四秒。每一交退天一度二百分度之九十三，凡二百四十九交，退天一周有奇，終而復始。正交在春正，半交出黃道外六度，在赤道內十八度。正交在秋正，半交出黃道外六度，在赤道外三十度。中交在春正，半交入黃道內六度，在赤道內三十度。中交在秋正，半交入黃道內六度，在赤道外十八度。月道與赤道正交，距春秋二正，黃赤道正交宿度，東西不及十四度三分度之二。夏至在陰曆內，冬至在陽曆外，月道與赤道所差者多；夏至在陽曆外，冬至在陰曆內，月道與赤道所差者少。蓋白道二交有斜有直，陰陽二曆有內有外，直者密而狹，斜者疎而闊，其差亦從而異。今立象置法求之，差數多者不過三度五十分，少者不下一度三十分，是爲月道與赤道多少之差。」

其《晝夜刻議》曰：「日出爲晝，日入爲夜。晝夜一周，共爲百刻。以十二辰分之，每辰得八刻三分刻之一。無間南北，所在皆同。晝短則夜長，夜短則晝長，此自然之理也。春秋二分，日當赤道出入，晝夜正等，各五十刻。自春分以及夏至，日入赤道內，去極浸近，夜短而晝長。自秋分以及冬至，日出赤道外，去

極浸遠，晝短而夜長。以地中揆之，長不過六十刻，短不過四十刻。地中以南，夏至去日出入之所爲遠，其長有不及六十刻者；冬至去日出入之所爲近，其短有不止四十刻者。地中以北，夏至去日出入之所爲近，其長有不止六十刻者；冬至去日出入之所爲遠，其短有不及四十刻者。今京師冬至日出辰初二刻，日入申正二刻，故晝刻三十八，夜刻六十二；夏至日出寅正二刻，日入戌初二刻，故晝刻六十二，夜刻三十八。蓋地有南北，極有高下，日出入有早晏，所以不同耳。今《授時曆》晝夜刻以京師爲正。」

其《交食議》曰：「曆法疎密，驗在交食，然推步之術難得其密，加時有早晚，食分有淺深，取其密合，不容偶然。推術加時，必本于躔離朒朓；考求食分，必求于距交遠近；苟入氣盈縮、入轉遲疾未得其正，則合朔不失之先，必失之後。合朔失之先後，則虧食時刻，其能密乎？日月俱東行，日遲月疾，月追日及，是爲一會。交直之道，有陽曆、陰曆；交會之期，有中前、中後；加以地形南北東西之不同，人目高下邪直之各異，此食分多寡理不得一者也。今合朔既正，則加時無早晚之差；氣刻適中，則食分無强弱之失；推而上之，自《詩》、《書》、《春秋》及三國以來所載虧食，無不合焉者。合于既往，則行之悠久，自可無弊矣。」

《詩》、《書》所載日食二事：《書·胤征》「惟仲康肇位四海。乃季秋月朔，辰弗集于房」。今按大衍曆作仲康即位之五年癸巳，距辛巳三千四百八年，九月庚戌朔，泛交二十六日五千四百二十一分入食限。《詩·小雅·十月之交》，大夫刺幽王也。「十月之交，朔日辛卯。日有食之，亦孔之醜。」今按梁太史令虞劆云，十月辛卯朔，在幽王六年乙丑朔。大衍亦以爲然。以《授時曆》推之，是歲十月辛卯朔，泛交十四日五千七百九分入食限。

《春秋》日食三十七事：隱公三年辛酉歲春王二月己巳，日有食之。杜預云：「不書日，史官失之。」《公羊》云：「日食或言朔或不言朔，或日或不日，或失之前或失之後。失之前者朔在前也，失之後者朔在後也。」《穀梁》云：「言日不言朔，食晦日也。」姜岌校《春秋》日食云：「是歲二月己亥朔，無己巳，似失一閏。三月己巳朔，去交分入食限。」《大衍》與姜岌合。今《授時曆》推之，是歲三月己巳朔，加時在晝，去交分二十六日六千六百三十一入食限。桓公三年壬申歲七月壬辰朔，日有食之。姜岌以爲是歲七月癸亥朔，無壬辰，亦失閏。其八月壬辰朔，去交分入食限。《大衍》與姜岌合。以今曆推之，是歲八月壬辰朔，加時在晝，食六分一十四秒。桓公十七年丙戌歲，冬十月朔，日有食之。《左氏》云：「不書日，史官失之。」《大衍》推得在十一月交分入食限，失閏也。以今曆推之，是歲十一月加時在晝，交分二十六日八千五百六十入食限。莊公十八年乙巳歲春王三月，日有食之。《穀梁》云：「不言日，不言朔，夜食也。」《大衍》推是歲五月朔交分入食限，三月不應食。以今曆推之，是歲三月朔不入食限。五月壬子朔加時在晝，交分入食限，蓋誤「五」爲「三」。莊公二十五年壬子歲六月辛未朔，日有食之。《大衍》推之，七月辛未朔，交分入食限。以今曆推之，是歲七月辛未朔，加時在晝，交分二十七日四百八十九入食限，失閏也。莊公二十六年癸丑歲冬十有二月癸亥朔，日有食之。今曆推之，是歲十二月癸亥朔，加時在晝，交分十四日三千五百五十一入食限。莊公三十年丁巳歲九月庚午朔，日有食之。今曆推之，是歲十月庚午朔，加時在晝，去交分十四日四千六百九十六入食限，失閏也。《大衍》同。僖公十二年癸酉歲春王三月庚午朔，日有食之。姜氏云：「三月朔交不應食，在誤條。其五月庚午朔，去交分入食限。」《大衍》同。今曆推之，是歲五月庚午朔，加時在晝，去交分二十六日五千一百九十二入食限，蓋「五」誤爲「三」。僖公十五年丙子歲夏五月，日有食之。《左氏》云：「不書朔與日，史官失之也。」《大衍》推四月癸丑朔，去交分入食限，差一閏。今曆推之，是歲四月癸丑朔，去交分一日一千三百一十六入食限。文公元年乙未歲二月癸亥朔，日有食之。姜氏云：「二月甲午朔，無癸亥。三月癸亥朔，入食限。」《大衍》亦以爲然。今曆推之，是歲三月癸亥朔，加時在晝，去交分二十六日五千九百十七分入食限，失閏也。文公十五年己酉歲六月辛丑朔，日有食之。今曆推之，是歲六月辛丑朔，加時在晝，交分二十六日四千四百七十三分入食限。宣公八年庚申歲秋七月甲子，日有食之。杜預以七月甲子晦食。姜氏云：「十月甲子朔，食。」《大衍》同。今曆推之，是歲十月甲子朔，加時在晝，食九分八十一秒，蓋「十」誤爲「七」。宣公十年壬戌歲夏四月丙辰，日有食之。今曆推之，是月丙辰朔，加時在晝，交分十四日九百六十八分入食限。宣公十七年己巳歲六月癸卯，日有食之。姜氏云：「六月甲辰朔，不應食。」《大衍》云：「是年五月在交限，六月甲辰朔，交分已過食限，蓋誤。」今曆推之，是歲五月乙亥朔，入食限。六月甲辰朔，泛交二日已過食限，《大衍》爲是。成公十六年丙辰歲六月丙寅朔，日有食之。今曆推之，是歲六月丙寅朔，加時在晝，去交分二十六日九千八百三十五分入食限。成公十七年丁亥歲十有二月丁巳朔，日有食之。姜氏云：「十二月戊子朔，無丁巳，似失閏。」大衍于十一月丁巳朔，交分入食限。今曆推之，是歲十

一月丁巳朔，加時在晝，交分十四日二千八百九十七分入食限，與《大衍》同。襄公十四年壬寅歲二月乙未朔，日有食之。今曆推之，是歲二月乙未朔，加時在晝，交分十四日一千三百九十三分入食限也。襄公十五年癸卯歲秋八月丁巳朔，日有食之。姜氏云：「七月丁巳朔，食，失閏也。」《大衍》同。今曆推之，是歲七月丁巳朔，加時在晝，去交分二十六日三千三百九十四分入食限。襄公二十年戊申歲冬十月丙辰朔，日有食之。今曆推之，是歲十月丙辰朔，加時在晝，交分十三日七千六百分入食限。襄公二十一年己酉歲秋七月庚戌朔，日有食之。今曆推之，是月庚戌朔，加時在晝，交分十四日三千六百八十二分入食限。冬十月庚辰朔，日有食之。姜氏云：「比月而食，宜在簿條。」《大衍》亦以爲然。今曆推之，十月已過交限，不應頻食，姜説爲是。襄公二十三年辛亥歲春王二月癸酉朔，日有食之，今曆推之，是月癸酉朔，加時在晝，交分二十六日五千七百三分入食限。襄公二十四年壬子歲秋七月甲子朔，日有食之，既。今曆推之，是月甲子朔，加時在晝，日食九分六秒。八月癸巳朔，日有食之。《漢志》：「董仲舒以爲比食又既。」《大衍》云：「不應頻食，在誤條。」今曆推之，立分不叶，不應食。《大衍》説是。襄公二十七年乙卯歲冬十有二月乙亥朔，日有食之。姜氏云：「十一月乙亥朔，交分入限，應食。」《大衍》同。今曆推之，是歲十一月乙亥朔，加時在晝，交分初日八百二十五分入食限。昭公七年丙寅歲夏四月甲辰朔，日有食之。今曆推之，是月甲辰朔，加時在晝，交分二十七日二百九十八分入食限。昭公十五年甲戌歲六月丁巳朔，日有食之。《大衍》推五月丁巳朔，食，失一閏。今曆推之，是歲五月丁巳朔，加時在晝，交分十三日九千五百六十七分入食限。昭公十七年丙子歲夏六月甲戌朔，日有食之。姜氏云：「六月乙巳朔，交分不叶，不應食，當誤。」《大衍》云：「當在九月朔，六月不應食，姜氏是也。」今曆推之，是歲九月甲戌朔，加時在晝，交分二十六日七千六百五十分入食限。昭公二十一年庚辰歲七月壬午朔，日有食之。今曆推之，是月壬午朔，加時在晝，交分二十六日八千七百九十四分入食限。昭公二十二年辛巳歲冬十有二月癸酉朔，日有食之。今曆推之，是月癸酉朔，交分十四日一千八百入食限。杜預以長曆推之，當爲癸卯，非是。昭公二十四年癸未歲夏五月乙未朔，日有食之。今曆推之，是月乙未朔，加時在晝，交分二十六日三千八百三十九分入食限。昭公三十一年庚寅歲十有二月辛亥朔，日有食之。今曆推之，是月辛亥朔，加時在晝，交分二十六日六千一百二十八分入食限。定公五年丙申歲春三月辛亥朔，日有食之。今曆推之，三月辛卯朔，加時在晝，交分十四日三百三十四分入食限。定公十二年癸卯歲十一月丙寅朔，日有食之。今曆推之，是歲十月丙寅朔，加時在晝，交分十四日二千六百二十二分入食限，蓋失一閏。定公十五年丙午歲八月庚辰朔，日有食之。今曆推之，是月庚辰朔，加時在晝，交分十三日七千六百八十五分入食限。哀公十四年庚申歲夏五月庚申朔，日有食之。今曆推之，是月庚申朔，加時在晝，交分二十六日九千二百一分入食限。

右《詩》《書》所載日食二事，《春秋》二百四十二年間，凡三十有七事，以《授時曆》推之。惟襄公二十一年十月庚辰朔，及二十四年八月癸巳朔，不入食限，蓋自有曆以來，無比月而食之理。其三十五食，食皆在朔，經或不書日，不書朔，《公羊》、《穀梁》以爲食晦，二者非；《左氏》以爲史官失之者，得之。其間或差一日二日者，蓋由古曆疎闊，置閏失當之弊，姜岌、一行已有定説。孔子作書，但因時曆以書，非大義所關，故不必致詳也。

其《定朔議》曰：日平行一度，月平行十三度十九分度之七，一晝夜之間，月先日十二度有奇。歷二十九日五十三刻，復追及日，與之同度，是謂經朔。經朔云者，謂合朔大量不出此也。日有盈縮，月有遲疾，以盈縮遲疾之數損益之，始爲定朔。古人立法，簡而未密，初用平朔，一大一小，故日食有在朔二，月食有在望前後者。漢張衡以月行遲疾，分爲九道，宋何承天以日行盈縮推定小餘，故月有三大二小。隋劉孝孫、劉焯欲遵用其法，時議排抵，以爲迂怪，卒不能行。唐傅仁均始采用之，至貞觀十九年九月後，四月頻大，復用平朔。訖麟德元年，始用李淳風甲子元曆，定朔之法遂行。淳風又以晦月頻見，故立進朔之法，謂朔日小餘，在日法四分之三已上者，虚進一日，後代皆循用之。然虞劇嘗曰：「朔在會同，苟躔次既合，何疑于頻大；日月相離，何拘于間小。」一行亦曰：「天事誠密，雖四大三小，庸何傷？」今但取辰集時刻所在之日，以爲定朔，朔雖小餘在進限，亦不之進，甚矣，人之安于故習也。初曆法用平朔，止知一大一小，爲法之不可易，初聞三大二小之説，皆不以爲然。自有曆以來，下訖麟德，而定朔始行，四大三小，理數自然，唐人弗克若天，而止用平朔。迨本朝至元，而常議方革。至如進朔之意，止欲避晦日月見，殊不思合朔在酉戌亥，距前日之卯，十八九辰矣，若進一日，則晦不見月，此論誠然。苟合朔在辰申之間，不當進，距前日之卯已踰十四度，則月見于晦，庸得免乎？且月之隱見，本天道之自然，朔之進退，出入爲之牽强，孰若廢人用天，不復虚進，爲得其實哉？至理所在，奚恤乎人言，可爲

知者道也。

其《不用積年日法議》曰：曆法之作，所以步日月之躔離，候氣朔之盈虛，不揆其端，無以測知天道，而與之吻合；然日月之行，遲速不同，氣朔之運，參差不一，昔人立法，必推求往古生數之始，謂之演紀上元。當斯之際，日月五星同度，如合璧連珠然。惟其世代綿遠，馴積其數至踰億萬，後人厭其布算繁多，互相推考，斷截其數，而增損日法，以爲得改憲之術，此歷代積年日法所以不能相同者也。然行之未遠，浸復差失，蓋天道自然，豈人爲附會所能苟合哉？夫七政運行于天，進退自有常度，苟原始要終，候驗周匝，則象數昭著，有不容隱者，又何必捨目前簡易之法，而求億萬年宏闊之術哉？今授時曆以至元辛巳爲元，所用之數，一本諸天，秒而分，分而刻，刻而日，皆以百爲率，比之他曆積年日法推演附會出于人爲者，爲得自然。

或曰：「昔人謂建曆之本，必先立元，元正然後定日法，法定然後度周天，以定分至。然則曆之有積年日法尚矣。自黄帝以來，諸曆轉相祖述，殆七八十家，未聞捨此而能成者。今一切削去，無乃昧于本原而考求未得其方歟？」是殆不然。晉杜預有云：「治曆者當順天以求合，非爲合以驗天。」前代演積之法，不過爲合驗天耳。今以舊曆頗疎，乃命釐正，法之不密，在所必更，奚暇踵故習哉？成宗即位，陞學士。大德六年，爲翰林承旨。卒年七十九。《元史》本傳、《曆志》。

論曰：《術議》發揮《授時》修改創法之故，實事求是，不涉虛誕，足以爲後來之折衷。其《不用積年日法》一議，尤見郭氏卓識，度越千載。蓋唐宋算家，拘于演譔萬分截法，當時詆爲小術。《授時》所用，正五代民間之法，而不失爲大家。步算要在測驗而已，劉羲叟謂《大衍》依數立法，後世無以易，豈篤論哉！

齊履謙

齊履謙，字伯恒。父義，善算術，履謙年十一，教以推步星曆，盡曉其法。至元十六年，初立太史局，改治新曆。補星曆生，同輩皆司天臺官子，太史王恂問以算數，莫能對，履謙獨隨問隨答，恂大奇之。新曆既成，復預修曆經曆議。二十九年，授星曆教授。都城刻漏舊以木爲之，其形如碑，故名碑漏，內設曲筒，鑄銅爲丸。自碑首轉行而下，鳴鐃以爲節，其漏經久廢壞，晨昏失度。大德元年，中書俾履謙視之，因其刻漏旁有宋舊銅壺四，于是按圖考定蓮花寶山等漏，制命工改作。又請重建鼓樓，增置更鼓，并守漏卒，當時遵用。二年，遷保章正，始專曆官之政。三年八月朔，加時巳，依曆日食二分有奇，至其時不食，衆皆懼。履謙曰：「當食不食，自古有之。矧時近午，陽盛陰微，宜當食不食。」遂考唐開元以來當蝕不蝕者凡十事以聞。六年六月朔，時加戌，依曆日蝕五十七秒。衆以涉交既淺，且復近濁，欲匿不報。履謙曰：「吾所掌者常數也。其食與否，則係于天。」獨以狀聞。至其時果食。衆嘗争没日不能決，履謙曰：「氣本十五日，而間有十六日者，餘分之積也，故曆法以所積之日，命爲没日，不出本氣者爲是。」衆服其議。九年南郊，履謙攝司天臺官。舊制享祀司天雖掌時刻，而無鐘鼓更漏，往往至旦始行其事。履謙白宰執用鐘鼓更漏，俾早晏有節，從之。至大三年，陞授時郎秋官正兼領冬官正事。四年，擢國子監丞，改授奉直大夫、國子司業。未幾復簽太史院事。延祐元年，復爲司業。至治元年，拜太史院使。泰定二年九月，以本官宣撫江西、福建，還京復爲太史院使。天曆二年九月卒。

《授時曆》行五十年，未嘗推考。履謙日測晷景，并晨昏五星宿度。自至治三年冬至至泰定二年夏至，天道加時真數，各減現行曆書二刻。著《二至晷景考》二卷。《授時曆》雖有經串，而經以著定法，串以紀成數，然求其法之所以然，數之所從出，則略而不載。作《經串演譔八法》一卷。至順三年五月，贈翰林學士、資善大夫、上護軍，追封汝南郡公，謚文懿。《元史》本傳。

清・阮元《疇人傳》卷二八　元五

趙友欽

趙友欽，一曰名敬，一曰名友某，字子恭，一曰字子公，一曰字敬夫。鄱陽人，一曰饒之德興人，弗能詳也。世稱緣督先生宋宗室之子。著《革象新書》五卷。

其《天道左旋》篇，言古人仰觀天象，知星移斗轉，漸漸不同。然其旋轉有甚窄者，以衡管窺之，有一星旋轉最密，名曰紐星，即紐星旋轉之所，名曰北極。復觀南天，比東西星宿旋轉不甚遠。由是而推，乃是南北俱各有極。北極雖然旋轉，常在于天；南極雖然旋轉，不出于地，則知地在天內。天如蹴球，內盛半球之水，水上浮一木板，比似人間地平。板上雜置細微之物，比如萬類。蹴球雖圓轉不已，板上之物俱不知覺。

其《日至之景》篇，言古者見天暑而日高，天寒而日低，遂立表木以測其長短之景，以中晝表景極短之日爲夏至，中晝表景極長之日爲冬至。

其《歲序終始》篇，言古人以冬至爲第一日，逐日記之。第三百六十六日，中晝景復最長，是爲次年冬至。四期之日，滿一千四百六十一。每年三百六十五日有餘積。四年之餘積多一日。將一日分與四年，每年得四分之一也。

其《閏定四時》篇，言古人測驗得月圓一次二十九日有餘，十九年月圓二百三十五次。十九年之内中氣有二百二十八，若一朔之内置一中氣，則七朔無中氣者是閏。古人以十九年爲一章。初年甲子日子時朔旦冬至。歲次甲子，謂之至朔。同日第七十七年至朔，又復同日。遂以七十六年名一蔀，二十蔀名曰一紀。總一千五百二十年必然至朔，同于甲子日之先期夜半，但非甲子歲首。總三紀，積四千五百六十年至朔，同于甲子日之先期夜半，又在甲子歲首總會如初，名曰一元也。

其《天周歲終》篇，言每年三百六十五日餘四分一，故亦以周天分三百六十五度餘四之一。太陽一日行一度，分寸丈尺引，名曰五度分天。爲度者亦是度量之義，似乎以太陽爲尺，其一度即日圓之徑數也。十九年爲一章之内，太陽一十九周，太陰二百五十四周。于月周之數，減去日周，則爲二百三十五朔。十九日之内，太陽行十九度，太陰行二百五十四度。以二百五十四均于十九，則知太陰每日行十三度餘十九之七，每年行十三周十九之七。每日太陰遠太陽十二度十九之七，每年太陰太陽十二周餘十九之七。故每年之日月，合十二朔餘十九之七爲閏，積十九年七閏也。

其《術法改革》篇，言術法累改，由古及今六十餘術矣。漢太初粗爲可取，然猶疎略未密。唐一行作大衍術，當時以爲密矣，以今觀之，猶自甚疎。蓋歲淺則差少未覺，久而積差漸多，不容不改。要當隨時測驗，以求天數之真。

其《星分棋布》篇，言周天三百六十五度餘四之一度，度皆輻湊于南北極，如是則其度斂尖于兩端，最廣處在于腰圍，名曰赤道。各度皆二十八宿。距星紀數謂之經度。東西分經，則南北亦當分緯。緯度皆以北極相去遠近爲數。天頂名曰嵩高，北極偏于嵩高而北者五十五度有奇，赤道則斜倚在嵩高之南三十六度。

其《日道歲差》篇，言統天術謂周天赤道三百六十五度二十五分七十五秒，周歲三百六十五日二十四分二十五秒，百年差一度半。然又謂周歲漸漸不同，上古歲策多，後世歲策少。如此則上古歲差少，後世歲差多。當今術法倣之，立加減歲策之法。上考往古，百年加一秒；下驗將來，百年減一秒。

其《黄道損益》篇，言二至之日，黄道平其度斂狹，每度約得十之九二分，斜行赤道之交，每度十有一矣。今之授時術步得冬至日躔箕宿，以此寅申度數最少，巳亥度數最多，其餘則多寡稍近。

其《精年日法》篇，言前代造術者，逆求往古曰上元。求其積年總會，是以必立日法。然有所謂截元術，但將推步定數爲順算逆考，不求其齊。當今授時術，采舊術截元之術，凡積年日法皆所不取。

其《元會運世》篇，言近世康節先生作《皇極經世書》，以十二萬九千六百年爲宇宙之終始，世人多信其説。以愚觀之，實不可準。

其《氣朔没滅》篇，言術家算没滅二日，唐一行以前其術不同，今載于授時術者，乃倣一行而爲之也。没用氣盈而推，滅用朔虚而求，没滅乃已極之義也，故選日者或忌之。

其《日月盈縮》篇，言月行十三度餘十九之七，然或先期，或後期，有差至四五度者。後漢劉洪始考究之，知月有盈縮。隋之劉焯，始覺太陽亦有盈縮，最多之時在于春秋二分，均差兩度有餘。李淳風有推步月孛法，謂六十二日行七度，六十二年七周天。所謂孛者，乃彗星之一種光芒偏掃者，則謂之彗；光芒四出，如圓渾者，乃謂之孛。然孛以月爲名者，孛之所在，太陰所行最遲，太陰在孛星對衝處，則所行最疾，孛星不常見，止以太陰所行最遲處測之。

其《月有九道》篇，言月行出入黄道之内外，遠于黄道處六度二分。月道與黄道相交處，在二交之始，名曰羅睺；交之中，名曰計都。自交初至于交中，月在黄道外，名曰陽限；自交中至于交初，月在黄道内，名曰陰限。所謂九行者，當以畫圖比之。四圖各畫黄道，似一圓環，俱于環南定爲夏至，環北定爲冬至，環西定爲春分，環東定爲秋分。將一圖畫爲青道與黄道，交于南北，南交爲羅，北交爲計。其青道一邊入在黄道西之東，是内青道；一邊出在黄道東之東，是外青道。又將一圖畫白道，亦與黄道交于南北，南交爲計，北交爲羅。其白道一邊入在黄道東之西，是内白道；一邊出在黄道西之西，是外白道。又將一圖畫朱道，與黄道交于東西，東交爲計，西交爲羅。其朱道一邊入黄道北之南，是内朱道；一邊出在黄道南之南，是外朱道。又將一圖畫黑道，亦與黄道交于東西，東交爲羅，西交爲計。其黑道一邊入在黄道南之北，是内黑道；一邊出在黄道北之北，是外黑道。此雖畫四圖，然四圖之八道，止是一道，觀者當以意會。本八道而曰九行者，以八道之行交于黄道，故通以九言也。八道常變易，不可置于渾儀上，亦不得畫于星圖。所可具者黄赤二道耳，欲别于黄，故塗以赤。赤道近八道，皆相交遠近。朱道止十八度遠，黑道至十三度遠，青白二道，約二十四度遠。

其《時分百刻》篇，言晝夜十二時均分爲百刻。一時有八大刻，二小刻。小刻亦準大刻。一上半時之大刻四：始初初，次初一，次初二，次初三，最後小刻名初四。下半時之大刻亦四：始曰正初，次正一，次正二，次正三，最後小刻，名正四。古術又將二小刻爲始，後却以大刻繼之者，然不若今術之便于籌策。流俗謂子午卯酉各九刻，餘皆八刻，誠可笑歟。

其《晝夜短長》篇，言春秋壺箭，六七日間增減晝夜一刻。苦二至前後，其增減一刻，相去二十餘日矣。冬夏增減遲，春秋增減速。考于渾儀，即可以知其理。

其《氣積寒暑》篇，言夏至午中，冬至子中。然大暑在六月未中，大寒在十二月丑中者，此蓋甑竈之理也。竈火甚炎，可比午中，然甑蒸之氣，猶未甚盛，及氣盛則火已稍衰。在後竈火盡滅，可比子中，然甑蒸之氣，又良久而後始衰。寒暑之理，豈非積久而氣盛乎？

其《天地正中》篇，言天體如彈丸，周圍上下相距正等，名曰天中。地平不當天半，地上天多，地下天少。從地平直上，自有天中之所。古人却謂地平正當天半。天中者蓋爲仰視常有一半星宿可見，故以地平就爲天中。今謂地中直上自有天中之所者，蓋見日月近大遠小，星度之高密低疏，所以知其然也。昔人以五表求地中，以今思之，止須一表。其表與人齊，高于午日中，晝其短景于地，用爲指北準繩。却置窺筒于表首，隨準繩以望北極，若北極在筒心者，此處得東西之正，如見北極之東者，則是其地偏東。見北極之西者，則是其地偏西。已得東西之正，然後于二分之前十餘日内，就此處置立壺漏，準定十二時之端的，須以兩日午日短景，求與時參合。却于春分前二日，或秋分後二日，太陽正當赤道時，于卯酉中刻視其表景，晝地而定東西準繩。若卯酉兩景相直，是得南北正中矣。若兩景曲而向南者，則其地偏南，向北者則其地偏北。

其《地域遠近》篇，言陽城仰觀，北極出地三十六度，南極入地亦三十六度。迤邐朔方而望之，出入之度漸多，遂見北極出地四十五度。錢塘望之出入之度三十一。交廣以南，其度不及二十。南極二十度已下，其星猶多，中國不可見，追今未有名。地域遠近，非特仰觀不同，寒暑晝夜表景亦皆差别。偏南者暑多寒少，偏北者暑少寒多。朔方最遠之地，或煮羊胛未熟而天曉，或當午而纔方見日，出没止在須臾。古者立八尺之表，以驗四時日景。地中夏至景在表北一尺六寸，冬至景在表北一丈三尺。南至交廣，北至銕勒等處，驗之俱各不同。表高八尺，似失之短。至元以來，表長四丈，誠萬古之定法也。所謂土圭者，自古有之。然地上天多早晚，太陽與人相近，則景移必疾；日午與人相遠，則景移必遲。世間土圭均晝而已，豈免午侵巳未而早晚時刻俱差，地中差已如是。若于八方偏地驗之，土圭之不可準，尤爲顯然。偏東者早景疾而晚景遲，午景先至。偏西者早景遲而晚景疾，午景後期。偏北者少其晝而景遲，偏南者多其晝而景疾。若南越短景南指，而子午反復，則又訛逆甚矣。

其《月體半明》篇，言以黑漆球映日，則其球必有光，可以轉射暗壁。太陰圓體，即黑漆毬也。日月對望，爲地所隔。猶能受日之光者，蓋陰陽精氣，隔礙潛通，如吸鐵之石，感霜之鐘，理不難曉。日月不全瑩而似瑕，映于内者如明鏡，映水之處則瑩，照地之處則瑕，以爲山河所印之景者，是也。

其《日月薄食》篇，言日之圓體大，月之圓體小；日道之周圍亦大，月道之周圍亦小；日道距天較近，月道距天較遠。日月之體，與所行之道，雖有少廣之差，然月與人相近，日與人相遠，故月體因近視而可比日體之大，月道因近視而可比日道之廣。日食月食，當以天度經緯而推。同經不同緯，止曰合朔；同經同緯，合朔而有食矣。人觀望日體，見爲月之黑體所障，故云日食。然日體未嘗有損，所謂食者，强名而已。日月對躔而望，若不當二交前後則不食。望在二交前後則必食。或既或不既，當以距交遠近而推。若相對于二交限内，對經而對緯，至甚的切，所受日光，傷于太盛。陽極反亢，以致月體黑暗，如染紅濃厚，反成紫黑也。日月之圓徑相倍，日徑一度，月徑止得日徑之半。然在于近視，亦準一度。是猶省秤比于複秤，斤兩雖同，其實則有輕重之異。日之圓徑倍于月，則闇虚之圓徑亦倍于月，月既準一度，則闇虚廣二度矣。月食分數，止以距交遠近而論，别無四時加減，八方所見食分并同。日食則不然。舊曆云假令中國食既，戴日之下，所虧纔半，化外反覩，則交而不食。何以言之？日月如大小二球共懸一索，日上月下，相去稍遠，人在其下正望之，則墨毬遮盡赤毬。比若食既，傍視而分遠近之差，即食數有多寡也。

其《目輪分視》篇，言物小而近，蔽遠則多，立步小移，所障迥别。夫日月之行，道于列宿，雖似依躔，相去懸遠。測望之所不同，見其少廣亦異。今以晝圖喻之，晝一車輪，周圍輻輳，比三百六十餘度，輪圍比天之宿躔，轂竅比六合之中。以黄紙翦爲日體，黑紙翦爲月體，日大月小，圍徑相倍于輻度，内置日月同躔。月近轂中，日近輪圍。然近中處度狹，近圍處度廣。日月雖大小不同，俱占

一度。然後量日月距緯之數，以黃色畫日道，黑色畫月道，止畫一綫之周，各取日月體心爲距數。別將薄紙又畫一大輪，與先畫輪圖周徑相倍，曰眼輪。其轂竅以比測望眼目，將薄紙之轂，加于先畫之轂，即是眼瞳在六合之中。今地平不當天半，地上天多，地下天少。須當移眼輪圖放低，比似眼在地平。此不特比望各宿經度，亦可比望去極緯度。

其《五緯距合》篇，言古者止知五緯距度，未知有變數之加減。北齊張子信仰觀歲久，知五緯又有盈縮之變，當加減常數，以求其逐日之躔。所以然者，蓋五緯不由黃道，亦不由月之九道，乃出入黃道內外，各自有其道。視太陽遠近而遲疾者，如足力之勤倦。又有變數之加減者，比如路里之徑直斜曲。

其《蓋天外理》篇，言蓋天之說，以天愈低而愈遠。今北極近南則高而小，近北則低而大。由是觀之，北極之北，天雖愈低，却與中國相近。如此則蓋天之謬明矣。

其《渾儀制度》篇，言渾天之儀有三：一曰六合儀，一曰三辰儀，一曰四游儀，共爲一器。

其《經星定躔》篇，言黃道因歲差逐年改異，宜先測赤道以分天體，但地平不當天半，渾儀不可以測術。于地中置立壺箭刻漏，箭分一百四十六畫半，一畫夜之間，其箭浮沈各五十次，天運一度，則箭之浮沈移四十畫。別置一木架，四柱而中空，不拘大小高低，內容一人坐立架上。平放長木兩條，其長與架相稱，高五寸許，闊二寸許。各鑿水溝。試令平正兩木之間，留一長罅，其闊不及半寸，約三四分，首尾橫狹，均亭直指子午中向。人于架內窺測，其眼須當低罅一尺有餘，否則所望不定。若于長木之上，以板加之令高，則不必低罅一尺矣。觀象者候視各宿來當罅中，隨即聲說，看箭者言其箭畫數目，秉筆者記之。須當再驗三四夜以審訂焉。

其《橫度去極》篇，言渾儀亦不可測橫度，今亦別立測橫度法。其法于露地鑿爲方穴，正向子午，傍挾卯酉，以四柱木架置于穴中，高出地平數寸許。方廣稱穴，架內可容坐立，尺寸不拘。其穴口之南，樹一長木，與架相遠丈餘，高七尺許。其架之上作十字之交。但十字之木，不向子午卯酉，乃斜指四維，而各構于柱。正交之心，樹立一表，約高六尺。作竅于表首，可通琴綫，令綫無澀滯。其竅向南之下二尺許，別鑿一方竅。將平木一條于穴內，毋令突露竅北。其平木約厚二寸許，闊四寸許，長出竅南一丈，穩附于架南所樹之木。平木正指子午之中，上鑿水溝，以試平正。于平木左邊，均畫九十一度有奇，乃周天四分之一。以一寸準爲一度。又于平木之上一寸許，再構平木一條，與在下之平木不異。但在上之畫處，作通竅可容銕箸，在下之畫處，止作淺竅，以承銕箸。銕箸長二尺許，箸首大竅，似乎大針之狀，插在平木最南之畫竅。箸竅繫以琴綫，穿從表竅過。北有窺筒，約長五尺以上，有尾，各有一環。下環在筒尾之上側數寸許，繫于表根。上環繫于琴綫，窺筒直倚表北，琴綫長短稱之。一人在架外地上，而漸移銕箸。移畫竅而北，竅筒之首漸移。然恐東西搖曳不定，當釘兩木于表側以夾之。銕箸逐畫北移，則可以測衆星所在之度。測者聲說，屋下之人書記之。

其《占景知交》篇，言置一表，約高四丈。表首置圓物，狀如燈毬，不可透明，亦不可小。小則景淡，大却不妨。表下以石灰塗之令白，以黑畫方眼，若棋枰，眼方一寸。于是推測四時、日景、九道、月景于棋枰方上。考究東西南北遲疾之差，則可推日月兩景相犯，求其日食分并、虧圓時刻、起復方位。

其《偏遠準則》篇，言地偏南北者，則卯酉表景不相直，地偏東西者，則子午兩嚮不相直。求地偏東西之數，則置刻漏，準取昏曉，折中取爲夜半。置測經度之木架罅，指偏午于此夜半，仰望中星，以較地中夜半中星，則知地偏東西之度數。若求地偏南北之數，但論罅內所見天脊緯度，取其距北極之數計之。

其《小罅光景》篇，言室有小罅，雖不皆圓，而罅景所射，未有不圓。及至日食，則罅景亦如所食分數。罅雖寬窄不同，景却周徑相等，但寬者濃而窄者淡，若以物障其所射之處，迎奪此景于所障物上，則此景較狹而加濃。予始未悟其理，因熟思之。凡大罅有景，必隨其罅之方圓長短尖斜而不別，乃因罅大而可容日月之體也。若罅小，則不足容日月之體，是以隨日月之形而皆圓，及其缺則皆缺。罅漸窄則景漸淡。景漸遠，則周徑漸廣而愈加淡。大罅之景，漸遠亦漸廣，然不減其濃。此則濃淡之別也。假于兩樓下各穿圓穽，徑皆四尺餘，右穽深四尺，左穽深八尺。置案于左穽，案高四尺，則雖深八尺，只如右穽之淺。作兩圓板，徑廣四尺，俱以蠟燭千餘枚密插于上而燃之。更作兩圓板，置穽口，板心開方竅，左方寸許，右方半寸許。于是觀其樓板之下有二圓景，周徑所較不多，却有一濃一淡。詳察其理，千燭自有千景，其景皆隨小竅點點而方。燭在穽心者，方景直射樓板之中；在南邊者，方景斜射樓板之北；在北邊者，方景斜射樓板南。東西亦然。其四旁之景，斜射而不直者，緣四旁直上之光，礙而不得出，惟有斜穿出竅。穽內既已斜穿，竅外止得偏射。偏中之景，千數交錯。周徧疊砌，

則總成一景而圓。所以有濃淡之殊者，蓋兩處皆千景疊砌。圓徑若無廣狹之分，但見其竅寬者，所容之光較多，乃千景皆廣，而疊砌稠厚，所以濃；竅窄者，所容之光較少，乃千景皆狹，而疊砌稀薄，所以淡。于是向右穿東邊，減却五百燭，觀其右間樓板之景，缺其半于西。又減左穿之燭，但明二三十枝，其景雖亦周圍布置，各自點點爲方，不相粘附矣。又但明一燭，則只有一景，而方緣竅小，而光形尤小。竅内可以容盡其光，却爲大景隨空罅之象矣。若依舊燃左穿之燭，别將廣大之板二片，以障樓板，而迎奪其景，此景較于樓板者漸狹而加濃。于是去左穿之内桌案，燃燭置于穿底，竅既遠于燭，景則斂而狹。由是察之，燭也，光也，竅也，景也，四者消長勝負皆所當論者也。

其《句股測天》篇，言測三辰之高，必須兩表相距數百里，否則不覺其景差。里之爲數，長三百步，每步之長，伸手一度也。浙尺約六，淮尺約五。世間里路迢遥，難取徑直，既然地上量之不直，豈能推其三辰高遠？是以古人測景，千里一寸之差，猶未親切。姑以其術言之。古人制表未精，今别定表之制度，并述元有算法。就地中各去南北數百里，仍不偏于東西，俱立一表，約高四丈。于表首下數寸，作一方竅，外廣而内狹，當中薄如連邊，兩旁如側置漏底之盌，形圓而竅方。以南北表景之數相减，餘名景差。兩表相距里路，各乘南北表景，各如景差而一，即得二表，各與戴日之地相距。數日平遠，各以表景加之，所得各以表高乘之，各如表景而一，即得日輪頂與戴日地相距數。以南北表景各加平遠所得自乘，名句羃。日高，自乘，名股羃。兩羃相并，名弦羃。開爲平方，名曰日遠，乃南北表竅之景距日斜遠也。

其《乾象周髀》篇，言古人謂圓徑一尺，周圍三尺。後世考究則不然，圓一而周三，則尚有餘；圍三而徑一，則爲不足。蓋圍三徑一，是六角之田也。或謂圓徑一尺，周圍三尺一寸四分。或謂圓徑七尺，周圍二十二尺。或謂圓徑一百一十三，周圍三百五十五。徑一而周三十四，猶自徑多圍少。徑七而周二十二，却是徑少周多。徑一百一十三，周三百五十五，最爲精密。其考究之術，畫百眼茶盤，一眼廣一寸。方圖之内，畫爲圓圖，徑十寸。圓内又畫小方圖。小方以算術展爲圓象，自四角之方，添爲八角。曲圓爲第一次，若第二次則爲曲十六，第三次則爲曲三十二，第四次則爲曲六十四。凡多一次，其曲必倍。至十二次，則其爲曲一萬六千三百八十四。其初之小方漸加漸展，漸滿漸實，角數愈多，而其爲方者，不復方而變爲圓矣。今先以第一次言之。内方之弦十寸，名大弦。自乘得一百寸，名大弦羃。内方之句羃五十寸，名第一次大句羃。以第一次大句羃减其大弦羃，餘五十寸，名大股羃。開方得七寸七釐一毫有奇，名第一次大股。以第一次大股减其大弦，餘二寸九分二釐八毫有奇，名第一較。折半得一寸四分六釐四毫有奇，名第一次小句。此小句之數，乃内方之四邊，與圓圍最相遠處也。以第一次小句自乘，得二寸一分四釐四毫有奇，名第一次小句羃。以第一次大句羃折半得二十五寸，又折半得十二寸五分，名第一次小股羃。并第一次小句羃，得一十四寸六分四釐四毫有奇，名第一次小弦羃。開方得三寸八分二釐六毫有奇，名第一次小弦。即是八曲之一八，乘第一次小弦，得三十寸六分一釐有奇，即是八曲之周圍也。此以小數求之，不若改爲大數。將大弦改爲一千寸，然後依法而求。若求第二次者，以第一次小弦羃就，名第二次大句羃。以第一次大股羃减其大弦羃，餘爲第二次大股羃。開方爲第二次大股，以减其大弦，餘爲第二較。折半名二次小句，此小句之數，即是八曲之邊與圓圍最相遠處也。以第二次小句自乘，名第二次小句羃。以第二次大句羃兩折，名第二次小股羃。以第二次小股羃，并第二次小句羃，名第二次小弦羃。開方爲第二次小弦，即是十六曲之一。以十六乘第二小弦，即是十六曲之周圍也。以第二次倣第一次，若至十二次，亦遞次相倣，置第十二次之小弦，以第十二次之曲數一萬六千三百八十四乘之，得三千一百四十一寸五分九釐二毫有奇，即是千寸徑之周圍也。以一百一十三乘之，果得三百五十五。故言其法精密。要之方爲數之始，圓爲數之終。圓始于方，方終于圓。周髀之術，無出于此矣。又有《天文圖説》一篇，文不具。

友欽卒，葬于龍游之鷄鳴山。龍游失暉，字德明。從友欽游，受《革象新書》。暉殁，其門人章濬徵宋濂序而刻之。《革象新書》。

論曰：步算之書，苦于難讀。友欽罕譬曲喻，出以平易，其津逮來學之心至矣。《小隙光景》、《乾象周髀》諸篇，尤有深得。惟以地平不當天半，地上天多，地下天少，此則友欽之新説，于理不然也。

賈亨

賈亨，字季通，長沙人也。著《算法全能集》二卷。《算法全能集》。

論曰：《也是園藏書目》載亨是書作六卷。余所藏止二卷，書中有珠算歌訣，則其人當在元以後矣。未審其詳，故附于此。

清・羅士琳《疇人傳續編》 金補遺二

元好問

元好問，字裕之，晚號遺山、真隱。太原秀容人。系出拓跋魏，故姓元氏，其先自汝州遷平定，又遷于忻。年七歲，有神童之目。宣宗興定五年，登進士第，不就選。哀宗正大二年，權國史院編修官。四年始筮仕内鄉令，再任鎮平令，丁艱終喪，辟爲鄧州南陽令。天興初，入翰林知制誥，擢尚書省掾，除左司都事，轉行尚書省左司員外郎。三年，金源氏亡。入元不仕，以著作自任。曰不可令一代之跡泯而不傳，乃構野史亭于州南韓巖邨。凡金國君臣遺言往行，悉采摭記録，至百餘萬言，《金史》多本其所著。好問淹貫經傳百家，詩文爲一代宗工，兼通九數天元之學，弱冠受知于楊雲翼、趙秉文兩學士，遂登其門。又與李冶、張德輝相友善，時號「龍山三友」。曾因劉汝諧譔《如積釋鎖》，爲譔《細草》。今二書不傳，事見祖頤序中。嘗博遊燕、趙、齊、魯間，迹益窮，文益奇，名益大振，所至以異人目之。卒年六十有八。《金史》本傳、《金詩源》、《堯山堂外紀》、郝經《遺山墓銘》、《遺山年譜》、《四元玉鑑》。

論曰：世但傳遺山工詩文，而不聞遺山明算數，他書亦絶未叙及，惟《四元玉鑑·後序》有云平水劉汝諧譔《如積釋鎖》，絳人元裕之《細草》，後人始知有天元。其時楊雲翼、張行簡、李冶、許衡、耶律履暨其子楚材皆精曆學，又皆與遺山善。遺山既往來于其間，宜亦知算，則其有《細草》也，信必不妄。而本傳缺載，何歟？此蓋與《宋史》不爲秦九韶立傳，致大衍求一術幾湮，事略相同。夫自有天元，而後知授時弧矢相求之妙，亦自有大衍，而後知演譔、積年、日法之故。然則天元與大衍，洵治曆者所必不可少也。昔梅文穆公供奉内廷，蒙聖祖仁皇帝授以借根方法，且諭曰：「西洋人名此書爲《阿爾熱八達》，譯言『東來法』。」是立天元一術，幸得聖天子指示，始得復彰。而大衍則載在秦書，不絶如縷，獨《如積釋鎖》失傳，藉非祖序，又安知遺山之有此絶學乎！推原其故，蓋史爲曆本，曆以數成，數居六藝之一，由藝以明道，儒者之學也。自堯命羲和，舜察璣衡，而降由周、秦以迄金、元，凡授時、頒朔諸大典，莫不掌之太史，故司馬遷、劉羲叟諸公胥得預治曆修史之事。嗣是史乘歸于詞館，司天別設專官，遂使儒林實學，下同方伎。當時遺山文名又重，自必史臣以爲不應有此九九薄能，致《細草》亦淪替無存。噫！是何貴末賤本之若是歟？【略】

又 元補遺三

蔣周

蔣周，平陽人。著《益古》書，刊于元豐、紹興、淳熙間，是周當爲宋元時人，説詳李冶，謂可與劉徽、李淳風相頡頏，猶嫌其閟匿而不盡發。《益古演段》、《四元玉鑑》。

論曰：李仁卿自序《益古演段》云：「近代有某者，以方圓移補成编，號《益古集》。」今元和李尚之秀才鋭因見《楊輝算法》中有所謂「益古算法」，遂以某者指楊輝言也。士琳于《四元玉鑑》後序中見其所載宋元諸算經，始知《益古》乃蔣氏之書，亟爲表章云。又序中歷稱博陸李文一譔《照膽》，鹿泉石信道譔《鈐經》，平水劉汝諧譔《如積釋鎖》，絳人元裕之譔《細草》，後人始知有天元；平陽李德載譔《兩儀群英集臻》，兼有地元；霍山邢先生頌不高弟劉大鑑潤夫譔《乾坤括囊》，末有人元二門。今各書雖不傳，亦可見宋元時從事于斯者不少。《測圜海鏡》有「《鈐經》載此法以弦差冪減丙行差冪，復以丙行乘之爲實以差率冪爲法」之語。所謂《鈐經》者，當即石信道之所譔歟？

朱世傑　鍾煜　莫若　祖頤

朱世傑，字漢卿，號松庭。寓居燕山，不知何許人。著《四元玉鑑》三卷，總二十四門，凡二百八十八問。卷首列開方演段諸圖，凡四：一曰今古開方會要之圖，取古梯法七乘方，以正者爲從，負者爲益，明廉隅進退之旨；二曰四元自乘演段之圖，謂凡習四元者以明理爲務，必達乘除升降進退之理，乃盡性窮理之學，因立句三股四弦五黄方二爲問，并之得一十四步，自乘爲冪，計一十六段，共一百九十六步，考圖認之，其理自明；三曰五和自乘演段之圖，謂凡句股之術出于圓方，圓徑一而周三，方徑一而匝四，伸圓爲句，展方爲股，共結一角斜弦，適五句股之所生也，今言五和者：句股和、句弦和、股弦和、弦和和、弦較和，并之得四十二步，自乘得一千七百六十四步，共爲二十五段也；四曰五較自乘演段之圖，謂算中玄妙，無過演段，學者鮮能造其微，前明五和，次辯五較，自知優劣也，其五較者：句股較、句弦較、股弦較、弦較較、弦和較，并之得一十步，自乘得一百步，亦共爲二十五段。次則假令四問，其立天元曰一氣混元天地，二元曰兩儀化元天地人，三元曰三才運元天地人物，四元曰四象會元。校正者爲臨川鍾煜，字叔明，號琴屋，前有大德癸卯上元日臨川前進士莫若序，末有大德登科二月甲子溥納心齋祖頤季賢父序，各一首。咸謂世傑以數學名家，周游湖海二十餘年，四方之來學者日衆，因發明九章之妙，以淑後學。

其法以元氣居中，立天元一于下，地元一于左，人元一于右，物元一于上，陰

陽升降進退，左右互通，變化乘除往來，用假象真，以虚問實，錯綜正負，分成四式，必以寄之剔之，餘籌易位消而和會，以成開方之式。上卷六門：曰直段求源，曰混積問元，曰端匹互隱，曰廪粟迴求，曰商功修築，曰和分索隱。中卷十門：曰如意混和，曰方圓交錯，曰三率究圓，曰明積演段，曰句股測望，曰或問歌彖，曰茭草形段，曰箭積交參，曰撥换截田，曰如像招數。下卷八門：曰果垜疊藏，曰鎖套吞容，曰方程正負，曰雜範類會，曰兩儀合轍，曰左右逢元，曰三才變通，曰四象朝元。計自直段求源，以迄雜範類會，凡二十門，悉以天元爲術，惟或問歌彖第九、第十兩問，兼立地元，又第十二問兼立三元，要皆不出《九章》範圍，如商功修築、句股測望、方程正負三門，雖仍九章舊名，而精深秘奥，則又過之。其端匹互隱、廪粟迴求二門，寓粟米；如意混和一門，寓借衰；茭草形段、果垜疊藏、如像招數三門，寓商功中之差分；直段求源、混積問元、明積演段、撥换截田、鎖套吞容五門，寓方田少廣諸法；又和分索隱一門，約分命分也；方圓交錯、三率究圓、箭積交參三門，定率而兼交互也。至于或問歌彖、雜範類會二門，各自爲法，一則寄諸歌詞，一則编成雜術，均有似乎補遺大旨，有淺有深，以加、減、乘、除、開方、帶分六例爲問。而每門必備此六例，凡法之簡易者略之，其繇難者詳之。更有一門而專明一義者，如和分索隱之之分開方，三率究圓、明積演段之反復互求是已。末後四門，言地元者，兩儀合轍、左右逢元二門；言人元、物元者，三才變通、四象朝元各一門。惟通體但有開方、實方、廉隅諸數，不詳乘除、升降、正負相消之法。廑于假令四問各具細草，撮其大綱，列今式云式、三元式、物元式，前得後得左得右得，以及内二行、外二行諸式，并和會配合互隱通分剔消易位以見例。

先是世傑于大德己亥時，訓導初學，欲其演熟乘除、加減，編集《算學啓蒙》三卷，自乘除加減、求一穿韜、反覆還源，以至天元如積，總二十門，凡二百五十九問。卷首總括一卷，首釋九數，如一一、如一二、如二二、如四之類。次載歸除歌括，如「一歸如一進見一進成十」、「二一添作五」之類，謂古法多用商除，爲初學者難入，則後人以此法代之。再次則斤下、留法，明縱横訣、大小數諸率，暨斛斗、斤秤、端匹、田畝各起率，古圓率、微率、密率，明異名正負、乘除、開方等法，一一詳列。上卷八門：曰縱横因法，曰身外加法，曰留頭乘法，曰身外減法，曰九歸除法，曰異乘同除，曰庫務解税，曰折變互差。中卷七門：曰田畝形段，曰倉囤積粟，曰雙據互换，曰求差分和，曰差分均配，曰商功修築，曰貴賤反率。下卷五門：曰之分齊同，曰堆積還源，曰盈不足術，曰方程正負，曰開方釋鎖。大率由淺入深，初不外乎《九章》，然視《九章》則加精，較《玉鑑》則便于初學。二書互有新義，如謂「平除長爲小長」、「長除平爲小平」、「小積恒爲一步」，又困周四而三即球周，又倍斜爲廣，二方一斜和爲長，長廣相乘爲方五斜七」、「八角田積」，若倍弦爲廣，句股弦和爲長，長廣相乘，即「句三股四」、「八角田積」之類。又有求三角四角嵐峰形及四角落一三角撒星更落一形諸法，尤爲獨得。其論之分曰：「但有除分者，餘不盡之數不可棄之，棄之則不合其源，可以爲之分。」言之之分者乃乘除往來之數，還源則不失其本也。故《九章》設諸分于篇首者爲何？謂之分者乃開算之户牖也。緣其義閎遠，其術奥妙，是以學者造之鮮矣。故張邱建有云：「不患乘除之爲難，而患通分之爲難」是也。且合減課分之術，乃群其母而齊其子，母法子實而一平分者，母互乘子副并爲平實，母相乘爲法；以列數乘未并者各爲列實，以列數乘法，減多益少，而平經分者，錢爲實，人爲法；而一重有分者，同而通之；乘分者，子相乘爲實，母相乘爲法；而一約分者，治數之繁也。設有四分之二，減而言之，即二分之一也。可約則約，可半則半。比類前問，欲買馬五十六匹，已買二十一匹，問幾分中買訖幾分？答曰：「八分中買三分也。」其于開方釋鎖門，有直積，有長平和題。下論天元一術曰：「案此以古法演之，和步自乘，得八千四百六十四，乃是四段直積一段較冪也，列積四之得八千二百八，減之餘有較冪二百五十六爲實，以一爲廉平方開之，得較一十六步，加和半之得長，長内減較，即平也。」今以天元演之，明源括法省功數倍。假立一算于太極之下，如意求之，得方廉隅從正負之段，乃演其虚積相消相長而脱其真積也。余故于逐問備立細草，圖其縱横，明其正負，使學者粲然易曉也。《四元玉鑑》、《算學啓蒙》、《赤水遺珍》。

論曰：漢卿在宋元間，與秦道古、李仁卿可稱鼎足而三。道古正負開方、仁卿天元如積，皆足上下千古。漢卿又兼包衆有，充類盡量，神而明之，尤超越乎秦、李兩家之上。其「茭草形段」、「如像招數」、「果垜疊藏」各問，爲自來算書所未及。郭太史援《時草》平立定三差，所謂「垜積招差」者，殆通乎此，祖氏序謂二書相爲表裏，不其韙歟？蓋當時競言天元之學，推其源實出于衰分，雖同爲假借之算，而衰分所借者爲今有之見數，天元所借者爲所求之問數，見數實而問數虚，故衰分較易。若天元者既爲問數，衹可互爲隱伏，不容交相雜厠，故必立之于太極見數下，使其有所區别，以求同數之兩式，尤必使兩式之正負各異，庶于錯綜

參伍中消成一段，俾隱伏之問數立見。所謂如積求之者，凡數之相乘或自乘，皆謂之積。凡題必有兩見數，或如題用定率得積，或如題用加減乘除得積，以兩見數各演一式，其正負自必不同。譬之題有三、四兩數，以八乘三，同于以六乘四，均得二十四是已。故同一弦冪也，有以和冪內減倍直積爲式，有以較冪內加倍直積爲式，兩式雖同，兩式之爲和較、爲正負則互異。其法又有類于盈不足術，假令令之兩式，惟假令令之兩式消後一行，僅得實法兩層，天元兩式消後一行不盡，爲實法兩層，其階級重重，率由屢乘所得，故又假借爲實方、廉隅諸數。而以開諸乘方法御之地元，則于天元所假借之一算外，復別假一算。此一算既不可使之與太極天元相混，故旁立于太極之左。其兩式相消後，尚有綴附者交羼于其側，不成一行，不可爲開方之段，必更尋一同數之式以相消，使三式化爲兩式，兩式終歸一行。譬之三四相乘，倍之亦得二十四，句股二冪相并，亦爲弦冪是已。此兩式因一由題中今有數所成，故曰「今式」，一由云數所成，故曰「云式」，同相當直除，其或上下左右，不能升降進退者，則又剔而自乘，務使或升或進，齊同相當，所謂剔而自乘者。譬之三四相乘爲一十二，若三自乘爲九，四自乘爲一十六，以九與一十六相乘，初不異夫一十二自乘之爲一百四十四。此中之變化莫測，自然而然，可謂別具神奇，曲盡妙理，是誠算學中最上乘也。惜唐荆川、梅文穆諸公，未經深究，錯會厥旨，漫以術士秘其機緘訾之，致二書并佚。阮相國在浙時，獲大德本《四元玉鑑》，而以未見《啓蒙》爲憾。近士琳又訪獲朝鮮重刊本《算學啓蒙》，因仿《論語》皇侃疏七經孟子考文傳自日本例，校刊行世，并《玉鑑》一書，亦爲補譔《細草》刊布，將見漢卿之書，不難人人通曉。士琳亦不憚以平易之語，反覆詳明，引申取譬，導其先路，實欲斯文未墜，絶學復昌，是所望也。

趙城

趙城，字元鎮，維揚人。爵位無考。當元大德時，曾從朱世傑學算，并先後爲代刊《算學啓蒙》、《四元玉鑑》二書。其序刻《算學啓蒙》曰：「嘗觀水一也，散則千流萬派；木一也，散則千條萬枝；數一也，散則千變萬化。老子曰：『數者一也。』道之所生生于一，數之所成成于九。昔者黄帝氏定三數爲十等，九章之名立焉。周公制禮作爲九數，九數之流，九章是已。夫算乃六藝之一，周之賓賢能教國子，此九數也，歷代沿襲，設科取士。魏唐間算學尤專，如劉徽之注《九章》，續譔重差；淳風之解《十經》，發明補問：博綜精微，一時獨步。自是厥後，科目既廢，算學罕傳，信如是也。則計租庸調，何術可憑？步數畸殘，若爲銷豁米穀正耗，何由剖析？是猶拾重句而欲測海，去寸木而欲量天，多見其不知量也。燕山松庭朱君篤學九章，旁通諸術，于寥寥絶響之餘，出意編譔《算書》三卷，分十二門，立二百五十九問，細草備辭，置圖折體，訓爲《算學啓蒙》。其于會計租庸，田疇經界，盈朒隱互正負方程開方之類，已足以貫通古今，發明後學。卷末一門，立天元一算，包羅策數，靡有孑遺，明天地之變通，演陰陽之消長，能窮未明之明，克盡不解之解，索數隱微，莫過乎此。是書一出，允爲算法之標準，四方之學者歸焉，將見拔茅連茹，以備清明之選云。序成于大德三年己亥七月既望。」《算學啓蒙》、《四元玉鑑》。

論曰：吾鄉之通算學者，陳洒源先生以前，則罕得其人。元鎮之學，雖無由得窺深淺，然觀祖氏所稱爲「博雅之士，成始成終，好事之德，奚可限量」一語，是其人已可概見。又漢卿嘗游廣陵，學者雲集，元鎮亦自稱學算，斯亦吾鄉古事所當摭入郡乘者焉。

清・黄鍾駿《疇人傳四編》卷五　遼後續補遺二十六

王白　李正

王白，冀州人，司天官也。明天文，著《百中歌》。穆宗十一年，同李正等進乙未術。《文獻通考》

又　金後續補遺二十七

布薩忠義

布薩忠義，本名烏哲，上京博勒和河人。宣獻皇后姪，元妃之兄也。承父博羅爵，世襲穆昆。皇統四年除博州防禦使，公餘學女直字，及古算法。閱月，盡能通之。六年，改同知真定尹，兼河北西路兵馬都總管，遷西北路招討使，入爲兵部尚書。世宗立，拜尚書右丞，旋拜平章政事，兼右副元帥，封榮國公。大定六年薨，謚曰武莊。《金史》本傳。

程時登

程時登著《閏法贅語》若干卷。《補三史・藝文志》。

李文一　石信道　劉汝諧　李德載　劉大鑑

李文一，博陸人，譔《照膽集》。石信道，鹿泉人，譔《鈐經》。劉汝諧，平水人，譔《如積釋鎖》。李德載，平陽人，譔《兩儀群英集臻》。劉大鑑，字潤夫，霍山

邢頌不高弟也，譔《乾坤括囊》。《四元玉鑑・後序》。

論曰：疇人家凡有譔述，書雖不傳，不得謂無功于算學也。諸書立天元、地元、人元之法，實開四元之先。羅氏《疇人傳續編》，列蔣周傳于元初，而附論諸人于後，不爲立傳。然《鈐經》一書，曾與《益古》同刊于宋元豐以後，則信道與周，當爲宋人，而諸人亦必生于宋元之間，用前編孫子之例，附宋金末，以志闕疑。

清・黄鍾駿《疇人傳四編》卷六　元後續補遺二十八

杜瑛

杜瑛，字文玉，其先霸州人，金末避地河南晉汾間。中書鈕鈷禄珪，開府于相，瑛赴其聘，遂家焉。世祖南伐，召見問計悦，謂可大用，命從。以疾辭。中統初，詔徵及奏舉學校官，皆辭不就。杜門著書，以終其身。年七十卒。天曆中，贈資政大夫、翰林學士，謚文獻。所著書甚富，有《律吕律曆禮樂雜志》三十卷。于律則究其始，研其義，長短清濁，周徑積實，各以類分。取經史之説以實之，而折衷其是非。其于曆，謂造曆者皆從十一月甲子朔夜半冬至爲曆元，獨邵子以爲天開于子，取日甲月子星甲辰子爲元，會運世之數，無朔虚閏，餘率以三百六十爲歲，而天地之盈虚，百物之消長，不能出于其中矣。其他論述，多先儒之所未發。《元史》本傳。

郭榮　王良金　齊義

郭榮，守敬大父也。通五經，精于算術、水利。王良金，恂之父也，潛心天文曆術，年九十二卒。齊義，履謙之父也，善算術。《元史・郭守敬王恂齊謙》本傳。

論曰：治水者必精測量，故水利與算術并舉。郭守敬開惠通、通惠二河，測量地平，分殺河勢，蓋得之家學也。

杨湜

楊湜，字彦卿，真定藁城人。習章程，學工書算，由府史累遷行省都事。至元中立制國用司，總天下錢穀，以爲員外郎，拜户部侍郎。《元史》本傳。

論曰：《史記》張蒼好書算律曆，定章程。注曰：章者，曆數之章術；程者，權衡斗桶丈尺之法式。湜習章程，學工書算，亦張蒼之流亞與？

蕭𣂏

蕭𣂏，字惟斗，其先北海人，父仕秦中，遂爲奉元人。𣂏性至孝，自爲兒時，翹楚不凡。稍出爲府史，上官語不令，即引退。讀書南山者三十年，博極群書，于天文、地理、律曆、算數，靡不研究。世祖分藩在秦，辟之，以疾辭。授陝西路儒學提舉，不赴。後累授集賢直學士、國子監司業，改集賢侍讀學士，皆不赴。大德十一年，拜太子右諭德，扶病至京。歸，尋以疾力辭去。卒年七十八。賜謚貞敏。《元史・儒學傳》。

丁巨

丁巨，至正時人，著《丁巨算法》一卷。其自爲序曰：稽古河圖，五十有五，一二三四互爲七八九六，大衍之數五十。隸首作算數，羲和以閏月定四時成歲，舜在璿璣玉衡，以齊七政，禹别九州，五十而貢，殷人七十而助，具有法術。《周禮・大司徒》始列九數：一曰方田，以御田疇界域；二曰粟米，以御交質變易；三曰衰分，以御貴賤禀税；四曰少廣，以御積冪方圓；五曰商功，以御功程積實；六曰均輸，以御道里遠近；七曰盈朒，以御隱雜互見；八曰方程，以御錯糅正負；九曰句股，以御高深廣遠；備矣。漢建九章之學，夏侯陽、孫子、方倉、蕩杯謂未盡微分新術，微術密率。復古曰，盈不足損有餘，差分衰分方程之屬，注疏又爲令法。由唐及宋，皆有專門。自後世尚浮辭，動言大綱，不計各物，其有通者，不過胥史。士類以科舉故，未暇篤實。獨余幼賤，不伍時流，經籍之餘事，法物度軌，則間嘗用心。因于算術上自九章，下至小法，數十百家，摘取要略，述《算法》八卷。以今俗稱，寓之古法。其曰：田畝，雖不啻百里當百二十一里，百畝當百四十六畝之步，亦方田之屬，粟米交質變易，差分法衰分，倉窖堆垜法少廣。修築營運，以見商功，雙頭交易，抽分答價，以見均輸，折變相和，異乘同除，以知隱雜。諸分之通爲方程，可以通期閏；海島望算爲句股，可以通廣輪。凡綱乘以聚之，除以散之，通乘除已，斯可爲法。乘之積爲加，除之散爲減，加減爲乘除之變，故以乘除加減四法爲之首。爲數始于一，終于十，積于一二，成于九九，大爲十百千萬百萬千萬億兆京垓秭穰溝澗正載極，小則分釐毫絲忽微纖沙塵埃渺漠幽虚空清净無爲盡。十百千萬，互爲消長。由是而天高地厚日月往來，律吕聲音，陰陽幽顯，因此測彼，精入鬼神，伊遊于藝，玩物喪志。《丁巨算法》。

丁好禮

丁好禮，字敬可，真定蠡州人也。精于曆算。初試于户部，辟中書椽，授户部主事，擢江南行臺御史。累官至户部尚書、樞密副使，拜中書參知政事。以集賢閣大學士致仕，給全俸家居，復起爲中書平章事，特封趙國公。大明兵入京

城，不屈死之，年七十五。《元史》本傳。

陳尚德

陳尚德，著《石塘算書》若干卷。《元史補藝文志》。

彭絲

彭絲，著《算經圖釋》九卷。《文獻通考》。

安止齋　何子平

安止齋、何子平，皆元儒也，同譔有《詳明算法》，有乘除而無九章。《算法統宗》。

紀事

元・脱脱等《金史》卷二〇《天文志》　五年正月，海陵問司天提點馬貴中曰：「朕欲自將伐宋，天道如何？」貴中對曰：「去年十月甲戌，熒惑順入太微，至屏星，留退西出。《占書》熒惑常以十月入太微庭，受制出伺無道之國。又去年十二月，太白晝見經天，占爲兵喪，爲不臣，爲更主。又主有兵兵罷，無兵兵起。」甲午，月食。二月丁卯，太白晝見。四月甲戌，復見，凡百六十有九日乃伏。六年七月乙酉，月食。九月丙申，太白晝見。先是，海陵問司天馬貴中曰：「近日天道何如？」貴中曰：「前年八月二十九日太白入太微右掖門，九月二日至端門，九日至左掖門出，並歷左右執法。太微爲天子南宮，太白兵將之象，其占：兵入天子之庭。」海陵曰：「今將征伐，而兵將出入太微，正其事也。」貴中又言：「當端門而出，其占爲受制，歷左右執法爲受事，此當有出使者，或爲兵，或爲賊。」海陵曰：「兵興之際，小賊固不能無也。」是歲，海陵南伐，遇殺。

又　五年正月辛丑，太白晝見於牛，二百三十有二日乃伏。司天夾谷德玉等奏以爲臣强之象，請致祭以禳之。宣宗曰：「斗、牛吳分，蓋宋境也。他國有災，吾禳之可乎。」

又　天興元年七月乙巳，太白、歲星、熒惑、太陰俱會於軫、翼，司天武亢極言天變，上惟歎息，覺亦不之罪也。

元・脱脱等《金史》卷二一《曆志上》　金有天下百餘年，曆惟一易。天會五年，司天楊級始造《大明曆》，十五年春正月朔，始頒行之。其法，以三億八千三百七十六萬八千六百五十七爲曆元，五千二百三十爲日法。然其所本，不能詳究，或曰因宋《紀元曆》而增損之也。正隆戊寅三月辛酉朔，司天言日當食，而不食。大定癸巳五月壬辰朔，日食，甲午十一月甲申朔，日食，加時皆先天。丁酉九月丁酉朔，食乃後天。由是占候漸差，乃命司天監趙知微重修《大明曆》，十一年曆成。時翰林應奉耶律履亦造《乙未曆》。二十一年十一月望，太陰虧食，遂命尚書省委禮部員外郎任忠傑與司天曆官驗所食時刻分秒，比校知微、履及見行曆之親疏，以知微曆爲親，遂用之。明昌初，司天又改進新曆，禮部郎中張行簡言：「請俟他日月食，覆校無差，然後用之。」事遂寢。

元・脱脱等《金史》卷二二《曆志下》　金既取汴，皆輦致于燕，天輪赤道牙距撥輪懸象鍾鼓司辰刻報天池水壺等器久皆棄毁，惟銅渾儀置之太史局候臺。但自汴至燕相去一千餘里，地勢高下不同，望筒中取極星稍差，移下四度纔得窺之。明昌六年秋八月，風雨大作，雷電震擊，龍起渾儀鼇雲水趺下，臺忽中裂而摧，渾儀仆落臺下，旋命有司營葺之，復置臺上。貞祐南渡，以渾儀鎔鑄成物，不忍毁拆，若全體以運則艱於輦載，遂委而去。

興定中，司天臺官以臺中不置渾儀及測候人數不足，言之於朝，宜鑄儀象，多補生員，庶得盡占考之實。宣宗召禮部尚書楊雲翼問之，雲翼對曰：「國家自來銅禁甚嚴，雖罄公私所有，恐不能給。今調度方殷，財用不足，實未可行。」他日，上又言之，於是止添測候之人數員，竊儀之議遂寢。

初，張行簡爲禮部尚書提點司天監時，嘗製蓮花、星丸二漏以進，章宗命置蓮花漏于禁中，星丸漏遇車駕巡幸則用之。貞祐南渡，二漏皆遷于汴，汴亡廢毁，無所稽其製矣。

元・脱脱等《金史》卷二三《五行志》　太祖之生也，常有五色雲氣若二千斛囷廩之狀，屢見東方。遼司天孔致和曰：「其下當異人，建非常之事，天以象告，非人力所能爲也。」

又　五年二月辛未，河東、陝西地震。鎮戎、德順等軍大風，壞廬舍，民多壓死。海陵問司天馬貴中等曰：「何爲地震？」貴中等曰：「伏陽逼陰所致。」又問：「震而大風，何也？」對曰：「土失其性，則地以震。風爲號令，人君嚴急則

有烈風及物之災。」六年六月壬戌，大風壞承天門鴟尾。

又 四年三月，御史中丞董師中奏：「迺者太白晝見，京師地震，北方有赤氣，遲明始散。天之示象，冀有以警悟聖主也。」上問：「所言天象何從得之？」師中曰：「前監察御史陳元升得之於一司天長行。」上曰：「司天臺官不奏固有罪，其以語人尤非。朕欲令自今司天有事而不奏者長行得言之，何如？」師中曰：「善。」

元・脱脱等《遼史》卷四二《曆象志上》 穆宗應曆十一年，司天王白、李正等進曆，蓋《乙未元曆》也。聖宗統和十二年，可汗州刺史賈俊進新曆，則《大明曆》是也。

元・黄鎮成《尚書通考・古今曆法》 《授時曆》

臨川吴氏書纂言曰：「今《授時曆》不立差法，但日夜占候，以求合於天。」然則，正與古曆簡易，未立差法，但隨時占候修改，以與天合者同意。

至元十七年，太史郭守敬奏：「欽惟聖朝統一六合，肇造區夏，專命臣等改治新曆。臣等用創造簡儀、高表，憑其測到實數所考正者凡七事：一曰冬至。自丙子年立冬後，依每日測到晷景，逐日取對冬至前後日差，同者爲準，得丁丑年冬至在戊戌日夜半後八刻半。又定丁丑夏至在庚子日夜半後七十刻。又定戊寅冬至在癸卯日食半後三十三刻，己卯冬至在戊申日夜半後五十七刻半，庚辰冬至在癸丑日夜半後八十一刻半。各減《大明曆》十八刻，遠近相符，前後應準。二曰歲餘。自劉宋《大明曆》以來，凡測景驗氣得冬至時刻真數者有六，用以相距，各得其時，合用歲餘。今考驗四年，相符不差。仍自宋大明壬寅年距至今日八百一十年，每歲合得三百六十五日二十四刻二十五分，其二十五分爲今曆歲餘合用之數。三曰日躔。用至元丁丑四月癸酉望月食既推求日躔，得冬至日躔赤道箕宿十度，黄道箕九度有奇。仍憑每日測到太陽躔度，或憑星測月，或憑月測日，或徑憑星度測日，立術推算。起自丁丑正月至己卯十二月，凡三年，共得一百三十四事，皆躔於箕，與月食相符。四曰月離。自丁丑以來至今，憑每日測到逐時太陰行度推算變，從黄道求入轉極遲極疾并平行處，前後凡十三轉，計五十一事，内除去不真的外，有三十事。得《大明曆》入轉後天，又因考驗交食加《大明曆》三十刻，與天道合。五曰入交。自丁丑五月以來，憑每日測到太陰去極度數，比擬黄道去極度，得月道交於黄道，共得八事。仍依日食法度推求，皆有食，分得入交時刻，與《大明曆》所差不多。六曰二十八宿距度。自漢《太初曆》以來，距度不同，互有損益。《大明曆》則於度下餘分附以太半少，皆私意牽就，未嘗實測其數。今新儀皆細刻周天度分，每度爲三十六分，以距線代管窺宿度餘分，並依實測，不以私意牽就。七曰日出入晝夜刻。《大明曆》日出入晝夜刻皆據汴京爲準，其刻數與大都不同。今更以本方北極出地高下、黄道出入内外度，立術推求每日日出入晝夜刻，得夏至極長，日出寅正二刻，日入戌初二刻，晝六十二刻，夜三十八刻。冬至極短，日出辰初二刻，日入申正二刻，晝三十八刻，夜六十二刻，永爲定式。所創法者凡五事：一曰太陽盈縮。用四正定氣立爲升降限，依立招差求得每日行分初末極差積度，比古爲密。二曰月行遲疾，古曆皆用二十八限，今以萬分日之八百二十分爲一限，凡析爲三百三十六限，依垜疊招差求得轉分進退，其遲疾度數逐時不同，蓋前所未有。三曰黄赤道差，舊法以一百一度相減相乘，今依算術勾股弧矢方圓斜直所容，求到度率積差，差率與天道實爲吻合。四曰黄赤道内外度，據累年實測内外極度二十三度九十分，以圓容方直矢接勾股爲法，求每日去極，與所測相符。五曰白道交周，舊法黄道變推白道以斜求斜，今用立渾比量，得月與赤道正交。距春秋二正黄赤道正交一十四度六十六分，擬以爲法，推逐月每交二十八宿度分，於理爲盡。

明・宋濂等《元史》卷四八《天文志》 元興，定鼎于燕，其初襲用金舊，而規環不協，難復施用。於是太史郭守敬者，出其所創簡儀、仰儀及諸儀表，皆臻於精妙，卓見絶識，蓋有古人所未及者。其説以謂：昔人以管窺天，宿度餘分約爲太半少，未得其的。乃用二線推測，於餘分纖微皆有可考。而又當時四海測景之所凡二十有七，東極高麗，西至滇池，南踰朱崖，北盡鐵勒，是亦古人之所未及爲者也。自是八十年間，司天之官遵而用之，靡有差忒。而凡日月薄食、五緯淩犯、彗孛飛流、暈珥虹霓、精祲雲氣等事，其係於天文占候者，具有簡册存焉。

又 世祖至元四年，扎馬魯丁造西域儀象：

咱秃哈剌吉，漢言混天儀也。其制以銅爲之，平設單環，刻周天度，畫十二辰位，以準地面。側立雙環而結於平環之子午，半入地下，以分天度。内第二雙環，亦刻周天度，而參差相交，以結于側雙環，去地平三十六度以爲南北極，可以旋轉，以象天運爲日行之道。内第三、第四環，皆結於第二環，又去南北極二十四度，亦可以運轉。凡可運三環，各對綴銅方釘，皆有竅以代衡簫之仰窺焉。

咱秃朔八台，漢言測驗周天星曜之器也。外周圓牆，而東面啓門，中有小臺，立銅表高七尺五寸，上設機軸，懸銅尺，長五尺五寸，復加窺測之簫二，其長

如之，下置横尺，刻度數其上，以準掛尺。下本開圖之遠近，可以左右轉而周窺，可以高低舉而偏測。

魯哈麻亦渺凹只，漢言春秋分晷影堂。爲屋二間，脊開東西横罅，以斜通日晷。中有臺，隨晷影南高北下，上仰置銅半環，刻天度一百八十，以準地上之半天，斜倚鋭首銅尺，長六尺，闊一寸六分，上結半環之中，下加半環之上，可以往來窺運，側望漏屋晷影，驗度數，以定春秋二分。

魯哈麻亦木思塔餘，漢言冬夏至晷影堂也。爲屋五間，屋下爲坎，深二丈二尺，脊開南北一罅，以直通日晷。隨罅立壁，附壁懸銅尺，長一丈六寸。壁仰畫天度半規，其尺亦可往來規運，直望漏屋晷影，以定冬夏二至。

苦來亦撒麻，漢言渾天圖也。其制以銅爲丸，斜刻日道交環度數于其腹，刻二十八宿形於其上。外平置銅單環，刻周天度數，列于十二辰位以準地。而側立單環二，一結于平環之子午，以銅丁象南北極，一結于平環之卯酉，皆刻天度。即渾天儀而不可運轉窺測者也。

苦來亦阿兒子，漢言地理志也。其制以木爲圓毬，七分爲水，其色緑，三分爲土地，其色白。畫江河湖海，脈絡貫串於其中。畫作小方井，以計幅圓之廣袤、道里之遠近。

兀速都兒刺不，定漢言，晝夜時刻之器。其制以銅如圓鏡而可掛，面刻十二辰位、晝夜時刻，上加銅條綴其中，可以圓轉。銅條兩端，各屈其首爲二竅以對望，晝則視日影，夜則窺星辰，以定時刻，以測休咎。背嵌鏡片，三面刻其圖凡七，以辨東西南北日影長短之不同、星辰向背之有異，故各異其圖，以晝天地之變焉。

明·宋濂等《元史》卷五二《曆志》　元初承用金《大明曆》，庚辰歲，太(宗)[祖]西征，五月望，月蝕不效；二月、五月朔，微月見於西南。中書令耶律楚材以《大明曆》後天，乃損節氣之分，減周天之秒，去交終之率，治月轉之餘，課兩曜之後先，調五行之出没，以正《大明曆》之失。且以中元庚午歲，國兵南伐，而天下略定，推上元庚(子)[午]歲天正十一月壬戌朔，子正冬至，日月合璧，五星聯珠，同會虚宿六度，以應太祖受命之符。又以西域、中原地里殊遠，創爲里差以增損之，雖東西萬里，不復差忒。遂題其名曰《西征庚午元曆》，表上之，然不果頒用。

至元四年，西域札馬魯丁撰進《萬年曆》，世祖稍頒行之。十三年，平宋，遂詔前中書左丞許衡、太子贊善王恂、都水少監郭守敬改治新曆。衡等以爲金雖改曆，止以宋《紀元曆》微加增益，實未嘗測驗於天，乃與南北日官陳鼎臣、鄧元麟、毛鵬翼、劉巨淵、王素、岳鉉、高敬等參考累代曆法，復測候日月星辰消息運行之變，參别同異，酌取中數，以爲曆本。十七年冬至，曆成，詔賜名曰《授時曆》。十八年，頒行天下。二十年，詔太子諭德李謙爲《曆議》，發明新曆順天求合之微，考證前代人爲附會之失，誠可以貽之永久，自古及今，其推驗之精，蓋未有出於此者也。今衡、恂、守敬等所撰《曆經》及謙《曆議》故存，皆可考據，是用具著于篇。

明·陳邦瞻《元史紀事本末》卷一七　郭守敬《授時曆》

世祖至元十七年十一月甲子，行《授時曆》。先是至元初，劉秉忠言：「《大明曆》自遼、金承用二百餘年，浸以後天，宜在所立改。」未及用其議而秉忠没。至十三年，江南略平，天下混一，上思其言，遂議改修新曆。立局以庀事，詔郭守敬與王恂率南、北日官，分掌測驗，而張文謙、張易領其事，前中書左丞許衡亦參預焉。守敬乃言：「曆之本在於測驗，而測驗之器莫先於儀表。今司天渾儀，宋皇祐中汴京所造，與此處天度不符，比量南、北二極，差約四度。表石年深，亦復欹側，宜盡攷其失，更置之。」及擇高塏之所，造木爲重棚，創簡儀、高表，用相比覆。又以爲天樞附極而動，昔人嘗展管望之，未得其的，作候極儀。極辰既得，天體斯正，作渾天象。象雖形似，莫適所用，作玲瓏儀。以表之矩方測天之正圓，莫如以圓求圓，作仰儀。古有經緯，結而不動，改之作立運儀。日有中道，月有九行，合而作證理儀。表高景虚，其象非真，作景符。月雖有明，測景則難，作闚几。曆法之驗，在於交會，作日食月食儀。天有赤道，輪以當之，兩極低昂，標以指之，作星晷定時儀。其器凡十有三。又作正方按、九表、懸正儀，凡四等，爲四方行測者所用。又作《仰規覆矩圖》、《異方渾蓋圖》、《日出入永短圖》，凡五等，與上諸儀互相參攷。十六年，改局爲太史院，以恂爲太史令，守敬同知太史院事。乃進所造儀表式於榻前，指陳理致，一一周悉，自朝及夕，上不爲倦。因奏：「唐開元間，僧一行令南宫説測景天下，其可考者，今十三處。今疆宇比唐尤廣，必多方測驗，而後日月交會分數時刻之不同，晝夜長短之不同，日月星辰去天高下之不同，可得周知。」上可其奏，乃置監候官十四人，分道而出，先從南北，取直立表以測景。南海，北極出地二十五度，夏至景在表南，長一尺一寸六分，晝五十六刻，夜四十四刻。衡嶽，北極出地二十五度，夏至日在表端無影，晝五十六刻，夜四十四刻。岳臺，北極出地三十五度，夏至景長一尺四寸八分，晝

六十刻，夜四十刻。和林，北極出地四十五度，夏至景長三尺二寸四分，晝六十四刻，夜三十六刻。鐵勒，北極出地五十五度，夏至景長五尺一分，晝七十刻，夜三十刻。北海，北極出地六十五度，夏至景長六尺七寸八分，晝八十二刻，夜一十八刻。繼又測驗，上都，北極出地四十三度少；北京，北極出地四十二度强；益都，北極出地三十七度少；登州，北極出地三十八度少；高麗，北極出地三十八度少；西京，北極出地四十度少；太原，北極出地三十八度少；安西府，北極出地三十四度半强；興元，北極出地三十三度半强；成都，北極出地三十一度半强；西涼州，北極出地四十度强；東平，北極出地三十五度太；大名，北極出地三十六度；南京，北極出地三十四度太强；陽成，北極出地三十四度太弱；揚州，北極出地三十三度；鄂州，北極出地三十一度半；吉州，北極出地二十三度半；雷州，北極出地二十度太；瓊州，北極出地十九度太。十七年，新曆成。守敬與諸太史同上奏曰：「帝王之事，莫重於曆。自黄帝迎日推策，帝堯以閏月定四時成歲，舜在璇璣玉衡以齊七政，爰及三代，曆無定法。周、秦之間，閏餘乖次。至漢造《三統曆》，百三十年而是非始定。東漢造《四分曆》，七十餘年而儀式方備。又百三十一年，劉洪造《乾象曆》，始悟月行有遲疾。又百八十年，姜岌造《三紀甲子曆》，始悟以月食衝檢月宿度所在。又五十七年，何承天造《元嘉曆》，始悟以朔望及弦皆定大小餘。又六十五年，祖沖之造《大明曆》，始悟太陽有歲差之數，極星去不動處一度餘。又五十二年，張子信始悟日月交道有表裏，五星有遲疾留逆。又三十三年，劉焯造《皇極曆》，始悟日行有盈縮。又三十五年，傅仁均造《戊寅元曆》，頗採舊儀，始用定朔。又四十六年，李淳風造《麟德曆》，以古曆章蔀元首分度不齊，始爲總法，用進朔以避晦晨月見。又六十三年，僧一行造《大衍曆》，始以朔有四大三小，定九服交食之異。又九十四年，徐昂造《宣明曆》，始悟日食有氣、刻、時三差。又二百三十六年，姚舜輔造《紀元曆》，始悟食甚泛餘差數。以上計千一百八十二年，曆經七十改，其創法者十三家。自是又百七十四年，唯我聖朝統一六合，肇造區夏，專命臣等改治新曆。臣等用創造簡儀、高表，憑測到實數，所攷正者凡七事：一曰冬至。自丙子年立冬後，依每日測到晷影，逐日取對冬至前後日差，同者爲準，得丁丑年冬至在戊戌日夜半後八刻半，又定丁丑夏至得在庚子日夜半後七十刻，又定戊寅冬至在癸卯日夜半後三十三刻，己卯冬至在戊申日夜半後五十七刻半，庚辰冬至在癸丑日夜半後八十一刻半，凡減《大明曆》十八刻。遠近相符，前後應準。二曰歲餘。自劉宋《大明曆》以來，凡測景、驗氣，得冬至時刻真數者有六，用以相距，各得其時合用歲餘。今攷定四年，相符不差。仍自宋大明壬寅年距至今日八百一十年，每歲合得三百六十五日二十四刻二十五分，其二十五分爲今曆歲餘合用之數。三曰日躔。用至元丁丑四月丁丑望月食既，推求日躔，得冬至日躔赤道箕宿十度，黄道箕九度有畸。仍憑每日測到太陽躔度，或憑星測月，或憑月測日，或徑憑星度測日，立術推算，起自丁丑正月，至己卯十二月，凡三年，共得一百三十四事，皆躔於箕，與月食相符。四曰月離。自丁丑至今，每日測到逐時太陰行度，推算變從黄道求入轉，極遲極疾并平行處，前後凡十三轉，計五十一事，內除不的者外，有三十事，得《大明曆》入轉後天。又因考驗交食，加《大明曆》三十刻，與天道合。五曰入交。自丁丑五月以來，憑每日測到太陰去極度數，比擬黄道去極度，得月道交於黄道，共得八事。仍依日食法度推求，皆有食分，得入交時刻，與《大明曆》所差不多。六曰二十八宿距度。蓋自漢《太初曆》以來，距度不同，互有損益。《大明曆》則於度下餘分附以太、半、少，皆私意牽就，未嘗實測其數。今新儀皆細刻周天度分，每度爲三十六分，以距線代管闚，宿度餘分並依實測，不以私意牽就。七曰日出入晝夜刻。《大明曆》日出入晝夜刻皆據汴京爲準，其刻數與大都不同。今更以本方北極出地高下，黄道出入內外度，立法推求每日日出入晝夜刻，得夏至極長，日出寅正二刻，日入戌初二刻，晝六十二刻，夜三十八刻；冬至極短，日出辰初二刻，日入申正二刻，晝三十八刻，夜六十二刻，永爲定式。所創法者凡五事：一曰太陽盈縮。用四正定氣立爲升降限，依立招差，求得每日行分初末極差積度，比古爲密。二曰月分遲疾。古曆皆用二十八限，今以萬分日之八百二十分爲一限，凡折爲三百三十六限，依垜疊格差，求得轉分進退，其遲疾度數逐時不同，蓋前所未有。三曰黄赤道差。舊法以一百一度相減相乘，今依算術勾股、弧矢、方圓、斜直所容，求到度率積差，差率與天道實爲脗合。四曰黄赤道內外度。據累年實測，內外極度二十三度九十分，以圓容方直矢接勾股爲法，求每日去極，與所測相符。五曰白道交周。舊法黄道推變白道，以斜求斜。今用立渾比量，得月與赤道正交，距春秋二正黄赤道正交一十四度六十六分，擬以爲法，推逐月每交二十八宿度分，於理爲盡。」是歲，有詔頒行新曆，賜名《授時》。於是，曆雖已頒，而推步之式、立成之數猶未有成書。會太史卒，守敬乃比次篇類，整齊分秒，裁爲《推步》七卷，《立成》二卷，《曆議擬稿》三卷，《轉神選擇》二卷，《上中下三曆註式》十二卷。二十二年，陞太史令，遂奏上

其書。又爲《時候箋注》二卷，《修改源流》一卷，《儀象法式》二卷，《二至晷景考》二十卷，《五行細行考》五十卷，《古今交食攷》一卷，《新測二十八舍雜坐諸星入宿去極》一卷，《新測無名諸星》一卷，《月離攷》一卷，並藏之官。古曆天周與歲周小餘同於日度四分之一，漢、魏以來，漸覺不齊，而破分之論起。守敬乃用百年爲率，小餘之下增損各一，以之上推往古，下驗方來，無不脗合。乃積年日法、演積分換之説，皆所不用。其所爲曆，測驗既精，設法詳具，今且九十年，無分毫差者。舊儀悉多蔽礙，且距齒有度刻而無細分，以管望星，漸外則所見漸展，尤難取的。守敬所爲儀，但用天常赤道四遊三環三距，設四遊於赤道之上，而附直距於四遊之外，與雙環兩間，同結環距端。測日月星則以兩線相望，取其正中所當之刻之度之分之秒，至爲切密。八尺之表，夏至景長尺有五寸，千里爲差一寸，其説見於《周官》、《周髀》，唐一行雖嘗疑之，而未之有改。守敬乃爲表，比古制加五倍，上施横梁，每日中以符竅夾測横梁之景，折取中數，視舊法但取表端之景者加審矣。

張溥曰：「西漢之《三統》，東漢之《四分》，劉洪之《乾象》，楊偉之《景初》，姜岌之《三統甲子》，何承天之《元嘉》，祖沖之之《大明》，張冑玄之《大業》，劉焯之《七曜》，傅仁均之《戊寅》，李淳風之《麟德》，一行之《大衍》，徐昂之《宣明》，邊岡之《崇玄》，王朴之《欽天》，周琮之《明天》，姚舜輔之《紀元》，皆曆家傑然者也。而漢《太初》以鐘律，唐《大衍》以蓍策尤稱絶倫。至郭守敬《授時曆》出，則更度越矣。守敬生有異操，大父榮，通五經，精於筭數、水利。使之從劉秉忠學，巧思天縱。史所紀水利六事，曆書考正七事，創法五事，固絶學也，顧其曆，莫長于晷景。堯布曆象，舜在璣衡，周公度日景，置五表，以顯川陽城一表爲中。漢人造曆，必先定東西、立晷儀。唐昭大史測天下之晷凡十三處，宋測景于浚儀之岳臺，元人測景之所二十有七，則東至高句驪，西極滇池，南踰朱厓，北盡鐵勒矣。渾天六合，三辰四游，儀表之最密者也。獨守敬表式五倍於舊，簡、仰諸儀，世共神之。究其要，莫先于考測。考測者，何類其同而知且中，辨其異而知其變，以今曆與古曆比而疎密見也。曆家之傳，學悟各出，或悟之于月行，或悟之于日食，或悟之于交食，或悟之于食衡，或悟之于朔望及弦，或悟之于極星，或悟之于日月交道，或悟之于五星，或悟之于黄道，或悟之于進朔，或悟之于朔大小，或悟之于日食氣、刻、時，或悟之于五星遲疾，或悟之于日法積年，或悟之于食餘。前法屢改則後悟日新，總其大端，無過唐之置閏，漢之歲差耳。天運可驗，以日月交食爲著；交食不爽，以朔望有定爲準。定朔立，則交會之時日不紊；交會准，則天運之先後具見。杜預曰：「治曆者，當順天以求合，非爲合以驗天。」蔡邕曰：「籌筭爲本，天文爲驗。」守敬蓋得其説而致精者也。經曰：「七十年而差一度，每歲差一分五十秒。」授時曆法以元之至元辛巳爲曆尼，年遠數盈，天度漸差，起而修之，筭多差少。後必有賢於守敬者，惟得大儒在位，如能明曆理之揚雄、善文歲差之邵雍，爲之折衷，則其學顯矣。

著録

元・宋魯珍、何士泰《〈類編通書大全〉序》 夫陰陽之道，幽顯必明；吉凶之期，動静所發。故上古聖人命大撓探五行之情，察陰陽之理，占斗建，立甲子。以至唐虞三代之時，有羲和掌陰陽四時之序，太史古豐凶旱溢之年。于斯時也，運泰時序，世質人淳。迨漢以來，聖人不作，學之者既不辨真僞，傳之者而不探幽賾。是以異説紛紜，惑世誣人，淆亂聖教。且夫陰陽者，五行之綱領。五行者，陰陽之條目。四時吉凶，天地慘舒，皆由陰陽愆期，五行弗序，晦朔無紀而然矣。及晉郭景純作《元經》八十一篇，論星辰上合於照臨，評陰陽而司於動静，破俗説之紛紜，質聖賢之要旨。至唐，袁、李、楊、曾、劉、范諸君子出，是皆祖述其言，而各有所著。近世以來，陰陽之書何啻數百家，使人無所措目。是以休咎不明，歲月弗尅，吉者未必用，用者未必吉，若是者吾見之屢矣。獨清江宋輝山《通書》集先賢之秘訣，會諸家之所長，辨論詳明，使天道人事各隨其時。非深知羲和之道，造景純之閫，得袁、李、楊、曾、劉、范諸君子之傳者，而能然乎？誠所謂陰陽寶鑑者也。金谿何景祥有《曆法集成》，又輝山所未及而採者。余之先祖伯梅隱翁梓行久矣。近時嗜利之徒往往謄録而翻刊之，以致二書字畫訛舛，則有申甲戌戊之難辨，魯魚亥豕之狐疑，使覽者病焉。余因聾疾，隱醫自治，竊以二書合而一之，舍疵會粹，訂正是非，闕者增，衍者削，定局而省繁，言直而用當，開卷瞭然，使各知其避凶趨吉之方，獲其休徵之應，則陰陽五行之用由斯而定，而

不爲他説之惑，誠未必不爲無所助云。

清・周中孚《鄭堂讀書記・子部六之上》《革象新書》無卷數，寫本。

元趙友欽撰，其門人章濬編。友欽，字敬夫，德興人。一名敬，字子恭，宋宗室之子，世稱緣督先生。濬，衡州人。《四庫全書・著録》作五卷，倪氏、錢氏《補元志》所載俱同。蓋明初王華川禕。以趙氏書涉於蕪冗鄙陋，别爲纂次二卷，行於世。而趙氏原本遂佚。今館臣就《永樂大典》所載録出原本，分爲五卷。是本係元刊傳鈔本，不分卷數，爲吴門袁壽階延檮。所校定。華川刪本序謂其書有推步立成諸篇，皆載占驗之術。今驗此本無之。豈華川所見别是一本，而非章氏民纂輯之本耶？《提要》不言及章氏曾經纂輯，并與其序文有異，知《永樂大典》所載當别是一本，蓋即爲華川所見之本矣。是書俱以四字標月，自天道左旋，以迄乾象，《周髀》凡三十二篇，罕譬曲喻，出以平易，故能推究詳贍，發前人之所未發。即如邵康節先生運世之數，後儒尊信，莫敢有異議者。獨趙敬夫譏其不公準，謂以諸家術求皇極之元，不特七政無總會之事，抑且散亂無倫。此真通人之論，非精於推步者不能知，非胸有定見者不能言也。惟以地平不當天半，地上天多、地下天少，此則緣督之新説，於理爲不然矣。是本後有「嘉慶辛酉錢竹汀小記壽階書後」。

清・丁仁《八千卷樓書目・子部・天文演算法類》《原本革象新書》五卷。元趙友欽撰，抄本。

《重修革象新書》二卷。元趙友欽撰，明王禕刪定，抄本。

清・紀昀等《四庫全書總目》卷一〇六《子部十六》《原本革象新書》五卷。永樂大典本。

不著撰人名氏。宋濂作序，稱趙緣督先生所著。先生鄱陽人，隱遯自晦，不知其名若字。或曰名敬，字子恭，或曰友欽，弗能詳也。王禕嘗刊定其書，序稱名友某，字子公，其先於宋有屬籍。考《宋史・宗室世系表》，漢王房十二世，以友字聯名。書中稱「歲策加減法，自至元辛巳行之至今」，其人當在郭守敬後，時代亦合。然語出傳聞，未能確定。都卬《三餘贅筆》稱嘗見一雜書云先生名友欽，字敬夫，饒之德興人。其名敬、字子恭及字子公者皆非。亦不言其何所本，惟其爲趙姓，則灼然無疑也。其書自王禕刪潤之後，世所行者皆禕本，趙氏原本遂佚。惟《永樂大典》所載，與禕本參校，互有異同，知姚廣孝編纂之時，所據猶爲舊帙。禕序頗譏其蕪冗鄙陋，然術數之家，主於測算，未可以文章工拙相繩。又，禕於天文星氣雖亦究心，而儒者之兼通，終不及專門之本業。故二本所載，亦互有短長，竝録存之，亦足以資參考。其中如「日至之景」一條，《周髀》謂夏至日值内衡，冬至值外衡，中國近内衡之下，地平與内衡相際於寅戌，外衡相際於辰申，二至長短以是爲限，其寒暑之氣則以近日、遠日爲殊。而此書謂日之長短由於日行之高低，氣之寒暑由於積氣之多寡。「天周歲終」一條，天左旋，其樞名赤極；右旋，其樞名黄極。經星亦右旋，宗黄極以成歲差。而此書謂天體不可知，但以經星言之，左旋則自東而西，南北不移；右旋則自西而東，以出入而分南北，截然殊致。而此書謂如良駑二馬；駑不及良，一周遭則復遇一處。「日道歲差」一條，歲差由於經星右旋，凡考冬至日躔某星幾度幾分爲一事，至授時法所立加減，謂之歲實消長，與恆氣冬至定氣冬至又爲一事，迥乎不同。而此書合而一之。又，「天地正中」一條，日中天則形小，出地入地則形大，乃蒙氣之故。而此書謂天頂遠而四旁近。又，南北度必測北極出地，東西度必測日食時刻，别無他術。而此書欲以北極定東西之偏正，以東西景定南北之偏正。「地域遠近」一條，地球渾圖，隨處皆有天頂。而此書拘泥舊説，謂陽城爲天頂之下。又《元史》所記，南、北海晝夜刻數各有盈縮，而此書謂南方晝夜長短不較多。又，時刻由赤道度而景移在地平，故早晚景移遲，近午景移疾，愈南則遲者愈遲，疾者愈疾。而此書謂偏西則早遲而晚疾，偏東則早疾而晚遲。「月體半明」一條，凡日月相望必近，交道乃入闇虚，遠於父道則地不得而掩之。而此書謂隔地受光如吸鐵之石。其論皆失之疏舛。他如以月孛之孛爲彗孛之孛，謂地上之天多於地下之天，謂黄道歲歲不由舊路，謂月駁爲山河影，謂月食爲受日光多，陽極反亢，謂日月圖徑相倍，謂闇虚非地影，或拘泥舊法，或自出新解，於測驗亦多違失。然其覃思推究，頗亦發前人所未發，於今法爲疎，於古法則爲已密。在元以前談天諸家，猶爲實有心得者。故於謬誤之處，竝以今法加案駁正，而仍存其説，以備一家之學焉。

清・紀昀等《四庫全書總目》卷一〇七《子部十七》《天文精義賦》四卷。浙江范懋柱家天一閣藏本。

舊題《管勾天文》，岳熙載撰并集註，而不著其時代。案：註中多引《宋史・天文志》，當爲元末人。考元太史院，有管勾二員，秩從九品。而歷志載郭守敬《會南北日官考》論曆法，有岳鉉之名，或即其家子孫也。其書皆論推測占驗之術，而以韻語儷之。首天體，次分野，次太陽、太陰，次概舉七政，及於恆星，而以淩抵、鬬食之説附於其末。大都摭拾史傳，不能有所發明。錢曾《讀書敏求記》載，熙載尚有《天文占書類要註》四卷，今未見。

明清部

綜述

清・張廷玉等《明史》卷七四《職官志三》 欽天監。監正一人，正五品。監副二人。正六品。其屬，主簿廳，主簿一人，正八品。春、夏、中、秋、冬官正各一人，正六品。五官靈臺郎八人，從七品，後革四人。五官保章正二人，正八品，後革一人。五官挈壺正二人，從八品，後革一人。五官監候三人，正九品，後革一人。五官司曆二人，正九品。五官司晨八人，從九品，後革六人。漏刻博士六人。從九品，後革五人。

監正、副掌察天文、定曆數、占候、推步之事。凡日月、星辰、風雲、氣色，率其屬而測候焉。有變異，密疏以聞。凡習業分四科：曰天文，曰漏刻，曰回回，曰曆。自五官正下至天文生、陰陽人，各分科肄業。每歲冬至日，呈奏明歲《大統曆》，成化十五年改頒明歲曆於十月朔日。移送禮部頒行。其《御覽月令曆》、《七政躔度曆》、《六壬遁甲曆》、《四季天象録》，並先期進呈。凡曆註，御曆註三十事，如祭祀、頒詔、行幸等類。民曆三十二事，壬遁曆七十二事。凡祭日，前一年會選以進，移知太常。凡營建、征討、冠婚、山陵之事，則選地而擇日。立春，則預候氣於東郊。大朝賀，於文樓設定時鼓、漏刻報時，司晨、雞唱，各供其事。日月交食，先期算其分秒時刻、起復方位以聞，下禮部，移内外諸司救之，仍按占書條奏。若食不及一分，與《回回曆》雖食一分以上，則奏而不救。監官毋得改他官，子孫毋得徙他業。乏人，則移禮部訪取而試用焉。五官正推曆法，定四時。司曆、監候佐之。靈臺郎辨日月星辰之躔次、分野，以占候天文之變。觀象臺四面，面四天文生，輪司測候。保章正專志天文之變，定其吉凶之占。挈壺正知刻漏。孔壺爲漏，浮箭爲刻，以考中星昏旦之次。漏刻博士定時以漏，換時以牌，報更以鼓，警晨昏以鐘鼓。司晨佐之。

明初即置太史監，設太史令，通判太史監事，僉判太史監事，校事郎，五官正，靈臺郎，保章正、副，挈壺正，掌曆，管勾等官。以劉基爲太史令。吴元年改監爲院，秩正三品。院使，正三品。同知，正四品。院判，正五品。五官正，正六品。典簿、雨暘司、時叙郎、紀候郎，正七品。靈臺郎、保章正，正八品。副，從八品。掌曆、管勾，從九品。洪武元年徵元太史張佑、張沂等十四人，改太史院爲司天監，設監令一人，正三品，少監二人，正四品，監丞一人，正六品，主簿一人，正七品，主事一人，正八品，五官正五人，正五品。五官副五人，正六品。靈臺郎二人，正七品。保章正二人，從七品。監候三人，正八品。司辰八人，正九品。漏刻博士六人。從九品。又置回回司天監，設監令一人，正四品。少監二人，正五品。監丞二人，正六品。徵元回回司天監鄭阿里等議曆。三年改司天監爲欽天監。四年詔監官職專司天，非特旨不得陞調。又定監官散官。監令，正儀大夫；少監，分朔大夫；五官司，司玄大夫；監丞，靈臺郎；五官保章正，平秩郎；五官靈臺郎，司正郎；五官挈壺正，挈壺郎。十四年改欽天監爲正五品，設令一人，丞一人，屬官五官正以下，員數如前所列。俱從品級授以文職散官。二十二年改令爲監正，丞爲監副。三十一年罷回回欽天監，以其曆法隸本監。明初，又置稽疑司，以掌卜筮，未幾罷。洪武十七年置稽疑司，設司令一人，正六品。左、右丞各一人，從六品。屬官司筮，正九品，無定員。尋罷。

清・張之洞《書目答問・集部》 算學家《疇人傳》、《續疇人傳》未及者，補録於後。五十年來爲此學者甚多，此舉其箸述最顯著者，梅文鼎羅、李善蘭爲最。

楊光先。長公，歙縣。潘聖樟。力田，吴江。潘耒。聖樟弟。胡亶。李長茂。徐發。圃臣，嘉興。閻若璩。張雍敬。簡齋，秀水。沈超遠。錢塘。惠士奇。陳訏。言揚，海寧。陳世仁。海寧。顧長發。君源，江蘇。屠文漪。蒓洲，松江。許伯政。惠棠，巴陵。王元啓。李惇。吴烺。㭎亭，全椒。褚寅亮。龔淪。長蘅，長洲。以上《前傳》。孔廣森。范景福。介兹，錢塘。錢侗，李潢。雲門，鍾祥。程瑶田。談泰。階平，上元。吴蘭修。石華，嘉應。張敦仁。姚文田。施彦士。樸齋，崇明。戴敦元。謚簡恪，開化。陳潮。東之，泰興。以上《續傳》。萬光泰。柘坡，秀水。沈欽裴。吴縣。顧廣圻。千里，元和。戴煦。諤士，錢塘。紀大奎。慎齋，臨川。陳瑑。張豸冠。神羊，海寧。楊寶臣。驤雲，福建。

右中法

薛鳳祚。儀甫，淄川。游藝。子六，建寧。揭暄。子宣，廣昌。杜知耕。伯瞿，柘城。李子金。隱山，柘城。李光地。李鼎徵。安卿，光地弟。李光坡。耜卿，光地弟。李鍾倫。世德，光地子。孔興泰。林宗，睢州。袁士龍。惠子，仁和。年希堯。允恭，

廣寧。陳萬策。對初，晉江。江永。盛百二。厲之鍔。寶卿，錢塘。以上《前傳》。淩廷堪。汪萊。徐朝俊。恕堂，華亭。張作楠。丹村，金華。以上《續傳》。董化星。常州。齊彦槐。梅麓，婺源。江臨泰。全椒。

右西法

王錫闡。寅旭，吴江。方中通。位伯，桐城。黄宗羲。黄百家。主一，宗羲子。梅文鼎。定九，宣城。梅文鼏。和仲，文鼎弟。梅文鼐。爾素，文鼎弟。梅以燕。正謀，文鼎子。梅瑴成。謚文穆，文鼎孫。梅鈖。敬石，文鼎曾孫。梅鈁。導和，鈖弟。秦文淵。毛乾乾。心易，南康。謝廷逸。野臣，上元。劉湘煃。允恭，江夏。楊作枚。學山，無錫。陳厚耀。莊亨陽。復齋，南靖。邵昂霄。麗寰，餘姚。余熙。晉齋，桐城。顧琮。用方，滿洲。何國宗。翰如，大興。丁維烈。長洲。張永祚。景韶，錢塘。戴震。屈曾發。省園，常熟。以上《前傳》。明安圖。静菴，蒙古。明新。安圖子。陳際新。舜五，宛平。張肱。良亭，寶應。博啓。繪亭，滿洲。許如蘭。芳谷，全椒。陳懋齡。上元。錢大昕。李鋭。黎應南。見山，順德。梅沖。抱村，瑴成孫。焦循。焦廷琥。虎玉，循子。楊大壯。竹廬，江都。許桂林。周治平。臨海。董祐誠。張成孫。彦惟，陽湖。謝家禾。穀堂，錢塘。以上《續傳》。沈大成。學子，金山。阮元。許宗彦。安清翹。項名達。梅侶，錢塘。劉衡。廉舫，南豐。羅士琳。茗香，甘泉。俞正燮。徐有壬。謚莊愍，烏程。夏鸞翔。紫笙，錢塘。馮桂芬。敬事，吴縣。鄒伯奇。特夫，南海。周澄。志甫，績溪。李錫蕃。晉初，長沙。李善蘭。壬叔，海寧。

傳記

明·陶安《陶學士集》卷一《送程子厚并序》 莫神於天文流運矣，日月經緯之隱，見暑寒晝夜之變遷。聖人濬其心智，推驗測候，使天文無所祕其神，裁成範圍之功益神矣。自庖犧畫卦，具二十四氣，炎帝分八節以紀農功，軒轅迎日推筴而調曆作。若分至啓閉之官，建於少昊重黎。天地之司，命於顓頊。式序三辰，帝嚳有焉。曆象璣衡，唐虞先焉。夏稱昆吾，商稱巫咸。周官摠以太史，而分保章、馮相、卜師、筮人、眡祲、挈壺之職，其制遂詳。時至春秋，魯有梓慎，晉有卜偃，鄭有裨竈，宋有子韋，齊之甘德，楚之唐昧，趙之尹皇，魏之石申，皆掌天文以佐國治。而巫咸、甘石，其學尤著。五行之説明矣，後世沿襲支干星度，推人壽夭吉凶，悉本五行，要必有其理也。新安陰陽家程子厚，明於天文，得古遺意，雖天地氣化，渾淪綿邈，乃操寸管尺圭，約而窺之，卒莫有逃焉者也。嘗教授鉛山陰陽學，調太平。其談演理數，推人平生事，曲中焉。余觀史遷以陰陽家與道、墨、縱横並列，然帝王以陰陽參國政，定民時，其法肇於上古。是知道、墨、縱横之説皆可廢，而陰陽家不可廢也。意者程君於聖人之神知所求哉？乃賦詩以送之，詩曰：

於穆蒼靈運，元化無始終。垂象炳躔逡，積閏成歲功。茫茫萬古餘，坐致理則同。清臺窺玉管，緹帷候律筩。教筵分列郡，設官倣儒宫。新安萬山深，閉户象數攻。青袍客江上，賓友藹文風。望氣登危城，占星指遥空。泉清壺漏滴，表正陽晷中。寒氊能慰藉，杯酒聊自充。風高白雲飛，澄波送歸篷。佳哉泉石墟，樹色環青葱。鳳皇銜書來，招邀游紫宫。掃清黄道塵，曉望扶桑紅。

明·李之藻《頖宫禮樂疏》卷二 先儒李子

萬曆四十二年，從祀李之藻贊學契，聖宗静觀未發，有真欛柄，爲世先覺，充養自然，若有成法，秋月冰壺，性天灑落。

又 先儒羅子

萬曆四十二年，從祀李之藻贊聞道，汗泱不虛此生，任重詣極，潛思力行，羅浮高隱，山門並欽，遵堯有録，周孔之心。

明·劉若愚《酌中志》卷一五《逆賢羽翼紀略》 李永貞者，通州富河莊民李經之子也。經，原寶坻縣人，僑寓於此。先娶高氏，生長男，失其名，流落不知何往。次男李奉，三男李成。又生一女嫁皮村李家，今嫠矣。高氏故，繼室者申氏也。生第四子失其名，少與永貞鬩墻，遂輕生自縊於房後棗樹上。永貞第五子也。自五歲時閹爲宦，十五歲進京侍孝瑞顯皇后之母夫人趙氏者，於永年伯王棟宅中。十九歲選入皇城，時萬曆辛丑六月也。九月内，即陞坤寧宫近侍。又一年，經故。永貞名李進忠，於萬曆三十一年即奉旨墪鎖，頻遭譴責，幾賜死者數矣。先監曾力救之，後始奉有遇赦不赦之旨，至庚申七月二十一日，奉神廟遺旨釋放，復原職近侍，於坤寧宫孝瑞顯皇后几筵前供職，始與逆賢識面。泰昌元年九月初一日，鄒義尚膳監掌印到任，尋陞永貞司禮監。其墪鎖十八年

也，始讀《四書》、《詩經》，後讀《易經》、《書經》、《左傳》、《史》、《漢》等古書，習寫趙吳興字體，先奕棋，能作詩作古文，亦能選看時文。其兄奉生子之旺成生子芮俱庠生，其餘李之榮、李之藻等數人，皆廕錦衣衛。

明・李光元《市南子》卷五《制誥》 工部都水清吏司郎中李之藻

制曰：仕有以冬官起，比二十四載而猶爲郎，不出署者邪？滿秩惟一覃，典與今而二。即其遭逢之數，而服勤之久，益足念焉爾。某官某文詞偉麗，經濟沈閎，天文地紀之旁通，物曲人官之洞悉，操嚴暮夜，清砮藏，以見旌鑑朗熙朝。典弓旌而考適治河，輒效鑄幣有裨。出守澶淵，則殊猷益懋迴翔。留署而雅望彌崇。再踐本曹，適還初秩，夫一工爾。而兩都洊歷，四屬數周，鉅細之務，莫欺新故之工是訪，朕甚賴焉。特以覃恩，授爾階某官，錫之誥命。於戲！或欲六官皆履一，以至乎其極，爾誠似之，而豈其時乎？旦夕或以方任見咨，或以殊能特擢，然而誠心卓識，即百司四海與冬官，豈有異哉？益定乃衷祗膺朕命。

工部都水清吏司郎中李之藻父

制曰：君子之有令兒享崇報者，厚德其常也。乃又有奇行而嘖嘖人口者，焉匪奇也。德之至，而人所難能者也。爾封某官某，乃某官某之父，經史自娛，聖賢爲則；孝於嗣母，篤及本生。爲父冤而補郡功曹，卒營以免；選椽屬而銓司幕府，皆偉其能。所後既殂，遂棄弗就。好書好士，令子賴以成名；教嚴教寬，即吏遵之有譽。義切於伯兄季父，惠周乎宗族友朋。名德楷模，彝倫冠冕，特以覃恩，特贈爾爲某官，明綸三錫，懿炬千秋。

明・倪元璐《倪文貞集》卷三《制誥》 禮部尚書兼東閣大學士徐光啓

制曰：夫姬旦以禮、樂造周，匡衡以詩、書光漢，古之明宰，皆出儒宗，蘊茲文心，彰爲治業。況於秘通圖緯，旁暢機能，天老受籙，以配上台。子房運籌而詘羣策，有安社稷，宜錫山田。爾具官某，品詣孤清，學躋光大廣川之悟，極於天人；翁歸之才，兼有文武。是知八索，徵倚相之修能；亦粵三朝，食甘盤之舊德。既而邊吏不戒，名疆坐摧，維爾肯辭清切，出領紛拏，屬孫子以練婦人，資光弼之新壁壘，會擢貝錦，遽歎冥鴻。朕知其人，召還厥職，啓心命説，典禮咨夷。猶且出其幽通，襄余欽若，璣衡既正，澤火俱宣。是故綜子之長，以古爲鑑，可使孝先悔笥，家令羞囊。鄒衍失其《譚天》，張衡詘於《靈憲》。旁求既得，大猶以張金礪；朝夕之功，玉鉉剛柔之節，丙魏劑德，爲之寬嚴。房杜並才，致其謀斷。翼宣之道，斯不没已。嗚呼！宰相讀書，个臣無技，清謹故殊。伴食厚重，自非少文，有如爾者，不亦難乎？茲用晉爾，階光禄大夫，錫之誥命，爾其欽哉，益務懷忠絶欺，秉禮紬數，四郊歸耻，一夫引辜。懷若撻之心，負時瘝之懼。朕允保奭，維若茲誥。罔俾阿衡，專美有商。

曾祖父

制曰：朕聞祖考之嘉名美譽，亦猶子孫之冕服宇牆，芘蔭宏多，章施無既。故寶良禾而昧豐壤，驚洪流而闇崑源，皆爲繆愚，失其本論爾。徐珣，乃具官某之曾祖，載其淳龐，游於廣大。非必禰衡溢氣，尊一鶚之能；誠如季野不言，備四時之德。里懼陳君所短，盜畏彦方之知。羊裘高風，鹿門大隱。雖杜機九源，而彌蓄其氣；故行山十驛，而不昧其宗。今爾孫黼黻大猷，丹青神化，夢帝賚予，得之玄契爲多。率祖攸行，知所從來者遠。是用追贈爾光禄大夫，洞酌注茲，餴饎承其遠澤；初生諸厥，瓜瓞報其本謀。於戲休哉！

明・茅元儀《督師紀略》卷一二 先是太僕少卿李之藻以西洋砲可用，請調澳夷教習，上從之，以數萬金調澳夷垂至，而之藻以拾遺去矣。茅元儀被召來，之藻遇而屬之。元儀至長安，澳夷已至。而其主調將張燾畏關不欲往，遂得旨練習於京營。元儀親叩夷，得其法。至關請公調之關，公檄去而夷人已陛辭，賜宴去，乃調京營所習者彭簪古於關，而卒不能用。元儀曰：用洋砲必用其砲車，乃如式爲之，欲載以取蓋及不果，乃置於寧遠。元儀從公歸，滿桂泣曰：公等去矣，我獨留此虜，知撤兵必來，公何以教我？元儀曰：向遺洋砲於寧遠，是天以佐公守也。桂欲用於城外，恐震以圮城也。元儀曰：不然，是可用於舟而不可用於城乎？後崇煥用於城，遂一砲殲虜數百。及論功，忠賢不欲。及去位者，公竟止，改吏部尚書廕一子錦衣千户，亦允其辭。而崇煥亦暫用，而旋逐之，幾死。元儀爲梁夢環所連，斃其奴，以崇煥欲用之，遂削籍。

明・劉侗《帝京景物略》卷五 利瑪竇墳

萬曆辛巳，歐羅巴國利瑪竇入中國。始到肇慶，劉司憲某待以賓禮，持其貢表達闕庭。所貢耶蘇像、萬國圖、自鳴鐘、鐵絲琴等。上啓視嘉歎，命馮宗伯琦叩所學，惟嚴事天主，謹事國法，勤事器算耳。瑪竇紫髯碧眼，面色如朝華。既入中國，襲衣冠、譯語言、躬揖拜，皆習。越庚戌，瑪竇卒，詔以陪臣禮葬阜成門外二里，嘉興觀之右。其坎封也，異中國，封下方而上圜，方若臺圮，圜若斷木。後虛堂六角，所供縱橫十字文。後垣不琱篆而旋紋。脊紋，螭之岐其尾，肩紋，

蝶之矯其鬚；旁紋，象之卷其鼻也。垣之四隅，石也，杵若塔若焉。袝左而葬者，其友鄧玉函，函善其國醫，言其國劑草木，不以質咀，而蒸取其露，所論治及人精微。每嘗中國草根，測知葉形、花色、莖實、香味，將遍嘗而露取之，以驗成書。未成也，卒於崇禎三年四月二日，按西賓之學也。遠二氏，近儒，中國稱之曰西儒。嘗得見其徒而審説之，大要近墨爾。尊天，謂無鬼神也；非命，無禨祥也；稱天主而父，傳教者也；器械精，攻守悉也。墨也，墨迺近禹。今其徒，晷以識日，日以識務，晝分不足，夜分取之，古之人愛日惜寸分，其然歟？墓前堂二重，祀其國之聖賢。堂前晷石，有銘焉曰：美日寸影，勿爾空過，所見萬品，與時併流。

明・蔡獻臣《清白堂稿》卷一　議處貢夷利瑪竇疏萬曆辛丑

禮部題爲盤獲遠夷隨身行李一併題知事，主客清吏司案呈云云。看得利瑪竇一寓夷耳，異物進獻，既非貢例，到京潛住，尤涉詭秘。相應酌議題請等因到部，看得外夷之進貢也，必齎國王表文，必由布政司起送。而其入都也，必扃之會同館，必餼之光禄寺，必下臣部譯審明白。而後疏進内府，必經鴻臚寺報名見朝，而後宴賞禮遣焉。此祖宗之定制，而禮官之職掌也。查得《會典》正有西洋國及西洋瑣里國，並無大西洋名色，其遠近真僞俱不可知。寄住二十年方行進貢，土物則與遠方特來慕義貢獻者不同。其有無希冀營圖亦不可知。且其所貢天主圖、天主母圖，既屬不經，而隨身行李，如神仙骨等物。夫既稱神仙，自能飛昇，安得有骨！則唐韓愈所謂凶穢之餘，不宜令入宫禁者也。臣等以爲此等方物，若先到部譯驗，臣等必以例上請卻回。又若隨身行李，未經該監徑進，則仰揆明旨，止是解進所貢方物，而未嘗槩及其餘。今馬堂混進之非，與臣等溺職之罪，俱有不容辭者。利瑪竇既奉旨送部，乃不赴部譯，而私寓僧舍，臣等不知其何意也。但查各夷進貢必有回賜，使臣到京必有宴賞，利瑪竇以久住之夷，自行進貢，雖從無此例，而其跋涉之勞，芹曝之思，似不可不量加賞賚，以酬遠人。合候命下將利瑪竇比照暹羅國存留廣東，有進貢者，事例頭目人等，賞紵絲衣一套，紵絲羅各二疋。龐迪峩比照從人，紵絲衣一套，紵絲羅一疋。其隨身行李，容令内府各衙門開，具上，請量給回賜價值。臣等一面移文兵部，討取勘合，候事畢，送回廣東、江西等處官司收管。或入籍居住，或附船歸國，俱各聽從其便。弟不許潛住兩京，與内豎交往，以致別生事端。再照夷人自有夷方服餙，中國自有中國儀章，而利瑪竇之到臣衙門也，方巾野服，尤屬可駭。臣等以爲本夷及龐迪峩見朝謝恩，俱當青衣小帽，以安爲聖人之民。惟復念其進貢，微誠見朝之後，照暹羅等國通事事例，將利瑪竇量給冠帶回還。則遠人向化之心，既慰而明，王慎德之治，益光矣。

明・謝肇淛《北河紀》卷五《張水工部都水司郎中題名》　李之藻，字振之，浙江仁和縣人，戊戌進士，萬曆三十二年任。

明・張弘道《明三元考》卷一四《萬曆二十五年丁酉科解元》　順天徐光啓，直隸上海人，字子先，號玄扈。治《詩》，國子生，年二十六，甲辰進士，選庶吉士，擢檢討，遷贊善，超陞少詹事，兼監察御史，管理練兵事務。

場中取士，文多奇詭，用老莊語，論者因言中有關節，偏坐副考焦竑調福寧州同知，中式數人亦被革黜。然皆高才博學，文奇癖有之，而關節未也。至庚子科中，條議科場事宜亦及此，謂宜以離經論，而不宜旁及無根，且正考已自認難諉而偏坐尤非，誣漸白。

清・傅維鱗《四思堂文集》卷三　孝德先生朱仲福傳

朱仲福，無字無號，真定靈壽人，世業農，父生仲福早卒。仲福孩提時，即能行喪禮，人咸異之。成童不爲娱戲，出牧牛，每於鄉塾聽讀書，輒曉大義。從里中借書，求人指示其處，即其音尋之，乃識字。長力農養母，每帶經鋤灌誦讀書，夜不輟。貧不得書，每從里中士借得一覽，輒返。人問之，曰閲乎。曰頗閲人無知者。母卒，哀毁盡禮，三年不笑語，鄉鄰異之。邑人給事中傅鳴會知之，造廬與語，大奇之，遂與之遊，蜚譽薦紳間。人皆以得見爲慶，舉鄉耆。仲福常戴圓羢帽，衣短布衣，諸士大夫贈以巾。仲福曰：仲福本小民，所戴此圓羢帽者，遵朝廷之制也。一加以巾，則諸公又何必與仲福遊？年四十，妻卒，便絶慾，獨處一草堂，誦讀積歲。而諸士大夫家藏書殆徧，如少年借里中書，人每詰之，曰聊涉獵耳。數年後談及，無一忘者。每元旦，登其鄉之阜，曰狗台望氣，輒言一歲休咎，無不奇驗。人勸之著書，曰天地間道理，聖賢已盡。言之著書，非複則偏，何益？況人世書未見者儘多，一落筆，安知非古人已道者耶？人咸服其言。子二，力耕以養。仲福之母庭前手植一栢，仲福終身不忍折一枝。每早起，即掃栢子及落葉，跪焚之。教其子孫，必於樹下。鄉里化之，無争鬬者，曰恐朱老知也。恭謹端方，雖疾風暴雨無改。步自鄉至邑八里，步履安詳。士大夫每使尾之，未嘗見有情容。嘗與諸士大夫遊許由山，其山觀唐宋碑甚多，衆誦碑文。一過數年，後悔未録一佳麗駢文以問仲福。仲福一一誦，無一字遺，人始驚以爲神，出

言簡而理甚透。有一倜儻士過其前，適一車至，仲福曰：君知車之所以載重而行遠乎？其人因放論數千百言。仲福曰：不然，彼體方而用圓，是以如此。其人嘆服。與人談大略如此，尤精曆法。時朝廷間多有人言大統曆法差，以問仲福。仲福曰：天體動，曆法原，活久則必差，差則改。今久而不改，是以差。人勸之著曆法書，仲福曰：曆法，律無禁，是以自古及今，皆各抒所見，但淺學不能窮微，恐下筆有訛處，欺己欺人，所關不小。第綜録往昔，摘其當，去其謬耳。久之，出一編曰《折中曆》，法其論甚詳，今藏其家。一日忽語羣公曰：明年某月某日，其長違諸公乎！衆驚曰：先生康强，何言此？有術乎？何夫如斯？仲福曰：無術。第卧懸吾耳，至每一伏時若干則一，斷過一日，則少若干。以曆法計之，明年某月某日，數盡矣。至先三日，徧辭鄉里親，故坐一室，人皆環視之，談笑如常，笑曰：氣盡數盡矣，瞑目而逝。其子爲修墓，人皆見仲福立墓上。鄉人共稱曰：孝德先生製碣於墓焉。

國朝太子少保，工部尚書，前翰林院編充國史館編修官，邑人傅維鱗譔。

明・顧起元《客座贅語》卷六　利瑪竇

利瑪竇，西洋歐邏巴國人也，面皙虬鬚，深目而睛黄如猫，通中國語，來南京居正陽門西營中。自言其國以崇奉天主爲道，天主者，制匠天地萬物者也。所畫天主，乃一小兒。一婦人抱之，曰天母。畫以銅板爲幢，而塗五采於上，其貌如生，身與臂手儼然隱起幢上，臉之凹凸處正視，與生人不殊。人問畫何以致此，答曰：中國畫，但畫陽不畫陰，故看之人面軀正平，無凹凸相。吾國畫兼陰與陽寫之，故面有高下，而手臂皆輪圓耳。凡人之面正迎，陽則皆明而白，若側立，則向明一邊者白，其不向明一邊者，眼耳鼻口凹處皆有暗相。吾國之寫像者解此法用之，故能使畫像與生人亡異也。攜其國所印書册甚多，皆以白紙一面反復，印之字皆旁行，紙如今雲南綿紙，厚而堅韌，板墨精甚，間有圖畫，人物、屋宇，細若絲髮。其書裝釘，如中國宋摺式，外以漆革周護之，而其際相函用金銀或銅爲屈戌，鉤絡之書上，下塗以泥金。開之則葉葉如新，合之儼然一金塗版耳。所製器有自鳴鐘，以鐵爲之，絲繩交絡懸於簴，輪轉上下，戛戛不停，應時擊鐘有聲，器亦工甚。它具多此類。利瑪竇後入京，進所製鐘及摩尼寶石於朝，上命官給館舍而禄之，其人所著，有天主實義及十論，多新警，而獨於天文算法爲尤精。鄭夾漈藝文略載有婆羅門，算法者疑是此術。士大夫頗有傳而習之者。後其徒羅儒望者來南都，其人慧黠不如利瑪竇，而所挾器畫之類亦相埒。常留客飯，出蜜食數種，所供飯類沙縠米，潔白踰珂雪，中國之粳糯所不如也。

明・朱謀《續書史會要》　外夷利瑪竇，號西泰，大西洋人。萬曆時入中國，僑寓江西，後入兩京。卒，葬應天。其教宗天主，性聰敏。讀中國經書數年，略徧精天文、星曆、筭數之學。恒以其國書爲人書便面，精熟自喜，若擅長者。程君房氏刻于墨苑，蓋以罕異見賞歟。其徒李瑪諾、羅儒望，皆以其書行。

明・黄景昉《國史唯疑》卷九　利瑪竇初從天津來，太監馬堂解進京爲禮部所駁，以會典所載無大西洋國，且所携天主母圖及神仙骨等物，屬不經。議量，給冠帶遣之，時蕭然一旅胡耳。今其徒遂徧中外，非苟然者，所傳天學格物學亦特精辨。

明・沈德符《萬曆野獲編》卷三〇　大西洋

利瑪竇字西泰，以入貢至，因留不去，近以病終于邸，上賜賻，葬甚厚，今其墓在西山。往時予游京師，曾與卜鄰，果異人也。初來即寓香山，嶴學華言，讀華書者凡二十年，比至京已斑白矣。入都時在今上庚子年，塗經天津，爲税監馬堂所誰何？盡留其未名之寶，僅以天主像及天主母像爲獻。禮部以所稱大西洋，爲會典所不載，難比客部久貢諸夷，姑量賞遣還。上不聽，俾從便僦居。瑪竇自云，其國名歐邏巴，去中國不知幾千萬里，今瑣里諸國，亦稱西洋，與中國附近，列于職貢，而實非也。今中土士人授其學者遍宇内，而金陵尤甚。蓋天主之教，自是西方一種，釋氏所云旁門外道，亦自奇快動人，若以爲窺伺中華，以待風塵之警，失之遠矣。丙辰，南京署禮部侍郎沈漼、給事晏文輝等，同參遠夷王豐肅等，以天主教在留都，煽惑愚民，信從者衆，且疑其佛郎機夷種，宜行驅逐。得旨，豐肅等送廣東撫按，督令西歸。其龐迪義等，曉知曆法，禮部請與各官推演七政。且係向化西來，亦令歸還本國。至戊午十月，迪義等奏曰，先臣利瑪竇等千餘人，涉海九萬里，觀光上國，食大官者十七載。近見要行驅逐，臣等焚修學道，尊奉天主，如有邪謀，甘墮惡業，乞聖明憐察，候風歸國。若寄居海嶼，愈滋猜疑，望并南京等處陪臣，一併寬假。疏上不報。聞其尚留香山嶴中。萬曆二十九年二月庚午朔，天津河御用監少監馬堂，解進大西洋利瑪竇進貢土物并行李，時吾鄉朱文恪公，以吏部右侍郎掌禮部尚書事，上疏曰，《會典》止有瑣里國，而無大西洋，其真僞不可知。又寄住二十年，方行進貢，則與遠方慕義特來獻琛者不同。且其所貢天主天主母圖，既屬不經，而隨身行李有神仙骨等物，夫既稱神仙，自能飛昇，安得有骨？則唐韓愈所謂凶穢之餘，不宜令入宮禁者也。況此

等方物，未經臣部譯驗，徑行賚給，則該監混進之非，與臣等溺職之罪，俱有不容辭者。又既奉旨送部，乃不赴部譯，而私寓僧舍，臣不知何意也。乞量給所進行李價值，照各貢譯例，給與利瑪竇冠帶，速令回還，勿得潛住兩京，與內監交往，以致別生支節，且使眩惑愚民。不報，公諱國祚，字兆隆，號養醇，秀水人，以太醫院籍中。萬曆壬午順天鄉試，癸未進士第一人，累官光禄大夫，柱國少傅，兼太子太傅、户部尚書、武英殿大學士，贈太傅。其在禮部請建儲公私凡七十疏。又特參鄭國泰，謂本朝外戚不預政事，册立非國泰所宜言，戚臣爲側目。公立朝無偏黨，守至清。既卒，御祭文有云：忠著三朝，清風百世。又云：生且無居，殁焉能葬？聞易名之典，初擬文清、文介，爲顧秉謙所持，定下謚曰文慤，廷議不平，乃更謚文恪云。

清・曹溶《崇禎五十宰相列傳二・徐光啓》　徐光啓，上海人，甲戌進士。生而穎秀，有敏悟，嘗精天文曆數之學，因星變陳言裨益、政治。上心識之，官翰林，壬申入閣，有《崇禎曆書》行世，未久卒於位。

清・周銘《林下詞選》卷三《國朝詞》　葛宜，字南有，海寧人，朱爾邁配，有《玉窗遺稿》。

清・張爾岐《蒿庵閒話》卷一　利瑪竇，歐羅巴國人，萬曆(幸己)〔辛巳〕，來貢耶蘇像、萬國圖、自鳴鐘、鐵絲琴。上命馮琦叩所學，惟嚴事天主、精器等耳。越庚戌，瑪竇死，詔以陪臣禮葬阜成門外。劉侗《帝京景物略》云然。又聞瑪竇初至廣，下舶，髡首袒肩，人以爲西僧，引至佛寺。摇手不肯拜，譯言我儒也。遂僦館延師，讀儒書。未一二年，四子五經皆通大義，乃入朝京師。其所著書，有《交友論》、《二十五言》、《畸人十篇》、《天主寔義》。同至諸人，亦各有論著，分言理、言器爲二種刻之，曰《天學初函》。又所携書七千餘卷，並未及翻譯。所言較佛氏差爲平寔。大指歸之敬天主、修人道、寡慾勤學、不禁殺牲，專以闢佛爲事。見諸經像及諸鬼神像，輒勸人毁裂。所詆皆佛氏之粗者誕者。有答虞德口、僧蓮池二書，頗令結舌，亦一快事。然其言天主，殊失無聲無臭之旨，且言天堂地獄，無以大異於佛，而荒唐悠謬殆過之。甲申後，其徒爲耶蘇教會者，男女猥雜，幾與白蓮無爲等，大非利氏之舊矣。以此爲闢佛助儒，何異於召外兵而靖内難乎！要之，曆象器筭，是其所長，君子固當節取。若論道術，吾自守吾家法可耳。

清・查繼佐《罪惟録》卷二下《徐光啓》　徐光啓，字子先，號玄扈，南直上海人也。先世從宋南渡。祖母尹，以節聞。光啓幼矯摯，饒英分。嘗雪中躡城雉，疾馳，縱遠跳。讀書龍華寺，飛陟塔頂，趺頂盤中，與鸛争處，俯而嘻。其爲文，層折於理于情，進凡思五六指，乃祝筆。故讀之者不辭凡思五六指，猝未易識，而寔可試諸行。往往顧盻物表，神運千仞之上。以北雍拔順天首解。甲辰成進士。選庶常。好論兵事，以爲先能守而後戰。約以二言，曰求精，曰責寔。會萬曆末年，廟謨腐於體例，臣勞頽于優尊，此四字可呼沉寐。後數十年，長計無過此。光啓甫釋褐，一口裕之也。授簡討，分禮闈，與同官魏南樂不協，移病歸田於津門，蓋欲身試屯田法，因就間彊理數萬畝。後草《農政全書》十二卷以聞，本此。歷左春坊左贊善，奉勑封慶藩，盡却餽遺。時方東顧，四路進兵。光啓疏上：「此法大謬！」策楊經畧鎬必敗。且曰：「杜將軍當之，不復返矣！」及全覆，歎曰：「吾姑言之，而不意其或驗也。」分列五要，無過練兵、除器，而最切護朝鮮，意以内兵萬不可振，則因糧海國，爲之訓成嚴旅，譬我特設犄角，猝便呼應，名爲振孱，寔則將助。朝廷未嘗浪一金錢，而車徒不辦自足。時未便明言，止以監護二義先示威惠。光啓且釋中秘書，竟欲身之，已得旨行矣，爲言官祝耀相所沮，不果。覩他日朝鮮他效，我失左臂，大事去，則所料已在二十餘年之前哉！改訓兵通州，以詹事府兼河南道御史。甫就事，又以安家、更番二議不協，事不就。會神廟崩，予告回籍。天啓改元，遼警，起光啓知兵。一再投書遼撫熊廷弼，有曰：「人皆天之勞子。其所厚予者，勞之更甚。願深體此意，於煩惱中得大安慰。今日之計，獨有厚集兵勢，固守遼陽。次則保全海蓋四州爲上策。多儲守器，精講守法，而善用火礮爲最良。且曰：足下欲空瀋陽之城，併兵合勢，亦無不可。第斷不宜以不練之卒，浪營城外，致喪鋭氣，寒城守。」蓋自廷弼受命而東，其指在守，與光啓頗合。祇以廟無成畫，議論分沓，群以黨事相左，撓廷弼者衆。未幾，瀋遼相繼失守。光啓曰：「吾言之，而又不意其或驗也。」請急用前法，堅壁廣寧。時復以經、撫委任不專，戰守無據。而光啓練兵除器之説，徒令舌敝，無補大壞。臺抨，疾歸。癸亥即家拜禮部右侍郎，兼翰林院侍讀學士。纂修《神廟實録》。時魏瑺用事，南樂廣微以通譜勢張，意引光啓爲重，固不應。益忤，嗾臺臣論劾，閒住。崇禎初起原官，補經筵講官。疏請講筵併參論軍國重大事宜，及古今沿革利弊。以勞加太子賓客，充《熹宗實録》副總裁。時插酋虎墩兔犯宣大，上憂。時一疏，有曰：用寡節費，臣言之屢矣。請但與臣兵五千，唯臣所須，母或牽沮。試要害不驗，臣執其咎。驗則以次遞增，然亦不得踰三萬。一當十，可三十萬也。不果用，改本部左。十一月，遵化不守，都

驚甚。光啓應召平臺曰：臣故言之，而不意其或驗也。急請嚴垛守，毖火器，走勅招揀。督師袁崇焕自遼左入援，倖戰輒敗。及事定，請終練兵、除器之説，不果用。陞禮部尚書，兼翰林院學士，協理詹事府事。辛未八月，大淩河兵覆。光啓疏萬全之策，有云：用戰以爲守，先步而緩騎，宜聚不宜散，宜精不宜多。陳車營之制，甚悉。條奏中有曰：速召孫元化於登州。此議行，後可無吴橋之變矣。不果。時廷臣酷水火，光啓中立，不逢黨，故此置若忘之。獨天子知其學主自盡，將之以誠，不任氣，特寺勑以原官，兼東閣大學士，參頂機務。時督師孫承宗行邊老謝事，上意光啓繼之。光啓爾自意可盡展其所欲爲，卒不果。進太子太保，兼文淵閣尚書如故。代享太廟，釋奠先師。八月，病，乞休，不許，慰問特至。病劇，猶請以山東參政李天經終曆事，誡家人「速上《農政全書》，以畢吾志」。卒，年七十有三，贈少保，謚文定，以《農政一書》有裨邦本，加贈太保，並兩廕。光啓寬仁果毅，澹泊自好，生平務有用之學，盡絶諸嗜好。博訪，坐論，無間寢食。嘗曰：富國必以本業，强國必以正兵。大指率以退爲進，曰：此先子勇退遺教。因權之諸大政，無不以此。遂於治曆、明農、鹽屯、火攻、漕河等，咸所究治。先是，元年五月日蝕，欽天監推筭刻數不合。光啓受命監修曆事，與西洋龍華民、湯若望等精心測驗，上《曆書》，前後共三十一卷。大約按地南北，差其後先，以交食不誤爲準。所爲農書，計十二目，而終之以荒政。其議屯田，以墾荒爲第一義，立虛實二法招揀之。其議鹽法也，歸重禁私，剖悉明暢。至論火攻，不惟其攻，惟其守。曰：以大勝小，以多勝寡，以精勝粗，以有捍衛勝無捍衛。獨于漕議，謂：漕能使國貧，漕能使水費，漕能使河壞。國貧者，東南五倍而致一西北，坐而靡之。水費者，自淮以北，涓滴爲漕用，則滋田者寡。河壞者，會通河横絶禹河故道，萬世不能爲利。治河易決必以淮望爲主，使地形水勢，瞭然于中，則經權而治之之法，可以施矣。且曰：我可待，而河不能爲我難。則兼採支運之意，以節次之。諸議雜見志中。蓋四十年耳目營指畫口授惟此，他無及也。宦邸蕭然，敝衣數襲外，著述手草，塵束而已。啓居約嗇如寒士，門無襍賓，不設姬媵，廳事至不能旋馬。訓子孫母空期明日：「期明日，則今日是作夢之日。以夢廢今日，而明日不醒，當奈何？」夙從主退，作解，且曰：吾見可倖，吾孫其不免矣。其審以天道也，夫

論曰：求精、責寔四字，平平無奇，文定持之，終身不□。□時深而驗物，切以爲求治卒不能易此。時非東林以□□懟東林，即東林爾以空言難非東林。而文定中立，既不譽發，□□以四字善東林，而後可以難非東林。至于固圉，亦只練兵、除器四字，是所謂寔也精也。總之以救尚口之窮。又按文定嘗著《選練論》，有義募、義餉、義薦之勸，定營制，有散可散操，合可合操之用。因民兵代戍之議，而曰：即此費以飽近京丁壯，自足成練。因固京師之議，而曰：火砲我之所長，勿與敵共之。因帑議，而曰：欲裕諸餉，必行屯田。而隨有墾荒議、旱田用水議、以官爵招致巨室議及□□□□屯額科□□□□宜通邊額□宜貶諸例。□□□□時□□□□藉教鹵令習文物□□□可以弱鹵。文定曰：文盛則武衰，自然之理也。今韃□不□古冒頓五胡之强，以其樂華風之故。嗟乎！使中朝無黨，以光啓爲中樞，而專任熊經畧東事，守在遼東一語，乃終始之矣。

清·張廷玉等《清文獻通考》卷四七《選舉考》 欽天監博士張君墓碣

君諱永祚，字景韶，號兩湖，世爲仁和人，籍錢唐者自君始。隸郡學爲弟子，由錢唐也。曾祖岐然，廩生，後出世，名載邑志。祖元時，邑諸生。父奏，邑廩生。自君以上五世皆列膠庠，獨君數奇，不得一當。母徐處士士俊女，通曉星學，甫離孩抱，即夜從母仰瞻五緯，已異凡兒。長益究悉占天，其宿習也。天竺山中農家有女，不肯妄許平人，得青一衿始可。有欲爲君蹇脩者，而君年近立，猶困童子試，謾以博士弟子員應，遂委禽入贅，從子假襴衫攝盛而往，久而察其非也，且泣且訕，督之攻苦益力。交河王學士來典浙學，旋被知遇，而君儼然真爲諸生，破涕始爲一笑。無錫嵇公以大學士總制浙、閩，求能通知星象者以應。乾隆二年二月，明詔試君策，立成數千言，大器之，薦於朝，授欽天監博士，始棄諸生服。一再引見，占候悉驗。寓大學士公訥親賜園，公無子，使參三命，微諷以脩德致福，而公不能自克，君察其不可久居，稍稍自遠。會詔刊經史，華亭張司寇照薦君校勘二十二史天文、律曆兩志，用君所長也。書成，方俟議叙，而君遽乞假歸，取平昔所著《天象源》委足成之，凡二十卷。一卷言象理，二卷言象法，三卷言象度，四卷恒星，五卷占時，六卷至十卷占歲，十一卷命法，十二卷求地平宫法，十三卷月離，十四卷命理，十五卷西法十格，十六十七卷選擇，十八卷風雨占，十九二十卷分野，而以董仲舒《祈禱晴雨》附。將録成以呈乙覽，而君不及待也。某年月日，卒於竹竿巷萬氏清白堂之寓齋，年六十有□。無子，族子果葬君於龍井之新阡，以孺人李氏祔。有女能傳其學，嫁諸生沈度，其書在度家。今度夫婦皆死，恐遂湮没，故詳著其例於篇後。有通知其意者，可以迹也。銘曰：

屈首經生非所長，抑志測驗道乃昌。歸而没命於此藏，藏乎此，著書滿家君不死。

清·蕭穆《敬孚類稿》卷一〇 故前欽天監監正楊公光先别傳

楊光先，字長公，江南歙縣人。尚書凝裔孫，世襲新安衛中所副千户，讓職與弟光弼，孑身入都。《康熙徽州府志》。山陽武舉陳啓新者，崇禎九年詣闕上書，言天下三大病。捧疏跪正陽門三日，中官取以進，帝大喜，立擢吏科給事中，歷兵科左給事中。劉宗周、詹爾選等先後論之，光先訐其出身賤役及徇私納賄狀，帝悉不究。然啓新在事所條奏，率無關大計。《明史·姜埰傳》。温體仁當國既久，劾者章不勝計。而劉宗周劾其十二罪、六奸，皆有指實。宗藩如唐王聿鍵，勳臣如撫寧侯朱國弼，布衣如何儒顯、楊光先等亦皆論之。光先至輿櫬待命，帝皆不省。愈以爲孤立，每斥責言者以慰之，至有杖死者。《明史·温體仁傳》。光先被杖，謫戍遼左。《徽州府志》及王泰徵撰《始信録序》。癸未冬，烈皇御經筵，求文武材，襄城伯李國楨以光先對。上曰：是舁櫬之楊光先乎？遂懸大將軍印以待之。襄城遣人迎，未至而明已亡。王泰徵《始信録序》。入國朝，順治十七年，抗疏斥西洋教之非，以西人耶穌會非中土聖人之教，且湯若望所造《時憲書》，其面上不當用上傳批「依西洋新法」五字等語，具呈禮部。不准。《徽州府志》、阮元《疇人傳》及黄伯禄譯《正教奉褒》。康熙三年七月，光先叩閽進所著《摘謬論》一篇，摘湯若望新法十謬；又選《擇議》一篇摘湯若望選擇榮親王安葬日期誤用《洪範》五行，下議政王等會同確議。四年三月壬寅，議政王等逐款鞫問所摘十謬，楊光先、湯若望各言己是。曆法深微，難以分别。但歷代舊法每日十二時分一百刻，新法改爲九十六刻；又，康熙三年立春日候氣先期起管，湯若望謊奏候至其時，春氣已應；又，二十八宿次序分定已久，湯若望私將參、觜二宿改調前後；又，私將四餘中删去紫炁；又，湯若望進二百年曆。夫天祐皇上曆祚無疆，而湯若望止進二百年曆，俱大不合。其選擇榮親王葬期，湯若望等不用正五行，反用洪範五行。山向年月，俱犯忌殺，事犯重大。擬欽天監監正湯若望、刻漏科杜如預、五品挈壺正楊宏量、曆科李祖白、春官正宋可成、秋官正宋發、冬官正朱光顯、中官正劉有泰等皆淩遲處死。已故劉有慶子劉必遠、賈良琦子賈文郁、宋可成子宋哲、李祖白子李實、湯若望義子潘盡孝俱斬立決。得旨：湯若望係掌印之官，於選擇事情不加詳慎，輒爾准行。本當依擬處死，但念專司天文，選擇非其所習；且效力多年，又復衰老，著免死。杜如預、楊宏量本當依擬處死，但念永陵、福陵、昭陵、孝陵風水，皆伊等看定，曾經效力，亦著免死。湯若望等並其干連人等，應得何罪，仍著議政王、貝勒大臣、九卿科道再加詳覈，分明確議，具奏。《東華録》。夏四月己未，議政王等遵旨再議，湯若望、杜如預、楊宏量、潘盡孝及案内干連人犯等，俱責打流徙，餘俱照前議。得旨：李祖白、宋可成、宋發、朱光顯、劉有泰俱著即處斬。湯若望、杜如預、楊宏量責打流徙，俱著免。伊等既免，其湯若望義子潘盡孝及杜如預、楊宏量干連族人責打流徙，亦著俱免。餘依議。《東華録》。光先疏言，湯若望之曆法，件件悖理，件件舛謬，特授欽天監右監副，旋授監正。阮元《疇人傳》、《徽州府志》及黄伯禄譯《正教奉褒》。光先以但知推步之理，不知推步之數，叩閽辭職。疏凡五上，不准辭。輯前後所上書狀論疏，爲上下卷，名曰《不得已》《疇人傳》，又，《徽州府志》云，凡九叩閽，十三疏辭，帝允，勉就職。今據《疇人傳》及《不得已》本書。五年二月丁巳，欽天監監正楊光先奏：今候氣之法，久失其傳，十二月中氣不應。乞准臣延訪博學有心計之人，與之制器測候，並敕禮部采取宜陽金門山竹管，上黨羊頭山秬黍，河内葭莩備用。從之。《東華録》。七年，詔求直言，光先條陳十款，悉見采納。内逃一人一款，得免十家連坐之例。《徽州府志》。冬十月戊子，禮部以江南取到元郭守敬儀器，請旨定奪。得旨：楊光先奏稱所用律管、葭莩、秬黍已經取到，照尺寸方位候過二年，未見效驗。案，候氣之法，自北齊信都方取有效驗之後，經千二百餘年，俱失其傳。爾部議交與楊光先，令訪求博學有心計之人，應將一千二百餘年失傳之處，能行修正之人可得與否，及楊光先能修正與否，俱詳問再議具奏。《東華録》。十一月丙辰，禮部遵旨議覆：候氣之事，據欽天監監正楊光先奏稱，律管尺寸雖載在司馬遷《史記》，而用法失傳。今博訪能候氣之人，尚在未得。臣身染風疾，不能管理。查楊光先職司監正，候氣之事，不當推諉。仍令延訪博學有心計之人，以求候氣之法。從之。《東華録》。十二月庚寅，治理曆法南懷仁劾奏：欽天監副吴明烜所造康熙八年《七政》、《民曆》内，康熙八年閏十二月，應是康熙九年正月。又有一年兩春分、兩秋分種種差誤。得旨：曆法關繫重大，著議政王、貝勒大臣、九卿科道會同確議具奏。《東華録》。八年春正月庚申，議政王等會議：「南懷仁奏吴明烜推算曆日差錯之處，奉旨差大學士圖海等同欽天監監正馬祜測驗。立春、雨水、太陰、火星、木星，與南懷仁所指逐款皆符，吴明烜所稱逐款不合，應將康熙九年一應曆日交與南懷仁推算。」得旨，「楊光先前告湯若望時，議政王大臣會議，以楊光先何處爲是據議准行，湯若望何處爲非輒議停止，及當日

議停今日議復之故，不向馬祜、楊光先、吴明烜、南懷仁問明詳奏，乃草率議覆，不合。著再行確議」。《東華録》。二月庚午，議政王等遵旨會議：「前命大臣二十員赴觀象臺測驗，南懷仁所言逐款皆符，吴明烜所言逐款皆錯。問監正馬祜、監副宜塔喇、胡振鉞、李光顯，亦言南懷仁曆皆合天象。竊思百刻曆日，雖歷代行之已久，但南懷仁推算九十六刻之法既合天象，自康熙九年始，應將九十六刻曆日推行。又，南懷仁言羅睺計都、月孛星係推算曆日所用，故開載；其紫炁星無象，推算曆日並無用處，故不開載。自康熙九年始，將紫炁星不必造入《七政曆日》內。又言候氣，係自古以來之例，推算曆法亦無用處，嗣後亦應停止。楊光先職司監正，曆日差錯不能修理，左袒吴明烜，妄以九十六刻推算，謂西洋之法必不可用，應革職，交刑部從重議罪。」得旨「楊光先革職，從寬免交刑部，餘依議。」《東華録》。三月庚戌，授西洋人南懷仁爲欽天監監副。先是，欽天監官案古法，推算康熙八年曆以十二月置閏。至是南懷仁言雨水爲正月中氣，是月二十九日值雨水，即爲康熙九年之正月，不當置閏，置閏當在明年二月。上命禮部詳詢，欽天監官多直南懷仁。乃罷康熙八年十二月閏，移置康熙九年二月。其節氣占候，悉從南懷仁之言。《東華録》。八月辛未，康親王傑書等議覆，南懷仁、李光宏等呈告：「楊光先依附鼇拜，捏詞陷人，將歷代所用之《洪範》五行稱爲《滅蠻經》，致李祖白等各官正法；且推曆候氣，茫然不知，解送儀器虚糜錢糧。輕改神明，將吉凶顛倒，妄生事端，殃及無辜。援引吴明烜，謊奏授官。捏造無影之事，誣告湯若望謀叛。情罪重大，應擬斬，妻子流徙寧古塔。至供奉天主，係沿伊國舊習，並無爲惡實蹟。湯若望復『通微教師』之名，照伊原品賜卹，還給建堂基地。許纘曾等復職，伊等聚會散給《天學傳槩》及銅像等物，仍行禁止。西洋人栗安黨等，該督撫驛送來京。李祖白等照原官恩卹，流徙子弟取回，有職者復職。李光宏、黄昌司、爾珪、潘盡孝原降革之職，仍行給還。」得旨：「楊光先理應論死，念其年老，姑從寬免，妻子亦免流徙。栗安黨等二十五人，不必取來京城，其天主教除南懷仁等照常自行外，恐直隸各省復立堂入教，仍著嚴行曉諭禁止。餘依議。」《東華録》光先邀蒙恩免。《正教奉褒》。放歸，卒於途。《徽州府志》，又，《疇人傳》：歙人言，光先南歸，至山東暴卒，蓋爲西人毒死。而《池北偶談》則稱，論大辟。其實光先蓋論大辟，免死歸卒者也。又《正教奉褒》：出京回家，行至山東德州地方，病發背死。

清・蕭穆《敬孚類稿》卷一一　故前欽天監監正歙縣楊公神道表

穆嘗恭讀世宗憲皇帝所録《庭訓格言》，中有訓曰：「爾等惟知朕算術之精，卻不知我學算之故。朕幼時，欽天監漢官與西洋人不睦，互相參劾，幾至大辟。楊光先、湯若望於午門外九卿前當面賭測日影，奈九卿中無一知其法者。朕思己不知，焉能斷人之是非？因自憤而學焉。今凡八算之法，累輯成書，條分縷析。後之學此者，視此甚易，誰知朕當日苦心研究之難也？」穆既知聖祖仁皇帝之精算術，實由於此。因想楊公之爲人。今年夏，晤黟縣老友李君宗燭，談及楊公當日情事。因託遣人於歙縣楊氏代求楊公所著之書。旋於楊公族裔孫某孝廉家得之。穆既得所録副本，因念楊公之墓，年久不免荒蕪，復託李君佗日會同孝廉商爲修理，因略叙其生平事蹟，佗日表於其阡。公姓楊氏，諱光先，字長公，徽州歙縣人也。其世祖諱凝，字彦謐，明宣德五年進士，官至禮部尚書，調南京刑部尚書。嘗自叙前後戰功，乞世廕，子鍝遂得新安衛副千户，子孫遂世襲焉。傳世至公，乃讓職與弟光弼，孑身入京師，時爲崇禎十年也。時有山陽武舉人陳啓新者，崇禎九年詣闕上書，言天下三大病。捧疏跪正陽門三日，中官取以進。帝大喜，立擢吏科給事中，歷兵科左給事中。劉公宗周、詹公爾選等先後論之。公復劾其出身賤役及徇私納賄狀，帝悉不究。復經御史王公聚奎、倫公之楷，給事中姜公埰先後劾其溺職及請託受賕、還鄉驕横併不忠不孝、大奸大詐狀，乃削籍。下撫按追贓擬罪。啓新竟逃去，不知所之。又，中極殿大學士温體仁，當國既久，劾者尤多。公復論之，至輿櫬待命，帝皆不省。每斥責言者以慰之，至有杖死者。而公卒以此遣戍遼左。然體仁亦旋以黨與奸狀，爲帝所悟，放歸。十六年冬，烈皇御經筵求文武材，襄城伯李國楨以公對，上曰：「是舁櫬之楊光先乎？」遂懸大將軍印以待之。襄城遣人迎，未至而明已亡。先是，崇禎元、二年閒，莊烈帝以欽天監推算不合天行，日食失驗，欲罪臺官。時禮部尚書徐光啓言，臺官測候本郭守敬法，先時當食不食，守敬且爾，無怪臺官之失占。臣聞曆久必差，宜及時修正。帝從其言，詔西洋人龍華民、鄧玉函等推算曆法，徐光啓爲監督。三年五月，又徵日耳曼人湯若望，意大理人羅雅谷襄授製器、演算諸法。入國朝，順治元年夏，湯若望具疏，將本年八月朔日食，明年正月望日食，照新法推步京師所見虧蝕分秒，並起復方位圖象與各省所見不同之數，繕册進呈。七月，復將所製渾天星球一架，地平日晷、窺遠鏡各一具，並輿地屏圖一幅進呈，旋補授欽天監監正。自是十餘年，屢加恩擢用。十七年，公入京抗疏，以西人耶

穌會非中土聖人之教，且湯若望所造《時憲書》，其面上不當用上傳批「依西洋新法」五字。具呈禮部，不准。是年，復召比利時人南懷仁來京纂修曆法。康熙三年七月，公復叩閽進所著《摘謬論》一篇，摘若望新法十謬。又《選擇議》一篇，摘若望選擇榮親王安葬日期，誤用《洪範》五行。下議政王等會議。四年三四月，議政王等逐款鞫問。及遵旨再議，湯若望等奉旨僅得罷職，旋以病死。聖祖特授公欽天監右監副，旋授監正。公以「但知推步之理，不知推步之數」叩閽辭職，疏凡五上，不准，乃輯前後所上書狀論疏，爲上下卷，名曰《不得已》。七年詔求直言，公條陳十款，多見采納。內逃一人，一款得免十家連坐之例，實自公發之。八年春二月，爲治理曆法南懷仁所劾，曆日差錯，得旨革職。旋蒙恩放歸，卒於途。公歿後，西人以重價購其書，悉爲焚燬，欲滅其迹。新城王文簡公士禎所撰《池北偶談》，曾記此書事。實西人復以計削去此條，且有改爲詆毀此書者。以故公此書及生平事實，後人罕有知者。嘉慶間，吳門黄主事丕烈曾得此書，嘉定錢少詹事大昕，儀徵阮相國元，先後評跋。阮公復見初印本《池北偶談》併采公所著《日食天象驗》篇，爲《疇人傳》，且推《摘謬十論》譏西法一月有三節氣之新，移寅宫箕三度入丑宫之新，則固明於推步者所不能廢。錢公雖以公於步算非專家，亦深惜公無有力者助之，故終爲彼所詘。其詆耶穌異教，禁人傳習，爲大有功名教。近吳門葉君廷琯，嘗稱公少年已氣節觥觥如此，乃越三十年，時移世易，而剛直之性不渝，可謂豪傑之士。其書雖爲西人計燬，然迄今仍有傳本，而姓氏亦稱道弗衰。蓋其精誠固結，自有不可磨滅者在云云。皆能知公之深。穆乃恭記《庭訓格言》一則，並綜《明史》姜埰、温體仁等傳，及《東華録》、康熙朝《徽州府志》、近世名人著述之可傳信者，隱括以表公阡，俾鄉之後進者詳焉。

清·劉榛《虚直堂文集》卷一〇　李子金、孫昉、鄭廉傳

李子金，字子金，鹿邑人。鬑然多鬚。睢之田蘭芳兄事之。蘭芳曰：天之與我何如哉？而悠悠承之惜矣！以孫昉之識解，子金之深心厚力，鄭廉之雄奇倜儻，不可一世之氣，而降心問學，俛而孳孳焉，皆遠到才也。而優遊自放，以老何與三子聞而笑謝之。孫昉者，蘭芳之里人，字嘯史。一日，念蘭芳之言愛已，勉隨蘭芳問業於商丘徐邇黄先生，鄭廉輾然笑曰：吾不能鑿吾真也。廉，字介夫，號石廊，家商丘之穀熟。予介之，與蘭芳遊，因得南交子金、西友昉。子金多藝術，而尤喜神仙家言，嘗衣寬博之衣，色正白，頂毗盧帽來應學使者，試而言神仙於稠人之途，昉、廉以異端呼之。而問以樂律、勾股、天文、青烏、日者之説，子金與之縱談連日夜，甚辨。湯潛庵司空嘗欲設壇以聽之，然子金爲説，盡駁古人之非，而聞者亦或疑曰，子金其果獨是耶？子金不飲酒，喜廉有酒容。昉工於論稱，廉微談動人。昉短幹黄鬚，目睆睆不及遠而蕭然閒放，常若有自得者，論古今有識而不輕爲文字，偶一落筆，輒自矜喜，然亦旋逸去，不恤也。視世人如蟣蝨，有正以詩若文者，擲之不入目，而獨愛鄭廉詩。許其雄放無齷齪態。廉磊落有丰姿，議論當世事，歷歷可聽，雖里巷無關有無之談，亦井井原委不殺焉。飲酒輒醉，至手病不捧盈，面病如漆癘，而興益豪。昉傲岸，自行其意，來不可牽，去不可留。廉與子金性疎緩，人可援而止也。子金之子病痘，其妻迫求醫藥，子金出爲故人留，數日忘歸。廉遇子金於蘭芳之舍，流連再旬。輾轉於兵戎之際，家人微求而得之，强以返，然後去。

清·沈季友《檇李詩繫》卷二七　徐運判發

發，字圃臣，嘉興人，必達孫，以廩監考授詹録事，改運判，未任，卒。有《天元曆理》、《清引亭稿》諸刻。

清·張雍敬《定曆玉衡》　張雍敬，字簡庵，秀水人也。著《宜曆玉衡》，博綜曆法五十六家，正曆術之謬四十有四。成書一十八卷，其説主中術爲多。裹糧走千里，往見梅文鼎，假館授餐逾年，打辨論者數百條去異就同，歸于不疑之地。惟西人地圓如球之説，則不合與。梅氏兄弟及汪喬年輩，往復辨難三四著言。著《宣城遊學記》。

清·秦瀛《己未詞科録》卷二　吴任臣，字志伊，一字爾器，初學征鳴，號託園，浙江仁和人，廩生，由内閣中書王穀振薦舉，授檢討。著有《周禮大義》、《禮通》、《春秋正朔考辨》、《十國春秋》、《山海經廣註》、《字彙補》、《託園詩文集》。任臣以歐陽修作《五代史》，於十國倣《晉書》例爲載記，每略而不詳，乃採諸霸史、雜史以及小説家言，並證以正史，彙成是書。凡《吴》十四卷，《南唐》二十卷，《前蜀》十三卷，《後蜀》十卷，《南漢》九卷，《楚》十卷，《吴越》十三卷，《閩》十卷，《荆南》四卷，《北漢》五卷，《十國紀元世系表》合一卷，《地理志》二卷，《藩鎮表》一卷，《百官表》一卷。其諸傳本文之下，自爲之註，載别史之可存者。蓋用蕭大圜《淮海亂離志》、楊衒之《洛陽伽藍記》、宋孝王《關東風俗傳》、王邵《齊記》之例。劉知幾《史通·補註篇》所謂躬爲史臣，手自刊削，除繁則意有所恡，畢載則言有所妨，遂乃定彼榛楛，列爲子註者也。其間於舊説虚誣，多所辨證。如田頵擒孫儒，年月則從吴録，而不從薛史。吕師周奔湖南，年月則從《通鑑》，而不從

《九國志》。南唐烈祖世家則從劉恕《十國紀年》及歐史，而不從《江南野史》、《吳越備史》。皆確有所見，其他類是者甚多。五表考訂尤精，可稱淹貫。惟無傳之人，僅記名字，列諸卷末，雖用陳壽《蜀志》附載無傳諸人之例，然壽因楊戲有《季漢輔臣贊》，故繫之戲傳之末，非自列其名字於中，虚存標目也。是則貌同心異，不免於自我作古矣。節録《四庫書目·〈十國春秋〉提要》。

是書因郭璞《山海經註》而補之，故曰廣註。於名物訓詁，山川道里，皆有所訂正。雖嗜奇愛博，引據稍繁，如堂庭山之黄金，青邱山之鴛鴦，雖販婦傭奴，皆識其物，而旁徵典籍，未免贅疣。卷首冠雜述一篇，亦涉冗蔓。然掎摭宏富，多足爲考證之資。所列逸文三十四條，自揚慎《丹鉛録》以下十八條，皆明代之書，所見實無別本，其爲裨販誤記，無可致疑。至應劭《漢書註》以下十四條，則或古本有異，亦頗足以廣見聞也。舊本載圖五卷，分爲五類。曰靈祗，曰異域，曰獸族，曰羽禽，曰鱗介，云本宋咸平《舒雅舊稾》，雅本之張僧繇，其説影響依稀，未之敢據。其圖亦以意爲之，無論不真出雅與僧繇，即説果確實，二人亦何由見而圖之？故今惟録其註，圖則從刪。又前列引用書目五百三十餘種，多採自類書，虚陳名目，亦不瑣録焉。節録《四庫書目·〈山海經廣註〉提要》。

吳任臣爲諸生，試輒冠，其曹其文流傳人口，然非其好也。躭書玩古，多所論著。嘗撰一書補梅氏字彙之缺，廣郭景純《山海經》注。又刺取唐季諸霸國事爲《十國春秋》，凡若干卷。戊午舉博學鴻詞，授翰林院檢討，充纂修明史官，未幾卒。《浙江通志》。

吳志伊，志行端慤，博學而思深，兼精天官奇壬之術，射事多中，時人比之管郭。亦精樂律，于市上見編鐘一枚，叩之曰：此大呂鐘也。後滌視欵，識云：古大呂之鐘。嘗與吳錦雯會飲，馬鳴九許。錦雯問：鄦殹二字何讀？志伊曰：殹也同本秦權古文，鄦許同本説文長箋。錦雯歎服。《今世説》。

項墉桉：檢討爲諸生時，以經史教授鄉里，束修所（八）[入]，就市閲書，出善價購而藏之。平生著述，最富其《山海經廣註》，以郭注列於前，而以任臣案考訂於後，較楊升庵補註援据廣博，多所訂正。

清・秦瀛《己未詞科録》卷五　黄宗羲，字太沖，號梨洲，浙江餘姚人，前明御史，謚忠端，尊素之子。著有《易學象數論》六卷，《深衣考》一卷，《孟子師説》二卷，《明儒學案》六十二卷，《今水經》一卷，《四明山志》九卷，《歷代甲子考》一卷，《二程學案》二卷，《南雷文定》十一卷，《文約》四卷，《明文海》四百八十二卷，《明文案》二百卷，《待訪録》一卷，《歷法》十卷，《匡廬遊録》二卷。

是書宗羲自序云：易廣大無所不備，自九流百家借之以行其説，而易之本義反晦。世儒過視象數，以爲絶學，故爲所欺。今一一疏通之，知其於易了無干涉。而後反求程傳，亦廓清之一端。又稱王輔嗣注簡當而無浮義，而病朱子添入康節先天之學，爲添一障。蓋易至京房、焦延壽而流爲方術，至陳摶而岐入道家。學者失其初旨，彌推衍而轇轕彌增。羲病其末派之支離，先糾其本原之依託。前三卷論河圖洛書先天方位納甲納音月建卦氣卦變互卦筮法占法，而附以所著之原象爲内篇，皆象也。後三卷論太元乾鑿度元包潛虚洞極洪範數皇極數，以及六壬太乙遁甲爲外篇，皆數也。大旨謂聖人以象示人，有八卦之象、六爻之象、象形之象、爻位之象、反對之象、方位之象、互體之象，七者備而象窮矣。後儒之爲譌象者，納甲也，動爻也，卦變也，先天也，四者雜而七者晦矣。故是編崇七象而斥四象，而七者之中，又必求其合於古，以辨象學之譌。又遁甲太乙六壬三書，世謂之三式，皆主九宫，以參詳人事。是編以鄭康成之太乙行九宫法證太乙，以《吳越春秋》之占法，《國語》泠州鳩之對證六壬，而云後世皆失其傳，以訂數學之失，其持論皆有依據。蓋宗羲究心象數，故一一能洞曉其始末，因而盡得其瑕疵，非但據理空談不中窾要者比也。惟本宋薛季宣之説，以河圖爲即後世圖經，洛書爲即後世地志，顧命之河圖即今之黄册，則未免主持太過。至於矯往過直，轉使傳陳摶之學者，得據經典而反脣，是其一失。然宏綱巨目，辨論精詳，與明渭易圖明辨，均可謂有功易道者矣。節録《四庫書目・〈易學象數論〉提要》。

是編以其師劉宗周於《論語》有《學案》，於《大學》有《統義》，於《中庸》有《慎獨義》，獨於孟子無成書，乃述其平日所聞，著爲是書，以補所未備。其曰師説者，仿趙汸述黄澤《春秋》之學，題曰《春秋師説》例也。宗周之學，雖標慎獨爲宗，而大旨淵源，究以姚江爲本，故宗羲所述，仍多闡發良知之旨。然於「滕文公爲世子」章力闢沈作喆語，辨無善無惡之非，於「居下位」章力闢王畿語，辨性亦空寂隨物善惡之説，則亦不盡主姚江矣。其他議論，大都案諸實際，推究事理，不爲空疎無用之談。節録《四庫書目・〈孟子師説〉提要》。

國朝黄宗羲撰。其子百家續成之。宗羲有《易學象數論》，已著録。是編以二程造道各殊，因輯二程語録及先儒議論二程者，各爲一卷，百家又以己意附論各條之下。然黄氏之學出王守仁，雖盛談伊、洛，姚江之根柢終在也。節録《四庫

書目·〈二程學案〉提要》。

明代文章，自何、李盛行，天下相率爲沿襲剽竊之學。逮嘉、隆以後，其弊益甚。宗羲之意，在於掃除摹擬，空所倚傍，以情至爲宗。又欲使一代典章人物，俱藉以考見大凡，故雖游戲小説家言，亦爲兼收並採，不免失之泛濫。然其蒐羅極富，所閲明人集幾至二千餘家，如桑悦《北都》《南都》二賦，朱彝尊著《日下舊聞》時，搜討未見，而宗羲得之，以冠兹選。其他散失零落，賴此以傳者，尚復不少，亦可謂一代文章之淵藪。考明人著作者，當必以是編爲極備矣。節録《四庫書目·〈明文海〉提要》。

四明山舊稱名勝，而巖壑幽邃，文士罕能周歷，故紀載多疎。宗羲家於北七十峯之下，嘗捫蘿越險，尋覽帀月，得以考求古蹟，訂正譌傳。乃博采諸書，輯爲此志，凡九門。宗羲記誦淹通，序述亦特詳贍。惟所收詩文過博，併以友朋倡和之作牽連附入，猶不出地志之習。又既列名勝，復以皮陸九《題丹山圖》、《咏石田山房》，别出三門。其諸門之内既附詩，於各條下又别出《詩括》、《文括》二門，爲例亦未免不純也。節録《四庫書目·〈四明山志〉提要》。

黄宗羲，字太沖，餘姚人。父尊素，明御史，死詔獄。宗羲年十九，牆疏入京訟冤，歸而受業劉宗周，聞誠意慎獨之學，寧波績學之士數十人連袂稱弟子。康熙十八年，都御史徐元文薦於朝，以老病辭，乃詔取所著書，宣付史館。二十九年，上以海内遺獻問尚書徐乾學，舉宗羲，但言其衰老，乃止。宗羲上下古今，穿穴羣言，自天官、地志、九流百氏之教，無不精研，學者稱爲梨洲先生。年八十有六卒。《浙江通志》。

公上疏爲忠端訟冤，會逆奄已磔，即請誅曹欽程、李實，并袖錐錐許顯純，毆崔應元，拔其鬚，思陵歎曰：忠臣孤子。弟宗炎、宗會，公教之，皆大有聲，於是士林稱爲浙東三黄。陽羡欲薦之，力辭。甲申難作，阮大鋮驟起南中，欲盡殺復社諸名士，公名挂彈事，大兵至，得免。無何，浙東孫公嘉績、熊公汝霖畫江而守，公以布衣參軍，授職方，改監察御史，已又歸監國海上，歷拜右副都御史，旋辭歸，變姓名，杜門匿景，累瀕于危，得不死。康熙戊午，詔徵博學鴻儒，葉公方藹先以詩慫恿，公卒以老病辭。魏公象樞曰：吾生平願見而不得見者三人，夏峰、梨洲、二曲也。庚午，上訪及遺獻，徐公乾學以公對，終不能致。公雖不赴徵書，而史局大案，必資于公。節録《鮚鲒亭集·神道碑》。

太沖父忠端公，死奄毗。太沖上書訟冤，聲振國門。年踰六十一，尚嗜學不止，每寒夜，身擁緼被，以雙足置土爐上，餘膏熒熒，執一卷危坐；暑月則以麻帷蔽體，置小燈帷外，翻書隔光，常至丙夜。所學上本五經，旁羅百氏，俱能採精獵微，得其本末。《今世説》。

瀛桉：先生在魯王時，曾授副都御史，我朝訪求遺獻，硜硜卒守其志。平生學問，由蕺山以上溯姚江，間亦不無同異，與先燈巖公作書往復，論尊德、性道、問學之旨，見《南雷文定》。其族諸孫徵肅屬題先生象，晬乎其容，猶想見先生志事。戊午鴻博之舉，葉訒菴嘗貽詩慫恿，先生卒以老病辭，固未嘗舉也。《鶴徵録》誤入之患病行催不到之列，姑從之，附記於此。

瀛又桉：魏庸齋與許海昌書云，黄先生學貫天人，諸公物色之者頗衆，聞其年高，未敢輕動。泉右李鄴園亦欲舉先生；因渠母老而止。先生既不就舉，命子百家至京，與修明史，百家字主一。

清·張廷玉等《明史》卷一一九《諸王傳四·朱載堉》 世子載堉篤學有至性，痛父非罪見繫，築土室宫門外，席藁獨處者十九年。厚烷還邸，始入宫。萬曆十九年，厚烷薨。載堉曰：「鄭宗之序，盟津爲長。前王見濍，既錫謚復爵矣，爵宜歸盟津。」後累疏懇辭。禮臣言：「載堉雖深執讓節，然嗣鄭王已三世，無中更理，宜以載堉子翊錫嗣。」載堉執奏如初，乃以祐橏之孫載壐嗣，而令載堉及翊錫以世子、世孫禄終其身，子孫仍封東垣王。二十二年正月，載堉上疏，請宗室皆得儒服就試，毋論中外職，中式者視才品器使。詔允行。明年又上曆算歲差之法，及所著《樂律書》，考辨詳確，識者稱之。卒謚端清。崇禎中，載壐子翊鍾以罪賜死，國除。

清·張廷玉等《明史》卷一二八《劉基傳》 劉基，字伯温，青田人。曾祖濠，仕宋爲翰林掌書。宋亡，邑子林融倡義旅。事敗，元遣使簿録其黨，多連染。使道宿濠家，濠醉使者而焚其廬，籍悉毁。使者計無所出，乃爲更其籍，連染者皆得免。基幼穎異，其師鄭復初謂其父爚曰：「君祖德厚，此子必大君之門矣。」元至順間，舉進士，除高安丞，有廉直聲。行省辟之，謝去。起爲江浙儒學副提舉，論御史失職，爲臺臣所阻，再投劾歸。基博通經史，於書無不窺，尤精象緯之學。西蜀趙天澤論江左人物，首稱基，以爲諸葛孔明儔也。

方國珍起海上，掠郡縣，有司不能制。行省復辟基爲元帥府都事。基議築慶元諸城以逼賊，國珍氣沮。及左丞帖里帖木兒招諭國珍，基言方氏兄弟首亂，不誅無以懲後。國珍懼，厚賂基。基不受。國珍乃使人浮海至京，賄用事者。

遂詔撫國珍，授以官，而責基擅威福，羈管紹興，方氏遂愈橫。亡何，山寇蜂起，行省復辟基勦捕，與行院判石抹宜孫守處州。經略使李國鳳上其功，執政以方氏故抑之，授總管府判，不與兵事。基遂棄官還青田，著《郁離子》以見志。時避方氏者爭依基，基稍爲部署，寇不敢犯。

及太祖下金華，定括蒼，聞基及宋濂等名，以幣聘。基未應，總制孫炎再致書固邀之，基始出。既至，陳時務十八策。太祖大喜，築禮賢館以處基等，寵禮甚至。初，太祖以韓林兒稱宋後，遥奉之。歲首，中書省設御座行禮，基獨不拜，曰：「牧豎耳，奉之何爲！」因見太祖，陳天命所在。太祖問征取計，基曰：「士誠自守虜，不足慮。友諒劫主脅下，名號不正，地據上流，其心無日忘我，宜先圖之。陳氏滅，張氏勢孤，一舉可定。然後北向中原，王業可成也。」太祖大悅曰：「先生有至計，勿惜盡言。」會陳友諒陷太平，謀東下，勢張甚，諸將或議降，或議奔據鍾山，基張目不言。太祖召入内，基奮曰：「主降及奔者，可斬也。」太祖曰：「先生計安出？」基曰：「賊驕矣，待其深入，伏兵邀取之，易耳。天道後舉者勝，取威制敵以成王業，在此舉矣。」太祖用其策，誘友諒至，大破之，以克敵賞賞基。基辭。友諒兵復陷安慶，太祖欲自將討之，以問基。基力贊，遂出師攻安慶。自旦及暮不下，基請逕趨江州，擣友諒巢穴，遂悉軍西上。友諒出不意，帥妻子奔武昌，江州降。其龍興守將胡美遣子通款，請勿散其部曲。太祖有難色。基從後蹋胡牀。太祖悟，許之。美降，江西諸郡皆下。

基喪母，值兵事未敢言，至是請還葬。會苗軍反，殺金、處守將胡大海、耿再成等，浙東摇動。基至衢，爲守將夏毅諭安諸屬邑，復與平章邵榮等謀復處州，亂遂定。國珍素畏基，致書唁。基答書，宣示太祖威德，國珍遂入貢。太祖數以書即家訪軍國事，基條答悉中機宜。尋赴京，太祖方親援安豐。基曰：「漢、吴伺隙，未可動也。」不聽。友諒聞之，乘間圍洪都。太祖曰：「不聽君言，幾失計。」遂自將救洪都，與友諒大戰鄱陽湖，一日數十接。太祖坐胡牀督戰，基侍側，忽躍起大呼，趣太祖更舟。太祖倉卒徙别舸，坐未定，飛礮擊舊所御舟立碎。友諒乘高見之，大喜。而太祖舟更進，漢軍皆失色。時湖中相持，三日未決，基請移軍湖口扼之，以金木相犯日決勝，友諒走死。其後太祖取士誠，北伐中原，遂成帝業，略如基謀。

吴元年以基爲太史令，上《戊申大統曆》。熒惑守心，請下詔罪己。大旱，請決滯獄。即命基平反，雨隨注。因請立法定制，以止濫殺。太祖方欲刑人，基請其故，太祖語之以夢。基曰：「此得土得衆之象，宜停刑以待。」後三日，海寧降。太祖喜，悉以囚付基縱之。尋拜御史中丞兼太史令。

太祖即皇帝位，基奏立軍衛法。初定處州税糧，視宋制畝加五合，惟青田命毋加，曰：「令伯温鄉里世世爲美談也。」帝幸汴梁，基與左丞相善長居守。基謂宋、元寬縱失天下，今宜肅紀綱。令御史糾劾無所避，宿衛宦侍有過者，皆啓皇太子置之法，人憚其嚴。中書省都事李彬坐貪縱抵罪，善長素暱之，請緩其獄。基不聽，馳奏。報可。方祈雨，即斬之。由是與善長忤。帝歸，愬基僇人壇壝下，不敬。諸怨基者亦交譖之。會以旱求言，基奏：「士卒物故者，其妻悉處别營，凡數萬人，陰氣鬱結。工匠死，骸骨暴露，吴將吏降者皆編軍户，足干和氣。」帝納其言，旬日仍不雨，帝怒。會基有妻喪，遂請告歸。時帝方營中都，又鋭意滅擴廓。基瀕行，奏曰：「鳳陽雖帝鄉，非建都地。王保保未可輕也。」已而定西失利，擴廓竟走沙漠，迄爲邊患。其冬，帝手詔叙基勳伐，召赴京，賜賚甚厚，追贈基祖、父皆永嘉郡公。累欲進基爵，基固辭不受。

初，太祖以事責丞相李善長，基言：「善長勳舊，能調和諸將。」太祖曰：「是數欲害君，君乃爲之地耶？吾行相君矣。」基頓首曰：「是如易柱，須得大木。若束小木爲之，且立覆。」及善長罷，帝欲相楊憲，憲素善基，基力言不可，曰：「憲有相才無相器。夫宰相者，持心如水，以義理爲權衡，而己無與者也，憲則不然。」帝問汪廣洋，曰：「此褊淺殆甚於憲。」又問胡惟庸，曰：「譬之駕，懼其僨轅也。」帝曰：「吾之相，誠無逾先生。」基曰：「臣疾惡太甚，又不耐繁劇，爲之且孤上恩。天下何患無才，惟明主悉心求之，目前諸人誠未見其可也。」後憲、廣洋、惟庸皆敗。三年授弘文館學士。十一月大封功臣，授基開國翊運守正文臣、資善大夫、上護軍，封誠意伯，禄二百四十石。明年賜歸老於鄉。

帝嘗手書問天象。基條答甚悉而焚其草。大要言霜雪之後，必有陽春，今國威已立，宜少濟以寬大。基佐定天下，料事如神。性剛嫉惡，與物多忤。至是還隱山中，惟飲酒弈棋，口不言功。邑令求見不得，微服爲野人謁基。基方濯足，令從子引入茆舍，炊黍飯令。令告曰：「某青田知縣也。」基驚起稱民，謝去，終不復見。基韜跡如此，然究爲惟庸所中。

初，基言甌、括間有隙地曰談洋，南抵閩界，爲鹽盜藪，方氏所由亂，請設巡檢司守之。奸民弗便也。會茗洋逃軍反，吏匿不以聞。基令長子璉奏其事，不先白中書省。胡惟庸方以左丞掌省事，挾前憾，使吏訐基，謂談洋地有王氣，基

圖爲墓，民弗與，則請立巡檢逐民。帝雖不罪基，然頗爲所動，遂奪基祿。基懼入謝，乃留京，不敢歸。未幾，惟庸相，基大慼曰：「使吾言不驗，蒼生福也。」憂憤疾作。八年三月，帝親製文賜之，遣使護歸。抵家，疾篤，以《天文書》授子璉曰：「亟上之，毋令後人習也。」又謂次子璟曰：「夫爲政，寬猛如循環。當今之務在修德省刑，祈天永命。諸形勝要害之地，宜與京師聲勢連絡。我欲爲遺表，惟庸在，無益也。惟庸敗後，上必思我，有所問，以是密奏之。」居一月而卒，年六十五。基在京病時，惟庸以醫來，飲其藥，有物積腹中如拳石。其後中丞涂節首惟庸逆謀，并謂其毒基致死云。

基虬髯，貌修偉，慷慨有大節，論天下安危，義形於色。帝察其至誠，任以心膂。每召基，輒屏人密語移時。基亦自謂不世遇，知無不言。遇急難，勇氣奮發，計畫立定，人莫能測。暇則敷陳王道。帝每恭己以聽，常呼爲老先生而不名，曰：「吾子房也。」又曰：「數以孔子之言導予。」顧帷幄語秘莫能詳，而世所傳爲神奇，多陰陽風角之説，非其至也。所爲文章，氣昌而奇，與宋濂並爲一代之宗。所著有《覆瓿集》、《犁眉公集》傳於世。子璉、璟。

清・張廷玉等《明史》卷一二八《宋濂傳》 宋濂，字景濂，其先金華之潛溪人，至濂乃遷浦江。幼英敏强記，就學於聞人夢吉，通《五經》，復往從吴萊學。已，遊柳貫、黄溍之門，兩人皆亟遜濂，自謂弗如。元至正中，薦授翰林編修，以親老辭不行，入龍門山著書。

踰十餘年，太祖取婺州，召見濂。時已改寧越府，命知府王顯宗開郡學，因以濂及葉儀爲《五經》師。明年三月，以李善長薦，與劉基、章溢、葉琛並徵至應天，除江南儒學提舉，命授太子經，尋改起居注。濂長基一歲，皆起東南，負重名。基雄邁有奇氣，而濂自命儒者。基佐軍中謀議，濂亦首用文學受知，恒侍左右，備顧問。嘗召講《春秋左氏傳》，濂進曰：「《春秋》乃孔子褒善貶惡之書，苟能遵行，則賞罰適中，天下可定也。」太祖御端門，口釋黄石公《三略》。濂曰：「《尚書》二《典》、三《謨》，帝王大經大法畢具，願留意講明之。」已，論賞賚，復曰：「得天下以人心爲本。人心不固，雖金帛充牣，將焉用之？」太祖悉稱善。乙巳三月，乞歸省。太祖與太子並加勞賜。濂上箋謝，并奉書太子，勉以孝友敬恭，進德修業。太祖覽書大悦，召太子，爲語書意，賜札褒答，并令太子致書報焉。尋丁父憂。服除，召還。

洪武二年詔修元史，命充總裁官。是年八月史成，除翰林院學士。明年二月，儒士歐陽佑等採故元元統以後事蹟還朝，仍命濂等續修，六越月再成，賜金帛。是月，以失朝參，降編修。四年遷國子司業，坐考祀孔子禮不以時奏，謫安遠知縣，旋召爲禮部主事。明年遷贊善大夫。是時，帝留意文治，徵召四方儒士張唯等數十人，擇其年少俊異者，皆擢編修，令入禁中文華堂肄業，命濂爲之師。濂傅太子先後十餘年，凡一言動，皆以禮法諷勸，使歸於道，至有關政教及前代興亡事，必拱手曰：「當如是，不當如彼。」皇太子每斂容嘉納，言必稱師父云。

帝剖符封功臣，召濂議五等封爵。宿大本堂，討論達旦，歷據漢、唐故實，量其中而奏之。甘露屢降，帝問災祥之故。對曰：「受命不於天，於其人，休符不於祥，於其仁。《春秋》書異不書祥，爲是故也。」皇從子文正得罪，濂曰：「文正固當死，陛下體親親之誼，置諸遠地則善矣。」車駕祀方丘，患心不寧，濂從容言曰：「養心莫善於寡欲，審能行之，則心清而身泰矣。」帝稱善者良久。嘗問以帝王之學，何書爲要。濂舉《大學衍義》。乃命大書揭之殿兩廡壁。頃之御西廡，諸大臣皆在，帝指《衍義》中司馬遷論黄、老事，命濂講析。講畢，因曰：「漢武溺方技謬悠之學，改文、景恭儉之風，民力既敝，然後嚴刑督之。人主誠以禮義治心，則邪説不入；以學校治民，則禍亂不興。刑罰非所先也。」問三代曆數及封疆廣狹，既備陳之，復曰：「三代治天下以仁義，故多歷年所。」又問：「三代以上，所讀何書？」對曰：「上古載籍未立，人不專講誦。君人者兼治教之責，率以躬行，則衆自化。」嘗奉制詠鷹，令七舉足即成，有「自古戒禽荒」之言。帝忻然曰：「卿可謂善陳矣。」濂之隨事納忠，皆此類也。

六年七月遷侍講學士，知制誥，同修國史，兼贊善大夫。命與詹同、樂韶鳳修日曆，又與吴伯宗等修寶訓。九月定散官資階，給濂中順大夫，欲任以政事。辭曰：「臣無他長，待罪禁近足矣。」帝益重之。八年九月，從太子及秦、晉、楚、靖江四王講武中都。帝得輿圖《濠梁古蹟》一卷，遣使賜太子，題其外，令濂詢訪，隨處言之。太子以示濂，因歷歷舉陳，隨事進説，甚有規益。

濂性誠謹，官内庭久，未嘗訐人過。所居室，署曰「温樹」。客問禁中語，即指示之。嘗與客飲，帝密使人偵視。翼日，問濂昨飲酒否，坐客爲誰，饌何物。濂具以實對。笑曰：「誠然，卿不朕欺。」間召問羣臣臧否，濂惟舉其善者曰：「善者與臣友，臣知之；其不善者，不能知也。」主事茹太素上書萬餘言。帝怒，問廷臣。或指其書曰：「此不敬，此誹謗非法。」問濂，對曰：「彼盡忠於陛下耳。陛下方開言路，惡可深罪？」既而帝覽其書，有足採者。悉召廷臣詰責，因呼濂

字曰：「微景濂幾誤罪言者。」於是帝廷譽之曰：「朕聞太上爲聖，其次爲賢，其次爲君子。宋景濂事朕十九年，未嘗有一言之僞，誚一人之短，始終無二，非止君子，抑可謂賢矣。」每燕見，必設坐命茶，每旦必令侍膳，往復咨詢，常夜分乃罷。濂不能飲，帝嘗强之至三觴，行不成步。帝大懽樂。御製《楚辭》一章，命詞臣賦《醉學士詩》。又嘗調甘露於湯，手酌以飲濂曰：「此能愈疾延年，願與卿共之。」又詔太子賜濂良馬，復爲製《白馬歌》一章，亦命侍臣和焉。其寵待如此。九年進學士承旨知制誥，兼贊善如故。其明年致仕，賜《御製文集》及綺帛，問濂年幾何，曰：「六十有八。」帝乃曰：「藏此綺三十二年，作百歲衣可也。」濂頓首謝。又明年，來朝。十三年，長孫慎坐胡惟庸黨，帝欲置濂死。皇后太子力救，乃安置茂州。

濂狀貌豐偉，美鬚髯，視近而明，一黍上能作數字。自少至老，未嘗一日去書卷，於學無所不通。爲文醇深演迤，與古作者並。在朝，郊社宗廟山川百神之典，朝會宴享律曆衣冠之制，四裔貢賦賞勞之儀，旁及元勳巨卿碑記刻石之辭，咸以委濂，屢推爲開國文臣之首。士大夫造門乞文者，後先相踵。外國貢使亦知其名，數問宋先生起居無恙否。高麗、安南、日本至出兼金購文集。四方學者悉稱爲「太史公」，不以姓氏。雖白首侍從，其勳業爵位不逮基，而一代禮樂制作，濂所裁定者居多。

其明年，卒於夔，年七十二。知事葉以從葬之蓮花山下。蜀獻王慕濂名，復移塋華陽城東。弘治九年，四川巡撫馬俊奏：「濂真儒翊運，述作可師，黼黻多功，輔導著績。久死遠戍，幽壤沉淪，乞加卹録。」下禮部議，復其官，春秋祭葬所。正德中，追謚文憲。

仲子璲最知名，字仲珩，善詩，尤工書法。洪武九年，以濂故，召爲中書舍人。其兄子慎亦爲儀禮序班。帝數試璲與慎，并教誡之。笑語濂曰：「卿爲朕教太子諸王，朕亦教卿子孫矣。」濂行步艱，帝必命璲、慎扶掖之。祖孫父子，共官内庭，衆以爲榮。慎坐罪，璲亦連坐，並死，家屬悉徙茂州。建文帝即位，追念濂興宗舊學，召璲子懌官翰林。永樂十年，濂孫坐姦黨鄭公智外親，詔特宥之。

清・張廷玉等《明史》卷一三七《吴伯宗傳》 吴伯宗，名祐，以字行，金谿人。洪武四年，廷試第一。時開科之始，帝親製策問，得伯宗甚喜，賜冠帶袍笏，授禮部員外郎，與修《大明日曆》。胡惟庸用事，欲人附己，伯宗不爲屈。惟庸銜之，坐事謫居鳳陽。上書論時政，因言惟庸專恣不法，不宜獨任，久之必爲國患。辭甚愷切。帝得奏召還，賜衣鈔。奉使安南，稱旨。除國子助教，命進講東宫，首陳正心誠意之説。改翰林典籍。帝製十題命賦，援筆立就，詞旨雅潔，賜織金錦衣。除太常司丞，辭。改國子司業，又辭。忤旨，貶金縣教諭。未至，召還爲翰林檢討。十五年進武英殿大學士。明年冬，坐弟仲實爲三河知縣薦舉不實，詞連伯宗，降檢討。

伯宗爲人温厚，然内剛，不苟媕阿，故屢躓。踰年，卒於官。伯宗成進士，考試官則宋濂、鮑恂也。

清・張廷玉等《明史》卷一四七《胡儼傳》 胡儼，字若思，南昌人。少嗜學，於天文、地理、律曆、醫卜無不究覽。洪武中以舉人授華亭教諭，能以師道自任。母憂，服除，改長垣，乞便地就養，復改餘干。學官許乞便地自儼始。

建文元年薦授桐城知縣。鑿桐陂水，溉田爲民利。縣有虎傷人，儼齋沐告於神，虎遁去。桐人祀之朱邑祠。四年，副都御史練子寧薦於朝曰：「儼學足達天人，智足資帷幄。」比召至，燕師已渡江。

成祖即位，曰：「儼知天文，其令欽天監試。」既試，奏儼實通象緯、氣候之學。尋又以解縉薦，授翰林檢討，與縉等俱直文淵閣，遷侍講，進左庶子。父喪，起復。儼在閣，承顧問，嘗不欲先人，然少戇。永樂二年九月拜國子監祭酒，遂不預機務。時用法嚴峻，國子生託事告歸者坐戍邊。儼至，即奏除之。七年，帝幸北京，召儼赴行在。明年北征，命以祭酒兼侍講，掌翰林院事，輔皇太孫留守北京。十九年改北京國子監祭酒。

當是時，海内混一，垂五十年。帝方内興禮樂，外懷要荒，公卿大夫彬彬多文學之士。儼館閣宿儒，朝廷大著作多出其手，重修《太祖實録》、《永樂大典》、《天下圖誌》皆充總裁官。居國學二十餘年，以身率教，動有師法。洪熙改元，以疾乞休，仁宗賜敕獎勞，進太子賓客，仍兼祭酒。致仕，復其子孫。

宣宗即位，以禮部侍郎召，辭歸。家居二十年，方岳重臣咸待以師禮。儼與言，未嘗及私。自處淡泊，歲時衣食纔給。初爲湖廣考官，得楊溥文，大異之，題其上曰：「必能爲董子之正言，而不爲公孫之阿曲。」世以爲知人。正統八年八月卒，年八十三。

清・張廷玉等《明史》卷一五九《彭誼傳》 彭誼，字景宜，東莞人。正統中，由鄉舉除工部司務。嘗與尚書辯事，無所阿。景帝立，用薦改御史。從尚書石璞塞沙灣決河，進秩二等。復決，再往塞之。

景泰五年，以從大學士王文巡視江、淮，擒獲蘇州賊，擢大理寺丞。明年二月擢右僉都御史，提督紫荆，倒馬諸關。劾都指揮胡璽納賄縱軍罪。天順初，罷巡撫官。中朝有不悦誼者，下遷紹興知府。歲饑，輒發廪振貸。吏白當俟朝命，誼曰：「民方急，安得循故事耶？」築白馬閘障海潮。歷九載，多惠政。超擢山東左布政使，入爲工部左侍郎。

成化四年，遼東巡撫張岐得罪，吏部舉代者。帝曰：「遼東自王翱後，屢更巡撫，多不稱，可於大臣中求之。」乃改誼右副都御史以往。鎮守中官横徵諸屬衛。誼下令，凡文牒不經巡撫審定者，所司毋輒行，虐焰爲息。十年冬，户部檄所司開黑山金場。誼奏永樂中太監王彦等開是山，督夫六千人，三閲月止得金八兩，請罷之。遂止。

誼好古博學，通律曆、占象、水利、兵法之屬。平居謙厚簡默，臨事毅然有斷。鎮遼八年，軍令振肅。年未老，四疏告歸，家居四十餘年卒。

清・張廷玉等《明史》卷二〇五《唐順之傳》　唐順之，字應德，武進人。

【略】

順之於學無所不窺。自天文、樂律、地理、兵法、弧矢、勾股、壬奇、禽乙，莫不究極原委。盡取古今載籍，剖裂補綴，區分部居，爲《左》、《右》、《文》、《武》、《儒》、《稗》六《編》傳於世，學者不能測其奥也。爲古文，洸洋紆折有大家風。生平苦節自厲，輟扉爲牀，不飾裀褥。又聞良知説於王畿，閉户兀坐，匝月忘寢，多所自得。晚由文華薦，商出處於羅洪先。洪先曰：「向已隸名仕籍，此身非我有，安得侔處士？」順之遂出，然聞望頗由此損。崇禎中，追謚襄文。

清・張廷玉等《明史》卷二五一《徐光啓傳》　徐光啓，字子先，上海人。萬曆二十五年舉鄉試第一，又七年成進士。由庶吉士歷贊善。從西洋人利瑪竇學天文、曆算、火器，盡其術。遂徧習兵機、屯田、鹽筴、水利諸書。

楊鎬四路喪師，京師大震。累疏請練兵自効。神宗壯之，超擢少詹事，兼河南道御史。練兵通州，列上十議。時遼事方急，不能如所請。光啓疏争，乃稍給以民兵戎械。

未幾，熹宗即位。光啓志不得展，請裁去，不聽。既而以疾歸。遼陽破，召起之。還朝，力請多鑄西洋大礮，以資城守。帝善其言。方議用，而光啓與兵部尚書崔景榮議不合，御史丘兆麟劾之，復移疾歸。天啓三年起故官，旋擢禮部右侍郎。五年，魏忠賢黨智鋌劾之，落職閒住。

崇禎元年召還，復申練兵之説。未幾，以左侍郎理部事。帝憂國用不足，敕廷臣獻屯鹽善策。光啓言屯政在乎墾荒，鹽政在嚴禁私販。帝褒納之，擢本部尚書。時帝以日食失驗，欲罪臺官。光啓言：「臺官測候本郭守敬法。元時嘗當食不食，守敬且爾，無怪臺官之失占。臣聞曆久必差，宜及時修正。」帝從其言，詔西洋人龍華民、鄧玉函、羅雅谷等推算曆法，光啓爲監督。

四年春正月，光啓進《日躔曆指》一卷、《測天約説》二卷、《大測》二卷、《日躔表》二卷、《割圜八線表》六卷、《黄道升度》七卷、《黄赤距度表》一卷、《通率表》一卷。是冬十月辛丑朔，日食，復上《測候四説》。其辯時差里差之法，最爲詳密。

五年五月以本官兼東閣大學士，入參機務，與鄭以偉並命。尋加太子太保，進文淵閣。光啓雅負經濟才，有志用世。及柄用，年已老，值周延儒、温體仁專政，不能有所建白。明年十月卒。贈少保。

鄭以偉，字子器，上饒人。萬曆二十九年進士。改庶吉士，授檢討，累遷少詹事。泰昌元年官禮部右侍郎。天啓元年，光宗祔廟，當祧憲宗，太常少卿洪文衡以睿宗不當入廟，請祧奉玉芝宫，以偉不可而止，論者卒是文衡。尋以左侍郎協理詹事府。四年，以偉直講筵，與璫忤，上疏告歸。崇禎二年召拜禮部尚書。久之，與光啓並相。再辭，不允。以偉修潔自好，書過目不忘。文章奥博，而票擬非其所長。嘗曰：「吾富於萬卷，窘於數行，乃爲後進所窺。」章疏中有「何況」二字，悞以爲人名也，擬旨提問，帝駁改始悟。自是詞臣爲帝輕，遂有館員須歷推知之諭，而閣臣不專用翰林矣。以偉累乞休，不允。明年六月，卒官。贈太子太保。御史言光啓、以偉相繼没，蓋棺之日，囊無餘貲，請優卹以媿貪墨者。帝納之，乃謚光啓文定，以偉文恪。

其後二年，同安林釬爲大學士，未半歲而卒。亦有言其清者，得謚文穆。釬，字實甫，萬曆四十四年殿試第三人，授編修。天啓時，任國子司業。監生陸萬齡請建魏忠賢祠於太學旁，具簿醵金，强釬爲倡。釬援筆塗抹，即夕挂冠櫺星門徑歸。忠賢矯旨削其籍。崇禎改元，起少詹事。九年由禮部侍郎入閣，有謹愿誠恪之稱。

久之，帝念光啓博學强識，索其家遺書。子驥入謝，進《農政全書》六十卷。詔令有司刊布，加贈太保，録其孫爲中書舍人。

清・張廷玉等《明史》卷二四二《童軒傳》　童軒，字士昂，鄱陽人，父精天官學。永樂初爲天文生，遂家南京。軒習父業，績學工文，舉景泰二年進士，授南

京吏科給事中。嘗請省冗員，公考察，倡武勇，擇師儒，杜倖進，恤京民，多見採納。六年詔南京守備内官，採翠毛魚鱿諸物萬計，軒極言止之。天順二年，與同官句昂等劾南京户部尚書張鳳，反坐下獄，已而得釋。母憂，服除，留爲户科給事中。憲宗嗣位，上言：帝王之治，當知本末，隆聖德，用賢才，納忠諫，愛小民，謹邊備五者，本也。簿、書、刑、名特其末耳。條疏五事甚晰，帝優詔答之。四川盜趙鐸作亂，刑部司務朱貴請遣使招撫，廷議舉軒，命與貴仝往。至則遍歷賊巢，曉以禍福，賊多就撫。軒召與飲食，遣還復業，而賊素凶狡，言：我曹乃聽撫官，賊誰敢難我？或背負撫安榜及免死帖，公行剽劫，而貧民亦效之，勢益熾。軒奏聞，即偕守臣進討，軒獲頗衆會。都督何洪等陣歿，軒不以時奏被劾，帝置不問。未幾，還朝直進露布，自叙功伐，而守臣又以賊告，於是言者踵至，遂下吏當除名。時軒已進都給事中。帝薄其罪，命外除以爲壽昌知縣。居四年，入覲上疏，自理尚書姚夔復薦之，擢雲南提學僉事，枝士公明。撫按官屢薦廷，議以欽天監不得人，而軒素諳曆法，召拜太常少卿掌監事，嚴核陰陽天文諸生。杜倖進弊閱六載。進卿，仍掌監事。言天下陰陽官納粟免考非制，遂罷之。軒有志事功掌曆非其好也，素稱病，歸。弘治改元用監正吴昊，薦復以原官，掌監事。六月朔日，有食之。軒言：日食紀元之初，又當盛夏火旺之候，宜反身修德，進君子，退小人，以謹天戒。帝嘉納焉。其冬，進右副都御史，提督松潘軍務。值歲饑，開倉賑貸，煑糜以食，餓者資遣流移還業，爲禁令三十餘條，軍民稱。便南路鎮番素苦蠻賊出没，歲減軍餉充犒，致軍多逃亡。軒易以官帑銀布，軍乃無乏。四年，召爲南京吏部右侍郎，久之，進南京禮部尚書。奏言：朝端大政，陛下付之廷議，而廷臣但立談闕左門下，片時即決，果足以盡利害而垂久遠乎？況甲以爲可乙，亦從而可之。名雖會議，實一二人私言耳。乞自今令三品以上大臣各疏所見，而四品以下有願建議者聽。然後集衆論而折其衷，庶幾古者謀及卿士之意。時不能從。未幾，又言：今東南困歲辦，西北困差徭，臣以爲歲辦、差徭園難悉罷，然如烏頭、牽牛諸藥，黄腰、木狗諸皮，咸非急需，何必多取？梨、藕、榴、蕇諸物，盆、甖、桌、榻諸器，輦下可辦，何必南京？至於清軍，則有司拘集審勘，動以萬數，春夏妨耕耘，秋冬奪斂穫，尤不勝擾敝。當急爲變計者也。疏入，下之所司。十年，請老居數月，卒，年七十四。無子。軒强學好問，至老不倦，居官廉介寡合，而篤於内行。南都搢紳以爲儀表焉。後贈太子少保。昊，字仁甫，臨川人，用世業補天文生。軒初領監事，器昊，薦爲五官保章正。弘治初，累遷監正。昊言：選擇時日，當遵用《大統曆》及洪武年所定曆書，他雜書宜燬。觀象臺、渾儀、簡儀宜修改，天文書籍當考訂，是正回回。天文生陰陽人等多怠玩，請令日晝卯酉簿簡。立班長稽術業精疏量勞逸差具斗食，且復其身。詔悉從之。四年，京城火踰旬不息，昊據占書言，此名濫火，乃政事不修之證，又以示時俗虚僞侈靡之戒，請帝勤加修省。八年八月，奏月食不驗，昊謂據回回曆則不當食，大統曆則當食，臣監但守大統法，以是致誤，乃奪俸九年。秩滿，進太常少卿，昊請訪取精通天官曆法陰陽地理之人，及壬遁蓍龜演禽占課諸數學有明驗者，以禮資遣。又言：高皇帝特選世業子孫習文藝者，送監肄業。至天順初，天文、陰陽生奏比醫士、醫生得應科舉，四十餘年，科不乏人。後爲給事中趙竑奏罷，官生子弟由之沮抑。近科臣葉紳奏：欲如童軒例，擇文臣中學術通明者，改官專掌其事。今以讀書爲他業而錮之，何其與擇人之意違也！乞如故事，仍令科舉便議格不行。武宗初立，自五月至八月恒雨爲災。昊言：此上慢下暴，號令無時，戳狎不恭。又天子居喪不哀，弋獵無度，奢侈繁興，百姓愁苦之應。帝不省。正德初，進爲卿。四年，卒異居。官盡職，每因乾象示變，進直言，指切時政，覬有所感悟，以故搢紳間多重之。

清・張廷玉等《明史》卷二八二《王應電傳》 王應電，字昭明，崑山人。受業於校，篤好《周禮》，謂《周禮》自宋以後，胡宏、季本各著書，指摘其瑕釁至數十萬言。而余壽翁、吴澄則以爲《冬官》未嘗亡，雜見於五官中，而更次之。近世何喬新、陳鳳梧、舒芬亦各以己意更定。然此皆諸儒之《周禮》也。覃研十數載，先求聖人之心，溯斯禮之源；次考天象之文，原設官之意，推五官離合之故，見綱維統體之極。因顯以探微，因細而繹大，成《周禮傳詁》數十卷。以爲百世繼周而治，必出於此。嘉靖中，家燬於兵燹，流寓江西泰和。以其書就正羅洪先，洪先大服。翰林陳昌積以師禮事之。胡松撫江西，刊行於世。

應電又研精字學，據《說文》所載譌謬甚者，爲之訂正，名曰《經傳正譌》。又著《同文備考》、《書法指要》、《六義音切貫珠圖》、《六義相關圖》。卒於泰和。昌積爲經紀其喪，歸之崑山。

時有李如玉者，同安儒生，亦精於《周禮》，爲《會要》十五卷。嘉靖八年詣闕上之，得旨嘉獎，賜冠帶。

清・張廷玉等《明史》卷二八二《何瑭傳》 何瑭，字粹夫，武陟人。年七歲，見家有佛像，抗言請去之。十九讀許衡、薛瑄遺書，輒欣然忘寢食。弘治十五年

成進士，選庶吉士。閣試《克己復禮爲仁論》，有曰：「仁者，人也。禮則人之元氣而已，則見侵於風寒暑濕者也。人能無爲邪氣所勝，則元氣復，元氣復而其人成矣。」宿學咸推服焉。劉瑾竊政，一日贈翰林川扇，有入而拜見者。瑭時官修撰，獨長揖。瑾怒，不以贈。受贈者復拜謝，瑭正色曰：「何僕僕也！」瑾大怒，詰其姓名。瑭直應曰：「修撰何瑭。」知必不爲瑾所容，乃累疏致仕。後瑾誅，復官。以經筵觸忌諱，謫開州同知。修黄陵岡隄成，擢東昌府同知，乞歸。

嘉靖初，起山西提學副使，以父憂不赴。服闋，起提學浙江。敦本尚實，士氣丕變。未幾，晉南京太常少卿。與湛若水等修明古太學之法，學者翕然宗之。歷工、户、禮三部侍郎，晉南京右都御史，未幾致仕。

是時，王守仁以道學名於時，瑭獨默如。嘗言陸九淵、楊簡之學流入禪宗，充塞仁義。後學未得游、夏十一，而議論即過顔、曾，此吾道大害也。里居十餘年，教子姓以孝弟忠信，一介必嚴。兩執親喪，皆哀毁。後謚文定。所著《陰陽律吕》、《儒學管見》、《柏齋集》十二卷，皆行於世。

清・張廷玉等《明史》卷二八六《鄭善夫傳》 鄭善夫，字繼之，閩縣人。弘治十八年進士。連遭内外艱，正德六年始爲户部主事，榷税滸墅，以清操聞。時劉瑾雖誅，嬖倖用事。善夫憤之，乃告歸，築草堂金鼇峰下，爲遲清亭，讀書其中，曰：「俟天下之清也。」寡交游，日晏未炊，欣然自得。起禮部主事，進員外郎。武宗將南巡，偕同列切諫，杖於廷，罰跪五日。善夫更爲疏草，置懷中，屬其僕曰：「死即上之。」幸不死，歎曰：「時事若此，尚可靦顔就列哉！」乞歸未得。明年力請，乃得歸。嘉靖改元，用薦起南京刑部郎中，未上，改吏部。行抵建寧，便道游武夷、九曲，風雪絶糧，得病卒，年三十有九。

善夫敦行誼，婚嫁七弟妹，貲悉推予之，葬母黨二十二人。所交盡名士，與孫一元、殷雲霄、方豪尤友善。作詩，力摹少陵。

清・張廷玉等《明史》卷二八九《王禕傳》 王禕，字子充，義烏人。幼敏慧，及長，身長嶽立，屹有偉度。師柳貫、黄溍，遂以文章名世。覩元政衰敝，爲書七八千言上時宰。危素、張起巖並薦，不報。隱青岩山，著書，名日盛。

太祖取婺州，召見，用爲中書省掾史。征江西，禕獻頌。太祖喜曰：「江南有二儒，卿與宋濂耳。學問之博，卿不如濂。才思之雄，濂不如卿。」太祖創禮賢館，李文忠薦禕及許元、王天錫，召置館中。旋授江南儒學提舉司校理，累遷侍禮郎，掌起居注。同知南康府事，多惠政，賜金帶寵之。太祖將即位，召還，議禮。坐事忤旨，出爲漳州府通判。

洪武元年八月上疏言：「祈天永命之要，在忠厚以存心，寬大以爲政，法天道，順人心，雷霆霜雪，可暫不可常。浙西既平，科斂當減。」太祖嘉納之，然不能盡從也。

明年修《元史》，命禕與濂爲總裁。禕史事擅長，裁煩剔穢，力任筆削。書成，擢翰林待制，同知制誥兼國史院編修官。奉詔預教大本堂，經明理達，善開導。召對殿廷，必賜坐，從容宴語。未久，奉使吐蕃，未至，召還。

五年正月議招諭雲南，命禕賫詔往。至則諭梁王，亟宜奉版圖歸職方，不然天討旦夕至。王不聽，館别室。他日，又諭曰：「朝廷以雲南百萬生靈，不欲殲於鋒刃。若恃險遠，抗明命，龍驤鷁艫，會戰昆明，悔無及矣。」梁王駭服，即爲改館。會元遣脱脱徵餉，脅王以危言，必欲殺禕。王不得已出禕見之，脱脱欲屈禕，禕叱曰：「天既訖汝元命，我朝實代之。汝爝火餘燼，敢與日月爭明邪！且我與汝皆使也，豈爲汝屈！」或勸脱脱曰：「王公素負重名，不可害。」脱脱攘臂曰：「今雖孔聖，義不得存。」禕顧王曰：「汝殺我，天兵繼至，汝禍不旋踵矣。」遂遇害，時十二月二十四日也。梁王遣使致祭，具衣冠斂之。建文中，禕子紳訟禕事，詔贈翰林學士，謚文節。正統中，改謚忠文。成化中，命建祠祀之。

清・張廷玉等《明史》卷二九九《周述學傳》 周述學，字繼志，山陰人。讀書好深湛之思，尤邃於曆學，撰《中經》。用中國之算，測西域之占。又推究五緯細行，爲《星道五圖》，於是七曜皆有道可求。與武進唐順之論曆，取歷代史志之議，正其訛舛，删其繁蕪。又撰《大統萬年二曆通議》，以補歷代之所未及。自曆以外，圖書、皇極、律吕、山經、水志、分野、輿地、算法、太乙、壬遁、演禽、風角、鳥占、兵符、陣法、卦影、禄命、建除、葬術、五運六氣、海道鍼經，莫不各有成書，凡一千餘卷，統名曰《神道大編》。

嘉靖中，錦衣陸炳訪士於經歷沈鍊，鍊舉述學。炳禮聘至京，服其英偉，薦之兵部尚書趙錦。錦就訪邊事，述學曰：「今歲主有邊兵，應在乾艮。艮爲遼東，乾則宣、大二鎮，京師可無虞也。」已而果然。錦將薦諸朝，會仇鸞聞其名欲致之，述學識其必敗，乃還里。總督胡宗憲征倭，招至幕中，亦不能薦，以布衣終。

清・潘檉章《松陵文獻》卷六《人物志六・袁黄》 袁黄，初名表，字坤儀，邑之趙田人，地與嘉善接，因入籍嘉善，家世以醫顯。父仁，字良貴，有詩名，工書

法。黃少負逸才，於三乘四部星緯之書，無不研究，聲譽籍甚。萬曆五年，會試擬第一，人以策譏權，倖不果。十四年始成進士，授寶坻知縣。二十年，擢兵部職方司郎中，贊畫東事，訪求奇士，得山陰馮仲纓、吳人金相，置幕下。是時，倭酋行長已渡大同江，繞出平壤西界。朝廷所遣辨士沈惟敬三入倭營，議封貢罷兵。行長許之，使小西飛等來，與大將軍李如松約，以明年正月入平壤受冊退師。黃以問仲纓曰：倭請封，信乎？曰：信。東事可竣乎？曰：未也。黃問：何謂也？仲纓曰：平秀吉初立，國内未附。行長，關白之嬖人，欲假寵於我以自固，故曰信也。如松恃寵桀驁，新有寧夏功，加提督爲總兵官，本朝未有也。彼肯令一游士掉三寸舌，成東封之績，而東甲以還乎？彼必詐唯敬，借封期以襲平壤，襲而不克則敗軍，襲而克則敗封，故曰東事未可竣也。相曰：襲平壤必克，克而驕必大敗，敗封與敗軍兩有之。黃曰：善。正月，如松果襲平壤，入之，所部逵兵割麗人首以獻功。黃面數如松，以襲封殺降之罪。如松大恨，與贊畫郎中劉黃裳比而媒孽其短。會如松乘勝進取，王京遇伏，大敗於碧蹄館，退保開城。而倭酋行長據龍山，清正自咸鏡趨截鴨緑江。經略宋應昌時駐定州，前後皆阻，倭計無所出。馮仲纓言於黃曰：師老矣，退又不可。清正狡而悍，藐行長而貳於關白，願與金相偕使，可撼而間也。黃以告應昌，應昌乃遣仲纓往，清正盛軍容迎之。仲纓立馬大言曰：諸酋恃强，不知天朝法度。汝故主源道義受天朝封二百餘年，汝輩世世陪臣也。汝敢慢天朝，忍遂忘故主乎？清正者，薩摩君之弟，爲平秀吉所畏，故仲纓以故主動之。清正嚙指曰：唯，唯。仲纓就帳宣言曰：汝巨州名將，故主之介弟，今破王京者，行長也；議封典者，行長也。彼以一弄臣，儼然主封貢，挾天朝以爲重。而汝雄踞海濱，自甘牛後，心竊耻之。且持此安歸乎？今與我定約，急還王子陪臣，退兵決封貢，勿令册封盛典，出自弄臣，此亦千古之一時也。清正手額曰：請奉教。解所著團花戰袍，與仲纓歃血約盟，令王子陪臣謁仲纓，叩頭謝，訂期歸國。即日自王京解兵而東。仲纓之往也，金相度黃裳輩内忌之，必且以通倭坐仲纓爲中黃地。於是率健卒二千人，分伏南山觀音洞，邀其歸師，殺倭九十餘，生禽其將葉實。仲纓歸，黃裳果以通倭爲言，仲纓取相所斬倭級示之，且分遺其幕客，乃止。而如松以十罪列黃，黃遂中察典，免仲纓相，亦坐廢。黃家居講道著書，從遊者甚衆。嘗作立命説導人改過遷善，深有裨於世教。初，黃爲張居正客，居正議正樂依古法，造密室三重。又依蔡氏多截管以候氣，不應。使黃視之，曰：候氣之室，宜擇閒曠地。今瓦礫叢積，則地氣不至，一不合也。外室之牆，宜入地三尺，二重木室入地一尺六寸，三重木室入地七寸六分，今皆不然，僅可固地上之氣，而不可固地中之氣，二不合也。室三重各啓門爲門之位，外之以子，中之以午，内復以子，所以反覆而固氣也，今皆面午，三不合也。聲氣之元寄之象數，必有自然之理，今所截衆管大小不倫，四不合也。天之午常偏於丙二分有半，今日圭所測是也；地之午常偏於午二分有半，冬至候黃鐘之管，宜埋壬子之中位一而已，豈可多截管乎？五不合也。居正如黃言，擇地天壇之南隅，候之飛灰，果應。居正大喜，欲屬以正樂之事，黃請先改曆法，語不合，遂謝去。黃嘗受曆於長洲陳壤，其法本回回曆，而以監法會通之，更定曆元，糾正五緯，號爲詳密，有《曆法新書》行於世。黃卒後，東事平録其勞，贈尚寶司少卿。子儼，字若思，亦有文名，天啓五年進士，授高要知縣，未幾卒。

清・張庚《國朝畫徵録・續録》卷下　張雍敬

張雍敬，字珩珮，號簡菴，秀水布衣，家新塍鎮。善草蟲，布置花草，本宋人勾染法，工細多致。工制舉文，不遇。精究天文曆律之學，著《定歷玉衡》十八卷。始與吴江王寅旭相稽考，繼證之宣城梅定九，竹垞朱氏序之。其《宣城遊學記》稼堂潘氏序，皆極推重。詩有《環愁草》、《靈鵲軒》等集，畫筆其餘技也，然猶工細若是，可知其學之專者矣。

清・李斗《揚州畫舫録》卷五　淩廷堪，字仲子，又字次仲，歙縣監生。僑居海州之板浦場，以修改詞曲來揚州。繼入京師，遊于豫章雒陽中。戊申科副榜，己酉科舉人，庚戌科進士，官安徽寧國府教授。始不爲時文之學，既與黃文暘交，文暘最精於制藝，仲子乃盡閲有明之文，得其指歸，洞徹其底藴。每語人曰：人之剌剌言時文法者，終于此道未深，時文如詞曲，無一定資格也。善屬文，工于選體，通諸經，于三禮尤深，好天文、曆算之學，與江都焦循並稱。焦循字里堂，事另見。里堂稱以歙縣淩仲子、吴縣李鋭尚之、歙縣汪萊孝嬰爲論天三友。仲子有與里堂論弧三角書云：去年奉到手書並《釋弧》數則，雖未窺全豹，即此讀之，足見用心之犀利也。戴氏《句股割圜記》，唯斜弧兩邊夾一角及三邊求角，用矢較不用餘弦，爲補梅氏所未及。矢較即餘弦也，用餘弦，則過象限與不過象限，有加減之殊，用矢較，則無之。其餘皆梅氏成法，亦即西洋成法，但易以新名耳，如上篇即平三角舉要也。中篇即塹堵測量也。塹堵測量，雖通西洋于中法，然亦用八綫，究與郭邢臺舊法無涉也。下篇即環中黍尺也。其所易新名，如角曰觚，邊曰距，

切曰距分，弦曰内矩分，割曰經引，數同式形之比例曰同限互權，皆不足異。最異者經緯倒置也，夫地平上高弧，此緯綫也。此餞綫以天頂言之，則自上而下，以北極言之，則自北而南。而緯度皆在其上，故今法以南北爲緯也。地平規，此經綫也。此綫自卯至酉，而經度皆在其上，卯爲東，而酉爲西，故今法以東西爲經也。然剖緯綫爲緯度者，是距等圈。其圈與高弧，皆作十字東西綫，蓋受緯度雖南北綫，而成此緯度實東西綫也。剖經綫爲經度者，是高弧綫，皆過天頂而交于地平圈，爲南北綫，蓋受經度者雖東西綫，而成此經度者實南北綫也。故《大戴禮》曰：凡地東西爲緯，南北爲經，與此相成，無相反也。而戴氏誤據之易經爲緯，易緯爲經，於西人本法，初無所加，轉足以疑誤後學。又《記》中所立新名，懼讀之者不解，乃托吴思孝注之，如矩分今日正切云云。夫古有是名，而云今曰某某可也。今戴氏所立之名皆後于西法，是西法古而戴氏今矣，而反以西法爲今，何也？凡此皆竊所未喻者。鄙見如此，幸足下教之。予于推算之學，全無所知，獲與仲子、里堂交，每聞其緒論，汪、李兩君，予未之識。里堂有與李尚之書云：循于天步之學，好之最深，所處邨僻，學無師授。曾以所擬作《釋弧》三卷，就正于辛楣宫詹，蒙其許可，中指摘謬誤三處，感服之至。循又有《釋輪》二卷，所以明七政諸輪及所以用弧三角之法，雖已脱稿，意有未定。有如火星之次輪，既有本天之差，又有太陽之差，當太陽火星同在最高時相加，視同在最卑時極大。江布衣慎修言，火星與日同體，故他量應太陽並行，此獨應太陽本體，然以此理細爲究之，不能了了。又五星之次輪與日天同大，故金、水在日天内太大不能用，改用伏見輪。月天尤在金、水之内，其次輪何以轉小，其天道至大，止可以實測得之，未可彊致。其所以然乎？梅勿菴徵君言：次輪嘗向太陽。以月言之，行倍離，必如是而朔、望兩弦之數始合，頗殊嘗向太陽之説。或者勿菴止爲五星言之，不可執以求太陰歟？惟江布衣説，反覆思之，不能深信，其江君求其故不得，姑以是解之乎？前曾以此求教于辛楣宫詹，敢又就正于仁兄也。又李尚之答里堂書云：讀足下與竹汀師書，足下于推步之學甚精，議論俱極允當，不可移易。蓋月體之于次輪，既行倍離之度，則其體勢，自與七政之在本輪不同。而月體既周于次輪，則圍遶一周，自不能成大圈與本天等。火星歲輪徑既有大小，則其軌迹自不能等于本天。反覆數四，覺前人所説，止舉其大分，而足下更能推極其精密，曷勝承教，佩服之至。惟云有其當然亦必有其所以然，鋭愚以爲其所以然不外乎所當然也。何者？古法自三統以來，見存者約四十家，其于日月之盈縮遲疾，五星之順留伏逆，皆言其當然而不言其所以然。本朝時憲書甲子元用諸輪法，癸卯元用撱法，以及穆尼閣新西法，用不同心天。蔣友仁所説地動儀，設太陽不動而地球如七曜之流轉，此皆言其當然，而又設言其所以然。然其當然者，悉憑實測；其所以然者，止就一家之説衍而極之，以明算理而已。是故月五星初均次均之加減，其故由于有本輪次輪，而其實月五星之所以有本輪次輪，其故仍由于實測之時當有加減也。以是推之，則月體一周，不能成大圈與本天等，其故由於有次轉輪。而所以有次輪之故，則由于朔、望以外當有加減也。火星軌迹不能等于本天，其故由于歲輪徑有大小；而所以輪徑有大小之故，則由于以無消長之輪徑算火星，猶有不合，而更宜有加減也。若不此之求，而或于諸曜之性情冷熱，别究其交闕之故，則轉屬支離矣。以質高明，是否有當，統祈裁正。予按推步之學，梅氏、江氏、戴氏爲最精，而仲子、里堂、尚之三君，復推其所不足而有以補之。因詳繫于仲子之後。

清・李斗《揚州畫舫録》卷一〇　戴震，字東原，休寧人，爲漢儒之學，精於音均、律算。少與江慎修游，得其底蘊。後來揚州，爲公坐上客，惠棟、沈大成見之，目爲奇人。游京師，秦大司寇蕙田延之纂《五禮通考》。乾隆壬午，舉于鄉，奉詔重輯《永樂大典》。與邵晉涵、周永年、楊昌霖、余集同入館，分纂《四庫全書》。戊戌成進士，賜翰林院庶吉士，官至編修，歿於京師。著書滿家，半皆未成之作。曲阜孔葒谷刻其遺書《考工圖注》、《七經小記》、《屈原賦注》、《日編》、《水經注》、《水地記》、《聲類表》、《孟子字義疏證》、《方言疏注》、《策算鈎股割圜記》、《東原文集》。在館所校之書，則爲《水經注》、李如圭《儀禮集釋文》。嘗注《難經》、《傷寒論》、《金匱》諸書，亦未卒業。

又　吴烺，字杉亭，一字筍叔，全椒人。父敏山徵君，工詩，久居揚州，著《金木山房集》、《周髀算經補注》。烺幼稱才子，召試授中書，與金兆燕齊名。

清・李斗《揚州畫舫録》卷一三　焦循，字里堂，北湖明經。熟于《毛詩》、《三禮》，好天文律算之學。鄭兆珏、鄭偉、王準皆與之游。所著有《毛詩艸木鳥獸蟲魚釋》三十卷、《毛詩釋地》七卷、《群經宫室圖》二卷、《禮記索隱》數十卷、《焦氏教子弟書》二卷，又有《釋交》、《釋弧》、《釋輪》、《釋撱》、《乘方釋例》、《加減乘除釋》共二十卷，皆言算術也。本朝推步之術，王梅之後，則有歙縣江脊修永、休寧戴東原震、嘉定錢曉徵大昕，錢視二家尤精。與里堂友者，歙縣汪孝嬰萊、淩仲子廷堪、吴縣李尚之鋭，並通是學。李尤善，爲錢之高弟子，錢稱其愈已焉。

里堂之子白，字廷琥，亦善三角八綫之法。

清・趙翼《簷曝雜記》卷六　湯若望、南懷仁

余年二十許，時閲《時憲書》，即有欽天監正湯若望、監副南懷仁，姓名皆西洋人，精於天文，能推算節候，然不知其年壽也。後閲蔣良騏《東華録》，則湯若望當我朝定鼎之初，即進所製渾天星毬、地平日晷、窺遠鏡各一具，其官曰修政立法。順治九年，湯若望又進渾天星毬、地平日晷儀器。初曰修政立法，或前明所授官，或其自署。至欽天監正，則本朝所授官也。是年又賜太常寺卿，管欽天監事。湯若望，號通玄教師，又從欽天監正，陞大常卿銜。康熙七年治曆，南懷仁議奏：監副吳維烜所造八年時憲書，十二月應是九年正月，又一年兩春分兩秋分，種種錯悞。遂革維烜職，授南懷仁爲監副。按國初至余二十許時，已一百二十餘年，而二人在朝中，已能製造儀器，必非少年所能當，亦在三四十歲。則余識其姓名時，蓋已一百五六十歲矣。後閲《明史・徐光啓傳》，以崇禎時曆法舛訛，請令西洋人羅雅谷、湯若望以其國新法相參較。書成，即以崇禎元年戊辰爲曆元。是崇禎初已有湯若望，則又不止一百五六十歲，嗣後又不知以何歲卒也。

《明史外國傳》，西洋人東來者，大都聰明特達之士，意專行教，不求禄利。其所著書，多華人所未道，故一時好異者咸尚之，如徐光啓輩是也。

清・茹綸常《容齋文鈔》卷一〇　題杭董浦先生爲閻若璩徵君傳後

閻若璩徵君，字百詩，號潛邱，太原縣著姓，自五世祖始遷淮安。其爲學刻苦自勵，無書不讀，而尤邃於經史考證，辨覈務，使毫無遺義，以故先後輩名流皆推服。弱冠遊京師，旋以僑籍改歸，餼於太原。康熙十七年，復之京師，應詞科，不第。歸越四年，以崑山徐公聘，復至都，名卿鉅公咸引重。然天性好駡，於時賢著作，雖表表藝林者，皆不免其訾譏。至謂李天生杜撰故事，汪鈍翁私造典禮。於《堯峰文鈔》掊擊，不遺餘力，則未免遇當。安溪李文貞公嘗爲作傳，而仁和杭董浦以爲無加損於閻氏，復爲之傳，内載世宗潛邸手書。延請至京，呼先生而不名，曰：素觀所著書，輒稱善。後疾亟，請移就外，固留不得，命以大牀爲輿，上施青紗帳，二十人舁之，移城外十五里，如卧牀簣，不覺其行也。及殁，遣官經紀其喪，製四詩輓之，有「三千里路爲余來」之句。又爲文以祭，有「讀書等身，一字無假。孔思周情，旨深言大」等語。此事人多弗知。因備識之，不獨見潛邸之學行，而我朝右文之盛意，亦何至於此極耶？雖古帝王何以加諸？

清・錢大昕《潛研堂集文集》卷三九　溉亭別傳

溉亭，姓錢氏，名塘，字學淵，一字禹美，世居嘉定之望仙橋。曾大父惟亮，廩膳生，與先奉政公爲從祖昆弟，生太學生衡臣，有三子，彦昭早卒，彦輝、永輝皆太學生。溉亭爲永輝長子，甫在抱而彦輝無以爲後。始就傅習舉業，出語便不凡。既補博士弟子，與諸澱綸、汪翃青、王鶴谿、王耿仲唱和，爲古今體詩，即爲王西莊光禄、王蘭泉侍郎激賞。然溉亭意慊然猶未足，不欲以詞人自命。及選拔入成均，試闕下，歸益肆力于經史之學。乾隆四十五年，舉江南鄉試，對策爲通場第一。明年成進士，需次當得縣宰，而溉亭自以不習吏事，呈吏部，願就教職，選授江寧府學教授。公務多暇，益刻苦撰述，于聲音、文字、律吕、推步之學尤有神解。體素羸弱，夏月常畏寒擁絮，而考辯精到，議論風生，不假公明三斗酒也。春秋五十有六，終于江寧官廨。溉亭著《律吕古義》六卷，自序云：古之律傳而尺不傳，律法待尺以爲用，尺不傳，則律不傳矣。自荀勗以劉歆銅斛尺爲周尺，載于史志，莫有知其非者。予得慮傂尺，知勗所謂周尺之即漢尺，復得周尺，知漢尺之非周尺。因周尺以求律尺，得今車工尺之八寸一分。蓋周本八寸尺，不可以制律，律必用十寸尺，即昔人所云夏尺者。然則周不能自用其尺制律，後人顧必曰周尺哉。古律當無異度，周必因乎夏、商，夏、商必因唐、虞，十寸尺之爲二帝、三王時律尺明矣。周尺傳而律尺傳，律尺傳而古律已無不傳，其愈于用漢尺也，不遠乎！然予之爲此書，非徒傳古尺而已，兼以明律法焉。夫絫黍尺之千二百，不能實八百十分之管也，考律之不必千二百黍也。徑三分之積，不盈八百十分也，周鬴之非，兼用八寸十寸尺也。後周玉律至隋而失其本數也，雅樂、燕樂之調法不同也，中管調器之非律吕元聲也，校律之用尺積也，今權之用何度也，皆律家所當知者也。不知實管之宜異黍，則容受必不符，不知考律之用方龠，則黄鍾必非八百十分，不知徑三分之積六百四十分，則必以方徑爲員徑，不知周鬴止用十寸尺，則聲不能中黄鍾之宫，不知玉律之積數增多，則隋志錯誤之故不明；不知雅樂、燕樂異調，則郊廟與房中無別；不知中管之非元聲，則八音俱乖本律；不知校律用尺再乘方，則得數必舛；不知今權所應之度，則不能審古物之應律與否。如是而律不可通矣。夫言律必求其實，用律之數，寓于度量權衡，而其聲應乎金石絲竹。律本無不通，故以是數物爲其用，通則有法焉，即黄鍾之律是也。故曰爲萬事根本。其明算篇曰：算莫難于算圜。圜周者，圜冪之本也。以方容圜，徑同而周異，圜周之有圜冪，若方周之有方冪，故周異則冪亦異，倍其徑者四其冪，則初以爲周者，繼以爲冪矣。以方周除圜周而十

之，亦即圜之冪也。由是定爲方圜之率，任所得之爲方爲圜，無不可以推知其所未得。而術有古今疏密之不同，古術方周四則圜周三，是冪亦方四而圜三也。至劉徽注《九章》，推得圜周三一四有奇，而去其餘數，故徽術算冪亦方四而圜三一四也。後人知古術之疏，以徽術爲密，依而用之，雖間有修改，要不離此率。自予觀之，亦未見其密也。試度取一物之徑，命之爲一，則周且至三一六以上矣。夫古術泥于陽奇陰偶之説，其疏固宜，徽術則本之割圜，割圜之術，有觚有弧矢，其算之也，有半徑與弦，半徑常爲大弦，而迭爲句股以求其小弦，半徑爲小弦所截成弧矢，有弧矢則半徑不盡，半徑不盡則小弦不盡，而割圜之以爲弧者，即小弦也。弦直而弧曲，合之以爲周，非其類矣。周之爲物，如環無端，割而爲觚，必且無盡，而割圜不能無盡也，斯則名爲周，而實非周也。而又不能無所棄。始之開方以求大股也，可開而至于無盡也，既以其不能盡而棄之，後之開方以求小弦也，亦可開而至于無盡也，復以其不能盡而棄之。有所棄則非全數矣。徽之割圜也，止于九十六觚，其于股于矢于小弦，固皆曰餘分棄之，是以二尺爲方之圜周，尚以六分半有奇爲小弦。夫以如環之圜，而以六分以上之小弦九十六之以爲周，謂其與圜合體也，其孰能信之？是故求圜周者可無割圜也，度之亦略近矣。度法絲豪以下常無象而不可以名，則有一術焉，更密于度周而可以相代者，曰十倍其徑冪以爲周冪而已。我蓋得之于方，方之徑冪，即圜之徑冪也，方之周冪，猶圜之周冪也，唯以十六爲十是已。數皆以十成，而權衡獨以十六，即其理也。是故徑冪一，則方周冪十六，而圜周冪十，徑冪十，則方周冪百六十，而圜周冪百，是爲周徑之冪，異位而同名。夫如是則圜冪至十倍，即周爲徑，而十倍其徑以爲周矣。是反覆不衰之術也。舊術，周冪不足徑冪之十倍，故反覆之則必衰。衰不衰何足深論，顧如方之容圜有舒促何。容圜無舒促，則無如此術矣。是術也，可不用比例而得周徑與方圜，不出乎乘除進退以開方而已矣。求周徑者，徑自乘而十乘之，即周之自乘，周自乘而十除之，即徑之自乘。求方圜者，方自乘而十六除之，復十乘之，即圜之自乘，圜自乘而十六乘之，復十除之，即方之自乘，所得皆平方開之也。舊唯周徑有冪，今則方圜之冪又有冪，然皆因數以立術，非爲術以設數也。然則其數幾何？曰：術在數，可不言也。以徑一爲例，則徑冪百，周冪千，而方冪之冪十萬，圜冪之冪六千二百五十，是爲徑一則周三一六有奇，而方百者，圜七九零也。立圜立方何如？曰：亦不過三一六爲圜，則六爲方而已矣。其較度篇曰：晉志列十五等尺，以晉前尺爲主，謂之周尺。《玉海》列六等尺，以司馬公所摹高若訥漢泉尺爲主，謂之周尺。其時漢尺之外，實未見周尺也。今曲阜孔氏所藏漢慮俿銅尺，建初六年八月造，當今工匠尺七寸四分，與晉志云晉前尺即劉歆鐘律尺、建武銅尺者正同，即司馬公家周尺亦無不同也。周尺今藏曲阜顔氏，以今匠尺校之，長六寸四分八釐。昔人以漢尺爲周尺者，非也。周有八寸、十寸尺，以顔氏尺四分加一得今匠尺之八寸一分，是爲古十寸尺。昔人謂之夏尺，別于周也。商尺，蔡邕言長九寸，鄭樵言長一尺二寸半，按《考工記》夏后氏世室度以步，殷人重屋度以尋。步長六尺，十寸尺也，尋長八尺八寸尺也。殷制用尋，明別無殷尺矣，蓋二尺三代同用也。蔡説出自臆撰，鄭樵則據三司尺言之。三司尺，范景仁謂之黄帝時尺，雖未可信，要非宋始有之，以漢尺推算，當長一尺三寸五分，即今匠尺也。三司尺之八寸一分即古十寸尺，十寸尺制律，三代當同，愈于用漢尺遠矣。又著《史記三書釋疑》，于律曆、天官家言皆究其原本，而以它書疏通證明之。律書上九、商八、羽七、角六、宫五、徵九數語，注家皆不能曉，小司馬疑其數錯，溉亭據《淮南子》、《太玄經》證之，始信其確不可易。又以《淮南·天文訓》一篇多周官馮相、保章遺法，高氏注頗闕略，罕所證明，作補注三卷以闡其旨。晚年讀春秋左氏經傳，精心有得，作古義若干卷，以補杜氏之闕，且糾其謬。其所作古文曰《述古編》四卷。詩曰《□□齋吟稿》，皆刊刻行世。溉亭少時執經于先君子，予長于溉亭七歲，相與共學。予入都以後，溉亭與其弟坫及予弟大昭相切磋，爲實事求是之學，蘄至于古文而止。比予歸田，而溉亭學已大成，每相見，輒互證其所得。吾邑言好學者稱錢氏，而溉亭尤群從之白眉也。惜其未及中壽，而撰述或不盡傳，因仿魏晉人別傳之例，述其事目如右。

清·阮元《李氏遺書·李君尚之傳》 李鋭，字尚之，一字四香，元和縣學生員。幼開敏，有過人之資。從書塾中檢得《算法統宗》，心通其義，遂爲九章、八綫之學。古算術至唐以後幾於亡，明泰西利瑪竇入中國，有《幾何原本》一書，徐光啓、李之藻之徒，從而演繹之。周官、保氏、九章之遺法不能燭照數計也。李之藻《同文算指》以西術易九章盈朒方程之説，梅宣城定九謂非利氏本意，蓋中西術，其理則同，而立法則異。三率比例較古法方田、粟米、差分爲密，而少廣爲西法所無，是略而不備矣。宣城梅氏近世推絶學，以梅氏智計，豈有不知古法與西法不同者？第囿於西術，而九章算經諸書皆未之見，所見者惟周髀勾股之法。雖欲深求古術，然苦無古藉，出於意測耳。李君起而振之，力求古學。王孝通

《緝古算經》詞隱理奥，無能通之者。君與陽城張君古餘共著細草，評論二十術，而商功之平地，役功廣袤之術，較若列眉矣。又於同邑顧君千里處得秦九韶《九章算經》，乃窮究天元一術，論其法與借根方不同，於是郭守敬、李冶之説始明，如唐順之、顧應祥之書，甚無謂也。君嘗謂：四時成歲，首載《虞書》；五紀明曆，見於《洪範》；曆學乃致治之要，爲政之本。《通典通考》置而不録，不亦傎乎！因著《曆法通考》。其書體例，大略以顓頊夏、殷六曆久矣，隟亡記載咸缺。太初術本之殷曆，立法疎闊；三統術雖推法較密，然亦用太初四年增一日之術，是四分術無異於太初也。故斷自三統術始，至國朝之橢圜法止；唐瞿曇悉達九執曆，宋荆執禮會天曆，史志佚其法，乃於《開元占經》，寶祐四年會天曆中求其術而爲之説焉，惜未成書，惟《三統術注》、《四分術注》、《乾象術注》、《奉元術注》、《占天術注》、《日法朔餘强弱攷》六科而已。又有《召誥日名攷》、《方程新術草》、《勾股算術細草》、《弧矢算術細草》、《開方説》，皆藏於家。君天禀高明，潛心經史，以唐宋人詩文爲雕蟲小技，不足觀也，然工四書文。家居教學，從游者多登第，君則屢不得中。且蘭草未徵，臼炊頻夢，行自傷得咯血疾，戚戚少歡，悰猶復力疾著書，卒以此殁矣。元昔在浙，延君至西湖，校《禮記正義》，予所輯《疇人傳》，亦與君共商榷，君之力爲多。嘉慶二十三年，夏江君子屏來嶺表，謂予曰尚之殁矣，并述陽城張君之言云，元朱世傑《四元玉鑑》，雖用天元一術，然茭草形正負之法，猝讀難通，因寄尚之，俾爲推究。二十一年，演成數段，寄至豫章。尋根推密，極爲精審。越兩月而凶問至，良可哀也。《四元玉鑑》乃予藏本，録以贈張君者，惜乎李君細草未成，遂無能讀是書者矣。君之子可久以書來求作傳，書中于君之世系行事及生卒年月不具，但云終於六月而已。今與江君共論之，姑舉所知者而爲之傳。君中年無子，以兄之子可久爲子。及三娶某氏，始生一子，今尚在襁褓中也。悲夫！

清・張文虎《武陵山人遺書・顧尚之别傳》 國朝曆算之學，陵越百代，蓋自宣城梅氏始，而同時吴江王氏，亦能研究中西，深涉竅奥。其後學者，各以心得箸書自見。然大都主於發明西法，惟元和李氏解釋三統四分統天諸術，用數之原及正負開方方程天元如積之術，甘泉羅氏發□四元演爲細草，古法大昌。而咸豐以來，西人新術益入中國，錢唐戴君煦、海寧李君善蘭别以其術精求對數，超出西人本法之上，於是不特古法爲土苴，即西人舊術亦筌蹏矣。吾友顧尚之氏曰：積世積測，積人積智。曆算之學，极勝於前，微特中國，西人亦猶是也。舊法者，新法之所從出，而要不離舊法之範圍，且安知不紬繹焉而别有一新法在乎？故凡以爲已得新法而舊法可唾棄者，非也。中西之法，可互相證，而不可互相廢。故凡安其所習，而黨同伐異者，亦非也。烏乎，真通人之論哉！君名觀光，字賓王，尚之其别自號也。世居金山，以醫學行於鄉里，爲善人。君生未能言即識字，或呼壁間字，輒手指之，百不爽。每嗁哭，輒以此餌之。能立後，常持箸醮水畫之，若作字者。父教以讀書，日夜輒數十行。九歲畢五經四書，學爲制舉文。十三補學官弟子，旋食餼，三試鄉闈不售，而祖父相繼没，遂無志科第，承世業爲醫。鄉錢氏多藏書，恒往假，恣讀之，遂博通經、傳、史、子、百家，尤究極古今中西天文曆算之術，靡不因端竟委，能抉其所以然，而摘其不盡然。時復蹈瑕抵隙，而蒐補其未備。如據《周髀算經》笠以寫天、青黄丹黑之文，及後文凡爲此圖云云，而悟篇中周徑里數，皆爲繪圖而設。天本渾圓，以視法變爲平圓，則不得不以北極爲心，而内中外衡以次環之，皆爲借象，而非真以平遠測天也。《開元占經》魯曆積年於算不合，君用演紀術，推其上元庚子至開元二年歲積，知《占經》少三千六十年。又以《占經》顓頊曆歲積攷之《史記・本紀・始皇本紀》，知其術雖起立春，而以小雪距朔之日爲斷。蓋秦以十月爲歲首，閏在歲終，故小雪必在十月，昔人未之言也。李尚之用何承天調日法攷古曆日法朔餘强弱不合者十六家。君以爲未盡强弱之微，别立術，以日法朔餘展轉相減，以得强弱數。但使日法在百萬以上皆可求，惟朔餘過於强率者，不可算耳。授時術以平立定三差求太陽盈縮，梅氏詳説數衍未明。君讀《明志》，乃知即三色方程之法。謂凡兩數升降有差，彼此遞減，必得一齊同之數。引而伸之，即諸乘差，則八綫、對數、小輪、橢圓諸術，皆可共貫。讀《占經》所載瞿曇悉達九執曆，而知回回、泰西曆法皆淵源於此。其所謂高月者即月孛，月藏者即月引數，日藏者即日引數，特偁名不同，亦猶回曆之偁歲實爲宫分日數，朔策爲月分日數之類是也。其論婺源江氏冬至權度，推劉宋大明五年十一月乙酉冬至前以壬戌、丁未二日景求太陽實經度，而後求兩心差，乃專用壬戌。今求得丁未兩心差，適與江氏古大今小之説相反。蓋偏取一端以伸己見，其根誤在高衡行太疾也。西法用實朔距緯求食甚兩心實相距術，緐而得數未塙。君以前後兩設時求食甚實引徑得兩心實相距，不必更資實朔，較本法爲簡而密矣。西人割圓，止知内容各等邊之半爲正弦，而不知外切各等邊之爲正切。君依六宗、三要、二簡諸術，别立求外切各等邊正切綫法，以補其闕。杜德美求圓周術，用圓内六邊形起算，雖巧而降位尚

遲。君謂内容十等邊之一邊，即理分中末綫之大分，距周較近。且十邊形之周與邊同數，不過遞遜一位，而大分與全分相減即得小分，則連比例各率，可以較數取之。入算尤簡易，因演爲諸乘差表可用弧度入算，而不用弧背真數。然猶慮其難記，且仍不能無藉於表，因又合兩法而用之，則術愈簡，而弧綫、直綫相求之理始盡。錢唐項氏割圜捷術，止有弦矢求餘綫術，君以爲亦可通之切、割二綫，因補立其術。西人求對數，以正數屢次開方，對數屢次折半，立術緐重。李氏探源以尖堆發其覆，捷矣，而布算猶緐。且所得者，皆前後兩數之較，可以造表而不可徑求。戴氏簡法及西人算學啓蒙，並有新術，而未盡其理。君別爲變通以求二至九之八對數，因任意設數，立六術以御之，得數皆合。復立還原四術，又推而衍之爲和，較相求入術，自來言對數者未之間也。君又謂對數之用，莫便於施之八綫，而西人未言其立表之根，因冥思力索得之，仍用諸乘差法，迎刃而解，尤晚歲遠微之諸也。其它凡近時新譯西術，如代數、微分、積分、諸重學，皆有所糾正，類此。君於輿地訓詁、六書音韵、宋儒性理，以至二氏術數之學，皆能洞徹本末，尤喜校訂古書，綴緝其散佚。嘗以馬氏《繹史》尚多漏略，寫補眉上，字如蠶子無空隙。錢通判熙祚，輯《守山閣叢書》及《指海》以屬君，君以治病不能專力，舉文虎自代，仍常佐校讐，中多所商定。別校刊《素問》、《靈樞》，用功尤深。錢教諭熙輔輯《藝海珠塵》壬癸二集及刊《重學》，錢縣丞培名輯《小萬卷樓叢書》，婁韓中書應陛刊《幾何原本》後九卷，君皆與多訂。君視疾不以饋，有無爲意，性坦率，貌黑而肥衣肥樸陋，不知者以爲村野人。嘗有富人招君，君徒步數里，遇雨因跣足至。門僕豎詰姓名，告曰讐者也，入則主人相視錯愕耳，語以爲冒顧先生。來者診已定方，伸紙疾書脈及病狀，引據《内經》、仲景，洋洋千百，言曰：向所治皆誤，今當如是。主人乃改容爲禮，具肩輿以送，君大笑不受，仍跣足歸。本善飲酒，然三四行即偶醉，固强之數十觴，縱談忘告起矣。咸豐間粵寇日逼，人心惶然，强以算理自遣十年。遭母喪。明年賊入鄉，避亂東走奉賢南匯間。既而暫歸，藏書多毁壞零落，而次子澐爲賊虜驚憂，不復出。明年婦唐及季子源先後死，慘悼成疾。將終，以所箸書屬長子深曰：求爾師爲我傳，及李壬叔序之。遂無它言，卒年六十四。深書從文虎游，壬叔者李善蘭也。深澐皆諸生，當賊至時，深獨挈君書逃浦江東，得以免。君所箸曰《算賸》，初、續編凡二卷。曰《九數存古》，依九章爲九卷，而以堆垛、大衍、四元、旁要、重差、夕桀、割圜、弧矢諸術坿焉，皆采自古書而分門隸之。曰《九數外録》，則櫽括西術爲對數、割圜、八綫、平三角、弧三角各等面，體圜錐三曲綫、静重學、動重學、流質重學、天重學，凡記十篇。曰《六曆通攷》，則據《占經》所紀黄帝、顓頊、夏、殷、周、魯，積年而爲之攷證。曰《九執曆解》，曰《回回曆解》，皆就其法而疏通證明之。曰《推步簡法》，曰《新曆推步簡法》，曰《五星簡法》，則就疇人所用術改度爲百分，趨其簡易而省其迂曲。曰《古韵》，則本休寧戴氏陰陽同入之説，兼取顧江段孔諸家，分爲二十二部，雜以詩騷證其用韵之例上，皆種別爲卷。曰《七國地理攷》，以七國爲綱，隸諸小國於下，而采輯古書，實以今地名，凡十卷。曰《國策編年攷》，求策文年次先後以篇目四散隸之，始周貞定玉元年，訖秦始皇二十六年爲一卷。曰《周髀算經》、《列女傳》、《吴越春秋》、《華陽國志》諸校勘記皆記其異文脱誤，或采補逸文。曰《神農本草經》，曰《七緯拾遺》，曰《帝王世紀》，皆所輯古人已佚之書。其曰《古書逸文》者，即所以補馬氏《繹史》者也。餘凡所校輯，已刊入《守山閣叢書》及《指海》者不復。及以上皆君所手訂其身，後深所搜括，而文虎爲之別編者。曰《算賸餘稾》，曰《雜箸》，凡若干篇。君又據林億校注《傷寒》、《金匱》，謂今次非是別各編。宋本目次於《傷寒論》，審訂譌舛，略采舊説，閒下己意爲注，未成書，僅成辨脈、平脈、太陽上中凡四篇。嘗以學者讀《禹貢》，不得其條理，因爲之釋，遠近争傳，寫之爲讀本，然往往牽於俗見，以意改竄，失君本恉，別見文虎序中。蓋君於學實事求是，無門户異同之見，不特算術爲然，而算術爲最精。夫後有作者，君所未知，不敢言若其既見，則可謂集大成也已。

論曰：觀顧君之幼慧，殆所謂生有自來者邪？或者乃謂以君之學籍，不出諸生，壽不及古稀，宜若天靳之者？烏乎！孔子曰：求仁而得仁，又何怨君所志者？博大宏達，綜貫天人，亦既得之矣。雖貴爲王侯，壽如彭鏗，何以易此？彼委巷拘墟得失長短之見，小人哉，小人哉！

《武陵山人遺書》爲上海邑令獨山莫公祥芝所刊，去任時將版贈山人之子。瘦泉先生會我先君子亦校刊。山人書兩種，曰《七國地理攷》，曰《國策編年》，版藏於家，瘦泉先生以所居卑濕，屬製架并藏焉。無何，瘦泉先生殁，其後人索之以歸，乃不數年而零落不完。又更大水，存者亦多爛壞。同里俞君、恕堂戚君穉堂勸煌籌欵，爲顧氏後人稍置生業作爲購藏，時光緒二十六年也。檢閲版片，散佚者十餘張，爛壞者二十餘張，一一修補，今幸無缺失。余因以歎不朽盛業，易就泯滅。既鏤版以行世矣，而其存其亡，猶不可必。蓋幾幾亡之，而僅乃存之爰

爲，志其顛末以見保存擁護。責有攸歸而鄉邦文獻之徵，亦我黨所當留意也。夫乙卯四月，後學高煌識。

清・阮元《兩浙輶軒録》卷二二　萬光泰，字循初，號柘坡，秀水人，乾隆丙辰舉人。

全謝山墓志畧云：循初穿穴六藝，排比百家，如肉貫弗。而尤卓然獨絶者，則周髀之學也。上自注疏，旁及諸史，以至明之三歷，呵龐喝利，布算了了。循初之述作，種種皆有可稱。然即是書以傳，亦已足矣。

清・阮元《兩浙輶軒録補遺》卷一　胡亶，字保叔，一字勵齋，仁和人，順治己丑進士，官通政使。

《杭州府志》：亶以編修，出爲常鎮道。海寇犯境，亶親佩弓鞬，力保危城。入爲鴻臚卿，進通政，以乞養歸，不復起。持身嚴正，居鄉不以寸牘于官府。邑有利弊，則竭力争之。事父母以孝聞。

王晫《今世説》：勵齋性謙下，終身無疾言遽色。父患脾疾，日夜視湯藥，衣不解帶，中裙厠牏，皆自滌之。及卒，三日勺水不入口，一慟，吐血數升，以毀成疾，遂卒。

清・阮元《兩浙輶軒録補遺》卷一　黄百家，字主一，號黄竹農家，餘姚人，宗羲季子。監生。著《失餘稿》、《希希集》。

全祖望曰：明史館初開，廷議必欲起黄梨洲先生。既而知先生老病，不能行。崑山徐原一尚書招先生季子入史館，成史志數種，歸乞先生點定。今《横雲山人明史稿》所載天文志歷志，即主一稾本也。

清・阮元《兩浙輶軒録補遺》卷二四　王元啓，字宋賢，號惺齋，嘉興人。乾隆辛未進士，官將樂知縣。著《祇平居士集》。

翁方綱墓誌銘畧曰：先生幼即有志聖賢之學，不爲時俗文字，舉乾隆甲子鄉試，辛未成進士，署將樂縣，三月而罷。前後三十年間，十主書院，所成就之士，著顯者數千百人。爲學以宋五子爲宗，説經尤精于易，爲文一本。韓子撰《讀韓記疑》十卷，《周易》、《四書講義》、《史記》、《漢書》、韓非子、孫可之、歐曾王文集及錢文子《補漢兵志》諸書校正評註，凡若干卷。《惺齋論文》、《勾股九章論》、《祇平居士文集》、《恭壽堂家訓》若干卷。既病革，猶補註《周易・下經》，及校勘韓集易至既濟止韓集。則易簀前一日，猶命子尚繩改定《順宗實録》記疑條中二字，蓋其貫天人古今之精力，畢世以之。

清・阮元《兩浙輶軒録補遺》卷三〇　邵昂霄，字子政，號最甫，餘姚拔貢生，乾隆丙辰舉博學鴻詞，著《萬青樓稿》。

《詞科掌録》：餘姚邵昂霄子政，拔貢生，浙江總督上蔡程公所薦。長於天文曆算，著論甚多。省試洪範五行聯珠獲儁者八人，獨子政作爲奥衍。

《姚江詩存》：西人測算之法，本于《周髀》。自中土失其傳，西人改易召目，以衍其術，世遂奉爲絶學矣。子政通中西之術，推策布算，細析毫芒。手制儀象，西人見者咸服其精巧。乾隆丙辰舉鴻博，報罷。

朱文藻曰：邵昂霄所著《萬青樓圖編》，謹案，欽定四庫全書已著録。其所著詩文，名《萬青樓稿》，身後散佚，僅存殘編一卷，祇文數篇，詩數首，爲其從子是柟手録。國子監助教張羲年取家藏本，經進録入存目。

清・阮元《兩浙輶軒録補遺》卷三四　盛百二，字秦川，秀水人，乾隆丙子舉人，官淄川知縣，著《尚書釋天》、《柚堂筆談》，皆《山樓吟稿》。

清・阮元《淮海英靈集》戊集卷一　陳厚耀，元撰《疇人傳》内陳太史傳云：陳厚耀，字泗源，泰州人，康熙丙戌進士，安溪李光地薦厚耀通律法，引見，上命試以算法，繪三角形，令求中綫及問弧背尺寸。厚耀具劄進，稱旨，旋請省親歸里，戊子特命來京。己丑五月，駕幸熱河，厚耀扈行至密雲，命寫筆算式進呈。少頃，出御書筆算，問知此法否。厚耀對曰：皇上此法精妙，極爲簡便，臣法臆撰不可用。上諭云：朕將教汝。汝其細心貫想，以待朕問。次日，又問曰：汝能測北極出地高下否？對曰：若將儀器測景長短，用檢八綫表可得高度，此在春秋二分所測。則然若餘節氣，又有加減之異，然亦不準。何也？臣聞地上有朦氣之差，以人目視之，有升卑爲高，映小爲大之異，故以渾儀測之多不合。但在天度數則不差也。又問：地周三百六十度，依周尺每度二百五十里，今尺二百里，地周幾何？地徑幾何？奏云：依周尺地周九萬里，今尺七萬二千里。以圍三徑一推之，地徑二萬四千；以密率推之，當得地徑二萬二千九百一十八里有奇。上復問：地圜出何書？對以《周髀算經》曾言之。問：何以見其圓也？對曰：《職方外紀》西人言，繞地過一周四帀皆生齒所居，故知其爲圓。且東西測景有時差，南北測星有地差，皆與圓形相合，故益知其爲圓。時厚耀以母年高不忍離，乃就教職得蘇州。未踰年，召入南書房，上問：測景是何法？厚耀求指示。上曰：此法甚精，不必用八綫表，即以西洋定位法、開方法、虚擬法寫示。又命至座旁，隨意作兩點于紙上，厚耀隨點之，上用規尺畫圖，即得兩點相去幾

何之法。上從容諭之曰：《堯典》敬授人時，乃帝王大事，奈何勿講。自是，厚耀之學益進。嘗召入至淵鑒齋，問難反覆，竝及天象、樂律、山川形勢，得徧觀御前陳列儀器。召至西煖閣，詢問家世甚詳。從至熱河，命賦泉源石壁詩，授中書科中書。傳旨曰：上道汝學問好，授汝京官，使汝老母喜也。上諭厚耀曰：汝嘗言梅瑴成學甚深，今命來京與汝同脩算法。瑴成至，上問曰：汝知陳厚耀否？他算法近日精進，向曾受教于汝祖。今汝祖若在，尚將就正于彼矣。乃命厚耀、瑴成竝修書于蒙養齋，賜《算法原本》、《算法纂要》、《同文算指》、《嘉量算指》、《幾何原本》、《周易折中》、字典、西洋儀器、金扇、松花、石硯及瓜菓等克什甚多。癸巳修書成，特授翰林院編修。甲午，丁内艱，命賜帑銀，著江南織造經紀其喪。喪畢，晉國子監司業，擢左諭德，兼翰林院修撰。戊戌會試充同考官。己亥告疾，以原官致仕。所著書有《孔子家語注》、《左傳分類》、《禮記分類》、《戰國異辭》、《十七史正譌》及天文術算諸書。又《春秋長術》十卷，乃《左傳分類》中一門，爲補杜預《長術》而作。其凡有四，一曰律證，備引漢晉隋唐宋元諸史志及朱戴堉律書諸説，以證推步之異，又引《春秋屬辭》杜預論日月差謬一條爲注疏所無；《大衍律議》春秋律考一條，亦《唐志》所未録，尤足以資考證。二曰古術，古以十九年爲一章，一章之首，推合周律正月朔旦冬至前列算法，後以春秋十二公紀年横列爲四章，縱列十二公，積而成表，以求律元。三曰律編，舉《春秋》二百四十二年，一一推其朔閏及日之大小，而以經傳干支爲證佐，皆述杜預之説而考辨之。四曰律存，以古術推隱公元年正月庚戌朔，杜預《長術》則爲辛巳朔，乃古術所推之上年十二月朔，謂元年之前失一閏，以經傳干支排次知之。厚耀則謂如預之説，元年至七年中書日者雖多不失，而與二年八月之庚辰，三年十二月之庚戌，四年二月之戊申，又不能合。且隱公三年二月己巳朔日食，桓公三年七月壬辰朔日食，亦皆失之。蓋隱公元年以前非失一閏，乃多一閏，因退一月就之，定隱公元年正月爲庚辰朔，較《長術》實退兩月，推至僖公五年止，以下朔閏一一與杜術相符，故不復續載焉。蓋厚耀精於律法，視預爲密。於考證之學尤爲有裨，治《春秋》者不可少此編矣。壬寅春卒，年七十五，子傳華郡庠生。

清・阮元《淮海英靈集》戊集卷三　李惇，字成裕，號孝臣，高郵人，乾隆己亥舉人，庚子進士，年五十一卒。天性孝醇，粹于學，無所不窺。與賈君稻孫、王君懷祖、汪君容甫、劉君端臨討論古制，精深淵奥，爲學者所宗。所著書惟《羣經識小》一種成稾。其子紫培録成清稾，將刻之。詩不多作，紫培輯爲《安愚堂詩鈔》一卷。

清・王昶《蒲褐山房詩話》卷一六　錢大昕

字曉徵，號竹汀，嘉定人，乾隆十六年召試，賜内閣中書。十九年成進士，官至少詹事，有《潛研堂集》。

君聰穎非常，髫丱時即有神童之譽。以召試入内閣，再入詞垣。覃研經史，根柢精深，詩賦之外，究心《數理精蘊》、《曆象考成》，能通中西之學。秦文恭公修《五禮通考》，屬以相助。自廣東學政銜恤歸家，有終焉之志。歷主書院，輒以《小學》、《爾雅》授生徒。所撰《二十一史考異》，又撰《金石跋尾》四集，蓋鄭夾漈、王深寧之流亞也。詩清而能醇，質而有法，古體文亦以震川爲歸。年七十五，追溯爲諸生，已六十年。有司循例，請重游泮宫，因有句云：三不朽間當立脚，四先生往孰差肩。其寔唐婁，諸公斷不逮其百一也。

清・王昶《蒲褐山房詩話》卷一八　沈大成

字學子，號沃田，金山人，貢生，有《學福齋集》。

學子壯年在潘敏惠公思榘幕府，敏惠喜讀書，學子亦躭心經籍。晚年偕惠徵君寓官梅亭，益以學業相砥礪，《三禮註疏》、《杜氏通典》皆手自校勘，丹黄爛然。後館於江鶴亭春家，編次詩文集共六十八卷。無子，没後，鶴亭刻以行世。其詩初學黄中允之雋，後出入唐宋，不名一體。堇浦太史謂以學人而兼詩人者，信也。五言如「春燈孤照雨，高枕静聞鐘」；「亂泉樵徑没，清磬寺門深」；「遠水檣帆小，孤村桑柘深」；「香泥雙屐滑，春草一庭寬」；「夕陽紅在樹，新漲緑平堤」。七言如「微風竹外流清籟，急雨樽前送嫩涼」；「秋風一一催征雁，暮雨星星點客衣」；「萬事逡巡成白首，一年容易又黄花」；「小驛銀燈生遠夢，空江烟絮送殘春」；「茶筍故園三月暮，關河遠夢一春深」，皆耐尋諷。

又　華玉淳

字師道，無錫人，監生。

無錫華氏，自子田學士以詞翰起家，至數傳。而師道與其從子瀫峰，受業於顧復初司業。講求經義，吟咏乃其餘事。故師道有句云：「今日淩雲誰健筆？續將初白老人詩」，其宗仰如此。然《畫莊類稿》題其《澹園詩稿》云：澹園霞峰老孫子，屏除俗學治經史。貽我一編太古音，隻字不寄時人耳。年來歸擢自巢湖，玁玁秋風尋戰壘。噴薄奇氣本洪鈞，故知此事須根柢。信如所云，則又非初白老人支派也。

清・王昶《蒲褐山房詩話》卷四〇　阮元

字伯元，號芸臺，儀徵人，乾隆五十四年進士，今官浙江廵撫。

昔人謂荀羡爲中興方伯，未有若此年少者。又謂崔湜爲中書令，其位可及，其年不可及。今芸臺中丞以己酉登第，不及十年，督學三齊兩浙，遂躋開府，蓋早受主知，近來所罕。詩賦而外，精窮經誼，校讐考訂，一本《爾雅》、《説文》。愛才好士，凡挾一藝之長者，皆胼繭歸之，相與搜採篇章，鉤稽典故，輯《淮海英靈集》、《兩浙輶軒録》及《經籍纂詁》諸書。又嗜筭術，撰《疇人傳》，集推步之繩法，以盡句股割圓之妙，尤近日名儒所未有。年華甚盛，嚮用方殷，擴之以開物成務之功，進之以正心誠意之學，洵卓然一代偉人也。

許宗彦

字積卿，號周生，德清人。嘉慶四年進士，官兵部主事。

周生年方就傅，頴悟非常，讀書目數行下。稍長，遂博通墳典，自經史、詩詞而外，如小學、算術、醫方、梵筴，靡不涉獵，尤深於古文。本於宋之南豐，明之遵巖，理實而氣空，學充而辭達。同時，與戴金溪敦元均以神童稱。而金溪樸學，專工注疏，至於兼擅詞章，其所不逮也。嘗從其尊人方伯君，徧歷滇、黔東、粵山水之勝。故瀏覽之作亦多超越。

清・王昶《湖海詩傳》卷二〇　盛百二

字秦川，號柚堂，秀水人，乾隆二十一年舉人，官淄川知縣，有《皆山閣詩集》。

《蒲褐山房詩話》：秦川世家科第，覃思詞章，兼耽經誼。所著《尚書釋天》雖未精通推步，而星躔日軌多所發明。晚主山東藁城書院，所學益深。詩宗小長蘆，亦抒寫自如，異乎世之塗澤者。

清・王昶《湖海文傳》卷六三　毛乾乾傳　江藩

毛乾乾，字心易，江西南康人，於學無所不窺，尤精推數，通中西之學。崇正時爲邑諸生。鼎革後，縣令捕人科舉。乾乾不得已，入試。文體奇古，學使不能句讀。題其卷末云：生乎今之世，反古之道。乾乾見而笑曰：羽陵書生，但知錢在紙裏中耳。歸隱匡廬山，不復見世人。著古衣冠，築室于匡廬山，講學其中。村農負販，聽者圜立。山中老稚婦女，皆稱爲毛先生也。中州謝廷逸往訪之，以所著《挂步全儀》爲贄。乾乾見而驚曰：辨析幾微，窮極杪忽，古人無此儀器也。與之論方圓分體、方圓合義、方圓衍數，不謀自合。歎曰：野人肥遯山中，日講經術，以世人罕知曆數，不談久矣。今見子，豈可謂世無人耶？以女妻之，後與廷逸偕隱陽羡。宣城梅文鼎造門求見，與文鼎論周徑之理，方圓相容相變諸率，先後天八卦位次不合者。文鼎以師事之。乾乾亦嘗謂人曰：文鼎、廷逸，老人之畏友也。乾乾審五音之輕重，六律之短長，著《律學》若干卷，又《雜著》二卷。子磐，於算數甚有精思，世傳其學。

論曰：曆學之不明，由算學之不密。雖精如祖沖之、耶律楚材、郭守敬、趙友欽，而猶不密者，算法之不備也。自歐羅巴利瑪竇、羅雅谷、陽瑪諾諸人入中國，而算法始備，曆學始明。考中西之異同，論古今之疎密，徐光啓其人也。盡方圓之變，極弧矢之微，先生其人也。我朝明曆算之學者，莫若宣城梅氏，中州謝氏。謝氏之子名身灌，與予交，以是得讀先生之遺書，得聞先生之顛末，始知梅謝兩家之學，有由來矣。世傳先生通占驗，善望氣，好事者取奇聞怪語附著之，然而先生非唐都之學也。

清・阮元《儒林傳稿》卷二　梅文鼎傳　王錫闡　談泰

梅文鼎，字定九，又字勿庵，宣城人。年二十七，與弟文鼐、文鼏(其)〔共〕習臺官交食法，著《天學駢枝》六卷。值天學書之難讀者，必求其説以考經史，至廢寢食。疇人弟子皆折節造訪，人有問者，亦詳告之，無隱，期與斯世共明之。所著天算之書八十餘種。讀《元史》授時法經，歎其法之善，作《元史天經補註》二卷。又以授時集古法大成，然刱法五端外大率多因古術，因參校古術七十餘家，著《古今天法通考》七十餘卷。授時以六術考古今冬至，取魯獻公冬至證統天術之疏，然依其本法步算，與授時所得正同，作《春秋以來冬至考》一卷。《元史》西征庚午元術，西征者，謂太祖庚辰也；庚午元者，上元起算之端也。《(天)〔曆〕志》訛太祖庚辰爲太宗，不知太宗無庚辰也；又訛上元爲庚子，則於積年不合也，考而正之，作《庚午元法考》一卷。授時非諸古術所能比，郭守敬所著《法〔曆〕草》乃法經立法之根，括其義之精微者，爲《郭太史(法)〔曆〕草補註》二卷。《立成》傳寫魯魚，不得其説，不敢妄用，作《大統立成註》二卷。授時法於日躔盈縮、月離遲疾並以垛積招差立算，而《九章》諸書無此術，從未有能言其故者，作《平定三差詳説》一卷，此發明古法者也。唐九執法爲西法之權輿，其後有婆維門十一曜經及都聿利斯經，皆九執之屬。在元則有扎馬魯丁西域萬年法，在明則馬沙亦黑馬哈麻之回回法，西域天文書，天順時貝琳所刻《天文實用》，即本此書。作《回回法補註》三卷，《西域天文書補註》二卷，《三十雜星考》一卷。表景

生於日軌之高下，日軌又因於里差而變移，作《四省表景立成》一卷。《周髀》所言里差之法，即西人之説所自出，作《周髀算經補註》一卷。渾蓋之器最便行測，作《渾蓋通憲圖説訂補》一卷。西國日月以太陽行黄道三十度爲一日，作《西國日月考》一卷。西術中有細草，猶授時之有通軌也，以天指大意櫽括而注之，作《七政細草補注》三卷。新法有《交食蒙求》、《七政蒙引》二書，並逸作《交食蒙求訂補》二卷，《交食蒙求附説》二卷。監正楊光先《不得已》日食圖，以金環與食甚時分爲二圖，而各具時刻，其誤非小，作《交食作圖法訂誤》一卷。新法以黄道求赤道，交食細草用儀象志表，不如弧三角之親切，作《求赤道宿度法》一卷，謂中西兩家之法，求交食起復方位，皆以東西南北爲言。然東西南北惟日月行至午規而又近天頂，則四方各正其位矣。自非然者，則黄道有斜正之殊，而自虧至復，經歷時刻，展轉遷移，弧度之勢，頃刻易向，且北極有高下，而隨處所見必皆不同，勢難施諸測驗。今别立新法，不用東西南北之號，惟人所見日月圓體分爲八向，以正對天頂處命之曰上，對地平處命之曰下，上下聯爲直線，作十字横線命之曰左，曰右，此四正向也。曰上左、上右，曰下左、下右，則四隅向也。乃以定其受蝕之所在，則舉目可見，作《交食管見》一卷。太陽之有日差，猶月離交食之有加減時，因表説含糊有誤，作《日差原理》一卷。火星最爲難算，至地谷而始密，解其立法之根，作《火緯本原圖説》一卷。訂火緯表記，因及七政，作《七政前均簡法》一卷。金水歲輪繞日，其度右移，上三星軌迹，其度左轉，若歲輪則仍右移，作《上三星軌迹成繞日圓象》一卷。《天問畧》取黄緯不真，而例表從之，誤，作《黄赤距緯圖辨》一卷。西人謂日月高度等，其表景有長短，以證日遠月近，其説非是，作《太陰表影辨》一卷。新法帝星句陳經緯，刊本互異，作《帝星句陳經緯考異》一卷。測帝星句陳二星，爲定夜時之簡法，作《星晷真度》一卷。以上皆以發明新法算書，或正其誤，或補其闕也。康熙間，明史開局，《(天)〔曆〕志》爲檢討吴任臣分修，總裁者湯斌。繼以徐乾學，經嘉興徐善、宛平劉獻廷、常州楊文言，各有增定，是後以屬黄宗羲，又以屬文鼎，文鼎摘其訛舛五十餘處，以《天草通軌》補之，作《明史志擬稿》三卷。雖爲大統而作，實以闡明授時之奥，補《元史》之缺畧。其總目凡三：曰法原，曰立成，曰推步。又作《天志贅言》一卷，大意言明用大統，實即授時，宜於元史闕載之事詳之，以補其未備。又回回法承用三百年，法宜備書。明鄭世子天學，袁黄之《天法新書》，唐順之、周述學之《會通回法》，以庚午元法之例列之，皆得附録。其西洋法方今現行，然崇禎朝徐、李測驗改憲之功，不可没也，亦宜備載緣起。康熙二十八年，文鼎至京師見李光地，光地謂曰：天法至本朝，大備矣，經生家猶若望洋者，無快論以發其意也。宜畧倣元趙友欽《革象新書》體例，作爲簡要之書，俾人人得其門户，則從事者多，此學庶將大顯。因作《天學疑問》三卷。四十一年，光地扈駕南巡，駐蹕德州，有旨取文鼎書。光地遂以《天學疑問》呈求聖誨。奉旨：朕留心曆算多年，此事朕能決其是非，將書留覽再發。二日後召見光地，上云：昨所呈書甚細心，且議論亦公平，此人用力深矣。朕帶回宫中，仔細看閲。光地因求皇上親加御筆批駁改定，上肯之。明年春駕復南巡，於行在發回原書，中間圈點塗抹及籤貼批語，皆上親筆也。光地復請此書疵謬所在，上云：無疵謬，但算法未備。未幾，聖祖西巡，問隱淪之士，光地以關中李容、河南張沐及文鼎三人對，上亦素知容及文鼎。四十四年南巡狩，光地以撫臣扈從，上問：宣城處士梅文鼎者今焉在？光地以尚在臣署對，上曰：朕歸時，汝與偕來，朕將面見。四月十九日，光地與文鼎伏迎河干，越晨，俱召對御舟中。從容垂問，至於移時，凡三日。上謂光地曰：天象算法，朕最留心，此學今鮮知者，如文鼎真僅見也。其人亦雅士，惜乎老矣。賜御書扇幅，頒賚珍饌。臨辭，特賜「績學參微」四大字。越明年，又命其孫瑴成内廷學習。五十三年十二月二十三日，瑴成欽奉上諭：汝祖留心律曆多年，可將《律吕正義》寄一部去令看，或有錯處，指出甚好。夫古帝王有「都俞吁咈」四字，後來遂止有「都俞」，即朋友之間亦不喜人規勸，此皆是私意。汝等要須極力克去，則學問自然長進。可併將此意寫與汝祖知道。恩遇爲古所未有。文鼎所著書，柏鄉魏荔彤兼濟堂纂刻者，凡二十九種，瑴成謂編校不善，别爲編次，更名《梅氏叢書輯要》，總二十五種，六十二卷，未刻者今矢傳。文鼎爲學甚勤，李光地命子鍾倫、弟鼎徵及羣從皆執弟子之禮。宿遷徐用錫、晉江陳萬策、景州魏廷珍、河間王之鋭、交河王蘭生皆以得與參校爲榮。康熙六十年卒，年八十有九。上聞，特命經紀其喪，士論榮之。子以燕孫瑴成。以瑴成貴，贈左都御史，瑴成供奉内廷官至左都御史。蒙聖祖仁皇帝授以借根方法，知與古人立天元一術相同。闡揚聖學，有明三百年所不能知者，一旦復顯於世，故藉其祖算學之後，與修明史《天志》不墜。其家聲著《增删算法統宗》十一卷，《赤水遺珍》一卷，《操縵卮言》一卷。文鼏，文鼎仲弟，與兄其著《步五星式》六卷。早卒。文鼐，文鼎季弟，著《中西經星同異考》一卷。王錫闡，字寅旭，吴江人。博覽羣書，守義樹節。與張履祥講濂洛之學，兼通中西天學。錫闡生於明末，當徐

光啓等修新法時，聚訟盈廷。錫闡獨閉户著書，潛心測算。遇天色晴霽，輒登屋，卧鴟吻間，仰觀景象，竟夕不寐。務求精符天象，不屑屑於門户之分。著《曉庵新法》六卷。考古法之誤而存其是，擇西説之長而去其短，據依圭表，改立法數。雖私家撰述，未見施行，而爲術深妙，凡在識者莫不概然稱善。年五十五卒。梅文鼎曰：從來言交食，祇有食甚分數，未及其邊，惟寅旭以日月圓體分三百六十度，而論其食甚時所虧之邊凡幾何度。今推其法，頗精確。然則御製考成所采，文鼎以上下左右算交食方向，法實本於錫闡矣。康熙以來，梅學甚行，王學尚微，蓋錫闡無子，傳其業者無人，又其遺書知之者少。持平而論錫闡精而核，文鼎博而大，各造其極，難可軒輊，皆在薛鳳祚之上。談泰，字階平，江寧舉人。官南匯縣訓導。泰博覽勤學，精於天算，得梅氏算學之傳，所著《考證經史》之書，曰《觀書雜識》二十卷。其算術之書，有《測量周徑正誤》、《周髀經算》、《四極南北游法》、《增補武成朔閏譜》、《召誥月日譜》、《歲次月建異同辨》、《春秋歲次考》、《三統術推》。一歲食限數交食一月終數，推漢高九年六月晦，考文十一月晦，考文元年至七年大小餘，孝文二年五年天正冬至，靈帝光和元年大小餘、四分術譜，劉宋武帝五年天正冬至。又著《三統術譜》、《冬至權度紀畧》、《天官書節次斗分辨》、《分野辨》、《操縵卮言正誤》、《圓壺周徑積實祖沖之𦤎法辨》、《𦤎内方非十尺辨》、《喪服傳溢説》、《王服經帶數》等書，又著《古算書細草》十餘事。

清・阮元《儒林傳稿》卷三　薛鳳祚傳

薛鳳祚，字儀甫，淄川人。《四庫提要》誤爲益都人，今改正。嘗師事定興鹿善繼、容城孫奇逢，著《聖學心傳》，發明認理尋樂之旨，又講求天文地理實用。初從魏文魁學天文，主持舊法。順治中，譯穆尼閣説，爲《天步真原》。謹守成法，著《天學會通》十餘種。梅文鼎《(天)〔曆〕算書記》所謂青州之學也。其曰對數比例者，即西法之假數也。曰中法四線者，以西法六十分爲度不便於算，改從古法，以百分爲度表，所列止正弦、餘弦、正切、餘切，故曰四線。其推步諸書，曰《太陽太陰諸行法原》，曰《木火土三星經行法原》，曰《交食法原》，曰《(歷)〔曆〕年甲子》，曰《求歲實》，曰《五星高行》，曰《交食表》，曰《經星中星》，曰《西域回回術》，曰《西域表》，曰《今西法選要》，曰《今法表》，皆會中西以立法。以順治十二年乙未天正冬至爲元，諸應皆從此起算。以三百六十五日二十三刻三分五十七秒五微爲歲實，黄赤道交度有加減，恒星歲行五十二秒，與《天步真元》法同。梅文鼎謂其書詳於法，而無快論以發其趣。蓋其時新法初行，中西文字輾轉相通，故辭旨未能盡(陽)〔暢〕。鳳祚又著《(爲)〔兩〕河清彙》，詳究黄河運河，北自昌平、通州，南至浙江等處，河、湖、泉、水諸目，皆詳載之。又記黄河職官、夫役、道里之數，及歷代至本朝治河成績。援據今古，疏證頗明。刖爲《海運》一篇，欲仿元運故道，與漕河並行，蓋祖邱濬舊説也。

陳厚耀傳

陳厚耀，字泗源，泰州人，康熙四十五年進士，官蘇州府教授，學問淵博。李光地薦其通天文算法引見，改内閣中書。上命試以算法，繪三角形，今求中線及問弧背尺寸。厚耀具劄進，稱旨，入直内廷，授翰林院編修，《四庫提要》作檢討，今依《詞林典故》作編修。與梅瑴成同修書。嘗召至御座旁，教以幾何算法，厚耀學益進。晉國子監司業春坊左諭德，以老疾乞致仕，卒於家。厚耀治《春秋》，尤究心天算，嘗補杜預《長曆》，爲《春秋長曆》十卷。其凡有四，一曰曆證，備引《漢書》、《續漢書》、《晉書》、《隋書》、《唐書》、《宋史》、《元史》、《左傳注疏》、《春秋屬辭》、《天元曆理》、朱載堉《曆法新書》諸説，以證推步之異。其引《春秋屬辭》載杜預論日月差謬一條，爲注疏所無；又引《大衍曆義》春秋曆考一條，亦《唐志》所未録，尤足以資考證。二曰古曆，以古法十九年爲一章，一章之首，推合周曆正月、朔日、冬至，前列算法，後以《春秋》十二公紀年，横列爲四章，縱列十二公，積而成表，以求曆元。三曰曆編，舉《春秋》二百四十二年，一一推其朔閏及月之大小，而以經傳干支爲證佐。皆述杜預之説而考辨之。四曰曆存，以古曆推隱公元年正月庚戌朔，杜氏《長曆》則爲辛巳朔，乃古曆所推之上年十二月朔，謂元年之前失一閏，蓋以經傳干支推次知之。厚耀則謂如預之説，元年至七年中書日者雖多不失，而與二年八月之庚辰，三年十二月之庚戌，四年二月之戊申，又不能合。且隱公三年二月己巳朔日食，桓公三年七月壬辰朔日食，亦皆失之。蓋隱公元年以前非失一閏，乃多一閏，因退一月就之，定隱公元年正月爲庚辰朔，較《長曆》實退兩月，推至僖公五年止，以下朔閏因一一與杜曆相符，故不復續載焉。杜預書惟以干支遞排，而以閏月小建爲之遷就。厚耀明於曆法，故所推較預爲密，蓋非惟補其闕佚，並能正其譌舛。於考證之學極爲有裨，治《春秋》者固不可少此編矣。又撰《春秋戰國異辭》五十四卷，《通表》二卷，《摭遺》一卷，《春秋世族譜》一卷。鄒平馬驌爲繹史，兼采三傳、《國語》、《國策》，厚耀則皆摭於五書之外，尤獨爲其難。《氏族》一書，與顧棟高《大事表》互證，則《春秋》氏族之

學，幾乎備矣。厚耀尚著有《禮記分類》、《十七史正譌》諸書，今不傳。【略】

錢澄之傳　方中通

錢澄之，字飲光，原名秉鐙，桐城人。與嘉善魏學渠交最深。又嘗問《易》於黄道周。其撰《田間易學》十二卷，初從京房、邵康節入，故言數頗詳，蓋黄道周之餘緒也。後乃兼求義理大旨，以朱子爲宗。又撰《田間詩集》十二卷，謂《詩》與《尚書》、《春秋》相表裏，必考之三禮以詳其制作，徵諸三傳以審其本末，稽之五雅以核其名物，博之《竹書紀年》、《皇王大紀》，以辨其時代之異同，與情事之疑信。即今輿記，以考古之圖經，而參以平生所親歷。其書以小序首句爲主，所採諸儒論説，自注疏集傳以外，凡二十家，持論精核，於名物訓(詁)〔詁〕、山川地理，言之尤詳。澄之同縣方中通，字位伯，明檢討，以智之次子。著《數度衍》二十四卷，附録一卷。其書有數原律衍、幾何約、珠算、筆算、籌算、尺算諸法，復條列古《九章》名目，引《御製數理精藴》推闡其義；其幾何約及珠算等，大抵哀輯諸家之長而增損潤色，勒爲一編。又撰《物理小識》十二卷。以智博極羣書，撰《通雅》五十二卷，皆考證名物、象數、訓詁、音聲，窮源遡委，詞必有徵。明之中葉以博洽著者稱楊慎，而陳耀文起與之爭，然慎有僞説以售欺，耀文好蔓引以求勝。次則焦竑，亦善考證而習與李贄游，動輒牽綴佛書，傷於蕪雜。惟以智崛起崇禎中，考據精核，迥出其上。風氣既開，國朝顧炎武、閻若璩、朱彝尊等沿波而起，始一掃懸揣之空談。中通承其家學，故爲博識，又撰《浮山文集》。中通弟中履亦撰《古今釋疑》十八卷，雖不及《通雅》精核，然學有淵源，故不弃陋。

又　江永傳

江永，字慎修，婺源人。爲諸生數十年，博通古今，專心於《十三經注疏》，而於三禮功尤深。永以朱子晚年治禮，爲儀禮經傳通解，書未就，黄氏、楊氏相繼纂續，猶未完。乃廣摭博討，大綱細目，一從吉、凶、軍、嘉、賓五禮舊次，題曰《禮經綱目》，八十八卷。引據諸書，釐正發明，實足終朱子未竟之緒。乾隆二十七年卒，年八十有三。又所著有《周禮疑義舉要》六卷、《禮記訓義擇言》六卷、《深衣考誤》一卷、《律吕闡微》十卷、《律吕新論》二卷、《春秋地理考實》四卷、《鄉黨圖考》十一卷、《讀書隨筆》十二卷、《古韻標準》六卷、《四聲切韻表》四卷、《音學辨微》一卷、《推步法解》五卷、《七政衍》、《金水二卷發微》、《冬至權度》、《恒氣注天辨》、《歲實消長辨》、《天學補論》、《中西合法擬草》各一卷、《近思録集注》十四卷、《考訂朱子世家》一卷。永讀書好深思，長於比勘，於推步、鍾律、聲韻尤明。

歲實消長，前人多論之者，梅文鼎畧主授時，而亦疑之。永爲之説曰：日平行於黄道，是爲恒氣、恒歲實。因有本輪、均輪高衝之差，而生盈縮，謂之視行。視行者，日之實體所至而平行者，本輪之心也。以視行加減平行，故定氣時刻多寡不同；高衝爲縮末、盈初之端，歲有推移，故定氣時刻之多寡，且歲歲不同，而恒氣恒歲實終古無增損。當以恒者爲率，隨其時之高衝以算定氣，而歲實消長可勿論也。其論黄鐘之宫，據《管子》、《吕氏春秋》以正《淮南子》、《漢書志》曰：黄鐘之宫。黄鐘，半律也，即後世所謂黄鐘清聲是也。唐時風雅十二詩譜，以清黄起調，畢曲，琴家正宫調黄鍾，不在大絃而在第三絃，正黄鍾之宫爲律本遺意。《國語》：伶州鳩因論七律而及武王之四樂，夷則、無射曰上宫，黄鐘、太簇曰下宫。蓋律長者用其清聲，律短者用其濁聲。古樂用均之法雖亡，而因端可推。《韓非子·外儲篇》曰：夫瑟以小絃爲大聲，大絃爲小聲。雖詭其辭以諷，然因是知古者調瑟之法，黄鍾、大吕、太簇、夾鍾、姑洗、仲吕、蕤賓用半而居小絃，林鍾、夷則、南吕、無射、應鍾用全而居大絃也。《管子》書，五聲徵、羽、宫、商、角之序亦如此。永此言，實漢以來所未闢究者。其論古韻曰：考古音者昉於吴才老，崑山顧氏援證益精博。然吴氏考古之功，多審音之功淺。顧氏分古音爲十部，猶未密也。真、諄以下十四韻當析爲二部，而先韻半屬真、諄，半屬元、寒，考之三百篇，用韻盡然。侯之正者近幽，當别爲一部，虞、模部之隅、渝、驅、婁等字，蕭、豪部之蕭、寥、皀、好等字，皆侯、幽之類，與本部源流各别，三百篇亦畫然。侵、覃以下九韻，亦當以侈、歛分爲二部，而覃、鹽半屬侵，半屬嚴、添，蓋平、上、去三聲皆當爲十二部，八聲當爲八部，而三代以上之音，始有條不紊也。論今韻曰：平、上、去三聲，多者六十部，少亦五十餘部，惟八聲祇三十四部，或謂支至咍、蕭至麻、尤至幽無八聲，崑山顧氏《古音表》又反其説，於是舊有者無、舊無者有，皆拘於一偏。蓋入聲有二三韻而同一入者，如東、尤、侯同以屋爲入，真、脂同以質爲入，文、微、同以物爲入，寒、桓、歌、戈同以曷、末爲入之類，按其呼等，察其偏傍，參以古音，乃無憾也。其説易卦變曰：卦變之義，言人人殊，當於反卦取之。否反爲泰，泰反爲否，故曰小往大來，曰大往小來，是其例也。彖傳言來、言下、言反者，自反卦之外卦來居内卦也。言往、言上、言進、言升者，自反卦之内卦往居外卦也。其論春秋軍制曰：儒者多稱井田廢而兵農始分，考春秋之世，兵農固已分矣。管仲參國伍鄙之法，齊三軍出之士鄉十有五，公與國子高子分率之，而鄙處之農不與也。爲農者治田供税，不以隸於師旅也。鄉田

但有兵賦，無田税，似後世之軍田、屯田，此外更無養兵之費。晉之始惟一軍，既而作三軍、作二軍、作五軍，既舍二軍，旋作六軍，後爲四軍，以新軍無帥而復三軍。其既增又損也，蓋除其軍籍，使之歸農，若軍盡出於農，則農民固在，安用屢易軍制乎？隨武子曰：楚國荆尸而舉，商農工賈，不敗其業。此農不從軍之證也。魯之作三軍也，季氏取其乘之，父兄子弟盡征之。孟氏取半焉，以其半歸公。叔孫氏臣其子弟，而以其父兄歸公。所謂子弟者，兵之壯者也；父兄，兵之老者也，皆其素在軍籍，隸之卒乘者，非通國之父兄子弟也。其後舍中軍，季氏擇二，三子各一，皆盡征之，而貢之於公。若民之爲農者，出田税，自仍然歸之君，故哀公曰：二，吾猶不足。三家雖專，亦惟食其采邑，豈嘗使通國之農，盡屬已哉？陽虎壬辰戒都車，令癸巳至，此近都之民爲兵之證，其野處之農，固不爲兵也。永於經傳、制度、名物、考籍，精審多類此。永處里黨，孝弟仁讓，家故貧，語鄉人立義倉，行之且三十年。嘗一至京師，桐城方苞、荆溪吴紱質以三禮疑義，皆大折服。休寧戴震之學，得於永爲多。永卒後，震携其書入都，故《四庫全書》收永所著書至十餘部。尚書秦蕙田撰《五禮通考》，摭永説（八）〔入〕觀象授時類，而《推步法解》則戴其全書。然永言天算專崇西學，並護其短。申西難梅猶不足爲定論也。

清·阮元《儒林傳稿》卷四　錢大昕傳　塘　王鳴盛

錢大昕，字曉徵，又字竹汀，嘉定人。乾隆十六年，召試，賜舉人，補内閣中書。十九年進士，改翰林院庶吉士。二十二年，授編修。二十三年大考，擢右贊善，尋遷侍讀。二十八年大考，擢侍講學士，充日講起居注官。三十二年，乞假歸。三十七年，補侍讀學士，上書房行走，冬擢少詹事。乙卯、壬午、乙酉、甲午，充山東、湖南、浙江、河南主考官。庚辰、丙戌會試同考官，試河南。時即奉命提督廣東學政。次年，丁父憂，服闋。丁母憂，病不復出。歷主鍾山、婁東、蘇州、紫陽諸書院。嘉慶九年卒，年七十有七。大昕幼慧，善讀書。時元和惠棟、吴江沈彤以經術稱吴下。大昕推而廣之，錯綜貫串，發古人所未發。在中書，與吴烺、褚寅亮同習梅氏算術。及入翰林，禮部尚書何國宗世業天文，年已老，聞其善算，先往拜之，曰：今同館諸公談此道者鮮矣。歎息久之。大昕於中西兩法，剖析無遺。用以觀史，自（大）〔太〕初、三統、四分，中至大衍，下迄授時，朔望、薄蝕、淩犯、進退、强弱，皆抉摘知誤。里居三十年，六經百家無所不通，蔚爲著述。所著書有《（濟）〔潛〕揅堂文集》五十卷，《養新録》二十三卷，《唐石經考異》一卷，《經典文字考異》一卷，《聲類》四卷，《廿二史考異》一百卷，《唐書史臣表》一卷，《唐五代學士年表》二卷，《宋學士年表》一卷，《元史氏族表》三卷，《元史藝文志》四卷，《三史拾遺》五卷，《諸史拾遺》五卷，《通鑑注辨證》三卷，《四史朔閏考》四卷，《潛揅堂金石文跋尾》二十五卷，《恒言録》六卷，《竹汀日記鈔》三卷，《潛揅堂詩集》二十卷，《吴興舊德録》四卷，《先德録》四卷，《洪文惠年譜》一卷，《洪文敏年譜》一卷，《王深寧年譜》一卷，《王弇州年譜》一卷，《疑年譜》三卷。嘗奉敕與修《音韻述微》，又與修《續文獻通考》、《續通志》、《一統志》、《天球圖》諸書。大昕始以詞章稱名，沈德潛吴中七子詩選，大昕居一。既乃研精經史，因文見道，履蹈粹然，澹於榮利，以知足爲懷。其學於經義之聚訟難決者，皆能剖析源流，文字、音韻、訓詁、天算、地理、氏族、金石以及古人爵里、事實、年齒，無不瞭如指掌。古人賢姦是非疑似難明者，大典章制度昔人不能明斷者，皆有確見。漢三統術爲七十餘家之權輿，訛文奥義，無能正之者。大昕衍之，據班志以闡劉歆之説，正志文之訛。二千年已絶之學，昭然發蒙。大昕又謂：古法歲陰與太陽不同，《淮南·天文訓》攝提以下十二名，皆謂太陰所在。《史記》太初元年年名焉逢、攝提格者，歲陰，非太歲也。東漢後不用太陰紀年，又不知太歲超辰之法，乃以太初元年爲丁丑歲，則與史漢之文皆悖矣。又謂：《尚書緯》四游升降之説，即西法曰躔最高卑之説，又宋楊忠輔統天術以距差乘躔差，減氣汎積爲定積，梅文鼎謂郭守敬加減歲餘法出於此。但統天求汎積，必先減氣差十九日有奇，與郭又異，文鼎不能言。大昕推之曰：凡步氣朔，必以甲子日起算，今統天上元冬至乃戊子日，不值甲子，依授時法當加氣應廿四日有奇，乃得從甲子起。今減去氣差，是以上元冬至後甲子日起算也。既如此，當減氣應卅五日有奇，今減十九日有奇者，去躔差之數不算也。求天正經朔又減閏差者，經朔當從合朔起算。今推得統天上元冬至後第一朔乃乙丑戌初二刻弱，故必減閏差而後以朔實除之，即授時之朔應也。大昕考地理謂：《漢志》山陽之西陽縣，當作西防東海（潁）〔潁〕川之陽城人，非汝南陽城。蒯通范陽人，乃東郡之范，非涿郡之范陽。《續漢志》平原郡本有西平昌縣，刊本錯入樂安國，注中校者，並改十城爲九城。《後漢·光武紀》省並西京十國，淄川、高密、膠東屬北海，刊本誤以十國爲十三，淄川下多屬字，章懷不能辨。《晉志》貴州本有濟南、北海二郡，史有脱文，遂以北海之縣誤爲濟南屬縣，宋人遂謂晉之濟南治平壽，不治歷城。考宋魏二志，及

杜預説濟南蓋領歷城、著平陸、祝阿諸縣。而平壽下密、膠東、即墨諸縣，自屬北海郡。其餘精核類乎此。大昕在館時，以洪武所葺《元史》，冗雜漏落，欲仿范蔚宗、歐陽修之例，刪爲編次更定，或刪或補，屬草未成，惟《世系表》、《藝文志》二稿，尚存氏族。《表》仿《唐書》宰相世系之例，取其譜系，可考者列爲表，疑者闕之。《藝文志》取當時文士撰述，録目補闕，遼金作者亦附見焉。所撰《養新録》，仿顧炎武《日知録》，而精博過之。《通鑑注辨》辨正胡注百有四十餘事。《疑年録》始於鄭康成，終於王鳴盛，共三百餘人，覈其生卒年月，且證傳文之訛。素不喜二氏書，嘗曰：孔子言疾没世而名不稱聖人，豈好名哉？立德立功立言，吾儒之不朽也。先儒言釋氏近於墨，予以爲釋氏亦終於楊氏爲己而已。彼棄父母而學道，是視己重於父母也。所爲文淳古淡泊，皆經史精液，不矜張以自雄。詩清而純，質而有法。東南俊偉博洽之士，皆欽其學，高其行，受業門下。族子塘，字溉亭，乾隆四十六年進士，就教職選江寧府學教授，與其弟坫相切磋。爲實事求是之學，刻苦撰述於聲音、文字、律吕、推步，尤有神解。著《律吕古義》六卷，謂：周本八寸尺，若制律必用十寸尺，以證荀勗之非。又謂：劉徽、祖沖之以來，皆言圜徑一周三一四，今以徑羃進位爲實，開方爲圓周求積，以徑羃乘周羃，十六約之爲實，開方爲圓積，徑一者，周三一六，闇合秦九韶法。又著《淮南天文訓補注》三卷，《述古編》四卷。王鳴盛，字鳳喈，□□人，乾隆十九年一甲二名進士，授編修，累官内閣學士、光禄寺卿。鳴盛少與惠棟、錢大昕講經義訓詁，必以漢儒爲宗。所撰《尚書後案》三十卷，專宗鄭康成注，鄭注亡逸者，采馬融、王肅注補之。孔傳雖僞其訓詁，非盡虚造者，間亦取焉。又撰《十七史商榷》一百卷，《蛾術編》一百卷，《西莊詩文集》二十四卷。

戴震傳　淩廷堪

戴震，字東原，休寧人。婺源江永精禮經及推步、鍾律、音聲、文字之學，震偕其縣人鄭牧、歙縣汪肇漋、方矩、汪梧鳳、金榜學之。震乃研精漢儒傳、注及説文諸書，由聲音文字以求訓詁，由訓詁以尋義理，實事求是，不主一家。出所學質之江永，永爲之駭歎。震性特介，年三十餘。以諸生入都，北方學者如獻縣紀昀、大興朱筠，南方學者如嘉定錢大昕、餘姚盧文弨、青浦王昶皆折節交焉。尚書秦蕙田纂《五禮通考》，震任其事。尚書王安國延教其子。朱珪爲山西布政司，延之撰方志，皆禮遇有加。乾隆二十七年，舉鄉試。三十八年，詔開四庫館，徵海内淹貫之士司編校之職，總裁疏薦震充纂修。四十年，特命與會試，中式者同赴殿試，賜同進士出身，改翰林院庶吉士。震以文學爲天子所知，出入著作之庭。館中有奇文疑義，輒就咨訪。震亦思勤修其職，經進圖籍，論次精審，晨夕披檢，靡間寒暑。所校《大戴禮記》、《水經注》尤精核。四十二年，卒於官，年五十有五。震之學，精誠解辨，每立一義，初若創獲，及參考之，果不可易。大約有三：曰小學，曰測算，曰典章制度。【略】其測算之書有《原象》四篇，《迎日推策記》一篇，《勾股割圜記》三篇，《續天文畧》三卷，《策算》一卷。自漢以來，疇人不知有黄極，西人入中國，始云赤道極之外又有黄道極，是爲七政恒星右旋之樞，詫爲六經所未有。震則謂：西人所云赤極，即《周髀》之正北極也，黄極即《周髀》之北極璿機也。虞夏書在璿機玉衡，以齊七政，蓋設璿機以擬黄道極也。黄極在柱史星東南，上弼、少弼之間，終古不隨歲差而改。赤極居中，黄極環繞其外，周髀固已言之，不始於西人也。又月建所指，亦謂黄極，夫北極璿機，冬至夜半恒指子，春分夜半恒指卯，夏至夜半恒指午，秋分夜半恒指酉，以《周髀》四游所極推之，則月建十有二辰，爲黄極夜半所指顯然，漢人以爲斗杓穆辰者，非也。自漢以來，九數佚於秦火，儒者測天多不能盡勾股之藴。明末西人傳弧三角之術，推步始爲精密，其三邊求角及兩邊夾一角求對角之邊，加減捷法。梅氏用平儀之理，爲圖闡之，可謂剖析淵微。然用餘弦折平爲中數，則過象限與不過象限有相加相減之殊，猶未爲甚捷也。震則謂用餘弦者，或加或減，易生歧惑。乃立新術，用總較兩弧之矢相較折半爲中數，則一例用減，更簡而捷矣。蓋餘弦者矢之餘也，八綫法。弧小則餘弦大，弧大則餘弦小，弧若大過象限九十度，則餘弦反由小而漸大。惟矢不然，弧小則矢小，弧大則矢大，弧若大過象限九十度，則矢更隨之而大，是矢與弧大小相應，不似餘弦之參差，故以易之。此立法之根，古人所未發也。【略】淩廷堪，字次仲，歙縣人。六歲而孤，冠後始讀書，慕其鄉江永、戴震之學。乾隆五十五年，年三十四，成進士，例選知縣。廷堪自願改教職，乃可養母治經。選寧國府學教授。奉母之官，畢力著述者十餘年。年五十五卒。廷堪貫通羣經，識力精卓。繼戴震起於《禮經》，用力最深，不輟寒暑二十餘年。撰《禮經釋例》十三卷，凡八類，曰通例，曰飲食例，曰賓客例，曰射例，曰變例，曰祭例，曰器服例，曰雜例，以禮經爲主，間亦旁通他經。至於第十一篇，自漢以來説者雖多，由不明尊尊之旨，故罕得經意，乃爲《封建尊服制考》一篇，附於變例之後。自序曰：《禮經》苟不得其例，雖上哲亦苦其難；苟得之，中材可勉赴焉。大學士朱珪讀其書，贈詩，甚推重之。又著《魏書音義》、《燕樂考

源》、《元遺山年譜》、《校禮堂集》，五物、九拜、九祭、釋牲、旅酬楚茨諸説經之文，發古人所未發。其尤卓然者，則有《復禮》三篇。

又　孔繼涵，字體生，毓圻之孫，乾隆三十六年進士，户部雲南司主事篤於内行。與戴震交，於天文、地志、經學、字義，無不摶綜。著有《考工車度記補》、林氏《考工記解》、《句股粟米法》、《釋數同度記》及《水經釋地》、《紅櫚書屋詩文集》。顔光猷、光敏、光斅，並復聖顔子六十七世孫。光猷，字秩宗，康熙十年進士，翰林院庶吉士刑部郎中，河東道鹽運使。著《易經説義》。光敏，字遜甫，康熙六年進士，吏部考功司郎中，明律曆句股之數。著《未信編》、《家誡》、《樂圃》、《舊雨堂詩集》、《南行日記》。光斅，字學山，康熙二十七年進士，翰林院檢討，提督浙江學政。光斅莊重苦志，讀書好沉思，清操訓士，士感之。

清·阮元《（道光）廣東通志》卷二八七《列傳二十》　何夢瑶，字報之，南海人，雍正庚戌進士。出宰廣西，治獄明慎，宿弊革除，有神君之稱。遷奉天遼陽州牧，貧不能具舟車。富於著述，旁通百家，而尤以詩名。有匊芳園詩鈔、文鈔，《莊子故》、《皇極經世易知録》、《賡和録》、《醫碥》、《紺山醫案》、《算法迪》、《三角輯要》、《移橙餘話》。宰岑溪時，大吏將以鴻博薦辭，不赴。

清·阮元《疇人傳》卷二九　明一

劉基

劉基，字伯温，青田人也。元至順間舉進士，除高安丞。後爲浙江儒學副提舉。太祖吴元年，基爲太史院使。十一月乙未冬至，基率其屬高翼進戊申大統曆。太祖諭曰：「古者季冬頒曆，太遲。今于冬至，亦未盡善。宜以十月朔，著爲令。」尋拜御史中丞兼太史令。洪武三年，授弘文館學士，封誠意伯。八年正月卒，年六十五。正德九年，加贈太師，謚文成。《明史》本傳、《曆志》。

吴伯宗　李翀

吴伯宗，名祐，以字行，金谿人也。洪武庚戌鄉薦舉首，辛亥廷對，擢進士第一，官至武英殿大學士。洪武元年，徵元回回司天監黑的兒阿都剌、司天監丞迭里月實一十四人，俻定曆數。二年，又徵回回司天臺官鄭阿里等十一人至京，議曆法。三年，改司天監爲欽天監，以回回科隸焉。十五年，詔伯宗與翰林李翀同譯《回回曆》、《經緯度天文》諸書。書成，命伯宗爲序。序曰：「皇上奉天明命，撫臨華夷，車書大同，人文宣朗。爰自洪武初大將軍平元都，收其圖籍經傳子史凡若干萬卷，悉上進京師，藏之書府。萬幾之暇，即召儒臣進講，以資治道。其間西域書數百册，言殊字異，無能知者。十五年秋九月癸亥，上御奉天門，召翰林臣李翀、臣吴伯宗而諭之曰：『天道幽微，垂象以示人。人君體天行道，乃成治功。古之帝王，仰觀天文，俯察地理，以俻人事，育萬物。由是文籍以興，彝倫攸叙。邇來西域陰陽家推測天象，至爲精密。有驗其緯度之法，又中國書之所未備。此其有關于天人甚大，宜譯其書，以時披閲。庶幾觀象可以省躬俻德，思患預防，順天心，立民命焉。』遂召欽天監靈臺郎臣海達兒、臣阿答兀丁、回回大師臣馬沙亦黑、臣馬哈麻等咸至于廷，出所藏書，擇其言天文陰陽曆象者，次第譯之。且命之曰：『爾西域人素習本音，兼通華語，其口以授儒，爾儒譯其義，緝成文焉。惟直述，毋藻繪，毋忽。』臣等奉命惟謹，開局于右順門之右，相與切摩，達厥本指，不敢有毫髮增損。越明年二月，天文書譯既，繕寫以進。有旨命臣伯宗爲序。臣聞伏羲畫八卦，唐堯欽曆象，大舜齊七政，神禹叙九疇，歷代相傳，載籍益備。其言天地之變化，陰陽之闔闢，日月星辰之道行，寒暑晝夜之代序，與夫人事吉凶，物理消長，微妙宏衍矣。今觀西域天文書，與中國相傳，殊途同歸，則知至理精微之妙，充塞宇宙，豈以華夷而有間乎？恭惟皇上心與天通，學稽古訓，一言一動，森若神明。在上凡禮樂刑政，陽舒陰斂，皆法天而行。期于七曜順度，雨暘時若，以致隆平之治。皇上敬天勤民，即伏羲、堯、舜、禹之用心也。經傳所載，天人感應之理，存于方寸審矣。今又譯成此書，常留睿覽，兢兢戒慎，純亦不已，若是其至哉！是書遠出夷裔，在元世百有餘年，晦而弗顯。今遇聖明，表而爲中國之用，備一家之言，何其幸也！聖心廓焉大公，一視無間，超軼前代遠矣。刻而列之，與中國聖賢之書并傳并用，豈惟有補于當今，抑亦有功于萬世云。」由是回回法與大統參用。後神宗時用禮科給事中侯先春言，以回回曆纂入大統曆中，以備考驗。《明史》本傳、《曆志》、《明史紀事本末》、《回回曆法》。

論曰：九執萬年不行于當時。而回回經緯度，乃得與大統始終參用。蓋其法亦屢變而加精，漸能符合天象矣。

元統　李德芳

元統，號抱拙子，長安人也。洪武十七年，爲漏刻博士。上言：「術以大統爲名，而積分猶踵授時之數，非所以重始敬正也。況授時以至元辛巳爲元，至洪武甲子，積一百四年，用法推之，漸差天度。臣今推演得洪武甲子，閏准分一十八萬二千七十分一十八秒，氣准分五十五萬三百七十五分，轉准分二十萬九千六百九十分，交准分一十一萬五千一百五分八秒。然七政遲疾順逆，伏見不齊，

其理深奥。磨勘司令王道亨有師郭伯玉者，精明九數之理，宜徵令推算，以成一代之制。」報可。先是，元年改太史院爲司天監，三年又改監名爲欽天，設四科，曰天文、刻漏、大統、回回，以監令丞統之，于是擢統爲監令。統乃取授時術，去其歲實消長之説，析其條例，錯綜其文，得四卷，以洪武十七年甲子爲元，命曰《大統曆法通軌》。二十二年，改監令丞爲監正副，統爲監正。二十六年，監副李德芳言，統改作洪武甲子元，不用消長之法，以考魯獻公十五年戊寅歲天正冬至，比辛巳爲元，差四日半强。疏上，統奏辯。太祖曰：「二統皆難憑，但驗七政交會行度無差者爲是。」自是大統術元以洪武甲子，而推算仍依授時法焉。《明史·曆志》、《明史稿·曆志》、《太陰通軌》。

論曰：大統去授時消長之法，當時言術者皆不謂然。以余觀之，統亦未爲無見也。何也？授時歲實三百六十五日二千四百二十五分，上考百年長一分，下推百年消一分。依其法上考七十三萬七千五百年，其歲實當爲三百六十六日，無餘分。下推二十四萬二千五百年，其歲實當爲三百六十五日，無餘分。此必無之理也。長極而消，消極又漸長，亦事勢所必然。明代三百年間，于授時法當消而不消，則歲實固已漸長。至本朝康熙間，歲實餘分爲二四二一有奇。雍正時，乃易爲二四二三有奇，此消極而長之明效大驗。故曰統亦未爲無見也。

王禕

王禕，字子充，義烏人也。國初召用爲中書分省掾史，旋擢翰林待制、同知制誥、國史院編修官。使雲南，抗節不屈，遂遇害，年五十二。建文中贈翰林學士，謚文節。正統中追謚忠文。禕以元趙友欽所譔《革象新書》，其言涉于蕪冗鄙陋，反若昧其旨意之所在，因爲纂次，削其支離，證其僞舛，釐其次等，挈其要領，爲《重修革象新書》二卷，篇目次第，與友欽書小異。《明史·忠義傳》、《重修革象新書》。

彭德清

彭德清，正統十四年官欽天監監正。先是，永樂遷都順天，仍用應天冬至晝夜時刻。至德清測驗得北京北極出地四十度，比南京高七度有奇。冬至晝三十八刻，夏至晝六十二刻。請改入大統術，永爲定式。從之。未幾景帝即位，用天文生馬軾言，仍復洪永舊制。《明史·曆志》。

論曰：晝夜漏刻，九服各殊，唐宋術家言之甚詳。德清奏改用順天之率，是也。景帝未審厥故，復用應天舊法，當時日官不能執争，其推步之疏，亦可見矣。

貝琳

貝琳，成化中，官南京欽天監監副。先是，洪武十八年，遠人歸化，獻土盤曆法，預推六曜干犯，名曰經緯度。曆官元統，去土盤譯爲漢算，至是歲久湮没。琳慮廢弛失傳，成化六年，具奏修補。十三年秋，書成。其法分周天爲三百六十度，每宫三十度，度分秒微，各以六十遞析。以西域阿剌必年，當隨開皇己未爲元，至洪武甲子，計積七百八十六算。其宫分十二：白羊戌宫，三十一日；金牛酉宫，三十一日；陰陽申宫，三十一日；巨蟹未宫，三十二日；獅子午宫，三十一日；雙女巳宫，三十一日；天秤辰宫，三十日；天蝎卯宫，三十日；人馬寅宫，二十九日；磨蝎丑宫，二十九日；寶瓶子宫，三十日；雙魚亥宫，三十日。計十二宫，共三百六十五日爲一年，謂之不動的月，若宫分有閏，于雙魚宫内加一日，凡一百二十八年。宫閏三十一日，其月分十二：第一月大，名法而斡而丁；第二月小，名阿而的必喜世；第三月大，名虎而達；第四月小，名名提而；第五月大，名木而達；第六月小，名沙合列斡而；第七月大，名列黑而；第八月小，名阿班；第九月大，名阿明而；第十月小，名答亦；第十一月大，名八哈幔；第十二月小，名亦思番達而麻的。大月三十日，小月二十九日，計十二月，共三百五十四日爲一年，謂之動的月，若月分有閏，于第十二月内加一日。凡三十年，月閏十一日。其命日以七曜：日一，月二，火三，水四，木五，金六，土七。每日以午正起算。《明史·曆志》、《七政推步》。

論曰：王寅旭謂土盤術元在唐武德年間，非開皇己未，是也，而猶未知其審也。蓋回回術有宫分年，有月分年。宫分有宫分之元，則開皇己未是也；月分有月分之元，則唐武德壬午是也。自開皇己未至洪武甲子，積宫分年七百八十六。自武德壬午至洪武甲子，積月分年亦七百八十六。其巧藏根數以惑人者，以其兩積年之適相等也。元和李尚之鋭著《回回術元考》，視梅徵君疑問所云爲詳。有求宫分白羊一日入月分截元後積年月日法，以爲不明乎此，則雖有立成，不能入算也。

童軒

童軒，字士昂，鄱陽人也。景泰辛未進士，官至吏部尚書。成化十五年十一月戊戌望月食，監推有誤。時軒方以知術擢太常少卿，掌監事，具言晉、隋以來，雖立歲差之法，終欠精密；況南北高下，地有不同，豈能吻合天象？監臣不能

隨時修改，故多舛誤。會俞正己上《改曆議》，詔禮部及軒參考，軒奏正己膠泥所聞，輕率妄議。語見《正己傳》。《明史本傳》、《曆志》。

俞正己

俞正己，直隸人也，官真定教諭。成化十七年，上《改曆議》，謂：「曆象授時，乃敬天勤民之急務。我朝盡革前代弊政，獨曆法可議。臣竊以經傳所載日月行天之常度，本曆元以推步，又以陰陽盈虧之理求之，以驗今曆。謹詳定成化十四年戊戌十一月初一日己丑子正初刻合朔冬至，日月與天同會于斗宿七度。至三十三年丁巳十一月初二日戊辰酉正初刻合朔冬至，日月與天復同會于斗宿七度。所謂氣朔分齊是爲一章者也。今將一章十九年七閏之數，冬至月朔，閏月節氣，年月日時，逐月開載，編成一冊上進，請敕該部精加考訂。仍行欽天監從宜造曆，頒行天下。」詔以曆法已嘗稽定，今奏有差，所司詳看以聞。禮部尚書周洪謨等奏正己止據《皇極經世書》及歷代天文曆志推算氣朔，又以己意創爲八十七年約法，每月大小相間，輕率狂妄，宜正其罪，遂下正己詔獄。《明史·曆志》。

論曰：十九年七閏，三統四分之舊率也。推步家削去不用，已非一世。而正己乃欲以易大統術，妄矣。正己之淺陋不學，與南宋臧元震如合一轍。乃元震得轉一官，而正己遂下詔獄，亦有幸有不幸耳。

吴昊

吴昊，字仁甫，臨川人也。成化中爲欽天監正。奏言：「授時術起至元辛巳，今二百一十年，與歲行差三度餘矣。及今不改，恐漸疎謬。」詔下禮部議，如其說。弘治二年上言，觀象臺舊制渾儀黄赤二道，交自奎軫，與今之四正日度乖戾。其南北軸，不合兩極出入之度，窺管又不與太陽出没相當，故雖設而不用。所用簡儀，則郭守敬遺制。而北極雲柱差短，以測經星去極，亦不能無爽。今宜改造渾儀，以黄赤二道環交于壁軫，始與天合。又言觀象臺所用渾儀，俱南京舊制，兩京相去二千七百餘里，去極高下不同。且歲久推驗漸差，請修改，或别造，以成一代之制。事下禮臣覆議，令同監副造渾簡二儀，經緯皆與天合。正德初，進太常寺卿。卒于官。《明史》本傳、《曆志》。

周濂

周濂，正德中，官中官正。上言：「日躔歲退之差一分五十秒，今正德乙亥距至元辛巳二百三十五年，赤道歲差，當退天三度五十二分五十秒。不經改正，推步豈能有合？臣參詳較驗，得正德丙子歲前天正冬至，氣應二十七日四百七十五分。命得辛卯日丑初初刻，日躔赤道箕宿六度四十七分五十秒，黄道箕宿五度九十六分四十三秒，爲曆元。其氣閏轉交四應并周天黄赤諸類，立成悉從歲差，隨時改正。望敕禮臣并監正董其事，部奏古法未可輕改。請仍舊法。别選精通術學者，同濂等以新法參驗，更爲奏請。」報可。《明史·曆志》。

朱裕

朱裕，正德時爲漏刻博士。先是，成化十九年，天文生張陞上言改曆，欽天監謂祖制不可變，遂罷。弘治中監推交食，屢不應。正德十二三年日食起復，皆弗合。于是裕上言：「至元辛巳距今二百三十七年，歲久不能無差，若不量加損益，恐愈久愈舛。乞簡大臣總理其事，令本監官生半推古法，半推新法，兩相交驗。回回科推驗西域九執術法，仍遣官至各省候土圭以測節氣早晚，往復參較，則交食可正，而七政可齊。」部覆言裕及監臣，曆學皆未必精。今十月望月食中官，正周濂所推，與古法及裕所奏不同，請至期考驗。」從之。《明史·曆志》。

鄭善夫

鄭善夫，字繼之，閩縣人也。弘治十八年進士。正德十五年官禮部員外郎。上言：「日月交食，日食最爲難測。蓋月食分數，但論距交遠近，别無四時加減。且月小闇虚大，八方所見皆同。若日爲月所掩，則日大而月小，日上而月下，日遠而月近。日行有四時之異，月行有九道之分，故南北殊觀，時刻亦異。必須據地立表，因時求合。如正德九年八月辛卯日食，曆官報食八分六十七秒。而閩廣之地遂至食既，時刻分秒，安得而同？今宜按交食以更曆元，時刻分秒，必使奇零剖析詳盡。不然，積以歲月，躔離朓朒又不合矣。」不報。嘉靖初卒，年三十有九。《明史》本傳、《曆志》。

樂頀　華湘

樂頀，官南京户科給事中。華湘，官工部主事。正德十六年，并以通曆法擢光禄少卿，管欽天監事。嘉靖二年，湘疏論曆之來由：「黄帝迄秦末，凡六改。漢高祖迄漢末，凡五改。由魏文帝迄隋，凡十三改。由唐高祖迄周末，凡十六改。由宋太祖迄宋末，凡十八改。由金熙宗迄元末，凡三改。然歷代長于曆者，不數歲而輒差，今之冬至初昏室中，去唐堯末，計四千餘年，而差五十度矣。授時法歲差一分五十秒，至元辛巳至今二百四十二年，合差三度有奇。是以正德戊寅日食，庚辰月食，時刻分秒，起復方位，與推算不合。臣按古今善治曆者三家，漢太初以鍾律，唐大衍以蓍策，元授時以晷景，而晷景爲近。欲正曆而不登

臺測景，皆空言臆見也。望許臣暫罷朝參，督中官正等，及冬至前，詣觀象臺晝夜推測，日記月書，至來冬至以驗二十四氣分至合朔、日躔月離、黄赤二道、昏旦中星、七政四餘之度，視元辛巳所測離合何如，差次録聞。更敕禮部精通理數者，征赴京師，詳定歲差，以成一代之制。」下禮部集議。蘐言歷經即歲差以推變黄道，六十七年，該推變一次，本監失于推變故耳。又謂曆不可改，與湘頗異。禮部因言我朝曆因于元，經諸大儒之手，固難議改。然推步之法貴隨時考驗，今湘欲自行測候，不爲無識。請二臣各盡所見，窮極異同，以協天道。從之。《明史・曆志》。

清・阮元《疇人傳》卷三〇　明二

唐順之

唐順之，字應德，號荆川，武進人也。嘉靖八年會試第一，官至右都御史。通知回術法，精于弧矢割圜之術。嘗著《句股測望論》，其略云：句股所謂矩也。古人執數寸之矩，而日月之運行，朓朒遲速之變，山谿之高深廣遠，凡目力所及，無不可知，蓋不能逃于數也。句股之横爲句，縱爲股，斜爲弦。蓋一弦實藏一句一股之數，一句一股之數，并得一弦數也。數非兩不可行，因句股而得弦，因股弦而得句，因句弦而得股。三者之中，其兩者顯而可知，其一者藏而不可知，因兩以得三，此句股法之可通者也。三者缺其二，數不可起，而句股之法窮矣。于是有立表之法，蓋以小句股求大句股也，句、股、弦三者有一可知，則立表之法可得而用，若句、股、弦三者無一可知，而立表之法又窮矣。于是有重表之法，蓋立表者以通句股之窮也。重表者以通一表之窮也。其實重表一表也，一表句股也，無二法也。

又有《句股容方圓論》，略云：凡奇零不齊之數，凖之于齊，圓凖之于方，不齊之圓，凖于齊之圓，不齊之方，凖于齊之方，句股容圓，凖于句股容方。如均齊無較之句股，其容方適得句之一半；若長短不齊之句股，則容方以漸而闊，不止于半句矣。須變長爲闊，以取容方之數。取容圓之徑，則用句股相乘，而倍其數，以句、股、弦并爲法而得數也。

又《孤矢論》，略云：凡弧矢算法，凖之于矢，而參之于徑。背徑求矢之法，先求之背弦差，而半背弦差藏之矢羃與徑相除之中，倍矢羃與徑相除，則全背弦差也。半法簡捷，故用其半，無論背徑求矢，矢背求徑，消息管于是矣。夫積也，矢也，徑也，弦也，背也，殘周也，差也，凡七者轉相爲法，而轉相求，共得三百二十六法而後盡。渾然一圓圈，而中會錯綜變化，乃至于此。嗚呼，豈非所謂至妙至妙者哉！

又論差分方程盈縮粟米，總是一分法也。差分方程者，因物之參伍，而推出價之貴賤，有定式而不可亂也。差分方程之所不能盡，于是有盈縮。盈縮因其外露畸零可見之數，而推知其中藏隱雜不可見之數，以據末而窺全錐也。蓋差分以價權物，露價而混物，故以物相轄；方程以物權價，露物而混價，故以物相參，而盈縮通乎其間矣。至于物以多而易寡，價有以貴而易賤，于是有粟米。則乘除互换之間，而多遂與寡相當，賤遂與貴相當，而其數齊矣。又謂數有繁而從簡，亦有以少而合多，而數之有分者不可以常法約，于是有約分之法，有合分課分之法。觀其所總，而聚散著矣，觀其所餘，而多寡著矣。《算經》曰：「學者不患乘除之爲難，而患分法之爲難，必精于無分之乘除，而後能通于有分之乘除，非二致也，法有淺深而已矣。」三十九年卒，年五十四。崇禎中，追謚襄文。《明史》本傳、《荆川文集》。

論曰：順之習回回法，而不知最高，讀《測圜海鏡》而不知立天元術，凡所論述，亦祇得其淺焉者耳。然明季士大夫，率以空疏相尚。順之以句股弧矢表率後賢，一綫之傳，終于不墜，其功固有足多者矣。

顧應祥

顧應祥，號箬溪道人，湖州長興人也。嘉靖間，巡撫雲南，遷刑部尚書。著《測圜海鏡分類釋術》十卷。其序曰：「天地之所以神變化而生萬物者，陰陽而已。一陰一陽，交互錯綜，而變化無窮焉。聖人因其交互錯綜之不齊，而置爲數術以測之，于是乎天地之高深，日月之出没，鬼神之幽秘，皆可得而知之矣。然數之爲術，雖千變萬化之不同，而其要不過一開闔而已。開者除也，闔者乘也，而又有以形求積、以積求形之異。古之爲數者有九，九者其用也。是故用之以貿易，則爲粟米；用之以分别差等，較量遠近，則爲差分，爲均輸；因其末而欲知其本爲盈朒，彼此互見，則爲方程。若夫以形求積，則方田商功之類是也；以積求形，則少廣句股之類是也。以形求積者，先得其形，而後求其積，故其爲術也易。以積求形者，則先得其積，而後求其長短廣狹斜正之形。有非乘除所能盡者，故必以商除之。然而商除亦不能盡也，而又立正負廉隅之法，以增損附益之，故其爲術也難。余自幼好習數學，晚得荆川唐太史所録《測圜海鏡》一書，乃元翰林學士欒城李公治所著，雖專主于求容圓求方一術，然其中間如平方、立

方、三乘方，帶縱、減縱，益廉、減廉，正隅、負隅諸法，凡所謂以積求形者，皆盡之矣。但其每條下細草，雖徑立天元一，反覆合之，而無下手之術，使後學之士，茫然無門路之可入。輒不自揆，每章去其細草，立一算術，又以其所立通句邊股之屬各以類分之，語義稍繁者，略加芟損，名曰《測圓海鏡分類釋術》。非敢僭改前賢著述，惟以便下學云爾。今夫世之論數者，俱視爲末藝，故高明者不屑爲之，而執泥者遂以爲占驗之法，雖欒城公自序，亦以爲九九賤伎。殊不知君子之學，自性命道德之外，皆蓺也。與其徒費精神于佔畢之間，又不若留情于此，不惟可以取樂，亦足以爲養心之助焉。後之有同此好者，當以余言爲然否耶？」

又著《測圓算術》四卷。序曰：「句股求容圓之徑，古有其法，未有若元翰林學士欒城李先生之精且密者也。其所著《測圓海鏡》，設爲天地日月山川，東西南北，乾坤艮巽名號，而以通句股、邊句股、底句股等，錯綜而求之，極爲明備。但每條細草，止以天元一立算，而漫無下手之處，應祥已爲之類釋。既而思之，猶有未當于心者。蓋圓之內外，其横者爲句，其直者爲股，一横一直，或兩横兩直相夾，或一横一斜、一直一斜，自有天然對待之妙，比而合之，皆可推類而知者。于是别出己見，復爲編次其難曉者，附以布算之法。名號雖仍舊，而詞則務簡而明，庶使學者一覽而可得其要領焉耳。若諸和諸較雜揉之分，似涉繁冗，故俱不録，非略之也，測圓之法，止于是足矣。」

其《句股求容方圓論説》曰：句股求容方，其法雖取則于整方，而實與整方不同。整方者，譬如句五股五，則方積二十有五。從兩角斜分爲二，以求其斜中之所容之方，則以句股和十爲法，除之，其容方之徑，恰得方徑之半，容方之積，恰得方積四分之一。若句股容方，則句短而股長。以句乘股，乃一長方積。以句除之得股，是以廣而求縱也。以股除之得句，是以縱而求廣也。以句股和爲法，以求容方徑，是廣縱相并爲股以求句也。長方積内原無一句之數，于是截其横之一邊以補之，而所得容方之徑，大率止在半句已上，而容方之積，則隨其句股之長短以爲多寡，不可以四分之一例之矣。然長方積乃兩句股相并，一正一倒。以一句股求容方積，與虛句股所容直方之積，則隨其長短闊狹，而未嘗不同也。譬如句六尺，股十二尺，其積七十有二。以句股和一十八除之，得容方徑四尺，其積十六。虛句股内所容之直積，長八尺，闊二尺，亦十六也。又如句四尺，股六尺，其積二十四。以句股和除之，容方徑二尺四寸，積五尺七寸六分。虛句股内所容直積，長三尺六寸，闊一尺六寸，亦是五尺七寸六分。故曰未嘗不同也。若夫句股容圓，則又與句股容方不同。圓之形依弦而爲大小，而其徑與弦和較同數。故立法以句股相乘，倍之爲實。以弦和和爲法除之，得弦和較。弦和較即圓徑也。若以弦和較爲法除之，即得弦和和矣。倍其積者，何也？蓋句股和共爲一長股，弦爲一短股，所求之弦和較，猶夫句也。以兩直除一積，以求一横，故不得不倍其實也。若如算梯田之法，以兩直相并，折半以爲法，則亦不必倍積，尤爲簡易。此又前人未發之論也。大抵方五斜七圍三徑一之説，止是論其大較。其實方五則斜七有奇，徑一則圍三有奇。故測圓者不能以方爲圓，而以句股測之。至于句股容方，不藉于弦，句股容圓，必待弦數定而後可也，學者不可不知。

又著《句股算術》一卷。序曰：「九數之中，惟句股一法，幽深玄遠，近世習算之士，得其肯綮者絶少。應祥自幼性好數學，然無師傳，每得諸家算書，輒中夜思索，至于不寐。久之若有神告之者，遂盡得其術。既而又得《周髀》及《四元玉鑑》諸書。于是所謂句股弦和較黄中之説，開闔折變，悉得古人立法之旨，求之于心，無不吻合。蓋有不假于思索者，恐其久而忘也，政務之暇，手録其詳節，各爲問答一二章附之，名曰《句股算術》。俾後之學算者，因此求之，庶有以得其要領云。」

其《句股論説》曰：句股之法，横曰句，直曰股，斜之爲弦。句股相減，其差曰較。句股相并曰和。股弦之差，曰股弦較。句弦之差，曰句弦較。并句股與弦相減之差，則曰弦和較。弦與句股之差相減，其差曰弦較。較股弦相并，則曰股弦和。句弦相并，曰句弦和。句股之差并弦，則曰弦較和。句股弦并曰弦和和，句股各自乘并爲弦實，平方開之，得弦。句弦各自乘相減，餘爲股實，平方開之，得股。股弦各自乘相減，餘爲句實，平方開之，得句。倍弦實，減句股和自乘，開其餘得句股較。減句股較自乘，開其餘得句股和。并句弦以除股實，得句弦較。句股之差，除股實得句弦和。并股弦以除句實，得股弦較。股弦之差，除句實得股弦和。句股和自乘減弦實，弦較較除之，得弦較和，弦較和除之，得弦較較。句股之差自乘以減弦實，弦和和除之，得弦和較。弦和較除之，得弦和和。以句乘股爲實，并句股爲法，實如法而一，句股之容方也。以句乘股，倍之爲實。句股與弦，并之爲法。實如法而一，句股容圓之徑也。容圓之徑，即弦和較也。若錯綜爲用，句加股弦較，即弦較較。減股弦較，即弦和較。加弦較和，即股弦和。股加句弦較，即弦較和。減句弦較，即弦和較。加弦較較，即句弦

和。句股較加股弦較，即句弦較。減股弦和，即句弦和。句股和加股弦較，即句弦和。減股弦和，即句弦較。句股較加句股和，半之爲股。減句股和，半之爲句。股弦較加股弦和，半之爲弦。減股弦和，半之爲股。句弦較加句弦和，半之爲弦。減句弦和，半之爲句。弦和較加弦和和，半之爲和。減弦和和，半之爲弦。弦較較加弦較和，半之爲弦。減弦較和，半之爲較。變而通之，神而明之，存乎其人焉。

又著《弧矢算術》一卷。序曰：「弧矢一術，古今算法所載者絶少。錢唐吳信民《九章算法》，止載一條。《四元玉鑑》所載數條，皆不言其所以然之故。沈存中《夢溪筆談》有割圓之法，雖自謂造微，然止于徑矢求弦，而于弧背求矢、截積求矢諸法，俱未備。予每病之。南曹訟牒頗暇，乃取諸家算書，間附己意，各立一法，名曰《弧矢算術》，藏諸篋笥，俟高明之士取正焉，未敢謂盡得其閫奥也。」

其《弧矢論説》曰：弧矢者，割圓之法也。割平圓之旁，狀若弧矢，故謂之弧矢。其背曲曰弧背，其弦直曰弧弦，其中衡曰矢，而皆取法于徑。徑也者，平圓中心之徑也。背有曲直，弦有修短，係于圓之大小。圓大則徑長，圓小則徑短。非徑無以定之，故曰取則于徑，而其法不出于句股開方之術。以矢求弦，則以半徑爲弦，半徑減矢爲股，股弦各自乘相減，餘爲實，平方開之，得句。句即半截弦也。以弦求矢，亦以半徑爲弦，半截弦爲句，句弦各自乘相減，餘爲實，平方開之，得股。股乃半徑減矢之餘也。以減半徑即矢，或以矢減全徑，爲句股和，以矢爲句股較，乘之亦得句冪，即半截弦冪也。矢自乘圓徑，除之得半背弦差，倍以加弦即弧背。以半背弦差除矢冪，亦得圓徑，半截弦自乘爲實，以矢除之，得矢徑差。加矢即圓徑。以矢加弦，以矢乘而半之，即所截之積也。倍截積以矢除之，減矢即弦，倍截積以弦爲從方開之即矢。惟弧背與徑求矢截積，與徑求矢開方，不能盡用三乘方法開之。弧背求矢，以半弧背冪與徑冪相乘爲實。徑乘徑冪爲從方，徑冪爲上廉。全背與徑相乘爲下廉，約矢乘上廉以減從方，以矢自乘，以減下廉。又以矢乘餘下廉，與減餘從方爲法。除實得矢，曷爲以矢乘上廉減從方也。蓋從方乃徑與徑冪相乘。其中多一矢，乘徑冪之數故減之。曷爲又以矢自乘以減下廉也？下廉乃背徑相乘，其中多一矢自乘之數，故亦減之。減之則法與實相合矣。以截積求矢，則倍積自乘爲實。四因積爲上廉，四因徑爲下廉。五爲負隅，約矢以隅因之，以減下廉。又以矢一度乘上廉，兩度乘下廉，并而爲法。矢減下廉者，何也？矢本減徑而得，故減徑以求之。五爲負隅者，何也？凡以方爲圓，每一寸得虛隅二分五釐。四其虛隅與四其矢合而爲五也。四其廉者，何也？倍積則乘出之數，爲積者四，故亦四其廉以就之，升法以就實也。若以截弦與截餘外周求矢，則以弦冪半弦冪相乘，四而三之爲實，并弦及餘周爲益方。半弦乘弦加弦冪爲從上廉，并廉及餘周爲下廉，以約出之，矢乘上廉。又以矢自乘，再乘爲隅法。并上廉以減益方，矢自之以乘下廉，并減餘從方爲法，除實得矢。

其《方圓論説》曰：世之習算者，咸以方五斜七圍三徑一爲準，殊不知方五則斜七有奇，徑一則圍三有奇。故古人立法，有句三股四弦五之論，而不能使方斜爲一定之法。有割圓矢弦之論，而不能使方圓爲一定之法。試以句股法求之。句股各自乘，并爲弦實，平方開之。此施之于長直方則可，若一整方，句五股五各自乘，并得五十，平方開之得七，而又多一算矣。割圓之法，求矢求弦固是，至于求弧背，則恐未盡也。何以知之？試以平圓徑十寸者例之。中心剖開，矢闊五寸，自乘得二十五寸。以徑除之，得二寸五分，爲半背弦差。倍之得五寸，以加弦，得一十五寸。與圍三徑一之論正合。然徑一則圍三有奇，奇數則不能盡矣。以是知弧背之説，猶未盡也。不特是也。凡平圓一十二，立圓三十六，皆不過取其大較耳。或曰密率徑七，則圍二十二，徽率徑五十，則圍一百五十七。何不取二術酌之，以立一定之法？曰二術以圓爲方，以方爲圓，非不可，但其還原與原數不合。數多則散漫難收，故算曆者止用徑一圍三，亦勢之不得已也。曰曆家以徑一圍三立法，則其數似猶未精。然郭守敬之曆，至今行之無弊，何也？曰曆家以萬分爲度，秒以下皆不録，縱有小差，不出于一度之中。況所謂黄赤道弧背度，乃測驗而得，止以徑一圍三，定其平差立差耳。雖然，行之日久，安保其不差也？竊嘗思之，天地之道，陰陽而已。方圓，天地也。方象法地，静而有質，故可以象數求之。圓象法天，動而無形，故不可以象數求之。方體本静，而中斜者乃動而生陽者也。圓體本動，而中心之徑，乃静而根陰者也。天外陽而内陰，地外陰而内陽。陰陽交錯，而萬物化生。其機正在于奇零不齊之處，上智不能測，巧曆不能盡者也。向使天地之道，俱可以限量求之，則化機有盡而不能生萬物矣。余因論方圓之法，而并著其理如此。

又著《授時曆法撮要》，序曰：「自劉歆作三統曆，始立積年曆法，以爲推步之準。後世因之，歷唐而宋，更元改法者無慮數十家，率皆行之不久即改。惟前

元王恂、郭守敬所著《授時曆》，專以測驗爲主，較之諸家所譔曆書，特爲精密。我國家因之，行之二百餘年，至今無弊。應祥少好數學，嘗取歷代史所載曆志，比而觀之，未有過于此者。近者或以交食稍有前後，輕議改作，可謂不知量矣。政務之暇，取其節略大較，録爲一册，藏之篋笥，以爲游藝之一助云爾。」《測圓海鏡》、《分類釋術》、《測圜算術》、《句股算術》、《弧矢算術》、《授時曆法撮要》。

論曰：略涉九九者，遇三乘方，便望洋驚歎。應祥于廉隅加減之故，反覆推之，而無不合，其用功亦勤矣。然不解立天元術，故于正負開方論説，都不明曉。明代算學陵替，習之者鮮。雖好學深思如應祥，其所造終未能深入奥室。删去《海鏡細草》一節，遂貽千古不知而作之譏，惜哉！

周述學

周述學，字繼志，號雲淵子，山陰人也。聞郭太史弧矢法，以圓求圓，循弦宛轉，極與天肖，名曰《弧矢經》。時武進唐順之博研古算，長與顧應祥精演例法，欲求弧矢不可得。述學竭其心思，譔《補弧矢》。又西域回回經緯術，有經緯淩犯之説，其立法度數與中法不合，名度亦異。順之慨然欲創緯法，以會通中西，會其卒不果。述學乃譔《中經》，用中國之算，測西域之占。又推究五緯細行，爲《星道五圖》，令七曜皆有道可求，以畢順之之意。又與順之詳論歷代史志曆議，正其訛舛，删其繁蕪，譔《大統萬年二術通議》，即《神道大編》中《曆宗通議》也。先是，有詹希元者，以水漏至嚴寒冰凍，輒不能行，乃以沙代水。然沙行太疾，未協天運。又于斗輪之外，復加四輪，輪皆三十六齒。述學病其竅太小而沙易堙，更制爲六輪，其五輪三十齒，而微裕其竅，由是運行始與晷協。述學以布衣終。《明史》本傳、《天文志》、《曆宗通議》、《浙江通志》引《徐階、周雲淵傳》。

論曰：唐荆川論回回術，言要求盈縮，何故減那最高行。只爲歲差積久，年年欠下盈縮分數，以此補之。而述學則以每日日中晷景爲最高，梅徵君斥爲臆説，是也。蓋述學于曆法本無所得，故所爲《中經》、《通議》，亦第抄撮舊文，以矜淹博而已，實未見所長也。

陳壤

陳壤，字星川，吴郡人也。以太一天、地、人三元，附合回回術法。嘉靖間，曾上疏改曆，格而未行。《梅氏全書》。

雷宗

雷宗，著《合璧連珠曆法》，亦回回法也。《明史·曆志》。

袁黄

袁黄，字坤儀，號了凡，嘉善人也。神宗丙辰進士，授寶坻縣知縣，陞兵部職方主事。師事陳壤，著《曆法新書》五卷。鎔回回法入授時術，其積年以七千二百五十七萬六千爲三元之總，平分天地人三元，各得二千四百十九萬二千。自太乙甲子，至嘉靖四十三年甲子，歷過五千二百九十五萬八百四十，已逾天、地二元矣。今當人元内四百五十六萬六千八百四十。歲差之法，起于子半虚宿。以六十六年零差一度，削去最高不用，其周天三百六十度，而分秒俱析百分入算。列宿積度，起寶缾宫虚六度，餘與回回術同。《曆法新書》、《嘉興府志》、《蘇州府志》。

論曰：梅文鼎曰：「了凡《新書》通回回之立成，于大統可謂苦心。然竟削去最高之算，又直用大統之歲餘，而棄授時之消長，將逆推數百年已不效，況數萬年之久乎？」誠篤論也。

周相

周相，官順天府丞，掌欽天監事。隆慶三年，刊《大統曆法》。其曆原歷叙古今諸術同異，其略曰：粤自伏羲仰觀天象而陰陽著，黄帝迎日推策而曆象明。堯舜三代以來，其法漸密，備載于傳記，可考也。去古既遠，其法不詳，然原其要，不過隨時考驗，求合于天而已。周秦之間，閏餘乖次。漢自劉歆造三統曆，始立積年曆法，而爲推步之準，以一十一萬四千五百一十有一爲積年，黄鍾八十一爲日法。後世因之，歷唐而宋。其更元改法者，皆有積年日法，而行之愈不能久，不知順天求合之道故也。其後李梵造四分曆，七十餘年而儀式方備。又百三十年，劉洪造乾象曆，始悟月行有遲疾。又百八十年，後秦姚興時，姜岌造三紀甲子曆，始以月食衝檢日躔宿度所在。又五十七年，宋何承天造元嘉曆，始將朔望及上下弦皆定大小餘。又六十五年，祖沖之造大明曆，始悟太陽有歲差之數，極星去不動處一度餘。又五十二年，北齊張子信方知日月交道有表裏，五星有遲留伏逆。又三十三年，劉焯造皇極曆，始知日行有盈縮。又三十五年，唐傅仁均造戊寅元曆，頗采舊儀。高宗時李淳風造麟德曆，以古曆章蔀元首分度不齊，始爲總法，用進朔以避晦日晨月見。又六十三年，開元時，僧一行造大衍曆，始以月朔建爲四大三小。又九十四年，穆宗時，徐昂造宣明曆，方悟日食有氣刻時三差。又二百三十六年，徽宗時，姚舜輔造紀元曆，始悟食甚泛餘差數。又一百七十餘年，元郭守敬造授時曆，考知七政運行于天，進退自有常度，專以考測

爲主，其前代積年日法，推演附會出于人爲者，一切削去，爲得自然，自古及今，其推驗之密，蓋未有出于此者也。我明聖祖高皇帝洪武初年，首命監正元統釐正之，作《大統曆法》四卷：步日躔曰《太陽通軌》，步月離曰《太陰通軌》，步交食曰《交食通軌》，步五星四餘曰《五星四餘通軌》。至今遵而用之。自至元十八年辛巳爲曆元起，至今隆慶己巳，通計二百八九十年，而今有年遠數盈歲差天度之説，失今不考，其所差必過甚矣。然考究不可以輕議，其人不可以易得，苟輕舉妄動，吾恐其差愈甚，不若仍舊之爲得矣。予承乏備員，因習學大統曆法，而推原古今曆法如此，蓋繼述舊聞，非敢有所增損也。若夫監正元統所譔《曆法通軌》，夏官劉信所編《曆法通徑》，苟得壽梓以廣其傳，使世其業者，皆得以習學，是尤今日本監之要務也。較正自當勉爲，而力亦不逮，徒日望焉。《明史・曆志》、周相《大統曆法》。

清・阮元《疇人傳》卷三一　明三

朱載堉　何瑭

朱載堉，鄭恭王世子也。神宗十九年，恭王薨。載堉累疏懇讓王爵，乃令以世子、世孫禄終其身。南京右都御史武陟何瑭，字粹夫，載堉舅氏也。明曉天文算術，載堉從之游，遂精其學。二十三年進《聖壽萬年曆》、《律曆融通》二書。疏略曰：「高皇帝革命時，元曆未久，氣朔未差，故不改作，但討論潤色而已。積年既久，氣朔漸差。《後漢志》言三百年斗曆改憲，今以萬曆爲元，而九年辛巳歲，適當斗曆改憲之期，又協乾元用九之義，曆元正在是矣。臣嘗取大統與授時二術較之，考古則氣差三日，推今則時差九刻。夫差雖九刻，處夜半之際，所差便隔一日。節氣差天一日，則置閏差一月。閏差一月，則時差一季。時差一季，則歲差一年。其失豈小小哉！蓋因授時減分太峻，失之先天，大統不減，失之後天。因和會兩家，折取中數，立爲新率，編譔成書。大旨出于許衡，而與衡術不同。黄鍾乃律曆本原，而舊術罕言之，新法則以步律吕爻象爲首。堯時冬至日躔宿次，何承天推在須女十度左右，一行推在女虚間。元人曆議，亦云在女虚之交，而授時術考之，乃在牛宿二度，大統術考之，乃在危宿一度。相差二十六度，皆不與《堯典》合。新法上考堯元年甲辰歲，夏至午中日在柳宿十二度左右，冬至午中日在女宿十度左右。心昴昏中，各去午正不逾半次。與承天、一行二家之説合。此皆與舊術不同之大者，其餘詳見曆議，望敕大臣名儒參訂採用。」

其《聖壽萬年曆》法，一曰步發斂。以嘉靖甲寅歲爲元，元紀四千五百六十，期實千四百六十一，律應五十五日六十刻八十九分。以曆元所距年積算爲汎距，來加往減元紀爲定距。期實乘之，四而一爲汎積。定距自相乘，七之八而一爲節氣。歲差用減汎積爲定積，以所求定積與次年定積相減，餘如十二而一爲律策，半之爲氣策。二曰步朔閏。弦望策與授時同，閏應十九日三十六刻十九分。三曰步日躔。日平行一度，躔周三百六十五度二十五分。赤道歲差一分五十秒，黄道歲差一分三十八秒。盈縮初末限與授時同，周應二百三十八度二十二分三十九秒。以赤道歲差折半加躔周爲曆率，以曆率去積度餘命起角初算外，得冬至加時赤道度分。四曰步晷漏。北極出地度分，冬夏至中晷恒數，晝夜刻數，以京師爲準，參以岳臺之數。五曰步月離。月平行轉周轉中與授時同。離周三百三十六限十六分六十秒，轉差一日九十七刻六十分，轉應七日五十刻三十四分。六曰步交道。正交、中交，與授時同。距交十四度六十六分六十六刻。交周、交中、交差，與授時同。交應二十日四十七刻三十四分。七曰步交食。日食交外限六度，定法六十一，交内限八度，定法八十一，月食限定法與授時同。八曰步五緯合。應土星二百六十二日三千二十六分，木星三百一十日一千八百三十七分，火星三百四十三日五千一百七十六分，金星二百三日八千三百四十七分，水星九十一日七千六百二十八分。曆應土星八千六百四日五千三百三十八分，木星四千一十八日六千七十三分，火星三百一十四日四十九分，金星六十日一千九百七十五分，水星二百五十三日七千四百九十七分。周率、度率及晨疾伏見，并與授時同。

其《律曆融通》黄鍾曆法，以萬曆九年爲元，以曆元所距積年爲汎距，來加往減曆限三百爲定距，以曆數十二乘之，爲積月。以積月乘曆率三十爲積日。以積月乘日餘六百九十九如千六百而一，并入積日爲歲汎積。以定距自相乘七之八而一，所得滿曆母百爲分。是名所求歲差，來減往加，汎積爲定積，餘與萬年術同。其諸應亦以萬年術之率推之。

其《曆議歲餘》篇，言授時術，謂上考往古，每百年于歲實加一分，下求將來，減亦如之。竊以爲此言過矣。夫陰陽消長之理，以漸而積者也，未有不從秒起便至分者。授時術于百年之際，頓加一分。考古冬至雖或偶中，揆之于理，實有未然。假如《春秋》隱公三年辛酉歲下距至元辛巳二千年，以授時本法算之，于歲實當加二十分，得庚午日六刻爲其年天正冬至。凡冬至距來年冬至，該三百六十五日四分日之一，今以授時之法考其次年壬戌歲下距至元辛巳千九百九十

九年，當加十九分，得乙亥日五十刻四十四分，爲其年天正冬至，置乙亥日五十刻四十四分，減去庚午日六刻，加所去旬周三百六十，得三百六十五日四十四刻四十四分，則是三百六十五日九分日之四，非四分日之一也。法之謬莫甚于此。新法以其差率不均，稍訂正之。設若每年增損二秒，推而上之，則失昭公己丑。假如每年增損一秒，至一秒半，則失僖公辛亥，酌取中數，每年增損一秒太，則僖公辛亥、昭公己丑皆得矣。若周天餘分，則不必增損。授時術有周天歲餘損益相補之法，今革去不用。

其《日躔》篇，言古術緒餘，見于經典，灼然可考，莫如日躔及中星焉。而推步家鮮有達者，益由不知夏時之與周正異也。大抵夏術紀中星，察發斂，皆以節氣爲主。周術則以中氣爲主。何承天更以正月甲子夜半合朔雨水爲上元。進乖夏朔，退非周正。故近代推《月令》、《小正》者，皆不與古合。嘗以新法歲差上考《堯典》中星，則所謂四仲月，蓋自節氣之始，至于中氣之終，三十日之内中星耳。後世執著于二分二至中星，是亦誤矣。

其《天周》篇，言諸術天周餘分，古術爲三百六十五度二千五百分，大衍術爲二千五百六十五分，紀元術爲二千五百七十二分，授時術爲二千五百七十五分，皆以漸而增，豈天實有所增哉？特人爲附會之耳。新法削去後人所增之分，以復古術之舊，周天三百六十五度四分度之一，上考下推，無所增損。

其《候極》篇，言自漢至齊、梁先儒談天者，皆謂紐星即不動處，惟祖暅之以儀測，知不動處猶去紐星一度有餘。自唐至宋，又測紐星不動處三度有餘。南宋在臨安測紐星去極約有四度半，《元志》但從三度之説。蓋紐星去極，尚未有定説也。唐開元間測浚儀岳臺，北極出地三十四度八分，《宋志》、《元志》皆云三十五度，或云三十五度弱。大都北極出地四十度太强，太半少强弱，約略爲説。《唐志》云，北極去地大率三百五十餘里而差一度。蓋候極之法，亦未有定也。今擬新法，宜于正方案上周天度内，權以一度爲北極，自此度外，右旋數至六十七度四十一分爲夏至日躔所在，復數至百一十五度二十一分爲冬至日躔所在，旋數亦如之。距二處經中心交實界綫，再中心共五處，各插一針于二至。日午中，向東立案驗景，使三針景合而爲一。如不合則揩起一頭，務使相合。然後懸繩界取中綫，而又取方十字界之，横界上距極若干度，即極出地度及分也。

其《晷景》篇，言自漢太初至于劉宋元嘉，上下數百年間，冬至皆後天三日。何承天立表測景，始知其誤。授時術亦憑晷景爲本，而于曆經不載推術步晷之術，是爲缺略。唐一行曰，日行有南北，晷漏有長短。二十四氣晷差徐疾不同者，句股使然也。今用北極出地度數，弧矢、句股二術以求之，庶盡其原。又隨地形高下，立差以盡其變，前此所未有也。

其《漏刻》篇，言日月帶食出入，五星晨昏伏見，悉因晷漏爲準。而晷漏則隨地勢，南北辰極，高下爲異。元人都燕，其授時術七政出没之早晏，四時晝夜之永短，皆準大都晷漏算定。國初都金陵，故大統術改從南京晷漏，冬至、夏至相差三刻有奇。今推交食分秒，南北東西等差，及五星伏見，皆因元人舊法，而獨改其漏刻，互相舛啎，是以不合也。故新法晷漏從元術所推。

其《日食》篇，言日道與月道相交處有二，若正會于交則食既，若但在交前後相近者，亦食而不既。天之交限，此大率也。又有人之交限。假令中國食既，戴日之下，所虧纔半。化外反觀，則交而不食。何則？日如大赤丸，月如小黑丸，共懸一索。日上而月下，即其下正望之，黑丸必掩赤丸，似食之既。及旁觀有遠近之差，則食數有多寡矣。春分已後，日行赤道北畔，交外偏多，交内偏少。秋分已後，日行赤道南畔，交外偏少，交内偏多，是故有南北差。冬至已後，日行黄道東畔，午前偏多，午後偏少。夏至已後，日行黄道西畔，午前偏少，午後偏多，是故有東西差。日中仰視則高，旦莫平視則低，是故有距午差。食于中前見早，食于中後見遲，是故有時差。凡此諸差，惟日食有之，月食則無也。故推交食，惟日最難。欲推九服之變，則各據其處晷景之短長，辰極之高下，增損其法而後準也。曆經推定之數，徒以中國所見者言之耳。舊云月行内道，在黄道之北，食多有驗。月行内道，在黄道之内，雖遇正交，無由掩映，食多不驗。又云天之交限，雖係内道，若在人之交限之外，類同外道，日亦不食。此説似矣，而未盡也。假若夏至前後，日食于寅卯酉戌之間，人向東北西北而觀之，則外道食分反多于内道矣。此前賢所未發，而舊術亦略不及此。欲創新法以補其所未備，揆之于理，似密于前，但未遇其期以親驗之耳。始發其端，後人或因此説而悟其理，亦易于修改也。日體大于月，月不能盡掩之。或遇食既，而日光四溢，形如金環，故日無食十分之理，雖既，亦止九分有奇而已。授時術謂日食陽限六度，定法六十，陰限八度，定法八十，各置限度，如其定法而一，皆得十分。今于其定法下各加一數，以除限度，則得九分八十餘秒，此其與舊異也。

其《月食》篇，言暗虚者景也，景之蔽月無早晚高卑之易，亦無四時九服之殊。譬如懸一黑丸于暗室中，其左燃一燭，其右懸一白丸，若燈光爲黑丸所蔽，

則白丸不受其光矣。人在四旁視之，所見無不同也。故月食無時差之説，惟紀元術妄立時差，元儒爲其所惑，授時術月食求時差，誤矣。新法月食不用時差，直以定望加時，便爲食甚時刻。

其《五緯》篇，言古法惟知常數，未知有變數之加減。北齊張子信知五緯有盈縮之變，當加減常數，以求其逐日之躔。蓋五緯不由黄道，亦不由月所行道，而出入黄道内外，各自有其道。視日遠近爲遲疾，如里路之徑直斜曲。前世修曆多只增損舊術，未曾實考天度。其法須測驗每夜昏曉、夜半月及五星所在度秒，置簿録之。滿五年，其間剔去雲陰及晝見日數外，可得三年實行，然後可以算術綴之。古之所謂綴術者，此也。

書上，禮部尚書范謙奏：「歲差之法，自虞喜以來，代有差法之議，竟無畫一之規。所以求之者大約有三，考《月令》之中星，測二至之日景，驗交食之分秒。考以衡管，測以臬表，驗以漏刻，斯亦佹得之矣。術家以周天三百六十五度四分度之一，紀七政之行。又析度爲百分，分爲百秒，可謂密矣。然渾象之體，徑僅數尺，布周天度，每度不及指許，安所置分秒哉？至于臬圭之樹，不過數尺，刻漏之籌，不越數寸。以天之高且廣也，而以尺寸之物求之，欲其纖微不爽，不亦難乎？故方其差在分秒之間，無可驗者，至踰一度乃可以管窺耳。此所以窮古今之智巧，不能盡其變與？即如世子言以大統、授時二術相較，考古則氣差三日，推今則時差九刻。夫時差九刻，在亥子之間，則移一日；在晦朔之交，則移一月。此可驗之于近也。設移而前，則生明在二日昏。設移而後，則生明在四日之夕矣。今似未至此也。其書應發欽天監參訂測驗。世子留心術學，博通今古，宜賜敕獎諭。」從之。由是萬年術遂不行。後載堉卒，謚端清。《明史·諸王傳》、《儒林傳》、《曆志》、《聖壽萬年曆》、《律曆融通》。

論曰：歲實之有消長，創于楊德之，而郭若思因之。然加減之差，猶爲平率。載堉易爲相減相乘之術，令差積有倫，視楊、郭兩家尤爲詳密矣。《律術融通》以律吕爻象爲推步之本原，其説固出傅會，而術議諸篇，援引贍博，持論明辨，于授時立法疎密之故，一一抉發無遺。方之趙緣督《革象新書》，實有過之無不及也。當事憚于改作，抑而不行，斯其積習固然，又何足深責耶！

朱仲福

朱仲福，靈壽人也。著《折衷曆法》十三卷。以萬曆九年爲元，折衷授時、大統二術以爲法，蓋節録鄭世子載堉《聖壽萬年曆》也。《欽定四庫全書存目》、《續學堂文鈔》。

范守己

范守己，官職方郎中。神宗三十八年，監推十一月壬寅朔日食分秒時刻不合，守己疏駁其誤。《明史·曆志》。

邢雲路

邢雲路，字士登，安肅人也。神宗庚辰進士。二十三年，官河南僉事。上言：「治曆之事，無踰觀象、測景、候時、籌策四事。今丙申年日至，臣測得乙未日未正一刻，而大統推在申正二刻，相差九刻。且今年立春、夏至、立冬皆適直子半之交。臣推立春乙亥，而大統推丙子；夏至壬辰，而大統推癸巳；立冬己酉，而大統推庚戌，相隔皆一日。若或直元日于子半，則當退履端于月窮，而朝賀大禮在月之二日矣，豈細故耶？閏八月朔日食，大統推初虧巳正二刻，食幾既，而臣候初虧巳正一刻，食止七分餘。大統實後天幾二刻，則閏應及轉應、交應，各宜增損之矣。」欽天監見雲路疏，甚惡之，監正張應候奏詆雲路僭妄惑世。禮部侍郎范謙乃言：「曆爲國家大事，監官拘守成法，不能修改。幸有其人，當和衷共事，不宜妬忌。乞以雲路提督監事，精心測候，以成鉅典。」不報。

三十六年，雲路官陝西按察司副使。是年監推十二月二十一日己卯子正立春。雲路推之，當在二十日戊寅亥初，因作《戊申立春考證》一卷。三十八年，召至京參預曆事。四十四年，獻《七政真數》，言：「步曆之法，必以兩交相對。兩交正，而中間時刻分秒之度數，一一可按。日月之交食，五星之淩犯，皆日月五星之相交也。兩交相對，互相發明，七政之能事畢矣。」天啓元年，復詳述古今日月交食數事，以明授時之疏，證古法之密。章下禮部，四月壬申朔日食，雲路所推食分時刻，與監推互異。自言新法至密，至期考驗，皆與天不合。初，雲路與魏文魁相善，因著《古今律曆考》七十二卷。

其論歷代曆法，言乾象日法宜千四百五十七，而術四百五十七，少千。通法宜四萬三千二十八，而術四萬三千二十六，少二。周天宜二十一萬五千一百三十，而術二十一萬五千一百四十，多十。章月宜二百三十五，而術二百四十五，多十。皆史書誤刻也。

其論歷代日食，言元至元十九年六月朔交二十四日有奇，不入食限，不應食。七月戊午朔交九刻，入食限，是日巳時日食合，何《元史》重載六月朔日食耶？從古無比食之理，郭守敬論之詳矣。豈以守敬十八年方定授時而不辨

此？此必修史者誤書之也。

其辨授時術之失，言《元史》載郭守敬取劉宋祖沖之所測大明術冬至前後晷景，折取其中，定爲冬至。授時新術所測冬至，實減大明術一十九刻二十分。自大明壬寅距至元戊寅，積日時以相距之年除之，得每歲三百六十五日二十五分二十五秒，比大明術減去一十一秒，實爲授時歲實。今余以法考之不合。查趙知微術歲策三百六十五日二十四分三十六秒，實先授時一十一秒。以推至元辛巳冬至，得五十五日二十五刻，較郭太史所測夜半後六刻，先天一十九刻。守敬用大定庚子距積一百一年之數，推爲歲實，乃紀之史册云，予自大明壬寅距積八百餘年之數所定，不惟欺人，且自欺矣。又言授時求盈縮、遲疾差立二法。一術不拘整年半日，畸零時刻，以平立定三乘之爲密。一術則用加分損益積度，乃以二日對減之，餘乘時刻之零數，則分秒有不合爲疏也。既有前三乘密術，何故又立後術，遂使今之司天者不能算三乘方之難，而但從加分損益積度之易，以致步術不明，則後術俑之耳。又言日食爲月所掩，人以目視，九服不同，故有時差分。月食行入暗虚，異地所見皆同，宜無時差。故宋應天等術直以定望小餘爲食甚定分，而紀元術則立時差，授時術因而未革，非也。然授時時差之説固非，而揆之以密率，則月亦有時差焉。其時差者，乃人處其偏，日出入分早晚不一，則人目所視，去日月對衝之中心，少頃方至，微有差殊也。又言《元史》載授時求月食既，法以内分與二十分相減相乘，平方開之，所得以五千七百四十乘之，如定限行度而一爲既内分，非也。蓋日大月之半，故日食定法二十分，月食定法三十分，半之爲十五分，乃月食既分。如月食十分以上者，去其十分，餘爲既單分。是月西邊與日西邊齊至日東邊，所食之數，爲既單分也。以既單分用減月食既分十五分，餘復以單分乘之，平方開之，所得以四千九百二十乘之，如定限行度而一，爲既内分，用減定用爲既外分爲是。若如授時以既内分與一十分相減相乘，未有既數，先安得有既内分一十分已過之數，又與既分無預，何以相減相乘爲也？且二十四刻二十分者，以昏至曉夜六時，因每時八刻二十分之數爲夜定法也。若五十七刻四十分者，乃以曉至昏七時，因每時八刻二十分所得之數，爲晝定法也。晝定法乃推日食所用者，而守敬誤用以推月食定用分并食既分，非其類矣。今欽天監所用四十九刻二十分却是。又言授時五星之數，止録舊章，并未測驗，多所舛錯。

其辨大統術之失，言元授時冬至初日在箕宿十度，今退至箕五度，以推天正赤道變黃道。宜以冬至初日下赤道率度一度零八六五而一，即得黃道度。今大統推冬至初日，認箕五度作至後五度，遂用至後五度下率不及減，以四度下率一度零八四九減之，則大謬不然矣。又言授時至元辛巳，黃道日度十二，交界至今三百餘年，宜另以赤道變黃道，以合今時在天宫界。而欽天監茫然莫覺，若此尚可以爲術乎？又言元大都即今順天府，授時測景，夏至晝六十二刻，夜三十八刻。洪武初，南京測景，夏至晝五十九刻，夜四十一刻。今欽天監以授時大都之法，布洪武南京之刻漏，冬、夏二至各差三刻。以故正統十四年曆冬夏至六十一刻。想監官以漏記之，覺其差而改者，而不知爲順天測景宜然之數也。又言大統止遵舊法，一無改測。元統并其消長削去之，以致中節相差九刻有奇。兼以閏轉交三應，雖經元甲午一改，而猶未親密，所當再正。

其論圓周徑率，言古率、徽率、沖之率皆未善，須以圓取實量圓中求徑，乃得真率。圓徑相取，皆三一二六爲率。虚實積取率，皆十三爲準。其説與文魁所著《曆元》、《曆測》多相爲表裏云。《明史·曆志》、《欽定四庫全書總目》、《古今律曆考》。

論曰：雲路于授時、大統得失，非一無所知者。而所著《律術考》，欲侈卷帙之多，乃援經史以張其説，宜梅徵君之不滿之也。蓋文章繁富，本無當于實學，以之爲欺世之具，而世人不必欺，一二知者又終不受其欺。然則著作等身，而一無心得，亦何益哉？

魏文魁

魏文魁，自號玉山布衣，滿城人也。著《曆元》、《曆測》二書。崇禎四年六月，命其子象乾進曆書于朝。通政司送局考驗，經光啓駁之，語見《光啓傳》。時欽天監在局學習官生周允、賈良棟、劉有慶、周良琦、朱國壽、潘國祥、朱光顯、朱光燦，及訪舉庠生鄔明著等，共排文魁。文魁更申前説，以答光啓曰：一議交食。據崇禎四年四月十五日月食，魁以第二男星乾、第二孫理漕候漏測驗。魁以法推得分秒，以著《曆元》，乞貴局大方家更正。咨云，獨崇禎二年五月乙酉朔日食，《曆測》稱三分九秒初虧，巳初刻，是刊書者誤也。魁之原稿所存日食一分三十九秒，復圓午初三刻。將日食分秒，作成定用，倍而減之，初虧自見。一議冬至。據《曆測》不用加減歲實，亦不用大統歲實，而用金大明術歲實，非余用也。余之所用歲實者，不假思索，皆從天得。《曆元》著明，千載合天，誠不謬也。一議歲。實自漢以來，代有減差。至授時術減爲二十四刻二十五分。郭守敬自

言自大明壬寅歲距至元辛巳，八百一十九年，似積年而一積日得歲實，非減而得之也。守敬止有這一長處。其月策轉終，交終交泛等，并皆仍舊矣。百年消長各一，決不可用。魁用衆君子所測，今年辛未歲天正冬至甲午日夜半後五十分爲應，上距大明壬寅歲一千一百六十九年，乘歲實三百六十五日二十四刻二十七分，得中積減氣，應以甲子去之，餘以減甲子得乙酉日二十九刻天正冬至，與天合。又以授時至元辛巳三百五十年，乘歲實得中積減氣，應以甲子去之，餘以減甲子，得己未日夜半後六刻冬至，與天合。一議句股弧矢。術家之斧斤繩尺也，猶用圍三徑一，是術一誤，何所不誤？貴局責誤者，不責其源清，而責流濁。余所著句股弧矢三乘之術，已誤三百五十餘年，起于元李冶，其後郭守敬遵而用之。既然圍三徑一之誤，必也用太乙之文三而一二一三之數也。弧矢割圓三乘之誤，貴局定有良見，著爲書，何如使魁收入《曆元》，以傳後世？一議夏冬二至不爲盈縮之定限。殊不知冬至盈初，夏至縮初，春分前二日四十刻，秋分後二日四十刻，盈縮遞換，即爲末限二日四十刻者，自平立定三差而來曰極差。一議太陰而用圭表所測，是真遲疾者。何云非？夫測太陰，非太陽之比也。四年半測高，四年半測低，九年一率遲疾一更。今以尖圓法得平立定三差，盈縮遲疾，咸備在《曆元》卷之三天啓癸亥歲日低月高之會測法細録。貴局查之。一議日食。謂在正午則無時差，是也。所謂時差者，言旦夕不言距度也。食在夕者酉初一刻，時差多定朔小餘，必在七十二刻，時差六刻有奇。食在晨者卯正三刻，定朔小餘，必是二十八刻，時差六刻有奇。食在午正初刻者，定朔小餘，必是五十刻，則時差自何而來？在《曆元》二卷中論之甚明，是貴局非也。一議日食限定爲陰曆距交八度，陽曆距交六度，亦是也。是距交前後二度相并也。自陰陽八度六度之前後，漸漸而寬，寬至六度，漸漸而窄，窄至距交，陰八陽六，二度相并，乃食之所也。弧矢三乘尖圓之法，正謂此云。一議《曆測》云宋元嘉六年己巳十一月己丑朔日食不盡如鈎，晝星見。貴局言南宋都金陵三千里。郭術造于燕，去河北止千里，非三千里，不可辨論，何謂也？貴局報今年四月望月食，朝鮮虧時，與山西太原同，則可知矣。夫北極出地，南北異，東西同。求日出日入則可，若交食時刻相同，則不然矣。

七年，文魁上言曆官所推交食節氣皆非是，于是命文魁至京測驗。是時言術者四家，大統、回回外，以西洋爲西局，文魁爲東局。言人人殊，紛若聚訟。李天經督修新法，又駁文魁之謬，法遂不行。《明史・曆志》、《新法算書》。

論曰：文魁主持中法，以難西學，然其造詣較唐宋術家，固已遠遜，反覆辨論，徒欲以意氣相勝，亦多見其不知量矣。至謂歲實之數，「不假思索，皆從天得」，可以「千載合天」，自欺乎，欺人乎！其悠謬誕妄，真不足與較也。

程大位

程大位，字汝思，號賓渠，新安人也。著《算法統宗》十四卷。以古《九章》爲目，後以難題附之。《算法統宗》。

論曰：大位算學未能深造，故其爲術類多舛錯。然雜采諸家，往往有宋、元以來相傳舊法，如仙人換影之等，非所能造也。卷末《算經源流》一篇，明代算家略具。今列如左，覽者得以考焉：

臨江劉士隆《九章通明算法》，江寧夏源澤《指明算法》，錢塘吴信民《九章比類》，京兆劉洪《算學通術》，金陵許榮《九章詳註算法》，鄱陽余進《九章詳通算法》，福山鄭高昇《啓蒙發明算法》，吴橋馬傑《改正算法》，吴興顧應祥《句股算術》、《弧矢弦術》，金臺張爵《正明算法》，寧都陳必智《算理明解》，會稽林高《訂正算法》，宛陵楊溥《算林拔萃》，銀邑金楷《一鴻算法》，新安朱元濬《庸章算法》。

梅文穆公曰：「書目雖多不存，俾後學知古今從事于斯者不少。庶知所興起，其有功于算學甚鉅也。」

清・阮元《疇人傳》卷三二　明四

周子愚

周子愚，官五官正。時西洋人利瑪竇、龐迪莪、熊三拔，及龍華民、鄧玉函、湯若望等，先後至京師，皆精究天文曆法。子愚因上言：「迪莪、三拔等，携有彼國曆法，以中國典籍所未備者，乞視洪武中譯西域曆法例，取知曆儒臣率同監官，將諸書盡譯，以補典籍之缺。」《明史・曆志》。

李之藻

李之藻，字振之，號涼庵，仁和人也。神宗戊戌進士。官南京工部員外郎。時大統法浸疏，禮部因奏請精通曆法如邢雲路、范守己爲時所推，請改授京卿，共理曆事。翰林院檢討徐光啓、南京工部員外郎李之藻亦皆精心曆理，可與西洋人龐迪莪、熊三拔等，同譯西洋法，俾雲路等參訂。疏入，留中。未幾雲路、之藻皆召至京師，參預曆事。雲路據其所學，之藻則以西法爲宗。四十一年，之藻已改銜南京太僕少卿。上言迪莪、三拔及龍華民、陽瑪諾等諸人，俱以穎異之資，洞知曆算之學，攜有彼國書籍極多，久漸聲教，曉習華音。其言天文術數，有

我中國昔賢所未及道者。一曰天包地外，地在天中，其體皆圜，皆以三百六十度算之。二曰地面南北北極出地高低度分不等。三曰各處地方所見黄道，各有高低斜直之異，故其晝夜長短亦各不同。四曰七政行度各爲一重天，層層包裹。五曰列宿在天，另有行度，二萬七千餘歲一周。六曰五星之天，各有小輪，原俱平行，特爲小輪旋轉于大輪之上下，故人從地面測之，覺有順逆遲疾之異。七曰歲差分秒多寡各有定算，其差極微，從古不覺。八曰七政諸天之中心，各與地心不同處所，人從地面望之，覺有盈縮之差。九曰太陰小輪，不但算得遲疾，又且測得高下遠近大小之異。交食多寡，非此不確。十曰日月交食，隨其出入高低之度，看法不同。十一曰日月交食，人從地面望之，東方先見，西方後見。凡地面差三十度，則時差八刻二十分。而以南北相距二百五十里差一度，東西則視所離赤道，以爲減差。十二曰日食與合朔不同，凡出地入地之時，近于地平，其差多至八刻，漸近于午，則其差時漸少。十三曰日月食所在之宫，每次不同，皆有捷法定理，可以用器轉測。十四曰節氣當求太陽真度，如春秋分日，乃太陽正當黄、赤二道相交之處，不當計日均分。凡此十四事者，臣竊觀前此天文曆志諸書，皆未論及。惟是諸臣能備論之，觀其所製窺天、窺日之器，種種精絶。昔年利瑪竇最稱博覽超悟，其學未傳，溘先朝露，士論至今惜之。今迪我等鬚髮已白，年齡向衰，失今不圖，政恐後無人解。伏乞敕下禮部亟開館局，首將陪臣迪我等所有曆法，照依原文譯出成書。其于鼓吹休明，觀文成化，不無裨補也。崇禎二年七月，詔與大學士徐光啓同修新法。

之藻先從利瑪竇游，盡得其學。著《渾蓋通憲》二卷。言渾蓋舊論紛紜，推步匪異。爰有通憲，範銅爲質，平測渾天。截出，下窺遥遠之星，所用固僅倚蓋，是爲渾度蓋模，通而爲一。面爲俯視圓象，背則璇璣玉衡，中樞兼有南北二極，系以窺筩，及定時衡尺，其上弁以提紐，用則懸之。儀之陽有數層，上爲天盤，其下皆爲地盤，各俱中規，三規爲赤道内外，二規爲南至北至之限，而黄道絡于内外二規之間。天盤渾似天體，用黄道以紀太陽周天之度，度分三百六十，剖爲十二宫二十四氣。其度斜刻，緊切地盤，以便觀覽。錯以經星，星不具載，載其最明鉅者，各以針芒所指爲準。地盤隨地更换，各視所用地方。北極出地之度爲率，其盤分地上、地下二限。最下一曲綫，爲晨昏界。稍升一曲綫，爲出地、入地之界。自此以上，度數以漸平升，直至天頂，匀爲九十度，以觀太陽列宿。漸升漸降，所到其中央一直綫，則當子午之中。其過頂一曲綫，結于赤道卯酉之交者，則爲正東西界。其餘方向，皆有曲綫定之。近北窄而近，南寬，蓋若置身天外斜望者然。其晨昏界下諸曲綫，分爲五停。又爲夜漏之節云，儀之陰中分十字界，其衡界以分入地、出地之限。其最上近紐處，爲天中外規周分三百六十度，自地上至天頂，左右俱鐫九十度。中央運以睍筩，筩立兩表，各有大、小二竅，以受太陽列宿之影，以觀其影離地而上，得幾何度。其三百六十度，每三十度作一宫，内次層則分三百六十五度四分之一，以具歲周全數。備刻節氣列宿，以與外盤相準爲用，皆以窺筩審定，此爲太陽行實度也。中央上截另爲分時小軌，下截方儀，以句股測遠近高深，各法詳具圖説，凡十有八篇。總見大圜之體，環中無窮，規繩曲中，不可思議。又著《同文算指前編》二卷、《通編》八卷、《圜容較義》一卷，皆譯西人利瑪竇之書也。其《同文算指序》略曰：「西儒利瑪竇先生，精言天道，旁及算指，其術不假操觚，第資毛穎。」又曰：「薈輯所聞，釐爲三種。《前編》舉要，則思已過半。《通編》稍演其例，以通俚俗。間取《九章》補綴，而卒不出原書之範圍。《别編》則測圜諸術存之，世行天學初函，之藻所彙刻也。」崇禎四年，卒于官。《明史》本傳、《曆志》、《明史稿・曆志》、《明史紀事本末》、《渾蓋通憲圖説》、《圜容較義》、《同文算指》。

論曰：西人書器之行于中土也，之藻薦之于前，徐光啓、李天經譯之于後，是三家者皆習于西人，亟欲明其術而惟恐失之者也，當是時，大統之疏闊甚矣，數君子起而共正其失，其有功于授時布化之道，豈淺小哉！

徐光啓　冷守忠

徐光啓，字子先，上海人也。神宗二十五年舉鄉試第一，又七年成進士，由庶吉士歷贊善。從西洋人利瑪竇學天文推步，盡得其術。爲譯《幾何原本》、《測量法義》等書。言：「《幾何原本》者，度數之宗，所以窮方圓平直之情，盡規矩準繩之用也。利先生從少年時留意藝學，其師丁氏又絶代名家，以故極精其説。而與不佞遊久，講譚餘暑，時時及之。因請其象數諸書，更以華文。獨謂此書未譯，則他書俱不可得論，遂共譯其要約六卷。既卒業而復之，由顯入微，從疑得信，蓋不用爲用，衆用所基，真可謂萬象之形囿，百家之學海矣。是書以當百家之用，猶其小者，有大用于此，將以習人之〔靈〕才，令細而確也。」又言：「西泰子之譯測量諸法也，十年矣，法而系之義，自歲丁未始。曷待乎？于時《幾何原本》始卒業，至是而後得傳其義也。是法也，與《周髀》、《九章》之句股測望不異，何貴焉？亦貴其義也。」光啓又引伸《測量法義》，作《句股義》一卷，言：「句股

遺言見于《九章》中，凡數十法，不出余所譔正法十五條。元李冶廣之作《測圜海鏡》，近顧司寇應祥爲之分類釋術，余欲爲説其義，未遑也。其造端第一論，則此篇亦略具矣。《周髀》爲算術中古文第一，故爲采摭要語，弁諸篇端。至于商高問答之後，所謂榮方問于陳子者，言日月天地之數，則千古大愚也。」天啓三年，擢禮部右侍郎。

崇禎二年五月乙酉朔日食，光啓依西法預推，順天府見食二分有奇，瓊州食既，大寧以北不食。大統推算三分有奇，回回推算五分有奇。已而光啓法驗，餘皆疏。帝切責監官。時五官夏官正戈豐年等言：「大統乃國初監臣元統所定，即元太史郭守敬授時術也。二百六十年來，按法推步，一毫未嘗增損。授時之法，古今稱爲極密。然依其本法，尚不能無差。守敬以至元十八年成術，越十八年爲大德三年八月，已推當食不食。六年六月，又食而失推。時守敬方知太史院事，亦付之無可奈何。彼立法者尚然，況斤斤守法者哉？今欲循守舊法，向後不能無差。欲行修改，更非淺陋所及。」于是禮部奏請開局修改，乃以光啓督修新法。敕曰：「西法不妨于兼收，諸家務取而參合。用人必求其當，製象必竅其精。責有攸歸，爾其慎之。」

光啓乃上修曆法十事，其一，議歲差，每年東行漸長漸短，以正古來百年、五十年、六十年等多寡互異之説。其二，議歲實小餘，昔多今少，漸次改易，及日景長短歲歲不同之因，以定冬至，以正氣朔。其三，每日測驗日行經度，以定盈縮加減真率，東西南北高下之差，以步日躔。其四，夜測月行經緯度數，以定交轉遲疾真率，東西南北高下之差，以步月離。其五，密測列宿經緯行度，以定七政盈縮、遲疾、順逆、違離、遠近之數。其六，密測五星經緯行度，以定小輪行度遲疾、留逆、伏見之數，東西南北高下之差，以推步淩犯。其七，推變黄赤道廣狹度數，密測二至距度，及月五星各道與黄道相距之度，以定交轉。其八，議日月去交遠近及真會、似會之因，以定距午時差之真率，以正交食。其九，測日行、考知二極出入地度數，以定周天緯度，以齊七政。因考月食，知東西相距地輪經度，以定交食時刻。其十，依唐、元法，隨地測驗二極出入地度數，地輪經緯，以定晝夜晨昏永短，以正交食有無多寡先後之數。

又修曆用人三事：其一，臣部所舉南冏臣李之藻已蒙録用外，果有耑門名家，亦宜兼收簡用。其二，西洋天學臣利瑪竇等，曾經部覆推舉，今其同伴鄧玉函、龍華民現居賜宇，必得其書、其法，方可較正增補。若以大統法與之會通歸一，則事半而功倍矣。其三，合用人員外有訪求招致者，聽臣部類齊考試，各取所長，不致濫收糜費。

又修曆急用儀器十事：一，造七政象限大儀六座；二，造列宿紀限大儀三座；三，造平渾懸儀三架；四，造交食儀一具；五，造列宿經緯天球儀一架；六，造萬國經緯地球儀一架；七，造節氣時刻平面日晷三具；八，造節氣時刻轉盤星晷三具；九，造候時鐘三架；十，裝修測候七政交食遠鏡三架。奏可。

九月癸卯開局。又徵西洋人湯若望、羅雅谷等譯書演算。是月，光啓進本部尚書十月十七日測驗月食，臺官用器不同，測時互異，有旨較勘畫一。光啓因言：「臣等竊照定時之法，當議者五事：其一，壺漏等器規制甚多，今所用者水漏也。然水有新舊滑澀，則遲疾異。漏管有時而塞，有時而磷，則緩急異。定漏之初，必于午正初刻，此刻一誤，無所不誤，雖調品如法，終無益也。故壺漏者特以濟晨昏陰雨儀表所不及，而非定時之本。所謂本者，必準于天行，則用儀表以測日星是已。其二，指南鍼者，今術恒用以定南北，辨方正位，皆取則焉。然所得子午非真，今以法考之，實各處不同。在京師則偏東五度四十分。若憑以造晷，則冬至正午先天一刻四十四分有奇。今觀象臺日晷一座，及正方案，以法考之，正方案偏東二度，日晷先天半刻。據此以候交食時刻，其失不盡在推步也。今但用表臬或儀器，以求子午真綫，與舊晷較勘，差數立見矣。其三，臬表者，即《周禮》匠人置槷之法，識日出入之景，參之日中之景，以正方位。今法置小表于地平，午正然後累測日景，以求相等之兩長景，即爲東西。因得中間最短之景，即爲真子午也。其四，本臺原有立運儀，以測驗七政高度，臣等即用以定子午，于午前累測日高度分，因最高之度，得最短之影，此午正時南北真綫也。其五，造成平面日晷，依前儀器表臬南針三法，參互考合，務得子午卯酉真綫，因以分布時刻，加入節氣諸綫，即成平面日晷。若今所用圓石欹晷，是爲赤道晷，亦用所得子午綫較定。此二晷者皆可得天正時刻，所謂晝測日也。若測星用重盤星晷，上盤書時刻，下盤書節氣，展轉相加，依近極二星，用時指垂權，測知天正時刻，所謂夜測星也。惟表、惟儀、惟晷，悉本天行，私智謬巧無容其間，故可爲候時造曆之準式也。今若準儀、準表、準針，任用一事，以造日星二晷，又因二晷以較定壺漏，令遲疾如意，則天正時刻，人人通知，在在畫一矣。如此而交食尚有先後，則失在推步也。然而推步之學，其中事理有須申明奏聞者。授時之法，三百五十年略無修正，近蒙聖主加意釐正，而諸臣見臣等著述稍繁，似有畏難之

意，不知其中有理，有義，有法，有數。理不明不能立法，義不辨不能著數，明理辨義，推究頗難，法立數著，遵循甚易。所謂明理辨義者，在今日則能者從之，在他日則傳之其人，令可據爲修改地耳。如舊用測圓術求距度一率，即須展轉乘除，窮日之力，而臣等翻譯原文二萬一千六百率，又改從大統，加減演算爲三萬六千率，用之推步，展卷即得。其他諸術，亦多類此。此則今之愈繁，乃後之愈簡。以臣等之甚難，開諸臣之甚易也。」

光啓進《曆書總目》一卷、《日躔術指》一卷、《測天約説》二卷、《大測》二卷、《日躔表》二卷、《割圓八綫表》六卷、《黄道升度表》七卷、《黄赤道距度表》一卷、《通率表》二卷。言：「邇來諸臣頗有不安舊學志求改正者，故萬曆四十年有修術譯書，分曹治事之議。夫使分曹各治，事畢而止，大統既不能自異于前，西法又未能必爲我用，亦猶二百年來分科推步而已。臣等愚心以爲欲求超勝，必須會通，會通之前，必須翻譯。蓋大統書籍絶少，而西法至爲詳備。且又近今數十年間所定，其青于藍、寒于水者，十倍前人。又皆隨地異測，隨時異用，故可爲目前必驗之法，又可爲二三百年不易之法，又可爲二三百年後測審差數因而更改之法，又可令後之人循習曉暢，因而求進，當復更勝于今也。翻譯既有端緒，然後令甄明大統，深知法意者，參詳考定，鎔彼方之材質，入大統之型模。臣惟兹事義理奥賾，法數盈繁，述叙既多，宜循節次，事緒尤紛，宜先基本。今擬分節次六目：一曰日躔術；二曰恒星術；三曰日離術；四曰日月交會術；五曰五緯星術；六曰五星交會術。基本五目：一曰法原；二曰法數；三曰法算；四曰法器；五曰會通。一切翻譯譔著，區分類别，以次屬焉。」夏四月戊午夜望月食，光啓預推分秒時刻方位，奏言：「日食隨地不同，則用地緯度算，其月食多少，用地經度算。其加時早晏，月食分秒，海内并同，止用地經度推求先後時刻。臣從輿地圖約略推步，開載各布政司月食初虧度分，若食分多少既，天下皆同，則餘率可類推，不若日食之經緯各殊，必須詳備也。又月體一十五分，則盡入闇虚，亦十五分止耳。今推二十六分六十秒者，蓋闇虚體大于月。若食時去交稍遠，即月體不能全入闇虚，止從月體，記其分數。是夕之食，極近于交。故月入闇虚十五分，方爲食既，更進一十一分有奇，乃得生光。故爲二十六分有奇。如回回術推十八分四十七秒，略同此法也。」

八月，又進《測量全義》十卷、《恒星曆指》三卷、《恒星曆表》四卷、《恒星總圖》一摺、《恒星圖像》一卷、《揆日解訂訛》一卷、《比例規解》一卷。冬十月辛丑朔日食，新法預推順天見食二分有奇。河南、陝西、山東俱見食一分，南京以南不食，大漠以北食既。例京師見食不及三分不救護。光啓言：「月食在夜，加時早晚，苦無定據。惟日食明白易曉，按晷定時，無可遷就。故術法疏密，獨此最爲的證。況臣等翻譯纂輯，漸次就緒。而向後交食爲期尚遠，此時不一指實，與該監臣明白共見，即曆成之後，無憑取驗。非獨此也，是日之必當測候有四説焉。按日食有時差，舊法用距午爲限，中前宜減，中後宜加，若日在正中則不用加減。故臺官相傳，日食時差多在早晚，日中必合。獨今此食既在日中，而加時則舊術在後，新術在前，當差三刻以上。所以然者，七政運行皆依黄道，不由赤道。舊法所謂中，乃赤道之午中，而不知所謂中者，黄道之正中也。黄、赤二道中，獨冬、夏二至乃得同度，餘日漸次相離。今十月朔去冬至度數尚遠，兩中之差二十三度有奇，豈可乃因食限近午不加不減乎？若食在二至，果可無差。即食于他時，而不在日午，即差之原尚多難辨。適際此食，又值此時，是可驗時差之正術。一也。交食之法既無差誤，及至臨期實候，其加時又或少有後先，此則不因天度而因地度。本方之地經度未得真率，則加時難定，必從交食時測驗數次，乃可較勘畫一。今此食依新術測候，其加時刻分，或先後未合，當取從前所記地經度斟酌改定。此可以求里差之真率。二也。時差一法，但知中無加減，而不知中分黄道。今一經目見，一經口授，人人知加時之因黄道。一時發覆，蹊徑了然。此足以明學習之甚易。三也。監臣之所最苦者，詆爲擅改，不知即欲改不能。如時差等術，必因千百年之測候而後立法，即守敬不能驟得之，況諸臣乎？此足以明疏失之非辜。四也。」帝是其言。至期光啓與欽天監秋官正周允，五官司書劉有慶，漏刻博士劉承志，天文生周士昌、薛文燦，西洋人羅雅谷、湯若望等，預點定日晷，調定壺漏，以測高儀器推定日晷高度。又于密室中斜開一隙，置窺筩眼鏡，以測虧復，畫日體分數圖板，以定食分。其食甚時刻高度密合，而分數未及二分，于是光啓言：「今食甚之度分密合，則經度里差似已的確，無煩改更。獨食分未及原推者，蓋因曝光閃爍。惟食及四五分以上者，乃得與原推相合，故食一分内外者與不見食同，則二分有奇者，所見宜不及二分也。」

五年四月，光啓又進《月離曆指》四卷、《月離曆表》六卷、《交食曆指》四卷、《交食曆》二卷、《南北高弧表》一十二卷、《諸方半晝分表》一卷、《諸方晨昏分表》一卷。五月，光啓以本官兼東閣大學士。九月十四日己酉月食，監推初虧在卯初一刻，光啓等推在卯初三刻，回回科推在辰初初刻，三法互異。有旨詰問，至

期雲氣隱蔽，無憑測驗。光啓因具陳三法不同之故，言：「交食之法，先求平朔望。平朔望之算，起于曆元。今法本用授時術，以至元辛巳爲曆元，當時所立四應稍有未合。臣等新法，以崇禎元年戊辰爲曆元，兩者相推，已推得舊法後六十五分爲半刻有奇矣。既得平朔望，以求定朔望，定朔望即日月食之食甚定分也。法以日躔盈縮、月轉遲疾，推其各差，又以兩差之較爲加減時差，用以加減于平數，得定數焉。時九月十四日夜望，則太陽在縮限。而授時法縮限起夏至，不知日有最高、有夏至兩行異法，縮限宜從最高起也。惟宋紹興年間兩行同度。郭守敬後此百年，去離僅一度有奇，故未及覺。今最高一行已在夏至後六日有奇，以推縮差，則舊法後天一十八分有奇也。是日太陰在疾限。遲疾之法，授時止論一轉周，新法謂之自行輪，月自行之外又有兩次輪，以次密推，則舊法疾限先天二度有奇，以推疾差，又後天四十分也。次以縮疾兩差相較，變爲時而求定望，宜用減法。舊法則一推而得四十八刻九十分，新法再推先得四十一刻一十三分有奇，次得四十四刻八分。兩得相較，又差三刻弱。故舊法之食甚定分得二十八刻弱，新法得三十刻弱。以推初虧，則舊法在子正後二十二刻二十二分，爲卯初一刻。新法在子正後二十二刻五十九分，爲卯初三刻。此舊法與新法異同之因也。若回回術又異二法者，臣等實未能盡曉其故，僅知彼曆元爲阿剌必年，與隋開皇相值，去今一千三十餘載矣。年遠數殊，意其平朔望亦未必合也。即以減分論，則是太陽縮限在四宫一度。依彼法得縮差一度四十一分，新法得一度四十三分，其差二分。太陰疾限在十宫十七度，依彼法得疾差二度一十九分半，新法得三度六分，其差一十三分半。兩差相并，得十五分半。變爲時約，彼法在新法後四刻，今差五刻者，意其緣正在曆元四應，否則創法之處距西一萬餘里，或里差又未合也。三家所報，各依其本法。欲辨其疏密，則在臨食之時，實測實驗而已。今已往之事無復可論，將來準法似須商求。其所求者蓋有二端。其一曰食分多寡，按交食法中不惟推步爲難，并較驗亦復未易。臣前疏嘗言日食時陽晶晃耀，每先食而後見，月食時遊氣紛侵，每先見而後食。蓋食者二體相交之謂也，日食既交，因其光大，人目未見，必至一分以上乃得見之。月食未交，闇虚之旁先有黑影侵入于月，及其體交，反無界限，故推步無舛謬。而較驗多任目，任意揣摩影響，不能灼見分數，以證原推，得失亦無繇知。如宋臣周琮所定差天一分以下爲親，二分以下爲近，三分以下爲遠。非苟自恕，蓋其術止此而已。今欲灼見食分，有近造窺筩新法。日食時，用于密室中，取其光影映照尺素之上，自初虧至復圓，所見分數界限真確，畫然不爽。月食不能定其分秒之限，然二體離合之際，鄞鄂著明，中間色象，亦與日測迥異，此定分法也。其一曰加時早晚。定時之術，相傳有壺漏，爲古法。近有輪鐘，爲簡法。然而調品皆繇人力，遷就可憑人意，故不如求端于日星。晝則用日，夜則任用一星，皆以儀器測取經緯度數推算得之，是爲本法。其驗之則測日有平晷新法，測星有立晷新法，皆礱石範銅，鑱畫數度節氣時刻，一一分明，以之較論交食，皆于本晷之上。某時某刻，先期注定，至時徵驗，是合是離，灼然易見，此定時法也。二法既立，一遇交食，凡古今諸術得失疏密，如明鏡高懸，妍媸莫遁矣。月食諸史不載，所載日食，自漢至隋凡二百九十三，而食于晦日者七十七，晦前一日者三，初二日者三，其疏如此。唐至五代凡一百一十，而食于晦日者一，初二日者一，初三日者一，稍密矣。宋凡一百四十八，則無晦日，更密。猶有推食而不食者十三。元凡四十五，亦無晦食。猶有推食而不食者一，食而失推者一，夜食而書晝者一。至加時先後至四五刻，當其時已然，至今遵用，安能免？此乃守敬之法，三百年來世共歸推，以爲度越前代。何也？高遠無窮之事，必積世累時，乃稍晃端倪。故漢至今千五百歲，立法者僅十有三家。蓋于數十百年間一較工拙，非一人之心思智力所能黽勉者也。守敬集前古之大成，加以精思廣測，故所差僅四五刻，比于前代洵爲密矣。若使守敬復生今世，欲更求精密，計非苦心極力，假以數年，恐未易得。何可責于沿襲舊法如諸臺臣者乎？」

六年十月，光啓以病辭局務，薦李天經以竣其事。逾月，光啓卒，贈少保，謚文定，後加贈太保。

先是，三年，巡按四川御史馬如蛟薦資縣諸生冷守忠執有成書，言論娓娓，抄録原書送局。光啓力駁其謬，言：「曆法一家，本于《周禮》馮相氏會天位，辨四時之叙，于他學無與也。從古用大衍，用樂律，牽合傅會，盡屬贅疣。今用皇極經世，亦猶二家之意也。此則無關工拙，可置勿論。惟是術之始事，先定氣朔，術之終事，必驗交食。今崇禎四年辛未歲前冬至，大統術推在庚午十一月十八日亥正一刻。本部從前推步，臨期測驗，定在十九日丑初一刻五分四十一秒，則于大統術已是先天一十二刻有奇。而于來術所推在酉初四刻，又先大統一十六刻，則比于本部新法，其先二十八刻有奇。燕越蒼素不啻遠矣。然而此事奥賾難宣，逝駒莫挽。彼此是非，孰從定之，亦姑未論。獨辛未年日月交食，此可預推，尤難掩覆，合離疏密，此不可以口舌争也。考是年四月十五日月食，新法

所推食限二十六分六十秒。四川成都府初虧在子正初刻九十一分一十三秒，食既在丑初一刻二十六分六十七秒，食甚在丑正初刻七十零分六十三秒，生光在寅初初刻二十六分四十零秒，復圓在寅正初刻五十分七十三秒。復圓之時，月輪尚在地平上一十五度有奇。來術云加時在晝，則相左之甚，而明白易見。時日既在指顧，事理又若列眉，令本生至期候驗，如果加時在晝，則其法敻絶千古，當盱衡俟之。若或在夜，則尚宜虚心習學，以成先志。」已而四川報守忠所推月食實差二時，而新法密合。

四年，魏文魁進所著《曆元》、《曆測》于朝，通政司送局考驗。光啓作「二議七論」詰之。一議交食。言據單開崇禎四年四月十五日夜望月食，今考驗食分則爲密合，加時後天一刻亦爲親近。獨二年五月朔日食，臨期實候，得食止二分，初虧巳正四刻，與本部所據新法密合。此修改之議所從起也。今曆測稱三分九秒，初虧巳初三刻，則食多一分，時先五刻。《曆元》稱日食一分二十一秒，初虧午初初刻，則食少一分，加時密合，而兩書自相違異。食差將及二分，加時不啻五刻，此宜再加研察，方可議定成法，以垂永久。至今年十月朔日食，本局新法推食二分有奇，初虧午正一刻，而單開食止九十七秒，初虧未初二刻，則食少一分有奇，加時後天五刻。此法異同，不須争論，宜待臨時候驗，疏密自見。一議冬至。言據《曆測》，不用授時術加減歲實，亦不用大統定用歲實，而用金重修大明術。小餘二十四刻三十六分，則各年冬至宜遞加二十四刻三十六分，方合古來成法。今查《曆元》稱崇禎元年戊辰測己巳歲天正冬至，得癸未日午正二刻。崇禎三年庚午測辛未歲天正冬至，得甲午日子正初刻。兩年之間，實差四十九刻，平分之得二十四刻五十分，亦爲密近。但天啓七年丁卯測戊辰歲天正冬至，得戊寅日卯初二刻。而前推己巳歲天正冬至得午正二刻，則差二十九刻，與小餘不合者四刻六十四分。兩測兩推，必居一誤矣。所宜再加研究，以求必合。其七論，言歲實自漢以來代有減差，至授時減爲二十四分二十五秒，依郭法百年消一，今當爲二十一分有奇。而《曆元》用楊級、趙知微之三十六秒，翻復驟加，與郭法懸殊矣。今詳郭法寖次減率，考古驗今，實非妄作，決宜遵用。而《曆元》所用，又以實測得之。是以確然自信，仍非臆説。二義參差，將何決定，根尋究竟，則皆是也，又皆非也。其中義據，巧曆茫然。所宜極論者一。句股弧矢，曆學之斧斤繩尺也。每測皆尋弧背，每算求弦矢。而今《曆測》中猶用圍三徑一開方求矢之法，此之半徑，則六十度八十七分五十秒之通弦耳。此而可用，則六十度八十七分五十秒之弧，與其通弦等乎？半之，則三十度四十三分七十五秒之弧，又與其正弦等乎？是術一誤，何所不誤！所宜極論者二。冬至、夏至，不爲盈縮之定限。今考日躔春分迄夏至，夏至迄秋分，此兩限中日時刻不等。又立春迄立夏，立秋迄立冬，此兩限中日時刻不等。此皆測量易見、推算易明之事，則太陽盈縮之實限，宜在冬、夏二至之後。而各有時日刻分，代有長消加減。所宜極論者三。舊術言太陰最高得疾，最低得遲，且以圭表測而得之，非也。太陰遲疾是入轉内事，表測高下，是入交内事。若云交即是轉，緣何交終、轉終，兩率互異？既是二法，豈容混推，以交道之高下爲轉終之遲疾也。交轉既是二行，而月行轉周之上，又復左旋。所以最高向西行則極遲，最低向東行乃極疾，正與舊法相反。五星高下遲疾，亦皆准此。所宜極論者四。日食法謂在午正則無時差，非也。時差言距，非距赤道之午中，乃距黄道限東西各九十度之正中也。而黄道限之正中，在午中前後有差至二十餘度者，若依午正加減，烏能必合？所宜極論者五。交食限，定陰限距交八度，陽限距交六度，亦非也。本局考定陰限當十七度，陽限當八度，月食則定限南北各十二度、所當極論者六。《曆測》云，宋文帝元嘉六年十一月己丑朔，日食不盡如鉤，晝星見。今以郭氏授時術推之，止食六分九十六秒，郭術舛矣。不知所謂舛者，何也？若郭術果推得不盡如鉤晝星見，則真舛耳。今云六分九十六秒，乃是密合，非舛也。夫月食天下皆同，日食九服各異，前史類能言之。南宋都于金陵，郭術造于燕中，相去三千里。北極出地差八度，日食分度宜有異同矣。其云不盡如鉤，當在九分左右。而極差八度，時在十一月，則食差當得二分弱，郭術推得七分弱，非密合而何？本局今定日食分數，首言交，次言地，次言時，一不可闕。所宜極論者七。

文魁不服，作《答問》以難光啓，語見《文魁傳》。光啓于是復爲《答客難》曉之，言：崇禎二年五月朔日食，據云刻書者誤也。然原稿未誤者，云食一分三十九秒，亦恐未確。蓋日食一分以下，非人目所能見，是日果食一分三十九秒，則所見極微矣，而通都共覩，實不止一分三十九秒也。今年十月朔，密室所候將及二分，而外間所見止一分以上。此足下所目覩，非其明效邪？又言歲實小餘三十六分。據云，此趙知微重修大明術四餘所用，授時、大統皆仍之，處士亦仍之。則三十六分特用之四餘，不用之氣朔邪，豈四餘氣朔當有兩歲實邪？不知五星之歲實，又與氣朔四餘同邪異邪？處士自云所用歲實「不假思索，皆從天得」，此疑實測所定，果亦近之。然何不少費思索，并定一五星四餘晝一不爽之

歲實，乃猶仍金、元諸人之舊也。又言歲實加減小餘，自漢四分術定爲二十五分，乾象術減爲二四六一八，南宋大明術又減爲二四二八一四，宋統天元、授時術又減爲二四二五。其間七十餘家互有加損。總計之，則自漢至今皆以漸減也。彼皆實測實算，以爲當然，烏得謂元以後遂不應復減者邪？郭云百年減一分，三百五十年來應減三分五十秒，當爲二十一分五十秒。而該局所考，正今之定用歲實乃是二十分四十八秒六十微，即又不及百年而減一分。明理著數，亦猶行古之道也。此則不知者聞之，將大笑且駭，以爲該局所推冬至時刻必且先天若干，亦先大統若干，而又不然。如今歲推壬申年天正冬至，大統得在十一月三十日己亥寅正一刻，而局推在辰初一刻一十八分，乃後于大統一十二刻。用儀器測驗，確與天合，并無乖爽。此爲何故？平歲實非本年冬至可定，真冬至時刻非歲實可推也。此説甚長，更僕未罄。姑就所明通之處士，亦知冬至時刻終古無定率乎。果有定率，則處士所定二十七分，歲歲加增足矣，何爲每測必差？即《曆元》所測定，二三年間便成參錯。此其間得無諉之于儀表未精，測候未確。不知果精果確，乃真見其無定率矣。蓋正歲年與步月離相似，冬至無定率，與定朔、定望無定率一也。朔望無定率，宜以平朔望加減之。冬至無定率，宜以平年加減之。若郭太史所增減之歲實平年也。故新法之平，冬至或在大統前，或在後，其定冬至恒在大統後也。又言句股三乘術非誤也，特徑一圍三不合耳。既稱作者宜自爲清源，奈何沿前人之濁流邪？弧與弦終古無相等之率，無論古率、徽率、密率、太一率，即多分之至萬萬億，猶是弦也，否則外周之切綫也。且弧弦之術，舉手即須，每推一法當數四用之，即以古率推演，已覺太繁，況徽、密已上乎？必若此者，術將卒世而不就矣。該局既已言之，安得無見，又安得無書？第所傳之書，有論説，有立成，有通率，都爲一十六卷八十餘萬言。以入《曆元》，得毋本末不相稱邪。此書爲用甚大，故名《大測》。自當孤行于世，待知者用之。又言舊法冬、夏二至爲盈縮之定限，今云否者。古名術家精詳測候，見春分至立夏行四十五度有奇，立秋至秋分亦行四十五度有奇，其度等，而中間所歷時日不等。又時日多寡，世世不等。因知日行最高度，上古在夏至前，今世在夏至後。六度則夏至後六日，乃真盈縮之限，此即真冬至所自出矣。又言太陰遲疾，用圭表得之。夫太陽用二至前後表景推算，在一二日内或亦近之，若遠，則所得者定非真率，何況太陰？但太陰之遲疾，不在去地高卑，高卑者交道也。九年再測者，亦非測太陰，測月孛也。月交東騖，月轉西馳，兩道違行，是生月孛。孛者，悖也。月轉至是則違天行，故最遲也。九年以内，孛實行天一周，四年半在高，四年半在卑。其測高、測卑之月日太陰，必與孛同度。既得同度，必是最遲。豈因圭表去地高下，爲其遲疾耶？且孛則九年而一周，月則二十七日有奇而一轉。若洞悉交轉之義，即日月自有其遲疾，日日可得其高下，何必九年哉？必九年乃得者，則歲星須十二年，填星須二十九年，歲差須二萬五千餘年，誰能待之？又言日食距午時差，舊法以爲論時則定朔小餘五十刻是也，本局以爲論度則黄道九十度限是也。時與度有離合，食在午中，或近午左右，而推算時刻，乃不合天者，其度限去午左右稍遠故也。又言日食距交限，該局定爲陰限十七度，陽限八度。而云不然，何不考今年十月朔日食甚，距交幾度耶？按是日食甚在未初一刻内五十一分，本月十五日夜望月食食甚在辰初一刻内一十三分，兩食中積爲十四日七十三刻。月食甚時，過正交入陰限一度。依法推得日食甚時，月未至中交十四度强，而食及二分則初入食限，豈非十七度乎？至宋神宗天聖二年甲子歲五月丁亥朔，曆官推當食不食，司天奏日食不應，中書奏表稱賀。乃諸術推算皆云當食，以授時推之亦然。夫于法則實當食，而于時則實不食，此事遂爲千古不決之疑，今當何以解之？按西術日食有變差一法，是日在陰限距交一度强，于法當食。而獨此食，此地之南北差變爲東西差。故論天行，地心與日月兩心俱參直，實不失食。而從人目所見，則日月相距，近變爲遠，實不得食。顧獨汴京爲然，若從汴以東數千里，漸見食，至東北一萬數千里則全見食也。此術于日食法中最爲深賾，論術至此，果所謂得未曾有也。又言據答末後一條，語意難明。如云河北千里，朝鮮虧時等，不知何物。若本部原咨則有二説：一謂南北里差，《元史》稱四海測驗二十七所，大都北極出地四十度太强，揚州三十三度，今測得金陵三十二度半，較差八度少，如《唐書》每度三百五十里，則二千九百餘里，謬也。如近法每度二百五十里，則二千餘里爲其南北徑綫，加行路紆曲，豈非三千里乎？有里差則有食分差，安可謂日食時南北之分秒等耶？一謂東西里差，盡大地人皆以日出處爲東，日入處爲西；皆以日出時爲卯，日入時爲酉也。有定東西，無定卯酉也。南北里差，論北極出地若干里，而高下差一度；東西里差，論七政出入亦若干里，而遲疾差一度，不易之定論。驗之交食最易見矣，今反抹去此差，而欲議交食乎？按漢安帝元和三年三月二日日食，史官不見，遼東以聞。五年八月朔日食，史官不見，張掖以聞。豈非食在早獨見于遼東，食在晚獨見于張掖乎？據稱西域之巳時，即中國之未時。則

日月有食，西域之見食爲巳，中國之見時爲未，極易曉。何者？地有兩時，天無二食也。推之西域以西，中國以東，何獨不然？安得謂南北異，東西同哉？

光啓等所修《崇禎曆書》凡一百二十六卷：《曆書總目》一卷、《日躔曆指》四卷、《日躔表》二卷、《恒星曆指》三卷、《恒星圖》一卷、《恒星圖系》一卷、《恒星曆表》四卷、《恒星經緯表》二卷、《恒星出没表》二卷、《月離曆指》四卷、《月離表》六卷、《交食曆指》七卷、《交食表》七卷、《五緯曆指》九卷、《五緯表》十卷、《測天約説》二卷、《大測》二卷、《割圜八綫表》六卷、《黄道升度表》七卷、《黄赤道距度表》一卷、《通率表》二卷、《元史揆日訂誤》一卷、《通率立成表》一卷、《散表》一卷、《割圜八綫立成長表》四卷、《黄道升度立成中表》四卷、《曆指》一卷、《測量全義》十卷、《比例規解》一卷、《南北高弧表》十二卷、《諸方半晝分表》一卷、《諸方晨昏分表》一卷、《曆學小辨》一卷、《曆學日辨》五卷。《明史》本傳、《曆志》、《藝文志》、《新法算書》、《幾何原本》、《測量法義》、《測量異同》、《句股義》。

論曰：自利氏東來，得其天文、數學之傳者，光啓爲最深。洎乎督修新法，殫其心思才力，驗之垂象，譯爲圖説，洋洋乎數千萬言，反覆引伸，務使其理其法，足以人人通曉而後已。以視術士之秘其機械者，不可同日語矣。迄今言甄明西學者，必稱光啓，蓋精于幾何，得之有本，其識見造詣，非文魁、守忠輩所能幾及也。

清·阮元《疇人傳》卷三三　明五

李天經

李天經，字長德，趙州人也。神宗癸丑進士，歷任河南、陝西藩臬。崇禎六年，以山東右參政代徐光啓督修新法。七年七月，進《五緯總論》一卷、《日躔增》一卷、《五星圖》一卷、《日躔表》一卷、《火木土二百恒年表并歲周時刻表》共三卷、《交食曆指》三卷、《交食諸表用法》二卷、《交食表》四卷、《黄平象限表》七卷、《木土加減表》二卷、《交食簡法表》二卷、《方根表》二卷，恒星屏障一具，俱徐光啓督率西人所作也。八月，天經預報五星淩犯會合行度，言：「閏八月二十四日，木犯積尸氣。九月初四，昏初火土同度，初七卯正，金土同度。十一日，昏初金火同度。」至期測驗果合。舊法推火土同度，在初七後天三日；金火同度，在初三先天八日。時東局魏文魁言：「天經所報，木星犯積尸不合。」天經又言：「臣于閏八月二十五夜，及九月初一夜，同部監諸臣在局仰見木星在鬼宿之中，距積尸僅半度。因木星光大，氣體不顯，舍窺管別無可測。臣是以獨用此管，令人人各自窺視，使明見積尸爲數十小星團聚，則其爲犯爲不誤。禮臣陳六幹所謂恍見木星之側有數小星結聚，云係鬼宿中積氣者，是也。而文魁指爲未犯，但據臆算，未經實測。據稱初二木星已在柳初，則前此越鬼宿而東，度分愈近，豈得不犯而能飛渡乎？且臣報閏八月二十四日，而文魁所算在九月初二，相距九日，度分已移，乃執爲不犯之證據，殊屬舛錯矣。然木星之于積尸氣，匪直此日之犯已也，後此出鬼宿退行時尚一犯焉，既而順行時又一犯焉。臺官泥于成法，以衆目共見之象，指爲原不必有之事，宜乎以測爲未測，顛倒是非，必欲實己之言而後已耳。」而天經所推木星退行順行度分晷刻皆驗。十二月又進《五緯曆指》八卷、《五緯用法》一卷、《日躔考》二卷、《夜中測時》一卷、《交食蒙求》一卷、《古今交食考》一卷、《恒星出没表》二卷、《高弧表》五卷、《五緯諸表》九卷、《甲戌乙亥日躔細行》二卷。

八年四月，又上《乙亥丙子七政行度》四册，參訂新法，條議二十六則：一曰諸曜之應宜改。日月五星各有本行，其行有平有視，而平行起算之根則爲應，應者乃某曜某日某時躔某宮次之數。今新法改定諸應，悉從崇禎元年戊辰年前冬至後己卯日第一子正爲始。二曰測諸曜行度，用赤道儀，尚不足應用。黄道儀太陽繇黄道中綫行，月五星各有本道，亦皆出入黄道内外，而不行赤道。若用赤道儀測之，則所得經緯度分，須通以黄赤通率表乃可。否則所測經度宿次，非本曜天上所在之宮次，蓋器與天行不類也。三曰諸方七政行度，隨地推算不等。日月東西見食，其時各有先後，既無庸疑矣。則太陽之躔二十四節氣，月五星之掩食淩犯，安得不與交食同一理乎？故新法立成諸表，雖順天府爲主，而推算諸方行度，亦皆各有本法。四曰諸曜損益加減分，用平、立、定三差法，尚不足。加減一法，乃術家之要務。蓋以其數加減，于平行得視行，第天實圓體，與平異類。舊所用三差法，俱從句股平行定者，似于天未合。即各盈縮損益之數，未得其真。今新法加減諸表，乃以圓齊圓差可合天。又各曜盈縮損益大差，累經測驗，俱與舊法不同，今悉改正。五曰隨時隨地，可求諸曜之經度。舊法欲得某日某曜經度，必先推各曜冬至日所行宮度宿次，乃以各段日度比算乃得。今法不拘時日方所，只簡本表一推步即是。六曰徑一圍三，非弧矢真法。古術家以直綫測圓形，名曰弧矢法，而算用徑一圍三，謬也。今立割圓八綫表，其用簡，而大弧矢等綫但乘除一次，便能得之。非若向之轉展商求，累時方成一率者可比。七曰球上三角三弧形，非句股可盡。古法測天以句股爲本，然句股弦乃三腰之

形，句與股交，必爲直角，遇斜角則句股窮矣。且天爲圓球，其面上與諸道相割，生多三弧形，因以測諸星經緯度分，二者一句股不足以盡之。八曰恒星本行。即所謂歲差，從黃道極起算各星距赤極度分，古今不同。其赤道内外也，亦古今不同。而其距黃極，或距黃道内外，則皆終古如一。所以日月五星，俱依黃道行，其恒星本行，應從黃極起算，以爲歲差之率。九曰古今各宿度不同、恒星以黃道極爲極，故各宿距星行度，與赤道極時近時遠。蓋行漸近極，則赤道所出過距星綫漸密。其本宿赤道弧則較小，漸遠極，則過距星綫漸疎。其本宿赤道弧則較大，此緣二道二極不同故，非距星有異行，亦非距星有易位也。如觜宿距星，古測距參二度，或一度半度，或五分；今測之不啻無分，且侵入參宿二十四分，此非可證之一端乎？十曰夜中測星定時。太陽依赤道左行，每十五度爲一小時，三度四十五分爲一刻。今任指一星測之，必較其本星經行，與太陽經行，得相距若干度分。又得其距子午圈前後若干度分，則以加減推太陽距本圈若干，因以變爲真時刻。十一曰宋時所定十二宫次，在某宿度，今不能定于某宿度。此因恒星有本行宿度已右移故。十二曰太陽盈縮之限，非冬夏二至。此限亦漸有移動，舊法以冬夏二至爲太陽盈縮初末之限，即新法之所謂最高及最高衝者。蓋因測冬至至春分，又測春分至夏至，日數不等，覺冬至太陽行疾而盈，夏至太陽行遲而縮焉。今新法亦測得自冬而夏，自夏而冬，或自春而夏，自夏而秋，兩測中積非一，算得此限不在二至，已過六度有奇，且年年行動，初無一定之數。十三曰以圭表測冬夏二至，非法之善，二至前後，太陽南北之行甚微，則表影長短之差亦微。如冬夏至前後三日，太陽一日南北行爲天度六十分之一，設表長一丈，冬至兩日之影，約差一分三十秒。夫一分三十秒爲一日之差，則測差一秒，計刻當爲六刻零七分。圭上一秒之差，人目能保不誤乎？且景符之光綫，闊亦不止數秒，一秒得六刻有奇，若測差二三秒，算幾差二十刻，又安所得準乎？今法獨用春秋二分，蓋以此時太陽一日南北行二十四分，計一日景差一寸二分，即測差一二秒，算不滿一刻，其差甚微，較二至爲最密。十四曰日出入分，應從順天府起算，舊法仍依應天府，諸方北極出地不同，晨昏時刻亦因以異。大統仍依應天府推算，是以晝夜長短未能合天，甚至日月東西帶食，所推未如所算，多緣于此。今悉依順天府改定。十五日平節氣非天上真節氣。舊法氣策爲一十五萬二一八四三七五，此乃歲周二十四分之一。然太陽之行有盈有縮，不得平分。如以平數定春秋分，則春分後天二日，秋分先天二日矣。今悉改定，庶幾測算吻與天合。十六曰太陰朔望之外，别有損益分。一加減不足盡之，舊法定太陰平行一日爲十三度有奇，算朔望别有加法減法，大數爲五度有奇。然兩弦時多寡不一，此加減法不足以齊之。即授時亦言月朔望時，一日平行十三度有奇，朔望外平行數不足，已明其理，未著其法。今于加減外再用一加減，名爲二三均數，理明而數亦盡。十七曰緯度不能定于五度。時多時寡，緯度難定五度。古今術家俱言之，以交食分數及交泛等，測定黃白二道相距約五度。然朔望外，兩道距度有損有益，大距計五度三分度之一。若一月有兩食，其弦時用儀求距黃道度五度，未能合天。十八曰交行有損益分。羅睺計都，即正交中交行度。古定交行一日，逆行三分，千百年俱爲平行。今細測之，月有時在交上，以平求之，必不合算，因設一加減爲交行均數。十九日天行無紫炁。舊謂紫炁生于閏餘，又曰紫炁爲木之餘氣。今細考諸曜，此種行度，無從而得，無象可明，欲推算無數可定，欲論述又無理可據，展轉商求，則知作者爲妄增，後來爲傅會，鄙俚不經，無庸置辨。二十曰交食日月景，徑分恒不一。日月有時行最高，有時行最卑，因高卑遂相距有遠近。蓋近則見大，遠則見小。又因遠近，得太陰過景有時厚，或有時薄，所以徑分不能爲一。二十一曰日食午正非中限。乃以黃道九十度限爲中限，南北東西差，皆以視度與實度相較而得，則日月之實度，俱以黃道，而視度安得不從黃道論其初末以求中限乎？且黃道出地平上兩象限，自有其高也，亦自有其中也。此理未明，則有宜多而少，宜少而多，或宜加反減，宜減反加者。凡日食加時不得合天，皆緣于此。二十二曰日食初虧復圓時刻多寡恒不一。非二時折半之説，視差能變實行爲視行，則以視差較食甚前後，鮮有不參差者。夫視差既食甚前後不一，又安能令視行前後一乎？今以視行推變時刻，則初虧復圓其不能恒爲一也，明矣。二十三曰諸方各以地經推算時刻及日食分。地面上見日月出没與在中，各有前後不同，即所得時刻亦不同。故見食雖一而時刻異，此日月食皆一理。若月食則因視差隨地不一，即太陰視距不一，所以見食分數亦因之異焉。二十四曰五星應用太陽視行，以段目定之不得。五星皆以太陽爲主，其與太陽合伏也，則疾行；其與太陽衝也，則退行。且太陽之行有遲有疾，而五星亦各有本行。太陽遲疾，則合伏日數時多時寡，自不可以段目定其度分。二十五曰五星應加緯行。月有白道，半在黃道内，半在黃道外，而五星亦然，則各于黃道有定距度。又土、木、火三星衝太陽緯大，合伏太陽緯小。金、水二星順伏緯小，逆伏緯大，不可不詳考之也。二十六曰測五星宜用恒星爲

準則。測星用黄道儀外，或用弧矢等儀，將所測緯星視距二恒星若干度分，依法布算，得本星真經緯度分。又繪圖亦可免算。

是時新法書器俱完，屢測交食淩犯俱密合。但魏文魁多方撓阻，内官又左右之，帝意不能決，諭天經同監局虚心詳究，務祈畫一。是年，天經所推火、木、金、水等星見伏行度，皆與大統不同，而新法爲合。九年正月十五日辛酉曉望月食，天經及大統、回回、東局，各預推虧復食甚時刻分秒。天經恐至期雲陰不見，乃奏遣監局官儒潘國祥、黄宏憲前往河南曆局，供事官陳應登、天文生朱光大前往山西測驗。其日天經督率羅雅谷、湯若望、大理評事王應遴及本局生儒鄔明著等，同禮部主客司員外郭之奇、祠祭司主事李焻、欽天監監正張守登、另局魏文魁，赴觀象臺測驗，惟天經所推獨合。已而河南所報盡合原推，山西則食時雲掩，無從考驗。帝以月食新法爲近，但以十三日爲雨水，與舊法不同，令奏明。天經奏言丙子年新舊七政。大統推本年正月十五日辛酉子正二刻雨水，新法推十三日己未卯初二刻零八分雨水，兩法相較，幾差二日。蓋論節氣有二法，一爲平節氣，一爲定節氣。平節氣者，以三百六十五日二四二五爲歲實，而以二十四平分之，計日定率，每得一十五日有奇，爲一節氣。故從歲前冬至起算，必越六十日八十七刻有奇，而始歷雨水。舊法所推十五日者是也，日度之節氣也。定節氣者，以三百六十爲周天度，而亦以二十四平分之，因天立差，每得一十五度爲一節氣。故從歲前冬至起算，考定太陽所躔宿次，止須五十九日二十刻有奇，而已滿六十度。新法所推十三日者此也，天度之節氣也。何也？太陽之行，有盈有縮。冬至後行盈，盈則其行疾一日，行天一度有奇；夏至後行縮，縮則其行遲一日，所行不及一度。此非用法加減之，必不合天，顧可拘泥氣策以平分歲實乎？請以春秋分證之。舊法推本年二月十六日巳正四刻春分，新法則十四日卯正二刻零五分，而舊法亦于本月十四日下，注晝五十刻夜五十刻矣。舊法又推本年八月二十三日丑初三刻秋分，新法則推二十五日丑初初刻十分，而舊法隨本月二十五日下，注晝五十刻夜五十刻矣。顧名思義，分者，黄赤二道相交之點。太陽行至此點，晝夜之時刻各等，過此則分内外，而晝夜遂有長短也。乃晝夜平分在二月十四日與八月二十五日，而春秋分顧推十六日與二十三日乎？請又以儀器驗之。京師北極高三十九度五十五分，赤道高應五十度零五分。試用儀器于本節前後日午正累測，必至二月十四日、八月二十五日，太陽高度始與此數密合，至十六日與二十三日，而太陽各高一度弱矣。

是年，天經陞山東按察使，尋加光禄寺卿，仍督修新法。十年正月辛丑朔日食，天經等預推京師見食一分十秒，應天及各省分秒各殊，惟雲南、太原則不見食。其初虧食甚復圓時刻亦各異，大統推食一分六十三秒，回回推食三分七十秒，東局所推止遊氣侵光三十餘秒而已。食時推驗，惟天經爲密。時將廢大統，用新法，而管理另局代州知州郭正中言：「中法必不可盡廢，西法必不可專行，四法各有短長，當參合諸家，兼收西法。」十一年正月，乃詔仍行大統術。如交食經緯晦朔弦望，因年遠有差者，旁求參考新法，與回回科并存。十四年十二月，天經言：「置閏之法，首論合朔先後，次論月無中氣。兹臣恭進十五年新書，而十月與十二月中氣，適交次月合朔時刻之前，所以兩月間雖無中氣而不該有閏。蓋新法置閏，專以合朔爲主，若中氣適在合朔時刻前者，是中氣尚屬前月之晦，則無閏；若在合朔日時後者，則前月當有閏。臣等預察崇禎十六年正月後有閏，因正月後止有驚蟄一節，而春分中氣，在次月合朔之後，是十六年當閏正月無疑矣。」時帝已深知西法之密，迨十六年三月乙丑朔日食，測又獨驗。八月，詔西法果密，即改爲大統術法，通行天下。會國變，竟未施行。《明史》本傳、《曆志》、《新法算書》。

論曰：天經之學，亞于光啓。其在西局，謹守成法，畢前人未畢之緒，十年如一日。光啓薦以自代，可謂知人矣。

王應遴

王應遴，預修《新法算書》，著《乾象圖説》一卷、《中星圖》一卷。《新法算書》、《明史・藝文志》。

王英明

王英明，字子晦，開州人也。神宗丙午舉人。著《曆體略》三卷。上卷六篇，曰《天體地形》，曰《二曜》，曰《五緯》，曰《辰次》，曰《刻漏極度》，曰《雜説》。中卷三篇，曰《極宫》，曰《象位》，曰《天漢》，皆自古談天成説也。下卷七篇，則取西人之説，曰《天體地度》，曰《度里之差》，曰《緯曜》，曰《經宿》，曰《黄道宫界》，曰《赤道緯躔》，曰《氣候刻漏》，附《日月交食》一篇。言：「近有歐羅巴人挾其術自大西洋來，所論天地七政，歷歷示諸掌，創聞者不能無駭且疑，徐繹之，悉至理也。夫禮失而求之野，擇其善者而從之，不猶愈于野乎？」國朝順治間，東吳翁漢麐更爲訂正，又加五圖以弁卷首。《曆體略》。

許胥臣

許胥臣，錢塘人也。著《蓋載圖憲》一卷。天圖爲蓋，地圖爲載，凡爲圖十有七，曰全儀，曰日出日入遠近，曰紫微垣見界諸星，曰黄赤道見界諸星，曰二十八宿占度，曰赤道北見界諸星，曰黄道南見界諸星。擬《堯典》四仲中星，附神宗時四仲中星，餘皆案垣次爲圖，而以步天歌綴于其下。其《地輿全圖》亦以周天宫度計之。《欽定四庫全書存目》。

陳藎謨

陳藎謨，字獻可，號磃菴，嘉興人也。著《度測》三卷。上卷首列《周髀》本文，以己意解之，曰詮經；次曰詮理；曰詮器，則西人之矩度也；曰詮法；曰詮算，則西人三率法也；曰詮原，則句股弦互求之術也。中、下二卷，則以平句以正繩，偃矩以望高，覆矩以測深，弦矩以見廣，卧矩以知遠，環矩以爲圓，合矩以爲方，列爲七目，各以測算之法系之。末附《開方説》一卷，言開平立方之法；《度算解》一卷，言西人比例規之用。其自序略曰：「謨案《九章》參伍錯綜，周無窮之變，而句股尤奇奥。其法肇見《周髀》，周公受之商高，以度天地，推日月。且曰禹之所以治天下者，此數之所以生也。唐設算學博士，督課試舉。而《周髀》算有程，國初制科尚試算數，後寖厭薄焉。握算不知縱横，必歸儒，奚問句股哉？泰西來賓，斯學始備，大方家多傳之。徐元扈先生有《測量法義》、《句股義》，是《周髀》者句股之經，《法義》者句股之疏傳也。然《周髀》篇首，包舉道法，趙注不能盡其微，次段推測後世解經疎大，難以合于用。泰西以干支名號爲圖爲文，亦既詳顯，而不耐讀者。心以目迷，掩卷庋閣，以故通斯學者仍尠焉。謨爰譔兹篇，首詮算經，次臚諸法，合今古而淺言之，出以己意，發凡繪圖，庶幾《周髀》大彰，《法義》彌著，以便有志經濟之習之者。」其序《度算解》曰：「西人有籌算一則，載在崇禎術書，已極數學之簡捷。又有比例規者，簡捷更倍焉，但限長徑尺，纖忽秒芒，不能畢備，與籌算珠算互有低昂。因輯是編，拓其精微，删其晦澀，存十緩之略，廣未及之藴，使學人知以度算者自此始。其它運規布尺，悉具篇中。」《度測》。

論曰：藎謨生當有明末造，西人初入中國，能舉其矩度比例規之法，反覆引申，而傅合古義，是亦歐邏之功臣矣。至其論圓率創立太極周徑術，謂當以周天三百六十五度二十五分七十五秒，外加太極一十微，以三十一萬五千二百五除之，得徑一百一十五度八十七分九十三秒五十微。餘四微八三二五乘，還得三百六十五度二十五分七十五秒，餘五微。一六七五合二餘，得太極一十微，乃爲不内不外之數，斯則出于肊造，不合算理，未可以爲法也。

清・阮元《疇人傳》卷三四　清一

王錫闡上

王錫闡，字寅旭，號曉菴，又號餘不，又號天同一生，吴江人也。兼通中西之學，自立新法，用以測日月食，不爽秒忽。每遇天色晴霽，輒登屋卧鴟吻間，仰察星象，竟夕不寐。著《曉菴新法》六卷。

序曰：炎帝八節，曆之始也，而其書不傳。黄帝、顓頊、虞、夏、殷、周、魯七曆，先儒謂其僞作，今七曆具存，大指與漢曆相似。而章蔀氣朔未睹其真，爲漢人所托無疑。太初、三統法雖疏遠，而創始之功不可泯也。劉洪、姜岌次第闡明，何、祖專力表圭，益稱精切。自此南北曆家率能好學深思，多所推論，皆非淺近所及。唐曆大衍稍親，然開元甲子當食不食，一行乃爲諛詞以自解，何如因差以求合乎？至宋而曆分兩途，有儒家之曆，有曆家之曆。儒者不知曆數，而援虚理以立説；術士不知曆理，而爲定法以驗天。天經地緯躔離違合之原，概未有得也。國初元統造大統曆，因郭守敬遺法，增損不及百一。豈以守敬之術，果能度越前人乎？守敬治曆，首重測日，余嘗取其表景，反覆布算，前後抵牾，余所創改，多非密率，在當日已有失食、失推之咎，況乎遺籍散亡，法意無徵，兼之年遠數盈，違天漸遠，安可因循不變耶？元氏藝不逮郭，在廷諸臣，又不逮元，卒使昭代大典，踵陋襲僞，雖有李德芳争之，然德芳不能推理，而株守陳言，無以相勝，誠可歎也。近代端清世子鄭善夫、邢雲路、魏文魁皆有論述，要亦不越守敬範圍，至如陳壤撫拾九執之餘津，冷逢震墨守元會之畸見，又何足以言曆乎？萬曆季年，西人利氏來歸，頗工曆算，崇禎初命禮臣徐光啓譯其書。有《曆指》爲法原，曆表爲法數，書百餘卷，數年而成，遂盛行于世，言曆者莫不奉爲俎豆。吾謂西曆善矣，然以爲測候精詳，可也；以爲深知法意，未可也。循其理而求通，可也；安其誤而不辨，不可也。姑舉其概。

二分者，春秋平氣之中；二正者，日道南北之中也。大統以平氣授人時，以盈縮定日躔，法非謬也。西人既用定氣，則分正爲一，因譏中曆節氣差至二日。夫中曆歲差數强，盈縮過多，惡得無差？然二日之異，乃分正殊科，非不知日行之朓朒而致誤也。《曆指》直以佛已而譏之，不知法意，一也。諸家造曆必有積年日法，多寡任意，牽合由人。守敬去積年而起自辛巳，屏日法而斷以萬分，識誠卓也。西曆命日之時以二十四，命時之分以六十，通計一日爲分一千四百四

十，是復用日法矣。至于刻法，彼所無也，近始每時四分之，爲一日之刻九十六，彼先求度而後日，尚未覺其繁，施之中曆則窒矣。反謂中曆百刻不適于用，何也？且日食時差法之九十有六，與日刻之九十六何與乎？而援以爲據，不知法意，二也。天體渾淪，初無度分可指，昔人因一日日躔命爲一度。日有疾徐，斷以平行，數本順天，不可損益。西人去周天五度有奇，斂爲三百六十，不過取便割圖，豈真天道固然？而黨同伐異，必曰日度爲非，詎知三百六十尚非弧弦之捷徑乎？不知法意，三也。上古寘閏恒于歲終，蓋曆術疏闊，計歲以寘閏也。中古法日趨密，始計月以寘閏，而閏于積終，故舉中氣以定月，而月無中氣者即爲閏。大統專用平氣置閏，必得其月。新法改用定氣，致一月有兩中氣之時，一歲有兩可閏之月。若辛丑西曆者不亦盭乎？夫月無平中氣者，乃爲積餘之終，無定中氣者，非其月也。不能虛衷深考，而以鹵莽之習，侈支離之學。是以歸餘之後，氣尚在晦，季冬中氣，已入仲冬，首春中氣，將歸臘杪。不得已而退朔一日，以塞人望，亦見其技之窮矣。不知法意，四也。天正日躔，本起子半，後因歲差，自丑及寅，若夫合神之說，乃星命家猥言，明理者所不道。西人自命曆宗，何至反爲所惑，而天正日躔定起丑初乎？況十二次舍，命名悉依星象，如隨節氣遞遷，雖子午不妨異地，而玄枵鳥咮亦無定位耶？不知法意，五也。

歲實消長，昉于統天，郭氏用之，而未知所以當用。元氏去之，而未知所以當去。西人知以日行最高求之，而未知以二道遠近求之，得其一而遺其一。當辨者一也。歲差不齊，必緣天運緩促，今欲歸之偶差，豈前此諸家皆妄作乎？黃白異距，生交行之進退；黃赤異距，生歲差之屈伸，其理一也。《曆指》已明于月，何蔽于日？當辨者二也。日躔盈縮最高，斡運古今不同，揆之臆見，必有定數。不惟日躔，月星亦應同理，但行遲差微，非畢生歲月所可測度。西人每詡數千年傳人不乏，何以亦無定論？當辨者三也。日月去人時分遠近，眎徑因分大小，則遠近大小，宜爲相似之比例。西法日則遠近差多而眎徑差少，月則遠近差少而眎徑差多，因數求理，難可相通。當辨者四也。日食變差，機在交分，日軌交分，與月高交分不同。月高交于本道，與交于黃道者又不同，《曆指》不詳其理，曆表不著其數，豈黃道一術足窮日食之變乎？當辨者五也。中限左右，日月眎差時或一東一西；交廣以南，日月眎差時或一南一北。此爲眎差異向，與眎差同向者，加減迥別。《曆指》豈以非所常遇，故置不講耶？萬一遇之，則學者何從立算？當辨者六也。日光射物必有虛景，虛景者，光徑與實徑之所生也。闇虛恒縮，理不出此。西人不知日有光徑，僅以實徑求闇虛，及至推步不符天驗，復酌損徑分，以希偶合。當辨者七也。月食定望，惟食甚爲然，虧復四限，距望有差。日食稍離中限即食甚，已非定朔，至于虧復，相去尤遠。西曆乃言交食必在朔望，不用朓朒次差過矣。當辨者八也。歲填熒惑以本天爲全數，日行規爲歲輪；太白辰星以日行規爲全數，本天爲歲輪，故測其遲速留退，而知其去地遠近。考于《曆指》，數不盡合。當辨者九也。熒惑用日行高卑，變歲輪大小，理未悖也。用自行高卑，變歲輪大小，則悖矣。太白交周不過二百餘日，辰星交周不過八十餘日，《曆指》皆與歲周相近，法雖巧，非也。當辨者十也。語云：「步曆甚難，辨曆甚易。」蓋言象緯森羅，得失無所遁也。據彼所述，亦未嘗自信無差。五星經度或失二十餘分，躔離表驗或失數分。交食值此，當失以刻計；淩犯值此，當失以日計矣。故立法不久，違錯頗多。

余于曆說已辨一二，乃癸卯七月望食，當既不既，與夫失食、失推者何異乎？且譯書之初，本言取西曆之材質，歸大統之型範，不謂盡墮成憲，而專用西法如今日者也。余故兼采中西，去其疵纇，參以己意，著《曆法》六篇，會通若干事，考正若干事，表明若干事，增葺若干事，立法若干事。舊法雖舛而未遽廢者兩存之，理雖可知而非上下千年不得其數者闕之，雖得其數而遠引古測未經目信者，別見補遺，而正文仍襲其故。爲日一百幾十有幾，爲文萬有千言，非敢妄云窺其堂奧，庶幾初學之津梁也。

其法，度法百分，日法百刻。周天三百六十五度二十五分六十五秒五十九微三十二纖。內外準分三十九分九十一秒四十九微，次準九十一分六十八秒八十六微。黃道歲差一分四十三秒七十三微二十六纖，列宿經緯，角一十度七十三分七十九秒，南二度一分二十三秒；亢一十度八十二分二十四秒，北三度一分一秒；氐一十八度一十六分一十四秒，北四十三分九十六秒；房四度八十三分六十三秒，南五度四十六分一十九秒；心七度六十六分二秒，南三度九十七分三十八秒；尾一十五度八十二分七十八秒，南一十五度二十一分九十秒；箕九度四十六分九十六秒，南六度五十九分四十九秒；南斗二十四度一十九分八十二秒，南三度八十八分九十三秒；牽牛七度七十九分五十五秒，北四度七十五分一十七秒；婺女一十一度八十二分二秒，北八度二十分五十九秒；虛一十度一十二分九十一秒，北八度八十二分七十秒；危二十度四十一分四秒，北一十度八十五分六十二秒；營室一十五度九十二分二十三秒，北一十度七十一分

七十一秒；東壁一十一度六十八分四十八秒，北一十二度七十六分七十二秒；奎一十三度四十二分六十六秒，北一十八度五分；婁一十三度一十八分九十八秒，北八度六十分七十二秒；胃一十三度二十分六十七秒，北一十一度四十三分一十二秒；昴八度六十分七十二秒，北四度五分八十四秒；畢一十五度一十一分七十六秒，南三度四分三十八秒；觜觿一十一分八十四秒，南一十三度八十六分六十三秒；參一十二度二分三十秒，南二十四度九十二分五十四秒；東井三十度八十六分八秒，南八十九分六十二秒；輿鬼四度六十六分七十二秒，南八十一分一十七秒；柳一十七度二十四分八十二秒，南一十二度六十三分一十八秒；七星八度五十分五十七秒，南二十度七十二分七十一秒；張一十八度三十三分五秒，南二十六度五十八分二十六秒；翼一十七度二十四分八十二秒，南二十三度一分四十六秒；軫一十三度二十四分五秒，南一十四度六十二分七十三秒，歲周三百六十五日二十四刻二十一分八十六秒六微。曆周三百六十五日二十五刻四十八分六十八秒八微，朓朒準度三度，準分八十九秒六十微。月周二十九日五十三刻五分九十一秒九十七微，朓朒外準一分三十一秒二十微。轉周二十七日五十五刻四十六分一十三秒七十七微，朓朒準度五度五十九分，準分一分三十二秒三微。交周二十七日二十一刻二十二分二十二秒三微，交緯準分八分六十七秒二十五微。中緯準分八分九十四秒七十微，交行朓朒準分三分六秒八十微。歲星合周三百九十八日八十八刻三十一分七十九秒，朓朒中準一十九分二十九秒四十八微。轉周四千三百三十三日三十七刻九分六十九秒，朓朒準度三度，準分二分三十八秒五十微。交周四千三百三十一日二十四刻七十八分一十七秒，中緯準分二分五十二秒八十微。熒惑合周七百七十九日九十三刻五十一分二十八秒，朓朒中準六十五分四十九秒五十微。轉周六百八十七日五十二分八十四秒，朓朒準度三度，準分四分六十三秒七十五微。交周六百八十六日九十八刻三十二分六十八秒。中緯準分三分一十九秒九十微。填星合周三百七十八日九刻二十二分八十四秒，朓朒中準一十分四十二秒八十微。轉周一萬七百六十七日五十六分八十五秒，朓朒準度三度，準分二分九十秒七十微。交周一萬七百五十六日八十六刻九分一秒，中緯準分四分三十九秒。太白合周五百八十三日九十一刻九十九分一十二秒，朓朒後準七十二分二十四秒八十五微。轉周三百六十五日二十六刻五十五分七十秒，朓朒準度三度，準分八十秒二十微。交周二百二十四日七十刻四十分六十八秒四十二微，中緯準分四分三十九秒。辰星合周一百一十五日八十七刻七十二分二十四秒，朓朒後準三十八分五十秒。轉周三百六十五日二十七刻一十九分五十五秒，朓朒準度五度，準分一分一十三秒七十微。交周八十七日九十七刻一十三秒一十一微，中緯準分三分八十一秒一十一微。遠近中準，日太白辰一千一百四十二度。月五十六度七十二分，歲五千九百一十九度六十九分。熒惑一千七百四十三度六十四分，填一萬九百五十三度三十九分。視徑中準日中準八十八秒六十八微，光徑準度一十二度四十分，月中準九十三秒七微。歲八秒，熒惑四秒六十九微，填五秒三十一微。太白九秒四十五微，辰六秒五十二微，昏明準分三十九分十秒一十七微。伏見中準，月一十七分八十八秒四十微，歲一十八分三十三秒。熒惑二十二分四十三秒四十微，填二十分二十六秒。太白八分八十五秒八十微，辰二十分三十七秒八十微。北極高下全差二萬二千五百里。以崇禎元年著雍執徐爲曆元，南京應天爲里差之元。宿應箕四度三十四分六十秒，辰應三百一十度四十八分六十八秒。日躔氣應三百七十四日一十刻二十分七十八秒，曆應三百五十九日一十六刻七十五分一十七秒。月離閏應一十三日九十四刻九十七分六十七秒，轉應一日六刻七十一分三十秒，交應一十日五十二刻五十三分四十四秒。歲星合應一十二日四十一刻九十九分，轉應三千七百五十刻五十九分，交應四千一百一十日六十八刻六十一分，熒惑合應四百四十五日六十八刻八十八分，轉應一百八十日八十七刻九十六分，交應三百七十五日八十刻九十八分。填星合應九十六日五十一刻七十二分，轉應二千七百一十九日二十八刻三分，交應七千三百九十三日七十一刻一分。太白合應一十三日九十四刻四十五分，轉應三百六十五日，交應一十五日一十八刻九十六分二十八秒。辰星合應三十七日七十刻一十九分，轉應二百一十一日三十二刻八分，交應三十五日五十三刻四十一分四十五秒。北極應三十二度四十分。在應天實測。

先是，《曉菴新法》未成，作《曆說》六篇，《曆策》一篇。其說精核，與《曉菴新法》序互有詳略。又隱括中西步術，作《大統西曆啓蒙》。丁未歲，因推步大統法，作《丁未曆稿》。辛酉八月朔日食，以中西法及己法豫定時刻分秒。至期，與徐發等以五家法同測，己法獨合，作《推步交朔測日小記》。西法謂五星皆右旋，錫闡以爲土、木、火實左旋，當改歲輪爲不同心圈，則理數畫一，作《五星行度解》。術家言日月右旋，儒者乃云左旋，二說不同，作《日月左右旋問答》。治曆首重割圓，作《圓解》。測天當據儀晷，造三辰晷兼測日月星，因作《三辰晷志》。

錫闡論譔，俱能究術數之微奥，補西人所不逮，文多不能悉具，采其精要者著于篇。

《曆説》一曰，夫治曆者不能以天求天，而必以人驗天，則其不合者固多矣。雖幸而合，久必乖焉。何也？天地始終之故，七政運行之本，非上智莫窮其理，然亦祗能言其大要而已，欲求精密，則必以數推之。數非理也，而因理生數，即因數可以悟理。自漢以後，曆家之疎密，吾知之矣，大約因前人之差，稍爲進退于積年日法之間，即自命作者，此于曆數尚有所未盡，況曆理乎？至郭守敬始悉去其弊，而返而求之，測景漸近自然。然其法上考數千年冬至交食，十得六七；而下驗二十年間，或當食不食，或食而失推，則何也？今取守敬所測至日之景，即以其法求之，其自相抵牾者不止一事，以此知當時創法不免傅會，故未久而差，非實測之失也。且守敬所立三差法，于割圓之學猶非密率，此其失又在數而不在理矣。元統修大統曆，雖録守敬舊章，然覺其未密，故去消長不用。而又別寫土盤經緯曆法分科互測，以爲改憲之端。惜乎疇人子弟習常肄舊，無有能會通而修正之者。近代西洋新法，大抵與土盤曆同原，而書器尤備，測候加精。崇禎二年五月朔食，大統、土盤二法俱不合，徐文定公以新法推之頗近，于是有曆局之設。而文定以爲欲求超勝必須會通，會通之前先須翻譯，翻譯有緒，然後令甄明大統，深知法意者參詳考定。其意原欲因西法而求進，非盡更成憲也。乃文定既逝，而繼其事者僅能終翻譯之緒，未遑及會通之法。至矜其師説，齮齕異己，廷議紛紛，有爲之解者曰：「交食、節氣用新，神煞、月令用舊。」不知此于理數何關輕重耶？今西法且盛行，向之異議者亦詘而不復争矣。然以西法爲有驗于今可也，如謂不易之法，無事求進，不可也。夫曆理一也，而曆數則有中與西之異。西人能言數中之理，不能言理之所以同。儒者每稱理外之數，不能明數之所以異，此兩者所以畢世而不相通耳。余究心此事略已有年，謬以曆法至今已密，然不能必後日之不疎，而過宫節氣之改，天經地緯之差，苟不能畫一以求至當，將見天下後世必有起而議之者，又安在其久而無弊哉？故略舉數事，粗明理數之本。至于測驗乖合，則非口舌所能争勝，亦曰以天求天而已。

二曰，漢劉洪造乾象曆，覺冬至後天，始減歲餘。韓翊疑其損分太過，後必先天。自今觀之，乾象斗分猶失之强，況如韓翊所言乎？故後世屢差屢改，亦屢損歲實，至統天、授時二曆，而損分極矣。大統曆歲餘因舊，不用消長，以授時法律之冬至，漸宜後天，而三百年來反漸先天，故有議增歲實者，但冬至雖合，而夏至乃後天三十餘刻，損益兩窮。而西人平歲定歲之法，獨操其勝矣。其言曰：「論平歲則消實之説近，論定歲則加實之説近。」然西曆以歲實求平歲，以均數求定歲，則所主者消實之説也。所消小餘視郭曆爲更促，不知億萬年後將漸消至盡，抑消極復長耶？又言經星東行，故節歲之外，別有星歲。經星常爲平行，星歲亦無消長。以中法通之，星行者即古之歲差，星歲者即古之周天，異名同理，無關疎密。唯古以歲差繇赤道，今以歲行繇黄道，則新法爲善耳。所可疑者，節歲與星歲之較，即經星東行之率，必節歲與星歲俱無消長，數同則歲差始可平行。今星歲有定，而歲實漸消，則兩行之較，將來愈多，豈得以五十一秒永爲定法乎？黄赤距度，古遠今近。最高運移，古疾今徐。不同心差，古多今少。中曆積久，因循新法，特爲剖析。但既知其故，亦宜立法加減，方可上考下驗。用幾何之術，凡有三測，皆可推全周。西史所載，不止三測，而迄無成法，豈以舊測未足盡據耶？倘古測既爲今日所疑，近測又非後人所信，畫一之法，何時可立？不如及今求其定率，即有微差，他日測驗修改，亦易爲力矣。其論經星云，赤道經度有變，黄道經度不變，故斷棄赤道，專用黄道。寧不知經星黄緯亦有變遷乎？緯度有變，必自有本道本極，不直行黄道也。經星本極未定，但從黄極分經，歲久漸差，詎可復用？餘如太陰五星，本道本極，已有定距，而新曆測算悉用黄道，反不若舊曆尚有推變白道一術也。歲實消長，其説不一。謂繇日輪之轂漸近地心，其數浸消者，非也。日輪漸近，則兩心差及所生均數亦異，以論定歲，誠有損益。若平歲歲實尚未及均數，其消長之源，于兩心差何與乎？識者欲以黄赤極相距遠近，求歲差朓朒，與星歲相較，爲積歲消長終始循環之法。夫距度既殊，則分至諸限，亦宜隨易，用求差數，其理始全。然必有平行之歲差，而後有朓朒之歲差。有一定之歲實，而後有消長之歲實。以有定者紀其常，以無定者通其變，乃可垂久而無戾矣，請以質之知曆者。

三曰，中曆主日，日均則度有長短。西曆主度，度平則日有多寡。雖非疎密所係，然實敬授之首務，不可不辨也。考之西法，紀日以日月七曜，紀度以白羊諸宫，率四年而閏一日，無干支氣候閏月之法也。今以西之宫度爲中之中氣，折半爲節氣，一以天度爲本，而日辰則隨時損益。因譏舊法平氣，不免違天。或以時計，或以月計，至二分則先後二日，獨不思二分與二正原不同日乎？二日之差，乃分正之異，非立法疎也。又如各氣雖皆平分，而盈縮一法，自具日躔，不察其故，而概指爲謬，豈通論乎？或曰四時寒燠皆本日行，則節氣亦宜以西法爲

正。曰四時寒燠，因日行之南北，不因日行之東西。而西法唯主經度。經度者，東西度也，以經度求黄赤距差，絶非平行。二分左右經度之一，距差幾及其半，二至左右經度之一，距差僅以秒計。故但主日辰，則平氣已定。若主天度，則須兼論距緯。如四立爲分至之中，中西皆然。今以距至四十五度爲立春定氣，此時日距赤道尚十六度有奇，則所謂中者經度之中，非距緯之中也。距緯之中，在距至五十九度以上，設止用經度，亦衹可謂天度之平氣，于日行南北未有當也。周天宫界，曆家所設以步躔離，古謂歲有歲差，故宫界常定；今謂星有本行，故宫界漸移，二者似無失得。然新法定以冬至起丑，于義何居。夫宫界之分，本用堯時冬至日躔，在虚定爲子半。四千禩間，歷丑至寅，安在冬至當起丑初也？況星紀、玄枵諸次，本乎星名，今古無異。若隨節氣遞遷，則鳥咮可爲玄枵，而虚危可爲鶉首，有是理哉？故從天周分宫，則冬至今當在寅。即從節氣分宫，則冬至亦當起子。若因宋時冬至偶值丑初，而强襲其名，則亦進退無據之甚矣。新法以本月之内，太陽不及交宫，因無中氣，遂置爲閏。以中氣爲過宫，雖與舊異，以無中氣之月置閏，仍與舊同。其不同者，舊用平氣，新用定氣，故前後或差至二月。平氣兩策，必三十日有奇，無一月三氣之法。定氣兩策，多且三十餘日，少至二十九日有奇。冬月大盡者，一月之内可容三氣。設兩中氣在晦朔之間，節氣在望，必前後有二月俱無中氣。此歲之閏，將安置乎？使置閏在前，則歸餘非終。置閏在後，則履端非始。既不可置閏于兩中氣之月，又不可一年再閏。若少爲遷就，又非不易之法，不知何術可以變通？大略西之宫閏，實難與中法并行，而會通兩家，又非目前諸人所及，故不勝齟齬之病也。

清·阮元《疇人傳》卷三五　清二

王錫闡下

四曰，交食至西曆亦略盡矣，以交緯定入交之淺深，以兩經定食分之多寡，以實行定虧復之遲速，以升度定方位之偏近，以地度東西定加時之早晚，皆前此曆家所未喻也。乃所推戊戌仲夏朔食，澗西見食差天半分，復明，先天一刻。己亥季春望食，帶食分秒，所失尤多。古以差天一刻爲親，則今日所推尚未疎遠，然差數已著，則致差之故，豈宜不講？太陰唯定朔、定望在小輪最近，外此即有次均加減，亦猶五星于衝合之外，即有歲行加減也。凡推五星淩犯，不能捨歲行，而交食諸論獨廢次均，豈以五星淩犯宿座不必衝合太陽，日月自相掩食必在定朔、定望也耶？不知唯月食食甚，實在定望，止用入轉，可得密合。初虧復明，距望久者不下數刻，用求倍離得二度有奇，兩均之較亦且數分參差之故，宜所不免。至若日食不唯虧復二限，不在定朔，即食甚之時亦非真會。晨近初升，夕近將降，東西差分或過一度，倍離亦過二度。正論食甚，已不能以入轉均數，求其必合，況晨食之初虧，晚食之復明，距度尤遠者哉？今皆置不復論，不可謂非法之疎也。中曆月食一十五分，其求既内定用，授時曆以一十五分爲既，内用分與句股術合。大統曆則以十五分爲既，内用分分數既加，則定用必多，與實測則稍近。使非本于天驗，何以得此？然以句股之理究之則不合矣。西法食分，隨引數爲多少，食既之數，多至十九分强，足洗從前之謬。今研察其理，亦有可疑者。其説曰：月在最卑視徑大，故食分小；月在最高視徑小，故食分大。余以爲視徑大小僅從人目，食分大小當據實徑。太陰實徑不因高卑有殊，地景實徑實因遠近損益。最卑之地景大，月入景深，食分不得反小。最高之地景小，月入景淺，食分不得反大。此與幾何公論自相矛盾，倘亦致差之一端乎？《五緯曆》言，星近地心者緯度多，遠地心，緯度少。竊謂星誠有之，月亦宜然。不知交道有變差，徒以視徑定食分，非曆理也。推步之難，莫過交食，新法于此特爲加詳，有功曆學甚鉅。然究極元微，不能無漏。在今已見差端，將來詎可致詰？是望窮理之士商求精密，非一人之智所能盡也。

五曰，《天問》曰：「圜則九重，孰營度之？」則七政異天之説，古必有之，近代既亡其書，西説遂爲創論。余審日月之視差，察五星之順逆，見其實，然益知西説原本中學，非臆譔也，請舉其概。《五緯曆指》謂日月本天，以地心爲心；五星本天，以太陽爲心，斯言是矣。唯謂星天或包日天之外，諸圜能相割相入，則未敢以爲信也。蓋日爲列曜之宗，本天亦應最大，五星諸圜悉在其内，隨之斡旋。太陽則居本天之心，而繞地環行。五星各麗本圜之周，而繞日環行。二法不同也。知日天與星天異法，則知日行一規，本非天周，亦無實體，諸圜不必相割相入矣。新法既云星天以太陽爲心，則本天之行即爲歲行，乃復設本天，仍似以地心爲心，法既不定，安所取衷乎？余考木、火、土三星之行，與金、水二星不同。金、水二星于本圜右旋，木、火、土三星于本圜左旋，皆爲日天所挈而東，猶日天爲宗動所挈而西也。左旋之數，土最疾，木次之，火又次之。自右旋論，則疾者反遲，遲者反疾。故合日在最高者，法應遲而視行爲疾；衝日在最卑者，法應疾而視行爲遲爲退。蓋本圜之遲疾爲左旋，而視行之遲疾則右旋也。此理甚明，何莫之察耶？近見湯氏所推又有異者，五星唯金、水有順、逆二合。順合者

星在日後，而追及于日；逆合者星在日前，而退與日遇，此曆家所習聞也。乃所推戊戌歲四月戊辰、七月丙午、十一月丁巳，水星皆先過日，又歷數時，而後順合。五月己丑，水星先在日後，亦歷數時而後退合。若言握算偶誤，則創法之初，當倍詳慎，必無屢誤。若言無誤，吾又未得其説。夫星在日前，順行益遠，星在日後，退行益離，安得再合？天行有漸差而無僭差，豈容一日之内驟進驟退，曾無定率如是乎？又據《曆指》，萬曆乙酉測定金星最高，在夏至前四十五度，歲移一分半强；水星最高，在冬至前二十九度半，歲移一分大强。距今戊戌七十三年，金星過最高，當在五月戊午，而彼在辛丑；水星過最高，當在十月壬辰，而彼在癸巳。癸巳、壬辰，僅差一日，或用新測推改，我不敢知。辛丑、戊午，相距半月已上，即使舊測疎遠，亦恐未必至此。再考金星正交在最高前十六度，湯氏所用正與此近，豈即入交日耶？入交者南北緯度所生，高卑者盈縮均數所生，使入交可名高卑，將盈縮亦可名南北乎？五星各有交行，各有最高，唯水星同行同度，金星兩行雖同，度限迥別，驗之近測，此術未爲戾天。即欲合二爲一，必有灼見至論。然察其法，又似實未嘗改，不知何故參用交行，十餘年來無不如是也。中法用表圭測月孛，西曆譏之，今以高卑命交行，得無復爲將來所譏？此于曆術非爲細故，明理之家必有辨其得失者矣。《曆策》曰：「古之善言曆者有二。」《易大傳》曰：「革，君子以治曆明時。」子輿氏曰：「苟求其故，千歲之日至，可坐而致。」曆之道主革，故無數百年不改之曆，然不明其故，則亦無以爲改憲之端。太初以來，治曆者七十餘家，莫不有所修明。當時亦各自謂度越前人，而行之未久，差天已遠，往往廢不復用。何也？是在創法之人不能深推理數，而附合于蓍卦、鐘律以爲奇，增損于積年日法以爲定，或陰用前法而稍易其名，或偶悟一事而自足其知，欲其永久無弊，豈可得哉？執事以新法既非，舊法未必無誤，而博訪于草澤也。此正愚所樂得而縷陳者也。欲知新法之誠非，須核其非之實；欲使舊法之無誤，宜釐其誤之繇。然後天官家言，在今可以盡革其弊，將來可以益明其故矣。舊法之屈于西學也，非法之不若也，以甄明法意者之無其人也。今者西曆所矜勝者不過數端，疇人子弟駭于創聞，學士大夫喜其瑰異，互相誇耀，以爲古所未有。孰知此數端者，悉具舊法之中，而非彼所獨得乎？一曰平氣定氣以步中節也，舊法不有分至以授人時、四正以定日躔乎？一曰最高最卑以步朓朒也，舊法不有盈縮遲疾乎？一曰真會視會以步交食也，舊法不有朔望加減食甚定時乎？一曰小輪歲輪以步五星也，舊法不有平合定合晨夕伏見疾遲留退乎？一曰南北地度以步北極之高下，東西地度以步加時之先後也，舊法不有里差之術乎？

大約古人立一法必有一理，詳于法而不著其理，理具法中，好學深思者自能力索而得之也。西人竊取其意，豈能越其範圍，就彼所命創始者，事不過如此。此其大略可覩矣。至于日刻之改，天度之殊，則習于師説而不能變通，反以伐能争勝，齮齕異己，不知果何關于疎密乎？且新法布算悉用曆表，日行惟一，而日躔表與五緯表差至五十五秒；月轉惟一，而月離表與交食表差至二十三分；日差惟一，而日躔與月離各具一表，則躔離安得合天，加時安得畫一乎？是以辛丑臘月晦辰，新法非朔而謂朔，癸卯七月望食，新法當既而不既，其爲譌謬，昭然共見，不可掩也。夫新法之戾于舊法者，其不善如此。其稍善者，又悉本于舊法如彼。然則當專用舊法乎？而又非也。元氏之後，載祀三百，未經修改，法雖盡善，安能無弊？故年遠數盈，則曆元四應或弗密也；朓朒過强，則朔望如時或弗協也；交限失真，則薄食分秒未可定也；緯度不紀，則淩犯有無難預期也。至如五星段目，昔人止録舊章；黄道辰宿，迄今猶用辛巳，何可以爲定法乎？若是則何從而可？從乎天而已。古人有言：「當順天以求合，不當爲合以驗天。」法所以差，固必有致差之故；法所吻合，猶恐有偶合之緣。測愈久則數愈密，思愈精則理愈出。以古法爲型範，而取才于天行，考晷漏，審圭表，慎擇人，詳著法，則異同之見漸可盡泯，成憲一定，不難媲美羲和，高出近代矣。

《推步交朔》叙言曰：《漢・律曆志》曰「曆本之驗在于天。」斯言得之矣。然漢人之驗天者安在哉？兩漢之世，日食多在晦，晦前朔後間亦有之，不知當日廢尤疎遠者十七家，其疎遠又何如乎？晦朔弦望，太初最密，最密者何事乎？上林清臺與十一家雜候，候盡五年六年，皆太初第一，且何所候乎？自晉、唐以迄昭代，代有作者，而法日趨于密矣。但步食或不盡驗，食時或失辰刻，則其爲術，或者可商求，苟能虚衷殫思，未必不復更勝。奈何一行、守敬之徒，乃有惟德動天之諛，日度失行之解，使近世疇人草澤，咸以二語蔀其明域其進耶？果爾，則天自天而曆自曆，合不足爲是，失不足爲非，叛官俶擾可以無誅，安用鳳鳥氏爲也！每見天文家言日月亂行，當有何事應，五星違次，當主何庶徵，余竊笑之。此皆步推之舛，而即傳以征應，則殃慶禎異，唯曆師之所爲矣。是故驗于天而法猶未善，數猶未真，理猶未闡者，吾見之矣。無驗于天，而謂法之已善，數之已真，理之已闡者，吾未之見也。某業非專家，資復遲鈍，雖涉獵有年，曾未覩

其落落，況于堂奥？ 然既習其事，又不敢自棄，每遇交會，必以所步所測課較疎密，疾病寒暑無間，變周改應增損經緯遲疾諸率，于兹三十年所，而食分求合于秒，加時求合于分，戛戛乎其難之。 年齒漸邁，氣血早衰，聰明不及于前時，而黽黽孳孳，幾有一得，不自知其智力之不逮也。 乃仲秋辛巳朔，日月交于鶉尾之次，于大統成憲當食八分有奇，加時自辰至午。 崇禎曆書食在巽巳之間，虧蝕不及二分。 余用己法推之，食分眎曆書祇贏數秒，虧甚復三限，大約先一刻有奇，而視成憲則殆有燕越緇素之殊。 其合其違，雖可預信，而分秒遠近之細，必驗天而後可知。 備陳三法如左，以俟實測，合則審其偶合與確合，違則求其理違與數違，不敢苟焉以自欺而已。

《測日小記》敘曰： 說者曰：「推步而得之，不如仰觀之易也。」此殆有爲言之，而耳食者以爲信然，幾乎不爲陳言所誤耶。 余謂步曆固難，驗曆亦不易，何也？ 天學一家，有理而後有數，有數而後有法，然唯創法之人，必通于數之變，而窮于理之奥。 至于法成數具，而理蘊于中，似乎三尺童子可以運籌而得，然達人穎士猶或畏之，則以專術之賾，糾繆千端，不可以一髮躁心浮氣乘于其間，所以塗本坦夷，而却步者嘗多也。 若夫驗曆則垂象昭然，有目所共覩，密者不可誣以爲疎，疎者不可諛以爲密。 雖謂之易也可，然語其大概，則亦或得之矣。 其如薄食之分秒，加時之刻分之不可決之于目，斷之以意乎？故非其人不能知也，無其器不能測也。 人明于理而不習于測，猶未之明也；器精于製而不善于用，猶未之精也。 人習矣，器精矣，一器而使兩人測之，所見必殊，則其心目不能一也。 一人而用兩器測之，所見必殊，則其工巧不能齊也。 心目一矣，工巧齊矣，而所見猶殊，則以所測之時，瞬息必有遲早也。 數者之難，誠莫能免其一也。 即不然，而食分分餘之秒，果可以尺度量乎？ 辰刻刻餘之分，果可以儀晷計乎？ 古人之課食時也，較疎密于數刻之間。 而余之課食分也，較疎密于半分之内。 夫差以刻計，以分計，何難知之？ 而半刻半分之差，要非躁率之人、粗疎之器所可得也。 倘唯仰觀是信，何時不自矜，何時不自欺以爲密合？ 故曰驗曆亦不易也。 重光作噩仲秋辛巳朔食，法具五種，算宗三家，或行于前代，或用于當今，或修于朝寧，或潛于草澤，莫不自謂吻合天行。 及至實測，雖疎近不同，而求其纖微無爽者，卒未之覩也。 于此見天運淵元，人智淺末，學之愈久，而愈知其不及，入之彌深，而彌知其難窮。 縱使確能度越前人，猶未足以言知天也，況乎智出前人之下，因前人之法而附益者乎？ 平情而論，創法爲難，測天次之，步曆又次之。 若僅能握觚，而即以創法自命，師心任目，譔爲鹵莽之術以測天，約略一合，而傲然自足，胸無古人，其庸妄不學，未嘗艱苦可知矣。

《日月左右旋問答》曰，令望、錫綸侍于曉闇先生，縱言至于天行。 先生曰：「曆家言日月右旋于天，而儒者乃云隨天左旋，二子何執？」令望曰：「以弟子觀之，則右旋也。」先生曰：「先儒曰天無體，以二十八宿爲體，行日一周而過一度。日行日一周不及天行一度，月又不及日行十二度有奇，觀其出入卯酉，則左旋可知。 今子以爲右旋，右旋誠是也。 然亦有說乎？」令望曰：「謂天無體，以二十八宿爲體，不知二十八宿有所麗乎，無所麗乎？ 列宿至衆，既不能共爲一體，安得指爲天體？ 況又無所係屬。 若鳥飛空而魚游于淵，必將前後左右，參錯紛拏，然而自古至今，垂象若一，不得謂之無所麗也。 既有所麗，則所麗即天，不得謂天無體也。」錫綸曰：「列宿麗天，故垂象有常，是信然矣。 日月經緯于天，遠近無定，此不麗天而與天并行互爲離合之徵也。 先儒之言，殆亦未可棄乎！」令望曰：「日月經星，各麗一天。 而各天之行，又皆循于左旋之天。 是皆可以管窺表測，知其高卑上下，不容誣也。」錫綸曰：「窺測之法，學之夫子矣。 今所欲辨者，日月右旋之實耳。」令望曰：「望嘗于初昏見月在某星之西，候之未久，而月星同度。 頃復候之，而月過而東。 此右旋之實可仰觀而得，不煩籌策也。」先生曰：「先儒固言日月隨天西行，比天差緩，經星附著于天，故逐及于月，而更出其前，非月行就星而過其東也。」令望曰：「日食初虧于西，月東進而掩日也。 復明于東，月更進而離日也。 月食初虧于東，月東進而受侵于闇虚也。 復明于西，月更進而東出于闇虚也。 若使左旋，則日月初虧復明，皆當東西易位矣。」先生曰：「先儒又言，日遲于天而疾于月，闇虚在日之衝，遲疾與日正等。 日行逐及于月而受掩，故初虧于西。 闇虚逐及于月而侵月，故初虧于東。 日西行而過月，故復明于東。 闇虚離月而西去，故復明于西。 是猶月行越星與星行越月之見耳，未足爲右旋之左券也。」令望曰：「日月常爲平行，而自人視之則有朓朒。 朓者日月在高，遠人，而視行小于實行。 朒者日月在卑，近人，而視行大于實行。 若云左旋，則朒反爲朓，朓反爲朒矣。」錫綸曰：「日月乘氣而行，行有緩急，非由高卑。 近年西人始有是說，豈可信乎？」令望曰：「夫乘氣而行者，緩急不倫，不可以率度而求。 日月雖有朓朒，而朓朒未嘗無叙，當必有所以朓朒之故，不可以虚理臆斷也。 日月高卑，通其術者能以咫尺之器測量而知。 曆術固多古人所未覺而後人始明者，又何疑于西說乎？ 況乎日月徑體，時大時小，高遠見小，卑近

見大，尤易知也。今試以數求之。朓朒之差，與高卑之差，爲相似之比例；高卑之差，與大小之差，亦爲相似之比例，此三差者皆相因而生。故知平行爲日月之自行，朓朒爲人目之視行也。」錫闡曰：「進而見贏者，退亦見贏；進而見縮者，退亦見縮。然則進行之度，可因高卑以爲增損，豈獨不及天行之度，不可因高卑以爲增損乎？」先生曰：「朓朒分于一周，故一周之中，一高一卑者有朓朒，不高不卑者無朓朒也。夫日之高卑，一歲而復。月之高卑，終轉而更。右旋之法，日周于歲，月周于轉。左旋之法，一日一周。知一日之無殊乎高卑，則知左旋之無當乎朓朒矣。」錫闡曰：「以高卑求朓朒，以朓朒證右旋似矣。然黃、赤二道，日行一周，而朓朒四變，斯何故歟？」先生曰：「子無疑于日行黃道，故赤道之行惟東西，而黃道之行兼南北。假令日誠左旋，將出于東南而没于西北，出于東北而没于西南。今冬日出辰入申，夏日出寅入戌者，何也？蓋由日躔從黃道而右旋。是以有漸南、漸北之行，天牽之而左旋，但與赤道平衡而行，東升西降也。」錫闡曰：「竊更思之，日躔不由黃道而爲螺旋，冬至之後，漸旋以北，夏至之後，漸旋以南，實皆隨天左轉，非右旋也。」先生曰：「螺旋之論，思致甚微。然當合黃、赤二道右旋、左旋，而議其故，不可斷棄黃道專爲左旋也。夫螺旋之勢，末鋭而中寬，汝言不由黃道則無所循，依勢必起于赤道而盡于二極，即不底二極而出入赤道，不能南北相若，即出入相若，而距緯不爲均數，必有僭差。古云日行出入赤道二十四度，驗之實測，雖今不及古，然南北大距，度分略同，自二分以及二至，緯度衰降，永無僭差。故知實有循依，無徒爲螺旋之理也。」錫闡曰：「距緯若爲均數，勢必盡于二極。距緯若有僭差，必不南北相若。闡嘗細察日躔，二分一日之距緯，幾數十倍于二至一日之距緯。蓋二分爲螺旋之始，故距緯差多，以次漸少。至于二至，勢盡而復。豈得有僭差，豈得越二十四度而底于二極乎？雖無所循依，而自爲左旋，亦安所不可乎？」先生曰：「螺旋者無法之形也，雖或衰降有準，然以割圜弧矢求之，必不盡合。今置黃、赤二道以右旋經度，求南北緯度于割圜弧矢之數，不容以毫髮爽也。握策而推，轉儀而測，合親疏遠，昭然人目，又何疑乎？」錫闡曰：「月離出入黃道，猶日躔出入赤道也。黃赤大距定于二十四度，黃白大距少或不過五度有奇，多或至于五度半弱。闡又嘗以大統曆法推算月緯法當在南，而實測或在北，法當在北，而實測或在南，何也？」先生曰：「人知赤道有南、北二極，不知黃、白二道各有南、北二樞。白道之樞，又有游有定，此亦得之實測，古來曆家所未喻者也。黃樞左旋于赤極之旁，古遠今近，約二萬八千餘年而一周。所云二十四度，亦自近古言之，未知古今之異耳。白道定樞，左旋于黃樞之旁，八年三百餘日而一周，無遠近。白道游樞，右旋于定樞之旁，半月而一周，亦無遠近。然自黃樞以視游樞，則遠近進退，隨時而異。朔望最近，不過五度有奇。二弦最遠，至于五度半弱。朔望前後游樞，循定樞之內而順。二弦前後游樞，循定樞之外而逆。是以黃白交道，月緯南北，皆因之而變。大統本無其術，其不合天也固宜。」令望曰：「日月右旋，敬聞命矣。黃赤朓朒一周四變，其故可得聞歟？」先生曰：「天體渾圜，從南北二極以割綫分赤道諸度，形如剖瓜，遠赤道則度分狹，近赤道則度分廣。黃道交于赤道，度無廣狹，而以斜直爲廣狹。冬、夏距遠勢直，故黃道經度加于赤道十分之一。春、秋距近勢斜，故黃道經度減于赤道十分之一。一歲再遠再近，故爲朓朒之變者四，此與經緯二行，可互求而見。考諸圜術，覩諸儀象，無不吻合。因明螺旋之形，亦由黃道右旋而生也。」錫闡曰：「千古之所聚訟，一旦若發蒙矣。雖然，願有進。日月以高卑論，視行五星亦宜同理。五星行高則疾，卑則爲遲爲留爲退，與日月相反，何也？」先生曰：「五星各有本行之規，皆以日爲心，歲填熒惑，左旋爲日行所牽而東，猶夫日行爲天所牽而西。故合日在高，宜遲反疾，衝日在卑，宜疾反退。太白辰星本行規小，不能包地。人目自地視之，惟見左右于日，而不與日衝。合日在上，視行雖小，而益之以日行故疾。合日在下，星雖右旋，而視行反逆，又大于日行，故退。五星復有本規之行度，高卑朓朒與日月同理，無煩贅説矣。」令望避席而起曰：「日月右旋，已無疑義。五星則左旋之中有右旋，右旋之中有左旋，提命雖切，未易晰也。日晏矣，不敢重煩長者。」先生乃以《五星行度解》授二子，二子受書而退。錫闡年五十五卒。《欽定四庫全書總目》、《曉菴新法》、《王寅旭先生遺書》、《道古堂文集》。

論曰：錫闡考正古法之誤，而存其是，擇取西説之長，而去其短，據依圭表，改立法數，雖私家譔述，未見施行，而爲術深妙，凡在識者莫不慨然稱善也。梅徵君文鼎《勿菴書目》曰：「從來言交食只有食甚分數，未及其邊，惟王寅旭則以日月圓體，分爲三百六十度，而論其食甚時所虧之邊，凡幾何度，今爲推演其法，頗爲精確。」然則考成所采文鼎以上下左右算交食方向法實本于錫闡矣。方今梅氏之學盛行，而王氏之學尚微。蓋錫闡無子，傳其業者無人，又其遺書皆寫本，得之甚難，故知之者少。持平而論，王氏精而核，梅氏博而大，各造其極，難可軒輊也。乾隆三十七年，詔開四庫全書館，録錫闡《曉菴新法》六卷，入子部天

文算法類。草澤之書，得以上備天禄石渠之藏，此真藝林之異數，學士之殊榮，錫闡自是不朽矣。

潘聖樟　弟耒

潘聖樟，一曰名檉，字力田，吴江人也。與王錫闡友善，錫闡嘗館其家，講論算法，常窮日夜。聖樟著《辛丑曆辨》曰：昔堯命羲和曰「以閏月定四時成歲。」蓋曆法首重置閏。而《春秋傳》曰：「先王之正時也，履端于始，舉正于中，歸餘于終。」所謂始者，取氣朔分齊爲曆元也；所謂中者，月以中氣爲定，無中氣者則爲閏也；所謂終者，積氣盈朔虚之數而閏生焉也。自漢以降，曆術雖屢變，未有能易此者。唯西域諸曆則不然，其法有閏年，有閏日，而無閏月，蓋中曆主日，而西曆主度，不可强同也。今之爲西曆者，乃以日躔求定氣，求閏月，不惟盡廢中國之成憲，而亦自悖西域之本法矣。故十餘年來，宫度既紊，氣序亦訛，如戊子之閏三月也，而置在四月；庚寅之閏十一月也，而置在明年之二月；癸巳之閏七月也，而置在六月；己亥之閏正月也，而置在三月。其爲舛誤，何可勝言！然非深于曆者未易指摘。至于辛丑之閏月，則其失顯然無以自解矣。何也？閏法論平氣而不當論定氣。若以平氣，則是年小雪在十月晦，冬至在十一月朔，而閏在兩月之間，所謂閏前之月中氣在晦，閏後之月中氣在朔者也。今以定氣，則秋分居九月朔，故預于七月朔置閏，然後秋分仍在八月，而霜降小雪，各歸其月。無如大寒定氣，乃在十一月朔。而十二月又無中氣，即不可再置一閏，則是同一無中氣之月，而或閏或否，彼所云太陽不及交宫即置爲閏者，何獨于此而自背其法乎？蓋孟秋非歸餘之終，故天正不能履端于始，地正不能舉正于中也。如此則四時不定，歲功不成，而閏法又安用之？且壬寅正月定朔，舊法在丙子丑初，即彼法亦在丙子子正，則辛丑之季冬當爲大盡，而明年正月中氣，復移于今歲之杪，彼亦自覺其未安，故進歲朔于乙亥，而季冬爲小盡之月，皆所謂欲蓋彌彰者耳。即辛丑歲朔，以彼法推，當會于亥正。而今在戌正，差至六刻，其他牴牾，更難枚舉。噫！作法如是，而猶自以爲盡善，可乎？蓋其説以日行盈縮爲節氣短長，每遇日行最盈，則一月可置一氣，是古有氣盈朔虚，而今更有氣虚朔盈矣。然或晦朔兩節氣，而中氣介其間，如丙戌仲冬去閏稍遠，猶可不論。獨辛丑仲冬冬至大寒，俱在晦朔，去閏最近，進退無據，苟且遷就，有不勝其弊者。夫閏法之主平氣，行之已數千年矣。今一變其術，未久而輒窮。至于無可如何，則又安取紛更爲也？聖樟後以他事論大辟。弟耒，字次畊，亦頗學曆，粗有端倪，不能竟學。《王寅旭先生遺書》、《道古堂文集》。

清・阮元《疇人傳》卷三六　清三

薛鳳祚

薛鳳祚，字儀甫，淄川人也。少從魏文魁游，主持舊法。順治中，與西洋人穆尼閣談算，始改從西學，盡傳其術。因著《天學會通》十餘種。其曰對數比例者，即西洋之假數也。曰中法四綫者，以西法六十分爲度不便于算，改從古法，以百分爲度表，所列止正弦、餘弦、正切、餘切，故曰四綫。其推步諸書，曰《太陽太陰諸行法原》，曰《木火土三星經行法原》，曰《交食法原》，曰《歷年甲子》，曰《求歲實》，曰《五星高行》，曰《交食表》，曰《經星中星》，曰《西域回回術》，曰《西域表》，曰《今西法選要》，曰《今法表》，皆會中西以立法。以順治十二年乙未天正冬至爲元，諸應皆從此起算。以三百六十五日二十三刻三分五十七秒五微爲歲實，黄赤道交度有加減，恒星歲行五十二秒，與天步真元法同。梅文鼎謂其書詳于法，而無快論以發其趣。蓋其時新法初行，中西文字輾轉相通，故詞旨未能盡暢也。《天學會通》。

論曰：國初算學名家，南王北薛并稱。然王非薛之所能及也。曉菴貫通中西之術，而又頻年實測，得之目驗，故于湯、羅新法諸書，能取其精華，而去其糟粕。儀甫謹守穆尼閣成法，依數推衍，隨人步趨而已，未能有深得也。

楊光先

楊光先，字長公，徽州府歙縣人也。恩廕新安衛官生。以西人耶穌會非中土聖人之教，且湯若望《算造時憲》書面不當用上傳「依西洋新法」五字，于順治十七年具呈禮科，不准，又于康熙三年狀告禮部。奉旨下部，會吏部同審。湯若望等由是罷黜。四年，特授欽天監右監副，旋授監正。光先以但知推步之理，不知推步之數，叩閽辭職。疏凡五上，不准辭。輯前後所上書狀論疏爲上下卷，名曰《不得已》。其《日食天象驗》篇曰：「湯若望之曆法，件件悖理，件件舛謬，乃詫于人曰：『我西洋之新法，算日月交食有準。』彼以此自奇，而人亦以此奇之，竟弗考對天象之合與不合，何其信耳而廢目哉！已往之交食姑不具論，請以康熙三年甲辰歲十二月初一戊午朔之日食驗之，人人共見，人人有目，難盡掩也。其準與不準，將誰欺乎？而世方以其不合天象之交食爲準，而附和之。是以西洋邪教爲我國必不可無之人，而欲招徠之援引之，自貽伊戚也。毋論其交食不準之甚，即使準矣，而大清國卧榻之内，豈慣謀奪人國之西洋人鼾睡地也耶！

從古至今，有不奉彼國差來朝貢，而可越渡我疆界者否？有入貢陪臣不還本國，呼朋引類，散布天下，而煽惑我人民者否？ 江統徙戎論，蓋蚤炳于幾先，以爲毛羽既豐，不至破壞人之天下不已。 茲敢著書顯言東西萬國及我伏羲與中國之初人盡是邪教之子孫，其辱我天下人至不可言喻。 而人直受之而弗恥，異日者脱有蠢動，還是子弟拒父兄乎？ 還是子弟衛父兄乎？ 衛之于義不可，拒之力又不能，請問天下人何居焉！ 光先之愚見，寧可使中夏無好曆法，不可使中夏有西洋人。 無好曆法，不過如漢家不知合朔之法，日食多在晦日，而猶享四百年之國祚。 有西洋人，吾懼其揮金以收拾我天下之人心，如厝火于積薪之下，而禍發之無日也，況其交食甚舛乎？ 故圖戊午朔食之天象，與二家報食之原圖，刊布國門，偏告天下，以辨舊法新法之孰得孰失，以解耳食者之惑云。」

康熙三年十二月初一戊午朔合朔，未正三刻二分，西洋湯若望推算日食八分九十二秒，初虧申正一刻强，正西，食甚申初二刻半，正南，復圓西初三刻，正東，日入地平，未復光七分六十六秒，食甚，日躔黄道丑宫斗宿二十一度二十一分，與天象全不合。 舊法何雒書推算日食八分五十六秒，初虧未正三刻，正西偏北，食甚，申正一刻，正北，復圓西初三刻，正東偏北，日入地平未復光三分七十二秒，食甚，日躔黄道丑宫斗宿二十二度一分四十秒，此與天象有八分合。 光先在監三年，謂戊申歲當閏十二月，尋覺其非，自行檢舉，時來年時憲書已頒行，乃下詔停止閏月。 尋事敗，論大辟。《不得已》、《池北偶談》。

論曰：錢少詹大昕曰，吾友戴東原嘗言歐邏巴人以重價購《不得已》而焚燬之，蓋深惡之也。 光先于步天之學，本不甚深，其不旋踵而敗，宜哉。 然摘謬十論，譏西法一月有三節氣之新，移寅宫箕三度入丑宫之新，則固明于推步者所不能廢也。 元所藏《不得已》卷末，有雜記數條，不署譔人名氏，中一條云：「歆人言光先南歸，至山東暴卒，蓋爲西人毒死。」而《池北偶談》則稱論大辟，其實光先蓋論大辟免死，歸卒者也。

胡亶

胡亶，號勵齋，仁和人也。 著《中星譜》、《周天現界圖》、《步天歌》行于世。 其《中星譜》于二十八宿外增益大星十七，共四十五座，一角宿，二亢宿，三大角，四氐宿，五貫索大星，六房宿，七心宿，八尾宿，九帝座，十箕宿，十一織女大星，十二斗宿，十三河鼓大星，十四牛宿，十五天津大星，十六女宿，十七虛宿，十八危宿，十九北落師門，二十室宿，二十一壁宿，二十二土司空，二十三星宿，二十四婁宿，二十五胃宿，二十六天囷大星，二十七昴宿，二十八畢宿，二十九五車大星，三十參宿右足，三十一參宿，三十二觜宿，三十三參宿左肩，三十四井宿，三十五天狼，三十六南河南星，三十七北河南星，三十八鬼宿，三十九柳宿，四十星宿，四十一張宿，四十二軒轅大星，四十三翼宿，四十四五帝座，四十五軫宿。 以二十四氣爲綱，各紀日入後日出前四十五星行至午中之時刻。 以京師爲主，附浙江于後。 自序言：「識星爲治曆根本，朝廷方旁求諳曉曆法之人。 是譜雖不足就正博雅，抑可爲始學津梁云爾。」亶嘗與監中西洋專家反覆辨論，衆皆嘆服。《中星譜》。

論曰：《中星》更録以更漏時刻爲主，故所紀中星有偏東偏西之度。 亶《譜》以列宿爲主，故所紀爲星座正中之時刻，各明一義，足以互相發也。

游藝

游藝，字子六，建寧人也。 著《天經或問》前集四卷，《後集》無卷數，皆設爲問答，以推闡天地之象。 大旨以西法爲宗。 與揭暄相友善，故集中多取其説。《欽定四庫全書總目》、《天經或問》。

揭暄

揭暄，字子宣，江西廣昌人也。 著《璇璣遺述》七卷，一名《寫天新語》。 論日月東行，如槽之滚丸，而月質不變。 又謂天堅地虛，譬猶餅中有餅，舊説蛋黄蛋白之喻，徒得形似。 又謂七政之小輪，皆出自然，亦如盤水之運旋，而周遭以行疾而成旋渦，遂成留逆。 于五星西行，日月盈縮，皆設譬多方，言之成理。 康熙己巳，以草稿寄梅文鼎，文鼎抄其精語爲一卷，稱其深明西術，而又别有悟入。 其言多古今所未發。 卒年逾八十。《欽定四庫全書總目》、《梅氏全書》。

方中通

方中通，字位伯，桐城人也。 集諸家之説，著《數度衍》二十四卷，附録一卷。 言九章皆出于句股，環矩以爲圓，合矩以爲方，方數爲典，以方出圓，句股之所生也。 少廣方圓所出也，方田商功，皆少廣所出。 一方一圓，其間不齊，始出差分。 而均輸對差分之數，盈朒借差求均，又差分均輸所出。 而以方程濟其窮，度量衡原出黄鐘，粟布出焉，黄鐘出于方圓者也。 又言古法用竹徑一寸，長六分二百七十一，而成六觚爲一握。 後世有珠算，而古法亡矣。 泰西之筆算、籌算，皆出九九尺算，即比例規出三角，乘莫善于籌，除莫善于筆，加減莫善于珠，比例莫善于尺。 其珠算歸法三一三十一四二二十二之類。 十字俱作餘字，其尺算以三尺交

加取數，衹用平分一綫。時廣昌揭暄亦明算術，與中通論難日輪大小，得光肥影瘦之故。及古今歲差之不同，須測算消長以齊之，一晝夜入一萬三千五百息，每息宗動天行十萬里有奇。別録爲一書，曰《揭方問答》。《數度衍》。

杜知耕

杜知耕，字端甫，號伯瞿，柘城舉人也。以利瑪竇、徐光啓所譯《幾何原本》，復加删削，作《幾何論約》七卷，後附十條，則知耕所作也。言其法似爲本書所無，其理實函各題之内，非能于本書之外，别生新義也。稱後附者，以别于丁氏、利氏之增題也。又雜取諸家算法，參以西人之説，依古《九章》爲目，作《數學鑰》六卷。言數非圖不明，圖非手指不明，圖用甲乙等字作誌者，代指也。故其書于圖解尤詳。梅文鼎謂其圖註《九章》，頗中肯綮。《幾何論約》、《數學鑰》、《道古堂文集》。

李子金

李子金，字子金，號隱山，柘城人也。諸生。嘗與儕輩聚飲，鄰有高樓，子金以小尺就地上縱横量之，使一人縋上，垂繘于地，試之不爽銖黍。又嘗渡河睨視水面，即能知水深淺。與王錫闡、梅文鼎、游藝、揭暄輩，并以算術相高。著《隱山鄙事》四卷，以發明《幾何原本》幾何法要之理。《欽定四庫全書總目》、《池北偶談》、《數學鑰》。

李長茂

李長茂著《算海説詳》，梅文鼎謂爲亦有發明而不能具《九章》。《勿庵算書目》。

徐發

徐發，字圃臣，嘉興人也。著《天元曆理》十一卷。首曰原理，論天道日月五星所以運行之故，博引群書，以證己説。辨榮方問陳子之言非《周髀》本文，張衡闇虚之説，仍不脱地形障隔，發以爲所論實非也。謂太陰之體形如彈丸，半明半魄。月之于日，猶臣之于君，不敢敵體，故轉而避之耳。所以有晦朔弦望之名，交食之理亦然，轉避幾分，則食幾分，無足異也。次曰考古，據《竹書紀年》甲子，證班固《曆志》之非。言漢人三正之誤，非古之三正，因著爲《圖説》以明之。自云其時浪跡都門，偶得異人指授，即此圖也。又云行夏之時，宋人誤註行夏之建，遂令三千年天象不合，殊非細故，因復解斗綱三合之義，以駁前人之謬。并以歷朝曆法推考，己法獨爲密合。三曰定法，取大統法，稍變歲實，以上合天元四甲子朔旦冬至爲曆元。《天元曆理》。

黄宗羲 子百家

黄宗羲，字太沖，號梨洲，餘姚人也。博覽群書，兼通步算。論長水註楞嚴流變三疊，及徐岳太乙、兩儀算曰：「案岳所云算器也，長水所云算法也，雖横豎之言相同，其義不相干涉。今之算器，横不列道，其數分于珠。徐岳之算器，珠一而已，其數分于道。太乙横爲九道，其珠自下而上，歷一道爲一算。兩儀算横爲五道，自下而上者，一道爲一算，自上而下者，始于五，終于九。黄青二珠，交相代也。算九則窮，又移一柱，與今器迥别。長水之算，只用今器，其所謂横豎者，分别算位。本位是豎，進一位即是横。本位是横，進一位即是豎，非如徐岳之實有横豎也。《乾坤鑿度》曰：「卧算爲年，立算爲日。」卧算者，長水之所謂横也。立算者，長水之所謂豎也。

又論孔子生卒，曰：「《左氏》哀公十有六年夏四月己丑，孔丘卒，此出于門弟子所書，歲月無復可疑矣。由是而上推至襄公二十二年庚戌爲七十三歲，孔子之年七十三，不特見于《史記》，杜預《左註》、《孔子家語》、《祖庭記》，無不皆然，則孔子之生年在庚戌，亦無可疑也。至于生之月日，《左傳》無文，穀梁氏則書冬十月庚子孔子生，公羊氏則書十有一年庚子孔子生。陸德明釋《公羊》云：庚子孔子生，傳文上有十月庚辰，此亦十月也。一本作十一月庚子，又本無此句。蓋經文庚辰朔，則庚子在二十一日，若十一月則己酉朔，其距庚子五十有二日。十一月無庚子，則知有此句者之爲誤本也。某以曆法推之，襄二十一年中積六十六萬九千一百二十七日五十五刻，冬至四十七日五千二十四，閏餘二十五日七千三百四十六，其年有閏，故子月甲寅朔，丑月甲申朔，寅月癸丑朔，卯月癸未朔，辰月壬子朔，巳月壬午朔，午月辛亥朔，未月辛巳朔，申月庚戌朔，酉月庚辰朔，戌月己酉朔，亥月己卯朔。襄二十二年，中積六十六萬八千七百六十二日三十一刻，冬至五十二日七四四九，閏餘七日七一。子月己酉朔，丑月戊寅朔，寅月戊申朔，卯月丁丑朔，辰月丁未朔，巳月丙子朔，午月丙午朔，未月乙亥朔，申月乙巳朔，酉月甲戌朔，戌月甲辰朔，亥月癸酉朔。若不從《公》、《穀》，以《家語》、《史記》爲準，則孔子之生在二十二年酉月，自甲戌推至庚子爲二十七日，故羅泌以爲八月二十七日是也。」

又論衛朴推驗《春秋》日食曰：「沈存中云，衛朴精于曆術，《春秋》日食三十六，密者不過得二十六七，一行得二十七，朴乃得三十五。唯莊公十八年一食，

古今算皆不入食法，疑前史誤耳。愚案襄二十一年秋九月庚戌朔，日有食之，冬十月庚辰朔，日有食之，又二十四年七月八月兩書日食。曆家如姜岌、一行，皆言無比月頻食之理。授時亦言二十一年己酉中積六十六萬九千一百二十七日五十五刻，步至九月定朔四十六日六十五刻，庚戌日申時合朔，交泛一十四日三十六刻，入食限，是也。步至十月庚辰朔，交泛一十六日六十七刻，已過交限。故姜岌、一行之説爲是。西曆則言日食之後，越五月，越六月，皆能再食，是一年兩食者有之。比月而食者更無是也。襄二十一年己酉九月朔，交周初宫九度五一二八，入食限，十月朔一宫一十度三一四二，不入食限矣。二十四年壬子七月朔，交周初宫三度一九三五，入食限，八月朔，交周一宫三度五九四九不入食限矣。乃知衛朴得三十五者，欺人也，其言莊十八年一食，自來不入食法。案是年己巳歲二月有閏，至三月實會四十九日一十三時合朔，癸丑未初初刻，交周一十一宫二十八度三四三七，正合食限。朴蓋不知有閏，故算不能合耳。朴于其不入食限者自謂得之，于其入食限者反謂不得，不知何説也。」

所著有《大統曆法辨》四卷、《時憲書法解新推交食法》一卷、《圜解》一卷、《割圜八綫解》一卷、《授時曆法假如》一卷、《西洋曆法假如》一卷、《回回曆法假如》一卷。康熙十八年都御史徐元文薦于朝，以老病辭，乃詔取所著書宣付史館。年八十六卒。子百家。《浙江通志》《南雷文約》。

百家，字主一，傳其父學，又從梅文鼎問推步法。康熙中修《明史》，百家父子先後預校曆志。著《句股矩測解原》二卷，上卷曰解矩度，曰解表影，曰解矩度表景，曰解物景，曰解兩景消長；下卷曰以影測高，曰以目測高，曰重矩，曰變影，曰測深測廣，曰測遠，皆有圖説詳之。《句股矩測解原》《勿庵算書目》。

清·阮元《疇人傳》卷三七　清四

梅文鼎上

梅文鼎，字定九，號勿庵，宣城人也。兒時侍父士昌及塾師羅王賓，仰觀星氣，輒了然于次舍運轉大意。年二十七，師事竹冠道士倪觀湖，受麻孟璇所藏臺官交食法，與弟文鼐、文鼏共習之。稍稍發明其所以立法之故，補其遺缺，著《曆學駢枝》二卷，後增爲四卷，倪爲首肯，自此遂有學曆之志。值書之難讀者，必欲求得其説，往往至廢寢忘食。殘編散帖，手自抄集，一字異同，不敢忽過。疇人弟子及西域官生皆折節造訪，人有問者亦詳告之，無隱，期與斯世共明之。所著曆算之書凡八十餘種。讀《元史》授時曆經，歎其法之善，作《元史曆經補註》二卷。又以授時集古法大成，然創法五端外大率多因古術，因參校古術七十餘家，著《古今曆法通考》五十八卷，後增至七十餘卷。授時以六術考古今冬至，取魯獻公冬至證統天術之疏，然依其本法步算，與授時所得正同，作《春秋以來冬至考》一卷。《元史》「西征庚午元術」，西征者，謂太祖庚辰也；庚午元者，上元起算之端也。《曆志》訛太祖庚辰爲太宗，不知太宗無庚辰也；又訛上元爲庚子，則于積年不合也，考而正之，作《庚午元曆考》一卷。授時非諸古術所能方，郭守敬所著《曆草》乃曆經立法之根，拈其義之精微者，爲《郭太史曆草補注》二卷。《立成》傳寫魯魚，不得其説，不敢妄用，作《大統立成注》二卷。授時術于日躔盈縮、月離遲疾并以垛積招差立算，而《九章》諸書無此術，從未有能言其故者，因世得孝廉之疑，作《平立定三差詳説》一卷。此發明古法者也。唐九執術爲西法之權輿，其後有婆羅門十一曜經及都聿利斯經，皆九執之屬。在元則有札馬魯丁西域萬年術，在明則馬沙亦黑馬哈麻之回回術，西域天文書，天順時貝琳所刻《天文實用》，即本此書，作《回回曆補注》三卷、《西域天文書補注》二卷、《三十雜星考》一卷。表景生于日軌之高下，日軌又因于里差而變移，作《四省表景立成》一卷。《周髀》所言里差之法，即西人之説所自出，作《周髀算經補注》一卷。渾蓋之器最便行測，作《渾蓋通憲圖説訂補》一卷。西國日月以太陽行黄道三十度爲一月，作《西國日月考》一卷。西術中有細草，猶授時之有通軌也，以曆指大意隱括而注之，作《七政細草補注》三卷。新法有《交食蒙求》、《七政蒙引》二書，并逸，作《交食蒙求訂補》二卷、《交食蒙求附説》二卷。監正楊光先《不得已》日食圖，以金環與食甚時分爲二圖，而各具時刻，其誤非小，作《交食作圖法訂誤》一卷。新法以黄道求赤道，交食細草用儀象志表，不如弧三角之親切，作《求赤道宿度法》一卷，謂中西兩家之法，求交食起復方位，皆以東西南北爲言。然東西南北惟日月行至午規而又近天頂，則四方各正其位矣。自非然者，則黄道有斜正之殊，而自虧至復，經歷時刻，展轉遷移，弧度之勢，頃刻易向，且北極有高下，而隨處所見必皆不同，勢難施諸測驗。今別立新法，不用東西南北之號，惟人所見日月圓體分爲八向，以正對天頂處命之曰上，對地平處命之曰下，上下聯爲直綫，作十字橫綫，命之曰左、曰右，此四正向也。曰上左、上右，曰下左、下右，則四隅向也。乃以定其受蝕之所在，則舉目可見，作《交食管見》一卷。太陽之有日差，猶月離交食之有加減時，因表説含糊有誤，作《日差原理》一卷。火星最爲難算，至地谷而始密，解其立法之根，作《火緯本法圖説》一卷。訂火緯表記，因

及七政，作《七政前均簡法》一卷。金水歲輪繞日，其度右移，上三星軌迹，其度左轉，若歲輪則仍右移，作《上三星軌迹成繞日圓象》一卷。《天問略》取黄緯不真，而列表從之，誤，作《黄赤距緯圖辨》一卷。西人謂日月高度等，其表景有長短，以證日遠月近，其説非是，作《太陰表影辨》一卷。新法帝星句陳經緯，刊本互異，作《帝星句陳經緯考異》一卷。測帝星、句陳二星，爲定夜時之簡法，作《星晷真度》一卷。以上皆以發明新法算書，或正其誤，或補其闕也。

康熙癸丑，宣城施副使閏章總裁郡邑之志，以分野一門相屬，作《寧國府志分野稿》一卷、《宣城縣志分野稿》一卷，刻入郡邑志中。明年，制府于成龍檄修通志，亦以分野相屬，力疾成《江南通志分野擬稿》一卷。而志局易人，存于家。歲己未，明史開局，《曆志》爲錢塘吴檢討任臣分修，總裁者睢州湯中丞斌也。繼以崑山徐司寇乾學，經嘉禾徐善、北平劉獻廷、毘陵楊文言，各有增定，最後以屬餘姚黄聘君宗羲，又以屬鼎，摘其訛舛五十餘處，以《曆草通軌》補之，作《明史志擬稿》三卷。雖爲大統而作，實以闡明授時之奥，補《元史》之缺略也。其總目凡三，曰法原，曰立成，曰推步。而法原之目七，曰句股測望，曰弧矢割圓，曰黄赤道差，曰黄赤道内外度，曰白道交周，曰日月五星平立定三差，曰里差刻漏。立成之目凡四，曰太陽盈縮，曰太陰遲疾，曰晝夜刻，曰五星盈縮。推步之目凡六，曰氣朔，曰日躔，曰月離，曰中星，曰交食，曰五星。又作《曆志贅言》一卷，大意言明用大統，實即授時，宜于《元史》闕載之事詳之，以補其未備。又回回曆承用三百年，法宜備書。又鄭世子曆學已經進呈，亦宜詳述。他如袁黄之《曆法新書》，唐順之、周述學之《會通回曆》，以庚午元曆之例例之，皆得附録。其西洋曆方今現行，然崇禎朝徐、李諸公測驗改憲之功，不可没也，亦宜備載緣起。

歲己巳，至京師，謁李文貞公光地于邸第，謂曰：「曆法至本朝大備矣，經生家猶若望洋者，無快論以發其意也。宜略倣元趙友欽《革象新書》體例，作爲簡要之書，俾人人得其門户，則從事者多，此學庶將大顯。」因作《曆學疑問》三卷。俄光地視學大名，遂以原稿雕板。壬午十月，光地扈駕南巡，駐蹕德州，有旨取所刻書籍回奏。光地因匆遽未及攜帶，遂以所訂刻《曆學疑問》謹呈，求聖誨。奉旨：「朕留心曆算多年，此事朕能決其是非，將書留覽再發。」二日後召見光地，上云：「昨所呈書甚細心，且議論亦公平，此人用力深矣。朕帶回宫中，仔細看閲。」光地因求皇上親加御筆批駁改定，上肯之。明年癸未春，駕復南巡，于行在發回原書，面諭光地：「朕已細細看過。」中間圈點塗抹及籤貼批語，皆上手筆也。光地復請此書疵繆所在，上云：「無疵繆，但算法未備。」蓋梅書原未完成，聖諭遂及之。後光地以書歸之文鼎，俾寶藏焉。未幾，聖祖西巡，荷問隱淪之士，光地以關中李永、河南張沐及文鼎三人對，上亦素知永及文鼎。乙酉二月南巡狩，光地以撫臣扈從，上問：「宣城處士梅文鼎者今焉在？」光地以尚在臣署對，上曰：「朕歸時，汝與偕來，朕將面見。」四月十九日，光地與文鼎伏迎河干，越晨，俱召對御舟中。從容垂問，至于移時，如是者凡三日。上謂光地曰：「曆象算法，朕最留心，此學今鮮知者，如文鼎真僅見也。其人亦雅士，惜乎老矣。」連日賜御書扇幅，頒賚珍饌。臨辭，特賜「績學參微」四大字。越明年，又命其孫瑴成内廷學習。五十三年十二月二十三日，瑴成欽奉上諭：「汝祖留心律曆多年，可將《律吕正義》寄一部去令看，或有錯處，指出甚好。夫古帝王有『都俞吁咈』四字，後來遂止有『都俞』，即朋友之間亦不喜人規勸，此皆是私意。汝等要須極力克去，則學問自然長進，可并將此意寫與汝祖知道。欽此。」恩寵爲千古所未有。

文鼎圖注各省直及蒙古各地南北東西之差，爲書一卷，名《分天度里》。地既渾圓，則所云二百五十里一度者，緯度則然，若經度離赤道遠，則里數漸狹，然推其路正東西行與距等圈合，自有一定算法。路或斜行，則其法不可用爲立法，若兩地各有北極高度，又有相距之經度，而無相距里數，是有兩邊一角，而求餘一邊即可以知斜距之里。若先有斜距之里數而求經度，是爲三邊求角，亦可以知相距之經度。其法并用斜弧三角形立算，可與月食求經度之法相參，而且簡易的確。作《陸海鍼經》一卷，又謂之《里差捷法》。

文鼎于測算之圖與器，一見即得要領。古六合三辰四遊之儀，以意約爲小製皆合。又自製月道儀、揆日測高諸器，皆自出新意。嘗登觀象臺，流覽新製六儀，及元郭守敬簡儀，明初渾球指數，其中利病皆如素習。其書有《測器考》二卷，又《自鳴鐘説》一卷、《壺漏考》一卷、《日晷備考》三卷。其説曰：「吾郡日晷依赤道斜安，實爲唐製，則日晷非始西人也。西製有平晷、立晷、碗晷、十字晷諸式，廣之不啻百十餘種。余所見自曆書、《渾天儀説》、《比例規解》外，别有日晷耑書三種，互爲完缺。而其中作法，亦有似是而非之處，則以所學有淺深，抑倣而爲者，以臆參和，厥理遂晦。」《赤道提晷説》一卷，亦日晷之一，其説備考中所無也。《勿庵揆日器》一卷，其説曰：「取里差以定高度，黍珠進退，準乎節序，用二至爲端，器溢于寸，表止于分，而黄赤之理備焉。」《諸方節氣加時日軌高度表》

一卷，其説曰：「曆書目有諸方晝夜晨昏論，及其分表，今軼不傳，《交食高弧表》非節氣度，今依弧三角法算定爲揆日之用。」《揆日淺説》一卷，其説曰：「日晷之書詳于法，法之理多未及也。倣作多差，不亦宜乎？故擇其尤難解者疏之，所説多渾天大意，故別爲卷。」《測景捷法》一卷，其説曰：「精于測景之法，可以知南北之里差。既知里差，則隨地隨時，可以預定其景之分寸。約而言之，惟切綫一法而已。切綫者，句股相求也，表如半徑，直表之景如餘切，横表之景如正切，并以極高度取之。」《璇璣尺解》一卷，其説曰：「尺有二皆同樞，樞即北極。尺即以堅楮爲之，銅亦可。其一具周歲節氣，所以測日也。其一載大星十數，所以測星也。并以赤道緯度定之，晝測日景，得其高度，即可查節氣以知時刻。夜測星得其高度，亦可查星距太陽經度，以知時刻。善用者即此已足，蓋渾蓋天盤之法略具其中矣。」《測星定時簡法》一卷，其説曰：「有日之時，有星之時，法用星之緯度，于簡平儀上，查其星距子午規若干時刻，再查此星距太陽若干時刻，以相加減，即得真時。此法不拘何星可用，故曰簡法。」《勿庵側望儀式》一卷，其説曰：「簡平儀耑論日景，故以二至爲限，此製于二至外仍具緯度，北至極，南至地平，如置身六合之外，以望天體，故曰側望。」《勿庵仰觀儀式》一卷，其説曰：「圖星垣者，以北極居中，見界爲邊，或分兩極居中，赤道爲邊。此即經緯無差，必所居之地以極爲天頂，則所見然耳。其各地天頂之星，與地平環上之星，不可以擬諸形容也。此式各依本方極高之地，以規地平，而安天頂于中央，依距緯以安北極，再從北極出弧綫以定赤道；又自北極依法作多圈以擬赤緯，則某星在天頂，某星在某方，高若干度，某星在地平，環二十四向，可以周知。又依分至節氣各爲一圖，則天盤經緯與地盤經緯相加之處，可指而數，毫無疑似，雖從未知星者，可以案圖而得矣。」《勿庵渾蓋新式》一卷，其説曰：「渾蓋舊製以赤道外二十三度半爲限，止于晝短規，今于短規外再展八度，則太白所居南緯，可以查其所加，占測之用，于是而全。」《勿庵月道儀式》一卷，其説曰：「月道出入于黄道，猶黄道之出入于赤道也，自古及今，未有爲之儀器者。今依渾蓋北密南疎之度，以黄極爲樞，而月道半在其内、半出其外，則月緯大小之理，及正交、中交、交前、交後之法，可以衆著。儀以銅爲之，略如渾蓋。其上盤爲月道，亦如渾蓋天盤之黄道圈，其下盤黄道，經緯分宫分度，并以黄極爲心，而儘邊以黄緯九十五度少半爲限，出黄道南五度少半，月道所到也。」自言「吾爲此學，皆歷最艱苦之後，而後得簡易。有從吾遊者，坐進此道，而吾一生勤苦皆爲若用矣。吾惟求此理大顯，使古絶學不致無傳，則死且無憾，不必身擅其名也。」

禮部郎中豫章李焕斗嘗從文鼎問曆法，作《答李祠部問曆》一卷。滄州老儒劉介錫同客天津，屢有所問，并據曆法正理告之，作《答劉文學問天象》一卷。又言生平于難讀之書，不敢置也。每手疏而攜諸篋衍，以待明者問之，于曆算尤多，作《思問編》一卷。緯度以測日高，因知北極高，爲用甚博。古用二至二分，今則逐日可測，承友人之命，作《七十二候太陽緯度》一卷。潘天成從文鼎學曆，而苦于布算，作《寫算步曆式》一卷授之。又《授時步交食式》一卷，文鼎季弟文鼐之稿也。《步五星式》六卷，文鼎與其仲弟文鼏共成之者也。同時西洋穆尼閣作《天步真原》，青州薛鳳祚本《天步真原》而作《會通》，吴江王錫闡著《曆書》及《圖解三辰儀晷》，廣昌揭暄著《寫天新語》，文鼎每得一書，皆爲正其訛闕，指其得失，有《天步真原訂註》、《天學會通訂註》、《王寅旭書補註》、《寫天新語鈔存》一卷。又《古曆列星距度考》一卷，從殘壞之本，尋其普天星宿入宿去極度分，中缺二星。又從閩中林侗寫本補完之，而斷以爲授時之法。以上曆學之書，凡六十二種。

萬曆中，利瑪竇入中國，始倡幾何之學，以點、綫、面、體爲測量之資，製器作圖，頗爲精密。然其書率資翻譯，篇目既多，而取徑紆迴，波瀾闊遠，枝葉扶疎，讀者頗難卒業。學者張皇過甚，無暇深考乎中算之源流，輒以世傳淺術，謂古《九章》盡此，于是薄古法爲不足觀，而或者株守舊聞，遽斥西人爲異學。兩家之説，遂成隔礙。文鼎集其書而爲之説，用籌、用筆、用尺，稍稍變從我法，若三角比例等，原非中法可該，特爲表出。古法方程亦非西法所有，則專著論，以明古人之精意，不可湮没，又具爲《九數存古》，以著其概。

書凡九種，總曰《中西算學通》，《序例》一卷。一、《勿庵籌算》七卷。籌算之法，蓋起于作曆書時，術本直籌横寫，易之以横籌直寫，所以適中土筆墨之宜。二、《勿庵筆算》五卷。亦用直寫，以便文人之用，而定位一端，視舊法亦捷。三、《勿庵度算》二卷。西人尺算，即《比例規解》所述也。其書原無算例，文鼎弟文鼐補之，而參以嘉禾陳藎謨《尺算用法》。陳書只平分一綫，文鼎書諸綫皆備，又有矩算，則文鼎所創。西人用三角故兩其尺，今用句股，故祇用一尺一方板，其理無二。尺算矩算，皆度算也。四、《比例數解》四卷。比例數表者，西算之別傳，其法自一至萬，并設有他數相當，謂之對數，不用乘除，惟憑加減，前此無知者。本朝順治間，西士穆尼閣以授薛鳳祚，始有譯本。穆、薛所著《天步真

原》、《天學會通》并依此立算。不知此，則二書不可得而讀，因稍爲詮次爲書。五、《三角法舉要》五卷。西法用三角，猶古法之用句股，而三角能通句股之窮，要其理不出于句股，故鋭角形分，則二句股也，鈍角形以虛補實，亦句股也，鈍角形補其虛角，則成半實半虛之句股形，又成一虛句股形，而所設鈍角形，又即爲兩句股相較之餘形，皆句股法也。不明三角，則曆書佳處必不能知，其有缺處亦不能正矣。其目有五，曰測量名義，曰算例，曰内容外切，曰或問，曰測量。李文貞公爲刻于保定。歲乙酉，南巡，蒙召對，以是進呈。六、《方程論》六卷。算法之有方程，猶量法之有句股，皆其最精之事，因作論明之。安溪李鼎征爲刻于泉州。七、《幾何摘要》三卷。《幾何原本》爲西算之根本，其法以點、綫、面、體疏三角測量之理，以比例大小分合疏算法異乘同除之理，由淺入深，善于曉譬。但取徑縈紆，行文古奥峭險，學者多不能終卷。稍爲芟繁補遺而爲是書。八、《句股測量》二卷。測量必用句股，立少以觀多，即近以見遠，故立矩可以測高，覆矩可以測深，偃矩可以測遠，然而方可測，圓不可測，于是而割圓之法立；平可測，險不可測，于是而重差之術生。古書雖不盡傳，然《周髀》開方之圖，《海島》量山之算，猶存什一于千百，具録其要，以存古意。九、《九數存古》十卷。九數即九章，隸首之法僅存者，《九章》之目耳，後有作者，莫能出其範圍。

以上爲初編。外有書一十七種，并爲續編。一、《少廣拾遺》一卷。古有一乘方至九乘方相生之圖，而莫詳所用。《同文算指》演之，具七乘方，亦非了義。《西鏡録》增有廉積立成，然譌亂不可讀。楊時可丁令調寄問四乘方、十乘方法，諸乘方中惟此二者不可以借用他法，摘此爲問，蓋亦留心學問人也因爲推演至十二乘方，有條不紊。二、《方田通法》一卷。算家有捷田二十三法，稍廣之，爲百二十有四。三、《幾何補編》四卷。《幾何原本》止于測面，七卷以後未經譯出，取《測量全義》量體諸率，實考其作法根源，以補原書之未備。而原書二十等面體之算，向固疑其有誤者，今乃得其實數。又原本理分中末綫，但有求作之法，而莫知所用。今依法求得十二等面及二十等面之體積，因得其各體中稜綫及輳心對角諸綫之比例。又兩體互相容及兩體與立方、立圓諸體相容各比例，并以理分中末綫爲法，乃知此綫不爲徒設，則西人之術固了不異人意也。四、《西鏡録訂注》一卷。《西鏡録》不知誰作，其書當在《天學初函》之後，知者，《同文算指》未有定位之法，而此書有之，其爲踵事加精可見。所立金法、雙法，亦即借衰互徵、疊借互徵之用，較《同文指算》尤覺簡明。五、《權度通幾》一卷。重學爲西術一種，然載于《比例規解》者，譌誤尤甚，今以南勳卿《儀象志》互相訂補，其數始真。六、《奇器補詮》二卷。關中王公徵《奇器圖説》，所述引重轉木諸製，并有裨于民生日用，而又本諸西人重學，以明其意。嘗以書史所傳，如漢杜詩作水鞲以便民，及王氏《農書》諸水器之類，睹記所及，如劉繼莊詩集載筒車灌田法，稍爲輯録，以補其所遺，而圖與説不相應者，爲之是正，其以西字爲識者易之。七、《正弦簡法補》一卷。《大測》諸書言作八綫表之法詳矣，讀薛鳳祚書，有用矢綫求度法，爲之作圖，以發其意，因得兩法，在六宗率三要法之外，而爲用加捷。兩法者，一曰正弦，方冪倍而退位，得倍弧之矢；一曰正矢，進位折半，得半弧正弦上方冪。八、《弧三角舉要》五卷。全部曆書皆三角法也。内分二支，一曰平三角，一曰弧三角。凡曆法所測皆弧度也，弧綫與直綫不能爲比例，則推測窮理。弧三角者，剖析渾圓之體，而各于弧綫中得其相當直綫，即于無句股中尋出句股，此法之最奇最確，聖人復起，不能易也。弧三角之用法雖多，而其最著明者，爲黄赤交變一圖，反覆推論，瞭如列眉，熟此一端，則其餘不難推及矣。《測量全義》第七、第八、第九卷專明此理，兩舉例不全，且多錯謬，其散見諸曆指者，僅存用數，無從得其端倪。《天學會通》圈綫三角法作圖草率，往往不與法相應，一以正弧三角爲綱，仍用渾儀解之，正弧三角之理盡歸句股，參伍其變，斜弧三角之算亦歸句股矣。其目曰弧三角體式，曰正弧句股，曰求餘角法，曰弧角比例，曰垂弧，曰次形，曰垂弧捷法，曰八綫相當。九、《環中黍尺》五卷。《舉要》中弧度之法已詳，然更有簡妙之用，不可不知。《測量全義》原有斜弧用兩矢較之例，所立圖姑爲斜望之形，而無實度可言。今一以平儀正形爲主，凡可以算得者，即可以器量渾儀真像，呈諸片楮，而經緯歷然，無絲毫隱伏假借。至于加減代乘除之用，曆書僅舉其名，不詳其説，疑之數十年，而後得其條貫，即初數、次數、甲數、乙數諸法，并砉然以解。其目曰總論，曰先數後數，曰平儀論，曰三極通幾，曰初數次數，曰加減法，曰甲數乙數，曰加減捷法，曰加減又法，曰加減通法。十、《塹堵測量》二卷。塹堵測量者，借土方之法以量天度也，其術以平圓御渾圓，以方體測圓體，以虛形準實形，故托其名于塹堵也。古法斜剖立方，成兩塹堵，塹堵又剖爲二，成立三角，立三角爲量體所必需，然此義中西皆未發。今以渾儀黄赤道之割切二綫，成立三角形，立三角本實形，今諸綫相遇成虛形，與實形等，而四面皆句股，即弧度可相求，不須用角，西法通于古法矣。又于餘弧取赤道及大距弧之割切綫，成句股方錐形，亦四面皆句股，即弧度可相求，亦不

言角，古法通于西法矣。二者并可用堅楮爲儀，以寫其狀，則弧度中八綫相爲比例之理，瞭如掌紋。而郭守敬圓容方直矢接句股之法，不煩言説而解。其目曰總論，曰立三角摘録，曰渾圓内容立三角，曰句股錐，曰句股方錐，曰方塹堵容圓塹堵，曰圓容方直儀簡法，曰郭太史本法，曰角即弧解。十一、《用句股解幾何原本之根》一卷。幾何不言句股，然其理并句股也，故其最難通者，以句股釋之則明，惟理分中末綫，似與句股異源。今爲游心于立法之初，而仍出于句股，信古《九章》之義，包舉無方。徐光啓譯《大測表》，名之曰《割圓句股八綫表》，其知之矣。十二、《幾何增解》數則。其目有四，曰以方斜較求斜方，曰切綫角與圓内角交互相應，曰量無法四邊形捷法，曰取平行綫簡法，并就幾何各題而增，不入補編，附前條共卷。十三、《仰觀覆矩》二卷。一查地平經度爲日出入方位，一查赤道經度爲日出入時刻，并依里差，用弧三角立算，與曆書法微别。十四、《方圓冪積》二卷。曆書周徑率至二十位，然其入算仍用古率十一與十四之比例，豈非以乘除之際，難用多位歟？今以表列之，取數殊易，乃爲之約法，則徑與周之比例即方圓二冪之比例，亦即爲立方、立圓之比例，殊爲簡易直捷。十五、《麗澤珠璣》一卷。友朋之益，取其關于算學者。十六、《算器考》一卷。今有筆算，遂以珠盤爲古，不知古用籌策，故曰持籌。其用珠盤，蓋起元末明初，制度簡妙，天下習用之，而遂忘古法，故爲之考。十七、《數學星槎》一卷。減并乘除，三日可了，初學莫易于筆算，然除法定位轉易，乘法定位稍難，兹以本數、大數、小數三者别焉，雖童子可知矣。至于句股開方，非圖不解，《周髀算經》有古圖，簡質可玩，曆書本幾何立説，亦足引人思致，今稍廣之，爲圖者六。

文鼎爲學甚勤，劉輝祖嘗與同舍館，告桐城方苞曰：「吾每寐覺漏鼓四五下，梅君猶篝燈夜誦，昧爽則已興矣。乃今知吾之玩日而愒時也。」居京師時，裕親王以禮延致朱邸，稱梅先生而不名。李文貞公命子鍾倫從學，介弟鼎徵及群從皆執弟子之禮。宿遷徐用錫、晉江陳萬策、景州魏廷珍、河間王之鋭、交河王蘭生皆以得與參校爲榮。家多藏書，頻年遊歷，手鈔雜帙不下數萬卷。歲在辛丑卒，年八十有九。上聞，特命有地治者經紀其喪，士論榮之。以孫瑴成貴，贈左都御史。

清·阮元《疇人傳》卷三八　清五

梅文鼎中

文鼎《曆學疑問》曾恭呈御覽，後又引申其説，作《曆學疑問補》二卷，皆平正通達，可爲步算家準則。今録其要者數篇。

論中西二法之同曰，問者曰：「天道以久而明，曆法以修而密，今新曆入，而盡變其法以從之，則前此之積候舉不足用乎？」曰：「今之用新曆也，乃兼用其長，以補舊法之未備，非盡廢古法而從新術也。夫西曆之同乎中法者，不止一端。其言日五星之最高加減也，即中法之盈縮曆也，在太陰則遲疾曆也；其言五星之歲輪也，即中法之段目也；其言恒星東行也，即中法之歲差也；其言節氣之以日躔過宫也，即中法之定氣也；其言各省直節氣不同也，即中法之里差也。但中法言盈縮遲疾，而西説以最高最庳明其故；中法言段目，而西説以歲輪明其故；中法言歲差，而西説以恒星東行明其故。是則中曆所著者當然之運，而西曆所推者其所以然之源，此其可取者也。若夫定氣里差，中曆原有其法，但不以註曆耳，非古無而今始有也。西曆始有者，則五星之緯度是也。中曆言緯度，惟太陽、太陰有之，而五星則未有及之者。今西曆之五星有交點、有緯行，亦如太陽、太陰之詳明。是則中曆缺陷之大端，得西法以補其未備矣。夫于中法之同者，既有以明其所以然之故，而于中法之未備，又有以補其缺。于是吾之積候者得彼説而益信，而彼説之若難信者亦因吾之積候，而有以知其不誣，雖聖人復起，亦在所兼收而亟取矣。」

論地圓可信曰，問：「西人言水地合一圓球，而四面居人，其地度經緯正對者，兩處之人以足版相抵而立，其説可信與？」曰：「以渾天之理徵之，則地之正圓無疑也。是故南行二百五十里，則南星多見一度，而北極低一度；北行二百五十里，則北極高一度，而南星少見一度。若非地正圓，何以能然？至于水之爲物，其性就下，四面皆天，則地居中央爲最下，水以海爲壑，而海以地爲根，水之附地又何疑焉？所疑者，地既渾圓，則人居地上，不能平立也。然吾以近事徵之，江南北極高三十二度，浙江高三十度，相去二度，則其所戴之天頂即差二度，各以所居之方爲正，則遥看異地皆成斜立，又況京師極高四十度，瓊海極高二十度。若自京師而觀瓊海，其人立處皆當傾跌，而今不然，豈非首戴皆天，足履皆地，初無欹側，不憂環立歟？然則南行而過赤道之表，北遊而至戴極之下，亦若是已矣。是故《大戴禮》則有曾子之説，《内經》則有岐伯之説，宋則有邵子之説、程子之説，地圓之説固不自歐邏西域始也。」

論恒星東移有據曰，問：「古以恒星即一日一周之天，而七曜行其上，今則以恒星與七曜同法，而别立宗動，是一日一周者與恒星又分兩重，求之古曆亦可

通與？」曰：「天一日一周，自東而西，七曜在天，遲速不同，皆自西而東，此中西所同也。然西法謂恒星東行，比于七曜，今考其度，蓋即古曆歲差之法耳。歲差法昉于虞喜，而暢于何承天、祖沖之、劉焯、唐一行，歷代因之，講求加密，然皆謂恒星不動，而黄道西移，故曰天漸差而東，歲漸差而西。所謂天即恒星，所謂歲即黄道分至也。西法則以黄道終古不動，而恒星東行。假如至元十八年冬至在箕十度，至康熙辛未，歷四百十一年，而冬至在箕三度半，在古法謂是冬至之度，自箕十度西移六度半，而箕宿如故也；在西法則是箕星十度東行，過冬至限六度半，而冬至如故也。其差數本同，所以致差者則不同耳。」「然則何以知其必爲星行乎？」曰：「西法以經緯度候恒星，則普天星度俱有歲差，不止冬至一處，此蓋得之實測，非臆斷也。」「然則普天之星度差，古之測星者何以皆不知耶？」曰：「亦嘗求之于古矣，蓋有三事可以相證：其一，唐一行以銅渾儀候二十八舍，其去極之度皆與舊經異，今以歲差考之，一行銅儀成于開元七年，其時冬至在斗十度，而自牽牛至東井十四宿去極之度皆小于舊經，是在冬至以後，歷春分而夏至之半周，其星自南而北，南緯增則北緯減，故去北極之度漸差而少也。自輿鬼至南斗十四宿去極之度皆大于舊經，是在夏至以後，歷秋分而冬至之半周，其星自北而南，南緯減則北緯增，故去極之度漸差而多也。嚮使非恒星移動，何以在冬至後者漸北，在夏至後者漸南乎？其一，古測極星即不動處，齊、梁間測得離不動處一度强，至宋熙寧測得離三度强，至元世祖至元中測得離三度有半，嚮使恒星不動，則極星何以離次乎？其一，二十八宿之距度，古今六測不同，故郭太史疑其動移，此蓋星既循黄道東行，而古測皆依赤道，黄、赤斜交，句弦異視，所以度有伸縮，正由距有横斜耳，不則豈其前人所測皆不足憑哉？故僅以冬至言差，則中西之理本同，而合普天之星以求經緯，則恒星之東移有據。何以言之？近兩至處恒星之差在經度，故可言星東移者，亦可言歲西遷，近二分處恒星之差竟在緯度，故惟星實東移，始得有差，若只兩至西移，諸星經緯不應有變也。如此，則恒星之東移信矣，恒星既東移，不得不與七曜同法矣。恒星東移既與七曜同法，即不得不更有天挈之西行，此宗動所由立也。」

論周天十二宮并以星象得名，不可移動曰，問：「天上十二宮亦人所名，今隨中氣而移，亦何不可之有？」曰：「十二宮名雖人所爲，然其來久矣。今考宮名，皆依天上星宿而定，非漫設者。如南方七宿爲朱鳥之象，故名其宮曰鶉首、鶉火、鶉尾；東方七宿爲蒼龍，故其宮曰壽星、曰大火、曰析木；北方七宿爲玄武，其宮曰星紀、曰玄枵、曰娵訾；西方七宿爲白虎，其宮曰降婁、曰大梁、曰實沈。由是以觀，十二宮名皆依星象而取，非漫設也。《堯典》『日中星鳥』，以其時春分昏刻，朱鳥七宿正在南方午地也；『日永星火』，以其時夏至初昏，大火宫正在午也；『宵中星虚』，以其時秋分昏中者玄枵宮也，即虚危也；『日短星昴』，以其時冬至昏中者昴宿也，即大梁宮也。曆家以歲差考之，堯甲辰至今已四千餘歲，歲差之度已及二宮，然而天上二十八舍之星宿未嘗變動，故其十二宮亦終古不變也。若夫二十四節氣、太陽躔度，盡依歲差之度而移，則歲歲不同，七十年即差一度，安得以十二中氣即過宮乎？試以近事徵之。元世祖至元十七年辛巳冬至在箕十度，至今康熙五十八年己亥冬至在箕三度，其差蓋已將七度，而即以箕三度交星紀宮，則是至元辛巳之冬至宿已改爲星紀宮之七度，再一二百年，則今己亥之冬至宿爲星紀宮之初度者，又即爲星紀宮之第三度，而尾宿且浸入星紀矣。積而久之，必將析木之宮盡變爲星紀，大火之宮盡變爲析木，而十二宮之星宿皆差一宮，即十二宮之名與其宿一一相左，又安用此名乎？再積而久之，至數千年後，東宮蒼龍七宿悉變玄武，南宮朱鳥七宿反爲蒼龍，西宮白虎七宿反爲朱鳥，北宮玄武七宿反爲白虎。國家頒曆授時，以欽若昊天，而使天上宿度宮名顛倒錯亂如此，其可以不亟爲釐定乎？又試以西術之十二宮言之。夫西洋分黄道上星爲十二象，雖與羲和之舊不同，然亦皆依星象而名，非漫設者。如彼以積尸氣爲巨蠏第一星，蓋因鬼宿四星，而中央白氣有似蠏筐也；所云天蝎者，則以尾宿九星卷而曲其末二星相并，如蝎尾之有歧也；所云人馬者，謂其所圖星象，類人騎馬上之形也；其餘如寶瓶，如雙魚，如白羊，如金牛，如陰陽，如師子，如雙女，如天秤，以彼之星圖觀之，皆依稀彷彿有相似之象，故因象立名。今若因節氣而每歲移其宮度，積而久之，宮名與星象相離，俱非其舊，而名實盡淆矣。又案西法言歲差，謂是黄道東行，未嘗不是。如今日鬼宿已全入大暑日躔之東，在中法歲差則是大暑日躔退回鬼宿之西也，在西法則是鬼宿隨黄道東行，而行過大暑日躔之東，其理原非有二，尾宿之行入小雪日躔東亦然。夫既鬼宿已行過大暑東，而猶以大暑日交鶉火之次，則不得復爲巨蠏之星，而變爲師子矣。尾宿已行過小雪後，而猶以小雪日交析木之次，則尾宿不得爲天蝎，而變爲人馬宮星矣。即詢之西來知曆之人，有不啞然失笑者乎？」

論恒氣定氣曰，問：「舊法節氣之日數皆平分，今則有長短，何也？」曰：「節氣日數平分者，古法謂之恒氣。其日數有多寡者，古法謂之定氣。二者之

算，古曆皆有之，然各有所用。唐一行《大衍曆議》曰：『以恒氣注曆，以定氣算日月交食。』是則舊法原知有定氣，但不以之註曆耳。譯西法者未加詳考，輒謂舊法春、秋二分，并差兩日，則厚誣古人矣。夫授時曆所註二分日，各距二至九十一日奇，乃恒氣也。其所註晝夜各五十刻者，必在春分前兩日奇及秋分後兩日奇，則定氣也。定氣二分與恒氣二分原相差兩日，授時既遵《大衍曆議》以恒氣二分註曆，不得復用定氣，故但于晝夜平分之日，紀其刻數，則定氣可以互見，非不知也。且授時果不知有定氣平分之日，又何以能知其日之爲晝夜平分乎？夫不知定氣，是不知太陽之有盈縮也，又何以能算交食，何以能算定朔乎？夫西法以最高卑疏盈縮，其理原精，初不必爲此過當之言，良由譯書者并從西法入手，遂無暇參稽古曆之源流，而其時亦未有能知授時立法之意者，爲之援據古義，以相與虛公論定，故遂有此等偏説以來，後人之疑議，不可不知也。」

再論恒氣、定氣曰，問：「授時既知有定氣，何爲不以註曆？」曰：「古者註曆，只用恒氣爲置閏地也。《春秋傳》曰：『先王之正時也，履端于始，舉正于中，歸餘于終。履端于始，序則不愆；舉正于中，民則不惑；歸餘于終，事則不悖』。蓋謂推步者必以十一月朔日冬至爲起算之端，故曰『履端于始，而序不愆』也。又十二月之中氣必在其月，如月內有冬至，斯爲仲冬十一月；月內有雨水，斯爲孟春正月；月內有春分，斯爲仲春二月；餘月并同，皆以本月之中氣正在本月三十日之中，而後可名之爲此月，故曰『舉正于中，民則不惑』也。若一月之內只有一節氣，而無中氣，則不能名之爲何月，斯則餘分之所積而爲閏月矣。閏即餘也，前此餘分累積歸于此月，而成閏月。有此閏月，以爲餘分之所歸，則不致春之月入于夏，且不致今冬之月入于明春，故曰『歸餘于終，事則不悖』也。然惟以恒氣註曆，則置閏之理易明，何則？恒氣之日數皆平分，故其每月之內各有一節氣、一中氣，此兩氣策之日，合之共三十日四十三刻奇，以較每月常數三十日，多四十三刻奇，謂之氣盈。又太陰自合朔至第二合朔，實止二十九日五十三刻奇，以較每月三十日，又少四十六刻奇，謂之朔虛。合氣盈、朔虛計之，共餘九十刻奇，謂之月閏，乃每月朔策與兩氣策相較之差。積此月閏，至三十三個月間，其餘分必滿月策而生閏月矣。閏月之法，其前月中氣必在其晦，後月中氣必在其朔，則閏月只有一節氣，而無中氣，然後名之爲閏月，斯乃自然而然，天造地設，無可疑惑者也。一年十二個月俱有兩節氣，惟此一個月只一節氣，望而知其爲閏月。今以定氣註曆，則節氣之日數多寡不齊，故遂有一月內三節氣之時，又或有原非閏月，而一月內反只有一中氣之時，其所置閏月雖亦以餘分所積，而置閏之理不明，民乃惑矣。然非西法之咎，乃譯書者之疎略耳。何則？西法原只有閏日而無閏月，其仍用閏月者，遵舊法也。亦徐文定公所謂『鎔西洋之巧算，入大統之型模』也。案《堯典》云『以閏月定四時成歲』，乃帝堯所以命羲和，萬世不刊之典也。今既遵《堯典》而用閏月，即當遵用其置閏之法，而乃不用恒氣，用定氣，以滋人惑，亦昧于先王正時之理矣。是故測算雖精，而有當酌改者，此亦一端也。今但依古法，以恒氣註曆，亦仍用西法最高卑之差，以分晝夜長短進退之序，而分註于定氣日之下，即置閏之理昭然衆著，而定氣之用亦并存而不廢矣。又案恒氣在西法爲太陽本天之平行，定氣在西法爲黃道上視行平行度，與視行度之積差有二度半弱，西法與古法略同，所異者最高衝有行分耳。古法恒氣註曆，即是用太陽本天平行度數分節氣。」

文鼎又嘗作《學曆説》以曉世，論尤精確。其説曰：古之爲曆也疏，久而漸密，其勢然也。唯其疏也，曆所步或多不效，于是乎求其説焉不得，而占家得以附會于其間，是故日月之遇交則食，以實會視會斷有常度也。而古曆未精，于是有當食不食、不當食而食之占。日之食必于朔也，而古用平朔，于是有食在晦二之占，月之行有遲疾，日之行有盈縮，皆有一定之數，故可以小輪爲法也。而古惟平度，于是占家曰：「晦五而月見西方謂之朓，朓則侯王其舒；朔而月見東方謂之仄慝，則侯王其肅。」月之行，陰陽曆以不足廿年而周。其交也則于黃道；其交之半也，則出入于黃道之南北五度有奇，皆有常也，而古曆未知，于是占家曰：「天有三門，猶房四表，中央曰天街，南間曰陽環，北間曰陰環。月由天街，則天下和平，由陽道則主喪，由陰道則主水。」夫黃道且有歲差，而況月道出入于黃道，時時不同，而欲定之于房中央，不已謬乎？月出入黃道，既有南北，而其與黃道同升也，又有正升斜降、斜升正降之不同，唯其然也，故月之始生，有平有偃。而古曆未知也，則爲之占曰：「月始生，正而仰，天下有兵。」又曰：「月初生而偃，有兵兵罷，無兵兵起。」月于黃道有南北，一因也；正升斜降，二因也；盈縮遲疾，三因也；人所居南北有里差，則見月有早晚，四因也。是故月之初見，有在二日、三日之殊，極其變，則有朔日、四日之異。而古曆未知，則爲之占曰：「當見不見，是失舍也。」又曰：「不當見而見，魄質成蚤也。」食日者月也，不關雲氣，而占者之説曰：「未食之前數日，日已有謫，日大月小，日高月卑，卑則近，高則遠，遠者見小，近者見大，故人所見之日月大小略等者，乃其遠近爲之，而非其

本形也。」然日月之行各有最高卑，而影徑爲之異，故有時月正掩日，而四面露光如金環，此皆有可考之數，而占者則以金環食爲陽德盛。五星有遲疾留逆，而古法惟知順行，于是占者以逆行爲災，而又爲之例曰：「未當居而居，當去不去，當居不居，未當去而去，皆變行也，以占其國之災福。」五星之出入黄道亦如日月，故所犯星座可以預求也，而古法無緯度，于是占者以爲失行，而爲之例，曰陵，曰犯，曰鬬，曰食，曰掩，曰合，曰句已，曰圍繞。夫句已、陵、犯，占可也，以爲失行，非也。五星離黄道不過八度，則中宫紫微及外宫距遠之星，必無犯理，而占書皆有之。近世有著《賢相通占》者，删去古占黄道極遠之星，亦既知其非是矣。至于恒星有定數，亦有定距，終古不變，而世之占者既無儀器以知其度，又不知星座之出入地平，有濛氣之差，或以横斜之勢，而目視偶乖，遂妄謂其移動，于是爲占曰：「王良策馬，車騎滿野，天鉤直則地維坼，泰階平，人主有福。」中州以北去北極度近，則老人星遠而近濁，不常見也，于是古占者曰：「老人星見，王者多壽。」以二分日候之，若江以南則老人星甚高，三時盡見，而疇人子弟猶歲以二分占老人星密疎貢諛，此其仍訛習欺，尤大彰明者矣。

文鼎所著書，柏卿魏荔彤兼濟堂纂刻者凡二十九種：《平三角舉要》五卷、《句股闡微》四卷、《弧三角舉要》五卷、《環中黍尺》五卷、《塹堵測量》五卷、《方圓冪積》一卷、《幾何補編》五卷、《解割圓之根》一卷、《曆學疑問》三卷、《曆學疑問補》二卷、《交食管見》一卷、《交食蒙求》三卷、《揆日候星紀要》一卷、《歲周地度合考》一卷、《冬至考》一卷、《諸方日軌高度表》一卷、《五星紀要》一卷、《火星本法》一卷、《七政細草補註》一卷、《二銘補注》一卷、《曆學駢枝》四卷、《平立定三差解》一卷、《曆學答問》一卷、《古算演略》一卷、《筆算》五卷、《籌算》七卷、《度算釋例》二卷、《方程論》六卷、《少廣拾遺》一卷。後穀成以算學起家，謂兼濟堂所刻校讎編次不善，又《解割圓之根》及《句股闡微》第一卷係楊學山所譔，因削去楊書，另爲編次，更名《梅氏叢書輯要》，總六十二卷：《筆算》五卷附《方田通法古算器考籌算》二卷、《度算釋例》二卷、《少廣拾遺》一卷、《方程論》六卷、《句股舉隅》一卷、《幾何通解》一卷、《平三角舉要》五卷、《方圓冪積》一卷、《幾何補編》四卷、《弧三角舉要》五卷、《環中黍尺》五卷、《塹堵測量》二卷、《曆學駢枝》五卷、《曆學疑問》三卷、《疑問補》二卷、《交食》四卷（一、《日食蒙求》，二、《日食蒙求附説》，三、《月食蒙求》，四、《交食管見》）、《七政》二卷（一、《細草補註》，二、《火星本法圖説》。七政前均簡法，上三星軌迹成繞日圓象）、《五星管見》一卷、《揆日紀要》一卷、《恒星紀要》一卷、《曆學答問》一卷、《雜著》一卷、《附録》二卷，則穀成所著《赤水遺珍》、《操縵巵言》也。今《欽定四庫全書》著録者，用魏荔彤所刻本，穀成所刻則列之存目焉。乾隆四五十年間，嘉定錢少詹大昕主講鍾山書院，梅氏子孫多從受業，訪文鼎未刻諸書，則無一存者矣。《欽定四庫全書總目》、《梅氏全書》、《梅氏叢書輯要》、《勿庵書目》、《道古堂文集》、《錢少詹説》。

論曰：徵君年二十七，即有志步算之學，距其卒且六十年，積畢生之精力，從事一藝，既專且久。是以所造能究極精微，而無所不備，其學由授時以溯三統、四分以來諸家之術，博考九執、回回而歸于新法，一一洞見本原，深澈底藴，而又神明變化于三角、八綫、句股、方程諸算事，故著書滿家，皆獨抒心得，如創爲三角、方直等儀，求弧度而不言角，以上下左右論交食方向，而不云東西南北，尤足以見中西之會通，而補古今之缺略者也。其論算之文務在顯明，不辭勞拙，往往以平易之語解極難之法，淺近之言達至深之理，使讀其書者不待詳求而義可曉然。誠以絶業難傳，冀欲與斯世共明之，故不憚反覆再三，以導學者先路，此其用心之善也。卒以李文貞公薦，受聖祖皇帝特達之知，苟非積學淵深，安能膺兹榮遇哉？自徵君以來，通數學者後先輩出，而師師相傳，要皆本于梅氏。錢少詹大昕目爲國朝算學第一，夫何愧焉！

清·阮元《疇人傳》卷三九 清六

梅文鼎下　子以燕　孫穀成　曾孫鈖　鈁　弟文鼏　文鼐

以燕，字正謀，文鼎子也。康熙癸酉舉人，于算學頗有悟，入有法與加減同理，而取徑特殊，能于《恒星曆指》中摘出致問，文鼎所謂「能助余之思」也。惜早卒，未竟其學，亦以穀成貴，贈左都御史。《道古堂文集》、《增删算法統宗》。

穀成，字玉汝，號循齋，又號柳下居士，文鼎孫也。文鼎疑日差既有二根，即宜列二表。穀成以爲定朔時既有高卑盈縮之加減矣，兹復用于此，豈非複乎？文鼎因其説而覆思，然後知交食表之非缺，比之童烏，九歲能與《太玄》。康熙乙未成進士，改編修，與修國史。累官左都御史。穀成肄業蒙養齋，以故數學日進，御製《數理精藴》、《曆象考成》諸書，皆與分纂。所著《增删算法統宗》十一卷、《赤水遺珍》一卷、《操縵巵言》一卷。

明代算家不解立天元術，穀成謂天元一即西法之借根方，其説曰：嘗讀《授時曆草》求弦矢之法，先立天元一爲矢，而元學士李冶所著《測圜海鏡》亦用天元一立算，傳寫魯魚，算式訛舛，殊不易讀。前明唐荊川、顧箬溪兩公互相推

重，自謂得此中三味。荆川之説曰：藝士著書，往往以秘其機爲奇，所謂立天元一云爾，如積求之云爾，漫不省其爲何語。而箬溪則言細考《測圜海鏡》，如求城徑，即以二百四十爲天元，半徑即以一百二十爲天元，既知其數，何用算爲？似不必立可也。二公之言如此。余于顧説頗不謂然，而無以解也。後供奉内廷，蒙聖祖仁皇帝授以借根方法，且諭曰：「西洋人名此書爲阿爾熱八達，譯言東來法也。」敬授而讀之，其法神妙，誠算法之指南，而竊疑天元一之術，頗與相似。復取《授時曆草》觀之，乃涣如冰釋，殆名異而實同，非徒曰似之已也。夫元時學士著書，臺官治曆莫非此物，不知何故，遂失其傳，猶幸遠人慕化，復得故物，東來之名，彼尚不能忘所自，而明人視爲贅疣，而欲棄之。噫！好學深思如唐、顧二公猶不能知其意，而淺見寡聞者又何足道哉，何足道哉！」

明史館開，瑴成與修《天文》、《曆志》，呈總裁書曰：「一、《曆志》半係先祖之稿，但屢經改竄，非復原本，其中訛舛甚多，凡有增删改正之處皆逐條籤出。一、《天文志》不宜并入《曆志》，擬仍另編。蓋曆以欽若授時置閏成歲，其術委曲繁重，其理精微，爲説深長，且有明二百七十餘年，沿革非一事，造曆者非一家，皆須入志，雖盡力删削，卷帙猶繁，若加入天文之説，則恐冗雜，不合史法。自司馬氏分《曆》與《天官》爲二書，歷代因之，似不可易。一、《天文志》例載天體星座次舍、儀器、分野等事，《遼史》謂天象千古不易，歷代之志天文者近于衍其説，似是而非。蓋天象雖無古今之異，而古今之言天者則有疏密之殊，況恒星去極交宫中星，晨昏隱現，歲歲有差，安得謂千古不易？今擬取天文家論説之精妙，法象之創闢，躔度之真確，爲古人所未發者著于篇。至于星官分主及占驗之説，前史已詳，概不復録。一、月犯恒星爲天行之常，無關休咎，不應登載。蓋太陰出入黄道南北各五度，約二十七日而周，則近黄道南北五度之星，爲當太陰必由之道，太陰固不能越恒星飛渡而避淩犯也。使果有休咎如占家言，其徵應當無日無之，而今不然，亦可見其不足信。《春秋》書日食、星變，而無月犯恒星之文，史家泥于星官之曲説，相沿而未考也。一、五星犯月、入月爲必無之事，擬削之。蓋月在前而星追及之，謂之星犯月，是必星行疾于月，而後有之，乃五星終古無疾于月之行，即終古無犯月之理。又月去人近，五星去人以次而速，安得出月之下而入月中？彼靈臺候直之官，類多不諳天文，且日久生玩，未必身親，委托之人既難憑信，夜深倦極，瞥見流星飛射，適當太陰掩星之時，遂謂有星犯月、入月，候簿所書或由于此。康熙某年，蘆溝橋演礮，欽天監誤以東南天鼓鳴，入奏，致受處分，有案可徵，此因奏聞，故知有謬。若星變淩犯之類，彼自書而藏之，其是非有無，誰得而辨？惟斷之于理，庶不爲其所惑。一、老人星江以南三時盡見，《天官書》言老人星見治安，乃無稽之談，疇人子弟因而貢諛，屢書候簿，不足信也，擬削之。」

又《時憲志用圖論》曰，客問于梅子曰：「史以紀事，因而不創，聞子之志時憲也用圖，此固廿一史所無，而子創爲之，宜執事以爲非體而欲去之也，而子固執已見，復呶呶上言，獨不記昌黎之自訟乎？吾竊爲子危之。」梅子曰：「吾聞史之道貴信，而其職貴直。余不爲史官久矣。史館總裁謂《時憲》、《天文》兩志非專家不能辨，不以余爲固陋而委任之。余既不獲辭，不得不盡其職，今客謂舊史無圖，而疑余之創。竊謂史之紀事，亦視其信否耳，因創非所計也。夫後史之增于前者多矣，《漢書》十志已不侔于八書，而《後漢·皇后本紀》，與《魏書》之志釋老，《唐書》之傳公主，《宋史》之傳道學，并皆前史所無，又何疑于國史用圖之爲創哉？且客未讀《明史》耶？《明史》于割圓弧矢、月道距差諸圖，備載《曆志》，何《明史》不嫌爲創，而顧疑余爲創乎？」客曰：「後史增于前者，必非無因，若《明史》之用圖，亦有説歟？」梅子曰：「疑以傳疑，信以傳信，《春秋》法也。作史者詎能易之？古之治曆者數十家，大率不過增損日法，益天周，減歲餘，以求合一時而已，即太初之起數鍾律，大衍之造端蓍策，亦皆牽合，并未能深探天行之故，而發明其所以然之理，本未嘗有圖，史臣何從取圖而載之？至元郭太史之修授時，不用積年日法，全憑實測，用句股割圓以求弦矢，于是有割圓諸圖載于《曆草》，作《元史》時不知採摭，則宋、王諸公之疎也。明之大統實即授時，本朝纂修《明史》諸公，謂其義非圖不明，舊史雖無圖，而表亦圖之類也，遂採諸《曆草》而入于志，其識見實超凡俗，復經聖君賢相爲之鑒定，不以爲非體而去之，俾精義傳于無窮，洵足開萬古作史者之心胸矣。至于時憲之法，更不同于授時，其立法之奇妙，義藴之奥衍，悉具于圖，何可去之？如必以去圖爲合體，豈以《明史》爲非體，而本朝之制不足法歟？且客亦知時憲之圖所自來乎？我聖祖仁皇帝憫絶學之失傳，留心探索四十餘年，見極底藴，始親授儒臣，作圖立説，以闡明千古不傳之秘，所謂《御製曆象考成》者也。余固親承聖訓，實與彙編之列，彼前輩纂修《明史》，尚不忍没古人之善，不惜創例以傳之，而余以承學之臣，恭紀御製，顧恐失執事之意，而遷就迎合，以致聖學不彰，使後之學者不得普沾嘉惠，尚得謂之信史乎？不信之史，人可塞責，而何用余越俎而代之！余之呶呶，非

沽直也，不得已也。然則韓子之自訟，亦謂其言之可已者耳，使韓子果務爲容悦以求倖免，則諍臣之論、佛骨之表，又何爲若是其侃侃哉？」客唯唯而退。

又《儀象論略》曰：齊政授時，儀象與算術并重。蓋非算術無以預推其節候，以前民用；非儀象無以測現在之行度，以驗推步之疏密，而爲修改之端也。《虞書》璿璣玉衡爲儀象之權輿，其制不傳。漢人創造渾天儀，即璣衡遺制，唐、宋皆倣爲之。至元始有簡儀、仰儀、闚几、景符等器，視古加詳矣。明于齊化門南倚城築觀象臺，倣元制作渾儀、簡儀、天體三儀，置于臺上，臺下有晷影堂，圭表、壺漏，國初因之。康熙八年，命造新儀，十一年告成，安置臺上，其舊儀移置他室藏之。五十四年，西洋人紀理安欲炫其能，而滅棄古法，復奏製象限儀，遂將臺下所遺元、明舊器作廢銅充用，僅存明倣元製渾儀、簡儀、天體三儀而已。所製象限儀成，亦置臺上。按《明史》云：嘉靖間，修相風杆及簡、渾二儀，立四丈表以測晷影，而立運儀正方案，懸晷偏晷，具備于觀象臺，一以元法爲斷。余于康熙五十二三年間充蒙養齋彙編官，屢赴觀象臺測驗，見臺下所遺舊器甚多，而元製簡儀、仰儀諸器，俱有王珣、郭守敬監造姓名，雖不無殘缺，然覩其遺制，想見其創造苦心，不覺肅然起敬也。乾隆年間，監臣受西洋人之愚，履欲撿括臺下餘器，盡作廢銅，送製造局。廷臣好古者聞而奏請存留，禮部奉敕查檢，始知僅存三儀，殆紀理安之燼餘也。夫西人欲藉技術以行其教，故將盡滅古法，使後世無所考，彼益得以居奇，其心叵測。乃監臣無識，不思什一于千百，而反助其爲虐，何哉？乾隆九年冬，奉旨移置三儀于紫微殿前，古人法物，庶幾可以千古永存矣。

又論句股曰：句股和較相求，言算學者莫不留心，其法可謂詳且備矣，未有以句股積與句弦和較爲問者。元學士李冶著《測圜海鏡》，用餘句餘股立算，神明變化，幾如五花八門，亦未及此，豈俱未計及于此耶，抑有其法而遺之耶？、《統宗》少廣章内，雖有句股積及句弦較之兩題，乃偶合于句三股四之數，而非通法。昔待罪蒙養齋，彙編《數理精蘊》，意欲立法以補缺遺，乃用平方輾轉推求，皆不能御，思之累日而後得之，因立用帶縱立方求句股二法。卒年八十三，謚文穆。《梅氏叢書輯要》、《增删算法統宗》、《道古堂文集》。

論曰：文穆藉徵君章明步算之後，能不墜其家聲，又得親受聖天子之指示，故其學愈益精微，以借根方解立天元術，闡揚聖祖之言，使洞淵遺法，有明三百年來所不能知者，一旦復顯于世，其有功算學，爲甚鉅矣。

鈖，字敬名，瑴成長子也。能解句股八綫之理。年二十六卒。《增删算法統宗》。

鈁，字導和，瑴成第四子也。心思静耑，手眼俱巧。瑴成纂《叢書輯要》六十餘卷，圖皆所繪，删訂《統宗》圖十之七八皆出其手。亦年二十六卒。《增删算法統宗》

文鼒，字和仲，文鼎仲弟也。初學曆時，未有五星通軌，無從入算，與兄取《元史》、曆經，以三差法布爲五星盈縮立成，然後算之，共成《步五星式》六卷。惜早卒。《道古堂文集》。

文鼏，字爾素，文鼎季弟也。著《中西經星同異考》一卷，以三垣二十八宿星名，依《步天歌》次第臚列其目，而以中西有無多寡分注其下，載古歌、西歌于後。古歌即《步天歌》，西歌則利瑪竇所譔《經天該》也，一曰薄子鈺譔。其南極諸星，則據湯若望《算書》及南懷仁《儀象志》爲考證，補歌附之于末。其「發凡」略言，齊七政，非先定恒星，則七政無從可齊，故曰「七政如乘傳，恒星其地志也；七政如行棋，恒星其楸局」也。曰恒者，謂其終古不易也；曰經者，謂其不同緯星南北行也，經亦有恒之義焉。是編專以中西兩家所傳之星數星名，考其多寡同異，故曰經星。星官之書，自黄帝始，重黎、羲和，志天文者紛糅不一。漢張衡云：中外之官，常明者百有二十四，可名者三百二十，爲星二千五百，微星之數，蓋萬一千五百二十。至三國時，太史令陳卓始列甘、石、巫咸三家所著星，總二百八十三官，一千四百八十四星。自唐以來，以儀考測，而宋《兩朝志》始能言某星去極若干度，入某星若干度，爲説較詳，此中國之學者。西儒星學，遠有端緒，據算書所譯，周赧王丙寅古地末一測，漢永和戊寅多禄某一測，明嘉靖乙酉尼谷老一測，萬曆乙酉第谷一測，崇禎戊辰湯若望一測。國朝康熙壬子，南懷仁著《儀象志》，又依歲差改定黄經及赤經。今依南公志表，稽其大小，分爲六等。一等大星一十有六，二等星六十有八，三等星二百有八，四等星五百一十有二，五等星三百四十有二，六等星七百三十有二，總計一千八百七十八星。其微茫小星，則不能以數計。此泰西之學也。

書成，文鼎爲序之曰：「《經星同異考》一卷，《發凡》九則，吾季弟爾素之所手輯也。歲在戊辰，余歸自武林，友人張慎碩忱能製西器，手鋟銅字，如書法之迅疾。余乃依歲差，考定平議所用大星，屬碩忱施之渾蓋，而屬吾弟爲作恒星黄、赤二星圖，因于星之經緯，逐一詳校，乃知湯氏算書圖表與南氏《儀象志》互

有得失。自其本法固多違異，不第與古傳殊也。因取其星名之同，而數有多寡異于古人者，別識之以成此書。至其所爲辯正經緯之度者，尚存別卷，不盡于是。而吾弟之爲此，則已勤矣。蓋其時方有稿本，次年己巳，余去京師五載，至癸酉始歸山中。吾弟乃出其繕寫重校之本示余，視其年固己巳也。甲戌中秋，余乃爲之序曰：自《堯典》有四仲之星，而斗牽牛、織女、參昴、龍尾、鳥帑、天駟、天黿之屬，雜見于《易》、《書》、《春秋》、《左傳》、《國語》，至《禮記·月令》、《大戴》之《夏小正》，稍具諸星伏見之節。蓋星之有名，其來遠矣。古者觀天文以察時變，敬授人時，有儀有象，圖書儀器，宜莫不備。遭秦燔書，棄先王之典，羲和舊術無復可稽，所僅遺者巫咸、甘德、石申之殘編，而三家之傳各別。司馬子長世爲史官，而《天官》、《曆書》殊爲闕略。迄于後漢，有張衡《靈憲》，而器與書并亡。自唐以後，言觀象率祖淳風。晉、隋兩志及丹元子《步天歌》，今考其說，又與《天官書》不無參錯，不待西學之興而始多同異也。西法黄道十二象與中土異，而回回術與歐邏巴復自不同，故雙女或以爲室女，陰陽或以爲雙兄。至黄道外之星，或以爲六十象，或以爲六十二象。而貫索一星，回回術以爲缺椀，歐邏巴以爲冕旒，其餘星名亦多互異，豈非以占測之家非一，而所傳異辭，安得謂彼中曆學，自上世以來永遵一術，而初無更變哉？今所傳《經天該》之圖與其歌，皆因西象所列而變，從中術之星座星名，即見界圖之分形，其出似在算書未成之前。圖星以圓空去中法猶近，然與《步天歌》仍有不同者。或以西星合古圖，而有疑似，不敢輒定，遂并收之，而有增附之星；或以古星求西圖，而弗得其處，不能强合，遂芟去之，而成古有今無之星，要之皆徐、李諸公譯西星而酌爲之，非西傳之舊。余嘗見元趙緣督友欽石刻圖，閣道六星在河中作磬折層階之象，自《天官書》于營室言離宫閣道，《步天歌》及晉、隋、宋三史并言六星，而今圖表割其半爲王良星，別取河中雜小星聯綴附益之。其星十餘，而形直絶異舊圖，又去營室更遠，正抵奎婁，而西象固原無所謂閣道也。由是以推其意，爲更置者良已多矣。且西法言恒星有經度東行歲差，而緯度終古不變，然又言二至距緯，古遠今近，是黄道且有微移。既言恒星之形略無改易，然又言王良之側，有萬曆癸酉年新出星，其說亦未能歸一也。竊嘗譬之地志，陵谷豈無小易，而嶽瀆之大致自如。然其名之所起，亦人則爲之而已矣。禹治水惟九州，舜受終時肇十有二州，肇之爲言始也。又況後世秦分爲三十六郡，唐分十道，宋分十五路，疆域代更，圖志因之而改，或者遂欲本桑欽之《水經》而駁《禹貢》，亦見其惑矣。然則宜何如？君子于其所可知，不厭求詳，其所不知，闕之而已。義所可求，當歸畫一，其所難斷，兩存之而已。無泥古以疑今，無執一而廢百，謹守舊聞，而無參意解，此爲學之方，即著譔之法，自古之學者莫不盡然，而況天之高、星辰之遠哉！是則吾弟爲考之意也。蓋其義例已具《發凡》中矣，而余于是重有歎也。蓋自束髮受經于先君子，塾師羅王賓先生往往于課餘晚步時，指示以三垣列舍之狀，余小子自是知星之可識，而在于天爲動物，尋以從事制義，未遑精究，然心竊好之。不幸先君子見背，營求葬地，不暇以他爲。無何，余小子忽忽年近三十，始從倪觀湖先生受臺官通軌算交食法，稍稍推廣，求之《元史》、《宋志》，溯唐及晉，至于兩漢。是時余及仲弟和仲與季爾素三人而已，夜則披圖仰觀，晝則運籌推步，考訂前史，三人者未嘗不共也，如是者凡數年。及余得中西之書圖稍多，友朋之益漸廣，而仲弟不幸已前卒久矣。爾素于余所有之書，手鈔略備，多所譔定，然食指益衆，家日益貧。余兩人頻年授徒，歲時相見，不過數四。頃余且爲東西南北之人，經年累月，羈棲于數百里數千里外，欲如向者之相聚探討，何可得哉！何可得哉！而余又善病，且老矣，雖嘗輯有《古今曆法通考》諸書，妄自以爲窺古人之意，集諸家之長，而性懶楷書，又好增改，稿與年積，迄尠定本。其在京師，感于李少司馬之言，努力作爲《曆論》六七十篇，頗舒獨見，其他算學新稿，亦且盈尺，而未能出以問世。虚名之負累，謬爲四方學者所知，而欲傳之其人，復求之不可得也。竊不自揆，欲略倣蘇湖遺軌，設爲義塾，約鄉黨同學爲讀書之事。此志果就，即當息影埽于山村，庶幾收拾累年雜稿，次第成帙，稍存一得之愚，以待來學，則數十年癖嗜苦思，亦將有所歸著。而凡事有天焉主之，終不敢必其如何也。且夫星曆之學，非小道也。其事淩雜米鹽，近于卜祝之爲，而探厥原流，乃根于天人理數之極。雷同俚近之言，既不足以行遠，而義類稍深，索解人正復寥寥。天下之大，敢謂無人，然亦有同志數年，遠在天涯，合并匪易，助余成此者，不吾弟之望更誰望乎！因弟此書，俯仰今昔，而兼有翼倖于將來，不覺其言之長也。」

文鼏又有累年算稿，文鼎爲録存，名曰《授時步交食式》一卷。又有《幾何類求新法》、《算書中比例規解》，本無算列，文鼎作度算，用文鼏所補，而參之以陳藎謨《尺算用法》。《中西經星同異考》、《梅氏書目》、《道古堂文集》。

清·阮元《疇人傳》卷四〇　清七

李光地　子鍾倫　弟鼎徵　光坡

李光地，字晉卿，號厚菴，福建安溪人也。康熙庚戌進士，官至大學士。著

《曆象本要》二卷，自序略云：憶自束髮趨庭，先君子嘗慨六藝失傳，呷喔空文，人鮮實用，因授六書、九數，俾令考索。賦畀魯鈍，而性癖耽奇，輒以餘暇旁涉天官、樂律。凡人所不樂爲者，則伏讀沈思，至忘寢食，博訪宿學明師，久而有得，新知執友，鮮可與言，言亦不解，自用怡悦而已。光地嘗與梅文鼎講論曆術，故所著書皆歐邏巴之學。其言均輪次輪之理，黄赤同升、日食三差諸解，旁引曲喻，推闡無遺，并圖五緯視行之軌跡，尤多前人所未發。康熙四十一年十一月，光地扈蹕行河，進呈梅文鼎書，文鼎由是知名，語見《文鼎傳》。所著又有《記四分術》、《記太初術》、《記渾儀》三篇。

其《記四分術》曰：四分術即後漢章蔀紀元之法，蓋古曆所同也。四分者，析日以爲四分也，以九百四十爲日法，四而分之，得二百三十五分，故一歲之積凡三百六十五日四分日之一，四年而氣在日端，十九年而氣朔分齊，七十六年而氣朔同在日端，一千五百二十年而復于甲子日，四千五百六十年而返于青龍歲。蓋日之月分有十二度十九之七，歲之月分有十二會十九之七，故必十九年七閏，而後氣朔之分齊。四年而景復初，故必四章爲蔀，而後朔日之分盡。八十年而甲子日冬至，故必二十蔀爲紀，而後日之六旬周。六十年而歲運一變，故必三紀爲元，而後歲之六甲窮。所謂歲月日辰皆甲子，而天與日月會于子，以爲曆元者，此之謂也。此與三統一元之年數雖近，而推步不同，日法異故也。然自太史公作《曆書》，紀漢太初法，而下所列者乃章蔀之數，意者褚少孫所補。少孫未學太初，故直取古法附之。然則古曆并同四分，不自東漢始矣。其記太初術，言太初章會統元之法，至朔同日謂之章，交會一周謂之會，至朔分盡同于日首謂之統，統首日名復于甲子謂之元。其日法八十一爲分，以一千五百二十九爲小分，以三百六十五又小分之三百八十五者爲日之周天，以二十九日又小分之八百一十七者爲月之會日，十二會不盡歲氣，而閏餘生焉。十九年七閏，則冬至復在月初，而氣朔分齊，故謂之章也。然月之周天與會日不同時，故每月雖合朔，而不在周道之交，則會而不食。太初之法，計五月二十三分月之二十而一近交，凡一百三十五月而一當交，當交則蝕既，日月數之終也。一章之日月雖會于冬至，而不當交積之二十七章，則朔日冬至，交會分窮，故謂之會也。又以日法計之，一歲全日之外，小分三百八十五，比之四分之法而少盈，蓋侵小分四之一也。章會至朔之分，未盡于日首，積之三會，則分釐相補，復得全日，而冬至交會復起于月首，而無餘分矣，故爲一統也。然甲子者日名之端，必氣朔肇于此日，乃得曆元之始。故初統而得甲子，次統而得甲辰，三統而得甲申。三統既盡，則復值甲子朔旦夜半冬至，交會分窮，而一元章矣。是以通而論之，夫冬至者，氣之始，凡推步以爲準焉。一章之日月雖會，然同經不同緯，同度不同道也。至于一會，則同經而同緯，同度而同道矣。統則以得夫時之首，元則履夫日之端，斯又以日辰干支與天月日星之紀而相合者也。于是推之五星，亦皆有會合之元焉。歲月亦必有幹枝之首焉，引伸觸類，原始反終。曆家立元之法，大抵若此。

其《記渾儀》曰：儀有三重，外一重不動者，爲六合儀，所以定上下四方之位；其中一重旋轉者，爲三辰儀，所以象天體圜動之行；其内一重周遊四徧者，爲四遊儀，所以絜玉衡而便觀察，蓋三辰一儀，尤爲要切。其儀有三環，一環以準赤道，一環横跨之以準二極，一環側倚之以準日道，三環交結相連，上刻南北東西縱横之宿度，以水激其機輪，使之日夜隨天東西運轉，必使在儀之度與在天之度相應而不忒，然後可以按候而仰窺也。即以木星言之，今夜經天之處，距極幾度，距赤道幾度，于何知之？以儀上所刻南北之度準之，則足以知之矣。又如木星行疾時，今夜距昨夜幾度；行遲時，今夜距昨夜幾度，于何知之？以儀所刻東西之度準之，則足以知之矣。以至日晷之南北平斜，太陰之纏絡委曲，五緯之遲留順逆，莫不皆然。然儀度雖與天相準，而人之轉瞬難定，故四遊儀絜衡管于中，可以隨處低昂，掛于儀之上而注視焉，則儀度與天度相直不爽，如盤針定于秒忽之中，而外薄乎四表，蓋無幾微之差也。古旋璣玉衡之説，雖不可考，然大要當不甚遠。五十七年五月卒于官，年七十七，謚文貞。《曆象本要》、《切問齋文鈔》。

論曰：文貞一代偉人，立功名于當世，其學以子朱子爲宗，得道學正傳，而又多才多藝，旁及天文算數之事，尤能貫通古今，洞明根底。所著《本要》及論太初四分諸篇，非大覃思究極精奥，孰能與于斯乎？夫乃知大儒之學，無所不通，蓋天地靈秀之所鍾，非常人所能企及也。

鍾倫，字世德，光地子也。康熙癸酉舉人。敏而好學，事事必求其根本，梅文鼎所謂無膏肓之疾者也。甲數乙數，用法甚奇，本以赤道求黄道，鍾倫準其法以黄求赤，作爲《圖論》，又製器以象之。《道古堂文集》。

鼎徵，字安卿，光地次弟也。舉人，嘉魚令。爲梅氏刻《方程論》于泉州。《幾何補編》成，手爲謄寫。彼教人見鼎徵《方程論序》，言西法不知有方程，憤然而争，不知西術有借衰互徵，而無盈縮方程，《同文算指》中未嘗自諱，鼎徵蓋有

所本。《道古堂文集》。

光坡，字耜卿，一字茂夫，光地弟也。諸生。論聖人作曆之原，言聖人作曆，大抵爲順天授時而已。天道之大，在寒暑四時，而寒暑四時，運于無形，不可見也。于是即日月星辰之行度，以爲氣序之準則，是故察日之出沒，而晝夜明焉；察日月之往來，而朔晦明焉；察日之發斂，而冬夏明焉。《書》所謂「曆象日月星辰，敬授人時」，《易》所謂「治曆明時，觀乎天文，以察時變」，皆謂是也。寒暑晝夜者，天道之綱，民用之本，其驗繫乎日星，故聖人定四方，候昏旦，參四時，考晷景以測日，數漏刻以推星，而分至啓閉，無所爽其候焉。至于朔晦望弦，雖非民事所關，而聖人亦欲參合而無間，故復立閏法以紀月，正次舍以定辰，使寒暑朔晦日月星辰，皆相成而不悖，蓋所以裁成其道輔相其宜者如此。此《堯典》數章所以爲萬世治曆之祖也。至其所以治之之具，曰曆象。解者曰：曆，紀數之書也；象，觀天之器也，有曆而無象焉，不可也。所謂象者，大端有四：一曰儀，璿璣是也。蓋天度渾淪，日月五星，經緯異道，遲速異勢，其間離合遠近，不可以目齊也。故爲儀以象渾天，刻南北東西相距之度數，與日月經天之行道，轉而望之，以知躔離進退之常，伏逆遲留之變，則雖尋徑之間，而天體無所遁其形矣。二曰管，玉衡是也。雖以儀窺天，而人之轉瞬難定，故復以管定之。橫于璣之上而凝眸焉，則考宿度，望中星，皆可以不失其位矣。三曰表，土圭是也。所以致日景而辨分至，定四方者也，以長短之極察之，則知二至；以長短之中裁之，則知二分；以二分出入之景揆之，則知東西；以午中之景正之，則知南北；故辨分至，定四方，皆由此也。四曰漏。分日爲百分，而節水爲漏，以數其刻，此又所以權衡乎儀管表晷之間，定其分限，以爲測候之準者也。四者互相參質，以求天驗之詳，則所謂施之于曆，頒之于天下者，其推步不至于或差矣。蓋唐虞三代之遺法，其可考者如此。

又論推驗修改之實，言夫天道大矣，在天爲尋丈者，在人未有分秒之可名，毫末之可察也，法雖至密，毫末之下，豈所能分，差之毫釐，積久成著，理勢然也。是故治曆不免于修改，而修改莫先于推驗，推驗之要，曰測晷景以驗氣，考交食以驗朔，候合見以驗星，亘億萬年而不可易者。夫日躔之無常者東西，而有定者南北，以其晷而測其躔，積年累歲，以數相稽，則氣分宜可定矣。于是以月食之衝，檢其所在，而日躔宿度亦可明矣。交會之顯者爲交食，其微者爲朓朒，數漏以考其薄食之時刻分秒，窺儀以推其朓朒之東西早暮，積年累歲，會其變，執其中，則朔分宜可得矣。五星之遲速雖無定勢，而合見則有常期，展管窺候，積年累歲，稽其有常之期，以律其無定之勢，因其合日之行，以步其周天之道，則星行其可正矣。其間節目雖多，而大端不外乎此。此司天之道，所以必本于實測，而不可以私術臆見斷焉者也。以此求天，不亦易且簡乎，而逞其意以紛紛也奚庸？《切問齋文鈔》。

閻若璩

閻若璩，字百詩，淮安山陽人也。諸生。通時憲及授時法，嘗據算術以證《古文尚書》之僞。言：余向謂僞作古文者，略知曆法，當仲康即位，初有九月日食之變，遂以瞽奏鼓等禮當之，而不顧其不合正陽之義。今余既通曆法矣，仲康在位十三年，始壬戌，終甲戌，以授時、時憲二曆推算，仲康四年乙丑歲距元至元辛巳，積三千四百三十六年，九月朔，交泛一十三日有奇，入日食限，九月定朔壬辰日未正一刻合朔，日食在氐宿一十五度。仲康元年壬戌歲，距積三千四百三十九年，五月朔，入交泛二十七日有奇，入日食限，五月定朔丁亥日巳正初刻合朔，日食在井宿二十八度，則仲康始即位之歲，乃五月丁亥朔日食，非季秋月朔也。食在東井，非房宿也。在位十三年中，惟四年九月壬辰朔日有食之，却與經文肇位四海不合，且食在氐末度，亦非房宿也。夫曆法疏密，驗在交食，雖千百世以上，規程不爽，無不可以籌策窮之。仲康四年九月朔日食，而誤附于肇位四海之後；以元年五月朔日食，而謬作季秋集房，皆非也。其它以步算考證經義甚多。世宗皇帝在潛邸聞其名，延至京師，禮遇甚厚。康熙四十三年卒，年六十有九。世宗親製輓章四首，復爲文祭之。《尚書古文疏證》、《潛研堂文集》。

論曰：上古積年，據《史記》則托始共和，據《漢書》則斷自武王伐紂，至于夏、殷以前，荒遠難稽，馬、班所弗道，考古者存而不論可也。《詩》「十月之交，朔食辛卯」，在幽王六年，其積算班班可考，故可以近法推之。若嗣征辰弗集于房一節，出于昭十七年《左傳》引《夏書》，其積年不可審知，又安所求其日食與否耶？閻君經學名家，其于步算蓋餘事耳。

秦文淵

秦文淵，著《秦氏七政全書》八冊。其《經天要略》，論天行地體經緯交錯之象，以及七政交食步算之端，皆本新法，亦稍附句股開方重測諸法。其《七政諸表說》，言歲差及各表用法。其《二百恒年表》，即新法算書中表也。《欽定四庫全書總目》。

論曰：閻徵君百詩《尚書古文疏證》往往引秦雲九説，未審即一人否也。

張雍敬

張雍敬，字簡庵，秀水人也。著《定曆玉衡》，博綜曆法五十六家，正曆術之謬四十有四，成書一十八卷。其説主中術爲多。裹糧走千里，往見梅文鼎，假館授餐。逾年，相辨論者數百條，去異就同，歸于不疑之地。惟西人地圓如球之説則不合，與梅氏兄弟及汪喬年輩往復辨難，不下三四萬言。著《宣城游學記》。《曝書亭集》、《道古堂文集》。

孔興泰

孔興泰，字林宗，睢州人也。通西法，著《大測精義》，求半弧正弦法，與梅文鼎所著《正弦簡法補》不謀而合。《道古堂文集》。

袁士龍

袁士龍，一名士鵬，字惠子，號覺菴，杭州府仁和縣人也。受星學于黄宏憲。西域天文有三十雜星之占，未譯中土星名，士龍有考，與梅文鼎所考不謀而合。又著《測量全義新書》二卷，凡二十六篇。上卷曰《七政經天圖説》，曰測天儀象，曰次輪定位，曰經天要旨，曰列宿距度，曰新定步天歌訣，曰太陽測，曰太陰附羅計孛炁，曰土木火金水星測，曰七政躔次位置測法不同，曰測景候氣，曰象限測法；下卷曰《方程神算新法圖説》，曰比例尺九式，曰測量用例查法，曰因乘用例查法，曰歸除用例查法，曰用乘捷法五式，曰用除捷法五式，曰句股開方捷法三式，曰指明圓周徑弦真率，曰測高用法，曰測遠用法，曰高置人目測量高遠，曰移象换影測量高速，曰望竿定測。《測量全義新書》、《道古堂文集》。

論曰：士龍謂内圓求外方，積三十二因二十五歸，然則方周率四，圓周率三一二五也。與古率、徽率、密率俱不合，其所謂方程神算，亦以意爲之，非九章之方程也。《測量全義新書》，今德清許兵部宗彦藏有是書。

毛乾乾 女壻謝廷逸

毛乾乾，字心易。與梅文鼎論周徑之理，因復推論及方圓相容相變諸率。隱于匡山，號匡山隱者。女壻謝廷逸，字野臣，中州人也，一曰上元人。于數學甚有精思，偕隱陽羨，自相師友，著述甚富，多前人所未發。《道古堂文集》。

沈超遠

沈超遠，不知其名，錢塘人也。讀《方程論》，作《九問難梅文鼎》。《道古堂文集》。

年希堯

年希堯，字允恭，廣寧人也。以西人測算之切要者摘録刊布，爲《測算刀圭》三卷，一曰三角法摘要，一曰八綫真數表，一曰八綫假數表。又有《面體比例便覽》一卷、《對數表》一卷、《對數廣運》一卷。《測算刀圭》、《面體比例便覽》、《對數表》、《對數廣運》。

論曰：寧波教授丁君小雅杰貽余年氏所刻算書數種，因據以立傳。又有《萬數平立方表》一種，《算法纂要總綱》一種，末附雜算法及八綫表根數頁，又一種無名目，俱係寫本，字跡圖畫，并極精美，而不著譔人姓氏，疑亦出希堯家也。

劉湘煃

劉湘煃，字允恭，江夏人也。聞梅文鼎以曆算名當世，鬻産走千餘里，受業其門。湛思積悟，多所創獲。文鼎得之甚喜，曰：「劉生好學精進，啓予不逮。」其與人書曰：「金水二星，《曆指》所説未徹，得劉生説，而知二星之有歲輪，其理確不可易。」因以所著《曆學疑問》屬之討論，湘煃爲著《訂補》三卷。又謂曆法自漢唐以來，五星最疏，故其遲留伏逆，皆入于占，至元郭守敬出，而五星始有推步經度之法，而緯度則猶未備。至于西法，舊亦未有緯度，至地谷而後知有推步五星緯表，亦在守敬後矣。曆書有法原法數，并爲《曆法統宗》。法原者，七政與交食之曆指也；法數者，七政與交食經緯之表也。故曆指實爲造表之根，今曆所載金水曆指，如其法而造表，則與所步之表不合，如其表以推算測天，則又與天密合，是曆官雖有表數，而猶未知立表之根也。乃作《五星法象編》五卷。文鼎深契其説，摘其要，自爲《五星紀要》。湘煃又欲爲渾蓋通憲天盤安星之用，以戊辰曆元加歲差，用弧三角法，作《恒星經緯表根》一卷，及《月離交均表根》、《黄白距度表根》各一卷，皆補新法所未及也。所著又有曆象之學，儒者所宜深討，《論曆學古疏今密》、《論日月食算稿》各一卷，《各省北極出地圖説》一卷，《答全椒吴荀淑曆算十問書》一卷。湘煃死，其遺書無一存者。《識學録》。

論曰：胡君雒君虔曰：「曆算之學，二百年來江左爲盛，吾鄉方氏、宣城梅氏，作述相繼，其道大顯。方氏之弟子爲揭子宣，梅氏之弟子爲湘煃，皆有譔述。子宣之書著録《四庫》，而湘煃書無傳，且不聞楚有爲是學者，豈非知之者難，故其書不復寶貴邪？嗚乎，是可悲已。」

陳萬策

陳萬策，字對初，又字謙季，晉江人也。康熙戊戌進士，官詹事府詹事。受

算學于梅文鼎，作《中西算法異同論》。言古今之爲算學者，自隸首、商高而後，若劉徽、祖沖之、趙友欽、郭守敬之徒，皆精詣其術。及西法至，而其説又出于中法之外者，其異同可得而論也。夫中法言異乘同除，而西法總之四率，可謂異矣。而爲比例之理則同也。九章之内，大要多同，借衰疊借之法，蓋差分盈朒之變其名爾。至中法謂之句股也，用邊，而西法謂之三角也，用角，三邊三角，可以互求。中法有不逮于西法者，則八綫立成表是也。剖全圓而爲半周，又剖爲象限立切割弦矢之綫，以成正方角，何嘗非句股與弦哉！其所以妙于中法者，用邊之術，可以高深廣遠而已。用角之術，則本于天度，所以在璿璣而齊七政，亦無不具乎此。蓋用邊者斜剖之方，而用角者剖心之圓，方者測地，而圓者并可以窺天也。方程之用，西法所無，而借根方之算，中法絶未有聞也。又比例數之表，不用乘除而用并減，于平方、立方、三乘方以上之算尤捷焉，皆中法之所未有也。至于古法之爲祘子者，今不復有所用者，珠算而已。西法則有籌算、有筆算，有矩算，有比例規算，其雜見錯出，而均合于度數之自然，視中法爲備矣。蓋三代而後，六藝往往不逮于古，何止數學而已。專門之緒，鮮克尋究，則西士以爲六學之一焉。業于是者，終其身竭精殫慮以相尚也。觀《幾何原本》一書，自丁先生以來，若六經之尊貴，可以考其用心，宜其爭衡于中法也。雖然，異者法也，而同者理也。若劉徽、祖沖之、趙友欽，以四角起數，所算圓周之率，與西法曾無毫釐之差，而西人以六宗率作剖圓八綫者，其術亦不外乎此，可見理同而法不異，兼中西之法神而明之，則藝也而進乎道矣。《切問齋文鈔》、《梅氏叢書輯要》。

楊作枚

楊作枚，字學山，無錫人也。著《解割圓之根》一卷，言割圓八綫表久傳于世，而立法之根，未得專書剖晰，大測中如十邊五邊形之理，皆缺焉弗講，反覆紬繹，漸得會通，遂著其圖，衍其算理之隱賾者明之，法之缺略者補之，以備好學者之采擇云爾。又著《句股正義》一卷。《梅氏全書》。

清·阮元《疇人傳》卷四一　清八

陳厚耀

陳厚耀，字泗源，號曙峯，泰州人也。康熙丙戌進士。安溪李光地薦厚耀通曆法，引見，上命試以算法，繪三角形，令求中綫及問弧背尺寸。厚耀具劄進，稱旨，旋請省親歸里。戊子，特命來京。己丑五月，駕幸熱河，厚耀扈行，至密雲，命寫筆算式進呈，少頃，出御書筆算，問知此法否？厚耀對曰：「皇上此法精妙，極爲簡便，臣法臆譔，不可用。」上諭云：「朕將教汝，汝其細心貫想，以待朕問。」次日又問曰：「汝能測北極出地高下否？」對曰：「若將儀器測景長短，用檢八綫表，可得高度，此在春秋分所測則然，若其餘節氣，又有加減之異。然亦不準，何也？臣聞地上有朦氣之差，以人目視之，有升卑爲高映小爲大之異，故以渾儀測之多不合。但在天度數則不差也。」又問：「地周三百六十度，依周尺每度二百五十里，今尺二百里，地周幾何？地徑幾何？」奏云：「依周尺地周九萬里，今尺七萬二千里，以圍三徑一推之，地徑二萬四千里，以密率推之，當得地徑二萬二千九百一十八里有奇。」上復問地圓出何書，對以《周髀算經》曾言之。問何以見其圓也，對曰：「《職方外紀》西人言繞地過一周，四市皆生齒所居，故知其爲圓，且東西測景有時差，南北測星有地差，皆與圓形相合，故益知其爲圓。」時厚耀以母年高不忍離，乃就教職，得蘇州。未踰年，召入南書房。上問：「測景是何法？」厚耀求指示。上曰：「此法甚精，不必用八綫表，即以西洋定位法虚擬法寫示。」又命至座旁，隨意作兩點于紙上，厚耀隨點之，上用規尺畫圖，即得兩點相去幾何之法。上從容諭之曰：「《堯典》敬授人時，乃帝王大事，奈何弗講？」自是厚耀之學益進，嘗召入至淵鑒齋，問難反覆，并及天象、樂律、山川形勢，得徧觀御前陳列儀器，中有方寸器三十種。又召至西煖閣，詢問家世甚詳。從上至熱河，命賦泉源石壁詩，授中書科中書，傳旨曰：「上道汝學問好，授汝京官，使汝老母喜也。」厚耀請定步算諸書，以惠天下。上怡允，諭曰：「汝嘗言梅瑴成學甚深，今命來京，與汝同修算法。」瑴成至，上問曰：「汝知陳厚耀否？他算法近日精進，向曾受教于汝祖，今汝祖若在，尚將就正于彼矣。」乃命厚耀、瑴成并修書于蒙養齋，賜《算法原本》、《算法纂要》、《同文算指》、《嘉量算指》、《幾何原本》、《周易折中》、字典、西洋儀器、金扇、松花石硯，及瓜果等克什甚多。癸巳修書成，特授翰林院編修。甲午丁内艱，命賜帑銀，着江南織造經紀其喪。喪畢，晉國子監司業，擢左諭德兼翰林院修譔。戊戌會試，充同考官。已亥告疾，以原官致仕。

所著天文、曆算書甚夥，有《春秋長曆》十卷，爲補杜預《長曆》而作。其凡有四：一曰曆證。備引漢、晉、隋、唐、宋、元諸史志，及朱載堉曆書諸説，以證推步之異；又引《春秋屬辭》杜預論日月差謬一條，爲注疏所無。《大衍曆議》春秋曆考一條，亦唐志所未録，尤足以資考證。二曰古術。古以十九年爲一章，一章之首，推合周術正月朔冬至，前列算數，後以春秋十二公紀年横列爲四章，縱列十

二公，積而成表，以求術元。三曰曆編。舉春秋二百四十二年，一一推其朔閏及月之大小，而以經傳干支爲證佐，皆述杜預之説而考辨之。四曰曆存。以古術推隱公元年正月庚戌朔，杜預《長曆》則爲辛巳朔，乃古術所推之上年十二月朔，謂元年之前失一閏，蓋以經傳干支排次知之。厚耀則謂如預之説，元年至七年中書日者雖多不失，而與二年八月之庚辰，三年十二月之庚戌，四年二月之戊申，又不能合，且隱公三年二月己巳朔日食，桓公三年七月壬辰朔日食，亦皆失之，蓋隱公元年以前，非失一閏，乃多一閏，因退一月就之，定隱公元年正月爲庚辰朔，較《長曆》實退兩月，推至僖公五年止。以下朔閏，因一一與杜術相符，故不復續載焉。蓋厚耀精于曆法，所推較杜預爲密，于考證之學尤爲有裨，治《春秋》者不可少此編矣。又算術尖堆除率三十六，倚壁堆除率十八。厚耀論之曰：「尖堆得圓倉三之一，故圓率用十二，此用三十六，其比例爲三十六與十二，若三與一也。倚壁堆是尖堆之半，其除率宜倍三十六作七十二，而乃用十八者，以半圓周自乘，只得全圓自乘四分之一也，故以四除七十二爲十八。」又環田有内外周并及田積問諸數者，舊術以田積爲實，内外周并數半之爲法，除實得徑，用徑自乘，以減折半數，餘爲内周，以内周減并數，餘爲外周。厚耀論之曰：「用徑自乘句有弊，當用六因徑得十八爲較以減周總，折半而得内周，内周減總而得外周。」皆深于算學之言也。壬寅春卒，年七十有五。《欽定四庫全書總目》、《春秋長曆增删》、《算法統宗》、《陳氏家譜》、《召對紀言》。

論曰：吾鄉通天文算法之學者，國初以來，以泗源先生爲第一。焦君里堂循曰：曙峯以聖天子爲師，故其所得精奥異人。方其引見時，諄諄不倦，何其遇之隆也！世之談算法者，動推梅氏。敬觀聖祖諭梅瑴成數語，千秋定論，可不朽矣。郡志載曙峯所著《孔子家語注》、《左傳分類》、《禮記分類》、《戰國異辭》、《十七史正譌》諸書，蓋已久亡，今存《春秋世俗譜》一卷、《春秋長曆》十卷，乃《左傳分類》中之二種也。焦君與余同里，湛深經術，而尤善爲算，會通中西，折衷至當，著有《里堂學算記》十六卷。泗源先生之學，可引而弗替矣。

惠士奇

惠士奇，字天牧，一字仲孺，蘇州府吳縣人也。康熙戊子舉鄉試第一，明年成進士，官至翰林院侍讀學士。乾隆四年卒，年七十一。所著有《交食舉隅》二卷。言測日食者，先求食限，食必在兩交，去交近則食，遠則否。有入食限而不食者，未有不入食限而食者也。古法不能定朔，故日食或在晦。説者謂日之食，晦朔之間，月之食惟在望，此知二五而不知十也。日月有平行，有實行，有視行；日月之食，亦有實食，有視食。實食者，日月在天相揜之實度。視食者，人在地所見之初虧食甚復圓也。古術或知求實行，莫知求視行，皆知求平朔，莫知求實朔，故不能定朔者以此。七政有高卑，故有恒星天，有五星天，有日天，有月天。古人以恒星最高，遂指恒星爲天體。新法于恒星天之外，又有宗動天，合于九重之數。宗動者，七政之所同宗也。沈括謂日月星辰之行不相觸者，氣而已。此不知曆象者也。如日月有氣而無體，則月焉能揜日哉？日高而月下，五星亦有高下，高下既殊，又焉能相觸乎？《春秋》日有食之既，既者有繼之辭，非盡也。新法謂之金錢食，日大月小，月不能盡揜日光，故全食之時，其中闕然，而光溢于外，狀若金錢也。晚年自號半農居士，鄉人因其齋名，稱紅豆先生。《潛研堂文集》。

論曰：惠氏世傳漢學，今世學者皆宗之，蓋儒林之選也。紅豆以律吕、象數研究者稀，因潛心二事，著《琴笛理數考》以明律，《交食舉隅》以明推步。觀其以金錢食解《春秋》食既，辨沈括日月有氣無體之説，言甚甄明，雖專門名家，無以過之也。

陳訏

陳訏，字言揚，海寧人也。由貢生官淳安縣學教諭。著《句股引蒙》五卷，其凡例言六蓺數居其一，句股又九章之一。古周髀積矢，今三角八綫，皆句股法也。因不得其門，每多望洋。是編如蒙童初識之無，握管作文，或析其數，或明其理，爲入門之始，故名《句股引蒙》。又有《句股述》二卷，自序略言：余獲侍梨州黄先生門下，受籌算開方，因著開方發明，後因暇請卒業句股。先生曰：「句三股四弦五，此大較也，古來鉅公大儒從事于實學者，多究心焉，可弗講乎？」余退而讀荆川句股論，幾不可以句，伏而思之，知空中之理，非數不顯，空中之數，非理不明，忽若有悟，因述爲句股書。」《句股引蒙》、《句股述》。

陳世仁

陳世仁，海寧人也，康熙乙未進士。著《少廣補遺》一卷，專明垛積之法，凡十二類：一曰平尖，二曰立尖，三曰倍尖，四曰方尖，五曰再乘，六曰抽奇平尖，七曰抽偶平尖，八曰抽偶數立尖，九曰抽奇數立尖，十曰抽奇偶數方尖，十一曰抽偶再乘尖，十二曰抽奇再乘尖。《少廣補遺》。

論曰：垛積之術，不見于《九章》。沈括《夢溪筆談》云：算術求積尺之法，

如芻萌、芻童、方池、冥谷、塹堵、鼈臑、圓錐、陽馬之類，物形備矣，獨未有積隙一術。所謂積隙，即是垜積，蓋其法實始于括耳。芻萌、芻童之等并具《九章·商功》篇，然則垜積之術，乃商功之流，而以爲少廣者，近代算家之陋也。世仁詳人之所不詳，其用心有足尚已。

莊亨陽

莊亨陽，字元仲，南靖人也。康熙戊戌進士，官至淮徐海道。亨陽自部曹出董河防，于高深測量之宜，隨事推究，因筆之于書，其後人取遺稿裒輯爲書八卷，名曰《莊氏算學》。其書首載梅勿菴開方法，次曰《幾何原本》舉要，次曰句股測量及堆積差分諸雜法，次各體求積法，次曰中西筆算，次曰比例十法，次又雜載各體形及測望之法，末曰七政經緯，乃推步七政法也。《莊氏算學》。

顧長發

顧長發，字君源，江蘇人也。著《圜徑真旨》一書，論圜周圜徑，古無定率，有高捷者，翦紙爲積，補輳方圓，得窺梗概，而不得周數。又謂甄鸞、祖沖之、邢雲路、湯若望諸人，所定周徑，皆未密合。因創爲定率，徑一者周三一二五，謂之智術。《欽定四庫全書總目》。

論曰：長發所稱智術，與袁士龍所用之率正同，邢雲路以三一二六爲周率，已失之弱，而又減雲路率千分之一，則其弱彌甚矣。

屠文漪

屠文漪，字蒓洲，松江人也。著《九章録要》十二卷，言古《九章》其書不傳，特據所見近世之書，芟其繁謬，補其缺遺，以意隸之。又言衰分、盈朒、方程之外，更有借徵之法，蓋借衰原于衰分，叠借原于盈朒，而觸類而通之，可以窮難知之數，此《九章》法外之巧也。故以次《九章》之後。《九章録要》。

論曰：文漪之于算術，蓋程大位之流，所著《九章要録》，亦與《統宗》相類，惟《少廣》篇中有開方求命分密法一條，謂命分還原，必朒于原實，若不復加隅，又必盈于原實，更有法開之。令盈于原實之數甚微，則其法爲密，斯則可已不已，未達深旨者也。蓋開方命分，母數爲方面，西人所謂綫也；子數爲幂積，西人所謂面也，二者如曲綫、直綫之終古不能相通，開方而有命分，止就其相近之數言之，本無還原不盈朒之理，且《九章》云不可開者，以面命之，然則古人開方并無命分法也。

邵昂霄

邵昂霄，字麗寰，餘姚人也。拔貢生。乾隆元年，薦博學鴻詞。以漢晉以來天官家言及歐羅巴之説，參以己論，爲《萬青樓圖編》十六卷，分爲十四目，曰天體，曰儀象，曰宫度，曰二曜，曰五緯，曰雲氣，曰煇氣，曰經星，曰曆案，曰曆理，曰曆數，曰測景，曰測時，曰定時。又創爲量天景尺及漏椀諸法。《欽定四庫全書總目》。

許伯政

許伯政，字惠棠，巴陵人也。乾隆壬戌進士，官山東道監察御史。著《全史日至源流》三十二卷。其説以爲天周宜用三百六十度，日法宜用九十六刻，凡二百一十六年，恒星東行三度，歲實亦減二十秒。如是一百二十回爲一運，以運首所值日名甲子，壬子、庚子、戊子、丙子爲次，五運爲一元，元首甲子年甲子月甲子日甲子時正初刻一分内一秒冬至，其歲實爲三百六十五日二時七刻十四分十秒，此天行之始數也，依法遞推，上起壬子運一，下迄壬子運三十，每歲求其冬至之日，其壬子運三十之一百一十六年癸未，當明崇禎十六年，閱歲而明亡，故終于此。《欽定四庫全書總目》、《全史日至源流》。

論曰：邵康節《皇極經世》元會運世之説，出于臆造，非儒者所宜言也。其所謂數學，亦道其所道，非周官保氏之法也。伯政乃以元會運世，附合《御製考成》之法，誤矣。其書又謂日在高卑，二日平行實行適等，然則伯政于推步之學，蓋稍涉大端而已。

余熙

余熙，字晉齋，桐城人也。著《八綫測表圖説》一卷，發明句股和較割圓八綫六宗三要諸法。《欽定四庫全書總目》。

顧琮

顧琮，字用方，滿洲人也。官吏部尚書。雍正八年六月朔日食，第谷舊法微有差，以監臣西洋人戴進賢所用新法校之，纖微密合。世宗皇帝因命進賢修日躔、月離二表，續于《考成》之後。然有表無説，亦無推算之法，琮恐久而失傳，乾隆二年奏請以梅瑴成爲總裁，何國宗爲副總，同進賢等增修表解圖説。其法以雍正癸卯冬至次日子正爲元，太陽日平行三千五百四十八秒，小餘三二九零八九七，氣應三十二日一二一二五四，最卑每歲平行六十二秒，小餘九九七五，最卑應八度七分三十二秒二十二微。太陰日平行四萬七千四百三十五秒，小餘零二三四零八六，平行應五宫二十六度二十七分四十八秒五十三微；最高日平行四

百一秒，小餘零七零二二六，最卑應八宫一度一十五分四十五秒三十八微；正交日平行一百九十秒，小餘六三八六三，正交應五宫二十二度五十七分三十七秒三十三微。與舊法異者大端有三：一、太陽地半徑差，舊定爲三分，今測止十秒；一、清蒙氣差，舊定地平上三十四分高四十五度止五秒，今測地平上三十二分高四十五度，尚有五十九秒；一、日月五星本天，舊爲平圓，今爲橢圓。越六年書成，凡十卷，即《御定曆象考成後編》也。《御定考成後編》、《欽定四庫全書總目》。

論曰：推步之術由太初以迄大統，雖疏密殊科，而驗以實象，終多違舛。我聖祖仁皇帝《御定考成》上、下編，集古今之大成，録中西之要術，固已立萬年步算之準，定百世增修之法矣。我高宗純皇帝法祖敬天，協時正日，《御定考成後編》復推闡無餘，纖微曲盡，觀臺儀象，用在璇璣，回部里差，亦分經緯，紀年垂于無疆，正朔班乎累譯，蓋自生民以來，未有如本朝之得天者也。

何國宗

何國宗，字翰如，順天府大興縣人也。何氏世業天文，故國宗以算學受知聖祖仁皇帝，欽賜進士，入翰林，官至禮部尚書。嘗預修《御定考成》上、下編，《御定數理精藴》、《御定考成後編》、《御定儀象考成》、《皇朝文獻通考》、《象緯考》諸書。乾隆二十年，準噶爾蕩平，奉命出塞測定東西南北里差，奏准載入時憲書，一例頒發。先是，康熙年間實測各直省及諸蒙古之高度偏度，京師北極高三十九度五十五分，盛京高四十一度五十一分，山西高三十七度五十三分三十秒，朝鮮高三十七度三十九分十五秒，山東高三十六度四十五分二十四秒，河南高三十四度五十二分二十六秒，陝西高三十四度十六分，江南高三十二度四分，四川高三十度四十一分，湖廣高三十度三十四分四十八秒，浙江高三十度十八分二十秒，江西高二十八度三十七分十二秒，貴州高二十六度三十分二十秒，福建高二十六度二分二十四秒，廣西高二十五度十三分七秒，雲南高二十五度六分，廣東高二十三度十分，布龍看布爾嘎蘇泰高四十九度二十八分，厄格塞楞格高四十九度二十七分，桑金答賴湖高四十九度十二分，肯忒山高四十八度三十三分，克爾倫河巴拉斯城高四十八度五分三十秒，圖拉河韓山高四十七度五十七分十秒，喀爾喀河克勒和邵高四十七度三十四分三十秒，杜爾伯特高四十七度十五分，鄂爾昆河厄爾得尼招高四十六度五十八分十五秒，空各衣札布韓河高四十六度四十二分，札賴特高四十六度三十分，推河高四十六度二十九分二十秒，科爾沁高四十六度十七分，郭爾羅斯高四十五度三十分，阿録科爾沁高四十五度三十分，翁機河高四十五度三十分，薩克薩圖古里克高四十五度二十三分四十五秒，烏朱穆秦高四十四度四十五分，蒿齊忒高四十四度六分，古爾班賽堪高四十三度四十八分，巴林高四十三度三十分，札魯特高四十三度三十分，阿霸哈納高四十三度二十三分，阿霸垓高四十三度二十三分，奈曼高四十三度十五分，克西克騰高四十三度，蘇尼特高四十三度，哈密城高四十二度五十三分，翁牛特高四十二度三十分，敖漢高四十二度十五分，喀爾喀高四十一度四十四分，四子部落高四十一度四十一分，喀喇沁高四十一度三十分，毛明安高四十一度十五分，吴喇忒高四十度五十二分，歸化城高四十度四十九分，土默特高四十度四十九分，鄂爾多斯高三十九度三十分，阿蘭善山高三十八度三十分。盛京偏于京師東七度十五分，浙江偏東三度四十一分二十四秒，福建偏東二度五十九分，江南偏東二度十八分，山東偏東二度十五分，江西偏西三十七分，河南偏西一度五十六分，湖廣偏西二度十七分，廣東偏西三度三十三分十五秒，山西偏西三度五十七分四十二秒，廣西偏西六度十四分四十秒，陝西偏西七度三十三分四十秒，貴州偏西九度五十二分四十秒，四川偏西十二度十六分，雲南偏西十三度三十七分，朝鮮偏東十度三十分，郭爾羅斯偏東八度十分，扎賴特偏東七度四十五分，杜爾伯特偏東六度十分，扎魯特偏東五度，奈曼偏東五度，科爾沁偏東四度三十分，敖漢偏東四度，阿禄科爾沁偏東三度五十分，喀爾喀河克勒和邵偏東二度四十六分，巴林偏東二度十四分，喀喇沁偏東二度，翁牛特偏東二度，烏朱穆秦偏東一度十分，克西克騰偏東一度十分，蒿齊忒偏東三十分，阿霸哈納偏東二十八分，阿霸垓偏東二十八分，蘇尼特偏西一度二十八分，克爾倫河巴拉斯城偏西二度五十二分，四子部落偏西四度二十八分，歸化城偏西四度四十八分，土默特偏西四度四十八分，喀爾喀偏西五度五十五分，毛明安偏西六度九分，吴喇忒偏西六度三十分，肯忒山偏西七度三分，鄂爾多斯偏西八度，圖拉河韓山偏西九度十二分，翁機河偏西十一度，古爾班賽堪偏西十一度，布龍看布爾嘎蘇泰偏西十一度二十二分，阿蘭善山偏西十二度，厄格塞楞格偏西十二度二十五分，鄂爾昆河厄爾德尼招偏西十三度五分，推河偏西十五度十五分，桑金答賴湖偏西十六度二十分，薩克薩圖古里克偏西十九度三十分，空各衣扎布韓河偏西二十度十二分，哈密城偏西二十二度三十二分。

乾隆二十二年，又奏准東三省北極高度，尼布楚五十一度四十八分，黑龍江

五十度一分，三姓四十七度二十分，白都訥四十五度十有五分，吉林四十三度四十七分；東西偏度：三姓偏東十有三度二十分，黑龍江偏東十度五十八分，吉林偏東十度二十七分，白都訥偏東八度三十七分，尼布楚偏西十有七分。各蒙古部落北極高度：哈薩克四十七度三十分，塔爾巴噶台四十七度，齋爾四十五度三十分，哈布他克四十五度，波羅他拉四十四度五十分，拜他克四十四度四十三分，安齊海四十四度十有三分，哈什四十四度八分，伊犂四十三度五十六分，穆壘四十三度四十五分，吉穆薩四十三度四十分，巴里坤四十三度三十三分，烏魯穆齊四十三度二十七分，珠爾都斯四十三度十有七分，土魯番四十三度四分，魯克沁四十二度四十八分，烏沙克他爾四十二度十有六分，哈拉沙拉四十二度七分，庫爾勒四十一度四十六分；東西偏度：巴里坤偏西二十三度，哈布他克偏西二十四度二十六分，拜他克偏西二十五度，穆壘偏西二十五度三十六分，魯克沁偏西二十六度十有一分，土魯番偏西二十六度四十五分，吉穆薩偏西二十六度五十二分，烏魯穆齊偏西二十七度五十六分，烏沙克他爾偏西二十八度二十六分，哈拉沙拉偏西二十九度十有七分，庫爾勒偏西二十九度五十六分，塔爾巴噶台偏西三十度，珠爾都斯偏西三十度五十分，安齊海偏西三十度五十四分，齋爾偏西三十一度，空吉斯偏西三十二度，哈什偏西三十三度，波羅他拉偏西三十三度，伊犂偏西三十四度二十分，哈薩克偏西三十四度五十分。

嘉定錢少詹大昕官翰林時，于國宗爲後進，國宗聞其善算，即先往拜，謂曰：「今同館諸公談此道者鮮矣！」因嘆息久之。時國宗已年老，叩以步算諸術，猶津津不倦云。《大清會典則例》、《梅氏叢書輯要》、《錢少詹説》。

論曰：國宗以疇官子弟，在蒙養齋與梅文穆公同修算書，其所學蓋相埒也。方聖祖時，以算法受知，致身通顯者不一人，以故習之者衆，而明其學者，往往匿不告人，冀以自見其長，蓋祿利之路然矣。少詹言國宗與人言算，平易而詳盡，惟恐人之不知，猶有梅徵君之遺風焉，可謂不驕不吝矣。

丁維烈

丁維烈，蘇州府長洲縣人也。受業梅文穆公之門，文穆以句股積及股弦和較或句弦和較求句股，向無其法，苦思力索，知其須用帶縱立方，因命維烈別立御之之法。維烈遂造減縱翻積開三乘方法以應，文穆稱其頗能深入，載入《赤水遺珍》。維烈又著《算法》一卷，述西人三率比例法。《赤水遺珍》。

論曰：文穆創立句股二術，其以句股積及句弦較或股弦較爲問者，見于王孝通《緝古算經》，以爲向無其法，蓋偶未考爾。文穆用立方，維烈之法，乃至三乘，其實按以算理，當用立方，不得用三乘方也。歙縣汪君孝嬰萊謂有句股積、有句弦和或股弦和求諸數，必有兩形和積相等而不同式，可謂發前人所未發，然則梅氏之術，且未得爲通率矣。

張永祚

張永祚，字景韶，號兩湖，錢唐人也。初爲諸生。乾隆二年二月，詔舉能通知星象者，無錫嵇公曾筠時以大學士總督閩浙，試永祚策，器之，薦于朝，授欽天監博士。會詔刊經史，華亭張司寇照薦永祚校勘二十二史天文、律曆兩志，書成，方俟議叙，而遽乞假歸。仁和杭編修世駿著《漢書疏證》，嘗就問律曆，永祚隨條爲答，頗有發明，世駿多用其説。卒年六十餘。《杭州府志》、《道古堂文集》、《漢書疏證》。

王元啓

王元啓，字宋賢，嘉興人。乾隆辛未進士，知將樂縣。究心律曆句股之學，著書已刻者爲《惺齋雜著》，則《史記正譌》、《漢書正譌》在焉。其正《史記》之譌者，爲《律書》一卷、《曆書》一卷、《天官書》一卷；正《漢書》之譌者，爲《律曆志》分上、下二卷。未刻者爲《曆法記疑》、《句股衍》、《角度衍》、《九章雜論》。而《句股衍》一書，因繁求簡，最爲精晰。書分甲、乙、丙三集，甲集《術原》三卷，乙集《綱要》二卷，丙集《析義》四卷。甲集首卷通論術原，末及開平方法，爲句股因積求邊張本；二卷專論立方，因及平方法；三卷專論和數開立方，所以盡立方諸數之變。乙集兩卷，爲相求法百三十二則之綱要。丙集四卷，即相求法，逐則分析其義，專取發明立法之意。其總序曰：「句股弦相求法參以和較，凡得七十八則。求句股中函數，又有冪積之數，容員容方容縱方，及依弦作底求容方與句股求外方外員之數，又有積數與句股和較相求容方與句股餘數相求之法，綜而計之，又得二十九則。立表測量，得求高求遠求深三則，重表亦然，其術繁矣。舊算書多簡略不備，詳者又苦錯出無緒，嘗試意爲區别，使各以類從。先定相求法百十三則，甲申秋仲，復理前緒，遂一一盡通其故，運思布算，時比舊法爲直捷。而舊法亦不敢没，附見以資參考，至以中函積數，與弦之所和所較相求，而得句股弦之正數，其法爲舊算書所不載，今亦竊擬一法以附于後。」又别創截弦分兩及補句求股、補股求句之法，分爲六則，使不成句股之形，亦可化而爲句股。并載不成句股求中函積數二則，容方容員四則，外切員徑一則，員内累求句股六

則，凡又一十九則，以該西術三角之算，兼備割員之用，使學者知《周髀》一經，于術無所不該，後人淺爲涉獵，不能旁推交通，以盡其變，故使西術得出而争勝。其實西術亦本《周髀》，總無出于折句爲股之外也。又《略例引言》曰：「算家句股一門爲術最繁，非鑿指一數以爲布算之準，難以虚領其義。然如廣三修四，見于經者，特其正例。正例外變例尤多，必欲正變兼陳，則一卷中彼此錯出，使閲者耳目數易，轉增煩憒，兹特標舉數端，以爲略例，并不成句股之形，亦附見焉，以盡句股之變，以該西術三角之算。」

又附《答友問句股書》曰：「欲求句股，必先學開方法。方有正方、縱方之異，縱方則以修廣之和較數開之，其次則求四率比例，有三率求四率之法，有二率求三率之法，又有一率求三率之法，知此即可以求句股弦各無零數之法。以三率之中率爲主，倍中率爲股，首末二率相減爲句，相加爲弦，依此衍之，得句股略例十數則。然後以句股弦爲正數，兩數相加爲和數，相減爲較數，又有弦與句股三數加減之和較數，弦與和和弦與較和三數相加之和數也，弦與較較弦與和較三數相減之較數也，三數相加減，今名之爲兼三和較。凡正數和較之數各三，兼三和較數各二，共十三數。十三數中隨舉兩數，即可求句股弦全數，凡得相求法九十四則，而其中容方、容員及截弦分兩，與夫立表測量，又有單表重表之法，猶不與焉。其次則求截弦分兩之法，是爲一句股分兩句股之術。一句股分兩句股，即可以知不成句股亦可以分兩句股。不成句股分兩句股，即西法三角算之所由名，今則總以句股概之。其法取大小兩句股形，小股與大句同數者合爲一形，即爲不成句股之形。分之爲兩，則所謂中垂綫者，即小矩之股，大矩之句，以此衍之，又得不成句股略例二十餘則。于此求之，又得合形分兩、削形求全二法。合形分兩，則有正合形截偶分兩、反合形截中分兩、偏合形截邊分兩之法；削形求全，則有削去正矩、削去偏矩之殊。偏矩中又有淺削、深削之分，知此則平句股之學盡此矣。凡此雖本舊法，而分條析目，及入手前後之次，悉出新意。其標題名目，及運思布算，多有不循其舊，自以臆定者。更有舊法所不載，而以意補入者。承下問諄諄，不敢自閟其愚，輒粗舉其大略如此。」

嘉定錢唐跋其書曰：「開方句股之法，創始于《九章》、《周髀》二經，自後算學家遞相推衍，至乎梅勿庵之《少廣拾遺》、《句股闡微》，而幾無餘藴矣。惺齋先生尚以舊術爲繁也，更立簡法，著書若干卷，先以開方究其原，繼于句股窮其變，以開方爲句股所取資也，統名之曰《句股衍》。余聞先生論學以程朱爲宗，于文則法韓、歐諸大家，著書數十種，皆犖然可傳。算特其游藝之一耳，而猶神明變化若此。先生自言曰：『我無他長，惟好學深思，心知其意而已矣。』于乎，此豈今人之所及也哉！余比者考求律吕，若密率方圜周徑，未免乎比例之煩也。竊自創法，以十倍徑積爲周積，十分周積之一爲徑積，又以圜積自乘而十六乘之，則十分一爲方積之自乘，方積自乘而十六除之，復十倍之，爲圜積之自乘，由是以得周徑方圜也，不過開方而已，其數視密率稍異，而驗之器物，則似較密焉。惜乎先生已歸道山，不獲面質其是非，因讀先生之書，附識于後。」《惺齋雜著》、《句股衍》。

清·阮元《疇人傳》卷四二　清九

江永

江永，字慎修，婺源人也。讀梅文鼎書，有所發明，作《數學》八卷。一曰《數學補論》。文鼎疑問，已爲術法疏通源流，指示窔奧，永別有觸悟，隨筆識之，或説于本書之外，或譯于本書之中。二曰《歲實消長辨》。歲實消長，前人多論之者，文鼎大約主授時，而亦疑其百年消長一分，以乘距算，其數驟變，殊覺不倫；又謂今現行之歲實，稍大于授時，其爲復長，亦似有據，因爲高衝近冬至而歲餘漸消，過冬至而復漸長之説，蓋存此以俟後學之深思；永別爲之説，謂平歲實本無消長，而消長之故，在高衝之行與小輪之改，兩歲節氣相距，近高衝者歲稍贏，近最高者稍朒，猶定朔、定望、定弦之不能均，惟逐節氣算其時刻分秒，而消長勿論也。三曰《恒氣註術辨》。文鼎嘗舉康熙已未以後歷年高行，以及四正相距時日，別爲一卷，而云西法最高卑之點，在兩至後數度，歲歲東移，故雖冬至亦有加減，不得以恒爲定；而《疑問補》等書，謂當如舊法之恒氣註術；永謂冬至既不得以恒爲定，則諸節氣亦當用定，不可用恒。四曰《冬至權度》。文鼎作《春秋以來冬至考》，各以本法詳衍，算術雖明，而未有折衷；永因文鼎所考定者，用實法推算，有不合者斷其術誤、史誤。五曰《七政衍文》。文鼎論七政，小輪之動，由本天之動；七政之動，由小輪之動；永據《曆象考成》，五星有三小輪，而月更有次均輪，乃以七政各輪之左右旋，與其帶動、自動、不動之異，本文鼎説一一衍之。六曰《金水發微》。文鼎《五星紀要》論金水左右旋，猶仍舊説；後因門人劉允恭悟得金水自有歲輪，而伏見輪乃其繞日圓象，因詳爲之説，發前人所未發；永再三思之，繪圖試之，謂即此一事，文鼎已大有功于天學，乃爲此卷以發其覆。七曰《中西合法擬草》。徐光啓鎔西人之精算，入大統之型模，正朔閏月，從中不

從西，定氣整度，從西不從中；然因用定氣，遂以交中氣時刻爲太陽過宮，舉中法十二次之名繫之；而西法十二星象，亦時用之于表，此則既非中法，復非西法，實可疑之端，文鼎《疑問補》已言之；又整度一事，當參酌者亦其一端；永以此二事擬數表明，仍以文鼎之説冠于卷首。八曰《算賸》。永以文鼎論算極詳，觀玩之餘，有得輒筆之。又《續數學》一卷，曰正弧三角疏義，分支列目，以補《算賸》所未盡。是書初名《翼梅》，同郡戴震傳永之學，復爲訂定，改今名。所著又有《推步法解》五卷。乾隆二十七年卒，年八十二。後震攜永書入都，無錫秦尚書蕙田見而奇之，課《五禮通考》，摭其説入觀象授時一類，而《推步法解》，則載其全書焉。《數學》、《五禮通考》、《戴氏遺書》。

論曰：慎修專力西學，推崇甚至，故于西人作法本原，發揮殆無遺蘊。然守一家言，以推崇之故，并護其所短，《恒氣注術辨》專申西説以難梅氏，蓋猶不足爲定論也。

戴震

戴震，字東原，休寧人也。乾隆壬午舉人。壬辰歲，詔開四庫館，震以薦入館，充校理，命與會試中式者同赴廷對，欽賜翰林院庶吉士。未及散館而卒，年五十有五。西法三角八綫，即古之句股弧矢，自西學盛行，而古法轉昧。取梅文鼎所著《三角法舉要》、《塹堵測量》、《環中黍尺》三書之法，易以新名，飾以古義，作《句股割圜記》三篇。言因《周髀》首章之言，衍而極之，以備步算之大全，補六蓺之逸簡。凡爲圖五十有五，爲術四十有九，記二千四百一十七字。

上篇曰割圜之法。中其圜而觚分之，截圜周爲弧背，絙弧背之兩端曰弦，值弧與弦之半曰矢，弧矢之內，成相等之句股二半弧弦爲句，減矢于圜半徑餘爲股，絙句股之兩端曰徑隅，亦曰弦。句股之弦，適圜半徑也，方圜之周徑，信其周以爲袤，以徑爲廣，其冪咸四倍于方圜之冪，圜之內函方其內復函圜，則內圜適外圜之半，方之內函圜其內復函方，則內方適外方之半，句股之數，由斯起矣。句股弦三矩方之合，句與股二方，適如弦之大方，減矢于圜徑，餘爲股；弦和矢恒爲股弦較，和較相乘爲句之方，減句于圜半徑，餘爲次弧背之矢，倍股爲次弧弦，減次弧背之矢于圜徑，餘爲句弦和，其矢爲句弦較，和較相乘爲股之方。方圜相函之體，用截圜之周徑，而函句股和較之率，四分圜周之一，如之規方之四隅，而函圜之周凡四觚，如之因方以爲句股，函圜之半周凡三觚，如之爲矩以準望，凡百分。以矩之百分爲圜半徑，自一隅規之，其隅設垂綫，截一矩之規成半弧背者二；弧外之句謂之矩分，引徑隅爲弦，謂之徑引數股，適圜半徑也；次弧外之股謂之次矩分弦，謂之次引數句，適圜半徑也。規法九十有六限，限四之一，矩之規，其限二十有四，爲立成以起算，積矩函分萬，如次矩分而一，得過滿百之矩分，凡規限半弧背也。半弧弦以爲句，謂之內矩分，其股謂之次內矩分，規限倍之爲半弧背，曰倍弧，規限之半，曰分弧，矩分以爲句，取次半弧背之分弧矩分加于句，爲之弦，得徑引數圜周，六分之，其弧弦適圜半徑，是故周三徑一者，六觚之周也。圜半徑爲股，半之爲句，求其弦句弦較十之，是爲十觚之周。圜周之外內所成句股弦，皆方數也。隨徑隅所指，割圜周成弧背，皆圜限也。限同則外內相應，句股弦三矩通一爲率；外內相應，句股弦三矩通一爲率，斯可以小大互權矣。弧之外內，其句股弦平行觀之，成同限之句股，三矢與圜半徑成方冪半之分弧，內矩分之方也。減次矩分于次引數，其較爲分弧之矩分，小大兩弧之和較互權也。小弧次內距分以爲弦，兩弧和較之內矩分半和爲之句，次內矩分半和爲之股，小弧內矩分以爲弦，兩弧和較之次內矩分半較爲之句，內矩分半較爲之股，有大弧互權之率。若大弧次內矩分以爲弦，兩弧和較之內矩分半較爲之句，次內矩分半和爲之股，大弧內矩分以爲弦，兩弧和較之次內矩分半較爲之句；內矩分半和爲之股，有小弧互權之率，弧之外內句股弦，終于一矩之規，方圜之致備矣。凡同限互權之率，句股之大恒也。句股應矩之方，變而三觚，不應矩之方，以句股御之，截爲句股六。而同限者各二，三三交錯，是以展轉互權，半弧背過一矩之規，以減圜半周，而得外弧三觚句于句股，截其內三觚一倨于句股，引而截其外所知之距爲弦，其對觚之規限內矩分爲之股，所測之距爲弦，測知之規限內矩分爲之股，或測知兩距一觚所知之觚，所知之兩距旁之，則于圜半周減一觚規限，餘爲兩觚規限之和，半之爲半和，限兩距之和較，與半較限之矩分相應。凡矩分隨數之和較，得以相權，凡內矩分必兼和較，小大相權也。

中篇曰渾圜。中其圜而規之，二規之交，循圜半周而得再交，距交四分圜周之一規之，翕闢之節也。緣是以爲經，謂之經限，橫截經限之外，謂之緯限；經之內規之謂之經弧，緯之內截其規謂之緯弧，經緯之限界其外，經緯之弧截其內，是爲半弧背者四。以句股御之，半弧背之外內矩分平行相應，得同限之句股弦各四，古弧矢術之方直儀也。儀不具，次矩分之句股徑隅面各一，加一于四而五，是故參其體，兩其用。用也者，旁行而觀之也。旁行以用于經限，則經弧矩分爲句緯限，次內矩分爲之股，經弧內矩分爲句緯弧，次內矩分爲之徑隅；旁行

用于緯限，則緯弧矩分爲句經限，次内矩分爲句，經弧次内矩分爲之徑隅；旁行用于經弧，則經限矩分爲句，緯限徑引數爲之股，經限内矩分爲句，緯弧徑引數爲之徑隅；旁行用于緯弧，則緯限矩分爲句，經限徑引數爲之股，緯限内矩分爲句，經弧徑引數爲之徑隅，儀之立也爲方四，成旁行而得同限之句股四，經限矩分爲句，則緯限矩分爲之股；經限内矩分爲句，則緯弧矩分爲之股；經弧矩分爲句，則緯限内矩分爲之股；經弧内矩分爲句，則緯弧内距分爲之股。凡句股二十有四，爲互求之率五。遵古已降，推步起日至，斯其本法也。引而伸之，以經限爲節者，其二規皆緯也。自交已至經弧，謂之次緯儀，以緯限爲節者，其二規皆經也。自交已至緯弧，謂之次經儀，儀各爲半弧背者三，成規限之句股徑隅，于是命半弧背之外内矩分，曰方數句股。徑隅規限句股，徑隅也者，古弧矢術也。必以方數句股徑隅御之，方數爲典，以方出圜，立術之通義也。次緯儀經弧，爲其句限；緯限之次半弧背，爲其股限；緯弧之次半弧背，爲其隅限，規限。句股徑隅，其外内矩分平行相應，得同度，方數、句股、徑隅各三。儀不具，次矩分之句股徑隅面各一，加一于三而四，旁行觀之，股限經引數爲股，則隅限徑引數爲之徑隅，以用于句限。句限次内矩分爲徑隅，則隅限次内矩分爲之股，以用于股限。隅限次内矩分爲股，則句限徑引數爲之徑隅，以用于隅限，儀之立也。旁行而得同限之方數，句股徑隅三爲三成。股限矩分爲股，則隅限矩分爲之徑隅；句限矩分爲句，則股限内矩分爲之股；隅限内矩分爲徑隅，則句限内規分爲之句。取節于方直儀之經限以爲其限，凡句股十有八，爲互求之率四次，經儀亦如之。次緯儀翕闢之節，經限也，是故有經限互求之率。次經儀翕闢之節，緯限也。有緯限互求之率，距經緯之弧四分圜周之一規之，謂之外規爲總儀。凡構綴之規法五，皆四分之，以爲其限，而交加前却之分儀。半弧背四合而爲儀者五，曰方直儀，曰右方儀，曰右次方儀，曰左方儀，曰左次方儀。半弧背三合而爲儀者十，曰次緯儀，曰次經儀，曰兩緯儀，曰兩經儀，曰次經緯度儀。儀之句度股度互易，則外内矩分各旋而易，故五名而其儀十。凡爲儀十有五，是謂一終。得方數之句股徑隅三百弧矢術之正，整之就叙矣。

下篇曰三觚非弧矢術之正。以句股弧矢御之，渾圜之規限正視之，中繩側視之，隨其高下而羡，惟平視之中規，胥以平寫之循規限之，端竟半周，得圜徑衡，截圜徑齊規限之，末抵外周，得規限，所爲半弧弦，弧與弦易正側之勢以爲平，于是命外周之限分，爲其規限。凡矢屬于規限之端，弦屬于規限之末，一從一衡相遇也。用矢用内矩分準是率，率之四分圜周之一，古推步法謂之象限，是爲一矩之規，率之變也。減兩距于圜半周，用其餘弧，爲兩距減對，兩距之觚于圜半周，用其外弧，爲兩觚内矩分共用之半弧弦也。餘一距及其對觚，共用之觚與距也。若三觚各以爲渾圜之一極，距觚四分圜周之一規之，三規之，交成三觚三距，則觚同其距之規限，距同其觚之規限，前術大小倨句之體更也，後術觚與距之體更也。句股相權之大恒，觚之規限内矩分，各與對距相應，三距爲渾圜之規限，則觚之内矩分與對距之内矩分相應，相應而展轉互權矣。所求非對距對觚，則截之成規限，句股徑隅者二，各視次緯儀之率通之。凡内矩分爲半弧弦，其弧背渾圜大規也。半弧弦不滿圜半徑者，以矢爲樞，以半弧弦規之，成渾圜之小規，衡截正視側視之規，側視之規，亦截小規，而與中圍之大規相應。截小規之徑爲大小矢，則與中圍大規之徑爲大小矢相應。三觚之用兩距和較也，所求之觚，或所知之觚，所知之兩距旁之，其觚謂之本觚。旁于本觚之右距，以平寫之，爲平視之規，則左距爲側視之規，截左距之末成小規，而識左距于平距和限較，限之矢較半之爲矢半，較以爲句。小規之半徑，爲之徑隅，以較限與對本觚之距兩矢較爲句，左距側視之規，截小規之徑，成大小矢爲之徑隅，如是得同限之句股二，而句與徑隅通一爲率。凡觚之規度中圍大規也，大小規之半徑，及其矢并通一爲率。若左距適四分圜周之一，則所成之規，適爲中圍大規；若左右距相等無較限，則和限之矢半之爲句，小規之半徑爲之徑隅，對距之矢爲句，小規之大小矢爲之徑隅，以觚求距求對距之矢也，以距求觚求本觚規限之大小矢也。是記所謂内矩分即正弦，次内矩分即餘弦；矩分即切綫，次矩分即餘切徑；引數即割綫，次引數即餘割；倨即鈍角，句即鋭角；度謂之限，角謂之觚，邊謂之距。又以環中黍尺，用總存兩餘弦相加減，用時宜審餘弦同在半徑不同在半徑。震立新法，改用兩矢較半之，與以餘弦相加減所得初數同，且免詳審加減之煩。

又著《原象》八篇、《迎日推策記》一篇，以明推步原象。一曰日循黄道右旋，斜絡乎赤道而南北者，寒暑之故也。《虞》、《夏書》以璇璣玉衡，寫天逸文猶見《周髀》之書。《論語》之北辰，《周髀》所謂正北極，是爲左旋之極。日躔黄道，其極《周髀》所謂北極璇機環正北極者也。月道之極，又環璇機者也，是爲右旋之樞，璇機之環，正北極而成規也。冬至夜漏中起正北極之下，日加卯，在正北極左；日加午，在正北極上；日加酉，在正北極右。晝夜一周而過一度，均分其規

位十有二，子春分夜漏中則起正北極之左，是爲建卯；夏至起正北極之上，是爲建午；秋分起正北極之右，是爲建酉；冬至而復起于正北極下，是爲建子。中氣十有二皆中其建如是，終古不變，以與日躔黃道相應，凡三百六十有五日。小餘不滿四分日之一，日發斂一終，月道斜交乎黃道，凡二十有七日；小餘不滿少半，日月逡其道一終。日月之會，凡二十有九日。小餘過半日以起朔，十二朔凡三百五十有四日。小餘不滿四分日之一，而近歲終。積其差數置閏月，然後時序之從乎日行發斂者以正。故《堯典》曰：期三百有六旬有六日，以閏月正四時成歲。日兆月而月乃有光，人自地視之，惟于望得見其光之盈朔，則日之兆月，其光嚮日，下民不可得見。餘以側見而闕日月之行，朔而薄于交道，日爲月所揜則日食；日高月卑，其間相去蓋遠，故其食分淺深，隨地之方所見者不同。望薄交道而月入闇虛，則月食。張衡《靈憲》之文曰：當日之衡，光常不合者，蔽于地也，是謂闇虛。月過則食，闇虛之爲地景，故食分淺深，見者皆同。月出入黃道表裏最遠，不及六度，日發斂于赤道外內四十餘度之間。赤道者中衡也。古有分至啓閉，謂之八節，凖以設衡，其五衡與外衡、內衡發斂所極。至也，中衡南北之中，分也，自南斂北，入次四衡爲春，入次二衡爲夏。當其衡啓也，自北發南，出次二衡爲秋，小次四衡爲冬。當其衡閉也，周髀之七衡六間，則凖乎中氣十有二，外衡冬至，內衡夏至，中衡春、秋分不相變革。日之發斂，以赤道爲中，月之出入，以黃道爲中，此天所以有寒暑進退，成生物之功也。日月之贏縮遲疾，皆有規法，于以見運行之機，至動有常，是以曆數得而明之。凡地之方所近日下，盛陽下行，故暑；日遠側照則氣寒。寒暑之候，因地而殊。中土值內衡之下已北，其外衡之下已南，寒暑與中土互易。中衡之下兩暑而無寒，暑漸退如春、秋分，乃復南北極下凝陰常寒矣。

二曰《堯典》日中星鳥，以殷仲春；日永星火，以正仲夏；霄中星虛，以殷仲秋；日短星昴，以正仲冬，日夜分暨永短，終古不變者也。星鳥之屬，列星之舉目可見，大小有差，闊狹有常，相距不移徙者也。終古不變者，因乎地而生里差，相距不移徙者，以考日躔而生歲差。唐虞春分日在胃昴之間，故鳥中；夏至日在七星，故火中。火，心也。秋分日在氐房之間，故虛中；冬至日在虛，故昴中。鳥南陸，蒼龍房心東陸，玄武虛危北陸，昴西陸，昴同日西下，必龍角東升，鳥值南虛，在極之北，四正之位，各協其方。然則列星四象，辨自羲和，仲春初昏不違天部也。《夏小正》五月初昏，大火中協于星火仲夏之文，而《春秋傳》張趯曰：火中而寒暑退。謂季冬寒退旦中，季夏暑退昏中也。凡星未中見而東陞，過中乃西流，故《豳》詩曰：七月流火。《小正》與《堯典》合。《春秋傳》與《詩》合。星以紀候者先後一月，虞夏日躔所在，與周差一次，與今差二次，星之見伏，昏旦中悉因之而異，此其大經也。二十有八舍十有二次，周時之文始詳。《春秋傳》婺女爲玄枵維首，又曰玄枵虛中也，據是遞之，星紀斗牽牛也。玄枵、婺女、虛危也，娵訾之口，營室東壁也，降婁奎婁也，大梁胃昴也，實沈畢觜觿參也，鶉首東井輿鬼也，鶉火柳七星張也，鶉尾翼軫也，壽星角亢也，大火氐房心也，析木之津尾箕也。玄枵一曰天黿，一曰顓項之虛。娵訾之口，一曰豕韋，斗或以建星，觜觿以罰，東井輿鬼以狼弧，營室內謂之定，柳謂之噣，氐謂之本，房謂之駟，尾謂之依，大水定也，鳥帑軫也，亢氐之間天根也，房農祥也，天策在尾旁，攝提俠大角南門在亢之南，斗杓是爲招搖，當依織女向降婁者也。假恒星識日月之躔逡，恒星蓋二萬五千餘年，右旋一終，古在赤道外者，今迤而入乎赤道內矣。古在赤道內者，今迤而出乎赤道外矣。星之與衡相值也，并古今殊，日發斂一終而成歲，于黃道無差數。冬至起外衡，仍復底外衡，而星則異其所，其爲差數也微，是謂歲差。故歲功終古不忒，而星之見伏昏旦中，隨時爲書以示民，千百年然後一易。周人以斗牽牛爲紀首，命曰星紀。自周而上，日月之行，不起斗牽牛也。然則十有二次之名，蓋周時始定。唐虞冬至，日在虛，玄枵次也。今冬至日在箕初，析木之津也。

三曰周官經土圭之法，測土深正日量以求地中。日南景短，日北景長，取中而得尺有五寸，以是求南北之中；日東景夕，日西景朝，時刻相差比，以是求東西之中。蓋所謂測土深者，以南北言也。聖人南面而聽天下以法天，故南北爲經，東西爲緯，南北爲深爲輪，東西爲廣。表景短長，即南北遠近，必測之而得，故曰測土深。所謂正日景者，以東西言也。地中景正日加午，東方已過午後，而爲景夕，西方尚在午前，而爲景朝。《周髀》立晝夜異處，加四時相及之算，謂地中與東西相距四分圜周之一，則地中午，東方西，西方卯，自卯至午，自午至西，皆四時也。必正其日中之景，以審時之相差，故曰正日景。兼是二者，一爲南北里差，一爲東西里差，測非獨夏至，夏至日中景最短，及其最長，皆以土圭度之。古人用是考黃赤二道，猶漢已降之考北極高下也。土圭之法不惟建王國用之，封國必以度地，以此知某國或日南日北，或日西日東，然後可定各地之分至啓閉。陰陽大論之文曰：地之爲下否乎？地爲人之下，太虛之中者也，馮乎大

氣舉之也。步算家考北極及月食，得地體周七萬二千里，環地之周，戴天曰上，履地曰下。南行近二百里，而北極下一度；北行近二百里，而北極高一度。處乎地者無攲側之患，何也？大氣使然也。晝夜永短，南北以漸而差，南至赤道下，南北極與地適平，晝夜均無永短。北至極下，赤道與地適平如帶，自春分至秋分爲晝，秋分至春分爲夜。凡氣朔之時刻漸西，則氣朔早，漸東則氣朔遲。月過闇虚而虧食，西見食早，東見食遲，此地與天相應之大較也。地之廣輪，隨其方所，皆可假天度測之矣。四曰洪範五紀，一曰歲，二曰月，三曰日，四曰星辰，五曰曆數。分至啓閉，紀于歲者也；朔望朏霸，紀于月者也；永短昏昕，紀于日者也；列星見伏昏旦中，日纏月逡，紀于星辰者也；贏縮經緯，終始相差，紀于曆數者也。紀于歲者，察之日行發斂；紀于月者，察之日月之會交道表裏；紀于日者，察之晝夜刻漏出入里差；紀于星辰者，察之十有二次；紀于曆數者，隨時測驗，積微成著，修正而不失。屈原賦之文曰：圜則九重。九重者自下而上數之。月一，辰星二，太白三，日四，熒惑五，歲星六，填星七，恒星八，有象之高下止于八，并各爲右旋，然則大氣左旋而九。與古之治曆者，考日月之行似授時，表中星以著候，不言五步也。漢以降推測滋繁，于是五步之遲疾留退見伏有稽，天左旋，日月星隨之而左者，晝夜之象也。各爲經緯，是以知日月星皆右旋，右旋者發斂之軌也。日入次二衡而暑盛，出次二衡而暑以漸微，日入次二衡而減夏之暑，增冬之寒，出次二衡反是。是故知日月出入之行，可以知寒暑之所由消息矣。日之贏縮，月之遲疾，五步之益以留退，有規法以知差數，日月五步循之而旋也。漸高則距地遠，而人視之加小；漸下則距地邇，而人視之加大，日月五步之規法，贏縮之故也。一逆一順，自然而成，至動有常之機也。古寫天之器，莫善于璇機玉衡，漢以降，失其傳也久，可徵而復也。爲儀象考識日躔，渾圜而中規之，象赤道。距規四分圜周之一，設其樞，象天極也。爲規載之，曰子午之規。半出于地平，規隨北極高下，以察各方之永短昏昕斜絡，赤道外内爲規，象黄道；距黄道四分圜周之一，是爲南北璇機，璇機者黄道極也。準赤道爲規法，二分之規曰中衡，赤道也。冬至之規曰外衡，夏至之規曰内衡，凡爲衡者五，應一歲之分至啓閉，衡百度，度六之，應晝夜之漏刻，刻七十有二分，以知里差。經歲三百六十有五日不滿四分日之一，以是爲日躔黄道之度分，是故黄道日也，赤道刻也。星儀考識昏旦，中設其樞以象星極，爲游規而載之，以知歲差，規設天極焉。載于子午之規，以周知一歲。婺女爲玄枵之維首，而周分十有二次，以紀日月之躔離，察玉衡以知左旋，察璇機以知右旋，天行之大致舉矣。自五篇以下，文與《句股割圜記》大同，不具。

《迎日推策記》曰：日月之盈縮遲疾，步算家積驗于既往，定爲規法。日躔黄道其高下逆順以成盈縮者，曰左旋之規。中其規屬于黄道，循黄道而右，所謂平行者，此也。凡三百六十五日小餘不及四分日之一，適終其道，謂之經歲。其周曰右旋之規，中其規屬于左旋之規，隨之而左，歲不及一終，積至五十餘年而差及一度。日屬于右旋之規，隨之而右，左旋之規一終，右旋之規恒倍之而再終。四分左旋之規，以爲四限，其下半周之半爲盈初，上半周之半爲縮初，自盈初至盈末日之實體前于平行，自縮初至縮末日之實體後于平行也。月道其高下之規法以生遲疾者，曰左旋之規，中其規屬于月道，循月道而右，凡二十七日近少半日平行終其道。其周曰右旋之規，中其規屬于左旋之規，隨之而左，不及一終而差數生焉。三千二百三十餘日差數之積，滿一周，四分左旋之規以爲四限，其上半周之半爲遲初，下半周之半爲疾初，遲初至遲末，猶日之縮初縮末也。疾初至疾末，猶日之盈初盈末也。屬于右旋之規者，曰附綴之規，其周曰次，右旋之規與左旋之規恒相切也。其周曰次，左旋之規，月距日一度，則次右旋之規，其旋也二度，次左旋之規亦如之。月屬于次左旋之規，朔望恒旋而在下，上下弦恒旋而在上也。二十九日過日之半，而月與日會，是謂朔策。月道交于黄道，自南而北，其交曰正交，于是月逡黄道之北，謂之陰曆。自北而南，其交曰中交，于是月逡黄道之南，謂之陽曆。其入陰曆也，已及六度，中土測之，尚在日南；其入陽曆也，尚差六度，中土測之，已在日南，黄道高于月道故也。月之南北行，以玉衡界黄道而八，古推步法謂之九道八行，其二十七日有奇，而月道一終也。二交不復于其所差而西，凡一度又幾度之半，自外衡以起差數三十交而值次四衡，三十交而值中衡，赤道三十交而值次二衡，三十交而值内衡，三十交而復值次二衡，如是以底于外衡，凡十有八年。過年之半，而八行一終，月道極之環繞黄極也。曰左旋之規，以黄極爲之中，曰月道極所屬之規，中其規屬于左旋之規，隨之而左，十八年過年之半而一終，交道之有差數以此。月道極所屬之規亦左旋，其旋也，一月而再終，朔望月道極近黄極，故月道與黄道相距爲之加邇焉。上下弦月道極遠于黄極，故月道與黄道相距爲之加遠焉。黄道與赤道相距近，較數百年間漸差而近，雖翕闢之節，未昭然明著，其故亦猶是也。填星、歲星、熒惑在日之上爲三重，太白、辰星在日之下爲二重，其規法高下逆順，以成遲疾留退者，

曰左旋之規。中其規各屬于其道，循其道而右其周，曰右旋之規。中其規屬于左旋之規，隨之而左，填星、歲星、熒惑、太白左旋之規一終，右旋之規倍之而再終，辰星左旋之規一終，右旋之規其旋也再倍之而三終，五步之平行，終其道也。填星凡二十有九年幾年之半，歲星幾十有二年，熒惑幾二年，太白二百二十有四日過日之半，辰星過八十有八日，左旋之規，不及一終而差數生焉。星所屬之規，中其規屬于右旋之規。在日上者三星，以日躔相推而遲，故星所屬之規右旋；在日下者星二，以速于日躔，故星所屬之規左旋。星之見伏，環日上下各有定距，成環日之規。在日上者，環日之規類于左旋以就日；在日下者，類于右旋以就日也。自赤道以會于天極，其度閒廣狹殊體，自赤道以視日月五步之道，其升降正斜殊勢，自地周上至恒星，其高下表裏殊觀，環地之周，上應天周，中其圜是爲地體之中。故算之所得，中乎地體，測望所得，周乎地體。而兩者殊數，水土之氣，烝而上浮，日月星之度，閒以舒，下者以升，小者以大，晝夜旦夕，其爲蒙氣殊變盈縮遲疾，至于蒙氣交錯，相差之明著者也。若夫靡今靡古，莫知紀極，譬寸寸度之，至尺則差，銖銖權之。至兩則差，故設器觀象，與法相濟，俾差數未覩者仍之，差數既覩者修而正之，此終始相差之無定者也。明著者立之，法無定者不改于其法，可以治曆矣。

又著《續天文略》三卷，文多不載，載其目：曰星見伏昏旦中，曰列宿十二次，曰星象，曰黄道宿度，曰七衡六閒，曰晷景短長，曰北極高下，曰日月五步規法，曰儀象，曰漏刻。或補《通志》所闕遺，或賡所未及，凡占變推步不與焉。震在四庫館分校天文算法書甚夥，其《海島算經》、《五經算術》二種，則震從《永樂大典》中掇拾殘賸集合而成者。曲阜孔公繼涵以震所校《周髀算經》、《周髀音義》、《九章算術》、《九章音義》、《海島算經》、《孫子算經》、《五曹算經》、《夏侯陽算經》、《張邱建算經》、《五經算術緝古算經》、《數術記遺》，并震所譔《九章算術補圖策算》、《句股割圜記》，合而刻之，即今世所傳《算經十書》也。《戴氏遺書》、《算經十書》。

論曰：九數爲六藝之一，古之小學也。自暴秦焚書，六經道湮，後世言數者，或雜以太一、三式、占候、卦氣之説，由是儒林之實學，下與方技同科，是可慨已。庶常以天文、輿地、聲音、訓詁、數大端，爲治經之一，故所爲步算諸書，類皆以經義潤色，縝密簡要，準古作者。而又罔羅算氏，綴輯遺經，以紹前哲，用遺來學。蓋自有戴氏，天下學者乃不敢輕言算數，而其道始尊，然則戴氏之功又豈在宣城下哉！

盛百二

盛百二，字秦川，浙江秀水人也。乾隆丙子舉人，官山東淄川縣知縣。嘗謂羲和之法，遭秦火而不傳，六天沸騰，莫之所從。自太初以後，踵事增修者七十餘家，至此時御製《律曆淵源》之書出，如披雲見日，使千古術士詭秘之説，至今日而無遁其形，始知大經大法，已略具于《虞書》數語之内，雖有古今中西之殊，而其理莫能外也。因著《尚書釋天》六卷，解《堯典》、《舜典》、《允征》、《洪範》諸節之有關于曆象者，博采諸書而詳疏之。其大要以西法爲宗。《尚書釋天》。

錢塘

錢塘，字學淵，一字禹美，號溉亭，太倉州嘉定縣人也。乾隆四十五年舉江南鄉試，明年成進士，官江寧府學教授。論方圜周徑，言算莫難于算圜，圜周者圜冪之本也。以方容圜，徑同而周異，圜周之有圜冪，若方周之有方冪，故周異而冪亦異。倍其徑者四其冪，則初以爲周者繼以爲冪矣。以方周除圜周而十之，亦即圜之冪也，由是定爲方圜之率，任所得之爲方爲圜，無不可以推知其所未得。而術有古今疏密之不同，古術方周四則圜周三，是冪亦必方四而圜三也。至劉徽注《九章》，推得圜周三一四有奇，而去其餘數，故徽術算冪亦方四而圜三一四也。後人知古術之疏，以徽術爲密，依而用之，雖閒有修改，要不離此率。自予觀之，亦未見其密也。試度取一物之徑，命之爲一，則周且至三一六以上矣。夫古術泥于陽奇陰偶之説，其疏固宜。徽術則本之割圜。割圜之術，有觚有弧矢以算之也。有半徑與弦半徑，常爲大弦，而迭爲句股以求其小弦，半徑爲小弦所截成弧矢，有弧矢則半徑不盡，半徑不盡，則小弦不盡，而割圜之以爲弧者即小弦也，弦直而弧曲，合之以爲周，非其類矣。周之爲物，如環無端，割而爲觚，必且無盡，而割圜不能無盡也，斯則名爲周而實非周也。而又不能無所棄，始之開方以求大股也，可開而至于無盡也。既以其不能盡而棄之，後之開方以求小弦也，亦可開而至于無盡，復以其不能盡而棄之，有所棄則非全數矣。徽之割圜也，止于九十六觚，其于股、于矢、于小弦，固皆曰餘分棄之。是以二尺爲方之圜周，尚以六分半有奇爲小弦。夫以如環之圜，而以六分以上之小弦，九十六之以爲周，謂其與圜合體也，其孰能信之？是故求圜周者可無割圜也，度之亦略近矣。度法求絲毫以下，常無象而不可以名，則有一術焉，更密于度周而可以相代者，曰十倍其徑冪以爲周冪而已。我蓋得之于方，方之徑冪，即圜之徑冪

也，方之周冪，猶圜之周冪也，唯以十六爲十是已。數皆以十成，而權衡獨以十六，即其理也。是故徑冪一，則方周冪十六，而圜周冪十。徑冪十，則方周冪百六十，而圜周冪百。是爲周徑之冪，異位而同名。夫如是，則圜冪至十倍即周爲徑，而十倍其徑以爲周矣，是反覆不衰之術也。舊術周冪不足徑冪之十倍，故反覆之則必衰，衰不衰何足深論！顧如方之容圜有舒促何？容圜無舒促，則無如此術矣。是術也，可不用比例，而得周徑與方圜，不出乎乘除進退以開方而已矣。求周徑者，徑自乘而十乘之，即周之自乘；周自乘而十除之，即徑之自乘。求方圜者，方自乘而十六除之，復十乘之，即圜之自乘；圜自乘而十六乘之，復十除之，即方之自乘。所得皆平方開之也。舊唯周徑有冪，今則方圜之冪又有冪，然皆因數以立術，非爲術以設數也。然則其數幾何？曰：術在數可不言也。以徑一爲例，則徑冪百圜冪千，而方冪之冪十萬，圜冪之冪六千二百五十，是爲徑一則周三一六有奇，而方百者圜七九零也。立圜立方何如？曰：亦不過三一六爲圜則六爲方而已矣。年五十六，卒于江寧官廨。所著有《淮南天文訓補注》三卷。《潛研堂文集》。

論曰：圓周徑率，自劉徽、祖沖之以來，雖小有同異，大要皆徑一周三一四而已。溉亭獨創爲三一六之率，與諸家之説迥殊。余考秦九韶《數學九章》環田三積術，其求周以徑冪進位爲實，開方爲圜周，求積以徑冪，十六約之爲實，開方爲圜積，是九韶亦以三一六爲圜率，與溉亭所創率正同。蓋精思所到，闇合古人也。江寧談教諭泰，今之算學名家，曾作一丈徑木板，以蔑尺量其周，正得三丈一尺六寸奇，以爲溉亭之説，至當不可易也。

李惇

李惇，字成裕，號孝臣，高郵人也。乾隆己亥舉鄉試，庚子成進士。通天文、術算、象數之學，所著有《杜氏長曆補》、《渾天圖説》若干卷，卒年五十一。《焦里堂李孝臣先生傳》。

論曰：孝臣先生與嘉定錢溉亭齊名，于算學深造自得，識者爭推之。乃歿未二十年，其遺書散佚不可復得。昔人云：藏之名山，傳之其人。豈未遇其人耶？著作之傳與不傳，亦有幸有不幸也。

吴烺

吴烺，字楙亭，全椒人也。官中書。通數學，著有《周髀算經圖注》。乾隆戊子，松江沈大成爲之序曰：客有問于余者，西法何自昉乎？曰：《周髀》。何以知其然也？曰：《周髀》者，蓋天也。蓋天之學始立句股。句股者，西人所謂三角也。衡之以爲句，縱之以爲股，衺而引之以爲弦，正而伸之以爲開方。是故并之則爲矩，環之則爲規，圜内容方，方内容圜，則爲冪積弧矢。五寸之矩，可以盡天下之方；一圜之規，可以盡天下之圜。曆家以蓋天不同于渾天，即揚子雲猶疑之。然吾以爲蓋天者渾天之半，渾天者蓋天之全，蓋天者自内而觀之，渾天者自外而觀之。然觀天必先于察地，以太陽之晷景在地也。樹一表而句股之數可得，句股之數得，而高深廣遠無遁形矣。是《周髀》之術也。蓋嘗稽之《考工》，輪人之爲蓋弓也，冶氏之爲戟也，磬氏之爲磬也，匠人之置槷也，有一不出于是者哉？商高之言曰：智出于句，句出于矩，其言可謂簡而要矣。趙爽、甄鸞之徒從而疏解之，榮方、陳子又踵而述之，支離轇轕，如鼷鼠食郊牛之角，愈入愈深，而愈不可出，是故通人無取焉。楙亭精于《九章》，以是經之難明也，寫之以筆，算而繪以圖，皎若列眉，劃然若畫井，昭昭然若揭日月而行，舉千載之難明者，一旦豁于目而洞于心，豈非愉快事哉！《周髀算經圖注》。

褚寅亮

褚寅亮，字搢升，號鶴侣，蘇州府長洲縣人也。乾隆十六年，召試，欽賜舉人内閣中書，官至刑部員外郎。長于算術，與少詹事嘉定錢辛楣大昕友善，少詹作《三統術》，衍校正刊本誤字甚多，其中月相求六扐之數句，六扐當作七扐，推閏餘所在加十得一句，加十當作加七，皆取寅亮説也。所著有《句股廣問》三卷。《錢少詹説》。

論曰：少詹言乾隆辛未壬申間，與鶴侣同寓京師，因共研究算義，往覆辨難者累年。鶴侣心思精鋭，遇史書魯魚，一見便能訂其誤謬，于句股和較相求諸法，尤極精審。惜遺書未經刊行，今不審其存乎否矣。

屈曾發

屈曾發，字省園，蘇州府常熟人也。著《九數通考》十三卷，自序言：己丑之春，得聖祖仁皇帝《御製數理精藴》，伏而讀之，訂古今之同異，集中西之大成，平日之格而不化者，一旦涣然冰釋。惜薄海内外窮儒寒畯，未獲悉覩全書，乃不揣固陋，與曩時所輯重加增改，一折衷于《數理精藴》，學者取而習之，不特古者六藝教人之法，可得其旨趣，即我朝文軌大同，制作明備之休，亦藉以仰窺萬一矣。其書初名《數學精詳》，休寧戴震爲改今名。《九數通考》。

龔淪

龔淪，字長衡，號易槃，蘇州府長洲縣人也。乾隆丙午舉人。嘉定錢少詹大昕主講蘇州紫陽書院，淪因從受數學，時年已五十餘矣。發憤力學，無間寒暑。家貧，書籍不具，從友人家借讀，手自抄撮，密行細字，每歲恒積二尺許。于步算諸法，必究其所以然而後已。讀《海島算經》，謂清淵白石術，其又術于率不通，海島九問，惟此有又術。當是後人竄入，非劉徽本文，李淳風依數推衍，蓋未嘗深思其故也。嘉慶四年五月卒，年六十一。所著《述古適》三卷，乃句股弧矢之法，多以立天元術入算，有前人所未及者，余爲序之。

論曰：龔君，余丙午同年友也。以垂暮之年，究心絶業，是可尚已。耄而好學，昔人所難，況今人乎？余輯《疇人傳》甫竟，聞其下世，乃亟録之，以厲世之爲學者。

厲之鍔

厲之鍔，字寶青，錢塘人。乾隆間嘗游京師，考授天文生。著有《崑緯瑣言》一卷。其書于三角八綫小輪橢圓之説，俱能洞見本原，異于捫燭扣槃以爲智者。又嘗自出巧思，製刻漏壺，鎔錫爲之，運轉自然，晷刻相應，不爽毫髮，觀者莫不歎絶。

清・阮元《疇人傳》卷四四　西洋二附

利瑪竇

利瑪竇，明萬曆時航海到廣東，是爲西法入中國之始。著《乾坤體義》三卷，言地與海而合一球，居天球之中，其度與天相應。但天甚大，其度廣，地甚小，其度狹，差異耳。直行北方者，每二百五十里，北極高一度，南極低一度。直行南方者，每二百五十里，北極低一度，南極高一度。每一度廣二百五十里，則地之東西南北各一周，有九萬里，厚二萬八千六百三十六里零三十六丈，上下四旁，皆生齒所居。予自太西浮海入中國，到晝夜平綫，已見南北二極，皆在平地，略無高低。道轉而南，過大浪峯，已見南極出地三十六度，則大浪峯與中國上下相爲對待，故謂地形圓，而週圍皆生齒者，信然矣。以天勢分山海，自北而南爲五帶，一在晝長晝短二圈之間，其地甚熱，則謂熱帶，近日輪故也。二在北極圈之内，三在南極圈之内，此二處地俱甚冷，則謂寒帶，遠日輪故也。四在北極晝長二圈之間，五在南極晝短二圈之間，此二地皆謂之正帶，不甚冷熱，不遠不近故也。凡北極出地數同，四季寒暑同態，若兩處離中綫，一南一北，四時相反，蓋此之夏，爲彼之冬焉耳。日輪每辰行三十度，兩處相違，三十度差一辰，設差六辰，則兩處晝夜相反。地心至第一重月天，四十八萬二千五百二十二餘里。第二重水星天，九十一萬八千七百五十餘里。第三重金星天，二百四十萬六百八十一餘里。第四重日輪天，一千六百零五萬五千六百九十餘里。第五重火星天，二千七百四十一萬二千一百餘里。第六重木星天，一萬二千六百七十六萬九千五百八十四餘里。第七重土星天，二萬五千七十七萬五百六十四餘里。第八重列宿天，三萬二千二百七十六萬九千八百四十五餘里。第九重宗動天，六萬四千七百三十三萬八千六百九十餘里。此九重相包如葱頭，皮皆堅硬，而日月星辰定在其體，如木節在板。第天體明而無色，則能透光，如琉璃水晶之類，無所礙也。若二十八宿星，其上等每大于地球一百零六倍又六分之一。其二等之各星，大于地球八十九倍又八分之一。其三等之各星，大于地球七十一倍又三分之一。其四等之各星，大于地球五十三倍又十二分之十一。其五等之各星，大于地球三十五倍又八分之一。其六等之各星，大于地球十七倍又十分之一。此六者，皆在第八重天也。土星大于地球九十倍又八分之一，木星大于地球九十四倍又一半分，火星大于地球半倍，日輪大于地球一百六十五倍又八分之三。地球大于金星三十六倍又二十七分之一，大于水星二萬一千九百五十一倍，大于月輪三十八倍又三分之一。又言第一重月天，二十七日三十一刻一周，自西而東，第二重水星天，第三重金星天，第四重日輪天，皆三百六十五日二十三刻一周。自西而東，第五重火星天，一年三百二十一日九十三刻一周。自西而東，第六重木星天，十一年三百一十三日七十刻一周。自西而東，第七重土星天，二十九年一百五十五日二十五刻一周。自西而東，第八重五十二相，即三垣二十八宿天帶，轉動下七重，七千年一周，于春秋分一圈上，自北而東而南而西復回。第九重無星，水晶天帶轉動下八重，四萬九千年一周。自西而東，第十重無星，宗動天帶轉動下九重，一日一周。第十一重永静不動。

又言水、火、土、氣爲四元行，火情至輕，躋于九重天之下。夜間數見空中火似星隕，横直飛流，其誠非星，乃烟氣從地沖騰而至火處著點耳。又言人疑日月大不踰大甕之底而俱等，何以知日大于地，地大于月？借視照法六題易曉者，以破其疑，而後可指三球之大小相比。第一題言物形愈離吾目，愈覺其小。二題言光者照，目者視，惟以直綫。三題言圓尖體之底必爲環，使直切之數節其俱乃環，而環彌離底者彌小，而皆小乎底環者。四題言圓光體者照一般大圓體必明，其半爲影，廣于體者等而無盡。五題言光體大者，照一小圓體，必其大半明，而

其影有盡，益近元體益大。六題言光體小者，照圓體者大，惟照明其小半，而其影益離元體，益大而無盡。徵日大于地，地大于月。由日月食，故先須明二蝕之所以然。朔時月或至黄道，在日之下，便掩其光，而吾不能見日，謂日蝕也。望時月或至黄道，于太陽正對，而地球障隔其光，而不得照之，故月失光，乃地影朦之也。倘月食時，日月全見地平上，必海水影暎，并水土之氣發浮地上，現出月體，此時月影實在地下。此理可試于空盂内置一錢，遠視之不見，令斟水滿之，而宛可見，所見非錢體，乃其影耳。如云日球或小或等于地球，地球之影宜無盡，則必能及火、木、土星并二十八宿而蝕之矣。然未見火、木、土星、二十八宿之蝕，則地球影有盡。既有盡，則日球不可謂或小或等于地球而必大也。然則地球大于月球，何以驗之？曰：地影爲一尖圓體，月球蝕時，全在其尖體之内。而久行其中，則月球之徑，甚小于地球徑也。其圜容較義，言萬形有全體，目視惟一面，即面可以推全體也。面從界顯，界從綫結，總曰邊綫。邊綫之最少者爲三邊形，多者四邊、五邊，乃至千百萬億邊，不可數盡也。三邊形等度者，其容積固大于三邊形，不等度者四邊亦然。而四邊形容積恒大于三邊形，多邊形容積恒大于少邊形。恒以周綫相等者驗之，邊之多者莫如渾圜之體，渾圜者多邊等邊，試以周天度剖之，則三百六十等邊也。又剖度爲分，則二萬一千六百等邊也，乃至秒忽毫釐不可勝算。凡形愈多，邊則愈大，故造物者天也，象天者圜也。圜無不容，無不容故爲天。試論其概。凡兩形外周等，則多邊形容積恒大于少邊形容積。凡同周四直角形，其等邊者所容大于不等邊者。凡同周四角形，其等邊等角者，所容大于不等邊等角者。

又立五界説及諸形十八論。第一界等周形，二界有法形，三界求形心，四界求形面，五界求形體。第一論凡諸三角形，從底綫中分作垂綫，與頂齊高，以中分綫及高綫作矩内直角方形，必與三角所容等。二題論凡有法六角等形，自中心到其一邊之半徑綫，作直角形綫，其半徑綫及以形之半周綫，舒作直綫，爲矩内直角長方形，亦與有法形所容等。三題論凡有法直綫形，與直角三邊形，并設直角形，傍二綫一長一短。其短綫與有法形半徑綫等，其長綫與有法形周綫等，則有法形與三邊形正等。四題論凡圜取半徑綫及半周綫，作矩内直角形，其體等。五題論凡直角三邊形，任將一鋭角于對邊作一直綫分之，其對邊綫之全與近直角之分之比例，大于全鋭角與所分内鋭角之比例。六題論凡直綫有法形數端，但周相等者，多邊形必大于少邊形。七題論有三角形其邊不等，于一邊之上，另作兩邊等三角形，與先形等周。八題論有三角形二等周等底，其一兩邊等，其一兩邊不等，其等邊所容，必多于不等邊所容。九題論相似直角三邊形，并對直角之兩弦綫爲一直綫，以作直角方形。又以兩相當之直綫四，并二直綫，各作直角方形，其容等。十題論有三角二其底不等，而腰等，求于兩底上另作相似三角形二而等周，其兩腰各自相等。十一題論有大小兩底，令作相似平腰三角形相并，其所容必大于不相似之兩三角形并。其底同，其周同，又四腰俱同。而不相似形并，必小于相似形并。十二題論同形其邊數相等，而等角等邊者，大于不等角等邊者。十三題論凡同周形，惟圜形者大于衆直綫形有法者。十四題論鋭觚全形所容，與鋭頂至邊垂綫，及三分底之一矩内直角立形等。十五題論平面不拘幾邊，其全體可容渾圓切形者，設直角立形，其底得本形三之一，其高得圜半徑即相等。十六題論圜半徑，及圜面三之一，作直角立方形，以較圜之所容等。十七題論圜形與平面他形之容圜者，其周同，其容積圜爲大。十八題論凡渾圜形與圜外圜角形等周者，渾圜形必大于圜角形。時李之藻、徐光啓等皆師之，盡得其學，各有著述。三十八年卒。《乾坤體義》。

論曰：自利瑪竇入中國，西人接踵而至，其于天學皆有所得，采而用之，此禮失求野之義也。而徐光啓至謂利氏爲今日之羲和，是何其言之妄而敢耶？天文算數之學，吾中土講明而切究者，代不乏人。自明季空談性命，不務實學，而此業遂微，臺官步勘天道，疎闊彌甚。于是西人起而乘其衰，不得不矯然自異矣。然則但可云明之算家不如泰西，不得云古人皆不如泰西也。我國家右文尊道，六藝昌明。若吴江王氏、宣城梅氏，皆精于數學，實能盡得西法之長，而匡所不逮。至休寧戴東原先生發明《五曹》、《孫子》等經，而古算學明矣。嘉定錢竹汀先生著《廿二史考異》，詳論三統四分以來諸家之術，而古推步學又明矣。學者苟能綜二千年來相傳之步算諸書，一一取而研究之，則知吾中土之法之精微深妙，有非西人所能及者。彼不讀古書，謬云西法勝于中法，是蓋但知西法而已，安知所謂古法哉？

熊三拔

熊三拔，明萬曆壬子入中國，著《簡平儀説》一卷。言簡平儀用二盤，下層方面，名爲下盤，亦名天盤。上層圓面，半虚半實者名爲上盤，亦名地盤。下盤安軸處爲地心，其過心横綫名曰極綫，極綫之左界爲北極，右界爲南極。其過心直綫，與極綫作十字交羅者，名爲赤道綫。盤周之最内一圈，名爲周天圈。赤道綫

左右各六直綫漸次疏密者，名爲二十四節氣綫。即以赤道綫爲春分爲秋分，次左一，曰清明，曰白露。次左二，曰穀雨，曰處暑。次左三，曰立夏，曰立秋。次左四，曰小滿，曰大暑。次左五，曰芒種，曰小暑。次左六，曰夏至。此爲日行赤道北諸節氣綫也。次右一，曰驚蟄，曰寒露。次右二，曰雨水，曰霜降。次右三，曰立春，曰立冬。次右四，曰大寒，曰小雪。次右五，曰小寒，曰大雪。次右六，曰冬至。此爲日行赤道南諸節氣綫也。若儀體小者，左右各三綫，則以一宮爲一綫。若儀體大者，左右各十八綫，則以一候爲一綫也。從赤道綫上取心，以冬夏二至綫爲界，上下各作半圈者，名爲黄道圈。用半圈周平分十二者，是黄道半周，天度十五度爲一分。若儀體大者分三十六，則五度爲一分也。極綫之上下并周天圈，分各十二曲綫。漸次疏密者，名爲十二時刻綫。即以極綫爲卯正初刻，酉正初刻，次上一爲卯正，二爲酉初，二每綫二刻，依時列之。次上十二，即周天圈，分爲午正初刻也。次下一爲酉正，二卯初，二每綫二刻，依時列之。至次下十二，即周天圈分，爲子正初刻也。若儀體小者，上下各六綫，則以四刻爲一綫。儀體大者，上下各二十四綫，則以二刻爲一綫。更大者上下各七十二綫，則以五分爲一綫也。周天圈以赤道綫極綫分爲四圈分，每圈分分九十度，爲周天象限。四象限共三百六十，爲周天度數。上盤中央安軸處，爲盤心。盤中過心横綫，在半虚半實之界，名爲地平綫。其過心直綫與地平綫作十字交羅者，名爲天頂綫，上盤之圈周，亦以地平天頂綫，分爲四圈分，每圈分分九十度，爲周天象限。四象限共三百六十，爲周天度數。上盤半虚處，左右相望作針孔，貫以絲繩，與地平綫平行。不論多寡，皆名爲日晷綫。上盤地平綫下，横布疏密度數，是依天頂綫作平行直綫。上應周天度分者，名爲直應度分。上盤軸心，施一綫下垂，綫末繫墜，令旋轉加于上盤周天度分者，名爲垂綫。若以銅爲權，下重末鋭，令其末旋轉加周者，名爲垂權，與垂綫同用。下盤之上方，横作一直綫，與極綫平行者，名爲日景綫。綫之兩端，截去綫之上方寸許，不盡綫半寸許，又截去綫之下方半寸許。令版之左右上角，各爲方柱。柱端與日景綫平行者，名爲表。其用法凡十三。第一，隨時隨地，測日軌高幾何度分。以上盤地平綫加于下盤南北極綫，次任用下盤一表以承日。令表端景加于日景綫，次視垂綫所加上盤圈周度分，即目下日軌高于地平度分。第二，隨節氣求日躔黄道距赤道幾何度分。日日約行一度，視本日去春秋分幾何日，即循兩黄道圈，各檢取去赤道綫幾何度爲兩界，用直綫隱兩界上，循直綫視所當周天圈度分，即所求。第三，隨地隨日，測午正初刻，及日軌高幾何度分。約日將中時，用第一法，測日軌高幾何度分。少頃，復依法累測之，日昃而止。次檢日軌最高度分，爲本地本日午正初刻日軌高。若立表隨所測作綫，即得子午綫。第四，隨地測南北極出入地幾何度分。依第三法，測得本地午正初刻日軌高幾何度分。次依第二法，求本日日躔距赤道幾何度分。次視日躔赤道南北算之，若日躔赤道南，則以距度加高度，得赤道至地平之高。以赤道高減周天象限度，即得赤道離天頂度，亦即本極出地度，對極入地度。日躔赤道北，則以距度減高度，得赤道至地平之高。如法算之，若春秋分日正躔赤道，即無距度。其日軌高，即赤道至地平之高，如法算之，地在赤道南北并同。其有日軌距赤道，天頂居中，日中有倒景者，即倒測日軌高。以高度并距度，減去周天象度，即得赤道離天頂度。地在赤道南北并同。第五，隨地隨節氣，求晝夜刻各幾何。以上盤地平綫，加于下盤本地南北極出入地度數，視地平綫，加本日節氣綫上，得地平綫以上幾何刻，即晝刻，以下所餘刻，即夜刻。第六，隨地隨節氣，求日出入時刻。依第五法，上下盤相加，視地平綫，加某時刻分，即得日出入時刻。第七，論三殊域晝夜寒暑之變。依第五法，上下盤相加，視地平綫以上時刻即晝，以下即夜。赤道之下，日行天頂皆夏，日行南北皆冬。第八，隨地隨節氣，求日出入之廣幾何。依第五法，上下盤相加，視地平綫下直應度分，值本日節氣綫得幾度，即所求。第九，隨地隨節氣用極出入度，求午正初刻日軌高幾何度分。依第五法，上下盤相加。從地平綫所加，起算歷周天度分，數至本節氣上得幾何度分，即所求。第十，日晷依第一法，測得目下日軌高幾何度。次依第五法，上下盤相加。次依日晷綫所值日高度分，平行視本日節氣綫所值刻綫，即目下時刻。若日晷綫不值日高度分，即别用一直綫。依日高度分，與日晷綫平行取之。若不用日晷綫，即以日高度分之半弦爲度，與天頂綫平行。一界抵地平，一界抵日高度分，依地平綫平行取之。第十一，隨地隨節氣，求日交天頂綫在何時刻。依第五法，上下盤相加。視天頂綫加某時刻，即所求。第十二，論地爲圜體，用地平綫天頂綫，加于下盤周天度數，展轉推論，可證地圜之義。第十三，論各地分表景不同。用上盤地平綫天頂綫，展轉加于下盤周天度數，可推立表取景隨地不同。若赤道之下南北極，各與地平，其地有三種景。若南北極各出地初度以上，至未及二十三度半强者，其地有四種景。正當二十三度半强者，亦有三種景。若二十三度半强以上至九十度者，其地有二種景。若在九十度左右者，則有無窮景。

又《表度説》一卷，言術家有渾天儀，有平儀，有正方案，以測七政星辰高下之分，以察日至之景，以審日月方位，因而隨時隨地可用測驗日輪高下度分及午正初刻也。有法于此，任意立表取景，以表景度分，得日高度分，甚爲簡便。第欲明表景之義，先須論日輪週行之理，及日輪大于地球之比例。二論爲説甚長，俱有全書。今特舉要，略作五題焉。第一題，日輪周天上向天頂，下向地平。其轉于地面俱平行，故地體之景亦平行。第二題，地球在天之中。第三題，地球小于日輪。從日輪視地球，止于一點。第四題，地本圜體。第五題，表端爲圜心。凡立表取景，必于兩平面之上，求得兩種景。其一，立表平面上，與地平爲直角，其所得景直景也，如山岳、樓屋、樹木等景在平地者是。其一，倒景者，横表之景也，如向日有牆，于其平面横立一表，與地平爲平行者是。立表取景，以表之度分，量此二種景，可得其短長。以短長之度數，可得日軌離地平分秒。又量得一種景，推算可得別種。但須先得二景之比例，及表與二景相求之法，乃悉其立法所由。今引説數條，推明指義如左。其一曰：日軌出地平，從一度至九十度漸升，上就天頂。既過一象限，從九十度漸入地平，下離天頂。故表景因日上下而得消長。日上，直景消倒景長；日下，倒景消直景長，皆至午正而復。其二曰：倒景與日景之比例表，與二景之比例，皆在日輪出入上下度分也。令立二表相等，取兩種景，日出地平，則倒景表無景，其端正對日光故也。而直景之表，有無窮景，無數可量，其景與地平平行故也。其三曰：日軌既出地平，漸向天頂而上，至高四十五度，此半象分内二景，一消一長。直景漸消，故大于表，倒景漸長，故小于表。日過四十五而上，直景亦消，而小于表。倒景亦長，而亦大于表。其四曰：日軌高四十五度爲半象限，即二景亦相遇，其長皆與表等。其五曰：日軌至天頂高九十度，此即直景，表無景，兩倒景之表，有無窮景。其六曰：日出地與日高九十度，二景之理既同，即一度，至其間相反相對者，理并同也。試如日高二度，直景得長，倒景得短。日高八十九度，倒景得長，直景得短。則日高二度之直景，八十八度之倒景，其長同也，其短反是。以至日高三、四、五度，二景短長，與日高八十七、八十六、八十五度，并同也。假如立二表相等，各十二平分之，日高五度，直景之長爲表之一百三十七度，即日高八十五度，倒景之長亦爲表之一百三十七度。日高五度，倒景之短爲表之一度日高八十五度，直景之短亦爲表之一度。二景一消一長，相反相對，無有不合。故用日高度分，表景短長，法立布算，自初度至九十度，每十分求得直景表之度分，反之，即倒景表之度分。列爲圖，推一得二，致爲簡便也。

凡立表取景，先定表長。以表之長，任意平分爲若干度，今分表爲十二平分，以十二平分之一爲度，每度更六十平分之，共得七百二十分。凡立表必作垂綫于平面，而與爲直角法，以表之位爲心，從心作一圈，次三平分圈界作三點，立表于圈心，用規從界之一點，量至表端爲度。用此度量第二、三點，皆至表端，則表正矣。用法：第一，隨地隨時測日軌高幾何度分法，立表取景，得景長爲表之幾何度，檢圖得所求。第二，隨地隨時測午正初刻，測本日日軌最高度分，及定方面正法。依上法立表取景，視表景消極長初，即得午正初刻。依法量其長，即得本日日軌最高度分。又自表位至景末作綫，即得本地子午綫。依子午作垂綫，即天元卯酉爲定方面之正法。第三，隨地隨日測南北極出入地幾何度分。依第二法，立表測得本地午正初刻日晷高幾何度分，次求本日日躔距赤道幾何度分，次視日躔赤道南北算之。若日躔赤道南，則以距度加高度，得赤道至地平之高。以赤道高減周天象限度，即得赤道離天頂度，亦即北極出地度。日躔赤道北，則以距度減高度，如法算之，亦得北極出地度分。第四，隨地測節氣定日。此法先用各距赤道幾何度分，及本地北極度分。故具例如左：春分、秋分，無距度分。清明、寒露、驚蟄、白露，距赤道六度十九分。穀雨、霜降、雨水、處暑，十一度半。立夏、立秋、立春、立冬，十六度四十分。小滿、小雪、大暑、大寒，二十度十二分。芒種、大雪、小暑、小寒，二十二度四十六分。夏至、冬至二十三度半强。春分後，日軌入赤道北加。秋分後，日軌入赤道南減。北京北極出地四十强，南京三十二半，山東三十七，山西三十八，陝西三十六，河南三十五，浙江三十，江西二十九，湖廣三十一，四川二十九，廣東二十三，福建二十六，廣西二十五，雲南二十二，貴州二十四。自春分至秋分，加其距度分于赤道高度分。秋分至春分，減其距度分于赤道高度分，得各節氣高于地平度分。以其高于地平度分，依法測表景長短，得各節氣本日。第五，依表之度分物景之長，得物之高。依第一法，量得日高四十五度。此際物在地平之景，與其物之高等。若日高四十五度以下，物景多于物之高，減其多得物之高。若日在四十五度以上，景短于物，當用加法得物之高。第六，日晷。日晷凡數百種，其理甚廣。今止就用景而造者，略説一二。表景與日躔平行，日出地而上，或過午而下。每行三十度得一時，表景亦然。一長一消，俱有定度。因其定度，則可定時。又日之升降于地平，隨地各異，表景之長，亦隨地各異。求各處各節氣每時每刻日軌高度分，具

簡平儀説造圓柱晷，法用堅木或銅，作圜體如柱，任意大小長短，其圜必中規，而上下等，次于兩端之圈界，各十三平分之。依所分各界，兩兩相對。作直綫，俱平行，各綫與柱體亦平行。柱體之周爲十三直綫，皆平行相等。每綫直二節氣。惟夏、冬二至，各得一綫，名爲二十四節氣綫。即任取一綫爲冬至。次右二，曰小寒、大雪。右三，曰大寒、小雪。右四，曰立春、立冬。右五，曰雨水、霜降。右六，曰驚蟄、寒露。右七，曰春分、秋分。右八，曰清明、白露。右九，曰穀雨、處暑。右十，曰立夏、立秋。右十一，曰小滿、大暑。右十二，曰芒種、小暑。右十三，曰夏至。次作表，表長短無定度，約柱之長短，而定其度。既得其度，依前分表法十二平分之爲表度，每度六十平分之，凡七百二十分。依圖視節氣每時刻表景長短幾何度分，而移之柱晷之節氣本綫，即得各時刻。晷之上端爲樞，表體之長，伸其度長，爲空于餘表，而入之樞。令表之度，皆在晷體之外，用時視本日爲幾，某節氣第幾日，轉表加于晷端界。第幾日上次轉晷承日景，令表景與節氣綫平行，視表末所至得時刻。造方晷以倒景，其法同也。其節氣綫以分黄道法爲疎密度，略見《簡平儀説》。用直景造圜晷及方晷，其法并同。又《泰西水法》六卷，有製龍尾、恒升、玉衡車諸法，一皆本于句股。西洋之學有關民用者，莫切于此。《簡平儀説》、《表度説》、《泰西水法》。

論曰：揆日爲推步之要務，簡平儀表度之用于測日爲特詳。梅徵君謂中西算法，并以日躔爲主，是也。《水法》龍尾、恒升、玉衡車諸製，非究極算理者不能作。而龍尾一車，尤于水旱有補裨之功。戴庶常震所以贏旋車之記也。長洲沈君培深于此學，因屬指授工人造一具，目驗之，得水多而用力省，推而行之，足以利民生矣。

艾儒略

艾儒略，萬曆時入中國，著《幾何法要》四卷，即《幾何原本》求作綫面諸法，而較《幾何原本》爲詳。《新法算書》。

龐迪我　龍華民

龐迪我、龍華民，皆萬曆時入中國。周子愚、李之藻、徐光啓等先後薦修新法。《明史·曆志》、《新法算書》。

陽瑪諾

陽瑪諾，明萬曆乙卯入中國，著《天問略》一卷。其論天有幾重，及七政本位，言敝國術家設十二重天，其形皆圓，各安本所，各層相包，如裹葱頭，日、月、五星，列宿在其體内，如木節在板，一定不移，各因本天之動而動。第一重月輪天，第二重水星天，第三重金星天，第四重日輪天，第五重火星天，第六重木星天，第七重土星天，第八重五十二相，即三垣二十八宿天，第九重東西歲差，第十重南北歲差，第十一重無星宗動天，第十二重永静不動。其論日天本動，及日距赤道度分，言赤道則第十一重宗動天之中分也，黄道則第四重日天之中分也。日天本動，自西而東，北南二極，離宗動天。赤道之極二十三度半，黄道以南以北，離赤道二十三度半，爲冬、夏至。黄道以東以西，與赤道相交，爲春、秋分。又言太陽平行，一日一度，自春分至秋分，宜行半周天，自秋分至春分亦然。今其不然，何也？曰：七政各有本天，所麗各有異動。然其本天之中心，不與地之中心同一心，故其行轉于地體之面一周，自非可謂平行也。其論日蝕，言日食非日失其光，乃月掩其光也。月天在日天之下，朔時月輪正過日輪之下，故掩其光，若有失之。又言日食非各處共有之，或一處見食，别處見光；或一處全食，别處半食，皆目隨地異也。試觀居房内者，房中有燭以照四方，若于東方有掩光者，必坐東者不見其光，而坐南、北、西方者得光也。各方如是，與食同理也。若月食則所缺分秒，萬人萬目，同作是觀，别無同異，與日不同。其論晝夜時刻，隨北極出地各有長短。言北極出地，即夏至晝長夜短，冬至晝短夜長，南極出地反是。南北二極與地平，則其地晝夜恒平。南北爲緯，東西爲經，各一周三百六十度。人在地面，凡居經度一帶之内者，其晝夜長短同，其日入出及晝夜時刻則異，此同緯者也。若緯度之異者，其晝夜長短各異矣。其論月體爲第一重天，及月本動，言太陰最近于地，吾徵之日食，由于月掩其光，且恒見月體能掩水與金星，則月天必居其下。依表景之理，亦可徵也。立表取景，日體高于地平五十度，月輪亦高于地平五十度。然而所得日景則短，月景則長也。日輪恒行黄道一路，月輪之路非一，乃出入黄道五度，其相交處謂之龍頭龍尾。月本動自西而東，每日約行十三度有奇。朔時日月同度，至第三日及第四日，即見月輪在日輪之東。非月行最疾，何能如是？其論月食，言地球懸于十二重天之中央，如雞卵黄在青之中央，故日由西照地，則必有景射東，照東必有景射西。夫日輪恒在黄道上，若遇望日，而月輪亦在黄道上，與日正對望，則地球障隔日月之間，月輪必入地景之内，太陽不能照之，故失光而食矣；漸出地景之外，太陽能照之，則漸復原光，因知月食悉由于地景也。《天問略》。

論曰：陽瑪諾《天問略》與利瑪竇《乾坤體義》大旨相同。蓋其學出于一

原，故其議論亦相似也。自橢圓地動之説起，乃愈出而愈奇矣。

鄧玉函

鄧玉函，字函璞，明萬曆時入中國。崇禎二年七月，徐光啓薦舉同修術法，翻譯諸術表，草稿八卷。次年四月卒。著有《奇器圖説》三卷。西洋謂之力藝之學，謂天地生物，有數、有度、有重，數爲算法，度爲測量，重即此力藝之學，凡器物之微，須先有度、有數。因度而生測量，因數而生計算，因測量計算而有比例，因比例而後可以窮物之理，理得而後可解此奇器。第一卷論重之本體，以明立法之所以然，凡六十一條。第二卷論各色器具之法，凡九十二條。第三卷起重十一圖，引重四圖，轉重二圖，取水九圖，轉磨十五圖，解木四圖，解石、轉碓、書架、水、日晷、代耕各一圖，水銃四圖。凡三卷。諸論圖説，皆引取《乾坤體義》、《幾何原本》及《句股法義》諸書，與南懷仁《靈臺儀象志》互相發明。《新法算書》、《奇器圖説》。

論曰：奇器之作，專恃諸輪，蓋輪爲圓體，惟圓故動，數輪相觸，則能自行。西人以機巧相尚，殫精畢慮于此，故所爲自行諸器，千奇萬狀，迥非西域諸國所能及，于此可見人心之靈。日用日出，雖小道必有可觀，彼無所用心者，當知自愧矣。

羅雅谷

羅雅谷，字聞韶，明天啓末年入中國，寓河南開封府。崇禎三年五月，督修新法。徐光啓奏請訪用，七月赴局供事。雅谷在局譯譔書，經奏進者十一種，曰《月離曆指》、《月離表》、《五緯總論》、《日躔增五星圖》、《日躔表》、《火木土二百恒年表》，并《周歲時刻表》、《五緯曆指》、《五緯用法》、《夜中測時》。又著《籌算》一卷，言算數之學，大者晝野經天，小者米鹽淩雜。凡有形質度數之物與事，靡不藉爲用焉。且從事此道者，步步蹠實，非如談空説玄，可欺人以口舌；明明布列，非如握槊奪標，可欺人以强力；層層積累，非如繇旬刹那，可欺人以荒誕也。而爲術最繁，不有簡法濟之，即窮年不能殫，惡暇更工它學哉？敝國以書算其來遠矣，乃人之記函弱而心力柔，厭與昏每乘之，多有畏難而中輟者。後賢別立巧法，易之以籌。余爲譯之，簡便數倍，以是好學者皆喜，以爲此術之津梁也。傳不云不有博弈者乎？爲之猶賢乎已。是書稍賢于博弈，然旅人入來未見它有論著。以此先之，不亦末乎？復自哂曰：「小道可觀，聊爲之佐一籌而已。」九年三月卒。《新法算書》。

論曰：九執術言天竺算法，用九箇字乘除，一舉札而成。後回回亦以土盤寫算，蓋西域舊法皆用筆算也。筆之變而爲籌，猶中土之易算子爲珠盤，然用籌仍須以筆加減，固不如筆算之爲便矣。

清・阮元《疇人傳》卷四五　西洋三附

湯若望

湯若望，字道未，明崇禎二年入中國。時禮部奏請開局修改曆法，次年五月徵若望供事曆局。徐光啓、李天經前後所進《交食曆指》、《交食表》、《交食表用法》、《交食蒙求》、《古今交食考》、《恒星出没表》諸書，及《恒星屏障》，皆若望所作也。國朝順治二年六月，若望上言：「臣于明崇禎年間曾用西洋新法，製測量日月星晷，定時考驗諸器，近遭賊燬，臣擬另製進呈。今先將本年八月初一日日食，照新法推步京師所見日食分秒，并起復方位圖象，與各省所見不同之數，開列呈覽。」及期大學士馮銓同若望赴臺測驗，與所算密合，有旨行用新法。七月，禮部言欽天監改用新法，推註已成，請易新名頒行。和碩睿親王言：「宜名時憲，昭朝廷憲天乂民至意。」奉旨以《時憲書》頒行天下。若望又言：「敬授人時，全以節氣交宫，與太陽出入晝夜時刻爲重。今節氣之日時刻分，與太陽出入晝夜刻分，俱照道里遠近推算，請刊入《時憲書》。」奏入，允其請。十一月，以若望掌欽天監事。時若望疏言：「臣等按新法推算月食時刻分秒，復定每年進呈書目，重複者删去，以免混淆。」得旨：「欽天監印信，著湯若望掌管。所屬官員，嗣後一切占候選擇悉聽舉行。」累加太僕太常寺卿，勅錫通微教師。

十四年四月，回回科秋官正吴明炟疏言：「若望所推七政書，水星二、八月皆伏不見。今水星于二月二十九日仍見東方，八月二十四日又夕見。」又言若望舛謬三事，一漏紫炁，一顛倒觜、參，一顛倒羅、計。命内大臣等公同測驗，水星實不見。議明炟詐妄之罪，援赦得免。康熙四年，徽州新安衛官生楊光先上言若望新法十謬，及選擇不用正五行之誤。下王大臣等集議。若望及所屬各員俱罷黜治罪。于是廢西法，仍用大統。至康熙九年，復用新法。

其術以天聰戊辰爲元，分周天爲三百六十度。太陽一日平行五十九分八秒一十九微四十九纖三十六芒，最高一年行四十五秒。戊辰年平行距冬至五十三分三十五秒三十九微，最高衝距冬至五度五十九分五十九秒。太陰一日平行一十三度一十分三十五秒一微，自行一十三度三分五十三秒五十六微。正交行三分一十秒，月孛行六分四十一秒。戊辰年平行距冬至六宫一度五十分五十四秒

四十六微，自行距冬至六宮二十五度三十二分一十五秒三十四微。正交行距冬至一宮一十四秒，月孛行距冬至一十一宮六度一十九分。土星諸行應平行距冬至爲十一宮十八度五十一分五十一秒。本年最高行距冬至爲九宮八度五十七分五十九秒，平行距最高即引數，爲二宮九度五十三分五十二秒。正交行距冬至爲六宮七度九分八秒，一平年平行爲十二度十三分三十一秒，最高行一分二十秒十二微。以最高行減平行，得十二度十二分十五秒，乃一年之引數也。一閏年平行爲十二度十五分三十五秒，引數爲十二度十四分十五秒，正交行一年爲四十二秒。木星諸行應平行距冬至爲八宮二十八度八分三十一秒，本天最高行爲十一宮二十七度十一分十五秒，平行距最高即引數爲九宮初度五十七分十六秒，正交行爲六宮二十度四十一分五十二秒。一平年距冬至平行爲一宮零度二十分三十二秒，最高行爲五十七秒五十二微。兩數相減，得一宮零度十九分三十四秒，乃一平年之引數。其一閏年距冬至平行爲一宮零度二十五分三十一秒，引數爲一宮二十四分三十三秒。正交行一年爲一十四秒，火星諸行應平行距冬至爲五宮四度五十四分二十秒。本天最高在七宮二十九度三十分四十秒，平行距最高即引數爲九宮五度二十三分五十秒。正交行爲三宮十七度二分二十九秒，一平年距冬至平行爲六宮十一度十七分一十秒，最高行一分十四秒。兩數相減，得六宮十一度十五分五十五秒。一閏年距冬至平行爲六宮十一度四十八分三十六秒，引數爲六宮十一度四十七分二十一秒，正交行一年爲五十三秒。金星諸行應平行距冬至與太陽同度，爲初宮初度五十三分三十五秒三十九微，平行距最高即引數爲六宮零度五十六分五十五秒。伏見行從極遠處起爲初宮九度十一分七秒，最高行在六宮零度十六分六秒。一平年距冬至爲十一宮二十九度四十五分四十秒三十八微，自行引數爲十一宮二十九度四十四分十七秒。伏見行爲七宮十五度一分五十秒，最高行爲一分二十一秒。一閏年距冬至及自行加五十九分八秒，伏見行加三度六分二十四秒，乃一日之行也。金星正交在最高前十六度，即五宮十四度十六分，其行極微，故未定其率，然于最高行不大差。水星諸行應平行距冬至與太陽同度，平行距最高即引數爲二十九度二十分二秒。伏見行從極遠處起爲三宮二十九度五十四分一十六秒，最高在十一宮零度五十二分四十二秒。一平年距冬至亦與太陽同度，自行引數爲十一宮二十九度四十三分五十一秒，伏見行滿三周外有一宮二十三度五十七分二十六秒。一閏年引數爲十二宮零度四十二分五十九秒，伏見行全周外爲一宮二十七度三分五十二秒。正交行或曰與最高同度難測，故不敢定。然或非與最高同，亦必不遠。

若望所定《新法算書》總一百卷。《緣起》八卷、《大測》二卷、《測天約說》二卷、《測日略》二卷、《曆學小辯》一卷、《渾天儀說》五卷、《比例規解》一卷、《籌算》一卷、《遠鏡說》一卷、《日躔曆指》一卷、《日躔表》二卷、《高赤正球》一卷、《月離曆指》四卷、《月離表》四卷、《五緯曆指》九卷、《五緯表說》一卷、《五緯表》十卷、《恒星曆指》三卷、《恒星表》二卷、《恒星經緯圖說》一卷、《恒星出没表》二卷、《交食曆指》七卷、《古今交食考》一卷、《交食》九卷、《八綫表》二卷、《幾何要法》四卷、《測景全義》十卷、《新法曆引》一卷、《曆法西傳》一卷、《新法表異》二卷。其《曆法西傳》、《新法表異》二書，則入本朝後所作也。

若望論《新法》大要凡四十二事。一曰天地經緯。言天有經緯，地亦有之，地形實圓。大約二百五十里當天之一度，經緯皆然。二曰諸曜異天。言諸曜各天，高卑相距遠甚，舊曆認爲同心，爲誤非小。三曰圓心不同。言太陽本圈與地不同心，二心相距，古今不等。四曰蒙氣有差。言地中有游氣上騰，能映小爲大，升卑爲高，地勢不等，氣勢亦不等。若非先定本地之蒙氣差，終難密合。五曰測算異古。言古法測天惟以句股，新法測天以弧三角形，算以割圓八綫表。是爲以圓齊圓，遇直遇斜，無往不合。六曰測算皆以黄道。言日行黄道，月五星皆出入黄道內外，曆家測天用赤道儀，所得經度尚非本曜在天之宮次。新法就所得，通以黄赤通率表，乃與天行密合。七曰改定諸應。言七政平行起算之端，悉從天聰二年戊辰前冬至後己卯日子正爲始。八曰節氣求真。言舊法平節氣，非天上真節氣，新法悉皆改定。九曰盈縮真限。言歲實生于日躔，由日輪之轂，漸近地心，其數浸消，往曆强欲齊之，古今不相通矣。授時創立消長，此說爲近。而據算測天，則又未合者，須知日有最高、最卑二點，上古在二至前，今世在二至後六度有奇，乃真盈縮之限。授時從二至起算，如此歲實安得齊也？今用授時消分爲平歲，更以最高卑差加減之，爲定歲。十曰表測二分。言舊以圭表測冬至，非法之善也。新法用春秋二分較二至爲最密。十一曰太陽出入及晨昏限。大統曆自永樂後造自燕都，乃猶從江南起算，與天違甚。新法從京都起算，而諸方各有加減。十二曰晝夜不等。言一歲行度日日不等，其差較一刻有奇。新法獨明，其故有二：一緣黄道夏遲冬疾，差四分餘；一緣黄、赤二道廣狹不同距，則率度必不同分也。十三曰改定時刻。言晝夜定爲九十六刻，于推算甚便。十

四曰置閏不同。言舊法置閏用平節氣，非也。新法用太陽所躔天度之定節氣，與舊不同。十五曰太陰加減。言朔望止一加減，餘日另有二三均數，多寡不等。十六曰月行高卑遲疾。言月行轉周之上，最高極遲，最卑極疾，五星準此。十七曰朔後西見。言朔後月見遲疾，甚有差至三日者，新法獨明。其故有三：一因自行度遲疾，一因黄道升降斜正，一因白道在緯南緯北。十八曰交行加減。言月在交上，以平求之，必不相合，因設一加減爲交行均數。十九曰月緯距度。言舊法黄、白二道相距五度，不知朔望外尚有損益。其至大之距，五度三分之一。二十曰交食有無。言距交近則其度狹，小于兩半徑，故食；距交遠則其度廣，月與景遇而不相涉，何食之有？然此論交前後也。又當論交左右太陰與黄道之緯度相距幾何度分，月食則以距度較月與景兩半徑并，日食則以距度較日月兩半徑并，而距度爲小則食，若大則不食。二十一曰日月食限不同。言月食則太陰與地景相遇，兩周相切，以其兩視半徑，較白道距黄道度，又以距度推交周度定食限。若日食，則雖太陽與太陰相遇，兩周相切，而其兩視半徑，未可遂以之定兩道之距度，爲有視差，故必加入視差而後得距度。二十二曰日月食分異同。言距度在月食爲太陰心實距地景之心，愈近食分愈多，愈遠食分愈少。在日食爲日月兩心之距，距近食多，距遠食少，與月食同，但日食不據實距，而據視距。二十三曰實會中會。以地心爲主，言會者，以地心所出直綫上至黄道者爲主，而日月五星兩居此綫之上，則實會也。若月與五星各居其本輪之周，地心所出綫上，至黄道，而兩本輪之心俱當此綫之上，則爲中會。二十四曰視會以地面爲主。言視會新法所創也。日食有天上之實食，有人所見之視食，其食分之有無多寡，兩各不同，其推算視食，則依人目與地面爲準。二十五曰黄道九十度爲東西差之中限。言地半徑三差恒垂向下，高卑差以天頂爲宗，南北差以黄道極爲宗，東西差則黄道上弧也。故論天頂則高卑差爲正下，南北差爲斜下，而東西差獨中限之一綫爲正下，以外皆斜下。論黄道則南北差爲股，東西差恒爲句，高卑差恒爲弦。至中限，則股、弦爲一綫無句矣。所謂中限者，黄道出地平東西各九十度之限也。二十六曰三視差。言視會即實會者，惟天頂一點爲然，過此則有三種視差。其法以地半徑爲一邊，以太陰、太陽各距地之遠爲一邊，以二曜高度爲一邊，成三角形。用以得高卑差，一也；又偏南而變緯度得南北差，二也；以黄道九十度限偏左、偏右而變經度得東西差，三也。二十七曰外三差。言東西南北高卑之差皆生于地徑，外三差不生于地徑而生于氣，一曰清蒙氣差，二曰清蒙徑差，三曰本輪徑差。此振古未聞，近始得之。二十八曰虧復不一。言日食虧復時刻，非二時折半之説，新法以視行推變時刻，則虧復時刻不一之故了然矣。二十九曰交食異算。言諸方各以地經推算交會時刻及日食分。三十曰日食變差。言據法因食而實不見食，必此日此地之南北差變爲東西差，故此亦千百年偶遇一二次，非常有者也。三十一曰推前驗後。言新法諸表，遠溯唐虞，下沿萬禩，開卷瞭然，不費功力。三十二曰五星準日。言推算五星皆以太陽爲準。舊法于合伏日數時多時寡，徒以段目定之，故不免有差，新法改正。三十三曰伏見密合。言五星伏見，舊法惟用黄道距度，非也。須知五星有緯南、緯北之分，黄道又有斜正升降之勢，各宫不同，所以加減各異，新法改正。三十四曰五星緯度。言太陰本道斜交黄道，因生距度與陰陽二曆，五星亦然，故其兩交亦曰正交、中交，其在南、在北亦曰陰陽二曆，新法一一詳求，舊未能也。三十五曰金、水伏見。言金星或合太陽而不伏，水星離太陽而不見，用渾儀一測便見，非舊法所能知也。三十六曰五星測法。言測五星須用恒星爲準。三十七曰恒星東移。言恒星以黄道極爲極，故各宿距星時近赤極，亦或時遠赤極，此由二道各極不同，非距星有異行或易位也。三十八曰繪星大備。言舊法繪星，僅依河南見界，新法周天皆有，不但全備中國見界而已。又新法定恒星大小有六等之别，前此未聞。三十九曰天漢破疑。言天漢昔稱雲漢，疑爲白氣者，新法測以遠鏡，始知是無算小星攢聚成形，即積尸氣等亦然。四十曰四餘删改。言羅睺即白道之正交，計都即中交，月孛乃月所行極高之點，至紫炁一餘無數可定，明係後人附會，今俱改删。四十一曰測器大備。言近代靈臺所存惟有圭表、景符、簡儀、渾象等器，頗不足用。新法增置者，曰象限儀、百游儀、地平儀、弩儀、天環、天球、紀限儀、渾蓋簡平儀、黄赤全儀、日星等晷。而所製遠鏡，更爲窺天要具，此西洋近時新增，百年前未有也。四十二曰日晷備用。言單論求時則晷爲最準，新法創斯晷，隨處可用，無拘垣壁正側，咸可製造。其稱最者，則地平晷、三晷、百游晷、通光晷，他若柱晷、瓦晷、碗晷、十字晷等，不啻數十種。此外更有星晷及測月之晷，以爲夜中測時之需云。十七年，若望卒。《新法算書》、《欽定四庫全書總目》。

論曰：明季君臣以大統寖疏，開局修正，既知新法之密，而訖未施行。聖朝定鼎，以其法造《時憲書》，頒行天下。彼十餘年間，辯論、翻譯之勞，若預以備我朝之采用者，斯亦奇矣。夫歐羅巴，極西之小國也；若望，小國之陪臣也，而其術誠驗于天，即録而用之。我國家聖聖相傳，用人行政惟求其是，而不先設成

心，即是一端，可以仰見如天之度量矣。若望以四十二事表西法之異，證中術之疏，由是習于西説者，咸謂西人之學非中土之所能及。然元嘗博觀史志，綜覽天文算術家言，而知新法亦集合古今之長而爲之，非彼中人所能獨創也。如地爲圓體，則《曾子十篇》中已言之。太陽高卑，與《考靈曜》地有四游之説合。蒙氣有差，即姜岌地有游氣之論。諸曜異天，即郄萌不附天體之説。凡此之等，安知非出于中國，如借根方之本爲東來法乎？蓋步算之道，必後勝于前，有故可求，則修改易善。古法之所以疏者，漢、魏之術糞合圖讖，唐、宋之術拘泥演譔，天事微眇，而徒欲以算術綴之，無惑乎其術之未久輒差也。至授時去積年日法不用，一一憑諸實測，其于天道已能漸近自然，然則由授時而加精，不得不密于前代矣。彼西人者幸值其時耳，使生于授時以前，則其術必不能如今日之密。唐之九執，元之萬年可證也。且西術之密，亦密于今耳，必不能將來永用無復差忒。小輪之法，旋改橢圓，可見也。世有郭守敬其人，誠能偏通古今推下之法，親驗七政運行之故，精益求精，期于至當，則其造詣當必有出于西人之上者。使必曰西學非中土所能及，則我大清億萬年頒朔之法，必當問之于歐邏巴乎？此必不然也。精算之士，當知所自立矣。

南懷仁

南懷仁，字勳卿，一字敦伯，康熙初年入中國。是時吴明烜、楊光先等以舊法點竄遞更，强天從人，儀器倒用，以致天道勿協。康熙七年十二月，命大臣召懷仁與監官質辯，越明年正月丁酉，諸大臣同赴觀象臺測驗立春、雨水、太陰、火星、木星。懷仁預推度數與所測皆符，明烜所指不實。大臣等請將康熙九年《時憲書》交南懷仁推算，從之，遂以懷仁爲監副。是年八月，因舊製儀器有差，疏請改造，并呈式樣。部照南懷仁所指速造，十二年儀成。擢懷仁爲監正。

其儀凡六。一曰黄道經緯儀。儀之圈有四，圈各分四象限，限各九十度。其外大圈恒定而不移者，名天元子午規。外徑六尺，規面厚一寸三分，側面寬二寸五分。規之下半，夾入于雲座仰載之，半圓，前後正直。子午上直天頂，從天頂北下，數五十度定北極，從天頂南下，數一百三十度定南極，此赤道極也。次爲過極至圈，圈平分處，各以鋼樞貫于赤道之南北極。又依黄赤大距度，于過極至圈上，定黄道之南北極。距黄極九十度，安黄道經圈，與過極至圈十字相交，各陷其中以相入。令兩圈合爲一體，旋轉相從，經圈之兩側面，一爲十二宫，一爲二十四節氣。其兩交處，一當冬至，一當夏至，至此第三圈也。第四爲黄道緯圈，則以鋼樞貫于黄極焉。圈之徑爲圓軸，圍三寸，軸之中心立圓柱爲緯表，與緯圈側面成直角。而經圈緯圈上各設遊表儀，頂更設銅絲爲垂綫。全儀以雙龍擎之，復爲交梁，以立龍足。梁之四端，各承以獅，仍置螺柱以取平。一曰赤道經緯儀。儀有三圈。外大圈者天元子午規也。以一龍南向而負之，規之分度定極，皆與黄道儀同。去極九十度，安赤道經圈，與子午規十字相交，恒定不動。經圈之内規面及上側面，皆鋟二十四時各四刻。外規面分三百六十度，内安赤道緯圈，以南北極爲樞，而可東西遊轉，與經圈内規面相切。緯圈徑亦爲圓軸，軸中心亦立圓柱，以及遊表、垂綫、交梁、螺柱等法，皆同黄道儀。一曰地平經儀。儀止用一圈，即地平圈，全徑六尺，其平面寬二寸五分，厚一寸二分。分四象限，限各九十度。以四龍立于交梁以承之，四端各施取平之螺柱，而梁之交處則安立柱，高與地平圈等，適當地平圈之中心。又于地平圈上東西各立一柱，約高四尺。柱各一龍，盤旋而上，從柱端各伸一爪，互捧圓珠。下有立軸，其形扁方，空其中如牕櫺，以安直綫。軸之上端入于珠，下端入立柱，中心令可旋轉。而軸中之綫，恒爲天頂之垂綫焉。又爲長方横表，長如地平圈，全徑厚一寸，寬一寸五分。中心開方孔管，于立軸下端便隨立軸旋轉，復刻其兩端令鋭，以指地平圈之度分，又自兩端各出一綫，而上會于立軸中直綫之頂，成兩三角形。凡測一星，則旋轉遊表，使三綫與所測之星參相直，乃視表端所指，即其星之地平經度也。一曰地平緯儀。即象限，蓋取全圈四分之一以測高度者也。其弧九十度，其兩邊皆圓，半徑六尺，兩半徑交處爲儀心。儀架東西立柱，各以二龍拱之，上架横梁，又立中柱，上管于横梁令可轉動。儀安柱上，儀心上指儀之兩邊，一與中柱平行，一與横梁平行。又于儀心立短圓柱以爲表，又加窺衡，長與半徑等。上端安于儀心，刻其下端，以指弧面度分，更安表耳于衡端。欲測某物，乃以窺衡上下遊移，從表耳縫中窺圓柱，令與所測之物相參直，其衡端所指度分即其物之高度也。一曰紀限儀。紀限儀者，全圓六分之一也。其弧面爲六十度，一弧一幹，幹長六尺，即全圓之半徑。弧之寬二寸五分，幹之左右細雲糾縵纏連，蓋藉之以固全儀者也。幹之上端有小横，與幹成十字，儀心與衡兩端皆立圓柱爲表。而弧面設遊表三。承儀之臺約高四尺，中直立柱，以繫儀之重心，則左右旋轉高低斜側，無所不可，故又名百遊儀焉。一曰天體儀。儀爲圓球，徑六尺，面布黄赤經緯度分及宫次，星宿羅列，宛然穹象，故以「天體」名之。中貫鋼軸，露其兩端，以屬于子午規之南北極，令可轉運。座高四尺七寸，座上爲地平

圈，寬八寸，當子午處各爲闕，以入子午規，闕之度與子午規之寬厚等。則兩圈十字相交，内規面恰平，而左右上下環抱平儀。周圍皆空五分，以便高弧遊表進退。又安時盤于子午規外，徑二尺，分二十四時。以北極爲心，其指時刻之表亦定于北極，令能隨天轉移，又能自轉焉。座下復設機輪運轉子午規，使北極隨各方出地度升降，則各方天象隱現之限皆可究觀，尤爲精妙。六儀相須爲用，凡礙于彼者，又有此以通之，所以并行而不悖也。乃繪圖立説，次爲一十六卷，名曰《新製靈臺儀象志》。

其書首論推測七政之行，諸星相離遠近之數，并詳製器法度，輕重堅固之理，表裏精粗，互相發明。其言地平儀之用，測日或測星，須于地平圈内旋轉中心表，向于本點，而令横表上所立句股形之兩綫正對之。蓋句股兩綫，如股與弦或句與弦，并人目、本星，四者相參直，則横表之度指所在，即本星地平之經度分也。或從東西，或從南北，起而數之皆可。若當日光照灼，難用目視，則于白紙上以句股形兩綫相參直之影爲準。若日色淡時，則可用目視之。然人之目與太陽正對，亦必射目，須用五彩玻璃鏡以窺之。若夜間測星，不拘何器，必以兩籠炬之光，照近遠兩綫兩表。所謂近遠者，即于測星之目爲近遠也。其炬光須對照表端，而不可以對照測星之目。試將籠炬糊其半，而不使之透明于其後，則人在籠炬之後，于隱暗之地，而目所見，凡光照之物更爲明顯也。象限儀之用，凡測日或測星，轉儀向天，低昂窺衡，以取參直，即得地平之緯度。凡轉動儀時，若其背面之垂綫，或有不對于原定之處，則其偏内或偏外若干分秒，必須與其所測得之緯度，或加或減分秒若干。蓋儀偏于内則用減，偏于外則用加也。夫地平而分爲經緯兩儀者，以便于用而窺測爲準故也。其便于用者，蓋謂兩人同時分測，乃并向于一點，以轉動而互用之，則赤道經緯度可推也。并夫日月五星之視差，及地半徑差、清蒙氣差等，無不可推也。紀限儀之用，其測法先定所測之二星爲何星，乃順其正斜之勢，以儀面對之，而扶之以滑車。一人從衡端之耳表，窺中心柱表及第一星，務令目與表與星相參直，又一人從游耳表向中心柱表，窺第二星法亦如之。次視兩耳表間弧上之距度分，即兩星之距度分也。若兩星相距太近，難容兩人并測，則另加定耳表，于中綫或左或右之十度，一人從所定表向同邊之柱表窺第一星，又一人從游表向中心表窺第二星，其定表至游表之指綫度分若干，即兩星相距度分若干也。赤道儀之用，可以知時刻，亦可以測經緯度分。若測時刻，則赤道經圈上用時刻游表，即通光耳，而對之于南北軸表。蓋經圈内游表所指，即本時刻分秒也。若經度用兩通光耳，即兩徑表在赤道經圈上一定一游，一人從定耳窺南北軸表，與第一星相參測之，一人以游耳轉移遷就，而窺本軸表，與第二星相參直。如兩耳間于經圈外之度分，即兩星之經度差也。用加減法即得某星之經度矣。緯度亦以通光耳于緯圈上轉移而遷就焉。若測向北之緯度，即設耳于赤道之南，測向南之緯度，即設耳于赤道之北。務欲其準，與夫在本軸中心小表，令目與表與所測之星相參直，次視本耳下緯圈之度分，在赤道之或南或北若干度分，即本星之距赤道南北之度也。若本星在赤道密近，難以軸中心表對之，則用負圈角表，定于緯圈之第十度上。在赤道或南或北，次以通光游表對之。蓋游表距相對之十度若干度分之數，則減其半，即爲某星之緯度分也。黄道儀之用，欲求某星之黄道經緯度，須一人于黄道圈上，查先所得某星之黄道經緯度分。其上加游表，而過南北軸中柱表，對星定儀，又一人用游表于緯圈上過柱表，對所測之星，游移取直，則緯圈上游表之指綫，定某星之緯度，又定儀查黄道圈兩表相距之度分，即某星之經度差。若本星在黄道密近，難以軸中心表對之，則用負圈角表，而測其緯度，其法與測赤道緯法同。

十七年八月，預推七政交食表成。表爲湯若望所推，懷仁續成之者。凡三十二卷，名曰《康熙永年表》。二十一年八月，懷仁奉命至盛京測北極高度，較京師高二度，别爲推算日月交食表，名《九十度表》。懷仁言曆之爲學也，其理其法，必有先後之序，漸以及焉，故由易可以及難，由淺可以入深，未有略形器而可驟語夫精微之理者也。如《幾何原本》諸書，爲曆學萬理之所從出，然其初要自一點一綫一平面之解，及其至也，窮高極遠，而天地莫能外焉。又製垂球，鍊銅爲球，以綫繫之，數其往來之數，準定時刻，可以測日月之徑，候星辰之行。所著又有《坤輿圖説》二卷、《西方要記》一卷、《不得已辨》一卷、《别本坤輿外紀》一卷。《欽定大清會典》、《靈臺儀象志》、《操縵卮言》。

論曰：懷仁謂推步之學，未有略形器而可驟語精微者，斯言固不爲無見也。西人熟于幾何，故所製儀象極爲精審。蓋儀象精審則測量真確，測量真確則推步密合。西法之有驗于天，實儀象有以先之也。不此之求，而徒騖乎鍾律、卦氣之説，宜爲彼之所竊笑哉！

紀利安

紀利安，一作紀理安，欽天監官。康熙五十四年奉命製地平經緯儀，合地平、象限二儀而爲一。其製平置地平圈外，徑五尺，闊七寸七分，周圍刻四象限

度，下設四柱，以圓座承之。地平圈之中心，倒安螺柱，上出立軸，東西安立柱，高一丈一尺。上結曲梁，正中開孔，以容立軸之上端。中間安象限儀，圓心在下半徑六尺，弧闊二寸七分，背面結于立軸以運之。圓心安遊表，長八尺，本設横耳，末設横柱，以備仰窺。凡測諸曜，將象限儀推轉，又將遊表仰昂，今與諸曜參直，則横半徑所指即地平經度，遊表所指即地平緯度，是一測而經緯悉得矣。《欽定大清會典》、《四庫全書總目》、《操縵卮言》。

穆尼閣

穆尼閣，順治中寄寓江寧。喜與人談算術，而不招人入會，在彼教中號爲篤實君子。青州薛鳳祚嘗從之游，所譯新西法，曰《天步真原》。以西漢哀帝永壽四年庚申爲元，以三百六十五日二十三刻三分四十五秒爲歲實，以兩心差測春秋分有加減。黄赤大距有行分，用月距日行以求太陰經度，其五星行度俱用通弦立算。其算恒星，因壁宿一星離黄經四度者爲主，各星皆距此日行。其論日月食，言交常度有南北之不同，正中交有東西之南限，與《新法算書》互有同異。其所傳比例數表，以加減代乘除，折半代開方，則前此西人所未言者。《天步真原》。

論曰：穆尼閣《新西法》，與湯、羅諸人所説互異。當時既未行用，而薛鳳祚所譯，又言之不詳，以故知其術者絶少。安得好事重爲翻譯，俾談西學者知小輪橢圓之外，復有此一術也。

清・阮元《疇人傳》卷四六　西洋四附

戴進賢　徐懋德

戴進賢，官欽天監監正。雍正時，奉命修《日躔》、《月離》二表。乾隆二年，詔與監副徐懋德增補《表解圖説》。語見《顧琮傳》。《御定考成後編》。

又　蔣友仁

蔣友仁，乾隆二三十年間入中國，進《增補坤輿全圖》及新製渾天儀。奉旨翻譯《圖説》，命內閣學士兼禮部侍郎何國宗、右春坊右贊善兼翰林院檢討錢大昕爲之詳加潤色。其《坤輿全圖説》，言天體渾圓，地居天中，其體亦渾圓也。地圓如球，今畫大地全圖，作兩圈界，以象上下兩半球，合之即成全球矣。大地之經緯度，各分三百六十，與天度相應，而以天上相應之處名之。如圖之上下頂衝兩點，與天之南北兩極應者，亦名南北兩極。横綫平分南北爲兩半，與天上赤道應者，亦名赤道餘綫。倣此經綫，以赤道爲主，平分赤道爲三百六十度。每度各作一橢圓之弧，上會于北極，下會于南極，以象地周三百六十經度，此綫即爲各處之子午綫。緯綫以子午綫爲主，平分子午綫爲三百六十度，每度各作一圈，惟赤道爲大圈，漸遠赤道，則漸小。至南北二極，則合爲一點，以象地球，南北各九十距等圈，是爲緯度。

其論測量地周新程，言凡圓形有二，一爲平圓，一爲橢圓。設經圈爲平圓，則分全圓三百六十度，其容積皆等。自古天文家但論地爲圓形，未察此圓形何類。今西士以新製儀器，屢加推測，則疑地球大圈，未必是平圓形。而其度所容之遠近，亦未必相等。以故拂郎濟亞國王特遣精通數術之士，分往各國，按法細測南北各度所容之里數。自近赤道者，自近北極者，自居北極赤道之中者，凡三處，測其高度之容。近赤道則狹，漸離赤道則漸寬，由此推得地球大圈之圓形不等。止赤道爲平圓，而經圈皆爲橢圓。地球長徑過赤道短徑過兩極，短徑與長徑之比例，若二百六十五與二百六十六。設如修地球或坤輿圖者，命過赤道徑二尺六寸六分，則過極徑止二尺六寸五分。然斯差微小，而于修地球或地圖，或可不論也。按京師營造尺，一里得一百八十丈，而新法測得赤道各度一百九十二里十七丈二尺一九五八。若此數以三百六十乘之，則得赤道周圍六萬九千一百三十四里七十八丈九尺七。經圈上之初度一百九十度一百十八丈三尺，第四十度一百九十一里九十五丈四尺，第九十度一百九十二里一百四十六丈八尺，總合經圈上諸度之里數，則得經圈周圍六萬九千零二十四里一百零二丈七尺。

其論七曜序次，言自古天文家推七政躔離行度，其法詳矣。西士殫其聰明，各自推算，乃創想宇宙諸曜之序次，各成一家之論。今姑取其緊要四宗，以齊七曜之運動而已。第一，多禄畝論地爲六合之中心，地周圍太陰、水、金，太陽、火、木、土，及恒星，各有本輪，俱爲實體，不相通而相切。本輪之外，又有均輪，七政各行于均輪之界，而均輪之心，又行于本輪之界。然此論不足以明七政運行之諸理。今人無從之者。第二，第谷論地爲六合之中心，地周圍太陰、太陽及恒星，各有本輪，隨地旋轉。水、金、火、木、土五曜之本輪，則以太陽爲心。而本輪之上，俱有均輪。第三，瑪爾象論地爲六合之中心，不距本所。而每日旋轉一周，于南北兩極，地周圍太陰、太陽及恒星，旋轉太陽周圍水、金、火、木、土之輪。以上三家雖有可取，然皆不如歌白尼之密。第四，歌白尼置太陽于宇宙中心，太陽最近者水星，次金星，次地，次火星，次木星，次土星，太陰之本輪繞地球。土星旁有五小星繞之，木星旁有四小星繞之，各有本輪繞本星而行。距斯諸輪最

遠者乃爲恒星，天常静不動。按歌白尼叙諸曜之次，蓋本于尼色達之論，而歌白尼特闡明之，繼之者有刻白爾、奈端、噶西尼、辣喀爾、肋莫尼，皆主其説。今西士精求天文者，并以歌白尼所論序次，推算諸曜之運動。歌白尼論諸曜，以太陽静地球動爲主。人初聞此論，輒驚爲異説，蓋止恃目證之故。今以理明之。如人自地視太陽、太陰，謂其兩徑相等，而大不過五六寸。若以法推，則知太陽之徑，百倍大于地球之徑。而太陰之徑，止爲地球徑四分之一也。人自地視太陽，似太陽動而地球静。今設地球動太陽静，于推算既密合，而于理亦屬無礙。試舉一二端以驗其理。其一曰：人在地面，視諸曜之行，皆環繞地球。而地似常静不動，究不可以爲地静而諸曜動之據也。譬如舟平浮海，舟中之人見舟中諸物，遠近彼此恒等，則不覺舟行。而視海岸山島及舟以外諸物，時近時遠，時左時右，則反疑其運動矣。今地球及地周圍之氣，一無阻礙，運動均勻，人在地面上，視周圍諸物之遠近恒等，則不能覺地之運行。而視地球外之諸曜，見其時上時下，時左時右，則謂諸曜繞地球而旋行。其二曰：雖設地動而太陽静，自地視之，必似太陽動而地静。然以斯二者推太陽出入地平之度，其數必相等。如太陽西行繞地，太陽在卯，則見太陽出地平。太陽自卯向午則漸升，自午向西則漸降。太陽至酉，見太陽入地平，太陽行地平之下，自西過子，復至卯，又出地平，此太陽動而地静之説也。今設太陽常静不動，而地球左行。自東往西，旋轉于本心，則視太陽似升降出入于地平，與前無異。其三曰：太陽本爲光體，月、水、金、火、木、土六曜，皆爲暗體，借太陽之光以爲光，與地球相似。設有人在太陰及他曜面上，則其視地球，亦如地面上之視太陰，有時晦，有時光滿，有時爲上下弦。此理凡通天文者皆知之。今六曜既皆似地球，豈有六曜及太陽循環地球，而獨地球安静之理乎？不如設太陽于宇宙中心，而地球及其餘游曜，皆旋繞太陽，以借太陽之光，斯論不亦便捷乎？又言水、金、地、火、木、土六曜之本輪，旋繞乎太陽，太陰之本輪，旋繞乎地球，而土、木二星，又各有小星之本輪繞之。然太陽、地球、土、木非爲各本輪之中心，而微在其一偏，其相距之數名爲兩心差。歌白尼將此諸輪作不同心之圈，而刻白爾細察游曜之固然。證此諸輪皆爲橢圓，橢圓有大小二徑，并有三心，即中心及兩偏心。若知大小兩徑之比例，或兩心差，則可畫橢圓之式。又言水、金、地、太陰、火、木、土，并木、土周圍九小星，皆有兩運動，一循行其本輪，一旋轉于本心。太陽雖無本輪，亦如他游曜旋轉于本心。既設地球之兩運動，若地球于本心，每日東行一周，則諸曜在地周圍。似每日西行一周，地西行一年一周輪，則太陽似東行一年一周天。

其論恒星，言恒星在天，終古常静不動。自地視之，似有兩種運動，皆因地球旋轉之故。每九十五刻十一分四秒，恒星似西行一周，蓋此時地球于南北兩極之軸，東行一周故也。每七十二年，恒星與黄道南北兩極，似東行約一度，蓋此時地球兩極之軸漸轉，微偏約一度也。七政體之大小，及距地之遠近，天文家皆能測知其實數，惟恒星不然。因其距地最遠，雖細加測量，僅知其大小遠近不等而已。又恒星本各有光，其中多有較太陽更大者。恒星距地最遠，故地球并地球本輪之徑，自恒星天視之，僅如微點。地球行本輪之時，其南北二極，恒向于天之南北二極，在地雖相距有遠近，以應恒星天之兩極，常若無二。

其論諸曜徑各不同，言天文家測量七政遠近大小不等。取規于地球半徑，若測量土、木旁九小星，取規于本星之徑，既知地徑之里數，由此可推知他曜遠近大小之里數。地徑二萬八千六百五十里，徑較于地徑，日一百倍，水三分之一，金等，月四分之一强，火五分之一，木十倍强，土十倍弱。取規于地半徑，水距日最遠一萬零二百七十四，最近六千七百五十四。金距日最遠一萬六千零六十，最近一萬五千七百九十六。地距日最遠二萬二千三百七十四，最近二萬一千六百二十六。月距地最遠六十二，最近五十四。火距日最遠三萬六千六百三十八，最近三萬零四百二十六。木距日最遠十一萬九千九百，最近十萬八千九百。土距日最遠二十二萬一千八百七十，最近十九萬七千八百零四。旋轉于本心，日二十五日四十八刻，金九十三刻五分，地九十五刻十一分四秒，月二十七日，火一日三刻十分，木三十九刻十一分。循行一周輪，水八十七日九十三刻七分，金二百二十四日六十七刻三分二十秒，地三百六十五日二十三刻三分五十七秒，月二十七日三十刻十三分五秒，火六百八十六日九十四刻零三十秒，木四千三百三十二日四十八刻，土一萬零七百五十九日三十二刻。自地視徑：日三十二分五秒，水七秒十五微，金一分十七秒三十微，月二十八分四十六秒，火八秒六微，木三十七秒十五微，土十六秒。自日視徑：水二十一秒，金三十秒，地二十五秒，火十二秒，木三十七秒，土十六秒。橢圓之比例：水長徑七千七百四十二，短徑七千五百七十，兩心差八百一十；金長徑一萬四千四百七十二，短徑一萬四千四百七十一，兩心差五十二；地長徑二萬，短徑一萬九千九百九十七，兩心差一百六十八；火長徑三萬零四百七十四，短徑三萬零三百四十二，兩心差一千四百一十五；木長徑十萬零四千零二十，短徑十萬零三千八百九十

九，兩心差二萬五千零五十一；土長徑十九萬零七百五十八，短徑十九萬零四百四十八，兩心差五萬四千二百九十八。

其論春夏秋冬，言歌白尼論春夏秋冬四季之輪流，亦由地運動而所生，地球所循之本輪相應于渾天之黄道。地兩極之軸，斜行于黄道之軸，而地赤道斜行于本輪，各二十三度半，是爲黄赤距緯。地循本輪，其軸恒斜，而其極恒向天之兩極。設地球之與太陽應者，在赤道北二十三度半，此處見太陽于天頂。此時地旋轉于本心，則見太陽于夏至圈，繞地左行，北方之晝長，南方之晝短。夏至後第八日，爲太陽最高之時，因此時地距太陽最遠故也。地循本輪與太陽應者，漸近赤道，太陽正當地之赤道，此時地旋轉于本心，則見太陽于赤道圈旋行，而晝夜適平。秋分後地球與太陽應者，漸距赤道向南，在赤道南二十三度半，此時地旋轉于本心，則見太陽于冬至圈，繞地左行。冬至後第八日，是爲太陽最卑之時，因此時地距太陽最近故也。地循本輪與太陽應者，漸近赤道，則見太陽于赤道圈旋行。地行本輪一周，人從地面視之，則見太陽于黄道上循行一周而爲一歲也。太陽之視徑大小，太陽之視行盈縮，隨時不等，皆自地兩運動而生。

其論太陽，言太陽之光雖大，其面上每有黑點，或一或二，或三四不定。其點初小漸長，然後漸消，以至于盡。黑點或多且大，則能減太陽之光。此點特在太陽之面，究不審其何物，然視其自此往彼，每以二十五日半復歸于原所，則知太陽二十五日半旋轉于本心一周。太陽每一日似西行繞地一周，每一歲似東行一周。然此兩動，非太陽之實動，乃由地球旋轉于本輪而生。

其論太陰，言太陰及五星之體皆無光，借太陽之光以爲光。若以望遠鏡望太陰之面，則見其黑暗之處，似山林湖海，及地面上所有之物。太陽之光，照太陰之面，其點皆生黑影。于太陽正對處，測其所生之影，則知太陰面上之山，其高過于地面上之山也。太陰面上黑點，各有定所，天文家各以名命之，以爲考驗東西經度之用。設如太陰食而入地影，或地影相切于太陰面上某黑點，雖無先後，然其虧復各分限時刻，各處俱不等。若知兩處時刻相差幾何，即知兩處東西經度相距幾何。如人在京師，觀月食初虧，及地影相切于某黑點，在子初二刻三分。又有人在伊犂觀月食初虧，及地影相切于某黑點，在亥初一刻二分。兩處時差爲兩小時一刻一分，以每時行度之率推之，得三十四度，即伊犂距京師西之經度。

其論五星，言水、金、火、木、土之體，與地球相似。其向日之半球恒明，背日之半球恒暗。金、水二星，自地視之，有朔望上下兩弦，順合如月之望，退合如月之朔，東西大距，如月之上下弦。但人以目視之，不覺其變，若以望遠鏡窺之，可得金星朔望兩弦之象。惟水星距太陽最近，其體又微小，故難以分耳。土、木、火三星，自地常視其光面。獨火星距地九十度時，自地視其光面稍背，似月望前後兩日，因火星距地近故也。土星旁有五小星，各有本輪，繞土星而行，如金水二輪之圍繞太陽。各小星行之遲疾，隨其輪之大小不等。第一星行一日八十五刻，第二星行兩日七十刻，第三星行四日四十九刻，第四星行十五日九十刻，第五星行七十九日三十一刻，俱循本輪一周。木星旁有四小星，各有本輪繞木星而行。第一星行一日七十三刻，第二星行三日五十二刻，第三星行七日十四刻，第四星行十六日六十六刻，俱循本輪一周。土、木兩星既全爲暗體，必于太陽相對之處生影，其周圍諸小星之體亦無光，光借于日，故入本星之影則食。木星旁四小星，以遠鏡望之易見，又其食最繁，每日或一或二，可視其出入本星之影，故用此以定各處之經度，與月食同理。又以遠鏡望土星之體，有一光圈，似渾天儀之地平。此圈隨時變更，未審其爲何物。按歌白尼所定諸曜次第，五星皆如地球，繞日順行于橢圓形之本輪。其行一周之遲速不等，由其距日遠近而生。水星距日最近，故其循本輪最速，八十八日而一周。土星距日最遠，故其循本輪最遲，計二十九年零一百五十五日而一周。太陽在五星諸輪之一偏心，凡各星相等之時，所循本輪弧之面積亦相等。設自太陽視之，諸星雖遲速不等，而皆爲順行，若自地視之，則見其有留退等變。然此變非諸星之變，乃自地本輪半徑差所生也。其變有二類，由星輪在地輪内外不同之故，各有圖詳之。

其論客星，言《明史》曰：「客星者，言其非常有之星，殆諸異星之總名。若客星不發光芒，則曰客星；若發光芒，則曰孛彗長。」今按客星之體，非地氣上升，亦并非妖瑞之兆。第如諸恒星及游星之體，其行于天上也，亦如游星行于本輪。客星之本輪爲橢圓形，太陽在其一偏心。客星距地遠，故自地不見，距地近，故自地可見。相等之時，其所行本輪弧之面積皆相等。星行本輪之弧愈大，而行愈速，又橢圓之長徑愈長，則其行一周愈遲。故客星或五六十年止行一周，止見一次。古今懼客星爲災，因未明其實理耳。兹千百餘年來，已測得五六客星再見之準策，日後屢測諸客星之見，庶可得其一定之數，并隱見之諸策也。友仁明水法，在養心殿造辦處行走。《地球圖説》

論曰：古推步家齊七政之運行，于日躔曰盈縮，于月離曰遲疾，于五星曰

順留伏逆，而不言其所以盈縮、遲疾、順留伏逆之故。良以天道淵微，非人力所能窺測。故但言其所當然，而不復强求其所以然，此古人立言之慎也。自歐邏向化遠來，譯其步天之術，于是有本輪、均輪、次輪之算。此蓋假設形象，以明均數之加減而已。而無識之徒，以其能言盈縮、遲疾、順留伏逆之所以然，遂誤認蒼蒼者天。果有如是諸輪者，斯真大惑矣。乃未幾而向所謂諸輪者，又易爲橢圓面積之術，且以爲地球動而太陽静，是西人亦不能堅守其前説也。夫第假象以明算理，則謂爲橢圓面積可，謂爲地球動而太陽静，亦何所不可？然其爲説至于上下易位，動静倒置，則離經畔道，不可爲訓，固未有若是甚焉者也。地谷至今才百餘年，而其法屢變如此，自是而後，必更有于此數端之外，逞其私知，創爲悠謬之論者，吾不知其伊于何底也。夫如是而曰西人之言天，能明其所以然，則何如曰盈縮，曰遲疾，曰順留伏逆，但言其當然，而不言其所以然者之終古無弊哉？

清・羅士琳《疇人傳續編》 清補遺四

明安圖 子明新

明安圖，字静庵。蒙古正白旗生員，官欽天監監正。受數學于聖祖仁皇帝，故其所學精奥異人，曾預修《御定考成後編》、《御定儀象考成》。因西士杜德美用連比例演周徑密率及求正弦正矢之法，知其深藏而不可不求甚解，積思三十餘年，著《割圜密率捷法》四卷。

一曰步法，于杜氏三法外，補創弧背求通弦求矢法，仍杜氏原法，但通加一四除耳。又弦矢求弧背，并通弦矢求弧背六法，合杜氏法，共成九術。其弦求弧背者，以弦爲連比例二率，半徑爲一率，求得三、四、六、八、十諸率。以一、三、五、七、九之五數各自乘，爲屢次乘數，二、三、四、五、六、七、八、九相挨，兩兩相乘，爲屢次除數，即用二率爲第一得數。復置四率以第一乘數乘之，第一除數除之，爲第二得數。又置六率以第一、第二乘數乘之，第一、第二除數除之，爲第三得數。又置八率以第一、第二、第三乘數乘之，第一、第二、第三除數除之，爲第四得數。如是累求，至所得數祇一位而止，乃并之，即所求之弧背也。矢求弧背者，倍正矢爲連比例三率，亦以半徑爲一率，求得五、七、九、十一諸率。以一、二、三、四、五之五數各自乘，爲屢次除數，三、四、五、六、七、八、九、十相挨，兩兩相乘，爲屢次除數，即用三率爲第一得數。復置五率以第一乘數乘之，第一除數除之，爲第二得數。又置七率以第一、第二乘數乘之，第一、第二除數除之，爲第

三得數。又置九率以第一、第二、第三乘數乘之，第一、第二、第三除數除之，爲第四得數。如是累求，至所得數祇一位而止，乃并之，與半徑相乘，爲實開平方，即所求之弧背也。如通弦求弧背，亦各加一四除，矢求弧背，則三率又多加一四，因更別增，創餘弧求弦矢、餘弦矢求本弧及借弧與正餘弦互求四術。

二曰用法，以角度求八綫，及直綫、弧綫、三角形邊角相求，共設七題。謂今之法所以密于古者，以其能用三角形也。然三角形非八綫表不能相求，惟用此法以之立表則甚易，以之推三角形，則不用表而得數與用表者同。

三、四兩卷曰法解，皆闡明弦矢與弧背相求之根。其法先以一分弧通弦求二分全弧通弦之數。次以一分、二分弧通弦，求三分、四分全弧通弦之數，以一分、三分弧通弦，求五分全弧通弦之數。又因二分、五分相乘得十分，十分自乘得百分，十分、百分相乘得千分，十分、千分相乘得萬分。遂以半徑爲一率，一分弧通弦爲二率，各如相乘之率數，求得十百千萬諸分弧率數，比例得弧背求通弦應減四率二十四分之一，加六率八十分之一，減八率一百六十八分之一，加十率二百八十八分之一，減十二率四百四十分之一，加十四率六百二十四分之一，減十六率八百四十分之一。各四歸之，則二十四得六，爲二、三相乘數；八十得二十，爲四、五相乘數；一百六十八得四十二，爲六、七相乘數；二百八十八得七十二，爲八、九相乘數；四百四十得一百一十，爲十與十一相乘數；六百二十四得一百五十六，爲十二與十三相乘數；八百四十得二百一十，爲十四與十五相乘數。故以二、三、四、五、六、七、八、九等數，兩兩相乘，爲屢次除數。又以通弦求得二率一分多四率、一分六率、九分八率、二百二十五分十率、一萬一千二十五分十二率、八十九萬三千二十五分十四率、一億八百五萬六千二十五分得後率，分數爲實，各遞降二等，使二率降爲四率，四率降爲六率。得前率分數爲法，以法除實，得四率一分爲一自乘數，六率九分爲三自乘數，八率二十五分爲五自乘數，十率四十九分爲七自乘數，十二率八十一分爲九自乘數，十四率一百二十一分爲十一自乘數，十六率一百六十九分爲十三自乘數。故以一、三、五、七、九等數，各自乘爲屢次乘數。次如求通弦法，求得十、百、千、萬諸分弧正矢率數，比例得弧背。求正矢應減五率十二分之一，加七率三十分之一，減九率五十六分之一，加十一率九十分之一，減十三率一百三十二分之一，加十五率一百八十二分之一，減十七率二百四十分之一。而十二爲三、四相乘數，三十爲五、六相乘數，五十六爲七、八相乘數，九十爲九與十相乘數，一百三十二爲十一與十二

相乘數，一百八十二爲十三與十四相乘數，二百四十爲十五與十六相乘數。故以三、四、五、六、七、八、九、十等數，兩兩相乘，爲屢次除數。又以正矢求得五率一分，多七率四分、九率三十六分、十一率五百七十六分、十三率一萬四千四百分、十五率五十一萬八千四百分、十七率二千五百四十萬一千六百分爲後率分數，各遞降二等爲前率分數。如前通弦法，除得五率一分爲一自乘數，七率四分爲二自乘數，九率九分爲三自乘數，十一率十六分爲四自乘數，十三率二十五分爲五自乘數，十五率三十六分爲六自乘數，十七率四十九分爲七自乘數，故以一、二、三、四、五等數，各自乘爲屢次乘數。書未成而卒。子新。《割圓密率捷法》、《衡齋算學方立遺書》。

明新，字景臻，安圖之季子。習父業，充食俸。生時安圖病且革，以所著《捷法》授之。新遵父命，與門下士共續成之。

論曰：杜泰西三法，見于梅文穆公《赤水遺珍》。而其所以立法之原，乃無一語道及，且祇立乘除之數。但云截去末八位，藏匿根數秘而不宣，致汪孝嬰廣文萊誤詆其數爲偶合。今觀静庵之法與解，始知杜氏法原。蓋用連比例術，以半徑爲一率，設弧共分爲二率。二率自乘，一率除之，得三率。以二率與三率相乘，一率除之，得四率。由是推之，三率自乘，一率除之，得五率。二率、三率相乘，一率除之，得六率。三率、五率相乘，一率除之，得七率。循序而進，雖至億萬率，胥如是也。文穆之謂以設弧共分自乘爲屢乘數，即二率之自乘也。其截去末八位者，即一率半徑之省，除法因半徑爲一千萬一歸不須歸，故截位以代除。設半徑爲一萬，則所截去者爲末五位，而非八位。或半徑不盡爲一之整數，則又非除不可，此布算者所宜辨明也。西法之妙，莫捷于對數，以其用加減代乘除。而對數之用，莫便于八綫，以八綫之積數過多，運算匪易，用對數則一加一減，即得弧度，不復更用乘除。考對數之由來，亦起于連比例，又安知當日立八綫表時，不暗用此法推算邪？然則彼之所謂六宗、三要、累求、句股者，殆飾詞耳。特張大其説，故作繁難，以炫異欺愚，在好事者不覺墮其術中。静庵之作是解也，其始本欲發其自得之義，相與抗衡，可謂能自樹立。其子又克繼父志，不墜家聲，方之古人，洵堪與北齊祖沖之父子媲美。昔祖氏以綴術求割圓密率，至今推爲最允。今静庵以連比例求密率捷法，綴術雖不傳，而連比例之屢乘屢除，繹其名義，似有近乎綴術之遺，即謂之爲明氏新法也可。

陳際新

陳際新，字舜五。宛平生員，祖籍福建。官靈臺郎爲監正。明安圖高弟。安圖歿後，以《割圓密率捷法》未竟之稿，命續。際新尋緒推究，質以平日所聞面授之言，越數年，至乾隆甲午始克成書。其序略曰：凡解有因法而得者，有不因法而得者。因法而得者，法如是解如是止也，法如是解不止于如是也。不因法而得，何以有是解乎？蓋其初非爲法解也，亦欲自立一法與前法并行，及深思而得之，乃與作者吻合，遂以爲是法之解，故法如是。而解之曲暢旁通不止于如是也。先生初聞杜泰西圓徑求周弧背求弦求矢之法，欲自立一法，以觀其同異。因思古法有二分弧法，西法又有三分弧法，則遞分之亦必有法也。由是思之，遂得五分弧及七分弧，次列三分弧、五分弧、七分弧三數觀之，見其數可依次加減而得，遂加減至九十九分弧，然其分數皆奇數也。又思之，遂得二分弧，依前法遞推至四分弧、六分弧，加減至百分弧，則偶數亦備矣，然猶分而不能合也。又思之，奇偶可合矣。然逐層求之，數多則繁，若累至千萬分，猶未易也。又思之，其數可超位而得，則以二分弧、五分弧求得十分弧，以十分弧求得百分弧，以十分弧、百分弧求得千分弧，以十分弧、千分弧求得萬分弧。既得百分弧、千分弧、萬分弧三數，然後比例相較，而弧矢弦相求之密率捷法于是乎成。及其成也，與杜泰西之法無異。遂以是爲解焉，豈非不因法而得者乎？今觀其解，初若與本法絶不相侔，及循序而進，而其法之必由乎此。又有確然無可疑者，至于設一術取一數反覆求之，諸法皆立，而其用未盡，誠所謂法如是解不止于如是也。際新親承指授，且不敢違遺命，今輯其解，并述其意云。《割圓密率捷法》。

張肱

張肱，字良亭，寶應人。以諸生由博士陞夏官正，終户部主事。與陳際新齊名，同受業于監正明安圖。與際新同續《割圓密率捷法》，相與討論推步校録，際新極爲稱道推許。《割圓密率捷法》。

論曰：自元大德時朱松庭游廣陵，學者雲集。其時有趙元鎮者代刊其書，國朝又有陳泗源先生蒙聖祖仁皇帝指示算學，若良亭者，則又從明監正，而監正亦得算法于聖祖仁皇帝者也。至今良亭後裔，世業疇人，引而勿替。外此如焦君里堂循、楊君竹廬大壯，皆精九數。近來朱氏二書既復昌于廣陵，而《捷法》亦爲岑君紹周建功校刊。岑雖天長人，若援寓公之例，亦得附郡人之列。然則曆算之學，吾鄉可謂盛矣。

孔廣森

孔廣森，字衆仲，號撝約，又號顨軒，曲阜人，故衍聖公傳鐸之孫也。生而穎異，年十七舉于鄉，乾隆三十六年成進士，官檢討。丁内艱，陳情歸養，築儀鄭堂，讀書其間，蓋心儀鄭氏學云。旋遭家難，以父所著書爲族人所訟，將西戍塞外，扶病走江淮河洛間，稱貸四方，納贖鍰，父因之獲宥。未幾，居大母與父憂，竟以毀卒，年三十有五。少曾師事休寧戴震，因得盡傳其學。及官翰林，與窺中秘，得見王孝通《緝古算法》、秦九韶《數學九章》、李冶《益古演段》、《測圜海鏡》諸書。由是精研九數，學益大進。因梅宣城少廣拾遺，但有《平方立方廉隅圖》，至三乘方以上，則云不能爲圖，反覆搜索，獨抒新意，取冪積變爲方根，使諸乘皆可作平方觀，假圖明數，構《諸乘方廉隅圖》，俾學者知方廉稠疊之所由生。又因舊法割圜弧矢，用徑一周三古率，立天元一以三乘方求矢。蓋古率本朒，故背弦之差，雖非真差，借而取矢，適得真矢。若依密周八分之一設半弧背，七八五三九有奇，所得之矢轉大矣。于是别立新法，分爲四例，其一曰弧冪，自之以徑一有半除之，開立方得矢，凡爲大弧冪在圜冪五分之一以上者，通此例。其二曰三因弧冪，自之以半徑之二十七倍除之，開立方得矢，凡爲弧冪在圜冪十五分之一以上者，通此例。其三曰五因弧冪，自之以半徑之八十一倍除之，開立方得矢，凡爲弧冪在圜冪三十分之一以上者，通此例。其四曰七因弧冪，自之以全徑之八十一倍除之，開立方得矢，凡爲諸小弧冪不及圜冪三十分之一者，通此例。又因秦氏方斜求圜術，及算經商功章求方亭術，引申推演，廣秦氏得四術，補斛方得二十五問。著《少廣正負術内外篇》六卷，《内篇》以平立三乘方諸開法，分上、中、下三卷。《外篇》卷上，曰割圜弧矢，曰新設三角法，曰方田雜法，曰推秦氏方斜求圓算草，曰堆垜。卷中句股和較難題，曰句股冪難題，曰句股邊冪相求難題，曰句股容方難題，曰句股中長難題，曰句股不同式難題。卷下曰斛方補問。末附《訂正算法統宗求築隄法》一則，要皆發前人所未發，其餘所著書尚多。《顨軒孔氏所著書》、《漢學師承記》、《校禮堂文集》。

論曰：顨軒生自聖裔，兼有師承，宜乎學貫天人矣。所學《戴禮》、《春秋》，兼精通六書九數，駢體尤似六朝。其所創割圜四例，在明氏捷法未顯之先，亦不爲無補。其年甫逾三十，而所學無所不通，一藝之分，他人白首不能到，有聞一知十之詣矣。

博啓

博啓，字繪亭，滿洲正白旗人。乾隆中官欽天監監副。嘗因句股和較之術，前人論之詳且賅矣，獨句股形中所容之方邊、圓徑、垂綫三事，尚缺而未備。爰以三事分配和較創法六十，惜其書未刊，寖没無聞。今所傳者唯有方邊及垂綫求句股弦一題。法用平行綫剖容方冪爲四小句股形，借垂綫爲小句股，和借方邊爲小弦，求小句小股。以小股與垂綫比，若方邊與句比；以小句與垂綫比，若方邊與股比；以小股與股比，若方邊與弦比。道光初，方履亨官監正時，每拈此題課士。《句股容三事拾遺》、《方監正説》。

論曰：曩者聞方慎葊監正履亨言，繪亭監副有是法失傳，因仿監副遺法，用平行綫剖半圓徑冪，爲四小句股形。以半圓徑減垂綫，餘借爲小句股和，借半圓徑爲小弦，求得小句小股。以小股比垂綫，若半圓徑比句；以小句比垂綫，若半圓徑比股；以小股比股，若半圓徑比弦；又以半圓徑減方邊得較，用平行綫剖較冪爲四小句股形，借半圓徑爲小句股和，借較爲小弦，求得小句小股。以小股比半圓徑，若方邊比句；以小句比半圓徑，若方邊比股；以小股比股，若較比弦，用補監副之佚。復立天元一術爲演得三事和較六十題，兼增立天地兩元爲廣例二十五術，譔《句股容三事拾遺》四卷，更試變通其法，御以八綫，取方邊用方斜率，求得容方中之斜綫。以垂綫爲一率，半徑爲二率，斜綫爲三率，求得四率爲正割。檢八綫表得度用與四十五度相加減，得垂綫所分之大小兩弧。副以半徑爲一率，垂綫爲二率，小弧正割爲三率，求得四率爲句。如以大弧正割爲三率，求得四率爲股，又如以大小兩弧之兩正切爲三率，求得四率，爲大小兩弧之兩弦分相并，得弦。餘二題仿此，其得數雖同，而尾數究有奇零。以八綫表所列之數至單位止，單位以下棄其餘分，故不能如句股與天元所得之數密合。或有妄詆天元術不能馭三角和較者，此徒泥西法不知天元之妙者也，抑知天元創于宋元之間，其時安能逆知西法之有三角形而預爲立法乎！要在學者善爲會通耳。試設平三角形，有一角而角在兩邊之中，有大邊與對邊和，有小邊與對邊和，求三邊及垂綫，此西人常法所不能御者。若立天元一術，則任求何邊，或和數或較數，皆一平方即得。然則天元之與西法，其優劣可由此見矣！

許如蘭

許如蘭，字芳谷，全椒人。乾隆三十年舉人，四十六年大挑知縣，分發福建，親老改江西，歷任浮梁、上猶、新建縣事。丁憂服闋。赴福建題補侯官，未履任，會瘴氣發病卒。如蘭性敏，于書無所不讀，皆究心精妙。于曆算始習西法，通薛鳳祚所譯《天步真原》、《天學會通》。時同縣山西寧武同知吴烺，受梅文鼎學于

劉湘煃，如蘭因并習梅氏《曆算全書》。又于乾隆四十年夏，謁戴震于京都，受《句股割圜記》。四十四年秋，謁董化星于常州。戴輯《緝古算經》十書，而董則專業薛氏者也。于是兼通中西之學，嘗謂其弟子胡早春曰：「古人以句股方程列于小學，童而習之，人人能曉。今則老宿不能通其義，一則時尚帖括，句股視爲不急之務；再則習爲風雅，不屑持籌握算，效疇人子弟之所爲。噫！過矣。又爲士大夫，不精弧矢之術，雖識天文之秘，無益也。疇人算工，不明象數之理，雖擅步算之能，仍無益也。」著有《乾象拾遺》、《春暉樓集》諸書，今多散佚。其存者有《書梅氏月建非專言斗柄論後》曰：竊以太陽右旋一度，隨天左旋一周，故謂之日。歷二十九日奇，日與月會，故謂之月。歷三百六十五日奇，日與天會，故謂之歲。但日與月會，月有晦朔弦望，人所易曉。日與天會，天體渾淪，無可識認。古人不得已即以恒星爲天，以誌日躔。恒星積久而差，冬至日躔不在原宿，始立歲差。歲差之法，古謂恒星不動，而黄道西移。今測普天星座皆動，其經緯之度不隨赤道運轉，而順黄道東移。故謂黄道不動，而恒星東行，與七政同一法，然則黄道與歲并無差也。歲與黄道既無差，冬至子正太陽躔箕一度，次日子正躔箕二度。自黄道言，則謂太陽右旋進一度；自赤道言，則謂天左旋一周。又過一度，蓋時刻定于太陽之加臨，今日子正，太陽加臨于正北，明日子正，太陽復加于正北方，謂之一日。若以赤道爲主，赤道箕一加于正北，明日赤道箕一雖到正北，而太陽仍在其西一度餘，俟太陽行到正北，而赤道又東過一度矣。東過一度，謂之一日。東過三十度，謂之一月。天道左旋，自子而丑，以至于亥，復至于子。太陽右旋，自子而亥，以至于丑，日與天會，方成一歲。由是觀之，太歲月建，皆法天道之左旋者也。故自子至丑，以周十二辰二十八宿，皆隨黄道之右旋者也。故由角而亢，以周十二次。且古人以中數爲歲，朔數爲年。上古氣朔同日，故月建起于節氣，而不起于中氣。日躔過宫，起于中氣，而不起于節氣。起于節氣，故曰冬至子之半。起于中氣，故曰冬至日躔星紀之次也。然則一歲十二建，乃天道左旋經歷十二辰，故謂之月建，此萬古不易者也。斗柄所指分位不真，且恒星東移，積久有差，辨之誠是也。但古人云：「斗爲帝車，斟酌元氣而布之四方。」又曰：「招摇東指，天下皆春。」不過言天道左旋，無跡可見，順時布化，斗柄有象可徵爾，拘泥其詞則惑矣。

其説歲差曰：宗動挈諸天而行者，左旋之天也，每日一周，循赤道西行，七政恒星，莫不齊同。恒星七政東行者，右旋之天也，或一月一歲而一周，或數年數十年數百千年而一周，循黄道東行，參差不一。然赤道左旋，黄道右旋，同出一時，并非兩候。但赤道之左旋甚速，每日能周三百六十度，黄道之右旋甚遲，每日七政，或行數分，或行數十分，或行一度，或行數度，至多如月不過十三四度而止，至少如恒星一年方行五十餘秒。又黄赤二道斜交并非平行，是于左旋至速之中，微斜牽向右耳。日之于天，猶經緯星之于日也。日行至黄道分至節氣之限，則春秋寒暑皆隨之而應。七政躔于各宫，遇各宫燥濕寒温風雨，則隨恒星之性而應。然則冬、夏二至，乃黄道上子午之位也。春秋二分，乃黄道上卯酉之位也。惟唐虞時冬至日躔虚中恒星之子中，正逢黄道之子中，嗣是漸差。而東周在女，漢在斗，今在箕，黄道之子，非恒星之子也。以丑宫初度爲冬至者，因周時冬至恒星已差至丑，古人即以恒星爲黄道之十二次，故命丑爲星紀，言諸星從此紀也。其實丑乃周時冬至恒星之宿度，并非恒星之子中，今并不在丑，又移至寅十餘度矣。由今箕一，上溯古虚五子中，共差五十八度，爲年四千餘。此恒星東行之明驗也。其他著論無關曆算者不録。《乾象拾遺》、《春暉樓集》。

陳懋齡　范景福

陳懋齡，上元舉人。著《經書算學天文考》。其自序云：「唐人試士，有明算科，五經算術限以年，今考其書，亦頗易究耳。夫算法至今日，始愈密而愈精。然不外《堯典》中星、《周禮》致日等項，爲測算之根。漢儒掇拾于煨燼之餘，嘗造渾天。只因孔子有『北辰居其所』之一句，至孟子言『千歲日至可坐』而致。其自羲和俶擾，周幽薄蝕，可考而知。五經算術，于此等處略不議及，何耶？就中惟《職方》封國，《王制》開方，《魯論》乘馬，詳哉言之。然《職方》鄭注迂誕，《王制》步畝乖違，《魯論》千乘畸零難合，讀其書，卒難了然于心口。今依恒星東行，詳考歲差，以《弧三角視法圖》寫渾儀，依郭守敬授時法通考《詩》、《書》，及于魯隱。著爲史表，使學者可依法推步。雖不敢謂求詳于古，于西算亦萬分之一也。時嘉慶二年，歲在丁巳十月望日。」細目曰：《尚書·堯典》曆象日月星辰考、《尚書·堯典》中星説考、《大戴禮記·夏小正》星象考、歲差恒星行圖考、冬夏致日考、渾儀考、閏月定時考、《周禮》地中考、《周禮·職方》封國考、《禮記·王制》開方考、《魯論·千乘》開方考、《魯論》北辰北極考、史表推步定法夏仲康五載季秋月朔日蝕考、商太甲元祀十二月乙丑距三祀十月二月朔日考、《周書·武成》年月考、《詩·十月之交》辛卯朔日蝕考、《春秋》魯隱公三年辛酉二月己巳日食考，洵足爲考古治經者之一助。

又范景福，字介茲，錢塘人。以優貢終。嘗遵《欽定考成前編》法，推算春秋朔閏日食，取上律天時義，阮相國名其書曰《春秋上律表》。焦里堂孝廉代阮相國爲之序曰：「余巡撫兩浙，于西湖建詁經精舍，祀許叔重、鄭康成兩先生，選諸生肄業其中。諸生能習推步之學者不乏人，范生景福其一也。歲癸亥，生以所步《春秋朔閏日食表》及說請正于餘，而乞爲之名。竊謂孔子作《春秋》，備天、地、人三統之學。故子思子贊其事曰：『上律天時，下襲水土。』本欽若以紀四時，即祖述之旨也。尊建子書春王，則憲章之義也。或記司術之過，或明伐鼓之非，左氏引而申之躍如也。其後劉歆、姜岌之徒，造訂諸術，必上驗于《春秋》。杜征南爲左氏學，亦因宋仲子十家之法，考訂《春秋》朔閏。故不通《春秋》不足以知術，不知術亦不足以通《春秋》，不知術不通《春秋》，不足以紹聖人祖述憲章之志。用是命之曰《春秋上律表》，所以嘉范生之能治《春秋》也。且范生之書其善有四焉。天文術算之學，至本朝而大備，天下學者或疑其深微奧秘，不敢學習，范生習之，不十年而能發明如是，學者庶觀而效焉，而知是學之本易明。善之一也。治經者患拘執而不能通，劉氏規過，孔穎達辭而闢之。規者不必俱非，闢者亦難悉當。杜氏于襄二十七年，頓置兩閏。生直言其非，而莊二十五年六月辛未爲七月之朔，則稱杜氏爲不可易。揆之于義，是非不詭，庶幾不泥古不違古，爲說經之通。善之二也。疇人子弟，諳其技不能知其義，依法布算，不窓于數，其中進退離合之故，莫之或知，故不能變化以推古經。生之言曰：『置閏可移，食限不能移。』又謂『欲定閏必推中氣』。又謂『斟酌置閏，以合干支，尤當斟酌置閏，以合食限』。于是用平朔不用定朔，用恒氣不用定氣，用食限不用均數。本諸時憲，參之長曆，可謂好學深思，心知其意。善之三也。奉時憲上考之法，以明《春秋》司曆之得失，以決三傳之異同，以辨杜氏之是非，以課三統、大衍、授時以來上推之疏密，俾學者知聖人作《春秋》爲本朝《時憲》之嚆矢。而本朝之制《時憲》，實爲聖人《春秋》之脈絡。善之四也。具此諸善，可知生用力之勤，研究之細。其治經也，無學究拘執之習。其治曆也，非星翁術數之求。由此而進焉，固未可量其所稅矣。余樂道其書之概而爲之序。」

又景福曾譔有《春秋比月頻食說》，其略云：比月頻食，必無之理。經書日食，襄二十一年九月庚戌、十月庚辰，二十四年七月庚子、八月癸巳，皆比月連書。先儒求其義而不得，因謂當時史官失書。事後追憶，疑在前月，又疑後月，不能明確，遂兩存之。又謂當時術者豫推，以驗立法疏密，未能準定，先兩書之。及事過而忘削其一月，并誌焉。此一前一後，皆懸擬之辭，不足據也。今以《時憲》上推，定爲二十一年九月庚戌、二十四年七月甲子，以交周入食限斷之。而究其書十月庚辰、八月癸巳之由，閻氏百詩嘗謂必有某公某年日食脱簡錯置于此，其說最當。因詳推二百四十餘年食限，得襄公二十六年十一月庚辰日食。或當時置閏之殊，先後一月，文十一年八月癸巳日食，二者干支食限皆合。引伸閻氏之意而實指之，當見許可，較懸擬者則有佐證矣。或謂二百餘年食限多矣，豈無偶合？然偏檢諸年，衹得其一，不得其二，差堪爲據，不然，疑事無質，直而勿有，亦何敢無端置辯也？先是，景福因見杜氏德美《割圜密率》九術，乃取二簡法中相加相減術，變而通之，創借弧求弦、借弦求弧二法。其時明氏之書未刊，而竟能與之暗合，其精思妙悟有如此。《算學天文考》、《雕菰樓文集》、《求己堂集》、《立方遺書》。

論曰：陳副貢《天文考》，阮相國于道光中刊入《學海堂經解》中，并云其《周禮地中考原圖》，設九圓以解地圓，似反支離。且外大圈黄赤道既爲大規，而小圓上黄赤道又爲直綫，亦似矛盾。因以爲地圓之理本屬易曉，不若倣《乾坤體義圖》爲之較便。副貢韙其言，爰復更定一圖，附于原圖之次。士琳案：副貢歿年無考，今據其自序年月，在前傳告成之先，故編次于補遺末。又隱公三年日食考後云，別有《春秋朔閏交食考》，茲不具載。其考今不傳，因與范氏所著之《上律表》初名略同，疑即指范書而言。唯副貢用授時術推算，與范氏用今法小異，究未知是一是二。范氏白首窮經，究心絶業，所著書，生前無力刊刻。崇明施樸齋明府彦士僅舉其所推隱公元、二、三年及桓三年四表，附梓于施推《春秋》日食法之後，猶得見其一斑云。

又　清續補一

錢大昕　侄侗

錢大昕，字曉徵，號辛楣，又號竹汀。先世自常熟徙居嘉定，遂爲嘉定人。年十五爲諸生，有神童之目。乾隆十六年，高宗純皇帝南巡，獻賦行在，召試舉人，以内閣中書補用。十九年成進士，授翰林院檢討，洊陞至詹事府少詹事。以丁外艱，慕邴曼容之爲人，遂引疾不出。官贊善時，適西洋人蔣友仁以所著之《地球圖說》進，奉旨繙繹，并詔大昕與閣學何國宗同潤色。國宗久領監事，精推步，由是大昕時與討論中西諸法，國宗遜謝以爲不及。時休寧戴震亦在朝列，戴故婺源江氏弟子，江精西法，恒曲護西人之短，戴亦不無墨守師說，故大昕致書

議之。

書略曰：「足下盛稱婺源江氏推步之學，不在宣城下。僕惟足下之言是信，恨不即得其書讀之。頃下楊味經先生邸，始得盡觀所謂翼梅者，其論歲實論定氣，大率祖歐羅巴之說，而引而伸之，其意頗不滿于宣城，而吾益以知宣城之識之高。何也？宣城能用西學，江氏則爲西人所用而已。及觀其冬至權度，益啞然失笑。夫歲實之古强而今弱也，漢以前四分而有餘，漢以後四分而不足，而自乾象以至授時，歲實大率由漸而減，此皆當時實測，非由臆斷。故以古法下推，則必後天，由于歲實强也；以今法上考，亦必後天，由于歲實弱也。楊光輔、郭守敬輩知其然，故爲百年加減一分之率以消息之。雖過此以往，未之或知，而以之考古，則所失者鮮，是其術未始不善也。西人之術止實測于今，不復遠稽于古，然其所謂平歲實者，亦復累有更易，則固非以爲永遠可守之歲實也。江氏乃創爲本無消長之說，極詆楊、郭，以傅會西人。然史册所書景長之日，班班可考，難以一人手掩盡天下之目也。于是爲定冬至加減之說以加之，加之而仍後天也。于是又爲本輪、均輪半徑古大今小之說以加之，加之而仍後天也。詞遁而窮，則直斷以爲史誤，毋乃如公孫龍之言臧三耳，甚難而實非乎？天道至大，非一時一人之術所能御。日月五星之行，皆有盈縮，古人早知之矣，各立密率以合天行。郭太史之垜積，新法之本輪、均輪、次輪，皆巧算，非真象也。約加減之數，而假象以爲立算之根。合則用之，小不合則增減之，大不合則棄之。本無輪也，何有于徑？本無徑也，何有于古大而今小？且夫兩輪半徑之數之減也，西人固疑其初測之未合而改之，非定以爲古多今少之率也。就如江說兩半徑古大而今小，則仍是楊、郭之百年消長之法，以矛陷盾其何說之辭。夫以兩春分考歲實，較之兩冬至爲近。然小餘二四二一八七五者，回回之舊率，而地谷所用也。崇禎時，嘗改爲二四二一八八六四矣，今則又改爲二四二三三四四二矣。只此百年之中，西士已不能守其舊率。而江欲以地谷所用之數，上考千載以前，謂必無消長也，有是理乎？本輪、均輪本是假象，今已置之不用，而別創一橢圜之率，橢圜亦假象也。但使躔離交食，推算與測驗相準，則言大小輪可，言橢圜亦可。然立法至今未及百年，而其根已不可用。近推如此，遠考可知。而江氏取其已棄之筌蹄，爲終古之權度，其迂闊亦甚矣。西士之術，固有勝于中法者，習其術可也，習其術而爲所愚弄，不可也。有一定之丈尺，而後可以度物；有一定之衡石，而後可以權物。今江所持以衡量者，有一定乎？無一定乎？言平歲實，則其數可多可少也；言最卑行，則其行忽遲忽疾也；言輪徑差，則借象而非真象也。以槷爲日，而詆羲和，以錐指地，而嗤章亥。持江氏之權度以適市，必爲司市所撻矣。向聞循齋總憲不喜江說，疑其有意抑之。今讀其書，乃知循齋能承家學，識見非江所及。當今學貫天人者莫如足下，而獨推江無異辭，豈少習于江而特爲之延譽耶？抑更有說以解僕之惑耶？」其議論持平，隨意抒寫，絶無詬囂之氣、鶻突之語、聱牙詰屈之文，類如此。

生平博極群書，兼擅衆妙。不專治一經，而無經不通；不專攻一藝，而無藝不精。凡經、史、文義、音韻、訓詁、歷代典章制度、官制、氏族、里居、官爵、事實、年齒、古今地里沿革、金石、畫像、篆隸，以及古《九章算術》，迄今中西曆法，無不瞭如指掌。其是非疑似，人不能明斷當否者，皆確有定見。著術滿家，不勝枚舉。嘗取算術二十四條，演爲答問。其第一問《左傳》絳縣人甲子。二問《史記》太初元年年名焉逢攝提格，太初之元，當是甲寅，而《漢志》以爲丙子。三問《續漢志》太史令虞恭等議以太初元年歲在丁丑。四問古人以歲星所在紀歲，不以干支紀歲。五問《淮南》以咸池爲太歲，與他書不同。六問一行亦號知曆，其言秦顓頊曆元起乙卯，漢太初曆元起丁丑，推而上之，皆不值甲寅。七問太陰太歲，溷而爲一，始于東漢，亦有證乎？八問張晏注《漢書·揚雄傳》云，太陰歲後二辰也，張守節注《史記·貨殖傳》亦同。今云歲陰在太歲前二辰，似不相合。九問鄭康成注《周官》馮相保章氏十有二歲，以歲爲太歲。十問堪輿八會之名。十一問《淮南》刑德七舍，與太陰在甲子刑德合東方之說，如不相蒙。十二問乾象推卦用事日算例。十三問郎顗亦傳六日七分之術者。十四問五歲再閏，與十九年七閏之率孰密。十五問乾象推月行術。十六問宋楊忠輔統天術，其求汎積也，必減氣差，何故？十七問氣差、氣積差之數，何以各别？十八問統天術積日既從上元冬至甲子起算，其求天正經朔，何以又減閏差之數？十九問統天、授時之歲實既同，又均用百年消長率，乃統天推上元天正冬至在戊子日戌正二刻，授時則己丑日寅正二刻，何故？二十問太陽盈縮分初末限，郭氏離爲六段。二十一問授時術象限有二，其推日躔，何以不用周天象限，而用周歲象限？二十二問西法有太陽每日平行之率，以歲周除天周得之。二十三問泰西推日躔有最高卑之行，其說有本乎？二十四問賈公彦不通算術，何以知之？以上諸問悉皆考核精詳，各具神解。

又嘗辨歲星太歲及歲陰太陰，謂太歲與歲星皆有超辰之率。歲星自丑而

子，右行于天。太歲自子而丑，左行于地。歲星在丑，則太歲在子；歲星在子，則太歲在丑，推之十二次皆然。故鄭康成《周禮注》云：「歲謂太歲，歲星與日同在丑斗所建之辰。如歲星在丑十一月，與日同在丑斗建子，太歲在子之類是也。」若《淮南》則言太陰，史公則言歲陰。太陰即歲陰也。歲陰亦超辰，而常在太歲後二位。徐廣注《史記》云「歲陰在寅左行，歲星在丑右行」，《天文訓》云「太陰在寅歲，名攝提格，太陰在卯歲，名單閼」之類，皆謂太陰非太歲也。歷舉《國語》伶州鳩「武王克商，歲在鶉火」，《呂氏春秋》「維秦八年，歲在涒灘」，淮南《天文訓》「元年太乙在丙子」以證之。又謂《漢志》述太初改元事，既云復得閼逢攝提格之歲，又云太歲在子，則當時實以太陰紀年，而別有太歲昭然。乃自太初而以太陰紀年者，僅見于《天官書》甲子篇。而劉歆三統術無推太陰法，即翼奉封事，亦似以太陰當太歲。則自太初改憲，而閼逢十名，攝提格十二名，移于太歲，相承已久，稚讓魏人，安得不云爾乎？蓋三統術太歲與歲星恒相應，歲星起星紀百四十四年而超一次，太歲起丙子亦百四十四年而超一辰。凡千七百二十八年而周十二辰，是爲歲星歲數。孔穎達《春秋正義》云：「三統以庚戌之歲爲太極上元，則已昧其根本。惟歲星超辰，不能不用服虔龍度天門之説者。以昭十三年歲在大梁，與三十二年越得歲二文，非用超辰，便多齟齬耳。」

因著《三統術衍》三卷，其自序略云：古曆家言傳于漢者六家，黄帝、顓頊、夏、殷、周、魯是也。劉向作《五紀論》，論次六家是非。漢末，宋仲子以世所傳夏、周二術與《藝文志》所記不同，更定真夏、真周曆。杜預據此數家，以考驗《春秋》。至唐一行《大衍議》，稱《春秋》經、傳朔晦與周曆合者，多周、齊、晉事；與殷曆、魯曆合者，多宋、魯事。宋崇文院檢討劉羲叟譔《長曆》，推漢初朔閏，兼存顓頊、殷二術。則諸書唐、宋時猶存，而今并無之矣。漢太初曆，班《志》亦不著其術。《史記》所述甲子篇，乃張壽王所治之殷曆，非太初本法也。古術之可考者，當以三統爲首。三統之術，本之太初，又追前世一元五星會牽牛之初，以爲太極上元。參之《易》象，以窮其源；徵之《春秋》，以求其驗。班孟堅以爲推法密要，服子慎、韋宏嗣亦取其説以解《春秋》内外傳。顧古今注《漢書》諸家，于曆術未有詮釋者。《隋書・經籍志》有亡名氏推《〈漢書・律曆志〉術》一卷，《舊唐書・經籍志》有陰景倫《漢書・律曆志音義》一卷，今俱亡傳。予少讀此志，病其難通。比歲粗習算術，乃爲疏通其大義，并著算例，釐爲三卷，名之曰《三統術衍》。蓋祇就本法論之，其法之密與疎，固不暇論及也。志文間有譌舛，相與商酌校正，則長洲褚君寅亮之助實多。凡所審定，悉標舉各注句下。如易「九戹」句，謂「九戹」當作「無妄」，蓋字形相涉而誤。劉淵林注《吴都賦》，引作「無妄」。谷永傳遭無妄之卦運，直百六之災阸。又如「日至其初爲節至，其中」句，謂蔡邕《月令章句》「日至其初」爲「節至」，「其中」爲「中氣」，此文蓋脱去「爲中」二字。又如「東九西七乘歲數」并「九七爲法」、「得一金水晨夕歲」數句，謂金水晨見在東方，夕見在西方。約其率，晨見十六分之九，夕見十六分之七。又如「推月食」句，謂古以日食爲災，所以重天變警人君。詩云：「彼月而食，則維其常。」《春秋》書日食不書月食，術家有推月食之術，不及日食，皆是也。其實推日食即同月食。又如「四分上元，至伐桀十三萬二千一百一十三歲，其八十八紀甲子，府首入伐桀後百二十七歲」句，謂此四分上元依東漢不用超辰之説，則元起丁巳歲，與周曆合。又依此歲數，推魯僖公五年入壬子蔀第四章，以辛亥日一分合朔冬至，亦與周曆合。又如「距建武七十六歲」句，謂此七字，班氏所增。又如「王莽居攝至末即位三十三年」句，謂光武建武元年距上元十四萬三千二百五十五歲。以歲星歲數除之，歲餘一千一百五十九。以百四十五乘之，得二十二萬六千五十五。盈百四十四四一，得積次一千五百六十九次，餘百一十九。以十二除積次餘數九，推歲星當在壽星。又以六十除積次餘數亦九，知太歲在乙酉也。《志》云「歲在鶉尾之張度」，疑有誤。自王莽居攝以下，班固所增入，非劉歆本文之類，皆足以補正闕誤。更譔《二十二史考異》，詳論四分、三統以來諸家術數，亦精確不刊。

其跋《數學九章》，略云：「秦九韶《數學九章》十八卷，其目皆自出新意，不循古《九章》之舊。有淳祐七年九月自序。考《直齋書録》有《數術大略》九卷，魯郡秦九韶道古譔前二卷大衍、天時二類，于治曆測天爲詳。《癸辛雜識》又作《數學大略》，蓋即此書而異其名耳。《直齋》所録崇天、紀元二曆，云近得之蜀人秦九韶道古。然則九韶先世，蓋魯人而家于蜀者也。《李梅亭集》有回秦縣尉九韶謝差校正啓，云善繼人志，當爲黄素之校讎，肯從吾游，小試丹鉛之點勘。秦少游元祐中嘗校對黄本書籍，九韶豈其苗裔耶？李梅亭嘗爲成都漕，九韶差校正當在其時，其在何縣尉，則無可考矣。嘉熙以後，蜀王陷没，寄居東南，故得與直齋往還也。予又考《景定建康志》得二事，其一通判題名有秦九韶，淳祐四年八月以通直郎到任，十一月丁母憂解官離任；其一制幕題名，寶祐間九韶爲沿江制置司參議官。又《癸辛雜識》稱九韶秦鳳間人，與吴履齋交尤稔。嘗知瓊州，

數月罷歸，晚竄梅州，以卒。合此數書觀之，九韶生平仕宦蹤跡，略可見矣。此書言淳祐丙午十一月丙辰朔初五日庚申冬至，初九日甲子，此九韶據當時曆日確乎可信者也。而元郝經《緯亢行》載丙午歲十一月十五日辛未星異，則是月當爲丁巳朔，相差一日。蓋元初不用金趙知微術，置朔與宋朔不盡合，而前人未有考及此者，予方葺《四史朔閏考》，喜而録之。」

所著《錢氏叢書》若干種，《潛研堂文集》、《詩集》、《二十二史考異》、《通鑑注辨正》、《元詩紀事補》、《元史氏族表補》、《元史藝文志》、《潛研堂金石跋尾》元亨利貞四集、《十駕齋養新録》、《養新餘録》、《日記抄聲類》、《疑年録》、《庸言録》，其《四史朔閏表》未成書。以嘉慶九年十月二十日卒于紫陽書院，年七十有七。《錢氏叢書·四史朔閏考》、《地球圖説》、《漢學師承記》、《經韻樓文集》。

姪侗，字同人。嘉慶十五年舉人，書館議叙以知縣選用。性穎悟，精于考核，于曆算之學亦能究其原本。先是，大昕因元修《遼史·天文志》有《閏考朔考》，爰倣其例，譔《宋遼金元四史朔閏考》，將及成書，遽捐館舍。侗念其遺稿未全，不忍棄没，更取正雜諸史，覆加編次，證以群書金石中之有關于四朝者，參互考訂。凡書數百種，金石二千通，繙閱釐補。其非月朔而有干支可以逆推者，如各帝之生日聖節，金之射柳及擊毬，并御常武殿臨幸東宮，元之廷試，皆有一定日期。又如僞齊劉豫用金正朔，其朔可考，金必相同。計所增者一千三百餘條，日夕檢閲推算，幾忘寢食，卒因此感受寒邪成疾，易簀時猶喃喃道甲子不絶口。《四史朔閏考》。

論曰：自來儒林能以一藝成名者罕。合衆藝而精之，殆未之有也。若詹事于儒者應有之藝，無不習無不精，又無一不軌于正，其學可謂博而大矣。即如律算一道，古法至明全佚。自梅宣城倡之于始，江、戴諸君又踵而振之，于是古法漸顯。特宣城處剥極初復之時，諸古算書尚多未出，江、戴則囿于西法，其見究失之偏。惟詹事實事求是，集其大成，視江、戴二君尤精。昔詹事嘗謂宣城爲國朝算學第一，余竊謂宣城猶遜詹事一籌焉。

凌廷堪

凌先生諱廷堪，字次仲，號仲子。歙人，而家于海州之板浦場。家貧，少孤。學賈未成，年二十餘始讀書嚮學。天性極敏，過目輒不忘。久客揚州，爲華氏贅壻。慕其鄉江、戴二君之學，遂遊京師，受業于大興翁覃溪學士，三應京兆試，始中副榜南歸。乾隆五十四年舉于鄉，明年成進士。例授知縣，投牒吏部，自改教授，曰必如此乃可養母治經。以故朱文正公題其《校禮圖》，有云「君才富江戴」，又云「遠利就冷官」，蓋嘉其志云。選授寧國府教授，畢力著述，貫通群經，旁及聲音、訓詁、律吕，以及九章、句股、三角八綫、中西曆算之學，而尤邃于《禮經》。

嘗作《氣盈朔虚辨》，曰：「歲實者，日躔黄道一周，歷春、夏、秋、冬四時代序而成歲。一歲共三百六十五日有奇。此一事也。合朔者，月離白道一周，歷朔弦望晦，復追及日而成朔。十二合朔共三百五十四日有奇。此又一事也。故十二合朔與歲實一周而分四時者，各不相蒙。以恒氣而論，必日躔自立春至立夏曆九十一日有奇，方謂之春，自夏至秋，自秋至冬，莫不皆然，非三合朔爲一時也。古聖人因節氣過宫，民不易曉，姑借合朔一周爲一月，合朔十二周爲一年，良以生明生魄，舉頭即見，取其便于授時，非謂合朔十二周爲即歲實也。合朔十二周共三百五十四日有奇，較歲實三百六十五日有奇，所差者十一日弱而已。故三年故一年四時不甚參差也，二年則多二十一日有奇，而冬至將第十二月。故三年必置一閏月也，此月非無端增出，蓋歲實滿三周，則已歷三十七合朔有奇，故多一合朔也。夫歲實自爲歲實，合朔自爲合朔，在天各自運行，本非一軌。今既借合朔以紀歲實，兩數不齊，三年之中，非以此所多之一合朔爲閏，則四時必參差難一，故《書》曰『以閏月定四時成歲也』。宋沈存中欲用二十四節氣爲一年，立春之日，爲孟春之一日，驚蟄之日，爲仲春之一日，則歲歲齊盡，永無閏餘，月之盈虧不預，歲時寒暑，寓之歷間可也。其論最爲明晰。近西法正如此，唯用中氣過宫，小有不同，故亦無閏月也。夫歲實共三百六十五日有奇，較十二合朔多十一日弱，氣盈者此十一日弱也。十二合朔共三百五十四日有奇，較歲實少十一日弱，朔虚者亦此十一日弱也。非如蔡九峰《書傳》所云三百六十日爲一歲之常數，多五日有奇謂之氣盈，少五日有奇謂之朔虚也。術家以一月三十日爲常數，兩節氣三十日有餘也，其有餘者爲氣盈，一合朔三十日不足也，其不足者爲朔虚，此便于步算則爾。儒者説經當直指其所以然，苟僅襲術家之説，貿貿焉書諸簡册，則氣盈朔虚，幾爲神奇不可測之事，學者何由而明閏月之所以然乎？」

又作《正蒙七政隨天左旋辨》曰：「蔡氏《書集傳》，天繞地左旋，常一日一周而過一度，日麗天而少遲。故日行一日，亦繞地一周，而在天爲不及一度。月麗天而尤遲一日，常不及天十三度十九分度之七。蓋本于張横渠《正蒙》。《正蒙》之言曰：『天左旋，處其中者順之，少遲則反右矣。』朱子極取此説。《書集傳》二典三謨，本朱子所定，故其説如此，其實不然也。往時讀之，以爲前儒所論必有

至理。而寒暑發斂之故，由其説而推之，百思不得其解，遂疑天道果難明也。後讀步算家之書，乃知天左旋，日月五星與恒星皆右旋。左旋之天，以赤道爲中圍，以南北二極爲樞紐，一日左旋一周。黄道斜絡于赤道，半出赤道南，半出赤道北，以黄極爲樞紐，日在其上右旋，一日平行一度弱。冬至日在赤道南二十三度有奇，去北極最遠。過此則循黄道右旋，而北歷九十度，至黄赤二道交點，而爲春分。又右旋而北歷九十度而爲夏至，日在赤道北二十三度有奇，去北極最近。過此又循黄道右旋而南，歷九十度至黄赤二道交點，而爲秋分。又右旋而南歷九十度，仍至赤道之南而爲冬至矣。此一歲寒暑發斂之故，其理本不難明。月五星與恒星，其右旋也亦然。月五星之右旋，朔望合伏之故也，恒星之右旋，歲差之故也。然後知左旋之説，横渠之臆説耳。如使天左旋，而日月亦左旋，不識所謂日左旋者，循黄道而行乎？抑循赤道而行乎？使其循赤道而行，則右旋而東者亦可言左旋而西，如是則終古如春秋分，無寒暑進退晝夜永短。使其循黄道而行，則日一日左旋一周，必至朝爲冬至，左旋至午，退而爲秋分。又左旋至暮，退而爲夏至。參差晷景，顛倒四序，不可依據矣。夫日行天上，列宿爲日所揜，不可得見，而月則其最著者也。月有交道之出入，有兩交左旋之退度，有黄道内外之陰陽律。則月之行，不但不循赤道，并不循黄道，而别有一道交于黄道矣。月既不循赤道，而别有一道，使其果左旋，一日一周而不及天十三度，則奇也。則一夜之中，月必循其本道，偏歷半周天之列宿。而何以衹此右旋十三度之宿爲月所離也？夫右旋之度，本由黄道，左旋之度，則由赤道，斜直之勢不同，經緯之行亦異。中宵静觀，歷歷可按。少識縣象者無不知之，不謂横渠乃爾鹵莽也。」

又作《羅睺計都説》曰：「羅睺、計都，即月道之中交正交也。其名始見于沈存中《筆談》，謂之『西天法』。案《新唐書・藝文志》有《都聿列斯經》二卷，注云：貞元中都利術士李彌乾傳自西天竺，有璩公者，譯其文。然則彼時西法已入中國，但其書不傳，未審與今法何如耳。今之術家不察，動以爲羅睺計都，某日在某宮某度，爲人決窮通得失，不亦謬乎？」

又議戴氏《句股割圜記》，謂中唯斜弧兩邊夾一角，及三邊求角，用矢較不用餘弦，謂補梅氏所未及，餘皆成法。其最異者，誤據《大戴禮》「凡地東西爲緯、南北爲經」之語，遂易經爲緯，易緯爲經，殊不知地平上高弧，緯綫也，此綫自北極至南極，而緯度在其上。地平規，經綫也，此綫自卯東至酉西，而經度在其上。

其剖緯綫爲緯度，則距等圈，圈與地平，平行爲東西綫。剖經綫爲經度，則高弧綫交于地平圈，爲南北綫。《大戴禮》之所指者，圈與弧綫也，與此相成無相反。至于《記》中所立新名，懼讀之者不解，浼吴思孝注之。如『距分』今曰『正切』云云，夫古有是名，而云今曰某某可也。戴氏所立之名，後于西法，而反以西法爲今，竊有所未喻也。又謂西法之最難者爲弧三角，難中尤難者爲斜弧三角。梅氏書論多于法，而法取其備，往往各書互見，不嫌于複。江氏、戴氏雖各有變通更并之術，初學究苦望洋。其實不論角之鈍鋭，邊之大小，約而言之，六類可盡。一曰兩邊夾一角，一曰兩角夾一邊，一曰邊角相對，有對所求之邊角，一曰邊角相對，無對所求之邊角，一曰三邊求角，一曰三角求邊。若邊角相易，兩角夾一邊，即兩邊夾一角；三角求邊，即三邊求角；而兩邊夾一角，又即三邊求角之反其率者。四類可以互通，所謂六類者只三法而已。因擬撮其旨要，譔《弧三角指南》，俾初學易得門徑，以其時方有事于《禮經》，故未屬稿。

嗣以母喪去官，哀毀致眚一目，妻及兄嫂復相繼殂謝，孑然一身，居恒不樂，服闋出游，得末疾歸歙，卒年五十有五。所著書已刻者《禮經釋例》十三卷、《燕樂考原》六卷、《校禮堂文集》三十六卷，未刻者《詩集》十四卷、《元遺山年譜》二卷、《充渠新書》二卷、《梅邊吹笛譜》二卷，其未成者尚有《魏書音義》一種。《校禮堂文集》、《漢學師承記》、《揚州畫舫録》。

論曰：淩先生長于阮相國九歲，初識相國，甫弱冠。淩先生擬李白《大鵬見希有鳥賦》以見意。由是遂以學問相并。迨服闋出游，相國復任浙撫，命子常生從學，并爲校刊《禮經釋例》。明年歸歙卒。無子，應繼兄子嘉錦。嘉錦先先生卒，嘉錦之兄嘉錫聞先生殁，以次子名德後嘉錦，爲先生之承重孫，不克肖，癡騃幾不辨菽麥，雖死故鄉，實同旅殯，如先生者亦生人之極哀也已。其弟子宣城張其錦，徒步至歙，復北走東朐，訪其遺稿，輯録以歸。先生積有刻書之資，寄于茶客，茶客負之。其錦又走京師，告之阮相國，相國函致安徽錢中丞楷，拘茶客歸其資。于是始刻《校禮堂集》及《燕樂考原》諸書。士琳先亦歙人，與先生同里而兼葭莩戚，少又問字于先生，故知之甚詳。

李潢

李潢，字雲門，鍾祥人。乾隆三十六年進士，由翰林官至工部左侍郎。博綜群書，尤精算學，推步律吕，俱臻微妙。與開化戴大司寇簡恪公共究中西之奥，兩人皆宗中法，道同志合，交稱莫逆。著《九章算術細草圖説》九卷，附《海島算

經》一卷，共十卷。簡恪序其書，謂潢嘗言陳其數者，下學之言也，知其義者，上達之功也。有數先有象，有象皆可繪，舊注所云解此要當以棋者，一一顯之于圖，于東原氏所謂舛錯不可通者，一一疏而通之。探賾索隱，鉤深致遠，臚名標目，咸式古訓，亦猶劉徽析理以辭解體用圖之意也。

其自序《重差圖》云：「圖九，望《海島》舊有圖解，餘八圖今所補也。同式形兩兩相比，所作四率二三率相乘，與一四率相乘同積。如欲作圖明之，第取一三率聯爲一邊，又取二四率聯爲一邊，作相乘長方圖之，自然分爲四冪，又以斜弦界爲同式句股形各二，則形勢驗矣。舊圖于形外别作同積二方，至兩形相去遼遠者，又必宛轉通之，皆可不必也。圖中以四邊形、五邊形立説，似與句股不類。然于本形外補作句股形，則亦句股也。四率比例法，在《九章》粟米，謂之今有：一爲所有率，二爲所求率，三爲所有數，四爲所求數，在句股則統目之爲率。劉氏注云句率股率見句見股者，是也。今祇云同式相比者，取省易耳，異乘同除，則一也。」書甫寫定，潢即一病不起，遺囑務俟吴門沈欽裴算校，方可付梓。越八年，嘉慶庚辰歲，其甥儀部程斎采不敢違垂死言，延沈至家，爲之校刊，以成其志。

《九章》初經東原戴氏從《永樂大典》中録出，一刻于曲阜孔氏，再刻于常熟屈氏，悉依戴氏原校本刊刻。其時古籍甫顯，校訂較難，不無間有扞格。自是天下之習《九章》者，莫不家弆一編，奉爲圭臬，而劉徽《九章》亦從此有善本矣。潢又嘗因古《算經十書》中，《九章》之外最著者，莫如王孝通之《輯古》。唐制開科取士，獨《輯古》四條，限以三年，誠以是書隱奥難通。世所傳之長塘鮑氏、曲阜孔氏、羅江李氏各刻本，又悉依汲古閣毛影宋本，祇有原術文，而未詳其法，且復傳寫脱誤。雖經陽城張氏以天元一術推演《細草》，但天元一術創自宋元時人，究在王氏後，似非此書本旨。爰本《九章》古義爲之校正，凡其誤者糾之，闕者補之，著《考注》二卷，以明斜衺、廣狹、割截、附帶、分并、虚實之原，務如其術乃止。稿未成，潢殁。後爲南豐劉衡授其同鄉揭某，以西士開方法增補算學，并附圖解，刻于江西省中，喧賓奪主，殊亂其真。嗣儀部任粵東藩時，取江西刻本，削去圖草，仍以原考注刊布。武進李兆洛爲之序曰：「《輯古》何爲而作也？蓋闡少廣商功之藴而加精焉者也。商功之法，廣衺相乘，又以高若深乘之，爲立積。今轉以積與差求廣衺高深，所求之數，最小數也。曷爲以最小數爲所求數？曰求大數，則實方廉隅，正負雜糅；求小數，則實常爲負，方廉隅常爲正也。觀臺羨道，築隄穿河，方倉圓囤，芻甍輪粟，其形不一，概以從開立方除之，何也？曰：一以貫之之理也。物生而後有象，象而後有滋，滋而後有數。斜解立方，得兩壍堵，斜解壍堵，一爲陽馬，一爲鼈臑，陽馬居二，鼈臑居一，不易之率也。今于平地之餘，續狹斜之法，無論爲壍堵，爲陽馬，爲鼈臑，皆作立積。觀其立積内不以所求數乘者爲減積，以所求數一乘者爲方法，再乘者爲廉法，所求數再自乘爲立方，即隅法也。從開立方除之，得所求數。若繪圖于紙，令廣衺相乘，以所求數從横截之，剖平冪爲若干段。又以截高與所求數乘之，分立積爲若干段落：若者爲減積，若者爲方，若者爲廉，若者爲隅，條段分明，歷歷可指，作者之意，不煩言而解矣。其云廉母自乘爲方母，廉母乘方母爲實。母者之分，開方之要術也。道光四年正月八日，薛玉堂畫水來澄江講院，以李雲門先生所注《緝古算經》見示，于是書立法之根如鋸解木，如錐畫地。又復補正脱誤，條理秩然，信王氏之功臣矣。爰述大旨，以告世之習是書者，無復苦其難讀云。」《九章算術細草圖説》、《輯古算經考注》。

論曰：算自明季寖疏，古籍散佚，前賢精義，百無一存。西士因得逞其技，明人驟見西法，詫爲神奇，趨之若鶩，遂漫以爲西法不逮。噫，是何辭之慎歟！即有一二知算之士，狃于衆習，昧于絶詣，雖欲崇中黜西，而是非曲直，先已模糊，又安能澈底窮源，直揭其短？侍郎信古能篤，實事求是，其于中西之學，孰優孰劣，早經了了于胸中。故所著《九章細草》、《輯古考注》二書，能發古人之真解，與古人息息相通，可謂力挽迴瀾，初非西學者所能窺其厓岸，倒置黑白也。《考注》第三問築隄下第四術，原稿奪注，劉君依例補之可也。惜其第三術羼列西法開方兩算草，與侍郎通體義例不協，不解何意。因思此蓋揭某妄增之草，方伯芟之未盡耳。余恐世之讀侍郎書者，以此議侍郎，故特表白之。

程瑶田

程瑶田，字易田，號易疇，歙人。嘉慶元年，詔開孝廉方正科，安徽撫臣以易疇應，賜六品頂戴，終嘉定縣教諭。少與休寧戴震相友善，故其經術最深，生平潛心實學，精于鑒别，尤肆力于《考工記》，旁涉六書九數。蓋以其治經考古，皆莫離乎書、數二事。如解磬股與鼓相函同積説：三分其鼓三，以其一爲股博一。三分其股二，以其一爲股博六。六六不盡，以股二與股博一相乘，得積二百。以鼓三與鼓博六六不盡相乘，亦得積二百。其積同，其兩體之輕重同也之類是已。著有《數度小記》一卷，其目曰周髀矩數圖注、周髀用矩述言、天疏節示

潘二生、星盤命宫説、四卯時天圖規法記、日躔宫度出地説、七尺曰仞説。又有《磬折古義》一卷，目曰磬折説并圖、造倨句式四六尺考，皆以算數證經，故述之。其他著述甚多，兹不詳載。《通藝録》、《漢學師承記》。

論曰：天算之學有數端，守其法而不能明其義者，術士之學也。明其義而不能窮其用者，經生之學也。若既明其義又窮其用，而神明變化，舉措咸宜，要非專門名家不可。徵君之算，雖不甚精，然亦不失其爲經生之學耳。

又 清續補二

李鋭 黎應南

李鋭，字尚之，號四香。元和縣學生員。幼開敏，有過人之資。從書塾中檢得《算法統宗》，心通其義，遂爲九章八綫之學。因受經于少詹事錢大昕，得中西異同之奥，于古曆尤深，自三統以迄授時，悉能洞澈本原。嘗調三統世經，稱殷術以元帝初元二年爲紀首，是年歲在甲戌，推而上之一千五百二十歲，而歲值甲寅爲元首。又上四千五百六十年，而歲復甲寅爲上元。以此積年，用四分上推太初元年，得至朔同日，而中餘四分日之三，朔餘九百四十分之七百五。故太初術虧四分日之三，去小餘七百五分也。《漢書》載三統而不著太初，其實一月之日二十九日八十一分日之四十三，是日法月法與三統同。賈逵稱太初術，斗二十六度三百八十五分，是統法周天，又與三統同。蓋四分無異于太初，而太初亦得謂之三統。鄭注《召誥》周公居攝五年二月、三月當爲一月、二月，不云正月者，蓋待治定制禮，乃正言正月故也。江徵君聲、王光禄鳴盛以爲據《洛誥》十二月戊辰，逆推之，其説未核。今案鄭君精于步算，此破二月、三月爲一月、二月以緯候入蔀數推知，上推下驗，一一符合，不僅檢勘一二年間事也。因據《詩》大明疏鄭注《尚書》文王受命武王伐紂時日，皆用殷曆甲寅元。遂從文王得赤雀受命年起，以《乾鑿度》所載之積年，推算是年入戊午蔀，二十九年，歲在戊午，與劉歆所説殷曆周公六年始入戊午蔀不同。歆謂文王受命九年而崩，崩後四年，武王克殷，後七年而崩。明年，周公攝政元年，校鄭少一年。又載《召誥》、《洛誥》俱攝政七年事。其年二月乙亥朔，三月甲辰朔，十二月戊辰朔，并與鄭不合。乃以推算各年，及一月、二月排比干支，分次上、下，著《召誥日名考》。此融會古曆以發明經術者也。當是時，大昕爲當代通儒第一，生平未嘗輕許人，獨于鋭則以爲勝己。故其時有「南李北李」之稱。「北李」者謂雲門侍郎，以侍郎爲楚北人，「南李」則鋭是也。嘉慶九年甲子科，江南主司耳鋭名，欲羅致之。未出京，詢之雲門侍郎，謂如何而後可得李某。侍郎曰：「是不難，吾有策題一，能對者即李某。」主司如其言，猶慮有失，并益以「天之高也」一節《四書》題文。闈中大索不可得，竊疑之，及榜發，果無鋭名，訪知鋭是年因病未與試。主司嘆曰：「噫，是有命也！」其當時見重有如此。

大昕晚年主講紫陽書院，日以繙閲群書校讎爲事，遇有疑義，輒與鋭商榷。由是四方學者莫不争相接納，凡有詰者，鋭悉詳告無隱。如大昕嘗以太乙統宗寶鑑求積年術，日法一萬五百，歲實三百八十三萬三千四十八分二十五秒爲疑。鋭據宋同州王湜易學，謂每年于三百六十五日二千四百四十分之外，有終于五分者，有終于六分者，有終于五六分之間者。終于五分者，五代王朴欽天曆是也，以七千二百爲日法。終于六分者，近年萬分曆是也，以一萬分爲日法。終于五六分之間者，景祐曆法載于太乙遁甲中是也，以一萬五百分爲日法，此暗用授時法也。試以日法爲一率，歲實爲二率，授時日法一萬爲三率，推四率，得三百六十五萬二千四百二十五分，即授時之歲實也。探本窮源，一言破的，疑團頓解。其與程易疇教諭論磬股直縣也，謂應于左右之中爲孔縣之，當其重心，不差毫秒，自然兩體分垂，無復參差。方是鄭氏之法，蓋一矩爲句，故股爲二，一矩有半觸弦，故股爲三，一之與二，一有半之與三，其相與之率皆倍。試以三角法算之，先求乙丙丁鈍角三角形之丁角。此形有乙丙邊一矩，有乙丁邊一矩有半，有甲丙乙角，爲乙丙丁之外角，四十五度，以乙丁邊一矩有半爲一率，丙角四十五度正弦爲二率，乙丙邊一矩爲三率，推四率得丁角正弦，檢表得度。次求甲乙丁鈍角三角形之乙角。此形有甲角四十五度，有所求之丁角二十八度七分三十二秒，并二角以減半周，餘乙角一百六度五十二分二十八秒，即磬之倨句也。深得要領，可佐鄭注所未備。近世曆算之學，首推吴江王氏錫闡、宣城梅氏文鼎，嗣則休寧戴氏震，亦號名家。王氏謂士盤曆元，在唐武德年間，非開皇己未。梅氏謂回回曆實用洪武甲子爲元，而托之于開皇己未，其算宫分，雖以開皇己未爲元，其查立成之根，則在己未元後二十四年。二説并同。戴氏謂回回曆百二十八年閏三十一日，是每歲三百六十五日之外，又餘百二十八分日之三十一也。以萬萬乘三十一，滿百二十八而一，得二千四百二十一萬八千七百五十。地谷所定歲實三百六十五日二十三刻三分四十五秒通分丙子以萬萬乘之，滿日法而一，亦得二千四百二十一萬八千七百五十。與梅氏疑問所云，合是三家所論，未嘗不確知灼見，然均未得其詳。鋭據《明史・曆志》回回本術，參以近年瞻禮單，

精加考核，謂回回曆有太陽年，彼中謂爲宫分；有太陰年，彼中謂爲月分。宫分有宫分之元，則開皇己未是也。月分有月分之元，則唐武德壬午是也。自開皇己未至洪武甲子，積宫分年七百八十六。自武德壬午至洪武甲子，積月分年亦七百八十六。其惑人者，即此兩積年相等耳。因著《回回曆元考》，有求宫分白羊一日入月分截元後積年月日法，以爲不明乎此，雖有立成，不能入算也。稿佚未刊。

梅氏未見《古九章》，其所著《方程論》，率皆以臆創補，然又囿于西學，致悖直除之旨。鋭尋究古義，探索本根，變通簡捷，以舊術列于前，别立新術附于後，著《方程新術草》，以期古法共明于世。古無天元一術，其始見于元李冶《測圜海鏡》、《益古演段》二書。元郭守敬用之以造《授時曆草》。而明學士顧應祥不解其旨，妄删細草，遂致是法失傳。自梅文穆悟其即西法之借根方，于是李書乃得鄭重于世。長塘鮑廷博因欲刻于《知不足齋叢書》，囑鋭校注。鋭詳細釐定，凡傳寫舛誤及秘奥難知者，計加案百餘條。其有原術不通，别設新術數則。更于梅説外，辨得天元之相消，有減無加，與借根方之兩邊加減法，少有不同。且不滿顧氏所著之句股弧矢兩算術，謂弧矢肇于《九章》方田，北宋沈括以兩矢冪求弧背，元李冶用三乘方取矢度，引伸觸類，厥法綦詳。顧氏如積未明開方徒衍，不亦傎乎。爰取弧矢十三術入以天元，著《弧矢算術細草》，并倣《演段》例括句股和較六十餘術，著《句股算術細草》，以導習天元者之先路。又從同里顧千里處得秦九韶《數學九章》，見其亦有天元一之名，而其術則置奇于右上，定于右下，立天元一于左上。先以右上除右下，所得商數，與左上相生，入于左下，依次上下相生，至右上末後奇一而止，乃驗左上所得以爲乘率。與李書立天元一于太極上，如積求之，得寄左數，與同數相消之法不同。因知秦書乃大衍求一中之又一天元，秦與李雖同時，而宋與元則南北隔絶，兩家之術無緣流通，蓋各有所授也。

鋭勤于探討，每得一書，其有關于曆數者，必廣搜博采，窮幽極微，取其精華以資會通輔益，從不肯輕易放過。因見秦書大衍求一術，爲演紀上元而設，實爲治曆之根。爰取歷來殘闕諸術，依相近之元法斗分，推求歲周，即以秦氏演譔法考積歲以驗歲朔確數。并據何承天調日法，立强弱率，求朔實以補氣朔發斂，推得宋衛朴之奉天術，歲實爲八百六十五萬六千二百七十三，朔實爲六十九萬九千八百七十五。姚舜輔之占天術，歲實爲一千二十五萬六千四十，朔實爲八十二萬九千二百一十九。李德卿之淳祐術，歲實爲一百二十八萬九千三百七，朔實爲一十萬四千二百四十三。譚玉之會天術，歲實爲三百五十五萬七千四百六十六，朔實爲二十八萬七千六百二十八。金楊級之大明術，歲實爲一百九十一萬二百二十四，朔實爲一十五萬四千四百四十五。耶律履之乙未術，歲實爲七百五十五萬六千八百八十，朔實爲六十一萬九百八十八。謂唐宋來算造家積年例不得過一億已上，大明術積年在三億上，不合術格。故趙知微重修大明，改爲八千餘萬，其歲實朔實，則仍用大明。又《授時曆議》載會天術日法九千七百四十，與《玉海》所載尤焴譔序云日法止用五百五十八不合。依例推之，日法五百五十八，則朔餘當爲二百九十六，未免太弱，似《玉海》有脱誤。至于應天乾元歲實乃五分歲實之一，儀天則十分之一。故儀天歲周進一位，以宗法除之，爲一歲之日及斗分。此戴東原之歲實考，所以無應天術數也。其歲盈二十六萬九千三百六十五，于術當作歲總七十三萬六百三十五。以五因之，如元法而一，得三百六十五不盡二千四百四十五。再以萬萬平之，得歲餘二千四百四十四萬五千一百一十。乾元術亦五因，朔實一萬七千三百六十四，以元率收之，得二十九日餘一千五百六十。其日法朔餘，即何承天之强率六十倍朔餘太强，無惑乎其術之疏舛也。因取《開元占經》、《授時曆議》所載五十一家日法朔餘，課其强弱，著《日法朔餘强弱考》。凡合者三十五家，不合者十六家，反覆推驗，謂不合之故有三。其一，朔餘强于强率，如楊忠輔統天術，朔餘六千三百六十八，約餘五千三百六萬六千六百六十六，鮑澣之議其無復强弱之法，是也。其一，朔餘之下增立秒數，如劉孝榮乾道術，朔餘一萬五千九百一十七秒七十六，裴伯壽詆爲不入術格，是也。其一，日法積分太多，朔餘雖在强弱之間，亦爲于率不合，如劉智正術日法三萬五千二百五十命爲七百一强五十三弱，則朔餘正得一萬八千七百三，若命爲七百一十八强四弱，則朔餘爲一萬八千七百四，較多一分。《玉海》載至道元年王睿獻新術，言于二萬以下修譔日法，是也。自《日法朔餘强弱考》成，而殘缺諸術，得鋭修補者十有七八矣。

嘉慶初，内閣阮學士元提學浙江，常延鋭至杭，問以天算。因欲譔《疇人傳》，開列古今中西人數，及應采史傳天算各書，屬鋭編纂，商加論定。及撫浙，又令門生天台周治平相助，編寫諸書，及西法諸書，成《疇人傳》卷四十六卷刊行世。其時阮撫部尚未得元朱氏《四元玉鑑》，故《疇人傳》無朱世傑之名。先是，鋭嘗謂四時成歲，首載《虞書五紀》，明曆見于《洪範》，曆學誠致治之要，爲政之

本，乃《通典》、《通考》置而不録。邢雲路雖譔《古今律曆考》，然徒援經史以侈卷帙之多。梅氏秖有欲譔《曆法通考》之議，卒未成書。因更網羅諸史，由黃帝、顓頊、夏、殷、周、魯六曆，下逮元明數十餘家，一一闡明義藴，存者表而章之，缺者考而訂之，著爲《司天通志》，俾讀史者啓其扃，治曆者益其智。惜僅成四分、三統、乾象、奉天、占天五術注而已。餘與《開方説》，皆屬稿未全。《開方説》三卷，鋭讀秦氏書，見其于超步退商正負加減借一爲隅諸法，頗得《古九章》少廣之遺，較梅氏《少廣拾遺》之無方廉者，不可以道里計。蓋梅氏本于《同文算指》、《西鏡録》二書，究出自西法，初不知立方以上無不帶從之方。鋭因秦法推廣詳明，以著其説，甫及上、中二卷而卒，年四十有五。其下卷則弟子黎應南續成之。

應南，字見山，號斗一，廣東順德人。嘉慶戊寅順天經魁，以書館議叙，選浙江麗水縣知縣。調平陽縣知縣，海彊俸滿加六品銜。卒于官，年四十有八。其父曾爲太倉州牧，因僑寓蘇州。從鋭受學，深得師承。生平著述，秘不示人，亦不編緝。殁後，其子無咎，年甫七齡，更不知其稿之散佚與否，所傳者惟《開方説》後跋。其略曰：「憶自庚午之冬，應南始從先生受算學，由《九章》兼及西法。甲戌之秋，以開方説見授，曰開方者，除法也。超步定位，肇于少廣。宋、元諸家，入以天元之術，有天元斯有正負，因有帶從諸乘方。其式如階級重重，迆邐遞進，或以正步負，或以負步正，有翻積，有益積，皆一定之理。李氏《測圓海鏡》、秦氏《數學九章》，均通其法，誠算家絶詣也。宣城梅氏著《少廣拾遺》，立開一乘方，以至開十二乘方法，枝枝節節，窒礙難通，未免舍本而逐末。爰著《開方説》三卷，上卷起例發凡，臚列算式；中卷正負互易，平立代開，得數可定，其大小命分，則齊以并差；下卷推反覆求，有義必搜，無法弗備，可謂盡開方之變矣。上、中兩卷早有成書，惟下卷止有條例，未立設問。丁丑之夏，先生病且革。因應南鑽仰有日，特于易簀之際，再三屬爲補成。故下卷諸數，皆謹遵先生遺命，依法推衍，非敢參以己見，并將先生平日論開方之語，識于簡末，與海内明算者共深究焉。」又有《求句股率捷法》，任設奇偶兩數，各自乘相并爲弦，相減爲句，或爲股。副以兩數相乘，倍之爲股，或爲句。若任設大小兩奇數，或大小兩偶數，各自乘，則相并半之爲弦，相減半之爲句，或爲股。其兩數相乘即爲股，或即爲句，所得之句股弦皆無零數。《李氏遺書》、《知不足齋叢書》、《潛研堂文集》、《十駕齋養新録》、《句股算術細草》、《揅經室文集》、《通藝録》、《雕菰樓文集》、《漢學師承記》。

論曰：尚之在嘉慶間，與汪君孝嬰、焦君里堂齊名，時人目爲「談天三友」，然汪期于引中古人所未言，故所論多創，創則或失于執。焦期于闡發古人所已言，故所論多因，因則或失于平。惟尚之兼二子之長，不執不平，于實事中匪特求是，尤復求精，此所以較勝于二子也。慨自利氏西來，群相趨附，古法不彰久矣。王、梅、江、戴諸君，非不力争復古，其時書籍未見，文獻無徵，所謂挽回絶詣者，則純是臆測耳。猶幸戴氏于殘叢中掇拾得《算經十書》，而後諸古曆算書，始次第復顯。尚之爲錢少詹事高弟，成藍謝青。又能專志求古，不遺餘力，繼往開來，續殘補缺，遂使二千年來淪替之緒，得大昌于世。是王、梅、江、戴諸君，不過開其先，猶不能踐其實。而啓籥窮源，則端自尚之始，厥功不誠偉哉？以尚之之才智抱負，何難致通顯？乃家居教讀，從遊弟子多得第，而身未獲登賢書，卒以攻苦著書，心血耗盡，致得咯血疾以終。且蘭草未徵，臼炊頻夢，初以兄子繼淑爲嗣，及三娶薛氏，始生子可久，而尚之殁矣。殁時可久尚在襁褓中，可悲也。可久能守父書，道光中補學生員。其所遺算書，阮相國刻于廣東，曰《李氏遺書》十七卷，《召誥日名考》刻入《皇清經解》中。傳中所述，悉舉其大者要者言之。若夫與汪、焦二君辨論開方商法、天元消法，暨與張古餘觀察共著《輯古細草》，則雜詳于汪、焦、張三傳中，兹不贅述。又見山亦著作才也，其于經史坤輿之學，無不貫通，尤于天元精熟，故有求句股率之捷法，蓋亦由天元通分所致。曾擬倣《水道提綱》例，譔《地里沿革提綱》，乃因簿書鞅掌，不遑譔述，且貧困一官，身罹六極，更可哀已！

談泰

談泰，字階平，上元人。由乾隆五十一年舉人大挑，選授山陽縣學教諭。淹通經史，專志譔述，不爲世俗之學，凡音律算數，無不精通，尤善援引考覈，務求其是。嘗與江都焦孝廉循、歙汪教諭萊相友善。孝廉著《開方通釋》，泰曾與之互相證訂，并叙其所譔之《天元一釋》，曰治經之士多不知算數，治算數者又不甚讀古書，以謂西法密于中法，後人勝于前人，此大惑也。天元一術顯于元代，終明之世，無人能知。本朝梅文穆公知爲借根方法之所自出，可謂卓識冠時。而篇中步算，仍用西人號式，于李學士遺書，未能爲之闡明，古籍雖存，不絶若綫矣。是書于正負相消盈朒和較之理，實能抉其所以然，復辨别秦氏之立天元一，與李氏迥殊。且細考生卒時代，知敬齋不後于道古，分綱例目，剖析微塵，可與同門李尚之所校《測圓海鏡》、《益古演段》二書相輔而行。此真古學之絶而復續、幽而復明者。泰于天元算例，亦從西人入手，近始知其立法之不善，遠遜古

人。讀焦君此編，益焕然冰釋矣。夫西人存心叵測，恨不盡滅古籍，俾得獨行其教，以自衒所長。吾儕托生中土，不能表章中土之書，使之淹没而不著。而數百年來，但知西人之借根方，不知古法之天元一，此豈善尊先民者哉！泰聞焦君名久矣，比來武林，始得識其人，讀其書，并綴數言于簡末。昔文穆自言荆川復生，定當擊碎唾壺。愚謂文穆尚在，亦有積薪之嘆矣。

泰嘗從學于嘉定錢少詹事大昕，故序中稱李秀才鋭爲同門。又詹事曾贈泰序，其略云：「歐羅巴之巧，非能勝于中土，特以父子師弟，世世相授，故久而轉精。而中土之善于數者，儒家輒訾爲小技，舍九章而演先天，支離傅會，無益實用。疇人子弟，世其官不世其巧，問以立法之原，漫不能置對，烏得不爲所勝乎？宣尼有言：推十合一爲士，自古未有不知數而爲儒者，中法之絀于歐羅巴也，由于儒者之不知數也。昔齊桓公之時，士有以九九見者，設庭燎之禮以待之。九九者，黄帝所傳，商高所授，周公大聖，不憚下問，桓公禮以庭燎，良不爲過，而梅福且小之。西漢之世，已有此論，何況後儒！予少與海内士大夫游，所見習于數者，無如戴東原氏。東原殁，其學無傳。比來金陵，得談子階平。其于斯學，殆幾于深造自得者，乃不自足而暱就予。予未老而衰，昏眊健忘，無能益于階平。然有願焉，則以爲歐羅巴之俗，能尊其古學，而中土之儒，往往輕議古人也。蓋天之説，當時以爲疏，今轉覺其密。七曜盈縮損益之率，古法與歐羅巴原不相遠也。其爲彼之所創者，不過數端，而其説亦已屢易。吾烏知他日不又有一説以易之乎？其不可易者可知者也，其可易者不可知者也，知其所可知，而不逆億其所不可知，庶幾儒者知數之學，予未之逮也。願階平勉之而已。」

先是，詹事從子江寧教授塘創周徑率，謂徑一則周三一六有奇，而方伯者圜七九零。泰因作一丈徑木板，以蔑尺量其圜周，正得三丈一尺六寸有奇，因反覆引申，廣援博證。著有《周徑説》一卷，以爲溉亭之説，至當而不可易。又譔有《王制里畝算法解》一卷，其自序略云：「五經中罕言算術，惟《王制》論里畝及之。然孔與鄭異，陳又與鄭、孔異，欲折中綦難矣。總憲梅循齋先生著《赤水遺珍》中有《方田度里》一篇，正《王制》注疏之誤。其法以原數立算，與鄭康成注互合。但所列諸率，不明言乘除之數，恐觀者無從稽核，而經義難明。爰引先生本文，逐句疏解，并同三率互視法詳推如左，而記文譌誤，及孔疏陳注之粗疏，亦不辨而自明焉。」更復推廣之，譔《王制井里算法解》一卷，附列《里數表》。自方一里計積一里爲田九百畝，至方三千里，計積九百萬里，爲田八十一萬萬畝止，逐一詳悉臚列成表。又謂古經質直，凡書開方之數，皆言方邊而不言方積，取其文句整齊，數目簡易。若以積實推步，鋪叙連篇，則是算博士之筆，轉滋昧者之疑矣。又謂里數畝數，十百千萬，以次遞升，位數參差，易于目眩。即算氏名家，少一粗疏，便失其序。今依數列表，庶初學一覽即明。故復以一億爲田十萬畝，演億小數表，以一億爲田一萬萬畝，演億大數表。并一里方積、十里方積、五十里方積、七十里方積、百里方積、千里方積諸表，洵足發明經義。

又因《太平廣記》二百十五引別傳，謂鄭康成以永建二年七月戊寅生。泰據《漢史・章帝紀》元和二年二月甲寅始用四分術，終漢之世未聞改法算，康成生年月日宜以四分爲准。今依本法細推，更以史證之，謂《順帝紀》書「春正月戊申」，疑脱「朔」字。丁卯爲月之二十日，二月甲辰爲月之二十八日，夏六月乙酉爲月之十一日，秋七月甲戌朔正合，《紀》與《五行志》載并同。壬午爲月之九日，庚子爲月之二十八日，辛丑爲二十九日，《天文志》二月癸未，爲月之七日，閏月乙酉，恐有舛誤。《紀》書「六月乙酉」，則閏六月必無乙酉，當作「六月」爲近，或「乙」爲「己」之譌。是年閏六月五日己酉，「乙」、「己」字形相近也。八月乙巳，爲月之二日，劉注引《古今注》云丁巳，未詳何月。三月十一日、五月十二日、閏六月十三日，皆丁巳也。又云七月丁酉爲月之二十四日，又云九月戊寅爲月之八日，合觀《紀》、《志》所書，與四分術多同。若《通鑑》目録載二月丁丑朔、四月丙子朔、七月甲戌朔、九月癸酉朔、十一月壬申朔，并同四分。唯稱五月乙亥朔，則是年五月丙午朔、六月乙亥朔，殆誤先一月，又稱閏五月，則是年閏六月，亦誤，先一月也。果閏五月，則乙亥爲閏五月朔，不當又稱五月乙亥朔，未免自相矛盾。此蓋因《天文志》閏月乙酉還就求合，而不知先與《本紀》六月乙酉不合。況推是年六月二十九日癸卯大暑，中氣近晦，七月初一日甲戌處暑，中氣在朔。而中間一月十五日己未立秋，只一節氣，其爲閏六月最確。倘閏五月則有節有中于閏法未協，又月内有乙酉，而六月反無乙酉矣。劉氏既載七月一日處暑，則置閏必在六月，而不在五月，此淺而易見者，不知何以誤推也。至袁宏《後漢紀》作七月丙戌朔，則月内無壬午，與《紀》不符。且《紀》、《志》均書甲戌朔，袁又何所據而頓改之？或係傳寫之失，亦未可知。要之，甲戌朔合于四分，則七月五日戊寅爲鄭公生日無疑。其所推算是年月朔及中節兩氣干支，并大小餘甚詳。

《鄭司農年譜》、《經義叢鈔》、《潛研堂文集》、《雕菰樓文集》。

論曰：階平績學一生，惜無著述。其所校《溉亭教授周徑率》，雖與秦道古

《環田三積術》謂徑冪進位爲實，開方爲圜周率相同，蓋亦本于《九章少廣注》所載漢張衡率圜周冪五方周冪八究非密率，然階平自是嘉慶間算學名家，羽翼中學者也。

汪萊

汪萊，字孝嬰，號衡齋，歙縣人。年十五，補博士弟子。弱冠後，讀書于吴葑門外，慕其鄉江文學永、戴庶常震、金殿譔榜、程徵君易疇學，力通經史百家及推步曆算之術。嘉慶十二年，以優貢生入都考取八旗官學教習。會御史徐國楠奏請續修《天文》、《時憲》二志，經大學士首舉萊與徐準宜、許澐入館纂修，十四年書成議叙，以本班教職用，選授石埭縣訓導。十八年應省試。得疾歸，卒于官，年四十有六。

先是，十一年夏，黄河啓放，王營減壩，正溜直注張家河，會六塘河歸海。兩江督臣奉上命查量雲梯關外舊海口與六塘河新海口，地勢高下。延萊測算，蓋其精算之名，久爲官卿所知。曾製渾天簡平一方各儀器觀測。與郡人巴樹穀最友善，客江淮間，又與焦孝廉循、江上舍藩、李秀才鋭辯論宋秦九韶、元李冶立天元一及正負開方諸法。天性敏絶，極能攻堅，不肯苟于著述。凡所言皆人所未言，與夫人所不能言。嘗以古書八綫之制，終于三分取一，用益實歸除法求之，其一表之真數，僅得十之二。因悟得五分之一通弦，與五分之三通弦，交錯爲三角形，比例立法，以取五分之一之通弦，而弦切之數益密。梅氏《環中黍尺》有以量代算之術，惟求倚平儀外周之兩角而縮，于内半周之角未詳，其法較易。因立新術量，取不倚外周之角度，而三角之量法乃全。堆垜有求平三角、立三角尖堆積法，不及三乘方以上。又復推而廣之，自三乘、四乘以上之尖堆，皆可由根知積，并及諸物遞兼之法，以補《古九章》所未備。

又糾正梅文穆公句股知積術，及指識天元一正負開方之可知不可知。其糾正句股知積術也，文穆《赤水遺珍》稱有句股積及股弦和較求句股，向無其術，苦思力索，立法四條。其門人丁維烈又造減縱翻積開三乘方法，文穆許之。萊謂句股形等積等弦，和帶縱立方形等積等高闊和，皆有兩形互易。如句二十，股二十一，弦二十九，句弦和四十九，句股積二百一十。若句十二，股三十五，弦三十七，句弦積亦四十九，句股積亦二百一十。設問者暗執一形，則對者交肓兩數。梅、丁諸公，法成而不可用。蓋兩句弦較與一句弦和，恒爲連比例之三率。其兩句弦較，即首末二率，兩較減一和之餘即中率，而句弦和必爲三率并。遂創立有兩積相等、兩句弦和相等求兩句股形之法。以四倍句股積自乘句弦和除之，爲帶縱長立方積。以句弦和爲縱，開得數爲兩句弦較之中率，自乘爲帶縱平方積。又以中率與句弦和相減爲長闊和，求得長闊兩根爲兩句股較，用求兩句股形各數。又同積之邊，彼此可互三次之乘，先後可通。故四倍句股積，自乘即兩形之倍句，相乘爲底，兩形之股，相乘爲高。即猶以中末乘首中化爲中率，再乘爲立方三率，并爲帶縱，由是推得立方形兩高數，恒爲首末二率，高闊和恒爲三率，并數與等積等弦和之兩弦較，及弦和絲毫無異，如高九闊十，高闊和十九，立方積九百。若高四闊十五，高闊和亦十九，立方積亦九百。其數莫不由兩形相引而出，故其法即命積爲帶縱，長立方積以高闊和爲所帶之縱。用帶縱長立方法，開得本方根爲兩形高數之中率，與高闊和相減，餘爲帶縱之平方長闊和中率，自乘爲帶縱平方積。用帶縱平方長闊和法，開之得長闊一根爲兩形之兩高數，兩高與和相減爲兩闊數。

其指識正負開方也，元李冶傳洞淵九容術，譔《測圜海鏡》、《益古演段》，以明天元如積相消，其究必用正負開方，互詳于宋秦九韶《數學九章》。梅文穆公雖指天元一爲西人借根方所由來，而正負開方則未有闡明者。元和李秀才鋭特爲讐校，謂《少廣》一章，得此始貫于一。好古之士，翕然相從。萊獨推其有可知有不可知。如《測圜海鏡》邊股第五問，圜田求徑二百四十步與五百七十六步共數，而李仁卿專以二百四十爲答。《數學九章》田域第二題，尖田求積二百四十步，與八百四十步共數，而秦道古專以八百四十爲答。乃自二乘方以下縷析推之，得九十五條。凡幾根數爲帶縱長闊較則可知，爲帶縱長闊和則不可知。又推得幾真數少幾，根數又多幾，平方與一立方積等多少雜糅，和較莫定，立法以審之。以幾平方數，用幾立方數除之，得數乘幾根數，以較幾真數。若少于真數，則以幾平方爲高闊較。是爲可知。若多于真數，則或幾平方爲通分法三母總數，幾真數爲三母維乘之共數，幾根數爲通分之共子。如二、如六、如十二，設真數一百四十四，少二百八，根數多二十，平方積與一立方積相等，則三數皆同。是爲不可知。蓋以一答爲可知，不止一答爲不可知。故李秀才鋭跋其書，括爲三例以證明之。謂隅實同名者，不可知，隅實異名而從廉正負不雜者可知。隅實異名而從廉正負相雜，其從翻而與隅同名者，可知，否則不可知。隅實異名，即帶縱之長闊較也。較僅一答，隅實同名，即帶縱之長闊和也，和則不止一答。鋭以隅實同名異名，明一答與不止一答。萊以長闊和較，明可知不可知，其義

一也。

萊于六經務在釐正舊說，自出新解，與人接無厓岸，有以所著術相質，必研究再三，爲之疏通證明。如解司馬法二條，一甲士三人，步卒七十二人，一士一人，徒二十人，謂疏家每生轇轕。蓋甲士三人，步卒七十二人，凡家出一人，七十五家出車一乘，此鄉遂之軍法也。士十人，徒二十人，凡十家出一人，三百家出車一乘，據實受田者而言，三百家即成也。除旁加之一里，治溝洫者即甸也。故又曰甸出長轂一乘，此都鄙之軍法也。鄭氏于《禮注》，毫不相混，而服虔注《左傳》，竟合而一之，其誤始此。又以其說解《論語》千乘之國曰：「出車之法，侯國亦異。外内鄉遂七十五家出車一乘，都鄙一成百井出車一乘。載于《司馬法》者昭然。千乘之國，蓋合境而出之，乃方二百裏之小國，攝乎大國之間而生畏耳。試取司徒司馬載師匠人之文，約而計之，方二百里其地四同，同萬井九萬夫。城郭宮室塗巷，三分去一，上地、中地、下地，通率二而當一，實受田者三萬家。置一同于中，去二萬五千家爲一鄉一遂，凡三百三十三乘三分乘之一，餘五千家，廛里場圃之等九者各去五百家，餘五百家。從後計外周四面，合三同造都鄙，卿三，致仕卿二，宜殺于王卿，約方四十里。親公子弟地從卿數，又宜減于王親，約二，凡一百二十八乘。大夫五，致仕大夫五，約方二十里，疏公子弟地從大夫數約三，凡五十二乘。餘一同二終爲十萬八千夫，三而當一，實受田者三萬六千家，通前五百家分處公邑，出車從鄉遂，凡四百八十六乘三分乘之二，合千乘云。」《周禮》女巫掌歲時祓除釁浴，鄭注如今三月上巳，如水上之類，陸德明《釋文》音「巳」爲「祀」，後人多讀「祀」音。萊謂「巳」當音「紀」。以太初術推之，第三蔀第三章第三年三月三日，恰是巳日，其支爲丑而非巳，足見音「祀」之譌。且古人以上稱日者，皆屬干不屬支，據《賈疏》云：「一月三巳因紀無疑。」《史記》太初元年，年名焉逢攝提格，是爲甲寅。《漢書》述三統，推太初元年歲名丙子，說者不能決。萊謂《三統》劉歆所作，王莽以火德消盡，土德當代。太初元年甲寅，數至建國元年，則爲丙子。莽急欲即真，萬不能待戊巳之年。故更元年爲己巳，則冠土于火之上，遂改太初甲寅爲丙子。又僞爲超次之法，遠托諸十四萬三千二百三十九年之前，以爲太極上元，起于丙子，超若干法，至建國元年恰爲己巳。此與即位之日用戊辰，令天下以戊子代甲子意同。歆以之欺莽，莽以之欺天下。

又程徵君易疇譔《磬折古義》，以明一矩有半之句倨。謂設縣于股，在鼓上稍右，股橫于上，所以壓之使正。萊謂宜核其重心，用比例之法，令鼓旁綫中縣，而縣居綫右，庶使磬鼓直縣之制乃定。著有《衡齋算學》七册，《考定通藝録磬氏倨句解》一册。又有未刻者《參兩算經》、《十三經注疏正誤》、《說文聲類聲譜》，今有録《衡齋詩文集》，及續修《歙縣志》，纂修《天文》、《時憲》二志諸書。《衡齋算學通藝録》、《漢學師承記》、《雕菰樓文集》、《研六室文集》。

論曰：孝嬰超異絶倫，凡他人所未能理其緒者，孝嬰目一二過，即默識靜會，洞悉其本原，而貫達其條目，諸所著論，皆不欲苟同于人，是誠算家之最。特矯枉過正，未免有時失之于偏，尤于西學太深，雖極加駁斥，究未能出其範圍。觀其用真數、根數，以多少課和較，而泥于可知不可知，尚是墨守西法。其于正負開方之妙，終不逮李尚之秀才鋭之能通變也。即如所悟得之等積等弦和，謂有兩形倚伏于其中，固亦善于入深，然用帶縱兩次開方，不無委曲繁重。若以正負開方古法御之，四倍積自乘爲實和，自乘爲益廉，倍和爲隅，開立方得兩正數爲兩句和，再自乘與四倍積，自乘相并爲實四倍和，再乘爲益方五倍和，自乘爲從廉倍和爲益隅，開立方得兩大數爲兩弦，尤覺簡捷。蓋凡和數形皆有兩答，不僅等積已也。如句三十三、股五十六、弦六十五，句弦和九十八，黄方二十四。又句四十、股四十二、弦五十八，句弦和亦九十八，黄方亦二十四之屬，不勝枚舉，所争者不過有奇零無奇零而已。如句股積六，句弦和八，既爲句三股四弦五之句股形矣。又有一句股形，爲句二又四之一，股五又五之一，弦五又四之三，是已。《四元玉鑑》「明積演段」一門前九題，悉以直積十二步與句弦和八步爲問，原答之外，尚有奇零之一答。而「果垜疊藏」一門，則又于堆垜之法，推演無遺矣。向者孝嬰創求五分之一之通弦，初甚詆杜德美求弧矢法爲偶合，及見監正明安圖《割圓密率捷法》，以一、二、三、四、五洎十、百、千、萬諸分弧通弦，比例得弧矢通法，始翻然改悔。惜孝嬰未見朱氏《四元玉鑑》一書，致句股知積及諸乘尖堆新術，有積薪之嘆。要之精思妙悟，研幾入神，其真自不可没。

徐朝俊

徐朝俊，字恕堂。華亭諸生。謂「天爲高，地爲厚，吾人戴高履厚，曾滄海一粟之不如。典謨爲政事之書，命官先咨曆象；官禮垂治平之法，職方臚列土風。」因遵御製《數理精蘊》全函，旁據《職方外紀》及《坤輿格致》、《臺郡雜志》諸書，著《高厚蒙求》五卷，曰天學入門，曰海域大觀，曰定時儀器上、下集，曰高弧合表。其定時儀器上集目曰日晷測時圖法，曰星月測時圖表，曰自鳴鐘錶圖說。下集目曰天地圖儀，曰揆日正方圖表。又有《中星表》及《儀器圖說》二書。嘗自

製鐘錶、儀晷諸器，爲巧匠所不及。《高厚蒙求》、《藝海珠塵》。

論曰：恕堂但工製器，其于曆算之學，則僅能依數五演而已。故所著論皆攟摭成説，隨人步趨，尤論五大洲及附載海族、海狀、海泊、海道、海産諸説，亦悉本利氏《乾坤體義》，荒遠無憑，不足取也。

梅沖

梅沖，字抱村。總憲文穆公之孫。宣城諸生。著有《句股淺述》，其自序云：「六藝以九數并稱，而學者好言句股，豈不以揆天度地，爲用至神？而所以窮象數之變，其精解奧義，原足引察士之思而供尋味哉！先徵君著曆算書八十八種，于西法之秘爲神異者，皆通以句股，而盡發其覆。故專言句股者反略，特《舉隅》一卷，少示數端而已。予少承庭訓，粗聞先人緒論，未能竟學。歲癸丑，從李雲門先生遊，先生詳加指示，稍得其門徑。因敬奉《御定數理精藴》言句股者，反復探索，依題集解，間參取他書，并約其精要，輯爲一編，自備省覽。後陳明經勉甫問數學于予，出以相示，既而精通三角八綫，于曆算學直深入閫奧。顧以此編爲佳，謂明淺易入，語簡而説備，慫恿付梓。予曰：算書之弊有二，其一艱深其詞，李冶所謂故爲溟涬黯黮，惟恐學者得窺彷彿，其心私也；其一不肯遵守成法，自矜創獲，以別立析解，而反失其故步。茲編似幸免于此，然特集録舊説，爲之宣導竅會，以變從淺易，要僅屬鈔胥而已。且凡言算者，必前廣以《九章》，後深以三角，于欽若授時事有所發明，庶足見數學之大。予亦曾究觀六宗三要，于《御製曆象考成》上、下二編及後編，并採集圖説，以爲約本，而饑驅四方，未遑卒業，家學固未能稟承，要不敢以區區者自限也。而子將使吾以此自見耶？陳子曰：『此書少單行善本。吾但爲習句股者計耳。』因重加訂正，爲家塾引蒙之一助。題曰『淺述』，以惟淺乃可入深，用誌學步先人之意云爾。」《句股淺述》。

論曰：抱村稟承家學，于詩古文詞皆高出時輩，尤肆力于制藝，曾譔《離騷經解》一書行世。其所著之《句股淺述》，蓋即本先徵君《句股舉隅》而詳明之，并雜取《算法統宗》難題數則，附列于後，期便初學，無大精義，但于句股中聊見一端耳。

又　清續補三

焦循　子廷琥　楊大壯附存

焦循，字理堂，號里堂，江都人。生而穎異，年十七，應童子試。時諸城劉文清公督學江蘇，因見詩中有馧[illegible]字，詢以何本，循舉《文藪・桃花賦》對，兼述其音義。因取入邑庠，并勗之云：「不學經，何以足用？盍以學賦者學經？」時興化顧九苞以經學名世，循遂往就問難，始用力于經。又因九苞子超宗貽以《梅氏叢書》，復用力于算。性既專，兼善苦思，以故經史、曆算、聲音、訓詁諸學，無所不精。嘉慶六年舉于鄉。先是，乾隆戊申科鄉試二場，夢一卒持刺來，視之字徑半寸許，曰「年愚弟章世純」，竊謂其科必售。逮登賢書，始悟章柳州亦辛酉舉人，因柳州未得成進士，遂淡于仕進，壹志著書。嗣患足疾，隱于北湖，築雕菰樓以終焉。二十五年夏，足疾甚，兼病瘧，遂致不起，年五十有八。

生平博聞强記，識力精卓，每遇一書，無論優劣難易，隱奧平衍，必悉心研究，務窮其源。嘗以梅徵君《弧三角舉要》、《環中黍尺》譔非一時，繁複無次，戴庶常《句股割圜記》務爲簡奥，變易舊名，因譔《釋弧》三卷，上篇釋六觚八綫之義，中篇釋正弧弦切及内外垂弧之用，下篇釋次形及矢較之術。錢詹事大昕稱是書于正弧、斜弧、次形、矢較之用，理無不包，法無不備。循復上書詹事，論七政諸輪。其略云：「梅徵君論次輪上之實體，嘗向太陽，推之五星，誠有然者。若太陰之次輪行倍離，所云向日者，其止謂爲太陽所攝恒行離日之倍度，非謂其體之向太陽耶？且五星之歲輪，與日天同大，其歲輪繞日軌迹爲伏見輪，與本天同大。今月之次輪視均輪尤小，既行倍離，則其軌迹不能成圈，與本天同大。意者五星與日有定距，太陰次輪與星有不同者與？又火星之歲輪半徑，忽大忽小，有本天高卑及太陽高卑之差。星與太陽同在最高，與同在最卑，其相距甚異。梅徵君火星本法云：『火星兼論太陽之高卑，要不能改其徑綫之大致。』今以求法考之，以均輪所當之矢，爲兩差之比例以相加，則其徑綫隨本輪矢之高下爲高下，有不能不改其大致者矣。江氏慎修言諸星歲輪應日之本輪，火星獨應日之體，故有太陽高卑。按高卑之差，惟有不同心之異，其輪則同心。今推求火星次輪之法，在最卑時，其半徑爲最小。稍離乎最卑之左右，增損一分一秒，則本輪之矢隨之而長，即半徑之度隨之以增，規此成圓必大于本圈，而不同于不同心圈。與伏見輪之狀，或者火星之次輪，本割入太陽天内，高卑之差，緣是以起，然又無從得其貫通。竊思弟谷以來，諸輪之設，或左行，或右行，或倍行，或三倍行，或自遠，或自近，或自平遠，或以本輪爲心，大率皆以實測所得之數，假爲法象，以曲求其合，故不能比而同之也。」

又謂弧綫之生，緣于諸輪，輪徑相交，乃成三角之象，輪之弗明，法無從附。

因又譔《釋輪》二卷，上篇言諸輪之異同，下篇言弧角之變化，以明立法之意。更謂康熙甲子元用諸輪法，雍正癸卯元用橢圜法，蓋實測隨時而差，則立法亦隨時而改。顧其義藴深密，未易尋究，謹擇其精要，析而明之，庶幾便于初學，爲譔《釋橢》一卷。又謂劉氏徽注《九章算術》，猶許氏慎譔《説文解字》，講六書者不能舍許氏之書，講九章者不能舍劉氏之書。《九章》之目雖多，而其綱總不外乎加、減、乘、除四者而已。四者之雜于九章，又不啻六書之聲雜于各部。故同一今有之術，用于衰分，復用于粟米；同一齊同之術，用于方田，復用于均輸；同一弦矢之術，用于句股，復用于少廣。而立方之上，不詳三乘以上之方，四表之測，未盡三率相求之例。踵其後者，又截粟米爲貴賤差分，移均輸爲疊借互徵，名目既繁，本原益晦。蓋《九章》不能盡加、減、乘、除之用，而加、減、乘、除，可以通《九章》之窮。孫子、張邱建兩書，似得此意，乃説之不詳。因本劉氏書，以加、減、乘、除爲綱，以《九章》分注而辨明之，譔《加減乘除釋》八卷。

循又嘗與吴中李尚之鋭、歙汪孝嬰萊討論宋秦九韶《數學九章》，及元李冶《測圜海鏡》、《益古演段》諸書，因知立天元一爲算家至精之術。秦書雖亦有立天元一名，而術與李殊。尚之所校《海鏡》、《演段》二書，專主辯天元借根之殊，故但指其大概之所近，其于盈朒和較之理，究未析其微芒之所分。乃復貫通其理，舉而明之，譔《天元一釋》二卷、《開方通釋》一卷，以述兩家之學。謂常法亦謂之隅法，益隅亦謂之虚隅，益從亦謂之益方，益方者別于從方也，益廉者別于從廉也，常法者別于益隅也。如積相消，則同減而異加，開方相生，則同加而異減。其同異減加，則盈不足之義也；其有和有較，則方程之體也；其借算，則少廣之遺也；其貫方于從，則商功之流也；其如積相比，則均輸之趨也；其寄分取率，則衰分粟米之變也；其就分，則方田之餘也；其測圓，則句股之精也。又謂梅勿庵以《少廣拾遺》發明諸乘方，于正負加減之際，闕而未備。故其廉隅繁瑣，步算既艱，亦且莫適于用。近讀秦書，其中有開方法，既精且簡，不特與《測圜海鏡》相表裏，究其原，實《古九章》之遺。竊以乘除之法，負販皆知。至開正負帶從諸乘方，儒者竭精敝神，或有未能了了者。使知道古此法，則自一乘以至百乘千乘，庶幾一以貫之。爰列爲十二式，設問以明之。又致書與李尚之，謂天元未消之前，有和而較不備，有較而和不備，及既相消合而爲一，其和較始備。和在羃，則天元爲益從。和在天元，則羃爲益隅。以正負別之，正與正、負與負爲同名，正與負爲異名。從與積同名相加，有益積，秦道古謂之投胎。從與積異名相消，有翻積，秦道古謂之换骨。推而核之，和在隅，乃有益積。益從大于初商則益積，初商大于益從則不益。和在從，乃有翻積。較數小于初商，則翻積。初商小于較數，則不翻。是爲《少廣》之變境，又非《方程》所能盡也。至于寄分之以乘代除，《九章》算中已有之。一爲七人賣馬，一爲太倉之返。或豫乘以省後之除，或彼乘以代此之除，其義一也。故尚之叙其《天元一釋》略曰：「爲算之道，皆據所已知之數，求所未知之數。然而所謂數者，自一而累之，而十、百、千、萬；自一而析之，而分、釐、秒、忽等數也。所不知之數，未知幾何，而必爲一數則可知，此天元一之所由立也。已知之數，見數也；未知之數，雖知其必爲一數，究借算也。見數與借算不同類，故必別太極于天元外也。以不同類者相加減，則生正負，何也？減所不可減，非負不能通其變也。以天元乘，則層累而上；以天元除，則層遞而下。層累而上者，譬天元爲方面，以乘方面爲平羃，以乘平羃爲立積也。層遞而下者，譬以方面除立積，則得平羃，除平羃，則得方面也。設一術于此以求其積數，又設一術于彼以求其積數，此之積數與彼之積數，其天元太極之等不同，而其爲積數則同，故曰如積也。彼此之積數同，則以彼消此，或以此消彼，相消之後，必減盡而空更無積數矣。然而猶有天元太極之等在，以有正負故也。計正之積，與負之積適等。正之盈，以負之不足消之而盡；負之不足，以正之盈消之而亦盡。正負相消，則無正亦無負，無正無負，是無積數也。惟無積數，故除之，開方之，而得所立天元一幾何之實數，假尚有數不得爾也。此立天元術之大略也。是書于帶分寄母同數相消之故，條分縷析，發揮無復餘藴。蓋自李欒城、郭邢臺而後，未有如此妙也。」

初，循以太陰次輪及火星歲輪皆與本天不合，謂有其當然，自必有其所以然。及覆數四，不得其故。商之元和李鋭，鋭謂古法自三統以來，見存者四十家，其于日月之盈縮遲疾，五星之順留逆伏，皆言其當然，而不言其所以然。本朝《時憲》書，甲子元用諸輪法，癸卯元用橢圓法，以及穆尼閣新西法用不同心天。蔣友仁所設地動儀，設太陽不動，而地球如七曜之流轉。此皆言其當然，而又設言其所以然。然其當然者悉憑實測，其所以然者止就一家之説，衍而極之，以明算理而已。是故月五星初均、次均之加減，其故由于有本輪、次輪，而其實月五星之所以有本輪、次輪，其故仍由于實測之時，當有加減也。以是推之，則月體一周，不能成大圈，與本天等，其故由于有次輪。而所以有次輪之故，則由于朔望以外當有加減也。火星軌迹，不能等于本天，其故由于歲輪徑有大小。

而所以輪徑有大小之故，則由于以無消長之輪徑算火星，猶有不合，而更宜有加減也。循躡其説，故自叙《釋輪》云：「七政諸輪，生于實測。若高卑遲疾之故，則未敢以臆度焉。」其虚衷服善有如此。所著書不下數百卷，其最著者，有《孟子正義》、《群經宫室考》、《雕菰樓易學》三種。餘甚多，不具録。子廷琥。《里堂學算記》、《雕菰樓文集》、《揅經室文集》、《漢學師承記》、《揚州畫舫録》。

子廷琥，字虎玉。優廩生。性醇篤，善承家學，于算學亦精進。陽湖孫觀察星衍譔《釋方》，不信地圓，謂西人誤會《大戴禮》四角不揜之言，而創地圓之説，以楊光先之斥地圓，比孟子之距楊朱。廷琥讀其書，謂古之言天者三家，曰宣夜，曰周髀，曰渾天。宣夜無師承渾蓋之説，皆謂地圓。泰州陳氏、宣城梅氏悉以東西測景有時差，南北測星有地差，與圓形合爲説。且《大戴》有曾子之言，《内經》有岐伯之言，宋則有邵子、程子之言。其説非西人所自創，并非西人誤會古人之言也。因博搜古籍，合諸家言而臚列之，爲《地圓説》二卷。又庭訓謂李欒城、秦道古之學，既譔有《天元一釋》、《開方通釋》以闡明之，而《測圜海鏡》、《益古演段》兩書，未詳開方之法，讀者依然溟涬。因以同名相加，異名相消，用超用變諸法，示廷琥。廷琥乃知以秦氏之法，讀李氏之書，布策推算，一一符合。遂取《益古演段》六十四問，每問皆詳畫其式。書成，其父見而喜曰：「得此可讀《演段》矣。」即命名爲《益古演段開方補》，且云可附于《學算記》之末。《事略》、《雕菰樓文集》。

論曰：天本無形，古人之所謂横帶天腰者，爲赤道斜交。赤道者爲黄道，殆如棋枰劃界，以便測算耳，非天確有黄赤道也。然則西人所謂本輪、均輪、次輪，亦虚象耳，非確有諸輪。如連環相套于無形之天也，乃西人言之鑿鑿，甚且謂天有九重，層層相包，如裹葱頭。日月五星列宿，在其體内，如木節在板，一定不移。其所以能衒惑愚人者，正在此等新奇無據之説。乃不謂梅、江諸君，竟受其欺，遂以爲天真有質，真有若是諸輪。果使天真有質，真有若是諸輪，何以未幾而變爲橢圓之天？不識向之諸輪，究竟棄置何所。里堂《輪》、《橢》二釋意主實用，故詳于法而略于理，旨哉洵儒者之學也。至于天元之妙，妙在寄母。尚之謂減所不可減，非負不能通其變。餘竊以爲除所不受除，非寄母不能通其變。寄母者，通分之謂也，不除此而乘彼，在常法多一除，立天元恒多一乘。故凡兩次除者，天元則變爲平方；三次除者，天元則變爲立方。是欲究天元之術，必先明正負開方之理。而天元之爲用甚廣，昔郭太史授時術尚用之以求弧矢，是不獨可賅《九章》，尤治曆者之所必不可少也。里堂《天元》、《開方》二釋，闡明其法，使人人通曉，較梅文穆之僅辨天元爲借根方所本，其功不更鉅哉？且里堂以通儒而兼精天學，其喆嗣虎玉又能克紹門業，可謂不媿古人，有光梓里矣。

理堂隱居北湖，與同里楊參戎相友善。參戎名大壯，字貞吉，號竹廬，又號耕雲。昭武將軍裔，以世襲輕車都尉，官徽州營參將。病廢回籍。精于曆算，武官中洵爲罕覯。事蹟載《揚州畫舫録》，亦足以見吾鄉之篤好斯學之盛也。又爲程張秋水選拔鑑《冬青館甲集》，有《讀里堂天元一釋跋》，謂卷末考欒城與邢臺世次之先後，尤具隻眼。然謂欒城作《測圜海鏡》時，即本傳所云晚家元氏，買田封龍山下，學徒益衆者，此似有別。蓋仁卿作書時所言老大以來，其實亦祇中歲。欒城至至元改元以後始卒，故《河朔訪古記》載元氏縣封龍山龍首山下，有宋丞相李昉讀書臺，其吟臺在東北隅。逮國朝至元三年李文正公冶自翰林學士辭歸山中，因其故基以築大成殿講堂齋舍，招延學者，據此當不止八十八歲。所謂甲辰如對後，即歸元氏山中，亦未必盡然。秋水又有《大統曆法啓蒙跋》，謂此《曉庵遺書》，震澤沈退甫舉以見示。曆至太初以後，雖遞有改憲，不過增損于積年日法之間。至元郭守敬去積年，誠超前絶後之詣。由是西人不用日而用度，其實紀法用六十萬與日周用一萬，皆取準數，以其便于入算而已。殊不知置閏則須兼論距緯，斷非平氣之可統攝。此先生所爲斷斷于換度換宿者也。然則融西人材質，歸大統型範，其苦心至矣。豈第金、水二星行度有不同心，爲足以抉高卑盈縮之理哉？此書出，而先生之遺書約略盡顯矣。士琳案：《曉庵遺書》世所傳者，惟《新法》六卷而已，多係鈔本，尚未刊布，不聞有《大統曆法啓蒙》一書，姑附記以俟搜訪。

許桂林　周治平

許先生諱桂林，字同叔，號月南，又號月嵐，海州人。由拔貢生中式，嘉慶二十一年舉人，旋丁内艱，以哀毁終。卒之時，實無疾病，自知其死，集家中人至前，囑以後事。囑畢，瞑目而逝，年四十有三。生平好學深思，至性醇粹，躬行踐履，博綜群書。體素弱，不耐勞，勞則易病。然又不能無所用心，若静攝一二日，輒又病。惟讀書始精神焕發，故日以詁經爲事，樂此不疲。人以疑義就質，有問必答，藹然示人以可親。談他事未數語，便覺氣餒，獨講學終日不倦。以餘力兼治六書九數，嘗謂岐伯言地大氣舉之，氣外無殼，其氣將散，氣外有殼，此殼何依？思得一説以補所未及。蓋天實一氣，而其根在北，北極是也。北極不當爲

天樞，而當爲氣母，萬物之祖皆在北。故十一月爲群生之始，天時既然矣，天象獨不當以北極爲一氣之元乎？元氣發于北極，浩浩蕩蕩，久而不息。經星七政，皆運于元氣之中，經星以上，遠之又遠，無論氣之至與不至，固可不必有殼以函氣也。以北極爲氣母，其氣應向左而運，古稱天道尚左，天根在北，自南望之，以西爲左，近氣母者左行疾，故恒星東行之差遲，遠氣母者左行漸緩，故月東行之差最疾，日月之出自北，升而入亦向北，向其母也。又謂氣有有形有無形。有形者雲，無形者風。承地而運七曜者，無形之剛風也。有形之氣無力，無形之氣有力。風者大氣之餘，時被地上。北極爲氣母，氣起于北，至西下轉于西南。此日入于西，所以向北。而地上之風，誠如聖祖《幾暇格物編》言：「風無正方，而常起于西南也。」因采集《宣夜》遺文，以西法通之，著《宣西通》三卷。又恭讀《欽定數理精蘊》，撮其簡要切于日用者，著《算牖》四卷，蓋取啓牖以示初學之意。其自序云：「算家以簡爲貴，取其濟用，兼亦省心，所述《算牖》，亦此志也。而其大端有二，一曰籌算，二曰四率比例籌算。省乘爲加，省除爲減，乘則不必徧乘，歸則無須撞歸。四率比例，往往多算者能以少算算之，累算者能以一算算之，且三率既定，即法實已分，斷不致法實顛倒之誤。四率本古法，而習乘除者多不之知，故特表之，即用珠算者習焉，其爲益于乘除不少也。籌算又最易曉。梅宣城云：『朝得暮能，學之甚易，而用之甚簡，謂非捷徑乎？』算書人或不樂觀，觀者又或未即見其綱要，因于篇首著此二端，俾有志明算之士，留意覽焉。」

別有《易確》二十卷行世。其未刊者，《毛詩後箋》八卷、《春秋三傳地名考證》六卷、《穀梁傳時月日釋例》六卷、漢世别本《禮記長義》四卷、《大學中庸講義》二卷、《四書因論》二卷、《許氏説音》十二卷、《説文後解》十卷、《太元後知》六卷、《參同契金隄大義》二卷、《步緯簡明法》一卷、《立天元一導竅》四卷、《擢對》八卷、《半古叢鈔》八卷、《味無味齋文集》八卷、《外集》四卷、《詩集》二十六卷、《外集》八卷、《駢體文》四卷、《壹籟詞》二卷。

同時又有周治平者，浙之臨海諸生。事蹟不得其詳。嘗因《曾子問·天員篇》偏則風一節，爲之釋曰：「萬物各有本所，故得其所則安，不得其所則强，及其强力已盡，自復居于本所焉。本所者何？如土最重，重愛卑，性居下。火最輕，輕愛高，性居上。水輕于土，在土之上，氣重于火，在火之下。然水比土爲輕，較火氣爲重，氣比火爲重，較水土爲輕。以是知水必下而不上，氣必上而不下矣。蓋水之情爲冷濕，火之情爲燥熱，土之情爲燥冷，氣之情爲濕熱，其情皆爲偏勝，各隨其勝所。火氣偶入水土之中，必不得其安，而欲上行。水土因氣騰入氣火之域，亦必被强而欲下墮，各居本所矣。日光照地，與氣上升，偏于燥則發爲風，火與土俱挾氣上升，阻于陰雲，難歸本所。火上之勢，上下不得，亦無就滅之理，則奮迅決發，激爲雷霆，與氣交合，迸爲火光，居于本所。故云交則電，日氣入地，鬱隆騰起，結而成雲，上至冷際，爲冷情所化，因而成雨。正如蒸水因熱上升，騰騰作氣，上及于蓋，蓋是冷際，即化爲水，下居本所，故雨者冷熱二氣相和而成也。若濕氣既清且微，是陽勝也，升至冷際，乃凝爲露。三冬之月，冷際甚冷，是陰勝也。雲至其處，既受冷侵，一一凝冱，皆是散圓，即成雪矣。露之爲霜，其理略同。蓋氣有三際，中際爲冷，上近火熱，下近地温。冷際正中，乃爲極冷，夏月之氣，鬱積濃厚，決絶上騰，力專勢鋭。逕至極冷之深際，驟凝爲雹，入冬愈深，變合愈驟，結體愈大矣。故雹體之大小，又因入冷之淺深爲差等。非如冬月雲氣徐徐上升，漸至冷之初際，而結體甚微也。故夏月雲足促狹，隔塍分壟，而晴雨頓異焉。冬時氣升冷際，化而成雨，因在氣中摩盪。故一一皆圓，初圓甚微，以漸歸并成爲點滴，未至本所，又爲嚴寒所迫，即下成霰矣。故雹霰者，皆陰陽專一之氣所結而成者也。」《宣西通》、《算牖》、《曾子注釋》。

論曰：許先生精于格致之理，言不妄發，行端表正，讀書之外無他好。與人接，終日默默，不善作酬酢語，洵爲古之通儒。殁後，州人三請崇祀鄉賢，非虚也。天性孝友，曾譔《北堂永慕記》，門弟子附刊于《易確》後。又以家貧身病，篤學多愁，致乏子嗣，以兄之次子徵容爲子。徵容好學，有父風，將見家學淵源，引而弗替。周君亦深于天算，兼習西法。阮相國曩譔《曾子注釋》，謂其能融會中西之説，曾采其言。又《疇人前傳》亦獲其校録之助，因所論與許先生説大略相近，故附及之。

吴蘭修

吴蘭修，字石華，嘉慶舉人，官信宜訓導。工詩文，尤精考據，兼擅算數之學。曾序李雲門侍郎《輯古算經考注》，其略云：「凡高臺、羡道、築隄、穿河等二十術，皆以從立方開之。西法詳句股開方，而無帶從。《同文算指》有帶從，平方而無立方。梅定九補帶從立方三術，稱爲至密，實未見此書也。且梅氏所舉皆正體立方，猶易布算，此則斜衺廣狹割截附帶，以法御之，無不曲中，可謂思極豪芒，妙入無間者矣。今以其術考之，立法要在求小數，以各差加小數而得大數。蓋以各差減大數，則乘除加減，正負交變。以小數與各差相加，與他數相乘，用

加而不用減，法尤簡易也。」立言無多，要能直揭王氏之旨，非深于古法者不能道。又譔有《方程考》，謂方程之法，沿誤久矣。梅氏定爲和數、較數、和較兼用、和較交變四類，可謂力闢荆榛。但其圖仍用直行，正負交變，耳目紛繁，學者猶難之。因以諸書方程經梅氏考正者，悉著録，遵《御製數理精蘊》法算之，庶幾一目瞭然。《學海堂二集》、《輯古算經考注》。

論曰：石華爲廣東知名士。阮相國總制兩廣時，于廣州城北粤秀山越王臺故址建立學海堂以課士，首選石華爲學長，其品學已可概見。所著《方程考》末載「通御」、「附辨」二門，如《算法統宗》有「狐鵬不知數」一條，用頭尾相減爲共數固誤。梅文穆公《赤水遺珍》改定爲兩尾相減餘爲法，亦非通法。因悟得用方程法御之，始無窒礙。其他不勝枚舉，要皆有功于九數者也。

董祐誠　張成孫

董祐誠，字方立，陽湖人。嘉慶二十三年，應順天鄉試，中式經魁。初名曾臣，鄉試後更今名。幼穎異，進止凝然，不强笑語，頗狷急，而訥于言辭。于書之外無所嗜，于世之書無不讀。尤有過人才，凡他人所不能探索者，祐誠一二過目，輒通其指。始工爲漢魏六朝文，繼通律曆、數理、輿地、名物之學，根究大道，而以用世自期，衣食奔走，足跡半天下，涉獵益廣，譔述亦富。三試禮部皆未第，意恒鬱鬱，遂肆力治經。又不樂爲世俗學，專治鉤棘隱奧之書，務出新義，闡秘曲，補罅漏。以是精力耗竭，于道光三年殁于京寓，年三十有三。

譔有《割圜連比例術圖解》三卷，自序云：「元郭守敬《授時草》，用天元術求弧矢，徑一圍三，猶仍舊率。西人以六宗三要二簡術求八綫，理密數繁，凡遇布算，皆資于表。梅文穆公《赤水遺珍》載西士杜德美圜徑求周諸率，語焉不詳，罕通其故。嘗欲更創通法，使弦矢與弧，可以徑求，覃精累年，迄無所得。己卯春，秀水朱先生鴻以杜氏《九術》全本相示，蓋海寧張先生豸冠所寫者，九術以外，别無圖説。聞陳氏際新嘗爲之注，爲某氏所秘，書已不傳。乃反覆尋繹，究其立法之原，蓋即圜容十八觚之術，引伸類長，求其纍積，實兼差分之列衰，商功之堆垛，而會通以盡句股之變。《周髀經》曰：『圜出于方，方出于矩，矩出于九九八十一。』圜，弧也。方，弦矢也。九九八十一，遞加遞減遞乘遞除之差也。方圓者，天地之大體，奇耦相生，出于自然。今得此術，而方圓之率通矣。爰分圖著解，冠以《九術》原文，并立弧矢互求四術，都爲三卷，辭取易明，有傷蕪冗，其所未確，俟有道正焉。」

又譔《橢圓求周術》一卷，自序云：「橢圓求周，舊無其術。秀水朱先生鴻爲言圓柱斜剖，則成橢圓，是可以句股形求之。秋涼無事，即先生之説，稍爲發明，系以圖釋。大氐平圓如平方，橢圓如縱方，橢圓有大徑有小徑，有周有積，必知其二，然後可求其餘，猶縱方之句股形也。如以兩徑與周之和較，及面積隱雜求之，則其術亦有不可盡者矣。」

又譔《堆垛求積術》一卷，自序云：「堆垛求積三乘方以上，舊無其術。汪氏《衡齋算學》始創諸乘方三角堆求積術，以爲古所未發。予釋《割圜捷法》，更得求諸乘方所成之方錐堆術，繼復以縱方堆推之，而得諸乘方所成之縱方堆術。亦謂此兩術又汪氏所未發也。近讀《四元玉鑑》『茭草形段』、『果垛疊藏』諸問，求其天元如積之原，則與諸術皆一一符合。學然後知不足，旨哉言乎。爰取舊譔兩術，比而録之，爲讀《四元玉鑑》助焉。」

又譔《斜弧三邊求角補術》一卷，自序云：「梅文穆公《赤水遺珍》有弧三角形，三邊求角開平方得半角正弦法，解與薛儀甫《天學會通》三邊求角用對數術略同。其術視總較術稍繁，然用于對數，則此爲簡省矣。薛氏有法無解，梅氏以平行綫作同式三角形釋之，義亦未顯。暇日尋繹，乃知角旁大弧之弦綫，與對弧之弦綫相交，成平三角形。以邊角比例術求之，可得所求角正矢之半爲末數，故倍末數，即得角之矢。而術必求半角正弦者，八綫對數表無矢綫，知此術之專爲對數立也。别爲圖解，并補求又一角術，推步之士，或有取焉。」

又譔《三統術衍補》一卷，自序云：「推步家實測日月星辰之行，以算術綴之，謂之綴術。自漢以下無慮數十家，莫不先審天行，復綴算數，數不虚則假物以爲用。三統之律吕爻象，大衍之蓍策，授時之平差立差，西人之小輪橢圓，其用殊，其設數以求合于實測一也。俗學昧于原本，毁所不見，遂以律吕、蓍策之説爲詬病，是知檠之非日，而并疑日之非圓也。三統術爲諸家權輿。史稱公孫卿等定東西立晷儀下漏刻，已得太初本星度，乃更選洛下閎等運算，以律起曆，則是已得諸數而復飾以律吕爻象，固章章矣。錢詹事作《三統術衍》，頗稱詳覈，然于創術之原，猶有未備。今輒依太初元年日月五步度數，比而列之，入以演譔之法，爲《補衍》一卷，後之學者，庶無惑乎此也。」

先是，祐誠研究諸史曆志，因譔《三統術衍補》，復取三統以次，迄明大統、萬年、回回各術，計五十三家，擬譔五十三家曆術。北涼趙畋之元始術、唐南宮説之神龍術及瞿曇悉達之九執術，志不著録用數。更據《開元占經》所引補，屬

稿未成，但有序目，載文集中。敘略云：「自昔上皇之世，孟幼未分，草木互易，乃定神策轉調。歷大庭軒轅，逮于殷周，三五之法，《詩》、《書》所稱，略可指說，靡得而詳焉。周室陵遲，憲章版蕩，亡告朔之禮，廢疇人之職。重遭秦楚，五紀崩隧。漢氏初定，日不暇給，至于武皇，始正三微，改歲首，于是方士輻湊，曲藝雲集，追星距以定度，酌月法以積閏，而晦朔分至躔離弦望之術，差以周備。自是以後，代自爲憲，家自爲學。下暨唐宋，經數十易，皆考驗當代，斟酌舊傳。有元承之，作授時曆，差平立以調進退，求弧矢以正黄赤，棄積年之法，立諸應之準，測算之術，綦以密矣。明代大統，因乎授時，暨于末年，門户别出，紛爭辨訟，遂屬國亡。大清龍興，晷緯昭應，西徼殊俗，厥角獻技，内設五官天文之科，外測四海經緯之變，日月效期，寒暑通軌。蓋自太初以來千七百四十餘年，始集成于我朝。然猶申命臺官，朝夕格署。蓋天地之數，若此其微也。夫術士之學，厥有三蔽：墨守師承，毀所不見，昧因造之理，違澤火之義，舉一遺三，得五忘十，其蔽一也。榮今陋古，拔本塞源，斥射姓之司星，嗤鄧平之運算，是猶指三江而狹峴流，觀九河而淺積石，其蔽二也。中夏失官，學流荒裔，鳩扈補象徵之制，音紐祖形聲之遺，而議者必嚴内外之防，屏梵回之曆，其蔽三也。祐誠旅食餘閒，願言纂輯，乃取史志所載，自三統以下可譔述者五十三家。凡歲實、朔實之分，定氣、定朔之差，皆敬授之大原，先朝之遺憲。爲比其名義，課其盈虚，補其散佚，信其亡闕，都爲十卷。鉤核考互，有移歲時，以存先士之學，竢有道之正焉爾。」祐誠殁後，其兄基誠時官户曹，取其已成之曆算稿五種，計七卷，附以《水經注圖說》殘稿四卷，文《甲集》二卷、《乙集》二卷，《蘭石詞》一卷，共九種，凡一十六卷，名曰《方立遺書》。囑同里張成孫校而刻之。張成孫者，字彦惟，陽湖張皋文編修惠言子也，名父之後，經學傳家，兼精天學。《方立遺書》。

論曰：方立沈默精敏，所著書洵足以超邁古人。尤所譔之曆術序，探本窮源，不獨指摘其三蔽所在，且可使後學知因造之端。書雖未成，而其志實與元和李尚之秀才鋭擬譔《司天通志》大略相同，皆有功于象緯者也。惟創橢圓求周，誤據《九章》句股葛生纏木術，以橢圓大徑爲弦，小徑爲句，求得股副，以小徑求得圜半周爲句，與所求之股，復求得弦爲橢圓半周，于術不通。蓋葛生纏木，若使兩面對纏，其相交處必有角，故可借爲句股形求之，而橢圓之形則爲斜剖之圓柱，與葛纏者迥異。其受剖處無痕跡可尋，故能有合于長圓，而不能有合于句股，以其相交處無角也。夫其相交處無角，則其形不同，其數必恒小于橢周，信非通法。曩曾以此論告之其兄玉椒農部基誠，乃農部既不知算，兼以友愛其弟，不忍湮没其所著之書，堅不節去此術，致方立有遺憾，惜哉！

又 清續補四

張敦仁

張敦仁，字古餘，陽城人也。由乾隆四十年進士丁憂，四十三年補行殿試。奉以知縣歸班銓選，歷官直隸南宫、江西高安、廬陵等縣知縣，銅鼓、川沙等廳同知，江寧、揚州、南昌、吉安等府知府，洊升雲南鹽法道，得末疾，乞老歸，僑寓金陵。生平實事求是，居官勤于公事，暇即力求古籍，研究群書，雖老病家居亦不廢學，尤嗜曆算。以在江南之日最久，與元和李秀才鋭相友善。因讀《緝古算經》，凡高臺、羨道、築隄、穿河等二十術，皆以從立方開之，苦其有術無草，且詞隱理奥，無能通之者。其第十六術以下，原本注文、術文爛脱甚多。乃與李秀才商榷，各以天元入之，共著細草，并將其爛脱字據術補足。使商功之平地役功廣袤之術，較若列眉，手寫定本刊刻，名曰《緝古算經細草》。長塘鮑氏見而愛之，縮爲袖珍本，刻入《知不足齋叢書》中，自是《緝古》始有善本矣。又因讀秦氏《數學九章》，知大衍求一術與立天元一術皆爲曆算家至精之詣，天元一幸得宣城梅氏辨明。

又有《測圜海鏡》、《益古演段》諸刻本行世，獨大衍求一術載在秦書，而秦書又無刊本，鮮有知者。于是復譔《求一算術》上、中、下三卷，自序云：「算數之學，自《九章》而後，述作滋多。其最善者則有二術，一曰立天元一，一曰求一。盡方圓之變，莫善于立天元一，窮奇偶之情，莫善于求一。求一之術，出于《孫子算經》物不知數之問。《宋史・藝文志》有龍受益求一算術化零歌，當即此術，而其書不傳。推步家謂之方程，周琮《明天術義略》，所謂以方程約而齊之，鮑澣之論統天術，所謂虚廢方程之算者，是也。然其布算行列，迥與方程不同，則名之爲方程者，非也。其法以各數及不滿各數之殘，求未以各數除去之數，必先求以各數去之餘一之數，而後諸數可求，故曰求一也。算之用無所不包，至于步天而極，求一術之于步天，其用尤爲切要。何者？氣朔交轉之策，即各數也；氣朔交轉之應，即不滿各數之殘也。上元以來，距所求年之積分，即未以各數除去之數也。是故由唐麟德術以下，迄于宋元諸家演譔，皆依賴是術而成。五代曹士蔿始變古法，不復推上古爲元，然世謂之小術，祇行于民間。元郭守敬造授時

術，斷取近距，不用積年日法，而李謙議仍有附演積數三法，以釋或者之疑。蓋臺官師説相傳，罔敢失墜，求一術之見重當時如此。明用大統，一切皆仍授時之舊。鄭世子載堉所進萬年術，亦依郭法截算，不立積年。上元之法，久不行用。于是古人所以推求七曜齊同之故，五百年來無有知其説者矣。國朝數學昌明，邁越千古，潛心九九之士，後先相望。立天元術，見于元李敬齋冶《益古演段》、《測圜海鏡》者，唐荆州、顧箬溪諸君已不解爲何物，及宣城梅文穆公以西洋借根方釋之，其術復大顯。獨求一術厪見于宋秦九韶道古《數學九章》中，學者罕見其書，知之者鮮。余宦遊江右，上交學使李雲門先生，借録所藏秦、李諸書，乃得窺尋立天元一、求一之妙。及來吴門，有元和諸生李尚之鋭篤好斯言，因共日夕討論，研窮秘奥，官曹多暇，輒依秦氏所説，略加修飾，推而衍之，得書一卷，名曰《求一算術》。以篇帙稍繁，分爲上、中、下，上以究其原，中、下以明其法，中爲雜法，下則演紀也。竊謂隨時測驗，以明合天，則演譔之法，不可復用；上考往古，求其已然，則算造之原，不可不知。況乎術體精微，未易窺測，秦氏自言窮年致志，感于夢寐，幸而得知，神明變化，存乎其人。又安知無用之用，其用不有更大者在乎？此則區區之心所以自矜，一得之愚，亟思有以章明之也。」

又因讀《測圜海鏡》有翻法在記之注，疑李氏别有《開方記》一書，佚而不傳。爰取秦書所載正負開方法，自平方以迄三乘方，凡六十四問，各設超進、商除、正負，和較之式副以之。分二十五問，負商二十三問，無數五問，代開十二問，盡變二十二問，通論一十二問，而以釋例二十一條冠諸首，用補李氏佚書，名曰《開方補記》。自序云：「正負開諸乘方者，天元一術之除法也。天元一術，凡應除者多不受除，不除此而乘彼，則不得不合累乘所得之數而并除之，于是開諸乘方之法生焉。非當其取數之初，先設一開幾乘方之見于胷中，而後以吾術就之也。後人不察，乃枝節而形求之，湊合于長闊和較之間，規規于廉率立成之數。説愈難，而古人立法之意愈晦矣。嘉慶己未，余因校李敬齋《測圜海鏡》，不得其開方之術，甚惜所謂翻法在記者之不可以復見，轉而于秦道古《數學九章》中求之，始識古人層層列位，同加異減，自然相生之妙。然易一數以取初商，則猶茫然無以御也。嗣是游宦所至，每遇譚藝之士，輒相諏訪。癸亥之秋，重晤李雲門先生于都下，執手道故外，即相與極論此事，亦深以定初商爲難。冬仲南來，寓居吴會，官閒無事，乃與元和李尚之復取秦氏書，列式而詳稽之。然後嘆自《九章算經》以來，歷代相傳開方步法，爲《同文算指》隔位作點之一言汩之，而初商遂不可定也。夫隔位作點，止可以御無從之方，而不可以御正負諸乘方。正負諸乘方有實從廉隅各層，必以正負之名，層層審之，而後可開幾數者定，必以超進之法，層層審之，而後可開幾數者之各商數俱定。時吴縣沈中立亦篤好斯學，各設新題，更相詰難，會通既得，理解豁然。正負錯糅，銖黍不失，蓋古人立法之精，爲蔑以加矣。次年冬，尚之與余同處金陵，乃爲通釋條例，自平方起，至三乘方止，推是而至于無窮，皆可一法以御之。今年夏，出以示元和顧千里寓目，資其排演，裒然成篇，列式雖多，義無重複。然所謂可開幾數者，以開方言之則然，若天元一術之本法，固不如是也。因備舉秦、李諸書及郭邢臺《授時法草》之見于今者，爲《通論》一卷，以殿其後，欲令學者知古人于此，非昧之而不言，特其言之各有攸當，而非可以蠡管之見，强相訾議者也。夫以三百年來久佚之術，與余五六年來耿耿莫釋之疑，一旦萃海内之學人，講明而暴白之，斯亦天下之至樂矣。書既成，都爲九卷，名之曰《開方補記》。非能于古人之外有加毫末也，祇推演其已成之法，并申明其用法之意云爾。乙丑閏六月九日識于邵伯舟次。」稿成未刊，迨道光十四年，始親爲校刻，僅成六卷。遂以病歿，年八十有一。《輯古算經細草》、《求一算術》、《開方補記》。

論曰：天元一術雖肇自宋元時，究其原實《古九章・少廣》借一步之遺。以天元釋《輯古》，亦猶夫雲門侍郎之以《九章》釋《輯古》，皆專志求古者也。較之妄以西法疏釋古書者，真有霄壤之判。至于宋、金諸史不爲秦九韶立傳，而所爲大衍求一演紀上元，幾使前賢精詣，湮没無聞。得觀察表而章之，又復闡而明之，不獨使曆志之殘缺譌舛者，可以據術推補，且可以備將來考驗氣朔交轉諸策諸應曆久而差之由來，厥功偉矣。觀察著述甚富，已刊者《輯古算經細草》、《求一算術》二種外，尚有《鹽鐵論考證》、《通鑑補識誤》、《通鑑補略》諸書。惜《開方補記》刊而未竣，此又與吾鄉焦里堂孝廉之《開方通釋》未經刊布，同一憾事也。

姚文田　施彦士

姚文田，字秋農，歸安人。以嘉慶四年己未科第一甲一名進士，授職修譔，充國史館唐文館纂修。歷官詹事府、翰林院内閣學士、禮部尚書，卒謚文僖。生平博覽群書，精于考覈，兼明古曆傳譔，有《春秋經傳朔閏表》二卷。其自序云：「曆法以分至爲主，必使常居四正之月，然後歲序不忒。故氣有盈，朔有虚，則置閏月以齊之。《堯典》專舉四仲，其定法也。春秋時日官失職，曆法久壞，前後參錯，時有不同。『春王正月』一語，先儒聚訟紛紜，然如隱公七年二月十七日長

至，則正月乃建亥矣，尚得謂周正月乎？自宣公初連失兩閏，後此屢補屢失，以至襄公之末，凡五十餘年。魯多通儒，豈無有一二人能釐正之者，乃聽其紊亂如是之久？魯史繫之以王，蓋是當日周曆如此，故夫子亦仍而不改。至于列國，各隨民俗，故有雜用夏商正者，其赴告之文，或知改從周制者，其施諸國中，則命月必有歧出。左氏採輯各傳，往往專舉四時，而不言月。間有稱月而改定者，亦有遺漏未改者，後人讀之難曉。杜氏作《長曆》，自謂用乾度，并古今十曆以相考驗。無論諸曆皆漢以後人作，且多歧亡羊，抑又何所適從？顧氏朔閏表，力糾杜孔之失，乃衹是遷就日月，閏月重大，隨意安置，又不詳致誤之由，用力勤而失彌甚矣。愚謂夏正承顓頊後，實爲曆法之宗。殷周雖改正朔，其大法必不能變。春秋曆法蓋有二端，一則先大月後小月。凡日月率二十九日半有奇而一會，每月常不足三十日。《漢志》先藉半日，名曰『陽曆』；不藉名曰『陰曆』。藉，古『借』字。先大後小，所謂藉半日也。然小月之朔，常在大月之晦，名義俱不符，未知周初果如此否。漢鄧平實踵其法，見《漢志》至每月皆有餘分，積滿半日，則下月更不須藉。故有重大之月，大約常在第十七月。先大後小，則十七月已是大月，故不得不移前一月，而十七月反爲小月。通經傳二百五十五年中，僅失三重大，多一重大，其後旋即補正，蓋一有增脱，則小大全倒，陽曆轉爲陰曆也。一則置閏歲終，凡經傳閏月，皆在是年之末，又不言閏某月，惟文元年閏三月，當時即譏其非禮，知所謂歸餘者，斷在歲終。秦人稱後九月，有自來矣，然于古法實不合。故哀公十二月螽一傳，又引夫子之言以正其失也。由其定法全失，遂至疏數無常。故有一年再閏者，文元年是也。有一年三閏者，襄二十八年是也。有二年連閏者，僖三年、四年是也。有三年連閏者，僖二十二年、二十三年、二十四年是也。皆由錯失在前，隨時改正，尋其脉絡，可得而言。其夏商正閏法，必有不同。昭二十年衛有閏月殺宣姜事，文在八月之下，似當是閏八月，或言下文賜謚予墓，皆終而言之，此亦可與之一例，然在某月終不能定。惟哀十五年傳閏月，良夫與太子入，經書此事于十六年正月，是衛之閏，爲魯之正，乃爲衛用商正之實證。杜氏誤合爲一，遂并孔子之卒而亡其日，斯爲過之至大者。予既深知杜顧兩家之失，幸賴僖五年、昭二十年兩日南至，傳有明文，即據此以爲本，推算前後長至，布爲定率。復取經、傳分年條繫，去其傳寫有譌舛者，然後二千三百餘年以前之曆法，粲然復明，亦古今一大快事。既爲表如後，復撮其要，書于卷端。」

嗣又有施彦士，字樸齋，崇明人。道光元年舉人。生平究心實學，專以經濟致用爲主，尤于天文、輿地肆力最深，推步以徐圃臣爲根柢，輿地以顧祖禹爲濫觴。先是，彦士譔有《求己堂》八種，其《海運圖説》，即八種之一也。會三年冬，高堰隄決，運河失道，當時議籌海運經太倉。張刺史作楠、江蘇賀方伯長齡、陶中丞澍，以彦士夙有成書，延訪入幕勷辦海運。事成，上功于朝，議叙知縣，歷任内邱、正定、萬全等縣。道光十五年以勞瘁成疾，卒于官，年六十有一。曾取天元曆理策應諸用數，推勘《春秋》三十七日食。其自序云：「《春秋》日月，具有義例，而周正、夏正聚訟紛如。蓋自東遷以後，失曆失閏。冬春上篡，正朔下移，甚至春二月而日南至，十二月而火西流。所以孔子嘗譏司曆過，左氏亦謂再失閏。况夏五郭公，史文多闕，千載後其孰從而定之？杜征南爲左氏功臣，而不諳曆法，所著《長曆》，惟憑經文，朔日前却閏月，以求其合，而經誤傳誤，卒不可定，後人又孰從而求之？孟子有言：『苟求其故，千歲日至，可坐而致。』夫冬夏致日，古法憑土圭測景，葭管飛灰，容有不齊。求其可以考曆法之疎密而堅定其是非者，莫如日食，則欲以曆證《春秋》之日月，而破千古之疑似者，莫如求全經之交食，然而難言之矣。王伯厚云：《春秋》日食三十六，曆家推驗精者，不過得二十六。唐一行得二十七，本朝衛朴得三十五。惟莊十八年三月，古今算不入食法，然檇李徐圃臣先生云：『此正坐不知《春秋》正朔漸變之故。』則固無足憑焉。郭守敬授時曆法亦密矣，然《元史·曆志》所推《春秋》三十七事，僖五年九月朔食，既缺而不載；桓三年七月日食，既僅推得六分四十一秒。又意在以經證曆，初非以曆明經，未嘗指出《春秋》失閏之漸。惟徐圃臣先生能以曆證明經術，考定全經朔日，著爲《經傳注疏辨正》。而其書不傳，徧求諸上下兩江，卒不可得。乙亥秋杪，偕郁達夫游嘉禾，求遺書。謁先生從孫麗川丈，尋五龍橋讀書處，則已他人是保，而殘楮剩墨，杳乎不可復知矣。無已，歸而求諸所得先生曆法，積年布算，則全經日食三十七事，乃得其三十四。夫交食之法，分秒有差，即不能合。而自宣十七年癸卯外，所書甲乙，無不若合符節。并列于二千三百餘年後之珠盤，并衛朴所不能合，郭守敬所不及詳者，一一有以得其實，豈非千古大快事哉？爰以所推《交食全稿》，録爲一帙。準徐氏法，以月建名月，比而核之。則僖公以前，合夏正者二，合夏正而失一閏者五；文公以後，合周正者十九，合周正而失一閏者六。夫亦可知《春秋》失閏之有漸，而周正之改月與否，可由是而定，全經朔日，亦可由是而推矣。惟僖公十五年五月交食，《元史》不無附會。而襄公二十一年及二十四年連月比食，古今曆法所不能得者，而衛朴能得之。此

或別自有説，而彦何足以知之？姑俟諸深于《春秋》且精于曆法者。」又謂杜氏《長曆》、顧氏《朔閏表》祇就經、傳推較，而未諳曆法。晉姜岌、唐一行、元郭氏各以曆推《春秋》日食，而未及全經朔日。徐氏能以曆考定全經朔日，而其書不傳。陳厚耀《長曆》，或稱較預爲密，而僅從《四庫提要》中略見一斑。且推至僖公五年止，以下因一一與杜曆相符，不復續載。則襄公二十七年傳注頓置兩閏之誣，似未及辨正。而隱、桓之初杜氏之得者，轉未免異同其説。以隱公元年以前，非失一閏乃多一閏，似也。先儒謂周正建子，如失一閏，則建亥矣。而正月實建丑，非多一閏而何？然欲退一閏以就之，將以合杜氏所不能合，而不知二年八月之庚辰有不合，失在七月不置閏。三年十二月之庚戌有不合，鄭用夏正置閏不同之故。四年二月之戊申有不合，則有日無月，杜注正義辨之明矣。如必退一月以求合，則杜氏之本合者，如三年十二月癸未等日，又將何以合之？且即退一月以合周正建子，而隱元年子月當得辛亥朔。今陳氏定爲庚辰朔，較《長曆》實退兩月，是多退一閏矣。而朔日又進同卯月庚辰，毋乃進退兩無所據歟？況隱三年二月己巳朔日食辰在寅，桓三年七月日食辰在未正，足徵《春秋》之初失閏有漸，似尤不得泥周正建子以致疑也。總之，置閏可移，而交食不可移。此不敢求異于杜氏，亦不敢强同于陳氏。爰遵徐氏法，推全經食限，而以置閏證經文。仿顧氏表推全經朔閏，而憑日食爲天驗。因更譔《春秋朔閏表發覆》四卷。《邃雅堂學古録》、《皇清經解經義叢鈔》、《二千三百八十三求己堂集》。

論曰：杜著《長曆》，移置閏月，遷就求合，本不足據，故後人駁者甚多。文僖公據《漢志》稱太初元年丙子，與《淮南・天文訓》太乙在丙子合。遂以魯隱公元年當爲戊午，開卷便錯，其他可知。且既詆杜氏頻年置閏，及一年再閏爲非，而所譔之表，不獨踵其蔽，且復加尤。更有三年連閏及一年三閏之失，其以意排比，并同杜氏。惟云古文乙、己、卯、酉字形相似，經、傳此二字涉誤最多，斯爲篤論。若徐氏《天元曆理》，據《竹書紀年》甲子，斥班固曆、志之非，取大統法，稍變歲實，以上合于天元四甲子爲曆元，初無足取，樸齋獨推崇甚至，謂能以曆證經。觀其于宣四年閏七月，六年閏六月，八年、十年、十二年并閏五月，則其爲遷就求合也，亦顯然可見。夫《春秋》雖屬聖經，日名無有關係，聖人之所重者不在此。且聖人嘗云吾猶及史之闕文也，故桓五年正月陳侯鮑卒，甲戌、己丑日名兩存，此闕疑之明證。漢末去古未遠，宋仲子以《七曆》考《春秋》，互有得失，已自不能全合。矧遠在二千餘年以後，歲實消長之曆法，而謬冀密合二千餘年以前紀載失真之日名，此杜氏所謂度己之蹟，而欲削他人之足，吾知其必不然也。

戴敦元

戴先生，諱敦元，字金溪。開化人。幼有神童之目，讀書以尺計，過目輒終身不忘。年十五，舉于鄉。乾隆五十五年成進士，以病，後一科始補，殿試授清書翰林，散館改主事，籤分刑部，久充秋審處總辦，由廣東高廉道洊升刑部尚書。道光十四年，卒于官，年六十有一，謚簡恪。生平無所嗜，篤好曆算之學。與鍾祥侍郎李潢交最善。著述雖多，悉未成書。今所傳者惟劉徽所注之《九章算術》方程新術二，文多脱誤，簡恪曾校其一。謂先置第四行以減第三行，反減第四行，去其頭位。次置第二行，以第三行減第二行，去其頭位。次置右行及左行，去其頭位。次以第二行減右行頭位。次以右行去左行及第二行頭位，又去第四行頭位，餘可半。次以第四行減左行頭位。次以左行去第四行及第二行頭位。次以第二行去第四行頭位，餘約之爲法實。如法而一，得六，即黍價。以法減第二行得荅價，左行得菽價，右行得麥價，第三行麻價。凡改八字，添二十六字，移二十九字。《九章算術細草圖説》。

論曰：簡恪一生，沈默鮮言，清廉寡慾，實心政事，熟于刑名。退食即閉户讀書，不事交接。凡有譔述，隨手散置，以故佚者居多。未歿之前三日，其時實無疾病，忽親爲檢束殘稿，分類編輯，次日即已瘁中，不能言語，若預知其將亡。然士琳數不識三，技惟窮五，獨蒙眷愛，没齒難忘，屢索遺稿恭校，卒不可得。曾記曩演朱氏《四元玉鑑細草》時，其末一問，原本爛脱十五字。簡恪據術代爲訂補，云「各自自乘」下當爲「并之爲正」四字，「上廉」下當爲「一爲從」三字，「開之」下當爲「與其數相」四字，「直積」下當爲「加三」二字，「弦冪」下當爲「減」一字，「股」下當爲「相」一字。又士琳所譔《句股容三事拾遺》及《演元九式》二書，簡恪亦皆審定賜序。今序文具在，而全豹未窺，痛哉！

陳潮

陳潮，字東之。泰興諸生，援例納粟。道光十一年應京兆試，舉于鄉。生平實事求是，肆力經學，工小篆，精于六書音韻。以漢儒説經者六書尚矣，尤不能廢九數，于是鋭志算學，晝夜不輟。未數月而立天元一術，及朱氏四元術，皆能探其原。以是耗精太過，勞瘁成疾，卒于京寓。先是，潮館于大興徐禮部松家，嘗與禮部言，戴庶常震于《永樂大典》中檢得《算經十書》，因綴術佚亡，遂取西人籌算一册代之，究屬未善。更謂唐以明算科取士，獨綴術限以四，歲試之日，綴

術七條，十通六爲第六典，云六條。《齊書》云：「祖沖之注《九章》，造《綴術》數十篇。」《隋志》云：「宋末南徐州從事祖沖之更開圓率密法，又設開差冪開差立，兼以正圓參之。指要精密，算氏之最者也。所著之書名《綴術》。」劉徽《九章算術·方田章》、王莽《銅斛嘉量》下，李淳風注云：「祖沖之以其不精，就中更推其數，沖之爲密。」又《少廣章開立圓術》下，李淳風注云：「祖暅之謂劉徽、張衡二人，皆以圓囷爲方率，丸爲圓率，乃設新法。」唐王孝通《緝古算表》：「祖暅之《綴術》，時人稱之精妙。曾不覺方邑進行之術，全錯不通；芻甍方亭之問，于理未盡。」宋秦九韶《數學九章》序云：「七精迴穹，人事之紀，追綴而求，宵星晝晷。」又《天時章》第四問，有綴術推星一題。《夢溪筆談》云：「求星辰之行步，氣朔消長，謂之綴術。不可以形察，但以算數綴之而已。」北齊祖暅之有《綴術》二卷，合此諸說，則綴術亦推演重差之意。因擬采諸家緒論，參以朱氏招數、秦氏大衍、明氏諸差，譔《綴術輯補》二卷。雖不敢希合原術，或庶幾存古人之萬一焉。惜甫經建議，未得成書，齎志而歿。《綴術輯補》、《徐禮部說》。

論曰：東之與余爲車笠交。道光辛卯秋，余將出都有日矣，東之甫學算于余，其志專，故其用力也銳，雖其學未必能登巔造極，而其苦心孤詣，良足哀已。嗣奉徐星伯禮部松來書云：東之死矣。且東之死，而一無譔述，幾與草木同腐，不愈哀哉！爰據禮部所述東之生前談藝諸言，代譔是書，并列傳附識于此。

張作楠

張作楠，字丹邨，金華人。由處州府教授，歷官陽湖縣、太倉州，洊升至徐州府，以不得于大府，將改簡，遂乞假終養歸，優游林下者十餘稔。生平酷嗜西人曆算之學，與婺源齊彥槐、全椒江臨泰相友善，以兩人皆同治西算也。居官不事酬應，嘗曰：「與其浪費無益之酬應，不若將薄俸養活工匠，製儀器，刻算書，俾絕學大昌。」故凡履任，悉以銅木石工及剞劂氏相隨。所著書若干種，名《翠薇山房算學叢書》，大率皆西人成法，推而演之。嘗謂僧一行曾以指南鍼較北極，鍼指虛危之間，極在虛六度初，鍼實偏于極右二度九十五分，北極偏右，則知南極偏左。沈存中《筆談》亦稱微偏東，不全南。徐文定《曆議》稱鍼所得子午非真，隨地不同，在京師則偏東五度四十分，冬至正午先天一刻四十四分有奇。梅勿庵《揆日紀要》稱天上正南，非羅鍼所指之正南，須于正午之西，稍偏取之。故楊光先有《鍼路論》，陸朗夫《切問齋集》有《指南鍼辨》。因量取《坤輿全圖》各直省府廳州縣，及諸部落經緯綫推演列爲全表，附造平面、立面及面東西諸日晷法，譔《揣籥小録》。又仿梅氏《諸方日軌》例，自北極出地十八度起，至五十四度止，推算各節氣。自卯正以至酉正止，太陽距地平高弧，列表于前。更取直表、橫表各一尺，表景亦如前，算高弧法，逐一推演列表于後，譔《揣籥續録》。又取正弧及斜弧三角，括以二十八例，譔《弧三角舉隅》、《弧角設如》二種。又推測道光三年癸未天正冬至星度，七十二候各中星，列表而冠以《四十五大星圖》。并附《各星赤道經度歲差表》、《中星時刻日差表》、《太陽黃赤升度表》、《二十八宿黃赤積度表》，可以逐年逐日，依法加減，使中星與時刻互求。譔《新測中星圖表》、《金華晷景表》、《金華更漏中星表》三種。又推算道光癸未年，各恒星并近南極諸星，及天漢起没，黃赤經緯度列表，譔《恒星圖表》。又因八綫及《八綫對數表》，每十秒爲率，卷帙繁重。爰取簡便，以每度六十分列表，析弦切割三綫，各爲一帙，譔《八綫類編》、《八綫對數類編》二種。又推算北極出地二十八度至三十四度，及四十度各節氣，逐時逐刻太陽高弧度分秒，并直表橫表，日景尺寸，分釐列表，譔《高弧細草》。又彙采諸書量倉量田各法，譔《倉田通法》十四卷，第一册曰「量倉通法一之三」，第二册曰「量倉通法四之五」，附以借根方法；第三册曰「方田通法補例一之三」，第四册曰「方田通法補例四之六」，第五册曰「倉田通法續編一之三」，附立天元一法。《翠薇山房曆算叢書》。

論曰：丹邨之學，謹守西法，依數推演，隨人步趨，無有心得，殆如屈曾發、徐朝俊之亞耳。其所著之書雖多，要皆採襲于《欽定數理精蘊》、《欽定曆象考成》、《欽定儀象考成》，旁及秦、李諸書，亦如屈氏之《九數通考》而已。且屈書務在致用，而卷帙以簡便爲貴，故初學者至今寶之。張書則大率爲晷景中星而設，又復務在全備，故卷帙雖多，半皆抄撮，世有目丹邨爲算胥者，韙矣。

劉衡

劉衡，字蘊聲，一字訒堂，廉舫其號也。榜名琗，以副榜貢生教習官學，秩滿爲令。初任廣東四會，博羅、新興等縣事，丁艱服闋，銓選四川墊江縣，調梁山，再調巴縣，擢綿州，進知保寧府，遷成都府，授河南開歸陳許道，以疾歸。生平伉直誠慤，無他腸，與人迕，旋悔且謝，未嘗宿留于中，遇人豁然，不爲畦畛，與言無不盡，勤學强記，至老不衰。自經史百氏，以迄六書、星經、地理、醫方、藥性，下及雜家小説，靡不通覽。于吏治以廉能著聲。有《庸吏庸言》、《蜀僚問答》、《讀律心得》三書刊行。歿後不數年，蜀人粵人，各以名宦請入祠崇祀，其政績詳載兩省事實册。尤嗜九章、句股、八綫、測量中西諸算法。曾受學于李雲門侍郎，

爲補《輯古算經》佚注二則。嗣與奉新趙竹岡、同里揭韻餘朝夕討論益精，進譔《六九軒算書》五種，目曰《尺算日晷新義》上、下卷，《句股尺測量新法籌表開諸乘方捷法》上、下卷，《借根方法淺説》，《四率淺説》。趙序云：「僕于世事略無所通曉，惟頗好算法，能言後即牏能之。家有梅、方二氏書，時時披閲，苦未盡解。長大後益無訾省，又乏同志講貫，兹事遂廢。今年遇簾舫明府于端州，辱示舊所著書凡五種。大要中明古義，特出新意于測量、四率、日晷、乘方、借根方法，旁通曲鬯，務欲以艱深歸諸顯易，使人人皆得其門而入。夫算學之重久矣，于吏事尤切要，財賦、農田、水利、土方、工築，下逮日用米鹽淩雜，皆奸欺出没之藪，非通曉何以馭之？簾舫爲人勤敏耐辛苦，爲吏卓然有聲，用餘暇益精研于學。江右談此事者，寧都邱氏未有書，德化毛氏、廣昌氏有書而未顯。簾舫此五種及小學書，鄙見以爲必傳無疑。」

其自序《尺算日晷新義》略云：「天體渾圓而非平圓，北極出地，隨方不同。故日度所躔，與日景所到，亦遂有因地高下之異，而晝夜之長短因之。欲所用晷，不求極出地度，隨處通用，嘻，謬矣！夫在天一度，在地南北約二百里，顧執一成之器而概之，薄海内外，曰此其晷也，豈但差毫釐而失千里已哉？衡不敏，以鄙意造算尺一具，專爲製晷設也。乃製晷得六則，一曰斜立向正南之晷，二曰斜立向正東之晷，三曰斜立向正西之晷，四曰平面向正北之晷，五曰立面向正南之晷，六曰斜立向正北之晷。晷式不同，然其用北極以定赤道之高下以求晷，則區區主見所在，六者毋或歧帙。分上、下卷，上卷造尺法，下卷則製晷法也。」

又序《句股尺測量新法》略云：「測量舊法，用表用重表，用三表、四表。西法用鏡，用盂水，用矩尺，用套竿，用覆笠，用矩度，用象限儀，罔弗貫幽入微，備臻美善。然皆有待于算，未有不煩布算一量即得者。衡少喜泰西家學，熟測量諸法。年來反復探索，輒以鄙意創爲句股尺。其制長方，即句股相乘之積面，畫横縱諸綫，凡山岳樓臺城郭之高，川谷之深，土田道里之遠，一測而得，不煩布算。但數尺面縱横各格，即得真距，無分秒差。繪圖立説，得十二法，集爲一編，命兒輩鈔存之，自備省覽，且爲家塾啓蒙之一助云。」

又序《籌表開諸乘方捷法》略云：「宣城梅勿庵先生本泰西羅雅谷籌算開方廉隅共法之法，譔《開方捷法》一卷，衹及平方立方，而不及三乘已上諸乘方，蓋隅者小方形也，借方籌爲隅法，在平方則以之合廉法籌，在立方則以之合平廉法籌。夫平方之廉法，立方之平廉法，古謂之方法，與諸乘方之第一廉等。但以次商之根乘之，即得廉積，故列籌九格，其數皆可取商。而三乘方以上諸方廉法漸增者，則格而難行也。衡少讀泰西家書，熟籌算，同人有以廉隅字素解者，乃創立《開諸乘方表》，以濟籌之窮。定爲初商，用籌次三等商。第一廉廉隅，共法者用籌兼用表。二廉以下則專用表，因方遞增。其間錯綜雜糅，動致混淆，以籌并表御之，用籌則易于尋其源，用表則可以理其紛，順逆次第，展卷釐然，亦算家一快事也夫。」又因梅文穆公衹解借根方，即天元一，原名「阿爾熱八達」，譯言東來表，于體例多未備。爰舉加、減、乘、除及相等諸例，譔《借根方淺説》。而四率爲古之今有術，又名「異乘同除」，算家最要之法。小而日用交易，大而躔離交食，皆所必需。乃合重測法，譔《四率淺説》。卒年六十有七。《輯古算經考注》、《循吏劉公傳行狀》、《六九軒算書》。

論曰：語云：「工欲善其事，必先利其器。」觀察之學，能出新意以製器，御煩于簡，俾至賾者一歸至便。如日晷之算尺，測量之句股尺，開諸乘方之籌與表，皆器也，皆新意之獨造也。若其借根方與四率，則又詳明術例，使初學易于入門。是書久藏家塾，鄉僅于《輯古算經考注》中見所補之二注。金其嗣星、方都轉良駒刊刻遺書，始獲見之，亟爲補傳于此。抑人之傳不傳，與夫書之存不存，殆有數焉。觀都轉記中所云家鈍生叔祖斯增，洎趙竹岡吏部敬襄，皆明算而無書。至于揭韻餘茂才廷鏘，竊聞其中年目眚，稿悉散佚。噫！此豈非斯人之不幸也歟？

謝家禾

謝家禾，字和甫，一字穀堂，錢塘舉人。與同學戴氏兄弟熙、煦相友善。少嗜西學，點、綫、面、體四部，靡不淹貫。已復取元初諸家算書，幽探冥索，悉其秘奧。乃輯平時所得，析通分加減，定方程正負，以標舉立元大要。

譔《演元要義》一卷，其自序云：「元學至精且邃，而求其要領，無過通分加減。凡四元之分正負，及相消法，互隱通分法，大致原于方程。方程者，即通分之義，方程不明，由于正負無定例，加減無定行，以譌傳譌。如梅宣城精研數理，未暇深究，他書可知矣。《九章算經》正負術甚明，而釋者反以意度，古誼之不明，可勝道哉？唯以衍元之法，正方程之義，由是方程明而元學亦明。著《演元要義》，綜通分方程而論列之，附以連枝同體之分等法。通乎此，則四元庶可窺其涯涘耳。」

又以劉徽、祖沖之之率求弧田，求其密于古率者，譔《弧田問率》一卷，同里

戴煦爲之序曰：「古率徑一周三。徽率劉徽所定，徑五十周一百五十七也。密率乃祖沖之簡率，徑七周二十二也。諸書弧田術，皆用古率。郭太史以二至相距四十八度求矢，亦用古法。顧徽、密二率之周，既盈于古，則積亦盈于古。試設同徑之圓，旁割四弧。其中兩弦相得之方，三率皆同，知三率圓積之盈縮，正三率弧積之盈縮也。徽、密二率弧田，古無其術，惟《四元玉鑑》一覩其名，而設問隱晦，莫可端倪。穀堂得其旨，因依李尚之《弧矢算術細草》，設問立術，亦足發前人所未發也。」

又以直積與句股弦和較，轉輾相求，譔《直積回求》一卷，其自序云：「始戴鄂士著《句股和較集成》，予亦著《直積與和較求句股弦》之書。然二書爲義尚淺，且直積與句弦和求三事，用立方三乘方等，得數不易，而又不足以爲率，其書遂不存。近見《四元玉鑑》直積與和較回求之法，多立二元。嘗與鄂士思其義藴，有不必用二元者。蓋以句弦較與句弦和相乘爲股冪，股弦和與股弦較相乘爲句冪，而直積自乘，即句冪股冪相乘也。如以句弦較乘股弦較冪，除直積冪，即爲句弦和乘股弦和冪矣。句弦和乘股弦和冪，即弦冪和冪共，内少半個黄方冪也。蓋相乘冪内去一弦冪，所餘爲句股相乘者一，句弦相乘者一，股弦和乘者一，此三冪合成和冪，則少一半黄方冪，半黄方冪即句弦較股弦較相乘冪也。加一半黄方冪，即爲弦冪和冪共矣。加二直積，即二和冪也。減六直積，即二較冪也。又句弦和乘股弦較冪爲句冪，内少個句股較乘股弦較冪也。股弦和乘句弦較冪爲股冪，内多個句股較乘句弦較冪也。減一句股較乘股弦較冪，尚餘一句股較冪矣。術中精意皆出于此，其他之參用常法者，可不解而自明耳。草中既未暇論，恐習者不知其理，因揭其大旨于簡端，見演段之不可不精也。」家禾殁後，其友人戴熙搜遺稿，囑其弟煦校讎，而授諸梓。（《謝穀堂算學三種》）

論曰：弧矢截積之術，諸算書皆用古率。向校朱氏《四元玉鑑》一書，竊見有以徽、密率截弧矢積二法，積思三晝夜，始獲其解，蓋即本舊法而加一倍差耳。穀堂《弧田問率》副并三積，其立法之根，實與余暗合。嗣余校秦書田域第六題，蕉田求積，覺秦率固錯，朱書徽、密率亦于率不通。曾譔訂誤一則，附刊于《四元釋例》之末。近又校明氏《密率捷法》，悟得連比例屢乘屢除之所得加減諸衰，似有類于郭邢臺《授時草》之平立定三差，而其原要莫外乎朱書之如像招數。自來圜率之密，莫密于祖氏，惜所著之《綴術》佚傳已久。繹其名義，綴者連也，相連不絶，爲交絡互綴之象，荀子所謂綴綴然是已，意其法殆亦如秦氏之大衍求一。爰融會諸家法意，寓明氏之諸衰，于朱氏之招差中，用成《綴術》輯補，而弧矢截積，亦可由此生焉。因知天元之後，益以四元，而凡艱深之術，如李欒城所謂溟涬黯黮者，皆可如積推演。綴術之外，佐以大衍，而凡賾繁之數，如《易》所謂參伍錯綜者，又皆可追綴而求之。數家者皆宋元來至精之詣，近始復彰者也。戴醇士學士熙序《穀堂遺書》，謂算學自隸首以來，詳于周官，述于漢晉，盛于唐而精于元。又謂積歲積人，積人積智，旨哉言乎！夫算數之學，至步天極矣。天亦一大圜也，其歲實、日法、氣朔交轉、日月五星之躔離朓朒，何莫非割圜之遺？然天則高矣遠矣，積歲積行、積行積差，要在隨時測驗修改。彼歐羅巴自詡其法之精且密，妄謂勝于中法。究其所恃者不過三角八綫六宗三要，與夫借根方、連比例諸法而已。其實所恃之諸法又安能軼乎吾中土之天元、四元、綴術、大衍，與夫正負、開方、垛積、招差諸法之上哉？吾願世有實事求是之儒，甄明象數，誠能循是以求，進臻至理，將見斯文未墜，古法大興。是又吾之厚望焉，亦續補《疇人傳》之素志也夫。

清·諸可寶《疇人傳三編》卷一　清續補遺一

吴任臣

吴任臣，字志伊，一字爾器，初字征鳴，號託園，仁和人。諸生。康熙十八年，召試博學鴻詞，授翰林院檢討。撰有《十國春秋》一百十四卷，《欽定四庫全書》據浙江孫仰曾家藏本著録提要，謂其五表考訂尤精，可稱淹貫。又撰《山海經廣注》、《字彙補》、《周禮大義》、《禮通》、《春秋正朔考辨》、《南北史合注》、《託園詩文集》，各如干卷。檢討志行端愨，博學而思深。兼精天官奇任之術，射事多中，時人比之管郭。當《明史》開局，曆、志爲檢討分修最初稿也。國初時崇尚算術，鄞縣全吉士祖望曾有言曰：「自古學廢絶，西人獨擅其長，中原反宗之。唐荆川、顧箬溪、邢雲路欲會通焉，而尚未能。姚江黄梨洲出，始言周公商高之術，中原失傳，而被篡于西人。試按其書以求之，汶陽之田可歸也。梨洲弟子半江南，絶學將昌。同時杭人吴志伊、蘇人王寅旭、宣人梅定九，鼎足而出。三先生者未嘗與姚江討論及此，而所見適合。然且姚江初出，正在異軍特起，時其説尚稍疏，至諸家而益密。」今案：吴江、宣城皆有傳書，雖檢討遺論亡佚大半，然由全説觀之，其學信不凡已。（《欽定四庫全書總目提要》、《今世説》、《鶴徵前録》、《疇人傳·梅文鼎傳》、《道古堂文集》、《鮚埼亭集》）

論曰：熙雍以來，絶學日昌，家和璧而人隋珠，儒者兼長，古之明算叵得而

指數也。傳疇人者，阮太傅創之，羅明經賡之，美矣備矣。顧阮後羅前，宜拾補者不乏。今叙吴檢討以次若而人，斷自道光二十年已上，爲《續補遺》二篇。蓋諸君云往，當兩傳未成日也。後此都爲《後續補》四篇，附録一篇。首傳太傅，止于乙酉，略依輩行没世之先後第之，擇必精，語必詳，悉仍前例焉。夫以太傅之閎通，明經之淹博，網羅綜貫，幾歷年所，猶且有百一之遺。并雙韭之文，大宗之集，亦尚搜求未盡，而況佚聞墜典，不如全杭之顯者乎？然則名山盛業湮晦而弗彰者，往往非尠已。而鄙人愚妄，徒竭一心之知能，僅聚數十家之書，積二十有餘年之聞見，而欲抗蹤已往，柄笑方來，遂信無豪髮憾哉。夫亦曰飲于河者，第鼓其腹焉斯已爾。然而當代聞人，矗具乎是，其所不知，道從蓋闕，他日踵我事者或有可財取歟。

龔士燕　楊文言　馬負圖

龔士燕，字武仕，武進人。少穎異能文，講求性理，發明蔡氏《律吕新書》，推衍黄鍾圜徑、開方、密率諸法。而于元太史郭守敬授時術，尤得其秘。如求冬至時刻，上推百年加一算，下推百年減一算，以爲歲周三百六十五日二十四刻二十五分之內，滿百年消長一分，是爲萬分中之一，非萬分爲日之一日也。核之《春秋》日食三十七事，多與符合。又如推晦朔弦望，以太陽之盈與太陰之遲，以太陰之疾與太陽之縮，皆相并爲同名相從，以太陽之盈與太陰之疾，以太陰之遲與太陽之縮，皆相減爲異名相消，乃得盈縮遲疾，化爲加減時刻之差。以此加減朔望之大小餘分，得定朔弦望諸時刻，至盈縮遲疾。郭守敬創平立定三差，理隱數繁，審其機括，繪圖以明之。又如赤道變黄道之法，謂在二至後者，以度率一零八六五除赤道積度，變爲黄道宿度。在二分後者，以度率一零八六五乘赤道積度，變爲黄道宿度。凡此授時之緒，引伸益明。其餘月離五星等法，與回回、西洋諸曆，遇有疑難，無不洞悉。至日月體徑有大小，交食限數有淺深，具見其奥。且悟唐順之弧容直闊之法，以排求太陰出入黄道，在内在外，不離乎六度。自是一應七政、氣朔、交食諸端，按法而推，百不失一。

康熙六年，應詔募天下知曆之士，于是入都。其時欽天監用大統曆，七政多不合天。奉旨在觀象臺每日測驗，而金星比曆差至十度，因修改古法，乃據七年所測表影，推測太陽盈縮。又據日測五星行度，考其遲疾，彼此推求加減氣閏轉交諸應，測驗皆與天合。蓋其法亦本郭守敬太陽爲氣應，推冬至與日躔用之。太陰周天爲轉應，朔望用之。又有交應，推日月食用之。合氣盈朔虚之奇零爲閏應，推閏月用之。此外有合應，推五星用之。修改諸應，取順治元年甲申爲元，以應世祖章皇帝撫有中夏之祥。欽天監名爲改應法，既改氣閏轉交諸應，復改遲疾限及求差諸法，又改冬至黄道法，日出分依步中星内法。又盈縮遲疾無積度，月食無時差，一一訂定修改。用推以前日食，皆與天合。臺官交章保薦，八年曆書告成，奏對武英殿授曆科博士。時有薦西洋南懷仁等于朝，考其實測諸術，驗且捷，咸以爲便，遂定用西洋之法，而古曆卒不行。十年以疾歸。著有《象緯考》一卷、《曆言大略》一卷。其《天體論》一卷，及閣虚、中星、交食、定朔、五星諸論，則佚矣。

同縣并時有楊文言，亦通曆算，尤明習《幾何原本》。應靖南王耿精忠藩下人聘爲幕客。精忠叛亂時，文言被羈，大兵至，得出。聖祖嘗問其人于安溪相國，對曰：「杜門高蹈，李顒之流。」後《明史》曆志初成，文言曾有增定也。

又有馬負圖，行事未詳，著有《開方密率法》一卷，圖一卷，今并存。《武進縣誌》、《道古堂文集》。

論曰：龔博士明習授時舊術，而又綜貫乎大統、回回諸法，凡所推演，得合天行，夫豈淺陋固執者流所可蹴致其詣哉？當中西觗角之秋，博士獨能古道自守，不皇皇焉以彼而易此，謂非有志之倫而克若是歟？惜乎世祚綿邈，名且闃然，亟甄録之，亦以張吾軍也云爾。

方正珠　胡宗緒

方正珠，字浦選，桐城人。康熙中以歲貢生蒙召對，示以中和樂諸法，奏對稱旨，乃進其父中通所著《數度衍》，并自著《乘除新法》，一時學者奉爲準繩。其前有同縣進士胡宗緒所著算書存目，爲《晝夜通儀象説》、《象觀歲差新論》、《測量大意》、《九九淺説》、《故簡平儀説》各一卷。康熙七年，用薦修《明史》。與宣城梅徵君善，譔《梅胡問答》一卷，以記相質難之説。《安徽通志》。

王蘭生

王蘭生，字振聲，别字坦齋，交河人。康熙初，安溪李文貞公督學畿輔，拔冠其曹，補縣學生，遂稟學焉。益自刻厲，自樂律音韻，旁及中西象數，莫不深造。十三年，聖祖問士于文貞，文貞首以公薦。召直内廷，晝日三接，遂得時受天語指示。五十有二年，命與舉人一體會試。九月，蒙養齋開局，與編修纂事。尋丁外艱歸持服，許以所纂書自隨。服闋復赴書局，日侍講殿，祗承顧問。六十年，試禮部不利，賜一體殿試，以二甲一名進士，改翰林院庶吉士，散館授編修。累

官至刑部右侍郎，管禮部侍郎事。乾隆三年二月薨于位。公以布衣諸生應薦，出入禁闥二十餘年，深爲三朝所信遇。凡纂輯《律吕正義》、《數理精藴》、《音韻闡微》諸書皆與焉。公學不爲汎濫，其于樂律，如有神契。既得承受聖祖《御製律管風琴》諸解，乃本明道之説，以人之中聲，定黄鍾之管，積黍以驗之，展轉生十二律，皆與古法相應。又至郊壇親驗樂器，而後知管音有長短巨細之差，故有黄鍾積八倍者或四倍者，而匏笙之管，反有黄鍾積八分之一者。至塤箎之數，亦皆以黄鍾積實加減，而得其應聲。至弦音則但争長短，或用倍，或用半，其聲已應。蓋立方者用體，平方者用面，綫與綫、體與體之比例異故也。其説稍變朱蔡，而與管子、淮南之説合，此外雜説不關算數者，兹不具詳焉。《道古堂文集》、《鮚埼亭集》。

論曰：王侍郎爲安溪高弟。安溪之學，留心律吕、曆算、音韻，有發前人所未及者，侍郎皆得其傳。從事書局之餘，嘗出而督學皖、浙、陝西三大省。凡奇才孤學通知陰陽曆術者，必提掇獎成之。青衿組帶之士，彬彬郁郁，莫不願出門下。當是時，聖君賢相，君臣道合，默契于天人之際。而侍郎以一介儒素參其間，親接謨訓，而承恩顧，固極人生難得之遭逢矣。雖私家無他譔纂，然以編書終其身。故凡披卻導窾，釐爲一代石渠大制作者，皆侍郎所心劬目瞀者也。尚胡事高談著述與曲藝自鳴者絜短長哉，豈不懿歟？

顧棟高　子炳　吴肅

顧棟高，字震滄，又字復初，晚年又自號左畬，無錫人。康熙六十年進士，改内閣中書。雍正初元，以奏對越次罷歸。乾隆初元，舉博學鴻詞未第。十六年再用薦舉，以經學徵。核其名實允孚，優詔授官國子監司業，老不任職辭歸。二十二年，高廟南巡，召見行在，加祭酒銜，并御書「傳經耆碩」四字賜之。二十四年卒，八十有一。

所譔書《四庫》多著録。四十八年，國史館奉諭辨《儒林傳》，以棟高爲始，蓋非常之典也。經明行修，旁及術藝，畢生精力則盡萃于《春秋大事表》一書。泛濫者三十年，覃思者十年，執筆爲之者又十五年，而後寫定。凡爲叙論百三十一篇，爲目五十，爲卷六十有四。首列時令表，明商周皆改時改月，以正胡氏及蔡氏書傳之非。列《朔閏》及《長曆拾遺》二表，以補杜氏之《長曆》。而二百四十二年之時日，屈指可數，復編口號，以便學者之記誦，用心可謂苦矣。

其《朔閏表》四卷，自序之曰：「余讀《春秋》，每苦日食置閏，不得其解。據先儒舊説，《春秋》不應置閏而置閏者凡二見，莊二十五年六月辛未朔日有食之，及文元年閏三月。應置閏而失不置者凡三見，昭二十年二月己丑日南至、襄二十七年冬十月乙亥朔日有食之、哀十二年冬十二月螽，至日食之乖繆尤多。《穀梁》曰：『言日不言朔，食晦日也。言朔不言日，食既朔也。』及襄二十一年九月、十月頻食，二十四年七月、八月頻食，諸儒皆以爲日無頻食法，日月無頻交之理，不交無從有食，歷千年罔有折衷。又經傳中日月多者互異，孔穎達曰：『凡異者多是傳實而經虚。』以余考之，亦有經不誤而傳誤者，有經傳俱不誤，而杜以駁正經、傳反致誤者。孔氏僅能發明杜氏之義，而無能救正杜氏之失。至宋儒益務以義理爲穿鑿，不考本末，憑空臆斷。至使千年經義，沈霾晦蝕于附會之儒生、鹵莽之老宿，重可歎也！歲癸亥，華生綱從余游，年二十三歲，性敏而有沈思。余教以推求《春秋》朔閏之法。以方幅之紙，一年横書十二月，每月繫朔晦于首尾，細求經傳中之干支日數，不合則爲置閏。始猶覺其牴牾，十年以後，迎刃而解。其合者凡十九，不合者前後率不過差一兩日。因經、傳之日數以求晦朔，因晦朔之前後以定閏餘，與杜氏《長曆》不差累黍，其違異者則爲著論駁正之。乃知《春秋》二百四十三年之事迹，指掌可數，粲若列眉。而後儒之憑空臆造，都成寱語。試約舉三四事言之。桓五年正月甲戌己丑，陳侯鮑卒，傳曰『再赴』也。杜謂甲戌前年十二月二十一日，己丑此年正月六日。今考桓四年冬當有閏，十二月甲戌實是正月二十一日，而己丑則二月七日也。是經書正月甲戌不誤，第甲戌之下當有闕文，己丑之上，并脱『二月』兩字耳。傳不知而誤以爲『再赴』，杜并不知而誤以今年之日屬之前年，由失不置閏故也。昭元年十一月，晉既烝趙孟適南陽，甲辰朔烝于温。杜以甲辰爲十二月朔，謂晉烝當在甲辰之前，傳言十二月誤。不知是年當閏十月，不可因《長曆》作閏十二月。經、傳皆有十一月己酉，己酉先甲辰五十五日，則甲辰非十二月朔可知。服虔云甲辰夏十一月朔也。蓋夏之十一月，于周爲正月，晉烝以孟夏，而趙氏以仲冬烝于家廟。傳以烝本冬祭，不可繫之來年，而甲辰實正月朔，故特變其文，先言十二月晉烝，而後言甲辰朔。此明係兩月事，趙氏之烝自在明年正月，傳紀晉事，自用晉之夏正耳。杜不知傳文書法之變，誤以來歲之日屬之今年，由置閏失所故也。更有經、傳俱不誤而杜、孔誤者。莊二十五年六月辛未日食，鼓用牲于社。《左傳》曰：『非常也。』《左傳》之意蓋謂正陽之月，日食爲非常之變異爾，是解所以鼓用牲之故。而杜釋爲非常鼓之月，由置閏失所誤，使七月爲六月，夫不應伐鼓而伐鼓，不過失于謹慎，未

足重煩聖筆。而正陽之月，受陰氣虧損，乃災異之大者。杜不舉其大而舉其細，何爲乎？今推算辛未確是六月朔日，自莊元年閏十月至二十四年閏七月，凡九置閏，正合五歲再閏十有九歲七閏之數。而孔氏曲從杜説，反謂二十四年八月以前，誤置一閏，所以使七月爲六月，此經、傳俱不誤而杜、孔自誤也。又有杜、孔俱不誤，而後儒以意推求而誤者。襄二十八年十二月甲寅天王崩，乙未楚子昭卒，相去凡四十二日。杜、孔俱云日誤。而胡文定指爲閏月經不書，謂是喪服不數閏之誣。吕氏本中至反駁杜、孔爲非，殊不知置閏須通計兩年上下，若此年十二月置閏，則來年二月安得有癸卯，五月安得有庚午乎？今推算閏當在來年之八月，此宋儒不考經、傳前後，横空臆度，并不信杜、孔而失之者也。此卷篇幅獨多，約有一百八十餘葉，就一卷中釐爲四卷。學者執是求之，以上下數千年諸儒議論，如堂上人判堂下人曲直，又如執規矩以量物，毫髮不容少錯。余于此用心良苦，而位置閏月，排列朔晦，則華生經始華子師道改正之力爲多。嗚呼綦難哉！余往懷此志六七年，而苦無端緒。聞泰興曙峯陳先生有書六卷，屢郵書求其令嗣而不獲。而臨川師有《春秋年譜》一書，亦未見示。亡兒炳從旁贊曰：『是不難，從經、傳日數求之足矣，此事兒請任之。』余呵之，炳不敢言而退。今幸是編成，喜二華之能成吾志，而又恨亡兒之不得與成其事也，爲泫然者久之。」子炳行事未詳。其鄉人吴鼒，字岱巖，著《三正考》二卷，援據亦博，祭酒少即與友，嘗爲作序一首。《國史儒林傳》、《詞科掌録》、《春秋大事表·序》。

論曰：顧祭酒皓首窮經，躬邀聖諭，遂得弁冕儒林，没世而名不朽，稽古之榮，殊恩異數，蓋自漢唐以來，未之前聞也。今讀其遺書，雖朔閏成編，資于二華，推策布算，悉稟師授，苟未嘗親究乎氣朔消長之由來，則將何道以坐而致之，且從而勘其合否乎？又豈鑿空任臆所克成者乎？夫儒者兼長，類多明算，祭酒之學，初不必藉是而增重也。而或者謂是亦博能之一端耳，又烏容置弗論哉？

華玉淳 華綱

華玉淳，字師道，無錫人。太學生，受業于同縣顧祭酒棟高，講求經義，兼長曆算。族子綱，乾隆八年亦從祭酒受業，教以推求《春秋》朔閏之法，纂爲《朔閏表》四卷，而太學改正之。嘗答祭酒書，論《春秋》朔閏，曰見示《朔閏表》，致爲精密，然其中可商處尚多，得暇當一檢。此項本難著手，今法以合朔時刻，定月之大小，中氣有無定閏之先後，而古曆甚疏，不得以今法爲準。杜氏只就經、傳所有日月，排成《長曆》，未必盡合《春秋》時法。今更出杜氏後二千載，而謂所定月大小日甲乙置閏先後，一一吻合，此必無之事也。《晉語》十月惠公卒，韋昭注云：「内傳在九月，而此云十月。賈侍中以爲閏在十二月，後魯失閏，以閏月爲正月，晉以九月爲十月而置閏也。」然則列國之曆又各有不同，因此，疑經、傳日月參差，未必盡闕誤，或赴告有異也。最可異者，先儒見經文兩書閏月皆在歲終，遂謂古曆閏皆十二月。以此解《左傳》歸餘于終，不知閏所以定時成歲。若閏必歲終，四時何以定？竊意閏者附月之餘日也。積聚餘分，至中氣在晦，則當置閏，是爲一終，所謂歸于終者如此。元楊恭懿上授時曆，奏云：「暴秦焚書廢古，僞作置閏歲終，西漢因之。」然則《史記》、《漢書》于太初未改曆前，屢書後九月，乃仍秦曆，非古法本然也。《左傳》再書日南至，僖五年正月辛亥朔，以宋紀元、金大明曆推之，得壬子，後《左傳》一日。昭二十年正月己丑朔，以宋統天、元授時曆推之，得戊子，先《左傳》一日。紀元、大明得庚寅，亦後一日。明大統曆則得壬辰，更後兩日。穆堂先生《春秋年譜》自云節氣、中氣俱備。此必以今法推之，恐未可據以定《春秋》時曆也。大學自著有《澹園詩稿》若干卷。《蒲褐山房詩話》、《湖海文傳》、《春秋朔閏表》。

論曰：華太學爲梁谿著姓，世多達人。觀所答書，深明古今同異之故。聞之祭酒譔《春秋大事表》，自定叙例，及門多分任之。其《朔閏》一表，則成諸二華之手也。今其族裔有蘅芳、世芳兄弟者，并習步算有聲，江表熟于泰西所謂代數微積分之學，伯倡叔和，視一切古法遂如土苴矣，積薪之歎，不其然乎？

胡天游

胡天游，一名騤，字稚威，號雲持，山陰人。雍正七年副貢生。乾隆元年，用座主溧陽任尚書蘭枝薦舉，召試博學鴻詞，持服未與試。二年補考，鼻血大作，納卷而出。性耿介，學極淵博，才思浩瀚，名動公卿。襄勤伯相國文端公鄂爾泰欲見之，不可，强聘焉。雅踞相對，問兩戒形巒九乾躔度八十一家文墨，口汩汩如傾海。十六年再薦經學，有一品官忌之，爲蜚語聞。上御正殿，問今年經學中胡天游何如？衆未對，溧陽相國史文靖公貽直奏胡天游宿學有名。上曰：「得毋奔競否？」史免冠搖首曰：「以臣所聞，太剛太自愛。」上默然。自後薦舉無敢復言天游者。蓋負才名三十餘年，再膺特薦，卒不遇，恃才嫚罵，人多忌之。老益困，修志太原，客死于蒲州，年逾六十矣。生平好奇任氣，于書無所不窺。今傳世者有《石笥山房集》若干卷。

又嘗譔《春秋夏正》二卷，附《三統論》三篇，詞博而辨。道光初元，其族人搜求遺書，始得其手稿，刻成于十年三月也。自序曰：「不知《春秋》之時則亂經，亂經則孔子之義失，文武之道敝。故學《春秋》者必先知時，推周復夏，以合乎《春秋》，然後文立而義正。春秋之時，或習勿能疑，疑勿能辨，辨勿能抉，抉勿能核，久哉曀而無廓也。予既作《三統論》，欲究義類，復譔斯編。首春王正月，繼以史曆，郊祀次之，畋狩次之，城築次之，田功次之，天節次之，物異次之，終以人事，凡九等。推史曆之失紀，觀當時之所由，考諸人事之作爲，參稽載籍之博喻，則春王正月，仲尼所書，非緣周者。猶盤鬄刀閉解椎，庶《春秋》可從治。」凡徵舉經、傳，或備不備，唯取明時，有所兼明，義亦比及。若論説已具，頗不復出云。《詞科掌録》、《小倉山房文集》、《春秋夏正》。

論曰：胡徵君才名震一時，世祇知長于詩古文詞耳，而不知其經術湛深，讀書得間若是也。今觀所論三統史曆，淹通而悉有根據，誠足擴征南拘墟之見，發後人千載之蔀，匪特爲諍臣也，抑亦杜書之功臣歟？夫徵君于推步固非深造，然亦異門外影響之談矣。亟録之，後此《春秋》家言魯曆者，備諸説解，其能遺之也乎？

嚴燧

嚴燧，字十區，仁和人。雍正二年，用國子生名舉鄉試。八年成進士，改翰林院庶吉士。請急歸調疴里門，還京疾又作。十二年五月卒于邸舍，年僅三十有一。生有異稟，覆九經如瀉瓶水，日課經史爲文，一洗懦鈍之習，孚甲新意，旬鍛月鍊，冥收不已，至忘寢饋。極意步天，嘗疑雍冀齊魯之墟，與鶉首大梁降婁玄枵之躔次，多有不合，著論以發丹元子之疑。又集唐史能書人爲一卷。他詩文多不存。無子，以兄在昌子震爲後。《道古堂文集》。

何夢瑶　馮經

何夢瑶，字報之，號西池，南海人。雍正八年進士。改知縣分發廣西，後遷奉天遼陽州知州，引疾歸。富于著述，旁通百家，合録《精蘊》、《考成》及《統宗》，與梅氏書諸成編要法，爲《算法迪》十二卷、《三角輯要》一卷。同縣人伍紫垣氏崇曜刻入《嶺南遺書》中。

又馮經，字世則，號來廬。乾隆三十五年舉人。官曲江縣學教諭。著《算略》一卷、《周髀經注》一卷，并存于家。《廣東通志》、《粤臺徵雅録》、《南海縣志》。

萬光泰

萬光泰，字循初，號柘坡，秀水人。乾隆元年舉人，應召試博學鴻詞，報罷。客津門查氏，會錢塘梁太保文莊公續修《通考》，延董其事。十五年卒，年止三十有九。無子，所著有《轉注緒言》二卷、《漢音存正》二卷、《遂初堂類音辨》一卷，又《柘坡居士集》、《欒于集》如干卷。彌留時寄東鄞縣全吉士祖望，以遺書爲託。後吉士爲文志其墓，取遺書觀之，歎曰：「是今世之學者也！」其穿穴六藝，排比百家，如肉貫弗。而尤卓然獨絶者，則《周髀》之學也。上自注疏，旁及諸史，以至明之三曆，訶龐喝利布算，了了何其神也。循初之述作，種種皆有可稱，然即以是書傳，亦已足矣，詞章之士云乎哉！其遺書并藏于同縣友人汪吏部孟鋗家。《詞科掌録》、《鮚埼亭集》、《鶴徵後録》。

沈大成

沈大成，字學子，號沃田，華亭人。己亥科試冠郷校，爲名諸生，後循例貢太學。雍正中家中落，屢應幕府徵，由粤而閩而浙而皖江。晚游維揚，客德州盧運使見曾官廨，旋館歙商江鶴亭氏春。生平游歷于揚爲久，與陽湖潘敏惠公交最後，贊益最多。篤志經學，博聞强識，自經史外，旁通天文、地理、六書、九章算學，覃精研思，粹然成一家之學。師同縣黄中允之雋，而友元和惠徵君棟、休寧戴吉士震、仁和杭編修世駿、青浦王侍郎昶。故其爲學原本六經，凡古今典章之沿革，政事之得失，與夫一名一物流傳，考索研究，原委井然。其校定《梅氏曆算叢書》，尤爲一生精力所萃。著有《學福齋文集》二十卷、《詩集》三十八卷。惠徵君、戴吉士皆爲之序。著而未成者，《讀經隨筆》也。乾隆四十六年十月卒于家，年七十有二。

嘗譔《周髀算經圖注》，序曰：「客有問于余者：『西法何自昉乎？』曰：『周髀。』『何以知其然也？』曰：『周髀者，蓋天也。』蓋天之學始立句股，句股者，西法所謂三角也，衡之以爲句，縱之以爲股，衺而引之以爲弦，正而信之以爲開方。是故并之則爲矩，環之則爲規，圜内容方，方内容圜，則爲冪積弧矢。五寸之矩，可以盡天下之方，一圜之規，可以盡天下之圜。曆家以蓋天不同于渾天，即揚子雲猶疑之。然吾以爲蓋天者渾天之半，渾天者蓋天之全。蓋天者自内而觀之，渾天者自外而觀之。然觀天必先于察地，以太陽之晷景在地也。樹一表，而句股之數可得。句股之數得，而高深廣遠無遁形矣。是周髀之術也。蓋嘗稽諸《考工》，輪人之爲蓋，冶氏之爲戟，磬氏之爲磬也，匠人之置槷也，有一不出于是者哉？商高之言曰：『智出于句，句出于矩。』其言可爲簡而要矣。趙爽、甄鸞

之徒，從而疏解之，榮方、陳子又踵而述之，支離轇轕。如鼷鼠食郊牛之角，愈入愈深而愈不可出，是故通人無取焉。全椒吴楙亭舍人，精于《九章》，以是經之難明也，寫之以筆筦，而繪以圖，皎若列眉，劃然若畫井，昭昭然若揭日月而行。舉數千載之難明者，一旦豁于目而洞于心，豈非愉快事哉？是學者必宜讀之書也。爲引于端以諗同志云。」後南匯吴侍郎省蘭舉《學福齋雜著》一卷，刻入《藝海珠塵》乙集中，今行于世。《湖海文傳》、《東原集學》、《福齋雜著》。

論曰：惠徵君曰：「沈君邃于經史，又旁通九宫、納甲、天文、樂律、九章諸術。故搜擇融洽而無所不貫。古人有言，『知今而不知古，謂之盲瞽；知古而不知今，謂之陸沈』；『温故知新，可以爲師』。吾于沈君見之矣。」徵君又謂殫見洽聞，同志相賞，四十年未覯一人。然則明經之學，非能推今説而通諸古，又惡能起徵君之喜而慰爲過望哉？信乎同志之不易求也。又戴吉士曰：「沃田先生出其餘，足以信今而傳後。震既見先生，但樂于相親而已。有移我神而與我以各樂其天者歟？」夫松崖之言如彼，東原之言又如此，論世知人者可以得明經之概已。

董達存

董達存，字華星，或作化星。武進人。乾隆十七年進士，授國子監助教，告養歸里。家傳有《青囊書》，精其業，決休咎奇驗，人争迎致之，遇所不可，夷然不屑。四十有四年之秋，全椒許大令如蘭曾謁之訪算學，蓋助教專業薛氏者也。《武進縣志》、《續疇人傳·許如蘭傳》。

淩霄

淩霄，字芝泉，江寧人。諸生。蚤工小學，并善書畫，用錢塘袁大令枚薦入鎮洋畢尚書沅幕府，與陽湖孫觀察星衍、洪編修亮吉交最厚。後館江寧布政司署，又與桐城姚比部鼐友善，朝夕過從焉。著有《測算指掌》一卷，藏于家。《江寧府志》。

孔繼涵

孔繼涵，字體生，一字誦孟，號葒谷，曲阜人。孔子六十九世孫，衍聖恭慤公之孫也。乾隆二十五年舉于鄉，三十六年成進士。官户部河南清吏司主事，四十有八年卒，年四十有五。篤于内行，雅志稽古，于天文、地志、經學、字誼、算數之書，靡不博綜。爲人體弱，有醖藉。生平無疾言遽色，而精心强力，期于致用。遇藏書家罕傳之本，必校勘付鋟，以廣其傳。自譔有《考工車度記補》、《林氏考工記》、《解句股粟米法》各一卷，《釋數》、《同度記》各一卷。其餘題跋雜著，名《紅櫚書屋集》者，又若干卷，詞四卷。所刻有《五經文字》、《九經字樣》、《算經十書》、《杜預春秋長曆》、《春秋土地名》、《趙汸春秋金鎖匙》、《宋庠國語補音》、《趙岐孟子注》、《孫奭孟子音義》、《休寧戴氏遺書》諸種，爲《微波榭叢書》行于世，人共珍貴之。

其刻《算經十書》，自爲序曰：禮、樂、射、御、書、數，周官董以司徒，掌以保氏。厥後政典不修，禮樂射御，微絶淪喪。六書九數，爲民生日用所不能廢。唐以明算科取士，限以年。《九章》、《海島》共三歲，《周髀》、《五經算》共一歲，《孫子》、《五曹》共一歲，《張邱建》、《夏侯陽》各一歲，《綴術》四歲，《緝古》三歲，《記遺》、《三等數》，皆兼習之。試之日，《九章》三條，《海島》等七部各一條，十通六。記遺、三等數帖讀，十得九爲第。綴術七條，《志》云七條，《六典》云六條。緝古三條，《六典》云四條。十通六。《記遺》三等數帖讀，十得九爲第，落經者雖通六不第。是唐人爲經者八，《綴術》、《緝古》，不謂之經。《算經十書》之名，所由起也。五季仳離，其科既廢，迨宋而祖沖之綴術，徐岳記遺，董泉三等數皆亡。嘉定壬申，鮑澣之復録得《記遺》于汀州七寶山三茅寧壽觀道藏中。而唐李淳風所注于夏侯陽算取甄鸞注本。今宋元豐所刊，爲韓延所傳，無注本。則是十書中經亡其一，注亡其二，而三等數不數焉。《齊書》云：「祖沖之注九章，造《綴術》數十篇。」《南史》云：「其子暅之更修其父所改何承天曆，于是始行。」《隋志》云：「宋末南徐州從事史祖沖之更開圓率密法。圓徑一億爲一丈。圜周，盈數三丈一尺四寸一分五釐九毫二秒七忽，朒數三丈一尺四寸一分五釐九毫二秒六忽，正數在盈朒二限之間。密率圓徑一百一十三，圓周三百五十五，約率圓徑七，圓周二十二。又設開差冪開差立，兼以正圓參之，指要精密，算氏之最者也。所著之書，名爲《綴術》。」宋沈括云：「審方面勢，覆量高深遠近，算家謂之叀術。叀文象形如繩木所用墨斗也。求星辰之行步氣朔消長，謂之綴術，謂不可以形察，但以算數綴之而已。北齊祖暅之有《綴術》二卷。」唐王孝通云：「祖暅之綴術，曾不覺方邑，進行之術，全錯不通，芻甍方亭之問，于理未盡。」由是五説言之，則綴術亦推行重差之意耳。至《記遺》所載上、中、下數，且云下數短淺，計事不盡，上數宏廓不可用。此假爲博大之言，不得事實。夫所謂萬萬變之者，其由萬至億，亦必歷一萬二萬以至十萬爲一位。其歷一十萬復然，其一百萬及一千萬亦復然，極之億億兆兆無不復然。敬舍是無以成算，然則不過繁更位數名稱，巧炫耳

目。《詩・伐檀》疏《毛傳》「萬萬曰億」，今數也；《鄭箋》「十萬曰億」，古數也。乃以今數爲中數，古數爲下數，夸誕背謬，不足指摘，董氏三等數應不爾也。意是一乘除諸分，二開平冪，三開立積歟？今得毛氏汲古閣所藏宋元豐京監本七種，又假戴東原先生所輯《永樂大典》中《海島算》、《五經算》，而十書備其九。舊附一，今附三，而并梓之曰「周髀」。《周髀音義》、《九章算術》、《九章算術補圖》、《九章音義》、《策算九章重差》、《孫子算經》、《五曹算經》、《夏侯陽算經》、《張邱建算經》、《五經算術》、《緝古算經》、《數術記遺》、《句股割圜記》，皆羽翼《周髀》、《九章》者也。孫子握簡易之道，九九乘除分減，繼示開通之端。《海島》爲劉徽演圅句股測量之術，張邱建因之，以方程之術，會通諸法。祖沖之因之，爲測量天度及方圓冪立之差。王孝通因之，爲祖氏之辨正。而《五曹》則分隸以官，《夏侯陽》則分隸以事，《五經算》則分隸以經史，而胥不能稍出《九章》之範圍焉。嗚呼！九數之作，非聖人孰能爲之哉？《復初齋文集》、《算經十書・序》。

論曰：孔户部爲顨軒檢討，從父行，而與戴吉士最友善，斆學相長，良多資益。故言所成就，其器量雖遜乎猶子，固亦一時之雋也。自東原氏表章古籍而後，唐典帖算之書，復顯于世。苟無户部刻以傳，亦安必其流行至今乎？嘗謂無朱刻、祁刻，而二徐說亡；無孔刻，而十經之書終熄。然則六書九數之孑存也，户部之功又豈出學士相國右哉？

汪廷榜　張裕葉　余煌　程尚志

汪廷榜，字自占，黟縣人。乾隆三十六年舉人。官旌德縣學訓導。初讀書鍾山，從宣城梅釤得句股法。由是精通算學，著有《仰山文集》如干卷。

并世有張裕葉，字侍喬，桐城人。副貢生。官歙縣學教諭，遷滁州學學正。深經術，旁及天文算術，嘗譔《開方捷法》一書。凡算中積求邊者，不過一乘一加，而得邊與古法等。又嘗以己意創爲《燥濕表》，能預知晴雨，學者稱爲華巖先生。

又余煌，字漢卿，婺源人。嘉慶三年舉人。精天文算術，所著書皆能援證古今。有《春秋求故夏小正星候考》、《二十八宿距度推步考要》、《句陳晷度日星測時新表》、《歲實星名異同録》、《天官考異》、《衍談録》、《讀書度圜記》、《弧角簡法句股三角八綫纂要》，各如干卷，并見存目。其同縣又有程尚志，字心之。諸生。世有隱德，兼通算術，能推八綫三角，以闡梅氏之學。著有《古經義史鏡》、《算學卮言》各如干卷。卒年僅二十有三，亦乾嘉間人。《安徽通志》。

許宗彦　徐養原

許宗彦，字積卿，又字周生，德清人。嘉慶四年進士，改兵部車駕清吏司主事。是科得人最盛，出大興文正公、儀徵文達公兩太傅之門。性孝友，自入兵部後兩月，即以親老引病歸。兩執親喪，無宦情，遂不復仕，名所居曰鑑止水齋，杜門以讀書爲事，垂二十年，卒于杭州，年五十有一。于學無所不通，探賾索隱，識力卓然，發千年儒者所未發，是爲通儒。所著有《鑑止水齋文集》十二卷，多説經之文。尤精天文，得泰西推步秘法，自製渾金球，別具神解。其記荷邏候星云：曩在粵東，西士彌納和爲余言西土近三十年，測得五星外尚有一星，形質甚小，而行遲，正在赤道規上，約八十餘年可一周天。若能測定此星，可因以紀赤道考歲差，其用甚廣。然此非一人一世所能候，故自來星官家皆未言及，即西人亦今始知之。余偶讀《大集經》云，大星宿其數有八，所謂歲星、熒惑星、鎮星、太白星、辰星、日星、月星、荷邏候星，則西士所測，其荷邏候星歟？在杭偶與人論左右旋義，輒有所作。謂援緯書四游，以疏本天高卑，而知不同心，非渾圓之理。考《周髀》北極璿璣，以推古人測驗之法，七政皆統于天，而知東漢以前用赤道不用黃道，爲得諸行之本。至若最高每歲有行分大距，古遠而今近。竊疑測大距當在最高卑時，而展轉思之，尚多滯義，蓋此學之難，非淺識所能究也。爲《太陽行度解》，係以圖説，蓋合日本天、日行黃道、日經度、日緯度，求經緯度高卑盈縮用赤道度、日度無闊狹、日左右旋諸解，爲一卷，能辨王寅旭、戴東原之誤。自記云：推步有理有法，法生于理，理不生于法。善言推步者，當明乎理以溯法之原，不當徇法而遺理也。虛理不合于算，固不可用。若虛算不通于理，算亦必有時而窮。其立術也彌巧，其違天也滋速，蓋爲合以驗天，而非順天以求合也。又有《北極説》、《太歲太陰超辰説》及《古今歲星一周行度表》，具載集中。

同縣友人徐養原，字新田，又字飴庵。爲詁經精舍高材生，亦出文達公門下。嘉慶六年充浙江副貢，四年母卒，遂無意應舉，耽精算術。著有《周髀解》、《九章重差補圖》、《劉徽割圜表長廣方説》、《帶縱諸乘方記》、《乘方補記》、《三角割圜對數比例》、《對數新論》，欲中西之法，各明其真，無相雜糅，謂古義明可以知西法之莫能外也。又欲悉取太衍、天元、借根、對數諸法，次于《古九章》，以會數度之。全書未成已卒，時道光五年，年六十有八矣。《揅經室二集》、《鑑止水齋集》、《衍石齋記事稿》、《湖州府志》。

論曰：許駕部之隨任廣州也，與歐羅巴人習，得其推步蠃術。顧其時談天家諸書，尚未盡譯行中土也。駕部之解日行，曰日不及天之度，即恒星過之之度。此一度歸于日之右旋，則恒星左旋，適滿一周而無餘度。推步所重，惟在日行，而藉恒星以紀其躔舍，遂借恒星左旋之度，爲日右旋之度耳。若從左旋立算，則日行每日一周與不行等，當置日爲不動，而寒暑晝夜之推遷，皆計恒星之行以定之，亦未始不可通也。是説也，非即泰西所主地球自轉行星繞日乎？又曰，昔崔靈恩論渾蓋合一，劉士元著《七曜新術》，并儒者而精推步，是所望于世之君子。則印證西法者，未如今日之暢也。至所記荷邏候星，又即今西名之天王星耳。英吉利人侯失勒維廉于乾隆四十六年二月十九日夜，依西曆譯改者。始以遠鏡測定星道踞填星之外，體徑之角度爲三秒九一，行天一周爲三萬六百八十六日八二零八，約得八十四年有餘，與記言質小行遲諸數，無弗吻合矣。若今名海王一星，則至道光二十六年八月初四日，普魯士伯靈臺官嘉勒乃測得之。在駕部時，雖彼國學者固亦有所未知也。由是觀之，吾人之用心特患其不專且摯耳，誰謂神明才智竟居歐羅巴後哉？有志之士宜思所奮興已。

紀大奎　傅九淵　史大壯　胡文翰　歐陽敬　黃俊

紀大奎，字慎齋，臨川人。嘉慶六年舉人，官博平縣知縣。績學善古文詞，窮經專于《易》，旁及度數律吕之微。所著《雙桂堂稿》及《易問》、《觀易外編》、《周易參同契集韵》、《老子約説》、《仕學備餘》、《地理末學》與《古律經傳附考》、《筆算便覽》諸種，都爲《紀慎齋全集》若干卷。其《筆算便覽》一卷，兼及籌算，述宣城梅氏之義，簡明易能，良裨初學。案：同治九年，南昌梅侍郎啓照重刻《算經十書》，取附書後，蓋仿微波榭本附戴氏策算之例也。

又傅九淵，字深甫，號拙齋，上高人。著有《有不爲齋算學》四卷。外如鄱陽史大壯，字止公，有《弧矢算法》。胡文翰，字初白，有《周髀算經注》。分宜歐陽敬，字心蘭，有《句股發明》。贛縣黃俊，字昆美，有《古今開方考》二卷。并見存目，行事未詳。《慎齋全集》、梅刻《算經十書》、《江西通志》。

朱鴻　張豸冠

朱鴻，字雲陸，亦字筠麓，號小梁，秀水人。乾隆五十四年舉于鄉，嘉慶七年成進士，改翰林院庶吉士，散館授編修，擢御史，歷給事中，出官督理湖南糧儲道。研精算學，同郡錢給事儀吉譔《三國會要》，集乾象、景初二術成，嘗爲作注。烏程陳助教杰時爲臺官博士，陽湖董孝廉祐誠亦客京師，皆日從講數學，各出所得相可否。橢圜求周，舊無其術，爲孝廉言圜柱斜剖則成橢圜，是可以句股形求之。孝廉即爲發明其説，系以圖釋。初得杜德美氏《割圜九術》寫本，無圖説，以示孝廉。孝廉創《圖解》三卷既成，復得《密率捷法》于鍾祥李侍郎潢家，則蒙古監正明安圖師弟續釋之書，與傳寫本互異者也。觀察曾依杜法步算，徑一者，周三一四一五九二六五三五八九七九三二三八四六二六四三一八六三六七四七二二七九五一四。周十者，徑三一八三〇九八八六一八三七九〇六七一五三七七六七五四六六九六三八九〇五六六六一。烏程徐莊愍公采入《務民義齋算學》中。道光十年後辭官，仍居京師。嘗譔《考工記車制參解》。又評程易疇氏瑶田《考工創物小記》，多所糾正。錢給事有詩紀之，每相倡和。他無傳書云。

其友張豸冠，字神羊，號芝岡，海寧人。乾隆五十三年副榜貢生。久客京師，同精算學。初傳之杜氏九術本，即所手寫。卒後，長樂梁氏章鉅、桐鄉程氏同文爲刻《神羊遺著》，一曰《景獻初編》；二曰《算術隨録》，前列商除等法二十餘則，并附《晉志摘録》、《疇人盛衰考》、《割圜記摘録》、《珠算入門》各一卷；三曰《讀書偶識》都如干卷，傳于世。自序《晉書·律曆志》云：「壬申夏錢譪人民部以朱筠麓太史所註乾象、景初二曆，委余讎校，案所訂譌闕及詳註，皆不能贊一辭。因撮録用數與表，民部又使余補註三紀曆用數，遂并考正數處，共録之，且附《疇人盛衰考》于後。雖晉曆尚疏，無益于推步，而刊本之訛字頗多，得考正本亦便閲者。」

又序《珠算入門》，略謂：「數爲六藝之一，古之學者罔弗能。自詞章之學興，而此道遂棄如土。余數十年來，閲人多矣。見有擁前人之厚資者，任人持籌，不數年而轉多逋負。見有司國家之府庫者，任人握算，不數年而竟入爰書。其身家之傾覆，固不盡由于不知數，而不知數其大端也。最甚者，若邇年王麗南一案，以直藩書吏蝕帑至數十萬，而歷任方伯不一會計，非不知數而然哉？若讀書人而不知數，勢必受人之委，而又轉委于不讀書人，而輾轉貽誤。即不讀書人亦有廉潔者，而讀書人不能稍加考核，將涇渭不分。一二廉潔者，亦白沙在泥，與之俱黑耳。」其言多激切，類如是云。《輯古算經音義·序》、《算法大成》上編、《董方立遺書·序》、《衍石齋記事稿刻楮集詩注》、《務民義齋算學》、《海昌備志》。

論曰：朱觀察居乾嘉之際，杜術明書，初顯于世，習者蓋寡矣。而新譯西説，固無所謂圓椎曲綫也。夫錐與柱之體積互爲内外，可以相函相比，其數理不自相通乎？觀察以句股形求之者，正是不易之論。使西人者舍所設縱横二軸，

彼將以何法馭諸曲綫耶？至觀察所求周徑四十位密率，以今考之，自二十五位以後，其小數縱不盡得真，而輪輅疏樸，用心則勤，又未足爲觀察疚者已。

時銘

時銘，字佩西，號香雪，嘉定人。乾隆五十四年中省試，嘉慶十年成進士，改知縣。親老乞選近，分發山東候補，歷官至齊東縣知縣。道光元年，以催科劾罷。實不名一錢，訟繫之不得歸。七年三月卒于濟南寓邸，年六十有一。身後以官逋盡没其田廬。所著《筆算籌算圖》一卷，別有《掃落葉齋詩稿》、文稿、外集、隨筆若干卷，《六壬録要》十卷，《唐宋詩選》十卷，藏于家。子曰醇，亦通算術，自有傳，別見後卷。《養一齋文集》。

黄承吉

黄承吉，字春谷，歙縣人。用江都寓籍舉于鄉，嘉慶十年成進士，改官知縣。尤工詩古文，自出天資過人，爲漢儒之學，研究精微，通曆算，能辨中西之異同。機杼，空無依傍。著有《夢陔堂集》四十九卷、《經説》又若干卷。《安徽通志》。

周濟

周濟，字保緒，一字介存，荆溪人。嘉慶九年舉于鄉，十年成進士，例銓知縣，改就淮安府學教授，歲餘移病去官。道光二十年七月客武昌，卒年五十有九。生而敏悟絶人，少與同郡李鳳臺兆洛、張館陶琦、涇縣包新喻世臣以經世學相切劘。兼習兵家言，習擊刺騎射，以豪俠名。四十後悔之，因自號止安，復理故業。先成《説文字系》四卷、《韻原》四卷，輯平日詩詞、雜文各二卷，最後乃成《晉略》十册，以寓平生經世之學，借史事發揮之。且于地志下考其沿革，悉以今測之，赤道經緯度分詳註之，遐識渺慮，非徒考訂也。頗精于步算，而不著爲書。嘗過京口，仁和屠太守倬方爲丹徒令，患居民訟洲田，莫得其實，久不決。教授曰：「明日可具鞍馬夫役，爲君行視之。」晨起至洲，先丈量一處，計其步數，乃令役前行，凡若干步即止。馬至止所，又令一役前行，自晨至日晡，縱横環繞皆如之。凡八十餘里。還至署，令束取所記，用開方法各乘除之，謂屠君曰：「此特以測遠法用之方田耳。」諸幕友如言覆覈之，盡得其實，遂申報定案。其學有實用如是。《古微堂外集》。

論曰：周教授之用算也，蓋神明乎句股和較之術矣。先丈計步者，所以立一爲率也。役行馬止者，所以知對角之垂綫也。縱横環繞如之者，所以偏度其邊也。于是可不煩儀矩，而邊綫悉得矣。邊綫既得，乃綜錯所記，而如法入之面冪實積，將焉遁哉？夫九數之學，貴明體而達用，然後可見諸施行而無所閡。教授小試其端，而易視其爲法方田一言，若謂夫人而能之耳？抑思道古《測望》之篇，敬齋《演段》之草，苟深通而熟悉之，有資乎兵農者其利甚廣，而其效且大。今欲得如教授之才，海内誠不多覯，有之而遂得盡其用，又什弗二三焉，亦獨何歟？

臧壽恭

臧壽恭，原名耀，字眉卿，號梅溪，長興人。嘉慶十一年舉人。好讀書，尤精小學，旁通天文句股之術。生平無志進取，以閉户著書爲事，譔有《春秋古誼》六卷、《春秋朔閏表》、《天步證驗句股六術衍》又各如干卷。《湖州府志》。

齊彦槐　江臨泰

齊彦槐，字蔭三，號梅麓，婺源人。嘉慶十三年，應召試賜舉人，明年成進士，改翰林院庶吉士，散館授金匱縣知縣，遷蘇州府同知，引疾去官。問學淵博，與同官金華張太守作楠相友善，并嗜西人算學。同守所譔，有《天球淺説》、《中星儀説》各一卷，《北極經緯度分表》四卷，又《海運南漕叢議》一卷，《梅麓詩文集》二十六卷。嘗製面東西平面立晷，以揆日景，贈太守。太守變通之而加精焉。其友江臨泰，號雲樵，全椒人。諸生。善用對數總較法，與同邑金大令望欣爲忘年交，亦與太守善。所著《弧三角舉隅》二卷，太守刻入《翠薇山房算學叢書》，今行于世。又著《渾蓋通銓》二卷，則爲江寧甘户部熙曾經補訂者也。《安徽通志》、《續疇人傳·張作楠傳》、《翠薇山房算學叢書》、《算法大成》上編、《江寧府志》。

王大善

王大善，字元長，歙縣人。用太學生捐輸議叙，受五品封職。道光九年卒，年八十矣。性强立，能任事，尤工心計，世業淮北鹺。嘗語人曰：「凡業鹺當察天時，審人事，知物力贏絀，則天時得；知俯仰高下，則人事修。」然非巧算不能解，故特精乎算。凡數過百億，則持籌者苦茫昧，君即屈指高倡曰：「若干算。」同持籌者必往復詳核，曰：「若干算。」如君言。蓋君算沙等恒河亦不持籌也。同縣程侍郎恩澤曰：「明算科不講久矣。自司農、司空之屬，不能舉其籌，而奸吏日以文巧變亂射利。君之算乃有天授，不得爲在官用，以市隱終，可嘆也已。」《程侍郎遺集》。

程恩澤　俞正燮　鄭復光

程恩澤，字雲芬，號春海，歙縣人。嘉慶十六年進士，改翰林院庶吉士，散館

授編修，先後在南書房上書房行走，官至户部右侍郎。道光十七年薨于位，年五十有三。學識超時俗，六蓺九流，皆好學深思，心知其意。嘗謂近人治算，由九章以通四元，可謂發明絶學，而儀器則罕有傳者，乃與鄭君復光有修復古儀器之約。所著詩文遺集十卷，有《釋彗》一篇，又《國策地名考》二十卷，皆爲南海伍氏刻入《粤雅堂叢書》中。

交友最善者，俞正燮，字理初，黟縣人。道光元年舉人。負絶人之資，篤好讀書，尤善言天象暨曆數，以爲泰西法積精。然豈三代秦漢人所豫解，以某時曆衡某時法，是非區分，則三代秦漢人不能委其過。凡理初手成宏鉅書，不自名者甚夥。年逾六十，而聰强審密不懲。自著爲《癸巳類稿》十五卷，侍郎刻而爲之序。其論蓋天宣夜恒星七曜古義五行傳，用亥正及古憲九道四分九執諸篇，一切皆隸焉。又有《癸巳存稿》十五卷，靈石楊氏刻入《連筠簃叢書》中。

又同縣友人鄭復光，字浣薌，亦作澣香。上舍生。精算術，侍郎嘗病齊梅麓氏創面東西晷，自午初至未初無景，因與上舍謀而補成之。《揅經室續集》、《癸巳類稿》、《存稿》、《程侍郎遺集》。

論曰：皖南言算術者，梅氏以來，其卓然成家，無慮十數，罔弗理數精詳，體用該備已。程侍郎、俞孝廉後起黟歙之間，一則持議名通，一則留心法物，步天制器，薪傳不息，可不謂之盛乎？

劉逢禄 湯治名

劉逢禄，字申受，武進人。文定公之孫也。嘉慶十九年進士，改翰林院庶吉士，散館授禮部儀制清吏司主事。道光九年卒于官，年五十有六。于學務深造自得，《春秋》精公羊家言，中交同郡張編修惠言，共通虞氏《易》，旁求于《詩》及古、今文《尚書》，皆創通奥域。又以餘力及九章、小學，取《史記·天官書》及《甘石星經》，爲之疏證，成書數卷。大都所手輯與自著，幾二百十餘卷，精力可謂過人矣。同縣有湯治名，或作洽民。字誼卿。生而穎慧，學于張編修，通古學，兼明天官曆數，風角星算。游京師，以算學考取天文生，因母老告歸。又工六壬，自知死日葬期，黏課于壁。既葬，始見其課，所言皆合。自著有《句股算指》一卷、《太初術長編》二卷、《漢書分野星度勘誤》一卷，并存。《養一齋文集》、《武進縣志》。

牟庭 劉日義

牟庭，初名廷相，字默人，亦字陌人，棲霞人。爲名諸生，貢太學。與同縣郝户部懿行相友善，同揅樸學，道光中没。著書五十餘種，亂後佚大半。今可見者，《投壺算草》一卷，又有《兩句和與兩股較》及《帶縱和數立方算草》各一卷。

其友劉日義，字立夫，濰縣人。通中西之學，嘗爲校正《投壺算草》者也。《投壺算草》、《周公年表》。

顧廣圻

顧廣圻，字千里，號澗薲，元和人。少孤多病，枕上未嘗廢書，不事科舉業，年三十始補博士弟子員，縣府試皆冠其曹。繼從江艮亭游，得惠氏遺學，因盡通經學、小學之義。家故貧，常以爲人校刻，博稍以食。雖往來皆名公卿，未嘗有以自潤。精于校讐，每一書刻竟，綜其所正定者，爲考異，或爲校勘記于後，學者讀之，益欽嚮。其代夏方米序《數書九章》曰：「敦夫太史，校其家道古數書開雕，屬文薷爲之覆算。其題問與術草不相應，或術與草乖甚，且算數有誤，則當日書成後，未經親自覆勘耳。至《綴術》推星題，推五星逐度用遞加遞減之法。揆日究微題，于節氣影差，逐日不同，皆以平派求之，此則法有古今，弗可概論也。大衍求一術，向以爲即郭守敬《曆源》、李冶《測圓海鏡》之天元一法，及歐羅巴借根方法。今案：借根方之兩邊加減，雖與天元一相消不同，而其術即天元一法，無待論矣。若大衍術實非天元一法，未可以其有立天元一之語，遂以郭守敬及李冶所謂天元一者當之。《潜研堂集》亦言大衍術與李敬齋自言得自洞淵者有異，不信然乎？聞李尚之嘗謂《孫子算經》中三三數之五五數之七七數之一題，爲大衍求一術所自出。予謂道古自序實已自言之，何也？是書大旨爲《九章》廣其用，如賦役章首題，答數至一百七十五條，每條步算之數至十餘位，而得數皆無不合，均貨推本題，方程而兼衰分。劉徽云：世人多以方程爲難，道古此題，其難更何如矣？開方衍變，圖式備詳，足資後人參考，凡此皆大有功于《九章》者。自序乃云獨大衍術不載《九章》，其意以爲以各分數之奇零，求各分數之總數。《九章》無此法，而《孫子》有之。此《九章》後可以立法者，故隱以語人使自得之也。試爲衍之，甲三乙五丙七爲元數，連環求等，皆得一不約，便以元數爲定母。以定母相乘得一百五爲衍母，以各定母約衍母，得甲三十五、乙二十一、乙二十一、丙一十五，各爲衍數。滿定去衍，得奇。甲二、乙一、丙一，以奇與定用大衍求乘率，仍得甲二、乙一、丙一，對乘衍數，得甲七十、乙二十一、丙一十五，爲各用數。次置三三數之賸二，以二乘七十，得一百四十五。五數之賸三，以三乘二十一，得六十三。七七數之賸二，以二乘一十五，得三十。乃并所得爲二百三十三，是爲總數。滿衍母倍數去之，餘二十三，即所求數。凡所求

數，在衍母限內者，其數最小爲第一數，若大于此數者，遞加一衍，母數無不合者。或列各定爲母于右行，各立天元一，爲子于左行，以母互乘子亦得衍數。是反覆推之，而其術乃憭然也。作者之謂聖，述者之謂明，道古此術，其述而進于作乎？他如推求本息題各差，有反錐方錐蒺藜之名，少廣投胎術，即益積之異名，是必古有其名，而算數之書，爲世所不經見者猶多也。」

又自譔陽城張太守敦仁《開方補記》後序曰：「蓋聞開方元始，載于《少廣》，其在句股，用以爲法。嗣是相承，踵事推衍，稍變能精，緝古有焉。逮于季宋之世，入諸天元之術，爰因平立以增諸乘，乃洎正負，而兼帶從。誠非其法有異，良由所御不同，作述之旨如是焉耳。入明以後，厥術寖微，疇人子弟，罕洞前故，根柢云昧，枝葉競興。箬溪分測圓之類，宣城拾西鏡之遺，轉轉遷移，重重隔礙，以致沿流愈遠，趨路彌歧。臨初商而回泬，值幾數而眩眩，持小學之一端，等天高而難上，其可閔也，不已甚乎！先生文囿學林，罔蓄疑義，六書九數，尤耐覃思。初治《海鏡》，默契洞淵，翻法在記，潛啓會心，以爲錯綜之致，畫一之規。猥入答中，煩而不究，遺諸言外，蘊而曷宣，損益斟酌，周詳要練。惜竟遭佚，末從證明，續勤網羅，取雋道古，商實從隅，別名定位。夙昔鴻蒙，幾將鑿破，猶以易題下算，未能應機無滯。仍累年月，且恒諮訪，數四罩尋，委曲曉鬯，指蹤魯郡，合轍欒城。于是發凡舉例，創造各條，經之緯之，茂矣美矣。其于先超後折，異減同加，視上下而相生，循次第以置變。翻積益實之理，適盡命分之數，皆以墨守自古，起廢方今。至于議開即決其可否，審得縣識其小大，極反覆于商負，示易簡于取較，則又闕未傳之妙，標獨悟之宗者也。體製宏深，苞孕糅雜。慮夫學者或鮮遽憭，遂乃逐式設問，每步加圖，有奧必搜，靡變弗備，詳哉言之，無隱乎爾。更于最後，特探原本，圓城尖田，旁涉弧矢，揆以所施，申其攸當。譬彼詁字，依文匪異，義之可奪，協句準韵，豈他音所能棼？著茲確論，允爲大通，屬稾己未，勒成乙丑，區域九卷，薈萃一編。雋語莫排，千秋共信，繼往開來，温故知新，近譔九九一家而已。從此游藝之士，弄竹之倫，藏于箱裏，置向帳中，不啻司南倚衡秘鑰繫肘者矣。是故秦書具在，拓過半之思；李記雖亡，釋俄空之憾。敢贊盛業，附諗知者。」晚得類中證，卧牀笫者五年，道光十九年卒，年七十矣。有《思適齋集》十八卷，二十九年，上海徐紫珊氏渭仁校，刊入《春暉堂叢書》。《養一齋文集》、《思適齋集》。

論曰：道光朝近承乾嘉樸學之習，知名輩起，項背相望。顧茂才資稟過人，無書不讀，經史、小學、天文、曆算、輿地之術，靡弗貫通，爲寰宇所推重。終其身雖未著一書，而精誼特識，時見于所爲文，如秦、張二書序，不明算者惡足語此？蓋非尋常經生家言也。

黃汝成

黃汝成，字庸玉，號潛夫，嘉定人。用縣學廩膳生，入貲爲校官，銓授泗州、直隸州學訓導，以憂未之官也。因其友寶山毛文學嶽生交于武進李大令兆洛訓導。器局環偉，而才識敏達，善讀書，學不泥章句，而務合體用。自古昔禮樂德刑，以及賦税田畝、職官選舉、錢幣權量、水利河渠、漕運鹽鐵諸事，參校理勢，損益遷嬗。而折衷于顧氏《日知録》，條比義類，及所以施設者。居間復以聲音、訓詁、名物、度數之學，纂述爲《春秋外傳疏補》、《諸經正義》，名實益高，尤爲安化陶文毅公、江夏陳侍郎鑾所知重。以體過肥，猝疾作弗治，殞年止三十有九。所著惟成《日知録集釋》三十二卷，《刊誤》二卷，又《袖海樓文稿》若干首歲于家。《養一齋文集》、《嘉定縣志》。

安清翹

安清翹，字□□，□□人，或曰爲山西人。里貫未詳。嘉道間，有《數學五書》如干卷，刻本行世。一推步惟是，二一綫表用，三學算存略，四筆算衍略，五樂律新得也。《書目答問》案：南皮師列其姓名于許宗彦之次，姑采附于此，以待蒐考。丙戌夏嘉興沈吉士曾桐爲余言昔年曾見其書，爲陽曲人，他未詳。

清·諸可寶《疇人傳三編》卷三 清後續補一

阮元

阮文達公元，字伯元，號雲臺，亦號芸臺，晚自號頤性老人，儀徵人。所生月日與唐白少傅同。既冠舉于鄉，乾隆五十四年成進士，改翰林院庶吉士，散館第一，授編修。五十六年大考翰詹，題爲《擬張衡天象賦》，公賦曰：「惟圓象之昭回，建北極以環拱。擬磨旋以西行，儼笠冒而中擁。陽乘健以爲剛，氣斡機而非重。分五宮以各正，圍列宿而高聳。既承天以時行，亦後天而時奉。昔虞廷之治象，命義和以互參。仰璇璣以分測，廓四儀而內涵。惟《周髀》與宣夜，合渾天而爲三。溯洛下之善製，亦鮮于之極諳。地平準而天樞倚，黃道中而赤道南。惟中陸之相距，廿四度以相含。割渾圓爲象限，分弧角于輿堪。歸隸首之實算，斥鄒衍之虛談。原夫日周天步，月麗天衢。日一度而若退，月十三度而愈紆，分十二以合朔，乃會躔以同符。冬起牽牛之次，夏極東井之區，秋遇壽星之位，春

在降婁之隅。惟九行之出入，亦四道之殊途。考日至之圭景，尺五寸而不逾。分高卑于遠邇，測里差之各殊。月令遲于小正，夏時合于唐虞。驗中星之遞徙，又知歲差之不可無。至若别五星于五天，錯經緯于日晷。金一年而周天，丑未終而寅戌始。水周天以同金，井絡終而降婁起。歲周年以十二，爲衆星之綱紀。四仲則三宿已遷，孟季則二宿非邇。火二年而一周，入太微而分紫。土周歲以廿八，將彌月而度乃徙。旋七政以同天，能左右之曰以。列宿廿八，正自重黎，指以招摇，正以攝提。惟角亢之七宿，升蒼龍而上躋。正天門與衡柱，有角首之杓攜。虚女殷乎北位，爲子丑之端倪。鶉火殷乎南紀，當三台而光齊。胃昴畢之七宿，合首尾于參奎。占伐旗與溝瀆，象白虎于其西。分野占星，斗耀惟七。機青樞冀分其區，魁雍衡荆異其術。四輔連乎理樞，陰德近乎太乙。内階映文昌之宫，衛尉對丞弼之秩。帝座御而華蓋高，閣道啓而句陳出。王良却而造父馳，柱史明而開陽吉。斜漢絡乎天半，夏案户而光實。其隸垣外而居南極者，亦縷數之不能悉。事天以敬，治象以正。三光宣精，四時爲柄。圜而動者施其德，高且明者布其令。奉三無私者惟君，建五有極者惟聖。屏靈曜于緯書，譔靈憲以互證。是以黄帝制岦以推策，有虞撫衡而齊政。惟有道者萬年，協清寧而衍慶。」

卷呈御覽，改擢第一，超授少詹事、南書房行走。夏至前二日，于乾清宫西暖閣召見，問及書畫、天文、算學等事。旋升詹事。五十八年，提督山東學政。六十年調任浙江，遷内閣學士。嘉慶二年在浙，始與元和李茂才鋭商纂《疇人傳》。至庚午歲，乃寫定。三年補侍郎，任滿還朝，歷兵、禮、户三部，命管理國子監算學。五年，授浙江巡撫。最後累官至體仁閣大學士，管理兵部。道光十八年，老病乞休，予告致仕，晉加太子太保銜，在籍食大學士半俸。二十三年八十生辰，拜恩賞御書「頤性延齡」扁額，及楹聯諸珍物，共十事。二十六年丙午科，重赴鹿鳴筵宴，恩旨晉加太傅銜，支食全俸。疏謝，手敕報曰：「願卿福壽日增，以待三赴鹿鳴之盛事也。」考國朝滿漢大臣生前加太傅者，如金文通、洪文襄、范文肅、鄂文端、曹文正、長文襄與公而七，後乎公者則僅潘文恭一人而已。二十九年十月無疾而薨，年八十有六。遺疏上，恩卹如典禮，予謚文達。

迹公生平，蓋于學無所不窺，亦無所不善，博聞好問，耄而彌篤。方二十四五歲時，會試初罷，留館京師，與餘姚邵學士晉涵、高郵王給事念孫、興化任御史大椿友，即以著述名家，譔《考工記車制圖解》，辨正車耳反出軹前十尺等事，多前賢所未及。自叙云：「作車以行陸，聖人之事也。至周人上輿一器而工聚者車爲多。《考工記》注解釋尚疏，唐以後學者，又專守傳注，罕貫經文。元以考工之事，今之二三君子既宣之矣，于車工之事猶闕焉。因玩辭步算，率馮陋識，訂證牙圍梢藪、輪綆車耳、陰軌輈深、任木衡轄等十餘事，作《輪解》第一、《輿解》第二、《輈解》第三、《革解》第四、《金解》第五、《推求車度次第解》第六。解所未明，圖以顯之，作《輪圖》第一、《輿圖》第二、《輈圖》第三，都爲二卷。」

後于嘉慶八年任浙撫日，又自識云：「《車制圖解》，元寓京師時所譔，譔成即刊之。其間重較軹前十尺、後軫諸義，實可辨正鄭注，爲江慎修、戴東原諸家所未發耳。以此立法，實可閉門而造，駕而行之。此後金輔之、程易田兩先生，亦言車制，書出元後，其于任木梢藪等義，頗與鄙説不同。其説亦有是者，元之説亦姑與江、戴諸説并存之，以待學者精益求精焉。」

嘗因推步日食，考定《十月之交》四篇，屬幽王時詩，作《詩補箋説略》。謂交食至梁、隋而漸密，至元而愈精。梁虞劆、隋張胄玄、唐傅仁均、一行、元郭守敬并推定此日食在周幽王六年十月建酉辛卯朔日入食限，載在史志，今以後編法上推正合。若厲王在位有十月辛卯朔日食，何自古術家無一人言及者？補箋云：「雍正癸卯上距周幽王六年，積二千四百九十八年。依今推日食法，推得建酉月辛卯朔太陰交周初宫一十二度八分三十五秒二十九微入食限，朔月月朔也。」箋下附列細草：中積分九十一萬二千三百四十三日二二八八四一一六，通積分九十一萬二千三百七十五日三五一三八一一六，天正冬至一十六日七七一一五八八四，紀日一十七，積日九十一萬二千三百七十六，日通朔九十一萬二千三百九十一日一二六三三，積朔三萬〇八百九十六，首朔一十四日〇〇一三一五一二，積朔太陰交周二宫一十六度五十分八秒四十微，首朔太陰交周四宫六度四十六分四十四秒九微，十月朔太陰交周宫度見前爲入交有食，十月平朔辛卯日卯初三刻九分。蓋國朝時憲書密合天行，爲往古所無，今遵《考成後編》法推，正得入交，謂厲王時者斷難執以争矣。其它據時地人事雜爲辨證者，兹不具詳。

又任漕運總督日，立「糧艘盤糧尺算捷法」。舊以尺量艙之寬長深，而三乘四因之法甚繁。今以部頒鐵斛較準一石米，立爲六面相同之立方形。命一面之寬長爲一尺，定爲立方一石之尺。舊尺約當此尺七寸六分弱。用此尺量艙，得其寬長二數。初乘之得丈尺寸分數。再以初乘之數與深者之數乘之，得又丈尺

寸分數。是再乘所得之丈尺寸分，即米之石斗升合。故較舊法捷省一半，簡便易曉也。頒行各省，并刻石嵌漕院壁間。

其創立《疇人傳》也，甄録自黄帝以來得二百八十人，匯萃群籍，篇帙浩繁。自起凡例，擇友人弟子分任之，而親加朱墨，改訂甚多。溯古今沿革之原，究中西異同之故，綜算氏之大名，紀步天之正軌，至今游藝之士，奉爲南鍼焉。又海内名宿著述，多賴表章而刊布之，如錢辛楣氏《三統術衍》、《地球圖説》，凘亭氏《述古録》，孔顨軒氏《少廣正負術》内、外篇，焦氏《里堂遺書》，李氏《四香算書》，尤彰彰者。此外不關步算諸書，又不下數十家，公所自著總曰《揅經室集》如干卷。《雷塘庵主弟子記》、《揅經室全集》。

論曰：竊嘗聞之，一代之興，必有耆龐魁壘之臣，若唐之燕許，及崔文貞、權文公、李衛公，以經術文章主持風會。而其人又必聰明叡達，兼享大年，其名位著述，足以弁冕群材，其力尤足以提唱後學，若儀徵太傅真其人哉！夫太傅敭歷中外五十餘年，頤養里第又十一年，身爲名臣通儒，猶孜孜于天文算學不倦，良因術數之眇，窮幽極微，可以綱紀群倫，經緯天地。乃儒流實事求是之學，非方技苟且干禄之具，用是上下二千年來，網羅將三百家，勒成一編，傳諸永久。是故勿庵興，而算學之術顯；東原起，而算學之道尊；儀徵太傅出，而算學之源流傳習，始得專書。昔河間文達公淹通經籍，人疑其不自著書，則但曰畢生詣力，備見于《四庫書目提要》已。吾謂儀徵公于算學亦然，非必它有所譔纂而後成一家言也。言不朽之盛業，孰有大于《疇人傳》者乎？又豈屑屑焉與曲藝自矜者，斠尺寸之憲率，絜短長于迹象乎？然則儀徵之有功蓺苑，與河間將毋同。若夫著作貫九流，事功垂十世，名在史宬，語在典册。後之誦《揅經室四集》，讀《文選樓叢書》者，自能窺其全而識其真。今之記載，類取明算諸説著于篇，庶幾備尚論之一助，以斯爲別傳也可，即以是當學術外紀也，亦無不可者。小道可觀，蓋弗第引未竟之緒，抑亦公創傳之前志也歟？

駱騰鳳　吴玉棏

駱騰鳳，字鳴岡，號春池，山陽人。嘉慶六年選拔廩膳生，是秋舉鄉試，七上春官不售，考充覺羅官學教習。道光六年大挑一等，例用知縣，以母老不願仕，改授舒城縣學訓導。未一年告養歸，教授里中學徒甚衆。二十二年八月卒于家，年七十有二。賦性敏鋭，好讀書，尤精疇人之術，在都中從鍾祥李侍郎潢受算學，研精覃思，寒暑靡間。著《開方釋例》四卷。自序略謂：「天元一術，見宋秦氏九韶九章大衍數中，初不言創于何人。元李冶《測圜海鏡》、《益古演段》二書，亦用此術。冶稱其術出于《洞淵九容》，今不可詳所自矣。是術也，自平方、立方以至多乘方，悉用一術，即芻童羡除諸形，亦無不可握觚而得，洵算術之秘鑰也。西法借根方實原于此，乃以多少代正負，徒欲掩其襲取之迹。不知正負以別異同，多少以分盈朒，毫釐千里，必有能辨之者。」

又著《藝游録》二卷，自識云：「余于正負開方之術，既爲釋例以明其法矣。至于衰分、方程、句股等法，以及《九章》所未載，與夫古今算書之未能該洽者，輒爲溯其源，正其誤，不敢掠前哲之美以爲名，亦不爲黯黮之詞以欺世也。隨所見而識之，彙爲一編云。」遺稿凡十餘萬言，手自繕寫，病亟，授其壻何錦，錦屬同縣丁内翰宴助之校刊，二十三年冬工竣，即今傳本也。南匯張明經文虎嘗與青浦熊户部其光書，論之曰：「承示駱司訓算書二種，讀竟奉繳。李四香開方説，詳于超步、商除、翻積、益積諸例，而不言立法之根，令初學者芒不知其所謂。駱氏于諸乘方方廉和較大小加減之理，皆質言之。而推求各元進退定商諸術，尤足補李書之未備，誠學開方者之金鎖匙。汪孝嬰創設兩句股同積同句弦和一問，以兩句弦較中率，轉求兩句弦較，立術迂迴。駱氏以正負開方法徑求，得兩句，頗爲簡易，衡齋亦當首肯也。立方以上古法頗略，孔顨軒《少廣正負》内篇，列帶縱立方變體十三種，以補古人所闕，有裨于算術甚鉅。三乘以上，不過算家借喻其稠疊之數，本無其形，學者往往守其法而莫明其理。孔氏始化積爲邊，俾方廉皆顯。駱氏諸圖皆襲之，而不言所自，轉于他處諱其姓氏，反唇相稽，得毋褊乎？天元如積之術，至明失傳，梅文穆始以借根方發其覆。爾時推闡未至，容有之。李四香校《測圜海鏡》而大明其説，不可謂無功。借根方之多少，即天元之正負，其兩邊加減，即天元正負相消之理。論其法，借根方固不如天元之簡，然天元實方廉隅稠疊之位，皆賴借根方之幾真數幾根幾平方幾乘方而益著。駱氏必欲翻梅、李之案，而直詆爲不知天元。噫，過矣！且其言曰：『正負者加減之謂，多少則盈朒有迹，試問加減何自而生乎？』以此減彼而有餘，則謂之正；以彼減此而不足，則謂之負。有餘非多乎，不足非少乎，以此之正，消彼之負而見盈正數多，則變彼之負而爲正，謂正非盈可乎？以彼之負，消此之正而見朒負數多，則變此之正而爲負，謂負非朒可乎？天元左右數正負可互易，此與兩邊加減，法異而理同。李氏以爲異，異其法也。駱氏謂異在正負，不在兩邊加減，此

公孫龍之論白馬非馬也。李氏弧矢算術弦與殘周求矢圜徑截積求矢二術，元章并以天元除太極，得太下一層。少一天元通分，故開方式元在下廉之位。然以元除太，則太下一層，已爲元分。而太下一層自乘，得太下二層，合天元自之爲五層，即三乘方式矣。于是以太下二層爲積，太下一層爲元，太爲方，元爲廉，元自乘爲隅，蓋以降二位爲升二位，不啻以天元通分也。且天元術相消之後，但問得式幾層，爲幾乘方實方廉隅之位，不復論爲元爲太。駱氏以天元通分，故元在本位，然五層之式，與李無異，苟明其指，不必別擬細草矣。方程五家共井一術，梅勿庵譏其不言井深，故所得但爲虚率，而不能斷其丈尺。又七百二十一，亦非定率，凡可以七百二十一除之而盡者，皆可以五等之繩相借而及泉。此條雖出《九章》，然立法之疏，不必爲古人諱。李雲門據劉徽注，謂明以七百二十一爲井深，率七十六爲戊綆長，不知但言虚率，則分寸尺丈，何不可以七百二十一命之？即分寸尺丈，又何不可以七十六命之？駱氏顧沾沾焉稱述其以法爲率之巧，而惜勿庵之未見，則似猶未達勿庵之指也。夫人心思智巧，日用日出，算數之學，往往今勝于古，然亦賴有古法以爲之質耳。彼古人者則亦甚賴後人爲之推求，而精益求精也。駱氏之論正負開方，墒能發揮隱伏，而于近世諸家，詆諆已甚，將獨尊其師法歟，抑主持古法而過之者歟？文虎于此學無所得，亦未敢有所偏主，聊以管見質諸足下，幸惠教之。」

又訓導同縣有吳玉楫，字非木。諸生。精天官家言，謂分野不足以定疆域，惟里差爲可據，作《淮安里差考》，又爲《太陽出入里數通軌説》。非木遺書，爲丁内翰所得，見内翰譔《訓導傳論》，中云：「問之吾鄉人，無有知其姓字者。」《開方釋例》、《蓺游録》、《舒蓺室雜著甲編》。

論曰：駱訓導有功古學，而語多過當，傳謂豪宕不規規小節，每遇儒冠猥鄙者必醜詆之，殆天性固然也。嘯山明經從而平議之，爲諍臣，爲畏友，備舉其説，以竢後賢。

李兆洛 六嚴

李兆洛，字申耆，武進人。嘉慶九年，舉鄉試第一，次年聯捷成進士，改翰林院庶吉士，散館授知縣。官安徽鳳臺久，奉諱去，服闋，無意出山，江陰延主暨陽書院。居之二十年，卒于家，年七十有三歲。幼聰慧，好讀書，日能熟百餘行。藏書卷逾五萬，皆手加校正，晚年校刻與圖，督造天球，爲精心之作。嘗刻《恒星赤道經緯圖》，謂明代禁習天文，古圖失傳。國朝康熙十三年，監官南懷仁修《儀象志》，用西法考測所得星座。較隋丹元子《步天歌》，少有名者二十四座，三百三十五星，而增多無名者五百九十七星，又多近南極二十三座，一百五十星。乾隆初，監官戴進賢等累加測驗，推度觀象，至九年，較《儀象志》增多有名者十八座，一百九十星，而增多無名者一千六百一十四星。《欽定儀象考成・恒星經緯度表》總計恒星二百座，三千八十三星，別以六等附注歲差加減，以便推步。又《欽定大清會典天文圖》以視法變赤道爲直綫，分十二宫爲十二圖，別繪近南北極星爲圓圖，列于前後。較之南北赤道，分圖尤便觀覽，第原圖俱無增星，今推準圖分合而繪之。限于方幅，仍就赤道各分爲二，至恒星隨黄道東移，歲差五十一秒，率七十歲五十一分歲之三十，而差一度。今自道光十四年甲午，上溯乾隆九年甲子，中距九十一算，所差一度有餘。謹遵《考成加減表》，隨星加減，各如本年冬至交宫度數。庶幾此後七十年中，可以用行總圖外，仍繪赤道南北分圖二，總凡二十九圖云。其刻《皇朝一統輿地全圖》例言後曰：「兆洛始得《欽定圖書集成》中所刊《輿地圖》，苦其不著天度。繼得康熙内府《輿地圖》，大于《集成》所繪而有天度，亦分省，有外藩東華録言。」康熙五十年五月駐蹕熱河行宫，諭大學士等曰：「天上度數，俱與地方寬大吻合。以周尺算之，天上一度，即地下二百五十里。以今尺算之，天上一度，即地下二百里。古來繪輿圖者，俱不依照天上度數，以推地里遠近，故多差誤。朕前特遣能算善畫之人，將東北一帶山川地理，俱照天上度數推算，詳加繪圖。」五十八年二月，諭内閣學士蔣廷錫：「《皇輿全覽圖》，朕費三十餘年心力，始得告成。九卿等如求頒賜，允之。」即此是也。尋又于廣東巡撫庫見乾隆間所賜各省督撫内府輿圖，東西爲横幅長卷，而南北以次排之。繼得董方立精心仿繪者，于改革創制，以嘉慶年爲斷，乃合其總圖而刊之。繼又見沈廣文欽裴所藏，別有乾隆内府圖，亦總繪而截爲正方以刻之。方逾二尺，直省與兆洛所刊略同，而西與北外藩之境拓幾倍，乃以所刊本于外藩外補足焉。輯有《皇朝文典》七十卷、《鳳臺縣志》十二卷、《地理韻編》二十一卷、《駢體文鈔》七十一卷，自著《養一齋文集》二十卷。

門人六嚴，字承如，又字德只，江陰人。又遵道光二十四年《欽定儀象考成續編》所載《恒星經緯表》，一等十七星，二等六十二星，三等二百二星，四等四百八十九星，五等八百十四星，六等一千六百四十六星，星氣等，九星共三千二百三十九星。自無而之有者一百六十三星，自有而之無者七星。以新定歲差五十二秒，逐年算其東行，改訂舊圖，繪成《赤道南北兩圖》，共四十七帙。咸豐初元，

刊行于世。《藝舟雙楫》、《養一齋文集》、《恒星赤道經緯圖》、《皇輿全圖》。

論曰：李鳳臺昌明前修，陶成後進，經術文辭，照耀一世，宜已。其所鑄造，有天球銅儀一，日月行度銅儀一，類皆施機布輪，動應法象，制器之巧，莫與京也。自有恒星輿地圖之傳，海内承學之士，乃知寫笠覆槃，必基步算。至今日而測繪愈精，盡洗粗陋之習者，非鳳臺之功有以開之歟？若六德只者，又可謂不墜師門家法者矣。

張鑑　淩堃

張鑑，字春冶，號秋水，烏程人。嘉慶六年選拔貢生，九年鄉試中副榜，後銓授武義縣學教諭。道光二十六年卒于官所。博通經史，四十後即棄舉子業。因出儀徵太傅門下，識江都焦孝廉循輩。甘泉羅明經士琳《續傳》中，已采其《冬青館甲集》算書題跋二首。教諭著述甚富，自步算、樂律、音韻、六書、金石，暨地理、水利，莫不周曉。發爲文章，引據典塙，所著書凡三百卷，中如《中西星歌合鈔》二卷、《曆統歲實消長表》三卷、《天元借根得》一二卷、《立天元一捷法》一卷，皆有心得。他不關算數者，不具録。

同縣有淩堃，字厚堂。困諸生無所合。與黟縣俞孝廉正燮友，并長推步算術，高材績學，侯官林文忠嘗目以國士。自號德輿子，著譔等身，其最致力者爲《學春秋理辨》五十餘卷，未寫定。同治元年五月粵匪陷湖州，死難，齒甚高矣。

《墨林今話》、《湖州府志》、《藝舟雙楫》、《舒藝室詩存注》。

沈欽裴　宋景昌　毛嶽生

沈欽裴，字俠侯，號狎鷗，元和人。嘉慶十二年舉人，試禮部屢見擯，大挑二等，選授荆溪縣學訓導。不節于飲，病偏枯者累年，藉扶掖以行，神明如常，課講不輟。後布政使檄之入會城驗視，自以不能拜，不敢往，則檄他人攝其官。趣之行，學中士相率具狀留之，主者不可，遂劾去。老病，旋卒于家。生平篤于學，而邃于思，天文、地形無不通曉，尤洞精算術。宋秦九韶之《數書九章》、元朱松亭之《四元玉鑑》、李冶之《測圜海鏡》，世所謂絶學，皆能通之。鍾祥李侍郎潢譔《九章算術細草》，甫寫定，病不起，遺囑務俠訓導算校，方可付梓。越庚辰歲，侍郎甥程尚書矞采方官儀曹，延訓導至家，爲之校勘《算草圖説》「均輸」一章，增訂尤多。又爲補演《海島算經細草》一卷，以成侍郎之志。其校訂《數書九章》也，于古曆會積，則用四分術、開禧術推之，以正其誤，法最詳盡。又因治曆推閏問演紀草與推氣治曆所求氣骨分秒俱不合，改推證之。又謂治曆演紀所求入閏閏縮元閏朔因數朔積年，皆因入元歲而誤。求入元歲，當以歲餘爲奇，紀率爲定，用大衍術求之，得蔀率。此蔀率者是甲子正初刻，與冬至一會之年數也。若如元術，以斗分與日法用大衍求得蔀率，則是子正初刻與冬至一會之年數五周，而後爲甲子子正初刻冬至也。一會戊子、再會壬子、三會丙子、四會庚子、五會甲子。每歲氣骨，分爲歲餘所積滿紀率去之之數，非斗分所積滿日法去之之數。有氣骨分求入元歲，而以斗分與日法用大衍入之，與率不相通，此其所由誤也。又虚設氣元率乘元限數以强合之，而積年之不可知已多矣。爲別立術草，并設問于後，以課元術、新術之疏密。乃改正答數設問六則，以元術推之，可知者二，不可知者四。以新術推之，則歲歲皆可知。又于「均分梯田」條，校改至百餘字，極爲精確。「漂田推積」條，辨正其命名、布算、立術三誤。餘如測望類求深求遠法草，并以天元一顯之。本諸《海鏡》，別爲圖説，于是術意之精深可豁然矣。

又嘗補《玉鑑細草》四册，與羅茗香氏大同小異，而詳實不如。然「四象朝元」第三、第五兩問，羅草方廉隅諸數，皆背原術，無説處之。相傳訓導所演，獨爲吻合，此其勝者。惟「左右逢源」第一問，宜開四乘方而術開三乘方；第二問宜開三乘方，而術開無隅平方；第二十問宜開七乘方，而術開九乘方；第二十一問依術推演十乘方，得數雖同，而方廉諸數，并異羅草，疑爲術誤。訓導于此四條，皆無細草，而云草見「廣異」，當時已佚無「廣異」卷，其細草原稿，在同郡馬内翰釗家，謀刻未果。道咸之際，南匯張明經文虎猶及見而論訂之，後内翰死綏，遂不可問已。

初，訓導之居京師也，富陽相國文恭公知之，將薦修《天文時憲志》。辭之，復書曰：「國史中秘書，翰林司之。今乃索之局外，是暴翰林短也。閣下縱出大公，竊伺者保無借此爲榮利計乎？此又非進禮退義之正也。」卒不往。其所守有如此者。

門人宋景昌，字冕之，亦字勉之，江陰人。諸生。又爲武進李鳳臺兆洛講學弟子，曾助輯《地理韻編》。好學明算，有聲于時。著《數書九章札記》四卷。上海郁泰峯氏松年爲之序曰：「余既刻《清容剡源》二集，益思得宋元人秘笈。毛君生甫爲余言秦道古《數書九章》，思精學博，其中若大衍求一、正負開方兩術，尤爲闡自古不傳之秘。第其書轉相鈔録，譌脱滋多。元和沈廣文曾得明人趙琦美鈔本于陽城張太守家，訂譌補脱，歷有年所，以老病未卒業。其弟子江陰宋君景昌，能傳其學。余因屬毛君索其原本，會廣文病甚，不可得，得其副于武進李太

史家。毛君又出其家藏元和李茂才所校四庫館本，并屬宋君爲之讐校。嗣廣文没，宋君又于其家搜得秦書刊誤殘稿數卷。于是以趙本爲主，參以各本，其文字互異義得兩通者，存其舊。其傳寫錯落無乖算術者，隨條改正。其術草紕繆或誤後學者，採衆説而折衷之，別爲札記，以資考證。書成，將署余名，余以未經究心，仍歸之宋君。而爲之叙其原起，以付諸梓。」又譔《詳解九章算法札記》一卷、《楊輝算法札記》一卷。

其友人毛嶽生，字生甫，寶山人。生及晬而孤，用祖蔭襲雲騎尉，後改補文學弟子員。與李鳳臺、俞孝廉正燮皆友善。績學能爲韓柳文章，治古曆，亦致力于秦書者，校算考覈，多相發明，札記頗采其説。道光二十二年，郁氏取秦書十八卷、楊書六種，并刻入《宜稼堂叢書》中以傳。《養一齋文集》、《九章算術細草》、《數書九章札記》、《舒藝雜著》甲、《詳解九章算法札記》、《楊輝算法札記》。

論曰：宋元人算書之僅存也，蓋不絶如綖矣。古算命名，若重差夕桀旁要諸術，皆統于句股。賴道古、謙光之書，得其厓略。然非有沈心渺慮冥搜力索之士，則不能熟精而表章之。一誤于術草之謬，再誤于傳寫之譌，其不遂終于舛亂也幾希爾。嘉道以來，算學大昌，通材輩出。李氏治《海鏡》，順德黎氏傳之。羅氏演《玉鑑》，甘泉易氏佐之。沈訓導秦書刊誤，雖未卒業，乃得宋茂才起而成之，拾遺補闕，匡謬正譌，使摇摇將墜之緒復還舊觀。若訓導之有功前賢，固不在四香、茗香下。而冕之之獨承絶學，師弟相資，亦足與見山、浩川同千古矣。語曰：「德不孤，必有鄰。」信哉盛已。按：郁泰記氏《楊書札記·序》云，是書爲毛君生甫家藏本，每葉俱有「石研齋鈔本」五字，卷末有「石研齋秦氏印」，未知秦氏爲何許人也。今考顧千里《思適齋集》有《石研齋書目序》，蓋江都秦太史恩復字敦夫之齋也。太史藏富刻精，江表鉅室，道古《數書》，太史首刊布之。他如《列子》、《盧注鬼谷子》諸刻，皆署齋名。且時代相去甚近，何郁氏竟未知之耶？附識于此，以補方聞焉。

錢儀吉

錢儀吉，字衎石，號心壺，又號新梧，嘉興人，文端公之曾孫也。嘉慶十三年進士，改翰林院庶吉士，散館授户部主事，擢御史，遷給事中。博通群籍，蚤有高名，久處京師。道光中葉客游嶺汴，主學海堂及大梁書院講席。居恒與從弟警石訓導泰吉書問叢沓，咨詢學術，動逾數千言。自周秦諸子，馬班群史，許鄭詁訓，杜馬典章，洛閩之淵源，唐宋名賢之詩古文詞，以及目録、校讐、金石、書畫、方志、雜説，一孔半枝，無所不詢，蓋亦無所不辨。故二石家書，蔚然天下之至文也。兼長曆算，嘗譔《黄初朝日辨》，云《魏書·文帝紀》黄初二年正月郊祀天地明堂乙亥朝日于東郊，裴松之曰：「禮天子以春分朝日，秋分夕月。」尋此年正月郊祀有月無日，乙亥朝日，有日無月，蓋文之脱也。案明帝朝日夕月，皆如禮文，故知此紀爲誤者也。蒙案魏明帝太和元年二月丁亥，朝日于東郊，八月己丑夕月于西郊，裴氏因之，謂魏制朝日夕月用二分，遂疑此乙亥朝日上當有「二月」字也。然證以此紀之文，黄初元年十一月有癸酉，十二月有戊午，獻帝傳述魏文之禪，許芝擇以十月十七日己未，而王以二十九日辛未登壇受禪。劉羲叟推黄初二年正月壬申朔，校測前後，悉與史合。是乙亥爲正月四日，非二月也。更以四分術推之，自黄初元年庚子入己卯蔀，至辛丑二年算外日餘乘之，得大餘五，小餘八，十一月十二日甲申冬至。遞推至春分爲二月十五日乙卯，非乙亥也。《晉書·禮志》稱黄初正月朝日，違禮二分之義。《隋志》亦言魏文正月朝日，前史以爲非時，及明帝太和元年二月朝日，八月夕月，始合于古。是文帝雖有采周春分之詔，其實未嘗施行。是歲祭日，實以正月，至太和乃用二分，後先殊制，不可强同。裴氏不考當代禮制，遂謂史有闕文，疏已。《尚書·太傅》云古者帝王以正月朝迎日于東郊。辭曰：「維某年某月上日，明光于上下，勤施于四方，旁作穆穆，維予一人。某敬拜迎日東郊。」又焉知魏初之制，非有取于伏氏之義歟？然不可得詳矣。又嘗譔《三國會要》，體裁悉本徐仲祥《兩漢會要》，而有所變通，如改「術數」爲「天運推步術算」，及史文奥賾者，通其所可知，間爲之注釋。于《開元占經》得王蕃渾天象説，其《曆考》集乾象、景初二術成書。同郡朱筠麓氏鴻爲注，海寧張神羊氏豸冠更審定之，見自爲序例中。與烏程陳助教杰、陽湖董孝廉祐誠并友善，日相從講數學。助教時爲欽天監時憲、天文二科博士，演《緝古細草》。又著《音義》，給事亦爲之序。晚年搜刻經説，刊正譌謬。道光三十年四月卒。所著已刊行者《衎石齋記事稿》十卷、《記事續稿》十卷、《刻楮集》四卷、《旅逸小稿》二卷，燬于兵火。今有公子彝甫新校刻本行世。《衎石齋記事稿》、《續稿》、《緝古算經音義序》、《曾文正公文集》。

陳杰　丁兆慶　張福僖

陳杰，字静弇，烏程人。諸生。山陽汪文端公督浙學時，亟賞之。嘉慶之季，客京師，考取天文生，任欽天監博士，供職時憲科，兼天文科，司測量，爲上官所倚重。後官國子監算學，助教最久。道光十九年，有足疾，解組歸田，樓居。時游于杭，與仁和項學正名達、甘泉羅明經士琳、全

椒金大令望欣、同里徐莊愍公相友契。年未及七十，卒于家。生平邃于算術，尤神明乎比例之用。初著《輯古算經細草》一卷。後十餘年，又爲之指畫形象，録成《圖解》三卷。又爲之證引經傳，博采訓詁，是正其傳寫之舛譌，稽合其各本之同異，別成《音義》一卷。表章絶業，牖啓後賢，蓋與陽城張太守同功也。其自述例言，有曰：比例之法，昉自《九章》，傳由西域。在古法曰異乘同除，在西法曰比例等。假如甲有錢四百，易米二斗，問乙有錢六百，易米幾何？答曰三斗。法以乙錢爲實，甲米乘之，得數，甲錢除之，即得。錢與米異名相乘，錢與錢同名相除，故謂之異乘同除。此古法也。以甲錢比甲米，若乙錢與乙米。凡言以者一率，言比者二率，言若者三率，言與者四率，二三率相乘，一率除之，即得。此西法也。古法在元明時，中土幾已失傳，不知何時流入西域。明神宗時，西人利瑪竇來中國，出其所著之書，中土人皆矜爲創見，其實所用皆古法，但易其名色耳。茲以西人名色解王氏固取其平近，亦以明中西之合轍也。又有論曰：「二十一史律志，無不用比例者。他如《九章》、《緝古》十種算書，大半皆用比例，無如古人總不言比例。如《緝古算經》第二問，求均給積尺，欲以本體求又一形之體，忽取兩面冪之數，一用以乘一用以除而得。又第九問求圓囷，第十問求圓窖，忽以周徑乘除，即如方亭法求之，諸數悉得，讀者實莫能解。走作圖解，蓋審諦久之，而始知其爲比例也。乃明言比例以揭之，嗣是而凡閲古算書，罔弗比例矣。」

又自道光以來，嘗親在觀象臺督率值班天文生多人，頻年實測黄赤大距所得之數，爲二十三度二十七分。未經奏明，故當時未敢用。迨甲辰歲修《儀象考成續編》成書，監臣即取此數上，而欽定頒衍焉。晚年所譔爲《算法大成》上編十卷。首加減乘除，次開方句股，次比例八綫，次對數，次平三角弧三角。門分類別，皆先列舊法，而以所擬新法附之。圖説理解，不憚反覆詳明，專爲引誘初學設也。下編十卷，則有目無書。其言曰：「算法之用多端，第一至要曰治曆。」故下編言在官之事，先在治曆，次出師，次工程錢糧，次户口鹽引，次堆積丈量。其儒者所爲，則考據經傳，下及商賈庶民，則貲本營運，市廛交易，持家日用，凡事無鉅細，各設題爲問答，以明算法之用，蓋如此之廣云。上編刻于癸卯，爲已日，乃孚之齋原本。下編似未寫定，今益不可求矣。

高足弟子丁兆慶，字寶書，歸安人。沈潛好學，與同門南坪茂才，各爲項學正兩邊夾角逕求對角新法圖説，洋洋數千言。助教謂其講解明晰，戛戛獨造，均録附《算法大成》上編中。

張福僖，字南坪，烏程人。諸生。助教稱爲英敏過人，研習算學，精究小輪之理，著有《彗星考略》如干卷。咸豐初，與海寧李京卿善蘭友。因同識英吉利士人艾約瑟。又于京卿處見錢塘戴處士煦著述，因訪之。小住數日，抄副本去。後與京卿同客徐莊愍公撫幕，公方刻項學正《象數原始》諸書。又同任讐校之役。刻垂成，未有印本，而粵匪陷蘇州，同治元年春，攻湖州且急。茂才以母在圍城中，將謀入省之，倉卒爲賊執，以爲我偵也，遂焫死于城下云。《緝古算經細草》、《圖解》、《音義》、《算法大成》上編、《舒藝室詩存注》、《戴府君行狀》、《湖州府志》。

論曰：南豐吴編修嘉善曰：「凡平三角大小弦冪相減，與大小句冪相減相等。故句較與弦較之比，同于弦和與句和之比，爲互視比例。今以天元入之，不必知此識別，而與知識別者等。」平三角者，陳靜菴氏所謂有用者也。天元四元者，陳氏所斥爲無用者也。然遇此題，不以元術入之，當如何癉精竭慮，乃得其法，則無用者果爲無用矣乎！夫陳助教于天元四元數理，未嘗究其體用，乃至失言。編修之詘宜已，且獨不考夫陽城太守以天元演緝古，乎固殊塗而同歸者也。然觀助教之書，苦心孤詣，自足名家。若定句股弦三數，皆整法表列股弦較，自一至九萬九千四百五十八遞加數，自二至八百九十二。設爲姑求十萬以内諸不同式形，而皆爲度盡之數。誠自然之妙，未洩之奇。餘如倍弧求通弦，及諸三角邊角互求易弧爲平。所創新法，亦頗洞見本源，專精比例，當時奉爲大師，豈倖致哉？至謂西人竊取乘除而爲比例，竊取句股而爲八綫，良非虚語。愚又謂西人竊取四元而爲代數，竊取招差堆垛而爲微分積分，則其書後出，惜乎助教之不及平議矣。

項名達　王大有

項年丈名達，原名萬準，字步來，號梅侣，仁和人。嘉慶二十一年舉人，考授國子監學正。道光六年成進士，改官知縣，不就職，退而專攻算學。三十年卒于家，年六十有二。著述甚富，今傳世者但有《下學庵句股六術》及圖解，後附句股形邊角相求法三十二題，合爲一卷。以句股相求和較諸題，術稍繁雜，初學恒未了然。爰取舊術稍爲變通，分術爲六，使題之相同者通爲一術。釐然悉有以御之，繁雜可無復慮。第一、二、三術及第四術之前二題，悉本舊解，餘爲更定新術，皆別注捷法，各爲圖解明其意。第四、五、六術，其原皆出于第三術，可釋之以比例。第三術以句股較比股，若股與句弦和，以股弦較比句，若句與股弦和，

是爲三率連比例。凡有比例加減之，其和較亦可互相比例，故第四、五、六術諸題，皆可由第三術之題加減而得，即可因第三術之比例，而另生比例。因比例以成同積，而諸術開方之所以然，遂于是得。順德黎平陽應南爲之序曰：「余在都獲與項君梅侶交，輒以數學相過從。梅侶耽精思當，窮極要眇。時雖寒暑，飢渴不暇顧。苟有得則欣然意適，若無可喻于人。嘗語余曰：『守中西成法，搬衍較量，疇人子弟優爲之。所貴學數者，謂能推見本原，融會以通其變，竟古人未竟之緒，而發古人未發之藏耳。』余是其言。顧以碌碌走塵俗，未遑卒業。迨余筮仕浙，梅侶亦主講苕南。見所著《句股六術》，擊節稱善曰：『是足爲數學導矣。』句股乃學數初步，恒苦和較諸術之紛糅，未入門先作門前之繞，往往阻于難而莫敢入。得是術導之，簡而明，條焉而不紊，一展卷瞭然矣。且以見數有和較，故變生，變故參伍錯綜不可爲典要，其爲物也雜，而其爲途也繁，設非洞徹乎其原，焉能齊雜以整，御繁以約，極其變而仍適得其常哉？梅侶嘗立有弧三角總較術，求橢圓弧綫術，術雖定，未有銓釋。余促成之。而義奧趣幽，非旦夕可竟事。是六術也獨先成，雖未足見梅侶之深，而所謂變通成法，爲古人竟其緒而發其藏者，于是可見一班云。」

并時明算諸君子，年丈皆相友善，而與烏程陳助教杰、錢塘戴處士煦契最深。晚年詣益精進，謂古法爲無所用，不甚涉獵，而專意于平弧三角，與助教意不謀而適合。癸卯初夏，助教以事至杭州，冒雨訪之，縱言至于三角，年丈曰：「平三角二邊夾一角逕求夾角對邊，向無其法，竊嘗擬而得之。君聞之乎？」曰：「未也。」録其法以歸。法蓋以甲乙邊自乘，與甲丙邊自乘相加，得數寄左，乃以半徑爲一率，甲角餘弦爲二率，甲乙、甲丙兩邊相乘倍之，爲三率，求得四率。與寄左相減鈍角，則相加平方開之，得數即乙丙邊也。又嘗謂泰西杜德美氏割圜九術，理精法妙，其原本于三角堆，董君方立定四術以明其原，洵爲卓見。惟求倍分弧有奇無偶，徐君君青補之，庶幾詳備。名達嘗玩三角堆，嘆其數祇一遞加，絶無奇異，而理法象數，包藴無窮。夫方圜之率不相通，通方圜者，必以尖句股尖象也，三角堆尖數也。古法半徑屢求句股得圜周，猶不勝其難。杜氏則以三角堆御連比例諸率，而弧弦可以互通，割圜術蔑以加矣。然以此製八綫全表，每求一數，必兩次乘除。所用弧綫，位多而乘不便。董徐二君大小弧相求法亦然。向思別立簡易法，因從三角堆整數中推出零數，但用一半徑，即可任求幾度分秒之正餘弦，不煩取資于弧綫，及他弧弦矢。且每一乘除，便得一數，似可爲製表之一助云。

年丈又著《象數原始》一書，未竟。疾革時，遺書囑戴處士續成之。咸豐八年，從子運判晉藩謀刻之，致書處士申舊約。乃索稿于年丈伯子茂才錦標校算增訂。六閲月而稿始定，都爲七卷。原書之四僅六紙，并第七卷皆處士所補纂。卷一曰整分起度弦矢率論。二卷曰半分起度弦矢率論。卷三、卷四曰零分起度弦矢率論，皆以兩等邊三角形明其象，遞加法定其數，末乃申論其算法。卷五曰諸術通詮。取新立此弧弦矢求他弧弦矢二術，半徑求弦矢二術，及杜氏、董氏諸術，按術詮解之。卷六曰諸術明變。雜列所定弦矢求八綫術，開諸乘方捷術，算律管新術，橢圜求周術，皆從遞加數轉變而得者。卷七曰橢圓求周圖解。原術以袤爲徑，求大圓周，及周較相減而得周。處士增術，則以廣爲徑，求小圓周，及周較相加，而亦得周，系以圖解終焉。烏程徐莊愍公巡撫江蘇，郵書索處士寫定本付梓。十年閏月刻垂成，未及印行，而莊愍殉難，書與板皆不可問矣。年丈高第弟子夏宫簿鸞翔自有傳。

又王大有，字吉甫，仁和人。諸生。輸餉叙官，爲翰林院待詔。窮究天算之學。嘗介戴氏甥王學録朝榮亦問業于處士。凡處士所著述，皆録副去。年丈見之，因訪處士訂交，時道光二十有五年之夏也。又嘗校刻《割圜捷術合編》。粤匪杭州守義州守義死，未聞有他傳書云。《下學庵句股六術》、《算術大成》上編、《嘉慶丙子科鄉試齒録》、《戴府君行狀》。

論曰：項年丈與先大夫同舉省試，可寶習聞年丈之學，以推見本原，融會中西成法，以通其變。竟未竟之緒，發未發之藏爲歸，旨哉言乎，可爲後生法也。若論割圜術率從三角堆整數中推出零數，但用半徑，即可任求度。若分秒諸弦，不資弧綫及他弦矢，每一乘除，便得一數，可謂簡易而捷矣。惜成法專書，今無傳本，而心得緒餘，猶賴有静庵助教《算法大成》所采，羼存什一，實已爲紫笙、宫簿、秋紉、京卿諸家開其先，發覆探微，尖堆之時義大矣哉！亟加甄録，用諗來學。又年丈孫女壻同里張吉士同年預爲余言亂離之後，項氏式微，故書盡亡。孫曾零落，不世其學，不亦重可悲矣乎！

金望欣 岑建功 岑淦

金年丈望欣，字禺谷，全椒人。嘉慶二十一年舉人。道光二十四年大挑一等，以知縣分發甘肅試用。精天文算學，所著《春秋五紀》、《周易漢唐古義》、《清惠堂詩文詞賦》各集，俱梓行。初與同邑江茂才臨泰爲忘年交，始習《梅氏叢書》，

通授時法，習《考成前編》，通時憲法。因以兩法推《春秋》三十六日食，就正茂才。茂才謂推日食用日月兩心視相距最精妙，復習《考成後編》，通時憲見行之法。嗣游京師，爲程徐莊愍公方官户部，與訂交，示以用表推日食三差法。游廣陵，交甘泉羅明經士琳，同治《四元》，又示以用古法七曆推《春秋》朔閏法。嘗謂今法之上通《春秋》，無不吻合，惟推《春秋》兩南至皆後三日。授時有古今消長法，而《後編》歲實復大于《前編》。前人已有消極復長之説，即梅氏不能定其是非，曾以質之烏程陳助教杰。助教謂歲實有消無長，《後編》以《前編》消數太過，故消益之。然行之久遠，則《後編》之差，必甚于《前編》，而朔策仍小于《前編》。編校古法，朔策無不漸消，因取歲實。朔策皆古大今小，有消無長，次第消長之數，以考《春秋》僖公五年辛亥朔日南至，氣朔皆符，但郭氏百年消長一分之數尚未確耳。《安徽通志》、《算法大成》。

論曰：金年丈自叙所學，與夫友朋講習，大略可見者，僅詳諸《算法大成》序言中如此。此外有著，經亂并佚。又同時治《四元玉鑑》者，尚有天長岑紹周氏建功，暨其從子秋舲氏淦，亦僅傳姓氏。在羅茗香氏《算學啓蒙》後記中，皖南明算之士，今無聞焉，碩果晨星，可勝嘆哉！

李時溥　董桂科　周成

李時溥，字博齋，懷寧人。道光二年舉人，官壽州學學正。規行矩步，語無妄發，尤肆力于經，兼長步算。著有《天文圖考》、《算學精蘊》如干卷。

又董桂科，字蔚雲，婺源人。道光三年進士，官松江府學教授。著有《星象圖説》、《中星考》、《歷代中星十二月圖説》、《中星更録》、《測時便考》、《句股要法》等書。

又周成，成一作澄。字志甫，績溪人。歲貢生。淹博精覈，咸豐中爲益陽胡文忠、湘鄉曾文正二公所重。著有經史、曆算若干卷。自餘存目。其人其書皆無考者，不具録。《安徽通志》。

清·諸可寶《疇人傳三編》卷四　清後續補二

羅士琳　易之瀚　沈齡　田普實

羅士琳，字次璆，號茗香，甘泉人。上舍生，循例貢太學。遊京師，嘗考取天文生。以出儀徵太傅文達公門下，故相從最久。太傅再撫浙，西湖詁經精舍初開，名材畢集，因得偏交通人，當代明算君子尤多相識。咸豐元年，恩詔徵舉孝廉方正之士，郡縣交薦，以老病辭，未應廷試。三年春，粵匪陷揚州，死之，年垂七十矣。少治經，從其舅江都秦太史恩復受舉子業。已乃盡棄去，專力步算，博覽疇人之書，日夕孳求數年。初精習西法。自譔言曆法者曰「憲法一隅」。又思句股少廣相表裏，而方田與商功無異，差分與均輸不殊，按類相從，摘《九章》中之切于日用所必需者若干條，悉以比例馭之，匯爲比例十二種，以各定率冠首，以借根方載後，以諸乘方開法附末，凡四卷，曰《比例匯通》，刻于嘉慶之季。後雖悔其少作，實便初學問塗也。道光二年，試京兆，始獲見《四元玉鑑》原書。三年春，假得順德黎平陽應南舊鈔本，又得錢塘何夢華氏元錫新刻大德本，爲元和李茂才鋭欲補草而未果者。于是服膺歎絶，遂壹意專精于天元四元之術。生平詣力孟晉，無過是書矣。

明經博文强識，兼綜百家，于古今法算尤具神解。以朱氏此書實集算學大成，思通發明，乃殫精一紀，步爲全草。并有原書于率不通，及步算傳寫之譌，悉爲標出，補漏正誤，疑義則反覆設例以申明之，推演訂證，就原書三卷二十有四門，廣爲二十四卷。門各補草，嘗爲提要鉤玄之論。謂是書通體弗出《九章》範圍，不獨商功修築句股測望方程正負已也。如端匹互隱、廩粟迴求二門，寓粟布。如意混和寓借衰。茭草形段、果垜疊藏、如像招數三門，寓商功中之差分。直段求源、混積問元、明積演段、撥換截田、鎖套吞容五門，寓方田少廣諸法。他若和分索隱者，約分命分也。方圓交錯、三率究圓、箭積交參三門，乃定率而兼交互。至于或問歌彖、雜範類會二門，以其各自爲法，不能比類。故一則寄諸歌詞，一則編成雜法。均有似乎補遺大旨，有淺有深，要皆以加、減、乘、除、開方、帶分六例爲問，而每門必備此六例。凡法之簡易者略之，其繁難者詳之。尤于自來算書所無者，必設二問以明之，如混積問元中，既設種金田及句三股四八角田爲問；撥換截田中，復設半種金田；鎖套吞容中，復設方五斜七八角田爲問。又「果垜疊藏」，兩設圓錐垜雜範類會，一設徽率割圓，一設密率割圓是已。更有一門而專明一義者，如和分索隱之之分開方三率，究圓兩儀合轍之反覆互求是已。是書但云如積求之，如積者，以積爲問。有用定率爲同數相消者，有如問加、減、乘、除得積爲同數相消者。祖序謂平水劉汝諧譔《如積釋鎖》一書，惜今不傳。意者其釋此例歟？

儀徵太傅爲之序，略云：「向序《測圜海鏡》，謂少廣著開方之法，方程別正負之用，立天元一者，融會少廣方程而加精焉者也。若四元者，是又寓方程于天元一術焉者也。其理較天元一則無殊，其法視天元一尤精進，蓋天元一之所假借惟一求數耳。非據今有數，蔑由盡其妙，四元則元各一數。其所假借者，不廑

所求爲之數。惟其不虛爲所求之數，故無論有無見數，悉可探頤窮微。凡天元一所能御者，四元固能御之；即天元一所不能御者，四元亦能御之。其神明變化，初非自來算家所可跂及。祖序謂用假象真，以虛問實，又謂不用而用以之通，非數而數以之成，亶其然乎！顧隱奧艱深，通之者鮮。以梅文穆公之淹雅，能悟西人所譯借根方即古天元一術，尚不能于朱書無疑詞，甚矣解人之難也。」

自道光中葉以來，最後得朱氏《算學啓蒙》原書于京師廠肆，爲朝鮮人依元大德時趙氏原槧重刊本，明經覆加斠詮，刊布之。十九年九月，太傅又爲序之，略云：此書總二十門，凡二百五十九問。其名術義例，洵多與《玉鑑》相表裏。羅君爲之互斠其證，得七：《玉鑑》首列和較冪積諸圖，始于天元，終于四元。義主精邃，所得甚深。考大德癸卯莫若序，計後此書四年。此書首列乘、除布算諸例，始于超徑等接之術，終于天元。如積開方田，淺近以至通變，循序而進，其理易見。名曰啓蒙，實則爲《玉鑑》立術之根。此一證也。《玉鑑》原本十行，行十九字，今有低一格術，曰又低二格，與此書同式。此二證也。《玉鑑》斗斛之斗，別用蚪。此假借字，本《漢書·平帝紀》及《管子·乘馬》篇，尚雜見于唐以前之《孫子》、《五曹》、《張邱建》諸算經。其鈞石之石，《説文》本作祏，《玉鑑》作碩，碩與石古雖互通，然假碩爲鈞石之石，則廑見于《毛詩》甫田疏引《漢書·食貨志》，而算書罕見。又若《玉鑑》畹田之畹，雖見于李籍《九章音義》，而字書所無，此書并同。此三證也。《玉鑑》雖亦三卷，而門則爲二十四，問則爲二百八十八，較多于此書四門二十九問。然以四字分類，其體裁彼此無異。且如商功修築方程正負之屬，則又二書互見。此四證也。《玉鑑》如意混和第一問據數知一秤爲十五斤，適合此書之斤秤起率。此五證也。《玉鑑》鎖套吞容第九問，方五斜七八角田，左右逢元，第六、第十三、第二十諸問，有小平小長，皆向無其術。此書卷首明乘除段，即載平除長爲小長、長除平爲小平之例。其田畮形段第十五問，復載方五斜七八角田求積通術。此六證也。他如《玉鑑》或問歌象第四問，與此書盈不足術第七問；又《玉鑑》果垛疊藏第十四問，與此書「堆積還源」第十四問；又《玉鑑》方程正負第四問，與此書方程正負第五問題，約略相同。此七證也。是此書真朱氏原書，佚而復出，可憙之至矣。同郡中學人請鳩工，以朝鮮原刻本縮版影刊，并其末所載楊輝《海島算法》一番，亦爲附列。間有魚豕，悉仍其舊，但各標識于誤字旁，別記刊誤于卷末，示不誣也。

又嘗著《春秋朔閏異同考》，偏列黃帝、顓頊、夏、殷、周、魯、漢七曆，條其同異，以補宋中子之書之亡。其言曰，《春秋》經傳之文，或一事異時，或一事異月，或一事同日異月，或一事日月并異，或一事兩見于傳，而日月互異，或時日雖具，而脱月名，或日月初無異名，及參以上下之月，推勘遠近，而不得其日。且有別本異文，如成十八年辛巳，《正義》曰服虔作辛未之類，蓋以時閱二千年，書非金石，輾轉傳寫，豈無失誤？《正義》謂或史文先闕，而仲尼不改，或仲尼備文，而後人脱誤，誠有然也。蓋生數千載之後，而考稽數千載以上之日月，異同可得而言也，是非不可得而知也，則亦存其可知者焉耳。

又嘗以乾隆間明氏捷法，校得八綫對數表，一度十三分二十秒正切，第五字〇誤一；又六度四十一分十秒正切，第五字〇誤六；又十二度五十分正弦，第六字七誤五；又十六度三十二分十秒正切，第七字九誤〇；又四十二度三十二分四十秒正切，第九字五誤四。可見西人所能，今人亦能之。

又因讀《四元玉鑑》，于如像招數一門，有所會通。更取明氏捷法，御以天元，知密率亦可招差。其弧與弦矢互求之法，與授時曆之垛積招差，一一符合。且以祖氏之《綴術》失傳已久，其法廑見于秦書。即大衍之連環求等遞減遞加，亦與明氏捷法相近。爰融會諸家法意，爲譔《綴術輯補》二卷，又甄録古今疇人，仍依太傅體例，各爲列傳，用補前傳所未收者，得補遺十二人，附見五人，續補二十人，附見七人。大凡四十有四人，離爲六卷。次于前傳四十六卷之後，統成五十有二卷。二十年後集所校著，都有《觀我生室彙稿》十有二種。如《四元玉鑑細草》二十四卷，《釋例》二卷，《校正算學啓蒙》三卷，《校正割圜密率捷法》四卷，《續疇人傳》六卷，皆別有單行本外，已刻者尚得七種，曰《句股容三事拾遺》三卷，附例一卷，本繪亭監副博啓法補其佚，取内容方邊圓徑垂綫交互相求一以天元馭之；曰《三角和較算例》一卷，取斜平三角中兩邊夾一角術，鎔入立天元法，用和較推演成式；曰《演元九式》一卷，括《玉鑑》中進退升降消長諸例，借無數之數以正負開方式入之；曰《臺錐積演》一卷，以《玉鑑》茭草、果垛二門，足補少廣之闕，爰取臺錐形段引而申之；曰《周無專鼎銘考》一卷，以四分周術爲主，佐以三統漢術，推得宣王十有六年九月既望甲戌，與銘辭正合；曰《弧矢算術補》一卷，以元和李氏四香遺書原術未備，爲之增補者二十有七，合成四十術；曰《推算日食增廣新術》一卷，推廣正升、斜升、横升之算法，以求太陰隨地隨時之明魄方向分秒，復以其術通之，求交食限内之方向，及所經歷之諸邊分焉。自餘若《春秋朔閏異同》、《綴術輯補》、《交食圖説舉隅》、《句股截積和較算例》、《淮南

天文訓存疑》、《博能叢話》，又如干卷，則未有刻本也。

同縣學友易之瀚，字浩川，號蓉湖。篤嗜算學。曾訪求鍾祥李侍郎潢所譔《緝古算經》之考注，細加較算，更屬南豐揭茂才廷鏘補圖草刊布。歸自南昌，知明經有《四元玉鑑補草》，因從問難。爲譔《四元釋例》一卷，凡開方例二十九則，天元例十一則，四元例十三則。自爲序云：「算學自宋元而大備，秦氏《數書九章》言正負開方，李氏《測圜海鏡》言天元如積，與是書之言四元和會，洵自古算家之絶詣也。自明顧箬溪謂《海鏡》無下手處，删去細草，别著《分類釋術》等書，天元已寖失其傳，矧四元乎。梅文穆公《赤水遺珍》，天元一即借根方解，發三百年算家之蒙，可謂有功矣。獨其釋或問歌彖二則，疑爲術士秘其機緘。《四元》之奥邃難通，于此概見。《海鏡》一書，得元和李尚之秀才校勘，加案申明例義，由是立天元一術，晦而復顯。是書但云如積求之，祇具開方諸數，而不載細草，以是讀者愈無下手處。曩見茗香先生《演元九式》，知其爲是書發明四元而作。并稔其演有全草，因緣獲交，始得而玩繹之，遂盡抉四元之秘。顧余魯鈍，慮人人未必盡曉，惜朱氏編集《算學啓蒙》，佚而不傳。祖序謂與是書相爲表裏，或其體例備載其中，未可知耳。不揣譾陋，爰補凡例，爲之疏釋，俾同志者用代司南。惟是四元之學，根于天元，天元者，融會少廣方程而加精。四元者，是又寓方程于天元，亦即天元之齊同通分也。有通分而乘除不窮，有方程而通分益便，是欲釋四元必不能離却天元。天元條例，莫詳于李氏案中。兹取其原文，少加點竄，録載于四元凡例之前，俾由淺入深，用作四元之嚆矢。又天元借一其兆實肇于劉徽《九章·少廣篇》，所謂借一步之是已。蓋開方之用隅，即天元之借一。故無論天元四元，莫不以開方爲用。其始也，因所求之數不可知，假立元而得其冪積諸數。其竟也，因冪積諸數不易知，又假開方而得其所求之數。二者相須，不可偏廢。元和李氏曾譔《開方説》三卷，特祇詳超步商除之法，其于實從廉隅何以致數之由，尚缺而未備。苟昧乎此，卒無以悟立元之旨。兹復推廣李説，撮要删繁，并補其所不足，另補凡例，弁于天元凡例之首。俾因流溯源，用啓天元四元之門徑。凡三則，彙而名之曰《釋例》。例下各取草中諸式釋之，故云後。」明經因其書詳于天元四元，而略于開方，乃從《玉鑑》原書外尋繹變例，又爲之逐一增補，得《增例》一卷。大共補開方例凡十有五，天元四元例各四。序云：「士琳既補《四元玉鑑》細草畢，藏敝笥久矣。嗣獲交易子蓉湖，諗其于此學最精，爰復加釐定，畀以校刊。易子以術體精微，未易窺測，有草無例，卒難造端，不可蹈秘機之譲，因放征南釋左氏例，增譔《釋例》一卷，附刊于後，洵有功于朱氏者也。惟限于朱氏原書，故諸例未全。蓋算莫外乎乘除，天元一術，既不受除，自不得不合累乘之數而并除之。所以極通分之妙，故不除此而乘彼。若四元則又爲天元之乘法，故其法悉同于天元。而齊同以相消，所以盡句股之用。開方賅天元四元之除法，故多一乘即多一乘方，其正負之錯糅，層數之重疊，即借爲實從廉隅之多寡，以别商除之異同之。三者迭爲表裏，其間變化無方，靡可紀極，例或少缺，術意愈晦。士琳敢矜一得之愚，竊願公諸同好，補增各例。俾學者豁然理解，亦所以廣易子之不足云。」

同郡又有沈齡，字與九；田普實，字季華。并江都人。同治四元者。《比例匯通》、《觀我生室彙稿》、《養一齋集》、《舒藝室存詩注》。

論曰：羅明經之學，卓然名家，其始也顧習西法，幾以比例借根爲止境矣。既而周遊京國，連獲佚書，遂爾幡然改轍，盡廢其少壯所業，殫精乎天元四元之術，著作等身，墨守終老。惟以興復古學、昌明中法爲宗旨，可謂博而能專者歟。以明經之才之學，猶且初信彼術，況它人乎？是故匯通一刻不必爲明經諱也。慨自咸同來，西書愈出，風氣日開。夫厭故而喜新，畏難而趨易，人情也。吾見世俗講習，類崇彼法，而忘其源自東來，而弗究其未能軼我範圍，而昧夫相得益彰之道。争巧誇捷，惑溺者衆，群往焉而不知其所返，有甚于明季徐李諸人者。豈非明經續傳所逆料乎？豈獨在人心學術之可憂乎？吾之繼明經而論列者，實有大懼于此，此所爲汲汲而弗自揣者也。又明經當粤匪之亂，身未嘗有食禄守土之責，而乃不惜傷勇之死，從容就義，首完大節。厥後鄒同守漢勳死廬州，馬内翰釗死丹陽，戴先生煦、淩茂才堃、張茂才福僖皆殉于鄉里。視倉皇四走，邂逅或一覯賊，遂同邀不次之典，其相去奚若哉！舒藝室之詩，有云「疇人例殉節，羅戴先後亡」，嗚呼，可哀也已！

朱駿聲

朱駿聲，字豐芑，號允倩，吴縣人。年十三，受許氏《説文解字》，一讀即通曉。戲爲孔方傳，文似遷史，時目爲神童。十五歲冠郡試，補府學生。時嘉定錢詹事大昕主紫陽書院講席。詹事亦十五爲諸生，是年重游泮宫，一見奇其才，遂受業門下。專力古學，以著述爲事。嘉慶二十三年舉鄉試，道光六年大挑二等，銓授黟縣學訓導。會瑞安孫學政鏘鳴奏請許海内文學之士獻所著書，得詔通諭天下。咸豐元年，訓導繕寫自譔《説文通訓定聲》等四十卷，呈禮部奏進之。文

宗幾餘披覽，嘉其賅洽，賞國子監博士銜，爲留心經訓者勸，旋升揚州府學教授。引疾未之官，寓居于黟。八年十月卒，年七十有一。著書甚富，諸經皆有成稿如干卷，不具録。嘗論《爾雅》太歲在寅，推錢詹事説，謂其時自以實測之。歲星在亥，定太歲在寅，命之曰攝提格，以紀年歲星所合之辰，即爲太歲。然歲星閲百四十四年而超一辰，至秦漢，而甲寅之年，歲星在丑，太歲應在子。漢詔書以太初元年爲攝提格者，因六十紀年之名，歷年以次排叙，不能頓超一辰，故仍命以攝提格也。于是後人以寅卯等爲太歲，强以攝提格等爲歲陰。其實《爾雅》所云歲陽歲陰，非如後人説也。又讀《周語》，帝嚳能序三辰，知十二次，名義當爲所定。然今時實測與古不同，星紀以牛得名，今牛在子宫不在丑；析木以箕斗得名，今箕斗在丑宫不在寅；大火以心得名，今心在寅宫不在卯；降婁以婁得名，今婁在酉宫不在戌。計今時距周初歲差，已四十二度，是名實不相副。古宫之稱，不必施于今。因參用舊名，著《歲星表》一卷，《天算瑣記》四卷。又有《數度衍》四卷，則已佚于兵火，僅存歌一首，附詩集中。《説文通訓定聲》附録行述、《蘇州府志》。

論曰：朱博士于學無不窺，七百八十三座之星，能指而名之；九章之術能推而衍之；十經之誼，則淹而通之；三史、十子、騷、選皆熟而誦之。發爲譔著，博大而精，顧世之稱博士者，第知有《通訓定聲》一書已爾，而未知其兼長推步明通象數也。蓋博士蚤歲得名，而又深自韜晦，不求知于世，世遂無以知博士。非猶夫人之一得自封詡詡焉表襮之不遑者，可以觀博士矣。

徐有壬

徐莊愍公有壬，字君青，亦字鈞卿，烏程人。用宛平寓籍舉京兆試。道光九年成進士，改主事官户部。久，出守揚州，遷四川成綿龍茂道，歷滇臬湘藩，以至江蘇巡撫。咸豐十年閏夏，江南大營不守，總督宵遁，潰兵肆掠而下，粵匪尾其後。蘇州守卒不盈四千，倉猝賊已至，公整衣冠方出督戰，賊遽前刺其額，冠將墜，手自正之，遂遇害，舉家殉焉。事聞，賜謚卹廕如典禮。

公精于推步，在郎署日，宣廟嘗召詢圓明園水高于京城若干丈，西洋貢器，其用如何。公敷陳稱旨，臺官往往就決所疑焉。始治算，嘗得元人《四元玉鑑》，積思三晝夜，以意步爲細草，人見而奇之。金谿戴簡恪公、陽湖董孝廉祐誠、元和沈訓導欽裴輩，爭相傳鈔以去。尤精于割圜堆垛之術。算術以測圜爲甚難。嘉定錢氏塘本宋人沈存中説，創爲進位開方法，得周三一六有奇，一時信之。公以内容外切，反覆課之，其説遂破。又《對數表》傳自西人，云以屢次開方而得其數，公以屢乘屢除法御之，得數巧合，而省力百倍。蓋精心探索，思入幼眇，故深造自得如此。所著《務民義齋算學》，今傳世者七種，以屢乘屢除法遞求正負諸差，而加減相并，得所求爲《測圜密率》三卷。首諸圜求周積十七術，次弧弦互求本杜德美氏及推于圜内外諸形邊積截體相求二十一術。三大小弧相求，本董方立氏而暢演之，成十八術也。又因《考成後編》新法，盈縮遲疾，皆以橢圜立算，而取徑紆回，布算繁重，且皆係借算非正術。乃創實引平引角積互求二術，法歸簡易，得數較密，于用對數爲尤便，爲《橢圜正術》。附躔離用對數法，及諸用數合一卷。又以斜弧舊術繁重，乃變立三術，不用垂弧矢較次形，而皆用對數，以所有所求之對數，較加減今有之對數，即求得之對數，比之舊術簡易數倍，爲《弧三角拾遺》一卷。又從續編法，自道光甲辰起算，爲《朔食九服里差》三卷，計分二十有二條。又以新法補爲《用表推日食三差捷法》一卷。

又述《截球解義》一卷，自序云：「《幾何原本》謂球與同徑同高之圓困，其外面皮積等，截球與截圓困同高，則其外面皮積亦等。而不直抉其所以然，遍檢梅氏諸書，亦未能明釋之也，蓄疑于心久矣。近讀李淳風《九章注》，乃得其解，因釋之以告同志。雖然以戴東原之善讀古書，而猶謂淳風此注當有脱誤，甚矣，索解人之難也。今釋《幾何原本》，而淳風之注，因是以明。蓋淳風用方今用圓，其理則無二也。後附橢圜求周術，曰橢圜求周，無法可馭。借平圜周求之，則有三術。以袤爲徑求大圜周，及周較相減，此項梅侶氏之術也。以廣爲徑，求小圜周，及周較相加，此戴鄂士氏之術也。余亦悟得一術，以橢周爲圜周，求其徑以求周，即爲橢圜之周，術更直捷，兼可貫三術爲一術云。」

又爲《造各表簡法》一卷，自序云：「圜不可量，綴之以方，弧不可比，綴之弦矢，乘除不可省，綴之對數，皆不可無立成。昔人名之曰鈐曰表，皆立成之別名。西法有《八綫表》，有《對數表》，萬算皆從此出，表之用大矣哉！惜其創造之初，取徑紆回，布算繁賾，不示人簡易之方，令學者望洋興歎。如《八綫對數》一表，至今無人知其立表之根者，不可謂非缺事也。余讀《四元玉鑑》，究心于垛積招差之法，推之割圜諸術，無所不通。蓋垛積者，遞加數也，招差者，連比例也，合二術以施之割圜，六通四闢，而簡易之法生焉。導源于杜德美氏，發揮于董方立氏，旁推交通于項梅侶氏、戴鄂士氏、李秋紉氏，幾無遺蘊矣。是書集諸家成説，參以管見，簡益求簡，凡五術，以就正有道君子。」

其見于目録而未刻者，尚有《堆垛測圜》三卷、《垛積招差》一卷、《圜率通考》一卷、《四元算式》一卷、《校正開元占經九執術》一卷、《古今積年解源》二卷、《强弱率通考》一卷，亦七種，稿弗可得。此外有《割圜八綫綴術》三卷，則南豐吴編修嘉善衍述之，而湘陰左上舍潛爲補細草者也。祖杜宗明旁參董法，八綫相求各立一式，因式立法，因法入算，嚮之不可立算者，今皆能馭之以法，即有不能立法布算者，其式仍存。則式能濟法之窮，而度圜諸綫，一貫無遺矣。公所著書，初自刻于揚州者，無《截球》、《造表》二種。後爲南海鄒徵君伯奇并橢周爲三，刻于廣州。同治十二年，長沙丁處士取忠復合刊八種，列《白芙堂叢書》之一。光緒初元，歸安姚布政覲元集《咫進齋叢書》，就七種本，又重刊焉，今并行于世。《務民義齋算學》、《鄒徵君遺書》、《白芙堂算學叢書序跋》。

論曰：道咸朝，吾浙以算學自鳴者夥矣。顧能于古今諸名大家外，因法立法，獨樹一幟者，斷推莊愍公焉。公蓋于堆垛招差之法，最爲究心，故所譔述，類皆課虚責有，鑿險縋幽。及立爲術也，又若天造地設，不假推尋而得者。子登編修嘗謂公于術甚精，而其立法之原，不以示人，得不爲後世之汪衡齋計乎？公亦以爲然。而因循不果，今僅《橢圜正術》一編，秋紉、京卿居撫幕時，謂其駕過西人遠甚，曾爲圖解，餘則術意深邃，其不終至于湮晦也幾希。方公之旬宣也，綜覈名實，不爲苟且補苴計，于大錢鈔票力格未行。又持身儉約，有逾寒素，遭憂去官，悉鬻服物，攜書十餘簏以行。夫公之清風亮節，將與日月争光，初不恃曲藝爲輕重，第即此九數一道，固已度越尋常矣。區區之業，亦遂不朽，其爲薄海欽遲諸家刊布也，豈不宜哉！

馬釗

馬釗，字遠林，號燕郊，長洲人。幼慧，讀書倍常童。九歲識星象，問經于同縣陳徵君奐，爲高足弟子。道光二十四年秋試，以孟藝用訓詁，爲主司所賞，登賢書。丁未考取宗學教習，出湘鄉太傅文正公門公後，督師招往，封君難道遠辭焉。咸豐三年，帮辦江南軍務。錢塘許侍郎乃釗奏留金陵行營，會自營假歸，建議捐資募川楚兵餘丁爲一軍，進可助剿，退可回援。時馮編修桂芬、程副憲庭桂韙之，請于侍郎募千餘人，以滎縣劉剛愍公存厚領之，號撫勇。甫集兩粵匪劉麗川反，連陷上海青浦等六縣。向忠武公檄與剛愍卷甲趨之，克青浦，叙功得官内閣。漢票籤中書舍人，逾年上海亦復，遂駐焉。八年夏，侍郎復招赴金陵。十年春，浙江告急，偕壽春鎮總兵熊勤勇公天喜赴援。復四安鎮廣德州，奉調馳回。遇賊丹陽，戰于寶塔灣，中彈死，年四十有八。事聞，賜恤如功令。居恒好談兵，于武事頗土苴儕輩，高自標置，雖向忠武、張忠武亦多所不滿，卒皆如其言。博覽書籍。先嘗爲疇人之術，三年演弧三角三邊求角一術，心動得怔忡疾，顧性所喜不能廢也。手輯《經義叢鈔》三十卷，于《一切經音義》、《法苑珠林》，并有校本，皆于軍幕失之，惟《集韻校勘記》十卷，以友人録副得存，其弟芝生大令銘至今藏之。《顯志堂稿》。

論曰：馬内翰明算博學，師法有自，觀其出處大略，與新化鄒君將毋同。粵匪之亂，以經生號知兵能辦賊者，求諸吴中，一人而已。顧方少時，朝野驩虞，江表清晏，已獨喜閲兵書，講武備，傀然懷積薪厝火之憂，又何識之微而蚤也！軍興，乃稍稍聞于諸帥，迨相羅致，亦未嘗不與委蛇俛仰。先後十年，而終不得統一旅售一策，徒以身殉之，遺書散佚，名且冥焉，嗟夫！

熊其光

熊其光，字韜之，别自號蘇林，青浦人。道光二十六年舉鄉試。明年成進士，改户部主事。後用防剿上海會匪功，加員外郎銜。咸豐五年，積勞病卒，年三十有九。户部爲學，喜深思博辨，體究其源流得失。嘗與其友南匯張明經文虎言音韻之學，有古今傳變，有方域漸差，欲作縱横二表，以著其同異之故。其餘若天文、地理、禮、樂、兵、農，皆欲倣顧氏《春秋大事表》例，旁行衺上，畫一爲表，與《通典》、《通考》相輔而行。曰：「學問之道，乃天下公事，何必皆出自己。予創此例，後人踵而行之，猶在我也。」有雜著一卷，大都考證之文。附有《弧三角算草》，蓋以意設形求其通變，稿藏于家，粵匪亂後，皆不可問已。《舒藝室雜著賸稿》。

鄒漢勳 弟漢池

鄒漢勳，字叔勣，新化人。咸豐元年舉人。明年禮部試報罷，東之淮上，訪邵陽魏州守(源)于高郵。越歲，粵匪陷江寧，間道歸長沙。時弟漢章已隨江忠烈公援江南，湘鄉太傅文正公在籍，新募楚勇千人，令江君忠淑偕率以往。圍解，叙勞以知縣用。未幾，忠烈擢撫安徽，約相從。累功得花翎，同知直隸州知州。用廬州陷，遂同及于難，年四十有九。死事聞，吏議卹廕如典禮。少溺苦于學，兄弟互相師友，鄉居苦書少，輒詣郡學借觀，手録口誦，于天文、推步、方輿、沿革、六書、九數之屬，靡不研究。與長沙丁處士取忠友善。爲序《數學拾遺》，略云：「《數術記遺》曰：『世人言三不能比兩，乃云捐悶與四維。』《藝經》曰：『捐

悶，周公作；三不能兩，孔子所造；四維，東萊子所造，三者皆六藝中之數也。」東萊子雖不知爲何人，要古之賢人也。而周公之元聖，夫子之至聖，尚不能不游于數。蓋數之爲用，小足以會計，中則以理繁頤課工程，大則以推步起憲藝也，而能達于道，非淺尠之學也。先是，余家居，聚九數之書而學之，限于荒僻，所得書僅《算經十書》、《梅氏叢書》、《數理精蘊》三種而已。所與研求者，季弟季深而已。及至城南，始得果臣及黄郎軒，與相證明，益有所通解。余向不解立天元一之術，而《句股割圜記》僅通其二十九術。果臣、郎軒爲余求算書，以互相磨究，始克于是學略涉藩籬。故余資于二人者深，郎軒舉于鄉而旋卒，惟果臣與余矻矻爲此耳。」生平著述甚富，有《顓頊憲考》二卷藏于家，他不關算學者未悉録。已刊行者，貴陽、大定、興義、安順四府志，各如干卷。

季弟漢池，字季深。咸豐初元，果臣之爲《輿地經緯度里表》也，季深爲之布算按度推里，取西人所紀福島英國之偏度，皆折以京師中綫。閲八月而蕆事云。

《國朝先正事略》、《數學拾遺》、《輿地經緯度里表》。

論曰：瀟湘衡岳之間，文武才挺生輩出，至今日而盛極一代矣。顧求如鄒同守者，訂遺經，紹絶學，伏則著書，出而就義，志節懔然，能爲人所不爲，蓋亦不數數覯也。嗚呼，豈非豪傑士也哉！

施勤

施勤，字梧垣，崇明人。樸齋太令彦士之從子也，爲名諸生。稟承家學，窐精曆算，嘗取經傳注疏，暨諸儒著書中，凡推步所列之數誤者，各就古法今術，悉爲訂正，以明治經者不容不習算，習算又不容稍形率爾，乃不受古人之欺，譔《步算筌蹏》五卷。首卷節録三統、四分、授時、時憲四術步法用數。中三卷，詳列所訂諸篇説解，及諸細草。末卷附録《星野論》、《星野訂誤》，因乎步算所關而連及之，終以《輿圖論》、《繪輿圖説》，并載諸圖，則又因乎星野而連及者也。書成于道光末年，咸豐紀元四月，甘泉羅明經士琳題簡端，略云：「梧垣先生過訪，出大著見示。敬讀一過，知其根柢深邃，枕葄有年。所舉法，自三統、四分，以及大衍、授時，并見行之時憲，無不包羅衆有，可謂鈎河摘洛，集其大成。蓋不獨紹承家學，乃藝苑之精英，而儒流之典要也。服膺之下，繼以狂憙，惜梧垣亟欲翳秣，悤悤不及譔序言，謹誌數語，聊抒景仰之忱云。」六年，其家人刻以行世，今傳竹義山房本是也。《步算筌蹏》。

戴煦　楊寶臣　諸可繼　弟可炘附記

戴先生煦，初名邦棣，字鄂士，號鶴墅，又號仲乙，錢塘人。以商籍第一入杭州府學，旋補增廣生員。後絶意進取，循例爲貢生。伯兄文節公督學廣東，曾佐校年餘而歸。文節以英吉利人戰艦用火輪，寄言謂吾弟精思必得其制。乃由水、火、土、氣四元行入手，著《船機圖説》，未成。旋命受業甥王學録朝榮成之，凡三卷。里居初與謝孝廉家禾同讀書，孝廉没，爲校刊其遺書三種，序見羅氏續傳中。後與項學正名達交最摯，學正疾革，遺書謂「拙作《象數原始》一書未竟，足下爲我續成，感且不朽」。嗣素稿于學正子茂才錦標，六閲月而稿始定，踐死友約也。并世明算，若甘泉羅明經士琳、烏程張茂才福僖、徐莊愍公、海寧李京卿善蘭，皆來訂交，或互質得失。咸豐十年二月，粤匪圍攻杭州，二十七日城陷，文節投園池殉難。家人走報，笑曰：「吾兄得死所矣。」丙夜自投于井，亦殉焉，年五十有六。事上，卹廕如例，勅建三忠祠，得附祀。三忠者，文節與俞文節焜、馮文介培元也。

先生平生沖澹静默，避俗如不及，世事一弗與。研精曆算，十齡後即好疇人學，晝讀夜布算，覃思有得，則起秉燭以記。嘗以劉徽《九章》重差一卷，李淳風注，但詳其數，未詳其理，爲補譔《重差圖説》。又著《句股和較集成》一卷、《四元玉鑑細草》如干卷，略同羅書，而圖解明暢過之，皆少作。中年益精進，著《對數簡法》二卷，項學正序之曰：「求對數，舊法言之綦詳，而數重緒多，初學恒未易了。鄂士先生揭其精要而變通之，著爲《對數簡法》。首論開方，自淺入深，而約以七術。繼復立累除法，省數十次開方用表，已備極能事。尤妙者，捨開方而求假設數。夫對數折半真數開方，開至單一下多空位之零數，于是真數對數，遂得其會通。此開方所由首重也，顧必累開不已，始得會通，何如逕就會通處假一數以通之？迨展轉相通，而七十二對數之等差，已備具于假設諸數，一比例而定準之數出矣。以是知數之爲用，帶零求整難，設整御零易。憑所知，課所求，順推而入難。借所求，通所知，逆轉而出易。苟悟此，可以得馭數之方，豈惟是對數一門有裨後學耶？」

又續《對數簡法》一卷，學正序曰：「數之用，乘除加減而已。乘與除對，加與減對，而乘除之與加減，則兩不相通。對數欲以加減代乘除，故求之殊易。鄂士戴先生著爲簡法，别立開方，製表得表。後以累除代開，後復捨開方，而用假設數求定準數，較舊已簡。顧其開平方用遞乘遞除，竊謂此乃開諸乘方通法，不獨平方。以語鄂士，翼日各以所立術互質，允若合符，説詳自序。鄂士既得此通

法，乃續行推衍，分倍大折小率，以示其綱，求對數根，以總其要，參之用數借數，以濟其窮。于是法愈簡，得數亦愈密。書成，屬序于餘。余維加減不通于乘除，而妙能通之者，惟遞加數。數中遞加一得諸根，遞加根得平積，遞加平積得立積，乃至多乘積。加既由根而得積，減亦由積而得根。蓋加即乘，減即除矣。且逐層皆屬方廉隅，遞以次層乘之，首層除之，得自上而下，逐層而其數皆倍。遞以首層乘之，次層除之，得自下而上，逐層而其數皆半。是則諸乘方連比例，與夫假數折半真數開方之蘊，悉錯綜參伍，默而寓之于一圖，開方通法，即從此數轉變而出者。故能抉乘除加減之根，而操乎其所不得遁，遞加之爲數，誠妙矣哉！此數舊稱廉率，亦曰三角堆，惜未有表章而推闡之者。今鄂士以此闡對數逐次乘除法遞加根也，二數三數，至多數遞加積也，根定而積從。于此探對數之真源，即于此顯遞加之神應。讀是書者，果因端竟委而觀其通，會心當自不遠也。」徐莊愍公亦爲之跋曰：「西法有對數表，以加減代乘除，用之極便，而造之極難。非難也，未得其簡易之法也。夫對數者，無中生有之數也，無數之中，忽焉有數，則必有起算之端，又必有總持之訣，又必有扼要之大綱，三者不可缺一焉。起算之端，莫先于一，亦莫備于一。古人天元四元，皆假一以立算，一與一爲乘除，一與一爲加減，萬算皆從此起。此假設對數所自昉也。總訣者何？對數較是也，真數比例同對數較必等。扼要者何？對數根是也，全表之對數較，皆以此根爲乘除，三者其大關竅也。由是堆垛以經之，招差以緯之，而對數全表八綫對數，皆從此出矣。余嘗仿四元識別法，譔細草以明之，真數旁註太字，對數旁註元字，假設對數，旁註人字，借以識別單位，不用其算式。其略曰：數始于一，成于十。一太與十之對數較，一元十與百、百與千、千與萬，其對數較同爲一元。就此對數較之，一元衰分析之爲九較，自二至十，逐一析之，爲對數較。以二太爲首較，一加一爲二。再析爲九十較，自十一至百，逐一析之，爲對數較。以一太一爲首較，降位一加十分之一。更析爲九百較，自百一至千，逐一析之，爲對數較。以一太〇一爲首較，降位一加百分之一。推之九千九萬，以至無窮，皆以一加一爲首較。一無對數，增之絲髮，即有對數，而爲對數較之首。首較者一加絲髮之一也，中間空位，則視析較之多寡。乃設首較之假數，一人如法求十之假數，以爲所有率，原設十之對數，一元爲所求率。今設首較之假數一人，爲今有數，比例得首較之對數。如設二太之假數一人，四太之假數二人，八太之假數三人，求得十之假數三人三二一九二八，比例得二太之對數。又設一太一之假數，一人求得十之假數二四人一五八八五，比例得一太一之對數。又設一太〇一之假數，一人求得十之假數二三一人四〇七九，比例得一太〇一之對數。如是遞求至極多較之首較，一加微塵一。亦設假數，一人求得十之假數二人三〇二五八五，比例得首較之對數，以爲對數根。如法求逐數之對數較，即得全表之對數。夫首較者起算之端也，求十之假數者，求對數較之如積也，求首較之對數者，求扼要之對數根也，備斯三節，而全表指顧可成。斯真可謂簡易之法矣。此戴君鄂士對數簡法所由作也。余近見李君壬叔《對數探原》一書，深明對數較之理。而戴君此書，專明假設對數之理，其續編專明對數根之理。二君皆學有心得，互相發明，洵足爲後學津梁，而戴君書尤爲明快。余于乙卯秋奉諱旋里，始識戴君，讀其書。今年又得讀李君書，以方守古禮言不文之訓，不敢贊一辭。而戴君書來索序，詞甚切摯，臣請俟祥禫之後，蓋知禮之君子也。咸豐七年秋杪，余既服闋，而是書亦適刻成。乃踐前約，而疏其大旨如此，用以發明戴君之雅志。至是書之精當不刊，讀是書者當自知之，不待余之贅說也。」

又《外切密率》四卷，同里夏宫簿鸞翔爲序曰：「方圓率不相通，通之以極細分通弦。杜氏創爲簡術，方立董氏申其意，吾師梅侶項先生匯其全，秋紉李君又著《弧矢啓秘》，而術乃大備。杜術先以本數比例，後以用數入之；李術先定率數乘除，後以本數入之，究其指歸，實出一理。所惜者，杜氏有弦矢術，無切割術；李氏有其術，而分母分子之源，未經解釋。欲依杜氏例釋之，罕有得其通者。顧弦矢與切割，本可互爲比例。弦矢二綫之實數，本弦矢率率數而生，是弦矢率可當弦矢綫也。綫可比例，率豈不可比例？惟用率內諸率，各自爲率，必須累次乘除。且必令切割率分母，同于弦矢率分母，乃驗所得分子爲切割率分子。每得一分子，即爲一次乘法。乘法可變，而除法不可變。于是以比例所得之率數乘除法，乘除弧背，其求得之數，必仍爲比例所得之切割矣。父執戴鄂士先生，本此意以立術，可謂涉慮凝思，無幽不燭。尤妙者，爲餘弧求切割二術。蓋弧矢綫聯于圓中，任極大不能至弧背三之二，切割綫出于圓外，若將近九十度切割之，大殆有無量數。求至數十數後，諸數之差甚微，萬不能降至單位。以此二術濟其窮，則三率餘弧之小，可至纖微。除二率半徑得一率爲第一數，亦可大至無量數。而難者反易矣，析理之精，固如是乎？昔吾師嘗以弧分不通切割爲憾，若見此術解，必且狂喜鼓舞不能已已。惜哲人云萎，先生之孤詣苦心，不及欣賞，展讀是編，不禁師門之痛也。」

又《假數測圓》二卷，宮簿序曰：「數未有有正而無負者，對數何獨不然！單一以上爲正對數，其用數爲一帶畸零四十五度内正割類之。單一以下爲負對數，其用數爲微小于一四十五度外餘弦類之。此出于象數之自然，初不容有假借者。父執戴鄂士先生，發前人未發之藴，創爲負算對數，正負全而對數乃無遺憾。爰本正負二義，以徑求八綫對數，精思所到，捷徑忽開矣。余惟對數以減代除，實内減法爲正減，減餘仍爲正。法内減實爲反減，減餘易爲負。負算之由，已肇于此。凡有連比例三率，其中率爲一者，其首末二率之對數，爲數必同，爲正負必異。而以兩真數互相除，其除得之數，亦必一正一負。而以單一爲中率，正割半徑餘弦正連比例三率也。若降半徑爲單一正割，餘弦亦從之而降。降位半徑界之對數，爲無數。降位正割餘弦之對數，相加仍得降位半徑界之對數，亦必爲無數。綫如是，率亦如是，故演得之正割對數率，及餘弦對數率，必同母子而異正負。惟正負異，故以減爲加。惟母子同，故相減適盡，適得一之對數也。八綫之中，惟正割必正，餘弦必負。而又以半徑爲中率，至他綫皆與正負用數不相似，故徑求無其術耳。嗟乎，文章之道，每踵事而增華。學問之途，必因端而竟委。然非先生之沈思卓識，亦不能融真假二數以得其會通。然則象數之精微，豈有窮盡蓋哉？」

後又總合四書，名《求表捷術》。自序曰：「對數八綫，八綫對數三表，爲新法推步所必須。惟用之甚便，而求之甚難。非集數十人之力，積數十年之功，未易蕆事。往歲得連比例開平方法，用以求開方表。且即開方表，求諸對數。立術較簡，而未出舊法範圍。復變通天元一術，先求假設對數，因以求定準對數，而求對數者遂可不復開方。後又悟連比例平方法，即開諸乘方通法。因用連比例求諸對數，而得數益捷。此求對數表捷術也。至割圓八綫，必資大測，無能舍六宗三要者，自循齋梅氏譯泰西杜氏德美以連比例求弦矢諸術，而八綫乃可徑求。特其術但有求弦矢之法，而無求切割二綫之法。緣復補爲推演弧背與切割二綫互求諸術，于是割圓之法乃大備，此求八綫表捷術也。若八綫對數，則必由弧背求得八綫，然後再由八綫真數求其對數。縱有捷法，亦須兩次推求。兹復會合對數捷法與割圓捷法，以盡其變，而知四十五度以外，正弦諸對數，均可由弧背徑求。既得半象限割綫，或正弦對數，而一象限内諸綫對數，皆可加減而得。此又求八綫對數捷術也。自道光乙巳至今歲，凡八易寒暑，演録始竣，以爲推步之助云。」

對數二種，先爲金山錢夢華氏培因刻入《小萬卷樓叢書》。《求表捷術》副本，南海鄒徵君伯奇得于夏宮簿，因與其邑伍紫垣氏崇曜刻入《粤雅堂叢書》。英吉利士人艾約瑟初見先生書，甚推服。偉烈亞力譔《代微積拾級·序》，亦相引重。歲甲寅，艾曾至杭州，呈所刻《拾級》諸書，踵門求一識顔色，先生以故辭。艾後轉譯先生書入彼國算學公會中，可徵其傾倒也。先生五十後，又著《音分古義》二卷。因泠州鳩對周景王語，知七律七同，名義確鑿。自漢以後，劉安、房京之徒，用弦定律。韋昭亦遂以四律三同解七律，以致七律之義晦，而七同不得其解。歷魏晉以至元明，未有起而正之者。緣追尋古義，以連比例立算，與古律分吻合。鄒徵君亦嘗踵而演之，原稿于庚申正月爲金匱華孝廉翼綸假去。寇難起，孝廉匿書複壁得全。同治初元，孝廉辟地上海，遇先生長子以恒歸之。其他尚有《莊子内篇順文》一卷，《陶淵明集集註》十卷。又《元空秘旨》一卷，則言堪輿術也，并藏于家。

閩楊寶臣，字湘雲，篤嗜數學。道光二十五年夏，介項學正見先生，有願天生聖人以正天算之語，他行事未詳。《戴府君行狀》、《兩浙忠義録》、《求表捷術》、《鄒徵君遺書》。

論曰：先編修兄可炘，戴族壻也，文節季子訓導穗孫與可寶視同歲生。辛壬癸甲之間，可寶從先都事兄可繼同習算。又與公子以恒同客上海，嘗相縱論西人連比例諸術，因得讀先生《遺書》與《行狀》，心竊嚮往之。夫言對數于今日，理明法備，蔑以加已。其初訥白爾造表，以真數開九乘方極多次，所得方根零數，名自然對數，其底二人七一八二八一八二八四五九有奇者，即先生所謂假設對數，今曰訥對是也。後有佛拉哥以訥表十之對數，爲二人三〇二五八五〇九二九九有奇，不便于進位，乃改爲十進對數。其根〇元四三四二九四四八一九〇三二五有奇者，即先生所謂定準對數，今曰常對是也。常表底爲一，訥表根亦爲一。故以常對根乘訥表，則得常表對數。以常對根除常表，則得訥表對數。可互爲比例，而得數悉符者也。顧當先生著書時，中朝但有《數理精蘊》所采之《常對全表》，如訥表如代數諸書，尚未譯行。獨能發其覆而啓其藏，創爲捷法，便巧密合，可不謂之神勇乎？同時李京卿作探源，則以諸乘方平立尖錐布算而得較。徐莊愍立簡法，則以大小長方和遞除而得根，皆不相謀，而道無弗合，異曲而同工者矣。于是顧尚之氏爲逕求六術、還原四術、和較相求八術，鄒特夫氏爲求較求根四術及純雜表降位法，夏紫笙氏亦有求訥對四術。諸家雖抽秘騁研，窮極

變化，而充類至義之盡，要皆有先生之書導其先路耳。最後長沙丁處士取忠、湘鄉曾孝廉紀鴻合譔《對數詳解》五卷，則以代數顯其理，而納對常對之藴，纖屑無遺焉。愚嘗謂對數表者，西人能造之，能用之，而其理不能自明之。時閲數百年，地限三萬里，必待中朝智能之士，而後無美弗臻。觀先生與諸家之書，均創新法，其簡易精當，實有什伯于彼舊法者。世顧曰：「吾人心力不能高出泰西萬萬哉，曷察其傾倒于先生者何如乎？是故今日言對數，固莫得而加已，而開山之功，吾尤爲先生首屈一指云。」

謹案：先仲兄字述齋，號小塍，自號潛安。未冠補博士弟子員，坿錢塘縣學第一。秋試頻躓，以輸餉議叙，初得江蘇試用知縣，後改官都察院額外都事。庚申間避地崇明縣，鄉居授徒，以訓詁曆算爲之創。又爲人卜筮相地，有酬錢若米者，受之自給。伏處四年，海上學者稱潛安先生。嘗博覽時賢算書，欲匯其大成，著《割圜新術》，及《求句股最捷法》。屬稿過半，有江漢之游。同治三年六月，就選入，且應京兆試，坿輪船行，中道感時疾，海舶乏醫，倉猝而卒，年僅二十有九。聞者多傷之。今坿記于此，蓋不勝痛定之思矣。先十兄原名可興，字起齋，號又塍。曾從仲兄習算，仲兄屬衍開方盡數表，列邊積相比，起單一，盡十萬，以便檢用焉。仲兄之歿，時十兄偕行，泰西法舟中客死，必舉屍投之海，十兄苦持之，得免。同治十三年成進士，改翰林院庶吉士，散館授編修，充史館纂修官。光緒八年秋，方分修河渠志，稿未定，病卒，年三十有八。近人南匯賈處士步緯創開方表，則用對數折半法列之，推求尤便云。

清・諸可寶《疇人傳三編》卷五　清後續補三

顧觀光　韓應陛

顧觀光，字賓王，號尚之，金山人。上舍生，三試不售，遂無志科第，承世業爲醫。鄉錢氏多藏書，恒往假讀之。博通經、傳、史、子、百家，尤究極古今中西天文曆算之術，靡不因端竟委，能抉其所以然，而摘其不盡然。時復蹈瑕抵隙，而蒐補其未備，如據《周髀算經》笠以寫天青黄丹黑之文及後文凡爲此圖云云，而悟篇中周徑里數，皆爲繪圖而設。天本渾圓，以視法變爲平圓，則不得不以北極爲心，而内外衡以次環之，皆爲借象而非真，以平遠測天也。《開元占經》魯曆積年之算不合，因用演紀術，推其上元庚子至開元二年歲積，知《占經》少三千六十年。又以《占經》顓頊曆歲積，考之《史記・秦本紀・始皇本紀》，知其術雖起立春，而以小雪距朔之日爲斷。蓋秦以十月爲歲首，閏在歲終，故小雪必在十月。昔人未之言也。李尚之用何承天調日法，考古曆日法，朔餘强弱不合者十六家，以爲未盡强弱之微。爰別立術，以日法朔餘展轉相減，以得强弱數。但使日法在百萬以上，皆可求。惟朔餘過于强率者不可算耳。授時術以平立定三差求太陽盈縮，梅氏詳説敷衍未明，讀《明志》乃知即三色方程之法。謂凡兩數升降有差，彼此遞減，必得一齊同之數。引而伸之，即諸乘差，則八綫對數小輪橢圓諸術，皆可共貫。讀《占經》所載瞿曇悉達九執曆，而知回回、泰西曆法皆淵源于此。其所謂高月者，即月孛；月藏者，即月引數；日藏者，即日引數。特稱名不同，亦猶回曆之稱歲實爲宫分日數，朔策爲月分日數之類是也。

其論婺源江氏冬至權度，推劉宋大明五年十一月乙酉冬至前以壬戌丁未二日景求太陽實經度，而後求兩心差，乃專用壬戌。今求得丁未兩心差，適與江氏古大今小之説相反。蓋偏取一端以伸己見，其根誤在高衝行太疾也。西法用實朔距緯求食甚兩心實相距，術緐而得數未確。改之以前後兩設時求食甚實引徑，得兩心實相距，不必更資實朔，較本法爲簡而密矣。西人割圓，止知内容各等邊之半爲正弦，而不知外切各等邊之半爲正切，乃依六宗三要二簡諸術，別立求外切各等邊正切綫法，以補其闕。杜德美求圓周術，用圓内六邊形，起算雖巧，而降位尚遲。謂内容十等邊之一邊，即理分中末綫之大分，距周較近，且十邊形之周與邊同數，不過遞進一位。而大分與全分相減，即得小分。則連比例各率，可以較數取之，入算尤簡易，因演爲諸乘差表。可用弧度入算，而不用弧背真數。然尤慮其難記，且仍不能無藉于表，因又合兩法而用之，則術愈簡，而弧綫直綫相求之理始盡。錢塘項氏割圜捷術，止有弦矢求餘綫術，以爲亦可通之切割二綫，因補立其術。西人求對數，以正數屢次開方，對數屢次折半，立術緐重。李氏探源，以尖堆發其覆，捷矣。而布算猶緐，且所得者皆前後兩數之較，可以造表，而不可徑求。戴氏簡法及西人數學啓蒙，并有新術，而未盡其理，乃別爲變通以求二至九之八對數。因任意設數，立六術以御之，得數皆合。復立還原四術，又推而衍之，爲和較相求八術，自來言對數者未之聞也。又謂對數之用，莫便于施之八綫。而西人未言其立表之根，因冥思力索得之。仍用諸乘差法，迎刃而解，尤晚歲造微之詣也。其它凡近時新譯西術，如代數微分諸重學，皆有所糾正類此。同縣錢教諭熙輔刊「重學」，婁韓舍人應陛刊《幾何原本》後九卷，皆與參訂。

咸豐間，粵匪日逼，人心惶然，强以算理自遣。十一年，賊入鄉，避亂東走奉

賢，南匯間。既而暫歸，藏書多毀。而次子澐爲賊擄，驚憂不復出。同治元年卒，年六十有四。所著曰《算賸初續編》凡二卷，曰《九數存古》依九章，爲九卷，而以堆垛、大衍、四元、旁要重差、夕桀、割圓、弧矢諸術附焉，皆采自古書，而分門隸之；曰《九數外録》，則隱括四術，爲對數、割圓、八綫、平三角、弧三角、各等面體、圓錐三曲綫、静重學、動重學、流質重學、天重學，凡記十篇；曰《六曆通考》，則據《占經》所紀黄帝、顓頊、夏、殷、周、魯積年而爲之考證；曰《九執曆解》，曰《回回曆解》，皆就其法而疏通證明之；曰《推步簡法》，曰《新曆推步簡法》，曰《五星簡法》，則就疇人所用術，改度爲百分，趨其簡易，而省其迂曲。蓋于學實事求是，無門户異同之見，不特算術，而算術爲最精。此外有《古韻》二十二卷、《七國地理考》十四卷、《國策編年考》一卷。又《周髀算經》、《列女傳》、《吴越春秋》、《華陽國志》諸校勘記，若干卷。所輯古人已逸之書，曰《神農本草經》，曰《七緯拾遺》，曰《桓子新論》，其曰《古書逸文》者，即所以補馬氏《繹史》者也。餘凡所校輯，已刊入《守山閣叢書》、《指海》者，不復及。

友人韓應陛，字對虞，號緑卿，婁縣人。道光二十四年舉鄉試，官内閣漢票籤中書舍人。少好讀周秦諸子，爲文古質簡奥，非時俗所尚。既而從同里老儒姚處士椿游，得望溪、惜抱相傳古文義法，尤究心世事，遜志劬學不倦也。西人點綫面積之學，莫善于《幾何原本》，凡十五卷，明萬曆間利譯止前六卷。咸豐初，英吉利士人偉烈亞力續譯後九卷。海寧李壬叔氏寫而傳之。舍人反覆審訂，授之剞劂，亞力以爲泰西舊本弗及也。外若新譯諸重學、氣學、光學、聲學諸書，每自校録，復爲之推極其致，往往出西人所論外，故發于文益奇。十年夏，粤匪陷蘇犯松江，倉皇走避，道途觸暑，鬱鬱發病死。所遺稿多散失，其友南匯張明經文虎爲之編定，爲《讀有用書齋雜著》二卷，藏于家。《九數外録》、《舒藝室雜著》。

論曰：顧上舍有言曰：「積世、積測、積人、積智，曆算之學，後勝于前。微特中國，西人亦猶是也。舊法者，新法之所從出，而要不離舊法之範圍。且安知不紬繹焉，而别有一新法在乎？故凡以爲已得新法而舊法可唾棄者，非也。中西之法，可互相證，而不可互相廢。故凡安其所習而黨同伐異者，亦非也。」嗚呼，真通人之論哉！上舍之于古今中西諸算術，無所袒，而皆有所發明，可謂能澈中邊者已。而對數迻求十有八術，獨于并時戴、李而外，拔幟立幟，唯變所適，每唱愈高。夫豈褊陋自畫，與夫逞臆武斷信口詆諆者，所可同年而語歟？上舍遠矣。

夏鸞翔

夏鸞翔，字紫笙，錢塘人。道光十九年，年十七，補博士弟子員，後以輸餉議叙，得詹事府主簿。精于算學，爲項學正名達入室弟子。又于戴處士煦爲世好。年少聰穎，講究曲綫諸術，洞析圓出于方之理。匯通各法，更推演以窮其變。

譔《洞方術圖解》二卷，自序云：「自杜氏術出，而求弦矢得捷徑焉。顧以之求弦矢，猶煩乘除，演算終不易。向思一可省乘除之法，而迄未得也。丁巳夏客都門，舟次宿遷，爲舲脣傷足，不能步履者屢月。晝長無事，因細思連比例術者，尖堆底也。尖堆底之比例，與諸乘方之比例等，以之求連比例術，必合諸乘方積而并求之。設不得諸乘方積遞差之故，方積何能并求乎？且并求方積而欲以加减代之，又必得諸較自然之數而後可，誠難之難矣。既而悟之曰，方積之遞加，加以較也，較之遞生，生于三角堆也。較加較而成積，亦較加較而成較，且諸乘方積之數，與諸乘尖堆之數，數異而理正同。三角堆起于三角形，故累次增乘，皆增以三角。方積起于正方形，故累次增乘，皆增以正方。三角之較數，增一根則增一較。方積之較數，增一乘則增一較，理正同也。累次相較，較必有盡，惟其有盡，乃可入算。相連諸弦矢，所以愈相較而較愈均者，正此理矣。諸較之理，皆起于天元一，而生于根差遞加，根一，諸乘方根差皆一，一乘之數不變，故可以省乘。若增其根差，則非復單一乘，不能省弦矢表弧背之差，或差一秒，或差十秒，即以一秒或十秒弧綫當根差，按根遞求，即可盡得諸乘方之較。即以較加較，而盡得求弦矢各數矣，豈不捷哉？爰乘數月暇，演爲求弦矢術，俾求表者得以加减代乘除，并細釋立術之義。編爲兩卷，以俟精于術數者采擇焉。」

又譔《致曲術》一卷，曰平圓，曰橢圓，曰拋物綫，曰雙曲綫，曰擺綫，曰對數曲綫，曰螺綫，凡七類。類皆于杜德美氏、項梅侣氏、戴鄂士氏、徐君青氏、羅密士氏即譔《代微積拾級》者。諸術外，自定新術，參互并列，法密理精。惟雙曲綫内有笠體以小徑爲軸，鐘體以大徑爲軸，各求截蓋殼積術未定。記云：「右二術刻意求之，殊不可得。因雙曲綫求殼，立法必繇，不能不分級數。而求級之招差，須以半心差畀乘半徑畀除。又餘弦畀乘半徑畀除，以降其位。今雙曲綫之半心差，與餘弦俱大于半徑，若用爲乘除法，則位數不惟不降，而反升矣。且以橢圓例之，凡求殼必先求餘弦上殼，用減半球殼爲蓋殼，而雙綫之正餘兩弧，無理可通，何能易餘爲正乎？若用正弧正矢以迻求蓋殼，則乘除之例，尤多轇轕。因闕

此二題，以俟明算君子之補綴焉。」

復著《致曲圖解》一卷，謂天爲大圓，天之賦物，莫不以圓。顧圓雖一名，類乃萬族，循圓一帀，而曲綫生焉。西人以綫所由生之次數，分爲諸類：一次式爲直綫，二次式有平圓、橢圓、拋物綫、雙曲綫四式，三次式有八十種，四次式有五千餘種，五次以上，蓋不可考矣。今但就二次式四種，溯其本源，并附解諸乘方拋物綫，形雖萬殊，理實一貫。諸曲綫式備具于圓錐體上，故圓錐者，二次曲綫之母也。橢圓利用聚，拋物綫利用遠，雙曲綫利用散，而其理皆出平圓。苟會其通，則制器尚象，俛仰觀察，爲用無窮矣。今爲一一解之。其目爲諸曲綫，始于一點，終于一點，第一；諸式之心，第二；準綫，第三；規綫，第四；橫直二徑，第五；兑徑，亦名相屬二徑，第六；兩心差，第七；法綫切綫，第八；斜規綫，又名曲率徑，第九；縱橫綫式，第十；諸式互爲比例，第十一；八綫，第十二云。

又嘗專立捷術，以開各類乘方，通爲一術。可徑求平方根數十位，不論益積翻積，俱爲坦途。成《少廣縋鑿》一卷。南海鄒徵君伯奇爲之序，略云：「算學自戴東原表章古書，同其志者爲錢辛楣，而學識俱不逮。逐其塵者則李尚之、焦里堂輩，皆墨守古法而不通融。每算一數，用紙數十篇，需時數百刻，廢人廢日，所得仍復粗疏，而不足施之于用。在彼則以用盡精神，不肯割愛。付之梨棗，有讀之祇令多一重障礙而已。何如紫笙書而明白已曉乎？」同治二年，始遊廣東，與鄒徵君暨南豐吴編修嘉善相友善。三年五月，卒于廣州旅舍。編修録其算書遺稿，屬徵君彙刻之，今行于世。尚有《萬象一原》若干卷，未見傳本。《洞方術圖解》、《致曲術圖解》、《少廣縋鑿》。

論曰：鄒徵君曰，昔沈存中以隙積、會圓二術，古書所無，自言深思而得之。今按會圓即弧田面綫相求，爲郭若思三乘方求矢之啓端，然所得非密周。孔巽軒又推至七乘方，略近之，仍不及杜德美法之吻合。隙積即堆垛，其術僅明立體，亦未及《四元玉鑑》之推至多乘也。蓋人心之靈，有開必先，欲窮其極，在人之善變而已。又授時術以垛積招差求日行盈縮，其意蓋引伸于綴術。是曲綫與堆垛相通，已露端倪。及西法出，專以諸輪三角相求，遂無有理會之者。今則以微分積分馭曲綫，無所不通，然後知隙積之有裨于會圓者，固甚要也。紫笙諸書成非一時，故其術有互見者，亦有具題而缺術者，今并仍之，不加芟削，後有同好熟讀而精思之，當更有無限觸發也。徵君之學有聲中外，觀所以推崇夏宮簿者，可謂至矣。宫簿爲松如先生之盛子，而同里汪内翰年丈遠孫之壻也。家世好學，其才力又足以副之。使天假之年，孜孜孟晉，神解妙悟，啓迪方來，可傳當不止是。是不第爲吾鄉之絶詣惜也，嗚呼！

馮桂芬　陳暘　管嗣復

馮年丈桂芬，字林一，號景亭，吴縣人。道光二十年一甲第二名進士及第，授職翰林院編修。嘗充順天鄉試同考官，廣西鄉試正考官，教習庶吉士。咸豐六年補詹事府右春坊右中允，九年告歸。同治初元，合肥相國肅毅伯密疏薦，得旨宣召，病不克赴，遂無意出山。六年，叙團練善後功，賞加四品卿銜，旋晉三品。十三年卒于家，年六十有六。生有異稟，幼擅文譽，中年以後，益肆力于古文辭，説經宗漢儒。精研小學，嘗手摹宋本《楚金韻譜叙》而刊之。尤喜習疇人家言，師事尚之、申耆兩李先生。曾手製定向尺及反羅經，用以步田繪圖。

有《繪地圖議》略云：「大抵不審乎偏東西經度，北極高下緯度，不可以繪千里萬里之大圖；不審乎羅經三百六十度方位，及弓步丈尺，不可以繪百里十里之小圖，而繪小圖視繪大圖更難。以無顯然之天度可據，全在辨方正位，量度丈尺。今定一簡易之法，任取本州縣一城門左旁立一石柱爲主柱，即爲起數之根。依此作子午卯酉縱橫綫，以一里三百六十步爲度，各立一柱。令四柱之内爲一圖，容田五百四十畝。各圖中乾坤艮巽四隅，皆有一柱。而以艮隅之柱爲本柱，以千字文爲號，勒于其上。柱徑一尺，高一丈，埋露各半。其露者尺寸有識，適當山水市舍則省之，或向西或向南，退行若干步補之。繪圖則用約方二尺之紙，十步爲一格，縱橫各三十六格，則一里内阡陌廬舍，纖悉可畢具，如是而地之廣袤著矣。更用水平測量高下，即以主柱所傍城門之石檻爲地平起數之根，以絜各圖石柱，而得各圖立柱之地高下于城檻之數。又偏測本柱前後左右四里之高下，而得四里内高下于本圖之數。又偏測東西南北毗連州縣城檻之高下，而得各城檻高下于本城檻之數，以之入圖，則著色爲識别。凡高下于城檻在一尺内者不著色，其餘分數色。以一尺爲一色，至若干尺以上，則概爲一色。高山土阜又别爲一色，仍識若干尺于上。如是而地之高下亦明矣。」

又嘗校正李氏《恒星圖》，測定咸豐紀元恒星表。其跋《甲辰新憲赤道恒星圖》，略曰：「武進李氏兆洛刻道光甲午歲差赤道恒星圖，板存余家，經亂燬大半，徒輩請補之。今經甲辰，臺頒《欽定儀象考成續編》之後，星數星等，多有增損升降，歲差亦改爲五十二秒。原板剜改猶易，遂補刻成完帙。謹遵《續編》宫

度星數星等與《後編》異者，一一改入。計原圖星三百座，三千八十三星。今增五十六，子十八，亥十八，戌十，酉十八，申十九，未十七，午七，巳八，辰九，卯十二，寅十一，凡一百六十三星。少司録一五，諸候二，天相一，天錢一，凡六星。計三百座，三千二百四十星。至圖式距極三十度内，南北各爲圓圖一。三十度外，南北各爲皋彭形，十二緯度，皆一度爲一格。經度近極五度内，并十度爲一格。五度外，十度内，并兩度爲一格。三十度外，一度爲一格。星等皆仍李氏舊式，總圖皆正座無增減，惟星等間有升降，亦依新測改之云。」

自著有《弧矢算術細草圖解》一卷，本李尚之氏十三題詳演天元諸式，有裨初學。又譔《咸豐元年中星表》一卷，《丈田繪地章程》一卷。與江寧門人陳暘同著者，爲《西算新法直解》十八卷，湘陰郭侍郎嵩燾刊之。《廣東新法》者，米利堅人羅密士譔《代微積拾級》一書也，以初譯奥澀不可讀，商榷凡例各日課二三條。咸豐十一年全書成，遂用名之。外此所著《顯志堂詩文集》、《説文解字段註考正》、《使粤行紀》、《校邠廬抗議》、《家譜》、《兩淮鹽法志》、《蘇州府志》各如干卷。每一書成，遠近學者争快覩焉。

陳暘馮稿作瑒。字子瑁，江寧人。祖國楨，父昌緒，仍世名諸生。家小康，藏書甚富，能會通而貫穿之。經學、史學、小學、天文、輿地、詩古文辭，旁及詞曲、武備、方術，靡所不習，而尤精于算學。用馮年丈薦，入上海廣方言館，課算學，與溧水姚拔貢必成同館。姚病痢驟卒，猶爲屏當其喪。有頃亦痢，夕旋没，時同治二年秋也，年五十有八。生平著述甚多，有《算學發明》二十四卷、《算學一得》十六卷、《算學啓蒙》十二卷、《算學重差》十二卷、《尺書》一卷，皆燬無稿。家刻者僅《礮規圖説》、《九章補餘》及《屈子生卒年月考》三種。他惟與馮年丈同著者有存本爾。同郡又有管嗣復，字小異，上元人。異之孝廉同子，揚州汪户部喜孫未取婿也。博雅好經術，一時耆彦方聞之士，多折行輩與之交。又研算術，窺代微積之略。遭亂死吴中。《顯志堂稿》、《弧矢算術細草圖解》、《續纂江寧府志》。

論曰：公子太守芳植與可寶爲同歲生，又讀文集十二卷，得備諗年丈之學之精且博。夫繪地用算，良法不刊。年丈既創于前，南海鄒氏擅長于後。道不相謀，理皆闇合。第窺曲藝之能，足徵神智之用已。晚歲徜徉泉石，蕭然自怡。而生平當事勇爲，爲乞師辦賊均賦甦民，有功東南者最偉。又久主諸書院講席，引掖成就者，藉甚當時。然則康濟之術，非託空言，六九之工，莫與儔匹。今號者儒碩望，繼往而開來若年丈者，庶幾無愧色歟？

尹錫瓚 錢綺

尹錫瓚，號菊圃，元和人。諸生，積學士也。尤長于算術，著有《天元算術》十卷。馮年丈桂芬爲之序曰：「余惟算學四元之術，始于宋，盛于元，絶于明，而復大昌于我朝。是術在元時爲承學之士所共曉，不嫌徑省其文。曰立天元一云爾，如積求之云爾，而文義已足，無何忽失其傳。有明一代，知算如唐荆川、顧箬溪，直不知爲何語。至于國朝宣城梅文穆公，始知爲西法借根方所本，而于正負開方之理未詳，蓋始創者難爲功。且其時古書多未出，雖神悟無所施，不得爲文穆咎。戴氏東原，小學專家，所校《測圜海鏡》，肊删負畫，不知妄作，識者病焉。後得吾鄉李尚之先生起而疏通證明之，而是書始大顯。菊圃尊人、鐵香孝廉爲先生高弟，家法師承，其來有自。是書舉衰分、均輸、方程、倉田，以及割圜八綫諸法，無不入以天元，左右逢原，旁通曲鬯。凡以見他術不能馭者，天元能馭之；他術不能一以貫之者，天元能一以貫之，用心可謂勤矣。今世名此學者，以余所知，不過數人，即吾鄉自尚之先生後，亦寥寥無幾。余早歲頗事涉獵，而不專爲病，無由造微，未嘗不退自慚惋，私冀同人中庶有達者理而董之，頗聞君與錢君子文同治是學甚深，子文書未之見，今讀君書，果精詣若是，其能相與昌明絶學，追蹤鄉喆無疑也。」子文名綺，亦諸生，著書如干卷，未傳。《顯志堂稿》、《蘇州府志》。

鄒伯奇 劉熙載 伊德齡

鄒伯奇，字一鶚，又字特夫，南海人。諸生。聰敏絶世，于諸經義疏，無不孶究。覃思于聲音、文字、度數之源，而尤精于天文、曆算，能萃會中西之説而貫通之。生平寡所耆好，執業甚篤，静極生明，多有神解。

嘗作《春秋經傳日月考》，謂昔人考《春秋》朔閏多矣，類以經傳日月求之，未能精確。今以時憲術上推二百四十二年之朔閏及食限，然後以經傳所書，質其合否，乃知有經誤、傳誤及術誤之分。又論《尚書》克殷年月，謂鄭玄據《乾鑿度》，以入戊午蔀四十二年克殷，下至春秋，凡三百四十八年。劉歆三統術以爲積四百年，近人錢塘李鋭多主其説。今以時憲術上推，且以歲星驗之，始知鄭玄之是，劉歆之非。其解《孟子》「由周而來七百有餘歲」句，謂閻百詩《孟子生卒年月考》據大事記及《通鑑綱目》，以孟子致爲臣而歸，在周赧王元年丁未，逆數至武王有天下歲在己卯，當得八百有九年。今考《綱目》年數，本之劉歆，然共和以上周初年數，史遷已不能紀，可考者《魯世家》耳，此爲劉歆《曆譜》所據。然將歆

曆與《史記》比對，歆于煬公、獻公等年分多所增加，共衍五十二年。若減其所加年數，則歆所謂八百有九年者，實七百五十七年耳。又謂向來注經者，于算學不盡精通，故解三禮制度，多所疏失。因作《深衣考》，以訂江永之謬；作《戈戟考》，以指程瑶田之疏。以《文選·景福殿賦》陽馬承阿證古宫室阿棟之制，以體積論㮚氏爲量，以重心論懸磬之形，皆繪圖注説，援引詳明。又嘗謂群經注疏，于算術未能簡要，甄鸞《五經算術》既多疏略，王伯厚《六經天文篇》博引傳注家言，亦無辨證。因即經義中有關于天文算術，或先儒所未發，或闡發而未明者，隨時録出之，成《學計一得》二卷。

于天象著《甲寅恒星表》、《赤道星圖》、《黄道星圖》各一卷。自序曰：「甲寅之春，製渾球以考證經史恒星出没歷代歲差之故。然制器刻畫，必先繪圖，爲圖必先立表，此《恒星表》之所由作也。史、漢、晉、隋諸志，于恒星但言部位，至唐宋始略有去極度數。故舊傳新圖，大抵據《步天歌》意想爲之，與天象不符。國朝康熙初，南懷仁作《靈臺儀象志》，然後黄赤經緯各列爲表。乾隆九年，增修《儀象考成》，補其缺誤。道光甲辰再加考測，爲《儀象考成續編》，入表正座一千四百四十九星，外增一千七百九十一星，洵爲明備。今踰十載，歲漸有差，故復據現時推測立表，庶繪圖製器，密合天行也。」

又嘗謂繪地難于算天，天文可坐而推求，地理必須親歷。近人不知古法，故疏舛異常。因考求地理沿革，爲歷代地圖，以補史書地志之缺。又手摹皇輿全圖，自序曰：「地圖以天度畫方，至當不易。然地球經緯相交，皆成正角。而世傳輿圖至邊地，竟成斜方形，既非數理，又失地勢，其蔽在以緯度爲直綫也。昔嘗爲《小總圖》，依渾蓋儀，用半度切綫以顯迹象。然州縣不備，且内密外疏，容與實數不符，故復爲此。其格緯度無盈縮，而經度漸狹，相視皆爲半徑與餘弦之比例。横九幅，縱十一幅，合之則成地球滂沱四穎之形。欲使以圖繪圓，其圖乃肖也。

又變西人之舊，作《地球正背兩面全圖》。其序曰：「地形渾圓，上應天度，經緯皆爲圓綫。作圖者繪渾于平，須用法調劑，方不大失形似。然視法有三，皆爲畫圖之用。其一在圓外視圓，法用正弦，則經圈爲橢圓，緯圈爲直綫。其形中廣而旁狹，作簡平儀用之。其一在圓心視圓，法用正切，則經圈爲直綫，緯圈爲弧綫，中曲而旁殺，其形内密而外疏，作日晷用之。斯二者綫無定式，量算緐難，且經緯相交，不成正角。又其邊際，或太促而褊淺，或太展而狹長，以畫地球，既昧方邪之本形，復失修廣之實數，所不取也。其一在圓周視圓，法用半切綫，經緯圈皆爲平圓，雖亦内密外疏，而各能自相比例。西人以此作渾蓋儀，最爲理精法密。今本之爲地球圖，分正背兩面，正面以京師爲中，其背面之中，即爲京師對衝之處，尊本朝也。旁爲廿四向，審中土與各國彼此之勢，定準望也。經緯俱以十度爲一格，設分率也。」

因推演其法，著《測量備要》四卷。分備物致用、按度考數二題。備物致用，其目四：一丈量之器，曰插標，曰綫架，曰指南尺，曰曲尺，曰丈竹，曰竹籌，曰皮活尺，曰蕃紙簿，曰鉛筆。二測望之儀，曰指南分率尺，曰立望表，曰三脚架，曰矩度，曰地平經儀，曰平水準，曰紀限儀，曰迴光環，曰折照玻璃屋，曰千里鏡，曰象限儀，曰秒分時辰標，曰行海時辰標，曰析分大日晷，曰風雨針，曰寒暑針。三檢數之書，曰志書，曰地圖，曰星表，曰星圖，曰度算版，曰對數尺，曰八綫表，曰八綫對數表，曰十進對數表，曰現年行海通書，曰清蒙氣差表，曰太陽緯度表，曰日晷時差表，曰句陳四游表，曰大星經緯表，曰對數較表，曰對數較差表。四畫圖之具，曰大小幅紙，曰硯，曰墨，曰硃，曰顔色料，曰筆，曰五色鉛筆，曰筆殼，曰指南分率矩尺，曰長短界尺，曰平行尺，曰分微尺，曰機翦，曰交連比例規，曰玻璃片，曰橡皮。按度考數，其目四：一明數，曰尺度考，曰畝法，曰里法，曰方向法，曰經緯里數。二步量，曰量田計積，曰步地遠近，曰記方向曲折，曰認山形，曰準望所見。三測算，曰測量方向遠近法，曰測地緯度法，曰論平陽大海地平界角，曰測地經度法，曰經緯方向里數互求法。四布圖，曰正紙幅，曰定分率，曰縮展，曰識别，設色終焉。又因修改對數表之根源，求析小術是開極多乘方法，可逕求自然對數，即訥表根。以十進對數根乘之，即得十進對數。

著《乘方捷術》三卷。招培中爲之序曰：「吾甥鄒特夫所著算書，曰《乘方捷術》。是書隱括董君方立割圜連比例、戴君鄂士開方捷法之説，而立開方四術，演圖詳解，以明其理，右通左達，以同其條。俾學者開卷瞭然，布算不紛。其于訥白爾表，以連比例乘除法，逕開一無量數乘方以求之。又立求對數較四術以求之，亦用連比例乘除法一以貫之，立術最爲簡易。近者徐莊愍公造各表簡法，及李君壬叔則古昔齋算學，俱有求對數較法。而操算各殊，惟夏君紫笙《萬象一原》，有求真數之訥氏對數四術，其布算與特夫略同。但倍借對數以起數爲異，特夫謂此是求對數較法。凡本真數與借真數比例等者，其對數較必同，故不得從借對數起數也。此四條『次置第一數倍之』一句，當改作『次置對數根倍之』，

則通矣。此夏君偶失檢，而特夫之精審可見。至對數開方計息諸草，所以著其術之切于日用。末附《十億對數表》及《純雜表》，則手此一編，即可取數以省他檢也。」又創對數尺，蓋因西人對數表而變通之，爲算器增新製，爲算術開捷徑，畫數于兩尺相并而伸縮之，使原有兩數相對，而今有數即對所求數。一曰形製，二曰界畫，三曰致用，四曰諸善，五曰圖式，爲記一卷。

又嘗譔《格術補》一卷。同郡陳京卿澧序之曰：「格術補者，古之算家有所謂格術，後世亡之，而吾友鄒特夫徵君補之也。格術之名見《夢溪筆談》，其説云：『陽燧照物，迫之則正，漸遠則無所見，過此則倒。中間有礙故也。如人摇艣，臬爲之礙，本末相格，算家謂之格術。』又云：『陽燧面窪，向日照之則光聚，向内離鏡一二寸，聚爲一點，著物火發。』《筆談》之説如此，皆格術之根源也。若其推衍爲算術，宋時蓋有其書，後世失傳，遂無知此術者。徵君得《筆談》之説，觀日月之光影，推求數理，窮極微眇，而知西洋製鏡之法，皆出于此，乃爲書一卷，以補古算家之術。夫古所謂陽燧者，鑄金以爲鏡也，西洋鐵鏡即陽燧也，其玻璃爲鏡，亦與陽燧同一理。故推極陽燧之理，可以貫而通之。有此書而古算家失傳之法，復明于世。又可知西洋製器之法，實古算家所有，此今世算家之奇書也。若夫宋時算術，後世失傳，如此者當復不少。吾又因此書而感慨係之矣。」

同治初，南豐吴編修嘉善、錢塘夏宫簿鸞翔游粵，皆與訂交甚篤。宫簿客死，爲之痛傷，刻其遺書以傳之。三年，湘陰郭侍郎嵩燾特疏薦之，請居同文館以資討論。五年、七年，兩奉優詔，令督撫送咨。徵君澹于利禄，堅以疾辭，俱未赴。湘鄉太傅文正公督兩江日，欲于上海機器局旁設書院，延徵君以數學教授生徒，屬興化劉學政熙載致書，亦未就也。六年五月，無疾而卒，年五十有一。

劉熙載，字融齋，興化人。道光二十四年進士，改翰林院庶吉士，散館授編修，後遷詹事府右春坊右中允。同治季年，寓居上海，主龍門書院講席。久深于音韻之學，自譔《説文雙聲》、《四聲切韻》二種，以欵意烏于攝一切音，分析條理，曲盡其致。兼長算學，著有《天元正負歌》四則，簡捷易明，最便初學，見《昨非集》。

又徵君同縣弟子伊德齡，字善卿，著有《求弦矢通術》一卷，刻入《傳習録》中。《南海縣志》、《鄒徵君遺書》、《舒藝室雜著》甲編，又《詩存注》、《昨非集》、《傳習録》。

論曰：鄒徵君天姿過人，力學甚摯。聞其讀書，遇名物制度，必窮晝夜探索，務得其確。或按其度數，繪爲圖，造其器而驗之，涣然冰釋而後已。故其解識，多前人所未發。又能正舛誤，別是非，皆以算術權衡之。晚年論算家新法，曰：「自董方立以後，諸家極思生巧，出于前人之外。如華嚴樓閣，彈指即見，實抉算理之窔奧。然恐後之學者，不復循途守轍，而遽趨捷法，將久而忘其所自，是可憂矣。」人于是益服所慮之遠。夫曆算必善測量，測量必資儀器，而製器精巧，與西人所稱重學、光學、化學相連。徵君獨深明其理，證之古籍，皆由冥搜而得。測地繪圖，尤多創解。今《南海縣志》諸圖，爲徵君手定義例，跬步實測，密合無憾，雖以西人爲之，微妙不是過也。使九服州郡，焉得盡人盡地而仿之，合成鉅觀，豈非千秋之業乎？若夫尚志高蹈，任天而行，又豈好爵所能縻哉？于虖，難已！

時曰淳

陳瑑

時曰淳，今改曰醕，字清甫。嘉定人，齊東君銘之子也。道光七年，齊東身後，官逋籍産，清甫食貧志學，不墜其世。其父執友武進李鳳臺兆洛亟稱之。亦精算術，所著書發明古人術意，無不入微。咸豐末，與長沙丁處士取忠同客益陽胡文忠公幕府，每商榷數理。見處士《數學拾遺》之刻，略及百鷄術，謂與二色方程暗合，因爲廣衍立二十八題，以「舊學商量加邃密，新知培養轉深沈」十四字，識其上下，爲十四耦諸題，皆借方程爲本術。隨題并述大衍求一術，以博其趣。

作《百雞術衍》二卷。自序云：「《張邱建算經》雞翁雞母題問，甄、李兩註及劉孝孫草皆未達術意，不可通，近日《理堂學算》中所擇尤誤。讀吾友丁君果臣《算學拾遺》，設術與二色方程暗合，乃通法也。駱氏《藝游録》用大衍求一術，以大小較求中數，取徑頗巧，然于較除共較實適盡者，不可求方程術，則遇法除實得中數不盡者，以分母與減率相求而齊同之，無不可得。駱氏蓋不知有方程本術也，夫題祇本經一術耳。算理之微妙，不如《孫子》物不知數一問。而術文各隱秘，彼則但舉用數，此亦僅著加減三率。其于前半段取數之法，并皆闕如，豈古人不傳之奥，必待學者深思而自得乎？《孫子》求一術，至宋秦道古發之。獨是題襲謬傳訛，莫有借方程以問途者。曰醕蓄疑既久，今年春，與果臣連榻鄂城，復一商榷，別後數月，乃得通之，怡然涣然，了無滯礙，亦窮愁中一快事也。因衍方程術爲《數學拾遺》，補求負數法及加減率求答數法。梅氏《方程論》所謂他術不能御者，方程能御之。附述求一術爲《藝游録》，補以中小較求大數一法，及大中較、大小較互求得中數、小數二法，引伸鉤索，温故知新，庶足以暢厥旨乎。」易翁母雛爲大、中、小設數，不必以百，而統以百雞命之，識斯術所自昉。同縣有陳瑑，

號小蓮，道光二十四年舉人，著有《說文引經考證》四卷行世，競傳其兼長步算，深于說天之學云。《養一齋文集》、《百雞術衍》、《嘉定縣志》。

論曰：時齊東通侻簡伉，不當上官意，抑鬱以終，何遇之窮乎？清甫能世其學，設數明理，業以益精，舊法賴茲勿替，可謂善讀古書者已。顧或者猶以僅識當然短之，則甚矣言著作之難也，嗟夫！

清・諸可寶《疇人傳三編》卷六　清後續補四

丁取忠　李錫蕃

丁取忠，字果臣，號雲梧，長沙人。爲湖南老宿，整躬飭己，望重時髦，而象數一途，尤所研究，譔著自娛，不求而達。咸豐改元，幕游昭陵十年，校書于鄂省，應益陽胡文忠公聘也。因得觀乾隆《輿圖》，又購魏氏《海國圖志》，作爲密尺定分推算，著《輿地經緯度里表》一卷。于《海國》雖未盡精覈，然足備參證焉。嘗自謂少喜步算，而苦無師承，又地僻不能得書，每每持籌凝思，寢食俱廢，垂四十年，然後古今言算之書，稍稍捋集，而心力亦已衰矣。晚年盡移文忠所贈買書之貲，廣刻諸算術，凡二十有一種，以公同好，爲《白芙堂叢書》，板藏于古荷池精舍。光緒初考終于家，年逾七十，不名一錢也。所有譔者，爲《數學拾遺》一卷。謂嚮刻書時，初不知有明氏、董氏書也，繼以所演算草較詳，可便初學。又爲亡友鄒叔績氏所序，不忍棄，以故邇年讀書之所觸悟，友朋之所譚論，往來書信之所傳述，凡于古今人算書有所發明者，悉録之以附于後，意在推廣《拾遺》。故亦未暇詳某義之出自某人也，後有所得，猶將增入之。

又譔《粟布演草》二卷，自序云：「道光壬辰，余始習算。友人羅寅交學博洪賓以難題見詢，久無以應。同治改元，始獲交南豐吴君子登太史嘉善。君馭以開屢乘方法，余始通其術，然未悉其立法之根也。後君遊嶺表，余推之他題，及展轉相求，仍多窒礙。又函詢海寧李君壬叔善蘭，君示以廉法表，及求總率二術，而其理始顯。厥後吴君又示以指數表，及開方式表，李君復爲之圖解以闡其義，由是三事互求，理歸一貫。余因取數題詳爲演草，并捷法圖解，都爲一卷。質之南海鄒君特夫伯奇，君復爲增訂開屢乘方法，并另設題演草，以補所未備。即圜内容各等邊形，爲算家至精之理，皆可作發商生息以明之，誠快事也。歲庚午，余遊嶺表，鄒君已歸道山。余取其生平遺稿，釀金囑番禺陳君蘭甫澧爲之付梓。茲復以所補《粟布》數草，及吴、李兩君所示各術草，彙梓之，用以誌生平友朋之益云。壬申歲，曾君粟誠見而愛之，因以借根演代數草。左君壬叟又稍爲變易，以從簡約，兼補一真數草。即此一術，已覺五花八門，變化莫測，因并梓之。」

後又譔《演草補》一篇，序云：「余前年與左君壬叟共輯《粟布演草》，原爲商賈之習算者設也，故即發商生息爲題，或一例而演數題，或一題而更數式，或用真數，或用代數，其式或橫列，或直下，雜然并陳，無非欲學者比類參觀易于領悟也。乃初學習之，猶謂茫無入門處。蓋商賈所習算書，大都詳于文而略于式，況代數尤爲古算書所無，宜其卒然覽之無從入手也。茲更擬一題附之于後，特做《數理精蘊》借根方體例，專詳于文，庶初學讀之，可因文而知其義。苟算理既明，則全書各式亦無不可渙然冰釋，或兼可爲習代數者導之先路乎？」

同縣中表兄弟李錫蕃，字晉夫，亦字靖夫。道光三十年早卒。著有《借根方句股細草》一卷，衍爲二十有五術。同治二年五月，處士刻之。初以聚珍板印行，後入叢書，又覆刻焉。并爲記曰：「晉夫幼穎悟，工詩文，有神童之目。七八歲時，家人算魚直銖兩參差，移晷莫決，晉夫至立剖其數，長老皆大驚。予與晉夫中表交最密。道光季年湘南大飢，大府發倉穀，令各都甲赴領，巨室皆畏累不敢前。晉夫曰：『若人人計利害，衆焉得活？』于是獨詣縣請穀若干石徧賑之，後果責還倉。晉夫奔走斂集，悉數償補，卒免于累。當是時，舉家非之，而晉夫無幾微愁恨，可謂難矣。嘗與予學算，思力尤絶。古人之立天元一，西人之借根方，一見輒通曉。予嘗病句股和較相求諸術，一術馭一題，鮮有簡法。晉夫謂借根方一術足以了之，乃發例得數十題，皆用借根法。予亟促之卒業，顧屢困童子試，未脱稿而歿，春秋二十有八，惜哉！予既傷其賫志，又自念衰疾，大懼其書之不克就也。屬南豐吴子登太史避亂來楚，因定交，請爲是正數十字，而此書遂成。嗚呼！自晉夫之歿，于今十有四年矣，然後得南豐以畢予願，不可謂非晉夫之幸也。」《白芙堂算學叢書》。

論曰：丁處士獨詣孤往，冥搜力索，用心于衆所不屑之地，既乏師授，又困寒門，未見之書不可致，欲見之書弗能置，必盡歷艱苦而後得輪略之制。或且闇符先哲，宜其後謂曾襲侯紀澤兄弟云，諸君博聞富藏，師資友益，視吾疇曩，其勞逸有相什伯倍蓰者。然則處士之劬學，豈材質之不如人哉，亦其時其地限之耳。及其傳食諸侯，廣交徧覽，思欲載記所得，以補勿足，則已衰髦不耐矣。夫三湘七澤間，士生咸同之際，又當府主如益陽文忠、湘鄉文正諸公，天下多故，即不事攀麟附鳳，使少得假手尺寸，而以片長薄技，自至乎青雲之上，身泰名立，豈不易易？胡乃甘于澹泊，槁于户牖乎？吾知處士之志，初未嘗以彼而易此也。至于

今南人言絶學之倡者，舍處士將誰與歸？晚歲移買書之貲，惟以校刻古今算書自適，裒然成藝圃之鉅觀，風行海内，遂爲疇人家必讀之本，厥功不甚偉歟？昔巴陵杜孝廉貴墀爲餘言處士在武昌幕府日，文忠方督師東征，而會城有警，同人多走。或謂處士可去矣，則曰：「吾安能諾府主之託而委其眷屬乎？」獨不走，卒亦無他，其誠篤如此。嗚呼，可以風已。

吴嘉善

吴嘉善，字子登，南豐人。咸豐二年進士，改翰林院庶吉士，散館授編修。居京師獲交烏程徐莊愍公，同治算學，其後演述割圜八綫綴術，叙中，有「感恩知己」之語，可徵其交誼篤也。同治改元，避粵匪之亂，游長沙，識丁處士取忠。逾年客廣州，因鄒徵君伯奇又識錢塘夏宮簿鸞翔。三人者，志同道合，蓋相契非恒情所測已。光緒五年，奉使法蘭西國，即舊名富郎濟亞者。駐巴黎斯城，後受代還，旋卒。所譔《算書》，首述筆算；次九章翼，曰今有術，曰分法，曰開方術，曰平方平圓各形術，推演方田者曰立方立圓術，推衍商功者曰句股術，曰衰分術，曰盈不足術，曰方程術；于句股術後，次附平三角、弧三角測量高速三術。又次則專述天元四元之書，爲《天元一術釋例》，爲《名式釋例》，爲《天元一草》，爲《天元問答》，爲《方程天元合釋》，爲《四元名式釋例并草》，爲《四元淺釋》。自序云：「算學之至今日，可謂盛矣。古義既彰，新法日出，前此所未嘗有也。余與長沙丁君果臣皆無他嗜好，而甚癖于此，幾忘其癖，更欲以癖導人。嘗相與語，以爲近時津逮初學之書，苦無善本，梅文穆公所增删之《算法統宗》，今亦不傳。因商榷述此，取其淺近易曉者，以爲升高行遠之助云。」處士取其書，初用活字印行十七種，後乃徧刻之入《白芙堂叢書》。例略云：「子登先生原書，術多而例少，故初學讀之，猶有苦其難通者。久欲稍爲增益，而其書已如成器，無少罅漏，不能羼入。今取術稍難通者，于各種後依術各補一草，仍于各種後題『補例』二字，以示區别，庶讀者易于領解焉。」《白芙堂算學叢書》、《舒藝室詩存注》。

論曰：吴編修以文學侍從之班，精孯數理，博通中西。然後假持節淩絶域，美哉使乎，不愧皇華之選矣。今讀其譔述，芟闢榛蕪，引人入勝。所以嘉惠初學者，法備而意良，惓惓乎不啻金鍼之盡度焉。彼明儒《統宗》諸書，惡能企其什一哉？

汪曰楨

汪曰楨，字剛木，號謝城，又號薪甫，烏程人。咸豐二年舉人，後官會稽縣學教諭。精史學，又精算學，尤習古今推步諸術。與海寧李京卿善蘭友善，時移書問難焉。初譔《二十四史日月考》，上起共和，下與欽天監頒行《萬年書》相接。各就當時行用本法推算，每年詳列朔閏月建大小，并二十四氣，略加《萬年書》之式。同治元年夏，始寫定爲五十卷，附以《古今推步諸術考》二卷，自黄帝術訖歐邏巴噶西尼術，著録凡一百四十六家。又《甲子紀元表》一卷，總五十三卷。五年夏，獨山莫中書友芝見之，謂此書爲人之所不爲，可以專門名家。而惜其卷帙過緐，宜别爲簡要之本，庶便于謄寫刊刻。因删緐就簡，仿《通鑑目録》例，專載朔閏。

又取群書所見朔閏不合者，綴于每年之末，編爲《歷代長術輯要》十卷。其《諸術考》二卷，乃推步之凡例，仍附于後。蓋距初布算時已逾三十年矣。母趙安人棻曾爲之序，略云：「讀史而考及于月日干支，小事也，然亦難事也。欲知月日，必求朔閏。欲求朔閏，必明推步。宋劉仲更羲叟徧通前代步法，譔《劉氏輯術》。自漢初迄五季，千餘年朔閏燦然，足資考索。惜乎《輯術》全書久佚，僅存于《通鑑目録》。而《通鑑目録》又僅存明人刊本，脱譌不少。且自宋迨明，又六百餘年，未有續譔長術繼仲更而起者。蓋其事甚小，爲之則難。不知推步者欲爲之而不能爲，知推步者能爲之而不屑爲也。兒子曰楨，性好學史，尤喜習算。嘗有志于此，徧考當時行用之本術，如法推步，得其朔閏。凡仲更所推悉爲算校，正其譌，補其缺，并續推宋以後之長術。又取二十四史所載月日，一一稽其合否，證以群書，略加考辯。其布算檢閲，始于丙申之夏，期以二十載之功，畢成全史。曰楨之言曰：『史學所以資治，其本在深察夫興衰治忽之大端。徒考覈于典章名物，已爲末務，月日干支，抑末之末也。雖然，月日淆亂，則事蹟之先後不明，而興衰治忽之故，將欲察而無由矣。且下學上達，初非二致，欲求其精，必先求其粗。譬諸飲食，先以烹飪，先以種蓺，及其既飽，則種蓺烹飪，皆爲筌蹏。而要不能不先從事于此，若徒知種蓺烹飪，而不求飽食，則將終身爲田父爲膳夫，惟孜孜于隴畝之畔，爨竈之間，而絶無饜飫之一日，是又非吾所願也。吾之爲此，固種蓺烹飪之事。乃正所以爲飽食之資，特將使人人得以專求飽食之逸，而不必先事乎種蓺烹飪之勞焉耳。是則吾識其小，而人得識其大。吾任其難，而人將任其易。雖不足稱史學，而于學史之人，則似不無小補矣。』余頗韙其言。是時余方從事古文辭，曰楨因前請曰：『頃創此書，持籌握管，挑燈揮汗，不勝其勞，吾母所親見也。他日書成，弁以序文可乎？』余笑而頷之。迄今忽忽已

閱二十年，而其書惟《史記》至新、舊《唐書》屬草粗定，這書已一百餘卷。自新、舊《五代史》至《明史》，尚未暇及，僅全書三分之二。約計全書之成，至速亦更需數年。余亟欲睹其成，時加督促，而舉業間之，人事又擾之，有萬萬不能速成之勢。余衰年久病，恐不及待其成，故預爲此序，俾俟他時寫定，冠諸簡端。若夫是書體大文繁，曰楨雖努力爲之，究不免力少任重。且以一人精力，别無佽助，未及詳加覆覈，舛譌缺漏必多。此後或曰楨學識稍進，自能補改，或得良友如劉仲更之流，匡其不逮，使得附于著作之林，亦云厚幸，是益非余所及知矣。時咸豐五年九月也。」教諭又通音韻之學，好填詞，善醫，所校正諸書，都爲《荔墻叢刻》，兹不具詳。光緒七年卒于官，年六十有九。所譔《南潯志》、《烏程志》甚博。其《推策小識超辰表》三卷，又《如積引蒙》八卷，未刻，副稿今藏山陰門人許孝廉在衡家。《歷代長術輯要》、《古今推步諸術考》、《推策小識超辰表》、《如積引蒙》、《舒藝室詩》。

論曰：李尚之以《乾鑿度》術，推定《召誥》日名，考羅茗香以七曆徧考《春秋》朔閏異同，鄒特夫以《考成後編》時憲法上推《春秋經傳月日考》，并爲一書而作，已足以補苴罅漏，有功方册。若宋劉羲叟推漢至五季月日爲《劉氏輯術》，國朝錢同人著《四史朔閏考》，則皆精深博大。又董方立擬譔《三統以來五十三家曆術》，但傳序目，屬稿不成。從未有互證旁通，殫精畢慮，貫穿全史爲一編，如汪教諭之作者。案其搜采羅書逾數百部，致力幾三十年，可謂博且勞矣。使讀史者舉二千五百餘年之月日，釐然具見，治曆者合百四十六家之用數，悉有鉤稽，其津逮後學爲何如耶？昔梅勿庵氏有言，一生勤苦皆爲人用者，教諭之謂歟？

左潛

左潛，字壬叟，湘陰人。侯相文襄公從子也。補縣學上舍生。英年績學，于詩、賦、古文辭無不深純，每應試必冠其曹，尤明習算術。長沙丁處士取忠引爲忘年交。同治十三年秋天死，士林多惜之。所學自大衍、天元以及借根、比例諸新法，無不通貫，且能出己意，變其式，勘其誤，作爲圖解，往往突過先民。嘗增訂烏程徐莊愍公《割圜綴術》，既成，忽悟通分捷法，析分母分子爲極小數根，而同者去之，凡多項通分，頃刻立就。因演數草爲通分捷法一帙。

所譔《綴術補草》四卷，自序云：「自泰西杜德美創立割圜九術，以屢乘屢除通方圜之率。我朝明氏、董氏各立一家言，以爲之説，而杜氏之義，推闡靡遺。顧八綫互求，尚無通術，未足以盡一圜之變。夫非明、董之智力，不能因法立法以盡其變也。其能窮杜氏之義也，資于借根方；其不能廣杜氏之法也，亦限于借根方。蓋借根方即天元一之變術，而借根方之不能立式，究不如天元一之巧變莫測也。是書祖杜氏而宗明氏，又旁參以董氏之法，八綫相求，各立一式。因式立法，不煩審顧之勞；因法入算，不費尋求之苦，嚮之不可立算者，今皆能馭之以法，即有不能立法布算者，而其式終存。則式能濟法之窮，而度圜諸綫，一以貫之，無遺法矣。推其立式之由，所謂比例術，即明氏定半徑爲一率，所有爲二率或三率之法也。所謂還原術，即明氏弧背求正矢，又以正矢求弧背之法也。所謂借徑術，即明氏借十分全弧通弦率數求百分全弧通弦率數，借百分全弧通弦率數求千分全弧通弦率數諸法也。所謂商除法，又即還原術之變法也。是故綴術之生，因于明氏，而又足以盡明氏之變。明氏之未能立式也，借根方法取兩等數，其分母分子雜糅繁重而不可通也，其多號少號，展轉互變而不可約也。試取明氏書馭之以綴術，其遞降各率，頃刻可求。則是書也，其真能因法立法，而更能樹幟于明、董之後者歟？書爲徐君青先生所作，吴君子登述而成之。顧詳于式而略，于草惟弦求矢、矢求弦、弦求切、切求弦、弧求割、小切求大切、小切求大弦、小割求大矢八式有草，餘皆有式無草。欲考其立式之原，不可遽得，學者難焉。潛因于暇日一一盡爲補草，合爲四卷。書既成，丁果臣先生以嘗習算于徐先生，將以此書付諸梓。因綴數語于簡端云。」

又譔《綴術釋戴》一卷，序云：「余既補訂徐莊愍公《割圜綴術》，丁果臣先生復以戴氏鄂士《求表捷術》見示，圖解詳晰，立法巧變，于天地間自然之形數，曲盡精微。其中各式，有足補徐氏之未備者，如餘弦求各綫式。有式同于徐術而立法不同者，徐術先求差根，此術先求乘法，更爲直捷，法異而理不異也，要皆祖杜宗明使割圜之理，一以貫之。雖各有創術，而因法立法，互相發明，益足見明氏書之爲通術，而其理固無所不賅也。原書算式緐重通分化分諸法，學者驟難通曉。余因思綴術，乃天元一之變法，用以立式，巧變莫測，遂依法改演各草。不一日而諸式立就，且與書中細審諸草一一密合。爰并取全書，删緐就簡，手録成帙。至求式各法，已詳《綴術草》中，兹不再述。」

又譔《綴術釋明》二卷，湘鄉曾孝廉紀鴻爲之序，略云：「《易・繫》曰：『極其數遂定天下之象。』則綜天下難定之象，以歸于有定，莫數若矣。在昔聖神制器尚象，利物前民，其于數理，必有究極精微範圍後世者，代久年湮，其數學漸至失

傳。近三百年，泰西猶能推闡古法，翻陳出新。而中國之才人智士，或反蹈其成轍，而率由之。孔子曰：『天子失官，學在四夷。』正今日數學之謂也。中國舊有弧矢算術，而未標角度。八綫之名，未立《八綫鈐表》，則雖有用其理以入算者，而無表可藉，則每求一數，必百倍其功而始得，且得而仍非密率。明代譯出《泰西八綫表》及《八綫對數表》，覈其立法之源，得數之初，甚屬繁難，而成表之後，一勞永逸。大至于無外，細至于無微，莫不可以此表測之，則其用之廣大可想。然得表之後，雖無事于再求，而任舉一數，何能較其訛誤。若仍用舊術，則非帀月經旬，不得一數。此明静菴、董方立推演杜德美弧矢捷術之可貴也。向來求八綫者例用六宗三要二簡各法，若任言一弧度，必不能考其弦矢諸數。至杜氏創立屢乘屢除之法，則但有弧徑，而八綫均可求。董方立解杜術，先取直綫之極微者，令與弧綫合，而後用連比例，以推至極大。又考諸率數，與尖錐理相合，故用尖錐以釋弧矢，而弧矢之理以顯，而數亦顯。明静菴解杜術，先取四分弧通弦十分弧通弦直綫之極大者，用連比例以推至千分萬分弧通弦之極微者。考其乘除之率數，與杜氏原術乘除之理相合，故用綴術以釋弧矢，而弧矢之數以出，而理亦出。董、明二君，均爲弧矢不祧之宗，無庸軒輊其間。邇百年中，繼起者如戴氏、徐氏、李氏所著各書，雖自出新裁，要皆奉董、明爲師資也。吾友左君壬叟，于數學一道，尤孜孜不倦。遇有疑難之題，必窮力追索，務洞澈其奥窔而後止。嘗謂方圓之理乃天地自然之數，吾之宗中宗西，不必分其畛域，直以爲自得新法也可。曾釋徐君青氏《綴術》，又釋戴鄂士《求表捷術》，兹又釋明静菴《弧矢捷術》，而一貫以天元寄分之式，于圜率一道三致意焉，可謂勇矣。余癸酉從丁果臣先生遊，始識壬叟，繼與共述《粟布演草》、《圜率考真》二書，相得甚歡，不啻古所謂同方合志者。孰意天厄良才，壬叟竟于甲戌秋不永年而逝，凡在同學諸人，無不歡息不置。況余與壬叟兩世神交，安能無愴切耶？」《白芙堂算學叢書》。

論曰：今天下言相業之盛，鮮不震驚乎湘鄉。湘陰者語其道德文章，與夫事功赫濯，固晚近數十年來士大夫所莫得而比數者已。而群從晜季，類能充其材力，不爲地望習俗所囿，咸奮于學問以自見，不又難之難乎？左上舍心智過人，深造自得，所謂中西家新舊諸法，皆循其當然，而抉其所以然，斐然有作，足以信今而傳後。乃與粟諴孝廉，英年飆謝，同遺不禄之悲。吾于是益歎天之生才不易，生之而又若故吝之，弗盡其才之用，抑獨何哉？噫嘻！

曾紀鴻

曾紀鴻，字栗諴，湘鄉人。文正公少子也。同治十一年，文正薨于位，恩旨優恤，紀鴻得賞給舉人，一體會試。光緒三年一就試而殁。少年好學，與伯兄襲侯紀澤并精算術，孝廉尤神明乎西人所謂代數術，鋭于思而勇于進，創立新法，同輩多心折焉。嘗謂大衍求一術，亦可以代數推求，依題演之，理正相通。同治十三年仲春，所譔《對數詳解》成，長沙丁處士取忠爲之序云：「言算至今日，可謂無法不備，無美不臻矣。即對數一術，乃西士所稱爲至精至簡者。而近日海寧李壬叔、南海鄒特夫皆創立新法，較西人舊法簡易數倍，而與西人近日所推之新法，不謀而隱隱合符。後人之心力，不可突過先民耶。然常對之外，又有訥對，頭緒紛繁，每令學者望洋生歎。即有鋭意此道者，亦病其語焉不詳，詳焉不顯，窮極鑽研，亦廢然思返。余幼嗜數學，閱舊書對數比例，喜其演數之詳，復病其抉理之不顯，則雖詳如未詳也。近年與曾君栗諴交，講求天元借根之理，而尤孜孜于《代數術》一書，偶思對數之繁賾，唯代數可顯其理。因謂栗諴曰：『子穎悟絶倫，心精力果，何弗用代數式詳解對數乎？』栗諴曰：『此夙志也。』遂以數月之力，譔《對數詳解》五卷，始明代數之理，爲不知代數者開其先路也。中言對數之理，未言對數之用。作書之本意爲對數設也，其于常對、訥對，辨晰分明。常對以十爲底，訥對以二七一八二八二爲底。常對以〇四三四二九四五爲根，先求得各真數之訥對，復以對數根乘之，即爲常對數。級數朗然，有條不紊，雖初學讀之，苟能循序漸進，無不可相説以解者。而曾君復不欲以作述自居，每卷首皆署余名，而署名于卷後，爲讐校之首，又分署友朋同志者名于各卷之後。其與人爲善之心，近世罕觀。《易·繫》所謂『智崇而禮卑』者非歟？余重違其意，付梓之日，一切皆仍其舊，特誌數語于簡端，以示不没其實云。」

其秋又成《圜率考真圖解》一卷，列圜周率數至百位，爲從古所未有。蓋據西士尤拉見《代數術》。之法，變爲捷術，以求大小弧較弧諸切綫。乃依徐莊愍公術，分求小弧較弧兩弧背真數，相并四因之，得半周率，倍之即全周率矣。自跋篇後云：「曩讀古今人數學書，莫不言割圜之難，《數理精藴》中所載圜率，與西人固靈所求三十六位之數相同，皆與内容外切屢次開方之法，欲求此三十六位之率，不下數十年工夫，亦綦難矣。後有泰西杜德美特立屢乘屢除之法，省去開方，較舊法爲稍捷。然秀水朱君小梁，用其術以求四十位圜率，止有二十五位不誤，其後十五位概行譌誤，足見紛賾繁難，易于淆亂。果臣先生屬紀鴻等凝心搆思，幸得創兹巧法，歛級甚速，按等推求，瞭如指掌，邇日深于算者，窮理之功多，

演數之功少，反覺不切于日用。今用此術，推得各弧背真數，至百位之多，庶幾息諸家之聚訟，而爲古之困于圜率者置一左券也。」處士者亦有序，略謂曾君創立新法，以月餘之力推得圜率百位，并周求徑率，亦以除法補至百位。而黄君玉屏又析圜率爲半周，爲象限，及度分秒微纖忽芒塵，皆列爲表，以備求八綫之用。又與左君壬叟共爲圖解，使學者循序可知其立法之源，洵可謂難能而可貴矣。適余彙刻算書，因急梓之，以公同好。乃書成而壬叟遽下世。苦雨淒其，英姿欻謝，此余與曾、黄兩君俯仰愴懷，不禁潸然出涕也。玉屏名宗憲，新化人。爲處士高足弟子。有《求一術通解》二卷，亦刻入叢書以行。《白芙堂算學叢書》。

論曰：曾孝廉英才盛年，從宦江表，雖居金粉煙水之區，然守文正公家法，一切聲色狗馬紈綺肥甘之惑，無因至前。是時方奏開機局，廣譯西書，又得幕下賓客，若李京卿、張明經、丁處士諸君子，當代號爲明算，足與賞奇析疑，樂數晨夕。孝廉講習其間，折中一是，術必盡通，而理必盡貫。故其譔著窮極窅眇，多發人所未發，豈非後來居上者耶？顧獨惜天不假年，未克從哲兄之後，出使絶域，歷覽俄、英、法、德諸國，以其心得，證之于目。吾知採録諏詢，增長神智，推步之學，將有日進而無疆者。而孰謂孝廉之可傳者止于此乎？是則可傷也已。

張文虎

張文虎，字孟彪，號嘯山，南匯人。貢生。道光中葉曾一遊京師，嗜古博覽，不求聞達。深于校勘之學。初主金山錢通守熙祚，乙未冬，同僑寓西湖之楊柳灣，日假文瀾閣書，居兩月，校八十餘種，抄四百三十二卷而返。已亥庚子秋，續校閣書，又兩寓十三間樓，比壬寅而《守山閣叢書》竣。同治改元，與海寧李京卿善蘭同客湘鄉文正公軍幕最久。五年，金陵書局初開，主校席。十三年，辭歸鄉里。光緒三年，齒逾七十，猶董郡縣志事數載。所譔《舒藝室雜著》甲、乙編各二卷，《賸稿》一卷，《詩存》七卷，《詞》二卷，《隨筆》六卷，《續筆》一卷，《餘筆》三卷，今行于世。其《春秋朔閏考》、《古今樂律考》二稿，燬于兵矣。明經之學，于名物、訓詁、六書、音韻、樂律、中西算術，靡不洞澈源流。見諸《隨筆》者，有《旁要夕桀解》，曰：《周禮·地官》「保氏九數」，鄭注云：方田；粟米；差分；少廣；商功；均輸；方程；盈不足，旁要，今有、重差、夕桀，句股也。賈疏云：今有、重差，句股也者，此漢法增之。又引馬注作今有、重差、夕桀。《釋文》亦云「夕桀」二字，非鄭注。是鄭注無「夕桀」，馬注無「句股」。今本并有者，後人依馬注增入鄭注耳。今《永樂大典》本《九章算術》，缺旁要。惟楊輝《九章算法詳解》，句股容方第一問，引句股旁要法。夕桀則惟秦九韶《數書九章》第四篇望敵圓營術有其名，云以句股求之，夕桀入之，亦即句股容圓術也。重差者，重疊測望而知其差也。劉徽《海島算經》序云：「度高者重表，測深者累矩，孤離者三望，離而又旁求者四望，此即所謂重差也。」旁要、夕桀，蓋皆測望中之一事，旁要測方，夕桀測圓。孔顨軒氏以爲旁要即西人三角法。案《釋名》云：「在邊曰旁。」《史記·扁鵲倉公傳》索隱云：「方，猶邊也。」要，即古腰字。孔說殆近之矣。夕桀云者，《廣雅·釋詁》云：夕，衺也，王氏疏證引《吕氏春秋》明理論，是正坐于夕室也。注云：言其室邪夕不正，桀者揭也。《文選》謝靈運擬劉楨詩注「桀」與「揭」音義同。又《東京賦》薛注：揭猶表也，蓋樹表而邪望之，即劉徽所云孤離者也。疑重差、夕桀，古人本以旁要該之，其實此三者皆不離于句股，後人强爲之分析耳。錢氏《十駕齋養新録》疑「夕桀」爲「互桀」之譌。儀徵阮文達公又以「今有」爲即《九章算術》中今有術。案互乘今有，皆算家通法，不能另列爲一章，且不得雜出于旁要、重差下也。

其代文正公作《幾何原本》序，略謂中國算書以九章分目，皆因事立名，各爲一法。學者泥其迹而求之，往往畢生習算，知其然而不知其所以然，遂有苦其繁而視爲絶學者，無它，徒眩其法而不知求其理也。傳曰：物生而後有象，有象而後有滋，滋而後有數。然則數出于象，觀其象而通其理，然後立法以求其數，則雖未覩前人已成之法，創而設之，若合符契。至于探賾索隱，推廣古法之所未備，則益遠而無窮也。《幾何原本》不言法而言理，括一切有形而概之曰點、綫、面、體。點、綫、面、體者，象也。點相引而成綫，綫相遇而成面，面相沓而成體。而綫與綫，面與面，體與體，其形有相兼有相似，其數有和有較，有有等，有無等，有有比例，有無比例。洞悉乎點、綫、面、體，而御之以加減乘除，譬諸閉門造車，出門而合轍也，奚敝敝然逐物而求哉？然而九章可廢乎？非也。學者通乎聲音訓詁之端，而後古書之奥衍者可讀也。明乎點、綫、面、體之理，而後數之繁難者可通也。九章之法，各適其用。《幾何原本》則徹乎九章立法之源，而凡九章所未及者，無不賅也。致其知于此，而驗其用于彼，其如肆力小學而收效于群籍者歟？此外言算諸篇，雜見集中，不具録。《舒藝室全集》。

論曰：張明經兼精律曆，力求實是，綜論古今中西諸家得失，頗持其平。讀其書可謂中立而不倚者已，旁要、夕桀之解，精妙獨到，非淺學薄涉之夫可語此也。可實未見明經說，先蓋嘗私議之，重差徽序已詳，不煩辭費。愚以爲旁要、

今有、重差、夕桀之四者總在句股篇中，猶方田有諸分，少廣有平立方圓，商功有隄壍亭錐，及芻曲盤冥爾。《音義》云：「以篇言之，故曰九章。」《周官》鄭注本意，若曰「盈不足」，以上章凡八，旁要以下皆句股章而九也。《隋書·律曆志》叙次最明，九曰句股，以御高深廣遠，使無諸術，胡以御之？今案，今有即比例所本錯見粟米章，李註明云此都術也。蓋今有又所以統御諸術者爾，試質言之。旁要也者，求之四旁也，即內容外切之方圜邊徑也。夕桀也者，斜破之也，即剖分焉而以和較同式相比，又即中垂綫也。西人以弦爲底，句若股爲兩腰，則視垂綫在中。古人以橫句縱股視之，垂綫自斜矣。書太甲上旁求俊彥，孔傳旁非一方，《漢書·地理志》上顔注，要求之也。夕有衺訓，見于高注張雅《説文解字》舛部：「桀，磔也。」《爾雅·釋天》李巡注：「祭風以牲頭、蹄及皮，破之以祭，故曰磔。」古訓車裂爲磔，是桀有破裂訓也。桀、磔本通假字，形聲正同，無可疑者。然則邊徑容切垂綫剖分，古人未嘗無其術，特書缺有間耳。句讀之不明，辭志之相害，後人之咎也。夫八綫三角，泰西長技，罔弗以比例統馭之。由前之論，又焉能離句股而別有祖述哉？臆説如是，差足補明經所未言，斷著于篇，用詒來學。

李善蘭

李善蘭，字壬叔，號秋紉，海寧人。諸生。曾從長洲老儒陳徵君奐受經，于辭章訓詁之學，雖皆涉獵，然好之終不及算學。故算學用心極深，其精到處，自謂不讓西人，抑且近代罕匹。方年十齡，讀書家塾，架上有古《九章》，竊取閲之，以爲可不學而能，從此遂好算。應試杭州，得《測圜海鏡》、《句股割圜記》以歸，其學始進。三十後，所造漸深。因思割圜法非自然，深思得其理，時有心得，輒復著書。與同郡戴處士煦，南匯張明經文虎，烏程徐莊愍公、汪教諭曰楨，歸安張茂才福僖及并世明算之士皆相善，時有問難。咸豐初客上海，識英吉利文士偉烈亞力、艾約瑟、韋廉臣三人，從譯諸書。十年在莊愍幕府。粤匪弄兵，吴越淪陷。同治改元，乃從湘鄉文正公安慶軍中，相依數歲。七年，用湘陰郭侍郎嵩燾薦舉徵入同文館。文正資送之應詔至都，奏派算學總教習，叙勞積階至三品卿銜，户部郎中，總理各國事務衙門漢章京。光緒十年卒于官，年垂七十矣。

京卿之學，會通中西。序《測圜海鏡》云：「魯論記孔子之言曰：『參乎吾道，一以貫之。』又曰：『賜女以予爲多學而識之者歟？非也。予一以貫之。』此聖人傳道之要旨，自曾子、子貢而外，莫得而聞焉。顧聖學始于志道，終于遊藝。故不獨道有一貫，藝亦有焉。元李敬齋先生著《測圜海鏡》，每題皆有法有草。法者本題之法也，草者用立天元一曲折以求本題之法，乃造法之法，法之源也。且算術大至躔離交食，細至米鹽瑣屑，法甚繁已。以立天元一演之，莫不能得其法。故立天元一者，算學中之一貫也。明顧應祥《海鏡釋術》但演諸開方法，而去其細草，重櫝輕珠，殊可笑焉。善蘭少習《九章》，以爲淺近無味，及得讀此書，然後知算學之精深，遂好之至今。後譯西國代數、微分、積分諸書，信筆直書，了無疑義者，此書之力焉。蓋諸西法之理，即立天元一之理也。今來同文館，即以此書課諸生，令以代數演之，則合中西爲一法矣。丁君冠西欲以聚珍板印古算學，問余何書最佳。余曰：『莫如《測圓海鏡》。』丁君曰：『君之學得力此書最多，將以報私淑之師耶？』余曰：『然。然中華算書，實無有勝于此者。請讀阮文達公之序，始知非余阿私所好也。』」

自譔諸書，惟《群經算學考》未卒業，而燬于兵，餘皆刻于金陵，都爲《則古昔齋算學》，凡十三種，二十有四卷。曰《方圓闡幽》一卷，專言理而不言數，凡十條。曰《弧矢啓秘》三卷，則以尖錐立術，而弧背入綫皆可求。曰《對數探源》二卷，亦以尖錐截積起算，先明其理，次詳其法。自序云：「正數以乘除爲比例，對數以加減爲比例。正數連比例之率，以前率與後率遞減之，則所餘者仍爲連比例之率，且仍如原率之比例對數連比例之率。以前率與後率遞減之，則所餘者必爲齊同之數。是故有對數萬求其遂一相對之正數，則爲連比例萬率，其理夫人而知之也。有正數萬求其遂一相對之對數，則雖歐羅巴造表之人，僅能得其數，未能知其理也。間嘗深思得之，歎其精微玄妙，且用以造表，較西人簡易萬倍，然後知言數者之不可不先得夫理也。」曰《垛積比類》四卷，以立天元一詳演細草，序云：「垛積爲少廣一支。而元郭太史以步躔離近，汪氏孝嬰以釋遞兼，董氏方立以推割圜，西人代數微分中所有級數，大半皆是，其用亦廣矣哉。顧歷來算書中不恒見，惟元朱氏《玉鑑》茭草形段、如象招數、果垛疊藏諸門，爲垛積術。然其意在發明天元一，故言之不詳，亦無條理。汪氏、董氏之書，有條理矣，然一但言三角垛，一但言四角垛，餘皆不及，則亦不備。今所述有表、有圖、有法，分條別派，詳細言之，欲令習算家知垛積之術，于九章外別立一幟，其説自善蘭始。」曰《四元解》二卷，序云：「汪君謝城以手抄元朱四傑《四元玉鑑》三卷見示。天元之外，又有地元、人元、物元。書中每題僅列實方廉隅諸數，無細草，讀之茫然。深思七晝夜，盡通其法，乃解明之。先釋列位及加、減、乘、除相消諸

法，復以天物相乘、人地相乘諸數，無可位置，爲改定算格，取首四問，各布一細草。且明開方之法，恐初學仍不能通，復取細草逐節繪圖詳釋之。術雖深，讀此可豁然矣。」曰《麟德術解》三卷，序云：「元郭太史授時術中法，號最密，其平立定三差，學曆者皆推爲創獲，不勉麟德術盈朒遲速二法，已暗寓平定二差于其中，郭氏特踵事加密耳。竊謂僅加立差，猶未也，必欲合天，當再加三乘四乘諸差，後世有好學深思之士，試取我説而演之，其密合當不在西人本輪均輪橢圓諸術下。而李氏實開其端，創始之功，又何可没也？暇日取史志盈朒、遲速二法詳論之，以質世之治中法者。」曰《橢圜正術解》二卷，《新術》一卷，《拾遺》四卷，序云：「新法盈縮遲疾，皆以橢圜立算。徐君青中丞謂其取徑迂回，布算繁重，且皆係借算，非正術也。因譔是卷，法簡而密，尤便對數，駕過西人遠矣。但各術之理俱極精深，恐學者驟難悟入，客窗多暇，輒逐術爲補圖詳解之。」曰《火器真訣》一卷，序云：「凡鎗礮鉛子，皆行抛物綫，推算甚繁，見余所譯重學中。欲求簡便之術，久未能得。冬夜少睡，復于枕上反覆思維，忽悟可以平圓通之，因演爲若干款，依款量算，命中不難矣。」曰《對數尖錐變法釋》一卷，序云：「善蘭昔年作《對數探源》二卷，明對數之積，爲諸乘方合尖錐，金山錢氏刊入《指海》中。後與西士遊，譯泰西天算諸種，其言雙曲綫與漸近綫，中間之積即對數積，核其數與善蘭所定諸乘方尖錐合，而其求對數諸較，則法又不同。蓋善蘭所用正法也，西人所用變法也，不明其故，幾疑二法所用之根不同，故特釋之以解後世學者之惑。」曰《級數回求》一卷，則明代數者，序云：「凡算術用級數推者，有以此推彼之級數，即可求以彼推此之級數。設數題如法演之，爲一切級數互求之準繩。」曰《天算或問》一卷，則記友人門弟子答問之語，擇其理之精者，録存于卷。其後又附《考數根法》一卷，數根者惟一可度而他數不能度之數也，立法凡四，則可補幾何之未備云。

至于所譯《泰西算書提要鉤元》，亦詳自序。《幾何原本》後九卷，續譯序云：「泰西歐几里得譔《幾何原本》十三卷。後人續增二卷，共十五卷。明徐、利二公所譯，其前六卷也，未譯者九卷。卷七至卷九論有比例無比例之理，卷十論無比例，十三綫，卷十一至十三論體。十四、十五二卷，亦論體，則後人所續也。無七、八、九三卷，則十卷不能讀。無十卷，則後三卷中論五體之邊不能盡解。是七卷以後，皆爲論體而作，即皆論體也。自明萬曆迄今，中國天算家願見全書久矣。道光壬寅，國家許息兵與泰西各國定約，此後西士願習中國經史，中士願習西國天文算法者，聽聞之心竊喜。歲壬子來上海，與西士偉烈君亞力約續徐、利二公未完之業。偉烈君無書不覽，尤精天算，且熟習華言。遂以六月朔爲始，日譯一題。中間因應試避兵諸役，屢作屢輟，凡四歷寒暑，始卒業。是書泰西各國皆有譯本。顧第十卷闡理幽元，非深思力索不能驟解。西士通之者亦尠，故各國俗本掣去七、八、九、十四卷，六卷後即繼以十一卷。又有前六卷單行本，俱與足本并行。各國言語文字不同，傳録譯述，既難免參錯，又以讀全書者少，翻刻譌奪，是正無人，故夏五三豕，層見叠出。當筆受時，輒以意匡補。偉烈君言異日西士欲求是書善本，當反訪諸中國矣。甫脱稿，韓君緑卿寓書請捐資上板，以廣流傳，即以全稿寄之。顧君尚之、張君嘯山任校覈。閱二年功竣，韓君復乞序之。憶善蘭年十五時，讀舊譯六卷，通其義，竊思後九卷必更深微，欲見不可得。輒恨徐、利二公之不盡譯全書也，又妄冀好事者或航海譯歸，庶幾異日得見之。不意昔所冀者今自爲之，其欣喜當何如耶！雖然非國家推恩中外，一視同仁，則懼干禁網不敢譯；非偉烈君深通算理，且能以華言詳明剖析，則雖欲譯無從下手；非韓君力任剞劂，嘉惠來學，張、顧二君，同心襄力，詳加讐勘，則雖譯有成書，後或失傳。凡此諸端，不謀麏集，實千載一時難得之會。後之讀者，勿以是書全本入中國爲等閑事也。」

又《重學》二十卷，附《曲綫説》三卷，序云：「歲壬子，余遊滬上，將繼徐文定公之業，續譯《幾何原本》。西士艾君約瑟語余曰：『君知重學乎？』余曰：『何謂重學？』曰：『幾何者，度量之學也；重學者，權衡之學也。昔我西國以權衡之學製器，以度量之學考天，今則製器考天，皆用重學矣，故重學不可不知也。我西國言重學者，其書充棟，而以胡君威立所著者爲最善，約而該也。先生亦有意譯之乎？』余曰：『諾。』于是朝譯《幾何》，暮譯《重學》，閱二年同卒業。韓君緑卿既任刻《幾何》，錢君鼎卿亦請以《重學》付手民，同時上板，皆印行，無幾燬于兵。今湘鄉相國爲重刊《幾何》，而制軍肅毅伯亦爲重刊《重學》，又同時得復行于世。自明萬曆迄今，疇人子弟皆能通幾何矣，顧未知重學。重學分二科，一曰静重學，凡以小重測大重，如衡之類，静重學也；凡以小力引大重，如盤車轆轤之類，静重學也。一曰動重學，推其暫，如飛礮擊敵，動重學也；推其久，如五星繞太陽，月繞地，動重學也。静重學之器凡七，桿也、輪軸也、齒輪也、滑車也、斜面也、螺旋也、劈也。而其理維二輪軸、齒輪滑車，皆桿理也；螺旋劈，皆斜面理也。動重學之率凡三，曰力、曰質、曰速。力向則質小者速大，質大者速

小；質同則力小者速小，力大者速大。靜重學所推者，力相定，或二力方向同定于一綫，或二力方向異定于一點。動重學所推者，力生速，凡物不能自動，力加之而動。若動後不復加力，則以平速動；若動後恒加力，則以漸加速動。而其理之最要者有二，曰分力并力，曰重心，則靜動二學之所共者也。凡二力加于一體，令之靜，必定于并力綫，令之動，必行于并力綫。且物之定，必定于重心，物之動，必行于重心綫，并力綫必經過重心也。又凡物旋動，必環重心，地動是也。二物相連而相繞，必環公重心，月地相攝而動是也。故分力、并力及重心爲重學最要之理也。胡氏所著凡十七卷，益以《流質重學》三卷，都爲二十卷。制器考天之理，皆寓于其中矣。嗚呼，今歐羅巴各國日益强盛，爲中國邊患。推原其故，制器精也。推原制器之精，算數明也。曾、李二公有見于此，亟以此付梓。上好之，下必有甚焉者。異日人人習算，制器日精，以威海外各國，令震攝奉朝貢，則是書之刻，其功豈淺尠哉？」

又《代微積拾級》十八卷，序云：「中法之四元，即西法之代數也。諸元、諸乘方、諸互乘積，四元别以位次，代數别以記號。法雖殊，理無異也。我朝康熙時，西國來本之，奈端二家，又創立微分、積分二術，其法亦借徑于代數，其理實發千古未有之奇秘。代數以甲、乙、丙、丁諸元代已知數，以天、地、人、物諸元代未知數；微分積分，以甲、乙、丙、丁諸元代常數，以天、地、人、物諸元代變數。其理之大要，凡綫、面、體，皆設爲由小漸大。一刹那中所增之積，即微分也，其全積，即積分也。故積分逐層分之爲無數微分，合無數微分，仍爲積分。其法之大要，恒設縱横二綫，以天代横綫，以地代縱綫，以⿰彳天代横綫之微分，以⿰彳地代縱綫之微分。凡代數式，皆以法求其微係數。係于⿰彳天或⿰彳地之左，爲一切綫、面、體之微分。故一切綫面體之微分，與縱横綫之微分，皆有比例。而疊求微係數，可得綫、面、體之級數，曲綫之諸異點，是謂微分術。既有綫面體之微分，可反求其積分。而最神妙者，凡同類諸題，皆有一公式，而每題又各有一本式，公式中恒兼有天地，或兼有⿰彳天⿰彳地。但求得本式中天與⿰彳天之同數，或地與⿰彳地之同數以代之，乃求其積分，即得本題之全積，是謂積分術。由是一切曲綫，曲綫所函面曲面，曲面所函體，昔之所謂無法者，今皆有法。一切八綫求弧背，弧背求八綫，真數求對數，對數求真數，昔之視爲至難者，今皆至易。嗚呼，算術至此觀止矣，蔑以加矣。羅君密士，合衆之天算名家也，取代數、微分、積分三術，合爲一書，分款設題，較若列眉，嘉惠後學之功甚大。偉烈君亞力聞而善之，亟購求其書，請余共事譯行中國。偉烈君之功，豈在羅君下哉？是書先代數，次微分，次積分，由易而難，若階級之漸升。譯既竣，即名之曰《代微積拾級》，時《幾何原本》刊行之後一年也。」

又《談天》十八卷，序云：「西士言天者曰：『恒星與日不動，地與五星俱繞日而行。故一歲者，地球繞日一周也。一晝夜者，地球自轉一周也。』議者曰：『以天爲靜，以地爲動，動靜倒置，違經畔道，不可信也。』西士又曰：『地與五星及月之道，俱係橢圜。而歷時等，則所過面積亦等。』議者曰：『此假象也。以本輪均輪推之而合，則設其象爲本輪均輪；以橢圜面積推之而合，則設其象爲橢圜面積，其實不過假以推步，非真有此象也。』竊謂議者未嘗精心考察，而拘牽經義，妄生議論，甚無謂也。古今談天者，莫善于子輿氏，苟求其故之一語，西士蓋善求其故者也。舊法火、木、土皆有歲輪，而金、水二星則有伏見輪，同爲行星，何以行法不同？歌白尼求其故，則知地球與五星皆繞日。火、木、土之歲輪，因地繞日而生。金、水之伏見輪，則其本道也。由是五星之行，皆歸一例。然其繞日非平行，古人加一本輪推之不合，則又加一均輪推之，其推月且加至三輪四輪，然猶不能盡合。刻白爾求其故，則知五星與月之道，皆爲橢圜，其行法面積與時恒有比例也。然俱僅知其當然，而未知其所以然。奈端求其故，則以爲皆重學之理也。凡二球環行空中，則必共繞其重心。而日之質積甚大，五星與地俱甚微，其重心與日心甚近，故繞重心即繞日也。凡物直行空中，有他力旁加之，則物即繞力之心而行。而物直行之遲速，與旁力之大小，適合平圜率，則繞行之道爲平圜。稍不合，則恒爲橢圜。惟歷時等，所過面積亦等，與平圜同也。今地與五星本直行空中，日之攝力加之，其行與力不能適合平圜，故皆行橢圜也。由是定論如山，不可移矣。又證以距日立方與周時平方之比例，及恒星之光行差，地道半徑視差，而地之繞日益信。證以煤坑之墜石，而地之自轉益信。證以彗星之軌道，雙星之相繞，多合橢圜，而地與五星及日之行橢圜益信。余與偉烈君所譯《談天》一書，皆主地動及橢圜立説。此二者之故不明，則此書不能讀，故先詳論之。」又京卿所譯西書，尚有《植物學》一種，凡八卷，無關算術，不具詳焉。《舒藝室詩存注》同文館本、《測圜海鏡》、《則古昔齋算學》、《幾何原本全書》、《重學》附《曲綫説》、《代微積拾級》、《談天》。

論曰：李京卿邃于數理，專門名家，用算學爲郎，王公交辟，居譯署者幾二十年，勳階比秩卿寺，遭遇之隆，近代未之有也。夫其聰强絶人，蓋有天授。讀

所譔諸書，剖析入微，奥窔盡闢，體大而思精，言簡而義賅，其爲薄海内外所傾倒也，宜已。嘗聞治算之要，理與數也云爾。加減乘除開方也者，法也有理焉。推垛、招差、天元、四元，與夫對數、代數、微分、積分也者，所以用法之法也。是術也而數起矣，數有萬變，理惟一元。術無論古今中西新舊也，其皆能捨加、減、乘、除、開方，而他有所用法乎？是故異者其名耳，而其實正同也。同者何？理而已矣。執理之至簡，馭數之至繁，衍之無不可通之數，抉之即無不可窮之理。人胡爲相畛域哉？昔者借根方法進呈，聖祖仁皇帝諭蒙養齋諸臣曰：「西洋人名此書爲《阿爾熱巴拉》，案：原本作八達，謹據西法改正。譯言『東來法』也。」于是悟借根之出天元，梅氏發之于前。今知變四元爲代數，京卿證之于後。如于《重學》卷中附《天元數草》，課同文館生，演《海鏡》以代數，非欲學者因此識彼究其一致乎？自得京卿，而梅氏之説弗湮，亦有梅氏，而京卿之説益信。立言不朽，此類是也。吾知天下後世之讀京卿書者，謂其心爲梅氏所共見之心，而其義爲梅氏所未及之義。論其世可想見其爲人，必曰梅氏以後，一人而已。阿好云乎哉，豈弗盛歟？

清·諸可寶《疇人傳三編》卷七　清名媛後附録一

葛宜

葛宜，字南有，海寧人。明舉人瓁庵第三女，諸生朱爾邁妻。性閒静，喜讀書，日坐小樓，以筆墨自娱，書畫弈算，無不精妙。兼通西法，能以儀器測星象。著有《玉窗遺稿》二卷。《國朝閨閣詩鈔》甲之十小傳。

沈綺

沈綺，字素君，常熟人。諸生殷墫妻。博通經史，兼精律曆。著有《管窺一得》十二卷。又有《環碧軒詩集》四卷、《文集》四卷、《駢體文》二卷、《唾花詞》一卷、《徐庾補註》四卷。爲乾嘉時有名者。《國朝閨閣詩鈔》辛之八小傳。

王貞儀

王貞儀，字德卿，江寧人。宣化知府音輔孫女，錫琛女，宣城詹枚妻。記誦淹貫，最嗜梅氏天算之學。著書甚富。嘉興錢給事儀吉序其《術算簡存》五卷，略云：「予姑適吴江蒯氏者，嘗僑居金陵。姑能詩畫，信厚而明達，貞儀一見如故，常以文字相往來。姑言貞儀于學無不聞，夜坐觀天星，言晴雨豐歉輒驗。尤精壬遁，且知醫。其卒也，謂其夫曰：『君家門祚薄無可爲者，妾今先死，不爲不幸。吾平生手稿，其爲我盡致蒯夫人，蒯夫人能彰我于身後。』夫如其言，則盡以致我姑，時嘉慶二年也。後六年，予省姑于黎里，得見之《德風亭初集》十四卷，《二集》六卷，《繡袟餘箋》十卷，《星象圖釋》二卷，《籌算易知》、《重訂策算證訛》、《西洋籌算增删》、《女蒙拾誦》、《沈痾囈語》各一卷，及此書，姑總爲一緘囊珍貯之，未嘗示人。其詩文皆質實説理，不爲藻采。又有《象數窺餘》四卷、《文選詩賦參評》十卷，則未之見也。貞儀殁時，年止三十。後數年，詹枚亦亡。無子。他日遺編不泯，其終賴我姑之彰之也歟？余不獲徧録其書，惟存此種，序而識之。班惠姬之後，一人而已。」《金陵詩徵》、《衎石齋記事稿》。

論曰：于乎！九數之道，六藝之末也。保氏始教，餘力學文。秦漢以上，夫人而通之矣。至于今法術日以多，傳習日以寡，有視爲吏胥猥瑣之業而鄙不屑語者，有苦其繁賾幽奥而憚弗深求者。欲得一二明算，能絜其短長，相與尋繹其名理，引爲同調，且不能偏望諸士大夫學人也，而況巾幗之英乎？蓋自大家被詔，踵成兄固八表天文志未竟之篇，千古美談，誠無嗣響。乃有殫精象數，立説著書，藝圃搜奇，女三爲粲，如葛氏、沈氏、王氏者。謂非接武于扶風，僅見于彤史歟？爰依廣記，弁諸附編。又匪獨拾阮、羅之遺珠，亦所以備昭代之隆軌焉，于是乎書。

又　西洋後附録二

艾約瑟

艾約瑟，英吉利國人。通習重學，并精算術。道光季年寓居上海租界，熟諳中國語言文字。咸豐初，海寧李京卿善蘭續徐文定公之業，補譯《幾何原本》後九卷。因博訪西士，亦與相識，乃共譯胡氏《重學》十七卷。約瑟以胡書言流質重學未詳備，專集論略得三卷，附益之，共成二十卷。其總論云，金、木、土等類爲定質，氣、水等類爲流質。定質各點凡體皆無數細點所積而成。重定不移。流質各點，周流無定。定質滯力大，流質滯力微也。流質有二，曰輕流質，如氣氣動成風，故曰風氣。之類是也。曰重流質，如油、水、水銀及五金鎔液之類是也。流質有二力，曰互攝力，曰互推力，二力略相等。重流質亦微有滯力，何以明之？凡濺水空中，必略如球體不竟成球體者，各點互相攝引，外面諸物亦相攝引故也。又試以平面體加于流質，上舉時必增力，此其證也。又集圜錐曲綫説三卷，亦譯附而行。圜錐任意割之，其所割之面有六種界，一頂點，二三角形，三平圜，四橢圜，五雙曲綫，六抛物綫。其綫之公名必先明之者，爲中點，爲徑軸，爲徑，爲屬徑，爲截徑，爲通徑，爲弦綫，爲切綫。次切綫爲法綫，次法綫爲心，爲兩心差，倍兩

心差，所以求之之法，不出乎比例，而加、減、乘、除、開方盡之矣。譯既卒業，初爲金山錢教諭熙輔刊行。今所傳，則京卿重刻本也。約瑟又識烏程張茂才福僖、南匯張明經文虎、金山顧上舍觀光，并爲算友。四年，由京卿、茂才處得見錢塘戴處士煦著述，大歎服，轉譯之，寄入彼國算學公會中。專至杭州，贄所刻《代微積拾級》等書。踵門求見，處士以故辭，乃失望返。五年，仍居上海。京卿、明經、上舍三人者，皆體肥。約瑟嘗曰：「吾西國爲算學者多瘦，君輩何獨不爾？」明經因有詩自嘲解焉。初，京卿又與其國人韋廉臣共譯《植物學》，但得前七卷，未卒業，韋病歸國，約瑟亦爲續成第八卷云。《重學曲綫説》、《戴府君行狀》、《舒藝室詩存注》、《植物學序》。

論曰：錢教諭之言曰，漢志權與物鈞而生衡，衡運生規，規圓生矩，矩方生繩，繩直生準，是規矩準繩，皆本于權衡矣。乃方圓平直之理，《九章》諸書言之綦詳，而獨不及于重學，豈久而失傳耶？西人重學，遠有師承，近百餘年間，愈入愈深。且用以步天，而知七政之行，由地球與諸曜之互相攝引。故其遲疾時時不等，遂于小輪不同心天之外，別開門户。艾君謂言天學者必自重學始，因偕李君同譯胡氏書而附益之。餘謂可以補算術之闕文，導步天之先路。而用定質、流質爲生動之力，以人巧補天工，尤爲宇宙有用之學。爰商之同縣顧君、南匯張君，詳校而付之梓。書中多以代數立説，與中法天元大略相似，讀者以意會之可也。教諭書後語如是。蓋自此書出，而明季舊譯之《泰西水法》、《奇器圖説》等編，舉無足道矣，艾氏之功，誠偉已哉。

偉烈亞力

偉烈亞力，英吉利國人。道光二十七年，越八萬里航海而來，寓居上海北門外租界。開墨海書館，日與華人相討論。熟習中國語言文字，精于算學。初譔《數學啓蒙》二卷，專詳筆算，起加、減、乘、除諸分比例，至開諸乘方對數而止，附《十進對數表》于末。咸豐三年刊行。自序云：「天下萬國之大，無論中外，有書契即有算數。古者西邦算學，希臘最盛。周之時，閉他卧刺、歐几里得、亞奇默德；漢之時，多禄某、丢番都，之數人者，皆傳希臘之學。然猶未明以十而進定位之理也，此方算術，至唐中衰。獨印度自古在昔，已審乎十進之理，無乎不該。自時厥後，阿喇伯諸國盛行其術。蓋阿喇伯得于印度，而歐羅巴人復得之阿喇伯者也。此術既明，比例開方諸法，益爲精密。明萬曆間，英士訥百爾始造對數。今歐土諸國，皆以筆算用之，算數諸法于是乎大備。中國算學，肇自黃帝。嬴政焚書，《周髀》、《九章》尚在人間。後人靡不祖述此書，若夫求一之術出于《孫子算經》。南宋末，秦道古因之以成大衍策。元初，李冶、朱世傑兩君，以立天元一術，大暢厥旨，薈萃各家，窮極奥渺。自元迄明，此學既絶。而盤珠小術，盛行于世。至萬曆時，西士利瑪竇等至京師，釐定曆數，絶學因之復明。利公授西學于李之藻，所著有《同文算指》，第西法與中法同原。康熙朝《數理精藴》一書，于中西諸法皆有次第。西法中有名借根方者，宣城梅氏謂與元人天元術同法，而天元更爲精密。于是諸家遂修立天元一，而不習借根方矣。夫古今中西算術，義類甚深。儒者視爲疇人家言，不能使閭閻小民習用易曉。竊謂上帝降衷，實有恒性，知識聰明，人人同具。彼數爲六藝之一，何以至今不能人人同習耶？余自西士遠來中國，以傳耶蘇之道爲本，餘則兼習藝能。爰述一書，曰《數學啓蒙》，凡二卷，舉以授塾中學徒，由淺入深，則其知之也易。譬諸小兒，始而匍匐，繼而扶牆，後乃能疾走。兹書之成，姑教之匍匐耳，扶牆徐行耳。若能疾走，則有代數微分諸書在，餘將續梓之。俾覽其全者，知中西二法，雖疏密詳簡之不同，要之名異而實同，術異而理同也。」

時與海寧李京卿善蘭相善，共譯西書。序《幾何原本》後九卷，略謂：「夫儒者之學，亟致其知，致其知當由明達物理耳。物理渺隱，人才頑昏，不因既明累推其未明，吾知奚至哉？吾西陬國雖褊小，而其庠校所業，格物窮理之法，視諸列邦爲獨備焉。故審究物理之書，極緐富也。几何家者，專察物之分限者也，其分者若截以爲數，則顯物幾何衆也。若完以爲度，則指物幾何大也，其數與度，或脱于物體而空論之。則數者立算法家，度者立量法家也。或二者，在完書。當是時，埃及國王多禄某問曰：『幾何之法，更有捷徑否？』對曰：『夫幾何若大路然，王安所得獨闢一途也？』自此方輿之内，繙譯是書者，亞于新、舊約全書。余來中國，見有《幾何》六卷，明泰西利氏繙，算學家多重之。知其未爲全書，故亦不甚滿志。宣城梅氏云：『有所秘耶，抑義理淵深繙譯不易故耶？』學問之道，天下公器，奚可秘而不宣？不揣檮昧，欲續爲成之。顧我西國此書，外間所習，或六卷，或八卷，俱非足本。自來海上，留心蒐訪，實鮮完善。仍購之故鄉，始得是本。乃依希臘本繙我國語者，我國近未重刊，此爲舊板，校勘未精，語譌字誤，毫釐千里，所失匪輕。余媿譾陋，雖生長泰西，而此術未深，不敢妄爲勘定。會海寧李君秋紉來游滬壘，君固精于算學，于幾何之術，心領神悟，能言其故。于是相與繙譯，余口之，君筆之，删蕪正譌，反復詳審，使其無有疵病，則君

之力居多，余得以藉手告成而已。是書六卷，後至十五卷始全。末二卷出自他手，非歐几里得所著。以全書綱領言之，前四卷論綫與面，第五卷論比例，第六卷論面與比例相合。此利氏譯。第七、八、九卷論數，第十卷論無比例之幾何，分二十五類，明各類各綫，與他類諸綫俱無等，此卷在幾何術中最爲精奧。第十一卷至末卷，俱論體。而第十三卷論中末綫之用。第十四、十五卷，申言等面五體。此余所譯。書既成，微特繼利氏之志，抑亦解梅氏之惑，殊深忻慰云。」

又《代微積拾級》十八卷，九年四月墨海書館刊行。序云：「幾何之學，自歐几里得至今，專門名家，代不乏人。粤在古昔，希臘最究心此學，爾時以圓錐諸曲綫之理，爲最精深。亞奇默德而後，其學日進。至法蘭西代加德，立縱横二軸綫，推曲綫内諸點距軸遠近。自有此法，而凡曲綫無不可推，故曲綫之數，多至無窮，而以直綫爲限。一例用曲綫之法馭之，既得諸曲綫，依代數理推之，可得諸平面、諸曲面、諸體。其已推定之曲綫，略舉其目曰：平圜綫、橢圜綫、雙綫、抛物綫、半立方抛物綫、薛荔葉綫、蚌綫、擺綫、餘擺綫、和音綫、次擺綫、弦切諸綫、指數綫、對數綫、亞奇默德螺綫、對數螺綫、等角螺綫、交互螺綫、兩端懸綫、葛西尼諸橢圜綫、平行動綫，而圜錐諸曲綫與他曲綫統歸一例，無或少異。此代數幾何學也。自有代數、幾何，而微分學之用益大。微分學非一時一國一人所作，其源流遠矣。數學有數求數，代數無數求數，然所推皆常數。微分能推一切變數，創法者不一家，理同而術異。來本之者，日耳曼人也。立界説曰：『以小至無窮之點，積至無窮多推其幾何，名爲推無窮小點法。』難者曰：『無窮小之點，雖積之至無窮，不能成幾何。』解之曰：『但易無窮小爲任何小，即有積可推矣。』故其説雖若難解，而其理未始不合也。而英國奈端造首末比例法，不用無窮小之長數，乃用有窮最小長數之比例，而推其漸損之限。其幾何變大則爲末限，變小則爲首限。此法便于幾何，而不便于代數。後造流數術棄不用，而謂萬物皆自變，其變皆有速率。凡幾何俱可用直綫顯之，故速率之增損，可用直綫之界顯之，此説學者皆宗之。嘉慶末，法蘭西特浪勃造限法，自云不過用奈端首末比例耳。而蘭頓别創新法，凡微分一憑代數，不云任近限，而云已得限，名曰『臘理』。拉格浪亦造法，多依附戴老之理，大略與蘭頓同。總論之，微分不過求變幾何最小變率之較耳。家數雖多，理實一焉。奈端來本之同時，各精思造法，未嘗相謀相師也。奈端于元上加點，以顯流數，如甲爲甲之流數是也，用以推算覺不便，故用來氏之彳號以顯之。積分者合無數微分之積也，亦用來氏之禾號以顯之。微分、積分爲中土算書所未有，然觀當代天算家，如董方立氏、項梅侶氏、徐君青氏、戴鄂士氏、顧尚之氏，暨李君秋紉所著各書，其理有甚近微分者。因不用代數式，故或言之甚繇，推之甚難。今特偕李君譯此書，爲微分、積分入門之助。異時中國算學日上，未必非此書實基之也。」

又《談天》十八卷，九年冬自刊之。序云：「天文之學，其源遠矣。太古之世，既知稼穡，每觀天象，以定農時。而近赤道諸牧國，地炎熱多，夜放群羊，因以觀天。間嘗上考諸文字之國，肇有書契，即記及天文，如《舊約》中屢言天星，希臘古史亦然。而中國《堯典》亦言中星，曆家據以定歲差焉。其後積測累推，至漢太初三統而立七政統母諸數，從此代精一代，至郭太史授時術，法已美備。惟測器未精，得數不密，此其缺陷也。中國言天者三家，曰渾天，曰蓋天，曰宣夜。然其推曆，但言數不言象。而西國則自古及今，恒依象立法。昔多禄某謂地居中心，外包諸天，層層硬殼。傳其學者，又創立本輪、均輪諸象，法綦繁矣。後代測天之器益精，得數益密，往往與多氏説不合。歌白尼乃更創新法，謂太陽居中心，地與諸行星繞之。第谷雖議其非，然恒得確證，人多信之。至刻白爾推得三例，而歌氏之説始爲定論。然刻氏僅言其當然，至奈端更推求其所以然，而其説益不可摇矣。夫地球大矣，統四大洲計之，能盡歷其面者無幾人焉。然地球乃行星之一耳，且非其最大者。計繞太陽有小行星五十餘，大行星八，其最大者體中能容地球一千四百倍，其次能容九百倍也。設以五百地球平列，土星之光環能覆之。而諸行星又或有月繞之，總計諸月共二十餘。設盡并諸行星及諸月之積，不及太陽積五百分之一。太陽體中能容太陰六千萬倍，可謂大之至矣，而恒星天視之亦只一點耳。設人能飛行空中，如最速礮子，亦須四百萬年方能至最近之恒星。故目能見之恒星，最小者可比太陽，其大者或且過太陽數十萬倍也。夫恒星多至不可數計，秋冬清朗之夕，昂首九霄，目能見者約三千。設一恒星爲一日，各有行星繞之，其行星當不下十五萬，況恒星又有雙星及三合、四合諸星，則行星之數當更不止于此矣。然此僅論目所能見之恒星耳。古人論天河，皆云是氣。近代遠鏡出，知爲無數小星。遠鏡界内所已測見之星，較普天空目所能見者多二萬倍。天河一帶，設皆如遠鏡所測之一界，其數當有二千零十九萬一千。設一星爲一日，各有五十行星繞之，則恒星之數，當有十億零九百五十五萬。意必俱有動植諸物，如我地球。偉哉造物，其力之神，能之鉅，真不可思議矣！而測以更精之遠鏡，如天河亦有盡界，非布滿虚空也。而其界外别有

無數星氣，意天河亦爲一星氣，無數星氣，實即無數天河。我所居之地球，在本天河中近，故覺其大。在別星氣外遠，故覺其小耳。星氣已測得者三千餘，意其中必且有大于我天河者。初人疑星氣爲未成星之質，至羅斯伯之大遠鏡成，始知亦爲無數小星聚而成，而更別見無數星氣，則亦但覺如氣，不能辨爲星之聚。設異日遠鏡更精，今所見者俱能辨，恐更見無數遠星，氣仍不能辨也。如是累推，不可思議。動法亦然，月繞行星，行星繞太陽。近代或言太陽率諸行星更繞他恒星，與雙星同。然則安知諸雙星不又同繞一星，而所繞之星，不又繞別星耶？如是累推，亦不可思議。偉哉造物，神妙至此，盪蕩乎民無能名矣。」

同治改元後，乃以年老歸國。至今西士譯書者，皆推亞力爲首焉。《數學啓蒙》、《幾何原本全書》、《代微積拾級》、《談天》。

論曰：偉烈氏精通中國語言文字，又好博覽典章，能見其大，學識亦足以副之。故所譯，序次厓略，皆有可觀焉。于《啓蒙》第二卷列開諸乘方又捷法，蓋即我秦道古書實方廉隅商步益翻之舊。其自記曰：「無論若干乘方，且無論帶縱不帶縱，俱以一法通之，故曰捷法。此法在中土爲古法，在西土爲新法。上下數千年，東西數萬里，所造之法，若合符節，信乎此心同此理同也。」所言如是，是非中西一揆之明徵乎？彼嘵嘵于新舊優劣者，曷與讀偉烈氏之書。

清・黄鍾駿《疇人傳四編》卷六　明後續補遺二十九

胡儼

胡儼，字思若，南昌人。少嗜學，于天文、地理、律曆、醫卜，無不究覽。洪武中，以舉人授華亭教諭。建文元年，授相城知縣。四年，副都御史練子寧薦于朝。比召至，成祖即位，曰：儼知天文，令欽天監試。既試，奏儼實通象緯氣候之學。尋又以解縉薦，授翰林檢討，與縉等俱直文淵閣，遷侍講，進左庶子。永樂二年九月，拜國子祭酒。八年北征，命以祭酒，兼侍講翰林院事，輔皇太孫留守北京。十五年，改北京國子監祭酒。洪熙改元，以太子賓客仍兼祭酒致仕。正統八年卒，年八十三。《明史》本傳。

彭誼

彭誼，字景直，東莞人。正統中由鄉舉除工部司務，歷官至右副都御史。好學博古，通律曆，兼及占象。《明史》本傳。

郭伯玉

郭伯玉，守敬之裔。洪武中，元統薦修大統曆，始作珠算。《明史・曆志》、《古算器考》。

論曰：《數術記遺》所傳珠算以色別，不以位分，惟大統曆通軌乘除皆有定子之法，爲珠算緣起，至吴氏九章比類，始演爲歸除歌括。

劉仕隆

劉仕隆，臨江人。譔有《九章通明算法》，作于永樂二十二年，有九章而無乘除等法，後作難題三十三款。《算法統宗》。

論曰：明程大位《算法統宗》卷末有《算經源流》一篇，明代算家自劉仕隆以下，至朱元濬，凡一十五人。惟顧應祥前編有傳，其餘僅于程大位傳後論之。今特詳加考訂，各爲立傳，其著述同類者，則合傳之，庶幾不没其輔翊算學之功，豈僅俾後學者之有所興起哉！

夏源澤

夏源澤，江寧人也。正統己未作《指明算法》若干卷，與九章不合。《算法統宗》。

吴信民

吴信民，錢塘人。景泰庚午作《九章比類算法》，共八本，有乘除分九章，其書繁而難記，差訛頗多。《算法統宗》。

鮑泰

鮑泰，徽州人。譔《天心復要》三卷。作于成化中，專言曆法，推步家或謂其書不足數。《欽定四庫全書提要》。

劉洪　許榮　余進

劉洪，京兆人也。譔《算學通衍》若干卷，作于成化壬辰。同世有許榮，金陵人。成化戊戌採取吴氏之法，譔《詳注九章算法》若干卷。余進，鄱陽人，採詳明通明之法，譔《九章詳通算法》若干卷。《算法統宗》。

程端

程端，字本正，山東聊城人。淹洽經史，耽精著述。居鄉，以禮範俗，雖跬步不踰繩檢。成化十年舉于鄉，知滄州，改知朔州，升延安府同知，所在有惠政。端邃于理學，于算數尤精，著有《競辰槁》、《周天圖説》。《畿輔志》。

戈永齡

戈永齡，宛平人。正德中，官欽天監保章正。譔《太陽太陰通軌》若干卷，蓋取元代所輯大統曆七政交食通軌，循其法而重演之。原本不題卷數，僅分三册，

蓋其細草彙藁也。《欽定四庫全書提要》。

韓萬鍾

韓萬鍾，蘄州人。譔《象緯彙編》二卷。是書成于嘉靖壬辰，採丹元子《步天歌》，逐段分釋，并爲之圖。以馬氏《通考》所記慧孛客流淩犯之屬，分隸各星之下，全三垣二十八宿爲三十一條，而五緯附于其後。《欽定四庫全書提要》。

鄭高昇　馬傑　張爵　陳必智　林高

鄭高昇，福山人。嘉靖間作《啓蒙發明算法》。馬傑，吴橋人。作《改正算法》，内無乘除，只改錢塘《吴氏算法》反正爲邪數款。張爵，金臺人。嘉靖乙亥作《正明算法》。同時陳必智，江西寧都人。作《算理明解重明算法》。林高，會稽人。作《訂明算法》，詳改定位。《算法統宗》。

范謙

范謙，官禮部尚書。奏歲差之法，自虞喜以來，代有差法之議，晚無畫一之規，所以求之者，大約有三。考今中星測二至三日景，驗交食之分秒，考以衡管，測以圭表，驗以漏刻，斯亦爲得之矣。曆家以三百六十五度四分度之一，紀七政之行，又析度爲百分，分爲百秒，可謂密矣。然渾象之體，徑僅數尺，布周天度，每度不及指許，安所置分哉？至于臬表之製，不過數尺，刻漏之籌，不越數寸，以天之高且廣也，而以寸尺之物求之，欲其纖微不爽，不亦難乎？故方其差在分秒之間，無可驗者。至踰一度，乃可以管窺耳！此所以窮古今之智巧，不能盡其變歟？即如世子言，以大統、授時二曆相較，考古則氣差三日，推今則時差九刻。夫時差九刻，在亥子之間則移一日，在晦朔之間移一月，此可驗之于近也。設移而前，則生明在二日之昏；設移而後，則生明在四日之夕矣。今似未至此也。其書應發欽天監參訂測驗，世子留心曆學，博通今古，宜賜勑獎，諭從之。《明史》曆志。

鄭洪猷

鄭洪猷著《幾何要法》一卷。自序曰：「世之執牛耳盟者，幽言理至。度數之學，則以爲迂，而無歸于道，而芻狗置之。夫度數而斤斤術藝也，則芻狗置也可。度數之中，大而授時，定曆正律，審音算量，分秒不爽，水泉灌溉有資。與夫力小任重，營建機巧畢具，而兵家制勝列營陣，揣形勢，策攻守所須，夫此者尤極用之如斯其且切也。此而可芻狗視之？將虞書璿璣，亦枯而不靈之器，禹奏平成，可舍句股而勿用？而姬公測驗必周髀是問，何爲也？始信理脱數而藏易，借以覆短，數傳理而見，則有物有事，假作不得，假説亦不得也。善哉！《幾何原本》之帙，譯自西國，自徐太史先生之手，其中比分櫛解，又數詳明，可以佐隸首，商高之不逮，可以補十經九執之遺亡。而梓甘翟襄不擅專長者，神而明之，引類而伸之，先王器用之法備見矣。特初學望洋而歎，不無驚其繁。余因悟西先生得受《幾何要法》，其意約達簡而易從，爲攻堅木先易者，後其節日久矣。相説以解，先河而後海，昔有言之矣。不操縵而能安絃，有是學乎？爰是訂而副諸梓人，僭數語弁其端，有笑而詫猷以俗吏，而迂譚度數之理，猷烏知？」《幾何要法》。

楊溥

楊溥，宛陵太邑人。隆慶壬午作《算林拔萃》若干卷。《算法統宗》。

胡震亨

胡震亨，字孝轅，晚年稱遁叟，海鹽人也。萬曆丁酉舉人，官兵部員外郎。題《周髀算經》曰：始讀《周髀》，輒駭其艱怪，及一再尋討，不過乘方員參兩以生句股，遂至于算數所不可及。蓋亦因天地自然之數耳！故其書稱榮方學于陳子，至畢思驚神，卒無所用其智，乃知謂天蓋高，固可坐而定者不誣也。然《周髀》率以表影，一寸度爲千里，按李淳風所引宋元嘉十九年測影于交州，夏至日影在表南三寸二分，共得一尺八寸二分，洛去交一萬一千里，是不及六百里一寸也。觀此，則日徑千二百五十里，去地八萬里之説，又有不可盡據者。故蔡邕謂《周髀》術數具存，驗天多所違失。又云《周髀》者，即蓋天之説也，是以王仲任據蓋天之説以駁渾儀，爲桓君山所屈，則《周髀》之術可睹矣。又淳風别引《宋書》曆志二十四表影，與今《宋書》相較，則互有不同。近刻《宋書》，爲友人姚叔祥所校，稱善本，因舉此段問之。叔祥云：于特正以不得《周髀》，故貽足下今日之問耳。并識于此，以竢刊定。繡水沈士龍題，《周髀》以周人志之，乃稱《周髀》。而虞喜則謂天之體轉四方，地體卑不動，天周其上，故云周。其解周字，又一義也。然《周髀》之説，奪于渾天。如揚子雲八難，卒無有能破之者，惟梁武帝于長春殿講義，别擬天體，全同《周髀》，以排渾天之論。其後遂不復顯。凡以世乏善算，遂令真秘湮屈。余讀《魏書》，有仙人成公興，傭賃于寇謙之家，爲其開舍南辣田。謙之坐樹下算，興時來看。後謙之算七曜，有所不了，惘然自失。興曰：先生何爲不懌？謙之曰：我學算累年，而近算《周髀》不合，以此自愧，且非汝所知，何勞問也。興曰：先生試隨興語布之，俄然便決。謙之歎伏不測，請師

事之。興後人嵩山石室，尸解，乃知《周髀》非仙真有道，算難遽合，彼桓鄭蔡陸者，恐未易以聲附子雲也。武原胡震亨題。《陳氏讀書目》。

林祖述

林祖述，字道卿，萬曆丙戌進士，官至廣西提學僉事。著《星經釋義》二卷。上編爲七曜二十八宿十干十二支，及年歲載朔望、盈虚、閏餘諸條；下卷爲二十四氣、七十二候，及歲時令節諸條，皆引經史及先儒論説，以詮解之，故曰釋義。《欽定四庫全書提要》。

魏濬

魏濬，字蒼如，松溪人也。萬曆甲辰進士，官至右僉事御史，巡撫湖廣。著《緯譚》一卷。書首題曰：拙齊存筆。子目曰：緯譚。蓋其劄記之一種也。中極詆利瑪竇天論爲荒唐，末又附記萬曆天啓時推步之僞，凡十三事。《欽定四庫全書提要》。

趙宧光

趙宧光，字凡夫，吴縣人。著《九圜史圖》一卷，附《六匌曼》一卷。其圖曰三儀，謂日月星也。曰須彌，謂四大洲也。曰六合平，即以四洲之地平舖而觀之。曰六匌轉，即以四洲之地從地球兩面觀之。曰北極出地，從句陳大星與北極五星之間作誌，以爲北辰。曰合朔遠近，謂衡岳、和林、鐵勒、北海等處時刻不同也。曰春秋晝夜，謂曰南北早晚不一也。惟北極一圖與渾天儀合。《欽定四庫全書提要》。

余愷　朱元濬

余愷，銀邑人也。萬曆甲申作有《一鴻算法》一卷。朱元濬，新安人。萬曆戊子作有《庸章算法》一卷。其書頗爲精密。《算法統宗》。

劉信　左贊　曾俊　何註　蕭懋恩　何省三　賈信

劉信譔《曆法通經》四卷。左贊譔《曆解易覽》一卷。曾俊譔《曆法統宗》二卷、《臺曆撮要》二卷。何註譔《曆理管窺》一卷。蕭懋恩譔《曆法統宗》二卷。何省三譔《曆法異同考》四卷。賈信譔《臺曆百中經》一卷。《明史・藝文志》。

胡應麟

胡應麟，字元瑞。幼有逸才，父僖，任儀制司，嘗過庭請質曰：吾鄉何、王、金、許四先生，皆布衣也，何貴于科名？自足睨睥一切。年十餘，即能賦詩。丙子發解，間赴春官。時王弇州極重之。著《筆算》一書，至今購求者不絶。《尚友録》。

柯中炯

柯中炯，崇禎時人。譔《宣夜經》若干卷。其自序謂宣夜本諸帝堯，即羲和之所授，其後失傳，因此以復其舊。且歷詆李淳風、僧一行變更古法。《欽定四庫全書提要》。

董説

董説，字雨若，浙江烏程人，黄道周弟子也。明亡，祝髮爲沙門，名南潛。譔《天官翼》，無卷數，以章蔀紀元、元會、運世立論，謂曆數出于卦爻，頗譏太初、三統之失。所列恒星過宫年干八卦二表，以星次遞相排比，至帝堯甲子，適值張心昴虚，居四仲之中，與堯典中星相合，遂以爲上遡下推之證。所著有《律吕考》、《歲差考》、《分野發》及諸書，共三十餘種，合題曰《補樵書》。補樵，亦其所自號也。《欽定四庫全書提要》、《國朝先正事略》。

方以智

方以智，字密之，桐城人。官檢討，博極群書，兼通算術。所著有《通雅》十二卷。明亡不仕，出家爲僧，號無可。子中通，承其家學，所用圓率徑十七周五十二。《欽定四庫全書提要》、《通雅》。

論曰：《史記》家業世世相傳爲疇，律年二十二，傳之疇官，各從其父學。三代上重黎、羲和，皆世官也。秦漢以後，雖不世官，而尚世其業。此編所録，如鄭興、鄭衆、祖皓、高謙之、李宗祖、遵祖、李播、周傑、苗訓、方以智等，皆世業疇人，拾遺補闕，足備徵考，即庚説、郭榮、王良金、齊義輩，亦特爲表章，以勵後之學者。

清・黄鍾駿《疇人傳四編》卷七　清一後續補遺三十

邱維屏

邱維屏，字邦士，江西寧都州人。性高簡率穆，讀書多悟，弱冠爲諸生，督學使者。侯忠節公峒曾賞其文。值世變，避亂翠微峰，依魏叔子禧，爲易堂諸子之一。其學《易》原本《六經》、《左》、《國》、《史》、《漢》，旁及諸子百家，頗有得于泰西之書。僧無可來易堂，嘗與布算，退語人曰：此神人也。著有《周易勦説》及《文集》。康熙己未，年六十卒。《國朝先正事略》。

吴守一

吴守一，字萬先，安徽歙縣人也。譔有《春秋日食質疑》一卷。其書推考歲

差加減，以證《春秋》所載日食之誤。《春秋》日月，以長曆考之，往往有僞，見于杜預《釋例》。此更詳其進退遲速，以求交限，末附《詩書日食考》二條，以互相參證。《欽定四庫全書提要》。

何文麃

何文麃，字景昭，湖南桂陽州人。性孝友，明亡，不欲應試，嫡母周語之曰：新令敦促不往，人疑忌，母子不安矣。垂涕出試，遂爲州生員，自此遂不復赴試。布衣窮卷，饘粥不充，晏如也。雅好博覽，雖窮老，殷殷以著述爲志。要其所長，經義文詞曆法占候醫卜時日，皆有所通解。自西法入中國，推步精密，尤不喜古列宿次舍分野，因先試改曆法，文麃深非之。作《時憲曆裁改宫度議》，其意大要非湯若望以中氣時刻爲過宫定法，立十四秒之差，已四十年不見差法，千五百年必移一宫；萬四千年而子午易位，欲增損十二宫，使闊狹相均，仍立差。又作《曆法辯》曰：客有問，通微教師改曆易法，果盡當乎？余曰：愚草莽臣，學疎識譾，安敢非之？而又安敢一意是之也。客問故，余曰：自黄帝命容成作曆，唐帝咨羲和置閏，歷代屢更不一法。及元郭守敬曆爲最善，且新改未久，故明初因之，未敢遽革也。若久而漸差，烏乎不改？客曰：若是則今之改法是耶？余曰：否。周天三百六十五度四分度之一，天何嘗有度數之分？天行疾以日行，每日一周天，所不及之餘之廣，遂立爲一度，歷三百六十五日四分日之一而退舍一周，故有是各數。天體渾渾，初非有盡額也。猶地之里分，自門外起，則必至二里之中爲一里也。然天必三百六十五度四分度之一，乃能與日合算，而永爲信曆。今通微之法，另改周天全體爲三百六十全度，而無五度一分之名。度可改，日不可改。以三百六十全度合之，于三百六十五日三時，是每日一度而有零差也。古人于八十三年差一度，而前後屢更，差法爲六十六年以求其合，尚悼其難。今每日有零，是三百六十五日三時之中，日日有差法也。瑣屑不可勝籌矣。烏可久哉？古人未立差法，遂經數百年，亦可以相去不遠，謂有毫釐之或差則可。而通微謂明經三百年已差四度，不言其或差，不亦謬乎？元郭守敬之分節氣，每一十五日二時五刻而遷交，非不知地氣有高下早晚之不同也，但立中道以示人，爲易從也。通微之法，則以冬至後陽生，其氣速，每節漸推而過。前夏至後陰生，其氣遲，每節漸退而縮後。且使十二次俱因中氣隨遷，此固所轄日時長短之不同，而躔次亦亂也。每月下立總節，又別横圖，以分各省節氣之早晚，似詳密矣。然月節與横圖兩殊，不亦自相刺戾乎？且各省異節固然，各府各州縣各鄉都亦皆有地氣高下早晚之不同，若欲分之，愈不可勝分。至于倒觜于參宿之後，蓋觜星無度，坐參之内以爲度，而漸近于東，故移觜于後也。獨不思日下參觜可移，而日月木火水金土之定序，終不可移乎？舊法每日百刻，刻分六十分，每日十二時，每時八刻，已賅全刻九十六。其餘四刻，每一刻分布于三時之中。故前初初刻十分，後正初刻十分，合爲一全刻也。今法分一日爲九十六刻，每刻作十五分算，每時爲八全刻，無餘分，乃晝夜之長短，用爲定例。由是節氣之遷交，太陽之出入，存初初正初之名，而異其實；藏初四正四之實，而革其名，三三異次，前後不齊，詎不朽哉？近發策問曆法，盛符升對言：通微之法在今日者無一不應，然無有百年而不變者曆也。故推算之法，合于已往者易，合于將來者難。又曰：蔡氏曰，造曆之家，當使天運應差之數，逆算之于造曆之時，則有以差數爲正數者，其法密而無弊。後世之學者，因正差數以定算，因始終之算以定法，此語又非也。曆法以人合天，而星辰進退游移，致度數之廣狹前後，古今屢驗不一。如觜四度之一宿，《晉書》云：魏益州廣漢入觜四度，越巂入觜三度，是觜在晉尚有四度，又後漸狹，而爲一度、爲半度、爲二十四分、爲十五分之數，是參之借度也。猶兒童坐于大人之身，坐位者大人也，非童子也。夫星度以紀日月五星之行，次設行次于觜度之三四，古有之，而今無之，則無三四度爲可紀也。烏有差而可預算者？宋儒之言，胡可引用？古人隨時改驗修改，以與天合，良有以也。侯亞公曰：湯若望曆法，各省節氣時刻，依地經度列之者，今吾子乃謂以陰陽遲速之氣不同，豈不失彼立法之原乎？余曰：吾固見新立之法矣，謂各省日出入及晝夜長短時刻，悉依北極高度定，緯所列各省節氣時刻，悉依地之經度，所列地之經度，非晝揆之以日，夜揆之以星，而後定也。節氣之遲速，不在陰陽之氣，而在日影星光中，此明賢所謂奸也。次舍之分在天，別有明界，非以地理爲則，今通微之法，太陽遇宫一以順天，每月中氣時刻爲準，則是天之十二宫，界以燕土，每月中氣時刻爲次舍之分也。以爲尊敬京師，則得之矣。謂十二次舍之分舍，茫茫大地，而一準于燕土，爲宇宙之通理乎？且地支中巳屬火，辰屬土，不可紊。如吾郡入軫六度，舊例在巳宫，爲楚之分野。今裁爲辰宫，爲鄭之分野。向之屬火者，今屬土度矣。雖歷代之所分次舍各殊，未有若是之甚者。況天漸差而東，歲漸差而西，代有明驗。今每歲一以每月中氣之時刻，爲太陽過宫之時刻，將所謂每歲差十四秒者何？在七十年將差退一

度，今每年以中氣爲準，如新法大寒中氣日在丑斗一度。今以每年此日度爲入子宫玄枵之次，二千年後大寒之期必差退在寅箕度，漸及丑宫，而亦曰大寒後日躔玄枵之次，是以丑寅宫爲子宫也。此必不可宗者也。或者曰，新法立差十四秒，每歲節氣漸差，而後以與日合子，未暇深算也。余曰：然則節氣日遲而陰陽之氣又差，二千年後未冬[至]而巳日北旋，未夏至而巳日南轉，大寒中氣必差遲在寅月之中，當名曰雨水。正月中氣，而以此寅月雨水中立爲丑月大寒矣。此必自日，節氣自節氣，各分推算，然後可。故曰《通微新法》，未敢一意是之也。文彪作論後二年，果改用舊法，時人以文彪爲知言。然西法候日，實不候氣，特假舊名讐其術而已。所著又有《新續步天歌》一卷、《中星應極圖》一卷。《桂陽州志》。

論曰：何茂才爲楚南耆儒生，與楊光先同時，持論亦多與楊同，而學識過之。楊以攻訐賈禍，茂才則明哲保身，不爲危言激論。至其議辯西法，不無偏見者，亦篤守古法之太過耳。

孫蘭　謝文英

孫蘭，字滋九，一名禦寇，自號柳庭，晚年又號聽翁。居揚州府甘泉縣之北湖。明季爲諸生，屢困于場屋，乃棄去。于書無所不窺，尤精九章六書之學。順治初，西洋人湯若望以太常少卿爲欽天監監正，蘭從之受曆法。遂盡通泰西推步諸術，尤精《幾何原本》之學。著書八卷，曰《理氣象數辨疑糾謬》。蓋其學有師承，星官曆翁，不能與校得失。又以中國土地在大圜中，才八十一分之一，不推極之，則狃于習聞習見，而無以盡其變，于是作《格理推事外方考證四論》。以窮極夫天地之所以始終，山種之所以流峙，人所以生，國所以建，古今所以遞沿革，人物所以治亂，成古今凡三十二篇，共四卷，名曰《輿地隅説》。又推三光之變，謂象懸于天無與人事，而彗孛盈縮出見，皆有常度，水旱地震，亦有常經。其説《孟子》圭田云：或以圭訓潔，非也。《九章》方田有圭田求廣縱法，有直田截圭田法，有圭田截小截大法，凡零星不成井田之田，一以圭法量之。圭者合二句股之形，井田之外有圭田，明繫零星不井者也。作《山河大地圖説》，一以赤道爲心，一以北京天頂爲心，明地之旨，謂東西無定，南北亦無定。北極南極之下皆寒而無熱，同爲水海幽都國寒熱和平之交，故出聖人賢人。五印度西洋諸地亦然，天地之内動極而如静者，北極也；進退而循環者，日光也；動静而遠近者，人迹也。由天之度準地之里，以天之三百六十知地之九萬里。圍三徑一，知地之厚三萬里，折半，知地心之一萬五千里。人目高卑在地之面，以面準心，知目高于地心一萬五千里，以地之二百五十里，準天之一度，知北極在天移一度。人移在地二百五十里，日南一度，知地寒氣進二百五十里，日北一度，知地熱氣進二百五十里。遞進遞退，至熱極寒極，知地面寒熱進退之里，以餘熱相較，知地面中和之里，以兩極皆寒，知地面寒極偏勝之里，以日出日入，知地面東西遠近之里，以天文水法交成，而總不出于算。禹治洪水，乃句股所由生。郭守敬精算數，測量地平，分殺河勢，開惠通、通惠二河，至今賴之。所著又有《禹排淮泗注江解》，論史之書則有《柳庭人紀》，凡四十卷。惟天文常度之説，同時席帽山人史炤嘗作論以破之。今不可復見，豈因史氏之言而去之不傳耶？年九十餘，壽終于家。焦里堂《北湖小志》。

論曰：孫茂才篤信西法，親受業于湯氏，得泰西之正傳，復能出其精思，推極之以盡其變，卓然成一家之言。與他人之謹守師説，依法推衍者不同。洞乎其有源，淵乎其不可測，王氏心湛之言，信非虛譽。其造詣當與徐光啓、李之藻并駕齊驅，而出薛鳳祚之上。乃著述之止于此，而書且不傳也。惜哉！

謝文英，字景張，亦北湖人，焦里堂孝廉循之弟子也。謹愿沈静似鈍拙，而有穎思。里堂爲術算之學，門人中鮮有好者，文英獨信從，每私問其要義。授以九章三角弧矢之術，不一月能推步，而心知其義。年二十六而早卒，未竟所學，里堂惜之。焦里堂《北湖小志》。

戴梓

戴梓，字文開，浙江仁和人。少有機悟，自製火槍，能擊百步外。康親王南征時，梓以布衣從軍，獻連珠火礮法，克江山縣有功。王承制授以道員劄付。仁皇帝召見，以其能文，命直南書房，賞學士銜。梓善天文算法，與南懷仁詰論，懷仁爲之屈，心甚忮刻，因誣梓通東洋。上大怒，遣戍黑龍江。後赦歸，卒于旅邸，人共惜之。《嘯亭雜録》。

王德昌

王德昌，字歷長，號心逸，山東濟南府長山縣諸生。工書，精天文句股算法。《濟南府志》。

孔貞瑄

孔貞瑄，字用六，山東曲阜縣人。究心經史，精算法韻學。由舉人授泰安學正。升雲南大姚知縣。所著有《操縵新説》、《大成樂律全書》及《聊園文集詩

略》、《淇記》、《黔記》、《泰山紀勝》、《縮地歌》等書。年八十二卒。《曲阜縣志》。

顔光敏

顔光敏，字修來，山東曲阜縣人。康熙丁未進士，除國史院中書舍人。天子臨雍，加恩四氏。遷禮部儀制司主事，充會試同考官。出監龍江關税，調吏部稽勛司主事，累遷考功司郎中。與修《一統志》。光敏長身廣顙，眉宇英異。善鼓琴，工書翰騎射蹴鞠，旁通律曆句股之學。所著有《大學訂本》及《樂圃詩集》、《訓蒙日纂》，皆行世。又有《未信編》、《家誡》、《舊雨草堂詩》、《南行日記》藏于家。《曲阜縣志》。

柴紹炳

柴紹炳，字虎臣，號省軒，浙江仁和人。與同里丁澎、陸圻諸人稱西泠十子，而紹炳名尤著。持躬端謹，于象緯、律曆、輿地、禮制、農田、水利、戎兵，莫不研講。謂弟子曰：毋使後世襲經生空言，徒誤人家國矣。所著有《省軒集》。《文獻徵存》、《國朝先正事略》。

劉獻廷

劉獻廷，字君賢，號繼莊，順天大興人。先世本吴人，寓吴江者數十年卒焉。其學主于經世，自象緯律曆、邊塞、關要、財賦、軍政之屬，旁及釋老家言，無不窮究。崑山徐尚書乾學，好士多藏書，大江南北宿老争赴之。獻廷游其間，别有心得。萬季野徵君斯同，于書無所不讀，獨心折獻廷，引參史館事。顧景范、黄子鴻長于輿地，亦引獻廷參《一統志》事。獻廷謂諸人考古有餘，未切實用。其論向來方輿書，大抵詳于人事，而天地之故，概未有關。當于疆域前别添數則，先以諸方之北極出地爲主，定簡平儀之度，制爲正切綫表，而節氣之後先，日蝕之分杪，五星之陵犯，占驗皆可推步矣。諸方七十二候多不同，如嶺南之梅，十月已開，而吴下梅開于驚蟄，桃李開于清明，相懸若此。今世所傳七十二候，本諸月令，乃七國時中原之氣候，今之中原，已與七國時之中原不合，則曆差爲之。宜于南北諸方細考其氣候詳載之爲一則，則天地相應之變遷，可以求其微矣。兼通聲音之學，所自著書曰《廣陽雜記》。《國朝先正事略》。

倪觀湖　楊定三　鮑祖述

倪觀湖，號竹冠道士，梅徵君文鼎兄弟師事之，嘗從其授臺官通軌大統曆算交食法。著有《捷田歌括》，離奇出没，簡易中寓以精深。梅氏演而通之，命之曰方田通法。楊定三，錫山人，作枚之祖也。作枚所作《學山曆算書》，即以成定三之志。鮑祖述，字燕翼，亦錫山人，與定三皆深明曆算，各有著述，梅氏皆亟稱之。于所著各種曆算書内，附集其語，以相印證。《方田通法序》、《梅氏曆算叢書·凡例》。

王雲

王雲，字又龍，號雅軒，明刑部侍郎元珠之季子。生有異禀，讀書一過即成誦，尤善詩古文辭，旁及《周髀》、《渾天》、醫理、書法、繪事，雖專家弗能過也。補博士弟子員，家已中落，以教授養其親。康熙丁亥就河南副使毛裕之聘。病卒于邳州舟次，年四十。著有《蘭雲堂稿》二卷。《吴門耆舊記》。

顧陳垿

顧陳垿，字玉停，江蘇太倉州人。康熙乙酉舉于鄉，以薦入湛凝齋，纂修《御定律曆淵源》、《中和樂府》諸書，議敘補行人司行人。爲人負奇氣，自少時而已然。康熙戊辰龍首浙江人也，陳垿時年十二，謂塾師曰：江南人何遽不浙若也？塾師舉黄陶菴狀元，三年一人，吾輩當爲千古一人，則大喜曰：然則科名固不足重人也。讀書多冥契創獲，不主故常。爲詩詞數百言立就，逸趣坌涌，然率以爲戲。若鴻篇鉅製，必窮日晷，險覓狂搜，力追古人而後已。其在湛凝齋所纂修，半出其手，書上，得温旨，王大臣雅重之，禮遇出諸同館上。每試期，朝士皆屬目，謂得此君作第一人乃稱。揭曉之夕，通衢列炬，喧傳顧陳垿得會元者，衆喙如亂鵝鴨，已而寂然，如是者不一次。書成，卒叙官以去。士論惜之，自不以介意也。平生絶學有三，曰字學，曰算法，曰樂律。嘗著《八矢注字圖説》，謂字學居六藝之半，聲音樂也，形體書也，而口出耳入，則皆有數焉。初得明徐相國光啓曆書，研求一月，遂創造開方句股諸法。在湛凝齋日，各省送算學三百餘員集闕下，主者令與試。聖祖親策之，得七十二人，陳垿爲冠，上特嘉之，内廷呼算狀元云。既于字學、算法，溯流窮源，遂通樂律，亦謂神解非聞解歟！官行人二年，遂移疾歸，自後屢有薦辟，終其身不復出。《國朝詩人小傳》。

段巘生

段巘生，字相山，號柱湖，湖南衡州府常寧縣人。康熙乙酉丙戌聯捷成進士，初筮仕，得福建上杭縣。博聞强記，過目成誦，負經濟略，雅欲以經術經世。務如天文星曆之書，地理堪輿之術，與夫本草醫藥、句股算法，靡不原原本本。坐而言，起而可行，古稱通儒，惟其有之。顧嶽嶽懷方，又嫉惡過嚴，坐是不能久于其位。莅上杭，未十月遭讒解任。昭雪起復，補廣東新安知縣。旋丁内艱，服

閿。再補縣，坐條陳言事，削籍歸里，十餘年卒。《國朝詩人小傳》。

董以寧

董以寧，字文友，江蘇武進人。邑諸生。少與鄒訏士祇謨齊名，善詩文，于曆象、樂律、方輿之指，多所發明。晚年專事窮經，尤深于《周易》、《春秋》，著書滿家，所著曰《正誼堂集》。《國朝先正事略》。

王芝蘭

王芝蘭，字吉人，河南嵩縣人。博聞强識，爲諸生三十年，尤究心于《易》。著有《曆法求故》及《大易夢見句讀質疑》、《八卦圖説》諸書若干卷。《嵩縣志》。

葉左寬

葉左寬，字暎庭，江蘇長洲人。博學，工詩文，旁及象緯、輿圖、句股、六書之學。康熙五十九年舉人。由山西定襄縣知縣，累遷太原府知府，治行爲山西最。十二年，大計以薦入朝，上賜蟒服，擢浙江紹興府知府，官至寧紹台道，始終不出兩浙，而治行爲尤著云。《國朝先正事略》。

李鍾佐

李鍾佐，字世諧，福建晉江人。大學士文貞公之次子。年十三，桐城張文貞公見其文，大奇之，曰：吾畏友也。尋補諸生。幼承家學，精中西算法，指陳根裔，千支萬湊，不可胚胎，皆能冥悟。《國朝先正事略》。

清·黄鍾駿《疇人傳四編》卷八　清二後續補遺三十一

汪一元

汪一元，字兆初，江南江都人。縣學生。性至孝，父良澤病，方省試第一場，聞之不反次，疾行，窮晝夜數百里，歸視。父已卒，大慟咯血。家貧，躬畚土起墳，力竭矣。明年又遭母喪，遂以毀卒，年四十二。生平通算學，嘗以今法逆推朔閏中節，至乾隆十四年四月止焉，亦竟以是月卒。《國朝先正事略》。

秦蕙田

秦蕙田，字樹峰，號味經，江蘇金匱人。乾隆元年賜進士第三人及第，授翰林院編修，累官工部尚書，加太子太保，嘗兼理國子監算學，及樂部事務。生平邃于經術，于禮經之文，猶改訂辨正爲多。所著《五禮通考》一書，分門辨類，以樂律附于吉禮宗廟制席之後；以天文推步句股割圓，立觀象授時題以統之；以古今郡邑地名，立體國經野題以統之，并載入嘉禮中。凡先儒聚訟之説，一一疏通解駁，上探古人制作之原，下不違當代之法。坐而言，可以起而行。致力于律曆、音韻、河渠、醫方、堪輿、星命家言，皆溯流窮源，有體有用。乾隆二十九年薨，謚文恭。《國朝先正事略》、《觀象授時》。

余廷燦

余廷燦，字卿雯，號存吾，湖南長沙人。乾隆二十六年進士，官檢討，充三通館纂修，以母老告養歸。家徒四壁，取與不苟。母卒，啜粥寢苫，值暴雨入倚廬，地沮洳，家人藉片板，麾去之。生平學有本原，于天文、律曆、句股、六書之學，俱能鈎玄提要，成一家言。與戴東原、紀曉嵐相切磋。所著詩、古文尤醇茂，有《存吾文集》。卒年七十。《國朝先正事略》。

嚴長明

嚴長明，字冬友，一字道甫，江南江寧人。幼有奇慧，年十一，李穆堂侍郎紱典試江南，見之，隨舉子夏命對。即應聲曰：「亥唐」。李大奇之，謂方望溪侍郎苞曰：「國器也，可善視之。」遂受業望溪之門，尋館揚州馬氏，盡讀其藏書。乾隆二十七年車駕南巡，以諸生獻賦召試，賜舉人，授内閣中書，值軍機，擢内閣中侍讀。歷充《通監輯覽》、《一統志》、《熱河志》、《平定準噶爾方略》纂修官。乾隆五十二年卒，年五十七。所著有《五經算術補正》、《淮南天文訓太陰解》及諸書，凡二十種。《國朝先正事略》。

丁杰

丁杰，字升衢，一字小疋，浙江歸安人。乾隆四十六年進士，官教授。肆力經史，旁及六書、音韻、算數，長于校讎，于胡氏《禹貢錐指》摘誤甚多。四庫館開，朱竹君、戴東原皆延之助校勘。所著書《周易鄭注後定》、《大戴禮記釋》、《小西山房文集》。《國朝先正事略》。

孫星衍

孫星衍，字淵如，江蘇陽湖人。乾隆五十二年賜進士第二人及第，授翰林院編修，充三通館校理，散館二等用，刑部主事，遷員外郎，授山東兖沂曹濟道、山東按察使。以母憂僑寓金陵。浙江巡撫阮文達公聘主詁經精舍講席，以經史疑義課士，旁及小學、天部、地理、算法、詞章，各聽搜討，書傳條對，以觀其器識，請業者盈門。未十年，舍中掇巍科入館閣，及譔述成一家言者，不可勝數。未幾起用，署山東登萊青道，補山東督糧道。嘉慶十六年引疾歸，客揚州，主講鍾山書院。著書數十種，爲《岱南閣叢書》、《平津館叢書》。其有關曆算者爲《史記天官書考證》十卷。二十三年正月卒，年六十有六。《國朝先正事略》。

李賓

李賓，字青來，道士也。著有《圜天圖説》。儀徵阮文達相國爲之序，亟稱許之。惟書中間及于占驗者，則爲推步家所不取。《圜天圖説》。

陳昌齊

陳昌齊，字賓臣，廣東海康人。于學無所不窺，天文、曆算、樂律、音韻尤爲洞悉，有書數萬卷，自少至耄，未嘗不窺。與當世碩學相切劘，舉乾隆辛卯科進士，入詞林，以精天文爲書局總纂官。外轉浙江温處兵備道，將之任，會飲天監以推算日食不准，奏言修改曆法，戴可亭相國時官禮部侍郎，欲奏留之。以精力不足辭遂止。所著有《測天約術》一卷，曰正弧三角六術，曰斜弧三角六術，最爲簡要。又著有《天學脞説》，并行于世。《廣東通志》、《測天約術》。

江聲

江聲，字叔澐，江蘇吴縣人。邃于經學，師事惠松崖徵君。所著有《恒星説》一卷，讀之燎如指掌。于《古文尚書》考訂最爲精核，兼習小學，各有著述。嘉慶元年詔開孝廉方正科，江蘇巡撫費文恪公首舉之，賜六品服，年七十有八。晚年因性不諧俗，取艮背之義，自號曰艮庭。《國朝先正事略》。

姚光晉

姚光晉，字平叔，浙江仁和人。道光乙酉科舉人，博學工詩文，以句股算術受知于儀徵阮文達相國。八試禮部不第。與修《一統志》，得知縣，不樂吏職，改授教諭。年七十，選上虞縣教諭。年八十一卒。著述甚富，惟《瓶山草堂集》刻以行世，此外尚有《四裔年表》諸書，皆藏于家。《庸閒齋筆記》。

何紹業

何紹業，字子毅，號芸軒，一號琴莊，湖南道州人。尚書文安公次子。道光辛巳以四品廕生候選縣主簿，甲午乙未順天鄉試，挑取謄録。少慧，通天文算法。早卒。《國朝先正事略》。

葉棠

葉棠，字瀚池，號松亭，安徽桐城人。著有《天元一圖説》一卷，又譔有《籌算針度》一卷。《天元一圖説》、《籌算針度》。

鄒安鬯

鄒安鬯，字敬甫，江蘇無錫人。精究琴理，著《琴律細草》一卷。篤好天元一術，校讀算書，每有所得，輒題于眉上。嘗以郁刻秦道古《數書九章》謬訛錯出，演算不易，故用力尤勤，而辨正爲多。有沈、李、毛、宋諸家所未及者，竊擬編次其説爲《數書九章校議》一册，庶幾鄉先哲之學術可以不没云。《近代疇人著述記》。

陳澧

陳澧，字蘭浦，廣東番禺人。年十七，常熟翁文端公督學廣東，考取縣學生，明年科試第一，同世諸名士。皆出其下。年二十二，舉優行貢生。二十三，中式舉人。六應會試不第，大挑二等。選河源縣學訓導，兩月告病歸，揀選以知縣用，到班不就。請京官職銜，得國子監學録。爲學海堂學長數十年，至老爲菊坡精舍山長，英偉之士，多出其門。光緒七年，兩廣總督南皮張制軍之洞、廣東巡撫長白中丞裕禄，會銜保薦，奏請量加褒異。其年七月奏，上諭：「陳澧着賞加五品卿銜。」八年正月卒。所著有《聲律通考》、《切韻考》、《漢書地理志水道圖説》、《漢儒通義》、《説文聲讀表》、《水經注提綱》、《東塾讀書記》、《琴律説》、《文集》諸書。又譔有《弧三角平視法》一卷。其自爲序曰：「弧三角圖，以斜視繪之，則諸綫皆見。然初學者每苦其繁密，《欽定曆象考成》有一圖，以平視繪之，使一角對圓心角，旁兩弧變爲直綫，兩弧之正弦正切，皆與其弧合爲一綫。竊取此法，以繪正弧三角諸圖，則簡而明矣。凡十六法，綜而該之爲四法，則更簡明矣。斜弧三角作内外垂弧，仍以正弧三角算之，故不復作圖也。此余二十年前舊藁，今緣而存之，以授初學者。」又譔《三統術詳説》四卷，其門人廖廷相跋曰：「術之見于史志者，以三統爲最古，然其中黄鍾易策，與夫乘加參合等數，多傅會假托之辭，而又顛倒其次第，繁亂其名目，讀者每以艱深苦之。錢辛楣、李尚之、董方立諸家，雖嘗爲發明，而未覺其立言之病，閲者仍不易解。先生少讀班志，爲之鈎摘剖演，而隱者以顯，賾者以明，成《詳説》四卷，藏之篋中，未及寫定。壬午，先生歸道山，檢刻遺書，卷内九章歲差一條，有録無説。竊據《續漢志》元和二年太史令候日行冬至在斗二十一度四分之一，以歲差密率推之，劉歆作《三統》時，當在斗二十二度四分度之一弱，知其所謂牽牛前四度五分者，蓋據當時實測而言。因倣全書體例，以己意補之，未知有當于先生之意否也。」《三統術詳説》、《弧三角平視説》。

論曰：顓頊、夏、殷六曆，秦一炬後，莫可深考。而術之見于史志，最古者厥惟三統，然又率多傅會。易策顛倒次序，陳京卿爲之詳説，洵足補錢、李、董諸人所未及。其《弧三角平視》一書，尤便初學，功亦鉅矣。

殷家儁

殷家儁，字竹伍，湖南湘陰人。南海鄒特夫徵君伯奇著《格術補》一書，長沙丁果臣明經取忠重刊于《白芙堂算書》中，而家儁爲之箋，并爲之補算與圖。其自叙曰：「格術之補奚爲者？鄒君特夫覽沈括《筆談》，慨格術之失傳而補也。篇首以漏光之孔，擬凸鏡之限，繼將限影倒順，反復推詮爲格義。一隅之舉，以俟通變者之觸類而擴充之也。苟能充之，則撬之支衡之繫者亦格也。桔橰之俯仰也，舳艫之左右也，墜與輸之往復而周旋也，胥格之爲也，凡若此者，皆在物之格，人所易知者也。推而至于八綫之正餘，距緯之南北，日月之交食，舉凡天道之陰陽剥復，人道之進退消長，與萬類之相悖相反者，莫不中有一格爲之主持，使其勢不兩立而并行也。格之時義大矣哉！補斯術者，其有愛禮之遺意乎？何憂之遠也！鄒君躬通絶學，名動公卿，海内習算名家咸推重之，余心慕焉，未由與之交也。鄒君既卒，其友人刊其遺稿，而丁果臣先生尤喜此《格術補》一書，欲重刊于《算學叢書》之中，謬謂余明算理，屬爲校之。余間以所見正其譌誤，先生甚喜，寓書廣州友人，以爲宜并鄒氏遺書中本改正之。廣州友以鄒君既往，雖有誤，他人不能代正之也；必欲正之，宜别行，于是更屬余爲之箋。而左君壬叟、黄君玉屏皆謂算例亦所宜補，故又爲之補算與圖。圖算者，相輔而行者也。今之言算者，喜新法，而余之言算，樂推千古。景鑒者，墨子之遺術也。故又多引墨子經説，傅會箋之。蓋所箋已非鄒君原作之式，而要爲補鄒君之所未備，亦猶之鄒君所補，已非《筆談》格術之意，而要爲格術之所宜闡者也。因題數語，以志緣起。」又著有《自鳴鐘説補正》一篇，亦足補鄒氏所未備，其他著述尚多。《格術補箋》、《自鳴鐘説補正》。

黄炳垕　胡秉成

黄炳垕，字蔚亭，浙江餘姚人。梨洲先生七世孫也。同治庚午科父子同榜舉人。年十三時，塾師論天象，謂六合之内，大地居中，日月五星皆繞地而行，月與星俱借日光，故日爲君象。炳垕起而問曰：「日既爲君象，星與月皆借日光，是六合之内莫尊于日矣，奈何與月同繞地行也？」塾師愕然，曰：「小子未可以語此也。」既而曰：「此子當以絶學鳴世。」弱冠後，鋭志家學，得先世遺書讀之，遂盡通曆算之術。同治甲子，湘陰左文襄侯相奉命飭各屬訪求通曉句股三角開方度算之上，測造沿海府縣輿地圖。餘姚令陶雲升以炳垕名通稟，各大憲邀請測算，未及半載，而圖説俱成，申詳梓行。又融會諸法，參以心得，别爲一書，名曰《測地志要》。凡測經緯廣遠高深，暨推算雜法，悉以試于一邑者爲例。戊辰己巳，徐壽蘅侍郎樹銘視學兩浙，推崇絶學，召試句股術，拔置第一。食餼，延至署中，訪問天學。庚午，以優行貢太學，是年遂與其子維瀚同舉于鄉。辛未計偕入都，聯交于海寧李壬叔京卿善蘭，朝夕過從，講論絶藝，而其學益進。下第南歸，會李芍巖侍讀文田督學江右，梅小巖中丞啓照巡撫兩浙，朱肯夫詹事逌然視學川中，長白都轉惠年轉運兩浙，皆以書來招致，悉以老病辭不赴。惟嘗一主辨志文會天算講席，兩浙髦士，多出其門。又嘗爲祁子禾學使世長所邀，暫閲寧郡算學試卷，以其所著書行文撫院，咨送國史館。其《測地志要》一書，又爲總理各國事務衙門所取，分致各營。生平所著書曰《誦芬詩略》、《忠端年譜》、《文孝年譜》、《曆學南鍼》、《方平儀象》、《交食捷算》、《麟史曆準》、《五緯捷算》、《燹餘存稿》，暨《測地志要》，凡十種，方平儀象一幅，易平圓天圖爲平方，皆本當時實測，是爲適用。其譔《交食捷算》、《五緯捷算》也，謂《欽定考成》一書，詳述步算之術，而卷帙浩繁，數理精邃，匪特寒素之家無力購其書，即中智之士未易窺其奥，故殫思有年，悟得捷徑，證之實測而悉合，以爲初學從入之途。其門人胡秉成序之，略曰：「先生心力所注，尤在捷算二書，書既成，秉成請付諸剞劂，與校讐焉。先生以梨洲先生《授時》、《回回》、《西曆》假如見示，謂是即捷算之鼻祖。秉成讀竟，問先生曰：假如一書，凡日躔月離交食五緯，各設算例一條，而無每歲根數，每節躔度，第使學者粗知其術耳！兹書于交食則用圖算，而每歲每月之度分悉備，五緯俱有捷表，而各節各氣之實行胥詳，法取其簡，數極其精，誠足補假如所未備乎！先生謂假如猶《易》之太極，萬理渾括而無窮；捷算猶《易》之三百八十四爻，萬象顯呈而無隱。」秉成原名士培，後改炳遠，字在兹，居近射的山。好劍術，有古任俠風。從炳垕受天文曆術，登光緒壬午賢書。癸未赴春官，人皆以聯捷期之，乃毷氉南歸。遽卒于甲申人日，年逾不惑。《交食捷算》、《五緯捷算》、《測地志要》、《方平儀象》。

論曰：黄孝廉世守家學，知名當時，晚乃鍵關著書，謝絶世務，屢辭名公鉅卿之聘，其品詣卓然不侔矣。及讀其書，而法極其簡，旨極其明，雖中下之材亦不繁言而解。李壬叔京卿稱其以梅氏之心爲心，豈虚譽哉！

董毓琦

董毓琦，字子珊，浙江臨海人。歷官廣東海陽縣、梁安縣知縣。著有《星算補遺》八種，曰《笠寫壺金》，曰《髀矩測營》，曰《視徑舉隅》，曰《籌筆初梯》，曰《交食南車》，曰《倉田辨正》、《九環西解》，曰《珠算探驪》，行于世。《星算補遺》。

廖家綬

廖家綬，一名家壽，號子忠，湖南長沙人。少聰敏，有雋才，見知于南昌梅小巖中丞啓照，薦入江寧算學書院。光緒八年，應邊防大臣吉林將軍希元之聘，爲吉林表正書院算學教習。一世英鋭之士，多出其門。光緒十二年，吴清卿中丞大澂奉旨勘界吉林，以測繪地圖任之。圖成，議叙五品銜歸部，銓選縣丞。光緒十六年卒于吉林總邊電報總局，年三十有一。所著有《句股邊角釋術》一卷，《續句股六術》一卷，《以中垂綫立爲六術礮法》四卷，其目曰釋術、曰溯源、曰致用；《測圜海鏡翼》二十卷，倣海鏡例以三角容員設題；《對數較表》一卷；《修竹齋雜著》若干卷，藏于家。《廖氏算書》。

論曰：廖贊府算術，爲近日湘南翹楚。精于測量，而以礮法爲最，雖釋術與溯源相爲表裏，算例多而分門别類，設題務盡其變，定術不涉于繁，如舊設諸題，悉變爲一次比例，惟增設諸題有用數次比例者，釋術以發明其術之所以然。溯源則又推闡抛物綫，所以能馭平圓之理。至于臨敵施放昂度固因遠而推遠，更須憑測望而後得，遞經步算不無稽遲，非準制器，不足以致用也。因更創制器術，顔曰致用。以礮昂度寓于表尺之間，而重測横表步算諸繁，胥可省焉。法至簡則練習不難，用至捷則倉猝無失，其有益于行陳，豈淺鮮哉！

清·黄鍾駿《疇人傳四編》卷九　西洋一後續補遺三十二

高一志

高一志，字聖則，意大理亞人。明萬曆二十三年入中國，至山西。崇禎年卒。所著有《空際格致》二卷。《泰西著述考》。

又　畢方濟

畢方濟，字今梁，納波理人。明萬曆四十一年入中國，召至京，尋往河南，後徐光啓延歸上海，往來江、浙、閩、粵。崇禎末卒于杭州。所著有《靈言蠡勺》二卷。《天學初函》、《泰西著述考》。

又　孟儒望

孟儒望，字士表，路西大尼亞人。明崇禎十年至中國江西、浙江，復回小西洋，卒。所著有《天學略義》一卷。《天學初函》、《泰西著述考》。

清·黄鍾駿《疇人傳四編》卷一〇　西洋二後續補遺三十三

蘇納爵　白乃心

蘇納爵，字德業，熱而瑪尼亞人。順治十六年欽取來京，佐修曆務，因與水土不和，詔養病山東，不久卒。生平精曆數之學，所有著述，死後散失，爲可惜也。白乃心，字葵陽，亦熱而瑪尼亞人，與蘇納爵同修曆務，多所匡正。後回本國。《泰西著述考》。

又　閔明我　恩格理

閔明我，字德先，意大里亞人。康熙十年欽取來京，佐修曆務，于步天之術，多所發明。雖創新法，仍不悖于古焉。同時修正曆法者，恩格理，字性函，熱而瑪尼亞人，後告假奉旨往山西絳州。所著有《文字考》。《泰西著述考》。

清·黄鍾駿《疇人傳四編》　清後附録三

蕊珠　錢潔

蕊珠

蕊珠，山陰陳鼎之妾也。善畫，諳九章算術，能推步日月食，毫黍不爽，其繼妻錢潔之所教也。鼎隨父宦遊滇南，先贅于土司龍氏。繼妻錢潔，字瑜素，海虞顧山人，知書能詩。《滇黔土司婚禮記》。

蘭陵女史

蘭陵女史，不詳其姓字。著有《中星歌》并圖，行于世。每一月一歌，共十二歌，歌後各附以圖。《中星歌》。

清·程岱葊《野語》卷八　西洋曆法

西洋人之得留中土，亦非無故。其人率專精曆法。萬曆三十八年十一月朔，當日食，曆官推算多謬。五官正周子愚言，西洋歸化人龐迪我、熊三拔所攜曆書，有中國載籍所未及者，當令譯上。禮臣翁正春請仿洪武回回曆科例，令迪我等會同測驗從之。迨迪我等去後，至崇禎時，曆法益疎舛。允禮書徐光啓之請，令其徒羅雅谷、湯若望等，以其國新法參較，開局纂修。書成，以崇禎元年戊辰爲曆元。視大統曆爲密，蓋其人自入中國，參考中國諸書，法益明備，纖毫不爽。至今欽天監猶用其人，不能盡去。然不去，則傳教終無已時。如令士子一體明習曆法有曆學精深者，量予登進之路，則中土士人知曆者多，西洋人失所恃矣。昔唐宣宗欲裁抑宦官，令狐綯曰：有罪勿捨，有闕勿補，自然漸耗至盡。可師其意。西洋人薄其廩禄，重其防閑，嚴傳教之罪，去者聽之，來者拒之，使之利少而害多，則其人不去而自去，其教不絶而自絶矣。此特臆説。今道光六年，欽天監副高守謙呈請，終養畢學源，衰病均奉俞允准回西洋本國，不必再行來京。著督撫委員護送，毋任逗遛，與人交接滋事等因，欽此。從此西洋人日少，習天主教者亦日少矣。

習天文

或謂中土士人習天文者少，非西人不可。余聞西人測算本于《周髀》，自中土失傳，西人改易名目，來售其術，是西法即中土之法耳。近世如宣城梅氏，尚矣；他如餘姚邵子政昂霄通中西之術，推測布算，細析毫芒。手製儀象，西人服其精巧，著有《萬青樓圖編》，援引最爲精密。嘉慶年間，又有金陵女史王貞儀者，字德卿，適宣城梅子文木枚，其所著《象數窺餘》、《星象圖說》、《歲差日至辯疑》、《盈縮高卑辯》、《黃赤二道辯》、《地圓論》、《月食解》、《地球比九重之天論》、《歲輪定于地心論》、《日月五星隨天左旋三論》、《勾股三角解》等書，皆足與梅氏相發明。巾幗且然，何況士類？吾友陳君鴻業，夙精天文曆算，其所論著，久爲大人先生推許。由此觀之，不患中士無材也。

清·唐鑒《學案小識》卷一二《經學學案》 宣城梅先生

先生諱文鼎，字定九，與弟文鼐文鼏共習臺官交食法，著《天文駢枝》六卷。值天學書之難讀者，必求其說以考經史，至廢寢食。疇人弟子皆折節造訪，人有問者，亦詳告無隱。期與斯世共明之。所著《天算之書》八十餘種。讀元史授時法經，作《元史天經補注》二卷。又以授時集古法大成，參授古術七十餘家，著《古今天法通考》七十餘卷。又取魯獻公冬至證統天術之疎，作《春秋以來冬至考》一卷。又以庚午元爲上元起算之端，作《庚午元法考》一卷。又以郭太史所著法草乃法經立法之根，作《法草補注》二卷。又以立成傳寫譌舛，作《大統立成注》二卷。又以授時法于日纏盈縮、月離遲疾，並以垜積招差立算作《平定三差詳說》一卷。又以唐九執法爲西法之權輿，作《回回法補注》三卷、《西域天文書補注》三卷、《三十雜考》一卷。又以表景生于日軌之高下，日軌又因于里差而變移，作《四省表景立成》一卷。又以周髀里差即西說所出，作《周髀算經補注》一卷。又以渾蓋之器最便行測，作《渾蓋通憲圖說訂補》一卷。又以西國以太陽行黃道三十度爲一月，作《西國日月考》一卷。又西術有細草，猶授時之通軌，作《七政細草補注》三卷。又以新法交食蒙引七政蒙求並逸，作《交食蒙求訂補》二卷、《附說》二卷。又以監正楊光先《不得已》日食圖有誤，作《交食圖法訂誤》一卷。又以交食細草用儀象志表不如弧三角之親切，作《求赤道宿度法》一卷。又以交食起復方位難以東西南北之號測驗，惟人所見日月圓體分爲八面，正對天頂處，命之曰上，對地平處，命之曰下，上下聯而直線作十字橫線，命之曰左、曰右，爲四正向，取上左、上右、下左、下右爲四隅向，作《交食管見》一卷。又以日差表說有誤，作《日差原理》一卷。又以火緯難算，作《火緯本法圖說》一卷。又因火緯及七政作《七政前均簡法》一卷。又以金水歲輪繞日右移，上三星軌迹左轉歲輪仍右移，作《上三星軌迹成繞日圖象》一卷。又以《天問略》取黃緯不真，作《黃赤距緯圖辨》一卷。又以西人謂日月高度等，其表景有長短，非是，作《太陰表影》一卷。又《以帝星勾陳經緯》刊本互異，作《帝星勾陳經緯考異》一卷。又以測帝星勾陳爲定夜時之簡法，作《星晷真度》一卷。康熙間《明史》開局，《天文志》爲檢討吴任臣所修，後以屬先生。先生摘其譌舛五十餘度，以天草通軌正之，成明史志，擬稿三卷。康熙二十八年，先生至京師，李文貞謂天法大備，而經生望洋，宜作簡要之書。先生因作《天學疑問》三卷。四十二年，聖駕南巡，文貞以巡撫扈從。上問宣城處士梅文鼎焉在，文貞奏，尚在臣署。先生伏迎河干，召對移時，賜「績學參微」四大字，命其孫瑴成在内廷學習。先生所著書，柏鄉魏荔彤兼濟堂纂刻者，凡二十九種。瑴成謂編校未善，別爲編次，名「梅氏叢書輯要」，總二十五種，六十二卷。先生卒年八十有九。

吴江王先生

先生諱錫闡，字寅旭，博覽羣書，通中西天學，潛心測算。天色澄霽，輒登屋卧鴟吻間，仰觀景象，竟夕不寐，務求精符天象。著《曉庵新法》六卷，考古法之誤而存其是，擇西說之長而去其短，據依圭表改立法數，識者莫不稱善。年五十五卒。宣城梅先生曰：從來言交食祇有食甚分數，未及其邊，惟寅旭以日月圓體分三百六十度而論其食時，所虧之邊凡幾何度。今推其法頗精確，蓋宣城之以上下左右算交食方向法，實本于先生焉。

又 長洲惠先生

先生諱周惕，原名恕，字元龍。進士官知縣，邃于經學，著有《易傳春秋三禮問》及《硯溪詩文集》。其《詩說》三卷謂，大小雅以音別，不以政別。謂正雅變雅，美刺錯陳，不必分，六月以上爲正，六月以下爲變；文王以下爲正，民勞以下爲變。謂二南二十六篇皆房中之樂，不必泥其所指何人。謂天子諸侯均得有頌，魯頌非僭其言，皆有依據。其子仲儒，先生諱士奇，進士，累官翰林院侍讀，著《易說》六卷，專宗漢學，以象爲主，徵引極博，而不免失之雜。至論大明終始，引莊子《在宥篇》：我爲女遂于大明之上矣，至彼至陽之原也；爲女入于窈冥之門矣，至彼至陰之原也。謂莊周精于易，故善道陰陽，先儒說易者皆不及，尤未免失之不經。又撰《春秋說》十五卷，以禮爲綱，而緯以《春秋》之事。言必據

典，論必持平。又撰《禮説》十四卷、《大學説》一卷。又究推步之術，著《交食舉隅》二卷。又有《琴笛理數》四卷。又有《紅豆齋小草》、《詠史樂府》及南中諸集。子七人，棟，字定宇，號松崖，最知名，世稱定宇先生。乾隆十五年，詔舉經明行修之士，大臣交章論薦。會索所著書，未乃呈進，罷歸。先生于諸經，熟洽貫串；諸詁訓古字古音，非經師不能辨，作《九經古義》二十二卷，尤邃于易。其撰《易漢學》八卷，乃追考漢儒易學，掇拾緒論，以見大凡。凡《孟長卿易》二卷、《虞仲翔易》一卷、《京君明易》一卷（干寶附焉）、《鄭康成易》一卷、《荀慈明易》一卷。其末一卷則發明漢易之理，以辨正《河圖》、《洛書》、先天太極之學。其撰《易例》二卷，乃鎔鑄舊説，以發易之本例，隨手記録，以儲作論之材。其撰《周易述》二十五卷，以荀爽、虞翻爲主，而參以鄭元、宋咸、干寶之説，融會其義，自爲注而自疏之。其書垂成而疾，《革》遂闕。《革》至《未濟》十五卦及《序卦》、《雜卦》兩傳，雖爲未完之書，而漢學之絶者至是而粲然復章矣。又撰《明堂大道録》八卷、《禘説》二卷，禘行于明堂，明堂之法本于易。又撰《古文尚書考》二卷，辨鄭元所傳之二十四篇爲孔壁真古文，東晉晚出之二十五篇爲僞。又撰《後漢書補注》二十四卷、《王士正精華録訓纂》二十四卷、《九曜齋筆記》、《松崖筆記》、《松崖文鈔》、《諸史會最》、《竹南漫録》諸書。卒年六十二。

泰州陳先生

先生諱厚耀，字泗源，康熙丙戌進士，以通算入直内廷，授檢討，官至諭德。以天算之法治《春秋》，補杜預《長曆》爲《春秋長曆》十卷。其凡有四：一曰曆證，備引《漢書》、《續漢書》、《晉書》、《隋書》、《唐書》、《宋史》、《元史》，及《左傳注疏》、《春秋屬詞》、《天元曆理》，及朱載堉《曆法新書》諸説，以證推步之異。其引《春秋屬詞》載杜預論日月差訛一條，爲注疏所無。又引《大衍曆數》、《春秋曆考》一條，亦唐志所未録，尤足以資考證。二曰古曆，以古法十九年爲一章，一章之首推合周曆朔日、冬至，前列算法後以《春秋》十二公紀年，横列爲四章，縱列十二公，積而成表，以求曆元。三曰曆編，舉《春秋》二百四十二年，一一推其朔閏及月之大小，而以經傳干支爲證佐，皆述杜預之説而考辨之。四曰曆存，以古曆推隱公元年正月庚戌朔，杜氏《長曆》則爲辛巳朔，乃古曆所推之上年十二月朔，謂元年之前失一閏，蓋以經傳干支排次知之。先生則謂如杜氏之説，元年至七（牛）〔年〕，中書曰者雖多不失，而與二年八月庚辰、三年十二月之庚戌、四年二月之戊申又不能合。且隱公三年二月己巳朔日食，桓公三年七月壬辰朔日食，亦皆失之。蓋隱公元年以前非失一閏，乃多一閏，因退一月就之，定隱公元年正月爲庚辰朔，較《長曆》實退兩月，推至僖公五年止。以下朔閏，因一一與杜曆相符，故不復續推焉。又撰《春秋戰國異詞》五十四卷、《通表》二卷、《摭遺》一卷、《春秋世族譜》一卷。又著《禮記分類》、《十七史正譌》諸書。

清·唐鑒《學案小識》卷一三《經學學案》 淄川薛先生

先生諱鳳祚，從魏文魁學天文，主持舊法。譯穆尼閣説爲《天步真原》，謹守繩尺，著《天學會通》十餘種。蓋新法初行，欲以中西文字會而通之。梅宣城《天算書記》所謂「青州之學」也。先生又著《兩河清彙》，詳究黄河運河北自昌平通州，南至浙江河湖全水諸目。又别爲《海運》一篇。

清·錢儀吉《碑傳集》卷四六 惠先生傳錢大昕

惠先生士奇，字天牧，一字仲孺，世居吴縣東渚邨。祖有聲，明末以諸生貢入太學。里居著書，以九經訓子弟。父周惕，始遷居葑門之香水溪，登康熙辛未進士，選翰林院庶吉士，改密雲縣知縣。先生之生也，父夢貴人來謁，視其刺乃東里楊文貞公，遂以文貞名名之。年十二能詩，有「柳未成陰夕照多」之句，大爲先輩激賞。弱冠爲諸生，不就省試，或問之，則曰：「胸中無書，焉用試爲？」於是奮志讀書，晨夕不輟，遂博通六藝，九經經文、《國語》、《戰國策》、《楚詞》、《史記》、《漢書》、《三國志》，皆能闇誦。嘗與名流會，坐中有客前請曰：「聞君熟于《史》、《漢》，試爲誦《封禪書》。」先生朗誦，終篇不失一字，合坐皆歎服。戊子舉鄉試第一，明年成進士，選庶吉士，散館授翰林院編修。癸巳乙未會試，再充同考官。

聖祖嘗問廷臣誰工作賦者，閣學蔣公廷錫以華亭王公頊齡、仁和湯公右曾及先生三人名對。其後湯公掌翰林事，詞臣擬撰文字，皆送先生改定，然後進呈。己亥正月，太皇太后升祔禮成，特命祭告炎帝陵、舜陵，故事，祭告使臣學士以上，乃得開列，先生以編修與焉，洵異數也。庚子秋，主湖廣鄉試，得夏力恕等九十九人，多知名士，其冬復奉督學廣東之。

命下車，日焚香，設誓不妄取一文，不妄徇一情，頒條教以通經爲先，士子能背誦五經，背寫三禮、《左傳》者，諸生食廩餼，童子青其衿。嘗言：漢時蜀郡僻陋，有蠻夷風，文翁爲蜀守，選子弟就學，遣雋士張寬等，東受七經，還以教授。其後，司馬相如、王褒、嚴遵、楊雄，相繼而起，文章冠天下。漢之蜀，猶今之粤也。于是毅然以經學倡，三年之後，通經者漸多，文體爲之一變。

世宗御極，復命留任三年，粵士皆鳬踴雀躍，爭棄兔園册，專事經籍。而通經者愈多，其爲文章，郁郁莘莘，比于江浙矣。又謂今之校官，古博士也，博士明于古今，通達國體，今校官無博士之才，弟子何所效法？訪諸輿論，得海陽進士翁廷資者，即具疏題，補韶州府教授，將以誘進多士，吏部以學臣向無題補官員之例，格不行。奉旨「惠士奇居官聲名好，所舉之人諒非徇私，著照所請補授，後不爲例」。在任遷右春坊右中允，超擢侍講學士，轉侍讀學士。任滿還都，送行者如堵牆。既去，粵人尸祝之，設木主，配食先賢，潮州于昌黎祠、惠州于東坡祠、廣州于三賢祠，每元旦及生辰，諸生咸肅衣冠入拜。其得士心如此。丙午冬還朝，丁未五月奉旨修理鎮江城，即束裝赴工。所棄産興役所修，不及二十分之一，以産盡，停工罷官。

今天子即位有旨，調取來京。引見，以講讀用。所欠修城銀兩，得寬免。丁巳六月補侍讀時，已垂老，耳漸聾。己未春以病告歸，辛酉三月卒，年七十有一。先生盛年兼治經史，晚歲尤邃于經學。【略】幼時讀廿一史，于《天文》、《樂律》二志未盡通曉，及官翰林，因新法究推步之原，著《交食舉隅》二卷，言測日食者，先求食限，食限必在兩交，去交近則食，遠則否，有入食限而不食者，未有不入食限而食者也。古法不能定朔，故日食或在晦。說者謂，日之食，晦朔之間，月之食惟在望，此知二五而不知十也。日月有平行，有實行，有視行。日月之食亦有實食，有視食。實食者，日月在天相掩之實度；視食者，人在地所見之，初虧食甚，復圓也。古術或知求實行，莫知求視行；皆知求平朔，莫知求實朔，故不能定朔者以此。七政有高卑，故有恒星天，有五星天，有日天，有月天，古人以恒星爲最高，遂指恒星爲天體，新法于恒星天之外又有宗動天，合于九重之數。宗動者，七政之所同宗也。沈括謂：「日月星辰之行，不相觸者，氣而已」，此不知曆象者也。如日月有氣而無體，則月焉能掩日哉？日高而月下，五星亦有高下。高下既殊，又焉能相觸乎？《春秋》：日有食之既，既者有繼之辭，非盡也。新法謂之金錢食，日大月小，月不能盡掩日光，故全食之時，其中闕然，而光溢于外，狀若金錢也。

又 詹事府少詹事錢君大昕墓誌銘王昶

乾隆十三年夏，昶肄業于蘇州紫陽書院，時嘉定宗兄鳳喈，先中乙科，在院同學，因知其妹壻錢君曉徵，幼慧，善讀書，歲十五補博士弟子，有神童之目。及院長常熟，王次山侍御詢嘉定人材，鳳喈則以君對。侍御轉告巡撫雅公蔚文，檄召至院，試以《周禮》、《文獻通考》兩論，君下筆千餘言，悉中典要。于是院長驚異，而院中諸名宿莫不斂手敬之。後三年，高宗純皇帝南巡，君獻賦，召試，賜舉人，以內閣中書補用。明年入京，與同年褚搢升、吳荀叔講《九章算術》。時禮部尚書，大興何公翰如，久領欽天監事，精于推步，時來內閣，君與論宣城梅氏及明季利瑪竇、湯若望諸家之學，洞若觀火，何公輒遜謝以爲不及。又以御製《數理精蘊》，兼綜中西法之妙，悉心探覈，曲鬯旁通。由是用以觀史，則自《太初》、《三統》、《四分》，中至《大衍》，下迄《授時》，盡能得其測算之法。故于各史朔閏、薄蝕、淩犯、進退、强弱之殊，指掌立辨，悉爲抉摘而攷定之。君在書院時，吳江沈冠雲、元和惠定宇兩君，方以經術稱吳中。惠君三世傳經，其學必求之《十三經註疏》暨《方言》、《釋名》、《釋文》諸書，而一衷于許氏《說文》，以洗宋元來庸熟鄙陋。君推而廣之，錯綜貫串，更多前賢未到之處。謂古人屬辭，不外雙聲，疊韻，而其秘實具于《三百篇》中。雙聲，即字母所由始，初不傳自西域，皆說經家所未嘗發者。尤嗜金石文字，舉生平所閱經史子集，證其異同得失，說諸心而研諸慮。海內同好，如畢纕蘅、翁振三、阮伯元、黄小松、武虛谷，咸有記撰。而君最熟于歷代官制損益，地里沿革，以暨遼金國語蒙古世繫，故其攷據精密，多有出于數君之外。所著《經史答問》、《廿二史攷異》、《通鑑註辨正補》、《元史氏族表補》、《元史藝文志》、《三統術衍》、《四史朔閏攷》、《金石文跋尾》、《養新録》諸書，悉流傳于世。君弱冠，與東南名士吳企晉、趙損之、曹來殷輩，精研風雅，兼有唐宋。官翰林十餘年，所進應奉文字，及御試詩賦，恒邀睿賞，故詩格在白太傅、劉賓客之間。文法歐陽文忠、曾文定、歸太僕，從容淵懿，質有其文。讀其全集，如見爲端人正士也。君入中書，後十九年成進士，改庶吉士，散館授編修。二十三年大考，二等一名，擢右贊善，尋遷侍讀。二十八年大考，一等三名，擢侍講學士，充日講起居注官。三十七年，改補侍讀學士。其年冬，擢詹事府少詹事。君以績學著聞京師，秦文恭公輯《五禮通攷》，及奉敕修《音韻述微》，皆請相助。其時，朝廷修《熱河志》、《續文獻通考》、《續通志》、《一統志》、《天毬圖》，君咸充纂修官。己卯、壬午、乙酉、甲午，充山東、湖南、浙江、河南主考官。庚辰、丙戌，充會試同考官，又充會試磨勘官者三，充鄉試磨勘官殿試執事官者各一。京察一等者三。即于主考河南之歲，授廣東學政。明年夏，以丁父憂歸。先是，君以侍讀學士，特命入直上書房，授皇十二子書。每預內廷錫宴，賦詩稱旨，前後蒙賜福字、貂皮、緞疋，恩禮有加，蓋上深知其學行兼優，將不次簡畀。顧君淡于榮

利，益以識分知足爲懷，嘗慕邴曼容之爲人，謂官至四品可休，故于奉諱歸里，即引疾不復出。嘉慶四年，今上親政，垂詢君在家形狀，朝臣寓書，勸令還朝，君皆婉言報謝。是以歸田三十年，曆主鍾山、婁東、紫陽三書院，而在紫陽至十六年之久。門下士積二千餘人，其爲臺閣侍從，發名成業者不勝計。蓋皆欽其學行，樂趨函丈，即當事亦均以師道尊禮之。而今巡撫汪君稼門，待君尤摯云。君諱大昕，號竹汀，曉徵其字。生雍正六年正月初七日，以嘉慶九年十月二十日卒于書院，年七十有七。君卒之日，尚與諸生相見，口講指畫，談笑不輟。及少疲，倚枕而臥，不逾時，家人趨視，則已與造化者游矣。非其天懷淡定，涵養有素，能如此哉！君先世自常熟徙居嘉定，曾祖岐，祖王炯，父桂發，皆邑諸生。兩世耆年篤學，鄉里稱善人，以君貴，贈祖奉政大夫、翰林院侍讀，父中憲大夫、詹事府少詹事。祖妣朱，贈宜人；妣沈，封太恭人。配王恭人，即鳳喈妹，善記誦，有婦德，先君三十七年卒。君事庭闈以孝聞，侍鄉黨宗族以婣睦聞。而與弟大昭，尤以古學相切劘，厥後以孝廉方正徵，賜六品頂戴，亦稱儒者。其餘猶子，江寧府教授塘、乾州州判坫、舉人東垣、諸生繹、侗等，率能具其一體，文學之盛，萃于一門，亦可以覘其流澤矣。子二，東壁，諸生；東塾，廩貢生，候補縣學訓導，咸克守家學。女二，一適同縣諸生瞿中溶，一適青浦諸生許蔭堂，皆側室浦氏出。孫三，師慎、師康、師光，尚幼。東壁等自蘇州奉柩歸家，將以今年十二月初十日，合葬王恭人于城西外岡鎮李字之原，實來請銘。嗚呼！昶長君四歲，回憶與君及鳳喈同居學舍時，距今忽忽五十七年，逮同年通籍、同官同朝，亦幾二紀，中間昶以出使滇蜀，敭歷中外，與君別日較多，而書問往還，無時不以學問文章相質。蓋著作淵源，性情趨向，有非儕輩所得道其詳者。然則窀穸之文，非昶誰能盡也？鳳喈先以光禄卿告歸，後十二年，君繼之，又十三年，而昶以年届七十，蒙恩予告。三人者，所居百里而近，春秋佳日，常聚于吳中，諸弟子執經載酒，稱爲三老。曾幾何時，而鳳喈先逝，君歸道山又期年矣。獨昶龍鍾衰病，淹息牀第，且念企晉、損之諸友，更無一人在者，執筆而書君行事，可勝悲夫！銘曰：

博文約禮道所基，下包河洛上璿璣。三才萬象森端倪，君也閎覽兼旁稽。海涵地負參精微，儒林藝苑資歸依。龍蛇妖夢未告期，文昌華蓋沈光輝。凡凡松柏臨湖湄，三尺堂斧千秋思。

又 刑部員外郎褚公寅亮墓表 任兆麟

公褚氏，諱寅亮，字搢升，一字鶴侶，系出漢少孫之後。世居河南，至宋高宗時，有官平江令者，其後居吳，遂爲長洲人。五世祖于仁，爲長子知縣，有循聲。祖思，縣學生，治《穀梁春秋》。父省曾，歲貢生，治《毛詩》，兩世皆有論著。公生而穎異，九歲有《諸葛武侯論》，父見而心喜之，比入塾，手一編，晨夕吟諷，足不出外户，溽暑沍寒，未嘗輟習舉業。從先大父孝廉府君游，太父門下多績學敦行士，獨深器公，曰：「他日爲經術醇儒者，褚子也。」年二十一，籍郡校食餼，旋舉優行肄業紫陽書院。邵孝廉臨夙負人倫鑒，以女妻之。乾隆十六年，上南巡，召試行在，賜舉人，授内閣中書，從總憲梅穀成研求算術，洞悉句股、少廣、三角、八綫之原，充方略館纂修。【略】其致政歸里也，汲汲以著述爲事。【略】至天文推步測算之學，尤有神解。撰《句股三角術圖解》，嘗偕錢學士大昕讀《晉書》，至「永嘉六年七月，歲星、熒惑、太白聚于斗牛」，公曰：「七月日在鶉尾之次，去星紀極遠，太白在日前後，最遠不過四十五度，何緣違日而在斗牛間？七月當爲十月之譌。」

清・錢林《文獻徵存録》卷二 吳任臣，字志伊，號爾器，仁和人，諸生。涉覽記傳，號能多識，通天官六壬奇門，學射事多中，人比之管郭。吳百朋嘗在馬鳴九許語及，鄦殹二字當作何讀。任臣答曰：「殹也，同見《秦權》；鄦，古文許出《説文長箋》。」百朋即取二書尋檢，竝如其説。康熙十七年，舉博學鴻詞，既試，授檢討，與修《明史》曆志。任臣入都，與李因篤俱爲益都相國客。一日，閣學李天馥召客會宴，任臣與毛奇齡在坐。天寒，因篤衣短貉裘而來，毛色粗惡。天馥謂，當内其毛而衣之。因篤曰：「是反衣也，獨不聞反裘而負薪乎？負薪所衣當是羊裘，羊裘，賤服也。毛色所尚，古無明文，然定無從内向者。」奇齡曰：「毛不内向是也，羊裘則用純黑。《論語》羔裘元冠緇衣，羔裘以冠衣，黑色表毛色也。《詩》曰，『羔羊之皮，素絲五紽』，毛向外用白絲嵌之，使黑白分明以爲飾，此非外向乎？《禮記》云，諸侯有黼裘以誓，省大裘，非古也。解者謂，黑羊雜狐白相閒而成，文者謂之黼裘，純黑羊裘謂之大裘，是天子用純黑羊裘，諸侯用之，謂之非古，此非尊黑羊而賤狐白乎？」天馥以問任臣，任臣曰：「信黼裘誓省，狐裘祭臘，《論語》狐貉之厚以居，則狐用卑褻，不如羊裘祀天之尊也。且《鄶詩》云，羔裘逍遥，狐裘以朝。羊裘狐白均可用爲朝服，而狐多羊少，則詩人譏之，此亦貴賤之一驗也。」因篤笑曰：「田文以狐白脱秦患，而五羊之皮，秦人薄之。《國策》云，千羊之皮，不如一狐之腋。果何貴何賤邪？」任臣曰：「羊之值不如狐，然歷觀諸書，則羊裘價賤而用貴，狐裘價貴而用賤也。」坐客皆以爲然。他

日，天馥爲溥言之，皆大歡噱。志伊明于推步，亦精樂律，曾于市上見編鍾一枚，叩之曰：此大吕鍾也。後滌視款識云古大吕之鍾。所撰有《十國春秋》一百十四卷，又《周禮大義》、《禮通》、《春秋正朔考辨》、《字彙補》、《山海經廣注》，及《託園詩文集》。

黄宗羲，字太沖，餘姚人。【略】用泰西術探日月五星之會，以知其行度。宣城梅文鼎算星曆，本《周髀經》，人以爲妙，其實肇于宗羲。【略】著《大統法辨》四卷，《授時曆故》一卷，《大統曆推法》一卷，《時憲書法解新推交食法》一卷，《圜八綫解》一卷，《授時法假如》一卷，《西洋法》、《回回法假如》各一卷，《氣運算法》、《句股圖説》、《開方命算》、《測圓要義》共如干卷，皆所序曆譜也。又爲《易學象數論》六卷，《春秋日食曆》一卷。《律吕新義》二卷，《孟子師説》二卷，《授書隨筆》一卷，是其發抒經學之籍也。又《明史案》二百四十二卷，條舉一代之事，供采摭，備參定也。以《宋史》爲不辭，欲輯《宋史》，未能就業，今《叢目補遺》三卷存焉。又《贛州失事》一卷，《紹武元立記》一卷，《四明山寨記》一卷，《海外慟哭記》一卷，《日本乞師記》一卷，《舟山興廢》一卷，《沙定洲紀亂》一卷，《賜姓本末》一卷，《汰存録》一卷，其餘《深衣考》一卷，《歷代甲子考》一卷，《今水經》一卷，《四明山志》九卷，《明夷待訪録》二卷，《留書》一卷，《思舊録》一卷，《剡源文鈔》四卷，《明文海》四百八十二卷，《明文授讀》六十二卷，並大行于世。其《宋文鑑》、《元文鈔》未成，又《台宕紀游》、《匡廬游録》、《姚江逸詩》、《姚江文略》、《姚江瑣事》、《補唐詩人傳》、《病榻隨筆》、《黄氏宗譜》、《黄氏喪制》，自著年譜共若干卷。康熙三十四年卒于家，年八十有六。十六年，先自營生壙于忠端墓旁，中置石牀，不用棺槨，子弟疑之，乃作《葬制或問》一篇，援趙邠卿、陳希夷例，戒無得違命。一衾一被，角巾深衣，遂不棺而葬，弟宗炎、宗會，並有異稟，時目爲三黄。子百家，字主一，少傳父業，又事梅文鼎，有《句股矩測解原》二卷。尚書徐乾學延之入史局，其父宗羲先不就徵，以《書》戲乾學，曰：昔聞首陽山二老託孤于尚父，遂得三年食薇，顔色不壞。今吾遣子從公，可以舍我矣。全祖望曰：公論文，以爲唐以前句短，唐以後句長；唐以前字華，唐以後字質；唐以前如高山深谷，唐以後如平原曠野。故自唐以後爲一大變，然而文之美惡不與焉，其所變者，詞所不可變者，千古如一日也。公之文不名一家，晚年愛謝皋羽文，以所處之地同也。雖不赴徵書，而史局大案必咨于公。本紀，則削去誠意伯撤座之説，曆志，出吴任臣手。千里貽書，乞公審正。其論《宋史》，别立道學傳，爲元儒之陋，《明史》不當承其例。時朱彝尊方有此議，湯睢州出公書示衆，遂去之。其于講學諸公，辨康齋無與弟訟田事，白沙無張蓋出都事，一洗昔人之誣。黨禍則謂鄭鄤杖母之非真，寇禍則謂洪承疇殺賊之多誣。死忠之籍，尤多確核。如奄難，則丁乾學以牖死，甲申則陳純德以俘戮死。南中之難，則張捷、楊維垣以逃竄死。史局依之。地志亦多取公《今水經》爲考證。公多碑版之文，其于國難諸公，表章尤力。至遺老之以軍持自晦者，久之或嗣法上堂。公曰：是不甘爲異姓之臣，反甘爲異姓之子也。故其所許者，只吾鄉周囊雲一人。公弟宗會晚年好佛，公反覆言其不可。蓋公于異端之學，雖有託而逃者，猶不少寬焉。初在南京社，會歸德侯朝宗，每食必以伎侑。公曰：朝宗尊人尚在獄中，而燕樂至此乎？吾輩不言是損友也。或曰：朝宗賦性不耐寂寞。公曰：夫人而不耐寂寞，則亦何所不至矣！時歎爲名言。及選明文，或謂：朝宗不當復豫。公曰：姚孝錫嘗仕金，遺山終置之南冠之例，不以爲金人者，原其心也。夫朝宗亦若是矣。乃知公之論人嚴，而未嘗不恕也。晚年好聚書，所鈔自鄞之天一閣范氏、歙之叢桂堂鄭氏、禾中倦圃曹氏，最後則吴之傳是樓徐氏。然嘗戒學者曰：當以書明心，毋玩物喪志也。當事之豫于聽講者，則曰：諸公愛民盡職，即時習之學也。身後故廬，一水一火，遺書蕩然。諸孫僅以耕讀自給。今大理寺卿汪漋，鄭高州門生也。督學浙中，爲置祀田以守其墓。高州之子性，又立祠于家，春秋仲丁，祭以少牢，而葺其遺書焉。

清・錢林《文獻徵存録》卷三　陳厚耀

陳厚耀，字泗源，泰州人。少治《春秋》，術數，尤所專業。康熙四十五年成進士，時梅文鼎先卒。李光地薦厚耀通天文算法，聖祖引對圖三角形，令求中綫，又問弧背尺寸，厚耀所對無差失，旋以省親乞歸。四十七年再徵至京。次年，聖祖幸熱河，厚耀扈行。次密雲縣，命寫筆算法進入，少頃，内出御書筆算，問知此法否，厚耀曰：此法簡便，至爲精妙，臣法出于臆撰，今知其不可用也。上曰：朕將教汝，汝可精思之以待問。次日，問測北極高下法，對曰：若將儀器測景長短，用檢八綫表，可得高度也。此在春秋二分所測則然，其餘節氣又有加減之異，然亦難爲準。則嘗聞，地上有朦氣之差，入目視之，有升高爲卑、映小爲大之異，故渾儀測之多不合，其在天度數則不差耳。又問地周：地三百六十度，依周尺，每度二百五十里。今尺則不同，地周幾何，地徑幾何？厚耀謂：周尺地周九萬里，今尺七萬二千里，以圜三徑一推之，地徑二萬四千；以密率推

之，當得地徑二萬二千九百一十八里有奇也。再問地員出何書，對曰：見《周髀算經》。問何以見其員也，厚耀對曰：《職方外紀》西人言，繞地過一周，四匝皆生齒，所居故知其爲員。且東西測景有時差，南北測星有地差，皆與員形合，故益知其爲員耳。上深嘉美之，將除京官。厚耀以母老乞就教職，除蘇州府學教授。未一年，召爲中書科中書，直南書房，與梅㲄成對，共正定算學書。書成，超授編修。聖祖嘗召厚耀于便殿，使觀陳設儀器。嘗問測景是何法，厚耀不知。上寫西人定位法、開方法、虛擬法示之。又命至御座傍，隨意于紙上作兩點。厚耀點畢，上自用規尺畫圖，即得相去幾何之法。又賜以《幾何術》。《幾何術》者，西人利瑪竇所撰。著其時，寫本絶少，而厚耀獨得見。自是，厚耀之學益妙。丁母憂歸，服除遷司業，轉左諭德兼修撰。五十七年充會試同考官，乞致仕去。厚耀讀杜預《長曆》，預以隱公元年正月朔辛巳與古曆庚戌朔異，辛巳朔乃古曆之上年十二月朔，蓋隱公元年之前失一閏，預知者以經傳干支依次推得之。厚耀謂，如預説，元年書日無所失矣，其與隱公二年八月之庚辰四年二月之戊申又不合，且隱公三年二月己巳朔日食，桓公三年七月壬辰朔日食，亦皆差互，其實隱公元年以前乃多一閏，非失一閏也，當定隱公元年正月朔爲庚辰，較古曆退一月，《長曆》退兩月，從此推至僖公五年止，以下朔閏乃與《長曆》符，故不復推也。於是以《長曆》爲未密，立體例四事參正之。曰曆證，探刺《漢書》、《續漢書》、《晉書》、《隋書》、《唐書》、《宋史》、《元史》、《春秋》、《左氏傳正義》、《春秋屬辭》、《天元曆理》、朱載堉《曆法新書》，以證推步之異。其引《春秋屬辭》載杜預論日月差謬一條，補《正義》之闕，又引大衍曆義春秋曆考一條，亦唐志所未録也。曰古曆，以古法十九年爲一章，一章之首推合周曆正月朔日冬至。先列算法，次以《春秋》十二公紀年横列爲四章，縱列十二公積而成表，以求曆元。曰曆編，舉《春秋》二百四十二年，推其朔閏及月之大小，以經傳干支爲證佐，皆述杜預説而考辨之。曰曆存，則正杜預《長曆》朔閏之差，蓋預以干支遞排。而以閏月小建爲遷就。厚耀明于曆法，故所推較預爲密。書成名曰《春秋長曆》，凡十卷。其《春秋世族譜》一卷，與顧楝高《春秋大事表》相證，春秋氏族之學備矣。二書俱在左氏分類中，世單行之，故左氏分類遂亡佚也。厚耀又著《春秋戰國異辭》五十四卷，《通表》二卷，《摭遺》一卷，所采書皆在三傳、《國語》、《國策》之外，人以爲雅博。年七十五，以老疾卒于家。其書有《左傳分類》、《禮記分類注》、《家語廣輯》、《十七史正譌》三部、《算學書》三十帙，世未見也。

又 梅文鼎弟文鼐　文鼏　孫㲄成　謝希逸　劉湘煃

梅文鼎字定九，又字勿庵，宣城人。年二十七，曆算之學自然會悟，與弟文鼐、文鼏習臺官交食法。值天學書之難讀者必求其説，考證經史至忘寢食。今所傳《天學駢枝》六卷，其少作也。長游京師，安溪李光地甚重之。于時《明史》未成，檢討吴任臣論輯天志，嘉興徐善、宛平劉獻廷增之，餘姚黄宗羲復與對定。文鼎摘其僞舛五十餘事，以《天草通軌》正之，作《明史志擬藁》三卷，其目三，曰法原、曰立成、曰推步。又謂明用《大統》，實即授時，宜取《元史》闕載之事，補其不備。回回法承用三百年，當章顯其術。鄭世子天學袁黄《天法新書》、唐順之《周述學會通回法》，例以庚午元法，可附録。西洋法，今所施行，然明崇禎中，徐光啓、李天經測驗改憲之功不可盡闕，亦當著其緣起，故作《天志贅言》一卷，暢其旨焉。光地嘗謂之曰：天法曖昧，推測疏而不密既多，歷年至于本朝，乃爲大備，然學徒問難，罕得而通，請别爲一書，取元趙友欽《革象新書》義例，務使理宏而亮，詞簡而備。庶上聖微學，久廢復興。文鼎從之，爲《天學疑問》三卷。光地驚歎至絶。其後，光地竟上其書，聖祖覽而異之，問今時恬退之士。光地以文鼎及關中李容、河南張沐對。四十三年，巡江南引見于御舟中，嗟爲雅士，並惜其老，賜御書珍饌，命其孫㲄成直内廷。説者謂，以算數被恩遇，周髀以來，未之有也。文鼎著書，老而彌篤，光地子鍾倫、弟鼎徵，皆願爲弟子。宿遷徐用錫、晉江陳萬策、景州魏廷珍、交河王蘭生，皆與參校著書，凡八十餘部。有《元史天經補注》二卷，蓋讀《元史授時法經》，歎其法之善，謙不敢言疏證故。但曰補注。又以授時集古法大成，因考校古術七十餘家，爲《古今天法通考》七十餘卷，授時以六術考古今冬至，證統天術之疏，然依其本法，步算與授時所得正同，作《春秋以來冬至考》一卷。《元史》西征庚午元術，「西征」者，謂太祖庚辰也，「庚午元」者，上元起算之端也。《天志》譌太祖爲太宗，不知太宗無庚辰也。又譌上元爲庚子，于積年不合也。考正之，啓《庚午元法考》一卷。授時非諸古術所能比，郭守敬所著《法草》，乃《法經》立法之根，取其義之精微，成《郭太史法草補注》一卷。《立成》傳寫魚魯，不得其説，不敢妄用，作《大統立成志》二卷。授時法于日躔盈縮，月離遲疾，並以垜積招差立算，九章書無此術，從未有言其故者，因發明之，作《平定三差詳説》一卷。唐九執法爲西法之權輿，其後有婆羅門十一曜經及都聿利斯經，皆九執之屬。元有札馬魯丁西域萬年法，明有馬沙亦黑馬哈麻之回回法，西域天文書，天順時貝琳刻《天文實用》即本此書。作《回回法補注》

二卷、《西域天文書補注》二卷。表景生於日軌之高下，日軌又因於里差而變移，作《四省表景立成》一卷。西人之説，本于周髀所言里差也，作《周髀算經補注》一卷。窺測莫便于渾蓋，作《渾蓋通憲圖説訂補》一卷。西國日月以太陽行黄道三十度爲一月，作《西國日月考》一卷。西術中有細草，猶授時之有通軌也，以天指大意櫽括注之，作《七政細草補注》三卷、《三十雜星考》一卷。新法有《交食蒙求》、《七政蒙引》二書，並逸作《交食蒙求訂補》二卷、《交食蒙求附説》二卷。監正楊光先《不得已・日食圖》以金環與食甚時分爲二圖，各具時刻，其誤不細。新法以黄道求赤道，交食細草用儀象志表，不如用弧三角之捷，中西兩家之法求交食起復方位，皆以東西南北爲言，然惟日月行至午規而近天頂，則四方各正其位，否則黄道斜正各别，其次自虧至復，經歷時刻，輾轉遷移，弧度之勢頃刻易向。且北極高下，隨處所見不同，施諸測驗，彌有窒礙。故别立新法，就人所見日月圖體，分爲八向，正對天頂處曰上，對地平處曰下。上下聯爲直綫，作十字横綫，命之曰左、曰右。此四正向也。曰上左、上右，曰下左、下右，此四隅向也。乃定其受食之所向，舉目可尋，故作《求赤道宿度法》一卷、《交食圖法訂誤》一卷、《交食管見》一卷。其《日差原理》一卷，以太陽之有日差，猶月離交食之有加減，時因表説多差，故正之也。火星最難算，至地谷而始密，解其立法之根，爲《火緯本法圖説》一卷。訂火緯表記，因及七政，撰次成《七政前均簡法》一卷。金水歲輪繞日，其度右移，上三星軌迹，其度左轉，若歲輪則仍右移，定上三星軌迹，成《繞日圓象》一卷。《天問略》取黄緯不真，列表從之而誤，作《黄赤距緯圖辨》一卷。西人言日月高度等，其表景有長短，以證日遠日近，其説不可從，作《太陰表景辨》一卷。新法《帝星句陳經緯》刊本互異，爲《帝星句陳經緯考異》一卷。測帝星句陳二星爲定夜時之簡法，因訂《定星緯真度》一卷。所著諸書，柏鄉魏荔彤爲鏤板行世。其孫瑴成復編爲《梅氏叢書輯要》總二十五部六十五卷。又有《中西算學通》，其凡有九，曰籌算、曰筆算、曰度算、曰比例、曰幾何摘要、曰三角、曰方程論、曰句股測量、曰九數存古。其書别行，疇人子弟甚重之，又有《績學堂文鈔》六卷、《詩鈔》六卷。詩有雅才，《答周崑來》云：墨妙時看珍共璧，心期今見託雙魚。又云：乾道炎三伏，坤靈樂四游。皆莊雅可誦。康熙六十年卒，年八十有九。孫瑴成，字玉汝，號循齋，幼即明悟。文鼎歎曰：童烏出吾家矣！由進士官至都御史，直内廷。日充《數理精蘊》、《曆象考成》分纂官。明代算家不解立天元術，瑴成意即西法之借根方。元李冶《測圓海鏡》用天元一立算，傳寫訛舛，殊不易讀。明唐順之嘗曰：立天元一如積求之云爾，漫不省爲何語。顧應祥則言：細考《測圓海鏡》如求城徑，即以二百四十爲天元半徑，即以百二十爲天元，既知其數，何用算爲？瑴成頗不謂然。後直蒙養齋，聖祖授以借根方法，諭之曰：西洋人名此書爲阿爾熱八達，譯言東來法也，受而讀之，疑天元一術頗相似，復取《授時曆草》觀之，涣如冰釋，殆名異而實同，非徒似之而已，乃著論闡揚之。前代絶業，一旦復顯。有《增删算法統宗》十一卷、《赤水遺珍》一卷、《操縵卮言》一卷，世並傳之。卒年八十三，謚文穆。文鼐，字和仲，有《步五星式》六卷，早卒，未竟其學。文鼏，字爾素，著《中西經星同異考》一卷，又有《授時步交食式》一卷。

謝希逸，字野臣，宜興人，寄居江都，善曆算之學，休寧戴震論推步，惟服文鼎及希逸。希逸書不傳，并知其名者寡矣。

劉湘煃，字允恭，江夏人，喜治曆算。聞宣城梅文鼎擅其術，鬻其産，走千餘里從問學焉。文鼎以其湛思積悟，多所創獲，嘗歎曰：啓予者劉生也！嘗與人書云：金水二星，曆指所説未徹，得劉生説而知二星之有歲輪。記云教學相長，不虚也。因以所著《曆學疑問》屬湘煃討論，湘煃乃著《訂補》二卷。湘煃又謂：曆法自漢唐以來，五星最疏，故其遲留伏逆，皆入于占。元郭守敬出，于是五星始有推步經度之法，而緯度則猶未備。西法舊亦未有緯度，至地谷而後知有推步五星緯表，已在守敬後矣。曆書有法原、法數，竝爲曆法統宗。法原者，七政與交食之曆指也；法數者，七政與交食經緯之表也。故曆指實爲造表之根。今曆所載金水曆指，如其法而造表，則與所步之表不合；如其表以推算測天，則又與天密合。是曆官雖有表數，而未知立表之根也，乃作《五星法象編》五卷。文鼎深契其説，摘其精者以爲《五星紀要》。湘煃又欲爲《渾蓋通憲》，天盤安星之用。以戊辰曆元加歲差，用弧三角法作《恒星經緯表根》一卷，及《月離交均表根》、《黄白距度表根》各一卷，皆補新法之所未及也。又有曆象之學，儒者所宜深討論，《曆學古疏今密論》、《日月食算稾》各一卷。《各省北極出地圖説》一卷、《答全椒吴荀淑曆算十問書》一卷。湘煃死，其遺書無一存者。胡虔曰：曆算之學，二百年來，江左爲盛，吾鄉方氏、宣城梅氏所述相繼，其道大顯。方氏之弟子有揭子宣，梅氏弟子爲湘煃，皆有撰述。子宣之書著録四庫，而湘煃書無傳。且不聞楚有爲是學者，豈非知之者難，故其書不復寶貴耶？嗚呼，是可悲已！

王錫闡

王錫闡，字寅旭，又字昭冥，號曉庵，又號餘不，又號天同一生，吴江人。少友張履祥，講學以濂、洛爲宗。壯益耽心文雅，曆象之學，尤所篤好。明崇禎中，尚書徐光啓進西人修曆法，異説麻起，求自炫其長。錫闡默默然，潛心測實，每夜輒登屋，卧鴟尾閒，仰觀星象，竟夕不寐，復發律算書，玩索精思于推步之理，宏亮而不滯。久之，則中西兩家異説皆能條其原委，考鏡其得失也。嘗謂曆法測實增減宜求定率，説之曰：漢劉洪造《乾象曆》，覺冬至後天，始減歲餘。韓翊疑其損分太過，後必先天。自今觀之，乾象斗分猶失之强，況如韓翊所言乎！故後世屢差屢改，亦屢損歲實，至《統天》、《授時》二曆，而損分極矣。《大統曆》歲餘因舊，不用消長以授時，法律之冬至漸宜後天，而三百年來反漸先天，故有議增歲實者。但冬至雖合，而夏至乃後天三十餘刻，損益兩窮。而西人平歲、定歲之法，獨操其勝矣。其言曰：論平歲則消實之説近，論定歲則加實之説近，然西曆以歲實求平歲，以均數求定歲，則所主者消實之説也。所消小餘視郭曆爲更促，不知億萬年後將漸消至盡，抑消極復長耶。又言經星東行，故節歲之外則有星歲，經星常爲平行，星歲亦無消長。以中法通之，星行者即古之歲差，星歲者即古之周天，異名同理，無關疏密，惟古以歲差由赤道，今以歲行由黄道，則新法爲善耳。所可疑者，節歲與星歲之較，即經星東行之率必節歲與星歲俱無消長，數同則歲差始可平行。今星歲有定，而實漸消，則兩行之較將來愈多，豈得以五十一秒永爲定法乎？黄赤距度，古遠近今，最高運移，古疾今徐，不同心差，古多今少，中曆積久，因循新法，特爲剖析。今既知其故，亦宜立法加減，方可上考下驗。用幾何之術，凡有三測，皆可推全周。西史所載不止三測，而迄無成法，豈以舊測未足盡據耶？倘古測既爲今日所疑，近測又非今人所信，畫一之法何時可立？不如及今求其定率，即有微差，他日測驗修改，亦易爲力矣。論經星云：赤道經度有變，黄道經度不變，故斷棄赤道，專用黄道，寧不知經星黄緯亦有變遷乎？緯度有變，必自有本道，本極不直行黄道也，經星本極未定，但從黄極分經，歲久漸差，詎可復用？餘如太陰五星本道本極，已有定距，而新曆測算，悉用黄道，反不如舊曆，尚有推變白道之一術也。歲實消長，其説不一，謂由日輪之轂漸近地心，其數浸消者，非也。日輪漸近，則兩心差及所生均數亦異，以論定歲。誠有損益，若平歲歲實尚未及均數，其消長之原于兩差何與乎？識者欲以黄赤極相距遠近求歲差朓朒，與星歲相較爲積歲消長終始循環之法。夫距度既殊，則分至諸限亦宜隨易，用求差數，其理始全。然必有平行之歲差，而後有朓朒之歲差，有一定之歲實，然後有消長之歲實，以有定者紀其常，以無定者通其變，乃可垂久而無戾矣。辨西法宫閏之失云：中曆主日，日均則度有長短；西曆主度，度平則日有多寡。雖非疏密所係，然實敬授之首務，不可不辨也。考之西法，紀日以日月七曜，紀度以白羊諸宫，率四年而閏一日，無干支氣候閏月之法也。今以西之宫度爲中之中氣，折半爲節氣，一以天度爲本，而日辰則隨時損益，因譏舊法不免違天，或以時計，或以月計，至二分則先後二日，獨不思二分與二正原不同日乎？二日之差乃分正之異，非立法疏也。又如各氣雖皆平分，而盈縮一法自具日躔，不察其故而概指爲謬，豈通論乎？或曰四時寒燠皆本日行，則節氣亦宜以法爲正日。四時寒燠，因日行之南北，不因日行之東西，而西法惟主經度，經度者，東西度也，以經度求黄赤距差，絶非平行二分左右。經度之一距差幾及其半，二至左右，經度之一距差，僅以秒計。故但主日辰，則平氣已足。若主天度，則須兼論距違如四立，爲分至之中，中西皆然。今以距至四十五度爲立春定氣，此時日距赤道尚十六度有奇，則所謂中者，經度之中，非距緯之中也。距緯之中，在距至五十九度以上。設止用經度，亦祇可謂天度之平氣，于日行南北未有當也。周天宫界曆家所設，以步躔離，古謂歲有歲差，故宫界常定；今謂星有本行，故宫界漸移。二者似無失得。然新法定以冬至起丑，於義何居？夫宫界之分，本用堯時，冬至日躔在虚，定爲子半。四千禩閒歷丑至寅，安在冬至？當起丑初也。況星紀元枵諸次，本乎星名，今古無異，若隨節氣遞遷，則鳥咮爲元枵，而虚危可爲鶉首，有是理哉？故從天周分宫，則冬至今當在寅，即從節氣分宫，則冬至亦當起子。若因宋時冬至偶值丑初而强襲其名，則亦進退無據之甚矣。新法以本月之内太陽不及交宫，因無中氣，遂置爲閏，以中氣爲過宫，雖與舊異，以無中氣之日置閏，仍與舊同，其不同舊用平氣，新用定氣，故前後或差至二月。平氣兩策必三十日有奇，無一月三氣之法。定氣兩策多且三十餘日，少至二十九日有奇，冬月大盡者，一月之内可容三氣，設兩中氣在晦朔之閒，節氣在望，必前後有二月俱無中氣，此歲之閏將安置乎？使置閏在前，則歸餘非終；置閏在後，則履端非始。即不可置閏于兩中氣之月，又不可一年再閏，若少爲遷就，又非不易之法。不知何術可以變通？大略西之宫閏實難，與中法竝行而會通兩家，又非目前諸人所及，故不勝齟齬之病也。新法推步交食密于舊法，而亦有差失，推求其故，曰交食之法，西曆亦略盡矣。以交

緯定入交之淺深，以兩經定食分之多寡，以實行定虧復之遲速，以升度定方位之偏近，以地度東西定加時之早晚，皆前此曆家所未喻也。乃所推戊戌仲夏朔食。測西見日差天半分復明，先天下一刻，已亥季夏望食帶食分秒，所失尤多。古以差天一刻爲親，則今日所推尚未疏遠，然差數已著。則致差之故豈宜不講？太陰惟定朔定望在小輪最近外，此即有次均加減，亦猶五星于衝合之外，即有歲行加減也。凡推五星淩犯宿座，不必衝合太陽，日月自相掩食，必在定朔定望也耶？不知惟月食食甚，實在定望止用入轉可得密合，初虧復明距望久者不下數刻，用求倍離得一座有奇，兩均之較，亦且數分參差之數，宜所不免。至若日食不惟虧復二限不在定朔，即食甚之時，亦非真會。晨近初升，夕近將降，東西差分或過一度，倍離亦過一度正，論食甚已不能以入轉均數，求其必合。況晨食之初虧，晚食之復明，距度尤遠者哉？今皆置不復論，不可謂非法之疏也。中曆月食一十五分，其求既內定用《授時曆》一十五分爲既內用分，與句股術合。《大統曆》則以十五分爲既內用分，分數既加則定用必多，與實測則稍近。使非本于天驗，何以得此？然以句股之理究之，則不合矣。西法食分隨引數爲多少，食既之數多至十五分强，足洗從前之謬。今研察其理，亦有可疑者，其說曰：日在最卑，視徑大，故食分小；月在最高，視徑小，故食分大。余以爲視徑大小，僅從人目，食分大小，當據實徑。太陰實徑不因高卑有殊，地景日景實因遠近損益，最卑之地景大，日入景深，食分不得反小；最高之地景小，月入景淺，食分不得反大，此與幾何公論自相矛盾，倘亦致差之一端乎？五緯曆言星近地心者緯度多，遠地心者緯度少，竊謂星誠有之，月亦宜然，不知交道有變差，徒以視徑定食分，非曆理也。推步之難，莫過交食新法，于此特爲加詳有功曆理也。推步究極元微不能無漏，在今已見差端，將來詎可致詰？望窮理之士，商求精密，非一人之智所能盡也。論日月五星天，因及新法推測之誤，曰：《天問》云，圜列九重，孰營度之，則七政異天之說，古必有之，近代既亡其書，西說遂爲創論。余審日月之視差，察五星之順逆，見其實然，益知西說原本中學也。《五緯曆指》謂日月本天，以地心爲心；五星本天，則太陽爲心，斯言是矣。惟謂星天或包日天之外，諸圜能相割相入，則未敢以爲信也。蓋日爲列曜之宗，本天亦應最大，五星諸圜悉在其內，隨之斡旋；太陽則居本天之心，而繞地環行；五星各麗本圜之周，而繞日環行，二法不同也。知日天與星天異法，則知日行一規本非天周，亦無實體，諸圜不必相割相入矣。新法既謂星天以太陽爲心，則本天之行既爲歲行，乃復設本天仍以地心爲心。法既不定，安所取衷乎？余考木、土、火三星之行，與金、水二星不同。金、水二星于本圜右旋，木、火、土三星于本圜左旋，皆爲日天所挈而東，猶日天爲宗動所挈而西也。左旋之數，土最疾，木次之，火又次之，自右旋論則疾者反遲，遲者反疾，故令日在最高者，法應遲，而視行爲疾，衝日在最卑者，法應疾，而視行爲遲、爲退。蓋本圜之遲疾爲左旋，而視行之遲疾則右旋也，此理甚明，何莫之察耶？近見湯氏所推又有異者，五星惟金、水有順逆二合。順合者，星在日後而及于日，逆合者，星在日前而退與日遇。此曆家所習聞也，乃推戊戌歲月戊辰、七月丙午、十一月丁巳，水星皆先過日。又曆數時，而後順合。五月己丑，水星先在日後，亦曆數時而後退合。若言握算偶誤，則創法之初當倍詳慎，必無屢誤；若言無誤，吾又未得其說。夫星在日前順行益遠，星在日後退行益離，安得再合？天行有漸差，而無僭差，豈容一日之內驟進驟退，會無定率如是乎？又據曆指。萬曆乙酉，測定金星最高，在夏至前四十五度，歲移一分平强。水星最高，在冬至前二十九度半，歲移一分大强。距今戊戌七十三年，金星過最高當在五月戊午，而彼在辛丑；水星過最高當在十月壬辰，而彼在癸巳。癸巳、壬辰僅差一日，或用新測推改，我不敢知。辛丑戊午相距半月已上，即使舊高前十六度，湯氏所用正與此近，豈即入交日耶？入交者，南北緯度所生高卑者盈縮均數所生，使入交可名高卑，將盈縮亦可名南北乎？五星各有交行，各有最高，惟水星同行同度，金星兩行雖同度，限迴別。驗之近測，此術未爲戾天，即欲合二爲一，必有灼見至論然。察其法，又似實未嘗改，不知何故。參用交行十餘年來，無不如是也。中法用表圭測月孛，西曆譏之，今以高卑命交行得母，復爲將來所譏，此于曆術非爲細，故明理之家必有辨其得失者矣。又統論新法、舊法曰：古之善言曆者有二。《易大傳》曰：革，君子以治曆明時。子輿氏曰：苟求其故，千歲之日至，可坐而致。曆之道主革，故無數百年不改之曆。然不明其故，則亦無以爲改憲之端。太初以來，治曆者七十餘家，莫不有所修明，當時亦自謂度越前人，而行之未久，差天已遠，往往廢不復用，何也？是在創法之人，不深推理數，而附合于蓍卦、鍾律以爲奇，增損于積年日法以爲定，或陰用前法而稍易其名，或偶悟一事而自足其知。欲其永久無弊，豈可得哉？欲知新法之誠非須核其非之實，欲使舊法之無誤，宜釐其誤之由然。後天官家言在今可以盡革其弊，將來可以益明其故矣。舊法之屈于西學也，非法之不若也，以甄明法意者之無其人也。今者西曆所矜勝者，不過數端，疇人子弟駭于創聞，學

士大夫喜其瑰異，互相夸耀，以爲古所未有。孰知此數端者，即在舊法之中，而非彼所獨得乎？一曰平氣以步中節也，舊法不有分至以授人時，四正以定日躔乎？一曰最高卑以步朓朒也，舊法不有盈縮遲疾乎？一曰真會視會以步交食也，舊法不有朔望加減、食甚定時乎？一曰小輪歲輪以步五星也，舊法不有平合、定合、晨夕、伏見疾遲、留退乎？一曰南北地度以步加時之先後也，舊法不有里差之術乎？大約古人立一法必有一理，詳于法而不著其理，理具法中，好學深思者自能力索而得之。西人竊取其法，豈能越其範圍？就彼所命創始者，事不過如此。此其大略可覩矣。至于日刻之改天度之殊，則習于師説而不能變通，反以伐能争勝，齮齕異己，不知果何關于疏密乎？且新法布算，悉用曆表，日行惟一，而日躔表與五緯表差至五十五秒；月轉惟一，而月離表與交食表差至二十三分；日差惟一，而日躔與月離各具一表，躔離安得合天，加時安得合一乎？是以辛丑臘月晦辰，新法非朔而謂朔，癸卯七月望食，新法當既而不既，其爲譌謬，昭然共見，不可掩也。夫新法之戾于舊法者，其不善如此，其稍善者又悉本于舊法如彼，然則當專用舊法乎，而又非也。元氏之後載祀三百未經修改，法雖盡善，安能無弊？故年遠數盈，則曆元四應或弗密也，朓朒過强，則朔望加時或弗協也，交限失真，則薄食分秒未可定也，緯度不紀，則淩犯有無難豫期也。至于五里段目，昔人止録舊章；黄道辰宿，迄今猶用辛巳，何可以定爲法乎？若是則何從，而可從乎天而已。古人有言，當順天以求合，不當爲合以驗天，法所以差，固必有致差之故；法所吻合，猶恐有偶合之緣。測愈久則數愈密，思愈精則理愈出。以古法爲型範，而取才于天行，考晷漏，審圭表，慎擇人，詳著法，則異同之見漸可盡泯，成憲一定，不難媲美羲和，高出近代矣。錫闡心以明《大統曆》爲疏，崇禎閒改用新曆，法亦未盡善，乃著《曉庵新法》，自爲叙曰：炎帝八節，曆之始也，而其書不傳。黄帝、顓頊、虞、夏、殷、周、魯七曆，先儒謂其僞作。今七曆具存，大指與漢曆相似，而章蔀氣朔未睹，其真爲漢人所託無疑。太初三統法雖疏遠，而創始之功不可泯也。劉洪、姜岌次第闡明，何祖專力表圭，益稱精切，自此南北曆家率能好學深思，多所推論，皆非淺近所及。唐曆《大衍》稍親，然開元甲子當食不食，一行乃爲訣詞以自解，何如因差以求合乎？至宋而曆分兩途，有儒家之曆，有曆家之曆。儒者不知曆數，而援虚理以立説；術士不知曆理，而爲定法以驗天。天經地緯、躔離違合之原，概未得也。明初元統造《大統曆》因郭守敬遺法，增損不及百一，豈以守敬之術果能度越前人乎？守敬治曆首重測日，余嘗取其表景反覆布算，前後牴牾，餘所創改，多非密率，在當日已有失食失推之咎。況乎遺籍散亡，法意無徵，兼之年遠數盈，違天漸遠，安可因循不變耶？元氏藐不逮郭，在廷諸臣又不逮元，卒使昭代大典踵陋襲僞，雖有李德芳争之，然德芳不能推理，而株守陳言，無以相勝，誠可歎也。近代端清世子鄭善夫、邢雲路、魏文魁，皆有論述，要亦不越守敬範圍。至如陳壤，摭拾九執之餘冷，逢震墨守元會之畸見，又何足以言曆乎？萬曆季年，西人利氏來歸，頗工曆算，崇禎命禮臣徐光啓譯其書，有曆指爲法原，曆表爲法數，書百餘卷，數年而成，遂盛行于世。言曆者莫不奉爲俎豆。吾謂西曆善矣，然以爲測候精詳可也，以爲深知法意未可也。循其理而求通可也，安其誤而不辨不可也。故舉其概：二分者，春秋平氣之中；二正者，日道南北之中也。《大統》以平氣授人時，以盈縮定日躔，法非繆也，西人既用定氣，則分正爲一，因譏中秋節氣差日至二日。夫中秋歲差數强盈縮過多，惡得無差？然二日之異乃分正殊科，非不知日行之朓朒而致誤也。曆指直以怫已，而譏之不知法意一也。諸家造曆必有積年日法，多寡任意，牽合由人。守敬去積年，而起自辛巳，屏日法，而斷以萬分，識誠卓也。西曆命日之時以二十四，命時之分以六十，通計一日爲分一千四百四十，是復用日法矣。至于刻法，彼所無也。近始每時四分之，爲一日之刻九十六。彼先求度而後日，尚未覺其繁，施之中曆則窒矣，反謂中曆百刻不適于用，何也？且日食時差法之九十有六，與日刻之九十六何與乎？而援以爲據，不知法意二也。天體渾淪，初無度分可指，昔人因一日之躔命爲一度，日有疾徐，斷以平行數，本順天不可損益。西人去周天五度有奇，歛爲三百六十，不過取便割圜，豈真天道固然？而黨同伐異，必曰日度爲非，詎知三百六十尚非弧弦之捷徑乎？不知法意三也。上古置閏恒于歲終，蓋曆術疏闊，計歲以置閏也。中古法趨密，始計月以置閏，而閏于積終，故舉中氣以定月。而月無中氣者即爲閏。《大統》專用平氣置閏，必得其月。新法改用定氣，致一月有兩中氣之時，一歲有兩閏之月，若辛丑西曆者不亦盭乎？夫月無平中氣者，乃爲積餘之中，無定中氣者，非其月也，不能虚衷深考而以鹵莽之習侈支離之學。是以歸餘之後，氣尚在晦，季冬中氣已入中冬，首春中氣將歸臘秒，不得已而退朔一日，以塞人望，亦見其技之窮矣，不知法意四也。天正日躔，本起子半，後因歲差自丑及寅，若夫合神之説，乃星命家猥言，明理所不道。西人自命曆宗，何至反爲所惑？而天正日躔定起丑初乎況十二次舍，命名悉依星象，如隨節氣遞遷，雖子午不妨異地，而元枵鳥咮

亦無定位耶？不知法意五也。歲實消長，昉于《統天》，郭氏用而未知所以當用。元氏去之，而未知其所以當去。西人知以日行最高求之，而未知以二道遠近求之，得其一而遺其一。當辨者一也。歲差不齊，必緣天運緩促。今欲歸之偶差，豈前此諸家皆妄作乎？黄白異距，生交行之進退；黄赤異距，生歲差之屈伸，其理一也。曆指已明于月，何蔽于日？當辨者二也。日躔月星亦應同理，但行遲差微非畢生歲月所可測度。西人每詡數千年傳人不乏，何以亦無定論？當辨者三也。日月去人時分遠近，眡徑因分大小，則遠近大小宜爲相似之比例。西法日則遠近差多，而眡徑差少；月則遠近差少，而眡徑差多，因數求理難可相通，當辨者四也。日食變差，機在交分，日軌交分，與月高交分不同，月高交于本道，與交于黄道者又不同。曆指不詳其理，曆表不著其數，豈黄道一術足窮日食之變乎？當辨者五也。中限左右，日月眡差時，或一東一西；交廣以南，日月眡差時，或一南一北，此爲眡差異向。與眡差同向者，加減迥別，豈以非所常遇，故置不講耶？萬一遇之，則學者何從立算？當辨者六也。日光射法必有虚景，虚景者，光徑與實之所生也，闇虚恒縮理不出此。西人不知日有光徑，僅以實徑求闇虚，及至推步不符天驗，復酌損徑分，以希偶合，當辨者七也。月食惟望惟食甚爲然，虧復四限，距望有差，日食稍離中限，即食甚已，非定朔至于虧復相去尤遠。西曆乃言交食必在朔望，不用朓朒過差過矣，當辨者八也。歲填、熒惑以本天爲全數，日行規爲歲輪；太白、辰星以日行規爲全數，本天爲歲輪，故測其遲速留退，而知其去地遠近。考于曆指，數不盡合，當辨者九也。熒惑用日行高卑變歲輪大小，理未悖也。用月行高卑變歲輪大小，則悖矣。太白交周不過二百餘日，辰星交周不過八十餘日，曆指皆與歲周相近，法雖巧，非也，當辨者十也。語云步曆甚難，辨曆甚易，蓋言象緯森羅得失，無所遯也，據彼所述亦未嘗自信無差，五星經度或失二十餘分，躔離表驗或失數分，交食值此當失以刻計，淩犯值此當失以日計矣。故立法不久，違錯頗多，余于曆説已辨一二，仍癸卯七月望食當既不既，與夫失食失推者何異乎？且譯書之初，本言取曆之材質歸《大統》之型範，不謂盡墮成憲而專用西法如今日者也。今故兼采中西，去其疵纇，參以己意，著曆法六篇，會通若干事，考正若干事，增輯若干事，表明若干事，立法若干事。舊法雖舛，而未遽廢者，兩存之理。雖可知而非上下千年不得其數者，闕之，雖得其數而遠引古測未經目信者，則見補遺，而正文仍襲其故。爲日一百幾十幾有爲文萬有千言，非敢妄云。窺其堂奥，庶幾初學之津梁也。其書定爲六卷，未成之初，先作《曆説》六篇、《曆策》一篇，以發揮己意。又檃括中西步術，作《大統西曆啓蒙》。丁未歲，因推步大統法，作《丁未曆稾》。辛酉八月朔日食，以中西法及己法豫定時刻分秒，至期，與徐發等以五家法同測，己法獨合，作《推步交朔測日小記》。西法謂五星皆右旋，錫闡以爲土、木、火實左旋，當改歲輪爲不同心圈，則理數書一，作《五星行度解》。術家言日月右旋，儒者云左旋，二説不同，今定爲日月實右旋，作《日月左右旋問答》。治曆首在割圜，作《圜解測天》。當據儀晷造三辰晷，兼測日月星，因作《三辰晷志》，其書又若干卷。爲人耿介拔俗，詩才特清妙，其《詠幽居》「寒溪沈鷺白，夏木挂蟲青」，秀水朱彝尊甚賞之，采入《明詩綜》也。以布衣終于家。阮元曰：錫闡正古法之誤而存其是，取西法之長而去其短，據依圭表，改立法數，私家撰述，未見施行，識者莫不惜之。梅徵君文鼎《勿庵書目》曰：從來言交食只有食甚，分數未及其邊，惟王寅旭，則以日月圓體分爲三百六十度，而論其食甚時，所虧之邊凡幾何度，今爲推衍其法，頗精確。然則御製《曆象考成》所采文鼎以上下左右算交食方向法，實本于錫闡矣。方今梅氏之學盛行，而王氏之學尚微，蓋錫闡無子，傳其書者無人，又其遺書皆寫本，得之甚難，故知之少。持平而論，王氏精核，梅氏博大，各造其極，未可軒輊也。乾隆三十七年，詔開四庫全書館，録《曉庵新法》六卷入子部天文算法類，草澤之書得上備天禄、石渠之藏，錫闡自是爲不朽矣。

薛鳳祚　談泰

薛鳳祚，字儀甫，山東淄川人，少師定興鹿善繼、容城孫奇逢，既從魏文魁學天文，主持舊法，乃譯穆尼閣説爲《天步真原》、《天學會通》。鳳祚言曆算推步依西法，假數立對數比例，又立中法四綫，以西法六十分爲度，不便測較，依古法百分爲度。表所列只正弦、餘弦、正切、餘切，故曰四綫。又以順治十二年乙未天正冬至爲元，以三百六十五日二十三刻三分五十七秒五微爲歲實，以黄赤道交度有加減恒景歲行五十二秒，通中西之説。梅文鼎《天算書記》所謂「青州之學」也。所著《天文書》，曰太陽太陰諸行法原，曰木、火、土三星經行法原，曰交食法原，曰曆年甲子，曰求歲實，曰五星高行，曰交食表，曰經星中星，曰西域回之術，曰西域表，曰今西法選要，曰今法表名。《天學會通》又記歷代治黄河運河法，及南北河湖泉水職官夫役道里，以類相從，號曰《兩河清彙》，凡八卷。亦取明邱濬説，别爲《海運》一篇。又有《聖學心傳》一卷，則暢善繼、奇逢之旨也。

談泰，字階平，江寧人。乾隆五十一年舉人，官南匯學訓導。勤學精思博

覽，得梅氏算學之傳，有《測量周經正誤》、《周髀經算》、《四極南北游法增補》、《武成朔閏譜》、《召誥日月補》、《歲次月建異同辨》、《春秋歲次考》。《三統術》推一歲食限數，交食十一月終數，推漢高九年六月晦，孝文十一月晦，孝文元年至七年大小餘，孝文二年五年天正冬至，靈帝光和元年大小餘。四分術譜劉武帝五年天正冬至。《三統術》補古算書細草十餘事。《冬至權度數略》、《天官書節次年分辨》、《分野辨》、《圓壺周經積實》、《祖沖之鬴法辨》、《鬴内方非十尺辨》、《操縵卮言正誤》、《喪服傳溢説》、《五服經帶數》凡若干卷。又有《觀書雜説》二十卷，則考論經史事也。

李銳王元啓

李銳，字尚之，號四香，元和人。幼入書塾，有《算法統宗》一部，竊窺之，能通其義。爲諸生，家貧，授徒以自給。曆算之學，鑽勵過分，久而其學大明。嘗從同邑顧千里借得《九章算經》，晝夜窮探不息，乃知天元一術與借根方異，著論暢郭守敬、李冶之旨，兼補宣城梅氏所未備。又謂顓頊、夏、殷六曆記載有闕，太初術本之殷曆，立法闊疏。三統術推法較密，而亦用《太初》四年增一日之術，是四分術，同于《太初》，因撰爲《曆法通考》，斷自三統術始，至國朝之橢圓法止，其唐瞿曇悉達九曆，宋荆執禮會天曆，史志佚其法，則求之于《開元占經》。及寶祐四年會天曆，條流既具，書竟不就，惟成三統術、注四分術、注乾象術、注奉元術、注占天術、注日法朔餘强弱考六科而已。其《日法朔餘考》自爲序云：何承天調日法，以四十九分之二十六爲强率，十七分之九爲弱率，累强弱之數得中平之率，以爲日法朔餘。唐宋演撰家皆墨守其法，元明以來，疇人子弟罔識古義，無知其説者。今年春讀《宋史志》忽有啓悟，爰列《開元占經》授時術，議所載五十一家日法朔餘之數，一一考其强弱，合者三十五家，不合者十六家。反覆推驗，知不合之故蓋有三端，其一，朔餘强于强率。如統天術朔餘六千三百六十八約餘五千三百六萬六千六百六十六，鮑澣之譏其無復强弱之法者是也。其一，朔餘之下增立秒數。如乾道術朔餘一萬五千九百一十七秒七十六，裴伯壽詆爲不入術格者是也。其一，日法積分太多，朔餘雖在强弱之閒，亦爲于率不合。如劉智正日法三萬五千二百五十命爲七百一强五十三弱，則朔餘正得一萬八千七百三，若命爲七百一十八强四弱，則朔餘爲一萬八千七百四較多一分。《玉海》載至道元年王睿獻新術言于二萬以下修撰日法者是也。次爲一卷，以質明算，君子或亦步天者求故之一助也。又嘗得王孝通《緝古算經》，與其友張敦仁對共討定，著細草以詳論二十術，于是商功之平地役功廣袤，眉目粗具焉。元朱世傑《四元玉鑑》皆用天元一術，敦仁見其書，謂茭草形正員法難得而通，在南昌以書寄銳，使治之。銳已病，猶推尋指意，演爲數段，爲書以答敦仁。書甫達，而銳卒，年五十，嘉慶十九年也。敦仁尋遷雲南驛鹽道，有《開方補記》。銳又著《召誥日名考》、《方程新術草》、《句股算術細草》、《弧矢算術細草》、《開方説》，其藁草皆藏于家。敦仁，字古餘，澤州人，乾隆五十五年進士，知揚州府，改吉安移南昌。

王元啓，字宋賢，嘉興人，乾隆十九年進士，銓福建將樂縣。專業曆算，以算法始于句股，撰爲《句股衍》一書，分甲乙丙三集。甲集論開平十法，爲句股因積求邊起義。次論立方以及平方法，再論和數開立方，以盡立方諸法之變。爲《術原》三卷，乙集兩卷，爲相求法百三十二則之綱要，故名曰「綱要」。丙集即相求法，逐則分之，以發明立法之意，凡四卷，叙之曰，句股弦相求法，參以和較，凡得七十八，則求句股中函數。又有冪積之數，容員，容方，容縱方，及依弦作底，求容方，與句股求外方外員之數。又有積數與句股和較相求容方，與句股餘數相求之法，綜計之又得二十九則。立表測量，得求高、求遠、求深三則。重表亦然。舊算書多簡略不備，詳者又苦錯出無緒。嘗意爲區別，使各以類從，先定相求法百三十則，一一盡通其故，運思布算時，比舊法爲直捷。而舊法亦不敢没，附見以致參考。至以中函積數與弦之所和所較相求而得句股弦之正數。其法爲舊算書所不載，今亦竊擬一法，以附于後。又別創截弦分兩及補句求股之法，分爲六則，並載不成。句股求中函積數二則、容方容員四則、外切員徑一則、員内累求句股六則，凡又一十九則，以該西術三角之算，兼備割員之用，使學者知周髀一經于術無所不該，後人不能旁推交通以盡其變，故使西術得出而争勝，而其術亦本周髀，總無出于折句爲股之外也。其略例引言曰：算家句股一門非鑿指一數以爲布算之準，難以虛領其義，然如廣三修四見于經者，特其正例，正例外變例尤多，必欲正變兼陳，則彼此錯出，使閲者耳目數易，轉增煩憒。兹特標舉數端以爲略例，並不成句股之形，亦附見焉，以盡句股之變也。并附《答友人問句股書》曰：欲求句股，必先學開方法，方有正方、縱方之異。縱方則以修廣之和較數開之，其次則求四率比例，有三率求四率之法，有二率求三率之法，又有一率求三率之法，知此即可以求句股弦。無零數之法，以三率之中率爲主，倍中率爲股，首末二率相減爲句，相加爲弦。依此衍之得句股，略例十數則。然後以

句股弦爲正數，兩數相加爲和數，相減爲較數。又有弦與句股三數加減之和，較數弦與和，和弦與較和三數相加之和數也。弦與較較弦與和較三數相減之較數也。三數相加減，今名之爲兼三和較，凡正數和較之數各三兼，三和較數各二，共十三數。十三數中隨舉兩數即可求句股弦全數。凡得相求法九十四則，而其中容方容員及截弦分兩與夫立表測量，又有單表重表之法，猶不與焉。其次則求截弦分兩之法，是爲一句股分兩句股之術，可以知不成句股。亦可以分兩句股，即西法三角算之所由名。今則總以句股概之，其法取大小兩句股形，小股與大句同數者爲一形，即爲不成句股之形，分之爲兩則。所謂中垂綫者，即小句之股，大矩之股。大矩之句以此衍之，又得不成句股五十餘則，于此求之，又得合形分兩、削形求全二法。合形分兩則有正合形，截偶分兩，反合形，截中分兩，偏合形，截邊分兩之法。削形求全則有削去正矩、削去偏矩之殊。偏矩中又有淺削，深削之分。知此則平句股之學盡此矣。雖本舊法，而分條析目及入手前後之次，悉出新意。其標題名目及運思布算，多有不循其舊者。更有舊法不載，而以意補入者，其後嘉定錢塘讀其書，味爲獨絶，題書後曰：開方句股之法，創始于九章、周髀二經，自後算家遞相推衍，至乎梅勿庵之《少廣拾遺》、《句股闡微》，幾無餘藴矣。惺齋尚以舊術爲繁也，更立簡法，著書若干卷。先以開方究其原，繼于句股窮其變，以開方爲句股所取資也，統名之曰「句股衍」。余聞著書數十種，皆卓然可傳算其藝之一耳。猶神明變化若此，比者考求律吕，若密率方員周徑未免乎比例之煩也。竊自創法以十倍徑積爲周積十分，周積之一爲徑積，又以員積自乘而十六乘之，則十分一爲方積之自乘，方積自乘而十六除之，復十倍之爲員積之自乘，由是以得周徑方員也，不過開方而已，其數視密率稍異，而驗之器物似較密焉。惜乎先生已歸道山，不獲面質其是非也。元啓有《史記正譌》，分律書、曆書、天官書爲三卷。《漢書正譌》總爲律曆志二卷，合之名《惺齋雜著》。又有《曆法記疑》、《角度衍》、《九章雜論》若干卷，其草皆藏于家。

又 莊亨陽，字元仲，及李光地門下楊名時、徐用錫、何焯，皆高足弟子。亨陽執業最後，光地甚重之。康熙五十七年成進士，知山東濰縣，以母憂去，講學于漳江。乾隆初元，禮尚楊名時薦舉經學，補助教，遷吏部主事，外補德安同知，擢知徐州府，再擢淮徐海道。亨陽通算術，及董河防，推究高深，測量之宜上書當路大略，謂淮徐水患已甚，其病在壅毛城鋪而徐州壞，壅天然減水壩而鳳潁泗壞，壅車邏昭關等壩而淮揚之上下河皆壞。方今急務在開毛城鋪，以注洪澤湖，則徐州之患息。開天然壩，以注高寶諸湖，則上江之患息。開三壩，以注興鹽之澤，則高寶之患息。開范公堤，以注之海，則興鹽泰諸州縣之患息矣。當路者未能用，頗韙其言，京察大臣當自陳高宗命，自陳者各舉一人自代。閣學李清植舉亨陽，時論以爲允以勞。卒于官。著《莊氏算學》八卷、《復齋遺集》若干卷。又有《莊元仲集》一卷，文僅十二篇，乃其官淮揚道時所上河防條議也。

清・錢林《文獻徵存録》卷四　李光地

李光地，字晉卿，一字厚庵，安谿人。康熙三年試策論，舉於鄉，九年成進士，改庶吉士，授編修。【略】時上留意經籍，光地以耆碩屢被顧問。辛未已丑兩典禮闈，稱得人在政府，推賢進能，如恐不及。然位益高，忌者益衆，凡所稱薦，多見排擠，因以撼公。其有獻納，恐啓門户之禍，故罕見於章奏，惟共事内廷者能道之。如白陳北溟之冤，救方望溪之死，直張孝先之獄，皆其事也。所薦拔者如楊名時、蔡世遠、惠士奇、王蘭生、何焯，並以經術文章顯名於時。自言晚年學問始進，得於聖訓爲多，其《注解正蒙》二卷，疏通證明，多所闡發，於先儒異同之處，尤能是非別白。取《性理大全》一書，明胡廣等所採宋儒之説，凡一百二十家，其中擷録原書，自爲部帙者九種。捃拾羣言，分門編纂者十三類，大抵襞積成書，非能於道學源流真有鑒別。聖祖特詔儒臣刪爲《性理精義》，皆光地承旨纂修。自是所遺盡糟粕矣。所著《周易通論》四卷、《周易觀彖》十二卷，經中脱文誤字，惟繫辭侯之二字作衍文，餘與程傳本義頗有出入，而理足相明。其於學易，融會貫通，實皆自抒心得。又《朱子禮纂》五卷，採其説之散見文集語録者，以類纂輯，分爲五目，曰總論，曰冠昏，曰喪，曰祭，曰雜儀。又《大學古本説》一卷、《中庸章段》一卷、《餘論》一卷、《論孟劄記》各二卷、《榕村集》四十卷。爲文根極理要，不雕琢而自工，長於理學，似經術非所究心、文章特其餘事，然有物之言，固與聱悦悦目者異矣。集中詩文筆記彙爲一編，惟詩乃其所自定也。《讀漢留侯唐鄴侯傳》云：坐呼採芝叟，緩誦種瓜詩。此是賢人心，神仙固詭辭。自從崆峒來，下迄華山希。身授帝者法，不爲帝者羈。摘句：嫩絲舞緒風，早麥摇新浪，人非本業皆無賴，里有仁風即太和。五十四年乞休以假歸，趣之還。五十七年卒於京，年七十七，謚文貞，雍正元年贈太子太傅。

又 潘耒

潘耒，字次耕，一字稼堂，晚自號止止居士，吴江布衣。幼有聖童之目，覽[曆]日一過即能闇誦，無所譌脱，首尾不遺一字。從兄聖樟有名於時，甚器之。

從崑山顧炎武學，又師徐枋俟齋，既而問推步之術於王錫闡，雅博明練，號爲通人。【略】惟我皇之聖仁，廓天地以爲量。王道履以平平，天門開其蕩蕩。彼麼麼之小醜，敢盜兵而衡抗。類射天以彎弓，似逐日而投杖。蛙處井以陸梁，螳當車而倔强。依嵐箐以爲巢，憑崖谷而作障。巖巖梁益，實號金城，國闢蠶叢，山開五丁。劍閣梯空以懸渡，棧道循絙而上征。天井盤桓而窈黑，地網綿絡而縱横。水以虎牙赤甲爲咽喉，陸以龍門鹿頭爲門户。挺一戈以當關，非萬騎之能取。遭天光之分耀，有草竊以偷處。會六合之一家，敢走險以旅拒。雄虺九首，苞蘖三芽，傳烽巴閬，築壘褒斜。驚百城於風鶴，變一軍爲蟲沙。初屯蜂而聚蟻，旋鬥鼠而戰蛙。思明殪於河陽，少誠殲於淮表，彼逆孽之遊魂，若枯莖之待埽。何醜類之睢盱，尚横距而肆爪。倚嶂嶺之千重，謂天險其可保。皇赫斯怒，整我六師，招摇爲戈，參伐爲旗。審制勝之在將，料奪險之用奇。拔虎臣於行間，建高牙而授之。

又　王蘭生

王蘭生，字振聲，一字坦齋，號信芳，交河人。李光地督學，畿輔試童子，一見奇之，拔冠其曹，教以窮經。已而光地以尚書撫直，檄入保陽書院，爲都講，及正撰席。從入京，受律吕〔曆〕算音韻之學。聖祖設書局求得異士，光地薦景州魏廷珍、寧國梅瑴成及蘭生足任編纂，遂同入直，命對定周易折衷，又次第編《律吕正義》、《數理精藴》、《卜筮精藴》、《音韻闡微》、《朱子遺書》，義或未通，時時親臨決焉。光地以《朱子琴律圖説》雕本流傳多誤，屬蘭生審定，爲之下説證明，遂可推據，光地甚服之。嘗本明道程子説，以人之中聲定黄鐘之管，積黍以驗之，展轉生十二律，皆與古法相應。又至郊壇目驗樂器，而知管音有長短巨細差，故有黄鐘積八倍者，或四倍者；而匏笙之管反有黄鐘積八分之一者，至塤篪之數，亦皆以黄鐘積實加減而得。其應聲至弦管，則但争長短，或用倍或用半，其聲已應。蓋立方者用體，平方者用面，有不同也。其論音韻，同崑山顧氏而較密，謂《國書》與古法合并。外蕃諸國韻書亦有合者。今人疑歌、麻、支、齊、微、魚、虞七韻無頭，不知七韻乃聲氣之元，能生諸部、切諸部，而不爲諸部之所生、所切，宜居部首，即《國書》第一頭喉音，五字也。等韻之易錯，皆由清濁之不分，乃即用《國書》五字頭爲聲音之元，以定韻。又用連音爲紐切之法，以定等而萬音畢舉矣。康熙五十二年，賜舉人，與試禮闈，遭喪，許以所纂書自隨。六十年，命與廷試，選庶吉士。世宗即位，授編修。三年遷司業，次年主廣東試，還京復命。督學浙江，秋即主江南試事，以學政主試，非故事也，士林以爲榮遷。内閣學士移陝，因以所貢舉士掛吏議，左遷少詹事督學如故。乾隆元年再遷，内閣學士以浙江銅政大壞，請變通其例。陝中流民舊皆令土人養之，宜詔有司别爲安插，皆見施行。充修三禮總裁，官遷刑部右侍郎，調管禮部。是年，以禮官當扈從行，次涿州，以病卒於肩輿中，年五十八。發帑金五百兩爲治喪，並賜祭焉。其所撰述甚多，未之見也。

又　何夢瑶

何夢瑶，字報之，好爲詩，與編修杭世駿相酬和，有《珠江竹枝詞》【略】雍正七年進士，試爲粤西岑溪，令遷奉天遼陽州知州，貧至不能具舟車。所著有《莊子故》、《皇極經世易知録》、《賡和録》、《醫碥》、《紺山醫案》、《算法迪三角輯要》、《移橙餘話》，其《匊芳園詩文鈔》，世駿爲序行之。

又　李光坡

李光坡，字耜卿，又字茂夫，安溪人。大學士光地弟也。弱齡補諸生，光地著《周官筆記》一篇，光坡亦説三禮數十萬言，成《三禮述注》六十九卷，發揮禮古經。取辭義昭晰而止，以授兄子鍾倫。鍾倫乃著《周禮訓纂》，光坡疏禮宗鄭元，談易本邵雍，兼取揚雄，太元論學師程子、朱子，自著《皐軒文編》一卷，卒年七十二。鍾倫，字世德，少好學，從光坡受禮。後事長洲何焯、宿遷徐用錫、河間王之鋭，同縣陳萬策，又從宣城梅文鼎習曆算書，非一師也，故其學多通。康熙三十二年舉於鄉，未仕，卒。鍾倫從弟鍾僑有《詩測義》四卷。康熙壬辰進士，由翰林左遷國子監丞。光坡從弟光墺廣卿，撰《考工發明》，與其弟光型儀卿爲二李經説。光墺，康熙六十年進士，國子監司業，光型舉雍正四年鄉試恩賜進士，官刑部主事。鍾倫子清植，官侍郎，有《儀、禮纂輯録》，世謂李氏一門能傳禮學也。其後閩縣龔景瀚爲禘祫考俟官，林喬蔭爲三禮陳教求義略，謝震爲禮案，皆號精覈。景瀚，乾隆三十六年進士，官蘭州知府，喬蔭官四川江津知縣。有《瓶城居士集》若干卷。震，乾隆五十四年舉人，官順昌教諭，有詩藁二卷。

清・錢林《文獻徵存録》卷五　褚寅亮

褚寅亮，字搢升，一字鶴侣，長洲人。乾隆十六年，南巡召試舉人，授中書。精治禮學，篤好不倦。寅亮頗善天文曆算，少詹事錢大昕著《三統術》，寅亮爲之校正月相求六扐之數，六扐當作七扐，推閏餘所在，加十得一，加十當作加七，大昕服其精審，寅亮又有《公羊釋例》三十卷，《周禮公羊異義》二卷，《十三經筆記》十卷，《諸史筆記》八卷，《諸子筆記》八卷，《名家文集筆記》七卷。歷官刑部員外

郎，以病乞歸，卒於家。

清・錢林《文獻徵存録》卷六　方中通　揭暄

方中通，字位伯，桐城人。父以智，明崇禎十五年進士，官檢討。晚爲僧，名宏智，字無可，人稱藥地和尚。有《通雅》五十二卷，網羅載籍，疏證前訓謁濫，實罕明之中葉。雅才好博，首言楊慎，其次爲陳耀文、焦竑。然慎才覈而實疎，耀文辭蕪而寡要，竑習與李贄遊，多引佛書，彌傷總雜。以智著書於名物、訓詁皆有徵實，無三家之短矣。又有《易袽》、《古今性説合觀》、《一貫問答》。中通少傳父業，稽古有機思，喜量圭黍，察儀漏。嘗以古九章法，僅存條目，鮮能尋繹其義，乃據《御製數理精蘊》推闡之，又列數原、律衍幾何約、珠算、筆算、籌算、尺算諸法，輯諸家説，剬取其長，制爲一書，名「數度衍」，凡二十四卷，附録一卷。廣昌揭暄著《寫天通語》，與相質難，爲《揭方問答》。又撰《物理小識》十二卷，及《浮山文集》。中通兄中德，字田伯，隱居不仕，年八十猶讀書不輟。有《遂上居集》，又著《古事比》一百卷。弟中履，字素伯，幼隨父於方外，晚築稻花齋於湖上，殫力著述。有《汗青閣集》，及《古今釋疑》十八卷。

揭暄，字子宣，研究西法，別有精詣。嘗謂七政小輪皆自然旋運，如手攪盤水，勢取周遭，行急渦生，乃成留逆。自古高才鴻生，未覩斯指矣。

清・錢林《文獻徵存録》卷七　李惇，字成裕，亦字孝臣，高郵人。少尚風義，爲博士弟子員，以高選將貢國學，前一夕，執友賈田祖死，親具棺斂歸之，遂不入試。究極經義，嘗説《尚書・洪範》「子孫其逢吉」，《傳》以逢吉連讀，爲遇吉，當讀至逢字絶句，與上文從同字，音韻協，吉字別爲句，又與下文五吉字二凶字體例合。據《傳》以此爲大吉，下文三從二逆爲中吉，二從三逆爲小吉，中吉小吉且言吉，況大吉乎？釋文引馬融云：逢大也，是句絶之證也。《詩》「濟盈不濡軌」，《傳》云：由輈以上爲軌。《釋文》：軌，舊定美反，謂車轊頭也。依《傳》意宜音犯。案，《説文》云：軌，車轍，從車，九，聲龜美反。軓，車軾前也，從車，凡，聲音犯。車轊頭所謂軌也，相亂故具論之。案軌字自有二義，其訓爲車轍者，《中庸》：車同軌是也，其訓爲車轊頭者，少儀祭左右軌范是也。軌范并言，顯然兩物。《少儀》註云：《周禮大馭》祭兩軹，祭軓，軌與軹於事同，謂轊頭也。軓與范聲同，謂軾前也。《正義》云：軌謂轂末。《周禮大馭》「祭兩軹，祭軓」，此云祭左右軌范，兩文正同，則左右軌與兩軹是一事。又云，轂末之軌，此經左右軌是也。其車轍亦謂之軌，則《考工記》經涂九軌，是與此字同而異也。合《周禮》、《禮記》觀之，是車轊頭謂之軹，又謂之軌；轊頭在軓之下，車之濟盈必濡其轊頭，不必作軓也。且以古音言之，軌，居酉反；牡，莫九反。此章彌鷕盈鳴牡軌，用韻甚密，《集傳》讀軌作「九」音，是也。但訓軌爲轍，轍非車上物，則不可以言濡矣。成乾隆四十五年進士，未注官，卒，年五十一。惇能理《毛詩》，常爲解義數十條。其友汪中服其精審，所著有《卜筮論》、《尚書古文説》、《金縢大誥三篇辨》、《大功章爛簡文》、《明堂考辨》、《考工車制考》、《曆代車制考》、《左傳通釋》、《説文引書字異考》、《羣經識小》、《讀碎金》詩文集。晚究心曆算，又爲《杜氏七曆補》、《渾天圖説》，各若干卷，皆未見於世，故存其目，以使好事者蒐訪也。江都江藩曰：藩獲交君時年少，好詆古人，君從容謂藩曰，王子雍有過人之資，若不作聖證論攻康成，豈非淳儒哉？少頃又曰，若夫佛氏輪迴因果之説，淺人援儒入墨之論，不可不辨，子車氏所謂，正人心，息邪説，不力闢之，是無是非之心矣。儀徵阮元曰：孝臣於算學深造自得，與錢溉亭齊名，識者争推之。乃殁未二十年，其遺書散佚，不可復得，昔人云藏之名山傳之其人，豈未遇其人耶？著作之傳與不傳，亦有幸有不幸也。

又　許宗彦

許宗彦，字周生，浙之德清人。父祖京，官廣東布政使。宗彦少不好戲調，頗能究竟古學。乾隆五十七年舉鄉試，嘉慶四年成進士，授兵部主事。觀政一月即乞歸，買宅杭州，擅園林之趣，鑽灼經典，必求昭暢。以錢詹事大昕説。太歲太陰辭未備，衍之曰：太歲者，歲星與日同次，斗杓所直之辰也。太陰者，歲星出後而伏，伏後晨見，斗杓所直之辰也。又曰：太歲即歲建，與月建同理，蓋歲星與日同次之月斗杓所建之辰也。太歲爲陰，行於地；歲星爲陽，行天，兩者必相應也。又曰：古法，太歲百四十四年而超一辰，自漢太初元年丁丑至今嘉慶六年，距算一千九百空四，應超辰一十三次，餘積三二，以紀法除之。乾隆三十五年紀歲庚寅加超辰。十三年，太歲在卯，至嘉慶六年，太歲在戌，與歲星不相應。今法，歲星一十一年三百十三日六十四刻有奇，而一周天約八十四年而超一辰。以此數推太歲，則自太初至今，當超二十二次，餘積五五。乾隆十年紀歲乙丑加超辰二十二年，太歲在亥。至嘉慶六年，紀歲辛酉，太歲在未。按：嘉慶六年，《七政時憲書》，歲星六月出柳，太陽六月在井、鬼、柳，歲星與日同次，而六月建未，是太歲在未，今法爲密矣。因制《太歲太陰説》、《太歲説》、《太歲超辰説》。又以恒星之動宗赤極，赤極與恒星天不同體，在恒星天之上，特以恒星

天之樞近於赤極故，即借赤極命之。其實，恒星當自有其極，其極循赤極而行，每歲一周，少不及焉，以生歲差日。日動宗黄極，黄極與日天同體。日天如瓜，黄極如瓜之蒂，日如瓜體中腰有一白點，蒂旋繞一周，白點亦旋繞一周，聯其旋繞一周之極，謂之黄道。黄道與日行無兩綫，黄極與黄道無二體。日天無象可指，遂取黄極、黄道寓之。恒星、天體、黄赤，既爲同體，則黄極、黄道亦必晝夜一周而過一度，而其實之不及一度者，不得不以爲右旋，而歸於日之自行。自古立法如此，所以便算，而非其實理。若論實理，則黄極爲日天之極，黄道即日行之迹，不得在恒星天也。此理不明，則日之行於本天，反無憑依，而諸輪之説生矣。乃分爲九段，以圖明之，曰日本天，曰日行黄道，曰日經度，曰日緯度，曰求經緯度，曰高卑盈縮，曰用赤道度，曰日度無闊狹，曰日左右旋，總爲《太陽行度解》，通人雅士皆好傳之。又記荷邏候星云：曩在粤東，西士彌納和爲言，西士近三十年測得五星外尚有一星，形質小而行遲，在赤道規上約八十餘年可一周天。若測定此星，可因以紀赤道，考歲差，其用甚廣，然非此一人一世所能候。故自來星官家皆未言。《大集經》云：大星宿，其數有八，所謂歲星、熒惑星、鎮星、太白星、辰星、日星、月星、荷邏候星，則西士所測，其荷邏候星與？【略】宗彦素多疾，竟不復起，卒年五十一。有《鑑止水齋詩文集》二十卷行於世。

焦循

焦循，字里堂，甘泉人。生而明穎，八歲至人家，客有舉馮夷，音如縫尼者，曰：此出《楚詞》，馮讀皮冰切，大驚。既壯，雅尚經術，通律算之學，補諸生食餼。嘉慶六年，舉於鄉，以母老，一試禮部，後不赴試。遭母喪，既免。病足移居村舍，築小樓數間，幾榻之外，書研茶具而已。嘗歎曰：「家雖貧，幸蔬米不乏，天之疾我，福我也，吾老於此矣！」【略】嘗謂梅徵君《弧三角舉》、《要環中黍尺》撰非一時，繁複無次。戴庶常《句股割圜記》詞質而奥，變易舊名，將欲歸於宏亮，作《釋弧》二卷以通之。嘉定錢大昕稱爲用意獨絶。又謂弧綫之生緣於輪，輪徑相交乃成三角。輪弗明，法無所附也，成《釋輪》二卷。康熙甲子，律書用諸輪法，雍正癸卯，律書用擠圓法。實測隨時而差，則立法隨時而改。《釋擠》三卷，以劉徽既注《九章算術》，講《九章》者不能舍劉氏之書矣。然《九章》不能盡加減乘除之用，而加減乘除可通《九章》之窮，作《加減乘除釋》八卷。是時元和李鋭號精推步術，每恨未見李仁卿、秦道古所著書。循游浙江，得《益古演段》、《測圓海鏡》，急寄與鋭，鋭大喜。循又得秦氏《數學大略》，因爲《天元一釋》二卷、《開方通釋》一卷，以述兩家之學。謂其子琥曰：「李欒城之學，既有《天元一釋》闡明之，而《測圓海鏡》、《益古演段》兩書不詳開方之法，以常法推之不合，讀者依然溟涬黯黮。秦道古《數學九章》有正員開方法，因又爲《開方通釋》詳述其義，汝可列《益古演段》六十四問，用正員開方法推之。」遂以同名相加、異名相消，用超用變之法示琥。琥布策下算，一一符合其式。循曰：「得此，《演段》可讀矣」。名曰「益古演段開方補」，附於《里堂學算記》之末。循又有《羣經宫室圖》二卷、《禹貢鄭注釋》二卷、《書義叢鈔》四十卷、《毛詩地理釋》四卷、《毛詩草木蟲魚釋》十一卷、《陸璣疏考證》一卷、《論語通釋》一卷、《孟子正義》三十卷、《揚州足徵録》一卷、《里堂道聽録》五十卷、《雕菰集》二十四卷、《詞》三卷、《詩話》一卷、《種痘醫説》共如干卷，卒年五十八。元又曰：君博聞彊記，《周易》、《孟子》專勒成書，易學不拘守漢魏師法，惟以卦爻經文比例爲主。《孟子正義》疏趙岐之注，兼採近儒數十家之説，而多下己意，合孔孟相傳之正指。每得一書，必識其顛末，即小説詞曲亦讀之。至再舉國朝人著述三十二家，作《讀書三十二贊》。又著《貞女論》二篇、《愚孝論》二篇，皆有補於世。性誠篤，恬淡寡欲，布衣蔬食，不入城市，惟以著書爲娱。錢辛楣、王西莊、程易田諸先生皆推敬之。

清·錢林《文獻徵存録》卷八 錢大昕，弟大昭，從子塘，坫。

錢大昕，字曉徵，又字竹汀，嘉定人。少有止足之志，既從長洲沈德潛遊學，頗擅屬辭，爲吴中七子之冠。有《弔姚廣孝作》，云：「空登北郭詩人社，難上西山老佛墳。」每有著作，人競鈔寫。聲譽方振，忽歎息曰：「經之未通，乃從而繡其鞶帨乎？」故閲覽羣籍，綜貫六藝，勉爲洽孰之。儒高宗南巡，召試舉人，授中書。乾隆十九年，成進士，改庶吉士，授編修。大昕居省中，讀梅氏書，妙盡研覈，遂通天文、陰陽、曆算。聞其除館職，尚書何國宗先往候之，出，謂人曰：「今之賈逵也。」宋楊忠輔《統天》術以距差乘躔差，減氣汎積爲定積，梅文鼎謂元郭守敬加減歲餘法出於此。但《統天》求汎積必先減氣差十九日有奇，與郭又異。文鼎不爲之説，大昕推之曰：「凡步氣朔，以甲子日起算。今《統天》上元冬至乃戊子日，不值甲子，依授時法，當加氣應廿四日有奇，乃得從甲子起。今減去氣差，是以上元冬至後甲子日起算也。既如此，當減氣應卅五日有奇。今減十九日有奇者，去躔差之數不算也。求天正經朔又減閏差者，經朔當從合朔起算。今推得《統天》上元冬至後第一朔乃乙丑戌初二刻弱，故必減差，而後以朔實除之，即《授時》之朔應也。」其説歲陰太歲曰：「歲陰與太歲不同。《淮南·天文

訓》攝提以下十二名，皆謂太陰所在。《史記》太初元年，年名焉，『逢攝提格』者，歲陰，非太歲也。東漢後不用太陰紀年，又不知太歲超辰之法，乃以太初元年爲丁丑歲，則與《史》、《漢》之文皆悖也。」《周禮・輈人》「軓長十尺而策半之」，鄭玄云十或作七，合七爲弦，四尺七寸爲鉤，以求其股，股則短矣。賈公彦推爲股五尺三寸。大昕謂：「此句弦求股法，以句冪減弦冪，開方取之，得五尺一寸八分不盡。公彦不知方法，以百尺爲丈，百寸爲尺，所定尺、寸之位俱誤；又不知四尺寸寸自乘之中，尚有四七相乘之廉積，故句冪誤，而所求股數亦誤也。」太史正歲年以序事，鄭玄云：「中數曰歲，朔數曰年。中朔大小不齊，正之以閏，若今時作曆日矣。」大昕謂：「鄭所云中數者，自今年冬至數至後年冬至，凡三百六十五日有奇而成一歲也；朔數者，自今年正月朔數至後年正月朔，凡三百五十四日有奇而爲一年也。兩數相較，則歲有閏餘十一日弱，故云『中朔大小不齊，正之以閏。』公彦疏乃曰：『中氣匝則爲歲，朔氣匝則爲年。假令十一月中氣在晦，則閏十二月十六日得後正月立春節，此即「朔數曰年」。至後年正月一日得雨水中，此中氣匝，此即是「中氣曰歲。」』公彦誤也。歲有十二，中析之爲二十四氣，中氣匝與節氣匝皆三百六十五日有奇，何大小不齊之？有節氣之不皆在朔，與中氣同。賈以節氣爲朔氣，遂指爲朔數，此其誤之由也。」又參泰西日躔最高卑之説，以知《尚書緯》四遊昇降，暢劉歆《三統曆》之意旨，因彈定班固《志》譌文舛義，其精思探賾如此。三十三年遷右贊善，再擢爲侍講學士。大昕每求稱病，因乞假以去。去職五年復補學士，俄除少詹事，一充主考官，四充會試同考官。再提學廣東，遭父喪服除，又遭母喪，由是家居不復出。元和惠棟、吴江沈彤皆長經術，東南人士悉祖之。大昕既返卧里門，躭意繙譔，闡惠、沈舊訓大義，以示學者。又研究《爾雅》、《説文》意指，推及遷、固以下，述作無不貫穿通洽。【略】嘉慶七年，年七十有七卒。其所著書行於世者，有《唐石經考異》一卷，《經典文字考異》一卷，《聲類》四卷，《廿二史考異》一百卷，《唐書史臣表》一卷，《唐五代學士年表》二卷，《宋學士年表》一卷，《元氏族表》三卷，《元詩紀事》二卷，《補元史藝文志》四卷，《三史拾遺》五卷，《諸史拾遺》五卷，《通鑑注辨證》三卷，《四史朔閏考》四卷，《洪文惠年譜》、《洪文敏年譜》各一卷，《王深寧年譜》一卷，《疑年録》三卷，《吴興舊德録》四卷，《先德録》四卷，《十駕齋養新録》二十三卷，《恒言録》六卷，《竹汀日記鈔》三卷，《潛揅堂金石文跋尾》二十五卷，《文集》五十卷，《詩集》二十卷。未成者，《遼金史及元史補志》。休寧戴震嘗歎曰：「當代學者吾以曉徵爲第二人。」蓋震以第一人自居。後之説者，以爲大昕雅博勝震也。【略】

塘，字學淵，一字溉亭，嘉定人，詹事大昕從子也。少補縣諸生，喜爲古今體詩，爲光禄王鳴盛、侍郎王昶咨賞。久之，不欲以詞人自足，肆力於六經。乾隆四十五年以拔萃舉鄉試，次年中進士，除江寧府教授。塘事大昕□□，發律吕、推步、聲音、文字，皆究極其妙。著《律吕古義》。

又以《淮南天文訓》一篇，多馮相保章遺法，高氏注闕略，罕所證明，乃證之羣書，疏其大義，或意有不盡，以圖顯之，爲成《補注》三卷。又有《春秋左氏傳古義》，則補杜氏之闕是也。所作古文曰《述古篇》，編詩曰《吕齊吟藁》以教授，終年五十六。其叔大昕曰：「溉亭少時執經於先君子，予長於溉亭七歲，相與共學。予入都以後，溉亭與其弟坫及予弟大昭相切磋，爲實事求是之學，靳至於古人而止。比予歸田，而溉亭學已大成，每相見，輒互證其所得。吾邑之好學者稱錢氏，而溉亭則羣從之白眉也。惜其未及中壽，而撰述或不盡傳也。」

坫，字獻之，乾隆三十九年舉人，編修朱筠，總督、尚書畢沅皆重其學。【略】著有《詩音表》一卷，《車制考》一卷，《論語後録》五卷，《十經文字通正書》十四卷，《新斠注地里志》十卷。坫工小篆，晚患風痺，一肢廢，以左手寫之，姿制益妙。其注《史記》，詳於音訓及郡縣沿革、山川所在。書既成，坫已病，以其藁授伊犁將軍松筠，筠録一通藏焉。

戴震　淩廷堪　孔繼涵

戴震，字東原，安徽休寧人，少爲諸生，與其縣人鄭牧歙、汪肇瀧方矩、汪梧鳳金榜，同受業於江永。通六經，精治三禮，兼習推步、鍾律，於音聲文字之學尤核。嘗曰：學者必由聲音以求訓詁，由訓詁以尋義理，失此者，非學也。性狷介，多與物忤，落落不自聊。年三十餘至京師，困於逆旅，饘粥將不繼，誦讀如故，人目爲狂生。一日，攜所著書詣嘉定錢大昕。大昕覽而異之，既去，曰：此非狂生也，閉户生也。尚書秦蕙田求雅才好博者，大昕舉震，蕙田大喜。即日詣之，與談尚書纂五禮通考，震爲之斟酌意指，以成盛業。高郵王安國長禮部，重震，遣子念孫事之。獻縣紀昀、餘姚盧文弨、青浦王昶，爲當世名人，見震莫不加禮。乾隆二十七年，舉江南鄉試，試禮部被放。又之山西布政使朱珪，屬修《汾州志書》。【略】震天文算學出於永某，妙勝永。西術以爲赤道極之外有黄道極，爲七政恒星右旋之樞，詫爲言曆者所未發，震折之，曰：西人所謂赤極，即周髀之正北極也，黄極即周髀之北極璿機也。虞夏書在璿璣玉衡以齊七政，蓋設璿

機以擬黃道極，黃極在柱史星東南，上弼少弼之閒，終古不隨歲差而改，赤極居中，黃極環繞其外，周髀固已言之，不始於西人也。又月建所指亦謂黃極，夫北極璿機冬至夜半恒指子，春分夜半恒指卯，夏至夜半恒指午，秋分夜半恒指西，以周髀四游所極推之，則月建十有二辰爲黃極，夜半所指顯然。漢代以爲斗杓移辰者，非也。泰西測天，傳弧三角術，其三邊求角及兩邊夾一角，求對角之邊，加減捷法。宣城梅氏用平儀之理，爲圖闡之，震以用餘弦折半爲中數，則過象限與不過象限有相加相減之殊，雖密猶疏，故謂用餘弦者或加或減，易生岐惑。今立新術，用總較兩弧之矢，相較折半爲中數，則一例用減，更得簡捷。蓋餘弦者矢之餘也，八綫法，弧小則餘弦大，弧大則餘弦小，弧若大過象限九十度，則餘弦反由小而漸大。惟矢不然，弧小則矢小，弧大則矢大，弧若大過象限九十度，則矢更隨之而大，是矢與弧大小相應，不似餘弦之參差，故以易之也。【略】因斯六善運厥三長，集簡册之遺聞，闡古今之通論。其考紀象也，兼正光之推步，較天象而益精焉。【略】孔繼涵，字葒谷，衍聖公毓圻孫也。乾隆三十六年進士，官户部郎中，篤内行，與戴震友善，於天文、地志、經學字義無不博綜，著有《考工車度記》，補林氏《考工記》解句股粟米法，釋數同度，記《水經》，釋地紅櫚，書《屋詩文集》。

孔廣森

孔廣森，字象仲，孔子六十八代孫也。祖傳鐸襲封衍聖公，父繼汾户部主事。廣森成乾隆三十八年進士，入翰林爲檢討，翩翩華胄，人目之爲衛洗馬、王長史，争願逢迎交接。然性耽静退，惟以譔録爲事。【略】爲《九章補圖》一卷，《原象》一卷，《古曆考》二卷，《曆問》二卷。

清・錢林《文獻徵存録》卷九　顧廣圻，字千里，一字澗薲，元和人，諸生。經史、小學、曆算靡不研究，校宋本《列女傳》、《國語》，爲之札記。江聲弟子也。

程瑤田　方粹然

程瑤田，字易田，又字易疇，歙縣人。少入塾，先生謂：「孺子盍言爾志？」曰：「無志，窮達由天命。窮爲匹夫，不得曰非吾志而卻之也；達爲卿相，不得曰吾志不及此而逃之也。」坐者起曰：「是聖賢之志也。」瑤田曰：「讀書不當師聖賢耶？」爲博士弟子員。鄭虎文掌紫陽書院，甚重之。有《論學小記述性》四篇。【略】考《周髀算經》言「數出於矩」，瑤田暢其説，以明用矩之道。又從休寧戴震受準望法，因推求準望重測用較爲法之理。爲圖三，曰《測高圖》，曰《因遠知深之圖》，曰《高遠廣三者，二者皆不知，用三測互求之圖》，爲儀以驗之。其後又加《初測》、《重測》二圖，《測深》、《測遠》二圖，謂《周髀》無測廣之法，非逸也。舍卧矩弗能測廣，測廣包於測遠中也。然施於重測，則知廣與知遠，其用卧矩之法殊異。又加《測廣之圖》，交測之法由槀於《三測互求圖》中演之，爲偃測、覆測、卧測三法，加三圖。又演之，加交重測之法，亦三圖。凡爲圖十有四，附圖二。又一一詳説之，爲《周髀矩數圖註》。周髀用矩述著於《數度小記》。善鼓琴，有《聲律小記》。晚既失明，口授《琴音記續編》，使其孫寫之。又有《論學外篇》、《宗法小記》、《釋宮小記》、《考工創物小記》、《磬折古義》、《水地小記》、《解字小記》、《釋草小記》、《讀書求解九勢碎事》、《釋蟲小記》、《修辭餘鈔》，總爲《通藝録》。嘉慶十九年卒，年九十。性和緩，終身不解詬詈。隸書師晉唐人，精妙無比。少時，淳安方粲如見其詩，極喜之。別有《讓堂詩鈔》十八卷，藁草藏於家。

清・馮金伯《國朝畫識》卷五　張雍敬

張雍敬，字珩佩，號簡菴，秀水布衣。家新塍鎮，善草蟲布置，花草本宋人勾染法，工細多致。工制舉文不遇，精究天文律曆之學，著《定歷玉衡》十八卷，始與吳江王寅旭相稽考，繼證之宣城梅定九，竹垞朱氏序之。其《宣城遊學記》，稼堂潘氏序皆極推重。詩有《環愁草》、《靈鵲軒》等集。畫筆其餘技也，然猶工細，若是可知其學之專者矣。《畫徵續録》。

清・王豫《淮海英靈續集》庚集卷五　焦循，字里堂，江都人，嘉慶辛酉舉人，吾師。初用力於《尚書》、《毛詩》、《三禮》之學，著《群經宫室圖》二卷，《詩地里釋》四卷，《禹貢鄭注釋》二卷。後精研筭學，著《學筭記》十七卷。得李欒城《測圓海鏡》、《益古演段》兩書，與歙縣汪萊、元和李鋭講明切究之，絕學賴以復興。壬戌會試歸，即閉户專力學《易》，悟得洞淵九容之術實通於易，乃以數之比例求易之比例。盡屏他務，專理此經，自名讀書之地爲「奇洞淵九容數注易室」。著《雕菰樓易學》四十卷，又著《六經補□》二十一卷，《論語通釋》一卷，《孟子正易》三十卷，《道聽録》五十卷，《易餘篇録》二十卷，《書莪叢鈔》四十卷，《北湖小志》六卷。目計詩文爲《雕菰集》二十四卷，《詞集》三卷，《家訓》二卷。又有《劇説》、《詩話》、《易話》等，凡數十卷。

焦廷琥，字虎玉，里堂子，諸生。讀書頗具慧心，知平圓、三角之法。雲臺兄嘗令其步籌推筭，以驗得數，百不失一。詩知「積雪争鳥路，涼雨薄人衣」，「寺外

鐘聲催早雁，渡頭船影繫斜暉。隣户有欄登□□，夕陽如水淡秋葵」，真晚唐風韻。

清・徐鼒《小腆紀傳・王錫闡》 王錫闡，字寅旭，號曉菴，吴江人。少友張履祥，講學以濂洛爲宗，精究推步，兼通中西之學。崇禎中，尚書徐光啓等修新法時，聚訟盈庭。錫闡獨閉户著書，潛心測算，遇天色晴霽，輒登屋卧鴟吻間，仰觀星象，竟夕不寐。務求精符天象，不屑屑於門户之分。性耿介拔俗，詩才清妙。國變後卒，年五十五。箸有有《大曆統》、《西曆啓蒙》、《丁未曆藁》、《推步交食測日小記》、《三辰晷志圜解》、《曉菴新法》、《曆説》、《曆策》、《左右旋問答》諸書。顧炎武云：學究天人，確乎不拔，吾不如王寅旭。梅文鼎曰：從來言交食者，只有食甚分數，未及其邊；惟王寅旭則以日月圓體，分爲三百六十度，而論其食甚，時所虧之邊，凡幾何度，今推衍其法，頗精確云。迨康熙中，《御定曆象考成》所採文鼎以上下左右算交食方向法，蓋實本於錫闡矣。補。

清・趙宏恩《（乾隆）江南通志》卷一六六《人物志》 陳厚耀，字泗源，泰州人，康熙丙戌進士。除蘇州府教授，改中書舍人，自爲諸生，經、史外雅好九章算法、西學曆數。大學士李光地薦試，稱旨開局，監修算法。更授翰林院編修，累陞左諭德，以病乞歸。

清・潘衍桐《兩浙輶軒續録》卷一六 戴敦元，字金溪，開化人，乾隆庚戌進士，官至刑部尚書，協辦大學士謚簡恪。著《簡恪遺集》八卷。

吴鍾駿《序略》：公早歲，通籍入詞垣，改官比部，哀矜庶獄，刑罰必當。外擢監司晉階屏翰所至有聲性簡易無城府，敝車羸馬，惡衣疏糲泊如也。聰明天授，過目成誦，旁及周髀宣夜之學，少廣商功之術，至若託興言志，陶冶性靈，亦復神明律吕緜採相輝。

陳奐《紀略》：公在豫章，不數月，清全省積牘四千餘件。令某素善，公獲盜多名，例送部公議，止加級，婉諭之曰：吾與汝固友善，當積陰德於子孫，戕人命升已官，君子弗善也。山西藩署向有陋規，本官至，僕隸分得羸餘，謂之鰲頭銀兩。公至則曰：本官有養廉，僕隸則豢養於官，何羸餘之與有？由江西至京，途次日餐麪餅六枚，不下車，五更呼夫驅而行車，子館人莫知其爲新任藩司者。

清・潘衍桐《兩浙輶軒續録》卷二〇 姚文田，字秋農，歸安人，嘉慶己未一甲一名進士，官至吏部尚書，謚文僖。著《邃雅堂集》。

《先正事略》：公負人倫鑑，屢典文衡，皆得士。以學行受兩朝特達之知，持己方嚴，莅官勤慎。百數十年來，學者盛談考據，其弊流爲瑣碎穿鑿。公嘗作《宋儒論》，以詔學者，然未嘗不究心漢學。生平博綜羣籍，所著《易原》、《春秋月日表》、《詔文聲系》、《説文考異》諸書，皆入許鄭之室。治部務，通達治體，不爲激亢之行。所爲奏議，無不切中時弊。多蒙嘉納，海内争傳誦焉。

《緝雅堂詩話》：姚文僖公嘉慶丁丑主會試，先王父出其門，經策文字極所忻賞。道光乙酉，公復主試順天，先伯父開平公又被拔取。兩世科名同逮門下，傳爲佳話。先王父既選庶常，改官刑部，曾未十稔，壯志已冥。余與伯兄潼商君少稟庭訓，流連祖硯，幸託先蔭，同入翰林，方與扇揚清芬，仰企遺躅，乃伯兄無年，中道摧折，讀公遺詩，振觸前事，語長悲深，不知涕之何從也。

清・潘衍桐《兩浙輶軒續録》卷二二 張鑑，字春治，號秋水，晚號貞疾居士，烏程人，嘉慶甲子副貢，官武義教諭。箸《冬青館甲乙集》。

縣志：鑑館劉氏眠琴山館，徧讀所藏書，學益博，發爲文章，引據典確。阮元設詁經精舍，鑑與焉。佐修《鹽法志》、《經籍纂詁》等書。嘉慶辛酉拔貢，甲子中副榜。元督師往寧波，挾鑑同行。復以水灾蠲振，皆資其贊畫。卒，年八十三，箸書三百餘卷。其《海運芻言》侍郎英和稱爲可用。道光甲申，奏行《海運》，大畧與鑑説合而稍加變通焉。

清・潘衍桐《兩浙輶軒續録》卷二五 錢儀吉，字藹人，號新梧，又號衎石。福胙子，嘉興人。嘉慶戊辰進士，官刑科給事中。箸《刻楮集》四卷、《旅逸小稿》二卷。

府志：儀吉十二歲，效選體作《山賦》千言，張問陶擊節稱賞。庶常散館，授主事。升給事中。遇事無徇庇，人憚其豐採。因公鐫級，絶意仕進，主講粤東學海堂、河南大梁書院。治經講求故訓。箸《經典證文》、《説文雅厭》，流覽乙部，以章武偏安，暨大業末造，典禮缺如，撰《三國晉南北朝會要》。病通志堂經解採摭未備，搜羅宋元來説經家彙經苑一編，皐比數十寒暑。有仙蝶齋藏書，所自謂吾之長技，但可鍼炙文字耳。與從弟泰吉稱錢氏二石。

緝雅堂詩話：衎石先生曾游廣州，屢閲學海堂課卷，手定諸生讀書法四條，至今仍之記。事稾中，與吾鄉先輩論學之語，用心甚長。自恨生晚，不及奉手受教。少從番禺陳蘭甫先生游，粗得梗概，録詩已畢，書此志慕。

清・潘衍桐《兩浙輶軒續録》卷三二 項名達，字梅侶，錢塘人，道光丙戌進

士，官國子監學正。

丁丙曰：梅侶丈登嘉慶丙子鄉榜，考取國子監學正。道光丙戌，捷南宫，以知縣即用，呈請歸學正本班銓補。未幾乞假歸，主講紫陽書院，校閲精審，士論翕然宗之。晚耽白業。其殁也，預知日時，沐浴具衣冠而逝。庚辛之亂，著述盡燬，惟《下學齋算術》先已刊佈，尚傳於世。梁晉竹稱其恂恂儒雅，如公瑾醇醪。

清・潘衍桐《兩浙輶軒續録》卷三四　謝家禾，字穀堂，仁和人，道光壬辰舉人，候選知縣。著《存齋存稿》。

戴煦序略：穀堂與余兄弟爲同學，同癖於數，孳孳不已。中西術法，殆無不通曉。其所著《上成》三卷，一曰《衍元要義》，析通分加減，定方程正負；二曰《弧田問率》，以劉徽、祖冲之之率求弧田，求其密於古率者；三曰《直積回求》，則以直積與句股弦和較轉輾相求，大旨皆出於《四元玉鑑》，而實能發明前人不傳之術。

又　戴煦，字鄂士，錢塘人，增貢生，候選訓導。著《修汲齋賸稿》。

《浙江忠義録》：煦精疇人學，西人艾約識工算，見所著《求表捷術》，心折之，踵門求見，引東坡事以卻焉。工六法、山水，神似迂倪，評者謂出文節上。著有《莊子順文》、《陶靖節集註》、《四元玉鑑細草》、《音分古義》、《求表捷術》，又《對數簡法》。庚申之難，與文節同時殉節。事聞，奉旨附祀文節祠。鄉人重其學行，復請大吏祀詁經精舍先覺祠。

清・潘衍桐《兩浙輶軒續録》卷四一　夏鸞翔，字紫笙，錢塘廩貢，官光禄寺署正。著《春暉山房詩集》、《嶺南集》。

《復堂日記》：紫笙遺詩《春暉草堂集》。少作差弱，丙辰北行後筋力於高、岑；出都避地，憂生念亂，成就於浣花。已而流寓嶺南，吐音高亮，寄興遥深。五言如公子五花馬，佳人雙鳳笙。宫商緜會一洗哇鄭。

清・潘衍桐《兩浙輶軒續録》卷四二　汪曰楨，字仲雒，一字剛木，號薪甫，又號謝城，烏程人，咸豐壬子舉人，官會稽教諭。著《儷花小榭詩草》。

許仁杰曰：剛木先生，先君子執友也。幼秉母氏趙儀姑夫人之教，敦行勵志，學無涯涘。以書籍朋友爲性命，博觀約取，箸述等身。嘗脩《烏程縣志》、《南潯鎮志》，義例精嚴，爲世推重。晚就冷官，脩羊所入，悉以購書，刊有荔牆叢刻。其《四聲切韻表補正》五卷，《長術輯要》十卷，《古今推步諸術考》二卷，《隨山宇方鈔》一卷，《荔牆詞》一卷，先生所自著書也。

清・潘衍桐《兩浙輶軒續録》卷四三　李善蘭，字壬叔，號秋紉，海寧諸生，官户部郎中。

《府志》：同治七年，廣東巡撫郭嵩燾薦善蘭通算學，徵入同文館，充算學總教習，總理衙門章京，積官户部郎中，晉三品卿銜。善蘭少受業於長洲陳奂，治訓詁，兼涉詞章，於算學好之獨深。年十歲，見《九章》，以爲淺近不足學，得《測圜海鏡》學之，遂通中西之術。咸豐閒游上海，與艾約瑟及偉烈亞力譯《幾何原本》後九卷，《代數學》、《代微積拾級》、《重學》、《曲綫説》、《談天》諸書，信筆直書，了無疑義。《幾何原本》第七卷至十卷，中外皆失其傳，第十卷尤闡理幽元，非深思力索不能驟解。代數變天元、四元，别爲新法；微分、積分二術，又借徑於代數，實中土未有之奇祕。善蘭隨題剖析，自言得力於《海鏡》爲多。嘗箸《方圓闡幽》、《弧矢啓秘》、《對數探原》、《垛積比類》若干卷。又箸《四元解》二卷，《橢圜正術解》二卷，《新術》一卷，《火器真訣》一卷，《對數尖錐變法釋》一卷，《級數回求》一卷，《考數根法》一卷，《天算或問》一卷，總十有四書，名之曰《則古昔齋算學》行世。别有《羣經算學考》，未成，燬於兵。

清・潘衍桐《兩浙輶軒續録》卷四六　丁兆慶，字葆書，號月河，歸安布衣。

丁鶴年序略：兆慶幼穎悟，過目成誦，以屢試不得志，遂杜門箸述。癖嗜書籍，講求實學，尤工古文。與塘棲勞季言交，最善季言。先没，有《郎宫石柱題名考》，未刊。兆慶以至友不忍佚其箸，作爲編目，付梓祠治。辛未，宗湘文大守來攝郡重修府志，兆慶任事最勤，三載始成書。又爲廣德張翰泉太守纂修州志，並分修歸安長興德清安吉諸縣志。箸有《安定言行録》、《古今聞見録》、《遜志録》、《月河居士文鈔》、《讀書餘識》、《風水祛惑》、《御史臺精舍題名考》。

緝雅堂詩話：丁君爲採湖州詩寫録甚夥，藥煙病榻，霜風入簾，呻吟諷詠，聲相和也。未幾，竟殁。芳蘭已折，玉樹長埋，徒增感舊之傷。有虚薦士之詠睠，言疇曩負君多矣。

清・史澄《（光緒）廣州府志》卷一〇八《宦績五》　錢大昕，字曉徵，江南嘉定人，乾隆甲戌進士，官詹事。學靡不通，謙以下士，尤好獎掖後學。三十九年，視學廣東，一時俊彦皆受裁成，以臻偉器。即或隱遯巖穴，負有實學者，亦皆拭拂贊賞，以奬借其幽潛。故論廣東人士敦崇經術，則鄭晃導其先路，至惠士奇始大闢門庭；釐正文體，則夏之蓉以清正爲宗，至史夢琦始革其凡陋；金石篆隸，

則翁方綱以漢法爲宗，至犬昕始再爲揚扢。若夫穿穴古今，貫通往事，談曆朝之成敗，考史筆之是非，人知魯豕之訛，家習董狐之學，則實大昕之力也。據阮《通志》修。

清・史澄《（光緒）廣州府志》卷一二八《列傳十七》 何夢瑶，字報之，雲津堡人。年二十九，受知學使惠士奇，稱惠門四俊。雍正己酉，拔貢，領鄉薦。庚戌成進士，分發廣西。大府耳其名，至則令修《省志》。曆宰義寧、陽朔、岑溪、思恩，擢奉天遼陽州，尋引疾歸。夢瑶治獄明慎，義寧民梃傷所識奪其牛，夢瑶援新例論戍，巡撫駁改大辟，三駁不從，巡撫怒，牒部請決，部如夢瑶議，上官自是服其能。大灘獞民地距義寧治數百里，與懷遠縣斗江中峝獞仇殺數十年，深箐叠嶂，官吏莫敢至。夢瑶莅任，親往諭釋，相度金錢隘爲兩地衝，請設兵防守，獞民械鬥迺絶。在岑溪，地僻政簡，乃大修《縣志》。大吏將以鴻博薦，辭不赴。在思恩，城守朱某以獞民玉某密首，七里半聚賊千餘，期以日暮攻城，請急牒郡發兵，夢瑶不可。朱又請遣家口先避，召百姓入保。夢瑶曰：府遠請兵緩不及事，且城土垣高不踰仞，官眷一去，人將鳥獸散，是先去以爲民望也，吾與若有守土責，賊至惟有一死耳。是時家人竊聽，皆哭，夢瑶叱止之。乃召玉至問賊狀，玉出一紙，列首賊姓名十餘，遽命户書入，以玉紙付之曰：此欠户，可速遣役檄追。户書愕眙曰：此皆殷户也，開徵已畢輸，無容再催。夢瑶笑曰：吾别有事問，姑速呼至。役捧檄去，朱怪其緩視，夢瑶曰：若輩皆富人，玉有求弗獲，以此誣陷耳，明日至當知。朱曰：若今夜，何夢瑶笑曰：若輩真反，已在半途，役往必遇，遇必馳報，吾將爲君再計。明日七里半民至，則皆良民，朱乃愧服。時疫氣流行，立方救療，多所全活。制府策，下其方於各邑。比去縣，因歲歉賠倉穀三百石，貸舟車費乃東歸。牧遼陽兩載，不名一錢。歸而懸壺自給，大府聘主端溪、粤秀、越華書院講席，肇慶府吴繩年聘修《府志》，因自稱研農。富於著述，已梓者《匊芳園詩鈔》、《莊子故》、《賡和録》、《制義焚餘》、《醫碥》、《婦嬰痘三科輯要》、《傷寒論近言》、《胡金竹梅花四體詩箋》、《大沙古蹟詩》，未梓者《匊芳園文鈔》、《皇極經世易知録》、《移橙餘話》、《紫棉樓樂府》、《紺山醫案》、《針灸吹雲集》、《算迪》、《三角輯要》、《比例尺解》、《秋訇》、《金錢隘紀聞》、《羅浮夢》、《煖金盒》、《匊芳園詩續鈔》。卒年七十二。據何迎春沙村研、農年紀注、粤臺徵雅録、阮道志、採訪册修。

又 馮經，字世則，捕屬人。乾隆三十五年庚寅，舉於鄉官教諭。其學覃精鄭、孔，而立身行已毣毣焉。規仿關、閩，初甚拘苦，後讀《詩》至衡門之下章，怡然曰：此君子素位，不願外之説也。孔顔樂處，豈外求哉。授徒三十年，硜硜講説不倦，來學之士至廨舍不能容。卒，年七十八。著有《四書學解》、《周易畧解》、《詩經書經畧解》、《考工記注》、《羣經互解算畧》等書，皆薈萃儒先，貫通其説。而尤邃於《易》，其釋卦象以《十翼》爲據，釋爻辭以彖辭爲本。河洛之數，以《周髀經》爲宗，而旁及於筆算、籌算，隨手指畫，不差杪忽云。據阮通志修。

清・史澄《（光緒）廣州府志》卷一二九《列傳十八》 鄒伯奇，字特夫，泌冲人，邑諸生。聰敏絶人，通諸經義疏大義，尤長於算學。學使戴熙試廣，屬文童問音韻源流，伯奇所對獨詳，拔進邑庠。嗣後閉户覃思，以算通經，以經證算，欲成一家之學。嘗謂昔人考《春秋》，朔閏類求之經傳，未能精確。今以〔曆〕術上推二百四十二年之朔閏食限，然後質以經傳所書，乃知有經誤、傳誤及術誤之分。作《春秋日月考》正之。又論《尚書》克殷年月，謂鄭玄據《乾鑿度》，以入戊午部四十二年克殷，下至《春秋》，凡三百四十八年。劉歆《三統術》以爲積四百年。今以〔曆〕術上推，且以歲星驗之，始知鄭元之是，劉歆之非。其解《孟子》由周而來，七百有餘歲，謂閻百詩《孟子生卒年月考》據《大事記》及《通鑑綱目》，以孟子致爲臣而歸在周赧王元年丁未，逆數至武王有天下，歲在己卯，當得八百有九年。今考《綱目》年數本之劉歆。然共和以上周初年數，史遷已不能紀，劉歆《曆譜》本之魯世家耳。今將歆〔曆〕與《史記》比對，歆於煬公、獻公等年分增加五十二年。若減其所加，則歆所謂八百有九年者，實七百五十七年耳。又謂：胡渭《禹貢錐指》言五服不及五嶺，要荒之外尚有餘地，不知孟子言三代授田，五十畝當周百畝，以積求邊，則王制九州方三千里，祇當夏二千一百二十一里餘。是僅過侯服之外六十里而已，其外尚有綏、要、荒三服，以數計之，則禹貢五千已是北窮朔漠，南踰嶺海。烏得謂不及五嶺？且要荒之内包蠻夷流蔡，名爲四裔，安得謂此外尚有中國餘地哉。又謂：《大戴禮・明堂》説，當日必有九室之圖，四隅室外復接四室，二九四七五三六一八者，圖中記數之字。横書左行及圖亡字存轉寫者，縱書而右行，故錯亂如此。其曰：赤綴户也，白綴牖也，此則明有赤白點爲有圖之證耳。又以向來注經者未精算學，故制度多疏，作《深衣考》，以訂江永之謬；作《弋戟考》，以指程瑶田之疏。以《景福殿賦》陽馬承阿，證古宫室阿棟之制；以體積論桌氏爲量，以重心論懸磬之形。皆繪圖注説，援引詳明。凡經中有關於天文、算術，或先儒未發，或發而未明，隨時録出，成《學計一得》一

書，此皆其精思創獲，有裨於經學之大概也。又嘗作《古韻諧聲譜》，以爲方音有流變，故古今音不同，非諧聲無以定古之本音，非方音無以盡詩之取韻。又作《雙聲疊韻譜》，以推明古音、古義。生平精於西法，暇讀墨子書，謂爲西學所自，祖其説，鑿然有據。其獨抒心得多此類也。同治三年，郭嵩燾撫粤，以數學特薦詔督撫咨送，而伯奇家居養母，終不出也。八年五月卒，年五十一。友人刻其遺書，自《學計一得》外，有《皇輿全圖》三卷、《地球背面全圖》、《赤道星圖》、《黄道星圖》、《補小爾雅釋度量衡》一卷，《格術補》一卷，《乘方捷術》三卷，《存稿》一卷。今其學尚有能傳之者。據《南海志》、採訪册修。

清・陳璞《尺岡草堂遺集》卷四　擬廣東儒林傳

馮經，字世則，南海人。左目失明，其一僅辨字畫。每觀書，必俯首於案，目光去紙不一寸。作字尤艱苦，或汗汙其卷，不復成書，故爲諸生考，輒下等。而讀書强記絶人，攻治益力。大興翁方綱學使試古學，得其經解則大驚，以爲得未曾有。乾隆庚寅，舉於鄉官教諭，其學覃精鄭、孔，而立身行已髦髦然。規仿關、閩，初甚拘苦，後讀《詩》至衡門之下一章，怡然自得曰：此君子素位，不願外之説也。孔顔樂處，豈外求哉。授徒三十年，硜硜講説不倦，來學之士至廨舍不能容。嘗曰：説經必統會一經之始終，而融貫諸經以證之，其説乃確不可易。諸生有問難者，輒色喜，曲爲開導，務使明達。至誠感人，終身未嘗有曖昧事。免母喪已踰年，講《論語》至喜懼兩言，嗚咽泣下不成聲，門弟子皆起立動容，遂罷講。卒年七十八。著有《四書學解》、《周易畧解》、《詩經書經畧解》、《考工記注》、《羣經互解算畧》等書，皆薈萃儒先，貫通其説。而尤邃於《易》，其擇卦象以十翼爲據，釋爻辭以彖辭爲本。河洛之數以《周髀經》爲宗，而旁及於筆算、籌算，隨手指畫，不差杪忽云。

又　黎應南，字見山，號斗一，廣東順德人。嘉慶戊寅順天經魁，以書館議叙，選浙江麗水縣知縣。調平陽縣知縣，海疆俸滿，加六品銜，卒於官，年四十有八。其父曾爲太倉州牧，因僑寓蘇州。從李鋭受學，深得師承，生平著述，秘不示人，亦不編輯，殁後其子無咎，年甫七齡，更不知其稿之散佚與否。所傳者，惟《開方説後跋》。其畧曰：憶自庚午之冬，應南始從先生受算學，由《九章》兼及西法。甲戌之秋，以《開方説》見授。曰：開方者，除法也。超步定位，肇於少廣。宋、元諸家，入以天元之術，有天元斯有正負，因有帶從諸乘方。其式如階級重重，迤逦遞進，或以正負步，或以負步正，有翻積，有益積，皆一定之理。李氏《測圓海鏡》、秦氏《數學九章》，均通其法，誠算家絶詣也。宣城梅氏著《少廣拾遺》，立開一乘方，以至開十二乘方法，枝枝節節，窒礙難通，未免舍本而逐末。爰著《開方説》三卷，上卷起例發凡，臚列算式，中卷正負互易，平立代開，得數可定，其大小命分，則齊以并差，下卷反覆推求，有義必搜，無法弗備，可謂盡開方之變矣。上、中兩卷早有成書，惟下卷止有條例，未立設問。丁丑之夏，先生病且革。因應南鑽仰有日，特於易簀之際，再三屬爲補成。故下卷諸數，皆謹遵先生遺命，依法推衍，非敢參以已見。并將先生平日論開方之語，識於簡末，與海内明算者共深究焉。又有《求句股率捷法》，任設奇偶兩數，各自乘相并爲弦，相減爲句，或爲股。副以兩數相乘，倍之爲股，或爲句。若任設大小兩奇數，或大小兩偶數，各自乘，則相併半之爲弦，相減半之爲句，或爲股。其兩數相乘即爲股，或即爲句，所得之句股弦皆無零數。《續疇人傳》。又見山亦著作才也，其於經史坤輿之學，無不貫通，尤於天元精熟，故有求句股率之捷法，蓋亦由天元通分所致。曾擬倣《水道提綱》例，譔《地理沿革提綱》，乃因簿書鞅掌，不遑撰述，且貧困一官，身罹六極，更可哀已。《續疇人傳論》。

清・周碩勳《（乾隆）潮州府志》卷三三　惠士奇，字仲儒，又字天牧，號半農，江南吴縣人，父周惕。康熙辛未庶吉士。公生之夕，公父夢東里楊文正公來謁，已而公生，因以文正名名之。幼穎異，年二十補弟子員。嘗與同學泛舟虎邱，各以詩文來會，一覽輒置，不復省。或舉試之，應口朗誦不遺一字，吴中一時爭傳之。康熙戊子舉於鄉，己丑成進士，入詞館。公讀書不事涉獵，凡子、史、經、傳皆手自抄録，蠅頭細書，日限三千字，寒暑晝夜，不以間遇。有疑義，往往深思忘寢，甚或達旦。蓋自諸生以及通籍，垂二十年，習以爲常。於書無所不窺，而尤深於經學，故其誨人亦以經術爲原本。公之視學廣東也，凡六年，嘗語諸生曰：士子以經學爲根柢，漢儒精專，唐人篤信。故通經者，必自漢唐註疏始讀書。有三憾，鳥獸草木不能名其狀爲一憾，衣服器皿不能識其形爲二憾，寢廟宫室不能詳其制爲三憾。去三憾得三快，其爲唐人正義乎。諸生當熟精註疏，旁及宋元經解，而折衷於程朱，亦可弗畔於道矣。又曰：自文苑與儒林分士有才，而無實學者多矣。自儒林與孝義分士有學，而無實行者多矣。如漢之牧臯、東方朔、張子僑、王褒，皆以才名，然朔臯持論不根，張、王淫靡不急，是有才而無實學者也。貢禹、匡衡、張禹、孔光皆以儒名，然禹、衡黨附圖尹，張、孔曲媚權倖，是有其學而無實行者也。不通經不可謂實學，不務本不可謂實行，以故

粤之人知以經術爲先務，自公倡之也。初癸巳乙未，公兩較禮闈。庚子，主湖廣鄉試，所取多知名士。而在粤歲久，凡諸生經公口講指畫其成就卓卓見稱於世，迄今猶可指數者。尤衆論者，以爲開嶺南風氣之先，功不在昌黎不使旋歷。遷至翰林院侍講，以奏對不稱旨，謫修京口城垣，旋以工限逾期，爲鎮江將軍王鉞所劾，世廟稔知其才不之罪也。今皇上登極之元年，以原官起用。越二載，予告歸。既而慕羅浮舊遊之勝，襆被踰筠門嶺過潮州謁昌黎祠，惠潮諸生迎謁者不下千餘人，自羅浮還潮執經請業者填溢庭户，公重違士子意留旬日，歸送者，踰嶺及贛江，猶淚涔涔不忍别。既返吳門，葺先人紅豆齋，著書其中，繩牀斗室，茗椀風爐，晏如也。公事親以孝聞，嘗犯險急同產之難，里中人常稱之。生平勵志節慎取與，杜請託。操行之潔，比於白圭、振鷺。年七十一卒。潮士聞公訃，咸各爲位，以哭請於官祀。公於韓山，配食昌黎韓子。諸生且繪像藏於家，遇誕辰諱日，猶展像以祀云。著有《易説》、《春秋説》、《禮説》、《大學説》，皆晚年論定者。又著咏史詩《采蕁集》、《歸耕集》、《時術録》、《人海集》，每以不通天文樂律爲憾，遂窮究二義，著《交食舉隅》二卷、《琴篴理考》四卷。長洲沈太宗伯德潛，《國朝詩别裁》選公詩，其小傳云：身後祀於韓山，配食昌黎，韓子潮尸祝之。

清・陳和志《（乾隆）震澤縣志》卷二〇《人物八》　王錫闡，字寅旭，震澤鎮人。博極羣書，爲詩文，峭拔有奇氣，守義樹節，不用當世錢，危冠古服，闊步街巷，市人皆訕笑之，終已不顧也。明代用《大統曆》，儒生已罕有知者。西人曆非專家接受，要莫能通。錫闡敏悟超絶，一覽輒明其法數并所以立法之故。後更洞徹源底，謂中曆西曆互有短長，乃自𠢎新法，用以候日月食，頗密於前人。諸割圜、勾股、測量之法，衆所目眩心迷者。錫闡手畫口講，了了如也。每言坐卧，常若有一渾天在前，日月五星錯行其上，其精專如此。所著有《曆法》、《曆説》、《大統曆啓蒙》，及《圜解三辰儀晷》、《日月左右旋問答》諸書，年五十五卒，無子。本獻集續簒。

宣城梅文鼎序無錫楊作枚曆算書，有云：曆學至今日大著，而能知西法復自成家者，獨青州薛儀甫、吳江王寅旭兩家爲盛。薛書授於西師穆泥閣，王書則於曆書悟入，得於精思，似爲勝之。文鼎與作枚書又有云：此學甚孤，而學者多執成見。或得少爲足，而遂欲自立門庭。惟薛儀甫、王寅旭兩先生，能兼中西之長，且自有發明。又作枚嘗語沈彤曰：王與梅，蓋伯仲之間云。

沈始樹曰：菓星期云，寅旭隱居，篤學詩古文，皆自成家，尤長於天文律曆之學。雖晦迹自遠，而當世隱然宗之。又顧寧人廣師篇，有云：學究天人，確平不拔，吾不如王寅旭。其爲通儒，所推重又如此。

清・杭世駿《道古堂全集》文集卷二九《傳一》　閻若璩傳

若璩，字百詩，號潛邱，祖居山西太原縣之西寨村，五世祖始居淮安。祖世科。萬歷甲辰進士，歷寧前兵備道叅議。父修齡，郡學生。若璩生，叅議公酷愛之，常抱置膝上，摩頂熟視曰：汝貌甚文，其爲一代文人，以光吾宗乎。六歲入小學，口吃，資頗鈍，讀書至千百過，字字著意猶未熟。且多病，母聞讀書聲輒止之，闇記不敢出聲。十五歲冬夜，讀書有所礙，憤發不肯寐，漏四下，寒甚，堅坐沈思，心忽開如門牖洞闢，屏障壁落，一時盡撤，自是穎悟異常，是年列學官，爲弟子，名流如李宗伯太虚、方處士爾止、梁商丘公狄、王處士于一、李孝廉小有、杜貢士于皇、宗人孝廉古古，與之上下議論，咸拱手推服。以一經不可盡也，進而之五經，則曰：十三經不通，五經不能精也，次第卒業。讀《尚書》至古文諸篇，以爲自孔安國至梅賾，遥遥幾五百年，使其書果有，不應中間人無見者。又讀朱子及吳艸廬纂言，時時有疑，疑即有辨，著《古文尚書疏證》。蓋自二十歲始，復爲《朱子尚書古文疑》，以申其説。康熙元年始遊京師，合肥龔鼎孳爲宗伯，相知最深，頗爲延譽，由是知名。旋以僑籍改歸籲於太原，處士顧寧人來客是土，出所撰《日知録》相質，即爲改訂數條，處士虚已從之。未幾，出遊鞏昌，與陳秀才子壽，一夕共成七言絶句百首，名曰《隴右倡和詩》，長汀黎副使士宏爲之序。十七年，應詞科不第，在都下與長洲汪編修琬反覆論難汪著《五服考異》，摘數條正其疵謬，汪雖改正而性護前，輒謂人曰：豫凶事非禮也。百詩有親在，奈何喋喋言喪禮乎。若璩應之曰：宋王伯厚嘗云，夏侯勝善説禮服，謂禮之喪服也。蕭望之以禮服授皇太子，則漢世不以喪服爲諱也。唐之奸臣以凶事非臣子所宜言，去《國卹》一篇，而凶禮居五禮之末，識者非之。而汪猶斷斷未肯屈也。崑山徐贊善乾學謂曰：於史有徵矣，於經亦有徵乎？若璩應之曰：按《雜記》曾申問於曾子曰，哭父母有常聲乎？申，曾子次子也。《檀弓》：子張死，曾子有母之喪，齊衰而往哭之，夫孔子殁，子張尚存，見於孟子，子張死而曾子方喪母，則孔子時曾子母在，可知《記》所載《曾子問》一篇，正其親在時也。汪無應，都下盛傳之，汪望爲之頓減。陽曲傅山博考金石遺文，每與言，窮日繼夜不少衰止。問若璩：正經史之訛，而補其亡闕，厥功甚大，始自何代何人？若璩曰：魏太和中，魯郡於地中得齊大夫子尾送女器，有犧尊，純爲牛形。王肅以

證其羽娑娑，然説非是。晉永嘉賊曹嶷於青州發齊景公冢，得犧象二，尊形爲牛象，傳至梁劉杳，以證象骨飾尊説之非。漢章帝時，零陵文學奚景，於泠道舜祠下得白玉琯，古以玉作，傳至魏孟康，以證《律〔曆〕志》竹曰琯説不盡然。《儒林傳》：伏生濟南人也。魏張晏注曰：名勝。《伏生碑》云：《地理志》魏郡黎陽。黎山在縣之陽，縣當名黎陰，乃云陽者，兼取河水在其陽以名。晉晉灼注曰：其山上碑實云。《水經注》：青州刺史傅弘仁説，臨淄水發古冢，得銅棺，前和外隱起，爲隸字，言齊太公六世孫胡公之棺也，惟三字是古，餘同今書。證知隸自古出，非始於秦。《顔氏家訓》：開皇二年，長安民掘地得秦始皇廿六年銕稱。權上有乃詔丞相狀綰之銘之推，與李德林對讀，則知《本紀》丞相隗林爲俗書，林當作狀。凡是數説，似未有先之者，山深歎服。二十一年客閩歸，以崑山徐公聘，復至京師。徐氏盛賓客，客皆當世魁士，而賢重若璩逾常等。每詩文成，必俟裁定。嘗云：書不經閻先生眼過，訛謬百出，貽笑人口。又嘗謂海寧盧孝廉軒云：閻先生乃古人，其學有經法，非吳志伊輩可望。又嘗録其考證辨析議論，署曰《碎金》，以爲談助。合肥李相國天馥亦言：詩文不經閻某勘定，未可輕易示人。徐以尚書歸里，開書局於洞庭湖東山，既又移嘉善，既復歸崑山，若璩皆從。顧景范、黄子鴻兩處士皆地理專家，若璩於古今沿革，考索尋究，不遺餘力，往往出其意表。十餘年中，成《四書釋地》三續、《釋地餘論》若干篇，重校《困學紀聞》二十卷，因浚儀之舊而駁正箋釋推廣之。又以孔子生卒出處年月具見《史記》，而孟子獨畧，遂以七篇爲主，參以《史記》等書，作《孟子生卒年月考》。詩有《春西堂》、《許劍亭》、《秋山紅樹閣》、《窈窕居》諸集。晚年名動九重，世宗在潛邸，手書延請，復至京師，呼先生而不名。執手賜坐，日索觀所著書。每進一篇，未嘗不稱善。疾亟，請移就外，固留不得，命以大牀爲輿，上施青紗帳，二十人舉之，移城外十五里，如卧牀簀，不覺其行也。没，年六十有九，時康熙歲在甲申六月八日也。世宗遣官經紀其喪，且從厚。製詩四章挽之，有三千里路爲余來之句。若璩學長於考證辨覈，一書至檢數書相證，侍側者頭目皆眩，而精神湧溢，眼爛如電。一義未析，反覆窮思，饑不食，渴不飲，寒不衣，熱不解，必得其解而後止。自言：有志之士，務在盡已所受於天之分，而力學以盡其才，固自有可傳之道。與可以比擬之人，而無取乎過高之學。先後輩名流，咸以文學相質，詳細條荅，雖熟記之書，必檢示出處，或閱他書可以印證者，輒復手録示之。或數年後，猶時時劄記，馳書告之。一日，在徐邸夜飲，公云今日直起居注，上問古人有言使功不如使過，此語自有出處，思之不可得。若璩言：宋陳良《時論》有使功不如使過題，通篇俱就秦穆公用孟明發揮，應是昔人論此事者作此語，第不知出何書耳。越十五年，讀《唐書·李靖傳》，高祖謂靖逗留，詔斬之，許紹爲請而免。後率兵八百破開州蠻冉，肇州俘禽五千。帝謂左右曰：使功不如使過，靖果然。謂即出此。又越五年，讀《後漢書·獨行傳》，索盧放諫更始，使者勿斬，太守曰：夫使功者不如使過。章懷太子注：若秦穆赦孟明，而用之霸西戎。乃知全出於此處。甚矣！學問之無窮，而人尤不可以無年也。天性好罵詞，科五十人中獨許吳志伊之博覽徐勝力之疆記李天生謂其杜撰故事，汪鈍翁謂其私造典禮堯峯文鈔掊擊不遺餘力則有夙嫌也，生平所服膺者，三人曰錢受之曰黄太冲曰顧寧人，然於錢猶曰此老春秋不足作準於黄則曰太冲之徒矗待訪録指其訛繆者，不一而足也，於顧之《日知録》有補有正，猶在未定交時，可謂極學士之精能非鴻儒之雅度也。

舊史曰：若璩没後，世宗在潛邸，爲文以祭。有云讀書等身，一字無假，孔思周情旨深言大，一字之褒榮於華衮身雖不顯，而道則亨也。益都趙宫贊執信志其墓，以爲其於書無所不讀，其篤嗜若當盛暑者之慕清涼也，其細諦若織紉者之於絲縷纖縞也，其區別若老農之辨黍稷菽粟也，其用力雖壯夫駿馬日馳數百里不足以喻其勤，其持論雖法吏引囚決獄具兩造當五刑不足以喻其嚴也，其推崇也至矣。所著書八種四書釋地及孟子生卒年月考刻於及身注困學紀聞則廣陵馬氏刻之古文尚書疏證暨潛邱劄記則其孫學林刻於淮安，嗣是潛邱之學明白曉布於天下，而中多微文刺譏，時賢如王士正、魏禧、喬萊、朱彝尊、何焯表，表在藝林者皆不能免，惟固陵毛氏爲古文尚書著冤詞專以攻擊疏證氣慴於其鋒錟，而不敢出聲，喙雖長而才怯也。安溪李文貞公嘗爲作傳深致那頌先民之思而未嘗以其姓氏達之九重即其所撰著，又不能旁魄而論，亦似牽率酬應之作，而於閻氏毫無加損也。餘據其子詠所撰行述及墓志參以劄記，別創爲傳以待秉。筆者爲考信之地儒林文苑惟國史之位置，草莽不敢專也。

清·杭世駿《道古堂全集》文集卷三〇《傳二》　梅文鼎傳上

文鼎字定九，號勿庵，江南宣城人。梅氏自北宋家宛陵，文鼎之先與聖俞同祖、別支。父士昌，號繖咀，改革後棄諸生服。嘗以六十四卦爻與《春秋》二百四十年行事相比附成書，謂之《周易麟解》。文鼎兒時侍父及塾師羅王賓，仰觀星氣，輒了然於次舍運旋大意。年二十七，師事前代逸民竹冠道士倪觀湖，受麻孟

璇所藏臺官交食法，與弟文鼐、文鼏共習之。稍稍發明其所以立法之故，補其遺缺，著《曆學駢枝》二卷，倪爲首肯，自此遂有學曆之志。值書之難讀者，必欲求得其説，往往至廢寢食。格於他端中輟，耿耿不忘或讀他書，無意中砉然有觸，而積疑冰釋。乘夜秉燭，亟起書之，或一夕枕上之所得，累數日書之不盡。殘編散帙，手自抄集，一字異同，不敢忽過。有能是者，雖在遠道，不憚褰裳往從。疇人子弟及西域官生皆折節造訪，人有問者亦詳告之，無隱，期與斯世共明之。中年喪偶，不再娶，覃思閉户，謝絶人事。所著曆算之書多至八十餘種，自來言曆者莫逮也。讀《交食通軌》及臺官氣朔章，竊疑其非全書，後讀《元史·歷經》，始知許衡、郭守敬諸儒測驗之精、製器之巧，歎授時曆法之善。因《曆經》簡古，作史者又缺載立成，成《圖注》二卷以發其意。又以《授時曆》集古法之大成，自改正七事、創法五端外，大率多因古術。不讀耶律楚材之《庚年元曆》，不知《授時》之五星不讀《統天曆》，不知《授時》之歲實消長。不考王朴之《欽天曆》，不知斜升正降之理；不考《宣明曆》，不知氣刻時三差。非一行之《大衍曆》，無以知歲自爲歲、天自爲天；非李淳風之《麟德曆》，不能用定朔；非何承天、祖冲之、劉焯諸曆，無以知歲差；非張子信，無以知交道表裏、日行盈縮。非姜岌，不知以月蝕檢日躔；非劉洪之《乾象曆》，不知月行遲疾然。非落下閎、射姓等肇啓其端，雖有善悟之人，無自而生其智。參校古曆七十餘家，著《古今曆法通考》五十八卷，後漸增至七十餘卷。《授時》列六曆以考古今之冬至，合於古者或戾於今，合於今者又差於古，其後天也。或差至一二日，惟《統天曆》有古大今小之算，以合前代所用之率，而《授時》因之。顧曆議欲尊《授時》，遂取魯獻公冬至以證《統天》之疎。各依本率步算，則雖上推至魯獻，未嘗違《統天》法也，郭守敬歲實消長不在創法，五端之内意可知矣。作《春秋以來冬至考》一卷。《元史》太祖以己卯親征西域諸國，次年庚辰夏五月駐蹕也，石的石河有西域人與耶律楚材争月蝕，而西説並詘，故耶律作歷托始是年也。又以太祖庚午始絶，金次年伐之，不五年天下畧定，故推演上元庚午冬至朔旦七曜齊，元爲受命之符謂之西征，庚午元歷西征者，謂太祖庚辰也，庚午元者上元起算之端也，歷志訛太祖庚辰爲太宗，則太宗無庚辰也。又訛上元爲庚子，則於積年不合也，據演紀積年二千二十七萬五千二百七十算外得庚辰，則起算必庚午，作《庚午元曆考》一卷。元歷肇始，耶律授時多本而用之，《授時經》，王郭、楊齊十餘人合併而成，故承用四百餘年不改，非諸古歷所能。方郭守敬著撰極富，僅存歷草，其書有算例，有圖，有立成、歷經，立法之根多在其中，拈其義之精微者，爲補注二卷，兼引八綫三角以明之，有布立成之法，有考立成之法，算起於元太史令王恂，經郭守敬而後成書。洪武戊申大統歷，因之作《大統歷立成注》二卷。此皆發明古歷也，其論西歷云唐《九執歷》爲西法之權輿，其後有《婆羅門十一曜經》及《都聿利斯經》，皆九執之屬也，在元則有札馬魯丁《西域萬年歷》，在明則有馬沙亦黑馬哈麻之《回回歷》以算陵犯，與大統同用者三百年，皆西之舊法也。利瑪竇來賓，崇禎朝上海徐光啓與西士湯若望譯《崇禎歷書》，本朝時憲歷用之，則西洋新法所謂歐邏巴歷也，湯氏所譯多本地谷與利氏之説，又復不同。回回歷與西域天文書並洪武時吴伯宗、李翀受詔與回回大師馬沙亦黑馬哈麻同譯，天順時監正貝琳所刻泰西天文實用本，此書而加新意也，作《回回歷補注》三卷，《西域天文書補注》二卷。西域天文中有雜星三十之占未譯，中土星名以歲差度考之，得其二十餘。後見錢塘袁士龍、青州薛鳳祚，氣化遷流，並有斯考，不謀而同者十之七八，以巨蟹第一星證之回歷尤確。作《三十雜星考》一卷，表景生於日軌之高下，日軌又因於里差，陝西、河南、北直、江南四省，禮拜寺有其表景之傳，而其中亦有傳訛之處。西域馬儒驥以此致詢，遂爲訂定，并附用法以補其闕，作《四省表景立成》一卷。《周髀》即蓋天也，自漢人伸渾天而絀，蓋天書遂不傳，今惟有《周髀》一經，又言之不詳。然觀其所言，里差之法，謂北極之下，以半年爲晝夜，即西人之説所自出也，因作《周髀算經補注》一卷，俾天下疑西説者知其説之有所自來，渾蓋之器以蓋天之法代渾天之用，其製見於《元史》札馬魯丁所用儀器中，竊疑爲周髀遺法流入西方者也，法最奇、理最確而於用最便，行測之第一器也。本書中黄道分星之法，尚缺其半，故此器甚少，蓋無從得其制度也，作《渾蓋通憲圖説訂補》一卷，完其所缺，正其所誤，可以依法成造用之不竭矣。歷書中七政算例多，有言西某月某日者，既非建寅建丑建子之法，又非以節氣爲序，如回回歷之用太陽年其紀日數，既非以朔爲初一，然又非如回回之以見月爲朔，且其襍見於諸卷者，又各自不同，嘗疑其各國自爲正朔立法相懸也。既而彙集詳考，然後知其所用，並以太陽會恒星爲主，即恒星歲也。恒星東行有歲差度分，則太陽會之以成月者，亦漸不同，故諸卷中所載互異，而以年代徵之，亦可見也。今西教中齋日所謂正月一者，在今冬至後第四度間，亦是此法。至其一年十二月有一定大小，並以太陽行黄道三十度而成一月，大致並同回歷矣。作《西國日月考》一卷。以上六書皆推究西術，而得其會通者也。《崇禎歷書》百餘卷，全用西術，中有細

草，以便入算，猶授時歷之有通軌也，蓋即《七政蒙引》而有詳畧爾。以歷指大意隱栝而注之，作《細草補注》三卷。歷書中《交食蒙求》、《七政蒙引》二書並逸，以諸家所用細草考其同異，參之歷指，作《蒙求訂補》二卷、《附説》二卷。二書安溪李文貞公巡撫北直時，刻於保定。交食圖之大誤有二，一爲金環與食甚分爲二圖之誤，一爲圖日月食不由月心起算之誤，作訂誤一卷。古法，赤道定而黄道有歲差，故以赤求黄；新法黄道有定緯，惟經度移而赤道經緯時時改易，故以黄求赤交食細草，用《儀象志》八卷。九卷表求之，乃近年之法，不如弧三角之爲親切也，作《求赤道宿度法》一卷，以明算理。中西兩家歷術，求交食起虧等方位皆以東西南北爲言，其法以日月體之中心爲中而論其方位，故其向北極處命之爲北，向南極處命之爲南，又即以向黄道東陞處命之爲東，向黄道西没處命之爲西，此惟太陽太陰行至午規，而又近天頂，則東西南北各正其位矣，自非然者，則黄道度既有斜升正降之殊，而自虧至復經歷時刻展轉遷移，皆從弧度之勢而頃刻易向；且北極出地有高下，則虧復方位又以日月距地之度而隨處所見必皆不同，然則月體之東西南北與人所見之東西南北必不相應，而何以施諸測驗乎？然而古今歷家未有議及者，不可謂之非缺事也，今别立新術，不用東西南北之號，惟據人所見日月圓體分爲八向，以正對天頂處命之曰上，對地平處命之曰下，上下聯爲直綫，中分之，作十字横綫，命之曰左曰右，此四正向也，曰上左上右，曰下左下右，則四隅向也。乃以法求得交食各限白道與高弧所作之角，而定其受蝕之所在，則舉目可見，實千年未發之秘，作《交食管見》一卷。歷有平時有用時平時者，步算所得用時者測驗所徵太陽之有日差加減，猶月離交食之有加減時也，而日躔表所載之數獨異，據表説謂有二根，其説尤含糊支蔓。月離交食二章棄而不用，彼蓋自知其非是矣，而日躔表仍誤不改。若以此入算，則節氣加時皆謬矣。作《日差原理》一卷。熒惑一星最爲難算，至地谷氏而其法始密，解其立法之根以正袁士龍歷書之誤，作《火緯本法圖説》一卷。訂火緯表記因及七政，作《七政前均簡法》一卷。五星本天並以地爲心，與日月同。至若歲輪，則惟金、水二星繞太陽左右而行，其歲輪直以日爲心。土、木、火三星則不然，並以本天上平行度爲歲輪心，然其軌跡所到並於太陽有一定之距，故又成繞日左行之圓象。西人所立新圖，不用九重天而五星並以太陽爲心，蓋以此也。然金、水歲輪繞日，其度右移。上三星軌跡其度左轉，若歲輪則仍右移耳，作《上三星軌跡成繞日圓象》一卷。凡圖黄道緯度於赤道，左右取二至所到度分聯爲横綫，而作小圈以擬黄道，乃於小圈上匀分節氣，各作直綫過赤道子午大圈，即各節氣之黄緯可得，作《黄赤距緯圖辯》一卷。月能掩日，日遠月近，其理明白而易見，不在表影。西人之測，則謂太陽太陰各高五十度，時太陽表景必短，而太陰表影必長，以是爲月近於日之徵。夫表影既有長短矣，又何以明其同高五十度乎？必不然矣。作《太陰表影辯》一卷。曆書刊本多有互異之處，恒星經緯改處尤多，帝星句陳亦然，以弧三角推之，有與所改合者，有與先刻合而所改反離者，作《二星經緯考異》一卷。定夜時之法多端，而測星以知太陽其最確也。測星定時法亦多端，而用句陳大星及帝座其最簡也，然恒星既隨黄道東移以生歲差，則二星亦不能定於一度，而何以定時？故作星晷者必知現在二星之真度分，而後其用不忒，作《星晷真度》一卷。以上十一書，皆因《崇禎歷書》之説，或正其誤，或補其闕也。康熙癸丑，宣城施副使閏章總裁郡邑之志，以分野一門相屬，郡邑志中所刻皆其稿也。明年，制府於成龍檄修通志，亦以分野相屬，力疾成稿而志局易人，存於家。歲己未，《明史》開局，歷志爲錢唐吳檢討任臣分修，總裁者，睢州湯中丞斌也，繼以崑山徐司寇乾學，經嘉禾徐善、北平劉獻廷、毘陵楊文言各有增定，最後以屬餘姚黄聘君宗羲，又以屬鼎摘其訛舛五十餘處，以歷草通軌補之，雖爲大統而作，實以闡明授時之奥，補《元史》之缺畧也。其總目凡三，曰法原，曰立成，曰推步。而法原之目七，曰句股測望，曰弧矢割員，曰黄赤道差，曰黄赤道内外度，曰白道交周，曰日月五星平立定三差，曰里差刻漏。立成之(日)(目)凡四，曰太陽盈縮，曰太陰遲疾，曰晝夜刻，曰五星盈縮。推步之目凡六，曰氣朔，曰日躔，曰月離，曰中星，曰交食，曰五星。又作《歷志贅言》一卷，大意言明用大統實即授時，宜於《元史》闕載之事，詳之以補其未備，又《回回歷》承用三百年法，宜備書。又鄭世子歷學已經進呈，亦宜詳述。他如袁黄之《歷法新書》，唐順之《周述學》之會通回歷，以庚午元歷之例例之，皆得附録其西洋歷方今現行。然崇禎朝徐李諸公測驗改憲之功，不可没也，亦宜備載緣起。歲己巳，至京師謁李文貞公於邸第，謂曰：歷法至本朝大備矣，經生家猶若望洋者，無快論以發其意也，宜畧倣元趙友欽《革象新書》體例，作爲簡要之書，俾人人得其門户，則從事者多，此學庶將大顯。因作《歷學疑問》三卷。俄李視學大名，遂以原稿雕板。壬午夏，李以撫臣扈蹕，行河進呈，欽蒙御筆親加評閲，事具李所撰恭紀中。明年癸未，聖祖西巡，荷問隱淪之士，李以關中李顒、河南張沭及文鼎三人對。上亦素知顒及文鼎。乙酉二月南巡狩，李以撫臣扈從，上問宣城處士梅文鼎者今焉在。

李以尚在臣署對。上曰：朕歸時，汝與偕來，朕將面見。四月十九日，李與鼎伏迎河干，越晨俱召對御舟中，從容垂問，至於移時，如是者凡三日。上謂李曰：歷象算法，朕最留心，此學今鮮知者，如文鼎真僅見也，其人亦雅士，惜乎老矣。連日賜御書扇幅，頒賚珍饌，臨辭，特賜「績學參微」四大字。越明年，又命其孫瑴成内廷學習。五十三年十二月二十三日，瑴成欽奉上諭：汝祖留心律歷多年，可將《律吕正義》寄一部去令看。或有錯處，指出甚好，夫古帝王有都俞吁咈四字，後來遂止有都俞。即朋友之間亦不喜人規勸，此皆是私意，汝等要須極力克去，則學問自然長進。可併將此意寫與汝祖知道，欽此。恩寵爲千古所未有。鼎圖注各省直及蒙古各地南北東西之差，爲書一卷，名《分天度里》。地既渾圓，則所云二百五十里一度者，緯度則然，若經度離赤道遠，則里數漸狹。然惟其路正東西行，與距等圈合，自有一定算法，路或斜行則其法不可用，爲立法若兩地各有北極高度，又有相距之經度，而無相距里數，是爲有兩邊一角而求餘一邊，即可以知斜距之里。若先有斜距之里數而求經度，是爲三邊求角，亦可以知相距之經度。其法並用斜弧三角形，立算可與月食求經度之法相參，而且簡易的確。作《陸海鍼經》一卷。又謂之里差捷法，鼎有夙慧，測算之圖與器，一見即得要領，古六合三辰四遊之儀，以意約爲小製皆合，又自製月道儀、揆日測高諸器，皆自出新意。嘗登觀象臺流覽新製六儀，及元郭守敬簡儀、明初渾球，指數其中利病，皆如素習其書，《有測器考》二卷，又《自鳴鐘説》一卷，《壺漏考》一卷，《日晷備考》三卷。其説曰：吾郡日晷依赤道斜安，實爲唐製，則日晷非始西人也。西製有平晷、立晷、碗晷、十字晷諸式，廣之不啻百十餘種，餘所見，自歷書《渾天儀説比例規解》外，别有日晷耑書三種，互爲完缺，而其中作法亦有似是而非之處，則以所學有淺深，抑倣而爲者以臆參和，厥理遂晦。《赤道提晷説》一卷，亦日晷之一，其説備考中所無也。《勿庵揆日器》一卷，其説曰：取里差以定高度，黍珠進退準乎節序，用二至爲端，器溢於寸表，止於分，而黄赤之理備焉。《諸方節氣加時日軌高度表》一卷，其説曰：歷書目有《諸方晝夜晨昏論》及其分表，今軼不傳。交食高弧表，非節氣度，今依弧三角法算定，爲揆日之用。《揆日淺説》一卷，其説曰：日晷之書詳於法，法之理多未及也，倣作多差，不亦宜乎，故擇其尤難解者疏之，所説多渾天大意，故别爲卷。《測景捷法》一卷，其説曰：精於測景之法，可以知南北之里差；既知里差，則隨地隨時可以預定其景之分寸。約而言之，惟切線一法而已。切線者句股相求也，表如半徑，直表之景如餘切，横表之景如正切，並以極高度取之。《璇璣尺解》一卷，其説曰：尺有二，皆同樞，樞即北極。尺以堅楮爲之，銅亦可。其一具周歲。節氣所以測日也，其一載大星十數，所以測星也，並以赤道緯度定之。晝測日景得其高度，即可查節氣以知時刻；夜測星得其高度，亦可查星距太陽經度，以知時刻善用者，即此已足蓋渾蓋天盤之法，畧具其中矣。《測星定時簡法》一卷，其説曰：有日之時，有星之時法，用星之緯度於簡平儀上，查其星距子午規若干時刻，再查此星距太陽若干時刻，以相加減，即得真時。此法不拘何星可用，故曰簡法。《勿庵側望儀式》一卷，其説曰：簡平儀耑論日景，故以二至爲限。此製於二至外仍具緯度，北至極南至地平，如置身六合之外以望天體，故曰側望。《勿庵仰觀儀式》一卷，其説曰：圖星垣者以北極居中，見界爲邊，或分兩極居中，赤道爲邊，此即經緯無差，必所居之地以極爲天頂，則所見然耳。其各地天頂之星與地平環上之星，不可以擬諸形容也，此式各依本方極高之度以規地平，而安天頂於中央，依距緯以安北極，再從北極出弧綫，以定赤道，又自北極依法作多圈以擬赤緯，則某星在天頂某星，在某方高若干度，某星在地平環二十四向，可以周知。又依分至節氣各爲一圖，則天盤經緯與地盤經緯相加之處，可指而數毫無疑似。雖從未知星者可以按圖而得矣。《勿庵渾蓋新式》一卷，其説曰：渾蓋，舊製以赤道外二十三度半爲限，止於晝短規。今於短規外再展八度，則太白所居南緯可以查其所加。占測之用，於是而全。《勿庵月道儀式》一卷，其説曰：月道出入於黄道，猶黄道之出入於赤道也，自古及今，未有爲之儀器者。今依渾蓋北密南疎之度，以黄極爲樞，而月道半在其内，半出其外，則月緯大小之理，及正交中交，交前交後之法，可以衆著。儀以銅爲之，畧如渾蓋，其上盤爲月道，亦如渾蓋天盤之黄道圈。其下盤黄道，經緯分宫分度，並以黄極爲心，而侭邊以黄緯九十五度少半爲限，由黄道南五度少半，月道所到也。自言吾爲此學，皆歷最艱苦之後，而後得簡易。有從吾遊者，坐進此道，而吾一生勤苦皆爲若用矣，吾惟求此理大顯，使古人絶學不致無傳，則死且無憾，不必身擅其名也。禮部郎中豫章李焕斗嘗從鼎問《皇極經世》，遂及歷法，作《荅李祠部問歷》一卷。滄州老儒劉介錫同客天津，屢有所問，並據歷法正理告之，作《荅劉文學問天象》一卷。又言生平於難讀之書，不敢置也，每手疏而攜諸篋，衍以待明者問之。於歷算尤多，作《思問編》一卷，緯度以測日高，因知北極高，爲用甚博。古用二至二分，今則逐日可測約之於七十二候，作《太陽緯度》一卷。亦承友人之命而爲之者，《寫算步

歷式》一卷。潘天成從鼎學歷而苦於布算，作此授之。同時西士穆尼閣作《天步真原》，青州薛鳳祚本《天步真原》而作會通，吴江王錫闡著歷書及圜解三辰儀晷，廣昌揭瑄著《寫天新語》。鼎每得一書，皆爲訂註，以正其訛闕，而指其得失，一善不肯遺也。而《古歷列星距度考》一卷，又從殘壞之本尋其普天星宿入宿去極度分，中缺二星，又從閩中林侗寫本補完之，而斷以爲授時之法。以上歷學之書凡六十二種，富哉其言之也！嘗著《學歷説》以曉世，論尤精確。其説曰：古之爲歷也，疎久而漸密，其勢然也。唯其疎也，歷所步或多不效，於是乎求其説焉不得，而占家得以附會於其間，是故日月之遇交則食，以實會視會爲斷，有常度也。而古歷未精，於是有當食不食，不當食而食之。占日之食必於朔也，而古用平朔，於是有食在晦二之占。月之行有遲疾，日之行有盈縮，皆有一定之數，故可以小輪爲法也，而古惟平度，於是占家曰晦，而月見西方，謂之朓朓，則侯王其舒朔。而月見東方，謂之仄慝，仄慝則侯王其肅月之行。陰陽歷以不足廿年而周其交也，則於黃道其交之半也，則出入於黃道之南北五度有奇，皆有常也，而古歷未知，於是占家曰天有三門，猶房四表。中央曰天街，南間曰陽環，北間曰陰環，月由天街則天下和平，由陽道則主喪，由陰道則主水。夫黃道且有歲差，而況月道出入於黃道時時不同，而欲定之於房中央，不已謬乎！月出入黃道，既有南北而其與黃道同升也，又有正升斜降、斜升正降之不同，唯其然也，故月之始生有平有偃。而古歷未知也，則爲之占，曰月始生正西仰，天下有兵；又曰月初生而偃，有兵、兵罷、無兵、兵起。月於黃道有南北，一因也；正升斜降，二因也；盈縮遲疾，三因也；人所居南北有里差，則見月有早晚，四因也。是故月之初見有在二日三日之殊，極其變則有在朔日四日之異，而古歷未知，則爲之占曰當見不見，是失舍也。又曰不當見而見，魄質成蚤也。食日者月也，不關雲氣，而占者之説曰，未食之前數日，日已有謫，日大月小，日高月卑，卑則近，高則遠，遠者見小，近者見大，故人所見之日月大小畧等者，乃其遠近爲之，而非其本形也。然日月之行各有最高卑，而影徑爲之異，故有時月正掩日而四面露光，如金環，此皆有可考之數。而占者則以金環食爲陽德盛。五星有遲疾留逆，而古法惟知順行，於是占者以逆行爲災，而又爲之例，曰未當居而居，當去不去，當居不居，未當去而去，皆變行也，以占其國之災福。五星之出入黃道亦如日月，故所犯星座可以預求也。而古法無緯度，於是占者以爲失行而爲之例，曰陵、曰犯、曰門、曰食、曰掩、曰合、曰句巳、曰圍遶，夫句巳陵犯占可也，以爲失行非也。五星離黃道不過八度，則中宫紫微及外宫距遠之星必無犯理，而占書皆有之。近世有著《賢相通占》者，刪去古占黃道極遠之星，亦既知其非是矣。至於恒星有定數亦有定距，終古不變，而世之占者既無儀器以知其度，又不知星座之出入地平有濛氣之差，或以横斜之勢，而目視偶乖，遂妄謂其移動，於是爲占曰，王良策馬，車騎滿野，天鉤直則地維坼，泰階平，人主有福。中州以北去北極度近，則老人星遠，而近濁不常見也，於是古占曰，老人星見，王者多壽，以二分日候之若江以南則老人星甚高，三時盡見，而疇人子弟猶歲以二分占老人星密疏貢諛，此其仍訛習欺，尤大彰明者矣。

清・杭世駿《道古堂全集》文集卷三一《傳三》 梅文鼎傳下

鼒字和仲，初學曆時，未有《五星通軌》，無從入算。與兄鼎取《元史・曆經》，以三差法布爲五星盈縮立成，然後算之，共成《步五星式》六卷。惜早卒。

鼐字爾素，與兩兄夜則披圖仰觀，晝則運籌推步，考訂前史。鼎得中西之書圖稍多，鼐手鈔畧備，多所撰定。輯《經星同異考》一卷，發凡九則，鼎序之云：「武林張慎碩忱能製西器，手鐫銅字，如書法之迅疾，鼎依歲差考平儀所用大星屬慎施之渾蓋，屬鼐作恒星黃赤二星圖，取其星名之，同而數有多寡異於古人者，別識之。又有累年算稿，鼐爲録存，作《授時步交食式》一卷，又有幾何類求曆書中《比例規解》本無算例，鼎作度算，用鼐所補而參之，以陳藎謨尺算用法。」

穆尼閣，泰西人，久居白門，喜與人言歷而不强人入教，君子人也，作《天步真原》，與歷書有同有異，其似異而實同者，布算之圖、對數之表，與歷書迥別，然得數無二，則雖異實同也。黃道春分二差，則根數大異，此謂誠異，然非測候之真，亦無以斷其是非。垛積合總莫速於珠盤，乘法位多莫穩於筆算，開平方莫便於籌算，製器作圖莫良於尺算，然並須布算而知對數，自一至萬，設有他數相當，不用乘除，惟憑加減術之奇也。前此無知者，穆尼閣以授，薛鳳祚始有譯本。對數之奇尤在開方上，古開方術至三乘方以上，委曲繁重，積晷刻而後成，今用對數俄頃可得。又有四綫比例數，亦穆所授也。八綫割圓，西歷舊法，今只用正弦、餘弦、正切、餘切，故曰四綫。

薛鳳祚字儀甫，淄川人。本《天步真原》作《天學會通》，以西法六十分通爲百分，從授時之法，仍以對數立算，梅氏以不如直用乘除爲正法也。又謂其書詳於法，而無快論以發其趣。其全書刻於白下，氣化遷流諸卷皆在其中。梅氏曰：儀甫又有四綫，新比例用四綫同，惟度折百分從古率。

王錫闡字寅旭，號曉庵，吴江人，性狷介，不與俗諧。著古衣冠，獨來獨往。用篆體作楷書，人多不能識。凡象數聲律之學，殫精研窮，必得其肯綮而後已。尤邃於歷學，兼通中西之術，自立新法，用以測日月食，不爽杪忽。疾病纏綿，以中壽没，且無子，潘耒從其家求遺書，得詩文二帙，著述數種，有曰《大統西歷啓蒙》者，櫽括中西歷術，簡而不遺。曰《丁未歷稿》者，每歲推大統歷，此則挈耒布算者也。曰《推步交朔》，曰《測日小記》者，辛酉八月朔當日食，以中西法及己法預定時刻分杪，至期與徐圃臣輩以五家法同測，而己法最密，故志之也。曰《三辰晷志》者，創造一晷，可兼測日月星，自爲之説，自爲之解，其文倣《考工記》頗古雅。曰《圜解》者，解勾股割圜之法，繪圖立説，詳言其所以然，乃治歷之本源也。而《歷法》六卷最爲完善，會通中西，定著一法，法數備具，可用造歷。序中言西歷之於中歷，有不知法意者，五事當辨者，十事非甚深於歷者莫能曉也，文簡質以理勝，而歷説歷策左右旋，問荅，荅萬充宗徐圃臣諸書言歷事者，精核可傳。梅氏嘗評近代歷學，以吴江爲最，識解在青州以上。又與耒書云：王書用法精簡而好立新名，與歷書互異，亦難卒讀。又謂見小帙，是約西法入授時，甚簡而妙然，未著撰人之目，以爲非王先生不能作也，其書大體純擬《元史》歷經而實用西術，然亦微有差别，所立諸名多與西異。又序其圜解，云能深入西法之堂奥而規其缺漏，如所謂恒星定而歲實消，則歲差不宜爲定率，日食當用月次均。諸説皆直抉其微，以視徒守古、率輒攻西説者，大有逕庭。

揭暄字子宣，廣昌人，深明西術，而又别有悟入，謂七政之小輪皆出自然，亦如盤水之運旋，而周遭以行急而生漩渦，遂成留逆，實爲古今之所未發。年踰八十，有子有孫，不以自隨，隻身携襆被，行數千里不以爲遠，真奇士也。

方中通字位伯，桐城人，以智子著《數度衍》二十五卷，於九章之外，蒐羅甚富。揭暄著《寫天新語》，中通與相質難，著《揭方問荅》，並多西書之所未發。

孔興泰字林宗，睢州人，著《大測精義》、《求半弧正弦法》，與梅氏《正弦簡法補説》不謀而合。

袁士龍字惠子，錢塘人，受星學於黄弘憲。西域天文有三十雜星之占未譯，中土星名士龍有考與梅氏不謀而合。

杜知耕字端甫，柘城人，舉人。著《幾何論約》及《數學鑰圖注》，梅氏謂其九章頗中肯綮。

匡山隱者毛乾乾，字心易，與文鼎論周徑之理，因復推論及方圓相容相變諸率。中州謝廷逸字野臣，乾乾婿也，於數學甚有精思，偕隱陽羨，自相師友，著述甚富，多前人所未發。

沈超遠，不知其名，錢唐人，讀方程論作《九問》難鼎。

潘耒字次畊，吴江人，王錫闡與其兄檉善，館於其家，講論常窮日夜，勸其學歷，粗有端倪，以事散去不能竟學，作《昱閣秝金》，梅氏謂其測食之法有出於舊術之外。

張雍敬字簡庵，秀水人，潛心歷術，久而有得，著《定歷玉衡》，主中歷爲多。嬴糧走千里，往見梅氏，假館授餐，逾年相辨論者數百條，去異就同，歸於不疑之地。惟西人地圓如毬之説，則不合，與梅氏兄弟及汪喬年輩往復辨難，不下三四萬言，著《宣城遊學記》。

李鍾倫字世德，文貞公子，康熙癸酉舉人，敏而好學，事事必求其根本，梅所謂無膏肓之疾者也。甲數乙數用法甚奇，本以赤道求黄道，鍾倫準其法以黄求赤，作爲圖論，又製器以象之。

李鼎徵，字安卿，文貞公次弟，舉人，嘉魚令。爲梅氏刻《方程論》於泉州。《幾何補編》成，手爲謄寫，彼教人見鼎徵《方程論序》，言西法不知有方程，憤然而争，不知西術有借衰互徵而無盈朒方程，《同文算指》中未嘗自諱，鼎徵蓋有所本。順治乙未，李氏居山砦中，一家皆陷賊。文貞公仲父練家僮并傭食者百人，出其不意據其阻，小大百餘戰，十口以次劫歸，文貞公與鼎徵實殿。

蔡璿字璣先，江寧人，從文鼎學算，爲刻《中西算學通》。

湯濩，字聖弘，六合州人。

魏文魁，字玉山布衣。

以上諸人皆見於梅氏之集，方中通序中西算學，通以爲海内尚有遊藝，字子六，著《天經或問》。邱維屏字邦士，寧都人，魏禧之姊，聟爲撰傳，云晚尤精泰西算、易數、歷法，皆不假師授，冥思力索而得之。方以智以僧服來易堂，嘗與布算退，而謂人曰此神人也。余所知有婺源江永，字慎修，著《律歷管見》，留心梅學，發明其説，有《翼梅》八卷。蔚州魏學誠視學江南，爲梅氏刻《算學全書》，彀成作《兼濟堂目》，糾其訛謬。

舊史曰：從來言治歷者有三，一以爲必疇人之裔。梅氏兒時即侍父及塾師，仰觀星氣，雖世非臺官，而其家學已與談遷無異。一以爲必通經之儒。梅氏於學無所不窺，辨先後天八卦位次不合者，證其合讀等子韻而定爲以代而變，以

地而變，以代與地交而變。中西之術，紛綸旁魄而必歸之堯舜，精一之傳非徒隸首商高之術，通天地人始謂之儒，於儒誠無媿也。一則以爲必精算之士。梅氏生有異稟，而又佐之以深思辨析於幾微之際，而窮極於杪忽之原，非精算者能若是乎？李文貞公進《歷學疑問》，恭紀云奉旨：朕留心歷學多年，此事朕能決其是非，將書留覽再發。二日後召見，上云昨所呈書甚細心，且議論亦公平，此人用力深矣。朕帶回宫中仔細看閲。因求皇上親加御筆批駁改定，上肯之。明年春，駕復南巡，遂於行在發回，原書面諭：朕已細細看過。中間圈點塗抹及簽貼批語，皆上手筆也。復請此書疵謬所在，上云：無疵謬，但算法未備。其自言尚有未補之篇目，及其圖表，而聖諭已先及之。夫懷抱道業之士即有著述，曷能上煩乙夜之覽句譚字議，相酬如師弟子？梅氏之遇可謂千載一時矣。毛際可撰傳，在鼎未蒙召見之前，猶以不獲親承顧問，發抒畢生所獨得，深致惋惜。方苞作墓表，又未深悉其苦心孤詣，寂寥乎短篇，且多遊辭。他日秉筆爲史事者將何徵實焉？余讀梅氏之遺書，嚮往其虛懷集益，雖未獲親撰幾杖而秉彝之好，故不泯也，輒倣南豐曾氏《先大夫集序》之體，每有著述，必備著於篇。又用河東柳氏《先友記》之例，麗澤講習之友，存其姓氏，上以備國史之採擇，下以光梅氏之家乘，熟於史裁者，故不得以冗蔓相目矣。

清・鄭方坤《全閩詩話》卷九 李光坡

李光坡茂夫，安溪相國介弟，隱居不仕，潛心經學，著《三禮述注》，仁廟賜聯云：「道通月窟天根裏，人在清泉白石間」，亦榮遇也。詩《如白沙定山家塾既集用昌黎符讀書城南韵》云：今日家塾立，諸子念權輿。先人勤何爲，望世有詩書。謀道及謀食，均要在心虛。虛心且立志，聖賢同此初。低首腐爛義，所滋皆蕭閭。試思宇宙間，頂立何不如。聰明在生質，理道在繭魚。從頭讀到尾，究竟莫密疎。看來又認去，意味得疎渠。自然涉筆好，糞壤讓孤豬。疾急不可恃，金烏與玉蜍。冬寧墐向户，夏豈恤蛟蛆。但有無事頃，趑程莫懷居。争此陰陽候，安不超詣歟？跂立與跨行，不如分寸儲。日計雖不足，歲計自有餘。一張時一弛，亦莫禁切且。不見南陽公，長嘯於揮鋤。不見關中賢，閒居喜聞驢。此誠得道趣，餘外勿菑畬。達觀屈伸際，造物有乘除。何人揣摩成，而不曳朝裾。誰附青雲士，而不盛聲譽。沉船破釜濟，棄死霸趙墟。莫言時與命，通塞自卷舒。欲致明水火，先齊燧共諸。祖德方煦茂，善刀待躊躇。《榕陰詩話》。

清・江藩《國朝漢學師承記》卷一 閻若璩

閻若璩，字百詩，先世居太原縣西寨村，五世祖始居淮安。祖世科，明萬曆甲辰進士，官至布政司參議。父修齡，郡學生。若璩生，世科愛之，常抱置膝上，摩其頂曰：「汝貌文，其爲一代儒者以光吾宗乎！」若璩生而口吃，性鈍，六歲入小學，讀書千遍不能背誦。年十五，冬夜讀書，扞格不通，憤悱不寐，漏四下，寒甚，堅坐沈思，心忽開朗，自是穎悟異常。是年，補學官弟子，一時名士如李太虛、方爾止、王于一、杜于皇，皆折輩行與交。若璩研究經史，寒暑弗徹，嘗集陶貞白皇甫士安語，題所居之柱云：「一物不知，以爲深恥，遭人而問，少有寧日。」其立志如此。年二十，讀《尚書》，至古文，即疑二十五篇之僞，沈潛二十餘年，乃盡得其癥結所在，作《古文尚書疏證》。其説之最精者，謂：「《漢書》《藝文志》言『魯共王壞孔子宅，得古文《尚書》，孔安國以攷二十九篇，得多十六篇。』《楚元王傳》亦云『逸《書》十六篇，天漢之後，孔安國獻之』。古文篇數之見於西漢者如此，而梅賾所上乃增多二十五篇，此篇數不合也。杜林、馬、鄭，皆傳古文者。據鄭氏説，則增多者《舜典》、《汨作》、《九共》、《大禹謨》、《益稷》、《五子之歌》、《胤征》、《典寶》、《湯誥》、《咸有一德》、《伊訓》、《肆命》、《原命》、《武成》、《旅獒》、《冏命》十六篇，而《九共》有九篇，故亦稱二十四篇。今晚出《書》無《汨作》、《九共》、《典寶》等篇，此篇名之不合也。鄭康成注《書序》，於《仲虺之誥》、《太甲》、《説命》、《微子之命》、《蔡仲之命》、《周宫》、《君陳》、《畢命》、《君牙》，皆注曰『亡』，而於《汨作》、《九共》、《典寶》、《肆命》諸篇，皆注曰『逸』。逸者，即孔壁《書》也。康成雖云受《書》於張恭祖，然其《書贊》曰『我先師棘下生子安國亦好此學』，則其淵源於安國明矣。今晚出《書》與鄭名目互異，其果安國之舊耶！」又云：「古文傳自孔氏，後惟鄭康成所注者得其真；今文傳自伏生，後惟蔡邕《石經》所勒者得其正。今晚出《書》『宅嵎夷』，鄭作『宅嵎鐵』；『昧谷』，鄭作『柳谷』；『心腹腎腸』，鄭作『憂腎陽』；『劓刵劅剠』，鄭作『臏宫劓割頭庶剠』，與真古文既不同矣。《石經》殘碑遺字，見於洪適《隸釋》者五百四十七字，以今孔《書》校之，不同者甚多。碑云高宗之饗國百年，與今《書》之『五十有九年』異；孔叙三宗以年多少爲先後，碑則以傳叙爲次，則與今文又不同。然後知晚出之《書》蓋不古不今，非伏非孔，别爲一家之學者也。班孟堅言『司馬遷從安國問故，故《堯典》、《禹貢》、《洪範》、《微子》、《金縢》諸篇多古文説』；許慎《説文解字》亦云『其稱《書》孔氏』。今以《史記》《説文》與晚出《書》相校，又甚不合。安國注《論語》『予小子履』，以爲墨子引《湯誓》，其辭若此，不云此出《湯誥》，亦不云與《湯誥》小異，然

則『予小子履』云云，非真古文《湯誥》，蓋斷斷也。其注『雖有周親，不如仁人』句，於《論語》則云『親而不賢不忠，則誅之，管蔡是也。仁人謂微子箕子，來則用之』；於《尚書》則云『周，至也。言紂至親雖多，不如周家之少仁人』。其詮釋相懸絶如此，豈一人之手筆乎！」又云：「古未有夷族之刑，即苗氏之虐，亦衹肉刑止爾，有之，自秦文公始。僞作古文者偶見《荀子》有『亂世以族論罪，以世舉賢』之語，遂竄之《泰誓》篇中。無論紂惡不如是甚，而輕加三代以上以慘酷不德之刑，何其不仁也！荀卿曰：『誥誓不及五帝。』《司馬法》言『有虞氏戒於國中，夏后氏誓於軍中，殷誓於軍門之外，周將交刃而誓之』。當虞舜在上，禹縱征有苗，安得有會后誓師之事？此亦不足信也。《司馬法》曰：『入罪人之地，見其老弱，奉歸無傷，雖遇壯者，不校勿敵。敵若傷之，藥醫歸之。』三代之用兵，以仁爲本如此，安得有『火炎崑岡，玉石俱焚』之事？既讀陳琳《檄吴文》云『大兵一放，玉石俱碎』，鍾會《檄蜀文》云『大兵一發，玉石俱碎』，乃知其時自有此等語，則此《書》之出魏晉間又一佐也。」又云：「《武成篇》先書一月壬辰，次癸巳，又次戊午，已是月之二十八日，後繼以癸亥、甲子，已是爲二月之四五日，而不冠以二月，非今文書法也。《洛誥》稱乙卯，《費誓》兩稱甲戌，此周公伯禽口中之詞，指此日有此事云爾，豈史家紀事之例乎！」又云：「《書序》《益稷》本名《棄稷》，馬、鄭、王三家本皆然，蓋別是一篇，中多載后稷與契之言。揚子雲《法言》《孝至篇》：『言合稷契之謂忠，謨合皋陶之謂嘉。』子雲親見古文，故有此言。晚出《書》析《皋陶謨》之半爲《益稷》，則稷與契初無一言，子雲豈鑿空者耶！」其辨《孔傳》之僞云：「三江入海，未嘗入震澤，孔謂江自彭蠡分而爲三，共入震澤者，謬也。金城郡，昭帝所置，安國卒於武帝時，而《傳》稱積石山在金城西南，豈非後人作僞之證乎！《傳》義多與王肅注同，乃孔竊王，非先有孔説而王取之也。漢儒説六宗者，人人各異，王肅對魏明帝乃取《家語》『孔子曰所宗者六』之語，肅以前未聞也，而《僞傳》已有之，非孔竊王而何！」其論可謂信而有徵矣。

康熙元年，始游京師，合肥龔尚書鼎孳爲之延譽，由是知名。旋改歸太原故籍，爲廩膳生。崑山顧炎武游太原，以所撰《日知録》相質，即改訂數則，炎武心折焉。未幾，出遊鞏昌，與陳秀才壽善，一夕共成七言絶句百首，名曰《隴右倡和詩》。十七年，應博學宏詞科試不第，留京師，與長洲汪編修琬反覆論難。琬著《五服考異》成，若璩糾其繆，琬雖改正，然護前轍，謂人曰：「百詩有親在，而喋喋言喪禮乎！」若璩聞之，曰：「王伯厚嘗云：『夏侯勝善説禮服，言禮之喪服也。蕭望之以禮服授皇太子，則漢世不以喪服爲諱也。唐之奸臣以凶事非臣子所宜言，去《國恤》一篇，識者非之。』講經之家豈可拾其餘唾哉！」崑山徐贊善乾學問曰：「於史有徵矣，於經亦有徵乎？」若璩曰：「按《雜記》曾申問於曾子曰：『哭父母，有常聲乎？』申，曾子次子也。《檀弓》：『子張死，曾子有母之喪，齊衰而往哭之。』夫孔子没，子張尚存，見於《孟子》。子張没而曾子方喪母，則孔子時曾子母在可知，《記》所載《曾子問》一篇，正其親在時也。」乾學歎服。三十一年，客閩歸，乾學延至京師爲上客，每詩文成，必屬裁定，曰：「閻先生學有師法，非吴志伊輩所及也。」合肥李公天馥亦云：「詩文不經百詩勘定，未可輕易示人。」及乾學以尚書歸里，奉勑修《一統志》，開局於洞庭東山，既又移嘉善，後歸崑山，若璩皆從事焉。若璩精於地理之學，山川形勢，州郡沿革，瞭若指掌。嘗曰：「孟子言讀書當論其世，予謂並當論其地。少讀《孟子》書，疑滕定公薨，使然友之鄒問孟子，何緩不及事；及長大親歷其地，方知故滕國城在今縣西南十五里，故邾城在今鄒縣東南二十六里，相去僅百里，故朝發而夕至，朝見孟子而暮即反命也。」因撰《四書釋地》六卷、《釋地餘論》一卷。又據《孟子》七篇，參以《史記》諸書，作《孟子生卒年月考》一卷。晚年，名益著，學者稱爲潛邱先生。世宗在潛邸手書延至京師，握手賜坐，呼「先生」而不名。索觀所著書，每進一篇，未嘗不稱善。疾亟，請移就外，留之不可，乃以大牀爲輿，上施青紗帳，二十人舁之出，移居城外十五里，如卧牀簀，不覺其行也。卒年六十有九，時康熙四十三年六月八日。世宗遣官經紀其喪，親製輓詩四章，有「三千里路爲余來」之句。後爲文以祭之，有云：「讀書等身，一字無假，孔思周情，旨深言大。」若璩以諸生而受聖主特達之知，可謂得稽古之榮矣。

平生長於考證，遇有疑義，反覆窮究，必得其解乃已。嘗語弟子曰：「曩在東海公邸夜飲，公云：『今晨直起居注，上問古人言使功不如使過，此語自有出處，當時不能答。』予舉宋陳良時有《使功不如使過論》，篇中有秦伯用孟明事。但不知此語出何書耳。越十五年，讀《唐書李靖傳》，高祖以靖逗留，詔斬之，許紹爲請而免。後率兵破開州蠻，俘擒五千，帝謂左右曰：『使功不如使過，果然。』謂即出此。又越五年，讀《後漢書獨行傳》，索盧放諫更始使者勿斬太守，曰『夫使功不如使過』，章懷注：『若秦穆公赦孟明而用之，霸西戎。』乃知全出於此。甚矣學問之無窮，而尤不可以無年也！」天性多否少可，詞科五十人中，獨許吴志伊之博覽，徐勝力之强記而已。如李天生，謂其杜撰故事；汪鈍翁，謂其

私造典禮。所服膺者三人，曰錢受之、黃太冲、顧寧人。然論受之，則曰：「此老《春秋》不足作準。」論太冲，則曰：「太冲之徒麤。」《待訪録》，指其繆訛不一而足。《指摘日知録》一卷，見《潛邱劄記》中。藩聞之顧君千里云：「曾見初印亭林所刊《廣韻》，前有校刊姓氏，列受業閻若璩名。」則若璩常執贄崑山門下。然若璩所著書中不稱亭林爲師，豈亭林没後遂背其師耶！所著《古文尚書疏證》、《四書釋地》、《孟子生卒年月考》、《潛邱劄記》，行於世。子詠，亦能文。

清・江藩《國朝漢學師承記》卷二　惠士奇

惠周惕【略】子士奇，字天牧，晚年自號半農人。【略】幼時讀廿一史，於天文樂律二志未盡通曉。及官翰林，因新法究推步之原，著《交食舉隅》二卷，言測日食者先求食限，食限必在兩交，去交近則食，遠則否，有入食限而不食者，未有不入食限而食者也。古法不能定朔，故日食或在晦。說者謂日之食晦朔之閒，月之食惟在望，此知二五而不知十也。日月有平行，有實行，有視行；日月之食亦有實食，有視食。實食者，日月在天相揜之實度。視食者，人在地所見之初虧食甚復圓也。古術或知求實行，莫知求視行；皆知求平朔，莫知求實朔。故不能定朔者，以此。七政有高卑，故有恒星天，有五星天，有日天，有月天。古人以恒星最高，遂指恒星爲天體；新法於恒星天之外，又有宗動天，合於九重之數。宗動者，七政之所同宗也。沈括謂日月星辰之行，不相觸者，氣而已，此不知曆象者也。如日月有氣而無體，則月焉能揜日哉！日高而月下，五星亦有高下，高下既殊，又焉能相觸乎！《春秋》「日有食之既」，既者，有繼之辭，非盡也。新法謂之金錢食：日大月小，月不能盡揜日光，故全食之時，其中闕然，而光溢於外，狀若金錢也。

又　褚寅亮

褚寅亮，字搢升，號鶴侶，一字宗鄭，長洲人也。乾隆十六年，召試舉人，授內閣中書，官至刑部員外郎，與錢宫詹大昕爲同年友。深於經學，從事《禮經》幾三十年。【略】寅亮精天文曆算之術，尤長於句股和較相求諸法，作《句股廣問》三卷。錢少詹著《三統術衍》，寅亮校正刊本誤字，如「月相求六扐之數」句，「六扐」當作「七扐」；「推閏餘所在，加十得一」句，「加十」當作「加七」。少詹服其精審。

錢・江藩《國朝漢學師承記》卷三　錢大昕

錢大昕，字曉徵，一字辛楣，又號竹汀。先世自常熟徙居嘉定，遂爲嘉定人。生而穎悟，讀書十行俱下。年十五，爲諸生，有神童之目。時紫陽書院院長王侍御峻詢嘉定人材於王光禄西沚，以先生對。先生，西沚之妹壻也。侍御告之巡撫雅蔚，文檄召至院中，試以《周禮》、《文獻通考》兩論，下筆千言，悉中典要，侍御歎爲奇才。乾隆十六年，高宗純皇帝南巡，獻賦行在，召試舉人，以內閣中書補用。在京師與同年長洲褚寅亮、全椒吴烺講明九章算學，及歐羅巴測量弧三角諸法。時禮部尚書大興何翰如久領欽天監事，精於推步，時來內閣與先生論李氏、薛氏、梅氏及西人利瑪竇、湯若望、南懷仁諸家之術，翰如遜謝，以爲不及也。

清・江藩《國朝漢學師承記》卷五　江永

江永，字慎修，婺源人。少就外傅爲世俗學，一日見明邱濬《大學衍義補》引《周禮》，求之有書家，得寫本《周禮》白文，朝夕諷誦。閉户授徒，束脩所入，盡以購書，遂通經藝。年二十一，爲縣學生。二十四，補廩膳生。六十二，爲歲貢生。永好學深思，長於步算鍾律聲韻，尤深於《禮》。以朱子晚年治《禮》，爲《儀禮經傳通解》，未成而卒，黄幹纂續，缺漏浸多，乃爲之廣摭博討，從吉、凶、軍、賓、嘉五禮之次，名曰《禮經綱目》，數易稿而後定。其論宣城梅氏所言歲實消長之誤曰：「日平行於黃道，是爲恒氣恒歲，實因有本輪、均輪、高衝之差而生盈縮，謂之視行。視行者，日之實體所至；而平行者，本輪之心也。以視行加減平行，故定氣時刻多寡不同；高衝爲縮末盈初之端，歲有推移，故定氣時刻之多寡且歲歲不同，而恒氣恒歲實終古無增損也。當以恒者爲率，隨其時之高衝以算定氣，而歲實消長可勿論。猶之月有平朔平望之策以求定朔定望，而此月與彼月多於朔策幾何，少於朔策幾何，俱不計也。」【略】

卒年八十有二。所著書：《周禮疑義舉要》六卷、《儀禮釋宫增注》一卷、《禮記訓義擇言》八卷、《深衣考誤》一卷、《禮經綱目》八十八卷、《律吕闡微》十卷、《春秋地理考實》四卷、《鄉黨圖考》十卷、《古韻標準》六卷、《四聲切韻表》四卷、《音學辨微》一卷、《推步法解》五卷、《七政衍》、《金水二星發微》、《冬至權度》、《恒氣注曆辨》、《歲實消長辨》、《曆學補論》、《中西合法擬草》各一卷、《近思録集注》十四卷、《讀書隨筆》十二卷、《四書典林》四十卷。

又　戴震

戴震，字慎修，一字東原，休寧人。【略】《周髀》言「北極璿璣四游」，又言「正北極樞璿璣之中」，後人多疑其說，解之曰：「正北極者，《魯論》之北辰，今人所

謂赤道極也。北極璿璣者，今人所謂黄道極也。正北極者，左旋之樞，北極璿璣每晝夜環之而成規，冬至夜半在正北極下，是爲北游所極；日加卯之時在正北極之左，是爲東游所極；日加午之時在正北極之上，是爲南游所極；日加酉之時在正北極之右，是爲西游所極；此璿璣之一日四游所極也。冬至夜半起正北子位；晝夜左旋一周而又過一度，漸進至四分周之一，則春分夜半爲東游所極；又進至夏至夜半，爲南游所極；又進至秋分夜半，爲西游所極：此璿璣之一歲四游所極也。《虞》、《夏書》『在璿璣玉衡以齊七政』，蓋設璿璣以擬黄道極，世失其傳也。」

今人所用三角八線之法，本出於句股，而尊信西術者輒云「句股不能御三角」，折之曰：「《周髀》云：『圜出於方，方出於矩，矩出於九九八十一。』三角中無直角，則不應乎矩，無例可比矣。必以法御之，使成句股而止。八線比例之術，皆句股法也。」其所撰述，有《毛鄭詩考正》四卷、《考工記圖》二卷、《孟子字義疏證》三卷、《方言疏證》十三卷、《原善》三卷、《原象》一卷、《句股割圜記》三卷、《策算》一卷、《聲韻考》四卷、《聲類表》十卷、《儀禮正誤》一卷、《爾雅文字考》十卷、《屈原賦注》四卷、《九章補圖》一卷、《古曆考》二卷、《曆問》二卷、《水地記》一卷、《戴氏水經注》四十卷、《直隸河渠書》六十四卷、《文集》十卷，皆曲阜孔户部繼涵爲刊行之。君没後十餘年，高廟校刊《石經》，一日命小璫持君所校《水經注》問南書房諸臣曰：「戴震尚在否？」對曰：「已死。」上歎惜久之。時人皆謂君若不死，必充纂修官。嗟乎！君以庶吉士得邀特達之知，亦可謂稽古之榮矣。

清・江藩《國朝漢學師承記》卷六　洪榜

汪萊

榜同邑有汪萊者，字孝嬰，藩之密友也，優貢生。大學士禄康薦修國史《天文志》，議叙，以教官用，選石埭縣訓導。深於經學，《十三經注疏》皆背能誦如流水，而又能心通其義。人有以疑義問者，觸類旁通，畧無窒礙。尤善曆算，通中西之術，著有《衡齋算學》刊行於世。與元和李尚之鋭論開方題解及秦九韶立天元一法，不合，遂如寇仇，終身不相見。噫，過矣！然今之學者，大江以南惟顧君千里與孝嬰二人而已，烏可多得哉！孝嬰之友有歙人羅子信者，名永符，丁卯舉於鄉，辛未成進士，選庶吉士。善讀書，通經達史，工詩古文，亦環奇之士也。洪瑩字賓華，甲子舉人，己巳恩科第一人及第，授修撰。淹通經史，《五經》皆有撰述，亦歙人也。

清・江藩《國朝漢學師承記》卷七　陳厚耀

陳厚耀，字泗源，泰州人，康熙四十五年丙戌進士。學問淹通，從梅徵君鼎受曆算，遂通中西之術。李相國光地薦厚耀通曆學，召見，試以三角形，令求中線，又問弧背尺寸，厚耀具劄進呈，稱旨。旋以省親乞歸里。戊子，特命來京。己丑五月，駕幸熱河，至密雲，命寫筆算式進呈。少頃，出御書筆算，問：「知此法否？」對曰：「皇上此法精妙簡便，臣法不可用。」上諭曰：「朕將教汝，汝其細心貫想，以待朕問。」次日，又問曰：「汝能測北極出地高下否？」對曰：「若將儀器測景長短，用檢八綫表可得高度，此乃二分所測之法。若餘節氣，又有加減之法；然亦不凖，以地上有朦氣差，以人目視之，有卑高、映小爲大之異故也。」又問：「地周三百六十度，依周尺每度二百五十里，今尺二百里，地周幾何？地徑幾何？」奏云：「依周尺地周九萬里，今尺七萬二千里。以圍三徑一推之，地徑二萬四千；以密率推之，當得地徑二萬二千九百一十八里有奇。」上復問地圜出何書，對以《髀算經》曾言之。問：「何以見其圜也？」對曰：「《職方外紀》『西人言繞地過一周，四匝皆生齒所居』，故知其爲圜。且東西測景有時差，南北測星有地差，皆與圜形相合，故益知其爲圜。」

時厚耀以母年高，不忍離，乃就教職，得蘇州府教授。未踰年，召入南書房，上問測景是何法，厚耀求指示，上曰：「此法甚精，不必用八綫表。」即以西洋定位法、開方法、虚擬法寫示。又命至座旁隨意作兩點於紙上，厚耀隨點之，上用規尺畫圖，即得兩點相去幾何之法。上從容諭之曰：「《堯典》敬授人時，乃帝王大事，奈何勿講！」嘗召入至淵鑒齋問難反覆，並及天象樂律山川形勢，得徧觀御前陳列儀器。召至西煖閣，詢問家世甚詳。從至熱河，命賦《泉源石壁詩》，授中書科中書，傳旨曰：「上道汝學問好，授汝京官，使汝老母喜也。」又諭厚耀曰：「汝嘗言梅瑴成算學甚深，今命來京與汝同修算法。」瑴成至，上問曰：「汝知陳厚耀否？他算法近日精進。向曾受教於汝祖，今汝祖若在，尚將就正於彼矣。」乃命厚耀瑴成並修書於蒙養齋，賜《算法原本》、《算法纂要》、《同文算指》、《嘉量算指》、《幾何原本》、《周易折中》、《字典》、西洋儀器、金扇、松花、石硯及瓜菓等克什。癸巳，書成，特授翰林院編修。甲午，丁内艱，命賜帑銀，著江蘇織造經紀其喪。服闋，晉國子監司業，擢左諭德兼翰林院修撰，充戊戌會試同考官。己亥，告病，以原官致仕。

所著書有《春秋戰國異辭》五十六卷、《孔子家語注》、《左傳分類》、《禮記分類》、《十七史正譌》及天文曆算諸書。又有《春秋長曆》十卷，乃《左傳分類》中一

門，爲補杜預《長曆》而作。其凡有四：一曰《曆證》。備引漢、晉、隋、唐、宋、元諸史志及朱戴堉曆書諸說，以證推步之異。又引《春秋屬辭》杜預論日月差謬一條爲注疏所無，《大衍曆》議《春秋曆考》一條亦《唐志》所未録，尤足以資考證。二曰《古曆》。古以十九年爲一章，一章之首，推合周曆正月朔旦冬至。前列算法，後以《春秋》十二公紀年横列爲四章，縱列十二公，積而成表，以求曆元。三曰《曆編》。舉《春秋》二百四十二年，一一推其朔閏及月之大小，而以經傳干支爲證佐，皆述杜預之説而考辨之。四曰《曆存》。以古術推隱公元年正月庚戌朔，杜預《長曆》則爲辛巳朔，乃古術所推之上年十二月朔，謂元年之前失一閏，以經傳干支排次知之。厚耀則謂如預之説，元年至七年中書日者雖多不失，而與二年八月之庚辰、三年十二月之庚戌、四年二月之戊申又不能合。且隱公三年二月己巳朔日食、桓公三年七月壬辰朔日食，亦皆失之。蓋隱公元年以前，非失一閏，乃多一閏。因退一月就之，定隱公元年正月爲庚辰朔，較《長曆》實退兩月。推至僖公五年止，以下朔閏一一與《杜曆》相符，故不復續載焉。蓋厚耀精於曆法，視預爲密，於考證之學尤爲有裨，治《春秋》者不可少此編矣。又有《春秋世族譜》一卷，亦《左傳分類》之一門也。卒年七十有五。

又 李惇

李惇，字成裕，一字孝臣，高郵州人。祖兼五，父珮玉，皆有篤行。君治經通敏，尤深於《詩》及《春秋》三《傳》之學。晚好曆算，得宣城梅氏書，盡通其術。與同郡劉君台拱、王君念孫、汪君中友善，力倡古學。君内性淳篤，恂恂退讓，不與人較；然遇友朋患難，則尚義有爲，至死不變。久困諸生，以高第將貢於國學，試之前夕，執友賈田祖死，君不入試，親爲棺斂，送歸其家。容甫稱其勇於爲義，有過賁育，非虚語也。乾隆四十四年，己亥，中式舉人。明年，成進士，注選知縣，襆被南歸，不能家食。時謝侍郎墉督學江蘇，延之主暨陽書院。君口不雌黄人物，與世無忤，然忌其學者於侍郎前日貢萋斐之言，侍郎輕信讒言，竟下逐客之令。君嘗謂人曰：「容甫恃才傲物，宜爲時所嫉。予一生謹厚，亦爲世人所忌，豈命宫坐箕宿耶！」後得末疾，終於家，年五十一。

憶昔年君往江陰，留宿藩家，與君然燭豪飲，議論史事，君朗誦史文，往往達旦。明日，藩取史文核之，一字不誤也。藩獲交於君，時年少，好詆訶古人。君從容謂藩曰：「王子雍有過人之資，若不作《聖證論》攻康成，豈非淳儒哉！」少頃，又曰：「若夫佛氏輪迴因果之説，淺人援儒入墨之論，不可不辨，子車氏所謂『正人心，息邪説』。苟不力闢之，是無是非之心矣。」嗚呼！自君謝世之後，二十餘年，藩坎坷日甚，而情性益戾，不聞規過之言，徒增放誕之行，可悲也夫！君所著有《卜筮論》、《尚書古文説》(《金縢》、《大誥》、《康誥》三篇)、《毛詩三條辨》、《大功章爛簡文》、《明堂考辨》、《考工車制考》、《曆代官制考》、《左傳通釋》、《杜氏長曆補》、《説文引書字異考》、《渾天圖説》、《羣經識小録》、《碎金詩文集》，藏於家。

又 淩廷堪

淩廷堪，字次仲，一字仲子，歙人也。父文焻，字燦然，自歙遷於海州之板浦場，遂家焉。君十二歲，即棄書學賈，偶在友人家見《詞綜》、《唐詩别裁》集，攜歸就燈下讀，遂能詩及長短句。浙人張賓鶴見其詩詞，大奇之，告之板浦場大使湯某，某敬禮之，邀君至揚州。是時，鹺使置詞曲館，檢校詞曲中之字句違礙者，從事讎校，得脩脯以自給。君之精於南北曲而能分别宫調者，基於此也。久客邗江，爲華氏贅壻。與黄明經文暘交，明經勉君爲舉子業，始學作八股文，讀《五經》，是時年已二十五矣。後遊京師，受業於翁覃谿學士，乃究心經史。乾隆戊申順天副榜貢生。己酉，中式本省舉人。庚戌，成進士，銓授寧國府教授。迎生母王至學署，先意承志，得親歡心。母偶不懌，必長跪以請，俟母笑乃起。母没，哀毁骨立，眚一目，而妻亦相繼殂謝。孑然一身，居恒不樂，至徽州依程君麗仲，麗仲以師禮事之。阮侍郎芸臺服闋，復爲浙江巡撫，延之課子，得末疾，終於歙。君病時，麗仲贈以紫團手煎湯藥，其死也，經紀其喪，擬之古人，其範巨卿之流歟！君無子，應繼兄子嘉錦，嘉錦先君卒。嘉錫兄嘉錫在海州聞訃，以次子名德後嘉錦，爲君之承重孫。

君讀書破萬卷，肄經，邃於《士禮》，披文摘句，尋例析辭，聞者冰釋。至於聲音、訓詁、《九章》、八綫，皆造其極而抉其奥。於史，則無史不習，大事本末，名臣行業，談論時若瓶瀉水，纖悉不誤。地理沿革，官制變置，《元史》姓氏，有詰之者，從容應答，如數家珍焉。近時講學者喜講六書，孜孜於一字一音，苟問以三代制度，五禮大端，則茫然矣。至於潛心讀史之人，更不能多得也。先進之中，惟錢竹汀邵二雲兩先生，友朋中則李君孝臣、汪君容甫及君三人而已。其於詩也，不分唐宋門户，專論聲韻之協，對偶之工。詩餘亦不主一家，而嚴於律。今人之詞有一字不合者，必指摘之。雅善屬文，尤工駢體，得漢魏之醇粹，有六朝之流美，在胡稺威孔畟軒之上，而世人不知也。

弟子中最著者：儀徵阮君常生，字壽昌，一字小芸，從君授《士禮》，校刻

《禮經釋例》十三卷。小芸好學深思，不以才地矜物，恂恂君子也。宣城張君其錦，字褧伯，廩膳生，精研章句，不墮師承。聞君没，徒步至歙訪君遺書，無所得；又北走海州，於敗簏中攟拾殘稿，假居僧寺，輯録以歸。得《燕樂考原》六卷、《元遺山年譜》二卷、《充渠新書》二卷、《校禮堂文集》三十六卷、《詩集》十四卷、《梅邊吹笛譜》二卷，將謀剞劂，可謂不負師門矣。嗟乎！君冷宦無家，白頭乏嗣，雖死故鄉，實同旅殯，亦生人之極哀也已！然而懷方之禮付於戚生，昌黎之文編煩李漢，斯又不幸中之幸也。

君久客揚州，如劉君端臨、汪君容甫諸君子，以及宋君守端、秦君敦夫、焦君理堂、阮君伯元、楊君貞吉、黄君春谷，皆君之友也，援寓公之例，記於郡人之末云。守端名綿初，高郵州人，乾隆丁酉拔萃科，選儒學訓導。邃深經籍，尤長於詩，著有《韓詩内傳徵》四卷。子保，字定之，廩膳生，候選訓導，精於聲音訓詁之學。敦夫名恩復，一字澹生，江都人，乾隆癸卯舉人，丁未進士，授編修。讀書好古，所居五笥仙館蓄書萬卷，以校讎爲事，丹鉛不去手，校刻陶宏景《鬼谷子注》、盧重元《列子注》、《隸韻》諸書。見人謙益不自滿，亦絶口不談學問，是以世無知者。理堂名循，一字里堂，江都人，家黄子湖，嘉慶辛酉舉人。聲音、訓詁、天文、曆算，無所不精。淡於仕進，閉户著書，《五經》皆有撰述。刊行者，《羣經宫室圖考》、《理堂算學》、《北湖小志》。伯元名元，一字芸臺，儀徵人，乾隆丙午舉人，己酉進士，授編修，官至浙江巡撫，今官詹事府少詹事。於學無所不通，著有《考工車制考》、《石經校勘記》、《十三經注疏校勘記》、《曾子注》、《論語論》、《仁論》、《疇人傳》等書。貞吉名大壯，一字竹廬，甘泉人，昭武將軍之裔也。以世襲起家，官至安徽參將。病廢回籍，日讀古經注疏，尤精於曆算律吕之學。春谷名承吉，字謙牧，江都人。嘉慶戊午科解元，乙丑成進士，以知縣用，分發廣西，補興安縣知縣，今罷言歸。天資過人，爲漢儒之學，篤志研究，得其精微。通曆算，能辨中西之異同。又工詩古文，自出機杼，空無依傍，寓神明於規矩之中，不屑爲世俗之詩文者也。又有儀徵許珩者，字楚生，能詩。讀《周官經》，時有所得，著《周禮獻疑》七卷，能疑所當疑，不疑所不當疑，亦近時有心之士也。

清·江藩《國朝漢學師承記》卷八　黄宗羲

黄宗羲，字太冲，餘姚人，忠端公尊素之長子也。【略】平生勤於著述，年逾八十尚矻矻不休。所著有《明儒學案》六十二卷、《宋儒學案》、《元儒學案》。《易學象數論》六卷，辨河洛方位圖説之非；《授書隨筆》一卷，則閻若璩問《尚書》而答之者。《春秋日食曆》一卷、《律吕新義》二卷。少時，取餘姚竹管肉孔匀者，截爲管而吹之，知十二律之四清聲，乃著是書。《孟子師説》四卷，因蕺山有《論語》、《大學》、《中庸》諸解，獨無《孟子》，以舊聞於蕺山之説集爲一書，故名《師説》。《明史案》二百四十四卷、《弘光紀年》一卷、《隆武紀年》一卷、《永曆紀年》一卷、《魯紀年》一卷、《贛州失事紀》一卷、《紹武事紀》一卷、《四明山寨紀》一卷、《海外痛哭記》一卷、《日本乞師記》一卷、《舟山興廢》一卷、《沙定洲記亂》一卷、《賜姓本末》一卷。《汰存録》一卷，糾夏考功《幸存録》也。《授時曆故》一卷、《大統曆推》一卷、《授時曆假如》一卷、《西曆假如》一卷、《回曆假如》一卷、《氣運算法》、《勾股圖説》、《開方命算》、《測圓要》諸書。又有《今水經》、《四明山志》、《台巖紀游》、《匡廬游録》、《病榻隨筆》。《明文海》四百八十二卷，與十五朝國史可互相參正；《續宋文鑑》、《元文抄》，以補吕蘇二家之缺。《思舊録》、《姚江瑣事》、《姚江文畧》、《姚江逸詩》，自著《年譜》、《明夷待訪録》二卷、《南雷文案》十卷、《外集》一卷、《吾悔集》四卷、《撰杖集》四卷、《蜀山集》四卷、《詩曆》四卷，又分爲《南雷文定》、《南雷文約》，合之得四十卷。《明夷留書》一卷。

清·陶梁《國朝畿輔詩傳》卷三一　王蘭生

蘭生字振聲，號坦齋，交河人。康熙六十年進士，歷官禮部侍郎。

全祖望《王公墓志》：安谿相國督學畿輔，公時方試童子，安谿一見奇之，拔冠其曹，教以窮經。已而文貞以吏部尚書兼撫直隸，檄公入保陽書院，爲都講。及入正揆席，招公入京。安谿之學，留心律吕、曆算、音韻，有發前人所未及者，公皆得其傳。時廟堂方開書局，旁求哲士，聖祖仁皇帝神明天縱，自六經外，於諸家皆能洞探其窔奥，疏決其障礙。而安谿之學適與有合，然以閣務繁，不能任編纂，乃薦三人，其一今禮部尚書景州魏公，其一即公，其一今順天府丞寧國梅公，同入直書，日三接以膺顧問，遂得時受天語指示，校審《周易折衷》，以至纂輯《律吕正義》、《數理精藴》、《卜筮精藴》、《音韻闡微》諸種，又編《朱子遺書》，公皆與焉，而《律吕》、《音韻》二者公之力尤多。公於律吕少有夙悟，安谿嘗以《朱子琴律圖説》雕本流傳多誤，令公正之，公爲之抉發証明，遂可推據。既得承聖祖所授御製律管、風琴諸解，乃本明道程子之説，以人之中聲定黄鐘之管，積黍以驗之，展轉生十二律，皆與古法相應。又至郊壇親驗樂器，而後知管音有長短、巨細之差，故有黄鐘積八倍者，或四倍者，而匏笙之管反有黄鐘積八分之一者，至塤篪之數亦皆以黄鐘積實加減而得。其應聲至弦音，則但争長短，或用倍，或用半，其聲已應。蓋立方者用體，平方者用面，有不同也。其説弗盡符於朱、蔡，而與管子、淮南合。音韻則公得之安谿之説者，大畧與崑山顧氏同而較密，又承聖祖之誨，知國書與古法合，并外蕃諸國韻書亦有合者。今人皆疑歌、麻、支、齊、微、魚、虞七韻無頭，不知七韻乃聲氣之

元，能生諸部，切諸部而不爲。諸部之所生、所切宜居部首，即國書第一頭，喉音五字也。等韻之易錯，皆由清濁之不分，乃即用國書五字頭爲聲音之元，以定韻，又用連音爲紐切之法，以定等。《皇極經世韻圖》詳等而畧韻，顧氏則詳韻而畧等，互有異同，是書出較，若列眉而萬音畢舉矣。是時翰詹、宿老容有未盡通其義者，公以布衣諸生，親接君相之緒言，披卻導窾，鼇爲一代石渠大制，作誠遭際之極隆也。聖祖以癸巳秋特賜公同與禮闈試，尋丁外艱許以所纂書自隨。辛丑春，特賜公同與殿試，改翰林院庶吉士。世宗憲，皇帝嗣位，授編修乙巳遷司業。丙午，主廣東秋試事還京，詔督學浙江。浙中素稱多士，公未嘗稍徇物望也，而高材生俱列甲選。在浙三遷，至侍讀學士，移節安徽，得士如浙中。晉閣學是秋，即主江南試事，以學臣而主試，亦前此所未有也。再移節陝西，得士如初，會所貢舉，士掛吏議連及左遷需代吏部推翰詹諸人入見，世宗熟視良久，日恐皆非舊學臣之繼也，乃留公俟，期滿而以少詹涖事。今上嗣位仍晉閣學還京，公以浙江銅政大壞長吏之任，事者輒困，請變通其舊例。陝中流民舊皆令土人養之宜，令有司別爲安插，皆仁心、仁術也。適詔修《三禮》，以公同總其局，是冬晉刑部侍郎，尋調管禮部□之。治事縝密而周詳，毫髮未至不敢即安，漸以積勞致病，顧爲受恩重不敢言。世宗梓宫發引，公扈從出行。次涿州，從者前有所白，則危坐，卒於肩輿中。上聞軫悼，賜帑金五百，督臣爲治喪，賜祭一壇，論者惜以爲未竟其用焉。卒年五十有八。

《隨園詩話》：余十二歲受交河王先生知入學，十五歲受安谿李先生知補增，感知己之恩求王、李二公詩，不可得。

《熙朝新語》。交河王蘭生與景州魏廷珍，以李文貞薦入直内廷，在館充校對官編《樂律淵源》諸書，嘗被命與文貞參酌《樂律韻學》，士林以爲榮。

清・張維屏《國朝詩人徵略》卷三　黄宗羲

字太冲，號梨洲，浙江餘姚人，諸生，有《南雷詩歷》、《易學象數論》六卷。黄宗羲撰《宗羲究心象數》，一一能洞曉其始末，《易學象數論》與胡渭《易圖明辨》均可謂有功易道。《四庫提要》。【略】言勾股之術乃周公商高之遺，而後人失之，使西人得以竊其傳。公著有《授時歷故》、《測圜要義》。其後梅徵君文鼎，本《周髀》言曆，世驚以爲不傳之秘，不知公實開之。

清・張維屏《國朝詩人徵略》卷一九　惠士奇

字仲孺，一字天牧，號半農，江南吴縣人。康熙四十八年進士，官翰林院侍讀，有《半農人詩》。

《易説》，惠士奇撰。是書專宗漢學，以象爲主。《四庫提要》。

《禮説》，惠士奇撰。士奇此書，於古音、古字皆爲之分别疏通，使無疑似。復援引諸史百家之文，或以證明周制，或以參考鄭氏所引之漢制，以遞求周制，而各闡其製作之深意。在近時説《禮》之家，持論最有根柢。同上。

先生年十二即能詩，有「柳未成陰夕照多」之句，爲先輩所賞。二十一爲諸生，不就省試，或問之，曰：胸中無書，焉用試爲？乃奮志力學，晨夕不輟。嘗與名流宴集，有難之者曰：「聞君熟《史》、《漢》，試爲誦《封禪》」。先生朗誦終篇，不遺一字，衆皆驚服。《國朝漢學師承記》。

先生督學廣東，以經學倡。訪諸輿論，有海陽進士翁廷資，其學品勝校官之任，具疏題補韶州府教授。吏部以學臣向無題補官員之例格不行，世宗特旨：「惠士奇官聲好，所舉之人諒非徇私，著照所請，後不爲例」。任滿還都。粤人設木主，配食先賢。同上。

清・張維屏《國朝詩人徵略》卷二八　萬光泰

字循初，號柘坡，浙江秀水人。乾隆元年舉人，有《柘坡居士集》。光泰才思富贍，篇什頗多。《四庫提要》。

循初少年有高才，罷後客津門查氏，著《轉注緒言》二卷、《漢音存正》二卷、《遂初堂類音辨》一卷。《詞科掌録》。

循初卓然獨絶者，《周髀》之學，上自注疏，旁及諸史，以至明之三曆，呵龐喝利，布算了了，何其神也。梁少師薌林續修《通考》，延循初以董其事。《鮚埼亭集》。

清・張維屏《國朝詩人徵略》卷三五　錢大昕

字曉徵，號辛楣，一號竹汀，江南嘉定人。乾隆十九年進士，官少詹事，有《潛研堂集》。

君幼有神童之目。乾隆十六年，高宗純皇帝南巡，君獻賦，召試，賜舉人，以内閣中書用。入京，與同年褚搢升、吴荀叔講《九章算術》，又以御製《數理精藴》，兼綜中西法之妙，悉心探覈。由是用以觀史，則自《太初》、《三統》、《四分》，中至《大衍》，下迄《授時》，盡得其測算之法。

清・張維屏《國朝詩人徵略二編》卷四五　阮元

字伯元，號雲臺，江蘇儀徵人。乾隆五十四年進士，官至體仁閣大學士，加太傅銜，謚文達，有《揅經室集》。《御製晉加太傅銜致仕大學士阮元碑文》：朕惟勤宣中外，鈞衡資元老之勳；禮備初終，錫賚極哀榮之數。陳訏謨於九德，效輔弼於三朝。篤棐長留，褒崇罔暨。爾晉加太傅銜致仕大學士阮元學裕儒宗，識優國器。紬書玉署，作賦則名冠詞曹；躋秩銅樓，乘軒則躬膺使節。教興黌

序，偏齊魯越境以儲才；政佐文昌，歷春夏地官而敷治。撫循浙海，行臺再擁夫霓旌；翔步蓬山，史筆永留於金匱。學士仍紫微之職，考工兼泉府之司。南國均輪，總領夫牙檣鐵軸；西江撫輯，承恩於翠羽宫銜。移鎮而河洛乂安，督軍則湖湘總匯。揚旗粵嶺，波澄海上之樓船；受鉞滇黔，風静天南之鼓角。趨禁垣而按轡，百揆分猷，拜綸閣以垂紳，六官兼領。禮闈貢士，重輝藻鑒於春官；御幄横經，更育賢良於閬苑。及乎陳情辭老，致政言旋，猶分廩餼之頒，更拜榮銜之賜。雅歌式宴，觀光重列於嘉賓；禄糈全需，晉秩特隆以太傅。歷仕者五十載，册府銘勳；退居者十二年，儒林範德。庶遐齡之克享，何遺疏之遽陳。我皇考悼惜殊深，恩施特沛。政寬吏議，典舉儀曹。豆籩致奠以馨香，紳黻加榮於孫子。謚以文達，允稱佳名。朕眷厥休聲，述茲懿美。於戲！緬昔年之翊贊，忠藎彌彰；流後葉之清芬，徽猷永式。勒之貞石，鬱矣佳城。

《粵東紳士公請前兩廣總督太傅阮文達公入祀名宦祠啓》：蓋聞大猷敷政宅心，久洽於閭閻，實惠及民，報德當隆。夫俎豆而況通天地，人之謂儒，立德功言以名世，尤秉彝所同好，亦祀典所攸關者乎。前兩廣總督太傅阮文達公一代名臣，三朝元老。學術夙本於經術，儒宗並領夫詞宗。祥由地發，誕生近文選之樓；福自天申，大考冠蓬瀛之籍。亨衢直上，藻鑒頻司，己未一科，得人最盛，自山左而兩浙，使節已見，再持，由宗伯而少農，閣部曾經三轉，懋膺宸眷特畀，封疆薦賢，得將李忠毅公長庚兵戎之號令，能專剿寇，有功浙閩之海洋。胥靖採詩，則《輶軒録》廣詁。經而精舍，才多運糧津淀。尺度新頒，調撫豫章羽儀，用錫既統，楚南比而擢居。總制旋合，粵東西而任重兼圻。公涖粵十年，殫心庶務。許洋米之船以載貨，民食開不匱之源；取學海之義以建堂，士林獲稽古之益。改風簷之號舍入闈，無卑濕之虞。籌月費以衈嫠守節，免輌飢之苦。修三百年未修之縴道，險途變爲坦途；築八千丈增築之石堤，澤國斯爲樂國。而且馭夷有道，成見不存，桀驁則停。其互市恭順，則許其開艙。此又不剛不柔，無適無莫，宜乎八溟鏡静，萬里波恬。公之德也，民之福也。至於寰宇乂，安斯文炳焕。《經籍纂詁》百十卷，悉古訓之精華；《皇清經解》八十家，實藝林之淵嶽。豈徒嶺南紙貴，已看海内風行。公肇經有集，箸述等身，而獨舉二書者，則以此二書能闡發乎群經而皆開雕於東粵者也。他如纂《廣東通志》，修鎮海層樓，建二虎礮臺，平惠潮門案，凡茲，措置無懈。宣勤既而，旌節移滇，絲綸入閣，載侍經筵之講，重持禮榜之衡，精神矍鑠，遽乞退乎。黄扉杖履，優遊願就閒於緑野。天錫純嘏，帝眷老成，喜延鶴算以遐齡。重赴鹿鳴之嘉宴，生晉太傅，本朝僅見七人。孫舉孝廉登科，已連三世。秉旄鉞者四十載，尊是達尊；居林泉者十二年，福真全福。謚宜文達，禮備哀榮，是誠邦國之光，豈特山川之瑞已哉！某等分屬部民，班隨弟子，或身受其教育，或家荷其安全，思有斐之君子，終不可諠，驗直道於斯民，如有所譽，爰特陳其實行，不敢飾以浮辭。伏冀好善，同人周行，示我採茲輿論，達於樞廷。澤留嶺表，長懷八㶊之畺臣；星返臺垣，永享千秋之廟祀。《松心文鈔》。

屏鄉會，座主皆出文達公之門。公督粵時，屏爲粵秀書院監院，每晉謁侍坐，受教良多，是以本省公議，請公入名宦祠。屬屏操筆，義不容辭，謹就見聞所及，草爲此稿，至公之政績勳猷載於國史，文章學問見於撰著諸書，生平事蹟詳於雷塘盦主，弟子記茲編所輯，特其大略。云爾公不藉詩以傳，第就管見取有關事物者，録一二入《詩話》。云阮雲臺先生。云渭城一曲取調最高，笛爲之裂，北宋猶有能唱之者。屏案，王右丞「渭城朝雨浥輕塵」一首，蘇東坡「濟南春好雪初晴」一首，阮雲臺「魯民争道送歸程」一首，《詩集卷五》三首皆用此調，惜世無知音律之人，不能唱耳。《聽松廬詩話》。

清·張維屏《國朝詩人徵略二編》卷五五　許宗彦

字積卿，號周生，浙江德清人。嘉慶四年進士，官兵部主事。有《鑑止水齋集》。【略】

宗彦以爲經義之大者十數事，前人聚訟，數千年未了，今日豈復能了之？就令自謂能了，亦萬不能見信當時，取必後世。《鑑止水齋文集》。

西士彌納和爲余言，近三十年測待五星外尚有一星，形小而行遲，在赤道規上，約八十餘年可一周天。若能測定此星，可因以紀赤道、考歲差，然此非一人一世所能候，故自來星官家皆未言及，即西人亦今始知之。余偶讀《大集經》，云大星宿其數有八，所謂歲星、熒惑星、鎮星、太白星、辰星、日星、月星、荷邏侯星，則西士所測，其荷邏侯星與。同上。

姚文田

字秋農，浙江歸安人。嘉慶四年賜進士第一人，官禮部尚書，謚文僖，有《邃雅堂集》。

公年十八入湖州府學，乾隆五十四年己酉鄉試，中式舉人，五十九年淀津獻賦，召試一等一名，授内閣中書，嘉慶四年己未入軍機處行走，是科成進士，殿試

一甲一名，及第。五年充廣東鄉試正考官，六年充福建鄉試正考官，提督廣東學政，十二年充山東鄉試正考官，十五年提督河南學政，十八年奉命入直南書房，二十二年充丁丑科會試副總裁，二十四年提督江蘇學政，道光五年充乙酉科順天鄉試副考官，七年七月補授禮部尚書，十月以疾卒，年七十。公屢司文柄，洊陟崇班，生平持己端方，居官清慎。百數十年來學人盛談考據，多尊漢儒，詆宋儒，公獨持議，謂三代以上，其道皆本堯舜，得孔孟氏；而明三代以下，其道皆本孔孟，得宋諸儒，而傳五代以後。人道不至陵夷者，宋諸儒之力。至其著述之書，豈得遂無一誤？然文字小差，漢唐先儒亦□有之，未足以爲詬病。公宗法宋儒，然於漢學亦未嘗不究心也。公所著有《易原》、《春秋月日表》、《説文聲系》、《説文考異》諸書。公夙留意天文占驗之學，嘉慶十八年林清事未起，彗横入紫微垣，近歲，彗見南斗，下主外夷兵事，公皆先言之。《聽松廬文鈔》

姚文僖公，奏議有《極剴切》者，節録之，其言曰：督撫藩臬迎新送舊，如衙署之整理、館舍之儲待，無論其本管上司，即例以賓主情誼，亦不能盡廢。既履任後，通省官員紛紛晉謁事，又必不可已。在大吏自以爲秋毫不擾，而不知耗費已多矣。且大吏抵任之初，諸務尚未周知，迨莅事稍久，然後人才之賢否以明，風俗之澆淳以辨，方將稍有設施，而瓜代者已至。亦有更事未深之人，纔一莅事，動議更張，以此博振作之名，不知地方情形均未諳悉，見爲極利，而他弊已隨其後，故不如久於其任，次第圖之之爲得也。又曰：自古圖治之要，惟以任人爲本，近日科條過於煩密，如某縣得一循吏，忽有四參被議之案，不能不罷斥。又如地稱難理，非得人不能勝任，然才優者或有處分，合例者人僅中下，亦不能不俾之受事，是爲例議所格，而吏治皆不得人，似亦宜稍爲變計者也。又曰：自數年來開上控之端，於是刁民得逞，其奸彼見，獄詞可以聳聽，則多牽引其所不快者，以陷害之。胥吏惟利是圖，則又多方株逮，以困抗之。衣食粗足之家，一經官訟連染，雖立見昭雪，而資産已蕩然矣。彼所訐控，不過一人，而牽涉常至十數，受吏胥之折辱，甚至瘐死而道斃，後雖處原告之人以極刑，於被誣者何補？推國家慎刑之意，亦曰：恐有冤抑耳。然一案未結，而事外之被累者相繼，是一冤未雪，而含冤者且數十人也。又奏《漕務情形》曰：乾隆三十年以前，無所謂浮收之事，是時無物不賤，官民皆裕。其後生齒愈繁，用度日絀，於是諸弊漸生。然在州縣亦有不能不如此者，所得廉俸公項斷不敷用，自開倉至兑運，其修整倉廒，蘆蓆板片及幕友家人，書役修飯工食費已不貲，加以運下需索津貼，日甚一日，至其署中大小公事一到，即須出錢料理。又如辦一徒罪之犯，自初詳至結案，約須費至百數十金，案愈大，則費愈多，復有遞解人犯，運送餉鞘，事事皆須費用，伊等熟思他弊，一破勢必獲咎愈重，不如浮收，尚爲上下皆知其藉此以肥身家者，不能謂其必無要之，不得已而爲此，蓋亦不少。臣見近日言事者，動稱不肖州縣。竊思州縣亦人耳，何至一行作吏，便至行同苟賤，此又州縣不能上達之實情也。《松心日録》

清·張維屏《國朝詩人徵略二編》卷五七　許桂林

字同叔，一字月南，江南海州人。嘉慶二十一年舉人，揀選知縣，有《味無味齋詩集》。

月南於諸經皆有發明，尤邃於《易》，通古音，撰《許氏説音》以配《説文》，兼精疇人家言，神解特超。以宣夜之術無傳，譔《宣西通》四卷，阮公元手書談天，祕欲傳宣夜，「學海深須到鬱州」句贈之，卒年四十四，甘泉羅茗香士琳從之遊，遂以四筭名世。《海州文獻録》。【略】

月南有《談天絶句》，自註云：憲法一度六十分，太陽每日平行五十九分零八秒，而每年止春分前三日、秋分後三日，此兩日能合平行，其餘逐日有盈縮。夏至縮極，日行最高；冬至盈極，日行最卑。屏案：日行每日不能滿一度，是以有月大有月小，是以三年必須置閏，是以積久必有歲差。夫以太陽之健，每日差二秒，不能行足一度，物理不能滿足。在天者且如此，而況在人者乎！《松心日録》。

清·余廷燦《存吾文稿·江慎修永傳》　江永，字慎修，婺源人。家於江灣，好深沉之思，其學孤起草澤中，由究窮《十三經注疏》而入，尤覃心三禮，於制度名物之寓於訓，故涉於九數六書者，皆旁參造極，得其製作所本始。以是讀書善比勘，於步算、鐘律、聲韻尤精。其論歲實消長也，宣城梅氏歸之高衝，近冬至則漸消，過冬至則漸長，亦岐莫能定。永則正之曰：日平行於黄道，是爲恒，氣恒，歲實終古無增損者，而因有本輪、均輪高衝本輪屬於黄道，循黄道而右。所謂平行者，均輪以近本輪心爲最近高衝，又極近爲最卑者。之差，以生贏縮，則謂之視行。視行歲歲微有移徙，即定氣時刻之多寡亦歲歲不同。今當以恒者爲準，而高衝爲縮末贏初之端，則但隨其時之高衝以算定氣，而歲實消長可勿論。猶之月有平朔，平望之策，以求定朔、定望。而此月與彼月多於朔策幾何，少於朔策幾何，俱不計也。其説簡易直捷如此。【略】所著書《周禮疑義舉要》六卷，《禮記訓義擇

言》六卷，《深衣考誤》一卷，《禮經綱目》八十八卷，《律吕闡微》十一卷，《春秋地理考實》四卷，《鄉黨圖考》十一卷，《讀書隨筆》十二卷，《古韻標準》六卷，《四聲切韻表》四卷，《音學辨微》一卷，《推步法解》五卷，《七政衍》、《金水二星發微》、《冬至權度恒氣注歷辨》、《歲實消長辨》、《歷學補論》、《中西合法擬草》各一卷，《近思録集注》十四卷，其同志戴震恐久就墜失，次其治經事畧，并整齊遺書二十餘種，藏於其家。

清・李元度《國朝先正事略》卷三二　方中通，字位伯，明檢討以智密之之次子也。明之中葉，以博洽著者稱楊慎，而陳耀文起與之争。然慎有僞説，以售欺耀文，好蔓引以求勝。次則焦竑亦善考證，而習與李贄游，好牽綴佛書，傷於蕪雜。惟密之先生崛起崇禎中，博極羣書，考據精核，迥出其上。風氣既開，國朝亭林百詩錫鬯，諸君沿而起，一掃懸擬之空談。密之撰《通雅》十二卷，窮源竟委，詞必有徵。中通承其家學，以博綜稱者，《數度衍》二十四卷，附録一卷。其書有數原、律衍、幾何約、珠算、筆算、籌算、尺算諸法，復條列古九章名目，引《御製數理精藴》推闡其義。其幾何約及珠算等大抵裒集諸家之長，而增損潤色，勒爲一編。又撰《物理小識》十二卷，及《浮山文集》。中通弟中履，著《古今釋疑》十八卷，雖不及通雅之精核，然學有淵源，故不爲弇陋也。

清・李元度《國朝先正事略》卷三三　梅定九先生事略　孫文穆公瑴成

先生諱文鼎，字定九，又字勿庵，安徽宣城人。年二十七，與弟文鼐共習臺官交食法，著《天學駢枝》六卷，值天學書之難，讀者必求其説，至廢寢食。疇人弟子，皆折節造訪。人有問者，亦詳告之無隱，期與斯世共明之。所著天算之書，八十餘種。讀《元史授時法經》，歎其法之善，作《元史天經補註》二卷。又以《授時》集古法大成，然刱法五端外大率多因古術，因參校古術七十餘家，著《古今天法通考》七十餘卷。《授時》以六術考古今冬至，取魯獻公冬至證《統天術》之疏，然依其本法步算，與《授時》所得正同。作《春秋以來冬至考》一卷。《元史》「西征庚午元術」西征者，謂太祖庚辰也。庚午元者，上元起算之端也。《志》訛太祖庚辰爲太宗，不知太宗無庚辰也。又訛上元爲庚子，則於積年不合也。考而正之，作《庚午元法考》一卷。《授時》非諸古術所能比，郭守敬所著法草乃法經立法之根，括其義之精微者，作《郭太史法草補註》二卷。《立成》傳寫魯魚，不得其法，不敢妄用，作《大統立成註》二卷。《授時法》於日纏盈縮、月離遲疾，並以垜積招差立算，而《九章》諸書無此術，從未有能言其故者，作《平定三差詳説》一卷，此發明古法者也。唐《九執法》爲西法之權輿，其後有《婆羅門十一曜經》及《都聿利斯經》，皆九執之屬，在元則有札馬魯丁《西城萬年法》，在明則有馬沙亦黑馬哈麻之《回回法西域天文書》，天順時貝琳所刻《天文實用》即本此書，作《回回法補註》三卷，《西域天文書補註》二卷，《三十雜星考》一卷。「表景生於日軌之高下」曰軌，又因於地差而變移，作《四省表景立成》一卷。《周髀》所言里差法，即西人之説所自出，作《周髀算經補註》一卷。渾蓋之器，最便行測，作《渾蓋通憲圖説訂補》一卷。西國日月以太陽行黄道三十度爲一日，作《西國日月考》一卷。西術中有細草，猶授時之有通軌也，以天指大意，隱括而注之，作《七政細草補註》三卷。新法有《交食蒙求》、《七政蒙引》二書，並逸，作《交食蒙求訂補》二卷，《交食蒙求附説》二卷。監正楊光先《日食圖》以金環與食甚時分爲二圖，而各具時刻，其誤非小，作《交食圖法訂誤》一卷。新法以黄道求赤道，交食細草用《儀象志》表，不加弧三角之親切，作《求赤道宿度法》一卷。謂中西兩家之法求交食起復方位，皆以東西南北爲言，然東西南北，惟日月行至午規而又近天頂，則四方各正其位矣。自非然者，則黄道有斜正之殊而自虧，至復經，曆時刻展轉遷移，弧度之勢頃刻易向。且北極有高下，而隨處所見必皆不同，勢難施詣測驗。今別立新法，不用東西南北之號，惟就人所見日月圓體，分爲八向，以正對天頂處命之曰上，對地平處命之曰下，上下聯爲直線，作十字横線，命之曰左右，此四正向也。曰上左上右，曰下左下右，是四隅向也。乃以定其受蝕之所在，則舉目可見，作《交食管見》一卷。太陽之有日差，猶月離交食之有加減時，因表説含糊有誤，作《日差原理》一卷。火星最爲難算，至地谷而始密，解其立法之根，作《火緯本原圖説》一卷。訂火緯表記，因及七政，作《七政前均簡法》一卷。金水歲輪繞日，其度右移，上三星軌跡，其度左轉。若歲輪，則仍右移，作《上三星軌跡成繞日圓象》一卷。《天問略》取黄緯不真，而例表從之誤，作《黄赤距緯圖辨》一卷。西人謂日月高度等，其表景有長短，以蹬(目)〔日〕遠月近，其説非是，作《太陰表影辨》一卷。新法「帝星句陳經緯」，刊本互異，作《帝星句陳經緯考異》一卷。測帝星、句陳二星爲定夜時之簡法，作《略晷真度》一卷。以上皆發明新法算書，或正其誤，或補其闕也。康熙閒，《明史》開局，《天文志》爲吴檢討任臣分修，總裁爲湯公斌、徐公乾學，經嘉興徐善、宛平劉獻廷、常州楊文言，各有增定，後以屬黄先生宗羲，又以屬先生。先生摘其訛舛五十餘處，以《天草通軌》補之，作《明史志擬稾》三卷，雖爲大統而作，實以闡明《授時》之奥，補

《元史》之缺略。其總目凡三，曰法原，曰立成，（日）〔曰〕推步。又作《天志贊言》一卷，大意言明用大統，實即《授時》，宜於《元史》闕載之事詳之，以補其未備；又《回回法》承用三百年，法宜備書；明鄭世子之《天學》，袁黃之《天法新書》，唐順之、周述學之《會通回法》，以庚午元法之例列之，皆得附録。其西洋法，方今見行。然崇禎朝徐李測驗改憲之功不可没也，亦宜備載緣起。康熙二十八年，先生至京師，見安溪李文貞公，文貞謂曰：天法至本朝大備，經生家猶若望洋者，無快論以發其意也，宜略倣元趙友欽《革象新書》體例，作簡要之書，俾人人得其門户，此學庶將大顯，因作《天學疑問》三卷。四十一年，文貞扈駕南巡，駐蹕德州，有旨取先生書，文貞以《天學疑問》呈求聖誨，奉旨：「朕留心曆算多年，此事朕能決其是非。」將書留覽。後二日召見文貞。聖祖云：「昨所呈書甚細心，且議論亦公平，此人用力深矣。朕帶回宫中細閱。」文貞因求皇上親加御筆批駁改定。上肯之。明年駕復南巡，於行在發回原書，中間圈點塗抹，及簽貼批語，皆上親筆也。文貞復請此書疵謬所在，諭曰：「無疵謬，但算法未備。」未幾，聖祖西巡，問隱淪之士。文貞以關中李顒、河南張沐及先生三人對。上亦素知顒及先生。四十四年南巡狩，文貞以撫臣扈從，上問「宣城處士梅文鼎今焉在？」文貞以「尚在臣署」對，上曰：「朕歸時，汝與偕來，朕將而見。」文貞尋與先生伏迎河干。越晨，俱召對御舟中，從容垂問凡三日。上謂文貞曰：「天象算法，朕最留心，此學今鮮知者。如文鼎，實僅見也。其人亦雅士，惜乎老矣。」賜御書扇幅，頒賚珍饌。臨辭，特賜「績學參微」四大字。越明年，又命其孫瑴成入内廷學習。五十三年十二月，瑴成奉上諭：「汝祖留心律曆多年，可將《律吕正義》寄一部去，令看，或有錯處，可指出。夫古帝王有『都俞吁咈』四字，後來遂止有『都俞』，即朋友之間亦不喜人規勸，此皆私意也。汝等須極力克去，則學問自然長進，可併將此意寫與汝祖知之。」恩遇爲古所未有也。先生所著書，柏鄉魏荔彤兼濟堂纂刻者凡二十九種。瑴成謂編校不善，别爲編次，更名《梅氏叢書輯要》，總二十五種六十二卷，未刻者今失傳。先生爲學甚勤，李文貞命子鍾倫、弟鼎徵及羣從皆執弟子禮，宿遷徐用錫、晉江陳萬策、景州魏廷珍、河間王之鋭、交河王蘭生皆以得與參校爲榮。康熙六十年卒，年八十有九。上聞，命有司經紀其喪。士論榮之。先生家居營祠廟，申宗禁，梅氏無公庭訟幾三十年，族屬數千人無博戲者。及卒，皆弔哭失聲。子以燕癸酉舉人。瑴成以庚熙五十三年賜舉人，明年賜進士，選庶吉士，授編修，供奉内廷，官至左都御史，謚文穆。蒙聖祖授以借根方法，知與古人立天元一術相同。闡揚聖學，有明三百年所不能知者，一旦復顯於世。與修《明史天志》。著《增删算法統宗》十一卷，《赤水遺珠》一卷，《操縵卮言》一卷。文鼒先生仲弟與兄共著《步五星式》六卷，早卒。文鼏，其季弟也，著《中西經星同異考》一卷。

薛儀甫先生事略

薛先生鳳祚，字儀甫，山東淄川人。嘗師事定興鹿忠節善繼，容城孫徵君奇逢，著《聖學心傳》，發明認理尋樂之旨。又講求天文地理實用；初從魏文魁學天文，順治中譯穆尼閣説，爲《天步真原》。先生謹守成法，著《天學曾通》十餘種。梅定九天算書記所謂「青州之學」也。其曰：對數比例者，即西法之假數也。曰：中法四線者，以西法六十分爲度，不便於算，改從古法，以百分爲度。表所列，止正弦、餘弦、正切、餘切，故曰四線。其推步諸書，曰《太陽太陰諸行法原》，曰《木火土三星經行法原》，曰《交食法原》，曰《曆年甲子》，曰《求歲實》，曰《五星高行》，曰《交食表》，曰《經星中星》，曰《西域回回術》，曰《西術表》，曰《今西法選要》，曰《今法表》，皆會中西以立法，以順治十二年乙未冬至爲元，諸應皆從此起算，以三百六十五日二十三刻三分五十七秒五微爲歲實，黄赤道交度有加減，恒星歲行五十二秒，與《天步真原》法同。梅定九謂其書詳於法而無快論以發其趣，蓋其時新法初行，中西文字輾轉相通，故詞旨未能盡暢也。先生又著《兩河清彙詳究》，黄河、運河北自昌平、通州，南至浙江等處，河湖泉水諸目皆詳載之，又記黄河職官夫役道里之數，及歷代至本朝治河成績，援據古今，疏證頗明，别爲《海運》一篇，欲仿元運故道，與漕河並行，則祖邱瓊山舊説也。

王寅旭先生事略 談泰

王先生錫闡，字寅旭，吴江人。博覽羣書，守義樹節，與張楊園講濂洛之學，兼通中西天學。先生生於明季，當徐光啓等修新法時，聚訟盈廷，先生獨閉户著書，潛心測算。遇天色晴霽，輒登屋，卧鴟吻閒，仰觀景象，竟夕不寐，務求精符天象，不屑屑於門户之分。著《曉庵新法》六卷，考古之誤而存其是，擇西説之長而去其短，據依圭表改立法數，雖私家撰述，未見施行，而爲術精妙，識者莫不稱善。年五十五卒。梅處士定九曰：從來言交食者，祇有食甚分數，未及其邊。惟寅旭以日月圓體分三百六十度，而論其日食時所虧之邊凡幾何度。今推其法，頗精確。然則《御製考成》所採定九以上下左右算交食方向法，蓋本於先生矣。康熙以來，梅學盛行，王學尚微，蓋先生無子，傳其業者無人，又其遺書知之

者少。持平而論，先生精而核，定九博而大，各造其極，難可軒輊，而皆在薛鳳祚之上。

談泰字階平，江寧舉人，官南匯訓導。博覽勤學，精於天算，得梅氏算學之傳，所著考證經史之書，曰《觀書雜識》二十卷。其算術之書，有《測量周徑正誤》、《周髀經算》、《四極南北遊法增補》、《武成朔閏譜》、《召誥月日譜》、《歲次月建異同辨》、《春秋歲次考三統術》、《推三統術譜》、《冬至權度紀略》、《天官節次斗分辨》、《分野辨》、《操縵卮言正誤》、《圓壺周徑積實》、《祖冲之鬴法辨》、《鬴內方非十尺辨》、《喪服傳溢説》、《王服經帶數》等書，又著《古算書細草》十餘種。

陳泗源先生事略

陳先生厚燿，字泗源，江蘇泰州人。康熙四十五年進士，官蘇州府教授。學問淵博，李文貞薦其通天文算法，引見，改內閣中書。聖祖命試以算法，繪三角形令求中線，及問弧背尺寸，先生具劄進，稱旨，命入直內廷，授編修，與梅文穆穀成同修書。嘗召至御座旁，教以幾何算法。先生學益進，上嘗問曰：「汝能測北極出地高下否？」對曰：「遇春秋二分，用儀器測之，可得高度。若餘節氣，又有加減之異，然亦不準。何也？地上有朦氣之差，以人目視之，有升卑爲高、映小爲大之異，故以渾儀測之，多不合，惟在天度數則不差耳。」又問：「地周三百六十度，依周尺，每度二百五十里，今尺二百里，地周幾何？徑幾何？」奏曰：「依周尺，地周九萬里，今尺七萬二千里，以圍三徑一推之，地徑二萬四千。以密率推之，當得地徑二萬二千九百一十八里有奇。」上問：「地圜出何書？」對以「《周髀算經》曾言之。」問：「何以見其圓也？」對曰：「《職方外紀》西人言繞地過一周四帀皆生齒所居，故知其爲圓，且東西測影有時差，南北測星有地差，皆與圓形相合，故益知其爲圓。」上稱善。累遷司業左諭德，以老疾致仕，卒於家。先生治《春秋》，尤究心天算，嘗補杜預《長曆》，爲《春秋長曆》十卷，其凡有四：一曰曆證。備引《漢書》、《續漢書》、《晉書》、《隋書》、《唐書》、《宋史》、《元史》、《左傳》注疏、《春秋屬辭》、《天元曆理》、《曆法新書》諸説以證推步之異。其引《春秋屬辭》載杜預論「日月差謬」一條，爲注疏所無，又引《大衍曆義》、《春秋曆考》一條，亦《唐志》所未録，尤足以資考證。二曰古曆以古法十九年爲一章，一章之首，推合周曆正月朔日冬至，前列算法，後以春秋十二公紀年横列爲四章，縱列十二公，積而成表，以求曆元。三曰曆編。舉春秋二百四十二年，一一推其朔閏及月之大小，而以經傳干支爲證佐，皆述杜預之説而考辨之。四曰曆存。以古曆推隱公元年正月庚戌朔，杜氏《長曆》則爲辛巳朔，乃古曆所推之上年十二月朔，謂元年之前失一閏，蓋以經傳干支推次知之。先生則謂如預之説，元年至七年中書者雖多不失，而與二年八月之庚辰、三年十二月之庚戌、四年二月之戊申又不能合，且隱公三年二月己巳朔日食、桓公三年七月壬辰朔日食亦皆失之，蓋隱公元年以前非失一閏，乃多一閏，因退一月就之，定隱公元年正月爲庚辰朔，較《長曆》實退兩月，推至僖公五年止，以下朔閏因一一與杜曆相符，故不復續載焉。杜預書惟以干支遞排，而以閏月小建爲之遷就，先生明於曆法，故所推較預爲密，蓋非惟補其闕佚，並能正其譌舛，於考證之學極爲有裨，治《春秋》者不可少此編矣。又撰《春秋戰國異辭》五十四卷，《通表》二卷，《摭遺》一卷，《春秋世族譜》一卷。鄒平馬宛斯驌爲《繹史》，兼採三傳《國語》、《國策》，先生則皆摭於五書之外，尤獨爲其難。《氏族》一書，與顧復初棟高《大事表》互證，則《春秋》氏族之學幾乎備矣。此外尚有《禮記分類》、《十七史正譌》諸書，今不傳。

清·李元度《國朝先正事略》卷三五　時江北學者有李先生惇，號孝臣，高郵人。治經通敏，尤深於《詩》及《春秋》三傳，晚好曆算，通宣城梅氏書。與同郡劉端臨、王懷祖、汪容甫善，力倡古學。篤內行，恂恂退讓，遇友朋患難，則執義不回。久困諸生，以高第將舉拔萃科，試之前夕，執友賈田祖死，往經其喪，遂罷試舉。乾隆庚子進士，注選知縣，尋卒。著《歷代官制考》、《考工車制考》、《説文引書字異考》、《左傳通釋》、《杜氏長曆補》、《渾天圖説》、《羣經識小録》諸書。

清·李元度《國朝先正事略》卷三六　褚寅亮，字搢升，號鶴侶，長洲人。乾隆十六年召試舉人，由內閣中書遷刑部員外郎，與錢宮詹爲同年友，深於經學。**【略】**先生精天文曆算之術，尤長於句股和較相求諸法，作《句股廣問》三卷。錢少詹著《三統術衍》，先生校正刊本訛字，少詹服其精審。

清·穆彰阿《(嘉慶)大清一統志》卷八一　王錫闡，吳江人。博覽群書，兼通中西天學。潛心測算，每天色澄霽，輒登屋，卧鴟吻間，仰觀星象，竟夕不寐。著《曉菴新法》六卷。梅文鼎曰：從來交食祇有食甚分數，未及其邊。惟錫闡以日月圓體分三百六十度，而論其食時所虧之邊凡幾何度。今推其法，頗精確。

清·梁章鉅《樞垣記略》卷一八　姚文田，字秋農。浙江歸安人，乾隆四十九年召試內閣中書。嘉慶四年二月，入直復中己未狀元，官至禮部尚書，謚文僖。

清・曾國藩《求闕齋日記類鈔》卷下 李善蘭壬叔，楊峴見山來坐，攜陳碩甫先生，奐片一紙知己。由賊中逃出到滬，言將來皖年八十二歲。段茂堂之弟子，東南之精於經學小學，巋然僅存矣。癸亥五月。

清・馮桂芬《（同治）蘇州府志》卷六八 徐有壬，字君青，烏程人，道光己丑進士，由户部主事，累官至江蘇巡撫。時布政使王有齡，與總督何桂清善事權，皆屬焉。有壬至務持大體，不争赫赫名。咸豐十年二月，徽寧賊入杭州，陷其城。蘇省震動，比廣西提督張玉良克復杭城。東壩又陷，大營潰時，總督何桂清率師駐常州，棄城遁賊，由丹陽宜興分道下。四月十二日，賊薄蘇城。十三日，城陷，有壬死之。事聞，卹贈如例，謚壯愍。

清・馮桂芬《（同治）蘇州府志》卷八二 惠士奇，字仲孺，一字天牧，周惕子。年十二，能詩。及爲諸生益，肆力於經史古學。康熙戊子舉鄉試第一，明年成進士選庶吉士，授編修庚子主湖廣鄉試。所得多知名士，旋奉命提督廣東學政。粤中士子，鮮知實學。士奇立約，以通經爲先，務令諸生誦習五經、三禮、三傳。能背誦背寫者，即與録取。逾年，通經之士漸多。方報滿會。世宗登極，命再任。士奇益殫心造就，文風大振，爲粤東數十年來，學使之冠。遷右中允超陞侍講學士，轉侍讀學士，奉旨召還將大用矣。既入，對不稱旨而罷。後罰修鎮江城，以産盡停工，削籍。乾隆元年，復起補侍讀，纂修三禮，以老乞歸，卒。《楊超曾墓志》

清・馮桂芬《（同治）蘇州府志》卷八九 褚寅亮，字搢升。九歲能文，通九經大義。乾隆十六年，南巡召試，賜舉人，授内閣中書。從梅穀成講算學，遷刑部主事。【略】至天文推步測算，尤有神解。嘉定錢大昕以所著《三統述衍》相質，寅亮正其誤數事，大昕服其精審。乾隆五十五年，卒，年七十六。《道光志》

馬釗，字遠林，道光甲辰舉人，治經學有名。咸豐三年，向忠武公榮統兵金陵，前江蘇巡撫許乃釗副之。釗入許營，時有川楚兵所帶餘丁，率驍勇，而蘇垣空虚。釗建議捐資募爲一軍，得千餘人，號曰撫勇。事甫集，而粤匪劉麗川反嘉定。土匪周立春繼之，連陷青浦上海等六縣，勢張甚。忠武令釗率撫勇及官兵，卷甲赴之。至青浦，夜三更，銜枚薄城，黎明克之，得内閣中書銜。八年夏，重赴金陵。十年春，浙江告急，釗偕總兵官熊天喜赴援。復四安鎮廣德州，奉調馳回遇賊丹陽，戰於白塔灣，中鎗死，時閏三月二十九日也。子文藻國子監典籍，銜家居，後釗一月殉難。釗通曉水利，大吏委視江陰壽，興沙築圩資蓄洩，民賴其利。《昭忠録》

清・馮桂芬《（同治）蘇州府志》卷九〇 李鋭，字尚之，章堉見《吴縣》。從子，諸生。幼開敏，從書塾中檢得《算法統宗》，心通其義，遂爲九章八綫之學。後得嘉定錢大昕指授，學益進。王孝通《緝古算經》，詞理隱奥，罕能通者。鋭與陽城張敦仁共著細草詳論二十術。又得秦九韶《九章算經》，乃窮究天元一術。嘗言時憲乃致治之要。著《算法通考》，惜未成書。鋭潛心經史，不屑爲詩文，然頗工制義，從學者多登第，而鋭終身困於場屋以卒。《阮元傳》

顧廣圻，字千里，後以字行，更字澗蘋。弱冠稱萬卷書生，不爲科舉業。年三十始補諸生，從江徵君聲遊，得惠氏之傳，盡通經學、小學。論經學，云漢人治經最重，師法古文、今文，其説各異，混而一之，轇轕不勝矣。論小學，云説文一書，爲六書發。凡非字義，盡於此。欲取漢人經注作假借長編，未果。從兄之逵，字抱沖，亦邃於學，多藏宋元舊本書，廣圻一一爲之訂正，校刻列女傳以行。爲孫觀察星衍校刻宋本説文、古文苑、唐律疏義，爲黄孝廉丕烈校刻國語、戰國策，爲張太守敦仁校刻撫州本禮記、單疏本儀禮，爲胡中丞克家校刻宋本文選、元本通鑑，爲秦太史恩復校刻鹽鐵論揚子法言、駱賓王集、吕衡州集，爲吴侍讀鼒校刻晏子、韓非子。每一書成，綜所校爲考異，或爲校勘記。又摘宋儒語録爲遯翁苦口，以教學者。其所居號思適齋。取北齊邢子才誤書思之，更是一適之語，自爲之記。卒，年七十。《李兆洛墓志》 孫瑞清，字河之，咸豐壬子舉人，能世其學。

清・馮桂芬《（同治）蘇州府志》卷一一二 錢大昕，字曉徵，世居嘉定之盛涇。十歲能文，稍長學爲詩賦。十五入學，督學使者劉藻嘗語人曰：吾視學江南所得士，惟王生鳴盛，錢生大昕，兩人耳。乾隆辛未，高宗巡幸江浙，迎鑾獻賦，召試一等二名，以内閣中書用。甲戌登進士第，改庶吉士，即與河間紀昀編纂熱河志，館中有南錢北紀之目。散館，授編修辛巳上幸五臺。回蹕，特出遊千佛洞，詩命大昕賡和。戊寅、癸未兩次大考皆入優等，洊升翰林侍讀學士，八直上書房，歷典山東、湖南、浙江、河南鄉試督學，廣東皆稱得士。晚，以病乞歸。先主江寧鍾山書院，後主蘇州紫陽書院。士子駸駸向化，并有遠方好學之士負笈來游者。大昕於四部書無不窺，性强記經史，半能背誦，與人言某事在某書某卷，抽檢十無一爽。尤精九章，推步布算無遺古今。郡縣分合遷改，無不瞭然胸中。《道光志》

又 盛百二，字秦川，秀水人，乾隆丙子舉人，官淄川知縣。百二精研六經，陸中丞燿聘主山東任城書院，曾館黎里陳氏。《黎里志》。

清·馮桂芬《（同治）蘇州府志》卷一二〇 閻若璩，字百詩，淮陰人，諸生。康熙十七年，召試博學鴻儒，不中。寓都門徐尚書乾學雅重之，後乾學奉敕修一統志，開局洞庭東山，招若璩入局，故若璩流寓吴門頗久。乾學輯其緒論，曰閻氏碎金。李元度《先正事略》若璩自著諸書，具詳。藝文其書，博大不及顧炎武，而精確過之。

清·何紹基《（光緒）重修安徽通志》卷一四〇 鄒漢勳，字叔績，湖南新化舉人。帶勇援江西，以同知候選。咸豐三年，從江忠源剿賊，堅守廬州府城。三十七日，援絶城陷。漢勳在城樓飲酒斗許，手刃十數賊，死之。嚴正基《憫忠草》先是漢勳守西平門，賊夜梯城上，我兵擊殪其魁，上首級漢勳爲最。又都司馬良勳自六安至參將。戴文蘭經歷艾延暉自湖北來援，並濟餉入城，與六品銜石安邦外委林世弼，把總尹孝忠知縣張文斌，均先後戰死。壽春鎮將玉山，自店埠來援，戰拱辰門，師潰陣亡。《廬州戰守記》布政使劉裕鈖、池州知府陳源兗，同知胡子雝副將松安縣丞興福皆死之。《先正事略合肥志》玉山裕鈖源兗，自有傳。

清·何紹基《（光緒）重修安徽通志》卷一四七 李兆洛，字申耆，江蘇武進人。嘉慶十三年，以庶吉士改鳳臺知縣。精明果毅，四境肅然。築焦岡圩，課民耕種，積官稻七千石，纂修縣志，典核詳明，有裨吏治。《鳳臺縣志》，以下新修。

舒夢齡，字蘇橋，湖南進士。道光九年，任鳳陽知縣，以民耕不得法，多歉收。募湖南老農教之，造脚車漕水溉田，捐修大小溝口兩石，牐置風車於牐上。遇淮漲北溢時，車水入淮人利賴之，後知亳州勤儉，自厲累升鳳陽知府廬鳳道。《鳳陽縣志亳州志》。

清·何紹基《（光緒）重修安徽通志》卷一八七 程恩澤，字春海，歙縣人。嘉慶辛未進士，授編修。道光元年，命在南書房行走，召諭曰：汝父蘭翹先生品學，朕昔年最敬。汝之聲名，朕亦皆知。宜更守素行，旋奉敕校刻養正書屋集。充四川正主考，補中允校刻御製文初集三年。提督貴州學政，歷補翰林院侍講學士六年。調湖南學政八年，回京。詔充春秋左傳纂修官，補祭酒母憂歸十二年，以候補祭酒，特旨充廣東正主考，十二月命在上書房行走，課惠親王學上與王論恩澤爲人，有和而不同之目。十三年超擢内閣學士，兼禮部侍郎。十四年授工部右侍郎，十五年調户部右侍郎，十七年充經筵講官。夏病暑，七月卒。遺疏入諭，曰：程恩澤由翰林洊，升卿貳前，在南書房行走。有年人甚謹，飭辦理部務，克盡厥職。玆聞溘逝，殊堪軫惜。伊子程德威著，加恩賞給舉人服闋。後準其一體，會試事具國史列傳。恩澤學識超於時俗，六藝九流皆好學深思，心知其意。任貴州學政時，與布政使吴榮光，勸士民育栗蠶，其利大行。著有國策地名考、平定張穆輯，其詩文爲《程侍郎遺集》。阮元撰墓志銘。

清·何紹基《（光緒）重修安徽通志》卷二一八 徐穀瑞，原名穀少，字展成，懷寧人，康熙戊子舉人。雍正閒，上親揀民牧，數陳愷切，稱旨賜改今名。授文安知縣，在任三年，以儒術飾吏治，邑人至今思之。著有四書圖考、古學體式、考經史疑問、天文管見、星學指南、方言訂訛、字音辨略、百家闢謬、見聞隨筆、誦芬堂詩古文，若干卷。《懷寧縣志》。

又 淩廷堪，字次仲，歙縣人。六歲而孤，既冠，始知讀書。慕其鄉江永、戴震之學。乾隆五十五年，成進士，選寧國府，教授著述十餘年，卒於官廷。堪貫通諸經，尤深於禮。撰禮經釋例十三卷，凡八類，曰通例、曰飲食例、曰賓客例、曰射例、曰變例、曰祭例、曰器服例、曰雜例。禮經，第十一篇，自漢以來，説者雖多，由不明尊尊之旨，故罕得經意。乃爲封建尊尊服制考一卷，附於變例之後。又著有魏書音義燕樂考源、元遺山年譜諸書，其校禮堂集於五物、九拜、九祭，釋牲旅酬楚茨諸説，經之文多發古人所未發，而尤卓然者，則有復禮三篇。《歙縣志》。

程瑶田，字易疇，歙縣人，以舉人任嘉定教諭。王鳴盛、錢大昕皆推重之。嘉慶元年，舉孝廉方正，瑶田少受學於江永，篤志治經休寧，戴震自謂遜其精密。浙撫阮元聘修杭州府，學樂器，多所參訂。生平爲漢學而不苟同，所著書曰通藝録治，經者咸推服焉。《歙縣誌》，以上舊志。

又 胡宗緒，字襲參，桐城舉人，薦充明史纂修官，成雍正庚戌進士。特旨授編修，旋遷國子監，司業宗緒。少孤，母潘氏自教之，不許讀無用之書。故自經史外，殫心天文地理，以及律運、兵刑、六書、九章、禮儀、音律之學，無不洞悉源委。所著有易管增注、禹貢備遺、同文形聲故、簡平儀等書行世。《桐城縣志》。

又 李時溥，字博齋，懷寧舉人，壽州學正。規行矩步、語無妄發，博覽典籍，尤肆力於經著。有經義考實、春秋地理考、實國朝地理圖考、天文圖考、算學精藴等韻解。《懷寧縣志》。

清·何紹基《（光緒）重修安徽通志》卷二一九 俞正燮，字理初，黟縣舉人。

直方敏大忠信廉介，才識俱長，其學主於求是，其文典重手成，官私宏鉅書，如欽定左傳讀本、行水金鑒之類。不自名者，甚多。自名者，有癸巳類稿、癸巳存稿、說文部緯校、補海國紀聞，而類稿爲最。著其書自緯度輿圖經疑史證，以及靈素道梵方言志，乘皆兼綜條，貫發前人未發之覆。掌教江寧惜陰書院，卒弟正禧，字鼎初，舉人。湛深經術，尤熟史事，善論文，多義行，與正燮齊名。《黟縣志》。

清・何紹基《（光緒）重修安徽通志》卷二二二　方中德，字田伯，桐城人，以智長子。以智棄家避馬阮之難，中德率二弟中通、中履徒步追尋。中履先没，撫其子過於己子。所著古事比已行於世，其未刊者，如易爻擬論、性理指歸、經學鈔撮等，尚數十種。《安慶府志》。

方中通，字位伯，以智仲子。幼隨父宦京邸，後又棄家尋親，奔侍遠省，纘承先緒。研究天人、律數、音韻、六書之學，著有數度、衍律、衍音、韻切、衍篆、隸疼、從易經深淺說、心學宗續、編繼善録，及詩文集。《安慶府志》。

方中履，字素北，以智少子。性孝，友與兄。奉母尋父，會於南海，復奉母歸，旋獨往侍父十餘載。父卒，奉櫬返葬。生平不治舉業，博覽群書，著有古今釋疑十八卷、汗青閣全書數十種，發明天人、性命、禮樂、制度、經史之祕，爲後學津梁。《安慶府志》。

潘江，字蜀藻，桐城人。康熙己未，以博學宏詞薦。母老不赴，隱居著述，卒年八十四。所著有木厓詩集、八十卷，六經蠡測字學晰疑，記事珠古年譜。而龍眠風雅，前後集百卷。三百年桐詩人藉以不朽，厥功尤鉅云。《一統志》、《江南通志》。

又　方正珠，字浦選，桐城人。康熙壬申，以歲貢生蒙召，對示以中和樂諸法器。奏對稱旨，進父中通所著數度衍，並自著乘除新法。一時學者，奉爲準繩。《桐城縣志》。

清・何紹基《（光緒）重修安徽通志》卷二二三　張裕葉，字侍喬，桐城副貢官，歙縣教諭，滁州學正。湛深經術，博綜鄭賈，旁及天文、算術、射法、醫理、星相、堪輿，莫不洞曉。著有《爾雅補注》、《爾雅刊誤》。又嘗撰《開方捷法》一書，凡算中積求邊者，不過一乘一加，而所得之邊與古法等，最爲精妙。又嘗以己意創爲燥溼表，能預知晴雨，學者稱爲華巖先生。《桐城縣志》。

清・何紹基《（光緒）重修安徽通志》卷二二五　汪廷榜，字自占，黟縣人。乾隆辛卯舉人，官旌德訓導。初讀書鍾山，從宣城梅鈖得句股法，由是精通算學。後官旌德，訓士有方。歲饑，陳民疾苦，得賑。嘉慶元年，舉孝廉方正。所著有《仰山文集》。十九年，恩準入祀鄉賢祠。《黟縣志》。

又　汪萊，字少嬰，歙縣歲貢。通經史百家，精推步布算，製渾簡平一方各儀器觀測。選石埭縣訓導，修考製造、樂舞等器一十七宗，一百五十八件。著有《衡齋算學》七册，又有《參兩算經》、《十三經注疏正誤聲譜》、《說文聲類》等書。《歙縣志》。

余元遴，字秀書，婺源廩生，受業於汪紱之門。紱殁，無後。元遴收其遺書，惟恐失墜。乾隆癸巳，學政朱筠按試徽州。元遴抱紱書以獻，遂得録入四庫。其所自著有《庸言詩經蒙說》、《畫脂集》諸書。《婺源縣誌》舊志。

又　董桂科，字蔚雲，婺源人，道光癸未進士，選松江府教授。著有《治經筆記》、《琴軒劄記》、《春秋管窺》、《周禮存參》、《石經考》、《說文考》、《中星考》、《星象圖說》、《歷代中星十二月圖說》、《中星更録測時便考》、《句股要法》。《婺源縣志》。

又　金望欣，字禹谷，全椒舉人，甘肅知縣。精天文、算學，所著《春秋五紀》、《周易漢唐古義》、《清惠堂詩文詞賦》各集，俱梓行。《全椒縣志》。

又　程尚志，字心之，婺源庠生。父文邃，出粟濟饑，有隱德。尚志讀古史書，分類纂記，以求經濟之用。兼通算法，能推八線、三角，以闡宣城梅氏之學。卒年僅二十三，著有《古經義史鏡》、《算學卮言》諸書。子學金字式，如由增貢官户部主事，有廉直聲，著有《金石紀聞》、《書巢吟草》、《消寒詩帖》，藏於家。《婺源縣志》。

又　黄承吉，字春谷，歙縣人，江都籍。嘉慶乙丑進士，以詩文名，尤長音韻訓詁之學，著有夢陔堂詩文集四十九卷，經說若干卷。《歙縣志》，以下新修。

齊彦槐，字蔭三，婺源人。嘉慶戊辰召試舉人，己巳進士，選庶常改官，金匱知縣。毁淫祠，斷疑獄，賑荒歉，升蘇州府，同知陳海運之策，病歸。文筆古雅，問學淵博。著有《天毬淺說》、《中星儀說》各一卷，《北極經緯度分表》四卷，《海運南漕叢議》一卷，《梅麓詩文集》二十六卷。《婺源縣志》採訪册。

又　余煌，字漢卿，婺源舉人，精天文算法，著有《春秋求故》、《夏小正星候考》、《二十八星距度推步考要》、《句陳晷度》、《日星測時新表》、《弧角簡法》、《歲實星名異同録》、《天官考異》、《衍談録》、《句股三角八線纂要》、《讀書度圜記》，皆能援證古今。又有《吹壺》、《北征》、《芝陽》各詩，《草野雲詩》、《餘詞鯖》、《咫

聞録》。《婺源縣志》。

清・何紹基《(光緒)重修安徽通志》卷二二九 吴烺,字荀叔,全椒人。性敏捷,工詞賦。乾隆辛未,上南巡,迎鑾召試。伸紙疾書,頃刻賦成,衆皆訝其速而工也。上呈睿覽,賜舉人,授内閣中書。後官寧武府,同知署府,篆以疾歸。所著有《杉亭集》、《五音反切圖説》、《句股算法》行於世。《全椒縣志》。

戴震,字東垣,休寧人。從江永游研精注疏,及説文諸書。不主一家,質之於永。永大驚。賞年三十餘,以諸生入都。北方學者如獻縣紀昀、大興朱珪,南方學者如嘉定錢大昕、餘姚盧文弨、青浦王昶,皆折節與交。尚書秦蕙田纂五禮通考,延震任其事。乾隆二十七年,舉鄉試。三十八年,四庫館開徵,海内淹貫之士,司編校之職,震以薦充纂修。四十年,特命與會試中式者同赴殿試,賜同進士出身,授庶常晨夕披檢。無間寒暑,所校大戴禮水經注,尤精核。四十二年,卒於官。所著於小學有《聲韻考》、《聲類表》、《方言疏證》,於測算有《原象迎日推策記》、《句股割圜記》、《續天文略策算》,又有《詩經二南補注》、《毛鄭詩考》、《考工記圖》、《孟子字義疏證》、《屈原賦注通釋》諸書,别有文集十二卷。《休寧縣志》。

清・何紹基《(光緒)重修安徽通志》卷二六二 王大善,字元長,歙縣監生,精算學。凡數過百億,人多苦茫昧。大善不持籌,但屈指唱曰若干算。持籌者必往復詳核,始應曰:如若言。大善之算,蓋由天授云。《程恩澤遺集》。

又 鄭復光,字澣香,歙縣監生,以明算知名海内。凡天元、四元,中西各術,無不窮究入微,程恩澤與有修復古儀器之約,著有《鏡鏡詅癡》等書。尤篤風義,其師吴鎔與妻妾俱殁於京邸,無嗣,復光醵資葬於石榴莊歙義園。《程恩澤遺集》。

清・何紹基《(光緒)重修安徽通志》卷二六三 秦堅,字屹高,合肥人,習天官家言。嘗入欽天監,得聞西洋利瑪竇、湯若望諸星法,及天文諸書。後遊江浙,言人禍福壽殀,皆奇驗。客蘇州,自知死期,命子瑞麟具湯沐。至期,無疾而逝。《廬州府志》。

清・張之洞《(光緒)順天府志》卷一〇三《人物志十三》 徐有壬,字鈞卿,宛平人。【略】生平於算術最精,嘗自言:予幼而好此,乃天性所近。任郎中時,蒙成皇帝召見,垂詢諸法,一一具答,諭旨褒奬。高麗使臣及英吉利人,聞而仰慕,賫書求教。則爲刊正其紕繆,皆説服而去。所著有《弧矢細草》、《割圜密率》、《堆垛求積術》、《冬至權度考》、《日食九服、里差校正》、《四畢術》等書。戴望《江蘇巡撫徐公行狀》。

清・曾國荃《(光緒)湖南通志》卷一七五《人物志十六》 丁叙忠,字秩臣,歲貢生。【略】弟取忠,字果臣,諸生有行誼,精於算學,與湘陰左潛、湘鄉曾紀鴻宜,相琞究,各有箸述,彙刻《白芙堂算書》十餘種。嘗客寶慶,同事王麗生卒於幕,取忠躬送其柩至浙東,時烽火亘天,竟得達,時人義之。《縣志》。

清・曾國荃《(光緒)湖南通志》卷一八二《人物志二十三》 曾紀鴻,字栗諴,國藩次子。幼聰穎,九歲徧誦九經。嘗手鈔五經注皆徧。以神童入學,籍蔭舉人,入貲爲郎,分兵部武選司。以通泰西語,言文字疊。膺王大臣薦聘,皆不就。益精天文、地輿、算法,箸算書數種,其《圜率考真》、《粟布演草》,皆前人未發之義。嘗校海寧李善蘭算書,多所稽正。自言數千年後,地行歲差之差,及日球自轉速率,皆可推算。而知已演草成帙,未竟業,卒於京師,性孝,友敦厚,侍母疾十數年如一日。母卒,冒雨雪,寢息墓側。雖攖疾,不去。平居布衣,如寒素姻婭。友朋困乏者,輒資助之。卒年三十三歲,士林傷之。採册。

鄒漢池,字季深,縣學生。性敏、好學。幼承父文蘇庭訓,考據精詳,每與諸兄聯牀辨晰,達旦不寐。經史之外,尤精輿圖、算法,嘗增推六合,得七千餘局,成圖説四卷。當時精算,如李善蘭、曾紀鴻,皆重其書。其他箸作尚多。恬淡樂施,每竭匱以濟友人之急,至家無儋石晏如也。伯兄子世琦,字伯韓,沈毅有智,略嘗用其算法,鑄省垣大礮,人咸稱其製器之精。後從曾國藩,帶水師敗賊湘潭,以私財散給族戚,捐社穀一千石,鄉里賴之。《縣志》。

清・陳璞《尺岡草堂遺集》卷四 吴蘭修,字石華,嘉應州人,嘉慶戊辰舉人,官信宜訓導。《嶺南羣雅》。【略】兼擅算學,曾序李侍郎潢《輯古算經考注》。立言無多要,能直揭王氏之旨。非深於古法者,不能道。《續疇人傳》。又撰有《方程考》,末載通御、附辨二門。如《算法統宗》,有孤鵰不知數,一條用頭尾相減,爲共數,固誤。梅文穆公《赤水遺珍》改定爲兩尾相減,餘爲法,亦非通法。因悟得用方程法御之,始無窒礙。其他不勝枚舉,要皆有功於九數者也。羅士林《續疇人傳論》。

清・施補華《澤雅堂文集》卷五 書張仲子

張福僖,字仲子,一字南平,湖州烏程縣人,府學廩生。高才博學,尤精天算。小時師事同邑陳静菴,静菴算學老師仲子,盡得其術。及同邑徐莊愍公,撫

江蘇仲子爲之幕佐。莊愍著務民義齋算學，思力精絶。仲子時其清暇，即與辨難。而海寧李善蘭壬叔，亦以算學鳴擕，所著書詣莊愍質之，遂與仲子相習。仲子由是學大進，著彗星考一卷、光論一卷。泰西人言算學者，皆歎服其説。爲人質野，少矜餙，與人言目上視。有相仲子者，曰當以非法死。其後，粵賊破蘇州，莊愍闔門殉節。湖州亦數受圍，仲子無所歸，客游至上海。同治元年三月，城圍益急，湖人在上海者，請援於當事，既許之矣。而仲子家在圍中，思間道迎之，出於是，湖人作書坿。仲子語圍中將士，死守待援。行至昆山，遇賊。反縛，探懷中，得其書，獻賊。酋覽之書，詞隱約，初不甚解。沈小廉者，湖人之從賊者也。取書覽之，遂誦之，酋乃大怒，設烈火庭中，燒鐵索至熱。上下其身數匝，皮肉焦爛狼藉。仲子度不可活，嗔目大呼，且罵曰賊：「援兵夕至，汝朝戮矣。吾死爲厲鬼，當從擊汝也。」賊塞其口，殺之，懸頭樹下，四月初七日也。越日，鄉人購其頭與尸并葬之，與尸合膠，不可解。三年，湖州復子某，迎其棺，改葬於祖塋之旁。生平著書，甚多遇亂，皆散佚。其彗星考、光論，聞湖人陳某藏之，亦無刊本。

施氏曰仲子爲徐公客，數月即歸。及賊趨蘇州，仲子乘小舟謁徐公，請與俱守，徐公謝之，曰并命於此無益也。請以幼子出，徐公又謝之，迨賊攻城，公促之去。又二年，駡賊以死，是知忠義，激發其素所樹立然矣。嗚呼，不負所學哉。

清・蕭穆《敬孚類稿》卷一三　女士王德卿傳

王貞儀，字德卿，先爲安徽泗州人。其祖者輔，字惺齋，遷居金陵。父錫琛，母洪氏，孕十三月而生德卿。幼讀書，聰穎絶倫。惺齋官宣化府知府，以事遣戍，殁於吉林。德卿時年十一，侍祖母董氏及從父奔喪塞外。其祖藏書七十五櫃，乃護持而涉獵焉。又嘗學射於蒙古阿將軍之夫人，發必中的。每角射，跨馬横戟，往來若飛。年十六，回江南，又隨父由京師至關西，復自楚之粵東。年二十五，乃適宣城詹氏子，名枚，字文木。年三十而殁。德卿淹貫羣籍，復嫺武藝，精梅氏天文算法，下及醫卜王遁，靡不通貫。嘗夜坐觀天象，言晴雨豐歉，皆奇驗。時有吴江蒯夫人，亦僑居金陵，德卿一見如舊相識，嘗以文字往還。蒯夫人名與齡，字九英，爲嘉興錢文端公之孫女，安慶府江防同知錢公□□之幼女。適權廣西太平府明江同知吴江蒯君嘉珍。幼承家學，工詩善畫，信厚明達，故與德卿尤爲相得。德卿所著有《星象圖釋》二卷，《籌算易知》、《重訂策算證訛》、《西洋籌算》、《增删女蒙拾誦》、《沈痾囈語》各一卷，《象數窺餘》四卷，《術算簡存》五卷，《文選詩賦參評》十卷，《德風亭初集》十四卷，二集六卷，《繡紩餘箋》十卷。將殁，謂其夫文木曰：「君家門祚薄，無可爲者。妾今先死，不爲不幸。吾生平手藁，其爲我盡致蒯夫人。蒯夫人能彰我於身後者也。」夫如其言，蒯夫人總爲一缣囊，珍襲之，時嘉慶二年也。後六年，嘉興錢衎石給諫，訪其姑蒯夫人於黎里，得見德卿諸藁本。其詩文皆質實，説事理，不爲藻採。諸藁不獲徧録，僅得《術算簡存》五卷，序而識之，謂爲班惠姫後一人云。又上元朱公緒曾嘗見《德風亭初集》，文九卷，詩三卷，詞一卷。云雜文如《勾股三角論》、《日食論》、《歲差、日至辨疑》、《盈縮高卑辨》、《經星辨》、《黄赤二道辨》、《地圓論》、《地球比九重天論》、《歲輪定於地心論》、《五星隨天左旋論》、《籌算易知自序》、《歷算簡存自序》，皆足以見天文算學之大略。其《讀詩私箋序》、《韻學正譌序》、《論史偶序》、《葬經闢異序》、《醫方驗鈔序》，原原本本，見聞該洽。詩五古如《吉林塗中》，頗近選體。七古如《飼蠶詞》、《擣練圖》、《枯樹歎》，皆有篇法。近體佳句亦多可採。德卿殁後數年，其夫文木亦亡，無子，門祚薄，無可爲。德卿蓋已先見之矣。

論曰：　餘舊聞王德卿名，苦不得讀其書。及閲同治上江兩縣志，續修江寧府志，稍稍知其著述大略。近讀錢氏《記事藁》、《術算簡存序》、《朱公讀書志》、《德風亭初集序》，叙述頗爲詳盡。余雖未能讀其書，而二公皆爲知言。君子立言，固可徵信也。錢氏所述，頗採詹文木所爲傳，又謂九歲通十三經，長覽二十三史，七月卒業。其言過夸，不足信。然觀其爲書，自有實學，不可没也。余謂書史所載，女子聰慧，代不乏人。然未有如德卿之能，兼資文武、六藝旁通者也。觀其年僅三十，所著述如是之多，博而能精，是其天資英敏過人，本不可以常理論之。是以就錢朱二公所述，合爲採録其要，昭晰之計。他日覓其諸藁録上史氏。又德卿原籍本泗州，其夫家又爲宣城詹氏，是兩地地志亦宜兼載，而宣城尤不可缺略也。

清・震鈞《國朝書人輯略》卷六　程瑤田

字易田，號易疇，安徽歙縣人。乾隆庚寅舉人，官嘉定教諭。精考據之學，隸書出入晉唐，精妙無比。《文獻徵存録》。

尤精鐵筆書法，步武晉唐，均爲其學問所掩。《揚州畫舫録》。

江南程易田，《通藝録》「筆勢」一條講得最精，前人未曾道過。《頻羅菴集》。

清・震鈞《國朝書人輯略》卷七　阮元

字伯元，號芸臺，晚號怡性老人，江蘇儀徵人，乾隆已酉進士，官至體仁閣大

學士，謚文達。

凡六朝唐人之碑，別有一種筆，力良，由製筆之工尚存古法。今世之筆，特湖州工人所造，便於松雪筆法耳。於北朝隋唐之碑，直是不合。試細觀此碑，筆當用何等柱豪，何等裹毛，精思巧製。若得此等筆，則古書法不亡矣。《揅經室·宋拓醴泉銘》跋。

南北書法變遷，流派混淆，非溯其源。曷返於古，蓋由隸字變爲正書、行草，其轉移皆在漢末魏晉之閒。而正書行草之分，爲南北兩派者，則東晉、宋、齊、梁、陳有南派，趙、燕、魏、齊、周、隋爲北派也。南派由鍾繇、衛瓘、王羲之、王獻之、僧虔等，以至智永、虞世南。北派由鍾繇、衛瓘、索靖，及崔悦、盧諶、高遵、沈馥、姚元標、趙文深、丁道護等，以至歐陽詢、褚遂良。南派不顯於隋，至貞觀始大顯。然歐褚諸賢，本出北派。洎唐永徽以後，直至開成碑板石經，尚沿北派餘風焉。南派乃江左風流，疏放妍妙，長於啓牘，減筆，至不可識。而篆隸遺法，東晉已多改變，無論宋齊矣。北派則是中原古法，拘謹拙陋，長於碑榜。而蔡邕、韋誕、邯鄲淳、衛覬、張芝、杜度，篆隸八分草書遺法，至隋末唐初，猶有存者。兩派判若江河，南北世族不相通習。至唐初太宗獨善王羲之書，虞世南最爲親近。始令王氏一家，兼掩南北矣。然此時，王派雖顯，縑楮無多。世閒所習，猶爲北派。趙宋閣帖盛行，不重中原碑版，於是北派愈微矣。《研經室·集南北書派論》。

南朝諸書家載史傳者，如蕭子雲、王僧虔等，皆明言沿習鍾、王，實成南派。北朝諸書家，凡見於北朝正史、隋書本傳者，但云世習鍾衛索靖工書，善草隸、工行草，長於碑榜諸語，而已絶無一語。及於師法，羲獻正史具在，可按而知。此實北派所分，非敢臆爲區別。譬如兩姓世系譜學秩，然乃强使革其祖姓，爲後他族可乎。其閒惟梁王褒，本屬南派。褒入北周貴游，翕然學褒書，趙文淵亦改習褒書，然竟無成。至於碑版，王褒亦推先文淵。可見南北判然，兩不相涉。述書賦注，稱唐高祖師王褒，得其妙，故有梁朝風格。據此可見，南派入北，惟有王褒。高祖近在關中，及習其書。太宗更篤好之，遂居南派淵源所在，具可考矣。同上。

竊謂書法，自唐以前，多是北朝舊法。其新法，南派多分別，於貞觀永徽之閒。隋龍藏寺碑，乃丁道護等家，法歐褚所從來，至今可見者也。歐之皇甫碑醴泉銘，乃其本色也。化度寺碑，乃其參用永興南法者也。虞之夫子廟堂碑，非盡虞之本色，乃亦參用率更北法者也。是以廟堂原石，頗有與化度原石相近之處。今二摹本全入圓熟，與閣帖棗木摸棱者同矣。貞觀以後，御書碑如晉祠紀功、頌昇仙太子之類，皆是王羲之真傳，與集王聖教同一轍。即如石淙詩中方勁之筆，皆繫北派，迥不相涉。終唐之世，民閒劣俗碑石，無不與北齊周隋相似。無似閣帖者，無似羲獻者，蓋民閒實未沿習南派也。王著摹勒閣帖，全將唐人雙鉤嚮搨之本畫，一改爲渾圓模棱之形，北法從此更衰矣。閣帖中標題一行曰，晉某官某人書，皆王著之筆。何以王郗、謝庾諸賢，與王著之筆，無不相近。可見著之改變，多不足據矣。昭陵褉序，誰見原本。今所傳兩本，一則率更之定武，一則登善之神龍，實皆歐褚自以已法參入王法之内。觀於兩本之不相同，即知兩本之不同於繭本矣。若全是原本，尚恐未必如定武動人，此語無人敢道也。《復程竹菴書》。

蘭亭帖之所以佳者，歐本則與化度寺碑筆法相近，褚本則與褚書聖教序筆法相近，皆以大業北法爲骨，江左南法爲皮，剛柔得宜，健妍合度，故爲致佳。王右軍《蘭亭詩序帖》二跋。

唐人書法多出於隨，隨代書法多出於北魏、北齊。不觀魏齊碑石，不知歐褚所從來。自宋人閣帖盛行世，不知有北朝書法矣。即如魯公書法，亦從歐褚北派而來，非南朝二王派也。争坐位稿，如鎔金出冶，隨地流走，元氣渾然，不復以姿媚爲念。夫不復以姿媚爲念者，其品乃高，所以此帖爲行書之極致。試觀北魏張猛龍碑，後有行書數行，可識魯公書法所由來矣。争坐位帖跋。

文達所作書，鬱盤飛動閒，仿天發神，讖碑嘗書學海堂扁二，一懸堂中，一懸文瀾講院。前後不同，如出一轍，則法度存也。伍崇曜石渠隨筆跋。

石門頌跋云：此碑近日學者少，得者亦少。姜玉谿先生藏有阮文達公舊贈一聯，波瀾無二。始知公之寢饋，於此刻者久矣。枕經堂題跋。

百石卒史碑跋云：阮文達公，中年亦力學此碑。魯孝王石人，有乾隆甲寅阮元移置八字，尚未臻極。至西湖之詁經，精舍横額擘窠四大字，則縱横排盪，無一不神，合此碑也。同上。

清·俞樾《春在堂詩編》癸卯編　題蘭陵江女史西樓遺稿

女史，名憙，字湘芬，江霄緯庶常之女。年二十二未嫁而卒，有詩一卷，算草一卷，合題曰西樓遺稿。

數理精微，聖代開，閨中亦復擅奇才。疇人傳補葛王沈，謂江寧葛宜，常熟沈綺，江寧王貞儀也，意本《女史詩》。再補文通愛女來。

聰明本是世間無，不厭詳求到六觚。嘲橘也，存圍徑數。有《嘲橘詩》云：圍祇三寸弱，徑止一寸强。切瓜便是割圓圖。有句云：切瓜便作割圓看。

趨庭更復學爲詩，不是尋常聲悦詞。説兔論貓都有意，待從集外更搜遺。有「蓄兔説」「貓捕鼠論」，未刻。

才命相兼自古難，此才留與後人看，千秋兩卷西園集，壓到前朝葉小鸞。

清·王闓運《湘綺樓全集》文集卷五 鄒漢勳傳

夫自古今學者，藴富閟蓄，曷嘗不願自效於當世。天下至廣，人材雖或有不用。其出者，其效固可覩也。仲尼弟子七十有七人，獨稱仲由爲治賦。然其位乃止家臣，功不數見。卒死兵亂，周處鄉曲，無賴感激。一言斬蛟射白虎，切厲爲學，適遭羌禍。或曰世棘兵變，孤在巖穴，所吕脱免也。是吕商鞅寵亡，韓非辱刑，荀況完於窮，屈原溺其忠，鄹衍當戰國時無求，高榮著書言迂怪荒誕之文。未上下萬年，成一家之言。二子者有夸世之行，自矜其才若莊周、列禦寇之徒。未有文柔不容，剛戉不摧者也。天下多事，魋悍剽利之士，猶幸多免。若新化鄒漢勳者，又何吕稱焉。鄒漢勳者，字叔績，博學名湖南吕附生中，辛亥鄉試舉人。越二年，寇大起。郡人江忠源奉詔禦賊，屯南昌。漢勳故與善往，見之即留。同守城有功，奏用知縣。賊復下犯江漢，督撫守田家鎮，至者十餘壁，漢勳從忠源至。即敗，忠源馳走。漢勳强騎墮馬，臂折，幾死。又從守廬州有功，遷同知直隸州。廬州援絶圍急，軍多逃亡。或怺勸同走，漢勳不應。俄報城陷，從卒不待漢勳言，急負而趨。漢勳欲奮下手，固不開。即從背上齕卒，捥卒痛釋手。則躍地取刀，轉叱卒曰：吾今死此，若敢强，我斫死矣。乃持刀，前行亂斫寇，寇刺之死。初，漢勳之爲諸生也。過邵陽，邵陽令固驕，庸吕事收之入獄。事頗亟，自院司吕下，皆不能道地。會太守至郡，念所吕出之時。五月俗重五日節，太守開宴，僚吏、耆老、人士畢至，太守虚上坐，遣人持紅紙書名稱頓首，詣邵陽獄，敬迎鄒先生獄中。無鄒先生，唯有囚太守。即迎囚，囚即鄒先生於是，獄吏大驚，出漢勳。是歲，恩詔舉鄉科。漢勳出獄，往應科，居長沙城南，蔡公墓祠。蔡公者，明長沙推官，吕守城，死於寇者也。漢勳試畢，還所居。夜夢蔡公冠服召見，索所爲文，覽之謂不工。又曰，吾姑薦爾已。而漢勳舉名最後。由今觀之，漢勳不舉，即或不從軍得官矣，或不死矣。其吕微名，巧驅之耶。若甚敬重之吕，成其名耶。豈所謂文柔，而不見容者耶。漢勳著書三十年，言數十萬。所考治易、詩經訓、史家、地理、音韻、小學、金石、字畫，靡所不究，其志未嘗滿方鄉於學耳。天之與人也，弗全其身，必全其名。貪夫殉身，聖亦保之。烈士殉名，隱亦好之。漢勳兩守城，遷兩階位，不爲高。雖死難，名不如江忠源。忠源好學，不如漢勳，沈隱不如漢勳。漢勳乃卒，與同死，其著書竟不成。然則，身死而名微，譽淺而命薄。天若予而若奪者，視漢勳竟何等也。士固有附驥尾，吕自顯然，誠在自立寶其所長，何辟何鄉。而曰成忠壯、合聖賢，則死者蹈白刃相望矣。

清·沈善寶《名媛詩話》卷一 常熟沈素君綺，諸生殷墫室，有環碧軒集。素君讀書，數行並下，博通經史律曆之學。所著文集四卷，四六二卷，唾花詞一卷，管窺一得十二卷，徐庾補註四卷。年二十一而卒，著作等身，筆情超邁，弱齡夭折，其夙慧天授。颶大風：泊舟包山云，石脚插波心，東西水衝擊，我來風正號，浪花大如席，萬頃奔騰來，觸此崖腹窄。拗怒不得騁，咆哮相鬥格，飛珠濺青林，迸雪灑丹壁。砰訇走雷聲，震蕩動心魄。少焉月東上，風定湖一碧。

清·陳康祺《壬癸藏劄記》卷七 焦廷琥虎玉，里堂孝廉子也。讀書具慧心，能傳家學，知平圓三角八線之法。阮文達公校浙士，以算學别爲一科。孝廉方佐公閲卷，虎玉隨之來杭。公嘗令其步籌推算，以驗得數，百不失一。時虎玉年僅十四也。人固樂有賢父兄，然童年精詣若虎玉，亦豈易得！

清·陳康祺《郎潛紀聞》卷六 梅文鼎定九，少攻推步之學，著書滿家。其《天學疑問》三卷，經李文貞奏進聖祖，覽而善之。四十三年，巡江南，召見於御舟中，嗟爲雅士，並惜其老，賜御書珍饌，命其孫瑴成直内廷。説者謂：以算數被恩遇，周髀以來未之有也。

宣城梅瑴成、泰州陳厚耀，同直南書房正，定算學諸書。聖祖嘗召厚耀於便殿，問測景使何法。厚耀不知，上寫西人定位法、開方法、虚擬法示之。又命至御座旁，隨意作兩點，上自用規尺畫圖，即得相去幾何之法。瑴成直蒙養齋，上亦授以借根方法，諭之曰：西洋人名此書爲阿爾熱八達，譯言東來法也。瑴成由進士官至總憲，謚文穆。厚耀以教授超授編修，官至左諭德。研覃微學，授自聖人，討論祕書，遂成不朽之盛業，其爲榮幸，豈有倫比與？

清·陳康祺《郎潛紀聞》卷九 莊亨陽，字元仲，康熙五十七年進士。初官山東濰縣，以楊文定公薦始内召嗣，又補德安同知，最後擢淮徐海道。能文章，通算術，知徐州府。時上書當路，大略謂淮徐水患病在壅，毛城鋪而徐州壞壅。天然減水壩，而鳳穎、泗壞、壅車、邏昭關等壩，而淮陽之上，下河皆壞。方今急

務，宜開毛城鋪以注洪澤湖，則徐州之患息。開天然壩以注高寶，則上江之患息。開三壩以注興鹽之澤，則高寶之患息。開范公隄以注之海，則興鹽泰諸州縣之患俱息。當路不能，用頗韙其言高安朱文。端公嘗謂獻瑶曰：吾老矣，斯道之託是在吾子。高宗朝嘗命六部九卿京察，自陳各舉一人，自代閣學李清植舉亨陽時論，以爲允康祺按獻瑶官學正時，執業於漳浦蔡文勤桐城方侍郎之門亨陽，則李安溪高足弟子，蓋真儒志業命世經綸。薪盡火傳，淵源有自云。

清·黄叔璥《國朝御史題名》 梅穀成，字玉汝，號循齋，江南宜城人。康熙乙未進士，由翰林院編修，考選江南道御史通州巡漕，轉工科給事，中補光禄寺少卿通政，司參議陞順天府府丞、副都御史、刑部侍郎左都御史。謚文穆，國史有傳。

又 許伯政，湖南巴陵人，乾隆壬戌進士，由禮部員外郎，考選山東道御史。

又 錢儀吉，字藹人，號衎石，浙江嘉興縣人。嘉慶戊辰進士，由户部郎中，考選河南道御史，陞任工科給事中掌印。

清·陳田《明詩紀事》庚籤卷二一 徐光啓

光啓，字子先，上海人。萬曆甲辰進士，改庶吉士，授檢討。歷贊善、諭德，超擢少詹事，引疾歸。起故官，擢禮部侍郎，以忤魏忠賢落職。崇禎初復官，加太子賓客，進本部尚書兼東閣大學士，入參機務，加太子太保，贈少保。謚文定，加贈太保。

田按：文定通籍後，從西人利瑪竇講天文、曆算、火器，盡其術，若逆知三百年後有西學入中國之效。然猶講求國家兵機、屯田、水利、鹽莢諸政，非盡棄其學而學也。通變而不失其常，君子於文定有取焉。

清·全祖望《續耆舊》卷七八《寒松齋兄弟之一》 歐邏巴者，大西洋中之國也，去中華十萬里。萬曆時，其國人利瑪竇輩始泛海而來，善天文曆數諸技藝，皆巧絶。所設天主教，怪妄特甚，其徒相繼而來，幾蔓延於中國，中國人亦多惑其教者。

清·謝堃《春草堂詩話》卷二 金陵女史王貞儀，不知何許人，著有德風亭詩鈔。余於書肆，得其手録稿本。登焦山云：峯勢長江矗，濤飛天外聲。潛虬能護法，徵士獨留名。塲宇，金山寺人，家鐵甕城，憑高一聳目，東望海雲平。山海關雜詩，有深樹啼鵂鶹，行人悚魂魄。吉林雜詩，有風細黄沙飛，林昏失墟道。牛羊下來多，虎豹出山早等句。其梳頭歌、水車行、粤南竹枝三十首，語皆奇突，惜篇長難載，如，清明值雨云：曉起卷珠簾，一樹桃花落。又如，下邳夜泊云：黄石城頭雨未乾，晚風吹送角聲寒。扁舟莫道小如葉，載得春愁分外寬。掩卷讀之，誰信女郎詩也。全唐詩話載女道士魚元機獄中詩曰：易求無價寶，難得有情夫，寃哉言也。余讀全唐詩，知元機此詩係和東隣姊妹威光，褭韻也。韻亦非夫字，乃郎字也。和人之意，述已之意，天壤矣。近日無錫雙修庵女僧王嶽蓮，號韻香者，亦能詩，往往有傳訛者，余故及之。其咏團扇絶句云：緑遜芭蕉輕遜紗，秋風愁不起班家。夜來携向園中坐，欲撲流螢恐礙花。讀此詩，可以知韻香之爲人矣。

清·談遷《北遊録·湯若望》 大歐邏巴國人湯若望，今官太常寺卿，管欽天監印務，勑號通玄教師。其國作書，自左而右，衡視之製繭紙潔白，表裏夾刷其書。以胡桃油漬絹抹藍，或緑，或黑，後加采焉。不用白地，其色易隱也。所畫天主像，用粗布。遠睇之，目光如注。近之，則未之奇也。湯架上書頗富，醫方器具之法具備，有祕册二本，專煉黄白之術。溧陽陳百史相國名夏，欲傳之，不得也。崇禎甲申三月，京城陷。陳避天主堂，欲投繯，力沮之。湯又善縮銀淬銀，以藥隨末碎，臨用鎔之，故有玻璃瓶。瑩然如水，忽現花，麗豔奪目，蓋煉花之精隱，入之值藥即榮也。鑄鑌鐵爲刀，柔可繞指，揮之砉然有聲。他製頗多，不具述。

清·章學誠《(嘉慶)湖北通志檢存稿》卷三 劉湘煃傳

夫學者，博涉之，業多不精。能文史之儒，或未核實然。而取資欲富，宣質有文。嗜好既入，攻取亦多。有作於前，有承於後。美斯愛，愛斯傳。文學之林，彬彬乎其盛矣。若夫專門名家，絶學孤詣經世之業，試於事爲，則間世一見其人，而往往知之者鮮。人亦畏難而不敢習與之狎。因而仿徨身世，落落無徒。又以所負之奇，不肯與人俯仰，不特生無所遇，即歿身之後，亦複鮮能道之。粤稽往牒姓名隱顯，藝文或存其目而無其書，儒林或附其名而佚其事，蓋不少矣。湖北近世人文，如蘄州顧氏、漢陽蕭氏、廣濟劉氏、孝感夏氏，詩文著述，學士類能言之。若江夏劉氏、湘煃，學術精粹，似過諸人。當日亦嘗名聞公卿，而去今未久，姓名不爲鄉里所知。著書滿家，僅存遺目，詢其子孫，不復有人。苟不論次其略，以示後來，則雖欲僅存藝文之目，或附儒林之名，亦不可得矣。豈不慨哉！案湘煃書目，有陶士契序。又别有傳一篇，不著撰人。其文皆簡略，不足以傳其人。湘煃，字元恭，江夏人也。幼警悟，稍長讀書，不屑爲舉子業。磊落負

奇，善談經世。聞海内名賢，傾心希慕，擔簦負笈，不憚走數千里，殷勤事友，講習以成其學。常謂學以經世，而天下凡事必當求端於天時。宣城梅文鼎，以曆算專家，名重一時。湘煃鬻産購書，擔囊遠赴，受業其門，湛思積悟，多有心會，創議立解，出前人擬議之外。文鼎得之甚喜，曰劉生好學精進，啓予不逮。與友人書曰，金水二星曆指，所説未徹，得劉生説而知。二星之有歲輪，其理確不可易，因以所著曆學疑問，屬之討論，湘煃爲著訂補三卷，又謂曆法自漢唐以來，五星最疏，故其遲留伏逆，皆入於占。至元郭守敬出，而五星始有推步經度之法，而緯度則猶未備。至於西法，舊亦未有緯度，至地谷而後，始有推步五星緯表，然亦在守敬後矣。今曆書所載，有法源法數，并爲曆法統宗。法源者，七政與交食之曆指也。法數者，七政與交食經緯之表也。故曆指實爲造表之根。今曆書所載金水曆指，如其法而造表，則與所步之表不合。如其表以推算測天，則又與天密合。是曆官雖有表數，而猶未知立表之根也。百年以來，無人覺發。因著《五星法象編》五卷，以明造表之法，以正曆書之誤，以補五星之法源。而用表者，得知其根。文鼎深契其説，筆爲之贊。摘其要語，自爲《五星紀要》，今刻於梅氏曆算叢書。湘煃自以初學必先學步曆，而後進於交食。今官步曆所用曆，草字簡略，非熟諳者不能知。況交食乎！夫交食必已能曆算，而後可以進推，然亦在知其成法耳。因就康熙五十九年七月朔日食，依時憲法推日食，算稿一卷。就康熙五十四年四月望日食，依授時法推月食算稿一卷，以爲初學舉例。則學曆者，易於推矣。又欲爲渾蓋通憲天盤，安星之用。以戊辰曆元，加歲差，用弧三角法，著《恒星經緯表根》一卷，及《月離交均表根》、《黄白距度表根》各一卷，皆以補新法曆書之所未備。天文之外，究及輿地、河漕、食貨、兵農，經世要務，皆有著述。【略】湘煃著書甚富，自編其目爲六十餘種，分七部。類目下，或自注緣起。可以知立言大旨者，略摭於傳其有目無注，不知所言云。何與雖注而非大經要者，仍存其目於篇，備稽查焉。

清・章學誠《（嘉慶）湖北通志檢存稿》卷四　漢陽府志有劉氏一家

劉湘煃，江夏人。已有傳。其修《漢陽府志》，凡五十卷。分六綱，以領諸目，一曰天官，二曰地輿，三曰典禮，四曰食貨，五曰人物，六曰藝文。天文、地輿皆劉氏專長，故於天官一門，推演北極出地及晝夜長短、太陽出入時刻、節氣太陽高度，列城杪忽，皆具爲歷來方志所無。地輿沿革，亦甚詳確。餘亦無甚異於人也。時乾隆丁卯，主修爲知府陶士契。

清・平步青《霞外攟屑》卷四　胡天游稚威

胡先生天游，一名騤，字稚威。庸按元有胡天游，岳州平江人，著有傲軒吟稾一卷，入四庫集部、别集類。又按蔡邕胡夫人墓，表夫人生五男，長曰整伯齊，次曰千億叔韡，次曰寧稚威，次曰碩季叡伯，次未加冠，遭厲氣，同時夭折。叔上郡孝廉，季更歷州郡。寧舉茂才，葉令京令爲議郎。是稚威，乃胡廣第三子寧之字。又國初西泠十子中，毛先舒，字稚黄，一名騤，字馳。黄先生好奇，何以名字類同古人，且何取於中庸公子，而與之同字耶。

清・桂文燦《經學博采録》卷四　江都焦里堂孝廉之子，名廷琥，字虎玉。讀書頗具慧心，能傳家學。年十四，隨里堂至杭州，時阮文達督學浙江校士，以天文算術别爲一科，里堂襄校。虎玉知平圓三角之法，嘗步籌推算，以驗得數，百不失一云。《定香亭筆談》詳言之。

清・桂文燦《經學博采録》卷一　黄潛夫訓導汝成，字庸玉，嘉定人也。少爲縣學廩膳生，歲饑勸賑議叙，得通判銜，選安徽泗州。訓導以憂未赴。道光十七年二月十二日卒於家，年三十有九。訓導爲人仁厚豪達，狀貌瓌偉，善辨説戲謔，饒有産業，樂任人艱，鉅無親疏厚薄。苟當其意，告以緩急，卒累出千金不悔。内行誠謹，自奉儉約。其爲學自天文、輿地、麻律、訓詁，以及水利、河渠、漕運、賦税、鹽鐵、錢幣，莫不洞其奥。賾參諸世，會詳其利病，而爲文則又明慎知要。所著書已成者，《日知録集釋》，刊誤《古今歲朔考》，校補文録，《袖海樓文稾》凡四十四卷。未成者，《春秋外傳正義》若干卷。訓導之卒也，武進李申耆庶常既爲之立傳，寶山毛生甫騎尉復誌其墓云。

清・劉毓崧《通義堂文集》卷六　阮文達公傳儀徵縣志稿

阮元字伯元，一字雲臺。乾隆已酉進士，由翰林院編修大考一等第一名，擢少詹事。歷官詹事、内閣學士，户、禮、兵、工等部侍郎，山東、浙江學政，浙江、河南、江西巡撫，漕運、兩湖、兩廣、雲貴總督，太子少保，體仁閣大學士。嘉慶已未，道光癸巳，兩充會試總裁。戊戌秋，予告回籍，晉加太子太保，支食半俸。丙午科，重宴鹿鳴，晉加太傅，支食全俸。二十九年十月十三日，卒，年八十六歲。諭賜祭葬，予謚文達。國史有傳，生平持躬清慎，屬吏不敢干以私，爲政崇大體，所至必以興學教士爲急。在浙江則立詁經精舍，在廣東則立學海堂，選諸生知務實學者肄業其中，士習蒸蒸日上，至今官兩省者，皆奉爲矩矱。其撫浙時，安南艇匪肆掠，親督水軍禦諸台州，會神風助順，賊船盡碎，溺海者無算，僞總兵倫

貴利等皆伏誅。僉謂誠感神祐所致。海盜蔡牽屢擾閩、浙，奏請以提督李忠毅公總統兩省舟師，不分畛域，立專注首逆，隔斷餘船之法，循環攻擊。識者謂牽之淹斃於温州黑水洋，全得力於此策。其撫江西時，嚴查保甲，破獲朱毛俚謀反鉅案，未嘗控弦發矢，銷叛逆於未起事之先，保全民命甚多。遂膺宫保、花翎之賞。其在雲貴時，留鹽課溢額之半，協濟邊防。騰越廳邊外之野人，出没無常，甚爲民患，惟保山縣境有傈傈熟夷，弩箭最精，爲野人所憚，因籌款招募，以資捍衛。野人聞風斂跡，相率獻木刻乞降。是時提督曾勤勇公方官雲南副將，特薦其堪膺專閫。及曾公會勦廣東叛猺，力戰先登，功居第一，出諸將上。中外咸以爲知人，而其碩畫遠謀尤。在督兩廣時，履任之初，即籌備緝捕經費，俾州縣無畏累諱飾之心。廣西富賀、懷集，廣東連山、陽山多盜，以接界之姑婆山爲逋逃淵藪，因調集兩省重兵三路合圍，掃其巢穴，先後獲會匪劫盜數千，内地一律肅清。又創建大虎山礮臺以防夷患。奏禁鴉片煙，不許帶煙之洋船入口。並將保結之洋商，某三品頂戴叅摘。見廣東省城布政司街酒館用木板畫夷館式，怒斥之曰：此被髮祭野也。立諭府縣毁之。英咭唎護貨之兵船殺二民人於伶仃山，遂封閉其艙，不容貿易。數月後，夷目稟請查獻凶犯，始令照舊通商。蓋久料英夷桀驁，遇事必加裁抑，故終其任，兵船不敢再犯粤洋。及致仕，後因夷氛甚惡，致書伊公里布代奏，請駕馭咪唎堅以制英咭唎，爲以夷攻夷之策。粤東當事者寢而不行，迨英夷困而就撫，實因爲鄰國所侵，始共服爲老成謀國之遠慮，然後知其三十年。綏靖封疆功德之被於人者遠矣！歸田後，怡志林泉，不與郡縣相接，而於地方義舉無不首先倡捐。待族黨故舊，咸有恩誼。樂於汲引後進，休休有容。至其論學之宗旨，在於實事求是。自經史小學以及金石詩文，鉅細無所不包，而尤以發明大義爲主。所著《性命古訓》、《論語孟子論仁論》、《曾子十篇注》，推闡古聖賢訓世之意，務在切於日用，使人人可以身體力行。在史館時，採諸書爲《儒林傳》，合師儒異派而持其平，未嘗稍存門户之見。其餘説各經之精義，如《周易文言》、《堯典朔閏》、《雅頌》、《文王》、《清廟》、《禮記》、《孝經》、《明堂》，載於《揅經室集》者，不可枚舉。所編《經籍纂詁》、《十三經校勘記》，傳佈海内，爲學者所取資。《疇人傳》、《淮海英靈集》、《鐘鼎款識》、《山左兩浙金石志》，並爲考古者所重。即隨筆記録如《廣陵詩事》、《小滄浪筆談》等書，亦皆有關於掌故。所刻之書甚多，最著者爲《十三經注疏》、《皇清經解》。嘉惠後學甚溥。督學時，士有一藝之長，無不獎勵；能解經義及工古今體詩者，必擢置於前。總裁會試，合校二三場，文策績學之士多從此出。論者謂得士之盛，不減於鴻博科。主持風會五十餘年，士林尊爲山斗。蓋生平以座師大興朱文正公爲模楷，故其經術政事與文正相類云。杭世駿道古堂集

清・李榕《杭州府志》卷一二一 王蘭生字坦齋，直隸交河人，康熙六十年進士，雍正四年以國子監司業督學，浙江清介絶俗苞苴干謁不戒，自遠愛士如子弟，頒示經訓，使諸生知所誦法，凡奇才孤學、通知陰陽曆術者，必提攜奬成之好古者，莫不願出門下，久而誦説，不衰七年，調安徽學政，終刑部右侍郎。

清・李榕《杭州府志》卷一四七 李之藻字振之，仁和人，萬曆二十六年進士，官南京工部員外郎。嫻於算法，景泰中，吴信民治《九章》，篤守古術。之藻從西洋人利瑪竇游，始以西法爲宗。時大統法浸疏，禮部奏之藻精心曆理，可與西洋人龐迪我、熊三拔等同譯西洋法，備參訂修改。未幾，召至京參預曆事。四十一年，之藻已改銜南京太僕少卿，奏上西洋法，薦迪我、三拔及龍華民、陽瑪諾等，言其所論天文曆數，有中國昔賢所未及者，不僅能論其度數，又能明其所以然之理。其所製窺天、窺日之器，種種精絶。乞敕禮部開局取其曆法，譯出成書。崇禎二年七月，詔與禮部尚書徐光啓同修新法。之藻製《渾蓋通憲》，言渾蓋舊論紛紜，推步匪易，爰有通憲，範銅爲質平測渾天，截出下窺遥遠之星，所用固僅倚蓋，是爲渾度，蓋模通而爲一俯視圜象，背則璇璣。玉衡中樞兼有南北二極，係以睍筒及定時衡尺其上弁以提紐，用則懸之。儀之陽有數層，上爲天盤，其下皆爲地盤，各具規三，中規爲赤道，内外二規爲南北至之限，而黄道絡於内外二規之間。天盤渾以天體用黄道以紀太陽周天之度，度分三百六十，剖爲十二宫二十四氣，其度斜刻緊切地盤，以便觀覽，錯以經星，星不具載，載其最明鉅者，各以鍼芒所指爲準，地盤隨地更换，各視所用地方，北極出地之度爲準，其盤分地上、地下二限，最下一曲綫爲晨昏界，稍升一曲綫爲出地、入地之界，自此以上度數，以漸平升，直至天盤頂，匀爲九十度，以觀太陽列宿，漸升漸降，所到其中央一直綫，則當子午之中，其過頂一曲綫結於赤道，卯酉之交者則爲正東西界，其餘方向皆有曲綫定之，近北窄而近南寬，蓋若置身天外斜望者。然其晨昏界下諸曲綫分爲五停，又爲夜漏之節，儀之陰中分十字界，其衡界以分入地、出地之限，其最上近紐處爲天中，外規周分三百六十度，自地上至天頂左右俱鐫九十度，中央運以睍筒，筒立兩表，各有大小二竅以受太陽列宿之影，以觀其影離

地而上得幾何，度其三百六十度，每三十度作一宫，内次層則分三百六十五度四分度之一，以具歲周，全數備刻節氣、列宿，以與外盤相準爲用，皆以覘筒審定，此爲太陽行實度也，中央上截另爲分時小軌，下截方儀以句股測遠近高深。各法詳具圖説，凡十有八篇。又著《同文算指》，前編二卷，通編八卷。《圜容較義》一卷，皆譯利瑪竇之書，又取利瑪竇所譯歐几里得《幾何原本》及龐迪我、熊三拔、陽瑪諾、徐光啓諸書彙爲《天學初函》，刊以行世。四年卒於官。他著又有《頖宫禮樂疏》十卷，《記學校祀典儀注》名物器數，其樂章諸譜，皆因數製律，自爲一家之學。之藻没後，新法算書成，有許胥臣者，著《蓋載圖憲》，純以西書爲據，蓋自之藻創其説，光啓等繼之，歐羅巴之秘盡洩矣，信民胥臣並錢塘人胥臣，又著有《禹貢廣覽》。《明史・曆志》徐光啓傳，《四庫全書提要》、《疇人傳》。

又　胡亶字保林，仁和人，順治三年舉人，六年成進士，選庶吉士，授編修，出爲江南布政使參議，分守常鎮道，召爲鴻臚寺卿，踰年進右通政，乞養不復起。生平博綜群書，自經、史、子、集以及釋老、方技，靡不究心。尤精天官家言，居京師，與欽天監官時反覆辯論，監中專家莫能難。著《中星譜》，訂經星凡四十有五。於二十八舍外，益以大角貫索天市，帝座、織女、河鼓、天津、北落師門，土司空天囷五車，參左肩，參右足，天狼、南北河、軒轅、大星、太微、帝座十七星用以較午中遲早，綴諸時刻，首京師，次浙江，其餘以類而推，論晝夜永短，寒暑循環，地勢殊異，援引經傳記載，考定歲差、鼇分、昏旦，簡明詳切。自言識星爲治曆根本，是譜可爲始學津梁。又爲《周天現界圖》、《步天歌》，俱不傳。乾隆中修《四庫全書》，《中星譜》已著録，亶後袁士龍、嚴璲，皆治星學。《乾隆志》、《四庫全書提要》、《道古堂文集》、《疇人傳》。

袁士龍一名士鵬，字惠子，仁和人。受曆法於黄宏憲。時宣城梅文鼎以善數名，睢州孔興泰及同縣吴任臣亦俱治此業。士龍左右採獲得其秘要，著《測量全義新書》二卷，上卷曰七政經天圖説、曰測天儀象、曰次輪定位、曰經天要旨、曰列宿距度、曰新定步天歌訣、曰太陽測、曰太陰測附羅計孛炁、曰土木火金水星測、曰七政躔次位置測法不同、曰測景候氣、曰象限測法，下卷曰方程神算新法圖説、曰比例尺九式、曰測量用例查法、曰因乘用例查法、曰歸除用例查法、曰用乘捷法五式、曰用除捷法五式、曰句股開方捷法三式、曰指明圜周徑弦真率、曰測高用法、曰測遠用法、曰高置人目測量高遠、曰移象換影測量高遠、曰望竿定測，凡二十六篇。文鼎見所考西域書三十雜星，歎曰：氣化遷流，不謀而合，方程神算與楊輝、李之藻所傳俱不純同。後文鼎作《方程論》，主司減異，并以歸劃一，陳世仁復摭其遺，沈超遠又爲《九問》以難之。蓋方程古法譌失已久，文鼎積思而得容，亦有未盡也。任臣曾與修《明史・曆志》，别有傳。超遠，錢塘人，佚其名。《勿菴曆算書目》、《道古堂文集》、《疇人傳》、《海昌備志》、《舒藝室雜著》。

陳訏字言揚，論弟。歲貢生，官温州府學教授。少從餘姚、黄宗羲，學治句股、受籌算、開方，因著《開方發明》。後讀《荆川句股論》，知空中之理，非數不顯；空中之數，非理不明，因爲《句股述晚》。又取梅文鼎《平三角舉要》及《西人測量全義》中八綫表，引申推衍爲《句股引蒙》五卷。鄞全祖望曰：梨洲弟子半天下，得其傳者言揚也，從子世仁、曾孫石華世其學。《四庫全書提要》、《鮚琦亭集》、《疇人傳》、《海昌備志》。

毛宗旦字扆再，錢塘人，監生。精數學，積生平心得，著《九章蠡測》十卷，其首卷一卷曰：大小數名曰九章，恒用法曰算學，名詮曰算誤，偶訂第一卷，以下則依古《九章》之次，一方田，二粟米，三差分，四少廣，五商功，六均輸，七盈朒，八方程，九句股，其第十卷則附論三角八綫也，逐條詳辨，多自出心裁，而大指悉準。梅文鼎能匯中西之通，全書有裨，實用若方田之負田截積，發明三乘，少廣之平方，諸變繪圖詳解，以至再乘三乘方圜率平圜、立圜，各能言其用法之故。他如訂誤之以偶合，不得爲通，率三角之論，異同比例，八綫之用，乘差減差，皆發前人所未發，論者比之椎輪大輅焉。《薄有德》、鄭羽逵撰《九章蠡測序》、《兩浙輶軒録》。

陳世仁字元之，詵子，康熙五十四年進士，官翰林院檢討，著《少廣補遺》一卷，專明垛積之術，以一面尖堆及方底、三角底、六角底、尖堆、各半堆等題分爲十二法，復立抽奇、抽偶諸目。乾隆中與陳訏書俱録入四庫，欽天監中官正郭長發靈臺郎陳際新撰提要云：堆垛乃少廣中之一術，與尖錐體、臺體相似而實不同，蓋尖錐體、臺體外平而中實，堆垛爲衆體所積，面有峻嶒，中多空隙，故二法和較煩簡，頓殊古少廣中僅具以邊數、層數求積數法，亦未有解其故者，至以積數求邊數、層數法，則未備焉，又其爲用甚少，故算家率略而不詳，世仁有見於此。取堆垛諸形反覆相求，各立一法，雖圖説未具，不能使學者窺其立法之意，而於少廣之遺法，引申觸類，實於數學有裨，不可以其一隅而少之。後李善蘭撰《垛積比類》，以立天元一詳演細草，有圖、有表、有法，世仁此作，蓋先輅云。又

有《方程申論》六卷。《四庫全書提要》、《疇人傳》、《海昌備志》。

張永祚字景韶，錢塘諸生，乾隆二年詔舉能通知星象者，總督嵇曾筠試永祚策器而薦於朝，授欽天監博士。會詔刊經史，尚書張照薦永祚校勘二十二史天文、律曆兩志，書成假歸，同郡杭世駿著《漢書疏證》，嘗就問律(歷)〔曆〕，永祚隨條爲答，頗有發明，世駿多用其説。《乾隆志》、《道古堂文集》、《疇人傳》。

厲之鍔字寶青，錢塘人。乾隆間游京師，考授天文生。涉歷觀臺與疇人之列。著《岜緯瑣言》一卷，言欽定書經、傳説，彙纂歲周爲三百六十五日二四二一八七五，承用御定《曆象考成》上編之歲實，係康熙十三年所定者。乾隆二年奉敕修《考成》，後編改小餘二四二三三四四二，兩勘實差十二秒，積至六十年，當差十二分，蓋疇人逐年覘驗，已覺日躔踰五分度之一，故亟請改憲，開館算修也。又言日月皆有本輪、均輪，本輪心行於本天，右旋；均輪心行於本輪，左旋，蓋以黄白道皆橢圜形，直徑大而横，徑小弧度不可平分，故設想其間别作一均輪於本圈之界，然後合間十五度，對位界平行綫，自能截出本弧之疏密。六綫以便布算，非真有是形。又言總較法由總弧而後得，較弧以各餘弦相加，折半爲中數；又由較弧而得矢較，然後分列四率以求之，其法繁瑣，學者苟能嫻熟，次形垂弧二法，即可置此法於勿用。嘉定錢大昕稱之。鍔於三角八線、小輪橢圜，均輪之説，俱能洞見本原，異於捫燭扣槃者之。鍔又嘗自出巧思製刻漏壺，鎔錫爲之運轉，自然晷刻相應，不爽毫髮，觀者無不稱絶。錢大昕撰序、《疇人傳》。

張豸冠字神羊，先世陝西人，祖官於浙，占籍海寧。中乾隆五十三年鄉試副榜。少好醫、卜、三式、日者、風角之言。弱冠後習郭守敬《授時曆》及梅文鼎《曆算全書》，始悟五行與天文不相爲謀，神怪術數猶無源之水，無本之木，乃反而求之六經四子，著釋性、釋命、釋怪、辯數等篇，爲《景獻初編》。客京師，與秀水朱鴻相切劘，鴻爲同郡錢儀吉撰乾象、景初二術注，豸冠又爲三紀曆注，并考正乾象諸術，爲《晉書・律曆志摘録》，附《疇人盛衰考》於後，自謂晉曆尚疏，無益於推步，而刊本譌字頗多，得考正之，亦甚便於學者。又以坊刻算書晦而不能言其理，文人所爲，又略其入門之法，有詳書加減乘除者，亦筆算籌算之入門，非珠算之入門，學者所以鮮習，遂爲《珠算入門》一卷，珠算商除法二十餘則。又爲《割圜記摘録》一卷，其説經之作，别爲《讀書偶識》。豸冠卒後，桐鄉程同文、閩粱章鉅爲刊以行。自序、《海昌備志》。

范景福字介兹，錢塘人，優貢生，著《春秋上律表》，巡撫阮元稱其書有四善，天文、術算之學，至國朝大備，天下學者或疑其深微奥秘，不敢學習。景福習之，不十年而能發明，使天下學者知是學之本易明，其善一。治經者患拘執而不能通。劉氏規過，孔颖達辭而闢之，規者不必俱非，闢者亦難悉當。杜氏於襄二十七年頓置兩閏，景福直言其非。而莊二十五年六月辛未爲七月之朔，則稱杜氏爲不可易，揆之於義，是非不詭，庶幾不泥古，不違古，爲説經之通，其善二。疇人子弟諳其技，不能知其義，依法布算，不愆於數，其中進退離合之故，莫之或知，故不能變化以推古經生之言，曰：置閏可移，食限不能移；又謂欲定閏，必推中氣；又謂斟酌置閏，以合干支，尤當斟酌置閏以合食限，於是用平朔不用定朔，用恒氣不用定氣，用食限不用均數。本諸時憲，參之《長曆》，可謂好學深思，心知其意，其善三。奉時憲上考之法，以明春秋司曆之得失，以決三傳之異同，以辯杜氏之是非，以課三統、大衍、授時以來上推之疏密，俾學者知聖人作《春秋》，爲本朝時憲之嚆矢，而本朝之制時憲，實爲聖人《春秋》之脈絡，其善四。又撰有《春秋比月頻食説》，其略云：比月頻食必無之理，經書日食，襄二十一年九月庚戌，十月庚辰，二十四年七月甲子，八月癸巳，皆比月連書，先儒求其義而不得，因謂當時史官失書，事後追憶，不能明確，遂兩存之。又謂當時術者預推以驗立法疏密，未能準定，先兩書之，及事過而忘削其一，因並誌焉，此皆懸擬之辭，絶不足據。今以時憲上推定爲二十一年九月庚戌，二十四年七月甲子，以交周入食限斷之。而究其書十月庚辰、八月癸巳之由，閻若璩嘗謂必有某公某年日食脱簡錯置於此，其説最當。因詳推二百四十餘年食限，得襄公二十六年十一月庚辰日食，或當時置閏之殊，先後一月；文十一年八月癸巳日食，二者干支食限皆合。先是，景福因見西士杜德美割圜密率九術，乃取二簡法中相加相減術變而通之，剏借弧求弦，借弦求弧，二注其時，監正明安圖之書未刊，竟能與之暗合，其精思妙悟有如此。阮元撰序、《續疇人傳》。

謝家禾字和甫，錢塘人，道光十二年舉人。與同里戴熙兄弟相友善，少嗜西學，點、綫、面、體靡不貫澈。復上溯元初諸家算書，幽探冥索，悉其秘奥，謂元學至精邃，而求其要領，無過通分、加減，凡四元之分正負，及相消法、互隱通分法，大致原於方程。方程者，即通分之義，方程不明，由於正負無定例，加減無定行，以譌傳譌，如梅文鼎精研數理，未暇深究，他書可知。《九章算經》正負術甚明，而釋者反以意度古誼益不明，惟以衍元之法正方程之義，由是方程明而元學亦

明，乃譔《演元要義》一卷，綜通分方程而論列之，附以連枝同體之分等注，以上窺四元涯涘。又以劉徽、祖冲之率求弧田，求其密於古率者，撰《弧田問率》一卷，蓋古率徑一周三，徽率徑五十周一百五十七，密率徑七周二十二，諸書弧田術皆用古率。郭守敬以二至相距四十八度求矢，亦用古法，顧徽、密二率之周既盈於古，則積亦盈於古，試設同徑之圜，旁割四弧，其中兩弦相得之力三率皆同，知三率圜積之盈縮，正三率弧積之盈縮也。徽、密二率弧田，古無其術，惟《四元玉鑒》一覩其名，而設問隱晦，莫可端倪，家禾得其旨，因依李尚之《弧矢算術細草》設問立術洵，發前人所未發。又以直積與句股弦和較，展轉相求，譔《直積回求》一卷。先是，戴煦著《句股和較集成》，家禾亦著直積與和較求句股弦之書，二書爲義，皆淺且直，積與句弦和求三事，用立方、三乘方等得數不易，而又不足以爲率，其書遂不存。因見《四元玉鑒》直積與和較回求之法，多立二元，遂與煦思其義蘊，有不必用二元者，蓋以句弦較與句弦和相乘爲股冪，股弦和與股弦較相乘爲句冪，而直積自乘即句冪、股冪相乘也。如以句弦較乘股弦，較冪除直積冪即爲句弦和乘股弦和冪，句股和乘股弦和冪即弦冪。和冪共内少半箇黃方冪也，蓋相乘冪内去一弦冪，所餘爲句股相乘者，一句弦相乘者，一股弦相乘者，一此三冪合成和冪，則已少一半黃方冪，即爲弦冪和冪共矣，加二直積即二和冪也，減六直積即二較冪也；又句弦和乘股弦較冪爲句冪内少箇，句股較乘股弦較冪也，股弦和乘句弦較冪爲股冪内多箇，句股較乘句弦較冪也，減一句股較乘股弦較冪，尚餘一句股較冪矣，術中精意皆出於此，其他之參用常法者可不解而自明，其演段之精如此，家禾卒後，煦收遺稿，授諸梓。《續疇人傳》。

項名達原名萬準，字梅侶，仁和人。嘉慶二十一年舉人，考授國子監學正。道光六年成進士，改官知縣。不就職，退而專攻算學。以句股相求，舊術已備，惟和較諸題術稍繁雜，爲《句股六術》，一二三術及四五術之前二題，悉本舊解，餘爲更定新術，各爲圖解，明其義。又謂四五術其原皆出於第三術，可釋之以比例，第三術以句弦較比股，若股與句弦和；以股弦較比句，若句與股弦和。是爲三率連比例。凡有比例，加減之，其和較亦可互相比例。第四五六術諸題，皆可由第三術之題加減而得，即可因第三術之比例而另生比例，因比例以成同積，而諸術開方之所以然，遂於是得因爲詳論十數，則益以句股形邊角相求，三十二題都爲一卷。嘗謂守中西成法，搬演較量，疇人子弟優爲之。所貴學數者，謂能推見本原，融會以通其變，竟古人未竟之緒，而發古人未發之藏。先立有弧三角總，較求橢圜弧綫術，義奥趣幽，非旦夕可竟事，故六術先成，順德黎應南序以行世。名達又以平三角兩邊夾一角徑，求夾角對邊，向無其法，擬而得之，以甲乙邊自乘與甲丙邊自乘加相得數，寄左乃以半徑爲一率，甲角餘弦爲二率，甲乙、甲丙兩邊相乘倍之爲三率，求得四率，與寄左相減鈍角，則相加平方開之得數，即乙丙邊。又以割圜九術製八錢全表，每求一數必兩次乘除，所用弧綫位多而乘不便，著《割圜捷術》，從三角堆整數中推出零數，但用一半徑即可任求幾度分杪之正餘弦，不煩取資於弧綫及他弧弦矢；且每一乘除便得一數，視陽湖董祐誠、烏程徐有壬大小弧相求法，尤直截簡易。又著《象數一原》，未成書而卒。名達嘗因門弟子王大有交同郡戴煦，疾革，遺書屬之，煦補其闕，定爲六卷，曰整分起度。弦矢率論曰半分起度，弦矢率論曰零分起度。弦矢率論皆以兩等邊三角明其象，遞加法定其數，曰諸術通詮，取新立此弧弦矢求他弧弦矢二術半徑求弦矢。二術及杜氏、董氏諸術，按術詮解曰：諸術明變雜列，所定弦矢，求八綫術，開諸乘方捷術，算律管窺新術，橢圜求周術，皆從遞加數轉變而得。煦又別爲《橢圜求周圖解》一卷，因名達原術以衺爲徑求大圜周，及周較相減，與已術以廣爲徑，求小圜周及周較相加不同，故作此廣之。後有壬又立一術，以橢周爲圜周，求其徑，以求周，即爲橢圜之周，得與名達、煦二術通貫爲一。名達著述甚富，經寇亂，稿本散亡，同郡汪遠孫撰《國語發正數》，引其釋星釋歷之説句股六術而外，已刻者有《平三角和較術》、《弧三角和較術》，二術於無可比例中尋求比例，婉轉妙合，古所未有，是説得之金匱。華世芳云名達友人同里胡琨，亦精弧綫之術。大有字吉甫，亦仁和人，由諸生叙官翰林院待詔，嘗校刻割圜捷術合編。咸豐十一年殉難。黎應南撰序、《舒藝室雜著》、《徐氏算學三種》、《戴煦行狀》、《疇人傳三編》、《再續疇人傳例》。

戴煦原名邦棣，字鄂士，熙弟，增貢生。自幼嗜疇人學，晝讀書，夜布算，覃思有得，輒秉燭演録，以九章重差一術，李淳風注不詳，其理爲補撰圖説。又著《句股和較集》，成《四元玉鑒細草》。中年詣益精進，謂對數舊法便於用，而繁於算，著《簡法》二卷，示項名達，名達以爲遞乘、遞除，乃開諸乘法通法。煦又續爲一卷示之，名達曰：數之用，加減乘除而已，加減不通於乘除，而妙能通之者，惟遞加數。數中遞加，一得諸根，遞加根得平積，遞加平積得立積，乃至多乘積。加既由根而得，積減亦由積而得，根蓋加即乘，減即除矣，且逐層皆屬方廉隅遞，以次層乘之，首層除之，得自上而下逐層，其數皆倍遞以首層，乘之，次層除之，

得自下而上逐層其數，皆半是，則諸層方連比例，與夫假數折半，真數開方之藴，悉錯綜參伍寓之一圖開方通法即從此數轉變而出者，故能抉乘除加減之根，而操乎其所不得，遁以此闡對數，逐次乘除法遞加根也，二數三數至多數遞相積也，根定而積從，於此探對數之真源，即於此顯遞加之神應。　煦又以烏程徐氏割圜捷法有切綫、弧背互求二術，而割線未備，與名達議補之，名達以弧分不能通割綫爲難，煦從連比例率可互相乘除悟得，亦可互相比例之理借求弦矢，諸術變通之爲外切密率會名達没中輟同郡李善蘭以所著書遺煦，煦讀其對數探源，與簡法後一術殊途同歸，弧矢啓秘别用尖錐，立算兼有割綫諸術，出殘槁相質，善蘭賞其餘弧，與切割二綫互求之術，再四促成，乃定爲四卷，善蘭議舍八綫，徑用弧背求八綫對數，苦無其術，煦又爲《假數測圜》二卷，謂對數、八綫、八綫對數三表爲新法推步所必須，惟用之甚便，而求之甚難，自得連比例開平方法用以求開方表，且即開方表求諸對數立術，較簡而未出舊法範圍，復變通天元一術，先求假設對數，因以求定準對數，而求對數者遂可不復開方，後又悟連比例平方法，即開諸乘方通法，因用連比例求諸對數，而得數益捷，此求對數表捷術也，至割圜八綫，必資大測，無能舍六宗三要者，自西士以連比例求弦矢諸術，而八綫乃可徑求。　特其術但有求弦矢法而無求切割二綫法，復補爲推演弧背，與切割二綫互求諸術，於是割圜之法乃大備，此求八綫表捷術也。　若八綫對數則必由弧背求得八綫，然後再由八綫真數求其對數，縱有捷法，亦須兩次推求，乃復會合對數捷法與割圜捷法，以盡其變，知四十五度以内割綫，及四十五度以外正弦諸對數，均可由弧背徑求，既得半象限割綫或正弦對數，而一象限内，諸綫對數皆可加減而得，此求八綫對數捷術也。　八易寒暑，定名曰《求表捷術》，附以算式。書出，泰西艾約瑟詫爲理近微分，譯入彼國，算會又齎所刻《代微積拾級》諸書。踵煦門求見，推服甚至，蓋自名達創立新術，煦與善蘭繼之，積思所極，直超出西人本法之上，不特古法至此爲土苴，即西法亦荃蹏矣，煦别著又有《音分古義》、《船機圖説》、《元空秘旨》諸書，藏於家，煦甥王朝榮字馥園，亦錢塘人，候選訓導，嘗佐煦成《船機圖説》，又問琴律於煦，《音分古義》所由作也。　咸豐十年，寇陷省城，朝榮戰没，煦、熙俱殉難，語具熙傳同縣朱鳳喈，亦以治天文句股學名。

《行狀》、自序、項名遠撰序、《疇人傳三編》。

夏鸞翔字紫笙，錢塘人，諸生。　以輸餉議叙詹事府主簿，受業於項名達。　年少聰潁，研習曲綫諸術，洞析圜出於方之理，匯通推演，以窮其變，謂自西洋杜德美術出，求弦矢可得捷徑，顧猶煩乘除演算終不易，乃思連比例術者，尖堆底也，尖堆底之比例與諸乘方之比例等，以之求連比例術，必合諸乘方積而并求之，設不得諸乘方積遞差之故，方積何能并求？且并求方積欲以加減代之，又必得諸較自然之數，而後可遂悟方積之遞加，加以較也，較之遞生，生於三角堆也，較加較而成積，亦較加，較而成較，且諸乘方積之數，與諸乘尖堆之數，數異而理正同，三角堆起於三角形，故累次增乘皆增以三角方積，起於正方形，故累次增乘皆增以正方三角之較數，增一根則增一較方，積之較數增一乘，則增一較，理正同也。　累次相較，較必有盡，惟其有盡，乃可入算，相連諸弦矢，所以愈相較，而較愈均者，正謂此矣。　諸較之理，皆起於天元，一而生於根差，遞加根一，諸乘方、根差皆一一乘之，數不變，故可以省乘若增，其根差則非復單一乘不能省。弦矢表弧背之差，或差一秒或差十秒，即以一秒或十秒弧綫當根差，按根遞求，即可盡得諸乘方之較，即以較加較而盡，得求弦矢各數，因别譔《洞方術圖解》兩卷，又譔《致曲術》一卷，曰平圜，曰橢圜，曰拋物綫，曰雙曲綫，曰擺綫，曰對數曲綫，曰螺綫，凡七類，類皆於杜德美、羅密士及項名達、戴煦、徐有壬，諸術外自定新術，參互並列，法密理精。　惟雙曲綫内笠體以小徑爲軸，鐘體以大徑爲軸，各求截蓋殼積術，闕而未定，復著《致曲圖解》一卷，謂天爲大圜，天之賦物，莫不以圜，顧圜雖一名類，乃萬族循圜一匝而曲綫生焉，西人以綫所由生之，次數分爲諸類一次式，惟直綫二次式，有平圜、橢圜、拋物綫、雙曲綫四式、三次式，有八十種四次式，有五千餘種，五次以上不可考矣。　鸞翔但就二次式四種，溯其本源并附解，諸乘方拋物綫，形雖萬，殊理實一貫。　諸曲綫式備具於圜錐體上，故圜錐者二次曲綫之母也，橢圜利用，聚拋物綫利用，遠雙曲綫利用，散而其理皆出平圜，苟會其通，則制器尚象，俛仰觀察，爲用無窮。　鸞翔爲一一解之，其目諸曲綫始於一點，終於一點，一諸式之心，二準綫，三規綫，四横直二徑，五兑綫，六兩心差，七法綫、切綫，八斜規綫，九縱横綫式，十諸式互爲比例，十一八綫，十二又爲少廣，縋鑿一卷，專立捷術，以開各類乘方，通爲一術，可逕求平方根數十位，不論益積、翻積，俱爲坦途。　南海鄒伯奇以爲掃盡障礙，明白易曉。　同治三年，鸞翔卒於廣東旅次。　伯奇搜其遺稿刻之，又有《萬象一原》若干卷未刊。　同時諸可繼字述齋，亦錢塘人，著《算學蒙求》、《中西約述》、《求句股最捷法》、《割圜新術》，各若干卷，屬稿未竟，亦客死煙臺，卒年二十九，官知縣，改都察院都事。《遺稾自序》、《鄒澂君遺書》、《疇人傳三編》，諸可寶撰家傳。

李善蘭字壬叔，海寧人，諸生。同治七年，以署廣東巡撫，郭嵩燾薦入同文館，充算學總教習，總理衙門章京，積官户部郎中，晉三品卿銜。善蘭少受業長洲陳奂治，訓詁兼涉詞章。於算學好之獨深，年十歲，見《九章》，以爲淺近，不足學，得《測圓海鏡》，學之，遂通中西之術。咸豐間游上海，與艾約瑟及偉烈亞力譯《幾何原本》後九卷，《代數學》、《代微積拾級》、《重學》、《曲綫説》、《談天》諸書，信筆直書，了無疑義。《幾何原本》第七卷至十卷，中外皆失，其傳第十卷，尤闡理幽元，非深思力索不能驟解，代數變天元，四元別爲新法，微分、積分二術，又借徑於代數，實中土未有之奇秘。善蘭隨題剖析，自言得力於《海鏡》爲多。嘗著《方圜闡幽》、《弧矢啓秘》、《對數探源》、《垛積比類》若干卷，又以《四元玉鑒》列實方廉隅諸數無細草，其天物地人相乘，復寄數夾縫無位置爲改定算式，置太極於一隅，以四元如積，諸廉依次分列，旁行衺上，縱横相遇，並詳演圖説，爲《四元解》二卷，又謂麟德術，盈朒遲速二法，即授時術，平定二差所託，始益以立差再加三乘、四乘，諸差其密，合當不在本輪、均輪、橢圜諸術下爲《麟德術解》二卷，以徐有壬橢圜正術法簡而密理，極精深，爲《橢圜正術解》二卷，《新術》一卷。又搜西説之遺義，究曲綫之極致爲《拾遺》四卷。重學鎗礮鉛彈皆行抛物綫，布算甚繁，以平圜通之，爲《火器真訣》一卷。對數求積、求較二術，西法參互不同，探源以諸乘方合尖錐，與新譯書言雙曲綫與漸近綫中間積數相合，而求較術各異，爲《對數尖錐變法釋》一卷。代數、級數，彼此相函，有以此推彼之級數，即可求以彼推此之級數，舊法閟不宣，爲《級數回求》一卷。《幾何原本》言有等、無等、有比例、無比例，諸數備矣。而數根不詳，其目爲《考數根法》一卷。並世明算之士，同郡戴煦烏程汪曰楨、歸安、張福僖、金山顧觀光、南匯張文虎，皆與善蘭善。時有論難入館，後門弟子益衆，問答益多，擇其語之精者，爲《天算或問》一卷，總十有四書，名之曰則古昔齋算學，行世。別有《群經算學考》，未成，燬於兵。善蘭之學，與鄒伯奇埒，伯奇言西人所恃以爲巧者，數學之外有重學、視學，善蘭亦謂自明。萬歷迄今，疇人子弟皆能通《幾何》矣，顧未知重學。重學分二科，以小重測大重，如衡之類；以小力引大重，如盤車轆轤之類，靜重學也。推其暫如飛礮，擊敵推其久如五星繞太陽，月繞地，動重學也。靜重學之器，凡七其理，二輪軸也，齒輪也，滑車也，皆桿理螺旋也，劈也，皆斜面理。動重學之率，凡三，曰力，曰質，曰速，力同則質小者速大，質大者速小。質同則力小者速小，力大者速大。靜重學所推者，力相定或二力方向同定於一綫，或二力方向異定於一點；動重學所推者，力主速，物不能自動，力加之而動。若動後不復加力，則以平速動；若動後恒加力，則以漸加速動。其理之最要者有二，曰分力、并力，曰重心，靜動二重學之所共者也。凡二力加於一體，令之靜，必定於并力綫；令之動，必行於并力綫。且物之定，必定於重心；物之動，必行於重心綫，并力綫必經過重心也。又凡物旋動，必環重心，地動是也。二物相連，而相繞必環公重心，月地相攝而動是也。故分力、并力及重心爲重學最要，神而明之，制器考天之理，皆寓於其中，欲人知習算，制器日精，頡頏海外，其意於《江南重刻胡威立重學序》發之，錢塘諸可寶云：善蘭之心，即宣城梅文鼎之心，其義往往有文鼎所未及之義，可謂知言善蘭。以光緒十年卒官。《則吉昔齋算學》、《鄒徵君遺書》、《再續疇人傳例》、《疇人傳三編》。

方克猷字子壯，於潛人，性奇慧，讀書目十行下。年十六，選光緒十一年拔貢。十五年舉於鄉，闈藝用天算家言，典試者順德李文田激賞之。十六年成進士，官刑部主事，保送熱河理刑司。以勞擢員外郎，尋卒。生平於幾何學確有心得。赴計偕即盡出所著書質文田，文田謂其氣鋭心精，能名其家。克猷既篤嗜測算，曾躬歷阡陌，測繪其先世田畝爲實驗，而三角八綫之術益邃。先是，海寧李善蘭以幾何家於無法諸直綫、無法諸曲綫形面，必析爲諸平三角體，必析爲諸立三角，因首以諸乘方合尖錐，解方圜積較之理，用之割圜。學者猶病各尖錐之積數可知，而此各尖錐上所成之曲綫之性情不可知，克猷悟其理，所著曲綫考其論，割圜法亦分爲四象限，而用諸乘抛物綫與諸乘尖錐，相合成一直積，以證明其間曲線性情不啻爲西人所謂諸乘抛物綫，其形狀可知，即其性情亦可知，不獨形爲有法之形，即綫亦爲有法之綫，進一解也。青浦席淦歎爲幾何大宗，西士歐理斐亦心折之。已刻書凡四篇，都二卷，曰尖錐曲綫考，曰人綫法衍，曰四元術贅，曰：諸乘差。對數説，自謂前人亦由之而不能知之，布算演草，真足使學者了無疑義。又謂於至繇中得至簡之用，錯綜參互比於璇璣，回文巧之至也。他著未刻者，尚有《圜錐曲綫説》、《尖錐術解》、《尖錐術衍》、《對數術衍》、《三角公式》、《句股公式》、《火器真訣衍》，皆立法精密，兼中西之長，蓋自項、戴、夏、李後能承遺緒者，舍克猷莫屬矣。李文田席淦撰序，參行狀。

清・李楁《杭州府志》卷一五〇 張永祚字景韶，郡人。甫離懷抱，即夜從母仰瞻五緯，長益通曉星學。年近三十，督學王蘭生稔其學，録爲諸生。總督嵇曾筠求能通知星象者，試永祚策，立成數千言。大器之，薦於朝，授欽天監博士，

一再引見，占候悉驗。詔刊經史，校勘二十二史天文、律曆兩志，書成將議叙，遽乞假歸，取平昔所著天象源委足成之，卒於竹竿巷。萬氏有女，能傳其學，嫁諸生沈度字天橋，亦善推步法，永祚書在度家。《乾隆志》。

紀事

明・李之藻《請譯西洋曆法等書疏》 萬曆三十九年，曾經禮部具題要將平素究心曆理，如某人某人等，開局繙譯，用備大典。未奉明旨。雖諸臣平日相與討論，或窺梗槩，但問奇之志雖勤，摘槧之功有限。當此曆法差謬，正宜備譯廣參，以求至當。即使遠在海外，尚當旁求博訪，矧其獻琛求賓，近集輦轂之下，而可坐失機會，使日後抱遺書之難哉？洪武十五年，奉太祖高皇帝聖旨，命儒臣吳伯宗等譯《回回曆》、《經緯度》、《天文書》，副在靈臺，以廣聖世同文之化，以佐臺監修伍之資，傳之史册，實爲美事。今諸陪臣，真修實學，所傳書籍，又非《回回曆》等書可比。其書非特曆術，又有水法之書，機巧絶倫，用之灌田濟運，可得大益。又有算法之書，不用算珠，舉筆便成。又有測望之書，能測山嶽江河遠近高深，及七政之大小高下。有儀象之書，能極論天地之體與其變化之理。有日軌之書，能立表於地，刻定二十四氣之影線，能立表於牆面，隨其三百六十向，皆能兼定節氣。種種製造不同，皆與天合。有《萬國圖誌》之書，能載各國風俗山川險夷遠近。有《醫理》之書，能論人身形體血脉之故，與其醫治之方。有《樂器》之書，凡各鐘琴笙管，皆别有一種機巧。有《格物窮理》之書，備論物理事理，用以開導初學。有《幾何原本》之書，專究方圓平直，以爲製作工器本領。以上諸書，多非吾中國書傳所有，想在彼國，亦有聖作明述，别自成家。總皆有資實學，有裨世用。深惟學問無窮，聖化無外，歲月易邁，人壽有涯。況此海外絶域之人，浮槎遠來，勞苦跋涉，其精神尤易消磨。昔年利瑪竇最稱博覽超悟，其學未傳，溘先朝露，士論至今惜之。今龐迪我等鬚髮已白，年齡向衰，遐方書籍，按其義理，與吾中國聖賢可互相發明，但其言語文字，絶不相同，非此數人，誰與傳譯？失今不圖，政恐日後無人能解。可惜有用之書，不免置之無用。伏惟皇上久道在宥，禮備樂和，儒彦盈廷，不乏載筆供事之臣，不以此時繙繹來書，以廣文教，今日何以昭萬國車書會同之盛？將來何以顯曆數與天無極之業哉？如蒙俯從末議，勑下禮部亟開館局。徵召原題明經通算之臣，如某人等，首將陪臣龐迪我等所有曆法，照依原文譯出成書，進呈御覽，責令疇人子弟習學，依法測驗，如果與天相合，即可垂久行用，不必更端治曆，以滋煩費；或與舊法各有所長，亦宜責成諸臣，細心斟酌，務使各盡所長，以成一代不刊靈憲。毋使仍前差謬，貽譏後世。事完之日，仍將其餘各書，但係有益世用者，漸次廣譯，其於鼓吹休明，觀文成化，不無裨補。

明・朱載堉《聖壽萬年曆・附録》 河南等處提刑按察司分巡河北道僉事臣邢雲路謹奏，爲議正曆元以成大典事。臣惟稽古帝王，必以治曆明時爲首務，蓋其重也。【略】

萬曆二十四年十二月二十三日，抄刑科給事中李應策一本，乞敕亟定歲差，以答輿望事。臣惟曆之關于時，歲差之關于曆大矣。該鄭世子載堉曾獻曆上壽，蒙禮部覆準，發欽天監，磨對事聞。乙未歲八九月中，迄今無耗，昨該河南按察司僉事邢雲路復請議正曆元，詳議本年冬至。雲路測未正一刻，《大統》推申正二刻，實後天九刻。本年閏八月日食，雲路候初虧巳正一刻，食止七分。《大統》推初虧巳正三刻，食將幾盡後天二刻。其測候諸應參差，較鄭世子所奏，簡切便覽，獨應時加減法尚未遽悉耳。【略】

萬曆二十五年正月二十四日，抄欽天監監正張應候等，謹題爲申明曆元，乞賜宸斷，以杜妄議事。臣等仰荷聖恩，職司臺監，凡星象曆數選擇堪輿數事，莫不夙夜匪懈，兢兢業業，毫無敢忽，此臣等上報國恩，而下盡臣子之職分也。臣等于萬曆二十四年十二月内，偶接得河南僉事邢雲路揭帖。開稱《大統曆》筭差訛，悉宜改正。臣等不勝駭異，查得昔帝堯乃命羲和，欽若昊天，曆象日月星辰，敬授人時。迄于周秦漢晉唐宋以來，不啻數十家，更改損益，以至于元而有郭守敬出焉。是以上考往古，下驗將來，斟酌損益，以成一代之曆。其歲差歲實，諸應氣策，立法之密，槩無出右者矣。【略】

禮部尚書臣范闞等謹題，爲議正曆元以成大典事。祠祭清吏司案，呈奉本部，送禮科抄出。河南等處提刑按察司分巡河北道僉事邢雲路奏前事，奉聖旨禮部，看了來説。欽此。又該欽天監監正張應候等題爲申明曆元，乞賜宸斷以

杜妄議事。奉聖旨禮部知道，欽此。欽遵通抄到部，送司案呈到部，爲照治曆明時。國家首務序，正五辰綱紀，萬事所係，誠爲鉅重毫忽，豈容少差？顧其差與不差，惟驗之日月星辰而已。先在萬曆二十三年，鄭世子載堉疏《進曆書》，內稱舊法少差，已經本部奉旨覆議，以其書下欽天監推筭測驗，尚無實證，未敢遽信爲然。近據萬曆二十四年閏八月朔日食，時刻分秒，與欽天監所奏，委覺參差。臣等方議題請博訪精通曆數之士，亟爲測驗，脩正之圖。今適河南按察司僉事邢雲路疏請改正曆元，諸法良爲有見。乃欽天監監正張應候又此奏辯，惟欲固守舊法。夫使舊法無差，誠宜世守。而今既覺少差矣，失今不脩，將歲愈久而差愈遠，其何以齊七政而釐百工哉？相應俯從邢雲路所請，即行考求磨筭，漸次脩改爲是。但曆數本極玄微，脩改非可易議。蓋更曆之初，上考往古數千年布筭，雖有一定之法，而成曆之後，下行將來數百年，不無分秒之差，前此不覺非其術之疎也。以分秒布之，百餘年間其微不可紀，蓋亦無從測識之耳。必積至數百年差，至數分而始微見其端。今欲驗之，亦必測候數年，而始微得其槩。即今該監人員，不過因襲故常，推衍成法而已。若欲斟酌損益，緣舊爲新，必得精諳曆理者，爲之總統其事，選集星家多方，測候積筭，累歲較析毫芒，然後可爲準信，裁定規制。今據邢雲路奏議，詳悉研窮星曆之家，考正舊法之差，似得肯綮。蓋一時五官疇人，未有能及之者，相應專任責成合無咨行吏部，即以僉事邢雲路行取入京，添註五品京銜，提督欽天監事。該監人員皆聽約束，本部仍博訪通曉曆法之士，悉送本官委用。務親自督率各官，測候二至太陽晷刻，逐月中星躔度，及驗日月交食、起復時刻、分秒方位，諸數隨得隨録，逐一開呈御覽。積之數年，酌定歲差，脩正舊法，則萬世之章程不易，而一代之寶曆惟精。其於國家敬天勤民之政，亦誠大有禆補矣。其見行二十六年曆日，該監仍照舊法推筭，不與相妨。及查律例所禁，乃指民間妄以管窺而測妖祥。僞造曆書而紊氣朔者，言若天官，書天文志曆書曆志，載在歷代。國史語云：通天地人，謂之儒學士大夫，所宜通曉第，患不能精耳。非槩以例禁之也。據《大明會典》，明開天文地理藝術之人，禮部務要備知以憑取用，仍行天下，訪取考驗收用。在弘治十年，令訪取世業原籍子孫，併山林隱逸之士，及致仕退閑等，項官吏生儒軍民人等，有能精通天文者，試中取用。在嘉靖元年，工科給事中吴巖題請，考選精術以備國用。本部覆奉欽，依保舉精通天文曆法者，不拘致仕官員、監生生員、山林隱逸之士，何嘗禁人習學曆法乎？如欲執私習之條，而絕星曆之學，誤矣。該監各官，局守成筭，既不能測驗以窮其變，又不能虛心博訪，考訂以復其常。今既有其人，務在同心共事，協力推驗，不得妬功忌能，自相矛盾，悉聽本部參究，恭候命下，容臣等遵奉施行，緣係議正曆元，以成大典。等及節奉，欽依禮部看了來說。禮部知道事理，未敢擅便，謹題請旨留中。

明・陳子龍《明經世文編》卷四九三《修曆用人三事》 其二，用西法，高皇帝得《回回曆法》，稱爲乾方先聖之書，令詞臣吴伯宗等，與馬沙亦黑同事翻譯，至今傳用。惜亦年遠漸差。萬曆間，西洋歸化，陪臣利瑪竇等，尤精其術，四十等年曾(逕)〔經〕部覆推舉。今其同伴龍華民、鄧玉(亟)〔函〕二臣，見居賜寺，必得其書其法，方可以較正訛謬，增補闕略。蓋其術業既精，積驗復久，若以《大統》舊法與之會通歸一，則事半而功倍矣。

明・黄光昇《昭代典則》卷九《太祖高皇帝》 （甲子十七年冬十月）丙戌，以左春坊左諭德趙瑁爲禮部尚書。丁亥，以秀才宋矩等十七人爲監察御史，欽天監刻漏博士進《大統曆》。

欽天監刻漏博士元統言：曆日之法，其來尚矣。蓋一代之興必有一代之制，隨時修改以合天道。皇上承運以來，曆雖以《大統》爲名，而積分猶《授時》之數，況《授時曆》法以至元，辛巳爲曆元，至今洪武甲子，積一百四年，以曆法推之，得三億七千六百一十九萬九千七百七十五分。《經》云：大約七十年而差一度，每歲差一分五十(抄)〔秒〕。辛丑至今年，遠數盈漸差，天度擬合修改。臣今以洪武甲子歲前冬至爲《大統曆》元，推演得《授時曆》辛巳閏，准分二十萬二千五十分，洪武甲子閏，准分一十八萬二千七十分一十八(抄)〔秒〕；《授時曆》辛巳氣准分五十五萬六百分，洪武甲子氣准分五十五萬三百七十五分；《授時曆》辛巳轉准分一十三萬一百五分，洪武甲子轉准分二十萬九千六百九十分；《授時曆》辛巳交准分二十六萬三百八十八分，洪武甲子交准分一十一萬五千一百五分八(抄)〔秒〕。蓋七政之源，有遲疾、逆順、伏見不齊，其理深奧，實難推演。臣聞磨勘司令王道亨有師郭伯玉者，西安府鄠縣人也，精明九數之理，深通曆數之源。若得此人推演，《大統曆》法庶幾可成一代之制。蓋天道無端，惟數可以推其機；天道至妙，因數可以明其理。是理因數顯，數從理出，故理數可相倚而不可相違也。臣等職在觀占推步，以驗民時，誠不敢以膚淺之學自用。願得博聞洽見之人任之，庶可以少副皇上敬天之心也。書奏，上是其言。其後監副李德芳言，故元至元辛巳爲曆元，上推往古，每百年長一日，每百年消一日，永久不

可易也。今監正元，統改作洪武甲子曆元，不用消長之法。考得春秋晉獻公十五年戊寅歲距至元辛巳，二千一百六十三年。以辛巳爲曆元，推得天正冬至在甲寅日夜子初三刻，與當時實測數相合。洪武甲子元，正止距獻公戊寅歲二千二百六十一年。推得天正冬至在己未日午正三刻，比辛巳爲元差四日六時五刻，當用至元辛巳爲元。及消長之法，方合天道。疏奏，元統復言：臣所推甲子曆元，實與舊法相合，略無差繆。上曰：二説皆難憑，只驗七政交會行度無差者爲是。自是欽天監造曆，以洪武甲子爲曆元，仍依舊法推筭，不用捷法。先是，朝廷訪求通曉曆數，數往知來，試無不驗者封侯，食禄千五百石。山東監生周敬心奏言：國祚長短在德厚薄，非曆數之可定。三代有道之長，固有定論。三代而下深仁厚德者，漢唐宋而已。如漢高之寬仁，繼以文景之恭儉，昭宣之賢明，光武之中興。章帝之長者，唐太宗之力行仁義，宋太宗之誠心愛民，是以有道之長國祚。最短者，莫如秦，其次如隋，又其次如五代。始皇之酷虐，煬帝之苛暴，五代之窮凶，是皆人事所致，豈在曆數。欽惟皇上應天眷命，掃滅胡夷，救亂誅暴，其功大矣。然神武過於漢高而寬仁不及，賢明過於太宗而忠厚不及，是以御宇以來，政教未敷，四方未治。伏乞效漢高之寬仁，同太宗之忠厚，法三代之税斂，則帝王之祚，可傳萬世，又何必問諸小技之人耶？

明·沈德符《萬曆野獲編》卷二〇《曆學》 自利瑪竇入都，號精象數，而士人李之藻等皆授其業，似當令兼領天文，如先朝儒臣童軒華湘等可也。

明·沈德符《萬曆野獲編》卷二〇《鄭世子論歲差》 今上乙未，鄭世子載堉造萬年曆，上之，其疏云：洪武間監正元統造《大統曆》，以洪武甲子爲曆元，上考下推，無消長之法。時監副李德芳駁之，謂不與經史相合，宜用許衡辛巳元曆。太祖謂二曆俱難憑，只驗七政交會，行度無差者爲是。今取《大統》、《授時》二曆相較，考古則氣差三日，推今則時差九刻。或以授時減分太峻，失之先天；《大統》不減，失之後天。今和會二家成曆書，曰《律曆會通》，并曆以上。禮官議亡元至元四年，西域札馬魯丁撰進新曆，其時已名爲《萬年曆》矣，未幾《授時曆》成，《萬年曆》遂廢不行。至於歲差之法，上古無聞，始於晉洛下閎，唐虞喜，元許衡、郭守敬，始以六十六年差一度。考古則每百年減一，推來則每百年加一，法號精密，《大統曆》至今用之。今如堉所云，則弦望已各差一日，似未至此，其議遂格。然嘉靖二年華湘掌欽天監時，曾以歲差改曆爲請，謂堯時冬至，距今四千年，已差五十度。自元至元改辛巳曆，至今二百四十三年，已差三度六十四分五十秒。亦引洪武間元統言爲證，則世子疏，或未盡非也。

明·沈德符《萬曆野獲編》卷二〇《日食訛謬》 萬曆庚戌十一月朔壬寅日食。初，欽天奏稱日食七分有餘，未正一刻初虧，申初三刻食甚，酉初初刻復圓。春官正戈謙亨等又稱，未正三刻初虧，已互異矣。既而兵部員外范守己駁之，謂親驗日晷，未正一刻不虧。至正、二正、三正四刻俱然，直至申初二刻，始見西南略有虧形，至申正二刻方甚，且不止七分有餘。蓋曆官前後俱誤也。禮部因言：自萬曆元年至今，日食已十餘次，其差或一二刻，以至四刻，前代如漢修改五次，魏至隋修改十三次，唐至五代周修改十六次，宋修改十八次，金至元末修改三次，本朝二百餘年未經修改，豈能無訛。今范守己及按察使邢雲鷺精通曆學，雲鷺有《古今律曆考》，採詳密，可照先朝給事樂濩主事華湘改光禄少卿，提督欽天監。又檢討徐光啓，員外李之藻，俱究心曆理，以及大西洋歸化陪臣龐迪莪，熊三拔等，俱攜有彼國曆法諸書，乞照洪武十五年命翰林李翀、吴伯宗靈、臺郎海達兒、回回天師馬黑亦沙等，譯修西域曆法事例，盡録其書，以補典籍之闕，庶曆法詳明，有光前代。疏上不報。似此訛舛，不急改訂，曆律不知所終矣。

明·潘彦登《〈曆測紀事〉序》 潘彦登曰：余幼好天官，生耽星曆，顓門無受，億中自勞，嘗辨蓂草榮枯，或感盆魚，陟降有時，會意終夜，營思恈，尼父智詘，二兒之争，嗤莊生辯，窮六合之外，因而遊神寥廓，殫慮忽荒，緣習生常，迨壯彌力咀，微言於古聖，攬捌法於名家，準易攡玄，守泊大類。揚子夜星書籍積思宜讓更生時，驚太乙青藜，每詫天章碧漢，未嘗高士憾乏。明微在癸亥，歸餘孟冬，悟日至於焉。從朔暨甲子聚星鳥嗉，忻天運縣此重開，偶上郭隗金臺，省我舅氏，因識天孫機石，覯此畸人，一豁疑情，頓躋玄覺。嗚呼，興賢舉逸，二千石紀綱人倫，治曆明時億萬年，終始天道，蒼穹碧落，真畫難繪其清；磨轉蟻行，深觀莫原其變。清言善於標位，手筆取乎錯綜。聊因卷帙告竣，紀兹邂逅勝事云爾。崇禎二年閏四月辛酉逸史歙中潘彦登先于書策。

清·李光地《榕村集》卷三一 賜示輿地全圖覆奏劄子

臣李光地謹奏本月二十五日，蒙皇上發下輿地全圖賜臣看，臣謹捧到寓處，披開詳看。上准天度以定道里，既廣袤之不差。下盡地域而究山川，尤源流之易見。至於岱宗一脉，實從青營横海而來，黑水三名確有雍梁長河之隔，此尤(歷)〔曆〕朝史志之所未講，專門名家之所未明，非皇上擅仰觀俯察之智，而紹伏羲之心，乘一統無外之時，而陟神禹之迹，斷不能周徧精詳如此也。從此傳之萬

世，不特昭本朝之聲教覃敷圖王會者，多其紀載，抑且息從來之經史，聚訟述皇輿者，有所折中矣。謹將原圖奉繳，伏乞皇上賜臣一幅永爲家寶，不勝幸甚。再上年因性理精義中，朱子講江浙閩廣山脉處兩段可疑，奉旨命臣具奏。臣隨奏摺請旨未蒙發下。今精義已刊刻成書，伏乞皇上御筆裁定，或删去此兩條，再搜別條補入，或詳作案語，令學者無疑於朱子之說，統候聖誨，遵奉施行。

清・王錫闡《曉庵遺書・雜著・測日小記序》 說者曰：推步而得之不如仰觀之易也。此殆有爲言之，而耳食者以爲信然，幾何不爲陳言所誤耶。余謂步秝固難驗秝亦不易，何也？《大學》一家有理而後有數，有數而後有法，然惟創法之人，必通乎數之變，而窮乎理之奥。至于法成，數具而理藴于中，似乎三尺童子可以運籌而得。然達人穎士猶或畏之，則以專術之賾糾繆千端，不可以一髮躁心浮氣乘于其間，所以塗本坦夷而卻步者，嘗多也。若夫驗秝，則垂象昭然。有目所共覩密者，不可誣以爲疎疎者，不可諛以爲密。雖謂之易也，可然語其大槩，則亦或得之矣。其如薄食之，分秒加時之，刻分之，不可決之于目，斷之于意乎。故非其人不能知也，無其器不能測也，人明于理而不習于測，猶未之明也。器精于製而不善于用，猶未之精也。人習矣，器精矣，一器而使兩人測之，所見必殊。則其心目不能一也。一人而用兩器測之，所見必殊，則其工巧不能齊也。心目一矣，工巧齊矣，而所見猶必殊，則以所測之時瞬息必有遲早也。數者之難，誠莫能免其一也。即不然而食分，分餘之秒果可以尺度量乎？辰刻刻餘之分，果可以儀晷計乎？古人之課食時也，較疎密于數刻之，問而余之，課食分也。較疎密于半分之內，夫差以刻，計以分，計何難知之？而半刻半分之差，要非躁率之人粗疎之器所可得也。倘惟仰觀是信，何時不自矜，何時不自欺，以爲密合乎？故曰：驗秝亦不易也，重光作噩仲秋辛巳朔食，法具五種，算宗三家，或行于前代，或用于當今，或修于朝宁，或潛于草澤，莫不自謂脗合天行。及至實測，雖疎近不同，而求其纖微無爽者，卒未之覩也。于此見天運淵微，人智淺末，學之愈久而愈知其不及。入之彌深，而彌知其難窮。縱使確能度越前人，猶未足以言知天也。況乎智出前人之下，因前人之法而附益者乎！平情而論，創法爲難，測天次之，步秝又次之，若僅能操觚，而即以創法自命，師心任目，撰爲鹵莽之術以測天。約略一合而傲然自足，胸無古人，其庸妄不學未嘗艱苦可知矣。謹記辛巳朔，測日始末如左。

附潘力田辛丑秝辨

昔堯命羲和曰：以閏月定四時成歲，蓋秝法首重置閏，而《春秋》傳曰：先王之正時也，履端於始，舉正於中，歸餘于終。所謂始者，取氣朔分齊爲秝元也。所謂中者，月以中氣爲定。無中氣者，則爲閏也。所謂終者，積氣盈朔，虛之數而閏生焉也。自漢以降，秝衛雖屢變未有能易此者。唯西域諸秝則不然，其法有閏年，有閏日，而無閏月。蓋中秝主日，而西秝主度，不可强同也。今之爲西秝者，乃以日躔求定氣，以定氣求閏月，不惟盡廢中國之成憲，而亦自悖西域之本法矣。故十餘年來，宫度既紊，氣序亦訛如戊子之閏三月也，而置在四月，庚寅之閏十一月也，而置在明年之二月，癸巳之閏七月也，而置在六月，己亥之閏正月也，而置在三月。其爲舛誤何可勝言！然非深於秝者，未易指摘，至於辛丑之閏月，則其失顯然無以自解矣，何也？閏法當論平氣，而不當論定氣。若以平氣，則是年小雪在十月晦，冬至在十一月朔，而閏在兩月之間。所謂閏前之月，中氣在晦，閏後之月，中氣在朔者也。今以定氣，則秋分居九月朔，故彼預於七月置閏，然後秋分仍在八月，而霜降、小雪各歸其月，無如大寒定氣，乃在十一月晦，而十二月又無中氣，既不可再置一閏，則是同一無中氣之月，而或閏或否。彼所云太陽不及交宫即置爲閏者，何獨于此而自背其法乎？蓋孟秋非歸餘之終，故天正不能腹端於始，地正不能舉正於中也。如此則四時不定，歲功不成，而閏法又安用之？且壬寅正月定朔，舊法在丙子丑初，即彼法亦在丙子子正，則辛丑之季，冬當爲大盡，而明年正月中氣復移於今歲之秒。彼亦自覺其未安，故進歲朔於乙亥，而季冬爲小盡之月，皆所謂欲蓋彌彰者也。即辛丑歲朔，以彼法推，當會於亥正，而今在戌正，差至六刻，其他牴牾更難枚舉。噫，作法如是，而猶自以爲盡善，可乎？蓋其說以日行盈縮爲節氣短長，每遇日行最盈，則一月可置三氣，是古有氣盈朔虛，而今更有氣虛朔盈矣。然或晦朔兩節氣而中氣介其間，如丙戌仲冬去閏稍遠，猶可不論，獨辛丑仲冬冬至大寒，俱在晦朔，去閏最近，進退無據。苟且遷就，有不勝其弊者，夫閏法之主平氣，行之已數千年矣，今一變其術，未久而輒窮至於無可如何，則又安取紛更爲也？

清・梅文鼎《曆學疑問一・論天地人三元非回回本法》 問：治《回回曆》者，謂其有天地人三元之法，天元謂之大元，地元謂之中元，人元謂之小元，而以己未爲元。其簡法耳，以子言觀之，其說非歟？曰：天地人三元分算，乃吳郡人陳壤所立之，率非《回回》法也。陳星川名壤，袁了凡師也，嘉靖間曾上疏改曆，而格不行。其說謂天地人三元，各二千四百一十九萬二千年，今嘉靖甲子在人元，已曆

四百五十六萬六千八百四十算，所以爲此迂遠之數者，欲以求太乙數之周紀也。按：太史王肯堂筆麈云：太乙多不能算曆，故以曆法求太乙，多不合，惟陳星川之太乙與曆法合。然其立法皆截去萬以上數不用，故各種立成皆止于千。其爲虚立無用之數可知矣。夫三式之有太乙，不過占家一種之書。初無關于曆算，乂其立法以六十年爲紀，七十二年爲元，五元則三百六十年，謂之周紀，純以干支爲主。而西域之法不用干支，安得有三元之法乎？今天地人三元之數現在曆法新書，初未嘗言其出於《回回》也。蓋明之知《回回曆》者，莫精于唐荆川順之、陳星、川壤兩公，而取唐之説以成書者，爲周雲淵。述學述陳之學以爲書者，爲袁了凡。黄然雲淵《曆宗通議》中所述，荆川精語外別無發明。有《曆宗中經》，余未見。而荆川亦不知最高爲何物。唐荆川曰：要求盈縮何故减那最高行度，只爲歲差積久年年，欠下盈縮分數，以此補之云云，是未明厥故也。若雲淵則直以每日日中之晷景當最高，尤爲臆説矣。了凡新書通《回回》之立成于《大統》，可謂苦心。然竟削去最高之算，又直用《大統》之歲餘，而棄《授時》之消長，將逆推數百年亦已不效，況數千萬年之久乎？人惟見了凡之書多用《回回》法，遂誤以爲西域土盤本法耳。又若薛儀甫鳳祚，亦近日西學名家也，其言《回回曆》乃謂以己未前五年，甲寅爲元，此皆求其説不得而强爲之解也。總之，《回回曆》以太陰年列立成，而又以太陽年查距算，巧藏其根。故雖其專門之裔，且不能知無論他人矣。查開皇甲寅乃回教中所傳彼國聖人辭世之年，故用以紀歲，非曆元也，薛儀甫蓋以此而誤。

清・楊光先《不得已》　江南徽州府歙縣民楊光先，年六十八歲，告爲職官謀叛本國，造傳妖書惑衆，邪教布黨京省，邀結天下人心，逆形已成，厝火可慮，請乞蚤除以消伏戎事。竊惟一家有一家之父子，一國有一國之君臣。不父其父而認他人之父以爲父，是爲賊子；不君其君而認海外之君以爲君，是爲亂臣。亂臣賊子，人人得而誅之，況污辱君親，毀滅先聖，安可置之不計？西洋人湯若望，本如德亞國謀反正法賊首，耶穌遺孽。明季不奉彼國朝貢，私渡來京。邪臣徐光啓貪其奇巧器物，不以海律禁逐，反薦於朝，假以脩曆爲名，陰行邪教。延至今日，逆謀漸張：令曆官李祖白造《天學傳槩》妖書，謂東西萬國皆是邪教之子孫，來中夏者爲伏羲氏，《六經》、《四書》盡是邪教之法語微言。豈非明背本國，明從他國乎？如此妖書，罪在不赦。主謀者湯若望，求序者利再可，作序者許之漸，傳用者南敦伯、安景明、潘進孝、許謙。又布邪黨於濟南、淮安、揚州、鎮江、江寧、蘇州、常熟、上海、杭州、金華、蘭谿、福州、建寧、延平、汀州、南昌、建昌、贛州、廣州、桂林、重慶、保寧、武昌、西安、太原、絳州、開封並京師，共三十堂。香山嶴盈萬人，踞爲巢穴，接渡海上往來。若望借曆法以藏身金門，窺伺朝廷機密。若非内勾外引連，圖謀爲不軌，何故布黨爲立天主堂于京省要害之地，傳妖書以惑天下之人？且於《時憲曆》(畫)〔面〕敢書「依西洋新法」五字，暗竊正朔之權，以尊西洋。明白示天下，以大清奉西洋之正朔，毀滅我國聖教，惟有天教獨尊。目今僧道香會，奉旨嚴革，彼獨敢抗朝廷。每堂每年六十餘會，每會收徒二三十人，各給金牌、繡袋，以爲憑驗。光先不敢信以爲實，乃託血親江廣假投彼教。果給金牌一面，繡袋一枚，妖書一本，會期一張。詎二十年來收徒百萬，散在天下，意欲何爲？種種逆謀，非一朝夕。若不速行翦除，實爲養虎貽患。莫若雖大清之兵强馬壯，不足慮一小醜，苟至變作，然後勦平，生靈已遭塗炭。莫若除於未見，更免勞師費財。伏讀《大清律》「謀叛」、「妖書」二條，正與若望、祖白等所犯相合。事關萬古綱常，憤無一人請討，布衣不惜齏粉，初忠曆代君親，謹將《天學傳槩》妖書一本，邪教《圖説》三張，金牌一面，繡袋一枚，會期一張，順治十八年漢字黄曆一本，並光先《正圖體呈藁》一本，與許之漸書藁一本，具告禮部，叩密題參，依律正法，告禮部正堂施行。康熙三年七月二十六日告，本日具疏題參。堂司官親帶光先至左闕門引奏，隨令滿丁十二名將光先看守在祠祭司土地祠。八月初五日密旨下部，會吏部同審。初六日會審湯若望等一日。初七日，放楊光先寧家。

與許青嶼侍御書

新安布衣楊光先稽首頓首，上書侍御青翁許老先生大人臺下。士君子搦七寸管，自附於作者之林，即有立言之責，非可苟然而已也。毋論大文小文，一必祖堯舜，法周孔，合於聖人之道，始足樹幟文壇，價高琬琰，方稱立言之職。苟不察其人之邪正，理之有無，言之真妄，而槩以至德要道許之，在受者足爲護身之符，而與者卒有比匪之禍。不特爲立言之累，且併德與功而俱敗矣。斯立言者之不可以不慎也。吾家老不曉事，豈不可以爲鑒哉？兹天主教門人李祖白者，著《天學傳槩》一卷，其言曰天主上帝，開闢乾坤，而生初人，男女各一。初人子孫聚居如德亞國，此外東西南北並無人居。依此説，則東西萬國盡是無人之空地。當是共事一主，奉一教，紛歧邪説，無自而生。其後生齒日繁，散走遐逖，而大東大西有人之始。其時略同，祖白此説，則天下萬國之君臣百姓，盡是邪教之子孫。祖白之膽，信可包天矣。考之史册，推以曆年，試問祖白：此史册是中夏之史册乎？是如德亞之

史册乎？如謂是中夏之史册，則一部《二十一史》，無有「如德亞天主教」六字，如謂是如德亞之史册，祖白中夏人，何以得讀如德亞之史？必祖白臣事彼國，輸中國之情，尊如德亞爲君，中夏爲臣，故有「史册」、「曆年」之論。不然，我東彼西，相距九萬里，安有同文之史册哉？謀背本國，明從他國，應得何罪，請祖白自定。在中國爲伏羲氏。謂我伏羲是天主教之子孫，豈非賣君作子，以父事邪教？祖白之頭可斬也。即非伏羲，亦必先伏羲不遠，爲中國有人之始。伏羲以前，有盤古三皇。天皇氏已有干支。自天皇甲子至明天啓癸亥，凡一千九百三十七萬九千四百六十年，爲天官家中積分曆元。祖白曆官不知曆元之數，而謂伏羲以前中夏無人，豈止於惑世誣民已哉？欺天罔人之罪，祖白妄所逃乎？此中國之□人，實如德亞之苗裔。伏羲是如德亞之苗裔，則五帝一王以至今日之聖君聖師聖臣，皆令其認邪教作祖，置盤古三皇親祖宗於何地？即寸斬祖白，豈足以盡其無君無父之辠？以中夏之人而認西洋之邪教作祖，真雜種也。上天何故而生此人妖哉？自西徂東，天學固其所懷來也。生長子孫，家傳户習。此時此學之在中夏，必倍昌明於今之世矣。伏羲時，天主教之學既在我(忠)〔中〕百家傳户習，且倍昌明於今之世，二其書有存者，自有書契，至今絶無天主教之文。祖白無端倡此妖言，出自何典？不知祖白是何等心竅，國家有法，必剖祖白之胸，探其心以視之。延至唐虞，下迄三代，君臣告誡於朝，聖賢垂訓於後，往往呼天稱帝，以相警勵。夫有所受之也，豈偶然哉？以《二典》、《三謨》、《六經》、《四書》之天帝，爲受之邪教之學，誣天非聖極已。即啖祖白之肉，寢祖白之皮，猶不足以泄斯言之恨。其見之《書》曰：昭受上帝，天其申命用休，引《書》九十五言。《詩》曰：文王在上，於昭于天，引《詩》一百一十言。《魯論》曰：獲罪於天，無所禱也。引《論語》二十六言。《中庸》曰：郊社之禮，所以事上帝也，引《中庸》二十言。《孟子》曰：樂天者保天下。引《孟子》五十九言。凡此諸文，何莫非天學之微言法語乎？往時利瑪竇引謂中夏之聖經賢傳，以文節其邪教，今祖白徑謂中夏之聖經賢傳，是受邪教之法語微言。祖白之罪，可勝誅乎？審是，則中國之教，無先天學者。竊先天學，則先聖先賢皆邪教之後學矣。凡百君子讀至此而不痛哭流涕，與之共戴天者，必非人也。噫！小人而無忌憚，亦至此哉！不思我大清今日之天下，即三皇五帝之天下也；接三皇五帝之正統，大清之太祖、太宗、世祖今上也；接周公孔子之道統，大清之輔相師儒也。祖白謂歷代之聖君聖臣，是邪教之苗裔，《六經》、《四書》是邪教之微言，將何以分别我大清之君臣而不爲邪教之苗裔乎？祖白之膽何大也！世祖碑天主教之文有曰：夫朕所服膺者，堯舜周孔之道；所講求者，精一執中之理。至於玄笈貝文所稱《造德》、《楞嚴》諸書，雖嘗涉獵，而旨趣茫然。况西洋之書，天主之教，朕素未覽閱，焉能知其説哉？大哉聖謨，真千萬世道統之正脉，後雖有聖人，弗能駕世祖斯文而上之也。蓋祖白之心，大不滿世祖之法堯舜，尊周孔，故著《天學傳槩》，以闢我世祖而欲專顯天主之教也。以臣抗君，豈非明背本國，明從他國乎？而弁其端者曰：康熙三年，歲在甲辰春壬？正月，柱下史毘陵許之漸敬題。噫吁戲，異乎哉，許先儒我代先聖之聖經賢傳而邪教緒餘之矣，豈止於妄而已哉？實欲挾大清之人，盡叛大清而從邪教，是率天下無君無父也。而先生序之曰：二氏終其身於君臣父子，而莫識其所爲天。即儒者或不能無弊，噫，是何言也？二氏供奉皇帝龍牌，是識君臣；經言：齋千辟支佛，不如孝堂上二親。是識父子，况吾儒以五倫立教乎？唯天主耶穌謀反於其國，正法釘死，是莫識君臣；耶穌之母瑪利亞，有夫名若瑟，而曰耶穌不由父生；及皈依彼教，人不得供奉祖父神主，是莫識父子。先生反以二氏之識君臣父子者，謂之爲莫識君臣父子；以耶穌之莫識君臣父子者，謂之爲識君臣父子。何刺謬也！儒者有弊，是先聖乎，先賢乎，後學乎？不妨明指其人，與衆攻之。如無其人，不宜作此非聖之文，自毁周孔之教也。楊墨之害道也，不過曰爲我，兼愛，而孟子亟距之曰楊墨之道不息，孔子之道不著。《傳槩》之害道也，苗裔我君臣，學徒我周孔，祖白之意若曰：孔子之道不息，天主之教不著。孟子之距，恐人至於無父無君；祖白之著，恐人至於有父有君。而先生爲祖白作序，是距孔孟矣，遵祖白矣！儒者不能無弊，先生自道之也。意者先生或非大清國之産乎，或非大清國之科目乎，胡爲而爲邪教序？此非聖之書，發此非聖之言也。先生過矣！尋復思之，是非先生之筆也。何以明之，先生讀書知字，發身庠序，爲名進士，筮仕爲名御史，其於聖人之道，幼學壯行，熟矣。非先王之法服不敢服，非先王之法言不敢言，先生之所素定者也，肯屑爲此非聖妖書之序哉？或者，彼邪教人之謀，以先生乃朝廷執法近臣，又有文名，得先生之序，以標斯書，使天下人咸曰，許侍御有序，則吾中夏人信爲天主教之苗裔勿疑矣。妖言惑衆，有魚腹天書之成效。故託先生之名爲之序，既足以摇動天下人之心，更足爲邪教之證據於將來也。必非先生之筆也。不然，或先生之門人、幕客，弗體先生敬慎名教之素心，假借先生之文以射自鳴鐘等諸奇器，必非先生之筆也。再不然，近世應酬詩文，習爲故套，有求者率令牀頭捉刀人給之，主者絶弗經心，不必見其文讀其書也。况先生戴星趨朝，出即入臺治事，退食又接見賢士大夫，論議致君澤民之術，奚暇讀其書

哉？使先生誠得讀其書，見我伏羲氏以至今日之君臣士庶，盡辱爲邪教之子孫，《六經》、《四書》盡辱爲邪教之餘論，當必髮豎皆裂，擲而抵其書於地之不蚤，尚肯爲之序乎？此光先之所以始終爲，必非先生之筆也。光先之《闢邪論》、《距西集》，殺青五六年矣，印行已五千餘部，朝野多謬許之。而先生獨若未之見，若未之聞，豈於非聖之書反悅目乎？必不然矣！於此，愈信必非先生之筆也。雖然，光先能信必非先生之筆，有位君子能信必非先生之筆？天下學人能信必非先生之筆？但此序出未二月，業已傳遍長安。非先生之筆，而先生不亟正之，恐後之人未必能如光先、能如今日之有位君子、能如今日之天下學人，能信必非先生之筆也。得罪名教，雖有孝子慈孫，豈能爲先生諱哉？猶之，光先今日之呼吾家老不曉事也，先生當思所以處此矣。天主耶穌謀反於如德亞國，事露正法，同二盜釘死十字架上，是與衆棄之也，有若望之《進呈書像》可據。然則，天主耶穌者乃彼國之大賊首，其教必爲彼國之所厲禁，與中夏之白蓮、聞香諸邪實同。在彼國則爲大罪人，來我國則爲大聖人，且謂我爲彼教之苗裔而弗知辱，謂我爲彼教之後學而弗知惡。使如德亞之主臣聞之，寧不嗤我中夏之士大夫無心知無日識乎？先生雖未嘗爲之序，而序實有先生之名，先生能晏然已乎？以謀反之遺孽，行謀反之邪教，開堂於京師宣武門之内、東華門之東、阜城門之西，山東之濟南，江南之淮安、揚州、鎮江、江寧、蘇州、常熟、上海，浙之杭州、金華、蘭谿，閩之福建、建寧、延平、汀州，江右之南昌、建昌、贛州，東粤之廣州，西粤之桂林，蜀之重慶、保寧，楚之武昌，秦之西安，晉之太原、絳州，豫之開封，凡三十窟穴。而廣東之香山嶴，盈萬人盤踞，其間成一大都會，以暗地送往迎來。若望藉曆法以藏身金門，而棊布邪教之黨羽於大清京師十二省要害之地，其意欲何爲乎？明綱之所以不紐者，以廢前王之法爾，律嚴通海泄漏，徐光啓以曆法薦利瑪竇等於朝。以數萬里不朝貢之人，來而弗識其所從來，去而弗究其所從去，行不監押之，止不關防之，十五直省之山川形勢，兵馬錢糧，靡不收歸圖籍而弗之禁，古今有此翫待外國人之政否？大清因明之待西洋如此，遂成習矣。不察伏戎於莽，萬一竊發，先生將用何術以謝此一序乎？《時憲曆》面書「依西洋新法」五字，光先謂其暗竊正朔之尊以予西洋，而明白示天下以大清奉西洋之正朔，具疏具呈爭之。今謂伏羲是彼教之苗裔，《六經》是彼教之微言，而「依西洋新法」五字，豈非奉彼教正朔之實據明驗乎？惑衆之妖書已明刊印傳播，策應之邪黨已分佈各省咽喉，結交士夫以爲羽翼，煽誘小人以爲爪牙，收拾我天下之人心，從之者如水之就下。朝廷不知其故，群工畏勢不言，養虎卧内，識者以爲深憂。而先生不效賈生之痛哭，尚反爲其作序以諛之乎！光先抱杞憂者六年矣，懷書君門，抑不得通，惟付之筆伐口誅，以冀有位者之上聞。先生乃聖門賢達，天子諫臣，不比光先之無官。守言責，執典章，以聲聲致討，實先生學術之所當盡、職分之所當爲者，況有身後之累之一序乎？光先與先生素未謀面而輒敢以書唐突先生者，爲天下古今萬國君臣士庶之祖禰衛，爲古先聖人之聖經賢傳衛，爲天下生靈將來之禍亂衛，匪得已也。請先生速鳴攻之之鼓，以保立言之令名，以消身後之隱禍。斯光先之所以爲先生計，非誚讓先生也。幸先生亟圖之，知我罪我，惟先生所命。主臣主臣。康熙甲辰三月二十五日，光先再頓首面投。

又 欽天監供事臣楊光先謹奏：爲天恩愈重，臣懼愈深，懇鑒微忱，收回成命事。本年七月二十七日，吏、禮二部取臣等供回奏，八月初五日奉旨：欽天監事務，精微緊要。既稱於三月初二日，地震之間，簡儀微陷閃裂，彼時何不即行具呈，經楊光先看見説出，始於六月十八日具呈請脩。據此，凡事俱草率因循。張其淳着降，楊光先着爲監正，張其淳着爲左監副，李光顯着爲右監副，欽此。竊照臣屢疏瀆聒宸聰，不以臣爲煩擾，置臣於法，反加臣爲監正，臣感皇上如天之恩至於如此之極，而不覺繼之以泣也。但臣自揣分量，實不敢一刻自安。臣聞人臣事君，進退以禮，辭受以義。祇有辭尊居卑，未有辭卑居尊者。臣蒙皇上授臣右監副，臣以學術未精，不能勝任，几四叩閽疏辭。兹授臣以監正，臣即拜命，則臣前日之辭是辭監副之卑，而今日之受是受監正之尊矣。於卑則辭，而於尊則受，是臣止知躁進，而不如事君進退之禮、辭受之義，安望其能盡臣職哉？況看出簡儀傾側者，乃滿監臣；而責令其具呈請修者，亦滿監臣也。臣不過於辭疏中舉監員稽怠之習以入告，皇上以臣爲能，而加臣爲監正，是臣掠滿監臣之美，以得監正，臣能不自愧哉？臣又聞驟富貴者不祥，臣以無位布衣，一旦得六品之官，已犯驟貴之戒。尚未謝恩到任，又擢爲五品視篆京堂，於驟之中而又加驟焉。天災人禍，將必隨之。臣以天道人事之理指人，而不自知吉凶之趨避，是懵於天道人事之理矣。以懵於天道人事之理之失，豈可以爲欽天監之監正哉？此臣之所以深懼而必辭也。臣又考之史册，上有大聖人之君，下然後有不受職之臣，故上有堯舜，下有巢由；上有漢高光武，下有四皓嚴光；上有宋祖明祖，下有陳摶、陳遇。是皆遭際聖君，故得遂其高尚。臣固不敢追踪前哲，實以堯、舜、高、光，宋、明二祖，仰望皇上。倘蒙皇上允臣所請，俾千秋萬歲後之人，頌皇

上容一明人倫、尊聖學、闢邪教之楊光先，而不强之以職。則皇上聖神之名，駕越於堯、舜、高、光，宋、明二祖之上矣！伏乞收回成命，准臣以布衣在監供事，庶臣無掠美之愧，而更鮮驟貴不祥之懼矣。字多逾格，仰祈鑒宥，爲此昧死叩閽。

康熙四年八月二十四日，奉差蝦交吏部議。本年九月十三日，吏部議得已經奉旨：楊光先着爲監正，其辭職緣由相應不准。十四日奉旨：楊光先因知天文衙門一切事務，授爲監正。着即受職辦事，不得瀆辭。

清·潘耒《遂初堂集》文集卷七 宣城遊學記序

吾人爲學，未有不從疑而入者，傳稱學、問、思辨。學而後能疑，疑則問以質之，思以通之，辨以明之，迨於是非歸一，異同俱泯，豁然無疑，而後能深造自得。昔人所以畏索居寡黨，而樂取友親師也。學術中惟曆數最難明，儒者言其理而不習其數，疇人子弟守其法而不明立法之故。明三百年，言曆者僅三四家，迄於今，遂成絶學。蓋其數至賾，而其故甚深非聰頴絶異之士，殫畢生之力以求之，莫能洞曉。又無爵禄名利以勸誘之，故從事焉者絶希。吾所見能布算測天，著書立説，兼通中西之學者，僅有吾邑王寅旭、宣城梅勿菴兩人，近復得秀水張簡菴。簡菴爲人狷介孤潔，與世寡諧。刻苦學問，文筆矯然。特潛心於曆術，久而有得，著《定曆玉衡》，主中曆爲多，持以示余。余告之曰：此道甚微，不可專執己見。寅旭往矣，勿菴尚在，盍往質之，必當有進。簡菴毅然請行，索余書爲介紹，重繭贏糧，走千里見勿菴。勿菴大喜，爲之假館授餐，朝夕講論，逾年乃歸。歸而告余：賴此一行，得窮曆法底蘊，始知中曆、西曆各有短長，可以相成而不可偏廢。朋友講習之益有如是夫！既復，出一編示余，曰：吾與勿菴辨論者數百條，皆已剖析明瞭，去異就同，歸於不疑之地。唯西人地圓如毬之説，則決不敢從。與勿菴昆弟及汪喬年輩，往復辨難不下三四萬言，此編是也。余於曆學未能窺其藩籬，無以決簡菴之説必是，他人之説必非，獨嘉簡菴之果鋭精敏，好學深思，既能舍己從人，析疑化異，而意所不慊，復不爲苟同，輸攻墨守，務盡其説而無留疑。使爲學者盡善思能辨若是，又何堅之不入，何深之不造哉？更有説焉：西人曆術誠有發中人所未言，補中曆所未備者，其製器亦多精巧可觀。至於奉耶穌爲天主，思以其教易天下，則悖理害義之大者。徒以中國無明曆之人，故令得爲曆官掌曆事，而其教遂行於中國，天主之堂無地不有，官司莫能禁。夫天生人材，一國供一國之用，洛下閎、何承天、李淳風、一行輩，何代無之？設中國無西人，將遂不治曆乎？誠得張君輩數人相與，詳求熟講，推明曆意，兼用中西之長而去其短，俾之釐定曆法，典司曆官，西人可無用也。屏邪教而正官常，豈惟曆術之幸哉？序之以爲學曆者勸。

清·張廷玉等《清文獻通考》卷五四《選舉考八》 方伎

崇德八年，内院大學士希福等以黑星通曉曆法奏，用之，并賞給房舍衣服等物。

順治十二年，欽天監監正湯若望九考年滿，加通政使，司通政使銜，賜二品頂帶，仍管欽天監事。【略】

康熙七年，禮部奉諭旨：天象關係重大，必得精通熟習之人，乃可占驗無誤。著直隸各省督撫，曉諭各屬地方，有精通天文之人，即行起送來京，考試於欽天監衙門，用與各部院衙門官員一體陞轉。

八年，授西洋人南懷仁爲欽天監監副。先是，欽天監官按古法推算康熙八年，以十二月置閏。至是，南懷仁言雨水爲正月中氣。是月二十九日，值雨水，即爲康熙九年之正月，不當置閏，置閏當在明年二月。上命禮部詳詢欽天監，官多直，南懷仁乃罷。康熙八年十二月，閏移置。康熙九年二月，其節氣占候悉從南懷仁之言，授爲欽天監監副。【略】

乾隆二年奉諭：旨在璣衡以齊七政，視雲物以驗歲，功所以審休咎備修省，先王深致謹焉。今欽天監《曆象考成》一書，於節序時刻固已推算精明，分釐不爽，而星官之術，占驗之方，則闕焉未講。但天文家言互有疎密，非精習不能無差。海内有精曉天文，明于星象者，直省督撫確訪試驗術，果精通(著)〔者〕，咨送來京該部，奏聞請旨。

三年，大學士伯鄂爾泰奏：據太僕寺少卿成德欽天監監正明圖等詳籌官學事宜，查算法爲六藝之一，最爲纖密，肄業必得專功，應專立一學。即在欽天監附近之地，額設算學生三十六名，滿洲十二名，蒙古八名，漢軍六名，漢人十二名。滿洲、蒙古、漢軍即于八旗官學生内擇其從前學過算法，資質相近，而願學者。不拘旗分選取漢人，無論舉貢生童或世業子弟，具呈國子監，移送該學考試，秉公録取。教習之法欽遵御製數理精藴，次第教授線面體三部，各限一年，七政共限二年。每季一小試，每歲一大試，届期該學會同欽天監公同考試。又算學應額，設助教一員，教習二員，即于現在奉停算法教習十六員之内揀選其助教。揀選如何補用及期滿議叙，應交部議算。學生學有成效，自不應選用別項應考用。欽天監衙門應用各缺，亦請交部議定。又新設算學，必得通曉算法之

大員，經理其事，請交順天府。府丞梅瑴成原任，侍郎何國宗協同，太僕寺少卿成德管理從之。

又禮部奏：浙江杭州府生員張永祚通曉天文，明于星象，應令其在欽天監天文科行走。奉諭旨：張永祚著授爲欽天監八品博士。

清·張廷玉等《清文獻通考》卷五九《選舉考十三》 又奉諭旨：朕稽往制，每科考取庶吉士入館讀書，歷任編檢講讀及學士等官，不與外任。所以諮求典故，撰擬文章，充是選者，清華寵異過於常員。然必品行端方，文章卓越，方爲稱職乃者，翰林官不下百員。其中通經學古與未嘗學問者，朕何由知？今將親加考試，先閱其文，繼觀其品，再考其存心，持己之實據，豫求其學，備朕異日顧問。自吏禮兩部、翰林侍郎、及三院學士、詹事府詹事以下各候朕旨親試，分別高下以昭慎重。詞臣之意尋經考試，御筆親定去留。其留原衙門者，照舊供職。少詹事王崇簡，侍讀學士喬廷桂，侍讀王炳昆，侍講法若真、韋成賢，諭德張爾素，中允王一驥、傅維鱗、王紫綬贊、善喬，映任李培真，編修宋杞、傅作霖、王大礽、張宏俊、張天植、胡亶、張道湜、安焕、高光夔，檢討李廷樞，俱從優外轉。因諭吏部國家官人，内外互用，在内者，習知紀綱法度，則内可外；在外者，諳練土俗民情，則外亦可内。内外斅歷，方見真才。朕親試詞臣，量爲分別有照舊留任者，有改授外任者。其外任編修以上，官照詞臣外轉例優，與司道等缺，如年衰病弱者，聽其請告朕，仍優遣之。

清·張廷玉等《清文獻通考》卷二五六《象緯考一》 臣等謹按宋鄭樵作《天文略》，自謂漢唐諸儒所不得聞後之論者，疑其矜詡過甚。然馬端臨《象緯考》頗依據之，其大指欲學者識垂象授時之意，絶其誕妄之源，故舉術家沿襲之辭，史遷所稱機祥不法淩雜米鹽者，悉與芟除，而獨推句中有圖，言下見象之《步天歌》，於以紬繹而闡明之，可爲後代言天者之彀率矣。我聖朝憲天齊政靈臺推步之法，視昔加詳，聖祖仁皇帝御製《考成》上下編；世宗憲皇帝御製序文，殫晰源流，頒賜欽天監肄業；我皇上增定，後編重志儀象，俾凡古法之失傳，與西法之積歲參差者，隨時釐正，所以揆天察紀，明時正度，俾象緯昭然耳目，至纖至悉矣。臣今仿馬端臨之書，爲《象緯考》，兼取義於鄭樵，並擇其體例之善者從之，首《時憲》，次《兩儀》、《七政》、《恒星》、《總論》，次《儀器》，皆列聖相承之，制作爲推步之法。源次《三垣二十八宿》，次《日月行道》，次《極度》、《偏度》、《中星》，次《五星》，皆近今實測之數。理與前代有異者，次《日食》，次《月食》，次《月五星淩犯》，次《星雲瑞變》，則皆監臣、史臣之所紀載，各區分其條目以著於編。

時憲

臣等謹按：推步之法，遞改而益密。自黄帝迄秦凡六改，漢凡四改，魏迄隋十五改，唐迄五代十五改，宋十七改，金迄元五改。明《大統》法即元之《授時》，本西域扎瑪里鼎所撰書，而郭守敬等參改者也。《回回》法相傳爲西域瑪哈穆特所著，元之季世其書，始行有《回回》司天監之官。明初以其法與《大統》參用，時稱精密。自成化迄隆慶，推交食不符，紛紛議改。迨西洋人利瑪竇入貢，而龐迪峩、熊三拔、湯若望等携其圖籍先後至，五官正周子愚請譯其書，禮部言徐光啓、李之藻可與龐迪峩等同譯。越數年，李之藻言西法所論天文，不僅詳度數，又能明其所以然之理，乞敕禮部開局盡譯之。徐光啓依其法預推，悉驗，修正成書。李天經繼之，更製儀器，測交食、淩犯，俱密合，以世方多，故終未頒行。我太宗文皇帝時，亦用《大統》法。世祖章皇帝定鼎燕京，考驗西法最善，即用以推時憲。康熙初，習《大統》、《回回》法者，咸觝排之。聖祖仁皇帝博訪廷臣，屢命會同測驗，惟西法所推一一符合，於是交相讓能焉。自御纂數理諸書，折衷指歸，闡晰窔突，而渾圓、撱圓之旨，歲差、里差之説，既不悖於古，而有驗於今，西法之善彌顯。其日躔月離，恒星經緯諸表，俱以實測爲憑，隨時修改，故占候無違。而協紀授時益用精密邇者，皇猷遠播，式廓西疆，從古聲教，不通之地，咸奉天朝。正朔而北極高度、東西偏度，悉實測之，以推晝夜、節氣、時刻，各分列於《時憲》書，則又章亥以來算步之所未及者也。兹序述之爲象緯之綱領云。

崇德二年十月乙未朔，頒滿洲、蒙古、漢文曆。時初用《大統》法。順治元年十月乙卯朔，頒順治二年《時憲》書，用西洋新法。以太宗文皇帝天聰二年戊辰天正冬至爲法元，定周天三百六十度，度法六十分。每日九十六刻，刻法十五分，晝夜、節氣、時刻，京師與各省皆依北極高度、東西偏度推算。先是，六月壬午，西洋人湯若望言：臣於明崇禎二年來京，曾用西洋新法製測量日月星晷定時考驗諸器，用以推測，近遭賊燬。臣擬另製進呈，今先將本年八月初一日日食，照西洋新法推步京師所見日食分秒並起復方位圖象，與各省所見不同之數，開列呈覽。及期，大學士馮銓同湯若望携窺遠鏡諸器赴觀象臺測驗，其初虧、食甚、復圓時刻分秒及方位《大統》、《回回》法俱有差誤，惟西洋新法脗合云。七月丁亥禮部言：欽天監改用新法推註已成，請易新名頒行。和碩睿親王曰：宜名《時憲》，昭朝廷憲天乂民至意。甲辰湯若望言：敬授民時，全以節氣、交宫與太

陽出入、晝夜時刻爲重，若節氣之時日不真，則太陽出入、晝夜刻分俱謬矣。《大統》、《回回》舊法所用節氣，止泥一方，且北直之節氣，春分、秋分前後俱差一二日，況諸方乎？新法之推太陽出入地平環也，則有此晝而彼夜，此入而彼出之理，舊法以一處而槩諸方，故日月多應食而不食，當食而失推，五星當疾而反遲，應伏而反見，差訛難以枚舉。今以臣局新法，所有諸方、節氣，及太陽出入、晝夜、時刻，俱照道里遠近推算，請刊列《時憲》書。從之。至是，告成頒行。

十一月，以湯若望掌欽天監事。時湯若望疏言：臣等按新法推算月食時刻分秒，復定每年進呈書目，重複者删去，以免混淆。得旨：欽天監印信著湯若望掌管，所屬官員嗣後一切占候選擇，悉聽舉行。

十四年十一月，命内大臣及部院大臣登觀象臺測驗。先是，四月，《回回》科秋官正吴明烜疏言：臣祖默沙亦黑等，本西域人。自隋代來朝授官，經一千五十九載，專管星宿行度、吉凶推算、太陰五星淩犯天象，占驗日月交食，即以臣科白本進呈著爲例。順治三年，本監掌印湯若望諭：不必奏進其所推《七政》書，水星二、八月皆伏不見，今水星於二月二十九日仍見，東方又八月二十四日夕見，皆關象占，不敢不據實上聞。并上順治十四年《回回》科推算太陰五星淩犯，書日月交食天象，占驗圖象。七月又言：湯若望推算天象，舛謬三事，一遺漏紫、炁，一顛倒觜、參，一顛倒羅、計。至是，内大臣等測驗水星不見，議吴明烜詐妄之罪，援赦得免。

康熙四年三月，廢西洋新法，用舊法。時徽州府新安衛官生楊光先進摘謬論、選擇議各一篇，言湯若望新法十謬，及選擇不用，正五行之誤。下議政王大臣等，集議將湯若望及所屬各員罷黜治罪，於是廢西洋新法，用《大統》舊法。

七年八月，因舊法不密，用《回回》法。時欽天監監副吴明烜疏言：現用舊法不無差謬，與五官正戈繼文等所進書，暨《回回》科、《七政》書三本，互有不同，宜令四科詳加校正，以求至精。下禮部議。尋議五官正戈繼文等推算《七政》金、水二星差誤，監副吴明烜之《七政》書與天象相近，理應頒行。主簿陳聿新推算己酉年《時憲》已頒各省，止於本年，暫用其《七政》、《經緯躔度》、《月五星淩犯》等書，及日月交食。自康熙九年以後，俱交吴明烜推算從之。

九月欽天監監正楊光先言候氣之法不驗。先是，五年正月，楊光先疏言：候氣之法久失其傳，十二月中氣不應，乞敕禮部採取宜陽金門山竹管、上黨羊頭山、秬黍、河内葭莩備用。從之。至是，疏稱取到律管、秬黍、葭莩，照尺寸方位候。過二年，未見效驗。得旨：候氣之法，自北齊信都芳取有效驗之後，經千二百餘年俱失其傳，能行修正之人可得與否？詳問再議。尋議據楊光先稱：律管尺寸雖載在司馬遷《史記》，而用法失傳。今博訪候氣之人尚在，未得應，仍令延訪從之。

八年三月復用西洋新法。先是，七年十一月，命大臣傳集西洋人與監官質辯，至午門測驗正午日景。西洋人南懷仁言監副吴明烜所造，康熙八年《七政》《時憲》閏十二月應是。康熙九年正月，又有一年兩春分、兩秋分之誤，命大學士圖海、李霨等赴觀象臺測驗。八年正月丁酉，是日立春，南懷仁預推午正，太陽依象限儀在地平上三十三度四十二分，依紀限儀離天頂正南五十六度十八分；依黄道經緯儀在黄道線正中，在冬至後四十五度零六分，在春分前四十四度五十四分；依赤道經緯儀在冬至後四十七度三十四分，在春分前四十二度二十六分，在赤道南十六度二十一分；依天體儀於立春度分所立直表，則表對太陽而全無影；依地平儀所立八尺有五寸表，則太陽之影長一丈三尺七寸四分五釐。於是六儀並測，一一符合圖海等言。測驗南懷仁所指皆符，吴明烜所指不實。應將康熙九年《時憲》交南懷仁推算，得旨：前時議政王大臣，以楊光先何處爲是議行，湯若望何處爲非議；廢及今日議復之。故向馬祐、楊光先、吴明烜問明再議。尋議傳問監正馬祐等，亦言南懷仁所指皆合天象。每日百刻雖前代行之已久，但南懷仁推算九十六刻之法既合，應將九十六刻推行。又南懷仁言羅睺計都月孛星係推算所用，其紫炁星無象不關推算，應自康熙九年始，將紫炁星不入《七政》書。至候氣係古法，現今推算亦無用處，俱應停止。從之。三月，南懷仁言雨水爲正月中氣，吴明烜於康熙八年十二月置閏。是月二十九日值雨水，即爲康熙九年之正月，置閏當在九年二月。從之。

十五年八月，令欽天監官員學習新法，諭曰：欽天監專司天文曆法，任是職者，必當學習精熟。向者新法舊法是非爭論，今既知新法爲是，滿漢官員務令加意精勤，此後習熟之人，方準陞用，未習熟者，不準陞用。

十七年八月預推《七政交食表》告成，掌欽天監事南懷仁接推湯若望所推法，爲書三十二卷，名曰《康熙永年表》。

二十一年八月增製《盛京推算表》。南懷仁疏言：新法照北極之高度，另有推算《日月交食表》，名爲《九十度表》。惟盛京無本地之表。今春隨駕測得盛京北極之高較京師多二度，應製《九十度表》以憑推算。從之。

三十一年三月，令欽天監將蒙古晝夜、節氣、時刻增載頒朔，其增載之名二十有三：曰科爾沁，曰杜爾伯特，曰扎賚特，曰郭爾羅斯，曰阿嚕科爾沁，曰烏珠穆沁，曰浩齊特，曰巴林白扎嚕特，曰阿巴哈納爾，曰阿巴噶，曰柰曼，曰克什克騰，曰蘇尼特，曰翁牛特，曰敖漢，曰喀爾喀，曰四子部落，曰喀喇沁，曰茂明安，曰烏喇特，曰歸化城土默特，曰鄂爾多斯。

四十二年三月增衍《蒙古諸處推算表》，欽天監疏言：各蒙古東至野索，西至雅爾堅，自北極高四十四度之巴爾庫爾河及北極高六十八度之武地河，宜照四十四度之表式推至六十八度。從之。

五十二年四月，令欽天監將蒙古及哈密晝夜、節氣、時刻照新圖推算增表。禮部議科爾沁等二十三處蒙古節氣、太陽出入，自康熙三十二年照理藩院舊地圖推算。今新地圖係用御製新儀測得，北極高低、經緯度數絲毫不爽，迥非舊圖可比。嗣後俱照新圖推算。又欽天監推算各省皆以省城爲準，今新向化諸蒙古及哈密，應以有城池及有房屋之地爲準推算增列。從之。其增載之名一十有五，曰布嚨堪布爾噶蘇台，曰額格色楞額，曰桑錦達賚，曰肯特，曰克嚕倫巴爾城，曰圖拉河汗山，曰喀爾喀河克勒和碩，曰鄂爾坤額爾德尼昭，曰峪格扎布堪，曰推河，曰翁吉，曰薩克薩克圖古哩克，曰固爾班賽堪，曰：哈密，曰阿拉善。

五十三年十月，測暢春園北極高度、黄赤距度。先是，五十年十月，諭曰：天文曆法，朕素留心，西洋法大端不誤，但分刻度數之間久而不能無差。今年夏至，欽天監奏聞午正三刻，朕細測日景是午初三刻九分，此時稍有舛錯，恐數十年後所差愈多也。尋命製中表、正表、倒表各二，具均高四尺；銅象限儀二具，半徑均五尺。至是諭，和碩誠親王允祉等曰：北極高度、黄赤距度於曆法最爲緊要，著於澹寧居。後每日測量，尋奏測得暢春園北極高三十九度五十九分三十秒，比觀象臺高四分三十秒。黄赤大距二十三度二十九分三十秒，比舊少一分三十秒。

十一月，命學習算法官員分往各省，測北極高度及日景。和碩誠親王允祉等疏言：昔郭守敬修《授時》法，遣人各省實測日景，故得密合。今除暢春園及觀象臺逐日測驗外，於里差之尤較著者，如江南、浙江、河南、陝西、四川、雲南、廣東七省，遣人測量北極高度及日景，則東西南北里差，及日天半徑皆有實據。從之。

五十六年二月，御定《星曆考原》告成。先是，二十二年十一月諭九卿等曰：陰陽選擇書籍浩繁，吉凶禍福多相矛盾，且事屬渺茫，難以憑信。若各據一書，偏執己見，揑造大言，恣相告訐，將來必致誣訟繁興。作何立法永行無弊？尋議取欽天監所定《通書大全》内二十四條，附入《選擇通書》，彙爲一部遵行，名《欽定選擇通書》。五十二年十月，命大學士李光地將曹振圭所著書，重加考訂，賜名《星曆考原》。至是刊刻告成頒發，欽天監諭曰：曆日内所列九宫，以上元，爲中元。傳誤已久，宜悉依朕所定《星曆考原》更改之。於是以康熙二十三年甲子爲上元起一宫，自後中元甲子起四宫，下元甲子起七宫，一百八十年週而復始。

五十七年四月，御定《七政四餘萬年書》告成。始順治元年至康熙六十年，按年排列節氣，日時，日月。五星交宫入宿度分，自後準式增續。

六十一年六月，御製《律曆淵源》告成。内《曆象考成》四十二卷，分上下編，有圖有表，以康熙二十三年甲子天正冬至、次日壬申子正初刻爲法元，《七政》皆從此起算。

雍正三年三月頒發《(歴)〔曆〕象考成》，令欽天監教習推算。時聖祖仁皇帝御製《律曆淵源》刊刻告竣，世宗憲皇帝御製序文以《考成》爲推步之模，命監臣學習遵守。

八年六月，命欽天監修日躔月離表，以推日月交食，並交宫過度、晦朔弦望、晝夜永短、五星淩犯，續於《考成》諸表之末時。欽天監疏言：日月行度，積久漸差，法須旋改，始合天行。臣等欽遵御製《考成》，推算《時憲》、《七政》，覺有微差，蓋《考成》按西法算書纂定，而其法用之已久，是以日月行度差之微芒，漸成分秒。若不修理，恐愈久愈差。今於雍正八年六月初一日日食，臣等公同在臺，敬謹觀候實測之，與推算分數不合。伏乞敕選熟練人員詳加校定修理。從之。

乾隆二年正月，令天下舉精通天象之人。上諭大學士等曰：在璣衡以齊七政，視雲物以驗歲功，所以審休咎，備修省，先王深致謹焉。今欽天監於節度時刻，固已推算不爽，而星官之術、占驗之方，天文家互有疎密，非精習不能無差。海内有精曉天文、明於星象者，直省督撫確訪試驗，術果精通，咨送來京該部，奏聞請旨。

六年十一月，欽定《協紀辨方書》告成。先是，五年七月，大學士伯鄂爾泰等疏言：選擇吉日，三代以上祇論干支之剛柔，絶少拘忌，後世論説日多。術家遞衍，增設神煞，本一日而吉凶頓殊，本一星而名號雜出，以致民間趨避，無所適

從。現在算書館奉旨重修，選擇《通書》《萬年書》。先據監臣將應改條目及神煞俗論應行刪去者，奏請敕部定議。今和碩莊親王等請將羅睺、計都依古改正，按羅睺、計都生於日月交行，謂之天首、天尾。天首屬羅，天尾屬計，自古而然，應依改正。再《七政》古有四餘，紫炁其一，應請添入。其《選擇通書》，牴牾重複，應刪應改及未該者，令率同館員詳考編輯，進呈御覽，恭候欽定。仍將舊有名目附載卷末，以示傳疑，以備博考。從之。至是告成。命名《協紀辨方書》，御製序文，弁於卷端。

十二月，御定《萬年書》告成。始天命九年，下元甲子，按年排列節氣、時刻，冠以前代三元甲子編年。自黃帝上元甲子始，七年六月御製《曆象考成後編》告成。先是，三年四月，和碩莊親王允禄等言：欽若授時，爲邦首務，堯命羲和，舜齊七政，尚矣。三代以後，推測寖疎。至元郭守敬，本實測以合天行，獨邁前古。明《大統》法因之。然三百餘年未加修改，久而有差。我朝用西洋法數，既本於實測，而三角八線立法尤密。但其推算皆用成表，學者鮮知其立法之意。聖祖仁皇帝御製《考成》一書，其數惟黃赤大距減少二分，餘皆仍西人第谷之舊。自西人噶西尼、法蘭德等製墜子表以定時，千里鏡以測遠，爰發第谷未盡之義，大端有三，其一謂太陽地半徑差。舊定爲三分，今測止有十秒。其一謂清蒙氣差。舊定地平上爲三十四分，高四十五度，止有五秒。今測地平上止三十二分，高四十五度，尚有五十九秒。其一謂日月五星之本天。舊説爲平圓，今以爲橢圓，兩端徑長，兩腰徑短，以是三者則經緯度俱有微差。臣戴進賢等習知其説，而未有明徵，未敢斷以爲是。雍正八年六月朔日食，按舊法推得九分二十二秒，今法推得八分十秒，驗諸實測今法，果合。蓋自第谷至今一百五十餘年，數既不能無差。而此次日食，其差最顯，所當隨時修改以合天也。數象首重日躔，日與天會以成歲也。次月離，月與日會以成月也。日月同度而日爲月揜，則日食；日月相對而地隔日光，則月食。皆以日月行度爲本。今依日躔新表推算，春分比前遲十三刻，秋分比前早九刻，冬夏至皆遲二刻。然以測高度，惟冬至比前高二分餘，夏至秋分僅差二三十秒。蓋測量在地面，而推算則以地心。今所定地半徑差與地平上之蒙氣皆與前不同，故推算每差數刻，而測量所差究無多也。至其立法，以本天爲橢圓，雖推算較難而損益舊數以合天行，頗爲新巧。臣等按法推詳，闡明理數，伏乞親加裁定，頒曰御製《曆象考成後編》與前書合成一帙。得旨頒刻書，凡十卷，先《數理》，次《步法》，次《日躔月離交食表》，以雍正元年癸卯天正冬至次日丁酉子正初刻爲法元，《七政》皆從此起算，至是告成。請御製序文，諭曰：朕志殷肯構學謝知天，所請序文可勿庸，頒發宜將曆降諭旨及諸臣原奏開載於前，則修書本末已明。

十七年十一月，御製《儀象考成志表》告成。

清《曆象考成後編·提要》 世宗憲皇帝特允監臣戴進賢之請命，備日躔月離二表，續於《曆象考成》之後。然有表無説，亦無推算之法，吏部尚書顧琮恐久而失傳，奏請增修表解圖説。仰請。

清·嵇璜等《續文獻通考》卷二〇〇《象緯考》 明太祖洪武三年初定《歲上曆書》

先是，洪武元年，改太史院爲司天監，又別置回回司天監。至是改司天爲欽天，設四科，曰天文，曰漏刻，曰《大統曆》，曰《回回曆》。設監令、少監統之。歲造《大統民(歷)[曆]》、《御覽月令》、《七政躔度》、《六壬遁甲》、《四季天象占驗》、《御覽天象録》，各以時上其日月交食分秒時刻、起復方位，先期以聞。

臣等謹按：此歲上各書，即用劉基所上準元《授時》舊法，別名爲《戊申大統曆》者是也。吳元年十一月乙未冬至，太史院劉基率其屬高翼實進是書，大祖諭曰：古者季冬頒朔太遲，今於冬至亦未善，宜以十月朔著爲令。是明祖頒書不自洪武三年始矣。但吳元年猶是順帝，正朔未可以頒朔予明，故《戊申大統曆》之名號不得正書，附見於此。俾覽古者，於《授時》《大統》書名更替之際，有所考焉。

黃瑜《雙槐歲抄》曰：世所謂《回回曆》者，傳爲西域瑪伊克之地異人瑪哈穆特之所作也。以今考之，其原實起隋開皇十九年己未之歲，其法嘗以二百五十日爲一歲，按：《回回》書只以春分起算耳，何至縮歲爲二百五十日？殆傳者誤也。歲有十二宮，宮有閏日，凡二百十有八年，閏三十有一日，又以三百五十四日爲一周，周有十二月，月有閏日，凡三十年閏十有一日。閱千九百四十一年而宫月甲子再會其白羊宮。第一日，日月五星之行，與中國春正定氣日之宿直同。其用以推分步經緯之度，著淩犯之占，星家以爲最密。元之季世，其法始東。明造《大統曆》，以其法與中國參用之，或曰，歲之爲義，於文從步從戌，謂推步從戌起也。白羊宮於辰爲戌，豈推步在戌時見星爲始故歟？

十七年閏十月，監令元統著《大統曆法通軌》四卷。

漏刻博士元統言：曆以《大統》爲名，而積分猶踵《授時》之舊，非所以重始

謹正也。況《授時》以至元辛巳爲曆元，至洪武甲子積一百四年，年遠數盈，漸差天度，合修改。聞有郭伯玉者，精明九數之理，宜徵令推算，以成一代之制。報可，擢統爲監令，統乃取《授時曆》，去其歲實消長之説，析其條例，得四卷，以洪武十七年甲子爲曆元，命曰《大統曆法通軌》。至二十二年改監令、丞爲監正、副。二十六年，監副李德芳言：監正統改作洪武甲子曆元，不用消長之法，以考魯獻公十五年戊寅歲天正冬至，比辛巳爲元，差四日半强。今當復用辛巳爲元及消長之法。疏入，元統奏辨。太祖曰：二説皆難憑，但驗七政交會行度無差者爲是。自是《大統曆》元，以洪武甲子，而推算仍依《授時》法。

神宗萬曆十二年，詔以《回回曆》纂入《大統》備考。

先是，弘治中，月食屢不應，日食亦舛，正統十二三年連推日食，起復皆弗合漏刻，博士朱裕言：至元辛巳距今二百三十七年，歲久不能無差，若不量加損益，則愈久愈誤。中官正周濂等言：日躔歲退之差一分五十秒，今正德乙亥距至元辛巳二百三十五年，赤道歲差當退天三度五十二分五十秒，不經改正推步，豈能有合？皆爲時議所格，不行。至是年十一月癸酉朔日食，《大統》推食九十二秒，《回回》推不食。已而《回回曆》驗。禮科給事中侯先春因言：《回回》科推算精密，何妨纂入《大統》中以備考驗？從之。

二十三年，鄭世子載堉進《聖壽萬年曆》及《律曆》，通融二書。詔以其書付欽天監參驗。

從禮部尚書范謙之請也，其書首曰步發斂，次曰步朔閏，次曰步日躔，次曰步晷漏，次曰步月離，次曰步交道，次曰步交食，次曰步五緯，合應。

愍帝崇禎二年九月，開曆局，以禮部侍郎徐光啓進本部尚書督修曆法。

先是，萬曆三十八年，五官正周子愚言：大西洋歸化遠臣龐迪峩、熊三拔等，携有彼國曆法，多中國所未備，乞取知曆儒臣率同監官，將諸書盡譯，以補典籍之缺。蓋是時大西洋人利瑪竇進貢土物，而迪峩、三拔及龍華民、鄧玉函、湯若望等先後至，皆精究天文，禮部因奏請令精通曆法河南僉事邢雲路、職方郎中范守己、翰林院檢討徐光啓、南京工部員外郎李之藻，與迪峩、三拔等同譯西法，參訂修改。後因循未遑開局，至是五月乙酉朔日食，禮部侍郎徐光啓依西法預推順天府見食二分有奇，瓊州食既，大寧以北不食，《大統》、《回回》所推與光啓互異。已而光啓法驗，餘皆疏，帝切責監官。五官正戈豐年等言：《大統》乃國初所定，實即郭守敬《授時曆》也。二百六十年毫未增損，向從不能無差，於是以光啓督修曆法。光啓言近世言曆諸家，大率宗郭守敬。至若歲差，環轉歲實參差。天有緯度，地有經度，別宿有本行，月五星有本輪，日月有真會視會，皆古所未聞。惟西曆有之，宜取其法，參互考訂，使與《大統》法合，同歸一。已而光啓上修曆十事，一議歲差，二議歲實小餘，三每日日行經度，四每夜月行經緯度數，五列宿經緯行度，六五星經緯行度，七推變黄道赤道廣狹度數，密測二道距度及月五星各道與黄道相距之度，八日月去交遠近及真會視會之因，九測日行考知二極出入地度數，以定周天緯度，因月食考知東西相距地輪經度，十依唐元法隨地測驗二極出入地度數，地輪經緯以求晝夜晨昏永短，以正交食。因舉南京大僕少卿李之藻、西洋人龍華民、鄧玉函。報可。九月癸卯開曆局，三年玉函卒。又徵西洋人湯若望、羅雅谷譯書演算，進光啓尚書，仍督修曆法。

四年正月，徐光啓進書二十四卷，又進書二十一卷，五年又進書三十卷。六年以病解局務，以山東參政李天經代之。

光啓進新書奏言：日食隨地不同，則用地緯度算其食分多少，用地經度算其加時早宴，月食分秒海内並同，止用地經度，推求先後時刻。臣從輿地圖約略推步，開載各布政司。月食初虧度分，蓋食分，既天下皆同，則餘率可以類推，不若日食之經緯各殊，必須詳備也。先是，巡按四川御史馬如蛟薦資縣諸生冷守中精曆學，以所呈書送局，光啓力駁其謬，并預推次年四月四川月食時刻，令其臨時比測。已而四川報守中所推月食實差二時，而新法密合。冬十月辛丑朔日食，新法預推順天見食二分一十二秒，應天以南不食，大漠以北食既。至期，光啓率監臣預點日晷，調壺漏，用測高儀器測食甚日晷高度。又於密室中斜開一隙，置窺筩遠鏡，以測虧圓，書日體分數圖板，以定食分。其時刻高度悉合，惟食甚分數未及二分。於是光啓言今食甚之度分密合，則經度里差已無煩更定矣。獨食分未合原推者，蓋因太陽光大，能減月魄，必食及四五分以上乃得與原推相合。然此用密室窺筩，故能得此分數。倘止憑目力或水盆照映，則炫耀不定，恐少尚不止此也。時有滿城布衣魏文魁進曆元、曆測之書，送局考驗。光啓摘論七事，文魁反覆論難，光啓更申前説，著爲《學曆小辨》。未幾，光啓入閣，又進書三十卷。

七年，李天經繕進書二十九卷，星屏一具。

光啓卒後，魏文魁上言：官推交食節氣皆非是。於是命文魁入京測驗，是時言曆者，四家《大統》、《回回》外別立西洋爲西局，文魁爲東局，言人人殊，紛若

聚訟。天經乃繕進書，并星屏，皆故相光啓督率西人所造也。天經預推五星淩犯會合行度，又推水星退行、順行兩經，鬼宿其度分晷刻，已而皆驗。於是文魁説詘天經，又進書三十二卷，并日晷、星晷、窺筩諸儀器。八年四月又上乙亥丙子七政行度，又參訂曆法條議二十六則，七政之議，七垣星之議，四太陽之議，四太陰之議，四交食之議，四五緯之議。三九年正月十五日辛酉曉望月食。天經及《大統》、《回回》東局各預推虧圓、食甚、分秒時刻，惟天經所推獨合十年正月辛丑朔日食。天經等預推京師見食一分一十秒，《大統》推食一分六十三秒，《回回》推食三分七十秒，東局所推止游氣侵光三十餘秒，而食時推驗惟天經爲密。十一年進天經光禄卿，仍管局務。十四年十二月，天經言《大統》置閏，但論月無中氣，新法尤視合朔後先。今所進十五年新曆，其十月、十二月中氣適交，次月合朔時刻之前，所以月雖無中氣，而實非閏月。蓋氣在朔前，則此氣尚屬前月之晦也。至十六年第二月止，有驚蟄一節，而春分中氣交第，三月合朔之後，則第二月爲閏正月，第三月爲二月無疑。時新法書器俱完，屢測交食淩犯俱密合，但魏文魁多方阻撓内官，實左右之，以故帝不能決然，帝已深知西法之密。至十六年三月乙丑朔日食，測又獨驗。八月詔西法果密，即改《大統曆》法，通行天下未幾，國變，竟未施行。

臣等謹按以上古法，因革各據五朝史志，標爲綱目，大抵以《元書》爲最善。蓋其時史官郭守敬所創簡儀、仰儀及諸儀表，悉詣精妙。前所紀用二線推測，及二十七測驗，所皆守敬所爲。自是八十年間，遵而用之。至明《大統》書出，猶仍其法第行之。既久測候不能無差，亦自然之理也。《明史》志曰：後世法勝於古，屢改益密。《唐志》謂：天爲動物久則差忒，不得不屢變其法，以求之其説似矣。而不然也，天行至健，確然有常，本無古今之異，其歲差、盈縮、遲疾諸行古無，而今有者，因其數甚微積久始著。古人不覺而後人知之，非天行之忒也。使天果久動而差忒，則必參差淩替而無典要，安從修改而使之益密哉？此論甚篤，《大統》志成化後，交食往往不應由是。西法寖顯史稱其發微闡幽，運算制器，前此未有。然終明之世迄未施用此，以知法無久而不變，而良法亦有待而後興，非偶然矣。

清・談遷《國榷》卷八一 （庚戌萬曆三十八年四月）壬寅葬夷人利瑪竇于□□門外。利瑪竇，大西洋歐邏巴國人，入廣南兼通儒書，所著《交友論》、《山海輿地全圖》等書。製自鳴鐘、鐵琴、地毬等器，俱巧異。其游南京，禮部右侍郎沈漼奏逐之曰：訪閩海則佛郎機人，其王豐肅，原名巴里狼雷，先年同黨詐行天主教于呂宋國。奪之，改號大西洋諳星曆，同人龐迪峩、畢方濟、湯若望等，行其教不廢。

清・談遷《國榷》卷八二 （乙卯萬曆四十三年閏八月）戊辰禮科給事中姚永濟等，以氣景失推，請集人訂曆。如翰林院檢討徐光啓、工部郎中李之藻、户部主事崔儒秀、原任陝西按察使邢雲鷺，此皆其人也。又大西洋人龐迪峩、熊三拔等，洞星曆之學，可佐參伍之資。

清・鄭光祖《一斑録》卷一 明時大西洋人利瑪竇、龐迪峩、熊三拔等先後至，皆稱歐羅巴、意大里雅諸國人。其地距京師東西相去九十九度半，日在天行三時二刻八分，地上約程二萬里，陸路亦可通，須假道土爾扈特俄羅斯經巴里坤入嘉峪關若由海道盤轉即有峽路可通，計程亦必六七萬里。

清・吴嘉善《〈武陵山人遺書〉叙》 昔在滬上，與李君壬叔論當世算家，李君極推顧君，并出其算稾以示愛其能，即舊法而自出新意，恨未見其人。適吴中亂，與李君倉卒别，不及歸顧君書，然常珍護之。遊粤中，有友人撰集《三禮會通》，見顧君有釋，大侯説請采入之。遂假之去，久而未歸，急索之，則已分裂篇目，入所刻書中。收集未全亡者大半，意甚恨之。友人曰：已爲顧君傳之，常無恨也。既已無可奈何，遂收殘本存篋笥。及再遊滬，見李君，知顧君已死矣。惜哉惜哉！意其撰述當不止此。近來金陵晤張君嘯山出顧君所爲《算賸初續編》，請爲之序，乃歎前所見者，果不足以盡君也，算學至今日殆極盛矣。顧好古者，或未通西法；通西法者，又率棄置古書。顧君於西法未譯之初即能創法，而與之暗合，如割圜對數之類。而其新譯出者，又能推演其説，以爲了不異吾中法也。其於中法亦往往神明變通，如日法朔餘强弱攷實，超出李尚之上，豈非深造而自得者歟？今朝廷開天文算學館，徵聘李君爲教習，使顧君尚存，得其出，其學爲國家造就材藝之士，豈非當務之急？乃不幸而抱其絶學以終獨，使李君踽踽無和，則亦李君之所傷也。久負張君諾，去年君歸南匯，再以書來促，乃檢昔存殘稾，屬還顧君後人，而叙之如此。同治十三年陽月南豐吴嘉善叙。

清・董祐誠《董方立文集》文甲集卷下 與陳静菴書

承示秋農先生冬至日躔辨，謂十二次歲有遞差，而名不可變。論至精審歲，自爲歲星自爲星，自祖沖之已有此議。宣城梅氏大暢其説，更得此辨，足相發明。惟辨中謂冬至起星紀丑宫，克擇及壬式家皆沿漢人舊法，則未敢以爲然也。自唐以前，無以中氣爲太陽過宫而冬至必起丑初者，《左氏傳》：昭公七年四月

甲辰朔日有食之。士文伯謂：去衛地如魯地，則是日爲日躔，由豕韋而入降婁。一行曆議謂：入常雨水七日，即有微差，當亦不遠。降婁在戌，以雨水後過戌宮，必以小雪後過丑宮，是春秋時未嘗以冬至起丑初也。《三統》術星紀初斗十二度，大雪。中牽牛初，冬至。漢時大雪，正當星紀之初，故起斗十二度，而冬至則在丑中，是漢亦未嘗以冬至起丑初也。自漢及唐冬至日躔漸值星紀之初，故《開元大衍》術冬至在斗九度有奇，而分野亦以星紀起斗九過宮始見於此，蓋漢初日躔過宮，正當十二月之節，後代不察，據日躔以改星次，而大雪必起星紀。故劉歆《三統論》謂十二次日至其初爲節至其中爲中。蔡中郎《月令章句》因之以四分術，大雪在斗六，亦以星紀起斗六，較《太初》退六度。魏正光術冬至起牛前十二度，而星紀遂起斗一。唐則冬至正在丑初，後代因之亦遞改星次而冬至必起星紀，則今克擇壬式諸家皆仍唐人之舊，如用漢法，則過宮當用節氣，不當用中氣矣。辨又謂堯時冬至日在虛七度，此上下宮次各得其正之時。夫日躔右行星，次左旋，終古不能得正子午當位，則卯酉易方，即祖冲之所謂春躔義。方秋麗仁域者，堯時星次未可云天象之正位也。至合神之説，由於斗建於日躔二者，皆有歲差，然十二月之建不可因斗柄而移，十二月之合神必因日躔而改。古法雖未立歲差，然合神之改則有明證。鄭康成注《周禮·大師》云：聲之陰陽，各有合黄鐘子之氣也。十一月建焉，而辰在星紀，此周秦及漢所用之合神。迄今因之。《淮南子·天文訓》云：北斗之神有雌雄，十一月始建於子，月從一辰，雄左行，雌右行，五月合午謀刑，十一月合子謀德。太陰所居辰爲厭日，不可以舉百事，此周以前所用之合神，周秦及漢用爲厭日，今所稱月厭是也。五行家以可見者爲雄，不可見者爲雌，歲星可見而歲陰不可見，故天官書以歲星爲雄，歲陰爲雌。斗柄可見而日躔不可見，周秦既以斗建爲月建，則日躔即爲北斗之雌神。凡過時者，皆爲災。周秦合神，既由子而改丑，則前此合神即爲厭日。《天文訓》稱太陰在寅丑，爲閉建除家以子月之亥丑月之子爲閉日，是前歲之歲陰爲閉，前月之月建爲閉，閉厭同義，知厭日即前一次之合神矣。今十一月之日躔全入於寅，而月合仍在丑月，厭仍在子數，千年來更無知厭日爲前一次之合神因歲差而移者。夫五行之學，亦先聖之微言，而在今乃茫昧不驗，蓋由源流已湮，星翁術士泥於成法，而不知變通，豈知先聖之法固因時改憲，行之萬世而無弊者哉？因足下下問而詳陳之。

辨末附論生命十二屬從徐氏，取演禽十二宮中星之説，謂子宮女虛危，則用虛日鼠丑宮，斗牛女則用牛，金牛各宮皆然。而欲改尾虎爲箕虎，按十二辰所屬，有旦，有晝，有暮，凡三十六禽。其説見五行大義，所引玉簡及《本生經》如子朝爲鷰，晝爲鼠，暮爲伏翼；丑朝爲牛；寅晝爲豹，暮爲虎；卯朝爲狐，晝爲兔，暮爲貉；辰朝爲龍，晝爲蛟；巳晝爲蚓，暮爲蛇；午朝爲鹿，晝爲馬，暮爲獐；未朝爲羊；申晝爲猿，暮爲猴；酉晝爲雞，暮爲烏；戌朝爲狗，暮爲狼；亥暮爲猪。無不與演禽相合。亥晝爲貙，而壁宿爲㺄，㺄當作貐。《爾雅貙貐類》貙亦同類也。惟丑晝爲蟹，暮爲鼈，而今斗宿則屬獬，未晝爲鷹，暮爲雁，而今井宿則屬犴，丑未爲雜氣，故蟹鼈與牛鷹雁，與羊皆非同類。後人因疑而改之，或訛蟹爲獬，轉雁爲犴，歟十二辰皆左行，二十八宿皆右行。故宿次皆自暮至旦，惟酉晝爲雞，暮爲烏，與昴畢之序不合，或有倒誤列宿止於二十八，故四鈎各去其一。蓋古時星度惟子午卯酉各三宿，餘辰俱二宿。《淮南子》言：太陰在四仲，則歲星行三宿；在四鈎，則歲星行二宿。此其明證。女宿屬子，故蝠鼠同類，不與斗牛相次。猶氐宿屬卯，不可同於角亢之蛟龍也。徐氏中星之説，恐未必然，而尾箕之虎豹亦無容改易矣。十二辰既屬三十六禽，復取其大者，及常有者，以爲十二屬。《説文》已象蛇形，古文亥與豕同意。《吴越春秋》言吴築城以越在已地，故作蛇門。吴在辰，故南門象龍角是十二屬，自古有之。而演禽之説，則起於後代，謂演禽出於十二屬則可，謂十二屬出於演禽則不可也。

清·方濬師《蕉軒隨録》卷八 乾隆中，乃有楊光先者，著《不得已》一書，極言天主教之害。其言謂寧可天算違行，不可任用西士學士大夫。亦交口醜詆，於是嚴行驅禁，毁其堂宇，西士絶迹於中土者，近百年。然臺官循其法不能變，軍火利器依舊式製造，亦無奇巧變幻之方，孰意智巧之士，伏於海外，殫精竭慮，日新月異？其鋒馴致不可當，而中國未知也。然其法既出，亦必不能深自藏匿。某考道光初年英吉利猶入貢，間有小巧火器載在禮部，則例撰其意，蓋隱然以此相炫耀。其時識者，已爲海洋抱隱憂。假令昔日體會，仁皇帝聖人學於萬物之意，去短取長，則天主教自不妨禁，西(士)〔士〕自不妨留，梯航踵接，必有如南懷仁能爲中國効力製造，盡其思之所至，變化出之，安見輪船、硼砲、洋槍、銅帽之獨爲外國擅絶也？至今日而楊光先《不得已》之論果何如哉？某每一念及，未嘗不歎一孔之儒貽誤至此，是故火器之亟宜精學，非謂剿除賊盜，少此不可，實則自强之道舍此末由。

清·張廷玉等《明史》卷二五《天文志一》 明神宗時，西洋人利瑪竇等入中

國，精於天文、曆算之學，發微闡奧，運算制器，前此未嘗有也。

又 崇禎初，禮部尚書徐光啓督修曆法，上《見界總星圖》。以爲回回《立成》所載，有黄道經緯度者止二百七十八星，其繪圖者止十七座九十四星，並無赤道經緯。今皆崇禎元年所測，黄赤二道經緯度畢具。後又上《赤道兩總星圖》。其説謂常現常隱之界，隨北極高下而殊，圖不能限。且天度近極則漸狹，而《見界圖》從赤道以南，其度反寬，所繪星座不合仰觀。因從赤道中剖渾天爲二，一以北極爲心，一以南極爲心。從心至周，皆九十度，合之得一百八十度者，赤道緯度也。周分三百六十度者，赤道經度也。乃依各星之經緯點之，遠近位置形勢皆合天象。

又 明太祖平元，司天監進水晶刻漏，中設二木偶人，能按時自擊鉦鼓。太祖以其無益而碎之。洪武十七年造觀星盤。十八年，設觀象臺於鷄鳴山。二十四年鑄渾天儀。正統二年，行在欽天監正皇甫仲和奏言：「南京觀象臺設渾天儀、簡儀、圭表以窺測七政行度，而北京乃止於齊化門城上觀測，未有儀象。乞令本監官往南京，用木做造，挈赴北京，以較驗北極出地高下，然後用銅別鑄，庶幾占測有憑。」從之。明年冬，乃鑄銅渾天儀、簡儀於北京。御製《觀天器銘》。其詞曰：「粤古大聖，體天施治，敬天以心，觀天以器。厥器伊何？璿璣玉衡。璣象天體，衡審天行。歷世代更，垂四千祀，沿制有作，其制寖備。即器而觀，六合外儀，陽經陰緯，方位可稽。中儀三辰，黄赤二道，日月暨星，運行可考。內儀四遊，横簫中貫，南北東西，低昂旋轉。簡儀之作，爰代璣衡，制約用密，疏朗而精。外有渾象，反而觀諸，上規下矩，度數方隅。別有直表，其崇八尺，分至氣序，考景咸得。縣象在天，制器在人，測驗推步，靡忒毫分。昔作今述，爲制彌工，既明且悉，用將無窮。惟天勤民，事天首務，民不失寧，天其予顧。政純於仁，天道以正，勒銘斯器，以勵予敬。」十一年，監臣言：「簡儀未刻度數，且地基卑下，窺測日星，爲四面臺宇所蔽。圭表置露臺，光皆四散，影無定則。壺漏屋低，夜天池促，難以注水調品時刻。請更如法修造。」報可。明年冬，監正彭德清又言：「北京，北極出地度、太陽出入時刻與南京不同，冬夏晝長夜短亦異。今宫禁及官府漏箭皆南京舊式，不可用。」有旨，令內官監改造。景泰六年又造內觀象臺簡儀及銅壺。成化中，尚書周洪謨復請造璿璣玉衡，憲宗令自製以進。十四年，監臣請修晷影堂，從之。

弘治二年，監正吴昊言：「考驗四正日度，黄赤二道應交於壁軫。觀象臺舊制渾儀，黄赤二道交於奎軫，不合天象，其南北兩軸不合兩極出入之度，窺管又不與太陽出没相當，故雖設而不用。所用簡儀則郭守敬遺制，而北極雲柱差短，以測經星去極，亦不能無爽。請修改或别造，以成一代之制。」事下禮部，覆議令監副張紳造木樣，以待試驗，黄道度許修改焉。正德十六年，漏刻博士朱裕復言：「晷表尺寸不一，難以準測，而推算曆數用南京日出分秒，似相矛盾。請敕大臣一員總理其事，鑄立銅表，考四時日中之影。仍於河南陽城察舊立土圭，以合今日之晷，及分立圭表於山東、湖廣、陝西、大名等處，以測四方之影。然後將內外晷影新舊曆書錯綜參驗，撰成定法，庶幾天行合而交食不謬。」疏入不報。嘉靖二年修相風杆及簡、渾二儀。七年始立四丈木表以測晷影，定氣朔。由是欽天監之立運儀、正方案、懸晷、偏晷、盤晷諸式具備於觀象臺，一以元法爲斷。

萬曆中，西洋人利瑪竇制渾儀、天球、地球等器。仁和李之藻撰《渾天儀説》，發明製造施用之法，文多不載。其製不外於六合、三辰、四游之法。但古法北極出地，鑄爲定度，此則子午提規，可以隨地度高下，於用爲便耳。

崇禎二年，禮部侍郎徐光啓兼理曆法，請造象限大儀六，紀限大儀三，平懸渾儀三，交食儀一，列宿經緯天球一，萬國經緯地球一，平面日晷三，轉盤星晷三，候時鐘三，望遠鏡三。報允。已，又言：

定時之法，當議者五事：一曰壺漏，二曰指南鍼，三曰表臬，四曰儀，五曰晷。

漏壺，水有新舊滑濇則遲疾異，漏管有時塞時磷則緩急異。正漏之初，必於正午初刻。此刻一誤，靡所不誤。故壺漏特以濟晨昏陰晦儀晷表臬所不及，而非定時之本。

指南鍼，術人用以定南北，辨方正位咸取則焉。然鍼非指正子午，曩云多偏丙午之間。以法考之，各地不同。在京師則偏東五度四十分。若憑以造晷，冬至午正先天一刻四十四分有奇，夏至午正先天五十一分有奇。

若表臬者，即《考工》匠人置槷之法，識日出入之影，參諸日中之影，以正方位。今法置小表於地平，午正前後累測日影，以求相等之兩長影爲東西，因得中間最短之影爲正子午，其術簡甚。

儀者，本臺故有立運儀，測驗七政高度。臣用以較定子午，於午前屢測太陽高度，因最高之度，即得最短之影，是爲南北正線。

既定子午卯酉之正線，因以法分布時刻，加入節氣諸線，即成平面日晷。又

今所用員石欹晷是爲赤道晷，亦用所得正子午線較定。此二晷皆可得天之正時刻，所爲晝測日也。若測星之晷，實《周禮》夜考極星之法。然古時北極星正當不動之處，今時久漸移，已去不動處三度有奇，舊法不可復用。故用重盤星晷，上書時刻，下書節氣，仰測近極二星即得時刻，所謂夜測星也。

七年，督修曆法右參政李天經言：

輔臣光啓言定時之法，古有壺漏，近有輪鐘，二者皆由人力遷就，不如求端於日星，以天合天，乃爲本法，特請製日晷、星晷、望遠鏡三器。臣奉命接管，敢先言其略。

日晷者，礱石爲平面，界節氣十三線，内冬夏二至各一線，其餘日行相等之節氣，皆兩節氣同一線也。平面之周列時刻線，以各節氣太陽出入爲限。又依京師北極出地度，範爲三角銅表置其中。表體之全影指時刻，表中之銳影指節氣。此日晷之大略也。

星晷者，治銅爲柱，上安重盤。内盤鐫周天度數，列十二宫以分節氣，外盤鐫列時刻，中橫刻一縫，用以窺星。法將外盤子正初刻移對内盤節氣，乃轉移銅盤北望帝星與句陳大星，使兩星同見縫中，即視盤面銳表所指，爲正時刻。此星晷之大略也。

若夫望遠鏡，亦名窺筩，其制虚管層疊相套，使可神縮，兩端俱用玻璃，隨所視物之遠近以爲長短。不但可以窺天象，且能攝數里外物如在目前，可以望敵施砲，有大用焉。

至於日晷、星晷皆用措置得宜，必須築臺，以便安放。

帝命太監盧維寧、魏國徵至局驗試用法。

明年，天經又請造沙漏。明初，詹希元以水漏至嚴寒水凍輒不能行，故以沙代水。然沙行太疾，未協天運，乃以斗輪之外復加四輪，輪皆三十六齒。厥後周述學病其竅太小，而沙易堙，乃更制爲六輪，其五輪悉三十齒，而微裕其竅，運行始與晷協。天經所請，殆其遺意歟。

又 宣城梅文鼎曰：極度晷影帝相因。知北極出地之高，即可知各節氣午正之影。測得各節氣午正之影，亦可知北極之高。然其術非易易也。圭表之法，表短則分秒難明，表長則影虚而淡。郭守敬所以立四丈之表，用影符以取之也。日體甚大，竪表所測者日體上邊之影，橫表所測者日體下邊之影，皆非中心之數，郭守敬所以於表端架橫樑以測之也，其術可謂善矣。但其影符之制，用銅片鑽鍼芥之孔，雖前低後仰以向太陽，但太陽之高低每日不同，銅片之欹側安能俱合。不合，則光不透，臨時遷就而日已西移矣。須易銅片以圓木，左右用兩板架之，如車軸然，則轉動甚易。更易圓孔以直縫，而用始便也。然影符止可去虚淡之弊，而非其本。必須正其表焉，平其圭焉，均其度焉，三者缺一不可以得影。三者得矣，而人心有粗細，目力有利鈍，任事有誠僞，不可不擇也。知乎此，庶幾晷影可得矣。

西洋之法又有進焉。謂地半徑居日天半徑千餘分之一，則地面所測太陽之高，必少於地心之實高，於是有地半徑差之加。近地有清蒙氣，能升卑爲高，則晷影所推太陽之高，或多於天上之實高，於是又有清蒙差之減。是二差者，皆近地多而漸高漸減，以至於無，地半徑差至天頂而無，清蒙差至四十五度而無也。

又 古今中星不同，由於歲差。而歲差之説，中西復異。中法謂節氣差而西，西法謂恒星差而東，然其歸一也。今將李天經、湯若望等所推崇禎元年京師昏旦時刻中星列於後。

清・張廷玉等《明史》卷三一《曆志一》 惟明之《大統曆》，實即元之《授時》，承用二百七十餘年，未嘗改憲。成化以後，交食往往不驗，議改曆者紛紛。如俞正己、冷守中不知妄作者無論已，而華湘、周濂、李之藻、邢雲路之倫頗有所見。鄭世子載堉撰《律曆融通》，進《聖壽萬年曆》，其説本之南都御史何瑭，深得《授時》之意，而能補其不逮。臺官泥於舊聞，當事憚於改作，並格而不行。崇禎中，議用西洋新法，命閣臣徐光啓、光禄卿李天經先後董其事，成《曆書》一百三十餘卷，多發古人所未發。時布衣魏文魁上疏排之，詔立兩局推驗。累年校測，新法獨密，然亦未及頒行。由是觀之，曆固未有行之久而不差者，烏可不隨時修改，以求合天哉。

又 吴元年十一月乙未冬至，太史院使劉基率其屬高翼上戊申《大統曆》。太祖諭曰：「古者季冬頒曆，太遲。今於冬至，亦未善。宜以十月朔，著爲令。」洪武元年改院爲司天監，又置回回司天監。詔徵元太史院使張佑、回回司天太監黑的兒等共十四人，尋召回回司天臺官鄭阿里等十一人至京，議曆法。三年改監爲欽天，設四科：曰天文，曰漏刻，曰《大統曆》，曰《回回曆》。以監令、少監統之。歲造《大統民曆》、《御覽月令曆》、《七政躔度曆》、《六壬遁甲曆》、《四季天象占驗曆》、《御覽天象録》，各以時上。其日月交食分秒時刻、起復方位，先期以聞。十年三月，帝與群臣論天與七政之行，皆以蔡氏左旋之説對。帝曰：「朕自

起兵以來，仰觀乾象，天左旋，七政右旋，曆家之論，確然不易。爾等猶守蔡氏之說，豈所謂格物致知之學乎？」十五年九月，詔翰林李翀、吳伯宗譯《回回曆書》。

十七年閏十月，漏刻博士元統言：「曆以《大統》爲名，而積分猶踵授時之數，非所以重始敬正也。況授時以至元辛巳爲曆元，至洪武甲子積一百四年，年遠數盈，漸差天度，合修改。七政運行不齊，其理深奧。聞有郭伯玉者，精明九數之理，宜徵令推算，以成一代之制。」報可。擢統爲監令。統乃取《授時曆》，去其歲實消長之說，析其條例，得四卷，以洪武十七年甲子爲曆元，命曰《大統曆法通軌》。二十二年改監令、丞爲監正、副。二十六年，監副李德芳言：「監正統改作洪武甲子曆元，不用消長之法，以考魯獻公十五年戊寅歲天正冬至，比辛巳爲元，差四日半强。今當復用辛巳爲元及消長之法。」疏入，元統奏辨。太祖曰：「二說皆難憑，但驗七政交會行度無差者爲是。」自是《大統曆》元以洪武甲子，而推算仍依《授時》法。三十一年罷回回欽天監，其回回曆科仍舊。

永樂遷都順天，仍用應天冬夏晝夜時刻，至正統十四年始改用順天之數。其冬，景帝即位，天文生馬軾奏，晝夜時刻不宜改。下廷臣集議。監正許惇等言：「前監正彭德清測驗得北京北極出地四十度，比南京高七度有奇，冬至晝三十八刻，夏至晝六十二刻。奏準改入《大統曆》，永爲定式。軾言誕妄，不足聽。」帝曰：「太陽出入度數，當用四方之中。今京師在堯幽都之地，寧可爲準。此後造曆，仍用洪、永舊制。」

景泰元年正月辛卯，卯正三刻月食。監官誤推辰初初刻，致失救護。下法司，論徒。詔宥之。成化十年，以監官多不職，擢雲南提學童軒爲太常寺少卿，掌監事。十五年十一月戊戌望，月食，監推又誤，帝以天象微渺，不之罪也。十七年，真定教諭俞正己上《改曆議》，詔禮部及軒參考。尚書周洪謨等言：「正己止據《皇極經世書》及歷代天文、曆志推算氣朔，又以己意創爲八十七年約法，每月大小相間。輕率狂妄，宜正其罪。」遂下正己詔獄。十九年，天文生張陞上言改曆。欽天監謂祖制不可變，陞說遂寢。弘治中，月食屢不應，日食亦舛。

正德十二、三年，連推日食起復，皆弗合。於是漏刻博士朱裕上言：「至元辛巳距今二百三十七年，歲久不能無差，若不量加損益，恐愈久愈舛。乞簡大臣總理其事，令本監官生半推古法，半推新法，兩相交驗，回回科推驗西域《九執曆法》。仍遣官至各省，候土圭以測節氣早晚。往復參較，則交食可正，而七政可齊。」部覆言：「裕及監官曆學未必皆精，今十月望月食，中官正周濂等所推算，與古法及裕所奏不同，請至期考驗。」既而濂等言：「日躔歲退之差一分五十秒。今正德乙亥，距至元辛巳二百三十五年，赤道歲差，當退天三度五十二分五十秒。不經改正，推步豈能有合。臣參詳較驗，得正德丙子歲前天正冬至氣應二十七日四百七十五分，命得辛卯日丑初初刻，日躔赤道箕宿六度四十七分五十秒，黃道箕宿五度九十六分四十三秒爲曆元。其氣閏轉交四應，併周天黃赤道，諸類立成，悉從歲差，隨時改正。望敕禮臣併監正董其事。」部奏：「古法未可輕變，請仍舊法。別選精通曆學者，同濂等以新法參驗，更爲奏請。」從之。

十五年，禮部員外郎鄭善夫言：「日月交食，日食最爲難測。蓋月食分數，但論距交遠近，別無四時加減，且月小闇虛大，八方所見皆同。若日爲月所掩，則日大而月小，日上而月下，日遠而月近。日行有四時之異，月行有九道之分。故南北殊觀，時刻亦異。必須據地定表，因時求合。如正德九年八月辛卯日食，曆官報食八分六十七秒，而閩、廣之地，遂至食既。時刻分秒，安得而同？今宜按交食以更曆元，時刻分秒，必使奇零剖析詳盡。不然，積以歲月，躔離朓朒，又不合矣。」不報。十六年以南京户科給事中樂護、工部主事華湘通曆法，俱擢光禄少卿，管監事。

嘉靖二年，湘言：「古今善治曆者三家，漢太初以鐘律，唐大衍以蓍策，元授時以晷景爲近。欲正曆而不登臺測景，皆空言臆見也。望許臣暫罷朝參，督中官正周濂等，及冬至前詣觀象臺，晝夜推測，日記月書，至來年冬至，以驗二十四氣、分至合朔、日躔月離、黃赤二道、昏旦中星、七政四餘之度，視元辛巳所測，離合何如，差次録聞。更敕禮部延訪精通理數者徵赴京師，令詳定歲差，以成一代之制。」下禮部集議，而護謂曆不可改，與湘頗異。禮部言：「湘欲自行測候，不爲無識。請二臣各盡所見，窮極異同，以協天道。」從之。

七年，欽天監奏：「閏十月朔，《回回曆》推日食二分四十七秒，《大統曆》推不食。」已而不食。十九年三月癸巳朔，臺官言日當食，已而不食。帝喜，以爲天眷，然實由推步之疏也。隆慶三年，掌監事順天府丞周相刊《大統曆法》，其曆原歷叙古今諸曆異同。萬曆十二年十一月癸酉朔，《大統曆》推日食九十二秒，《回回曆》推不食，已而《回回曆》驗。禮科給事中侯先春因言：「邇年月食在酉而曰戌，月食將既而曰未九分，差舛甚矣。回回曆科推算日月交食，五星淩犯，最爲精密，何妨纂入《大統曆》中，以備考驗。」詔可。二十年五月甲戌夜月食，監官推算差一日。

二十三年，鄭世子載堉進《聖壽萬年曆》、《律曆融通》二書。疏略曰：「高皇帝革命時，元曆未久，氣朔未差，故不改作，但討論潤色而已。積年既久，氣朔漸差。《後漢志》言『三百年斗曆改憲』。今以萬曆爲元，而九年辛巳歲適當『斗曆改憲』之期，又協『乾元用九』之義，曆元正在是矣。臣嘗取《大統》與《授時》二曆較之，考古則氣差三日，推今則時差九刻。」【略】

書上，禮部尚書范謙奏：「歲差之法，自虞喜以來，代有差法之議，竟無畫一之規。所以求之者，大約有三：考月令之中星，測二至之日景，驗交食之分秒。考以衡管，測以臬表，驗以漏刻，斯亦佹得之矣。曆家以周天三百六十五度四分度之一，紀七政之行，又析度爲百分，分爲百秒，可謂密矣。然渾象之體，徑僅數尺，布周天度，每度不及指許，安所置分秒哉？至於臬表之樹不過數尺，刻漏之籌不越數寸。以天之高且廣也，而以尺寸之物求之，欲其纖微不爽，不亦難乎？故方其差在分秒之間，無可驗者，至踰一度，乃可以管窺耳。此所以窮古今之智巧，不能盡其變歟？即如世子言，以《大統》、《授時》二曆相較，考古則氣差三日，推今則時差九刻。夫時差九刻，在亥子之間則移一日，在晦朔之交則移一月，此可驗之於近也。設移而前，則生明在二日之昏，設移而後，則生明在四日之夕矣。今似未至此也。其書應發欽天監參訂測驗。世子留心曆學，博通今古，宜賜敕獎諭。」從之。

河南僉事邢雲路上書言：「治曆之要，無踰觀象、測景、候時、籌策四事。今丙申年日至，臣測得乙未日未正一刻，而《大統》推在申正二刻，相差九刻。且今年立春、夏至、立冬皆適直子半之交。臣推立春乙亥，而《大統》推丙子；夏至壬辰，而《大統》推癸巳；立冬己酉，而《大統》推庚戌。相隔皆一日。若或直元日於子半，則當退履端於月窮，而朝賀大禮在月正二日矣。豈細故耶？閏八月朔，日食，《大統》推初虧巳正二刻，食幾既，而臣候初虧巳正一刻，食止七分餘。《大統》實後天幾二刻，則閏應及轉應、交應，各宜增損之矣。」欽天監見雲路疏，甚惡之。監正張應侯奏詆，謂其僭妄惑世。禮部尚書范謙乃言：「曆爲國家大事，士夫所當講求，非曆士之所得私。律例所禁，乃妄言妖祥者耳。監官拘守成法，不能修改合天。幸有其人，所當和衷共事，不宜妬忌。乞以雲路提督欽天監事，督率官屬，精心測候，以成鉅典。」議上，不報。

三十八年，監推十一月壬寅朔日食分秒及虧圓之候，職方郎范守己疏駁其誤。禮官因請博求知曆學者，令與監官晝夜推測，庶幾曆法靡差。於是五官正周子愚言：「大西洋歸化遠臣龐迪峩、熊三拔等，攜有彼國曆法，多中國典籍所未備者。乞視洪武中譯西域曆法例，取知曆儒臣率同監官，將諸書盡譯，以補典籍之缺。」先是，大西洋人利瑪竇進貢土物，而迪峩、三拔及龍華民、鄧玉函、湯若望等先後至，俱精究天文曆法。禮部因奏：「精通曆法，如雲路、守己爲時所推，請改授京卿，共理曆事。翰林院檢討徐光啓、南京工部員外郎李之藻亦皆精心曆理，可與迪峩、三拔等同譯西洋法，俾雲路等參訂修改。然曆法疏密，莫顯於交食，欲議修曆，必重測驗。乞敕所司修治儀器，以便從事。」疏入，留中。未幾雲路、之藻皆召至京，參預曆事。雲路據其所學，之藻則以西法爲宗。

四十一年，之藻已改銜南京太僕少卿，奏上西洋曆法，略言臺監推算日月交食時刻虧分之謬。而力薦迪峩、三拔及華民、陽瑪諾等，言：「其所論天文曆數，有中國昔賢所未及者，不徒論其度數，又能明其所以然之理。其所製窺天、窺日之器，種種精絕。今迪峩等年齡向衰，乞敕禮部開局，取其曆法，譯出成書。」禮科姚永濟亦以爲言。時庶務因循，未暇開局也。

四十四年，雲路獻《七政真數》，言：「步曆之法，必以兩交相對。兩交正，而中間時刻分秒之度數，一一可按。日月之交食，五星之淩犯，皆日月五星之相交也。兩交相對，互相發明，七政之能事畢矣。」天啓元年春，雲路復詳述古今日月交食數事，以明《授時》之疏，證新法之密。章下禮部。四月壬申朔日食，雲路所推食分時刻，與欽天監所推互異。自言新法至密，至期考驗，皆與天不合。雲路又嘗論《大統》宮度交界，當以歲差考定，不當仍用《授時》三百年前所測之數。又月建非關斗杓所指，斗杓有歲差，而月建無改移。皆篤論也。

崇禎二年五月乙酉朔日食，禮部侍郎徐光啓依西法預推，順天府見食二分有奇，瓊州食既，大寧以北不食。《大統》、《回回》所推，順天食分時刻，與光啓互異。已而光啓法驗，餘皆疏。帝切責監官。時五官正戈豐年等言：「《大統》乃國初所定，實即郭守敬《授時曆》也，二百六十年毫未增損。自至元十八年造曆，越十八年爲大德三年八月，已當食不食，六年六月又食而失推。是時守敬方知院事，亦付之無可奈何，況斤斤守法者哉？今若循舊，向後不能無差。」於是禮部奏開局修改。乃以光啓督修曆法。光啓言：「近世言曆諸家，大都宗郭守敬法，至若歲差環轉，歲實參差，天有緯度，地有經度，列宿有本行，月五星有本輪，日月有真會、視會，皆古所未聞，惟西曆有之。而舍此數法，則交食淩犯，終無密合之理。宜取其法參互考訂，使與《大統》法會同歸一。」

已而光啓上曆法修正十事：其一，議歲差，每歲東行漸長漸短之數，以正古來百年、五十年、六十年多寡互異之説。其二，議處實小餘，昔多今少，漸次改易，及日景長短歲歲不同之因，以定冬至，以正氣朔。其三，每日測驗日行經度，以定盈縮加減真率，東西南北高下之差，以步日躔。其四，夜測月行經緯度數，以定交轉遲疾真率，東西南北高下之差，以步月離。其五，密測列宿經緯行度，以定七政盈縮、遲疾、順逆、違離、遠近之數。其六，密測五星經緯行度，以定小輪行度遲疾、留逆、伏見之數，東西南北高下之差，以推步淩犯。其七，推變黄道、赤道廣狹度數，密測二道距度，及月五星各道與黄道相距之度，以定交轉。其八，議日月去交遠近及真會、視會之因，以定距午時差之真率，以正交食。其九，測日行，考知二極出入地度數，以定周天緯度，以齊七政。因月食考知東西相距地輪經度，以定交食時刻。其十，依唐、元法，隨地測驗二極出入地度數，地輪經緯，以求晝夜晨昏永短，以正交食有無、先後、多寡之數。因舉南京太僕少卿李之藻、西洋人龍華民、鄧玉函。報可。九月癸卯開曆局。三年，玉函卒，又徵西洋人湯若望、羅雅谷譯書演算。光啓進本部尚書，仍督修曆法。

時巡按四川御史馬如蛟薦資縣諸生冷守中精曆學，以所呈曆書送局。光啓力駁其謬，并預推次年四月四川月食時刻，令其臨時比測。四年正月，光啓進《曆書》二十四卷。夏四月戊午，夜望月食，光啓預推分秒時刻方位。奏言：「日食隨地不同，則用地緯度算其食分多少，用地經度算其加時早晏。月食分秒，海内並同，止用地經度推求先後時刻。臣從輿地圖約略推步，開載各布政司月食初虧度分，蓋食分多少既天下皆同，則餘率可以類推，不若日食之經緯各殊，必須詳備也。又月體一十五分，則盡入闇虚亦十五分止耳。今推二十六分六十秒者，蓋闇虚體大於月，若食時去交稍遠，即月體不能全入闇虚，止從月體論其分數。是夕之食，極近於交，故月入闇虚十五分方爲食既，更進一十一分有奇，乃得生光，故爲二十六分有奇。如《回回曆》推十八分四十七秒，略同此法也。」已而四川報冷守中所推月食實差二時，而新法密合。

光啓又進《曆書》二十一卷。冬十月辛丑朔日食，新法預推順天見食二分一十二秒，應天以南不食，大漠以北食既，例以京師見食不及三分，不救護。光啓言：

月食在夜，加時早晚，苦無定據。惟日食按晷定時，無可遷就。故曆法疏密，此爲的證。臣等纂輯新法，漸次就緒，而向後交食爲期尚遠，此時不與監臣共見，至成曆後，將何徵信？且是食之必當測候，更有説焉。

舊法食在正中，則無時差。今此食既在日中，而新法仍有時差者，蓋以七政運行皆依黄道，不由赤道。舊法所謂中乃赤道之午中，非黄道之正中也。黄赤二道之中，獨冬夏至加時正午，乃得同度。今十月朔去冬至度數尚遠，兩中之差，二十三度有奇，豈可因加時近午，不加不減乎？適際此日，又值此時，足可驗時差之正術，一也。

本方之地經度，未得真率，則加時難定，其法必從交食時測驗數次，乃可較勘畫一。今此食依新術測候，其加時刻分，或前後未合，當取從前所記地經度分，斟酌改定，此可以求里差之真率，二也。

時差一法，但知中無加減，而不知中分黄赤，今一經目見，人人知加時之因黄道，因此推彼，他術皆然，足以知學習之甚易，三也。

帝是其言。至期，光啓率監臣預點日晷，調壺漏，用測高儀器測食甚日晷高度。又於密室中斜開一隙，置窺筩、遠鏡以測虧圓，畫日體分數圖板以定食分，其時刻、高度悉合，惟食甚分數未及二分。於是光啓言：「今食甚之度分密合，則經度里差已無煩更定矣。獨食分未合，原推者蓋因太陽光大，能減月魄，必食及四五分以上，乃得與原推相合。然此測，用密室窺筩，故能得此分數，倘止憑目力，或水盆照映，則眩耀不定，恐少尚不止此也。」

時有滿城布衣魏文魁，著《曆元》、《曆測》二書，令其子象乾進《曆元》於朝，通政司送局考驗。光啓摘當極論者七事：其一，歲實自漢以來，代有減差，至《授時》減爲二十四分二十五秒。依郭法百年消一，今當爲二十一秒有奇。而《曆元》用趙知微三十六秒，翻覆驟加。其一，弧背求弦矢，宜用密率。今《曆測》中猶用徑一圍三之法，不合弧矢真數。其一，盈縮之限，不在冬夏至，宜在冬夏至後六度。今考日躔，春分迄夏至，夏至迄秋分，此兩限中，日時刻分不等。又立春迄立夏，立秋迄立冬，此兩限中，日時刻分亦不等。測量可見。其一，言太陰最高得疾，最低得遲，且以圭表測而得之，非也。太陰遲疾是入轉内事，表測高下是入交内事，豈容混推。而月行轉周之上，又復左旋，所以最高向西行極遲，最低向東行乃極疾，舊法正相反。其一，言日食正午無時差，非也。時差言距，非距赤道之午中，乃距黄道限東西各九十度之中也。黄道限之中，有距午前後二十餘度者，但依午正加減，焉能必合。其一，言交食定限，陰曆八度、陽曆六

度，非也。日食，陰曆當十七度，陽曆當八度。月食則陰陽曆俱十二度。其一，《曆測》云：「宋文帝元嘉六年十一月己丑朔，日食不盡如鉤，晝星見。今以《授時》推之，止食六分九十六秒，郭曆舛矣。」夫月食天下皆同，日食九服各異。南宋都於金陵，郭曆造於燕地，北極出地差八度，時在十一月則食差當得二分弱，其云「不盡如鉤」，當在九分左右。郭曆推得七分弱，乃密合，非舛也。本局今定日食分數，首言交，次言地，次言時，一不可闕。已而文魁反覆論難，光啓更申前說，著爲《學曆小辨》。

其論歲實小餘及日食變差尤明晰。曰：「歲實小餘，自漢迄元漸次消減。今新法定用歲實，更減於元。不知者必謂不惟先天，更先大統。乃以推壬申冬至，大統得己亥寅正一刻，而新法得辰初一刻十八分。何也？蓋正歲年與步月離相似，冬至無定率，與定朔、定望無定率一也。朔望無定率，宜以平朔望加減之，冬至無定率，宜以平年加減之。故新法之平冬至，雖在大統前，而定冬至恒在大統後也。」又曰：「宋仁宗天聖二年甲子歲，五月丁亥朔，曆官推當食不食，諸曆推算皆云當食。夫於法則實當食，而於時則實不食。今當何以解之？蓋日食有變差一法，月在陰曆，距交十度强，於法當食。而獨此日此地之南北差，變爲東西差，故論天行，則地心與日月相參直，實不失食。而從人目所見，則日月相距近變爲遠，實不得食。顧獨汴京爲然，若從汴以東數千里，則漸見食，至東北萬餘里外，則全見食也。夫變差時時不同，或多變爲少，或少變爲多，或有變爲無，或無變爲有。推曆之難，全在此等。」未幾，光啓入内閣。

五年九月十五日，月食，監推初虧在卯初一刻，光啓等推在卯初三刻，回回科推在辰初初刻。三法異同，致奉詰問。至期測候，陰雲不見，無可徵驗。光啓具陳三法不同之故，言：

時刻之加減，由於盈縮、遲疾兩差。而盈縮差，舊法起冬夏至，新法起最高，最高有行分，惟宋紹興間與夏至同度。郭守敬從此百年，去離一度有奇，故未覺。今最高在夏至後六度。此兩法之盈縮差所以不同也。遲疾差，舊法只用一轉周，新法謂之自行輪。自行之外，又有兩次輪。此兩法之遲疾差所以不同也。至於《回回曆》又異者，或由於四應，或由於里差，臣實未曉其故。總之，三家俱依本法推步，不能變法遷就也。

將來有宜講求者二端：一曰食分多寡。日食時，陽晶晃耀，每先食而後見。月食時，游氣紛侵，每先見而後食。其差至一分以上。今欲灼見實分，有近造窺筩，日食時，於密室中取其光景，映照尺素之上，初虧至復圓，分數真確，畫然不爽。月食用以仰觀二體離合之際，鄞鄂著明。與目測迥異。此定分法也。一曰加時早晚。定時之術，壺漏爲古法，輪鍾爲新法，然不若求端於日星，晝則用日，夜則任用一星。皆以儀器測取經緯度數，推算得之。此定時法也。二法既立，則諸術之疏密，毫末莫遁矣。

古今月食，諸史不載。日食，自漢至隋，凡二百九十三，而食於晦者七十七，晦前一日者三，初二日者三，其疏如此。唐至五代凡一百一十，而食於晦者一，初二日者一，初三日者一，稍密矣。宋凡一百四十八，無晦食者，更密矣。猶有推食而不食者十三。元凡四十五，亦無晦食，猶有推食而不食者一，食而失推者一，夜食而書晝者一。至加時差至四五刻者，當其時已然。可知高遠無窮之事，必積時累世，乃稍見其端倪。故漢至今千七百歲，立法者十有三家，而守敬爲最優，尚不能無數刻之差，而況於沿習舊法者，何能責其精密哉？

是年，光啓又進《曆書》三十卷。明年冬十月，光啓以病辭曆務，以山東參政李天經代之。不逾月而光啓卒。七年，魏文魁上言，曆官所推交食節氣皆非是。於是命文魁入京測驗。是時言曆者四家，《大統》、《回回》外，別立西洋爲西局，文魁爲東局。言人人殊，紛若聚訟焉。

天經繕進《曆書》凡二十九卷，并星屏一具，俱故輔光啓督率西人所造也。天經預推五星淩犯會合行度，言：「閏八月二十四，木犯積尸氣。九月初四昏初，火土同度。初七卯正，金土同度。十一昏初，金火同度。舊法推火土同度，在初七，是後天三日。金火同度在初三，是先天八日。」而文魁則言，天經所報，木星犯積尸不合。天經又言：「臣於閏八月二十五日夜及九月初一日夜，同禮臣陳六韐等，用窺管測，見積尸爲數十小星團聚，木與積尸，共納管中。蓋窺管圓徑寸許，兩星相距三十分内者，方得同見。如觜宿三星相距三十七分，則不能同見。而文魁但據臆算，未經實測。據云初二日木星已在柳前，則前此豈能越鬼宿而飛渡乎？」天經又推木星退行、順行，兩經鬼宿，其度分晷刻，已而皆驗，於是文魁説絀。

天經又進《曆書》三十二卷，并日晷、星晷、窺筩諸儀器。八年四月，又上《乙亥丙子七政行度曆》及《參訂曆法條議》二十六則。**【略】**

是時新法書器俱完，屢測交食淩犯俱密合，但魏文魁等多方阻撓，内官實左右之。以故帝意不能決，諭天經同監局虛心詳究，務祈畫一。是年，天經推水星

伏見及木星所在之度，皆與《大統》各殊，而新法爲合。又推八月二十七日寅正二刻，木、火、月三曜同在張六度，而《大統》推木在張四度，火、月張三度。至期，果同在張六度。九年正月十五日辛酉，曉望月食。天經及《大統》、《回回》、東局，各預推虧圓食甚分秒時刻。天經恐至期雲掩難見，乃按里差，推河南、山西所見時刻，奏遣官分行測驗。其日，天經與羅雅谷、湯若望、大理評事王應遴、禮臣李焻及監局守登、文魁等赴臺測驗，惟天經所推獨合。已而，河南所報盡合原推，山西則食時雲掩無從考驗。

帝以測驗月食，新法爲近，但十五日雨水，而天經以十三日爲雨水，令再奏明。天經覆言：

論節氣有二法：一爲平節氣，一爲定節氣。平節氣者，以一歲之實，二十四平分之，每得一十五日有奇，爲一節氣。故從歲前冬至起算，必越六十日八十七刻有奇爲雨水。舊法所推十五日子正二刻者此也。定節氣者，以三百六十爲周天度，而亦以二十四平分之，每得一十五度爲一節氣。從歲前冬至起算，歷五十九日二刻有奇，而太陽行滿六十度爲雨水。新法所推十三日卯初二刻八分者此也。太陽之行有盈有縮，非用法加減之，必不合天，安得平分歲實爲節氣乎？以春分證之，其理更明。分者，黃赤相交之點，太陽行至此，乃晝夜平分。舊法於二月十四日下，註晝五十刻、夜五十刻是也。夫十四日晝夜已平分，則新法推十四日春分者爲合天，而舊法推十六日者，後天二日矣。知春分，則秋分及各節氣可知，而無疑於雨水矣。

已而天經於春分屆期，每午赴臺測午正太陽高度。二月十四日高五十度八分，十五日高五十度三十三分。天經乃言：

京師北極出地三十九度五十五分，則赤道應高五十度五分，春分日太陽正當赤道上，其午正高度與赤道高度等，過此則太陽高度必漸多。今置十四日所測高度，加以地半徑差二分，較赤道已多五分。蓋原推春分在卯正二刻五分弱，是時每日緯行二十四分弱，時差二十一刻五分，則緯行應加五分强。至十五日，并地半徑較赤道高度已多至三十分，况十六日乎？是春分當在十四，不當在十六也。秋分亦然。

又出《節氣圖》曰：内規分三百六十五度四分度之一者，日度也。外規分三百六十度者，天度也。自冬至起算，越九十一日三十一刻六分，而始歷春分者，日爲之限也，乃在天則已踰二度餘矣。又越二百七十三日九十三刻，一十九分，而即交秋分者，亦日爲之限也，乃在天不及二度餘。豈非舊法春分每後天二日，秋分先天二日耶？

十年正月辛丑朔，日食，天經等預推京師見食一分一十秒，應天及各省分秒各殊，惟雲南、太原則不見食。其初虧、食甚、復圓時刻亦各異。《大統》推食一分六十三秒，《回回》推食三分七十秒，東局所推止游氣侵光三十餘秒。而食時推驗，惟天經爲密。時將廢《大統》，用新法，於是管理另局曆務代州知州郭正中言：「中曆必不可盡廢，西曆必不可專行。四曆各有短長，當參合諸家，兼收西法。」十一年正月，乃詔仍行《大統曆》，如交食經緯，晦朔弦望，因年遠有差者，旁求參考新法與回回科並存。是年，進天經光禄寺卿，仍管曆務。十四年十二月，天經言：「《大統》置閏，但論月無中氣，新法尤視合朔後先。今所進十五年新曆，其十月、十二月中氣，適交次月合朔時刻之前，所以月内雖無中氣，而實非閏月。蓋氣在朔前，則此氣尚屬前月之晦也。至十六年第二月止有驚蟄一節，而春分中氣，交第三月合朔之後，則第二月爲閏正月，第三月爲二月無疑。」時帝已深知西法之密。迨十六年三月乙丑朔日食，測又獨驗。八月，詔西法果密，即改爲《大統曆法》，通行天下。未幾國變，竟未施行。本朝用爲時憲曆。

按明制，曆官皆世業，成、弘間尚能建修改之議，萬曆以後則皆專已守殘而已。其非曆官而知曆者，鄭世子而外，唐順之、周述學、陳壤、袁黄、雷宗皆有著述。唐順之未有成書，其議論散見周述學之《曆宗通議》、《曆宗中經》。袁黄著《曆法新書》，其天地人三元，則本之陳壤。而雷宗亦著《合璧連珠曆法》，皆會通《回回曆》以入《授時》，雖不能如鄭世子之精微，其於中西曆理，亦有所發明。邢雲路《古今律曆考》，或言本出魏文魁手，文魁學本膚淺，無怪其所疏《授時》，皆不得其旨也。

清·王先謙《東華録》 修正曆法，西洋人湯若望啓言：臣於明崇禎二年來京，曾用西洋新法釐正舊曆，製有測量日月星晷、定時考驗諸器，盡進内廷，用以推測，屢屢密合。近聞諸器盡遭賊毁，臣擬另製進呈，今先將本年八月初一日日食照西洋新法推步，京師所有日食限分秒並起，復方位圖象與各省所見日食多寡，先後不同，諸數開列呈覽。乙敕該部，屆期公同測驗。攝政睿親王諭舊曆歲久差謬，西洋新法屢屢密合，知道了此本内日食分秒時刻，起復方位，並直省見食有多寡，先後不同具見推算，詳審俟先期二日來説，以便遣官公同測驗。其窺測諸器，速造進覽。

清·王之春《國朝柔遠記》卷一　（順治三年）冬十一月，以意大里亞人湯若望掌欽天監事。

湯若望既爲監正，累加太僕太常寺卿敕，賜通微教師。

清·王之春《國朝柔遠記》卷二　陽瑪諾者，居南京，專以天主教惑人，又盛誇其風土人物遠勝中華。禮部郎中徐如珂惡之，乃召兩人授以筆劄，令各書所記憶，悉舛謬不合。乃與侍郎沈㴶、給事中晏文輝等合疏，斥其邪説惑衆，且疑爲佛郎機所假託乞。亟行遣逐，給事中余懋孳亦以爲言帝納之，令豐肅及龐迪我等，俱遣赴廣東。聽還本國時，迪我等以明曆法，在欽天監同測驗，奏乞寬假。不報，乃怏怏去。豐肅尋變姓名復入南京行教如故，他如龍華民、畢方濟、艾如略、熊三拔皆意大里亞人，而湯若望、羅雅谷等既共纂成《崇禎曆書》，若望遂入本朝官監正。至是，國王遣使奉表，貢金剛石飾金劍、金珀書箱、珊瑚樹、琥珀、珠伽、南香哆囉絨象牙、犀角、乳香、蘇合香、丁香、金銀花露、花幔、花氈、大玻璨鏡等物。大西洋去中國水程八萬里，其道由地中海西出大洋，南行過福島，島在利未亞洲之西，西人言地輿者，昔以此島爲中綫。

清·田鄄軒《星學初階》　南山鍾先生天文紀事叙

天文之學傳至近代，幾如斷潢矣。先生究心此道，獨能鈎深致遠，妙幾其微。壯歲爲吾鄉劉武慎公所知，招致粵西幕府，側席諮詢，禮同師友。時欃槍未靖，軍事倚爲進止者有年。同僚之士類多名成驥尾，先生獨淡泊寡營，不求仕進，何其高耶！武慎繼奉朝命移節滇黔，仍欲載以後車。先生堅辭不就，更爲遠紹旁探之計，以求參觀互證之資。馳觀域外，遠涉重洋，窮曆泰西各國廿有餘年，地球七萬餘裏，大小數十國都，幾於環覽一周，由是擇術審而操術益精。凡星體性情、光芒、大小、色相，顯微瞭如指掌，其所推測，小而霧、雨、雲、風、陰、晴、寒、燥，大而兵、戈、水、旱、癘、疫一切災祲，先期指點，應驗如神，須臾不爽。前知如此測天之能事畢矣，遂乃本其心得，製爲圖盤以裨來學。又刱爲天地圓儀，各按經緯分野，黄赤道數布列，凡星别體被色俾學者，一目了然，易尋端緒，誠初學迷津之寶筏也。較諸古人渾天、察天、觀天等儀器，非特先後輝映，抗衡比美，直有過之無不及焉。夫天道高遠難知，爲於其懸象著明者，知之而不善學者，往往窮畢生之力，茫乎不得其端倪。即有聰明之士，不乏鈎深致遠之勤，又或爲古圖所囿，地平以上言之鑿鑿，地平以下冥然不知，是由得其半而未窺其全，不得謂爲升堂入室也。然則以先生之學，方之古人，所以仰觀俯察而指陳者，即孟子所謂，苟求其故千歲之日至，可坐而定。先生故造乎極矣！先生尤神乎技矣！謹述吾所專聞，以誌欽折，同學諸公想不以此言爲諛云。壬辰夏月下浣古楚南麻陽田鄄軒題贈并書

清·龍文彬《明會要》卷二七《運曆上·曆》　吴元年十一月乙未，冬至，太史院進戊申歲《大統（麻）〔曆〕》。太祖謂劉基曰：古者以季冬頒來歲之（麻）〔曆〕，似爲太遲。今於冬至，亦未宜，明年以後，皆以十月朔進。時所詳定皆出自基及其屬高翼之手。太祖命詳校而後刊之。《昭代典則》。

洪武元年，改太史院爲司天監。二年，徵元《回回（麻）〔曆〕》官鄭阿里等十一人至京，議（麻）〔曆〕法，占天象。王圻《通考》。

又　十七年閏十月，漏刻博士元統言：（麻）〔曆〕以《大統》爲名，而積分猶踵《授時》之數，非所以重始敬正也。況《授時》以至元辛巳爲（麻）〔曆〕元，至洪武甲子，積一百四年。以七十年而差一度之大，約計之，每歲應差一分五十秒。辛巳至今，年遠數盈，漸差天度，擬合脩改。今以洪武甲子歲前冬至爲《大統》（麻）〔曆〕元，而七政運行有遲速、逆順、憂見之不齊。其理深奥，未易推演。聞有郭伯玉者，精明九數之理，宜徵令推算，以成一代之制。報可。擢統爲監令。統乃取《授時（麻）〔曆〕》，去其歲實消長之説，析其條例，得四卷。以洪武十七年甲子爲（麻）〔曆〕元，命曰《大統（麻）〔曆〕法通軌》。《昭代典則》。

二十六年，欽天監副李德芳上書言：臣按故元至元辛巳爲（麻）〔曆〕元，上推往古，每十年長一日，每百年消一日，其法至密，不可易也。今監正元統改作洪武甲子（麻）〔曆〕元，不用消長之法。以考《春秋》晉獻公十五年戊寅，歲天正冬至，比辛巳爲元，差四日六時五刻，不合實測。今宜復用辛巳爲元及消長法。疏入，元統奏辨。上曰：二説皆難憑，但驗七政交會行度無差者爲是。於是欽天監以《大統》（麻）〔曆〕元，用洪武甲子，而推算仍依《授時》法。《明政統宗》。

三十八年十一月壬寅朔，日有食之。欽天監推日食分秒及虧圓之候，職方郎中范守己疏駁其誤。禮官因請博求知（麻）〔曆〕學者，令與監官晝夜推測，庶曆法靡差。於是五官正周子愚言：大西洋歸化遠臣龐迪峩、熊三拔等攜有彼國（麻）〔曆〕法，多中國典籍所未備者。乞視洪武中譯西域（麻）〔曆〕法例，取知（麻）〔曆〕儒臣，同監官譯上，以資采擇。禮部議覆，從之。並召邢雲路及南京工部員外郎李之藻，使參預（麻）〔曆〕事。《明紀》。

崇禎二年五月乙酉朔，日有食之。禮部侍郎徐光啓依西法豫推，順天府見

食二分有奇，瓊州食既，大寧以北不食。《大統》、《回回》所推食分時刻，與光啓互異。已而光啓法驗，餘皆疏。帝切責監官。於是五官正戈豐年等言：《大統》乃洪武時所定，實即郭守敬《授時(厤)〔曆〕》也。自至元十年造(厤)〔曆〕，越十八年爲大德三年八月，已當食不食。六年六月，又食而失推。是時守敬方知院事，已不能無乖錯。況斤斤守法者哉！今若循舊，向後必不能無差。光啓亦言：歲差環轉，歲實參差。天有緯度，地有經度。列宿有本行，月、五星有本輪，月有真會、視會，皆古所未聞，惟西法有之。宜取以參互考訂，與《大統》法會同歸一。尋上(厤)〔曆〕法脩正十事：其一，議歲差每歲東行漸長漸短之數，以正古來百年、五十年、六十年多寡互異之説。其二，議歲實小餘昔多今少，漸次改易，及日景長短歲歲不同之因，以定冬至，以正氣朔。其三，每日測驗日行經度，以定盈縮加減真率，東西南北高下之差，以步日躔。其四，夜測月行經緯度數，以定交轉遲疾真率，東西南北高下之差，以步月離。其五，密測列宿經緯行度，以定七政盈縮遲疾、順逆、違離、遠近之數。其六，密測五星經緯行度，以定小輪行度遲疾、留逆、伏見之數，東西南北高下之差，以推步淩犯。其七，(椎)〔推〕算黄道、赤道廣狹度數，密測二道距度及月五星各道與黄道相距之度，以定交轉。其八，議日月去交遠近，及真會、視會之因，以定距午時差之真率，以正交食。其九，測日行，考知二極出入地度數，以定周天緯度，以齊七政；因月食，考知東西相距地輪經度，以定交食時刻。其十，依唐元法，隨地測驗二極出入地度數，地輪經緯，以求晝夜晨昏永短，以正交食有無先後多寡之數。因薦南京太僕少卿李之藻、西洋人龍華民、鄧玉函善推步。報可。遂開(厤)〔曆〕局，以光啓爲監督，西法之行自此始。初，西法與《回回(厤)〔曆〕》相同，周天三百六十度，度六十分，分六十秒；一日十二時，時八刻，刻十五分；有閏日，無閏月。迨入中國，又通融中法，始置閏月。窮推詳測，益加精密。而《授時》、《大統》之説始絀。《三編》。

李之藻疏言：西洋歸化陪臣，如龐迪我、龍華民、熊三拔、陽瑪諾諸人，所言天文(厤)〔曆〕數，有我中國昔賢所未及者。一曰天包地外，地在天中，其體皆圓，皆以三百六十度算之。地徑各有測法，從地窺天，其自地心測算與其地面測算者，皆有不同。二曰地面南北，其北極出地高低度分不等，其赤道所離天頂，亦因而異，以辨地方風氣寒暑之節。三曰各處地方所見黄道，各有高低斜直之異，故其晝夜長短亦各不同。所得日影，有表北影，有表南影，亦有周圍圓影。四曰七政行度不同，各自爲一重天，層層包裹，推算周徑，各有其法。五曰列宿在天，另有行度，以二萬七千餘歲一周，此古今中星所以不同之故。不當指列宿之天爲晝夜一周之天。六曰月、五星之天，各有小輪，原俱平行。特爲小輪旋轉於大輪之上下，故人從地面測之，覺有順逆遲疾之異。七曰歲差分秒多寡，古今不同。蓋列宿天外，別有兩重之天，動運不同。其一東西差，出入二度二十四分；其一南北差，出入一十四分；各有定算，其差極微，從古不覺。八曰七政諸天之中心各與地心不同處所。春分至秋分多九日，秋分至春分少九日。此由太陽天心與地心不同處所。人從地面望之，覺有盈縮之差，其本行初無盈縮。九曰大陰小輪，不但算得遲疾，又且測得高下遠近大小之異。交食多寡，非此不確。十曰日月交食，隨其出地高低之度，看法不同。而人從所居地面，南北望之，又皆不同。兼此二者，食分乃審。十一曰日月交食，人從地面望之，東方先見，西方後見。凡地面差三十度，則時差八刻五分。而以東西相距二百五十里作一度。南北則視所離赤道以爲減差。十二曰日食與合朔不同。日食在午前，則先食後合；在午後，則先合後食。凡出地入地之時，近於地平，其差多至八刻；漸近於午，則其差時漸少。十三曰日月食所在之宫，每次不同，皆有捷法定理，可以用器轉測。十四曰節氣當求太陽真度。如春、秋分日，乃太陽正當黄赤二道相交之處。不當計日匀分。凡此十四事，前此天文曆志諸書皆未論及，惟諸臣不徒論其度數，又能論其所以然之理。蓋緣彼國不以天文(厤)〔曆〕學爲禁，五千年來，通國之俊曹聚而講究之，故窺測密而研究審。《春明夢餘録》。

清・龍文彬《明會要》卷二七《運曆上・歲差》 嘉靖二年九月，光禄寺少卿華湘疏：黄帝迄秦，(厤)〔曆〕凡六改，漢凡五改，由魏迄隋十三改，唐迄五代十六改，宋十八改，金迄元三改。然歷代長於曆者，不數歲而輒差。杜預曰：陰陽之運，隨動而差。差而不已，遂與(厤)〔曆〕錯。夫所以差者，由天周有餘、日周不足也。天周有餘，則天常平運而舒。日周不足，則日常内轉而縮。天日之差，於中星驗焉。堯之冬至，初昏昴中，而日在虚七度。虚者，北方之宿，則日行北陸，躔於元枵之子也。今之冬至，初昏室中，而日在箕三度。箕者，東方之宿，則日行東陸，躔於析木之寅也。計今去堯未四千年，而差五十度矣。再以赤道考之，勝國至元辛巳，改(厤)〔曆〕天正冬至，赤道歲差一分五十秒，今退天三度五十二分五十秒也。黄道歲差九十二分九十八秒，今退天三度二十五分七十四秒也。年愈遠而數愈盈。正德戊寅日食，庚辰月食，時刻分秒、起復、方位，多與欽

天監推算不合。古今善推算者三家：漢太初以鐘律，唐太衍以著策，元《授時》以晷景，而晷景爲近。欲正算而不登臺測景，皆空言臆説也。望許臣暫罷朝參，督中官正周濂等，及冬至前詣觀象臺，晝夜推測，日記月書，至來年冬至，以驗二十四氣、分、至、合朔、日躔、月離、黄赤二道、昏旦、中星、七政、四餘之度，視元辛巳所測離合何如，差次録聞。更敕禮部延訪精通理數者，徵赴京師。令詳定歲差，以成一代之制。從之。《春明夢餘録》

漢自鄧平改(厤)〔曆〕之後，洛下閎謂八百年當差一度。當時史官考諸上古中星，知太初曆已差五度，而閎未究。蓋古之爲(厤)〔曆〕，未知有歲差之法。其論冬至日躔之宿，一定而不移；不知天日會道，不得均齊。餘分積久，度數必爽。今歲之日躔在冬至者，視去歲冬至之躔，常有不齊之分。至虞喜始覺其差，乃以天爲天，歲爲歲，立差法以追其變而算之，約以五十年日退一度，然失之太過。宋何承天倍增其數，約以百年退一度，而又不及。至隋劉焯取二家中數，以七十五年爲近之，然亦未甚密。至唐僧一行乃以太衍(厤)〔曆〕推之，得八十三年而差一度。自唐以來，(厤)〔曆〕家皆宗其法，然猶未至也。至元朝郭守敬算之，約六十六年而差一度，算已往減一算，算將來加一算，而歲差始爲精密。然至今三百餘年，臺官推演，又多不合天道。識者往往奏請再改(厤)〔曆〕元，以正歲差。嗟乎！天動物也，進退盈縮，未免少有不齊。一定之法何可拘也？況定歲之法四期，餘一日之數，分於四期。則二至之定，每疑於絲忽之閒，須酌量以定，無常準者。定日之法，一日變爲九百四十書者，以氣朔有不盡之數難分也。每月三十日，一氣盈四百十二書二十五秒，一朔虛四百四十一書，積盈虛之數以成閏。故定朔必視四百四十一書之前後以爲朓朒。故定朔每疑於一書之閒，要亦須酌量以定，無常準者。如日月交食之法，時刻分秒最爲精微。及至半秒難分之處，亦須酌量以定，無常準焉。夫至之絲忽，朔之一書，食之半秒；積之歲久，則皆差失不合原算矣。以天道不齊之動，加以歲久必差之法，欲守一定之算，夫安可得？是故隨時考驗，以求合於天，此爲至當。

清・杞廬主人《時務通考》卷一《天算一》 西人入監治曆，賜爵侍郎。順治元年，以西洋新法推算精密，詔用之。二年，書成。以太宗文皇帝天聰二年戊辰爲天正，冬至子正起算，周天用三百六十度，度法六十分，每日九十六刻，刻法十五分，其朔望、節氣、時刻、太陽出入、晝夜長短，京師與各省皆依北極高度、東西偏度推算。康熙三年，復用舊法，已因舊法不密，用《回回》法。七年，命大臣傳集西洋人與監官，質辨測驗正午日影。明年，遣大臣赴觀象臺測驗，遂令西洋人治曆。初書面載欽天監，依西洋新法字，旋去之。十三年，新儀成，凡六座，曰黄道經緯儀，曰赤道經緯儀，曰地平經儀，曰地平緯儀，曰紀限儀，曰天體儀。雍正三年，《律曆淵源》書成。以欽天監無可治理之處，其治理曆法之銜改爲監正，有滿漢監正滿者，掌印漢者用西洋人，有賜爵至侍郎者南懷仁兼工部侍郎戴進賢兼禮部侍郎，其餘爲監正、監屬者，不可勝數。今監正劉松齡、監副鮑友管皆西洋人。三巴寺僧世習其業，待其學成，部牒行取香山縣，護之，如省督撫資遣入監。自羲和失其世守，古籍之可見者，僅有《周髀》，而西人渾蓋通憲之器、寒熱五帶之説，地圓之理，正方之法，皆不能出《周髀》範圍，史稱旁搜博採以續千年之墜緒，亦禮失求野之意，信矣。

清・陸世儀《桴亭先生詩文集》文集卷六 毘陵蔡仲全先生小傳

毘陵一郡，以天文、律曆、皇極、性理、疑難之學者稱。於時者，人皆知有蔡仲全，云仲全諱所性，居毘陵城西山林里，相傳爲晉司徒道明蔡公之後。世以耕讀爲業，少時諸同人皆習制舉業，仲全獨喜觀綱目性理及先儒語録。十四、五，嘗和其先人仰懷公東溪，詩：有若得臨，深不愧影，春光風浴，可從遊之。句識者知其後，必以儒行稱。十七、八，見閩中顔茂猷以《五經》中式，遂奮然欲效之力通《五經》。每小試，輒揮數義然。是時制科法弊遊庠序者，非賄賂請託不可得。仲全又力持古道，以爲進身之初，必不可由詭遇，寧受擯，毋捷得。人皆笑之，仲全泰然不爲意焉。申酉閒，遂絶意干禄，足迹不入城，一意讀古家。無書，每從人借讀。嘗得《二十一史》，日讀一本，計四百八十日，而徧略皆上口。凡天文、曆數、律吕、皇極、洪範、壬奇之屬，悉不由師傳，仰而闚，俯而竿，讀而疑，疑而復讀。不能遽通，則擲書於牀，縱步田野閒，或立溪流樹影，與樵夫牧子互語。忽一意悟到，倉皇奔歸索書急讀，則古人之意已豁然矣。如是者，數年，始入城。憲副岳虞巒方註易與語，大奇之，留共參訂，每歎不及。同時，有一菴升書二馬子者，邃於理學一見，相得甚歡，引爲性命交，朝夕切磋。庚子，徒步三百里訪，予於婁，婁中諸賢與仲全接席者，無不咋舌稱歎。仲全歸益以絶學自任，其族人靖公進士聚友數十人，從之講《五經同異》。仲全南面踞高座，言如河漢，聽者俱屏息，或間有可否，則務取理勝相掩，不以辭長也。一時縉紳名流及聰明傑出之士，皆樂與之遊。仲全悉出其胸藏，無所吝。毘陵明天文、星曆、律吕諸家，如二馬子楊爾京、龔武仕之儔，皆仲全之切磋爲多性至孝友。父仰懷公病目，仲全日

以舌舓目病結，以指導其糞。母章氏、姚氏之病，雖厠牏之屬，必躬必親。居三年，喪，蔬食異寢如古禮。有姪中年逝，爲養其孤寡，修脯所入，輒代其弟完逋賦。子荇能讀書，力耕、養父，米鹽之事一切不問也。與人交和易善，笑語如醇醪之醉人。毘陵城中人士好學者，見先生，輒迎致。如洛陽故事，家有行窩，每入城，隨意所適，無專舍，貌樸好野服，人與乍接多忽易，久乃益敬。常遊西泠達官，見者不爲禮語，一再接驚趨，下座，再拜稱謝。呼爲先生顧，又有機權，遇事能談言微中。酉戌之際，有大盜高三倭者，官兵莫敢近。仲全往説之，三倭立散其衆詣。城中降里中人，即素有城府與人冰炭者，見仲全無不立化也。同人咸比之邵康節，以爲性情作用皆近似。至於人讀易書難，仲全讀難書易，則又與宋之西山可比肩，稱二蔡也。

野史氏曰：仲全真風流人豪也哉！古昔之士，以布衣雄世者，往往而有。若近代，則諸生以下解能自立，即有以翰墨遊公卿間者，此妾婦非丈夫也。仲全深居田野，以博學名動一時，衣敝緼曆，朱門雄辨高談，傾服四座，時人以比康節西山，夫豈過哉？

著録

明・蔡應琦《日月星晷式〈跋〉》 盟兄上海陸仲玉者，精曆法，大統、西曆兼通之，凡有裨于曆用者，必纖毫具録，故《日月星晷式》中西所製法圖，無有遺者。且録是本以貽我，琦感其所愛，珍藏之而弗敢慢，中心承受而有之，則吾兄之耗精于此，其淺鮮哉，其淺鮮哉！琦恐久而湮兄之名，故特表焉。且兄死于非命，弟心何忍。古云：竊人之有而釋己能。琦則不敢。天啓壬戌秋於越山陰蔡應琦書于燕市。

明・吴伯宗《〈天文書〉序》 天理無象，其生人也。恩厚無窮，人之感恩而報天也。心亦罔極。然而大道在天地間，茫昧無聞，必有聰明睿智聖人者出，心得神會斯道之妙，立教於當世。後之賢人接踵相承，又得上古聖人所傳之妙，以垂教于來世也。聖人馬合麻及後賢輩出，有功於大道者，昭然可考。逮闊識牙耳大賢者生，闡揚至理，作爲此書，極其精妙，後人信守尊崇，縱有明智，不能加規而過矩也。

明・吴伯宗《譯〈天文書〉序》 皇上奉天明命，撫臨華夷，車書大同，人文宣朗。爰自洪武初，大將軍平元都，收其圖籍、經傳、子史凡若干萬卷，悉上進京師，藏之書府。萬幾之暇，即召儒臣進講，以資治道。其間西域書數百册，言殊字異，無能知者。十五年秋九月癸亥，上御奉天門，召翰林臣李翀、臣吴伯宗而諭之曰：天道幽微，垂象以示人。人君體天行道，乃成治功。古之帝王，仰觀天文，俯察地理，以修人事、育萬物。由是文籍以興，彝倫攸叙。邇來西域陰陽家，推測天象，至爲精密有驗。其緯度之法，又中國書之所未備。此其有關於天人甚大，宜譯其書，以時披閲，庶幾觀象，可以省躬修德，思患預防，順天心、立民命焉。遂召欽天監靈臺郎臣海達兒、臣阿答兀丁、回回大師臣馬沙亦黑、臣馬哈麻等，咸至于廷，出所藏書，擇其言天文陰陽曆象者，次第譯之。且命之曰：爾西域人，素習本音，兼通華語，其口以授儒，爾儒繹其義，緝成文焉。惟直述，毋藻繪，毋忽。臣等奉命惟謹，開局於右順門之右，相與切摩，達厥本指，不敢有毫髮增損。越明年二月，天文書譯既，繕寫以進。有旨命臣伯宗爲序。臣聞伏羲畫八卦，唐堯欽曆象，大舜齊七政，神禹叙九疇。歷代相傳，載籍益備。其言天地之變化、陰陽之闔闢、日月星辰之運行、寒暑晝夜之代序，與夫人事吉凶、物理消長，微妙弘衍矣。今觀西域天文書，與中國所傳，殊途同歸，則知至理精微之妙，充塞宇宙，豈以華夷而有間乎？恭惟皇上，心與天通，學稽古訓，一言一動，森若神明在上。凡禮樂刑政，陽舒陰斂，皆法天而行。期於七曜順度，雨暘時若，以致隆平之治。皇上敬天勤民，即伏羲堯舜禹之用心也。經傳所載，天人感應之理，存于方寸審矣。今又譯成此書，常留睿覽，兢兢戒慎，純亦不已，若是其至哉。是書遠出夷裔，在元世百有餘年，晦而弗顯，今遇聖明，表而爲中國之用，備一家之言，何其幸也。聖心廓焉大公，一視無間，超軼前代遠矣。刻而列之，與中國聖賢之書並傳並用，豈惟有補於當今，抑亦有功於萬世云。洪武十六年五月辛亥，翰林檢討臣吴伯宗謹序。

明・朱載堉《古周髀算經・圓方句股圖解序》 圓方句股之説，出於古《周髀筭經》者，周公之遺書也。舊有圖解若干，趙君卿所撰也。新增圖解若干，余所撰也。夫新增者，何爲而作耶？余觀諸家筭術，最疎謬者，莫如圓田之屬。蓋

彼尊信圍三徑一舊率而執守之，不肯運一規於壁間，以尺量之，較其是否。儒者之學，以格物窮理爲先務。數居六藝之一，規矩方圓之至，此最易察者，而尚莫能辨，何況理之玄奥者乎？無待運規，不拘何等圓器，但周徑分明者皆可較耳。用紙一條，圍器一周，均作三折，以較其徑，顯然不相合矣。是知圍三徑一之説，姑舉大槩而言，非密率也。古《周髀筭經》首章載周公與商高相問答，此理甚明。後人續以圍三徑一之術，蓋傳訛也。商高所謂圓出於方，方出於矩，矩出於九九八十一。又曰環矩以爲圓，合矩以爲方。方屬地，圓屬天，天圓地方，方數爲典，以方出圓。今詳其意謂，畫方形若棋盤紋，每行九寸，九行共有八十一寸，却於四隅之外，運規爲圓，與四隅適相投，較量四面方外餘圓各長一尺，則其一周共有四尺，是謂出於矩耳。傳曰不以規矩不能成方圓，此之謂也。今之學者小九九尚不熟，何況以語其圓率之疎密也哉？即有通筭者，亦以爲丈量田地不過得其大略，摠差一二步何妨也。殊不知聖人設此術，豈專爲圓田耶？大而璇璣玉衡，小而黄鍾玉琯，凡爲圓器必求周徑，豈容一秒一忽而有錯誤？寧於求圓之謬而竟不之察乎？今編此書，雖採古人成説，而獨詳於求圓一事，蓋欲微顯闡幽、補其闕略而已。

又 《周髀筭經》二卷，古蓋天之學也。以勾股之法，度天地之高厚，推日月之運行，而得其度數。其書出於商周之間，自周公受之於商高，周人志之，謂之《周髀》。其所從來遠矣。《隋書·經籍志》有《周髀》一卷趙嬰注，《周髀》一卷甄鸞重述，而唐之《藝文志·天文類》有趙嬰注《周髀》一卷、甄鸞注《周髀》一卷，其曆筭類仍有李淳風注《周髀筭經》二卷，本此一書耳。至於本朝，《崇文總目》與夫《中興館閣書目》皆有《周髀筭經》二卷，云：趙君卿述，甄鸞重述，李淳風等注釋。趙君卿名爽，君卿其字也。如是則在唐以前，則有趙嬰之注，而本朝以來則是趙爽之本，所記不同。意者趙嬰、趙爽止是一人，豈其字文相類、轉寫之誤耶？然亦當以隋唐之書爲正，可也。又《崇文總目》及李籍《周髀音義》皆云趙君卿不詳何代人，今以序文考之，有曰渾天有靈憲之文，蓋天有周髀之法。靈憲乃張衡之所作，實後漢安順之世。而甄鸞之重述者，乃是解釋君卿之所注，出於宇文周之世。以此推之，則君卿者，其亦魏晉之間人乎？若夫乘勾股朱黄之實，立倍差減并之術，以盡開方之妙，百世之下莫之可易。則君卿者，誠筭學之宗師也。

嘉定六年癸酉，十一月一日丁卯冬至，承議郎，權知汀州軍州，兼管内勸農事，主管坑冶，括蒼鮑澣之仲祺謹書。

載堉曰：齊有晏嬰，漢有灌嬰，皆大臣也，故趙嬰字君卿蓋取此也。以此證之，爽字誤，無疑矣。

明·句曲山人《〈句股圖解〉跋》 辟如行遠必自邇，辟如登高必自卑，蓋名言哉。句股筭術，本非難曉，人多以爲難曉，何也？學之躐等，而非循序故也。愚按《九章筭術》所載句股備矣，然於初學無所利益，惟古《周髀筭經》所謂句爲青實，股爲黄實，弦爲朱實者，名義有可取。蓋青者象天也，黄者象地也，朱者象人也。取名初無別義，聊以識別三實耳。或有不曉者，而問於余，余以筭書所稱甲、乙、丙、丁四人喻之，遂悟曰：恐是以色界畫，故曰青實等耳。余以爲然，乃用三色紙，而奇中尤奇，庶幾便於初學也。嗚呼，句股一術，雖在《九章》之末，實爲筭術之本。以方測圓，而弧矢之妙在是矣。初學由此漸入佳境，不可以其淺近而忽之也。是故列於弧矢真理之前，爲弧矢之發軔也歟。句曲山人跋。

明·朱載堉《萬年曆備考》卷三 謝廷訓、闞志拯《進〈聖壽萬年曆〉表》 一代之制，宜新其名，爲《聖壽萬年曆》。及將所著新法十册恭進等因，奉聖旨，禮部知道，欽此欽遵。抄出到部，送司案呈到部，看得鄭世子載堉恭進曆書，上祝萬壽，欲要更新其名，及將《大統曆》所差即便改正，各一節爲照。人君欽若天道，敬授民時，以成治功者，莫大於曆。是故自堯舜相傳以來，靡不重之，所以大一統也。我太祖高皇帝創有天下，即治曆明時，頒行中外，命之曰《大統》。蓋不惟昭王者無外之義，而聖子神孫億萬年無彊之祚即在於是，殆有不可取數限量者焉。列聖相承，毫無異議。皇上紹天纘緒，繼治安民二十有三載。夫既叶泰階之符，而際昇平之盛矣。迺者，萬壽屆期，四方來賀。鄭世子載堉恭獻《聖壽萬年曆》書，併請因時改名。原其用心，無非俯竭一得之忱，欲效萬年之祝，意甚善也。但臣等查得《會典》，凡造曆以洪武甲子爲曆元，仍依舊法推筭，不用捷法。【略】臣等竊觀鄭世子所著新法，其原本進呈，恭備御覽，未便繙閱，恐致損污，合無行。河南布政司轉行該府，長史司具啓世子知會，另將副本解部轉發欽天監與世業各科。曆官所傳諸書，互相參訂，細加磨筭，務使分秒微纖隨時測驗，蘄於不爽，則曆數之奥既占，而有孚天運之常，亦筭無遺筴矣。若夫世子載堉，不以崇高富貴爲逸豫之圖，乃能留心曆學，博通今古，志行既爲可尚，忠愛良有足嘉，即東平、河間，何以稱焉？相應賜勅奬諭，以示優褒。取自聖裁，恭候命下，臣等遵奉施行等因。萬曆二十三年九月十九日，本部尚書兼翰林院學士范

□等具題，二十三日奉聖旨，是鄭世子着寫勑獎諭，欽此欽遵。除將獎諭一節另行移文撰勑外，所據新著《律曆融通》等書副本相應開取，案呈到部，擬合就行。爲此，合就照會該布政司着落當該官吏照依照會内事理，轉行鄭府長史司啓世子知會，即將所著《律曆融通》等書副本作速差人解部，以憑轉發欽天監，磨筭施行，等因。承此，擬合就行。爲此，劄仰本司官吏照依劄付，備承照會内事理，即便具啓鄭世子知會，即將所著《律曆融通》等書副本作速差人解部，轉發欽天監，磨筭施行，毋得遲違，未便奉此，擬合具啓。爲此，今將前項緣由理合具本，謹具啓聞，伏候令旨。萬曆貳拾叁年拾壹月初壹日，左長史臣謝廷訓、右長史臣闕志拯。

鄭府長史司馬恭進曆書，上祝萬壽，敬陳愚見，以仰裨盛典萬一事。萬曆二十三年十月二十八日，承奉河南等處承宣布政使司劄付，承準禮部照會該鄭世子載堉奏前事劄，仰本司官吏即便具啓鄭世子知會，即將所著《律曆融通》等書副本作速差人解部，轉發欽天監，磨筭施行，等因。奉此，隨具本啓，奉鄭世子令旨，曆書原藁十卷，今謄録作二册，批差小旗劉梯解送，仍候勑到日，專差官奏謝爾司，給批與他，敬此敬遵。抄出到司，擬合呈送。爲此，今將前項緣由同曆書印封，理合差人具呈，伏乞照驗施行。計呈送曆書副本一部全，右呈禮部。萬曆二十三年十一月二十日，左長史謝廷訓、右長史闕志拯。

明・李維楨《題〈戊申立春考證〉引》 邢使君《律曆考》，丙午年余見之上郡，才十之五六，業爲之叙。明年，使君以全書視余晉中，余乃自媿知使君淺也。卿所見者，第論古人得失併法數云爾，而極思深詣，尤在曆議、《曆原》十三卷。論天體、星經、儀象、宿度，而正極星之差及星日不入地之謬。論驗氣、歲餘、歲實、日躔、月離、定朔，而正元統月一日至晦日之謬。論白道交周交食五星，而正《春秋》《五行傳》之謬。論《授時》之失在改歲實而不改月策。轉終交終與五星周之舊不算三乘方而從加分損益積度。月行遲速，由道有遠近出入所生。月食無時差中之時差，晝定法推日食，不可以推月食五星，如水星至差二十餘日。《大統》之失，在三百年後仍用三百年前黄道氣朔差，而年月日時分數俱差，交宫差而七政四餘躔度俱差，太乙、六壬、奇門遁甲、星命陰陽卜筮，無所不誤。論句股測天、測日月歲實、月策閏轉、交朔與日月平立差之原。論黄赤道割圓率與五星平立差之原。日月食限，同異乘除，測五星四餘，有術、有圖、有問答，而稱唐一行乾度與時消息告譴經數之表，變常潛遁之中爲最善。後人得其法而隨時推測之，合則從，變則改。澤中有火，革，君子以治曆明時。此非一行之言，而聖人之言也。又明年，使君視余所爲《戊申立春考證》當在戊寅日亥初，曆差在己卯日子正。要其所以得之，故不越前法。因綴數語，特詳於舊考，以補叙之所缺略。宋儒有言，邵子數加一倍，法圍碁，出洪範九疇之數。識者謂似解不解，英雄欺人耳。余固陋，述使君書大指尚掛一漏萬，欺則何敢。大泌山人李維楨本寧父。

明・王聘賢《題邢士登〈戊申立春考證〉引》 往睹孔孟論治，首夏時，言天求日至。知帝王經世，時爲大，於治曆尤所重。然曆法始立春，寅爲正，立春始冬至，刻爲準，自古星官家能言之。國朝《大統曆》掌之世職，司天未聞異議。自士登僉憲大粱，因日食時刻不相應，露章言歲差當隨時更改，上下報可，竟爲中格，海内始駴爲異聞。去年士登與余共事金城，出《曆律》一書，立測景一表，公暇即與談天，貫穿今古，指筭象數，精若弄丸。余乃歎曰：技至此乎，心良苦矣。然亦耳而未目之也。歲將冬，士登日日候表下，尺量籍記晷差，筭冬至應初四日癸巳卯正初刻，而曆頒辰正二刻，余已異之。從至日又候迨將春，筭立春應戊寅日亥初三刻，而曆頒己卯子正一刻，余又異之。乃其候也、量也、筭也，而首仰天，而瞋望日，而手規比尺度秒分，前摹後驗，若合符節，余皆目擊其真，烏得駴異？至此始信。其技之果精，心之更苦也，豈司天者尚未信其歲差，當隨時更改之説耶？抑亦耳其説而未目其精若此耶？倘目擊其精，敢使中格，令國家曆法貽萬萬年之議？昔孔孟生周，尚欲正夏時，求千歲之至，今何故執迷舛誤，不以上聞而亟改之耶？余慨然有感，故述其耳目最真者於士登考證之端，以告海内之同志。金陽王聘賢題。

明・阮聲和《題〈戊申立春考證〉後》 觀察邢公按金城，和以治粟臯蘭爲屬下吏。公著《曆書》成，復出《戊申立春考證》一帙示和，和盥誦。竊有請曰：曆稱千古絶學，自公發之。其精微藴奥，和固難測，然立春爲朞實之首，與窮月相禪受者《大統》且差隔日，則監官擇日之吉凶，不甲乙顛覆令人靡所適從乎？公曰：善哉問。可易言之。余訂古今曆數，言天運不言事應。《大統》擇日，其事應之驗與否，我不敢知。第今時所用，上自軍國重務，下逮民間日用，吉凶趨避，一切稟命於曆書。而立春一差，其弊有不可勝言者。如從《大統》十二月二十一日己卯立春，則己卯爲萬曆三十六年正月節，爲除日，立前二十日。戊寅爲三十五年大寒十二月中之終，亦除日，爲四絶。如從郭太史《授時曆》與余測晷所步，

十二月二十日戊寅立春，則戊寅爲三十六年正月節，爲建日，立前十九日。丁丑爲三十五年大寒十二月中之終，亦建日，爲四絶。查欽天監《大成曆》，載十二月戊寅除，宜施恩、封拜、宴會、整手足甲、上官、立券、交易、掃舍宇，不宜出行。正月戊寅建，不宜出行、動土。四絶日打上官、上梁、出行。此《大統》不易之定法也。而今監曆謬，以戊寅之立春正月節爲四絶，以戊寅之建日爲除日，丑月戊寅宜施恩封拜等吉應，止忌出行，乃今建也，而非除也。一期之首，日也，而非絶也。正月建寅，百事皆忌，而以之施恩、封拜、宴會、整手足甲、立券、交易、掃舍宇，可乎？監曆四絶打上官、上梁、出行，監官遂皆打去，而不知建日自不宜上官、上梁。若建日原不忌出行，而正月之戊寅則不宜出行也。十二月十九日爲四絶，打上官、上梁、出行，監曆宜祭祀，不宜出行，適偶合者，則以丑月建日止宜祭祀，餘事皆忌。故偶合，而非以四絶之正論打去也。不寧惟是，立春一差，則年神方位俱差。監曆戊寅日之年神方位太歲、黄幡在未，一黑以至九白，子死符、小耗以至壬空。《授時》與余戊寅日之年神方位太歲、五鬼、金神在申，一白以至九紫，子大殺、官符、金神、畜官以至壬空。監曆非矣。夫余不言事應者也，監曆之非，即姑置勿論。乃其大者，今去郭太史才三百二十餘年，差十餘刻，猶可言也。若三千年仍舊，則計差千餘刻，中節俱差十餘日。三萬年仍舊，則計差十萬餘刻，中節俱差千餘日，不可言也。和聞公是語，如夢斯覺，如夜斯晝，乃仰天太息曰：有是哉。從古帝王，以欽天授時爲首務。今若此謂，寃天負時，何使斯世斯民不用趨避也？則可如用趨避，則胡可使昭昭之民蹈昏昏之忌也？況係軍國重務乎？和而後乃今始知臺司之舛誤非小，而我公之有功於天下萬世至弘遠矣。和不文，敬述公明訓題其後。萬曆丁未上元之吉，臨洮府同知屬下吏滇南阮聲和頓首拜題。

明・袁子謙《天文圖説・〈恒星時見圖〉自叙》　日中星鳥，日永星火，霄中星虚，日短星昴，古以著四時，以厲三農，即畎畆家且諳之，何今多未之前聞也？余初遊國學，得天文家《步天歌》，見二十八宿之象，然不以宿證宿，別以星證宿，文不載見之某方、見之某時，但使人知紙上之天而不知在天之天，圖雖攻，於實用何？後得呂不韋之《月令》，見孟春昏參旦氏之説，始按圖索迹，得其位在天南麓，時在逐月初昏。蓋西没東生，輪步於十二月之夜，原無定位分野之説。又以流動之星宿定不動之山川，如楚吴皆星分翼軫，七月而翼軫西入於地，楚吴於天文何？但據輪迴，知時以第。如翼軫見知東作之方殷，心火流知大寒之將至，不失人事，亦不失書詞而已。天文家有紫微垣、太微垣、天市垣三垣之在天，固不可不知，而天河不入地亦不可不曉，故并記之，哀成一帙。時辛亥，棲秦之枳棘，過城固，見博望侯張騫故里碑。有青衿者侍側，余問：先達張博望乘槎使西域會織女，古今所傳，不可誣矣。豈黄河在地上通於天耶？豈博望入天與織女會耶？生頃之不能答。余以所著《恒星時見圖》示之，且曰：八月間，牛女入黄河之源，星宿海女方落地，騫乘槎而遇，非河通於天而騫與女會之天也。生曰：昔浪聞騫會織女，今始知其相遇於地，又得三垣之圖，銀漢、北斗之運，父母其天人乎？聞郴出九僊二佛，而《齊諧誌傳》斗女駕雀橋爲郴陽成武丁故事，惟有知牛女之駕雀橋者，故有知織女之遇張騫者。請付之剞劂氏。余故請政於吏部滄嶼劉老，師始梓之，以俟達天者。萬曆癸丑中秋日，楚人袁子謙書。

明・邢雲路《古今律曆考》序　史稱帝王治天下以律曆爲先，儒者通天人至律曆而止。大哉言乎。何則？律爲大塊之竅，人一噓噏繇是；曆爲幹維之運，人一作息繇是。天且不違，而況於人？是故聖人寶焉。然而律生於曆，則曆其尤重也。自重黎道喪，馬彪記誤，末流轉乖，全妙莫準，絲棼輒奪，如斯者衆。匪天度之差殊，考察異意故也。余不敏，蚤躭隸首，晚益篤嗜，以詧環籥，役智爲勞。蓋嘗挈坤復之符券，權子母之遇，在，竊心計策祘之有年矣。因博訪當世，求我黨類於山中，得魏生焉。生名文魁，古之祖沖之、陳得一其人也。余乃相與校讎，羣籍營於至當。於凡曆之宏綱細目，遡古迄今，靡不根究其藴奥，縷析其端倪，壹切紕璺胥彌，訂之亡爽焉。然後起而上之當寧，上嘉悦，下庭議，僉曰：可。會中涓思而格，不行。余退歎曰：使天不欲斯術之行，則無庸畀吾人以斯術。天既以斯術畀吾人，非余任之而誰也。夫道術，公器也。公器在我，而不以公諸人，將鬼神惡之矣。余故因金明諸君子之請，而彙集成編，命諸剞劂。儻因是晤言知命，以鏡太清，璧聯珠燦，軌順階平，庶幾哉。上律陰陽之變，下存亭毒之功，堯曆載光，傳之勿壞。傳曰：四時行焉，百物生焉。則余與天復何憾？邢雲路序。

明・岳正《重修〈革象新書〉題後》　占天之學，本聖賢大事業。載典堯舜，蓋有由也。自慎竈之説行，而儒者始術之矣。其氛祲祥眚，《周官》雖具，至甘石星座，其曰騎官、羽林、丞尉之類，襲用秦漢名稱，愈疑後學，學者不屑用力焉。殊不知經緯天地，首務明時。時苟不明，終不能無五星以播四政矣。革象談異，十無一二，皆爲曆設，學者所當究心者也。第以邵子之書，不堪作曆，致可疑焉。

《皇極經世》欠曆數用，宋人雖有此談，西山蔡氏以爲書不盡言者，藏諸用也。又曰：以當時日月五星推而上之，得堯即位之日，是即逆推法。而不著其法者，豈非藏諸用乎？且數家以毫厘絲忽極於十百千萬，如因影求形，無具可隱。況康節數學直繼孔子。程子嘗言，曆法主於日，日正他皆可推。洛下閎作曆，言數百年後當差一日。何承天因立差法，攤其差於所歷之年，以驗分數，竟亦不審。獨堯夫於日月交感之際，以陰陽虧盈求之，差法遂定，可謂冠絶古今，此非虛語也。又按邵學：伯温不與，而傳王豫。豫歿書殉，蜀道士杜可大購得於發塚之盜，以授廖應淮，由是邵學復出。近世祝秘、傅立、齊琦，皆得邵學者。本朝宋學士先正，最號博洽，其序此書曰，傅立極敬畏緣督，謂其能發前人所未言。不知立時曾見，此説否也。又論耶律《西征庚午曆》精妙絶出，及元許、王郭、陳、鄧諸公相與訂定，《授時曆》可法萬代，曾無一言及邵。近舜江人余誠者，爲予言邵學内外篇具見傳書，而秘傳書又有内外集，具天地人三元之學。其天元所論曆數極爲精簡，意必具逆推法，或伊川所謂冠絶古今者耳。惜乎吾不得而時讀焉，因併書之以爲有志聖賢大事業者告。蒙泉岳正書。

明・吴伯宗《〈回回曆法〉序》 中國相傳，殊途同歸，則知至理精微之妙，充塞宇宙，豈以華夷而有間乎？恭惟皇上心與天通，學稽古訓，一言一動，森若神明在上。凡禮樂刑政，陽舒陰斂，皆法天而行，期於七曜順度，雨暘時若，以致隆平之治。皇上敬天勤民，即伏羲堯舜禹之用心也。經傳所載，天人感應之理，存於方寸，審矣。今又譯成此書，常留睿覽，兢兢戒慎，純亦不已，若是其至哉。是書遠出夷裔，在元世百有餘年，晦而弗顯，今遇聖明，表而爲中國之用，備一家之言，何其幸也。聖心廓焉大公，一視無間，超軼前代遠矣。刻而列之，與中國聖賢之書並傳並用，豈惟有補於當今，抑亦有功於萬世云。洪武十六年五月辛亥翰林院檢討臣吴伯宗謹序。

明・貝琳《〈回回曆法〉釋例》 此書上古未有也。洪武初年，遠夷歸化，獻土盤曆法，預推六曜干犯，名曰經緯度時。曆官元統去土盤，譯爲漢筭，而書始行乎中國，歲久湮没。予任監佐，每慮廢弛而失真傳，成化六年，具奏修補，欽蒙准理。又八年矣，而無成。今成化十三年秋，而書始備。命工鋟梓傳之監臺，以報聖恩，以益後學，推曆君子宜敬謹焉。承德郎南京欽天監副貝琳誌。

明《〈大統曆注〉記述》 三才世緯者，天地人世間讖緯之書也。所謂天者，言天象日月星辰水火變異災祥也。其中望氣諸説，他書罕見，共計拾本。所謂地者，乃中華十八省地圖，言形勢險要及山川變異災祥也，共計四本。所謂人者，乃太乙數，言國家天人感應之得失也，共計六本。所用積年，是上古至元大德七年，歲積壹千零拾五萬五千貳百十九算，加次年甲辰至本朝光緒乙未共五百九十二年，合共壹千零拾五萬五千八百十一筭，以元法除之，餘貳百十一算，再除三元壹百八十年，餘叁拾又二昇，下求加一共叁拾貳年，是同治甲子爲上元。又云是上古至雍正癸卯，歲四千零陸拾年，加次年甲辰至光緒乙未，共壹百七十貳年，合共四千貳百卅二年，以元法除之，餘貳百七十貳年，再除三元壹百八十年，餘九十二年，再去一季六十年，餘卅二年，是同治甲子爲中元。兩説不同，上説與太乙起例等書同，下説與《圖書集成》中淘金歌同。孰是孰非，但遠年湮，無從責證，還祈考政。是書疑是康熙年間人所作，是時適嚴禁書之令，故作者不注姓氏也。

明・宋濂《〈大明日曆〉序》 洪武七年，歲在甲寅，夏五月朔日，新修《大明日曆》成。粤從皇上興臨濠踐天位，以至六年癸丑冬十又二月，凡戒飭之諄複、征伐之次第、禮樂之沿革、刑政之設施、羣臣之功過、四夷之朝貢，莫不具載，合一百卷，藏諸金匱，副在秘書。甲寅以後，則歲再修而續藏焉。【略】其總裁官，翰林學士承旨嘉議大夫知制誥兼修國史兼吏部尚書臣詹同、翰林侍講學士中順大夫知制誥同修國史兼太子贊善大夫臣宋濂；催纂官，翰林侍講學士嘉議大夫知制誥同修國史臣樂韶鳳；纂修官，禮部員外郎臣吴伯宗、翰林編修臣朱右、臣趙壎、臣朱廉、儒學教授臣徐一夔、臣孫作、布衣臣徐尊生；其謄校謄寫則臣伯宗、臣濂及鄉貢進士臣黄昶、國子生臣陳孟暘。開局於六年九月四日，歷二百六十有五日始訖事云。臣濂謹序。

明・李之藻《〈寰有詮〉序》 權輿天地神人，萬物森焉。神佑人，萬物養人；造物主之用恩固特厚於人矣。原夫人禀靈性，能推義理，故謂小天地。又謂能參贊天地，天地設位而人成其能。試觀古人所不知今人能知，今人所未知後人又或能知，新知不窮，固驗人能無盡，是故有天地不可無人類也。顧今試論天地何物，何所從，有何以繁生諸有。人不盡知，非不能知。能推不推，能論不論，奚從而知？如是而尚語參贊乎？不參贊尚謂虛生，併不肯推論，不與一切蠢動埒乎？兩人邂逅，初識面目名姓，稍狎之，併才情族屬瞭然，獨於戴堪履輿五有孕結，其爲生我、育我、終始我，諸所以然，終身不知，終古無人知也，而可乎？聰明傍用，不著本根，貿貿而生，泯泯而死。夫惟不能推厥所以然，是故象緯河山不

識準望，躔度變合不知步測，冷熱乾濕不審避就，乃至稼穡耕穫遺利，醫療運氣失調，化遷盈縮愆時，工藝良楛違性，梯航軍旅迷嚮，以至操觚繪物，比事撰德，悉皆耳食臆忖，無當實際。彼夫裨海大瀛三千，大千一切，恣其夸毗，以誣惑世愚。而質之以眼前日用之事，大抵盡茫如也。韃韄靈明，既甘自負，更負造物主之恩，且令造物主施如許大恩於世，而無一知者，則其特注愛於人類亦何爲也？昔吾孔子論修身，而以知人先事親，蓋人即仁者人也之人；欲人自識所以爲人，以求無忝其親，而又推本知天。此天非指天象，亦非天理，乃是生人所以然。處學必知天，乃知造物之妙，乃知造物有主，乃知造物主之恩，而後乃知三達德、五達道，窮理盡性，以至於命。存吾可得而順，殁吾可得而寧耳，故曰：儒者本天然。而二千年來，推論無徵，謾云存而不論，論而不議。夫不議則論何以明？不論則存之奚據？蔽在於蝸角、雕蟲既積錮於俗輩，而虛寂恠幻復厚毒於高明，致靈心埋没而不肯還嚮本始一探索也。景教來自貞觀，當年書殿繙繹經典頗多，後人妄爲改竄，以歸佛藏，元宗沈晦殆九百載。我明天開景運，聖聖相承，道化翔洽於八埏，名賢薦瑞於上國。時則有利公瑪竇，浮槎開九萬之程；既又有金公尼閣，載書踰萬部之富。乾坤殫其靈祕，光岳焕彼精英。將進闕廷，鼓吹聖教。文明之盛，蓋千古所未有者。緣彼中先聖後聖所論天地萬物之理，探原窮委，步步推明，繇有形入無形，繇因性達超性，大抵有惑必開，無微不破。有因性之學，乃可以惟上古開闢之元；有超性之知，乃可以推降生救贖之理。要於以吾自有之靈，返而自認，以認吾造物之主。而此編第論有形之性，猶其淺者。余自癸亥歸田，即從修士傅公汎際結廬湖上，形神並式，研論本始。每舉一義，輒幸得未曾有。心眼爲開，遂忘年力之邁。矢佐繙譯，誠不忍當吾世失之。而惟是文言敻絶，喉轉棘生，屢因苦難閣筆。乃先就諸有形之類，摘取形天、土、水、氣、火所名五大有者，而創譯焉。夫佛氏《楞嚴》亦説地、水、火、風，然究竟歸在真空。兹惟究論實有，有無之判，含靈共曉，非必固陋爲贅，略引端倪，尚俟更僕詳焉。然而精義妙道，言下亦自可會。諸皆借我華言翻出西義而止，不敢妄增聞見，致失本真。而總之識有足以砭空識所有之大，足以砭自小、自愚。而蠅營世福者，誠欲知天，即此可開户牖。其於景教，殆亦九鼎在列而先嘗其一臠之味者乎？是編竣，而修士於中土文言理會者多從此，亦能漸暢其所欲言矣。於是乃取推論名理之書，而嗣譯之。噫！人之好德，誰不如我？將伯之助，竊引領企焉。不然，秉燭夜遊之夫，而且爲愚公、爲精衛，夫亦不自量甚也。崇禎元年戊辰，日躔天駟之次，後學李之藻盥手謹識。

明・李之藻《〈圜容較義〉序》 昔從利公，研窮天體，因論圜容，拈出一義。次爲五界十八題，借平面以推立圜，設角形以徵渾體，探原循委，辨解九連之環；舉一該三，光映萬川之月。測圜者，測此者也。割圜者，割此者也。無當于曆，曆稽度數之容；無當於律，律窮絫黍之容。存是論也，庸謂迂乎？譯旬日而成編，名曰《圜容較義》。殺青殺適，竟，被命守澶，時戊申十一月也。柱史畢公梓之京邸；近友人汪孟樸氏因校《算指》，重付剞劂，以公同志。匪徒廣略異聞，實亦闡著實理。其於表裏祘術推演幾何，合而觀之，抑亦解匡詩之頤者也。

明・徐光啓《新法算書・緣起一》 皇帝勅諭太子賓客、禮部左侍郎兼翰林院侍讀學士徐光啓：朕惟授時欽若，王者所以格天、觀運、畫圖，羲和所以底日夷。考大衍、繫卦、九疇、五紀之書，馮相保章之職，辨三辰而察九野，至詳且備。然造曆者多門，而乩疑者互證，甘石莫究，裨梓難通，及至眎祲考詳，言盈轉縮，天保迷于申卯，孔氏示於辰房。代有成規，誰衷聚訟。自太祖闢乾大統，驗七政之交會，爲行度無差；迨神宗出震延禧，握三生之命苞，而屢議修舉；誕及朕躬，膺兹帝命。頃因日食不合，會議宜請更修，特允廷推，命爾督領改修曆法事務。爾宜廣集衆長，虛心採聽，因數察理，探賾推玄，據爾所陳四欵之三十三條，按之歲功五行之二十四氣。凡歲差歲實之異，測日測月之岐，三大三小爲定朔定望之樞，一大一小爲平朔平望之準，法宜稽于四應，氣宜印于二分。黄道赤道之遠近懸殊，度多度寡之增減靡泥，算天行而置閏，定中極以握衡，合與犯之互乘，經與緯之相錯，漏壺窺晝夜之長短，圭表轉左右之交旋。總之，遲速之天象可摹，而積久則進退多爽；異同之師法可質，而守株則疎密胥乖。析之則天時人事、陽德陰功須究釐于分秒，約之則觀象測景、候時籌策憑儀器以推求。西法不妨于兼收諸家，務取而參合，用人必求其當，製象必覈其精，較正差訛，增補闕略，庶宿離之不忒，璿籥環璣，而工績之咸熙，璧輪應琯，和協八風之律，職符二正之司，闡千古之曆元，成一朝之鉅典。朕則爾庸，倘玩忽罔功，因仍乖次，責有攸歸，爾其慎之。故諭。崇禎二年九月十三日。

五月初三日題：頃該文書官楊澤恭捧到勅諭，欽天監推算日食，前後刻數俱不對。天文重事，這等錯誤，卿等傳與他，姑恕一次，以後還要細心推算。如再錯誤，重治不饒。欽此。臣等是日赴禮部，與尚書何如寵、侍郎徐光啓候期救護。據光啓推算，本日食止二分有餘，不及五刻。已驗之，果合。亦以監推爲有

誤，乃蒙皇上蚤已鑒及，仰見我皇上克謹天戒，無一時一刻稍敢怠遑。【略】竊惟治曆明時，古人以爲重事，臣等不敢繁稱，止據《元史》所載，以宰相王文謙、樞密張易主領裁奏于上，仍命左丞許衡參預其事，王恂、郭守敬並領太史院事，分掌測驗，推步于下，而又博徵楊恭懿諸人助之。然猶五年而成，六年而頒行，十年而進書五種二十六卷，後三十年續進書九種七十九卷，則成之。綦難已高。皇帝倡興大業。元朝所有典章散失，止存《授時》成法數卷，元統等因之爲《大統曆》，僅能依法布算，而不能言其所以然之故。後來有志之士亦止將前史曆志揣摩推度，并未有守敬等數年實測之功力，又無前代灼然可據之遺書，所以言之而未可行，用之而不必驗也。夫莫難于造曆，莫易于辨曆。天之高，星辰之遠，而先期布算，使時刻分秒毫髮不差，非積久測驗，累經修改，其勢不能，是故難也。若欲辨術業之巧拙，課立法之親疏，則以日月交食、五星凌犯豫令推算，臨時候驗，時刻分秒合即是，不合即非。若數一二，安可欺乎？是故易也。今日用人務求其能合者而已，即法未遽成，務精擇其言其書可以必合者而已。臣部四十等年原疏推舉五人，爲史臣徐光啓，臯臣邢雲路，部臣范守己、崔儒秀、李之藻。今三臣俱故，獨臣光啓見在本部，似可督領其事，恭候聖明，任使施行。至臣之藻以南京太僕寺少卿丁憂，服滿在籍，如蒙聖明録用，伏乞勅下吏部，查明履歷，酌量相應員缺起補。前來協同任事，臣部仍劄委祠祭司官一員，職司分理，但以《元史》及國初舊事考之，又似非一二臣工所能獨就、所能速成者，尚須博訪遍求，選擇共事，庶集衆思，以底成績，則又俟督領之臣，另行斟酌題請。伏惟聖裁。【略】禮部題爲欽奉明旨，修改曆法，謹開列事宜，請乞聖裁事，照得修改曆法，已經本部具題。于七月十四日奉聖旨：這修改曆法事宜，四欵俱依議。徐光啓見在本部，著一切督領。李之藻即與起補，蚤來供事。該部知道，欽此欽遵。到部臣等奉旨改修曆法，欽命見在本部左侍郎徐光啓一切督領所有各衙門應行事宜，必須勅書關防，以慎重大典，相應題請，合候命下，行移翰林院撰文，本部鑄給關防，施行緣係，云云事理，未敢擅便，謹題請旨。崇禎二年七月二十一日具題，本月二十四日奉聖旨：是與做督修、曆法、關防。

明・黃光昇《昭代典則》卷九《太祖高皇帝》（甲子十七年）閏十月癸亥，《大明清類天文分野書》成。其書以十二分野星次分配天下郡縣，凡郡縣之下又詳載古今建置、沿革之由，通爲二十卷，成詔頒賜秦晉諸王欽天監。十二分野分配州郡，與唐《天文志》稍異。貞觀中，李淳風撰《法象志》，因《漢書》十二次度數，始以唐之州縣配。而一行以爲天下山河之象存乎兩戒。北戒自三危積石負終南地絡之陰，東及太華逾河，並雷首、底柱、王屋、大行，北抵常山之右，乃東循塞垣至穢貊、朝鮮，是謂北紀，以限戎狄。南戒自岷山嶓冢負地絡之陽，東及太華，連商山、熊耳、外方、桐栢，自上洛南逾江漢，攜武當、荆山至于衡陽，乃東循嶺徼，達東甌閩中，是謂南紀，以限蠻夷。故星傳謂北戒爲胡門，南戒爲越門。河源自北紀之首，循雍州北徼，達華陰而與地絡相會，並行而東，至太行之曲，分而東流，與涇、渭、濟瀆相爲表裏，謂之北河。江源自南紀之首，循梁州南徼，達華陽而與地絡相會，並行而東，及荆山之陽，分而東流，與漢水、淮瀆相爲表裏，謂之南河。故於天象則弘農分陝爲兩河之會，五服諸侯在焉。自陝而西爲秦、涼，北紀山河之曲爲晉代，南紀山河之曲爲巴蜀，皆負險用武之國也。自陝而東，三川中嶽爲成周，西距外方大伾，北至于齊，南至于淮，東達鉅野，爲宋鄭陳蔡河内，及濟水之陽爲鄘衛，漢東濱淮水之陰爲申、隨，皆四戰用文之國也。北紀之東至北河之北爲邢、趙，南紀之東至南河之南爲荆楚，自北河下流，南距岱山爲三齊，夾右碣石爲北燕，自南河下流，北距岱山爲鄒魯，南涉江淮爲吴越，皆負海之國，貨殖之所，阜也。自河源循塞垣北東及海爲戎狄，自江源循嶺徼南東及海爲蠻越。觀兩河之象與雲漢之所始終，而分野可知矣。於易五月一陰生，而雲漢潛萌于天稷之下，進及井鉞間，得坤維之氣，陰始達於地上，而雲漢上升，始交於列宿，七緯之氣通矣。東井據百川上流，故鶉首爲秦蜀墟，得兩戒。山河之首，雲漢達坤維右而漸升，始居列宿上，觜觽參伐皆直天闕表而在河陰，故實沉下流，得大梁。距河稍遠，涉陰亦深，故其分野自漳濱郤負恒山，居北紀衆山之東南，外接髦頭，地皆河外陰國也。十月陰氣進踰乾維，始上達于天，雲漢至營室東壁間，升氣悉究，與内規相接，故自南正達于西正，得雲漢升氣，爲山河上流。自北正達于東正，得雲漢降氣，爲山河下流。陬訾在雲漢升降中，居水行正位，故其分野當中州河濟間，且王良閣道由紫垣絶漢，抵營室上帝離宫也。内接成周，皆豕韋分。十一月一陽生而雲漢漸降，退及艮維，始下接于地，至斗建間始復與列舍氣通。於易天地始交，泰象也。踰析木津，陰氣益降，進及大辰，升陽之氣究，而雲漢沉潛於東正之中，故易雷出地曰豫，龍出泉爲解，皆房心象也。星紀得雲漢下流，百川歸焉。析木爲雲漢末派，山河極焉。故其分野，自南河下流，窮南紀之曲，東南負海，爲星紀。自北河末派，窮北紀之曲，東北負海，爲析木。負海者，以其雲漢之陰也。唯陬訾内接紫宫，在王畿河濟間。降婁、玄枵與

山河首尾相遠，隣顓頊之墟，故爲中州。負海之國也，其地當南河之北、北河之南，界以岱宗，至于東海。自鶉首踰河戒東曰鶉火，得重離正位，軒轅之抵在焉。其分野，自河會之交，東接祝融之墟，北負河，南及漢，蓋寒燠之所均也。自析木紀天漢而南曰大火，得明堂升氣，天市之都在焉。其分野，自鉅野岱宗，西至陳留，北負河濟，南及淮，皆和氣之所布也。陽氣自明堂漸升遠於龍角曰壽星，龍角謂之天關，於易氣以陽決陰，夬象也。升陽進踰天關，得純乾之位，故鶉尾，直建巳之月，內列太微爲天庭。其分野，自南河以負海，亦純陽地也。壽星在天關內，故其分野在商亳西南、淮水之陰，北連太室之東，自陽盛之際，亦巽維地也。夫雲漢自坤抵艮，爲地紀，北斗自乾攜巽爲天綱，其分野與帝居相直，皆五帝墟也。究咸池之政而在乾維內者，降婁也，故爲少昊之墟。叶北宮之政而在乾維外者，陬訾也，故爲顓頊之墟。成攝提之政而在巽維內者，壽星也，故爲太昊之墟。布太微之政而在巽維外者，鶉尾也，故爲烈山氏之墟。得四海中，承太階之政者，軒轅也，故爲有熊氏之墟。木金得天地之微氣，其神治于孟月，水火得天地之章氣，其神治于季月，故章道存乎至，微道存乎終，皆陰陽變化之際也。若微者沉潛而不及章者，高明而過亢，皆非上帝之居也。斗杓之外弦，陽精之所布也。斗魁謂之會府，陽精之所復也。杓以治外，故鶉尾爲南方負海之國；魁以治內，故陬訾爲中州四戰之國。其餘列舍，在雲漢之陰者八，爲負海之國，在雲漢之陽者四，爲四戰之國。降婁、玄枵以負東海，其神主於岱宗，歲星位焉；星紀、鶉尾以負南海，其神主於衡山，熒惑位焉；大首、實沉以負西海，其神主於華山，太白位焉；大梁、析木以負北海，其神主於恒山，辰星位焉；鶉火、大火、壽星、豕韋爲中州，其神主於嵩嶽，鎮星位焉。近代諸儒言星土者，或以州，或以國。虞夏秦漢，郡國廢置不同。周之興也，王畿千里。及其衰也，僅得河南七縣。今天下一統，而直以鶉火爲周分，則疆埸舛矣。七國之初，天下地形雌韓而雄魏。魏地西距高陵，盡河東河內，北固漳鄴，東分梁宋至於汝南；韓據全鄭之地，南盡潁川南陽，西達虢略，距函谷，固宜陽，北連上地，皆綿亘數州，相錯如繡。考雲漢山河之象，多者或至十餘宿。其後魏徙大梁，則西河合於東井，秦拔宜陽，而上黨入於輿鬼。方戰國未滅時，星家之言屢有明效。今則同在畿甸之中矣，而或者猶據《漢書・地理志》推之，是守甘石遺術而不知變通之數也。又古之辰次與節氣相係，各據當時曆數，與歲差遷徙不同。今更以七宿之中分、四象中位，自上元之首以度數紀之，而著其分野，其州縣雖改隸不同，但據山河以分爾。《晉・天文志》十二次分野始角亢者，以東方蒼龍爲首也；唐十二次始女、虛、危者，以十二支子爲首也；其以斗、牛爲星分之首者，日月星起於斗宿。古之言天者，由斗、牛以紀星，故曰星紀，則星紀爲十二次之首，而斗、牛又二十八舍之首也。本朝應運肇基，而南京應天府寔星紀斗牛之分，且與天地人三統之正相協，自周以來數千年間，帝王之運適符於今，豈偶然哉？

清・松老《〈神道大編曆宗通議〉記》 案《山陰縣志》：周述學，字繼志，《明史》有傳，讀書好深湛之思，尤邃於曆學。《元史》載郭守敬曆經，言理不言法。曆官所傳，止有通軌、通經諸書，而不詳作法根本。所謂弧矢割圜者，傳遂絶，武進唐順之、長興顧應祥皆求其書不可得。述學殫精研思，遂通其術。從來曆家所推步，二曜交食、五星順逆而已。自西域《回回曆》入中國，始有經緯凌犯之說。然其立法度數與中國不合，名度未異。順之欲創緯法，以會通之，卒官不果。述學乃撰《中經》，用中國之算測西域之占，以畢順之之志。又日行黃道、月行九道，無所謂星道者。述學推究五緯細行，爲星道五圖，於是七曜皆有道可求。與唐順之論曆，取曆代史志之議，刪蕪正訛。又撰《大統》、《萬年》二曆通議，以補曆代所未及。此外圖書，皇極律呂、山經水志、分野輿地、算法太乙、壬遁演禽、風角鳥占、兵符陣法、封影禄命、建除葬術、五運六氣、海道鍼經，各有成書，凡一千餘卷，統名曰《神道大編》。嘉靖中，錦衣陸炳訪士於金，經歷沈鍊，鍊舉述學。炳禮聘至京，服其英偉，薦之兵部尚書趙錦。錦就訪邊事，述學曰：「今歲主有邊兵，應在乾艮。艮爲遼東，乾則宣大二鎮，京師無慮也。」已而果然。錦將薦諸朝會，仇鸞聞其名，欲致之。述學識其必敗，乃還。里總督胡宗憲征倭，招至幕中，亦不能薦，以布衣終。此《曆宗通議》十八卷，爲《神道大編》之首種。尚有明鈔藍絲格《算會》十五卷、《華天五星》九卷，亦並存之。光緒廿有二年九月九日松老記。

清・梅文鼎《績學堂詩文鈔》卷二《〈曆學新説鈔〉序》 《曆學新説鈔》者，靈壽朱仲福所節録鄭世子書也，或名以「折中曆法」，今改從本名。方侍御陸稼書先生之宰靈壽也，以教爲治，故于邑之山川土俗、民間之賢有德者，悉廉知之。念仲福農家子，好學力行，自甘隱約以没其身，名不出于里閈，思有以表章之，求得是書，録而藏諸篋衍，將爲雕板流通，以附見其人。又以曆理難知，專家實鮮，恐其傳寫或訛，無從是正，而特以屬某爲之論定。某不能辭，謹按明祖立國，勵精圖治，于禮樂章程多所釐正，惟曆法一仍元舊，故《大統》即《授時》也。作《元

史》者於作曆根本，如弧矢割圓半背弧弦之算，平立定三差之原，與夫改測三應之數，七政立成八用之譜，皆削不書。其稾本僅存者，疇人子弟各私枕秘，又不能析其義類以施于用，然終不以示人，學士大夫鮮能道之。樂護、華湘、鄭繼之之徒亦皆言曆而不得其要領，惟鄭端清世子朱載堉，本其外祖何文定公瑭律吕之學，積精覃思，著爲此書，能言《授時》、《大統》之同異得失，以《授時》消分太驟，稍爲之通，間考《春秋》以來日食及《史記》、《漢書》以後諸曆志所載，以證其説，視《邢僉事律曆考》特爲精覈。明興三百年，能深言《授時》法意者，一人而已。其書進呈後，復有刻本。仲福與之同時，蓋嘗見之而爲之節録。凡本書所言曆法，一字未嘗增易。其所刊落，皆兼言律吕中語也。以律吕易象言曆，不過沿《太初》、《大衍》之舊，非作曆之要，芟之固當，誠有功于是書。或以書名改易，自列撰人之目，疑其自者，則實不然。夫思之所通，固當萬里合轍，百世可俟，然文筆所至，能無字句之殊？今以原本較之，孰爲本文，孰爲節録，較若黑白，不待智者辨也。而攘板行之，書爲已有，雖愚不爲。且仲福欲竊其書，豈不能小變其文句以示異？而今不爾，則是易書名、改撰人，或其門人子弟欲尊仲福而妄爲之，非仲福之初稾。憶戊午己未間，某曾作曆志贅言，言《鄭世子曆法》既經進呈，宜得備書《明史》，如《元史》載耶律文正《庚午元曆》之例。己巳入都，承史局諸公以曆志相商，屬有他端，未竟厥緒。然惟黄黎洲先生改本，即湯潛菴先生原本，頗載世子曆議數則，稍見大意。今得是本流傳，不特朱仲福之爲人附是而顯，即鄭世子曆學亦可不藉史志而傳。且使讀是書者，知天道非遠，而用志不分，即妙理可以思通。有志者應不以畏難自阻，則兹事將以講求而益明，古聖人敬授之典庶不至委于草莽。而苟其人之賢，其書之足存，則雖不用于時，必有人焉傳述表章之于後。人之興起于學行，未必不自此開之矣。侍御以爲然，遂以原本稍加訂正而發其凡，以爲之序。

附校正凡例

一、書名宜改。按鄭世子曆書有二，其書本名《律曆融通》，以萬曆辛巳爲元，後復改爲《萬年曆》，以嘉靖甲寅爲元，而總名之《曆學新説》。今是書所節，皆萬年曆法全文，然萬年曆偶與元札馬魯丁所獻曆同名，爲當時禮官所駁，不如只用「曆學新説」。爲是折中之説，亦出本書，蓋謂《授時》消分太峻，而《大統》不用消分，今約二法而折其中爾。然不以此命名者，世子實本《授時》以正《大統》，非折中也，但于《授時》又稍有通融耳。

一、撰人宜正。按鄭世子生平深于律吕，著書盈尺，故其言曆亦復本之。此本雖芟其語，然所列卦氣律準諸名，皆從其舊，此尤爲節録之證。又原文條達，節録之文未免有斧削之迹，對勘自明。今宜以書名頂格，書曰「曆學新説鈔」，而於次行低一字，書曰「明鄭恭王世子朱載堉進呈原本」，於又次行並書曰「明北直隸真定府靈壽縣布衣朱仲福節録」。

一、年月當去。按鄭世子《律曆融通》成于萬曆九年辛巳，復同《萬年曆法》進呈於廿三年乙未，而是書首簡書曰「萬曆廿二年朱仲福篡集」，蓋徒知進呈在廿三年而欲占先一年以見其非鄭書，而不知此等書非一二年可成之物也。以愚度之，此書必在鄭書刊布之後，而今不可復考，闕之可也。

一、文句宜酌。復按原書係世子進呈之本，故于斷制之處稱「臣謹按」，而是書並改曰「余以爲」。又投時以消分與古法較疏密，而世子又以其法與《授時》較疏密，故直稱「新法」以別之，而是書改曰「斯法宜復其舊」。又《庚午元曆》原非奉命而修，誤改原文。又世子實未見欽天監所傳通軌諸書，而于《元史》曆經頗有悟入，故自述其勤，以爲青出于藍、冰寒于水，獨以未見《大統曆》全書爲恨耳。今節去上文而徒曰「未見大統」云云，意殊不暢，宜酌原文補入。

一、傳語未協。按傳云仲福自知化期，此亦人間或有之事。而以耳聽聲音有一止，以曆法知之，愚所見古今曆法書多矣，未見有如是等説，似涉附會，宜酌改。

明·王曰俞《重刻〈曆體書〉序》 澶淵種翁王公，祖碩學鴻材，綳中彪外，理漕集鴻之暇，進文人而詔之。宿羅心胸，三辰四游，歷歷指掌。手一編示余，則太公晦翁先生所著《曆體書》也。余讀而歎曰：自天文禁私習，士大夫目不識璣衡。臺司推步，一依《授時》之舊，僅增閏應、交應各二刻，減轉應一十六刻九分而已。蓋以郭守敬之《儀象法式》，已臻曆家大成，後有作者，弗能越也。秘其書而守之，歲差不改，日躔不移，奚待四甲子後始怪交食失驗哉？神光未造，五官之屬手不握筭，足不登臺，儀器澀滯，交食之分秒時刻蓋已陰用西法矣。今太公之書，鎔今鑄古，簡而該，奥而顯，《大衍》宗傳，《太初》心悟，炳燿楮間，較之漢造八十一分之律書十七家，可以罷廢。唐推三千餘歲之甲子，十五年始得艸成者，未知孰勝，豈止臺司遜其精確、士大夫遜其淵灝哉？太公研經貫史，爲蓋代儒宗，以《尚書》得雋，未竟厥施，遂肆其餘力，推步參稽，補一代寔學之闕，將以是書爲百世指南，而即爲我公光贊先資也。書成千萬曆四十年四月望。是歲冬至

在黄道箕三度一十九分一十九秒八十微，赤道箕四度四分二十五秒，故内道口在壁一度，外道口在軫初度，距今丙戌歷三十四年，歲差一分三十五秒，則今之冬至其内道口已不在壁而在室，外道口已不在軫而在翼。太公固言之矣，曰：二交之口隨歲差而左移也。讀是書者，毋捫鑰以爲日，則知太公之識窺元始、手扶雲漢，不信然歟？我公不以管見爲鄙，梓成，命余録是言而爲之序。海虞後學王曰俞頓首拜撰。

明·翁漢麐《〈曆體略〉叙》 自彗星告祲，江以北困于盜，江以南困于荒，漕賦愈增，衙胥弁卒相窟爲奸者益鶩。吾民剜肉及心，無所控籲。澶淵王公來旬茲土，仁明廉斷，所爲造命吾民者，指不勝屈。于是，方千里内歡聲載途，惟公覆幬是德而不知。公之以實惠勤民者，乃其先夫子之以實學詒訓也。先夫子才識淵博，于曆律、兵屯、河防、水衡之事，無弗沉究，卓然爲世大儒。少登高科，朝野竝擬以公輔之望，而絶意公車，閉關修道，四方名碩，户屨恒滿，每相朂以今日操觚家類。晉清談學者當務爲有用，故闡發經旨、參決性命而外，即捃摭先代故實及時局窾要，答問之下，手演成帙，幾至充棟。雖遭兵火，猶有存者。今公不忍私其家珍，將次第就鋟。首先《曆體》一書，而以補圖屬小子。小子則烏知曆，而敢冒昧哉？雖然事類續貂，情同附驥，且辱公有命，夫何敢辭？勉竭愚鈍，折衷今昔，衡量分寸，比擬方圓。凡夫位置之高下疎密，度數之廣狹經緯，惟恐少戾于乾象，以忝是書，而鄙衷則實有未慊者。北辰高下三十五六度，其位在北，而圖則不能不移置于中央，一不合也。天體半在地下，旋繞无定，而圖則不能不平列爲静局，二不合也。天度皆斜分，而圖以直行，三不合也。自北極而分者，至南極而合，故赤道以南，度漸就狹，而圖則四垂反張，四不合也。此無他，天體渾圓，四方上下旋環無端。今以尺幅改爲平圓，則是蓋天而非渾天。其體有萬，萬不相肖者，始悟王夫子著書而不著圖，非闕略也。圖不可著，故以不著著之。今第使讀是書者，知垣何以三、野何以九、宿何以二十八，則一覽可盡，庶無茫茫于仰睇已耳。敢謂是圖真足補是書哉？惟公推其家學，惠教小子，使得預于管窺。斯爲頂佩，又寧特供輸一事，共有衆歌覆幬已也。東吴後學翁漢麐頓首拜敬識。

明·屠象美《〈曆體略〉序》 古書傳星虚星昴之載，農祥覘土之告，火覿道茀之謫，火伏蟄畢之對，琅琅簡編，不一而足。夫夫子至聖苞舉也，宜諸君亦猶夫人耳。何以舉蔚藍之高，繫焉者之棼殽？倉卒發端，了然心口，則其習之也。夙以是從政，罔所不賅，蓋未嘗岐天人而二之也。有唐以還，學鮮兼詣，昌黎有槩於中，以不貫徹天地者不可以爲通儒。究無能兼之者，僻焉者入梓禆，測驗者流中號，爲儒者又率尚意不尚象，窮理不窮數，即終日戴天，不能舉而名之敬授之謂何。長慨《甘石一經》《史》《晉》天官二書，如三神山孤峙千古，何意輓近有王子晦先生耶？先生名于萬曆初禩，大河以北無抗行者。《曆體略》一書原本垣宿極命分野，撮諸家之要以爲經，而以己機杼緯而成之。象數既賅，深諦咸抉，博極西國之長，致其精者，不必渾差《周髀》，朱丹示繪，而昭昭之縣，朗朗在人目中，即於穆之運大塊之所以寧，亦胥在人意中。又災祥徵應之瑣言，荒唐臆度之鈐語，隻字不列，真足踵武《天官》，而《星經》自愧其樸矣。懸象諸編，久爲理數所錯，殊不易舉其契。先生乃有拈必綮，無扼非要，所謂身有之者耶。昔輔嗣邃於《易》，故娓娓不殫。郭氏深於《莊》，遂挾《莊》就我。樂天、微之洞於音律，凡至言樂，清圓宛轉，若有至音出於句中。先生之知天當亦若是。抑春蠶不緒於片桑，置容足之塗以步，立見踣耳。自非徹瑯環之秘，窮墳索以（來）〔求〕，何以能玄詣若斯？先生所謂綜萃天人者，惜天網恢羅，終疎一目，不能使施於有政，徒託之簡編而已也。就中西國人所謂二極之下，有國半年晝而半年夜，竊以爲未然。天以北辰之不動者爲體，而以經緯之動者爲用。地實承之黄赤二道之下當其用者，是生人生物二極之下。當其體者恐不能然，沙漠盡漠柳炎不毛可徵也。噫！安得起先生而質之？先生雖不克從政，有子式似行世學於晉之襄垣，方以循最起云。崇禎己卯中秋日，通家侍生平湖屠象美拜手序。

明·蔡汝楠《天文略》 天文輿地略

《天文略》一卷

天文有圖及論述，從來已久。獨因世語天文者，雜述禨祥，不明本體，究心荒物，何益於學？故祇叙天文之體，諸家附會之論，削而不録。

《輿地略》一卷

右故大學士桂見山所考，余因論輿地者，率纂記事實，罔裨時用。故此卷詳其要害，欲陳治安之策者，因之乃究輿地之用。其他見一統志者，令自考焉。

明·蔡汝楠《〈天文略〉後語》 王者齊政，一本於璿璣七正、二十八舍、十母、十二子，可求其故而知也。能諗象者，必善脩。太上脩德，其次脩政，次脩救，次脩禳。天文之發現明曜與政事最近，通乎三五終始，鮮有否政。太史公曰：合符節；通道德，即從，殆此謂耶。頃有考甘石、巫氏經爲天文圖，又有析垣舍爲《步天歌》者。余得而觀之，以爲至精之所構傳、懸象之所由悉矣。有遂

能悉其説，明時貞度以弼國□□，知天之□也。若乃演籌占候之法，自有司存。

明嘉靖壬寅夏德清白石蔡汝楠譔。

明・熊明遇《格致草》自叙

格致草自叙儒者志《大學》，則言必首格物致知矣，是誠正治平之關籥也。然屬乎象者皆物，物莫大於天地，有物必有則。《中庸》曰：天地之道可一言而盡也，其爲物不貳，則其生物不測。《孟子》曰：天之高也，星辰之遠也，苟求其故，千歲之日至可坐而得也。是思孟之所以受於孔子，有味乎？其言之歷千古之諸説同異得失而無敝也。物以則而呈象，聖人則其則如慮。羲氏則《河圖》以畫八卦，禹則《洛書》而陳之《洪範》，其義精微矣。上古之時，六府不失其官，重黎氏世叙天地而別其分主。其後三苗復九黎之亂德，重黎子孫竄於西域，故今天官之學，裔土有顓門。堯復育重黎之後，不忘舊者，使復典之。舜在璿璣玉衡，以齊七政，於是爲盛。三代迭建，夏正稱善，今之所從也。寖尋至春秋戰國，騶衍、楊朱、莊周、列禦寇之徒，荒唐曼衍，任臆鑿空，其則安在？秦火之後，漢時若董仲舒，第以推陰陽爲儒者，宗劉向，數禍福，傳以《洪範》。而司馬遷之書，班固之志，張衡、蔡邕、鄭玄、王充諸名儒論著，具在文辭，非不斐然，其於《中庸》不貳之道，《孟子》所以然之故，有一之脗合哉？唐溺於攻詞，疎於研理，僅僅李淳風以方士治曆，但知測數立差，其於差之故亦茫乎未之曉也。宋儒稱斌斌理解矣，而《朱子語録》、邵子《皇極經世書》，其中悠謬，白著耳食者，輒羣然是訓是式而不折衷。於孔子可思，孟子其可乎？恭際我朝，天明普照，萬國圖書牣於秘府，士多胥臣之聞，家讀射父之典，人集剡子之官，而睿慮廣延，考課疏密，以資欽若。臺史業有充棟之奏，竊不自量，以區區固陋平日所涉，記而衡以顯易之則，大而天地之定位，星辰之彪列，氣化之蕃變，以及細而草物蟲豸，一一因當然之象，而求其所以然之故，以明其不得不然之理。雖未敢曰於大人格物致知之義贊萬分之一，但令昭代學士不瀕首服膺於漢唐宋諸子無稽之談。俾兩間物生而有象，象而有滋，滋而有數者，各歸於中庸不貳之道，庶幾不虛負覆載，可列於冠圜履句之儒乎？

清・熊志學《格致草》序　函宇通叙

夫儒者通天地而參於其中，則必知天之所以天、地之所以地。推本乾元，順承生生之意，而後於三才稱無忝也。《大易》之論天地，厥理至矣。《虞書》之贊欽若，《禹貢》之表山川，《法象》規萬千，古莫能外焉。孔子之知天地，見於删《詩》。「日居月諸」，「東方自出」，「七月流火」，「定之方中」，「嘒彼小星，三五在東」，是則定朔望、分至、昏旦之徵也。「殷其雷，在南山之陽」，「英英白雲，露彼菅茅」，「有渰凄凄，興雨祁祁」，是則風雨露雷，其本在地上，其功於天之徵也。「帝命式于九圍」，是即地爲圓體，同天之徵也。至若「上天之載，無聲無臭」，「帝度其心」，「天命降鑒」，是又□《大易》資始資生、《尚書》降衷受中之論合矣。添園稷下，亦不安於蛙井，是窺求其故而不得，遂姑寓言焉、臆言焉。乃楚左徒氏曰：圓則九重，孰營度之？韓諸公子曰：地在天中，大氣舉之。誰謂秦燔以前，遂無明兩儀真體者乎？漢宋名儒，惟董子「道之大，原出於天」，程子「儒者本天」之語，足爲盡性至命根蔕。若性理，書所載形氣之説猶之臆焉耳，可遂謂窮至事物之無遺哉。吾宗壇石大司馬、伯甘小宰橋梓隱居吾考亭之里也，性理之言既皆大有功于考亭矣，而大司馬《格致草》之言天也，賅《崇禎曆書》而約之，更有富于曆書所未備者；小宰《地緯》之言地也，賅《職方外紀》而博之，更有精于《外紀》所未核者。其學問崇宏，思慮淵奥，窮理盡性，以至於命，豈特功于考亭哉？蓋上之而功于孔子矣。而分至金水諸名《則草》，成於萬曆時，後廣之爲今書，刻于華日樓，海内宗之。《格致草》初論，則今戊子考測，乃定地緯，刻於浙中，柱史蘭陵梁公入告于薦剡矣。今頗删削，取慎餘闕文之意。且原版多佚，台小子志學是以合而重刻之，僭爲之大，共名曰「函宇通」，以徧贊乎？爲儒之有志乎？參兩者。夫重黎世司南北，正天明地，察我熊有初焉。茲書實焜曜惇大之，豈僅僅成一家言乎？順治五年夏五閏潭陽書林熊志學魯子氏頓首序。

明・文德翼《求是堂文集》卷三　《天經或問》序

《天經或問》，閩游子子六之書，廣昌揭子子宣行之者也。印茲何先生命余序之，余知天也與哉？日月星辰，以象經天。帝王賢聖，以理經天。然經天而不知天經，不可經。徑也所以通于天之路，經，常也，歷千世而一天未之或改，豈須問哉？三閭大夫曾著《天問》，柳柳州後十朝而答之，應對如響。然問天耳，非問天經也。以天爲博物老人，掌故多記，不禁覼縷，豈明然而天，胡然而帝，詢其賢身貴體哉？若以圖畫爲工，即點睛之龍，醫蹄之馬，亦龍魂馬鬼，匪真龍馬也。若以儀象爲準，穆王工人膠木五設式歌且舞，終爲假物，不號活人。問天，天何言哉？或曰：子言繆矣。人有知天者，有不知天者。不知天者問於知天者，知天者答不知天者，辟如北人不知蠶之可衣，南人不知羊之可種，山居不知舟之利涉，水居不知輿之攸行，豈蠶羊能語舟輿善酬哉？余則滋惑耳之前日之下，可問而知也。有四天，有九天，有百千萬億之天，有天外之天、天中之天，豈一天歟？

子六知之，如談掌中之果、杌上之俎；子宣知之，如見比目之魚、比翼之鳥。嘻，異矣。學耶？智耶？抑自然耶？昔者有侏儒問天高於修人，修人不知。侏儒曰：子雖不知，猶近之乎我。夫修人、侏儒唯之與□，相去幾何，若余之于二子，不啻務光而望無路之人也已。然二子非漫然者，數原於理則數名亡，術本于道則術名去，遠則上古岐伯之隸，近亦西域利師之徒乎。

明・方一藻《〈曆測〉序》 伊遂古之初肇推策，自黄帝而曆數興，顓頊始設專官，諸法軼，莫可考。至於帝堯分命典職，《尚書》具載。察中星，辨涼燠，其於法象蓋猶神明之也。有虞法駸備，在衡齊政，千古靡越範圍。夏商紹世，羲和或曠厥守，甚有辰弗集而馳庶人者。遞溯縶下，逢世而聖，莫如周公遯世而聖，莫如尼父天且弗違，於通晝夜何有？乃周僅傳土圭，魯史於日蝕不憚，大書特書，即近聖如丘明，經未一衍交食之義，詎存而不論，夫亦聖有不知耶。漢諸儒仲舒、向雄輩，羣以明天道自詡，顧災祥徵應互舛玄文鑿臆，率墮冥虛。揆厥所繇，於數於法槩未有曙，蒼蒼者亦任其遠而無至極耳。粵惟劉宋祖沖之研精茲學，窮極數法，爰製《大明曆》，日月星辰運旋遲疾，纖悉顛若畫一，質諸亘古，有神聖復起，莫能損益者。於時惜格異議，曆法猶晦未明。唐主僧一行，法屢遷，曆亦屢變。宋儒守墨，難與譚天。郭守敬《授時曆》實翃羯胡。閏位之日，沖之遺法稍稍著見，定歲成日審時分刻之數，亦稍稍周晰，足稱完書。第體要雖挈，紛緒未剖，奇零秒忽略焉弗精。繇今溯元，載幾四百，日月交食間有愆忒罔協者，有識胥爲皇朝未備鉅典致惋。余以己未薄游燕市，得《律曆考》全帙讀之，當吾世尚有覃思象緯者，輒爲色喜。越七年，領郡上谷，迫欲因書識其人，則邢觀察往矣。客有言魏生者，延置郡閣，抵掌累日，玄象進退往復之故，曁曆家考測諸法，繇唐虞迄勝國，靡不鉤索深隱、洞究合離。因出《曆測》一編，細爲簡閱，浮采芟滌，數法賅存，譬衡設而輕重在懸，足闡沖之未竟之業，令守敬瞠乎後者。不意千古曆法，至今克明，真熙代盛事也。魏生志僻服野髪，種種須杖始行，獨於今古未明一大事力爲擔荷，如日用之有飲食津津不置，與伏生踰耄授《尚書》殆曠世兩奇人奇事云。既刻其書，併摭數語爲之序。

崇禎二年，歲在屠維大荒落，首夏佛出世日，天都方一藻子玄書。

明・萬順《〈曆測〉跋》 余髫歲受帖括家言，竊私心厭苦，強束塾師，弗善也。間從篋中獲黄帝、岐伯曁甘、石、管、郭諸家書，稍稍嗜之。雖未究厥本原，嗜生習習成性，獨咀味不欲棄去，人多以癖見哂，即余亦自哂，終不解癖嗜何故也。偶遘魏太乙氏于上谷，得《曆測》讀之，徵往察來，探數立法，言有故，理有極，其於天道鑿鑿乎如規矩之肖方圓、權度之制輕重，真有不出户而灼知者，填臆疑團，恍惚發覆。余因自笑所嗜之尚未成癖，若太乙氏乃堪以癖名家者耳。書凡二萬五千餘言，較勘十日始付殺青。時則歲之己巳，律中林鍾，斗指午後之三日也。歙方萬順仲裕父識。

明・周雲《〈神道大編象宗華天五星〉序》 星命肇自天竺，以六合五行爲宫隸。至唐流入中國，袁氏譯爲指南五星，益以列宿演禽之屬、歲月支干神殺之例，推測中其一二，名振當時。自後羣賢播演爲變曜、殿駕、虚實、經緯、分妃數十餘家，惟耶律加盤爲最精，推命十中八九。論其宫隸宿屬，以巳火爲水，以亥水爲木，五行顛錯，與造化不相似，是其中者亦妄也。予故本河圖五行，更制華天五星，斯得造化之正，以推貴賤禍福如桴鼓。是非根於理之至，豈能應之神也如此哉？時萬曆壬午歲，山陰周雲淵子書。

明・朱仲福《〈折中曆法〉序》 夫曆者，聖人法天垂象、繫順五行、紀綱萬物，以前民用而詔方來者也。故伏羲仰觀俯察，因曆作易。炎帝分八節以始農功。軒轅迎日推策，旁羅日月星辰，乃命容成綜六術、考氣象、建五行、察發斂、起消息、正閏餘，謂之《調曆》。少昊則鳳鳥司曆，顓頊則南正司天，帝嚳序三辰、歴日月而迎送之。堯欽曆象，敬授人時，鳥火虚昴，以殷四仲。舜在璣衡，以齊七政，協時月正日，同律度量衡。禹行夏正，爲百王不易之法。湯武革命，改統易朔，治曆明時。自古聖王，莫不皆以曆事爲盛舉。至仲尼丘明，雖在匹夫下位，每於朔閏發文矯正得失，宣明曆數。考《左傳》，仲尼曰：丘聞之，火伏而後蟄者。畢今火猶西流，司曆過也。孟軻氏曰：天之高也，星辰之遠也，苟求其故，千歲之日至可坐而致也。是以古者天子有日官，諸侯有日御，履端立極，必體其元；布政考績，必因其歲；禮動樂舉，必正其朔；三農百工，必依其時；五刑九伐，必順其氣；庶務百爲，必從其期。故五紀有常度，庶徵有常應。正朔行之天下，蓋帝王之重事也。故曆者，有常之數也，不可一日而差，差則之毫釐則亂天人之序，乖百事之時。宋歐陽修曰：後世曆學一出於陰陽之家，其事則重，其學則末。夫修爲此説者，蓋傷之云耳。乃天人之學，律法禁之，所以編著成書者少，恐冒私習之禁。然陰陽之學家，其學有二，曰推步者，推其一定之氣朔，乃理之常也；曰占驗者，占其未來之休咎，乃天之變者也。天之變者，不許術士妄談禍福，惑世誣民，律法之所禁者此耳。至氣朔加時之卑晏，則國家頒曆

於四海，日月交食之秒刻，則所司移文於天下。此古聖人欽曆象授民時之意，固皆理之常者，何嘗不欲人知而禁之以律乎？昔漢武帝詔公孫卿、壺遂、司馬遷、射姓等造《太初曆》，此數人皆國之太史也，然姓等奏不能爲算，願募民間治曆者更造密度，迺選鄧平、唐都、洛下閎等二十餘人分部運算而曆始成。若唐之《戊寅》《大衍》諸曆，則又出於釋老之徒所造。宋紹興五年，曆官言日食九分半，虧在辰正，常州布衣陳得一言當食八分半，虧在巳初，其言卒驗，遂詔得一與道士裴伯壽等更造《統元曆》。宋自太宗以後，往往徵民間知曆者與之議曆，故孝宗曰：朝士鮮知星曆者，不必專領。迺詔有通天文曆算者，所在州軍以聞。以此觀之，可見曆數之學，累代不禁。查《大明會典》內一款：天文地理藝術之人，禮部務要備知，以憑取用。仍行天下，訪取考驗收用。宏治十年、嘉靖元年皆行之，使天下保舉精通天文曆法者。是知律非禁人習學曆法耳。愚今採曆代諸史志中所謂曆者五十餘家，考其異同，辨其疎密，但以未見《大統曆》全書爲歉。後讀邱濬所撰《大學衍義補》，內載《大統曆》氣、閏、轉、交四準分秒，以爲《大統曆》經全文未見，而其大略在此矣。然《大統》與《授時》二曆相較，考古則氣差三日，推今則時差九刻。夫二曆者必有一是，苟非測景驗氣，孰真孰誤何由得知？而洪儀鉅表，非外郡所有，且冬夏二至大餘未差，差在數刻之間，而以草野口舌爭之，實難憑信。惟萬曆辛巳歲十一月冬至，《大統》在丁丑日，而《授時》在丙子。乙酉歲冬至，《大統》在戊戌，《授時》在丁酉。丙申歲夏至，《大統》在癸巳，《授時》在壬辰。庚子歲夏至，《大統》在甲寅，《授時》在癸丑。甲辰歲夏至，《大統》在乙亥，《授時》在甲戌。庚戌歲冬至，《大統》在己酉，《授時》在戊申。甲寅歲冬至，《大統》在庚午，《授時》在己巳。戊午歲冬至，《大統》在辛卯，《授時》在庚寅。乙丑歲夏至，《大統》在乙丑，《授時》在甲子。己巳歲夏至，《大統》在丙戌，《授時》在乙酉。癸酉歲夏至，《大統》在丁未，《授時》在丙午。丁丑歲夏至，《大統》在戊辰，《授時》在丁卯。癸未歲冬至，《大統》在壬寅，《授時》在辛丑。丁亥歲冬至，《大統》在癸亥，《授時》在壬戌。辛卯歲冬至，《大統》在甲申，《授時》在癸未。戊戌歲夏至，《大統》在戊午，《授時》在丁巳。壬寅歲夏至，《大統》在己卯，《授時》在戊寅。丙午歲夏至，《大統》在庚子，《授時》在己亥。庚戌歲夏至，《大統》在辛酉，《授時》在庚申。此皆相差一日，而晷最易辨。假若《授時》差，固不必較。萬一《大統》曆差，則干係甚重也。相差九刻，雖不爲多，若在旦暮之間，所差不過一辰。若處夜半之際，所差便隔一日。夫氣節差天一日，則置閏差天一月；閏差一月，則時差一季；時差一季，則歲差一年。其所差者豈小小而已哉？自萬曆九年以來，七八十年之間所差如此，過此已後其差可知。夫冬夏二至，乃曆法之綱領。時刻微差已失其真，況差一日乎？若恒氣既乖，則置閏失當，盈虛、没滅、建除滿平之類，吉凶宜忌一切皆錯，此非曆官之失，正由曆經當改而未改也。凡有形之物，銖銖稱之，至石必差，寸寸量之，至引必錯，況無形之數乎？夫乾樞斡運無停，七政轉動不齊，而拘以一定之法，膠柱鼓瑟，是以既久則不能不差，既差則不可不改耳。又推得萬曆二十二年後再七十六年，歲次壬子十一月冬至，《大統》在甲戌日子正初刻，《授時》在甲戌日丑正三刻，相差十餘刻。再九百年，歲次壬子十一月冬至，《大統》在壬子日辰正三刻，《授時》在庚戌日戌初二刻，相差兩日。再九千年，歲次壬子十一月冬至，《大統》在《授時》之明年三月甲戌日戌正三刻，《授時》在《大統》之去年八月己丑日亥初一刻，相差一百餘日。當此之時，《大統》之冬至近《授時》之清明，《授時》之冬至近《大統》之白露，不獨相差一季，又且相隔一年，所差非不多也。夫曆法苟得其理，則千歲之日至猶今日耳。千載之後有差，安知今日未必無差？又豈可不議及哉？或以爲《授時》減分太峻，失之先天；《大統》不減，失之後天。或曰《授時》近密，《大統》爲疎。或《授時》未必全是，二曆強弱之間，宜有所折衷焉。今四海之廣，兆民之衆，如許衡、王恂、郭守敬輩，未嘗無也，是在上之求之耳。洪武間監正元統造《大統曆》，以洪武甲子歲爲曆元，上考下推，無消長之法。時監副李德芳上疏駁之，謂統《甲子元曆》不與經史相合，宜用許衡《辛巳元曆》及消長之法，方合天道。上曰：二統皆難憑，只驗七政交會，行度無差者爲是。後監中造曆止用《甲子元曆》推算。夫《大統曆》驗今交食雖密，但考古之法未備，德芳言之當矣。愚嘗有志和合二家，酌取其中，立爲新率，不敢擅議，考諸前代，有奉公修治者若司馬遷之《太初曆》，許衡、耶律楚材之《庚午元曆》是也。而私著者往往而是，不必定有修治之權之位也。洪武時《元曆》未久，氣朔未差，故仍舊貫，不必改作，但討論潤色而已。今則積年既久，氣朔漸差，似應修治。《後漢志》所謂三百年斗曆改憲者，宜在此時矣。於是採衆説之所長，不依傍古人，自出手眼，輯爲一書。其大者如堯時冬至日躔所在宿次，劉宋何承天以歲差及中星考之，應在須女十度左右，唐一行《大衍曆議》曰：劉炫推堯時日在虚危間，則夏至火已過中。虞劆推堯時日在斗牛間，則冬至昴尚未中。蓋堯時日在女虚，則春分昏張一度中，秋分虚九度中，冬至胃二度中，昴距星直午正之東十二度。夏至尾十一度中，心

後星直午正之西十二度。四序進退不逾午正間，軌漏使然也。元人《曆議》亦云：堯時冬至日在女虚之交，而《授時曆》考之，乃在牛宿二度。是與虞劆同，《大統曆》考之，乃在危宿一度，是與劉炫同。相差二十六度，皆不與《堯典》合。以法上考堯元年甲辰歲夏至午中，日在柳宿十二度左右，冬至午中日在女宿十度左右，心昴昏中各去午正不逾半次，與承天、一行二家之説合矣。《春秋左傳》昭公二十年己丑日南至，《授時曆》推之得戊子，先《左傳》一日；《大統曆》推之得壬辰，後《左傳》三日。斯法推之與《左傳》合。《授時曆》以至元十八年爲元，《大統曆》以洪武十七年爲元，斯法則以萬曆九年爲元，愚但恨未見《大統曆》全經而與之較疎密耳。然天道玄遠，非愚所盡知，況又禾觀《曆經》，不識儀表，粗曉算術，罔諳星象，惟據史册成説，實乏師傳口授，是以斯法或有差誤。天下後世通儒見者，有以正其謬而存其理，其於曆法不無小補。以折衷衆法而成之，故謂之折中曆法云。萬曆二十二年十月之吉，靈壽朱仲福序。

清・傅宗善《〈折中曆法〉跋》 吾靈以布衣而俎豆鄉賢者有二人焉，元則董靈山，明則孝德先生也，均隱逸自高。然靈山不仕，其子掇高科，歷顯宦，表揚先德，易也。先生則田間終老，二子亦服先疇，欲馨香於泮宫之側，難矣。乃碩德懿行里閈，欽奉無間，言則固無靈山相伯仲，其崇祀也亦宜。攷先生幼通曆數，無所師承，殆天畀絶世之資，以折中千古之羣曆，遺我後人。先生之學，固不止於此，而於此亦足窺博大精湛之藴矣。予小子固陋，不敢妄議，然讀此書攷據之詳，即魯齋所造曆何多讓焉，且間能補其缺略。然先生隱君子也，豈以術學鳴哉。曆詢生平，别無著作。其或載籍極博，不少概見，抑吉光片羽，略示端倪，固如是耶。惟曆數乃曆朝所慎重，古今碩儒所講，究天時、人事所交賴，先生獨能於上下千古分至、躔度推核不差毫釐，其書顧不重歟，康熙乙丑丙寅間，邑侯陸公踵修縣志，深以不見此書爲憾。同治戊辰，予自馬紹文家得之，驚喜欲狂，猶幸完璧。南皮張颬生捧讀卒業，歎無路徑達之，當途扼腕者再。己巳春，予恐經世大文欠讀散佚，恭繕一帙，以備他年文獻，以志私心向往云。

同治己巳歲十一月朔，後學傅宗善拜跋。

清・湯若望《〈民曆鋪注解惑〉小引》 有客問於余曰：附曆之鋪注，此亦西法否乎？曆家何爲而有此宜與忌之紛紛乎？余應之曰：鋪注之非西法，進陳有疏，曉世有説。刊附曆書，非一日矣。至所謂鋪注之紛紛，其亦據理解之乎。夫取平必以準，取直必以繩。理亦士君子論，斷古今之準繩也。舍理烏能決一辭。然而曆學相傳，曆數千百年之久，文詞殘缺，意旨多晦澀而未明。所賴後之君子，虚心考求，曲探旁通，而其理始出。有如夜分覓物，手持燭籌，光亮見於籌外，義理見於言外。苟不求之言外，而徒泥其文，何異滅燭息光，空持一籌，暗中摸索，終無所得矣。豈不亦羞古人，而誤來學乎？余自分鹵鈍，祇緣身典曆務，如客之殷勤過問者。時遇其人，因嘗彙閲曆家論述諸書，參酌成編，以代應對。今請出以示客。客覽竟，憬然悟，囅然而笑曰：是足解吾惑也已。遂命曰解惑。

康熙元年歲次壬寅清和穀旦湯若望題。

清・雲逸子《〈時憲曆箋釋〉序》 憲曆頒矣，而何有於箋釋。箋釋出矣，而何有於通書。是憲曆體也，通書用也，箋釋則兼體用而一以皇憲爲宗者也。凡人生天地，茂育四時，莫不有當然之行、當然之止，甚未可玩。居諸而忽，歲月斯半，隱之箋釋，所不能已也。自軒轅氏立占天之官，得五要以設靈臺，綜亦術以定氣運，五六合者。歲三千七百二十氣爲一紀，六十歲千四百四十氣爲一周，終而復始，乃迎日推策，造十六神曆，置閏設蔀，於是時惠而辰從。帝堯即民物以驗星曆，毫髮弗爽，皆聖人取會於中星。故王者必表正朔，以統馭萬國，而協和萬民，厥有本原。夫子謂夏正不易之經，重人時也。太史公叙黄帝定曆，而變於中古，以至失紀於春秋，踵紊於戰國，糜亂於秦。雖漢興，未能核合，武帝始同於夏正。然何以云招致方士唐都分其天部，運筭轉歷，然後日辰之度與夏正同？夫自黄帝至於漢初，失紀紊次，武帝始還於夏正。史又云，出諸方士之手。是時極詆方士爲邪異，奚爲不正於廷臣，而正於方士？方士能正數千年未正之夏時，則似與羲和、常儀、鬼臾區、大撓輩相較列矣，烏得以方士短之哉？史之見，不亦疏且悖乎？我朝康熙上甲子歲，攷定歲差，算三子正，允合堯策夏時，頒憲示準，民用以諧。其如歲換年遷，忽略弗究。急則求於推測之家，亦第按迹以酬，往往誤失趍避。雖家置一帙，似有如無。蓋由其不知曆理，即因之不識星步繆隱。君感而憫焉，爰加箋釋，燦列井條，俾義蘊畢張，家喻户曉，貫習者各知君子趨避之宜。其羽翼時憲，爲功世闇，豈淺鮮哉？吁！繆君之學與行，固常有志□用用也。斯以半隱名，則猶有不隱者，半歟箋釋云乎哉。吾方與之論隱義矣，是爲序。雍正元年春王吉日雲逸子譔。

清・繆之晉《〈時憲曆箋釋〉自序》 敬授民時，朝廷大典也。既禁私習之人，恐其妄言禍福，以煽惑無知之類。復頒《時憲曆》於天下，使知一歲内吉凶所宜。年以統月，月以統日，太陽出入，晝夜刻分，纖悉臚刊；即歲德天道、九宫紫

白，百忌周堂，亦靡不宣示焉。如《大清律例》，刑法分載而并，示人以尊卑。儀注、輿服、喪制等禮，易於遵行，其意一也。近日家置一本，不耐尋繹，遇事則問之剋擇家、盲師、牧豎，上下其説，一惟其口，是聽而不知所取正，亦如日用服制之舍禮律而撿家禮，其謬略同。《大清律》自王肯堂司寇注後，若中錢之清纂輯《箋釋》一書，廣爲刊布，四方無苦讀律之難，而曆獨闕焉。之晉有志於此，採輯多年，亦加箋釋。凡曆之所載、全民利用者，條爲分而縷爲析，以副聖天子敬授斯民至意，務使讀曆者吉凶避就，觸目了然，無事向剋擇之門奉其謦論，而閭左之用日以愈弘。非敢謂有裨於朝廷之治，竊與《大清律箋釋》之旨微有合爾。且書中祗釋本義，餘無所及。視太史公《曆書》之載大小餘閏，易萌少筭之思；《天官書》之星辰並著禨祥，動人推測之見。其得失相玄甚遠，則此書之適於用而無蹈於禁，庶爲天下之君子所願讀而樂道也夫。康熙六十一年歲次壬寅八月之望，書于胥江至寧堂。西湖繆之晉。

清・黄宗羲《授時曆故》記　按宋景昌字冕之，江陰廩生，精天文曆數之學，著有星緯測量諸篇。李兆洛爲之序。陳琢堂無考此書，爲其手鈔，署年亦爲丙申，知與冕之同時。冕之校語悉用朱筆精書眉端。而我吴曹君直先生又據無明史志諸書争校其誤，用墨筆署忠案者是也。黎洲大儒，遺著未刊，又經名家勘正，誠天算之秘笈已。戊寅十月二十九日購自吴中，寄至梅上，喜而識之。時寓梵王渡約翰大學之僦，舍，王大隆。海門施君韵，秋自南潯來訪，出覩此書，云劉氏嘉業堂已有刻本，不知所據即此宋冕之校本否，他日當借得一勘之。十一月五日又志。

頃於箋經室綫書中檢得嘉業堂校樣本，知果據此本付梓。施君韻次又適以新印本見示，則李申耆序一版已缺，而樣本則有之。刻本有劉翰怡丈跋，兹據録於末。惟宋冕之及君直七丈校語刻本皆無之，似本欲别編校勘記而未成者，則此册仍不失爲秘籍也。十二月三日記。

清・李兆洛《授時曆故》序　《授時曆故》四卷，梨洲黄先生所傳，而受其學者所演也。□餘明府所藏，予借録之。凡史於授時術不著法原，學者艱於尋求，先生此書蓋導之先路矣。宋生冕之明算學，屬其校訂之，閱二月乃卒業。道光丙申十月朔李兆洛識於暨陽書院。

清・宋景昌《授時曆故》跋　郭太史《授時曆草》凡百餘卷，皆藏祕府，世罕傳本。其傳者，明元統《大統曆法通軌》而已。故平立定三差、弧矢割圓諸術，深知其意者絶少。天啓崇禎間，西法漸行，《大統》説益絀，黎洲先生因委尋源，釐成此卷。嗣君百家本其家學，以入史局。《明史》初藁於《大統曆法》先列法原，未必不由於此。則此書於《授時》，厥功偉矣。嘗疑言《授時》者，《明史藁》所採尚有數種，而《四庫》絶無著録，此書亦在所遺，何也？全榭山爲先生碑云，此書一卷，今乃四卷。據歲差條下注云，黄先生算曆歲在丁亥，則此書已經後人更定，非先生原本可知。本文誤者，惟祖沖之日景算術一條，注文則每有譌誤，兹皆一一訂正之。道光丙申孟冬朔，後學江陰宋景昌。

清・劉承幹《授時曆故》跋　《授時曆故》四卷，黄宗羲梨洲撰，蓋因郭守敬《曆草》不傳而作。步算之法，自漢《太初》《大衍》而後，每立一術，輒更一元，以爲起算之根，然必上推至七曜齊同之歲。曆紀邈遠，未易密合。元《授時》術不用積年日法，憑本年實測所得氣閏諸應，上考下求，即以至元辛巳爲元，此爲變古之一大端。惟所測歲實，定爲每百年消長一分。江氏永謂消長有漸，不應總計分數，以乘距算，此其疏也。明《大統》術悉遵《授時》，獨不用百年消長之法，以致中節相差九刻。積年既久，差數愈顯。後人并歸咎於《授時》。然七政行度有差，當隨時實測，以合天行。至其法實集諸家之大成，惜《曆草》不傳。見於明元統所撰《大統通軌》者，尚可攷見。宣城梅氏據以較《授時》閏應、轉應、交應諸數，已有不同，頗疑《大統》或有改定。夫《大統》既用《授時》之元，合用《授時》之數，乃獨於閏轉諸應數有更，則定朔置閏月離交食之期，又安所折衷？此梅氏所以不能無疑也。梨洲先生撰《授時曆故》，一依本法推算。其所栔平定立三差及弧矢割圓諸法，賴此以存，謂非守敬功臣歟？宋李希真避地廣中，詩云：藤州三月作小盡，梧州三月作大盡。哀哉官曆今不頒，憶昔升平淚成陣。三復斯言，感慨系之。此本傳自武進李氏，余從曹君直侍讀借鈔得之。兹更詳加校正付梓，俾言曆者有所攷證，庶幾告朔餼羊之意也夫。癸亥除夕，吴興劉承幹跋。

清・姜希轍《曆學假如》序　楊子雲曰：通天地人，曰儒。後之儒者，懲玩物喪志之害。於是孤守此心，一切開物成務之學，面牆不理，此吾夫子所謂小人儒也。上天下地，往古來今，何莫非此心之所變現？吾身在此心中，無有窮盡。彼小人儒者，以爲心在身中，所認者血肉耳，豈心之量哉？即如律曆一家，三代以來，儒者鮮有不通其説。至宋而失其傳。翁季所講，未嘗不探賾索隱，然言理而不知數，終無益也。康節尤爲獨禪，而《皇極》一書，止爲死數，不能合天。

其間稍有究心於其學者，又往往私爲獨得，名之絶學。近代荆川，能窺郭守敬之祕，其學得之山陰周雲淵。而荆川於雲淵，曾不道及，豈諱其從入耶？抑竟欲以絶學自任乎？邢雲路《律曆考》出布衣魏文魁之手，而雲路掩之以爲己有。然《考》中所載曆議，又竊之雲淵，而不留其姓名。展轉相掩，奚止向郭齊丘之變幻乎？大抵著書，傳之天下後世，惟恐人之不知。獨曆書之傳，惟恐人之知，未有不藏卻金鍼者也。以是儒者槩不知曆三統，則統法、統母、月法、見日法、日法、見月日法，皆錯誤四分，則三紀蔀首相亂，無有能正之者。故歷代之律曆志，盡爲啞鐘矣。余友黄梨洲先生，所謂通天地人之儒也，精於性命之學，與余裁量諸儒宗旨，徹其堂奥。所著學案文案，海内抄傳。嘗入萬山之中，茇舍獨處，古松流水，布算簌簌，網絡天地。其發明曆學十餘種，間以示余。余取其《假如》刻之。梨洲亦頗吝惜。余曰：聖人之學，如日行天，人人可見。凡藏頭露尾、私相受授者，皆曲學耳。夫以儒者所不知，及知而不以示人者，使人人可以知之，豈非千古一快哉？梨洲曰諾。康熙癸亥上元同門弟姜希轍定菴氏拜撰。

清・朱彝尊《曝書亭集》卷三五 張氏《定曆玉衡》序

《定曆玉衡》者何？新塍張簡菴氏曆書也。曆無定也，星有淩犯、掩合、勾己，月有朓側匿，日有盈縮，歲有差，然數主于革，而理存乎故。求其故，則百世可知，千歲之日至可致，理與數皆有定也。其云玉衡何？玉衡者，正天之器也。《周官》正歲年序事掌之太史馮相氏，觀妖祥、辨吉凶則保章氏眡祲司之。故歷代之史，律曆、天文、五行各有其志。自漢哀平之後，緯候雜出，於是曆術、妖占混而爲一。稽曆序者，自詡前知受命之符，爲世主所忌。七緯既焚，遂致私習天文有禁。逮宋太平興國中，詔天下知星者詣京師。至者百餘人，或誅、或配海島，由是言星占者絶。朝之大夫士，并諱曆法不學矣。古之人龍見而雩，駟見而隕霜，火見而戒寒，日北陸而藏冰，莫不有候。繁星之麗天，武夫、憚人，以及束芻抱衾之女子，皆能晰其形象。今也居軫蓋之中，三垣列宿躔次之不分，天位淹速之莫辨，未通乎天地人而自名曰儒，其亦小人儒也已。簡菴氏恥之，博綜曆法五十有六家，正古今曆術之謬四十有四，成書一十八卷。既擇焉而精、語焉而詳矣，始稽之吴江王寅旭氏，繼又往證之宣城梅定九氏。凡西洋之言，溺于數之中，出于理之外，傲人以所不知者，弗受其惑焉。班孟堅曰：曆譜者，聖人知命之術。蓋昧者視爲器數之學，明者知爲性命之原。自昔習天文有禁，而言曆者無禁也。是書傳足以伸儒者之氣，折泰西之口，而王氏梅氏爲不孤矣。簡菴名雍敬，王氏名錫闡，梅氏名文鼎，皆有曆書。秀水朱彝尊序。

清・楊燮《〈定曆玉衡〉序》 嗚呼，居今之世，讀古人之書，而欲得其意之真者，以釋千古之大疑，豈不甚難哉？蓋自秦火之後，羣言煽亂，而經書大義已晦蝕久矣。然其殘瀋餘瀝，存精華於渣滓之中者，猶足以咀而辨之，以得其真味之所在。自後世妄作者，多有書而不善讀。即能讀矣，而未必刻苦冥思，以求其當於是。或自生意見，牢不可破，或信耳隨聲，一唱百和。師以授弟，父以語子，世世相習，遂名專家。天下從風而靡者，蓋千百年于此矣。於斯時也，乃突焉起而疑之，欲盡闢其説而從我，則必羣吠所恠，以爲不根。即産古人於今日，亦安見斯人之即爲古人，而不環詬而交詈之乎？況乎所闡發者，又爲古今集疑之藪、聚訟之門，則尤非淺見寡聞者所及信也。余嘗見前人論易之書，充斥汗漫，而竊疑其説之未純。旨之不一，因爲論著一二，并推其餘意，以求世間大疑之端，則莫過於曆學、地理、醫道之三事。謂其書太繁、傳太雜，而舛張舛錯，莫此爲甚也。夫凡事貴有師，而惟此三者，可以無師。凡事貴有書，而惟此三者，可以無書。蓋其所以致悮之由，自其師而已然，自其書而已然也。然則既無師矣，既無書矣，孰爲傳之？孰爲證之？而自信硜硜若是？曰：亦仍以古人爲師，以古人之書爲據，而搜其殘瀋，餘瀝於渣滓之中，浸而潤之，釀而和之，則其真味自出。是直可以救秦火之刼，熄煽亂之威，而況異學之灰燼、俗儒之餘焰哉？吾友張子簡庵，以二十餘年之閉户，專精竭神於曆數之學，乃著《定曆玉衡》一書。破諸家之謬，訂先聖之同。以經證經，而不參以私臆；以理度理，而弗狃於舊聞。拾古人之一言一字，爲之濯塵磨垢，表著晶瑩，以辨正百喙之異同，昭然如揭日月而照暗室也。燦然如羅星斗而焕文明也，超然如立雲漢之表，通呼吸於帝座，而俯瞰八荒，盡在我闥也。以一人之獨信，釋千古之大疑，豈不暢然快事哉？予閲之，而有感於讀書之難也，爰爲之道其所欲言知是。有識者誠能刳心刮目，掃胸中之成見，折衷而厭飫焉，當必有以味其真，而信其説之不誣也。乾隆己卯立秋日梅涇教弟楊燮勗亭氏拜書。

清・來憲伊《〈天官圖〉序》 星月交輝之下，予與吉齋弟偶談天象，津津有喜色。次日吉齋弟從韓明府公館携手卷一軸，至寓展觀之，即所謂《天官圖》是也。共計四十有四圖，乃前明張氏自號棘津野叟者之手筆。緣於館課之暇，乃依樣而畫葫蘆焉。然急于返璧，故成成忭忭，雖不若原圖之筆工而且整，而於星象部位之間亦必細加較對，或庶幾並行而不悖也夫。時咸豐三年歲次癸丑孟夏

三月上浣八日午後，石霞散人來憲伊書於閩省之三餘書屋。

清·張汝璧《〈天官圖〉引》 古人左圖而右史，易于博文強記。蒼蒼者天，日月星辰繫焉。仰觀之濛，《周髀》、《甘石》以來，雖有書而未之悉也。愚以天啓辛酉修誌，都獲觀本監秘奧，得圖二十有四，及中星十二。究心四十餘年，今垂髦之年，老眼生花，不可多作獲。與息公潘先生古誼交，不翅昆季也。先生學博才雄，于書無所不窺讀，下筆數千言，勉愚作傳世事，傾□以□筆墨杯酌之費，愚不敢辭。累日三月，成圖四十有二，以復先生之權。先生鑊鑠如丁年鵬飛，大受知天知人。愚且藉先生以垂不朽，爰叙數言以弁首。時是歲長至後旨。前纂修南欽天監誌題授海州知州監紀淮北軍務鑑湖棘野叟社弟張汝璧頓首書于欽若軒中。

清·南懷仁《新製靈臺儀象志》 《新製靈臺儀象志》序

夫古帝王憲天出治，未有不以欽若敬授爲兢兢也。皇古以前可不論已，若夫《堯典》置閏餘而定四時，紀七政而明天度，必在璿璣玉衡以齊之者，誠以曆必有理與象與數，而儀器即所在首重也。夫儀也者，曆之理由此得精焉，曆之法由此得密焉，度數之學實範圍於此而莫可外焉矣。聞之古人，每遇交食，分至及五緯凌犯諸變異，乃始静悟於心，繼必詳録於策。而猶恐考驗之無憑也。乃復法象而製爲器，以其次年之所測較勘於前年之所驗者，推而廣之，接續成書，精確不刊，以貽來世，使後之學者師其意而不泥其跡，則凡諸曆、諸數靡不可因之而有所考究焉。且曆者，歷也，言其歷久而常新也。夫歷世愈遠，則其理愈精，而其爲法乃愈密。然非器之有合乎法，又烏從闡微抉奥，使法極其密而理極其精乎？且夫天距地之遠者幾何，日月五星，各列本天，而各天有上下層次及遠近相距一定之度，列宿諸行之細微與夫七曜各有本道，而諸道各有南北不同之兩極，又各有本道所行，各與地遠近與其行最低、最高之處皆各有定期，又皆各有本體一定之度分，五緯各有遲疾、順逆諸行之不同，亦有留而不行之定日。凡此象數萬端，難以測量之際，要皆恃儀象而爲之準則焉，故作曆者舍測候之儀而欲求曆之明效大驗，蔑由也。是以稽曆者必以儀爲依據，明曆者必以儀爲記録，失推者必以儀而改正，筭合者必以儀而參互，較曆者非儀無由而信從，學曆者，非儀無由而啓悟，良法得之以見其長，敝法對之而形其短。甚哉，儀象之爲用大也。如康熙四年間挺險之徒出，而恣膽其邪説，以俶擾乎天常。數年之内，或以《大統》，或以《授時》，或以回回。諸家之舊曆，點竄遞更，茫然無措。甚之倒用儀器，強天從人，乃以赤道儀測新法黄道之所推步。而曆典於是大壞矣。康熙七年戊申冬十有二月，洪惟我皇上乾綱獨運，離炤無私，特下明綸，有「曆法關係重大，着議政王貝勒大臣九卿科道掌印不掌印官員會同確議具奏」之旨，隨蒙會議題請，即奉有「着圖海、李霨，多諾，吴格，塞布，顔明珠、黄機、郝惟納、王熙、索額圖、柯爾科代、董安國、曹申吉、王清、葉木濟、吴國龍、李宗孔、王日高、田六善、徐越等去測看」之旨。越明年己酉春正月初三日，是日立春，諸公卿銜命僉同視測，隨蒙議政王大臣會題疏内有「奉旨差出大臣赴觀象臺測驗立春、雨水、太陰、火星、木星，南懷仁測驗與伊所指儀器逐欵皆符，吴明烜測驗逐欵皆錯。南懷仁測驗既已相符，應將康熙九年一應曆日交與南懷仁推算」等語。隨奉有「南懷仁授欽天監何官，着禮部議奏」之旨。是年秋八月，復蒙部議新造儀器，併安設臺基，俱炤南懷仁所指式樣，奉有「依議」之旨。仁自受命以來，夙夜祗懼，畢智竭能，務求精乎儀象之有利於用，而以密測天行貽爲典則，此愚分之所矢、素心自盡者也。雖然，儀象之作，蓋以定永遠之明微，而使後世有以私智自用者無所騁其臆説，則其事可易言也哉？是何也？夫諸儀有作之法、有安之法、有用之法，三法備而後諸法可次第舉也。況夫測天之儀貴恰肖乎天本然之象，故其造法亦必以天象爲準。但廣大莫如天也，覆冒無外；輕清莫如天也，健駛難形；堅固微妙莫如天也，運行終古而無虧，經緯秩然而不紊。使非會通而得其全，乃漫云吾以制器也，則必得此而失彼，掛一而漏萬，竊恐廣大、輕清、堅固、微妙之四者，未有能兼備而無遺者矣。説者曰：儀之體制鉅，則合天爲易固已。然所謂鉅者，其徑線長，週面闊也，則度較易分，而分秒之微亦易見。然其體鉅則勢必不能輕巧，而若少用其銅，亦作徑長面濶之形，則又必薄弱而不適於宜矣。故特舉輕重學之數法，并五金堅固之理，以詳其用焉。然諸儀應天道之度，分南北兩樞；又列春秋二分、冬夏二至，先後皆有常期。黄赤二道，地平天頂，子午過極、過至、過分諸圈，彼此相交於一點，細微之内，而各道各圈之中心又必同歸於一天體之中心，而不使其毫髮之或謬斯已也。但儀爲小天之形，未免拘限。要能合符天象無所過差，此其作儀之難者一也。今諸儀已成，界線布星固稱詳密矣，然又使安置無法，則窺測不靈，而儀亦歸於無用矣。此其安儀之難者二也。且古來皆重正南之向，然或稍偏東西，則何所取以爲定？如勝國先所營觀象臺，在當時作者以爲諸儀正對之規模，萬向之標的，由今察之，其正面方向正南北線已多乖違，何論東西與上下左右哉？蓋儀中各道、各圈、各極、各經緯之度分，在天

固有相應之元道、元圈、元極、元經緯之度分也，彼此互相照應者也。假有一端之不應，則測候即有不合者矣。然安定正對之法既得矣，苟用之未能通變，反誣良法有不合天者。此其用儀之難者三也。世更有未嘗用儀窺測，妄云星緯間有錯行而不知。天度有一定之理，儀象爲證天之器，間嘗出所撰著，已辯其誣而進呈於黼座矣。乃今之所闡者，亦惟明夫諸儀之用法，以及於推測之所施，蓋欲使學者由器而徵象，由象而考數，由數而悟理，有所依據而盡心焉，用以歷久遠而世禆，夫羲和恢恢乎其有餘矣。嗟乎！自漢迄元，改曆者七十餘次，而創法者十有三家，其間剏造儀象者指不多屈焉，不可以見其難也哉？仁不敏，深懼曆學之不明乎世，而敬於昭代新創之諸儀，逐節伸明，演爲解說，精粗兼舉，細大不捐，而復圖之以互相引喻，總以期乎理精法密，不愧傳流，以無負聖天子欽若敬授垂憲無窮之至意也云爾。予小臣敢自多其力與？謹序。時大清康熙甲寅歲日躔娵訾之次治理曆法極西南懷仁撰。

欽天監治理曆法臣南懷仁謹奏，爲恭際欽造之儀象告成，益幸令天之曆法有據，謹按器闡明著有書表繕塵御覽，以光國典事。竊惟古帝王之治曆，所以正天運、定歲功，而節宣和氣，爲布政敷化之基，誠爲邦之首務也。粵稽堯之命羲和也，則曰「欽若昊天，曆象日月星辰，敬授人時」，而舜於受命之初，在璿璣玉衡，以齊七政。蓋以爲治莫大於明時，明時莫先於觀象，觀象莫先於制器，《虞書》之文可考也。迨於後而其制蕩於秦火。西漢以來，改曆者七十餘次，創法者十有三家，而其中肇造儀象者不多概見。即間有所創鑄，或適於一時之用，而不能經遠；或合於一事之宜，而無當全用。制器尚象蓋若斯之難也。我大清聿興定鼎，膺曆數，改正朔，簡用新法，命爲《時憲曆》。頒行天下，事事密合天行，故修政曆法。先臣湯若望屢奉世祖章皇帝恩綸褒美，將所進呈《曆指》諸書宣付史館。新法之善，於斯概可覩已。然曆法雖已久行，猶未鑄有儀象。於康熙四年內，忽挺險之徒出，而撓亂成憲，妄用弊法，迄于四載，矯誣天常，曆典大壞。幸我皇上乾綱獨運，洞察臣之所推驗與天密合者爲是。復用時憲新法。續蒙部議新造儀器，併安設儀器臺基。應聽工部，俱照南懷仁所指速造。奉有依議之旨欽此。以部臣之庀材督造，並臣之指授嘔心，以及監員之畢力供事。今工已次第告竣，業將諸儀安列於觀象臺上。自是諸儀參互並測，於以順天而求合，當無有弗合者矣。然曆有理、有數、有象、有器，蓋曆非明夫理則舛，而理非數則無以顯其微，數非象則無以通其變，象非器則無以得其精。則今之諸儀是器也，而理與數與象咸寓焉，故諸儀有作之法，有用之法，有安定與夫一切運動堅固之法。凡此非見諸發揮，精粗具舉，則是惟臣知之，而人不知，豈所以公諸天下而垂永久之意乎？以故融貫舊聞，抒以心得，單精研慮，縷析條分，而且推類旁通，繪圖比切，有說有表，次爲一十六卷，名曰《新製靈臺儀象志》，要使肄業之官生，服習心喻，不致扞格而難操，傳之後世，亦得憑是而有所考究焉。此臣之所爲仰荅皇上委畀以典曆之命，而盡愚分之所當然也。洪惟我皇上聰明天縱聖學日新，則此象數之言，實有切于治曆明時之學。以之敷陳黼座，而備乙夜之觀。其於皇上欽若授時之治，未必無補高深於萬一也。謹玆繕寫，編次成帙，恭進御覽。抑臣更有請焉。是書理數兼明，圖表備載，槩然其不齊也。鈔謄不易，繪畫爲艱，使非版行，勢難盡人而給，且無以遺久。仰祈勑部鏤版一副，交臣印刷，以資給發。官生則守是業者，皆手習一編，而無闕如之憾矣。至於與事諸員，皆急公勤慎，克底有成，伏望我皇上，憫其微勞，量加優叙，以鼓後效，則亦國家酬庸激勸之典也。臣從曆法起見，字多逾額，如果芻蕘可採，伏乞睿鑒施行。臣謹將所著書表，稽首進呈，臣無任悚仄屏營之至。爲此具本親齎，具奏以聞。

康熙十三年正月二十九日具奏二月初三日奉旨：曆法天文，關係大典。據奏儀象告成，製造精密。南懷仁殫心料理，勤勞可嘉，着從優議叙具奏。餘着一併議奏。該部知道，書圖併發。

清・何國忠、梅瑴成等《曆象考成》

雍正《御制〈律曆淵源〉序》

粵稽前古，堯有羲和之咨，舜有后夔之命，周有商高之訪。逮及歷代史書，莫不志律曆、備數度，用以敬天授民、格神和人，行於邦國，而周於鄉閭，典至重也。我皇考聖祖仁皇帝生知好學，天縱多能，萬幾之暇，留心律曆算法，積數十年博考繁賾，搜抉奧微，參伍錯綜，一以貫之，爰指授莊親王等率同詞臣，於大內蒙養齋編纂，每日進呈，親加改正，彙輯成書，總一百卷，名爲《律曆淵源》。凡爲三部，區其編次，一曰《曆象考成》，其編有二：上編曰揆天察紀，論本體之象，以明理也；下編曰明時正度，密致用之術，列立成之表，以著法也。一曰《律呂正義》，其編有三，上編曰正律審音，所以定尺考度求律本也；下編曰和聲定樂，所以因律製器審八音也；續編曰協均度曲，所以窮五聲二變相和相應之源也。一曰《數理精蘊》，其編有二，上編曰立綱明體，所以解《周髀》、探河洛、闡《幾何》、明《比例》；下編曰分條致用，以線面體括九章，極於借衰割圜，求體變化，於比例規、比例數、借根方諸法，蓋表數備矣。洪惟我國家聲靈遠屆，文軌大同，自極

西歐羅巴諸國，專精世業，各獻其技於閶闔之下，典籍圖表，燦然畢具，我皇考兼綜而裁定之。故凡古法之歲久失傳，擇焉而不精，與西洋之侏儺詰屈、語焉而不詳者，咸皆條理分明，本末昭晰。其精當詳悉，雖專門名家，莫能窺萬一。所謂惟聖者能之，豈不信歟？夫理與數合符而不離，得其數則理不外焉，此《圖》《書》所以開《易》《範》之先也。以線體例絲管之别，以弧角求經緯之度，若此類者，皆數法之精而律曆之要斯在，故三書相爲表裏，齊七政，正五音，而必通乎九章之義所由，試之而不忒，用之而有效也。書成，纂脩諸臣請序而傳之。恭惟聖學高深，豈易鑽仰。顧朕夙承庭訓，於此書之大指微義，提命殷勤，歲月斯久，尊其所聞，敬効一詞之贊。蓋是書也，豈惟皇考手澤之存，實稽古準今，集其大成，高出前代，垂千萬世不易之法。將欲協時正日，同律度量衡，求之是書，則可以建天地而不悖，俟聖人而不惑矣。雍正元年十月朔敬書

清・戴進賢、徐懋德等《曆象考成後編》

明圖《〈曆象考成〉奏議》

雍正八年六月二十八日，欽天監監正臣明圖謹奏。竊惟日月行度，積久漸差，法須旋改，始能脗合天行。臣等欽遵《御製曆象考成》推算時憲七政，頒行天下。兹據臣監監正戴進賢、監副徐懋德推測校勘，覺有微差。蓋《曆象考成》原按新法曆書纂定，而新法曆書用之已久，是以日月行度，差之微芒，漸成分秒。若不修理，恐愈久愈差。臣圖愚昧，未經考驗，不敢遽奏。今於雍正八年六月初一日日食，臣等公同在臺，敬謹觀候實測之，與推算分數不合。伏念曆法關係緊要，臣監職所專司，不敢壅於上聞，謹繕摺具奏，伏乞皇上睿鑒。勅下戴進賢、徐懋德挑選熟練人員，詳加校定，修理細數，繕寫條目，進呈御覽。爲此謹奏請旨。

奉旨：準其重修，欽此。

清・允禄等《敷布〈御製律曆淵源〉奏議》

乾隆元年五月十一日，總理事務和碩莊親王臣允禄、和碩果親王臣允禮、大學士伯臣鄂爾泰、大學士伯臣張廷玉、署大學士尚書臣徐本謹奏，府丞梅瑴成奏請敷布《御製律曆淵源》，以廣聖孝，等因一摺。敬惟聖祖仁皇帝集古今之大成，統天人而一貫，研究數十年，薈萃成書，以嘉惠來學。現今書板存貯禮部，外間並無翻刻之板，是以未能流通。應如梅瑴成所奏，令禮部招募坊賈人等，刷印鬻賣，嚴禁書吏阻撓，需索至於省直書院，並所屬各學，自應發給收存，以爲士子觀覽學習之用。由外省遣人赴部刷印，未免跋涉，不若即由禮部印發各省之便。應交禮部將現存書板印刷數百部，按省分之大小酌量發給。其書坊有情願翻刻者，聽其翻刻鬻賣，廣布流通。再臣民翻刻書板，理宜敬避御名。臣等酌量議擬，將此書翻刻時改爲「象數淵源」，合併奏明。又據梅瑴成奏請：「令學臣摘取數條發問，合式者，與優生一體獎賞，並拔取精通之人，送部録用」等語。查象數之學，廣大精微，非初學所能究悉。若即以考試，士子恐未能貫通登答，應將所奏毋庸議。奉旨：此係皇祖皇考所定之書，豈可因朕名而改易？翻刻時仍爲「律曆淵源」，天下臣民口呼爲「律書淵源」可耳。餘依議，欽此。

清・顧琮《修訂〈曆象考成〉奏議》

乾隆二年四月十八日，協辦吏部尚書事臣顧琮謹奏：竊查《七政時憲書》本用前明徐光啓所譯西洋之法所爲新法曆書者，其書非出於一人之筆，故圖與表不合，而解多隱晦難曉。欽惟聖祖仁皇帝特命諸臣詳攷古法，研精闡微，俾圖與數表脗合無遺，錫名「曆象考成」。世宗憲皇帝御極，繼志述事，刊刻頒行，實屬盡善。但新法曆書之表出自西洋，積年既多，表漸不準，推算交食分數間有不合，是以又允監臣之請，纂修日躔月離二表，以推日月交食，並交宫過度、晦朔弦望、晝夜永短以及淩犯，共三十九頁，續子《曆象考成》諸表之末。但此表並無解説，亦無推算之法。查作此表者，係監正加禮部侍郎銜西洋人戴進賢。能用此表者，惟監副西洋人徐懋德與食員外郎俸五官正明安圖。此三人外，別無解者。若不增修明白，何以垂示將來？則後人無可推尋，究與未經修纂無異。可否令戴進賢爲總裁，以徐懋德、明安圖爲副總裁，令其盡心攷驗，增補圖説，務期可垂永久。如《曆象考成》内倘有酌改之處，亦令其悉心改正。至推算較對繕寫之人，於欽天監人員内酌量選用。其修書紙張公費，仍照算書處之例支給。凡一應事宜及告成刊刻，均令禮部兼理，速爲告竣，則制法愈密，推算愈精，我朝敬授人時可以垂諸萬年矣。伏乞皇上睿鑒，謹奏。

奉旨：即著顧琮專管，欽此。

清・顧琮《增修〈躔度表解圖説〉奏議》

乾隆二年五月初八日，協辦吏部尚書事臣顧琮謹奏：臣於乾隆二年四月十八日奏請增修躔度表解圖説一摺，奉旨：即著顧琮專管，欽此。欽遵，臣謹會同總裁欽天監監正加禮部侍郎銜臣戴進賢，副總裁監副臣徐懋德、食員外郎俸五官正臣明安圖議得，增修躔度表解圖説，俱用欽天監人員。請即在欽天監開館，俾伊等就近纂修，不致有悮監中事務，實爲妥便。查雍正八年重修日躔月離表，係欽天監監正加太常寺卿銜臣明圖監修，伏乞皇上恩準，令明圖協同臣管理。凡修書一應文移，俱照臣部體式，而用欽天監印信鈐蓋。再查增修表解圖説，必須通曉算法兼善文辭之人修飾潤

色，庶義蘊顯著。查從前修算書處修書翰林，現在者有順天府府丞梅瑴成、原任工部侍郎何國宗二員。仰懇天恩，準將梅瑴成命爲總裁，何國宗協同總裁効力行走。謹奏請旨。奉旨：知道了，欽此。

清・允禄等《御製曆象考成後編》奏議 乾隆三年四月十五日，和碩莊親王臣允禄等謹奏：竊惟欽若授時爲邦首務，堯命羲和，舜齊七政尚矣。三代以後，推測浸疎。至元郭守敬，本實測以合天行，獨邁前古，明大統法因之。然三百餘年未加修改，未免久而有差。我朝用西洋新法，數既本於實測，而三角八線立法尤密，但其推算皆用成表，其解釋又多參差隱晦，非一家之言，故學者鮮知其立法之意。我聖祖仁皇帝，學貫三才，精研九數，《御製曆象考成》一書，其數經緯究極精詳，其法則彰往察來，千歲日至可坐而致於是。即數可以窮理，即理可以定法，合中西爲一揆，統本末於一貫。非惟極一時之明備，實以開千古之顓蒙。縱或久而有差，因時損益，其道舉不越乎此矣。自康熙年間以來，西人有噶西尼、法蘭德等輩出，又新製墜子表以定時，千里鏡以測遠，爰發第谷未盡之義。大端有三：其一謂太陽地半徑差，舊定爲三分，今測止有十秒。其一謂清蒙氣差，舊定地平上爲三十四分高四十五度止有五秒，今測地平上止三十二分高四十五度尚有五十九秒。其一謂日月五星之本天，舊説爲平圓，今以爲橢圓，兩端徑長，兩腰徑短。以是三者，則經緯度俱有微差。臣戴進賢、臣徐懋德習知其説，而於天未有明徵，未敢斷以爲是。雍正八年六月朔日食，按舊法推得九分二十二秒，今法推得八分十秒。驗諸實測，今法果合。蓋自第谷至今一百五十餘年，數既不能無差，而此次日食其差最顯，所當隨時修改，以合天也。隨經臣明圖奏請，增修日月交食表二本，奉世宗憲皇帝諭旨，發武英殿刊刻續於《御製曆象考成》之末，現在遵行。乾隆二年四月十八日，經臣顧琮奏請，增補圖説以垂永久，以臣戴進賢爲總裁，臣徐懋德、臣明安圖爲副總裁。奉旨：即著顧琮專管，欽此。嗣於五月初八日，又經臣顧琮奏請，以臣梅瑴成爲總裁，臣何國宗協同總裁効力，並選得分修提調等官三十一員。奉旨：知道了，欽此。嗣於十一月二十七日，奉上諭：著臣允禄總理，欽此。欽遵，該臣等查得，數象首重日躔，日與天會以成歲也。次月離，月與日會以成月也。日月同度而日爲月揜，則日食日月相對，而地隔日光，則月食皆以日月行度爲本。今依日躔新表推算，春分比前遲十三刻許，秋分比前早九刻許，冬夏至皆遲二刻許。然以測高度，惟冬至比前高二分餘，夏至秋分僅差二三十秒，蓋測量在地面，而推算則以地心。今所定地半徑差與地平上之蒙氣差皆與前不同，故推算每差數刻，而測量所差究無多也。至其立法，以本天爲橢圓，雖推算較難，而損益舊數以合天行，頗爲新巧。臣等按法推詳，闡明理數，著日躔九篇，計一百九頁，表六十二頁，用數算法七頁，謹繕稿本，恭呈御覽。俟月離交食全書告竣，以類相從，再分卷帙。再查《御製曆象考成》原分上下二編，今所增修事屬一例，故凡前書已發明者，即不復解説。至書中語氣多攷據西史，臣等敷其意義，伏請聖裁。洪惟《御製曆象考成》聖祖仁皇帝指授臣允禄等率同詞臣於大内蒙養齋編纂，每日進呈，親加改正。世宗憲皇帝御製序文，刊刻頒行天下，煌煌鉅典，與日月同光矣。我皇上道隆繼述，學貫天人，今所增修，伏乞親加裁定，顔曰《御製曆象考成後編》，與前書合成一帙。所有應行修飾文義以合體製之處，伏乞發下改正，再呈御覽，恭請欽定，庶聖聖相承，備三朝之制作，後先輝映，昭一代之鴻模矣。臣等未敢擅便，伏乞皇上睿鑒施行，謹奏。奉旨：著刊刻，欽此。乾隆七年四月十二日，和碩莊親王臣允禄等謹奏：竊惟欽若授時當順天以求合，故必隨時修改，此古今之恒憲也。我朝之用西法，本於前明徐光啓所譯《新法算書》，其書非一家之言，故圖表或有不合，而解説多所難曉。聖祖仁皇帝《御製曆象考成》上下二編，鎔西法之算數入中法之型模，理必窮其本源，數必究其根抵，非惟極一時推測之精，固已具萬世修明之道矣。近年以來，西人噶西尼等又作新法，其數目算術皆與舊微有不同，而日食則用圖算，更與舊法迥異。臣戴進賢、臣徐懋德素習其術，每遇交食，欽天監附圖進呈，雍正八年六月朔日食新法密合。世宗憲皇帝命修新表，續於《曆象考成》之後。乾隆二年，臣顧琮奏請增修表解圖説，永垂千古，奉旨允行。數年以來，臣等悉心研究，凡新法與舊不同之處，無不窮極根源，乃得通其條、貫其理。雖不越上下二編之範圍，而其用意之精巧細密，有昔人所未及者。皆抉盡底藴，層解條分，合日躔月離交食。共成書十卷。謹繕稿本二套，恭呈御覽，伏乞皇上親加裁定，御製序文，弁於卷端，以光鉅典。所有在館襄事諸臣職名，照例另摺開列，請旨。除臣允禄及總裁諸臣不敢仰邀議叙外，其餘分修算書及分修協紀、辨方書官員供事，一併開列名單，進呈御覽。可否交部，分別議叙之處，出自聖恩，爲此謹奏，請旨。奉旨：在事官員，著交部，分別議叙具奏，欽此。

乾隆七年六月初二日奉旨：朕志殷肯構，學謝知天，所請序文，可勿庸頒發，宜將歷降諭旨及諸臣原奏開載於前，則修書本末已明。欽此。

清・戴進賢等《儀象考成》 乾隆《御製〈儀象考成〉序》

御製儀象考成序上古占天之事，詳於《虞典》，《書》稱在璿璣玉衡，以齊七政，後世渾天諸儀所爲權輿也。歷代以來，遞推迭究，益就精密，所傳六合三辰四遊儀之制，本朝初年猶用之。我皇祖聖祖仁皇帝，奉若天道，研極理數，嘗用監臣南懷仁言，改造六儀，輯《靈臺儀象志》。所司奉以測驗，其用法簡當。如定周天度數爲三百六十，周日刻數爲九十有六分，黄赤道以備儀制，減地平環以清儀象，創制精密，尤有非前代所及者。顧星辰循黄道行，每七十年差一度，黄赤二道之相距亦數十年差一分，所當隨時釐訂，以期脗合。而六儀之改創也，占候雖精，體制究未協於古。赤道一儀，又無遊環以應合天度。志載星象，亦間有漏略躐次者。我皇祖精明步天定時之道，使用六儀度至今，必早有以隨時更正矣。予小子法祖敬天雖切於衷，而推測協紀之方寔未夙習。兹因監臣之請，按六儀新法，參渾儀舊式，製爲璣衡撫辰儀。繪圖著説，以裨測候，并考天官家諸星紀數之闕者補之序之，紊者正之，勒爲一書，名曰「儀象考成」。縱予斯之未信，期允當之可循。由是儀器正，天象著，而推算之法大備。夫制器尚象以前，民用莫不當求其至精至密，矧其爲授時所本，熙績所關，尤不容有抄忽差者。折衷損益，彰往察來，以要諸盡善奉時脩紀之道，敢弗慎諸？至乃基命宥密，所爲夙夜孜孜監于成憲者，又自有在。是爲序。乾隆二十有一年歲在丙子冬十有一日御筆。

清・戴進賢等《修訂〈靈臺儀象志〉奏議》 欽天監監正加禮部侍郎臣戴進賢等謹奏，爲請旨增修靈臺儀象志表，以昭遵守事。竊臣等西鄙庸愚，荷蒙我皇上深仁廣覆，畀以璣衡重任，早夜兢兢，唯恐有曠職守。伏查康熙十三年，蒙聖祖仁皇帝，命原任治理曆法兼工部侍郎臣南懷仁，製造觀象臺、測量日月星辰儀器六座，又纂成《靈臺儀象志》一書，有解有圖有表，皆闡明儀器六座所用之法。此書乃臣監中天文科推測星象所常用者，其中詮解用法，儀詳理備。但志中原載星辰，循黄道行，每年約差五十一秒，合七十年則差一度。今爲時已久，運度與表不符，理宜改定。再查康熙十三年，纂修《儀象志》時，黄道赤道相距二十三度三十二分，今測得相距二十三度二十九分。志中所列諸表皆據曩時分度，所當逐一加修，脗合天行，庶測驗時，更覺便於較證。又查三垣二十八宿以及諸星，今昔多寡不同，應以本年甲子爲元，釐輯增訂，以資考測。臣等受恩日久，報稱無能，此乃分所應辦，故敢冒昧陳奏。至修書人員，容臣於監中揀用數員，務期悉心從事。書成之日，進呈御覽，恭請欽定，伏候睿鑒施行。謹奏。乾隆九年十月初六日具奏，奉旨：著莊親王鄂爾泰、張照議奏，欽此。

清・允禄等《修〈靈臺儀象志〉奏議》 和碩莊親王臣允禄等謹奏，十月初六日發下戴進賢等奏摺一件，奉旨：著莊親王鄂爾泰張照議奏，欽此。該臣等議得，戴進賢等摺，請修《靈臺儀象志》一書，係伊衙門應辦之事。又即請用伊衙門所有之人，不支桌飯銀兩，自應如所請，令其精詳修纂，完竣進呈御覽。伏候聖訓，謹奏。乾隆九年十一月初六日具奏，奉旨：依議仍著莊親王鄂爾泰、張照兼管，欽此。

清・允禄等《〈儀象考成〉修成奏議》 和碩莊親王臣允禄等謹奏，爲遵旨增修《靈臺儀象志》恒星經緯度表告成，恭呈御覽，仰祈聖鑒事。乾隆九年十一月，内欽天監監正戴進賢等奏請增修《靈臺儀象志》一摺，臣允禄等遵旨議覆，係伊衙門應辦之事，應如所請，令其精詳修纂，完竣進呈，等因奉旨：依議，仍著莊親王鄂爾泰、張照兼管，欽此。臣等謹查漢以前星官名數，今無全書。《晉志》載吴太史令陳卓，總巫咸、甘、石三家星官，著於圖録，凡二百八十三官、一千四百六十四星，今亦不見原本。隋丹元子《步天歌》與陳卓數合，後之言星官者皆以《步天歌》爲準。康熙十三年，監臣南懷仁修《儀象志》，星名與古同者總二百六十一官、一千二百一十星，比《步天歌》少二十二官、二百五十四星。又於有名常數之外，增五百一十六星，又多近南極星二十三官一百五十星。監臣戴進賢等據西洋新測星度，累加測驗，《儀象志》尚多未合。又星之次第，多不順序，臣何國宗恭奉聖訓，宜加釐正，臣劉松齡、臣鮑友管率同監員明安圖等，詳加測算，著之於圖，臣允禄等復公同考定，總計星名與古同者二百七十七官一千三百一十九星，比舊《儀象志》多十六官一百零九星，與《步天歌》爲近。其中次第，顛倒凌躐，臣等順序改正者一百五官四百四十五星，其尤彰明較著者二十八宿次舍。自古皆觜宿在前參宿在後，其以何星作距星史無明文。《儀象志》以參宿中三星之西一星作距星，則觜宿在後參宿在前。今依次順序，以參宿中三星之東一星作距星，則觜前參後，與古合，亦經順序改正。又於有名常數之外增一千六百一十四星，按其次序，分注方位，以備稽考。又近南極星二十三官一百五十星，中國所不見，悉仍西測之舊。共計恒星三百官三千零八十三星，編爲總紀一卷，黄道經緯度表、赤道經緯度表各十二卷，月五星相距恒星經緯度表一卷，天漢黄赤經緯度表四卷，共成書三十卷。書内星圖體制微小，謹另繪大圖，一併恭呈御覽，伏乞

皇上訓定，欽賜嘉名，御製序文，冠於卷端，交武英殿刊刻，以垂永久。所有襄事諸臣職名應否載入，另摺開列請旨，爲此謹奏。乾隆十七年十一月二十二日具奏，奉旨：知道了，書名用「儀象考成」，職名準開載，新測恒星並增星圖象，著照乾清宮陳設天球式樣製造二分進呈，欽此。

清・允禄等《奏請更定〈時憲書〉觜參之序》　和碩莊親王臣允禄等謹奏，爲請旨更定《時憲書》觜參之序，以歸畫一事。查《時憲書》内鋪注，二十八宿值日古法，觜宿在前參宿在後。自用西法以來，改爲參宿在前觜宿在後。乾隆五年，欽天監修《協紀辨方書》，奏稱星宿值日於算法疎密全無關涉，請依古改正。經大學士九卿議覆，二十八宿值日載在《時憲書》，既於算法全無關涉，則亦不必更改，等因在案。今臣等奉命重修《儀象志》恒星經緯度表，恭候欽定，則乾隆十九年之《七政書》即用此表推算，若《時憲書》之值宿仍依參前觜後鋪注，則與《七政書》不能畫一。請以乾隆十九年爲始，依古觜前參後改正鋪注，則《七政書》之星度《時憲書》之日宿皆一例順序矣。臣等未敢擅便，伏乞皇上聖鑒，勅下大學士九卿再行議覆施行，爲此謹奏請旨。又夾片：謹查二十八宿星次，或自下而上，如角室等宿。或自東而西，如虛、畢等宿。或自西而東，如心、尾等宿。或自中而左右旋轉。如斗、牛等宿。而以第一星作距星，則各宿皆同。惟觜參二宿相近，自古星躔分野皆觜宿在前參宿在後。西法以參宿中三星之西一星作距星，則參宿在前觜宿在後。今以參宿中三星之東一星作距星，則觜前參後，與古合。再查二十八宿分列四方，每方各七宿，星家分配七政，皆木金土日月火水爲序。東方七宿，角亢氐房心尾箕，尾屬火，箕屬水；北方七宿，斗牛女虛危室壁，室屬火，壁屬水；南方七宿，井鬼柳星張翼軫，翼屬火，軫屬水。皆係火前水後。惟西方七宿，若以奎婁胃昴畢參觜爲序，參屬水，觜屬火，則水前火後，與三方之序不協。今改觜前參後，則火前水後，與三方之序脗合。乾隆十七年十一月二十四日具奏，奉旨：大學士會同九卿議奏，欽此。

大學士忠勇公臣傅恒等謹題，爲遵旨議奏事。乾隆十七年十一月二十六日，内閣抄出和碩莊親王等具奏内開，查《時憲書》内鋪注二十八宿值日古法，觜宿在前參宿在後。自用西法以來，改爲參宿在前觜宿在後。乾隆五年，欽天監修《協紀辨方書》，奏稱星宿值日與算法疎密全無關涉，請依古改正。經大學士九卿議覆二十八宿值日，載在《時憲書》，既於算法全無關涉，則亦不必更改，等因在案。今臣等奉命重修《儀象志》恒星經緯度表，恭候欽定，則乾隆十九年之《七政書》即用此表推算，若時憲書之值宿仍依參前觜後鋪注，則與《七政書》不能畫一，請以乾隆十九年爲始，依古觜前參後改正鋪注，則《七政書》之星度《時憲書》之值宿皆一例順序矣。伏乞皇上聖鑒，勅下大學士九卿再行議覆施行，謹奏請旨。又夾片内開，謹查二十八宿星次或自下而上，如角室等宿或自東而西，如虛畢等宿或自西而東，如心尾等宿或自中而左右旋轉。如斗牛等宿而以第一星作距星，則各宿皆同，惟觜參二宿相近，自古星躔分野皆觜宿在前參宿在後，西法以參宿中三星之西一星作距星，則參宿在前觜宿在後，今以參宿中三星之東一星作距星，則觜前參後，與古合。再查二十八宿，分列四方，每方各七宿。星家分配七政，皆木金土日月火水爲序。東方七宿，角亢氐房心尾箕，尾屬火，箕屬木；北方七宿，斗牛女虛危室壁，室屬火，壁屬水；南方七宿井鬼柳星張翼軫，翼屬火，軫屬木。皆係火前水後，惟西方七宿，若以奎婁胃昴畢參觜爲序，參屬水，觜屬火，則水前火後，與三方之序不協。今改觜前參後，則火前水後，與三方之序脗合，等因具奏奉旨：大學士會同九卿議奏，欽此。欽遵，抄出到部，該臣等會議，得周天躔度以二十八宿爲經星。經星之星數多寡不一，所占之度數亦廣狹不一，而前後相次總以各宿之第一星爲距星，此天象之自然，古今所不易也。其間惟觜參二宿相距最近。觜止三星，形如品字，其所占之度狹。參有七星，三星平列，於中四星，角出於外，其所占之度廣。古法以參宿中三星之東一星作距星，則觜前參後。康熙年間，用西法算書，以參中三星之西一星作距星，遂改爲參前觜後，故《時憲書》内星宿值日亦依此序鋪注。乾隆五年，欽天監修《協紀辨方書》，曾奏稱宿之距星惟人所指星宿值日，於算法疎密全無開礙，請依古改正，當經大學士九卿奉旨議覆以星宿值日，既於算法全無關礙，則既經康熙年間改定，今亦不必更改，等因在案。惟是宿之距星惟人所指，而以星度考之，觜之占度本狹，古以觜在前則距參一度而分野之度狹，參之占度本廣，古以參在後則距井十度三十六分而分野之度廣。若如西法，以參在前以觜在後，是則參反距觜一度，而參宿距井之十度三十六分，移而歸觜，似不如古法爲優。今莊親王等既奏稱，奉命重修《儀象志》恒星經緯度表，查明星座次第順序，改正參宿在後觜宿在前，列於恒星經緯度表。乾隆十九年之《七政書》即用此表推算，並《時憲書》之值宿亦依古觜前參後，改正鋪注等語是觜參之前後，現今依古改正。至《時憲書》之值宿雖

與《七政書》算法全無關礙，而《七政書》乃《時憲書》之所從出，其鋪注列宿次第未便與推算之星度互異，應如所奏，請以乾隆十九年爲始，《時憲書》之值宿依古改正，仍以觜前參後鋪注，觜參之前後既經順序改正，與恒星經緯度表相合，則二十八宿分列四方，星家以七宿分配七政，皆木金土日月火水爲序者，西方七宿亦火前水後，與三方之序脗合矣。恭候命下之日，令欽天監遵照辦理可也。再此本係禮部主稿，合并聲明，臣等未敢擅便，謹題請旨。乾隆十七年十二月十四日題，本月十六日奉旨：依議，欽此。

清・覺羅勒爾森、何國宗《〈欽定儀象考成〉修成奏議》 刑部左侍郎鑲紅旗滿洲副都統兼管欽天監事務臣覺羅勒爾森、工部左侍郎樂部大臣襄行兼管欽天監事務臣何國宗謹奏，爲御製儀器告成，恭疏陳謝，并請編著儀説，以垂永久事。乾隆九年十月二十七日，皇上駕幸觀象臺，特允莊親王等所請規放璣衡，製造大儀，安設臺上，以禆測候。乾隆十九年正月初五日，賜名「御製璣衡撫辰儀」，三月十六日鐫刻清漢文訖。欽惟皇上道通法象，學貫天人。欽若授時，齊七政而萬邦惟憲，文明熙載，撫五辰而庶績其凝。固已媲美勳華、合符化育矣。乃以靈臺舊器赤道動静未分，前代渾儀天度奇零不盡，爰稽古制，聿闡新規，兩極兼三遠，紹唐虞遺法；七環省二秘，參易簡真源。誠千古之鉅觀，萬年之大寶也。臣等瞻天仰聖，無任屏營。抑臣等更有請者，儀器法理精微，功用廣大。康熙十三年新製六儀告成，臣監請修《儀象志》十六卷，《星度之外儀説》附之。乾隆九年，臣監監正戴進賢等因星度尚有未合，奏請重修。蒙皇上勅，交莊親王管理。乾隆十七年十一月書成三十卷，賜名「欽定儀象考成」，武英殿刊刻將次竣事。今御製璣衡撫辰儀告成，伏請仍勅莊親王率同臣監編著儀説，附成全帙，宣付史館，以傳永久，則理明法備，球圖共焕光華，象顯義彰，奕禩永爲典則矣。爲此恭疏陳謝具奏請旨。乾隆十九年三月三十日具奏，奉旨：知道了，著交莊親王，欽此。

清・允禄等《編著〈儀説〉奏議》 和碩莊親王臣允禄等謹奏，爲遵旨編著儀説，恭呈御覽，仰祈聖訓事。乾隆十九年三月三十日，臣勒爾森、臣何國宗等具奏御製儀器告成，恭疏陳謝，并請編著儀説，以垂永久一摺。奉旨：知道了，著交莊親王，欽此。欽遵。臣等伏惟唐虞之世，首重璣衡。漢唐以來，代有制作。我朝康熙八年，聖祖仁皇帝命監臣南懷仁新製六儀，康熙五十二年命監臣紀利安製地平經緯儀，精義利用，於斯大備。我皇上敬天法祖，齊政勤民，酌古準今，御製璣衡撫辰儀頒設靈臺，用禆測候，功用廣大，法理精微。臣等欽遵聖訓，編著儀説，首儀制，次製法，次用法，次算法，成書上下二卷，並從前具奏，所奉諭旨敘於卷端，謹繕稿本，恭呈御覽，伏請皇上訓定，交武英殿刊刻，冠於《欽定儀象考成》之首。所有前後監造諸臣職名，另摺開列，應否載入，伏候諭旨遵行，爲此謹奏請旨。乾隆十九年閏四月二十九日具奏。奉旨：著刊刻，欽此。

清・方以智《浮山集》文集前編卷六 《物理小識》自序

盈天地間皆物也。人受其中以生，生寓于身，身寓于世，所見所用，無非事也。事一物也。聖人制器利用以安其生，因表理以治其心，器固物也，心一物也。深而言性命，性命一物也。通觀天地，天地一物也。推而至于不可知，轉以可知者攝之，以費知隱，重玄一實，是物物神神之深幾也。寂感之蘊，深究其所自來，是曰通幾。物有其故，寔攷究之，大而元會，小而艸木螽蠕，類其性情，徵其好惡，推其常變，是曰質測。質測即藏通幾者也。有竟掃質測而冒舉通幾以顯其宥密之神者，其流遺物，誰是合外内貫一多而神明者乎？萬曆年間，遠西學入，詳于質測而拙于言通幾。然智士推之，彼之質測猶未備也。儒者守宰理而已。聖人通神明、類萬物，藏之于易，呼吸圖策，端幾至精，曆律醫占皆可引觸，學者幾能研極之乎？智何人，斯敢曰通知？顧自小而好此，因虛舟師物理，所隨聞隨決隨時録之，以俟後日之會通云爾，且曰自娱。歲在昭湯汁洽，日至箕二，浮山愚者記。

清・方以智《浮山集》文集後編卷二 游子六《天經或問》序

《天經或問》，建陽游子六所約以答客者也，概言曆象，取泰西之質測以折世俗之疑。往年良孺熊公作《格致草》，原象原理，晚隱書林，而子六學焉。子六沉潛好學，角立淵渟，遘亂棄舉子業，隱於曆算日者，以養其母。專精天人之故，一室褐塞，風雨掩户，不汲不戚，蕭然自得。愚者聞而敬之。讀吾三世之易，反復鼎薪，致書見問，愚者答之，曰：神無方，而象數其端幾也，準固神之所爲也，勿以質測壞通幾而昧其中理，勿以通幾壞質測而荒其實事。人者，天地之心。人不盡人而委天乎？人不明天，烏知所以自盡乎？不通象數，烏知天人之本一而享秋序之不亂乎？黄帝經曰：六合不離於五。地在天中，大氣舉之。唐虞在璿璣而以曆數傳道統，孔子以曆閏衍《易》明中五之用，周公商高著《周髀》之法，邵朱詳勁風旋轉兀然浮空之形。《漢志》有海外星占，《唐志》有見南極下之星者。今屬午運，萬法當明。萬曆之時，中土化治，太西儒來，脬豆合圖，其理頓顯。膠

常見者，駴以爲異，不知其皆聖人之所已言也。特其器數甚精，而於通幾之理命詞頗拙，故執虚者開之。子曰：天子失官，學在四夷，猶信。立静天以考度，定黄赤之兩軸，穆天心主之，冒如斯也。原不硋也，資爲郯子，不亦可乎？郭守敬曰：上推百年長一，下推百年消一。朱康流云：下推亦當長一。熊伯甘以燈與籠明日之體，揭子宣發槽丸激滚之論，小兒中通明影瘦光肥之理。太西之説，本自不一，今摩公云：五十年明一水星金水圍日輪爲輪。可以分二天乎？先中丞約兩聞之質測而申之曰：氣幾、心幾，二而一也。陰陽之氣、人事之變，各自爲幾，而適與之合。自非神明，難悉至理。積數千年聖賢之智而我生其後，何不可資以決之而遺諸將來耶？智病且老，空有其志，而弗逮也。謹書之，以奉神明格則之士。

清・游藝《天經或問前集》 叙

《天經或問》者，古閩諱子六徵君所著，以正之爲經者也。天何言哉？謂之爲經，不猶芒芴乎？夫鴻濛既開，成象成形，七曜恒星，雲漢列錯，蓋天因自有其文已。後世甘石之徒出而有星經，《周髀》、宣、渾與昕天、穹天之説雜見而有論。自是談大學者，變紛不一，而天文遂晦而不章。噫！不知夫天之文，固燦然有常經而不易者也。今子六氏灼然有以正之，本熊司馬格致之理，廣泰西士脬豆之論者。采夫古今之正義，化而裁之，神而明之，引伸之以問答，而正之曰經，旨哉經乎。其天人令一之撰乎？析其理不淪于鉤索，剖其實不涉于策數，舉開闢來渺茫莫窮、神化莫測之精藴，悉闡發之于斯經。噫，何其高深而顯著也。予卒讀之而深有契令于予心也。予也素負僻陋之資，向究質測之詣，憶在嬰孩時，竊受教于先大夫矣。先大夫承先祖文懿公潔所傳之業，掌指以誨予小子，謂夫垣宿之臚列也如是，日月之經行也如是，三星之嗔逆與軌度之贏縮也如是。予小子時惟提命之凛凛，後長而蓋殫心斯道。然世不足絶學之儒，迺竟未獲一過之相與而辨晰焉，質正焉，不亦蹈夫管闚井觀之誚者與？夫天之道果哉其窮也莫窮，其測也莫測已。予嘗締思夫赤道者，平分于天者也，而黄道則斜絡之，如環而有交。蓋古今常自有其推移，而不可執之以爲定則。即以太陰言之，於初生也，則有上見斜見横見之殊；於每月一周之游輪也，則有自北而南、自南而北之推遷；其經行于壁奎之諸宿者，日則十四五度，經行于箕斗之諸宿者，日僅十一二度。夫某時壁奎至參井之當在天頂乎，月天與之爲遠也，而狹也，贏也；亢氏至箕斗之斜行西南乎，月天與之爲近也，而廣也，縮也。以曆象言之，堯之日至日在虚，周，漢唐宋觜在斗，今三百年來則在箕已。遞而推之，可見恒星之麗于天者，不今則南而後則北乎？不今則箕而後仍虚乎？不今之箕斗之躔爲晝短，而後之參井之舍爲夜長乎？孰綱維是？孰推而行是？子六氏則以静天爲基，以南北極爲樞軸。以黄道之斜經于赤道也。從太陽之出入于南北爲之準，繇是而日星之行、四時之候。晝夜分景昏異，冬與春之贏、夏與秋之縮，舉不外天黄道之推移而得之矣。予故卒讀之而有契合于予心也。辯晰焉爾已，質正焉爾已，誠渾矣乎于先生六。太素始萌萌而未兆，並體同色，坤屯不分。横渠先生云□坱然太虚，又云日月五星皆左旋，當時語焉而未詳。

清・游藝《天經或問後集》 《天經或問後集》序北海法若真黄石氏撰

通天地人謂之儒。通者，通其理而已。通其理則雖上下千萬年之數，皆可以旦暮之意推之。凡六合之内，神奇荒忽之事，皆可以日用飲食之恒斷之。漆園謂天地一指，萬物一馬，世俗輒河漢其言，然得其環中，以應無窮，謂之道樞。是猶以天樞定衆星，執其要而通之，非渾然無所區别之説也。余以子春之疾，問醫武林，得林生西仲相過談《易》。常言數統乎理，在今日知此者，惟潭陽游子六一人。余傾慕久之，既而方謀買舟歸里，西仲祖余旅次，喜而告曰：先生欲見子六乎？今子六且至矣。余喜甚，爲留一日，邀與劇談。辨析七政躔度曆法精奥，皆聞所未聞。復快讀其所著《天經或問》一書，中多未經人道之語。而續集一編，尤爲灝博，莫不根極理要，披剔無道，覺天地之大、萬物之廣，其多者總不外乎理之一，其異者總不外乎理之常。而子六以好學深思，心知其故。世人不察，或指爲推測占驗之流。然則人生百年中，俱當食息於世，懵然無所知，或粗就數篇爛時文，向人高視濶步，岸然自號爲儒者乎？余亟請子六前後所著《天經》，懸諸國門，爲當世儒者布帛菽粟之書。何者？通天地人謂之儒也。余向疑西仲談《易》，所與交必多異人，今見子六，讀其書猶信。

清・林雲銘《〈天經或問後集〉序》 漢儒董子曰：道之大原出於天。天無所弗該。其有象可見者，謂之天文，乃天之一端耳。天文中可按象推測以定吉凶者，謂之占驗，又天文之一端耳。世人終日戴天，不知天爲何物，而談天者流又專執占驗管見，輒詡詡然自矜獨得，不思天地萬物皆吾儒性分中所有事，窮理盡性，以至於命，此真儒之學也。吾閩游君子六，從事於性命之學有年，抱道隱約，不求聞達於世，超然有會於道之大原。曾著有《天經或問》一編，博徵羣書，自抒獨見，識者推爲一代真儒久矣。余向寓建州，頗有志於理學，常以得遇名賢

得讀異書爲快。每晤子六，未嘗不欣然傾倒累日，以其所學特具千古隻眼，大非尋摘章句者所能索解。而子六亦以爲世人不可莊語，故娓娓樂爲余言焉。嗣余遯跡西湖，浮沉市肆中，碌碌俗緣，所見所聞，大率較論八股，爲獵取科第梯航。不則或誦習詞章詩賦，倡和以博聲氣。即有力矯其弊者，亦不過屏絶外管，以爲天地萬物無與於己，澹然自足而止耳。每追憶曏日建州與子六傾倒時，相與探圖書之秘，究性命之源，極天地事物之變，揆鬼神生死之機，不可復得，未嘗不以名賢難遇？異書難覯爲可歎也。辛酉三月，子六自書林來杭，訪余於客邸。握手傾倒間，復出所著《天經後集》相質。其中曆法、躔度、歲差以及理氣性命奧旨，一切山海人物、生死變幻、可疑可愕之事，無不引證明確，解惑辨謬，一準諸理之不易，以補前書所未備。余尤喜其語語主持世教，玩味不忍釋手。今國家文治聿興，理學正諦當漸明於斯世。子六其持此書，以應當寧旁求，宜必有合，乃別來數年，頭顱未改，僅以此自見於風塵間，何可勝惜？吾師法黄石先生題余像云：抉大易之微言，溯太極於無極。天故閟之，而子故出之，曷怪乎鬼神妬之？是言也，余轉以諗子六矣。然大道當明，必俟運會所至，以數千年來未發之蘊，獨待子六闡揚靡遺，且得嗣君熊熙燕昭等，服膺庭訓，詮述後先，則鬼神亦未始無意於其間也。昌黎不云乎：不有得於今，必有得於古；不有得於身，必有得於後。蘭臺石室，圭竇革門，端不能爲真儒分加損矣。若夫書中之理，余所欲言者，皆子六所已言，又烏能多措一詞哉？晉安同學弟林雲銘拜子譔。

清・萬年茂《〈璇璣遺述〉叙》　天學即道學，知天而道見，知蒼之天而天見。唐虞授受，一中而已。孔子系中曰庸，子思曰誠，周曰静，程曰敬。敬者，静也。静者，誠也。誠者，庸也。庸者，中也。地中一天，中爲中體，地中天然。後有中爲和，爲中用。誠者誠此而已。故敬求誠，誠本天，而儒釋真妄之原無辨而明。天地之道，中出氣也，圓運神也。地中爲體，中氣滋熅於地爲水火，水火之精上見爲日月星辰，其升地爲風霆雲霧霜露雨雪雹霓煙霾，孳爲植，化胎卵，秀靈爲人，其精氣感人爲機祥怪變。諸成以水火皆爲用。受中謂命，體命謂性。禮樂者，性也。鬼神者，命也。後天乾西北域中，北極南、赤道北也。先天乾南域中，黄道在南也。堯命羲和分四宅，以地測天，而五紀次、四位巽。東南域中，於方爲巽，於疇九一，猶今云五州之一也。縱對乾，則巽下横得九一止一隅物圓明矣。後世言天宗渾儀，漢後法耳，而《周髀》無傳，然其文並趙君卿注時軼見，與今西法之言天球地球者合。余嘗據以明易，研後先天，譔圖説以推中和之旨，顧念無他徵，而天官學亦無能言其義，以爲憾。歲甲申，主席豫章。明年，廣昌揭生要持其族半齋先生《璇璣遺述》暨《大觀圖》謁示。其法一本西氏，其論諸政皆圓，有自行輪、激輪、倒輪、衝輪，其遲留伏逆以地平視，故其風雷雲雨飛流諸狀以暘氣下降横衝上出，故其論諸政，遠近有數、小大有形，雖其窮然幽渺，間若疑於強探力索者，要於所言皆確有以自信。而天命流行不可知，而可知其誠然爲不可易。夫《書》道政事七政曰政以人治天，《易》道陰陽四德曰德以天治人。天在是，道亦在是。余於是既歎其義之思深以博，而又以幸夫惓惓者雖時地之異，乃得以其曰命、曰性、曰誠者一。以實跡證驗其間，而曩者之圖與説若其根柢於是書爲尤信也。因爲重訂，梓而行之。肩其任者，干生從淳、熊生儀彬、汪生德、李生學蘇、鄧生翥雲、余生步梅，董其成則新建學博吴君廷試云。乾隆乙酉五月之望，豫章書院山長黄岡萬年茂南泉氏書。

清・方以智《〈璇璣遺述〉序》　璣衡曆數，允中者傳。孔子提中五，以曆衍易，而成變化。行鬼神，莫能外焉。後世學者，循執常理而已，或冒洸洋以委天耳，誰肯合俯仰遠近以通神明而質測其故者乎？此一實究原，未可坐望之世人也。平子、沖之、一行、康節，世罕覯矣。所號象緯膠於占應，其所以然，絶不問也。臺官疇人，襲守成式，其所以然，亦不求也。大西既入，可當郯子，然其疑不決者，終不可決。先中丞在西庫，與黄石齋先生深研往復，知易曆之本一，歸内衍之於静天動天之法，固同符也。其細差别，正俟高明之士積考而詳核之。廣昌揭子宣，淵源其仰萊堂之學，獨好深湛之思，連年與兒輩測質旁徵，所確然決千古之疑者，止一左旋，并無二動也。槽丸之激退而滚進也。曰光肥而地影瘦也。七政各體皆圓，圓皆轉行，非平行也。金與水附日而爲小輪也。星避曰衝，故有伏逆遲留也。歲實無差，衹星差耳。三際九重，非定論矣。諸如此類，每發一條，輒出大西諸儒之上。乍閲之，洞心駴耳。實究之，本如是。也愚益以證此心之用，符乎天□而數度秩序總出固然。讀此一過，快何如之？因書以告後來之苦心研極者。浮山愚者方以智密之題撰。

清・邱維屏《〈璇璣遺述〉序》　廣昌揭子宣論天日月五星之體之行，可謂搠獲矣。予究覽其書，大抵精思辨物，積悟而後得之也。其言經星土木火日金水月高下之距、里數之計，皆本近來泰西之説，獨以八者合爲一天，而分其隧道以爲高下，至金水日又自爲一道，其遠者乃侵入火星道中，則所以通泰西末節之膠固，而開釋其疑矣。其更爲槽丸、陀螺、鞭馬、簸米之喻，乃特因磑磨之喻而通其

窮。朱子天與七政皆左旋之言，而特明其要。其於蒼蒼之天，匪但爲燭照之明、數計之悉而已，蓋已統一天而八隧，以入其旋牀之心，使之爲水與乳之融洽。於戲，其不可謂之精矣乎。予嘗疑泰西日徑倍地之數，與周天圜圓之算，所占廣狹不侔，既已因子宣而釋之。又以古之聖人，惟其深知天象，故以北極爲人之結頂，黄白諸道爲人之左衽，與子宣統推類而相附。至論《周易》得天之解，尤得子宣説而後信其文匪錯也。夫得天何謂？非麗天之謂也。日月不得天而行，則不能自運轉。不能自運轉，則不能久成四時之照。然則子宣謂經星七政之轉，皆由天轉，是《易》大傳之言至子宣而始得其解者矣。自今有論日月五星者，雖如浮山大師，以子宣與平子、沖之、一行、康節爲倫況，而苟欲推究天之爲物，悉其氣體，必取子宣之言爲多，子宣其智矣乎。子宣爲人貌甚樸，望似耑愚，身敝衣履，口不茹膏血，年已五十幾，半其生經歷家國之難。吾往者徒聞子宣報父仇一節，頗有奇智，意子宣殆孔子所謂其愚者耶。自古辨物者甚精，則其人必愚，愚然後庶幾于道，故其研精於慮也。入之也既切，而出之也若忘，則要非斤斤以辨自詡者，若子宣其勉之矣。予宣持是編過予，因謂予吾辨此每由泰西之説，蓋其精察明辨不可廢耳。子宣年三十上下，予曾見所著性書、昊書、兵經、戰書，此書特本昊書爲濫觴者。子宣初名其書爲「璇璣遺述」。持過予時，都爲一篇，予爲鑑定之。後更就正浮山大師，師子位伯名之曰「寫天新語」。訂論尤詳，分列之以爲數十餘條，於是爲序。歲在乙卯，寧都易堂邱維屏邦士拜撰。

清·文德翼《〈璇璣遺述〉記》 天學太史之事，儒者不雜言焉。然程子謂佛學本心，聖學本天，甚矣天不可不學也。天如乎人，知人斯知天矣。人三百六十骨節，與天一歲之數同。人一日二萬五千二百呼吸，與天一日一周之度同。同天者人，而知同天者人之心，心與天異否？考心者必以中，考天者亦必以中，則太史之藝術即儒者之道術也。近有西洋學，與中國所談加巧密，雖小異而未嘗不大同。世以鄒子比之，閩浙傳其學者甚多。平西揭子宣辨之，誤有《寫天新語》一書。余得讀之，起而歎曰：世有難知者四：太古之荒忽、海外之杳冥、身後之游變。與上天之虚靈，皆不可寫者也。古曰：畫鬼魅易，盡犬馬難。上天譬之三者，猶犬馬之視鬼魅云爾。天有象有數，數不能逃於《周髀》，象不能遯於《靈憲》。寫之而恐不似，則謹毛而失貌者有之矣。寫之而恐不真，則掛一而漏萬者有之矣。賦六合者未免疥駱駝之譏。知星宿，衣不覆，豈欺也哉？余竊聞子宣當今之儒者也，與吾友印茲、賡之、密之諸君子交至深，從事聖學，而以心印天，以天印心。寫天者，其即子宣之寫心也。又聞閩人有游子六者，受西洋瑪竇之學，著書曰《天經或問》。兩書寔表裏焉。夫西洋善幻，多奇跡，琴鐘自鳴，與穆天子時化人相埒。余守一家之樸學，殆不知之矣。柴桑文德翼用昭父譔。

清·余颺《〈璇璣遺述〉題》 奇哉，揭子之談天也。曰天以中生，猶人有胞胎，必凝於腹内而後能生也。又曰天一而厚，日月星辰於其中，如人有口目臍腎，雖有高下，實共一體也。至星行則曰如人身百脈，政體則曰如人身之各形皆圓。夫以天言天，人或昧之，以人之一身言天，人反有不信乎？人一日二萬五千二百息，天一日一周爲一呼吸，不相屬。則五宜百骸之氣絶。天無息不運動，故日月星辰各由之震盪跳躍，萬古而不墮也。惟至誠能與天地仝其無息，故始曰與天地參，猶合三才而言之。既曰配天，則舉天與至誠而中分之。既曰浩浩其天，則天遂其天矣。終曰上天之載，無聲無臭，是至誠之純一，一天之不已也。故善言天合人者，無如《中庸》。至誠能以終古之無息者，備中和位育之功，稱爲天之極量。凡人亦以其一日之不息者，運五官百骸之用，而爲天之具體。人不知天，未有不知人者；不知至誠，未有不知自已者。是則揭子之談天也，愈切而愈近矣。揭子又曰：天之不落氣象者，爲太虚空，謂之上天，故無聲無臭。落於氣象者，則有體有用，而神明則不測。二而一者也。余又讀其《昊書》，曰天之心見於人，是則揭子之談天，一至誠之天也。而謂《中庸》之以天合人，不於此更釋然乎？莆田余颺賡之題。

清·甘京《〈璇璣遺述〉識》 廣昌揭子子宣好天學。或爲之辨，京得從其旁而聽之。或曰脬豆之喻，渾天之説也。氣舉豆也，脬舉氣也。蒼蒼者天，何以爲脬？揭子曰：天果脬也。或曰脬言質，天有質乎？揭子曰：地有質也，天亦有質。使非有堅質，何以宿日月星辰而舉大地也？地實而中亦虚，澥水歸於其虚，而復轉於地外。故余嘗曰天爲凝氣，地爲凝形。凝神有虚，凝氣有實。或曰天有九重，誰從數之？揭子曰：不必九重也。日月星辰麗於其位，如山之宿石，或在巔，或在麓，或在其半，如人之目而鼻，鼻而乳，而臍，而腎也。故余嘗曰：天一而已，其體甚厚，天載地，空虚載天，地亦天也。地在天中，如人有五臟，天亦地也。天在空中，如庭有野馬，故余嘗曰：有凝形之氣，有未凝形之氣。天之外虚，虚故任此天旋轉。天之内虚，虚故人物往來于中而不硋。南北極，瓜臍蒂也，一天之樞也。太虚空，無南北上下東西也。故余嘗曰：天無升降，渾淪環轉而已。人知一天地耳，不知大虚空之天也，不可得而紀也。京進曰：子何以知

之？曰：人之心神不測，即大虛空也。一天地中，一日一月衆星耳，一晝一夜耳，可窺測而盡。若大虛空，則非窺測所能盡也。京曰：如子所云，天實也，天之中虛也。地寔也，地之中虛也。地中虛也，地實也。地之外虛也，天實也。天之外大虛空，其爲一天地者尚多也。或曰：甘子亦惑矣乎？形則必凝而後形，氣安得有凝？揭子又曰：萬物之形，皆氣所凝，即大地亦氣所凝也。苟不信地爲氣所凝，能不信人爲氣所凝乎？父母之氣，合而成人，由氣而形，形有堅如骨如齒者，有柔如津如血者，有不堅不柔如肌膚腸胃者。天堅非堅如石也，以其必有體質，如人有肌膚，然後可以束氣，而舉乎大地，猶人母必有腹以束氣，然後可以結胎而生子也。故余嘗曰：氣非中不聚，形非中不結。天地萬物，無不受中氣以生。地球九萬里，南北極相去四萬五千里。有六月一晝，六月一夜者，有十一時晝，一時夜，一時晝、十一時夜者，皆人足跡所可到。日月食，先時後時，則有以推之，不容秒忽或爽者。尚謂地之實無窮極，天之虛無窮極，天體不與地俱圓也，可乎？若地上之虛空，與無盡之虛空，則此日月星辰，升浮於空，無所底極，安得仰之見其輪，暴之承其熱，矚之得其光，而有一定不差之躔度耶？世儒動以天之所覆，本乎天者親上爲據，亦當知所謂覆之形也，亦當知親上之所爲麗之位也。要之天者人之強稱，晝夜者明暗之別名也。包羅天地之天，可得而悟，不可得而測。一天地之天，則自不得不屬於形氣，入於成壞。人以氣而生，及其老死而壞，天由氣而聚，及其散也，安能保其不壞耶？此固余所不欲深言，以啓人之辨者，若天之凝質，則烏容以不知？另有形未壞而氣先壞，專論以明之。又常爲童子喻曰，天若氷壺而轉，地若匏瓠而通。或猶不以爲然。揭子曰：隔一玻璃，而昏目反明。隔一墻池，而不見反見。以杯水繩繫作流星繫舞，急旋于空，上下仰覆，而水不傾溜，至淺近者，人不及察，又何怪焉？他日揭子以《寫天新語》見示，凡京所欲傳者，皆已著之成書矣。京復次所聞而詳者，聊爲天辨述，以諮詢于世云。南豐同學弟甘京拜識。

清・方中通《〈璇璣遺述〉識》 兩間皆氣所彌也，自分爲二以綸之，因以代錯，因以交羅，數徵於度，理在其中，此不二不一者，固在元象之先乎？據質而測，火氣成光，水氣成精。氣既成形，形復倚氣而動，故流轉不息、數度生焉，遲速生焉。日月星各相差于天，因以日之差而度之，因其周而歲之，因積日星之差以追之，而天亦不能違吾在齊平秩之度也。然象何以懸，運何以左，上下何所倚，此豈可以黯淺決哉？自太西氏入，而天學爲專門。崇禎時建局推候，所在有習之者，有咤之者，不知皆中土聖人之法，天地之本然也。中通少時，偶爾好算，初訊授時於湯聖弘，已與薛儀甫遊穆尼閣先生所，聞其言，彼國近有五十年明一水星者，較之前此諸家，又更精確。因有金水環日，小輪非九重之疑，火木土對日而退之疑，日大於地百六十五倍，而地上不熇之疑。讀《熊文直公集》，殆有燈籠之説。邱邦士謂日離地尚三倍餘，不至熇熱之説。游子六謂金水有遠地之輪弦、近地之輪弦。黄石齋先生《易象正》小餘二十八分，較《授時》加三分。朱康流年伯有今時當長一之説。不肖自判，終影響也。及遇子宣，以素所疑難者質問，子宣輒爲剖析無留，義豁然。萬里一氣，萬數一理，萬種之動，皆由一動，玅出參差，指掌犁然也。天不外乎人，徵人身之符，則諸符一矣。談至此處，爲之起舞出汗，此真發太西之所未發，開中土之天學哉。省侍老父闈先祖中丞公論，始知盡備於《易》。河洛爲度數之符，猶身心之爲兩間符也。必合俯仰遠近，以費觀隱，幾乃可徵，理乃表焉。道本易簡，心專則通，格致則一。中土聖人早開橐籥，特學者不肯窮，各膠於所執，則不能窮，苟安其所便，又不暇窮耳。商高對周公曰，筆能寫天，裁制萬物，急爲寫之，因名「寫天新語」。是固今日商高之椎論乎？所區區者此中差別，代錯交羅，其説愈精，其理愈晦，其算愈妙，其故愈支。若非静正凝神，以易象極物者，合諸家而實徵之，不能彌綸而斷也。不肖何知，幸獲子宣徵質，寫與仝心，互期研極，以定易天律襲之宗。擁篲中衢，翹首竚望，生千古下，集千古智，爲張祖邵蔡申中土之氣，豈甘爲遠西所軒輊耶？神而明之，接踵繼紹，實在午會矣。皖桐同學弟方中通謹識。

清・何之潤《〈璇璣遺述〉跋》 吾師《寫天新語》一書於以明天地萬物之故，蓋因寄寓盱江資聖寺，偶仝浮山愚者茶話，辯難成帙。初止一篇，繼五篇，及抵皖桐，得十餘篇，争傳者幾屐滿户外矣。漸積至累牘，遂列爲三十餘條，間嘗晰之，其辨西氏之説者十有五六，決千古之疑者十有三四。天以中生，辨六日而造天地畢之説。天惟一氣一動，辨九重十二重之説。天體中堅，辨層各堅實。黄道辨轉不全天心。諸政自轉，辨木火本行。政同天轉，辨諸星本行。金水遶日，辨各爲一天。日小光肥，辨日大地百六十倍。三際無定，辨中冷下温，凡此皆因西氏發也。政皆左旋，決諸政右轉之疑。諸政激輪，決游帶小環之疑。日月星皆自轉，決諸政平行。天氣呼吸，天無形體，度無遲速，天轉最疾，火木土西行避日衝，歲原無差，又以決中土遠西從來未解者。以及氣日對映，氣月食日，百刻有長短，表影無定，濕盛天低，陽死爲陰，花末寄本，天球無數，始終再造，混沌未

鑿，與人所不及問，而自詰自解者，皆超乎古今意象之表。當謂天行淵微，知者間出，吾師獨創新語，譬證簡切，陰符天行，本性氣也，人心機也，機靈則天性自通。吾師詩句有云：墨淡天偏寫，意者筆墨愈淡而描寫愈真乎？其内二三篇，一刻於游子《天經或問》，一刻於方公《通雅物理》，惟十餘篇與訂正各條尚未付梓，特編成數卷，俾言天者知所宗焉。黎川門人何之潤斅猷謹跋。

清·要廷裁《璇璣遺述》跋　右族祖子宣公《璇璣遺述》，悉晚年雜紀問難累積成帙者，皖城方位伯先生易曰「寫天新語」。近黄岡萬南泉先生乃手訂之，而語要曰：地球之説，脗合《周髀》。世言《周髀》出周公，無攷。然唐虞授時齊政，元理具是，雖作猶述，應仍標舊名，爲古遺舉墜也。家向有方密之、邱邦士二先生鑒本，歲久軼去，唯原稿存，繕而輯之。顧稿易字，每粉塗，久輒脱。更覓他鄰近繕藏者較之，亦多寡互異也。今尚有存其目而軼其篇者，其圈識則南泉先生更補之要一二附紙尾，姑志渺見耳。公《性書》、《昊書》當時已爲學使者吳公梓行，《星書》、《道書》、《禹書圖》《輿地圖》水注火，法天人問答、帝王紀年，今或存或軼。存者，俟續梓公世云。時乙酉七月上澣之三日。族孫要廷裁謹跋于章門樂天客舍。

清·丁仁《八千卷樓書目·子部·天文演算法類》　《七政推步》七卷。明貝琳撰，抄本。

《聖壽萬年曆》八卷，附《律曆融通》四卷。明朱載堉撰，明刊二卷，考三卷本。

《神道大編曆宗通議》十八卷。明周述學撰，明抄本。

《古今律曆考》七十二卷。明邢雲路撰，明刊本。

《乾坤體義》二卷。明西洋利瑪竇撰，抄本。

《經天該》一卷。明西洋利瑪竇撰，藝海珠塵本，抄本。

《表度説》一卷。明西洋熊三拔撰，抄本。

《簡平儀説》一卷。明西洋熊三拔撰，守山閣本。

《天問略》一卷。明西洋陽瑪諾撰，藝海珠塵本。

《測量法義》一卷。

《測量異同》一卷、《句股義》一卷。明徐光啓撰，海山仙館本。

《渾蓋通憲圖説》二卷。明李之藻撰，守山閣本。

《圜容較義》一卷。明李之藻撰，守山閣本，海山仙館本，抄本。

《天官舉正》一卷。明范守正撰，明刊本。

《曆體略》三卷。明王英明撰，抄本。

《象林》一卷。明陳藎謨撰，明刊本。

《曆測》二卷。明方一藻撰，明刊本。

《御定曆象考成》四十二卷。康熙十三年聖祖仁皇帝御撰，京板本。

《御定曆象考成後編》十卷。乾隆二年奉敕撰，京板本。

《御定儀象考成》三十二卷。乾隆九年奉敕撰，京板本。

《欽定選擇曆書》五卷。不著編輯者名氏，抄本。

《天官考異》一卷。國朝吳肅公撰，昭代叢書本。

《曉庵新法》六卷。國朝王錫闡撰，守山閣本。

《五星行度解》一卷。國朝王錫闡撰，守山閣本。

《中星譜》一卷。國朝胡亶撰，抄本。

《天文考異》一卷。國朝徐文靖撰，賜硯堂本。

《天文説》一卷。國朝董大寧撰，昭代叢書本。

《天經或問前集》一卷。國朝游藝撰，日本刊三卷本。

《新法表異》一卷。英湯若望撰，昭代叢書本。

《新曆曉或》一卷。英湯若望撰，昭代叢書本。

《天步真原》一卷。國朝薛鳳祚譯，西洋穆尼閣法，守山閣本。

《天學會通》一卷。國朝薛鳳祚撰，抄本。

《中星表》一卷。國朝徐朝俊撰，藝海珠塵本。

《璇璣遺述》七卷。國朝揭暄撰，胡氏刊本。

《曆算全書》六十卷。國朝梅文鼎撰，魏氏刊本。

《勿庵曆算書記》一卷。國朝梅文鼎撰，知不足齋本，抄本。

《二儀銘補注》一卷。國朝梅文鼎撰，藝海珠塵本。

《曆學問答》一卷。國朝梅文鼎撰，藝海珠塵本。

《學曆説》一卷。國朝梅文鼎撰，昭代叢書本。

《曆學疑問》一卷。國朝梅文鼎撰，藝海珠塵本。

《中西經星同異考》一卷。國朝梅文鼎撰，抄本。

《三統術衍》三卷、《鈐》一卷。國朝錢大昕撰，全集本。

《全史日至源流》三十二卷。國朝許伯政撰，抄本。

《毖緯瑣言》一卷。國朝厲之鍔撰，刊本。

《算學》八卷、《續》一卷。國朝江永撰，守山閣本。
《推步法解》五卷。國朝江永撰，守山閣本。
《翼梅》八卷。國朝江永撰，海山仙館本，抄三卷本。
《曆算叢書》六十二卷。國朝梅㲄成重編其祖文鼎書，石印本。
《測天約述》一卷。國朝陳昌齊撰，嶺南遺書本。
《經書算學天文考》一卷。國朝陳懋齡撰，袖珍本，花雨樓本。
《揣籥小録》一卷、《續録》二卷。國朝張作楠撰，翠微山房本。
《高弧細草》一卷。國朝張作楠撰，翠微山房本。
《恒星圖表》一卷。國朝張作楠撰，翠微山房本。
《中星表》一卷。國朝張作楠撰，翠微山房本。
《更漏中星表》三卷。國朝張作楠撰，翠微山房本。
《金華晷漏中星表》二卷。國朝張作楠撰，翠微山房本。
《交食細草》三卷。國朝張作楠撰，翠微山房本。
《琅環天文集》四卷。國朝陳太初編，刊本。
《漢乾象術》二卷。國朝李鋭撰，刊本。
《仰觀集》一卷。國朝壽紹海撰，抄本。
《三統術詳説》四卷。國朝陳澧撰，廣雅書局本。
《三統術衍補》一卷。國朝董祐誠撰，方立遺書本。
《顓頊曆考》二卷。國朝鄒漢勛撰，刊遺書本。
《仰觀録》二卷。國朝謝蘭生撰，詠梅全書本。
《古經天象考》十二卷。國朝雷學洪撰，刊本。
《禮記天算釋》一卷。國朝孔廣牧撰，續經解本，廣雅書局本，袖珍刊本。
《談天》十四卷。英侯失勒撰，偉烈亞力譯，活字本。
《疑年表》一卷，《超辰表》三卷。國朝汪日楨撰，式訓堂本。
《歷代長曆輯要》十卷。國朝汪日楨撰，刊本。
《古今推步諸術考》二卷。國朝汪日楨撰，刊本。
《石屋文字釋天》一卷。國朝曹籀撰，刊本。
《五緯捷算》四卷。國朝黄炳垕撰，刊本。
《康齋游藝》四卷。國朝陳其晉撰，刊本。
《天文算學算要》二十卷，附《萬年書》二卷，《推測易知》四卷。國朝陳松撰，刊本。
《三統術補衍》一卷。國朝成蓉鏡撰，南菁書院本。
《推步迪蒙記》一卷。國朝成蓉鏡撰，南菁書院本。
《漢大初曆考》一卷。國朝成蓉鏡撰，南菁書院本。

清・張廷玉等《明史》卷九八《藝文志三》 《天元玉曆祥異賦》七卷。仁宗製序。
葉子奇《元理》一卷。
劉基《天文祕略》一卷。
《觀象玩占》十卷。不知撰人，或云劉基輯。
楊廉《星略》一卷。
王應電《天文會通》一卷。
周述學《天文圖學》一卷。
吴珫《天文要義》二卷。
范守己《天官舉正》六卷。
陸侹《天文地理星度分野集要》四卷。
王臣夔《測候圖説》一卷。
黄履康《管窺略》三卷。
黄鍾和《天文星象考》一卷。
楊惟休《天文書》四卷。
潘元和《古今災異類考》五卷。
趙宧光《九圜史》一卷。
余文龍《祥異圖説》七卷、《史異編》十七卷。
李之藻《渾蓋通憲圖説》二卷。
利瑪竇《幾何原本》六卷、《勾股義》一卷、《表度説》一卷、《圜容較義》一卷、《測量法義》一卷、《天問略》一卷、《泰西水法》六卷。
熊三拔《簡平儀説》一卷、《測量異同》一卷。
李天經《渾天儀説》五卷。
王應遴《乾象圖説》一卷、《中星圖》一卷。
陳胤昌《天文地理圖説》二卷。
李元庚《乾象圖説》一卷。

陳藎謨《象林》一卷。

馬承勳《風纂》十二卷。

魏濬《緯談》一卷。

吳雲《天文志雜占》一卷。

艾儒略《幾何要法》四卷。

又 劉信《曆法通徑》四卷。

馬沙亦黑《回回曆法》三卷。

左贊《曆解易覽》一卷。

呂柟《寒暑經圖解》一卷。

顧應祥《授時曆法》二卷。

曾俊《曆法統宗》二卷、《曆臺撮要》二卷。

周述學《曆宗通議》一卷、《中經測》一卷、《曆草》一卷。

貝琳《百中經》十卷。起成化甲午訖嘉靖癸巳，凡六十年。後人又續至壬戌止。

戴廷槐《革節卮言》五卷。

袁黃《曆法新書》五卷。

何注《曆理管窺》一卷。

郭子章《枝幹釋》五卷。

朱載堉《律曆融通》四卷、《音義》一卷、《萬年曆》一卷、《萬年曆備考》二卷、《曆學新説》二卷。萬曆二十三年編進。

蕭懋恩《監曆便覽》二卷。

邢雲路《古今律曆考》七十二卷。

徐光啓《崇禎曆書》一百二十六卷。《曆書總目》一卷、《日臨曆指》四卷、《日躔表》二卷、《恒星曆指》三卷、《恒星圖》一卷、《恒星圖系》一卷、《恒星曆表》四卷、《恒星經緯表》二卷、《恒星出没表》二卷、《月離曆指》四卷、《月離表》六卷、《交食曆指》七卷、《交食表》七卷、《五緯曆指》九卷、《五緯表》十卷、《測天約説》二卷、《大測》二卷、《割圓八線表》六卷、《黄道升度表》七卷、《黄赤道距度表》一卷、《通率表》二卷、《元史揆日訂訛》一卷、《通率立成表》一卷、《散表》一卷、《測圓八線立成長表》四卷、《黄道升度立成中表》四卷、《曆指》一卷、《測量全義》十卷、《比例規解》一卷、《南北高弧表》十二卷、《諸方半晝分表》一卷、《諸方晨昏分表》一卷、《曆學小辯》一卷、《曆學日辯》五卷。崇禎二年敕光啓與李之藻、王應遴及西洋人羅雅谷等陸續成書。

羅雅谷《籌算》一卷。

清・胡亶《〈中星譜〉原序》 《易》曰：「仰以觀於天文，俯以察於地理。」是二者固皆儒者讀書窮理之所有事也。顧地理似易而較難，天文似難而較易。蓋地之延袤，既非輶迹所能周，亦非瞻望所可悉。按圖志以求索所見，與所傳聞多殊，何從一一證之，故曰難也。步天則不然，當夕仰觀，則地平以上半周天之星悉燦然在目矣。向晨再一仰觀，則平地以下半周天之星又悉旋轉於上，燦然在目矣。其間即有近日之星，光揜未能全見，晝永之夜，見星不滿天周，然遲旬月而更一再起視，則日右旋而星左出，曩所不見者又無不燦然在目矣，故曰易也。惟是星數本繁，學有造始，亶以爲莫要於先審中星。中星者，恒星之見於正南午位者也。其指肇自《堯典》，所謂星鳥、星火、星虚、星昴，各以昏時測其正中，以定二分、二至，此古聖人敬授民時之宏規也。三代因以加詳，如《詩》稱「定之方中，作於楚宫」，「七月流火，九月授衣」，《春秋傳》云「龍見而雩」、「水昏正而栽」、「火中成軍」之屬，皆壹以候星爲考時出政之本，其重如此。逮《月令》一書，顯於周秦之間，以十二月別昏旦中星，叙次尤晰。論者謂雖出《吕覽》，周公之遺志可考。然節氣古與今同，中星今與古異，如堯時冬至昏昴中，今時冬至昏壁中。四千年之間，已移五十餘度。其故云何？蓋緣恒星與七政，各有東西二行。其隨赤道而西也，大約晝夜一周。其隨黄道而東也，各有遲速不等。惟恒星之東行最遲，閲七十年方漸移一度，即曆家所云歲差也。既有歲差，則中星當非一定。然一歲之差纔周天三萬六千分平度，三百六十年度百分。之一分有半弱，則數十年之内，睽離非遠。且即中星以驗知歲差，因歲差以修改中星，易簡之理也。亶素好覽歷代史中天官曆志等書，後據《時憲曆書》，粗窺大略，顧自慚譾陋，無能有所發揮。今幸蒙恩予養，閒居稍暇，竊不自揆，爰就成書中酌其簡要易曉者釐爲《中星譜》一卷，其目於凡例詳之。又取舊本星宿小圖，展爲大圖，經緯度數備具，圖譜互稽，庶幾中星一覽無遺矣。既識中星，因按圖以推左右上下諸星，即周天無一不可漸識。既識周星，可以審時候，可以定方隅，可以察分野，可以測知五緯行留順逆，及日躔月離之所在。因以悟天行之不息，感時序之如馳。兢兢焉各有進德修業之思，無玩歲愒日之志，其亦有小補矣乎。況識星實爲治曆根本，朝廷方旁求諳曉曆法之人，是譜也雖不足以就正博雅，抑亦可爲始學津

逮云爾。皇清康熙八年正月，仁和後學胡亶謹撰。

清・王錫闡《〈曉庵新法〉自序》 炎帝八節，曆之始也，而其書不傳。黄帝、顓頊、虞、夏、殷、周、魯七曆，先儒謂其僞作。今七曆具存大指，與《漢曆》相似，而章蔀氣朔未覩其真，其爲漢人所托無疑。《太初》《三統》，法雖疏遠，而創始之功不可泯也。劉洪、姜岌，次第闡明。何祖專力表圭，益稱精切。自此南北曆家，率能好學深思，多所推論，皆非淺近所及。唐曆《大衍》稍親，然開元甲子當食不食，一行乃爲諛詞以自解，何如因差以求合乎？至宋而曆分兩途，有儒家之曆，有曆家之曆。儒者不知曆數，而援虚理以立説；術士不知曆理，而爲定法以驗天。天經地緯、躔離違合之原，槩未有得也。國初元統造《大統曆》，因郭守敬遺法增損，不及百一，豈以守敬之術果能度越前人乎？守敬治曆，首重測日。余嘗取其表景，反復布算，前後牴牾。餘所刱改，多非密率，在當日已有失食失推之咎；況乎遺籍散亡，法意無徵；兼之年遠數盈，違天漸遠，安可因循不變耶？元氏藝不逮郭，在廷諸臣又不逮元，卒使昭代大典，踵陋襲謬，雖有李德芳争之，然德芳不能推理而株守陳言，無以相勝，誠可嘆也。近代端清世子、鄭善夫、邢雲鷺魏文魁，皆有論述，要亦不越守敬範圍。至如陳壤，摭拾《九執》之餘津，冷逢震墨守《元會》之畸見，又何足以言曆乎？萬曆季年，西人利氏來歸，頗工曆算。崇禎初，命禮臣徐光啓譯其書，有《曆指》爲法原，《曆表》爲法數，書百餘卷，數年而成，遂盛行於世，言曆者莫不奉爲俎豆。吾謂西曆善矣，然以爲測候精詳可也，以爲深知法意未可也。循其理而求通可也，安其誤而不辨不可也。姑舉其概，二分者，春秋平氣之中；二正者，日道南北之中也。《大統》以平氣授人時，以盈縮定日躔，法非謬也。西人既用定氣，則分正爲一，因譏中曆節氣差至二日。夫中曆歲差數強，盈縮過多，惡得無差？然二日之異乃分正殊科，非不知日行之朓朒而致誤也。《曆指》直以佛已而譏之，不知法意一也。諸家造曆，必有積年、日法，多寡任意，牽合由人。守敬去積年而起自辛巳，屏日法而斷以萬分，識誠卓也。西曆命日之時以二十四，命時之分以六十，通計一日爲分一千四百四十，是復用日法矣。至於刻法，彼所無也。近始每時四分之，爲一日之刻九十有六。彼先求度而後日，尚未覺其繁，於之中曆則窒矣，反謂中曆百刻不適於用，何也？且日食時，差法之九十六與日刻之九十六何與乎？而援以爲據，不知法意二也。天體渾淪，初無度分可指，昔人因一日日躔命爲一度。日有疾徐，斷以平行。數本順天，不可損益。西人去周天五度有奇，斂爲三百六十，不過取便割圜，豈真天道固然。而黨同伐異，必曰日度爲非。詎知三百六十，尚非弦弧之捷徑乎？不知法意三也。上古寘閏，恒于歲終。蓋曆術疏闊，計歲以寘閏也。中古法日趨密，始計月以置閏。而閏於積終，故舉中氣以定月，而月無中氣者即爲閏。《大統》專用平氣，置閏必得其月。新法改用定氣，致一月有兩中氣之時，一歲有兩可閏之月。若辛丑西曆者不亦盭乎？夫月無平中氣者，乃爲積餘之終。無定中氣者，非其月也。不能虚衷深考，而以卤莽之習，侈支離之學。是以歸餘之後，氣尚在晦，季冬中氣已入仲冬，首春中氣將歸臘杪，不得已而退朔一日以塞人望，亦見其技之窮矣，不知法意四也。天正日躔本起子半，後因歲差自丑及寅。若夫合神之説，乃星命家猥言，明理者所不道。西人自命曆宗，何至反爲所惑，而天正日躔定起丑初乎？況十二次舍命名，悉依星象。如隨節氣遞遷，雖子午不妨易地，而元枵、鳥咮亦無定位耶？不知法意五也。歲實消長，昉于《統天》。郭氏用之，而未知所以當用；元氏去之，而未知所以當去。西人知以日行高卑求之，而未知以二道遠近求之。得其一而遺其一，當辨者一也。歲差不齊，必緣天運緩促。今欲歸之偶差，豈前此諸家皆妄作乎？黄白異距，生交行之進退；黄赤異距，生歲差之屈伸，其理一也。《曆指》已明於月，何蔽乎日？當辨者二也。日躔盈縮最高，斡運古今不同。揆之臆見，必有定數。不唯日躔，月星亦應同理。但行遲差微，非畢生歲月所可測度。西人每詡數千年傳人不乏，何以亦無定論？當辨者三也。日月去人，時分遠近，眎徑因分大小。則遠近大小，宜爲相似之比例。西法日則遠近差多，而眎徑差少；月則遠近差少，而眎徑差多。因數求理，難可相通，當辨者四也。日食變差，機在交分。西曆名交角。曰軌交分與月高交分不同，月高交于本道與交於黄道者又不同。《曆指》不詳其理，《曆表》不著其數，豈黄道一術足窮日食之變乎？當辨者五也。中限左右日月眎差，時或一東一西。交廣以南日月視差，時或一南一北。此爲眎差異向，與眎差同向者加減迥別。《曆指》豈以非所常遇，故置不講耶？萬一遇之，則學者何從立算，當辨者六也。日光射物，必有虚景。虚景者，光徑與實徑之所生也。闇虚恒縮，理不出此。西人不知日有光徑，僅以實徑求闇虚。及至步推不符天驗，復酌損徑分以希偶合，當辨者七也。月蝕定望，唯食甚爲然。虧復四限，距望有差。日食稍離中限即食甚，已非定朔。至於虧復，相去尤遠。西曆乃言交食必在朔望，不用朓朒交差，西曆名次均加減。過矣。當辨者八也。歲、填、熒惑，以本天爲全數，日行規爲歲輪；太白、辰星，以日行規爲全數，本天爲歲輪。《曆

指》又名伏見輪。故測其遲速留退而知其去地遠近。考於《曆指》，數不盡合，當辨者九也。熒惑用日行高卑變歲輪大小，理未悖也，用自行高卑變歲輪大小則悖矣。太白交周，不過二百餘日；辰星交周，不過八十餘日。《曆指》皆與歲周相近，法雖巧，非也，當辨者十也。語云：步曆甚難，辨曆甚易。蓋言象緯森羅，得失無所遁也。據彼所述，亦未嘗自信無差。五星經度或失二十餘分；西法一十二分。躔離表驗或失數分。交食值此，當失以刻計；淩犯值此，當失以日計矣。故立法不久，違錯頗多。余於《曆説》已辨一二，乃癸卯七月望，食當既不既，與夫失食失推者何異乎？且譯書之初，本言取西曆之材質，歸《大統》之型範。不謂盡墮成憲，而專用西法，如今日者也。余故兼采中西，去其疵纇，參以己意，著《曆法》六篇。會通若干事，攷正若干事，表明若干事，增葺若干事，立法若干事。舊法雖舛，而未可遽廢者兩存之。理雖可知，而非上下千年不得其數者闕之。雖得其數，而遠引古測未經目信者別見補遺，而正文仍襲其故。爲目百幾十有幾，爲文萬有千言。非敢妄云窺其堂奥，庶幾初學之津梁也。或曰：子雲稱洛下爲聖人，識者非之。嗣是名曆代興，業愈精而差愈見，徒供人之彈射。子今法成，而彈射者至矣。曰：培岡阜者易爲高，浚溪谷者易爲深。夫曆二千年來，差愈見而法愈密。非後人知勝於古也，增修易善耳。或者以吾法爲標的，則吾學明矣，庸何傷？昭陽單閼，菊花開日，曉菴王錫闡自序。

清・薛鳳祚《〈曆學會通〉正集叙》 天道有定數而無恒數，可以步筭而知者不可以一途而執。故世之上下，圖象暗移；地之遠近，經緯互異。區區蠡測管窺，欲窮其變，亦綦難已。中曆修改多次，至元郭守敬而大備。其所參證，自太初以來七十餘家。測候盡交廣、沙漠、日本、流沙，亦稱博洽。至以新曆較之，乃猶然一寓之觀。督脩李藩伯疏列當參訂者二十六則，指陳其所不備，不能代爲諱也。而新曆多有未善者，爲中西文義各別，牽此就彼，易成乖忤。且地谷立法，歷年已遠；後起之秀，又更多青出于藍。愚昔亦有新曆之當參訂者十餘則，其失亦不能代爲諱也。中土文明禮樂之鄉，何詎遂遜外洋？然非可強詞餙説也。要必先自立于無過之地，而後吾道始尊，此會通之不可緩也。斯集殫精三十年，始克成帙。舊説可因可革，原不泥一成之見；新説可因可革，亦不避蹈襲之嫌。其立義取于《授時》及《天步真原》者十之八九，而西域、西洋二者亦間有附焉。皆鎔各方之材質，入吾學之型範，庶幾詳内亦以及外，義無偏詘。斯輯異所以同文，事有兼美耳。自有曆法爲損爲益，不知凡幾。但昔之會通，皆在本局；今之會通，更綜岐路。其難易不甚懸乎？聖天子欽崇天道，廣搜逸遺，當不以愚言爲妄議。康熙改元壬寅，北海薛鳳祚記。

清・白夢鼐《〈三才實義〉天集序》 夫人既履三才而爲人，必通三才之理而爲儒。天地人之學不徒謂迂濶無當之事，乃學者徒敝精于雕蟲小技，而于三才妙理無暇窮究。即間有涉獵，不過辭章緒餘耳。天資有限，苦于隱微之難窮；古學失傳，困于師友之無助。甫拾青紫，輒棄縹緗。視古今實學爲汲冢不見之文，不亦深長太息哉。夫人得之於天者，才也；得之於古者，學也。若稟異資夙慧，學人之所不能學，解人之所不能解者，世固有此種奇人。當代間生，闡發微言，表章絶學，其言如布帛菽粟，可煖可飽；可如天厨禁臠，世所罕味。使讀者洞胷沁心，如覽素雲仙蜕，如遊桃源鬼谷。浩浩乎移性換情，莫測其崖岸。予讀萬峰之書，心怖焉。知其爲異書，爲異人，不覺其言之心折也。予與萬峰同里，知其爲再來人。六齡始能言，就父傳經史諸子，日誦數千言，悉由夙慧。髫年遇匡廬異人，洞談陰陽五行、陰符六甲之秘，遂博通象緯、星曆、律吕、周髀之學。清才慧辯，抵掌古今。曉暢幽奥，旁及地輿分野、漕黄流滙之法，邵子《經世》人物世運之數。自總角及綺歲兵農郎署，皆手不釋卷。陶扉常鍵，門無雜賓。誦讀之外，靡知其他。因自紀其所得，篝燈不寐，管榻欲穿，久之而著書成，凡八十卷，名曰《三才實義》。窮天地之理，析江河之性，探古今人物之變，悉聲音律吕之數，精核而辨，簡當而該。視以前彙集方家，直黄鵠之笑壤蟲耳。夫公明有膽，鄴侯有骨，青蓮有舌，萬峰兼而有之。挹其片言，如瓊漿沁腑，脚底生霞，百尺樓下，人敢望之號嗄也哉？予放浪叁十年，悔讀書不蚤。老猿病鶴，空自凝神；穿笈蠹編，未食仙字。然讀萬峰之書，輒如握塵聽松，塵囂頓絶。此書不易見，見則必傳。夫楊子雲之巵言，尚得桓譚之鑒識，況萬峰之書，當代共覩。予雖老，猶能摩洗雙眼，把玩于月牕雪案也。三山同學弟白夢鼐悔菴題

清・周于漆《〈三才實義〉天集自序》 古今之書，讀不能盡，不敢言述，而況作乎？然有得之口授心得，而典籍所未載者，則不得不著爲書。予固非敢作，亦非好作者也。憶予生而六齡不能言，家人莫解其故。於正月十三日，舅氏偕一僧至，指予曰：「子夙因已隔，胡不言？」予應曰：「燈明之夕，至此今六年矣。」家人悉駭，擁僧問故，終不言其所以。即于次日就外傳，凡經書一覽輒誦，若素習然。不一載，而旁及左、國、秦漢矣。年十二讀書地藏菴中，菴固曾大父所建。先是，山之麓徑仄而螺曲，行人多患剽刼。先曾大父創此菴，置田飯僧。自是行

人無恐，往來緇素多愛憩焉。山有泉，日夜噴殊，林亭蓊翠。庚辰春雪既霽，一僧舊衲，入菴與予偕坐泉石間，語予曰：「觀子神氣内朗，何不事學問，而蠶傳于時藝耶？」予猛聞而異之，其人即六齡時所遇之僧也。於是朝夕塵譚，漏下常不倦，所言皆天地、陰陽、五行、七曜，凡在天者悉言其故。予因得授律曆、勾股之數，黍管、晷測之法。言言有據，皆格物窮理之學。時歲大餓，因爲指示象緯，預知赤旱；分經分緯，不事占筮。僧號香菴，名寶藻，好拈坐禪榻，雖没不治卧具。朝夕所語，予聞之輒悟。或爲筆記逾年，殘束敗紙，幾成一笥。一夕辭去，入廬山不知所之。每憶其人，不能再遇。私念年齒日長，心勞日拙，久慮遺忘，于暇日檢笥中所記，有口授數語筆不書者，今則闡發以成章，有徒存圖象苦所未解，而今擴充以通其義者，則比類以疏其義；有向所略而探索未盡者，今則補續發明以詳其理。爰分類次，遂成予一家言，分爲天、地、人三集，其學不外於格物窮理，其用可以經世濟物。踐履篤實，平易無奇，皆内聖外王之事。始于辛丑元日，歷庚申二十年而後以書成。不能忘其所自，而記之以緣始。嗟夫，昔人每憾生平不遇奇異人，讀異書。乃余亦既遇其人矣，又以年少未得盡其所學，亦猶之乎未遇其人也。雖然，予志未懈，使其人尚存，則廬峯未遠，予心竊嚮往之。時康熙庚申歲仲秋望日，江寧後學周于漆萬峰記於燕中客署。

清·黄丕烈《〈不得已〉小引》 世間事有不可已而已者，計利計害之鄙夫也；有可已而不已者，暴虎馮河之勇夫也。暴虎馮河，固爲聖人之所不與；而計利計害，亦非君子之所樂爲。顧其事之何如爾？事當其正，雖九死其如飴；事或匪正，即萬鍾所不屑。斯可已不可已之辨，而鄙勇二者之失皆可置之不問矣。唯於不可已之事，而不計利害、生死，堅其不可已之志以行之，迹雖似乎徒摶徒涉；□心終爲先聖後聖之所亮，此不可已之大中至正，當不可已者也。世道之不替，賴士大夫以維之。士大夫者，主持世道者也。正三綱，守四維，主持世道者之事。士大夫既不主持世道，反從而波靡之，導萬國□正法邪教之苗裔，而滅我亘古以來之君親師，其事至不可已也。舉世學人，不敢一加糾政，邪教之力如此重哉！三光晦，五倫絶矣，將盡天下之人，胥淪於無父無君也，是尚可以已乎？此而可已，孰不可已？斯光先之所以不得已也。較子輿氏之辯其心、傷其情迫，何利害之足計、摶涉之云徒哉？故題其書曰《不得已》。

清·黄丕烈《〈不得已〉跋》 向聞吾友戴東原，説歐羅巴人以重價購此書，即焚燬之，欲滅其迹也。今始於吳門黄氏學耕堂見之。楊君於步算非專家，又無有力助之者，故終爲彼所詘。然其詆耶穌異教，禁人傳習，不可謂無功於名教者矣。己未十月十九日，竹汀居士錢大昕題，時年七十有二。

初，書估攜此册求售，余奇其名，故以白金一錠購之。後李尚之謂余曰：「錢竹汀先生嘗以未見此書爲言，則此誠罕覯之本矣。」因付裝潢，求竹汀一言，前所跋者是也。至於步算非專家，余屬尚之詳論其所以。適尚之應阮芸臺中丞聘，臨行揀還，未及辨此，當俟諸異日爾。己未冬十一月既望，書於聯吟西館，黄丕烈。

清·錢綺《〈不得已〉跋》 此書歙縣布衣楊光先所著。楊公於康熙初入京，告西洋人以天主邪教煽惑中國，必爲大患。明見在二百年之先，實爲本朝第一有識有膽人，其書亦爲第一有關名教、有功聖學、有濟民生之書。當時邪不敵正，質審明白，黜湯若望諸人之官，殺監官之附教者五人，禁中國人習天主教，可謂重見天日矣。乃西洋人財可通神，盤踞不去，遍賄漢人之有力者，暫授楊公爲監正，必欲伺其開隙，置之死地。楊公明燭其謀，五疏力辭，又條上六長二羞之疏，情詞剴切，部議陰受指使，始終不准。不得已就職，不久即以置閏錯誤，坐論大辟。蒙恩旨赦歸，中途爲西洋人毒死。而後西法復行，牢不可拔。蓋楊公死於未授職之前，則無以摘其誤謬，而西術不能復興，即興亦終不能固，故設此陷穽以洩其憤而售其奸，邪謀之深毒不可畏哉？然而天主教之不敢公然大行，中國之民不至公然習天主教而盡爲無父無君之禽獸者，皆楊公之力也。正人心，息邪説，孟子之後，一人而已。或以愚言爲過當，請具眼人辨之。此書於壬寅夏得刻本於吳壽雲處，價昂不能購，倩友人影抄一本。後有竹汀先生手跋，謂西人購此書即焚燬之。苟非切中邪謀，何以如是？至楊公步算非專家，則明理不明數，公已自言之，何得爲公病？書中辨論，未必無鋒稜太峻語。然闢異端，不得不如此。聖人復起，亦當許之。特拘墟小儒，眼光如豆，不免以此訾議耳。至於辭官諸疏，懇摯暢達，奸謀早已洞燭。意如此其誠，其如此其明，而猶始以布衣供事，終乃就職監正者，實因感激聖恩，而不忍以黨邪疑執政耳。假尊崇爲傾陷，爲從來宵小害君子者特闢一途。雖聖主亦所不疑，吾爲楊公痛，吾爲世道人心痛矣。丙午六月，元和錢綺跋。

清·梅文鼎《〈經星同異考〉原序》 《經星同異考》一卷，發凡九則，吾季弟爾素之所手輯也。歲在戊辰，余歸自武林。武林友人張慎碩忱能製西器，手鋟銅字，如書法之迅疾。余乃依歲差考定平儀所用大星，屬碩忱施之渾蓋，而屬吾

弟爲作恒星、黄赤二新圖。因于星之經緯逐一詳校，乃知湯氏《曆書圖表》，與南氏《儀象志》，互有得失。自其本法固多違異，不第與古傳殊也。因取其星名之同而數有多寡異於古人者，別識之以成此書。至其所爲辨正經緯之度者，尚存别卷，不盡于是。而吾弟之爲此則已勤矣，蓋其時方有藁本。次年己巳，余去京師五載，至癸酉始歸山中。吾弟乃出其繕寫重校之本示余，視其年固己巳也。甲戌中秋，余乃爲之序曰：「自《堯典》有四仲之星，而斗、牽牛、織女、參、昴、龍尾、烏帑、天駟、天黿之屬，雜見于《易》《詩》《春秋》《左傳》《國語》，至《禮記·月令》、《大戴》之《夏小正》，稍具諸星伏見之節，蓋星之有名其來遠矣。古者觀天文以察時變，敬授人時，有曆有象，圖書儀器，宜莫不備。遭秦燔書，棄先王之典，羲、和舊術無復可稽。所僅遺者，巫咸、甘德、石申之殘編，而三家之傳各别。司馬子長世爲史官，而《天官》《曆書》殊爲闕略。迄于後漢，有張衡《靈憲》，而器與書並亡。自唐以後，言觀象率祖淳風，晉、隋兩志，及丹元子《步天歌》。今攷其說，又與《天官書》不無參錯，不待西學之興而始多同異也。西曆黄道十二象與中土異，而《回回曆》與歐邏巴復自不同。故雙女或以爲室女，陰陽或以爲雙兄。至黄道内外之星，或以爲六十象，或以爲六十二象。而貫索一星，《回回曆》以爲缺椀，歐邏巴以爲冕旒。其餘星名亦多互異，豈非以占測之家非一而所傳異辭，安得謂彼中曆學自上世以來永遵一術而初無更變哉？今所傳《經天該》之圖與其歌，皆因西象所列而變。從中曆之星座，星名即見界圖之分形，其出似在《曆書》未成之前。圖星以圓空，去中法猶近，然與《步天歌》仍有不同者。或以西星合古圖而有疑似，不敢輒定，遂並收之，而有增附之星。或以古星求西圖而弗得，其處不能強合，遂芟去之，而成古有今無之星。要之，皆徐李諸公譯西星而酌爲之，非西傳之舊。余嘗見元趙緣督友欽石刻圖，閣道六星在河中，作磬折層階之象。自《天官書》言「六星，絶漢抵營室」，《步天歌》及晉、隋、宋三史並言六星。而今圖表割其半爲王良星，别取河中雜小星聯綴附益之，其星十餘，而形直絶異舊圖。又去營室更遠，正抵奎婁而西，象固原無所謂閣道也。由是以推其意，爲更置者良已多矣。且西曆言恒星有經度東行歲差，而緯度終古不變。然又言二至距緯，古遠今近，是黄極且有微移。既言恒星之形略無改易，然又言王良之側有萬曆癸酉年新出之星。其說亦未能歸一也。竊嘗譬之地志，陵谷豈無小易，而嶽瀆之大致自如。然其名之所起，亦人則爲之而已矣。禹治水惟九州，舜受終時，肇十有二州。肇之爲言始也，又況後世秦分爲三十六郡，唐分十道，宋分十五路，疆域代更，圖誌因之而改。或者遂欲本桑欽之《水經》而駁《禹貢》，亦見其惑矣。然則宜何如？君子于其所可知，不厭求詳；其所不知，闕之而已。義所可求，當歸畫一；其所難斷，兩存之而已。無泥古以疑今，無執一以廢百。謹守舊聞而無參意解，此爲學之方，即著撰之法。自古之學者，莫不盡然，而況天之高星辰之遠哉？是則吾弟爲考之意也。蓋其義例已具發凡中矣，而余于是重有歎也。蓋自束髮受經于先君子，塾師羅王賓先生往往于課餘晚步時，指示以三垣列舍之狀，余小子自是知星之可識而天爲動物。尋以從事制義，未遑精究，然心竊好之。不幸先君子見背，營求葬地，不暇以他爲。無何余小子忽忽年近三十，始從倪觀湖先生受臺官通軌算交食法，稍稍推廣，求之《元史》、《宋志》，溯唐及晉，至于兩漢。是時余及仲弟和仲與季爾素三人而已。夜則披圖仰觀，晝則運籌推步。考訂前史，三人者未嘗不共也。如是者凡數年，及余得中西之書圖稍多，友朋之益漸廣，而仲弟不幸已前卒久矣。爾素於余所有之書手鈔略備，多所撰定，然食指益衆，家日益貧，余兩人頻年授徒，歲時相見不過數四。頃余且爲東西南北之人，經年累月，羈棲于數百里數千里外，欲如嚮者之相聚探討，何可得哉！何可得哉！而余又善病，且老矣，雖嘗輯有《古今曆法通考》諸書，妄自以爲窺古人之意，集諸家之長，而性嬾楷書，又好增改，稿與年積，迄尠定本。其在京師，感于李少司馬之言，努力作爲《曆論》六七十篇，頗抒獨見。其他算學新稿，亦且盈尺，而未能出以問世。虚名之負累，謬爲四方學者所知，而欲傳之其人，復求之不可得也。竊不自揆，欲略仿蘇湖遺軌，設爲義塾，約鄉黨同學爲讀書之事。此志果就，即當息影却埽於山村，庶幾收拾累年雜稿，次第成帙，稍成一得之愚，以待來學，則數十年癖嗜苦思，亦或將有所歸者。而凡事有天焉主之，終不敢必其如何也。且夫星曆之學，非小道也。其事淩雜米鹽，近于卜祝之爲。而探厥源流，乃根于天人理數之極。雷同俚近之言，既不足以行遠；而義類稍深，索解人正復寥寥。天下之大，敢謂無人，然亦有同志數輩，遠在天涯，合并匪易。助余成此者，不吾弟之望，更誰望乎？因弟此書，俯仰今昔，而兼有冀幸于將來，不覺其言之長也。康熙甲戌中秋，勿庵梅文鼎序。

清·梅文鼎《〈曆學駢枝〉自叙》　曆猶《易》也，《易》傳象以數；猶律也，律製器以數。數者，法所從出，而理在其中矣。世乃有未習其數而嘐嘐然自謂能知曆理，雖有高言雄辨、廣引博稽，其不足以折疇人之喙明矣。而株守成法者，復不能因數求理，以明其立法之根，於是有沿誤傳訛而莫之是正，曆所以成絶學

也。然理可以深思而得，數不可鑿空而撰。然則苟非有前人之遺緒，又安所喪乎？鼎自童年受《易》於先大父，又側聞先君子餘論。謂象數之學，儒者當知，謹識之不敢忘。壬寅之夏，獲從竹冠倪先生受臺官通軌《大統曆》算交食法，歸與兩弟依法推步，疑信相參。乃相與晨夕討論，爲之句櫛字比，不憚往復求詳。遇所難通，則廢瞑食以助其憤悱。夫然後氣朔發斂之由，躔離朓朒之序，黄赤道差變之率，交食起虧復滿之算，稍稍闚見藩籬。迺知每一法必有一根，而數因理立，悉本實測爲端，固不必強援鐘律，牽附蓍卦，要其損益進退、消息往來，於《易》於律亦靡弗通也。爰取商確之語，録繫本文之下，義從淺近，俾可共曉；辭取明暢，不厭申重。庶存一時之臆見，以爲異時就正之藉。雖於曆學未必有裨，亦如駢拇枝指，不欲以無用揩之云爾。康熙元年，歲在元黓攝提格，相月既望又三日，宣城山口梅文鼎書於陵陽之東樓。

清·梅文鼎《績學堂詩文鈔》卷五　書《象緯》殘本後

《象緯圖》百餘葉，作蝴蝶裝，字大，行疏，布置寬闊，類内府官書雕板。所載《九道圖》甚可觀，其三垣列舍、天漢起没、《堯典》及近代中星、日出入、晝夜永短、太陰晦朔、弦望加時、及太陽、太陰、抱珥、冠戴、承履諸圖他占測書所有者，皆彙輯焉，皆不甚謬。於懸象惟針首指午而尾或非子，尚沿《周禮》注疏之失。又謂地中下天中一度，則亦守《革象新書》諸家舊説，未之改正。若乃兩圓相套，發明日月蝕；句股開方之用見食早晚，明日食時差加減之因；圓容直闊，用大小句弦，以釋太陰正交赤道距差十四度六十六分之限，皆《授時曆經》精藴，可以啓學者之深思明辨。而盈縮招差，能以一圖括日月五星總法、薄蝕二圖，詳求太陰交前、交後陰曆陽曆食分淺深之故，尤足與曆草相備，而疇人子弟或所未知也。至於五星出入黄道内外，背黄、向黄，有廻、有折，或句、或已，以成疾、遲、留、逆、伏、見，諸行星道與月道錯行以成凌犯，又皆西域《回回曆》之要旨。未有九重天節氣日晷及其作法，略如今之西術。又詳紀中外官各星去極入宿度分，以百分命度，則仍至元測數也，而《步天歌》本文附焉。康熙丙午秋中，得之白下承恩寺中。既首尾殘闕，中間序次亦亂，不見書名，無從知作者姓氏。蓋原書卷帙繁重，讀者撮其圖象，别爲一册，以便行笈，遂致零落耳。續見王廷評應遴瓿書所載，頗與相類，而各圖附有釋説，乃又遺其半，豈即其所著書而刻有詳略與？然考《日蝕圖》，爲嘉靖壬寅，月食則嘉靖壬午，距差則嘉靖庚戌，誤刻庚辰。五星皆嘉靖辛酉，誤刻辛卯。其稱冬至在箕五度六度，亦正其時。考廷評上書言曆在意廟時，及崇禎朝亦與修曆。果其手步，顧不詳徵近年，而遠溯世廟，何也？又考隆萬間言曆者有吴門陳壤星川、嘉善袁黄坤儀，及山陰周述學雲淵、毘陵唐順之應德，並能會通回曆，然皆未見西洋法。若何尚書瑭、鄭端清世子朱載堉、邢觀察雲路、魏處士文魁，並專治《授時》，初未旁通西法。利瑪竇亦以其時入中國，而説未大行，學其學者又不肯復言舊率。然則爲此刻者當别有其人，亦可知矣。以曆學之難明也，習之者既罕其儔，而又爲之禁令以遏絶之，明三百年曆法與天文漏刻判爲三科，則臺官之占候推步業已分途，而回回一科以凌犯爲秘術，復與諸科不相通曉，故雖並隸欽天監，而各矜其世業，專家莫肯出以互證久矣。此事之無全學矣。此書則兩法兼收，無所偏主。雖擇之間有未精，語之容有未備，不可謂非博覽之儒好學之士也。乃其書既登梨棗，而百年之内遂無完本，使其名淹没不彰，豈不惜哉！昔袁坤儀著《曆法新書》，冀後世知其苦心，余故於此殘編深加寶愛，信九州以内原自有人。既以閩中鈔本補其入宿去極所闕之奎、胃二宿，因識其歲月，冀幸他時或見全書，有以攷知撰人而爲之記述，未可知也。康熙庚辰二月十九日燈下記。

按：日食、月食、太陰、距差、五星交道諸圖，刻本僅有太歲干支而無年號，王廷評本并闕干支，蓋皆傳寫時遺去也。今查《明史·天文志》，嘉靖二十一年壬寅七月己酉朔日有食之，嘉靖元年壬午二月壬辰夜月食十一分七十八秒，其爲此兩年之事無疑。又查重光社及傅氏《明書》，嘉靖二十九年庚戌正月太陰正交在亥宫，與距差圖合，而刻本誤庚辰。又嘉靖四十年辛酉，歲星在降婁初宫，鎮星在實沈二宫，與五星交道圖合，而圖誤辛卯。蓋歲星九十三年始超一次，自洪武至今無卯年在降婁之事，故斷其爲傳寫之譌也。王廷評竟無干支，或亦以其疑而削之歟。嘗觀《元史》載耶律文正之《西征庚午元曆》，既以太祖庚辰年西征爲太宗，又以上元庚午爲庚子，夫以宋文獻、王忠文之博洽而尚有如此之疎，況下此者乎？甚矣，此事之難也。再攷正德末有漏刻博士朱裕、天文生張陞、中官正周濂等，皆曾上奏修曆，意其時有測算諸圖留傳於後，而作書者彙輯之歟？而今不可考。近代著述家多不明言出處，此亦學者一大病也。又考王廷評《乾象圖》刻於萬曆己未，則此本必在其前。而圖有萬曆中星，又利氏以萬曆九年始至廣東，二十九年庚子至京師，庚戌年卒，今有利氏圖，亦可以想見時代。

書鈔本《星度》後

丙午秋，余在金陵收得俞氏書肆中刻本，内有星圖，各繫以入宿去極之度。

己卯客閩，復得林君同人寫本，録其副，此本是也。今年庚辰二月，養疴坐吉山中。閒暇無事，乃取二本詳爲校定。則各星下度分脗合，但寫本較小，又多合數宿爲一圖，仍依《步天歌》作曲綫界之，而懸角交錯之形，於仰觀特親，豈所寫反屬原本歟？昔鄭浹漈著《通誌》，謂象緯之學書易而圖難，惟隋丹元子《步天歌》句中有圖，言下見象。馬貴與《文獻通考》亦取其説。蓋自宋元以前，言占測者率宗《步天》。今考《步天》紀星，並以星之上下左右相附近者連類舉之，其意俾讀者易爲識别，非爲曆家分宫分度設也。唐開元中張一行造《大衍曆》，以儀象詳測，始著列宿去極不同古度之端。至宋兩朝《天文志》，則中外官星每測有入宿去極諸數，視唐加密，而廿八距星與開元異焉。乃今本又復不同。然則恒星東移以成歲差，庶幾可信，豈非以事理之真，愈辨愈明，亦愈久愈確。吾所爲語諸人而患其未達者，無意中得此爲徵，良足自慰。然一星度耳，藏之三十四年，始得此寫本讐校，而刻本殘闕，既無作者名氏，寫本亦然。或以其前有《漢謝姓》等字，疑兹圖即係古傳。不知漢造《太初》，儀象未備，但知有赤道而已。今有距黄之度，其非謝姓明矣。又古人測星多紀整度，晉以後始有太半、少之名。然未有密測，其細分者惟元太史郭守敬。若思以新製簡儀測天，用二綫代管闚，能得度下餘分，視古加詳。今本書所列星度，往往有一十至九十之分，與《授時》百分爲度之法合。攷《郭太史本傳》有《新測各星度》一卷，此其是與？愚欲依所紀度分，用《大衍曆圖》蓋天法，列爲全圖。仍依《宋志》，别作《宋圖》，與《崇禎曆書·恒星經緯表》見界諸圖互相參考，則古今星象之推遷，大致瞭然在目。昔孔子病杞宋無徵，又曰能言夏殷之禮。孔子雖至聖，豈能鑿空以措其辭哉？夫亦於斷簡殘編，得其千百中僅存之十一，而有以推知其制作之綱要。卒以文獻不足，終不敢臆爲之説。於戲，此其所以爲孔子也與？晚年自衛反魯，然後樂正，豈非以遊歷之久，攷訂之勤，且多古樂之源流次第？至是始歸於正，非夫子以己意正之也。後之學者勇於信心，略於好古。耳目有未接，則直斷以爲無；理數有未通，則盡斥以爲謬。輕於立言，而成書甚易，豈其智出孔子上哉？亦適以見其卤莽滅裂而已。愚生平媿無寸長，以生之晚，不及見前人，故於古人之隻字片語皆不敢忽。當其未通，或積疑數年始能豁然；或闕之以待問，庶欲兢兢守吾聖門爲學之法，不致貽譏於愚而自用云爾。今老矣，聊志此，以告同志。

又　書《陸稼書先生誄言》後

憶庚午歲，晤先生於京邸，出所藏靈壽縣朱仲福《折中曆法》視余。余受而讀之，則摘録鄭端清世子載堉書也。仲福高隱質行，聞於鄉邦，不宜襲人行世之書爲己有。竊意其時鄭書初出，而仲福能博涉，輒摘録以自怡，如中郎之寶《論衡》，其後人不察，遂以爲仲福所撰耳。按明三百年行《大統曆》，實即《授時》，而惟鄭書能深言立法之意。今得仲福鈔撮其要，本書益加條暢。當正其名曰《曆學新説鈔》，即可與本書並行不廢。先生深以爲然，因屬余爲序，而欲付諸梓。明年，余客天津，先生以言事放歸，特維舟過訪余於館舍，取鄭書與仲福所鈔詳加參閲，録余所爲序以去。考端清本書，初名《黄鐘曆法》，又名《曆學新説》，進呈神廟下，廷臣博議，而禮臣覆疏，漫無可否。惟邢觀察雲路《改曆疏》中，頗援端清奏牘爲徵。曆官且譁然訐奏，斥爲干紀。乃今觀邢氏《律曆攷》，則所見猶在端清之後，斯亦未可謂能讀其書者，蓋當時知曆之人若是其希也。而靈壽一布衣，乃克潛心探索，落其實而取其材，固已奇矣。即仲福之珍爲秘本，録以自怡，或亦未遑多以示人。而後此數十年，乃復有賢大夫陸先生者來尹靈壽，旁蒐藏帙，爲之亟圖表章，校刻於其身後，則甚矣。人生平之著撰，精神所積，久而愈光。一時之顯晦信疑，何關得失。然則著書者豈不當以百世可俟爲期，抑安可以人之罕知而不慎其筆墨。嗚呼，是可以觀矣！先生理學名臣，曆算非其專習，而汲汲不忘此書。其與人爲善之懷，是乃所以爲真理學與？其在京邸，斗室蕭然，圖書半榻，門庭如水，若未嘗居。言路者解組之晨，訢然就道，蓬牕卷帙悠然。故吾人但知其直聲震朝野，而不知其養之有素，所操固自有本也。蓋自天津執别，東西南北無復相聞，亦不知書之刻否。然不意遂成永訣，悲夫！因老友宋豫菴有哭先生文，重灑西洲之淚，謹附記其逸事。

清·阮元《〈地球圖説〉序》　經筵講官南書房行走户部左侍郎兼管國子監算學臣阮元撰。西洋人言天地之理最精，其實莫非三代以來古法所舊有。後之學者，喜其新而宗之，疑其奇而闢之，皆非也。言天員地員者，顯著於《大戴記·曾子天員篇》。元曩見編修杭世駿作《梅文鼎傳》，言其有《曾子天員篇》注，向其裔人求之，實無此稿，但有一二條見《天學疑問》中。元之注釋《曾子十篇》也，於《天員篇》未嘗不用泰西之説。曾子曰：「上首謂之員，下首謂之方。如誠天員而地方，則是四角之不揜也。參嘗聞之夫子曰：『天道曰員，地道曰方。』據此則天員地員之説，孔子、曾子已明言之，非西域所創也。」《周髀算經》曰：「日運行處極北，北方日中，南方夜半；日在極東，東方日中，西方夜半；日在極南，南方日中，北方夜半；日在極西，西方日中，東方夜半。」據此，則天員地員之説，周公商高已明言之，非西域所創也。嘉定少詹事錢大昕以乾隆年間奉旨所譯西法

《地球圖説》一書見示，且屬付梓。元讀其書，校熊三拔《表度説》等書，更爲明晰詳備。按地球即地員。元時西域札馬魯丁造西域儀象，有所謂苦來亦阿兒子者，漢言《地理志》也。其製以木爲圓球，畫水與地，今之地球即其遺法。西人之説，以地體渾圓，在天之中。若令地球不在天中，則在地之景必不能隨日周轉，且遲速不等矣。今春秋二分，日輪六時在地平上爲晝，六時在地平下爲夜，非在正中而何？地體本圓，故一日十二辰更迭互見。如正向日之處得午時，其正背日之處得子時，處其東三十度得未時，處其西三十度得巳時，相去二百五十里而差一度，又七千五百里而差一時。若以地爲方體，則惟對日之下者其時正，處左處右者必長短不均矣。西域此説即曾子地圓之意，亦即《周髀》日行之意，非創解也。梅徵君《天學疑問》曰：「西人言水地合一圓球，而四面居人。其地度經緯正對者，兩處之人以足版相抵而立。其説可從歟？曰：以渾天之理徵之，則地之正圓無疑也。是故南行二百五十里則南星多見一度，而北極低一度。北行二百五十里則北極高一度，南星少見一度。若地非正圓，何以能然？所疑者地既渾圓，則人居地上不能平立也。然吾以近事徵之，江南北極高三十二度，浙江高三十度，相去二度，則其所戴之天頂即差二度。各以所居之方爲正，則遥看異地皆成斜立。又況京師極高四十度，瓊海極高二十度，若自京師而觀瓊海，其人立處皆當傾跌。而今不然，豈非首戴皆天，足履皆地，初無傾側，不憂瓊立歟？然則南行而過赤道之表，北游而至戴極之下，亦若是矣。元又謂水地所以能居天中者，天行至健，有大氣以包舉之。試以豆置猪膀胱中，氣滿其内，則豆虚騰而居其中。以繩絡椀，置水盈椀，旋轉而急舞之，椀側覆而水不溢。置木球於水盎中，攪水急漩，則球必居正中。登泰山極頂，天寒風烈，氣塞耳鳴，況高遠千百倍於泰山者。其健氣急旋，地居其中，人皆正立，無分上下，又何疑哉？此所譯《地球圖説》，侈言外國風土，或不可據。至其言天地、七政、恒星之行度，則皆沿習古法，所謂疇人子弟散在四夷者也。少詹事原書有説無圖，爰屬詹事高弟子李鋭畫圖爲説以補之。凡《坤輿全圖》二，太陽併游曜諸圓一十九，共二十一圖。是説也，乃周公商高孔子曾子之舊説也，學者不必喜其新而宗之，亦不必疑其奇而闢之可也。

《地球圖説》，西洋人臣蔣友仁奉旨譒譯，内閣學士兼禮部侍郎臣何國宗、左春坊左贊善兼翰林院編修臣錢大昕同奉旨潤色。

清・阮元《〈地球圖説補圖〉序》 經筵講官南書房行走户部左侍郎兼管國子監算學事務阮元撰。嘉定錢少詹主講蘇州紫陽書院，以《地球圖説》手稿若干葉授其門人元和李尚之鋭，尚之以意聯屬爲一卷。書中所稱弟一、弟二圖之等並佚不見。然有説無圖，讀者驟難通曉。今依其説，補作諸圖綴於其後，以示初學云爾。凡《坤輿全圖》二，太陽併游曜諸圖一十九，共二十一圖。時嘉慶四年，歲次己未，日在南斗。

清・余金《熙朝新語》卷一二 西人測算之法本於《周髀》，自中土失其傳，西人改易名目以衍其術，世遂奉爲絶學。餘姚邵子政昂霄，通中西之術，推測布算，細析豪芒，手製儀象，西人見者咸服其精巧。著有《萬青樓圖編》十六卷，專論天文、算數之術，分十有四目，皆援引漢晋以來天官家言及歐邏巴之説，頗爲精密。

清・徐朝俊《〈自鳴鐘表圖説〉自序》 太陽隨天左旋，一晝夜而分十二時，時析八刻，刻析六十分，分析六十秒。蓋天道之交節馮焉，地氣之飛葭應焉，人事之趨吉避凶繫焉。是時之爲義大矣，即測時器之爲用亦重矣。余既述日晷諸法以測晝時，復述星月儀表諸法以測夜時，而于陰雨晦冥之時尚未之。及因輯是編，所以辨子亥定支干，非以供陳設玩好也。考上古祇有銅壺，自元明以來而鐘表漸行中土。獨惜縉紳士大夫之有是器者，恒以機滯易停爲憾。余自幼喜作自鳴鐘表，舉業餘暇，輒借此以自娱。近者精力漸頽，爰舉平日所知能，受徒而悉告之，并舉一切機關轉捩利弊，揭其要而圖以明之，俾用鐘表者如醫人遇疾，洞見臟腑，知其受病在何處，去病宜何方，保其無病宜何法，悉其機關，何患觸手輒敝？至於一切矜奇競巧如指日、捧牌、奏樂、翻水、走人、拳戲、浴舊、行船，以及現太陰盈虚、變名葩開謝諸巧法，祇飾美觀，無關實用，且近于奇技淫巧之嫌，故授諸徒者聊以見其奇，而筆諸楮者竟或從其略。非秘也，蓋即遊藝一端，微寓《周書》玩物喪志之戒云爾。嘉慶己巳春正月徐朝俊書。

清・劉獻廷《廣陽雜記》卷四 猶憶亡友王寅旭嘗爲予言《天元曆理》一書，嗤其妄，且曰：「曾見有開方者，自中心開至四面者乎？此千古未有之奇也。」後予朱甡菴坐上見之，其紕繆實甚，真無知妄作也。

清・李光地《榕村語録續集》卷一七 《曆象本要》是家兄廿年前書，若如今爲之，又不如此。同升經差、斜升緯差有其理，而其象不似五星視行，其象似矣而無其理。予欲去此三圖。曆學須讀《尚書・堯典》「三百有六旬有六日」蔡注，及《後漢書・曆志》元曆法。

清・張廷玉等《清文獻通考》卷二一五《經籍考五・經》 《春秋長曆》十卷，《春秋世族譜》一卷，陳厚耀撰。厚耀字泗源，泰州人，康熙丙戌進士，官蘇州府教授，以通算入直内廷，改授檢討，終右諭德。

臣等謹按：厚耀明於算學，是書補杜預《長曆》而作，而所推較預爲密，能正杜氏之譌舛，實有裨於推步之學。《世族譜》一卷，亦補杜氏之闕。蓋預有《釋例》，原本久就湮没。恭遇聖朝，博訪遺編，表章舊學，《釋例》一編得於《永樂大典》中，輯成完帙，而《世族譜》尚闕。厚耀既未見《釋例》，因據孔子《正義》，證以他書，搜採頗爲淹洽，治《春秋》者固不可少此兩書矣。

清・張廷玉等《清文獻通考》卷二二九《經籍考十九・子》 臣等謹按：天學至後世而益精，自利瑪竇入中國，始倡幾何之學，制器作圖，愈推愈密。我聖祖仁皇帝，造化在心，璣衡齊政。《御定曆象考成》諸書，研闡精微，示萬世修明之法。皇上復親涖靈臺，徧觀儀制，《欽定儀象考成》等編，酌古準今，昭垂無極。臣下如梅文鼎輩，各抒妙悟，具有成書，言天之學洵無過於昭代矣。考天文、推算，馬氏析而爲二。然善言天者必有驗於人，故陳象緯之文，率兼推步。今從其例，略爲分輯，凡兼言測量之法者，胥隸天文，明所統也。至陰陽一門，今已無書，亦從其闕，仍以五行、占筮、形法列於後云。

御制《儀象考成》三十二卷，乾隆九年和碩莊親王允祿、大學士鄂爾泰等奉敕撰。皇上御製序曰：上古占天之事，詳於《虞典》。《書》稱「在璿璣玉衡以齊七政」，後世渾天諸儀所爲權輿也。歷代以來，遞推迭究，益就精密。所傳六合、三辰、四游儀之制，本朝初年猶用之。我皇祖聖祖仁皇帝奉若天道，研極理數，嘗用監臣南懷仁言，改造六儀，輯《靈臺儀象志》，所司奉以測驗。其用法簡當，如定周天度數爲三百六十，周日刻數爲九十有六分，黄赤道以偕儀制，減地平環以清儀象，創制精密，尤有非前代所及者。顧星辰循黄道行，每七十年差一度。黄赤二道之相距，亦數十年差一分。所當隨時釐訂，以期脗合。而六儀之改創也，占候雖精，體制究未協於古。赤道一儀，又無遊環以應合天度，志載星象亦間有漏略躐次者。我皇祖精明步天定時之道，使用六儀度至今，必早有以隨時更正矣。予小子法祖敬天雖切於衷，而推測協紀之方實未夙習。茲因監臣之請，按《六儀新法》，參渾儀舊式，製爲璣衡撫辰儀。繪圖著説，以裨測候。并考天官家諸星紀數之闕者，補之序之，紊者正之，勒爲一書，名曰《儀象考成》。縱予斯之未信，期允當之可循。由是儀器正，天象著，而推算之法大備。夫制器尚象，以前民用莫不當求其至精至密。矧其爲授時所本，熙績所關，尤不容有杪忽差者。折衷損益，彰往察來，以要諸盡善、奉時、修紀之道，敢弗慎諸？至乃基命宥密，所爲夙夜孜孜，監於成憲者，又自有在。是爲序。

臣等謹按：《尚書》：「在璿璣玉衡，以齊七政。」馬融諸人注皆以爲渾儀。蓋自軒昊以來，羲和所掌，以之則天象而立人紀者莫大於是。唐宋而後，新製屢更，而所謂六合儀、三辰儀、四游儀者，亘古不變。元郭守敬析之爲簡、仰二儀，頗稱精當。我聖祖仁皇帝命監臣南懷仁新製赤道黄道二儀，及地平、象限、紀限、天體四儀，與黄、赤相錯綜者，共爲六儀。又命製地平經緯儀，合地平、象限二儀爲一，其法尤密。皇上以渾天之制爲最古，改製璣衡撫辰儀。酌古今以通其變，損益得中，斟酌盡善。爰勒爲是編，以御製《璣衡撫辰儀説》冠諸卷首焉。

《天文大成管窺輯要》八十卷，黄鼎撰。鼎字玉耳，六安人。明末以諸生從軍，積功至總兵官。入國朝，官至提督。中星譜，無卷數。胡亶撰。亶號勵齋，仁和人。《靈臺儀象志》十六卷，南懷仁撰。懷仁，西洋人，官至欽天監治理，加工部右侍郎銜，謚勤敏。

臣等謹按：康熙十三年，懷仁製新儀六：曰黄道經緯儀，曰赤道經緯儀，曰地平經儀，曰象限儀，曰紀限儀，曰天體儀。並撰説四卷、表十卷、圖二卷。書成恭進，並請刊布肄習，得旨允行。

《天經或問前集》一卷，《天經或問後集》，無卷數。游藝撰。藝字子六，建寧人。《天步真原》一卷，《天學會通》一卷，薛鳳祚撰。鳳祚見經類。梅文鼎跋曰：鳳祚以西法六十分通爲百分，從《授時》之法，實爲便用。惟仍以對數立算，不如直用乘除爲正法。惜所證正之處，未獲與之相質云。

臣等謹按：《天步真原》，鳳祚所譯西洋穆尼閣法也。《天學會通》所言皆推算交食之法，蓋用表算之例，殊爲簡捷精密。《璇璣遺述》七卷，揭暄撰。暄字子宣，江西廣昌人。梅文鼎序曰：暄深明西術，又別有悟入。其謂「七政小輪皆出自然，亦如盤水之運旋，而周遭以行疾而生旋渦，遂成留逆」一條，爲古今之所未發。

《中西經星同異考》一卷，梅文鼏撰。文鼏字爾表，宣城人。文鼏兄文鼎序曰：歲戊辰，歸自武林。武林人張慎碩忱能製西器，鼎乃依歲差考定平儀。所用大星屬碩忱施之渾蓋，而屬弟鼏作恒星黄赤二新圖。因詳核星之經緯，知楊氏曆書圖表與南懷仁《儀象志》星名本同，而數有多寡。異於古人者別識之，以

成此書。至其所爲辨正經緯之度者，尚存別卷。又曰：西曆黄道十二象與中土異，而《回回曆》與歐邏巴復自不同。故雙女或以爲室女，陰陽或以爲雙兄。至黄道内外之星或以爲六十象，或以爲六十二象。而貫索星《回回曆》以爲缺椀，歐邏巴以爲冕旒，其餘亦多互異。且西曆言恒星有經度東行歲差，而緯度終古如一。然又言二至距緯，古遠今近，是黄極且有微移。既言恒星之形略無改易，然又言王良之側有萬曆癸酉年新出之星。竊嘗譬之《地志》，陵谷豈無小異，而嶽瀆大致自如。然其名之所起，亦人實爲之而已矣。

《萬青樓圖編》十六卷。邵昂霄撰。昂霄字子政，餘姚人，拔貢生。乾隆元年薦舉博學鴻詞。

右天文。

《御定曆象考成》四十二卷，康熙五十二年，聖祖仁皇帝御定。世宗憲皇帝御製序曰：「粵稽前古，堯有羲、和之咨，舜有后夔之命，周有商高之訪。逮及歷代史書，莫不志律曆、條數度，用以敬天授民，格神和人，行於邦國而周於鄉閭，典至重也。我重考聖祖仁皇帝生知好學，天縱多能，萬幾之暇，留心律曆、算法。積數十年，博考繁賾，搜抉奥微，參伍錯綜，一以貫之。爰指授莊親王等，率同詞臣於大内蒙養齋編纂，每日進呈，親加改正，彙輯成書。總一百卷，名爲《律曆淵源》。凡爲三部，區其編次，一曰《曆象考成》，其編有二：上編曰《揆天察紀》，論本體之象，以明理也；下編曰《明時正度》，密致用之術，列立成之表，以著法也。一曰《律吕正義》，其編有三：上編曰《正律審音》，所以定尺、考度、求律本也；下編曰《和聲定樂》，所以因律製器，審八音也；續編曰《協均度曲》，所以窮五聲、二變，相和、相應之源也。一曰《數理精蘊》，其編有二：上編曰《立綱明體》，所以解《周髀》，探河洛，闡幾何，明比例；下編曰《分條致用》，以線、面、體括《九章》，極於借衰、割圜、求體，變化於比例規、比例數、借根方諸法，蓋表數備矣。洪惟我國家聲靈遠届，文軌大同。自極西歐羅巴諸國，專精世業，各獻其技於閶闔之下，典籍圖表，燦然畢具。我皇考兼綜而裁定之，故凡古法之歲久失傳、擇焉而不精，與西洋之侏儷詰屈、語焉而不詳者，咸皆條理精明，本末昭晰。其精當詳悉，雖專門名家，莫能窺萬一。所謂惟聖者能之，豈不信歟？夫理與數合符而不離，得其數則理不外焉，此圖書所以開《易》《範》之先也。以線體例絲管之別，以弧角求經緯之度，若此類者，皆數法之精而律曆之要。斯在故三書相爲表裏，齊七政、正五音，而必通乎《九章》之義所由，試之而不忒，用之而有效也。書成，纂修諸臣請序而傳之。恭惟聖學高深，豈易鑽仰。顧朕夙承庭訓，於此書之大指微義，提命殷勤，歲月斯久，尊其所聞，敬效一詞之贊。蓋是書也，豈惟皇考手澤之存，實稽古準今，集其大成，高出前代，垂千萬世不易不法。將欲協時、正日、同律、度、量、衡，求之是書，則可以建天地而不悖，俟聖人而不惑矣。

臣等謹按：是編合《律吕正義》《數理精蘊》二編，凡三部。本爲一書，初名《律曆淵源》，此即其第一部也。天文推步之術由疎而漸密，然西洋算術本於《周髀》，特中土失其傳，而西人能推闡其説。我國朝聲教覃敷，泰西諸國累譯而至，曆算之術測闡彌詳。聖祖仁皇帝以精一之心，執大中之矩，特命諸臣，詳加考證，釐定此書。上編曰《揆天察紀》，下編曰《明時正度》。集中西之法而歸於一致，推衍精密，累黍無差，殊非管蠡之見所能窺測也。

《御製數理精蘊》五十三卷。臣等謹按：是編爲康熙五十二年聖祖仁皇帝御定《律曆淵源》之第三部，於中西兩法融會貫通，權衡歸一。上五卷曰《數理本源》，曰《河圖》、曰《洛書》、曰《周髀經解》、曰《幾何原本》、曰《算法原本》，則其立綱明體者也。下四十卷，曰首部、曰選部、曰面部、曰體部、曰末部，則其分條致用者也。又八卷，曰《八線表》、曰《對數闡微表》、曰《對數表》、曰《八線對數表》，則其經緯異同，辨訂今古者也。至本法所不能求者，一一疏通證明之。俾學者了然心目，實爲從古未有之書。大聖人所以妙契天元，精研化本者，胥不外乎是矣。

御製《曆象考成後編》十卷，乾隆二年皇上御定。臣等謹按：測驗之學，積久而彌精。自西史第谷以來，其法盛行。我聖祖仁皇帝創《曆象考成》上下二編，闡發精微，洞徹理數，固已貫通中西之法，以歸於大同，垂諸萬世矣。西洋噶西尼發蘭德等，即將第谷未盡之蘊更爲推衍，窮極纖微。其大端有三：一曰太陽地半徑差；一曰清蒙氣差；一曰日月五星之本天。驗之經緯，尤爲密合。是以世宗憲皇帝特命修日躔、月離二表，續於《曆象考成》之後。然未加詳説，亦未及推算之法。我皇上纘承前緒，夙夜勤求，復增修表解、圖説，凡新法與舊法不同之處，疏剔精鑿，而古法新製脗合無殊，仰見聖學之高深，而心源之符合也已。

《曉菴新法》六卷，王錫闡撰。錫闡字寅旭，號曉菴，又號天同一生，吴江人。錫闡自序曰：炎帝八節，曆之始也，而其書不傳。《太初》《三統》，法雖疎遠，而創始之功不可泯也。劉洪、姜岌，次第闡明。何祖專力表圭，益稱精切。自是南北曆家，率能好學深思，多所推論，皆非淺近所及。唐曆《大衍》稍親，然開元甲

子當食不食，一行乃爲詖詞以自解，何如因差以求合乎？至宋而曆分兩途，有儒家之曆，有曆家之曆。儒者不知曆數，而援虚理以立説；術士不知曆理，而爲定法以驗天。天經地緯，躔離違合之原，槩未有得也。明初元統造《大統曆》，因郭守敬遺法增損，不及百一。及西人利氏來歸，頗工曆算。崇禎初命禮臣徐光啓譯其書，數年而成，遂盛行於世。今兼採中西，去其疵纇，參以臆見，著《曆法》六篇。會通若干事，考正若干事，表明若干事，增葺若干事，立法若干事。舊法雖舛而未可遽廢者兩存之，理雖可知而非上下千年不得其數者闕之。雖得其數，而遠引古測未經目信者，别見補遺。而正文仍襲其故，非敢妄云窺其堂奥也。梅文鼎序曰：從來言交食，只食甚分數，未及其邊。惟王寅旭則以日月圓體分爲三百六十度，而論其食甚時所虧之邊凡幾何度。今爲推演其法，頗爲精確。又曰：近代曆學以吴江爲最，識解在青州薛鳳祚之上。《幾何論約》七卷，《數學鑰》六卷。杜知耕撰。知耕字臨甫，號伯瞿，柘城人。梅文鼎序曰：近代作者，如李長茂《算海詳説》亦有發明，然不能具《九章》。惟方位伯《數度衍》於《九章》之外蒐羅甚富，杜端伯《數學鑰》圖注九章頗中肯綮，可爲算家程式。《數度衍》二十四卷，方中通撰。中通字位伯，桐城人，明檢討以智之子。中通弟中履序曰：九算之名，始出《周禮》注，稱《九章》則見於鄭康成傳。章懷云：《九章》，周公所作，凡九篇。《藝經》又云：周公作捐悶，今皆不傳，惟《周髀》積矩三圖而已。自鄭元、嵩真、曹元理輩，皆善算而未嘗著書。張衡許商等皆有著書，而亡者又衆。近惟泰西諸書行於世。古法用竹，徑一分，長六寸，二百七十一枚而成六觚，爲一握。今則用珠算，泰西則用筆算。又有籌算、尺算，其法不一，其理則同。蓋勾股出於《河圖》，加減乘除出於《洛書》，此《數度衍》之所以作也。凡例曰：西學精矣，中土失傳耳。今以西學歸《九章》，以《九章》歸《周髀》，《周髀》獨言勾股，而《九章》皆勾股所生，故以勾股爲首，少廣次之，方田次之，商功次之，差分次之，均輸次之，盈朒次之，方程次之，粟布次之。《九章》取用無踰加減乘除四法，四法備於四算，故以珠、筆、籌、尺之法，衍於《九章》之前，數盡於九章矣。然有不可屬於某章之下者，故曰外法，於九章之後衍之。又云勾股出於《河圖》，加減乘除出於《洛書》，知一切不外《河》、《洛》也。故首言其原黄鍾，爲數之始；故次律衍線面體之理，盡於幾何，故約之。《曆算全書》六十卷，《大統書志》十七卷，《勿菴曆算書記》一卷，梅文鼎撰。文鼎字定九，宣城人。康熙四十一年，大學士李光地嘗以其所著《曆學》進呈。會聖祖仁皇帝南巡於德州，召見，御書「積學參微」四字賜之。後奉詔修《樂律》《曆算》等書。文鼎自序曰：萬曆中，利氏入中國，始倡幾何之學。以點、線、面體爲測量之資，制器、作圖頗爲精密。然其書率資繙譯，篇目既多，徑紆瀾澗，讀者每難卒業。又奉耶蘇爲教，與士大夫聞見齟齬。學其學者又張皇過甚，輒以世傳淺術爲古《九章》盡此，於是薄古法爲不足爲。而或株守舊聞，遽斥西儒爲異學。兩家之説，遂成隔礙，此亦學者之過也。竊以學問之道，求其通而已。己之所不能通而人則通之，又何間於今古，何别乎中西。因彙其書，而説之。

臣等謹按：文鼎《曆算全書》，乃魏荔彤屬楊作枚所校刊。首曰《曆學疑問》，即聖祖仁皇帝親爲點定者。其他著述極爲繁富，衍《九章》之未備，著今法之面形，論中西形體之變化，釋弧矢勾股八線之比例。蓋中西法至難貫通，文鼎原原本本，洞究精微，實爲數家之總滙。《大統書志》因明初大統術詳爲推衍，分爲《法原》、《立成》、《推步》三部。《法原》凡七目，《立成》凡四目，《推步》凡六目，辨論詳明，有條有理，曆算書記，各疏其論撰之意，於中西諸法一一得其要領。自郭守敬、徐光啓以來，無有出其右者矣。

《秦氏七政全書》，無卷數。秦文淵撰。文淵爵里未詳。《勾股引蒙》五卷，《勾股述》二卷，陳訏撰。訏字言揚，海寧人，由貢生官淳安縣教諭。《隱山鄙事》四卷，李子金撰。子金號隱山，柘城人。《勾股矩測解原》二卷，黄百家撰。百家見儒家類。

臣等謹按：勾股測量昉於絜矩，其術至精，其用至廣。測高則用立矩，測深則用覆矩，測遠則用偃矩。顧方可測，圓不可測，於是割圓之法立。平可測，險不可測，於是重差之術生。《周髀》開方之圖，劉徽海島之算，傳者寥寥，不絶如綫。自本朝三角形測量法立，較勾股至爲徑捷、簡易，功用懸殊。要之，儀表相輔而行，勾股之法實不可廢。百家是書，雖不過摭陳古法，而測量之學頗足以資考證焉。《少廣補遺》一卷，陳世仁撰。世仁，海寧人，康熙乙未進士。

臣等謹按：少廣之術，所賅不一，是編專取少廣中堆垜一條。因其僅具邊數、層數，求積數法未具。以積數求邊數、層數法，且算家鮮通其故。乃以一面尖堆，及方底、三角底、六角底、尖堆、各半堆等題，分爲十二法。復有抽奇、抽偶諸目，反覆推求，以補少廣所未備，實爲有裨算學，惜其圖説未之及焉。

《曆算叢書》六十二卷，梅瑴成重定其祖文鼎之書。瑴成，宣城人，康熙乙未進士，官至左都御史。《莊氏算學》八卷，莊亨陽撰。亨陽字元仲，南靖人。康熙

戊戌進士，官至淮徐海道。

《九章録要》十二卷，屠文漪撰。文漪字蒓洲，松江人。《圜徑真旨》，無卷數。顧長發撰。長發字君源，江蘇人。

《全史日至源流》三十三卷，許伯政撰。伯政見經類。《算學八卷續》一卷，江永撰。永見經類。《八線測表圖説》一卷，余熙撰。熙字晉齋，桐城人。

右推算。

清·嵇璜等《續文獻通考》卷一八一《經籍考》 鄧玉函《奇器圖説》三卷，王徵《諸器圖説》一卷。玉函，西洋人。徵，涇陽人。天啓進士，官揚州府推官。徵嘗詢西洋奇器之法於玉函，玉函以其國所傳文字口授之，乃譯爲是書。

清·嵇璜等《清通志》卷一一四《圖譜略·天文》 胡亶《中星譜》。謹按：胡亶精天官家言。是編所訂經星凡四十有五，又於二十八舍之外，益以大角等十七星，議論皆簡明詳切。

邵昂霄《萬青樓圖編》。謹按：是書專論天文算數之術，援引漢晉以來天官家言，而各以己見附之。

余熙《八線測表圖説》。謹按：是編欽遵《御製數理精蘊》，由勾股和較、割圜八線、六宗三要諸法括爲圖説，以便初學研究。

清·紀昀等《四庫全書總目》卷一〇六《子部十六》 《重修革象新書》二卷。浙江范懋柱家天一閣藏本。 明王禕删定，元趙氏本也。禕有大事記，續編已著録。是書併趙氏原本五卷爲二卷，前有禕自序，稱原書涉於蕪冗鄙陋，反若昧其指意之所在，因爲之纂次，削其支離，證其謬舛，釐其次等，挈其要領云云。今以原書相校，其所潤色者頗多，刊除者亦復不少。然於改定之處不加論辨，使觀者莫能尋其增損之迹，以究其得失之由。又其中舛謬之處亦未能芟除净盡，特其字句之蕪累，一經修飾，斐然可觀，抑亦善於點竄者矣。平心而論，原本詞雖稍沓而詳贍可考；改本文雖頗略而簡徑易明。各有所長，未容偏廢。故今仿新、舊《唐書》之例，並著於録焉。

《七政推步》七卷。浙江范懋柱家天一閣藏本。 明南京欽天監監副貝琳修輯，即焦竑《國史經籍志》所載瑪沙伊赫原作馬沙亦黑，今改正。之《回回曆》也。考《明史·曆志》，回回曆法乃西域默德訥原作默狄納，今改正。國王瑪哈穆特原作馬哈麻，今改正。所作，元時入中國而未行，洪武初得其書於元都，十五年命翰林李翀、吴伯宗同回回大師瑪沙伊赫等譯其書，遂設回回曆科，隸欽天監。而貝琳《自跋》又稱洪武十八年，遠夷歸化，獻土盤法，預推六曜干犯，名曰《經緯度時》。曆官元統去土盤譯爲漢算，而書始行於中國，與史所載頗不合。案書中有「西域歲前積年，至洪武甲子歲，積若干算」之語，甲子爲洪武十七年，其時書已譯行，則琳之説非也。其書首釋用數，次日躔，次月離，次五星求法，并太陰出入時刻，凌犯五星，恒星度分，末載日食、月食算術，餘皆立成表。其法以隋開皇己未歲爲曆元，不用閏月。以白羊、金牛等十二宫爲不動之月，以一至十二大小月爲動月，各有閏日。所推交食之分寸、晷刻，雖亦時有出入，而在西域術中視《九執》、《萬年》二曆實爲精密。梅文鼎《勿菴曆算書》記曰：「回回曆法，刻於貝琳。其布立成以太陰年，而取距算以太陽年。巧藏根數，雖其子孫隸臺官者弗能知。然回曆即西法之舊率，泰西本回曆而加精耳，亦公論也。明一代皆與《大統曆》參用，《明史》頗述其立法大略，然此爲原書，更稱詳晰。惟其法本以土盤布算，用本國之書。明初譯漢之後，傳習頗寡，故無所校讎，譌脱尤甚。今以兩本互校，著之於録，用存術家之一種，而補《明史》所未備焉。

《聖壽萬年曆》八卷，附《律曆融通》四卷。浙江巡撫採進本。 明朱載堉撰。載堉有《樂書》，已著録。《明史·曆志》曰明之《大統曆》實即元之《授時》，承用二百七十餘年，未嘗改憲。成化以後，交食往往不驗，議改曆者紛紛。如俞正已、冷守中不知妄作者無論已，而華湘、周濂、李之藻、邢雲路之倫，頗有所見。鄭世子載堉撰《律曆融通》，進《聖壽萬年曆》，其説本之南京都御史何瑭，深得《授時》之意，而能匡所不逮。臺官泥於舊聞，當事憚於改作，並格不行云云，即指此二書也。其書進於萬曆二十三年，疏稱：《授時》、《大統》二曆，考古則氣差三日，推今即時差九刻。蓋因《授時》減分太峻，失之先天；《大統》不減，失之後天。因和會兩家，酌取中數，立爲新率，編撰成書。其步發斂、步朔閏、步晷漏、步交道、步五緯諸法，及歲餘、日躔、漏刻、日食、月食、五緯諸議，史皆詳採之，蓋於所言頗有取也。今觀具書，雖自行所見斷斷而争，不免有主持太過之處，其測驗亦未必過郭守敬等之精。然史載崇禎二年以日食不驗切責監官，五官正戈豐年言郭守敬以至元十八年造曆，越十八年爲大德三年八月，已當食不食，六年六月又食而失推。是時守敬方知院事，亦付之無可如何，況斤斤守法者哉？今若循舊，向後不能無差。則當時司曆之人已自有公論，無怪載堉等之攻擊不已也。況其書引據詳明，博通今古，元元本本，實有足資考證者，又不得以後來實測之密，遂一切廢置矣。載堉數學，史稱本之何瑭。瑭，其舅氏也。而載堉進疏乃稱本之許

衡，蓋恐瑭在同時不爲徵信，故託衡以重其書耳。

《古今律曆考》七十二卷。浙江巡撫採進本。明邢雲路撰。雲路字士登，安肅人。萬曆庚辰進士，官至陝西按察司副使。是書詳於曆而略於律，七十二卷中言律者不過六卷，亦罕所發明。惟辨黄鍾三寸九分之非，頗爲精當，而編在歷代日食之後，步氣朔之前，不知何意。曆法六十六卷，則六經以下迄於明代《大統曆》，一一考訂。其論周改正即改月，大抵本於張以寧《春王正月考》，惟於《書》「惟元祀十有二月」，則指爲建丑之月。謂商雖以丑爲正，而紀數之月仍以寅爲首，與《春王正月考》之説不同。然均之改正，而於周則云改月，於殷則云不改月，究不若張以寧説之爲允也。六十五卷中有駁《授時曆》八條，駁《大統曆》七條。其駁《大統曆》，謂斗指析木，日躔娵訾，非天星分野之次，乃月辰所臨之名。而《大統曆》乃以天星次舍加爲地盤月建，殊襲趙緣督之誤。又謂《授時曆》至元辛巳黄道躔度十二次宫界，郭守敬所測。至今三百餘年，冬至日躔已退五度，則宜新改日躔度數。而《大統曆》乃用其十二宫界，不合歲差。又謂《大統曆》廢《授時》消長之法，以至中節相差九刻。蓋雲路工於推算，多創新術。《大統》爲當時見行之曆，故辨之尤力。又《大統》僅廢《授時》消長一術，其餘多所承襲，故因而并及《授時》也。梅文鼎《勿菴曆算書》記曰：「從黄愈邰借讀邢觀察《古今律曆考》，驚其卷帙之多。然細考之，則於古法殊略，所疏《授時》法意亦多未得其旨。」又曰：「邢氏書但知有《授時》，而姑援經史以張其説。古曆之源流得失，未能明也，無論西術矣。」是文鼎於雲路此書，蓋有未滿。然推步之學，大抵因已具之法，而更推未盡之奥。前人智力之所窮，正後人心思之所起。故其術愈闡愈精，後來居上。雲路值曆學壞敝之時，獨能起而攻其誤，其識加人一等矣。創始難工，亦不必定以未密譏也。

《乾坤體義》二卷。兩江總督採進本。明利瑪竇撰。利瑪竇，西洋人，萬曆中航海至廣東，是爲西法入中國之始。利瑪竇兼通中西之文，故凡所著書皆華字華語，不煩譯釋。是書上卷皆言天象，以人居寒煖爲五帶，與《周髀》七衡説略同。以七政恒星天爲九重，與《楚辭·天問》同。以水火土氣爲四大元行，則與佛經同。佛經所稱地、水、風、火，地即土，風即氣也。至以日、月、地影三者定薄蝕，以七曜、地體爲比例倍數，月、星出入有映蒙，則皆前人所未發。其多方罕譬，亦復委曲詳明。下卷皆言算術，以邊、線、面積、平圜、橢圓互相容較，亦足以補古方田、少廣之所未及。雖篇帙無多，而其言皆驗諸實測，其法皆具得變通，可謂詞簡而義賅者，是以御製《數理精藴》多採其説而用之。當明季曆法乖舛之餘，鄭世子載堉、邢雲路諸人雖力争其失，而所學不足以相勝。徐光啓等改用新法，乃漸由疎入密。至本朝而益爲推闡，始盡精微，則是書固亦大輅之椎輪矣。

《表度説》一卷。兩江總督採進本。明萬曆甲寅，西洋人熊三拔撰。三拔有《泰西水法》，已著録。是書大旨言表度起自土圭，今更創爲捷法，可以隨意立表。凡欲明表景之義者，先須論日輪周行之理，及日輪大於地球比例，彼法别有全書。此復舉其要略，分爲五題。一謂日輪周天，上向天頂，下向地平，其轉於地面俱平行，故地體之景亦平行。一謂地球在天之中，若令地球不在天中，則在地之景必不能隨日周轉，且遲速不等矣。今春秋二分，日輪六時在地平上爲晝，六時在地平下爲夜，非在正中而何？一謂地小於日輪，從日輪視地球，止於一點。若令地非一點，則隨在地面不得見天體之半，必上半恒小，下半恒大，而爲半地之厚所礙矣。一謂地本圓體，故一日十二辰更疊互見，如正向日之處得午時，其正背日之處得子時，處其東三十度得未時，處其西三十度得巳時。若以地爲方體，則惟對日之下者其時正，處左處右者必長短不均矣。一謂表端爲地心，凡立表取景必於兩平面之上求得兩種景。其一立表平面，上與地平成直角。其所得景，直景也。如山岳、樓臺、樹木等景在地平者是也。其一横表之景，倒景也。如向日有牆於其平面横立一表，於地平爲平行者是也。末言表式、表度，并節氣時刻推算之法，繪畫、日晷術，皆具有圖説，指證確實。夫立表取影以知時刻、節氣，本曆法中之至易至明者。然非明於天地之運行，習於三角之算術，則不能得確準。是時地圓地小之説初入中土，驟聞而駭之者甚衆。故先舉其至易至明者，以示其可信焉。

《簡平儀説》一卷。兩江總督採進本。明西洋人熊三拔撰。據卷首徐光啓序，蓋嘗參證於利瑪竇者也。大旨以視法取渾圓爲平圓，而以平圓測量渾圓之數也。凡名數十二則，用法十三則。其法用上下兩盤，天盤在下，所以取赤道經緯，故有兩極線、赤道線、節氣線、時刻線。地盤在上，所以取地平經緯，故有天頂，有地平、有高度線、有地平分度線。皆設人目自渾體外遠視，其正對大圓爲平圓，斜倚於内者爲橢圓，當圓心者爲直線，其與大圈平行之距等小圈亦皆爲直線。地盤空其半圓，使可合視一盤。中挾樞紐，使可旋轉。用時依其地北極出地平高度，安定二盤，則赤道、地平兩經緯交錯分明。凡節氣、時刻、高度、偏度皆可互取其數。天盤用方版，上設兩耳表以測日影。地盤中心繫墜線以視度

分，立用之可以得太陽高弧度。既得太陽高孤，則本時諸數亦皆可取。蓋是儀寫渾於平，如取影於燭。雖云借象，而實數出焉。弧三角以量代算之法，實本於此。今復推於測量，法簡而用捷，亦可云數學之利器矣。

《天問略》一卷。兩江總督採進本。明萬曆乙卯，西洋人陽瑪諾撰。是書於諸天重數、七政部位、太陽節氣、晝夜永短、交食本原、地形麤細、蒙氣映漾、曚影留光，皆設爲問答，反覆以明其義。末載《曚影刻分表》，并詳解晦、朔、弦、望、交食淺深之故，亦皆具有圖説，指證詳明，與熊三拔所著《表度説》次第相承，淺深相繫，蓋互爲表裏之書。前有陽瑪諾自序，舍其本術而盛稱天主之功，且舉所謂第十二重不動之天爲諸聖之所居，天堂之所在，信奉天主者乃得升之，以歆動下愚。蓋欲借推測之有驗，以證天主堂之不誣，用意極爲詭譎。然其考驗天象，則實較古法爲善。今置其荒誕售欺之説，而但取其精密有據之術。削去原序，以免熒聽。其書中閒涉妄謬者，刊除則文義或不相續，姑存其舊，而闢其邪説如右焉。

《新法算書》一百卷。編修陳昌齊家藏本。明大學士徐光啓、太僕寺少卿李之藻、光禄寺卿李天經及西洋人龍華民、鄧玉函、羅雅谷、湯若望等所修西洋新曆也。明，自成化以後，曆法愈謬。而臺官墨守舊聞，朝廷亦憚於改作，建議者俱格而不行。萬曆中，大西洋人龍華民、鄧玉函等先後至京，俱精究曆法。五官正周子愚請令參訂修改，禮部因舉光啓、之藻任其事，而庶務因循，未暇開局。至崇禎二年推日食不驗，禮部乃始奏請開局修改，以光啓領之。時滿城布衣魏文魁著《曆元》《曆測》二書，令其子獻諸朝。光啓作《學曆小辨》以斥其謬，文魁之説遂絀。於是光啓督成曆書數十卷，次第奏進。而光啓病卒，李天經代董其事，又續以所作曆書及儀器上。進其書凡十一部，曰《法原》，曰《法數》，曰《法算》，曰《法器》，曰《會通》，謂之「基本五目」。曰《日躔》，曰《恒星》，曰《月離》，曰《日月交會》，曰《五緯星》，曰《五星交會》，謂之「節次六目」。書首爲《修曆緣起》，皆當時奏疏及考測辨論之事。書末《曆法西傳》《新法表異》二種，則湯若望入本朝後所作而附刻以行者。其中有解，有術，有圖，有考，有表，有論，皆鉤深索隱，密合天行，足以盡歐邏巴曆學之蘊。然其時牽制於廷臣之門户，雖詔立兩局，累年測驗，明知新法之密，竟不能行。迨聖代龍興，乃因其成帙，用備疇人之掌。豈非天之所祐，有開必先，莫知其然而然者耶？越我聖祖仁皇帝，天亶聰明，乾坤合契，御製《數理精蘊》《曆象考成》諸編，益復推闡微茫，窮究正變。如月離二三均數，分爲二表；交食改黄平象限用白平象限；方位以高弧定上下左右；又增借根方法解、對數法解於點、線、面、體部之末，皆是書所未能及者。八線表舊以半徑數爲十萬，各線數逐分列之。今改半徑數爲千萬，各線數逐十秒列之。用以步算，尤爲徑捷。至欽定《曆象考成後編》，日月以本天爲橢圓，交食以日月兩經斜距爲白道，以視行取視距，推步之密，垂範萬年，又非光啓等所能企及。然授時改憲之所自，其源流實本於是編，故具録存之。庶論西法之權輿者，有考於斯焉。

《測量法議》一卷，《測量異同》一卷，《勾股義》一卷。兩江總督採進本。明徐光啓撰。首卷演利瑪竇所譯，以明句股測量之義。首造器，器即《周髀》所謂矩也；次論景，景有倒正，即《周髀》所謂仰矩、覆矩、卧矩也；次設問十五題，以明測望高深廣遠之法，即《周髀》所謂知高、知遠、知深也。次卷取古法《九章》句股測量，與新法相較證其異同，所以明古之測量。法雖具，而義則隱也。然測量僅句股之一端，故於三卷則專言句股之義焉。序引《周髀》者，所以明立法之所來，而西術之本於此者，亦隱然可見。其言李冶廣句股法爲《測圓海鏡》，已不知作者之意。又謂欲説其義而未遑，則是未解立天元一法而謬爲是飾説也。古立天元一法，即西借根方法。是時西人之來亦有年矣，而於冶之書猶不得其解，以斷借根方法必出於其後也。三卷之次第大略如此，而其意則皆以明《幾何原本》之用也。蓋古法鮮有言其義者，即有之皆隨題講解。歐邏巴之學其先有歐几里得者，按三角方圓，推明各數之理，作書十三卷，名曰《幾何原本》。按後利瑪竇之師丁氏，續爲二卷，共十五卷。自是之後，凡學算者必先熟習其書。如釋某法之義，遇有與《幾何原本》相同者，第注曰見《幾何原本》某卷某節，不復更舉其言，惟《幾何原本》所不能及者始解之，此西學之條約也。光啓既與利瑪竇譯得《幾何原本》前六卷，並欲用是書者依其條約，故作此以設例焉。其《測量法義》序云：「法而系之義也，自歲丁未始也。曷待乎於時，幾何原本之六卷始卒業矣，至是而傳其義也。」可以知其著書之意矣。

《渾蓋通憲圖説》二卷。兩江總督採進本。明李之藻撰。之藻有《頖宮禮樂疏》，已著録。是書出自西洋簡平儀法。蓋渾天與蓋天皆立圓，而簡平則繪渾天爲平圓，則渾天爲全形。人目自外還視蓋天爲半形，人目自内還視而簡平止於一面，則以人目定於一處而直視之之所成也。其法設人目於南極或北極，以視黄道、赤道，及晝長、晝短諸規。憑視線所經之點，歸界於一平圓之上。次依各

地北極出地，以視法取天頂及地平之周，仍歸界於前平圓之内。次依赤道經緯度，以視法取七曜、恒星，亦歸界於前平圓之内。其視法以赤道爲中圈，赤道以内愈近目，則圈愈大而徑愈長；赤道以外愈遠目，則圈愈小而徑愈短。之藻取晝短規爲最大圈，乃南極視之，晝短規近目而圈大。其意以爲中華之地北極高，凡距北極百一十三度半以内者皆在其大圈内也。卷首總論儀之形體，上卷以下規畫度分時刻及制用之法，後卷諸圖咸根柢於是。梅文鼎嘗作訂補一卷，其説曰：「渾蓋之器，以蓋天之法代渾天之用，其製見於《元史》，扎瑪魯鼎原作扎臣魯丁，今改正。所用儀器中。竊疑爲《周髀》遺術，流入西方。」然本書黄道分星之法尚闕其半，故此器甚少，蓋無從得其制也。兹爲完其所闕，正其所誤，可以依法成造云云。又有《璇璣尺解》一卷，皆足與此書相輔而行。以已見文鼎書中，兹不復贅焉。

《圜容較義》一卷。兩江總督採進本。明李之藻撰，亦利瑪竇之所授也。前有萬曆甲寅之藻自序稱：凡厥有形，惟圜爲大。有形所受，惟圜至多。渾圜之體難名，而平面之形易析。試取同周一形以相參考，等邊之形必鉅於不等邊形，多邊之形必鉅於少邊之形。最多邊者圜也，最等邊者亦圜也。析之則分秒不漏，是知多邊聯之則圭角全無，是知等邊不多邊，等邊則必不成圜。惟多邊等邊，故圜容最鉅。昔從利公研窮天體，因論圜容。拈出一義，次爲五界十八題。借平面以推立圜，設角形以徵渾體云云。蓋形有全體視爲一面，從其一面例其全體，故曰借平面以測立圜。面必有界，界爲線、爲邊，兩線相交必有角，析圜形則各爲角，合角形則共成圜，故曰設角以徵渾體。其書雖明圓容之義，而各面各體比例之義胥於是見。且次第相生於《周髀》「圓出於方方出於矩」之義，亦多足發明焉。

《曆體略》三卷。安徽巡撫採進本。明王英明撰。英明字子晦，開州人。萬曆丙午舉人，是編成於萬曆壬子。上卷六篇，曰《天體地形》，曰《二曜》，曰《五緯》，曰《辰次》，曰《刻漏極度》，曰《雜説》；中卷三篇，曰《極宫》，曰《象位》，曰《天漢》；下卷則續見歐邏巴書，撮其體要，曰《天體地度》，曰《度里之差》，曰《緯曜》，曰《經宿》，曰《黄道宫界》，曰《赤道緯躔》，曰《氣候刻漏》，凡七篇。又附《論日月交食》一篇。然其上、中二卷所講中法，亦皆與西法相脗合。蓋是時徐光啓《新法算書》雖尚未出，而利瑪竇先至中國，業有傳其説者，故英明陰用之耳。所論皆天文之梗概，不及後來梅文鼎、薛鳳祚諸人兼備測量、推步之法。然學天文者必先知象緯之文與運行之故，而後能因其度數究其精微。是書説雖淺近，固初學從入之門徑也。卷首冠以五圖，據翁漢麐序，英明原著書而不著圖，此本乃順治丙戌英明之子懩官江南督糧道時，以原本重刊，屬漢麐所補。懩跋稱位置編帙與前刻少異，考書中《步天歌》第一章下有附注，稱《步天歌》無善本，兹從先生訂正，庶鮮魚魯之譌云云。核其文義亦漢麐之語，則是書蓋經漢麐重訂，非其原本矣。

《御定曆象考成》四十二卷。康熙五十二年，聖祖仁皇帝《御定律曆淵源》之第一部也。案推步之術，古法無徵，所可考者漢《太初術》以下至明《大統術》而已。自利瑪竇入中國，測驗漸密，而辨争亦遂日起。終明之世，朝議堅守門户，訖未嘗用也。國朝聲教覃敷，極西諸國皆累譯而至，其術愈推愈精。又與崇禎《新法算書》圖表不合，而作《新法算書》時，甌羅巴人自祕其學，立説復深隱不可解。聖祖仁皇帝乃特命諸臣詳考法原，定著此書，分上下二編。上編曰《揆天察紀》，下編曰《明時正度》，集中西之大同，建天地而不悖。精微廣大，殊非管蠡之見所能測。今據其可以仰窺者，與《新法算書》互校。如黄道斜交赤道而出其内外，其相距之度即二至太陽距赤道之緯度。《新法算書》用西人第谷所測，定爲二十三度三十一分三十秒。今則累測夏至午正太陽高度，得黄赤大距爲二十三度二十九分三十秒，較第谷所測減少二分。蓋黄赤二道由遠而近，其所以古多今少漸次移易之故，非巧算所能及，故當隨時密測以合天行者也。又時差之根，其故有二。一因太陽之實行而時刻爲之進退，蓋以高卑爲加減之限也；一因赤道之升度而時刻爲之消長，蓋以分至爲加減之限也。《新法算書》合二者以立表，名曰日差。然高卑每年有行分，則宫度引數必不能相同。合立一表，歲久必不可用。今分爲二表，加減二次而於法爲密矣。又《新法算書》推算日食三差，以黄平象限爲本。然三差並生於太陰，而太陰之經緯度爲白道，經緯度當以白平象限爲本。太陰在此度即無東西差，而南北差最大與高下差等。若在此度以東，則差而早，宜有減差；在此度以西，則差而遲，宜有加差。其加減有時而與黄平象限同，有時而與黄平象限異，故定交角有反其加減之用也。又歷來算術定月食初虧復圓方位，東西南北主黄道之經緯，言非謂地平經度之東西南北也。惟月實行之度在初宫，六宫望時又爲子正，則黄道經緯之東西南北與地平經度合。否則黄道升降有邪正，而加時距午有遠近，兩經緯迥然各别，所推之東西南北必不與地平之方位相符。今實指其在月體之上下左右，爲衆目所共睹，較舊

法更爲親切。又《新法算書》言五星古圖以地爲心，新圖以日爲心。然第谷推步均數，惟火星以日爲心。若以地爲心立算，其得數亦與之同。知第谷乃虛立巧算之法，而五星、本天，實皆以地爲心。蓋金、水二星以日爲心者，乃其本輪，非本天也。土、木、火三星以日爲心者，乃次輪上星行距日之蹟，亦非本天也。至若弧三角之法，《新法算書》所載圖説殊多龐雜，而正弧又遺黄赤互求之法。今以正弧約之，爲對邊、對角及垂弧矢較三比例，則周天經緯皆可互求，而操之有要矣。此皆訂正《新法算書》之大端，其餘與《新法算書》相同者亦推術精密無差累黍，洵乎大聖人之制作，萬世無出其範圍者矣。

御定《曆象考成後編》十卷。乾隆二年奉敕撰《新法算書》、《推步法數》，皆仍西史第谷之舊。其圖表之參差，解説之隱晦者，聖祖仁皇帝《曆象考成》上下二編研精闡微，窮究理數，固已極一時推步之精，示萬世修明之法矣。第測驗漸久而漸精，算術亦愈變而愈巧。自康熙中西洋噶西尼法蘭德等出，又新製墜子表以定時，千里鏡以測遠，以發第谷未盡之義。大端有三：其一謂太陽地半徑差，舊定爲三分，今測止有十秒。蓋日天半徑甚遠，測量所係祇在秒微，又有蒙氣雜乎其內，最爲難定。因思日月星之在天，惟恒星無地半徑差。若以日星相較，可得其準。而日星不能兩見，是測日不如測五星也。土、木二星在日上，地半徑差愈微。金水二星雖有時在日下，而其行繞日，逼近日光，均爲難測。惟火星繞日，而亦繞地，能與太陽衝，故夜半時火星正當子午線，於南北兩處測之同。與恒星相較，其距恒星若相等，則是無地半徑差。若相距不等，即爲有地半徑差。其不等之數，即兩處地半徑差之較。且火星衝太陽時，其距地較太陽爲近。則太陽地半徑差以比例算之，必更小於火星地半徑差也。其一謂清蒙氣差，舊定地平上爲三十四分，高四十五度，止有五秒。今測地平上止三十二分，高四十五度，尚有五十九秒。其説謂蒙氣繞乎地球之周，日月星照乎蒙氣之外。人在地面爲蒙氣所映，必能視之使高。而日月星之光線入乎蒙氣之中，必反折之使下。故光線與視線在蒙氣之内則合而爲一，蒙氣之外則岐而爲二。所岐雖有不同，而相合則有定處。自地心過所合處作線抵圜周，則此線即爲蒙氣之割線。視線與割線成一角，光線與割線亦成一角，二角相減，即得蒙氣差角也。其一謂日月五星之本天，舊説爲平圓，今以爲橢圓，兩端徑長，兩腰徑短。蓋太陽之行有盈縮，由於本天有高卑。春分至秋分行最高半周，故行縮而歷日多；秋分至春分行最卑半周，故行盈而歷日少。其説一爲不同心天，一爲本輪。而不同心天之兩心差，即本輪之半徑。故二者名雖異，而理則同也。第谷用本輪推盈縮差，惟中距與實測合，而最高最卑前後則差，因用均輪以消息之，然天行不能無差。刻白爾以來，屢加精測。又以均輪所推高卑，前後漸有微差，乃設本天爲橢圓。均分橢圓面積爲逐日平行之度，則高卑之理既與舊説無異，而高卑前後盈縮之行乃俱與實測相符也。據此三者，則第谷舊法經緯俱有微差。雍正六年六月朔日食，以新法較之，纖微密合。是以世宗憲皇帝特允監臣戴進賢之請，命修日躔、月離二表，續於《曆象考成》之後。然有表無説，亦無推算之法。吏部尚書顧琮恐久而失傳，奏請增修表解、圖説，仰請睿裁，垂諸永久。凡新法與舊不同之處，始抉剔底蘊，闡發無餘。而其理仍與聖祖仁皇帝御製上下二編若合符節，益足見聖聖相承，先後同揆矣。

《御定儀象考成》三十二卷。乾隆九年奉勅撰，乾隆十七年告成。御製序文頒行卷首上，下爲御製璣衡撫辰儀。卷第一之十三爲總紀恒星及恒星黄道經緯度表，卷第十四之二十五爲恒星赤道經緯度表，卷第二十六爲月五星相距恒星黄赤道經緯度表，卷第二十七之三十爲天漢經緯度表。案璣衡之製，馬融、鄭元注《尚書》皆以爲渾儀，是其遺法，唐宋而後以加詳。然規環既多，遮蔽隱映之患勢不能免。郭守敬析之爲簡、仰二儀，人稱其便。康熙十三年，聖祖仁皇帝命監臣南懷仁新製六儀，赤道、黄道分爲二器，皆不用地平圈。而地平、象限、紀限、天體諸儀，則地平之經緯與黄赤之錯綜皆已畢具。又命監臣紀利安製地平經緯儀，合地平、象限二儀而爲一，其用尤便。皇上親莅靈臺，徧觀儀象，以渾天製最近古而時度信，宜從今改制新儀，錫名曰璣衡撫辰。誠酌古準合，損益盡善。儀制凡三重，其在外者即古之六合儀，而不用地平圈。其正立雙環爲子午圈，斜倚單環爲天常赤道圈。其南北二極皆設圓軸，軸本貫於子午雙環，中空而軸内向，以貫内二重之環。又依京師北極高度而上五十度五分爲天頂，於天頂拖垂線以代地平圈，故不用地平圈也。其内即古之三辰儀，而不用黄道圈。其貫於二極之雙環爲赤極經圈，結於赤極經圈之中，要與天常赤道平運者爲遊旋赤道圈。自經圈之南極作兩象限弧以承之，測得三辰之赤道經緯度，則黄道經緯可推。且黄赤距緯古遠今近，縱哉日久有差，而儀器無庸改制，故不用黄道圈也。又其在内即古之四游儀，貫於二極之雙環爲四游圈，定於游圈之兩極者爲直距，綰於直距之中心者爲窺衡游圈。中要設直表以指經度，及時窺衡右旁設直表以指緯度，此則古今所同也。又星辰循黄道行，每七十年差一度，黄赤大距亦數十年而

差一分。《靈臺儀象志》中所列諸表皆據曩時分度，今則逐時加修，得歲差真數。其三垣二十八宿以及諸星今昔多少不同者，並以乾隆九年甲子爲元，驗諸實測，比舊增一千六百一十四星，亦前古之所未聞。密考天行，隨時消息，所以示萬年修改之道者，舉不越乎是編之範圍矣。

《曉菴新法》六卷。山東巡撫採進本。國朝王錫闡撰。錫闡字寅旭，號餘不，又號曉菴，又號天同一生，吴江人。是書前一卷述句股割圜諸法，後五卷皆推步七政、交食、凌犯之術。觀其自序，蓋成於明之末年，故以崇禎元年戊辰爲曆元，以南京應天府爲里差之元。其分周天爲三百八十四，更以分弧爲逐限，以加減爲從消，刱立新名。雖頗涉臆撰，然其時徐光啓等纂修新法，聚訟盈庭，錫闡獨閉户著書，潛心測算，務求精符天象，不屑屑於門户之分。鈕琇《觚賸》稱其精究推步，兼通中西之學。遇天色晴霽，輒登屋卧鴟吻間仰察星象，竟夕不寐，蓋亦覃思測驗之士。梅文鼎《勿菴曆書》記曰：「從來言交食，只有食甚分數，未及其邊。惟王寅旭則以日月圓體分爲三百六十度，而論其食甚時所虧之邊凡幾何度。今爲推演其法，頗爲精確。」又稱近代曆學，以吴江爲最識解，在青州之上云云。案青州謂薛鳳祚。鳳祚益都人，爲青州屬邑故也。其推挹錫闡甚至。迨康熙中御製《數理精蘊》，亦多採錫闡之說。蓋其書雖疎密互見，而其合者不可廢也。書中於法有未備者，每稱別見補遺。然此本止於六卷，實無所謂補遺者，意其有佚篇歟？

《中星譜》一卷。浙江巡撫採進本。國朝胡亶撰。亶號勵齋，仁和人。王晫《今世説》稱其博綜羣書，尤精天官家。言日月薄蝕、星辰躔度，推測毫髮無遺。在長安，與監中西洋專家反覆辨論，羣皆嘆服。所著有《中星譜》、《周天現界圖》、《步天歌》行世，今所見者惟是編。所訂經星凡四十有五，乃於二十八舍之外益以大角、貫索、天市帝座、織女、河鼓、天津、北落師門、土司空、天囷、五車、參左肩、參右足、天狼、南北河、軒轅大星、太微帝座等十七星，用以較午中遲早，綴諸時刻。首京師，附浙江，其餘以類而推。所論晝夜永短、寒暑循環、地殊勢異，與所引經傳記載者定歲差釐分昏旦，皆簡明詳切，與今《儀象考成》中星更録頗相表裏。觀其自序撰自康熙八年，是此書在《欽定算書》以前，前明徐光啓《新法算書》以後。存其度數，以校證盈縮。於恒星歲差之數，亦不爲無所裨矣。

《天經或問前集》一卷。福建巡撫採進本。國朝游藝撰。藝字子六，建寧人。是書凡前後二集，此其前集也。凡天地之象、日月星之行、薄蝕朒朓之故、與風雲雷電雨露霜霧虹霓之屬，皆設爲問答，一一推闡其所以然，頗爲明晳。至於占驗之術，則悉屏不言，尤爲深識。昔班固作《漢書・律曆志》，言治曆當兼擇專門之裔，明經之儒，精算之士，正以儒者明於古義，欲使互相參考，究已往以知未來，非欲其説太極、論陰陽也。邵子曆理、曆數之説，亦謂知其當然與知其所以然耳。儒者誤會其旨，遂以爲曆數之外別有曆理。孫承澤《春明夢餘録》因以元《授時曆》全歸於許衡之明理，所載崇禎十四年禮部議改曆法一疏，不能決兩家之是非，因推原曆本，掃除測算，尤屬遁詞。案：疏稱堯舜之曆，以釐工熙績爲欽天；成周之曆，以無逸虚風爲月令。非如保章、挈壺，斤斤於時刻分秒之末而已。凡曆數始於《河圖》，五十有五，以十乘之，爲五百五十；以五乘之，爲二百七十有五。自洪武元年戊申距今壬午，蓋二百七十有五年矣。實爲《河圖》中候宜修明禮樂，先德後刑，勸民農桑，敦崇仁厚，其斯爲治曆之本務乎？夫天下無理外之數，亦無數外之理。《授時曆》密於前代，正以多方實測，立法步算得之。使但坐談造化即七政可齊，則有宋諸儒言天鑿鑿，何以三百年中曆十八變而不定，必待郭守敬輩乎？藝作此書，亦全明曆理。雖步算尚多未諳，然反覆究闡，具有實徵。存是一編，可以知即數即理本無二致，非空言天道者所可及也。

《天步真原》一卷。浙江汪啓淑家藏本。國朝薛鳳祚所譯，西洋穆尼閣法也。鳳祚有《聖學心傳》，已著録。順治中，穆尼閣寄寓江寧，喜與人談算術，而不招人入耶蘇會，在彼教中號爲篤實君子。鳳祚初從魏文魁游，主持舊法。後見穆尼閣，始改從西學，盡傳其術，因譯其所説爲此書。其法專推日月交食，中間繪弧三角圖三，一則有北極出地、有日距赤道、有時刻，而求高弧；一則有日距天頂、有正午黄道、有黄道與子午圈相交之角，而求黄道高弧交角；一則有黄道高弧交角、有高下差，而求東西南北二差；末繪日食食分一圖。鳳祚譯是書時，新法初行，又中西文字輾轉相通，故詞旨未能盡暢。梅文鼎嘗訂證其書，稱其法與崇禎《新法曆書》有同有異。其似異而同者，布算之圖。對數之表與曆書迥別，然得數無二。惟黄道春分二差則根數大異，非則候無以斷其是非。然其書在未修《數理精蘊》之前，録而存之，猶可以見步天之術由疎入密之漸也。

《天學會通》一卷。浙江汪啓淑家藏本。國朝薛鳳祚撰。是書本穆尼閣《天步真原》而作，所言皆推算交食之法。按推算交食，凡有兩例：一用積月、積日，以取應用諸行度數，由平三角、弧三角等法逐次比例，而得食分時刻、方位者；一用立成表，按年月日時度數，逐次檢取角度加減而得食分時刻、方位者。鳳祚此

書，蓋用表算之例，殊爲簡捷精密。梅文鼎訂注是書，亦稱其以西法六十分通爲百分，從《授時》之法，實爲便用。惟仍以對數立算，不如直用乘除爲正法。惜所訂注之處，未獲與之相質云。

《曆算全書》六十卷。浙江汪啓淑家藏本。國朝梅文鼎撰。文鼎字定九，宣城人。篤志嗜古，尤精曆之學。康熙四十一年，大學士李光地嘗以其《曆學疑問》進呈，會聖祖仁皇帝南巡於德州，召見，御書「積學參微」四字賜之，以年老遣歸。嗣詔修《樂律曆算書》，下江南總督，徵其孫瑴成入侍。及《律吕正義》書成，復驛致命校勘。後年九十餘終於家，特命織造曹頫爲經紀其喪，至今傳爲稽古之至榮。所著曆算諸書，李光地嘗刻其七種。餘多晚年纂述，或已訂成帙，或略具草稾。魏荔彤求得其本，以屬無錫楊作枚校正，作枚遂附以己説，並爲補所未備而刊行之。凡二十九種，名之曰《曆算全書》。然序次錯雜，未得要領，謹重加編次。以言曆者居前，而以言算者列於後。首曰《曆學疑問》，論曆學古今疎密及中西二法與《回回曆》之異同，即嘗蒙聖祖仁皇帝親加點定者，謹以冠之簡編。次曰《曆學疑問補》，亦雜論曆法綱領。次曰《曆學問答》，乃與一時公卿大夫以曆法往來問答之詞。次曰《弧三角舉要》，乃用渾象表弧三角之形式。次曰《環中黍尺》，乃弧三角以量代算之法。次曰《歲周地度合考》，乃考高卑歲實及西國年月地度弧角里差。次曰《平立定三差説》，推七政贏縮之故。次曰《冬至考》，用《統天》《大明》《授時》三法，考春秋以來冬至。次曰《諸方日軌》，乃以北極高二十度至四十二度各地日軌，各按時節爲立成表。次曰《五星紀要》，總論五星行度。次曰《火星本法》，專論火星遲疾。次曰《七政細草》，載推步日月五星法及恒星交宫過度之術。次曰《揆日候星紀要》，列直隸、江南、河南、陝西四省表景，並三垣列宿經緯，定爲立成表。次曰《二銘補注》，乃所解《仰儀銘》及《簡儀銘》。次曰《曆學駢枝》，乃所注《大統曆法》。次曰《交會管見》，乃以交食方位向稱南北東西者，改爲上下左右。次曰《交食蒙求》，乃推算法數。次曰《古算衍略》，次曰《籌算》，次曰《筆算》，次曰《度算釋例》，俱爲步算之根源。次曰《方程論》，次曰《句股闡微》，次曰《三角法舉要》，次曰《解割圜之根》，次曰《方圓冪積》，次曰《幾何補編》，次曰《少廣拾遺》，次曰《塹堵測量》，皆以推闡算法。或衍《九章》之未備，或著今法之面形，或論中西形體之變化，或釋弧矢句股八線之比例。蓋曆算之術，至是而大備矣。我國家修明律數，探賾索隱，集千古之大成。文鼎以草野書生，乃能覃思切究，洞悉源流，其所論著皆足以通中西之旨，而折今古之中。自郭守敬以來，罕見其比。其受聖天子特達之知，固非偶然矣。

《大統書志》十七卷。兩淮鹽政採進本。國朝梅文鼎撰。初元郭守敬作《授時曆》，其法較古爲密，明初所頒《大統曆》，即用其舊法。歲久漸差，知曆者恒有異議。至崇禎間，徐光啓推衍西法，分局測驗，疎舛益明。欽天監正戈豐年無以復争，乃諉其過於守敬。孫承澤作《春明夢餘録》，又力辨守敬爲曆中之聖，惜不能盡用其法，聚訟迄無定論。康熙丙午開局纂修《明史》，史官以文鼎精於算數，就詢明曆得失之源流。文鼎因即《大統》舊法，詳爲推衍注釋，輯爲此編，以持其平。分原書爲《法原》《立成》《推步》三部。《法原》之目七，曰《句股測量》，曰《弧矢割圓》，曰《黄赤道差》，曰《黄赤道内外》，曰《白道交周》，曰《日月五星平立定三差》，曰《里差漏刻》。《立成》之目四，曰《太陽盈縮》，曰《太陰遲疾》，曰《晝夜刻分》，曰《五星盈縮》。《推步》之目六，曰《氣朔》，曰《日躔》，曰《月離》，曰《中星》，曰《交食》，曰《五星法原》。所以取數立成，所以紀數推步，所以紀法，皆剖析分明，具有條理。蓋文鼎於象緯運行，實能究極其所以然，與疇人子弟沿世業而守成法者，所見固不同也。曆算之家，測未來者當以新法，推已往者則當各求以本法。知其所以疎而後可以得其密，知其所以舛而後可以得其真，知其所以漸差而後可以窮其至變。則是書雖明郭氏之法，亦測天者前事之師矣。其書舊不分卷，今以所立十七目，一目定爲一卷，以便循覽焉。

《勿菴曆算書記》一卷。浙江吴玉墀家藏本。國朝梅文鼎撰。文鼎曆算諸書，僅刊行二十九種。此乃合其已刊未刊之書，各疏其論撰之意。凡推步、測驗之書六十二種，算術之書二十六種。雖亦目録解題之類，而諸家之源流得失，一一標其指要，使本末釐然，實數家之總滙也。如古今《曆法通考》一條曰：「不讀耶律文正之《庚午元歷》，不知《授時》之五星。不讀《統天曆》，不知《授時》之歲實消長。不考王朴之《欽天曆》，不知斜升正降之理。不考《宣明曆》，不知氣、刻、時三差。非一行之《大衍曆》，不知歲自爲歲、天自爲天。非李淳風之《麟德曆》，不能用定朔。非何承天、祖沖之、劉焯諸曆，無以知歲差。非張子信，無以知交道表裏、日行盈縮。非姜岌，不知以月蝕檢日躔。非劉洪之《乾象曆》，不知月行遲疾。然非洛下閎、謝姓等肇啓其端，雖有善悟之人，亦無自而生其智。」又曰：「西法約有九家，一爲唐《九執曆》，二爲元扎瑪魯鼎原作扎馬魯丁，今改正。《萬年曆》，三爲明瑪沙伊赫原作馬沙亦黑，今改正。《回回曆》，四爲陳壤、袁黄所述《曆法新書》，五爲唐順之、周述學所撰《曆宗通議》《曆宗中經》，皆舊西法也。六曰利

瑪竇《天學初函》，湯若望《崇禎曆書》，南懷仁《儀象志》、《永年曆》，七曰穆尼閣《天步真原》、薛鳳祚《天學會通》，八曰王錫闡《曉菴新法》，九曰揭暄《寫天新語》、方中通《揭方問答》，皆新西法也。非深讀其書，亦不能知其故。」又《周髀補注》一條曰：「觀其所言里差之法，是即西人之説所自出也。」《回回曆補注》一條曰：「回曆即西法之舊率，泰西本回曆而加精。」是皆於中西諸法融會貫通，一一得其要領，絶無争競門户之見。故雖有論無法，仍録之天文算術類中，爲諸法之綱領焉。

《中西經星同異考》一卷。安徽巡撫採進本。國朝梅文鼎撰。文鼏字爾表，宣城人。與其兄文鼎皆精研曆算之學，互相商榷，多所發明，此其所訂中西恒星名數也。星經之最古者莫如巫咸、甘、石三家，而其學失傳，雖殘編尚存，已不能知其端緒。惟隋丹元子《步天歌》所列星象，特爲簡括，故自宋以來天官家多據爲準繩。迨明季曆法不驗，而歐邏巴之法始行。利瑪竇所撰《經天該》，其名亦與中國相同，而位座有無、數目多寡，與《步天歌》往往不合。文鼏因據南懷仁《儀象志》所載星名，依《步天》次序臚列其目，而以有無多寡之故，分行詳注其下。其古歌、西歌，亦各載原文於後，以便檢核。南極諸星爲古所未及者，則併據湯若望《曆書》及《儀象志》，爲考證補歌附之於末。蓋七政之運行，必憑恒星爲考驗。然在天成象，天本無言，隨人所標目爲指名，即據人所指名爲測驗。指名不一，則測驗多岐矣。文鼏此編獨詳稽異同，參考互證，使名實不病於參差，是亦中西兩法互相貫通之要領也。

《全史日至源流》三十三卷。湖南巡撫採進本。國朝許伯政撰。伯政有《易深》，已著録。此書遵御製《曆象考成》前編之法，遡稽經史傳注所載至朔氣閏，質其合否，糾其謬誤。首三卷皆論步算之術，如謂天周宜用三百六十度，日法宜用九十六刻，宫次非恒星一定之居，歲實奇零積久始覺損益，不宜槩爲四分日之一，其論皆爲確當。惟所論歲實，期以二百一十六年遞減二十秒，及日在高卑二日平行、實行適等，揆以曆理，未免滯礙。至後三十卷中排纂長曆，分代紀年，上起軒皇，下迄明季。四千年之中，絲牽繩貫，使星躔節候，一一按譜而稽，亦可爲後來考測之資焉。

《算學》八卷，續一卷。安徽巡撫採進本。國朝江永撰。永有《周禮疑義舉要》，已著録。是編因梅文鼎《曆算全書》，爲之發明訂正，而一準欽定《曆象考成》，折衷其異同。一卷曰《曆學補論》，皆因文鼎之説而推闡所未言。一卷曰《歲實消長》。文鼎論歲實消長，以爲高衝近冬至而歲餘漸消，過冬至而復漸長。永則以爲歲實本無消長，消長之故，在高衝之行與小輪之改。兩歲節氣相距，近高衝者歲實稍贏，近最高者稍朒。又小輪半徑古大今小，則加減差亦異。三卷曰《恒氣注曆》。文鼎論冬至加減，謂當如西法用定氣不用恒氣。而所作《疑問補》等書，又謂當如舊法用恒氣。《注曆》永則以爲冬至既不用恒氣，則諸節亦皆當用定氣，不用恒氣。故此二卷皆條列文鼎之説，而以所見辨於下。四卷曰《冬至權度》。《元史》六曆冬至載晉獻公以來四十九事，文鼎因作《春秋冬至考》，删去晉獻公一事，各以其本法推求其故。永則以爲算術雖明而未有折衷，更因文鼎之法考證曆法、史志之誤。五卷曰《七政衍》。文鼎論七政小輪之動由本天之動，七政之動由小輪之動。永則以恭按欽定《曆象考成》，五星有三小輪而月更有次均輪，且更有負圈，文鼎説雖精當，而各輪之左旋、右旋與帶動、自動、不動之異，尚未能詳剖，因各爲圖説以明之。六曰《金水發微》。文鼎初仍舊法，以金、水二星伏見輪同於歲輪。後因門人劉允恭悟得金水二星自有歲輪，而伏見輪乃其繞日圓象，因詳爲之説，後楊學山乃頗以爲疑。永謂文鼎説是，學山疑非，因爲圖説以明之。七曰《中西合法擬草》。明徐光啓酌定新法，凡正朔閏之類，從中不從西；定氣整度之類，從西不從中。然因用定氣，遂以每月中氣時刻爲太陽過宫時刻，繫以中法十二宫之名，而西法十二宫之名又用之於表。永病其錯互，又整度一事，永亦病其言之未盡，故著此論以辨之，亦多推文鼎之説。八曰《算賸》，則推衍三角諸法，求其捷要。《續曆學》一卷，曰正弧三角疏義，以補《算賸》所未盡。故八卷各有小序，此卷獨無也。文鼎曆算推爲絶技，此更因所已具得所未詳，踵事而增，愈推愈密，其於測驗亦可謂深有發明矣。

清・紀昀等《四庫全書總目》卷一〇七《子部十七》

《天心復要》三卷。浙江范懋柱家天一閣藏本。明鮑泰撰。泰，徽州人。是書作於成化中，專言曆法，而於歲實、朔策漢已來所定小餘疎密或增或損之故茫然不解。徒主四分法歲三百六十五日三時之整數，分二十四氣，每一氣得十五日二時五刻。參用奇門數，五日滿甲子六十爲一候，三候爲一氣，不及氣策二時五刻，每歲有一候三時之差。奇門於是設立超神接氣，置閏適二十年而閏二十一候，泰乃名之爲一致。四致凡八十年，名之爲一序。三序凡二百四十年，名之爲一限。三限凡七百二十年，名之爲一合。十九合凡萬三千六百八十年，名之爲一會。又以舊法十九年七閏月爲一章之整數，八十章凡千五百二十年名之爲一乘，三乘凡四千五百六十年名

之爲一運，三運一萬三千六百年爲一會。此最疎之數，推步家自漢張衡已後久棄不用。泰巖涉乎此，遂矜爲獨得之祕，紛紛創立名目，衍成是書。因附會邵子「冬至子之半，天心無改移」二語，以爲書名，殊弇陋，無足道也。

《太陽太陰通軌》。無卷數，浙江鮑士恭家藏本。明戈永齡撰。永齡，宛平人，正德中官欽天監保章正。是書取元代所輯《大統曆》七政交食通軌，循其法而重演之。原本不題卷數，僅分三册，蓋其細草稾也。考《明史》載《大統曆》，即元《授時曆》。當時測驗，舛異已多。得其全書，猶不足用。此本篇帙殘闕，僅存推算數法，益不足據爲定準矣。

《象緯彙編》二卷。浙江范懋柱家天一閣藏本。明韓萬鍾撰。萬鍾，蘄州人。是書成於嘉靖壬辰，採丹元子《步天歌》，逐段分釋，並爲之圖。以馬氏《通考》所記彗、孛、客、流陵犯之屬分隸各星之下，合三垣二十八宿爲三十一條，而五緯附於其後。其自序謂便學者之考索，非有所作。大概與《天元五曆》相同，蓋當時未覩官本，故又爲此裒輯耳。

《戊申立春考證》一卷。兩江總督採進本。明邢雲路撰。雲路有《古今律曆考》，已著録。萬曆三十六年戊申，欽天監推十二月二十一日己卯子正立春，雲路立表推之，謂當在二十日戊寅亥初。由元統《大統曆》輕改郭守敬《授時》法，測驗俱差，遂詳爲考證，以成此書，蓋其官蘭州時所作也。陶珽《續説郛》亦載此書，但題曰《立春考證》，删其戊、申二字，已爲舛謬。又因雲路字士登，遂誤以「邢雲」爲地名，删此二字，但題曰「路士登撰」，益足資笑噱矣。

《星曆釋義》二卷。浙江鮑士恭家藏本。明林祖述撰。祖述字道卿，鄞縣人。萬曆丙戌進士，官至廣西提學僉事。是編上卷爲七曜、二十八宿、十干、十二支，及年、歲、載、祀、朔、弦望、晦、盈、虚、閏餘諸條，下卷爲二十四氣、七十二候，及歲時令節諸條。皆雜引經史及先儒論説以詮解之，故曰「釋」義。然多鈔撮舊文，於授時要旨殊無當也。

《折衷曆法》十三卷。直隸總督採進本。明朱仲福撰。仲福，靈壽人。初元郭守敬作《授時曆》，明洪武中因其書作《大統曆》，而去其上考下求、歲實消長之法。是以嘉靖中以《大統》《授時》二曆相較，考古則氣差三日，推今則時差九刻，何瑭、邢雲路、鄭世子載堉諸人紛紛攻詰，迄無定論。仲福是書成於萬曆二十二年，用萬曆九年爲曆元，折衷二曆，強弱之閒以爲活法，然大抵勉強牽就，非能密合天行。且《授時》所定歲實，其小餘爲二千四百二十五分，已爲不密。以史所載考之，丁丑年冬至在戊戌日夜半後八刻半，又定戊寅冬至在癸卯日夜半後三十三刻，己卯冬至在戊申日夜半後五十七刻，庚辰冬至在癸丑日夜半後八十一刻，辛巳冬至在己未日夜半後六刻。夫一歲小餘二十四刻二十五分，積之四歲，正得九十七刻，無餘無欠。而丁丑至辛巳四年已多半刻，其積算未精已概可見。仲福步日躔術乃定日平行一度躔周爲三百六十五度二十五分，仍是後漢時四分最疎之率。是名爲折衷《授時》《大統》二法，實較二法爲尤舛矣。

《緯譚》一卷。福建巡撫採進本。明魏濬撰。濬有《易義古象通》，已著録。此書首題曰《拙存齋筆録》，而子目則曰《緯譚》，蓋其劄記之一種也。首論太一三式源委，次括元，次太陽、斗建、陰陽、南北，次干支納卦，次干支内藏，次五行十二變，次六合取義，皆引援質證，斷以己意。中極詆利瑪竇天論爲荒唐，末又附記萬曆、天啟時推步之謬，凡十三事。然觀其以朔方、交趾北極出地論中國據地之大小，則知度而不知里。又謂交趾二月初三日，日未昏而新月乃在天心，與夫夜觀北極在子分者則其國當居正中，實非深知曆法者也。

《宣夜經》。無卷數，江蘇巡撫採進本。明柯仲炯撰。仲炯始末未詳。是書前有崇禎元年自序，謂宣夜本諸帝堯，即羲和所授，其後失傳，因作此以復其舊。且歷詆丹元子、李淳風、僧一行等之變更古法，其説絶無根據。又分中宫宣夜、南宫宣夜、東宫宣夜、北宫宣夜、西宫宣夜諸名，尤爲荒誕。至於每星之下，必引經文以釋之。若河鼓謂之牽牛，證以執牛耳，雞二星證以《春官》「雞人夜呼旦」，亦類皆割裂經傳以助其無稽之談也。

《九圜史圖》一卷，附《六匌曼》一卷。浙江汪啟淑家藏本。明趙宧光撰。宧光有《説文長箋》，已著録。又著有《圖誌譜考辨説》六部，此書即六部之一也。其圖曰三儀，謂日月星也；曰須彌，謂四大州也；曰六合平，即以四州之地平鋪而觀之；曰六匌轉，即以四州之地從地球兩面觀之；曰北極出地，從句陳大星與北極五星之閒作識以爲北辰；曰合朔遠近，謂衡岳、和林、鐵勒、北海諸處時刻不同也；曰春秋晝夜，謂日南日北早晚不一也。惟北極一圖與渾天儀合，餘皆摭拾陳編，參以浮屠之説。其《六匌曼》則泛論天地之廣，荒誕不經，益無可徵驗矣。

《蓋載圖憲》一卷。編修勵守謙家藏本。明許胥臣撰。胥臣有《禹貢廣覽》，已著録。是書以天圖爲蓋，地圖爲載，大意以天文藉圖不藉書。其所録圖一十有七，曰全儀，乃子午、地平、黄赤道所由分也；曰日出日入遠近，乃南海、北海、應

天、順天、嶽臺、平陽之同異也；曰紫微垣見界諸星；曰黄赤道見界諸星；曰二十八宿占度；曰赤道北見界諸星；曰赤道南見界諸星；曰黄道北見界諸星；曰黄道南見界諸星。擬《堯典》四仲中星，附萬曆四仲中星。其餘則各案垣次爲圖，而以《步天歌》分綴於下。末繪《地輿全圖》，皆案度計宫，然其天圖皆出於湯若望，自有崇禎《新法曆書》，亦無庸復載。其地圖則蠡分疆界，多失其實，亦無可採焉。

《天官翼》。無卷數，浙江巡撫採進本。明董説撰。説有《易發》，已著録。是編以章蔀、紀元、元會、運世立論，謂曆數出於卦爻，頗譏漢《太初》《三統》之失。所列恒星過宫、年干入卦二表，以星次遞相排比，至帝堯甲子，適值張、心、昴、虚居四仲之中，與《堯典》中星相合，遂據以爲上遡下推之證。然天形轉運，積歲恒差，始自秒分，漸移度數，其遷流之故甚微。算家測驗星躔，隨時修改尚往往有過疎過密之虞，不能與天行相應。説作是書，不著步算贏縮之法，但以長曆遞推，恐未免刻舟求劍也。

《天經或問後集》。無卷數，福建巡撫採進本。國朝游藝撰。藝有《天經或問前集》，已著録。是編復發明天象，以廣所未備。首述前人曆法及七政行度，〔末〕舉雜氣、雜象神怪變幻出於常度之外者，一一辨正，衷之以理。雖其説閒有可採，而出於臆斷者頗多，未可據爲典要，不及其前集之謹嚴也。

《璇璣遺述》七卷。兩江總督採進本。國朝揭暄撰。暄字子宣，江西廣昌人。是書一名《寫天新語》，言天地大象，七曜運旋，兼採歐邏巴義，雜以理氣之説。康熙己巳嘗以草稾寄梅文鼎，文鼎鈔其精語爲一卷，稱其深明西術而又别有悟入。又稱其謂「七政小輪皆出自然，亦如盤水之運旋，而周遭以行疾而生漩渦，遂成留」逆一條，爲古今之所未發。今觀其全書，大抵與游藝《天經或問》相表裏。然藝書切實平正，詞意簡明，暄則持論新奇，頗傷龐雜。其考曆變、考潮汐、辨分野、辨天氣地氣所發育，方以智嘗謂其於易道有所發明。然如論日月東行如槽之滚丸而月質不變，又謂天堅地虚，舊蛋白蛋黄之喻徒，得形似，而喻爲餅中有餅，其説殊自相矛盾。至五星有西行之時，日月有盈縮之度，雖設譬多方，似乎言之成理，而揆以實占，多屬矯强，均不足據爲典要也。

《秦氏七政全書》。無卷數，江蘇巡撫採進本。國朝秦文淵撰。文淵爵里未詳。書凡八册。第一册論天行地體、經緯交錯之大象，以及七政交食、步算之大端，謂之《經天要略》，亦稍附句股、開方、重測諸法。二册言歲差及各表用法，謂之《七政諸表説》。三册以下全取成數，分條臚列，統謂之《二百恒年表》。考《二百恒年表》，本前明徐光啟等所集，載在《新法曆書》中，文淵不過採掇其法，參以己意，遂據以爲推步之譜。蓋其時曆法初變，測驗猶疎，故所見止於如是也。今御製《曆象考成》，凡《新法曆書》之詳而有據者，俱經引入。其數目驗諸實測有分秒之不合者，俱經定正。文淵此帙特西法之糟粕，揆以天行，多所違失，固無庸於採録矣。

《曆算叢書》六十二卷。安徽巡撫採進本。國朝梅瑴成重定其祖文鼎之書也。瑴成，宣城人。康熙乙未進士，官至左都御史。文鼎初作曆算書，各自爲部。後魏荔彤屬楊作枚校刊，作枚遂合之爲一，名曰《曆算全書》，並附以己説及辨論之語，自爲訂補。瑴成謂前書校讎編次不善，而名爲全書，亦非實録，因重加編次，合爲六十卷，改題叢書而附瑴成所作《赤水遺珍》《操縵卮言》二卷於後。觀其義例，與全書辨證者凡五：一以歲周地度合考作爲雜著；一謂火星本法稾爲一卷，殊欠理會；一謂《五星紀要》，原名《管見》，今仍其舊；一以《籌算》七卷原書單行，今併《筆算》稾入叢書；一謂曆算並稱，曆法事重，然不明算術則曆書無從而讀，故稱名仍以曆居算前，而序書則以曆居算後。其字句譌舛亦細加校駁。又序中稱作枚編次不善，故其書不能流傳，此瑴成重刊是書之大略也。雖編次不同，於文鼎書實無損益。且二刻已並行於世，均爲著録，殊嫌重複，故仍録其先刻者，而此本則附存其目焉。

《萬青樓圖編》十六卷。國子監助教張羲年家藏本。國朝邵昂霄撰。昂霄字麗寰，餘姚人。拔貢生，乾隆元年薦舉博學鴻詞。其書專論天文、算數之術，分十四目：曰天體、曰儀象、曰宫度、曰二曜、曰五緯、曰雲氣、曰煇氣、曰經星、曰曆案、曰曆理、曰曆數、曰測景、曰測時、曰定時，皆援引漢晉以來天官家言及歐邏巴之説，而各以己見附之，於推測之術頗有所得。其量天景尺及漏碗諸法，悉用意自造，亦頗精密。惟祲祥占驗，雜引史志舊文，龐雜無要，是其所短也。

《八線測表圖説》一卷。兩江總督採進本。國朝余熙撰。熙字晉齋，桐城人。是編欽遵御製《數理精蘊》，由句股和較、割圜八線、六宗三要諸法括爲圖説，以便初學之研究。大旨主於明淺易入，非別有新解也。

清・紀昀等《四庫全書總目》卷一〇九《子部十九》 《星學大成》十卷。兩淮鹽政採進本。明萬民英撰。民英字育吾，大寧都司人。嘉靖庚戌進士，歷官河南道監察御史，出爲福建布政司右參議。是編取舊時星學家言，以次編排，閒加註

釋論斷。卷一曰《星曜圖例》；卷二曰《觀星節要》《宮度主用》《十二位論》，卷三曰《諸家限例》《琴堂虛實》，卷四曰《耶律祕訣》；卷五至卷七曰《仙城望斗》《三辰通載》；卷八曰《總龜紫府珍藏》《星經雜著》，卷九曰《碧玉真經》《鄧史喬廟》；卷十曰《光喬淵微》《星曜格局》。其於星家古法，纖鉅不遺，可稱大備。自來言術數者，惟章世純所云「其法有驗不驗，驗者人之智計所及，不驗者天之微妙所存」，其言最爲允當，而術家必欲事事皆驗，故多出其途。以測之，途愈多而愈不能中。其尤難信者，無過於喬廟一說。其說以火、土二星相反而相成，晝火、參、軫及箕、壁無咎乃大吉，夜土、角、斗及井、奎降福亦如之。不知五行之理，惟主生剋。如季土坐於凋零之木，本自借其疏通；旺火臨於瀺灂之流，亦轉樂其滋益。若乃冬火坐水鄉，春土居木位，豈可目爲喬廟而定其吉乎？且土雖盛而木已被其沈埋，火即熾而水已虞其枯涸。有利於此，即不利於彼，是皆好奇求驗而不計五行生剋之故者。民英於此類大抵沿襲舊聞，未能駁正其謬。且今之五星躔度，歲差既異於古，亦難必其盡合。然其鳩集衆說，多術家不傳之本，實爲五星之大全，與子平之《三命通會》並行不悖。後來言果老術者參互考證，要必於是取資焉。《明史・藝文志》及黃虞稷《千頃堂書目》皆以此書爲陸位撰，而別出萬民育《三命通會》十二卷。今檢此書卷首自序及凡例，確爲民英所撰，《藝文志》蓋沿黃氏之誤，故仍以民英名著録云。

又《禽星易見》一卷。浙江范懋柱家天一閣藏本。明池本理撰。本理，贛州人。《明史・藝文志》載所著有《禽遁大全》四卷，《禽星易見》四卷，此本僅作一卷，蓋傳鈔者所合併也。禽星之用不一，此專取七元甲子局，用翻禽倒將之法推時日吉凶，以利於用。或以爲其法始於張良，本風后、神樞、鬼藏之旨，爲兵家祕傳，蓋好事者附會之說。其實於一切人事得失趨避無所不占，凡行營立寨吉時特間一及之而已。所論禽宮性情、喜好、吞啗、進退、取化之理，較他書爲簡明。而以時日禽爲彼我公用之禽，專取翻禽爲我，倒將爲彼，乃其獨得之解，尤爲可採。惟不載治曜，較異於他書。至以斗木爲蟹，故其性最弱，靜而安閒，非獬豸之獬。亦足訂星家之譌異，存之以與壬遁諸書參覽，猶不失爲古之遺法焉。

《御定星曆考原》六卷。康熙五十二年，聖祖仁皇帝御定。初康熙二十二年，命廷臣會議修輯《選擇通書》與《萬年書》一體頒行，而二書未能畫一，餘相沿舊說亦多未能改正。是年因簡命諸臣明於數學音學者，在內廷蒙養齋纂輯算法、樂律諸書，乃併取曹振圭《曆事明原》，詔大學士李光地等重爲考定，以成是編。凡分六目：一曰《象數考原》；二曰《年神方位》，三曰《月事吉神》，四曰《月事凶神》，五曰《日時總類》，六曰《用事宜忌》，每一目爲一卷。考古者外事用剛日，內事用柔日，其日以卜不以擇。趙岐《孟子註》謂天時爲「孤虛王相」，則戰國時已漸講之。然神煞之說，則莫知所起。《易緯・乾鑿度》有太乙行九宮法。太乙，天之貴神也。《漢志・兵家・陰陽類》亦稱：「順時而發，推刑德，隨斗擊，因五勝，假鬼神而爲助。」又《陰陽家類》稱「出於羲和之官，拘者爲之，則牽於禁忌，拘於小數，舍人事而任鬼神」，則神煞之說自漢代已盛行矣。夫鬼神本乎二氣，二氣化爲五行，以相生相剋爲用。得其相生之氣則其神吉，得其相剋之氣則其神兇，此亦自然之理。至其神各命以名，雖似乎無稽，然物本無名，凡名皆人之所加。如周天列宿各有其名，亦人所加，非所本有。則所謂某神某神，不過假以記其名位、別其性情而已，不必以詞害意也。歷代方技之家所傳不一，輾轉附益，其說愈繁，要以不悖於陰陽五行之理者近是。是書簡汰諸家，刪其鄙倍而括其綱要於順天之道、宜民之用。大聖人之於百姓，事事欲其趨利而遠害，無微之不至矣。

《欽定協紀辨方書》三十六卷。乾隆四年奉敕撰，越三年告成進呈。欽定凡《本原》二卷，《義例》六卷，《立成》《宜忌》《用事》各一卷，《公規》二卷，《年表》六卷，《月表》十二卷，《日表》一卷，《利用》二卷，《附録》《辨譌》各一卷。舉術家附會不經繁碎多礙之說，一訂以四時、五行、生剋、衰旺之理。蓋欽天監舊有《選擇通書》，體例猥雜，動多矛盾。我聖祖仁皇帝嘗纂《星曆考原》一書以糾其失，而於《通書》舊本尚未改定。是書乃一一駁正，以祛羣疑。如《通書》所載子月、巳月天德之誤，五月、十二月月恩之誤，甲日丑時爲喜神之誤，正月庚日七月甲日爲復日之誤，九空大敗等日之誤，並條分縷析，指陳其謬。甚至荒誕無稽如男女合婚、嫁娶、大小利月，及諸妄託許真君《玉匣記》者，則從刪削。於趨吉避凶之中存崇正闢邪之義，於以破除拘忌，允足以利用前民。至於御製序文特標敬天之紀、敬地之方二義，而以人之禍福決於敬不敬之閒，因習俗而啓導之，尤仰見聖人牖民覺世、開示以修吉悖凶之理者，至深切矣。

清・紀昀等《四庫全書總目》卷一一〇《子部二十》

《清類天文分野之書》二十四卷。兩江總督採進本。明劉基撰。基有《國初禮賢録》，已著録。此書乃洪武中奉敕所作。案星土之說，本於《周禮・保章氏》，而其占錯見左氏傳中。其法以國分配，漢、晉諸志少變其例，以州郡分配。以天之廣大，而僅取中國輿地

分析隸屬，本不足信。基作此書，更以一州、一縣推測躔度，剖析毫釐，尤不免於破碎。特其不載占驗，爲差勝術家附會之説。然既不占驗，何用更測分野？於理均屬難通。蓋附會相沿，雖以基之學識，亦不能盡破拘墟之見也。

《白猿經風雨占候説》一卷。浙江范懋柱家天一閣藏本。舊本題明劉基註。是書前有洪武四年基自序。案《明史・藝文志》天文類載有《白猿經》一卷，不著撰人，疑即是書。書中專論風雨雷電霪旱晦明之兆，末附以日星雲氣圖，殆好事者於天文祥異書中掇拾而成。註文及序均淺陋，亦決非基作。考沈士謙《明良録略》曰：「基以洪武八年四月卒，以天文書授子璉，使俟服闋進。且戒之曰：『無令後人習也。』」然則基之術數且不肯傳其子孫，又安有此，種註釋流傳於世乎？

《神樞鬼藏經》二卷。浙江巡撫採進本。不著撰人名氏。首題南極沖虛妙道真君，蓋道家所依託。前有自序稱輯爲三卷分十二章條陳一百一十九事，今此本祇分上下二卷，殆又傳鈔者所併也。上卷載風雲陰晴之占，以知歲時豐歉。下卷雜述青烏家言，相第宅吉凶，推小兒年命。末及觀物、拆字、斬三尸、驗神光，所言極宂雜不倫。自序又謂内篇有神遁天奇之祕，勿敢輕泄，附諸別録，亦誇誕不足信。中有「皇明洪武」語，蓋明人所爲也。

《象緯全書》。無卷數，兩淮鹽政採進本。不著撰人名氏。觀卷末自跋，蓋明萬曆中人。跋稱監臺疇人子弟分科，各習一藝，算者昧於象占，占者不達數意，須用象數相參，考其同異，則亦司天之官也。其書前列七政、二十八宿變異及風角星氣諸術，分類頗詳，然大抵雜引諸占書，參以史事，無所考正。末爲太陽行度立成諸表，蓋即所謂象數相參者。然言象者逾十之九，言數者不及十之一也。

《參籌秘書》十卷。浙江巡撫採進本。明汪三益撰。三益字漢謀，貴溪道士。是編採禽遁、奇門諸書，裒合成編，以備兵家之占。成於崇禎己卯，楊廷樞爲之序。己卯，崇禎十二年也。是時流氛方熾，廟堂主招撫，而草澤則競談兵，乃至方外者流亦炫鬻其術，託於異人之傳。夫天時之説，見於《孟子》，則孤虛、旺相亦屬舊文。然周興紂滅，同一干支，我往彼亡，難分宜忌。軍政不修，而規規以小術求勝負，末矣。

《星占》三卷。浙江巡撫採進本。明劉孔昭撰。案《明史・功臣世表》，孔昭劉基十三世孫，天啟三年襲封誠意伯。是書因基所撰，在齊餘政爲之註釋。其一卷論恒星，繪三垣二十八宿星座形式於前，附《步天歌》於後。於諸星悉加占語，類皆勦襲舊文，稍爲損益。二卷論日月五星、飛流彗孛、天形怪異以及分野宿次，言月蝕不及日食。三卷論陰晴風雨占候，亦皆雜採《觀象玩占》《天元玉曆》諸書，無所發明考證。惟所載《測天賦》較《觀象玩占》所載之本頗有條理，而孔昭之註則仍不免於支蔓。疑其本別有所受，爲熟於干支宮卦者所訂也。末列雨師、雷煞、金虎、火鈴、太乙、天罡、訪察使者諸名，全採道家之説。又附日月、星象、雲氣諸圖，亦占書之陳迹，均無足採。

《天文書》。無卷數，江西巡撫採進本。明柯洽撰。洽字九疑，天台人。是書乃其手録天官家言，故無卷帙次序。第一册論塸宿諸星，第二册論分野，第三册論五星，皆雜採史傳，綴以諸家占候之法。第四册論天地、列曜、交食、衝犯，多採《革象新書》而附以己意，大抵與今法違異，不足以資考核。

《靈臺秘苑》一百二十卷。河南巡撫採進本。不著撰人名氏。考《北史・庾季才傳》，稱所著有《靈臺祕苑》一百二十卷、《垂象志》一百四十二卷、《地形志》八十七卷，並行於世。此書書名、卷數皆與相合，然書中所徵引故實迄於元末，又所記冬至以日躔箕宿四度起算，則明人所編輯，仍襲季才之名耳。其書首一卷至五卷論天，六卷至十二卷論日月，十三卷至十七卷論五星，十八卷至二十七卷論三垣，二十八卷至五十三卷論二十八宿，五十四卷論雜星，五十五卷至六十卷論望氣，六十一卷至六十六卷爲天象雜占，六十七卷至七十卷論風角，七十一卷至一百二十卷爲雜占候。大抵推步緯度者少，測驗祥異者多，體例亦頗宂沓，蓋方技之流雜鈔占書爲之耳。

《註解祥異賦》七卷。浙江范懋柱家天一閣藏本。不著撰人名氏。專言天象祥異，凡賦七篇：占天地者曰《元黄賦》，占日者曰《炎光賦》，占月者曰《元精賦》，占五緯者曰《躔經賦》，占彗孛飛流者曰《瑞妖賦》，占宫室、城郭、營壘氣象者曰《雰零賦》，占風角者曰《颰颺賦》。各爲之註，大致與明仁宗所製《天元五曆》祥異相類。

《天漢全占》二卷。浙江范懋柱家天一閣藏本。不著撰人名氏。上卷爲《步天歌》，下卷爲《天漢經》，各繪圖於上，而載其説及雜占於下。諸家書目皆不著録。星圖各施采色，頗工整可觀，疑亦從明代内府本録出者也。

《海上占候》一卷。浙江范懋柱家天一閣藏本。不著撰人名氏。所記潮汐、風雨、晴晦、日月、虹霧之類，皆有定驗，乃爲泛海占視者而設，故以海上爲名。

《軍占雜事》一卷。浙江范懋柱家天一閣藏本。不著撰人名氏，所載亦多行兵占候之法。其書前半已有闕佚，而後半別題《神武金鑑》，自相舛異，蓋斷爛不完

之本也。

《占候書》十卷。浙江范懋柱家天一閣藏本。不著撰人名氏。首列《步天歌》，系以星象各圖；次即詳載諸占法，每一占爲一圖，而以占驗附於下。所引不出史志及《京房易傳》、《乙巳占》諸書，大抵附會穿鑿，殊爲猥雜。

《天文諸占》一卷。浙江范懋柱家天一閣藏本。不著撰人名氏，亦莫詳時代。書中雜占半出鈔襲，半出臆斷。如所註日影一則，謂用竿八尺，立於地中，以度其影，每於當節之日午時測影之長短以定豐歉、疾疫、人畜夭傷。不知太陽、太陰午正高度，隨時隨地，在在不同，豈能限以成法，泛言占驗？又其註月影一則，謂正月元宵夜月到午中，立七尺竿子以度其影，八尺水澇、六尺歲稔、一尺饑疫云云。是並不知日月之度數而妄陳休咎，不亦傎乎？

《天文大成管窺輯要》八十卷。浙江范懋柱家天一閣藏本。國朝黄鼎撰。鼎字玉耳，六安人。明末以諸生從軍，積功至總兵官，入國朝官至提督。是書乃其晚年所集，以古今天文占候分門編録。大學士范文程序之，大旨主災祥而不主推步，繁稱博引，多參以迂怪荒唐之説。

《星平會海》十卷。通行本。不著撰人名氏。黄虞稷《千頃堂書目》載有其名，蓋明人所編。前有自題，稱武當山、玉虚宫、三逢甲子日、金山人。如果甲子三逢，則年已一百八十矣。術家故爲虚誕，以惑人聽，不足憑也。其書兼論子平五星，所撮取者不一家，而亦有合有不合。如加盤、喬廟諸法，持論非不詳密，而推衍家宗之，往往十失其九。且印行既久，模糊舛誤，幾不可句讀，在坊本中又出《星平大成》之下矣。

清·劉錦藻《清續文獻通考》卷二五七《經籍考一》　《尚書釋天》六卷，盛百二撰。百二字柚堂，浙江秀水人。乾隆丙子舉人，山東淄川縣知縣。臣謹案：胡渭《禹貢錐指》，久爲言輿地者所推崇。百二此書則考訂天文，二十年精心結撰而成，足與渭書並峙經苑矣。

清·劉錦藻《清續文獻通考》卷二六一《經籍考五》　《〈漢書·律曆志〉正譌》二卷，王元啓撰。

清·劉錦藻《清續文獻通考》卷二七四《經籍考十八》　《欽定儀象考成續編》三十二卷，道光二十四年敬徵等奉敕撰。敬徵，滿洲鑲白旗人。官至協辦大學士，户部尚書，降副都統，謚文敘。臣謹案：是書之成，上距《御定儀象考成》幾及百年，依實測黄赤大距二十三度二十七分，推算揆天察紀之道，大備於兹矣。

《五星行度解》一卷，王錫闡撰。錫闡字寅旭，號曉菴，别號天同一生。江蘇吴江人。臣謹案：西法謂五星右旋，錫闡謂土、木、火實左旋，推算之法當改歲輪爲不同心天，則理數畫一。因詳爲之闡解，並以圖顯明之。

《推步法解》五卷，江永撰。永見《經部·小學類·韻書》。

《召誥日名攷》一卷。李鋭撰，鋭見《經部·易類》。臣謹案：鄭注《召誥》「周公居攝五年二月三月」，當爲一月二月。江聲、王鳴盛以爲《洛誥》十二月戊辰而逆推之，其説未核。鄭氏實以緯候入蔀數推知之。鋭乃據《詩·大明疏》、鄭注《尚書》皆用殷曆甲寅元，從文王得赤雀年起，以《乾鑿度》所載積年推算。是年入戊午蔀二十九年，歲在戊午，乃以推算各年及一月二月，排比干支，分次上下而發明之。

《三統術注》三卷，《四分術注》三卷，《乾象術注》二卷，《補奉元術注》一卷，《補占天術注》一卷，李鋭撰。臣謹案：鋭以梅文鼎擬撰《曆法通攷》一書，爰師其意，取黄帝迄元明數十家曆法，闡明理法，攷訂闕遺，爲《司天通志》，以裨攷史治曆之實用。雖僅成三統、四分、乾象、奉元、占天五術注，而已闢占曆之奥窔。繼起修明者，亦有所遵循也。《日法朔餘强弱攷》一卷，李鋭撰。臣謹案：鋭據《開元占經》及《授時曆議》所載五十一家日法、朔餘，課其强弱，凡合者三十五家，不合者十六家。反覆推驗，謂不合之故有三：其一朔餘强於强率；其一朔餘之下增立秒數；其一日法積分太多，朔餘雖在强弱之間，亦於率不合。蓋本於何承天調日法，立强弱率求朔實，由此證明，而曆術之殘缺者均可修明矣。

《高厚蒙求》八卷，徐朝俊撰。朝俊見《史部·政書類·考工》。臣謹案：是書分爲天學入門、日晷測時、星月測時、天地圖儀、揆日正方等各卷，均有圖説。張作楠論其舛謬，爲學者所當知。然朝俊用心絶學，兼及製器之法，海域之觀，固有先見深識，《疇人傳》論未免詆之太甚矣。

《圖天圖説》三卷，《續編》二卷，李明徹撰。明徹字青來，廣東番禺人。爲道士，居粤秀山龍王廟。臣謹案：是書仿陽瑪諾《天問略》之例，於諸天重數、七政軌道、小輪行法、交食原理，及各節氣日出入時刻、地體經緯均詳具圖説，以顯明之。其表度用法、定節氣表影圖説，尤爲測驗之捷術。《續編》推論《正編》所未備，如月五星緯行黄赤斜升緯差之類，較諸家論述爲詳，洵爲有裨步算之作。

《經書算學天文考》二卷，陳懋齡撰。懋齡字勉甫，江蘇上元人。乾隆時副

貢，安徽青陽縣教諭。臣謹案：懋齡以《五經算術》多漏略，乃依今法恒星東行詳考歲差，以弧三角視法圖寫渾儀，依郭守敬《授時曆》博考《詩》《書》，及於魯隱公，著爲史表，使學者可依法推步。其於中星、北辰、閏月定時、《周禮》地中及商周書年月日食等篇攷之甚詳，誠爲有裨經學之書。

《周髀算經考》一卷，桂文燦撰。文燦見《經部·書類》。

《周髀算經考證》一卷，鄒伯奇撰。伯奇字特夫，廣東南海人。諸生。臣謹案：《周髀》爲句股測量之術，凡揆北極、求日徑、定宿度、攷躔次，皆具有法原，實爲天算學之祖。惟其中自榮方問於陳子以下，學者誤解相傳，又竄以他術，致爲渾天家所譏。趙君卿、甄鸞、李淳風均無所匡正，是書詳爲條辨，以解學者之惑，洵名著也。

《〈周髀算經〉校勘記》一卷，顧觀光撰。觀光字賓王，號尚之。江蘇金山人。諸生。臣謹案：觀光以是書雖經梅、戴諸賢表彰，迄未明其實用。乃考得《渾蓋通憲》之外衡、中衡與《周髀》合。其以切線定緯度，中密外疏，無一等者。因此悟《周髀》之圖，實以經緯通爲一法，非真以地爲平圓，而以平遠測天，如徐光啟之所譏。經所言周徑里數皆爲借象，而能與實測相符。爰取經文，攷正其脱誤，衍文，並補圖説以明之。名曰校勘，實爲發明之作。

《推步簡法》，不分卷，顧觀光撰。臣謹案：是書分爲甲子元推步簡法、癸卯元推步簡法、五星推步簡法。悉取舊術，改度爲百分以趨簡易。觀光於曆算，獨具神解。其變通舊術，能省迂曲之算，而得同一之數。如推交食，惟以併徑及真時距分求東西南北差，即得兩交□，不更求真時諸數。取徑捷而得數確，且可以啟學者無窮之巧思。

《古經天象考》十二卷，雷學淇撰。學淇字瞻叔，順天通州人。嘉慶甲戌進士，貴州永從縣知縣。臣謹案：是書以群經所言天象爲綱領，參攷忠志，而會通以歷代言天者之學説，分篇立説，圖象顯明，古天文學之綜匯也。

《推算日食增廣新術》一卷，羅士林撰。士琳見《經部·春秋類》。臣謹案：新法有推算正升、斜升、横升之法，羅氏更推廣其術，以求太陰隨地隨時之明魄方向分秒。復以其術通於求交食限内之方向邊分，及所經歷之邊分。隨處可以知日食方位分秒，如指諸掌，術愈密而用愈便矣。

《五緯捷算》四卷。黄炳垕撰。炳垕見《史部·傳記類·名人》。臣謹案：五緯推步舊法用諸輪，新法用橢圓。《御製曆象攷成前編》詳載諸輪布算之術，而《後編》未備橢圓算法。臺頒《七政萬年曆書》，僅載過去宿度，學者無由推算。炳垕創爲上元甲子後五緯行度表，滿一大周天爲式。並注明留退、留順之日，並載上應、下應之年。推之再周、三周，度之增損，皆有定率。是書與《交食捷算》皆創所未有，曆學於是有坦途矣。

《交食捷算》四卷，黄炳垕撰。臣謹案：曆法以推步交食爲最繁。炳垕取時憲術之交食算例，立法變通，創爲三元積閏表。立測食六術，用以上推下推。凡交食淺深、躔離次舍，可以簡算得之，實有功曆學之作。

《躔離引蒙》三卷，賈步緯撰。步緯字心九，江蘇南匯人。光緒戊戌舉經濟特科，未赴。臣謹案：步緯以《御製曆象攷成後編》用橢圓面積推地心角度爲實引，迥殊舊術。但推步較難，爰取顧觀光之法，以躔離諸用數悉改百分爲度，可免收化之繁。又按月離表内用數增列對數，較得數益密，誠推步之捷術也。

《交食引蒙》一卷，賈步緯撰。

《上元甲子恒星表附説》一卷，賈步緯撰。

《甲寅恒星表》一卷，《赤道星圖》一卷，《黄道星圖》一卷，鄒伯奇撰。

《校正李刻赤道恒星圖》一卷，馮桂芬撰。桂芬見上《雜家類·雜學》。

《中星表》。不分卷，馮桂芬撰。臣謹案：桂芬以前人所推《中星表》歲遠不合用，乃依法以咸豐元年冬至歲差，擇赤道内外天頂以南明大之星一百名，按節氣列之，一以京師爲準。次列算法爲立表之根，次列《赤道經度歲差表》，次列《黄赤升度表》，次列《變時表》，以便檢用。

《三統術詳説》四卷，陳澧撰。澧見《經部·書類》。

《六曆通考》一卷，顧觀光撰。

《九執曆考》一卷，顧觀光撰。臣謹案：唐開元時瞿曇悉達所譯《九執曆》，載在《開元占經》，未顯於世。觀光乃推尋其躔離交食之法，證以回曆及近世歐羅巴術。凡小輪高卑及日食用黄平象限定南北差等法，多相切近，可以見西曆由疏至密之根。

《回回曆解》一卷，顧觀光撰。

《曆代長術輯要》十卷，《古今推步考》二卷，汪曰楨撰。曰楨見《經部·小學類·韻書》。臣謹案：是書上起共和，下接欽天監頒行《萬年書》，各就當時行用曆法推算。每年詳列朔、閏、月建大小及各節氣，始定爲五十卷，後乃删繁節要，別成十卷，附以《古今推步考》二卷。

《顓頊曆攷》一卷，鄒漢勛撰。漢勛見《經部・易類》。臣謹案：漢勛以今術推《史記》《漢書》所紀，至朔日閏多不合，乃悟當時各有所用之曆。爰攷始皇二十年，下訖太初元年，百七十年用《顓頊曆》而曆書不詳。爰據《史》《漢》所載至、朔、日閏，仿《春秋長曆》例，按年編次以證明之。

《天文》二卷，赫士、周文源譯。赫士，美國人。臣謹案：是書共十八章，分爲三部：一藉諸器以步諸曜之經緯，爲天文用學；一證諸曜之攝力方向，爲天文力學；一論諸曜之形狀體質，爲天文體學。並詳推算要式，大半本於路密司原著。所云里數皆以英里尺寸爲準，經度以英國哥爾尼城爲原點。近時譯出天文書，當以此爲切要。

《天文啟蒙》一卷。林樂知、鄭昌棪譯。樂知，美國人。《天文略解》二卷，李安德撰，劉海瀾譯。安德，美國人。臣謹案：李安德爲匯文書院天文教習，以天學書籍皆奥衍難明，學者未有善本，乃撮舉天學書之綱領，附以所見，分別説明。圖説淺顯，其增入小注多涉天學精理，足以啟學者之悟解。

《談天》十八卷，《附表》一卷，偉烈亞力、李善蘭譯。偉烈亞力見《史部・政書類・考工》。善蘭字壬叔，號秋紉，浙江海甯人。官三品卿，銜户部郎中。臣謹案：是書英國侯失勒約翰撰。分爲十八章，發明地與行星繞日，而月繞地，即繞其重心之理。軌道並爲橢圓，歷時等則所過面積亦等。又證以距日立方與周時平方之比例、恒星之光行差、地道之半徑視差，而地之繞日愈明。證以彗星軌道、雙星相繞皆合橢圓，而地與五星之行橢圓愈明。可謂善求其故。其論橢圓諸根之變，逐時經緯度之差，推理尤深，誠爲天學之鉅作。原本於年月日時皆用西國法，準英京倫敦經度。譯改中國法，準順天經度，以便讀者。

《測候叢談》四卷，金楷理、華蘅芳譯。臣謹案：是書專論天氣變化、地面冷熱諸理，爲氣象學書，附列於此。右天文。

清・陳兆崙《紫竹山房詩文集》卷四《〈象緯考〉前序》 乾隆丙子，續《通考》館奉聖旨：象緯一門，推步與占驗相爲表裏。令臣等會同禮部侍郎兼欽天監正何國宗悉心纂輯。明年書成，臣國宗著兩儀、七政、恒星、二十八宿、十二次、州郡躔次、日月行道、極星度、東西偏度、中星，凡十篇。統前後纂修官所編排，凡若干卷，恭呈御覽。序曰：謹按馬端臨《象緯考》、宗鄭樵《通志》，謂漢、晉諸志所載諸星名數災祥叢雜難舉，而取隋丹元子《步天歌》列前，採諸家以釋之。又參宋兩朝《天文志》及《中興志》二書，以補諸星去極入宿之度，固已得其大略矣。于是大陳占驗，上自春秋，下逮宋嘉定之世，分條析縷，可謂賅備。而故臣宣城梅文鼎則有詩云：「《通考》述占驗，未及算家言。亦有續文獻，缺略不足存。」蓋以馬氏載天文而略數術，不無遺憾。文鼎由單士績學，得其貫通。我皇上以天亶聰明，即亦指示及此，推步顧可忽歟？臣等伏思占驗猶虚而無據，推步則信而有徵。如交食凌犯，皆可預知而不謬，不必一一有人事以應之。而運會所值，時亦適相待合。既有其適合，則固知偏漏者之缺其一，而其一亦不能獨立也。爰合五朝史志所載，揆以今法，校異訂訛，備詳按語，亦仍前考體例，分列諸象休咎之徵。庶推步得所指歸，而亦不廢占驗。凡在性學所近，當各有取。以視往册，較爲完書。謹序。

清・胡敬《胡氏書畫考三種・國朝院畫録卷下》 《西域輿圖》一卷。乾隆丙子《御題〈輿地圖〉詩》注：「輿地圖自康熙年間，皇祖命人乘傳詣各部，詳詢精繪而後定。或有不能身履其地者，必周諮博訪而載之。既成，鐫以銅版，垂諸永久。上年平定準噶爾迤西諸部，悉入版章。因命都御史何國宗，率西洋人由西北兩路分道至各鄂托克，測量星度、占候、節氣，詳詢其山川險易、道路遠近，繪圖一如舊制。」《再題〈輿地圖〉疊前韻詩》注：「乾隆乙亥年，平定準噶爾各部。既命何國宗等分道測量，載入輿圖。己卯，諸回部悉隸版籍。復遣明安圖等前往，按地以次釐定。上古星朔，下列職方。備繪全圖，永垂徵信。」

清・紀大奎《雙桂堂稿續稿》卷九《書楊作枚〈星學真源〉復董素村司馬丁丑十二月》 此書第一要緊，是人生時第幾刻幾分黄道出地平環上之星度，爲安命宫度。但各省所見北極出地高低不同，則地平環上所值之黄道星度亦遠近不同，故同一時刻而各省安命之宫度有同有不同，一書祕訣實在於此。此只須按北極高低作各省南北地平圖，加於赤道南北恒星圖之上，則黄道出地星度一目瞭然，無俟推算矣。惟查人命十二宫，實由地周十二方位上值之天星所布，必用天常赤道爲準。若黄道，則不能在卯宫安命者居多，而十二宫之名位俱不足憑，此其不可信者也。蓋七政右行，雖循黄道内外，而其每日十二時左旋，以下燭於地，則必與赤道之圈同其平，不與黄道之圈平，故十二宫非赤道不能定也。又此書十二宫用黄道之每宫三十度，然黄道欲值地周以布十二宫，則必有贏縮之差，不能每宫三十度。此黄道宫所以不能與大地宫、赤道宫同用，此又其不可信者也。又此書用西法，中氣過宫則歲差所值必須年年换十二宫圖。久之，而東西南北、蒼龍白虎之類皆全相反。象既不符，則休咎安足取應？此又其不可信者

也。謹附質之，以備考訂焉。

清·阮元《疇人傳》序　昔者黃帝迎日推策，而步術興焉。自時厥後，堯命羲和，舜在璿璣，三代迭王，正朔遞改，蓋效法乾象，布宣庶績，帝王之要道也。是故周公制禮，設馮相之官；孔子作《春秋》，譏司術之過。先古聖人，咸重其事。兩漢通才大儒，若劉向父子、張衡、鄭玄之徒，纂續微言，鉤稽典籍，類皆甄明象數，洞曉天官，或作法以敘三光，或立論以明五紀。數術窮天地，制作侔造化，儒者之學，斯爲大矣。世風遞降，末學支離，九九之術，俗儒鄙不之講。而履觀臺、領司天者，皆株守舊聞，罔知法意。演譯算造之家，徒換易子母，弗憑圭表爲合，驗天失之彌遠。步算之道，由是日衰；臺官之選，因而愈輕。六藝道湮，良可嗟歎。甚或高言內學，妄占星氣，執圖緯之小言，測淵微之懸象。老人之星，江南常見，而太史以多壽貢諛；發斂之節，終古不差，而倖臣以日長獻瑞。若此之等，率多錯謬。又或稱意空談，流爲虛誕，河圖洛書之數，傳者非真；元會運世之篇，言之無據。此皆數學之異端，藝術之楊墨也。元蚤歲研經，略涉算事，中西異同，今古沿改，三統四分之術，小輪橢圓之法，雖嘗旁稽載籍，博問通人，心鈍事棼，義終昧焉。竊思二千年來，術經七十改，作者非一人。其建率改憲，雖疏密殊途，而各有特識，法數具存，皆足以爲將來典要。爰掇拾史書，薈萃群籍，甄而録之，以爲列傳。自黃帝以至于今，凡二百四十三人，附西洋三十七人，大凡二百八十人，離爲四十六卷，名曰《疇人傳》。綜算氏之大名，紀步天之正軌，質之藝林，以諗來學。俾知術數之妙，窮幽極微，足以綱紀群倫，經緯天地，乃儒流實事求是之學，非方技苟且干禄之具。有志乎通天地人者，幸詳而覽焉。　嘉慶四年十月。

清·羅士琳《疇人傳續編》序　向疑《八綫表》及《八綫對數表》，字數在一二百萬已上，且盡數目之字，非有文義可尋，而字體微芒，細碎叢密，保無寫刻之譌，緣從屢求句股所成，無由讎校。近見羅氏茗香以乾隆間明氏《捷法》，校得《八綫對數表》一度十三分二十秒正切，第五字「〇」誤作「一」；又六度四十一分十秒正切，第五字「〇」誤作「六」；又十二度五十分正弦，第六字「七」誤作「五」；又十六度三十二分十秒正切，第七字「九」誤作「〇」；又四十二度三十二分四十秒正切，第九字「五」誤作「四」。可見西人之所能者，今人亦能之也。羅氏又因讀《四元玉鑑》，于如像招數一門有所會通，更取明氏《捷法》，御以天元，知密率亦可招差，其弧與弧矢互求之法，與《授時曆草》之垜積招差，一一符合，且以祖氏之綴術失傳已久，其法僅見于秦書，即大衍之連環求等遞減遞加，亦與明氏《捷法》相近。爰融會諸家法意，爲譔《綴輯輯補》二卷，纂續微言，興復絶學，古人之名亦從茲不朽，爲功匪淺。明氏爲乾隆初滿洲人，其《割圜密率捷法》，海内無刊本，與元朱松庭《四元玉鑑》等書，皆出在嘉慶初。《疇人傳》成之後，兩家之書，又皆大有裨于曆數。

在昔聖人治易畫象，獨于革卦，一則曰「治曆明時」，取諸革，再則曰「天地革而四時成」。夫曰三月成時，月三日成霸，霸之義從月亦從革。《説文》「革，更也」，故術家因之隨時修改，以求合于天行。自古以來，所以有七十餘家之術，而授時歲實之上考用長，下推用消，黃赤大距之古大今小，歲差之古今不同，皆其明證。非古人之心思才力不逮今人，亦非古法之疏，不若今法之密，蓋迫于積漸生差，術以是見疏耳。漢洛下閎謂太初術八百歲當差一日，亦本取革之義。自西人尚巧算，屢經實測修改，精務求精，又值中法湮替之時，遂使乘間居奇。世人好異喜新，同聲附和，不知九重本諸天問，借根昉自天元，西人亦未始不暗襲我中土之成説成法，而改易其名色耳。如諸輪變爲橢圓，不同心天變爲地球動是已。元且思張平子有地動儀，其器不傳，舊説以爲能知地震，非也！元竊以爲此地動天不動之儀也。然則蔣友仁之謂地動，或本于此，或爲暗合，未可知也。西法之最善者，無過八綫。然舍表無以布算，苟如羅氏以密率招差，是其法亦無異乎元朝《授時曆草》，更安知《八綫表》不亦由于此乎？世之學者，卑無高論，且因八綫對數，以加減代乘除，競趨簡便，日習其術，罔識其故，致古人精詣盡晦矣。夫爲數之道，首在《虞書》，辨氣朔之盈虛，課日月五星之遲疾，因時制宜，即孟子所謂苟求其故，此亦實事求是，最大最難者也。枚乘《七發》曰：「孟子持籌而算之，萬不失一。」此漢人亦必有所本，前傳未列孟子，應否補列，請思酌之。

方今聖世，六藝昌明，佚書大顯，後有疇人，思欲復古，將見大衍爲考古之根，天元爲開來之具，綴術爲五星之用，招差爲八綫之資。合大衍約分天元、寄母、綴術、求等、招差、纍積，又爲後學之權衡，斯又宋元來復見之各書，所亟宜甄録而表章也。

元少壯本昧于天算，惟聞李氏尚之、焦氏里堂言天算。尚之往來杭署，搜列各書，與元商譔，成《疇人傳》。今老病告歸田里，更爲昏耄。又喜得羅氏茗香論古天算有如此，羅氏補續疇人，各爲列傳，用補前傳所未收者，得補遺十二人，附

見五人，續補二十人，附見七人，大凡四十四人，離爲六卷，次于前傳四十六卷之後，統前傳共成五十二卷。容有挂漏，俟再續焉。又宋元間算法所指太極、天元、四元、大衍等名，皆用假判真，借虛課實，以爲先後彼此地位之分别耳。非如道學家言，確有太極天地之道，貫乎其中，至術數占候，及太乙壬遁符讖之流，則尤明曆明算者所不屑言也。前傳凡例已詳析之，兹更不及之。道光二十年夏四月，予告體仁閣大學士經筵講官太子太保在家食俸揚州阮元序，時年七十有七。

清·查燕緒《重刻〈疇人傳〉後跋》 海鹽張子簡布衣敬爲受之先生之子，今世志學士也。近復潛心曆算，以爲彙古今推步之全者，無如儀徵阮文達公《疇人傳》一書。而板刻久燬，海内不多。有一日客硤石蔣氏，從溉根貳尹學培、肖鮨茂才望曾，訪求琅嬛僊館原刻。二君出所藏本，勸其重梓。張君然之，遂介以寄余蘇州，屬爲勘對，鏤諸版。余爲羅氏續傳，所以補是書之遺者也。曩見元和管氏有此本，爲書六卷，即次前傳之後，爰段之申、季廣文禮耕仍以坿焉。工始于光緒壬午正月，越五月告成，亟督印行，俾世之震驚西學者，讀阮氏、羅氏之書，而知地體之圓，辨自《曾子》；九重之度，昉自《天問》；三角八綫之設，本自《周髀》；蒙氣之差，得自後秦姜岌。盈朒二限之分，肇自齊祖冲之；渾蓋合一之理，發自梁崔靈恩；九執之術，譯自唐瞿曇悉達；借根方之法，出自宋秦九韶；元李冶天元一術，西法雖微，究其原，皆我中土開之。則二蔣君之力爲慫恿，與張君之決然刊布，其意洵足多矣，又豈僅爲善尊先民者哉！海寧查燕緒樞亭謹識于木漸齋。

清·諸可寶《〈疇人傳三編〉序》 序曰：明經明算，并重唐典。元精明替，爰逮鼎建。聖祖首出，斯學大顯。盛世無外，古籍盡獻。法曰東來，實源大衍。阮先羅後，疇人列傳。訖今甲申，垂五十年。聰明才智，我有人焉。茗香四元，梅侶句股。莊愍橢圜，戴顧對數。宫簿神解，致曲洞方。徵君妙用，繪畫測量。秋紉集成，必則古昔。駕乎泰西，我書彼譯。語見《戴先生傳》。凡兹君子，度越前朝。蒙之纂續，庸備芻蕘。旁及名媛，女也三氏。附録西洋，太傅舊例。嗟嗟束髮，願學耽翫。六九齒逾，見惡乃積。如後所聞所見，筆之于書。庶有達者，理而董諸。光緒十有二年正月乙未朔立春日，錢塘諸可寶目。

清·華世芳《近代疇人著述記》 《疇人傳》自羅茗香續後，未有再續者。近時算家著述序跋，足繼前賢而開後學者，頗不乏人。顧或僻處偏隅，遺書未顯；或英年多故，著作未成，亦往往而有欲搜訪而續輯之，誠未易言矣。然而覃精數理者，名山之絶業也；多方蒐録者，尚友之苦心也。不揣檮昧，勉效管窺，意在網羅，有傷緐冗，謹分條詮次如左。

儀徵阮文達公元，嘗以虞劆推《小雅·十月之交》，在幽王六年。因用時憲術，上推幽王六年十月朔正得入交。督漕運時，立糧艘盤糧尺算法，頒行各省。又嘗溯古今沿革之原，究中西異同之致，掇拾史書，薈萃群籍，創爲《疇人傳》。自黄帝以降，甄而録之，得二百八十人。綜算氏之大成，紀步天之正軌，至今游藝之士，奉爲南鍼。

甘泉羅茗香士琳，少時所著，有《比例匯通》四卷，摘《九章》中切于日用者，匯爲比例十二種，意主發明西法。後益專精于天元四元之術，著《觀我生室彙稿》，已刻者凡九種：曰《句股容三事拾遺》，本博繪亭之法，取句股中舊有之容方邊容圓徑，益以西法之容中垂綫交互相求，一以天元御之。曰《三角和較算例》，取斜平三角，中兩邊夾一角術，鎔入立天元一法，用和較推演成式。曰《四元玉方之分還原術》一種。

無錫鄒敬甫安鬯，精究琴理，著《琴律細草》一卷。篤好天元一術，校讀算書，每有所得，輒題于眉上。嘗以郁刻秦道古《數書九章》謬訛錯出，演算不易，故用力尤勤，而辨正爲多，有沈、李、毛、宋諸家所未及者。竊擬編次其説爲《數書校議》一册，庶幾鄉先哲之學術可以不没云。

烏程陳静菴杰，著《算法大成》上編，凡十卷，門分類别，意在引誘初學。其中平弧三角數卷，頗能洞見本原，句股求三整數法，尤爲新得之理。惟以天元正負諸乘方，爲算家故設難題，不適于用，未免爲識者所噱。《下編》十卷，則由法而致用，顧無刻本，蓋未定之書也。又有《輯古算經細草》一卷、《圖解》三卷、《音義》一卷刊行于世。又有《彗星譜》二册。其弟子有烏程張南坪福禧、歸安丁寶書兆慶，皆明算而未成著述。《算法大成》中録其兩邊夾一角徑求對邊術解，頗爲明晰。

錢唐項梅侶名達，其算學之書，已刻者曰《下學菴算書》，凡三種：曰《句股六術圖解》，變通舊術，分術爲六，使題之相同者通爲一術，圖解明晰，比例精簡；曰《平三角和較術》，曰《弧三角和較術》，極數究理，于無可比例中尋得比例，婉轉妙合，古所未有，惜其圖解尚無成書。未刻者曰《象數一原》，項氏《原書》祇六卷，而卷四僅六紙，爲未完之書。歿後其友人戴鄂士校補之，始成全帙。凡七卷：卷一曰整分起度弦矢率論。卷二曰半分起度弦矢率論。卷三、卷四

曰零分起度弦矢率論，皆以兩等邊三角明其象遞加法定其數，末乃申論其算法。卷五曰諸術通詮，取新立此弧弦矢求他弧弦矢二術，半徑求弦矢二術，及董氏、杜氏諸術，按術詮解之。卷六曰諸術明變，雜列所定弦矢求八綫術，開諸乘方捷術，算律管新術，橢圜求周術，皆從遞加數轉變而得者也。卷七曰橢圜求周圖解，則鄂士所補纂也。其弟子錢唐王吉甫大有，篤嗜算術，偏涉中西兩家言，嘗校刻《割圜捷術合編》，不知有他著述否。

烏程徐莊愍公有壬，著《務民義齋算學》，已刻者凡七種：曰《測圓密率》，本杜德美、董方立輩屢乘屢除之法，而廣爲互求之術；曰《造表簡法》，以垛積招差之法，求西人立表之根；曰《橢圓正術》，因新法盈縮遲疾皆以橢圓立算，而取徑迂回，布算綦重，爰譔是術，法簡而密，尤便對數；曰《截球解義》，直抉球與等徑等高之圓困，其外面皮積亦等之理，爲幾何所未發；曰《弧角拾遺》，括舊法垂弧次形、矢較諸目，而統歸于和較，施之對數尤便；曰《表算日食三差》，以西法步算多資于表，獨日食未立步法，故用新法補之；曰《朔食九服里差》，增廣疇人舊術，爲見食各州郡隨時測驗之準。其未刻者，尚有《堆垛測圓》三卷、《圓率通考》一卷、《四元算式》一卷、《校正九執術》一卷、《古今積年解源》二卷、《强弱率通考》一卷，燬于兵燹，不可得見矣。

錢唐戴鄂士煦，《粵雅堂叢書》中，刻其所著《求表捷術》三種，共九卷。其一曰《對數簡法》、《續對數簡法》，始以開方表求諸對數，繼因假設對數，即訥白爾對數。以求定準對數，即十進對數。續悟開無量數乘方法，用連比例求諸對數，而得數益捷，此求對數表捷術也；曰《外切密率》，用連比例互相比例，借杜德美求弦矢諸術變通之，以求切割二綫，割圓之法乃大備，此求八綫表捷術也；曰《假數測圓》，創爲負算對數，可舍八綫而徑用弧背入算，以求其八綫對數，此求八綫對數表捷術也。又有《四元玉鑑細草》，與羅茗香所著略同，而圖解明暢過之；《音分古義》二卷，以連比例立算，與古律分吻合，皆未刻。

吴縣馮景亭桂芬，著《弧矢算術細草圖解》一卷，本李四香十三題，而詳演天元加減乘除開方各式，意淺語詳，有裨初學，刻入《昭代叢書》中。咸豐之季，西人新術初入中土，通其法者尠，而李壬叔所譯《代微積拾級》一書，尤爲難讀。因取其書逐節疏解，與上元陳子僑場同譔《西算新法直解》一書，惟輕改其所記之號，所代之字，此正如戴東原之變易舊名，轉足以疑誤後學也。又有《中星表》，按咸豐辛亥天正冬至星度立算。

金山顧尚之觀光，著書甚多，全稿名曰《武陵山人雜著》，其言算者有十一種：曰《算賸初續編》凡二卷；曰《九數存古》，依《九章》爲九卷，而以堆垛、大衍、四元、旁要、重差、夕桀、割圜、弧矢諸術附焉，皆采自古書，而分門隸之；曰《九數外録》，則櫽括西術，爲對數、割圓、八綫、平三角、弧三角、各等面體圓錐、三曲綫、静重學、動重學、流質重學、天文重學。作記十篇，曰《六曆通考》，據《開元占經》所紀黄帝、顓頊、夏、殷、周、魯積年，而爲之考證；曰《九執曆解》、曰《回回曆解》，皆就其法而疏通證明之；曰《推步簡法》、曰《新曆推步簡法》、曰《五星簡法》，皆就疇人所用術，改度爲百分，趨于簡易，而省其紆曲；曰《算賸餘稿》、曰《雜著》，則身殁之後，余師張嘯山先生爲之分别編次者也。

杭州夏紫笙鸞翔，遺書凡四種：曰《萬象一原》、曰《致曲術圖解》，推究縱横綫之條理，研求微積分之奥竅；曰《洞方術》，探索夫遞加數尖堆底之原，可以加減代乘除，爲求弦矢之捷徑；曰《少廣縋鑿》，專立捷術以開各類乘方，通爲一術，可徑求數十位方根，無論益積翻積，俱視爲坦途矣。

臨川紀慎齋大奎，著《筆算便覽》，其書以筆算爲名，而兼及籌算，述宣城梅氏之義，具見簡明，同治庚午南昌梅氏重梓《算經十書》，曾取其書附刻于後。

廣州何報之夢瑶，曾删訂《算法統宗》，及輯梅定九、朱吟石兩家之書，共爲四卷，繼復鈔撮《數理精蘊》，得八卷，合爲一書，凡得十二卷，名曰《算迪》。今伍氏刻本衹八卷，蓋非其全稿也。

南海鄒特夫伯奇，遺書曰《學計一得》，以算術解經義，爲治經者之助；曰《補小爾雅釋度量衡三篇》，博引傳注，考證詳明；曰《格術補》，述夢溪之遺緒，爲算學之支流；曰《對數尺記》，因西人對數表而變通之，以尺代表，製簡用廣；曰《乘方捷術》，首立開方四術，以明其理，又立求對數較四術，以探其賾，末設對數開方計息諸草，以著其術之切于日用；曰存稿，則雜文也。嘗繪輿地全圖，其經度無盈縮，而緯度漸狹，相視皆爲半徑與餘弦之比，横九幅，縱十一幅，合之則成地球滂沱四隤之形，以圜繪圜，其形維肖。又準咸豐甲寅歲前恒星經緯繪赤道南北恒星圖二幅。其未定之書尚有《測量備要》二册。其弟子伊善卿德齡有《求弦矢通術》一卷，刻入《傳習録》中。

嘉定時清夫曰醇，熟于求一之術，嘗在大衍一術求等約分，頭緒不一，譔《求一術指》一書。晚年目已雙瞽，猶能手按珠盤，口授其子，著《百雞術衍》二卷，以張邱建百雞一題，衍爲大、中、小三色，皆有分子之題，以盡通分之妙。每題分立

兩法，一馭以方程，一馭以求一，以示術理相通。每問各列三答，以存其概。然疏略甚多，若以代數求之則合，問之答數，尚不止此也。

興化劉融齋熙載，著《天元正負歌》四則，簡捷易明，最便初學，見《昨非集》。

長沙丁果臣取忠，爲楚南絶學之倡，嘗校刻《白芙堂算學叢書》。其所譔述者：曰《數學拾遺》，多發明古今算家未盡之旨；曰《輿地經緯度里表》，據魏氏《海國圖志》，以補張氏《揣籥小録》，爲之析旗部增海國推距里，惟魏圖轉輾鈎摹，所紀經緯，不足爲據，而據以推算，不無毫釐千里之謬。即如今實測英國倫頓爲中國京師中綫偏西一百十六度二十八分，而此表乃云一百二十七度十分，差至一千二百餘里，其他各國誤率類是；曰《粟布演草》，其書以發商生息爲題，彙輯各家術草，以明開方之術，而鄒特夫《截算》、《續商》二法，亦藉以附見焉；曰《對數詳解》，一本乎代數之法，而闡明對數之理，與用算式繇重演算不易，則曾栗誠之力也。

海寧李壬叔善蘭，與西士偉烈亞力續譯《幾何原本》之後九卷，以竟徐文定公未完之業。又譯《代數學》十三卷、《代微積拾級》十八卷、《重學》二十卷、《曲綫説》三卷、《談天》十八卷，刊行于世。代數者猶中法之天元四元也，惟天元四元之所重者在行列位次，而代數則不論行列位次，一切皆以記號明之，故其理雖同，而爲用尤廣。微分積分者，凡綫面體，皆設爲由小漸大，一刹那中所增之積即微分也，其全積即積分也，一切曲綫及曲綫所函面曲面，及曲面所函體八綫弧背互求，真數對數互求，昔之所謂無法而難求者，今皆有法求之而甚易矣。重學者，其學分動静兩支，静重學所推者力相定，動重學所推者力生速，速有平速漸加速之分，而其理之大要有二：曰分力并力，曰重心，則静動兩學所共也；又有流質重學，其力有二：曰互攝力，曰互推力。曲綫者圓錐三曲綫也，一爲橢圓綫，二爲雙曲綫，三爲拋物綫。置圓錐形截之，其截面錐底交角，小于錐腰錐底交角者，爲橢圓綫；大于錐腰錐底交角者，爲雙曲綫；等于錐腰錐底交角者，爲拋物綫。《談天》者，西士侯失勒所著天文之書也，其言日與恒星不動，而地與五星俱繞日而行，地與五星之繞日，與月之繞地，其軌道俱係橢圓，而歷時等，則所過面積亦等，此真順天以求合，而非爲合以驗天也。凡此數者，皆西人至精之詣，中土未有之奇，以視明季所譯，殆遠過之矣。所自著者，有《則古昔齋算學》凡十四種：曰《方圓闡幽》、曰《弧矢啓秘》、曰《對數探源》，皆以尖錐立算，發古人未發之秘；曰《垛積比類》，則本《玉鑑》遺法，而分條別派，詳細言之，于九章外別立一幟；曰《四元解指明算例》、《改定算格詳演》、《細草圖解》，術雖深，讀此可豁然矣；曰《麟德術解》，以李氏盈朒、遲速二法爲授時術，平定二差所託始，因取史志所載校正而解明之；曰《橢圓新術》，以徐所立正術，俱極精深，逐術爲補圖詳解之；曰《橢圓正術解》，則又變通正術，而益趨于簡易；曰《橢圓拾遺》，拾西説之遺義，以究曲綫之極致；曰《火器真訣》，以拋物綫之法，通之于平圓；曰《尖錐變法釋》，考西術之異同，別用法之正變，可以抉對數之藩籬，而無餘藴矣；曰《級數回求》，爲一切級數互求之準繩；曰《天算或問》，則雜紀其答問之詞，單文賸義，剖晰入微；曰《考數根法》，數根者惟一可度，而他數不能度之數也，立法凡四，可補幾何之未備。

新化鄒叔勣漢勳，與丁果臣同治算學，尤研究天文推步之書，著有《顓頊憲考》。其弟季深漢池亦通算學，丁氏之《度里表》，多出其手。

長沙李晉夫錫蕃，著《借根句股細草》一卷，括七十八題爲二十五術，大旨與李四香《天元句股細草》相仿，而西法之借根，即中法之天元也，固可相附而行。

湘陰左壬叟潛，所著有《割圜八綫》、《綴術補草》、《綴術釋明》、《綴術釋戴》等書，一貫以天元寄分之法，用以立式，巧變莫測；又有《通分捷法》一帙，將分母分子析爲極小數根，而同者去之，任以多項通分，頃刻可得。

湘鄉曾栗誠紀鴻，文正公之次子也，著《圜率通考》，據西士尤拉之法見《代數術》二十五卷。而立新術，推得圜率百位，爲從古所未有，其他算稿尚未成書，卒以用心過度，嘔血而卒。

以上都爲二十八人，附見者五人，凡三十三人。其他山陬海澨甄明度數之士，没世而後，遺書未經流傳者或尚有之，等因限于聞見，未及周知，當博訪通人，隨時蒐輯。兹特略舉所知，并撮取諸書大意，以著于篇而已。光緒十年五月既望華世芳識。

清・黄鍾駿《〈疇人傳四編〉序》 儀徵阮文達公譔《疇人傳》四十六卷，起自黄帝之世，迄我國朝，得二百四十三人，各爲列傳，附西洋三十七人。甘泉羅明經士琳譔《續疇人傳》六卷，以補前傳所未收者，補遺十三人，附見五人，續補二十人，附見七人。俾推步者不至數典忘祖，論者稱爲算學功臣。近今錢塘諸大令可寶又從而續之，爲《疇人傳三編》七卷，續補遺二十九人，附見二十二人，後續補三十一人，附見二十五人，附記又二人，後附録名媛三人，西洋十一人，附見四人，附記東洋一人。但諸大令三編所續，止列國朝，未及前代。鍾駿督兒子伯

瑛，仲瑛、叔瑛、季瑛習算之餘，不揣蒙昧，輯所聞見，筆之于書。其間作輟無常，六閱寒暑，纂録僅得蕆事，命伯瑛助輯成編，而仲瑛等與校讐焉。倣阮、羅、諸三書體例，共爲書十一卷，附一卷，得後續補遺二百四十七人，附見二十八人，西洋九十九人，附見五十四人，後附録歷代名媛三人，附見一人，西洋名媛一人，附見三人，亦名曰《疇人傳四編》。其中採輯論斷，未盡允協者有之。管蠡之見，雖不敢爲文達諸公續，而薈萃簡編，網羅散失，亦妄備一時稽考云爾。時光緒戊戌仲夏，澧州黄鍾駿述。

清・阮元《文選樓藏書記》卷一 《天學會通》一册，大鬲穆尼閣撰。抄本。是書推算躔之法。

《渾蓋通憲圖説》二卷，明太僕卿李之藻著。仁和人。抄本。是書因歐羅巴人識利之傳，推演其説。

清・顧觀光《讀〈周髀算經〉書後》 此書廢弃已千餘年，雖以梅定九、戴東原諸公竭力表章，而終不克大明於世者，以其所言周徑里數皆非實測故也。今按經文首章即云：「笠以寫天，天青黑，地黄赤。天數之爲笠也，青黑爲表，丹黄爲裏，以象天地之位。」而七衡圖後又云：「凡爲此圖，以丈爲尺，以尺爲寸，以寸爲分，分一千里。凡用繒方，八尺一寸。」然則經中周徑里數皆爲繪圖而設，非其真也。天本渾圓，而繪圖之法必以視法變爲平圓。既爲平圓，則不得不以北極爲心，而内衡環之，中衡環之，外衡又環之。夫外衡之度，本與内衡等也。而自圖視之，則内衡之度最小，中衡稍大，外衡乃極大，此其出於不得已者一也。三衡之度，觕細不同。繪圖之法，必核其實。若以中衡爲主而齊之，則内外衡之度多寡不均，且奇零難盡。故必變度數爲里數，而取數始真，此其出於不得已者二也。中衡距北極九十一度，三一二五。本爲周天四分之一。而自圖視之，半徑六十〇度，八七五〇。僅得周天六分之一。惟内衡距北極六十六度，七五七九。與半徑略相近。故中外衡距極里數竝以内衡度法起算，此其出於不得已者三也。然半徑六十〇度，八七五〇。而内衡距北極六十六度，七五七九。兩數相差五度。八八二九。乃以黄赤二極聯爲一綫，於此綫上距北極五度八八二九。指一星以爲識，命曰北極璇璣。一晝夜左旋一周而過一度，恒以冬至夜半加子，春分夜半加卯，夏至夜半加午，秋分夜半加酉。十二月建之名因之而起，此借象之第一根也。當時實測内外衡，相距四十九度。一〇九二。半之，得二十四度，五五四六。即黄赤大距。加璇璣距北極五度，八八二九。得三十〇度，四三七五。適合周天十二分之一。夫中衡距北極本周天十二分之三也，而中衡距内衡又爲周天十二分之一，則内衡距北極必爲周天十二分之二，而與外衡距内衡之度相等，此借象之第二根也。里數之根無所取之，乃於王城立八尺表以測日景，夏至午正一尺六寸，冬至午正一丈三尺五寸，其較爲一丈一尺九寸。即命十一萬九千里爲外衡距内衡數亦即爲内衡距北極數，此借象之第三根也。乃置十一萬九千里，倍之得二十三萬八千里，即内衡徑。三之得三十五萬七千里，即中衡徑。四之得四十七萬六千里，即外衡徑。以度命之，内衡距北極六十〇度，八七五〇。内衡距中衡、中衡距外衡各三十〇度。四三七五。若與實測不符，而中衡距北極九十一度。三一二五。内衡距璇璣北游六十六度，七五七九。外衡距璇璣南游百十五度，八六七一。皆與實測所得不約而同，且黄赤極竝無象可見。今以璇璣表之，可以測北極之高下焉，可以得黄極環繞北極之象焉，可以明天左旋、日右旋、一歲而差一周天焉。烏乎，可謂巧之至矣！但其理隱于法中，而未嘗明言其故。自趙君卿以下，隨文衍義，未有能闡其微者。戴東原直指北極璇璣爲黄極，則璇璣徑二萬三千里，而内衡距外衡十一萬九千里，判若天淵，何可混而爲一？錢竹汀以璇璣爲近北極大星似矣，而以十一萬九千里爲内外衡相距之實數，則黄赤大距三十〇度，四三七五。亦振古未聞之異説。皆由不知《周髀》爲繪圖之法，且其圖爲借象而非實數故耳。余於是書，蓋嘗輾轉思之而不得其解。後閲西人《渾蓋通憲》，見其外衡大於中衡，與《周髀》合。而以切綫定緯度，則其度中密外疎，無一等者。乃恍然悟《周髀》之圓，欲以經緯通爲一法，故曲折如此。非真以地爲平遠，而以平遠測天，如徐文定公所謂千古大愚者也。况地圓之理，經中已不啻三令五申，安得復生異説？故爲此論，以明其故云。顧觀光識。

清・莫祥芝《〈武陵山人遺書〉序》 予友南匯張孟彪文虎，以所著《舒藝室餘筆》示予。予既爲刊之，乃謂之曰：「方今西學盛行，予號知天算，如有專書，盍出之以質同好？」孟彪曰：「天算向者嘗習之，然不能深思，所得蓋淺。故友顧尚之，李壬叔深於是術，李書及身刊定，顧君著述等身，且不止天算而已。」因出顧君別傳詒予，予曰：「子與顧君厚，忍聽其遺書湮没耶？」孟彪曰：「能措刻資，則校讐吾任之。」予曰：「諾。」於是先校刊其天算諸種，以次及其校古札記。凡三年之間，得十有二種。予觀其於天算之術，貫串中西，批郤導窾，且爲之通其所蔽。其於古籍向所承訛襲謬者，皆能廣引曲證，疏其是非。在乾隆朝不在戴東原、錢曉徵下，而天算之學實過之。遺書多不勝刊，孟彪適有暨陽之行，請

暫止，爲敘刻書緣起如此。至顧君爲人，則孟彪所爲別傳具矣。光緒九年日躔壽星之次，獨山莫祥芝識。

清・馮溥《天元曆理全書》序　自古帝王受命，必首曆象日月星辰，爲欽若昊天之本。顧三代而上，其法不傳。秦漢以還，爲術各異。大約因時改制，損益舊章，規取合天而已。無一成之説，無一定之法。故雖歷代史志具在，而諸家未能詳彙異同，深考得失，良由天道幽渺難知。運行代謝，自前古以來，累有差移，原未易一轍求也。是以皇朝《時憲曆》於歲差之法尤加精覈，而民間猶未能盡曉。余竊疑之，以爲古今絶學，代有傳人。今天下不乏奇才，自疇人子弟而外，夫豈無沉幾之哲，考按古今同異，會通其理，整齊其法，著爲全書，以集象數家之大成者？今天子詔内外諸臣，各舉所知博學之士以備顧問，兼任編摩。又以善言天者，始有鑒於人，乃臨軒而試。首及璣衡，意深遠矣。余與諸公備員讀卷，觸目琳瑯。皇上手定甲乙，歎賞有加，而嘉禾徐子勝力擢居異等。徐子淹雅風流，卓冠一時，而於天人造化之微，尤沉思有得。余機務餘暇，喜與諸文士揚扢今古，歌風緝雅。徐子不我遐棄，時得接其言論著述。又間出其叔氏教習君發字圃臣所著《曆書》示予，予讀其文，辯而明，詳而斷，有倫有脊，根據經史。殆上下數千載曆象淵源羅置胸中，而後繭絲牛毛紬繹以出之，非僅規模一代製作也。然後知天道差移，原有一成之理；曆數至煩，亦有一定之法。從來多所未盡，而教習君以殫精獨悟，自得天之生才，寧有量哉？教習君身在出處之間，天子方博求淵古鴻才，助成法天不息之化。是書也行，其人亦不能終隱。吾願懸此書於國門，使探索者流讀之，以明天人之微。究象緯之賾，考按經傳之疑似，爲功於聖王欽若不淺，夫又豈僅補司天家一術而已哉？余既與徐子爲通家世好矣，又得讀其叔氏之書，益徵其群從家學之盛。自附于桓譚之知揚雄，爰筆之簡端，使徐子郵而致之，未知有當於作者否也。旹康熙壬戌，駢邑馮溥拜撰。

清・錢熙祚《推步法解》跋　江氏之學，確守西法。此編隨文詮釋，即法以明象，即數以明理。其於七政諸輪，幾於言下見圖，信足爲學曆者先路之道。然有似是而非者，如以距弧求距時，其加減從日者。緣太陽有加均則實朔差而遲，有減均則實朔差而少，太陰反是，故距時之加減從日不從月也。距時加減從日，則太陽太陰引弧之加減亦從日矣。江氏解云：「此欲加減太陽之平引數，進退皆從日。然則加減太陰之平引數，其進退當從月耶？」實交周爲黄白同經，而太陰自行白道。其食甚距緯與白道成直角，故以實交周求食甚交周者，即以黄道求白道也。江氏解云：「實交周者，黄道上距交之度。食甚交周者，黄道上距交之度。則太陰行至實交周即食甚矣，何以又有食甚距時之加減耶？」食甚距緯與白道成直角，黄道緯度與黄道成直角，故求黄道經度加減食甚距弧之後，又有升度差加減。江氏解云：「前已求食甚距緯，是誤以食甚距緯爲黄緯，其度分能相合耶？」太陰行白道，與黄道斜交，故以黄道求赤道，必用斜弧三角形。江氏以正弧法推之，是誤以太陽黄道求赤道之法爲例矣。且云赤緯後無所用，不知緯度者弧度也，經度者角度也。斜弧形用矢較法，必先求對角之弧而後可求餘角。若舍緯求經，則當用垂弧法，不亦求簡而反繁耶？此數端皆於疏理不合，學者詳之。秦氏《五禮通考》全録其文，惜多舛誤。爰録出校正，約分五卷，而漫附數語於末。丁酉秋杪，金山錢熙祚志。

清・張永祚《天象源委》　乾隆二年二月奉上諭：「在璣衡以齊七政，視雲物以驗歲功，所以審休咎、備修省，先王深致謹焉。今欽天監《曆象考成》一書，於節序時刻固已推算精明，分厘不爽，而星官之術、占驗之方，則闕焉未講。但天文家言互有疎密，非精習不能無差。海内有精曉天文明於星象者，直省督撫確訪試驗。術果精通，着咨送來京。」該部奏聞請旨。

清・吴文鎔《吴文節公遺集》卷六九《金禺谷〈清惠堂外集〉序》　有考據之學，有詞章之學，有義理之學，三者似趣相睽也。顧精考據者以經爲本，擅詞章者於史爲近，義理則必窮經奥、熟史事、融會儒先諸家之説，始足以識其歸。不然高談性命而空疏不文，所謂義理者亦句剽字竊焉耳。朱子大儒，其義理直窺孔孟，曷嘗以考據見者？然讀其書，知其於天文、地理、三代之制度、文章無不洞澈於中，即詞章亦南渡後卓然一大家。蓋容有義理未深而箋釋蟲魚、吟弄風月以一得鳴者，未有積學儲理而轉苦名物之不知、文采之不贍者也。然則三者亦一以貫之而已。吾友金子禺谷，於書無所不讀，好深湛之思，實事求是，尤長於曆學。所著説經諸書及詩文集盈尺矣，將次第行世。先出其詩賦時文共若干首，付之梓人。此特其緒餘耳，奚足以盡禺谷之學之富。然其辭則瀏然清也，其氣則沛然充也，其取材則澤於古而與道適也。非醖釀於經史者甚深，何以擷義之精、晰理之微若此，然則讀是集者不獨詞章已見一斑，即其考據之詳審，亦無不可推類而知也。若禺谷者，其庶幾一以貫之者歟？

清・張之洞《書目答問・子部》　《天文算法第七》。算書與推步事多相涉，今合録。推步須憑實測，地理須憑目驗，此兩家之書皆今勝於古。今日算學家習中法者，以《算

學啟蒙》、《九章細草圖說》、《九數通考》、《四元玉鑑》爲要；兼習西法者，以《數理精蘊》、《梅氏叢書》、新譯《數學啟蒙》、《代數術》、新譯十三卷《幾何原本》爲要。

戴校《算經十書》三十七卷。戴震校。微波榭本。《周髀算經》二卷。漢趙君卿注，北周甄鸞述，唐李淳風釋。《音義》一卷，宋李籍。又聚珍本、福本，又津逮本、學律本。《九章算術》九卷。漢人。魏劉徽注，唐李淳風釋，戴震補圖。《音義》一卷，宋李籍。附《策算》一卷。戴震。又聚珍本，福本，常熟屈氏重刻本。《海島算經》一卷。晉劉徽，并注。又聚珍本、杭本、福本。《孫子算經》三卷。漢人。北周甄鸞注，唐李淳風釋。又聚珍本、杭本、福本，又知不足齋本。《五曹算經》五卷。六朝人。北周甄鸞注。又聚珍本、福本，又知不足齋本。《夏侯陽算經》三卷。六朝人。又聚珍本、杭本、福本。《張邱建算經》三卷。北周甄鸞注，唐李淳風釋，劉孝孫細草。又知不足齋本。《五經算術》五卷。北周甄鸞。唐李淳風注。又聚珍本、杭本、福本。《緝古算經》一卷。唐王孝通。并注。又知不足齋本。《數術記遺》一卷。舊題漢徐岳。北周甄鸞注。僞書。又津逮本、學津本。附《句股割圜記》一卷。戴震。

《九章算術細草圖說》九卷。李潢。沈欽裴校。嘉慶庚辰家刻本。

《海島算經細草圖說》一卷。李潢。

《緝古算經考注》二卷。李潢。程裔采廣州刻本，又南昌刻補草附圖本，非原書。

《測圓海鏡細草》十二卷。元李冶。李鋭校。又長沙荷池精舍刻本。

《益古演段》三卷。同上。沙荷池精舍刻本。

《弧矢算術細草》一卷。明顧應祥。李鋭細草。

《透簾細草》一卷。闕名。

《續古摘奇算法》一卷。宋楊輝。

《丁巨算法》一卷。元丁巨。以上六種皆知不足齋本。

《數書九章》十八卷。宋秦九韶。附《札記》。宋景昌。宜稼堂叢書本。

《楊輝算法六種》七卷。宋楊輝。宋景昌校。宜稼堂叢書本。目列後。《詳解九章算法》，附《纂類》，無卷數。附《札記》。《田畝乘除捷法》二卷。《算法通變本末》一卷。《乘除通變算寶》一卷。《算法取用本末》一卷。《續古摘奇算法》一卷，附《總札記》。

《算學啓蒙》三卷。元朱世傑。羅士琳校。觀我生室彙稾本、抽印單行本。

《四元玉鑑細草》二十四卷。元朱世傑。羅士琳草。觀我生室彙稾本、抽印單行本。互見。光緒乙亥長沙荷池精舍刻本。

《緝古算經細草》三卷。張敦仁。岱南閣本、長沙荷池精舍刻本。《求一算術》三卷。同上。

《校緝古算經》一卷，《圖解》一卷，《細草》一卷，《音義》一卷。陳杰。成都龍氏刻本。

《開方補記》六卷。張敦仁。道光十四年自刻本。原書九卷，未刻畢。《求一術通解》二卷。今人。長沙荷池精舍刻本。

《割圓密率捷法》四卷。明安圖。羅士琳校。天長岑氏刻本、觀我生室本。互見。

《三統術衍》三卷。錢大昕。潛研堂集本。董祐誠《三統術衍補》一卷，在董方立《遺書》內。

《少廣正負術内外篇》六卷。孔廣森。顨軒所著書本。

《開方釋例》四卷。駱騰鳳。刻本。王元啓《句股衍》甲集三卷，乙集二卷，丙集四卷，未刊。

《弧矢算術細草圖解》一卷。《咸豐元年中星表》一卷。馮桂芬。原刻本。

《句股六術》一卷。項名達。上海局本。《百雞術衍》二卷。今人，長沙荷池精舍刻本。

《筆算便覽》一卷。紀大奎。《紀慎齋全集》內。《算法圖理括囊》一卷。今人。長沙荷池精舍刻本。

《增刪算法統宗》十一卷。梅瑴成。

《九數通考》十三卷。屈曾發。乾隆癸巳刻本，同治十年廣州學海堂重刻本。原名《數學精詳》。以上中法。

《新法算書》一百零三卷。明徐光啓等。明刻本。三十種。原名《崇禎曆書》。目列後。《治曆緣起》八卷，《奏疏》四卷，《八線表》一卷，《日躔表》一卷，《月離表》四卷，《五緯表》十卷，《交食表》九卷，《恒星緯表》二卷，《新曆曉或》一卷，青照堂亦刻。《曆小辨》一卷，《測量全義》十卷，《遠鏡說》一卷，珠塵亦刻。《日躔曆指》一卷，《月離曆指》四卷，《五緯曆指》九卷，《恒星曆指》四卷，《食曆指》七卷，《恒星出没》二卷，《古今交食考》一卷，《黄赤正球》二卷，《渾天儀說》五卷，《測天約說》二卷，《天測》二卷，《幾何法要》四卷，《新法曆引》一卷，《曆法西傳》一卷，《新法表異》二本，《籌算指》一卷，《籌算》一卷，《測食略》二卷。

《天學初函・器編》三十卷。明徐光啓等。明刻本。十種。《泰西水法》六卷。明熊三拔。《渾蓋通憲圖說》二卷。明李之藻。又守山閣本。《幾何原本》六卷。明徐

光啓譯。又海山仙館本。全書十五卷，餘九卷未譯，今始譯行。《表度説》一卷。明熊三拔。《天問略》一卷。明陽瑪諾。又珠塵本。《簡平儀》一卷。明熊三拔。又守山閣本。

《同文算指前編》二卷，《通編》八卷。明李之藻。又海山仙館本。明本有別編一卷。

《圜容較義》一卷。明李之藻譯。又海山仙館本、守山閣本。《測量法義》一卷，明徐光啓。又海山仙館本、指海本。《句股義》一卷，明徐光啓。又海山仙館本、指海本。

《測量異同》一卷。明徐光啓。海山仙館本、指海本。

《測算刀圭》三卷。《面體比例便覽》一卷。《對數表》一卷。《對數廣運》一卷。年希堯。自刻本。

《視學》二卷。年希堯。自刻本。

《比例會通》四卷。羅士琳。刻本。

新譯《幾何原本》十三卷，《續補》二卷。李善蘭譯。上海刻本。

《代數術》二十五卷。卷首《釋號》一卷。今人譯，上海刻本。

《代微積拾級》□卷。李善蘭譯。上海刻本。《對數詳解》五卷。今人。長沙荷池精舍刻本。《曲綫説》一卷。李善蘭譯。則古昔齋刻本。《割圜綴術》四卷。徐有壬撰，今人述草。長沙荷池精舍刻本。《數學啓蒙》一卷。西洋人偉烈亞力。上海活字版本。

《圜率考真圖解》一卷。今人。長沙荷池精舍刻本。《經天該》一卷，明利瑪竇。珠塵本，亦在《高厚蒙求》內。《數學拾遺》一卷。今人。長沙荷池精舍刻本。《中星表》一卷。明徐朝俊。珠塵本，亦在《高厚蒙求》內。以上西法。

《御製數理精蘊》。上編五卷，下編四十卷，表八卷。康熙十三年殿本。

《御製曆象考成》。上編十六卷，下編十卷，後編十卷，表十六卷。康熙十三年殿本，乾隆二年殿本。

《御定儀象考成》三十二卷。乾隆九年殿本。

《曉菴新法》六卷。王錫闡。守山閣本。

《五星行度解》一卷。同上。同上。

《天步真原》一卷。薛鳳祚。守山閣本、指海本。

《勿菴曆算全書》七十四卷。梅文鼎。魏念彤刻本。二十九種。梅瑴成重編爲六十二卷，名《梅氏叢書》，序次尤善。附瑴成《赤水遺珍》一卷，《操縵卮言》一卷。《平三角舉要》五卷。《句股闡微》四卷。《弧三角舉要》五卷。《環中黍尺》六卷。《塹堵測量》二卷。《方圓冪積》一卷。《幾何補編》五卷。《解割圓之根》一卷。楊作枚。《曆學疑問》三卷。《曆學疑問補》二卷。珠塵亦刻。《交會管見》一卷。《交食蒙求》三卷。《揆日候星紀要》一卷。《歲周地度合考》一卷。《冬至考》一卷。《諸方日軌高度表》一卷。《五星紀要》一卷。《火星本法》一卷。《七政細草補注》一卷。《二銘補注》一卷。珠塵亦刻。《曆學駢枝》四卷。《平立定三差解》一卷。《曆學問答》一卷。珠塵亦刻。《古算演略》一卷。珠塵亦刻。《筆算》五卷。《籌算》七卷。《度算釋例》二卷。《方程論》六卷。《少廣拾遺》一卷。

《勿菴曆算書目》一卷。梅文鼎。知不足齋本。

《中西經星同異考》一卷。梅文鼎。指海本。

江慎修《數學》八卷，續一卷。江永。守山閣本。海山仙館本用原名，題曰《翼梅》。

《曆學補論》。《歲實消長辨》。《恒氣注曆辨》。《冬至權度》。《七政衍》。《金水發微》。《中西合法擬草》。《算賸》。《正弧三角疏義》。

《推步法解》五卷。江永。守山閣本。

《李氏遺書》十七卷。李鋭。道光癸未阮氏廣州刻本。算書十一種。

《董方立遺書算術》七卷。董祐誠。家刻本，成都重刻本。《遺書》共十四卷，餘七卷爲他著述。《割圓連比例術圖解》三卷。《橢員求周術》一卷。《堆垜求積術》一卷。《斜弧三邊求角補術》一卷。《三統術衍補》一卷。

《里堂學算記》十六卷。焦循。焦氏叢書本。五種。《加減乘除釋》八卷。《天元一釋》二卷。《釋弧》三卷。《釋輪》二卷。《釋橢》一卷。

《宣西通》三卷。許桂林。刻本。

《算牖》四卷。同上。

《翠微山房數學》三十八卷。張作楠。原刻本。十五種。《量倉通法》五卷。《方田通法補例》六卷。《倉田通法續編》三卷。《八線類編》三卷。《八線對數類編》二卷。《弧角設如》三卷。《弧三角舉隅》一卷。《揣籥小録》一卷。《揣籥續録》三卷。《高弧細草》一卷。《新測恒星圖表》一卷。《新測中星圖表》一卷。《新測更漏中星表》三卷。《金華晷漏中星表》二卷。《交食細草》三卷。

《數學五書》□卷，安清翹。刻本。《推步惟是》。《一線表用》。《學算存略》。《筆算衍略》。《樂律新得》。

《衡齋算學》七卷。汪萊。嘉慶間刻本。《粟布演草》二卷，補一卷。今人。長沙荷池精舍刻本。

《六九軒算書》□卷。劉衡。家刻本。六種。《尺算日晷新義》。《句股尺測量新法》。《籌表開諸乘方捷法》。《借根方淺説》。《四率淺説》。《緝古算經

補注》。

《觀我生室彙稾》二十四卷。羅士琳。阮刻本。十一種。《句股容三事拾遺》三卷《附例》一卷。《三角和較算例》一卷。《四元玉鑑細草》二十四卷。又單行。《四元釋例》二卷。《演元九式》一卷。《臺錐積演》一卷。《校正算學啓蒙》三卷。又單行。《校正割圜密率捷法》四卷。又單行。《續疇人傳》六卷。《周無專鼎銘考》一卷。《弧矢算術補》一卷。此外有《交食圖説舉隅》、《推算口食增廣新術》、《春秋朔閏異同》、《綴術輯補》、《句股截積和較算例》、《淮南天文訓存疑》、《博能叢話》，未刊。

《夏氏算書遺稾》四種。夏鸞翔。附《鄒徵君遺書》。刻本。《少廣縋鑿》一卷。《洞方術圖解》二卷。《致曲術》一卷。《致曲圖解》一卷。

《務民義齋算學》七種。徐有壬。姚氏咫進齋刻本，有七種未刻，長沙荷池精舍刻本。徐別有《造各表簡法截球解義》、《橢圜求周術》各一卷，附刻《鄒徵君遺書》內。

《鄒徵君遺書》八種。鄒伯奇。廣州家刻本。《學計一得》二卷。《補〈小爾雅〉釋度量衡》一卷。《格術補》一卷。《對數尺記》一卷。《乘方捷術》三卷。《存稾》一卷。《輿地圖》一册。《恒星圖》二幅。附《夏氏算學》、《徐氏算學》。

《吴氏、丁氏算書》十七種。今人吴氏、丁氏同撰。同治元年長沙白芙堂刻本，同治十二年刻本。二十一種。光緒二年刻本，合他算書二十一種，經學二種，爲《白芙堂算學叢書》。《筆算》。《今有術》。《分法》。《開方釋》。《平方術》。《平圜術》。《立方》。《立圓術》。《句股術》。《平三角術》。《測量術》。《方程術》。《天元一術》。《天元名式釋例》。《天元一草》。《天元問答》。《四元名式釋例》。《四元草》。附《借根方句股細草》一卷。李錫蕃。

《綴術釋明》二卷，《綴術釋戴》一卷。今人。長沙荷池精舍刻本。

《則古昔齋算學》二十四卷。李善蘭。江甯刻本，十三種。《方圓闡幽》一卷。《弧矢啓祕》二卷。《對數探源》二卷。《垜積比類》四卷。《四元解》二卷。《麟德術解》三卷。《橢圜正術解》二卷。《橢圜新術》一卷。《橢圜拾遺》三卷。《火器真訣》一卷。《尖錐變法解》一卷。《級數回求》一卷。《天算或問》一卷。

《疇人傳》四十六卷。阮元。《續疇人傳》六卷。羅士琳。阮氏合刻本。阮傳入《文選樓叢書》，《續傳》亦入《觀我生室彙稾》。學海堂阮傳摘本九卷。

以上兼用中西法。

右天文算法家。算學以步天爲極功，以制器爲實用。性與此近者，能加研求，極有益於經濟之學。

清·趙宏恩《江南通志·人物志·宦續二》《明曆法書》。江寧周相。

《氣候集解》。長洲戴冠。

《夢占類考》十二卷。長洲張鳳翼。

《天文明解》。長洲劉鉉。

《曆法新書》五卷。吴江袁黄。

《全天集》。常熟蔣紱。

《天文會象》。常熟陸子高。

《葬經翼》。常熟繆希雍。

《天元六符圖經》。崑山王同祖。

《天文指掌録》。松江褚顒。

《曆法全書》一百二十六卷。上海徐光啓。

《六壬釋義》一卷。武進徐常吉。

《曆象圖書》三卷。無錫堵景濂。

《璿璣抉微》、《五星元珠》、《三命珠鈐》。俱無錫華善繼。

《天文四季圖》。江陰袁舜臣。

《天文雜志占》一卷。宜興吴雲。

《奇門祕要》、《遁甲全書》、《七元禽演》。俱陳沐。

《天文圖説》、《星辰躔次》、《歲時占驗》、《地理圖説》、《數學參同辨正》。俱丹徒陳允昌。

《地理必法》。揚州張寬。

《九圜史》。太倉趙宧光。

《天文曆律解》。太湖蔡呈圖。

《四家小品》。天文、醫學、星學、數學各一卷，新安詹芳桂。

《羅經解》。休寧金人龍。

《葬説》一卷。

《葬書問答》二卷。休寧趙汸。

《讀葬書志》。寧國梅鶚。

《天文輯畧》。石埭桂標。

《天文志》。建德江杏。

《五寶經》。廬州吴鵬。

《管窺輯要》八十卷。六安黄鼎。

《堪輿祕要》。天柱周天奎。

《國朝奇門遯甲六壬纂要》。吴江吴晉錫。

《大統曆》。

《西曆啓蒙》、《三辰晷志》、《增補劉伯温玉棹銀河集》。俱吴江王錫闡。

《奇門祕要》。常州蔣扶暉。

《天玉經註》。宜興任觀。

《天文編》。泰州陳厚耀。

《星卜要訣》。潛山汪延造。

《天文大成集》。六安黄玉耳。

《九十四家年月考》。宣城王猷。

《曆數》八十八種，《曆學疑問》三卷。俱宣城梅文鼎。

清·趙宏恩《浙江通志》卷二四七《天文》 《天官書集注》。成化《四明郡志》：高文虎著。

《革象新書》二卷。《甬上耆舊詩》：趙友欽著。

《天文二論》。萬曆《崇德縣志》：沈宏著。

《星圖證驗》三卷。《括蒼彙紀》：宋潘翼著。

《觀象玩占》四十九卷。《焦氏經籍志》：劉基撰。按《黄氏書目》，又有《天文秘畧》一卷。

《天官記事》，又《彗星占驗》。萬曆《嘉善縣志》：袁祥撰。

《天文便覽》。《台州府志》：葉秉敬著。

《天文圖學》一卷。《黄氏書目》：周述學撰。

《天文要義》二卷。《長興縣志》：吴琉著。

《乾象圖説》一卷。《讀書敏求記》：王應遴輯。

《渾象析觀》。萬曆《嘉興府志》：鍾繼元著。

《象緯歌圖》一卷。崇禎《衢州府志》：葉秉敬著。

《象林》一卷。《秀水縣志》：陳藎謨著。

《渾蓋通憲圖説》二卷。《黄氏書目》：李之藻撰。

《窺天録》。《會稽縣志》：陸曾曄著。

《明紀天文》一卷。《嘉興縣志》：徐世淏著。

《日蝕測景》，又《漆室末儀》。《台州府志》：張應魁著。

《分野發》一卷。烏程董説若雨著。

《中星譜》，又《周天現界圖》。《仁和縣志》：胡亶著。

《則象考》。德清韋人鳳六象著。

《周髀密法》，又《會通弧矢》，又《容圜寶絲網》。嘉興徐善敬可著。

清·嵇曾筠《浙江通志》卷二四七《曆算》 《洪武戊申大統曆》四卷。《内閣書目》：劉基撰。

《授時曆法》二卷，《弧矢算術》一卷，《測圓海鏡分類釋衍》十卷。《長興縣志》：顧應祥著。

《曆宗通議》一卷，《中經測》一卷，《曆草》一卷。《黄氏書目》：周述學撰。

《曆法新書》四卷。萬曆《嘉善縣志》：袁黄撰。

《彙選筮吉指南》十一卷，《日家指掌》二卷，《通書纂要》六卷。《黄氏書目》：萬邦孚著，字汝永，寧波人。

《勾股算術》。《黄氏書目》：李璜著，烏程人。

《星曆辨析》。嘉靖《寧波府志》：陳槐著。

《算法要術》，又《勾股開方法》。《歸安縣志》：吴延齡著。

《六十甲子解》，又《七十二候解》。《括蒼彙紀》：毛仲著。

《選擇新書》。萬曆《嘉善縣志》：袁仁著。

《大統曆法辨》四卷，《時憲曆法解》二卷，《新推交食法》一卷，《圖解》一卷，《割圓八線解》一卷，《授時曆法假如》一卷，《西學曆法假如》一卷，《回回曆法假如》一卷。餘姚黄宗羲著。

《九章算法》。嘉靖《仁和縣志》：吴敬著。

《算法要術》。《歸安縣志》：吴延齡著。

《天官考異》一卷。國朝吴肅公撰，《昭代叢書》本。

《曉庵新法》六卷。國朝王錫闡撰，守山閣本。《五星行度解》一卷。國朝王錫闡撰，守山閣本。

《中星譜》一卷。國朝胡亶撰，抄本。

《天文考異》一卷。國朝徐文靖撰，賜硯堂本。

《天文説》一卷。國朝董大寧撰，《昭代叢書》本。

《天經或問前集》一卷。國朝游藝撰，日本刊三卷本。《新法表異》一卷。英湯若

望撰，《昭代叢書》本。《新曆曉或》一卷。英湯若望撰，《昭代叢書》本。

《天步真原》一卷。國朝薛鳳祚譯，西洋穆尼閣法，守山閣本。《天學會通》一卷。國朝薛鳳祚撰，抄本。

《中星表》一卷。國朝徐朝俊撰，藝海珠塵本。

《璇璣遺述》七卷。國朝揭暄撰，胡氏刊本。

《曆算全書》六十卷。國朝梅文鼎撰，魏氏刊本。《勿庵曆算書記》一卷。國朝梅文鼎撰，知不足齋本，抄本。《〈二儀銘〉補註》一卷。國朝梅文鼎撰，藝海珠塵本。《曆學問答》一卷。國朝梅文鼎撰，藝海珠塵本。《學曆説》一卷。國朝梅文鼎撰，《昭代叢書》本。《曆學疑問》一卷。國朝梅文鼎撰，藝海珠塵本。

《中西經星同異考》一卷。國朝梅文鼒撰，抄本。

《三統術衍》三卷，鈐一卷。國朝錢大昕撰，《全集》本。

《全史日至源流》三十二卷。國朝許伯政撰，抄本。

《崑緯瑣言》一卷。國朝厲之鍔撰，刊本。

《算學》八卷，續一卷。國朝江永撰，守山閣本。《推步法解》五卷。國朝江永撰，守山閣本。《翼梅》八卷。國朝江永撰，海山仙館本，抄三卷本。

《曆算叢書》六十二卷。國朝梅瑴成重編其祖文鼎書，石印本。

《測天約述》一卷。國朝陳昌齊撰，《嶺南遺書》本。

《經書算學天文考》二卷。國朝陳懋齡撰，袖珍本、花雨樓本。

《揣籥小録》一卷，《續録》二卷。國朝張作楠撰，翠微山房本。《高弧細草》一卷。國朝張作楠撰，翠微山房本。《恒星圖表》一卷。國朝張作楠撰，翠微山房本。《中星表》一卷。國朝張作楠撰，翠微山房本。《更漏中星表》三卷。國朝張作楠撰，翠微山房本。《金華晷漏中星表》二卷。國朝張作楠撰，翠微山房本。《交食細草》三卷。國朝張作楠撰，翠微山房本。

《琅環天文集》四卷。國朝陳太初編，刊本。

《漢乾象術》二卷。國朝李鋭撰，刊本。

《仰觀集》一卷。國朝壽紹海撰，抄本。

《三統術詳説》四卷。國朝陳澧撰，廣雅書局本。

《三統術衍補》一卷。國朝董祐誠撰，《方立遺書》本。

《顓頊曆考》二卷。國朝鄒漢勛撰，刊《遺書》本。

《仰觀録》二卷。國朝謝蘭生撰，《詠梅全書》本。

《古經天象考》十二卷。國朝雷學洪撰，刊本。

《禮記天算釋》一卷。國朝孔廣牧撰，《續經解》本，廣雅書局本，袖珍刊本。

《談天》十四卷。英侯失勒撰，偉烈亞力譯，活字本。

《疑年表》一卷，《超辰表》三卷。國朝汪日楨撰，式訓堂本。《歷代長曆輯要》十卷。國朝汪日楨撰，刊本。《古今推步諸術考》二卷。國朝汪日楨撰，刊本。

《石屋文字釋天》一卷。國朝曹籀撰，刊本。

《五緯捷算》四卷。國朝黄炳垕撰，刊本。

《唐齋游藝》四卷。國朝陳其晉撰，刊本。

《天文算學算要》二十卷，附《萬年書》二卷，《推測易知》四卷。國朝陳松撰，刊本。

《三統術補衍》一卷。國朝成蓉鏡撰，南菁書院本。《推步迪蒙記》一卷。國朝成蓉鏡撰，南菁書院本。《漢大初曆考》一卷。國朝成蓉鏡撰，南菁書院本。

清・徐乾學《傳是樓書目・子部》

《天文精義賦補注》五卷，明李泰。二本。抄本。

《天皇會通》明王應電。一本。抄本。

《玄易天機秘鈐》四卷，明樊志張，抄禎。四本。

《嘉隆天象録》四十六本。四本。抄本。

《天文諸論》一本。抄本。

《大明清類天文分野書》二十四卷。六本。

《管窺輯要》八十卷，清黄鼎。十本。

《曆學新説》二卷，明鄭世子載堉。已下萬曆。二本。一套。又一部，二本一套。

《古今律曆考》七十二卷，明邢雲路。十四本。又一部十一卷。三本。

《曆體畧》三卷，明王英明。一本。

《雲淵文選》六卷，明周繼志。二本。抄本。

《司天臺經緯曆書》八卷，明陸斗南。八本。

《大明大統曆法》一卷，《隆慶經慶立成》一卷，明周相，隆慶。二本。

《大統皇曆經世》三卷，明何獻忠。三本。

《崇禎辛未大曆》三卷，兼《大録》四卷，明何光顯。七本。

《崇禎曆書》，明湯若望。五十七本。不全。

又《渾天儀説》，五本。

吴志伊《曆書稿》，一本。抄本。

湯若望《新法曆》，九十四本。十四套。

《靈臺儀象志》十六卷，内少十五、十六二卷，清南懷仁。十四本。

《天元曆理全書》八卷，清徐發。二本。抄本。又一部八卷，内少第四本。四本。

清・蔣超伯《南漘楛語》卷六《彌綸儀》 徐朝俊《彌繪儀圖説》云：句陳共六星，其第二星最明。凡近極諸星，惟大帝、句陳明大易認，一晝夜一轉，常見而不没者也。

清・姚瑩《康輶紀行》卷一六《艾儒略〈萬國全圖説〉》 明萬曆中，西洋人利瑪竇進《萬國圖誌》，本西洋文字，中國無知者。上命西洋人龎我迪繙譯之，其本圖固藏内府也。其徒艾儒略以天啟三年，本利、龎二家舊説更潤色之，爲《職方外紀》。自敘云：「吾友利氏賫進《圖誌》，已而吾友龎氏又奉繙譯西刻地圖之命，據所聞見，譯爲圖説以獻，但未經刻本以傳。今上御極，儒略偶從蠹簡得覩所遺舊稿，乃更取西來所攜手輯方域梗概，爲增補一編，名曰《職方外紀》。」是此書、此圖，實外域地圖之權輿也。至崇禎時，西人湯若望作《地球圖》，爲十二長圓形。本朝康熙中南懷仁又作《坤輿全圖》，大有增益。今攷《外紀》艾圖，爲圓圖一，方圖四。圓圖按天度經緯劃三百六十度，著南北二極及赤道、晝短、晝長三線。又作弧線，十度一規。方圖復據圓圖中五大州界，按天度各自爲圖。圖既爲方，則晝線不免稍變。故作直線十度□方，以定方域之準，頗爲精密。今復增虚線以引五大州，曰亞細亞、曰歐羅巴、曰利未亞、曰亞墨利加、曰墨瓦辣尼加，并録其《五大州總圖界度解》于左。

清・王仁俊《格致古微》卷五《天經或問》 《調變類編・一引》曰：「天體如碧瓈，透映而渾圓。七曜列宿，層層旋轉以裹地。地如彈丸，適天之最中。人所居立，皆依圓體。天運旋於外，其氣升降不息。四面緊塞，不容居側，地不得不凝於中以自守也。又地圓則無處非中，以天頂而分四方，亦可界爲三百六十度以合行也。」案此亦地圓説也。

清・何紹基《〈光绪〉重修安徽通志》卷三四一 《天文占驗》二卷。明桐城馬懋功著。

《天文解》。太湖蔡呈圖著。

《天心復要》二卷。歙縣鮑泰著。

《算法統宗》十七卷。休甯程大位著，《四庫提要》：大位字汝思。

《原一數學洞微》十二卷。涇縣翼視著。

《天文輯略》。石埭桂標著。

《天文志》。建德江杏著。

《中説星考》。靈璧馬孫鳴著。

《窺天管見》。全椒費玠著。

《算法》三卷。盱眙徐安著。

《天文圖考》。國朝懷甯李時溥著。

《算學精蘊》。李時溥著。

《天文管見》。徐穀瑞著。

《星學指南》。徐穀瑞著。

《二五陳數啟蒙》。馬守愚著。

《數度衍》二十四卷。桐城方中通著。

《晝夜通》一卷。胡宗緒著。

《儀象説》一卷。胡宗緒著。

《象觀》一卷。胡宗緒著。

《歲差新論》一卷。胡宗緒著。

《測量大意》一卷。胡宗緒著。

《梅胡問答》一卷。胡宗緒著。

《九九淺説》一卷。胡宗緒著。

《故簡平儀》。胡宗緒著。

《八線測表圖説》一卷。余熙著。

《開方捷法》。張裕華著。

《乘除新法》。方正珠著。

《句股論》。葉棠著。

《渾天恒星赤道全圖》。葉棠著。

《天元一術圖説》。葉棠著。

《天文明解》。太湖劉鉉著。

《天文握要》一卷。歙縣淩行健著。

《衡齋祘學》六卷。汪萊著。

《簡平義》。程雲鵬著。

《九章補圖》一卷。休甯戴震著。
《原象》一卷。戴震著。
《古曆考》一卷。戴震著。
《曆問》二卷。戴震著。
《迎日推測記》。戴震著。
《續天文略》二卷。戴震著。
《句股割圜記》一卷。戴震著。
《高厚蒙求衍義》。汪大謨著。
《更漏中星表》。徐卓著。
《策算》一卷。戴震著。
《算學》八卷，續一卷。婺源江永著。
《推步法解》五卷。江永著。
《天球淺說》一卷。齊彦槐著。
《中星儀說》一卷。齊彦槐著。
《北極經緯度分表》四卷。齊彦槐著。
《二十八星距度推步考要》。余煌著。
《句陳晷度日星測時新表》。余煌著。
《歲實星名異同録》。余煌著。
《天官考異衍談録》。余煌著。
《讀書度圜記》。余煌著。
《句股三角八線纂要》。余煌著。
《弧角簡法》。余煌著。
《中星考》。董桂科著。
《測時便考》。董桂科著。
《星象圖說》。董桂科著。
《句股法要》。董桂科著。
《中星更録》。董桂科著。
《歷代中星十二月圖說》。董桂科著。
《算學卮言》。程尚志著。
《句股陟述記》。王焕奎著。
《經兄曆算》。績溪周成著。
《曆算全書》六十卷。宣城梅文鼎著。
《大統曆志》十七卷。梅文鼎著。
《勿庵曆算書記》一卷。梅文鼎著。
《中西經星同異考》一卷。梅文鼎著。
《步五星式》六卷。梅文鼎、梅文鼐著。
《曆算叢書》六十二卷。梅瑴成編。
《算法三式》。王猷著。
《數學精微》。涇縣萬惠著。
《天文星氣》。萬惠著。
《天文辨義》。施廷桂著。
《句股釋源》八卷。胡先座著。
《算學三法》。南陵劉握著。
《北極度表》。旌德劉茂吉著。
《天地經緯象數要略》。劉茂吉著。
《象緯輯要》。太平周登瀛著。
《九數集稿》。周登瀛著。
《天文集解》。青陽陳坡著。
《天文地輿圖考》。當塗李兆蓉編。
《算學舉隅》。懷遠楊榮衮著。
《周髀祘經圖注》一卷。全椒吴烺著。
《句股算法》。吴烺著。
《天文大成管窺輯要》八十卷。六安黄鼎著。
《開方遺意》。沈炳皆著。
《天文圖說》。霍山金蔚藍著。
右天文算法類，五十七家，一百三部。

清·曾國荃《（光緒）湖南通志》卷二五二《藝文志八·子部·曆算類》

明

《乾象發微》，衡陽甯咸撰。《縣志》。
《天文書》十卷，華容孫宜撰。《縣志》。
《千歲日至定論》，《春秋日食定鑒》，《日食補遺》，郴州喻國人撰。《州志》。

《天文管窺》，安鄉文應魯撰。《縣志》。

國朝

《渾天儀象考》一卷，長沙黄淥爲撰。《縣志》。

《曆理精論》一卷，《天文約旨》一卷，湘陰蔣國撰。《縣志》。

《天文識餘》一卷，湘陰陳興鏞撰。《縣志》。

《乾象約編》二卷，瀏陽饒萬鏦撰。《縣志》。

《湖南古今分野辨》一卷，《永州府志》。《昭潭星輿志稿》一卷，《縣志》。湘潭唐芳樹撰。

《考正步天歌》一卷，《考正星宿圖》一卷，甯鄉胡澤匯撰。《縣志》。

《天文圖考》，益陽夏逢芝撰。《縣志》。

《占星便覽》，衡陽湯明峻撰。《縣志》增。

《推曆指掌星曜增考》清泉譚學元撰。《縣志》。

《時氣集要》六卷，《天學啟蒙》六卷，均《縣志》。常甯李澤時撰。

《顓頊憲考》一卷，新化鄒漢勳撰。《寶慶府志》。漢勳自序：「余幼讀《史記》《漢書》，苦其日子稠濁，無從是正。後從憲術，始知以今之密術，上推其至、朔、日、閏，而不合者多。久之，乃悟當時各有所行之憲，因以差池耳。考始皇二十有七年，下訖漢太初元年，共一百又十七年施用《顓頊憲》，而《憲書》《憲志》皆不著其術，故自來學者無從考校。余是以發憤檢群史憲論，及《史》《漢》中至、朔、日、閏，編成一書，蓋倣《春秋長憲》例也。又別摘漢史譌謬顯然者數十事，以爲符驗，亦以明吾言之不謬耳。」

《全史日至源流》三十二卷，巴陵許伯政撰。

《天文説》一卷，平江張瓚昭撰。《縣志》。

《天文圖考》，安鄉翟應迪撰。《縣志》。

《中星應極圖》一卷，《新續步天歌》一卷，均《州志》。桂陽州何文麃撰。

清·葛士濬《清經世文續編》卷七《學術七》 李善蘭《〈談天〉序》

西士言天者曰：「恒星與日不動，地與五星俱繞日而行。故一歲者，地球繞日一周也；一晝夜者，地球自轉一周也。」議者曰：「以天爲静，以地爲動，動静倒置，違經畔道，不可信也。」西士又曰：「地與五星及月之道俱係橢圓，而歷時等則所過面積亦等。」議者曰：「此假象也。以本輪、均輪推之而合，則設其象爲本輪、均輪；以橢圓面積推之而合，則設其象爲橢圓面積。其實不過假以推步，非真有此象也。」竊謂議者未嘗精心考察，而拘牽經義、妄生議論，甚無謂也。古今談天者莫善於子輿氏「苟求其故」之一語，西士蓋善求其故者也。舊法火、木、土皆有歲輪，而金、水二星則有伏見輪。同爲行星，何以行法不同？歌白尼求其故，則知地球與五星皆繞日，火、木、土之歲輪因地繞日而生，金、水之伏見輪則其本道也。由是五星之行，皆歸一例。然其繞日非平行，古人加一本輪推之不合，則又加一均輪推之。其推月且加至三輪、四輪，然猶不能盡合。刻白爾求其故，則知五星與月之道皆爲橢圜，其行法面積與時恒有比例也。然俱僅知其當然，而未知其所以然。奈端求其故，則以爲皆重學之理也。凡二球環行空中，則必共繞其重心。而日之質積甚大，五星與地俱甚微，其重心與日心甚近，故繞重心即繞日也。凡物直行空中，有他力旁加之，則物即繞力之心而行。而物直行之遲速與旁力之大小適合平圜率，則繞行之道爲平圜。稍不合，則恒爲橢圜。惟歷時等，所過面積亦等，與平圜同也。今地與五星本直行空中，日之攝力加之。其行與力不能適合平圜，故皆行橢圜也。由是定論如山，不可移矣。又證以距日立方與周時平方之比例，及恒星之光行差、地道半徑視差，而地之繞日益信。證以煤坑之墜石，而地之自轉益信。證以彗星之軌道、雙星之相繞多合橢圜，而地與五星及日之行橢圜益信。此二者之故不明，則此書不能讀，故先詳論之。

偉烈亞力《〈談天〉序》

天文之學，其源遠矣。太古之世既知稼穡，每觀天星以定農時；而近赤道諸牧國地炎熱，多夜放群羊，因以觀天。間嘗上考諸文字之國，肇有書契，即記及天文。如《舊約》中屢言天星，希臘古史亦然，而中國《堯典》亦言中星，曆家據以定歲差焉。其後積測累推，至漢《太初》《三統》，而立七政統母諸數。從此代精一代，至郭太史《授時》術，法已美備，惟測器未精，得數不密，此其缺陷也。中國言天者三家，曰渾天、曰蓋天、曰宣夜。然其推曆但言數，不言象。而西國則自古及今，恒依象立法。昔多禄某謂地居中心，外包諸天，層層硬殼。傳其學者又創立本輪、均輪諸象，法綦繁矣。後代測天之器益精，得數益密，往往與多氏説不合。歌白尼乃更創新法，謂太陽居中心，地與諸行星繞之。第谷雖譏其非，然恒得確證，人多信之。至刻白爾推得三例，而歌氏之説始爲定論。然刻氏僅言其當然，至奈端更推求其所以然，而其説益不可摇矣。夫地球大矣，統四大洲計之，能盡歷其面者無幾人焉。然地球乃行星之一耳，且非其最大者。計繞太陽有小行星五十餘，大行星八，其最大者體中能容地球一千四百倍，其次能容九

百倍也。設以五百地球平列，土星之光環能覆之。而諸行星又或有月繞之，總計諸月共二十餘。設盡并諸行星及諸月之積，不及太陽積五百分之一。太陽體中能容太陰六千萬倍，可謂大之至矣，而恒星天視之亦只一點耳。設人能飛行空中，如最速礮子，亦須四百萬年方能至最近之恒星。故目能見之恒星最小者可比太陽，其大者或且過太陽數十萬倍也。夫恒星多至不可數計，秋冬涪朗之夕，昂首九霄，目能見者約三千。設一恒星爲一日，各有行星繞之，其行星當不下十五萬。況恒星又有雙星及三合四合諸星，則行星之數當更不止於此矣。然此僅論目所能見之恒星耳。古人論天河皆云是氣，近代遠鏡出，知爲無數小星。遠鏡界内所已測見之星，較普天空目所能見者多二萬倍。天河一帶，設皆如遠鏡所測之一界，其數當有二千零十九萬一千。設一星爲一日，各有五十行星繞之，則行星之數當有十億零九百五十五萬，意必俱有動植諸物如我地球。偉哉造物，其力之神、能之鉅，真不可思議矣。而測以更精之遠鏡，知天河亦有盡界，非佈滿虚空也。而其界外别有無數星氣，意天河亦爲一星氣，無數星氣，實即無數天河。我所居之地球在本天河中近，故覺其大；在别星氣外遠，故覺其小耳。星氣已測得者三千餘，意其中必且有大於我天河者。初，人疑星氣爲未成星之質，至羅斯伯之大遠鏡成，始知亦爲無數小星聚而成。而更别見無數星氣，則亦但覺如氣，不能辨爲星之聚。設異日遠鏡更精，今所見者俱能辨，恐更見無數遠星氣，仍不能辨也。如是累推，不可思議。動法亦然，月繞行星，行星繞太陽，近代或言太陽率諸行星更繞他恒星，與雙星同。然則安知諸雙星不又同繞一星，而所繞之星不又繞别星耶？如是累推，亦不可思議。偉哉造物，神妙至此，蕩蕩乎民無能名矣。

清·平步青《霞外攟屑》卷一《〈書象本要〉乃楊文言作非榕邨》 《榕邨年譜》：「四十八年己丑，《曆象本要》成。既脱稾，郵致宣城，就正於梅定九，然後付版。」庸按盛百二《書〈曆象本要〉後》云：「《曆象本要》，安谿凡一再刻，詳略不同，此其初刻也。不著作者之名。」《欽定圖書集成》有《曆象圖説》二卷，亦不題撰人。其中所云舊説者，即《本要》也。首有小引云：「歲壬戌，有從予問象數之説者，爲著《圖説》二十餘篇，未定稾也。其歲八月，已有取而鋟之版者。後又屬余增補注解，以别刻之。即再刻本。此直據一時問答，姑指大凡。壬午秋，訪友人於半圃，以律曆、象數之類垂委參考，别灑筆爲《圖説》若干。首所云半圃者，松鶴老人邸寓。」陳公夢雷，字省齋，自號松鶴老人。《圖書集成》初開館時，陳爲總裁。按其初與李、陳二公稱莫逆，而明於象數者，惟常州楊文言字道聲。耳。及陳李隙末，楊每爲陳左袒，故隱約其辭，似有不滿之意，安谿因亦不著其姓氏云。庸按《武進縣志·藝術》：楊文言，字道聲。通曆算，尤明習《幾何原本》。應耿精忠藩下人聘，爲幕客。亂起，被羈。大兵恢復，得出。仁皇帝嘗垂問其人於李文貞光地，對曰：「杜門高蹈，李禺之流。」語見《榕邨年譜》。此條見毘陵大街《楊氏族譜》卷十一行蹟志。又《世系》云：文言，字道聲，號南樓。著有《圖卦闡義》、《易俟》、《書象圖説》、《書象本要》、《握機發微》、《南蘭紀事詩》。兄昌言，字大聲，號梧岡。著有《梧岡詩文集》。弟匡言，字正聲，號西邨。憲言，字芳聲。子祖祥，字充閭，號膽菴，又號匏邨，監生，議敘知縣。著有《膽菴詩草》、《趨庭小草》、《匏邨集》，皆未梓。文貞《楊雪臣七十壽序》云：「壬戌，乞假南歸，聽講延陵書院。」車持謙《顧亭林年譜》注：「楊瑀，字雪臣，武進人。子道升，字文言，亦有集。」車以「聲」爲「升」，文言爲字。後張石洲刻《顧譜》，并删去「子道升字文言」六字，如柚堂説，則《曆象本要》出自道聲，安谿刻之而不著其名。如譜所言，則文貞攘爲己有，若郭象之竊向秀矣。鄙意已丑下脱一刻字耳。耿藩下人，殆即松鶴。「曆」作「書」，楊譜以恭避故。

清·汪曰楨《古今推步諸術攷》下 余自道光丙申夏，推算歷代長術，上起共和，下與欽天監頒行《萬年書》相接。各就當時行用本法，每年詳列朔、閏、月建大小，并二十四氣，畧如《萬年書》之式。至同治壬戌夏，始寫定爲五十卷，附以《古今推步諸術攷》二卷、《甲子紀元表》一卷，凡五十三卷。丙寅夏，吾友獨山莫君子偲見之，謂此書爲人之所不爲，可以專門名家。而惜其卷帙過繁，宜别爲簡要之本，庶便於謄寫刊刻。因以匝歲之功，删繁就簡，仿《通鑑目録》，專載朔閏。又取羣書所見朔閏不合者，綴于每年之末，編爲《輯要》十卷。其《諸術攷》二卷，乃推步之凡例，仍附於後。蓋距初布算時已逾三十年矣。歲月不居，學殖荒落，此書雖頗費日力，不過覆瓿之資耳，爲之太息。丁卯五月，汪曰楨識。

清·汪曰楨《〈歷代長術〉題辭》 孟子有言：「千歲日至，苟求其故，可坐而致。」春秋元凱，通鑑仲更。不揆檮昧，先民是程。握管持籌，時逾廿載。攷古深心，於是乎在。五十三卷，寫定成書。用資讀史，庶有裨斁？同治壬戌夏六月壬子朔，烏程汪曰楨剛木書于上海旅次觀養廬。

清·趙棻《〈二十四史月日攷〉序》 讀史而攷及於月日、干支，小事也，然亦難事也。欲知月日，必求朔閏。欲求朔閏，必明推步。宋劉仲更羲叟徧通前代步法，撰《劉氏輯術》。自漢初迄五季千餘年，朔閏燦然，足資攷索。惜乎《輯術》

全書久佚，僅存於《通鑑目録》。而《通鑑目録》又僅存明人刊本，脱譌不少。且自宋迨明，又六百餘年，未有續撰《長術》繼仲更而起者。蓋其事甚小，爲之則難。不知推步者，欲爲之而不能爲；知推步者，能爲之而不屑爲也。兒子曰楨，性好學史，又喜習算，嘗有志於此。偏攷當時行用之本術，如法推步，得其朔閏。凡仲更所推，悉爲算校。正其譌，補其缺，并續推宋以後之長術。又取二十四史所載月日，一一稽其合否。證以羣書，畧加攷辯。其布算檢閲，始於丙申之夏。期以二十載之功，畢成全史。曰楨之言曰：「史學所以資治，其本在深察夫興衰治忽之大端。徒攷覈於典章名物，已爲末務。月日、干支，抑末之末也。雖然，月日淆亂，則事蹟之先後不明，而興衰治忽之故將欲察而無由矣。且下學上達，初非二致。欲求其精，必先求其粗。譬諸飲食，先以烹飪，先以種蓺。及其既飽，則種蓺、烹飪皆爲荃蹏，而要不能不先從事於此若。徒知種蓺烹飪而不求飽食，則將終身爲田父、爲膳夫，惟孜孜於隴畝之畔、爨竈之間，而絶無饜飫之一日，是又非吾所願也。吾之爲此，固種蓺烹飪之事，乃正所以爲飽食之資。特將使人人得以專求飽食之逸，而不必先事乎種蓺烹飪之勞焉耳。是則吾識其小，而人得識其大。吾任其難，而人將任其易。雖不足稱史學，而於學史之人則似不無小補矣。」余頗韙其言。是時余方從事古文辭，曰楨因前請曰：「頃創此書，持籌握管，挑燈揮汗，不勝其勞，吾母所親見也。」他日書成，弁以序文，可乎？余笑而頷之。迄今忽忽已閲二十年，而其書惟《史記》至《新、舊唐書》屬草粗定，爲書已一百餘卷。自《新、舊五代史》至《明史》尚未暇及，僅全書三分之二。約計全書之成，至速亦更需數年。余亟欲睹其成，時加督促。而舉業間之人事又擾之，有萬萬不能速成之勢。余衰年久病，恐不及待其成，故預爲此序，俾俟他時寫定，冠諸簡端。若夫是書，體大文繁，曰楨雖努力爲之，究不免力少任重。且以一人精力，别無佽助，未及詳加覆覈，舛譌缺漏必多。此後或曰楨學識稍進，自能補改。或得良友如劉仲更之流匡其不逮，使得附於著作之林，亦云厚幸，是益非余所及知矣。咸豐五年，歲在乙卯，秋九月辛酉朔，二十九日己丑立冬，善約老人汪趙棻儀姞氏撰。

清・俞樾《〈歷代長術輯要〉序》 汪剛木先生精於史學，又精於算學，於是有《二十四史月日攷》之作。其書上起共和，下迄有明，各就當時所用之術依法推算。詳列朔、閏、月建大小、二十四氣，略如《萬年書》之式。經始於道光十有六年，至同治十有二年而書成，都凡五十三卷。既而病其繁也，又删繁就簡，仿《通鑑目録》之例，專載朔閏。其後朔與前朔天干相同，則亦不記，改日乃記之。成書十卷，命之曰《歷代長術輯要》，而以《古今推步諸術攷》二卷附於後，蓋推步諸術，固此書之條例也。既成，問序於余。余於史學粗疏，而算學又素未問津，何足以序先生之書哉？惟念長術之名，本於杜征南。杜氏嘗著《術論》，大旨謂天行不息，日月星辰皆動物也。物動則不一，累日爲月，累月爲歲，不得不有豪毛之差。而算守恒數，故術無有不差失。《易》言：「治曆明時，當順天以求合，非苟合以驗天。」杜氏此論雖若通達，然不求之術而徒求之紀載之文，則其爲術勞，而終不免於疏且舛。今杜氏《長術》具在，不過就前後推排，以成其説。孔穎達於隱二年傳云：「杜觀上下，若月不容誤，則指言月誤。若日不容誤，則指言日誤。蓋杜氏所恃以攷定經傳者，止於如此，非知術者也。」本朝經學昌明，諸老先生講求實學，而顧震滄氏著《春秋朔閏表》，其法用方幅之紙，横書十二月。每月繫朔晦於首尾，細求經傳之干友日數，不合即爲置閏，則亦猶夫杜氏之術也。今先生此書，雖襲杜氏《長術》之名，而各就當時所用之術以布算，則非苟以求合者，視杜氏異矣。且以一人持籌握管，而坐致二千餘年之日至，其精力固有大過人者。讀其書，自周迄明，歷歷然如指諸掌。而羣書所見朔閏有不合者，則備載於每年之下。蓋存其説以待後人之攷定，固不至削足合履，如杜氏所譏也。余於是書，雖無能贊一辭，然其用力之勤，用意之精，則固深知之。故不辭而書數語於簡端，既喜其書之成，又冀其書之流布於世，爲讀史者一助也。光緒丁丑八月，德清俞樾。

清・梅啟照《〈歷代長術輯要〉序》 昔鄭康成游于馬季長之門，以步算始得親近。漢晉間儒者如張衡、高允之徒，並能以算攷證經義。若夫用曆法上稽往古，知當世年月朔閏，然後即一事之後先而審其得失治曶之機，于史學尤綦重也。杜征南《春秋長曆》、國朝李尚之《〈召誥〉日名攷》，皆爲一書而作，已足以補苴罅漏，有功方册。宋劉羲叟推漢至五季月日，爲劉氏《輯術》。國朝錢同人成《四史朔閏攷》，精深博大。梅勿菴謂吾爲算學，曆最艱苦。後人坐進此道，吾一生勤苦皆爲若用。此其類也，其津逮後學爲何如耶？湖州汪剛木廣文曰楨，以《輯術》既佚，乃起周共和，迄明末，各以當時用術步其朔閏，爲《歷代長術》五十三卷，既又省爲《輯要》十卷，證以正史，參校羣書，稽其合否。將付手民，匄序于余。余謂此書之難，非獨握籌數計也。南北分析，各用厥曆，未能參合。五代時民間小曆盛行，公私著述，時月互異，是一難也。史家雜采記載，《新唐書》尤多

録稗官。傳聞異詞，往往傳表月日與紀不合，是二難也。傳寫刊刻，展轉紕繆。或干支字誤，或閏月移易，不可更僕數。今欲悉爲校正，是三難也。有宋南渡初五年，遼太宗以前，布憲授時，不知何曆，是四難也。北周用明克讓術，南唐用中正術，後改用齊政術。如是之類，用數無可攷，不得不借用他術，合否未能決定，是五難也。夏時便民，古今通用。而秦用亥正，魏景初用丑正，唐武后用子正，民間仍從其便。又初改之時，或年少一月，或月少數日，志乘、編年因之差別，是六難也。唐武后神功元年強閏十月，玄宗開元十二年強閏十二月，後晉天福間亦因明年正旦日食改前十二月朔。民間通行仍依本術爲之貫通，是七難也。汪君《輯要》所采證以書籍數百種，不憚七難，殫精畢慮幾三十年，于步算可謂勞矣，于讀書可謂博矣。使讀史者家置一編，舉二千五百餘年之月日麓然具見。得以即一事之後先而攷其得失治留之機，倘亦勿菴所謂一生勤苦皆爲人用者與？余故不揣固陋，而樂爲之序。光緒四年戊寅秋七月，撫浙使者南昌梅啟照撰。

清・王國維《長術輯要》跋　先生《二十四史日月攷》，稿本在烏程蔣氏，卷數與此目合。《元史日月攷》僅成三卷，餘均完善。惜卷帙太鉅，未有能刊之者。《推策小識》三十六卷，手稿亦在蔣氏。計《古今推步諸術考》二卷、《歲餘度餘考》一卷、《朔餘攷》一卷、《古今朔閏攷》十二卷、《疑年表》一卷、《太歲超辰表》三卷、《甲子紀元表》一卷、《四分術章蔀定率表》二卷、《授時術諸應定率表》十卷、《授時術氣朔用數鈐》三卷，凡十種，已刻者祇年表、越辰表二種耳。辛酉人日海甯王國維。

清・陳澧、廖廷相《三統術詳説》跋　術之見於史志者，以三統爲最古。然其中黄鍾、易策，與夫乘加參合等數，多傳會假託之辭，而又顛倒其次第，繁亂其名目，讀者每以艱深苦之。錢辛楣、李尚之、董方立諸家雖嘗爲發明，而未覺其立言之病，閲之仍不易解。先生少讀《班志》，爲之鉤摘剖演，而隱者以顯，賾者以明，成詳説四卷，藏之篋中，未及寫定。壬午春，先生歸道山，檢刻《遺書》卷内「九章歲」一條，有録無説。竊據《續漢志》元和二年太史令候日，行冬至在斗二十一度四分度之一。以歲差密率推之，劉歆作三統術時當在斗二十二度四分度之一弱。知其所謂牽牛前四度五分者，蓋據當時實測而言。因仿全書體例，以己意補之，未知果有當於先生之意否也。哲人其萎，吾將安放？撫卷書此，不覺泫然。門人南海廖廷相謹識。

清・錢塘《淮南天文訓補注》自序　《淮南鴻烈》解，有許慎、高誘兩家注，《隋書・經籍志》並列于篇。至劉昫作《唐書・經籍志》，唯載高注，則許注已佚于五季之亂矣。而《新唐書》及《宋史・藝文志》仍竝列兩家，謂唐時許注猶存。歐陽氏得其故籍以爲志可也。宋時安得復有許注，而修史志者猶采入之歟？觀陳氏《書録解題》有曰：「既題許慎記上，而序文則用高誘。」然則許注既佚，宋人以其零落僅存者羼入高注，遂題許慎之名。而其未羼入者，仍名高注可知也。要其冠以高誘之序，則高注爲多矣。今世所傳高氏訓解，已非全書。而明正統十年《道藏》刊本，首有高誘之序，内則題太尉祭酒臣許慎記上，一如陳氏所云，是即宋時羼入之本。以校高注，增多十三四，其間當有許注也。夫以淮南王之博辯善文辭，爲武帝所尊重，復得四方賓客如九師、八公者，廣采羣籍，作爲是書，固已極魁瑋奇麗之觀。而東漢兩大儒各以博識多聞之學，事爲之證，言爲之詁，亦既疏解略盡矣。《道藏》本雖不全，而雜有二家之注在焉，猶愈于訓解之止出一家，而又爲庸妄子之所芟削者。獨《天文訓》一篇，《道藏》本未嘗增多訓解一字，而中有「誘不敏也」之文，其注亦遂簡略。蓋此篇決出于誘之所注，而誘于術數未諳，遂不能詳言其義耳。然吾謂三代古術，往往見于《周禮》《左氏春秋傳》《史記律曆天官書》中。其可以相質證者，賴有此篇。儒者而弗明乎是，即經史之奧旨何由洞悉而無疑也哉？竊不自揆，推以算數，稽諸載籍，于高氏所未及者皆詳言之，亦時正其舛謬。如「天一元始，正月建寅，日月入營至五度」。天一以始建，即是《顓頊曆》：上元，則天一當爲太一，而高氏無注。二十四時之變，反覆比十二律，故一氣比一音，而注以十二月律釋之。淮南元年太一在丙子，冬至甲午，立春丙子，曆術所無。蓋時已酉冬至，脱其日名。甲子自爲立春之日，重言丙子，本與下文二陰一陽成氣二、二陽一陰成氣三相連，即釋太一丙子之義，而截立春丙子爲句。閡以注語，似立春僅去冬至四十二日，此皆舛錯尤大者。予之補注，不爲高氏作疏正，不妨直糾其失耳。書成于己亥之夏，戊申秋復改正數條，遂繕爲定本焉。乾隆五十三年九月九日，嘉定錢塘序。

清・謝墉《淮南天文訓補注》序　高誘注《淮南》，其序謂：「深思先師之訓，參以經傳，道家之言，比方其事，爲之注解。」是知道家之書，繇來已久。夫天道遠，人道邇，言人則莫精于儒書，談天則不得廢《道藏》。昔班生謂道家本出史官，蓋天文之學掌諸馮相，原非異術也。《漢志》、《七略》有《太壹雜子》、《陰陽候歲》、《雲氣星》諸篇，此其傳之古有專門名家。迨其後，唐都、洛下閎皆爲方士之

伎，而儒者鮮肄業及之矣。《易》曰「仰以觀于天文」，今一翹首莫不見七政、二十八宿，非必睿聖始得辨之也。乃極探幽索隱之士，其于晨夕縣象者弗能識其一二，是可嗤也。官失而學在四夷，叔重之注《淮南》，其存于《道藏》者固宜。嘗讀宋盧陵羅氏《路史》，多援《丹壺》諸書爲證，要亦汲古者旁搜之一道也。溉亭之補注《天文訓》，于高許二家之後，此物此志夫。夫律法，算數之始也；而日景，律法之原也。言天文者不能不讐算，言算學者不能不求日景。尺寸從黄鐘生，即從日景定。《淮南》之訓天文，而終之以律度者，義蓋取諸此。溉亭心知其意，既精其業而注之，且爲之圖説以章之。其旨正，其文博，以視八公、大小山，大有逕庭矣。讀是書者其毋以溉亭之學爲《淮南》學哉。溉亭邃于經學，以是舉賢。書成進，士亟請于銓曹，就教授。南歸著書之歲月方多，尚其以《道藏》證儒書，而勿使儒術淪于道流，敢以是勗焉。乾隆庚子六月二十日，嘉禾友人謝墉。

清・錢大昕《〈淮南天文訓補注〉序》　溉亭主人嘿而湛思，有子雲之好。一物不知，有吉茂之恥。讀《淮南・天文訓》，謂其多三代遺術，今人鮮究其旨。乃證之羣書，疏其大義。或意有不盡，則圖以顯之。洵足爲九師之功臣，而補許、高之未備者也。嘗攷天之言文，始于宣尼贊《易》。言一陰一陽之謂道，道有變動故曰爻，爻有等故曰物，物相雜故曰文，則天文即天道也。經傳言天道者皆主七政、五行、吉凶、休咎而言，子貢億則屢中，而猶謂性與天道不可得而聞，則天道之微非箕子、周公、孔子不足以與此。此子産譏裨竈焉知天道，而梓慎之見屈于叔孫昭子也。然古者祝宗卜史，亞于太宰。馮相、保章，官以世氏。習其業者，皆傳授有本，非矯誣疑衆。五紀、六物、七衡、九行、子卯之忌具存，昏旦之中可紀。天道不諂，文亦在茲。是以名卿學士就而咨訪，以察時變，覯火流而知失閏，望烏帑而識棄次。八會之占驗于吳、楚，玉門之策習于種、蠡。雖小道有可觀，而夫子焉不學。詎如後之學者，未窺六甲，便衍先天，不辨五行，迺汩《洪範》，握算昧正負之目，出門迷鉤繩之方也哉？秦火以降，曲籍散亡。《淮南》一篇略存古法，溉亭爲引而伸之，觸類而長之，讀之可上窺渾、蓋、宣夜之原，旁究堪輿、叢辰之應。但恐君山而外無好之者，不免覆醬瓿之嘲爾。竹汀居士大昕。

清・陶澍《〈淮南天文訓補注〉序》　漢淮南王安，招集八公、大小山之徒，作書二十一篇，統名曰《鴻烈解》。爲之注者，有許慎、高誘兩家。今許注已佚，惟高注存，然亦非其舊，間有許注錯雜其中。《天文訓》者，特《鴻烈》之一篇，後世陰陽五行之説多祖述於此，高注或未能悉得其義例。蓋疇人之學，非宿學世業不能通其奧也。乾隆中，嘉定錢進士塘特取而爲之補注，以《淮南》所用爲《顓頊曆》，信而有徵。以八風配奇門，亦足訂術家休生相次之謬。惟本書所言土生於午，壯於戌，死於寅，今即不用其説。豈天事微渺，其名以命之、數以紀之者，皆出於人之所爲，可隨時而轉易乎？又太陰在四仲，歲星行三宿；太陰在四鉤，歲星行二宿。四鉤之義，高注詳之。三宿、二宿，高氏無注。蓋本書後文太陰在丑，歲星舍尾箕；太陰在寅，歲星舍斗牛；即二宿也。太陰在子，歲星舍氐房心；太陰在午，歲星舍胃昴畢；即三宿也。錢氏引《左傳》婺女元枵之維，首以元枵，次有三宿，則大梁、鶉火、大火亦必三宿，其餘八次僅得二宿可知。輾轉相證，似忘本書之已自注於後。然《淮南》亦第就漢時十二宫次舍言之，揆之於今，多有不合。蓋恒星東移約七十年而差一度，則亦未可膠柱而鼓瑟矣。是書向無刻本，適余門人淡君春臺作宰嘉定，因囑令表章之。淡君因與毛君嶽生、陸君珣，以莊本校字句之同異，而付之梓。錢氏爲竹汀先生猶子，好學深思，喜著書。即此卷單行，可以見其一斑。識者無徒以陰陽五行家目之也。道光八年春，安化陶澍。

清・翁方綱《〈淮南天文訓補注〉序》　溉亭進士以所著《淮南天文訓補注》上下二卷見示，予讀而歎其賅洽。其曰「臣許慎記上」者，從《道藏》也。予曩于《道藏》見是文而類之，既而證以晁、陳二家之書。晁曰「慎標其首皆曰閒詁」，陳云敘言：「誘少從同縣盧君，受其句讀。盧君者，植也，與之同縣，則誘乃涿人。」又言建安十年，辟司空椽，除東郡濮陽令。十七年，遷監河東，則誘漢「末人」也。是皆與許叔重不合。又嘗稽《昭明文選》李善注所引高誘《淮南》注校之，即今所傳《道藏》注本。又即以此卷「九野」一條屬《呂覽》正文，而高注雖有詳略，究無殊旨。然則許慎記上之文，恐當闕疑矣。溉亭且存此説，他日有以訂定，幸必寄示也。乾隆庚子五月二十七日，北平友人翁方綱。

清・淡春臺《〈淮南天文訓補注〉跋》　《淮南子》二十一篇，初名《鴻烈篇》。高氏所云「鴻，大也。烈，明也」，以爲大明道之言也。其中《天文訓》一篇，論述閎深，尤多三代遺術。許注既佚，高注言復簡略，間有殘闕，以故學者益艱研究。嘉定錢溉亭先輩，學問奥博，而於天文律呂之術測算尤邃，嘗取此篇爲之補注。名物訓詁説既精確不遺，至于太陰太歲之分、四仲四鉤之辨、歲行刑德、日辰義保，以及律呂相生、月日主比，忖度豪氂，穿并淵賾，明于無垠，達乎有象。又補爲十五圖，以著其尤難明者，信非碩儒不能作也。雲汀中丞夫子得其稿本，以春

臺適宰是邑，命爲校刻。因與邑人陸君子劭、寶山毛君生甫，互勤參攷。二君皆嗜古好學，生甫尤精步算，通漢儒述數之學。既以莊本攷其異同，復正其傳寫舛誤。春臺用益殫極思慮，鈎稽邃密。意有所見，附識于下。自愧學殖淺薄，加以從事簿書，日就荒落，弗克疏析深義。凡所稱引謬誤之譏，知不能免。惟子中丞夫子表章絶學，嘉惠人士至意，或庶幾仰副萬一云。道光八年，歲次著雍困敦，宿月望日，安漢後學淡春臺書於邑署之懷陸堂。

清·周中孚《鄭堂讀書記》卷四四《子部六之上》

《重修革象新書》二卷。寫本。元趙友欽撰，明正諱刪定。諱字子充，號華川，義烏人。明初徵爲中書省掾，修《元史》成，拜翰林待制。使雲南，抗節死，庸翰林學士，追謚忠文。《四庫全書》著録。華川以趙氏書蕪亢鄙陋，昧其旨意，因削其支離，證其譌舛，釐其次等，絜其要領，以成是編。上卷自《天體左旋》至《時分百刻》凡十三篇，下卷自《歲序始終》至《乾象周髀》凡十九篇。篇第如舊，而次第大異。其修飾字句，較原本殊爲簡净，然術數主於測算，不論文詞之佳惡，且文字之兼通，終不及專門之絶學，究竟仍以原本爲勝焉。是書前有序略，凡華川暨宋濂、馮鼎、岳正各一則，而卷端即題馮鼎續録。豈馮鼎復取華川本而更定之歟？惜無天一閣藏本以正之也。

《聖壽萬年曆》二卷，《萬年曆備考》三卷，附《律曆融通》四卷，《音義》一卷。《樂律全書》本。明朱載堉撰。載堉履貫見《藥類》。《四庫全書》著録，總作《聖壽萬年曆》五卷、《律曆融通》五卷。《明史·藝文志》止載《萬年曆》一卷，《備考》二卷。《萬年曆》分步發斂、步朔閏、步日躔、步晷漏、步月離、步交通、步交食、步五緯八篇。《備考》分《諸曆冬至考》《二至晷影考》《古今交食考》各一卷。《律曆融通》前二卷爲《黄鐘曆法》十二篇，後二卷爲《黄鐘律議》二十四篇。《明史·曆志》稱明之《大統曆》，實即元之《授時》，承用二百七十餘年，未嘗改憲。成化以後，交食往往不驗，議改曆者紛紛。如俞正己、冷守中不知妄作者無論已，而華湘、周濂、李之藻、邢雲路之倫，頗有所見。鄭世子載堉撰《律曆融通》，進《聖壽萬年曆》，其説本之南都御史何瑭，深得《授時》之意而能補其不逮。臺官泥于舊聞，當事憚于改作，並格而不行。是以阮雲臺師《疇人傳》論曰：「歲實之有消長，刱于楊德之，而郭者思因之。然加減之差，猶爲平率。載堉易爲相減相乘之術，令差積有倫，視楊郭兩家尤爲詳且密矣。」《律曆融通》以律呂爻象爲推步之本原，其説固出傅會。而《術議》諸篇援引贍博，持論明辨，于《授時》立法疏密之故，一一抉發無遺。方之趙緣督《革象新書》，實有過之無不及也。當時憚于改作，抑而不行。斯其積習固然，又何足深責耶？注云《萬年曆》，前有萬曆乙未二十三年載堉進書疏表各一篇，後有鄭府長史謝廷訓等啓併呈禮部文備考。後附録河北僉事邢雲路、刑科給事中李應策、欽天監正張應候等、禮部尚書范謙等四疏，及載堉四疏。總跋《律曆融通》，前有萬曆辛巳九年自序。

《古今律曆考》七十二卷。萬曆戊申刊本。明邢雲路撰。雲路字士登，安肅人。萬曆庚辰進士，官至陝西按察副使。《四庫全書》著録。《明史·藝文志》亦載之。是編蓋仿正史律曆合志而作，凡《經》八卷、《歷代》十一卷、《歷代日食》八卷、《藏經》一卷、《律呂》七卷、《曆法》二十四卷、《曆議》六卷、《曆理》一卷、《曆象》六卷。計言曆者六十六卷，而言律者僅六卷。其于經于歷代各卷，間及于律，亦罕所發明，蓋所重在曆也。其言《授時》五星之數，止録舊章，並未測驗，多所舛錯。其辨《大統術》之失，與魏玉山文魁所著《曆元》《曆測》二書多相爲表裏，皆悠謬誕妄，不足與較也。是以阮雲臺師《疇人傳》論曰：「雲路於《授時》《大統》得失，非一無所知者。而所著《律曆考》，欲侈卷帙之多，乃援經史以張其説，宜梅徵君之不滿之也。見《勿庵曆算書目》。蓋文章繁富，無當於實學。以之爲欺世之具，而世人不必欺，一二知者又終不受其欺。然則著作等身，而一無心得，亦何益哉？」然其《藏經考》於佛道兩家言天言時鑿空不經之説，俱能援曆算以詳辨之，俾二氏之徒無從再參考一解，則從來闢異端者所未論及也。是其書於曆法雖無所得，而於名教大有禆益矣。深願今之精算術者取法於斯，盡取《藏經》而條辨成帙，垂諸儒林，豈非吾道之光哉？是書前有自序及李維楨、王邦俊、孫承宗三序，末有徐安、馬英、胡來朝三後序。

《戊申立春考證》一卷。原刊本。明邢雲路撰。《四庫全書》存目。萬曆三十六年，歲在戊申，士登方官蘭州。歲將始冬，日日候表下，尺量籍記晷差，算冬至應初四日癸巳卯正初刻，而曆頒辰正二刻。從冬至又候，迄將春，算立春應戊寅日亥初三刻，而曆頒己卯子正一刻。因作是書，詳爲考證。凡推求八則，後繫以論。大旨正《大統曆》測驗之差，而折衷于郭若思之説云。前有李維楨題引，末有阮聲和題後。

《渾蓋通憲圖説》一卷。《天學初函》本。明李之藻撰。之藻字振之，號涼菴，仁和人。萬曆戊戌進士，官至南京太僕寺少卿。《四庫全書》著録。《明史·藝文志》亦載之。前有萬曆丁未自序，稱利先生瑪竇示我平儀。其制約渾，爲之刻畫重圜，上天下地，周羅星曜，背綰窺筩。貌則蓋天，而其度仍從渾出。取中央爲北極，合

素問中北外南之觀。列三規爲歲候，邃羲和候星寅日之旨。得未曾有耳受，手書頗亦鏡其大凡。不揣爲之圖說，間亦出其鄙譾。會通一二，以學中曆。而他如分次度，以西法本自超簡，不妨異同，則亦於舊貫無改焉。今見其書，冠以《渾象圖說》、《赤道規略說》、《書長晝短南極北極舊規說》、《子午規說》、《地平規說》爲首卷，不入卷數。次分上下二卷，凡圖說十九篇：一《總圖說》、二《周天分度》、三《按度分時》、四《地盤長短平規》、五《定天頂》、六《定地平》、七《漸升度》、八《定方位》、九《晝夜器漏》、十《分十二宫》、十一《朦朧影》、十二《天盤黄道》、十三《經星位置》、十四《歲周對度》、十五《六時晷影》、十六《句股弦度》、十七《定時尺分度》、十八《用例》、十九《句股測望》，以上圖說。總見大圜之體，環中無窮，規繩曲中，不可思議。其法最奇，其理最確，而於用最便行，測之第一器也。然梅勿庵猶以本書中黄道分星之法尚缺其半，因爲《訂補》一卷，完其所缺，正其所誤。可以依法成造，用之不疑矣。見《勿庵曆算書目》。惜其書無傳，其軼時時見於他說。是書後有萬曆丁未樊良樞跋，純作駢語，毫無發明，雖不存可也。

《圜容較義》一卷。《天學初函》本。明李之藻撰。西洋利瑪竇之所授也。瑪竇字西泰，歐邏巴人。萬曆時航海至廣東，是爲西洋入中國之始。《四庫全書》著録。前有萬曆甲寅自序，稱昔從利公研窮天體。因論圜容，拈出一義，次爲五界十八題。借平面以推立圜，設角形以徵渾體。探原循委，舉一該三。測圜者測此，割圜者割此者也。譯旬日而成編，名曰《圜容較義》。今按各題下有圖、有解、有論，其法從四周取一面，即從一而以例四周。割圜形爲衆角，即合衆角以成圜形。非徒廣略異聞，實亦闡著實理。其於表裏算術，推演幾何，合而觀之，抑亦解匡詩之頤者也。

《測量法義》一卷，《測量異同》一卷，《句股義》一卷。《天學初函》本。明徐光啓撰。光啓仕履見《農家類》。《四庫全書》著録。《明史・藝文志》以《測量法義》一卷爲利瑪竇作據。卷首題「利瑪竇口譯，徐光啓筆受」，故專屬之利氏也。《志》又以《測量異同》一卷爲熊三拔作，或所見本異也。前有自題，稱「西泰子之譯測量諸法也十年矣，法而系之義也。自歲丁未始也，曷待乎於時？《幾何原本》始卒業矣，至是而後能傳其義也。是法也，與《周髀》《九章》之句股測望異乎？不異也。不異何貴焉？亦貴其義也」。今觀其書，先造器，次論景，又次本題十五首，大都原本《周髀》，以明測望之法。并附三數算法，即《九章》中異乘同除法也。《九章算術・句股篇》中故有用表、用矩尺測量數條，與《測量法義》相較，其法略同，其義全闕。因爲《測量異同》六題，既具新編以考舊文如親掌矣。又以測量乃測句股之一端，故以專言句股之義者別爲一卷。凡十五題，各有圖法，并論撰其義，使夫學於算法者攬圖誦說，表然以解。至其自題，稱「《周髀》所謂榮方問於陳子者，言日月天時之數，則千古大愚也」。是又全不諳古算術者，然不可解也。

《表度說》一卷。《天學初函》本。明西洋熊三拔撰。三拔字有綱，歐邏巴人，萬曆壬子入中國。《四庫全書》著録。《明史・藝文志》作利瑪竇撰。其書因土圭舊制，變爲捷法，可以隨意立表，分五題以明其說。第一題，日輪周天，上向天，下向地平，其轉於地面俱平行，故地體之景亦平行。第二題，地球在天之中。第三題，地球小於日輪，從日輪視地球止於一點。第四題，地本圜體。第五題，表端爲地心。蓋以西洋天圓地亦圓及地球小於日輪之說，講古算術者多非之。故先即表度之易見者立說證明，於測日爲獨詳焉。前有萬曆甲辰慈溪周子愚、仁和李之藻二序。

《簡平儀說》一卷。《天學初函》本。明西洋熊三拔撰。《四庫全書》著録。《明史・藝文志》亦載之。其儀以天地二盤，上下貫以樞紐，可旋轉測量。爲有綱所手創，以呈利西泰，深所嘉歎，因爲之說。前有名數十二則，其用法凡十有二。第一，隨時隨地測日軌高幾何度分；第二，隨節氣求日躔黄道距赤道幾何度分；第三，隨地隨日測子正初刻，及日軌高幾何度分；第四，隨地測南北極出入地幾何度分；第五，隨地、隨節氣求晝夜刻各幾何；第六，隨地隨節氣求日出入時刻；第七，論三殊域晝夜寒暑之變；第八，隨地、隨節氣求日出入之廣幾何；第九，隨地、隨節氣用極出入度求午正初刻日軌高幾何度分；第十，日晷；第十一，隨地隨節氣求日交天頂線在何時刻；第十二，論地爲圖體；第十三，論各地分表景不同。其言理彌微亦彌至，立法彌詳亦彌簡，可謂立成器以爲天下利矣。書成於萬曆辛亥，徐光啓爲之序。

《天問略》一卷。《天學初函》本。明西洋陽瑪諾撰。瑪諾歐邏巴人，萬曆乙卯入中國。《四庫全書》著録。《明史・藝文志》作利瑪竇撰。其書論天有九重，及七政本位；論日天本動及日距赤道度分，併及日食；論晝夜時刻隨北極出地各有長短；論月天爲第一重天及月本動，併及月食。皆設爲問答，并繪圖立說，以明其理，亦頗詳晰。與熊有綱《表度說》互相發明，其大旨與利西泰《乾坤體義》亦相同。蓋其學出於一原，故其議論亦相似也。自橢圓地動之說出，乃愈出而愈奇

矣。前有萬曆乙卯自序及王應熊題辭，《藝海珠塵》亦收入之。

《測量全義》十卷。《崇禎曆書》本。明西洋羅雅谷撰。雅谷字開韶，歐邏巴人。天啓末年入中國，寓祥符縣。崇禎三年督修新法，徐光啓奏請録用，赴局供事。《明史·藝文志》載徐光啓《崇禎曆書》注云：《測量全義》十卷，蓋光啓所督修也。是書凡《測直線三角形》一卷，《測線上下》二卷，《測面上下》二卷，《測體》一卷，《測曲線三角形》一卷，《測球上大圈》一卷，《測星》一卷，《儀器圖説》一卷。前九卷屬法原，後一卷屬法器。法原者，法之所以然也；法器者，法之所當然也。第一卷之首爲略説二十三則，四五卷之首爲略説十三則，猶《幾何原本》例也。夫曆家所重全在測量，所當測者略有三事：一曰線，測其長短；二曰面，測其長短廣狹；三曰體，測其長短廣狹厚薄。故繇線而面，而體，繇直線而曲線，平面而曲面，方體而圓體。譬之跬步，前步未行，後步不得近也，是測量之全義也。前有序目，備論其各篇之次第云。考《明志》載其全書，凡一百二十六卷，共三十四種。今所見者，僅此一種而已。

《御定曆象考成》四十二卷。武英殿刊本。康熙五十二年，聖祖仁皇帝御定《律曆淵源》之第一部也。謹案：是書上篇十六卷曰《揆天察紀》，凡六部：一曰《曆理總論》，二曰《弧三角形》，三曰《日躔曆理》，四曰《交合曆理》，五曰《五星曆理》，六曰《恒星曆理》，皆論本體之象以明理也。下編二十六卷，曰《明時正度》。凡十部：一曰《日躔曆法》，二曰《月離曆法》，三曰《月食曆法》，四曰《日食曆法》，五曰《土星曆法》，六曰《木星曆法》，七曰《火星曆法》，八曰《金星曆法》，九曰《水星曆法》，十曰《恒星曆法》。又十表：一曰《日躔表》，二曰《月離表》，三曰《交食表》，四曰《土星表》，五曰《木星表》，六曰《火星表》，七曰《金星表》，八曰《水星表》，九曰《恒星表》，十曰《黄赤經緯互推表》，皆密致用之術。列立成之表，以著法地。卷首冠以御製《律曆淵源》序，及纂修編校諸臣職名。

《御定曆象考成後編》十卷。武英殿刊本。乾隆二年，莊親王允禄等奉敕撰，七年告成。謹案：是編卷一爲《日躔數理》，卷二爲《月離數理》，卷三爲《交食數理》，卷四爲《日躔步法月離步法》，卷五爲《月食步法》，卷六爲《日食步法》，卷七爲《日躔表》，卷八爲《月離表上》，卷九爲《月離表下》，卷十爲《交食表》。凡《御定曆象考成》上下編已發明者，即不復解説。惟新法與舊不同之處，無不窮其本源，究其條貫。其理雖不越上下二編之範圍，而其用意之精巧細密有昔人所未及者，皆抉盡底蘊，層解條分矣。卷首冠以《奏議》一卷，又有諸臣職名。

《欽定儀象考成》三十二卷。武英殿刊本。乾隆九年，莊親王允禄等奉敕撰，十七年告成。謹案：是編凡《御製璣衡撫辰儀説》二卷，《恒星總記》一卷，《恒星黄道經緯度表》十二卷，《恒星赤道經緯度表》十二卷，《月五星相距恒星黄赤緯度表》一卷，《天漢經緯度表》四卷。皆考究歲差以符天運，闡明儀器以前民用。其中詮解用法，數詳備至。星圖記視舊增一千六百一十四分，注方位以備稽考，則愈測而愈密矣。卷首冠以乾隆二十一年御製序一篇，次及歷年諸臣奏議十一篇(三)，次諸臣職名三篇。

《渾天儀説》五卷。明刊本。國朝西洋湯若望撰。若望字道未，歐邏巴人，崇禎二年入中國。時禮部奏請開局修改曆法，明年，徵若望供事曆局。入國朝，掌欽天監事，累加太僕太常寺卿。《四庫全書》著録在《新法算書》内，乃其在崇禎時供事曆局所作。《明史·藝文志》作李天經撰，蓋以每卷之首有李天經督修一行也。粤自堯欽曆象，舜察璣衡，是爲渾天鼻祖。第其製久湮，後人仿作，罔所發明，莫適於用。道未奉命修曆，爰授法爲渾儀之製，設爲子午、地平、過極諸圖，併黄赤而六焉。又以用法未明，無以詔來兹。乃更闡其奥旨，疏爲款列，纚纚數萬餘言，彙成是編。卷一《論渾天儀之理》十一篇，卷二《論渾天儀之用》三十一篇，卷三《立象》以下十四篇，卷四《依渾儀製日晷法》以下十七篇，卷五《渾天儀製度》以下十二篇。要以北極高度立其基，而凡以求黄赤之經緯諸曜之出没，晝夜之永短，五緯之見與伏，各距之時與度，至時爽有時刻，交食有方位，莫不取足於一掬之渾儀，而衆理咸備。其爲用也，顧不大哉？且以句股立算未能合天，乃闡明圜線三角形，以盡諸弧之變，而洞交角之理。尤信握籌而算，無若按儀而考之爲便捷也。至依法以制多形日晷，特餘事矣。書成於崇禎丙子，李天經爲之序。案道未有定《新法算書》總一百卷，凡三十種。今未之見，此書其一也。別有單行之本，故得而記之。

《新製靈臺儀象志》十六卷。武英殿刊本。國朝西洋南懷仁撰。懷仁字勳卿，一字敦伯，歐邏巴人。康熙初入中國，官至欽天監監正。敦伯以推步之學，其理其法必有先後之序，漸以及焉。故由易可以及難，由淺可以入深，未有略形器而可驟語精微者。因欽天監中舊制儀器有差疏，請改造，並呈式樣。敕部照其所指造成。乃繪圖立説，撰次成編。其書首論推測七政之行、諸星相離遠近之類數，并詳製器法度輕重堅固之理，逐節申明，演爲解説，精麤兼舉，細大不捐。而復圖之，以互相引喻，總以期乎理精法密，歷久常新。蓋欲使學者由器而徵象，由象而考

數，由數而悟理，有所依據而盡心焉。則凡諸曆諸數，靡不可因之而有所考究矣。是以阮雲臺師《疇人傳》四十五論曰：「西人熟於幾何，故所製儀象極其精審。蓋儀象精審則測量真確，測量真確則推步密合。而法之有驗於天，實儀象有以先之也。不此之求，而徒騖乎鐘律、卦氣之説，宜爲彼之所竊笑哉。」是書成於康熙甲寅，自爲之序，并進表。其十五、十六卷爲諸儀象圖，凡一百一十七幅。以輻員開方之大，另爲一帙，前有自作弁言。

《曆學疑問》三卷、補二卷，《曆學答問》一卷。《曆算全書》本。國朝梅文鼎撰。文鼎字定九，號勿庵，宣城人。貢生，康熙間以曆學蒙召見，因年老放歸。御書「積學闡微」字以旌之。《四庫全書》著録，定爲首三種，乃《曆算全書曆學》之首二種及末一種也。勿庵先有《古今曆法通考》，因時之增改，訖無定本。李厚庵教以略仿元趙敬夫《革象新書》體例，作爲簡要之書，俾人人得其門户，乃爲是編。凡問五十二篇，釐爲三卷。備論曆學古今疏密，及中西二法與《回回曆》之異同。皆不直襲諸家所已言，而斟酌於淺深詳略之間。其言簡實平易，不爲支離屈曲，所以便學者也。康熙癸酉，厚庵爲之序。越十載，厚庵以直隸巡撫蹕行河，進呈此書。欽蒙聖祖仁皇帝御筆親加評閲，事具《厚庵恭紀》中。其《曆學疑問補》二卷，凡論二十三篇，亦雜論曆法綱領，以補前書未盡之意。皆平正通達，可爲步算家準則。《曆學答問》一卷，凡三篇，乃與同時李古愚、高念祖、劉介錫相問答之詞，併以所作《擬璿璣玉衡賦》、《學曆説》、《曆家源流論》附焉。《叢書輯要》則以擬賦及《學曆説》編入雜著，而其《曆家源流説論》。《藝海珠塵》雖止收入《疑問補》及《答問》二種，然《答問》原本所附三篇俱備有之。

《弧三角舉要》五卷。《曆算全書》本。國朝梅文鼎撰。《四庫全書》著録，定爲第四種，乃《曆算全書·法原》之第三種也。勿庵以三角之用莫妙於弧度，求弧度之法亦莫良於三角，因爲摘其肯綮，從而疏剔訂補，以直截發明其所以然。其目有八：曰《弧三角體勢》，曰《正弧三角形》，附舊稿。曰《求餘角法》，曰《弧角比例》，曰《乘弧法》，曰《次形法》，曰《乘弧捷法》，曰《八綫相當法》。一以正弧三角爲綱，仍用渾儀解之。正弧三角之理，盡歸句股，參伍其變。斜弧三角之算，亦歸句股。文雖不多，實爲此道中開闢塗徑。蓋自是而算弧度者有端緒可循，讀曆書者亦有塗徑可入矣。書成於康熙甲子，自爲之序。《叢書輯要》所載本略有異同云。

《環中黍尺》五卷。《曆算全書》本。國朝梅文鼎撰。《四庫全書》著録定爲第五種，乃《曆算全書·法原》之第四種也。案《弧三角舉要》中弧度之法已詳，然勿庵以爲更有簡妙之用，一以平儀正形爲主，凡可以算得者，即可以器量。渾儀真像，呈諸片楮，而經緯歷然，無絲毫隱伏假借。其立術超妙，而取徑遥深，非專書備論，難諳厥故。故於《舉要》外，别成是編。其目凡十：曰《總論》，曰《先數後數法》，曰《平儀論》，曰《三極通幾》，曰《初數次數法》，曰《加減法》，曰《甲數乙數法》，曰《加減捷法》，曰《加減又法》，曰《加減通法》。凡測算必有圖，而圖弧角者必以正形，厥理斯顯。於是以測渾圓，則衡縮欹衺，環應無窮，殆不(翅)〔啻〕累黍定尺也。本書命名，蓋取諸此。前有康熙庚辰自序及凡例，《叢書輯要》所載無少異焉。

《歲周地圖合考》一卷。《曆算全書》本。國朝梅文鼎撰。《四庫全書》著録定爲第六種，乃《曆算全書·曆學》之第六種也。其書凡分五門：一、考最高行及歲餘，舉歷年高行及四正相距時日，前後五核，以驗歲實之消長、高行之遲速，爲後來考測之資。二、《西國日月考》，回國祖師辭世年月，泰西天主降生年月，及《崇禎曆書》所紀西國年月。三、《地度弧角》，以地度求斜距法，以星數求經度法。四、《里差》，考之《時憲書》各省太陽出入、晝夜時刻，及《時憲書》各省節氣時刻，又附以里差圖一。五、《仰規覆矩》，以里差赤緯爲用，一查地平經度爲日出入方位，一查赤道經度爲日出入時刻，並依里差用弧三角立算，與《崇禎曆書》法微别。前有自序，分首一門爲新改最高歲實、小餘，二門乃魏念庭不考本書而誤分之也。又案《勿庵曆算書目》有《仰規覆矩》一卷，此又念庭删存四頁爲一篇，併入是編云。《叢書輯要》凡例稱：「歲周地度合考係兼濟堂杜撰之名，因將《歲周考》及《里差考》二書輯爲一卷，遂撰爲合考之名，甚爲舛謬，今入雜著」云云。然考之雜著，止有《地度弧角》及《西國日月考》，其考最高行及歲餘一篇，考其目曰《歷年高行》。《歲實考》與《里差考》一篇，考改日表。《仰規覆矩》一篇，編入《揆日紀要》，不知凡例何以云爾也。

《平立定三差説》一卷。《曆算全書》本。國朝梅文鼎撰。《四庫全書》著録定爲第七種，乃《曆算全書·曆學》第十四種也。勿庵以授時術于日躔盈縮、月離遲疾，並以垜積招差立算。而《九章》諸書無此例，從未有能言其故者。乃因其友李世得鍾倫之疑而作此書，以發明古法。其中原委，亦自歷然。並命其孫㲄成衍爲垜積之圖。前有康熙甲申自序，後㲄成《叢書輯要》則以是書增入《曆學駢枝》，後爲第五卷，併于「説」字上加「詳」字云。

《春秋以來冬至考》一卷。《曆算全書》本。國朝梅文鼎撰。《四庫全書》著録定爲第八種，乃《曆算全書·曆學》之第七種也。勿庵以《授時》列六術，考古今之冬至。取魯獻公冬至，證《統天》術之疏。然依其本法步算，與《授時》所得正同。因作是考，各依其本法詳衍曆學之古疏今密，約略可見。而歲冬至則歲實之古大今小，亦較然不誣。即《統天授時》上考下求百年消長之法，亦自有據，並可深思而得其故矣。前有自序，後附《魯獻公距算考》。《叢書輯要》不載是編。

《諸方節氣加時日軌高度表》一卷。《曆算全書》本。國朝梅文鼎撰。《四庫全書》著録，定爲第九種，乃《曆算全書·曆學》之第八種也。勿庵以《崇禎曆書》目有《諸方晝夜晨昏論》及其分表，今軼不傳，《交食高弧表》非節氣度，因依弧三角法，算定爲揆日之用。自北極高二十度至四十二度各地日軌，各案時節爲立成表，凡二十三章，並其孫瑴成所步也。後瑴成編《叢書輯要》，約其目爲《諸方日軌》，附入《揆日紀要》云。

《五星紀要》一卷。《曆算全書》本。國朝梅文鼎撰。《四庫全書》著録，定爲第十種，乃《曆算全書·曆學》之第九種也。勿庵以五星皆同一法，皆有歲輪。上三星因本天大，故用歲輪。金、水因歲輪大，難用，故用繞日圓象。乃作是書，以總論其行度。凡二十一條，從此可明金、水自有本天，因得自有高卑，亦自有平行度。因在日天下，速于太陽，本天斜倚黄道，因有正交、中交之名，諸根底俱有著落，且五星一貫。但依此立算，凡星平行自行之根數、初均次均之度分、南緯北緯之大小，雖皆與舊曆書數迥異，然驗之于天，無有不合，乃勿庵晚年新説也。《叢書輯要》所載，改爲《五星管見》云。

《火星本法》一卷。《曆算全書》本。國朝梅文鼎撰。《四庫全書》著録，定爲第十一種，乃《曆算全書·曆學》之第十種也。案熒惑一星，最爲難算，至地谷氏而其法始密。圓表俱在，可知借象而非實指。勿庵因其友袁惠子士龍受黄三和宏遮曆學，以曆爲金針，故作此以曆學之，而徵之切綫分角之法，以著其理。并解地谷立法之根，而火星之遲疾昭然若揭。證諸穆氏《天步真元》、王氏《曉庵曆法》，大旨亦多相合。前有自序，作《火緯本法圖説》，與《曆算書目》所載同。《叢書輯要》俱同，唯改緯爲星。凡例稱《火星本法》《七政前均簡法》《上三星軌迹成繞日圓象》原係三書，不可統攝，乃兼濟堂本彙爲一卷，而總名爲《火星本法》，殊欠理會云云。因別編《七政》二卷，其上卷爲《細草補注》，下卷即是書三篇，而改《火星本法圖説》云。

《七政細草補注》三卷。《曆算全書》本。國朝梅文鼎撰。《四庫全書》著録，定爲第十二種，乃《曆算全書·曆學》之第十一種也。案《崇禎曆書》百餘卷，全用西術，中有細草，以便入算，猶《授時》術之有通軌也。蓋即《七政蒙引》，而有詳略爾。勿庵恐算者貪其簡便，而全部曆書或庋高閣，因以曆指大意櫽括而注之。載明推步日月五星法及恒星交宫過度之術，使用法之意瞭然，亦使學者知其所以然，益有所據，而不致有臨時之誤焉。《叢書輯要》則與《火星本法》總編爲《七政》二卷云。

《揆日候星紀要》一卷。《曆算全書》本。國朝梅文鼎撰。《四庫全書》著録，定爲第十三種，乃《曆算全書·曆學》之第五種也。凡六篇：一曰《求日影法》；二曰《四省表影立成》，即《揆日紀要》也；三曰《推中星法》；四曰《二十八宿黄赤道經緯度》；五曰《星數考》；六曰《回回三十雜星考》，即《候星紀要》也。所列直隸、江南、河南、陝西四省表景，並三垣列宿經緯，定爲立成表，兼可以資考證。稽諸《勿庵曆算書目》，有《四省表景立成》一卷，《三十雜星考》一卷。今是書二、六兩篇目俱同，而二卷之書俱軼不傳，疑勿庵成書後，復删繁就簡録入是編，而棄其原本也。《叢書輯要》分爲《揆日紀要》、《恒星紀要》各一卷，而《回回三十雜星考》改入雜著。又取《諸方節氣加時日軌高度表》暨《歲周地圖合考》中《考最高行》及《歲餘篇里差考》一篇，《仰規覆矩》一篇，改附入《揆日紀要》云。

《二儀銘補注》一卷。《曆算全書》本。國朝梅文鼎撰。《四庫全書》著録，定爲第十四種，乃《曆算全書·曆學》之第十二種也。案《元史·天文志》：簡儀之後，繼以仰儀。然簡儀紀載明晰而弗録銘辭，仰儀則僅存銘辭而弗詳制度。蓋以銘中不題詳之也。勿庵因友人以二銘見寄，屬疏其義。謂簡儀銘足以補史志之闕，仰儀銘與史亦多異同，而異者較勝。爰據其本以爲之釋，仍附録史志原文以資考訂焉。《叢書輯要》編入雜著中，《藝海珠塵》亦收入之。

《曆學駢枝》四卷。《曆算全書》本。國朝梅文鼎撰。《四庫全書》著録，定爲第十五種，乃《曆算全書·曆學》之第十三種也。勿庵少時師事道士倪觀湖，受麻孟璇所藏通軌《大統曆》算交食法，與弟和仲文鼐、爾素文鼏共習之，稍稍發明其所以立法之故。併爲訂其訛誤，補其遺缺，成書二卷，以質觀湖，頗爲之首肯。自此遂專于學曆，後漸增爲四卷。其目凡八：曰氣朔用數，曰步氣朔法，曰交食用數，曰日食通軌，曰月食通軌，曰太陽盈縮立成，曰太陰遲疾立成，曰由出入晨昏半晝立成。而冠以釋凡四則，《曆學源流》一篇，及《日月食之分定用分説》、

《月離定差距差説》，并附以圖六。夫然後氣朔發斂之由、纏離朓朒之序、黄赤道差變之率、交食起虧復滿之算，一展卷而可得之矣。其曰《曆學駢枝》者，自敍謂亦如駢拇枝指，不願以無用折之云爾。《叢書輯要》所翼增末一卷，即《平立定三差説》也。

《交食管見》一卷。《曆算全書》本。國朝梅文鼎撰。《四庫全書》著録，定爲第十六種，乃《曆算全書・曆學》之第三種也。勿庵以中西兩家曆術求交食起虧等方位，皆以東西南北爲言。然北極出地有高下，則虧復方位又以日月距地之度，而隨處所見必皆不同，不可以施測驗。因别立新術，不用東西南北之號，唯據人所見日月圓體，分爲上、下、左、右四正向，上左、上右、下左、下右四隅向。乃以法求得交食各限、白道與高弧所作之角，而定其受蝕之所在，則舉目可見，並如所圖，不可以絲毫假借，誠爲簡易直捷于測食之用，大有裨益矣。書成於康熙乙酉，自爲小引。《叢書輯要》則以是書附《交食蒙求》後，爲第四卷云。

《交食蒙求》二卷。《曆算全書》本。國朝梅文鼎撰。《四庫全書》著録，定爲第十七種，乃《曆算全書・曆學》之第四種也。案《崇禎曆書》中有《交食蒙求》、《七政蒙引》二書，刻本逸去。勿庵因以諸家所作，用細草考其異同，參之《曆指》，而爲是書，以便初學。使之稍知立法根源，庶可以益致其精爾。據《勿庵曆算書目》，有《交食蒙求訂補》二卷，《附説》二卷。李厚庵巡撫直隸時，刻於保定。今是本卷一爲《日食》及《日食補遺》，附以《步日食式》，卷二爲《日食附説》及《附説補遺》，附以《日食三差圖》，卷三爲《月食》及《月食圖》，與《書目》所載稍異，此當是魏念庭重輯之本也。《叢書輯要》有《交食》四卷：一、《日食蒙求》；二、《日食蒙求附説》；三、《交食蒙求》，即屬此本；四、《交食管見》，即前所列之本也。

《勿庵曆算書目》一卷。《知不足齋叢書》本。國朝梅文鼎撰。《四庫全書》著録，「目」作「記」。勿庵著有曆學書六十二種，算學書二十六種，無論已刊未刊，各疏其撰述本旨以成編。于中法、西法，及西法之有舊有新者，一一具明，而其生平著書之源流，亦各標其指要所在，以見其非率爾操觚、勉強從事者矣。後杭堇浦《道古堂文集》、阮雲臺師《疇人傳》皆有《勿庵傳》，即本是書以成章云。前有康熙壬午自序，及施彦恪徵刻《曆算全書》啓。末有毛際可所撰《梅先生傳》，傳後有梅跋。至魏念庭纂刻《曆算全書》，凡二十九種。其孫瑴成以念庭所刻未善，又别爲編次，更名《梅氏叢書輯要》，凡二十四種，皆與是書所記多有互異。惜兩家所未及刊諸書，自《大統曆志》八卷見《四庫》著録。外無一存者，竟無從詳考其互異之處矣。

《地球圖説》一卷，圖一卷。揚州阮氏刊本。國朝西洋蔣友仁譒譯，何國宗、錢大昕同潤色，李鋭補圖。友仁，歐邏巴人。乾隆二三十年間入中國，在養心殿造辦處行走。國宗字翰如，康熙時欽賜進士，官至禮部尚書。大昕仕履見傳記類。鋭字尚之，號四香，元和人。案：地球即地員，元時西域札馬魯丁造西域儀象，有所謂苦來亦阿兒子者，漢言地理志也。其製以木爲圓球，畫水與地，今之地球即其遺法。乾隆中友仁奉旨譒譯《地球圖説》，翰如等並爲之潤色。其書較熊有綱《表度説》等書，更爲明晰詳備。惟侈言外國風土，或不可據。至其言天地七政、恒星之行度，則皆沿習古法，所謂疇人子弟散在四夷者也。阮雲臺師得其書於竹汀，以其有説無圖，爰屬四香補《坤輿全圖》二、太陽併游曜諸圖十九，併説三則，列之卷首，又爲之序而刊之。

《三統術衍》三卷，附《三統術鈐》一卷。嘉慶辛酉刊本。國朝錢大昕撰。案：劉歆作《三統》術以説《春秋》，及班固修《漢書》，資以成《律曆志》，而後之注《漢書》者，顧不注律曆術。凡顔師古之所采録服虔而下二十餘家，唯孟康、如淳二人能知陽九百六而已。《隋志》有無名氏推《漢書曆志術》一卷，《舊唐書》志有陰景倫《〈漢書・律曆志〉音義》一卷，今俱無傳。是編就《漢志》所録劉氏之説，取舊所不注及注而不詳者，推而明之。其鉤摘隱奥，剖剔舛誤，如與劉氏面質其然否而論定之。而韋昭、杜預、孔穎達諸家訓釋經傳之説，皆有以決其牴牾。《三統》大義，蓋至是無遺藴矣。先是竹汀著《漢書考異》，于《三統》之説僅舉要義。自此書出，遂可以人人通知曆術而無難。而後之欲明《春秋》與《漢書》者，必皆考信于是焉，其爲功豈徒在于劉氏而已乎？後附《三統術鈐》一卷，每鈐各著九數，而譜之自元法鈐、統法鈐，以迄二十八宿鈐，凡五十一鈐，與前三卷相次而備。前有自序及阮雲臺師序，後有其族子學源塘記、門人李尚之鋭跋。

《數度小記》一卷。通藝録本。國朝程瑶田撰。瑶田仕履見禮類。是書乃其推測天文之書。首爲《周髀矩數圖注》，凡十二則；次爲《周髀用矩述先後圖説》，凡二十四則；次爲《言天疏節示潘二生》；次爲《星盤命宫説》，附圖四；次爲《四卯時天圖規次記》；次爲《日躔宫度出地説》；終爲《七尺曰仞説》。讓堂善算法、天文、曆律之書，術皆能通。究此其一端之流露，亦皆精核無比，可謂善言天者矣。

《續天文略》二卷。《戴氏遺書》本。國朝戴震撰。震仕履見禮類。乾隆三十二

年奉敕撰《續通志》，館臣因以《天文略》屬東原撰定，故有是編。案鄭漁仲本不知天文，而《通志》故不可闕此一門，因抄撮舊史以充卷帙，宜其擇不精而語不詳也。東原乃更定爲十目：曰星見伏昏旦中、曰列宿十二次、曰星象、曰黄道宿度、曰七衡六間、曰晷景短長、曰北極高下、曰日月五步規法、曰儀象、曰漏刻。或補前書闕遺，或續所未及，凡占變推步不與焉。考自唐虞以來，下迄元明，見于六經史籍有關運行之體者，約而論之，著于篇，其詳具見其自序中。是本止有上、中兩卷而無下卷，故《日月五步規法》以下三篇闕焉。或東原未及成書，爲他人所補全以列入《續通志》。後孔體生刊《遺書》，遂亦不取以補刻也。

《原象》一卷。《戴氏遺書》本。國朝戴震撰。是編乃其天文步算之書，凡《原象》八編，《迎日推策記》一篇。今以臧刻《東原文集》核之，第一篇《論璿璣玉衡》，第二篇《論中星》，第三篇《論土圭》，第四篇《論五紀》，第五篇至第八篇《句股割圜記》，第八篇文集不載内。《五紀篇》臧刻甚略，以爲此章複見《迎日推策記》，而所載《迎日推策記》較之此篇反詳，當由東序刻集即從孔刻文集。本刊入，故各有詳略也。東原以天文爲治經之本，故所爲步算諸書類皆以經義潤色。縝密簡要，準古作者，觀是編可知矣。《句股割圜記》四篇，較諸孔刻《算經》附刊本，僅有記文而無圖及附注。此蓋其初擬之本，其文且有詳略參差之不同，然則當以圖注之三卷爲定本焉。

《疇人傳》四十六卷。琅嬛仙館刊本。國朝阮元撰。元仕履見嚴類。吾師蚤歲研經，兼涉算學，于中西異同、今古沿改、三統四分之術、小輪橢圓之法嘗旁稽載籍，博聞通人，而深明其義。謂自二千年來，經術七十改，作者非一人。其建率改憲，雖疏密殊途，而各有特識。法數具存，皆足以爲將來典要。因掇拾史文，薈萃羣籍，甄而録之，以爲列傳。自黄帝以至于今，凡二百四十三人，附西洋三十七人，名曰《疇人傳》。案《史記·曆書》：「疇人子弟分散」，《漢書·律曆志》亦載其語。韋昭曰：「疇，類也。」李奇曰：「同類之人，俱明曆者也。」故取以名其傳云。是編所録，專取步算一家。其以妖星、暈珥、雲氣、虹霓占驗吉凶，及太一、壬遁、卦氣、風角之流涉于内學者，一概不收。凡所敘録姓名、爵里、生卒年月而外，其議論、行事，但采其有關步算者，自餘事實俱不冗贅。又算術者，推步之綱維也。句股量天，方程演紀，三差垛積法本商功，八綫相當率通粟米。蓋數爲六藝之一，極乎數之用，則步天爲最大。故凡通九九術者，俱得列於是編。其書綜算氏之大名，紀步天之正軌，俾後學者知術數之妙，窮幽極微，足以綱紀羣倫，經緯天地，乃儒者實事求是之學，非方技苟且干禄之具焉。書成于嘉慶已未，自爲之序及凡例，並附以談階平泰《疇人解》。

《星土釋》三卷。淳古堂刊本。國朝李林松撰。林松字仲熙，號心庵，上海人。嘉慶丙辰進士，官至户部員外郎。案：星野之云，蓋因十二躔次偶符《虞書》州數，而古者廣輪不越中土，儒者率不知圜，則九重不見方輿之廣，自大其説，輒以周天星次配中國無餘。雖曲爲解説，終有閡于事理，顧未有專輯一書，歷指其牴牾者。心庵因刺取前人之論以發明之，而折衷于聖祖仁皇帝上諭、高宗純皇帝御製詩并注，作爲是書。卷首爲天地球合圖并説、地輿經緯度數并説，恭録上諭暨御製詩並注，不入卷數。卷一爲《星土源流異同》，卷二爲《諸家辨説》，卷三爲《星土釋説》。附録諸説，末附已見，亦多本前人，無臆造爲説者也。其自序厠于卷末者，遵古例云。

《中星表》一卷。《藝海珠塵》本。國朝徐朝俊撰。朝俊字冠千，號恕堂，婁縣人。是編凡中星前後二表，又先之以四十五大星圖，後之以中星儀圖、彌繪儀圖，及簡平儀天盤圖，各爲之説。大都將周天三百六十五度四分度之一，歸除晝夜十二時一千四百四十分，又撮四十五大星彼此距度，如干歸出距時幾刻幾分。先定準的，然後逐刻逐分算明較録。將某宿某星距時分刻標出簡端，俾言天者欲定中星隨時可攷，非妄作也。前有嘉慶丙辰自序。

《經書算學天文攷》一卷。原刊本。國朝陳懋齡撰。懋齡字□□，上元人，乾隆□□副榜貢生。是編成於嘉慶丁巳，前有自序。以北周甄鸞《五經算術》于《堯典》中星、《周禮》致日等項，尚有略不議及者，而《職方》封國、《王制》開方、《魯論》乘馬雖詳哉言之，卒難了然于心口，因依恒星東行，詳攷歲差，以弧三角視法圖寫渾儀，依郭守敬授時法通攷《詩》《書》，及于魯隱，著爲史表，使學者可依法推步。凡十九篇，許周生序稱其全皆有據依，而又明白易曉，足輔疏家之略。其實是攷俱從西算以推測，終不及甄氏書之存古法也。

《揣籥小録》一卷。翠薇山房《數學》本。國朝張作楠撰。作楠字讓之，號丹邨，金華人。嘉慶戊辰進士，官至徐州府知府。婺源齊梅麓彦槐，以新製面東西日晷並所衍《北極高度表》贈丹邨，以之案極度低昂，可隨處測驗。因探其立法之根，節其法而變通之。易斜規爲平圓，從晷腰出弧綫以準北極。鐫之牙版，承以銅座，底置螺柱以取地平。並因齊表增入經度及各州縣度，分衍成《北極經緯度分全表》。其製晷、書晷及用晷之法，各爲圖説附于表後，凡十五篇。取蘇文忠《日喻篇》中

語命之曰《揣籥小録》。趙懷玉序之，稱其能不囿中西之見，將割、切二綫探討略盡。其北極經緯一表，尤從古書鎔入西法，洵可謂方罫寰宇、網盡六合。萬國之大，直可指諸掌矣。俾用者可挨節氣以知南北，亦可因時刻以知節氣云。書成于嘉慶庚辰，自爲之序。又有趙味辛蘭玉序，及附味辛書。

《揣籥續録》三卷。翠薇山房《數學》本。上卷國朝張作楠撰，中、下二卷江臨泰撰。臨泰字棣旃，號雲樵，全椒人。丹邨既撰《揣籥小録》，以備測時之用，復謹依欽定《曆象攷成後編》實測黄赤大距二十三度二十九分，推算自極高十八度至五十五度逐節氣加時、太陽距地高度以列表，冠以自序及算例，並屬雲樵推得横直二表日景長短，爲《表影立成》二卷，以補前録所未備。凡直表用餘切，以太陽半徑加高度而取直景。横表用正切，以太陽半徑減高度而取倒景。俾隨地植表測景，檢表即得時刻，較日晷諸法更密且簡矣。前卷附直表日晷圖式二，及對表取景圖説。卷後附横表日晷圖式，及丹邨與張遠春興鏞論徐氏《高厚蒙求》書。

《高弧細草》一卷。翠薇山房《數學》本。國朝張作楠、江臨泰同撰。是書用垂弧本法，逐節氣時刻求太陽距地高度。並用正切餘切比例，加減太陽半徑，求横直表景長短，作四十度以迄二十八度細草十三篇。内惟四十度、二十九度、二十八度三篇爲丹邨在京師金華處州時所遞撰，其餘十篇皆雲樵因丹邨條例而補成之也。爰列垂弧總較法于前以遡其源，次以天較正弦及對數總較諸法以通其變，再列雲樵所創新術及各表于後以妙其用，而附以所衍各草彙爲一帙。自此書出，人人可算，處處可推，舉凡郭邢臺《行測四書》、熊有綱《表度説》、馬德稱《四省表景立成》諸書，皆可置之不論矣。前有道光辛巳丹邨序。

《新測恒星圖表》一卷。翠薇山房《數學》本。國朝張作楠撰。恭惟《御定儀象攷成》，以測定之星推其度數，覩其形象，序其次第，著之于圖，允爲觀象之津梁。第行之七十餘年，歲既漸差而東，經緯即隨之移動。學者往往執舊圖以驗今測，而疑與垂象不符。丹邨據江雪樵臨泰所製新測徑尺星球，因其宫次度分，分三垣二十八舍爲天漢經緯，列以爲表，並屬雲樵分黄赤道南北繪總星圖各二，又依赤道十二宫南北各爲小圖，並紫微垣一圖、近南極星一圖，分之得圖二十有六，合之則成一球，冠諸卷端，與表相輔，從此推中星、求里差、步躔離、驗淩犯，及繪圖製器者有所資焉。又自道光癸未以後，欲得各年恒星經緯度，則依表加減之，惟黄道除緯度不加耳。其曰《新測恒星圖表》者，以《新法曆書》本有恒星圖表，故加新測以别之。前有自序。

《新刻中星圖表》一卷。翠薇山房《數學》本。國朝張作楠撰。丹邨以湯道未之《中星表》、胡勵齋之《中星譜》作于康熙初年，各星經度依《新法曆書》與《御定儀象攷成》，星度多不同，且不列加減歲差。今恒星已東行二度餘，難憑測驗。因推得七十二候各中星時刻以立表，而冠以四十五大星圖，附以中星時刻日差表、太陽黄赤升度表、各星赤道經度歲差表，并附中星求時刻又法、時求中星又法，及二十八宿赤道積道黄度二表。大都以道光癸未冬至天正星度爲定，推得逐年歲差以列表。癸未以後案年加減，雖所差甚微，然積杪成分、積分成度，相距遠者或易而近，近者或易而遠，故詳哉其言之也。

《更漏中星表》三卷。翠薇山房《數學》本。國朝張作楠撰。丹邨以《中星更録》據乾隆甲子宿度以合今測，是不知有歲差矣。以京師漏刻移之江南，是不知有里差矣。因依其法，衍爲是表。以日入後八刻起更，日出前九刻攢點。計起更至攢點共若干時刻，五分之以爲五更。日出前減曚景刻分爲旦刻，日入後加曚景刻分爲昏刻。首京師一卷，附以江南、浙江各一卷。前有自序，稱閲者即數十年中星不同而悟歲差，即三省漏刻不同而悟里差，則於此事思過半矣。

《金華晷漏中星表》二卷。翠薇山房《數學》本。國朝張作楠撰。丹邨作《更漏中星表》，未有浙江一卷，以推其異于京師、江南。然衹就省會而設，未能徧及他郡，又不兼及金華。丹邨因里人有録其所衍《金華高弧細草附中星》，更録後以備驗時之用，而于歲差里差之理尚未能脗合。爰依金華北極高度衍《晷景表》一卷，復依道光癸未天正度成《更漏中星表》一卷，合爲是編。所有更漏之制俱遵《欽定協紀辨方書》以列表，一如《更漏中星表》之式。惟以歲差之率計之，七十年後中星當差一度，是又在後學者更推而衍之焉。前有道光癸未自序，末附金華府北極經緯度分表，及四十五大星圖。

《交食細草》三卷。翠薇山房《數學》本。國朝張作楠撰。道光癸未季春之望，丹邨在蘇州，適同官在白日之下齊集護月。丹邨以救護日月，當以見食爲斷，因依欽天監交食法推其帶食分杪時刻，及甲申六月朔日食，各得細草一卷。而于《御定曆象攷成》上下編後編謹録其要爲首卷。學者讀《攷成》全帙，每以義蘊精深、無從入手爲憾，則是編誠可爲先路之導矣。前有自序。

《召誥日名攷》一卷。《李氏遺書》本。國朝李鋭撰。鋭字尚之，號四香，元和人。鄭君精于步算，故注名《召誥》，破二月三月爲一月二月。而王西沚《尚書後案》、

江署庭《尚書集注音疏》皆據《洛誥》十二月戊辰逆推之，其説未核。四鄉因作是書，攷以緯候入蔀數，推知上攷下驗，一一符合，不僅檢勘一二年間月日也。後孫淵如師撰《尚書今古文注疏》，亦以鄭説爲是，與此攷所列相同云。

《漢三統術注》三卷。《李氏遺書》本。國朝李鋭撰。錢竹汀撰《三統術衍》一書，推闡古術最爲詳晰。四鄉曾受算法于竹汀，復取《三統》術爲注。凡舊本舛誤以算數推知者，輒加訂正，不復注明。其餘確有證據者，改而注之。疑者仍其舊文，于注甄發之。學者從事《三統》，博求之以錢氏書，約之以是注可也。

《漢四分術注》三卷。《李氏遺書》本。國朝李鋭撰。《漢書志》載《四分》上元至伐桀十三萬二千一百一十三歲。蓋《四分》之率本在《三統》以前，東京諸儒因增修其法而用之其術，載《續漢志》中。劉宣卿引書爲注，固不得其解。四鄉因録出注之，皆逐條步算，毫釐無差，并校正衍文譌字，蓋本之錢氏《續漢書考異》居多云。

《漢乾象術注》二卷。《李氏遺書》本。國朝李鋭撰。東漢《乾象》術爲光和中穀城門候劉洪所造，鄭康成、闞澤並爲之注。久已亡佚，其術僅存《晉書》志中。四鄉取而詳注之，以存漢末魏吴算術之遺。而于脱文衍字，是正亦多。此非特甚有裨于算術，且于史學亦大有裨益焉。

《補修宋奉元術注》一卷。《李氏遺書》本。國朝李鋭撰。初，宋仁宗朝用《崇天》術。至治平初，司天監周琮改换《明天》術。行之至熙寧元年七月望，夜將旦，月食東方，與術不協，乃詔曆官雜候星晷，更造新術。五年冬，日行餘分略具。會沈括提舉司天監，言淮南人衛樸通曆法。召樸至，詔樸更造。八年閏四月，括上熙寧《奉元》術，行之。紹興九年，史官重修神宗正史，求《奉元》術不獲，詔陳得一、裴伯壽赴闕補修之。《宋史》稱《奉元》法不存，蓋其後又亡矣。四鄉據《元史》所載積年日法算，補氣朔發微二篇，定歲實爲八百六十五萬六千二百七十三、朔實爲六十九萬九千八百七十五，以推當時氣朔並合，足以補前史之闕。至於步日躔、晷漏、月離、交食、五、星五術，蓋闕如也。

《補修宋占天術注》一卷。《李氏遺書》本。國朝李鋭撰。宋徽宗時，有司以《觀天》術推崇寧二年十一月朔爲丙子。頒曆之後，始悟其朔當進而失進。遂命姚舜輔造《占天》術，改十一月朔爲丁丑。既而曆官言《占天》成於私家，不經攷驗，不可施用。乃命舜輔等復造新術，賜名紀元。《占天》因頒行未久，術數散亡。四鄉以演撰之法推之，當以一千二十五萬六千四十爲歲實、八十二萬九千二百一十九爲朔實，因爲步氣朔、步發斂二篇以補之。至于步日躔、月離、晷漏、交會、五星五者，概從闕如，亦如補《奉元》術之例云。

《日法朔餘彊弱攷》一卷。《李氏遺書》本。國朝李鋭撰。何承天調日法以四十九分之二十六爲彊率，十七分之九爲弱率。彊弱之數得中平之率，以爲日法、朔餘。唐宋演撰家皆墨守其法，無敢失墜。元明以來，疇人子弟罔識古義，竟無有知其説者。四鄉因列《開元占經》《授時術議》所載五十一家日法、朔餘之數，一一攷其彊弱，凡合者三十五家，不合者十六家，反復推駁，抉盡闡與，亦步天者求故之一助云。前有嘉慶己未自序，末附李雲門潢答書。

清・嚴榮《〈管窺圖説〉序》　昔放勳爲言天之祖，《堯典》所載「迎日推策以閏月定時成」歲，洵所謂先天而天勿違也。後世諸史，莫不各有天文一志。縱術有疏密，要不能出其範圍。自來言天者三家，宣夜絶少師授；周髀競尚筭經，謂四遊之表與地升降，大有可數，其言多涣；惟渾天恪宗神堯，以人間之刻候，證七政之轉移，物生時行，無少差謬，爲百王之定法。自秦漢以來尚已，逮唐僧一行以至元之郭守敬，世稱精密。洪惟我朝聖聖相繼，御定《曆象考成》《儀象考成》等書，兼採西法，尤度越千古，爲敬授人時之極則。然理微而義精，舉業家遇天文題莫不臚列陳言以爲文，其間心喻而貫通者絶鮮。東陽明經何子遠堂，鍵户讀書，不預世事，於十三經之注疏、廿二史之天文，涵濡醞釀，著有《管窺圖説》。其畫圖多本先儒習見之書而深造之，兩曜則顯及地底之方。月道圖之九環，交叠者四時，分之以見八節之運，隨時可仰；閏月圖之一團，交聚者七區，抄之以參積筭之中，計歲可按。至左旋右旋之攸異，交食交會之分限，歲餘歲差之漸積，莫不反覆求詳，務令條分縷析，懇懇焉與人以共曉。此真不負御纂諸經之陶育，以成心獲有用之美舉。其友仙華戴公亟稱是書，持以示予。予謂崇奬實學，引進後來，正典斯郡者之責也。是爲序。時嘉慶十五年五月上澣，吴縣少峰嚴榮譔。

清・戴殿泗《遠堂〈管窺圖説〉序》　《管窺圖説》，何君遠堂言天文之書也。談經家舌撟而不得下者莫如天文，遠堂以其心得，著成是書。其於四時列宿之出没、躔度之次序、日道月行、天上地底並列之，區左旋右旋之故、日月交會交食之狀，置閏法、月體盈虧法、天體里度、分野、五星歲差、曆法儀象以及經傳所載之度數，無不詳明而切究之。製圖二十有四，以參其象。綴説四萬餘言，以盡其意。務令經傳諸言象緯者，幽奥之處，較若列眉；紛出之條，粲如指掌。天文即

云難，冀從此而潛心焉，入其門者自可馴至此，遠堂之所以殷然於斯業也。然遠堂非必有所臆説創造於其間也，會注疏百家之言精而又精，折其衷而已。又非別有武斷速悟以訂正其是非也，積參稽之久，廢寢忘食，一旦洞然於胸中，於以筆之書而已。遠堂向有《溝洫圖説》，予曾序之。知其數十年來所研究，有《九經通解》及《條考》、《讀史篇縮》及《筆議》諸書。殫歲時之力，可以繕成各種。何不次序編纂，以垂後乎？噫，吾金郡學者當伊昔極盛時，類皆專志經史，無心外慕。諸所纂述，班班可考。遠堂所爲，其流風餘韻，後先接踵耶？以視今之束書不觀、略觀不澈者，其相去當不可以道里計。而豐玉荒穀，端有在矣。婺學之興，吾於是望。時嘉慶庚午夏四月穀旦，友弟仙華戴殿泗謹序。

清·何濟川《〈管窺圖説〉弁言》 竊維吾儒之學基裕，格致猶爲副焉。則自名物以至身心，悉在所究。或漫自期許，吾知遠效無徵，即近察難幾。夫人受天地之中以生，懋勉者動云效健而試究。唯大之所以不停，三光之得以屢照，有終歲奉戴，幾不能確指其所以，則聰明已歉於日接矣。此《管窺圖説》愚之所以妄述也。蓋《堯典》爲言天之祖，後世象緯之學競言甘、石。史自《天官書》而外，歷代有志。大約多祖述渾天之説，圖不概見。嘗考《晉書》所載，謂中外之官，常名者百有二十四，可名者三百二十，爲星二千五百。總諸微星，有萬一千五百二十。後武帝時太史令陳卓，又總甘、石、巫咸三家，大凡二百八十三官，一千四百六十四星，著爲星圖。後之議者，謂三垣列宿分色維三。三人既已各專其一，則從前之星士何以盡廢？且赤大、黄次而黑小，三人之識何以竟不能兼一？後世之人名、官名，當日何以豫知？至度數之出入，陳圖每多與地不符，故郎氏直斥爲不可曉也。鄭氏夾漈則謂天文不盡籍圖，以書經再傳，尚可考究，圖一再傳，易成顛錯，故其《天文畧》亦舍圖而專繹其書。謂星即煩雜，圖象不存，猶得歷紀其星之所屬何宿。若日月所以運行，晝夜所以晦明，有非圖不可者。近世經傳習見之書，日道灣圖、十二月行繞纏九圈，自愧愚蒙，終難洞悉。因早歲研稽，今特區別分畫，從兩曜以及諸宿，舉凡二十餘圖。日月則究及地底之道，宿度則指其當次之方。左旋、右旋，申詳其故，歲餘、歲差，頗究其數。非敢舉以問人，意將昭示子姪，共參象緯，冀千慮之一得耳。若高明之談天也，謂創始鈎元，先天勿違，非上聖不可法。成則一良，有司足守其術。故腐遷亦言「文史星曆，近乎卜祝之間」。但歷代之志，天文未嘗一委術士，必選一時之宿學碩儒，相與推考，以成一朝之巨典，亦以法有一定，理待細參。自分淺陋，寧能望其項背、參其未議？而今顧區區，竊自成編。蓋困則悟生，思則端啓。較從前之終日奉戴而漫不相識，隙或一開。敢自信有得而果當哉？稿成，將私藏之，以待有道之正。若敝帚之享，盧胡之誚，勿遑恤已。時嘉慶己巳秋月，婺東蟾山何濟川遠堂書。

清·阮元《〈圜天圖説〉序》 六朝以來，方外之士能詩文者甚多爲推步之術者，余撰《疇人傳》，釋氏三人：瞿曇羅、瞿曇悉達、一行；道士二人：張賓、傅仁均。隋唐以後無聞焉。廣州有羽士青來者，通《時憲》法，仿泰西陽瑪諾《天問略》之例，著爲一書，取元、明、本朝諸家之説而發明之。其論黄道距交度、七政經緯、兩心差、恒星圖、各省州縣北極出地度數，有《天問略》所未及者，可謂詳且備矣。欲爲天學者，得是書讀之，天體、地球、恒星、七政可以了然於心目間。因之以求弧矢割圜諸術，甚易也。是書可爲初學推步之始基矣。青來繼張、傅之後，能爲人所不爲之學，較之吴筠、杜光庭輩專以詩文爲事者，豈可同年而語哉？此書亟宜付梓，載入省志。嘉慶歲在己卯處暑，阮元序。

清·李明徹《〈圜天圖説〉自序》 山林逸士，何敢言天？不過格物窮理，求其明達之量而已。回憶壯年，遨遊周歷，所至良師益友，説地談天，諸多異聞。今年逾周甲，皤然老翁。習静草廬，不惟謝絶世事，即曩年聞見，亦都不措意。老作高厚閒一蚩氓耳。友人樨坪黄公自處州來粤，寄榻草廬，志在同參，引伸元妙，而於天地經緯日月星辰之學，亦復旁論及之。遂以聞於觀察盧公，竟承下問，時相質難。徹自顧元門一小隱，豈謂簡蠡足裨高深？惟夙有傳述，不敢自秘。爰繪圖疏説，録呈塞命。遽蒙許可，並爲參訂。轉呈阮制軍鑒定，題名《圜天圖説》，且賜之序，命梓以廣其傳。竊思天學精微，地道廣博，此種淺説，何足發明？惟疏其大概，成爲高遠者，自邇自卑之初基爲爾。書内所不備，望海内君子賜之裁補，勿爲一笑。嘉慶己卯歲、嘉平月，青來李明徹識。

清·劉彬華《〈圜天圖説〉序》 天文推步之學，自泰西新法出，愈闡愈精，而其濫實本于《周髀》。今《周髀算經》尚存，所謂「地法覆槃，滂沱四隤而下」，非即地圓之説乎？西法所言里差、寒暑、晝夜，隨方而殊，證之《周髀》，無不吻合。説者謂和仲宅昧谷，厥後疇人子弟散入遐方，傳爲西學，則其由來已久。然熊三拔、利瑪竇撰述諸書，亦實能發前人所未發。蓋因已成之法，以推未盡之奥，固宜益密矣。吾廣講天經者，五代周傑有《極衍》二十四篇，胡萬頃有《太乙時紀》《陰陽二遁立成曆》二卷，此外寥寥焉。羽士李青來隱於粤秀山，余耳其名，未之識也。一日出所著《圜天圖説》三卷，大爲芸臺制府西津觀察所稱許，因問序于

余。余卒讀之，知其學具有本原，於《乾坤體義》《表度圖》《天問略》及王寅旭、梅定九之書皆研究而有所得，故言之鑿鑿，瞭如指掌，其用心可謂勤矣。青來少倜儻，抱大志。數奇不偶，中歲遂從葛稚川游。乃不爲《抱朴子》内外篇之學，而以此專門名家，撰成一書。是非談元者流，而嗜學之士也。余方編《粤志藝文略》，承制府命，著是書于録云。嘉慶歲在庚辰三月三日，樸石劉彬華序。

清・盧元偉《〈圜天圖説〉序》 天地變化，日出不窮。要其大端，理數二者盡之。而言理者每略乎數，存其大致而已。與之探賾索隱，剖析毫芒，其義立窒。於是爲之説曰：「六合以外，存而不論也。六合以内，論而不議也。」噫嘻，果毋庸論議乎哉？亦論議之苦於無據耳。吾人厠身兩間，仰首而見天，舉步而見地，此亦耳目至切近之事。而局於耳目者以謂天似覆盆、地如平板，及詰以何以歷萬里而總戴天心，登五嶽而不相矚見？則惑之。至於日輪遠大近小之疑，月行内陰外陽之異，則滋惑之甚。無他，不明其數，即莫測其形，因莫究其理。憑虚以求，無徵不信，何怪然哉？《堯典》四命，實爲言天之祖，而測地之事見焉。何者？宇内地東南盡海，西北廣漠無極。今觀嵎夷南交宅抵海濱，則西與朔方亦必爲大西。極北之境，古人蓋嘗親履其地以施測量，非如後世言天家僅據空文爲想當然之説也。或者謂宅其官而非宅其地，則未然矣。余稽古力少，又無閲歷異聞，胸積羣疑，無從叩質。逮宦遊粤東，適舊友黄樨坪明經亦僑寓省垣龍王廟。相與過從，偶談及月行九道，意欲製爲一儀，以顯迹象。時廟中李道人在座，乃言西法星月别有次輪，致爲明顯，可無泥古人九道云云也。因爲繪圖列説，而後遲留伏逆之跡乃得瞭然。且復推廣引伸，作七政、地球諸圖説。積久疑團，一旦得豁。道人言此皆其師得之西人傳述者，有口授而無章句。且云西人之學務爲徵實，凡所測驗類多從親歷目睹而得，故其學詳于數而簡于理。余維宇宙間一切事物，數大於理，時行物生，日新蕃變，而總範圍于三百六十五度之内，理固爲數囿也。此書精析確徵，明白曉暢，宜廣其傳，俾初學按圖玩索，釋彼俯仰之惑。道人遜謝，以爲傳述舊聞，恐言之無文貽，譏弃鄙。余笑謂之曰：「言惟其是而已，奚計工拙？且鄒衍談天鄒，奭雕龍，古人已不必兼長矣。」遂爲之畧加删訂，卒慫恿付梓。道人名明徹，號青來，番禺人。性澹遠，不妄交，善寫山水人物，洋畫線法尤精。南康盧元偉叙。

清・黄培芳《〈圜天圖説續編〉序》 嘉慶庚辰，李青未外史著《圜天圖説》成。制府阮芸臺先生序而梓之，録入省志。明年，青來復成續編示余。蓋宏綱要指，正編已範圍，不過是編所以推闡正編，補其未備也。其中言星象尤詳，如正編祇述恒星有名者，此並及無名之星，以補渾天全體無量之數。續繪五星南北緯行圖，並伏見、緯差、朔策、凌犯，細推其説，以補七政之精微。經緯度數有黄赤同升，亦有南北廣狹。續説繪圖證明渾天經緯，最爲細密。羅計爲炁孛，非星也。天漢爲細星，非河影也。斗杓月建雖依宫旋轉，亦不能取爲實證也。分野則辨其非，而簡明則詳其議也。凡此並有所發明。至於風雲雷雨冰雹霰雪之理，習天文者所當知；江海潮汐鹽井火山之類，乃地球之發用，皆不可不補者也。余惟中法流于泰西，由疏入密，西法因以加詳。明萬曆中，西洋人利瑪竇航海至吾粤，遂爲西法入中國之始。維時攻之者門户構争，至國初而漸解。今則中西并用權衡一是，爲前古所未有。故青來之説悉有原本依據，而不譚災祥休咎，尤其識之卓越。乃利瑪竇所著諸書，則徐光啟、李之藻輩爲演述。若青來之書，自撰而自續焉，豈不視前人而更盛哉？青來初隱白雲山，旋住粤秀山。老莊告退，山水方滋。余亦有山水癖，時相遇於雲蘿水石間，因以是編索余序。余謂是可與正編合傳，實爲推步家要笈。凡正編已序論者，兹不復云。道光紀元，歲在辛巳初冬，粤嶽山人黄培芳序。

清・陳鴻章《〈圜天圖説續編〉序》 學人讀書稽古，文藝尚矣，詩賦次之。以此取科名，作榮世事業。至於戴天而不知天之高，履地而不知地之厚。謂六合以外，存而不論；六合以内，論而不議，比比然矣。不知三正之建，造甲子，作蓋天，綜六術，作《調曆》。羲軒以前無論矣，至《虞書》堯命羲和均調四仲，舜在璿璣玉衡以齊七政。《周禮・大司徒》以土圭之法測土深，正日景，以求地中。古人於天學，未嘗置之不論不議。及周之衰，疇人子弟分散，列職天文，不及於古。然繼是學，未嘗無人。楊子或問渾天曰：「洛下人營之，鮮于妄人度之，耿中丞象之。」此皆渾天儀説。嗣後有六合儀、三辰儀、四游儀，皆倣渾天之制。自兩漢及齊，梁言天學者愈精愈密。歷代相因，千載相承，未之有改。然是書雖存，引而不發，學者多以不解解之，究無階級之可循。唯吾粤番邑李青來道人，少嘗從余遊。天姿聰敏，過目成誦，且品格端嚴，有茅容之風，余嘗以大器期之。及長，不事舉業，好從外方遊。數十年來，不相聞問。後於雲山碧洞中不期而遇，然已年週花甲矣。乃知仰以觀於天文，俯以察於地理。六合八荒，千仞三泉，凡前人推步占驗之書，無不留心考究。自著《圖説》三卷，《續編》二卷，以闡前人所未發。理數之學大而且精，然而澹如也。生平與世酬酢，不過挾丹青以

自見。所能至於天學之説，未嘗洩發於世人，而世人亦未知請益，以求元妙。大抵理數微渺，難與俗人言也。然青來生平未嘗以此書見長，而其長自不没於有識者之明鑑。當世名公大人不特序文而表揚之，且編入粤志，以垂永久。學申於知己，而聲價倍增矣。後世有講求天學者，得是書而潛玩之，以通於《算經》、《天問畧》諸撰述，明若觀火矣。且觀天、測地，日月之運行，七政恒星之纏次，瞭如指掌矣。青來之學雖不求於榮世，而得諸傳世者若此。所謂羽衣黄冠，以備顧問，允當之矣。洵乎人品之高，學問之大，其不負余生平所期望也。夫於是畧序數言，以爲《圖説》之弁。八十友人陳鴻章謹識。

清·黄一桂《圜天圖説》跋 青來道人清静寡欲，而于事物理趣多所窮究。得輙默識于心，未嘗爲人言，人亦無知之者。年七十矣，兀坐終日，泊如也。初，余僦居精舍，見其案無他物，惟《幾何》篇一册。余曰：「是宇宙事物，數理所從出也。通其義以施於推步，瞭然矣。」爰與窮究天地、日月、星度經緯之學。青來不余諱，日作一圖。圖各有説，闡發確徵，積疑乃釋。自維戴高履厚，垂五十年。設貿貿以終，竟不獲明其理與其數，詎非抱憾事哉？糧儲觀察盧公故深於斯學者，余數從問難久矣。一日詣余，遂以《圖説》進質。公閲而深然之，謂余能不失人，而是書之必傳無疑也。復爲删訂，以商于制府阮公，均各序其所以矣。青來固欲余一言，以誌相知之雅。顧何能辭，于其付梓也，爲書簡末而歸之。虔南黄一桂樨坪氏跋。

清·金鼎壽《日星測時新表》序 粤自《周官》挈壺氏職司漏刻，而晝夜十二時之節于以定焉。定時之法，無如測日與星。日星者，天運自然之迹象，著見明顯，無或差忒。用以測時，悉得真數。大司徒土圭之立，《夏小正》昏旦之紀，胥是道也。古人揆日，第辨四向。而後世言晷景長短者，率云千里而差一寸。夫一寸之謬，唐人已有議之者，然猶以地爲平遠，則所測之數亦未真確。此不知地是渾圜，其體如球故也。至于中星，後世較詳于前代。昏旦而外，兼紀五更、二十八宿，而外並及南門、織女諸雜星，差可云密。第中星古今不同，久則移易。《月令》之中星不能合于《堯典》，今之中星又豈能合于《月令》。此歲差之故，所當隨時測驗，而不能拘守舊説者也。謹按：《欽定協紀辨方書》載太陽到方時刻表，又有五更中星表，皆依節氣分列。故視日星可以知時刻，據時刻亦可以知日星。唐哉盛矣！星川先生究天人之學，參造化之微，著爲是編，變方位爲晷景。按各省節氣用西人弧三角法推算，取八線中之餘切線爲平地表影長短之數。自北極出地二十度至四十二度，分地列表，俾九服皆得取用，不煩儀器。惟隨立一竿，取影量之，依本地北極高度，檢表即得真正時刻。其所載中星，照《儀象考成》所定等數，取三等以上明大者加歲差數，推近年在赤道之實經度變爲時刻以成表。星座既多，時時有中者，即時時可知刻分矣。表、彙二種，皆補前人所未備。晝量晷景，夜視中星，明時之術悉具于斯，所以昭示後人者至爲切要。其友鮑君墨樵，契心象緯，爲付剞劂。考是書者，即謂爲今日漏刻之經也可。道光己丑季夏月，鶴臯愚弟金鼎壽謹叙。

清·鮑嘉亨《日星測時新表》跋 星川先生淹博士也，精天文算學，多述作。近因《梅氏叢書》所載表景立成僅具四省，且未及午正前後晷景。蓋梅氏因與馬得稱氏論説里差，故略舉以見例，本非成書。先生乃擴而充之，自二十度至四十二度，以現在黄赤大距推得各節氣晷景爲一卷。又因松江徐氏所刊《中星表》乃明萬曆年間舊曆，不合今度，爰以現在赤道經度，立中星表爲一卷，名之曰《日星測時新表》。書成，出以示余。余既膺服先生推算之密，而更喜是書之便於測時也。久欲付諸剞劂，近，見金華張君作楠所刊晷景、中星二表，細加參閲。其晷景雖細列刻分，惜乎止用高度檢餘切綫以立表，不加太陽半徑及清蒙氣差，其景未免失之太長。至中星表雖節分三候，較爲細密，又止列四十五大星，不復更及諸曜，不若是編之精詳遠甚。余因請于先生，以道光戊子年度重加釐正，以付梓人。先生諈諉余爲弁言，余不能文，而其述作之意可知也，爰綴數語於簡末云。旨在道光戊子冬月，古歙墨樵氏鮑嘉亨跋。

清·朱濂《日星測時新表》序 《易緯·乾鑿度》云：「《易》一名而含三義，易也，變易也，不易也。」變易者，其氣也。天地不變，不能通氣。五行迭終，四時更廢，此其變易也。《易》曰「觀乎天文，以察時變」，又曰「損益盈虚，與時偕行」，隨時之義大矣哉。星川余先生《日星測時新表》之作，隨時之義也，可謂明於天道而深於《易》矣。占天者主於日與星，天之行二十八宿，隨斗杓而可識。日躔有贏縮，故歲氣有差。《繫傳》曰：「惟神也，故不疾而速，不行而至。」虞氏翻注曰：「謂日月斗日行一度，月行十三度，故不疾而速。星寂然不動，感而遂通，故不行而至。」時乎疾，時乎速，時乎不行而至也。推步之家，今密於古。案《月令》中春之月日在奎，《吕氏春秋·古樂篇》云：「黄帝鑄十二鐘以和五音，以施英韶。以中春之月，乙卯之日，日在奎，始奏之。」此先秦人説黄帝時日躔與周時無異之證。日躔同則中星亦同，不知《堯典》之日星不可同於黄帝時也，《月

令》之日星不可同於陶唐時也。堯時冬至初昏昴中，日在虛七度。元改授時術，在箕十度。至明嘉靖時，冬至初昏室中日在箕二度。計年三千九百有奇，已差五十餘度。非隨時考驗，無以揆日躔之所在、定中星之所嚮，而測時之法踈矣。仁和胡勵齋著《中星譜》，於二十八舍之外益以大角、貫索、天市帝座、織女等十七星，用較午中遲早，綴諸時刻。此亦能考定歲差釐分昏旦矣，而未若先生之精且備也。先生取於西法爲表，晝量晷景，所載中星又謹遵《欽定儀象考成》所定等數，取三等以上明大者凡二百六十有九列於表，用以夜視中星。不假儀器壺漏，而測時裕如。非隨時密率布算，以合天行，而能若是歟？明志有之，天之行度多端，持尋尺之儀表，仰測穹蒼，安能洞悉無遺？惟合古今人之心思，踵事增修，庶幾符合。先生由舊推新，隨時消息，其法至簡，其用至神，可謂明於天道而深於《易》矣。道光九年，歲在屠維赤奮若，冬十有一月，癸巳朏，愚弟朱濂謹書。

清・余煌《〈日星測時新表〉自序》　古人土圭量景，昏中紀星，不盡爲測時，而測時之法實無踰此二者。第象緯隨天運轉，久則躔度不能無差。是以立術者貴乎隨時考校，以合天也。宣城勿菴梅氏著《諸方日軌》，爲揆日之用。而所載係高弧度分，非儀器莫能測候。至其所定北直、江南、河南、陝西四省表影立成，惜畧而不備。又止算午正之影，未及前後各時刻。且黄赤大距古大今小，表影分數亦少有差焉。更星有書舊矣，近松江恕堂徐氏刊有《中星表》二册。核其刻分，係據《新法算書》明萬曆間各星赤道經度所定。萬曆迄今二百餘年，恒星有黄道歲差，即有赤道升度差。變爲時刻，少者遲八九分，多者遲至一刻。參差不齊，表不可用。兹謹遵《御製考成》諸書，依弧三角法密推現今太陽恒星黄赤各經緯度數，訂定晷景、中星二新表，以便晝夜測時之檢閲。分數既真，測驗亦易，旅舍、征途，隨處適用，則是編或可代浮箭鳴鐘之器云。道光八年，歲次戊子，孟冬月，星江余煌書於三峯之有斐居。

清・王甫原《〈運餘籌略釋天文秘旨〉序》　嘗觀維世之道，不越乎天文、地理、兵法、醫藥、禮樂等書。而吾人用世之學，亦不外乎敬天、勤民、測地、練兵、濟生等術。惜乎至道無傳，至人鮮見，是以禮樂教化不行於世。或有不虞，則君臣無所措手足，而土宇爲之侵奪者比比矣。若此寧非失備于平時，而樂於安常者然也？苟能運籌於夙昔，決勝於未戰，雖千萬人，吾敢當矣，又何患夫虞之不可備，而土宇之不可守乎？幸而天意有在，使吾青田東陵陳夫子、得續《郁離子》不傳之秘書。以甲午秋來教吾邑，盡其道以私淑於鳳。余思既得奇書之全，當有以會其義。乃誣病數月未出，因得以少探其旨。至於牴牾不能知者，每夜請於夫子之前，必求知乃已。厥後夫子去邑，行且囑曰：「世變之譏，危於旦夕，子盍預爲以俟變。」余悟師言，遂徙京師，因售知于大丞。兩湖葉公大司馬、角川張公拜前職，似固榮矣。而復稽諸天象，揆諸物理，乃知事有不可言者。於丁未春歸隱于今處，潛心玩索。迨越八年，時覺胸中大有不同於昔日者。自謂有以紹前哲、慰民望，爲不知百司者鑑矣。孰意彼蒼不眷，無何疾作，俾吾志而遽止於斯矣。嗚呼，吾之不壽、不遇者，天也？命也？吾何與焉？但道也者，天之公器也。苟秘之而不傳，則知之者少。知之少，則道不幾于息乎？於是強病以述其事之顛末，命子書之于卷首，庶後之從是道者知源流有自，而維世有方也。如此則惠之於人，不亦傳乎？吾復何憾？因序以貽後云。

清・成蓉鏡《〈漢太初曆考〉叙》　《曆術甲子篇》，世謂褚少孫補，非也。夫少孫生元、成間，當代曆憲何遽懵焉？舍大初，步殷曆，竊疑是篇之作，蓋在元和以後與？《曆書》大初元年，年名焉逢攝提格，斥歲陰也。其于大歲，則爲柔兆困敦，故《漢書・律曆志》云：「迺以前曆上元泰初四千六百一十七歲，至于元封七年，復得閼逢攝提格之歲，中冬十一月甲子朔旦冬至，大歲在子。」昧斯義恉，而疑元用甲寅，遽以殷曆步之。嘻，疏矣。余既攷得《三統》即《大初》，輒依其術，誤爲曆譜。始大初元年，終元和元年，歲名則仍據《爾雅》云。嘗以《甲子篇》演校之，冬至大餘無殊。科其異焉者，惟初元四年天正朔旦《大初》大餘四十八，殷曆大餘四十七耳。至大始元年、小餘二十二，《甲子篇》作二十四。初元元年、小餘二十八，二上脱三百二字。永光四年、大餘三下脱十六二字。建昭元年大餘四十六，作三十六。二年大餘三十下脱一字。數事，則皆棸本之譌，非術異也。坿于此，以質之世之讀龍門書者。

清・合信《天文略論》　天文略論者，畧講天文之理也。其理若假，則所講無憑，宜乎不足信矣。其理果真，則所講有據，應亦無可疑矣。夫天下同一理耳，若理確真而有據，則不論何人言之，皆應信之。如此書所講雖畧，而所據極真。因非特一人所言，且非特一國之人所言者。乃經各國之天文士，用大千里鏡窺測多年，善觀精算，分較合符，非由臆説。或有不合，並爲訂正。其法果真，乃爲載書以傳後也。此書未載及算法，但將西學天文推算已定者，畧爲譯之。或問此書畧論，大意安在？曰：諸天惟上帝主宰也。設若有人留心想日月所以光懸、星宿所以躔伏，其運行不息，亘古不紊，誰爲致之，此事豈偶然？得非有

全能者，具大手法，而做成萬物來乎？因而推論道理，知造化玄妙，是乃上帝獨一無他者也。於此試思上帝如何力量，如何神通，真乃至廣至大、極奥極深、不可測度矣。聖書云：天其表上帝之榮，蒼蒼彰其所作者。日以日告，夜以夜示，惟傾耳聽之，無音無話，並不得聞其聲焉。故此書大意，特提醒人心，要惟欽敬上帝之聖名，讚美化工之要道。切望上帝，永施恩典。並倚賴救世主耶穌大慈、大愛、大功德，救此不壞之靈魂。且我等在天壤間，藐焉小物，得受至尊上帝與我食、與我衣、與我享用，可不思自守其實命，而共遵乎聖旨哉？

清・華蘅芳《躔離引蒙》序　南匯賈先生精於推步之學，故以步緯自名。同治中，余在上海製造局與先生共事多年，然未遑以學業相質也。逮余至格致書院，始以所刻《行素軒算稿》就正於先生。先生喜謂余曰：「今古開方之術，當以筆談中寫法爲最善。」蓋先生於天元代數未嘗不精，特以其無裨於日用，故好之不篤耳。光緒壬辰，余在兩湖書院，先生以所著《躔離引蒙》寄贈，並囑余序其端。余承先生之命，其奚敢辭？然余於天文素未之習，烏足以序先生之書？既而恍然曰：「余之不習天文，先生所素知也。知其不習而索序焉，先生之心，蓋以爲苟讀此書，雖不習者亦無異乎素習也。」乃取先生之書閲之，開卷十餘葉，從緣起、例言，以至日躔、月離二法，而演算檢表之法備焉。其後百餘葉，皆先生手推之表也。嘻，以先生之善算，乃欲使天下之人均可無須多算。是一人獨任其勞，而人皆得享其逸也。有先生之書，雖粗通比例者亦可依法而得躔離之次。則余之不習天文者，從此亦可以步天矣。先生引蒙之力，其偉矣哉。光緒十有八年七月既望，金匱華蘅芳序。

清・周玉麒《仰觀録》序　步算占候，古分兩家。《周禮》馮相氏掌歲月星辰，辨其序事，則步算也。保章氏掌天星，以志日月星辰之變動，辨其吉凶，則占候也。支派分別，似不可合。然宋《大觀算學》以商高、隸首與梓慎、裨竈同列五等，合而編之。蓋經星主占必深明天象之常，而後可測其變。其理可通，則集録非無因。武進謝君厚菴，余鄉試同年，謝紹安之兄也。平日究心象緯，余按臨過蕭山，出其所撰《仰觀録》見示。既明星象，亦載休咎。余維星官之數，自吴太史令陳卓詳列甘、石、巫咸三家，及隋丹元子《步天歌》而外，後人所著如薄氏經天、皇甫氏渾天，不可枚舉，獨國朝《欽定儀象考成》一書，至爲明備。其各星入宿去極度數，則較唐宋以來累加考測者更精。謝君是編，於星數能謹遵，而經緯諸度則畧其占驗一類。大約取材《靈臺秘苑》《觀象玩占》《開元占經》《天文管窺》諸書所集，不爲無本。夫「七月流火」「月離於畢」三代時婦人孺子俱知天象。後世占候競起，高言内學，妄談吉凶，甚至習業者以是爲詬病，而經生學士遂有仰觀茫然者矣。雖然，占候爲一家言，不可廢，亦不可泥。往往元象著明，按其書而不應。且語多不根，以穿鑿之見，涉鄙俚之談，亦所不免。子産曰：「天道遠，人道邇」，洵不誣也。然則士君子於此亦存以備觀已矣。厚菴問序於余，余稽步算可兼占候者，而并及此，遂書以弁其卷。旹咸豐丁巳十二月既望，浙江督學使者年愚弟長沙周玉麒書於武林節署之挹美堂。

清・謝蘭生《仰觀録》序　按《宋史・藝文志》謂：「張衡《大象賦》一卷，苗爲注。」《困學記聞》據《唐志》，謂：「黄冠子李播撰，李台集解。」《館閣書目》題：「張衡撰，李淳風注。播，淳風父也。」蘭生謂：「應是播撰，淳風注無疑。」此注世間罕傳，孫氏得抄本，入平津館《續古文苑》集中。間嘗攷《史記・天官書》、《漢書・天文志》，中外常宿一百十八名、七百八十三星。至吴太史令陳卓合甘、石、巫咸三家，並著圖籍，始多至二百八十三官、一千四百六十四星。晉以後皆宗之，隋丹元子《步天歌》數與之合。國朝康熙十三年，修《儀象志》，星座較《步天歌》少有名者二十四座、三百三十五星，增多無名者五百九十七星，又多近南極二十三座、一百五十星。乾隆九年，較《儀象志》增多有名者十八座、一百九十星，增多無名者一千六百十四星。《欽定儀象考成》恒星經緯度表總計恒星三百座、三千八十三星，今繪爲十四圖。烏秀峯家藏《兵鏡》抄本相同，細核星數，紫薇垣三十八座、計一百八十四星；太薇垣十四座、計五十八星；天市垣十四座、計五十九星；列宿附宫三十五座、計一百八十二星；中外宫一百八十二座、計九百八十一星。共二百八十三座、計星一千四百六十，微星不載者一萬一千五百二十。兹録圖考，徵咎占驗。類編爲二卷，采入《大象風雨賦》二篇，更徵詳備。夫爲將之道，當知天之時，察地之利。果能天時、地利兩相應合，則百無一失矣。故余輯《方輿紀畧》，而並輯《仰觀録》也。然則是録豈非兵家之切要哉？謹藏篋中，俟質諸有心世道者。毘陵謝蘭生識。

清・唐仲冕《宣西通》序　談天家言人人殊，無一説不窮，亦無一説不可通。何也？天必有所寄，天之外爲水、爲氣、爲空，皆必有止境。而亦安得有止境？《莊子》所謂：「天下有大惑焉，萬世之後遇大聖，知其解者，是旦暮遇之也。」此合古今聖神材智而皆窮者也。然以心思之幻，説天上慌忽不可見之事，則亦何説不可通？非特渾、蓋、宣，及歷朝測天諸家，即如天日本動而云不動，地

本静而云日日東行上下日月而人不覺，亦無不可自成一家言也。羣言淆亂衷諸聖。聖人與天合德，其言天亦第就可見者言之耳。《書》之《堯典》所載中星七政，爲渾、蓋、宣三家之祖。繫《易》曰：「天行健，坤至静而德方。」又曰：「日月得天而能久照，天尊地卑，日月運行。」「至於治曆明時，則取諸革」。《戴記》亦云：「道並行而不相悖。」《春秋》書日有食之，而不言所食；書恒星不見，而不言所以不見。六合之内，論而不議；六合之外，存而不論。談天之法，不外乎是。余素不了天官家言，聞地球之説地底有人，亦甚疑之。解之者曰：「地以上皆天也。子以地底人爲倒懸，彼亦將以子爲倒懸。氣之所聚，人在氣中，故不知耳。」余遂信之。東海許君月南，素精算學。近得宣夜不傳之祕，捄西法之失，著《宣西通》一書。而先以《測天詩》二十首見示，謂天頂沖不應有人，余乃據前説以規之。今月南郵寄是書，且云桂林於西法重數小輪，斷其必無。其書大端有二：一曰地下半皆氣承之，上半居人，而非面面居人。一曰北極爲氣母，不爲天樞。蓋地誠面面居人，必周圍以氣裹之。氣外當有殼，殼外豈得便空？氣有母則可無殼，而日月星宿皆天，屬爲陽，陽則輕清而能運轉。地獨屬陰，陰則重濁，下承以氣而不動。岐伯言：「大氣舉地」，舉非裹也。《考靈曜》言：「地四遊。」氣承之，乃能遊也。其説本晉《天文志》所載宣夜之説，以明西法之小輪重數及地底有人之説必不可通。讀其書，可謂明辨晳矣。而其來書，且言桂林姑存此説以備一解，先生可於序中指正其失。何其謙也。傳曰：「禮吾未見者有六焉，又何以規？」余三復是書，始而茫然，久乃豁然，又安能復理前説哉？蓋月南本宣夜天了無形質、日月衆星浮生空中、行止須氣、七曜無所根繫、遲疾任情之説，以正西法之失，深有合於古人言天。不知其所不知，故無惡於鑿也。雖然，有進焉。《易》曰：「日月麗乎天。」記云：「日月星辰繫焉。」若非麗且繫，何能宿離不忒。但麗不必有質，繫不必有繩，如西人木節在板、目睛自動之喻。日月之行，有冬有夏。經星有歲差，緯星有進、留、退、伏，皆可推算。意者即氣母之主宰，是而綱維是乎？月南其必能通其説矣。然月南謂得氣母之説，而談天竟可不窮。則吾請問：氣母之上，誠如宣夜所云，谷黑山青、服瞀精絶矣，而究竟伊于胡底？恐亦不得不窮。吁，殆所謂存而不論者也。夫言天亦第言其可見者而已矣。陶山唐仲冕譔。

清・胡襲參、方江自輯《囂囂子曆鏡》 囂囂子曰：「凡人讀書稽古，以性道貫通爲學問之極。而性道之源出於天，是曆法烏可以不究也？」第曆法甚繁，理氣幽(頤)〔賾〕，率數萬有餘條，雖於下手。余因取曆學大槩，各輯數語，名曰《曆鏡》，使觀者了然。則讀書好古之士，不必習乘除、開方、勾股諸法，不必用矩用規，不必考圭測景，不必布筭周密，而曆法之所以然已了了於胸中。則加一倍之法，程子曰「都忘之矣」者，其信然耶？

一、是書凡纂輯删訂若干卷。不及星象者，槩論理氣數三者，而未及象也。

一、此集乃論其大槩也。若推測步筭，另有專集。

又 余昔學曆，因不用上古積年，故未稽考。今觀太乙諸本，見其所云積年，各本互異。康熙二十三年甲子，皆云上元甲子所以然，而命爲上元，盡人不知，亦有以神農甲子始者，曰其時冬至在虚一度，日月合璧，五星聯珠，爲曆元，即上元也。亦有自帝堯甲子始者，而其積則幾千萬幾百萬年之不等。不知帝嚳而上，無甲子可紀，則千千萬萬之説，杳渺何憑。不得已于曆學求之，而古曆中亦不過帝嚳甲子而止。且彼時冬至太陽已躔虚六度，即積年愈不可憑。歷歷查考，古曆積年亦各不等。乃知古用積年之法，不過虚立其界，以意逆之，以起算耳。吁，愚昧者執太乙積年而侈其論，可不悲哉？故纂訂明確，而復筆于曆書之末，使觀者破千古疑障，不無小補也。

清・王藻章《〈心香閣二十四氣中星圖攷〉叙》 古來言天文者，多祇究其節候之常，洪範始言其變。太史公《大官書》則兼常變而言之，而休咎之徵，百不失一。後世讀其書，鮮有能得其傳者矣。蓋史公之書甚明且易，惟莫辨經緯度數之微，斯無由測其徵應也。余同年友宋松存内翰淑配江氏次蘭夫人，少承其尊人海平公之訓，每當參横斗轉，散步於庭，引手相示。久之，遂熟諦審視，按節應侯，推測悉中焉。已而有得於心，迺歷攷星象諸書，參以定見，遂繪爲圖。當代文人學士播爲美談，形於歌詠，爲一時佳話。余謂從來閨秀之能詩畫者，世習有之矣，如次蘭夫人之能洞悉星度，殆所謂絶無僅有者耶。其於吟詩品畫相去復幾何也？余家弟與松存交，同治中，余往來俞州，常主其家，故習知夫人之賢且慧。今年春，松存改官司馬，將需次吴門，梓其圖以問世，屬弁言於耑。竊以爲經星常宿伏見蚤晚，邪正存亡係焉，皆陰陽之精也。方今言推測者，無逾泰西。松存能精而益精，將推度食薄，使廟堂之上，飭身正事，除咎致福，或測量瀛海，靖我邊疆，必能得閫淑之助，以成奇儁之才者。是又所望於松存，當推而擴之者也，豈僅以昭昭圖籍見哉？光緒庚辰蒲節後五日遵義王藻章叙於京寓紅琴緑劍之齋。

清・宋枏《〈心香閣二十四氣中星圖攷〉叙》 知星非異也。「七月流火」，農

夫知之；「三星在户」，庶女知之。辨離畢詠，昴參征夫，宫妾知之。觀《毛詩》所載，知敬授民時，不外乎此。内子次蘭，甫髫齡喜讀《天官書》。歲甲寅，年十六，吾岳海平江公著《楞園叢書》二十五種將成，挈眷隱居龍箐深山中，昕夕侍從，遂究心於天文，而週知乎星紀。復得《中星圖攷》一册，僭爲删定。歷年餘，易稾數十，成圖二十有四。緣誌星爲天文淺近之學，非所以測灾祥辨吉凶也。謹藏閨闥，未敢示人。丙辰來歸，又作《步天歌補註》，以赤道界南北，欲與茲帙分爲兩卷。中值庚申大亂，僑寓渝江，人事催迫，歲月駸駸，遂寢。甲戌秋，余赴京朝歸。時方伯姚彦侍師監司東川，淵衷鴻博，彙刻叢書，爰以此圖乞正。吾師首倡題詠，大深嘉許。厥後徵題益夥，裒然成編。庚辰春，改官白下，謁見來都，携入行篋。同年雲樵羅君見而異之，爲之慫慂，付諸手民。趣弁數言，識於簡首。第考古來測中星者，各有異同。而茲册以二十四氣之更漏，以定昏旦之星。中附以歌括，欲使農夫、庶女、征夫、宫妾上追三代，直無一人不知者。然歲有差移，星有變易，或五十年差一度，或七十五年、八十三年差一度。故古圖、今圖分宫測度，大小明暗不甚符合。非古妄今韙也，各因其時以考証耳。如斯圖成於乙卯，距今亦廿有餘年，今昔不無稍異，有志星學者視爲天步初桄可也。間有差謬，以其時考之，則幸甚。光緒六年庚辰天中前一日，蜀東宋柟松存氏記於京師宣南寄齋。

清·江蕙《〈心香閣二十四氣中星圖攷〉跋》 蕙十歲時讀《步天歌》，家君示以星象，嘗取古圖印證，惜遠近、大小、明暗，未盡脗合。昨居鶴山，曾手繪小圖，入便面間，題曰《天文扇》。家君喜其不謬，欲付剞劂。蕙以閨閣管見，未敢示人。年來棄置篋中，此道不談久矣。歲甲寅春仲，隨家君隱居龍箐砦，購得《中星圖攷》一册，鈔本，前無叙例，不知爲誰氏作。其歌簡括，初學無難記誦。第圖舛誤，中多脱略，以此校觀星象，不免茫然。蕙不揣庸愚，僣爲删訂，使逐節天象燦然可據。藏之家塾，謹識庭訓云爾。旹咸豐五年歲在旃蒙單閼，日躔娵訾之次，月正三日午刻，次蘭江蕙識於江津龍泉山館。

清·吴沃堯《〈天文地球圖説正續〉前記》 事有去古愈遠法愈密術愈精者，推步之學是矣。粤考黄帝之世，羲和占日，常儀占月，臾區占星氣，伶倫造律吕，大撓作甲子，隸首作算數。綜斯六術者曰容成，而占天算事之學粗備。漢唐以還，攷求益密，術蓺益精。至我朝聖祖仁皇帝，天亶聰明，御製《數理精蘊》《考成》上下諸編，開歷代聖人不傳之秘。士大夫仰承聖訓，而數理之學邁越前代。儀徵阮文達及甘泉羅氏先後著《疇人傳》正續，蒐羅國朝數理家至九十餘人之多，而嘉道以後諸賢未與焉。猗歟盛矣！堯於中西各學素喜涉獵，而龐雜不專，轉抱歧多羊亡之慨。曩讀吾粤省志，見藝文類内載有李青來《圜天圖説》一書，久欲搜致而未得。今秋偶於坊中得覩，是本完好無缺，急借讀之。而後知曾見許於阮文達，爲之梓行。然則前此之購求不得者，豈紅羊之刼，极片散失歟？抑鐫而未行歟？十數年未償之心願，一旦得快覩之，未始非生平之幸也。爰囑坊友，以西洋映石法印行，公諸同好。書成，來請序。竊謂序也者，或叙著書之緣起，或叙作者之命意，或抉其菁華而出之。之數事者，阮文達及羅西津劉樸石、諸先生言之詳矣，後學小子何從更讚一辭？書此以志吾幸，或庶幾耳。雖然，讀《南華》「吾生也有涯，而知也無涯」之言，又適以增吾心之惘悵矣。光緒戊戌七月，南海趼人吴沃堯撰，旹客黄歇江頭。

清·焦廷琥《地圓説》 嘉慶乙亥元日，大風雪。越一日，晴，寒甚，足跡不能出門户。客有以地圓問者，余曰：「古言天者三家：一曰宣夜，二曰周髀，三曰渾天。宣夜説無師承；周髀即蓋天之説，謂天如蓋笠，地似覆槃；渾天者，天包地外，如殼之裹黄。渾蓋之説皆謂地圓，此固確而可信。子之問者何也？」客曰：「是説也，吾固聞之，乃讀孫觀察淵如先生之文，而不能無疑焉。觀察謂西人誤會《大戴禮》『四角不揜』之言，而創地圓之説，非先王之法言。以楊光先斥地圓之説，比孟子之距楊、墨。又作《釋方》一篇，其説云在天成象，若北斗衡三星象規，魁四星象矩。斗爲帝車，故後人法衡以制輪，法魁以制軫，此象之著於天者也。《易》言『直方』，又言『其動方』。《書》言『海隅』。《禮》以方丘祀地。《海外經》言海外自東南陬至東北陬及東南陬以西云云。隅、陬，皆方也。《淮南·天文訓》言子午卯酉爲二繩，丑寅辰巳未申戌亥爲四鉤。東北爲振德之維，西南爲背陽之維，東南爲常羊之維，西北爲蹏通之維。繩在四隅則爲方，四鉤四維亦爲方。此方之見於書傳者也。其在人也，齒圓而牙方，其顯然也，足下不方不能立。又曰大圓不中規，大方不中矩。方亦不必有四角，故曾子有四角不揜之言。《周髀》云地如覆槃，古禮器簠方簋圓，簠形亦橢方，而四角不出，此其遺象矣。觀察之説，是歟？否歟？子必有以辨之。」余曰：「昔人言之詳矣，何辨焉？泰州陳曙峯太史成進士後，隨行駕幸熱河，召見，上問地圓出何書，對以《周髀算經》言之。問何以見其圓也，對曰《職方外紀》西人言繞地過一周，四匝皆生齒所居，故知其爲圓。且東西測景有時差，南北測星有地差，皆與圓形相合，故益知其爲圓。時諸詞臣侍側者，上以問之，使各舉所見。諸臣曰：臣止聞天圓

而地方，不聞地圓。上出《經世大典》等書，命諸臣查閱，乃各檢地圓之説以進。此見曙峯太史所述《召對紀言》。客讀鄉先生之書，寧未之聞乎？且近之談算術者，必推宣城梅氏，梅氏所著《術學疑問》亦詳言地圓之説矣。其説云：以渾天之理徵之，則地之正圓無疑也。是故南行二百五十里，則南星多見一度，而北極低一度；北行二百五十里，則北極高一度，而南星少見一度。若地非正圓，何以能然？江南地極高三十二度，浙江高三十度，相去二度，則其所戴之天頂即差二度。各以所居之方爲正，則遥看異地皆成斜立。又況京師極高四十度，瓊海極高二十度。若自京師而觀瓊海，其人立處皆當傾跌。而今不然，豈非首戴皆天，足履皆地，初無欹側，不憂環立歟？是故《大戴禮》則有曾子之説，《内經》則有岐伯之説，宋則有邵子之説、程子之説。地圓之説，固不自歐邏、西域始也。又曰蓋天之説具於《周髀》，其説以天象蓋笠、地法覆槃，極下地高，滂沱四隤而下，則地非正平而有圓象明矣。故其言晝夜也曰：日行極北，北方日中，南方夜半。日行極東，東方日中，西方夜半。日行極南，南方日中，北方夜半。日行極西，西方日中，東方夜半。凡此四方者，晝夜易處，加四時相及。此即西術地有經度以論時刻早晚之法也。其言七衡也，曰北極之下，不生萬物；北極左右，夏有不釋之冰；中衡左右，冬有不死之草，五穀一歲再熟。凡北極之左右，物有朝生暮獲，即西術以地緯度分寒煖五帶、晝夜長短各處不同之法也。使非天地同爲渾圓，何以能成此算？《周髀》本文謂周公受於商高，雖其詳莫考，而其説固有所本矣。此梅氏闡發地圓之説，不已深切著明哉？觀察之文爾雅，深厚氣盛，文從其論，性則本天道、陰陽、五行。考太陰即太歲以及河圖、洛書、明堂封禪諸論，皆極精博。王述菴先生稱其《岱南閣集》合諸六經、諸子、兩朝漢六朝而兼有之，非過論也。學者以爲師法，愚鈍可起。若地圓之辨，則屬一家之説耳。食肉者不食馬肝，未爲不知味。讀觀察集者，不讀《地方》之説，未爲不知其文之美。何辨爲？」客曰：「地圓之説，固不可易。雖然，曙峯僅舉《周髀》、《職方外紀》爲證，《職方外紀》固西人之書也。梅氏舉《素問》、《大戴禮》，邵子、程子之説，誠非創自西人矣。不識《素問》、《大戴禮》，邵子、程子之外，更有所徵乎？」因爲博搜古籍，合《素問》、《大戴禮》，邵子、程子之説，綜而計之，以備覽焉。

清・袁昶《〈測熒惑星圖解〉敘》 天之蒼蒼，其正色邪？星之熀熀，其正形邪？中士推步擘諸虚，西士測驗課諸實。不有虚也，用惡乎見？不有實也，體惡乎呈？總教習駱君敬齋天姿湛敏，督課司天臺有年矣。其於日躔、月離、經緯星相距之度數，靡勿以儀器測，而於火星考之尤詳。夫苗氏之言曰：「熒惑者，一名罰星。於時爲夏，於五常爲禮，於五事爲視。君人者禮虧、視失、逆夏令、損火德，則罰見火星。」此以《洪範》五行家之義言之也。《明史・天文志》九重天之説以熒惑天次歲星天之下、太陽天之上，謂距地半徑最高二千九百九十八，最卑二百二十二。凡緯星出入黄道之内外，舉恒星之近黄道者，皆其必由之道。其淩犯遲速數可預言，而無休咎可占。此稍稍用新法測驗矣，而未若駱君之精也。今美國疇人以極大遠鏡測火星全形，就光緒十八年閏六月火星距地最近時測之。駱君譯其文而删潤之。大要推得火星徑爲一萬二千六百四十五里，面積得地球四分之一，體積得地球七分之一。其距地最近時約有三十五兆英里，最遠時則約有二百四十兆英里。揣其難顯之形，察其至賾之色，紬其體用，著爲一書。憭矣哉，古近天文家所稀有也。抑又聞邵子云：「天有日月星辰，地有火水石土。故星實常爲石。」然則星者固石質邪？今駱君乃言火星之所以常潤不能離水，與天氣并測，知其中有河形，乃南北二極消化之雪所融液而成。是則邵子觀物之理所不能賅，而予固不能盡通其説矣。爰序行之，以視後之善言天者。光緒己亥九月，賜進士出身、階中憲大夫、太常寺卿、筦理同文館事務袁昶撰敘。

清・張翼軫《〈熒惑新解〉跋》 中土自帝堯御世，欽昊天，命羲和遠涉嵎夷、南交、昧谷、幽都之險，平秩敬在，不遺餘力。豈放勳故爲此不憚煩阻之事以自矜探索哉？蓋不如是，則無以贊天地之化，劑陰陽之和，準節候而授人時也。其功偉，其法備矣。自後世圖書讖緯之説起，幻誕支離，漫相比附。姑舉熒惑一端論之，尚覺言之龐、詞之強也。如宋景公時熒惑在心，發至德之言三而他徙。齊景公時熒惑守心，行善政三日而退舍。他若犯帝座則吕隆滅，入心躔則石虎、李勢亡，繞轅軒則明帝弑，入南斗則孝武西奔，犯上將則馬洵美卒，人事動於下，天象變乎上，如影隨形，如鐘應雒，記者鑿鑿，談者娓娓，究之上帝不言於彼乎、於此乎，亦徒穿鑿附會，莫可致詰而已。然而君子不以爲非者，則自有説。夫人生莫不畏天命，棄德滅義之餘，往往理勢屈阻、清議俱窮。法律所不得治者，以天鑒、天怒怵之而立改。故大《易》多言先天後天，《尚書・洪範》備陳五福、六極之徵。孔子作《春秋》，災異無小大必書。董仲舒謂「國家將有失道之敗，天迺先出災怪以譴告警懼之」。由此觀之，以授時治天者，法之正，以感應詁天者，理之奇。象占所言雖難盡據，而其意未始不可取也。今駱君敬齋口譯《熒惑新解》一書，介其徒熙璋屬予點定字句。披覽之下，生面别開。如謂天垂諸宿，皆符吾輩

所居之地球。鉅而山川形勝、氣候陰陽，細而工用動作、人物瑣屑，僂指條分，歷歷如繪，有身造其境所不能道者。較諸佛氏粟顆世界之説，不尤恢奇俶詭乎？且其中鈎深溯渺，衍之以格致，參之以化學，準之以推步測量諸術。操尺寸之管，竭十數年之目力，以仰窺於億萬里穆清之表，其用心誠勞，而辯可謂博矣。昔孟子惡鑿智者，然千歲日至不以天高星遠難之。今觀此篇，豈惟中法不及道，即西法亦不敵其詳也，亦異矣哉。噫，蒼蒼者其正色耶？喇喇者其作如是觀耶？呵壁問之，搔首呼之，而天道悠遠矣。光緒二十五年嘉平月既望，黄岡張翼軫跋於京師同文館。

清・張雋《〈天地問答〉自序》 儒者之學以人倫日用爲切近，而天文地理爲高遠。故六合之外，聖人存而不論。自三代以降，聖人不作，而談天之徒起，括地之志出。一倡百和，雖六合之外，侈然論之。夫論之則亦已矣，獨奈何其誣之也？天地受其誣而古今蒙其惑，是惡可以不辨？夫東周之季，孔子殁而微言絶，七十子喪而大義乖。詖淫邪遁之辭起而與吾道相角，吾道孤矣。孟子出而楊墨之害熄焉，此吾道之幸也。秦政暴虐，阬儒焚書，然伏生無恙，六經俱存，猶不足爲吾道害。漢興，而道泯矣。何則？秦火後漢求遺書，曲學異端各撰一編，僞託以進，而百家諸子之書叢焉。武、宣之世，洛下閎、鮮于妄人、耿壽昌之輩，易蓋天爲渾天，而張衡、蔡邕、王蕃之徒復爲之説。其言曰：天如雞子，天大地小。又曰：天形如彈丸，半覆地上，半隱地下。又曰：日晝行地上，夜行地下。又曰：天左行，日月右行，隨天左轉。而變其説者，《考靈曜》則曰：地有四游。《博物志》亦曰：地常動不止。然可游可動，則仍無以易天大地小之説也。雖漢王充、梁武帝嘗據蓋天之説以駁之，終莫能正其謬。宋儒復懵不加察，引以詁經，《詩》《書》傳竟相矛盾。近世西學入中國，又從其説而加之甚。謂日大而地小，日静而地動；地與七曜合而爲八曜，繞日而轉；向日者晝，背日者夜。士大夫喜新好異，羣然惑之。儀徵阮氏且引之入《疇人傳》，而登諸《皇清經解》。豈直妖言惑世、邪説熒人云爾哉？蓋毒流儒林、害及吾道矣。此而不辨，其誣惑庸有已耶？夫古今中西之人士，聰明特達者不少，而卒未嘗悟其非而辨其謬者，無他。前明宏治五年以前，西人可侖比亞未得美洲之别一區宇，而天地之體現其半而隱其全。日月之行，人第見其自東而西，未見其自西而東。而一晝夜間没西而還東，遂以爲日月出入於地中。深信乎渾天之説，而復於黄帝《素書》、《周髀算經》、《吕氏春秋》、王充《論衡》、《北史・崔浩傳》《佛書起世經》諸書詳見《天地問答》。束焉而不觀，觀焉而不悟。故二千年來，墨守渾天之説而莫易。今即美洲既闢，天地之全形畢露，而四海未嘗遊歷。於東朝則西暮、南晝則北夜之象既懵然其不知，又惑於西人之言，信以爲地圓如球，上下四旁皆人所居，而亞洲之人與美洲之人足版相抵，分上下不分前後，則亦無以悟其非而辨其謬也。嗟乎，天文地理，儒者雖以爲高遠，高遠亦道之所在也。一事不知，儒者之恥。況於天地之道乎？且不知爲不知猶可也，不知而自以爲知，胥天下相率於不知，而又胥天下相率於不知爲知，予安能忍而與此終古也？抑又言之，西漢之世，讖緯術數之學尚，吉凶禍福之惑滋。其害中於人心，其弊沿爲風俗，亦世道之憂也，弗辨亦弗安也。歲癸巳，山居多暇，撰《天地問答》七卷，質諸提學徐公。公無所可否，不置一辭。客有覽而韙之而又病之者，讓余曰：「子是之撰，殆欲以奥峭簡潔成一家言，而非欲以剴切詳明爲天地劈其誣、爲古今破其惑也。夫三代秦漢之文，奥峭簡潔，非不貴也。然而學者覽不終篇，輒沈沈睡去，是直爲引睡魔耳。徐公覽之不置一辭，宜也。吾子過矣。」余迺憬然悟，皇然謝，幡然改，務求如白傅詩，老嫗都解，極之麤淺平直，板滯冗煩而不恤。書成，客再過，出以質之。客曰：「可矣。雷霆衆聵、日月羣盲矣。」吁，如客所云，則吾豈敢。但使閱者詳，晦者明。俾覽者瞭然，而天地之誣劈、古今之惑破，斯道明矣，彬雅君子鄙其無文而以覆瓿焉，無憾也。知我者其在對酒論文之外乎？庚子孟冬，張雋自序。

清・摩嘉立、薛承恩《譯〈天文圖説〉序》 《天文圖説》一書，原係大英國天文士柯雅各所撰。謂之圖説者，因天文之理幽深玄遠，非有圖以闡明之，恐人終難明其旨。故繪圖四大幅，細説天象之形勢。俾學者一覽，或可了然心目。然亦賴啟迪者循循善誘，細爲指示也。是書共有四卷：第一卷論日月并各行星之次第；二卷論天文圖撮要；三卷論天空異象；四卷論天空星宿。細閲目録，即知其大旨。且泰西人士多以此等書籍啟示童蒙，爲初學天文者之捷徑。其裨益後學，良非淺鮮。邇來天文家製器益精，測得天文之大綱較前尤爲詳悉。如二卷二章并十、十一兩章，以及三卷六章所論之光色圖，暨四卷中新得深奥之要理是也。兹謹依是書原本譯出，并爲考校加減，以爲課蒙之用。既可以擴人之見識，亦可以破人之乖謬。且俾人知天空諸曜如許衆多、如許廣大、如許榮耀，因識造物主之全智大能，於是小心翼翼，修身以事之。并願凡閲是書者，悉心研究，由淺及深，能得天學無窮之底藴焉。光緒壬午仲春之月謹序。

清・王用臣《〈幼學歌〉序》 天地之大，人事之繁，名物象數之淵奥，雖宿負

淹通，往往任舉目前，或數典而昧之，奚論幼學？幼而言學，非徒病陋也，又苦易忘。觀夫里謡巷諺，無謚而韻成，不師而口熟。抗隊倨句舞蹈，以長言之，童而習、耄弗諼也。昔之李氏《蒙求》、《龍文鞭影》，與夫《鑑略》、《韻史》各書，啟迪幼學，莫非此志。是編分天地人物四門，上溯皇初典文，近及熙朝掌故。隨口而成，漫無音韻。意舉一事，挂漏恒多。姑刊爲課兒之本，藏於家塾，名曰《幼學歌》。《記》有之：六年教之數與方名，九年教之數日。誠以蒙養豫教，罔不在初，使知夫五官之名。郯子博學，七穆能對，平一洽聞，將習而熟焉，積累而擴充焉，浸浸乎由幼學入大學之門，詎非善歌繼聲之遺意哉？世多豐博君子，見而勿哂其妄。漏者續之，舛者正之，俾得免於詬病焉，則厚幸矣。光緒乙酉仲春，深澤王用臣念航氏序於斯陶書屋。

清・陳嘉謨《南山鍾先生〈兩儀數學〉敘》　天文之學根於算書。雖算書中不言天文，而天文必由是以窮其奥。故測量之術、推步之法，二者恒相表裏。其流雖别，而其源則同。常考《九章算術》、《周髀算經》，其理幽而微，其旨秘而約，蓋即《周禮》保氏之遺法，而衍於漢，顯於唐，晦於宋，亂於明。故《九章》之法既湮，七政之步亦紊。雖相傳有金石之《星經》、鄒淮之《星象考》、岳熙載之《天文精義》等書，而殘闕失次，摭拾附會，究不足以資攷證。惟本朝《御製數理精蘊》及《欽定天文儀象》諸書，合中西二法，互相發明，繪圖立表，粲然畢備，實爲從古所未有。余常取而學之，夜以繼日，竭慮殫精，未能窺高深於萬一。及觀丹元子《步天歌》，以紫微、太微、天市分上、中下、三垣，以四方之星分屬二十八次舍，條理詳明，似可按圖索驥。乃觀書了然，觀天茫然，而三垣廿八次終不能條分縷析。十數年來，師承未獲，此學遂廢。壬辰初夏，遇先生於羊城，出自製天地圓儀及天地圓盤見示。其圓儀則以泰西地球爲中，大小數十國環繞球之上下。地周七萬餘里，其中四大部洲、各國疆域、山川瀛海界限分明。天球則以圓相玻璃包之於外，經緯黄赤二道，布列三垣廿八宿繁星。下有機器，以繩牽動天盤，即如磨旋轉。其圓盤即從圓儀變出，内分天、地、時刻三盤。地一層，列中外各國；天一層，列七政、黄赤二道，中列時刻度數。每日窺七政行度所在，用繩牽動天盤時刻，以測風雨。此二儀者，乃合中西二法渾而爲一。比之八綫測表圖、璇璣遺述各法，尤爲明淺易入。先生之技，可謂神矣。先生又授以丹元子《步天歌》一卷，口講指畫，證以儀盤。夜則與觀天象，凡星體、色相一經指點，無不豁然。古人云：得訣歸來好看書，誠不謬也。先生自言潛心此學數十年。壯歲游幕軍營，旋復遠窮瀛海，遍歷泰西諸國。其所見者廣，其所悟者神，其所得者深，故其所造者妙。第天道淵微，非一技一能所可盡。小而寒燠雨暘風雷雲霧，大而災祲沴戾水旱兵戈，必從算學推測天文，方能晷刻無差、分野有準。若先生之盤，已得其大旨矣。使由此而精益求精，又烏知其學不更神而化哉？先生出處去就、生平行誼，田邑侯叙文言之綦詳，無庸贅及。第以余之不敏，得先生商量舊學，如奥窔燭熒，先生之惠我不已多乎。敢獻數言，以誌銘佩，亦以見先生之學有本原云。光緒歲次壬辰五月中浣，東莞陳嘉謨題贈，并書於翰墨池館之西軒。

清・測隱居士《〈天學入門〉自序》　今自和局既定之後，朝廷鋭意變通。學校爲培養人才之計，飭令各省辦理大、中、小各學堂。併令州縣多設蒙養學堂，以教童蒙。惟思童蒙所讀之書，非簡易不足以便記誦。余既刻《歷代鑑略》、《史鑑節要》、《皇朝掌故》、《地球韻言》，最爲簡易。惟三才之中，尚缺天學一門。今又採取各家天文之書，編輯《天學入門》二卷。併前所刻諸書，總名之曰《三才蒙求》，祈爲初學之助云爾。光緒二十八年壬寅仲夏，信都測隱居士謹識於京都廣文書舍。

清・葉青《〈古今彗星攷〉自序》　光明閃鑠、麗於天空者爲之星。星有恒星、行星。恒星者有連星、變星、色星、雙星、多合星、星團、星氣、大漢之别。行星者有水星、金星、火星、木星、土星、天王星、海王星。在火星、木星軌道之間，又有諸小行星。諸小行星疑昔時實爲一大行星，被彗星衝突而碎成諸小行星，而諸小行星中又有最出奇之情女星。此於西曆一千八百九十八年八月，由天文學家回脫於栢靈用攝影鏡測得，此爲行星中距地最近之星。有客星、彗星、飛星、流星、隕星之分。諸星中惟彗星形狀變幻百出，因昔人見之最易驚駭，故中西歷史載之甚詳。其中長而竟天者爲長星，短而無尾者爲孛星。客星形狀奇異者，爲蚩尤星、蓬星、妖星、含譽星、奇星等名，故今人見其形色，而名爲掃帚星、噴筒星。世人罕見，未識其來去之踪，每多驚怪，實則與行星相類，而有一定之周時、一定軌道。周時自三年以至千萬年及無窮盡年不等，其周時之長短，實因軌道之遠近以别。周時最短者，若因格彗，只三年奇。因其體甚小，非遠鏡不克見。周時長者，若道光二十四年所見之馬伐大來斯脱彗，須歷十萬餘年。更有無窮盡年之周時，其故根於所行之軌道，以别彗星所行之軌道。爲西士奈端發明攝力之理，考驗彗星循行於軌道之間，顯爲太陽所攝，與行星同理。其道爲三種曲線，即雙曲線、拋物線、橢圓線是也。嗣於西曆一千六百八十年，考得某彗星之軌道爲拋物線式，惟太陽居其中心。拋物曲線者，式與橢圓畧似，惟兩端相離漸遠，永無窮

期。彗星循其一端而來，緩緩繞過太陽，又循彼端而去，以至隱而不見。恐在吾人星團之內，永無再見之期矣。雖橢率最大之圜與拋物線不同，然當彗星之見也，必其行近中心之時。苟於此際細測其道，則彗之爲拋物線可知。依拋物線根數之式，彗星行次、方位，亦可得而預推矣。惟繞日周時無法可求，蓋以拋物曲線非若平圜、橢圜之可周而復始故也。奈端遂將彗星已顯之形狀及所行軌道之根數，若天學家謂日後遇有相合者，當爲一星，由此而彗星之周時始得其詳。按法以推根數，皆符其形狀，同其顯隱。時又同故軌道之周時，即可由是以推測之。（余作是表考查，最爲簡便。）天學士好里自一千七百二十年至一千七百四十二年專心考驗彗星軌道，測定行拋物線者二十有四。於一千六百八十二年考知某彗星與一千六百零七年及一千五百三十一年所見之彗星情形皆合，確知其爲一彗星而循行於橢圜軌道者無疑，其周時約七十六年左右，並預推該彗再見時日當在一千七百五十八年之終、或一千七百五十九年之始。及一千七百五十八年十二月間，果得見之。次年三月十二號，爲過卑點之時。因好里發明，故名曰好里彗。本年三月十二日午時爲該彗過卑點之期，余恐愚民之驚心，故於三年前曾登諸《申報》預先布告之，以解世人之疑惑焉。四月十一日晨，爲該彗合日之時，其彗尾從地球旁掃過，亦無甚大礙。故彗星之體，形似雲霧，首明若星，尾長有光。以其形近於彗，故名曰彗星。其明處爲核，核之質甚稠密，外籠以氣，蓬鬆若髮，故西人昔名爲散髮星。其質微渺折垂向下而成尾，尾向恒與太陽相背。平時所見者，體皆大而光明。更有無數小彗，須以遠鏡始得見之。其首明，皆向太陽。當彗初見也，若星氣而微暗；嗣後日漸光明；及距太陽相近時，其尾亦光耀可見。若本年之好里彗星，德國海得堡學士泛克華夫於前年已經查測此彗，直至去年七月二十七日始測得該彗。但其光線甚微，如十六等恒星位置，與預算者相符。又有倫敦學士施馬脱推其過卑點時日，及其距太陽爲五千六百萬英里，其速率每秒時行三十三英里又四分之三，其距地最近時爲一千四百萬英里。而金星最近距地爲二千五百萬英里，情女星最近距地爲一千三百萬英里。然彗星設當過交點時而遇地球，必有大危險，須視彗星與地球之體質爲衡，或兩體之質積、大小，發攝力之強弱、電力之正負。若彗小而地大，其衝突惟地面受擊處有災，不致大害。若彗大而地小，地球必裂爲無數小行星。或因電力正負兩體能驅開，不致相衝，惟改變兩體軌道，而地面安穩如故。或地面因彗過受其力而有大潮汎。彗尾之形質，每逢過卑點發出。余疑爲包彗體之氣質受太陽之電力而發出其尾，故彗過卑點一次，其尾爲太陽吸去若干，爲地球吸去若干，入於地氣，吾人見爲流星、隕星。故凡彗星每過卑點一次，必見有流星，而其尾質亦損，周時軌道均減短。久之，其尾減盡，若行星然。軌道長橢圜變爲短橢圜，成爲吾太陽屬之行星。或彗星行近太陽，被其吸入落於太陽體中，助太陽之發熱以射吾地，不致失太陽之功用。或別恒星屬彗星直行經過吾太陽屬，受太陽之牽制，改其向而去，亦可受吾太陽牽制，成爲吾太陽屬之彗星，永遠繞吾太陽。或被行星攝其尾質成爲月，若木星之第五月。因彗星經過，攝得其尾質，以成木星之月。按太初時天空之各質點散布若星氣，由吸力凝結成爲太陽，而發白熱及太陽屬之行星及行星之月。既而外界之質漸凉漸散，經若干年，此攝引力引質點合繞一心或繞多數中心，而成各世界。然星氣本似雲星，及至成球，則中爲一核，外包蒙氣。而彗星亦若星氣團聚而未堅凝者，故彗星有有核者，又有無核者。而繞太陽時，其包彗核之氣質外發以成其尾，有時其尾質遺落於軌道間，經入地氣以成流星。故凡彗星過後，必有流星於天空飛過。故據此理推之，彗星與地球雖有衝突，無甚大礙也。法國學士力佛理亞云在西曆一百二十六年，但白勒彗原爲一長周時之彗星，因是年行近天王星，受其牽制，變爲一太陽屬之彗星，其尾質成爲流星羣。故西曆一千八百六十六年之但白勒彗根數，與西十一月獅座流星羣合。西曆一千八百六十二年之透脱而彗根數，與西八月英仙座之流星羣合。故彗星、流星俱有定期發見，天學家能預算之。雖千萬年後，亦能預推，豈有異乎？故作《古今彗星攷》，以備天學家考證也。宣統二年，歲次庚戌，夏四月，吳縣葉青自序。

藝　文

明·周述學《神道大編曆宗通議》《神道大編曆宗通議》題辭

天文之學，傳鮮其人。雖王制欲秘其術，實天意欲秘其幾也。然其統不容以泯滅，故必數百年而興賢，昭議以續其緒。世歷千古，學更群賢，故觀象有步，

占曆有法，可謂詳且密矣。惟論曆理，雖代有其議，南北之訟曆者，是非混淆，兩宋之論曆者，文辭繁蕪，惟《大衍》、《授時》二議爲詳，讀者不能無憾焉。述學與荊川唐公論曆之餘，迺取歷代史志之議，正其訛舛，删其繁蕪，凡諸儒之論曆者入之。是中國之曆議雖備，然於西域之曆猶未能通也，乃撰《皇明大統萬年二曆通議》，而華夷之曆理咸爲之貫通矣。又以天度與地理推其遠近相準之數，撰爲《度里通議》。更採宗元《儀象法式》并議以附之，合凡一十八卷，題曰《曆宗通議》，以成論曆之全書云。

明・劉侗《帝京景物略》卷五 譚元春《過利西泰墓》

來從絶域老長安，分得城西土一棺。斫地呼天心自苦，挾山超海事非難。私將禮樂攻人短，別有聰明用物殘。行盡松楸中國大，不教奇骨任荒寒。

明・祝世禄《環碧齋詩》卷三《贈利瑪竇》 十年一葦地天長，百國來從西海洋。應是吾君文告遠，梯航無處不來王。

于腮黄卷深瞳碧，鐘巧自鳴分百刻。宣尼牟尼了不聞，晝夜一心天咫尺。

一齋一榻入無窮，別學偏於象緯工。道在何之非我土，老聃西去達磨東。

華言華服欲華顛，漢制都從九譯傳。一自變夷歸聖軌，至今分給大官錢。

明・鄭以偉《靈山藏》卷四《挽利瑪竇》 天涯此日淚沾衣，紅雨紛紛春色微。海賈傳書存實義，主恩賜葬近郊畿。從來到處堪觀化，何必西方有履歸。侍子四門夷樂在，遼東鶴去已人非。瑪竇著《天主實義書》。又坳，賜葬地。

清・聶先《百名家詞鈔》 滿江紅再疊前韻《送游子六歸閩》。子六精於天學，著有《天經或問》。

亂後生逢，怪彼此、蒼顔誰識。若論起文章聲氣，何曾南北？把臂重詮纏度尺，軒衣笑乏登天屐。奈西湖、挽不住扁舟歸鄉客。圖書數，因何坼？朱陸辯，空成敵。在此心此理，迥超形迹。那管沙門爭棒喝，憑他羽士談黄白。念胸中、各有一璣衡，存平昔。

清・遊藝《天經或問後集・贈言》 樹幟詞壇早有聲，沉酣六籍冠時英。書編甲乙羅中秘，朋合東南重友生。學究河圖今邵子，識參乾象古容成。名山絶業誰肩荷，專藉先生作主盟。張宣猷

廣平賢胤毓天湖，丰度雍容繼定夫。學博三才宗太乙，象精五緯發陰符。結茆雲谷同高隱，樂志芹溪式大儒。待聘翻然明出處，漫將偉略佐弘圖。傅元桐

疎柳垂垂賦遂初，知君蚤已謝蒲車。花源深處皆秦後，古道衰時此漢餘。坐對天官安野署，閒從圖史代春犂。東山未許人堅卧，會有英流問草廬。張雲鴞

叠叠徵書誠凝切，君何偃偃出山遲。南陽已有分廬日，渭水亦忘捉釣時。秀毓經綸當展也，光韜德義宜舒之。蒼生欲享熙皡世，賴爾先生出佐奇。鄭鴻圖

逸興悠悠釣月明，淡寧瀟灑足生手。閒中抱膝談天地，静裏焚香話性情。泌水溪邊常嗽石，蘆花灘上已抽名。風光任爾三春景，獨我翩翩一羽輕。張鼎玉

潔身投刺到階庭，一見澄然諸慮清。萬里輶車聞秘出，千年石室喜開行。雕蟲自媿爲無用，吐鳳世知久有名。鋤底白雲竿際月，持來何以報先生。曾光

無極淵源久著篇，疎籬淺淡結茆椽。瀛洲正字斑分火，雪夜程門倚並肩。栢矢簾櫳抒愛日，銅渾柱下浩譚天。經參或問敦棃棗，檄捧廬江綵膝前。熊志學

圖法龍馬兆當年，擬始成終總聖賢。紗合乾坤根太極，機含萬象出先天。吉凶有定歸爻上，消息無憑在畫前。不是一心明造化，如何今日得真傳。雷龍

即今海内論風雅，炙轂談天爾最雄。曲奏幔亭明月裏，詞吹柳岸曉風中。青原雪滿應堪侍，黄石書成媿未通。儻遇西江陸子静，問天窮際若飛鴻。余佺

優游數載一閒身，却喜丘園東帛陳。高卧名山傳著作，欣逢盛世策天人。小春花暖天恩至，韋布學深陛見頻。恬退因時窺造化，南陽廬上鏡如神。葉益挺

蕉源雲谷犄九峯，龍湖山迴伏五龍。滄洲考亭卜築遠，高梧葉下産羣公。子六之生欻幼孤，慘澹賢母經營中。雪風霜月夜冰裂，凍皴十指昏雙瞳。或言課兒專制舉，謂兒力學貴名通。子六于時固奇慧，讀書徹理思精融。恭承母訓友名宿，賢豪長者多過從。談天實學闡河洛，星肝披露月脅衝。易玄律曆若圖數，君之緒餘侔化工。諸餘經術詩騷屬，神奇臭腐驚凡庸。問奇來者數千里，填門纁組如秋蓬。龍影狗鼠皆却走，賢王卑禮虚旌弓。擁書百城神智發，將母而外淡心胸。母年八袠生事畢，呼號擗踴淚横縱。監司郡邑迫交薦，籲天歸葬悲隆冬。孝哉子六致忠孝，嗚乎賢母罔餘恫。母有諸孫熊其伯，熙燕及照率聖童。童烏預玄四壁樹，鷹山遺澤無終窮。唐堯辰

清・梅文鼎《績學堂詩文鈔》卷一《復沈超遠書》 舟中一別，彼此依依。豫翁至，得讀手教殷殷垂注。又承于拙著方程，潛心紬繹，有所論撰，能核諸書之誤，此學爲不孤矣。某此書既成之後，能寓目者不過數人，然未有發其藴者，兹何幸而得此于知已耶！此書尚有凡例數條，乃係續刻，或不妨于豫菴借鈔之。緣板尚在閩，不能有以復贈耳。向承作《九問》，擬將其中最要者，如矩算之製及尺算用法，一一疏明，以答尊意。別來兩年，鹿鹿未有以報，疎嬾成性，可勝歉

仄。然兩年中亦未嘗敢廢書卷，而所亟欲自明者，尚有弧三角精微之理。往往積思所通，有數十年之疑，無復書卷可証，亦無友朋可問，而忽觸他端，涣然冰釋，亦且連類旁通。或乘夜秉燭，亟起書之。或一夕枕上之所得，而累數日書之不盡，引伸不已，遂更時日觀方程，論可見矣。方程書似稍繁，然細求之，則每設一例，皆有一義，初無重複，具眼者自知之。某于此學欠，願以其一得與天下人共知之，庶不致古人精意爲俗傳所掩。安得同志如足下者，數輩相聚一室，共暢斯懷耶！老病相尋，戀戀于幾卷殘書，不能復爲遠遊。惟是聖湖煙景，那繫夢思，倘稍稍強健，尚能復來，亦未可知。所居僻陋，亦時有佳客儼臨，但媿山中無以娱賓。或邀玉趾翩然我來，則生平之幸矣，然不敢請也。某向有欲見數人，以不能鼓勇溯洄，而俄分今古。如蒙不棄，或亦及其未死圖之乎？幅短心長，可勝神往。

清・張伯行《正誼堂文集》卷六《與毛心易》 昨舟過毘陵，匆匆而別，未獲盡叩其藴，用是悵然。竊意近世學者，皆爲舉業計耳。足下謝絶舉業，一心聖賢之學，誠近今所難得。舟中讀延陵書院會語，亦多中道之言。獨是揭格物爲宗旨，予不能無疑。夫格物者，窮理之謂也。朱子論爲學工夫，曰主敬以立其本，窮理以致其知，反躬以踐其實，此三者乃爲學之切要工夫。今以格物爲宗旨，予意若不主敬以立其本，是無本之學，而學爲雜學矣。若不反躬以踐其實，是無用之體，而體爲虚體矣。聖賢之學，由本以及末，明體以達用，内聖外王備於一身，用行舍藏運於一心，而謂一格物，遂足盡聖賢之工夫乎？而謂一格物，遂足滿聖賢之分量乎？程子曰：涵養須用敬，進學則在致知。是格物之前，尚有主敬之功。又曰：學之道必先明諸心之所往，然後力行以求至。薛文清公曰：讀書不體貼向自己身心上做工夫，雖讀盡古今天下之書，亦無益也。是格物之後，又有實踐之功。安得以一格物盡之哉？主敬以立其本，窮理以致其知，反躬以踐其實，聖人復起，不易其言。别立宗旨，奚爲也？

清・阮元《淮海英靈集》甲集卷三《揭子宣過訪》 奇人曰揭暄，健翮恥飛翻。斫地劍三尺，寫天書萬言。著有《寫天新語》。好風吹草屩，細雨到柴門。高論知何極，相傾只酒尊。

清・王昶《春融堂集》卷二四《休寧金殿撰輔之》 霓裳第一望如仙，經學偏能解鄭箋。歸臥天都三十載，戴震江永微義更誰傳。輔之著《禮箋》十二卷，并傳江慎修、戴東原之學。

清・江蕙《心香閣二十四氣中星圖攷》《中星圖》題辭 枏也從我游，文章慕燕許。示我《中星圖》，云出自嘉侣。旦尾暨昬參，歷歷可指數。推步及閨門，古來誰與伍。我欲傳疇人，於今增列女。歸安東川種桑叟姚觀元彦侍。

次蘭淑媛幼時「大地外有無大地」之論，及句讀《論語》「善人爲邦」章，使人聞之豁然，事載余《筆談》中。今按此圖，星之大小隱顯與向背方位，不本之諸家之圖，而本之元象。蓋信耳不如信目，亦猶讀書，但求理會正文，不肯誤於箋注。其聰明過人，遠矣其壻。松存世講爲之徵題，侃又與其先人有道誼之素，拈毫濡墨，能無感慨係之。

角根羅縷陬維同，百二十刻須臾中，神官之言不足聽。乃有奇女子者，口講指畫開鴻濛。我觀六籍載星象，恒與政治相感通。箕舌斗柄見周敝，天策、鶉火知號窮。辰則主商參主晉，各占分野光熊熊。於是二十四氣辨月令，玉衡所指成春冬。龍見有雩祭，火見來清風。駟見則霜落，營室興土功。《月令》雖出不韋手，遠用《夏正》便耕農。刻分銖黍可推攷，星度一一皆折衷。大家幼年承父授，撲螢小扇包蒼穹。瑣窗畫筆翻新樣，咸詫列宿羅心胸。按圖索驥如可得，應起中興諸元戎。況兹天子初即位，珠聯璧合正臨廱。泰階風雨各應候，欃、槍、熒惑難爲雄。但問歲星久不見，今日誰是東方翁。温江栖清山人王侃遲士。

慧性珠明雙眼青，傳家采筆妙通靈。前生織就天孫錦，不譜雲章譜列星。紅杏新詞宋子京，謫仙才調配傾城。他年椽燭脩書去，一卷天官待續成。榮昌敖册賢典皆。

分明崔實農家諺，雅勝春秋孔演圖。寫出纍纍連貝樣，最難巾幗有通儒。占驗星辰數不差，好憑躔度紀年華。保章氏與尚書考，從此名傳道韞家。締交回首憶而翁，泥爪分飛似雪鴻。羡煞交通家學好，簪花格調女郎工。小宋聲名重玉臺，筆花燦爛鏡奩開。考求歷代天文志，只恐閨房有辯才。江州郄之杰俊夫。

大造不言造，化工不言工。默示作息機，微妙在星中。分氣二十四，斡旋運不窮。何爲視昬旦，多作茫昧容。牽牛與河鼓，談者猶雕龍。安得摩天手，指畫到圓穹。奇哉女學士，列宿羅心胸。幼承過庭訓，玩象得所宗。螺紋示諸掌，按索無不通。因之圖太極，昭昭非濛濛。分可半面窺，合可全體攻。周天三百六，悉數詎難終。星辰曷云遠，千載將毋同。庶幾仰觀得，執以問長空。閨閣擅能

事，疑是大家逢。子京遇嘉耦，唱和當服從。他日貢玉堂，還佐修書功。拭目吾其竢，會見芳名隆。歸安鄭毓璜龍超。

縩毫點綴五雲巔，獨讓西川女謫仙。胸曲深蟠星宿海，眼光明徹月輪天。管中窺測嗤餘子，機上縱橫織大千。碧落茫茫搔首望，憑圖贏得一潸然。李希鄴仙根。

銀潢仙子小游仙，謫落人間不記年。袖得明珠三百顆，一時湧現縩毫巔。一幅鸞箋對鏡臺，璇璣圖共筆花開。儻教天上評花史，不數題紅詠絮才。璧合珠聯一樣清，如椽彩筆豔天庭。他年跨鳳偕昇去，知是圖中第幾星。長壽李光益集甫。

一紙分明列象圖，閨中能事古今無。人間風景都嫌俗，閒寫雙丸度白榆。莫怪手翻星宿海，原來生是謫仙人。前生家住銀河岸，記得諸天有舊鄰。小宋才名重玉臺，舍人詩句鳳池推。明年好借江淹筆，袖向天門畫日回。南川徐大昌小蕃。

廿四中星遞滅明，次躔如髮點來清。深閨別有真名士，林下高風近洛閩。名牋一幅太虛寬，眉列星辰當畫看。想見小樓風露冷，五銖衣薄坐窗寒。浙江陸惠疇蕭石。

按序推循定不踰，白榆歷歷驗璿樞。胸羅有宿分明記，紙拂如雲子細摹。天示中興垂治象，氛銷惡祲進新圖。昨秋璧合珠聯夜，辛酉八月朔，日月合璧，五星連珠。爲問閨中繪得無。湖南曾鶚竹坡。

不櫛才堪進士如，斗星錯落費分疏。補將歷代天文志，奚啻名高續《漢書》。圖繪星兮星在圖，中星到此不模糊。從知氣候無差錯，織錦璇璣曷讓蘇。永川張述祖啓堂。

黄姑織女隔通津，何似人間共好春。松島蘭岩齊鶴偶，詩舲畫舫與鷗馴。江花彩筆流今燦，宋艷才華並古新。餘事更探推步學，亦教閨閣有疇人。桐城光灼子芬。

巧窺測，共羨翻新彩筆。探珠斗，聰悟獨深，列宿羅胸屬巾幗。談天自一格，瑶册咸欽妙墨。憑君看，昏旦白榆，氣候春冬按圖得。璇璣錦工織，儼具有神媧，參化風力，香幃亦裕羲和職。想亘古推步，襲訛承謬，迷離躔度次舍失，倩名媛疏釋。思昔驗星歷，彼析木論輿、鶉火非吉，元枵歲過徵殊識。但事本專業，詎精蘭質。閨中英秀，六物學聞甚籍。右調蘭陵王。江州孫芳增翼之。

絶勝東川佳處，著箇談天淑女。胸羅列宿，星躔目覩，商榷更煩仙侶。婷婷細數，剛好似天孫河鼓。一例繡餘圖譜，斯事獨堪千古。詠絮詩才何足慕？參四序，步天無誤。管窺似我也，俯首慧心毫素。右調剔銀燈。苕溪洗蕉老人戴青綺女史。

尺幅分安列宿清，描摹廿四氣昭明。深閨幾見談天女，纖手揮毫萬象呈。高郵史静嫻蕙仙女史。

清・陸世儀《桴亭先生詩文集・詩集》卷八 龔武仕士燕

古今兩絶學，六律與七政。諸儒矜浩博，至此皆倀倀。武仕方弱冠，心手已如鏡。在宋蔡西山，在元郭守敬。

引用書目

時代	著者	書名	版本
		易經	中華書局一九八〇年影印清阮元校刻十三經注疏本
		尚書	中華書局一九八〇年影印清阮元校刻十三經注疏本
		詩經	中華書局一九八〇年影印清阮元校刻十三經注疏本
		禮記	中華書局一九八〇年影印清阮元校刻十三經注疏本
		周禮	中華書局一九八〇年影印清阮元校刻十三經注疏本
		孟子	中華書局一九八〇年影印清阮元校刻十三經注疏本
		春秋左氏傳	中華書局一九八〇年影印清阮元校刻十三經注疏本
		春秋公羊傳	中華書局一九八〇年影印清阮元校刻十三經注疏本
		春秋穀梁傳	中華書局一九八〇年影印清阮元校刻十三經注疏本
		爾雅	中華書局一九八〇年影印清阮元校刻十三經注疏本
	佚名	山海經	清文淵閣四庫全書本
周	舊題呂望	六韜	清平津館叢書本
春秋	舊題關尹喜	關尹子	清文淵閣四庫全書本
春秋	舊題管仲	管子	中華書局新編諸子集成本
春秋	舊題晏嬰	晏子春秋	中華書局新編諸子集成本
春秋	老聃	老子	四部叢刊影宋本
春秋	左丘明	國語	上海古籍出版社一九七八年本
戰國	韓非	韓非子	中華書局二〇〇六年第二版諸子集成本
戰國	列禦寇	列子	中華書局新編諸子集成本
戰國	呂不韋	呂氏春秋	中華書局新編諸子集成本
戰國	尸佼	尸子	續修四庫全書影印清嘉慶十七年刻尸子尹文子合刻本
戰國	辛鈃	計然萬物録	叢書集成初編本
戰國	辛鈃	文子	明子彙本
戰國	荀況	荀子	中華書局二〇〇六年諸子集成本

戰國	莊周	莊子	中華書局新編諸子集成本
漢	班固	白虎通	中華書局一九八五年影印清乾隆校刻本
漢	班固	漢書	中華書局一九六二年點校本
漢	蔡邕	獨斷	清文淵閣四庫全書本
漢	戴德	大戴禮記	清文淵閣四庫全書本
漢	東方朔	海内十洲記	清文淵閣四庫全書本
漢	董仲舒	春秋繁露	中華書局新編諸子集成本
漢	伏勝	尚書大傳	清文淵閣四庫全書本
漢	韓嬰	韓詩外傳	清文淵閣四庫全書本
漢	許慎	説文解字	中華書局一九六三年影印清陈昌治刻本
漢	桓寬	鹽鐵論	中華書局一九九二年新編諸子集成本
漢	黄憲	天文	古今圖書集成輯本
漢	賈誼	新書	清文淵閣四庫全書本
漢	京房	京氏易傳	清文淵閣四庫全書本
漢	舊題甘公、石申	通占大象曆星經	中國科學技術典籍通彙影印漢魏叢書本
漢	舊題華佗	中藏經	續修四庫全書影印宛委別藏清鈔本
漢	劉安	淮南子	中華書局新編諸子集成本
漢	劉熙	釋名	清經訓堂叢書畢沅疏證本
漢	劉向	説苑	清文淵閣四庫全書本
漢	劉向	新序	四部叢刊影明翻宋本
漢	劉向輯	戰國策	上海古籍出版社一九九八年本
漢	劉珍	東觀漢記	清武英殿聚珍版叢書本
漢	司馬遷	史記	中華書局一九五九年點校本
漢	王充	論衡	中華書局新編諸子集成本
漢	王符	潛夫論	清文淵閣四庫全書本
漢	徐幹	中論	四部叢刊影明嘉靖本
漢	徐岳	數術記遺	清文淵閣四庫全書本
漢	荀悦	前漢紀	四部叢刊影印明嘉靖本
漢	揚雄	太玄經	四部叢刊影明翻宋本
漢	揚雄	法言	中華書局新編諸子集成本

漢	佚名	三輔黃圖	叢書集成新編影平津館叢書本
漢	佚名	周髀算經	南宋鮑澣之翻刻本
漢	佚名	黃帝內經素問	清文淵閣四庫全書本
漢	佚名	孔子家語	清文淵閣四庫全書本
漢	佚名	春秋合誠圖	上海古籍出版社一九九四年緯書集成輯本
漢	佚名	春秋命曆序	上海古籍出版社一九九四年緯書集成輯本
漢	佚名	春秋內事	上海古籍出版社一九九四年緯書集成輯本
漢	佚名	春秋説題辭	上海古籍出版社一九九四年緯書集成輯本
漢	佚名	春秋元命苞	上海古籍出版社一九九四年緯書集成輯本
漢	佚名	河圖括地象	上海古籍出版社一九九四年緯書集成輯本
漢	佚名	洛書靈準聽	上海古籍出版社一九九四年緯書集成輯本
漢	佚名	洛書甄耀度	上海古籍出版社一九九四年緯書集成輯本
漢	佚名	尚書琁璣鈐	上海古籍出版社一九九四年緯書集成輯本
漢	佚名	孝經鉤命訣	上海古籍出版社一九九四年緯書集成輯本
漢	佚名	孝經中契	上海古籍出版社一九九四年緯書集成輯本
漢	佚名	孝經左契	上海古籍出版社一九九四年緯書集成輯本
漢	佚名	易緯稽覽圖	上海古籍出版社一九九四年緯書集成輯本
漢	佚名	易緯乾鑿度	上海古籍出版社一九九四年緯書集成輯本
漢	應劭	漢官儀	清嘉慶孫氏刻平津館叢書漢官六種刻本
漢	應劭	風俗通義	清文淵閣四庫全書本
漢	袁康	越絶書	清文淵閣四庫全書本
三國·魏	何晏	論語集解	叢書集成新編排印知不足齋叢書本
三國·魏	劉劭	皇覽	清嘉慶十三年瀋陽孫氏刻逸子書本
三國·魏	題管輅	管氏指蒙	續修四庫全書影印浙江省圖書館藏明刻本
三國·魏	張揖	廣雅	清王念孫廣雅疏證嘉慶元年刻本
三國·吳	竺律炎、支謙	摩登伽經	大正新修大藏經本
晉	常璩	華陽國志	四部叢刊影明鈔本
晉	陳壽	三國志	中華書局一九五九年點校本
晉	崔豹	古今注	清文淵閣四庫全書本
晉	杜預	春秋釋例	清武英殿聚珍版叢書本

晉	法炬	樓炭經	中華大藏經本
晉	佛陀耶舍	長阿含經	中華大藏經本
晉	佛馱跋陀羅	大方廣佛華嚴經	中華大藏經本
晉	伏琛	三齊畧記	説郛輯本
晉	干寶	搜神記	叢書集成新編本
晉	葛洪	枕中書	叢書集成新編本
晉	葛洪	抱朴子	中華書局新編諸子集成本
晉	郭璞	葬書	清文淵閣四庫全書本
晉	皇甫謐	鍼灸甲乙經	清文淵閣四庫全書本
晉	皇甫謐	帝王世紀	續修四庫全書影印上海圖書館藏清光緒貴築楊氏刻訓纂堂叢書本
晉	鳩摩羅什	大智度論	中華大藏經本
晉	瞿曇僧伽提婆	增壹阿含經	中華大藏經本
晉	陶潛	陶淵明集	宋刻遞修本
晉	王嘉	拾遺記	清文淵閣四庫全書本
晉	楊泉	物理論	清平津館叢書本
晉	張華	博物志	清文淵閣四庫全書本
南朝·宋	范曄	後漢書	中華書局一九七三年點校本
南朝·宋	劉義慶	世説新語	上海古籍出版社二〇〇二年朱鑄禹彙校集注本
南朝·梁	何遜	何水部集	清文淵閣四庫全書本
南朝·梁	任昉	述異記	清文淵閣四庫全書本
南朝·梁	沈约	宋書	中華書局一九七四年點校本
南朝·梁	陶弘景	真誥	清文淵閣四庫全書本
南朝·梁	蕭統	文選	清文淵閣四庫全書本
南朝·梁	蕭繹	金樓子	清文淵閣四庫全書本
南朝·梁	蕭子顯	南齊書	中華書局一九七二年點校本
南朝·陳	真諦	阿毘達磨俱舍釋論	中華大藏經本
北魏	崔鴻	十六國春秋	明萬曆刻本
北魏	關朗	關氏易傳	叢書集成初編本
北魏	酈道元	水經注	明萬曆四十三年李長庚刻本
北魏	菩提流支	提婆菩薩釋楞伽經中外道小乘涅槃論	中華大藏經本

北齊	劉晝	劉子	清文淵閣四庫全書本
北齊	魏收	魏書	中華書局一九七四年點校本
北周	衛元嵩	元包經傳	清文淵閣四庫全書本
北周	庾季才	靈臺秘苑	清文淵閣四庫全書本
北周	庾信	庾子山集	中華書局一九八〇年中國古典文學基本叢書本
南北朝	佚名	孫子算經	清文淵閣四庫全書本
隋	達摩笈多	起世因本經	中華大藏經本
隋	杜公瞻	編珠	清文淵閣四庫全書本
隋	李播	天文大象賦	清咸豐六年江陰六嚴刊本
隋	蕭吉	五行大義	續修四庫全書影印宛委別藏日本刻佚存叢書本
唐	白居易	白氏長慶集	文學古籍刊行社一九五五年影印宋本
唐	般剌蜜帝	大佛頂如來密因修證了義諸菩薩萬行首楞嚴經	中華大藏經本
唐	鮑溶	鮑溶詩集	清文淵閣四庫全書本
唐	不空	宿曜經	大正新修大藏經本
唐	岑參	岑嘉州集	上海古籍出版社一九八一年岑嘉州集校注本
唐	陳子昂	陳伯玉文集	中華書局一九六〇年點校本
唐	杜甫	杜工部集	中華書局一九五一年印清錢謙益箋注本
唐	杜佑	通典	上海商務印書館一九三五年十通本
唐	段成式	酉陽雜俎	清文淵閣四庫全書本
唐	房玄齡等	晉書	中華書局一九七四年點校本
唐	馮贄	雲仙雜記	清文淵閣四庫全書本
唐	高適	高常侍集	上海古籍出版社一九八四年高適集校注本
唐	韓愈	韓昌黎集	古典文學出版社一九五七年韓昌黎文集校注本
唐	韓愈	昌黎先生文集	續修四庫全書影印中國國家圖書館藏宋刻本
唐	皇甫湜	皇甫持正集	清文淵閣四庫全書本
唐	黃子發	相雨書	叢書集成新編本
唐	駱賓王	駱賓王文集	中華書局一九六一年印清陳熙晉撰駱臨海集箋注本
唐	金俱吒	七曜攘災訣	中華大藏經本
唐	李白	李太白集	中華書局一九七七年印清王琦注李太白全集本
唐	李百藥	北齊書	中華書局一九七二年點校本

唐	李淳風	乙巳占	影印清光緒三年十萬卷樓叢書本
唐	李鳳	天文要録	影印日本昭和七年鈔本
唐	李筌	黄帝陰符經疏	清嘉慶宛委别藏本
唐	李筌	太白陰經	清文淵閣四庫全書本
唐	李延壽	北史	中華書局一九七四年點校本
唐	李延壽	南史	中華書局一九七五年點校本
唐	林寶	元和姓纂	清文淵閣四庫全書本
唐	令狐德棻等	周書	中華書局一九七一年點校本
唐	劉禹錫	劉夢得文集	四部叢刊影印民國二年董康影印南宋刻本
唐	劉知幾	史通	明萬曆刻本
唐	柳宗元	柳河東集	中華書局一九六〇年排印點校本
唐	盧仝	玉川子詩集	續修四庫全書影印清刻晴川八識本
唐	陸德明	經典釋文	清抱經堂叢書本
唐	陸龜蒙	甫里集	清文淵閣四庫全書本
唐	吕温	吕衡州文集	清粤雅堂叢書本
唐	歐陽詢	藝文類聚	清文淵閣四庫全書本
唐	瞿曇悉達	開元占經	清文淵閣四庫全書本
唐	薩守真	天地瑞祥志	中國科學技術典籍通彙影印日本昭和三年鈔本
唐	釋道世	法苑珠林	四部叢刊影明萬曆本、中華大藏經本
唐	釋道宣	廣弘明集	清文淵閣四庫全書本
唐	王勃	王子安集	四部叢刊影明崇禎張燮刻本
唐	王涇	大唐郊祀録	續修四庫全書影印上海古籍出版社藏民國四年張氏刻適園叢书本
唐	王溥	唐會要	清文淵閣四庫全書本
唐	王松年	仙苑編珠	續修四庫全書影印民國上海涵芬樓影印道藏本
唐	王維	王右丞集	中華書局一九六一年印清趙殿誠王右丞集箋注本
唐	王希明	步天歌	清康熙鈔本
唐	韋莊	浣花集	人民文學出版社一九五八年韋莊集本
唐	魏徵等	隋書	中華書局一九七三年點校本
唐	吴筠	玄綱論	明正統道藏本
唐	玄奘	阿毘達磨大毘婆沙論	中華大藏經本

唐　玄奘　大菩薩藏經　中華大藏經本
唐　楊炯　楊盈川集　中華書局一九八〇年盧照鄰集・楊炯集點校本
唐　姚思廉　梁書　中華書局一九七三年點校本
唐　佚名　無能子　明子彙本
唐　佚名　星占　中國科學技術典籍通彙影印敦煌莫高窟藏唐鈔本
唐　虞世南　北堂書鈔　續修四庫全書影印清光緒十四年孔氏三十三萬卷堂刻本
唐　張彦遠　歷代名畫記　清文淵閣四庫全書本
唐　張志和　玄真子　清文淵閣四庫全書本
五代　杜光庭　録異記　叢書集成新編本
五代　杜光庭　廣成集　清文淵閣四庫全書本
五代　何溥　靈城精義　清文淵閣四庫全書本
五代　李瀚　蒙求集注　清文淵閣四庫全書本
五代　刘昫等　舊唐書　中華書局一九七五年點校本
五代　彭曉　周易參同契通真義　清文淵閣四庫全書本
五代　譚峭　化書　清文淵閣四庫全書本
五代　王定保　唐摭言　上海古籍出版社一九七八年本
五代　徐鍇　説文解字篆韻譜　叢書集成新編影印小學彙函本
宋　白玉蟾　武夷集　續修四庫全書影印民國上海涵芬樓影印道藏本
宋　鮑雲龍　天原發微　清文淵閣四庫全書本
宋　畢仲游　西臺集　清文淵閣四庫全書本
宋　曾公亮　武經總要　清文淵閣四庫全書本
宋　晁補之　鷄肋集　四部叢刊影明本
宋　晁公武　郡齋讀書志　清文淵閣四庫全書本
宋　晁説之　景迂生集　清文淵閣四庫全書本
宋　晁説之　嵩山文集　四部叢刊續編影舊鈔本
宋　陳大猷　書集傳或問　清文淵閣四庫全書本
宋　陳騤　南宋館閣録　清文淵閣四庫全書本
宋　陳普　石堂先生遺集　續修四庫全書影印明萬曆三年薛孔洵刻本
宋　陳耆卿　（嘉定）赤城志　清文淵閣四庫全書本
宋　陳思　兩宋名賢小集　清文淵閣四庫全書本

宋	陳顯微	周易參同契解	清文淵閣四庫全書本
宋	陳與義	簡齋集	清文淵閣四庫全書本
宋	陳元靚	歲時廣記	清文淵閣四庫全書本
宋	陳藻	樂軒集	清文淵閣四庫全書本
宋	程頤	伊川易傳	清文淵閣四庫全書本
宋	丁謂	丁晉公談録	續修四庫全書影印民國十六年陶氏影印宋咸淳刻百川學海本
宋	杜大珪	名臣碑傳琬琰集	宋刻元明遞修本
宋	杜範	清獻集	清鈔本
宋	范成大	石湖詩集	清文淵閣四庫全書本
宋	范成大	吴船録	清文淵閣四庫全書本
宋	范祖禹	范太史集	清文淵閣四庫全書本
宋	費樞	廉吏傳	清文淵閣四庫全書本
宋	高似孫	緯略	清守山閣叢書本
宋	顧頤仲	銅壺漏箭制度	續修四庫全書影印道光三年黄氏士禮居鈔本
宋	郭茂倩	樂府詩集	中華書局一九七九年中國古典文學基本叢書本
宋	郭若虚	圖畫見聞志	明津逮秘書本
宋	洪邁	容齋隨筆	清文淵閣四庫全書本
宋	胡宿	文恭集	清武英殿聚珍版叢書本
宋	胡寅	斐然集	清文淵閣四庫全書本
宋	胡瑗	周易口義	清文淵閣四庫全書本
宋	許洞	虎鈐經	清文淵閣四庫全書本
宋	黄朝英	靖康緗素雜記	清守山閣叢書本
宋	黄公度	知稼翁集	清文淵閣四庫全書本
宋	黄休復	茅亭客話	清文淵閣四庫全書本
宋	黄震	黄氏日鈔	元後至元刻本
宋	計有功	唐詩紀事	上海古籍出版社二〇〇八年點校版
宋	賈嵩	華陽陶隱居內傳	續修四庫全書影印民國上海涵芬樓影印道藏本
宋	江少虞	皇朝類苑	日本元和七年活字印本
宋	康與之	昨夢録	明廣百川學海本
宋	黎靖德	朱子語類	明成化九年陳煒刻本

宋　李昉等　太平廣記　民國影明嘉靖談愷刻本
宋　李昉等　太平御覽　中華書局一九六〇年影印一九三五年商務印書館影印宋本
宋　李昉等　文苑英華　中華書局一九六六年影印宋本配明隆慶本
宋　李覆言　續幽怪録　叢書集成新編本
宋　李籍　周髀算經音義　續修四庫全書影印上海圖書館藏宋刻本
宋　李季　乾象通鑑　續修四庫全書影印中國國家圖書館藏明鈔本
宋　李明復　春秋集義　清文淵閣四庫全書本
宋　李如篪　東園叢説　清文淵閣四庫全書本
宋　李石　方舟集　清文淵閣四庫全書本
宋　李石　續博物志　清文淵閣四庫全書本
宋　李心傳　建炎以來繫年要録　清文淵閣四庫全書本
宋　廖瑩中　全唐詩話　明津逮秘書本
宋　林希逸　竹溪鬳齋十一藁續集　清文淵閣四庫全書本
宋　林之奇　拙齋文集　清文淵閣四庫全書本
宋　劉攽　彭城集　清武英殿聚珍版叢書本
宋　劉克莊　後村集　清文淵閣四庫全書本
宋　龍袞　江南野史　民國豫章叢書本
宋　陸遊　劍南詩稿　清文淵閣四庫全書本
宋　羅泌　路史　清文淵閣四庫全書本
宋　吕祖謙　東萊集　民國續金華叢書本
宋　馬令　南唐書　清嘉慶墨海金壺本
宋　梅堯臣　宛陵集　四部叢刊影明萬曆梅氏祠堂本
宋　米芾　畫史　清文淵閣四庫全書本
宋　歐陽修　歸田録　清文淵閣四庫全書本
宋　歐陽修　歐陽修全集　中華書局二〇〇一年中國古典文學基本叢書本
宋　歐陽修　新五代史　中華書局一九七四年點校本
宋　歐陽修等　新唐書　中華書局一九七五年點校本
宋　秦九韶　數學九章　清文淵閣四庫全書本
宋　邵博　聞見後録　清文淵閣四庫全書本
宋　邵雍　皇極經世書　清文淵閣四庫全書本

宋	邵雍	擊壤集	清文淵閣四庫全書本
宋	沈括	夢溪筆談	上海古籍出版社一九八七年夢溪筆談校正本
宋	施宿	(嘉泰)會稽志	清文淵閣四庫全書本
宋	史繩祖	學齋佔畢	叢書集成新編本
宋	釋文瑩	玉壺清話	清文淵閣四庫全書本
宋	釋贊寧	宋高僧傳	中華書局一九五六年點校本
宋	司馬光	資治通鑒	清文淵閣四庫全書本
宋	宋祁	益部方物略記	清文淵閣四庫全書本
宋	蘇軾	東坡全集	清文淵閣四庫全書本
宋	蘇軾	東坡志林	中華書局一九八一年歷代史料筆記叢刊本
宋	蘇頌	新儀象法要	清守山閣叢書本
宋	蘇洵	嘉祐集	四部叢刊影宋鈔本
宋	孫逢吉	準齋心制几漏圖式	續修四庫全書影印道光三年黄氏士禮居鈔本
宋	孫光憲	北夢瑣言	明稗海本
宋	談鑰	(嘉泰)吴興志	續修四庫全書影印上海古籍出版社藏民國三年劉氏刻吴興叢書本
宋	陶穀	清異録	清文淵閣四庫全書本
宋	王稱	東都事略	清文淵閣四庫全書本
宋	王鞏	聞見近録	清文淵閣四庫全書本
宋	王楙	野客叢書	清文淵閣四庫全書本
宋	王溥	五代會要	上海古籍出版社一九七八年本
宋	王堯臣等	崇文總目	清汗筠齋叢書本
宋	王欽臣	王氏談録	民國影明寶顔堂秘笈本
宋	王欽若等	册府元龜	明刻初印本
宋	王應麟	小學紺珠	叢書集成初編本
宋	王應麟	漢制考	清文淵閣四庫全書本
宋	王應麟	困學紀聞	清文淵閣四庫全書本
宋	王應麟	玉海	清文淵閣四庫全書本
宋	王應麟	六經天文編	元至元六年慶元路儒學刻本
宋	王與之	周禮訂義	清文淵閣四庫全書本
宋	衛湜	禮記集説	清文淵閣四庫全書本

宋　魏了翁　古今考　清文淵閣四庫全書本
宋　魏了翁　尚書要義　清文淵閣四庫全書本
宋　魏了翁　鶴山全集　四部叢刊影宋本
宋　魏天應　論學繩尺　清文淵閣四庫全書補配清文津閣四庫全書本
宋　吴淑　事類賦　清文淵閣四庫全書本
宋　吴泳　鶴林集　清文淵閣四庫全書補配清文津閣四庫全書本
宋　吴縝　新唐書糾謬　四部叢刊三編影明本
宋　蕭常　續後漢書　清文淵閣四庫全書本
宋　熊朋來　經説　清文淵閣四庫全書本
宋　徐璣　二薇亭詩集　清文淵閣四庫全書本
宋　徐天麟　西漢會要　叢書集成新編本
宋　薛居正等　舊五代史　中華書局一九七六年點校本
宋　楊輝　詳解九章算法　清宜稼堂叢書本
宋　楊時　二程粹言　清文淵閣四庫全書本
宋　楊萬里　誠齋集　清文淵閣四庫全書本
宋　楊惟德　景祐乾象新書　續修四庫全書影印中國國家圖書館藏北宋元豐元年司天監鈔本
宋　姚寬　西溪叢語　清文淵閣四庫全書本
宋　姚勉　雪坡集　清文淵閣四庫全書本
宋　葉隆禮　契丹國志　清文淵閣四庫全書本
宋　佚名　宣和畫譜　明津逮秘書本
宋　佚名　錦繡萬花谷　清文淵閣四庫全書本
宋　佚名　三曆撮要　續修四庫全書影印中國國家圖書館藏宋刻本
宋　佚名　景祐太乙福應經　續修四庫全書影印中國國家圖書館藏明談劍山居鈔本
宋　佚名　古三墳書　續修四庫全書影印中國國家圖書館藏宋紹興十七年沈斐婺州州學刻本
宋　俞琰　書齋夜話　清文淵閣四庫全書本
宋　宇文懋昭　大金國志　清文淵閣四庫全書本
宋　袁説友等　成都文類　清文淵閣四庫全書本
宋　章定　名賢氏族言行類稿　清文淵閣四庫全書本
宋　章如愚　群書考索　清文淵閣四庫全書本
宋　張伯端　悟真篇　清文淵閣四庫全書本

宋	張行成	皇極經世觀物外篇衍義	清文淵閣四庫全書本
宋	張君房	雲笈七籤	四部叢刊影明正統道藏本
宋	張載	張子正蒙	上海古籍出版社二〇〇〇年點校本
宋	趙明誠	金石録	四部叢刊續編影舊鈔本
宋	趙汝愚	宋名臣奏議	清文淵閣四庫全書本
宋	趙彦衛	雲麓漫鈔	清文淵閣四庫全書本
宋	真德秀	西山讀書記	清文淵閣四庫全書本
宋	鄭克	折獄龜鑒	清嘉慶墨海金壺本
宋	鄭樵	通志	上海商務印書館一九三五年十通本
宋	周密	癸辛雜識	清文淵閣四庫全書本
宋	周密	齊東野語	清文淵閣四庫全書本
宋	周應合	景定建康志	清文淵閣四庫全書本
宋	朱勝非	紺珠集	清文淵閣四庫全書本
宋	朱熹	朱子全書	清文淵閣四庫全書本
宋	朱熹	五朝名臣言行録	四部叢刊影宋本
元	八思巴、沙羅巴	彰所知論	中華大藏經本
元	陳桱	通鑑續編	清文淵閣四庫全書本
元	陳師凱	書蔡氏傳旁通	清文淵閣四庫全書本
元	仇遠	山村遺稿	續修四庫全書影印北京大學圖書館藏清鈔本
元	戴表元	剡源集	清文淵閣四庫全書本
元	鄧雅	玉笥集	清文淵閣四庫全書本
元	方回	瀛奎律髓	清文淵閣四庫全書本
元	傅若金	傅與礪詩文集	清文淵閣四庫全書本
元	郝經	陵川集	清文淵閣四庫全書本
元	郝經	續後漢書	清文淵閣四庫全書本
元	侯克中	艮齋詩集	清文淵閣四庫全書本
元	許有壬	至正集	清文淵閣四庫全書本
元	黄庚	月屋漫稿	清文淵閣四庫全書本
元	駱天驤	類編長安志	續修四庫全書影印南京圖書館藏清鈔本
元	孔齊	静齋至正直記	續修四庫全書影印中國國家圖書館藏清毛氏鈔本

元　李道謙　甘水仙源録　四庫全書存目叢書影印上海圖書館藏清鈔本
元　李簡　學易記　清文淵閣四庫全書本
元　李克家　戎事類占　續修四庫全書影印明萬曆二十五年厭原山館刻本
元　陸深　玉堂漫筆　叢書集成新編影印紀録彙編本
元　馬端臨　文獻通考　上海商務印書館一九三五年十通本
元　丘處機　攝生消息論　四庫全書存目叢書影印江西省圖書館藏清道光十一年六安晁氏木活字學海類編本
元　盛熙明　圖畫考　四部叢刊本
元　史伯璿　管窺外篇　清文淵閣四庫全書本
元　宋褧　燕石集　清文淵閣四庫全書本
元　宋魯珍、何士泰等　類編曆法通書大全　續修四庫全書影印遼寧省圖書館藏明刻本
元　陶宗儀　書史會要　清文淵閣四庫全書本
元　陶宗儀　續書史會要　清文淵閣四庫全書本
元　陶宗儀　輟耕録　四部叢刊三編影元本
元　脱脱等　宋史　中華書局一九七七年點校本
元　脱脱等　金史　中華書局一九七五年點校本
元　王逢　梧溪集　清文淵閣四庫全書本
元　王惲　秋澗集　清文淵閣四庫全書本
元　王鎮成　尚書通考　清通志堂經解本
元　吴澄　吴文正集　清文淵閣四庫全書本
元　伊世珍　瑯嬛記　四庫全書存目叢書影印遼寧省圖書館藏明萬曆刻本
元　佚名　元河南志　上海書店叢書集成續編影印藕香零拾本
元　虞集　道園遺稿　清文淵閣四庫全書本
元　袁桷　清容居士集　清文淵閣四庫全書本
元　岳熙載　天文精義賦　清鈔本
元　張養浩　歸田類稿　清文淵閣四庫全書本
元　張翥　蛻菴集　清文淵閣四庫全書本
元　趙道一　歷世真仙體道通鑒　明正統道藏本
元　趙友欽　原本革象新書　清文淵閣四庫全書本
元　莊元臣　叔苴子　叢書集成初編本
明　貝琳　七政推步　清文淵閣四庫全書本

明	貝琳	回回曆法释例	續修四庫全書影印北京大學圖書館藏清鈔本
明	貝瓊	清江文集	清文淵閣四庫全書本
明	畢自嚴	度支奏議	續修四庫全書影印中國國家圖書館藏明崇禎刻本
明	蔡獻臣	清白堂稿	四庫未收書輯刊影印明崇禎刻本
明	曹金	(萬曆)開封府志	四庫全書存目補編影印日本内閣文庫藏明萬曆十三年刻本
明	曹學佺	石倉歷代詩選	清文淵閣四庫全書補配清文津閣四庫全書本
明	曹學佺	周易可説	續修四庫全書影印甘肅省圖書館藏明崇禎刻本
明	查應光	靳史	四庫禁毀書輯刊影印明天啟間刻本
明	陳洪謨	(嘉靖)常德府志	明嘉靖十四年刻本
明	陳繼儒	巖棲幽事	四庫全書存目叢書影印清華大學圖書館藏明萬曆繡水沈氏刻寶顔堂秘笈本
明	陳建	皇明通紀集要	四庫禁毀書叢刊影印明崇禎刻本
明	陳全之	蓬窗日録	續修四庫全書影印復旦大學圖書館藏明嘉靖四十四年刻本
明	陳耀文	天中記	清文淵閣四庫全書本
明	陳耀文	正楊	清文淵閣四庫全書本
明	陳子龍	明經世文編	續修四庫全書影印明崇禎平露堂刻本
明	程開祜	籌遼碩畫	民國國立北平圖書館善本叢書影明萬曆本
明	程敏政	明文衡	清文淵閣四庫全書本
明	程明善	嘯餘譜	續修四庫全書影印明萬曆刻本
明	崔嘉祥	崔鳴吾紀事	叢書集成新編本
明	董其昌	畫禪室隨筆	清文淵閣四庫全書本
明	董斯張	(崇禎)吴興備志	清文淵閣四庫全書本
明	董斯張	廣博物志	清文淵閣四庫全書本
明	范邦甸、范懋敏	天一閣書目	續修四庫全書影印浙江省圖書館藏清嘉慶十三年揚州阮氏元文選樓刻本
明	范濂	雲間舉目抄	民國十七年奉賢褚氏重刊鉛印本
明	方孔炤	全邊略記	續修四庫全書影印北京大學圖書館藏明崇禎刻本
明	方以智	物理小識	上海商務印書館一九三七年排印本
明	馮從吾	元儒考略	清光緒知服齋叢書本
明	馮夢龍	智囊補	明積秀堂刻本
明	馮夢龍	古今小説	人民文學出版社一九七九年本
明	馮惟訥	古詩紀	清文淵閣四庫全書本

明 傅汎濟、李之藻 寰有詮 影印崇禎元年刻本
明 傅梅 嵩書 續修四庫全書影印上海圖書館藏明萬曆刻本
明 高濂 遵生八牋 清文淵閣四庫全書本
明 高攀龍 高子遺書 清文淵閣四庫全書本
明 顧起元 客座贅語 續修四庫全書影印南京圖書館藏明萬曆四十六年刻本
明 胡廣等 禮記大全 清文淵閣四庫全書本
明 胡廣等 書經大全 清文淵閣四庫全書本
明 胡翰 胡仲子集 清文淵閣四庫全書本
明 胡居仁 居業録 叢書集成新編本
明 黄道周 三易洞璣 清文淵閣四庫全書本
明 黄溥 閑中今古録摘鈔 陽羨陳于廷明萬曆四十五年紀録彙編刻本
明 黄光昇 昭代典則 四庫全書存目叢書影印明萬曆二十八年周日校萬卷樓刻本
明 黄景昉 國史唯疑 續修四庫全書影印上海圖書館藏清康熙三十年鈔本
明 黄潤玉 海涵萬象録 叢書集成新編本
明 黄宗羲 明儒學案 清文淵閣四庫全書本
明 焦竑 國史經籍志 明徐象橒刻本
明 焦竑 焦氏筆乘 續修四庫全書影印上海師範大學圖書館藏明萬曆三十四年謝與棟刻本
明 金日昇 頌天臚筆 續修四庫全書影印華東師範大學圖書館藏明崇禎二年刻本
明 柯維騏 宋史新編 明嘉靖四十三年杜晴江刻本
明 來知德 來瞿唐先生日録 四庫全書存目叢書影印四川省圖書館藏清道光十一年刻本
明 李翀等 天文書 續修四庫全書影印中國國家圖書館藏明洪武十六年内府刻本
明 李鼎 偶譚 四部叢刊本
明 李光元 市南子 明崇禎刻本
明 李流芳 檀園集 清文淵閣四庫全書本
明 李紹文 雲间雜誌 四庫全書存目叢書影印華東師範大學圖書館藏清乾隆平湖陸氏刻奇晉齋叢書本
明 李賢 明一統志 清文淵閣四庫全書本
明 李之藻 請譯西洋曆法等書疏 明崇禎平露堂刻本
明 李之藻 圜容較義 清文淵閣四庫全書本
明 李之藻 頖宮禮樂疏 清文淵閣四庫全書本
明 李贄 藏書 明萬曆二十七年焦竑刻本

明	利瑪竇、李之藻	乾坤體義	清文淵閣四庫全書本
明	廖道南	楚紀	明嘉靖二十五年何城李桂刻本
明	廖道南	殿閣詞林記	清文淵閣四庫全書本
明	凌迪知	萬姓統譜	清文淵閣四庫全書本
明	劉城	嶧桐詩集	四庫禁毁書輯刊影印清光緒十九年養雲山莊刻本
明	劉侗	帝京景物略	續修四庫全書影印湖北省圖書館藏明崇禎刻本
明	劉基	誠意伯文集	清文淵閣四庫全書本
明	劉若愚	酌中志	清海山仙館叢書本
明	劉萬春	守官漫録	明萬曆刻本
明	陸時雍	唐詩鏡	清文淵閣四庫全書本
明	羅貫中	三國志通俗演義	續修四庫全書影印明嘉靖元年刻本
明	毛一公	歷代内侍考	續修四庫全書影印浙江省圖書館藏清鈔本
明	茅元儀	督師紀略	四庫禁毁書輯刊影印中國國家圖書館藏明末刻本
明	倪元璐	倪文貞集	清文淵閣四庫全書本
明	錢謙益	牧齋初學集	四部叢刊影明崇禎本
明	邵寶	簡端録	清文淵閣四庫全書本
明	邵經邦	弘簡録	續修四庫全書影印復旦大學圖書館藏清康熙二十七年邵遠平刻本
明	沈朝陽	通鑒紀事本末前編	四庫未收書輯刊影印明萬曆四十五年唐世濟刻本
明	沈德符	萬曆野獲編	中華書局一九八九年歷代史料筆記叢刊本
明	沈國元	皇明從信録	續修四庫全書影印華東師範大學圖書館藏明末刻本
明	宋濂	宋學士文集	四部叢刊本
明	宋濂等	元史	中華書局一九七六年點校本
明	孫能傳	剡溪漫筆	續修四庫全書影印天一閣藏明萬曆四十一年孫能正刻本
明	談遷	國榷	中華書局一九五八年本
明	湯若望	遠鏡説	清藝海珠塵本
明	唐順之	稗編	清文淵閣四庫全書本
明	唐順之	荊川文集	清文淵閣四庫全書本
明	陶安	陶學士集	清文淵閣四庫全書補配清文津閣四庫全書本
明	陶宗儀	説郛	清文淵閣四庫全書本
明	田汝成	西湖遊覽志餘	清文淵閣四庫全書本

明	田藝蘅	留青日札	續修四庫全書影印明萬曆三十七年刻本
明	王鏊	震澤長語	清文淵閣四庫全書本
明	王逵	蠡海集	清文淵閣四庫全書本
明	王蕡	歷代忠義録	四庫全書存目補編影印台灣漢學研究中心藏明嘉靖刻本
明	王鳴鶴	登壇必究	續修四庫全書影印北京大學圖書館藏清刻本
明	王圻	續文獻通考	明萬曆三十年松江府刻本
明	王世貞	弇州四部稿	清文淵閣四庫全書本
明	王文禄	海沂子	明百陵學山本
明	王英明	曆體略	清順治三年王懩重刻本
明	魏文魁	曆測	續修四庫全書影印南京圖書館藏明崇禎二年方一藻刻本
明	文秉	烈皇小識	續修四庫全書影印中國國家圖書館藏清抄明季野史彙編前編本
明	謝肇淛	北河紀	清文淵閣四庫全書本
明	謝肇淛	滇略	清文淵閣四庫全書本
明	邢雲路	戊申立春考證	叢書集成新編本
明	邢雲路	古今律曆考	清文淵閣四庫全書本
明	熊明遇	格致草	明函宇通本
明	徐昌治	昭代芳摹	四庫禁毀書叢刊影印明崇禎九年徐氏知問齋刻本
明	徐光啓等	崇禎曆書	上海古籍出版社二〇〇八年影印潘鼐彙編本
明	徐象梅	兩浙名賢録	續修四庫全書影印明天啟刻本
明	徐應秋	玉芝堂談薈	清文淵閣四庫全書本
明	陽瑪諾	天問略	清藝海珠塵本
明	楊慎	丹鉛總録	清文淵閣四庫全書本
明	楊慎	升菴集	清文淵閣四庫全書本
明	楊慎	譚苑醍醐	清文淵閣四庫全書本
明	楊士奇等	歷代名臣奏議	清文淵閣四庫全書本
明	楊嗣昌	楊文弱先生集	續修四庫全書影印南京圖書館藏清初刻本
明	葉子奇	草木子	中華書局一九五九年點校本
明	佚名	日月星晷式	中國國家圖書館藏鈔本
明	佚名	英烈傳	上海古籍出版社一九八一年本
明	佚名	明實録	台北中央研究院歷史語言研究所一九六三年校印本

明	佚名	回回曆法	續修四庫全書影印中國國家圖書館藏明洪武十六年内府刻本
明	佚名	大統曆注	續修四庫全書影印南京圖書館藏明鈔本
明	佚名	三垣列舍入宿去極集	續修四庫全書影印上海辭書出版社藏明抄天文彙鈔本
明	佚名	天元玉曆祥異賦	影印中國科學院自然科學史研究所藏明鈔不分卷本
明	余之禎	(萬曆)吉安府志	明萬曆十三年刻本
明	袁啟	天文圖説	續修四庫全書影印浙江省圖書館藏明鈔本
明	袁子讓	五先堂文市榷酤	續修四庫全書影印中國社會科學院歷史所藏明萬曆刻本
明	湛若水	湛甘泉先生文集	清康熙二十年黄楷刻本
明	章潢	圖書編	清文淵閣四庫全書本
明	張定	在田録	叢書集成新編本
明	張弘道	明三元考	四庫全書存目叢書影印明刻本
明	張九韶	理學類編	民國豫章叢書本
明	張居正	張太岳先生文集	續修四庫全書影印明萬曆四十年唐國達刻本
明	張綸言	林泉隨筆	叢書集成新編本
明	張溥	漢魏六朝百三家集	叢書集成三編影印掃葉山房本
明	張萱	西園聞見録	續修四庫全書影印上海圖書館藏民國二十九年哈佛燕京學社印本
明	趙台鼎	脈望	續修四庫全書影印北京大學圖書館藏明萬曆沈氏尚白齋刻陳眉公家藏秘笈續函本
明	鄭以偉	靈山藏	四庫禁毀書叢刊影印明崇禎刻本
明	鄭瑗	井觀瑣言	清文淵閣四庫全書本
明	周鼎	土苴集	上海書店叢書集成續編影印涵芬樓秘笈本
明	周述學	神道大編曆宗通議	續修四庫全書影印南京圖書館藏明鈔本
明	朱橚	普濟方	清文淵閣四庫全書本
明	朱元璋	明太祖文集	清文淵閣四庫全書本
明	朱載堉	萬年曆備考	明萬曆刻本
明	朱載堉	聖壽萬年曆	清文淵閣四庫全書本
明	朱載堉	古周髀算經	續修四庫全書影印北京師範大學圖書館藏明刻本
明	朱仲福	折中曆法	續修四庫全書影印湖北省圖書館藏清鈔本
明	祝世禄	環碧齋詩	四庫全書存目叢書影印明萬曆刻本
明	祝允明	懷星堂集	清文淵閣四庫全書本
清	艾約瑟	天文啟蒙	光緒丙戌刻本

清 百一居士 壺天録 續修四庫全書影印華東師範大學圖書館藏清光緒鉛印申報館叢書本
清 蔡汝楠 天文略 續修四庫全書影印北京大學圖書館藏明嘉靖白石精舍刻本
清 蔡衍鎤 操齋集 四庫未收書輯刊影印清康熙刻本
清 曹溶 崇禎五十宰相傳 四庫全書存目叢書影印清研古樓鈔本
清 曹寅等編 全唐詩 中華書局一九六〇年標點本
清 測隱居士 天學入門 光緒二十九年廣文書舍刻本
清 曾國藩 求闕齋日記類鈔 續修四庫全書影印上海古籍出版社藏清光緒二年傳忠書局刻本
清 曾國荃等 (光緒)湖南通志 續修四庫全書影印商務印書館一九三四年影印清光緒十一年刻本
清 查繼佐 罪惟録 四部叢刊三編影手稿本
清 陳焯 宋元詩會 清文淵閣四庫全書本
清 陳和志等 (乾隆)震澤縣志 清光緒重刊本
清 陳康祺 壬癸藏劄記 清光緒刻本
清 陳康祺 郎潛紀聞 中華書局一九八四年本
清 陳康祺 郎潛紀聞二筆 中華書局一九八四年本
清 陳澧 三統術詳説 續修四庫全書影印華東師範大學圖書館藏清光緒廣雅書局刻東塾遺書本
清 陳懋齡 經書算學天文考 清光緒八年花雨樓張氏刻本
清 陳璞 尺岡草堂遺集 續修四庫全書影印復旦大學圖書館藏清光緒十五年刻本
清 陳其元 庸閑齋筆記 續修四庫全書影印华東師範大學圖書館藏清同治十三年刻本
清 陳確 乾初先生遺集 續修四庫全書影印上海圖書館藏清餐霞軒鈔本
清 陳田 明詩紀事 續修四庫全書影印天津圖書館藏清貴陽陳氏聽詩齋刻本
清 陳維崧 迦陵詞全集 清康熙二十八年陳宗石患立堂刻本
清 陳元龍 格致鏡原 清文淵閣四庫全書本
清 陳兆崙 紫竹山房詩文集 四庫未收書輯刊影印清嘉慶刻本
清 成瓘 (道光)濟南府志 清道光二十年刻本
清 成蓉鏡 漢太初曆考 續修四庫全書影印上海辭書出版社藏清光緒十四年刻南菁書院叢書本
清 程岱葊 野語 續修四庫全書影印天津圖書館藏清道光十二年刻二十五年廛隱廬增修本
清 戴進賢、徐懋德等 曆象考成後編 清雍正八年刻本
清 戴進賢等 儀象考成 清乾隆二十一年刻本
清 戴肇辰 學仕録 四庫未收書輯刊影印清同治六年刻本
清 戴震 尚書義考 續修四庫全書影印上海辭書出版社藏清光緒貴池劉氏刻聚學軒叢書本

清	戴震	戴東原集	續修四庫全書影印上海辭書出版社藏清乾隆五十七年段玉裁刻本
清	戴震等	(乾隆)汾州府志	續修四庫全書影印上海古籍出版社藏乾隆三十六年刻本
清	丁仁	八千卷樓書目	續修四庫全書影印上海古籍出版社藏民國十二年鉛印本
清	董含	三岡識略	清光緒鉛印申報館叢書本
清	董天工	武夷山志	續修四庫全書影印天津圖書館藏清乾隆刻本
清	董祐誠	董方立文集	續修四庫全書影印清同治八年刻董方立遺書本
清	鄂爾泰	詞林典故	清文淵閣四庫全書本
清	法式善	清秘述聞	續修四庫全書影印湖北省圖書館藏清嘉慶四年刻本
清	法式善	槐廳載筆	續修四庫全書影印上海辭書出版社藏清嘉慶刻本
清	方濬師	蕉軒隨録	續修四庫全書影印清同治十一年刻本
清	方以智	浮山集	清康熙此藏軒刻本
清	馮桂芬	(同治)蘇州府志	清光緒九年刊本
清	馮金伯	國朝畫識	續修四庫全書影印上海圖書館藏道光十一年刻本
清	傅蘭雅	天文須知	光緒十三年刻本
清	傅維鱗	明書	四庫全書存目叢書影印清畿輔叢書本
清	傅維鱗	四思堂文集	四庫全書存目叢書影印清康熙十七年刻本
清	高兆	續高士傳	續修四庫全書影印天津圖書館藏清光緒十九年徐氏觀自得齋刻本
清	葛士濬	清經世文續編	清光緒石印本
清	顧觀光	武陵山人遺書	清光緒九年獨山莫氏刻本
清	顧景星	白茅堂集	四庫全書存目叢書影印福建省圖書館藏清康熙刻本
清	顧嗣立	元詩選	清文淵閣四庫全書本
清	顧炎武	日知録	上海古籍出版社二〇〇六年日知録集全校本
清	官修	歷代賦彙	清文淵閣四庫全書本
清	官修	駢字類編	清文淵閣四庫全書本
清	官修	清通志	上海商務印書館一九三五年十通本
清	官修	清文獻通考	上海商務印書館一九三五年十通本
清	桂文燦	經學博采録	續修四庫全書影印中國國家圖書館藏民國三十一年刻敬躋堂叢書本
清	郭憲	洞冥記	清文淵閣四庫全書本
清	杭世駿	道古堂全集	續修四庫全書影印清乾隆四十一年刻光緒十四年汪曾唯修本
清	合信	天文略論	道光二十九年廣州西關惠愛醫館刻本

清　何國棟　天學輯要　清刻本
清　何國忠、梅瑴成等　曆象考成　清雍正二年刻本
清　何紹基等　(光緒)重修安徽通志　續修四庫全書影印上海古籍出版社藏清光緒四年刻本
清　何遠堂　管窺圖説　清蟾山書屋刻本
清　赫胥黎、嚴復　天演論　續修四庫全書影印北京大學圖書館藏清光緒盧氏慎始基齋刻本
清　胡亶　中星譜　清文淵閣四庫全書本
清　胡敬　胡氏書畫考三種　續修四庫全書影印清嘉慶刻本
清　胡天游　石笥山房集　續修四庫全書影印清咸豐二年刻本
清　胡襄參、方江自　嚻嚻子曆鏡　續修四庫全書影印清華大學圖書館藏清康熙桂花書屋刻本
清　許桂林　宣西通　續修四庫全書影印華東師範大學藏清嘉慶金陵陶開揚局刻本
清　華世芳　近代疇人著述記　揚州廣陵書社二〇〇九年疇人傳彙編點校本
清　黄宗羲　宋元學案　續修四庫全書影印清道光二十六年何紹基刻本
清　黄鼎　管窺輯要　四庫全書存目叢書影印清順治九年黄氏家刻本
清　黄叔璥　國朝御史題名　續修四庫全書影印山东省圖書館藏清光緒刻本
清　黄燮清　國朝詞綜續編　續修四庫全書影印南京圖書館藏清同治十二年刻本
清　黄虞稷　千頃堂書目　上海古籍出版社二〇〇一年本
清　黄鍾駿　疇人傳四編　揚州廣陵書社二〇〇九年疇人傳彙編點校本
清　黄宗羲　授時曆故　續修四庫全書影印民國十二年劉氏刻嘉業堂叢書本
清　黄宗羲、姜希轍　曆學假如　續修四庫全書影印中國國家圖書館藏清康熙二十二年刻本
清　嵇曾筠　(雍正)浙江通志　清文淵閣四庫全書本
清　嵇璜等　續通志　上海商務印書館一九三五年十通本
清　紀大奎　雙桂堂稿　續修四庫全書影印上海辭書出版社藏清嘉慶十三年刻紀慎齋先生全集本
清　駱三畏　熒惑新解　光緒己亥活字本
清　江藩　國朝漢學師承記　續修四庫全書影印天津圖書館藏清嘉慶十七年刻本
清　江蕙　心香閣考定二十四氣中星圖　光緒六年蜀東宋氏刻本
清　江聲　尚書集注音疏　清皇清經解本
清　江永　數學　清守山閣叢書本
清　江永　推步法解　續修四庫全書影印清道光二十四年錢氏刻守山閣叢書本
清　蔣超伯　南漘楛語　續修四庫全書影印南京圖書館藏清同治十年兩鬳山房刻本
清　蔣友仁　地球圖説　清文選樓叢書刻本

清	焦廷琥	地圓説	續修四庫全書影印中國國家圖書館藏稿本
清	揭暄	璇璣遺述	清光緒二十五年刻鵠齋刻本
清	康熙	御選明詩	清文淵閣四庫全書本
清	崑岡等	清会典	續修四庫全書影印清光緒石印本
清	雷學淇	古經天象考	清道光五年刻本
清	李稻塍	梅會詩選	四庫禁毀書叢刊影印清乾隆三十二年寸碧山堂刻本
清	李斗	揚州畫舫録	續修四庫全書影印上海圖書館藏清乾隆六十年自然盦刻本
清	李光地	榕村集	清文淵閣四庫全書本
清	李光地	尚書七篇解義	清文淵閣四庫全書本
清	李光地	榕村語録續集	四庫未收書輯刊影印清光緒傳氏藏園刻本
清	李林松	星土釋	清乾隆嘉慶間刻本
清	李明徹	圜天圖説	清嘉慶二十四年松梅軒刻本
清	李鋭	李氏遺書	清道光三年刻本
清	李衛	(雍正)畿輔通志	清文淵閣四庫全書本
清	李文炤	周易本義拾遺	續修四庫全書影印北京師範大學圖书館藏清四為堂刻李氏成書本
清	李聿求	魯之春秋	續修四庫全書影印浙江省圖書館藏清咸豐刻本
清	李元度	國朝先正事略	續修四庫全書影印北京大學圖書館藏清同治八年循陔草堂刻本
清	李元度	國朝先正事略補編	續修四庫全書影印南京圖書館藏清光緒十一年敦懷書屋刻本
清	李兆洛	養一齋集	續修四庫全書影印山東省圖書館藏道光二十三年活字印四年增修本
清	李祖陶	國朝文録	續修四庫全書影印清道光十九年瑞州府鳳儀書院刻本
清	梁廷枏	南漢書	續修四庫全書影印復旦大學圖書館藏清道光十二年刻藤花亭十五種本
清	梁章鉅	樞垣記略	續修四庫全書影印浙江省圖書館藏清光緒元年刊本
清	梁兆鏗	天文算法考	影印中國科學院自然科學史研究所藏清鈔本
清	凌廷堪	校禮堂詩集	續修四庫全書影印復旦大學圖書館藏清道光六年張其錦刻本
清	劉逢禄	尚書今古文集解	續修四庫全書影印清光緒十四年南菁書院刻皇清經解續編本
清	劉錦藻	清朝續文獻通考	上海商務印書館一九三五年十通本
清	劉獻廷	廣陽雜記	續修四庫全書影印南京圖書館藏清同治四年周詒家鈔本
清	劉庠等	(同治)徐州府志	清同治十三年刻本
清	劉應麟	南漢春秋	四庫未收書輯刊影印清道光七年含章書屋刻本
清	劉毓崧	通義堂文集	民國求恕齋叢書本

清	劉嶽雲	格物中法	中國科學技術典籍通彙影印清光緒間刻本
清	劉棨	虛直堂文集	四庫未收書輯刊影印清康熙刻補修本
清	龍文彬	明會要	續修四庫全書影印浙江省圖書館藏清光緒十三年永懷堂刻本
清	盧文弨	經籍考	續修四庫全書影印北京大學圖書館藏清鈔本
清	陸世儀	桴亭先生文集	續修四庫全書影印上海辭書出版社藏清光緒二十五年唐受祺刻陸桴亭先生遺書本
清	陸心源	宋詩紀事補遺	續修四庫全書影印清光緒刻本
清	陸心源	宋史翼	續修四庫全書影印清光緒刻潛園總集本
清	羅士琳	疇人傳續編	揚州廣陵書社二〇〇九年疇人傳彙編點校本
清	吕吴調陽	釋天	觀象廬叢書刻本
清	馬宏久編	懷寧馬氏宗譜	清光緒二年敦悦堂藏刊本
清	梅曾亮	柏梘山房全集	續修四庫全書影印清咸豐六年刻民國補修本
清	梅文鼎	曆算全書	清文淵閣四庫全書本
清	梅文鼎	績學堂詩鈔	續修四庫全書影印清乾隆梅瑴成刻本
清	梅文鼎	績學堂文鈔	續修四庫全書影印清乾隆梅瑴成刻本
清	梅文鼎	中西經星同異考	清指海本
清	繆之晉	時憲書箋釋	續修四庫全書影印上海圖書館藏清鈔本
清	摩嘉立、薛承恩	天文圖説	光緒九年益智書會刻本
清	穆彰阿等	(嘉慶)大清一統志	四部叢刊續編影舊鈔本
清	南懷仁	妄占辯	據康熙八年粵東大原堂重刻本鈔本
清	南懷仁	靈臺儀象志	清康熙十三年刻本
清	倪濤	六藝之一録	清文淵閣四庫全書本
清	聶先等編	百名家詞鈔	續修四庫全書影印上海圖書館藏清康熙綠蔭堂刻本
清	潘檉章	松陵文獻	續修四庫全書影印復旦大學圖書館藏清康熙三十二年潘耒刻本
清	潘耒	遂初堂集	續修四庫全書影印清康熙刻本
清	潘衍桐	兩浙輶軒續録	續修四庫全書影印清光緒十七年浙江書局刻本
清	彭遵泗	蜀故	四庫未收書輯刊影印清乾隆刻補修本
清	平步青	霞外攟屑	續修四庫全書影印上海圖書館藏民國六年刻香雪崦叢書本
清	杞廬主人	時務通考	清光緒二十三年點石齋石印本
清	錢保塘	歷代名人生卒録	民國海寧錢氏清風室刊本
清	錢曾	讀書敏求記	續修四庫全書影印中國國家圖書館藏清雍正六年濮梁延古堂刻本

清	錢大昕	潛研堂集文集	清嘉慶十一年刻本
清	錢大昕	廿二史考異	上海古籍出版社二〇〇四年本
清	錢大昕	十駕齋養新録	上海書店出版社二〇一一年點校本
清	錢林	文獻徵存録	續修四庫全書影印清咸豐八年有嘉樹軒刻本
清	錢塘	淮南天文訓補注	清光緒三年湖北崇文書局刻本
清	錢儀吉	碑傳集	清道光刻本
清	錢泳	履園叢話	續修四庫全書影印清嘉慶刻本
清	秦瀛	已未詞科録	中華書局一九九七年歷代史料筆記叢刊本
清	屈大均	廣東新語	中華書局一九九七年歷代史料筆記叢刊本
清	全祖望	續耆舊	續修四庫全書影印中國國家圖書館藏清槎湖草堂鈔本
清	茹綸常	容齋文鈔	續修四庫全書影印中國科學院圖書館藏清嘉慶刻增修本
清	阮葵生	茶餘客話	續修四庫全書影印復旦大學圖書館藏清光緒十四年鉛印本
清	阮元	兩浙輶軒録補遺	續修四庫全書影印華東師範大學圖書館藏清嘉慶刻本
清	阮元	儒林傳稿	續修四庫全書影印南京圖書館藏清嘉慶刻本
清	阮元	淮海英靈集	續修四庫全書影印清嘉慶三年小琅嬛僊館刻本
清	阮元	兩浙輶軒録	續修四庫全書影印山東省圖書館藏清嘉慶仁和朱氏碧溪草堂錢塘陳氏種榆仙館刻本
清	阮元	揅經室集	續修四庫全書影印上海圖書館藏清道光阮氏文選樓刻本
清	阮元	(道光)廣東通志	續修四庫全書影印一九三四年商務印书館影印清道光二年刻本
清	阮元	疇人傳	揚州廣陵書社二〇〇九年疇人傳彙編點校本
清	邵遠平	元史類編	清康熙三十八年原刻本
清	沈季友	檇李詩繫	清文淵閣四庫全書本
清	沈善寶	名媛詩話	續修四庫全書影印影印中山大學圖書館藏清光緒鴻雪樓刻本
清	盛百二	尚書釋天	續修四庫全書影印華東師範大學圖書館藏清乾隆十八年刻本
清	施補華	澤雅堂文集	續修四庫全書影印清光緒十九年陸心源刻本
清	史澄等	(光緒)廣州府志	清光緒五年刊本
清	蘇天木	潛虛述義	叢書集成新編本
清	孫星衍	孫淵如先生全集	四部叢刊影清嘉慶蘭陵孫氏本
清	孫星衍	尚書今古文注疏	中華書局一九八六年十三經清人注疏點校本
清	孫之騄	二申野録	四庫全書存目叢書影印天津圖書館藏清初刻本
清	談遷	國榷	續修四庫全書影印中國國家圖書館藏清鈔本

清　湯若望　民曆鋪注解惑　續修四庫全書影印中國國家圖書館藏清康熙刻本
清　唐鑒　學案小識　續修四庫全書影印中國科學院圖書館藏清道光二十六年四砭齋刻本
清　陶樑　國朝畿輔詩傳　續修四庫全書影印山东省圖書館藏清道光十九年紅豆樹館刻本
清　陶元藻　全浙詩話　續修四庫全書影印清嘉慶元年怡雲閣刻本
清　田蘭芳　逸德軒詩集　四庫未收書輯刊影印清康熙二十六年劉榛等刻本
清　萬斯同　明史稿　續修四庫全書影印中國國家圖書館藏清鈔本
清　汪啓淑　續印人傳　續修四庫全書影印復旦大學圖書館藏清道光二十年海虞顧氏刻本
清　汪曰楨　歷代長術輯要　續修四庫全書影印浙江省圖書館藏清光緒刻本
清　王昶　蒲褐山房詩話　清稿本
清　王昶　國朝詞綜　清嘉慶七年王氏三泖漁莊刻增修本
清　王昶　湖海文傳　續修四庫全書影印清道光十七年經訓堂刻本
清　王昶　湖海詩傳　續修四庫全書影印清嘉慶八年三泖漁莊刻本
清　王昶　春融堂集　續修四庫全書影印上海辭書出版社藏清嘉慶十二年塾南書舍刻本
清　王家弼　天學闡微　續修四庫全書影印中國科學院圖書館藏清慈蔭堂鈔本
清　王闓運　湘綺樓文集　清光緒刻本
清　王闓運　尚書箋　續修四庫全書影印復旦大學圖書館藏清光緒二十九年刻湘綺樓全書本
清　王培荀　鄉園憶舊録　續修四庫全書影印上海圖書館藏清道光二十五年刻本
清　王仁俊　格致古微　續修四庫全書影印清光緒二十二年吴縣王氏家刻本
清　王士禛　池北偶談　中華書局一九九七年歷代史料筆記叢刊本
清　王韜　甕牖餘談　續修四庫全書影印華東師範大學圖書館藏清光緒元年申報館鉛印本
清　王錫闡　曉庵遺書　清木犀軒叢書本
清　王錫闡　曉庵新法　清守山閣叢書本
清　王先謙　東華録　清光緒十年長沙王氏刻本
清　王用臣　幼學歌　清光緒十一年王氏刻本
清　王豫　淮海英靈續集　續修四庫全書影印復旦大學圖書館藏清道光刻本
清　王正功　中書典故彙紀　續修四庫全書影印民國五年嘉業堂叢書本
清　王之春　國朝柔遠記　清光緒十七年廣雅書局刻本
清　偽題華衡芳　天文地球圖説正續　清光緒戊戌石印本
清　偉烈亞力、李善蘭　談天　上海商務印書館一九三四年排印本
清　魏源　海國圖志　續修四庫全書影印北京大學圖書館藏清光緒二年魏光燾平慶涇固道署刻本

清	文德翼	求是堂文集	四庫禁燬書叢刊影印明末刻本
清	吴任臣	十國春秋	清文淵閣四庫全書本
清	吴文鎔	吴文節公遺集	續修四庫全書影印復旦大學圖書館藏清咸豐七年吴養原刻本
清	蕭穆	敬孚類稿	續修四庫全書影印清光緒三十三年刻本
清	謝堃	春草堂詩話	清刻本
清	謝蘭生	仰觀録	清詠梅軒本
清	徐朝俊	自鳴鐘表圖説	清嘉慶丁卯刻本
清	徐發	天元曆理全書	續修四庫全書影印南京大學圖書館藏清康熙刻本
清	徐乾學	傳是樓書目	續修四庫全書影印中國國家圖書館藏清道光八年味經書屋鈔本
清	徐松等	經韻樓集	續修四庫全書影印清嘉慶十九年刻本
清	徐松等	全唐文	中華書局一九八三年影印清嘉慶十九年全唐文局刻本
清	徐松	宋會要輯稿	中華書局一九五七年本
清	徐鼒	小腆紀傳	續修四庫全書影印上海古籍出版社藏清光緒金陵刻本
清	薛鳳祚	曆學會通	中國國家圖書館藏益都薛氏遺書本
清	薛福成	出使日記續刻	續修四庫全書影印清光緒二十四年刻本
清	嚴可均	全上古三代秦漢三國六朝文	續修四庫全書影印民國十九年影清光緒二十年黄岡王氏刻本
清	楊光先	不得已	北京圖書館出版社二〇〇一年明末清初天主教史文獻叢編周騈方點校本
清	楊文言	曆象本要	清康熙刻本
清	姚瑩	康輶紀行	清同治刻本
清	葉瀾、葉翰	天文地球啟蒙歌	清光緒戊戌上海通西閣石印本
清	葉夢珠	閱世編	上海書店叢書集成續編影印上海掌故叢書第一集本
清	葉青	古今彗星考	清宣統二年四月時中書局本
清	佚名	七政台曆	續修四庫全書影印故宮博物院圖書館藏清康熙金陵龔氏刻本
清	佚名	天文秘旨	續修四庫全書影印浙江省圖書館藏清道光二十二年豐烈鈔本
清	佚名	清實録	中華書局一九八六年本
清	永瑢、紀昀等	四庫全書總目	中華書局一九六五年本
清	游藝	天經或問前集	影印中國科學院自然科學史研究所藏清鈔本、清文淵閣四庫全書本
清	余煌	日月測時新表	清道光八年石印本
清	余金	熙朝新語	續修四庫全書影印清嘉慶二十三年刻本
清	余廷燦	存吾文稿	續修四庫全書影印上海圖書館藏清咸豐五年雲香書屋刻本

清 俞樾 春在堂詩編 續修四庫全書影印上海辭書出版社藏清光緒二十五年刻春在堂全書本
清 允祹等 大清會典 清文淵閣四庫全書本
清 章炳麟 訄書 清光緒三十年重訂本
清 章學誠 (嘉慶)湖北通志檢存稿 續修四庫全書影印民國十一年劉氏嘉業堂刻章氏遺書本
清 張伯行 正誼堂文集 四庫未收書輯刊影印清乾隆刻本
清 張岱 石匱書 續修四庫全書影印南京圖書館藏稿本補配清鈔本
清 張岱 夜航船 續修四庫全書影印天一閣藏清鈔本
清 張爾岐 蒿庵閑話 續修四庫全書影印中國國家圖書館藏清康熙徐氏真合齋磁版印本
清 張庚 國朝畫徵録 續修四庫全書影印清乾隆四年刻本
清 張雋 天地問答 清光緒二十六年刻本
清 張廷玉等 明史 中華書局一九七四年點校本
清 張廷玉等 清朝文獻通考 上海商務印書館一九三五年十通本
清 張維屏 國朝詩人徵略 續修四庫全書影印清道光十年刻本
清 張英等 淵鑑類函 清文淵閣四庫全書本
清 張雍敬 定曆玉衡 續修四庫全書影印復旦大學圖書館藏清鈔本
清 張永祚 天象源委 續修四庫全書影印上海圖書館藏清鈔本
清 張之洞 書目答問 中華書局二〇一一年孫文泱增訂本
清 張之洞等 (光緒)順天府志 續修四庫全書影印清光緒十二年刻十五年重印本
清 張宗泰校補 竹書紀年 叢書集成新編影印聚學軒叢書本
清 趙宏恩等 (乾隆)江南通志 清文淵閣四庫全書本
清 趙吉士 寄園寄所寄 續修四庫全書影印清康熙三十五年刻本
清 趙翼 簷曝雜記 清嘉慶湛貽堂刻本
清 震鈞 國朝書人輯略 續修四庫全書影印清光緒三十四年刻本
清 鄭方坤 全閩詩話 續修四庫全書影印清乾隆詩話軒刻本
清 鄭光祖 一斑録 清道光舟車所至叢書本
清 鄭虎文 吞松閣集 四庫未收書輯刊影印清嘉慶十四年馮敏昌等刻本
清 鄭燮 板橋集 清清暉書屋刻本
清 鍾瑞彪 星學初階 清光緒十八年年刊本
清 周銘 林下詞選 四庫全書存目補編影印湖南省圖書館藏清康熙十年周氏寧静堂刻本
清 周人甲 管蠡彙占 四庫未收書輯刊影印清道光刻本

清	周碩勳	(乾隆)潮州府志	清光緒十九年重刊本
清	周于漆	三才實義天集	續修四庫全書影印浙江省圖書館藏清乾隆二十年湯溎鈔本
清	周雲	神道大編象宗華天五星	續修四庫全書影印影印南京圖書館藏明鈔本
清	周中孚	鄭堂讀書記	續修四庫全書影印上海辭書出版社藏民國十年刻吳興叢書本
清	朱彝尊	明詩綜	清文淵閣四庫全書本
清	朱彝尊	曝書亭集	清文淵閣四庫全書本
清	諸可寶	疇人傳三編	揚州廣陵書社二〇〇九年疇人傳彙編點校本
清	諸聯	明齋小識	叢書集成三編影印筆記小說叢書本

《中華大典》辦公室

主　任：于永湛

副主任：伍　傑

姜學中

編　審：趙含坤

崔望雲

秘　書：宋　陽

裝幀設計：章耀達

《中華大典·天文典·天文分典》

責任編輯：楊希之

李盛强

康聰斌

責任校對：曾祥志

李盛强

康聰斌

特邀校對：南京展望文化發展有限公司

校對組

出版人：羅小衛

圖書在版編目(CIP)數據

中華大典.天文典.天文分典/《中華大典》工作委員會,《中華大典》編纂委員會編纂.—重慶:重慶出版社,2014.5

ISBN 978-7-229-07842-3

Ⅰ.①中… Ⅱ.①中…②中… Ⅲ.①百科全書—中國②天文學—中國—古代 Ⅳ.①Z227 ②P1-092

中國版本圖書館 CIP 數據核字(2014)第 076441 號

中華大典·天文典·天文分典

編纂:《中華大典》工作委員會

《中華大典》編纂委員會

出版:重慶出版集團

重慶出版社

(重慶市長江二路 205 號 郵政編碼 400016)

發行:重慶出版集團圖書發行有限公司

(重慶市長江二路 205 號 郵政編碼 400016)

排版:南京展望文化發展有限公司

(南京市夢都大街 176—4 號 郵政編碼 210019)

印刷:成都東江印務有限公司

(成都市鹽井村 11 組 郵政編碼 610091)

開本:787×1092 毫米 1/16

印張:225.5 字數:7 210 千字

2014 年 5 月第 1 版 2014 年 5 月第 1 次印刷

印數:1 000 册

書號:ISBN 978-7-229-07842-3

定價:1000.00 圓(全三册)